HOPPE-SEYLER/THIERFELDER

HANDBUCH DER PHYSIOLOGISCH- UND PATHOLOGISCH-CHEMISCHEN ANALYSE

FÜR ÄRZTE, BIOLOGEN UND CHEMIKER

ZEHNTE AUFLAGE

HERAUSGEGEBEN VON

KONRAD LANG
MAINZ

EMIL LEHNARTZ
MÜNSTER

UNTER MITARBEIT VON

GÜNTHER SIEBERT
MAINZ

VIERTER BAND / ERSTER BANDTEIL

SPRINGER-VERLAG BERLIN HEIDELBERG GMBH 1960

BAUSTEINE DES TIERKÖRPERS

II

BEARBEITET VON

E. BAYER · H.-J. BIELIG · G. BLIX · H. DÖRFEL · K. FELIX · F. G. FISCHER
S. GARDELL · W. GRAB · R. G. HABER · E. HABERMANN · K. HANNIG
F. HAUROWITZ · W. E. VAN HEYNINGEN · J. KIMMIG · J. MEIENHOFER
R. MICHEL · W. NEUMANN · I. PENDL · J. ROCHE · H. SCHMID
G. SCHMIDT · W. SIEDEL · R. WEHRMANN · H. ZAHN

ERSTER BANDTEIL

MIT 215 ABBILDUNGEN

SPRINGER-VERLAG BERLIN HEIDELBERG GMBH 1960

ISBN 978-3-642-85730-0 ISBN 978-3-642-85729-4 (eBook)
DOI 10.1007/978-3-642-85729-4

Ursprünglich erschienen bei Springer-Verlag OHG / Berlin · Göttingen · Heidelberg 1960
Softcover reprint of the hardcover 10th edition 1960

Inhaltsverzeichnis.

Der zweite Teil des IV. Bandes enthält die Beiträge:

Verzeichnis der in diesem Band über die in DIN 1052 und DIN 1502, Beiblatt, hinaus besonders stark abgekürzten Buch- und Zeitschriftentitel.

Bücher.

d'Ans-Lax: Taschenbuch für Chemiker und Physiker. Hrsg. D'ANS, J., u. E. LAX. 2. Aufl. Berlin, Göttingen, Heidelberg 1949. 3. Aufl. in Vorbereitung.

A.O.A.C., Meth. Analysis: Association of Official Agricultural Chemists. Official and Tentative Methods of Analysis. Washington. 5. Aufl. 1940. 6. Aufl. 1945/46.

Gattermann-Wieland: Die Praxis des Organischen Chemikers von GATTERMANN, L., bearbeitet von WIELAND, H. 34. Aufl. Berlin 1952. 38. Aufl. Berlin 1956.

Hinsberg-Lang: HINSBERG, K., u. K. LANG: Medizinische Chemie für den klinischen und theoretischen Gebrauch. 2. Aufl. München, Berlin 1951.

Org. Syntheses: Organic Syntheses. New York, London 1921. — Außerdem Sammelbände.

Pregl-Roth: ROTH, H.: Die quantitative organische Mikroanalyse von FR. PREGL. 4. Aufl. Berlin 1935. 6. Aufl. Wien 1949. 7. Aufl. in Vorbereitung.

Pigman-Goepp, Carbohydrates: PIGMAN, W. W., and R. M. GOEPP jr.: Chemistry of Carbohydrates. New York 1948. — PIGMAN, WARD: The Carbohydrates. Chemistry, Biochemistry, Physiology. New York 1957.

Stepp-Kühnau-Schröder, Vitamine: STEPP, W., J. KÜHNAU u. H. SCHRÖDER: Die Vitamine und ihre klinische Anwendung. 6. Aufl. 1944. 7. Aufl.: Bd. 1. 1952. Bd. 2. 1957.

Tollens-Elsner: TOLLENS, B., u. H. ELSNER: Kurzes Handbuch der Kohlenhydrate. 4. Aufl. von ELSNER, H. Leipzig 1935.

Zeitschriften.

A.	Justus Liebigs Annalen der Chemie.
A. e. P. P.	Naunyn-Schmiedebergs Archiv für experimentelle Pathologie und Pharmakologie.
Am. Soc.	Journal of the American Chemical Society.
B.	Berichte der Deutschen Chemischen Gesellschaft. Ab Bd. 80, 1947: Chemische Berichte.
B. Z.	Biochemische Zeitschrift.
C.	Chemisches Zentralblatt.
Cr.	Comptes Rendus hebdomadaires des Séances de l'Académie des Sciences.
D. m. W.	Deutsche Medizinische Wochenschrift.
H.	Hoppe-Seylers Zeitschrift für Physiologische Chemie.
Helv.	Helvetica Chimica Acta.
J. biol. Ch.	Journal of Biological Chemistry.
Kli. Wo.	Klinische Wochenschrift.
M. m. W.	Münchener medizinische Wochenschrift.
Soc.	Journal of the Chemical Society, London.

Eiweiß. Allgemeiner Teil.

A. Gewinnung und Reindarstellung von Proteinen.

Von

Johannes Meienhofer und Helmut Zahn.

Mit 62 Abbildungen.

1. Einleitung.

In dem vorliegenden Handbuchbeitrag haben wir versucht, den heutigen Stand der Methoden zur Isolierung und Reindarstellung der Proteine zu umreißen. Dieses Vorhaben kann uns beim besten Willen nur sehr unvollkommen gelungen sein. Einmal ist das Gebiet der Proteinforschung derart vielseitig und schwer zu übersehen und wird von so verschiedenartigen Forschungsrichtungen wie Medizin, Chemie, Physik und vielen ihrer Teilgebiete bearbeitet, daß es unmöglich ist, die in die Tausende gehenden Arbeiten wirklich gerecht und sachlich einwandfrei in einem derartigen Handbuchbeitrag zu kondensieren. Aber vielleicht schwerwiegender ist die Tatsache, daß es kaum einen ungünstigeren Zeitpunkt gibt, einen Handbuchbeitrag über irgendein Teilgebiet der Eiweißforschung zu schreiben. Befindet sich doch die Eiweißforschung z. Z. in einem kritischen Übergangsstadium, in welchem das vielseitige, empirische Material zu verarbeiten ist, das in über 200 Jahren Proteinforschung, gerechnet von der ersten Isolierung eines Proteins, dem Glutin aus Weizenmehl durch BECCAR im Jahre 1747, zusammengetragen wurde. Durch die Anwendung der neu entwickelten analytischen Methoden, wie Elektrophorese, Chromatographie, Gegenstromverteilung u. a., ist zudem klar geworden, daß — mit ganz wenigen Ausnahmen — wirklich reine und einheitliche Proteine noch gar nicht isoliert wurden.

Schon bei der Definition des Begriffes „Protein" stößt man auf Schwierigkeiten, die zu beheben Sache einer eigenen Nomenklaturkommission sein dürfte. Noch vor wenigen Jahren hatte SYNGE[1] über Säureamidbindungen —CO—NH— verknüpfte Aminosäureketten dann als Polypeptide bezeichnet, wenn die Molekulargewichte unter 10000 lagen, und als Proteine, wenn sie diesen Wert überstiegen. Nachdem wir aber heute durch die Arbeiten von SANGER[2] wissen, daß das allgemein als Protein bezeichnete Insulin ein Molekulargewicht von 5733 besitzt, ist diese Definition revisionsbedürftig. Zwischen den Begriffen Peptid und Protein läßt sich eine Grenze z. Z. nicht ziehen, auch weil kleinere Proteinmoleküle infolge stark ausgeprägter Tertiärstruktur sich leicht zu größeren Molekülaggregaten zusammenlagern. Unter Primärstruktur versteht man beim Eiweiß nach LINDERSTRØM-LANG die Aminosäuresequenz, unter Sekundärstruktur die intramolekulare Konfiguration der Peptidkette und unter Tertiärstruktur die intermolekularen Bindungen und Topographie der Seitenketten. MOORE und STEIN schreiben[3]: "... the dividing line between peptides and proteins is becoming increasingly difficult to define. For example, insulin ..., contains 51 amino acid residues and possesses characteristics which perhaps may best be thought of as intermediate between those of simple peptides and the properties usually associated with larger and more sensitive protein molecules."

---

[1] SYNGE, R. L. M.: Quart. Rev. chem. Soc. **3**, 245 (1949).
[2] SANGER, F., and L. F. SMITH: Endeavour **16**, 48 (1957).
[3] MOORE, S., and W. H. STEIN: Adv. Protein Chem. **11**, 191 (1956).

Ein weiteres Zitat aus dem Nobel-Vortrag von THEORELL[1] zeigt die Schwierigkeit der Proteindarstellung: "At that time (gemeint ist die Isolierung von Urease durch J. B. SUMNER[2] im Jahre 1926) and even to-day, the methods of separation and analysis were scarcely sufficiently refined definitely to exclude the occurence of small quantities of impurities in a protein preparation."

Trotz dieses entmutigenden Aspekts haben wir uns der Aufgabe unterzogen, den heutigen Stand der Isolierung und Reindarstellung der Proteine aufzuzeigen. Der Beitrag kommt vermutlich in der Hauptsache dem Wunsche des organischen Chemikers entgegen, der die Konstitutionsaufklärung eines Proteins nach den von SANGER gewiesenen Wegen durchführen will. In Industrie und Medizin werden jedoch vielfach weit geringere Anforderungen an die Einheitlichkeit der Proteinpräparate gestellt. So wird es für derartige Zwecke wahrscheinlich noch viele Jahre im Prinzip bei den klassischen Methoden der Proteindarstellung durch fraktioniertes Extrahieren und fraktioniertes Fällen bleiben und die neuesten Methoden der Proteinreinigung durch Verteilung und Chromatographie werden erst allmählich vom Laboratorium zur größeren Anwendung in der Praxis gelangen.

Der Arbeitsplan zur Strukturaufklärung der Eiweiße umfaßt wie bei allen Naturstoffen folgende Stufen[3]:

1. Isolierung und Charakterisierung als einzelnes chemisches Individuum, einschließlich einer Anhäufung von Kriterien, daß dieses Ziel erreicht wurde.
2. Molgewichtsbestimmung.
3. Bestimmung funktioneller Gruppen.
4. Abbau zu kleineren Fragmenten, die entweder mit bekannten Substanzen identifiziert oder charakterisiert und erneut abgebaut werden können.
5. Feststellung der Reihenfolge, in der die bekannten Fragmente angeordnet sind.
6. Synthese.

Es ist von großer Bedeutung, gerade den ersten Schritt in sehr kritischer Weise auszuführen, bevor man umfangreiche Arbeiten mit den nächsten Stufen beginnt. Es ist unmöglich, präzise Angaben über die Struktur eines Proteins zu machen, wenn dieses vorher nicht als einheitliches homogenes chemisches Individuum isoliert wurde und durch möglichst viele verschiedene Kriterien nachgewiesen wurde, daß es zu mindestens 98% aus *einer* Komponente besteht. Außerdem muß für Strukturstudien genügend Substanz dieser Reinheit zur Verfügung stehen. *Die erste Stufe, Isolierung und Reindarstellung von Proteinen und Charakterisierung als homogenes chemisches Individuum, ist daher das Hauptproblem der heutigen Eiweißforschung*[3].

Der Aufsatz ist im folgenden so gegliedert, daß zunächst *Allgemeine Grundlagen* für das Arbeiten mit Proteinen aufgeführt werden. Im nächsten Abschnitt wird die *Gewinnung von Proteinen* beschrieben, wobei im wesentlichen die Abtrennung von Nichtproteinmaterial behandelt wird. Im Abschnitt *Reindarstellung von Proteinen* wird die Trennung von Eiweißgemischen behandelt und nach den verschiedenen Methoden (Beeinflussung der Löslichkeit, Chromatographie, Gegenstromverteilung, Elektrophorese, Ultrazentrifugierung und spezielle Methoden) eingeteilt. Die einzelnen Kapitel sind im allgemeinen in 4 Abschnitte gegliedert, und zwar Beschreibung, Ausführung, Beispiele und Literatur (Bücher und Sammelreferate).

2. Allgemeine Grundlagen für das Arbeiten mit Proteinen.

a) Vorkommen der Proteine.

Die Proteine bilden als wesentliche Bestandteile der lebenden Materie neben Wasser, Salzen und Lipoiden das Material, aus welchem das Protoplasma tierischer und pflanzlicher Zellen aufgebaut ist[4]. Häufig liegen die Eiweiße in der Natur als komplexe Assoziate

[1] THEORELL, H.: Exper. **13**, 2 (1957).
[2] SUMNER, J. B.: J. biol. Ch. **69**, 435 (1926).
[3] CRAIG, L. C.: The Chemical Structure of Proteins. Ciba Found. Symp. S. 4. Boston 1952.
[4] LLOYD, D. J., and A. SHORE: Chemistry of the Proteins. London 1938.

mit anderen Substanzen vor. Diese Komplexe finden sich z. B. in Form von Fasern, Membranen, Mitochondrien usw. als funktionell einheitliche Bestandteile der lebenden Zellen. Die Proteine sind daher im natürlichen Vorkommen niemals in reiner isolierter Form anzutreffen. Sie bilden in der Regel sehr komplexe Mischungen von ähnlichen Proteinen, in wenigen Fällen einfachere Gemische mit einem dominierenden Protein. Dazu kommt, daß die Eiweiße fast immer mit Begleitstoffen vergesellschaftet sind, wie Lipiden, Kohlenhydraten, Nucleinsäuren, anderen organischen Stoffen und verschiedenen anorganischen Ionen. Proteine verschiedener Art und Proteinbegleitstoffe zusammen bilden eine verdünnte kolloidale Lösung. Oft sind diese natürlichen kolloidalen Lösungen innerhalb der semipermeablen Membranen biologischer Zellen eingeschlossen. Das Endziel der biologisch orientierten Proteinforschung ist die restlose Aufklärung dieser höchst komplexen Systeme im natürlichen Zustand. Zur Zeit muß man sich jedoch damit begnügen, einzelne Komponenten des komplexen Systems möglichst unverändert aus diesem zu isolieren und für sich getrennt zu studieren.

b) Stabilität von Eiweißen gegenüber chemischen und mechanischen Einwirkungen.

Proteine sind außerordentlich empfindlich gegenüber äußeren Eingriffen, die zur Entfernung aus ihrem natürlichen Milieu führen. Die Schwierigkeiten bei der Isolierung sind daher in dieser Naturstoffklasse besonders groß. Ein natives Protein kann verschiedene Veränderungen erleiden.

α) Spaltung covalenter Bindungen (Abbau), d. h.

a) Abspaltung von Ammoniak aus Säureamidgruppen (aus eingebautem Asparagin und Glutamin),

b) Spaltung von Peptidbindungen,

c) Spaltung von Disulfidbindungen (von eingebautem Cystin) durch Eliminierung, Hydrolyse, Oxydation oder Reduktion,

d) Veränderungen an Seitenketten (z. B. Zerstörung des Tryptophanrestes),

e) Abspaltung von proteinfremden prosthetischen Gruppen.

Allgemeines Kennzeichen dieser Veränderungen = Abbau.

β) Denaturierung (Koagulation).

Nach PUTNAM[1] ist „Denaturierung weniger eine chemische Veränderung, als eine irreversible physikalische oder intramolekulare Umordnung der nativen Proteinstruktur, die ohne Hydrolyse von covalenten Bindungen zu einer Änderung der spezifischen räumlichen Konfiguration führt". Betroffen werden vielmehr Salz- und Wasserstoffbrücken der verschiedensten Art. Eine Mitwirkung der Sulfhydrylgruppen (Disulfidaustausch) ist in einigen Fällen nachgewiesen worden. Die Denaturierung macht sich am deutlichsten durch eine Herabsetzung der Löslichkeit bemerkbar (Hitzekoagulation der Eiweiße). Verschiedene andere spezifische Eigenschaften eines Proteins verändern sich von Fall zu Fall mehr oder weniger und meist quantitativ unabhängig voneinander, wie

spezifische Drehung,
biologische Aktivität,
Molgewicht bzw. Partikelgewicht,
Zugänglichkeit funktioneller Gruppen,
Absorptionsspektrum,
Röntgenogramm,
isoelektrischer Punkt,
Kristallisationsfähigkeit.

Allgemeines Kennzeichen dieser Veränderungen = Aggregation (Koagulation).

Manche schädigenden Einflüsse bewirken bei den Proteinen sowohl Denaturierung als auch gleichzeitig Spaltung von Covalenzen. Auch ist es nicht ausgeschlossen, daß früher

[1] PUTNAM, F. W.: Protein Denaturation. Neurath-Bailey, Proteins Bd. I B, S. 809.

rein physikalisch erklärte Denaturierungsvorgänge primär durch chemische Reaktionen (z. B. Disulfidaustausch) ausgelöst werden. Infolge der zahlreichen verschiedenen Faktoren und der sehr unterschiedlichen Resistenz individueller Proteine ist es schwierig, hydrolytische Schädigung und Denaturierung systematisch scharf zu trennen. Im Hinblick auf die Proteingewinnung ist dies auch nicht erforderlich, und es werden im folgenden alle an nativen Proteinen auftretenden Veränderungen gemeinsam behandelt.

Eine eingehende Behandlung der Eiweißdenaturierung s. im folgenden Beitrag, S. 116ff.

γ) Ursachen der an Proteinen auftretenden Veränderungen.

Nach PUTNAM[1] können folgende physikalischen und chemischen Einwirkungen Proteine verändern:

Physikalische Einflüsse:

1. Hitze.
2. Mechanische Kräfte.
   a) Einfrieren.
   b) Schallwellen.
   c) Oberflächenkräfte.
   d) Mahlen.
   e) Druck.
3. Energiereiche Strahlung.

Chemische Agentien:

1. Organische Lösungsmittel.
2. Andere organische Verbindungen (z. B. Amide, oberflächenaktive Mittel[2], Natriumsalicylat u. a.).
3. Anorganische Elektrolyte.
4. Proteolytische Enzyme.
5. Reduktions- oder Oxydationsmittel.

Hitze und ungünstigen p_H kann man als Intensitätsgrößen ansehen[3], da die meisten der genannten Faktoren einen Temperatur- und p_H-Koeffizienten besitzen.

Ob die aufgezählten Faktoren ein Protein lediglich denaturieren oder auch abbauen, hängt meist von den Begleitumständen (p_H, Temperatur, Konzentration) und vom Protein selbst ab.

δ) Vorsichtsmaßregeln beim Arbeiten mit Proteinen.

Die zu treffenden Vorsichtsmaßregeln richten sich ganz danach, zu welchem Zweck ein Protein gewonnen wird. Soll es technisch verwendet werden (z. B. Casein für Kunststoffe), so spielen Denaturierung und selbst leichter hydrolytischer Abbau keine Rolle. Wird ein Protein zur chemischen Strukturaufklärung (Aminosäureanalyse, Reihenfolge der Aminosäuren usw.) isoliert, so kann bei der Darstellung wohl eine leichte Denaturierung in Kauf genommen werden, aber keinesfalls eine chemische, z. B. hydrolytische Veränderung[4]. Für physiologisch-medizinische Untersuchungen schließlich, wie auch für physikalisch-chemische Strukturuntersuchungen muß auch eine geringe Denaturierung vermieden werden. Für jedes Protein muß man die günstigsten Bedingungen jeweils gesondert austesten. Ganz allgemein ist aber folgendes zu beachten:

1. Die Temperatur ist stets so tief wie möglich, am besten nahe bei 0°, zu halten.

Der Temperaturkoeffizient der Denaturierung ist sehr groß. Wenige Grade Temperaturerhöhung können denaturierend wirken, auch dann, wenn das Protein in vivo höhere Temperaturen aushält, da ja in vitro das Milieu meist stark verändert ist. Bei tiefen Temperaturen ist außerdem die Aktivität proteolytischer Enzyme herabgesetzt, die in der aufzuarbeitenden Lösung enthalten sein können. Tiefe Temperaturen vermindern die Gefahr von Schimmel- und Bakterienbefall.

[1] PUTNAM, F. W.: Protein Denaturation. Neurath-Bailey, Proteins Bd. IB, S. 809.
[2] ANSON, M. L.: J. gen. Physiol. **23**, 239 (1939).
[3] LEVY, M., and A. E. BENAGLIA: J. biol. Ch. **186**, 829 (1950).
[4] SYNGE, R. L. M.: Proc. int. Wool Text. Res. Conference, Australia 1955.

2. Der p_H ist so günstig wie möglich einzustellen.

Hier liegt der optimale Wert bei jedem Protein anders. Am besten hält man den p_H auf dem Wert, dem das Protein in vivo ausgesetzt war. Bei manchen Proteinen ist es günstig, den p_H auf den isoelektrischen Punkt einzustellen, bei anderen hält man ihn besser in der Nähe des Neutralpunktes. Im allgemeinen liegen die günstigen p_H-Werte zwischen 4,5 und 7,0.

3. Die Trennung von begleitenden proteolytischen Enzymen ist so schnell wie möglich durchzuführen.

4. Verdünnte Lösungen sind baldigst zu konzentrieren.

Proteine sind in konzentrierter Lösung wesentlich haltbarer als in verdünnter. Am besten halten sie sich im trockenen Zustand bei Lagerung im Eisschrank.

5. Große Oberflächen sind zu vermeiden.

Verteilt man ein Protein an der Grenzfläche zweier Phasen zu einer monomolekularen Schicht (Methode zur Molgewichtsbestimmung), so wird es oft denaturiert. Proteine denaturieren auch leicht an der Oberfläche einer verdünnten Lösung. Das Schäumen einer solchen Lösung etwa beim Einengen ist deshalb zu vermeiden. (Zusatz von Antischaummitteln, wie Octylalkohol oder Dodecylalkohol. Siliconöl ist schlecht zu entfernen.)

6. In verdünnter Lösung läßt sich die Haltbarkeit durch Zusatz von Salzen und Schutzeiweißen erhöhen.

Aus verschiedenen Gründen ist oft eine Konzentrierung nicht möglich. In solchen Fällen empfiehlt es sich, der verdünnten Lösung Phosphate, Ammoniumsulfat, Natriumacetat usw. zuzusetzen. In manchen Fällen sind spezifische Kationen und Anionen erforderlich. Für biologische Arbeiten werden oft sehr verdünnte Lösungen von Viren, Toxinen, Enzymen u. dgl. gebraucht. Diese können durch Zusatz eines inerten Schutzproteins stabilisiert werden. Geeignet sind Gelatine, Eialbumin, Serum u. a.

7. Sterilisierung von Proteinlösungen erzielt man durch Vereisen, Filtrieren, Zusatz von Toluol, Xylol oder Penicillin.

Serumpräparate lassen sich in gefrorenem Zustand lange Zeit unverändert lagern. Andere Proteine, z. B. Lipoproteide, sind jedoch empfindlich gegen Vereisung[1].

Filtrieren bewirkt eine gute Sterilisation. Toluol und Xylol schützen gegen Schimmel und Bakterienfraß. Man muß so viel zugeben, daß sich nach Sättigung der Lösung ein geschlossener Film dieser Flüssigkeit auf der Oberfläche der Lösung bildet. Dadurch wird die Atmung der Mikroorganismen unterbunden. Zusatz von Penicillin schützt gegen Schimmelbefall.

8. Fällung mit organischen Lösungsmitteln nur in der Kälte.

Bei den Proteinfraktionierungen mit Aceton, Alkohol und anderen mit Wasser mischbaren organischen Lösungsmitteln ist die Temperatur zwischen —10° und 0° zu halten.

9. Zusatz von Säuren und Basen nur in der Kälte,
um die auftretenden lokalen Erwärmungen zu vermeiden. Darüber hinaus ist es ratsam, mit Puffern zu arbeiten. Sehr schonend ist der allmähliche Zusatz mittels Diffusion durch Dialysenmembranen[2].

10. Oxydations- und Reduktionsmittel sind zu vermeiden.

Gegen beide Einflüsse ist unter anderem die Disulfidgruppe von eingebautem Cystin sehr empfindlich.

11. Man achte auf proteinfremde prosthetische Gruppen.

Je nach dem Ziel der Arbeit ist die Abspaltung solcher Gruppen entweder zu vermeiden oder aber quantitativ durchzuführen, wenn speziell nur die Eiweißkomponente eines Proteids untersucht werden soll.

---

[1] ONCLEY, J. L., F. R. N. GURD and M. MELIN: Am. Soc. **72**, 458 (1950).

[2] COHN, E. J., J. A. LUETSCHER jr., J. L. ONCLEY, S. H. ARMSTRONG jr. and B. D. DAVIS: Am. Soc. **62**, 3396 (1940).

ε) Literatur.

Denaturierung:

NEURATH, H., J. P. GREENSTEIN, F. W. PUTNAM and J. O. ERICKSON: Chem. Reviews **34**. 157 (1944).

PUTNAM, F. W.: In: Neurath-Bailey, Proteins Bd. I B, S. 808—892.

Chemische Aspekte der Denaturierung:

ANSON, M. L.: Adv. Protein Chem. **2**, 361 (1945).

Strukturelle Aspekte der Denaturierung:

BULL, H. B.: Adv. Enzymol. **1**, 1 (1941).

HAUROWITZ, F.: Chemistry and Biology of Proteins. S. 125—142. New York 1950.

Einfluß von Strahlung auf Proteine:

McLAREN, A. D.: Adv. Enzymol. **9**, 75 (1949).

BARRON, E. S. G. in HOLLAENDER, A.: High Energy Radiation. New York 1953.

Sterilisierung und Stabilisierung:

TAYLOR, J. F.: In: Neurath-Bailey, Proteins Bd. IA, S. 34.

c) Nachweismethoden für Proteine.

Es gibt zahlreiche Methoden, Proteine nachzuweisen und dadurch den Verlauf ihrer Isolierung und Reindarstellung zu verfolgen. Viele dieser Reaktionen sind für sich allein für Eiweiß nicht streng spezifisch. Erst ihr gemeinsamer positiver Ausfall ist für das Vorliegen von Eiweißsubstanz beweisend. Die meisten quantitativen Bestimmungen sind rein empirisch und gegen ein bekanntes Protein standardisiert. Man unterscheidet

A. Allgemeine Methoden[1, 2]:

Nachweis von Proteinen und Bestimmung des Gesamtproteingehaltes.

B. Spezifische Methoden:

Nachweis und Bestimmung eines einzelnen Proteins in einem Proteingemisch.

α) Allgemeine Nachweismethoden.

Gewichtsbestimmung. Das Wägen ist die direkteste Methode. Oft wird die Probe durch Hitzekoagulation oder Fällung mit organischen Lösungsmitteln und Waschen mit Aceton (Entfernung von Lipoiden) dargestellt. Bei der Fällung von Protein mit Komplexbildnern wie Sulfosalicylsäure, Trichloressigsäure, $HgCl_2$ u. a. müssen diese Reagentien im Niederschlag gesondert bestimmt werden. Reine Proteinlösungen können in verschiedenen Schnellverdampfern schonend zur Trockne gebracht werden[3]. Die in der Regel nicht ohne Schädigung durchführbare Trocknung bis zur Gewichtskonstanz führt man bei 105° an der Luft oder im Vakuum über P_2O_5 aus[4, 5]. Trockene Proteine sind äußerst hygroskopisch. Man trocknet daher am besten in verschließbaren Wägegläsern, die unmittelbar nach der Trocknung geschlossen und so zur Wägung gebracht werden.

Stickstoffbestimmung. ***Bestimmung von Gesamtproteinstickstoff nach*** KJELDAHL* (s. hierzu auch Bd. III, S. 11ff., 236ff., sowie Bd. V, S. 18ff.). 5—8 mg Protein, 2 Spatelspitzen Selen-Reaktionsgemisch (nach WIENINGER, Merck) und 1 cm³ konz. Schwefelsäure werden zum Sieden erhitzt. Der Proteinstickstoff wird in Ammoniumsulfat umgewandelt. Unvollständige Reaktion ist die Hauptfehlerquelle. Nach erfolgter Klärung muß noch mehrere, optimal 12 Std erhitzt werden. Das entstehende Ammoniak wird

1. mit NESSLERs Reagens colorimetrisch bestimmt;

2. aus der alkalisch gemachten Aufschlußlösung mit Wasserdampf abdestilliert und in der Vorlage titriert: Das Ammoniak wird in 10 cm³ 0,01 n H_2SO_4 absorbiert und mit

* Eine kritische Betrachtung der Methode mit einer Auswahl der sehr umfangreichen Literatur geben KIRK[6] sowie BRADSTREET[7].

[1] HOFSTEN, B. v.: Acta chem. scand. **10**, 1432 (1956).

[2] HOFSTEN, B. v.: Nature **177**, 844 (1956).

[3] CRAIG, L. C., J. D. GREGORY and W. HAUSMANN: Analyt. Chem., Washington **22**, 1462 (1950).

[4] BRAND, E., and B. KASSELL: J. biol. Ch. **145**, 365 (1942).

[5] BULL, H. B.: Am. Soc. **66**, 1499 (1944).

[6] KIRK, P. L.: Adv. Protein Chem. **3**, 139 (1947).

[7] BRADSTREET, R. B.: Analyt. Chem., Washington **26**, 185 (1954).

0,01 n NaOH gegen Methylorange zurücktitriert. Einfacher ist es, in 2%iger Borsäure + 2% Indikator* zu absorbieren und direkt mit 0,01 n H_2SO_4 zu titrieren;

3. direkt im Aufschlußkolben mit Hypobromit titriert (HARVEY[1]). Vorteilhaft für Proben mit weniger als 0,1 mg N.

Voraussetzung ist die Abtrennung von allen stickstoffhaltigen Nichtproteinsubstanzen, z. B. durch Ausfällen des Proteins mit Proteinfällungsmittel, s. S. 32, Tabelle 9, Entfernung von Ammoniumsalzen durch Dialyse oder Austauscher. Für genaue Bestimmungen sehr kleiner Stickstoffmengen ist die Diffusionsmethode nach CONWAY[2] zusammen mit der Aufschlußmethode im Einschlußrohr nach GRUNBAUM u. a.[3] sehr geeignet. Proteine enthalten 14—19%, im allgemeinen 16% Stickstoff. Der Proteingehalt einer Substanz ergibt sich dann durch Multiplikation mit einem Faktor (vgl. Tabelle 1).

Tabelle 1. *Stickstoffgehalt und Multiplikationsfaktoren einiger Proteine und Polypeptide.*

Name des Proteins	N-Gehalt in %	Multiplikations-faktor	Literatur
Adrenocorticotropes Hormon (Schaf) . . .	15,6	6,41	4
Insulin (Schwein)	15,56	6,43	5
Glucagon	17,4	5,75	6
Oxytocin	16,2	6,18	7
Prolactin (Lactationshormon)	15,86	6,31	7
Somatotropin (Wachstumshormon). . . .	15,65	6,40	7
Follikelstimulierendes Hormon (Schaf) . .	15,1	6,62	8
Pepsin	14,65	6,83	8
Ovalbumin (Huhn)	15,76	6,35	9
Chymotrypsinogen	16,18	6,19	
Thyreoglobulin (Rind)	15,8	6,33	10
Tabakmosaikvirus	16,6	6,02	11

Aminostickstoffbestimmung nach VAN SLYKE[12-15] (s. hierzu auch Bd. III, S. 312ff. und 1711ff.). α-Aminogruppen von Aminosäuren reagieren mit salpetriger Säure quantitativ unter Stickstoffentwicklung in 3—5 min, ε-Aminogruppen in etwa 20 min.

Mit dem ursprünglichen van Slykeschen Apparat ergeben sich Schwierigkeiten, da Nitritblindwerte von 0,1—0,2 cm³ auftreten. Nach einem Vorbild von KAINZ[16] entwickelten wir eine Apparatur**, die auch Bestimmungen bei erhöhter Temperatur und an festen Substanzen gestattet. Die Nitritblindwerte liegen bei nur 0,02 cm³.

Reagentien:

1. Eisessiggesättigte Natriumacetatlösung 1:1.
2. KJ, 10%ig.
3. $NaNO_2$, 30%ig.

* 10 mg Methylrot + 50 mg Bromkresolgrün auf 60 cm³ Äthanol.

** Wir danken Herrn Dr. F. ZINNEKE, Leverkusen, für wertvolle Anregungen.

[1] HARVEY, H.W.: Analyst **76**, 657 (1951).
[2] CONWAY, E. J.: Microdiffusion Analysis and Volumetric Error. London 1950.
[3] GRUNBAUM, B.W., P.L. KIRK, L.G. GREEN and C.W. KOCH: Analyt. Chem., Washington **27**, 384 (1955).
[4] LI, C. H.: Am. Soc. **73**, 4146 (1951).
[5] HARFENIST, E. J.: Am. Soc. **75**, 5528 (1953).
[6] BROMER, W. W., A. STAUB, E. R. DILLER, H. L. BIRD, L. G. SINN and O. K. BEHRENS: Am. Soc. **79**, 2794 (1957).
[7] LI, C. H.; in: Neurath-Bailey, Proteins Bd. IIA, S. 595.
[8] TRISTRAM, G. R.; in: Neurath-Bailey, Proteins Bd. IA, S. 181.
[9] LEWIS, J.C., N.S. SNELL, D.J. HIRSCHMANN and H. FRAENKEL-CONRAT: J. biol. Ch. **186**, 23 (1950).
[10] DERRIEN, Y., R. MICHEL, K.O. PEDERSEN et J. ROCHE: Biochim. biophysica Acta, N.Y. **3**, 436 (1949).
[11] KNIGHT, C. A.: J. biol. Ch. **197**, 241 (1952).
[12] VAN SLYKE, D. D.: B. **43**, 3170 (1910).
[13] VAN SLYKE, D. D.: J. biol. Ch. **16**, 121 (1913).
[14] VAN SLYKE, D. D.: J. biol. Ch. **23**, 407 (1915).
[15] VAN SLYKE, D. D.: J. biol. Ch. **83**, 425 (1929).
[16] KAINZ, G.: Mikrochim. Acta **1953**, 349.

4. Chrom-Schwefelsäure. Diese Lösung wird hergestellt, indem man soviel konz. H_2SO_4 zu einer gesättigten Lösung von Kaliumdichromat in Wasser gibt, bis ein Niederschlag auszufallen beginnt, den man durch Zugabe von einigen Tropfen Wasser wieder auflöst.

Ausführung:

5—20 mg Substanz, 2 cm³ eisessiggesättigte Natriumacetatlösung und 1 cm³ 10%ige Kaliumjodidlösung (zur Zurückdrängung von Anomalien[1]) werden in das Reaktionsgefäß *R* gebracht. Mit CO_2 wird luftfrei gemacht, Gasaustritt durch Dreiweghahn 2. Aus dem Nitritzulaufgefäß *N* läßt man 2 cm³ 30%ige Natriumnitritlösung eintreten. Nitrose Gase werden in der Spirale *A* durch Chrom-Schwefelsäure (eine Füllung reicht für etwa 5 Analysen) absorbiert. Der Stickstoff wird in einem Azotometer (1,2—1,5 cm³) gemessen.

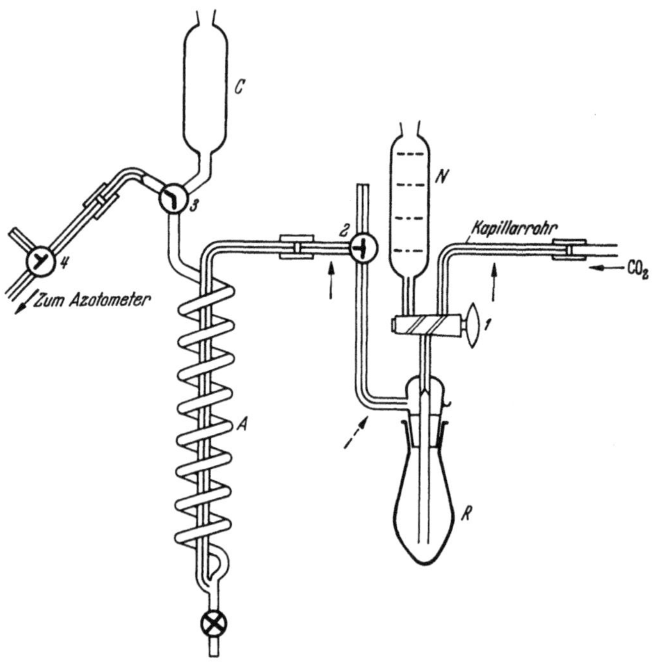

Abb. 1. Apparatur zur Aminostickstoffbestimmung. *R* Reaktionsgefäß; *N* kalibriertes Nitritzulaufgefäß; *A* Absorptionsspirale (50 cm³ Inhalt); *C* Chrom-Schwefelsäure-Vorratsgefäß; ↑ Aufhängungspunkte; ↗ Stelle zum Einhängen der Schüttelvorrichtung; *1* Zweiweghahn; *2*, *4* Dreiweghähne; *3* Czako-Dreiweghahn.

Zum Nachweis der Proteine gibt es eine große Zahl von *Farbreaktionen* und *Anfärbungen*, die entweder allgemein für Proteine charakteristisch sind, wie die Biuret- oder Chlormethode, Ninhydrinreaktion und Dinitrophenylierung (evtl. erst nach Hydrolyse), während andere für eine besondere Aminosäure spezifisch sind, wie Millon-, Folin- oder Xanthoprotein-Reaktion[2].

Biuret-Methode zur Eiweißbestimmnug. Blauviolettfärbung von Proteinen in alkalischer Lösung mit Kupfersalzen (s. auch Bd. V, S. 25ff.).

Reagentien:

1. Trichloressigsäure, 10%ig.
2. NaOH, 3%ig, frisch angesetzt.
3. $CuSO_4 \cdot 5\,H_2O$, 20 g in 100 cm³ H_2O.
4. Vergleichslösung: $Cr_2(SO_4)_3 \cdot (NH_4)_2SO_4 \cdot 24\,H_2O$, 0,5%ig in H_2O.

Ausführung:

5—20 mg Protein werden mit 10%iger Trichloressigsäure gefällt und nach 10 min abzentrifugiert. Der Niederschlag wird mit Natronlauge gelöst und mit derselben Lauge auf 10 cm³ aufgefüllt, 0,25 cm³ einer Kupfersulfatlösung zugefügt, 15mal geschüttelt, nach 10 min zentrifugiert und bei 560 mμ colorimetriert. Vergleichslösung: 0,5% $Cr_2(SO_4)_3 \cdot (NH_4)_2SO_4 \cdot 24\,H_2O$ in Wasser, 4 Tage abstehen lassen[3], vgl.[4, 5]. Die Ergebnisse müssen gegen ein bekanntes Protein, wie Rinderplasmaalbumin, oder gegen eine andere Bestimmung (z. B. N-Gehalt nach KJELDAHL) standardisiert werden. Alle Proteine liefern nahezu die gleiche Farbintensität. Aminosäuren, außer Histidin, und niedere Peptide

[1] KAINZ, G.: Mikrochim. Acta **1953**, 349.
[2] OLCOTT, H. S., and H. FRAENKEL-CONRAT: Chem. Reviews **41**, 151 (1947).
[3] HILLER, A., R. L. GREIF and W. W. BECKMAN: J. biol. Ch. **176**, 1421 (1948).
[4] ROBINSON, H. W., and C. G. HOGDEN: J. biol. Ch. **135**, 707 (1940).
[5] MEHL, J. W., E. PACOVSKA and R. J. WINZLER: J. biol. Ch. **177**, 13 (1949).

stören nicht. Ein sehr gutes Verfahren, das mit weniger als 1 mg Substanz auskommt, wurde von GOA[1] beschrieben.

Eine andere Ausführungsart geben BÜCHER und Mitarbeiter[2] an. Die Lösung von 1—6 mg Protein in etwa 0,85 cm^3 Wasser wird in einem Zentrifugenglas, das eine auf das Volumen 10 cm^3 geeichte Marke besitzt, unter Umrühren mit 0,15 cm^3 3 m Trichloressigsäurelösung versetzt. Nach dem Abzentrifugieren des Gefällten und sorgfältigem Entfernen der überstehenden Lösung wird der Eiweißniederschlag in etwa 5 cm^3 Wasser aufgewirbelt, mit genau 5 cm^3 Biuretreagens vermischt und auf 10 cm^3 aufgefüllt. Von der nach 30 min gemessenen Extinktion wird der Blindwert der Mischung von 5 cm^3 Wasser und 5 cm^3 Biuretreagens abgezogen: Zuwachs der Extinktion (546 mμ, Schichtdicke = 2 cm) X 17,0 = mg Protein in der Bestimmung.

Herstellung des Biuretreagens: 9 g Seignettesalz werden in etwa 400 cm^3 0,2 n NaOH (carbonatfrei) gelöst, dann nacheinander zu dieser Lösung 3,0 g fein gepulvertes $CuSO_4 \cdot 5\,H_2O$ und 5,0 g KJ gefügt. Jedes der Salze muß jeweils vor Zufügen des nächsten gelöst sein. Die Mischung wird mit 0,2 n NaOH auf 1000 cm^3 aufgefüllt; sie ist in einer braunen Flasche sehr lange haltbar.

***Kombinierte Biuret-Folin-Reaktion nach* LOWRY, ROSEBROUGH, FARR *und* RANDALL.** LOWRY u. a.[3] entwickelten diese Methode, die 100mal empfindlicher als die Biuret-Methode ist, aber spezifischer vom einzelnen Protein abhängt. Die ausführliche Beschreibung wird im Beitrag „Serumproteine", S. 252f., gegeben.

In einer Mikromethode lassen sich bis zu 0,2 γ Protein bestimmen. Für routinemäßige Schnellbestimmungen von Protein, etwa während einer Fraktionierung, ist die Methode sehr geeignet. Sie hat weitverbreitete Anwendung gefunden und wird heute fast ausschließlich verwendet.

Chlorverfahren (s. auch Bd. III, S. 1718). Die Peptidgruppe —CO · NH— läßt sich durch elementares Chlor oder Brom in die N-Halogenverbindungen überführen, die KJ, o-Tolidin, Benzidin u. dgl. oxydieren. Die Methode dient zur Anfärbung von Proteinen auf Papier.

Ausführung: Das gut getrocknete Papyrogramm wird in einem Exsiccator 10—20 min einem Chlorstrom (2 Blasen je sec) ausgesetzt, dann 5—10 sec ebenso mit Ammoniak behandelt[4]. Man entwickelt in einer Lösung von 50 mg o-Tolidin und 5 g Kaliumjodid je Liter 2%iger Essigsäure und umrandet die Flecken der feuchten Chromatogramme sofort, da die blauschwarze Färbung verblaßt. REINDEL und HOPPE[5] arbeiten mit ClO_2.

Während bei diesen Verfahren das Protein zerstört wird, ist die Anfärbung mit Jod reversibel. Sie verschwindet nach einiger Zeit, und das Protein kann eluiert werden.

Ausführung: Man läßt Joddampf auf das getrocknete Papier einwirken oder besprüht mit alkoholischer Jodlösung[6].

Ninhydrinreaktion (s. hierzu auch Bd. III, S. 1718f., und Bd. V, S. 49f.). Aminosäuren geben mit Ninhydrin (Triketohydrindenhydrat) eine intensive Blauviolettfärbung. Prolin und Oxyprolin liefern eine Gelbfärbung. Die Färbung wird bei Peptiden mit zunehmender Kettenlänge schwächer, Proteine geben meist nur noch sehr schwache Färbungen und müssen vor dem Nachweis mit Ninhydrin hydrolysiert werden. Die Ninhydrinfärbung wird bei der quantitativen Aminosäurebestimmung nach MOORE und STEIN[7-9]

---

1 GOA, J.: Scand. J. clin. Lab. Invest. **5**, 218 (1953).
2 BEISENHERZ, G., H. J. BOLTZE, T. BÜCHER, R. CZOK, K. H. GARBADE, E. MEYER-ARENDT u. G. PFLEIDERER: Z. Naturforsch. 8b, 555 (1953).
3 LOWRY, O. H., N. J. ROSEBROUGH, A. L. FARR and R. J. RANDALL: J. biol. Ch. **193**, 265 (1951).
4 ZAHN, H., u. E. REXROTH: Z. analyt. Chem. **148**, 181 (1955).
5 REINDEL, F., u. W. HOPPE: Naturwiss. **40**, 221 (1953).
6 BRANTE, G.: Nature **163**, 651 (1949).
7 STEIN, W. H., and S. MOORE: J. biol. Ch. **176**, 337 (1948).
8 MOORE, S., and W. H. STEIN: J. biol. Ch. **176**, 367 (1948).
9 MOORE, S., and W. H. STEIN: J. biol. Ch. **211**, 893 (1954).

Tabelle 2. *Proteinfärbungen (in der Papierchromatographie und -elektrophorese).*

Farbstoff	Formel	Färbung	Auswertung	Literatur
Amidoschwarz 10B (engl. Naphthalene black 12 B 200)	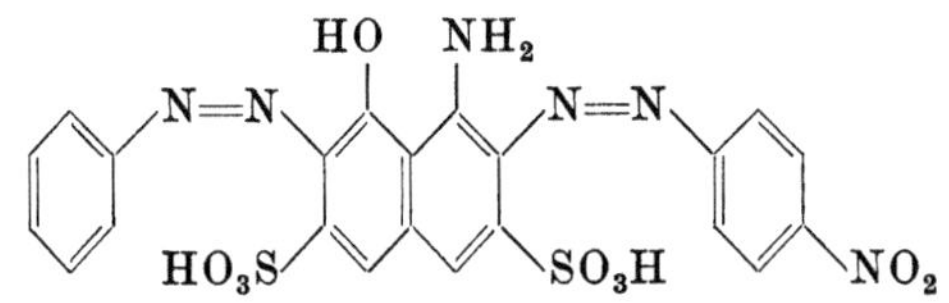	grünschwarz	quantitativ (Papierphotometrie)	1
Azocarmin B Behringwerke	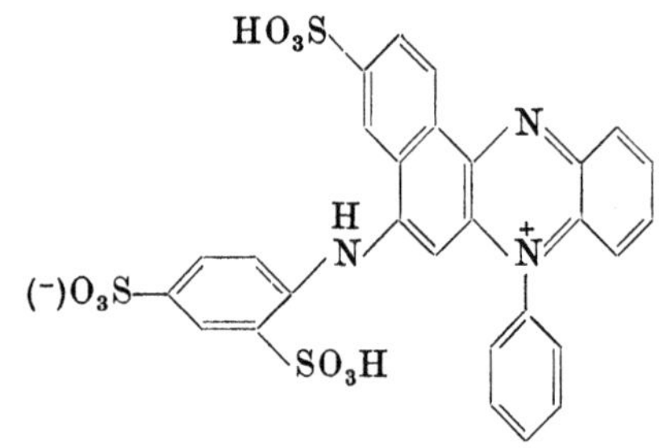	rot bis purpur	qualitativ quantitativ (Elution)	2
Brillantkresylgrün		grün	qualitativ	3
$HgCl_2$/Bromphenolblau	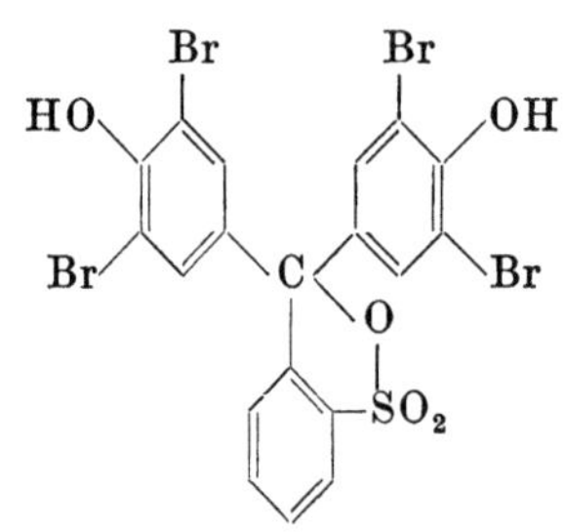	blau	qualitativ quantitativ	4–8
Bromthymolblau	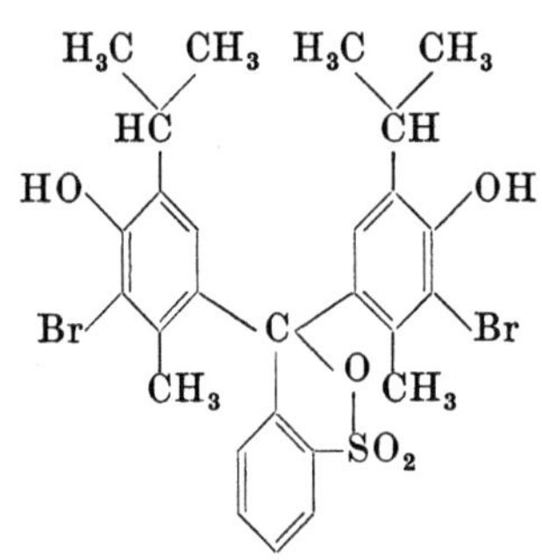	blauviolett	qualitativ	9
Eosin/Methylorange		fluoresciert im UV	qualitativ	10
Light-Green SF	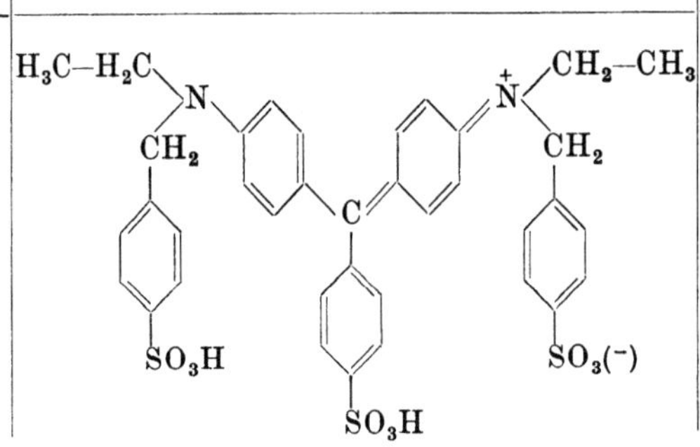	grün	quantitativ (Papierphotometrie)	11

Tabelle 2. (Fortsetzung.)

Farbstoff	Formel	Färbung	Auswertung	Literatur
Supracenviolett 3b (engl: Solway Purple SDC)	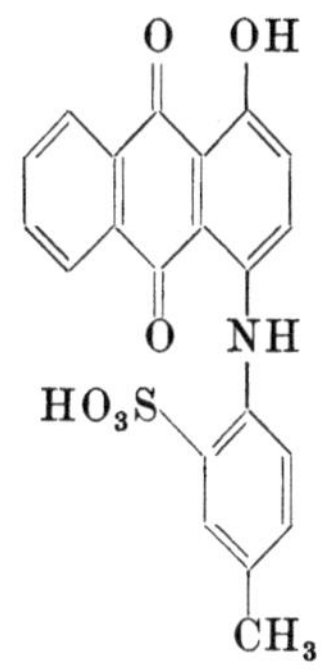	dunkelviolett Aminosäuren und Peptide reagieren nicht	qualitativ quantitativ (Papierphotometrie)	12, 13

benutzt. Verbesserungen[1] und ein modifiziertes Reagens[2] sind beschrieben worden. Zur Anfärbung von Aminosäuren auf Papier vgl. Bd. I, S. 239f., 254 und 257, sowie Bd. III, S. 1810, 1815, 1817 und 1818, sowie KAY u. a.[3]. Zur routinemäßigen Proteinbestimmung mit Ninhydrin nach der Totalhydrolyse vgl. v. HOFSTEN[4].

Dinitrophenylierung (s. hierzu auch Bd. III, S. 1704 und 1860ff.). 1-Fluor-2,4-dinitrobenzol reagiert in hydrogencarbonatalkalischem Medium (p_H 8) mit primären und sekundären Aminogruppen unter Bildung intensiv gelb gefärbter Produkte. Alle Proteine, die Aminoendgruppen oder Lysin enthalten, werden gelb gefärbt (DNP-Proteine, DNP-Aminosäuren). Cyclische Proteine ohne Lysin müssen zuvor hydrolysiert werden. Die Dinitrophenylierung wurde von SANGER[5] zur Endgruppenbestimmung im Insulin verwendet und hat seither zahlreiche Anwendungen gefunden.

Ausführung[5]: 500 mg Insulin und 500 mg Natriumhydrogencarbonat wurden in 5 cm^3 H_2O gelöst, 0,5 cm^3 Fluordinitrobenzol in 10 cm^3 Äthanol zugesetzt und die Mischung 2 Std geschüttelt. Dann wurde mit 2 n Salzsäure angesäuert, der gelbe Niederschlag von DNP-Insulin zentrifugiert, mit Wasser, Äthanol und Äther gewaschen und an der Luft getrocknet.

Anfärbeverfahren. Wie Wolle und Seide kann man Proteine, die basische Aminosäuren enthalten, mit sauren Farbstoffen anfärben. Die Anfärbeverfahren dienen in der Hauptsache zur Sichtbarmachung von Proteinen auf Papier und anderen Trägern bei elektrophoretischen und chromatographischen Untersuchungen. Die Färbemethoden sind auch zur *quantitativen Proteinbestimmung* geeignet. Dazu werden die Farbstoffe entweder

[1] TROLL, W., and R. K. CANNAN: J. biol. Ch. **200**, 803 (1953).
[2] MOORE, S., and W. H. STEIN: J. biol. Ch. **211**, 907 (1954).
[3] KAY, R. E., D. C. HARRIS and C. ENTENMAN: Arch. Biochem. **63**, 14 (1956).
[4] HOFSTEN, B. v.: Acta chem. scand. **10**, 1432 (1956).
[5] SANGER, F.: Biochem. J. **39**, 507 (1945).

Literatur zu Tabelle 2.

1 GRASSMANN, W., u. K. HANNIG: H. **290**, 1 (1952).
2 TURBA, F., u. H. J. ENENKEL: Naturwiss. **37**, 93 (1950).
3 CASPANI, R., e M. MAGISTRETTI: Plasma, Milano **2**, 33 (1954).
4 GRODSKY, G., and H. TARVER: Nature **177**, 223 (1956).
5 DURRUM, E. L.: Am. Soc. **72**, 2943 (1950).
6 CREMER, H. D., u. A. TISELIUS: B. Z. **320**, 273 (1950).
7 KUNKEL, H. G., and A. TISELIUS: J. gen. Physiol. **35**, 89 (1951).
8 JENCKS, W. P., M. R. JETTON and E. L. DURRUM: Biochem. J. **60**, 205 (1955).
9 PAPASTAMATIS, S. C., and J. F. WILKINSON: Nature **167**, 724 (1951).
10 TAUBER, H., and E. L. PETIT: Am. Soc. **74**, 2865 (1952).
11 RIDEOUT, L. A., and R. W. PRICHARD: Science, N. Y. **121**, 374 (1955).
12 JONES, J. I. M., and S. E. MICHAEL: Nature **165**, 685 (1950).
13 SIMON, K.: Naturwiss. **43**, 352 (1956).

eluiert oder mittels spezieller Photometer direkt auf dem Papier ausgemessen, s. Tabelle 1 sowie Beitrag „Papierelektrophorese", S. 136ff. Proteine, die mit den sauren Wollfarbstoffen nur schwach reagieren, kann man nach MICHL[1] mit Neucoccin + Naphtholblauschwarz + Cu-Rubeanat + Folin-Reagens anfärben.

***Orcinmethode nach* PORATH *und* FLODIN[2].** Nach PORATH und FLODIN lassen sich Aminosäuren, Peptide und Proteine auf Papierchromatogrammen sichtbar machen, indem man das getrocknete Chromatogramm mit 0,004 n Schwefelsäure in 96%igem Äthanol, enthaltend 0,1% Orcin (3,5-Dioxytoluol), besprüht und 30 min auf 110—120° erhitzt. Die Cellulose wird dabei, außer an den Stellen, wo sich die puffernden Eiweißsubstanzen befinden, schwach hydrolysiert und reagiert mit Orcin (Rotviolettfärbung). Die Flecke erscheinen daher weiß auf rot-violettem Hintergrund, s. Abb. 2. Aminosäuren werden nicht zerstört und können quantitativ eluiert werden.

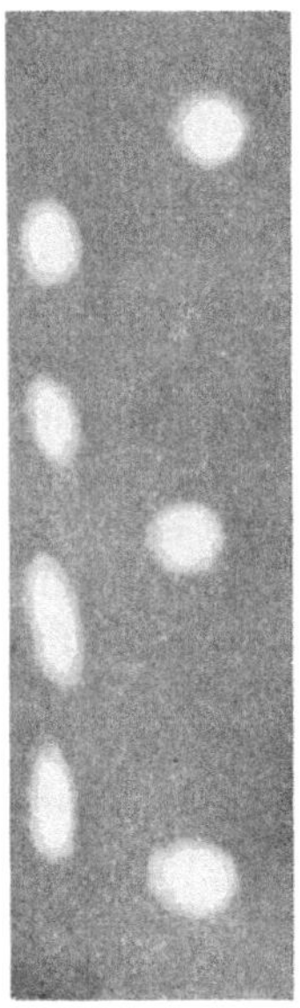

Abb. 2. Orcinreaktion (nach PORATH und FLODIN). Die Flecke rechts enthalten (von oben nach unten) 5, 10 und 15 γ Leucin; links (von oben nach unten) 5γ Glycin, 10 γ Alanin, 15 γ Tryptophan und 15 γ Isoleucin.

Fällungsreaktionen. Proteine lassen sich aus ihren wäßrigen Lösungen ausfällen durch:

1. *Starke Mineralsäuren.* Wichtig ist die Fällung mit konz. Salpetersäure, die als klinische Eiweißprobe verwendet wird. Beim Einfließen der Säure in die Proteinlösung bildet sich ein weißer Ring (HELLERsche Ringprobe).

2. *Komplexbildende Säuren* in schwach saurer Lösung. Die wichtigsten sind Phosphorwolframsäure, Phosphormolybdänsäure, Hexacyanoferrat(II)-säure, Quecksilberjodid-Jodwasserstoffsäure, Wismutjodid-Jodwasserstoffsäure, Hexachloroplatinat(IV)-säure, Metaphosphorsäure, Perchlorsäure, Flaviansäure, Tannin.

3. *Konzentrierte Salzlösungen* — Aussalzeffekt, s. S. 28.

4. *Schwermetallsalze,* z. B. Bleiacetat, Silbernitrat, Quecksilberchlorid oder Eisenchloride, Zinksulfat und Kupfersulfat. Die Fällungen sind häufig im Überschuß des Metallsalzes oder des Proteins wieder löslich.

5. *Organische, mit Wasser mischbare Lösungsmittel* wie Alkohol oder Aceton (s. S. 31).

6. *Erhitzen.* Durch Erhitzen von Eiweißlösungen im Bereich des isoelektrischen Punktes auf 50—70° C werden viele Eiweißsubstanzen denaturiert. Sie koagulieren und flocken aus.

Farbreaktionen auf einzelne Aminosäuren. Die voranstehend beschriebenen Farbreaktionen kann man als allgemeine Proteinreaktionen bezeichnen. Die folgenden sind für individuelle Aminosäuren charakteristisch und werden nur von solchen Proteinen gegeben, die die betreffende Aminosäure enthalten. Einige, die für den Proteinnachweis geeignet sind, seien hier erwähnt:

1. *Xanthoproteinreaktion:* Gelbfärbung mit konz. Salpetersäure, beruht auf Kernnitrierung von Phenylalanin, Tyrosin, Tryptophan.

2. *Millonsche Reaktion:* Rotfärbung mit $HgSO_4/NaNO_2$ in schwefelsaurer Lösung, spezifisch für Tyrosin[3,4].

3. *Sakaguchi-Reaktion:* Rotfärbung mit α-Naphthol + NaOBr, spezifisch für Arginin[5,6].

4. *Pauly-Reaktion:* Rot- bzw. Orangefärbung mit 0,1—0,2%iger p-Diazobenzolsulfosäure in 1 n Na_2CO_3-Lösung, beruht auf Kupplung mit Histidin bzw. Tyrosin (PAULY und BINZ, DENT)[7,8].

[1] MICHL, H.: Mh. Chem. **83**, 210 (1952).
[2] PORATH, J., and P. FLODIN: Nature **168**, 202 (1951).
[3] ZUVERKALOV, D.: H. **163**, 185 (1927).
[4] FRITZE, E. R., u. H. ZAHN: Melliand Textilber. **36**, 1136 (1955).
[5] DUBNOFF, J. W., and H. BORSOOK: J. biol. Ch. **138**, 381 (1941).
[6] WILLIAMS, R. J.: Univ. Texas Publ. Nr. 5109, 205 (1950).
[7] PAULY, H., u. A. BINZ: Z. Farb.- u. Textilchem. **3**, 373 (1904).
[8] DENT, C. E.: Biochem. J. **43**, 169 (1948).

5. *Nitroprussid-natrium-Reaktion:* Violettfärbung nach Reaktion mit KCN in neutraler Lösung durch Zugabe von alkalischer Nitroprussid-Natriumlösung, spezifisch für Cystein.

Ausführliche Beschreibungen dieser und vieler anderer Eiweißproben findet man vor allem in Bd. III, S. 1720ff., ferner in LLOYD, D. J. and A. SHORE: Chemistry of the Proteins. London 1938. TURBA, F.: Chromatographische Methoden in der Proteinchemie, S. 76—107. Berlin, Göttingen, Heidelberg 1954.

Physikalische Eigenschaften von Proteinlösungen können ebenfalls zum Nachweis, hauptsächlich aber zur quantitativen Bestimmung des Proteingehaltes benutzt werden.

UV-Absorption. Proteine mit aromatischen Aminosäuren absorbieren UV-Strahlung maximal bei $\lambda = 275$—280 mμ. Die Absorption wird verursacht durch Tryptophan ($\lambda_{max} = 278$ mμ), Tyrosin ($\lambda_{max} = 274{,}5$ mμ) und Phenylalanin ($\lambda_{max} = 257{,}5$ mμ). Wenn der Extinktionskoeffizient bekannt ist, kann man die Proteinkonzentration bequem und zuverlässig durch die Absorptionsmessung bestimmen. Untere Grenze: 1 mg Protein. Man kann auch eine Näherungsbestimmung des Gesamtproteingehaltes einer Mischung vornehmen, wenn man einen mittleren Extinktionskoeffizienten annimmt. — Die Methode hat den Vorteil, daß im allgemeinen die Absorption nicht durch Salze oder andere gelöste Substanzen gestört wird und eine vorherige Abtrennung dieser Stoffe nicht nötig ist. Nucleinsäuren stören, da sie im selben Bereich (Maximum bei $\lambda = 260$ mμ) sehr stark absorbieren. Das Verhältnis der Absorptionen bei 260 und 280 mμ dient zur Bestimmung der relativen Konzentrationsverhältnisse Nucleinsäure/Protein[1]. Die Extinktionskoeffizienten vieler Proteine findet man in LANDOLT-BÖRNSTEIN: „Zahlenwerte und Funktionen", Atom- und Molekularphysik, 3. Teil, Molekeln II, S. 231 Berlin, Göttingen, Heidelberg 1951 (vgl. auch Tabelle 3).

Tabelle 3. *UV-Absorption einiger Proteine.*

Name des Proteins	Absorptionsmaximum (Wellenlänge in mμ)	Lösungsmittel	Literatur
Sericin aus Naturseide .	273	0,02%ige wäßrige Lösung	2
Fibrinogen	279	Phosphatpuffer p_H 7,2	3
Serumglobulin	278	Phosphatpuffer p_H 8,0	4
Thyreoglobulin	275	Phosphatpuffer p_H 8,0	4
Serumalbumin	279	Acetatpuffer p_H 4,8	5
Myosin (Muskel) . . .	273	KCl-haltiger Phosphatpuffer p_H 6,3	6
Insulin.	275	wäßrige Lösung	7
Casein	290	Lösung in 0,01 n NaOH	8
Conarachin	274—276	Phosphatpuffer p_H 7,3	9
Edestin	286	96%ige Schwefelsäure	10
Ovalbumin	281	Lösung in Wasser	8

Verschiedene physikalische Methoden. **1. Spezifisches Gewicht** von Proteinlösungen. Zur Bestimmung des Proteingehaltes mittels des spezifischen Gewichtes sind zahlreiche Methoden beschrieben worden. Sie liefern alle nur unter genau standardisierten Bedingungen reproduzierbare Werte.

[1] WARBURG, O., u. W. CHRISTIAN: B. Z. **310**, 384 (1942).
[2] RAUCH, W.: Melliand Textilber. **28**, 307 (1947).
[3] CSOKAN, P., u. K. LAKI: Z. physik. Chem. (A) **190**, 278 (1942).
[4] GINSEL, L. A.: Biochem. J. **33**, 428 (1939).
[5] GROH, J., u. E. FALTIN: H. **199**, 13 (1931).
[6] KRATKY, O., E. SCHAUENSTEIN u. E. TREIBER: Mh. Chem. **78**, 174 (1948).
[7] KUHN, W., H. EYER u. K. FREUDENBERG: H. **202**, 97 (1931).
[8] GROH, J., u. M. HANAK: H. **190**, 169 (1930).
[9] DEAN, A. C. R.: Trans. Faraday Soc. **45**, 487 (1949).
[10] BANDOW, F.: B. Z. **296**, 105 (1938).

Die Methode des fallenden Tropfens nach BARBOUR und HAMILTON[1] findet in der klinischen Analyse von Serum- und Plasmaproteinen sowie von Blut Anwendung. Die Fallzeit eines 10 mm^3-Tropfens der Probe durch 30 cm einer Xylol/Brombenzol-Mischung etwa gleicher Dichte wird gemessen. Die Methode ist schnell und einfach und benötigt nur sehr geringe Substanzmengen. Viele Modifizierungen sind beschrieben[2-6]. Andere Methoden sind Flotation[7] oder Messungen mit dem Pyknometer[8]. Zur Bestimmung des spezifischen Gewichtes von Proteinkristallen vgl.[9].

2. **Refraktion.** Die Methode ist weniger genau und hat z. B. zur Untersuchung von Serumprotein gedient[10].

Verschiedene andere Methoden sind zur Proteinbestimmung benutzt worden, wie
3. Viscosität[11],
4. Spreitung[12],
5. Infrarot-Spektroskopie[13],
6. Elektrophorese, s. S. 80,
7. Trübungsmessung, s. Bd. I, S. 435.

β) Spezifische Nachweismethoden.

Zum Nachweis einzelner Proteine in einem Proteingemisch und zur Überprüfung des Verlaufes einer Fraktionierung müssen Reaktionen verwendet werden, die nicht auf das Gesamtproteingemisch ansprechen. Am einfachsten sind Substanzen nachzuweisen, die außer der Proteinkomponente noch *Nichtproteingruppen* oder gewisse Metalle im Molekül enthalten, wie Hämoglobin (Fe, Porphyrin), Coeruloplasmin (Cu) oder Carboxypeptidase (Zn). Andere Proteine unterscheiden sich vom Gemisch durch den spezifischen *Gehalt einer speziellen Aminosäure.*

Bei der Untersuchung von Toxinen, Fermenten und Hormonen benutzt man die Messung der *biologischen Aktivität.* Näheres s. GREEN und NEURATH[14].

Proteine ohne biologische Aktivität kann man mittels *Antikörpern* nachweisen, die man durch Injektion des Proteins in geeignete Versuchstiere erzeugt. Nachteilig ist dabei die oft mühsame Isolierung des Antikörpers. Vgl. Immunchemische Methoden S. 106.

Literatur zum Proteinnachweis.

1. KIRK, P. L.: Adv. Protein Chem. **3**, 139 (1947).
2. TURBA, F.: Chromatographische Methoden in der Proteinchemie. Kap. 143, S. 76—107. Berlin, Göttingen, Heidelberg 1954.
3. TAYLOR, J. F.: The isolation of proteins; in: Neurath-Bailey, Proteins Bd. IA, S. 14—21.

3. Gewinnung von Proteinen.

a) Gewinnung unlöslicher Proteine.

Eine Klassifizierung der Proteine beruht auf ihrer Löslichkeit („Committee on Protein Nomenclature", 1907)[15]. Die Definition der löslichen und unlöslichen Proteine soll durch die folgende Zusammenstellung ihrer Charakteristika vermittelt werden.

[1] BARBOUR, H. G., and W. F. HAMILTON: J. biol. Ch. **69**, 625 (1926).
[2] KAGAN, B. M.: J. clin. Invest. **17**, 369, 373 (1938).
[3] BARBOUR, jr. P. H.: Yale J. Biol. Med. **14**, 107 (1941).
[4] BALZE, F. A. DE LA: Medicina, Buenos Aires **2**, 449 (1942)
[5] TAYLOR, F. W., and M. M. GIBBONS: Ann. Surg. **116**, 426 (1942).
[6] QUIGLEY, J. J., and T. F. MURASCHI: J. biol. Ch. **158**, 463 (1945).
[7] MORTENSEN, R. A.: J. Lab. clin. Med. **27**, 693 (1942).
[8] MOORE, N. S., and D. D. VAN SLYKE: J. clin. Invest. **8**, 337 (1930).
[9] LOW, B. W., and F. M. RICHARDS: Nature **170**, 412 (1952).
[10] SUNDERMANN, F. W.: Amer. J. med. Sci. **207**, 685 (1944).
[11] FOSTER, S., F. BIGURIA and M. A. ADAMS: J. Lab. clin. Med. **28**, 1634 (1943).
[12] BULL, H. B.: Adv. Protein Chem. **3**, 95 (1947).
[13] BUSWELL, A. M., and R. C. GORE: J. physic. Chem. **46**, 575 (1942).
[14] GREEN, N. M., and H. NEURATH: Proteolytic enzymes; in: Neurath-Bailey, Proteins Bd. II/B, S. 1057.
[15] Committee on Protein Nomenclature: J. biol. Ch. **4**, XLVIII (1907).

Tabelle 4. *Charakterisierung der löslichen und unlöslichen Proteine.*

Charakteristikum	I. Lösliche Proteine	II. Unlösliche Proteine
Löslichkeit	Löslich in Wasser bzw. Salz-, Säure- und Basenlösungen oder in Alkohol	Unlöslich in gewöhnlichem wäßrigen Medium, in verdünnten Salz-, Säure- und Basenlösungen bei normaler Temperatur
Molgewicht	Definierbares Molgewicht zwischen 1000 und Millionen	Undefinierbar hohes Molgewicht
Molekülgestalt	Moleküle vielfach sphärisch	Lineare Moleküle parallel zur Faserachse (Faserproteine)
Kristallinität	Viele kristallisieren in definierten Kristallen	Amorph bzw. abwechselnd amorphe und kristalline Bereiche
Einwirkung von Wärme bzw. hydrotropen Reagentien	Denaturierung	Schrumpfung, Superkontraktion
Besondere Eigenschaften		Streckbar, Kontraktion bei Entspannung

Die Isolierung unlöslicher Proteine soll zuerst besprochen werden.

α) *Vorkommen und Beschaffenheit unlöslicher Proteine.*

Zu den unlöslichen Proteinen (auch Skleroproteine genannt) gehören (vgl.[7]):

Keratin (Haare, Wolle, Horn, Nägel),
Seide (Bombyx mori, Tussah u. a.),
Kollagen (Sehnen-, Haut-, Knochenkollagen),
Elastin, Reticulin.

Zu den Gerüstproteinen zählt man ferner:

Myosin, Epidermin und Fibrin.

Diese bilden aber im Hinblick auf ihre Gewinnungsmethoden schon den Übergang zu den löslichen Proteinen. Alle Skleroproteine sind uneinheitlich und enthalten wechselnde Mengen Nichtproteinbestandteile. Keratin enthält gewöhnlich Zucker[1, 2] und Purine[3]. Haare und Wolle sind äußerlich von Wachsen und Fetten eingehüllt. Rohe Schafwolle kann bis zu 25% davon enthalten[4]. Der von der Seidenraupe erzeugte Faden besteht aus 2 dünneren Fibroinfäden, die durch das lösliche Protein Sericin verkittet sind. Das Ganze ist dann noch von einer Wachsschicht umhüllt. Auch die Kollagene sind nicht einheitlich. Unter der Bezeichnung „Kollagen“ wird eine Gruppe von verwandten Proteinen zusammengefaßt, die Hauptbestandteile tierischer Bindegewebe sind. Diese Proteine unterscheiden sich im einzelnen sowohl chemisch als auch physikalisch nicht unerheblich. Eine eindeutige Charakterisierung des Begriffes „Kollagen“ als chemisches Individuum gibt es bisher nicht[5, 6]. Das Knochenkollagen bildet nur etwa 30% des Knochengerüstes, während die übrigen 70% aus Fett, Wasser und mineralischen Bestandteilen, vorzugsweise Hydroxylapatit $3Ca_3(PO_4)_2 \cdot Ca(OH)_2$ zusammengesetzt sind.

Definierte und einheitliche Proteine konnten von allen diesen Gerüsteiweißen bislang noch nicht dargestellt werden. Die Gewinnung der unlöslichen Komponenten beschränkt sich darauf, äußere Schmutzteile (etwa bei Schafwolle), die Wachsschichten, die löslichen Proteinkomponenten und andere lösliche organische und anorganische Bestandteile aus dem meist tierischen Rohmaterial zu entfernen. Als „Reinprodukt“ bleiben komplexe

[1] Allwörden, K. v.: Angew. Chem. **29**, 77 (1916).
[2] Bolliger, A., and N. D. McDonald: Austral. J. exp. Biol. med. Sci. **26**, 459 (1948).
[3] Gross, R.: Austral. J. exp. Biol. med. Sci. **34**, 65 (1956).
[4] Truter, E. O.: Wool Wax. London 1956.
[5] Eastoe, J. E.: Biochem. J. **61**, 589 (1955).
[6] Gustavson, K. H.: The Chemistry and Reactivity of Collagen. New York 1956.
[7] Kendrew, J. C.: Structure proteins; in: Neurath-Bailey, Proteins Bd. II/B, S. 845.

Gemische von teilweise cellular angeordneten Proteinen, die meist immer noch organische und anorganische Nichtproteinsubstanzen enthalten.

Für technische und industrielle Zwecke (Woll- und Seidenindustrie, Lederherstellung) ist diese Reinheitsstufe völlig ausreichend. Für chemische Untersuchungen mit dem Ziel der Strukturaufklärung sind weitere spezielle Fraktionierungen erforderlich.

Beispiele:

β) Reinigung von Wolle.

Rohe Schweißwolle wird in die 50fache Menge einer Waschlösung von 50° C eingelegt, die 0,2 % Nekanil O extra * enthält und durch Zugabe von 0,75 cm^3 Eisessig je Liter auf p_H 4 bis 4,2 eingestellt wurde. Es darf nicht geknetet oder gestampft werden, da die Fasern sonst verfilzen. Die Wolle wird nur ganz leicht bewegt. Nach 30 min Waschdauer wird die Wolle etwa 30 min in destilliertes Wasser eingelegt. In einer Nachwäsche (isoelektrische Wäsche, zur Einstellung auf den isoelektrischen Punkt der Wolle, etwa p_H 5) wird die Wolle 30 min lang bei 40° mit der 30fachen Menge einer Lösung behandelt, die 1 g Nekanil O * und 24 cm^3 Essigsäure/Acetatpuffer ** p_H 4,9/l enthält. Danach wird die Wolle gut ausgepreßt und 3mal je $^1/_2$ Std in Spülbäder von destilliertem Wasser bei Zimmertemperatur eingelegt. Das letzte Spülbad soll wasserklar sein. Hierauf drückt man die Wolle aus und läßt sie auf Filtrierpapier locker ausgelegt trocknen. Zur Entfernung der restlichen Wachse wird die Wolle anschließend je 4 Std mit Äthanol und Äther im Soxhlet-Apparat extrahiert. Danach werden Kletten und andere Pflanzenteile ausgelesen.

In der Technik wird die Wolle im allgemeinen durch die Seife-Soda-Wäsche (Wool Science Review Nr. **9**, 30) gereinigt. Die mechanische Entfernung von Sand und Pflanzenteilen erfolgt im sog. Krempelwolf. Der Rest an pflanzlichen Verunreinigungen wird oft erst im Gewebe durch das sog. Carbonisieren (Erhitzen mit 3 %iger Schwefelsäure) entfernt.

γ) Reinigung von Naturseide[1].

90 g Rohseide werden mit Äther und Äthanol jeweils 24 Std im Soxhlet-Apparat extrahiert. Man erhält 86,2 g entwachste Rohseide. Diese wird zur Entfernung von Sericin mit einer Lösung von 34 g „medizinischer Seife“ (Merck) in 2 l Wasser (p_H etwa 9) 2mal je 20 min auf 90° C erwärmt. (Neutralseifen eignen sich nicht so gut, weil sie das Sericin nicht vollständig entfernen.) Nach kurzem Auswaschen mit Wasser wird die Extraktion mit einer 0,8 %igen Lösung derselben Seife wiederholt (85—90° C, 20 min) und gründlich mit Wasser nachgewaschen. Schließlich wird das Präparat 18 Std in 2000 cm^3 3 %ige Essigsäure eingelegt, um das Seifenalkali zu entfernen und die Seide auf ihren isoelektrischen Punkt (p_H 4,8) zu bringen. Danach wird erneut mit Wasser gründlich ausgewaschen und die Seide an der Luft getrocknet. Ausbeute 76 %, bezogen auf entwachste Rohseide.

δ) Kollagengewinnung[2].

Diese Reinigungsvorschrift für Rinderhautkollagen entspricht der Forderung nach einem Minimum chemischer Behandlungen, die zur Schonung von Kollagen gestellt werden muß. Hautkollagen stellt den Hauptbestandteil der tierischen Lederhaut (Corium) dar. Daneben enthält das Corium Wasser, Fette, mineralische Bestandteile und andere Proteine (Albumine, Globuline, Elastin, Reticulin, Mucoproteide, lösliche Kollagenvorstufen) (vgl.[3, 4]).

Das Rückenstück einer frisch abgezogenen Rindshaut wird in Stücke geschnitten (45 × 30 cm), die in einem Glasrollfaß („revolving glass drum“) zuerst mit Wasser, dann

* Polyglykoläther der BASF.

** 272 g Natriumacetat · $3\,H_2O$ + 83 cm^3 Eisessig je l.

[1] Zahn, H., H. Zuber, W. Ditscher, D. Wegerle u. J. Meienhofer: B. **89**, 407 (1956).

[2] Bowes, J. H., and R. H. Kenten: Biochem. J. **43**, 358 (1949).

[3] Cassel, J. M., and J. R. Kanagy: J. Res. nat. Bur. Stand. **42**, 557 (1949).

[4] Gustavson, K. H.: The Chemistry and Reactivity of Collagen. New York 1956.

mit 10%iger NaCl-Lösung 30 min lang gewaschen werden. Die Stücke stehen über Nacht in frischer NaCl-Lösung und werden 30 min in dieser Lösung gewälzt, mehrmals mit destilliertem Wasser gewaschen und mit Aceton entwässert. Die Narbenschicht, die die Haarwurzeln und den größeren Teil der Muskel- und elastischen Fasern enthält, sowie eine dünne Schicht von der Fleischseite werden abgespalten und das zurückbleibende Material in 1 cm-Würfel geschnitten. Diese werden mit 3mal erneuertem Petroläther (Kp. 40—60°) bei Zimmertemperatur 6 Tage lang entfettet, wiederholt mit dest. Wasser gewaschen und mit Aceton entwässert. Das gereinigte Kollagen enthält 0,03% Asche, 23% Feuchtigkeit und 0,1% Fett.

Sehnenmaterial wurde von NEUMAN[1] nach Zerkleinerung im Waring-Blendor (Starmix) in prinzipiell ähnlicher Weise gereinigt. Die Methode enthält zusätzlich eine Behandlung mit m/15 Na_2HPO_4-Lösung.

b) Gewinnung löslicher Proteine.

Die löslichen Proteine befinden sich in Pflanzensäften, Körperflüssigkeiten und Sekreten oder in Organen und Zellverbänden bzw. innerhalb von Einzelzellen, wo sie durch die Zellmembranen nach außen abgeschlossen sind. Zu ihrer Isolierung müssen die Organe, Zellverbände und schließlich die Zellmembranen zerlegt und gespalten werden. Aus dem Gewebebrei oder Homogenat werden die Eiweißsubstanzen extrahiert und dabei schon von einem Teil der Nichtproteinsubstanzen abgetrennt. Weitere Reinigungsmethoden und die Konzentrierung von Proteinlösungen bzw. die Wasserentfernung sollen ebenfalls in diesem Kapitel besprochen werden.

α) Gewebe- und Zellzerkleinerung.

Man benutzt je nach der Resistenz des Materials mechanische oder osmotische Kräfte.

a) Das *Mahlen* bzw. das *Zerreiben* von Geweben und Zellen ist das am meisten angewendete Verfahren. Viele Autoren verwenden einen einfachen Fleischwolf. Feinere Zerteilungen liefern die Latapiemühle, der „Waring-Blendor" oder Starmix und verschiedene Homogenisatoren. Eine ausführliche Beschreibung der Apparate und Verfahren s. Bd. II, S. 541ff. Bei allen Mahl- und Zerreibverfahren treten lokale Erhitzungen auf, die ungünstig für die Eiweißsubstanz sind. Daher sollte stets gut und wirksam gekühlt werden. Homogenisatoren mit Kühlung beschreiben MCCARTY[2] sowie FOLLEY und WATSON[3]. Beim Arbeiten in Homogenisatoren wird das Material intensiv mit Luftsauerstoff in Berührung gebracht, wobei Proteindenaturierungen und Oxydation von SH-Gruppen eintreten können. Es sollte daher möglichst unter Stickstoff gearbeitet werden.

Mahlen mit Sand, Glaspulver oder Kieselgur und anschließendes Auspressen sowie Zerkleinern mittels Glaskugeln wird ebenfalls angewendet. Man kann Gewebe mit Trockeneis einfrieren und in gefrorenem Zustand zerreiben. Zu intensives und feines Mahlen ist oft unerwünscht, da dadurch ursprünglich räumlich getrennte Enzymsysteme miteinander sowie mit anderen Zellinhaltsstoffen in Berührung kommen und diese weitgehend abbauen können.

b) Durch abwechselndes *Einfrieren* und *Auftauen* kann man Zellmembranen zerstören. Ein Beispiel ist die Hämolyse von Erythrocyten[4].

c) *Ultraschall* vermag Mikroorganismen und Zellen zu zerstören, jedoch werden dabei auch empfindliche Proteine geschädigt.

d) Mischen mit trockenem Salz, mit organischen Lösungsmitteln (Aceton, Essigester, Äther, Toluol[5]), mit Saponin, mit dest. Wasser u. a. sprengt Zellmembranen durch *Plasmolyse* bzw. *Osmose*.

e) Langsames *Trocknen* an der Luft bewirkt z. B. bei Hefe beträchtliche *Autolyse*.

[1] NEUMAN, R. E.: Arch. Biochem. **24**, 289 (1949).
[2] MCCARTY, K. S.: Exp. Med. Surg. **7**, 213 (1949).
[3] FOLLEY, S. J., and S. C. WATSON: Biochem. J. **42**, 204 (1948).
[4] PONDER, E.: Hemolysis and Related Phenomena. London 1948.
[5] HEIDELBERGER, M.: J. biol. Ch. **53**, 31 (1922).

β) *Extraktion und Fällung.*

Aus dem Gewebebrei oder Homogenat wird das Eiweißmaterial extrahiert oder ausgefällt. Die Wahl des Extraktionsmittels hängt von der Löslichkeit der zu extrahierenden Proteine ab. Auf die Löslichkeit hat man früher eine Klassifizierung der Proteine begründet[1].

Tabelle 5. *Klassifizierung und Löslichkeit einfacher Proteine*[2] *(vgl.*[3]*).*

Proteine	Löslichkeit	Charakteristische Eigenschaften
Protamine	löslich in verdünnten Säuren, Ausfällung durch Ammoniak	stark basisch
Histone	löslich in verdünnten Säuren, Ausfällung durch Ammoniak	mäßig basisch
Albumine	löslich in Wasser, verdünnten Salzlösungen, Säuren, Alkalien	Hitzekoagulation, Ausfällung mit $(NH_4)_2SO_4$
Globuline	wenig löslich in Wasser, löslich in verdünnten Salzlösungen, Säuren, Alkalien	Hitzekoagulation, Ausfällung mit $(NH_4)_2SO_4$
Gliadine oder Prolamine	löslich in 70—90%igem Alkohol, verdünnten Säuren, verdünntem Alkali	Alkohollöslichkeit
Gluteline	unlöslich in Wasser, löslich in verdünntem Alkali	quellen in verdünnten Säuren und Alkalien
Phosphoproteide	löslich in verdünntem Alkali; Ausfällung durch verdünnte Säuren	enthalten Phosphorsäure
Skleroproteine	unlöslich	Fibrillenstruktur

Man extrahiert das Rohprodukt nacheinander mit verschiedenen Lösungsmitteln, beginnt stets mit dem selektivsten und endet mit dem allgemein wirksamen. Oft wird zunächst der Gesamtproteingehalt aus dem Rohprodukt ausgefällt und der Niederschlag fraktioniert extrahiert[4]. Man kann auch das Rohmaterial zunächst trocknen und dann die Proteine selektiv extrahieren. Trockenes Material gewinnt man durch *Gefriertrocknung* oder *Acetonfällung.* Bei der Acetonfällung wird feingemahlenes, gekühltes Gewebe rasch mit einem mehrfachen Volumen von Aceton von —10° gemischt. Der Niederschlag, sog. „Aceton-Pulver", wird rasch abfiltriert und mit kaltem Aceton gewaschen, wobei Fette gut entfernt werden. Ein solches Präparat kann kühl und trocken lange Zeit unverändert gelagert werden. Die Methode ist zur Gewinnung von Enzymen sehr geeignet, da diese sehr empfindlichen Substanzen dabei kaum geschädigt werden. Andererseits muß man dafür sorgen, daß Enzyme keine anderen Proteinkomponenten angreifen. Wenn proteolytische Enzyme im Zellverband zugegen sind, ist daher eine sehr schnelle Trennung des Homogenats durch Fällung (Inaktivierung der Enzyme) oder selektive Extraktion unbedingt erforderlich. Bei der Isolierung von Insulin aus Pankreas z. B. extrahiert man das Hormon mit saurem, wäßrigem 60%igem Äthanol, wobei die proteolytischen Enzyme inaktiviert werden[5].

Beispiele:

Im folgenden werden Beispiele für Proteinextraktionen mit 4 verschiedenen Lösungsmitteln aufgeführt: a) Puffer, b) Säure, c) Salzlösung und d) organisches Lösungsmittel.

---

[1] Committee on Protein Nomenclature: J. biol. Ch. **4**, XLVIII (1907).
[2] LLOYD D. J., and A. SHORE: Chemistry of the Proteins. London 1938.
[3] SCHMIDT, C. L. A.: The Chemistry of Amino Acids and Proteins. S. 278. Springfield, Ill., Baltimore, Maryland 1943.
[4] COHN, E. J., F. R. N. GURD, D. M. SURGENOR, B. A. BARNES, R. K. BROWN, G. DEROUAUX, J. M. GILLESPIE, F. W. KAHNT, W. F. LEVER, C. H. LIU, D. MITTELMAN, R. F. MOUTON, K. SCHMID and E. UROMA: Am. Soc. **72**, 465 (1950).
[5] BANTING, F. G., and C. H. BEST: Amer. J. Physiol. **62**, 162 (1922).

Gewinnung von Bernsteinsäure-Dehydrogenase nach **Singer, Kearney *und* Bernath**[1]. Die ersten 3 Stufen des Isolierungsprozesses sind

1. Darstellung von Mitochondrien aus Rinderherz,
2. Bereitung von Aceton-Trockenpulver,
3. Extraktion der Dehydrogenase mit THAM-Puffer*.

1. Frisches Rinderherz wird zerteilt, in Eiswasser gekühlt und gründlich von Fett und Bindegewebe befreit. Alle Operationen werden bei 3—5° ausgeführt. Nach dem Zerkleinern im Fleischwolf wird das Material in einem hochwirksamen Mixer bei 18000 U/min mit der 3fachen Menge einer Lösung von 85 g Rohrzucker + 1,85 g K_2HPO_4 je Liter 45 sec lang homogenisiert. Der p_H wird mit 5—5,3 cm^3 6 n KOH auf 8,6—8,8 eingestellt. Das Homogenat wird sofort 10 min lang bei 1800 U/min zentrifugiert, wobei sich die Zellkerne abscheiden. Die überstehende Lösung wird nach Filtration in einer kontinuierlichen Sharpless-Zentrifuge bei 50000 U/min zentrifugiert, wobei sich die Mitochondrien abscheiden.

2. Diese werden nach einer Extraktion mit tert. Amylalkohol zur Entfernung einiger Begleitproteine mit Aceton bei —10° im Waring-Blendor homogenisiert und in einen großen Überschuß kalten Acetons eingegossen. Nach 5 min Rühren wird abgesaugt, mit Aceton gewaschen, mit Aceton von —10° nochmals homogenisiert, abgesaugt und mit Äther gewaschen. Nach 30 min Trocknen im Hochvakuum erhält man ein leicht gelbbraunes Pulver.

3. Die Ausbeute bei der Extraktion des Enzyms hängt von der Intensität des Homogenisierens und Rührens ab und schwankt zwischen 80 und 100%. Eine 2%ige Suspension des Aceton-Pulvers in 0,06 m THAM-Puffer p_H 8,9 (Raumtemperatur) wird 45 sec bei 0° homogenisiert und dann 30 min lang kräftig gerührt. Die klare oder leicht opalescierende Flüssigkeit, die man nach dem Zentrifugieren bei 4000 × g (25 min lang) erhält, enthält die gelöste Dehydrogenase.

Extraktion von Rinderpankreas nach **Kunitz**[2]. Die Pankreasdrüsen werden unmittelbar nach dem Schlachten aus dem Tier entfernt und in eiskalte 0,25 n Schwefelsäure gebracht. Die Säure verhindert eine spontane Aktivierung von Chymotrypsinogen, Trypsinogen u. a. und extrahiert praktisch alles möglicherweise aktive Material vom Pankreas, während das meiste des inaktiven Proteins ausgefällt wird.

Fett und Bindegewebe werden entfernt und das Pankreas in einer Fleischhackmaschine zerkleinert. 3 *l* zerhacktes Pankreas werden in 6 *l* 0,25 n Schwefelsäure bei 5° C suspendiert und die Suspension bei 5° C 18—24 Std stehen gelassen. Danach wird durch Gaze und Filtertücher abfiltriert, der Rückstand nochmals ausgewaschen und verworfen. Die vereinigten Filtrate enthalten die Enzyme, vgl. S. 35.

Extraktion von Glutaminase aus Clostridium welchii nach **Hughes *und* Williams**[3]. 85 g Zellen werden in Form einer Paste gefrier-getrocknet und im Mörser fein zerrieben. Dabei tritt kein Aktivitätsverlust ein. Zur Extraktion werden 10 g trockene Zellen mit 60 cm^3 0,05 m Na_2HPO_4, enthaltend 0,025 m KCl, und 10—20 Glaskugeln (5 mm ∅) in einer konischen Glasstopfenflasche 15 Std bei 2° C mechanisch geschüttelt. Der entstehende Schlamm wird zentrifugiert, der Niederschlag noch 2mal mit 30 cm^3 Puffer ausgewaschen und alles zusammen zentrifugiert. Die viscöse graugrüne Lösung enthält 80—90% der ursprünglichen Aktivität.

Extraktion von Gliadin aus Weizenmehl nach **Dill *und* Alsberg**[4]. Weizenmehl wird mit Wasser zu einem Teig verrührt. Daraus wird die Stärke durch Kneten in fließendem Wasser ausgewaschen. Das feuchte Gluten wird wiederholt mit 70%igem Alkohol

---

* THAM-Puffer = Tris-(oxymethyl)-amino-methan/HCl.

[1] Singer, T. P., E. B. Kearney and P. Bernath: J. biol. Ch. **223**, 599 (1956).
[2] Kunitz, M., and J. H. Northrop: J. gen. Physiol. **18**, 433 (1935).
[3] Hughes, D. E., and D. H. Williamson: Biochem. J. **51**, 45 (1952).
[4] Dill, D. B., and C. L. Alsberg: J. biol. Ch. **65**, 279 (1925).

extrahiert. Der filtrierte Extrakt wird im Vakuum unterhalb 50° C eingeengt und der entstehende Sirup in das fünffache Volumen einer wäßrigen 1 %igen Natriumchloridlösung eingegossen, wobei sich das rohe Gliadin ausscheidet.

γ) Abtrennung von Nichtproteinmaterial.

Entfernung von Zellteilen. Die Trennung der löslichen Proteine von Zellteilen in einem Homogenat erzielt man durch Filtrieren, Abpressen auf Filterpressen oder durch Zentrifugieren. Bei verschiedenen Drehzahlen kann man Zellteile auch fraktionieren. Die Trennung eines Rattenleberhomogenats in Cytoplasma, Mikrosomen, Mitochondrien und Zellkerne beschreiben CHAUVEAU und CLÉMENT[1] (s. Bd. II, S. 564f.; vgl.[2]).

Entfernung von anorganischen Salzen s. Abschnitt δ.

Trennung von Abbauprodukten (Peptiden und Aminosäuren) s. Abschnitt δ.

Entfernung von Lipiden. Trockenes Material (z. B. Samen) extrahiert man nach feinem Mahlen zunächst mit Fettlösungsmitteln, ehe die Eiweißsubstanzen mit wäßrigen Solventien herausgelöst werden[3, 4]. Aus nassem Gewebebrei können die Fette durch die Bereitung von „Aceton-Trocken-Pulver" entfernt werden. Ist eine solche vorherige Abtrennung der Lipide nicht möglich, so trocknet man die Proteinlösung am besten durch Gefriertrocknung. Man erhält dabei ein poröses, lockeres Material, das zur Extraktion der Fette im Soxhlet-Apparat mit wasserfreiem Äther oder Petroläther besonders gut geeignet ist[5].

Trennung von Kohlenhydraten. Diese ist nicht so einfach wie die Entfernung der Fette. Folgende Verfahren sind anwendbar:

1. Polysaccharide lassen sich durch fraktionierte Fällung infolge ihrer relativ geringen Löslichkeit in wäßrig-alkoholischer Salzsäure entfernen.

2. Adsorption der Kohlenhydrate an Bentonit[6].

3. Phenolmethode. Sie beruht auf der Löslichkeit der Proteine in 80—90 % Phenol, während die Kohlenhydrate in der wäßrigen Phase verbleiben[7].

4. Verdauung der Kohlenhydrate durch spezielle Bakterien oder spezifische Fermente, z. B. Amylase[8, 9].

5. Gummen, Glykogen und andere hochmolekulare Polysaccharide lassen sich bisweilen auch durch Ultrazentrifugieren bei niederen Drehzahlen (30000 U/min) entfernen.

Abtrennung von Nucleinsäuren. Nach WARBURG und CHRISTIAN[10] fällt man Nucleoproteide mit einem basischen Protein (Protamin) im p_H-Bereich zwischen den isoelektrischen Punkten der beiden Komponenten. Es bildet sich ein schwerlöslicher Protein/Protein-Komplex infolge salzartiger Bindung. Vgl. Tabelle 9, S. 32.

δ) Entfernung niedermolekularer Bestandteile (Salze, organische Lösungsmittel, niedere Peptide usw.).

Bei der Gewinnung und Reindarstellung von Proteinen ist es oft erforderlich, niedermolekulare Bestandteile oder anorganische Salze, die bei der Fraktionierung zugesetzt werden (Ein- und Aussalzen) oder aus dem Ausgangsmaterial stammen, aus der Eiweißlösung zu entfernen, z. B.

---

[1] CHAUVEAU, J., et G. CLÉMENT: Arch. Sci. physiol. **5**, 277 (1951).
[2] SCHNEIDER, W. C., and G. H. HOGEBOOM: Cancer Res. **11**, 1 (1951).
[3] OSBORNE, T. B.: Vegetable Proteins. London, New York 1924.
[4] KIRK, J. S., and J. B. SUMNER: Industr. engng. Chem. **24**, 454 (1932).
[5] McFARLANE, A. S.: Nature **149**, 439 (1942).
[6] FISCHER, E. H., u. L. KOHTES: Helv. **34**, 1123 (1951).
[7] WESTPHAL, O., O. LÜDERITZ u. F. BISTER: Z. Naturforsch. **7b**, 148 (1952).
[8] BLOCK, R. J., and D. BOLLING: Amino Acid Composition of Proteins and Food. 2. Aufl. S. 376. Springfield 1951.
[9] SUMNER, J. B., and A. L. DOUNCE: J. biol. Ch. **121**, 417 (1937).
[10] WARBURG, O., u. W. CHRISTIAN: B. Z. **303**, 40 (1939).

α) anorganische Salze,
β) organische niedermolekulare Fällungsmittel (Alkohol, Aceton),
γ) natürlich vorkommende Aminosäuren und niedere Peptide,
δ) evtl. entstandene Abbaupeptide der Proteine.

Zur Abtrennung dieser niedermolekularen Komponenten stehen folgende Verfahren zur Verfügung:
a) Ultrafiltration,
b) Elektro-Ultrafiltration,
c) Filtration durch Adsorptionsmittel,
d) Dialyse,
e) Elektrodialyse,
f) Elektrodekantation.

Alle diese Methoden nutzen die unterschiedliche Teilchengröße der zu trennenden Komponenten aus. Daneben kennt man noch die

g) elektrolytische Entsalzung,

die hauptsächlich für chromatographische Arbeiten an Aminosäuren und niederen Peptiden entwickelt wurde. Auch durch

h) Ionenaustauscher- oder Adsorptionschromatographie kann man Salze entfernen.

Ultrafiltration. Trennung mittels feinporiger Filtermembranen, meist unter Anwendung von Druck zur Beschleunigung der Filtrationsgeschwindigkeit. Die Anwendung standardisierter Ultrafiltermembranen mit abgestufter Porengröße ermöglicht eine Abschätzung der Teilchengröße der Proteine und eine grobe Fraktionierung. Die Proteine werden bei der Ultrafiltration aus der Lösung abgeschieden.

Elektro-Ultrafiltration. Die Ultrafiltration erfolgt unter Anlegung eines elektrischen Feldes. Anode und Kathode stehen in elektrolytisch leitender Verbindung mit Ultrafiltern, durch welche das Lösungsmittel abgesaugt wird.

Filtration durch Adsorptionsmittel. Adsorptionskohle, Bleicherden, Bentonit, Calciumphosphat, aktivierte Kieselgure wie Celite und Supercel werden häufig zur Filtration von Proteinsuspensionen (z. B. nach einer fraktionierten Fällung) benutzt. Für klinische Zwecke wird die Filtration häufig zur Entkeimung und Befreiung der Eiweißlösung von Bakterien herangezogen.

Dialyse (vgl.[1], s. auch Bd. II, S. 71ff.). Gelöste Ionen und Moleküle diffundieren auf Grund eines Konzentrationsgefälles aus ihrer Lösung durch eine Dialysiermembran in das reine Lösungsmittel, sofern es ihre Partikelgröße und der Durchmesser der Membranporen gestatten. Die Dialyse ist die älteste Methode zur Trennung von anorganischen Salzen, Aminosäuren und niederen Peptiden von Proteinen. Im Gegensatz zur Ultrafiltration bleiben bei der Dialyse die Proteine im allgemeinen in Lösung. Der p_H-Wert einer salzhaltigen Proteinlösung kann sich zu Beginn einer Dialyse beträchtlich ändern, wenn eine Komponente eines Puffers schneller abwandert. Bei der Dialyse einer Proteinlösung, die z. B. Ammoniumsulfat mit Ammoniak p_H 7 enthält, kann man einen p_H-Abfall bis zu 3 Einheiten durch Zugabe von Ammoniak in den Außenraum verhindern. Bisweilen führt die restlose Entfernung aller Ionen zu einer unerwünschten Ausfällung der Eiweißsubstanz. In solchen Fällen dialysiert man gegen verdünnte Salzlösungen[2]. Diese Operation wurde von Cohn u. a.[3] zur Einstellung genau definierter Konzentrationen von Elektrolyten oder organischen Lösungsmitteln bei der Fraktionierung der Blutplasmaproteine verwendet. In Gegenwart organischer Lösungsmittel ist die Dialysiergeschwindigkeit wesentlich geringer als im wäßrigen Medium[4].

---

[1] Gilbert, G. A., and A. J. Swallow: Biochem. J. **47**, 502 (1950).
[2] Theorell, H.: B. Z. **268**, 46 (1934).
[3] Cohn, E. J., J. A. Luetscher jr., J. L. Oncley, S. H. Armstrong jr. and B. D. Davis: Am. Soc. **62**, 3396 (1940).
[4] Craig, L. C., and T. P. King: Am. Soc. **77**, 6620 (1955).

Außer den rein präparativen Anwendungen hat die Dialyse auch analytische Bedeutung erlangt. Die Dialysiergeschwindigkeit durch Glasdiaphragmen[1] oder durch semipermeable Membranen[2-6] kann zur Abschätzung der Molekülgröße dienen. CRAIG und KING[2] untersuchten den Verlauf der Dialyse bei fortschreitender Hydrolyse von Tyrocidin B, s. Abb. 3.

Zu Vergleichszwecken fanden CRAIG und KING die Angabe der Zeit, in der 50% einer Substanz die Membran passieren, als geeignet, vgl. Tabelle 6.

Derartige Messungen setzen voraus, daß einheitliches Membranmaterial mit konstanter Porengröße und Porenzahl verwendet wird. In USA benutzt man Visking Cellophanmembranen[a]. In Deutschland gibt es eine Reihe Standardmembranen: Cellophan[b], Cuprophan[c], Cella- und Ultracellafilter[d], Pergamentpapier und Folien aus Celluloseestern[e], Acetylcellulose (Ultrafeinfilter)[d], Polyvinylchlorid[f].

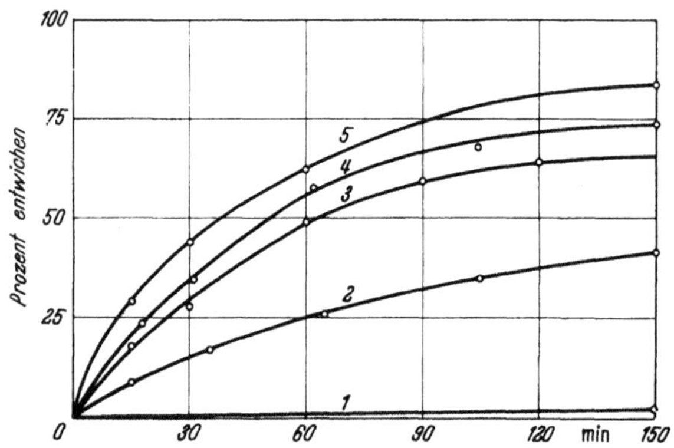

Abb. 3. Dialysiergeschwindigkeitskurven von Tyrocidin-B-Hydrolysaten. *1* Intaktes Tyrocidin B; *2* 1 Std konz. HCl bei 80° C; *3* 3 Std konz. HCl bei 80° C; *4* 6 Std konz. HCl bei 80° C; *5* Asparaginsäure.

Zur Charakteristik einer Membran gehören *maximale Porenweite und mittlere Porenweite*. Hat man kein standardisiertes Material, so muß man die angeführten Charakteristika selbst ermitteln, wofür es eine Reihe von Verfahren gibt* (nach[7]):

1. Kolloidfiltrationsmethode[8, 9].
2. Blasendruckmethode[10-12].
3. Durchflußgeschwindigkeit[13].
4. Porenstatistik[14, 15].
5. Emulsionsfiltrationsmethode[16-18].

Die Auswahl der Membranen richtet sich nach der Partikelgröße des Proteins. Die Durchlässigkeit darf natürlich nicht so groß sein, daß gleichzeitig mit den Salzen größere Mengen Eiweißsubstanz die Membran passieren und verlorengehen. In der Literatur

a) Visking Corporation, Chicago, USA.
b) Kalle & Co., Wiesbaden-Biebrich.
c) J. P. Bemberg AG, Wuppertal-Elberfeld.
d) Membranfiltergesellschaft mbH, Göttingen.
e) C. Schleicher & Schüll, Düren/Rhld.
f) Alexander Wacker GmbH, München. — Langheck & Co., Eßlingen.

* 1 + 3: mittlere Porenweite.
2 + 5: maximale Porenweite.
4: mittlere und maximale Porenweite.

[1] NORTHROP, J. H., and M. L. ANSON: J. gen. Physiol. **12**, 543 (1929).
[2] CRAIG, L. C., and T. P. KING: Am. Soc. **77**. 6620 (1955).
[3] BETHE, A., H. BETHE u. Y. TERADE: Z. physik. Chem. **112**, 250 (1924).
[4] BRINTZINGER, H., u. W. BRINTZINGER: Z. anorg. Chem. **196**, 33 (1931).
[5] KAMETAKA, M., and K. HATAKEYAMA: Tohoku J. agric. Res. **3**, 101 (1952).
[6] CRAIG, L. C., and T. P. KING: Am. Soc. **78**, 4171 (1956).
[7] BRINTZINGER, H.: Dialyse und Ultrafiltration; in: KUHN, A. (Hrsgb.): Kolloidchemisches Taschenbuch. S. 88. Leipzig 1953.
[8] ZSIGMONDY, R.: B. Z. **171**, 198 (1926).
[9] ZSIGMONDY, R.: B. **60**, 1074 (1927).
[10] BARNS, C.: Amer. J. med. Sci. **48**, 451 (1894).
[11] KNÖLL, H.: Kolloid-Z. **90**, 189 (1940).
[12] PRAUSNITZ, P. H.: Kolloid-Z. **50**, 77, 167 (1930).
[13] MANEGOLD, E., S. KOMAGATA u. E. ALBRECHT: Kolloid-Z. **93**, 166 (1940).
[14] ERBE, F.: Kolloid-Z. **63**, 277 (1933).
[15] PISA, M.: Kolloid-Z. **63**, 139 (1933).
[16] HATSCHEK, E.: Kolloid-Z. **7**, 81 (1910).
[17] BJERRUM, N., u. E. MANEGOLD: Kolloid-Z. **42**, 97 (1927).
[18] MANEGOLD, E., R. HOFMANN u. K. SOLF: Kolloid-Z. **56**, 267 (1931).

findet man Daten über extrem dichtes bis zu äußerst durchlässigem Material. SEN[1] verwendete mit 64%iger $ZnCl_2$-Lösung vorbehandelte und ausgewaschene Cellophanbeutel, die als größte Moleküle Pentapeptide passieren ließen. ADAIR[2] beschreibt die Herstellung von Kollodiummembranen, die erst für kleine Proteinmoleküle ($M \approx 5500$) undurchlässig sind. SYNGE[3] setzte die Grenze zwischen Proteinen und natürlichen Polypeptiden willkürlich auf $M = 10000$, auf Grund der von ihm gefundenen Dialysierbarkeit von Molekülen mit $M < 10000$ durch Cellophanmembranen, fest. CRAIG und KING[4] fanden, daß man durch Strecken die Durchlässigkeit von Visking-Cellophanmembranen so erhöhen kann, daß Ovalbumin durchgelassen wird.

Allen diesen Angaben nach dürfte es möglich sein, sich Membranen jeder gewünschten Durchlässigkeit anzufertigen.

Filtration und Dialyse haben weiteste Anwendung gefunden und sind in jedem Protein-Laboratorium geläufig. BRINTZINGER hat sie in Bd. II, S. 71, Kapitel „Dialyse, Elektrodialyse, Elektrodekantation, Diasolyse" ausführlich beschrieben und viele Apparate besprochen, so daß es sich hier erübrigt, näher auf experimentelle Einzelheiten einzugehen.

Tabelle 6. *Vergleich der Dialysiergeschwindigkeit durch Visking Cellophan-Membran Nr. 20/32.*

Substanz	Mol-Gewicht	50 % Entweichzeit (min)	
		0,1 n Essigsäure	H_2O 1:1 Essigsäure
Natriumchlorid	58	10	37
Harnstoff	60	10	
Phenylalanin	165	33	85
Asparaginsäure	133	40	2,5 Std
Ornithin · 1 HCl	132	26	58
Glucose	180	35	60
Rohrzucker	342	60	3,2 Std
Raffinose	504	190	4 Std
DNP-Glycin*	241		1,6 Std
DNP-Gly-Leu*	354		4 Std
DNP-Orn-Ileu-Phe*	558		5,5 Std
Polymyxin B-hydrochlorid	1220	60	
Polypeptinhydrochlorid	1150	66	
Tyrocidin A-hydrochlorid	1270		29 Std
Bacitracin A	1500	2,7 Std	8,7 Std
Subtilin	3300	8,4 Std	
Insulin	6000	keine Dialyse wahrzunehmen	
Ribonuclease	13900		

* Versuch wurde mit wenigen Milligrammen ausgeführt und die Konzentration im Dialysat spektrophotometrisch bestimmt. — DNP = Dinitrophenyl-Rest.

Elektrodialyse. Die Dialyse wird hier unter gleichzeitigem Anlegen eines elektrischen Potentialgefälles ausgeführt. Die Entfernung der Elektrolyte geht dabei vor allem gegen Ende der Dialyse schneller und gründlicher vor sich. Man verwendet Dreizellenapparate, deren mittlere Zelle die Proteinlösung aufnimmt (vgl. [5, 6]). Die mittlere Zelle besitzt meist eine Rührvorrichtung, die äußeren Zellen Zu- und Abflußrohre zur kontinuierlichen Durchströmung mit Lösungsmittel. Dadurch werden die Elektroden gekühlt und die Dialysen- und Elektrolysenprodukte laufend entfernt. Der Vorteil der Methode gegenüber der Dialyse besteht darin, daß durch die Einwirkung des elektrischen Feldes die zwischen Eiweiß und Elektrolyt oder niederem Peptid wirksamen Adsorptionskräfte überwunden und der Reinigungsgrad beträchtlich erhöht werden kann. Bei der Elektrodialyse tritt oft als unerwünschte Nebenerscheinung eine rasche p_H-Änderung (Säuerung) auf. Man kann sie durch geeignete Wahl der Membranen, der Polung und, da bei großer Elektrolytkonzentration die Dialysiergeschwindigkeit mit oder ohne Feld nicht sehr verschieden ist, dadurch umgehen, daß man zunächst ohne elektrisches Feld dialysiert und erst gegen Ende

[1] SEN, S. N.: J. ind. chem. Soc. **24**, 349 (1947).
[2] ADAIR, G. S.: Biochem. J. **62**, 26 P (1956).
[3] SYNGE, R. L. M.: Quart. Rev. chem. Soc. **3**, 245 (1949).
[4] CRAIG, L. C., and T. P. KING: Am. Soc. **78**, 4171 (1956).
[5] TISELIUS, A.: Svensk kem. T. **53**, 305 (1941).
[6] PAULI, W.: Helv. **25**, 137 (1942).

den Strom einschaltet[1, 2]. Der wesentliche Grund für die ungleichmäßige Ionenabwanderung ist die Ausbildung von Membranpotentialen[3]. Die üblichen Cellophan- und Pergamentmembranen sind negativ aufgeladen und eignen sich gut als Kathodenmembranen, während sie als Anodenmembranen ein beträchtliches Hindernis für die gleichsinnig geladenen Anionen bilden. RUPPEL[4] hat positive, ETTISCH und LOUREIRO[5] haben amphotere Membranen entwickelt. Bei Anwendung positiver Membranen auf der Anodenseite ändert sich das p_H während der Dialyse weit weniger[6].

Elektrodekantation. Die Elektrodekantation wird bevorzugt zur Konzentrierung von Proteinlösungen (s. S. 24) sowie für Proteinfraktionierungen (s. S. 27) benutzt und daher dort beschrieben.

Literatur zu Dialyse und Elektrodialyse.

1. PRAUSNITZ, P. H., u. J. REITSTÖTTER: Elektrophorese, Elektroosmose, Elektrodialyse in Flüssigkeiten. Dresden, Leipzig 1931.
2. BRINTZINGER, H.: Dialyse und Ultrafiltration; in: KUHN, A. (Hrsg.): Kolloidchemisches Taschenbuch. 4. Aufl. Leipzig 1953.
3. BRINTZINGER, H.: Dialyse, Elektrodialyse, Elektrodekantation, Diasolyse. s. Bd. II, S. 71, 1955.
4. FERÉNYI, J.: Filtration mit aktivierten Kieselguren. Samml. chem. u. chem.-techn. Vortr. 1941.

Elektrolytische Entsalzung. In der Entsalzungsapparatur von CONSDEN, GORDON und MARTIN[7] werden die Kationen (z. B. Natrium oder Kalium) von einer Quecksilberkathode aufgenommen. Das Quecksilber wird mittels einer Wasser-Umlaufpumpe in einen Kreislauf gebracht, wobei das Wasser das Amalgam zersetzt und reines Quecksilber in den Kathodenraum zurückkehrt. Die Anionen starker Säuren wandern durch eine Cellophanmembran in den Anodenraum (verd. Schwefelsäure). Schwache Säuren (Aminosäuren) verlieren ihre Ladung an der Membran. Infolge der Elektroosmose fließt Lösungsmittel vom Anodenraum durch die Membran und wirkt der Diffusion entgegen. (Ähnliche Apparaturen s.[8].) Mit dieser Methode lassen sich starke Elektrolyte (Salze), nicht aber Aminosäuren und Peptide aus Proteinlösungen entfernen (Abbildung und weitere Beschreibung s. Bd. I, S. 234f.).

Ionenaustauscher- und Adsorptionschromatographie. Das Sulfosäureaustauscherharz Dowex 50 in der Kugelform hat für die großen Proteinmolekeln, die nur mit der relativ kleinen Oberfläche des Austauschers in Wechselwirkung treten können, eine sehr geringe Kapazität, für kleinere Molekeln, die auch ins Innere eindringen können, dagegen eine viel größere. Durch Säulenchromatographie an Dowex 50 kann man daher Aminosäuren, kleinere Peptide und anorganische Kationen aus Proteinlösungen entfernen (Beispiele s. PARTRIDGE,[9] THOMPSON[10], SAMUELSEN[11], TALLAN und STEIN[12], TAYLOR jr.[13]).

Umgekehrt werden bei der Adsorptionschromatographie an Hydroxylapatit (Tricalciumphosphat) nach TISELIUS, HJERTÉN und LEVIN[14] die Proteine reversibel adsorbiert, während alle Substanzen mit niederem Molekulargewicht wie Aminosäuren, niedere Peptide, Farbstoffe u. dgl. fast ungehindert die Säule passieren. Größere Mengen Salze wirken allerdings störend auf diese Verhältnisse ein.

[1] BRINTZINGER, H., A. ROTHHAAR u. H. G. BEIER: Kolloid-Z. **66**, 183 (1934).
[2] KRATZ, L.: Kolloid-Z. **80**, 33 (1937).
[3] HEINZ, E.: Biochim. biophysica Acta, N. Y. **15**, 489 (1954).
[4] RUPPEL, W. G.: Ber. dtsch. pharmaz. Ges. **30**, 314 (1920).
[5] ETTISCH, G., u. J. A. DE LOUREIRO: B. Z. **266**, 422 (1936).
[6] MANEGOLD, E., u. K. KALAUCH: Kolloid-Z. **86**, 313 (1939).
[7] GORDON, A. H.: Angew. Chem. **61**, 367 (1949).
[8] TURBA, F.: Chromatographische Methoden in der Proteinchemie. Berlin, Göttingen, Heidelberg 1954.
[9] PARTRIDGE, S. M.: Nature **169**, 496 (1952).
[10] THOMPSON, A. R.: Nature **169**, 495 (1952).
[11] SAMUELSON, O.: Ion Exchangers in Analytical Chemistry. Uppsala 1952.
[12] TALLAN, H. H., and W. H. STEIN: J. biol. Ch. **200**, 507 (1953).
[13] TAYLOR jr., S. P.: Proc. Soc. exp. Biol. Med. **85**, 226 (1954).
[14] TISELIUS, A., S. HJERTÉN and Ö. LEVIN: Arch. Biochem. **65**, 132 (1956).

ε) *Konzentrierung und Wasserentfernung.*

Wie schon erwähnt, sind Proteine in konzentrierten Lösungen im allgemeinen stabiler. Man wird daher so bald wie möglich und soweit wie möglich einengen oder das Wasser ganz entfernen. Die anzuwendende Methode richtet sich nach der Stabilität des Proteins.

Eindampfen im Vakuum, evtl. in einem Umlaufverdampfer, ist nur für sehr stabile Proteine geeignet, da durch die ständige große Oberfläche leicht Denaturierung eintritt. Sehr schonend und rasch lassen sich Proteinlösungen in dem von CRAIG u. a.[1] entwickelten "rotary evaporator" einengen. "Rotary evaporators" mit kontinuierlichem Zufluß beschrieben VOLK[2] und KOHN[3].

Ausfrieren von Wasser[4]. Man läßt die Lösung teilweise einfrieren und kann reine Eisbrocken manuell entfernen.

Ausfällen mit organischen Lösungsmitteln. Die auf mindestens 0° C gekühlte Proteinlösung wird in 10 Vol. Alkohol/Äther 1:1 (v/v) bei —5° C unter Rühren eingegossen. Der Niederschlag wird abgesaugt oder abzentrifugiert, mit abs. Äther gewaschen und an der Luft getrocknet. Man kann auch mit 3—5 Vol. Aceton bei —5° C arbeiten. Diese Verfahren beanspruchen sehr wenig Zeit. Sie sind aber nur für kleinere Volumina Proteinlösung geeignet, außerdem besteht die Gefahr einer Denaturierung.

Dialyse unter vermindertem Druck. Das Verfahren wurde von SØRENSEN entwickelt[5]. Herstellung geeigneter Membranen s. KABAT und MAYER[6].

Elektrodialyse nach PAULI[7]. Der elektroosmotische Wassertransport durch negative Membranen oder Capillarsysteme erfolgt im Sinne der Stromrichtung also zur Kathode, durch elektropositive zur Anode. Verwendet man eine positive Membran auf der anodischen und eine negative auf der kathodischen Seite, so wandert das Wasser aus der kolloidhaltigen Mittelzelle durch die Membranen nach den beiden Außenzellen ab. Es findet eine Konzentrierung des Sols statt, die sich durch Nachfüllen der Mittelzelle ständig steigern läßt. Dieses Verfahren kann zur technischen Gewinnung konzentrierter Sera benutzt werden.

Konvektion. 1. *Elektrodekantation.* Bei der Elektrodialyse mit nicht zu hohen Spannungen tritt, wenn nicht gerührt wird, eine Wanderung geladener Partikel an die entsprechenden Membranen ein. Es entsteht dort eine dünne Schicht höherer Konzentration an Substanzteilchen, die im Schwerefeld absinken. Dadurch entsteht eine Schichtung. Im unteren Teil der Zelle konzentriert sich die Lösung[7, 8]. Das Verfahren ist auch zur Konzentrierung von Proteinlösungen angewendet worden[9-11]. Anwendung auf Proteinfraktionierungen s. S. 102.

2. Mittels eines *horizontalen Temperaturgradienten* zwischen 2 Wänden und Durchleiten kleiner Gasblasen erzielt man ebenfalls eine Schichtung infolge Konvektion, die zur Proteinkonzentrierung verwendet wurde[12].

Pervaporation[13-15]. Die Proteinlösung wird in einen Cellophanschlauch gebracht, der einem starken Luftstrom (reine staubfreie Luft) ausgesetzt wird. Das Wasser wird oft so

[1] CRAIG, L. C., J. D. GREGORY and W. HAUSMANN: Analyt. Chem., Washington **22**, 1462 (1950).
[2] VOLK, M. E.: Analyt. Chem., Washington **27**, 1207 (1955).
[3] KOHN, P.: Analyt. Chem., Washington **28**, 1061 (1956).
[4] HAUROWITZ, F.: H. **186**, 141 (1930).
[5] SØRENSEN, S. P. L., and M. HØYRUP: C. R. Lab. Carlsberg **12**, 12 (1917/19).
[6] KABAT, E. A., and M. M. MAYER: Experimental Immunochemistry. Springfield, Ill. 1948.
[7] PAULI, W.: Helv. **25**, 137 (1942).
[8] STAMBERGER, P.: J. Colloid Sci. **1**, 93 (1946).
[9] GUTFREUND, H.: Biochem. J. **37**, 186 (1943).
[10] NIELSEN, L. E., and J. G. KIRKWOOD: Am. Soc. **68**, 181 (1946).
[11] SVENSSON, H.: Adv. Protein Chem. **4**, 251 (1948).
[12] GRALEN, N., u. T. SVEDBERG: Naturwiss. **29**, 270 (1941).
[13] KOBER, P. A.: Am. Soc. **39**, 944 (1917).
[14] FARBER, L.: Science, N. Y. **82**, 158 (1935).
[15] SOBER, H. A., F. J. GUTTER, M. M. WYCKOFF and E. A. PETERSON: Am. Soc. **78**, 756 (1956).

rasch entfernt, daß die Lösung im Schlauch gefriert. Dabei treten allerdings oft beträchtliche Verluste ein, da immer ein Teil der Eiweißsubstanzen auf der Cellophanwand auftrocknet.

Ultrafiltration. Durch Ultrafiltration und Elektro-Ultrafiltration lassen sich ebenfalls Proteinlösungen konzentrieren, doch ist das Verfahren ziemlich zeitraubend und daher für größere Flüssigkeitsmengen ungeeignet.

Reversible Adsorption. Nach TISELIUS, HJERTÉN und LEVIN[1] läßt man die verdünnte Proteinlösung durch eine Säule mit einem geeigneten Adsorbens, z. B. Tricalciumphosphat (Hydroxylapatit), laufen und eluiert das adsorbierte Protein mit einem hochwirksamen Elutionsmittel, z. B. konz. Pufferlösung. Der Weg der konzentrierten Zone wird im UV-Licht beobachtet. Nach dieser Methode können bis zu 200 cm³ Lösung in einer sehr einfachen Operation auf wenige Kubikzentimeter eingeengt werden. SOBER u. a.[2] adsorbierten große Volumina verdünnter Proteinlösung an Kationenaustauschersäulen aus modifizierter Cellulose (Carboxymethylcellulose, Phosphatcellulose) bei p_H 5 und eluierten das Protein als scharfe Bande mit 0,05 m $NaCl + 0,05$ m NaH_2PO_4. Die Autoren halten diese Methode für die beste zur Konzentrierung von Proteinlösungen. GRUBHOFER und SCHLEITH[3] untersuchten die Verwendbarkeit diazotierter Anionenaustauscherharze für diesen Zweck.

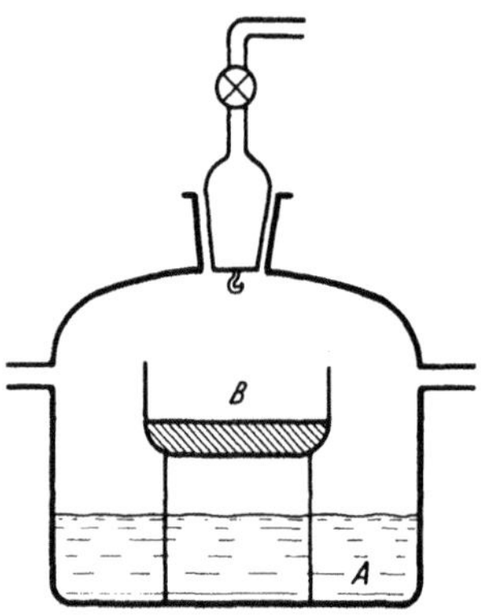

Abb. 4. Einfache Anordnung zur Gefriertrocknung. *A* „Blaugel" Merck; *B* Schale mit gefrorener Lösung.

Gefriertrocknung (Lyophilisierung). Die Methode geht auf ALTMANN[4] und KOSSEL[5] zurück und hat durch Arbeiten von FLOSDORF und MUDD[6] weiteste Verbreitung gefunden. Sie wird sowohl im Laboratorium als auch im technischen Maßstab (Trocknung von Plasma und Plasma-Albumin) benutzt. Die Proteinlösung wird bei möglichst tiefer Temperatur eingefroren. Man legt sodann rasch ein hohes Vakuum an, ohne daß auch nur ein Teil schmilzt. Der mit der Sublimation des Lösungsmittels verbundene Wärmeverbrauch hält die Substanz in gefrorenem Zustand, vorausgesetzt, daß das Wasser schnell genug entfernt wird. Dazu eignet sich eine in Kohlensäureschnee/Alkohol, Aceton oder 2-Methoxyäthanol (Methylcellosolve) eingebettete Falle. Entscheidend ist ein sehr weiter Durchmesser und sehr kurzer Weg vom Eisblock zur Falle, da bei dem geringen Druck ein großes Volumen Wasserdampf sehr schnell transportiert werden muß. Wird zu wenig Wasserdampf abtransportiert, so schmilzt die Substanz. Durch Umhüllen des Gefäßes mit Stoff oder Silberpapier kann man dem Schmelzen vorbeugen. Tritt es dennoch ein, so verspritzt Substanz in die Falle und man muß das Vakuum sofort aufheben und neu einfrieren. Auch Lösungen, die bis zu 25% Äthanol enthalten, können durch Gefriertrocknung abgedampft werden.

Folgende sehr einfache Ausführung hat sich als zweckmäßig erwiesen (Dr. H. GIBIAN *): Die Lösung wird in einer tiefen Porzellanschale durch etwa halbstündiges Einstellen in den Trockeneiskasten eingefroren. Die Schale wird sodann in einen Exsiccator mit Blaugel (Merck) gebracht, schnell evakuiert und der Exsiccator in den Eisschrank gestellt, s. Abb. 4.

Lipoproteide können nicht durch Gefriertrocknung getrocknet werden, da sie Veränderungen erleiden[7].

* Schering AG, Berlin-Zehlendorf.

[1] TISELIUS, A., S. HJERTÉN and Ö. LEVIN: Arch. Biochem. **65**, 132 (1956).
[2] SOBER, H. A., F. J. GUTTER, M. M. WYCKOFF and E. A. PETERSON: Am. Soc. **78**, 756 (1956).
[3] GRUBHOFER, N., u. L. SCHLEITH: Naturwiss. **40**, 508 (1953).
[4] ALTMANN, R.: Die Elementarorganismen und ihre Beziehungen zu den Zellen. Leipzig 1890.
[5] KOSSEL, A.: H. **84**, 354 (1913).
[6] FLOSDORF, E. W., and S. MUDD: J. Immunol. **29**, 389 (1935).
[7] ONCLEY, J. L., F. R. N. GURD and M. MELIN: Am. Soc. **72**, 458 (1950).

Literatur zur Gefriertrocknung.

1. NEUMANN, K. H.: Grundriß der Gefriertrocknung. Göttingen 1955.
2. BEHRENS, M., G. MATZ u. K. H. NEUMANN: Gefriertrocknung (Beschreibung und Tabellen); in: RAUEN, Biochem. Taschenb. S. 1099—1116.
3. FLOSDORF, E. W.: Freeze-drying. New York 1949.
4. HARRIS, R. J. C.: Biological Applications of Freezing and Drying. New York 1954.

4. Reindarstellung löslicher Proteine.

Dieser Teil des Beitrages befaßt sich im wesentlichen mit der Trennung und Fraktionierung von Proteingemischen.

a) Fraktionierung auf Grund der Löslichkeit.

α) Beschreibung.

Definition. Spezifische Unterschiede in der Löslichkeit einzelner Proteine gestatten es, Proteingemische aufzutrennen, wenn man durch Variation der äußeren Bedingungen die Löslichkeit in geeigneter Weise reguliert.

Allgemeine Gesetzmäßigkeiten. Die Löslichkeit der Proteine wird ganz allgemein durch 5 Faktoren beeinflußt:

1. Temperatur T,
2. p_H (Säuren, Basen),
3. Ionenstärke Γ (Salze),
4. Dielektrizitätskonstante ε (organische Lösungsmittel, dipolare Ionen),
5. Proteinkonzentration c.

Durch geeignete Variation ist es möglich, Bedingungen einzustellen, bei denen entweder

I. das gesuchte Protein unlöslich ist, während die anderen Eiweißkomponenten in Lösung bleiben, oder

II. das gesuchte Protein in Lösung bleibt, während die anderen ausfallen.

Die Löslichkeit eines Proteins hängt ab vom Verhältnis der Anzahl der polaren hydrophilen Gruppen zur Anzahl der unpolaren hydrophoben Gruppen im Molekül. Durch Variation der Bedingungen T, p_H, Γ, ε, c werden die Wechselwirkungen der polaren Gruppen

untereinander im gleichen Molekül,
untereinander in benachbarten Molekülen,
mit dem Lösungsmittel,
mit gelösten Ionen,
mit gelösten Komplexbildnern

nach verschiedenen Richtungen verschoben und dadurch die Löslichkeit verändert (s. Tabelle 7).

Tabelle 7. *Einflüsse auf die Löslichkeit von Proteinen.*

Operation	Variation	Wechselwirkung der polaren Gruppen	Löslichkeit
Einstellen auf den isoelektrischen Punkt	p_H	miteinander im gleichen oder in benachbarten Molekülen, geringe Wasseranlagerung	↓ erniedrigt
Säuren-, Basenzusatz	p_H	mit Protonen, Hydratation	↑ erhöht
Zusatz von wassermischbaren organischen Lösungsmitteln	ε	miteinander, Protein/Protein-Wechselwirkung, Dehydratation	↓ erniedrigt
Zusatz von dipolaren Ionen	ε	Herabsetzung von Protein/Protein-wechselwirkung	↑ erhöht
Zusatz von viel Salz, Aussalzen	Γ	mit Ionen, Dehydratation	↓ erniedrigt
Zusatz von wenig Salz, Einsalzen	Γ	mit Ionen und Wasser, Hydratation	↑ erhöht

Quantitative Zusammenhänge. *Die Temperaturabhängigkeit der Löslichkeit.* Eine Temperaturänderung beeinflußt nach COHN und EDSALL[1]

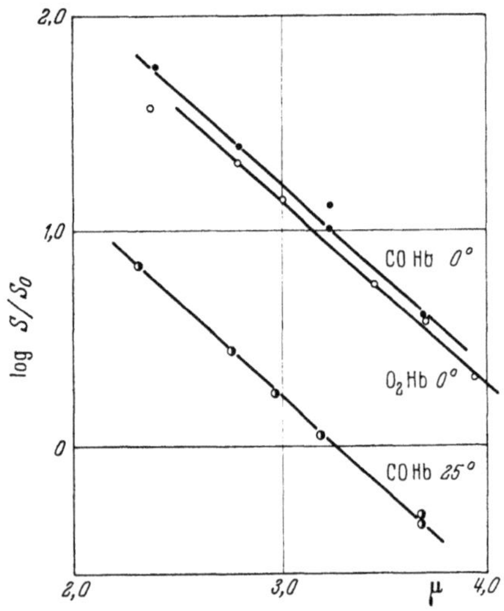

Abb. 5. Einfluß der Temperatur (und Ionenstärke) auf die Löslichkeit von Pferdehämoglobin in konz. Phosphatpuffern[2, 3].

1. die Dissoziation der verschiedenen freien Gruppen des Proteins (Neutralisationswärme),

2. die Kräfte zwischen Proteinmolekülen im festen Zustand und gelösten Protein- und Lösungsmittelmolekülen (Lösungswärme),

3. die Wirkung verdünnter und konzentrierter Salzlösungen als Lösungs- und Fällungsmittel.

Durch eine Temperaturerhöhung wird im allgemeinen die Proteinlöslichkeit in verdünnter Salzlösung erhöht, in konzentrierter Salzlösung erniedrigt (vgl. Abb. 5). Muskelaldolase[4] und Pferdehämoglobin[5] konnten aus konzentrierten Salzlösungen durch Erhöhung der Temperatur von 0° auf 20° C kristallin isoliert werden.

Aber auch in verdünnten Salzlösungen bzw. in Wasser zeigen einige Proteine negative Temperaturkoeffizienten (Plasmaalbuminsulfat, Insulinsulfat[6], während andere auch in konzentrierten Salzlösungen einen positiven Koeffizienten besitzen. Für die Temperaturabhängigkeit der Proteinlöslichkeit gibt es daher *keine allgemeingültige Regel.*

Einfluß von Salz und p_H. Unter der molaren Ionenstärke versteht man nach LEWIS den Ausdruck*

$$\Gamma/2 = 1/2\, \Sigma c_i \cdot n_i^2 \quad c_i = \text{molare Konzentration}$$
$$n_i = \text{Wertigkeit einer Ionenart.}$$

Beispiele:

$$0{,}01 \text{ m NaCl} \qquad \Gamma/2 = \frac{0{,}01 \cdot 1^2 + 0{,}01 \cdot 1^2}{2} = 0{,}01$$

$$0{,}01 \text{ m } (NH_4)_2SO_4 \qquad \Gamma/2 = \frac{2 \cdot 0{,}01 \cdot 1^2 + 0{,}01 \cdot 2^2}{2} = 0{,}03$$

$$0{,}1 \text{ m KCl} + 0{,}01 \text{ m } MgCl_2, \quad c_{K^\oplus} = 0{,}1, \quad c_{Mg^{2\oplus}} = 0{,}01$$

$$c_{Cl^\ominus} = 0{,}1 + 2 \cdot 0{,}01 = 0{,}12$$

$$\Gamma/2 = \frac{0{,}1 \cdot 1^2 + 0{,}01 \cdot 2^2 + 0{,}12 \cdot 1^2}{2} = 0{,}13.$$

In Gegenwart kleiner Mengen neutraler Salze lösen sich viele Proteine, die in reinem Wasser schwer- oder unlöslich sind. Die Löslichkeit wird infolge der Wechselwirkung der Ionen mit den polaren Gruppen des Eiweißmoleküls erhöht = *Einsalzeffekt.* Der Einfluß eines inerten Elektrolyten auf die Löslichkeit ist eine Funktion der Ionenstärke (vgl. Abb. 6a). Die Löslichkeit wird durch einwertige Anionen stärker erhöht als durch mehrwertige Anionen. Umgekehrt sind mehrwertige Kationen wirksamer als einwertige Kationen.

Auch dipolare Ionen, wie Glycin oder β-Alanin sowie Zucker können die Löslichkeit von Proteinen erhöhen, jedoch ist der Effekt geringer als bei NaCl und beruht auf einer Erhöhung der Dielektrizitätskonstante der Lösung (s. Abb. 6b). Abb. 7 zeigt den Einfluß des Dipolmoments auf den Aktivitätskoeffizienten.

* In der älteren angelsächsischen Literatur findet man oft statt $\Gamma/2$ die *molale Ionenstärke* μ angegeben.

[1] COHN, E. J., and J. T. EDSALL: Proteins, Amino Acids, and Peptides. S. 570. New York 1943.
[2] GREEN, A. A.: J. biol. Ch. **93**, 495 (1931).
[3] GREEN, A. A.: J. biol. Ch. **95**, 47 (1932).
[4] TAYLOR, J. F., A. A. GREEN and G. T. CORI: J. biol. Ch. **173**, 591 (1948).
[5] GREEN, A. A., E. J. COHN and M. H. BLANCHARD: J. biol. Ch. **109**, 631 (1935).
[6] COHN, E. J., and J. T. EDSALL: Proteins, Amino Acids, and Peptides. S. 587. New York 1943.

Der Einfluß des p_H auf die Löslichkeit der Proteine ist sehr groß. Am isoelektrischen Punkt ist die *Nettoladung* gleich Null und die Löslichkeit am niedrigsten. Bei Zugabe von Säure werden die basischen Carboxylatgruppen entladen, die Löslichkeit steigt infolge

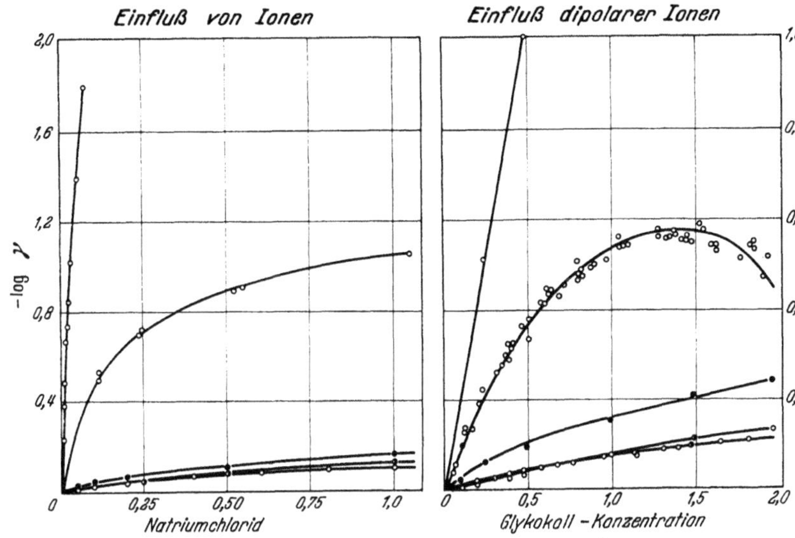

Abb. 6a u. b. Beeinflussung der Proteinlöslichkeit a durch Ionen; b durch dipolare Ionen (nach COHN und EDSALL[1]). $C = \frac{g}{l}$; $\gamma = \frac{g}{l}$.

Wechselwirkung der sauren Ammoniumkationen mit dem Wasser. Bei Zugabe von Alkali werden die sauren Ammoniumgruppen entladen und die Löslichkeit steigt infolge Wechsel-

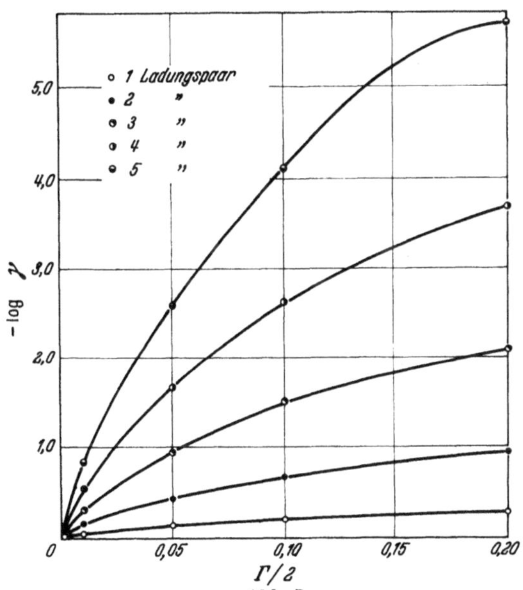

Abb. 7.

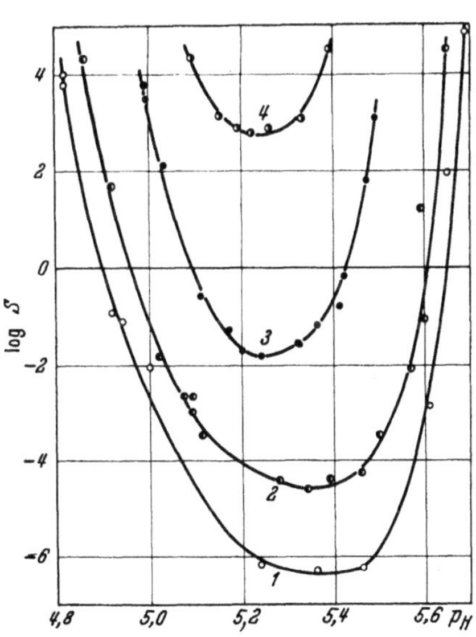

Abb. 8.

Abb. 7. Einfluß des Dipolmoments auf den Aktivitätskoeffizienten (nach[2]).

Abb. 8. Einfluß von p_H und Ionenstärke auf die Löslichkeit von β-Lactoglobulin (nach GRÖNWALL[3]). S = Löslichkeit in $\frac{g}{l}$. Kurve 1: Ionenstärke 0,001. 2: 0,005. 3: 0,01. 4: 0,02.

wirkung des Wassers mit den basischen Carboxylatanionen. Durch Zugabe von Salz wird infolge des Einsalzeffektes die Löslichkeit im ganzen p_H-Bereich erhöht. Häufig verschiebt sich mit wechselnder Ionenstärke der p_H minimaler Löslichkeit (s. Abb. 8).

[1] COHN, E. J., and J. T. EDSALL: Proteins, Amino Acids, and Peptides. S. 616. New York 1943.
[2] COHN, E. J., and J. T. EDSALL: Proteins, Amino Acids, and Peptides. New York 1943.
[3] GRÖNWALL, A.: C. R. Lab. Carlsberg **24**, Nr. 8—11 (1942).

Während kleine Salzkonzentrationen im allgemeinen die Löslichkeit erhöhen, begünstigen hohe Γ-Werte die Ausfällung von Proteinen = *Aussalzeffekt.* Entsprechend den Gesetzmäßigkeiten beim Einsalzeffekt (S. 31, Abb. 10) sind die Salze mehrwertiger Anionen (Sulfate, Phosphate) wirksamer als die einwertiger. Salze mehrwertiger Kationen sind weniger wirksam als die einwertiger. Die Wirksamkeit ist charakterisiert durch die temperatur- und p_H-unabhängige Aussalzkonstante K_S (= Neigung des linearen Teils der Aussalzkurve), vgl. Tabelle 8.

Tabelle 8. *Werte der Aussalzkonstante verschiedener Elektrolyte* (nach COHN und EDSALL[1]).

Protein	Konzentrierte Lösung von					
	NaCl	$MgSO_4$	$(NH_4)_2SO_4$	Na-citrat	Na_2SO_4	$KH_2PO_4 + K_2HPO_4$
Pferdehämoglobin[2]		0,33	0,71	0,69	0,76	1,00
Fibrinogen[3] . . .	1,07		1,46			2,16

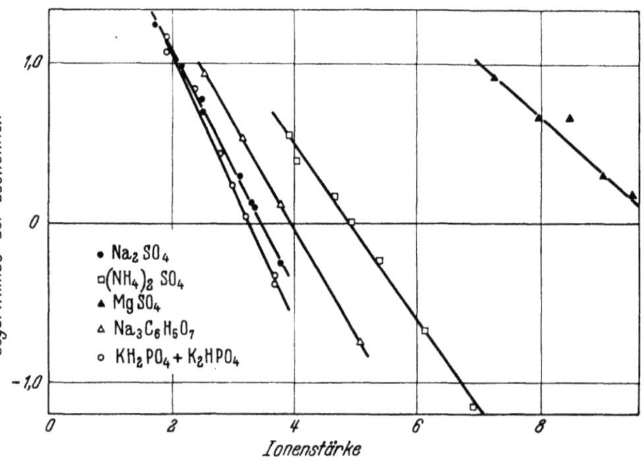

Abb. 9a. Löslichkeit von Pferde-CO-Hämoglobin bei 25° C und p_H 6,6 in konz. Salzlösungen (nach GREEN[2]).

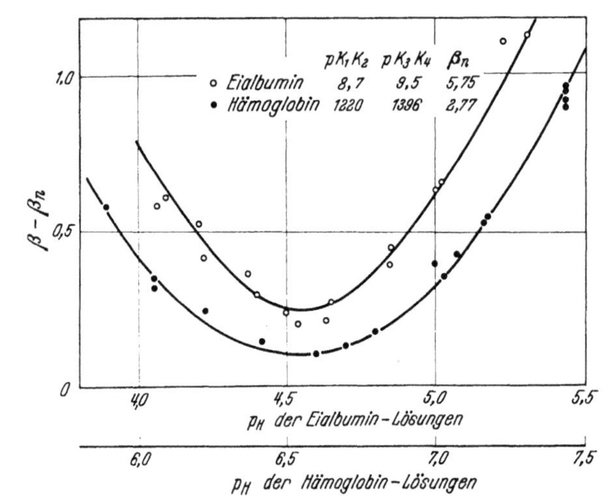

Abb. 9b. Löslichkeit von Hämoglobin und Eialbumin in konz. Salzlösungen bei verschiedenem p_H (nach GREEN[5]).

Die Löslichkeit in konzentrierten Salzlösungen folgt nach COHN[4] der Gleichung

$$\log S = \beta - K_S \cdot \Gamma/2.$$

β ist die hypothetische Löslichkeit bei der Ionenstärke 0 oder $\log S_0$. β hängt von p_H und Temperatur ab, so daß die Löslichkeit auch in konzentrierten Salzlösungen in Abhängigkeit vom p_H ein Minimum durchläuft. Abb. 9a, b zeigt eine graphische Darstellung der Verhältnisse.

Ammoniumsulfat ist am geeignetsten zum Aussalzen, da es gut wirksam und leicht löslich ist. Natriumsulfat- und Kaliumphosphatpuffer sind nur begrenzt löslich und Magnesiumsulfat ist wenig wirksam. Die Aussalzkonstanten von Ammoniumsulfat für verschiedene Proteine betragen:

Pferdehämoglobin[2] .	0,71
Myoglobin[6]	0,94
Eialbumin[4]	1,22
Fibrinogen[3]	1,46

Abb. 10 zeigt übersichtlich die allgemeinen Gesetzmäßigkeiten des Einflusses von Elektrolyten auf die Löslichkeit der Proteine über einen großen Konzentrationsbereich der Salze am Beispiel von Pferde-CO-Hämoglobin.

[1] COHN, E. J., and J. T EDSALL: Proteins, Amino Acids, and Peptides. S. 587. New York 1943.
[2] GREEN, A. A.: J. biol. Ch. **93**, 495 (1931).
[3] FLORKIN, M.: J. biol. Ch. **87**, 629 (1930).
[4] COHN, E. J.: Physiol. Rev. **5**, 349 (1925).
[5] GREEN, A. A.: J. biol. Ch. **93**, 517 (1931).
[6] MORGAN, V. E.: J. biol. Ch. **112**, 557 (1936).

Bildung von Proteinsalzen und Komplexen. Spezifische Wechselwirkungen von Proteinen mit Ionen, die lösende oder fällende Wirkung haben und nicht auf Grund der Ionenstärke beschrieben werden können, erweisen sich für die Eiweißfraktionierung oft sehr nützlich[1]. Solche Proteinsalze, die in Wasser schwerer löslich sind als die Na-, K- oder Ammoniumsalze, entstehen mit Schwermetallen wie Zn^{2+}, Cu^{2+}, Fe^{2+}, Hg^{2+}, Pb^{2+} u. a., aber auch mit Ca^{2+} und Mg^{2+} als Kationen (vgl. [2]). In Gegenwart von wenig organischem Lösungsmittel (Äthanol) kann man viele Proteine bei wesentlich niedrigeren Ca^{2+}- und Mg^{2+}-Konzentrationen ausfällen, als in rein wäßrigem Medium. In den Komplexen mit Wolframat, Phosphorwolframat, Molybdat, Phosphormolybdat, Metaphosphat, Trichloracetat, Pikrat, Pikrolonat, Flavianat, Tannat u. a. liegen die Proteine als Kationen vor. Auch Protein/Protein-Komplexe werden zur Eiweißfällung benutzt. Die Löslichkeit von Protein/Protein-Komplexen ist zwischen den isoelektrischen Punkten der Komponenten herabgesetzt. Da der p_H-Bereich, in dem ein solcher Komplex beständig ist, im allgemeinen größer ist als der Bereich der geringsten Löslichkeit einer einzelnen Komponente, gewinnt man eine beträchtliche Variationsbreite für die Wahl eines p_H zur Trennung des Komplexes von anderen Proteinen. Eine Spaltung derartiger Komplexe erreicht man durch Einstellen des p_H jenseits eines dieser isoelektrischen Punkte, so daß beide Komponenten die gleiche Ladung tragen. In wäßrig-organischen Lösungsmittelgemischen sind durch Herabsetzung der Dielektrizitätskonstante die Protein/Protein-Wechselwirkungskräfte stärker als in rein wäßrigem Medium, die Beständigkeit solcher Komplexe noch größer. Eine Spaltung erreicht man hier durch Erhöhen der Dielektrizitätskonstante mittels Zugabe dipolarer Ionen. Tabelle 9 gibt einen Überblick über einige zur Proteinfällung benutzte Salz- und Komplexverbindungen der genannten Art.

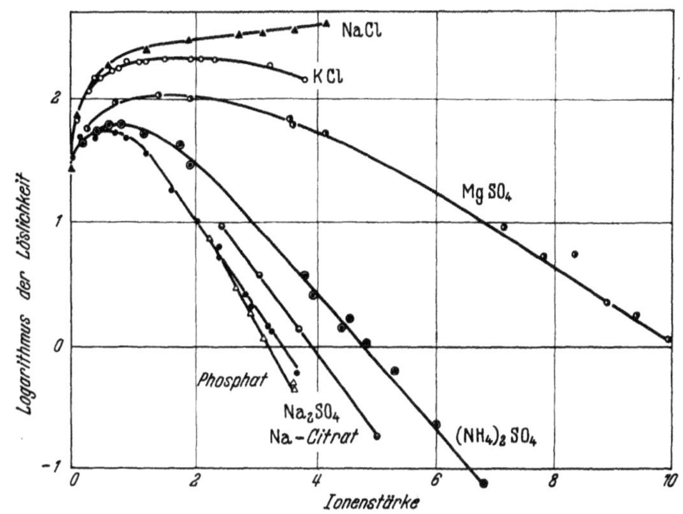

Abb. 10. Einfluß verschiedener Elektrolyte auf die Löslichkeit von Pferde-CO-Hämoglobin bei 25° C und konstantem p_H über einen großen Konzentrationsbereich der Salze (nach TAYLOR [3]).

Beeinflussung durch organische Lösungsmittel (ε). Mit Wasser mischbare organische Lösungsmittel wie Alkohol, Aceton, Dioxan u. a. setzen die Dielektrizitätskonstante ε einer wäßrigen Lösung herab. Dadurch wird die Wechselwirkung zwischen den Proteinmolekeln erhöht. Außerdem vermindern organische Lösungsmittel die Hydratation der Proteine beträchtlich *. Beide Effekte bewirken eine bedeutende Herabsetzung der Proteinlöslichkeit.

β) *Ausführung von Proteintrennungen auf Grund der Löslichkeit.*

Da die Beeinflussung der Löslichkeit lange Zeit (etwa bis 1920) die einzige Methode war, Proteingemische aufzutrennen, findet man in der Literatur eine große Zahl gut ausgearbeiteter Verfahren, von denen später 3 Beispiele beschrieben werden. Hier sollen

* Unlösliche, aber quellfähige Skleroproteine wie Wolle oder Kollagen geben z. B. in Aceton ihr gesamtes Wasser ab und werden so entquollen.

1 COHN, E. J., F. R. N. GURD, D. M. SURGENOR, B. A. BARNES, R. K. BROWN, G. DEROUAUX, J. M. GILLESPIE, F. W. KAHNT, W. F. LEVER, C. H. LIU, D. MITTELMAN, R. F. MOUTON, K. SCHMID and E. UROMA: Am. Soc. **72**, 465 (1950).

2 GURD, F. R. N., and P. E. WILCOX: Adv. Protein Chem. **11**, 311 (1956).

3 TAYLOR, J. F.: The isolation of proteins; in: Neurath-Bailey Proteins, Bd. I/A, S. 39.

Tabelle 9. *Salz- und Komplexbildner mit Proteinen.*

Ladung des Proteins	Salz oder Komplexbildner	Anwendungsbeispiele	Zitat
Proteinium (+)	Sulfat	Serumalbuminfraktionierung	1, 2
	Wolframat	Peptonfällung	3, 4
	Phosphorwolframat		3
	Molybdat		3
	Phosphormolybdat		3
	Metaphosphat	Eialbumin	4, 5
	Hexachloroplatinat	Casein	6
	Trichloracetat	Blutplasmafraktionierung	4, 7, 8
	Perchlorat	Muskelactin	9
	Pikrat	Peptonfällung	4
	Pikrolonat		3
	Flavianat	lytisches Protein	10
	Tannat	Kollagengerbung	11
	Heparinat	Virusfällung	12
	Hyaluronat		
	Chondroitinsulfat		
Proteinat (—)	Ca^{2+}	Serumproteintrennung	13
		Caseinfällung	14, 15, 16
	Ba^{2+}	Serumalbuminfraktionierung	17
	Mg^{2+}	Fällung von Pankreasferment	16, 18
	Zn^{2+}	Blutplasmafraktionierung, Serumglobulintrennung,	19
		Insulinkristallisation	20, 21, 22
	Cu^{2+}	Serumalbumin, Casein, β-Lactoglobulin, Lysozym	
	Hg^{2+}	Dimeres Mercaptalbumin, Lysozym-Hg-Komplex,	23, 24
		Papain-Hg-Komplex	25, 26, 27
	Fe^{2+}	Metallbindendes Plasmaprotein (Transferrin),	28, 29, 30
		Ei-Conalbuminreinigung	
	Pb^{2+}	Humanserumalbumin	31
	Nucleinsäure	Enolase-Isolierung	32
		Triosephosphatdehydrogenase-Isolierung	33
		Hefe-Glutathion-Synthetase	34
		Rinder-Serumalbumin	35
	Protaminat	Insulinfällung	36
		Caseinfällung	36
Protein (+, —)	Protein (—, +)	Blutplasmafraktionierung	16, 22, 37
	Oberflächenaktive	Serumalbumine, β-Lactoglobulin	38, 39, 40
	Waschmittel (—, +)		41, 42

[1] Ferry, J. D.: 96th Meet. amer. chem. Soc. Milwaukee 1938, Div. Biol. Chem.
[2] McMeekin, T. L.: Am. Soc. **61**, 2884 (1939).
[3] Schmidt, C. L. A.: The Chemistry of Amino Acids and Proteins. Chapter 13. Springfield, Ill. 1938, 1943.
[4] Hiller, A., and D. D. van Slyke: J. biol. Ch. **53**, 253 (1922).
[5] Perlmann, G. E.: J. biol. Ch. **137**, 707 (1941).
[6] Lieben, F., u. M. K. Saad el din Scherif: B. Z. **328**, 386 (1956).
[7] Race, J.: Biochem. J. **26**, 1571 (1932).
[8] Fels, I. G.: Ark. Kemi **3**, 347 (1951).
[9] Neuberg, C., E. Strauss and L. E. Lipkin: Arch. Biochem. **4**, 101 (1944).
[10] Jollès, G., et C. Fromageot: Biochim. biophysica Acta, N. Y. **11**, 95 (1953).
[11] Gustavson, K. H.: Adv. Protein Chem. **5**, 354 (1949).
[12] Cohen, S. S.: J. biol. Ch. **144**, 353 (1942).
[13] Greenberg, D. M.: Adv. Protein Chem. **1**, 121 (1944).
[14] Loeb, J.: J. gen. Physiol. **3**, 557 (1920/21).
[15] Pertzoff, V.: J. biol. Ch. **79**, 799 (1928).
[16] Cohn, E. J., F. R. N. Gurd, D. M. Surgenor, B. A. Barnes, R. K. Brown, G. Derouaux, J. M. Gillespie, F. W. Kahnt, W. F. Lever, C. H. Liu, D. Mittelman, R. F. Mouton, K. Schmid and E. Uroma: Am. Soc. **72**, 465 (1950).
[17] Kunitz, M., and J. H. Northrop: J. gen. Physiol. **19**, 991 (1936).
[18] Felton, L. D.: J. Immunol **21**, 357 (1931).

daher einige prinzipielle Ausführungen genügen. Bei allen Verfahren (Einsalzen, Aussalzen, Zugabe von organischen Lösungsmitteln) stellt man sich im allgemeinen zunächst Standardlösungen her und stellt die gewünschten Konzentrationen in den Proteinlösungen durch Zugabe entsprechender Volumina ein. Bisweilen fügt man Salze aber auch in festem Zustand zur Eiweißlösung zu. Das am meisten verwendete Salz ist Ammoniumsulfat. Die zum Einstellen definierter Sättigungsgrade erforderlichen Salzmengen kann man aus dem Ammoniumsulfat-Nomogramm ablesen (vgl.[1], S. 54). Weitere Formelunterlagen, insbesondere bezüglich Molarität und Sättigungsprozenten, sowie der Temperaturabhängigkeit der Sättigung, s. S. 28.

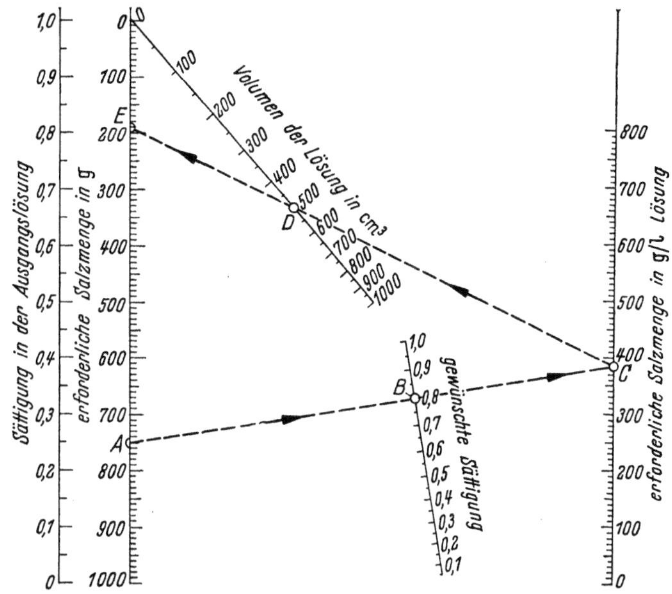

Abb. 11. Ammoniumsulfat-Nomogramm (nach Biochem. Taschenb. [RAUEN] S. 1150f.) [M. DIXON: Biochem. J. 54, 457 (1953)]. Die Gerade vom Punkt A der linken äußeren Skala der Ausgangssättigung durch den Punkt B der Skala der gewünschten Sättigung, in der Mitte unten, schneidet die rechte Skala im Punkt C, der die Salzmenge angibt, die zu 1 l Lösung der Ausgangssättigung zugefügt werden muß. Die Gerade von diesem Punkt C durch die Skala der Volumina im Punkt D, Mitte oben, trifft die linke innere Skala der Substanzmenge im Punkt E, an dem abgelesen wird, welche Salzmenge zu dem Volumen der Lösung zugefügt werden muß.

Da organische Lösungsmittel leicht Denaturierung hervorrufen, muß bei ihrer Anwendung in der Kälte gearbeitet werden. Die notwendige Temperatur richtet sich danach, welche Konzentrationen an organischen Flüssigkeiten eingestellt werden sollen. Die Grenzen liegen im allgemeinen zwischen 10 und 40%. Sowohl die Proteinlösung

[1] TAYLOR, J. F.: The isolation of proteins; in: Neurath-Bailey, Proteins Bd. I/A, S. 39.

Literatur zu Tabelle 9. (Fortsetzung.)

19 SCOTT, D. A.: Biochem. J. **28**, 1592 (1934).
20 KLOTZ, I. M., I. L. FALLER and E. URQUHART: J. physic. Colloid Chem. **54**, 18 (1950).
21 DAWSON, C. R., and M. F. MALLETTE: Adv. Protein Chem. **2**, 179 (1945).
22 KLOTZ, I. M.: Protein interactions; in: Neurath-Bailey, Proteins Bd. I/B, S. 727.
23 HUGHES jr., W. L.: Cold Spring Harbor Symp. quant. Biol. **14**, 79 (1949).
24 SMITH, E. L., J. R. KIMMEL, D. M. BROWN and E. O. P. THOMPSON: J. biol. Ch. **215**, 67 (1955).
25 KIMMEL, J. R., and E. L. SMITH: J. biol. Ch. **207**, 515 (1954).
26 HUGHES, W. L.; in: Neurath-Bailey, Proteins Bd. II/B, S. 689.
27 SCHULTZE, H. E.: Z. Elektrochem. **60**, 262 (1956).
28 SURGENOR, D. M., B. ALEXANDER, R. GOLDSTEIN and K. SCHMID: J. physic. Colloid Chem. **55**, 94 (1951).
29 KOECHLIN, B. A.: Am. Soc. **74**, 2649 (1952).
30 FULLER, R. A., and D. R. BRIGGS: Am. Soc. **78**, 5253 (1956).
31 GURD, F. R. N., and G. R. MURRAY jr.: Am. Soc. **76**, 187 (1954).
32 WARBURG, O., u. W. CHRISTIAN: B. Z. **310**, 384 (1942).
33 WARBURG, O., u. W. CHRISTIAN: B. Z. **303**, 40 (1939).
34 SNOKE, J. E.: J. biol. Ch. **213**, 813 (1955).
35 ZUBAY, G., and P. DOTY: Biochim. biophysica Acta, N. Y. **23**, 213 (1957).
36 HAGEDORN, H. C., B. N. JENSEN, N. B. KRARUP and I. WODSTRUP: J. amer. med. Ass. **106**, 177 (1936).
37 WAUGH, D. F.: Adv. Protein Chem. **9**, 325 (1954).
38 PUTNAM, F. W., and H. NEURATH: J. biol. Ch. **159**, 195 (1945).
39 PALLANSCH, M. J., and D. R. BRIGGS: Am. Soc. **76**, 1396 (1954).
40 MARKUS, G., and F. KARUSH: Am. Soc. **79**, 3264 (1957).
41 MCKEEKIN, T. L., B. D. POLIS, E. S. DELLA MONICA and J. H. CUSTER: Am. Soc. **71**, 3606 (1949).
42 PUTNAM, F. W.: Adv. Protein Chem. **4**, 79 (1948).

als auch das organische Lösungsmittelgemisch werden vor der Vermischung gekühlt. Auch bei Zugabe von Säuren und Basen (Proteinfraktionierung durch isoelektrische Fällung[1, 2]) ist Kühlung oft ratsam (Neutralisationswärme). Sehr schonend ist die allmähliche Vermischung der Proteinlösung mit anderen Lösungen durch Dialyse[3]. Dieses Verfahren gestattet es auch, bestimmte Elektrolytkonzentrationen sehr genau einzustellen, indem man eine definierte Salzlösung in der äußeren Zelle durchströmen läßt und die Einstellung des Gleichgewichts abwartet.

Die Proteinfraktionierung mit organischen Lösungsmitteln hat den großen Vorteil, daß das ganze Lösungssystem durch Gefriertrocknung entfernt werden kann, wobei die Proteinkomponenten frei von anorganischen Bestandteilen gewonnen werden. Am wirksamsten sind kombinierte Methoden, bei denen mehrere Variable (vgl. Tabelle 7 und 10) kontrolliert werden. Kombiniert man die Anwendung von organischen Lösungsmitteln und Elektrolyten, so wird durch die organische Flüssigkeit die Löslichkeit der Eiweiße auf ein günstiges Maß reduziert. Dadurch kann die Elektrolytkonzentration in einem niederen Konzentrationsbereich gehalten werden, in dem die Wechselwirkung mit den Proteinen weitgehend von der Ionenstärke und den elektrochemischen Eigenschaften der Proteine abhängt. In den letzten Jahren sind immer differenziertere Methoden ausgearbeitet worden. Am besten läßt sich diese Entwicklung an Hand der Arbeiten von COHN und Mitarbeitern über die Blutplasmafraktionierung verfolgen. Die Arbeiten führten zur Aufstellung der sog. Methoden 1—10 der Harvard-Universität (s. Tabelle 10).

1946 wurde das System der 5 Variablen (Methode 6) beschrieben, 1950 die Methode 10, bei der zunächst alles Protein mit Hilfe von Schwermetallsalz (Zn^{2+}) fraktioniert ausgefällt wird und dann die einzelnen Komponenten unter Ausnutzung der Protein/Protein-Wechselwirkungen fraktioniert eluiert werden (vgl. Beispiel c).

γ) Kristallisation und Umkristallisieren.

Die Fähigkeit einer Substanz, einheitlich zu kristallisieren, wird im allgemeinen als Reinheitskriterium angesehen. Mehrfaches Umkristallisieren ist ein gebräuchliches Verfahren, aus einem Rohprodukt eine einheitliche Substanz zu isolieren. Es ist aber zur Reinigung von Proteinen nur von begrenztem Wert. Ein Protein zur Kristallisation zu bringen, ist sehr mühselig und gelingt meist erst nach vielstufigen Fraktionierungen (vgl. [4]). Verschiedene Methoden und experimentelle Einzelheiten zur Züchtung von Proteinkristallen beschreiben LOW und RICHARDS[5]. *Ein kristallines Protein ist aber nicht mit Sicherheit einheitlich.* FRAENKEL-CONRAT[6] schreibt: „Sogenannte *kristalline* und *homogene* Proteine von vor wenigen Jahren sind heute oft fruchtbare Quellen für die Isolierung neuer, reiner Proteine.“ (Beispiel: Glucagon aus Insulin[7, 8], ein neues proteolytisches Enzym aus Trypsin[9].) HARFENIST und CRAIG[10] untersuchten die Einheitlichkeit von Kristallinsulin durch Gegenstromverteilung und verglichen die Reinheit amorpher und kristalliner Präparate, die einmal bis mehrmals umkristallisiert worden waren. Dabei ergab sich, daß die *erste Kristallisation* und das *erste Umkristallisieren* (vgl. auch[11–14])

---

[1] GREEN, A. A.: Am. Soc. **60**, 1108 (1938).
[2] SØRENSEN, S. P. L., and M. HØYRUP: C. R. Lab. Carlsberg **12**, 12 (1917/19).
[3] COHN, E. J., J. A. LUETSCHER jr., J. L. ONCLEY, H. S. ARMSTRONG jr. and B. D. DAVIS: Am. Soc. **62**, 3396 (1940).
[4] LEWIN, J.: Am. Soc. **73**, 3906 (1951).
[5] LOW, B. W., and F. M. RICHARDS: Am. Soc. **76**, 2511 (1954).
[6] FRAENKEL-CONRAT, H.: Chemistry of proteins and peptides. Ann. Rev. **25**, 291 (1956).
[7] STAUB, A., L. SINN and O. K. BEHRENS: Science, N. Y. **117**, 628 (1953).
[8] STAUB, A., L. SINN and O. K. BEHRENS: J. biol. Ch. **214**, 619 (1955).
[9] WEIL, L.; in: Biol. Res. Conf. on Enzymes and Protein Structure. Oak Ridge, Tenn. 1955.
[10] HARFENIST, E. J., and L. C. CRAIG: Am. Soc. **74**, 3083, 3087 (1952).
[11] KUNITZ, M., and J. H. NORTHROP: J. gen. Physiol. **18**, 433 (1935).
[12] KUNITZ, M., and J. H. NORTHROP: J. gen. Physiol. **19**, 991 (1936).
[13] KUNITZ, M.: J. gen. Physiol. **24**, 15 (1940).
[14] KUNITZ, M.: J. gen. Physiol. **33**, 349 (1950).

Tabelle 10. *Blutplasmafraktionierungsmethoden der Harvard-Universität* (COHN und Mitarbeiter).

Nr.	Operation	Kontrollierte Variable	Besonderheit	Auftrennung	Zitat
1	Fraktionierte Äthanolfällung	T, Äth $\equiv \varepsilon$ (p_H)	Reagenszugabe durch Dialyse; für kleine Mengen	4 Komponenten: Fibrinogen, Thrombin, γ-Globulin, Albumin (Nr. 1–5)	COHN u.a. [1]
2	Fraktionierte Äthanolfällung	T, Äth $\equiv \varepsilon$ (p_H)	Reagenszugabe durch Capillaren; für große Mengen		[1]
3	Fraktionierte Äthanolfällung	T, Äth $\equiv \varepsilon$ (p_H)	modifizierte Albuminkonzentrierung		[1]
4	Fraktionierte Äthanolfällung	T, Äth $\equiv \varepsilon$ (p_H)	modifizierte Albuminkristallisation		[1]
5	Fraktionierte Äthanolfällung	T, Äth $\equiv \varepsilon$ p_H	höhere Albuminausbeute		[1]
6	Fraktionierte Äthanolfällung	T, Äth $\equiv \varepsilon$ p_H, $\Gamma/2$, c	5 Variablen-System	Auftrennung in 11 Fraktionen *	[1] Schema HUGHES [2]
7	Fraktionierte Äthanolfällung	T, Äth $\equiv \varepsilon$ p_H, $\Gamma/2$, c	Unterfraktionierung der Plasmafraktion II + III nach Methode 6 (Nr. 7 und 8+9)	γ-Globulin-Antikörper, Isoagglutinine, Prothrombin, Plasminogen, β_1-Lipoproteid *	ONCLEY u. a. [3]
8+9	Fraktionierte Äthanolfällung	T, Äth $\equiv \varepsilon$ p_H, $\Gamma/2$, c			Schema HUGHES [4]
10	I. fraktionierte Fällung II. fraktionierte Extraktion	T, Äth + Glycin $\equiv \varepsilon$, p_H, $\Gamma/2$, Zn^{2+}, c	Ausnutzung von Protein/Protein-Wechselwirkung und Bildung schwer löslicher Protein-Zn-Salze	Auftrennung in 11 Fraktionen (vgl. Tabelle 12, S. 41)	[5]

* Ausführliche Beschreibung der Methode s. bei Serumproteinen, S. 237ff.

den *größten Reinigungseffekt* haben und daß weiteres Umkristallisieren von geringem Wert für die Entfernung von verunreinigenden Begleitkomponenten ist. STEIN[6] fand, daß Umkristallisieren ein unwirksamer Weg zur Reinigung von Lysozym ist, da das Enzym chromatographisch um so inhomogener wird, je mehr es umkristallisiert wird (vgl. auch [7]).

δ) Beispiele.

Es werden 3 Proteinfraktionierungen beschrieben, die typisch sind für

a) Aussalzen,

b) Anwendung organischer Lösungsmittel,

c) kombinierte Kontrolle aller Variablen.

Fraktioniernug von Rinderpankreasextrakt durch Aussalzen. Isolierung von Desoxyribonuclease, Chymotrypsinogen, Trypsinogen, Trypsin-Inhibitor und Ribonuclease nach KUNITZ[8-11]. Der Pankreasextrakt wird zunächst durch Fällung mit

[1] COHN, E. J., L. E. STRONG, W. L. HUGHES jr., D. J. MULFORD, J. N. ASHWORTH, M. MELIN and H. L. TAYLOR: Am. Soc. **68**, 459 (1946).
[2] HUGHES, W. L.; in: Neurath-Bailey, Proteins Bd, II/B. S. 744.
[3] ONCLEY, J. L., M. MELIN, D. A. RICHERT, J. W. CAMERON and P. M. GROSS jr.: Am. Soc. **71**, 541 (1949).
[4] HUGHES, W. L.; in: Neurath-Bailey, Proteins Bd, II/B. S. 749.
[5] COHN, E. J., F. R. N. GURD, D. M. SURGENOR, B. A. BARNES, R. K. BROWN, G. DEROUAUX, J. M. GILLESPIE, F. W. KAHNT, W. F. LEVER, C. H. LIU, D. MITTELMAN, R. F. MOUTON, K. SCHMID and E. UROMA: Am. Soc. **72**, 465 (1950).
[6] STEIN, W. H.: The Chemical Structure of Proteins. Ciba Found. Symp. Boston 1953. S. 17.
[7] FREDERICQ, E.: Meded. vlaam. chem. Verenig. **16**, 233 (1954).
[8] KUNITZ, M., and J. H. NORTHROP: J. gen. Physiol. **18**, 433 (1935).
[9] KUNITZ, M., and J. H. NORTHROP: J. gen. Physiol. **19**, 991 (1936).
[10] KUNITZ, M.: J. gen. Physiol. **24**, 15 (1940).
[11] KUNITZ. M.: J. gen. Physiol. **33**, 349 (1950).

Ammoniumsulfat steigender Konzentration in 4 Fraktionen zerlegt und diese durch Lösen und fraktioniertes Fällen mit Ammoniumsulfat und Magnesiumsulfat bei verschiedenen p_H-Werten und Temperaturen weiter getrennt und schließlich die reinen Komponenten kristallisiert. Abb. 12.

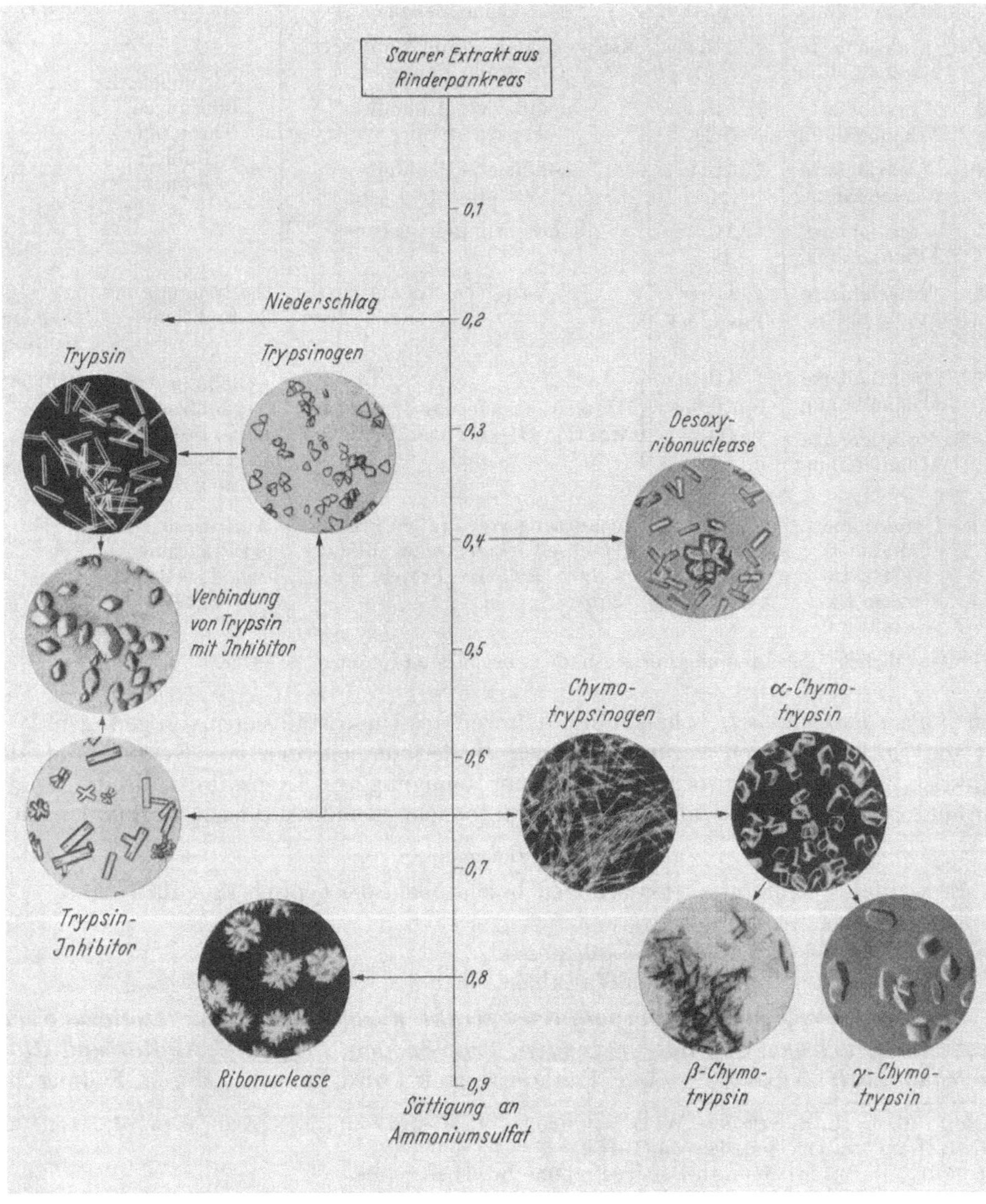

Abb. 12. Relative Lage von Desoxyribonuclease, Chymotrypsinogen, Trypsinogen und Ribonuclease im allgemeinen Fraktionierungsschema der Aufarbeitung von Rinderpankreas (nach KUNITZ[1]).

Ausführung:

Frisches Rinderpankreas wird in eiskalter 0,25 n Schwefelsäure gesammelt. Zur Aufarbeitung läßt man die Säure abtropfen, entfernt Fett und Bindegewebe und zermahlt die Drüsen grob in einem Fleischwolf. Man suspendiert in destilliertem Wasser und bringt

---

[1] KUNITZ, M.: J. gen. Physiol. **33**, 349 (1950).

den p_H mit 0,25 n Säure auf 3,0. Nach 18—20stündigem Stehen bei 5° C wird die Suspension durch ein Filtertuch gepreßt und der Rückstand mit Eiswasser gewaschen. Die vereinigten Filtrate werden mit Ammoniumsulfat auf 20% Sättigung gebracht (114 g Salz je *l*).

Niederschlag I wird mittels 10 g Celite 503* und 10 g Supercel je Liter abgesaugt und verworfen.

Die klare Lösung wird auf 40% Sättigung von Ammoniumsulfat gebracht (weitere 121 g/*l*) und mittels 3 g Celite 503 abgesaugt → Fraktion II enthaltend Desoxyribonuclease.

Das Filtrat wird mit Ammoniumsulfat auf 70% Sättigung gebracht (weitere 205 g/*l*), wobei Niederschlag III ausfällt. Er enthält Chymotrypsinogen, Trypsinogen und Inhibitor (100 g aus 3 *l* zerhacktem Pankreas).

Das Filtrat wird mit Ammoniumsulfat auf 80% Sättigung gebracht (insgesamt 530 g Salz je *l*). Man läßt die Suspension unter gelegentlichem Rühren 2 Tage im Eisraum stehen und saugt dann ab. Aus 20 Pfund Pankreas entstehen 30 g Fraktion IV, enthaltend Ribonuclease.

Weitere Fraktionierung der Rohprodukte II, III, IV:

α) Fraktion II[1]: Desoxyribonuclease wird durch selektive Denaturierung bei 37° C und nachfolgende Fraktionierung mit Ammoniumsulfat und mit Äthanol von Begleitproteinen befreit. Weitere Reinigung durch Fraktionierung bei verschiedenen p_H-Werten in Gegenwart von Ammoniumsulfat und schließlich Kristallisation.

β) Fraktion III[2, 3] wird mit Ammoniumsulfat umgefällt. Bei p_H 5 kristallisiert in 2 Tagen bei 20—25° C *Chymotrypsin* aus einer Ammoniumsulfatlösung von 26,5% Sättigung und wird in gleicher Weise umkristallisiert.

Das Filtrat wird durch mehrmaliges Umfällen mit Ammoniumsulfat bei verschiedenen p_H-Werten weiter gereinigt. In Boratpuffer p_H 8 kristallisiert das *Trypsinogen* in Gegenwart von Magnesiumsulfat bei 5° C in 2—3 Tagen aus. Aus dem Filtrat werden durch Fällung mit Trichloressigsäure bei 80° C Begleitproteine entfernt und nach mehrmaligem Umfällen mit Magnesiumsulfat wird *Trypsin-Inhibitor* zunächst als kristalliner Komplex mit Trypsin isoliert.

γ) Fraktion IV[4] wird durch Umfällen mit Ammoniumsulfat bei p_H 4,8 gereinigt und die *Ribonuclease* aus Ammoniumsulfatlösung bei 20—25° C zur Kristallisation gebracht. Umkristallisation aus Wasser/Äthanol bei 5° C.

***Fraktionierung der Hühnereiweißproteine mittels der Äthanoltechnik nach* Forsythe *und* Foster[5].** Die Methode hat den Vorteil, daß *niedere Salzkonzentrationen* (Γ) angewendet werden. Dadurch wird langdauerndes Dialysieren vermieden. Äthanol kann leicht und schnell durch Gefriertrocknung entfernt werden. Die Äthanol-Fraktionierung kann im technischen Maßstab angewendet werden.

Ausführung:

Gewöhnliches 95%iges Äthanol wird auf 50% (v/v) verdünnt und so für alle Alkoholzusätze verwendet. Acetat-, Phosphat- und Carbonatpuffer werden zur p_H-Einstellung benutzt. Zum Zentrifugieren benutzt man eine kontinuierliche „Sharples Superzentrifuge". Von frischen Eiern wird das Eiweiß vom Dotter getrennt und 1000 cm³ Eiweiß in einem „Waring-Blendor" gemischt. Zunächst wird zentrifugiert und dabei ein Nieder-

---

* Celite 503 von Johns-Manville Co. Ltd, Artillery Row, London S.W. 1.

[1] Kunitz, M.: J. gen. Physiol. **33**, 349 (1950).

[2] Kunitz, M., and J. H. Northrop: J. gen. Physiol. **18**, 433 (1935).

[3] Kunitz, M., and J. H. Northrop: J. gen. Physiol. **19**, 991 (1936).

[4] Kunitz, M.: J. gen. Physiol. **24**, 15 (1940).

[5] Forsythe, R. H., and J. F. Foster: J. biol. Ch. **184**, 385 (1950).

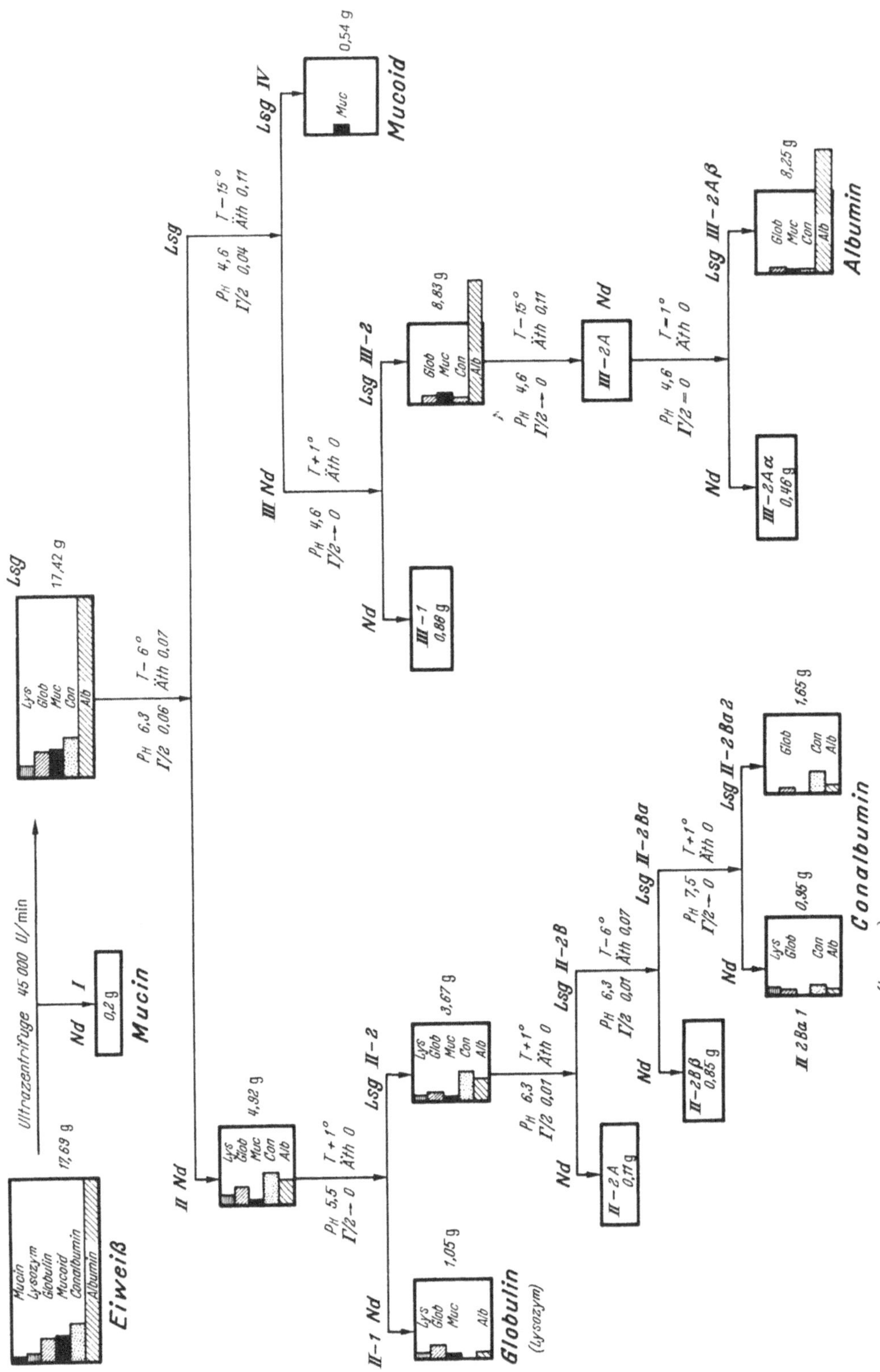

Abb. 13. Fraktionierung von Hühnereiweiß durch Äthanol (nach Daten von FORSYTHE und FOSTER[1]). (Die g-Angaben bedeuten g Gesamtstickstoff je Fraktion.)

schlag = *Mucinfraktion I* abgetrennt. Experimentelle Einzelheiten s. Abb. 13. Nun wird die *Conalbumin-Globulin-Fraktion II* ausgefällt. Beim Zentrifugieren erwärmt sich die Lösung von —6° C auf —1° bis + 1° C, so daß sich ein Teil der Fällung wieder auflöst.

[1] FORSYTHE, R. H., and J. F. FOSTER: J. biol. Ch. **184**, 385 (1950).

Wiederholtes Abkühlen auf —6° C und Zentrifugieren sowie Filtrieren bei der Fällungstemperatur bewirkt völlige Abtrennung der Fraktion II. Das Globulin wird vom Conalbumin dadurch getrennt, daß man bei p_H 5,5 dialysiert, um die Ionenstärke herabzusetzen. Der erzielbare Trenneffekt hängt von der Gründlichkeit ab, mit der man den Niederschlag wäscht. Die ganze Fraktion wird schließlich in 3 Unterfraktionen zerlegt:

II—1 hauptsächlich Globulin (etwas Lysozym),
II—2Bα1 hauptsächlich Conalbumin (etwas Lysozym),
II—2Bα2 hauptsächlich Conalbumin.

Lysozym kann man in höheren Ausbeuten auch vor der Abtrennung von Fraktion II direkt aus dem Eiweiß isolieren. Die *Albuminfraktion III* wird aus der Lösung, die nach Abtrennung von Fraktion II zurückbleibt, durch Erniedrigung des p_H auf 4,6 und Erhöhung der Äthanol-Konzentration auf den Molenbruch 0,11 bei —15° C ausgefällt. Die weitere Reinigung von Eialbumin (Fraktion III—2Aβ) zeigt Abb. 13. Die nach der Albuminfällung zurückbleibende Lösung enthält reines *Mucoid* (Fraktion IV). Sie wird durch Pervaporation eingeengt, dialysiert und das Mucoid durch Gefriertrocknung gewonnen.

Die Einheitlichkeit der getrennten Proteine wird durch Elektrophorese nachgewiesen[1]. Die analytischen Daten gibt Tabelle 11.

Tabelle 11. *Fraktionierung von Hühnereiweiß-Proteinen* (nach FORSYTHE und FOSTER[2]).

Fraktion	Albumin		Mucoid		Globulin		Conalbumin		Lysozym	
	1	2	1	2	1	2	1	2	1	2
Eiweiß	64,9	—	9,2	—	8,7	—	13,8	—	3,4	—
II—1	13,4	1,2	9,5	6,1	61,0	41,5	2,9	1,2	12,4	21,7
II—2B α 1 . .	14,7	1,2	2,1	1,2	17,9	11,0	41,0	16,2	19,0	20,0
II—2B α 2 . .	19,4	2,8	0	0	5,4	5,8	75,8	52,0	0	0
III—2A β. . .	93,7	67,2	2,1	10,4	2,9	15,5	1,5	5,0	0	0
IV	11,1	0,5	88,9	29,3	0	0	0	0	0	0
Gesamtausbeute		72,9		47,0		73,8		74,4		41,7

1 = % der Komponente in der Fraktion; 2 = % der Komponente vom Gesamteiweiß.

***Trennung der Blutplasmaproteine durch fraktionierte Fällung und Extraktion (Einsalzen). Methode 10 der Harvard-Universität, nach* COHN *u. a.*[3].** Die Methode ist dadurch charakterisiert, daß das gesamte Protein zunächst fraktioniert gefällt wird und dann die Komponenten aus den einzelnen Niederschlägen fraktioniert extrahiert werden. Das hat den Vorteil, daß das Material durch die Ausfällung sehr frühzeitig vor verschiedenen chemischen und enzymatischen Veränderungen (Denaturierungen und Abbau), die in Lösung rasch eintreten, geschützt wird. So findet z. B. keine Umwandlung von Prothrombin in Thrombin oder von Plasminogen in Plasmin statt. Zudem kann eine Proteintrennung durch fraktionierte Extraktion sehr viel schneller durchgeführt werden als eine solche durch fraktionierte Fällung, da bei einer Extraktion wesentlich kürzere Zeiten zur Gleichgewichtseinstellung genügen. Die Methode nutzt sowohl zur Fällung als auch zur Extraktion Protein/Protein- und Protein/Metall-Wechselwirkungen aus. Man arbeitet unter sehr milden Bedingungen. Der p_H liegt bei allen Operationen zwischen 5,5 und 7,5; die Alkoholkonzentration zwischen Molenbruch 0,066 und 0,09*. Die Temperatur wird bei —5° C gehalten. Es können nach der gleichen Vorschrift wenige Milliliter bis zu tausenden von Litern Plasma getrennt werden. Bezüglich Modifikationen s. Beitrag „Serumproteine“, S. 246f.

* Entspricht 25 % an 95 %igem Äthanol bei 25° C.

[1] FORSYTHE, R. H., and J. F. FOSTER: J. biol. Ch. **184**, 377 (1950).
[2] FORSYTHE, R. H., and J. F. FOSTER: J. biol. Ch. **184**, 385 (1950).
[3] COHN, E. J., F. R. N. GURD, D. M. SURGENOR, B. A. BARNES, R. K. BROWN, G. DEROUAUX, J. M. GILLESPIE, F. W. KAHNT, W. F. LEVER, C. H. LIU, D. MITTELMAN, R. F. MOUTON, K. SCHMID and E. UROMA: Am. Soc. **72**, 465 (1950).

Ausführung:

Das *Plasma* wird nach einer der folgenden Methoden gewonnen:

1. Vermischen von 450 cm³ Blut mit 75 cm³ einer Lösung von 26,7 g Trinatriumcitrat · 5,5 H_2O, 8 g Citronensäure und 22 g Glucose (Dextrose) je Liter. Ergibt sog. ACD-Plasmalösung.
2. Man läßt Blut durch ein Ionenaustauscherharz laufen.
3. Mischung von 450 cm³ Blut mit 100 cm³ einer Lösung enthaltend 2,5 g Humanfibrinogen und 2,0 g Natriumcitrat (p_H 6,3).
4. Man läßt Blut durch ein Ionenaustauscherharz in Lösungen von Humanfibrinogen und Glucose laufen.

Die *Reagenslösungen* werden jeweils aus 95 %igem Äthanol und Pufferlösungen bei 25° C frisch bereitet und vor Gebrauch gekühlt.

Es wird eine gekühlte *Winkelzentrifuge* mit Kunststoffbechern („master tubes") benutzt.

Fällung: 25 cm³ Plasma werden auf 0° C gekühlt und 100 cm³ einer Lösung, die 250 cm³ 95 %iges Äthanol und 2,5 cm³ Natriumacetatpuffer, $\Gamma/2 = 0{,}8$, p_H 4 je *l* enthält, bei mechanischem Rühren in 5 min zugegeben. Nach weiteren 15 min Rühren wird bei —5° C und 4000 U/min 30 min lang zentrifugiert. →Fraktion I + II + III.

Das Volumen der Lösung IV + V + VI wird gemessen, in eine neue „master tube" überführt und 1 cm³ zur Biuretbestimmung, 3 cm³ zur Cholesterinanalyse entnommen. Nun werden unter Rühren 10 cm³ frisch bereitetes Reagens zugegeben, das 200 cm³ 95 %iges Äthanol und 54,8 g Zinkacetatdihydrat je Liter enthält. Dabei fällt Fraktion IV + V aus. Nach 15 min Stehen 30 min lang zentrifugieren. Die Lösung, Fraktion VI ($\approx$ 1 % des Plasmaproteins), kann unter den Bedingungen der Tabelle 12a gefällt werden.

Das *Serumalbumin* wird aus der Fällung IV + V extrahiert durch Rühren mit 175 cm³ einer Lösung, die 160 cm³ 95 %iges Äthanol, 2,6 g Bariumacetat, 20 cm³ 1 m Natriumacetat und 7,3 cm³ 1 m Essigsäure je Liter enthält (p_H 5,5—5,6). 30 min zentrifugieren, 2 cm³ des gemessenen Volumens zur Biuretbestimmung von Albumin entnehmen.

Die zurückbleibende Fällung IV wird 1 Std mit 25 cm³ Lösung gerührt, die 160 cm³ 95 %iges Äthanol, 50 cm³ 1 m Natriumacetat und 0,1 g Zinkacetatdihydrat je Liter enthält (p_H 6,1—6,2). 30 min zentrifugieren.

Fällung IV—1 (α_1-Lipoproteide, Jodproteine) wird in 0,15 m Natriumchloridlösung suspendiert, durch Zugabe von wenig 0,5 m Natriumcitrat gelöst und zur Lipoidbestimmung auf ein geeignetes Volumen aufgefüllt. Sie soll nicht eingefroren oder getrocknet werden.

Lösung IV—6 + 7 enthält die α_2-Glykoproteide und β_1-metallbindendes Protein. (Fraktionierungsmethoden s. [1-3].)

Die Fällung I + II + III wird manuell zu einer Paste verrührt und dann zur Extraktion von Fraktion II mit 50 cm³ einer Lösung behandelt, die 150 cm³ 95 %iges Äthanol, 2 cm³ 1 m Natriumacetat, 1,4 cm³ 1 m Essigsäure und 45 g Glycin je *l* enthält (p_H 5,50 $\pm$ 0,05). 30 min zentrifugieren. 2 cm³ des gemessenen Volumens zur Biuretbestimmung von γ-Globulin entnehmen.

Niederschlag I + III wird zu einer Paste verrührt und 1 Std mit 100 cm³ einer Lösung extrahiert, die 160 cm³ 95 %iges Äthanol, 45 g Glycin, 2,5 cm³ Natriumglycinatpuffer, 3,2 cm³ 0,5 m Dinatriumphosphat und 0,5 m Mononatriumphosphat je Liter enthält (p_H 6,8—6,9). 45 min zentrifugieren. 3 cm³ des gemessenen Volumens von Extrakt III—0 werden zur Biuretbestimmung, 2 cm³ zur Cholesterinanalyse entnommen. Extrakt III—0 soll nicht eingefroren oder getrocknet werden.

Niederschlag I + III—1, 2, 3 wird zur Paste verrührt und 1 Std mit 25 cm³ Lösung extrahiert, die 160 cm³ 95 %iges Äthanol, 1,2 cm³ 1 m Citronensäure und 120 cm³ 1 m

[1] KOECHLIN, B. A.: Am. Soc. **74**, 2649 (1952).
[2] SCHMID, K.: Am. Soc. **77**, 742 (1955).
[3] SCHMID, K.: Biochim. biophysica Acta, N. Y. **21**, 399 (1956).

Trinatriumcitrat je Liter enthält (p_H 7,1—7,2). 30 min zentrifugieren. 5 cm^3 des gemessenen *Extraktes III—1, 2* (Prothrombin, Isoagglutinine) zur Biuretbestimmung entnehmen (vgl.[1]).

Niederschlag I + III—3 (= Fibrinogen, antihämophiles Globulin, kälteunlösliches Globulin, Plasminogen) kann in 10 cm^3 0,02 m Trinatriumcitrat gelöst werden. 1 cm^3 zur Biuretbestimmung entnehmen. Einzelheiten vgl. Tabelle 12a—e.

Tabelle 12a—e. *Blutplasmafraktionierung nach der Methode 10 der Harvard-Universität*[2].

Tabelle 12a. *Fraktionierte Fällung in Äthanol/Wasser (Molenbruch 0,066) bei —5° C.*

Metall	Na^+	Zn^{2+}	Zn^{2+}
Metallionenkonzentration (Mol/l)	0,04	0,02	0,02
p_H	5,8	5,8	7,5
% Plasmaprotein	37	62	~0,8—0,9
Bezeichnung der Fraktionen	Nd I + II + III	Nd IV + V	Nd VI
Ausgefällte Komponenten	γ-Globuline β_1-Lipoproteid β_1-Euglobulin, fettarm Coeruloplasmin Isoagglutinine Plasminogen kälteunlösliches Globulin Fibrinogen Prothrombin	Serumalbumin β_1-Metallbindendes Protein α_2-Glykoproteide α_2-Mucoproteide α_1-Lipoproteide Jodproteine Cholinesterase Phosphatase	Spuren von IV + V, α_1-saures kleines Protein α_2-Protein β_1-Protein andere kleine Proteine und Peptide, Harnsäure

Tabelle 12b. *Fraktionierte Extraktion der Plasmafällung bei —5° C.*

Zu extrahierende Fällungen	Nd I + II + III	Nd IV + V	Nd VI
Metall	Na^+	$Zn^{2+} + Ba^{2+} + Na^+$	Zn^{2+}
Metallionenkonzentration (Mol/l)	0,005	Spuren + 0,01 + 0,02	0,5
p_H	5,5	5,5	5,9
Äthanol (Molenbruch)	0,051	0,051	0,066
Glycin (Mol/l)	0,6		
% Plasmaprotein	11	53	0,6
Bezeichnung der Fraktionen	Extrakt II	Extrakt V	Extrakt VI
Komponenten in der Fraktion	γ-Globulin	Serumalbumine	α_1-saures, kleines Protein α_2-Protein β_1-Protein Kleine Proteine und Peptide

Nd = Niederschlag.

[1] SURGENOR, D. M., B. ALEXANDER, R. GOLDSTEIN and K. SCHMID: J. physic. Colloid Chem. 55, 94 (1951).

[2] COHN, E. J., F. R. N. GURD, D. M. SURGENOR, B. A. BARNES, R. K. BROWN, G. DEROUAUX, J. M. GILLESPIE, F. W. KAHNT, W. F. LEVER, C. H. LIU, D. MITTELMAN, R. F. MOUTON, K. SCHMID and E. UROMA: Am. Soc. 72, 465 (1950).

Tabelle 12c. *Blutplasmafraktionierung bei —5° C.*

Ausgangsfraktion	Nd I + III	Nd IV	Extrakt VI
Metall	Na^+	$Na^+ + Zn^{2+}$	Ba^{2+}
Metallionenkonzentration (Mol/l)	0,005	0,0005 + 0,5	0,02
p_H	6,8	6,2	6,1
Äthanol (Mol/l)	0,051	0,051	0,066
Glycin (Mol/l)	0,6		
% Plasmaprotein	17	6	0,1
Bezeichnung der Fraktionen	Extrakt III—0	Extrakt IV—6 + 7	Nd VI—1
Komponenten in den Fraktionen	β_1-Lipoproteid β_1-Euglobuline, fettarm Coeruloplasmin	β_1-metallbindendes Protein α_2-Glykoproteide α_2-Mucoproteid Cholinesterase	α_2-Protein β_1-Protein Kleine Proteine und Peptide

Tabelle 12d. *Blutplasmafraktionierung bei —5° C.*

Ausgangsfraktion	Nd I + III—1, 2, 3	Extrakt IV—6 + 7	Extrakt VI—2
Metall	Na^+		
Metallionenkonzentration (Mol/l)	0,3		
p_H	7,2		
Äthanol (Mol/l)	0,051		
Natriumcitrat	0,1		
% Plasmaprotein	3	4	0,5
Bezeichnung der Fraktionen	Extrakt III—1 + 2	Nd IV—6	Nd VI—2
Komponenten in den Fraktionen	Isoagglutinine Prothrombin	α_2-Glykoproteide	α_2-saures, kleines Protein

Tabelle 12e. *Blutplasmafraktionierung bei —5° C.*
Komponenten in den zurückgebliebenen Niederschlägen.

% Plasmoprotein	6	3	0,2
Bezeichnung der Fraktionen	Nd I + III, 3	Nd IV—1	
Komponenten in den Fraktionen	Plasminogen, kälteunlösliches Globulin, Fibrinogen	α_1-Lipoproteid	Spuren Albumin und andere Proteine

Literatur über weitere Fraktionierungen und Reindarstellungen einzelner Komponenten (s. hierzu vor allem auch den Beitrag „Serumproteine", S. 218ff.): Komponenten des Gerinnungs-Prozesses[1]. Saures Glykoproteid[2, 3]. Kristallisation von Serumalbuminderivaten und einigen anderen Plasmaproteinen[4]. Optische und morphologische Studien an

[1] SURGENOR, D. M., B. ALEXANDER, R. GOLDSTEIN and K. SCHMID: J. physic. Colloid Chem. **55**, 94 (1951).
[2] SCHMID, K.: Am. Soc. **72**, 2816 (1950).
[3] SCHMID, K.: Am. Soc. **75**, 60 (1953).
[4] LEWIN, J.: Am. Soc. **73**, 3906 (1951).

Tabelle 13. *Schema der ersten Schritte der Blutplasmafraktionierung nach Methode 10 der Harvard-Universität*[1] (nach LEVER u. a.[2]).

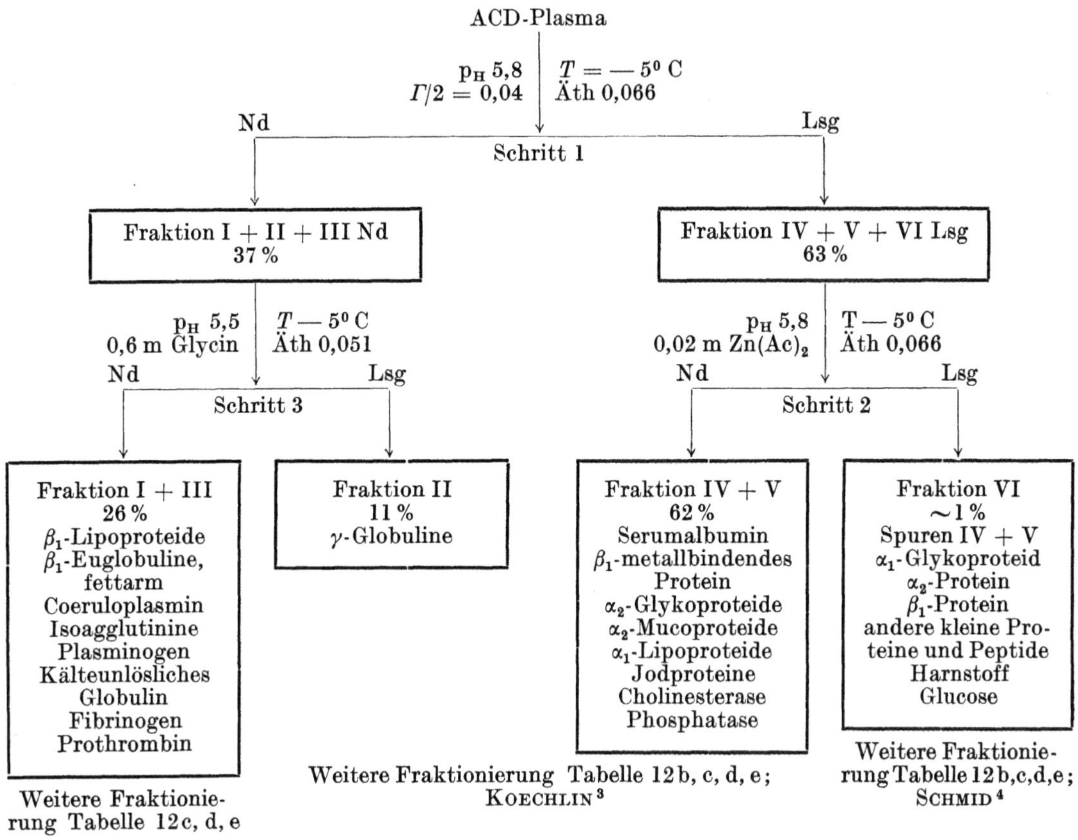

Plasmaalbumin und Derivaten[5]. α_2-Glykoproteid u. a.[6, 7]. β_1-metallbindendes Protein[3, 8]. Antikörper, Isoagglutinine, Prothrombin, Plasminogen, β_1-Lipoproteid[9], β-Lipoproteid[10].

ε) *Literatur.*

1. EDSALL, J. T.: Adv. Protein Chem. **3**, 383 (1947).
2. SCHMIDT, C. L. A.: Chemistry of Amino Acids and Proteins. Springfield, Ill. 1938.
3. COHN, E. J., and J. T. EDSALL: Proteins, Amino Acids, and Peptides. New York 1943.
4. TAYLOR, J. F.: The isolation of proteins; in: Neurath-Bailey, Proteins Bd. I/A, S. 1.

b) Proteintrennung und Reinigung durch chromatographische Methoden.

α) *Beschreibung.*

Definition. Unter Chromatographie versteht man eine Trennung von Stoffen durch selektive Anreicherung oder Verzögerung an einer festen Trägersubstanz infolge

[1] COHN, E. J., F. R. N. GURD, D. M. SURGENOR, B. A. BARNES, R. K. BROWN, G. DEROUAUX, J. M. GILLESPIE, F. W. KAHNT, W. F. LEVER, C. H. LIU, D. MITTELMAN, R. F. MOUTON, K. SCHMID and E. UROMA: Am. Soc. **72**, 465 (1950).
[2] LEVER, W. F., F. R. N. GURD, E. UROMA, R. K. BROWN, B. A. BARNES, K. SCHMID and E. L. SCHULTZ: J. clin. Invest. **30**, 99 (1951).
[3] KOECHLIN, B. A.: Am. Soc. **74**, 2649 (1952).
[4] SCHMID, K.: Am. Soc. **72**, 2816 (1950).
[5] LOW, B. W., and E. J. WEICHEL: Am. Soc. **73**, 3911 (1951).
[6] SCHMID, K.: Am. Soc. **77**, 742 (1955).
[7] SCHMID, K.: Biochim. biophysica Acta, N. Y. **21**, 399 (1956).
[8] LAURELL, C.-B.: Acta chem. scand. **7**, 1407 (1953).
[9] ONCLEY, J. L., M. MELIN, D. A. RICHERT, J. W. CAMERON and P. M. GROSS jr.: Am. Soc. **71**, 541 (1949).
[10] ONCLEY, J. L., F. R. N. GURD and M. MELIN: Am. Soc. **72**, 458 (1950).

verschiedener Mechanismen (Adsorption, Ionenaustausch, Verteilung), wenn die Lösung des Stoffgemisches die Trägersubstanz durchströmt.

Einteilung. Eine große Zahl chromatographischer Techniken sind bisher entwickelt und beschrieben worden und ihre Benennung erfolgte oft ohne Berücksichtigung des Mechanismus (vgl. [1]). Nach der Art der Wechselwirkungskräfte zwischen Substanz und Trägermaterial kann man unterscheiden:

a) Adsorptionschromatographie,

b) Austauscherchromatographie,

c) Verteilungschromatographie.

In der Praxis wirken jedoch meist mehrere Kräfte gleichzeitig und man kann gerade bei der Chromatographie der hochmolekularen und polyvalenten Eiweiße oft nicht entscheiden, welcher Mechanismus bei einer bestimmten Fraktionierung vorherrscht. Zur mathematischen Behandlung chromatographischer Vorgänge vgl. MARTIN und SYNGE[2]; TISELIUS[3]; MARTIN[4]; WILLIAMS[5]; TURBA[1] S. 5—40; DRAKE[6].

Adsorptionschromatographie. Die Adsorptionschromatographie wurde erstmals durch TSWETT[7] zur Trennung und Reinigung von Substanzen benutzt. Die Trennung erfolgt durch Adsorption an verschiedene und z. T. in geeigneter Weise vorbehandelte Adsorbentien, infolge van der Waalsscher Wechselwirkungskräfte. Die Lösung des zu analysierenden Substanzgemisches wird durch das gefüllte Rohr durchgedrückt oder durchgesaugt. Je nach ihrer Affinität werden die Substanzen an verschiedenen Stellen adsorbiert. Die entstandenen Zonen werden identifiziert und weiterverarbeitet. Diese Methode führte zu großen Erfolgen in der Chemie niedermolekularer Naturstoffe (Farbstoffe). Bei der Isolierung von Protein-Enzymen ließ sie sich zunächst nur in der Variante der sog. „batch"-Verfahren anwenden, wobei die gesuchten Enzyme oder die Protein-Begleitsubstanzen entweder vollständig oder gar nicht adsorbiert wurden. Diese Arbeiten findet man zusammengefaßt bei ZITTLE[8] sowie ZECHMEISTER und ROHDEWALD[9].

Einen wesentlichen Fortschritt für die Proteinchromatographie brachte die Entwicklung der *„Aussalz"-Adsorption.* TISELIUS entdeckte, daß man die Adsorption von Proteinen an Trägermaterial durch verschiedene anorganische Salze wie Ammoniumsulfat oder Kaliumphosphat stark beeinflussen kann[10-12]. Bei verhältnismäßig geringen Salzkonzentrationen ($^1/_3$ dessen, was zum Aussalzen eines Proteins benötigt wird) werden gewisse Substanzen, die normalerweise gegenüber Eiweiß fast indifferent sind, zu sehr wirksamen Adsorbentien. Die Elution führt man mit einer stärker verdünnten Salzlösung oder mit reinem Wasser aus. SHEPARD und TISELIUS gelang so eine einwandfreie Trennung der Albumin- und Globulinfraktionen von Humanserum an Silicagel/Supercel[13]. — Silicagel, Kieselgur[14] und Calciumphosphat[15] sind in letzter Zeit bevorzugt als Träger verwendet worden. Weitere Adsorbentien vgl. TURBA[1], S. 107—129. TISELIUS chromatographierte an Tricalciumphosphat Phykoerythrin, Phykocyanin, Ovalbumin, Serum-

[1] TURBA, F.: Chromatographische Methoden in der Proteinchemie. Berlin, Göttingen, Heidelberg 1954.
[2] MARTIN, A. J. P., and R. L. M. SYNGE: Biochem. J. **35**, 1358 (1941).
[3] TISELIUS, A.: Ark. Kemi, Mineral. Geol. **16** A, Nr. 18 (1943).
[4] MARTIN, A. J. P.: Endeavour **6**, 21 (1947).
[5] WILLIAMS, R. J. P.: Brit. med. Bull. **10**, 165 (1954).
[6] DRAKE, B.: Ark. Kemi 8, 1 (1955).
[7] TSWETT, M. S.: B. **24**, 234, 361, 384 (1906).
[8] ZITTLE, C. A.: Adv. Enzymol. **14**, 319 (1953).
[9] ZECHMEISTER, L., and M. ROHDEWALD: Some aspects of enzyme chromatography. Fortschr. Chem. org. Naturstoffe 8, 341 (1951).
[10] TISELIUS, A.: Ark. Kemi, Mineral. Geol. **26** B, Nr. 1 (1948).
[11] TISELIUS, A.: Chem. engng. News **27**, 1041 (1949).
[12] TISELIUS, A.: Naturwiss. **37**, 25 (1950).
[13] SHEPARD, C. C., and A. TISELIUS: Discuss. Faraday Soc. **7**, 275 (1949).
[14] CLAUSER, H., and C. H. LI: Am. Soc. **76**, 4337 (1954).
[15] SWINGLE, S. M., and A. TISELIUS: Biochem. J. **48**, 171 (1951).

albumin, CO-Hämoglobin, Hämocyanin und Tabak-Mosaik-Virus mit Phosphatpuffern[1]. In diesem Tricalciumphosphat/Phosphat-System werden die Proteine allerdings gerade umgekehrt bei kleiner Ionenstärke adsorbiert und mit wachsender Ionenstärke eluiert. Dabei wird die hauptsächlich von TISELIUS entwickelte und von DRAKE theoretisch abgehandelte *Gradientelution* verwendet[2], bei der die Zusammensetzung der Elutionslösung während der Elution kontinuierlich verändert wird.

Die große Leistungsfähigkeit der Methode beweist eine andere Arbeit von TISELIUS, HJERTÉN und LEVIN, in der Proteine vom Molgewicht um 10000 bis zu Virusteilchen an Hydroxylapatit (Tricalciumphosphat) chromatographiert wurden[3]. Man eluiert durch stufenweise oder kontinuierliche Erhöhung der Konzentration von Phosphatpuffern bei konstantem p_H oder durch Verdrängung. Der Mechanismus dieser Methode unterscheidet sich von dem der gewöhnlichen Chromatographie mit einem System konstanter Zusammensetzung durch folgende Charakteristika:

a) Elution ohne allzu große Schweifbildung ist nur bei verhältnismäßig hohen R_F-Werten möglich.

b) Der R_F-Wert ist gewöhnlich sehr empfindlich gegenüber Änderungen in der Konzentration der Elutionslösung (Phosphatpuffer), was die sukzessive Elution der verschiedenen Komponenten durch *stufenweise* Erhöhung der Pufferkonzentration erleichtert.

c) Sehr ausgeprägte wechselseitige Verdrängungseffekte spielen eine wichtige Rolle.

Ohne Zweifel sind in einem konstanten Medium auch Unterschiede im R_F-Wert vorhanden, aber im allgemeinen werden die Komponenten bei diesem Verfahren durch die Pufferkonzentration, bei der sie eluiert werden, charakterisiert.

Zur Verdrängungschromatographie an partiell „saturierter" Holzkohle vgl. PORATH und LI[4] sowie SYNGE und TISELIUS[5].

Ionenaustauschchromatographie. Bei der Austauschchromatographie reagiert der Träger mit der Substanz durch Salzbildung. Es erfolgt ein Austausch der Anionen oder Kationen der Lösung mit dem Trägerstoff, wodurch eine Anreicherung von Substanzen erreicht werden kann. Basen werden am besten aus alkalischen, Säuren aus sauren Lösungen adsorbiert. Die Austauschereffekte sind sehr stark p_H-abhängig. Da ein Eindringen der großen Proteinmoleküle in die Austauschersubstanz nicht möglich ist, werden im Gegensatz zum Ionenaustausch bei Lösungen anorganischer Elektrolyte hier nur die aktiven Stellen an der Oberfläche der Austauscher ausgenutzt. Die Feinheit des Austauschermaterials ist daher sehr wesentlich und wird standardisiert und charakterisiert durch die Maschenzahl des Siebes, durch das man das Material aussiebt (s. Tabelle 17, S. 48).

Die Ionenaustauschchromatographie hat in den letzten Jahren ausgedehnte Anwendung zur Proteinreinigung und Trennung gefunden. SOBER, KEGELES und GUTTER beschrieben die erste Proteintrennung an einem Ionenaustauscher[6]. Sie trennten Hühnereiweiß bei p_H 6,8 an dem Sulfosäureharz Dowex-50 in Eialbumin, Eimucoid und Conalbumin. PALEUS und NEILANDS führten das seither in der Proteinchromatographie hauptsächlich verwendete Carboxylharz Amberlite IRC-50 (XE 64 bzw. XE 97*) mit einer Arbeit über Cytochrom c ein[7].

* Verschiedene Korngrößen desselben Austauscherharzes.

[1] TISELIUS, A.: Ark. Kemi 7, 443 (1954).
[2] DRAKE, B.: Ark. Kemi 8, 1 (1955).
[3] TISELIUS, A., S. HJERTÉN and Ö. LEVIN: Arch. Biochem. **65**, 132 (1956).
[4] PORATH, J., and C. H. LI: Biochim. biophysica Acta, N. Y. **13**, 268 (1954).
[5] SYNGE, R. L. M., and A. TISELIUS: Acta chem. scand. **1**, 749 (1947).
[6] SOBER, H. A., G. KEGELES and F. J. GUTTER: Science, N. Y. **110**, 564 (1949).
[7] PALEUS, S., and J. B. NEILANDS: Acta chem. scand. **4**, 1024 (1950).

HIRS, MOORE und STEIN, TALLAN und STEIN sowie HIRS untersuchten eine Reihe von Trägern und Lösungsmitteln[1-3]. Von Celite, Stärke, Silicagel, Tricalciumphosphat, Benzoesäure und einer Anzahl von Ionenaustauschern erwies sich das Polymethacrylsäure-Harz Amberlite IRC-50 als wirksamster Austauscher für die Proteinchromatographie. Die Proteine werden zwischen Puffer und Harzphase reversibel verteilt. Den Verteilungskoeffizienten kann man durch Änderungen des p_H und der Ionenstärke des Puffers auf einen geeigneten Wert einstellen. Die optimalen Bedingungen sind für jedes Protein anders. Beträchtliche Reinigungseffekte werden erzielt, und die Ausbeute an Protein oder enzymatischer Aktivität ist in den meisten Fällen quantitativ (vgl. Abb. 14).

Beim Arbeiten mit IRC-50 ist eine genaue Kontrolle des p_H-Wertes des Elutionspuffers sehr wesentlich zur Erzielung reproduzierbarer Ergebnisse (vgl. Abb. 15).

Ganz allgemein läßt sich der p_H-Wert bei Kationenaustauschern am besten durch anionische Puffer (Acetat- und Phosphatpuffer) regulieren, bei Anionenaustauschern durch kationische Puffer [z. B. Tris-(oxymethyl)-aminomethan/HCl = sog. THAM-Puffer].

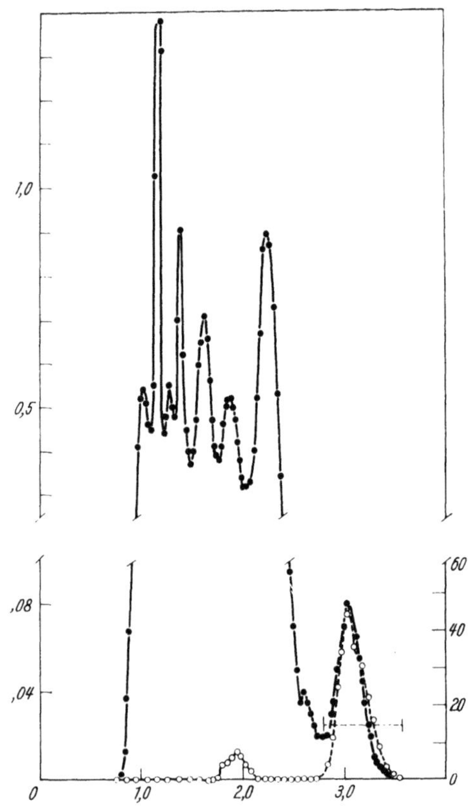

Abb. 14. Trennung von Ribonuclease aus einem Rohextrakt von Rinderpankreas an Amberlite IRC-50 mit Phosphatpuffer p_H 6,67 (nach HIRS, MOORE und STEIN[4]). —.— Ninhydrinfarbwert; —o— Enzymaktivität.

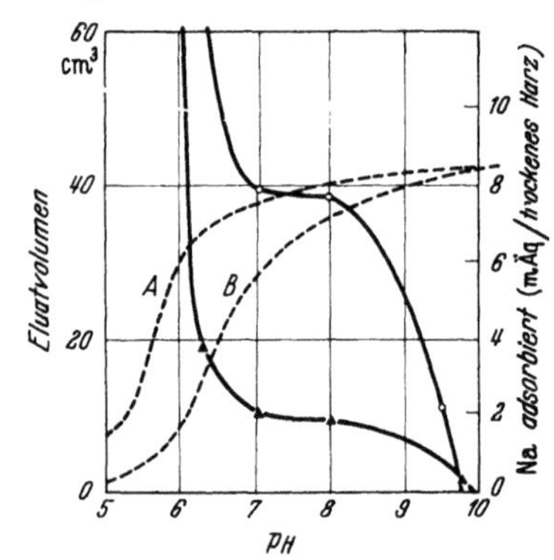

Abb. 15. p_H-Effekt auf die Elution von Cytochrom c von IRC-50 durch Na-phosphatpuffer (nach BOARDMAN und PARTRIDGE[4]). 6,0 mg Proben wurden bei 25° C an 0,9 × 16,0 cm-Säulen chromatographiert. Na^+-Konzentration: ● 0,25 g-Ionen je l; ▲ 0,34 g-Ionen je l. Die gebrochenen Linien zeigen die vom Harz aufgenommene Na^+-Menge: A aus 1,0 m NaCl; B aus 0,1 m NaCl.

Neben dem Ionenaustauschmechanismus sind vermutlich auch van der Waals-Kräfte und Wasserstoffbrückenbindungen bei der Proteinchromatographie an IRC-50 wirksam[4].

An Austauscherharzen, die nur eine *geringe Kapazität für Proteine* haben, wie z. B. das Sulfosäureharz Dowex 50—X8, gelangen BOMAN sowie SAKOTA Proteintrennungen im analytischen Maßstab[5-7] (vgl. auch [8]). Bei stufenweiser Elution folgten die Gipfel jeweils unmittelbar dem Durchbruch eines neu zugesetzten Elutionspuffers und im Falle der Trennung von Chymotrypsinogen und Chymotrypsin[8] in der umgekehrten Reihenfolge

[1] HIRS, C. H. W., S. MOORE and W. H. STEIN: J. biol. Ch. **200**, 493 (1953).
[2] TALLAN, H. H., and W. H. STEIN: J. biol. Ch. **200**, 507 (1953).
[3] HIRS, C. H. W.: J. biol. Ch. **205**, 93 (1953).
[4] BOARDMAN, N. K., and S. M. PARTRIDGE: Biochem. J. **59**, 543 (1955)
[5] BOMAN, H. G.: Nature **173**, 447 (1954).
[6] BOMAN, H. G.: Biochim. biophysica Acta, N. Y. **16**, 245 (1955).
[7] SAKOTA, N.: J. Biochem. **42**, 649 (1955) [vgl. Adv. Protein Chem. **11**, 221 (1956)].
[8] SOBER, H. A., G. KEGELES and F. J. GUTTER: Science, N. Y. **110**, 564 (1949).

wie bei der Trennung an IRC-50[1]. Offenbar herrscht hier ein anderer Mechanismus vor. Man kann die niedere Kapazität von Dowex-50 für Proteine auch dazu ausnutzen, Eiweißlösungen durch Säulenchromatographie an diesem Harz von anorganischen Kationen, Aminosäuren und niederen Peptiden zu trennen (vgl. S. 24).

Anionenaustauscherharze beginnen ebenfalls Verwendung für die Proteinchromatographie zu finden. BOMAN trennte Serumproteine an Dowex 2—X 8 und verwendete dazu den sog. THAM-Puffer: Tris-(oxymethyl)-aminomethan/HCl[2] (vgl. auch [3]). COX, LANCHANTIN und WARE reinigten ein Humanglobulin an IRA-400[4].

BOMAN und WESTLUND führten chromatographische Studien mit 19 verschiedenen Proteinen an dem Anionen-Austauscherharz Dowex-2 durch[5]. Zur Elution werden THAM-Puffer verwendet. Die Kapazität lag bei etwa 0,5 mg Protein je Kubikzentimeter Harz. Bei Anwendung der ebenfalls eingehend untersuchten Verdrängungselution war die Kapazität etwa 4mal größer. Mit der Methode ließen sich z. B. Human-γ-Globuline direkt aus Serum isolieren, saure Human-Phosphatase 200fach reinigen, alkalische und saure Phosphatase trennen usw. Tabelle 14 enthält eine Zusammenstellung der Ergebnisse.

Tabelle 14. *An Dowex-2 chromatographierte Proteine* (nach BOMAN und WESTLUND[5]).

Protein	Quelle	Elutionskonzentration von THAM/HCl p_H 7,3 in Mol	Bemerkungen
γ-Globulin	Human-Serum	0,04	
β-Globulin, erste Fraktion	Human-Serum	0,08	
Albumin	Human-Serum	0,20	
α_1-Globulin	Human-Serum	0,23	
β-Globulin, zweite Fraktion	Human-Serum	0,30	enthält Coeruloplasmin
α_2-Globulin	Human-Serum	0,5	
Hämoglobin	erwachsener Mensch	0,04	
Peroxydase	Meerrettich	0,04	
Saure Phosphatase	menschliche Prostata	0,2	
Saure Phosphatase	Erythrocyten	0,2	
Saure Phosphatase	weißer Senfsamen	0,2	ANAGNOSTOPOULOS und BOMAN (unveröffentlicht)
Saure Phosphatase	Meerrettich	0,2	möglicherweise 2 Enzyme
Alkalische Phosphatase	Krebsserum, Mensch	0,1	
Cholinesterase	menschliches Serum, Cohn-Fraktion IV—6—3	0,37	MALMSTRÖM u. a.[4]
Phykocyanin	Ceramium rubrum	0,3	
Phykoerythrin	Ceramium rubrum	0,4	
Galaktosidase	Ophiostoma multiannulatum	0,2	VON HOFSTEN[6]
Cysteinglycinase	Schweineniere	0,3	SEMENZA (unveröffentlicht)
FSH (Follikel stimulierendes Hormon)	Schweinehypophyse	0,5	p_H 8,2. Präparat wurde von Prof. LI zur Verfügung gestellt

Die Entwicklung von *Austauschern* mit *sehr hohen Kapazitäten für Proteine* durch chemische Modifizierung von Cellulose durch SOBER und PETERSON bedeutete einen weiteren Fortschritt[7] (vgl. Tabelle 15).

Man darf nur eine begrenzte Anzahl ionisierbarer Gruppen einbauen, da die modifizierte Cellulose bei >1 mVal/g löslich oder zumindest gelatinös wird und einen zu hohen

[1] HIRS, C. H. W.: Am. Soc. **77**, 5743 (1955).
[2] BOMAN, H. G.: Nature **175**, 898 (1955).
[3] MALMSTRÖM, B. G., Ö. LEVIN and H. G. BOMAN: Acta chem. scand. **10**, 1077 (1956).
[4] COX, F. M., G. F. LANCHANTIN and A. G. WARE: J. clin. Invest. **35**, 106 (1956).
[5] BOMAN, H. G., and L. E. WESTLUND: Arch. Biochem. **64**, 217 (1956).
[6] HOFSTEN, B. v.: Nature **177**, 844 (1956).
[7] SOBER, H. A., and E. A. PETERSON: Am. Soc. **76**, 1711 (1954).

Tabelle 15. *Cellulosederivate zur Proteinchromatographie* (nach PETERSEN und SOBER[1]).

Bezeichnung Art	Darstellung	Eigenschaft	Ionisierbare Gruppen mVal/g	pK	Kapazität mg Protein je 100 mg Austauscher
CM-W, CM-SF Carboxymethylcellulose	Cellulose + Chloressigsäure in alkalischer Lösung	Kationenaustauscher	bis 0,73	3,8 bis 4,3	98
P-W Phosphatcellulose	Cellulose + $POCl_3$ in alkalischer Lösung	Kationenaustauscher	2 · 0,60	6,7 bis 6,8	93
DEAE-SF DEAE-Pol Diäthylaminoäthylcellulose	Cellulose + 2-Chlortriäthylamin in alkalischer Lösung	Anionenaustauscher	bis 1,34	6,5 7,5 8,0	bis 122
ECTEOLA-SF	Cellulose + Triäthanolamin + Epichlorhydrin in alkalischer Lösung	Anionenaustauscher	0,29	5,8 bis 6,0	5 Material speziell für Nucleinsäuren geeignet[2,3]

Durchströmungswiderstand gegenüber Wasser zeigt. Da die Kapazität dieser Austauscher dennoch sehr groß ist, ist die relativ geringe Dichte der ionisierten Bindungsstellen aus mehreren Gründen sogar günstig:

1. Die Desorption von Polyelektrolyten (Eiweiße) wird erleichtert.

2. Der Träger weist nur eine geringe Pufferwirkung auf (günstig für Gradientelution).

3. Der Träger besitzt nur eine geringe Adsorptionskapazität für kleine Elektrolyte.

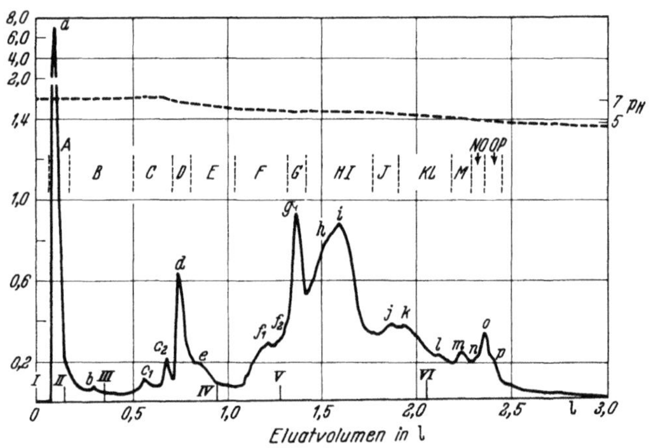

Abb. 16. Chromatographie von Serumproteinen an DEAE-SF (nach SOBER, GUTTER, WYCKOFF und PETERSON[6]). Verteilungskurve von etwa 1 g dialysiertem frischem Humanserum in 20 cm³ Lösungsmittel auf 28 g Diäthylaminoäthylcellulose in einer 40 × 2,5 cm-Säule. 6—7 cm³-Fraktionen. Fließgeschwindigkeit 11 cm³/Std. Die gebrochene Linie und der Maßstab auf der rechten Seite stellen den pH des Ausflusses dar. Elutionsfolge: *I* 0,005 m Na-phosphat pH 7,0; *II* Gradient bis 0,02 m Na-phosphat pH 6,0; *III* Gradient bis 0,05 m NaH_2PO_4; *IV* Gradient bis 0,02 m NaCl/0,05 m NaH_2PO_4; *V* Gradient bis 0,05 m NaCl/0,05 m NaH_2PO_4; *VI* Gradient bis 0,1 m NaCl/0,05 m NaH_2PO_4. Der Inhalt des Mischgefäßes betrug 250 cm³. Die einzelnen abgetrennten Fraktionen sind mit *A*, *B*, *C* usw. bezeichnet.

Mit derartigen Cellulosesäulen konnten SOBER und PETERSON (vgl. auch[4]) Enzyme (Transaminase, Amidase, Ribonuclease) und Serum-Proteine reinigen[5]. Eine Trennung von Serumproteinen an DEAE-SF zeigt Abb. 16.

Verteilungschromatographie. Die Verteilungschromatographie wurde von MARTIN und SYNGE entwickelt[7]. Die Trennung erfolgt hier durch Unterschiede im Verteilungskoeffizienten. Das Adsorbens dient lediglich als Träger für die stationäre Phase des Lösungsmittelsystems. Je nach ihren Verteilungskoeffizienten reichern sich die Substanzen, die in der beweglichen Phase am besten löslich sind, am weitesten unten an; die

[1] PETERSON, E. A., and H. A. SOBER: Am. Soc. 78, 751 (1956).
[2] BENDICH, A., J. R. FRESCO, H. S. ROSENKRANZ and S. M. BEISER: Am. Soc. 77, 3671 (1955).
[3] BRADLEY, D. F., and A. RICH: Am. Soc. 78, 5898 (1956).
[4] PETERSON, E. A., and H. A. SOBER: Fed. Proc. 13, 273 (1954).
[5] SOBER, H. A., and A. E. PETERSON: Am. Soc. 76, 1711 (1954).
[6] SOBER, H. A., F. J. GUTTER, M. M. WYCKOFF and E. A. PETERSON: Am. Soc. 78, 756 (1956).
[7] MARTIN, A. J. P., and R. L. M. SYNGE: Biochem. J. 35, 1358 (1941).

in der stationären Phase besser löslich sind, bilden Zonen im oberen Teil der Säule. Die Verteilungschromatographie hat vielfache Anwendung bei der Trennung niedermolekularer Substanzen gefunden, ist jedoch in ihrer Anwendung auf Proteine im Vergleich mit Adsorptions- und Austauschmethoden zunächst stark zurückgeblieben. Das Hauptproblem ist die Wahl und Zusammenstellung geeigneter 2phasiger Lösungsmittelsysteme. PORTER untersuchte systematisch verschiedene Systeme aus organischen Lösungsmitteln/Wasser/Salze und stellte deren Phasendiagramme auf (s. Abb. 24, S. 58)[1-3]. Folgende Systeme bewährten sich für die Proteinchromatographie:

Tabelle 16. *Lösungsmittelsysteme zur Verteilungschromatographie von Proteinen* (nach MARTIN und PORTER[4]).

Wäßrige Phase	Organische Phase	Untersuchtes Protein
15 g $(NH_4)_2SO_4$ + 55 g H_2O	30 g Äthylcellosolve (Äthylenglykolmonoäthyläther)	Rinderribonuclease
20 g $(NH_4)_2SO_4$ + 56 g H_2O	24 g Äthylcellosolve	
16,5 g $(NH_4)_2SO_4$ + 47 g Wasser	36,5 g Äthylcellosolve	
9 cm³ 5 m NaH_2PO_4 + H_3PO_4 auf p_H 3 + 15 cm³ Wasser	6,7 cm³ Äthylcellosolve + 3,3 cm³ Butylcellosolve (Äthylenglykolmonobutyläther)	Insulin, Glucagon
32 cm³ 5 m NaH_2PO_4 + H_3PO_4 auf p_H 3 + 40 cm³ Wasser	17,33 cm³ Äthylcellosolve + 8,67 cm³ Diäthylcarbitol (Äthylenglykoldiäthyläther)	Chymotrypsinogen und Chymotrypsin
9 cm³ 2,5 m Kaliumphosphat p_H 7 + 150 cm³ Wasser	100 cm³ Propylcellosolve (Äthylenglykolmonopropyläther)	Penicillinase

Die Phase, in der das Protein am besten löslich ist, wird stationär gehalten. Soll die organische Phase die stationäre sein, wird silanbehandeltes Kieselgur[5] als Träger verwendet, soll die wäßrige stationär sein, wird sauer gewaschenes Kieselgur benutzt.

Die Schwierigkeiten des Verfahrens sind:

a) Gefahr einer Denaturierung der Proteine durch Adsorption oder organische Lösungsmittel. Je mehr Wasser im System vorhanden ist, desto geringer wird die Denaturierungsgefahr. Indem man bei tiefen Temperaturen (bis zu —5° C) arbeitet, wird sie ebenfalls herabgesetzt.

b) Die Temperatur muß bisweilen auf + 0,05° konstant gehalten werden, da die Zusammensetzung mancher Systeme sehr empfindlich gegenüber Temperaturschwankungen ist.

c) Die Verteilungskoeffizienten sollen zwischen 5:1 und 30:1 liegen und die bewegliche Phase sollte mindestens 1 mg Protein/cm³ lösen. Nur wenige Systeme, die diese Voraussetzungen erfüllen, sind bisher gefunden worden (vgl. Tabelle 16).

Die Verteilungskoeffizienten werden nach der Formel

$$K = \frac{V_s}{V_e - V_a} \qquad \begin{aligned} V_s &= \text{Volumen der stationären Phase} \\ V_e &= \text{Ausflußvolumen} \\ V_a &= \text{Retentionsvolumen der Säule} \end{aligned}$$

berechnet[6].

PORTER untersuchte sehr eingehend die Verteilungschromatographie von Insulin[1]. Sie zeitigte die besten Ergebnisse. Der Insulin-„peak“ erschien im Eluat genau an der Stelle, an der er nach dem Verteilungskoeffizienten zu erwarten war. Aus einem rohen Pankreasextrakt konnte in einer Stufe sehr reines Insulin isoliert werden.

CONDLIFFE verwendete sek.-Butanol/0,1 %ige Essigsäure auf Hyflo-Super-Cel zur Reinigung und Trennung von Oxytocin und Lysin- bzw. Arginin-Vasopressin[7].

[1] PORTER, R. R.: Biochem. J. **53**, 320 (1953).
[2] PORTER, R. R.: The Chemical Structure of Proteins. Ciba Found. Symp., S. 31. Boston 1953.
[3] PORTER, R. R.: Colowick-Kaplan, Meth. Enzymol. Bd. I, S. 98.
[4] MARTIN, A. J. P., and R. R. PORTER: Proc. int. Wool Text. Res. Conference, Australia 1955.
[5] HOWARD, G. A., and A. J. P. MARTIN: Biochem. J. **46**, 532 (1950).
[6] MAYER, S. W., and E. R. TOMPKINS: Am. Soc. **69**, 2866 (1947).
[7] CONDLIFFE, P. G.: J. biol. Ch. **216**, 455 (1955).

Adsorptions-, Austausch- und Verteilungschromatographie benutzen Rohre, in denen die Trägerstoffe senkrechtstehende Säulen bilden. Man faßt sie daher der Arbeitstechnik nach unter dem Begriff der Säulenchromatographie zusammen und behandelt die Papierchromatographie gesondert.

Papierchromatographie. Die Papierchromatographie ist eine Verteilungschromatographie und wurde auch von dieser ausgehend von GORDON, MARTIN und SYNGE und

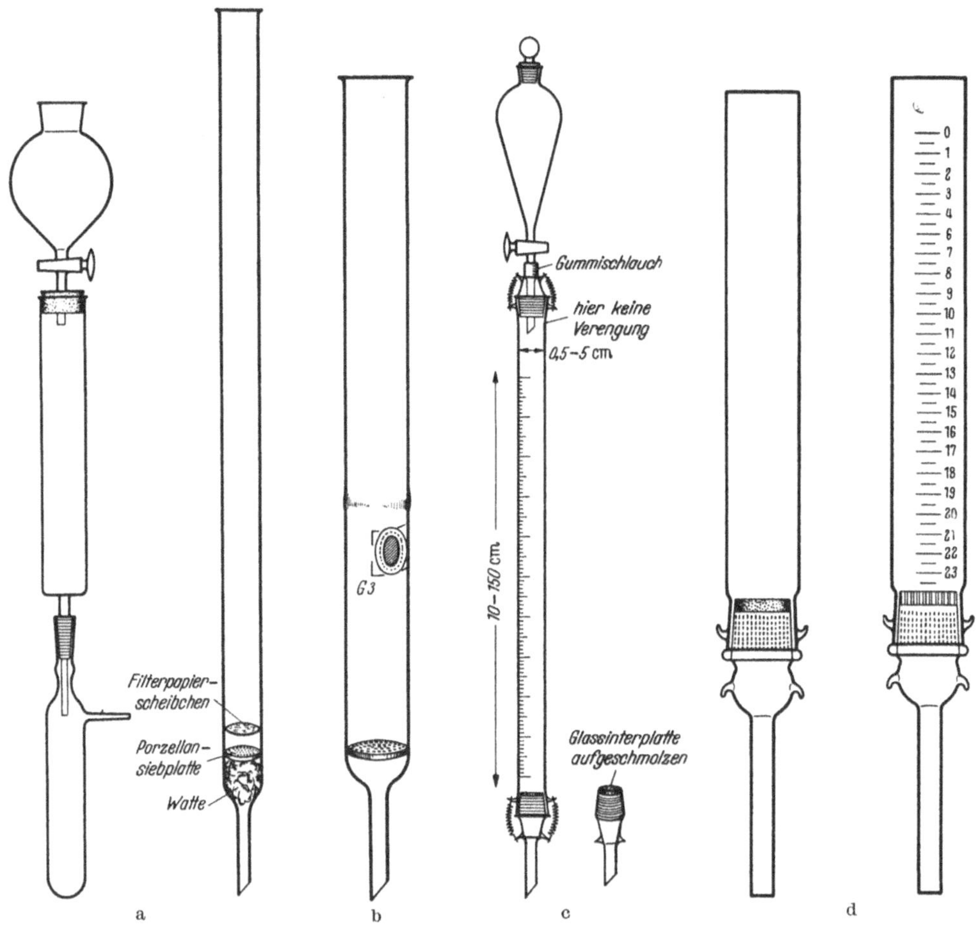

Abb. 17a—h. Chromatographierohre (nach TURBA[1]). a Behelfsmäßige Einrichtungen: ausgezogene oder rechtwinklig verengte Rohre mit losem Wattebausch, Siebplatte und Filterscheiben. b Schmale Glasfritte mit angeschmolzenem Rohr. c Meistgebrauchte Anordnung (ZECHMEISTER-CHOLNOKY-Typ). Rohr mit 2 Schliffen für Über- und Unterdruck zu verwenden (auch zum Ausstoßen der Säulen geeignet), unterer Kernschliff mit aufgeschmolzener Glassinterplatte. d Chromatographierohre der Scientific Glass App. Co., Bloomfield, N. J. e, f und g speziell für präparative Zwecke. e Glasfritte mit Schliff für dünne, breite Adsorbensschichten. f Apparatur nach WINTERSTEIN (Hormuth u. Vetter, Heidelberg). g Apparatur nach ZECHMEISTER zum Ausstoßen der Säule (Scientific Glass App. Co.). h Mikro-Adsorptionsrohr mit Glasnagel (schwach vergrößert).

CONSDEN, GORDON und MARTIN entwickelt[2,3]. Das Filtrierpapier ist der Trägerstoff für die unbewegliche, meist wäßrige Phase. Die bewegliche Phase entsteht dadurch, daß das Papier das Lösungsmittelsystem aufsaugt. Besondere Vorteile bringt die Möglichkeit, zweidimensional arbeiten zu können. Die Einfachheit der Technik, die Billigkeit der benötigten Apparaturen und der anwendbare Mikromaßstab haben die rasche und weitverbreitete universelle Anwendung für die Analyse fast aller chemischen Substanzklassen bewirkt. Eine Ausnahme macht die Papierchromatographie der Proteine. Es sind zwar viele Versuche publiziert worden, aber die Erfolge sind gering. Einige Autoren sahen die

[1] TURBA, F.: Chromatographische Methoden in der Protein-Chemie. Berlin, Göttingen, Heidelberg 1954.

[2] GORDON, A. H., A. J. P. MARTIN and R. L. M. SYNGE: Proc. Biochem. Soc. XIII (1943).

[3] CONSDEN, R., A. H. GORDON and A. J. P. MARTIN: Biochem. J. 38, 224 (1944).

Papyrographie sogar als völlig ungeeignet für Eiweißstoffe an[1, 2]. Meist zeigten die untersuchten Proteine auf eindimensionalen Chromatogrammen breite und unregelmäßige Schweifbildung, in zweidimensionalen Diagrammen bedeckten sie unregelmäßige und relativ große Flächen. Neben der Verteilung finden vermutlich irreversible Adsorptionen am Träger statt und die Gefahr einer Denaturierung durch Oberflächeneffekte sowie durch die meist verwendeten organischen Lösungsmittel ist dadurch besonders groß. Dies alles ließ die Papierchromatographie für Proteine als wenig aussichtsreich erscheinen. In jüngster Zeit sind jedoch einige Arbeiten erschienen, die bessere Ergebnisse zeigten.

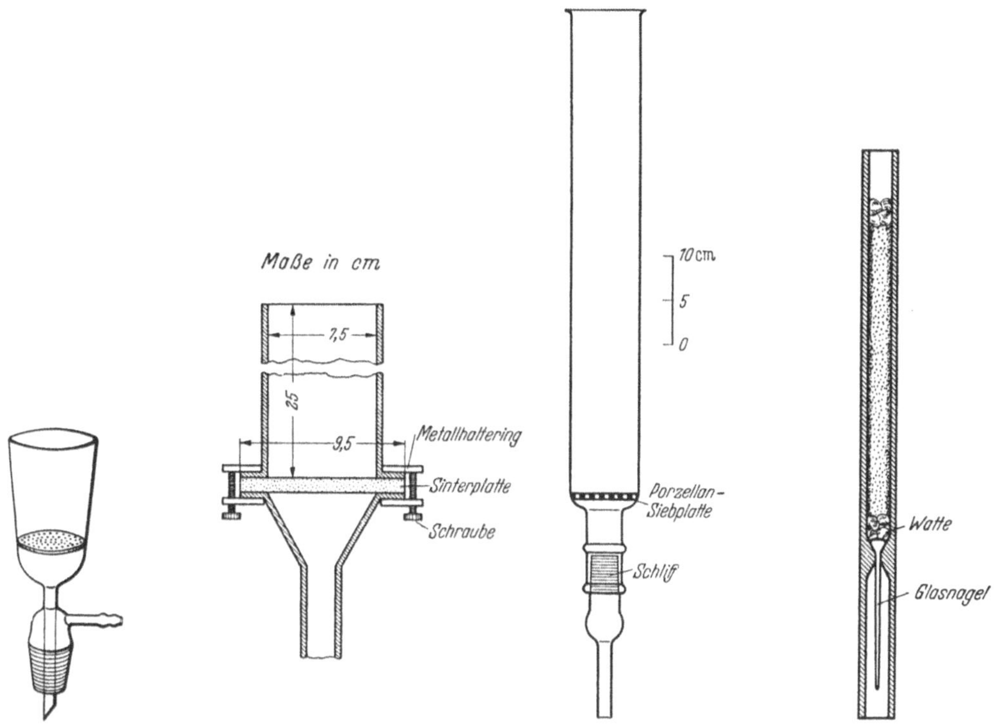

Abb. 17e—h.

Franklin und Quastel verwendeten zur papyrographischen Trennung verschiedener Proteine deren Häminkomplexe[3]. Giri und Prasad trennten papyrographisch empfindliche Enzyme (Phosphatasen, Amylasen) ohne Verlust der Aktivität[4]. Die Polymyxine wurden mit dem System Butanol/Essigsäure fraktioniert[5] und 3 Licheniformine mit Molekulargewichten von etwa 5000 wurden in Collidin/Lutidin/NH_3 scharf getrennt[6]. Insulin wurde von verschiedenen Proteinen papyrographisch getrennt[7, 8]. Die R_F-Werte schwankten jedoch beträchtlich und waren stark abhängig von der Wanderungsstrecke und der Substanzmenge[9, 10]. Berkes und Berkes gelang die Auftrennung von Insulin in mehrere Fraktionen bei p_H-Werten unter 2,5 und über 10^{10}, d. h. unter Bedingungen, bei denen die größeren Insulinaggregate ($M = 36000$—48000) in die kleineren Einheiten

[1] Cabib, E.: Biochim. biophysica Acta, N. Y. **8**, 607 (1952).
[2] Zittle, C. A.: Adv. Enzymol. **14**, 319 (1953).
[3] Franklin, A. E., and J. H. Quastel: Science, N. Y. **110**, 447 (1949).
[4] Giri, K. V., and A. L. N. Prasad: Nature **168**, 786 (1951).
[5] Jones, T. S. G.: Biochem. J. **42**, XXXV (1948).
[6] Callow, R. K., and T. S. Work: Biochem. J. **51**, 558 (1952).
[7] Robinson, F. A., and K. L. A. Fehr: Biochem. J. **51**, 298 (1952).
[8] Grodsky, G., and H. Tarver: Nature **177**, 223 (1956).
[9] Light, A., and M. V. Simpson: Nature **177**, 225 (1956).
[10] Berkes, P., u. I. Berkes: B. Z. **328**, 361 (1956).

von $M = 6000$—12000 dissoziieren[1-3]. Die Papyrographie scheint demnach für solche Fälle aussichtsreich, bei denen es gelingt, die gewöhnlich vorliegenden Proteinaggregate in kleinere Einheiten oder gar Einzelmolekeln zu spalten. ZAHN konnte z. B. Fibroin, Gelatine und Casein in 50—60%igem wäßrigem LiBr fraktionieren[4].

Zusammenfassung. Sowohl durch Adsorptions- als auch Ionenaustausch-Chromatographie wurden bereits gute Proteinreinigungen und -trennungen durchgeführt. Erwartungsgemäß lassen sich stabile Proteine mit relativ niederem Molgewicht (Insulin, Ribonuclease, Lysozym) ziemlich leicht mit verschiedenen Methoden chromatographieren.

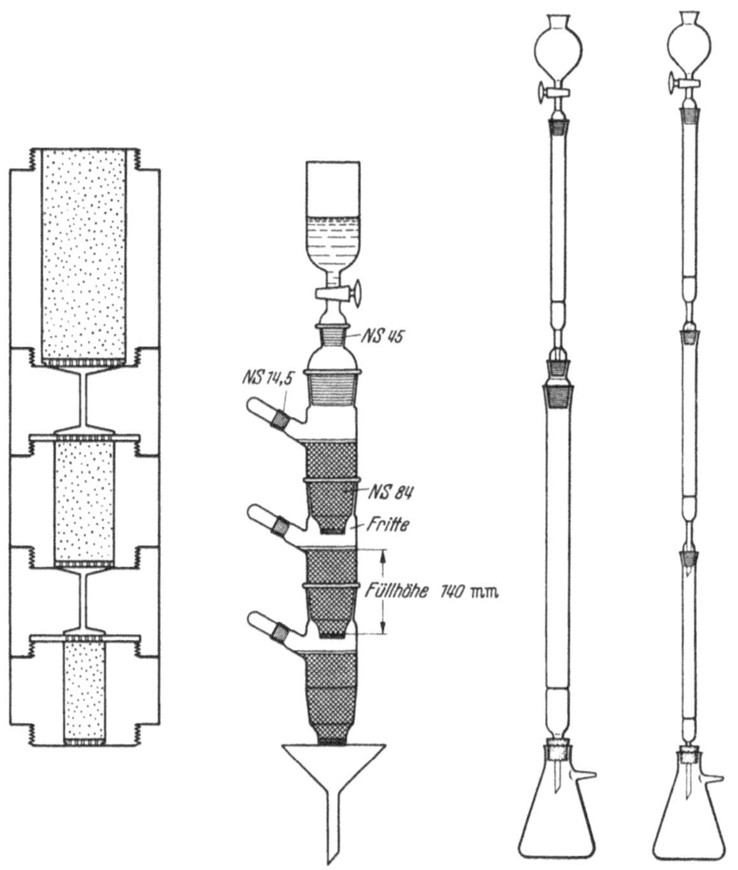

Abb. 18a—d. Säulenrohre aus mehreren Einheiten (nach TURBA[5]). a Apparatur nach CLAISSEN aus Edelstahl oder Plexiglas. b Unterteilte Säule zur Papierpulverchromatographie nach WIELAND[6]. c und d Glasschliffapparaturen mit Übergangsschliffen zur beliebigen Anordnung verschiedener Größen[5].

Durch Adsorptionschromatographie, aber auch an Ionenaustauschern, konnten in letzter Zeit auch Proteine in der Größenordnung $M = 250000$—400000 und selbst Viren chromatographiert werden. Grenzen für die Molekülgröße chromatographierbarer Proteine scheinen also nicht gesetzt zu sein. Man sollte jedoch stets beachten, daß man aus den Elutionskurven nicht schließen kann, ob 2 Proteingemische gleich oder verschieden zusammengesetzt sind, da die Lage eines Protein-Gipfels bei der Elution außerordentlich stark von den verschiedensten Faktoren und möglicherweise durch Protein-Protein-Wechselwirkungen beeinflußt wird. Zur sicheren Interpretation der Elutionskurven ist daher nochmalige Chromatographie der einzelnen Fraktionen oder Charakterisierung durch

[1] DOTY, P., M. GELLERT and B. RABINOVITCH: Am. Soc. **74**, 2065 (1952).
[2] HARFENIST, E. J., and L. C. CRAIG: Am. Soc. **74**, 3083, 3087 (1952).
[3] FREDERICQ, E.: Nature **171**, 570 (1953).
[4] ZAHN, H.: Unveröffentlichte Versuche (1949).
[5] TURBA, F.: Chromatographische Methoden in der Protein-Chemie. Berlin, Göttingen, Heidelberg 1954.
[6] WIELAND, T., u. H. MERZ: Ber. **85**, 731 (1952).

Elektrophorese, Sedimentation oder andere unabhängige Verfahren unerläßlich. PORTER schreibt 1953[1] über die Verteilungschromatographie: „Wenn die Chromatographie eines Proteins gelingt, ist der Aufwand, um einen vergleichbaren Trenneffekt zu erzielen, bei weitem geringer als bei der Gegenstromverteilung.“ Dies gilt allgemein für die Chromatographie und auch hinsichtlich anderer Proteinfraktionierungsmethoden.

β) Ausführung.

Säulenchromatographie. ***1. Art und Form der Säulen.*** Zur Aufnahme der Träger dienen einseitig verengte Rohre aus Glas oder Kunststoffen in den verschiedensten Ausführungsformen für die verschiedensten Zwecke (analytische, Mikro-, präparative Chromatographie) (vgl. Abb. 17).

Beim Arbeiten in sehr großem Maßstab ist es zweckmäßig, die Säulen zu unterteilen. Die Zonen sind bei Verwendung breiter Rohre meist nicht mehr plan, sondern erleiden Verzerrungen. Beim Hintereinanderschalten von 2 oder mehr Filtern abnehmenden (Abb. 18a und c) oder gleichen Durchmessers (Abb. 18b und d) werden die verzerrten Banden in den zwischen den aufeinanderfolgenden Einheiten befindlichen Flüssigkeitsschichten ausgerichtet. Außerdem kann man bestimmte Einheiten aus dem Gesamtsystem herausnehmen und getrennt weiterverarbeiten.

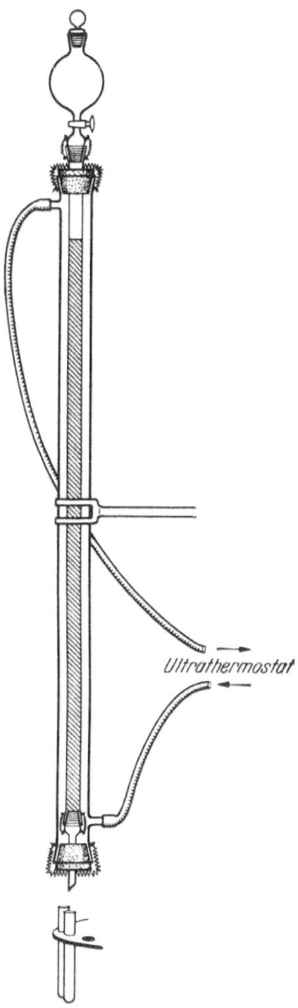

Abb. 19a. Säule mit Kühlmantel zum Betrieb mit einem Umlaufthermostaten (nach TURBA[2]).

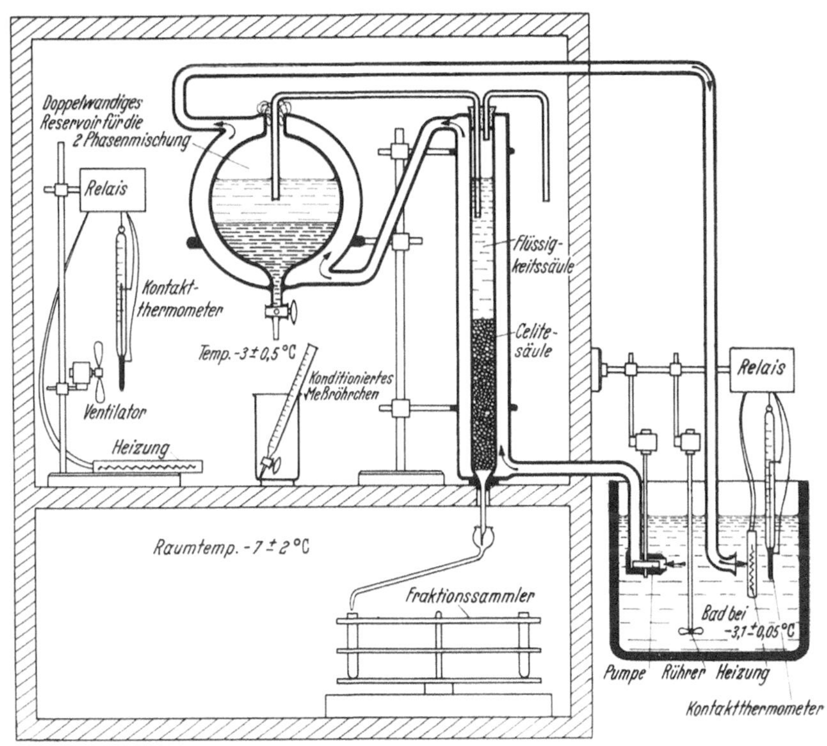

Abb. 19b. Anordnung zur Verteilungschromatographie in der Kälte (nach PORTER[3]). Die Kammer, die die Säule und das Reservoir enthält, wird auf —3° C gehalten. Die unteren Teile mit dem Fraktionssammler haben die Kühlraumtemperatur (—7° ± 2°).

Wegen der Gefahr der Denaturierung ist es bei der Proteinchromatographie bisweilen erforderlich, bei tiefen Temperaturen zu arbeiten. Abb. 19a zeigt eine einfache Anordnung, Abb. 19b eine von PORTER zur Verteilungschromatographie von Globulinen entwickelte Apparatur[2].

[1] PORTER, R. R.: Biochem. J. **53**, 320 (1953).
[2] TURBA, F.: Chromatographische Methoden in der Protein-Chemie. Berlin, Göttingen, Heidelberg 1954.
[3] PORTER, R. R.: Biochem. J. **59**, 405 (1955).

*2. **Füllung des Chromatographierrohres.*** *Technik.* Die Träger für die Adsorptions- und Austauschchromatographie können trocken eingefüllt werden. Das Trägermaterial wird mittels einer an einem Stab befestigten Siebplatte, die genau in die Säule paßt, gleichmäßig festgestampft. Bei Säulen mit kleinem Durchmesser wird der Trägerstoff mit dem Lösungsmittel aufgeschlämmt und der Brei rasch eingefüllt. Dabei dürfen keine Luftblasen in der Säule eingeschlossen werden. Bei der Verteilungschromatographie wird die Trägersubstanz mit einer definierten Menge stationärer Phase angerieben, mit der beweglichen Phase aufgeschlämmt und in das Rohr gefüllt. Durch leichtes Klopfen, Saugen oder Druck wird eine geeignete Dichte des Trägers eingestellt („settling"). Zu dichte Packung verringert die Durchlaufgeschwindigkeit. In solchen Fällen kann man durch Sog oder Druck den Durchfluß beschleunigen. Läuft die Säule zu schnell, kann man durch Anbringen eines mit Pyrexglaspulver gefüllten Röhrchens den Ausfluß auf 3—4 cm^3/Std regulieren[1]. Es ist unbedingt zu vermeiden, daß Teile der Säule trocken werden, da die Säule dadurch unbrauchbar wird.

Material. Die Trägerpartikel sollen möglichst einheitliche Größe besitzen. Bei uneinheitlicher Teilchengröße bilden sich an den Stellen geringsten Widerstandes leicht Kanäle mit größerer Fließgeschwindigkeit durch die Säule aus, wodurch die Banden unscharf oder verzerrt werden. Man standardisiert die Teilchengröße durch Sieben und charakterisiert die Korngröße durch die Maschenzahl je Quadratzentimeter Sieb*.

In den meisten Fällen ist es nötig, die Trägersubstanzen vorzubehandeln bzw. zu reinigen. Celite 545 oder Hyflo-Super-Cel z. B. müssen zur Vorbereitung für die Verteilungschromatographie[2] zunächst 24 Std mit 2 n HCl, danach mit destilliertem Wasser

Tabelle 17. *Ionenaustauscherharze, die zur Chromatographie von Aminosäuren, Peptiden und Proteinen Anwendung gefunden haben* (nach MOORE und STEIN[3]).

Harze spezieller Maschengröße (trocken gesiebt) (in Maschen je cm^2)*	Hersteller	Ungefährer Maschenbereich (naß gesiebt) ($Maschen/cm^2$)	Type
Dowex 50-X2 (80—160 Maschen)	D	30—100	Sulfoniertes Polystyrol
Dowex 50-X4 (durch 160 Maschen)	D	80—160	Sulfoniertes Polystyrol
Dowex 50-X5 (durch 160 Maschen)	D	80—160	Sulfoniertes Polystyrol
Dowex 50-X8 (durch 160 Maschen)	D	80—160	Sulfoniertes Polystyrol
Zeo-Karb 225 W.R. 1,5 (80—160 Maschen)	P		Sulfoniertes Polystyrol
Zeo-Karb 225 W.R. 1,1 (80—160 Maschen)	P		Sulfoniertes Polystyrol
Amberlite IR-120 (durch 80 Maschen)	R	50—160	Sulfoniertes Polystyrol
Dowex 1-X2 (80—160 Maschen)	D	50—110	Polystyrol quartäre Ammoniumbase
Dowex 1-X4 (80—160 Maschen)	D	55—120	Polystyrol quartäre Ammoniumbase
Dowex 1-X8 (durch 160 Maschen)	D	80—160	Polystyrol quartäre Ammoniumbase
Dowex 2 (80—160 Maschen)	D		Polystyrol quartäre Ammoniumbase
Amberlite IRA-400 (durch 80 Maschen)	R	50—160	Polystyrol quartäre Ammoniumbase
Amberlite IRC-50 (durch 80 Maschen**)	R	50—160	Polymethacrylsäure
Amberlite IR-45 (durch 80 Maschen)	R	50—160	Polystyrol, schwache Base

* In der angelsächsischen Literatur wird die Maschengröße in mesh je inch angegeben (1 inch = 2,54 cm).

** Die feinen Maschengrößen von IRC-50 wurden früher als XE-64 und XE-79 bezeichnet.

Die Tabelle ist nicht vollständig. Vollständige Listen sind von den einzelnen Firmen erhältlich. Die Dowex-Harze sind kleine Kugeln, die Amberlite-Harze pulverisiertes Material. Dessen größere Oberfläche ist für die Chromatographie von Proteinen an IRC-50 wichtig.

D: Dow Chemical Company, Techn. Service and Development, Midland, Michigan.

P: Permutit Company, Ltd., Gunnersbury Ave., London W 4.

R: Röhm u. Haas Company, Resinous Products Division, Philadelphia, Pennsylvania.

* 100 $Maschen/cm^2$ entsprechen einer Korngröße von etwa 0,05 mm. In der englischen Literatur findet man auch „mesh/inch" (1 inch = 2,54 cm).

[1] GEVANTMAN, L. H., R. K. MAIN and L. M. BRYANT: Analyt. Chem., Washington **29**, 170 (1957).

[2] MARTIN, A. J. P., and R. R. PORTER: Proc. int. Wool Text. Res. Conference, Australia 1955.

[3] MOORE, S., and W. H. STEIN: Adv. Protein Chem. **11**, 191 (1956).

gewaschen werden, bis sie frei von Säure sind. Bisweilen ist es gut, das Kieselgur vorher auf 400—500° C zu erhitzen, wobei organische Verunreinigungen entfernt werden. Metallspuren entfernt man aus der fertigen Säule durch Eluieren mit einer 1—2%igen 8-Oxychinolinlösung[1]. Austauscher werden dadurch gereinigt, daß man sie mehrmals umlädt, d. h. in Salz- oder freie Säure- bzw. Basenform überführt[2]. Vor der stark p_H-abhängigen Austauschchromatographie von Proteinen an IRC-50 muß das Harz genau auf den gewünschten p_H eingestellt werden, um reproduzierbare Ergebnisse zu erhalten. Das Carboxylharz ist zwischen p_H 5 und 7 ein starker Puffer. Es ist daher notwendig, die eingestellte Pufferlösung über Nacht oder länger durch das Harzbett fließen zu lassen, bis das Gleichgewicht eingestellt ist, was man dadurch prüft, daß das Eluat denselben p_H hat wie der zufließende Puffer. Tabelle 17 enthält eine Zusammenstellung der wichtigsten Ionenaustauscherharze.

3. Substanz-Vorbereitung. In manchen Fällen ist es erforderlich, die Proteinlösung salzfrei aufzutragen. Die Entfernung von Salzen läßt sich durch Ultrafiltration oder verschiedene Techniken der Dialyse oder Elektrodialyse, am bequemsten aber durch elektrolytische Entsalzung durchführen (vgl. S. 24).

4. Aufbringen der Substanzlösung. Die Oberfläche des Trägers darf auf keinen Fall aufgewirbelt werden, da sonst die Zonen verzerrt werden. Man schützt sie durch ein Filtrierpapierblättchen und einen Wattebausch oder durch eine von PARTRIDGE und WESTALL beschriebene Vorrichtung[3] (Abb. 20), und läßt die Substanzlösung aus einer Pipette langsam am Rande zufließen. Nachdem die Lösung eingesickert ist, wird in derselben Weise mehrmals mit wenig Lösungsmittel nachgespült, ehe man vollständig auffüllt und die Säule sich selbst überläßt.

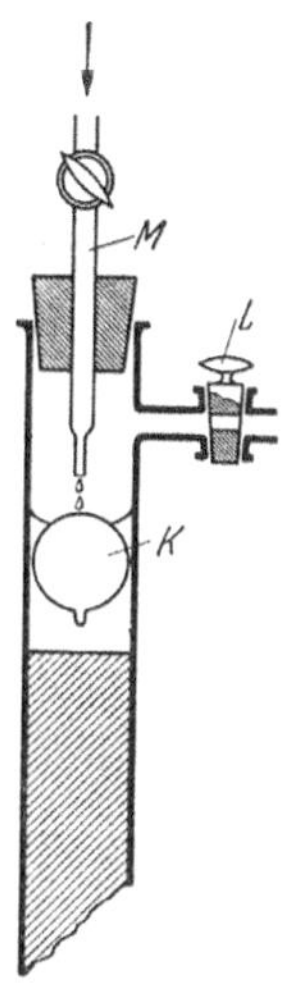

Abb. 20. Vorrichtung zur Verhinderung des Aufwirbelns der Säulenoberfläche. *M* Rohr des aufgesetzten Tropftrichters zur Spitze ausgezogen; *K* Glaskugel, die auf der Flüssigkeit schwimmt und die abfallenden Tropfen zerteilt; *L* Glashahn zur Regulierung des Flüssigkeitsniveaus (nach PARTRIDGE und WESTALL[3]).

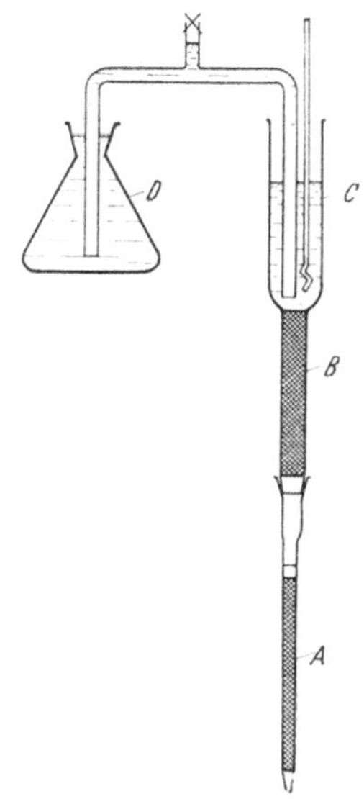

Abb. 21. Apparat zur Gradientelution (nach CORFIELD, FLETCHER und ROBSON[4]). *A* Säule, *B* vorgeschaltete Säule zur Sättigung der beweglichen mit stationärer Phase, *C* Mischkammer, *D* Vorratsgefäß für die zulaufende zweite Lösung.

5. Entwicklung bzw. Elution. Mischkammer für Gradientelution. Fraktionssammler. Je nach den Erfordernissen entwickelt man entweder eine Säule mit einem System nur so weit, daß die einzelnen Fraktionen in der Säule verbleiben, oder man eluiert mit einem (Verteilung, Verdrängung) oder mehreren Lösungsmitteln und wäscht die Fraktionen vollständig aus der Säule heraus (sog. „flüssiges Chromatogramm"). Im ersten Fall muß man die Säule auf eine flach vor die Mündung des Rohres gehaltene Platte ausstoßen, was oft nicht einfach ist und nur bei einem bestimmten Feuchtigkeitsgrad zufriedenstellend gelingt. Die Elution mit einem konstanten System ist am bequemsten durchzuführen, da man die Lösung aus einem großen Vorratsgefäß zufließen läßt, das zur Regulierung der Fließgeschwindigkeit auf verschiedene Höhen einstellbar sein soll. Bei der Gradientelution verwendet man eine vorgeschaltete Mischkammer, in der die gewünsch- Konzentrationsänderungen eingestellt werden, und bei 2phasigen Systemen außerdem noch eine vorgeschaltete Säule, in der die bewegliche Phase mit der stationären gesättigt wird (s. Abb. 21).

[1] STEIN, W. H., and S. MOORE: J. biol. Ch. **176**, 337 (1948).
[2] HIRS, C. H. W., S. MOORE and W. H. STEIN: J. biol. Ch. **200**, 493 (1953).
[3] PARTRIDGE, S. M., and R. G. WESTALL: Biochem. J. **44**, 418 (1949).
[4] CORFIELD, M. C., J. C. FLETCHER and A. ROBSON: Chem. & Industr. **1956**, 661.

ALM, WILLIAMS und TISELIUS beschreiben eine Mischkammer[1], bestehend aus 2 Einheiten mit Magnetrührer, vgl. auch [2-4].

Zum Auffangen des Eluats bedient man sich sog. Fraktionssammler. Die verschiedenen Ausführungen arbeiten im wesentlichen nach 4 Prinzipien:

1. Zeitschaltung,
2. Volumenmessung durch Siphon oder Photozelle,
3. Tropfenzählung durch Photozelle oder elektrischen Kontakt,
4. automatische Wägung.

6. Nachweis der Proteine im Eluat. Am besten ist die Messung der UV-Absorption geeignet (s. S. 13), da sie ohne Substanzverlust arbeitet. Oft ist jedoch die Verdünnung dafür zu groß und am häufigsten wird dann die Farbreaktion nach LOWRY u. a. zur colorimetrischen Proteinbestimmung benutzt[5] (s. S. 8). Auch Methoden, die sich die Änderung des Brechungsindex zunutze machen, können zum Nachweis der einzelnen Fraktionen verwendet werden (Skalenmethode nach PHILPOT-SVENSSON[6-8]). Auch direkte Beobachtung der Zonen während der Wanderung in der Säule im UV-Licht ist möglich, jedoch muß dazu ein Säulenrohr aus Quarz verwendet werden (vgl. [9]). TISELIUS beschreibt auch den photographischen Nachweis durch Aufnahme mit einem Quarzlinsenapparat im UV und die Beobachtung durch eine Fernsehkamera gekuppelt mit einem Fernsehgerät.

Papierchromatographie. Da die Papierchromatographie heute in nahezu jedem Laboratorium Eingang gefunden hat und die Technik in zahlreichen Publikationen beschrieben und im Prinzip immer die gleiche ist, soll hier auf eine nähere Beschreibung der praktischen Ausführung verzichtet werden, zumal in jedem Laboratorium individuelle Varianten ausgebildet werden. Für den nicht mit der Materie Vertrauten seien einige Literaturhinweise aufgeführt:

Dieses Handbuch, Bd. I, S. 217ff.
CRAMER, F.: Papierchromatographie. 3. Aufl. Weinheim 1954.
CONSDEN, R.: Practical aspects of paper chromatography. Brit. med. Bull. **10**, 177 (1954).
ZAHN, H.: Melliand Textilber. **35**, 162 (1954); (s. auch Literatur, S. 71).

γ) Beispiele.

Es werden 4 Proteinfraktionierungen beschrieben, die typisch sind für:

a) Adsorptionschromatographie,
b) Ionenaustausch-Chromatographie,
c) Verteilungschromatographie,
d) Papierchromatographie.

Fraktionierung von Rinderserumalbumin durch Adsorptionschromatographie an Hydroxylapatit $3\,Ca_3(PO_4)_2 \cdot Ca(OH)_2$, ***nach*** **TISELIUS, HJERTÉN** ***und*** **LEVIN**[10].

Darstellung von Hydroxylapatit. Ein Brushit-Niederschlag ($CaHPO_4 \cdot 1{,}5\,H_2O$) wird durch gleichzeitiges, gleichmäßiges Zusammentropfen von 0,5 m wäßriger $CaCl_2$- und Na_2HPO_4-Lösung unter Rühren erzeugt. Nach gründlichem Waschen wird der Niederschlag in 4 *l* Wasser aufgeschlämmt, 10 cm³ frische 40%ige NaOH zugefügt und 1 Std unter Rühren gekocht. Nach gründlichem Waschen wird 0,01 m Natriumphosphatpuffer p_H 6,8 zugefügt und bis zum Siedepunkt erhitzt (nicht kochen!). Nach Abdekantieren wird derselbe Phosphatpuffer zugefügt und 5 min gekocht. Dies wird wiederholt

[1] ALM, R. S., R. J. P. WILLIAMS and A. TISELIUS: Acta chem. scand. **6**, 826 (1952).
[2] DONALDSON, K. O., V. J. TULANE and L. M. MARSHALL: Analyt. Chem., Washington **24**, 185 (1952).
[3] CLAUSER, H., and C. H. LI: Am. Soc. **76**, 4337 (1954).
[4] DRAKE, B.: Ark. Kemi **8**, 1 (1955).
[5] LOWRY, O. H., N. J. ROSEBROUGH, A. L. FARR and R. J. RANDALL: J. biol. Ch. **193**, 265 (1951).
[6] PHILPOT, J. ST. L.: Nature **141**, 283 (1938).
[7] PHILPOT, F. J., J. S. L. PHILPOT and E. DODWELL: Proc. R. Soc. London (B) **127**, 21 (1939).
[8] SVENSSON, H.: Kolloid-Z. **87**, 181 (1939).
[9] TISELIUS, A.: Angew. Chem. **67**, 245 (1955).
[10] TISELIUS, A., S. HJERTÉN and Ö. LEVIN: Arch. Biochem. **65**, 132 (1956).

mit 15 min Kochen und dann 2mal mit 0,001 m Puffer 15 min kochen. Der so erhaltene Hydroxylapatit wird zweckmäßig in 0,001 m Phosphatpuffer p_H 6,8 aufbewahrt.

Säulenfüllung und Nachweis. Der Träger wird in ein 130 × 10 mm-Quarzrohr als Suspension eingeschlämmt und nach dem Absitzen unter Druck (0,1—0,2 kg/cm²) bis zu einer Fließgeschwindigkeit von 15—20 cm³/Std zusammengedrückt. Der Wassergehalt der Säule beträgt etwa 70%. Der Verlauf der Chromatographie wird im UV-Licht beobachtet (vgl. S. 13).

Ausführung. Die Säule wird 12 Std mit 0,02 m Na-phosphatpuffer (p_H 6,8) bei 21° C gesättigt. Man trägt 1 cm³ einer gegen 0,02 m Na-phosphatpuffer (p_H 6,8) dialysierten 1%igen Lösung von kristallisiertem Rinderserumalbumin (Armour) auf. Die Elution wird bei schrittweiser Erhöhung der Pufferkonzentration mit jeweils 20 cm³ Lösung ausgeführt.

Ergebnisse. 3 Gipfel erscheinen bei 0,07, 0,11 und 0,4 Mol, wie aus Abb. 22a zu ersehen ist. Die Ausbeute beträgt 100% und verteilt sich wie 5:3:2 auf die einzelnen Fraktionen. Nochmalige Chromatographie nach Dialyse gegen 0,02 m Phosphatpuffer p_H 6,8 zeigt (Abb. 22), daß sie bei denselben 3 verschiedenen Phosphatkonzentrationen eluiert werden und daher 3 (oder mehr) verschiedene Substanzen darstellen.

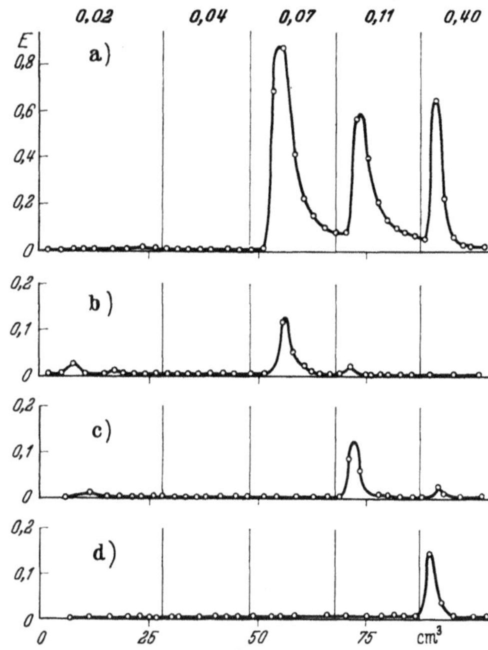

Abb. 22. Chromatographie von Rinderserumalbumin an Hydroxylapatit (nach TISELIUS u. a.[1]). a Stufenweise Elution. b, c, d Nochmalige Chromatographie der erhaltenen Fraktionen. E = Extinktion bei 275 mμ.

***Trennung von Hämoglobin und saurer Phosphatase aus Erythrocyten am Anionen-Austauscherharz Dowex-2 nach* BOMAN *und* WESTLUND[2].**

Die Proteine werden bei kleiner Ionenstärke am Austauscher adsorbiert, d. h. mit 0,02 bis 0,04 m THAM-Puffer (Tris-oxymethyl-aminomethan/HCl), und durch stufenweises Erhöhen der Pufferkonzentration eluiert. Am Schluß wird mit 1 n HCl nachgewaschen, wobei die Säulen regeneriert werden.

Material. Die saure Phosphatase und das Hämoglobin gewinnt man aus frischem Blut, das durch Schütteln mit Glaskugeln defibriniert wird. Die Zellen werden zentrifugiert und mit kalter „Ringer"-Lösung gewaschen, 6fach verdünnt und 15 Std lang gegen destilliertes Wasser dialysiert. Das Stroma wird schließlich durch Zentrifugieren abgetrennt, die klare überstehende Lösung mit einer Pipette entfernt und 3 cm³ davon direkt auf die Säule gebracht.

Ausführung. Das Dowex-2-Harz wird mit 1 n HCl und Wasser gewaschen und zur gründlichen Entfernung der dabei entstehenden Gase als wäßrige Suspension im Vakuum gerührt. Man packt 34 cm³ Harz in eine 17 × 1,6 cm-Säule. Die Fraktionen werden durch Zeitschaltung alle 10 min gewonnen und enthalten 2,3 cm³.

Ergebnis. Das Hämoglobin wird zuerst mit 0,08 m Puffer eluiert, die Phosphataseaktivität mit 0,20 m Puffer. Das Hämoglobin bestimmt man durch die Extinktion bei 540 mμ. Die UV-Extinktion bei 280 mμ ist 45mal größer (in Fraktion 7 ist $E_{280} = 61,0$), vgl. Abb. 23. Im zweiten Gipfel wandert das UV-absorbierende Material etwas schneller (Maximum in Fraktion 15) als die Phosphataseaktivität (Maximum Fraktion 16). Auf der

[1] TISELIUS, A., S. HJERTÉN and Ö. LEVIN: Arch. Biochem. **65**, 132 (1956).
[2] BOMAN, H. G., and L. E. WESTLUND: Arch. Biochem. **64**, 217 (1956).

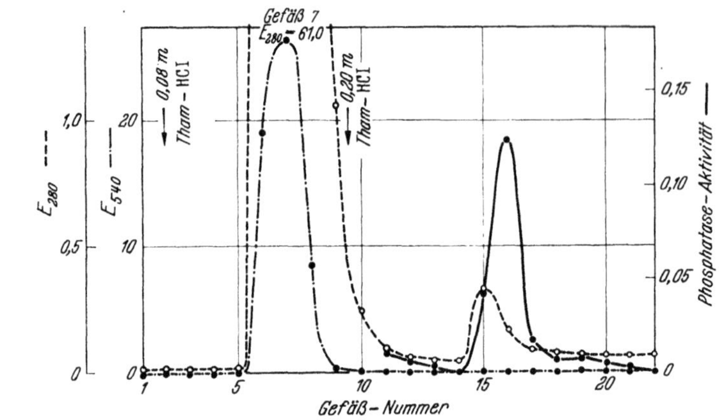

Abb. 23. Trennung von Hämoglobin und saurer Phosphatase aus Erythrocyten (nach BOMAN und WESTLUND[1]). Schrittweise Elution von 3 cm³ stromafreiem Hämolysat (E_{540} = 41,9) auf einer 68 × 1,6 cm-Säule mit 34 cm³ Dowex-2. o - - o Extinktion bei 280 mμ; ●—● saure Phosphatase; ● —·— ● Hämoglobin (E_{540}). Die Höhe der UV-Extinktion in Fraktion 7 ist 45mal so hoch wie die Abbildung.

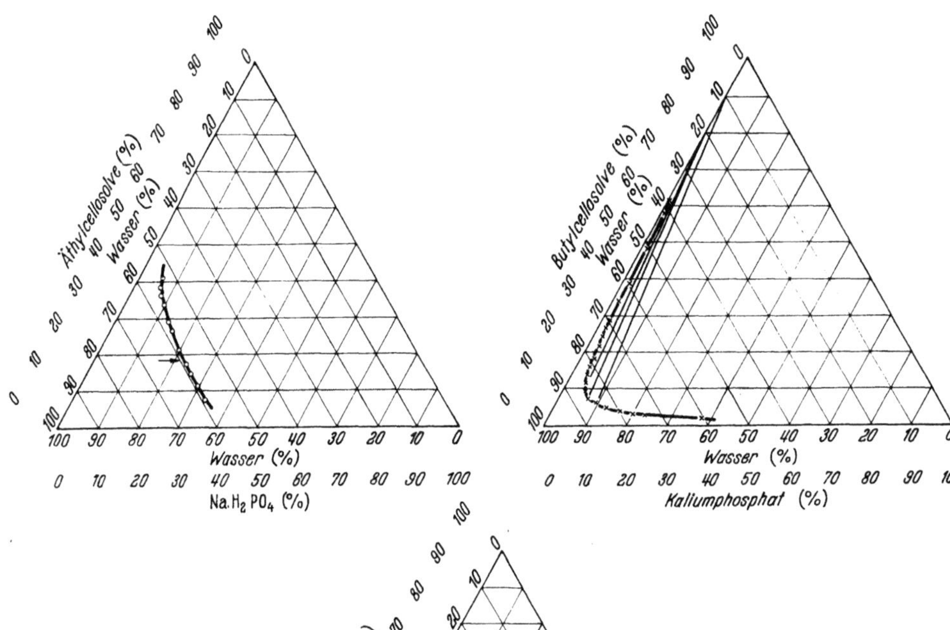

Abb. 24. Phasendiagramme von Verteilungssystemen (nach PORTER[2]). *a* Phasendiagramm des Systems NaH_2PO_4/Wasser Äthylenglykomonoäthyläther (Äthylcellosolve) bei 18° C. Der Pfeil zeigt die Lage des kritischen Mischungspunktes. *b* Phasendiagramm des Systems $K_2HPO_4 + KH_2PO_4$ (pH 7,6)/Wasser/Äthylenglykolmonobutyläther (Butylcellosolve) bei 21° C. *c* Phasendiagramm des Systems $MgSO_4$/Wasser/Äthylenglykoldiäthyläther (Diäthylcarbitol) bei 18° C. Der Pfeil zeigt die Lage des kritischen Mischungspunktes.

[1] BOMAN, H. G., and L. E. WESTLUND: Arch. Biochem. **64**, 217 (1956).
[2] PORTER, R. R.: Biochem. J. **59**, 405 (1955).

Basis der UV-Absorption bei 280 mμ erzielt diese Chromatographie eine 200fache Reinigung der sauren Phosphatase. Die Ausbeute beträgt nur 40% der Ausgangsaktivität, vermutlich infolge Inaktivierung des sehr empfindlichen Enzyms oder infolge Abspaltung eines Cofaktors.

***Verteilungschromatographie von Chymotrypsinogen und Chymotrypsin nach* PORTER[1] *und* MARTIN *und* PORTER[2].**

Die Proteine wurden durch Verteilung zwischen einem flüssigen Zweiphasensystem, bestehend aus Glykoläthern und wäßriger Salzlösung, an einem silanbehandelten Kieselgurträger getrennt.

Solventien. Die käuflichen Glykoläther enthalten Verunreinigungen, die im UV-Licht absorbieren und dadurch die Proteinbestimmung im Eluat stören. Sie werden über eine wirksame Kolonne nach Zugabe von $SnCl_2$ (zur Entfernung von Peroxyden) destilliert.

Verteilungssystem. Vor der eigentlichen Proteinfraktionierung werden die Phasendiagramme für die Verteilungssysteme aufgestellt. Abb. 24 zeigt einige derartige Phasendiagramme.

Für Chymotrypsinogen und Chymotrypsin erweist sich das System

40 cm³ Wasser + 32 cm³ 5 m NaH_2PO_4 (+ H_3PO_4 auf p_H 3) + 17,33 cm³ Äthylcellosolve + 8,67 cm³ Diäthylcarbitol

als geeignet. Verteilungsstudien ergeben, daß sich die Proteine bevorzugt in der organischen Phase lösen, die wäßrige Phase daher die bewegliche sein muß.

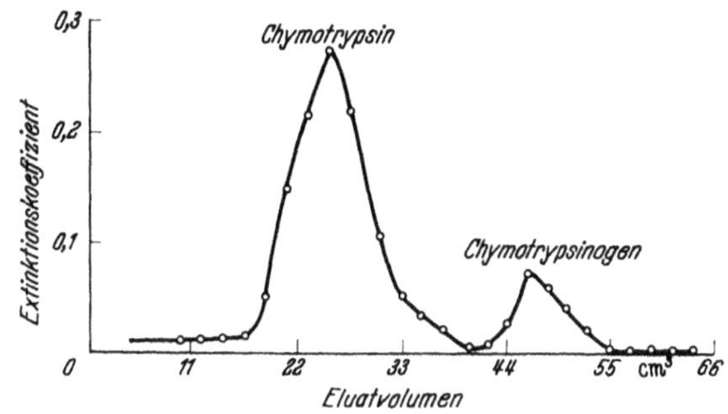

Abb. 25. Verteilungschromatographie von Chymotrypsinogen und Chymotrypsin nach MARTIN und PORTER[2].

Chromatographie. Hyflo-Super-Cel wird nach HOWARD und MARTIN mit Dimethyldichlorsilan [$(CH_3)_2SiCl_2$] behandelt[3]. Die Säule (~1 cm ⌀) wird mit 6 g Silan-Celite gefüllt. 10 mg Proteingemisch werden in 2 cm³ beweglicher Phase gelöst aufgebracht. Da die Systeme allgemein temperaturempfindlich sind, ist die Temperatur möglichst konstant zu halten. Es wird bei Zimmertemperatur gearbeitet. Die Proteinkonzentration im Eluat wird spektrophotometrisch bei 275 mμ bestimmt.

Ergebnis. Abb. 25 zeigt, daß Chymotrypsinogen und Chymotrypsin völlig getrennt werden, mit einer kleinen Menge einer dritten Komponente zwischen ihnen.

***Papierchromatographie von Insulin nach* BERKES *und* BERKES[4].**

Insulin wird papierchromatographisch in mehrere Fraktionen aufgetrennt, besonders unter Bedingungen, die eine Dissoziation der Insulin-Molekel fördern.

Material. Insuline verschiedener Herkunft (Boots, Organon, Philips, Roxane, Pliva, Prolek).

Lösungsmittel für Insulin:

1. Puffer p_H 2,3: 0,001 n HCl + 0,09 n KCl 1:1.
2. Phosphatpuffer p_H 2,7: 0,1 m NaH_2PO_4 + 0,1 m H_3PO_4.
3. 0,01 n und 0,1 n HCl.

Papier. Whatman Nr. 1.

Methode. Aufsteigend nach WILLIAMS und KIRBY[5].

[1] PORTER, R. R.: The Chemical Structure of Proteins. Ciba Found. Symp. S. 31. Boston 1953.
[2] MARTIN, A. J. P., and R. R. PORTER: Proc. int. Wool Text. Res. Conference, Australia 1955.
[3] HOWARD, G. A., and A. J. P. MARTIN: Biochem. J. **46**, 532 (1950).
[4] BERKES, P., u. I. BERKES: B. Z. **328**, 361 (1956).
[5] WILLIAMS, R. J., and H. M. KIRBY: Science, N. Y. **107**, 481 (1948).

Lösungsmittelsystem:

1. n-Butanol/Eisessig/Wasser in verschiedenen Verhältnissen, so daß der p_H der oberen Phase 2,25 (3:1:4); 2,45 (15:4:20); 3,32 (15:1,25:20); und 3,80 (15:0,5:20) betrug.
2. n-Butanol/Eisessig/0,1 n Phosphatpuffer p_H 2,7 (3:1:4).
3. n-Butanol/Eisessig/0,017 oder 0,015 m NaCl (3:1:4) p_H 2,2.
4. n-Butanol/Eisessig/0,2 m KCNS (3:1:4) p_H 2,3.
5. n-Butanol/Dioxan/0,1 m Na_2HPO_4 (3:2:2), mit 0,1 n NaOH auf p_H 10,65 eingestellt.

Nachweis und quantitative Bestimmung. Anfärbung mit Bromphenolblau, Waschen mit 0,5 %iger Essigsäure[1]. Extraktion der Färbung mit 5 cm^3 0,01 n NaOH und Messung der Absorption bei 470 mμ.

Ergebnis. Insulin läßt sich in verschieden viele Fraktionen auftrennen in Abhängigkeit von:

a) der Art des Lösungsmittels, vgl. Abb. 26;

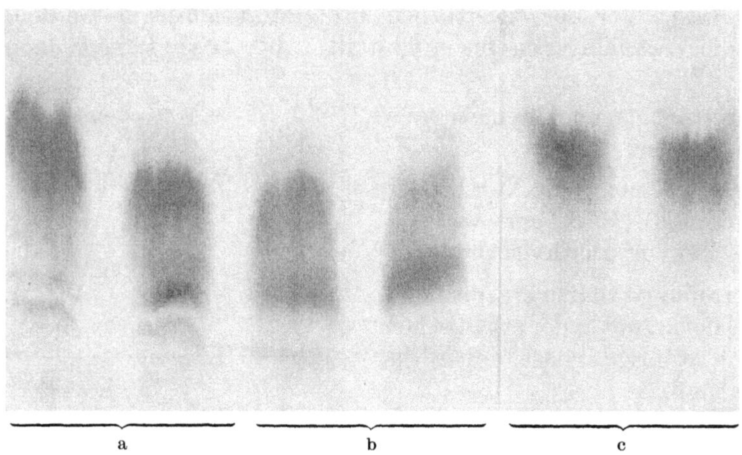

Abb. 26. Chromatogramm eines hochaktiven kristallisierten Insulins (Philips). Je 100 γ gelöst in *a* Phosphatpuffer p_H 2,7; *b* 0,01 n HCl; *c* 0,1 n HCl, Chromatographiersystem 3 (nach BERKES und BERKES[2]).

b) Einflüssen, die fördernde oder hemmende Wirkung auf die Desaggregation von Insulin vom Molgewicht 36000—48000 in kleinere Einheiten von $M = 6000$—12000 ausüben[3-6].

Mit einem *Phosphat*puffer (System 2) erhält man schon bei p_H 2,7 3 Insulinfraktionen. Das Phosphation wirkt bekanntlich dissoziationsfördernd[4]. Größere *Chlorid*konzentrationen >0,1 n verhindern das Entstehen mehrerer Insulinfraktionen (Auflösen in 0,1 n HCl oder 0,1 m NaCl in der Steigflüssigkeit). *Rhodanid* verhindert die Desaggregation nach FREDERICQ und NEURATH[4]. In Gegenwart von 0,1 m $CNS^{\ominus}$ wandert Insulin im Papyrogramm tatsächlich wie eine einheitliche Substanz. FREDERICQ wies die Desaggregation von Insulin im alkalischen Bereich bei p_H 10,1 nach[5]. Im System 5 in Gegenwart des desaggregationsfördernden *Dioxans* erscheinen anders als bei den sauren Chromatogrammen nur zwei starke Flecken. Die weniger aktiven Insuline zeigen durchweg noch zusätzliche Flecken, die alle Insulin darstellen, wie der Nachweis der biologischen Aktivität bestätigt. Zusammenfassend ergibt sich, daß mehrere Insulinflecken nur dann im Papyrogramm erscheinen, wenn Bedingungen eingehalten werden, die eine Desaggregation von Insulin fördern, d. h. im sehr sauren (p_H >2,5) oder im alkalischen Gebiet (p_H 10). Fördernd wirkt auch $PO_4^{3\ominus}$, hemmend $CNS^{\ominus}$.

[1] KUNKEL, H. G., and A. TISELIUS: J. gen. Physiol. **35**, 89 (1951).
[2] BERKES, P., u. I. BERKES: B. Z. **328**, 361 (1956).
[3] GUTFREUND, H.: Biochem. J. **50**, 564 (1952).
[4] FREDERICQ, E., and H. NEURATH: Am. Soc. **72**, 2684 (1950).
[5] FREDERICQ, E.: Nature **171**, 570 (1953).
[6] ZAHN, H., u. J. MEIENHOFER: Makromol. Chem. **26**, 153 (1958).

δ) *Zusammenstellung von Proteinen, die chromatographisch untersucht worden sind.*

Tabelle 18. *Anwendungen chromatographischer Methoden auf Proteine.*

Substanz	Art der Chromatographie	Träger	System	Zweck	Literatur
ACTH-Peptide	Ads	Vorbehandelte Holzkohle	Decanol	Reinigung	1
ACTH-aktive Peptide	Pap	Whatman Nr. 4	Butanol/10% Essigsäure	Trennungsstudien	2
Actinomycin A	Ads	Al_2O_3	Aceton/Benzol	Reindarstellung	3
Actinomycin C	Ads	Al_2O_3	Äthylacetat	Reinigung	4
Albumine (Serum- und Eialbumin, Häminkomplexe)	Pap	Whatman Nr. 1	verschiedene Pufferlösungen p_H 4—7	Studien	5
„Altes" gelbes Enzym	Ads	Franconit SB	0,02 n HCl	Spaltung	6
Amidase	Ion	DEAE-Polycel	0,005 m Natriumphosphat p_H 7, Gradient bis 0,5 m NaCl + 0,1 m Na_2HPO_4	Reinigung	7
Aminopolypeptidase	Ads	$ZnCO_3$, Al_2O_3, Hämatit	Glycerin/Wasser/ Na_2HPO_4	Trennung von Dipeptidase	8
Amylase	Ads	Bauxit		Adsorptionsstudien	9
	Pap	Papier	35%ige $(NH_4)_2SO_4$-Lösung, p_H 6,5	Studien	10
	Pap	Whatman Nr. 1 T = 0—5° C	Aceton/Wasser 1:1	Trennung	11, 12
Antikörper	Ion	IRC-50 (XE-64)	versch. Zucker- und Salzlösungen	Reinigung	13
Asparaginsäure-Glutaminsäure-Transaminase	Ion	Carboxymethylcellulose	0,02 m Phosphatpuffer p_H 6,5	Reinigung	7
Avidin	Ads	Bentonit	1% KCl/1 m K_2HPO_4	Reinigung	14
Bacitracin	Pap	Papierbogen	Butanol/Essigsäure/ H_2O 4:1:5	Studien	15
	Ads	Holzkohle	4,5 n wäßriges Äthylacetat	Studien	15
Bacitracin A und F		Papierbogen	sec. Butanol/3%ige Essigsäure	Trennung	16
Blutplasmaproteine	Ion	IRA-100-H/ IRA-400 1:2	NaCl-Lösung $\Gamma/2$ = 0,2—0,001	Salzeinstellung durch Austauscher	17
Carboxyhämoglobine	Ion	IRC-50	Citratpuffer p_H 5,81, 6,5	Trennungsstudien	18
Cellobiase	Ads	Al_2O_3	verd. Essigsäure	Abtrennung	19
	Ads	Al_2O_3-Hydrate	0,1 m Acetatpuffer p_H 3,5	Isolierung	20
	Ads	Al_2O_3	Acetatpuffer p_H 6	Trennung von Salicinase	21
Chitinase und Chitobiase	Ads	Bauxit	Acetatpuffer p_H 4,7 —Na_2HPO_4	Trennung	22
Cholinesterase aus Humanserum,	Ads	Hydroxylapatit T = 4°	Na-phosphatpuffer p_H 6,83	Reinigung	23

Tabelle 18. (Fortsetzung.)

Substanz	Art der Chromatographie	Träger	System	Zweck	Literatur
s. auch Tabelle 14, S. 47	Ion	Dowex-2, T = 4°	Tris-(oxymethyl)-aminomethan/HCl-Puffer p_H 7,3	Reinigung	23
Chymotrypsin	Ion	IRC-50 (XE-64)	0,1 m Citratpuffer p_H 5,67 0,2 m Phosphatpuffer p_H 6,02	Reinigung	24
Chymotrypsinogen	Ion	IRC-50	Na-phosphatpuffer p_H 6,02	Isolierung	25
Chymotrypsinogen und Chymotrypsin	Vert	silanbehandeltes Hyflo-Super-Cel	Äthylcellosolve/Diäthylcarbitol/ $NaH_2PO_4 + H_3PO_4$ p_H 3,0	Trennung	26, 27
	Ion	Dowex-50-X8	0,2 n Citratpuffer p_H 4,17—6,77	Trennung	28
Circulin	Ads	Kohle, Darco G 60		Reinigung	29, 30
Circuline von Bac. circulans Q 19	Ads	Celite		Trennung	31
Circulin + Polymyxine	Pap	Whatman Nr. 1 T = 5°	49,5% n-Butanol + 49,5% Wasser + 1% Eisessig	Trennung	32
Clupein	Ads	bas. Al_2O_3	0,5 m K_2HPO_4	Trennung in 3 Hauptkomponenten	33
Corticotropin	Ion	IRC-50	0,2 m Phosphatpuffer p_H 6,7	Reinigung	34 - 36
	Ion	IRC-50	0,1 m $NaHCO_3/Na_2CO_3$-Puffer p_H 8,5—11,25	Reinigung	35
	Ads	Hytlo-Supercet	$(NH_4)_2SO_4$ (12% Sättigung) p_H-Gradient 5,2—11,1	Trennung	156
α-Corticotropin	Ads	Oxycellulose/ Cellulose 1:3	0,3 n, 0,7 n Chloressigsäure, 0,1 n HCl	Reinigung	37
	Ion	IRC-50 (XE-97)	0,05—0,15 m $NaHCO_3$/ 0,1 m Na_2CO_3	Reinigung	38, 39
Corticotropin B	Ads	Oxycellulose		Reinigung	40
	Ion	IRC-50	0,01—0,028 nHCl p_H 2,0—1,57 + H_2S	Reinigung	41, 42
Crotoxin, Crotactin (Klapperschlangengifte)	Ion	IRC-50	0,2 m Phosphatpuffer p_H 6,87	Trennung von Komponenten	43, 44
Cysteinglycinase, s. Tabelle 14, S. 47	Ion	Dowex-2	0,3 m THAM-Puffer p_H 7,3		45
	Ads	Hydroxylapatit	0,01 m Phosphatpuffer p_H 6,8	Reinigung	45
Cytochrom c	Ion	IRC-50	0,1 m NH_4OH/ NH_4OAc p_H 9,0	Reinigung	46
	Pap	Whatman Nr. 1	Rohrzuckerlösungen Na-K-Tartratlösungen	Studien	47
	Pap	Whatman Nr. 1	1. 0,1 m Rohrzuckerlösung p_H 6,6 2. 0,1 m Na-K-Tartratlösung p_H 7,0	Studien	48

Tabelle 18. (Fortsetzung.)

Substanz	Art der Chromatographie	Träger	System	Zweck	Literatur
Cytochrom c	Ion	Celite, mit Metacrylsäure quervernetzt		Studien	49
	Ion	IRC-50	Na-phosphatpuffer p_H 6—10	Trennungsstudien	18
	Ion	IRC-50	0,25 m Ammoniumacetat + verschiedene Mengen NH_4OH p_H 7 und 9,6	Reindarstellung	50
	Ion	Amberlite XE-64	NH_4-phosphatpuffer p_H 7,0	Reinigung	51
Dehydrogenasen	Ads	$CaCO_3$	Na_2HPO_4-Lösung	Anreicherung	52
Dipeptidase	Ads	$ZnCO_3$, Al_2O_3, Hämatit	Glycerin/Wasser/ Na_2HPO_4	Trennung von Aminopolypeptidase	8
Eialbumin	Ion	Dowex-50	0,1 m Acetatpuffer p_H 3,9	Trennung	53
	Pap	Whatman Nr. 1	Veronalpuffer p_H 6,5	Studien	54
	Ads	Ca-phosphat-Hydrat	0,005—0,012 m Na_2HPO_4	Elutionsstudien	55, 56
	Ads	Hytlo Super-Cal	5 % ges. $(NH_4)_2SO_4$	Reinigung	156
Elastase	Ion	DEAE-Cellulose	Na_2CO_3/HCl-Puffer p_H 8,8; $\Gamma/2$ 0,1 Na-Konzentrations-Gradient	Trennung und Reinigung	57
Enzyme aus Aspergillus oryzae	Pap	Whatman Nr. 54	Aceton/0,01 m Citrat-Phosphatpuffer	Trennung	58
Esterase und Tannase	Ads	Al_2O_3	Puffer p_H 7,6	Trennung	57
Follikelstimulierendes Hormon (FSH)	Ion	Dowex-2	0,5 m THAM-Puffer p_H 7,3	Studien	59
Galaktosidase s. Tabelle 14, S. 47	Ion	Dowex-2	0,2 m THAM-Puffer p_H 7,3	Reinigung	60
α-Galaktosidase, Chitinase, β-Glucosidase	Ads	Bauxit	Acetatpuffer p_H 4,7	Trennung	61
γ-Globuline	Ads	Hydroxylapatit	0,02—0,13 m K-phosphatpuffer p_H 7 mit konstanter Na-Konzentration von 0,2 m	Trennung	62
Globuline (Human), s. auch Tabelle 14, S. 47	Ion	IRA-400	0,9—3 % NaCl	Reinigung	63
	Ion	Dowex-2	THAM-Puffer p_H 7,3	Studien	59
γ-Globuline Kaninchen	Vert	Celite 545	Äthylcellosolve und Butylcellosolve/K-phosphat p_H 9	Trennung	64, 65
Glucosedehydrogenase	Ads	Al_2O_3	Phosphatpuffer p_H 5	Reinigung	66
α_2-Glykoproteid aus Humanplasma	Ion	IRC-50	0,05—0,1 m Na-citratpuffer p_H 5,0—5,7	Reindarstellung	67

Tabelle 18. (Fortsetzung.)

Substanz	Art der Chromatographie	Träger	System	Zweck	Literatur
Gramicidin und Gramicidin S	Ads	Holzkohle	wasserfreies Äthanol	Studien	68
Granula aus Leberzellen	Ads	Celite	0,9 %ige NaCl	Trennung	69
Erdnuß-Proteine	Pap	Whatman Nr. 1	10 % NaCl	Trennung	70
Hämoglobin, s. auch Tabelle 14, S. 47	Pap	Whatman Nr. 1	90 % Pyridin/Wasser	Studien	71
	Ion	IRC-50 $T = 4°$	0,03—0,2 m Phosphat-Citratpuffer p_H 6,3	Reinheitsstudien	72
	Ads	verschiedene Aluminiumoxyde	dest. Wasser	Studien	73
Hämoglobinderivate	Ion	IRC-50	Na-citratpuffer p_H 5,81—5,92	Trennung	18, 74, 75
	Ion	IRC-50	Citratpuffer verschiedener Molarität p_H 6,5	Trennung	76, 77
Hämocyanin (Helix)	Ads	Hydroxylapatit	0,02—0,05 m Na-phosphatpuffer p_H 6,8	Studien	62
Histone vom Kalbsthymus		IRC-50, Ba^{2+}-Form	0,1—1 m Ca- oder Ba-acetatpuffer p_H 7	Trennung	78, 79
Hühnereiweißproteine	Ion	IRC-50 (XE-64)	0,2 m Na-phosphatpuffer p_H 6,50—7,34	Trennung	80
Testikel-Hyaluronidase	Ion	IRC-50	0,1 m KCl/HCl p_H 1,5	Reinigung	81
	Ion	IRC-50	0,12 m Na-Phosphatpuffer p_H 7,4	Reinigung	82
Hypertensin (Angiotonin)	Ads	Al_2O_3	Methanol/Wasser	Isolierung	83, 84
		Filterpapiersäule	7 % Phenol/Wasser	Isolierung	85
Hypertensin,	Vert	Silicagel	n-Butanol/Essigester/H_2O	Reinheitskriterium	86
Insulin	Pap	Whatman Nr. 1 $T = 5°$	Veronalpuffer p_H 5,8; 0,1 m Rohrzucker; 0,5 gesättigtes $(NH_4)_2SO_4$	Studien	54
Insulin	Pap	Papier	Butanol/Essigsäure/Wasser 3:1:4	Trennung von Protaminen	87
	Vert	Silan-Celite	Äthyl-butyl-cellosolve/Na-phosphat p_H 3 oder 7,6	Homogenitätsstudien	88
	Ads	vorbehandelte Holzkohle	Decanol	Reinigung	1
		Celite + sulfoniertes Styrol + Divinylbenzol	1 n Na-acetatpuffer p_H 3,4	Reinheitsstudien	89
	Pap	Whatman 3 MM	Butanol/Wasser/Essigsäure 12:5:2	Reinigungsstudien	90
	Pap	Whatman Nr. 1	verschiedene Systeme aus sek. Butanol/Essigsäure/Wasser	Isolierung	91

Tabelle 18. (Fortsetzung.)

Substanz	Art der Chromatographie	Träger	System	Zweck	Literatur
Insulin	Pap	Whatman Nr. 1	n-Butanol/Essigsäure/Wasser p_H 2,45 15:4:20	Trennungsstudien	92
Insulin A- und B-Kette	Vert	Silan-Celite	sek. Butanol/0,01 n Trichloressigsäure	Trennung	93
Insulin und Derivate	Vert	Hyflo-Super-Cel	sek. Butanol/Trichloressigsäure	Molgewichtsbestimmung	94
Insulinase	Ion	Cellulose nach ELLIS und SIMPSON (1956)	Na_2CO_3/HCl-Puffer p_H 8,8; $\Gamma/2$ 0,1 Na-Konzentrations-Gradient	Trennung und Reinigung	95
Katalase	Ads	Tricalciumphosphat	Phosphatpuffer p_H 8	Reinigung	96
Kohlenoxydhämoglobin	Ion	IRC-50	Na-Citratpuffer p_H 6,5 (0°—10° C)	Trennung	77
Kükentumorvirus	Ads	Celite	0,99 % NaCl-Lösung	Reinigung	97
Lactoglobulin-Häminkomplex	Pap	Whatman Nr. 1	Puffer p_H 6,5	Studien	5
Lactoperoxydase	Ads	Tricalciumphosphat, Silicagel-Celite	0,01—1 m K_2HPO_4 0,01—1 m K_2HPO_4	Anreicherung Reindarstellung	98
Lichenase	Ads	Al_2O_3	verd. Essigsäure	Reinigung	19
Licheniformine	Pap	Papier	Collidin/Lutidin/2 n Ammoniak 1:1:2	Trennung	99
	Ads	Decalso S	10 % NaCl	Isolierung	99
Lipase	Ads	Mg-silicat		Trennung	9
Lysozym	Ads	Bentonit	Pyridin/H_2SO_4 p_H 5,0	Isolierung	100
	Ion	IRC-50 (XE-64)	0,2 m Natriumphosphat p_H 7,8 bzw. 7,18	Reinigung	101, 102
	Ion	IRC-50	Phosphatpuffer p_H 7,0	Trennungsstudien	18
	Ion	IRC-50	0,2 m Phosphatpuffer p_H 7,2	Studien	132
	Ion	IRC-50	0,2 m Phosphatpuffer p_H 6,54	Trennung Reinigung	103, 104
	Ion	IRC-50 (XE-64)	0,2 m Na-phosphatpuffer p_H 6,50—7,34	Reinheitsstudien	80
Maltase	Ads	Stärke	Wasser/Aceton 5:1	Trennung von Amylase	105
Metmyoglobin	Ion	XE-64	0,2 m Phosphatpuffer p_H 6,5	Reinigung	106
Mucoproteid (intrinsic factor)	Ion	IRC-50	0,2—1 m Natriumphosphatpuffer p_H 4,9—5,2	Reinigung	107
Myokinase	Ion	IRC-50		Reinigung	108
Myosinpeptide	Ads	Ca-phosphat	Na_2HPO_4 verschiedener Konzentration	Trennung	109
Ovalbumin	Ads	Kieselgel	versch. m$(NH_4)_2SO_4$	Studien	110

Tabelle 18. (Fortsetzung.)

Substanz	Art der Chromatographie	Träger	System	Zweck	Literatur
Ovalbumin	Ads	Hydroxylapatit	0,05—0,1 m Na-phosphatpuffer p_H 6,8	Studien	62
Oxyhämoglobin	Ion	IRC-50	Phosphat/Citratpuffer p_H 6,3	Trennung in 3 Fraktionen	72
Oxytocin	Ads	Zeolith	10% NaCl/5% Essigsäure	Trennung von Vasopressin	111
	Vert	Hyflo-Super-Cel	sek. Butanol/0,1 n Essigsäure	Trennung von Vasopressin, Reinigung	112
Oxytocin, natürlich und synthetisch	Ion	IRC-50	0,2 m Na-Phosphat p_H 6,0; 6,95	Identitätsstudien	113
Penicillinase	Vert	Hyflo-Super-Cel	2,5 m K-phosphat p_H 7/Wasser/Propylcellosolve 9:150:100	Reinigung	88, 114
Phalloidin	Ads	Al_2O_3	abs. Äthanol	Reinigung	115
Phenolasen (Mono- und Di-)	Ads	Al_2O_3	NaH_2PO_4 p_H 7,8	Trennung	116
Phosphatase, s. auch Tabelle 14, S. 47	Ion	Dowex-50 X8	Natriumcitrat/Na-phosphatpuffer p_H 5,2—6,0	Reinigung	117, 118
Verschiedene Phosphatasen	Pap	Whatman Nr. 1 T = 0—5°	0,33 m NaCl (Aceton)	Trennung	11, 12
Phosphodiesterase		Cellulose	0,1; 1,0; 10% $NaCl/H_2O$	Reinigung	119
Phosphodiesterase	Ion	IRC-50 Carboxymethylcellulose	0,2—1 m Acetatpuffer p_H 6,2—6,5	Reinigung	120
Phospholipase A (Lecithinase A)	Ion	IRC-50	Phosphatpuffer p_H 6,80—6,87	Reinigung	43
Phykoerythrin	Pap	Whatman 54 und 1	Äthanol + Phosphatpuffer (30:70)	Studien	110, 121
Phykoerythrin, Phykocyanin, s. auch Tabelle 14, S. 47	Ads	Tricalciumphosphathydrat	NaCl/Phosphat p_H 7,8	Elutionsstudien	122
	Ads	Tricalciumphosphat bzw. $Al(OH)_3$/Supercel	0,0025—0,1 m Phosphatpuffer p_H 6—6,5	Isolierung, Reinigung,	123
	Ads	Hydroxylapatit	0,002—0,1 m Na-phosphatpuffer p_H 6,8	Studien	62
Plasmaproteine	Pap	Whatman Nr. 1	Butanol/Ameisensäure Butanol/Dioxan/NH_4OH	Studien	124
	Pap	Whatman Nr. 1 T = 5°	Veronalpuffer p_H 6,5	Studien	54
	Pap	Whatman Nr. 1	Rohrzuckerlösungen Na-K-Tartratlösungen	Studien	47, 125
	Ion	IR 100 H + IRA 400	NaCl—Lg. $\frac{\Gamma}{2}$ 0,2—0,001	Trennung	17
Plasmaproteine und Prothrombin	Ads	Bariumsulfat	Citrat/Citronensäurepuffer p_H 5,8; 7,8	Reinigung und Trennung	126

Tabelle 18. (Fortsetzung.)

Substanz	Art der Chromatographie	Träger	System	Zweck	Literatur
Pneumonievirus	Ads	Celite	NH_3/NH_4Cl-Puffer p_H 7—10		127
Polymyxine	Pap	Papier	Butanol/15% HAc	Trennung	128
Polymyxin D	Vert	Kieselgur	Butanol/Puffer p_H 2	Reindarstellung	129
Protaminsulfat	Ads	Hydroxylapatit	0,01—0,02 m Kakodylatpuffer p_H 7,2	Studien	62
Protein-Hämin-Komplex	Ads Vert	Whatman Nr. 1	Puffer	Trennungsstudien	5
Prothrombin	Ads	MgO	$K_2C_2O_4$/NaCl/NaOH p_H 6,4	Anreicherung	130
Renin	Ads	Al_2O_3	m/15 Phosphatpuffer p_H 4—5,6		131
Ribonuclease	Ion	IRC-50 (XE-64)	0,2 m Natriumphosphat p_H 6,47 bzw. 6,02	Isolierung Reinigung	132, 25, 133
	Vert	Hyflo-Super-Cel	56 g Wasser + 24 g Glykolmonoäthyläther + 20 g Ammoniumsulfat	Reinigung	134, 88
Ribonuclease pflanzlicher Herkunft	Ion	Dowex-50	0,1—0,4 m Citratpuffer p_H 4,6—6,0	Reindarstellung	135
Ribonuclease und Oxydationsprodukte	Ion	IRC-50	Na-phosphatpuffer nach HIRS, MOORE und STEIN [133]	Trennung	136, 137
Salicinase	Ads	Al_2O_3	Acetatpuffer p_H 6	Trennung von Cellobiase	21
Salmin	Ads	basisches Al_2O_3	0,5 m K_2HPO_4	Reinigung	33
Serumalbumin	Pap	Whatman Nr. 1 T = 0—5°	Veronalpuffer p_H 6,5	Studien	54
	Pap	Whatman 54 und 1	30% Äthanol + 70% Phosphatpuffer p_H 7,7	Studien	121
	Ads	Hyflo-Super-Col	2% ges. $(NH_4)_2SO_4$ p_H Gradient 3,2—11,3	Reinigung	156
Serumalbumin (Rind)	Vert	Celite	Wasser/K-phosphat p_H 7,6/Äthylcellosolve und Butylcellosolve	partielle Trennung	88
Serumalbumin	Ads	Hydroxylapatit	0,07—0,4 m Na-phosphatpuffer p_H 6,8	Studien	62
Serumalbumin Serumglobulin (Human)	Aussalz Ads	Silicagel/Supercel		Trennung	138
Serumproteine	Pap	Papier	verschiedene Systeme	Studien	139
	Pap	Papier	Rohrzucker/Na-K-Tartrat	Studien	140
	Ion	Dowex 2-X8	Tris-(oxymethyl)-aminomethan/HCl-Puffer p_H 7,2	Trennung	118, 141

Tabelle 18. (Fortsetzung.)

Substanz	Art der Chromatographie	Träger	System	Zweck	Literatur
Serumproteine	Ion	Diäthylaminoäthylcellulose	verschiedene Phosphatpuffer	Trennung	142
Staphylokokken-Enterotoxin	Ads	Hyflo-Super-Cel		Reinigung	143
Takadiastase, Amylase, Phosphatase	Aussalz	Papier	60 %ige Ammoniumsulfatlösung p_H 6,5	Trenunng	144
Tabakmosaikvirus	Ads	Ca-phosphat-Gel	0,1—0,12 m Phosphatpuffer p_H 6,5	Elutionsstudien	56
Tannase und Esterase	Ads	Al_2O_3	Puffer p_H 7,6	Trennung	57
Theilers Virus	Aussalz Ads	Filterpapiersäule	20 % ges. $(NH_4)_2SO_4$ p_H 7,2—H_2O	Absorptionsstudien	145
Thiaminasen	Ads	Al_2O_3—	Puffer p_H 3,5; 6,5	Trennung	146
Thymus-Histone		IRC-50	Guanidinhydrochlorid/p_H 6,7 + Ba-acetat bzw. Phosphatpuffer, p_H-Gradient	Trennung	147
Thrombin	Ion	IRC-50	0,3 m Na-phosphatpuffer p_H 7,42—8,0	Reinigung	148
Tyrocidin und Tyrothricin	Ads	Holzkohle	wasserfreies Äthanol	Studien	68
Thyreotropes Hypophysenhormon (TSH)	Ion	IRC-50	Phosphatpuffer p_H 7—8	Reinigung	149, 150
	Ads	Cellulose	0,08 n Essigsäure-Gradient 0,2 n NH_4OH	Reinigung	151
	Ion	Carboxymethylcellulose	0,01 m Na-phosphat p_H 6,0 + 1,0 m NaCl	Reinigung	152
		IRC-50	0,2 m Na-phosphat p_H 6,0 + 1,0 m NaCl		
Trypsin, Inhibitor und Komplex	Vert	Celite	Cellosolve/Wasser/Salz	Studien	88
Urease	Pap	Whatman Nr. 1	Puffer p_H 6	Studien	5
Uridindiphosphatpeptid	Vert	Celite 545	wäßriges Phenol/0,1 n Sulfatpuffer p_H 2	Reinigung	153
Vasopressin	Ads	Zeolith	10 % NaCl/5 % Essigsäure	Trennung von Oxytocin	154
Lysin- und Arginin-Vasopressin	Ion	IRC-50	p_H 6,0 und 6,95	Trennung	113
Lysin-Vasopressin, Arginin-Vasopressin	Vert	Hyflo-Super-Cel	sek. Butanol/0,1 %ige Essigsäure	Trennung von Oxytocin, Reinigung	112
Wachstumshormon	Ion	Carboxymethylcellulose	0,03 m Acetatpuffer p_H 5,0—5,5-NaCl Gradient	Reinigung	155
	Ads	Hyflo-Super-Cel	$(NH_4)_2SO_4$, p_H Gradient	Studien	156
Xanthinoxydase (aus Leber)	Ads	Cellulose/Ca-Phosphat-Gel	0,05 m Phosphatpuffer p_H 6,2 + 3 % gesättigtes $(NH_4)_2SO_4$	Reinigung	157

Literatur zu Tabelle 18.

[1] PORATH, J., and C. H. LI: Biochim. biophysica Acta, N. Y. **13**, 268 (1954).
[2] LI, C. H., A. TISELIUS, K. O. PEDERSEN, L. HAGDAHL and H. CARSTENSEN: J. biol. Ch. **190**, 317 (1951).
[3] WAKSMAN, S. A., and M. TISHLER: J. biol. Ch. **142**, 519 (1942).
[4] BROCKMANN, H., N. GRUBHOFER, W. KASS u. H. KALBE: B. **84**, 260 (1951).
[5] FRANKLIN, A. E., and J. H. QUASTEL: Science, N. Y. **110**, 447 (1949).
[6] WEYGAND, F., u. L. BIRKOFER: H. **261**, 172 (1939).
[7] SOBER, H. A., and E. A. PETERSON: Am. Soc. **76**, 1711 (1954).
[8] TURBA, F.: Z. Vit.-, Horm.-Ferm.-Forsch. **2**, 49 (1948/49).
[9] YOUNG, J. H., and R. J. HARTMAN: Proc. Indiana Acad. Sci. **48**, 79 (1939).
[10] SIMONART, P., et K.-Y. CHOW: Bull. Soc. chim. belg. **59**, 417 (1950).
[11] GIRI, K. V., and A. L. N. PRASAD: Nature **168**, 786 (1951).
[12] GIRI, K. V., A. L. N. PRASAD, S. GOWRY DEVI and J. SRI RAM: Biochem. J. **51**, 123 (1952).
[13] ISLIKER, H. C.: Ann. N. Y. Acad. Sci. **57**, 225 (1953).
[14] FRAENKEL-CONRAT, H., N. S. SNELL and E. D. DUCAY: Arch. Biochem. **39**, 80 (1952).
[15] PORATH, J.: Acta chem. scand. **8**, 1813 (1954).
[16] CODINGTON, J. F.: Antibiotics Ann. **1954—55**, 1118.
[17] REID, A. F., and F. JONES: Industr. engng. Chem. **43**, 1074 (1951).
[18] BOARDMAN, N. K., and S. M. PARTRIDGE: Nature **171**, 208 (1953).
[19] KARRER, P., u. H. LIER: Helv. **8**, 248 (1925).
[20] GRASSMANN, W., L. ZECHMEISTER, G. TÓTH u. R. STADLER: A. **503**, 167 (1933).
[21] ZECHMEISTER, L., G. TÓTH, P. FÜRTH u. J. BARSONY: Enzymologia **9**, 155 (1940).
[22] ZECHMEISTER, L., u. G. TÓTH: Enzymologia **7**, 165 (1939).
[23] MALMSTRÖM, B. G., Ö. LEVIN and H. G. BOMAN: Acta chem. scand. **10**, 1077 (1956).
[24] HIRS, C. H. W.: Am. Soc. **77**, 5743 (1955).
[25] HIRS, C. H. W.: J. biol. Ch. **205**, 93 (1953).
[26] PORTER, R. R.: The Chemical Structure of Proteins. Ciba Found. Symp. S. 31. Boston 1953
[27] PORTER, R. R.: Brit. med. Bull. **10**, 237 (1954).
[28] SAKOTA, N.: J. Biochem. **42**, 649 (1955); vgl. Adv. Protein Chem. **11**, 221 (1956).
[29] MURRAY, F. J., P. A. TETRAULT, O. W. KAUFMANN, H. KOFFLER, D. H. PETERSON and D. R. COLINGSWORTH: J. Bacteriology **57**, 305 (1949).
[30] PETERSON, D. H., and L. M. REINEKE: J. biol. Ch. **181**, 95 (1949).
[31] KOFFLER, H. (1952) [BRICAS, E., and C. FROMAGEOT: Adv. Protein Chem. **8**, 52 (1953)].
[32] DOWLING, J. H., H. KOFFLER, H. C. REITZ, D. H. PETERSON and P. A. TETRAULT: Science, N. Y. **116**, 147 (1952).
[33] SCANES, F. S., and B. T. TOZER: Biochem. J. **63**, 565 (1956).
[34] DIXON, H. B. F., S. MOORE, M. P. STACK-DUNNE and F. G. YOUNG: Nature **168**, 1044 (1951).
[35] WHITE, W. F., and W. L. FIERCE: Am. Soc. **75**, 245 (1953).
[36] DIXON, H. B. F., and M. P. STACK-DUNNE: Biochem. J. **61**, 483 (1955).
[37] GESCHWIND, I. I., J. O. PORATH and C. H. LI: Am. Soc. **74**, 2121 (1952).
[38] LI, C. H., I. I. GESCHWIND, A. L. LEVY, J. I. HARRIS, J. S. DIXON, N. G. PON and J. O. PORATH: Nature **173**, 251 (1954).
[39] LI, C. H., I. I. GESCHWIND, J. S. DIXON, A. L. LEVY and J. I. HARRIS: J. biol. Ch. **213**, 171 (1955).
[40] BRINK, N. G., F. A. KUEHL jr., J. W. RICHTER, A. W. BAZEMORE, M. A. P. MEISINGER, D. E. AYER and K. FOLKERS: Am. Soc. **74**, 2120 (1952).
[41] RICHTER, J. W., D. E. AYER, A. W. BAZEMORE, N. G. BRINK and K. FOLKERS: Am. Soc. **75**, 1952 (1953).
[42] KRONER, T. D., W. TABROFF and J. J. MCGARR: Am. Soc. **75**, 4084 (1953).
[43] NEUMANN, W. P., u. E. HABERMANN: B. Z. **327**, 170 (1955).
[44] NEUMANN, W. P.: Naturwiss. **42**, 370 (1955).
[45] SEMENZA, G.: Biochim. Biophysica Acta **24**, 401 (1957).
[46] PALEUS, S., and J. B. NEILANDS: Acta chem. scand. **4**, 1024 (1950).
[47] FRANKLIN, A. E., J. H. QUASTEL and S. F. VAN STRATEN: Proc. Soc. exp. Biol. Med. **77**, 783 (1951).
[48] TAUBER, H., and E. L. PETIT: Am. Soc. **74**, 2865 (1952).
[49] BOARDMAN, N. K.: Diss. phil. Cambridge 1953.
[50] MARGOLIASH, E.: Biochem. J. **56**, 529, 535 (1954).
[51] HAGIHARA, B., I. MORIKAWA, K. TAGAWA, J. YAMASHITA, M. NOZAKI and K. OKUNUKI: Nature **179**, 249 (1957).
[52] EULER, H. VON, and H. HELLSTRÖM: Svensk kem. T. **51**, 68 (1939).
[53] SOBER, H. A., G. KEGELES and F. J. GUTTER: Science, N. Y. **110**, 564 (1949).
[54] PAPASTAMATIS, S. C., and J. F. WILKINSON: Nature **167**, 724 (1951).
[55] TISELIUS, A.: Ark. Kemi **7**, 443 (1954).
[56] TISELIUS, A.: Angew. Chem. **67**, 245 (1955).
[57] TÓTH, G., and J. BÁRSONY: Enzymologia **11**, 19 (1943).

Literatur zu Tabelle 18. (Fortsetzung.)

[58] GILLESPIE, J. M., M. A. JERMYN and E. F. WOODS: Nature **169**, 487 (1952).
[59] BOMAN, H. G., and L. E. WESTLUND: Arch. Biochem. **64**, 217 (1956).
[60] HOFSTEN, B. VON: Nature **177**, 844 (1956).
[61] ZECHMEISTER, L., G. TÓTH u. M. BÁLANT: Enzymologia **5**, 302 (1938).
[62] TISELIUS, A., S. HJERTÉN and Ö. LEVIN: Arch. Biochem. **65**, 132 (1956).
[63] COX, F. M., G. F. LANCHANTIN and A. G. WARE: J. clin. Invest. **35**, 106 (1956).
[64] PORTER, R. R.: Biochem. J. **59**, 405 (1955).
[65] HUMPHREY, J. H., and R. R. PORTER: Biochem. J. **62**, 93 (1956).
[66] COULTHARD, C. E., R. MICHAELIS, W. F. SHORT, G. SYKES, G. E. H. SKRIMSHIRE, A. F. B. STANDFAST, J. H. BIRKINSHAW and H. RAISTRICK: Biochem. J. **39**, 24 (1945).
[67] SCHMID, K.: Biochim. biophysica Acta, N. Y. **21**, 399 (1956).
[68] SYNGE, R. L. M., and A. TISELIUS: Acta chem. scand. **1**, 749 (1947).
[69] RILEY, V. T., M. L. HESSELBACH, S. FIALA, M. W. WOODS and D. BURK: Science, N. Y. **109**, 361 (1949).
[70] THOMSON, R. H. K.: Biochem. J. **51**, 118 (1952).
[71] SANSONE, G., e F. CUSMANO: Boll. Soc. ital. Biol. sperim. **26**, 1343 (1950).
[72] MORRISON, M., and J. L. COOK: Science, N. Y. **122**, 920 (1955).
[73] PRINS, H. K., and T. H. J. HUISMAN: Biochim. biophysica Acta, N. Y. **20**, 570 (1956).
[74] BOARDMAN, N. K., and S. M. PARTRIDGE: Polymer Sci. **12**, 281 (1954).
[75] BOARDMAN, N. K., and S. M. PARTRIDGE: Biochem. J. **59**, 543 (1955).
[76] HUISMAN, T. H. J., and H. K. PRINS: J. Lab. clin. Med. **46**, 255 (1955).
[77] PRINS, H. K., and T. H. J. HUISMAN: Nature **175**, 903 (1955).
[78] CRAMPTON, C. F., S. MOORE and W. H. STEIN: J. biol. Ch. **215**, 787 (1955).
[79] CRAMPTON, C. F.: Fed. Proc. **15**, 237 (1956).
[80] GONCALVES, J. M., R. MOLINARI and H. F. DEUTSCH: Arch. Biochem. **60**, 171 (1956).
[81] HÖGBERG, B.: Acta chem. scand. **8**, 1098 (1954).
[82] RASMUSSEN, P. S.: Biochim. biophysica Acta, N. Y. **14**, 567 (1954).
[83] EDMAN, P.: Ark. Kemi, Mineral. Geol. **18** B, Nr. 2 (1944).
[84] EDMAN, P.: Ark. Kemi, Mineral. Geol. **22** A, Nr. 3 (1945).
[85] HELMER, O. M.: Proc. Soc. exp. Biol. Med. **74**, 642 (1950).
[86] KUETHER, C. A., and M. E. HANEY jr.: Science, N. Y. **121**, 65 (1955).
[87] ROBINSON, F. A., and K. L. A. FEHR: Biochem. J. **51**, 298 (1952).
[88] PORTER, R. R.: Biochem. J. **53**, 320 (1953).
[89] BOARDMAN, N. K.: Biochim. biophysica Acta, N. Y. **18**, 290 (1955).
[90] GRODSKY, G., and H. TARVER: Nature **177**, 223 (1956).
[91] LIGHT, A., and M. V. SIMPSON: Nature **177**, 225 (1956).
[92] BERKES, P., u. I. BERKES: B. Z. **328**, 361 (1956).
[93] ANDERSEN, W.: C. R. Lab. Carlsberg **29**, 49 (1954).
[94] ANDERSEN, W.: Acta chem. scand. **8**, 1723 (1954).
[95] LEWIS, U. J., and E. H. THIELE: Am. Soc. **79**, 755 (1957).
[96] AGNER, K.: Biochem. J. **32**, 1702 (1938).
[97] RILEY, V. T.: Science, N. Y. **107**, 573 (1948).
[98] POLIS, B. D., and H. W. SHMUKLER: J. biol. Ch. **201**, 475 (1953).
[99] CALLOW, R. K., and T. S. WORK: Biochem. J. **51**, 558 (1952).
[100] ALDERTON, G., W. H. WARD and H. L. FEVOLD: J. biol. Ch. **157**, 43 (1945).
[101] TALLAN, H. H., and W. H. STEIN: Am. Soc. **73**, 2976 (1951).
[102] TALLAN, H. H., and W. H. STEIN: J. biol. Ch. **200**, 507 (1953).
[103] JOLLÈS, G., et C. FROMAGEOT: Biochim. biophysica Acta, N. Y. **11**, 95 (1953).
[104] JOLLÈS, P., et C. FROMAGEOT: Biochim. biophysica Acta, N. Y. **19**, 91 (1956).
[105] FRENCH, D., and D. W. KNAPP: J. biol. Ch. **187**, 463 (1950).
[106] JOLLES, P., et J. DE REPENTIGNY: Biochim. biophysica Acta, N. Y. **15**, 161 (1954).
[107] LATNER, A. L., R. J. MERRILLS and L. RAINE: Biochem. J. **63**, 501 (1956).
[108] NODA, L., and S. A. KUBY: Fed. Proc. **14**, 261 (1955).
[109] SNELLMAN, O.: Biochim. biophysica Acta, N. Y. **21**, 142 (1956).
[110] TISELIUS, A.: Ark. Kemi, Mineral. Geol. **26** B, Nr. 1 (1948).
[111] MOORE, S., and W. H. STEIN: J. biol. Ch. **176**, 367 (1948).
[112] CONDLIFFE, P. G.: J. biol. Ch. **216**, 455 (1955).
[113] TAYLOR, S. P. jr.: Proc. Soc. exp. Biol. Med. **85**, 226 (1954).
[114] MARTIN, A. J. P., and R. R. PORTER: Proc. int. Wool Text. Res. Conference, Australia 1955.
[115] LYNEN, F., u. U. WIELAND: A. **533**, 93 (1937).
[116] ENSELME, J., R. CREYSSEL et A. RAPATEL: Bull. Soc. Chim. biol. **29**, 939 (1947).
[117] BOMAN, H. G.: Nature **173**, 447 (1954).
[118] BOMAN, H. G.: Biochim. biophysica Acta, N. Y. **16**, 245 (1955).
[119] HURST, R. O., and G. C. BUTLER: J. biol. Ch. **193**, 91 (1951).

Literatur zu Tabelle 18. (Fortsetzung.)

[120] GARILHE, M. P. DE, and M. LASKOWSKI: Biochim. biophysica Acta, N. Y. **18**, 370 (1955).
[121] BOMAN, H. G.: Nature **170**, 703 (1952).
[122] SWINGLE, S. M., and A. TISELIUS: Biochem. J. **48**, 171 (1951).
[123] HAXO, F. T., C. O'HEOCHA and P. NORRIS: Arch. Biochem. **54**, 162 (1955).
[124] GROSS, J., C. P. LEBLOND, A. E. FRANKLIN and J. H. QUASTEL: Science, N. Y. **111**, 605 (1950).
[125] SWANK, R. L., A. E. FRANKLIN and J. H. QUASTEL: Proc. Soc. exp. Biol. Med. **76**, 183 (1951).
[126] DUCKERT, F., F. KOLLER and M. MATTER: Proc. Soc. exp. Biol. Med. **82**, 259 (1953).
[127] DAVENPORT, F. M., and F. L. HORSFALL jr.: J. exp. Med. **91**, 53 (1949).
[128] JONES, T. S. G.: Biochem. J. **42**, XXXV (1948).
[129] BELL, P. H., J. F. BONE, J. P. ENGLISH, C. E. FELLOWS, K. S. HOWARD, M. M. ROGERS, R. G. SHEPHERD and R. WINTERBOTTOM: Ann. N. Y. Acad. Sci. **51**, 897 (1949).
[130] SEEGERS, W. H., E. C. LOOMIS and J. M. VANDENBELT: Arch. Biochem. **6**, 85 (1945).
[131] SCHÖBERL, A., u. P. RAMBACHER: B. Z. **305**, 223 (1940).
[132] HIRS, C. H. W., W. H. STEIN and S. MOORE: Am. Soc. **73**, 1893 (1951).
[133] HIRS, C. H. W., S. MOORE and W. H. STEIN: J. biol. Ch. **200**, 493 (1953).
[134] MARTIN, A. J. P., and R. R. PORTER: Biochem. J. **49**, 215 (1951).
[135] PIERPOINT, W. S.: Biochim. biophysica Acta, N. Y. **21**, 136 (1956).
[136] LEDOUX, L.: Biochim. biophysica Acta, N. Y. **14**, 267 (1954).
[137] LEDOUX, L.: Biochim. biophysica Acta, N. Y. **23**, 121 (1957).
[138] SHEPARD, C. C., and A. TISELIUS: Discuss. Faraday Soc. **7**, 275 (1949).
[139] HALL, D. A., and F. WEWALKA: Nature **168**, 685 (1951).
[140] FRANKLIN, A. E., J. H. QUASTEL and S. F. VAN STRATEN: Nature **168**, 687 (1951).
[141] BOMAN, H. G.: Nature **175**, 898 (1955).
[142] SOBER, H. A., F. J. GUTTER, M. M. WYCKOFF and E. A. PETERSON: Am. Soc. **78**, 756 (1956).
[143] BERGDOLL, M. S., B. LAVIN, M. J. SURGALLA and G. M. DACK: Science, N. Y. **116**, 633 (1952).
[144] MITCHELL, H. K., M. GORDON and F. A. HASKINS: J. biol. Ch. **180**, 1071 (1949). — Vgl. MITCHELL, H. K., and F. A. HASKINS: Science, N. Y. **110**, 278 (1949).
[145] LEYON, H.: Ark. Kemi **1**, 313 (1949/50).
[146] REDDI, K. K., u. K. V. GIRI: Enzymologia **13**, 281 (1948/49).
[147] LUCK, J. M., H. A. COOK, N. ELDREDGE, M. I. HALEY, D. W. KUPKE and P. S. RASMUSSEN: Arch. Biochem. **65**, 449 (1956).
[148] RASMUSSEN, P. S.: Biochim. biophysica Acta, N. Y. **16**, 157 (1955).
[149] HEIDEMANN, M. L. jr.: Endocrinology **53**, 640 (1953).
[150] CRIGLER, J. F. jr., and D. F. WAUGH: Am. Soc. **77**, 4407 (1955).
[151] FELS, I. G., M. E. SIMPSON and H. M. EVANS: J. biol. Ch. **213**, 311 (1955).
[152] CONDLIFFE, P. G., and R. W. BATES: J. biol. Ch. **223**, 843 (1956).
[153] PARK, J. T.: J. biol. Ch. **194**, 877 (1952).
[154] POTTS, A. M., and T. F. GALLAGHER: J. biol. Ch. **154**, 349 (1944).
[155] ELLIS, S., and M. E. SIMPSON: Fed. Proc. **14**, 44 (1955).
[156] CLAUSER, H., and C. H. LI: Am. Soc. **76**, 4337 (1954).
[157] KIELLEY, R. K.: Fed. Proc. **14**, 235 (1955).

Literatur.

1. MOORE, S., and W. H. STEIN: Column chromatography of peptides and proteins. Adv. Protein Chem. **11**, 191 (1956).
2. TURBA, F.: Chromatographische Methoden in der Protein-Chemie. Berlin, Göttingen, Heidelberg 1954.
3. „Chromatography". 16 Sammelreferate. Brit. med. Bull. **10**, 161—250 (1954).
4. RAUEN, H. M.: „Chromatographie", dieses Werk Bd. I, S. 122.
5. LEDERER, E., and M. LEDERER: Chromatography. New York 1953.
6. ZECHMEISTER, L., and M. ROHDEWALD: Some aspects of enzyme chromatography. Fortschr. Chem. org. Naturstoffe **8**, 341 (1951).
7. SAMUELSON, O.: Ion Exchange in Analytical Chemistry. New York 1953.
8. MARTIN, G. J.: Ion Exchange and Adsorption Agents in Medicine. Boston, Toronto 1955.
9. CRAMER, F.: Papierchromatographie. 3. Aufl. Weinheim 1954.
10. HAIS, I., u. K. MACEK: Chromatografia papirova. Naklado telstvi Ceskoslovenské Akademie. Prague 1954.
11. BLOCK, R. J., E. L. DURRUM and G. ZWEIG: Manual of Paper Chromatography and Paper Electrophoresis. New York 1955.
12. CASSIDY, H. G.: Adsorption and Chromatography in WEISSBERGER, A. (Hrsgb.): Technique of Organic Chemistry. Bd. V. New York 1951.

c) Gegenstromverteilung von Proteinen.

α) Beschreibung.

Definition. Unter Gegenstromverteilung versteht man eine Reinigung bzw. Trennung von Substanzen durch häufige Verteilung zwischen 2 flüssigen Phasen.

Grundlagen. Eine Substanz kann man zwischen 2 begrenzt mischbaren flüssigen Phasen verteilen, sofern sie sich in beiden Phasen löst. Der *Nernstsche Verteilungssatz*

$$\frac{C_o}{C_u} = k_{(T,\ \text{System})}$$

C_o = Konzentration in der oberen Phase
C_u = Konzentration in der unteren Phase
k = Verteilungskoeffizient
T = abs. Temperatur

besagt:

1. Das Verhältnis der Konzentrationen bildet eine Konstante, deren Größe im Idealfall in einem gegebenen Lösungsmittelsystem nur noch von der Temperatur, aber nicht von der Konzentration der gelösten Substanz abhängt.

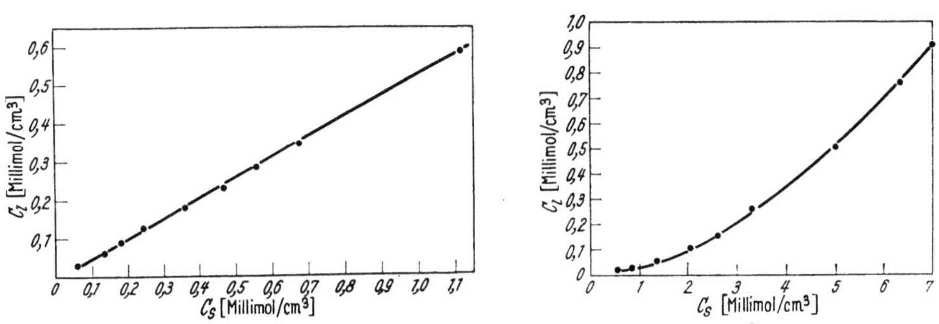

a b

Abb. 27 a u. b. Verteilungsisothermen (nach Herz und Fischer[1]). a Trimethylamin in Benzol/Wasser (Zimmertemperatur); b Essigsäure in Benzol/Wasser (Zimmertemperatur).

2. Mehrere Substanzen verteilen sich unabhängig voneinander, vorausgesetzt, daß sie nicht miteinander reagieren.

Verteilt man bei konstanter Temperatur verschiedene Mengen einer Substanz in einem System und trägt C_o (Konzentration in der oberen Phase) gegen C_u (Konzentration in der unteren Phase) auf, so erhält man die *Verteilungsisotherme*. Wenn k im Idealfall von der Konzentration unabhängig ist, bildet die Verteilungsisotherme eine Gerade, s. Abb. 27a.

In der Praxis ergeben sich jedoch meist *Abweichungen* vom Idealfall durch 1. Dissoziation, 2. Assoziation, 3. Komplexbildung, 4. Konzentrationsgefälle, 5. Temperatur, 6. p_H, 7. Ionenstärke. Die Substanz kann z. B. in einer Phase Assoziate von Doppel- oder Mehrfachmolekeln bilden, sie kann dissoziieren, Komplexe mit dem Lösungsmittel bilden usw., so daß von einer Substanz mehrere Molekelarten in beiden Phasen vorkommen können. Der Verteilungskoeffizient als Verhältnis der Gesamtkonzentration C_o/C_u der Substanz ist dann meist konzentrationsabhängig.

Sind im Grenzfall in der oberen Phase nur Doppelmolekeln, in der unteren nur Einfachmolekeln vorhanden, so gilt unter Berücksichtigung des Massenwirkungsgesetzes

$$\frac{\sqrt{C_o}}{C_u} = k,$$

und die Verteilungsisotherme bildet eine Parabel, s. Abb. 27b.

Zur Trennung von Substanzgemischen durch Gegenstromverteilung ist ein linearer Verlauf der Verteilungsisotherme am günstigsten. Dies kann man meist durch die Wahl eines geeigneten Systems erreichen. Die Temperaturabhängigkeit des Verteilungskoeffizienten kann bisweilen sehr groß sein. Daher ist die Temperatur während der Verteilung konstant zu halten. Der Verteilungskoeffizient kann als Stoffkonstante wie

[1] Herz, W., u. H. Fischer: B. 38, 1138 (1905).

Schmelzpunkt, Spektrum u. a. zur Charakterisierung einer Substanz angegeben werden. Ein Maß für die Selektivität eines Systems ist der *Trennfaktor* β

$$\beta = \frac{K_1}{K_2} \qquad K_1 > K_2.$$

Je größer β, um so weniger Stufen benötigt man zur Trennung zweier Substanzen mit K_1 und K_2. Vgl. Abb. 28.

Die multiplikative Verteilung. Das Grundverfahren (CRAIG-Verteilung) soll an einem einfachen Beispiel erläutert werden. 9 Verteilungseinheiten werden mit Unterphase beschickt. Gefäß 0 enthält in der gleichen Menge Oberphase 1 g Substanz gelöst. Der Verteilungskoeffizient sei der Einfachheit halber $K = 1$. Nach Einstellen des Gleichgewichts in Gefäß 0 befinden sich je 0,5 g Substanz in beiden Phasen. Nun wird die Oberphase abgetrennt und in Gefäß 1 gebracht. In Gefäß 0 wird frische Oberphase eingefüllt. Damit ist der erste Verteilungsschritt ($n = 1$) vollzogen. Nun wird in Gefäß 0 und 1 das Gleichgewicht hergestellt, danach die Oberphase ein Gefäß weitertransportiert, Gefäß 0 wieder mit frischer Phase gefüllt ($n = 2$) usw.; eine schematische Darstellung s. Bd. I, S. 264.

Man sieht hiernach, daß zur Trennung zweier Substanzen mit $K = 0,33$ und $K = 3,0$ 8 Verteilungsschritte noch nicht völlig ausreichen, in den Gefäßen 0—2 und 6—8 liegen die Substanzen jedoch bereits rein vor. Bei ungünstigen Trennfaktoren werden in der Praxis bis zu mehreren Hundert solcher Verteilungsschritte durchgeführt. Genügen auch diese noch nicht zur vollständigen Trennung, so kann man verschiedene *Nachfraktionierungsverfahren* anschließen. Man unterscheidet:

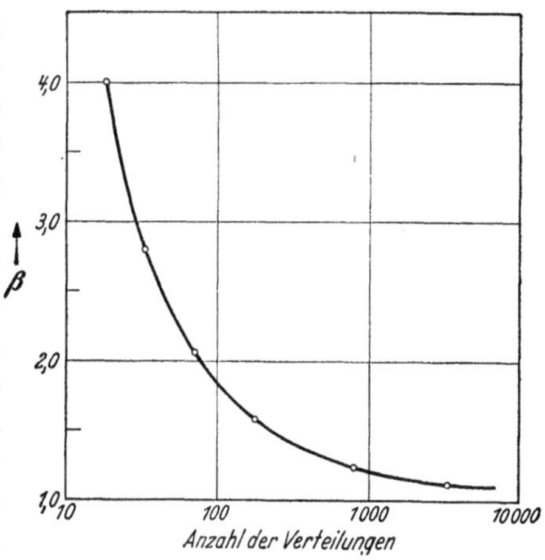

Abb. 28. Beziehung zwischen β und der zur optimalen Trennung notwendigen Anzahl von Verteilungen (nach GREGORY und CRAIG [1]).

Kreislaufverfahren,

Entnahmeverfahren: vollständige, einphasige, wechselphasige, doppelphasige. Näheres s. HECKER und KARLSON [2].

Der beschriebene Grundversuch ist ein Beispiel für die *schubweise Verteilung*, da die bewegten Phasen jeweils insgesamt diskontinuierlich überführt werden. Bei der *gleichförmigen Verteilung* fließt die bewegte Phase in kontinuierlichem Strom durch die stationäre Phase. Für beide Verfahren gibt es eine Anzahl Apparaturen (s. Tabelle 20).

Spezielle Verteilungsverfahren. Für große Substanzmengen sind Verteilungsverfahren mit laufender Substanzzugabe entwickelt worden. Bei der *O'Keeffe-Verteilung* [3] wird in der Mitte der Verteilungsbatterie bei jedem Verteilungsschritt erneut Substanz zugegeben. Beide Phasen werden gegeneinander bewegt. Es stellt sich ein stationärer Verteilungszustand ein. An beiden Enden werden laufend die getrennten Substanzen abgenommen. Man erhält also nur 2 Fraktionen. Ähnlich arbeitet die *Watanabe-Morikawa-Verteilung* [4]. Hier wird die Substanz laufend am Anfang der Apparatur zugegeben. Näheres s. HECKER und KARLSON [2]. Weitere Verfahren s. Tabelle 20 (S. 77).

β) Ausführung.

Die Durchführung einer Gegenstromverteilung erfordert meist ausgedehnte und zeitraubende Voruntersuchungen.

---

1 GREGORY, J. D., and L. C. CRAIG: Ann. N. Y. Acad. Sci. **53**, 1015 (1951).
2 HECKER, E., u. P. KARLSON: Chem.-Ing.-Techn. **25**, 397 (1953).
3 O'KEEFFE, A. E., M. A. DOLLIVER and E. T. STILLER: Am. Soc. **71**, 2452 (1949).
4 WATANABE, S., and K. MORIKAWA: J. Soc. chem. Industr., Japan **36**, 585B (1933) [HUNTER, T. G., and A. W. NASH: Industr. engng. Chem. **27**, 836 (1953)].

Auswahl des Systems. Der Erfolg einer Verteilung hängt entscheidend vom Lösungsmittelsystem ab. Dieses soll folgenden Anforderungen genügen[1]: Große Mischungslücke,

Tabelle 19. *Die mixotrope Reihe der Flüssigkeiten* (nach HECKER[1]).

Salzlösungen (Puffer)	Phenol	Dichloräthan
Anorganische Säuren	Anilin	Trichloräthan
Wasser	Aceton	Benzol
Milchsäure	Dioxan	Toluol
Formamid	Tetrahydrofuran	Tetrachlorkohlenstoff
Morpholin	Pyridin und Homologe	Schwefelkohlenstoff
Ameisensäure	Essigester und Homologe	Cyclopentan
Nitromethan	Methyläthylketon	Cyclohexan
Acetonitril	Diäthyläther und Homologe	2,2,4-Trimethylpentan
Essigsäure und Homologe	Methylenchlorid	Heptan
Methanol	Tetrachloräthan	Hexan
Glykolmonomethyläther	Chloroform	Paraffinöl
Äthanol und Homologe		

Linearität der Verteilungsisotherme, geeignete Verteilungszahl, große Kapazität, große Selektivität, große Unterschiede in der Dichte der Phasen, geringe Viscosität, keine Emulsionsbildung, keine irreversible Reaktion zwischen Lösungsmittel und gelöster Substanz, rasche Gleichgewichtseinstellung, Möglichkeit zur leichten Rückgewinnung der Substanz usw. Oft kann man nur einen Kompromiß zwischen verschiedenen konkurrierenden Einflüssen eingehen. Das System soll eine möglichst große Mischungslücke besitzen. Die Tabelle 19 gibt eine Zusammenstellung verschiedener Lösungsmittel nach ihrer Löslichkeit.

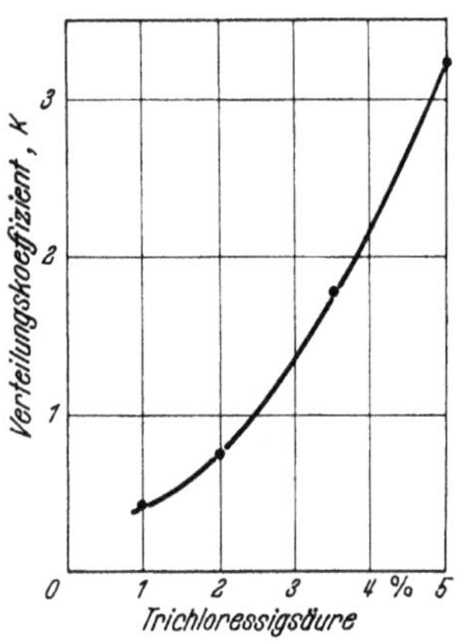

Abb. 29. Abhängigkeit des Verteilungskoeffizienten eines Proteins von der Trichloressigsäure-(TCE)-Konzentration (α-Corticotropin im System Butanol/wäßrige TCE, nach LI u. a.[2]).

Je weiter 2 Lösungsmittel auseinanderstehen, desto schlechter sind sie mischbar, desto besser wird aber meist der Trennfaktor. In der Literatur findet man Löslichkeitskurven für

binäre Systeme[3-8]
ternäre und
quartäre Systeme[7, 9-12].

Eine gute Zusammenstellung vermittelt das Sammelreferat von v. METZSCH[13].

Die organischen Lösungsmittel sollen möglichst rein sein. Die für Proteine meist verwendeten Butanole reinigt man durch Kochen mit Zinkstaub und Alkali und anschließende Rektifizierung. Die Phasen müssen einwandfrei abgesättigt sein. Dazu läßt man sie unter häufigem Durchschütteln mindestens 24 Std stehen.

[1] HECKER, E.: Verteilungsverfahren im Laboratorium. Weinheim 1955.
[2] LI, C. H., I. I. GESCHWIND, J. S. DIXON, A. L. LEVY and J. I. HARRIS: J. biol. Ch. **213**, 171 (1955).
[3] SEIDELL, A.: Solubility of Organic Compounds. 3. Aufl. New York 1941.
[4] D'Ans-Lax 1. Aufl., S. 958.
[5] DRURY, J. S.: Industr. engng. Chem. **44**, 2744 (1952).
[6] MELLAN, I.: Industrial Solvents. 2. Aufl. New York 1950.
[7] TREYBAL, R. E.: Industr. engng. Chem. **43**, 79 (1951); **44**, 53 (1952); **45**, 58 (1953); **46**, 91 (1954); **47**, 536 (1955); **48**, 510 (1956).
[8] STAMM, W.: Biochem. Taschenb. (RAUEN) S. 1146.
[9] SMITH, J. C.: Industr. engng. Chem. **41**, 2932 (1949).
[10] HOLLINGWORTH, C. A., J. J. TABER and B. F. DAUBERT: Science, N. Y. **120**, 306 (1954).
[11] PORTER, R. R.: Biochem. J. **53**, 320 (1953).
[12] ENGEL, L. L., J. ALEXANDER, P. CARTER, J. ELLIOTT and M. WEBSTER: Analyt. Chem., Washington **26**, 639 (1954).
[13] METZSCH, F. A. v.: Angew. Chem. **65**, 586 (1953).

Bei der Gegenstromverteilung von Proteinen ist die Auswahl und Zusammenstellung geeigneter Systeme das Hauptproblem. Die organische Phase muß eine so hohe Polarität besitzen, daß sie die polaren Eiweißsubstanzen lösen kann, und sie darf das Protein nicht denaturieren. Ein Fortschritt war die von HARFENIST und CRAIG eingeführte Verwendung von Komplexbildnern, wie Dichloressigsäure und Trichloressigsäure oder p-Toluolsulfosäure im System Butanol/Wasser[1]. Die Komplexbildner erhöhen die Löslichkeit der Proteine in der Alkoholphase, vgl. Abb. 29.

Dadurch werden günstige Verteilungskoeffizienten erzielt. Wenn man für ein Protein kein geeignetes System findet, kann man es chemisch modifizieren etwa durch Veresterung der Carboxylgruppen, Acetylierung oder Dinitrophenylierung der Aminogruppen, oder Oxydation der Disulfidgruppe von Cystin u. a. (Beispiele s. Tabelle 21).

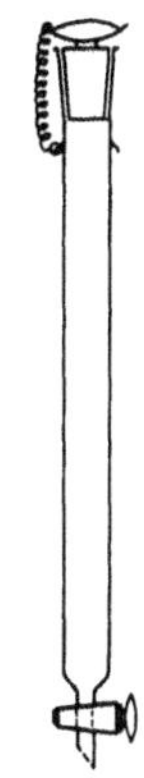

Abb. 30. Scheideröhrchen zur Bestimmung des Verteilungskoeffizienten (nach HECKER[2]). Länge 15 cm, Durchmesser 1 cm, Inhalt 10—12 cm³.

Ermittlung des Verteilungskoeffizienten und der Bedingungen einer Verteilung. Man benutzt ein Röhrchen nach Abb. 30, das 15 cm³ faßt. Etwa 25 mg Substanz werden in je 5 cm³ Unter- und Oberphase verteilt, indem man mehrmals gut durchmischt (Kippen des Röhrchens um 180°, nicht schütteln). Reproduzierbarkeit der K-Werte: $\pm 3\%$.

Bei einer einheitlichen Substanz erhält man den ind.viduellen Verteilungskoeffizienten, bei einem Substanzgemisch unbekannter Zusamm ensetzung den Mischverteilungskoeffizienten. Die Zahl der Umschüttelungen bis zur Gleichgewichtseinstellung prüft man, indem man die Substanz einmal nur in der Unterphase, dann nur in der Oberphase löst und nach verschiedenen Umschüttelungen die Verteilung bestimmt und in einer Kurve aufträgt[3]. Die *Zeit bis zur völligen Entmischung* beider Phasen ist zu beachten. Die Proteinkonzentration soll nicht größer als 0,001 Mol/l sein. Bei größeren Substanzmengen oder ungünstiger Löslichkeit kann man die Substanz auch auf mehrere Gefäße (bis zu 5% aller Einheiten) aufgeben, ohne die Verteilungskurve wesentlich zu beeinträchtigen, vgl. Abb. 31.

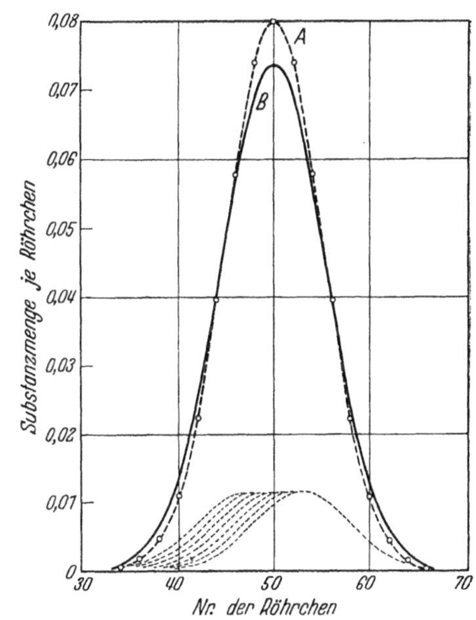

Abb. 31. Einfluß der Substanzaufgabe auf die ersten 7 Einheiten der Apparatur auf den Gesamtverlauf der Gegenstromverteilung (nach GREGORY und CRAIG[4]).

Die *Gehaltsbestimmung* nimmt man mit einer für Reihenbestimmungen geeigneten analytischen Methode vor. Neben colorimetrischen und photometrischen Methoden eignen sich für Proteine am besten gravimetrische Methoden. Mehrere schnell arbeitende Verfahren sind beschrieben worden, vgl. DOBSON und RANDALL[5]; RAUEN und STAMM[6]; CRAIG u. a.[7, 8]; HECKER und KARLSON[9]. CRAIG konstruierte verschiedene Apparaturen zur schnellen

[1] HARFENIST, E. J., and L. C. CRAIG: Am. Soc. **74**, 3083, 3087 (1952).
[2] HECKER, E.: Verteilungsverfahren im Laboratorium. Weinheim 1955.
[3] BARRY, G. T., Y. SATO and L. C. CRAIG: J. biol. Ch. **174**, 209 (1948).
[4] GREGORY, J. D., and L. C. CRAIG: Ann. N. Y. Acad. Sci. **53**, 1015 (1951).
[5] DOBSON, F., and S. S. RANDALL: Biochem. J. **49**, 399 (1951).
[6] RAUEN, H. M., u. W. STAMM: Chem.-Ing.-Techn. **21**, 259 (1949).
[7] CRAIG, L. C., J. D. GREGORY and W. HAUSMANN: Analyt. Chem., Washington **22**, 1462 (1950).
[8] CRAIG, L. C., W. HAUSMANN, E. H. AHRENS and E. J. HARFENIST: Analyt. Chem., Washington **23**, 1326 (1951).
[9] HECKER, E., u. P. KARLSON: Chem.-Ing.-Techn. **25**, 397 (1953).

serienmäßigen Trockengewichtsbestimmung, z. B. den sog. „rotary evaporator"[1] und erdachte die Schalenmethode[2]. In manchen Fällen kann man die Eiweißsubstanzen durch Proteinfällungsmittel (s. S. 12) niederschlagen und isolieren. Zur *Aufstellung der Verteilungskurve* trägt man entweder die Gesamtsubstanzmenge in beiden Phasen oder nur die Substanzmenge in einer Phase gegen die Anzahl der Verteilungsschritte n auf. Bei großem n braucht man oft nur jede 5. oder 10. Einheit zu analysieren. Die theoretische Verteilung berechnet man aus dem Verteilungskoeffizienten. Dazu sind in der Literatur zahlreiche Formeln und Rechenhilfen angegeben, besonders bei HECKER[3] (vgl. auch [4]). Erst wenn die experimentelle und theoretische Kurve auf $\pm 3\%$ übereinstimmen, ist eine Substanz im allgemeinen rein. Abweichungen von der theoretischen Kurve zeigen meist Verunreinigungen an, die bei weitergeführter Verteilung oft abgetrennt werden können.

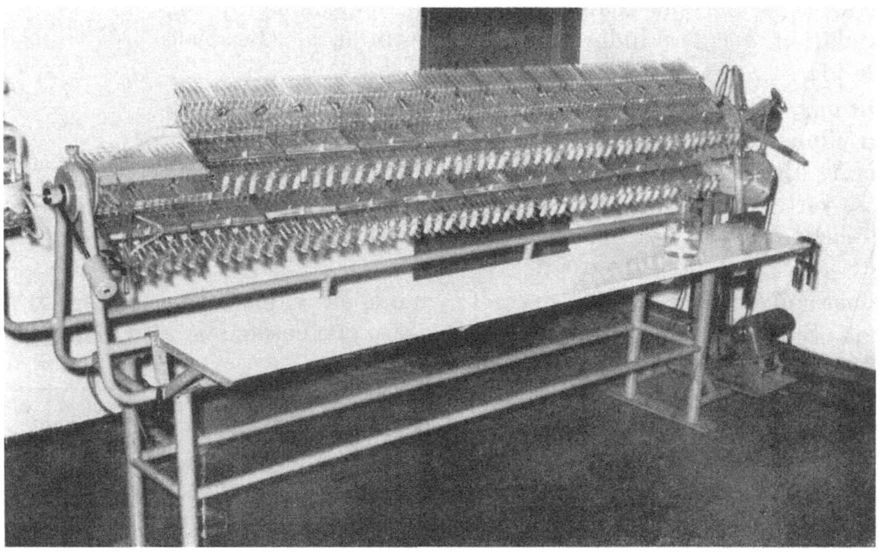

Abb. 32. Vollautomatische Verteilungsbatterie mit 200 Elementen (nach v. METZSCH[5]).

Verteilung. Nach diesen notwendigen Voruntersuchungen kann man die Verteilung in einer geeigneten Apparatur durchführen. Für die einzelnen Verfahren sind jeweils mehrere Apparaturen beschrieben. Vgl. Tabelle 20.

Eine sehr einfache Apparatur beschreibt WEYGAND[6]. Je 11 Einheiten nach Abb. 11 in Bd. I, S. 270, sind auf einer Wippe montiert (Abb. 12, ebendort). Beim Transport schüttet man alle Oberphasen gleichzeitig in einen Satz Reagensgläser, verschiebt diese um eine Einheit und gießt durch das trichterförmig erweiterte Mittelrohr wieder ein. Mehrere Wippen können hintereinandergeschaltet werden.

Verteilungen mit vielen hundert Stufen führt man in vollautomatischen Apparaturen aus. Abb. 32 zeigt eine solche Batterie nach v. METZSCH[5], die eine modifizierte Ausführung der von CRAIG u. a.[2] entwickelten Apparatur darstellt.

γ) *Beispiel.*

Reinigung von Insulin durch Gegenstromverteilung[7]. *Wahl des Systems.* Die Autoren fanden zunächst, daß einfache Systeme wie sek. Butanol/wäßrige Salzsäure oder

[1] GRAIG, L. C., J. D. GREGORY and W. HAUSMANN: Analyt. Chem., Washington **22**, 1462 (1950).
[2] CRAIG, L. C., W. HAUSMANN, E. H. AHRENS and E. J. HARFENIST: Analyt. Chem., Washington **23**, 1236 (1951).
[3] HECKER, E.: Verteilungsverfahren im Laboratorium. Weinheim 1955.
[4] SCHEIBEL, E. G., E. L. COMPERE, A. L. RYLAND, D. F. PEPPARD, M. A. PEPPARD, P. L. AUER and C. S. GARDNER: Industr. engng. Chem. **46**, 16 (1954).
[5] METZSCH, F. A. v.: Angew. Chem. **65**, 586 (1953).
[6] WEYGAND, F.: Chem.-Ing.-Techn. **22**, 213 (1950).
[7] HARFENIST, E. J., and L. C. CRAIG: Am. Soc. **74**, 3083, 3087 (1952).

Tabelle 20. *Methoden und Verfahren zur Gegenstromverteilung* (nach HECKER und ALLEMANN[1]).

Verteilung zwischen zwei flüssigen Phasen[a].

Verfahren mit schubweise bewegten Phasen — Verfahren mit gleichförmig bewegten Phasen

Einfache Verteilung[b]

- Einfaches oder mehrfaches Ausschütteln
  Apparaturen
  Scheidetrichter
- Perforation
  Apparaturen
  KUTSCHER u. STEUDEL[2]
  KRATZ u. FRANK[3]
- Multiplikative Verteilung[c, d]

Eine bewegte und eine stationäre Phase	Zwei gegeneinander bewegte Phasen		Eine bewegte und eine stationäre Phase		Zwei gegeneinander bewegte Phasen		
Einmalige Substanzzufuhr am Anfang der Apparatur	Mehrmalige Substanzzufuhr in der Mitte der Apparatur	Mehrmalige Substanzzufuhr am Anfang der Apparatur	Einmalige Substanzzufuhr am Anfang der Apparatur MARTIN-SYNGE-Verteilung		Einmalige Substanzzufuhr in der Mitte der Apparatur	Dauernde Substanzzufuhr in der Mitte der Apparatur	Dauernde Substanzzufuhr am Anfang der Apparatur
CRAIG-Verteilung[e] CRAIG u. a.[4] Glas-Apparat	O'KEEFFE-Verteilung	WATANABE-MORIKAWA-Verteilung	freie stationäre Phase	gebundene stationäre Phase[f]	CORNISH-Verteilung	VAN DYCK-Verteilung	JANTZEN-Verteilung
Apparaturen	**Apparaturen**	**Apparaturen**	**Apparaturen**	**Apparaturen**	**Apparaturen**	**Apparaturen**	**Apparaturen**
CRAIG[5] Metall-Apparat GRUBHOFER[6] WEYGAND[7] TSCHESCHE u. KÖNIG[8] LATHE u. RUTHVEN[9] v. METZSCH[10] HECKER[11]	O'KEEFFE, DOLLIVER u. STILLER[12] WEYGAND[7] HECKER[11]	WATANABE u. MORIKAWA[13] HECKER[11]	FISCHER u. JÜBERMANN[14] JOHNSON[15] KIES u. DAVIS[16] KÉPÈS[17] WEYGAND u. a.[18] SIGNER[19]	Verteilungssäulen MARTIN u. SYNGE[20] MOORE u. STEIN[21] HOUGH u. a.[22] Filtrierpapier[g] CONSDEN u. a.[23]	CORNISH u. a.[24] MARTIN u. SYNGE[20] JOHNSON u. TALBOT[25] FISCHER u. JÜBERMANN[14] SIGNER[19]	VAN DYCK[26] SCHEIBEL[27] ROMETSCH[28] BOCK u. MEYER[29] FISCHER u. JÜBERMANN[14] SIGNER[19]	JANTZEN[30] SCHUTZE u. a.[31] NEY u. LOCHTE[32] FISCHER u. JÜBERMANN[14] SHORT u. TWIGG[33] SIGNER[19]

[a] Extraktion: flüssig-flüssig
[b] Trennungsextraktion
[c] Fraktionierung von Auszügen
[d] Fraktionierung durch Flüssigkeitsextraktion
[e] Gegenstromverteilung
[f] Verteilungschromatographie
[g] Papierchromatographie

Essigsäure für ein so großes Molekül wie Insulin keine befriedigenden Verteilungskoeffizienten gaben.

Daraufhin wurde Salz zugegeben, um das Protein aus der wäßrigen Phase auszusalzen und die Verteilung mehr nach der Alkoholphase zu verschieben. Das System n-Propanol + sek. Butanol 1:3/15%ige Essigsäure + 20%iges Ammoniumacetat gab $K = 0{,}8$. Der p_H war 5,65. Eine erste Verteilung über 108 Stufen zeigte nahezu ideales Verhalten, aber bei der gravimetrischen Gehaltsbestimmung ergaben sich experimentelle Schwierigkeiten. Ein zweites System n-Propanol + n-Butanol 3:1/0,5 n HCl und 10%iges Ammoniumsulfat, p_H 2,5, brachte Schwierigkeiten bei der Verteilung infolge Emulsionsbildung. Nun wurde Trichloressigsäure zu sek. Butanol/Wasser gegeben. Die Säure setzt die Löslichkeit von Insulin in der Wasserphase stark herab und erhöht sie in der Alkoholphase (Komplexbildung). K ist proportional der Trichloressigsäurekonzentration, und man kann jeden gewünschten K-Wert einstellen. Sek. Butanol/6,25%ige Trichloressigsäure, $K = 0{,}74$, erweist sich bei Verteilung über 108 Stufen als geeignet, aber die Kapazität ist infolge begrenzter Löslichkeit von Insulin im System nicht sehr groß. Dieser Nachteil verschwindet bei Verwendung von Dichloressigsäure. Das System sek. Butanol/1%ige wäßrige Dichloressigsäure, $K = 0{,}5$, zeigt die besten Ergebnisse.

Die *Gehaltsbestimmungen* werden gravimetrisch nach Craig u. a.[1] ausgeführt. Außerdem wird der Gehalt auch spektrophotometrisch bei 277 mμ bestimmt.

[1] Craig, L. C., W. Hausmann, E. H. Ahrens and E. J. Harfenist: Analyt. Chem., Washington **23**, 1236 (1951).

Literatur zu Tabelle 20.

1 Hecker, E., u. K. Allemann: Angew. Chem. **66**, 557 (1954).
2 Kutscher, F., u. H. Steudel: H. **39**, 474 (1903).
3 Kratz, L., u. W. Frank: Chem.-Ing.-Techn. **25**, 199 (1953).
4 Craig, L. C., W. Hausmann, E. H. Ahrens and E. J. Harfenist: Analyt. Chem., Washington **23**, 1236 (1951).
5 Craig, L. C.: J. biol. Ch. **155**, 519 (1944).
6 Grubhofer, N.: Chem.-Ing.-Techn. **22**, 209 (1950).
7 Weygand, F.: Chem.-Ing.-Techn. **22**, 213 (1950).
8 Tschesche, R., u. H. B. König: Chem.-Ing.-Techn. **22**, 214 (1950).
9 Lathe, G. H., and C. R. J. Ruthven: Biochem. J. **49**, 540 (1951).
10 Metzsch, F. A. von: Chem.-Ing.-Techn. **25**, 66 (1953).
11 Hecker, E.: Chem.-Ing.-Techn. **25**, 505 (1953).
12 O'Keeffe, A. E., M. A. Dolliver and E. T. Stiller: Am. Soc. **71**, 2452 (1949).
13 Watanabe, S., and K. Morikawa: J. Soc. chem. Industr., Japan **36**, 585 B (1933) [Hunter, T. G., and A. W. Nash: Industr. engng. Chem. **27**, 836 (1953)].
14 Fischer, W., u. O. Jübermann: Chem.-Ing.-Techn. **23**, 298 (1951).
15 Johnson, J. D. A.: Soc. **1950**, 1743.
16 Kies, M. W., u. P. L. Davis: J. biol. Ch. **189**, 637 (1951).
17 Képès, A.: Bull. Soc. Chim. biol. **35**, 1243 (1953).
18 Weygand, F., A. Wacker u. H. Dellweg: Z. Naturforsch. **6**b, 130 (1951).
19 Signer, R.: Chimia, Aarau **6**, 243 (1952).
20 Martin, A. J. P., and R. L. M. Synge: Biochem. J. **35**, 1358 (1941).
21 Moore, S., and W. H. Stein: J. biol. Ch. **178**, 53 (1949).
22 Hough, L., J. K. N. Jones and W. H. Wadman: Nature **162**, 448 (1948).
23 Consden, R., A. H. Gordon and A. J. P. Martin: Biochem. J. **38**, 224 (1944).
24 Cornish, R. E., R. C. Archibald, E. A. Murphy and H. M. Evans: Industr. engng. Chem. **26**, 397 (1934).
25 Johnson, J. D. A., and A. Talbot: Soc. **1950**, 1068.
26 Dijck, W. J. D. van, and A. H. Ruys: Perfum. essent. Oil. Rec. **28**, 91 (1937).
27 Scheibel, E. G.: Chem. engng. Progr. **44**, 681 (1948).
28 Rometsch, R.: Helv. **33**, 184 (1950).
29 Bock, R., u. K. H. Meyer: Chem.-Ing.-Tech. **25**, 141 (1953).
30 Jantzen, E.: Dechema Monographie Nr. 48. Berlin 1932.
31 Schutze, H. G., W. A. Quebedaux and H. L. Lochte: Ind. engng. Chem., analyt. Ed. **10**, 675 (1938).
32 Ney, W. O., and H. L. Lochte: Industr. engng. Chem. **33**, 825 (1941).
33 Short, J. F., and G. H. Twigg: Industr. engng. Chem. **43**, 2932 (1951).

Gleichgewichtseinstellung. Bereits nach 4—5 Umschüttelungen ist das Gleichgewicht eingestellt.

Entmischung. Die Phasen brauchen nach der Gleichgewichtseinstellung etwa 1 min und 35 sec zur Entmischung.

Verteilung. Es wird eine 220stufige vollautomatische Glasapparatur nach CRAIG u. a.[1] benutzt. Die Verteilungen werden in einem temperaturkonstanten Raum bei 24° ausgeführt. 0,5 g 5mal umkristallisiertes Insulin (Eli Lilly) werden auf die ersten 5 Rohre verteilt. Nach 424 Stufen erhält man Kurve 33a. Die geringen Mengen Substanz in den

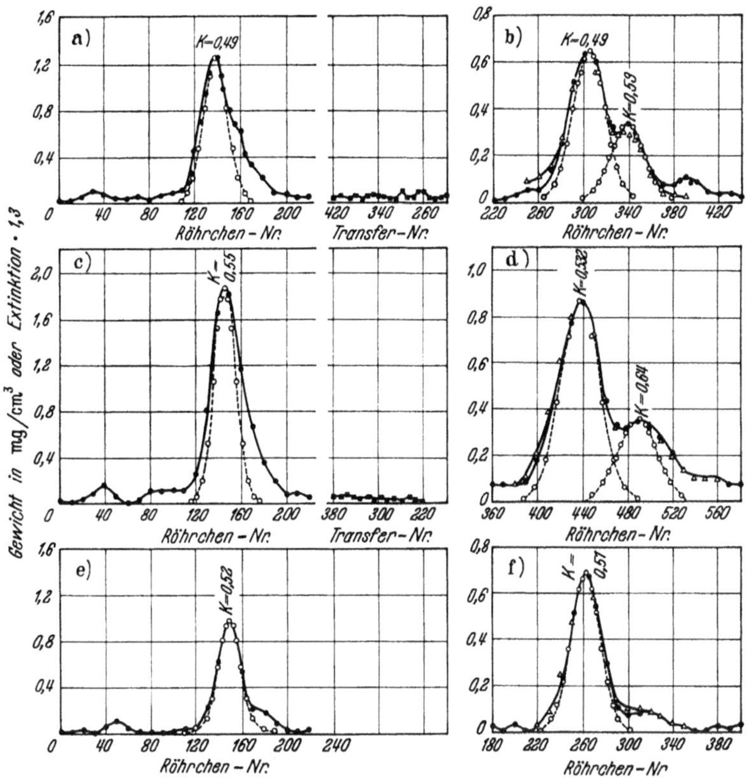

Abb. 33. Gegenstromverteilung von kristallinem Lilly-Insulin (nach HARFENIST und CRAIG[2]). *a* 500 mg nach 424 Stufen; *b* nach 909 Stufen; *c* 1 g nach 383 Stufen; *d* nach 1253 Stufen; *e* 422 mg Komponente A nach 424 Stufen; *f* nach 770 Stufen; ● Gewicht untere Phase; ▪ Gewicht obere Phase; ○ theoretisch; △ Extinktion x 1,3 bei 277 mμ, untere Phase.

Gefäßen 0—110 werden abgezogen und die Rohre mit frischen Phasen gefüllt. Nun wird nach dem Kreislaufverfahren bis zu 909 Stufen nachfraktioniert, Abb. 33b. Man erkennt 2 sich überlappende Komponenten. Durch weitere Verteilung könnte man sie besser trennen. Es müßte jedoch eine größere Ausgangsmenge verwendet werden, weil sonst die Genauigkeit der Gewichtsanalysen infolge zu großer Verdünnung leidet. Das Insulin wird daher in 2 Fraktionen A und B, Gefäße 280—310 und 330—370 wiedergewonnen.

Wiedergewinnung. Beide Phasen werden mit Äther versetzt, wobei alles Protein in die wäßrige Phase übergeht. Die obere Phase wird verworfen, die untere Phase 2mal mit Äther extrahiert, um die Hauptmenge der Dichloressigsäure zu entfernen und im Vakuum bei 10° eingeengt. Das Insulin wird nach SCOTT[3] kristallisiert.

Die Verteilung wird mit 1 g Insulin auf 7 Gefäße wiederholt (Abb. 33c nach 383 Stufen und d nach 1253 Stufen). Die Fraktionen A (410—460) und B (480—530) werden wie beschrieben wiedergewonnen. Das kristalline Material (422 mg) von Komponente A wird in gleicher Weise nochmals verteilt (Abb. 33e nach 424 Stufen, f nach 770 Stufen). Sowohl

[1] CRAIG, L. C., W. HAUSMANN, E. H. AHRENS and E. J. HARFENIST: Analyt. Chem. Washington **23**, 1236 (1951).

[2] HARFENIST, E. J., and L. C. CRAIG: Am. Soc. **74**, 3083, 3087 (1952).

[3] SCOTT, D. A.: Biochem. J. **28**, 1592 (1934).

von der A- als auch von der B-Komponente gewinnt man kristallines Insulin. Beide Komponenten zeigen gleiche biologische Aktivität.

Weniger reines, amorphes Insulin wird ebenfalls verteilt und enthält größere Mengen anderer Substanzen, s. Abb. 34a. Das Material aus Gefäßen 110—220 wird nachfraktioniert, s. Abb. 34b. A- und B-Komponente geben reines kristallines Material.

Die *theoretischen Kurven* werden berechnet und sind jeweils in die Abbildungen eingezeichnet.

Die große Leistungsfähigkeit der Gegenstromverteilung für die Trennung und Reindarstellung von Proteinen zeigt dieses Beispiel sehr deutlich. Ein Insulinpräparat, das 6mal umkristallisiert und sowohl nach dem Löslichkeitstest, nach elektrophoretischer Untersuchung und in der Ultrazentrifuge einheitlich war, wurde in 2 Komponenten A und B getrennt. Beide Präparate besaßen die gleiche und nahezu maximale biologische Aktivität. Sie unterschieden sich lediglich durch *eine* Säureamidgruppe. Komponente A enthält 6, B 5 Amidgruppen[1].

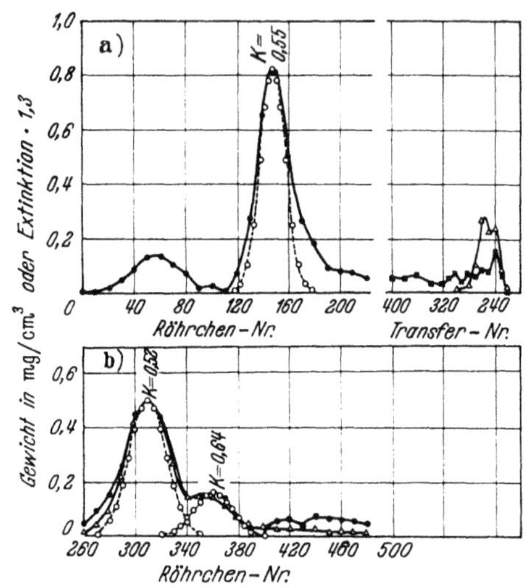

Abb. 34a u. b. Gegenstromverteilung von amorphen Insulinpräparaten (nach HARFENIST und CRAIG[2]). a 500 mg nach 411 Stufen; b nach 900 Stufen. Zeichen wie in Abb. 33.

δ) Anwendungen der Gegenstromverteilung.

Die folgende Tabelle 21 enthält eine Reihe von Anwendungen der Gegenstromverteilung in der Proteinchemie.

Literatur.

1. TAVEL, P. v., and R. SIGNER: Countercurrent distribution in protein chemistry. Adv. Protein Chem. **11**, 238 (1956).

2. HECKER, E.: Verteilungsverfahren im Laboratorium. Weinheim 1955.

3. RAUEN, H. M., u. W. STAMM: Gegenstromverteilung. Berlin, Göttingen, Heidelberg 1953.

4. CRAIG, L. C.: Analyt. Chem., Washington **21**, 85 (1949); **22**, 61 (1950); **23**, 41 (1951); **24**, 66 (1952); **26**, 110 (1954); **28**, 723 (1956).

5. METZSCH, F. A. v.: Angew. Chem. **65**, 586 (1953).

6. TREYBAL, R. E.: Industr. engng. Chem. **43**, 79 (1951); **44**, 53 (1952); **45**, 58 (1953); **46**, 91 (1954); **47**, 536 (1955); **48**, 510 (1956) (jeweils in den Annual Reviews, Januar- oder Juniheft). Jahresberichte über multiplikative Verteilung in technischem Maßstab.

7. TURBA, F.: Chromatographische Methoden in der Protein-Chemie. S. 310—324. Berlin, Göttingen, Heidelberg 1954.

8. SCHEIBEL, E. G., E. L. COMPERE, A. L. RYLAND, D. F. PEPPARD, M. A. PEPPARD, P. L. AUER and C. S. GARDNER: Industr. engng. Chem. **46**, 16—45 (1954). Berechnungen zur Gegenstromverteilung.

d) Trennung von Proteinen in Kraftfeldern.

In diesem Abschnitt werden präparative Anwendungen von

1. Elektrophorese,
2. Ultrazentrifuge

zur Proteinisolierung und Trennung behandelt. In der Hauptsache dienen beide Verfahren der Eiweißanalyse und der Charakterisierung von Proteinkomponenten. Es sind jedoch vor allem bei der Elektrophorese auch Methoden und Apparaturen für präparative Verfahren entwickelt worden. Auch bei der

3. Multimembranelektrodekantation

handelt es sich um Proteintrennungen in Kraftfeldern.

α) Elektrophorese von Eiweißlösungen.

Beschreibung. *a) Definition.* Unter Elektrophorese versteht man die Wanderung von Substanzen im elektrischen Feld.

---

[1] HARFENIST, E. J.: Am. Soc. **75**, 5528 (1953).

[2] HARFENIST, E. J., and L. C. CRAIG: Am. Soc. **74**, 3083, 3087 (1952).

Tabelle 21. *Anwendungen der Gegenstromverteilung in der Proteinchemie.*

Substanz	System		Bemerkungen, Zweck	Literatur
ACTH Adrenocorticotropes Hormon	Phenol + verschiedene Mengen Äther	Wasser	An- reicherung	1
	sek. Butanol	0,05 m Sulfosalicyl- säurelösung		
	sek. Butanol	0,03 m Benzolsulfo- säurelösung	Reinigung	2
	sek. Butanol	0,05 %ige Pikrinsäure- lösung	Reinigung	2
	sek. Butanol	wäßrige Trichloressig- säurelösung	Reinigung	3, 4
	2,4,6-Collidin	Wasser	Reinheits- prüfung	5
α-ACTH	sek. Butanol	0,1 %ige Trichlor- essigsäure	Reinigung	6, 7
	sek. Butanol	0,2 %ige Trichlor- essigsäure	Reinigung	
	sek. Butanol	0,5 %ige Trichlor- essigsäure	Reinigung	
β-ACTH	n-Butanol	6 % Essigsäure + 3,5 % NaCl	Reinigung	8, 9
ACTH-B	sek. Butanol	0,5 %ige Trichlor- essigsäure	Reinigung	10
Albumin, Globulin, Clupein, Gelatine	Phenol + Butanol 1:1 Phenol	Wasser 20 %ige Essigsäure	Verteilungs- studien	11
Bacitracin	Amylalkohol/n-Bu- tanol 4:1	0,05 m Kaliumphos- phatlösung p_H 7	Identität	12
Bacitracin bzw. Ayfivin	Amylalkohol/n-Bu- tanol 4:1	1 m Phosphatpuffer p_H 6,9—7,1	Identität	13
	Amylalkohol/n-Bu- tanol 4:1	3 %ige Essigsäure	Verteilungs- studien	13
Bacitracin	sek. Butanol	3 %ige Essigsäure	Trennung	14
Verschiedene Bacitracine	sek. Butanol	3 %ige Essigsäure	Trennung, Reinigung	15
Bacitracin A	sek. Butanol	1,7 %ige Essigsäure		16
DNP-Bacitracin A	sek. Butanol	0,1 n HCl	Trennung	17
	Benzol/Chloroform/Essigsäure/0,1 n HCl 1:1:2:1		Molgewichts- bestimmung	
DNP-Bacitracin A	sek. Butanol	3 %ige Essigsäure	Molgewichts- bestimmung	18
Derivate von Bacitracin A:				
Desulfuriertes Bacitracin A	sek. Butanol	3 %ige Essigsäure	Trennung	17
Bacitracin F	sek. Butanol	3 %ige Essigsäure	Trennung	17
Oxydiertes Bacitracin A	sek. Butanol	3 %ige Essigsäure	Trennung	
Casein	Phenol + Äthanol	0,05 n NaOH p_H 6,5 bis 9,0	Trennung	19

Tabelle 21. (Fortsetzung.)

Substanz	System		Bemerkungen, Zweck	Literatur
Clupein, Salmin, Iridin als Sulfate oder Methylester	5 %ige Laurinsäure in n-Butanol	15 %ige Na-acetat-lösung	Verteilungs-studien	20
Clupein	n-Propanol/3 m Natriumacetat 1,5:1 (v/v)		Fraktio-nierung	21
Gelatine	(s. Albumin)			
Globulin	(s. Albumin)			
Gramicidin	Chloroform/Benzol 1:1	76 %iges Methanol		22
DNP-Gramicidin S	Benzol/Chloroform 2:1	0,01 n HCl/Metha-nol 7:23	Molgewicht Reinheit	23
Gramicidin J				24
Hypertensine	n-Butanol + Methanol	Acetatpuffer p_H 3,0		27
Hypertensin	Butanol-Propanol	0,1 n HCl	Reinigung	25, 26
Hypophysenextrakt	sek. Butanol	0,05 %ige Essigsäure bzw. 0,001 m Pyridin bzw. 0,1 m Triäthyl-amin bzw. 0,01—0,1 m NH_4OH	Isolierung von Oxytocin	28
Hypophysenprotein nach VAN DYKE	sek. Butanol	0,5 %ige Trichlor-essigsäure	Reinheits-studien	29
Insulin, DNP-Insulin	sek. Butanol	1 %ige Dichloressig-säure	Reinheit, Molgewicht	30
Oxydiertes Insulin	sek. Butanol	0,077 m p-Toluol-sulfosäure	Trennung	31
Iridin s. Clupein				
Lactations-Hormon	sek. Butanol	0,4 %ige Dichlor-essigsäure	Isolierung, Reinigung	32
Lysozym	iso-Butanol	wäßrige p-Toluolsulfo-säure	Reinigung	33
Licheniformin	Phenol n-Butanol Phenol/Wasser gesättigt	wäßrige HCl wäßriges Piperidin Wasser/Phenol gesättigt		34
MSH (melanophoren-stimulierendes Hormon)	sek. Butanol	0,5 %ige Trichlor-essigsäure	Reinigung	35
	sek. Butanol	0,5 %ige Trichlor-essigsäure	Reinigung	36
β-MSH (melanocyten-stimulierendes Hormon)	sek. Butanol	0,5 % wäßrige Tri-chloressigsäure	Reinigung	37
Anderes MSH-Hormon	sek. Butanol	0,5 % wäßrige Tri-chloressigsäure	Reinigung	38
Nisin	40 cm^3 Methanol + 200 cm^3 Butanol	40 cm^3 Essigsäure und 5,44 g NaCl in 320 cm^3 Wasser	Trennung	39
Oxytocin	sek. Butanol sek. Butanol	0,05 %ige Essigsäure 0,01 m NH_4OH	Reinigung Reinigung	28
	sek. Butanol	0,05 %ige Essigsäure	Anreicherung	40
	sek. Butanol	0,01 m NH_4OH	Isolierung, Reinigung	41
Oxytocin, synthetisch	sek. Butanol	0,05 %ige Essigsäure	Reinigung	42

Tabelle 21. (Fortsetzung.)

Substanz	System		Bemerkungen, Zweck	Literatur
Oxytocin + oxydiertes Oxytocin	sek. Butanol	0,05%ige Essigsäure	Trennung	43, 44
Desulfuriertes Oxytocin	sek. Butanol	Wasser	Verteilungsstudien	45
Polypeptin	sek. Butanol/Isopropyläther 2:1	0,25 n HCl bzw. 0,14 n HCl	Reinigung	46
DNP-Polypeptin	sek. Butanol/Isopropyläther 2:1	0,1 n HCl	Molgewichtsbestimmung	46
Protamine	5% Laurinsäure in n-Butanol	15%iges Na-acetat	Verteilungsstudien	20
Polymyxin B	sek. Butanol	0,1 n HCl	Reinheitsstudien	47
Polymyxin D	n-Butanol	Sulfosuccinatpuffer p_H 5,0	Reindarstellung	48
Salmin, s. auch Clupein	n-Propanol/3 m Natriumacetat 1,5:1 (v/v)		Fraktionierung	21
Subtilin	n- bzw. sek. Butanol	Wasser	Verteilungsstudien	49
	n-Butanol	0,1 m Phosphatpuffer p_H 8,7	Reinigung	50
Tyrocidin A	Methanol/Chloroform/Benzol 20—23:20:0—10	0,1 n HCl	Isolierung und Reinigung	51
DNP-Tyrocidin A	Methanol/0,1 n HCl/Benzol/Chloroform 23:7:20:10		Molgewichtsbestimmung	52
Tyrocidin B	Chloroform/Methanol/0,1 n HCl 2:2:1		Reinigung	53
DNP-Tyrocidin B	Methanol/0,1 n HCl/Benzol/Chloroform 23:7:20:10		Molgewichtsbestimmung	53
Vasopressin	sek. Butanol	0,1 m p-Toluolsulfosäure		54
	n-Butanol	0,05%ige Essigsäure	Reinigung	55
	n-Butanol + 0,07 m Salicylsäure	Wasser	Reinigung	56
Arginin-Vasopressin, synthetisch	sek. Butanol	p-Toluolsulfosäure	Reinigung	57
Lysin-Vasopressin	sek. Butanol	0,08 m p-Toluolsulfosäure oder 0,1%ige Essigsäure	Reinigung	58
Wachstumshormon	sek. Butanol	p-Toluolsulfosäure 0,0025 m bis 0,0050 m	Trennung und Reinigung	59

[1] LESH, J. B., J. D. FISHER, I. M. BUNDUNG, J. J. KOCSIS, L. J. WALASZEK, W. F. WHITE and E. E. HAYS: Science, N. Y. **112**, 43 (1950).
[2] PAYNE, R. W., M. S. RABEN and E. B. ASTWOOD: J. biol. Ch. **187**, 719 (1950).
[3] KUEHL, F. A. jr., M. A. P. MEISINGER, N. G. BRINK and K. FOLKERS: Am. Soc. **75**, 1955 (1953).
[4] WHITE, W. F.: Am. Soc. **75**, 503 (1953).
[5] HESS, G. P., F. H. CARPENTER and C. H. LI: Am. Soc. **74**, 4956 (1952).
[6] LI, C. H., I. I. GESCHWIND, A. L. LEVY, J. I. HARRIS, J. S. DIXON, N. G. PON and J. O. PORATH: Nature **173**, 251 (1954).
[7] LI, C. H., I. I. GESCHWIND, J. S. DIXON, A. L. LEVY and J. I. HARRIS: J. biol. Ch. **213**, 171 (1955).
[8] BELL, P. H.: Am. Soc. **76**, 5565 (1954).
[9] HOWARD, K. S., R. G. SHEPHERD, E. A. EIGNER, D. S. DAVIES and P. H. BELL: Am. Soc. **77**, 3419 (1955).

b) Allgemeine Gesetzmäßigkeiten. In wäßriger Lösung wandern Proteine als Dipolionen im elektrischen Feld je nach ihrer Nettoladung[1]. Am isoelektrischen Punkt ist die Nettoladung Null, und es findet keine Wanderung statt. Ist die Lösung sauer, so sind in der Formulierung nach BRÖNSTEDT die basischen Carboxylatgruppen entladen, und das Protein wandert infolge eines Überschusses an sauren Ammoniumgruppen als Kation zur Kathode. Ist die Lösung alkalischer, so sind umgekehrt die sauren Ammoniumgruppen

[1] HARDY, W. B.: J. Physiol., London **24**, 158 (1899).

Literatur zu Tabelle 21. (Fortsetzung.)

[10] KRATZ, L., u. W. FRANK: Chem.-Ing.-Techn. **25**, 199 (1953).
[11] GRASSMANN, W., u. G. DEFFNER: H. **293**, 89 (1953).
[12] NEWTON, G. G. F., and E. P. ABRAHAM: Biochem. J. **53**, 597 (1953).
[13] NEWTON, G. G. F., and E. P. ABRAHAM: Biochem. J. **47**, 257 (1950).
[14] CODINGTON, J. F.: Antibiot. Ann. **1954/55**, 1118.
[15] CRAIG, L. C., J. R. WEISIGER and W. HAUSMANN: J. biol. Ch. **199**, 259 (1952).
[16] BARRY, G. T., J. D. GREGORY and L. C. CRAIG: J. biol. Ch. **175**, 485 (1948).
[17] WEISIGER, J. R., W. HAUSMANN and L. C. CRAIG: Am. Soc. **77**, 3123 (1955).
[18] CRAIG, L. C., W. HAUSMANN and J. R. WEISIGER: J. biol. Ch. **200**, 765 (1953).
[19] SIGNER, R.: Angew. Chem. **65**, 349 (1953).
[20] RAUEN, H. M., W. STAMM u. K. FELIX: H. **292**, 101 (1953).
[21] SCANES, F. S., and B. T. TOZER: Biochem. J. **63**, 565 (1956).
[22] GREGORY, J. D., and L. C. CRAIG: J. biol. Ch. **172**, 839 (1948).
[23] BATTERSBY, A. R., and L. C. CRAIG: Am. Soc. **73**, 1887 (1951).
[24] OTANI, S., u. Y. SAITO: Proc. Imp. Acad. Jap. **30**, 991 (1954).
[25] SKEGGS, L. T. jr., W. H. MARSH, J. R. KAHM and N. P. SHUMWAY: J. exp. Med. **99**, 275 (1954).
[26] BUMPUS, F. M., and I. H. PAGE: Science, N. Y. **119**, 849 (1954).
[27] KUETHER, C. A., and M. E. HANEY jr.: Science, N. Y. **121**, 65 (1955).
[28] LIVERMORE, A. H., and V. DU VIGNEAUD: J. biol. Ch. **180**, 365 (1949).
[29] ACHER, R., G. MANOUSSOS et G. OLIVRY: Biochim. biophysica Acta, N. Y. **16**, 155 (1955).
[30] HARFENIST, E. J., and L. C. CRAIG: Am. Soc. **74**, 3083, 3087 (1952).
[31] PIERCE, J. G.: Am. Soc. **77**, 184 (1955).
[32] COLE, R. D., and C. H. LI: J. biol. Ch. **213**, 197 (1955).
[33] CRAENHALS, E., et J. LEONIS: Bull. Soc. chim. belg. **64**, 58 (1955).
[34] CALLOW, R. K., and T. S. WORK: Biochem. J. **51**, 558 (1952).
[35] BENFEY, B. J., and J. L. PURVIS: Am. Soc. **77**, 5167 (1955).
[36] LERNER, A. B., and T. H. LEE: Am. Soc. **77**, 1066 (1955).
[37] GESCHSWIND, I. I., and C. H. LI: Am. Soc. **79**, 615 (1957).
[38] GECHWIND, I. I., C. H. LI and L. BARNAFI: Am. Soc. **79**, 1003 (1957).
[39] BERRIDGE, N. J., G. G. F. NEWTON and E. P. ABRAHAM: Biochem. J. **52**, 529 (1952).
[40] PIERCE, J. G., and V. DU VIGNEAUD: J. biol. Ch. **186**, 77 (1950).
[41] PIERCE, J. G., S. GORDON and V. DU VIGNEAUD: J. biol. Ch. **199**, 929 (1952).
[42] VIGNEAUD, V. DU, C. RESSLER, J. M. SWAN, C. W. ROBERTS and P. G. KATSOYANNIS: Am. Soc. **76** 3115 (1954).
[43] MUELLER, J. M., J. G. PIERCE, H. DAVOLL and V. DU VIGNEAUD: J. biol. Ch. **191**, 309 (1951).
[44] RESSLER, C., S. TRIPPETT and V. DU VIGNEAUD: J. biol. Ch. **204**, 861 (1953).
[45] TURNER, R. A., J. G. PIERCE and V. DU VIGNEAUD: J. biol. Ch. **193**, 359 (1951).
[46] HAUSMANN, W., and L. C. CRAIG: J. biol. Ch. **198**, 405 (1952).
[47] HAUSMANN, W., and L. C. CRAIG: Am. Soc. **76**, 4892 (1954).
[48] BELL P. H. J. F. BONE, J. P. ENGLISH, C. E. FELLOWS, K. S. HOWARD, M. M. ROGERS, R. G. SHEPHERD, R. WINTERBOTTOM: Ann. N. Y. Acad. Sci. **51**, 897 (1949).
[49] BRINK, N. G., J. MAYFIELD and K. FOLKERS: Am. Soc. **73**, 330 (1951).
[50] BABAD, J., A. PINSKY, R. TURNER-GRAFF and N. SHARON: Nature **170**, 618 (1952).
[51] BATTERSBY, A. R., and L. C. CRAIG: Am. Soc. **74**, 4019 (1952).
[52] BATTERSBY, A. R., and L. C. CRAIG: Am. Soc. **74**, 4023 (1952).
[53] KING, T. P., and L. C. CRAIG: Am. Soc. **77**, 6624 (1955).
[54] POPENOE, E. A., H. C. LAWLER and V. DU VIGNEAUD: Am. Soc. **74**, 3713 (1952).
[55] TURNER, R. A., J. G. PIERCE and V. DU VIGNEAUD: J. biol. Ch. **191**, 21 (1951).
[56] FROMAGEOT, P., et H. MAIER-HÜSER: Cr. **232**, 2367 (1951).
[57] DU VIGNEAUD, V., D. T. GISH and P. G. KATSOYANNIS: Am. Soc. **76**, 4751 (1954).
[58] WARD, D. N., and V. DU VIGNEAUD: J. biol. Ch. **222**, 951 (1956).
[59] PIERCE, J. G.: Biochem. J. **57**, 16 (1954).

entladen. Das Protein besitzt einen Überschuß an basischen Carboxylatgruppen und wandert als Anion zur Anode. Dabei ist zu beachten, daß die Wanderungsgeschwindigkeit oder sogar -richtung in der Praxis von der von der Anode zur Kathode gerichteten elektroosmotischen Strömung der Flüssigkeit abhängt (vgl. auch[1]).

Nach experimentellen Gesichtspunkten kann man 3 Methoden unterscheiden:

1. Grenzflächenelektrophorese,
2. Multizellen- bzw. Multimembranelektrophorese,
3. Zonenelektrophorese.

Die *Elektrophorese mit freien Grenzflächen* („moving boundary electrophoresis") beruht darauf, daß sich die verschiedenen Komponenten des untersuchten Gemisches unter dem Einfluß des elektrischen Feldes auf Grund ihrer verschiedenen Wanderungsgeschwindigkeiten unter Ausbildung von Grenzflächen voneinander trennen, die mittels optischer Methoden sichtbar gemacht werden. Die Grenzflächenelektrophorese dient heute fast ausschließlich analytischen Zwecken.

Die *Multizellen-* bzw. *Multimembranelektrophorese* kann man bereits als einen Übergang zur Zonenelektrophorese ansehen. Die Komponenten wandern je nach ihrer Nettoladung in verschiedene Zellen bzw. durch Membranen getrennte Kammern und können dort einzeln entnommen werden. Die Methoden werden hauptsächlich zur Fraktionierung von Aminosäuren und Peptiden verwendet.

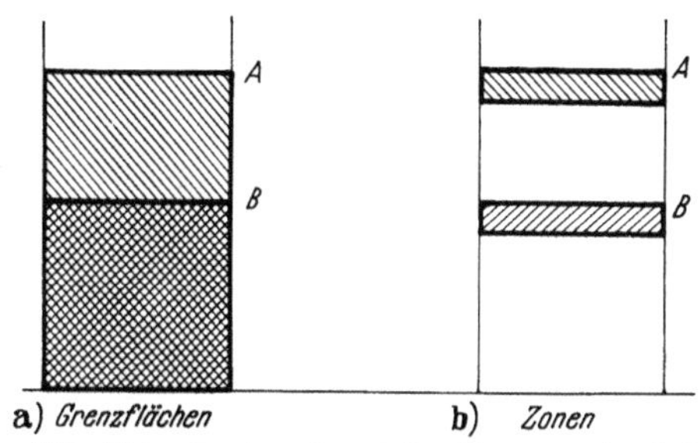

Abb. 35a u. b. Anordnung der Komponenten bei a Grenzflächenmethoden, b Zonenmethoden (nach TISELIUS[2]).

Die *Zonenelektrophorese* ist aus der Grenzflächenelektrophorese hervorgegangen. Wie bei der Chromatographie wird eine Trägersubstanz verwendet, die aber bei der Zonenelektrophorese möglichst inert sein soll und nur zur Verhinderung von Konvektionen dient. Die Komponenten des untersuchten Substanzgemisches bilden je nach ihrer elektrophoretischen Beweglichkeit *voneinander getrennte Zonen* aus, die durch die Träger stabilisiert werden. Die Methode ist für präparative Zwecke der Grenzflächenelektrophorese überlegen, da die einzelnen Fraktionen frei von den anderen Komponenten des Gemisches erhalten werden, wenn nur genügend Zeit zur Trennung gegeben ist.

Die Vorteile aller Zonenverfahren gegenüber den Grenzflächenmethoden bei präparativen Arbeiten sind[3]:

a) Billigere Apparaturen.
b) Isolierte Fraktionen.
c) Die Möglichkeit, sehr verdünnte Lösungen noch untersuchen zu können.
d) Geringer Zeitbedarf und Aufwand.

Die Nachteile sind:

a) Die Beweglichkeitswerte sind nicht absolut, bzw. man muß Vergleichssubstanzen parallel laufen lassen.
b) Adsorption auf dem Trägermaterial ist möglich.
c) Die Elektroosmose muß für verschiedene Versuchsbedingungen gesondert gemessen werden.

Bei der Zonenelektrophorese verwendet man ähnliche Nachweismethoden für die Proteinfraktionen wie bei der Papierchromatographie (s. S. 50—52), während man bei der Grenzflächenelektrophorese den Verlauf der Trennungen durch optische Methoden verfolgt.

c) Optische Nachweismethoden. Für die Grenzflächenelektrophorese wie für die Ultrazentrifuge sind die Verfahren im Prinzip die gleichen. Ursprünglich verwendete man zur

[1] KUNKEL, H. G., and A. TISELIUS: J. gen. Physiol. **35**, 89 (1951).
[2] TISELIUS, A.: Angew. Chem. **67**, 245 (1955).
[3] DUGGAN, E. L.: Analyt. Chem., Washington **28**, 714 (1956).

Bestimmung der Proteinkonzentration die UV-Absorption[1], vgl. Abb. 36a. Später wurden Methoden auf Grund der Lichtbrechung eingeführt. Bei der Skalenmethode[2, 3] erhält man Kurven, die die Variation des Konzentrationsgradienten über die Länge der Zelle wiedergeben, vgl. Abb. 36b.

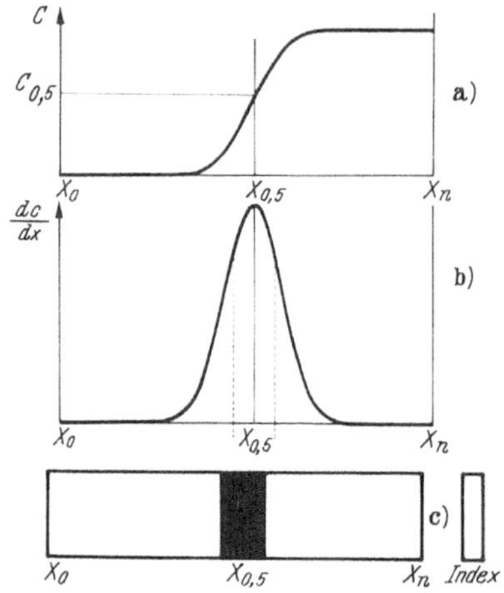

Abb. 36a—c. Schematische Darstellung der verschiedenen Beobachtungsmethoden. c Konzentration, x Länge; a Lichtabsorptionsmethode; b Kurve nach der Skalenmethode; c Schlierenbild.

TISELIUS führte 1937 die *Foucoult-Toeplersche* Methode der Schlierenbeobachtung ein, bei der man Banden erhält an Stellen, wo der Konzentrationsgradient einen bestimmten Betrag überschreitet. Die Methode wurde durch PHILPOT, SVENSSON und LONGSWORTH für quantitative Bestimmungen ausgearbeitet und verbessert[4–8]. Für die analytische Auswertung von Ultrazentrifugenstudien sehr verdünnter Lösungen ist die alte Beobachtungsmethode durch UV-Absorption wieder modern geworden[9].

d) Grenzflächenelektrophorese. Die Grenzflächenelektrophorese wurde zuerst von PICTON und LINDNER auf Kolloide[10] und von TISELIUS sowie BENNHOLD, THEORELL u. a. auf Proteine angewendet[11, 12]. Einen großen Fortschritt brachte die Entwicklung einer sehr wirksamen Apparatur durch TISELIUS[13]. Vgl. Abb. 3 und 4 in Bd. I, S. 61.

Abb. 37 zeigt die Ansicht eines modernen analytischen Instrumentes.

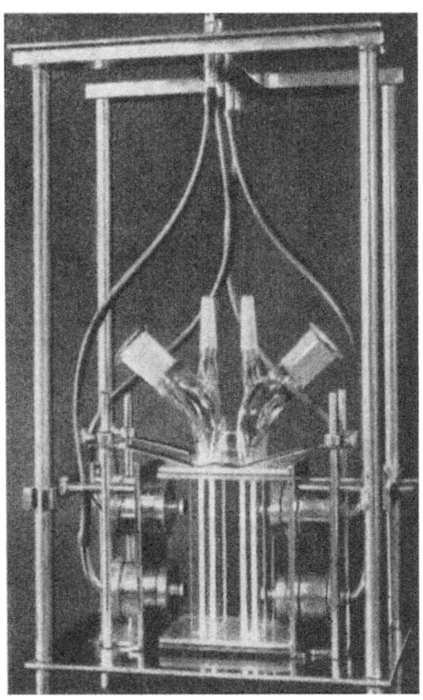

Abb. 37. Apparat zur elektrophoretischen Analyse nach TISELIUS[14].

Das Arbeitsprinzip dieser Apparaturen ist

a) die Anwendung der Schlierenmethode zur Beobachtung der Grenzen,

b) die Trennung wird bei 0—4° C ausgeführt, da der Trenneffekt in diesem Temperaturbereich optimal ist,

c) Kompensation der Wanderung der schnellsten Komponente durch einen Flüssigkeitsstrom in entgegengesetzter Richtung.

TISELIUS konstruierte auch eine Apparatur für präparative Zwecke[15]. Das U-Rohr ist in 7 Segmente unterteilt, die nach beendeter Elektrophorese voneinander getrennt werden. Die hohen Kosten der TISELIUS-Apparatur haben zur Entwicklung einfacherer Anordnungen geführt, die nach demselben Prinzip arbeiten[6, 16]. Alle diese Verfahren haben jedoch für Proteintrennungen folgende Nachteile: Die Stabilisierung der Grenzflächen wird durch die Schwerkraft bewirkt,

[1] SVEDBERG, T., and A. TISELIUS: Am. Soc. **48**, 2272 (1926).
[2] LAMM, O.: Z. physik. Chem. (A) **138** (1928).
[3] LAMM, O.: Nova Acta R. Soc. Sci. upsal. (IV) **10**, Nr. 6, 1 (1937).
[4] PHILPOT, J. S. L.: Nature **141**, 283 (1938).
[5] SVENSSON, H.: Kolloid-Z. **87**, 181 (1939).
[6] SVENSSON, H.: Ark. Kemi, Mineral. Geol. **22**A, Nr. 10 (1946).
[7] LONGSWORTH, L. G.: Am. Soc. **61**, 529 (1939).
[8] LONGSWORTH, L. G.: Industr. engng. Chem., analyt. Ed. **18**, 219 (1946).
[9] SCHUMAKER, V. N., and H. K. SCHACHMAN: Biochim. biophysica Acta, N. Y. **23**, 628 (1957).
[10] PICTON, H., and S. E. LINDNER: Soc. **71**, 568 (1897).
[11] TISELIUS, A.: Nova Acta R. Soc. Sci. upsal. (IV) **7**, Nr. **4**, 88 (1930).
[12] THEORELL, H.: B. Z. **268**, 46 (1934).
[13] TISELIUS, A., K. O. PEDERSEN and T. SVEDBERG: Nature **140**, 848 (1937).
[14] TISELIUS, A.: Angew. Chem. **67**, 245 (1955).
[15] TISELIUS, A.: Kolloid-Z. **85**, 129 (1938).
[16] MACHEBOEUF, M. A.: C. R. Soc. Biol. **135**, 1241 (1941).

und es darf keine Grenzfläche durch den niedrigsten Punkt des U-Rohres wandern. Aus einem einzigen Experiment kann daher die gesamte Menge einer einzelnen Komponente nicht erhalten werden. Nur 2 Komponenten (die schnellste und die langsamste) können aus einem Experiment rein isoliert werden.

Dennoch sind eine Anzahl präparativer Eiweißtrennungen vor allem in der Literatur vor 1945 beschrieben worden, als die Zonenelektrophorese noch nicht genügend entwickelt war. Einige Beispiele seien in Tabelle 22 aufgeführt.

Tabelle 22. *Beispiele für Proteinfraktionierungen durch präparative Grenzflächenelektrophorese.*

Allergene	1
Antikörper	2
Casein	3
Cobalaminprotein	4
Cytochrom c	5, 6
Cytrochrom c aus Pseudomonas	7
Gelbes Atmungsferment	8, 9
Pepsin	10
Peroxydase	11
Phykocyanin, Phykoerythrin	12
Serumproteine	13
Tuberculinproteine	14, 15

Die Grenzflächenelektrophorese hat heute eine große Bedeutung zur Eiweißanalyse vor allem bei klinischen Untersuchungen, und sowohl der elektrische als auch der optische Beobachtungsteil werden ständig verbessert.

e) Multizellen- bzw. Multimembranelektrophorese (Compartment electrophoresis, vgl.[16]*)*. Man kann nach 2 prinzipiell verschiedenen Methoden arbeiten:

1. Trennungen durch Unterschiede im isoelektrischen Punkt der Proteinkomponenten.

Wesentlich ist hierbei die Abwesenheit von Salzen in der zu untersuchenden Lösung, damit sich über die verschiedenen Zellen ein p_H-Gradient einstellen kann. Die Proteine wandern dann in die Zelle, deren p_H-Wert dem isoelektrischen Punkt der Eiweißsubstanz

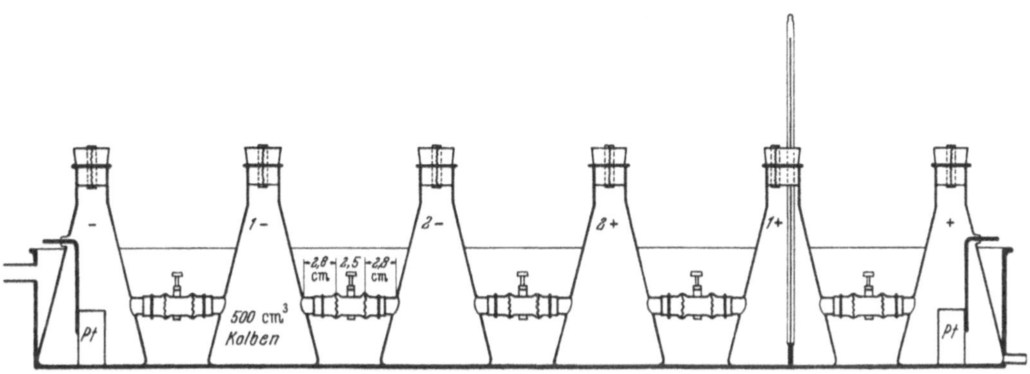

Abb. 38. 6-Zellenelektrophoreseapparat nach SPIES u. a.[16].

entspricht. SPIES u. a. trennten mit der in Abb. 38 wiedergegebenen Apparatur Allergen-Proteine[17] und befreiten sie von Polysacchariden (vgl. auch[18]).

[1] ABRAMSON, H. A.: Ann. Allergy **5**, 19 (1947).
[2] SVENSSON, H.: Ark. Kemi, Mineral. Geol. **17**A, Nr. 5 (1943).
[3] MELLANDER, O.: B. Z. **300**, 240 (1939).
[4] WIJMENGA, H. G., K. W. THOMPSON, K. G. STERN and D. J. O'CONNELL: Biochim biophysica Acta, N. Y. **13**, 144 (1954).
[5] THEORELL, H., and Å. ÅKESSON: Am. Soc. **63**, 1804 (1941).
[6] THEORELL, H., and Å. ÅKESSON: Science, N. Y. **90**, 67 (1939).
[7] KAMEN, M. D., and Y. TAKEDA: Biochim. biophysica Acta, N. Y. **21**, 518 (1956).
[8] THEORELL, H.: Naturwiss. **22**, 289 (1934).
[9] THEORELL, H.: B. Z. **278**, 263 (1935).
[10] TISELIUS, A., G. E. HENSCHEN and H. SVENSSON: Biochem. J. **32**, 1814 (1938).
[11] THEORELL, H.: Ark. Kemi, Mineral. Geol. **14**B, 1 (1940).
[12] TISELIUS, A.: Trans. Faraday Soc. **33**, 524 (1937).
[13] BLIX, G., A. TISELIUS and H. SVENSSON: J. biol. Ch. **137**, 485 (1941).
[14] SEIBERT, F. B.: J. biol. Ch. **133**, 593 (1940).
[15] SEIBERT, F. B., and D. W. WATSON: J. biol. Ch. **140**, 55 (1941).
[16] SVENSSON, H.: Adv. Protein Chem. **4**, 251 (1948).
[17] SPIES, J. R., H. S. BERNTON and H. STEVENS: Am. Soc. **63**, 2163 (1941).
[18] SPIES, J. R., E. J. COULSON, D. C. CHAMBERS, H. S. BERNTON and H. STEVENS: Am. Soc. **66**, 748 (1944).

Der p_H-Verlauf von Anode zu Kathode war z. B.:

2,5—3,9—6,4—11,3—11,7.

Bei Anwesenheit von Salzen entstehen an den Elektroden große Mengen Säure und Alkali, und der p_H ändert sich dann nicht allmählich über die Zellen, sondern sprunghaft an einer Grenzschicht. Dadurch geht die Trennwirkung verloren.

Andere Apparaturen arbeiten mit Membranen, vgl. Abb. 39.

In einer 5zelligen Apparatur mit Glassintermembranen (vgl. Abb. 45, S. 93) konnten Du Vigneaud und Mitarbeiter Hypophysenhormone (Oxytocin, Vasopressin) isolieren, trennen und reinigen[1-5]. Bei der Benutzung von Multimembranapparaten ist darauf zu achten, daß die Natur der Membranen eine entscheidende Rolle spielt, s. S. 102. Man kennt elektrochemisch positive, negative und amphotere Membranen und kann durch deren geeignete Anordnung Elektroosmose und elektrophoretische Wanderung stark beeinflussen (vgl. dazu [6]).

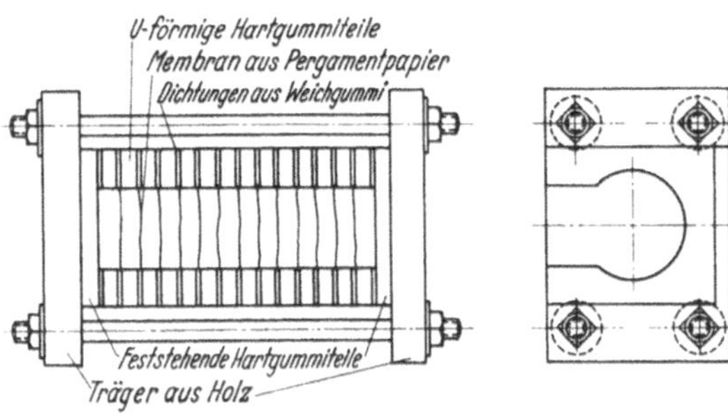

Abb. 39. Multimembranelektrophoreseapparat mit 14 Zellen nach Williams und Waterman[7].

2. Trennungen durch Unterschiede in der elektrophoretischen Beweglichkeit der Proteinkomponenten.

Man arbeitet bei dieser von Theorell entwickelten Methode mit Pufferlösungen[8, 9], so daß sich kein p_H-Gradient ausbilden kann. Stellt man den p_H des Puffers auf einen Mittelwert zwischen den isoelektrischen Punkten zweier Komponenten, so wandern sie in verschiedener Richtung, andernfalls mit verschiedener Geschwindigkeit in einer Richtung. Während Proteine gut von Polysacchariden getrennt werden konnten[9], gelang die Trennung von Proteingemischen nach diesem Verfahren nur teilweise.

f) Zonenelektrophorese. Die Verwendung von Filtrierpapier als Träger hat hier die größte Verbreitung gefunden. Der Bedeutung dieser Methode entsprechend ist darüber in diesem Band ein eigener Artikel zu finden (K. Hannig, „Papierelektrophorese in der Eiweißchemie", s. S. 136ff.), so daß wir hier nicht näher darauf und auf die vielfältigen Anwendungen einzugehen brauchen. Auch viele andere stabilisierende Medien sind verwendet worden. Coolidge benutzte Glaswolle bei der Untersuchung von Serumproteinen[10]. Verschiedene Gele, wie Silica-Gel oder Agar-Gel, wurden verwendet[11,12], ebenso auch Glaspulver, Asbestwolle u. dgl. In den letzten Jahren hat sich die Zonenelektrophorese auf Stärke vielfach bewährt, und mehrere Verfahren sind entwickelt worden. Eine horizontale Anordnung des Gefäßes für die Trägersubstanz wurde von Kunkel und Slater angegeben[13] (vgl. auch [14]). Sie arbeiteten gewöhnlich mit einem Stärkeblock von $38 \times 10 \times 1{,}5$ cm und 400 V bei tiefen Temperaturen und trennten Serumproteine sowie α- und β-Lipoproteid[15]. Eine etwas modifizierte Anordnung mit 40—60 cm langen halb-

[1] du Vigneaud, V., G. W. Irving, H. Dyer and R. R. Sealock: J. biol. Ch. **123**, 45 (1938).
[2] Cohn, M., G. W. Irving and V. du Vigneaud: J. biol. Ch. **137**, 635 (1941).
[3] Irving, G. W., H. M. Dyer and V. du Vigneaud: Am. Soc. **63**, 503 (1941).
[4] Irving, G. W., and V. du Vigneaud: J. biol. Ch. **123**, 485 (1938).
[5] Irving, G. W., and V. du Vigneaud: Ann. N. Y. Acad. Sci. **43**, 273 (1943).
[6] Svensson, H.: Adv. Protein Chem. **4**, 251 (1948).
[7] Williams, R. R., and R. E. Waterman: Proc. Soc. exp. Biol. Med. **27**, 56 (1929).
[8] Theorell, H.: B. Z. **278**, 291 (1935).
[9] Theorell, H.: B. Z. **278**, 263 (1935).
[10] Coolidge, T. B.: J. biol. Ch. **127**, 551 (1939).
[11] Consden, R., A. H. Gordon and A. J. P. Martin: Biochem. J. **40**, 33 (1946).
[12] Gordon, A. H., B. Keil and K. Sebesta: Nature **164**, 498 (1949).
[13] Kunkel, H. G., and R. J. Slater: Proc. Soc. exp. Biol. Med. **80**, 42 (1952).
[14] Kunkel, H. G., and A. Tiselius: J. gen. Physiol. **35**, 89 (1951).
[15] Kunkel, H. G., and R. J. Slater: J. clin. Invest. **31**, 677 (1952).

zylindrischen Glaströgen verwendeten Fønss-Bech und Li zur Trennung von Hypophysenhormonen[1]. Mehrere Untersuchungen gleichzeitig lassen sich mit der Anordnung nach Paigen[2] ausführen.

Bei diesen Methoden ist die Gewinnung der Fraktionen nach beendeter Elektrophorese etwas umständlich. Der Träger wird in viele Streifen zerschnitten, die einzeln eluiert und ausgewertet werden. Eine elegante Lösung dieses Problems stellen die von den schwedischen Forschern in Uppsala entwickelten Apparaturen mit vertikalen Säulen zur Aufnahme der Trägersubstanz dar. (Ähnliche Anordnungen s. [3,4].) Nach beendeter Elektrophorese werden die Zonen unter Ausnutzung automatischer Fraktionssammler bequem

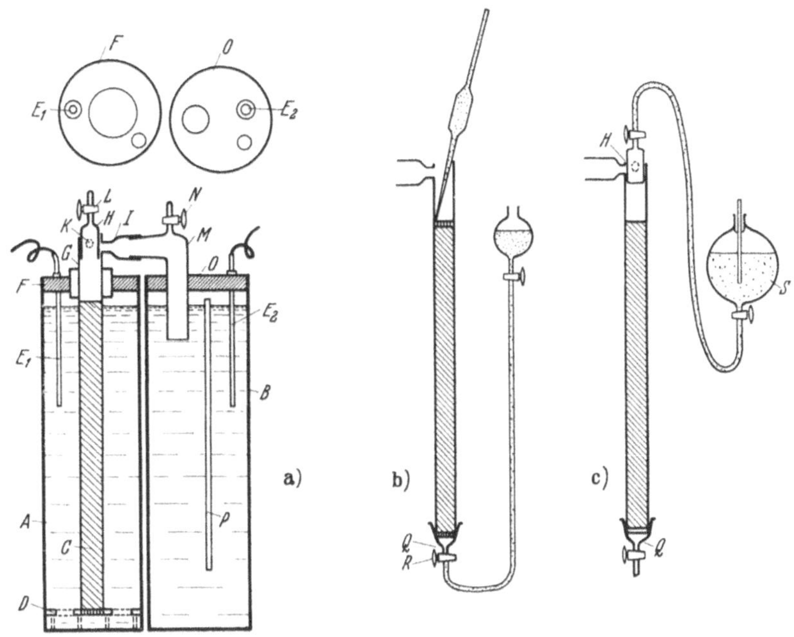

Abb. 40a—c. Zonenelektrophoreseapparatur nach Porath[5]. a Zweizylinderapparat für die Säulenelektrophorese; b Anordnung zum Aufbringen der Substanzlösung; c Anordnung zur Elution nach beendeter Elektrophorese. *A*, *B* Glaszylinder; *C* Elektrophorese-Säule; *D* Scheibe aus Kunststoff; E_1, E_2 Elektroden; *F*, *O* Deckel; *G*, *H*, *I*, *M* Verbindungsröhren; *K*, *R* Hähne; *L*, *N* Hähne zum Auslassen von Luft; *P* Plastikplatte; *Q* Adapter für die Elution der Fraktionen aus der Säule; *S* Mariotte-Flasche zur Regulierung der Elutionsgeschwindigkeit.

eluiert. Eine derartige Apparatur mit Glaspulversäule beschrieben Haglund und Tiselius[6].

Abb. 40 zeigt eine Apparatur, die für vergleichende Untersuchungen mit verschiedenen Füllmaterialien konstruiert wurde.

Studien an Bacitracin wurden mit Cellulose als Füllmaterial durchgeführt (Bedingungen: Na-acetat-Puffer p_H 4,5; μ 0,05; 25 mA; 400 V; 55 Std).

Noch einfacher erscheint die Schliffapparatur nach Flodin und Porath für Stärkesäulen[7]. Auf Grund der Erfahrungen mit diesen Anordnungen konstruierte Porath eine große Säulenapparatur[8] (2—6,5 cm Durchmesser, 150—250 cm Höhe), die Abb. 41 wiedergibt.

Gute Trennungen von Serum- und Plasmaproteinen wurden damit erzielt. Für die Darstellung größerer Mengen ist eine derartige Apparatur sehr geeignet. Konzentrierte

[1] Fønss-Bech, P., and C. H. Li: J. biol. Ch. **207**, 175 (1954).
[2] Paigen, K.: Analyt. Chem., Washington **28**, 284 (1956).
[3] Strain, H. H.: Am. Soc. **61**, 1292 (1939).
[4] Strain, H. H., and T. R. Sato: Analyt. Chem., Washington **28**, 687 (1956).
[5] Porath, J.: Acta chem. scand. **8**, 1813 (1954).
[6] Haglund, H., and A. Tiselius: Acta chem. scand. **4**, 957 (1950).
[7] Flodin, P., and J. Porath: Biochim. biophysica Acta, N. Y. **13**, 175 (1954).
[8] Porath, J.: Biochim. biophysica Acta, N. Y. **22**, 151 (1956).

10%ige Serumalbuminlösungen konnten getrennt werden, und die erhaltenen Komponenten waren einheitlicher als die besten durch andere Methoden hergestellten Präparate[1]. TISELIUS schrieb zusammenfassend[1]: „Das Schlüsselproblem der Zonenelektrophorese ist die Auswahl der Trägersubstanzen. Glaspulver und pulverisiertes Filtrierpapier zeigen zu starke Adsorption (vgl.[2]) und starke Elektroosmose (was störende Polarisationseffekte an den Säulenenden verursacht). Kartoffelstärke ist besonders für Eiweißkörper wesentlich besser, während niedrigmolekulare Stoffe zu stark adsorbiert werden (Stärke hat ja eine beträchtliche Ladung durch den Gehalt an Amylopektin). Wesentlich inerter ist ein Cellulosepulver, das durch eine spezielle Alkoholyse aus mit Natronlauge gewaschener Baumwolle hergestellt werden kann[3]. Dabei werden die Carboxylgruppen teilweise verestert. Dieses Material zeigt eine sehr niedrige Elektroosmose und sehr

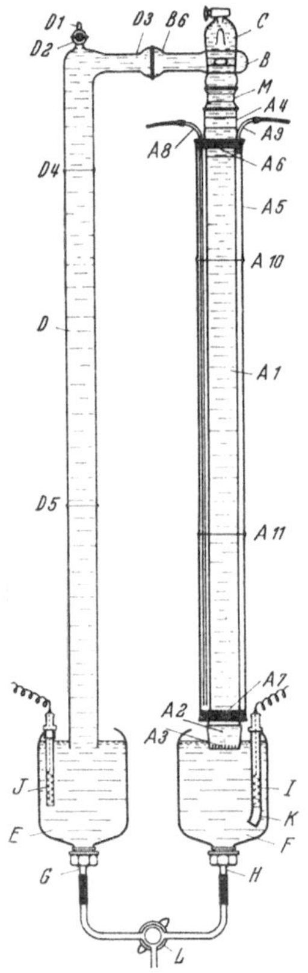

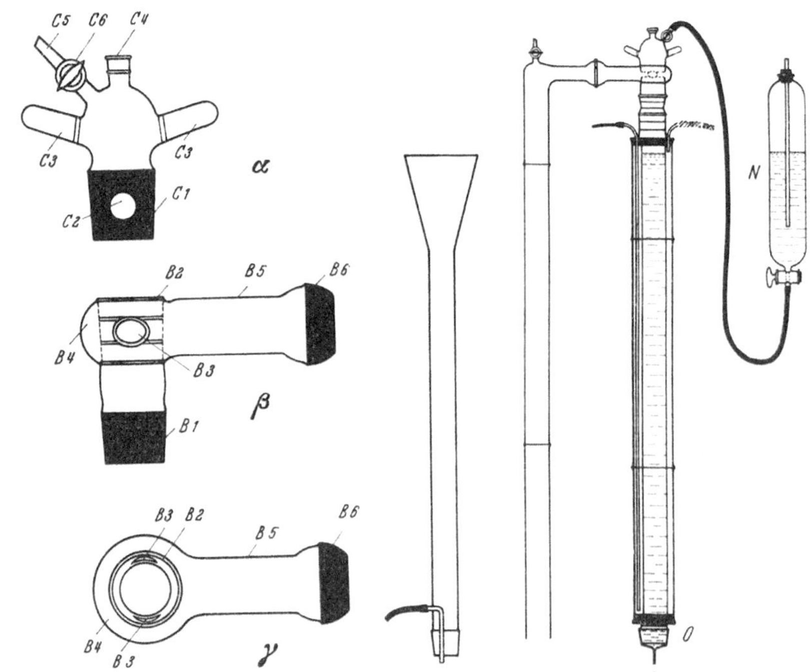

Abb. 41a—d. Große Säulenelektrophorese-Apparatur nach PORATH[4]. Zeichenerklärung: a Anordnung zur Durchführung der Elektrophorese; b Säulenkopf, α und β Seitenansicht, γ Aufsicht; c Anordnung zum Füllen der Säule; d Anordnung zur Elution. A_1 Pyrexrohr; E, F Elektrodengefäße; M Reduzierschliff; B, C Säulenkopf; B_6, D_3 Kugelschliff; D Pyrexrohr; A_3 Teflonsieb; A_5 Kühlmantel; A_8, A_9 Kühlwasseranschluß; I, J Elektroden; N Elutionsheber; O Schliffcapillare.

kleine Adsorption von Proteinen. Diese Cellulose ist das beste, was wir bisher gefunden haben. Sie ist jedoch noch nicht ideal, vermutlich kann man noch bessere Trägerstoffe für die Zonenelektrophorese finden."

g) Kontinuierliche Zonenelektrophorese. HAUGAARD und KRONER, SVENSSON und BRATTSTEN sowie GRASSMANN und HANNIG entwickelten ein Verfahren, bei dem das elektrische Feld senkrecht zu einem vertikalen Flüssigkeitsstrom angelegt und das aufzutrennende Stoffgemisch kontinuierlich zugeführt wird[5-7] (s. Abb. 42).

Der Trenneffekt ist sehr empfindlich gegenüber Temperatur-, Feuchtigkeits- und vor allem Spannungsschwankungen. Es ist daher ein beträchtlicher Aufwand erforderlich,

[1] TISELIUS, A.: Angew. Chem. **67**, 245 (1955).
[2] BULL, H. B.: Biochim. biophysica Acta, N. Y. **19**, 464 (1956).
[3] FLODIN, P., and D. W. KUPKE: Biochim. biophysica Acta, N. Y. **21**, 368 (1956).
[4] PORATH, J.: Biochim. biophysica Acta, N. Y. **22**, 151 (1956).
[5] HAUGAARD, G., and T. D. KRONER: Am. Soc. **70**, 2135 (1948).
[6] SVENSSON, H., and I. BRATTSTEN: Ark. Kemi **1**, 401 (1949).
[7] GRASSMANN, W.: Angew. Chem. **62**, 170 (1950).

um konstante Bedingungen zu gewährleisten. Als Träger wird hauptsächlich Papier verwendet (s. HANNIG, S. 203ff.). BRATTSTEN entwickelte eine Apparatur von 28×30×1 cm Ausmaß, die für verschiedene Trägersubstanzen geeignet ist[1, 2], s. Abb. 43. Der Flüssigkeitsstrom wird durch eine Pumpe erzeugt und reguliert. Mit Glaspulver, Cellulosepulver und Stärke wurden gute Ergebnisse bei der Trennung von Serumproteinen erzielt.

h) In neuester Zeit werden vielfach *Hochspannungselektrophoresen* beschrieben, die hauptsächlich Papier als Träger verwenden (s. HANNIG, S. 196ff.). Wegen der dabei entstehenden Stromwärme müssen diese Apparaturen mit Kühlvorrichtungen versehen sein. WIELAND und PFLEIDERER beschreiben eine Apparatur, die auch für andere Trägersubstanzen geeignet ist[3] (z. B. Cellulosepulver oder Stärke) und konnten auf Stärke 200 mg Serumprotein trennen (Veronalpuffer p_H 8,6; 20 V/cm; insgesamt 1400 V; 6,5 Std). Zur Fraktionierung von Enzymen eignet sich Stärke als Träger sogar viel besser als Papier[4]. Die Autoren fraktionierten Nieren- und Herzmuskel-Rohextrakt.

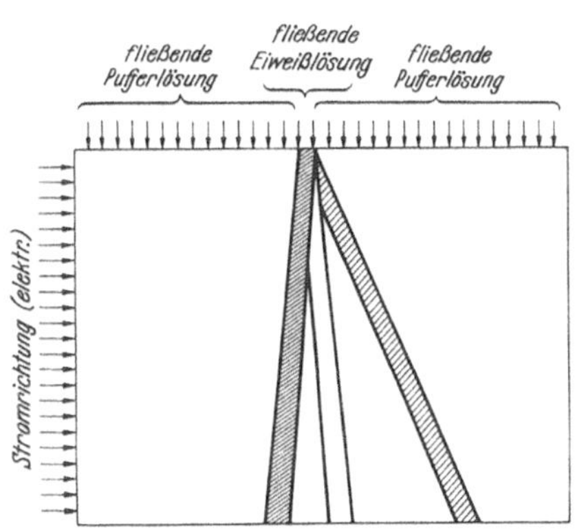

Abb. 42. Kontinuierliche Zonenelektrophorese (nach TISELIUS[5]).

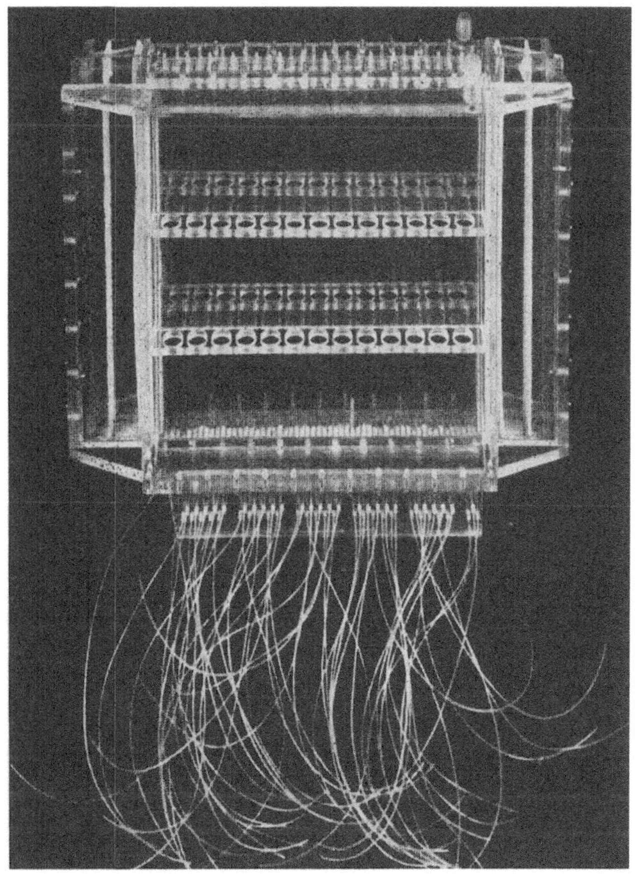

Abb. 43. Küvette für die kontinuierliche Zonenelektrophorese (nach BRATTSTEN)[1].

Ausführung. *a) Grenzflächenelektrophorese.* Die Proteinlösung wird durch Dialysieren zunächst von allen pufferfremden Elektrolytionen befreit und dann etwa 2 Tage bis zur Gleichgewichtseinstellung gegen die Pufferlösung dialysiert. Abb. 44 zeigt schematisch die Füllung des U-Rohres.

Zunächst wird der untere Teil mit Proteinlösung gefüllt und durch Verschieben abgeschlossen. Die linke Hälfte des mittleren Kanals wird mit Proteinlösung gefüllt, die rechte Seite mit Puffer und der obere Teil nach rechts verschoben. Die kleine Menge überstehender Proteinlösung in der linken Hälfte des oberen Teils wird entfernt und der obere Teil mit Puffer gefüllt. Dies zeigt Abb. 44a. Die Elektrodengefäße werden angeschlossen und mit Puffer gefüllt. Nach Einführung der Elektroden wird der Mittelteil der Zelle

[1] BRATTSTEN, I.: Ark. Kemi 8, 227 (1955).
[2] BRATTSTEN, I.: Ark. Kemi 8, 205 (1955).
[3] WIELAND, T., u. G. PFLEIDERER: Angew. Chem. 67, 257 (1955).
[4] WIELAND, T., u. G. PFLEIDERER: Angew. Chem. 69, 199 (1957).
[5] TISELIUS, A.: Angew. Chem. 67, 245 (1955).

verschoben und die Verbindung hergestellt, wobei scharfe Grenzen entstehen, Abb. 44b. Die Grenzen werden nun mit Hilfe des Kompensators in den sichtbaren Teil der Zelle verschoben, Abb. 44c. Kompensatoren bestehen entweder aus einem Zylinderblock, der langsam in eines der Elektrodengefäße gesenkt wird, oder aus einer Kolbenpumpe, die durch einen Synchronmotor betrieben wird, oder aus einer Elektrolyseanordnung, die Gas im abgeschlossenen Elektrodengefäß entwickelt. Nun wird das Feld angelegt, und zwar in der Richtung, daß die Proteingrenzflächen in der linken Hälfte abwärts, in der rechten aufwärts wandern, Abb. 44d. Zur Trennung von Plasmaproteinen[1] z. B. wurden bei 10 cm nutzbarer Zellenlänge 350 V angelegt, wobei 20 mA bei 7,6 V/cm durch die Proteinlösung (Veronalpuffer p_H 8,6, μ 0,1) flossen. Temperatur 0,7—0,8° C.

b) Zonenelektrophorese. Zur Ausführung einer Zonenelektrophorese auf Stärke sei die Methode nach FØNSS-BECH und LI näher erläutert[2]. Trägergefäß: Die halbrunden 40 bis 60 cm langen Glaströge werden aus Pyrexrohr von 4 cm Durchmesser durch Längshalbierung hergestellt.

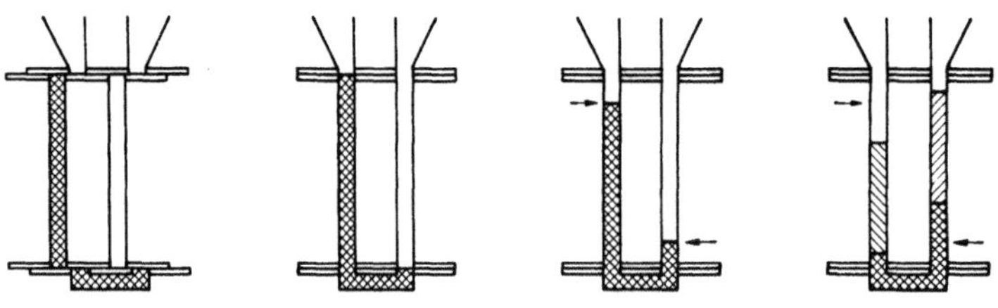

Abb. 44a—d. Grenzflächenelektrophorese (nach ALBERTY[3]). Die beiden Proteine sind durch Schraffierung in verschiedener Richtung angedeutet.

Träger: Es ist bisweilen vorteilhaft, die Stärke vor Gerauch durch ein geeignetes Sieb (200—400 Maschen) zu schütteln, um eine gewisse Korngröße einzustellen. Die Stärke wird sodann mit Puffer zu einem zähen Brei angeteigt, der in den Trog gefüllt wird. Überschüssiger Puffer wird durch Aufpressen einer 3fachen Lage Filterpapier auf die Oberfläche entfernt. Der Kontakt zwischen der Stärke und der Pufferlösung in den Elektrodengefäßen wird durch doppelte Lagen von 15 cm langen Filterpapierstreifen bewirkt, die an beiden Enden des Trogs aufgelegt werden. Der Trog wird zunächst mit einem steifen Kunststoffilm und dann mit einer passenden Glasplatte verschlossen.

Elektrodengefäße (nach KUNKEL und TISELIUS[4]): Die Elektrodengefäße bestehen aus Perspex und besitzen durch lose Glaswolle abgeschlossene Kammern für die Elektroden. Sie haben eine solche Größe, daß nach 24 Std bei 5 mA Stromdurchgang mit Barbitursäurepuffer p_H 8,8, $\Gamma/2$ 0,1 keine p_H-Änderungen an den Enden des Trägers auftreten.

Substanzauftragung: Nachdem man den Trog zur Gleichgewichtseinstellung 4 Std mit dem Puffer stehengelassen hat, wird an der Auftragsstelle ein 1 cm breites Stärkesegment herausgeschnitten. Die Substanz wird in 0,5 cm³ Puffer gelöst und die Lösung mit Stärke angerührt, bis sie dieselbe Konsistenz hat, und sodann in den Segmentausschnitt eingefüllt.

Elektrophorese: Die Versuche werden in einem Kühlraum bei 3° C ausgeführt. Bei einer Spannung von 175 V fließt ein Strom von etwa 30 mA. Versuchsdauer 20—30 Std.

Vergleichssubstanz: In einem zweiten Trog läßt man vorteilhaft eine bekannte Substanz parallel mitlaufen, um einen Bezugswert zur Angabe der Wanderungsstrecke zu erhalten.

Aufarbeitung: Nach dem Versuch wird die Stärke in 1 cm breite Streifen zerschnitten, die je 2mal mit 3—5 cm³ eiskaltem destilliertem Wasser extrahiert und zentrifugiert werden.

Mit einem aliquoten Teil der Lösung wird die Proteinkonzentration z. B. nach LOWRY u. a. bestimmt[5].

[1] SCHULTZE, H. E.: Z. Elektrochem. **60**, 262 (1956).
[2] FØNSS-BECH, P., and C. H. LI: J. biol. Ch. **207**, 175 (1954).
[3] ALBERTY, R. A.; in: Neurath-Bailey, Proteins Bd. I/A, S. 494.
[4] KUNKEL, H. G., and A. TISELIUS: J. gen. Physiol. **35**, 89 (1951).
[5] LOWRY, O. H., N. J. ROSEBROUGH, A. L. FARR and R. J. RANDALL: J. biol. Ch. **193**, 265 (1951).

Zur Orientierung über die Lage der Zonen stellt man sich vor der Elution einen „Abklatsch“ (print) her[1]. Dazu wird Filterpapier auf die Trägeroberfläche gepreßt, das gleichmäßig Flüssigkeit aufsaugt und danach mit einem Farbreagens (Ninhydrin) entwickelt wird.

Beispiele. Es werden 3 Beispiele angeführt, die typisch sind für

a) Multimembranelektrophorese,

b) Zonenelektrophorese,

c) kontinuierliche Zonenelektrophorese.

***Reinigung eines Hypophysenpräparates durch Multimembranelektrophorese (nach* Irving, Dyer *und* du Vigneaud[2]).**

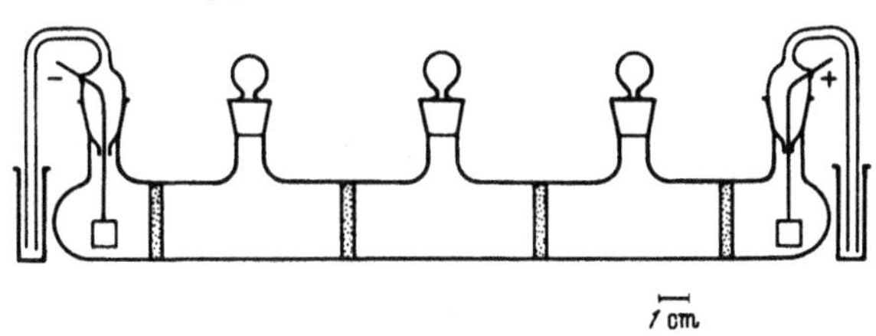

Abb. 45. Sinterglaselektrophoreseapparatur (nach Irving, Dyer und du Vigneaud[2]). Zellvolumen I und V 40 cm³, II, III und IV 80 cm³, Platinelektroden.

Die Apparatur besteht aus einer an den Enden geschlossenen Glasröhre, die durch Sinterglasscheiben (Jena G 3) in 5 Zellen geteilt wird.

Die Quecksilberventile an beiden Enden wirken der elektroosmotischen Strömung entgegen. Zelle I wird mit 0,01 n NaOH gefüllt, so daß sie als „alkalische Barriere“ wirkt. Die wäßrige Lösung von 142 mg einer durch Fraktionierung mit organischen Lösungsmitteln gereinigten Hormonfraktion (Aktivität: 108 Pressor- und 20 Oxytocin-Einheiten je Milligramm) wird in die mittlere Zelle eingefüllt, die übrigen Zellen werden mit destilliertem Wasser beschickt. Die Elektrophorese wird bei 600—3000 V in 28 Std durchgeführt.

Ergebnis und Aufarbeitung: Das Ergebnis zeigt Tabelle 23.

Tabelle 23. *Elektrophorese einer gereinigten pressoraktiven Fraktion* (nach Irving u. a.[2]).

Fraktion	Pressor-aktivität in %
Zelle I	4
Zelle II	67
Zelle III	13
Zelle IV	Spuren
Zelle V	0
Gesamtausbeute .	84

Die Lösung aus Zelle II wird mit Essigsäure auf p_H 4,5 angesäuert und i.V. bei 40° C zur Trockne eingeengt. Den Rückstand löst man in 2 cm³ 98%iger Essigsäure und fällt das aktive Material durch Zugabe von 50 cm³ peroxydfreiem Äther aus. Der Niederschlag wird abzentrifugiert, 2mal mit Äther gewaschen und liefert 42 mg weißes amorphes Pulver mit einer Aktivität von 198 Pressor- und 26 Oxytocin-Einheiten je Milligramm.

***Reinigung von β-MSH (Melanocyten stimulierendes Hormon) durch Zonenelektrophorese (nach* Geschwind *und* Li[3]).**

β-MSH wird über folgende Stufen isoliert und rein dargestellt:

1. Extraktion von Acetontrockenpulver aus Hypophysenhinterlappen (Schwein) mit Eisessig,
2. NaCl-Aceton-Fällung,
3. Adsorption an Oxycellulose,
4. Zonenelektrophorese auf Stärke,
5. Gegenstromverteilung.

Ausführung der Zonenelektrophorese: Die experimentelle Durchführung erfolgt nach der von Fønss-Bech und Li (s. S. 89) ausgearbeiteten Vorschrift[4]. Für jedes Experiment werden zwei 60 cm-Tröge mit einem Paar Elektrodengefäßen gleichzeitig betrieben. In jedem Trog werden 150 mg Rohmaterial (Aktivität: $2 \cdot 10^6$ Einheiten je mg) 10 cm vom Anodenende aufgebracht und die Trennung in 0,1 m Pyridinacetatpuffer p_H 4,9 mit 230 V bei 40° C 48 Std lang durchgeführt. Der Troginhalt wird in 1 cm-Segmente zerteilt, die

[1] Consden, R., A. H. Gordon and A. J. P. Martin: Biochem. J. **40**, 33 (1946).
[2] Irving, G. W., H. M. Dyer and V. du Vigneaud: Am. Soc. **63**, 503 (1941).
[3] Geschwind, I. I., and C. H. Li: Am. Soc. **79**, 615 (1957).
[4] Fønss-Bech, P., and C. H. Li: J. biol. Ch. **207**, 175 (1954).

3mal mit je 4 cm³ Wasser extrahiert werden. Mit 0,5 cm³ der Fraktionen bestimmt man die Proteinkonzentration mittels der Folin-Biuret-Reaktion[1]. Eine typische Kurve zeigt Abb. 46a.

Die vereinigten Fraktionen 18—23 werden filtriert und gefriergetrocknet. Ausbeute aus 300 mg Rohprodukt: 60 mg (davon 45% Peptid, 55% Stärke), Aktivität: $2 \cdot 10^7$ Einheiten je mg. Ausbeute 90%.

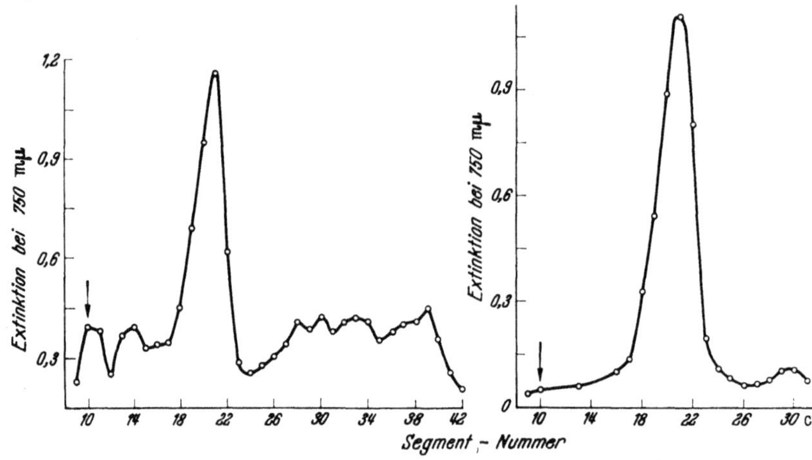

Abb. 46a u. b. Zonenelektrophorese von β-MSH auf Stärke (nach GESCHWIND und LI[2]). a Rohes MSH-Konzentrat; 60 cm-Trog, 0,1 m Pyridinacetatpuffer pH 4,9; 230 V; 48 Std. Die MSH-Aktivität ist in den Segmenten 18—23 konzentriert. b Wiederholte Zonenelektrophorese der MSH-Fraktionen 18—23.

Die wiederholte Zonenelektrophorese mit 100 mg Material ergibt die Kurve nach Abb. 46b.

Da das Material hier in einem einzigen, schmalen und hohen Gipfel vereinigt ist, enthält das Präparat nach der Aufarbeitung nur noch 25% Stärke.

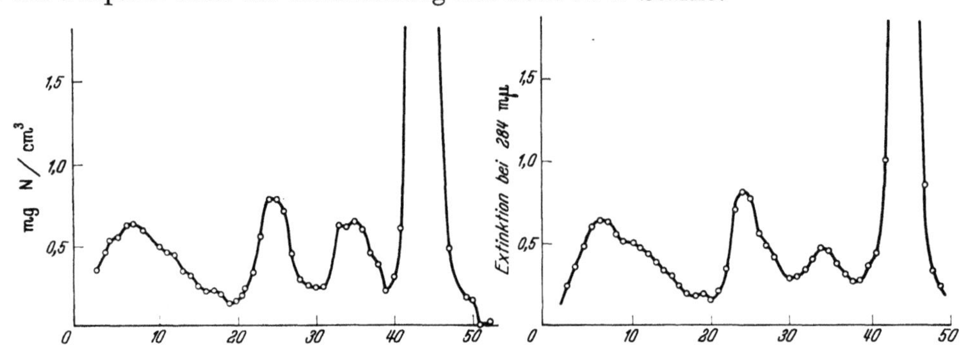

Abb. 47a u. b. Fraktionierungsdiagramm von Humanserumproteinen (nach BRATTSTEN[3]). a N-Gehalt der Fraktionen nach der Dialyse; b optische Dichte bei 284 mµ in Gegenwart von Veronalpuffer pH 8,5, Γ/2 0,03.

Nach der weiteren Reinigung durch Gegenstromverteilung charakterisieren die Autoren das β-MSH durch Aminosäureanalyse, Sedimentation in der Ultrazentrifuge und Bestimmung des isoelektrischen Punktes durch Elektrophorese als einheitliches Protein.

Kontinuierliche Zonenelektrophorese von Humanserumproteinen (nach BRATTSTEN[3]***).***

Humanserum wurde in Albumin und α-, β- und γ-Globuline aufgetrennt und außerdem eine Anzahl Nebenkomponenten durch Grenzflächenelektrophorese und Sedimentationsanalyse in der Ultrazentrifuge bestimmt.

[1] LOWRY, O. H., N. J. ROSEBROUGH, A. L. FARR and R. J. RANDALL: J. biol. Ch. **193**, 265 (1951).
[2] GESCHWIND, I. I., and C. H. LI: Am. Soc. **79**, 615 (1957).
[3] BRATTSTEN, I.: Ark. Kemi **8**, 347 (1955).

Apparatur. Es wurde eine 28×30×1 cm-Kammer[1] verwendet (vgl. Abb. 43, S. 91). Als Träger diente Stärke.

Bedingungen. Veronalpuffer p_H 8,6, $\Gamma/2$ 0,03, Temperatur 18° C, 230 mA, Zeit 3—4 Std.

Material. Das frische Blutserum wurde auf eine Proteinkonzentration von 1,5% verdünnt und gegen Veronalpuffer dialysiert.

Analysen. Der Proteingehalt wurde durch N-Bestimmung nach KJELDAHL in der Mikromethode nach MARKHAM[2] oder durch UV-Spektrophotometrie bei 284 mμ ermittelt.

Ergebnisse. Abb. 47 zeigt die erzielte Auftrennung des Serums a) nach der N-Analyse, b) nach der UV-Absorption.

Die Fraktionen 9, 24, 34 und 43 wurden vermischt und erneut der Elektrophorese unterworfen, wobei eine ausgezeichnete Trennung mit freien Zwischenräumen erzielt wurde und die Gipfel genau die gleiche Lage einnahmen, s. Abb. 48.

Tabelle 24 bringt eine Anzahl von präparativen Anwendungen der Zonenelektrophorese von Proteinen.

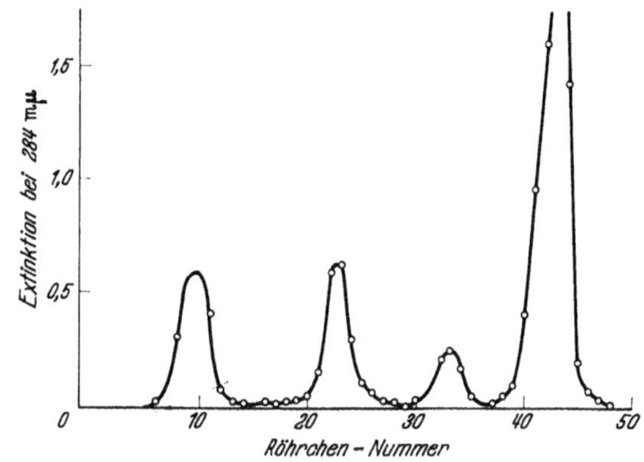

Abb. 48. Trennung einer Mischung der Fraktionen 9, 24, 34 und 43. Optische Dichte bei 284 mμ (nach BRATTSTEN[3]).

Elektrophorese-Literatur.

SVENSSON, H.: Preparative electrophoresis and ionophoresis. Adv. Protein Chem. **4**, 251 (1948).

TISELIUS, A., and P. FLODIN: Zone electrophoresis. Adv. Protein Chem. **8**, 461 (1953).

ALBERTY, R. A.: Electrophoresis of amino acids and proteins. NEURATH-BAILEY, Proteins. Bd. IA, S. 494. 1953.

Papierelektrophorese, s. S. 136ff.

McDONALD, H. J., E. W. BERMES jr. and R. H. SPITZER: Clinical chemical significances of ionography. Fed. Proc. **14**, 733 (1955).

MUELLER, H.: The theory of electrophoretic migration; in: COHN, E. J., and J. T. EDSALL: Proteins, Amino Acids and Peptides. S. 623—643. New York 1943.

TISELIUS, A.: Elektrophorese und Adsorptionsanalyse als Hilfsmittel zur Untersuchung hochmolekularer Stoffe und ihrer Zerfallsprodukte. Naturwiss. **37**, 25 (1950).

HENLEY, A., and C. L. SCHUETTLER: Electrophoresis Bibliography. 2. Aufl. Silver Spring, Md. 1955.

McDONALD, H. J., R. J. LAPPE, E. P. MARBACH, R. H. SPITZER and M. C. URBIN: Ionography, Electrophoresis in Stabilized Media. Chicago, Ill. 1955.

WIEDEMANN, E.: Elektrophorese; dieses Werk. Bd. I, S. 54.

LEDERER, M.: An Introduction to Paper Electrophoresis and related Methods. Amsterdam, Houston, London, New York 1955.

WUNDERLY, C.: Die Papierelektrophorese. Aarau 1954.

MACHEBOEUF, M., P. REBEYROTTE, J. M. DUBERT et M. BRUNERIE: Microélectrophorèse sur papier. Paris 1954.

β) Ultrazentrifuge (Sedimentation).

Beschreibung. *a) Definition.* Proteintrennungen in der Ultrazentrifuge beruhen auf der Einstellung eines Sedimentationsgleichgewichtes auf Grund der verschiedenen Molekülgrößen der Komponenten in einem Gravitationsgefälle und der entgegenwirkenden Diffusion.

b) Entwicklung des Verfahrens und Übersicht über die Anwendungen. Da die Ultrazentrifuge in den allermeisten Fällen analytische und weniger präparative Anwendung findet, soll hier nur ein ganz kurzer Abriß gegeben werden, zumal das Gebiet bereits abgehandelt wurde (s. Bd. I, S. 95) und in der Anwendung auf die Proteinanalyse noch

[1] BRATTSTEN, I.: Ark. Kemi **8**, 227 (1955).
[2] MARKHAM, R.: Biochem. J. **36**, 790 (1942).
[3] BRATTSTEN, I.: Ark. Kemi **8**, 347 (1955).

Tabelle 24. *Präparative Zonenelektrophoresearbeiten an Proteinen.*

Substanz	Träger	Lösungsmittel	Bedingungen	Zweck	Literatur
Äpfelsäure-dehydrogenase	Stärke	Veronalpuffer	25 V/cm, 7 Std, Kühlung	Studien	1
Albumin	Rohrzuckerlösung, Dichtegradient	Na-Veronalpuffer p_H 8,6 μ 0,05 + NaCl μ 0,05	500—1000 V 10—75 Std 1,4—10 mA	Trennungsstudien	2
Bacitracine	Stärke	Acetatpuffer p_H 4,5	700 V/50 cm, 35 mA, 44 Std	Trennungsstudien	3
Bacitracine	Cellulose	Na-acetatpuffer p_H 4,5, μ 0,05	400 V, 25 mA, 55 Std	Studien	4
Cobalaminprotein	Cellulose			Reinigung	5
Cobalamin-polypeptid	Cellulose	Na-acetatpuffer p_H 4,0, μ 0,05	30 mA, 40 Std	Rein-darstellung	6
α-Corticotropin	Stärke	0,1 m Na_2CO_3 p_H 11,1	200 V/40 cm, 16 Std, 3° C	Reinigung	7
Cytochrom c und Hämoglobin	Rohrzuckersirup und p_H-Gradient	Pufferlösungen p_H 2,6—9,6	8 mA, 2 min	Trennungsstudien	8, 9
Glucagon	Stärke	0,075 m Glycinpuffer p_H 11,5	150 V/60 cm, 13—15 mA, 65 Std	Reinigung	10
Hämoglobin	Stärke	Barbitursäurepuffer p_H 8,6 $\Gamma/2$ 0,05—0,1	Trennung		11
Hämoglobin und Cytochrom c	Rohrzuckersirup und p_H-Gradient	Puffer p_H 2,6—9,6	8 mA, 2 min	Trennungsstudien	8, 9
Hämoglobin A und S	Papier	Pyridin/Essigsäure/Wasser p_H 3,6	30 V/cm, 75 min	Trennung	12
Herzmuskelextrakt	Stärke	Veronalpuffer	25 V/cm, 7 Std, Kühlung	Trennung	1
Hypophysen-hormone	Cellulose	0,1 m Pyridinacetatpuffer p_H 5	440 V/150 cm, 20 mA, 45 Std	Trennungsstudien	13
Lipoproteide (Serum)	Stärke	Ammoniumpuffer p_H 9,0, μ 0,1		Trennung	14
α- und β-Lipoproteide	Stärke	Barbitursäurepuffer p_H 8,6, μ 0,1	400V/38cm, 24Std, Kühlung	Trennungsstudien	15
Luciferase	Stärke	Puffer p_H 6,5		Reinigung	16
Lysozym	Cellulose	Acetatpuffer p_H 4,67, $\Gamma/2$ 0,05	25 mA, 39 Std	Studien	17
Milchsäure-dehydrogenase	Stärke	Veronalpuffer p_H 8,8	25 V/cm, 6 Std, Kühlung	Auftrennung	1
β-MSH (Melanocyten stimulierendes Hormon)	Stärke	0,1 n Pyridinacetatpuffer p_H 4,9	230 V, 40° C, 48 Std	Isolierung und Reinigung	18, 19
MS-Peptid (Melanophoren stimulierendes Hormon)	Cellulose	0,1 m Pyridinacetatpuffer p_H 4,8	175 V/45 cm, 30 mA, 60 Std	Isolierung Reinigung	20
Ovomucoid	Cellulose	0,1 m Acetatpuffer p_H 4,4 bzw. 6,0	160 V/50 cm bzw. 192 V/50 cm 42—70 Std	Reinigung	21

Tabelle 24. (Fortsetzung.)

Substanz	Träger	Lösungsmittel	Bedingungen	Zweck	Literatur
Pankreaslipasen	Stärke	0,025 m Tris-(oxymethyl)-aminomethan-puffer p_H 8,0	5,9 V/cm, 1° C, 36 Std	Reinigung und Aktivitätsstudien	22
Phosphoglycerinsäuremutase	Stärke	0,05 m Imidazolpuffer p_H 7	300 V, 20° C	Reindarstellung	23
Phosphoproteide	Cellulose	Tris-(oxymethyl)-aminomethanpuffer p_H 7,8		Reinigung	24
Phykoerythrin und Phykocyanin	Glaspulver	Phosphatpuffer p_H 7,6, $\Gamma/2$ 0,025		Trennungsstudien	25
Prolidase aus Schweineniere	Stärke	0,075 m Veronalpuffer p_H 8,5 + 0,005 m $MgCl_2$	320 V, 30 mA, 18 Std, 5° C	Reindarstellung	26
Prothrombin-Thrombin	Stärke	Veronalpuffer p_H 8,6, μ 0,05	20 Std	Trennung	27
Ribonuclease	Cellulose	Acetatpuffer p_H 4,6, $\Gamma/2$ 0,05	21 mA, 25 Std	Studien	17
Serumproteine	Glaswolle	Puffer p_H 8,0	200—500 V/35 cm 6—12 Std	Studien	28
	Stärke, Glaswolle	Veronalpuffer p_H 8,6, p_H 8,6, $\Gamma/2$ 0,03	230 mA, 18° C 3—4 Std	Trennungsstudien	25
	Cellulose	Veronal-Na-Puffer p_H 8,6	40 mA, 2,75 V/cm, 28 Std, 21,5° C	Trennungsstudien	29
	Stärke	Barbitursäurepuffer p_H 8,6, μ 0,1	400V/38cm, 24 Std, tiefe Temperatur	Trennungsstudien	30
	Glaspulver	Veronal- und Phosphatpuffer p_H 7,5 bis 7,9, $\Gamma/2$ 0,04	300 V, 300 mA, 30° C, 5 Std	Trennungsstudien	31
	Stärke	Veronalpuffer p_H 8,6, μ 0,1	700 V/50 cm, 30 mA, 18 Std	Studien	3
	Stärke	Veronalpuffer p_H 8,6	1400 V, 6,5 Std	Trennung	32
	Cellulose	Veronal-Phosphat- + Acetatpuffer	verschiedene	Studien	17
Tabakmosaikvirusstämme	Stärke	0,01 m Phosphatpuffer p_H 7,1	10 V/cm	Trennung	33
Trypsin	Stärke	0,1 m Acetatpuffer p_H 4,0	300 V/30 cm, 10 Std, 4° C	Studien	34
(Arginin-)Vasopressin	Cellulose	Pyridinacetatpuffer p_H 4	400 Volt/45 cm 64—40 mA, 44 Std, 5°C	Reinigung	35
(Lysin-)Vasopressin	Cellulose	Pyridinacetatpuffer p_H 5,6, $\Gamma/2$ 0,1	400 V, 70—90 mA, 5° C, 60 Std	Reinigung	36
Wachstumshormon (Somatotropin)	Stärke	Acetatpuffer p_H 4,0	175 V/40 cm, 30 mA, 3° C, 24 Std	Reinigung	37

[1] WIELAND, T., u. G. PFLEIDERER: Angew. Chem. **69**, 199 (1957).
[2] SOROF, S., M. G. OTT and E. M. YOUNG: Arch. Biochem. **57**, 140 (1955).
[3] FLODIN, P., and J. PORATH: Biochim. biophysica Acta, N. Y. **13**, 175 (1954).
[4] PORATH, J.: Acta chem. scand. **8**, 1813 (1954).
[5] WIJMENGA, H. G., K. W. THOMPSON, K. G. STERN and D. J. O'CONNELL: Biochim. biophysica Acta, N. Y. **13**, 144 (1954).
[6] HEDBOM, A.: Biochim. biophysica Acta, N. Y. **17**, 447 (1955).

besonders behandelt wird (s. S. 225ff. und 324ff.). 1926 fand SVEDBERG[1], daß man Proteinmoleküle in genügend starken Zentrifugalfeldern sedimentieren kann. Die Sedimentationsgeschwindigkeit ist abhängig von

a) Dichteunterschied Protein ($d \approx 1{,}33$)/Medium (meist Wasser),
b) Molekülgröße,
c) Reibungswiderstand,
d) Zentrifugalfeld.

In sog. homodispersen Lösungen (eine Komponente enthaltend) kann man die Sedimentationsgeschwindigkeit messen, in heterodispersen Lösungen die verschiedenen Komponenten nachweisen, sofern sie sich in ihrer Sedimentationsgeschwindigkeit unterscheiden.

In allen Fällen bilden sich Grenzflächen aus, die man mittels der genannten optischen Methoden (s. S. 85) beobachtet. Die Messung der Sedimentationskonstanten s dient im Verein mit einer Messung der Diffusionskonstanten im allgemeinen zur Bestimmung des Molekulargewichts nach der allgemeinen Formel

$$M = \frac{R \cdot T \cdot s}{D\,(1 - V\varrho)}$$

(M = Molgewicht, R = univ. Gaskonstante, T = abs. Temperatur, s = Sedimentationskonstante, D = Diffusionskoeffizient, V = spezifisches Partialvolumen des Proteins, ϱ = Dichte der Flüssigkeit).

Die Sedimentationskonstante s ergibt sich aus der Sedimentationsgeschwindigkeit nach

$$s = \frac{dx/dt}{\omega^2 \cdot x}$$

(x = Abstand vom Rotationsmittelpunkt, ω = Winkelgeschwindigkeit).

---

[1] SVEDBERG, T., and R. FÅHRAEUS: Am. Soc. 48, 430 (1926).

Literatur zu Tabelle 24. (Fortsetzung.)

[7] LI, C. H., I. I. GESCHWIND, J. S. DIXON, A. L. LEVY and J. I. HARRIS: J. biol. Ch. **213**, 171 (1955).
[8] KOLIN, A.: J. chem. Physics **22**, 1628 (1954).
[9] KOLIN, A.: Fed. Proc. **14**, 238 (1955).
[10] STAUB, A., L. SINN and O. K. BEHRENS: J. biol. Ch. **214**, 619 (1955).
[11] KUNKEL, H. G., and G. WALLENIUS: Science, N. Y. **122**, 288 (1955).
[12] INGRAM, V. M.: Nature **180**, 326 (1957).
[13] PORATH, J.: Biochim. biophysica Acta, N. Y. **22**, 151 (1956).
[14] CARLSON, L. A.: Acta chem. scand. **8**, 510 (1954).
[15] KUNKEL, H. G., and R. J. SLATER: J. clin. Invest. **31**, 677 (1952).
[16] TOTTER, J. R., and M. J. CORMIER: J. biol. Ch. **216**, 801 (1955).
[17] FLODIN, P., and D. W. KUPKE: Biochim. biophysica Acta, N. Y. **21**, 368 (1956).
[18] GESCHWIND, I. I., C. H. LI and L. BARNAFI: Am. Soc. **79**, 1003 (1957).
[19] GESCHWIND, I. I., and C. H. LI: Am. Soc. **79**, 615 (1957).
[20] PORATH, J., P. ROOS, F. W. LANDGREBE and G. M. MITCHELL: Biochim. biophysica Acta, N. Y. **17**, 598 (1955).
[21] JUTISZ, M., M. KAMINSKI et J. LEGAULT-DÉMARE: Biochim. biophysica Acta, N. Y. **23**, 173 (1957).
[22] SARDA, L., G. MARCHIS-MOUREN, M. J. CONSTANTIN and P. DESNUELLE: Biochim. biophysica Acta, N. Y. **23**, 264 (1957).
[23] COWGILL, R. W., and L. I. PIZER: J. biol. Ch. **223**, 885 (1956).
[24] GLOMSET, J.: Acta chem. scand. **10**, 1045 (1956).
[25] HAGLUND, H., and A. TISELIUS: Acta chem. scand. **4**, 957 (1950).
[26] DAVIS, N. C., and E. L. SMITH: J. biol. Ch. **224**, 261 (1957).
[27] LANCHANTIN, G. F., S. R. NOTRICA and A. G. WARE: Fed. Proc. **14**, 241 (1955).
[28] COOLIDGE, T. B.: J. biol. Ch. **127**, 551 (1939).
[29] BOCKEMÜLLER, W., u. R. REBLING: Chem.-Ing.-Techn. **24**, 617 (1952).
[30] KUNKEL, H. G., and R. J. SLATER: Proc. Soc. exp. Biol. Med. **80**, 42 (1952).
[31] BRADISH, C. J., and N. V. SMART: Nature **174**, 272 (1954).
[32] WIELAND, T., u. G. PFLEIDERER: Angew. Chem. **67**, 257 (1955).
[33] PAIGEN, K.: Analyt. Chem., Washington **28**, 284 (1956).
[34] LIENER, I. E., and T. VISWANATHA: Biochim. biophysica Acta N. Y. **22**, 299 (1956).
[35] VIGNEAUD, V. DU, D. T. GISH and P. G. KATSOYANNIS: Am. Soc. **76**, 4751 (1954).
[36] WARD, D. N., and V. DU VIGNEAUD: J. biol. Ch. **222**, 951 (1956).
[37] FØNSS-BECH, P., and C. H. LI: J. biol. Ch. **207**, 175 (1954).

und wird im allgemeinen in Svedberg-Einheiten (*S*) angegeben (10^{-13} sec = 1 Svedberg [*S*]).

Aus Molgewicht und Sedimentationsgeschwindigkeit erhält man die molare Reibungskonstante und kann daraus die Symmetriekonstante berechnen bzw. Aussagen über die Gestalt der gesuchten Partikel machen. Tabellen über Proteinsedimentationsdaten und Molgewichte findet man bei SVEDBERG[1] sowie NICHOLS und BAILEY[2].

Neben den heute hauptsächlich verwendeten analytischen Apparaturen wurden auch präparative Ultrazentrifugen entwickelt. SVEDBERG beschrieb eine präparative Zelle für 100 mg Protein, die mit einer perforierten Unterteilung, bedeckt mit gehärtetem Filtrierpapier, versehen war und die Trennung der beidseitigen Flüssigkeiten ermöglichte[3]. Ein Fortschritt für präparative Zwecke war die Entwicklung vertikaler Rotoren mit Gefäßen, die in einem Winkel von 20—40° zur Vertikalen angeordnet sind[4, 5]. Die Partikel haben hier nur einen relativ kurzen Weg durch das Lösungsmittel bis zur Außenwand zurückzulegen, wo sie sich konzentrieren und in einem Strom die schräge Wand hinabfließen. Die Zentrifugierdauer wird bei dieser Anordnung beträchtlich herabgesetzt. Es gibt Rotoren mit einem Gesamtgefäßinhalt bis zu einem Liter. Als Gefäßmaterial wird Stahl oder Kunststoff verwendet. Durch fraktioniertes Zentrifugieren bei verschiedenen Geschwindigkeiten können Eiweißstoffe von anderen Substanzen befreit und die schweren Proteine von denen mit niedrigem Molekulargewicht getrennt werden. PICKELS entwickelte die Theorie der Winkelzentrifuge[6] und zeigte, daß zur Trennung zweier Komponenten die Sedimentationskonstanten sich mindestens um den Faktor 2—3 unterscheiden müssen. Eine vollständige scharfe Trennung ist jedoch meist nicht möglich, da es sich um eine Methode mit freien Grenzflächen handelt und eine Konvektion nicht ganz zu vermeiden ist. Am leichtesten lassen sich Viren von kleineren löslichen Proteinen trennen, da sie Sedimentationskonstanten von 150—300 S besitzen und sich schon bei relativ geringen Tourenzahlen (30000 U/min) am Boden der Gefäße absetzen (vgl. Tabelle 25).

c) Ähnliche Zentrifugiermethoden. Für die Proteinchemie sind noch 2 weitere Methoden interessant, und zwar

Flotation in der Ultrazentrifuge,
kontinuierliche Zentrifuge.

Flotation in der Ultrazentrifuge wird hauptsächlich zur Abtrennung der Lipoproteide von anderen Proteinen verwendet und beruht darauf, daß die Lipoproteide eine wesentlich geringere Dichte als die normalen Proteine ($d = 1{,}33$) besitzen. Zentrifugiert man z. B. Plasmaproteine in einer Lösung, deren Dichte durch Zusatz von Salzen über die Dichte der Lipoproteide hinaus erhöht wird, so sammeln sich diese an der Oberfläche[6, 7].

Kontinuierliche Zentrifugen werden zur Abtrennung von Viren, zur Trennung von Blutzellen vom Plasma, von Bakterien vom Nährboden u. dgl. verwendet. Eine solche Zentrifuge ist die „Sharples"-Zentrifuge, die bei der Blutplasmafraktionierung nach Methode 6 (s.[8]) verwendet wird.

Ausführung. Die Ausführung einer Sedimentationsanalyse oder eine Trennung von Proteingemischen in der Ultrazentrifuge ist mit großem apparativem Aufwand verbunden. Zur Veranschaulichung sei hier nur auf 2 Abbildungen aus dem Beitrag „Ultrazentrifuge" in Bd. I, S. 95f. (Abb. 3 und 4) verwiesen, in welchem man sich auch über die näheren Einzelheiten unterrichten kann.

---

[1] SVEDBERG, T.: Proc. R. Soc. London (B) **127**, 1 (1939).
[2] NICHOLS, J. B., and E. D. BAILEY: Determinations with the ultrazentrifuge; in: WEISSBERGER, A. (Hrsgb.): Physical Methods of Organic Chemistry. 2. Aufl. Bd. I, S. 621 New York 1949.
[3] TISELIUS, A., K. O. PEDERSEN and T. SVEDBERG: Nature **140**, 848 (1937).
[4] WYCKOFF, R. W. G.: C. R. Soc. Biol. **125**, 3 (1937).
[5] PICKELS, E. G.: J. gen. Physiol. **26**, 341 (1943).
[6] PEDERSEN, K. O.: Ultrazentrifugal Studies on Serum and Serum Fractions. Uppsala 1945.
[7] ONCLEY, J. L., F. R. N. GURD and M. MELIN: Am. Soc. **72**, 458 (1950).
[8] COHN, E. J., L. E. STRONG, W. L. HUGHES jr., D. J. MULFORD, J. N. ASHWORTH, M. MELIN and H. L. TAYLOR: Am. Soc. **68**, 459 (1946).

Beispiel. Darstellung und Reinigung von Actin durch präparatives Ultrazentrifugieren (nach MOMMAERTS[1]).

Actin ist nach Myosin eine Hauptkomponente der Strukturproteine des Muskels und kommt in 2 Formen vor, und zwar globulär (G-Actin) und fibrillär (F-Actin). Die beiden Formen lassen sich reversibel ineinander überführen. Bei Zusatz von Salz geht in neutraler oder schwach alkalischer Lösung und in Gegenwart von ATP (Adenosintriphosphat) G-Actin in F-Actin über. Beim Suspendieren in Wasser geht F-Actin in etwa 40 Std je nach p_H und anderen Bedingungen wieder in G-Actin über. Diese Eigenschaft wurde zur Reindarstellung von Actin benutzt, indem Actin zu F-Actin polymerisiert wurde, das Polymere (Sedimentationskonstante $\sim$50 S) durch Ultrazentrifugieren von den verunreinigenden, weniger hochmolekularen Begleitproteinen (Sedimentationskonstanten $\sim$4 S) abgetrennt und anschließend wieder depolymerisiert wurde. Der Prozeß wurde 3mal ausgeführt.

Apparatur. Es wurde eine Spinco* Winkel-Ultrazentrifuge mit 150 cm³ Fassungsvermögen und 64° Neigung der Gefäße zur Horizontalen benutzt. Bei 38000—45000 U/min betrug die Beschleunigung etwa 140000 g.

Ausgangsmaterial. Acetontrokkenpulver von Muskeleiweiß, dargestellt nach STRAUB und SZENT-GYÖRGYI[24,25] wurde mit der 20fachen Menge Wasser extrahiert.

Polymerisation. Die Umwandlung von G-Actin in F-Actin wurde bei p_H 7,5—8,5 in Gegenwart von ATP durch Zusatz von KCl bis zu einer 0,1 m Konzentration bewirkt. Die Polymerisation wurde qualitativ durch die Zunahme der sehr starken Doppelbrechung verfolgt.

Tabelle 25. *Einige Beispiele für präparative Ultrazentrifugierung.*

Actin	1
Acuba-Mosaik-Virus	2, 3
Apoferritin, Ferritin	4
Bernsteinsäure-Dehydrogenase	5
DPNH-Cytochrom c-Reductase	6
Hämolytischer Streptococcus	7
Influenza-Virus	8–10
Kaninchen-Papillom-Virus	10
Lipoproteide (Humanserum)	11, 12
Malzextrakt-Globuline	13
Pflanzenproteine	14
Pflanzliches Virus	15
Protein aus Kaninchen-Papillom	16
Tabak-Mosaik-Virus aus Tomatenpflanzen	17
Tabak-Mosaik-Virus-Protein	18
Tabak-Mosaik- und „Bushy Stunt"-Virus	19
Virus	20
Virus-Proteine	21
Virus-Proteine	22,23

* Specialized Instruments Corporation, Belmont, California.

[1] MOMMAERTS, W. F. H. M.: J. biol. Ch. **188**, 559 (1951).
[2] STANLEY, W. M.: J. biol. Ch. **126**, 125 (1938).
[3] WYCKOFF, R. W. G.: J. biol. Ch. **124**, 573 (1938).
[4] ROTHEN, A.: J. biol. Ch. **152**, 679 (1944).
[5] SINGER, T. P., E. B. KEARNEY and P. BERNATH: J. biol. Ch. **223**, 599 (1956).
[6] BERNARD, B. DE: Biochim. biophysica Acta, N. Y. **23**, 510 (1957).
[7] HARRIS, T. N.: J. exp. Med. **87**, 41 (1948).
[8] STANLEY, W. M.: J. exp. Med. **79**, 255 (1944).
[9] STANLEY, W. M.: J. exp. Med. **81**, 193 (1945).
[10] TAYLOR, A. R., D. G. SHARP, I. W. MCLEAN jr., D. BEARD and J. W. BEARD: J. Immunol. **50**, 29 1(1945).
[11] LINDGREN, F. T., H. A. ELLIOTT and J. W. GOFMAN: J. physic. Colloid Chem. **55**, 80 (1951).
[12] BJORKLUND, R., and S. KATZ: Am. Soc. **78**, 2122 (1956).
[13] QUENSEL, O.: Diss. Uppsala 1942.
[14] LORING, H. S., H. T. OSBORN: and R. W. G. WYCKOFF: Proc. Soc. exp. Biol. Med. **38**, 239 (1938).
[15] BAWDEN, F. C., and N. W. PIRIE: Nature **141**, 513 (1938).
[16] BEARD, J. W., and R. W. G. WYCKOFF: Science, N. Y. **85**, 201 (1937).
[17] STANLEY, W. M.: J. biol. Ch. **117**, 755 (1937).
[18] LORING, H. S., and R. W. G. WYCKOFF: J. biol. Ch. **121**, 225 (1937).
[19] LAUFFER, M. A.: J. physic. Chem. **44**, 1137 (1940).
[20] PAILLOT, A., u. A. GRATIA: Arch. Virusforsch. **1**, 120 (1939).
[21] STANLEY, W. M., and R. W. G. WYCKOFF: Science, N. Y. **85**, 183 (1937).
[22] WYCKOFF, R. W. G.: C. R. Soc. Biol. **125**, 3 (1937).
[23] WYCKOFF, R. W. G.: Naturwiss. **25**, 481 (1937).
[24] STRAUB, F. B.: Stud. Inst. med. Chem. Szeged. **3**, 23 (1943).
[25] SZENT-GYÖRGYI, A.: Chemistry of Muscular Contraction. S. 142. New York 1947.

Tabelle 26. *Reindarstellung von Actin durch Ultrazentrifugieren* (nach MOMMAERTS[1]).

450 cm³ Rohextrakt (entsprechend 1300 mg Protein), polymerisiert bei p_H 8 mit 0,1 m KCl, 1 Std ultrazentrifugiert (~40000 U/min)

↓ überstehende Lösung mit 930 mg Protein

↓ Niederschlag (F-Actin) in 100 cm³ H_2O mit 100 mg ATP gelöst; 40 Std gegen 400 cm³ H_2O mit 15 mg ATP dialysiert; 11,9 mg unlösliches Protein, 360 mg gelöstes Protein (G-Actin); polymerisiert mit KCl

↓

270 mg Protein in 120 cm³ H_2O, 1 Std ultrazentrifugiert

↓ überstehende Lösung mit 45,6 mg Protein → 2 Std ultrazentrifugiert; überstehende Lösung mit 15,4 mg Protein

↓ Niederschlag (F-Actin) in 100 cm³ H_2O mit 60 mg ATP gelöst und wie vorher dialysiert; 17,0 mg unlösliches Protein, 200 mg gelöstes Protein (G-Actin); polymerisiert mit KCl

↓

150 mg Protein in 96 cm³ H_2O 1 Std ultrazentrifugiert

↓ überstehende Lösung mit 26,3 mg Protein → 2 Std ultrazentrifugiert; überstehende Lösung mit 18,7 mg Protein

↓ Niederschlag (F-Actin) in Wasser gelöst; 22 mg unlösliches Protein 99,8 mg gelöstes Protein (reines G-Actin)

Depolymerisation. Der zentrifugierte Niederschlag wurde in Wasser in Gegenwart von ATP (100 mg ATP auf 400 mg Protein) gelöst und bei p_H 9 1—2 Tage stehengelassen. Die Lösung war dann nicht mehr doppelbrechend. Bei der Umwandlung trat offenbar eine geringe Denaturierung ein, da ein Teil des Proteins ungelöst zurückblieb.

Reinigungsprozeß. Der Verlauf des Reinigungsprozesses und die angewendeten Bedingungen sind aus Tabelle 26 zu entnehmen. Die Proteinkonzentration wurde durch N-Bestimmung nach KJELDAHL ermittelt.

Aufarbeitung. Nach der letzten Fraktionierung wurde die Lösung gegen Wasser dialysiert und der p_H auf 4,5 gebracht. Das ausgefallene Protein wurde mit Wasser gewaschen und mit Alkohol und Äther getrocknet. Während früher dargestellte Actinpräparate nur zu 40% rein waren, wurde mit der beschriebenen Methode ein vollkommen reines Actin erhalten.

Literatur.

SVEDBERG, T., u. K. O. PEDERSEN: Die Ultrazentrifuge. Dresden, Leipzig 1940.

HELLMAN, E.: Ultrazentrifuge, dieses Werk Bd. I, S. 95.

EDSALL, J. T.: Sedimentation and diffusion in centrifugal fields: molecular weights of proteins; in: COHN, E. J., and J. T. EDSALL (Hrsgb.): Proteins, Amino Acids, and Peptides. S. 419—443. New York 1943.

KINELL, P. O., and B. G. RÅNBY: Ultracentrifugal sedimentation of polymer substances. Adv. Colloid Sci. **3**, 161—218 (1950).

BEAMS, J. W.: High centrifugal fields. J. Washington Acad. Sci. **37**, 221—241 (1947).

PEDERSEN, K. O.: Ultrazentrifugierung; in: KUHN, A. (Hrsgb.): Kolloidchemisches Taschenbuch. 4. Aufl., S. 151—166. Leipzig 1953.

NICHOLS, J. B., and E. D. BAILEY: Determination with the ultracentrifuge; in WEISSBERGER, A. (Hrsgb.): Physical Methods of Organic Chemistry. 2. Aufl. Bd. 1, S. 621. New York 1949.

PICKELS, E. G.: High speed centrifugation. In: ALEXANDER, J. (Hrsgb.): Colloid Chemistry, Bd. V. New York 1944.

PEDERSEN, K. O.: Ultracentrifugal Studies on Serum and Serum Fractions. Uppsala 1945.

[1] MOMMAERTS, W. F. H. M.: J. biol. Ch. **188**, 559 (1951).

γ) *Multimembran-Elektrodekantation.*

Gutfreund versuchte die Elektrodekantation (s. S. 24) für Proteintrennungen auszunutzen[1]. Er schrieb dazu: „Führt man die Elektrodialyse eines Proteingemisches in einer Pufferlösung am isoelektrischen Punkt einer Komponente durch, so wandern die anderen (geladenen) Proteine zu den Membranen und konzentrieren sich schließlich in den unteren Schichten, während die gewünschte Komponente allein in den oberen Schichten in Lösung bleibt. Durch Wiederholung des Prozesses bei verschiedenen p_H-Werten sollte es möglich sein, die Mischung aufzutrennen."

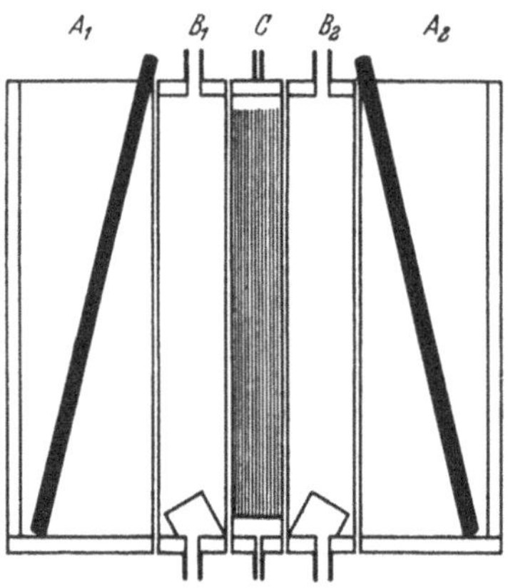

Abb. 49

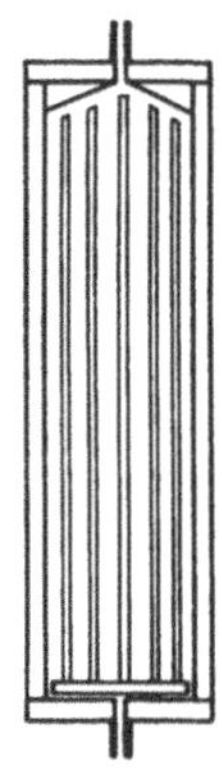

Abb. 49a

Abb. 49. Multimembran-Elektrodekantations-Apparat (nach Polson[4]). A_1, A_2 Elektrodenzellen, B_1, B_2 Zellen, durch die der gekühlte Puffer zirkuliert; C Trennzelle mit Cellophanmembranen und Perspexrahmen.

Abb. 49a. Querschnitt der Trennzelle mit einem Perspexrahmen.

Gutfreund[1] gelang die teilweise Trennung einer Mischung von Eialbumin und Hämoglobin. Nielsen und Kirkwood erreichten ebenfalls nur eine gewisse Anreicherung, aber keine vollständige Trennung von Proteingemischen in einer modifizierten Apparatur[2]. Einen guten Überblick über diese Versuche findet man bei Svensson[3].

Polson entwickelte die Multimembran-Elektrodekantation[4]. Die Trennzelle wird mit Hilfe eines dünneren Perspexgerüstes und Cellophanmembranen in eine große Anzahl von 1 mm breiten Abteilungen unterteilt (s. Abb. 49). Dadurch wird der Weg, den das Protein im elektrischen Potentialgefälle wandern muß, auf ein Minimum herabgesetzt und die Trennung sehr beschleunigt. Durch die Kammern auf beiden Seiten der Trennzelle fließt gekühlte Pufferlösung. Dadurch können höhere Stromdichten verwendet werden. Die Elektroden sind nach oben zueinander geneigt angebracht. Dadurch fließt im oberen Teil ein stärkerer Strom, es erfolgt dort eine größere Wärmeentwicklung, und in der Trennzelle bildet sich von unten nach oben ein Temperaturgradient aus, der zusammen mit dem Dichtegradient, den die aus der Lösung abgewanderten Proteine an der Membran ausbilden, störende Konvektionsströme unterbindet.

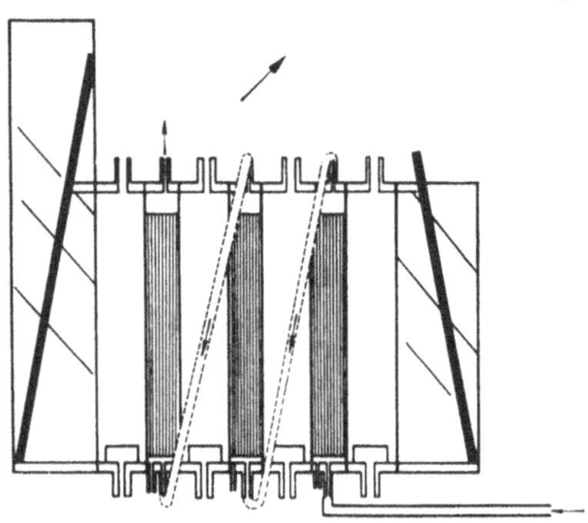

Abb. 50. Multimembran-Elektrodekantations-Apparat zur kontinuierlichen Trennung von Proteinfraktionen (nach Polson[4]). Der Pfeil zeigt die Richtung der Vertikalen an.

Neigt man den ganzen Apparat um 25—45°, so wird die Trennung beschleunigt, da die Tendenz, in die Zelle zurückzufallen, bei der Komponente, die an die jeweils untere Membran wandert, vermindert wird. Polson konstruierte auch einen Apparat für kontinuierliche Arbeiten (s. Abb. 50).

Die überstehende Lösung einer Trennzelle fließt jeweils in den unteren Teil der nächsten Zelle. Auch bei dieser Apparatur ist der Trenneffekt in geneigter Lage besser.

Polson gelang es, durch Multimembran-Elektrodekantation Poliomyelitisvirus aus Maushirnsuspensionen zu konzentrieren[4], Trypsin aus Rinderbauchspeicheldrüsen zu reinigen und γ-Globulin aus Human-Serum zu isolieren. Largier erzielte eine wirksame

[1] Gutfreund, H.: Biochem. J. **37**, 186 (1943).
[2] Nielsen, L. E., and J. G. Kirkwood: Am. Soc. **68**, 181 (1946).
[3] Svensson, H.: Adv. Protein Chem. **4**, 251 (1948).
[4] Polson, A.: Biochim. biophysica Acta, N. Y. **11**, 315 (1953).

Reinigung von Tetanus-Toxin [1] und POLSON isolierte durch kontinuierliche Multimembran-Elektrodekantation Desoxyribonuclease aus Rinderpankreasextrakt, die elektrophoretisch und in der Ultrazentrifuge einheitlich war [2]. Die Leistungsfähigkeit der Methode kann man aus Abb. 51 ersehen, die die Fraktionierung von Serumglobulinen zeigt.

e) Proteintrennungen durch fraktionierte Dialyse.

α) Beschreibung.

Die unterschiedliche Dialysiergeschwindigkeit verschiedener Substanzen in Abhängigkeit von ihrer Partikelgröße wurde schon erwähnt (s. Tabelle 6, S. 23). In neuerer Zeit versucht man durch Hintereinanderschalten mehrerer Dialysenstufen die Trennwirkung zu erhöhen. SIGNER und Mitarbeiter beschreiben eine Gegenstromdialyse für niedermolekulare Substanzen [3]. CRAIG und KING zeigten, wie man die Dialysenergebnisse mit denen einer Verteilung vergleichen kann. Bei der Dialyse einer Lösung von Asparaginsäure und Bacitracin durch eine Visking Cellophanmembran Nr. 20/32 waren z. B. nach 20 min 10 % Bacitracin im Dialysat zu finden. 90 % waren in der Hülse verblieben, während sich von der Asparaginsäure 87 % im Dialysat und 13 % in der Hülse befanden [4]. Dividiert man die Mengen in der Hülse durch die im Dialysat, so erhält man für eine definierte Zeit (hier 20 min) Konstanten, die dem Verteilungskoeffizienten analog sind ($K_D = 9{,}0$ für Bacitracin, $K_D = 0{,}15$ für Asparaginsäure).

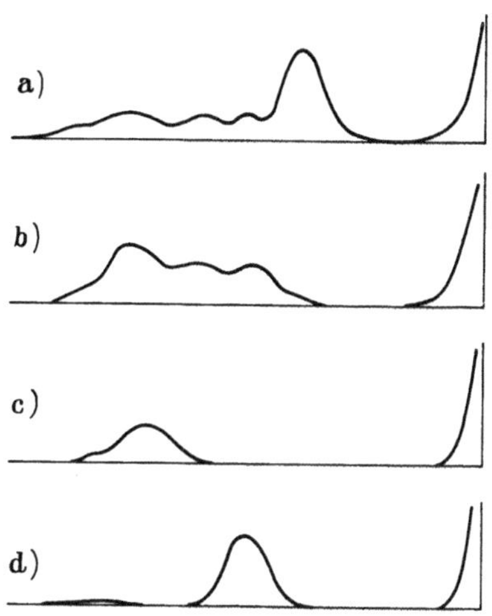

Abb. 51a—d. Elektrophoresediagramme von Serum- und Globulinfraktionen (nach POLSON [5]). a Ursprüngliches normales Serum; b Globulin, erhalten durch Ammoniumsulfatfällung; c γ-Globulin, d α-Globulin, vom Ammoniumsulfatniederschlag durch Multimembran-Elektrodekantation getrennt.

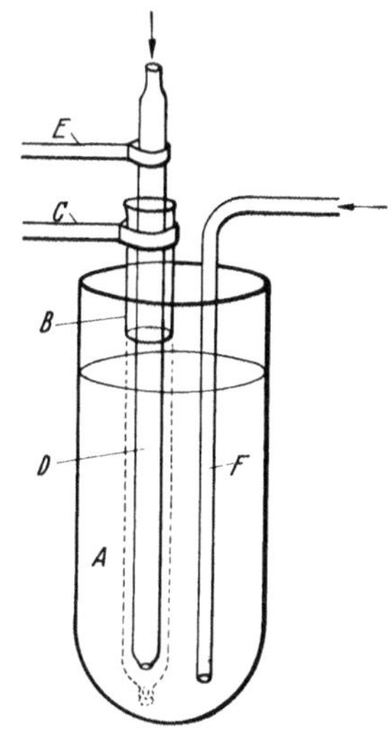

Abb. 52. Dialysiereinheit (nach CRAIG und KING [6]). *A* Zelle: 4,8 cm ⌀, 11 cm Länge, 120 cm^3 Inhalt. *B* Halter für Dialysensack; *C*, *E* Klammern; *D*, *F* Rohre zum Durchleiten von Stickstoff.

Zum Vergleich der Dialysiergeschwindigkeiten verschiedener Substanzen erwies sich die Entweichzeit von 50 % der Substanz aus der Hülse am geeignetsten (vgl. Tabelle 6, S. 23). Die Daten zeigen, daß die fraktionierte Dialyse eine sehr wirksame Trennoperation wäre, wenn man ein automatisches multiplikatives Verfahren mit vielen Stufen wie in der Gegenstromverteilung anwenden könnte. Da das gegenwärtig apparativ undurchführbar ist, muß man versuchen, Trennungen durchzuführen, bei denen wenige Stufen ausreichen, da Zeit- und Arbeitsaufwand bei jeder Dialyse beträchtlich sind. Von der multiplikativen Extraktion her bieten sich 2 Methoden an, die wechselseitige Entnahme und die vollständige Entnahme (Schachbrettmethode, „diamond pattern“).

Mit dieser Methode gelang HAUSMANN die Trennung nichtdinitrophenylierter Anteile von DNP-Peptiden eines Partialhydrolysates von DNP-Polymyxin B [7]. Die Gegenstrom-

[1] LARGIER, J. F.: Biochim. biophysica Acta, N. Y. **21**, 433 (1956).
[2] POLSON, A.: Biochim. biophysica Acta, N. Y. **22**, 61 (1956).
[3] SIGNER, R., H. HÄNNI, W. KOESTLER, W. ROTTENBERG u. P. v. TAVEL: Helv. **29**, 1984 (1946).
[4] CRAIG, L. C., and T. P. KING: Am. Soc. **78**, 4171 (1956).
[5] POLSON, A.: Biochim. biophysica Acta, N. Y. **11**, 315 (1953).
[6] CRAIG, L. C., and T. P. KING: Am. Soc. **77**, 6620 (1955).
[7] HAUSMANN, W.: Am. Soc. **78**, 3663 (1956).

dialyse ist für Gruppentrennungen und Vorfraktionierungen geeignet und ist somit eine wertvolle ergänzende Methode neben wirksameren, wie Gegenstromverteilung, Chromatographie und Zonenelektrophorese (vgl. auch [1]).

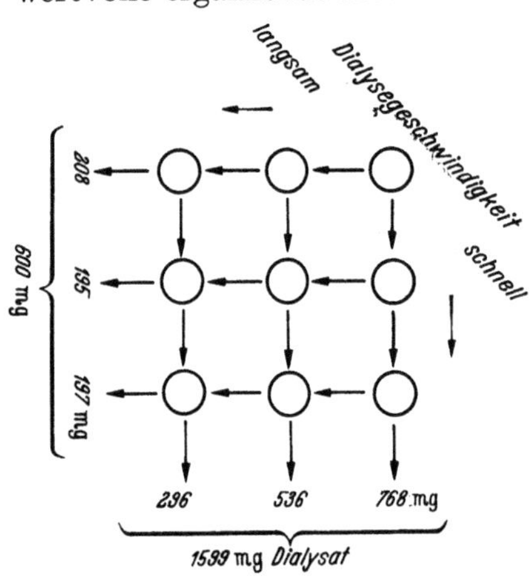

Abb. 53. Gegenstromdialyse nach der Schachbrettmethode (vollständige Entnahme). Trennung eines Tyrocidin B-Partialhydrolysats (nach CRAIG und KING [2]).

β) Beispiel.

***Auftrennung eines Tyrocidin-Partialhydrolysates durch fraktionierte Dialyse nach* CRAIG *und* KING[2].**

Apparatur. Abb. 52 zeigt die schematische Zeichnung einer Dialyseneinheit.

Die Membranoberfläche beträgt etwa 45 cm² bei 12 cm³ Inhalt des Sackes. Durch Herablassen der Zelle *A* wird das Dialysat leicht entfernt. Die Lösung kann mittels eines Hebers durch *D* entfernt werden und der Dialysensack wiederholt verwendet werden.

Ausführung[2, 3]. 2,0 g Tyrocidin B werden 3 Std mit der 100fachen Menge konz. Salzsäure bei 80° C im Einschlußrohr partiell hydrolysiert. Die Säure wird bei 30° C im Drehverdampfer[4] entfernt und die Substanz in 0,1 n Salzsäure aufgenommen. Mit dieser Lösung wird eine 3stufige Gegenstromdialyse nach der Schachbrettmethode entsprechend Abb. 53 durchgeführt.

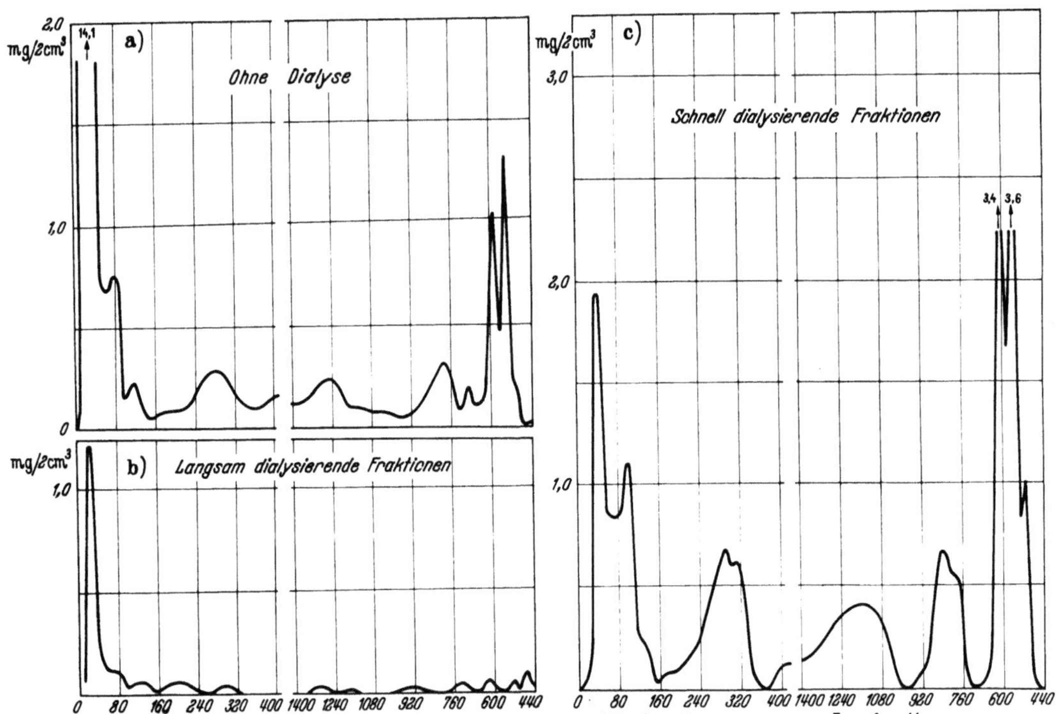

Abb. 54a—c. Vergleichende Gegenstromverteilungskurven von verschieden behandelten Tyrocidin-Hydrolysaten (nach CRAIG und KING[2]). a Nicht dialysiert; b langsam, c schnell dialysierende Fraktionen.

Ergebnis. Die langsam und die schnell dialysierenden Komponenten sowie ein nicht dialysiertes Partialhydrolysat werden der Gegenstromverteilung unterworfen. Die Verteilungskurven (Abb. 54) zeigen, daß eine Vorfraktionierung in Gruppen erzielt werden kann.

[1] SYNGE, R. L. M.: Biochem. J. **65**, 266 (1957).
[2] CRAIG, L. C., and T. P. KING: Am. Soc. **77**, 6620 (1955).
[3] KING, T. P., and L. C. CRAIG: Am. Soc. **77**, 6624 (1955).
[4] CRAIG, L. C., J. D. GREGORY and W. HAUSMANN: Analyt. Chem., Washington **22**, 1462 (1950).

f) Proteintrennungen durch spezielle Methoden.

Auf Grund besonderer Eigenschaften mancher Proteine oder entsprechend dem jeweiligen Zweck einer Untersuchung kann man Eiweißsubstanzen bisweilen auch durch spezielle Methoden trennen, deren Bedingungen aber jeweils gesondert ausgetestet werden müssen. Solche Methoden sind

1. partielle Denaturierung,
2. partielle enzymatische Zerstörung,
3. immunchemische Methoden,
4. spezifische Aggregation.

Alle diese Verfahren sind jedoch nicht allgemein und universell zur Proteinreinigung und -trennung geeignet, und ihre Anwendbarkeit ist vorher von Fall zu Fall zu prüfen.

α) Partielle Denaturierung.

Geschwindigkeit und Temperaturkoeffizient der Hitzedenaturierung sind für verschiedene Proteine verschieden groß. Da die Löslichkeit durch die Denaturierung herabgesetzt wird, ist sie ein geeignetes Mittel, gewisse Proteinkomponenten aus einem Eiweißgemisch zu entfernen, wenn es möglich ist, Bedingungen zu finden, bei denen ein Teil der Komponenten denaturiert wird, während der andere Teil unverändert bleibt. Es ist jeweils notwendig, die optimalen Bedingungen der Temperatur und der Zeit einer partiellen Denaturierung durch systematische Variation in Reihenvorversuchen auszutesten. Auch p_H und Ionenstärke der Lösung sowie der Reinheitsgrad eines Proteins spielen eine Rolle. Im allgemeinen sind weniger reine Extrakte und Mischungen gegenüber Hitzeeinwirkung widerstandsfähiger. Die erste Denaturierung bewirkt meist den größten Reinigungseffekt. Wenn man nach Literaturangaben arbeitet, ist es bei einer derart diffizilen Reaktion natürlich unerläßlich, die angegebenen Bedingungen bis ins einzelne genau einzuhalten, um reproduzierbare Resultate zu erhalten.

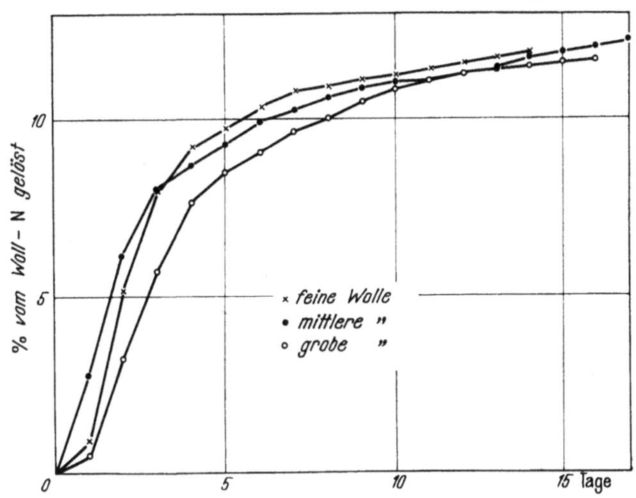

Abb. 55. Pankreatinlöslichkeit von Wolle (nach ELÖD und ZAHN[10]).

Manche Proteine, wie Trypsin[1] (vgl. auch [2]), werden bei der Hitzebehandlung teilweise inaktiviert bzw. aggregiert, gehen aber bei geeigneter Behandlung in der Kälte wieder in ihren Ausgangszustand zurück. Andere Eiweiße lassen sich spezifisch durch Zusätze von gewissen Ionen, wie Caprylat, Mandelat u. dgl., oder Acetyltryptophan u. a.[3, 4] oder Hexosen[5] gegen Denaturierung schützen. So geschütztes Plasmaalbumin z. B. kann durch Hitzebehandlung von verunreinigenden Begleitproteinen befreit werden[6]. Enzyme werden oft durch ihre Substrate und Coenzyme stabilisiert und können daher durch Hitzedenaturierung gereinigt werden[7–9]. Auch Denaturierung an Oberflächen (Schütteln der

[1] NORTHROP, J. H., M. KUNITZ and R. M. HERRIOTT: Crystalline Enzymes. New York 1948.
[2] NEURATH, H., J. P. GREENSTEIN, F. W. PUTNAM and J. O. ERICKSON: Chem. Reviews **34**, 157 (1944).
[3] BALLOU, G. A., P. D. BOYER, J. M. LUCK and F. G. LUM: J. biol. Ch. **153**, 589 (1944).
[4] BOYER, P. D., F. G. LUM, G. A. BALLOU, J. M. LUCK and R. G. RICE: J. biol. Ch. **162**, 181 (1946).
[5] BALL, C. D., C. R. HARDT and W. J. DUDDLES: J. biol. Ch. **151**, 163 (1943).
[6] GELLIS, S. S., J. R. NEEFE, J. STOCKES jr., L. E. STRONG, C. A. JANEWAY and G. SCATCHARD: J. clin. Invest. **27**, 239 (1948).
[7] MILSTONE, H.: J. gen. Physiol. **25**, 679 (1942).
[8] SREGERS, W. H.: Arch. Biochem. **3**, 363 (1944).
[9] CAETER, C. E., and J. P. GREENSTEIN: J. nat. Cancer Inst. **6**, 219 (1945/46).
[10] ELÖD, E., u. H. ZAHN: Melliand Textilber. **25**, 361 (1944).

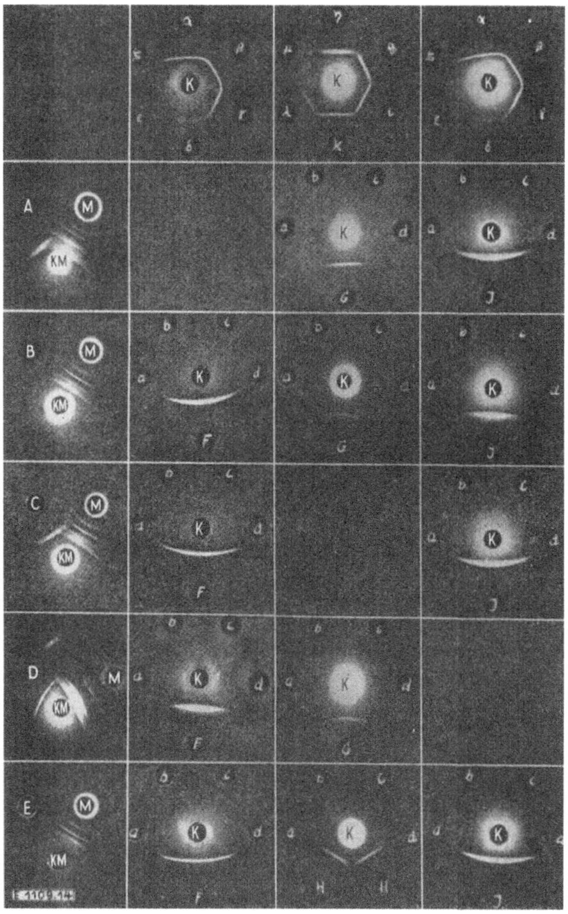

Abb. 56. Agar-Diffusionstest mit Antiseren von Kaninchen (nach SCHULTZE[7]). *KM* 0,05 cm^3 auf halbes Volumen eingeengtes Antiserum (Kaninchen) gegen Menschenserum = 1. Vertikalreihe. *K* 0,05 cm^3 auf halbes Volumen eingeengtes Antiserum (Kaninchen) gegen Albumin = 2. Vertikalreihe; gegen α_2-Globulin = 3. Vertikalreihe; gegen β_1-Globulin = 4. Vertikalreihe. *M* 0,05 cm^3 auf halbes Volumen eingeengtes Menschenserum.

1. Horizontalreihe

über 2. Vertikalreihe	über 4. Vertikalreihe	über 3. Vertikalreihe
α = 100 γ Albumin	oder β_1-Globulin	η = 3000 γ α_2-Globulin
β = 50 γ Albumin	oder β_1-Globulin	ϑ = 2000 γ α_2-Globulin
γ = 10 γ Albumin	oder β_1-Globulin	ι = 1000 γ α_2-Globulin
δ = 5 γ Albumin	oder β_1-Globulin	$\varkappa$ = 500 γ α_2-Globulin
ε = 1 γ Albumin	oder β_1-Globulin	λ = 50 γ α_2-Globulin
ζ = 0,5 γ Albumin	oder β_1-Globulin	μ = 10 γ α_2-Globulin

2.—6. Horizontalreihe

a = 6000 γ Testprotein	2. Horizontalreihe = Albumin
b = 3000 γ Testprotein	3. Horizontalreihe = α_1-Globulin
c = 2000 γ Testprotein	4. Horizontalreihe = α_2-Globulin
d = 1000 γ Testprotein	5. Horizontalreihe = β_1-Globulin
	6. Horizontalreihe = γ-Globulin

1. Vertikalreihe	2.—4. Vertikalreihe
A = 500 γ Albumin	*F* = 100 γ Albumin
B = 3000 γ α_1-Globulin	*G* = 1000 γ α_2-Globulin
C = 3000 γ α_2-Globulin	*H* = 2000 γ α_2-Globulin
D = 500 γ β_1-Globulin	*I* = 500 γ β_1-Globulin
E = 3000 γ γ-Globulin	

Die hellen Höfe um einige der zentralen Antiseren-Positionen werden durch Lipoide verursacht und nehmen mit zunehmender Expositionszeit an Stärke zu

Lösung) wurde bei verschiedenen Isolierungsverfahren angewendet[1, 2]. Als Beispiel für eine partielle Denaturierung sei die Reinigung von Leucin-Aminopeptidase als 4. Stufe im Verlauf des Isolierungsprozesses nach SPACKMAN, SMITH und BROWN angeführt[3]:

Die Proteinlösung wird in ein Gefäß aus rostfreiem Stahl gebracht und unter Rühren in einem Wasserbad von 80° C behandelt, bis die Lösung eine Temperatur von 70° C erreicht hat. Man läßt bei 70° 4 min stehen oder insgesamt 10 min vom Beginn des Erhitzens ab. In einem Eiswasserbad kühlt man die Lösung rasch auf 0° C ab. Der inaktive Niederschlag wird durch Zentrifugieren oder Filtrieren entfernt. Der Reinheitsgrad des Präparates kann durch diesen Prozeß um 50 % erhöht werden. Die selektive Denaturierung bei der Pankreasfraktionierung nach KUNITZ vgl. S. 36.

β) *Partielle enzymatische Zerstörung.*

Bestimmte Komponenten eines Eiweißgemisches kann man durch partielle enzymatische Zerstörung oder Verdauung entfernen. In der Wolle finden sich etwa 10 % durch Pankreatin leicht verdauliche Proteinsubstanzen, die durch partiellen Abbau entfernt werden können (s. Abb. 55). Anschließend lassen sich die Spindelzellen der Wolle in einfacher Weise isolieren. (Vgl. einige andere Arbeiten[4-6].) Im allgemeinen sind derartige Reaktionen aber zu unspezifisch. Die gesuchten Komponenten erleiden meist ebenfalls einen gewissen Abbau. Bei löslichen Proteinen hat die partielle enzymatische Zerstörung daher noch keine häufige Anwendung gefunden.

γ) *Immunchemische Methoden.*

Die meisten Proteine rufen bei einer Injektion im Tierkörper die Bildung von

[1] TSUCHIHASHI, M.: B. Z. **140**, 63 (1923).
[2] SEVAG, M. G., and J. SMOLENS: J. biol. Ch. **140**, 833 (1941).
[3] SPACKMAN, D. H., E. L. SMITH and D. M. BROWN: J. biol. Ch. **212**, 255 (1955).
[4] WEIL, A. J., I. A. PARVENTJEV and K. L. BOWMAN: J. Immunol. **37**, 413 (1930).
[5] PAPPENHEIMER, A. M. jr., and E. S. ROBINSON: J. Immunol. **32**, 291 (1937).
[6] POPE, C. G.: Brit. J. exp. Path. **19**, 245 (1938).
[7] SCHULTZE, H. E.: Z. Elektrochem. **60**, 262 (1956).

sog. „Antikörpern" hervor. Diese Antikörper bilden mit dem Protein, „Antigen" genannt, einen hochspezifischen Niederschlag (vgl. [1]), der nur die beiden Komponenten enthält oder höchstens noch kleine Mengen eingeschlossener oder adsorbierter Fremdstoffe. Diese

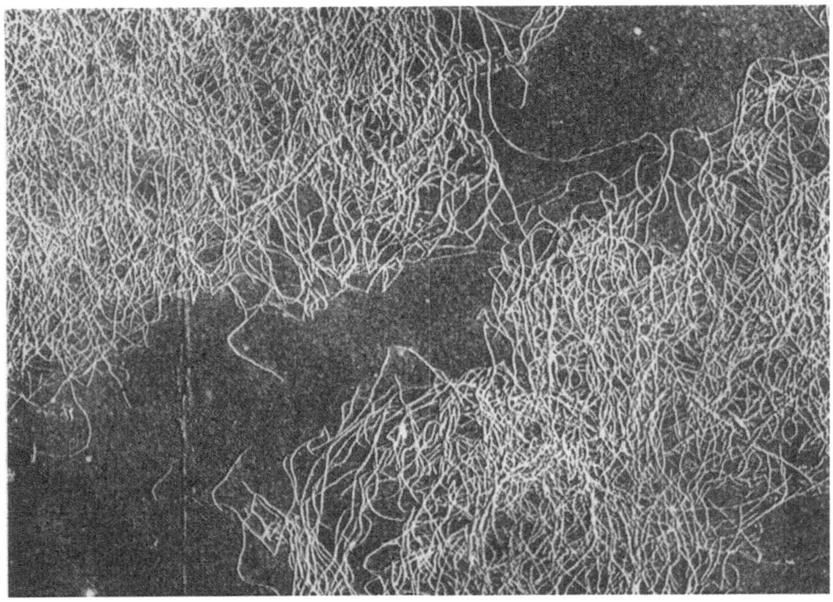

a

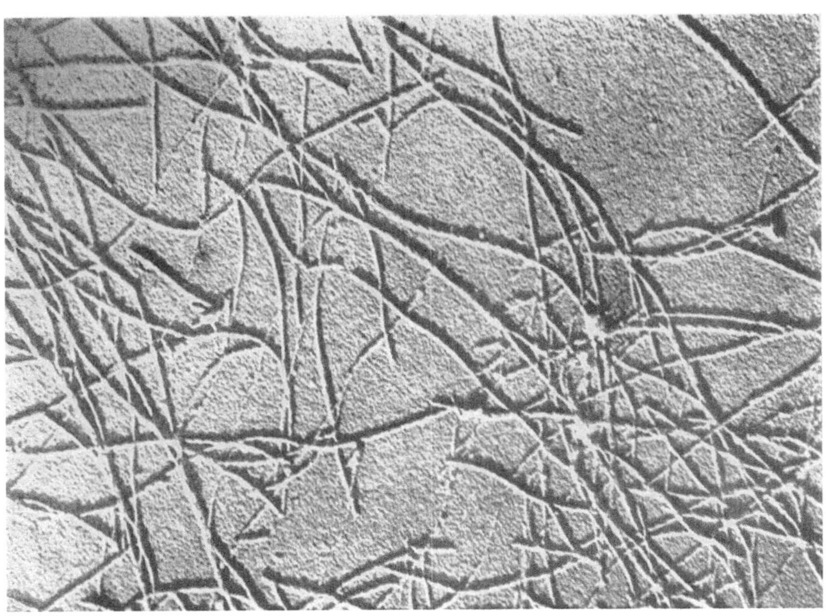

b

Abb. 57a u. b. a Fibrilleninsulin (nach FARRANT und MERCER[2]). b Fibrillenglucagon (nach STAUB, SINN und BEHRENS[3]).

Antigen-Antikörper-Reaktionen können daher zur Reinigung von Proteinen dienen, wenn es gelingt, den Komplex durch geeignete Salzkonzentration oder Säure zu spalten und die Komponenten zu trennen. Eine Spaltung solcher Komplexe erreicht man aber bisweilen nur durch Zerstörung einer Komponente[4]. Häufiger als die präparative ist auch

[1] NAJJAR, V. A., and J. FISHER: Biochim. biophysica Acta, N. Y. **20**, 158 (1956).
[2] FARRANT, J. L., and E. H. MERCER: Biochim. biophysica Acta, N. Y. **8**, 355 (1952).
[3] STAUB, A., L. SINN and O. K. BEHRENS: J. biol. Ch. **214**, 619 (1955).
[4] SUMNER, J. B., u. J. S. KIRK: H. **205**, 219 (1932).

bei dieser Methode die analytische Anwendung zur Prüfung der Einheitlichkeit eines Eiweißmaterials. Dazu bedient man sich in letzter Zeit des Geldiffusionstestes nach OUCHTERLONY [1] (vgl. auch [2]). Ein typisches Ergebnis solcher Teste zeigt Abb. 56.

Literatur.

BOYD, W. C.: The proteins of immune reactions; in: NEURATH-BAILEY, Proteins, Bd. II B, S. 755.

KABAT, E. A., and M. M. MAYER: Experimental Immunochemistry. 3. Aufl. Springfield, Ill. 1948.

WESTPHAL, O.: Immunchemie; in: Flaschenträger-Lehnartz, Physiologische Chemie. Bd. II, 2. Teil, S. 938 (1957).

CUSHING, J. E., and D. H. CAMPBELL: Principles of Immunology. S. 250. New York 1957.

SCHULTZE, H. E.: Angew. Chem. **62**, 426 (1950).

BOYD, W. C.: Fundamentals of Immunology. III. Edit. S. 69. New York, Houston, Amsterdam 1956.

δ) Spezifische Aggregation.

MOMMAERTS machte sich zur Trennung und Reindarstellung des Actins von Begleitproteinen dessen Eigenschaft zunutze, reversibel vom globulären (G-Actin) durch Salzzusatz in den fibrillären (F-Actin) Zustand überzugehen [3]. Das hochmolekulare F-Actin konnte dann durch Ultrazentrifugieren von den anderen nicht aggregierten Proteinen getrennt werden und wurde anschließend wieder zu G-Actin desaggregiert, s. S. 100. Dieses Verfahren kann vielleicht in Zukunft größere Bedeutung zur Trennung und Reindarstellung von Proteinen gewinnen, wenn man derartige reversible Aggregations-Desaggregations-Prozesse experimentell besser beherrschen lernt. Untersuchungen auf diesem Gebiet wurden vor allem von WAUGH durchgeführt [4, 5]. Insulin kann man in Fibrilleninsulin überführen und durch Alkali wieder regenerieren, wobei kein Aktivitätsverlust eintritt. Auch von Glucagon ist eine fibrilläre Form beschrieben worden (vgl. Abb. 57).

5. Reinheitskriterien für Proteine.

Am Ende eines Isolierungsprozesses bleibt die Frage zu klären: Ist das isolierte Protein ein einzelnes Protein oder ein Gemisch von 2 oder mehreren verwandten Eiweißen? Die üblichen Reinheitskriterien des Chemikers: Schmelzpunkt, Siedepunkt, Elementaranalyse, Kryoskopie und Ebbullioskopie versagen bei den Eiweißen vollkommen. Die früheren Forscher auf dem Eiweißgebiet konnten daher von Proteinen nur in vagen Worten sprechen [6]. Sogenannte reine Proteine wurden oft eher durch die Art ihrer Darstellung charakterisiert, als daß sie chemische Individuen darstellten. Auch heute noch ist diese Unsicherheit immer in Betracht zu ziehen. Es wurden zwar in den letzten Jahren viele Homogenitätsteste ausgearbeitet, aber keiner dieser Teste ist für sich allein entscheidend. Vielmehr sind an jedem Protein möglichst viele vergleichende Homogenitätsstudien mit verschiedenen Methoden und Reinheitskriterien auszuführen, bevor man berechtigt ist, ein Protein als rein und homogen anzusehen. Erst wenn keine weitere Trennung mit Methoden von guter Trennwirkung erreicht werden kann, sind quantitative Aminosäureanalysen und Molgewichtsbestimmungen mit dem Ziel der Strukturaufklärung sinnvoll. Andererseits kann aber die Aminosäureanalyse zusammen mit der Molgewichtsbestimmung auch als Reinheitskriterium herangezogen werden. Die Reinheitsteste lassen sich einteilen nach physikalischen, biologischen und chemischen Methoden:

---

[1] OUCHTERLONY, Ö.: Ark. Kemi **1**, 55 (1949).

[2] SCHULTZE, H. E.: Z. Elektrochem. **60**, 262 (1956).

[3] MOMMAERTS, W. F. H. M.: J. biol. Ch. **188**, 559 (1951).

[4] WAUGH, D. F.: Am. Soc. **70**, 1850 (1948).

[5] WAUGH, D. F., D. F. WILHELMSON, S. L. COMMERFORD and M. L. SACKLER: Am. Soc. **75**, 2592 (1953).

[6] CRAIG, L. C.: The Chemical Structure of Proteins. Ciba Found. Symp. S. 4. Boston 1953.

Physikalische Methoden:
1. Löslichkeitstest.
2. Verteilungsstudien,
   a) chromatographisch,
   b) Gegenstromverteilung.
3. Elektrophoretische Beweglichkeit,
   a) Grenzflächenmethode,
   b) Zonenelektrophorese.
4. Sedimentation.
5. Diffusionstest.
6. Osmotische Messungen.
7. Absorptionsspektrum.
8. Optische Drehung.
9. Lichtstreuung.
10. Einheitliche Kristallisation.

Dazu kommen
Denaturierungsteste.

Biologische Methoden:
1. Prüfung der biologischen Aktivität.
2. Immunologische Teste.

Chemische Methoden:
1. Aminosäureanalyse.
2. Endgruppenbestimmung.
3. Sulfhydrylgruppengehalt (Phosphorgehalt).

Da ein Teil dieses Bandes die Proteinanalyse speziell behandelt, sollen hier nur die wichtigsten der aufgeführten Methoden kurz erläutert werden.

Der *Löslichkeitstest* (SØRENSEN[1]). Ist das Protein rein, so besitzt es in Wasser, Salzlösungen bzw. in Alkohol usw. eine konstante Löslichkeit, die unabhängig ist von der anwesenden Menge nicht aufgelösten Proteins. Beim Vorliegen eines Gemisches nimmt die aufgelöste Menge mit der Gesamtproteinmenge zu (s. Abb. 58).

Der Löslichkeitstest ist ein häufig benutztes Reinheitskriterium, doch ist er nicht unbedingt zuverlässig, und in verschiedenen Medien erhält man oft verschiedene Ergebnisse (p_H-abhängige Dissoziationen usw.). Näheres s. COHN und EDSALL[2], vgl. auch[3].

Bei *Verteilungsstudien* zur Ermittlung der Homogenität werden entweder die Konstanz des Verteilungskoeffizienten K über einen größeren Konzentrationsbereich oder die Übereinstimmung der experimentellen Verteilungskurve mit der theoretisch berechneten als Reinheitskriterien angesehen. Verteilungsversuche kann man chromatographisch oder in Gegenstromapparaturen ausführen (s. S. 76).

Elektrophoretische Beweglichkeit und *Sedimentation* in der Ultrazentrifuge sind beim heutigen Stand dieser Methoden als sehr wirksame Homogenitätskriterien anzusehen und sind auch die am häufigsten angewendeten analytischen Verfahren in der Proteinchemie (s. S. 95).

Die *Absorption im UV* ist im allgemeinen sehr unspezifisch, da die meisten Proteine infolge ihres Gehaltes an Tyrosin, Phenylalanin und Tryptophan bei 270—280 mμ absorbieren. Einzelne Proteine weisen dagegen ein charakteristisches Spektrum auf (z. T. schon im Sichtbaren), wie Cytochrom c (550 mμ), Hämoglobin (400—425 mμ), Hämocyanin, Myoglobin, Coeruloplasmin u. a., und können daher durch Absorptionsmessungen auf ihre Reinheit geprüft werden.

---
[1] SØRENSEN, S. P. L.: Am. Soc. **47**, 457 (1925).
[2] COHN, E. J., and J. T. EDSALL: Proteins, Amino Acids, and Peptides. S. 570 u. 587. New York 1943.
[3] NORTHROP, J. H., M. KUNITZ and R. M. HERRIOTT: Crystalline Enzymes. S. 288. New York 1948.

Die Aufnahme von *Zeit-Dialysierkurven* verwendeten CRAIG und KING als Reinheitstest für Bacitracinproben[1].

Die *Messung der biologischen Aktivität* von Enzympräparaten ist die beste und genaueste Methode, um den Verlauf und die Wirksamkeit eines Isolierungs- bzw. Fraktionierungsprozesses zu verfolgen. Dagegen ist sie kein absolutes Reinheitskriterium, und die Tatsache, daß ein Enzympräparat eine bislang höchste biologische Aktivität aufweist, besagt nicht, daß es ein chemisch definiertes einheitliches Protein ist. Oft wurde dann auch mit neuen, besseren Methoden ein noch wirksameres Präparat dargestellt.

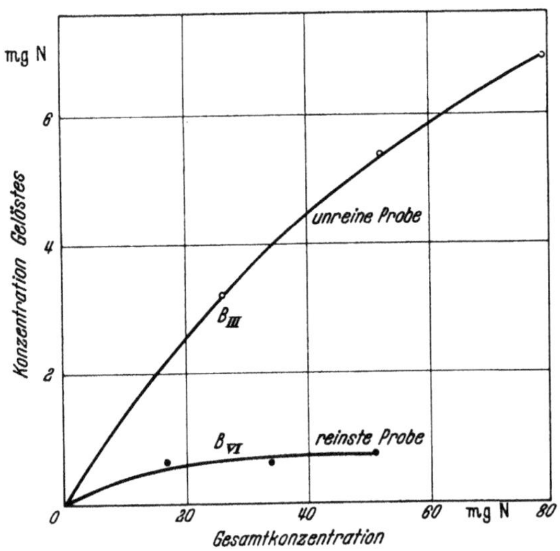

Abb. 58. Löslichkeitstest von Globulinpräparaten in 0,02 n NaCl-Lösung (nach SØRENSEN).

Die *immunchemischen Fällungsteste* sind hochspezifisch und als Reinheitskriterium vorzüglich geeignet. Verschiedene quantitative Methoden wurden entwickelt, wie der Gel-Diffusionstest von OUCHTERLONY[2] (vgl. S. 106) oder ein immunoelektrophoretisches Verfahren[3].

Die *chemischen Reinheitskriterien*, wie Aminosäureanalyse, Endgruppenbestimmung und Analyse bestimmter Elemente, wie Schwefel und Phosphor, sind sehr wichtig. Diese Teste wurden erst in jüngster Zeit zu hoher Genauigkeit entwickelt durch die quantitative Aminosäureanalyse nach MOORE und STEIN[4-6], durch die Dinitrophenylmethode nach SANGER[7] und die Thiohydantoinmethode nach EDMAN[8] (vgl. auch [9]) zur Bestimmung der Aminoendgruppen und N-terminalen Aminosäure-Sequenzen und die Ermittlung von Carboxyendgruppen und C-terminalen Aminosäuresequenzen durch Abbau mit Carboxypeptidase[10], Reduktion der Peptidester[11, 12], Hydrazinabbau[13] und LOSSEN-Abbau[14] der Hydroxamsäuren. Zusammen mit einer Molgewichtsbestimmung ist z. B. die quantitative Aminosäureanalyse als Reinheitstest geeignet. Wenn sich bestimmte Aminosäuren in einem geringeren als einfach molaren Prozentsatz vorfinden, so stammen sie aus Verunreinigungen. Genaue ganzzahlige Molverhältnisse der Aminosäuren und Übereinstimmung mit dem Molgewicht ist somit ein sehr wertvolles Reinheitskriterium.

Alle genannten Prüfungen sind, wie schon ausgeführt wurde, für sich allein nicht beweiskräftig für die Einheitlichkeit und Reinheit eines Proteinpräparates, sondern nur eine Kombination möglichst vieler möglichst voneinander unabhängiger Kriterien. Nach SCHULTZE[15] ist die Anwendung von 4 Methoden zur Charakterisierung der Eigenschaften und des Reinheitsgrades von Eiweißkörpern eine *Mindestforderung*[16]. Er verwendete für Plasmaproteine:

[1] CRAIG, L. C., and T. P. KING: Am. Soc. **78**, 4171 (1956).
[2] OUCHTERLONY, Ö.: Ark. Kemi **1**, 55 (1949).
[3] GRABAR, P., and C. A. WILLIAMS jr.: Biochim. biophysica Acta, N. Y. **10**, 193 (1953); **17**, 67 (1955).
[4] MOORE, S., and W. H. STEIN: J. biol. Ch. **176**, 337 (1948).
[5] STEIN, W. H., and S. MOORE: J. biol. Ch. **178**, 53 (1949).
[6] MOORE, S., and W. H. STEIN: J. biol. Ch. **192**, 663 (1951).
[7] SANGER, F.: Biochem. J. **39**, 507 (1945).
[8] EDMAN, P.: Acta chem. scand. **4**, 283 (1950).
[9] FRAENKEL-CONRAT, H., and J. FRAENKEL-CONRAT: Acta chem. scand. **5**, 1409 (1951).
[10] HARRIS, J. I.: Symposium on Peptide Chemistry. S. 71. London 1955.
[11] FROMAGEOT, C., M. JUTISZ, D. MEYER et L. PENASSE: Biochim. biophysica Acta, N.Y. **6**, 283 (1950).
[12] HÖRMANN, H., W. GRASSMANN, E. WÜNSCH u. H. PRELLER: B. **89**, 933 (1956).
[13] AKABORI, S., K. OHNO, and K. NARITA: Bull. Chem. Soc. Japan **25**, 214 (1952).
[14] WIELAND, T.: Ciba Found. Symp. Boston 1953. S. 146.
[15] SCHULTZE, H. E.: Z. Elektrochem. **60**, 262 (1956).
[16] SØRENSEN, S. P. L.: Am. Soc. **47**, 457 (1925).

Sedimentation in der Ultrazentrifuge,
Grenzflächenelektrophorese in der Tiselius-Apparatur,
Streulichtmessungen,
immunchemischen Geldiffusionstest.

Li und Mitarbeiter ermittelten die Einheitlichkeit eines α-ACTH-Präparates durch[1]:
Verteilungsstudien in der Gegenstromapparatur,
Verteilungsstudien durch Chromatographie,
Zonenelektrophorese auf Stärke,
Aminosäureanalyse,
biologische Teste.

6. Zusammenfassung und typisches Beispiel für eine moderne Proteinisolierung.

Wir haben uns bemüht zu zeigen, daß es heute eine ganze Reihe wirksamer Methoden zur Isolierung und Reindarstellung von Proteinen gibt, bei denen man verschiedene Eigenschaften der komplizierten Eiweißmoleküle ausnützt. Eine generelle Arbeitsvorschrift oder eine Idealmethode, die in einem einzigen oder auch nur wenigen Schritten zur reinen Eiweißsubstanz führt, gibt es aber bis jetzt noch nicht. Die Proteinisolierung und -fraktionierung ist vielmehr ein vielstufiger Prozeß. Man ist aber heute nicht mehr — wie lange Zeit — nur auf Löslichkeitsunterschiede angewiesen, sondern hat die Möglichkeit, die oben beschriebenen *modernen Methoden kombiniert anzuwenden.* Je nach der Zweckmäßigkeit und Leistungsfähigkeit wird man die verschiedenen Methoden an der geeigneten Stufe des Isolierungsprozesses anwenden. Wenn große Mengen billigen Materials zur Verfügung stehen, wird man unter möglichst geringem Zeitaufwand arbeiten, oder man wird mehr Wert auf möglichst verlustfreie Verfahren legen, wenn man es mit kostbaren Substanzen zu tun hat. Die Entwicklung der neuen Methoden befindet sich noch im Fluß. Die Verfahren können sicher noch verbessert werden, neue werden dazu kommen. Aber schon mit den heute zur Verfügung stehenden Verfahren sollte es möglich sein, jedes beliebige Protein zu isolieren und als homogenes und einheitliches chemisches Individuum rein darzustellen, wenn man sich einer zweckmäßigen Kombination aller modernen Methoden der Proteinchemie bedient.

Aus der Fülle der in den letzten Jahren erschienenen Arbeiten soll hier noch als abschließendes Beispiel für eine solche zweckmäßige Kombination verschiedener Methoden die Isolierung und Reindarstellung eines Proteinhormons (ACTH) über folgende 8 Stufen beschrieben werden:

1. Zellzerkleinerung.
2. Saure Acetonextraktion.
3. NaCl-Fraktionierung.
4. Adsorption an Oxycellulose.
5. Dioxan-Fraktionierung.
6. Zonenelektrophorese auf Stärke.
7. Chromatographie an Ionenaustauscher.
8. Gegenstromverteilung.

Mit 4 verschiedenen analytischen Methoden wurde nachgewiesen, daß das Endprodukt homogen ist und ein einheitliches chemisches Individuum darstellt.

ACTH besitzt als Therapeuticum gegen rheumatische Arthritis einen hohen Wert, und seit der Entdeckung dieser Wirksamkeit[2] wurden bereits viele Versuche gemacht, das Hormon zu isolieren und rein darzustellen[3-5].

[1] Li, C. H., I. I. Geschwind, J. S. Dixon, A. L. Levy and J. I. Harris: J. biol. Ch. **213**, 171 (1955).
[2] Hench, P. S., C. H. Slocumb, H. F. Polley and E. C. Kendall: J. amer. med. Ass. **144**, 1327 (1950).
[3] Li, C. H.: Acta endocrinol., København **10**, 255 (1952).
[4] Astwood, E. B., M. S. Raben and R. W. Payne: Recent Progr. Hormone Res. **7**, 1 (1952).
[5] Li, C. H., I. I. Geschwind, A. L. Levy, J. I. Harris, J. S. Dixon, N. G. Pon and J. O. Porath: Nature **173**, 251 (1954).

Isolierung von α-Corticotropin (α-ACTH) aus Schafhypophysen nach Li ***und Mitarbeitern***[1-3].

Zellzerkleinerung:

1 kg Schaf-Hypophysendrüsen wird eingefroren und im gefrorenen Zustand fein zermahlen.

Saurer Acetonextrakt, Acetonpulver, Fraktion AAP. Das feingemahlene Material wird extrahiert, indem man es 1 Std lang mit 4,1 *l* saurem Aceton (0,5 *l* Wasser + 4 *l* Aceton + 100 cm³ konz. HCl) intensiv rührt. Die Mischung wird filtriert und der Rückstand nochmals mit 2 *l* 80%igem Aceton extrahiert. Die vereinigten Extrakte gießt man in 30 *l* kaltes Aceton (2° C). Der entstehende Niederschlag wird nach wiederholtem Waschen mit Aceton im Vakuum getrocknet. Ausbeute: 35 g AAP („acid acetone powder").

NaCl-Fraktionierung, Fraktion D. 20 g AAP werden in 940 cm³ Wasser gelöst, der p_H der Lösung mit 1 m HCl auf 3,0 gebracht und 60 cm³ gesättigte NaCl-Lösung unter Rühren tropfenweise zugefügt. Der entstehende Niederschlag wird abzentrifugiert und dient zur Isolierung des Lactogen-Hormons[4]. Die überstehende Lösung wird mit festem NaCl gesättigt, der entstandene Niederschlag abgetrennt, in 100 cm³ Wasser gelöst und gegen strömendes Wasser dialysiert, bis die Hormonlösung salzfrei ist. Die Lösung wird gefriergetrocknet. Ausbeute 3 g Fraktion D.

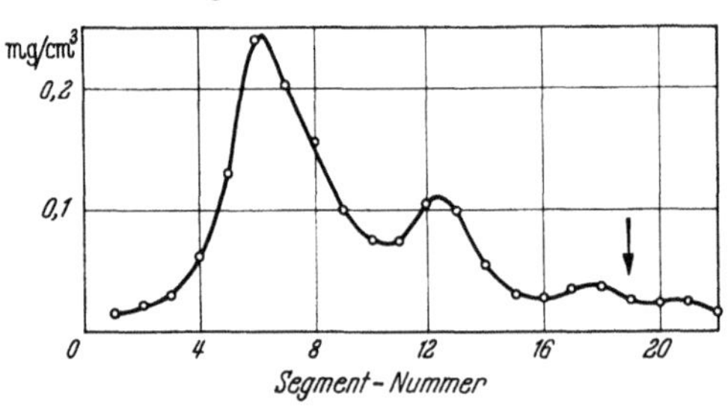

Abb. 59. Zonenelektrophorese von Fraktion F (s. Tabelle 28) auf Stärke (nach Li u. a.[6]), 40 cm-Trog. p_H 11,1, 0,1 m Na_2CO_3; 200 V; 16 Std; $T = 3°$ C. Die Hormonaktivität ist in den Segmenten 5—7 konzentriert.

Adsorption an Oxycellulose[5], *Fraktion E:*

Man löst 10 g Fraktion D in 400 cm³ 0,1 m Essigsäure und stellt den p_H auf 3,5—4,0 ein. 40 g Oxycellulose werden mit 1 n HCl, Wasser und 0,1 n Essigsäure gewaschen, zur Corticotropinlösung dazugegeben und 24 Std bei Zimmertemperatur gerührt. Die Oxycellulose wird sodann auf einer Glasfritte gesammelt und mit 0,1 n Essigsäure und Wasser gewaschen, bis das Eluat ninhydrinnegativ ist. Dann verschließt man die Fritte und verrührt die Oxycellulose mit 20 cm³ 0,1 n HCl. Nach 1stündigem Stehen läßt man die HCl abtropfen. Die Oxycellulose wird mit 0,1 n HCl nachgewaschen, bis nur noch Spuren an ninhydrinpositivem Material erscheinen. Aufarbeitung durch Dialyse und Gefriertrocknung. Ausbeute an Fraktion E: ≈ 300 mg, Aktivität: 25 USP-Einheiten/mg*.

Dioxan-Fraktionierung, Fraktion F:

200 mg Fraktion E werden in 200 cm³ 50% wäßrigem, hochgereinigtem Dioxan gelöst. Die Lösung wird mit 0,1 m NaOH auf p_H 9,3—9,4 gebracht, der entstandene flockige Niederschlag abzentrifugiert und die klare Lösung sofort eingefroren und gefriergetrocknet. Man erhält 100 mg weißes Pulver = Fraktion F mit einer ACTH-Aktivität von 45 USP-Einheiten/mg.

Trennung durch Zonenelektrophorese, Fraktion G:

100 mg Fraktion F werden in 1 cm³ 0,1 m Na_2CO_3 gelöst (p_H 11,1) und 6 cm vom Kathodenende in die als Trägersubstanz verwendete Stärke eingesetzt (Bereitung des Trägers, Gefäßform usw., vgl. [7]). Die Elektrophorese wird bei 200 V 16 Std lang bei 3° C

* Alle ACTH-Aktivitäten werden im Vergleich gegen das USP-Standardpräparat durch die Verarmung an Ascorbinsäure in den Nebennieren von hypophysektomierten Ratten bestimmt.

[1] Li, C. H., I. I. Geschwind, A. L. Levy, J. I. Harris, J. S. Dixon, N. G. Pon and J. O. Porath: Nature **173**, 251 (1954).

[2] Li, C. H.: Am. Soc. **74**, 2124 (1952).

[3] Li, C. H., A. Tiselius, K. O. Pedersen, L. Hagdahl and H. Carstensen: J. biol. Ch. **190**, 317 (1951).

[4] Li, C. H., M. E. Simpson and H. M. Evans: J. biol. Ch. **146**, 627 (1942).

[5] Astwood, E. B., M. S. Raben, R. W. Payne and A. B. Grady: Am. Soc. **73**, 2969 (1951).

[6] Li, C. H., I. I. Geschwind, J. S. Dixon, A. L. Levy and J. I. Harris: J. biol. Ch. **213**, 171 (1955).

[7] Fønss-Bech, P., and C. H. Li: J. biol. Ch. **207**, 175 (1954).

durchgeführt, die Stärke anschließend in 1 cm breite Segmente zerlegt und diese 3mal mit Wasser extrahiert. Jeweils 0,1 cm³ Extrakt von jedem Segment verwendet man zur Proteinbestimmung nach LOWRY[1]. Das Ergebnis zeigt Abb. 59.

Die biologischen Teste ergeben, daß das aktive Material in den Segmenten 5—7 konzentriert ist. Diese werden extrahiert, die vereinigten Extrakte 5—6 Std bei 0° C gegen dest. Wasser dialysiert und gefriergetrocknet. Man erhält 50 mg Fraktion G mit einer Aktivität von 75 Einheiten/mg.

Chromatographische Trennung am Ionenaustauscherharz IRC-50, Fraktion H:

Amberlite IRC-50, 100 bis 200 Maschen (XE 97) wird nach HIRS, MOORE und STEIN in die Na^+-Form übergeführt[2] und mit 0,05 m $NaHCO_3$ in eine 2,4 × 25 cm-Säule eingespült. Man konditioniert die Säule mit 250 cm³ 0,05 m $NaHCO_3$. 100 mg Fraktion G, gelöst in 25 cm³ 0,05 m $NaHCO_3$, werden aufgebracht und mit 200 cm³ derselben Lösung eluiert, wobei 10 cm³-Fraktionen mit einem Tropfen zählenden Fraktionssammler in Testgläsern aufgefangen werden, die 0,1 cm³ konz. HCl enthalten. Danach wird in einer Mischkammer mit magnetischem Rührer[3] ein Konzentrationsgradient von 0,05—0,15 m $NaHCO_3$ erzeugt und zum Schluß mit 300 cm³ 0,1 m Na_2CO_3 der Rest des adsorbierten Materials eluiert. Die Proteinkonzentration wird durch die Absorption bei 275 mμ gemessen, vgl. Abb. 60.

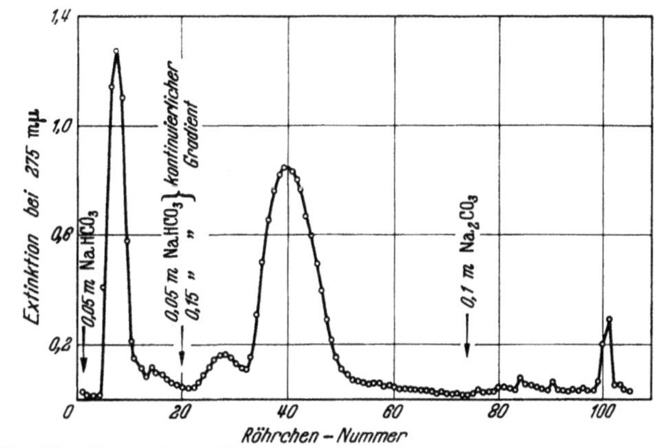

Abb. 60. Chromatographie von 100 mg Fraktion G auf IRC-50 (nach LI u. a.[4]). (Na^+-Form, 2,4 × 25 cm-Säule), 10 cm³- Fraktionen. Die Hormonaktivität ist in den Fraktionen 34—49 zu finden.

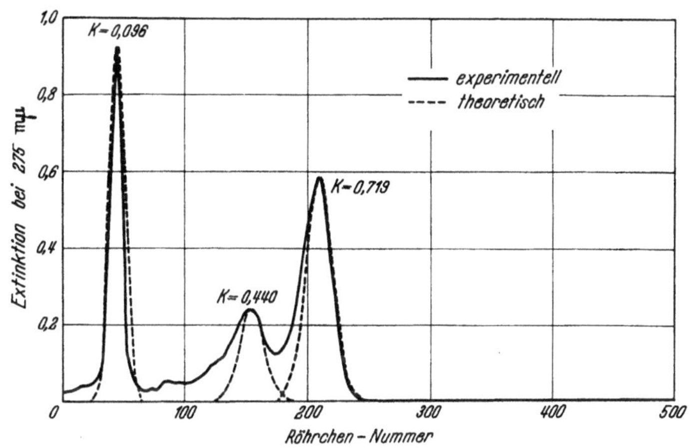

Abb. 61. 500stufige Gegenstromverteilung von 236 mg Fraktion H in sek. Butanol/0,2 %iger wäßriger TCE (nach LI u. a.[4]). Die Komponente mit $K = 0{,}719$ ist das α-Corticotropin.

Zur Aufarbeitung werden die Fraktionen 34—49 vereinigt, mit 1,0 m HCl auf p_H 4 gebracht und gefriergetrocknet. Zur Entfernung des Salzes wird die feste Substanz (2 g) in 50 cm³ Wasser gelöst und das gleiche Volumen 50 %ige Trichloressigsäure (TCA) zugefügt. Der Niederschlag wird abzentrifugiert, in 10 cm³ Wasser gelöst, einige Tropfen 1,0 m HCl zugefügt und 6mal mit peroxydfreiem Äther extrahiert. Nach Entfernung des Äthers i.V. wird die Lösung gefriergetrocknet. Ausbeute 50 mg Fraktion H mit einer Aktivität von 100 Einheiten/mg.

Gegenstromverteilung:

Die endgültige Reinigung von α-Corticotropin wird durch Gegenstromverteilung im System sek. Butanol/wäßrige 0,2 %ige Trichloressigsäure in einer automatischen

[1] LOWRY, O. H., N. J. ROSEBROUGH, A. L. FARR and R. J. RANDALL: J. biol. Ch. **193**, 265 (1951).
[2] HIRS, C. H. W., S. MOORE and W. H. STEIN: J. biol. Ch. **200**, 493 (1953).
[3] CLAUSER, H., and C. H. LI: Am. Soc. **76**, 4337 (1954).
[4] LI, C. H., I. I. GESCHWIND, J. S. DIXON, A. L. LEVY and J. I. HARRIS: J. biol. Ch. **213**, 171 (1955).

Glasapparatur mit 240 Gefäßen (10 cm³) nach CRAIG[1] bei $T = 19°$ C $\pm 1°$ durchgeführt.

System. Destilliertes Wasser und trockenes, gereinigtes sek. Butanol werden zunächst im Verhältnis 1,155:1 (V/V) geschüttelt und die 2 Phasen nach der Gleichgewichtseinstellung getrennt. Die untere Phase bringt man auf einen Gehalt von 0,2% Trichloressigsäure (TCE).

Ausführung. Der Apparat wird mit unterer Phase gefüllt und die automatische Zugabe der oberen Phase in Gang gesetzt. Nach 24 Stufen werden 236 mg Fraktion H, gelöst in unterer Phase, in das Gefäß 0 gebracht. 70 sec genügen zur Gleichgewichtseinstellung und 2,5 min zur Entmischung. Für eine vollständige Stufe benötigt man 4,5 min. Nach 500 Stufen werden die unteren Phasen bei 275 mμ spektrophotometrisch ausgemessen. Das Ergebnis und die theoretischen Kurven zeigt Abb. 61.

Tabelle 27. *Ausbeute und Aktivität der verschiedenen Fraktionen im Verlauf der Isolierung von α-Corticotropin* (nach LI u. a.[2]).

Fraktion	Verfahren	Ausbeute aus 1 kg frischen Schafdrüsen in g	ACTH-Aktivität. USP-Einheiten je mg
AAP	Saurer Acetonextrakt	25	0,5
D	NaCl-Fällung	6,5	2
E	Oxycellulose-Adsorption . . .	0,2	25
F	Dioxan-Fraktionierung	0,1	45
G	Zonenelektrophorese auf Stärke	0,05	75
H	IRC-50 Säulenchromatographie	0,025	100
α-Corticotropin	Gegenstromverteilung	0,012	150

Aufarbeitung. Die 5 Fraktionen a—e (a: Gefäße 30—60; b: 80—135; c: 136—170; d: 171—203; e: 204—239) werden i.V. bei Zimmertemperatur auf je 50 cm³ eingeengt. Die Trichloressigsäure entfernt man durch 6malige Ätherextraktion. Die Lösungen werden i.V. zur Trockne eingeengt, wieder gelöst und gefriergetrocknet. Man erhält die Proteintrichloracetate.

Ausbeuten. a = 46 mg; b = 20 mg; c = 32 mg; d = 48 mg; e = 66 mg.

Aktivität. a—c weniger als 10 Einheiten/mg. Die Komponenten d und e besitzen die gleiche Aktivität von 150 Einheiten/mg und werden vereinigt als α-Corticotropin.

Tabelle 27 gibt eine Übersicht über Ausbeute und Aktivität bei den einzelnen Isolierungs- und Reinigungsstufen. Aus 1 kg Hypophysenmaterial erhält man 0,012 g α-Corticotropin. Die Gesamtausbeute, auf die Aktivität bezogen, beträgt 15%.

Homogenitätsstudien:

In der Gegenstromverteilung, bei der Verteilungschromatographie und bei der Zonenelektrophorese bei 6 verschiedenen p_H-Werten verhält sich das α-Corticotropinpräparat stets als homogene und einheitliche Substanz, vgl. Abb. 62.

Ein weiterer Beweis für die Reinheit von α-Corticotropin sind die Ergebnisse chemischer Studien. Die Reaktion mit Phenylisothiocyanat nach EDMAN[3] zeigt, daß Serin als einzige N-terminale Aminosäure in einer Menge von fast 1 Mol je Mol Peptidhormon ($M = 4541$) vorkommt[4]. Die Behandlung mit Carboxypeptidase liefert 1 Mol Phenylalanin. Die übereinstimmenden Ergebnisse der Aminosäureanalysen verschiedener α-Corticotropin-Präparate[5] zeigen ebenfalls die Einheitlichkeit des Hormons. Der gemeinsame positive Befund dieser verschiedenen Reinheitsteste: Gegenstromverteilung, Verteilungschromato-

[1] CRAIG, L. C., W. HAUSMANN, E. H. AHRENS and E. J. HARFENIST: Analyt. Chem., Washington **23**, 1326 (1951).
[2] LI, C. H., I. I. GESCHWIND, J. S. DIXON, A. L. LEVY and J. I. HARRIS: J. biol. Ch. **213**, 171 (1955).
[3] EDMAN, P.: Acta chem. scand. **4**, 283 (1950).
[4] HARRIS, J. I., and C. H. LI: Am. Soc. **76**, 3607 (1954).
[5] LEVY, A. L., I. I. GESCHWIND and C. H. LI: J. biol. Ch. **213**, 187 (1955).

graphie, Zonenelektrophorese, Endgruppen- und Aminosäureanalyse, beweist, daß das α-Corticotropin als homogen und einheitlich, d. h. als definiertes chemisches Individuum anzusprechen ist.

Schlußbemerkung. Der Proteinforscher ist heute in der Lage, reine Proteine zu gewinnen, aber meist nur in vielstufigen Isolierungsprozessen. Die weitere Entwicklung zielt dahin, die Anzahl der Stufen herabzusetzen, indem spezifischere Methoden mit noch besserer Trennwirkung ausgearbeitet werden. Die Isolierung und Reindarstellung von

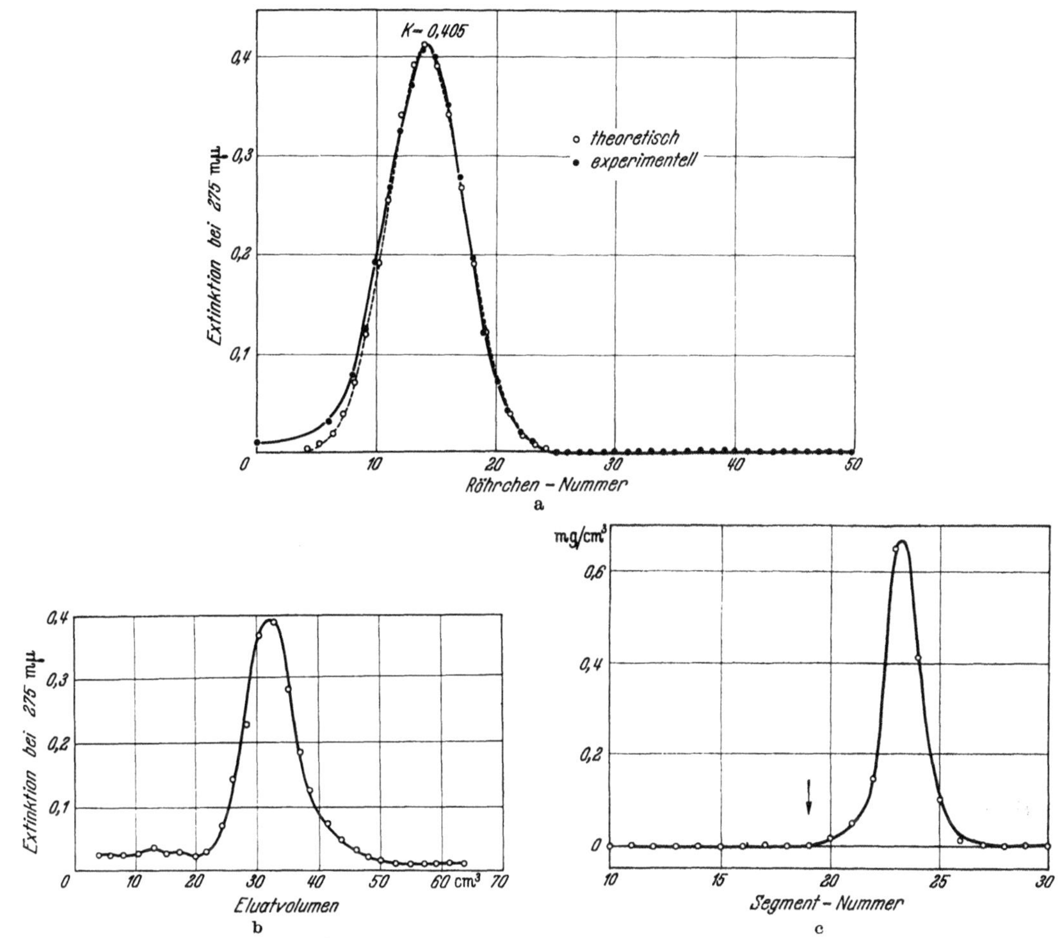

Abb. 62a—c. Reinheitsstudien an α-Corticotropin (nach Li u. a. [1]). a Gegenstromverteilung von 25 mg α-ACTH in sek. Butanol/0,1%iger wäßriger Trichloressigsäure über 50 Stufen. b Verteilungschromatographie von 3 mg α-ACTH auf 6 g Silan-Hyflo-Super-Cel im System Äthyl- + Butylcellosolve + Wasser + 5 m Na_2HPO_4 (p_H 3) 6,37:3,33:15:9. c Zonenelektrophorese von 4 mg α-ACTH auf Stärke in Acetatpuffer (p_H 5,1 $\Gamma/2$ 0,1) bei 170 V und T = 3° C in 16 Std. Pfeil = Auftragsstelle.

Proteinen wird daher mit der weiteren Entwicklung der experimentellen Hilfsmittel zunehmend einfacher werden.

Zum Abschluß sei aus einem Artikel von E. J. Cohn[2] eine Stelle zitiert, die für die Isolierung und Reindarstellung von Plasmaproteinen gedacht ist, aber ganz allgemein für die Proteinchemie gelten darf: „Die Ausarbeitung der Reinigungsmethode einer Proteinkomponente sollte heute nicht mehr allein auf Erfahrung beruhen. Vielmehr sollten vergleichende Studien über die physikalischen und chemischen Eigenschaften vorausgehen. Schließlich sollte die gewonnene Substanz auf ihr biologisches Verhalten geprüft werden, um zu entscheiden, ob das Protein im nativen Zustand isoliert wurde."

[1] Li, C. H., I. I. Geschwind, J. S. Dixon, A. L. Levy and J. I. Harris: J. biol. Ch. **213**, 171 (1955).

[2] Cohn, E. J., F. R. N. Gurd, D. M. Surgenor, B. A. Barnes, R. K. Brown, G. Derouaux, J. M. Gillespie, F. W. Kahnt, W. F. Lever, C. H. Liu, D. Mittelman, R. F. Mouton, K. Schmid and E. Uroma: Am. Soc. **72**, 465 (1950).

B. Eiweißdenaturierung.

Von

Felix Haurowitz.

a) Historisches.

Obwohl Denaturierung in jedem Einzelfall leicht beschrieben werden kann, ist es schwer, eine allgemeingültige Definition zu geben. NEURATH, GREENSTEIN, PUTNAM und ERICKSON definieren Denaturierung[1] als eine Modifikation der dem nativen Protein eigenen Struktur, die nicht durch Proteolyse verursacht ist und sich in Änderungen der chemischen, physikalischen oder biologischen Eigenschaften äußert. PUTNAM[2] hat später Denaturierung als Änderung in der räumlichen Lage der Atome ohne Hydrolyse von kovalenten Bindungen definiert. Keine dieser Definitionen befriedigt vollkommen, da man nicht die Hydrolyse von Dithiobindungen während des Denaturierungsvorganges ausschließen kann.

Die Denaturierung der Eiweißkörper führt im allgemeinen zu einer Abnahme ihrer Löslichkeit und Kristallisierbarkeit; die Viscosität von Eiweißlösungen nimmt bei Denaturierung zu; häufig findet man auch eine Zunahme der optischen Aktivität. Diese Änderungen der physikalischen Eigenschaften sind von einer erhöhten chemischen Reaktionsfähigkeit begleitet. Andererseits verlieren biologisch aktive Proteine (Enzyme, Hormone, Antigene, Antikörper, Toxine) ihre biologische Aktivität.

Obwohl der Vorgang der Eiweißdenaturierung von der küchenmäßigen Hitzebehandlung der Nahrungsmittel her seit langem wohl bekannt ist, wurde die Denaturierung erst spät mittels quantitativer Methoden untersucht[3, 4]. HOPKINS[5] entdeckte, daß die Denaturierung gewisser Eiweißkörper zum Auftreten einer positiven Nitroprussidreaktion Anlaß gibt. Erst viel später wurde es klar, daß nicht nur Sulfhydrylgruppen, sondern auch andere „maskierte" Gruppen durch Denaturierung nachweisbar werden.

Die Eiweißdenaturierung wird häufig untersucht, um einen tieferen Einblick in die Struktur von nativem Eiweiß zu gewinnen. In praktischer Hinsicht wird von Denaturierung Gebrauch gemacht, um Substanzen der Reststickstofffraktion zu bestimmen; gelegentlich wurden auch hitzebeständige Enzyme von labilen Begleitproteinen durch Hitzedenaturierung befreit.

Der hohe Temperaturkoeffizient der Denaturierung, der weiter unten eingehender erörtert werden wird, hat eine Zeitlang zu der Annahme geführt, daß Denaturierung ein „Alles-oder-Nichts"-Vorgang ist, daß es also keine Zwischenstufen zwischen nativem und vollständig denaturiertem Protein gibt. Wenn dem so wäre, müßten sich alle Eigenschaften eines Eiweißkörpers bei Denaturierung im gleichen Maße ändern. Dies ist nicht der Fall. Es gibt zweifellos verschiedene Arten und ein verschiedenes Ausmaß der Denaturierung[6]. Es sei schließlich daran erinnert, daß sich Denaturierung häufig nachweisen und messen läßt, daß aber das Fehlen von beobachtbaren Änderungen durch die Unempfindlichkeit unserer Nachweismethoden bedingt sein kann, so daß man daher Denaturierung nie vollkommen ausschließen kann.

b) Denaturierende Eingriffe.

Es war lange Zeit üblich, die denaturierenden Faktoren in physikalische und chemische Faktoren einzuteilen. Hitzedenaturierung wurde als ein Beispiel der physikalischen De-

[1] NEURATH, H., J. P. GREENSTEIN, F. W. PUTNAM and J. O. ERICKSON: Chem. Reviews **34**, 158 (1944).
[2] PUTNAM, F. W.; in: NEURATH-BAILEY, Proteins Bd. IB, S. 807.
[3] HARDY, W. B.: J. Physiol., London **24**, 158 (1899).
[4] CHICK, H., and C. J. MARTIN: J. Physiol., London **40**, 404 (1910).
[5] HOPKINS, F. G.: Nature **126**, 328, 383 (1930).
[6] CIPEROVITSCH, A. S.: Ukrain. biochem. J. **20**, 108 (1948).

naturierung angesehen. Neuere Untersuchungen zeigen jedoch, daß die Hitzedenaturierung sehr wesentlich vom p_H der Lösung abhängt und daß man die Wirkung der erhöhten Temperatur nicht von jener der H- oder OH-Ionen trennen kann[1]. Es ist daher in quantitativen Untersuchungen wichtig, die Eiweißlösung *schnell* auf die gewünschte Temperatur und H-Ionenkonzentration zu bringen, wie dies in der im folgenden Abschnitt beschriebenen Methode geschah.

Denaturierung von Ricin bei verschiedenen Temperaturen und p_H-Werten[1]. Reagensgläser mit 12 cm³ Pufferlösung wurden möglichst tief in ein Ölbad der gewünschten Temperatur eingetaucht. War die Temperatur der Ricinlösung so niedrig, daß das Ricin nicht verändert wurde, wurde auch sie im Ölbad vorgewärmt. Zu Beginn der Reaktion wurden je 10 ml Pufferlösung und 10 ml der Ricinlösung gemischt und vollkommene Mischung durch einen Strom von Luftblasen erzielt. Wenn die Temperatur so hoch war, daß Denaturierung der Proteinlösung vor dem Zusatz des Puffers zu erwarten war, wurde die Pufferlösung auf eine höhere als die gewünschte Temperatur erwärmt und durch Mischen mit der kalten Eiweißlösung die Temperatur auf jene des Ölbades gebracht. Sofort nach dem Mischen und zu bestimmten Zeiten wurden Proben von 1 ml des Gemisches entnommen und mit 1 ml Acetatpufferlösung p_H 5 gemischt. Das denaturierte Eiweiß wurde dadurch gefällt und nach einstündigem Stehen durch Zentrifugieren abgetrennt. In der überstehenden Lösung wurde das native Eiweiß durch die Farbreaktion von FOLIN und CIOCALTEU[2] quantitativ bestimmt. Die folgenden Säure-Basenpaare wurden verwendet: HCl—KCl; Glykokoll · HCl—KCl; Essigsäure · KCl—KOH; KH_2PO_4—K_2HPO_4; Borsäure—KCl—KOH; $KHCO_3$—K_2CO_3; KCl—KOH. Durch den Zusatz von KCl wurde die Ionenstärke in allen Versuchen auf 0,4 gebracht. Die Logarithmen der photometrischen Ablesungen wurden gegen die Zeit aufgetragen und die Neigung der erhaltenen Geraden gegen die Abszisse mit 2,303 multipliziert, um Geschwindigkeitskonstanten in reziproken Sekunden zu erhalten. Die Temperatur wurde in diesen Versuchen von 43,9 bis 86,5° variiert; sie schwankte bei den niederen Temperaturen um ±0,02°, bei den hohen Temperaturen um ±0,1°. p_H wurde mit einer Glaselektrode gemessen und unter Berücksichtigung des Alkalifehlers und der Abhängigkeit der Dissoziationskonstante des Wassers von der Temperatur entsprechend korrigiert. Die nach diesem Verfahren erhaltenen Geschwindigkeitskonstanten der Reaktion erster Ordnung schwankten zwischen 10^{-1} und 10^{-6}. Zur graphischen Auswertung wurden ihre Logarithmen gegen p_H aufgetragen.

Der hohe Einfluß der H-Ionen auf die Hitzedenaturierung geht nicht nur aus diesen Untersuchungen hervor, sondern auch aus der schon lange bekannten Tatsache, daß Eiweißkörper in Abwesenheit von Wasser gegen Hitze viel beständiger sind. Viele Proteine können im trockenen Zustand über 100° erhitzt werden, ohne daß sich Änderungen ihrer Eigenschaften nachweisen lassen. Hitzedenaturierung führt im allgemeinen zu einem irreversiblen Verlust der Wasserlöslichkeit. Gewisse Enzymproteine, wie z. B. Hyaluronidase[3], sind jedoch thermostabil oder werden nach Abkühlung ihrer Lösungen wieder in natives Eiweiß zurückverwandelt.

Während die Lösungen der meisten Proteine ohne Denaturierung unter 0° abgekühlt werden können, erleiden die Lipoproteide des Blutplasmas dabei irreversible Änderungen[4]. Denaturierung wird auch durch Einwirkung von Ultraschall auf Eiweißlösungen[5] oder durch mechanisches Zerreiben trockener Proteine[6] herbeigeführt. Bei der Ultraschallwirkung ist es schwer, die Wirkung der Schallwellen von der sie begleitenden Erwärmung zu trennen. Berichten über die denaturierende Wirkung hoher Drucke von mehreren

---

[1] LEVY, M., and A. E. BENAGLIA: J. biol. Ch. **186**, 829 (1950).
[2] FOLIN, O., and V. CIOCALTEU: J. biol. Ch. **73**, 627 (1927).
[3] EMMART, E. W., and G. W. LONGLEY: J. gen. Physiol. **37**, 361 (1953).
[4] ONCLEY, J. L., F. R. N. GURD and M. MELIN: Am. Soc. **72**, 458 (1950).
[5] GRABAR, P., et MARIE KAMINSKI: Bull. Soc. Chim. biol. **32**, 620 (1950).
[6] COHEN, H. R.: Arch. Biochem. **2**, 1 (1943).

Tausend Atmosphären stehen entgegengesetzte Berichte über Umkehrung der Denaturierung bei hohem Druck gegenüber[1, 2].

Die denaturierende Wirkung des Spreitens von Eiweißlösungen an der Grenzfläche Wasser/Luft ist vom Schlagen von Eiweiß wohlbekannt. Das gespreitete Eiweiß ist jedoch nicht in allen Fällen vollkommen denaturiert; Ovalbumin behält dabei seine serologische Spezifität[3]. Dagegen wird Pepsin durch Spreiten irreversibel inaktiviert[4]. Durch Schütteln wäßriger Eiweißlösungen mit Chloroform wird Eiweiß vollständig denaturiert und kann derart von Nucleinsäuren und anderen Substanzen abgetrennt werden[5]. Es scheint, daß auch langes Aufbewahren von Eiweißlösungen von langsamer Denaturierung begleitet ist, denn die Lichtstreuung solcher Lösungen von Ovalbumin nimmt allmählich zu[6].

Während sich die bisher besprochenen Formen der Denaturierung der eingangs erwähnten Definition der Denaturierung fügen, ist dies bei der Denaturierung durch Strahlung vermutlich nicht der Fall. Die energiereiche Strahlung führt wahrscheinlich zur Spaltung von kovalenten Bindungen, entweder durch direkte Trefferwirkung oder auf dem Umweg über Hydroxylradikale und Bildung von Wasserstoffperoxyd[7, 8]. Die Quantenausbeute ist bei der Photoinaktivierung sehr klein. Dies bedeutet, daß das strahlenempfindliche Zentrum des Moleküls sehr klein ist; mit ansteigendem Molekulargewicht der Proteine nimmt die Quantenausbeute ab; offenbar ist das strahlenempfindliche Gebiet der großen Eiweißmoleküle nicht größer als jenes der kleineren Proteinmoleküle[8]. Die zur Denaturierung erforderlichen Strahlenmengen sind sehr groß; in Eiweißlösungen wurden nur geringe Effekte beobachtet, wenn Röntgenstrahlen in Dosen von weniger als 90000 r angewandt wurden[9]. Die Denaturierung von Eiweißlösungen durch ultraviolette Strahlung läßt sich durch die höhere Empfindlichkeit gegen Trypsinwirkung nachweisen[10]. Es sei in diesem Zusammenhang das merkwürdige Phänomen erwähnt, daß inaktivierte Bakteriophagen durch Lichtwirkung reaktiviert werden können[11].

Wie bereits oben gezeigt wurde, läßt sich die denaturierende Wirkung der H-Ionen nicht von jener der Temperatur trennen. Die Denaturierungsgeschwindigkeit hängt auch von anderen anwesenden Anionen und Kationen ab. So wird Serumalbumin in Anwesenheit von Essigsäure bei p_H 3 irreversibel denaturiert, während die Denaturierung durch Milchsäure oder HCl beim gleichen p_H reversibel ist[12]. Hämoglobin ist besonders empfindlich gegen Säurewirkung; schon bei der üblichen elektrometrischen Titration tritt Denaturierung ein; wird die Titration sehr schnell, in wenigen Sekunden, durchgeführt, findet man, daß nur etwa die Hälfte der bei langsamer Titration aufgenommenen H-Ionen gebunden wird; die Bindung der anderen Hälfte ist einer schnellen Denaturierung zuzuschreiben[13]. Bei der Denaturierung durch Alkali hat man zu beachten, daß die SH-Gruppen der Proteine in alkalischem Medium autoxydabel sind; man findet daher unter aeroben Bedingungen Sauerstoffverbrauch[14].

Eine der interessantesten denaturierenden Substanzen ist Harnstoff. Die meisten Proteine werden durch hohe Konzentrationen von Harnstoff denaturiert; dies ist ver-

[1] Tongur, V. S., u. V. I. Kasatotschkin: Khim. i. Fiz. Khim. Dokl. 7-oĭ Konf. Vysokomol. Soedinen. **1952**, 124—130: zit. [Chem. Abstr. **47**, 12438].
[2] Johnson, F. H., and D. H. Campbell: J. cellul. comp. Physiol. **26**, 43 (1945).
[3] Kaplan, J. G., and M. J. Frazer: J. biol. Ch. **210**, 57 (1954).
[4] Cheesman, D. F., and H. Schuller: J. Colloid Sci. **9**, 113 (1954).
[5] Sevag, M. G., D. B. Lackman and J. Smolens: J. biol. Ch. **124**, 425 (1938).
[6] Bier, M., and F. F. Nord: Proc. nat. Acad. Sci. USA **35**, 17 (1949).
[7] Rideal, E. K., and R. Roberts: Proc. R. Soc. London (A) **205**, 391 (1951).
[8] McLaren, A. D.: Science, N. Y. **113**, 716 (1951).
[9] Putnam, F. W.; in: Neurath-Bailey, Proteins Bd. IB, S. 807.
[10] Haurowitz, F., and A. Tümer: Enzymologia **13**, 229 (1949).
[11] Dulbecco, R.: J. Bacteriology **59**, 329 (1950).
[12] Perlmann, G. E., and D. Kaufman: J. biol. Ch. **179**, 133 (1949).
[13] Zaiser, E. M., and J. Steinhardt: Am. Soc. **76**, 1788 (1954).
[14] Macheboeuf, M., et B. Robert: Bull. Soc. Chim. biol. **35**, 399 (1953).

mutlich auf Sprengung der H-Brücken zwischen den Peptidbindungen benachbarter Peptidketten und Anlagerung von Harnstoffmolekülen an solche Bindungen zurückzuführen[1]. In ähnlicher Weise wirken auch Guanidinsalze, Acetamid, Formamid und andere Amide. Denaturiertes Eiweiß ist in Formamid löslich und bildet in Formamid durchsichtige Gele[2]. Während Globuline gegen Thioglykolsäure beständig sind, werden Serumalbumin und Ovalbumin durch Thioglykolat bei p_H 8,5 denaturiert[3]. Dies ist offenbar der reduktiven Sprengung von Dithiobindungen zuzuschreiben. Unter den denaturierenden Substanzen seien schließlich die zahlreichen Netzmittel (Alkylsulfonate, Alkylschwefelsäureester, Invertseifen) erwähnt. Ovalbumin und Serumalbumin binden eine gewisse Menge von Alkylphenylsulfonat unter Micellbildung ohne Denaturierung; wenn jedoch die Zahl der gebundenen Moleküle ein kritisches Maximum von 43 bzw. 48 je Eiweißmolekül überschreitet, tritt Denaturierung ein[4]. Ovalbumin wird auch durch Octylamin oder Decylamin denaturiert; Amine mit 12 und mehr C-Atomen denaturieren in niedriger Konzentration, verhindern jedoch Koagulation, wenn sie in hoher Konzentration angewandt werden[5].

Die Denaturierung durch Harnstoff läßt sich durch Zusatz von Natriumdodecylsulfat hemmen[6]. Die Alkylsulfat-Ionen werden dabei vermutlich an positiv geladene Gruppen des Proteins gebunden. Hitzekoagulation des Serumalbumins wird durch Jodacetat gehemmt, welches die Bildung von zwischenmolekularen Brücken verhindert[7]. Zu den Substanzen, welche die Hitzekoagulation von Proteinen hemmen, gehören auch die Zucker und die Anionen der niederen Fettsäuren.

c) Physikalische und chemische Eigenschaften denaturierter Proteine.

Bei der Denaturierung durch Säuren, Laugen und Hitzeeinwirkung sind chemische Reaktionen, wie z. B. hydrolytische Spaltung von Peptidbindungen oder auch Bildung solcher Bindungen beim Erhitzen, nicht mit Sicherheit auszuschließen. Deshalb eignet sich Denaturierung durch Harnstoff besser für solche Untersuchungen. Man findet im allgemeinen, daß die Denaturierung von einem Anstieg der Viscosität, der Strömungsdoppelbrechung, der Linksdrehung polarisierten Lichtes und von einer Abnahme der Löslichkeit begleitet ist[8–12]. Die Zunahme der Viscosität nach Denaturierung durch Harnstoff ist auf die langsame Bildung von Dithiobrücken zwischen benachbarten Eiweißmolekülen zurückzuführen[7]. Auch die erhöhte Strömungsdoppelbrechung und die verminderte Löslichkeit deuten auf Bildung großer Aggregate hin[7, 10, 13]. Die Bildung solcher Dithiobrücken läßt sich durch p-Chlormercuribenzoat verhindern[9]. Polymerisation oder Aggregatbildung mögen aber auch durch die gegenseitige Anziehung positiv und negativ geladener Gruppen oder durch H-Brücken zustande kommen[10].

Infolge der Unlöslichkeit der denaturierten Proteine läßt sich ihr Molekulargewicht oft nicht bestimmen; in jenen Fällen, in denen das Denaturierungsprodukt löslich ist, wurde manchmal ein Anstieg, in anderen Fällen jedoch eine Abnahme oder keine Änderung des Molekulargewichtes beobachtet[14]. Durch Messung der Polarisation der Fluorescenz

[1] Haurowitz, F.: Chemistry and Biology of Proteins. S. 131. New York 1950.
[2] Huggins, C., D. F. Tapley and E. V. Jensen: Nature **167**, 592 (1951).
[3] Haurowitz, F., and M. Kennedy: Fed. Proc. **11**, 227 (1952).
[4] Yang, J. T., and J. F. Foster: Am. Soc. **75**, 5560 (1953).
[5] Gibbs, R. J., S. N. Timasheff and F. F. Nord: Arch. Biochem. **40**, 85 (1952).
[6] Boyd, G. A., and J. M. Luck: J. biol. Ch. **172**, 205 (1948).
[7] Jensen, E. V., V. D. Hospelhorn, D. F. Tapley and C. Huggins: J. biol. Ch. **185**, 411 (1950).
[8] Jirgensons, B.: Arch. Biochem. **41**, 333 (1952).
[9] Kauzmann, W., R. B. Simpson, J. Schellman, H. K. Frensdorff and M. T. Watson: Am. Soc. **75**, 5139 (1953).
[10] Foster, J. F., and E. G. Samsa: Am. Soc. **73**, 5388 (1951).
[11] Joly, M., et E. Barbu: Bull. Soc. Chim. biol. **31**, 1642 (1949).
[12] Belitzer, V. A., u. E. L. Chodorova: Biochimija, Moskva **17**, 672 (1952).
[13] Putnam, W. F.; in: Neurath-Bailey, Proteins Bd. IB, S. 807.
[14] Neurath, H., J. P. Greenstein, F. W. Putnam and J. O. Erickson: Chem. Reviews **34**, 158 (1944).

von Serumalbumin-Farbstoffkomplexen wurde festgestellt, daß das Protein bei p_H-Werten unter 4 und über 9 in kleinere Einheiten zerfällt[1]. Andere Begleiterscheinungen der Denaturation sind Änderungen der Dielektrizitätskonstante[2] und des Absorptionsspektrums im ultraroten Bereich[3] und im äußersten Ultraviolett[4].

Die durch die Viscositätserhöhung angedeutete Aggregation der Moleküle des denaturierten Proteins führt häufig zur Bildung von Gelen[5,6]. Vergleicht man jedoch den Anstieg der Viscosität mit jenem der Drehung polarisierten Lichtes, so findet man keine Proportionalität[7,8]; die Änderung der Drehung polarisierten Lichtes wird als „Prädenaturierung" und die Denaturierung daher als Stufenreaktion aufgefaßt[7]. Es ist bemerkenswert, daß die enzymatische Aktivität der Ribonuclease in 8 m Harnstofflösungen unverändert bleibt; offenbar ist für die Enzymwirkung nur ein kleiner Teil des Ribonucleasemoleküls verantwortlich; bei der Deformierung der Peptidketten bleibt dieser kleine Bezirk anscheinend unverändert[9].

Durch Denaturierung werden Proteine im allgemeinen reaktionsfähiger. Sie geben intensivere Farbreaktionen mit Reagentien für Sulfhydryl- und Dithiogruppen[10,11], für Phenolgruppen[12] und für die Seitenketten des Arginins[13]; denaturierte Proteine werden leichter von proteolytischen Fermenten angegriffen[14,15]. All dies deutet darauf hin, daß bei der Denaturierung gewisse maskierte, unzugängliche Gruppen des nativen Proteins durch Entfaltung der Peptidketten den entsprechenden Reagentien zugänglich werden. Aus dem gleichen Grunde binden die denaturierten Eiweißkörper mehr Jod als native Proteine[16]; sie binden auch eine größere Anzahl von Farbstoffanionen[17-19] an ihre positiv geladenen Atomgruppen. Bei Alkylierung mit Fluordinitrobenzol wird an die Aminogruppen der denaturierten Proteine mehr Dinitrophenyl gebunden als an native Proteine[20]. Die Biuretreaktion wird von hitzedenaturiertem Protein schneller gegeben als von nativem Protein[21].

Die am eingehendsten untersuchte unter all diesen Reaktionen ist jene der SH-Gruppen[22]. Die freien, reaktionsfähigen Sulfhydrylgruppen lassen sich mit Ferricyankalium, Porphyrindin, Dichlorphenolindophenol oder o-Jodosobenzoat titrieren[23].

Sie können auch durch amperometrische Titration mit Silber- oder Quecksilbersalzen quantitativ bestimmt werden[24,25]. Zu diesem Zweck werden 30 ml einer Pufferlösung mit so viel Proteinlösung versetzt, daß die Mischung zwischen 10^{-5} und $7 \cdot 10^{-5}$ molar

[1] Weber, G.: Biochem. J. **51**, 145 (1952).
[2] Kurilenko, O. D., u. A. S. Ciperovitsch: Dokl. Akad. Nauk SSSR **68**, 349 (1949).
[3] Elliott, A., E. J. Ambrose and C. Robinson: Nature **166**, 194 (1950).
[4] Goldfarb, A. R.: Science, N. Y. **114**, 177 (1951).
[5] Huggins, C., D. F. Tapley and E. V. Jensen: Nature **167**, 592 (1951).
[6] Hospelhorn, V. D., B. Cross and E. V. Jensen: Am. Soc. **76**, 2827 (1954).
[7] Belitzer, V. A., u. A. S. Ciperovitsch: Ukrain. biochem. J. **20**, 322 (1952).
[8] Groves, M. L., N. J. Hipp and T. L. McMeekin: Am. Soc. **73**, 2790 (1951).
[9] Anfinsen, C. B., W. F. Harrington, A. Hvidt, K. Linderstrøm-Lang, M. Ottesen and J. Schellman: Biochim. biophysica Acta, N. Y. **17**, 141 (1955).
[10] Mirsky, A. E., and M. L. Anson: J. gen. Physiol. **19**, 427 (1936).
[11] Christensen, L. K.: C. R. Lab. Carlsberg **28**, 37 (1951).
[12] Haurowitz, F., and S. Tekman: Biochim. biophysica Acta, N. Y. **1**, 484 (1947).
[13] Roche, J., et M. Mourgue: Bull. Soc. Chim. biol. **30**, 322 (1948).
[14] Haurowitz, F., M. Tunca, P. Schwerin and V. Göksu: J. biol. Ch. **157**, 621 (1945).
[15] Linderstrøm-Lang, K., R. D. Hotchkiss and G. Johansen: Nature **142**, 966 (1938).
[16] Li, C. H.: Am. Soc. **67**, 1065 (1945).
[17] Haurowitz, F., F. Di Moia and S. Tekman: Am. Soc. **74**, 2265 (1952).
[18] Uzman, L. L.: Nature **171**, 653 (1953).
[19] Colvin, J. R.: Canad. J. Res. **30**, 973 (1952).
[20] Porter, R. R.: Biochem. J. **46**, 304 (1950).
[21] Araya, S., u. M. Kobayashi: J. Biochem. **38**, 7 (1951).
[22] Anson, M. L.: Adv. Protein Chem. **2**, 361 (1945).
[23] Larson, B. L., and R. Jenness: Am. Soc. **74**, 3090 (1952).
[24] Kolthoff, I. M., W. Stricks and L. Morren: Analyt. Chem., Washington **26**, 366 (1954).
[25] Benesh, R., and R. E. Benesh: Arch. Biochem. **32**, 278 (1951).

in bezug auf SH-Gruppen ist. Die Pufferlösung enthält 0,01 Mol Mononatriumphosphat, 0,08 Mol Dinatriumphosphat und 0,5 Mol Kaliumchlorid im Liter. Die SH-Gruppen werden mit 0,001 m Quecksilber(II)-chlorid oder Quecksilber(II)-acetat titriert; die Indikatorelektrode ist eine rotierende Platindrahtelektrode, die 900 Umdrehungen/min macht. Das an die Elektrode angelegte Potential ist —0,2 V gegen eine Kalomelelektrode. Die Titration wird in einem 120 ml-Becher ausgeführt, der durch einen Gummistopfen verschlossen ist; der Stopfen hat Bohrungen für Elektrode, Salzbrücke, Bürette und Stickstoffzuleitung. Elektrode, Salzbrücke und Spitze der Bürette tauchen in die Lösung ein, durch die langsam ein Strom von Stickstoff durchgeleitet wird. Stromstärke-Spannungskurven werden mittels eines HEYROVSKYschen selbstregistrierenden Polarographen bei 25° gemessen. Der Endpunkt äußert sich in einem sehr deutlichen Knick in der Kurve.

Wie bereits früher erwähnt wurde, werden bei der elektrometrischen Titration des Hämoglobins mit Säuren basische Gruppen durch Denaturation freigesetzt[1]. Dies führt zu einer Verschiebung des isoelektrischen Punktes nach höheren p_H-Werten. In analoger Weise verschiebt sich der isoelektrische Punkt des Ovalbumins bei Denaturierung von p_H 4,55 nach 5,02[2].

d) Thermodynamik der Eiweißdenaturierung.

Der ungewöhnlich hohe Temperaturkoeffizient der Hitzedenaturierung hat Anlaß zu einer Reihe thermodynamischer Analysen gegeben. Zwei Methoden stehen dem Untersucher zur Verfügung: 1. Messung der Reaktionswärme durch direkte Calorimetrie und 2. Berechnung der Reaktionswärme aus Gleichgewichtskonstanten mittels der VAN'T HOFFschen Gleichung. Jede dieser Methoden weist Schwierigkeiten auf, die oft unüberwindlich sind.

α) Calorimetrische Methode.

Calorimetrische Untersuchungen der Denaturierung von Proteinen wurden zuerst von KISTIAKOWSKY und Mitarbeitern[3] durchgeführt. Da es technisch unmöglich ist, die Proteinlösung zwecks Denaturierung zu erhitzen und gleichzeitig die Reaktionswärme der Umwandlung von nativem in denaturiertes Eiweiß zu verfolgen, schlugen die Untersucher den folgenden Weg ein. Sie maßen die Reaktionswärme der Reaktionen I und II:

$$\text{Natives Eiweiß} + \text{KOH} \rightarrow \text{Denaturiertes Alkaliproteinat.} \qquad (I)$$

$$\text{Denaturiertes Eiweiß} + \text{KOH} \rightarrow \text{Denaturiertes Alkaliproteinat.} \qquad (II)$$

Wenn die Reaktionswärme der Reaktion II von jener der Reaktion I abgezogen wird, erhält man die Reaktionswärme der Reaktion III:

$$\text{Natives Eiweiß} \rightarrow \text{Denaturiertes Eiweiß.} \qquad (III)$$

Mittels dieser Methode wurde festgestellt, daß bei der Denaturierung von kristallisiertem Pepsin eine Wärmemenge von $\Delta H = 15$ cal/g Stickstoff verbraucht wird; bei einem Molekulargewicht von 35000 ergibt dies $\Delta H = 85$ kcal/Mol. Eine analoge Untersuchung ergab für Methämoglobin $\Delta H = 138$ kcal/Mol. Die Denaturierung ist auf Grund dieser Bestimmungen ein stark endothermer Vorgang. Neuerdings haben STURTEVANT und Mitarbeiter[4] diese Untersuchungen mit einem verbesserten Differentialcalorimeter aufgenommen. Das wichtigste Ergebnis ihrer Arbeiten ist, daß die Denaturierungswärme wesentlich vom p_H abhängt. Dies war nach dem oben erwähnten Zusammenhang zwischen Denaturierungsgeschwindigkeit und p_H[1, 5] zu erwarten. So wurde gefunden, daß die Reaktionswärme bei der Hitzedenaturierung von Pepsin bei 35° von einem Wert von

[1] ZAISER, E. M., and J. STEINHARDT: Am. Soc. **76**, 1788 (1954).
[2] MOYER, L. S.: J. physic. Chem. **42**, 71 (1938).
[3] CONN, J., C. D. GREGG, G. KISTIAKOWSKY and R. M. ROBERTS: Am. Soc. **63**, 2080 (1941).
[4] STURTEVANT, J.: J. physic. Chem. **58**, 97 (1954).
[5] LEVY, M., and A. E. BENAGLIA: J. biol. Ch. **186**, 829 (1950).

0 Joule für eine Pepsineinheit bei p_H 6,0 auf einen Wert von 0,15 Joule bei p_H 6,4 ansteigt, um dann wieder abzufallen; bei p_H 6,6 ist die Reaktionswärme wieder 0. Bei einer Temperatur von 15° liegt das Maximum der Reaktionswärme bei p_H 7,2[1]. Die eben beschriebene Methode erfordert eine sehr komplizierte Apparatur mit einer großen Zahl sehr empfindlicher Thermoelemente.

β) Indirekte Bestimmung der thermodynamischen Konstanten.

Wenn die Denaturierung reversibel ist und das Gleichgewicht zwischen der nativen Form (N) und der denaturierten Form (D) des Proteins gemessen werden kann, kann die Änderung der freien Energie, ΔF, auf Grund der Gleichung (IV) bestimmt werden:

$$\Delta F = -RT \ln K = -2{,}303\, R\, T \log K. \qquad \text{(IV)}$$

In Gleichung (IV) ist R die Gaskonstante (1,98 cal/Mol/Grad), T die absolute Temperatur und K die Gleichgewichtskonstante. Ist $[N]$ die molare Konzentration von nativem Eiweiß und $[D]$ jene des denaturierten Eiweißes bei der Temperatur T, so ist $K = [D]/[N]$. Wird das Gleichgewicht bei zwei verschiedenen Temperaturen T_1 und T_2 untersucht und findet man dabei die Konstanten K_1 und K_2, so kann die Denaturierungswärme nach VAN'T HOFFs Gleichung

$$\Delta H = R \frac{T_1\, T_2}{T_2 - T_1} \ln (K_2/K_1)$$

bestimmt werden. Den zwei Gleichgewichtskonstanten K_1 und K_2 entsprechen zwei Werte ΔF_1 und ΔF_2, die nach Gleichung (IV) berechnet werden können. Nach dem zweiten Hauptsatz der Thermodynamik gilt die Gleichung: $\Delta H = \Delta F + T\Delta S$. Durch Einsetzen von ΔH und von ΔF_1 oder ΔF_2 läßt sich daher die Reaktionsentropie ΔS_1 und ΔS_2 bei den Temperaturen T_1 und T_2 berechnen.

Untersuchungen dieser Art sind von KUNITZ[2] an der Hitzedenaturierung des kristallisierten Trypsinhemmstoffes aus Sojabohnen und von EISENBERG und SCHWERT[3] an der Denaturierung des Chymotrypsins durchgeführt worden. Die Bestimmung des Gleichgewichtes war dadurch ermöglicht, daß die Renaturierung ($D \rightarrow N$) bei niederer Temperatur sehr langsam verlief. Man kann daher das Gemisch von nativem und denaturiertem Eiweiß durch schnelles Abkühlen bei geeignetem p_H stabilisieren und die Konzentration der beiden Formen bestimmen.

Die Gleichgewichtskonstante K ist abhängig von der Geschwindigkeit der Denaturierung und der Renaturierung. Wenn die Geschwindigkeitskonstanten dieser beiden Reaktionen k_d und k_r sind, dann ist $K = k_r/k_d$. Die Konstanten k_d und k_r können bei reversiblen Reaktionen experimentell bestimmt werden. Im allgemeinen ist jedoch die Denaturierung nicht reversibel, so daß k_r unmeßbar klein wird. In solchen Fällen kann die Abhängigkeit von k_d von der Temperatur und aus dieser Abhängigkeit die Aktivierungsenergie der Denaturierung bestimmt werden. Bezeichnen wir nun die Geschwindigkeitskonstante für Denaturierung bei den Temperaturen T_1 und T_2 durch k_1 und k_2, so gilt die Gleichung (V):

$$E_a = R \frac{T_1 \times T_2}{T_2 - T_1} \ln (k_2/k_1). \qquad \text{(V)}$$

Für den Aktivierungsvorgang gilt nach dem zweiten Hauptsatz der Thermodynamik wiederum $\Delta H^{\neq} = \Delta F^{\neq} + T\Delta S^{\neq}$; hier ist $\Delta H^{\neq}$ die Aktivierungswärme, $\Delta F^{\neq}$ die Änderung der freien Energie und $\Delta S^{\neq}$ die Entropieänderung bei Aktivierung. $\Delta H^{\neq}$ läßt sich aus der Aktivierungsenergie E_a nach Gleichung (VI) berechnen:

$$\Delta H^{\neq} = E_a - RT. \qquad \text{(VI)}$$

---

[1] BUZELL, A., and J. M. STURTEVANT: Am. Soc. **74**, 1983 (1952).
[2] KUNITZ, M.: J. gen. Physiol. **32**, 241 (1948).
[3] EISENBERG, M. A., and G. W. SCHWERT: J. gen. Physiol. **34**, 583 (1951).

$\Delta F^{\ddagger}$ kann auf Grund der Theorie der absoluten Reaktionsumsätze[1] nach Gleichung (VII) berechnet werden:

$$\Delta F^{\ddagger} = R\,T\left(\ln\frac{\varkappa}{h} + \ln T - \ln k\right). \tag{VII}$$

Hier ist $\varkappa$ die Boltzmannsche Konstante ($1{,}38 \cdot 10^{-16}$ erg), h das Plancksche Wirkungsquantum ($6{,}62 \cdot 10^{-27}$ erg. sec), k die Geschwindigkeitskonstante (in sec^{-1}) und R die Gaskonstante (1,98 cal/Mol/Grad). Durch Einsetzen dieser Werte erhält man:

$$\Delta F^{\ddagger} = 4{,}58\; T\,(10{,}318 + \log T - \log k).$$

Man kann daher $\Delta F^{\ddagger}$ aus k berechnen. Man erhält dann $\Delta S^{\ddagger} = (\Delta H^{\ddagger} - \Delta F^{\ddagger})/T$.

Das eben beschriebene Verfahren führt zu besonders interessanten Ergebnissen, wenn es auf den reversiblen Denaturierungsvorgang angewandt wird; denn in diesem Fall können auch die thermodynamischen Konstanten $\Delta H^{\ddagger}$, $\Delta F^{\ddagger}$ und $\Delta S^{\ddagger}$ für den Renaturierungsvorgang bestimmt werden. Dies wurde in vorbildlichen Untersuchungen von KUNITZ[2] und von EISENBERG und SCHWERT[3] durchgeführt.

Bei der Denaturierung von Trypsinhemmstoff durch 0,0025 m HCl unterbrach KUNITZ die Reaktion durch Einbringen von 1 ml des Reaktionsgemisches in 5 ml einer 0,06 m Acetatpufferlösung, p_H 4,5, die auf —3° abgekühlt war. Das denaturierte Protein wurde abzentrifugiert und in der überstehenden Lösung das native Protein durch Spektrophotometrie bei 280 mμ bestimmt[2]. Die folgenden Werte wurden bei Temperaturen zwischen 10° und 70° erhalten: $\Delta H = 57{,}3$, $\Delta H_d^{\ddagger} = 55{,}3$, $\Delta H_r^{\ddagger} = -1{,}9$ kcal/Mol; $\Delta S = 180$, $\Delta S_d^{\ddagger} = 95$, $\Delta S_r^{\ddagger} = -84$ cal/Mol/Grad. Da die Reaktionsgeschwindigkeiten k_d und k_r sehr wesentlich von der Temperatur abhängen, sind auch $\Delta F_d^{\ddagger}$ und $\Delta F_r^{\ddagger}$ von der Temperatur abhängig. Die folgenden Werte wurden gefunden:

T =	10°	20°	30°	40°	45°	47°	50°	60°	70°	
$\Delta F_d^{\ddagger}$ =	—	—	26,2	25,4	25,1	24,8	24,6	23,5	22,7	kcal/Mol
$\Delta F_r^{\ddagger}$ =	22,5	22,9	23,4	24,4	25,0	25,3	25,5	25,4	—	kcal/Mol
ΔF =	—	—	2,8	1,0	0,1	—0,5	—0,9	—1,9	—	kcal/Mol

Negative Werte von ΔF zeigen an, daß die Reaktion exergonisch ist, d. h. daß dabei Arbeit geleistet werden kann und daß die Reaktion spontan abläuft. Positive Werte für ΔF bedeuten endergonische Reaktion und Ablauf derselben nur bei Energiezufuhr. Dementsprechend resultiert bei Temperaturen über 47° Denaturierung, bei Temperaturen unter 45° Renaturierung. In ähnlicher Weise wurden für die Denaturierung von Chymotrypsin bei p_H 2 die folgenden Werte gefunden: $\Delta H_d^{\ddagger} = 84{,}5$ kcal/Mol, $\Delta F_d^{\ddagger} = 20{,}0$ kcal/Mol und $\Delta S_d^{\ddagger} = 202$ cal/Mol/Grad. Die analogen Werte für Renaturierung sind: —15,7, 21,4 und —116.

e) Kinetik der Denaturierung.

Die thermodynamische Analyse der Denaturierung gibt zwar exakte Werte für die Gesamtreaktion, gestattet jedoch keinerlei Aussagen über den Reaktionsmechanismus. Um mehr Einblick in diesen zu gewinnen, wird häufig die Kinetik der Denaturierung untersucht. Die oben erwähnten ausgezeichneten Untersuchungen von KUNITZ[2], SCHWERT[3] und LEVY[4] ergeben übereinstimmend, daß die Reaktionsgeschwindigkeit der Denaturierung von der Konzentration des Proteins unabhängig ist. Sie ist danach eine intramolekulare, monomolekulare Reaktion. Untersucht man jedoch den Abfall der Reaktionsgeschwindigkeit bei fortschreitender Denaturierung, so findet man stärkeren als exponentiellen Abfall. Die Reaktion verläuft danach als Reaktion höherer Ordnung

[1] EYRING, H., and A. E. STEARN: Chem. Reviews **29**, 253 (1939).
[2] KUNITZ, M.: J. gen. Physiol. **32**, 241 (1948).
[3] EISENBERG, M. A., and G. W. SCHWERT: J. gen. Physiol. **34**, 583 (1951).
[4] LEVY, M., and A. E. BENAGLIA: J. biol. Ch. **186**, 829 (1950).

in bezug auf die Zeit, jedoch als Reaktion erster Ordnung in bezug auf die Eiweißkonzentration[1-5]. Dies deutet darauf hin, daß es sich bei der Eiweißdenaturierung nicht um eine einfache Reaktion handelt, sondern um eine Reaktion, die aus zwei oder mehreren Teilreaktionen besteht. In ihrer ersten Phase findet vermutlich intramolekulare Umlagerung der Peptidstruktur statt; in späteren Phasen erfolgen Polymerisation und vermutlich auch Bildung von Komplexen zwischen dem Eiweißmolekül und den in der Lösung vorhandenen Molekülen des Wassers, Anionen, Kationen und ungeladenen Molekülen. Besonders eigenartige Verhältnisse wurden bei der Denaturierung durch Harnstoff gefunden, bei der der Temperaturkoeffizient negativ ist; die Denaturierung erfolgt bei 0° schneller als bei höheren Temperaturen[6]. Andererseits ist die Denaturierungsgeschwindigkeit etwa der 15. Potenz der Harnstoffkonzentration proportional und wird daher als Reaktion 15. Ordnung angesehen[7].

Wenn die Denaturierungsgeschwindigkeit von Hämoglobin durch Alkali einer kinetischen Analyse unterzogen wird, findet man enorme Differenzen zwischen den Hämoglobinen verschiedener Tierarten[8]. Bei p_H 12 ist die Geschwindigkeitskonstante der Denaturierung für menschliches Oxyhämoglobin $k = 0{,}023$, jene für das Oxyhämoglobin des Kaninchens 0,00028 und für jenes des Rindes 0,000009[9]. Die Globine all dieser Species haben sehr hohe Geschwindigkeitskonstanten der Denaturierung ($k \approx 10^{-1}$—10^{-2}). Offenbar wird die Alkalidenaturierung der Globine durch die Bindung von Häm gehemmt. Man kann sich leicht vorstellen, daß das Häm-Molekül wie eine Klammer die Peptidketten zusammenhält und ihre Entfaltung verhindert. Die kinetische Analyse der Alkalidenaturierung des Hämoglobins hat große Bedeutung, da sie zur Auffindung von zwei oder mehr verschiedenen Hämoglobinen im Blut gewisser Tiere, aber auch im Blut des menschlichen Neugeborenen geführt hat. Das neugeborene Kind enthält in seinem Blut ein alkaliresistentes Hämoglobin, Hämoglobin F genannt (F = fetus), neben größeren Mengen von Hämoglobin A (A = adult)[10, 11]. Während Hämoglobin A in 1—2 min bei p_H 12 zu mehr als 90% denaturiert wird, braucht Hämoglobin F zur 90%igen Denaturierung unter den gleichen Bedingungen etwa 60 min. Es ist bemerkenswert, daß Kohlenoxydhämoglobin gegen Denaturierung beständiger ist als Oxyhämoglobin und daß Methämoglobin besonders alkalilabil ist[12].

f) Mechanismus der Denaturierung.

Da Denaturierung bei niederen Temperaturen durch Harnstoff erzielt werden kann und da Harnstoff nicht die Fähigkeit hat, Peptidbindungen zu spalten, ist es klar, daß bei Denaturierung die Struktur der Peptidketten unverändert bleibt. Offenbar werden nur die Querverbindungen zwischen den Peptidketten gelöst. Die wichtigsten dieser Querverbindungen sind: 1. Wasserstoffbrücken, 2. Salzbrücken und 3. Dithiobindungen[13]. Harnstoff scheint vor allem Wasserstoffbrücken zu spalten. Die dadurch bedingte Entfaltung der Peptidketten mag dann, sekundär, zur Spaltung anderer Bindungstypen führen. Es ist jedoch nicht klar, ob die Entfaltung der Peptidketten lediglich zu einer

1 HAUROWITZ, F., F. DI MOIA and S. TEKMAN: Am. Soc. **74**, 2265 (1952).
2 CASEY, E. J., and K. LAIDLER: Am. Soc. **73**, 1455 (1951).
3 BULANKIN, I. N., u. N. A. SCHABANOWA: Ukrain. biochem. J. **26**, 235 (1954).
4 LEVY, M., and R. C. WARNER: J. physic. Chem. **58**, 106 (1954).
5 GIBBS, R. J.: Arch. Biochem. **51**, 277 (1954).
6 JACOBSEN, C., and L. K. CHRISTENSEN: Nature **161**, 30 (1948).
7 KAUZMANN, W., R. B. SIMPSON, J. SCHELLMAN, H. K. FRENSDORFF and M. T. WATSON: Am. Soc. **75**, 5139 (1953).
8 KRÜGER, F. v.: Z. vgl. Physiol. **2**, 254 (1925).
9 HAUROWITZ, F., R. L. HARDIN and M. DICKS: J. physic. Chem. **58**, 103 (1954).
10 HAUROWITZ, F.: H. **183**, 78 (1929); **186**, 141 (1930).
11 BETKE, K.: Der menschliche rote Blutfarbstoff. S. 13. Berlin, Göttingen, Heidelberg 1954.
12 DERRIEN, Y., G. LAURENT et J. ROCHE: C. R. Soc. Biol. **147**, 1934 (1953).
13 HAUROWITZ, F.: Exper. **5**, 347 (1949).

isotropen Schwellung des Moleküls führt[1-3] oder aber zu einer Umwandlung des globulären Eiweißmoleküls in ein anisotropes, fadenförmiges Aggregat[4, 5]. Zweifellos kommt es in der zweiten Phase der Denaturierung zur Bildung zwischenmolekularer Brücken (Dithiobrücken, Salzbrücken oder Wasserstoffbrücken). Es ist jedoch keineswegs klar, ob dies zur Bildung von globulären oder von fadenförmigen Aggregaten führt.

Es gibt auch noch keine befriedigende Deutung für den ungewöhnlich hohen Temperaturkoeffizienten der Denaturierung und die entsprechend hohe Aktivierungsenergie. Die wahrscheinlichste Erklärung ist, daß die experimentell gefundenen Werte von etwa 10^2 kcal/Mol Summenwerte sind, die sich aus zahlreichen kleineren Werten zusammensetzen. Nimmt man z. B. die Sprengung von 50 H-Brücken je Eiweißmolekül bei Denaturierung an, und nimmt man weiter an, daß die Sprengung jeder H-Brücke 2 kcal/Mol erfordert, so beträgt die nötige Gesamtenergie $50 \cdot 2 = 100$ kcal/Mol. Zur Erklärung des raschen Ablaufes und des Fehlens von Zwischenprodukten muß man weiter annehmen, daß die zuerst gesprengten Bindungen an strategisch wichtigen Punkten des Eiweißmoleküls liegen und daß deren Sprengung die Öffnung aller übrigen Bindungen etwa in der Art eines Reißverschlusses nach sich zieht. Die starke Abhängigkeit der Denaturierung vom p_H hat zunächst an saure Atomgruppen als Schlüsselgruppen denken lassen[6]. Es ist jedoch sehr wohl möglich, daß die dissoziierenden Protonen nicht Carboxylgruppen oder Ammoniumgruppen angehören, sondern daß sie Bindeglieder von Wasserstoffbrücken sind[7]. Die Sprengung einer solchen Wasserstoffbrücke wird wohl meist von der Schließung neuer H-Brücken zwischen den Spaltstellen und Wassermolekülen gefolgt. Der zur Sprengung einer H-Brücke erforderliche Energieaufwand ist daher gleich der Differenz zwischen dem Energiegehalt der gespaltenen H-Brücke und jenem der neugebildeten H-Brücken.

Die spezifische Struktur der nativen Eiweißkörper, die Lagerung ihrer Peptidketten im Raum, wird offenbar durch die Wasserstoffbrücken, aber auch durch die schwachen Anziehungskräfte zwischen den polaren Seitenketten und durch die gegenseitige Anziehung von apolaren Seitenketten aufrechterhalten. Für diese sekundäre oder tertiäre Struktur wurden die Ausdrücke Konstellation[8] oder Konformation[9] vorgeschlagen. Denaturierung kann hiernach als Änderung der Konstellation oder Konformation des nativen Proteins definiert werden.

C. Chemische Modifikationen von Proteinen.

Von

Felix Haurowitz.

Unter den Aminosäuren, welche das Proteinmolekül bilden, sind einige mit reaktionsfähigen Seitenketten. Durch Oxydation, Reduktion, Acylierung, Alkylierung und durch andere Reaktionen dieser Seitenketten erhält man chemisch modifizierte Proteine. Die meisten der in solchen Reaktionen angewandten Reagentien greifen an mehreren Typen von Seitenketten an. Es gibt derzeit keine Reagentien, welche nur mit freien Aminogruppen oder nur mit Hydroxylgruppen reagieren. Es ist daher nicht möglich, die modifizierten Proteine auf Grund der reagierenden Atomgruppen einzuteilen.

[1] YANG, J. T., and J. F. FOSTER: Am. Soc. **76**, 1588 (1954).
[2] SCHERAGA, H. A., and L. MANDELKERN: Am. Soc. **75**, 179 (1953).
[3] KATZ, S.,: Diss. phil. Harvard University 1950. [NEURATH-BAILEY, Proteins, Bd I B, S. 846].
[4] BARBU, E., and M. JOLY: Discuss. Faraday Soc. **13**, 77 (1953).
[5] MIZUSHIMA, S.: Nature **164**, 918 (1949).
[6] STEINHARDT, J.: Kgl. danske Vid. Selsk. mat.-fysiske Medd. **14**, no. 11 (1937).
[7] LEVY, M., and A. E. BENAGLIA: J. biol. Ch. **186**, 829 (1950).
[8] KUHN, W., u. H. KUHN: Helv. **28**, 1539 (1945).
[9] LUMRY, R., and H. EYRING: J. physic. Chem. **58**, 110 (1954).

Der Einteilung in diesem Abschnitt wurden die modifizierenden Reagentien zugrunde gelegt. Man kann danach folgende Gruppen von modifizierten Proteinen unterscheiden: 1. Oxydierte Proteine, 2. reduzierte Proteine, 3. Acylproteine, 4. Einwirkungsprodukte von salpetriger Säure, 5. Alkylproteine, 6. Guanidinoproteine, 7. Jod- und Bromproteine, 8. Kondensationsprodukte von Proteinen mit Aldehyden, Rhodaniden und Diazoverbindungen, 9. Mercaptide. Es ist klar, daß die meisten dieser Eingriffe, wenn unter drastischen Bedingungen durchgeführt, zur Sprengung der Peptidkette und Zerstörung des Proteinmoleküls führen können. Hier sollen nur jene Reaktionsprodukte besprochen werden, bei denen die Peptidstruktur des Proteins im großen ganzen erhalten bleibt.

a) Oxydierte Proteine.

Durch Anwendung von Permanganat, Chlorat, Dichromat, H_2O_2 und anderen drastischen Oxydationsmitteln werden Proteine vollkommen zerstört. Bei vorsichtiger Einwirkung dieser Oxydationsmittel auf Keratin werden enzymatisch hydrolysierbare Produkte erhalten[1]. Mildere Reagentien greifen vor allem an den SH-Gruppen an und wandeln sie in Dithiogruppen um; dies läßt sich am schonendsten durch Cystin herbeiführen[2], welches gleichzeitig zu Cystein reduziert wird. Andere milde Oxydantien, die zur Oxydation der SH-Gruppen verwendet werden, sind: Porphyrindin[3, 4], Jodosobenzoesäure[5], Jod in saurer Lösung[6], Ferricyanid[2] und FOLINs Reagens[7], welches als oxydierendes Agens Phosphormolybdänsäure enthält. Die meisten dieser Reagentien werden in alkalischer Lösung verwendet; der Überschuß kann jodometrisch titriert werden. Während Cystin und Jodosobenzoat nur mit SH-Gruppen reagieren, greifen die anderen Reagentien auch die Phenolgruppen von Tyrosin und die Seitenkette von Tryptophan an. Das durch Cystin oxydierte Protein kann im allgemeinen nicht isoliert werden, da die Reaktion reversibel ist und nach Entfernung des gebildeten Cysteins zum Teil wieder zurückgeht.

Durch Einwirkung von Perameisensäure läßt sich die Dithiogruppe unter Bildung von Cysteinsäuregruppen irreversibel sprengen: $R—S—S—R \rightarrow 2\,RSO_3H$. Diese Reaktion wurde von SANGER mit Erfolg zum Abbau des Insulinmoleküls verwendet. Sie scheint allgemeiner Anwendung fähig zu sein, da unter den angewandten Versuchsbedingungen die Peptidketten nicht angegriffen werden.

***Oxydation von Proteinen durch Perameisensäure*[8].**

Man löst 0,1 g Protein in 3 ml 98%iger Ameisensäure und läßt die Lösung nach Zusatz von 3 ml Perameisensäure 30 min bei 25° stehen. Die Perameisensäure wird durch Mischen von 9 Vol. 98%iger Ameisensäure mit 1 Vol. 30%igem H_2O_2 bereitet; sie soll vor Verwendung 30 min stehen. Das oxydierte Protein wird durch einen Überschuß von peroxydfreiem Äther gefällt, in Ameisensäure gelöst und die Fällung durch Äther zweimal wiederholt, um Zerstörung des Proteins durch Spuren von Peroxyden zu vermeiden.

Einander benachbarte HO- oder NH_2-Gruppen können bekanntlich durch Perjodat in alkalischer Lösung oxydiert werden. N-terminale Oxyaminosäuren (Serin, Threonin) können mittels dieser Reaktion nachgewiesen werden. Ein anderes Oxydationsmittel, Stickstofftrichlorid, scheint nur die Seitenkette von Methionin anzugreifen; die Thiomethylgruppe des Methionins wird dabei in das analoge Sulfoximin umgewandelt: $R \cdot S \cdot CH_3 \rightarrow R \cdot S^{++}(CH_3)O^-(NH)^-$[9]. Enzymatische Oxydation der Tyrosinseitenketten

[1] STARY, Z.: H. **144**, 147 (1925); **186**, 137 (1930).
[2] MIRSKY, A. E., and M. L. ANSON: J. gen. Physiol. **19**, 439 (1936).
[3] KUHN, R., u. P. DESNUELLE: H. **251**, 14 (1938).
[4] BRAND, E., and B. KASSEL: J. biol. Ch. **133**, 437 (1949).
[5] HELLERMAN, L., F. P. CHINARD and V. R. DIETZ: J. biol. Ch. **147**, 443 (1943).
[6] HESS, W. C., and M. X. SULLIVAN: J. biol. Ch. **151**, 635 (1943).
[7] HERRIOTT, R. M.: Adv. Protein Chem. **3**, 170 (1947).
[8] BETTELHEIM, F. R.: J. biol. Ch. **212**, 235 (1955).
[9] BENTLEY, H. R., E. E. MCDERMOTT, T. MORAN, J. PACE and J. K. WHITEHEAD: Proc. R. Soc. London (B) **137**, 402 (1950).

durch Tyrosinase wurde zwar beschrieben[1], blieb jedoch nicht unwidersprochen[2]. Es ist daher noch nicht klar, ob die Phenolseitenkette im Verband des Proteinmoleküls enzymatisch oxydiert werden kann. Anodische Oxydation von Proteinen führt zur Zerstörung der C-terminalen Aminosäure, die dabei in CO_2, NH_3 und den um ein Kohlenstoff ärmeren Aldehyd überführt wird[3]. Die Reaktion wurde für den stufenweisen Abbau von Proteinen vorgeschlagen, scheint jedoch auch die aromatischen Ringe von Tyrosin anzugreifen[4].

b) Reduzierte Proteine.

α) Reduktion der Dithiogruppen.

Werden Proteinlösungen mit einem Überschuß an reduziertem Glutathion, Cystein, Thioglykol, Thioglykolsäure und anderen Thioverbindungen versetzt, so wird die Dithiogruppe des Cystins zur Sulfhydrylgruppe reduziert: $R \cdot S{-}S \cdot R \rightarrow 2\,R \cdot SH$. Die Redoxpotentiale der meisten SS/SH-Systeme haben identische Werte, so daß die meisten SH-Verbindungen zur Reduktion angewandt werden können[5]. Aus dem gleichen Grund ist die Reaktion reversibel, so daß nach Entfernung des Reduktionsmittels Oxydation durch den Luftsauerstoff eintritt, vor allem bei alkalischer Reaktion. Keratin wird durch reduzierende Thioverbindungen in eine lösliche Verbindung, Keratein, überführt[6, 7]. Zu den reduzierenden Verbindungen gehört auch 2,3-Dithiopropanol (BAL, British Antilewisite). Die Dithiobindung wird durch Cyanide zu RSH + RSCN aufgespalten[8, 9], durch Hydrogensulfit in analoger Weise zu $RSH + RS \cdot SO_3H$ [10, 11]. In beiden Reaktionen tritt primär Reduktion an einem der beiden S-Atome ein; das zweite S-Atom wird in eine Rhodanid- oder in eine Thiosulfatgruppe umgewandelt.

β) Reduktion von Carboxylgruppen.

Wenn Proteine in N-Äthylmorpholin oder Tetrahydrofuran suspendiert und unter Erwärmung der Einwirkung von Lithium-Aluminiumhydrid ausgesetzt werden, so werden ihre Carboxylgruppen zu Alkoholgruppen reduziert: $R \cdot COOH \rightarrow R \cdot CH_2OH$[12]; das Verfahren wurde zur Bestimmung der C-terminalen Aminosäuren angewandt; man erhält diese als Aminoalkohole, die sich durch Ätherextraktion leicht von den Aminosäuren trennen und durch Chromatographie identifizieren lassen. So wurden C-terminales Glykokoll und Alanin des Insulins als Aminoäthanol und Alaninol erhalten[12]. Die Wirkung des Reduktionsmittels erstreckt sich aber auch auf einige der Amid- und Peptidbindungen; sie werden in Imingruppen umgewandelt: $—CO \cdot NH— \rightarrow —CH_2NH—$ [13, 14]. Um dies zu vermeiden, wurde Lithium-Aluminiumhydrid durch Lithium-Borhydrid ersetzt[15, 16]. Das Borhydrid greift die Carboxylgruppen erst nach Veresterung an; der Reduktion geht daher Veresterung des Proteins mit Methanol oder Äthanol voran. Auch bei dieser Reaktion wurden jedoch Nebenreaktionen beobachtet, vor allem Hydrogenolyse einiger

---

[1] SIZER, I. W.: J. biol. Ch. **169**, 303 (1947).
[2] EDMAN, P.: J. biol. Ch. **168**, 367 (1947).
[3] BOISSONAS, R. A.: Nature **171**, 304 (1953).
[4] THOMPSON, A. R.: Biochim. biophysica Acta, N. Y. **15**, 299 (1953).
[5] FRUTON, J. S., and H. CLARKE: J. biol. Ch. **106**, 667 (1934).
[6] GODDARD, D. R., and L. MICHAELIS: J. biol. Ch. **112**, 361 (1935).
[7] WARD, W. H., L. M. HIGH and H. P. LUNDGREN: J. polymer Sci. **1**, 22 (1946).
[8] MAUTHNER, J.: H. **78**, 28 (1912).
[9] WALKER, E.: Biochem. J. **19**, 1082 (1925).
[10] CLARKE, H. T.: J. biol. Ch. **97**, 235 (1932).
[11] BLACKBURN, S., R. CONSDEN and H. PHILLIPPS: Biochem. J. **38**, 23 (1944).
[12] FROMAGEOT, C., M. JUTISZ, D. MEYER et L. PENASSE: Biochim. biophysica Acta, N. Y. **6**, 283 (1950/51).
[13] KARRER, P., u. B. J. R. NICOLAUS: Helv. **35**, 1581 (1952).
[14] JUTISZ, M., D. MEYER et L. PENASSE: Bull. Soc. chim. France **1954**, 1087.
[15] CHIBNALL, A. C., and M. W. REES: Biochem. J. **48**, XLVII (1951).
[16] GRASSMANN, W., H. HÖRMANN u. H. ENDRES: H. **296**, 208 (1954).

Peptidbindungen[1]. Da die Amidgruppen der Asparaginyl- und Glutaminylreste von $LiBH_4$ nicht angegriffen werden, kann man sie von den Säuregruppen der Aspartyl- und Glutamylreste unterscheiden[2].

c) Acylproteine.

Durch Acylierung werden primäre und sekundäre Aminogruppen, Hydroxyl- und Sulfhydrylgruppen substituiert. Das Ausmaß der Acylierung jeder dieser Gruppen hängt von den Versuchsbedingungen ab.

α) Acetylproteine.

Acetylierung von Proteinen läßt sich durch Erhitzen mit Essigsäureanhydrid[3], durch Durchleiten von Keten durch die wäßrige Lösung[4, 5] oder, am schonendsten, durch Behandlung mit Essigsäureanhydrid und Natriumacetat bei p_H 7–8 und 0°[6] erzielen. Durch Keten scheinen bei p_H 5,5 anfangs nur die Aminogruppen acetyliert zu werden[4]. Weder die Guanidinogruppen noch auch die aliphatischen OH-Gruppen werden von Keten acetyliert[5]. Bei längerer Einwirkung von Keten werden die Phenolgruppen von Tyrosin im Pepsinmolekül acetyliert, und die enzymatische Wirkung geht verloren[4]. Als Acetylierungsmittel wurde auch 2'-Acetyl-thioäthyl-acetamid empfohlen; es kann bei Zimmertemperatur und p_H 10 angewandt werden[7].

β) Benzoylproteine.

Benzoylierung von Proteinen wird durch Benzoylchlorid nach SCHOTTEN-BAUMANN erzielt[8, 9], oder durch die Anwendung von Benzoesäureanhydrid[8]. Die Benzoylierung erfolgt in schwach alkalischer wäßriger Lösung oder in Pyridin[10]. In erster Linie werden die freien Aminogruppen von Lysin benzoyliert; aber auch die Guanidinogruppen von Arginin und die Imidazolringe von Histidin werden substituiert[9, 11].

γ) Arylsulfonylproteine.

Durch Behandlung von Proteinen mit Arylsulfonylchloriden werden vor allem die freien Aminogruppen von Lysin[12] und die phenolischen OH-Gruppen von Tyrosin[13] substituiert. Unter den angewandten Sulfochloriden seien die folgenden genannt: Benzolsulfochlorid[12], p-Toluolsulfochlorid[13], Naphthalinsulfochlorid[14], Pipsylchlorid (= p-Jodphenylsulfochlorid)[15] und 1-Dimethylaminonaphthalin-5-sulfochlorid[16, 17]. Radioaktives Pipsylchlorid kann leicht mit ^{131}J oder ^{35}S dargestellt werden und dient dann als wertvolles Reagens zur Isolierung N-terminaler Aminosäuren[15]. Die Dimethyl-aminonaphthalinsulfoproteine sind fluorescierende Substanzen; wenn nur eine Arylsulfonylgruppe in das Proteinmolekül eingeführt wird, bleibt es löslich und kann zur Messung der Polarisation des Fluorescenzlichtes verwendet werden[16, 17].

---

[1] CRAWHALL, J. C., and D. E. ELLIOT: Nature **175**, 299 (1955).
[2] CHIBNALL, A. C., and M. W. REES: Biochem. J. **48**, XLVII (1951).
[3] HAUROWITZ, F.: H. **256**, 28 (1938).
[4] HERRIOTT, R. M., and J. H. NORTHROP: J. gen. Physiol. **18**, 35 (1934); **19**, 383 (1936).
[5] NEUBERGER, A.: Biochem. J. **32**, 1452 (1938).
[6] OLCOTT, H. S., and H. FRAENKEL-CONRAT: Chem. Reviews **41**, 151 (1947).
[7] BADDILEY, J., R. A. KEKWICK and E. M. THAIN: Nature **170**, 968 (1952).
[8] GOLDSCHMIDT, S.: H. **183**, 244 (1929). — GOLDSCHMIDT, S., u. W. SCHÖN: H. **165**, 279 (1927).
[9] FELIX, K., u. A. LANG: H. **188**, 96 (1930).
[10] ABDERHALDEN, E., u. H. BROCKMANN: B. Z. **226**, 209 (1930).
[11] MELLON, E. F., A. H. KORN and S. R. HOOVER: Am. Soc. **69**, 827 (1947).
[12] GURIN, S., and H. T. CLARKE: J. biol. Ch. **107**, 395 (1934).
[13] CHRISTENSEN, H. N.: J. biol. Ch. **160**, 75 (1945).
[14] EDLBACHER, S., u. B. FUCHS: H. **144**, 133 (1921).
[15] UDENFRIEND, S., and S. F. VELICK: J. biol. Ch. **190**, 733 (1951).
[16] WEBER, G.: Biochem. J. **51**, 145, 155 (1952).
[17] STEINER, R. F.: Arch. Biochem. **46**, 291 (1953).

δ) *Einführung anderer Carbonsäuregruppen.*

Um Aminosäure- oder Peptidreste mit ihrer Carboxylgruppe an die freien Aminogruppen der Proteine zu binden, wurden letztere mit den Anhydriden von N-carboxylierten Aminosäuren oder Peptiden behandelt[1, 2]. Auf diese Weise wurden Polyglycylproteine[1] und Polyleucylproteine[2] erhalten. Die Anhydride der N-Carboxyaminosäuren enthalten den Oxazolonring; in gleicher Weise können substituierte Oxazolone in Proteine eingeführt werden, z. B. die Oxazolone benzoylierter Aminosäuren[3] oder 2-Phenyl-4-(2-thenal)-5-oxazolon[4]. Auch Thioglykolsäure läßt sich an die NH_2-Gruppen der Proteine binden[5].

Zur Einführung von O-Glucosyltyrosin und von Dijodthyronin wurden die Hydrazide dieser Verbindungen dargestellt; die freien Aminogruppen waren durch Carbobenzoxylierung geschützt; nach Kupplung mit dem Protein wurde die Carbobenzoxygruppe nach dem Verfahren von BERGMANN durch katalytische Hydrierung abgespalten[6]. Auf die gleiche Weise wurden Zuckersäuren als Hydrazide an Eiweiß gebunden[7]. Malonylproteine lassen sich leicht durch Behandlung von Proteinen mit gasförmigem Kohlenstoffsuboxyd C_3O_2 erhalten[8]; man erhält bei diesem Verfahren Substituierung von Amino-, Phenol- und Sulfhydrylgruppen durch Halbamide oder Halbester der Malonsäure: $R \cdot NH_2 + C_3O_2 + H_2O \rightarrow R \cdot NH—CO—CH_2—COOH$[8, 9].

ε) *Arylcarbamylproteine und Arylthiocarbamylproteine.*

Phenylisocyanat und andere Arylisocyanate reagieren mit den freien Aminogruppen der Proteine[10], aber auch mit Hydroxyl- und Thiogruppen[11] unter Bildung von Arylcarbamylderivaten: $Ar \cdot NCO + HX \rightarrow Ar \cdot NH—CO—X$. Auf diese Weise wurden Phenylisocyanat und p-Bromphenylisocyanat[10, 11] an verschiedene Proteine gekuppelt. Auch carcinogene Substanzen, wie z. B. Dimethylaminostilben, 1,2,5,6-Dibenzanthracen, 3,4-Benzpyren oder Acetaminofluoren können als Isocyanate an Proteine gebunden werden[12, 13]. Um in den Geweben deponierte Antigene nachzuweisen, hat COONS[14] Antikörper mit Fluoresceinisocyanat gekuppelt, das zu untersuchende Gewebe mit dem fluorescierenden Antikörper behandelt und dann den gebildeten Antigen-Antikörperkomplex im Gewebe mit Hilfe des Fluorescenzmikroskopes lokalisiert. Bei vorsichtiger Hydrolyse der mit Phenylisocyanat gekuppelten Proteine werden die N-terminalen Aminosäuren als Phenylhydantoine erhalten[15]:

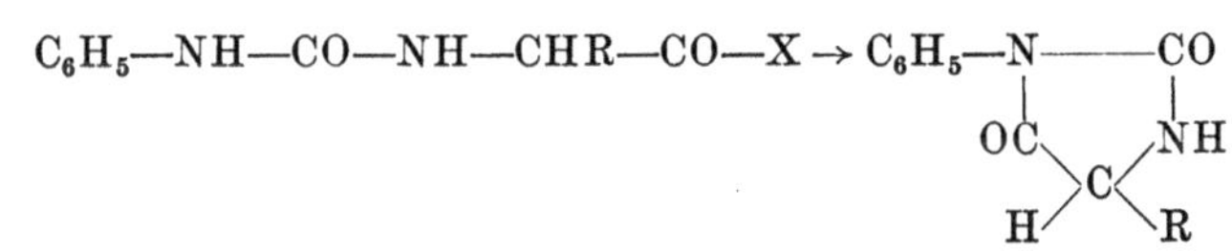

In der eben beschriebenen Reaktion können die Arylisocyanate vorteilhaft durch Arylisothiocyanate ersetzt werden[16]. Die Reaktion ist vielfach zur Bestimmung der

1 STAHMANN, M. A., and R. B. BECKER: Am. Soc. **74**, 2698 (1952).
2 FRAENKEL-CONRAT, H.: Biochim. biophysica Acta, N. Y. **10**, 180 (1953).
3 LETTRÉ, H., u. R. HAAS: H. **266**, 31, **267**, 108 (1940).
4 TIMASHEFF, S. N., and F. F. NORD: Arch. Biochem. **31**, 320 (1951).
5 SCHÖBERL, A.: Angew. Chem. (A) **60**, 7 (1948).
6 CLUTTON, R. F., C. R. HARINGTON and M. E. YUILL: Biochem. J. **32**, 1111 (1938).
7 MICHEEL, F., u. K. SCHMIDT: Makromol. Chem. **3**, 210, 217, 247 (1949).
8 TRACY, A. H., and W. F. ROSS: J. biol. Ch. **146**, 63 (1942).
9 OLCOTT, H. S., and H. FRAENKEL-CONRAT: Chem. Reviews **41**, 151, s. bes. S. 177 (1947).
10 HOPKINS, S. J., and A. WORMALL: Biochem. J. **28**, 2125 (1934).
11 FRAENKEL-CONRAT, H.: J. biol. Ch. **152**, 385 (1944).
12 FIESER, L. F., and H. J. CREECH: Amer. J. Cancer **30**, 555 (1937). — CREECH, H. J., H. F. HAVAS and J. ANDRE: Cancer Res. **13**, 335 (1953).
13 CREECH, H. J., and R. M. PECK: Am. Soc. **74**, 463, 468 (1952); **75**, 2364 (1953).
14 COONS, A. H., and M. H. KAPLAN: J. exp. Med. **91**, 1 (1950).
15 ROCHE, J., R. MICHEL et J. SCHILLER: Cr. **219**, 38 (1944).
16 EDMAN, P.: Acta chem. scand. **4**, 277, 283 (1950).

N-terminalen Aminosäuren angewandt worden. Bei Verwendung von Phenylisothiocyanat werden Phenylisothio-carbamylverbindungen der Proteine erhalten: C_6H_5—NH—CS—NH—CHR—COX. Zur Abspaltung des endständigen Phenylthiohydantoins wird gelinde Hydrolyse mit HCl-Nitromethan angewandt; dabei wird nur die der Carbamylgruppe benachbarte Peptidbindung gespalten; aus dem erhaltenen Phenylthiohydantoin kann die Aminosäure durch Erhitzen mit Baryt regeneriert werden[1]. Bei Arbeiten mit kleinen Mengen kann die Spaltung des substituierten Proteins auch auf dem zur Chromatographie benutzten Papier durch n HCl und 36stündige Hydrolyse bei 37° erzielt werden[2]; das abgespaltene Phenylthiohydantoin wird mit Alkohol-Äther extrahiert und unter Anwendung von Amylalkohol/Wasser oder Benzol/Essigsäure/Wasser (1:1:1) chromatographiert. Die Phenylthiohydantoine geben mit GROTEs Reagens eine intensive Farbreaktion[2, 3]. Um die Phenylthiohydantoine direkt sichtbar zu machen, wurde auch vorgeschlagen, das farblose Phenylisothiocyanat durch 4-Dimethylamino-3,5-dinitrophenylisothiocyanat zu ersetzen; man erhält dann rote Dimethylamino-dinitrophenyl-thiohydantoine[4]. Es scheint jedoch, daß Phenylisothiocyanat nicht nur mit den freien Aminogruppen reagiert, sondern unter gewissen Bedingungen auch mit den NH-Gruppen von Glycyl- und Alanylresten innerhalb der Peptidkette[5].

ζ) Acylierung mit Schwefelsäure, Phosphorsäure und mit substituierten Phosphorsäuren.

Durch Behandlung von Proteinen mit konzentrierter Schwefelsäure bei Temperaturen zwischen 0° und −18° werden die aliphatischen OH-Gruppen und auch einige der Phenol- und Thiogruppen verestert[6]. Wird die Temperatur der Versuchsansätze erhöht, so tritt neben den oben beschriebenen Reaktionen auch Sulfonierung der cyclischen Aminosäuren ein[7]. Die den Oxyaminosäuren Serin und Threonin benachbarten Aminosäuren erleiden dabei eine Acylverschiebung, indem ihre Carboxylgruppen von der Aminogruppe der Oxyaminosäure an deren Hydroxylgruppe wandert[7]. Es ist überraschend, daß das mit kalter konzentrierter Schwefelsäure behandelte Insulin seine hormonale Aktivität nicht einbüßt[6].

Phosphorylierung von Proteinen kann durch Behandlung mit Phosphoroxychlorid, $POCl_3$, in alkalischer wäßriger Lösung[8] oder durch Zusatz des in Chloroform oder Tetrachlorkohlenstoff gelösten Phosphoroxychlorids zu der eiskalten alkalischen Lösung[9] erzielt werden. Dabei kommt es vorwiegend zur Phosphorylierung der freien Aminogruppen[8]. Ist Veresterung der Hydroxylgruppen mit Phosphorsäure beabsichtigt, so werden die Proteine mit einer Mischung von Phosphorpentoxyd und Phosphorsäure behandelt[10]. Derart behandeltes Insulin bleibt hormonal wirksam[10]. Phosphorylierung der Hydroxylgruppen läßt sich auch durch Behandlung mit Phenylphosphodichlorid und nachfolgende Abspaltung der Phenylreste erzielen[11].

Eine besondere Bedeutung hat die Veresterung der Proteine mit Diisopropylfluorphosphat (DFP) und ähnlichen Phosphorsäure-Derivaten, da die enzymatische Wirkung von Esterasen dadurch spezifisch gehemmt wird[12]. Im allgemeinen genügt Einführung eines einzigen Substituenten, um die enzymatische Wirkung zu unterdrücken[13]. Leber-

[1] EDMAN, P.: Acta chem. scand. **4**, 277, 283 (1950).
[2] DAUTREVAUX, M., et G. BISERTE: Cr. **240**, 1153 (1955).
[3] LANDMANN, N.: Am. Soc. **75**, 3638 (1953).
[4] REITH, W. S., and N. M. WALDRON: Biochem. J. **56**, 111, 116 (1954).
[5] SCHRAMM, G., u. G. W. SCHNEIDER: Z. Naturforsch. **9**b, 209 (1954).
[6] REITZ, H. C., R. E. FERREL, H. FRAENKEL-CONRAT and H. S. OLCOTT: Am. Soc. **68**, 1024 (1946).
[7] ELLIOTT, D. F.: Biochem. J. **50**, 542 (1952).
[8] MAYER, M., and M. HEIDELBERGER: Am. Soc. **68**, 17 (1946).
[9] RIMINGTON, C.: Biochem. J. **21**, 272 (1927).
[10] FERREL, R. E., H. S. OLCOTT and H. FRAENKEL-CONRAT: Am. Soc. **70**, 2101 (1948).
[11] GRABAR, P., M. PACHT et E. BOURLAND: Bull. Soc. Chim. biol. **33**, 690 (1951).
[12] BALLS, A. K., and E. F. JANSEN: Adv. Enzymol. **13**, 321 (1952).
[13] JANSEN, E. F., A. L. CURL and A. K. BALLS: J. biol. Ch. **190**, 557 (1951).

esterase[1], Cholinesterase[2] und Chymotrypsin[3] werden durch DFP gehemmt, während Amylase, Carboxypeptidase und andere Enzyme nicht beeinflußt werden. Andere in ähnlicher Weise wirkende „Nervengifte" sind: Diphenylchlorphosphat, Diäthyl-thionofluorphosphat, Tetraisopropyl-pyrophosphat und Diäthyl-p-nitrophenylphosphat[4].

η) Andere Acylierungsreaktionen.

Nitrierung der Proteine läßt sich durch rauchende Salpetersäure in Gegenwart von Schwefelsäure[5] oder durch Tetranitromethan in Pyridin[6] erzielen. Dabei werden die Guanidinogruppen von Arginin und die Phenolgruppen von Tyrosin nitriert. Durch die unvermeidliche Bildung von salpetriger Säure treten jedoch Nebenreaktionen ein, die im folgenden Abschnitt erörtert werden.

Durch Schwefelkohlenstoff werden die freien Aminogruppen der Proteine bei 40° und p_H 7,0—8,2 in die Schwefelanalogen der Carbaminoverbindungen überführt[7]: $R \cdot NH_2 + CS_2 \rightarrow R \cdot NH{-}CS{-}SH$. Das CS_2-Molekül reagiert auch mit der N-terminalen α-Aminogruppe von Peptiden; die N-terminale Aminosäure läßt sich aus solchen Verbindungen als 2-Thio-thiazolid-5-on abspalten[7]:

$$X{-}CO{-}CHR{-}NH{-}CS_2H \rightarrow XH + \underbrace{CO{-}CHR{-}NH{-}CS}_{S}$$

d) Einwirkung von salpetriger Säure auf Proteine.

Salpetrige Säure wird häufig benützt, um Proteine zu desaminieren. Arbeitet man in der Kälte bei p_H 4[8, 9], so findet vorwiegend Desaminierung statt; das dabei gebildete Desaminoprotein ist jedoch stets gelblich verfärbt, ein Zeichen, daß Nebenreaktionen eingetreten sind. Vermutlich reagiert salpetrige Säure mit den Tyrosin- und Tryptophanresten der Proteine unter Bildung von Nitro-, Nitroso- und Diazoverbindungen[8-11]. Die Gegenwart von Diazogruppen ist dadurch angezeigt, daß die mit HNO_2 behandelten Proteine (Diazoproteine) in alkalischer Reaktion mit Phenol oder α-Naphthol rote Kupplungsprodukte geben[11, 12]. Der Indolring von Tryptophan reagiert mit HNO_2 wahrscheinlich unter Bildung eines Nitrosamins[10]. Die gelbe Farbe der „Xanthoproteinreaktion" ist daher auf eine Reihe von verschiedenen Reaktionen zurückzuführen. Die gelben Desaminoproteine sind lichtempfindlich; sie werden durch intensives Tageslicht in braunrote Produkte umgewandelt.

e) Alkylproteine.

Methylierung der Proteine läßt sich durch Behandlung mit Dimethylsulfat in alkalischer Lösung[13-15], durch Kochen mit Methyljodid und Methanol[16], durch Einwirkung von Diazomethan[17, 18] oder durch Formaldehyd und Palladium[19, 20] erzielen. Dabei werden im allgemeinen Amino- und Hydroxyl- sowie Carboxylgruppen methyliert; bei Anwendung

[1] Boursnell, J. C., and E. C. Webb: Nature **164**, 875 (1949).
[2] Michel, H. O., and S. Krop: J. biol. Ch. **190**, 119 (1951).
[3] Jansen, E. F., M. D. F. Nutting, R. Jang and A. K. Balls: J. biol. Ch. **179**, 189 (1949).
[4] Jansen, E. F., A. L. Curl and A. K. Balls: J. biol. Ch. **190**, 557 (1951).
[5] Roche, J., et M. Mourgue: Cr. **226**, 1848 (1948).
[6] Wormall, A.: J. exp. Med. **51**, 295 (1930).
[7] Leonis, J., et A. Levy: Bull. Soc. Chim. biol. **33**, 779 (1951).
[8] Philpot, J. S. L., and P. A. Small: Biochem. J. **32**, 542 (1938).
[9] Maurer, P. H., and M. Heidelberger: Am. Soc. **73**, 2070, 2072, 2076 (1951).
[10] Eagle, H.: Proc. Soc. exp. Biol. Med. **34**, 39 (1936).
[11] Herriott, R. M.: Adv. Protein Chem. **3**, 212 (1947).
[12] Weill, C. E., and M. L. Caldwell: Am. Soc. **67**, 212 (1945).
[13] Edlbacher, S.: H. **112**, 80 (1921).
[14] Haurowitz, F.: H. **256**, 28 (1938).
[15] Saroff, H. A., N. R. Rosenthal, E. R. Adamik, N. Hages and H. A. Scheraga: J. biol. Ch. **205**, 255 (1953).
[16] Charles, A. F., and D. A. Scott: Trans. R. Soc. Canada (V) **26**, 335 (1932).
[17] Herriott, R. M.: Adv. Protein Chem. **3**, 1 (1947).
[18] Kuhn, R., u. H. W. Rülins: B. **85**, 38 (1952).
[19] Bowman, R. E.: Soc. **1950**, 1350.
[20] Ingram, V. M.: J. biol. Ch. **202**, 201 (1953).

von Methyljodid wird jedoch nur O-Methylierung beobachtet[1]. Ist nur die Veresterung der Carboxylgruppen mit Methylalkohol beabsichtigt, so führt Einwirkung von HCl-haltigem wasserfreiem Methanol zum Ziel[2,3]. Hydrolysiert man die mit HCOH-Pd methylierten Proteine mit HCl, so werden die N-terminalen Aminosäuren als N-Dimethylaminosäuren erhalten und können durch Papierchromatographie bestimmt werden[4,5]. Bei partieller Methylierung bleiben die Proteine löslich; bei weitgehender Methylierung tritt Unlöslichkeit und Verlust der biologischen Aktivität ein[1,6,7].

Alkylierung der SH-Gruppen läßt sich durch Jodessigsäure und durch Jodacetamid erzielen: $X \cdot SH + JCH_2—COOH \rightarrow XS \cdot CH_2—COOH + HJ$[8,9]. Beide Reagentien werden häufig angewandt um zu entscheiden, ob die Wirkgruppe eines Enzymes eine Sulfhydrylgruppe ist[10]. Es muß jedoch bemerkt werden, daß durch Jodessigsäure und ihr Amid auch Phenolgruppen, Aminogruppen und Indolringe alkyliert werden, wenn auch langsamer als die SH-Verbindungen[11,12].

Eine der wichtigsten Alkylierungsmethoden ist die Behandlung der Proteine mit 2,4-Dinitrofluorbenzol nach SANGER[13], da das Reagens in hydrogencarbonatalkalischer Lösung, also bei ganz schwach alkalischer Reaktion und bei Zimmertemperatur angewandt werden kann. Die Dinitrophenylgruppe wird an Aminogruppen, aber auch an Hydroxyl-, Carboxyl-, Imidazol- und Sulfhydrylgruppen gebunden. Bei Hydrolyse des Dinitrophenylproteins mit Salzsäure werden die N-ständigen Dinitrophenylgruppen nicht abgespalten; man erhält daher Dinitrophenylaminosäuren, die sich ihrer gelben Farbe wegen besonders leicht chromatographisch untersuchen und voneinander trennen lassen.

Proteine lassen sich auch durch Behandlung mit 1,2-Epoxyden alkylieren[14]: $XH + \overline{OCH_2—CH} \cdot R \rightarrow X \cdot OCH_2—CHOH \cdot R$. Die Reaktion tritt bereits bei Zimmertemperatur ein und führt zur Veresterung von Carboxylgruppen und, wenn in alkalischer Lösung gearbeitet wird, auch zur Substituierung von Aminogruppen, Phenol- und Indolringen. Der isoelektrische Punkt wird dabei um 1—3 p_H-Einheiten nach dem alkalischen Bereich verschoben. Es sei schließlich bemerkt, daß Proteine auch durch direkte Einwirkung von Carbobenzoxychlorid (Carbobenzyloxychlorid, Benzylchloroformiat, $C_6H_5—CH_2—ClO$) alkyliert werden können. Dabei werden in erster Linie Aminogruppen substituiert[15]. Die Benzylgruppe kann durch katalytische Hydrierung abgespalten werden.

In einer großen Zahl von Arbeiten wurde die Alkylierung von Proteinen durch Kampfgase und deren Derivate untersucht. Dichlordiäthylsulfid, $(ClCH_2—CH_2)_2S$, dessen Sulfon, $(ClCH_2—CH_2)_2SO_2$, und auch das analoge Dichlordiäthyl-methylimin, $(ClCH_2—CH_2)_2NCH_3$, werden bei Zimmertemperatur und p_H 8 vor allem an die Sulfhydrylgruppen der Proteine gebunden[16–18], ferner an die Hydroxyl- und Aminogruppen[18–21]. Dabei tritt im allgemeinen

[1] CHARLES, A. F., and D. A. SCOTT: Trans. R. Soc. Canada (V) **26**, 335 (1932).
[2] FRAENKEL-CONRAT, H., and H. S. OLCOTT: J. biol. Ch. **161**, 259 (1945).
[3] MOMMAERTS, W. F. H. M., and H. NEURATH: J. biol. Ch. **185**, 909 (1950).
[4] BOWMAN, R. E.: Soc. **1950**, 1350.
[5] INGRAM, V. M.: J. biol. Ch. **202**, 201 (1953).
[6] HERRIOTT, R. M.: Adv. Protein Chem. **3**, 1 (1947).
[7] KUHN, R., u. H. W. RÜLINS: B. **85**, 38 (1952).
[8] RAPKINE, L.: C. R. Soc. Biol. **112**, 790 (1933).
[9] SMYTHE, C. V.: J. biol. Ch. **114**, 60 (1936).
[10] BARRON, E. S. G., and T. P. SINGER: Science, N. Y. **97**, 356 (1943).
[11] MICHAELIS, L., and M. SCHUBERT: J. biol. Ch. **106**, 331 (1934).
[12] OLCOTT, H. S., and H. FRAENKEL-CONRAT: Chem. Reviews **41**, 151 (1947).
[13] SANGER, F.: Biochem. J. **39**, 507 (1946).
[14] FRAENKEL-CONRAT, H.: J. biol. Ch. **154**, 227 (1944).
[15] GAUNT, W. E., and A. WORMALL: Biochem. J. **33**, 908 (1939).
[16] DESREUX, V., E. FREDERICQ et P. FISCHER: Bull. Soc. Chim. biol. **28**, 7 (1946).
[17] OLCOTT, H. S., and H. FRAENKEL-CONRAT: Chem. Reviews **41**, 186 (1947).
[18] BANKS, T. E., S. C. BOURSNELL, C. E. FRANCIS, F. L. HOPWOOD and A. WORMALL: Biochem. J. **40**, 745 (1946).
[19] BERENBLUM, I., and A. WORMALL: Biochem. J. **33**, 908 (1939).
[20] FRUTON, J. S., W. H. STEIN and S. MOORE: J. org. Chem. **11**, 559, 691 (1946).
[21] CARPENTER, F. H., J. L. WOOD, C. M. STEVENS and V. DU VIGNEAUD: Am. Soc. **70**, 2551 (1948).

die Gruppe $—CH_2—CH_2—S—CH_2—CH_2OH$ an ein S-, N- oder O-Atom des Proteins. Bei p_H 5,5—6,0 tritt vorwiegend Alkylierung der Carboxylgruppen ein[1]; in stärker sauren Lösungen kommt es zur Bildung von Thioäthern von Sulfoniumverbindungen[2].

Die durch Senfgas oder dessen Derivate alkylierten Proteine sind Antigene, deren Spezifität durch die eingeführte Diäthylsulfid-, Diäthylsulfon- oder Diäthylmethylimingruppe bedingt ist[3-5]. Es ist noch nicht klar, ob die mutagene Wirkung der Senfgasderivate[6] ihrer Bindung an Eiweiß oder an Nucleinsäuren zuzuschreiben ist. Es sei schließlich bemerkt, daß die SH-Gruppen der Proteine auch mit Lewisit (Chlorvinyldichlorarsin)[7] und auch mit Chlorpikrin (CCl_3NO_2) und Brompikrin reagieren; durch die Halogenpikrine werden die SH-Gruppen oxydiert[8]. Die Oxydationsprodukte wurden bisher nicht isoliert.

f) Guanidinoproteine.

Läßt man auf Proteine O-Methylisoharnstoff einwirken, so wird die ε-Aminogruppe von Lysin in eine Guanidinogruppe umgewandelt: $R \cdot NH_2 + CH_3O—C(NH)—NH_2 \rightarrow R \cdot NH—C(NH)—NH_2 + CH_3OH$, und man erhält Homoarginin[9, 10]. Die Reaktion tritt bereits in der Kälte ein; ihre Geschwindigkeit steigt von p_H 8,5 bis 10,5 an[10]. In analoger Weise reagiert S-Methylharnstoff mit Proteinen[11, 12]. Die serologische Spezifität der Proteine wird durch Guanidylierung nicht verändert[13].

g) Jod- und Bromproteine[14].

Durch Einwirkung von Jod auf Eiweiß lassen sich Jodproteine darstellen, die bis zu etwa 10—12% Jod enthalten[15, 16]. Die Hauptmenge des Halogens ist an Tyrosin gebunden[17], ein kleinerer Teil auch an den Imidazolring von Histidin[18]. Bei Hydrolyse durch HCl erhält man 3,5-Dijodtyrosin[17]. Zur Jodierung kann eine schwach alkalische oder ammoniakalische Lösung von Jod benützt werden[15] oder aber eine Lösung von Jod in Tetrachlorkohlenstoff. Die letztere Methode wird häufig angewandt, wenn nur Spuren von radioaktivem Jod an Eiweiß gebunden werden sollen. Bei nur partieller Jodierung wurden gelegentlich kristallisierte Jodproteine erhalten, z. B. Jodserumalbumin[19] oder Jodpepsin[20]. Die Acidität der phenolischen OH-Gruppe von Tyrosin wird durch Jodierung erhöht; die Dissoziationskonstante hat einen etwa 100mal höheren Wert[21]. Läßt man Jod in alkalischer Lösung lange Zeit auf Casein einwirken, so erhält man neben Jodtyrosin

---

1 HERRIOTT, R. M., M. L. ANSON and J. H. NORTHROP: J. gen. Physiol. **30**, 185 (1946).
2 FRUTON, J. S., W. H. STEIN and S. MOORE: J. org. Chem. **11**, 559, 691 (1946).
3 BANKS, T. E., S. C. BOURSNELL, C. E. FRANCIS, F. L. HOPWOOD and A. WORMALL: Biochem. J. **40**, 745 (1946).
4 FRANCIS, G. E., W. MULLIGAN and A. WORMALL: Biochem. J. **60**, 363 (1955).
5 WATKINS, W. M., and A. WORMALL: Biochem. J. **51**, 577 (1951).
6 AUERBACH, C., and J. M. ROBSON: Nature **157**, 302 (1946).
7 STOCKEN, L. A., and R. H. S. THOMPSON: Physiol. Rev. **29**, 168 (1949).
8 DESREUX, V., E. FREDERICQ et P. FISCHER: Bull. Soc. Chim. biol. **28**, 7 (1946).
9 GREENSTEIN, J. P.: J. biol. Ch. **109**, 529, 541 (1935).
10 HUGHES, W. L., H. A. SAROFF and A. L. CARNEY: Am. Soc. **71**, 2476 (1949).
11 SCHÜTTE, E.: H. **279**, 52, 59 (1943).
12 CHRISTENSEN, H. N.: J. biol. Ch. **160**, 75 (1945).
13 HUGHES, W. L.; in: NEURATH-BAILEY, Proteins Bd. II, S. 693.
14 ROCHE, J., and R. MICHEL: Adv. Protein Chem. **6**, 253 (1951).
15 WORMALL, A.: J. exp. Med. **51**, 295 (1930).
16 HAUROWITZ, F., M. VARDAR and P. SCHWERIN: J. Immunol. **43**, 327, 331 (1942).
17 OSWALD, A.: H. **70**, 310 (1910).
18 PAULY, H.: B. **43**, 2243 (1910).
19 SHAHROKH, B. K.: J. biol. Ch. **151**, 659 (1943).
20 HERRIOTT, R. M.: J. gen. Physiol. **25**, 185 (1941).
21 HERRIOTT, R. M.: Adv. Protein Chem. **3**, 208 (1947).

auch Thyroxin[1, 2]. Offenbar wird ein Teil der Tyrosinreste oxydiert und das Zwischenprodukt, vermutlich ein Dijodchinon, an Dijodtyrosin angelagert.

Bei saurer Reaktion tritt im allgemeinen keine oder nur geringfügige Jodierung ein. Ein beträchtlicher Teil des zugesetzten Jods wird jedoch durch die SH-Gruppen zu Jodid reduziert[3, 4]; die SH-Gruppen werden dabei zu Dithiogruppen oxydiert, vielleicht auch in Sulfenyljodid umgewandelt[5]: $X \cdot SH + J_2 \rightarrow X \cdot SJ + HJ$. Die Gelbfärbung der bei alkalischer Jodierung erhaltenen Produkte wird auf die Bildung solcher JS-Gruppen[5] oder aber auf die Gegenwart von Perjodid-Ionen, J_3^- [6], zurückgeführt. Durch Behandlung der jodierten Proteine mit Thiosulfat läßt sich die Gelbfärbung beseitigen.

Bromproteine wurden durch Einwirkung von Bromwasser auf Eiweiß erhalten[7]. Man kann etwa 4—5 % Brom auf diese Weise in Proteine einführen[8]. Die serologische Spezifität der Proteine wird durch Bromierung und Jodierung in ähnlicher Weise verändert; Antikörper gegen Bromproteine präzipitieren auch Jodproteine und umgekehrt[8].

h) Kondensationsprodukte der Proteine.

α) Kondensation von Proteinen mit Aldehyden (Formolproteine)[9].

Es ist schon seit langem bekannt, daß Proteine bei neutraler oder alkalischer Reaktion mit Formaldehyd reagieren. Dabei tritt häufig Gelbildung ein. Die Formolproteine haben keine freien Aminogruppen, können daher nach SØRENSEN mit Alkali titriert werden. Bis vor kurzem wurde angenommen, daß Formaldehyd mit den freien Aminogruppen unter Bildung von Methyleniminggruppen reagiert: $X \cdot NH_2 + HCH \rightarrow OX \cdot N = CH_2 + H_2O$. Eine eingehendere Untersuchung zeigt jedoch, daß auch Iminogruppen mit HCHO reagieren. Die Reaktion wird danach folgendermaßen formuliert: $X_2\text{—}NH + HCHO \rightarrow X_2N\text{—}CH_2OH$; $X\text{—}NH_2 + HCHO \rightarrow X\text{—}NH\text{—}CH_2OH$; $+ HCHO \rightarrow X\text{—}N(CH_2OH)_2$ [10]. Die Kondensationsprodukte sind, wie man sieht, Methylolverbindungen.

Die gerbende und auch die gelbildende Eigenschaft von Formaldehyd wird der Bildung von Methylenbrücken zwischen Aminogruppen, heterocyclischen Iminogruppen, Säureamidgruppen von Glutamin und Asparagin und phenolischen OH-Gruppen zugeschrieben[11-14]. Die Guanidinogruppen von Arginin reagieren sehr langsam mit HCHO, während die NH-Gruppen der Peptidbindung nicht zu reagieren scheinen[12]. Proteine verbinden sich nicht nur mit Formaldehyd, sondern auch mit anderen Aldehyden; läßt man Proteine mit Glucosyl-S-äthyl-iso-thio-harnstoff bei p_H 8 drei Tage bei 40° stehen, so werden Glucosyl-guanidyl-proteine gebildet[15]: $X\text{—}NH_2 + C_2H_5\text{—}S\text{—}C(NH)\text{—}NH\text{—}C_6H_{11}O_5 \rightarrow X\text{—}NH\text{—}C(NH)\text{—}NH\text{—}C_6H_{11}O_5 + C_2H_5SH$. Durch Kondensation von Gelatine mit Formamid ($HCONH_2$) oder Thioformamid ($HCSNH_2$) und CS_2 wurden kautschukähnliche Produkte erhalten[16].

---

[1] LUDWIG, W., u. P. MUTZENBECHER: H. **258**, 195 (1939).
[2] HARRINGTON, C.: Soc. **1944**, 193.
[3] BLUM, F., u. E. STRAUSS: H. **112**, 164 (1921).
[4] ANSON, M. L.: J. gen. Physiol. **23**, 321 (1940).
[5] FRAENKEL-CONRAT, H.: J. biol. Ch. **217**, 373 (1955).
[6] CANNAN, R. K.: Fed. Proc. **11**, 194 (1952).
[7] WORMALL, A.: J. exp. Med. **51**, 295 (1930).
[8] HAUROWITZ, F., M. VARDAR and P. SCHWERIN: J. Immunol. **43**, 327, 331 (1942).
[9] FRENCH, D., and J. T. EDSALL: Adv. Protein Chem. **2**, 277 (1945).
[10] LEVY, M.: J. biol. Ch. **109**, 365 (1935).
[11] GUSTAVSON, K. H.: Adv. Protein Chem. **5**, 354 (1949).
[12] FRAENKEL-CONRAT, H., M. COOPER and H. S. OLCOTT: Am. Soc. **67**, 950 (1945).
[13] ALEXANDER, P., D. CARTER and K. G. JOHNSON: Biochem. J. **48**, 435 (1951).
[14] FRAENKEL-CONRAT, H., and H. S. OLCOTT: J. biol. Ch. **174**, 827 (1948). Am. Soc. **70**, 2673 (1948).
[15] MICHEEL, F., u. B. HEROLD: H. **293**, 187 (1953).
[16] MICHEEL, F., E. ISTEL u. E. SCHNACKE: B. **82**, 131 (1949).

β) Kondensation von Proteinen mit Rhodaniden.

SCHLACK und KUMPF[1] haben vor langer Zeit gezeigt, daß sich die C-terminale Aminosäure von Peptiden mit Ammoniumrhodanid in Essigsäureanhydrid nach dem Verfahren von JOHNSON[2] kondensieren läßt und dabei einen Thiohydantoinring bildet:

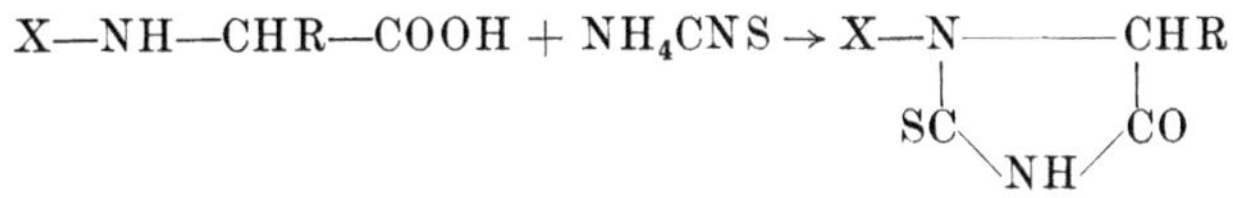

Mehrfach wurde versucht, das gebildete Thiohydantoin durch Behandlung mit Alkali[1] oder durch HCl[3-6] abzuspalten und derart die C-terminale Aminosäure zu identifizieren. Dabei wurde anscheinend übersehen, daß sich das Proteinmolekül mit einer großen Anzahl von Rhodanidresten verbindet; bei Verwendung von radioaktivem $NH_4{}^{14}CNS$ oder $NH_4CN^{35}S$ findet man, daß etwa 20 Mol des Rhodanids je 10^5 g Protein gebunden werden[7]. Wahrscheinlich kommt es dabei zur Bildung von Thiohydantoinringen mit β-Aspartyl- oder γ-Glutamylgruppen:

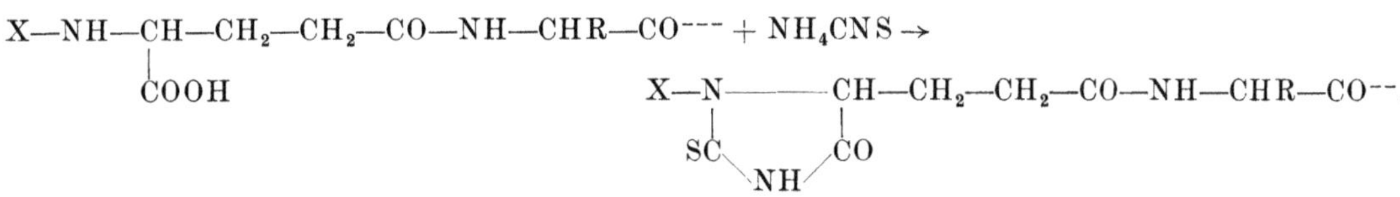

Es ist jedoch fraglich, ob solche β-Aspartyl- oder γ-Glutamylreste im nativen Eiweißmolekül vorgebildet sind oder erst bei der Behandlung mit Essigsäureanhydrid und Rhodanid durch Umlagerung entstehen[7].

γ) Kondensation mit Diazoverbindungen (Azoproteine).

Werden wäßrige Lösungen von Proteinen bei p_H 8—10 und 0° mit ebensolchen Lösungen von Diazoverbindungen gemischt, so kommt es zu Kupplung der Diazoverbindungen an Eiweiß; dabei werden die Phenolringe von Tyrosin und die Imidazolringe von Histidin durch Azogruppen substituiert[8]. Wird beispielsweise diazotierte Sulfanilsäure angewandt, so tritt folgende Reaktion ein: $^{-}O_3S \cdot C_6H_4 \cdot N^{+}{\equiv}N + HX \rightarrow {}^{-}O_3S \cdot C_6H_4 \cdot N{=}N \cdot X + H^{+}$. Die Reaktion wurde zuerst von LANDSTEINER[9], dann von anderen Untersuchern[10-12] weitgehend zur Darstellung von Antigenen angewandt. LANDSTEINER zeigte, daß die serologische Spezifität der derart gebildeten Azoproteine vor allem von dem durch Kupplung eingeführten Rest abhängt und daß bei Injektion solcher Azoproteine Antikörper gebildet werden, die mit der durch Kupplung künstlich an Eiweiß gebundenen Gruppe reagieren. Durch Bindung von Zuckern, Aminosäuren, Peptiden und verschiedenen Arzneimitteln an Anilinderivate und Diazotierung des gebildeten Anilinderivates kann man all diese Substanzen an Eiweiß binden und dann durch Injektion des Azoproteins Antikörper erzeugen, die sich mit Zuckern, Aminosäuren, Peptiden oder Arzneimitteln verbinden. Als Beispiel sei die Einführung von Bernsteinsäureresten in Proteinmoleküle beschrieben. Dazu wird Bernsteinsäure zunächst durch Erhitzen mit

[1] SCHLACK, P., u. W. KUMPF: H. **154**, 125 (1926).
[2] JOHNSON, T. B., and B. H. NICOLET: Am. Soc. **33**, 1973 (1911).
[3] TIBBS, J.: Nature **168**, 910 (1951).
[4] EDWARDS, J. T., and S. NIELSON: Chem. & Industr. **1953**, 197.
[5] BAPTIST, V. H., and H. B. BULL: Am. Soc. **75**, 1727 (1953).
[6] FOX, S. W., T. L. HURST, J. F. GRIFFITH and O. L. UNDERWOOD: Am. Soc. **77**, 3119 (1955).
[7] HAUROWITZ, F., R. L. HARDIN and M. ZIMMERMAN: Fed. Proc. **13**, 225 (1954) sowie unveröffentlichte Versuche.
[8] PAULY, H.: H. **94**, 284 (1915).
[9] LANDSTEINER, K.: The Specificity of Serological Reactions. Cambridge, Mass. 1946.
[10] HAUROWITZ, F.: Biol. Reviews **27**, 247 (1952). Fortschr. d. Allergielehre (Hrsg. KALLOS, P.) S. 19. Basel 1939.
[11] BOYD, W. C., and S. B. HOOKER: J. biol. Ch. **104**, 329 (1934); **110**, 457 (1935).
[12] PAULING, L., D. PRESSMAN and A. L. GROSSBERG: Am. Soc. **66**, 784 (1944).

p-Nitranilin an die Aminogruppe des p-Nitranilins gebunden, die entstehende p-Nitrosuccinanilsäure katalytisch oder durch Natriumdithionit reduziert und die dadurch gebildete Aminosuccinanilsäure $NH_2—C_6H_4—NH—CO—CH_2—CH_2—COOH$ diazotiert und an Eiweiß gekuppelt.

Die Azoproteine sind intensiv braunrot gefärbt. Sie verhalten sich wie Indicatoren, indem ihre Farbe bei etwa p_H 3—4 in Gelb umschlägt. Verwendet man radioaktive ^{35}S-Sulfanilsäure oder ^{14}C-Anthranilsäure, so erhält man radioaktiv markierte Azoproteine[1].

Läßt man einen großen Überschuß von Diazoverbindung auf Eiweiß einwirken, so werden Azogruppen nicht nur an Tyrosin und Histidin gebunden, sondern auch an andere Aminosäuren, vor allem an Phenylalanin[2] und an die heterocyclischen Ringe von Prolin und Tryptophan[3]. Auch die Aminogruppen von Lysin können durch Azogruppen substituiert werden[4, 5].

i) Mercaptide.

Proteine bilden mit zahlreichen Schwermetallsalzen Komplexe (Chelate), in welchen das Metall durch Koordination mehr oder weniger fest gebunden ist. Typisch für solche Komplexe sind die Kupfersalze der Proteine, die für die violette Biuretreaktion verantwortlich sind. In den meisten dieser Komplexe ist das Metall durch Elektrovalenz gebunden. Deshalb können die Komplexe nicht als modifizierte Proteine angesehen werden. Eine Ausnahmestellung nehmen in dieser Hinsicht die Hg-Verbindungen ein, die als spezifische Reagentien für Sulfhydrylgruppen verwendet werden[6, 7]. Sowohl Quecksilber(II)-chlorid und -acetat[8] als auch p-Chlormercuribenzoat[6, 9] reagieren leicht und quantitativ mit den freien SH-Gruppen der Proteine unter Bildung von Mercaptiden. Es ist bemerkenswert, daß Serumalbumin, welches nur eine einzige freie SH-Gruppe hat, kristallisierte Mercaptide vom Typus R · SHgCl und auch kristallisierte dimere Mercaptide vom Typus R · S · Hg · S · R bildet[10].

D. Papierelektrophorese in der Eiweißchemie[11—24].

Von

K. Hannig.

Mit 70 Abbildungen.

1. Einleitung.

Neben der in einem vorausgehenden Beitrag (vgl. Bd. I, S. 54) besprochenen Elektrophorese im homogenen Medium nach der klassischen U-Rohr-Anordnung von TISELIUS wurde eine Reihe weiterer elektrophoretischer Trenn- und Analysenverfahren entwickelt, deren gemeinsames Merkmal darin besteht, daß die elektrophoretische Wanderung in

[1] HAUROWITZ, F., and H. WALTER: Proc. Soc. exp. Biol. Med. **88**, 67 (1944). — CRAMPTON, C. F., H. RELLER and F. HAUROWITZ: Proc. Soc. exp. Biol. Med. **80**, 488 (1952).
[2] KAPELLER-ADLER, R., u. G. BOXER: B. Z. **285**, 55 (1936).
[3] EAGLE, H., and P. VICKERS: J. biol. Ch. **114**, 193 (1936).
[4] HIGGINS, H. G., and D. FRAZER: Austral. J. sci. Res. (A) **5**, 736 (1954).
[5] GELEWITZ, E. W., W. L. RIEDEMAN and I. M. KLOTZ: Arch. Biochem. **53**, 411 (1954).
[6] HELLERMAN, L.: Physiol. Rev. **17**, 454 (1937); zit. L. HELLERMAN, F. P. CHINARD and V. R. DIETZ: J. biol. Ch. **147**, 443 (1943).
[7] SINGER, T. P., and E. S. G. BARRON: J. biol. Ch. **157**, 241 (1945).
[8] KOLTHOFF, I. M., W. STRICKS and L. MORREN: Analyt. Chem., Washington **26**, 366 (1954).
[9] PIHAR, O.: Chem. Listy **47**, 1647, 1652 (1953).
[10] HUGHES, W. L. jr.: Am. Soc. **69**, 1836 (1947).

einem heterogenen System als Trägersubstanz erfolgt. Zu diesem Zweck werden entweder mit Elektrolytlösung getränkte, feste, poröse Materialien, wie Glasperlen oder Glaspulver[1-5], Stärke[6-10], Baumwollcellulose[11-13], Seide[14], Kunstharze[15], Asbestfasern[16], Filterpapier u. dgl.. oder auch Gele, wie Silicagel[17-19], Gelatine[20, 21], Agar[22-26], Stärkegel[27] usw., verwendet, die in Röhren oder dünnen Platten angeordnet sind. Von den vorgeschlagenen porösen Materialien hat sich für analytische Zwecke Filterpapier als zweckmäßige und am meisten angewandte Trägersubstanz in dem sog. Verfahren der „*Papierelektrophorese*" erwiesen. Das zu trennende Substanzgemisch wird dabei an geeigneter und eng begrenzter Stelle in Form einer schmalen Zone *(Zonenelektrophorese)* auf dem mit Pufferlösung getränkten Streifen aufgetragen. Nach Anlegen eines elektrischen Feldes wandern dann die einzelnen Komponenten des zu untersuchenden Gemisches ihrer Ladung und elektrophoretischen Wanderungsgeschwindigkeit entsprechend unterschiedlich weit oder in verschiedener Richtung und können so getrennt werden. Handelt es sich um ungefärbte Substanzen, müssen sie nach der Trennung durch geeignete Anfärbeverfahren, ähnlich

[1] Coolidge, T. B.: J. biol. Ch. **127**, 551 (1939).
[2] Sorkin, E. J., J. M. Thodes and S. V. Boyden: Helv. **39**, 1547 (1956).
[3] Haglund, H., and A. Tiselius: Acta chem. scand. **4**, 957 (1950).
[4] Allfrey, V., M. Daly and A. E. Mirsky: J. gen. Physiol. **37**, 157 (1954).
[5] Brewer, A. K., S. L. Madorsky and J. W. Westhaver: Science, N. Y. **104**, 156 (1946).
[6] Kunkel, H. G., and R. J. Slater: Proc. Soc. exp. Biol. Med. **80**, 42 (1952). J. clin. Invest. **31**, 677 (1952).
[7] Flodin, P., and J. Porath: Biochim. biophysica Acta, N. Y. **22**, 151 (1956).
[8] Carlson, L. A.: Acta chem. scand. **8**, 510 (1954).
[9] Larson, F., W. P. Deiss and E. C. Albright: J. clin. Invest. **33**, 230 (1954).
[10] Kunkel, H. G., S. P. Taylor and V. du Vigneaud: J. biol. Ch. **200**, 559 (1953).
[11] Strain, H. H.: Am. Soc. **61**, 1291 (1939).
[12] Flodin, P., and D. W. Kupke: Biochim. biophysica Acta, N. Y. **21**, 368 (1956).
[13] Bockemüller, W., u. R. Rebling: Chem.-Ing.-Techn. **24**, 617 (1952).
[14] Hardy, W. B.: Colloidal Solution. London 1905.
[15] Spiegler, K., and C. Coryell: Science, N. Y. **113**, 546 (1951).
[16] Butler, J. A. V., and J. M. L. Stephen: Nature **160**, 469 (1947).
[17] Gordon, A. H., B. Keil and K. Sebesta: Nature **164**, 499 (1949).
[18] Consden, R., A. Gordon and A. Martin: Biochem. J. **40**, 33 (1946).
[19] Choisy, A., Y. Derrien et G. Jayle: Cr. **234**, 1918 (1952).
[20] Grabar, P., and C. Williams: Biochim. biophysica Acta, N. Y. **10**, 193 (1953).
[21] Grabar, P.: Bull. Soc. Chim. biol. **36**, 65 (1954).
[22] Davis, W., T. Parke and B. Gamewell: XII. Int. Congr. Chem. New York 1951. S. 65.
[23] Kendall, J.: Science, N. Y. **67**, 163 (1928).
[24] Lederer, M., and I. Cook: Austral. J. Sci. **14**, 56 (1951).
[25] Peniston, Q., H. Agar and J. McCarthy: Analyt. Chem., Washington **23**, 994 (1951).
[26] Gordon, A., and P. Reichard: Biochem. J. **48**, 569 (1951).
[27] Smithies, O.: Biochem. J. **61**, 629 (1955).

Literatur zu Seite 136. (Fortsetzung.)

[11] Block, J. E., R. L. Durrum and G. Zweig: A Manual of Paper Chromatography and Paper Electrophoresis. New York 1955.
[12] Dittmer, A.: Papierelektrophorese. Grundlagen, Methodik, klinische Betrachtungen. Jena 1956.
[13] Grassmann, W.: Naturwiss. **38**, 200 (1951).
[14] Grassmann, W.: Ciba Found. Symp. on Paper Electrophoresis. London 1956.
[15] Grassmann, W., u. K. Hannig: Präparative Elektrophorese; in: Houben-Weyl. 4. Aufl. Bd. I, S. 684.
[16] Köiw, E., G. Wallenius and A. Grönwall: Scand. J. clin. Lab. Invest. **4**, 47 (1952).
[17] Lederer, M.: Introduction to Paper Electrophoresis and related Methods. Amsterdam, Houston, London, New York 1955.
[18] McDonald, H. J.: Ionography; Electrophoresis in Stabilized Media. Chicago 1955.
[19] Parker, L. F. J.: Analyst **80**, 638 (1955).
[20] Tiselius, A., and P. Flodin: Adv. Protein Chem. 8, 461 (1953).
[21] Wunderly, C.: Die Papierelektrophorese. Aarau, Frankfurt a. M. 1954.
[22] Wunderly, C.: Chimia, Zürich **7**, 145 (1953); **10**, 1 (1956). Chem.-Ztg. **79**, 330 (1955).
[23] Wuhrmann, F., u. C. Wunderly: Die Bluteiweißkörper des Menschen. 2. Aufl. Basel 1952.
[24] Dumont, J. J.: Étude critique de l'electrophorése de cone sur papier. Paris 1955.

wie in der Papierchromatographie, nachweisbar gemacht werden. Abb. 1 zeigt ein so erhaltenes Elektropherrogramm einer Serumauftrennung.

Dieses Trennverfahren *(diskontinuierliche Streifenmethode)*, das nicht nur bei hochmolekularen, sondern ebensogut bei niedermolekularen Substanzen Anwendung findet, bei denen bisher die klassische U-Rohr-Methode auf gewisse Schwierigkeiten gestoßen ist[1, 2], gewinnt als analytische und präparative Methode zunehmende Bedeutung und ist, wie das lawinenartige Ansteigen der Literatur beweist, noch immer entwicklungsfähig.

Die ersten Versuche, Filtrierpapier als Trägermedium für die Elektrophorese zu verwenden, gehen auf die Jahre 1937/39 zurück. In 2 wenig bekannten Arbeiten beschrieben König und Klobusitzky[3, 4] die Trennung von Farbstoffgemischen sowie die Isolierung einzelner Komponenten aus Schlangentoxinen auf mit Elektrolytlösung getränkten Filtrierpapierstreifen, an deren Enden eine entsprechende Gleichstromspannung angelegt war. Das Ergebnis der Trennung wurde in der Weise ermittelt, daß die Streifen nach der elektrophoretischen Trennung in einzelne Querstreifen zerschnitten und diese z. B. auf ihre blutkoagulierende Wirkung geprüft wurden. Unabhängig von dieser Veröffentlichung

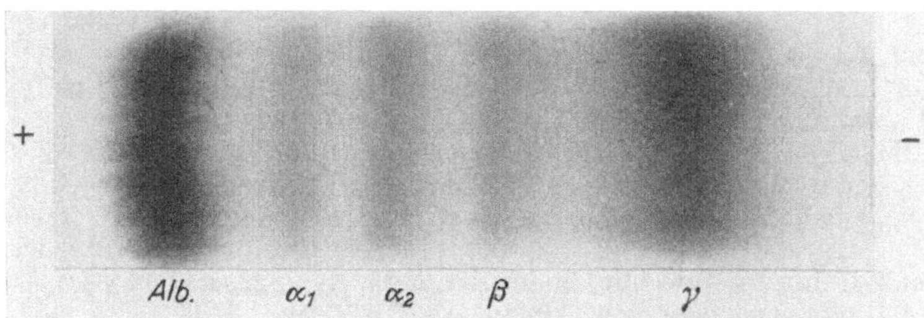

Abb. 1. Angefärbter Papierelektrophoresestreifen. Auftrennung eines Serums.

und in einer gleichfalls lange Zeit unbekannt gebliebenen Arbeit hat etwas später Berraz[5] die gleiche Arbeitsweise als Elektrochromatographie beschrieben und unter anderem für die Trennung von Metallionen angewandt. Die Methode ist dann 1948 wieder aufgegriffen bzw. noch einmal neu entdeckt worden. Fast gleichzeitig und unabhängig voneinander beschrieben Wieland und Mitarbeiter[6, 7], Turba und Enenkel[8] in Deutschland, Durrum[9] in USA, Biserte[10] in Frankreich Mikrotrennungen von Aminosäuren[6, 7, 9], Peptiden und Proteinen[8, 9], zum Teil unter ausführlicher Beschreibung methodischer Einzelheiten und Apparaturen.

Quantitative Methoden, vornehmlich zur Bestimmung von Serumfraktionen, sind von Turba und Enenkel[8] sowie Cremer und Tiselius[11] angegeben und von Grassmann und Hannig[12–14] durch die Einführung des *Direkt-Photometrieverfahrens* zu einer quantitativen Routinemethode ausgestaltet worden.

Ein prinzipiell anderer Weg ist gegeben bei der als „*kontinuierliche*" oder „*Ablenkungselektrophorese*" bekanntgewordenen Arbeitsweise, wie sie erstmals 1949 von Grassmann und Hannig[15–18] und unabhängig davon wenig später von Svensson und Brattsten[19] aufgefunden wurde. Bei dieser, vor allem für die präparative Trennung von Substanzgemischen sehr leistungsfähigen Methode, strömt die Elektrolytlösung quer zu den Kraft-

1 Butler, J. A. V., and J. M. L. Stephen: Nature **160**, 469 (1947).
2 Svensson, H., A. Benjaminsson and I. Brattsten: Acta chem. scand. **3**, 307 (1949).
3 König, P.: 13. Congr. sul-americ. Chim. Rio de Janeiro e Sao Paulo 1937. Bd. 2, S. 334.
4 Klobusitzky, D. v., u. P. König: A. e. P. P. **192**, 271 (1939).
5 Berraz, G.: An. Asoc. quim. argent. **31**, 96 (1943).
6 Wieland, T.: Angew. Chem. **60**, 313 (1948).
7 Wieland, T., u. E. Fischer: Naturwiss. **35**, 29 (1948).
8 Turba, F., u. H. J. Enenkel: Naturwiss. **37**, 93 (1950).
9 Durrum, E. L.: Am. Soc. **72**, 2943 (1950).
10 Biserte, G.: Biochim. biophysica Acta, N. Y. **4**, 416 (1950).
11 Cremer, H.-D., u. A. Tiselius: B. Z. **320**, 273 (1950).
12 Grassmann, W., u. K. Hannig: Naturwiss. **37**, 496 (1950).
13 Grassmann, W., K. Hannig u. M. Knedel: D. m. W. **1951**, 333.
14 Grassmann, W., u. K. Hannig: H. **290**, 1 (1952). Kli. Wo. **1954**, 838.
15 Grassmann, W.: DBP 805399 vom 24. 5. 1949.
16 Grassmann, W.: Vortrag auf der Tagung der Physiologen und physiol. Chemiker in Göttingen am 31. August 1949 [Angew. Chem. **62**, 170 (1950). Ber. Physiol. **139**, 220 (1950)].
17 Grassmann, W.: Naturwiss. **38**, 200 (1951).
18 Hannig, K.: Diss. Darmstadt 1953.
19 Svensson, H., and I. Brattsten: Ark. Kemi **1**, 401 (1949).

linien eines elektrischen Feldes durch einen porösen Träger, und das zu trennende Gemisch wird kontinuierlich an einer eng begrenzten Stelle zugeführt. Komponenten verschiedener Beweglichkeit wandern in verschiedener Richtung und können nach Durchwandern des Trennbogens kontinuierlich an verschiedenen Stellen entnommen werden. Abb. 2 zeigt eine Serumtrennung nach dieser Arbeitsweise, nachdem die Wanderungswege mit Amidoschwarz 10 B sichtbar gemacht wurden.

Es ist einer der wesentlichen Vorteile der Elektrophorese in heterogenen Systemen, vor allem bei Verwendung von Filtrierpapier als Träger, daß sich ihre Durchführung apparativ verhältnismäßig einfach gestaltet. Auf besondere Maßnahmen zur Vermeidung von Turbulenz und Konvektion durch Temperaturunterschiede, Erschütterungen usw., wie sie in der U-Rohr-Anordnung erforderlich sind, kann verzichtet werden; die durch den Stromdurchgang notwendigerweise auftretende Wärme muß lediglich so weit abgeführt werden, daß sich die Temperaturerhöhung in den durch Hitzebeständigkeit der untersuchten Substanzen und Dampfdruck der Elektrolytlösung gebotenen Grenzen hält. Praktisch wird dies für alle analytischen und präparativen Zwecke einfach dadurch erreicht, daß man die elektrophoretische Wanderung auf möglichst dünnem Filtrierpapier innerhalb einer geschlossenen, mit Wasserdampf gesättigten feuchten Kammer vor sich gehen läßt. Die in solchen Anordnungen an sich geringe Wärmeentwicklung vom Elektrophoresestreifen her wird allein durch Strahlung, Konvektion und Verdunstung abgeführt.

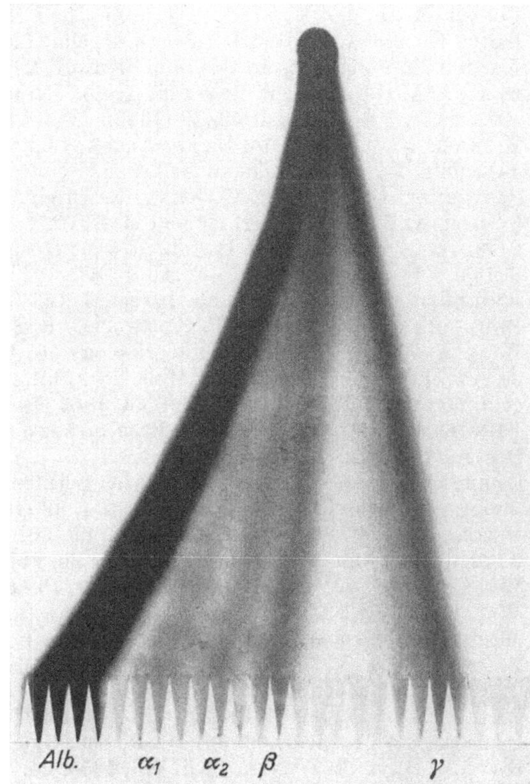

Abb. 2. Serumauftrennung in der kontinuierlichen oder Ablenkungselektrophorese.

Auf besonders wirksame Kühlmaßnahmen kann jedoch nicht mehr verzichtet werden, wenn man die elektrophoretische Trennung bei *höheren Feldstärken* in der Hochspannungselektrophorese (bis zu 200 V/cm) vor sich gehen läßt oder wenn man für *präparative Zwecke* dazu übergeht, dickere Träger, z. B. Filtrierkartons, zu verwenden.

Es dürfen indessen eine Reihe von Einschränkungen nicht außer acht gelassen werden, denen die Papierelektrophorese im Gegensatz zu den klassischen Methoden der Elektrophorese unterliegt. Hier ist an erster Stelle die Adsorption an der Filtrierpapierfaser zu erwähnen, die zu einer Verminderung der Wanderungsgeschwindigkeit und zum Nachziehen von „*Schwänzen*" führen kann. Aber auch gewisse Einflüsse durch Flüssigkeitsströmungen, die verschiedene Ursachen haben können, schaffen Verhältnisse, die es z. B. schwierig machen, Wanderungsgeschwindigkeiten genau zu bestimmen.

Im allgemeinen werden elektrophoretische Trennungen in *wäßrigen* Systemen von geeigneter Leitfähigkeit und geeignetem p_H-Wert, also meist in Pufferlösung, durchgeführt. Aber auch die Elektrophorese in nicht wäßrigen Lösungsmittelsystemen (mehr oder weniger polare organische Lösungsmittel[1]; Nitromethan + Eisessig[2] usw.[3, 4]) ist in einer Reihe von Beispielen beschrieben worden.

[1] BRINTZINGER, H., R. HAUG u. G. SACHS: Angew. Chem. **65**, 567 (1953).
[2] DURRUM, E. L., and M. H. PAUL: Am. Soc. **74**, 4721 (1952).
[3] HAYEK, M.: J. physic. Colloid Chem. **55**, 1527 (1951).
[4] EGERER, K. A., u. G. LANDSBERG: Z. Elektrochem. **59**, 207 (1955).

In der Zwischenzeit sind etwa 4000 Veröffentlichungen erschienen, die sich mit der Methodik der Papierelektrophorese und ihrer Anwendung auf den verschiedenen Gebieten befassen. Die weit größte Verbreitung hat die Elektrophorese zur Trennung von einfachen und zusammengesetzten Eiweißstoffen (Glykoproteiden[1-15]; Lipoproteiden[16-22], einschließlich der proteinartigen Wirkstoffe (Fermente[23-43], Hormone[44-57], Viren[58, 59], Toxine[60-66],

[1] Consden, R., and W. M. Stanier: Nature **169**, 783; **170**, 1069 (1952).
[2] Foster, A. B., and M. Stacey: J. appl. Chem. **3**, 19 (1953).
[3] Köiw, E., and A. Grönwall: Scand. J. clin. Lab. Invest. **4**, 244 (1952).
[4] Knedel, M.: Verh. dtsch. Ges. inn. Med. **61**, 277 (1955).
[5] Ogston, A. G., and J. E. Stanier: Trans. Faraday Soc. **1953**, 275.
[6] Rienits, K.: Biochem. J. **53**, 79 (1953).
[7] Micheel, F., u. F. van de Kamp: Angew. Chem. **64**, 607 (1952).
[8] Jaenicke, L., u. I. Vollbrechtshausen: Naturwiss. **39**, 86 (1952).
[9] Pasternak, C. A., and P. W. Kent: Research **5**, 363 (1952).
[10] Foster, A. B., E. F. Martlew and M. Stacey: Chem. & Industr. **1953**, 825.
[11] Biserte, G., et F. Gerrin: II. Coll. St. Jans Hospital, Bruges 1954, Protides of the Biological Fluids S. 185.
[12] Björnesjö, K. B.: J. clin. Lab. Invest. **7**, 153 (1955).
[13] Baudouin, A., J. Lewin et P. Hillion: C. R. Soc. Biol. **148**, 1033 (1954).
[14] Boas, N. F., and J. Foley: Endocrinology **56**, 474 (1955).
[15] Jayle, M. F., et G. Boussier: Bull. Soc. Chim. biol. **36**, 959 (1954). — Jayle, M. F., G. Boussier et J. Badin: Bull. Soc. Chim. biol. **34**, 1063 (1953).
[16] Kunkel, H. G., and R. J. Slater: Proc. Soc. exp. Biol. Med. **80**, 42 (1952). J. clin. Invest. **31**, 677 (1952).
[17] Dietrich, F.: H. **302**, 227 (1955).
[18] Durrum, E. L., M. Paul and E. Smith: Science, N. Y. **116**, 428 (1952).
[19] Swahn, B.: Scand. J. clin. Lab. Invest. **4**, 98 (1952); **5**, Suppl. **9** (1953).
[20] Fasoli, A.: Boll. Soc. ital. Biol. sperim. **28**, 601 (1952).
[21] Nikkilä, E.: Ann. Med. exp. Biol. Fenn. **30**, 331 (1952).
[22] Wunderly, C., et R. J. Wieme: Arch. int. Pharmacodyn. Thérap. **63** 318 (1955).
[23] Wallenfels, K., u. E. v. Pechmann: Angew. Chem. **63**, 44 (1951).
[24] Merten, R., G. Schramm, W. Grassmann u. K. Hannig: H. **289**, 173 (1952).
[25] Bamann, E., u. N. Tietz: B. Z. **324**, 502 (1953).
[26] Caputo, A.: Nature **173**, 358 (1954).
[27] Baker, R. W. R., and C. Pellegrino: Scand. J. clin. Lab. Invest. **6**, 94 (1954).
[28] Delcourt, A., et R. Delcourt: C. R. Soc. Biol. **147**, 1104 (1953).
[29] Hanson, H., u. M. Wenzel: Kli. Wo. **1953**, 24.
[30] Hartmann, R. S., J. B. Bateman and H. E. Edelhoch: Am. Soc. **75**, 5748 (1953).
[31] Heinrich, W. D.: B. Z. **323**, 469 (1953).
[32] Mills, G. T., and E. E. B. Smith: Biochem. J. **49**, VI (1951).
[33] Mills, G. T., J. Paul and E. E. B. Smith: Biochem. J. **53**, 232 (1953).
[34] Nikkilä, E., K. Ekholm and H. Silvola: Acta chem. scand. **6**, 617 (1952).
[35] Togni, G. P., and O. Meier: Exper. **9**, 106 (1953).
[36] Toschi, G.: Boll. Soc. ital. Biol. sperim. **30**, 563, 565 (1954).
[37] Wetter, L. R.: Biochim. biophysica Acta, N. Y. **18**, 321 (1955).
[38] Wetter, L. R., and J. J. Corrigal: Nature **174**, 695 (1954).
[39] Koszalka, T., K. Schreier and K. I. Altman: Biochim. biophysica Acta, N. Y. **15**, 194 (1954).
[40] Cunningham, L. W.: J. biol. Ch. **211**, 13 (1954).
[41] Spackman, D. H., E. L. Smith and D. M. Brown: J. biol. Ch. **212**, 255 (1955).
[42] Boser, H.: H. **300**, 1 (1955).
[43] Stewart, C., and T. Wieland: Nature **176**, 316 (1955).
[44] McDonald, H. I., and E. P. Marbach: Am. Soc. **74**, 1619 (1952). J. Biochem. **40**, 111 (1953).
[45] Dustin, J., C. Wodon, O. Medard et E. Bigwood: Ann. Endocrinol., Paris **13**, 687 (1952).
[46] Grassmann, W., R. Strobel, K. Hannig u. M. Deffner-Plöckl: H. **305**, 21 (1956).
[47] Kunkel, H. G., S. P. Taylor and V. du Vigneaud: J. biol. Ch. **200**, 559 (1953).
[48] Li, C. H.: Am. Soc. **74**, 2124 (1952).
[49] Loomeijer, F., and A. Witter: Ann. Endocrinol., Paris **12**, 167 (1953).
[50] Raacke, I. D., and C. H. Li: J. biol. Ch. **215**, 277 (1955).
[51] Schuck, J., u. R. Blasius: Kli. Wo. **1955**, 1093.
[52] Sluyterman, L. A. Æ.: Biochim. biophysica Acta, N. Y. **17**, 169 (1955).
[53] Taylor, S. P., V. du Vigneaud and H. G. Kunkel: J. biol. Ch. **205**, 45 (1953).
[54] Følss-Bech, P., and C. H. Li: J. biol. Ch. **207**, 175 (1954).
[55] Sundman, J., u. K. Lindberg: Farmaceut. Notisbl. **5**, 91 (1953).
[56] Stran, H., and G. Jones: Bull. Johns Hopkins Hosp. **95**, 162 (1954).

Antitoxine[1-5], Antibiotica[6-13]) sowie ihrer Abbauprodukte, also der Peptide und Aminosäuren[14-17], erfahren. Aber auch für die Trennung und Analyse von Nucleinsäuren und ihren Abbauprodukten[18-29], von sauren, basischen und neutralen Kohlenhydraten[30-40], von Alkaloiden[41-47], organischen Säuren[48-53], Steroiden[54-57], Vitaminen[58-65], Gerbstoffen[66, 67],

1 GRABAR, P., and C. A. WILLIAMS jr.: Biochim. biophysica Acta, N. Y. **10**, 193 (1953); **17**, 67 (1955).
2 JANKOVIĆ, B., and H. KRIJNEN: Nature **171**, 982 (1953).
3 SCHLEYER, F.: Kli. Wo. **1954**, 730.
4 STÜRMER, K.: Kli. Wo. **1952**, 974.
5 SCHEIFFARTH, F., G. BERG, W. FRENGER u. H. GÖTZ: Kli. Wo. **1955**, 711.
6 FOSTER, M. C., and G. C. ASHTON: Nature **172**, 958 (1953).
7 GULOTTA, G.: Riv. Ist. Sieroterap. ital. **29**, **44** (1954).
8 HOSOYA, S., M. SOEDA, N. KOMUTZU, N. HARA, Y. SONODA and R. ARAI: J. Antibiot., Tokyo **4**, 314 (1951).
9 KING, N. K., and H. M. DOERY: Nature **171**, 878 (1953).
10 KUTZIM, H.: Naturwiss. **39**, 135 (1952). Kolloid-Z. **128**, 113 (1952).
11 LUDFORD, C. G., and M. LEDERER: Austral. J. exp. Biol. med. Sci. **31**, 553 (1953).
12 OEFF, K., S. RUST, E. SCHWARZ u. H. J. WEISE: Naturwiss. **41**, 500 (1954).
13 SANTARATO, R.: Arch. int. Pharmacodyn. Thérap. **98**, 394 (1954).
14 HARRIS, H., and F. L. WARREN: Biochem. J. **57**, xxxii (1954).
15 SCHNEIDER, F., E. REINEFELD u. H. MÜLLER: B. Z. **327**, 189 (1955).
16 STRANGE, R. E., and N. HARKNESS: Nature **171**, 77 (1953).
17 WIELAND, T., u. L. BAUER: Angew. Chem. **63**, 511 (1951).
18 DEIMEL, M., u. W. MAURER: Naturwiss. **39**, 489 (1952).
19 DEIMEL, M.: B. Z. **325**, 358 (1954).
20 DIMROTH, K., L. JAENICKE u. I. VOLLBRECHTSHAUSEN: H. **289**, 71 (1952).
21 EDSTRÖM, J. E.: Nature **172**, 809 (1953).
22 KANNGIESSER, W.: Naturwiss. **38**, 503 (1951).
23 MICHL, H.: Naturwiss. **40**, 390 (1953).
24 SCHÜMMELFELDER, N., u. W. HEYER: Naturwiss. **41**, 164 (1954).
25 TURBA, F., H. PELZER u. H. SCHUSTER: H. **296**, 97 (1954).
26 WERKHEISER, W. C., and R. J. WINZLER: J. biol. Ch. **204**, 971 (1953).
27 WIELAND, T., u. L. BAUER: Angew. Chem. **63**, 511 (1951).
28 ZIMMERMANN, R.: Naturwiss. **43**, 399 (1956).
29 SMITH, J. D.; in: CHARGAFF-DAVIDSON, Nucleic Acids **1**, 267 (1955).
30 BRIGGS, D. R., E. F. GARNER and F. SMITH: Nature **178**, 154 (1956). Analyt. Chem., Washington **28**, 1333 (1956).
31 CONSDEN, R., u. W. M. STANIER: Nature **169**, 783 (1952).
32 FOSTER, A. B.: Soc. **1953**, 982; **1955**, 1778.
33 GELDMACHER-MALLINCKRODT, M., u. F. MAY: H. **293**, 256 (1953).
34 GROSS, D.: Nature **172**, 908 (1953); **173**, 487 (1954); **175**, 362 (1955).
35 JAENICKE, L., u. I. VOLLBRECHTSHAUSEN: Naturwiss. **39**, 86 (1952).
36 MICHEEL, F., u. F. P. VAN DE KAMP: Angew. Chem. **64**, 607 (1952).
37 NORTHCOTE, D. H.: Biochem. J. **58**, 353 (1954).
38 PASTERNAK, C. A., and P. W. KENT: Research **5**, 486 (1952).
39 ZITTLE, C. A.: Adv. Enzymol. **12**, 493 (1951) (Übersichtsreferat).
40 KÖIW, E., and A. GRÖNWALL: Scand. J. clin. Lab. Invest. **4**, 244 (1952).
41 BURMA, D. P.: Naturwiss. **41**, 19 (1954).
42 DECKERS, W., u. J. SCHREIBER: Naturwiss. **40**, 553 (1953).
43 GRAF, E., u. P. H. LIST: Arzneim.-Forsch. **4**, 450 (1954).
44 LIST, P. H.: Naturwiss. **41**, 454 (1954).

Literatur zu Seite 140. (Fortsetzung.)

57 LAMEJER, L., A. KASSENAAR and A. QUERIDO: Nature **175**, 685 (1955).
58 ZAITLIN, M.: Biochim. biophysica Acta, N. Y. **20**, 556 (1956).
59 GRAY, R.: Arch. Biochim. **38**, 305 (1952).
60 GRASSET, E., et D. E. SCHWARTZ: Ann. Inst. Pasteur **88**, 271 (1955).
61 FISCHER, F. G., u. W. P. NEUMANN: H. **297**, 92, 100 (1954).
62 GRASSMANN, W., u. K. HANNIG: H. **296**, 30 (1954).
63 HABERMANN, E.: H. **297**, 104 (1954).
64 MUIC, N., u. M. PIANTANIDA: H. **299**, 6 (1955).
65 MICHL, H.: Naturwiss. **41**, 403 (1954).
66 NEUMANN, W., u. E. HABERMANN: Naturwiss. **39**, 286 (1952).

Farbstoffen[1-10], Arznei- und Suchtmitteln[11-16] haben sich die elektrophoretischen Verfahren als unentbehrliche Hilfsmittel der neueren Forschung erwiesen. Der Vollständigkeit halber sei auch die elektrophoretische Trennung anorganischer Ionen[17-23] erwähnt.

Die angeführten Beispiele mögen die Vielseitigkeit des Anwendungsbereiches der papierelektrophoretischen Trennverfahren aufzeigen. Die leichte und bequeme Ausführung, der geringe Substanzbedarf für analytische Zwecke, die Möglichkeit einer einfachen Kombination mit spezifischen Farbreaktionen, mit biologischen und serologischen Testen oder auch die Anwendung radioaktiver Isotopen sind einige der Vorteile, die ihre weite Verbreitung verursachen.

Die Papierelektrophorese stellt somit eine vorteilhafte Ergänzung zu den Methoden der klassischen Elektrophorese dar. Man muß sich jedoch der Grenzen und Möglichkeiten in bezug auf Genauigkeit und Anwendungsbereiche bewußt sein, die schon durch die

---

[1] Brintzinger, H., R. Haug u. G. Sachs: Farbe u. Lack **58**, 5 (1952). Angew. Chem. **65**, 567 (1953).
[2] Grassmann, W., u. L. Hübner: Leder **5**, 49 (1954).
[3] Papastamatis, S. C., and J. E. Kench: Nature **170**, 33 (1952).
[4] Paul, M. H., and E. L. Durrum: Am. Soc. **74**, 4721 (1952).
[5] Kanngiesser, W.: B. Z. **325**, 12 (1953).
[6] Wunderly, C., et J. Reynaud: Rev. Hématol. **7**, 347 (1952).
[7] Pezold, F.: Z. ges. exp. Med. **121**, 600 (1953).
[8] Lederer, M.: Analyt. chim. Acta, N. Y. **6**, 267 (1952).
[9] Patti, F.: J. Chim. physique **52**, 77 (1955).
[10] Franglen, G. T.: Nature **175**, 134 (1955).
[11] Knedel, M.: Arzneim.-Forsch. **2**, 182 (1952).
[12] Krebs, K. G., u. A. Wankmüller: Apoth.-Ztg. **94**, 9 (1954).
[13] Ramshorn, K.: Pharmazie **9**, 181 (1954).
[14] Scholz, E., u. P. Hagedorn: Apoth.-Ztg. **5**, 81 (1953).
[15] Sano, I., u. H. Kajita: Kli. Wo. **1955**, 956.
[16] Wagner, G.: Arch. Pharmazie **289/61**, 8 (1956); Parmazie **9**, 385, 979 (1954).
[17] McDonald, H. J., M. C. Urbin and M. B. Williamson: Science, N. Y. **112**, 227 (1950).
[18] Lederer, M.: Nature **167**, 864 (1951). Austral. J. Sci. **13**, 114 (1951).
[19] Lederer, M., and F. L. Ward: Analyt. chim. Acta, N. Y. **6**, 355 (1952).
[20] Sansoni, B., u. R. Klement: Angew. Chem. **65**, 422 (1953); **66**, 598 (1954).
[21] Wade, H. E., and D. M. Morgan: Biochem. J. **60**, 264 (1955).
[22] Strain, H. H., and J. C. Sullivan: Analyt. Chem., Washington **23**, 816 (1951).
[23] Schwimmer, S., A. Bevenue and W. J. Weston: Arch. Biochem. **60**, 279 (1956).

Literatur zu Seite 141. (Fortsetzung.)

[45] Marini-Bettolo, G. B., and M. Lederer: Nature **174**, 133 (1954).
[46] Scholz, E., u. P. Hagedorn: Dtsch. Apoth.-Ztg. **5**, 81 (1953).
[47] Kariyone, T., Y. Hashimoto, I. Mori u. M. Kimura: J. pharmaceut. Soc. Jap. **73**, 805 (1953).
[48] Berbalk, H.: Mh. Chem. **85**, 1314 (1954).
[49] Barnett, A. J. G., and D. K. Smith: Nature **174**, 659 (1954). J. Sci. Food Agric. **6**, 53 (1955).
[50] Michl, H.: Mh. Chem. **82**, 489 (1951).
[51] Scheffer, F., W. Ziechmann, H. D. Becker u. H. Schlüter: Naturwiss. **42**, 71 (1955).
[52] Wieland, T., u. U. Feld: Angew. Chem. **63**, 258 (1951).
[53] Perilä, O.: Acta chem. scand. **9**, 1231 (1955).
[54] McKinley, W. P.: Science, N. Y. **121**, 139 (1955).
[55] Levin, B., and G. Davies: Nature **178**, 918 (1956).
[56] Schröder, W., K. D. Voigt u. I. Beckmann: H. **302**, 63 (1955).
[57] Voigt, K. D., and I. Beckmann: Acta endocrinol., København **13**, 19 (1953); **15**, 251 (1954).
[58] Bergamin, C.: Sperimentale, Sez. Chim. biol. **4**, 85 (1953).
[59] Cannon, J. R., and A. R. Gilson: Chem. & Industr. **1954**, 120. Nature **175**, 1168 (1954).
[60] Ericson, L., Z. Banhidi and G. Gasparetto: Acta chem. scand. **6**, 1130 (1952).
[61] Latner, A. L.: Biochem. J. **52**, xxxiii (1952).
[62] Marten, G.: Nature **176**, 1064 (1955).
[63] Schwietzer, C. H., u. A. Wittern: Arzneim.-Forsch. **2**, 185 (1952).
[64] Siliprandi, N., D. Siliprandi and H. Lis: Biochim. biophysica Acta, N. Y. **14**, 212 (1954).
[65] Wieland, T., W. Maul u. E. F. Möller: B. Z. **327**, 85 (1955).
[66] Grassmann, W., u. P. Stadler: Leder **5**, 206 (1954).
[67] Putnam, R., and A. Bowles: J. amer. Leather Chem. Ass. **48**, 343 (1953).

einfachen apparativen Voraussetzungen bedingt sind. Trotz der Einfachheit der Handhabung enthält das Verfahren viele methodisch bedingte Fehlermöglichkeiten, die allerdings durch genaue Kenntnis der gesetzmäßigen Voraussetzungen und Beherrschung der Arbeitsweise auf ein Minimum beschränkt werden können.

2. Grundsätzliches über die Elektrophorese in heterogenen Systemen (theoretische Grundlagen).

a) Allgemeines.

Die prinzipiellen Unterschiede zwischen der freien Elektrophorese und der hier zu behandelnden Papierelektrophorese (Zonenelektrophorese), zu der im weiteren Sinne auch die kontinuierliche Ablenkungselektrophorese zählt, ergeben sich aus folgenden Überlegungen:

In der schematischen Darstellung der Abb. 3 sei das beschickte U-Rohr zu einem geraden Rohr aufgebogen gedacht[1,2]. Im mittleren Teil befindet sich das zu trennende Substanzgemisch, bestehend aus den beiden Komponenten A und B, von denen angenommen sei, daß sie sich mit verschiedener Geschwindigkeit zur Anode bewegen. Die vorderen und rückwärtigen Begrenzungsfronten sollen dabei, was zunächst der Einfachheit halber angenommen wird, vollkommen scharf bleiben und sich genau gleich rasch bewegen, so daß der Abstand D_0 zwischen der Vorder- und der Rückfront jeder einzelnen wandernden Zone konstant bleibt. Nach einer gewissen Laufzeit wird sich dann der in Abb. 3b wiedergegebene Zustand eingestellt haben. Die entsprechenden Verhältnisse sind für die Papierelektrophorese in den Abb. 4a bzw. 4b dargestellt.

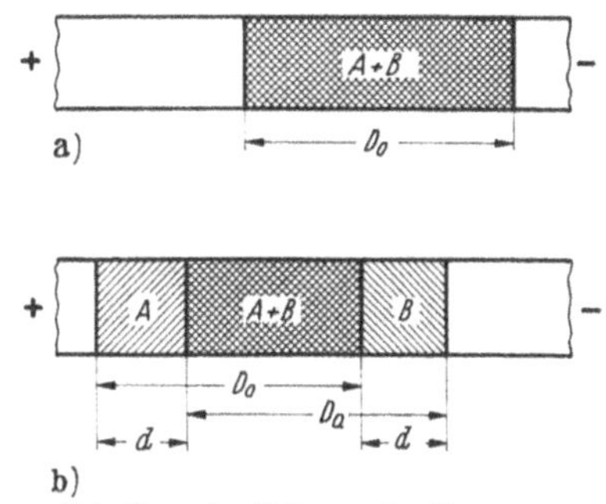

Abb. 3a u. b. Schema des Trennvorgangs bei der U-Rohr-Methode.

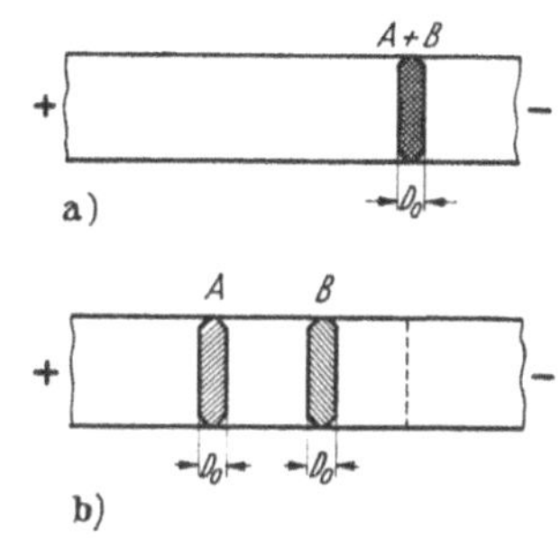

Abb. 4a u. b. Schema des Trennvorgangs bei der Papierelektrophorese.

Die Gegenüberstellung läßt sofort die wesentlichen Unterschiede der beiden Elektrophoreseverfahren erkennen. Während bei der Papierelektrophorese eine vollständige Trennung der Komponenten erreicht wurde, bildet sich in der U-Rohr-Anordnung in beiden Schenkeln ein stufenförmiges Konzentrationsgefälle aus. Für analytische Zwecke ist eine vollständige Trennung in dieser Anordnung auch gar nicht notwendig, da Anzahl, Lage und Größe der Konzentrationsgradienten mit den bekannten optischen Methoden bestimmt werden können (vgl. Bd. I, S. 54).

Wesentliche Vorteile ergeben sich aber bei der Zonenelektrophorese, wenn z. B. für präparative Zwecke eine vollständige Trennung der Komponenten erreicht werden soll. In diesem Fall müssen die Differenzen der Wanderungswege der Zonen zweier zu trennender Substanzen mindestens ihrer vorderen und rückwärtigen Begrenzungsfront, also der Strecke D_0, zusätzlich eines gewissen Mehrbetrages, der durch die Diffussion während der Versuchszeit bedingt ist, gleichkommen. Wenn α bzw. β die elektrophoretischen Wanderungsgeschwindigkeiten (cm/sec) der Komponenten A und B sind, dann ergibt sich die für die vollständige Trennung erforderliche Laufzeit t_x:

$$t_x \cdot (\alpha - \beta) = D_0; \quad t_x = \frac{D_0}{\alpha - \beta}.$$

Der bis zur vollständigen Trennung zurückgelegte Weg s_x ist dann für die beiden Komponenten

$$s_{xA} = \alpha \frac{D_0}{\alpha - \beta} \qquad s_{xB} = \beta \frac{D_0}{\alpha - \beta}$$

[1] GRASSMANN, W., u. K. HANNIG: Präparative Elektrophorese. Houben-Weyl. 4. Aufl., Bd. 1, S. 684.
[2] BOCKEMÜLLER, W., u. A. OERTER: Naturwiss. 43, 398 (1956).

d. h. sowohl die für die vollständige Trennung erforderliche Zeit t_x als auch der bis dahin von den beiden Komponenten zurückgelegte Weg s_{xA} und s_{xB} sind dem Abstand D_0, also der Zonenbreite direkt, dem Unterschied der Wanderungsgeschwindigkeit umgekehrt proportional. Da die maßgebliche Trennstrecke D_0 im Ausgangszustand sowohl bei den analytischen als auch bei den präparativen Anordnungen der Zonenelektrophorese sehr klein gehalten werden kann (wenige Millimeter), ergeben sich demnach für vollständige Trennungen verhältnismäßig kurze Trennzeiten und kleine Wanderungswege. Natürlich hat man in allen Fällen mit einer Verbreiterung der Zonen während der elektrophoretischen Wanderung durch Diffussionsvorgänge zu rechnen, die, wie im folgenden gezeigt wird, bei Elektrophoreseanordnungen in heterogenen Systemen im allgemeinen sogar noch größer sind als bei der freien Elektrophorese.

b) Adsorption.

Es wäre ein idealer Zustand, wenn die zur Stabilisierung der Zonen verwendeten Trägermaterialien, wie z. B. das Filtrierpapier in der Papierelektrophorese, vollkommen indifferent gemacht werden könnten, so daß sie weder zu den zu trennenden Substanzen noch zu den anwesenden Elektrolytionen Affinität aufweisen. Obwohl vielfach versucht wurde, dieses Ziel zu erreichen, sind praktisch nur bescheidene Erfolge zu verzeichnen (s. S. 158). Man wird demnach fast immer mit gewissen Adsorptionseffekten zu rechnen haben, wenn diese auch bei Verwendung von Filtrierpapier, namentlich aus Baumwolllinters hergestelltem, gegenüber den meisten Aminosäuren und Proteinen sehr gering und kaum nachweisbar sind. Beträchtliches Ausmaß kann die Adsorption vor allem bei der diskontinuierlichen Elektrophorese annehmen, z. B. bei den Linearproteinen (Fibrinogen, Gelatine), bei Proteinen mit extrem hohen Molekulargewichten (Viren) und bei gewissen basischen Proteinen (wie Globin, Clupein), was in Extremfällen scharfe Trennungen unmöglich machen kann.

Die Adsorption führt nämlich, ähnlich wie bei der Verteilungschromatographie, erstens zu einer Herabsetzung der elektrophoretischen *Wanderungsgeschwindigkeit* gegenüber derjenigen, die ohne Adsorption eintreten würde, da jeweils nur der nicht adsorbierte Anteil der zu trennenden Substanzen an der Wanderung teilnimmt, und zweitens, was im allgemeinen noch wesentlich störender ist, zum *Nachziehen von „Schwänzen“* („tailing“). Ob und wie stark der zuletzt genannte Effekt auftritt, hängt im wesentlichen vom Verlauf der Adsorptionsisotherme ab. Die Konzentrationsverteilung einer wandernden Zone, etwa in der Papierelektrophorese, nimmt auch bei langen Wanderungswegen nur dann die Gestalt einer symmetrischen Gaußschen Verteilung an, wenn der Verlauf der Adsorptionsisotherme linear ist. Bei gekrümmtem Verlauf der Adsorptionsisotherme dagegen, mit dem man im Falle stärkerer Adsorption zu rechnen hat, und eventuell auch bei zu hoch getriebenen Wanderungsgeschwindigkeiten (Hochspannungselektrophorese) kommt es zu einer unsymmetrischen Konzentrationsverteilung der Zone, d. h. bei der graphischen Auswertung zu steilen Vorderfronten und unscharfen, verwaschenen Rückfronten.

Diese Erscheinung kann qualitativ gedeutet werden, wenn man bedenkt, daß die an der Vorderfront der Zone durch Diffusion vorausgewanderten Teilchen von der Trägersubstanz *sofort* adsorbiert werden, während an der Rückfront die letzten an den Träger noch festgehaltenen Teilchen nur sehr schwer wieder losgelöst und zur Wanderung gebracht werden können. Im mittleren Bereich der Zone, wo eine weitgehende Absättigung des Trägers besteht, ist dagegen die mittlere Wanderungsgeschwindigkeit größer, denn sie ist, wie erwähnt, von dem Verhältnis des adsorbierten zum nicht adsorbierten Anteil der zu trennenden Substanz abhängig. Die Beweglichkeit des Stoffes im elektrischen Feld wird also von der lokalen Konzentration beeinflußt.

Eine mathematische Behandlung des Problems ist von WEBER[1] ausführlich gegeben worden. Sie zeigt, was auch theoretisch leicht vorauszusehen ist, daß bei der kontinuier-

[1] WEBER, R.: Helv. **36**, 424 (1953).

lichen Arbeitsweise in der sog. „*Ablenkungselektrophorese*" (s. S. 203) die Adsorption nicht oder nur sehr viel weniger störend wirkt als bei der *diskontinuierlichen Elektrophorese* auf dem Filtrierpapierstreifen.

c) Diffusion.

Abgesehen von der Adsorption wirkt eine anwesende Trägersubstanz noch durch ihre Beeinflussung der Diffusion auf das Trennergebnis ein:

Befinden sich gelöste Stoffe in einem Konzentrationsgefälle, so zeigen sie bekanntlich die Tendenz, auf Grund der Brownschen Molekularbewegung in die benachbarten Räume zu diffundieren. Die in Richtung dieses Gefälles abfließende Stoffmenge d_n ist nach dem FICKschen Gesetz proportional diesem Gefälle, d_c/d_x (d_c ist die Abnahme der Konzentration auf einer Strecke d_x) sowie dem zur Verfügung stehenden Querschnitt q und der Zeit d_t, also:

$$d_n = -D \cdot q \cdot d_c/d_x \cdot d_t. \qquad (1)$$

D, der Diffusionskoeffizient, ist eine Materialkonstante, die nach STOCK in Flüssigkeiten der Viscosität η des Mediums und dem Radius r (für kugelförmige Teilchen) der diffundierenden Ionen umgekehrt proportional ist.

$$D = \frac{R \cdot T}{N_L \cdot 6 r \pi \eta}. \qquad (2)$$

Setzt man Gl. (2) in Gl. (1) ein, so ergibt sich:

$$d_n = \frac{R \cdot T}{N_L \cdot 6 r \pi \eta} \cdot q \cdot d_c/d_x \cdot d_t. \qquad (3)$$

Aus Gl. (3) ersieht man, daß die Diffusion eines Stoffes mit dem Radius r in einem Medium der Viscosität η bei gleicher Konzentration d_c/d_x, gleichem Querschnitt q und konstanter Temperatur *nur von der Zeit d_t abhängt.*

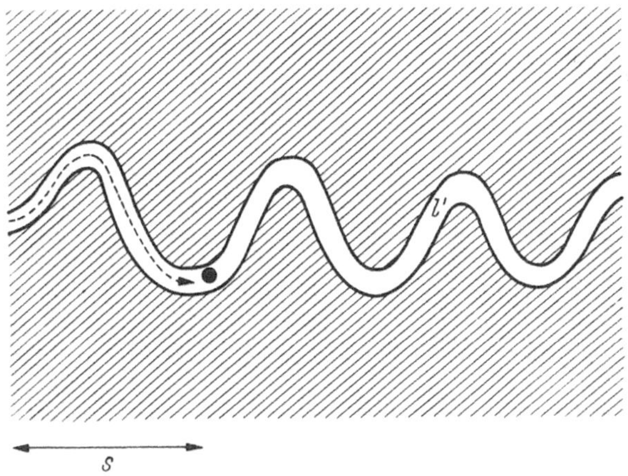

Abb. 5. Ionenwanderung in Filtrierpapier (nach KUNKEL und TISELIUS[1]).

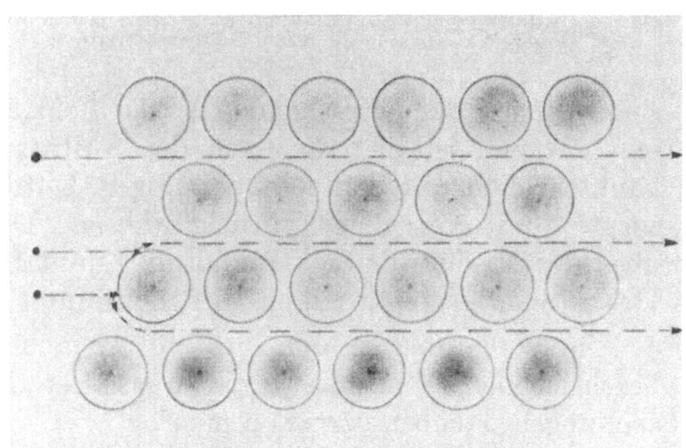

Abb. 6. Ionenwanderung in Filtrierpapier (nach MCDONALD und Mitarbeitern[2]).

Vorstehende Betrachtungen gelten sowohl für das Verhalten der zu trennenden Substanz in der freien Elektrophorese als auch für die Elektrophorese in heterogenen Medien, wie z. B. in der Papierelektrophorese; nur ist im letzteren Fall der reinen Thermodiffusion — im folgenden als *Diffusion I. Ordnung* bezeichnet — noch ein weiterer Effekt überlagert:

In Gegenwart der Trägersubstanz wird nämlich weder der Verlauf der Feldlinien noch der Wanderungsweg der wandernden Teilchen gerade, sondern immer gekrümmt sein, da die Fasern des Papiers zu mehr oder weniger großen Umwegen zwingen.

KUNKEL und TISELIUS[1] haben den Wanderungsweg in anschaulicher Weise als eine Art *gewundenen Tunnel* (oder „Wurmloch") gekennzeichnet (Abb. 5), während MCDONALD und Mitarbeiter[2] annehmen, daß die Papierfasern als *Barrieren* gegenüber den Ionen wirken (Abb. 6). Beide Vorstellungen können für unsere Betrachtungen als gleichberechtigt angesehen werden, da die Theorie für beide eine statistische Streuung zuläßt.

---

[1] KUNKEL, H. G., and A. TISELIUS: J. gen. Physiol. **35**, 89 (1951).

[2] MCDONALD, H. J., R. J. LAPPE, E. P. MARBACH, R. H. SPITZER and M. C. URBIN: Clin. Chem., N. Y. **5**, 35 (1953).

Die Größe der Umwege und damit das Mehr an Zeit, das die Ionen zum Durchwandern der Hindernisse benötigen, unterliegt einer statistischen Streuung, die von den morphologischen Verhältnissen des Systems abhängt und auf jeden Fall um so größer sein wird, je länger die durchwanderte Wegstrecke ist.

Diese Tatsache bedeutet, daß einerseits die beobachtete Vorrückungsgeschwindigkeit einer Zone auch bei fehlender Adsorption geringer ist, als sie ihrer tatsächlichen Wanderungsgeschwindigkeit entsprechen müßte (vgl. dazu 151), andererseits ergibt sich eine zusätzliche Verbreiterung der Zonen und damit eine Verschlechterung des Trennergebnisses. Für diesen, der Wanderung im heterogenen Medium eigenen Effekt, an dem natürlich auch noch zusätzlich die Adsorption beteiligt sein kann, soll die Bezeichnung „*Diffusionseffekt II. Ordnung*" vorgeschlagen sein.

Die Kenntnis des Diffusionsverhaltens der zu trennenden Stoffe ist für die Durchführung der Elektrophorese, namentlich der Hochspannungselektrophorese, von großer Bedeutung. Läßt man die elektrophoretische Trennung bei niedrigeren Feldstärken vor sich gehen, sind wegen der relativ kleinen Wanderungsgeschwindigkeiten verhältnismäßig lange Laufzeiten erforderlich, wobei die zurückgelegte Wegstrecke nur wenige Zentimeter beträgt. Hier wird also lediglich der zeitabhängige Diffusionseffekt I. Ordnung maßgebend sein. Bei der Hochspannungselektrophorese dagegen sind zur Erzielung möglichst guter Differenzierungen Wanderungswege bis zu 1 m gebräuchlich, während die Wanderungszeiten wegen der herrschenden hohen Feldstärken sehr verkürzt werden können. Dementsprechend ist hier die nach der Auftragung resultierende Verbreiterung der Zonen hauptsächlich auf den wegabhängigen Diffusionseffekt II. Ordnung, der auch die Adsorption mit einschließt, zurückzuführen. Die Hochspannungselektrophorese hat gegenüber der Niedervolt-Elektrophorese nur dann einen Vorteil, wenn der Diffusionseffekt II. Ordnung gegenüber dem Diffusionseffekt I. Ordnung gering ist.

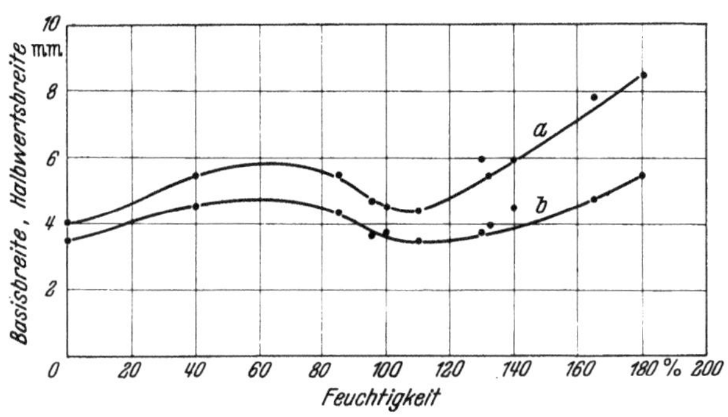

Abb. 7. Diffusion von Alanin auf feuchten Filtrierpapierstreifen als Funktion des Feuchtigkeitsgrades des Filtrierpapierstreifens. Kurve *a* Basisbreite, Kurve *b* Halbwertsbreite.

Um einigermaßen quantitative Angaben über die Größenverhältnisse der beiden beschriebenen Diffusionseffekte zu erhalten, haben wir an unserem Institut einige Untersuchungen darüber vorgenommen[1].

Zum Diffusionseffekt I. Ordnung. Dazu wurden einige mit Elektrolytlösung mehr oder weniger stark getränkte Elektrophoresestreifen (Schleicher & Schüll 2043a) mit den zu prüfenden Substanzen beschickt, indem jeweils gleiche Mengen (bezogen auf Molaritäten) in Form eines feinen, etwa 3 cm langen Querstriches mittels einer Pipette aufgetragen wurden. Danach kamen die beschickten Streifen in waagerechter Lage in eine feuchte Kammer und wurden darin über verschieden lang Zeiten ohne Stromdurchgang belassen. Nach dem anschließenden Trocknen und Anfärben der Substanzen konnten durch photometrische Ausmessungen (s. S. 180) die Basis- und Halbwertsbreiten der Zonen bestimmt werden. Es ergibt sich zunächst, daß die Breite der Zone, abgesehen von der aufgetragenen Menge, von dem Feuchtigkeitsgehalt des Streifens in einer Weise abhängig ist, wie dies Abb. 7 zeigt. In der Abbildung sind auf der Ordinate Basis und Halbwertsbreite einer Alaninlösung nach 30 min Diffusionszeit (ohne Wanderung) in Abhängigkeit von dem Feuchtigkeitsgrad des Papiers aufgetragen. Der Verlauf der Kurve zeigt, daß die Verbreiterung durch Diffusion bei einem Feuchtigkeitsgehalt des Streifens von 100—110% seines Trockengewichtes (bei einem Feuchtigkeitsgrad von 180—200% ist der Streifen mit

[1] Baumgartner, L.: Diplomarbeit, Universität München 1956.

Flüssigkeit gesättigt) den kleinsten Wert annimmt, so daß dieser Bereich für die weitere Durchführung der zeitabhängigen Diffusionsversuche, aber auch für elektrophoretische Trennungen am geeignetsten erscheint (vgl. dazu WEBER[1], MICHL[2], WERNER und WESTPHAL[3] u. a.[4]). Bei größerer Streifenfeuchtigkeit steigt die Diffusion infolge Überschusses an Flüssigkeit an, während für das Ansteigen bei kleineren Werten das durch Capillarkräfte bedingte Auslaufen der Lösung auf den relativ trockenen Streifen verantwortlich zu machen ist.

Es wurden dann, wie geschildert, bei einem Feuchtigkeitsgrad von 100%, was durch geeignetes Auspressen des getränkten Streifens mittels einer einstellbaren Walzenpresse leicht und reproduzierbar möglich ist[3], folgende Substanzen auf ihr Diffusionsverhalten geprüft: Alanin, Asparaginsäure, Leucyl-glycyl-prolin, Prolyl-glycyl-phenylalanin und Albumin (vgl. dazu LEDERER[5]). Als Elektrolyt diente für die Aminosäuren und Peptide eine Mischung aus verdünnter Essigsäure und Ameisensäure von p_H 1,9, für Albumin Veronalpuffer von p_H 8,6 und der Ionenstärke $\mu = 0{,}05$. Wie die Abb. 8 zeigt, steigt die Basisbreite zunächst an und nähert sich dann allmählich der Horizontalen. Dabei zeigt Alanin mit dem kleinsten Molekulargewicht den größten, Albumin mit dem größten Molekulargewicht den kleinsten Diffusionseffekt I. Ordnung, während die 3 weiteren Substanzen eine mittlere Position einnehmen.

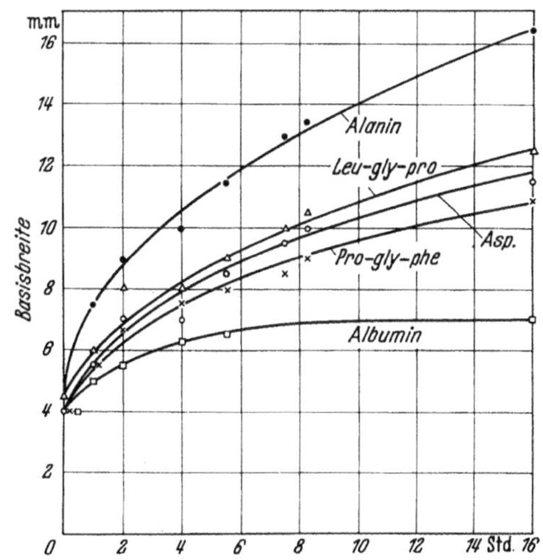

Abb. 8. Diffusionseffekt 1. Ordnung (Thermodiffusion). Ordinate: Basisbreite der Zone; Abszisse: Verweilzeit des Streifens in der Kammer (ohne Strom).

Dieses Ergebnis bildet eine Parallele zu Diffusionsmessungen, die im trägerfreien Medium vorgenommen wurden[6], wo in erster Näherung folgende Beziehung gilt:

$$D \cdot M^{1/3} = \text{konst.}$$

(D = Diffusionskonstante; M = Molekulargewicht).

Zum Diffusionseffekt II. Ordnung. Die Messung des Diffusionseffektes II. Ordnung mußte so vorgenommen werden, daß der Diffusionseffekt I. Ordnung möglichst weitgehend unterdrückt wurde. Hierzu ist es notwendig, die zu untersuchende Substanz durch Anlegen hoher Spannungen in gleicher und möglichst kurzer Zeit verschieden weite Strecken elektrophoretisch wandern zu lassen.

Im einzelnen wurde so verfahren, daß die Streifen mit Pufferlösung getränkt, mit der Walzenpresse wieder auf 100% Feuchtigkeitsgehalt gebracht und mit den zu untersuchenden Substanzen, wie beschrieben, beschickt wurden. Anschließend wurden die Streifen in die Hochspannungs-Elektrophoresekammer eingebracht und 2 Std unter Anlegen von Feldstärken zwischen 25 und 100 V/cm darin belassen. Durch das Variieren der Feldstärke konnte erreicht werden, daß der Wanderungsweg einer Substanz bei gleicher Elektrophoresedauer verschieden groß war. Der zurückgelegte Weg wurde nach dem Trocknen und Entwickeln der Elektropherogramme ausgemessen und als Funktion der Basisbreite graphisch aufgetragen.

Wie aus Abb. 9 ersichtlich, nimmt bei gleicher Trennzeit erwartungsgemäß die beobachtete Diffusion in Abhängigkeit von der zurückgelegten Wegstrecke zu.

[1] WEBER, R.: Helv. **34**, 2031 (1951).
[2] MICHL, H.: Mh. Chem. **82**, 489 (1951).
[3] WERNER, G., u. O. WESTPHAL: Angew. Chem. **67**, 251 (1955).
[4] KICKHÖFEN, B., u. O. WESTPHAL: Z. Naturforsch. **7b**, 655 (1952).
[5] LEDERER, M.: Analyt. chim. Acta, N. Y. **6**, 267 (1952).
[6] LONGSWORTH, L. G.: Am. Soc. **74**, 4155 (1952).

Um zu einer angenäherten Meßgröße für den Diffusionseffekt II. Ordnung zu gelangen, muß von der gesamten Diffusion, ausgedrückt als Basisbreite, die reine Thermodiffusion (2 Std-Wert aus Abb. 8) abgezogen werden. Die in dieser Weise als Maß für die Diffusion II. Ordnung errechnete Basisbreite (als Δ *BB* bezeichnet) ist in Abb. 10 als Funktion der durchwanderten Wegstrecke angegeben.

Bei den Aminosäuren überwiegt, wie ersichtlich, der Diffusionseffekt I. Ordnung, während der Diffusionseffekt II. Ordnung erst bei langen Wegstrecken ins Gewicht fällt. Bei Peptiden und mehr noch bei Eiweiß kehren sich die Verhältnisse um; hier dominiert der Diffusionseffekt II. Ordnung, da die Moleküle mit zunehmender Größe an den Hindernissen des Papiers stärker gestreut werden, während gleichzeitig der Diffusionseffekt I. Ordnung mit zunehmender Molekülgröße kleiner wird.

Zusammenfassend kann gesagt werden, daß die Hochspannungselektrophorese für niedermolekulare Verbindungen, wie z. B. Aminosäuren, entscheidende Vorteile gegenüber der Niedervolt-Elektrophorese bietet, zur Trennung von höhermolekularen Stoffen dagegen muß der Niedervolt-Elektrophorese der Vorzug gegeben werden. Tatsächlich sind auch in der Literatur bisher keine Beispiele elektrophoretischer Auftrennung von langkettigen Peptiden oder Eiweißkörpern bei sehr hohen Feldstärken beschrieben worden.

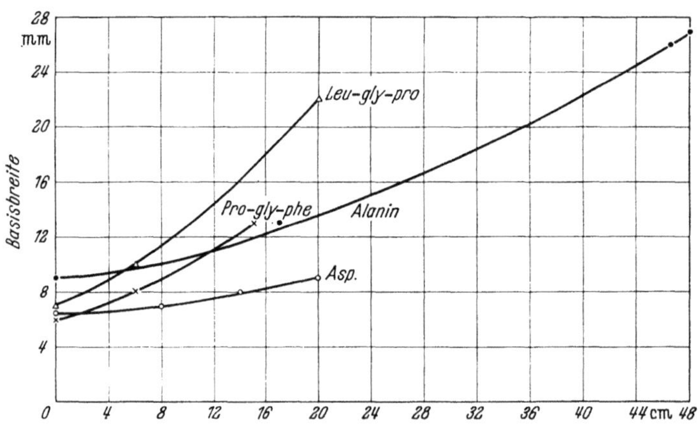

Abb. 9. Diffusionsverbreiterung in Abhängigkeit von der Wegstrecke. Ordinate: Basisbreite; Abszisse: Wanderungsweg; Laufzeit: 2 Std; Temperatur: 5° C; Feldstärke: 25—100 V/cm.

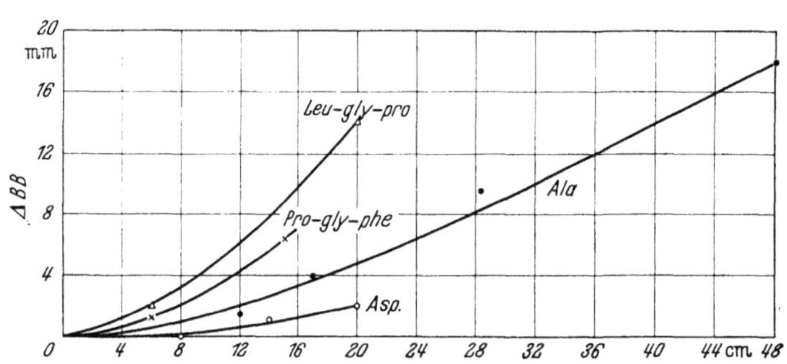

Abb. 10. Diffusionseffekt 2. Ordnung (wegabhängige Diffusion). Ordinate: Δ *BB* = errechnete Basisbreite (nach Abzug der 2stündigen Thermodiffusion von der Gesamtdiffusion); Abszisse: Wanderungsweg; Laufzeit: 2 Std; Temperatur: 5° C; Feldstärke: 25—100 V/cm.

d) Zonenimperfektion.

Zu der beschriebenen Verbreiterung der Zonen durch Adsorption und Diffusionseffekte kann noch eine andere Störung zu Verwischungen und Verschlechterung der Trennschärfe führen. Es ist ein auch aus der Papierchromatographie bekannter Effekt, für den sich der Ausdruck „*Zonenimperfektion*" eingebürgert hat und der dazu führt, daß die Fronten einer anfangs geraden Zone nach einer gewissen Wanderung gekrümmt, geschlängelt oder schräg erscheinen oder daß sich, wie es oft bei der Hochspannungselektrophorese beobachtet wird, an der Rückfront der Zone tröpfchenförmige Verformungen ausbilden. Diese Erscheinungen beruhen fast immer auf irgendwelchen Unvollkommenheiten der experimentellen Bedingungen, wie z. B. gröberer *Inhomogenität des Papiers, ungleicher Feuchtigkeit und Elektrolytkonzentration, Unterschieden der Temperatur, ungleicher Feldverhältnisse* durch elektrische Nebenschlüsse usw. Die Zonenimperfektion ist, solange sie nicht besonders stark auftritt, für die qualitative Erkennung einzelner Fraktionen von untergeordneter Bedeutung, nicht dagegen, wenn eine quantitative Auswertung angestrebt oder eine präparative Auftrennung vorgenommen werden soll.

e) ζ-Potential und Elektroosmose.

Bei allen Elektrophoreseverfahren in heterogenen Medien wird im allgemeinen die feste Phase (z. B. das Filtrierpapier) gegenüber den sie umgebenden Lösungen eine vom p_H abhängige elektrische Aufladung von wechselnder Größe aufweisen, die durch das sog. *ζ-Potential* gekennzeichnet wird. Das Auftreten eines solchen Potentialgefälles rührt daher, daß auch indifferente feste Stoffe, vor allem in feiner Verteilung, Ionen aus der Elektrolytlösung an ihrer Oberfläche zu adsorbieren vermögen, was zur Ausbildung einer Wolke von Gegenionen, einer elektrischen „*Doppelschicht*" in der Lösung führt. Da die feste, elektrisch aufgeladene Trägersubstanz in ihrer Lage fixiert ist, kommt es beim Anlegen eines elektrischen Feldes zu einer Strömung der Flüssigkeit entsprechend ihrer Aufladung gegenüber dem Träger, der *Elektroosmose*. Ist die Trägersubstanz, was meistens der Fall ist, negativ gegen die Flüssigkeit aufgeladen (entsprechend einem positiven ζ-Potential), dann wandert diese in Richtung zur Kathode, im umgekehrten Fall (negatives ζ-Potential) zur Anode.

Für die Durchführung der Papierelektrophorese bedeutet diese Erscheinung, daß man in fast allen Fällen mit einer Überlagerung der elektrophoretischen Wanderung durch eine elektroosmotische Strömung zu rechnen hat und daß man daher bei Beobachtungen von Beweglichkeiten diese Flüssigkeitsströmungen berücksichtigen muß. Dies kann in einfacher Weise geschehen, indem man ungeladene Substanzen hinzufügt, die unter den gewählten Versuchsbedingungen keine elektrophoretische Eigenwanderung zeigen, wie z. B. Glucose oder Xylose[1, 2], Dextran[3] oder nicht ionisierte Farbstoffe, wie z. B. o-Nitroanilin[4], das bei p_H 7 und darüber ungeladen ist (s. dazu auch S. 152). Bei solchen Testsubstanzen muß jedoch weiterhin die Bedingung erfüllt sein, daß sie nicht durch Adsorption vom Trägermaterial zurückgehalten werden. Bei der üblichen papierelektrophoretischen Trennung von Proteinen in schwach alkalischen Puffern, wobei die Proteine als Anionen wandern, ist entsprechend dem herrschenden positiven ζ-Potential die elektroosmotische Strömung der elektrophoretischen Wanderung entgegengerichtet. Sie kann mitunter so groß sein, daß langsamer wandernde Proteinfraktionen entgegen ihrem tatsächlichen elektrophoretischen Wanderungssinn von der Auftragsstelle in Richtung zur Kathode verschoben werden können. Die Einflüsse der Elektroosmose sind bei Beibehaltung stets gleichbleibender Versuchsausführungen einigermaßen konstant zu halten und beeinflussen nicht die Güte und Vergleichbarkeit der erhaltenen Ergebnisse.

Bei der kontinuierlichen Elektrophorese äußert sich die Elektroosmose dahingehend, daß die Transportflüssigkeit und somit elektrisch ungeladene Teilchen nicht mehr in genau vertikaler Richtung und damit senkrecht zu den Kraftlinien des elektrischen Feldes wandern, sondern etwas schräg dazu. Auch diese Erscheinung beeinträchtigt die Trennung nicht grundsätzlich, kann aber bei stärkeren elektroosmotischen Strömungen zur Folge haben, daß die Trennfläche im allgemeinen nicht mehr in ihrer vollen Breite ausgenutzt werden kann.

Der elektroosmotische Effekt nimmt mit steigendem Verteilungsgrad, also z. B. mit einer feineren und dichteren Struktur des Filtrierpapieres und mit wachsender Feldstärke zu. Mit steigendem p_H-Wert ändert sich das ζ-Potential und damit der elektroosmotische Effekt in dem Sinne, daß ein negatives ζ-Potential kleiner und ein positives ζ-Potential größer wird.

In Versuchen an unserem Institut wurde für einige Trägersubstanzen das ζ-Potential unter verschiedenen Milieubedingungen überprüft. Bei Cellulose (Filtrierpapier) ist der elektroosmotische Effekt relativ gering, aber nicht ganz zu vernachlässigen. Für andere

---

[1] Macheboeuf, M., P. Rebeyrotte, J. M. Dubert et M. Brunerie: Bull. Soc. Chim. biol. **35**, 334, 346 (1953).

[2] Schwimmer, S.: Arch. Biochem. **43**, 108 (1953).

[3] Kunkel, H. G., and A. Tiselius: J. gen. Physiol. **35**, 89 (1951).

[4] Jermyn, M. A., and R. Thomas: Nature **172**, 728 (1953).

Trägersubstanzen, wie sie vor allem in präparativen Blockanordnungen oder in der kontinuierlichen Elektrophorese üblich sind, nimmt er nach unseren[1] Ergebnissen sowie nach denen, wie sie von KUNKEL und SLATER[2] gefunden wurden, in der Reihenfolge Glaspulver, Agar, Quarzsand, Stärke, Schmirgel, Korund ab.

f) Andere, der elektrophoretischen Wanderung überlagerte Flüssigkeitsströmungen (Sogeffekte).

Neben der meist unvermeidbaren elektroosmotischen Strömung können in den üblichen Anordnungen der Papierelektrophorese noch andere, gegebenenfalls methodisch zu beherrschende Bewegungen der Elektrolytlösung auftreten, die sich der elektrophoretischen Wanderung überlagern. Dazu gehören Strömungen, die im Zusammenhang mit der Verdunstung des Elektrolyten eintreten, sowie solche, die durch Druck- oder Niveauunterschiede der Pufferlösung hervorgerufen sein können (Heberwirkung) und für die in erster Linie die capillare Wirkung des Papieres verantwortlich ist. Es hat sich eingeführt, diese Erscheinungen in der Papierelektrophorese allgemein mit „*Docht- oder Sogeffekten*" zu bezeichnen.

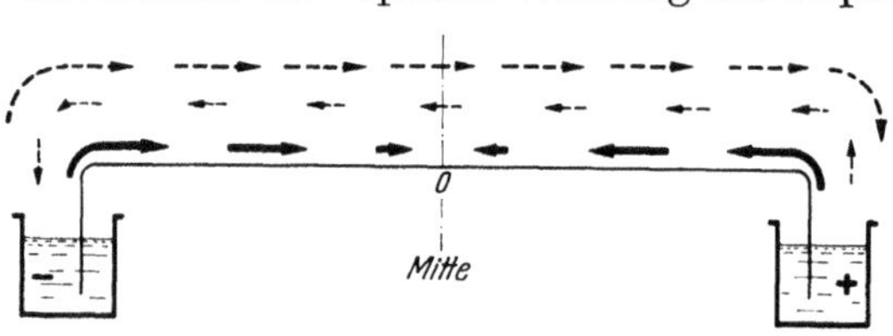

Abb. 11. Die Sogeffekte. ---> elektroosmotische Strömung und Heberwirkung; ⟶ Richtung und Größe des „Anfangs-" und des „Verdunstungssogs".

Bei den üblichen Elektrophoreseanordnungen, bei denen der Papierstreifen frei gespannt in der feuchtigkeitsgesättigten Kammer angebracht ist, wird die geringe, durch den Strom bedingte Wärmeentwicklung teils durch Verdunstung und teils durch Wärmestrahlung und Konvektion abgeführt. Obwohl die Kammer mit Wasserdampf gesättigt ist, wird der Filtrierpapierstreifen, der immer etwas wärmer als seine Umgebung ist, durch den ständigen Verlust an Lösungsmittel nicht ganz feuchtigkeitsgesättigt sein; er saugt deshalb über seine beiden Enden, die direkt in die Pufferlösung tauchen, ständig Puffer nach, und es resultiert so eine Sogströmung *(„Verdunstungssog", „Evaporation")* von beiden Seiten des Streifens nach der Mitte hin (Abb. 11). Der Verdunstungssog überlagert sich der elektroosmotischen Strömung (elektrophoretischen Wanderung) in der Weise, daß er in einer Hälfte des Streifens der elektroosmotischen Strömung gleich-, in der anderen Streifenhälfte entgegengerichtet ist; an den Streifenenden ist der Verdunstungssog am größten, er verringert sich nach der Mitte zu und wird dort Null.

Dieser Effekt, der vor allem von MACHEBOEUF[3] (vgl. dazu auch SLOTTA[4], DE WAEL[5]) untersucht wurde, läßt sich in einer Anordnung, die eine Kontrolle der verschiedenen Einflüsse gestattet, zu einer interessanten Trennmethode ausgestalten, die als „Elektrorheophorese"[1] bezeichnet wurde.

Eine analoge Sogströmung tritt auch ohne Anlegen eines elektrischen Feldes in der ersten Zeit nach Einlegen des Streifens auf, wenn dieser, was meist der Fall ist, nicht vollkommen mit Flüssigkeit gesättigt ist *(„Anfangssog")*.

Sowohl Anfangs- als auch Verdunstungssog bewirken durch die vom Auftragsort abhängige Verschiebung der Fraktionen im allgemeinen eine Verschlechterung der Auftrennungen, die in ungünstigen Fällen die rasch wandernden Ionen relativ bremst und die langsameren beschleunigen kann, so daß in Extremfällen „scheinbare" Umkehrungen der Wanderungsrichtung auftreten können (VON HOLT, VOIGT und GAEDE[6]).

Die Erscheinung der sog. *Heberwirkung* tritt, wie erwähnt, dann ein, wenn das Pufferniveau in den beiden Elektrodengefäßen ungleich hoch ist; der Streifen wirkt dann als ein

[1] HANNIG, K.: Diss. Darmstadt 1953. — SCHLEYER, M.: Dipl. Arbeit, München 1957.
[2] KUNKEL, H. G., and R. J. SLATER: Proc. Soc. exp. Biol. Med. **80**, 42 (1952). J. clin. Invest. **31**, 677 (1952).
[3] MACHEBOEUF, M., P. REBEYROTTE, J. M. DUBERT et M. BRUNERIE: Bull. Soc. Chim. biol. **35**, 334, 346 (1953).
[4] SLOTTA, K., S. BRIL u. A. BALLESTER: H. **296**, 141 (1954).
[5] DE WAEL, J.: Chem. Wbl. **49**, 229 (1953). Ciba Found. Symp. on Paper Electrophoresis S. 105. London 1956.
[6] HOLT, C. v., K. VOIGT u. K. GAEDE: B. Z. **323**, 345 (1952).

Teil eines Systems von kommunizierenden Röhren und bewirkt so eine über die gesamte Streifenlänge gleichgerichtete Flüssigkeitsströmung. Bei richtig eingestellten und konstantgehaltenen Niveauunterschieden könnte man praktisch die Heberwirkung so bemessen, daß sie gegenüber der elektroosmotischen Strömung kompensierend wirkt[1]. Andererseits bewirkt die Elektroosmose von sich aus schon die Ausbildung eines Niveauunterschiedes, damit ein Flüssigkeitsgefälle, und es muß schließlich nach entsprechender Versuchsdauer der Fall eintreten, daß sich Elektroosmose und gegensinnige Heberwirkung das Gleichgewicht halten. Auch über die Größe der geschilderten Sogeffekte unter gegebenen Versuchsbedingungen kann man sich leicht durch geeignete Blindversuche orientieren.

Das Ausmaß des Anfangssogs bestimmt man, indem man einen gefärbten oder durch Farbreaktionen leicht sichtbar zu machenden Stoff an einer markierten Stelle z. B. als feinen Querstrich aufbringt und den Streifen ohne Stromfluß so lange in eine Elektrophoresekammer einlegt, bis vollständige Sättigung des Streifens erreicht ist. Eine eventuell vorhandene Heberwirkung ermittelt man in gleicher Weise, die Testsubstanz darf jedoch erst nach vollständiger Sättigung des Streifens aufgetragen werden. Die Summe aus Anfangs- und Verdampfungssog erhält man, wenn bei gleicher Versuchsausführung noch zusätzlich ein Wechselstrom gleicher Wattleistung angelegt wird, wie er bei Durchführung einer Elektrophorese im Gleichstromfeld üblich ist. Schließlich kann man die Summe aller Sog- und Strömungseffekte einschließlich der Elektroosmose, wie sie während eines normalen Elektrophoreseversuchs auftreten können, durch Hinzufügen eines im elektrischen Feld nicht wandernden, indifferenten Stoffes (Glucose, Dextran, H_2O_2 u. ä.) bestimmen, wie dies im vorausgehenden Abschnitt bereits ausgeführt wurde.

Als eine weitere Möglichkeit, das Ausmaß der Sogeffekte, namentlich des Verdunstungssogs, zu studieren, ist das von PEETERS und VUYLSTEKE[2] vorgeschlagene Verfahren zu nennen, die Konzentrationsverteilung der Pufferionen nach der Elektrophorese entlang des Streifens zu ermitteln. Dies kann bei Verwendung Na-haltiger Puffersysteme in einfacher Weise mittels Flammenphotometrie geschehen. Es konnten so die Einflüsse der Verdunstung allein und Verdunstung und Ionophorese zusammen untersucht werden. Nach graphischer Auswertung der Ergebnisse kann man feststellen, daß die Konzentrationsverteilung der Na-Ionen unter dem Einfluß der beiden Faktoren einer gewissen Gesetzmäßigkeit folgt, aus der man auf die Größe der Sogeffekte schließen kann.

Bei der Durchbildung von Anordnungen zur Ausführung der Elektrophorese wird man bestrebt sein, die geschilderten, meist störenden Strömungseffekte durch geeignete Maßnahmen zu vermeiden oder zumindest in ihrem Ausmaß weitgehend herabzudrücken. Über die Möglichkeiten dazu wird noch bei der Behandlung der einzelnen Apparaturen zu sprechen sein.

g) Die elektrophoretische Beweglichkeit im Filtrierpapier.

Aus den bisherigen Ausführungen geht bereits deutlich hervor, daß einer exakten Bestimmung der elektrophoretischen Beweglichkeit in der Papierelektrophorese, wie überhaupt allgemein in heterogenen Systemen, zahlreiche und jedenfalls weit größere Schwierigkeiten entgegentreten als dies bei der klassischen Elektrophoresemethode im homogenen Medium der Fall ist. Dies gilt auch schon dann, wenn man Adsorptionseffekte und andere Störungen durch Sogeffekte ausschließt und lediglich die elektroosmotische Strömung berücksichtigt. Es hat nicht an Versuchen gefehlt, das Problem einer exakten experimentellen und theoretischen Behandlung für den Fall der diskontinuierlichen Papierelektrophorese zu unterziehen. Ansätze dazu befinden sich bereits in einer 1951 erschienenen Arbeit von KUNKEL und TISELIUS[3]. Die Autoren gingen davon aus, daß der elektroosmotische Effekt unter einmal gegebenen Bedingungen gemessen werden kann, und daß

[1] KNEDEL, M.: Tagung der Laborärzte, Würzburg. Mai 1955.
[2] PEETERS, H., et P. VUYLSTEKE: III. Coll. St. Jans Hospital, Bruges 1955; Protides of the Biological Fluids, Seite 231.
[3] KUNKEL, H. G., and A. TISELIUS: J. gen. Physiol. **35**, 89 (1951).

er bei Einhaltung gleicher Versuchsbedingungen (Puffermilieu, p_H, Papiersorte, Feldstärke und Temperatur) konstant bleibt und reproduziert werden kann, was ihre Versuche im großen und ganzen auch bestätigten. Weiterhin sollten auch die Umwege, die die Teilchen beim Durchwandern des Filtrierpapiers zurückzulegen haben, zwar abhängig von der Struktur des Papiers sein, aber als Materialkonstante standardisiert werden können. KUNKEL und TISELIUS[1] sind dabei folgendermaßen vorgegangen:

Zunächst wurde, bezogen auf die Auftragstelle als Nullpunkt, der Wanderungsweg eines Proteins (Albumin, s_{Alb}) sowie der einer elektrisch ungeladenen Substanz (Dextran) unter den üblichen Elektrophoresebedingungen ermittelt und damit der Weg der elektroosmotischen Strömung s_{El} erhalten. Der wahre Weg, relativ zur elektroosmotisch bewegten Flüssigkeit des Albumins, ist dann $s_{\mathrm{Alb}} + s_{\mathrm{El}}$, die Beweglichkeit des Albumins u_{Alb}, also:

$$-u_{\mathrm{Alb}} = \frac{s_{\mathrm{Alb}} + s_{\mathrm{El}}}{H \cdot t} \tag{1}$$

(H = Feldstärke, t = Zeit in Sekunden).

Die elektroosmotische Beweglichkeit der Flüssigkeit ergibt sich aus:

$$u_{\mathrm{El}} = \frac{s_{\mathrm{El}}}{H \cdot t}\,. \tag{2}$$

Aus (1) und (2) folgt:

$$\frac{s_{\mathrm{El}}}{s_{\mathrm{Alb}} + s_{\mathrm{El}}} = \frac{u_{\mathrm{El}}}{-u_{\mathrm{Alb}}}\,.$$

Dabei ist der Ausdruck $\frac{u_{\mathrm{El}}}{-u_{\mathrm{Alb}}}$ unabhängig von Zeit, Feldstärke und Wanderungsweg, also eine Materialkonstante des Filtrierpapiers.

Auf diese Weise konnte der elektroosmotische Effekt, soweit nicht zusätzlich Adsorption im Spiel ist, berücksichtigt werden.

Für die Berechnung der Beweglichkeit eines Proteinteilchens muß aber auch noch die Größe der Umwege, d. h. die wahre Wanderungsstrecke der Proteinteilchen bekannt sein.

In homogener Lösung gelten für die Ionenbeweglichkeit u die Gleichungen:

$$u = \frac{s}{t} \cdot \frac{l}{E} = \frac{v}{H} \tag{3}$$

$$u = \frac{s}{t} \cdot \frac{q \cdot \varkappa}{I} = v \cdot \frac{\varkappa}{I} \cdot q \tag{4}$$

(l = Länge in cm, q = Querschnitt der Elektrophoresezelle in cm^2, E = Spannung, $\frac{E}{l} = H$ = Feldstärke, $\varkappa$ = Leitfähigkeit, I = Stromstärke. s = Wanderungsstrecke der Teilchen in cm, t = Zeit in sec, $v = \frac{s}{t}$ = Geschwindigkeit der wandernden Teilchen).

Aus (3) und (4) folgt:

$$I = \frac{E}{l} \cdot \varkappa \cdot q = H \cdot \varkappa \cdot q\,. \tag{5}$$

Wie man experimentell leicht feststellen kann, ist Gl. (5) in capillaren Systemen auch dann nicht erfüllt, wenn man für q den mit Flüssigkeit erfüllten Teil des Querschnittes setzt; I wird wesentlich zu klein befunden, da die Kraftlinien nicht geradlinig verlaufen und demnach in Wirklichkeit um einen Faktor $\frac{l'}{l}$ länger sind. Dementsprechend werden auch die wandernden Teilchen, um die Strecke s voranzukommen, in Wirklichkeit den längeren Weg s' zurückzulegen haben, und es gilt:

$$\frac{s}{s'} = \frac{l}{l'}$$

bzw.

$$s = \frac{s' \cdot l}{l'}\,. \tag{6}$$

[1] KUNKEL, H. G., and A. TISELIUS: J. gen. Physiol. **35**, 89 (1951).

Während das wandernde Teilchen in freier Lösung gemäß (3) die Strecke

$$s_{\text{fr}} = u \cdot t \cdot \frac{E}{l}$$

zurücklegen würde, legt es im capillaren System den kleineren, aber gekrümmten Weg

$$s' = u \cdot t \cdot \frac{E}{l'}$$

zurück. Die „sichtbare" Wanderung im capillaren System s_c ist dann

$$s_c = u \cdot t \cdot \frac{E}{l'} \cdot \frac{l}{l'} = u \cdot t \cdot \frac{E}{l} \cdot \left(\frac{l}{l'}\right)^2. \tag{7}$$

Während ferner gemäß (4) sich der Wanderungsweg eines Teilchens in freier Lösung errechnet zu

$$s_{\text{fr}} = \frac{u \cdot t \cdot I}{q \cdot \varkappa},$$

gilt im capillaren System

$$s' = \frac{u \cdot t \cdot I}{q_a \cdot \varkappa}$$

und unter Berücksichtigung von (6)

$$s_c = \frac{u \cdot t \cdot I}{q_a \cdot \varkappa} \cdot \frac{l}{l'}. \tag{8}$$

Gl. (7) und (8) für die capillaren Systeme unterscheiden sich also von den entsprechenden, für freie Lösungen geltenden Gleichungen dadurch, daß sie den Faktor $\frac{l}{l'}$ enthalten; er wird als „Korrekturfaktor" bezeichnet und hat für eine bestimmte Filtrierpapiersorte wie für jedes andere capillare System einen charakteristischen Wert. Der Wert des Korrekturfaktors schwankt für die von KUNKEL und TISELIUS[1] geprüften Filtrierpapiere zwischen 0,58 und 0,77. Sie bestimmten auf die angegebene Weise die absoluten Beweglichkeiten von Serumproteinfraktionen in Munktell-Papier 20/150. In Tabelle 1 sind die Mittelwerte aus mehreren Bestimmungen der in der Papierelektrophorese enthaltenen Beweglichkeiten den in freier Lösung ermittelten gegenübergestellt.

Tabelle 1. *Vergleich der durch Papierelektrophorese und in freier Lösung ermittelten Beweglichkeiten der Hauptkomponenten der Serumproteine.* (Filtrierpapier Munktell 20/150; Mittelwerte nach Angaben von KUNKEL und TISELIUS[1].)

	Beweglichkeit 10^{-5} (cm²/Volt/sec)				
	Alb	α_1	α_2	β	γ
Korrigierte Werte aus Papierelektrophorese . . .	6,48	5,15	3,97	3,02	1,27
Werte in freier Lösung	6,43	5,47	4,51	3,06	1,11

Wie die Tabelle zeigt, stimmen die Werte für die Beweglichkeit, wie sie mit den beiden Methoden erhalten werden, ausreichend überein.

Die wahrscheinlich außerhalb der Fehlergrenze gelegenen Abweichungen für die beiden α-Globuline könnten auf die stärkere adsorptive Zurückhaltung dieser Komponenten am Filtrierpapier zurückgeführt werden; dies würde mit der Erfahrung übereinstimmen, daß die α_1-Fraktion bei der Papierelektrophorese meist deutlicher vom Albumin abgesetzt ist als bei der klassischen Methode.

MACHEBOEUF[2] und DE WAEL[3] erweiterten die vorstehenden Betrachtungen unter zusätzlicher Berücksichtigung der Verdunstungs- und Adsorptionseffekte. Der Arbeitsaufwand wird allerdings dann unverhältnismäßig groß, da bei jedem Versuch zur Bestimmung der Beweglichkeit gleichzeitig alle Faktoren, die zu einer Korrektur nötig sind,

[1] KUNKEL, H. G., and A. TISELIUS: J. gen. Physiol. **35**, 89 (1951).

[2] MACHEBOEUF, M., P. REBEYROTTE, J. M. DUBERT et M. BRUNERIE: Bull. Soc. Chim. biol. **35**, 334, 346 (1953).

[3] DE WAEL, J.: Chem. Wbl. **49**, 229 (1953). Ciba Found. Symp. on Paper Electrophoresis S. 105. London 1956.

mitbestimmt werden müssen. Dies ist schon deshalb erforderlich, weil trotz gleicher Typenbezeichnung der verwendeten Papiere von Charge zu Charge Unterschiede in den adsorptiven und elektrokinetischen Eigenschaften u. a. zu erwarten sind.

Die exakte Bestimmung von Beweglichkeiten sollte aus diesen Gründen den zu großer Vervollkommnung ausgearbeiteten klassischen Elektrophoresemethoden vorbehalten bleiben.

Für eine ungefähre Festlegung von Wanderungsgeschwindigkeiten bzw. wenn eine in ihrem elektrophoretischen Verhalten unbekannte Substanz einer bestimmten Fraktion, deren Beweglichkeit bekannt ist, zugeordnet werden soll, kann jedoch ein vereinfachtes Verfahren Anwendung finden, das von KNEDEL[1] angegeben und hier vorgeschlagen sei:

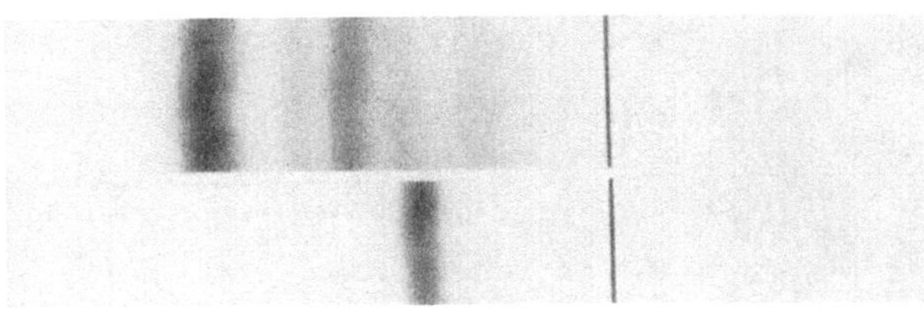

Abb. 12a u. b. Bestimmung der Beweglichkeit[1]. a Vergleichsserum, b BENCE-JONES-Paraprotein.

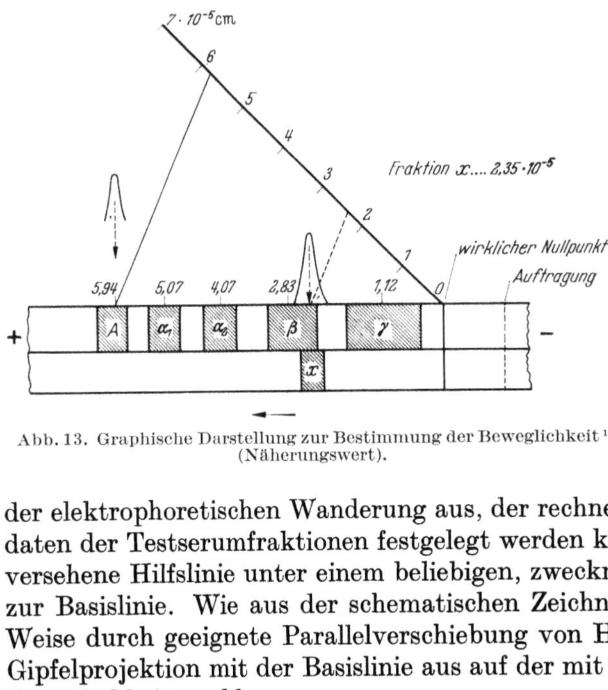

Abb. 13. Graphische Darstellung zur Bestimmung der Beweglichkeit[1] (Näherungswert).

Man läßt zu diesem Zweck auf dem *gleichen*, gegebenenfalls breiteren Elektrophoresestreifen nebeneinander von der gleichen Startlinie aus die unbekannte Substanz und in einem geringen Abstand davon z. B. ein Testserum mit bekannten Beweglichkeiten der Komponenten unter gleichen Bedingungen elektrophoretisch wandern. Abb. 12 zeigt das Ergebnis eines solchen Versuches, wobei oben ein Serum und darunter BENCE-JONES-Paraprotein der Elektrophorese unterworfen wurden. Die Berechnung der annähernden Beweglichkeit der unbekannten Substanz ist aus Abb. 13 ersichtlich.

Zunächst wird die Lage der Gipfel der einzelnen Fraktionen nach photometrischer Ausmessung genau festgelegt und auf die Basislinie projiziert. Vom wirklichen Nullpunkt der elektrophoretischen Wanderung aus, der rechnerisch aus 2 bekannten Beweglichkeitsdaten der Testserumfraktionen festgelegt werden kann, zieht man eine mit Maßeinteilung versehene Hilfslinie unter einem beliebigen, zweckmäßigerweise um 45° geneigten Winkel zur Basislinie. Wie aus der schematischen Zeichnung zu sehen ist, kann man auf diese Weise durch geeignete Parallelverschiebung von Hilfslinien von den Schnittpunkten der Gipfelprojektion mit der Basislinie aus auf der mit Maßstab versehenen Linie unbekannte Beweglichkeiten ablesen.

In diesem Zusammenhang sei auch erwähnt, daß die Papierelektrophorese unter geeigneten Bedingungen die Messung des isoelektrischen Punktes gestattet. Dazu werden unter variierten p_H-Bedingungen Beweglichkeitsbestimmungen durchgeführt, wobei die Sogeffekte zweckmäßigerweise durch Mitlaufen einer indifferenten Testsubstanz bestimmt und die erhaltenen Werte in ein Ordinatensystem eingetragen werden. In Abb. 14 sind solche Kurven, wie sie von KUNKEL[2] und TISELIUS für Albumin und von TAYLOR und Mitarbeitern[3] für Vasopressin sowie von McDONALD[4] für ein β-Globulin erhalten wurden, dargestellt. Eine von KNEDEL[1] präparierte α_2-Fraktion hatte in Übereinstimmung mit

[1] KNEDEL, M.: Tagung der Laborärzte, Würzburg. Mai 1955.
[2] KUNKEL, H. G., and A. TISELIUS: J. gen. Physiol. **35**, 89 (1952).
[3] TAYLOR, S., V. DU VIGNEAUD and H. G. KUNKEL: J. biol. Ch. **205**, 45 (1953).
[4] McDONALD, H. J.: J. chem. Educat. **29**, 428 (1952).

den Angaben der Literatur[1] einen nahe beim Albumin gelegenen isoelektrischen Punkt. Auch diese zuletztgenannte Anwendungsmöglichkeit ist ein schönes Beispiel für die Vielseitigkeit der papierelektrophoretischen Analysenmethode (vgl. dazu Bd. I, S. 60).

h) Weitere Einflüsse von Erwärmung und Verdunstung.

Wie schon erwähnt, ist bei Elektrophoreseversuchen mit dem Stromdurchgang notwendigerweise das Auftreten von JOULEscher Wärme verbunden, die unter anderem bei der Papierelektrophorese zu Verdampfungsverlusten und als deren Folge zu den geschilderten Sogeffekten führt. Die Größe dieser Erscheinungen ist bei gegebener Feldstärke von der Stromstärke und damit von der je Zeiteinheit gebildeten Jouleschen Wärme abhängig, die durch die Gleichung

$$Q = c \cdot R \cdot I^2 = c \cdot V \cdot I$$

gegeben ist, wobei R der Widerstand des getränkten Papierstreifens, I die Stromstärke, V die Spannung und c das elektrocalorische Äquivalent $= 0{,}24$ (cal/W_{sec}) bedeuten.

Beispielsweise würde der in 1 Std bei 100 V Spannung und 1 mA Stromstärke durch einen Elektrophoresestreifen hindurchgehende Strom (360 W_{sec} = 86 cal) ausreichen, um etwa 0,16 cm^3 Wasser zu verdunsten, falls die Wärme vollständig in Form von Verdampfungswärme abgegeben würde. Das ist ein immerhin beachtlicher Bruchteil der in einem Elektrophoresestreifen enthaltenen Wassermenge von etwa 2—3 g.

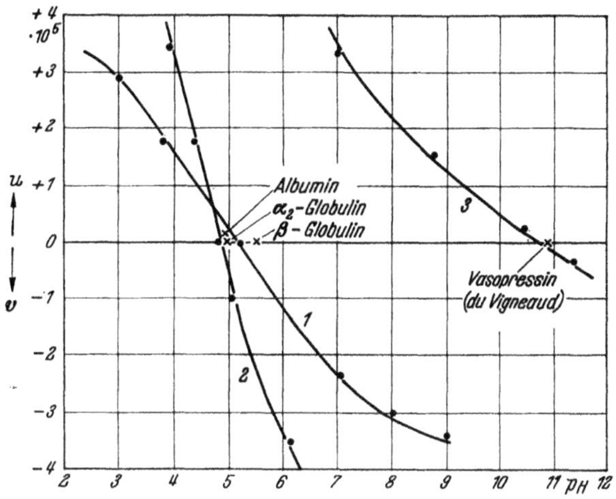

Abb. 14. Zur Bestimmung des isoelektrischen Punktes[2]. Ordinate: anodische Beweglichkeit = u; kathodische Beweglichkeit = v; Kurve *1* Albumin[3], *2* β-Globulin[4], *3* Vasopressin[5].

Da in einem Elektrophoresestreifen durch die gegebene Elektrolytkonzentration der Widerstand R zunächst ebenfalls festgelegt ist, nimmt bei Erhöhung der Feldstärke zwar die Wanderungsgeschwindigkeit proportional zu, gleichzeitig steigt aber die Wattleistung ($V \cdot I$ = W) und damit die je Zeiteinheit gebildete Joulesche Wärme Q mit dem Quadrat der Feldstärke an. Dies bedeutet aber bei der Papierelektrophorese mit freihängenden Streifen eine gesteigerte Abdampfung von Flüssigkeit, damit Konzentrierung der Pufferlösung und Erhöhung der Leitfähigkeit, wodurch Stromstärke und Joulesche Wärme weiter anwachsen usw. Dieser gefährliche *„circulus vitiosus"* kann schließlich zu einem gänzlichen Austrocknen oder gar Durchbrennen des Streifens, zumindest aber zum Auskristallisieren von Puffersalzen führen (*„Hitzekollaps"*). Außerdem besteht die Gefahr, daß es im Falle der Trennung von Proteinen zu deren Ausflockung und Denaturierung kommt, so daß sie sich einer weiteren Wanderung entziehen.

Sowohl bei Anwendung hoher Feldstärken als auch bei Einführung dicker Träger für präparative Trennungen ist daher eine Abführung der Jouleschen Wärme durch geeignete Kühlmaßnahmen unerläßlich. Sie sind jedoch nicht erforderlich bei den für Mikrotrennungen und für analytische Zwecke bestimmten Apparaturen, die mit geringen Feld- und Stromstärken arbeiten, wenn die Stromleistung je Quadratzentimeter Papieroberfläche 0,001—0,002 W/cm^2 nicht übersteigt, wie nachstehende Versuche beweisen[6]:

[1] ALBERTY, R. A.: J. physic. Colloid Chem. **53**, 114 (1949).
[2] KNEDEL, M.: Tagung der Laborärzte, Würzburg. Mai 1955.
[3] KUNKEL, H. G., and A. TISELIUS: J. gen. Physiol. **35**, 89 (1952).
[4] MCDONALD, H. J.: J. chem. Educat. **29**, 428 (1952).
[5] TAYLOR, S., V. DU VIGNEAUD and H. G. KUNKEL: J. biol. Ch. **205**, 45 (1953).
[6] GRASSMANN, W., u. K. HANNIG: H. **290**, 1 (1952).

Mißt man die Leitfähigkeit bzw. den Stromdurchgang des Papierstreifens während einer Papierelektrophorese über z. B. 12 Std (Abb. 15), so ergibt sich zunächst durch den Anfangssog ein geringfügiger Anstieg der Stromstärke, die dann, namentlich bei Versuchstemperaturen unterhalb normaler Zimmertemperatur, weitgehend konstant bleibt.

Unter diesen Bedingungen muß selbstverständlich auch die Wanderungsgeschwindigkeit während der Dauer des Versuches gleich bleiben. In Abb. 16 ist der relative Wanderungsweg, d. h. die Differenz zwischen der Wanderung der Albumin-γ-Fraktion bei einer Serumfraktionierung als Funktion der Zeit aufgetragen. In Übereinstimmung mit dem vorhergehenden Versuch erweist sich bei 10° die ermittelte (relative) Wanderungsgeschwindigkeit während einer Versuchsdauer von 12 Std als weitgehend konstant, während sie bei Zimmertemperatur mit steigender Versuchszeit abnimmt.

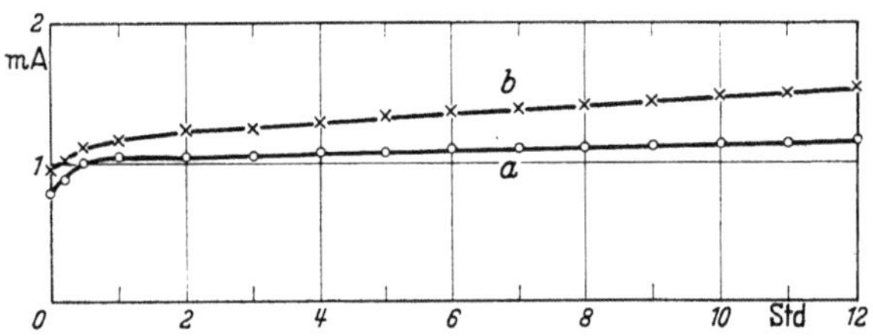

Abb. 15. Anstieg der Leitfähigkeit des Streifens während der Elektrophorese[1]. *a* bei 10° C; *b* bei Zimmertemperatur (25° C).

Um da, wo es notwendig erscheint, eine genügende Ableitung der JOULEschen Wärme zu erreichen, sind zahlreiche Vorschläge gemacht worden:

1. Ein interessanter Weg dazu wurde von McDONALD[2] angegeben, der darin besteht, daß man die Durchführung der Elektrophorese in einer Wasserstoff- oder Heliumatmosphäre an Stelle von Luft vornimmt. Infolge der etwa 7mal bzw. 6mal höheren Wärmeleitung in einer solchen Atmosphäre wird ein wesentlich größerer Bruchteil der gebildeten JOULEschen Wärme durch Abstrahlung und Konvektion statt durch Verdunstung entfernt (bei Verwendung von Wasserstoff ist jedoch die Gefahr von Knallgasexplosionen zu beachten[3]).

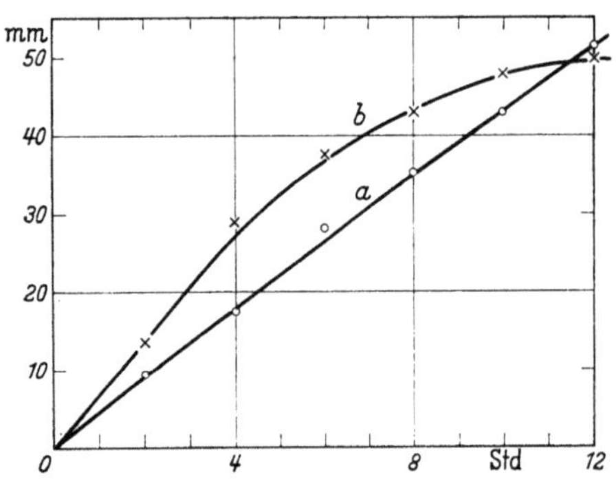

Abb. 16. Relative Wanderungsgeschwindigkeit[1]. *a* bei 10° C; *b* bei 25° C. Ordinate: Abstand des Albumingipfels vom γ-Globulingipfel in Millimeter.

2. Das Einbetten der Elektrophoresestreifen in indifferente organische Lösungsmittel (Toluol[4-6], Chlorbenzol[7], Hexan[8], Heptan[5], Tetrachlorkohlenstoff[9], Paraffinöl[10] u. dgl.[11]) (vgl. dazu S. 168), die gegebenenfalls noch gekühlt werden können, ist eine wirksame Maßnahme zur Wärmeableitung und Vermeidung von Verdunstung, die vornehmlich bei Hochspannungselektrophoreseanordnungen häufig angewandt wird (vgl. S. 196). Das Verfahren ist jedoch an die Voraussetzung gebunden, daß die zu trennenden Stoffe und die Pufferionen gegenüber den als Kühlflüssigkeit dienenden organischen Lösungsmitteln indifferent und nicht löslich oder emulgierbar sind. Bei Proteinen tritt häufig als störender Faktor eine Denaturierung an der Grenzfläche Wasser/organisches Lösungsmittel auf.

---

[1] GRASSMANN, W., u. K. HANNIG: H. **290**, 1 (1952).
[2] McDONALD, H. J.: J. chem. Educat. **29**, 428 (1952).
[3] McDONALD, H. J.: Ciba Found. Symp. on Paper Electrophoresis. S. 28. London 1956 (Diskussionsbemerkung).
[4] MICHL, H.: Mh. Chem. **82**, 489 (1951).
[5] KICKHÖFEN, B., u. O. WESTPHAL: Z. Naturforsch. **7**b, 655 (1952).
[6] TURBA, F., H. PELZER u. H. SCHUSTER: H. **296**, 97 (1954).
[7] CREMER, H. D., u. A. TISELIUS: B. Z. **320**, 273 (1950).
[8] HEILMEYER, L., R. CLOTTEN, J. SANO, A. STURM u. A. LIPP: Kli. Wo. **1954**, 831.
[9] MARKHAM, R., and J. D. SMITH: Nature **168**, 406 (1951).
[10] BISERTE, G.: Biochim. biophysica Acta, N. Y. **4**, 416 (1950).
[11] KICKHÖFEN, B.: Ciba Found. Symp. on Paper Electrophoresis S. 206. London 1956.

3. Hauptsächlich ebenfalls bei Hochspannungselektrophoreseanordnungen wird das Auflegen oder Einbetten des Elektrophoresestreifens zwischen gekühlte Flächen (MICHL[1], WERNER und WESTPHAL[2], WIELAND und PFLEIDERER[3] u. a.[4]) angewandt, um die Wärmeabführung zu erreichen. Abgesehen davon, daß nur Nichtleiter mit ihrer an sich geringen Leitfähigkeit als Kühlflächen Anwendung finden können, wobei gekühlte Glasplatten sich noch am besten bewähren[3], ist zu beachten, daß Störungen an der Berührungsfläche Träger/Kühlfläche auftreten können. An den Grenzflächen herrschen nämlich, durch elektroosmotische Erscheinungen bedingt, fast immer etwas andere Wanderungsverhältnisse vor als im Inneren des Trägers. Außerdem kann es bei ungleichmäßiger Auflage zu den geschilderten Verwischungen durch Zonenimperfektion kommen.

4. Ideale Verhältnisse könnten dann erreicht werden, wenn es gelingt, freitragende Elektrophoresestreifen durch Kühlung z. B. mit Luft, durch Strahlung und Verdunstung auf einer gewünschten niederen Temperatur zu halten. Allerdings müssen in diesem Fall gleichzeitig die eintretenden Verdampfungsverluste in geeigneter und genau geregelter Weise ersetzt werden, sei es durch Nachsaugen (McDONALD[5], MICHL[6]) oder Besprühen mit Flüssigkeit (WEBER[7]). Einen brauchbaren Weg fanden wir darin, daß man die Wärme des Trägers von der einen Seite her durch Darüberleiten eines gekühlten Luftstroms oder durch Abstrahlung auf eine stark gekühlte Fläche, die parallel und in einem geringen Abstand zum freihängenden Träger angeordnet ist, abführt, während gleichzeitig die verdampfte Flüssigkeit durch ein dosiertes Aufdampfen von der anderen Seite ersetzt wird (vgl. dazu S. 212). Dieses Vorgehen brachte in der kontinuierlichen Elektrophoreseanordnung, bei Verwendung von Filtrierkarton als Träger, eine Steigerung der Durchsatzleistung um das Zehn- bis Zwanzigfache. In der diskontinuierlichen Anordnung ist es allerdings trotz dieser Maßnahme schwierig, einen örtlichen Hitzekollaps zu vermeiden.

5. Auch ein Zusatz von nicht flüchtigen Substanzen, wie z. B. Glycerin oder Propylenglykol (5—15%), ist geeignet, die Verdunstung zu erniedrigen[5, 8], da dadurch eine Herabsetzung des Dampfdruckes im Streifen erreicht wird, so daß sich dieser trotz seiner höheren Temperatur mit der umgebenden Atmosphäre ins Wasserdampfgleichgewicht setzen kann. Für präparative Trennungen ist jedoch meist die Anwesenheit von nicht flüchtigen Stoffen unerwünscht.

In diesem Zusammenhang sei auch noch die Verwendung flüchtiger Puffergemische, die im Idealfall zusammen mit Wasser ein azeotropes Gemisch bilden, erwähnt, wodurch eine unerwünschte Pufferanreicherung durch Verdunstung vermieden werden kann (z. B. Pyridin-Essigsäurepuffer, MICHL[9], vgl. auch DURRUM[8]).

6. Der Vorschlag von BRATTSTEN[10], durch geeignete Maßnahmen an der Gleichstromquelle die Stromstärke während der Elektrophorese konstant zu halten, wobei also bei ansteigender Leitfähigkeit des Systems automatisch die Feldstärke herabgesetzt wird, führt nur bei der im strömenden Medium arbeitenden Ablenkungselektrophorese zur Vermeidung sich ständig steigernder Wärmeentwicklung und Verdunstungseffekte („Hitzekollaps"). In der Hochspannungselektrophorese mit herabgesetzter Feuchtigkeit des Streifens können sich jedoch Zonen mit höherer Pufferkonzentration ausbilden; ein örtlich begrenzter Leitfähigkeitsanstieg kann durch die Maßnahme der Stromstabilisierung nicht ausgeglichen werden.

---

[1] MICHL, H.: Mh. Chem. **83**, 738 (1952).
[2] WERNER, G., u. O. WESTPHAL: Angew. Chem. **67**, 251 (1955).
[3] WIELAND, T., u. G. PFLEIDERER: Angew. Chem. **67**, 257 (1955).
[4] GROSS, D.: Nature **172**, 908 (1953); **173**, 487 (1954); **178**, 29 (1956).
[5] McDONALD, H. J.: J. chem. Educat. **29**, 428 (1952).
[6] MICHL, H.: Mh. Chem. **85**, 1251 (1954).
[7] WEBER, R.: Helv. **34**, 2031 (1951).
[8] DURRUM, E. L.: Am. Soc. **73**, 4875 (1951).
[9] MICHL, H.: Mh. Chem. **82**, 489 (1951).
[10] BRATTSTEN, I.: Ark. Kemi **8**, 205 (1955).

i) Filtrierpapier und dessen Vorbehandlung für Elektrophoreseversuche.

Die Eigenschaften der verwendeten Filtrierpapiere sind, wenn diese für elektrophoretische Trennungen geeignet sein sollen, von besonderer Bedeutung. Dies gilt besonders für die Größe der Adsorptionserscheinungen, die bei guten und für elektrophoretische Zwecke geeigneten Papieren möglichst gering sein sollen. Das Bindungsvermögen von Stoffen an die Cellulosefaser des Filtrierpapiers wird bestimmt durch polare Gruppen, die teils naturgegeben sind und teils durch oxydierend wirkende Prozesse im Verlauf der Faseraufbereitung gebildet werden (GRÜNE[1]).

Cellulose als ein Polysaccharid enthält End-Aldehydgruppen, die wahrscheinlich für die Bindung von Stoffen mit reaktionsfähigen Aminogruppen, also z. B. Aminosäuren, Peptiden und Proteinen, verantwortlich sind (WYNN[2]). Selbstverständlich sind auch Bindungen an die OH-Ionen der Cellulose über Wasserstoffbrücken anzunehmen.

Infolge ihres Gehaltes an Carboxylgruppen[3] besitzt Cellulose und somit auch das Filtrierpapier als Trägermaterial anionischen Charakter (daher ist auch die elektroosmotische Strömung zur Kathode gerichtet).

Der Gehalt an Carboxylgruppen in der Cellulose kann durch verschiedene Titrationsmethoden oder durch das Bindevermögen für basische Farbstoffe, wie Methylenblau, bestimmt werden.

Die heute allgemein für die Zwecke der Chromatographie und Elektrophorese verwendeten Filtrierpapiere sind aus Linters (die kurzen Haare des Baumwollsamens) hergestellt, da diese erfahrungsgemäß die geringste Adsorption zeigen. Die größere chemische Reinheit der Lintersfaser, ihre geringere oxydative Schädigung durch Verarbeitungsprozesse und die Tatsache, daß diese Faser einen höheren Durchschnittspolymerisationsgrad aufweist als Zellstoffe, dürften die Gründe für die geringeren adsorptiven Eigenschaften sein (GRÜNE[1]).

Wie bereits erwähnt, wurden vielfach Versuche unternommen, die bindefähigen Gruppen des Filtrierpapiers durch Bindung mit anderen Substanzen unschädlich zu machen und damit die störenden Einflüsse der Adsorption möglichst auszuschalten[4]. Für die Acetylierung der Cellulose empfehlen MICHEEL und SCHWEPPE[5] ein Gemisch von Benzol, Essigsäureanhydrid und Schwefelsäure. Auch die Imprägnierung mit Al_2O_3 und Gelatine wurde vorgeschlagen[6].

Wir haben in Zusammenarbeit mit Frau Dr. GRÜNE (Fa. Schleicher & Schüll) eine Reihe solcher oder ähnlich vorbehandelter Papiere auf ihre Eignung in der Papierelektrophorese überprüft. Dabei wurden auch säuregewaschene Papiere sowie solche, die mit Komplexbildnern behandelt waren — zur Herauslösung bzw. Bindung der in kleinen Mengen stets vorhandenen Fettsäuren und Kationen — in die Untersuchungen einbezogen.

Die Veresterung erfolgte mit Diazomethan in Form des Diactins der Firma Riedel de Haen. Zunächst kamen die Papiere (2043a Schleicher & Schüll) in eine 0,5 %ige alkoholische KOH und dann in eine 5 %ige Lösung von Diactin in Alkohol, worin sie über Nacht belassen und anschließend mit Alkohol und Wasser ausgewaschen wurden.

Mit Titriplex (Äthylendiamintetraessigsäure) behandelte Papiere wurden durch kurzes Einlegen in eine 0,5 %ige wäßrige Titriplexlösung (p_H 8,9) und nachfolgendes Auswaschen erhalten.

Trotz all dieser Maßnahmen konnten bisher keine wesentlichen Erfolge erzielt werden, was vor allem wohl an der Tatsache liegen dürfte, daß auch die Reste der Behandlungsmittel ebenfalls fest an der Faser haften und nur schwer zu entfernen sind. Die besten Ergebnisse wurden noch mit den partiell acetylierten Papieren erhalten.

---

[1] GRÜNE, A.: Arzneim.-Forsch. **4**, 347 (1954). Chimia, Zürich **11**, 173 (1957).
[2] WYNN, V.: Nature **164**, 445 (1949).
[3] BALSTON, J., and B. TALBOT: A Guide to Filter Paper and Cellulose Powder Chromatography. London 1952. — BRIMLEY, R., and F. BARRETT: Practical Chromatography. London 1953.
[4] JERMYN, M. A., and R. THOMAS: Nature **172**, 728 (1953). — SCHUTE, J.: Nature **171**, 839 (1953).
[5] MICHEEL, F., u. H. SCHWEPPE: Naturwiss. **39**, 380 (1952).
[6] DATTA, S., B. OVERELL and M. STOCK-DUNNE: Nature **164**, 673 (1949). — BUSH, J.: Nature **166**, 455 (1950). Biochem. J. **50**, 370 (1952).

Von anderer Seite wurde auch die Vorbehandlung der Papiere durch Beladung mit Spuren von Eiweiß vorgeschlagen. So z. B. setzt MICHL[1] dem für Serumanalysen geeigneten Veronalpuffer geringe Mengen von Serumproteinen zu, während KRAFT und BIEL[2], welche die Albuminadsorption besonders eingehend studiert haben, eine vorhergehende Imprägnierung der Elektrophoresestreifen mit verdünnter Albuminlösung vornehmen. Die Streifen werden dazu 10 min in einer 0,01 %igen Albuminlösung behandelt und dann in mehreren Aqua dest.-Bädern gut gewaschen und bei 100° getrocknet. Durch diese Maßnahme konnte die an sich geringfügige Adsorption einzelner Serumfraktionen noch etwas weiter herabgedrückt werden, allerdings ist damit eine leichte Erhöhung der Untergrundfärbung (Blindwert) des Papiers verbunden.

Nicht nur die chemische Natur der Cellulose und damit die adsorptiven und elektrokinetischen Eigenschaften sind im Hinblick auf die Papierelektrophorese entscheidend; es kommen noch Fragen des Mahlgrades der Faser und der Porenweite dazu, die einerseits die Naßfestigkeit und andererseits die Größe der Strömungseffekte beeinflussen. Während zur Erreichung einer größeren Naßfestigkeit das Papier einen möglichst hohen Mahlgrad und damit eine dichte Textur aufweisen sollte, ist im Hinblick auf die elektrokinetischen Eigenschaften eine aufgelockerte Struktur vorteilhafter, allerdings werden dann wieder die Sogeffekte erhöht. Man wird bei der Auswahl der Papiere deshalb einen Kompromiß schließen, der zwischen den Extremen liegt.

Für die analytische diskontinuierliche Papierelektrophorese sind die Papiere Whatman Nr. 1 sowie Schleicher & Schüll 2043a die bekanntesten. Auf Grund unserer eigenen Erfahrungen geben wir dabei dem neuen Papier S & S 2043a den Vorzug, da dieses besonders für die Zwecke der Papierelektrophorese zugerichtet wurde und, wie wir uns überzeugt haben, einen sehr geringen Adsorptionseffekt zeigt. Auch das Papier Macherey & Nagel Nr. 819 ist geeignet. Für die Zwecke der präparativen Elektrophorese auf Filtrierkarton wird jetzt meistens der Karton S & S 2230 empfohlen.

Für die kontinuierliche oder Ablenkungselektrophorese kommen mehrere Sorten in Frage, wobei die Entscheidung je nach dem zu trennenden Substanzgemisch und dessen elektrophoretischer Beweglichkeit im Zusammenhang mit der Sauggeschwindigkeit des Papiers zu fällen ist. Wir verwenden die Sorten S & S 2040a, 2040b und 604 L. In Tabelle 2 sind einige der gebräuchlichsten Filtrierpapiersorten, wie sie für die Papierelektrophorese üblich sind, mit Angabe der Charakteristik zusammengestellt.

Tabelle 2. Eigenschaften verschiedener Filtrierpapiersorten.

Papiersorte	Gewicht g/m²	Eigenschaften
Schleicher & Schüll 2043a	85—90	mittelschnellaufend (Linters)
Whatman Nr. 1	70	
Schleicher & Schüll 2040a	85—90	schnellaufend (Linters)
Schleicher & Schüll 2040b	110—120	
Whatman Nr. 4	90	
Schleicher & Schüll 2045a	90—95	sehr langsam laufend, hohe Trennschärfe (Linters)
Schleicher & Schüll 2045b	100—120	
Schleicher & Schüll 2230	700—750	schnellaufend, für präparative Zwecke (Linters)
Schleicher & Schüll 604 L	90 u. 120	sehr schnell laufend (Linters)

In diesem Zusammenhang müssen noch Papiere Erwähnung finden, die im strengeren Sinne eigentlich keine Papiere mehr sind, nämlich solche, die aus synthetischen Fasern (auch Glasfasern[3]) hergestellt werden. Bei der Herstellung solcher Papiere ergeben sich insofern Schwierigkeiten, als Kunstfasern nicht oder nur wenig quellbar sind und für die

[1] MICHL, H.: Mh. Chem. **83**, 210 (1952).

[2] KRAFT, D., u. H. BIEL: Ärztl. Lab. **2**, 397 (1956).

[3] BRIGGS, D. R., E. F. GARNER and F. SMITH: Nature **178**, 154 (1956).

papiermäßige Verarbeitung sich kaum verfilzen lassen (GRÜNE[1]). Es muß daher ein Verfahren angewendet werden, um die Faser zum Vlies zu krempeln, was z. B. auf heißem Weg durch Versintern erreicht werden kann. Damit sind aber auch schon Einschränkungen in bezug auf Auswahl der Kunststoffe gegeben.

STEGEMANN[2] benutzte mit Erfolg ein Papier auf Polyvinylchlorid-Basis (PVC) (Schleicher & Schüll Nr. 1001) u. a. zur Auftrennung von Proteinhydrolysaten und Zuckergemischen, wobei Pufferlösungen verwendet wurden, die auf 7 Teile Wasser 3 Teile Methylenglykol enthalten. Methylenglykol vermittelt infolge seiner hydrophob-hydrophilen Struktur eine gute Benetzung der PVC-Faser.

Wie man sieht, ist auch in dieser Richtung die Papierelektrophorese noch weiter entwicklungsfähig. Zum Beispiel könnte bei Verwendung geeigneter Faserkunststoffe ein für

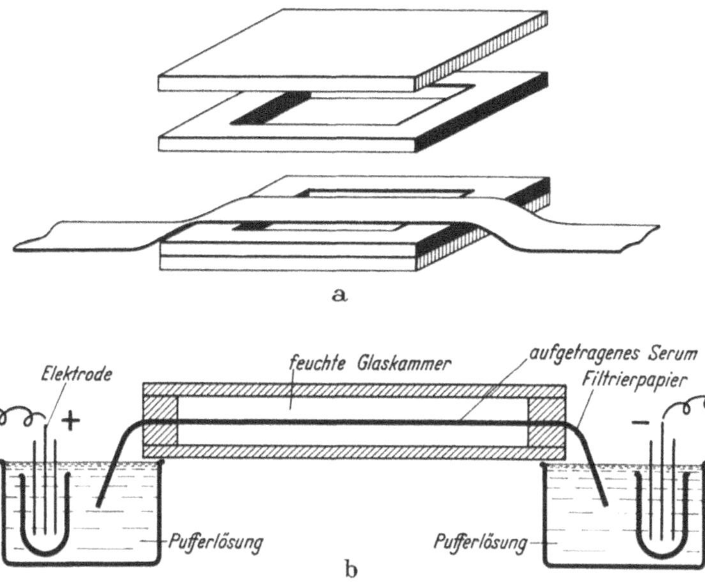

Abb. 17a u. b. Kammer zur Papierelektrophorese nach T. WIELAND[3]. a Einzelheiten der Kammer[3], b Anordnung[4].

analytische Zwecke geeignetes Trägermaterial für die photometrische Auswertung im Transparenzverfahren weitgehender durchsichtig gemacht werden, als dies bei der Cellulosefaser wegen ihrer doppelbrechenden Eigenschaften möglich ist; somit könnte auch die Genauigkeit der Analysenmethode noch weiter gesteigert werden. Die Einführung von Celluloseacetatmembranen als Trägermaterial für die quantitative Zonenelektrophorese durch KOHN[5] dient diesem Zweck (vgl. auch WUNDERLY[6]).

3. Anordnung und Arbeitsweise der diskontinuierlichen Papierelektrophorese.

Seitdem die papierelektrophoretischen Analysen und Trennverfahren als eine neue, einfache und äußerst schonende Routinemethode für zahlreiche Aufgabenstellungen in der physiologischen und klinischen Chemie[7,8] und darüber hinaus in vielen anderen Anwendungsgebieten der Chemie Eingang gefunden haben, hat es nicht an wissenschaft-

[1] GRÜNE, A.: Arzneim.-Forsch. **4**, 347 (1954). Chimia, Zürich **11**, 173 (1957).
[2] STEGEMANN, H.: Naturwiss. **43**, 518 (1956).
[3] WIELAND, T.: Angew. Chem. **60**, 313 (1948).
[4] GRASSMANN, W., K. HANNIG u. M. KNEDEL: D. m. W. **1951**, 333.
[5] KOHN, J.: Biochem. J. **65**, 9 (1957). V. Coll. St. Jans Hospital, Bruges 1957; Protides of the Biological Fluids, Seite 120. Clin. chim. Acta **2**, 297 (1957).
[6] WUNDERLY, C., u. V. BOSTAMANTE: Kli. Wo. **1957**, 758.
[7] WUHRMANN, F., u. C. WUNDERLY: Die Bluteiweißkörper des Menschen. 2. Aufl. Basel 1952.
[8] ANTWEILER, H. J.: Die quantitative Elektrophorese in der Medizin. Berlin, Göttingen, Heidelberg 1952.

lichen Veröffentlichungen gefehlt, die sich mit der Technik des Verfahrens und Beschreibung von Apparaturen zu dessen Durchführung befassen. Meist handelt es sich dabei um Unterschiede von Einzelheiten der Methodik, wobei freilich manche für die praktische Brauchbarkeit von großer Bedeutung sind. Sie erstrecken sich einerseits auf Trennanordnungen selbst, andererseits auf Art und Weise, wie die Auswertung nach erfolgter Trennung vorgenommen wird. Es ist nicht möglich und auch nicht die Aufgabe, im Rahmen dieser Darstellung auf alle diese Arbeiten einzugehen oder die vorgeschlagenen Anordnungen im einzelnen zu besprechen. Es sollen vielmehr lediglich an einzelnen Beispielen die Grundprinzipien aufgezeigt und Anordnungen beschrieben werden, die aus den Erfahrungen der Laboratorien entwickelt wurden und sich in der Praxis bewährt haben.

a) Apparaturen zur Durchführung der Papierelektrophorese bei niedrigen Spannungen (Niedervolt-Elektrophorese).

Abb. 17 (WIELAND[1]) und Abb. 18 (DURRUM[2]) zeigen bereits die wesentlichen Merkmale der Trennkammern, wie sie in einem großen Teil der späteren Anordnungen wiederkehren. Die Technik der Versuchsausführung ist für alle im wesentlichen dieselbe. Der mit Pufferlösung getränkte Filtrierpapierstreifen taucht mit seinen beiden Enden in puffergefüllte Gefäße, die mit den beiden Elektroden in Verbindung stehen. Zur Vermeidung von p_H-Verschiebungen durch Elektrolysenprodukte von den Elektroden her werden entsprechend große Elektrodengefäße verwendet (DURRUM[2]), oder es werden Labyrinthsysteme zwischengeschaltet (CREMER und TISELIUS[3], GRASSMANN und HANNIG[4]). So, wie die beiden Abbildungen zeigen, befindet sich in den meisten Anordnungen der Elektrophoresestreifen in einer mit Feuchtigkeit gesättigten Kammer, um die Verdunstung soweit wie möglich einzuschränken. Die zu untersuchende Lösung wird entsprechend der zu erwartenden Wanderungsrichtung als runder Fleck oder besser als feiner Querstrich an geeigneter Stelle auf den Streifen aufgetragen (vgl. S. 164). Nach einer gewissen Laufzeit werden die Streifen entnommen, getrocknet und nach Anfärbung mit geeigneten Reagentien oder Farbstoffen gemäß einem der im folgenden geschilderten Verfahren ausgewertet (s. S. 179).

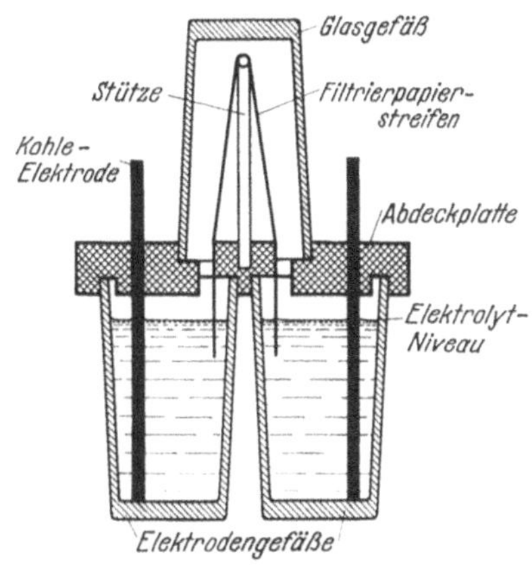

Abb. 18. Kammer zur Papierelektrophorese nach DURRUM[2].

Die beiden Grundtypen mit *horizontaler Anordnung* der Papierstreifen einerseits und über einem Glasstab gehaltenen, dachförmig nach unten führenden Streifen andererseits *(hängende Methode)* sind auch in modernen Apparaturen wiederzufinden. Als ein gewisser Vorteil der hängenden Methode wird oft der Umstand angeführt, daß der feuchte Streifen mit seiner damit herabgesetzten Zerreißfestigkeit nicht gespannt zu werden braucht, um ein Durchhängen zu vermeiden, was zu einer ungleichmäßigen elektrophoretischen Wanderung führen kann. Demgegenüber muß aber bemerkt werden, daß bei diesem Kammertyp der herunterhängende Streifen durch Gravitationskräfte bedingte und von der Höhe abhängige Unterschiede des Feuchtigkeitsgrades aufweist[5-7]. Dies führt zu ungleichmäßigen Verhältnissen, schwer kontrollierbaren Sogeffekten und damit zu noch verwickelteren Wanderungsverhältnissen als bei der horizontalen Streifenanordnung.

[1] WIELAND, T.: Angew. Chem. **60**, 313 (1948).
[2] DURRUM, E. L.: Am. Soc. **72**, 2943 (1950).
[3] CREMER, H. D., u. A. TISELIUS: B. Z. **320**, 273 (1950).
[4] GRASSMANN, W., u. K. HANNIG: H. **290**, 1 (1952). Kli. Wo. **1954**, 838.
[5] KRAFT, D., u. H. BIEL: Ärztl. Lab. **2**, 397 (1956).
[6] STEGEMANN, H.: Naturwiss. **43**, 518 (1956).
[7] WILLIAMS, F., E. PICKELS and E. DURRUM: Science, N. Y. **121**, 829 (1955).

Während sich bei uns hauptsächlich die waagerechte Anordnung der Streifen durchgesetzt hat, wird in der ausländischen, vor allem angelsächsischen Literatur, noch vielfach die andere Form der Kammer beibehalten.

α) Hängende Anordnungen.

Als einer der Kammergrundtypen soll zunächst die Anordnung nach DURRUM[1] beschrieben sein, der zuerst dieses System anwandte (Abb. 18).

Der Apparat besteht aus zwei 150 cm³ fassenden Bechergläsern. Sie sind mit einer Kunststoffplatte versehen, die ihre oberen Öffnungen verschließt und einen L-förmig gebogenen Glasstab trägt, über den die Filtrierpapierstreifen gelegt werden können. Die Enden des Streifens tauchen in die Elektrolytlösung der Bechergläser durch Schlitze in der Deckplatte. Die Streifen sind von einem umgestülpten Becherglas überdeckt, in dem sich die feuchte Kammer ausbilden kann. Durch die Deckplatten sind als Elektroden Kohlenstäbe von 8 mm Durchmesser eingeführt. Eine größere Ausführung des Apparates hat Elektrodengefäße von 500 cm³ Inhalt und erlaubt die gleichzeitige Anbringung von 7 je 1 cm breiten Streifen. Verwendet wird das Papier Whatman Nr. 2, die Betriebsspannung beträgt im allgemeinen etwa 600 V, der Stromdurchgang je Streifen etwa 1 mA.

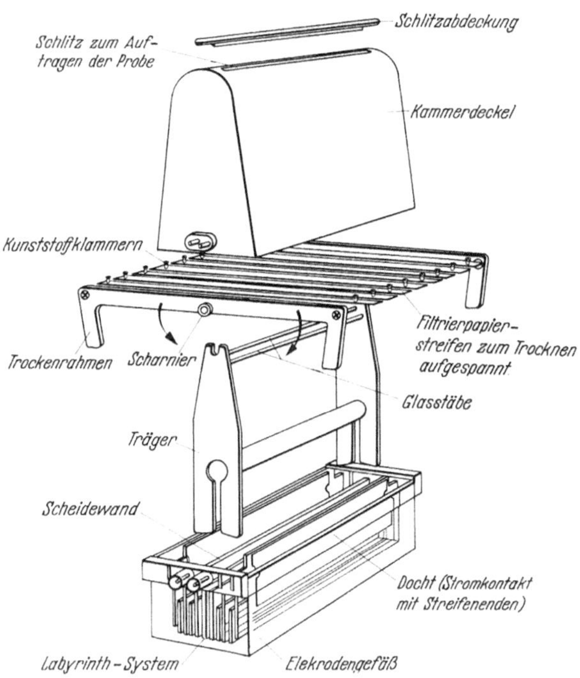

Abb. 19. Modifizierte Kammer nach WILLIAMS, PICKELS und DURRUM[2], schematisch.

Eine Weiterentwicklung dieser Apparatur (WILLIAMS, PICKLES und DURRUM[2]), wie sie auch im Handel erhältlich ist*, zeigt Abb. 19 in der schematischen Darstellung.

Von dem ausklappbaren Gestell (Abb. 19) können bis zu 8 Streifen (Format 3 × 30 cm) gleichzeitig aufgenommen werden. Zwei Puffergefäße im Kammerunterteil haben je ein 4teiliges Labyrinthsystem zur Fernhaltung von Elektrolysenprodukten. Der elektrische Kontakt mit den Streifenenden geschieht über waagrecht angeordnete Dochte aus Filtrierkarton, die in die Pufferlösung eintauchen. In dem Deckel ist zum Auftragen der Probe auf den Streifen ein Schlitz ausgelassen.

Weitere Anordnungen mit hängenden Streifen wurden von FLYNN und DE MAYO[3], MACHEBOEUF[4], DUSTIN[5], WUNDERLY[6] u. a.[7, 8] angegeben, von denen diejenige nach WUNDERLY näher beschrieben sein soll, da sie wegen ihres einfachen und zweckmäßigen Aufbaus auch leicht mit den Mitteln des Laboratoriums hergestellt werden kann:

* Spinco-Modell R, Hersteller: Beckman Instruments GmbH. Eine ähnliche Anordnung unter der Bezeichnung „Pheromat" wird von der Fa. Franz Bergmann, Berlin, Seehofstraße, hergestellt.

[1] DURRUM, E. L.: Am. Soc. **72**, 2943 (1950).
[2] WILLIAMS, F., E. PICKELS and E. DURRUM: Science, N. Y. **121**, 829 (1955).
[3] FLYNN, F. V., and P. DE MAYO: Lancet **1951**, 235.
[4] MACHEBOEUF, M.: Chem. Wbl. **49**, 237 (1953).
[5] DUSTIN, J. P.: I. Coll. St. Jans Hospital, Bruges 1953; Electrophorese, Seite 33.
[6] WUNDERLY, C.: Minerva med., Roma **45**, 42 (1954).
[7] NIKKILÄ, E., K. EKHOLM and H. SILVOLA: Acta chem. scand. **6**, 617 (1952).
[8] DE WAEL, J.: Chem. Wbl. **49**, 229 (1953).

Abb. 20 zeigt das Schema der Anordnung. Drei Wannenpaare aus Kunstharz *a a'*, *b b'* und *c c'* sind kaskadenförmig angeordnet. Auf den Wannen *c c'* liegt eine Plexiglasplatte mit je 2 Schlitzen auf jeder Seite, durch welche die Papierstreifen *P* und *P'* (7×30 cm) in die mit Puffer gefüllten Wannen geführt werden können. Die Verbindung der Wannenpaare geschieht mit dickem, feuchtem Filtrierpapier. Die Anode aus Kohle sowie die Kathode aus Kupfer stehen in durchlöcherten Gläsern, welche bis zum Flüssigkeitsniveau dicht mit Glaswolle angefüllt sind. Die Wannen *a a'* sind mit Glycinpuffer von p_H 8,8 (für Serumtrennungen) und der Ionenstärke $\mu = 0{,}35$ gefüllt, während die Wannenpaare *b b'* und *c c'* denselben Puffer in der Verdünnung $\mu = 0{,}07$ enthalten. Durch die kaskadenförmige Anordnung der Wannenpaare wird ein hydrostatisches Gefälle erreicht, das eine Vermischung der Pufferlösung von *a* nach *c* ausschließt. Über die Streifen wird eine Plexiglasglocke *G* als feuchte Kammer gestülpt.

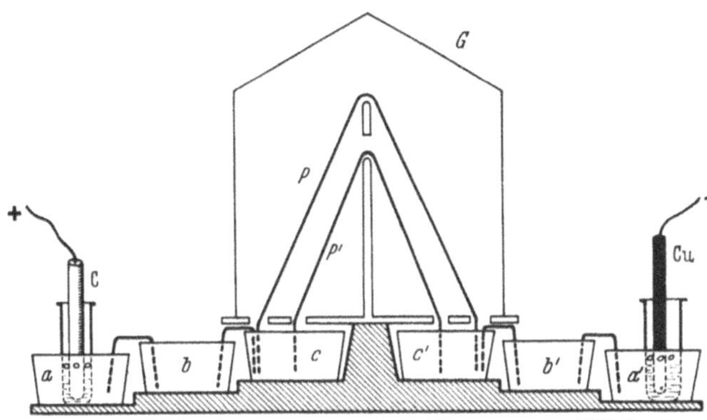

Abb. 20. Elektrophoresekammer nach WUNDERLY[1]. *PP'* Papier, *C* Kohle-, *Cu* Kupferelektroden, *a, b, c* Plexiglaswannen, *G* Plexiglasglocke.

β) Horizontale Anordnung.

Die heute wohl am meisten verwendete Trennkammer nach GRASSMANN und HANNIG[2], in welcher die einfache WIELANDsche Anordnung ihre Weiterentwicklung fand, zeigt Abb. 21 schematisch.

Die Kammer ist aus Kunststoff (Vinidur) hergestellt und mit einem dicht schließenden Glasdeckel abgeschlossen. Die beiden Elektrodenkammern sind unterteilt in einen äußeren Teil, der in einem Labyrinthsystem Platinelektroden E_1, E_2 enthält, und die innere Kammer, in welche die Enden der Papierstreifen *F* eintauchen. Die dazwischenliegende Öffnung ist mit Glaswolle verschlossen. Die Anordnung genügt, um Veränderungen des p_H und der Elektrolytzusammensetzung durch Elektrolysenprodukte im inneren Kammerteil und damit auch auf den Papierstreifen selbst zu verhindern. Die gasförmigen Elektrolysenprodukte können durch eine Öffnung unter dem Deckel der äußeren Teilkammer nach außen entweichen und kommen mit der inneren Kammer nicht in Berührung. Der zur Aufnahme von 2 Streifen bestimmte Kunststoffrahmen *R* ist herausnehmbar. Die Arbeitsweise soll am Beispiel einer Serumtrennung erläutert werden (Plasmaelektrophorese s.[3,4]).

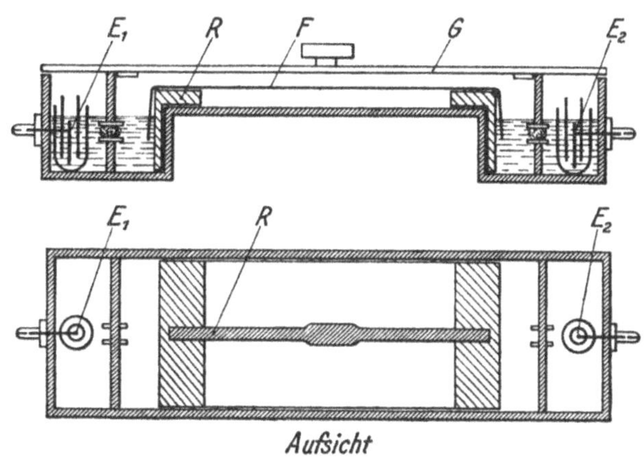

Abb. 21. Elektrophoresekammer nach GRASSMANN und HANNIG (Elphor-H)[2]. *G* Glasdeckel, E_1, E_2 Elektroden, *F* Filtrierpapierstreifen, *R* Kunststoffrahmen.

Pufferlösungen. Zur Herstellung des für Serumanalysen geeigneten Veronal-Na-Acetatpuffers von der Ionenstärke $\mu = 0{,}1$ und p_H 8,6 werden 29,43 g Veronalnatrium, 19,43 g Natriumacetat · 3 H_2O und 180 cm³ n/10 HCl auf 3 *l* gelöst. Mit einer Füllung

[1] WUNDERLY, C.: Minerva med., Roma **45**, 42 (1954).
[2] GRASSMANN, W., u. K. HANNIG: H. **290**, 1 (1952). Kli. Wo. **1954**, 838.
[3] ANTONINI, F. M., e G. RIVA: Sperimentale **103**, 324 (1953).
[4] SCHEIFFARTH, F., G. BERG u. E. KÖNIG: Kli. Wo. **1956**, 1282.

können etwa 5 Doppelbestimmungen durchgeführt werden; es empfiehlt sich jedoch, nach jeder Beschickung die Kammer umzupolen. Für andere Trennungen können andere Puffergemische von geeignetem p_H und entsprechender Ionenstärke verwendet werden.

Filtrierpapier. Unter einer größeren Zahl geprüfter Filtrierpapiere erwiesen sich das Whatman-Papier Nr. 1, das Papier 2043a der Fa. S. & S. sowie Macherey & Nagel 819 als brauchbar. Das von der Fa. Schleicher & Schüll, Dassel, neu herausgebrachte Papier 2043a hat sich nach unseren Erfahrungen in der Zwischenzeit so gut für unser Verfahren bewährt, daß wir jetzt diesem Papier den Vorzug geben, da die Auftrennungen noch etwas schärfer ausfallen.

Beschicken des Streifens. Das richtige und gleichmäßige Auftragen des Substanzgemisches auf den Streifen ist eine der wichtigsten Voraussetzungen zur Erzielung scharfer Trennungen und reproduzierbarer Ergebnisse für die anschließende photometrische Auswertung (vgl. dazu auch S. 180). Es wurden zahlreiche Vorschläge gemacht, diesen Arbeitsgang zu vereinfachen, z. B. durch Anwendung von „Auftragstempeln"[1], wobei die Kante eines Objektträgers (oder ein gespannter Draht) mit Serum benetzt und auf die Auftragstelle gedrückt wird. Häufig wird einfach ein sehr schmaler, mit dem Substanzgemisch getränkter Filtrierpapierstreifen[2] oder ein Baumwollfaden[3] auf die Auftragstelle gelegt. Der Elektrophoresestreifen kann dazu bereits mit Puffer getränkt sein, oder die Applikation erfolgt auf den trockenen Streifen; er muß aber dann durch vorsichtiges Besprühen oder durch Aufsaugenlassen mit Pufferlösung sehr gleichmäßig getränkt werden.

Da auf diese Weise genau bekannte Mengen aufgebracht werden können, geben wir dem Vorgehen den Vorzug, die Beschickung des Streifens mit einer Mikropipette vorzunehmen, was allerdings eine gewisse Übung erfordert.

Der Papierelektrophoresestreifen (4×30 cm) soll bei Versuchsbeginn so mit Pufferlösung getränkt sein, daß eine maximale capillare Sättigung des Streifens erreicht wird, ohne daß überschüssige Pufferlösung an der Oberfläche des Papiers haftet (vgl. dazu S. 150). Dazu werden zweckmäßigerweise die für die Versuchsansätze benötigten Streifen aufeinandergelegt, in die Pufferlösung getaucht und dann kurz auf eine Filtrierpapierunterlage gelegt, bis die überschüssige Lösung abgesaugt ist, was leicht an dem Verschwinden des Glanzes der Streifen erkannt werden kann. Wenn dies erreicht ist, legt man den ganzen Filtrierpapierpack auf eine Glasplatte und beginnt nunmehr, sofort sämtliche Streifen hintereinander auf die Rahmen *R* der Elektrophoresekammern möglichst straff zu spannen (Haftung durch Adhäsion). Jeder beschickte Rahmen wird sogleich in die Kammer eingebracht und zur Beschickung z. B. mit Serum jeweils noch einmal kurz herausgenommen.

Das Auftragen des Serums (0,006—0,007 cm^3) wird auf den in dieser Weise feuchtigkeitsgesättigten Elektrophoresestreifen an der mit Bleistift markierten Auftragstelle vorgenommen, indem die Auftragpipette möglichst senkrecht zum Streifen und ohne Druck auf das Filtrierpapier über eine Breite von 3—3,5 cm geführt wird. Die erforderliche Serummenge soll dabei nach etwa 5—8maligem Hin- und Herfahren aus der Pipette ausgelaufen sein. Da an den Umkehrpunkten erfahrungsgemäß stets etwas mehr Eiweiß aus der Pipette austritt, ist es angebracht, das Auftragen in ausschwingenden Bewegungen so vorzunehmen, daß die Umkehrpunkte der Pipettenbewegung immer enger zusammenfallen. Manchmal erscheint es zweckmäßig, die Auftragstelle vor der Beschickung mit der Kante eines Filtrierpapierblattes leicht anzutrocknen, was das Aufsaugen des Substanzgemisches erleichtert. Durch geübtes Spiel mit den Sogeffekten (Anfangssog) ist man dann noch in der Lage, die Begrenzungsfronten der Zone zu schärfen oder sie etwas hinter die Auftragslinie zu verschieben (1 cm), was wünschenswert sein kann, wenn man

[1] Perosa, L., e G. Raccuglia: Boll. Soc. ital. Biol. sperim. **24**, 1540 (1951).
[2] Block, R. J., E. L. Durrum and G. Zweig: A Manual of Paper Chromatography and Paper Electrophoresis. New York 1955.
[3] Latner, A. L.: J. Lab. clin. Med. **45**, 147 (1955).

erreichen will, daß das Ende der γ-Fraktion mit der Auftragstelle zusammenfällt (durch die Elektroosmose wird, wie bereits ausgeführt, die Auftrennung in Richtung Kathode etwas verschoben (vgl. dazu auch Abschnitt 2, e, S. 149). Es ist darauf zu achten, daß der Streifen nicht aufgerauht wird.

Der mit den Streifen beschickte Rahmen wird sodann in die Kammer eingebracht, die mit dem Glasdeckel verschlossen und an die Stromquelle angeschlossen wird.

Die Durchführung der Elektrophorese erfolgt bei Serum innerhalb von etwa 14—16 Std (bei Aminosäuren z. B. 3 Std) unter Anlegen einer Klemmenspannung von 110 V. Die auf den Streifen selbst wirkende Spannung beträgt dann etwa 80 V, wobei ein Strom von etwa 1 mA durch den Streifen fließt.

Trocknung. Nach Beendigung der Elektrophorese läßt man die Streifen zunächst in waagerechter Lage auf dem aus der Kammer herausgenommenen Rahmen etwa $^1/_2$—1 Std bei Zimmertemperatur antrocknen, bevor sie in den Trockenschrank (100°) gebracht

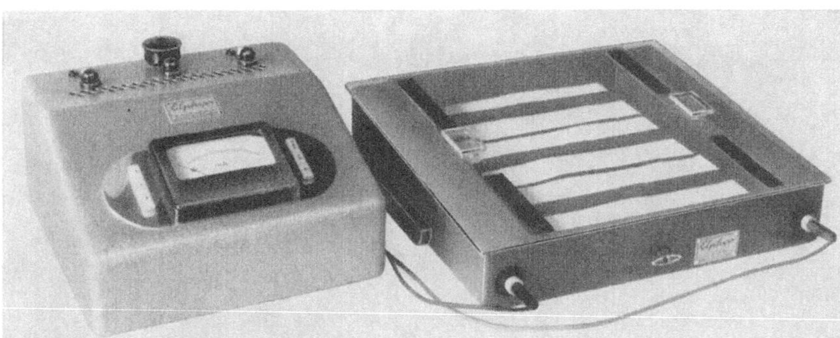

Abb. 22. Elektrophoresekammer „Mult-Elphor“ mit Netzanschlußgerät. Kammerausführung für 6 Streifen oder einen breiten Bogen. Netzanschlußgerät: Spannung stabilisiert, einstellbar von 110—400 V.

werden. Bringt man nämlich die Streifen noch feuchtigkeitsgesättigt sofort in den Trockenschrank, dann können die aufgetrennten Fraktionen durch Sogwirkung verwaschen und deformiert werden, was am stärksten bei der Albuminfraktion in Erscheinung tritt. Nach vorherigem Antrocknen an der Luft hingegen fallen die einzelnen Banden immer geradlinig aus, wie es für die exakte Auswertung im durchfallenden Licht erforderlich ist.

Das Anfärben der getrennten Fraktionen kann dann nach einem weiter unten beschriebenen Verfahren vorgenommen werden. Die vorgeschlagene Arbeitsweise ist sicher nicht die allein gültige. Jeder Benutzer der Apparatur wird nach seinen Gewohnheiten vorgehen können, nur sollen die angeführten Gesichtspunkte zur Erzielung einwandfreier Ergebnisse berücksichtigt werden.

Eine andere Ausführungsform der beschriebenen Elektrophoresekammer „Elphor-H“ zeigt Abb. 22*. Sie kann gleichzeitig 6—8 Elektrophoresestreifen und bei Verwendung eines geeigneten Einsatzrahmens einen entsprechend breiten Bogen aufnehmen und ist somit auch für kleinpräparative Trennungen geeignet. Dazu wird das zu untersuchende Substanzgemisch als langer Querstrich über die gesamte Breite des Bogens aufgetragen. Die getrennten Fraktionen können dann nach der elektrophoretischen Trennung und nach Festlegen ihrer Lage (vgl. S. 202) eluiert und so präparativ gewonnen werden. Daß die Feldverhältnisse über einen so breiten Bogen auch bei unsymmetrischer Anordnung der Elektroden in dem äußeren Puffergefäß konstant sein müssen, beweist der in Abb. 23 gezeigte Versuch am Beispiel einer Serumtrennung. Wäre dies nicht der Fall, könnten die einzelnen Fraktionen nicht geradlinig über die Breite des Bogens verlaufen. Auch die besonders für diese Versuchsanordnung wichtige Vermeidung von Zonenimperfektionen ist, wie die Abbildung zeigt, ohne weiteres zu erreichen.

* Hersteller: Fa. Bender & Hobein, München, Lindwurmstr. 71.

Andere Ausführungsformen von Elektrophoresekammern mit waagerecht liegenden Papierstreifen, bei welchen unter anderem als Baumaterial auch Plexiglas Verwendung findet, wurden von SONNET und RODHAIN[1]; DUSTIN*[2]; KAWERAU[3]; KNAPP[4]; SVENSSON und VALMET**[5], OWEN[6] u. a.[7] beschrieben.

γ) Kurzzeit-Elektrophorese.

In manchen Fällen ist es erwünscht, die Dauer der elektrophoretischen Auftrennung abzukürzen. Bei Anordnungen, in denen der Streifen in einer feuchten Kammer freitragend angebracht ist, sind, wie aus dem in Abschnitt 2 Gesagten hervorgeht, die Möglichkeiten dazu beschränkt.

Nach der Formel: $s = u \cdot H \cdot t$

ist der Wanderungsweg s der Beweglichkeit u, der Feldstärke H und der Laufzeit t direkt proportional. Die Beweglichkeit, als eine unter gegebenen Bedingungen feststehende

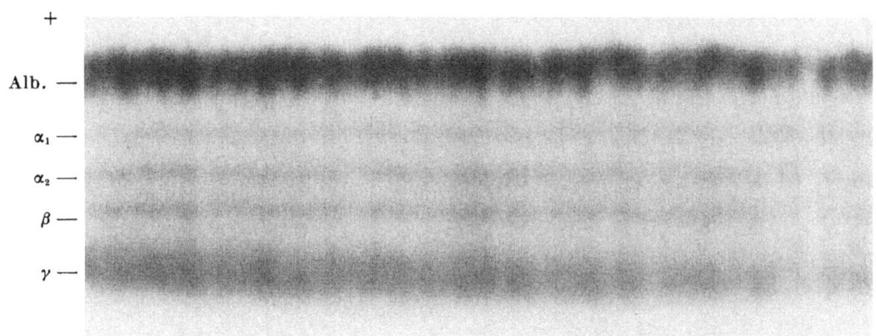

Abb. 23. Serumauftrennung auf einem Filtrierpapierbogen (ausgeführt in der Kammer der Abb. 22).

Größe, ist jedoch von der Ionenstärke der umgebenden Pufferionen abhängig. Eine Erniedrigung der Ionenstärke durch Pufferverdünnung hat bei gleicher Feldstärke und Laufzeit eine Vergrößerung der zurückgelegten Wegstrecke s zur Folge. Allerdings kann der Puffer aus zweierlei Gründen nicht unbegrenzt verdünnt werden; erstens nimmt mit steigender Verdünnung die Diffusion der wandernden Zone zu und zweitens entstehen an der Grenzfläche Zone/Pufferlösung Leitfähigkeitssprünge und damit Inhomogenitäten innerhalb des elektrischen Feldes, was zwar scharfe Vorderfronten, aber die Ausbildung von Schwänzen an den Rückfronten zur Folge hat. (Diese „Schwänze" sind von denjenigen zu unterscheiden, wie sie durch Adsorptionseffekte hervorgerufen werden, s. S. 144.)

Die Erhöhung der Feldstärke H, die ebenfalls zur Trennzeitverkürzung führen könnte, ist nur soweit zulässig, wie die je Quadratzentimeter gegebene Wattleistung nicht überschritten wird (s. S. 155).

Wir haben die optimalen Bedingungen in der Elphor-H-Kammer ermittelt, die gerade noch zulässig sind, genügend scharfe Auftrennungen durch Erniedrigung der Pufferkonzentration und Erhöhung der Feldstärke zu kürzeren Trennzeiten zu gelangen[8] (vgl. dazu auch: BERG, GÖTZ und SCHEIFFARTH[9]). Dazu wurden in einzelnen Versuchsreihen

* Im Handel, Hersteller: Shandon Scientific Co., London SW 7.

** Hersteller: LKB-Produkter, Stockholm 12.

[1] SONNET, J., et J. RODHAIN: Rev. belge Path. Méd. exp. **22**, 226 (1952).

[2] DUSTIN, J. P.: Symposium d'Electrophorese. S. 33. Bruges 1953.

[3] KAWERAU, E.: Analyst **79**, 681 (1954).

[4] KNAPP, A., u. H. SIELER: Z. ges. inn. Med. **8**, 741 (1953).

[5] SVENSSON, H., and E. VALMET: Sci. Tools, Stockholm **2**, 11 (1955).

[6] OWEN, J. A.: Analyst **81**, 26 (1956).

[7] GRAF, E., u. PH. LIST: Naturwiss. **40**, 273 (1953).

[8] BAUMGARTNER, L.: Diplomarbeit Univ. München 1956.

[9] BERG, G., H. GÖTZ u. F. SCHEIFFARTH: Kli. Wo. **1955**, 447.

hintereinander jeweils Ionenstärke der Pufferlösung, Feldstärke und Elektrophoresedauer variiert und die mit Serum erhaltenen Trennergebnisse ausgewertet. Die besten Ergebnisse wurden erhalten, wenn der oben angegebene Veronalpuffer p_H 8,6 auf das 2,5fache (Ionenstärke 0,04) verdünnt und bei Anlegung einer Spannung von 390 V (3—4 mA, Feldstärke 12 V/cm) die Trennung über 4 Std lief.

Die Anregung von MACH und GEFFERT[1], zur Trennzeitverkürzung bei der Papierelektrophorese hochfrequente Gleichstromimpulse zu verwenden, hat sich nicht bewährt. Wie unsere Versuche zeigen, die in Übereinstimmung stehen mit solchen von MICHL[2], ist bei der vorgeschlagenen Tastfrequenz von 80000 Hertz, aber auch darunter- (50—400) und darüberliegenden Frequenzen (bis 100000 Hz) keine Trennzeitverkürzung zu erreichen. Auch die Verwendung verschiedener Impulsformen bietet für elektrophoretische Trennungen keinerlei Vorteile.

VON HOLT, VOIGT und GAEDE[3] beschrieben ein Verfahren, mit dem sie Serum innerhalb von 2 Std bei einer Feldstärke von 8,3 V/cm und unter Verwendung eines Veronalpuffers der Ionenstärke $\mu = 0,045$ trennten. Ihre Anordnung besteht ebenfalls aus einer feuchten Kammer, in der zur Gewährleistung einer wirksamen Feuchtigkeitssättigung und einer Zirkulation innerhalb der Kammer Heiz- und Kühlschlangen enthalten sind.

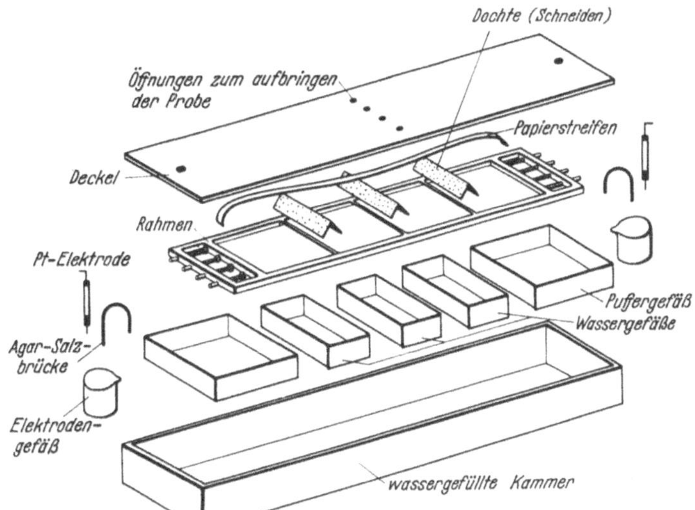

Abb. 24. Elektrophoreseanordnung nach MCDONALD[4].

Da ganz allgemein mit einer Trennzeitverkürzung eine Verschlechterung des Trennergebnisses bei Serumauftrennungen in Kauf genommen werden muß (unvollkommene Abtrennung der α_1-Fraktion vom Albumin) (s. dazu auch S. 138), die sich zwangsläufig auf die Genauigkeit und Reproduzierbarkeit auswirken, sollte das Verfahren der Kurzzeit-Elektrophorese nur in solchen Fällen angewandt werden, wo es auf große Genauigkeit nicht ankommt.

δ) *Weitere Elektrophoreseanordnungen.*

Eine interessante Ausführungsform der Elektrophoresekammern wurde von MCDONALD[4] angegeben (Abb. 24). Sie gestattet nicht nur die Auftrennung der Elektrophorese in einer Wasserstoff- oder Heliumatmosphäre (s. S. 156), sondern ermöglicht durch Auflage des Streifens auf einer Reihe gleichmäßig verteilter Dochte aus Filtrierkarton ein Nachsaugen von Flüssigkeit nach Maßgabe des Verdunstungsverlustes an mehreren Stellen und setzt somit den Sog aus den Elektrodengefäßen auf einen Bruchteil herab (vgl. dazu auch MICHL[2]).

In der Anordnung von WEBER[5] können die Streifen auf einen gewünschten Feuchtigkeitsgrad unterhalb seiner Sättigungsgrenze gehalten werden, wie es für bestimmte Trennungen gerade wünschenswert erscheint (vgl. dazu S. 146).

Da ein schwach benetzter Streifen binnen kurzem Puffer aus den Elektrodenräumen ansaugen würde, schaltet WEBER eine geeignete Diaphragmaanordnung zwischen Puffer- und Streifenenden, die zwar den Stromkontakt vermittelt, jedoch die Flüssigkeits-

[1] MACH, W., u. R. GEFFERT: Arzneim.-Forsch. **3**, 534 (1953).
[2] MICHL, H.: Mh. Chem. **85**, 1251 (1954).
[3] HOLT, C. V., K. VOIGT u. K. GAEDE: B. Z. **323**, 345 (1952).
[4] MCDONALD, H. J.: J. chem. Educat. **29**, 428 (1952).
[5] WEBER, R.: Helv. **34**, 2031 (1951).

strömungen (Anfangssog) weitgehend unterdrückt (Abb. 25), eine Maßnahme, die dann später bei der Durchbildung von Hochspannungs-Elektrophoreseapparaturen des öfteren aufgegriffen wurde[1-3]. Außerdem wird zur Vermeidung von Randeffekten der Streifen sehr lang gewählt (150 cm), aber nur das mittlere Drittel zur Ausführung von Trennungen verwendet. Die Anordnung wird allerdings dadurch sehr unhandlich, außerdem sind relativ hohe Spannungen anzulegen, um eine entsprechende Feldstärke zu erreichen (7—12 V/cm). Verdunstungsverluste werden durch vorsichtiges und gleichmäßiges Besprühen mit Wasser ausgeglichen, eine Maßnahme, die viel Geschick erfordert, wenn nicht durch ungleichen Benetzungsgrad unliebsame Zonenimperfektionen auftreten sollen.

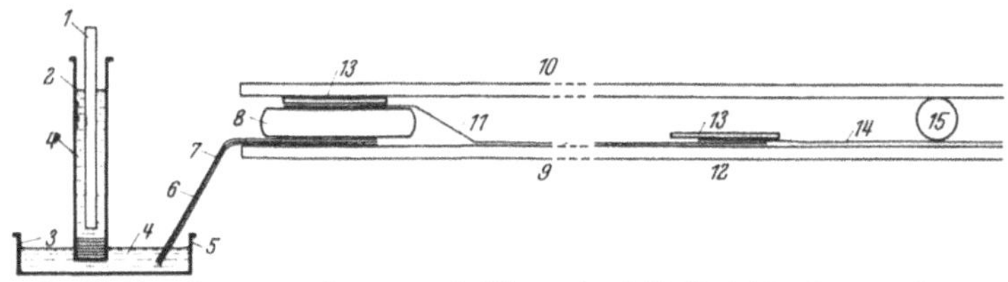

Abb. 25. Einzelheiten der Elektrophoreseanordnung nach WEBER[4]. *1* Kohleelektroden, *2* Glasrohr, *3* Gipsverschluß, *4* Pufferlösung, *5* Petri-Schalen, *6* Cellophanschlauch, *7* Filtrierpapierstreifen im Innern des Cellophanschlauches, *8* Tonplättchen, *9* untere Glasplatte, *10* obere Glasplatte, *11* äußeres Drittel der Papierbahn, *12* Überlappungsstelle, *13* Objektträger, *14* inneres Drittel des Papierstreifens (Arbeitsbereich), *15* Kohlestab zum Feldausgleich.

Bei dem Apparat nach CREMER und TISELIUS[5] ist der Filtrierpapierstreifen zwischen 2 Glasplatten eingebettet und in ein mit Chlorbenzol gefülltes Gefäß eingelegt. Diese Anordnung, deren Prinzip ebenfalls bei verschiedenen Anordnungen der Hochspannungs-

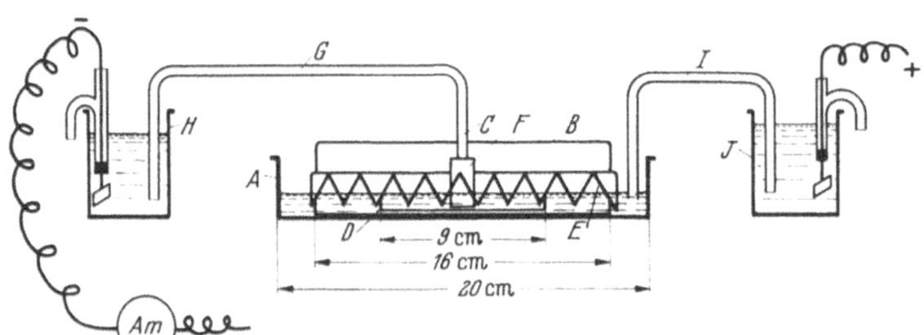

Abb. 26. Anordnung zur Rundfilterpapierelektrophorese nach GANGULI[6]. *A* Petri-Schale, 20 cm Durchmesser; *B, C* Petri-Schale, 16 cm Durchmesser; *E* Rundfilter; *F* Filtrierpapierdocht; *G, I* Puffer-Agar-Brücke; *H, J* Elektrodengefäße.

elektrophorese wieder zu finden ist, ermöglicht es, auf einfache Weise eine Abführung der gebildeten Jouleschen Wärme und die Vermeidung von Verdunstungsverlusten zu erreichen. Als Weiterentwicklung dieser Anordnung sind die Ausführungsformen von SCHNEIDER[7] und SCHNEIDER und WUNDERLY[8] zu nennen (vgl. dazu auch CONSDEN und STANIER[9]).

Wegen der zeitraubenden Technik, der unangenehmen Geruchsbelästigung durch organische Lösungsmittel und nicht zuletzt der schlechten Auftrennung der Globulinfraktionen α_1 und α_2 wurde diese Art der Kühlung für die quantitative Mikromethode wieder aufgegeben.

KUNKEL und TISELIUS[10], KÖIW, WALLENIUS und GRÖNWALL[11] u. a.[12] verwenden eine Apparatur, in der ebenfalls der Streifen zwischen Glasplatten eingebettet ist, deren Ränder

[1] WERNER, G., u. O. WESTPHAL: Angew. Chem. **67**, 251 (1955).
[2] MICHL, H.: Mh. Chem. **83**, 738 (1952).
[3] WIELAND, T., u. G. PFLEIDERER: Angew. Chem. **67**, 257 (1955).
[4] WEBER, R.: Helv. **34**, 2031 (1951).
[5] CREMER, H. D., u. A. TISELIUS: B. Z. **320**, 273 (1950).
[6] GANGULI, N. C.: Analyt. Chem., Washington **28**, 1499 (1956).
[7] SCHNEIDER, G.: Acta chem. scand. **5**, 1020 (1951).
[8] SCHNEIDER, G., u. C. WUNDERLY: Schweiz. med. Wschr. **82**, 445 (1952).
[9] CONSDEN, R., and W. M. STANIER: Nature **170**, 1069 (1952).
[10] KUNKEL, H. G., and A. TISELIUS: J. gen. Physiol. **35**, 89 (1951).
[11] KÖIW, E., G. WALLENIUS and A. GRÖNWALL: Scand. J. clin. Lab. Invest. **4**, 47 (1952).
[12] FOSTER, A. B.: Chem. & Industr. **1952**, 1050.

mit Siliconfett abgedichtet werden. Zusätzlich kann noch eine Wärmeableitung durch Auflage auf einen gekühlten Kupferblock oder dergleichen erfolgen. Das erforderliche vollkommen gleichmäßige Zusammendrücken der beiden Glasplatten, zwischen denen der Streifen während der Elektrophorese eingebettet ist, ist nicht leicht realisierbar; auch bleiben, wie wir uns überzeugt haben, sehr leicht kleine Eiweißmengen an den Glasplatten haften.

Für qualitative Elektrophoreseversuche wurden in neueren Arbeiten das Verfahren der Rundfilterpapierchromatographie beschrieben (Ganguli[1]). Bei dieser Anordnung werden 2 übereinandergebrachte Petrischalen *B*, *C* als feuchte Kammer in eine größere mit Puffer gefüllte Schale *A* gestellt, wie es Abb. 26 zeigt. Zwischen die beiden kleineren Schalen *B*, *C* wird ein Rundfilter *E* eingelegt, dessen zickzackförmig ausgeschnittener Rand die beiden Schalen überragt und in die Pufferlösung der größeren Schale *A* eintaucht. Der Stromkontakt wird über Heber *G*, *I* einerseits mit der Pufferlösung und damit mit dem Rand des Filtrierpapiers, andererseits durch einen Filtrierpapierdocht *F*, der in der Mitte der Papierscheibe anliegt, vermittelt. Die Feldlinien verlaufen also von der Mitte radial nach außen.

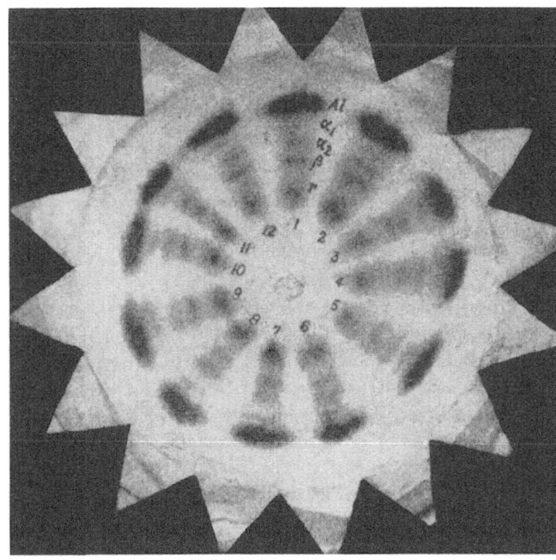

Abb. 27. Gleichzeitige Auftrennung von 12 Normalseren.

Abb. 27 zeigt das Ergebnis eines Trennversuches, bei welchem 12 Seren gleichzeitig auf diese Weise getrennt wurden.

Zweidimensionale Elektrophorese. In einer Arbeitstechnik, die als „*Zweidimensionale Elektrophorese*" bezeichnet wird, läßt man auf einem Filtrierpapierbogen die elektrophoretische Trennung zunächst in einer Richtung laufen und schließt dann unter Änderung des Puffermilieus (p_H) eine zweite, senkrecht dazu gerichtete Elektrophorese an. Die Verwendung flüchtiger Puffergemische (s. S. 157) ermöglicht das vollkommene Wegdampfen des Elektrolyten vom Filtrierpapierbogen, und man kann so für die zweite Trennung einen anderen Puffer auf das Papier gleichmäßig aufsprühen. Bei geeigneter Wahl der p_H-Bedingungen erreicht man in dieser Arbeitsweise eine weitgehendere Auftrennung der einzelnen Komponenten in einer Verteilung, wie sie etwa aus der zweidimensionalen Papierchromatographie bekannt sind.

Durrum[2], der erstmals über das Verfahren berichtete, trennte in der von ihm beschriebenen Apparatur[3] (Abb. 18) eine Reihe von Aminosäuren. Als Elektrolyt verwendete er in der einen Dimension eine verdünnte Ammoniaklösung von p_H 11,3, in der anderen Essigsäure von p_H 2,3. Solche Trennungen können auch in allen horizontalen Kammeranordnungen ausgeführt werden, wenn die Möglichkeit zum Einlegen breiter Bogen besteht.

In einer speziell für zweidimensionale Elektrophoreseversuche entwickelten Anordnung, in der der Bogen waagerecht gespannt in einer feuchten Kammer angebracht ist, beschrieb Mead[4] die Trennung von Zucker- und Aminosäuregemischen in sehr gut gelungenen Versuchen. Abb. 28 zeigt als Beispiel die Auftrennung eines Gemisches von 17 Aminosäuren (Asparaginsäure, Glutaminsäure, Cystin, Glycin, Serin, Tyrosin, Threonin, Oxyprolin, Methionin, Histidin, Lysin, Arginin, Alanin, Phenylalanin, Valin, Leucin,

---

[1] Ganguli, N. C.: Analyt. Chem., Washington **28**, 1499 (1956).

[2] Durrum, E. L.: J. Colloid Sci. **6**, 274 (1951).

[3] Durrum, E. L.: Am. Soc. **72**, 2943 (1950).

[4] Mead, T. H.: Biochem. J. **59**, 534 (1955).

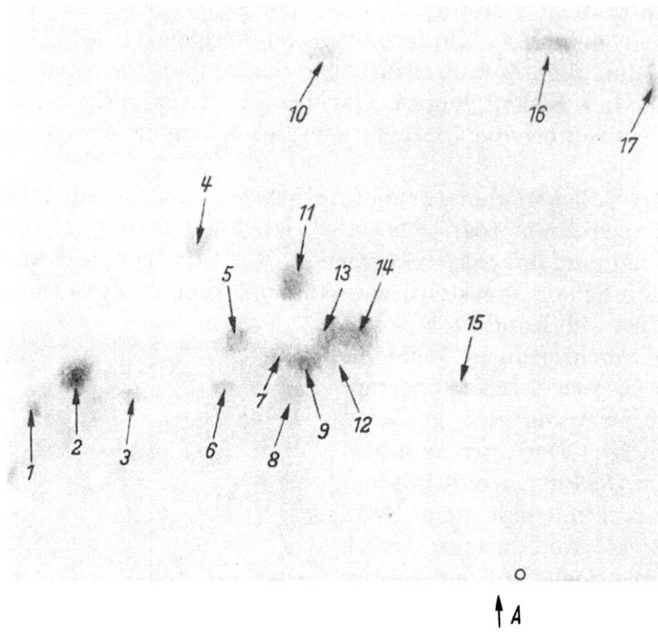

Abb. 28. Zweidimensionales Elektropherogramm von 17 Aminosäuren[1]. *A* Auftragstelle; *1* Asparaginsäure, *2* Glutaminsäure, *3* Cystin, *4* Glycin, *5* Serin, *6* Tyrosin, *7* Threonin, *8* Oxyprolin, *9* Methionin, *10* Histidin, *11* Alanin, *12* Phenylalanin, *13* Valin, *14* Leucin, *15* Prolin, *16* Lysin, *17* Arginin.

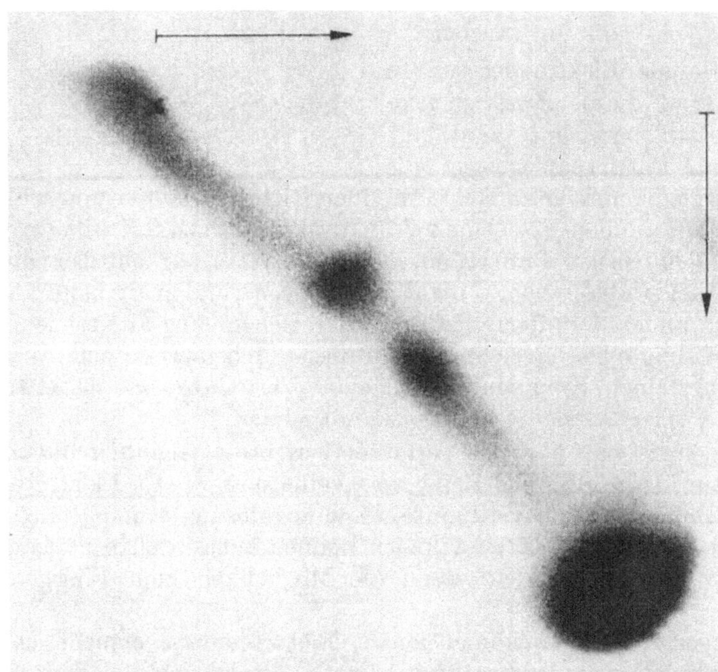

Abb. 29. Zweidimensionales Elektrophoresebild unter Verwendung desselben Puffergemisches (Veronalpuffer p_H 8,6) in den beiden Dimensionen[1]. Die diagonale Anordnung der Zwischenfraktionen beweist die Anwesenheit einer größeren Zahl von Komponenten mit unterschiedlicher Beweglichkeit.

Prolin) unter Verwendung eines 0,02 n Natriumphthalatpuffers von p_H 2,5 in der einen und eines gleichen Puffers, der mit NH_3 auf p_H 10,6 gebracht wurde, in der anderen Richtung.

[1] KUNKEL, H. G., and A. TISELIUS: J. gen. Physiol. **35**, 89 (1951).

STRAIN[1] u. a.[2] benutzten diese Arbeitsweise unter anderem zur Trennung von anorganischen Ionen, Aminosäuren usw. In einer Modifikation der zweidimensionalen Elektrophorese zeigten KUNKEL und TISELIUS[3], daß man in einem zweidimensional ausgeführten Elektrophoreseversuch, jedoch unter Verwendung des gleichen Puffers, in beiden Dimensionen zwischen den durch adsorptionsbedingten „tailing"-Effekten und echten Unterschieden der Beweglichkeit unterscheiden kann (vgl. dazu KUNKEL[4]). In dem Versuch der Abb. 29 wurde Serum in der linken oberen Ecke eines Papierbogens aufgebracht, worauf die elektrophoretische Wanderung entlang der linken Seite des Bogens durchgeführt wurde. Nach erfolgter Auftrennung wurde eine zweite Elektrophorese senkrecht dazu durchgeführt, und zwar jeweils bei gleichem p_H (Veronalpuffer p_H 8,6) und gleicher Feldstärke. Dieser Versuch führt nun zu dem wichtigen Ergebnis, daß die zwischen den Hauptkomponenten liegenden, schwach gefärbten Anteile nicht Reste der Hauptfraktion sind, die durch Adsorption zurückgehalten wurden, sondern daß es sich um selbständige, wenn auch nur in kleinen Mengen anwesende Zwischenfraktionen von definierter Ionenbeweglichkeit handelt. Wäre dies nicht so, dann müßten die schwach anfärbbaren „Schwänze" bei der zweiten Elektrophorese mit der gleichen Geschwindigkeit wandern wie die Hauptfraktion, der sie zugehören.

In diesem Zusammenhang sind auch noch Verfahren zu nennen, welche zur besseren Trennung eine Kombination von Chromatographie und Elektrophorese verwenden (DURRUM[5], KICKHÖFEN und WESTPHAL[6]). Zunächst wird in einer Richtung eine chromatographische Trennung vorgenommen, an die sich eine zweite senkrecht dazu gerichtete Elektrophorese anschließt (vgl. dazu auch HAUGAARD und KRONER[7]).

Immunoelektrophorese. Das Verfahren der immunoelektrophoretischen Analyse nach GRABAR[8, 9], welches in letzter Zeit viel Beachtung gefunden hat, gehört eigentlich nicht zu den *papierelektrophoretischen* Methoden, soll aber wegen seiner Bedeutung für immunchemische Arbeiten hier angeführt werden.

Innerhalb eines Agargels als Träger wird zunächst eine elektrophoretische Trennung des punktförmig aufgetragenen Eiweißpräparates durchgeführt. Danach wird seitlich ein Immunserum aufgetragen (in Form eines Striches), dessen Antikörper senkrecht zur elektrophoretischen Wanderungsrichtung diffundieren. Vorhandene Antigene reagieren mit dem entsprechenden Antikörper und rufen eine Präcipitationsreaktion hervor. Die Reaktion ist sehr empfindlich und spezifisch. Nach einer gewissen Zeit beobachtet man Präcipitationszonen, deren Ort durch die Beweglichkeit des betreffenden Bestandteils im elektrischen Feld definiert ist. Da in der Zeit, in der die Antikörper diffundieren, auch das Antigen ringsherum diffundieren kann, sind die Präcipitationszonen Ellipsoide (Abb. 30). Wenn eine regelmäßige Bogenlinie entsteht, ist anzunehmen, daß eine einheitliche Substanz vorliegt; wenn dagegen die Präcipitationslinie in die Länge gezogen ist, ist dies ein Hinweis, daß eine heterogene Substanz vorliegt.

Im Beispiel der Abb. 30 wurde ein Humanserum mit Pferdeantiserum zur Reaktion gebracht. Abb. 30a zeigt die Photographie nach 5 Tagen Diffusionszeit, Abb. 30b ein Schema nach 10tägiger Diffusion. Man erkennt deutlich eine Vielzahl von Präcipitationszonen: Eine Hauptlinie des Albumins, die Verdoppelung der Linien ist durch einen Artefakt bedingt, 3 oder 4 Linien beim α_1-Globulin sowie 3 Zonen bei den β-Globulinen; interessant ist die lange Linie des γ-Globulins, die mit ihrer Beweglichkeit bis zum α_2-Globulin reichen kann. Die γ-Globuline reichen also immunologisch weiter als die eigentliche elektrophoretische Trennung, die man als γ-Globulinfraktion abgrenzt.

---

[1] STRAIN, H. H.: Analyt. Chem., Washington **24**, 356 (1952).
[2] LEDERER, M., and F. L. WARD: Analyt. chim. Acta, N. Y. **6**, 355 (1952)
[3] KUNKEL, H. G., and A. TISELIUS: J. gen. Physiol. **35**, 89 (1951).
[4] KUNKEL, H. G.: Meth. biochem. Analysis Bd. 1, S. 141. 1954.
[5] DURRUM, E. L.: J. Colloid Sci. **6**, 274 (1951).
[6] KICKHÖFEN, B., u. O. WESTPHAL: Z. Naturforsch. **7**b, 659 (1952).
[7] HAUGAARD, G., and T. D. KRONER: Am. Soc. **70**, 2135 (1948).
[8] GRABAR, P., and C. WILLIAMS: Biochim. biophysica Acta, N. Y. **10**, 193 (1953).
[9] GRABAR, P.: Bull. Soc. Chim. biol. **36**, 65 (1954).

Mit dieser Methode können sehr komplizierte Mischungen getrennt, definiert und auch biologische Aktivitäten bestimmt werden.

In einer Modifikation der von GRABAR angegebenen Arbeitsweise haben URIEL und SCHEIDEGGER[1] die Dimensionen des Agar-Trägers weiter verkleinert und damit die benötigte Menge des kostbaren Antiserums verringern können (vgl. dazu WUNDERLY[2] u. a.[3-8]).

Fadenelektrophorese. Einen interessanten Versuch zur Verringerung der erforderlichen Substanzmengen beschrieb NÖLLER[9] in dem Verfahren der sog. Fadenelektrophorese:

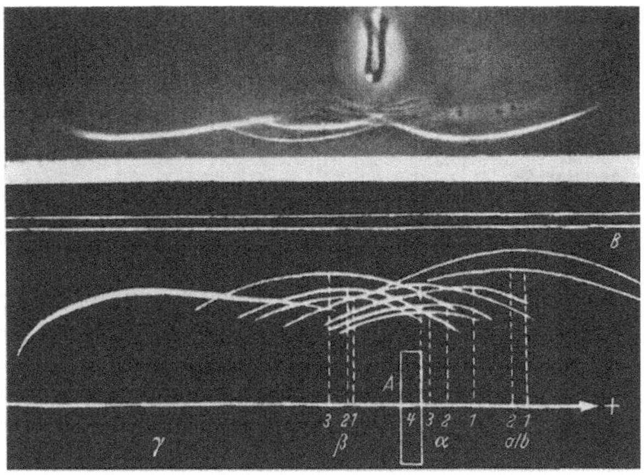

Abb. 30. Immunoelektrophorese nach GRABAR[10, 11].

Ein Kunstseidefaden von 0,1 bis 0,2 mm Stärke wird mit geeigneter Pufferlösung getränkt; ein Knoten im Faden dient als Auftragstelle des zu trennenden Substanzgemisches, z. B. etwa 50 γ eiweißhaltiger Lösung mit etwa 1 γ Protein. Über Filtrierpapierdochte, die in mit Elektroden versehene Puffergefäße tauchen, wird der Stromkontakt mit den beiden Fadenenden vermittelt. Interessant ist auch das vorgeschlagene Verfahren zur quantitativen Auswertung der geringen Eiweißmengen. Die getrennten Proteine wurden mit ^{131}J-markiertem Erythrosin (Tetrajodfluorescin) angefärbt. Der so behandelte Faden wurde dann am Bleischlitz des abgedeckten Geiger-Zählers vorbeigeführt und abschnittsweise die Impulse gezählt.

b) Färbetechnik.

α) *Proteine.*

Für die Anfärbung der getrennten Fraktionen müssen im Hinblick auf die sich anschließende quantitative Auswertung 2 wesentliche Voraussetzungen möglichst weitgehend erfüllt sein: *Erstens* muß die Anfärbung proportional der Eiweißkonzentration erfolgen, und *zweitens* soll der Farbstoff von den verschiedenen Proteinfraktionen in gleicher Menge gebunden werden. Ersteres ist namentlich bei der Anfärbung von Proteinfraktionen mit Farbstoffen, wie sie z. T. aus der Histologie oder der Textilfärbung bekannt sind, leicht zu erreichen, dagegen bestehen zwischen den einzelnen Proteinen gewisse Unterschiede im Farbstoffbindungsvermögen (s. S. 175).

TURBA und ENENKEL[12] verwendeten als erste *Azokarmin B* (Behring-Werke), das saure Natriumsalz der Phenylrosindulintrisulfosäure, zur Anfärbung der papierelektrophoretisch getrennten Serumfraktionen (s. auch KÖRVER[13]).

[1] URIEL, J., et J. J. SCHEIDEGGER: Bull. Soc. Chim. biol. **37**, 165 (1955).
[2] WUNDERLY, C.: Kli. Wo. **1957**, 758.
[3] WIEME, R. J., u. M. RABAEY: Naturwiss. **44**, 112 (1957).
[4] RESSLER, N., and Z. BENNIE: Clin. chim. Acta, Amsterdam **1**, 392 (1956).
[5] RESSLER, N., and S. D. JAKOBSON: Science, N. Y. **122**, 1088 (1955).
[6] BUSSARD, A., and D. PERRIN: J. Lab. clin. Med. **46**, 689 (1955).
[7] MERTEN, G.: Pharmazie **10**, 602 (1955).
[8] GIRI, K. V.: Naturwiss. **43**, 36, 226 (1956). J. Lab. clin. Med. **48**, 775 (1956).
[9] NÖLLER, H. G.: Kli. Wo. **1954**, 988.
[10] GRABAR, P., and C. WILLIAMS: Biochim. biophysica Acta, N. Y. **10**, 193 (1953).
[11] GRABAR, P.: Bull. Soc. Chim. biol. **36**, 65 (1954).
[12] TURBA, F., u. H. J. ENENKEL: Naturwiss. **37**, 93 (1950).
[13] KÖRVER, G.: Kli. Wo. **1950**, 693; **1953**, 1036.

Die getrockneten Elektrophoresestreifen mit den hitzedenaturierten Proteinfraktionen werden zunächst in eine mit Azokarmin gesättigte (0,25%ige) Lösung aus 50%igem Methanol + 10% Eisessig gebracht und kommen dann zur Entfernung des nicht an Eiweiß gebundenen Farbstoffes hintereinander für je 5 min in mehrere Methanol-Waschbäder und schließlich in 10%ige Essigsäure. Auf diese Weise wird der unbeladene Teil des Papiers fast völlig entfärbt, während die Eiweißflecke je nach Konzentration eine kräftig rote bis purpurne Farbe aufweisen. (Es ist vorteilhaft, die 0,25%ige Azokarminfärbelösung erst eine Woche stehenzulassen und sie dann durch ein hartes Filter zu klären[1].)

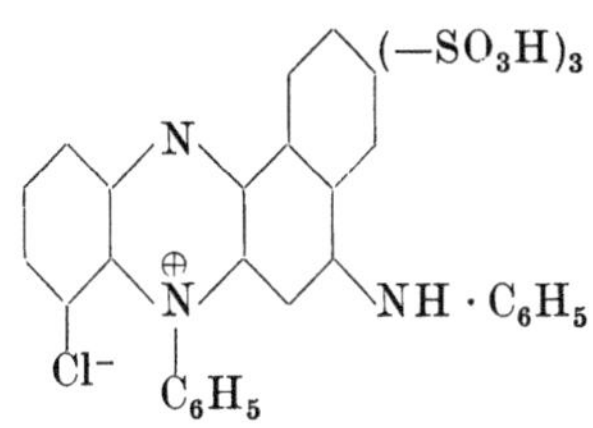

DURRUM[2] beschreibt in seiner ersten Arbeit über Papierelektrophorese die Anfärbung von Eiweißfraktionen mit *Bromphenolblau* (Tetrabromphenolsulfophthalein), einem auch als Indikator bekannten Farbstoff, der auch heute noch neben Azokarmin vielfach angewendet wird, vor allem, wenn die Auswertung nach der Elutionsmethode erfolgt (s. Abschnitt c, S. 179). Die Streifen werden innerhalb von 5 min in einer mit $HgCl_2$ gesättigten Lösung in Methanol + 0,1% Bromphenolblau angefärbt und anschließend wieder in mehreren Waschbädern von überschüssigem Farbstoff befreit: zunächst 10 min in fließendem Wasser, dann in Methanol + $HgCl_2$ und dann in Äthanol + $HgCl_2$; schließlich wird mit Methanol so lange nachgewaschen, bis das unbeladene Papier weiß erscheint. Ein kurzes Durchziehen durch Äther erleichtert die Trocknung[3].

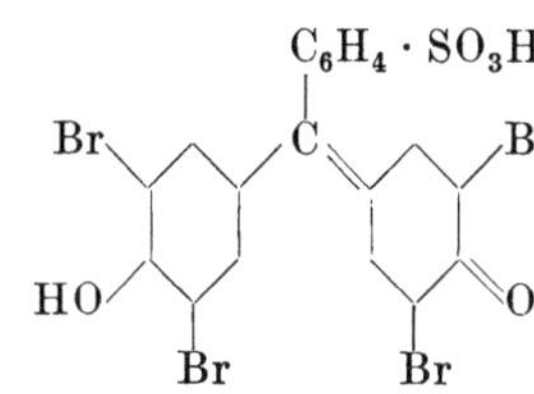

Die heute wohl gebräuchlichste Methode zur Anfärbung von Proteinfraktionen, namentlich, wenn zur quantitativen Erfassung der relativen Konzentration die Direktphotometrie (s. Abschnitt c, *β*, S. 180) angewandt wird, ist die Anfärbung mit dem von GRASSMANN und HANNIG[4-6] eingeführten Farbstoff *Amidoschwarz 10 B* (Naphthalene Black).

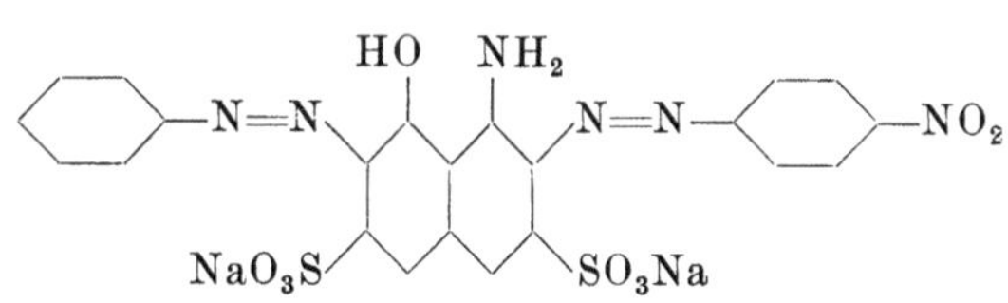

Auf Grund unserer Erfahrungen und der weiter unten mitgeteilten Ergebnisse erfüllt dieser Farbstoff die geforderten Voraussetzungen am besten, und wir geben ihm gegenüber verschiedenen anderen, für den gleichen Zweck noch vorgeschlagenen Farbstoffen (wie Neucoccin = Acilanscharlach[7], Ponceau 2 R[8] und Lichtgrün[9]) sowie einer Reihe von uns untersuchter Farbstoffe den Vorzug.

Die Ausführung des Färbevorganges ist einfach: Die Anfärbung der Streifen erfolgt innerhalb von 10 min unter ständigem Bewegen in einem Färbebad, welches aus einer gesättigten Lösung von Amidoschwarz 10 B in einer Mischung aus Methanol-Eisessig (9 : 1) besteht. Das Auswaschen der nicht mit Eiweiß beladenen Teile geschieht in Bädern aus Methanol-Eisessig (9 : 1) ohne Farbstoff, die mehrmals innerhalb von 4 Std zu wechseln sind. Das letzte Bad soll dann praktisch farblos, die nicht mit Eiweiß beladenen Teile des Streifens nur noch ganz schwach blau gefärbt sein.

[1] WUNDERLY, C.: Die Papierelektrophorese. Aarau, Frankfurt a. M. 1954.
[2] DURRUM, E. L.: Am. Soc. **72**, 2943 (1950).
[3] CREMER, H. D., u. A. TISELIUS: B. Z. **320**, 273 (1950).
[4] GRASSMANN, W., u. K. HANNIG: Naturwiss. **37**, 496 (1950).
[5] GRASSMANN, W., K. HANNIG u. M. KNEDEL: D. m. W. **1951**, 333.
[6] GRASSMANN, W., u. K. HANNIG: H. **290**, 1 (1952). Kli. Wo. **1954**, 838.
[7] MICHL, H.: Mh. Chem. **83**, 738 (1952).
[8] RÖTTGER, H.: Kli. Wo. **1953**, 85.
[9] CASPANI, R., e M. MAGISTRETTI: Plasma, Milano **2**, 1 (1954).

Zur Prüfung der Frage, ob eine genügende Proportionalität zwischen Farbstoffbindevermögen und Eiweißkonzentration erreicht werden kann, haben wir[1] Eichkurven mit steigenden Mengen von Albumin, α- und γ-Globulin aufgenommen (vgl. auch[2]). Dazu wurden die jeweiligen Eiweißmengen in Form von 1 %igen Lösungen als Querstrich auf feuchte Filtrierpapierstreifen der üblichen Breite von 4 cm gleichmäßig aufgebracht und in der feuchten, aber nicht unter Strom stehenden Kammer 24 Std sich selbst überlassen. Innerhalb dieser Zeit hatte sich durch Diffusion die einer Gauß-Kurve entsprechende Konzentrationsverteilung eingestellt. Das Eiweiß wurde dann in vorgeschriebener Weise auf den verschiedenen Streifen mit den zu prüfenden Farbstoffen angefärbt und die gebundene

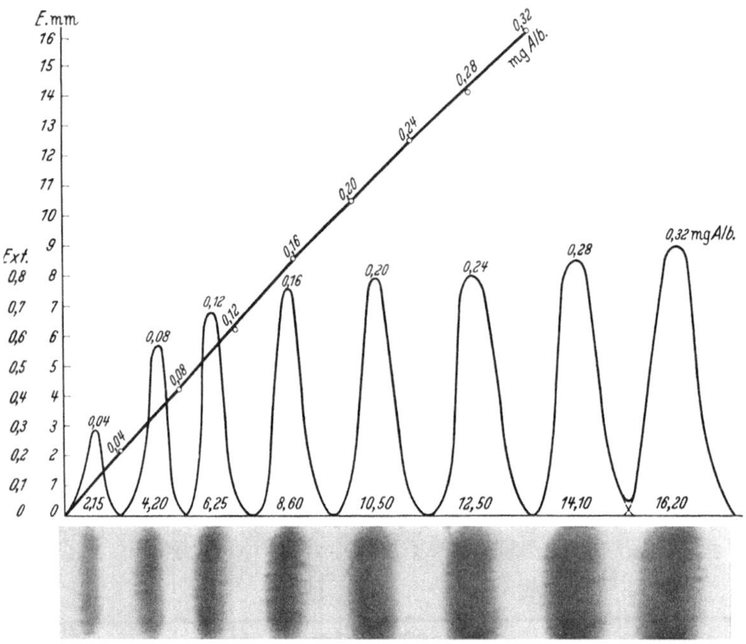

Abb. 31. Beispiel zur Ermittlung von Eichkurven[1]. Unten: Mit steigenden Mengen Albumin beschickter und mit Amidoschwarz 10 B angefärbter Streifen; darüber photometrische Auswertung des Streifens. (Zahlen innerhalb der Gauss-Kurven: die durch Planimetrierung erhaltenen Flächenintegrale $E \cdot$ mm.) o—o—o Aus den Flächenwerten ermittelte Eichkurve (Auswertgerät nach EBERLE-EDELMANN).

Farbstoffmenge entweder nach Elution des Farbstoffes colorimetrisch oder durch direkte Photometrie des transparent gemachten Streifens ermittelt (vgl. S. 180). Abb. 31 zeigt einen so erhaltenen Streifen und das Ergebnis der direkt-photometrischen Auswertung. In diesem und anderen Versuchen wurden Eichkurven erhalten, die in den in Frage kommenden Bereichen nur wenig vom linearen Verlauf abweichen (s. auch Abb. 41).

In Abb. 32 sind die Extinktionskurven wiedergegeben, wie sie erhalten werden, wenn man an gleichmäßig mit Eiweiß behandelten und angefärbten Filtrierpapierstreifen im durchfallenden Licht (Transparenzverfahren) in einem Spektralphotometer Extinktionsmessungen bei verschiedenen Wellenlängen vornimmt. Zur Untersuchung gelangten Reinfraktionen einzelner Serumproteine, und die Kurven beziehen sich jeweils auf die gleiche Eiweißmenge. Der Vergleich der mit den 3 Farbstoffen erhaltenen Extinktionskurven zeigt im Fall von Azokarmin und Bromphenolblau, daß die Extinktionswerte in der Reihenfolge Albumin $>$ γ-Globulin $>$ α-Globulin abfallen, wobei der Unterschied zwischen Albumin und γ-Globulin für Bromphenolblau etwa 15 %, für Azokarmin etwa 19 %, der Unterschied zwischen Albumin und α-Globulin für Bromphenolblau aber etwa 35 %, bei Azokarmin etwa 27 % ausmacht. Im Falle des Amidoschwarz 10 B fallen die Extinktionen für Albumin und α-Globulin praktisch zusammen, diejenigen für γ-Globulin liegt nur etwa um 10 % tiefer. Die für eine quantitative Bestimmung sehr wesentliche Voraussetzung

[1] GRASSMANN, W., u. K. HANNIG: H. **290**, 1 (1952). Kli. Wo. **1954**, 838.
[2] REES, V. H., and D. J. R. LAURENCE: Clin. Chem., N. Y. **1**, 329 (1955).

gleicher Anfärbbarkeit verschiedener Serumproteine wird also vom Amidoschwarz 10 B, wenn die Messung nach dem Transparenzverfahren durchgeführt wurde, viel besser erfüllt als von den beiden anderen geprüften Farbstoffen. Aber auch der absoluten Höhe der Extinktion nach liegen für die gleiche Eiweißmenge die Werte bei Amidoschwarz um über 100% höher als bei den anderen Farbstoffen. Dementsprechend kann bei Verwendung von Amidoschwarz die erforderliche Serummenge kleiner gewählt werden, wobei man gleichzeitig schärfere Fraktionen erhält.

Ähnliche Extinktionskurven wie in Abb. 32 werden erhalten, wenn man die Messungen nach Elution der Farbstoffe von gleich großen Abschnitten (gleiche Eiweißmenge) in Lösung vornimmt. Es fällt jedoch dabei auf, daß in diesem Fall auch bei Amidoschwarz 10 B größere Unterschiede der absoluten Höhe der Extinktion bei den 3 untersuchten Serumproteinen auftreten. Der Grund für dieses unterschiedliche Verhalten bei der Messung von Extinktionen nach Elution des Farbstoffes in Lösung einerseits und am transparenten Streifen andererseits dürfte in Unterschieden des Bindungs- und Dispersitätszustandes der Eiweiß-Farbstoffverbindungen auf der Papierfaser liegen, wobei die Unterschiede des Farbstoffbindevermögens beim Transparenzmeßverfahren in günstiger Weise kompensiert werden.

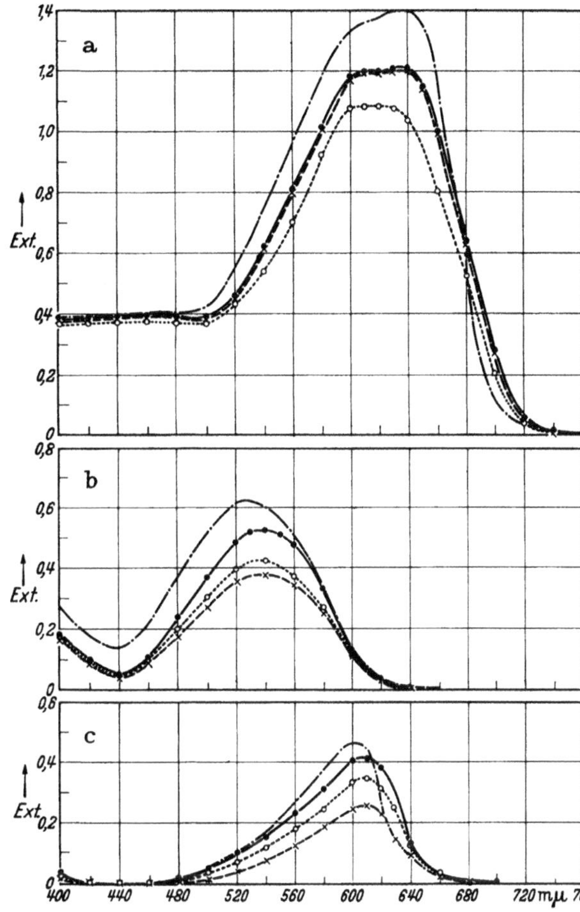

Abb. 32a—c. Extinktionskurven, ermittelt auf dem mit gleichen Eiweißmengen beladenen und angefärbten Streifen für verschiedene Farbstoffe[1]. a Anfärbung mit Amidoschwarz 10 B. ●—●—● Albumin; ×—×—× α-Globulin; o··o··o γ-Globulin; —·— Kurve des reinen Farbstoffes auf Papier (aus Abb. 5a). b Anfärbung mit Azokarmin. ●—●—● Albumin; ×—×—× α-Globulin; o··o··o γ-Globulin; —·— Kurve des reinen Farbstoffes auf Papier. c Anfärbung mit Bromphenolblau. ●—●—● Albumin; ×—×—× α-Globulin; o··o··o γ-Globulin; —·— Kurve des reinen Farbstoffes auf Papier.

Ein gewisser Nachteil von Amidoschwarz kann darin erblickt werden, daß dieser Farbstoff in dem üblichen Auswaschbad (Methylalkohol + 10% Eisessig) an den nicht mit Eiweiß beladenen Stellen langsamer und etwas weniger vollständig ausgewaschen wird als vor allem Bromphenolblau. Da bei der photometrischen Ausmessung auf die Extinktion des nicht mit Eiweiß beladenen Streifens als Nullwert bezogen wird, ist dieser Umstand praktisch belanglos. Verlängert man die Auswaschzeit weit über das vorgeschriebene Maß hinaus, kann zwar die Untergrundfärbung weiter herabgedrückt werden, zugleich tritt aber eine gewisse Verminderung der Extinktion an den mit Eiweiß beladenen und angefärbten Stellen ein[2]. Sie bewegt sich nach einer Gesamtauswaschzeit von 20 Std für Albumin bei Amidoschwarz und Azokarmin noch in der Größenordnung von einigen Prozenten, während sie für Bromphenolblau unter diesen extremen Bedingungen etwa 50% erreicht[1].

Es wurden verschiedentlich Vorschläge gemacht, die Auswaschzeiten bei Anfärbung mit Amidoschwarz 10 B abzukürzen. Ein Zusatz von Wasser zu den Farbbädern oder

[1] GRASSMANN, W., u. K. HANNIG: Kli. Wo. **1954**, 838.
[2] HEIDE, K., u. H. BIEL: Ärztl. Lab. **2**, 360 (1956).

Phenol-Essigsäure-Waschbädern begünstigt die Aufhellung des Untergrundes und verkürzt die Auswaschzeiten, führt aber gleichfalls auch zu einem verstärkten Auswaschen der angefärbten Proteinfraktionen, wobei auch die relativen prozentualen Verhältnisse im Sinne einer Erhöhung der Albuminwerte gegenüber den Globulinwerten verschoben werden[1].

Die von PUČAR[2] angegebene Vorschrift, die Anfärbung in einer essigsauren Lösung von Amidoschwarz 10 B bei 80° und das Auswaschen mit 5%iger Essigsäure vorzunehmen, bringt keinen Vorteil, da die absoluten Extinktionen nicht höher ausfallen und bei der Anfärbung in der wäßrigen Lösung leicht eine Verwischung der aufgetrennten Fraktionen eintreten kann.

Von DITTMER[3] werden zur Entfärbung folgende Bäder vorgeschlagen:

5 min in Methanol-Eisessig (9:1), dann 2 min in absolutem Methanol (altes Waschbad), 5 min Methanol (neu), 20 min 30%ige Essigsäure (alt), 20 min 30%ige Essigsäure (neu) und 5 min in absolutem Methanol (neu).

HEIDE und BIEL[4] verwenden als Entfärbebäder 10%ige wäßrige Essigsäurelösung mit einem Zusatz von 1% Tween und erreichen damit kurze Auswaschzeiten und gut reproduzierbare Ergebnisse.

β) Lipoproteide.

Das von SWAHN[5] für die Zwecke der Lipoidfärbung eingeführte Sudanschwarz B wird auch heute noch als der am besten geeignete Farbstoff für diese Zwecke empfohlen. SWAHN zeigt, daß Sudanschwarz die Serumlipoide im nativen Zustand gleich intensiv anfärbt wie Lipoide, während Proteine nicht anfärbbar sind.

Zur Durchführung der Färbung werden die trockenen Elektrophoresestreifen über 3 Std in eine filtrierte, kalte Lösung gelegt, die durch Übergießen von 0,1 g Sudanschwarz B mit 100 cm³ 60%igem Äthylalkohol und anschließendes Erhitzen zum Sieden hergestellt wurde. Die so angefärbten Streifen werden dann in mehreren Waschbädern aus 50%igem Äthanol jeweils 15 min gewaschen und an der Luft getrocknet. Die Auswertung geschieht entweder durch direkte Colorimetrie des transparenten Streifens[6] oder nach Elution des Farbstoffes in absolutem Alkohol, der 20% Essigsäure enthält, bei der Wellenlänge von 590 mμ[7].

WUNDERLY[8] gibt ein Verfahren an, um die verschiedenen Lipoproteide zu differenzieren. Nach elektrophoretischer Auftrennung der Serumproteine auf 2 Papierstreifen wird das eine Papier nach der Trocknung in ein Bad von 40 cm³ Aceton gelegt, das mit Magnesiumchlorid gesättigt ist. Es verbleibt hierin für 24 Std bei —24°. Unter diesen Bedingungen bleiben die Phospholipoide ungelöst zurück. Nach dem Trocknen wird der Streifen nunmehr der Länge nach in der Hälfte auseinandergeschnitten und eine Hälfte für 8 Std mit 50 cm³ Petroläther bei + 3° und dann nach Erneuerung des Bades weiter über Nacht bei gleicher Temperatur behandelt. Auf diese Weise werden die Glycerophosphatide herausgelöst, während die Sphingolipoide auf dem Papier zurückbleiben. Nach dem Trocknen werden die Streifen wie beschrieben mit Sudanschwarz gefärbt.

FISCHER[9] schlägt für die Anfärbung der Lipoproteide Ölrot vor. Die Färbung erfolgt in einer 1%igen Lösung von 60%igem Alkohol über 18 Std, das Auswaschen mit fließendem Wasser. Die Auswertung geschieht nach Elution der angefärbten Fraktionen gegenüber einem Leerwert in 10 bzw. 20 cm³ 25%iger Essigsäurelösung in Äthanol bei

---

[1] GRASSMANN, W., u. K. HANNIG: Kli. Wo. **1954**, 838.
[2] PUČAR, Z.: H. **296**, 62 (1954).
[3] DITTMER, A.: Papierelektrophorese. Grundlagen, Methodik, klinische Betrachtungen. Jena 1956.
[4] HEIDE, K., u. H. BIEL: Ärztl. Lab. **2**, 360 (1956).
[5] SWAHN, B.: Scand. J. clin. Lab. Invest. **4**, 98 (1952); **5**, Suppl. **9** (1953).
[6] KÖIW, E.: Scand. J. clin. Lab. Invest. **5**, 99 (1953).
[7] WUNDERLY, C.: Chimia, Zürich **7**, 145 (1953); **10**, 1 (1956). Chem.-Ztg. **79**, 350 (1955).
[8] WUNDERLY, C.: Naturwiss. **42**, 579 (1955).
[9] FISCHER, W. F.: Kli. Wo. **1956**, 849.

490 mμ. Andere Farbstoffe, wie Sudan II, III und IV[1-5] oder Ceresschwarz[6] geben weniger befriedigende Ergebnisse (vgl. auch WUNDERLY und WIEME[7]).

Die Schwierigkeit bei der Lipoidfärbung nach papierelektrophoretischer Trennung liegt einerseits darin, daß eine Herauslösung von Lipoiden durch den Alkohol möglich ist (vgl. dazu JENCKS und DURRUM[8]), was eine quantitative Auswertung problematisch macht; andererseits werden Lipoide durch starke Adsorption an der Papierfaser festgehalten. Die Elektrophorese im Stärkemedium konnte einen Teil dieser Schwierigkeiten beheben (vgl. DIETRICH[9] u. a.[3]).

Das Anfärben der Lipoidkomponenten auf dem Elektrophoresestreifen kann umgangen werden, wenn, wie McDONALD und BERMES[10] vorschlagen, vor der Trennung die Lipoproteide im Serum mit acetyliertem Sudanschwarz B vorgefärbt werden. Zu diesem Zweck wird 1 cm³ Blutserum vorsichtig und unter Vermeidung von Niederschlägen mit 0,1 cm³ einer gesättigten Lösung von acetyliertem Sudanschwarz B in 95%igem Alkohol versetzt, geschüttelt und bei Zimmertemperatur 30 min stehengelassen. Der überschüssige Alkohol wird durch Durchsaugen eines feinen Luft- oder Stickstoffstroms vertrieben. Die elektrophoretische Trennung erfolgt über 4—5 Std, wobei sowohl die α- als auch die β-Lipoproteide genügend weit differenziert werden und sofort als blaue Zone gegen den weißen Hintergrund des Papiers sichtbar sind. Diese neue Technik schaltet einen langwierigen und lästigen Färbevorgang aus und liefert scharfe Zonen, die eine genauere Bestimmung der α- und β-Lipoproteide zulassen (vgl. dazu GEINITZ und SCHILD[11]).

γ) Kohlenhydrate.

KÖIW und GRÖNWALL[12] geben für die Anfärbung der proteingebundenen Kohlenhydrate folgendes Verfahren an:

Zunächst werden die in Glykolbindung befindlichen Oxygruppen mit Perjodsäure oxydiert, indem die Elektropherogramme für 5 min in eine frisch angesetzte Perjodsäurelösung gelegt werden.

Bereitung der Perjodsäurelösung: 1,2 g Perjodsäure werden in 30 cm³ dest. Wasser gelöst und 15 cm³ einer 5 m Natriumacetatlösung sowie 100 cm³ Äthanol hinzugefügt.

Daraufhin werden die Streifen in 70%igem Äthanol gewaschen und kommen dann für 8 min in eine Reduktionslösung:

5 g KJ und 5 g Natriumthiosulfat in 100 cm³ dest. Wasser lösen und 150 cm³ Äthanol zufügen. Dann werden noch 2,5 cm³ 2 n HCl allmählich zugesetzt.

Schließlich werden die Streifen wieder in 70%igem Äthanol gebadet.

Die entstandenen Aldehydgruppen werden nunmehr mit Fuchsin-schwefliger Säure nach SCHIFF angefärbt.

Nach einer Vorschrift von COLEMAN[13] (vgl. auch WUNDERLY[14]) löst man dazu 1 g basisches Fuchsin in 200 cm³ siedendem dest. Wasser, kühlt auf 50° C ab und versetzt mit 1 cm³ konz. HCl (36—39%) + 2 g $NaHSO_3$ oder $K_2S_2O_5$. Man schüttelt in einer verschlossenen Flasche und läßt 24 Std bei Zimmertemperatur stehen. Dann wird die Lösung mit 0,5 g Knochenkohle geschüttelt und durch ein hartes Filter gegossen; das Filtrat soll

[1] FISCHER, W. F.: Kli. Wo. **1956**, 849.
[2] DURRUM, E. L., M. PAUL and E. SMITH: Science, N. Y. **116**, 428 (1952).
[3] KUNKEL, H. G., and R. J. SLATER: Proc. Soc. exp. Biol. Med. **80**, 42 (1952).
[4] FASOLI, A.: Lancet **262**, 106 (1952). Acta med. scand. **145**, 233 (1953).
[5] ROSENBERG, I.: J. clin. Invest. **31**, 657 (1952).
[6] WUNDERLY, CH., u. F. PEZOLD: Naturwiss. **39**, 493 (1952).
[7] WUNDERLY, C., et R. J. WIEME: Arch. int. Physiol. **63**, 318 (1955).
[8] JENCKS, W., and E. DURRUM: J. clin. Invest. **34**, 1437 (1955).
[9] DIETRICH, F.: H. **302**, 227 (1955).
[10] McDONALD, H. J., and L. W. BERMES jr.: Biochim. biophysica Acta, N. Y. **17**, 290 (1955).
[11] GEINITZ, W., u. W. SCHILD: Ärztl. Forsch. **10**, 167 (1956).
[12] KÖIW, E., and A. GRÖNWALL: Scand. J. clin. Lab. Invest. **4**, 244 (1952).
[13] COLEMAN, L.: Stain Technol. **13**, 132 (1938).
[14] WUNDERLY, C.: Die Papierelektrophorese. Aarau, Frankfurt a. M. 1954.

klar und farblos sein; ein rosa Schimmer kann durch Zutröpfeln von HCl rückgängig gemacht werden. Diese Lösung ist im Eisschrank bei Dunkelheit 2—3 Tage haltbar.

Die vorbehandelten Papierstreifen werden in dieser Lösung 40 min gebadet, wobei sich auch die Cellulose schwach anfärbt.

Ein kräftiges Auswaschen in salzsaurer, 0,4—0,8 %iger[1, 2] Kaliummetabisulfitlösung, anschließendes Durchziehen durch absoluten Alkohol und Trocknen bei 110° vermindert die rote Untergrundfärbung des Streifens[3] (GOMORI[4], vgl. auch BJÖRNESJO[1] u. a.[2]). Die karminroten Streifen der kohlenhydrathaltigen Stellen können durch Direktphotometrie bestimmt werden oder auch nach Elution in Lösung. LAURELL und SKOOG[2] geben dazu folgende Vorschrift: Die Streifenabschnitte werden 20 min in 5 cm³ 1 n NaOH bei 70° eluiert, das Eluat wird dann sofort mit der gleichen Menge abs. Alkohol versetzt, geschüttelt, mit 1 cm³ Essigsäure versetzt und photometriert.

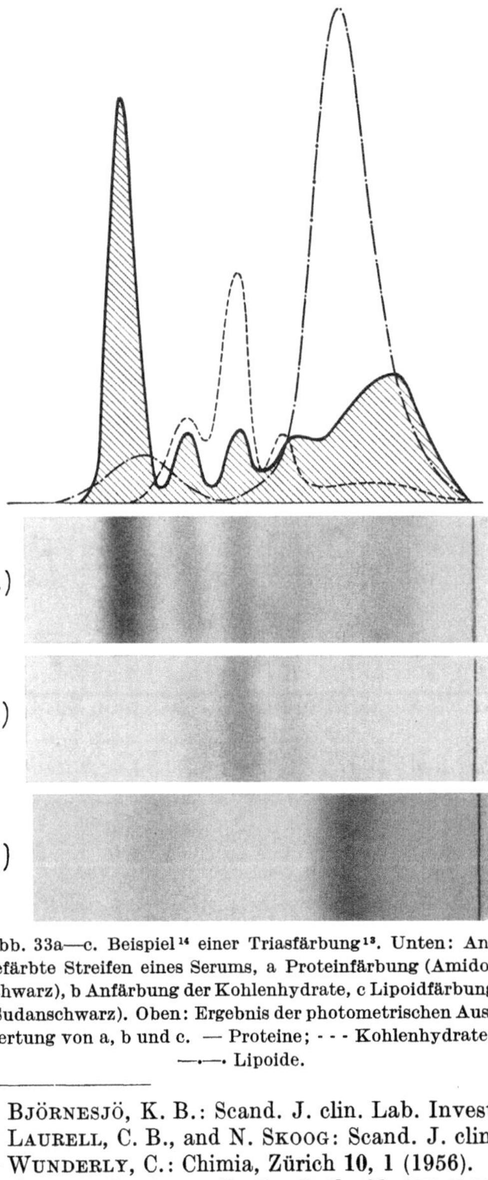

a) b) c)

Abb. 33a—c. Beispiel[14] einer Triasfärbung[13]. Unten: Angefärbte Streifen eines Serums, a Proteinfärbung (Amidoschwarz), b Anfärbung der Kohlenhydrate, c Lipoidfärbung (Sudanschwarz). Oben: Ergebnis der photometrischen Auswertung von a, b und c. — Proteine; - - - Kohlenhydrate; —·— Lipoide.

Eine Modifikation des Färbeverfahrens wurde unter anderen[5-10] von BENHAMOU und Mitarbeitern[8] angegeben: Nach dem Perjodsäurebad kommen die Streifen 15 min in Bromwasser zur Oxydation der Aldehydgruppen. Nach Spülung mit fließendem Wasser wird mit 1% Toluidinblaulösung gefärbt, wieder gewaschen und schließlich die Färbung mit 4 %iger Ammoniummolybdatlösung fixiert.

Für genauere quantitative Bestimmungen der proteingebundenen Kohlenhydrate ist es zuverlässiger, die Fraktionen nach der papierelektrophoretischen Trennung zu eluieren und die Hexosen und das Glucosamin in Lösung getrennt zu bestimmen (KNEDEL[11], BOAS und FOLEY[12]).

Durch Kombination der beschriebenen spezifischen Anfärbeverfahren gelingt somit nach papierelektrophoretischer Trennung von Serumproteinen die gleichzeitige Charakterisierung von Proteinen, Lipoiden und Kohlenhydraten („Triasfärbung"[13]) (Abb. 33).

---

1 BJÖRNESJÖ, K. B.: Scand. J. clin. Lab. Invest. 7, 153 (1955).
2 LAURELL, C. B., and N. SKOOG: Scand. J. clin. Lab. Invest. 8, 21 (1956).
3 WUNDERLY, C.: Chimia, Zürich 10, 1 (1956).
4 GOMORI, G.: Amer. J. clin. Path. 22, 277 (1952).
5 ROMANI, J. D.: Presse méd. 62, 1578 (1954). C. R. Soc. Biol. 148, 1069 (1954).
6 ANDREANI, D., e B. GRASSI: Rass. Fisiopat. 26, 767 (1954).
7 RAYNAUD, R.: Ann. Biol. clin., Paris 11, 377 (1953).
8 BENHAMOU, E., et G. PUGLIESE: Presse méd. 62, 651 (1954).
9 BAUDOUIN, A., J. LEWIN et P. HILLION: C. R. Soc. Biol. 148, 1033 (1954).
10 DREVON, B., et R. DONIKIAN: Bull. Soc. Chim. biol. 37, 1321 (1955).
11 KNEDEL, M.: Verh. dtsch. Ges. inn. Med. 61, 277 (1955).
12 BOAS, N. F., and J. FOLEY: Endocrinology 56, 474 (1955).
13 WUNDERLY, C., u. S. PILLER: Kli. Wo. 1954, 425.
14 KNEDEL, M.: Unveröffentlicht.

δ) *Aminosäuren.*

Die Sichtbarmachung von Aminosäuren kann nach dem gleichen Verfahren erfolgen, wie es in der Papierchromatographie üblich ist (vgl. dazu Bd. I, S. 122). Für die quantitative Bestimmung hat sich das von BULL, HAHN und BAPTIST[1] vorgeschlagene und von BRÜGGEMANN und DREPPER[2] modifizierte Anfärbeverfahren mit Ninhydrin bewährt. Dazu werden in waagerechter Lage die Papierstreifen mit einem Ninhydrinreagens, bestehend aus 90 Teilen Butanol, 10 Teilen Phenol und 1 g Ninhydrin, von beiden Seiten gut besprüht, so daß die Flächen glänzen. Nach Antrocknen an der Luft werden sie dann für 3 min in ein geschlossenes Gefäß von 100° gebracht und dann noch kurze Zeit bei 50° im Trockenschrank nachgetrocknet. Da die Ninhydrinfärbung nur kurze Zeit an der Luft haltbar ist, muß die anschließende photometrische Auswertung der Streifen (546 mμ) unmittelbar danach vorgenommen werden.

Nach T. WIELAND[3] kann die quantitative Bestimmung der aufgetrennten Aminosäuren auch durch Überführung in die Kupferverbindungen, Eluieren mit Säure und colorimetrische Bestimmung des Kupfers mit Dithizon erfolgen.

c) Auswerteverfahren.

Die quantitative Auswertung der durch Farbreaktionen oder Anfärbeverfahren kenntlich gemachten Fraktionen kann, wie erwähnt, im wesentlichen nach 2 Verfahren erfolgen: entweder durch Colorimetrie des Farbstoffes in Lösung oder einfacher, indem man den gefärbten Streifen unmittelbar in durchfallendem Licht photometriert, nachdem man ihn durch Einbetten in ein Lösungsmittel vom Brechungsindex der Papierfaser durchsichtig gemacht hat[4]. Das Elutionsverfahren liefert im allgemeinen keine Kurven, die vor allem für die Beurteilung von Serumtrennungen für die Kliniker notwendig wären, sondern nur Einzelwerte, und diese können nur bei *vollständiger* Auftrennung der Fraktionen genau sein, was oft schwer zu erreichen ist (vgl. Abb. 35b). Aus diesem Grund und wegen der beim Elutionsverfahren stärker ins Gewicht fallenden unterschiedlichen Anfärbbarkeit der Serumproteine (s. S. 175) wird heute wohl im allgemeinen dem von GRASSMANN und HANNIG[4] eingeführten Transparenzmeßverfahren der Vorzug gegeben.

α) *Elutionsverfahren.*

Die Wahl des Elutionsmittels sowie der Wellenlänge, bei welcher die colorimetrische Messung erfolgen soll, richtet sich nach dem zur Färbung der Fraktion verwendeten Farbstoff.

TURBA und ENENKEL[5] verwendeten für *Azokarminfärbung* 0,1 n NaOH als Elutionsflüssigkeit, wobei sich der Farbstoff leicht und vollständig von der Papierfaser löst und stabile, im Absorptionsverhalten unveränderliche Lösungen ergibt. Das Maximum der Lichtabsorption liegt zwischen 520 und 540 mμ.

Für *Bromphenolblau* wird für den gleichen Zweck eine 5%ige Sodalösung in 50%igem Methanol vorgeschlagen[6] (Extinktionsmaximum $\approx$ 600 mμ).

Da *Amidoschwarz 10 B* in alkalischer Lösung unbeständig ist bzw. leicht spektrale Veränderungen und absinkende Extinktionswerte zeigt, wurde gelegentlich von der Verwendung dieses Farbstoffes für das Elutionsverfahren abgeraten[7]. GOLDHAMMER[8], der dieses Verhalten von Amidoschwarz näher untersuchte, fand jedoch, daß sich bei Verwendung von 0,01 n NaOH als Elutionsflüssigkeit, dem geringe Eiweißmengen zugesetzt sind (0,04 cm^3 eines 10fach verdünnten Serums), die Elutionslösung stabilisieren läßt und

[1] BULL, H. B., J. W. HAHN and V. H. BAPTIST: Am. Soc. **71**, 550 (1949).
[2] BRÜGGEMANN, J., u. K. DREPPER: Naturwiss. **39**, 301 (1952).
[3] WIELAND, T., u. E. FISCHER: Naturwiss. **35**, 29 (1948).
[4] GRASSMANN, W., u. K. HANNIG: H. **290**, 1 (1952). Kli. Wo. **1954**, 838.
[5] TURBA, F., u. H. J. ENENKEL: Naturwiss. **37**, 93 (1950).
[6] CREMER, H. D., u. A. TISELIUS: B. Z. **320**, 273 (1950).
[7] PEZOLD, F. A., u. U. PEISER: Kli. Wo. **1953**, 982.
[8] GOLDHAMMER, H.: Lab.-Bl. Behring-Werke **5**, 1 (1955).

noch nach 15 Std gleiche Extinktionswerte ergibt. DE JONG[1] gelangte zu dem Ergebnis, daß Spuren von Metallionen die Ursache der Unbeständigkeit alkalischer Amidoschwarzlösungen sind. Durch einen Zusatz von „Komplexon" (Äthylendiamin-tetraessigsäure) können die Metallionen komplex gebunden werden, so daß auch in dem verhältnismäßig stark alkalischen Milieu die Farblösung stabil bleibt. Er empfiehlt als Elutionsflüssigkeit 0,5 n NaOH, der je Liter 500 mg Komplexon zugesetzt sind. Die Extinktionsmessung erfolgt bei 630 mμ. Nachdem gezeigt wurde, daß mit Amidoschwarz eine der Eiweißmenge proportionale Anfärbung erreicht wird[1] (s. S. 174), steht der Verwendung dieses Farbstoffes auch für das Elutionsverfahren nichts im Wege. Sein hohes Eiweißbindevermögen[2] gegenüber allen anderen für die Eiweißfärbung vorgeschlagenen Farbstoffen wurde bereits hervorgehoben (vgl. Abb. 32).

Die colorimetrische Bestimmung des Farbstoffeluats muß in jedem Fall gegen einen Leerwert erfolgen, den man durch Elution *gleich großer*, nicht mit Eiweiß beladener Papierabschnitte gewinnt. Dieser Leerwert kann nicht als konstant angenommen werden, da er von Fall zu Fall, je nach Färbebad und Auswaschvorgang, schwanken kann und auch bei farblos erscheinenden Streifenabschnitten nicht zu vernachlässigen ist. Zur Berechnung der relativen Konzentrationsverteilung der getrennten Proteinfraktionen aus den Ergebnissen der colorimetrischen Messungen müssen beim Elutionsverfahren wegen der unterschiedlichen Anfärbbarkeit der verschiedenen Proteine Korrekturfaktoren eingesetzt werden, die zum Teil beträchtlich sind. Bei Bromphenolblau beträgt, wenn die Anfärbung des Albumins gleich 1 gesetzt wird, der Korrekturfaktor für das γ-Globulin 1,6[3, 4], derjenige für α_1 2,36, für α_2 2,09 und für β 2,20[4]. Daß diese Zahlen von anderen Autoren[5] nicht immer bestätigt werden konnten, liegt wohl hauptsächlich daran, daß man im Fall pathologisch veränderter Seren mit stärkeren Abweichungen der Farbstoffbindung der einzelnen Fraktionen zu rechnen hat.

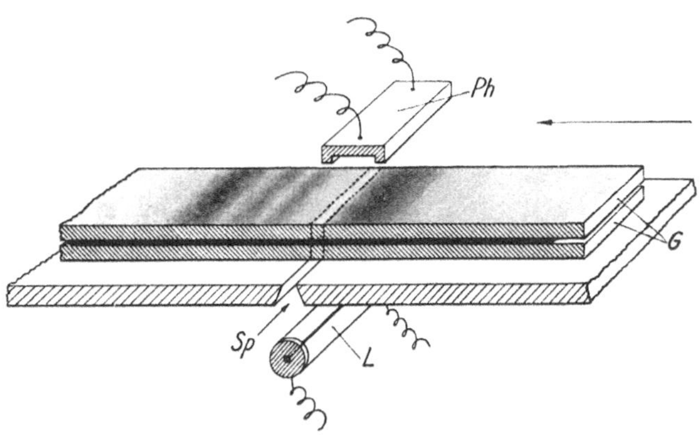

Abb. 34. Anordnung zum Photometrieren[2]. *G* Glasplatten; *Sp* Spalt; *Ph* Photozelle; *L* Fadenlampe.

Für den Farbstoff Amidoschwarz 10 B ergeben sich im allgemeinen für die Korrekturfaktoren etwas niedrigere Werte (vgl. dazu S. 175). Wir fanden für γ-Globulin den Wert 1,3—1,4, der auch von anderer Seite bestätigt wurde[1], und für α-Globulin den Wert 1,05.

Um die Ergebnisse einer Serumtrennung in Kurvenform zu erhalten, werden nach CREMER und TISELIUS[3] die angefärbten Streifen in eine große Zahl gleich breiter Querstreifen zerlegt und der Farbstoff jedes einzelnen Streifens nach Elution photometrisch bestimmt. Um gute Kurven zu erhalten, muß man in möglichst viele Streifen zerlegen, die in ihrer Breite immer *vollkommen gleich* ausfallen müssen, was einen großen Zeitaufwand erfordert. Auch ist die Menge des eluierten Farbstoffes dabei relativ gering.

β) Transparenzmeßverfahren (Direktphotometrie).

Das Prinzip dieses Verfahrens, bei dem das Ergebnis in einfacher Weise in Form einer Konzentrationsverteilungskurve erhalten wird, die dem Diagramm einer Philpot-Svensson-Aufnahme bei der U-Rohr-Methode entspricht, ist aus Abb. 34 ersichtlich.

[1] DE JONG, E. B. M.: Recu. Trav. chim. Pays-Bas **74**, 1290 (1955).
[2] GRASSMANN, W., u. K. HANNIG: H. **290**, 1 (1952). Kli. Wo. **1954**, 838.
[3] CREMER, H.-D., u. A. TISELIUS: B. Z. **320**, 273 (1950).
[4] ESSER, H., F. HEINZLER, F. KAZMEIER u. W. SCHOLTAN: M. m. W. **1951**, 985.
[5] KÖIW, E., G. WALLENIUS and A. GRÖNWALL: Scand. J. clin. Lab. Invest. **4**, 47 (1952).

Der angefärbte Elektrophoresestreifen wird zunächst durch Imprägnieren mit einer Mischung aus α-Bromnaphthalin + Paraffinöl (Brechungsindex 1,51) weitgehend durchsichtig gemacht und dann blasenfrei zwischen 2 Glasplatten *G* eingebettet. Die Glasscheiben können mittels eines Triebes millimeterweise in der Pfeilrichtung verschoben und dadurch an dem Spalt *Sp* vorbeigeführt werden. Der Spalt wird von unten durch die Fadenlampe *L* derart beleuchtet, daß auf dem Papierstreifen ein etwa 1 mm breiter und 38 mm langer Lichtstreifen quer zur Richtung des Papierstreifens ausgeleuchtet wird. Das durch den Streifen hindurchgehende Licht gelangt in die Photozelle *Ph*, die die Extinktion des Streifens von Millimeter zu Millimeter zu messen erlaubt. Die abgelesenen

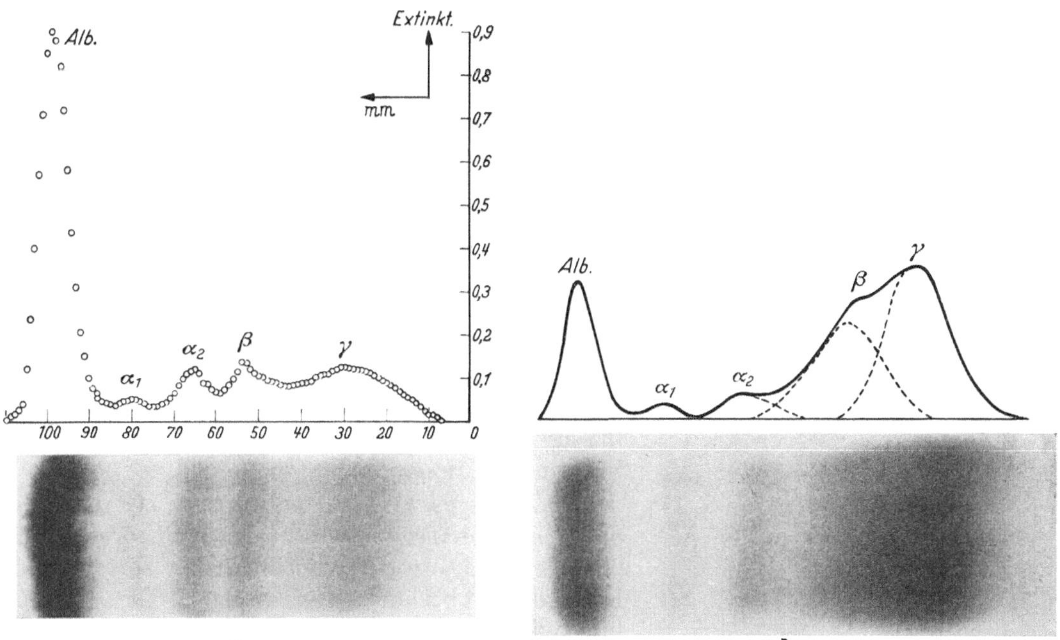

a b

Abb. 35a u. b. Ergebnisse einer photometrischen Auswertung. a Normalserum, b Serum bei Lebercirrhose. Angefärbter Streifen, darüber die gefundenen Meßpunkte.

Extinktionen *E** werden dann als Funktion der Weglänge auf Millimeter-Papier aufgetragen, was gegebenenfalls auch durch ein automatisches Registriergerät erfolgen kann. Abb. 35a zeigt die photographische Wiedergabe eines mit Amidoschwarz 10 B angefärbten Streifens von Normalserum und darüber die bei seiner photometrischen Ausmessung gefundenen Meßpunkte. Abb. 35b veranschaulicht das Ergebnis der Auswertung an einem pathologisch veränderten Serum (Lebercirrhose). Die auf diese Weise erhaltenen Kurven werden schließlich, wie das auch bei dem Verfahren der freien Elektrophorese nach TISELIUS üblich ist, in die den einzelnen Fraktionen entsprechenden Gauß-Kurven zerlegt und deren Flächen planimetrisch oder nach einem anderen Verfahren ermittelt.

Zur Erzielung einwandfreier und stets gut reproduzierbarer Ergebnisse mit geringen Schwankungsbreiten sind beim Photometrieren des Streifens und bei der Auswertung der Kurven einige Gesichtspunkte sorgfältig zu beachten.

Zum Photometrieren des Streifens. Das Durchsichtigmachen der Elektrophoresestreifen ist schon aus theoretischen Gründen unerläßlich, da nur dann das *Lambert-Beersche Gesetz* seine Gültigkeit behält. Die Messung der Lichtschwächung soll nämlich ausschließlich durch Absorption und nicht durch Streuung erfolgen. Diese Voraussetzung trifft aber nur für den transparent gemachten Streifen annähernd zu, und man kann nur

* $E = \log \frac{I_0}{I}$; wobei I die Intensität des durch den mit Eiweiß beladenen Streifen, I_0 diejenige des durch den nicht mit Eiweiß beladenen Streifen durchtretenden Lichtes ist.

in diesem Fall eine lineare Beziehung zwischen Farbdichte und Extinktion erwarten. Mit fast vollständiger Streuung hat man aber dann zu rechnen, wenn der Streifen vor der Messung nicht transparent gemacht wird[1].

Das Ergebnis einer Messung, die auf diese Weise am nicht transparent gemachten Streifen unter Verwendung einer entsprechend starken Lichtquelle durchgeführt wurde, ist in Abb. 36 der Messung am transparenten Streifen gegenübergestellt. Der Vergleich zeigt, daß die Streueffekte, deren exakte mathematische Erfassung praktisch unmöglich ist (vgl. dazu REMKY[2]), zu einer starken Verzerrung der Kurven führen, und zwar in dem Sinne, daß die kleinen Fraktionen des Serums erheblich zu hoch, das Albumin viel zu niedrig gefunden werden (vgl. dazu DURRUM[3]).

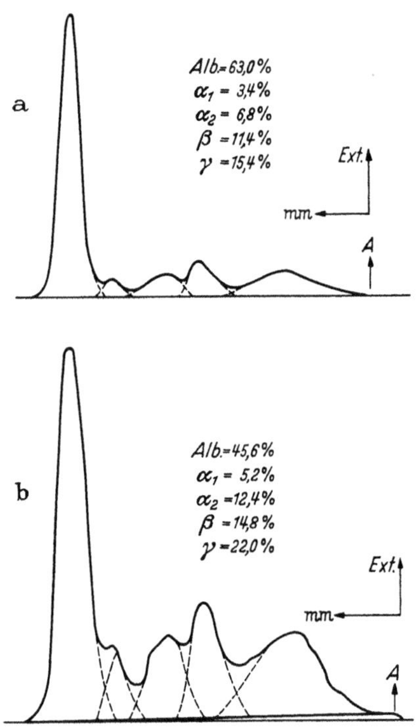

Abb. 36a u. b. Photometrische Auswertung am transparent (a) gemachten und am nichttransparent gemachten (b) Elektrophoresestreifen[1].

Das *Transparentmachen* der Streifen mittels einer geeigneten Flüssigkeit vom Brechungsindex 1,51 muß daher mit besonderer Sorgfalt vorgenommen werden, da schon kleinste, in den Streifen zurückbleibende Luftbläschen die Messung beeinträchtigen können. Am besten gelingt die Durchtränkung im Vakuum, wobei sich ein kleines, im Handel befindliches Hilfsgerät* (Abb. 37) bewährt hat. An Stelle einer Mischung von Paraffinöl und α-Bromnaphthalin als Transparenzflüssigkeit wurden auch Anisol[4, 5], Methylsalicylat[6], Caedax (Bayer)[7], Benzylalkohol[8] und Herbopanlack[9] vorgeschlagen. Da sich die zur Lipoidfärbung geeigneten Farbstoffe in den meisten dieser Lösungsmittel lösen, kann als Transparenzflüssigkeit für angefärbte Lipoidtrennungen Glycerin Verwendung finden[10].

Ein weiteres Problem ergibt sich bei der *photometrischen Auswertung* der Elektrophoresestreifen aus der immer etwas ungleichmäßigen Verteilung des Farbstoffes über die Streifenbreite. Dies geht aus folgenden Überlegungen hervor.

Eine gegebene Farbstoffmenge sei über die gesamte Breite b des Streifens gleichmäßig verteilt (Abb. 38a) und so groß gewählt, daß die Intensität des eingestrahlten Lichtes auf die Hälfte geschwächt wird. Die Extinktion E_1 errechnet sich dann zu:

$$E_1 = \log \frac{100}{50'} = \log 2 = 0{,}301.$$

Nunmehr werde die gleiche Farbstoffmenge so auf den Streifen gebracht, daß sie nur die Hälfte der Streifenbreite $b/2$ (Abb. 38b), diese aber in doppelter Dichte, bedeckt, die andere Hälfte der Streifenbreite aber ungefärbt sei (ein Extremfall, der natürlich beim praktischen Arbeiten nicht annähernd verwirklicht ist). Nunmehr wird die Hälfte der eingestrahlten Lichtintensität, die ihren Weg durch den nicht angefärbten Streifen nimmt,

* Hersteller: Bender & Hobein, München, Lindwurmstraße 71.

1 GRASSMANN, W., u. K. HANNIG: Kli. Wo. **1954**, 838.
2 REMKY, H.: Kli. Wo. **35**, 635 (1957).
3 BLOCK, R. J., E. L. DURRUM and G. ZWEIG: A Manual of Paper Chromatography and Paper Elektrophoresis. New York 1955.
4 GRASSMANN, W., u. K. HANNIG: Naturwiss. **37**, 496 (1950).
5 PIEPER, J., u. H. MOLINSKI: Kli. Wo. **1954**, 985.
6 LATNER, A. L.: Biochem. J. **52**, xxxiii (1952).
7 EISENREICH, F., u. M. EDER: Kli. Wo. **1951**, 60.
8 KAWERAU, E.: Analyst **79**, 681 (1954).
9 DECKER, P.: Persönliche Mitteilung.
10 KIMBEL, K. H.: Naturwiss. **40**, 200 (1953).

überhaupt nicht geschwächt werden, die andere Hälfte aber auf 25% der eingestrahlten Intensität. Insgesamt werden also in diesem Fall $50 + 12{,}5 = 62{,}5\%$ der eingestrahlten Intensität die Photozelle erreichen, woraus sich eine geringere Extinktion E_2 errechnet zu:

$$E_2 = \log \frac{100}{62{,}5} = \log 1{,}6 = 0{,}2041.$$

Die Extinktion wird also unter diesen Bedingungen zu gering befunden, das Meßergebnis nach unten verfälscht. Da, wie sich mathematisch leicht beweisen läßt (GRASSMANN und HANNIG[1]), höhere Extinktionswerte verhältnismäßig stärker nach unten gedrückt werden als niedrige, tritt an Stelle der linearen Abhängigkeit zwischen Extinktion und Farbstoffmenge eine mehr oder weniger stark gekrümmte Kurve. Wenn das Substanzgemisch als runder Fleck aufgetragen wurde, ist es daher unzulässig, die Auswertung am transparenten Streifen durchzuführen. Auch bei stärkeren Zonenimperfektionen, z. B. gekrümmten Zonen („Semmelformen"), kann das Ergebnis der Auswertung in dem geschilderten Sinn verschoben werden.

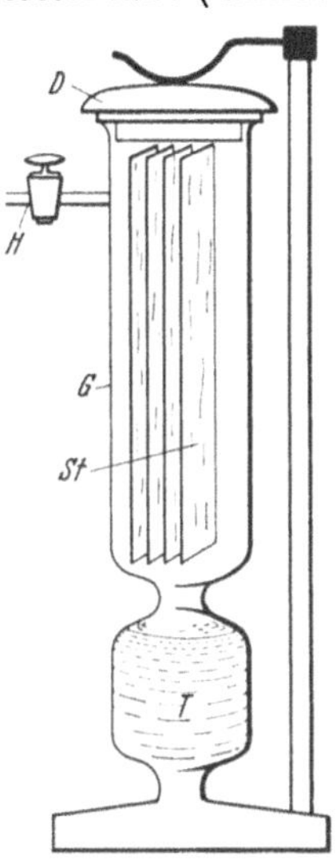

Abb. 37. Gerät zum Imprägnieren der Elektrophoresestreifen im Vakuum. *G* Glasgefäß; *St* Elektrophoresestreifen; *T* Transparenzöl; *H* Anschluß der Wasserstrahlpumpe; *D* vakuumdichter Deckel.

Wie bei allen photometrischen Messungen kann es bei Verwendung von nicht monochromatischem Licht zu Abweichungen vom LAMBERT-BEERschen Gesetz und damit ebenfalls zu einer nicht linearen Beziehung zwischen Extinktion und Farbstoffmenge kommen, da die Extinktionskoeffizienten im allgemeinen für verschiedene Wellenlängen verschieden sind (ASMUS[2]).

Mit streng monochromatischem Licht können photometrische Messungen grundsätzlich mit jeder Wellenlänge vorgenommen werden, bei der der Farbstoff überhaupt hinlänglich stark absorbiert; die Beziehung zwischen Extinktion und Farbdichte bleibt dabei, solange nicht andere Ursachen für Abweichungen vom BEERschen Gesetz gegeben sind, immer linear, und nur die Neigung der Kurve ändert sich.

Mit nicht streng monochromatischem Licht sollte die Messung möglichst in der Nähe des Maximums der Extinktionskurve ausgeführt werden, und die von dem Farbstoff nicht oder wenig absorbierten Wellenlängen, soweit die Photozelle auf sie anspricht, sollten abgefiltert sein.

Die Auswertgeräte. Nach dem Gesagten ist zu erwarten, daß an die für die Messung am transparenten Streifen geeigneten Auswertgeräte besondere Anforderungen gestellt werden müssen. Dies gilt besonders für das Photoelement, das eine streng lineare Charakteristik aufweisen muß, aber auch im Hinblick auf die Verwendung des zur Messung geeigneten Lichtes und einige andere optische Voraussetzungen.

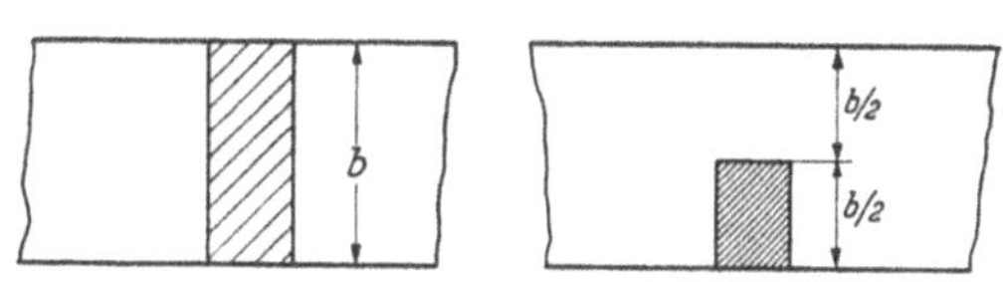

Abb. 38a u. b. Abhängigkeit der gemessenen Extinktion von der Verteilung des Farbstoffes über die Breite des Streifens (Erklärung s. Text).

Wir haben einige im Handel befindliche Auswertgeräte auf ihre Eignung geprüft:

1. Das einfach gebaute Elphor-H-Auswertgerät* ist mit einer 6 V-10 W-Lampe ausgestattet, die von einer Akkubatterie gespeist wird (Vermeidung von Netzschwankungen). Es ist zweckmäßig, in den Strahlengang ein Lichtfilter G 5 (Schott & Gen.) einzuschalten, das das kurzwellige Licht von 550 mμ an abfiltriert. Dadurch, sowie durch die spektrale Empfindlichkeit des Photoelementes und der spektralen Strahlungsdichte der Glühlampe, ergibt sich ein maximal wirksames Licht in dem Wellenbereich zwischen 590 und 630 mμ, das gut mit dem Absorptionsmaximum von Amidoschwarz 10 B auf den mit Eiweiß angefärbten Streifen übereinstimmt.

* Hersteller: Bender & Hobein, München, Lindwurmstraße 71.

[1] GRASSMANN, W., u. K. HANNIG: H. **290**, 1 (1952).
[2] ASMUS, E.: Optik, Stuttgart **9** 108 (1952).

2. Das Zusatzgerät zum Photometer „Eppendorf"*, das als Lichtquelle eine Quecksilberspektrallampe verwendet und bei Verwendung der geeigneten Lichtfilter die Messung mit streng monochromatischem Licht zuläßt.

Die Messung erfolgt durch eine Photozelle und Meßinstrument mit Röhrenverstärker.

Die unter 1 und 2 genannten Instrumente sind Handauswertgeräte, die nach dem Prinzip der Abb. 34 arbeiten.

3. Automatisches Auswertgerät nach EBERLE-EDELMANN**[1]. Als Lichtquelle dient eine Quecksilberspektrallampe mit strengen Lichtfiltern. Die Einzelextinktionen werden automatisch von Millimeter zu Millimeter gemessen und auf einem Papierstreifen durch Einstechen eines Loches festgehalten. Die einzelnen Meßpunkte ergeben somit den Verlauf der Konzentrationskurve. Das bei diesem Gerät angewandte Kompensationsmeßprinzip erlaubt die gleichzeitige Summierung der Einzelextinktionen durch ein Zählwerk; man kann somit die Flächenwerte der den einzelnen Fraktionen entsprechenden Kurven ermitteln.

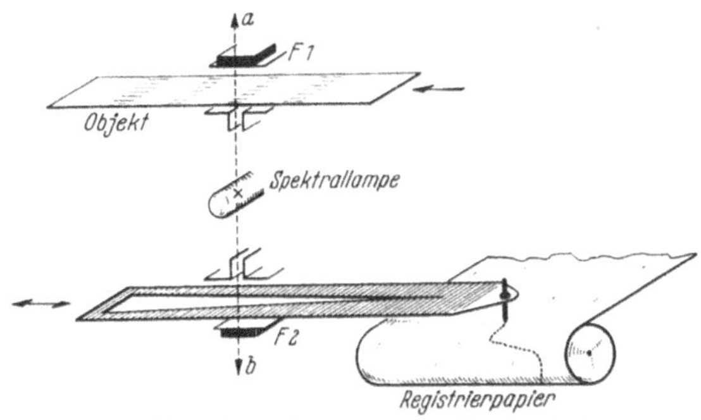

Abb. 39. Meßprinzip des Auswertgerätes nach EBERLE-EDELMANN. $F_{1,2}$ Photoelemente.

4. Das automatische Auswertgerät „Extinktionsschreiber" (Fa. C. Zeiss, Oberkochen). Als Lichtquelle dient eine Glühlampe in Verbindung mit geeigneten Filterkombinationen; dadurch ist eine Messung im Extinktionsmaximum möglich. Das Gerät, bei dem ebenfalls ein Kompensationsprinzip angewendet wurde, schreibt mit Hilfe eines Tintenschreibers eine kontinuierliche Extinktionskurve. Ein Zusatzgerät zur automatischen Integration ist in Vorbereitung.

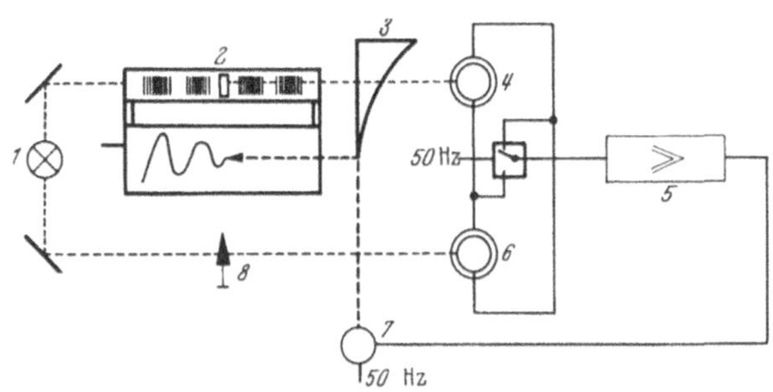

Abb. 40. Prinzipskizze des Extinktionsschreibers der Fa. C. Zeiss. *1* Glühlampe, *2* Elektrophoresestreifen, *3* drehbar gelagerter Graukeil, *4*, *6* Photoelemente, *5* Verstärker, *7* Nachlaufmotor, *8* Blende.

Eine prinzipielle Schwierigkeit für die Entwicklung automatischer Auswertgeräte ergibt sich aus dem Umstand, daß die von der Photozelle aufgenommene Lichtintensität und damit auch der zur Messung gelangende Photostrom zur Extinktion nicht in einer linearen, sondern in einer logarithmischen Beziehung steht. Die Ausschläge von Zeiger- oder Schreibgeräten, die den Photostrom anzeigen, sind also der durchtretenden Lichtintensität proportional; man erhält Absorptionskurven, aber keine Extinktionskurven. Bei selbstregistrierenden Geräten müssen demnach die Zeigerausschläge durch eine geeignete Vorrichtung logarithmisch umgeformt werden, was einen gewissen Aufwand erfordert. Grundsätzlich sind dazu mehrere Wege möglich. Am einfachsten und sichersten scheint ein Zweistrahlenkompensationsverfahren zu sein, welches bei den unter 3 und 4 beschriebenen Geräten angewandt wird.

Beim Auswertgerät nach EBERLE[1] befindet sich die Lampe (Abb. 39) in der Mitte zwischen 2 Schlitzblenden, die die beiden Lichtbündel *a* und *b* abgrenzen. Der Strahl *a* durchsetzt den zu messenden Elektrophoresestreifen und tritt, bevor er auf die Photozelle *F 1* trifft, durch eine keilförmige Blende (bzw. Graukeil), die in Richtung der Pfeile von Motorkraft hin und her bewegt werden kann. Auf ihrem Weg gelangt diese Blende zu einem Ort, wo *F 1* und *F 2* den gleichen Strom liefern. Die Ströme der Elemente

* Hersteller: Netheler u. Hinz GmbH, Hamburg-Eppendorf.

** Hersteller: Bender & Hobein, München, Lindwurmstraße 71.

[1] EBERLE, H.: Naturwiss. 41, 479 (1954).

werden in einer Brückenschaltung verglichen und führen, wenn ihre Differenz Null ist, zur Auslösung eines Stromstoßes. Dieser Stromstoß wird einem Elektromagneten zugeführt, der mit der Blende gemeinsam bewegt wird und an der Kompensationsstelle mittels einer Nadel auf das Registrierpapier einen Punkt sticht. Durch Wiederholung dieses geschilderten Vorganges bei millimeterweisem, automatischem Vorrücken des zu messenden Streifens ergibt sich schließlich aus der Aneinanderreihung der verschiedenen Meßpunkte der Kurvenverlauf.

Bei dem Extinktionsschreiber der Fa. Zeiss, der ebenfalls mit dem Zweistrahlenkompensationsverfahren arbeitet (Abb. 40), wird das von einer Glühlampe *1* ausgehende Licht geteilt und 2 getrennten Photoelementen, dem Meßelement *4* und dem Vergleichs-

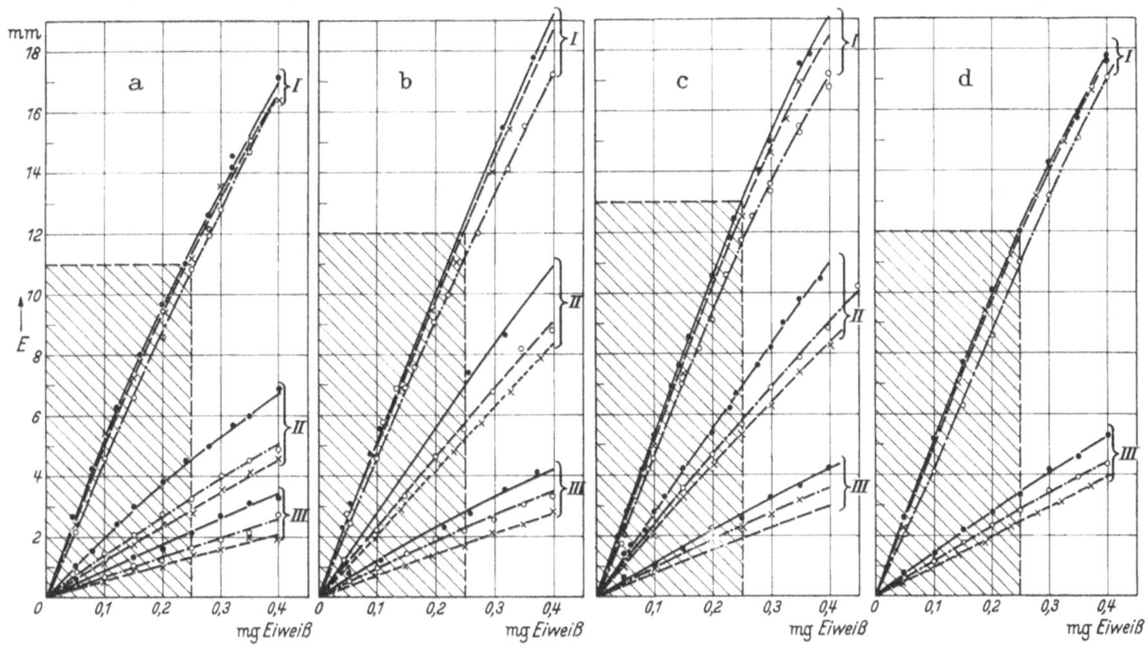

Abb. 41a—d. Eichkurven für Albumin, α- und γ-Globulin[1]. a Ermittelt im Elphor-H-Auswertgerät; b ermittelt im Zusatzgerät zum Eppendorf-Colorimeter; c ermittelt im automatischen Auswertgerät nach EBERLE-EDELMANN; d ermittelt im Extinktionsschreiber der Fa. C. Zeiß. Anfärbung mit: *I* Amidoschwarz 10 B, *II* Azokarmin, *III* Bromphenolblau. ●—●—● Albumin; ×—×—× γ-Globulin; o—·—o α-Globulin. Ordinate: Flächenintegral $E \cdot$ mm.

element *6*, zugeführt. Während das Licht auf dem einen Weg durch eine fest eingestellte Blende *8* geht, durchläuft es auf dem anderen zunächst einen drehbar gelagerten Graukeil *3* und dann den zu messenden Elektrophoresestreifen *2*. Die Photoelemente sind in Kompensationsschaltung angeordnet. Die Differenzspannung beider Elemente, die dann entsteht, wenn die Photoströme ungleich sind, wird in eine Wechselspannung umgeformt und nach Verstärkung *5* einem Nachlaufmotor *7* zugeführt. Der Motor verschiebt den Graukeil in dem Sinne, daß der Lichtstrom des Meßstrahlganges bei Änderung der Extinktion der Probe konstant bleibt, und der zugeordnete Photostrom gleich dem Photostrom des Vergleichsweges wird. Bei gleichen Photoströmen ist also die Photowechselspannung gleich Null und der Motor steht. Die Stellung des Graukeils gibt somit ein Maß für die Extinktion, die mit dem Tintenschreiber mechanisch registriert wird.

Die mit den geprüften Geräten erhaltenen Eichkurven, und zwar jeweils für Albumin, α- und γ-Globulin einerseits, Anfärbung mit Amidoschwarz, Azokarmin und Bromphenolblau andererseits, sind in den Abb. 41a—d wiedergegeben. Sie wurden nach dem bereits oben geschilderten Verfahren (s. S. 180) erhalten. Die Kurven zeigen in Übereinstimmung mit den Ergebnissen der Abb. 32, daß, bezogen auf gleiche Eiweißmengen, mit Amidoschwarz 10 B die höchsten, mit Bromphenolblau und Azokarmin dagegen geringere Extinktionen erhalten werden. Ebenso entspricht es den Ergebnissen der Abb. 32, daß bei

[1] GRASSMANN, W., u. K. HANNIG: Kli. Wo. **1954**, 838.

der Anfärbung mit Amidoschwarz 10 B Albumin und α-Globulin praktisch übereinstimmen und die Extinktion von γ-Globulin gegenüber von Albumin um wenig vermindert ist. Deswegen sind auch irgendwelche Faktoren zur Errechnung der relativen Prozente der einzelnen Serumproteinfraktionen bei Anfärbung mit Amidoschwarz 10 B und direkter photometrischer Auswertung entbehrlich. Der Verlauf der Eichkurven ist bei allen 4 Instrumenten in dem zur Messung dienenden Bereich (schraffierte Teile in Abb. 41) annähernd linear. Stärkere Abweichungen erhält man erst, wenn die Einzelextinktion einen Wert von $E = 1{,}0$ übersteigt.

In Tabelle 3 sind die Ergebnisse einer Fünffachbestimmung an ein und demselben Normalserum unter Auswertung mit den verschiedenen Auswertgeräten wiedergegeben, und zwar sowohl die Mittelwerte als auch die dabei ermittelten mittleren Fehler.

Tabelle 3. *Vergleich der Ergebnisse einer Fünffachbestimmung an einem Normalserum.* (Neben den relativen Prozenten die Fehlerbreiten.)

	Ermittelte relative Prozente nach Auswertung in den Geräten				Mittlerer Planimetrierfehler
	a)	b)	c)	d)	
	Elphor-H	Eppendorf-Colorimeter	Auswertgerät Eberle-Edelmann	Extinktionsschreiber Zeiss	
Albumin .	62,8 ± 1,6	65,1 ± 1,0	63,4 ± 0,5	63,0 ± 0,8	± 0,3
α_1-Globulin	5,8 ± 0,6	5,4 ± 0,6	5,7 ± 0,3	5,8 ± 0,2	± 0,2
α_2-Globulin	6,5 ± 0,5	6,1 ± 0,4	6,6 ± 0,4	6,8 ± 0,4	± 0,2
β-Globulin.	8,3 ± 0,5	7,8 ± 0,6	8,4 ± 0,3	8,2 ± 0,6	± 0,2
γ-Globulin.	16,6 ± 1,1	15,6 ± 1,1	15,9 ± 0,5	16,2 ± 0,7	± 0,2

Für die verhältnismäßig geringfügigen Unterschiede der Eichkurven und der Ergebnisse bei der Auswertung einer Serumtrennung mit den verschiedenen Auswertgeräten dürfte in erster Linie die unterschiedliche Art des verwendeten Lichtes (mehr oder weniger monochromatisch) verantwortlich sein.

Ein Meßgerät, welches mit elektronischer Umformung die Absorptionsmessung in eine Extinktionsmessung umwandelt, wird von LAURENCE[1] beschrieben. Weitere lichtelektrische Auswertgeräte sind von CROOK und Mitarbeitern[2], KNAPP und SIELER[3] u. a.[4, 5] entwickelt worden.

Die von WEICKER[5] und WARMUTH[6] u. a.[7, 8] vorgeschlagene Auswertung von transparent gemachten Streifen über ein EKG-Gerät muß im allgemeinen Kurven geben, die ohne Umformung für eine quantitative Auswertung nicht geeignet sind. Der Vorschlag[9], derartige Messungen im nicht linearen Teil der Charakteristik einer Photozelle durchzuführen, bedeutet eine wenig gesicherte und kaum zuverlässig reproduzierbare Näherung (vgl. dazu KNAPP[10], HANSON und WENZEL[11]).

Die Messung im UV fluorescierender Stoffe auf dem Papierstreifen ist von SEMM und FRIED[12] sowie von KÜHN[13] beschrieben worden. Dazu sind Geräte geeignet, die eine Queck-

[1] LAURENCE, D. J. R.: J. sci. Instr. **31**, 137 (1954).
[2] CROOK, E. M., H. HARRIS, FATMA HASSAN and F. L. WARREN: Biochem. J. **56**, 434 (1954). Ciba Found. Symp. on Paper Electrophoresis. London 1956.
[3] MARKHAM, R., and J. D. SMITH: Nature **168**, 406 (1951).
[4] SCHULZ-METHKE, H.-D.: Chem.-Ing.-Techn. **27**, 214 (1955).
[5] WEICKER, H.: Kli. Wo. **1953**, 161.
[6] WARMUTH, G.: Ärztl. Forsch. **8**, 21 (1954).
[7] GATTNER, H.: Z. ges. inn. Med. **9**, 306 (1955).
[8] FRANZ, L.: Röntgen- u. Lab.-Praxis **8**, 109 (1956).
[9] WEICKER, H., u. F. BOHLINGER: Kli. Wo. **1953**, 1114.
[10] KNAPP, A., u. H. SIELER: Z. ges. inn. Med. **8**, 741 (1953).
[11] HANSON, H., u. M. WENZEL: Z. ges. inn. Med. **9**, 409 (1954).
[12] SEMM, K., u. R. FRIED: Naturwiss. **39**, 326 (1952).
[13] KÜHN, A.: Naturwiss. **42**, 529 (1955).

silberdampflampe oder einen anderen UV-Strahler als Lichtquelle verwenden. Abb. 42 zeigt das Prinzip der Anordnung[1].

Das Licht der Quecksilberdampflampe *1* passiert zunächst ein Filter *2*, welches die langwellige, sichtbare Strahlung absorbiert, aber für UV durchlässig ist, und trifft dann durch eine Blende auf den Papierstreifen. Fluorescierende Substanzen werden zum Leuchten angeregt und senden ihr Licht durch das UV-undurchlässige Filter *4* auf die Photozelle *5*; die Intensitätsschwankungen werden wie üblich durch das Meßinstrument *6* registriert.

Das Verfahren bewährte sich unter anderem[2] bei der quantitativen Bestimmung von Vitamin B_1 in Gegenwart anderer fluorescierender Stoffe[3].

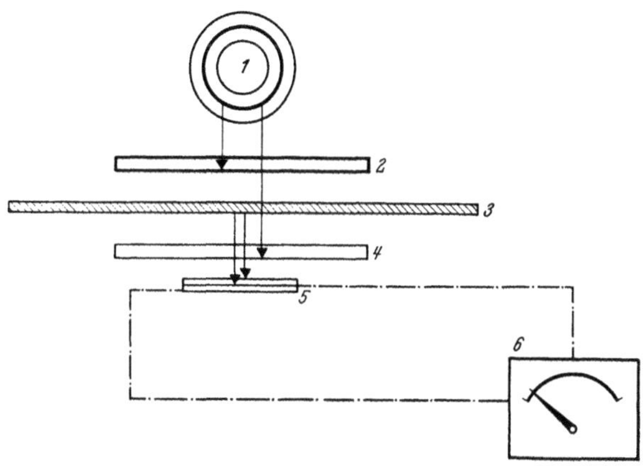

Abb. 42. Schema der Anordnung zur quantitativen Bestimmung von fluorescierenden Stoffen auf Filtrierpapier[1]. *1* Lichtquelle, *2* nur für UV-Licht durchlässiges Filter, *3* Filtrierpapierstreifen, *4* Absorptionsfilter für UV-Licht, *5* Photoelement, *6* Meßinstrument.

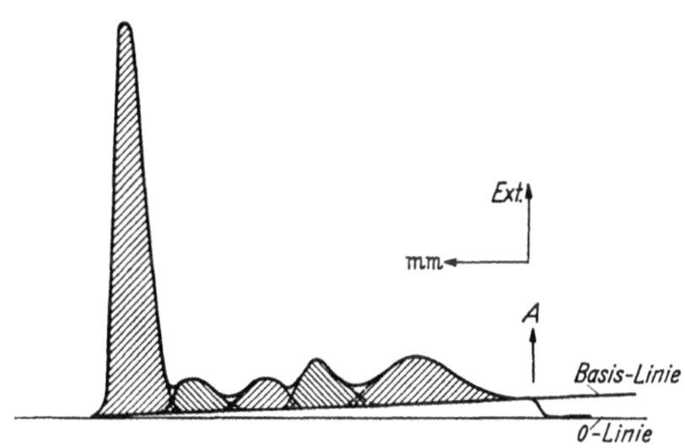

Abb. 43. Korrektur der Basislinie.

Zur Auswertung der Photometerkurven. Wenn die nach der photometrischen Ausmessung erhaltenen Kurven in die, den einzelnen Fraktionen entsprechenden Gauß-Kurven zerlegt werden sollen, ist zunächst die genaue Festlegung der Basislinie wichtig. Da man bei der Papierelektrophorese mit geringen Adsorptionseffekten zu rechnen hat, wird oft der Fall eintreten, daß der Endpunkt der photometrischen Messung, also das Ende der γ-Fraktion nicht vollständig auf den Nullpunkt des unbeladenen Streifens zurückkehrt; der wirkliche Nullpunkt wird vielmehr erst hinter der Auftragsstelle wieder erreicht. Diese Restextinktion sollte auch unter ungünstigen Verhältnissen einen Wert von $E = 0{,}04$ nicht überschreiten. Eine exakte Berücksichtigung dieses Effektes wäre nur möglich, wenn bekannt wäre, wie das am Papier festhaftende Restprotein sich auf die einzelnen Fraktionen verteilt. Erfahrungsgemäß werden richtige, d. h. mit dem Ergebnis der klassischen Methode weitgehend übereinstimmende Ergebnisse erhalten, wenn man bei der Auswertung die Basis geradlinig vom Nullwert vor der Albuminfraktion zu dem etwas höheren Wert hinter der γ-Globulinfraktion zieht. Dazu ist es notwendig, das flache Kurvenstück zwischen dem γ-Globulin und der Auftragstelle noch in die photometrische Messung einzubeziehen. Gerade diese Maßnahme gestattet es, im Gegensatz zur Elutionsmethode, eine weitgehende Korrektur derjenigen Fehler vorzunehmen, die durch die niemals vollkommen vermeidbare und mit der Filtrierpapiersorte schwankende Adsorption am Filtrierpapier hervorgerufen werden. Abb. 43 zeigt diesen Vorgang schematisch, aber etwas übertrieben (vgl. dazu Kraft und Biel[4] und S. 180).

Das Einzeichnen der Gauß-Kurven bereitet erfahrungsgemäß einige Schwierigkeiten. Das herkömmliche Verfahren[5] besteht darin, die Gauß-Kurven von freier Hand aus

[1] Semm, K., u. R. Fried: Naturwiss. **39**, 326 (1952).
[2] Kühn, A., u. A. Egelhaaf: Naturwiss. **42**, 634 (1955).
[3] Fried, R.: H. **291**, 57 (1952).
[4] Kraft, D., u. H. Biel: Ärztl. Lab. **2**, 397 (1956).
[5] Wiedemann, E.: Schweiz. med. Wschr. **76**, 241 (1946).

einzuzeichnen, wobei darauf zu achten ist, daß durch die 2 sich schneidenden Kurvenäste Dreiecksflächen möglichst gleichen Inhalts entstehen (Abb. 44, rechter Teil der Kurve). Dieses Vorgehen erfordert namentlich bei der Auswertung pathologisch veränderter Seren (Abb. 35b) eine gewisse Erfahrung.

Wenn eine Fraktion nicht als Einzelkomponente vorliegt, d. h. nicht mit einem selbständigen Gipfel erscheint, kann durch Extrapolation der Gauß-Kurven, wie dies zwischen

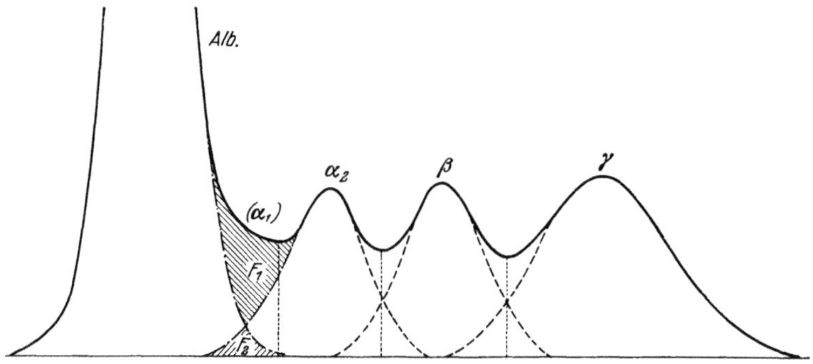

Abb. 44. Beispiele zur Abgrenzung von Fraktionen aus dem Elektrophoresediagramm. ——— Ergänzung der Kurven durch angenäherte Extrapolation[1]; ···· Trennung der Diagrammabschnitte nach TISELIUS und KABAT[2]; ·—·—· rechnerisch-graphische Ermittlung einer nicht vollständig getrennten Unterfraktion[3].

Albumin und der α_1-Fraktion in Abb. 44 ersichtlich ist, die nicht abgetrennte Komponente (α_1) durch Differenzbildung der entstandenen ungleichen Flächen F_1—F_2 ermittelt werden (vgl. dazu WALLNER[3]).

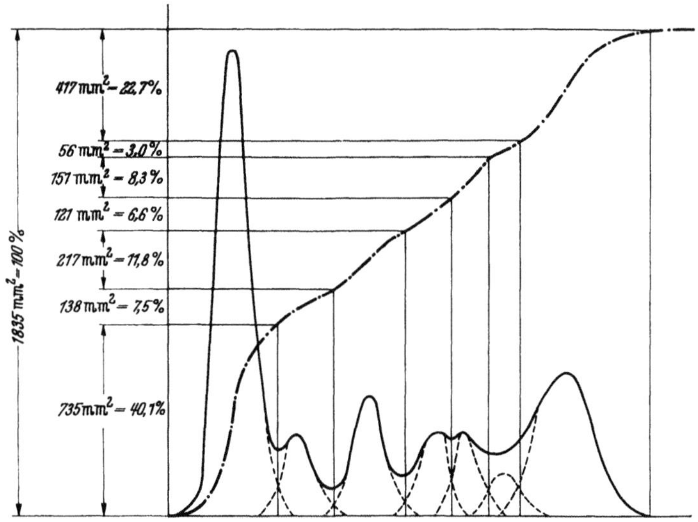

Abb. 45. Zur Auswertung einer Photometerkurve, der eine Integrationskurve überlagert wurde. Untere Kurve: Extinktionen nach der photometrischen Auswertung. Obere Kurve: Integral über die Extinktionswerte.

Liegen die Fraktionen als gut getrennte Gipfel vor, kann man nach dem Vorgehen von TISELIUS und KABAT[4] die Abgrenzungen der einzelnen Fraktionen einfach so vornehmen, daß man vom tiefsten Punkt zwischen 2 Gipfeln eine Senkrechte auf die Abszisse fällt (Abb. 44). Dieses Vorgehen entspricht dem Herausschneiden der Fraktionen an den Linien minimalster Färbung bei der Elutionsmethode und liefert, wie leicht einzusehen ist, bei unvollständiger Trennung nur angenäherte Werte.

Für größere Genauigkeitsansprüche kann das Einzeichnen der Gaußschen Kurven nach mehreren Verfahren, die zum Teil für die freie Elektrophorese beschrieben sind,

[1] WIEDEMANN, E.: Schweiz. med. Wschr. 76, 241 (1946).
[2] TISELIUS, A., and E. A. KABAT: J. exp. Med. 69, 119 (1939).
[3] WALLNER, A.: Ärztl. Forsch. 9, 332 (1955).

vorgenommen werden; z. B. nach Vorschlag von WIEDEMANN[1] (vgl. Bd. I, S. 89) durch Überprojizieren von Gaußschen Verteilungskurven oder nach WALLNER und ULKE[2] durch rechnerische oder graphische Interpolation, ohne daß in die Diagramme Gauß-Kurven eingezeichnet werden müssen (s. auch KRÜGER, THIEMER und REIF[3]).

Die Bestimmung des Flächeninhalts der abgegrenzten Fraktionen erfolgt durch Umfahren mit einem Planimeter oder durch Wägung der ausgeschnittenen Gauß-Kurven.

Bei automatischen Auswertgeräten mit Integrationsanzeige erhält man die den einzelnen Fraktionen zugehörenden Flächenwerte durch Summierung der Einzelextinktionen von Minimum zu Minimum der Senken zwischen 2 Gipfeln oder besser nach genauer graphischer Abgrenzung der Fraktionen mittels Gauß-Kurven, wobei die Summierung jeweils zwischen den Schnittpunkten der sich schneidenden Äste vorgenommen wird.

Wenn man der normalen Elektrophoresekurve auf dem gleichen Registrierbogen eine Integrationskurve überlagert[4], wie dies in Abb. 45 gezeigt ist, ist es möglich, an dieser nach Projektion der Begrenzungsstellen einer Zone den Flächenwert abzulesen (DURRUM[5]).

γ) Andere Auswerteverfahren.

Eine Schattenkurve ähnlich der, wie sie in der freien Elektrophorese bei der „Schlieren scanning method" von LONGSWORTH (s. Bd. I, S. 68) bekannt ist, kann auf photographischem Weg auch von einem transparent gemachten Elektrophoresestreifen erhalten werden (MICHL[6, 7]).

Dazu wird der durchsichtig gemachte Filtrierpapierstreifen von einer Zylinderlinse (Abbildung 46) in der Längsrichtung des Streifens auf ein photographisches Papier projiziert, so daß die einzelnen angefärbten Fraktionen als lange parallele Streifen abgebildet werden; legt man in den Strahlengang auf das Photopapier in geeigneter Weise einen Graukeil, so wird die Folge der hellen und dunklen Lichtstreifen in eine Folge von größeren und kleineren Hügeln einer Schattenkurve verwandelt. Die Anzahl der Hügel entspricht der Anzahl der Zonen auf dem Filtrierpapier und somit den Komponenten des Gemisches. Die Fläche eines Hügels ist proportional der Farbintensität eines Querstreifens und damit der Konzentration der jeweiligen Komponente. Die so erhaltenen Kurven können durch Planimetrieren bzw. Ausschneiden und Wägen, wie oben beschrieben, ermittelt werden. Das Verfahren setzt einen optisch einwandfreien Graukeil voraus und einige Erfahrung beim photographischen Arbeiten, da alle Tonwerte entsprechend der Konzentration des Farbstoffes vom Photopapier richtig wiedergegeben werden sollen.

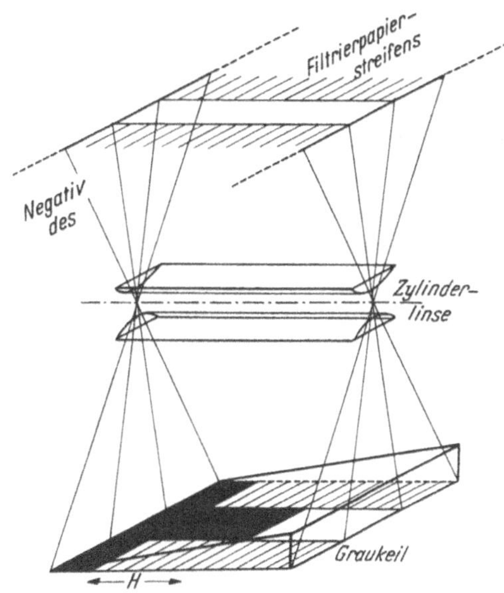

Abb. 46. Schema des Auswerteverfahrens nach MICHL[6].

Um das Durchsichtigmachen der Papierstreifen zu umgehen, wurde verschiedentlich vorgeschlagen[8-12], die Messung der Farbdichte der einzelnen Fraktionen im reflektierten

[1] WIEDEMANN, E.: Helv. **30**, 892 (1947).
[2] WALLNER, A., u. R. ULKE: H. **290**, 81 (1952).
[3] KRÜGER-THIEMER, E., u. W. REIF: Kli. Wo. **1956**, 205.
[4] JENCKS, W. P., M. R. JETTON and E. L. DURRUM: Biochem. J. **60**, 205 (1955).
[5] BLOCK, R. J., E. L. DURRUM and G. ZWEIG: A Manual of Paper Chromatography and Paper Electrophoresis. New York 1955.
[6] MICHL, H.: Mh. Chem. **83**, 210 (1952).
[7] MICHL, H.: Mh. Chem. **82**, 944 (1951).
[8] RÖTTGER, H.: Kli. Wo. **1953**, 85.
[9] GRÜTTNER, R.: Kli. Wo. **1956**, 263.
[10] TURBA, F.: Chromatographische Methoden in der Proteinchemie. Berlin, Göttingen, Heidelberg 1954.
[11] STRAUCH, L.: Kli. Wo. **1956**, 906.
[12] OWEN, J. A.: Analyst **81**, 26 (1956).

Licht vorzunehmen. Man erfaßt dabei allerdings nur denjenigen Teil des Farbstoffes, der sich gerade an der Oberfläche des Streifens befindet. Wenn auch durch besondere Maßnahmen eine einigermaßen gleichmäßige Verteilung von beiden Seiten des Streifens erreicht werden kann (vgl. dazu STRAUCH[1]), so sind doch die physikalischen Grundlagen für die Reflexion an der rauhen Oberfläche einer porösen Substanz wie Filtrierpapier völlig unübersichtlich. Es ist kaum zu erwarten und bisher nicht experimentell belegt, daß auf diese Weise quantitativ einwandfreie Ergebnisse, insbesondere Proportionalität zwischen Absorption und Eiweißmenge, erhalten werden können. Die Anwendung von Korrekturfaktoren[2] ist problematisch, da solche Faktoren in unübersichtlicher Art von den Eigenschaften des Papiers und der Belegungsdicke des Farbstoffes abhängen müssen.

Verschiedentlich wurde vorgeschlagen, die Ultraviolettabsorption der Proteine bei 280 mμ zur quantitativen Auswertung von Elektrophoresestreifen heranzuziehen[3-5]. Man könnte in diesem Fall auf eine Anfärbung der Elektrophoresestreifen verzichten. Wegen der Unterschiede im UV-Absorptionsverhalten der einzelnen Proteine (je nach Gehalt an aromatischen Aminosäuren) und da die Proteinabsorption klein ist gegenüber derjenigen des Filtrierpapierstreifens[6], haben diese Versuche noch nicht den erwünschten Erfolg gebracht.

Die Möglichkeit, bei Verwendung radioaktiver Isotopen eine Konzentrationsverteilung dieser Stoffe durch Zählen der Impulse mit dem Geiger-Zählrohr vorzunehmen, wurde bereits erwähnt (s. S. 172). Es erschließt sich somit die Möglichkeit, an radioaktiv markierten Stoffen nach der Papierelektrophorese eine genau lokalisierte Aktivitätsmessung durchzuführen und damit bei Verwendung von zwei oder mehreren Isotopen eine weitere Differenzierung vorzunehmen; für biochemische Untersuchungen an Stoffwechselprodukten ergeben sich damit neue Möglichkeiten und eine Erweiterung der Arbeitsmethodik (vgl. dazu[7-30]). Die Ausmessung kann einfach in der Weise erfolgen, daß man den Streifen von Millimeter zu Millimeter an dem Bleischlitz des Geiger-Zählrohrs vorbeiführt und jeweils in gleichen Zeitabständen die Impulse zählt.

---

[1] STRAUCH, L.: Kli. Wo. **1956**, 906.
[2] GRÜTTNER, R.: Kli. Wo. **1956**, 263.
[3] BRACCO, M., M. HAGISTRETTI e G. RUBINO: Plasma, Milano **1**, 201 (1953).
[4] HARDERS, C. L.: Chem. Wbl. **49**, 246 (1953).
[5] KIMBEL, K. H.: Naturwiss. **40**, 200 (1953).
[6] WUNDERLY, C.: Chimia, Zürich **7**, 145 (1953); **10**, 1 (1956). Chem.-Ztg. **79**, 350 (1955).
[7] BENNHOLD, H., E. KALLEE u. E. ROTH: Z. Naturforsch. **7b**, 324 (1952).
[8] DEIMEL, M.: B. Z. **325**, 358 (1954).
[9] HORST, W., u. H. RÖSLER: Kli. Wo. **1953**, 13.
[10] HORST, W., u. K. H. SCHÄFER: Kli. Wo. **1953**, 340.
[11] HORST, W., u. H. H. SCHUMACHER: Kli. Wo. **1954**, 361.
[12] HORST, W.: Kli. Wo. **1954**, 961.
[13] LANG, N., G. SCHETTLER u. R. WILDHACK: Kli. Wo. **1954**, 856.
[14] LARSON, F., W. P. DEISS and E. C. ALBRIGHT: Science, N. Y. **115**, 626 (1952).
[15] LERCH, P., u. S. NEUKOMM: Schweiz. med. Wschr. **84**, 515 (1954).
[16] MAURER, W., u. K. T. SCHILD: Kli. Wo. **1951**, 514.
[17] MAURER, W.: Kli. Wo. **1952**, 323.
[18] MAURER, W., u. L. REICHENBACH: Naturwiss. **39**, 261 (1952).
[19] MAURER, W., u. E. R. MÜLLER: B. Z. **324**, 255 (1953).
[20] MAURER, W., A. NIKLAS u. G. LEHNERT: B. Z. **326**, 28 (1954).
[21] MÜLLER, H. K., u. O. KLEIFELD: Graefes Arch. Ophthalm. **154**, 165 (1953).
[22] NIKLAS, A., u. W. MAURER: B. Z. **323**, 89 (1952).
[23] ROBBINS, J., and J. E. RALL: Proc. Soc. exp. Biol. Med. **81**, 530 (1952).
[24] SCHILD, K. T., u. W. MAURER: Naturwiss. **38**, 303 (1951).
[25] SCHILD, K. T., u. W. MAURER: B. Z. **323**, 235 (1952).
[26] SCHILD, K. T., u. L. BOTTENBRUCH: H. **292**, 1 (1953).
[27] WIELAND, T., K. SCHMEISER, E. FISCHER u. H. MAIER-LEIBNITZ: Naturwiss. **36**, 280 (1949).
[28] WIELAND, T., W. MAUL u. E. F. MÖLLER: B. Z. **327**, 85 (1955).
[29] WOLFF, H. P., N. LANG u. M. KNEDEL: Kli. Wo. **1955**, 186.
[30] WOLFF, H. P., N. LANG u. M. KNEDEL: Z. ges. exp. Med. **125**, 359 (1955).

Ein speziell für diesen Zweck geeignetes Auswertgerät, welches sich im Handel* befindet, zeigt Abb. 47. Dieses Gerät ermöglicht in Verbindung mit einem Strahlungsmeßgerät mit integrierender Anzeige und einem Linienschreiber eine kontinuierliche Messung der Aktivitäten (vgl. auch STERNBERG[1] u. a.[2]).

d) Reproduzierbarkeit und Fehlerbreite (Vergleich mit der klassischen Methode nach TISELIUS).

Die Frage der Exaktheit der quantitativen Papierelektrophoresemethode ist vielfach diskutiert und eingehend nach den verschiedensten Richtungen geprüft worden. Für die Beurteilung einer Analysenmethode interessiert in erster Linie die Frage, wieweit die erhaltenen Ergebnisse reproduzierbar sind und mit welchen Fehlerbreiten zu rechnen ist. Dabei sollten möglichst die einzelnen Faktoren, die die Ursache von Fehlerquellen sein können, getrennt untersucht werden, um festzustellen, bei welchem Arbeitsgang die größten Abweichungen zu erwarten sind. Fast ausschließlich wurden vergleichende Bestimmungen zur Festlegung von Fehlerbreiten am Beispiel der Serumproteine durchgeführt, da die Papierelektrophorese als analytische Methode hier die größte Verbreitung erfahren hat.

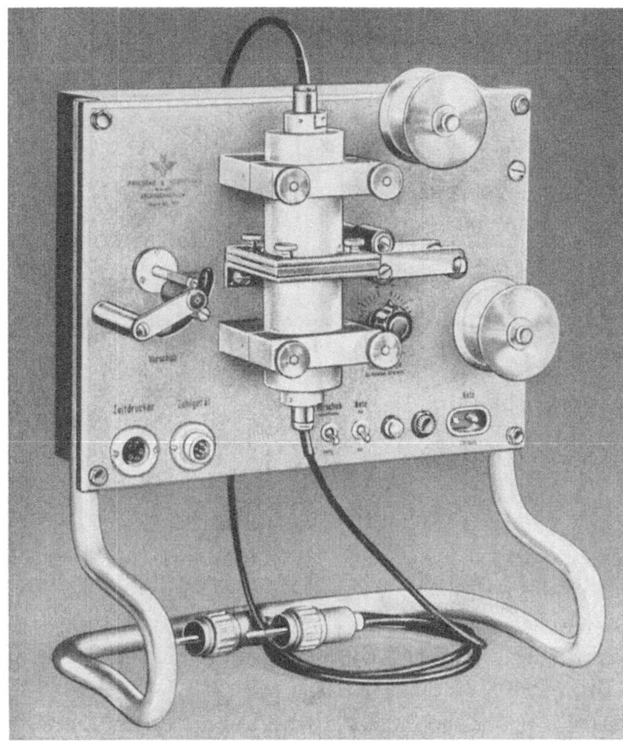

Abb. 47. Radiopapierchromatograph der Fa. Frieseke & Hoepfner.

In Tabelle 4 sind die Angaben einiger Autoren über die erhaltenen mittleren Fehler s** bei der Durchführung von Doppel- und Mehrfachbestimmungen an einem oder mehreren Seren einander gegenübergestellt (vgl. dazu SVENSSON und Mitarbeiter[3], WALLNER[4] u. a.[5,6]).

Die in der Tabelle angegebenen Werte schließen alle Fehler ein, die sich bei Mehrfachbestimmungen durch die Elektrophorese selbst, durch die Anfärbung und die anschließende Auswertung ergeben. Die Gegenüberstellung der Ergebnisse, wie sie mit der Elutionsmethode erhalten wurden (Spalte 1—7), mit denjenigen bei der Ausmessung des transparenten Streifens (Spalte 8—10), zeigt, daß die Fehlerbreiten bei beiden Auswerteverfahren im Durchschnitt gleich gefunden werden.

* Hersteller: Frieseke & Hoepfner GmbH, Erlangen-Bruck.

** $s = \sqrt{\frac{\sum x^2}{n-m}}$, wobei x die Abweichung vom Mittelwert, n die Zahl der insgesamt durchgeführten Bestimmungen und m die Zahl der untersuchten Seren bedeutet.

[1] STERNBERG, J.: Mikrochim. Acta **1956**, 462.

[2] DITTMEYER, R., H. J. MAURER, R. NEUWIRTH u. A. REUSS: Verh. dtsch. Ges. inn. Med. **61**, 267 (1955).

[3] SVENSSON, H., e S. BELFANTI: Plasma, Milano **4**, 503 (1954).

[4] WALLNER, A.: Med. Mschr. **9**, 520 (1955).

[5] OWEN, J. A.: Analyst **81**, 26 (1956).

DREVON, B., et R. DONIKIAN: Bull. Soc. Chim. biol. **37**, 605 (1955).

Tabelle 4. *Ergebnisse von Fehlerbreitenbestimmungen verschiedener Autoren.* (Unter Mitverwendung einer tabellarischen Zusammenstellung von C. WUNDERLY[1].)

Zeichenerklärung: s = mittlerer Fehler; A = Anfärbung mit Azokarmin; B mit Bromphenolblau; Am mit Amidoschwarz; D = Direktphotometrie (Transparenzmeßmethode); E = Elutionsmethode; NS = Normalserum; pS = pathologisches Serum.

Bearbeiter	Methode		Anzahl der Bestimmungen	Anzahl der untersuchten Seren	s				
						Globuline			
	D	E			Alb.	α_1	α_2	β	γ
1 KÖRVER[2]	—	A	10	1 NS	±1,0	±0,3	±0,7	±0,75	±1,05
2 PLÜCKTHUN und GÖTTING[3]	—	A	12	1 NS	±1,20	±0,48	±0,62	±0,84	±1,45
3 SONNET und RODHAIN[4] .	—	Am	10	1 pS	±1,53	±0,44	±0,54	±1,13	±1,36
4 DITTMER[5, 6]	—	Am	15	1 NS	±1,2	±0,5	±0,5	±0,6	±1,2
5 DE JONG[7]	—	Am	49	1 NS	±0,5	±0,3	±0,3	±0,3	±0,4
6 GOA[8]	—	B	2	200	±1,0	±0,35	±0,4	±0,5	±0,8
7 ESSER und Mitarbeiter[9] .	—	B	23		±2,3	±1,0	±1,0	±1,7	±1,4
8 OWEN[10]		Am	12		±1,75	±0,52	±0,55	±0,78	±1,21
9 GRASSMANN und HANNIG[11]	Am	—	2—10	25 NS	±1,2	±0,6	±0,7	±0,6	±1,2
10 SOMMERFELT[12]	Am	—	10	1 NS	±1,6	±0,4	±0,6	±0,5	±1,5
11 SONNET und RODHAIN[4] .	Am	—	10	1 pS	±2,34	±0,82	±1,06	±0,72	±1,25
12 KNAPP und SIELER[13]. . .	Am	—	24	1 NS	±1,7	±0,8	±1,0	±1,1	±1,8
13 BOGDANOWICZ und Mitarb.[14]	Am	—	19		±0,38	±0,05	±0,07	±0,11	±0,19
14 SVENSSON und Mitarbeiter[15]	Am	—	8		±1,8	±0,6	±0,6	±0,8	±0,7*
					±2,8	±0,8	±1,2	±1,4	±1,3**
15 DITTMER[5, 6]	Am	—	15	1 NS	±1,6	±0,6	±0,8	±1,0	±1,4
16 HEIDE und BIEL[16]. . . .	Am	—	20	1 NS	±1,38	±0,50	±0,53	±0,82	±1,10
17 WALLNER[17].	Am	—	10	209 NS	±0,92	±0,28	±0,36	±0,37	±0,55
18 OWEN[10]	Am	—	12		±2,53	±0,67	±0,77	±0,88	±2,11

* Auftrennung nach 6stündiger Laufzeit.
** Auftrennung nach 17stündiger Laufzeit.

Wichtig für klinische Fragestellung ist die Tatsache, daß die methodischen Fehlerbreiten geringer sind als die normale physiologische Schwankungsbreite der Serumeiweißkörper, die von DOLE[18] nach eingehenden Untersuchungen wie folgt angegeben wird: Albumin: ±2,8; α_1: ±0,7; α_2: ±1,3; β: ±1,9; γ: ±2,9.

Um den Anteil der Einzelfehler vom ermittelten Gesamtfehler (Tabelle 4) beim *Transparenzmeßverfahren* (Auswertgerät Elphor-H) abschätzen zu können, haben wir

1. ein und dasselbe Serum zehnmal elektrophoretisch aufgetrennt und ausgewertet;
2. *einen* angefärbten Streifen zehnmal photometriert und ausgewertet;

[1] WUNDERLY, C.: Die Papierelektrophorese. Aarau, Frankfurt a. M. 1954.
[2] KÖRVER, G.: Kli. Wo. **1950**, 693; **1953**, 1036.
[3] PLÜCKTHUN, H., u. H. GÖTTING: Kli. Wo. **1951**, 415.
[4] SONNET, J., et J. RODHAIN: Rev. belge Path. Méd. exp. **22**, 226 (1952).
[5] DITTMER, A.: Papierelektrophorese. Grundlagen, Methodik, klinische Betrachtungen. Jena 1956.
[6] DITTMER, A.: Z. ges. inn. Med. **9**, 1142 (1954).
[7] DE JONG, E. B. M.: Recu. Trav. chim. Pays-Bas **74**, 1290 (1955).
[8] GOA, J.: Scand. J. clin. Lab. Invest. **3**, 236 (1951).
[9] ESSER, H., F. HEINZLER, F. KAZMEIER u. W. SCHOLTAN: M. m. W. **1951**, 985.
[10] OWEN, J. A.: Analyst 81, 26 (1956).
[11] GRASSMANN, W., u. K. HANNIG: H. **290**, 1 (1952).
[12] SOMMERFELT, S.: Scand. J. clin. Lab. Invest. **4**, 307 (1952); **5**, 106 (1953).
[13] KNAPP, A., u. H. SIELER: Z. ges. inn. Med. **8**, 741 (1953).
[14] BOGDANOWICZ, G., P. OSINSKI et F. STEIN: Acta clin. belg. **8**, 585 (1953).
[15] SVENSSON, H., e S. BELFANTI: Plasma, Milano **4**, 503 (1954).
[16] HEIDE, K., u. H. BIEL: Ärztl. Lab. **2**, 360 (1956).
[17] WALLNER, A.: Med. Mschr. **9**, 520 (1955).
[18] DOLE, V. P.: J. clin. Invest. **23**, 70 (1944).

3. die Ergebnisse *einer* einmaligen photometrischen Ausmessung eines Streifens zehnmal auf Millimeterpapier aufgetragen und nach Zerlegung in Gauß-Kurven planimetriert. Die folgende Zusammenstellung zeigt die dabei ermittelten mittleren Fehler:

	1	2	3
Albumin .	±1,2	±0,4	±0,3
α_1-Globulin	±0,6	±0,3	±0,2
α_2-Globulin	±0,7	±0,3	±0,2
β-Globulin.	±0,6	±0,3	±0,2
γ-Globulin.	±1,0	±0,4	±0,2

Der auf die eigentliche elektrophoretische Trennung, die Anfärbung der Streifen sowie auf Inhomogenitäten des Papiers zurückzuführende Anteil des Gesamtfehlers entspricht der Differenz der Zahlenreihe 1 und 2. Er beträgt reichlich die Hälfte, mitunter $^2/_3$ des Gesamtfehlers. Die Streuung der photometrischen Messungen selbst (Instrumente- und Ablesefehler) sind bemerkenswert gering. Die Differenz zwischen den Zahlenreihen 2 und 3 gibt den Fehler wieder, der durch das Aufzeichnen und Auswerten entsteht (vgl. dazu HEIDE und BIEL[1]). Er ist immerhin beachtlich und wird bei verschiedenen Bearbeitern natürlich immer etwas schwanken, läßt sich aber bei Anwendung automatischer Auswertgeräte beträchtlich reduzieren (vgl. Tabelle 3, S. 186).

Eine geringe Fehlerbreite ist zwar eine Voraussetzung für eine gute analytische Methode, aber noch kein Beweis für die Richtigkeit der erhaltenen Ergebnisse bei quantitativen Mengenbestimmungen.

Ein Vergleich der Ergebnisse bei Normalwerten an Seren klinisch gesunder Versuchspersonen, wie sie von verschiedenen Bearbeitern der Papierelektrophorese gefunden wurden, gibt Tabelle 5 wieder. Sie sind den Angaben über Normalwerte an Seren gegenübergestellt, wie sie von DOLE[2] mit der klassischen Elektrophorese gefunden wurden. Wegen der geringen physiologischen Schwankungsbreite[1] (s. oben) bei den Serumeiweißkörpern ist ein unmittelbarer Vergleich erlaubt.

Die Tabelle 5 zeigt zunächst, daß nur zum Teil eine befriedigende Übereinstimmung der Ergebnisse über die Angaben von Normalwerten gefunden wurde. Der Durchschnitt der Standardabweichungen, der in der Tabelle nicht mit angeführt ist, liegt beim Transparenzmeßverfahren etwas niedriger als die Abweichungen nach Elution. Die Auffassung einiger Autoren[3–5], daß die Elutionsmethode wegen ihrer größeren Genauigkeit dem Transparenzmeßverfahren vorzuziehen sei, findet in den vorstehenden Angaben keine Stütze (vgl. dazu[6]).

Das Ergebnis zeigt aber auch, daß man bei der Beurteilung von Untersuchungsergebnissen — solange die Technik der Papierelektrophorese noch nicht vollkommen standardisiert ist — die jeweils angewandte Methode genau kennen und berücksichtigen muß (vgl. dazu PEETERS und Mitarbeiter[7]). Man wird deshalb weiter bestrebt sein müssen, die Bedingungen an den verschiedenen Untersuchungsstellen einander anzupassen und vergleichende Bestimmungen untereinander vorzunehmen. Ansätze dazu sind bereits vorhanden. So wurde ein Vergleich mit verschiedenen Auswertgeräten an 6 Instituten an einem Serumstreifen vorgenommen[8]. Die erhaltenen Fehlerbreiten stimmen im Durchschnitt gut überein und bestätigen unsere Angaben. Das Ergebnis der anläßlich der Tagung der Laboratoriumsärzte in Würzburg am 23. 5. 1955 angeregten gemeinschaftlichen Prüfung liegt noch nicht vor.

Der von WUNDERLY[9] aufgezeigte Weg, eine Kontrolle bei der Anfärbung der Proteine durch eine Vergleichsfärbung mit Polyäthylenimin („Polyminstandard") durchzuführen, ist ebenfalls ein Schritt zur Standardisierung der Anfärbebedingungen. Dazu wird nach der elektrophoretischen Trennung auf dem Papierstreifen als Bezugswert eine stets gleichbleibende und genau bekannte Menge Polyäthylenimin (Polymin) auf den Elektrophorese-

[1] HEIDE, K., u. H. BIEL: Ärztl. Lab. **2**, 360 (1956).
[2] DOLE, V. P.: J. clin. Invest. **23**, 70 (1944).
[3] DE JONG, E. B. M.: Recu. Trav. chim. Pays-Bas **74**, 1290 (1955).
[4] FUCHS, W., u. A. FLACH: Kli. Wo. **1955**, 903.
[5] WALSH, J. R., F. L. HUMOLLER and A. L. DUNN: J. Lab. clin. Med. **46**, 772 (1955).
[6] GRASSMANN, W., u. K. HANNIG: Kli. Wo. **1955**, 907.
[7] PEETERS, H., u. P. VUYLSTEKE: III. Coll. St. Jans Hospital, Burges 1955; Protides of the Biological Fluids, Seite 238. Ärztl. Lab. **2**, 183 (1956).
[8] PIEPER, J., u. H. MOLINSKI: Kli. Wo. **1954**, 985.
[9] WUNDERLY, C.: Kli. Wo. **1956**, 1123.

Tabelle 5. *Ergebnisse von Normalwertbestimmungen an Seren klinisch gesunder Versuchspersonen.* *Zeichenerklärung:* A = Anfärbung mit Azokarmin, B mit Bromphenolblau, Am mit Amidoschwarz, N mit Neucoccin; D = Direktphotometrie (Transparenzmeßmethode); E = Elutionsmethode.

	Bearbeiter	Methode		Anzahl der untersuchten Seren	Relative Prozente					Anmerkung
						Globuline				
		D	E		Alb.	α_1	α_2	β	γ	
1	Plückthun und Götting[1] .	—	A	15	59,0	4,2	8,0	10,6	18,2	*
2	Körver[2]	—	A	25	57,8	4,5	8,2	9,6	19,9	**
3	Gras[3]	—	B	26	66,6	10,1		8,7	14,6	**
4	Schneider[4].	—	B	6	59,1	8,8		13,8	18,3	**
5	Köiw, Wallenius und Grönwall[5].	—	B	10	72,9	1,4	3,5	8,6	13,6	*
6	Esser, Heinzler und Wild[6]	—	B	44	59,0	4,3	7,7	12,5	16,5	**
7	Sonnet und Rodhain[7] . . .	—	Am	13	61,7	4,3	7,5	10,2	16,3	**
8	Antonini und Riva [8]. . . .	—	Am	15	55,7	4,0	7,9	12,6	19,5	**
9	Layani, Bengui und de Mende [9]	—	Am	8	60	12		15	13	**
10	De Jong[10]	—	Am	45	69,8	3,3	6,3	7,9	12,9	*
					61,1	4,2	8,1	10,1	16,5	**
11	Beyreder und Rettenbacher-Däubner[11] . . .	—	N	30	65,5	3,83	6,5	9,6	14,2	**
12	Grassmann und Hannig[12] .	Am	—	25	61,3	4,1	8,1	11,0	15,5	*
13	Sommerfelt[13].	Am	—	13	55,4	4,4	8,1	10,0	22,2	*
14	Knapp und Sieler[14]	Am	—	8	60,5	4,0	9,5	11,0	15,0	*
15	Bodart und Mitarbeiter[15]. .	Am	—	25	61,9	4,2	8,0	11,3	14,6	*
16	Riva und Martini[16]	Am	—	12	65,2	4,1	6,7	9,8	14,1	*
17	Crook und Mitarbeiter[17] . .	Am	—	2	60,5	3,9	8,7	10,2	16,7	*
18	Wallner[18]	Am	—	91 Männer	60,99	3,99	7,29	11,16	16,45	*
				118 Frauen	58,44	4,35	7,89	11,12	18,05	*
19	Knedel[19].	Am	—	100	57,8	4,4	7,7	11,5	18,6	*
20	v. Oldershausen und Mitarbeiter[20].	Am	—	15	64,2	3,5	7,9	10,4	14,1	*
21	Köiw[21].	Am	—	10	59	5	8	12	16	*
22	Pieper und Molinski[22]. . .	Am	—	65	49,9	6,6	8,9	12,7	21,9	*
23	Dole[23]	U-Rohr (Tiselius)		15	63,5	4,8	7,5	12,7	11,5	

* = ohne Korrekturfaktoren. ** = mit Korrekturfaktoren.

[1] Plückthun, H., u. H. Götting: Kli. Wo. **1951**, 415.
[2] Körver, G.: Kli. Wo. **1950**, 693; **1953**, 1036.
[3] Gras, J.: Rev. esp. Fisiol. **8**, 59 (1952).
[4] Schneider, G.: Acta chem. scand. **5**, 1020 (1951).
[5] Köiw, E., G. Wallenius et A. Grönwall: Bull. Soc. Chim. biol. **33**, 1940 (1951).
[6] Esser, H., F. Heinzler u. H. Wild: Kli. Wo. **1953**, 321.
[7] Sonnet, J., et J. Rodhain: Rev. belge Path. Méd. exp. **22**, 226 (1952).
[8] Antonini, F., e G. Riva: Recenti Progr. Med., Roma **15**, 243, L 58 (1953).
[9] Layani, F., A. Bengui et S. de Mende: Sem. des Hôp. **28**, 80 (1952).
[10] De Jong E. B. M.: Recu. Trav. chim. Pays-Bas **74**, 1290 (1955).
[11] Beyreder, J., u. H. Rettenbacher-Däubner: Wien. Z. inn. Med. **34**, 323 (1953).
[12] Grassmann, W., u. K. Hannig: H. **290**, 1 (1952).
[13] Sommerfelt, S.: Scand. J. clin. Lab. Invest. **4**, 307 (1952); **5**, 106 (1953).
[14] Knapp, A., u. H. Sieler: Z. ges. inn. Med. **8**, 741 (1953).
[15] Bodart, P., P. Osinski et F. Stein: Ann. Endocrinol., Paris 1953.
[16] Riva, G., u. V. Martini: Schweiz. med. Wschr. **83**, 73 (1953).
[17] Crook, E. M., H. Harris, Fatma Hassan and F. L. Warren: Biochem. J. **56**, 434 (1954). Ciba Found. Symp. on Paper Electrophoresis. London 1956, Seite 132.
[18] Wallner, A.: Med. Mschr. **9**, 520 (1955).
[19] Knedel, M.: Persönliche Mitteilung.
[20] Oldershausen, H. F. v., G. Gries u. F. W. Aly: Dtsch. Z. Nervenheilkde. **170**, 254 (1953).
[21] Köiw, E.: Ciba Found. Symp. on Paper Electrophoresis. London 1956, Seite 79.
[22] Pieper, J., u. H. Molinski: Kli. Wo. **1954**, 985.
[23] Dole, V. P.: J. clin. Invest. **23**, 70 (1944).

streifen aufgetragen und nach Anfärbung des Streifens in die photometrische Ausmessung mit einbezogen. Infolge der guten und reproduzierbaren Anfärbbarkeit von Polymin erhält man damit einen Vergleichswert, der bei richtiger Versuchsausführung konstant bleiben muß.

Ein unmittelbarer Vergleich der mit der Papierelektrophorese erhaltenen Ergebnisse mit denjenigen, wie sie mit der klassischen TISELIUS-Methode gewonnen wurden, ist nur bedingt möglich. Abgesehen davon, daß auch bei den Bearbeitern der klassischen TISELIUS-Methode gewisse Schwankungen der Normalwertbestimmungen gefunden werden[1], ist die unterschiedliche Art, wie die Messung der Eiweißkonzentration bei den beiden Analysenmethoden erfolgt, zu berücksichtigen. Die bei der Gradientenmessung im U-Rohr an sich geringfügigen Unterschiede der spezifischen Brechwerte[2] verschiedener Proteine gehen keineswegs konform mit dem unterschiedlichen Farbstoffbindevermögen bei Anfärbung der Eiweißkomponenten auf dem Papierstreifen. Beide Methoden geben nicht die absoluten, sondern nur methodisch bedingte, „apparente" Konzentrationen wieder. Besonders deutlich müssen solche Unterschiede im Bereich der lipoidhaltigen Proteine in Erscheinung treten, da die Lipoidkomponente zwar bei der Bestimmung des Brechungsgradienten, sicher aber nicht bei einer colorimetrischen Methode erfaßt wird.

Welches Ausmaß die Abweichungen bei Parallelbestimmungen in oben erwähntem Sinne annehmen können, wurde von mehreren Seiten untersucht.

In der Tabelle 6 sind einige Ergebnisse wiedergegeben, die wir[1] in Zusammenarbeit mit Dr. E. WIEDEMANN bei vergleichenden Bestimmungen der beiden Elektrophoresemethoden bei verschiedenen Seren erhalten haben (vgl. dazu Bd. I, S. 92ff., und zwar Abb. 37).

Tabelle 6. *Vergleichsversuche mit pathologischen Seren* (mit Dr. E. WIEDEMANN, Basel).

Nr.	Diagnose	Rel.-%	Tiselius-Methode	Papier-elektro-phorese	Abweichung der Papier-elektro-phorese
1	β-Plasmocytom	Albumin	35,6	35,0	−0,6
		α_1-Globulin	4,1	4,4	+0,3
		α_2-Globulin	7,3	6,2	−1,1
		β-Globulin	42,6	44,6	+2,0
		γ-Globulin	10,4	9,8	−0,6
2	pseudonormal	Albumin	54,1	53,5	−0,6
		α_1-Globulin	2,5	4,5	+2,0
		α_2-Globulin	12,9	7,0	−5,9
		β-Globulin	11,7	15,0	+3,3
		γ-Globulin	18,8	20,0	−1,2
3	Virus-Hepatitis	Albumin	36,3	37,7	+1,4
		α_1-Globulin	4,4	5,5	+1,1
		α_2-Globulin	3,7	6,2	−2,5
		β-Globulin	15,1	9,8	−5,3
		γ-Globulin	40,5	40,8	+0,3
4	Lupus erythematodes	Albumin	27,4	28,7	+1,3
		α_1-Globulin	10,1	10,4	+0,3
		α_2-Globulin	21,5	23,8	+2,3
		β-Globulin	17,6	12,8	−4,8
		γ-Globulin	23,4	24,3	+0,9
5	Lupus erythematodes	Albumin	34,5	34,05	−0,45
		α_1-Globulin	11,7	10,6	−1,1
		α_2-Globulin	15,3	15,6	+0,3
		β-Globulin	11,9	10,45	−1,45
		γ-Globulin	26,6	29,3	+2,7
6	Pferdeserum	Albumin	38,6	39,0	+0,4
		α_1-Globulin	5,7	4,0	−1,7
		α_2-Globulin	17,3	13,7	−3,6
		β-Globulin	12,6	13,8	+1,2
		γ-Globulin	25,8	29,5	+3,7
7	hohe Senkung	Albumin	42,7	43,1	+0,4
		α_1-Globulin	6,7	7,1	+0,4
		α_2-Globulin	12,8	14,1	+1,3
		β-Globulin	15,8	12,5	−3,3
		γ-Globulin	22,0	23,2	+1,2
8	γ-Plasmocytom	Albumin	33,8	34,7	+0,9
		α_1-Globulin	4,7	3,9	−0,8
		α_2-Globulin	6,2	7,0	+0,8
		β-Globulin	8,3	7,7	−0,5
		γ-Globulin	47,0	46,7	−0,3

Obwohl das Versuchsmaterial in Tabelle 6 für eine statistische Auswertung nicht umfangreich genug ist, zeigen die Versuchsergebnisse, daß bezüglich der Werte für

[1] GRASSMANN, W., u. K. HANNIG: H. **290**, 1 (1952).
[2] ARMSTRONG, S. H. jr., M. J. E. BUDKA and K. C. MORRISON: Am. Soc. **69**, 416 (1947). — PERLMANN, G. E., and L. G. LONGSWORTH: Am. Soc. **70**, 272 (1948).

Albumin und die beiden α-Globuline offenbar keine wesentlichen systematischen Differenzen zwischen den beiden Methoden bestehen. Die Werte für γ-Globulin fallen nach unserer Methode offenbar immer ein wenig zu hoch, diejenigen des β-Globulins im allgemeinen etwas zu tief aus. Andere umfangreiche ähnliche Untersuchungen, wie sie von RIVA und MARTINI[1], SVENSSON und BELFANTI[2] u. a.[3, 4] veröffentlicht wurden, zeigen im wesentlichen das gleiche Ergebnis.

e) Hochspannungselektrophorese.

Wie bereits oben (S. 156) dargelegt wurde, erfordern Elektrophoreseanordnungen, die Trennung unter erhöhten Feldstärken ermöglichen, besondere Maßnahmen zur Abführung der Jouleschen Wärme und Vermeidung von Verdunstungen. Die bereits angeführten Möglichkeiten dazu, wie Einbetten in organische Lösungsmittel oder Auflegen bzw. Einbetten zwischen gekühlte Flächen, wurden von verschiedenen Seiten aufgegriffen.

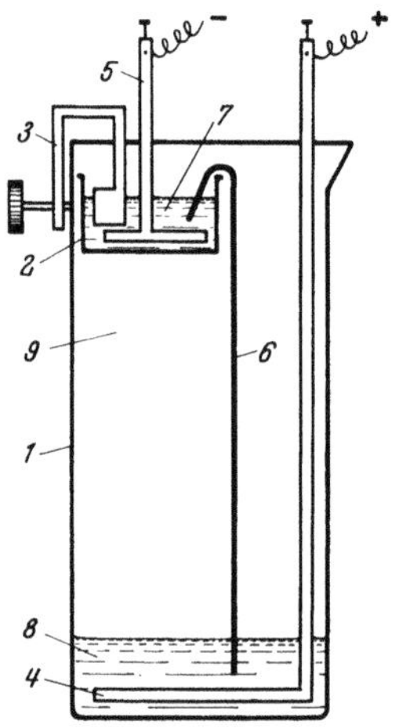

Abb. 48. Anordnung zur Hochspannungselektrophorese nach MICHL[5]. *1* Filtriersubstanz, *2* Kristallisierschale, *3* Klammer, *4, 5* Zinnelektroden, *6* Filtrierpapierstreifen, *7, 8* Elektrolytlösung, *9* Toluol.

Die erste Anordnung zur Hochspannungselektrophorese auf Filtrierpapierstreifen, die 50 V/cm zuließ, beschrieb MICHL 1951[5]. Die Apparatur ist einfach und leicht mit den Mitteln des Laboratoriums selbst herzustellen (Abb. 48).

Sie besteht aus einem hohen Becherglas bzw. Filtrierstutzen (1), einer kleinen Kristallisierschale (2) und einer geeigneten Klammer (3) sowie den beiden Zinnelektroden (4 und 5). Die Kristallisierschale wird mit einer Klammer etwa 2 cm unterhalb des oberen Randes des Filtrierstutzens innen befestigt und mit Pufferlösung ebenso wie der Boden des Filtrierstutzens einige Zentimeter hoch gefüllt. Ein 2 cm breiter, mit der gleichen Pufferlösung getränkter Filtrierpapierstreifen (Schleicher & Schüll 602 h) wird zwischen Filtrierpapier ausgepreßt, an geeigneter Stelle das Substanzgemisch in Form eines feinen Querstriches aufgetragen und dann mit dem einen Ende in die Pufferlösung der Kristallisierschale, mit dem anderen Ende in die Pufferlösung am Boden des Stutzens getaucht. Das ganze Gefäß (1) wird knapp bis zum Rand mit Toluol (9) gefüllt. Die erforderliche Gleichstromspannung von 500—1000 V kann an die beiden Zinnelektroden (4 und 5), von der die Anode (4) zweckmäßig in den Filtrierstutzen, die Kathode (5) in die Kristallisierschale taucht, angelegt werden.

MICHL[5] benutzte diese Anordnung zur Auftrennung der Aminosäuren eines Eiweißhydrolysates sowie zur Trennung von Peptidfraktionen, wobei als Puffer ein wäßriges Essigsäure-Pyridin-Gemisch von p_H 4 diente. Bei Verwendung von 10%iger Essigsäure als Elektrolytlösung gelang ihm ferner die Trennung der organischen Säuren, Äpfelsäure und Bernsteinsäure, sowie die Trennung von Kupfer(II)-ionen und Cadmiumionen. Das mittlere Spannungsgefälle betrug in allen Versuchen 46,3 V/cm, die Versuchsdauer 20 min.

In einer ähnlichen Anordnung beschrieben KICKHÖFEN und WESTPHAL[6] in besonders gut gelungenen Versuchen die Trennung neutraler, saurer und basischer Aminosäuren sowie einer Reihe synthetischer und natürlicher Abbaupeptide. Als Elektrolytlösung diente bei ihren Versuchen eine Mischung aus 2 n Essigsäure und 0,6 n Ameisensäure (p_H 2). Abb. 49 zeigt das Pherogramm einer Peptid-Aminosäurefraktion aus Kaninchen-Urin.

---

[1] RIVA, G., u. V. MARTINI: Schweiz. med. Wschr. **83**, 73 (1953).
[2] SVENSSON, H., e S. BELFANTI: Plasma, Milano **4**, 503 (1954).
[3] KNAPP, A., u. H. SIELER: Z. ges. inn. Med. **8**, 741 (1953). Ärztl. Lab. **2**, 53 (1956).
[4] SCHNEIDER, G.: Acta chem. scand. **5**, 1020 (1951).
[5] MICHL, H.: Mh. Chem. **82**, 489 (1951).
[6] KICKHÖFEN, B., u. O. WESTPHAL: Z. Naturforsch. **7b**, 655 (1952).

In einer etwas modifizierten Apparatur nach dem Prinzip von MICHL trennen TURBA und Mitarbeiter[1] Nucleinsäureabkömmlinge bei einem mittleren Spannungsgefälle von 65 V/cm.

In einer 40 *l* Toluol fassenden Glaswanne (Abb. 50) befinden sich 3 längliche Porzellanschalen mit der wäßrigen Pufferlösung (0,1 n Pyridin-Acetatpuffer). Die Papierstreifen

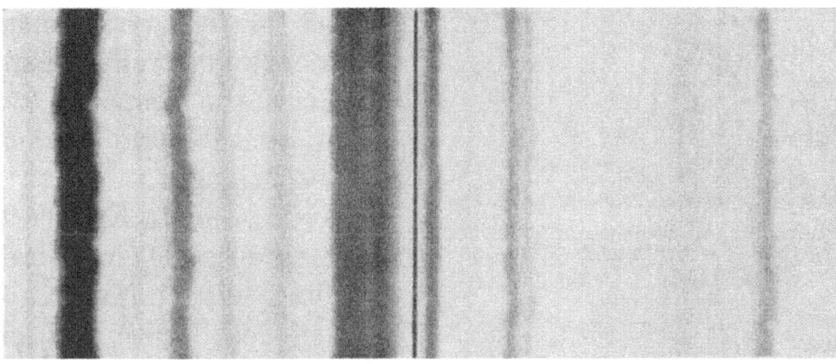

Abb. 49. Hochspannungselektrophorese einer Peptid/Aminosäurefraktion aus Kaninchenurin[2]. pH 3,6 (Pyridin-Essigsäure-Wasser, 1:10:89); 70 V/cm; 1,4 mA/cm; Streifenbreite: 14 cm; Elektrophoresedauer: 23 min.

(Schleicher & Schüll 2043b) werden in der Mitte gefaltet und über ein Gerüst aus verschmolzenen Glasstäben in der Form eines spitzen Daches gehängt, nach Auftragen der Substanz in Form eines feinen Querstriches mit Puffer gleichmäßig besprüht und dann

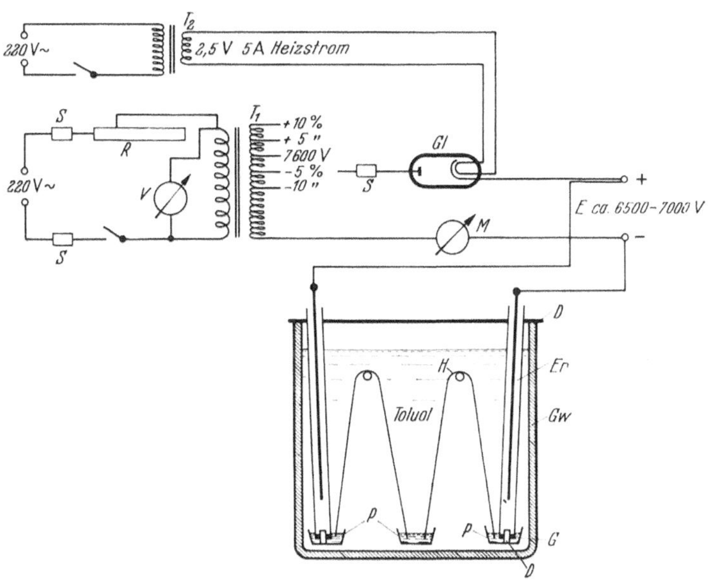

Abb. 50. Schematische Darstellung der Versuchsanordnung zur Hochspannungs-Ionophorese in Filtrierpapierbogen nach TURBA und Mitarbeitern[1]. *S* Sicherungen; *V* Voltmeter 180 V; *R* Widerstand 90 Ω 3 A; T_1 Transformator 220 V → 7600 V; T_2 Transformator 220 V → 2,5 V; *Gl* Gleichrichterröhre DCG 4/1000, Philips Valco; *M* Milliamperemeter 250 mA; *e* Anschlüsse für Elektroden; *Gw* Glaswanne 50 Liter; *D* Deckel mit Bohrungen.

so in die mit Toluol gefüllte Wanne eingebracht, daß die Enden der Papierbogen in die Pufferschale tauchen und das Papier völlig von Toluol bedeckt ist. An 2 in die Pufferschale eintauchende Kohleelektroden kann eine Gleichstromspannung von 7000—8000 V (20—60 mA) angelegt werden. Die Glaswanne steht zweckmäßigerweise in einem mit Eis gekühlten Behälter; das Toluol wird während des Versuches durch einen Rührer in Bewegung gehalten.

[1] TURBA, F., H. PELZER u. H. SCHUSTER: H. **296**, 97 (1954).
[2] MICHL, H.: Mh. Chem. 82, 489 (1951).

Unter anderem gelang die Fraktionierung von 20 mg Adenosin-Nucleotiden aus Hefe bei p_H 6,45 (Essigsäure-Pyridin-Puffer) innerhalb von $2^1/_2$ Std. Abb. 51 zeigt die Lokalisierung der im UV absorbierenden Zonen des Ionopherogramms.

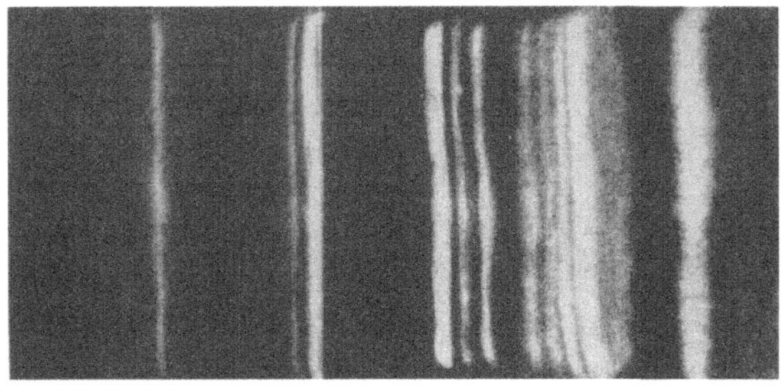

Abb. 51. Photoprint nach einem Hochspannungs-Ionopherogramm eines Äthanolextraktes aus Torula-Hefe, 65 V/cm, 20—25 mA.

Eine grundsätzlich ähnliche Anordnung zur Hochspannungselektrophorese, bei der ein verhältnismäßig langer Filtrierpapierstreifen zickzackförmig über Glasstäbe gespannt werden kann, wird in dem Gebrauchsmuster Nr. 1694156 beschrieben*.

Besondere Erfolge brachte die Hochspannungselektrophorese bei der Auftrennung von ninhydrinpositiven Fraktionen des Serumreststickstoffs. Während die Schwachstromelektrophorese nur 3 Hauptgruppen unterscheiden ließ, zeigten HEILMEYER und Mitarbeiter[1], daß mit Spannungsgefällen bis zu 120 V/cm die Trennung einer großen Anzahl von Aminosäuren, Peptiden, der Vitamine B_1, B_6 und Pantothensäure, ferner von Harnstoff, Isoamylamin u. dgl. gelingt. Als inertes Kühlmedium verwendeten die Autoren in ihrer Anordnung, die im wesentlichen derjenigen von MICHL[2] entsprach (Abb. 48), Hexan. Der Glasbehälter wird mit Wasser gekühlt.

Abb. 52 zeigt ein Pherogramm, das bei einer Feldstärke von 60 V/cm während 45 min bei der Auftrennung von Substanzen des Serum-Reststickstoffs erhalten wurde. Es sind 35 ninhydrinpositive Fraktionen zu erkennen, wovon der größte Teil identifiziert werden konnte.

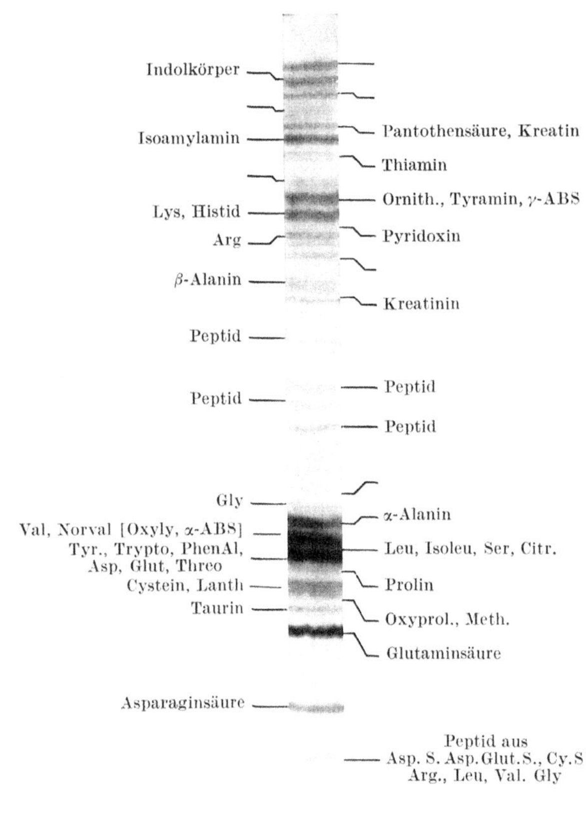

Abb. 52. Hochspannungselektrophorese von Substanzen des Serumreststickstoffs[1]. 60 V/cm; Pyridin-Essigsäure-Puffer (1:10:90 Wasser); p_H 3,6; 45 min.

In Abb. 53 sind die Pherogramme des Rest-N eines Normalserums, eines Normalurins und eines Pleuraexsudats gegenübergestellt.

SPENGLER und KNEDEL[3] haben zur Identifizierung von Aminosäuren nach Trennung in der Hochspannungselektrophorese eine kombinierte Färbung angewandt[4]. Auf diese Weise gelang die einwandfreie Identifizierung von 18 Aminosäuren auf einem Elektrophoresestreifen.

Wie schon an anderer Stelle ausgeführt, bringt das Einbetten der Elektrophoresestreifen in indifferente Lösungsmittel neben dem Vorteil der intensiven Kühlung gewisse Nachteile mit sich (vgl. S. 156).

* Hersteller: „Phywe“ AG, Göttingen.

[1] HEILMEYER, L., R. CLOTTEN, J. SANO, A. STURM u. A. LIPP: Kli. Wo. **1954**, 831.

[2] MICHL, H.: Mh. Chem. **82**, 489 (1951).

[3] SPENGLER, G. A., u. M. KNEDEL: Kli. Wo. **1956**, 389.

[4] KNEDEL, M., u. K. NEIKES: Im Druck.

Ein anderes Prinzip der Wärmeableitung von Elektrophoresestreifen wurde unter anderen[1-3] von MICHL angegeben[4]. Der Filtrierpapierstreifen ist zwischen 2 Kühlflächen aus Aluminium gepreßt (Abb. 54), die mit isolierenden Nylonschichtenlack überzogen sind. Durch die Kühlflächen kann eine Kühlflüssigkeit zirkulieren, die auf eine bestimmte Temperatur eingestellt wird. Die Enden der Papierstreifen tauchen nicht unmittelbar in die Pufferlösung ein, vielmehr wird der Stromkontakt über nahtlose Dialysierschläuche aus Cellophan hergestellt. Dadurch wurden die Sogeffekte ausgeschaltet. Das verwendete Filtrierpapier Schleicher & Schüll 602 h ist mit Pufferlösung getränkt und bis zu einem Benetzungsgrad von 100% abgepreßt. MICHL beschreibt die Trennung von

a

b

c

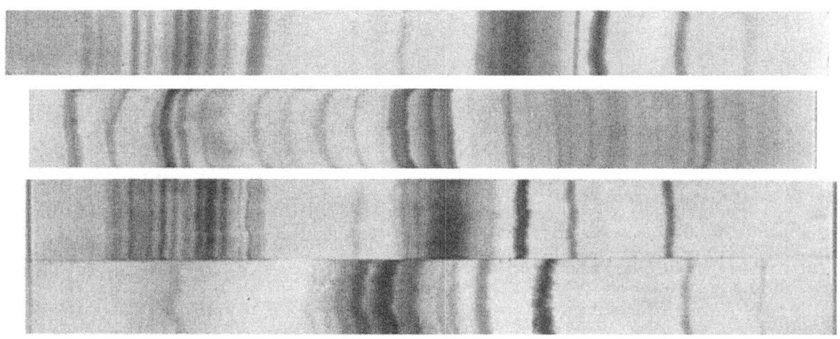

Abb. 53a—c. Hochspannungspherogramme des Rest-N[5]. a Normalserum, 60 V/cm, 45 min; b Normalurin, 60 V/cm, 30 min; c Pleuraexsudat, oben: 60 V/cm, 30 min, unten: 120 V/cm, 60 min.

Zuckern und Zuckergemischen in Form ihrer Boratkomplexe in einem Boratpuffer von p_H 11 bei einer mittleren Feldstärke von 24 V/cm. Bei Verwendung von Metallplattenkühlern muß eine besondere Durchschlagsfestigkeit der isolierenden Lackschicht gewähr-

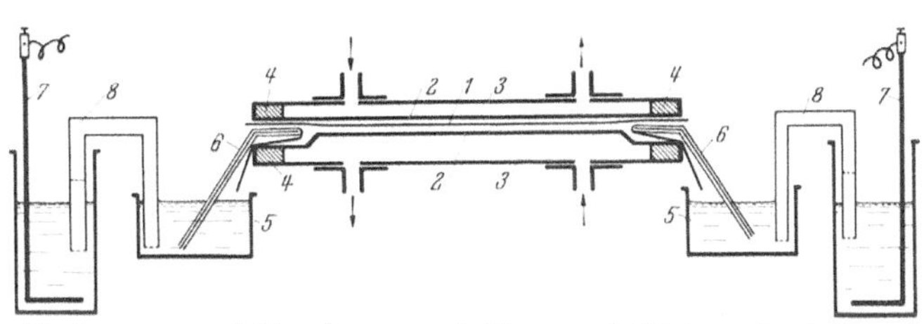

Abb. 54. Anordnung zur Hochspannungselektrophorese nach MICHL[4]. *1* Filtrierpapierstreifen, *2*, *3* mit Nylonlack überzogene Kühlplatten, *4* Gummidichtung, *5* Pufferlösung, *6* Membran, *7* Elektroden, *8* Stromschlüssel (Heber).

leistet sein. Schon bei geringfügigen Verletzungen dieser Schicht kann es zu unliebsamen Funkenbildungen kommen.

WERNER und WESTPHAL[6, 7] beschreiben eine Papierelektrophoreseanordnung, bei der Spannungen bis 10000 V und Wanderungswege bis zu 1 m möglich sind. Der Elektrophoresestreifen liegt in einer allseits geschlossenen feuchten Kammer auf einer Kunststoffplatte. Diese kann von unten her durch strömende Solelösung ständig auf konstant tiefen Temperaturen gehalten werden, so daß der aufliegende Papierstreifen bei Stromfluß eine Temperatur um 0° C annimmt.

Die Abb. 55 zeigt einen Längsschnitt durch einen Teil der Elektrophoreseapparatur*. Er besteht aus einer Kühlkammer, in die der Papierstreifen eingelegt wird, und den

* Hersteller: Dr. Virus KG, Bonn, Rheinweg 159.

1 KRAUS, K. A., and G. W. SMITH: Am. Soc. **72**, 4329 (1950).
2 FOSTER, A. B.: Chem. & Industr. **1952**, 1050. Soc. **1953**, 982.
3 GROSS, D.: Nature **172**, 908 (1953); **173**, 487 (1954); **176**, 72 (1955); **178**, 29 (1956).
4 MICHL, H.: Mh. Chem. **83**, 738 (1952).
5 HEILMEYER, L., R. CLOTTEN, J. SANO, A. STURM u. A. LIPP: Kli. Wo. **1954**, 831.
6 WERNER, G., u. O. WESTPHAL: Angew. Chem. **67**, 251 (1955).
7 WERNER, G.: Recu. Trav. chim. Pays-Bas. **74**, 613 (1955).

Elektrodengefäßen. Als Baumaterial wurde Vinidur bzw. Trovidur verwendet. Der 15 cm breite Papierstreifen (Schleicher & Schüll 2043a) *1* liegt auf einer 17,5 cm breiten Kunststoffplatte von 3 mm Dicke. Mit Hilfe einer Umwälzpumpe (Leistung etwa 10 *l*/min) wird die Kühlkammer *3* mit der Kühlflüssigkeit durchströmt. Die Kühlfläche wird nach Auflegen des Streifens mit einer gleich großen Glasplatte *5* von 8—10 mm Dicke bedeckt. Diese ist an den Längsseiten mit einem Schaumgummistreifen *6* beklebt. Die beiden Schmalseiten sind mit einem 1 cm breiten und etwa 0,5 cm dicken Schaumgummiband *7* versehen, das mit einem Celluloidband überklebt ist. Durch eine Preßvorrichtung wird die Glasplatte mit ihren Schaumgummibändern auf die Kühlfläche gedrückt, wodurch zwischen der eigentlichen Kühlfläche mit dem aufliegenden elektrolytgetränkten Papierstreifen und der in wenigen Millimetern Abstand darüber befindlichen Glasplatte eine gut isolierte, geschlossene, feuchte Kammer entsteht. Auf diese Weise ist für guten Kontakt des Papierstreifens mit den Zuleitungszungen *8* und der Abdichtung an den Längsseiten des Streifens gesorgt. Die Elektrodengefäße zu beiden Seiten der Kühlkammer sind durch eine Querwand in je 2 puffergefüllte Fächer aufgeteilt. In das äußere Fach *13* mündet die Stromzuführung mit der Platinelektrode *15*. In das zweite Fach *16* taucht die Zuleitungszunge *8* (ein mit einem Cellophanschlauch umgebener Filtrierpapierstreifen zur Vermeidung von Dochteffekten) ein. Die beiden Fächer sind durch einen Glasheber *17* verbunden. Ein drittes Fach *18* nimmt die Spannvorrichtung *19* für den Papierstreifen *1* auf. Zwischen 2 drehbaren Gummiwalzen ist der Papierstreifen festgehalten und kann durch Drehen der Walzen vorsichtig gespannt und dann arretiert werden.

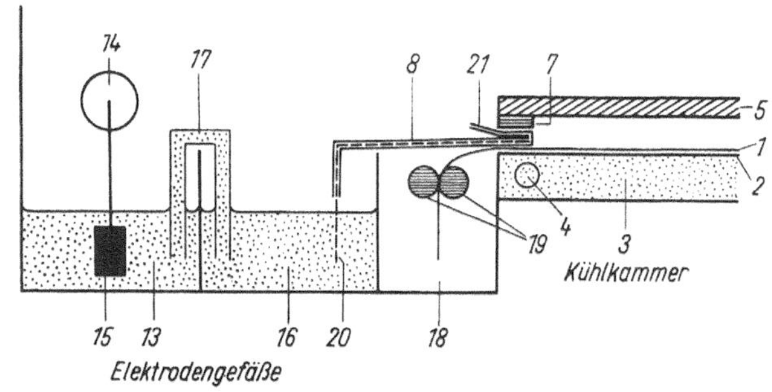

Abb. 55. Hochspannungselektrophoreseapparatur nach WERNER und WESTPHAL[1] (Längsschnitt durch einen Teil der Kammer). *1* Filtrierpapierstreifen (15 cm breit), *2* Kunststoffplatte, *3* Kühlkammer, *4* Zuleitungsrohr für Kühlsole, *5* Glasplatte, *6*, *7* Schaumgummiabdichtung, *8* Zuleitungszungen (Filtrierpapier oder Leinwand mit einem Dialysierschlauch überzogen), *13*, *16* Puffergefäße, *14* Stromzuführung, *15* Platinelektrode, *17* Glasheber, *18* Spannvorrichtung.

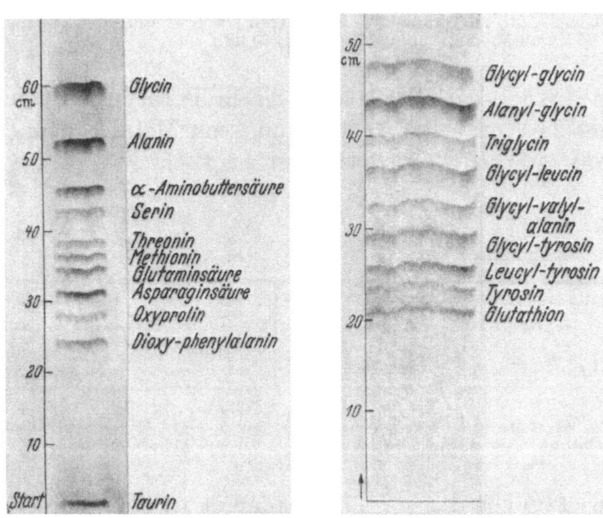

a b

Abb. 56a u. b. Elektrophoretische Trennung eines Aminosäuregemisches (a) und eines Peptidgemisches (b)[2]. p_H 2; 60 V/cm; 1,1 mA/cm Streifenbreite; Soletemperatur bei a —7°, bei b —11° C; Laufzeit bei a 200 min, bei b 210 min.

Es wird die Trennung von Aminosäuren und Peptiden bei p_H 2 (2 n Essigsäure + 0,6 n Ameisensäure) bei einer Feldstärke von 60 V/cm und einer Laufzeit von 200—210 min beschrieben (Abb. 56a, b). In weiteren Beispielen veranschaulichen WERNER und WESTPHAL die ausgezeichnete Trennleistung ihrer Anordnung bei der Auftrennung eines Phenolextraktes aus menschlichem Urin (Abb. 57), eines Hydrolysates von bakteriellen Proteinen (Abb. 58), die Trennung von Zuckergemischen in Boratpuffer sowie die Auftrennung anorganischer Ionen (vgl. auch DENUCÉ und ZUBER[2] sowie DOSE u. CAPUTO[3]).

[1] WERNER, G., u. O. WESTPHAL: Angew. Chem. **67**, 251 (1955).
[2] DENUCÉ, J. M., u. H. ZUBER: Z. Naturforsch. **11**b, 381 (1956).
[3] DOSE, K., u. A. CAPUTO: B. Z. **328**, 376 (1956).

In einer von WIELAND und PFLEIDERER[1] entwickelten Apparatur, die sowohl für analytische als auch für mikropräparative Trennungen bei hohen Spannungen geeignet ist, liegt der Filtrierpapierstreifen auf 3—4 mm starken Glasplatten, die von unten gekühlt werden können. Abb. 59 zeigt die Anordnung schematisch*.

Die unter der Glasplatte befindlichen spiralisch angeordneten Verdampferschlangen zur Kühlung sind mit einem kleinen Kühlaggregat (250 kcal/Std) verbunden, die Temperaturregulierung erfolgt über einen Thermostaten. Die Wärmeübertragung zwischen Glas und Verdampferschlangen wird durch Glykol-Wasser-Mischung besorgt. Die beiden Endwände der Glasplatten bilden mit den Außenwänden des Apparates die zur Aufnahme der Pufferlösung vorgesehenen Elektrodenräume. Die Stromquelle liefert Gleichstrom bis zu 3000 V. Zur Herstellung der leitenden Verbindung zwischen dem Träger und den Elektrodenräumen taucht in diese eine 40 cm breite Zunge aus Papier oder Textil, deren obere Kante zur Herabsetzung des Feuchtigkeitsgehaltes des Filtrierpapierbogens (s. S. 199) mit einem Cellophanumschlag versehen ist. Dieser wird fest mit dem pufferbefeuchteten Filtrierpapier in Kontakt gebracht.

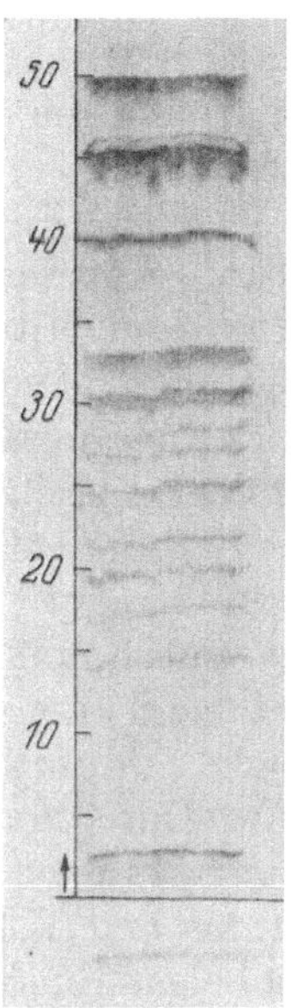

Abb. 57

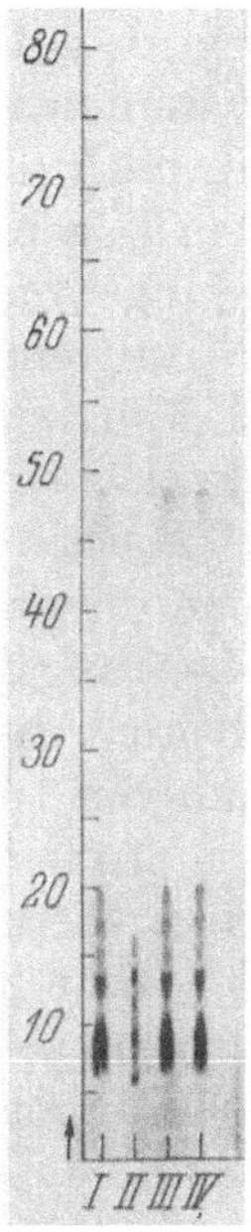

Abb. 58a

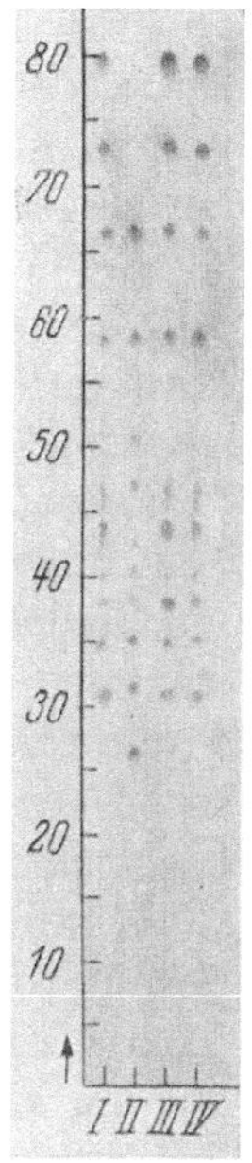

Abb. 58b

Abb. 57. Elektropherogramm eines Urinkonzentrats[2]. p_H 2; 60 V/cm; 1,1 mA/cm Streifenbreite; Soletemperatur —7° C; Laufzeit 210 min.

Abb. 58a u. b. Elektropherogramme von Hydrolysaten bakterieller Proteine[2]. I. von E. coli, III. S. paratyphi B (Glattform), IV. S. paratyphi B (Rauhform), II. Gemisch authentischer Aminosäuren wie in Abb. 56a, ohne Taurin. $p_H \sim 2$; 70 V/cm; 1,2 mA/cm Streifenbreite; Soletemperatur —18° C; Laufzeit a 60 min, b 240 min.

Die Apparatur, die auch mit Stärkebrei als Trägermaterial beschickt werden kann, hat unter anderem für die Strukturaufklärung des Phalloidins erfolgreiche Verwendung gefunden. Auf 30 Bogen konnte das Hydrolysat von 1 g Phalloidin aufgetrennt werden.

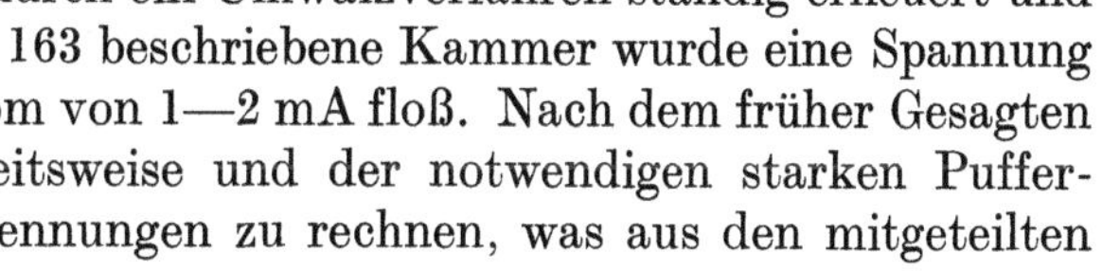

Abb. 59. Querschnitt durch einen Teil der Hochspannungselektrophoresekammer nach T. WIELAND und PFLEIDERER[1].

Über die Möglichkeit, die Hochspannungselektrophorese in einer feuchten Kammer (Elphor-H) ohne besondere Kühlung des Streifens durchzuführen, berichten SCHNEIDER und SPARMANN[3]. Sie reduzierten die Pufferkonzentration und damit den Stromdurchfluß durch den Streifen soweit, daß keine Störungen durch Wärmeentwicklung eintraten. Der Puffer wurde in den Elektrodengefäßen durch ein Umwälzverfahren ständig erneuert und dabei gleichzeitig gekühlt. An die auf S. 163 beschriebene Kammer wurde eine Spannung von etwa 3000 V angelegt, wobei ein Strom von 1—2 mA floß. Nach dem früher Gesagten (vgl. S. 166) ist jedoch bei dieser Arbeitsweise und der notwendigen starken Pufferverdünnung mit weniger scharfen Auftrennungen zu rechnen, was aus den mitgeteilten Ergebnissen[3] auch ersichtlich ist.

* Hersteller: Fa. L. Hormuth, Inh. W. E. Vetter, Heidelberg-Wiesloch.

[1] WIELAND, T., u. G. PFLEIDERER: Angew. Chem. **67**, 257 (1955).

[2] WERNER, G., u. O. WESTPHAL: Angew. Chem. **67**, 251 (1955).

[3] SCHNEIDER, G., u. G. SPARMANN: Naturwiss. **42**, 156 (1955).

f) Anordnungen zur präparativen Elektrophorese auf Filtrierkarton.

Der einfachste Weg, um die Papierelektrophorese für die Trennung in kleinpräparativem Maßstab geeignet zu machen, besteht darin, daß man, wie bereits erwähnt, an Stelle von Filtrierpapierstreifen breite Filtrierpapierbogen als Trägersubstanz verwendet, auf deren Rand die Substanz als langer Querstrich aufgetragen wird (vgl. Abb. 25). Bei der Trennung gefärbter oder im UV-Licht fluorescierender Substanzen kann ebenso wie im analogen Fall der Chromatographie der Bogen an den geeigneten Stellen zerschnitten und dann eluiert werden (vgl. dazu Bd. I, S. 247). Bei ungefärbten Substanzen, die im unveränderten Zustand eluiert werden sollen, müssen zunächst schmale Teststreifen dem Bogen entnommen werden, nach deren Anfärbung die Lokalisation der einzelnen Zonen auf dem zurückgebliebenen Bogen möglich ist.

Die Verwendung von extra starkem Filtrierpapier oder Filtrierkarton als zweite Möglichkeit der Auftrennung etwas größerer Substanzmengen ist unter anderen von HARTMANN und MÜLLER[1], LATNER und Mitarbeitern[2] beschrieben worden. Die Verwendung eines Packes einer Reihe übereinandergeschichteter Filtrierpapiere ähnlich der „Chromatopack"-Methode in der Chromatographie (PORTER[3]) empfehlen A. FISCHER und BEHRENS[4]. Keine dieser Anordnungen besitzt besondere Kühlvorrichtungen, was ihre mengenmäßige Leistungsfähigkeit naturgemäß einschränkt. Immerhin beschreiben LATNER und Mitarbeiter[2] die Auftrennung von 10 cm^3 Serum (entsprechend etwa 700 mg Protein) innerhalb von 16 Std bei einer Spannung von 120 V und unter Verwendung von sechs 5 cm breiten Streifen eines Filtrierkartons (Whatman Nr. 31). Über ähnliche Mengenleistungen berichten KNEDEL[5] sowie SCHULTZE und BIEL[6].

KNEDEL[5], der zum Zweck der Durchführung von Kohlenhydratbestimmungen in Serumproteinen die einzelnen Unterfraktionen präparativ isolierte, verwendete eine modifizierte Elphor-H-Kammer, die durch eine Kühlvorrichtung mit Leitungswasser gekühlt werden konnte. An Stelle des üblichen Einsatzrahmens für Elektrophoresestreifen verwendete er eine Haltevorrichtung mit quergespannten Fäden, die ein Kartonpapier (Schleicher & Schüll 2230 oder Macherey & Nagel Nr. 826) im Ausmaß von 80×300 mm in horizontaler und straffer Lage festhält. Die präparative Auftrennung von 1 cm^3 Serum je Streifen erfolgt unter Verwendung des oben angeführten Veronalpuffers p_H 8,6 (s. S. 163) in einer Zeit von 7—8 Std. Dabei trennen sich die einzelnen Fraktionen in gleicher Weise wie bei der üblichen Papierelektrophorese auf einer Strecke von 10—12 cm. Nach beendeter Trennung wird der Kartonstreifen auf eine Glasplatte aufgelegt. Ein gleichgroßer Streifen des Papiers 2043a (Schleicher & Schüll) wird auf den Karton gelegt und durch leichtes Abrollen mit einer Glaswalze ein Abklatsch hergestellt. Der Abklatsch wird in üblicher Weise gefärbt und dient als Markierung für die Auftrennung der Fraktionen, die ausgeschnitten und in einer Spezialpresse* ausgepreßt werden. 90% der im Kartonstreifen enthaltenen Eiweißkörper wurden dabei wiedergewonnen. Die Konzentration der Lösungen liegt zwischen 1—4%, so daß für die meisten Bestimmungen keine weitere Einengung nötig ist.

Eine von SCHULTZE und BIEL[6] in den Behring-Werken in Marburg entwickelte Anordnung findet auch zur technischen Fraktionierung und zur Gewinnung hochgereinigter Serumfraktionen Verwendung. Die Trennkammer enthält 10 Streifen des Filtrierkartons 2230 der Fa. Schleicher & Schüll von je 8 cm Breite, 30 cm Länge und einer Dicke von 2 mm in feuchtem Zustand. Die Streifen sind freitragend über gespannte Nylonfäden gelegt, die Feldstärke im Streifen beträgt etwa 9 V/cm. Je Streifen können 50 mg Protein

* Hersteller: Fa. Bender & Hobein, München, Lindwurmstraße 71.

[1] HARTMANN, F., u. H. J. MÜLLER: Naturwiss. **39**, 282 (1952).

[2] LATNER, A. L., L. RAINE, Q. I. M. ROSS and C. C. UNGLEY: Biochem. J. **52**, xxxiii (1952).

[3] PORTER, W. L.: Analyt. Chem., Washington **23**, 412 (1951).

[4] FISCHER, H., u. M. BEHRENS: H. **291**, 14 (1952).

[5] KNEDEL, M.: Verh. dtsch. Ges. inn. Med. **61**, 277 (1955). Vortrag: Tagung d. Laborärzte, Würzburg Mai 1955. — KNEDEL, M., u. G. ALTHAUS: III. Coll. St. Jans Hospital, Bruges 1955; Protides of the Biological Fluids, Seite 101.

[6] SCHULTZE, H. E., u. H. BIEL: Behringwerke-Mitt. **30**, 72 (1955).

aufgetragen werden. Die gesamte Anlage besteht insgesamt aus 10 paarweise übereinander angeordneten Kammern, in denen also 50 cm³ Serum oder 5 g vorgereinigtes Protein auf einmal getrennt werden können. Zur Kühlung befindet sich die ganze Anlage in einem Raum von 6° C. Darüber hinaus wird Kühlwasser von + 6° durch die doppelwandig ausgeführten Elektrophoresekammern geleitet. Eine direkte Berührung der Streifen mit Kühlflächen findet nicht statt; die Kühlung erfolgt also ebenso wie in der Anordnung von KNEDEL[1] in der Hauptsache durch Konvektion, Strahlung und Verdunstung. Die Temperatur innerhalb des Streifens während der Elektrophorese beträgt etwa 22—26° C. Als Pufferlösung wird ein geringfügig abgewandelter Michaelis-Puffer[2] von p_H 8,6 und der Ionenstärke 0,05 verwendet (2,95 g Na-Acetat + 4,45 g Veronal-Na + 30,3 cm³ 0,1 n HCl auf 10 *l* mit Aqua dest. aufgefüllt). Nach Herstellen eines Abklatsches werden die noch feuchten Kartons mit einer rotierenden Stahlklinge zerschnitten und die gleichartigen Abschnitte in Paketen von 5 Stück nach Auspressen in einer Schraubenpresse (Schraubstock mit ausgekleideten Backen und Abflußrinne aus Kunststoff) nochmals mit physiologischer Kochsalzlösung getränkt und nach 30 min erneut ausgepreßt. Durch Gefriertrocknung können schließlich die gewonnenen Fraktionen haltbar gemacht werden.

4. Kontinuierliche oder Ablenkungselektrophorese.

Bei der ersten von GRASSMANN und HANNIG[3-6] beschriebenen Anordnung nach diesem Prinzip wurde eine mit Seesand, Glasperlen oder anderen geeigneten körnigen Materialien gefüllte flache Küvette mit einer Elektrolytlösung quer zu den Kraftlinien eines elektrischen Feldes durchströmt. Abb. 60 zeigt eine Ausführungsform dieser Kammer.

Durch eine Düse *B* kann an einer Stelle das zu trennende Substanzgemisch zugeführt werden. Je nach Größe des elektrischen Feldes, der Strömungsgeschwindigkeit der Pufferlösung und der Ladung der zu trennenden Teilchen des Stoffgemisches werden die einzelnen Komponenten während ihres Vorrückens um einen bestimmten Winkel α abgelenkt.

$$\operatorname{tang} \alpha = \frac{\text{elektrophoretische Wanderungsgeschwindigkeit}}{\text{Strömungsgeschwindigkeit der Pufferlösung}} .$$

Nach Durchwandern des porösen Systems können die einzelnen Fraktionen durch die Schläuche *C* entnommen werden. Da sowohl Strömungsgeschwindigkeit als auch Feldstärke experimentell variierbar sind, kann der jeweils gewünschte Ablenkungswinkel eingestellt werden. SVENSSON und BRATTSTEN[7] berichteten kurz nach unserer ersten Mitteilung unabhängig davon über eine ähnliche Anordnung.

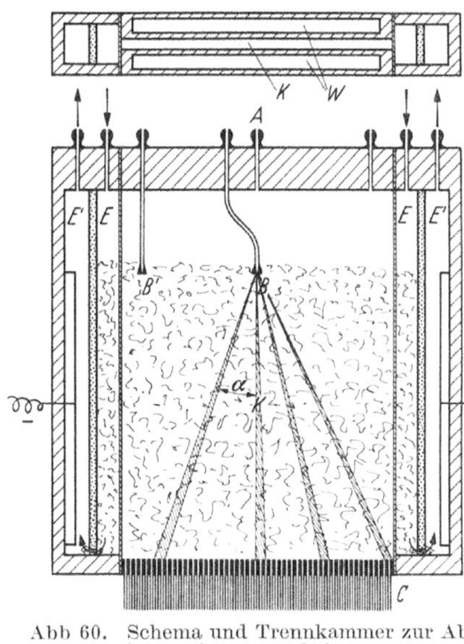

Abb 60. Schema und Trennkammer zur Ablenkungselektrophorese nach GRASSMANN und HANNIG[3-6].

In gewissem Sinne kann als ein Vorläufer dieser Methode die von HAUGAARD und KRONER[8] beschriebene Kombination von Papierelektrophorese und Papierchromatographie betrachtet werden. Das zu trennende Substanzgemisch wird, wie in der Papierchromatographie üblich, punktförmig auf

[1] KNEDEL, M.: Verh. dtsch. Ges. inn. Med. **61**, 277 (1955). Vortrag: Tagung d. Laborärzte, Würzburg 23. 5. 1955. — KNEDEL, M., u. G. ALTHAUS: III. Coll. St. Jans Hospital, Bruges 1955; Protides of the Biological Fluids, Seite 101.
[2] MICHAELIS, L.: B. Z. **234**, 139 (1931).
[3] DBP 805399 vom 24. 5. 1949. Erf. GRASSMANN, W., u. K. HANNIG.
[4] GRASSMANN, W.: Vortrag auf der Tagung der Physiologen und physiol. Chemiker in Göttingen am 31. August 1949 [Angew. Chem. **62**, 170 (1950). Ber. Physiol. **139**, 220 (1950)].
[5] GRASSMANN, W.: Naturwiss. **38**, 200 (1951).
[6] HANNIG, K.: Diss. Darmstadt 1953.
[7] SVENSSON, H., and I. BRATTSTEN: Ark. Kemi **1**, 401 (1949).
[8] HAUGAARD, G., and T. D. KRONER: Am. Soc. **70**, 2135 (1948).

ein Blatt Filtrierpapier aufgetragen, das sodann mit geeigneten *organischen Lösungsmitteln* unter den üblichen Bedingungen der Papierchromatographie, jedoch unter gleichzeitigem Anlegen eines elektrischen Feldes quer zur Strömungsrichtung durchströmt wird. Die Komponenten wandern dabei in senkrechter Richtung entsprechend ihren R_f-Werten und werden gleichzeitig in horizontaler Richtung entsprechend ihrer elektrophoretischen Beweglichkeit abgelenkt. Eine kontinuierliche Trennung wird dabei nicht angestrebt, und sie ist auch ohne Aufgabe des chromatographischen Prinzips der Methode nicht erreichbar.

Gegenüber den Anordnungen, die als porösen Träger mit Füllmaterialien gefüllte flache Küvetten benutzen, wobei verhältnismäßig hohe Ströme fließen und für geeignete Abführung der gebildeten Jouleschen Wärme zu sorgen ist, was naturgemäß zu verhältnismäßig aufwendigen Apparaturen führt, bietet die Verwendung von Filtrierpapier als Trägermaterial gewisse experimentelle Vorteile und einfache Handhabung. Daß die Strömungsgeschwindigkeit dabei im wesentlichen nur durch die Wahl der Filtrierpapiersorte und in relativ engen Grenzen variiert werden kann und daß durch Verdunstungseffekte auftretende Ungleichmäßigkeit der Strömungsverhältnisse nicht vollkommen vermeidbar ist, sind Nachteile, die dabei in Kauf genommen werden. Eine besondere Kühlung kann bei kleineren Anordnungen dieser Art entbehrt werden; für größere, mit Filtrierkarton arbeitende Apparate sind aber ebenso wie für diskontinuierliche Kammeranordnungen besondere Kühlmaßnahmen nötig.

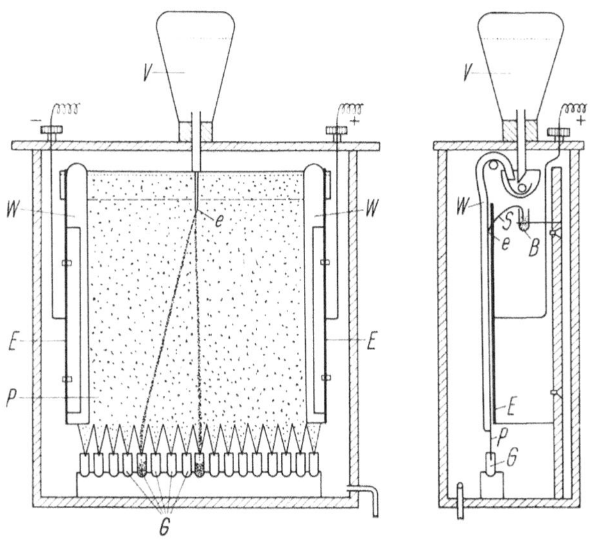

Abb. 61. Einfache Anordnung zur Ablenkungselektrophorese auf Filtrierpapier (GRASSMANN und HANNIG[1]). *P* Filtrierpapier; *E* Pt-Elektroden; *W* Wattestreifen; *V* Vorratsgefäß für Pufferlösung; *e* Zuführung des Substanzgemisches; *S* Filtrierpapierdocht; *B* Vorratsbehälter für das Substanzgemisch; *G* Auffanggefäße.

Wie schon erwähnt (vgl. S. 144), unterscheidet sich die kontinuierliche Arbeitsweise von der diskontinuierlichen Zonenelektrophorese in bezug auf die Auswirkungen von Adsorptionseffekten (WEBER[2], GRASSMANN und Mitarbeiter[3–5]). Bei der üblichen Elektrophorese auf Papierstreifen wird bei allen adsorbierbaren Stoffen die Wanderungsgeschwindigkeit durch Adsorption mehr oder weniger stark herabgesetzt gegenüber derjenigen, die ohne Adsorption zu erwarten wäre, da jeweils der nicht adsorbierte Anteil an der Wanderung teilnimmt, was zu unscharfen und verwaschenen Rückfronten und „Schwanzbildung" führt. Bei der hier beschriebenen kontinuierlichen Elektrophoreseanordnung ist der adsorbierte Anteil sowohl der elektrophoretischen Wanderung als auch dem Transport durch die strömende Flüssigkeit entzogen, und es werden daher die elektrophoretische Wanderungsgeschwindigkeit und die Vorrückungsgeschwindigkeit in der Richtung der Elektrolytströmung um einen Bruchteil vermindert, der dem jeweils adsorbierten Anteil entspricht. Der *Ablenkungswinkel* bleibt also von der Adsorption unbeeinflußt; sie kann sich lediglich in einer Verminderung der *Vorrückungsgeschwindigkeit* adsorbierbarer Substanzen bemerkbar machen. Innerhalb des schmalen Streifens, auf dem eine bestimmte Komponente vorrückt, wird dabei bald eine Absättigung der Adsorptionszentren des Filtrierpapiers erreicht, so daß im stationären Zustand das Ausmaß der Adsorption stark vermindert ist und keine Störungen zustande kommen. Dabei unterliegen die adsorptiv festgehaltenen Anteile während des Trennvorganges und insbesondere, wenn man am

[1] GRASSMANN, W., u. K. HANNIG: Naturwiss. **37**, 397 (1950).
[2] WEBER, R.: Helv. **36**, 424 (1953).
[3] GRASSMANN, W., u. K. HANNIG: H. **292**, 32 (1953).
[4] GRASSMANN, W., u. L. HÜBNER: Leder **5**, 49 (1954). Naturwiss. **40**, 272 (1953).
[5] GRASSMANN, W., u. P. STADLER: Leder **5**, 206 (1954).

Ende des Versuches den Zustrom von Trennlösung abstellt und weiter mit Elektrolytlösung durchspült, einer intensiven Elution nach dem Gegenstromprinzip. Bei sehr starker Adsorption werden allerdings auch bei dieser Methode die vorrückenden Zonen breiter, und im Fall vollständiger Adsorption ist eine Trennung unmöglich. Es gelingt indessen meistens durch geeignete Wahl der Bedingungen, auch in solchen Fällen die Adsorption auf ein erträgliches Maß herabzusetzen.

Abb. 61 zeigt eine einfach gehaltene Apparatur, wie sie leicht mit Laboratoriumsmitteln hergestellt werden kann[1].

Sie besteht aus einer Glasküvette, in der an einem Rahmen aus Plexiglas ein von Pufferlösung durchströmtes Filtrierpapier (Schleicher & Schüll 2040a oder 2040b)

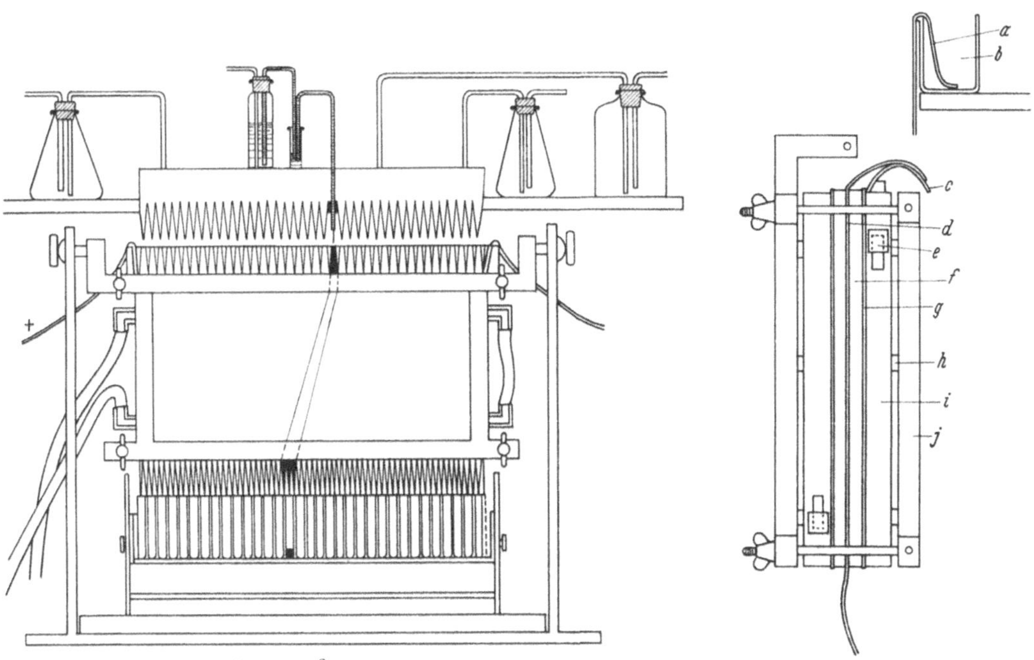

a b

Abb. 62a u. b. Elektrophoreseanordnung nach BRATTSTEN[2]. a Frontansicht, b Seitenansicht. *a* Filtrierkarton, *b* Pufferbehälter, *c* Halter aus Kunststoff, *d* Filtrierkarton zwischen den Kühlplatten, *e* Kühlwasserzulauf, *f* Glasplatte, *g* und *h* Gummidichtung, *i* Kühlmantel, *j* Preßrahmen.

zwischen 2 Platinelektroden *E* eingespannt wird. Um eine Verarmung oder Änderung des Puffers im Versuch zu vermeiden, werden die Elektroden von der gleichen Pufferlösung, aber in wesentlich rascherer Strömung umspült, einfach derart, daß auf die beiden Elektroden je ein dicker Streifen aus sehr saugfähigem Material *W*, wie z. B. Watte, aufgelegt wird, der zusammen mit dem oberen Teil des Filtrierpapiers in eine langgestreckte, mit Pufferlösung gefüllte Wanne eintaucht. Die Pufferlösung wird aus einem Vorratsgefäß *V* automatisch in die Wanne nachgefüllt. Bei *E* wird über einen aus dem Filtrierpapier herausgeschnittenen, etwa 1 mm breiten Streifen *S* aus dem kleinen Vorratsbehälter *B* das zu trennende Stoffgemisch durch Ansaugen eingeführt. Die Durchströmungszeiten schwanken bei den Versuchen je nach der verwendeten Filtrierpapiersorte zwischen 2 und 6 Std. An die Elektroden wird eine Gleichstromspannung von 100—200 V angelegt, wobei ein Strom von 10—20 mA fließt. Die einzelnen Fraktionen können, nachdem sie durch das Filtrierpapier gewandert sind, getrennt in kleinen Gefäßen *G* gesammelt oder am Schluß auf dem Filtrierpapier durch Anfärbeverfahren sichtbar gemacht werden.

[1] GRASSMANN, W., u. K. HANNIG: Naturwiss. **37**, 397 (1950).
[2] BRATTSTEN, I., and A. NILSSON: Ark. Kemi **3**, 337 (1951).

Gleichfalls recht einfache Apparaturen, wie sie von STRAIN und Mitarbeitern[1], DURRUM[2], PUČAR[3], HOBART und ROSE[4], sowie MONDOVI und ANTONINI[5], BRATTSTEN und Mitarbeitern[6] angegeben wurden, entsprechen bis auf einige Abweichungen der beschriebenen Anordnung.

In der Anordnung von STRAIN[1] liegt der Trennbogen zwischen 2 Glasplatten. Die Elektroden sind Platindrähte, die durch die Glasplatten unmittelbar auf das Filtrierpapier aufgedrückt werden, wobei eine Spülung der Elektroden nicht stattfindet; dementsprechend sind die p_H-Unterschiede, namentlich in der Nähe der Elektroden, ziemlich erheblich. BRATTSTEN und Mitarbeiter[6] verwenden einen Filterkarton, der zwischen 2 als Kühler dienenden Glasküvetten eingeklemmt ist. Pufferlösung wird am oberen

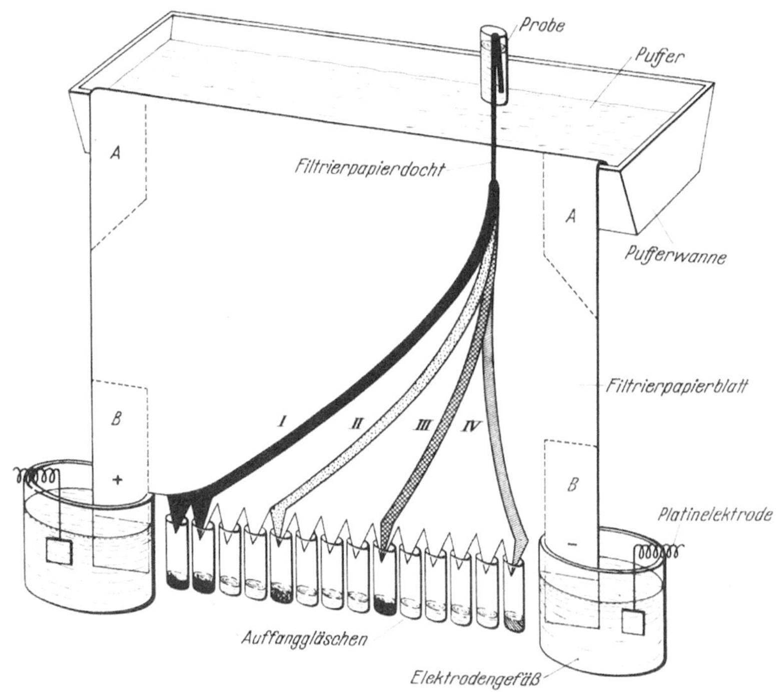

Abb. 63. Schema der Trennkammer nach DURRUM[2].

Rand dem Papier über eine Reihe ausgeschnittener Zipfel zugeführt, deren einer zur Zuführung der Trennlösung dient (Abb. 62). Die Breite der oben eintretenden Lösung ist mit 1,5 cm recht erheblich, und während des Durchströmens des Systems findet eine weitere Verbreiterung der Zonen statt. DURRUM[2], der ebenso wie GRASSMANN und HANNIG[7] ein in einer feuchtigkeitsgesättigten Kammer freihängendes Filterpapierblatt verwendet, läßt lediglich die beiden unteren Enden des Filterpapierbogens in die Elektrodenflüssigkeit eintauchen (Abb. 63). Das elektrische Feld im Trennbogen ist daher stark inhomogen und im oberen Teil wesentlich schwächer als im unteren, was zu stark gekrümmten Wanderungswegen führt. Diese Fehlerquelle wird weitgehend in der gleichfalls recht einfachen Apparatur von DICASTRO und SAN MARCO[8] vermieden, wo mehrere, aus dem Trenn-

[1] STRAIN, H. H., and J. C. SULLIVAN: Analyt. Chem., Washington **23**, 816 (1951). — STRAIN, H. H.: Analyt. Chem., Washington **23**, 25 (1951); **24**, 356 (1952). — SATO, T. R., W. P. NORRIS and H. H. STRAIN: Analyt. Chem., Washington **24**, 776 (1952).

[2] DURRUM, E. L.: Am. Soc. **73**, 4875 (1951).

[3] PUĆAR, Z.: Croatica chem. Acta **28**, 195 (1956).

[4] HOBART, M. H., and C. F. M. ROSE: J. clin. Path. **8**, 338 (1955).

[5] MONDOVI, B., e R. E. ANTONINI: Ric. sci. **25**, 2631 (1955).

[6] BRATTSTEN, I., and A. NILSSON: Ark. Kemi **3**, 337 (1951).

[7] GRASSMANN, W., u. K. HANNIG: Naturwiss. **37**, 397 (1950). H. **292**, 32 (1953).

[8] DICASTRO, G., and M. SAN MARCO: Soc. **1954**, 4147. — DICASTRO, G.: Exper. **10**, 27 (1954).

bogen seitlich herausgeschnittene, übereinanderliegende Zipfel in eine Reihe übereinanderliegender Elektrodengefäße eintauchen (Abb. 64) (vgl. dazu PEETERS und Mitarbeiter[1]). In dem von SAROFF[2] sowie dem von ADAMIK[3] beschriebenen Apparat wird ein Filtrierpapier verwendet, das rund um eine zylinderförmige Glasglocke gewickelt ist, welche die Pufferlösung enthält. Die Vorrichtung bedeutet gegenüber den Anordnungen mit ausgespanntem Filtrierpapierblatt eine gewisse Raumersparnis.

Eine von uns weiterentwickelte Apparatur[4, 5], die sich seit 1953 im Handel* befindet, ist in Abb. 65 in der Gesamtansicht, in Abb. 66 in schematischen Details wiedergegeben.

Die Vorrichtung besteht im wesentlichen aus einem Kunststoffrahmen *R*, der oben zur Aufnahme der Pufferlösung eine Wanne *W* trägt und in dem das Filtrierpapier glatt

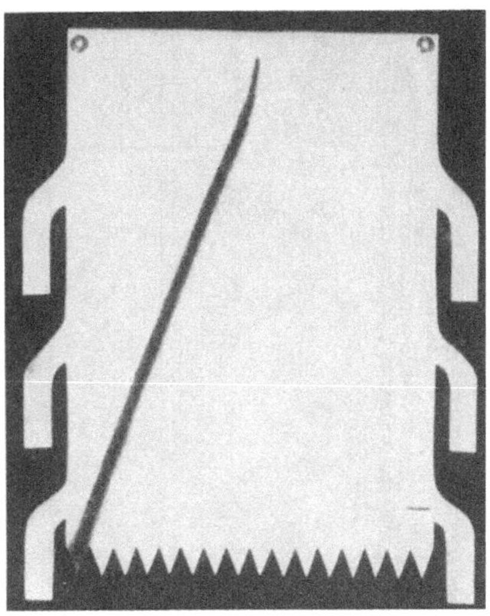

Abb. 64. Trennbogen (DICASTRO und SAN MARCO[6]).

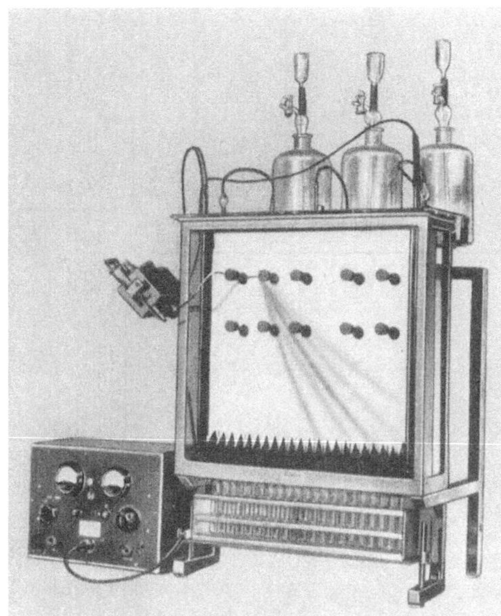

Abb. 65. Kontinuierlich arbeitende Elektrophorese-Apparatur nach GRASSMANN und HANNIG[4, 5].

eingespannt und mittels zweier Andruckleisten *A* festgehalten werden kann. Als Elektroden dienen Platindrähte *Pt* von 0,4 mm Durchmesser; sie befinden sich in Rillen *Ri*, die an den beiden, zur Aufnahme des Filtrierpapiers dienenden Seitenflächen des Vinidurrahmens *R* eingefräst sind und von unten nach oben aus den beiden seitlichen Vorratsflaschen *Fl* mit Pufferlösung durchgespült werden. Der Kontakt mit dem Filtrierpapier erfolgt durch Auflegen einer Cellophanmembran *M* zwischen die offene Längsseite der Rille und das Filtrierpapier. Die Strömungsgeschwindigkeit der Pufferlösung zum Abführen der Elektrolysenprodukte kann gegebenenfalls auch automatisch mittels eines Magnetventils reguliert und an einem Tropfenzähler beobachtet werden (Tropfgeschwindigkeit: 20—30 Tropfen je Minute). Der Trennbogen endet unten in 42 Austropfenden mit je 1 cm Abstand, die in kleine Trichter *T* geführt werden können, um die austropfende Flüssigkeit ohne Zwischenschaltung von Schläuchen nach außen zu leiten. Für quantitative Mikrotrennungen werden die Trichter durch kleine Auffanggläser innerhalb der Kammer ersetzt. Der Rahmen *R* befindet sich herausnehmbar in einer mit Feuchtigkeit

* VA-Apparatur, Hersteller: Fa. Bender & Hobein, München, Lindwurmstraße 71.

[1] PEETERS, H., P. VUYLSTEKE et R. NOË: IV. Coll. St. Jans Hospital, Bruges 1954; Protides of the Biological Fluids, Seite 164.

[2] SAROFF, H. A.: Nature **175**, 896 (1955).

[3] ADAMIK, E. R.: Analyt. Chem., Washington **28**, 1063 (1956).

[4] GRASSMANN, W., u. K. HANNIG: H. **292**, 32 (1953).

[5] GRASSMANN, W., K. HANNIG u. M. PLÖCKL: H. **299**, 258 (1955).

[6] DICASTRO, G., and M. SAN MARCO: Soc. **1954**, 4157. — DICASTRO, G.: Exper. **10**, 27 (1954).

gesättigten Glasküvette *Kg* (innere Ausmaße: 50×50×12 cm), durch deren Vorderwand das zu trennende Substanzgemisch wahlweise an mehreren Stellen *Ö* zugeführt werden kann. An Stelle der früher verwendeten Zuführung durch einen Docht hat sich für die

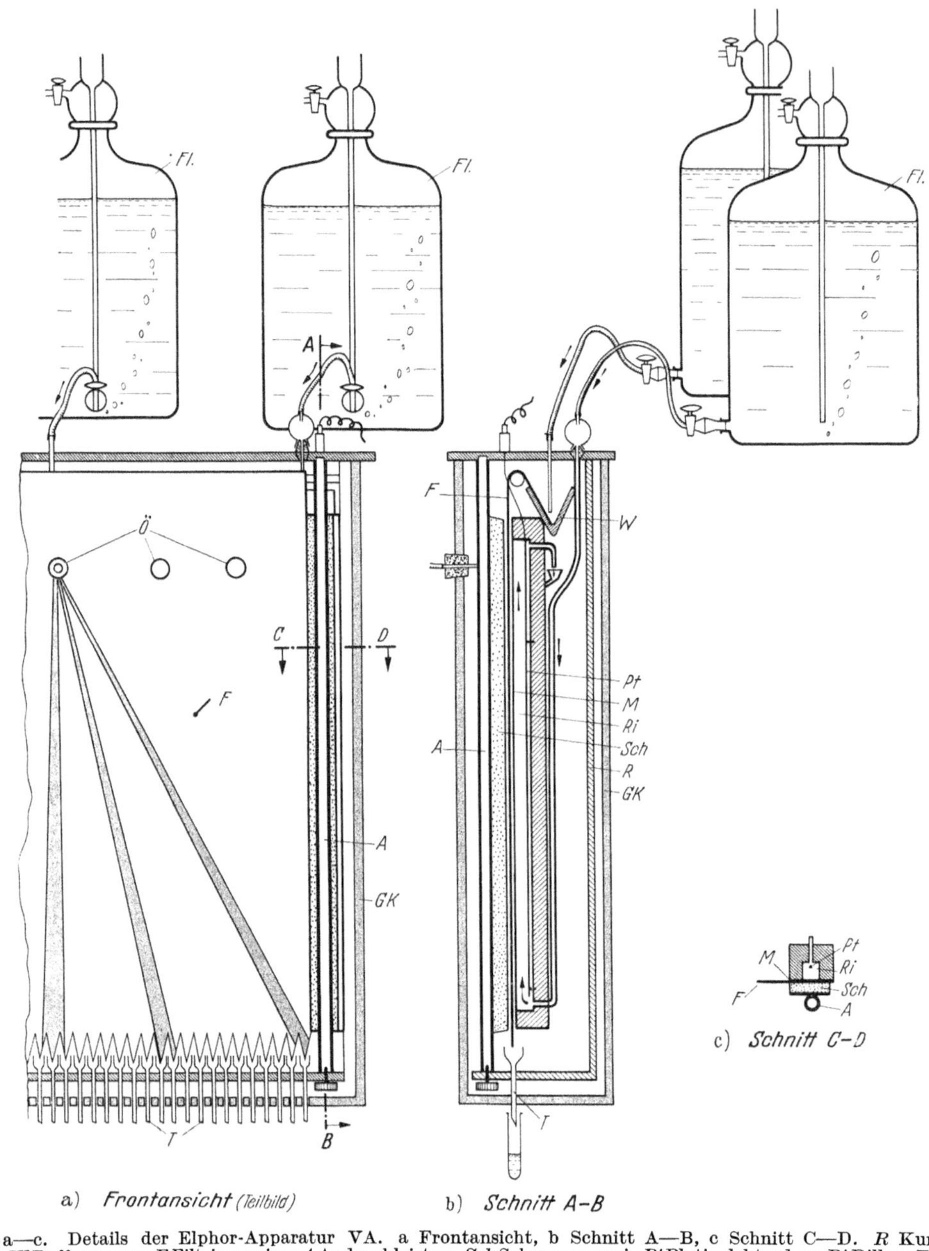

Abb. 66a—c. Details der Elphor-Apparatur VA. a Frontansicht, b Schnitt A—B, c Schnitt C—D. *R* Kunststoffrahmen; *W* Pufferwanne; *F* Filtrierpapier; *A* Andruckleisten; *Sch* Schaumgummi; *Pt* Platinelektroden; *Ri* Rillen; *Fl* Puffervorratsflaschen; *M* Cellophanmembran; *T* Trichter; *Gk* Glasküvette; *Ö* Öffnungen zum Einbringen des Substanzgemisches.

Erzielung scharfer Trennungen die Zuführung mit einer automatischen Infusionsvorrichtung bewährt. Die gesamte Anordnung wird zusammen mit 3 Vorratsflaschen für die Elektrolytlösung von einem Gestell getragen. Die wirksame Trennfläche ist 42 cm breit, 40 cm hoch. Es werden fertig zugestanzte Trennbogen aus den Papieren Schleicher & Schüll 2040a (langsamsaugend), 2040b und 604 L (schnellsaugend) verwendet. Als Stromquelle dient ein in bezug auf Stromstärke stabilisierter (vgl. dazu Brattsten[1]) Gleichrichter; die Klemmspannung kann bis zu 1000 V, die Feldstärke im Trennbogen bis 25 V/cm

[1] Brattsten, I., and A. Nilsson: Ark. Kemi **3**, 337 (1951).

betragen. Bei Verwendung flüchtiger Puffergemische (s. oben S. 159) kann eine Leistung bis 15 W angewandt werden, bei Verwendung nicht flüchtiger Puffer empfiehlt es sich, zur Vermeidung lokaler Überhitzungen (s. oben S. 156) 10 W nicht zu überschreiten, wenn mit dem Papier 604 L gearbeitet wird. Bei Einhaltung dieser Bedingungen ist eine besondere Kühlung entbehrlich, wenn sich die Apparatur in einem temperaturkonstanten Raum von 18° C befindet.

Zur Erreichung stationärer Verhältnisse in bezug auf Pufferströmung, Temperatur und Feuchtigkeitssättigung wird die Apparatur etwa 4 Std unter Anlegen des Stromes mit Puffer durchströmt, bevor man die Analysenlösung einfließen läßt. Soweit es sich nicht um gefärbte Stoffe handelt, erfolgt die Lokalisierung der einzelnen Komponenten

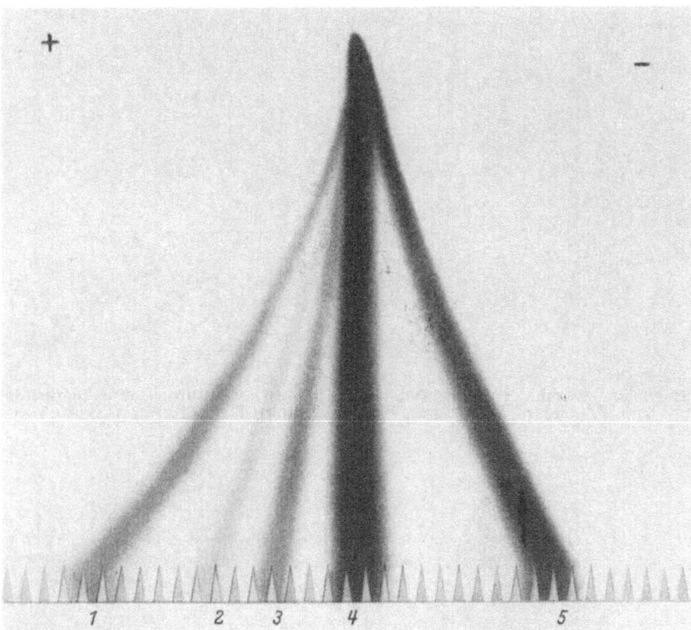

Abb. 67. Gruppentrennung eines Eiweißhydrolysates. p_H 3,9; Pyridin-Essigsäurepuffer; S & S 2040a; 290 V; 19 mA *1* Cysteinsäure, *2* Asparaginsäure, *3* Glutaminsäure, *4* neutrale Aminosäuren, *5* basische Aminosäuren.

mit Hilfe von aus den Auffanggläschen entnommenen Tropfen, die auf Papier aufgebracht und mit den in der Papierchromatographie üblichen Reagentien angefärbt werden. Bei Dauerbetrieb sind die Austrittstellen der einzelnen Komponenten täglich einmal nachzukontrollieren; bei einwandfreiem Arbeiten der Apparatur dürfen sie sich auch bei wochenlangem Betrieb nicht verändern. Nach Beendigung der Trennung wird zum vollständigen Auswaschen der Substanz aus dem Trennbogen noch 6—8 Std (je nach der verwendeten Filtrierpapiersorte und gegebenenfalls der adsorptiven Festhaltung der Substanz) nachgespült, falls man es nicht vorzieht, den Trennbogen zur Festhaltung des Ergebnisses mit üblichen Reagentien anzufärben. Die Breite der einzelnen Zonen hängt in erster Linie einerseits von der Pufferstärke ab, wobei bei höheren Pufferkonzentrationen die Zonen schmäler werden, andererseits von der je Zeiteinheit durchgesetzten Substanzmenge, sowie von deren Molekulargröße und gegebenenfalls ihrer Adsorbierbarkeit. Beispielsweise können in einem Tag 2—4 cm³ Serum (entsprechend 140—280 mg Protein) oder 250—300 mg eines noch ziemlich langkettigen Abbaugemisches durchgesetzt werden.

Als *Beispiel* sei zunächst eine Serumtrennung beschrieben.

20 cm³ Serum einer gesunden Versuchsperson mit einem Gesamteiweißgehalt von 7,1 % wurden zunächst 12 Std gegen einen Veronal-Natrium-Puffer p_H 8,6 und der Ionenstärke 0,04 bei 2° C dialysiert. Die Trennung erfolgte unter Verwendung der gleichen Pufferlösung auf Filtrierpapier Schleicher & Schüll 604 L (angelegte Klemmen-

spannung: 500 V, Stromdurchgang nach Einstellung des Gleichgewichts: 15 mA). Die Serumlösung (entsprechend etwa 1420 mg Protein) wurde durch die mittlere Öffnung der

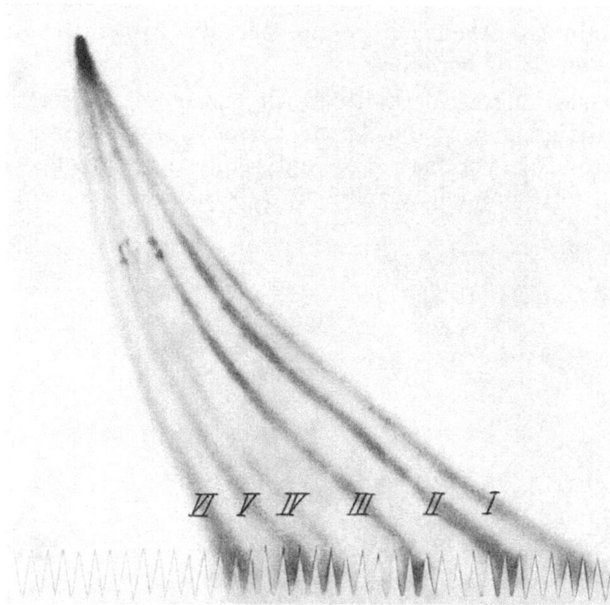

Abb. 68. Auftrennung einiger neutraler Aminosäuren. pH 2,3; 0,5 n Essigsäure; S & S 2040a; 850 V; 15 mA. *I* Glykokoll, *II* Alanin, *III* Valin, *IV* Phenylalanin, *V* Prolin, *VI* Oxyprolin.

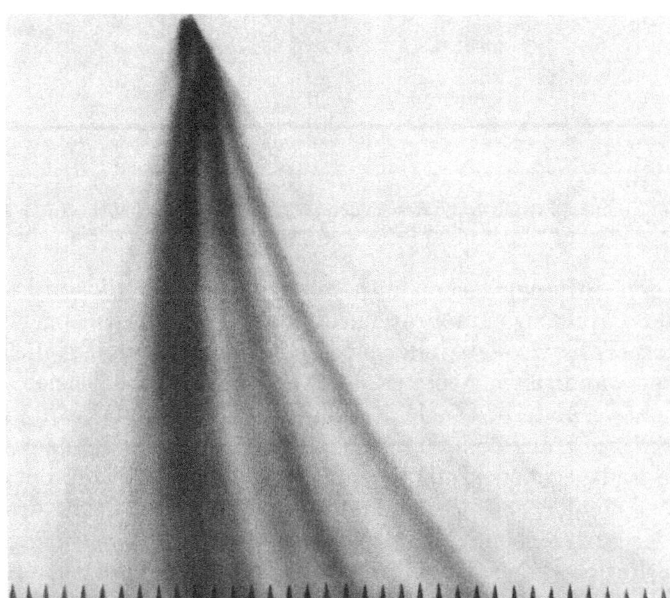

Abb. 69. Auftrennung eines mit kristallisiertem Trypsin erhaltenen Abbaugemisches von Prokollagen[1]. pH 4,9; Pyridin-Essigsäurepuffer; S & S 604 L; 600 V; 20 mA (Durchsatz: 250 mg/Std).

Küvettenwand mittels der Dosiervorrichtung innerhalb von 17 Std zugeführt. Während des gesamten Versuches gelangte die Albuminfraktion zum größten Teil in nur 3 Gläschen (vgl. Abb. 2).

[1] GRASSMANN, W., u. K. HANNIG, H. ENDRES u. A. RIEDEL: H. **306**, 123 (1956).

In den Abb. 67 und 68 sind 2 Beispiele zur Trennung von Aminosäuregemischen wiedergegeben, und zwar die Gruppentrennung eines Eiweißhydrolysats bei p_H 3,9 (Abb. 67), sowie die Trennung einiger neutraler Aminosäuren bei p_H 2,3 (Abb. 68)[1].

Zur Durchführung der elektrophoretischen Gruppentrennung wird die Elektrophoreseapparatur mit einem Bogen Filtrierpapier der Fa. Schleicher & Schüll Nr. 2040a beschickt und mit einer Pufferlösung, bereitet aus 100 cm³ destilliertem Eisessig und 30 cm³ Pyridin in 5 *l* Wasser, bei einer Klemmenspannung von 280—300 V (10—12 mA) durchströmt. Die Zuführung des Hydrolysats erfolgt durch die mittlere Öffnung der Küvettenwand auf dem Trennbogen. 40 mg des Gemisches (berechnet auf Trockensubstanz) können so innerhalb von 24 Std in 4 Anteile, nämlich basische Aminosäuren, neutrale Aminosäuren, Glutaminsäure und Asparaginsäure zerlegt werden. Im Falle der Anwesenheit von Cysteinsäure, also z. B. nach Perameisensäureoxydation cystinhaltiger Proteine, wird in diesem Arbeitsgang auch die Cysteinsäure quantitativ von den übrigen getrennt erhalten.

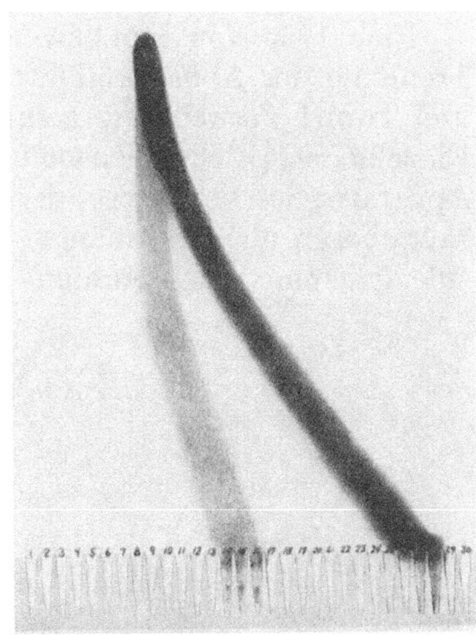

Abb. 70. Auftrennung von 2 Stämmen des Tabakmosaikvirus[3]. p_H 6,9; m/90 Phosphatpuffer.

Für die Trennung der neutralen Aminosäuren wird als Elektrolytlösung 0,5 n Essigsäure verwendet (p_H 2,3) und an den Trennbogen (Schleicher & Schüll 2040a) eine Spannung von 600 V (10 mA) angelegt.

Abb. 69 zeigt die Auftrennung der Abbaupeptide, die nach Spaltung mit kristallisiertem Trypsin von Prokollagen erhalten wurden[2]. Durch die Verwendung des flüchtigen Pyridin-Essigsäurepuffers von p_H 4,9 werden die aufgefangenen Fraktionen nach Gefriertrocknung frei von Puffersalzen und zum Teil in einheitlicher Form erhalten. Die Verwendung flüchtiger Puffergemische ermöglicht es, gleichzeitig mit der elektrophoretischen Trennung eine Entsalzung eines zu trennenden Gemisches vorzunehmen, da eventuell vorhandene anorganische Ionen infolge ihrer größeren elektrophoretischen Wanderungsgeschwindigkeit bei richtiger Wahl der Bedingungen aus dem Trennbogen vor Erreichen der Austropfenden seitlich auswandern und mit der Elektrodenspülung fortgeführt werden.

Zur Auftrennung der Abbaupeptide wurde als Trennbogen das Papier 604 L (Schleicher & Schüll) verwendet, das verhältnismäßig kurze Durchlaufzeiten und große Durchsatzmengen ermöglicht. Der verwendete Puffer von p_H 4,9 wird durch Mischen von 100 cm³ Pyridin + 80 cm³ Eisessig in 30 *l* Wasser erhalten. Nach Anlegen einer Spannung von 600 V, entsprechend einer Feldstärke von 14 V/cm, fließt ein Strom von etwa 18 mA. 250 mg Abbaugemisch konnten innerhalb von 24 Std getrennt werden.

In einem fortlaufenden Versuch konnten ohne Unterbrechung 6 g Abbaugemisch in etwa 3 Wochen präparativ aufgearbeitet werden. Die einzelnen Fraktionen behielten über die gesamte Dauer des Versuches ihre Wanderungsrichtung bei und konnten täglich ihren zugehörigen Auffanggläschen entnommen werden (vgl. auch Brattsten[4]).

In weiteren Beispielen wurde die Trennung der Insulinfraktion A und B[5] nach Sanger[6] sowie Gerbstoff- und Farbstofftrennungen beschrieben (vgl. auch[7-10]).

[1] Grassmann, W., K. Hannig u. M. Plöckl: H. **299**, 258 (1955).
[2] Grassmann, W., K. Hannig, H. Endres u. A. Riedel: H. **306**, 123 (1956).
[3] Zaitlin, M.: Biochim. biophysica Acta, N. Y. **20**, 556 (1956).
[4] Brattsten, I.: Ark. Kemi **4**, 503 (1952); **8**, 205, 227 (1955).
[5] Grassmann, W., R. Strobel, K. Hannig u. M. Deffner-Plöckl: H. **305**, 21 (1956).
[6] Sanger, F.: Biochem. J. **44**, 126 (1949).
[7] Grassmann, W., u. K. Hannig: H. **296**, 30 (1954).
[8] Sansoni, B., u. R. Klement: Angew. Chem. **66**, 598 (1954).
[9] Micheel, F., u. F. P. van de Kamp: Angew. Chem. **64**, 607 (1952).
[10] Larson, D. L., and R. Feinberg: Science, N. Y. **120**, 426 (1954).

Daß in der kontinuierlichen Arbeitsweise auch die schwierige Trennung von hochmolekularen Eiweißkörpern möglich ist, zeigte ZAITLIN[1] am Beispiel der präparativen Aufarbeitung zweier Stämme des Tabakmosaikvirus (Abb. 70).

In einer neueren Weiterentwicklung der Apparatur für präparative Trennungen größerer Substanzmengen[2,*] ist das allgemeine Aufbauprinzip der beschriebenen Apparatur beibehalten. Die neuere Apparatur unterscheidet sich vor allem durch die Verwendung eines Filtrierpapierkartons, Schleicher & Schüll Nr. 2230, und die Verwendung einer Kühlung mittels eines, auf —20° C vorgekühlten Luft- oder indifferenten Gasstromes, der den Bogen an einer Seite bestreicht. Die verdunstende Flüssigkeitsmenge wird dabei durch ein dosiertes Aufdampfen auf der anderen Seite des Kartons ersetzt. Die durchgesetzten Mengen betragen etwa das Zehn- bis Zwanzigfache der bisherigen Anordnung, wobei die Trennschärfen besonders gut sind.

Eine 1955 von HOLDSWORTH[3] beschriebene Apparatur, die unter anderem für die Trennung der Abbauprodukte von Vitamin B_{12} in den Händen von CANNON, JOHNSON und TODD[4] Verwendung gefunden hat, entspricht im prinzipiellen Aufbau und in vielen Einzelheiten (Elektrodenspülung, Zuführung des Substanzgemisches) der beschriebenen Apparatur des Verfassers; der einzige grundsätzliche Unterschied besteht darin, daß der Trennbogen nicht frei hängt, sondern auf einer nahezu senkrecht stehenden Kühlfläche (Plexiglas mit Wasserkühlung) aufliegt (vgl. dazu S. 157!).

Eiweiß, deskriptiver Teil.

Von

I. Pendl und K. Felix.

Mit 48 Abbildungen.

A. Plasma-Proteine.

1. Einleitung.

Das Blutplasma ist das Medium, in dem die Blutzellen suspendiert sind. Plasma und Zellen zusammen können als selbständiges Organ aufgefaßt werden.

Das Blut macht beim Menschen ungefähr 7—8% des Körpergewichtes aus. Sein Volumen schwankt bei einem normalen Menschen von 70 kg Gewicht zwischen 5 und 6 *l*. Davon entfallen 55—62% auf das Plasma[5], also 2700—3700 cm³. Sein spezifisches Gewicht liegt zwischen 1,027 und 1,032[6].

Das Plasma stellt ein kompliziertes biologisches System aus Wasser und vielen darin gelösten Stoffen dar. Der Hauptanteil der gelösten Stoffe sind Eiweißkörper, deren Konzentration schwankt und von den einzelnen Autoren verschieden angegeben wird: LANGE[7]: 6,5—8,86 g-%; MOLL[8]: 7,78—8,1 g-%; GUTMAN[9]: 6,65—8,3 g-% (berechnet aus Serumprotein und Fibrinogen). Insgesamt beträgt demnach das Plasmaeiweiß 175—315 g.

Die Eiweißkörper sind kolloidal gelöst, haben also eine große Grenzfläche gegenüber dem Medium, die nach BENNHOLD[10] 140000 m² betragen soll.

* VaP-Apparatur, Hersteller: Fa. Bender & Hobein, München, Lindwurmstraße 71.

1 ZAITLIN, M.: Biochim. biophysica Acta, N. Y. **20**, 556 (1956).
2 HANNIG, K.: Clin. chim. Acta, **3**, Amsterdam **3**, 10 (1957).
3 HOLDSWORTH, E. S.: Biochem. J. **59**, 340 (1955).
4 CANNON, J. R., A. W. JOHNSON and A. R. TODD: Nature **174**, 1168 (1954).
5 JENNINGS, F. W., I. M. LAUDER and W. MULLIGAN: Biochem. J. **59**, III (1955).
6 HEILMEYER, L.: Handb. inn. Med. (BERGMANN-FREY-SCHWIEGK) 4. Aufl., Bd. 2, S. 8.
7 LANGE, H. F.: Acta med. scand., Suppl. **174**, 164 (1946).
8 MOLL, K.: Pflügers Arch. **247**, 74 (1943).
9 GUTMAN, A. B., D. H. MOORE, E. B. GUTMAN, V. MCCLELLAN and E. A. KABAT: J. clin. Invest. **20**, 765 (1941).
10 Bennhold-Kylin-Rusznyak, S. 11.

Obwohl das Plasmaeiweiß aus zahlreichen einzelnen Proteinen besteht, hat es doch in seiner Gesamtheit gewisse physikalische Aufgaben zu erfüllen. Es ist das adäquate kolloidale Milieu sowohl für die Zellen, die im Blut suspendiert sind, als auch für die, die von ihm bespült werden.

Die Plasmaproteine regulieren den kolloidosmotischen Druck des Blutes und damit den Wasseraustausch zwischen ihm und den Geweben. Weiter können sie niedermolekulare Substanzen, wie Hormone, Lipoide, fettlösliche und andere Vitamine, Gallenpigmente, Fettsäuren, Pharmaka u. v. a. adsorbieren oder binden und sich damit maßgeblich an dem Stoffaustausch beteiligen. Schließlich übernehmen sie einen Teil der Pufferung des Blutes und wirken an dem Kohlendioxydtransport mit.

Die Plasmaproteine werden ständig ab- und wieder aufgebaut, befinden sich also in einem dynamischen Gleichgewicht. Nach Versuchen von SCHOENHEIMER, RITTENBERG und Mitarbeitern, die den Einbau von Deuterium und ^{15}N in Plasmaeiweißkörper untersucht haben, wird in etwa 2 Wochen die Hälfte von ihnen auf- und wieder abgebaut[1-4]. MAURER, NIKLAS und Mitarbeiter[5-7] finden mit ^{35}S-markiertem Methionin für die Gesamtserumeiweißkörper des Menschen biologische Halbwertzeiten von 20—40 Tagen. Allerdings liegen die mit dieser Methode gefundenen Werte an der oberen Grenze; die wahren Werte dürften etwas kleiner sein. Im Mittel hat sich ergeben, daß ein normaler Mensch von 70 kg Gewicht täglich $9{,}2 \pm 0{,}3$ g Serumeiweiß neu bildet[7].

Kleine Tiere setzen Eiweiß rascher um als große. Die biologischen Halbwertzeiten der gesamten Serumproteine liegen beim Menschen bei 30, beim Kaninchen bei 8 und bei der Ratte bei 5 Tagen[5, 6] (vgl. auch[8]). Außerdem ändert sich die Geschwindigkeit des Eiweißumsatzes innerhalb der einzelnen Tierarten mit dem Alter und mit dem Zustand des Stoffwechsels. Schließlich beeinflußt nach Versuchen an der Ratte noch der Proteingehalt der Diät den Umsatz der Serumeiweißkörper; bei eiweißreicher kann er ungefähr doppelt so schnell werden wie bei eiweißarmer[9].

Die einzelnen Proteine werden mit verschiedener Geschwindigkeit auf- und wieder abgebaut, die Globuline viel rascher als die Albumine. Beim Menschen beträgt die biologische Halbwertzeit der Albumine 60 Tage, die der Globuline $\sim$10 Tage[7] (vgl. auch[10]). In ähnlicher Art werden auch bei Kaninchen[11] und Ratte[5] die Globuline viel schneller ab- und wieder aufgebaut als das Albumin. Von den Globulinen sollen wieder die einzelnen Fraktionen mit unterschiedlicher Geschwindigkeit umgebaut werden[7].

Die Plasmaeiweißkörper scheinen vorwiegend in der Leber gebildet zu werden[12-17], und zwar praktisch das gesamte Albumin und ein Teil der Globuline[15, 18, 19]. Eine Ausnahme

---

[1] SCHOENHEIMER, R.: The Dynamic State of Body Constituents. Cambridge, Mass. 1942.
[2] SHEMIN, D., and D. RITTENBERG: J. biol. Ch. **153**, 401 (1944).
[3] HEIDELBERGER, M., H. P. TREFFERS, R. SCHOENHEIMER, S. RATNER and D. RITTENBERG: J. biol. Ch. **144**, 555 (1942).
[4] SCHOENHEIMER, R., S. RATNER, D. RITTENBERG and M. HEIDELBERGER: J. biol. Ch. **144**, 541, 545 (1942).
[5] NIKLAS, A., u. W. MAURER: Naturwiss. **39**, 260 (1952). B. Z. **323**, 89 (1953). D. m. W. **1952**, 1500.
[6] NIKLAS, A.: Angew. Chem. **66**, 111 (1953).
[7] NIKLAS, A., u. H. POLIWODA: B. Z. **326**, 97 (1954).
[8] STEVENS, K. M., J. GRAY and M. S. SCHWARTZ: Amer. J. Physiol. **175**, 147 (1953).
[9] STEINBOCK, H. L., and H. TARVER: J. biol. Ch. **209**, 127 (1954).
[10] LONDON, I. M.: Symposia on Nutrition. II. Plasma Proteins. S. 72. Springfield, Ill. 1950.
[11] NIKLAS, A., W. MAURER u. H. KRAUSE: B. Z. **325**, 464 (1954).
[12] MADDEN, S. C., and G. H. WHIPPLE: Physiol. Rev. **20**, 194 (1940).
[13] WHIPPLE, G. H.: Amer. J. med. Sci. **196**, 609 (1938); **203**, 477 (1942).
[14] JANSSEN, L. W.: Electrophoretic Studies on Serum Protein. Amsterdam 1951.
[15] MILLER, L. L., C. G. BLY, M. L. WATSON and W. F. BALE: J. exp. Med. **94**, 431 (1951).
[16] PETERS, T. jr., and C. B. ANFINSEN: J. biol. Ch. **186**, 805 (1950).
[17] MILLER, L. L., W. F. BALE, C. L. YUILE, R. E. MASTERS, C. H. TISHKOFF and G. H. WHIPPLE: J. exp. Med. **90**, 297 (1949).
[18] MILLER, L. L., W. F. BALE and C. G. BLY: J. exp. Med. **99**, 125, 133 (1952).
[19] STEURAM, K.: Acta physiol. scand. **30**, 226 (1954).

machen die γ-Globuline (Antikörper), die offenbar in den Plasmazellen[1] sowie im reticuloendothelialen System der Milz[2] gebildet werden.

Früher wurde vermutet, daß das Fibrinogen im reticuloendothelialen System gebildet wird[3]. Heute wird auch die gesamte Fibrinogenbildung der Leber zugeschrieben[4], wenn auch dort vor allem den reticuloendothelialen Zellen[5].

Tabelle 1. *Eiweißkomponenten des menschlichen Plasmas und verschiedene ihrer chemischen Eigenschaften und Wechselwirkungen nach* [5].

Eiweißkomponenten	% der Plasmaproteine	Sedimentationskonstante $S_{20,w}$	Annähernder isoelektrischer Punkt	Spezifisch-chemische Wechselwirkungen
α_1-saures Glykoproteid	0,5	3,5	3,0	
Coeruloplasmin	—	—	4,4	Kupfer
Cholinesterase	0,005	—	4,5	Cholinester
α_1-Bilirubinglobulin	0,05	—	4,7	Bilirubin
Serumalbumin	52,0	4,6	4,9	Fettsäuren, Gallensäuren, Farbstoffe, Drogen, Quecksilber
Mercaptalbumin	(34,0)			
α_2-Glykoproteide	1,2	9,0	4,9	Kohlenhydrate und Barium
α_2-Mucoproteide	0,5	9,0	4,9	
Fibrinogen	4,0	9,0	<5,3	Thrombin
Kälteunlösliches Globulin	0,15	—	<5,3	
Antihämophiles Globulin	—	—	—	
α_1-Lipoproteide	3,0	5,0	5,2	Steroide und Carotinoide
β_1-Lipoproteide	5,0	7,0	5,4	
β_1-lipoidarme Euglobuline	2,0 1,0	7,0 20,0	5,5	
β_1-metallbindendes Protein	3,0	5,0	5,8	Eisen und Kupfer
Isoagglutinine	(0,03)	—	6,3	rote Blutkörperchen
β_2-Globuline	3,0	7,0	6,3	
γ-Globuline	11,0	7,0 10,0	6,3 7,3	Antigene
Acceleratorglobulin	—	—	—	Prothrombin
Prothrombin	0,3	—	4,2	Calcium und Thrombokinase
(Faktor VII)	—	—	—	
(Christmas-Faktor)	—	—	—	
Heparinkomplement	—	—	—	Heparin
Plasminogen	—	—	5,0	Streptokinase
Plasminhemmstoff	—	—	—	Plasmin
Hypertensinogen	—	—	—	Renin
Jodproteine	—	—	—	
(Thyreoglobulin)	—	—	—	
Komplementkomponenten C′1, C′2	0,4	—	—	Antigen-Antikörper-Komplex
Properdin	—	—	—	
Amylase	—	—	—	Stärke
Alkalische Phosphatase	—	—	—	Phosphorsäureester
Peptidase	—	—	—	L-Leu-Gly-Gly
β-Glucuronidase	—	—	—	β-Glucuronide
α_2-Protein	0,1	2,9	—	Barium
β_1-Protein	0,05	5,0	—	

Wie bereits angedeutet, enthält das Plasma eine große Zahl verschiedener Proteine. Die vorläufig identifizierten sind in Tabelle 1 aufgeführt. Tatsächlich ist die Zahl der Eiweißkörper im Plasma sehr viel größer und geht wahrscheinlich in die Tausende[6, 7],

[1] Literatur bei EHRICH, W. E.: Zelluläre Quellen der Antikörper. In: Blood Cells and Plasma Proteins (Hrsg. TULLIS, J. L.). S. 187. New York 1953.
[2] Literatur bei WRIGHT, C. S., and C. A. DOAN, ibid. S. 281.
[3] Wuhrmann-Wunderly, 2. Aufl. S. 349.
[4] MILLER, L. L., C. G. BLY, M. L. WATSON and W. F. BALE: J. exp. Med. 94, 431 (1951).
[5] ONCLEY, J. L.: Symposia on Nutrition. S. 7. Springfield, Ill. 1950.
[6] EDSALL, J. T.: Adv. Protein Chem. 3, 383 (1947).
[7] ENDERS, J. F.: J. clin. Invest. 23, 510 (1944).

denn zu ihnen gehören noch die vielen Antikörper, Enzyme und Proteohormone, die nur in Spuren im Plasma vorhanden sind.

Mit ganz wenigen Ausnahmen liegt ihr isoelektrischer Punkt auf der sauren Seite des Neutralpunktes. Somit verhalten sich die Plasmaproteine bei normalem Blut-p_H wie Säuren und binden Alkali. Bei den meisten von ihnen liegen die Molekulargewichte zwischen 40000 und 150000 (s. Tabellen 2, S. 219, und 6, S. 225).

Die Plasmaproteine haben verschiedene Aufgaben zu erfüllen. Soweit sie Fermente, Antikörper oder Hormone sind, liegt ihre Aufgabe in der spezifischen Wirkung. Die anderen Proteine, die den Hauptanteil ausmachen und keine besondere Wirkung ausüben, dienen vorwiegend als Material für den Aufbau der Organproteine.

Die oben erwähnten Molekülgrößen der Plasmaproteine entsprechen ungefähr den Porengrößen des Reticuloendothels, und Spuren von Proteinen können die Membran der Capillaren passieren[1]. Versuche mit markierten Plasmaproteinen zeigen, daß die Proteine aus dem Blut in wenigen Stunden in Lymphe und extracelluläre Flüssigkeit und wieder zurück in das Blut transportiert werden[2]. Bei Entfernung eines Eiweißkörpers aus dem Blut stellt sich schnell wieder das Gleichgewicht ein[3, 4].

Plasmaproteine können auch in die Zellen eintreten. Serumalbumin, γ-Globulin und β-Lipoproteid wurden in Zellen menschlicher Gewebe gefunden[5], in den Muskelzellen sind allerdings nur Spuren davon vorhanden[5]. Darüber, ob die Plasmaproteine reversibel in die Zellen eindringen und sie wieder unzerstört verlassen, ist nichts bekannt[6], ebenso über die quantitativen Verhältnisse. Man kann also nichts über die Mengen der Plasmaproteine aussagen, die in die Zellen eintreten[7]. Vom Fibrinogen weiß man bestimmt, daß es nicht in die Zellen eindringt; es ist nur in Blut und Lymphe[5], in kleiner Menge offenbar auch im Gewebssaft[8] zu finden.

Die Hauptkomponenten des menschlichen Plasmas sind Fibrinogen, Albumin, α-, β- und γ-Globuline. Es sind keine einheitlichen Eiweißkörper. Eine Plasmakomponente, die nach der Sedimentierung in der Ultrazentrifuge einheitlich erscheint, kann bei der elektrophoretischen Untersuchung mehrere Komponenten aufweisen und umgekehrt. Ja, es ist möglich, daß Eiweißkörper, die bei diesen beiden Untersuchungen einheitlich erscheinen, nach Prüfung mit dem genaueren Löslichkeitstest von NORTHROP[9] immer noch aus mehreren Komponenten bestehen.

2. Gewinnung von Plasma und Serum aus Gesamtblut.

a) Plasma.

Um aus Gesamtblut Plasma zu erhalten, muß dieses unter Vermeidung der Gerinnung von den geformten Elementen getrennt werden. Die Gerinnung wird durch einen chemischen oder physikalischen Reiz auf geformte Elemente des Blutes, wie die Blutplättchen, oder auf zur Gerinnung notwendige Proteinkomponenten, wie Faktor VII oder antihämophiles Globulin, oder durch Zerstörung des Gewebes eingeleitet. So werden z. B. an rauhen Oberflächen aus den Thrombocyten mehrere bisher nur unvollkommen charakterisierte Blutgerinnungsfaktoren freigesetzt[10-12], oder es werden Blutgerinnungsfaktoren erst in ihre

[1] LANDIS, E. M.: Physiol. Rev. 14, 404 (1934).
[2] ABDOU, J. A., W. O. REINHARDT and H. TARVER: J. biol. Ch. 194, 15 (1952).
[3] GITLIN, D. O., and C. A. JANEWAY: Science, N. Y. 118, 301 (1953).
[4] MCKEE, F. W., C. E. YUILE, B. G. LANSON and G. H. WHIPPLE: J. exp. Med. 95, 161 (1952).
[5] GITLIN, D., B. H. LANDING and A. WHIPPLE: J. exp. Med. 97, 163 (1953).
[6] COONS, A. H., E. H. LEDUC and M. H. KAPLAN: J. exp. Med. 93, 173 (1951).
[7] HUGHES, W. L.: Neurath-Bailey, Proteins. Bd. 2, S. 671.
[8] WUHRMANN, F.: Schweiz. med. Wschr. 82, 937 (1952).
[9] NORTHROP, J. H., M. KUNITZ and R. M. HERRIOTT: Crystalline Enzymes. New York 1948.
[10] JÜRGENS, R.: D. m. W. 1952, 1265.
[11] JÜRGENS, R.: A. e. P. P. 222, 107 (1954).
[12] DEUTSCH, E., S. A. JOHNSON and W. H. SEEGERS: Circulation Res. 3, 110 (1955).

wirksame Form umgewandelt (vgl. S. 278), oder es wird aus dem zerstörten Gewebe Gewebsthrombokinase freigesetzt.

Daher kann man die Gerinnung erstens dadurch verhindern oder verzögern, daß man den Kontakt des Blutes mit benetzbaren Oberflächen oder mit zerstörtem Gewebe verhindert. Um das zu erreichen, entnimmt man das Blut mit Nadeln aus Kunststoff und bringt es nur mit Spritzen, Schläuchen und Gefäßen, die aus Kunststoff bestehen oder mit Silicon überzogen sind[1,2], in Berührung. Durch hochtouriges Zentrifugieren wird es dann von den geformten Elementen und von Gewebeteilchen befreit. So gewonnenes „*Nativplasma*" gerinnt nicht von selbst[3,4]. Aus dem schwer gerinnbaren und leicht abzentrifugierbaren Pferdeplasma läßt sich Nativplasma ohne Vorsichtsmaßnahmen gewinnen.

Man kann Plasma zweitens dadurch gewinnen, daß man den Gerinnungsvorgang durch chemische Mittel unterbricht. Wenn man die Ca^{++}-Ionen des Plasmas mit Oxalat oder Fluorid ausfällt oder an Austauschern entfernt, kommt es nicht zur Gerinnung. Citrat, Thiosulfat, Pyrophosphat, Natriumhexametaphosphat, Äthylendiamintetraacetat („Versen"), 1,2-Cyclohexyldiamintetraacetat, das Dinatriumsalz der Äthylen-bis-imido-diessigsäure (Sequestren), das Kalium- und Natriumsalz der einfach veresterten Zuckersäure, das neutrale Natriumsalz der Di-glykolsäure, verätherter Sorbit, die Natrium- und Kaliumsalze der Zuckersäure und das Natriumsalz der Weinsäure sollen die Ca^{++}-Ionen durch Komplexbildung für die Gerinnung unwirksam machen. Man glaubt heute, daß Citrat nicht nur durch Komplexbildung mit Ca^{++} wirkt. Wenn man nämlich dem Blut genügend Citrat zusetzt, um es ungerinnbar zu machen, sind im Blut noch 84% des Calciums in ionisierter Form vorhanden und können durch Austauscher entfernt werden[5]. Da aus Citratplasma Prothrombin und Faktor VII nicht an $BaSO_4$ adsorbiert werden können, wird angenommen[6], daß Citrat Komplexe mit Prothrombin und Faktor VII bildet und dadurch die Gerinnung verhindert.

Die Salze, die am häufigsten verwendet werden, um die Gerinnung zu verhindern, sind Natriumoxalat, Kaliumoxalat, Ammoniumoxalat, Natriumcitrat und Natriumfluorid.

Zur Gewinnung des üblichen „Oxalatplasmas" werden 9 Teile Blut mit 1 Teil 0,1 m Natriumoxalat, von „Citratplasma" 9 Teile Blut mit 1 Teil 3,6%igem Natriumcitrat versetzt. Zur Gewinnung von Rinderplasma werden 0,2 Vol-% Natriumoxalat[7] oder 0,38 Vol-% Natriumcitrat[8] zugefügt.

Zur Sammlung einer größeren Menge Blut für Transfusionen werden 2 g sekundäres Natriumcitrat und 3 g Glucose in 30 cm³ Wasser mit 510 cm³ Blut gemischt[9]. Zur Gewinnung von Citratplasma wird bei der COHNschen Methode 10 (s.[10]) eine saure Citrat-Glucoselösung verwendet [26,7 g tertiäres Natriumcitrat ($5^1/_2$ H_2O), 8 g Citronensäure (1 H_2O) und 22 g Glucose je *l*] in einem Verhältnis von 75 cm³ auf 450 cm³ Blut; für kleine Blutmengen 1,5 cm³ dieser Lösung auf 8,5 cm³ Blut[11].

Auch ein Gemisch von Ammoniumoxalat und Kaliumoxalat im Verhältnis 6:4 wird angewandt[12].

[1] NICOLA, P. DE: Kli. Wo. **1952**, 512.
[2] TULLIS, J. L., and E. G. ROCHOW: Blood **7**, 850 (1952).
[3] SEEGERS, W. H.: Arch. Biochem. **3**, 363 (1944).
[4] WALTER, C.: Surg. Forum, Proc. 36th Congr. amer. Coll. Surgeons. S. 483. 1950.
[5] HUSSEY, C. V., A. J. QUICK, M. STEFANINI, C. F. CONSOLAZIO and F. SARGENT: J. biol. Ch. **184**, 105 (1950).
[6] SURGENOR, D. M.; in: Blood Cells and Plasma Proteins (Hrsg. TULLIS, J. L.). S. 61. New York 1953.
[7] LÓRÁND, L., and W. R. MIDDLEBROOK: Biochem. J. **52**, 196 (1952).
[8] MIDDLEBROOK, W. R.: Biochem. J. **59**, 146 (1955).
[9] BIGGS, R., and R. G. MCFARLANE: Human Blood Coagulation and its Disorders. Oxford 1953.
[10] COHN, E. J., F. R. N. GURD, D. M. SURGENOR, B. A. BARNES, R. K. BROWN, G. DEROUAUX, J. M. GILLESPIE, F. W. KAHNT, W. F. LEVER, C. H. LIU, D. MITTELMAN, R. F. MOUTON, K. SCHMID and E. UROMA: Am. Soc. **72**, 465 (1950).
[11] LEVER, W. F., F. R. N. GURD, E. UROMA, R. K. BROWN, B. A. BARNES, K. SCHMID and E. L. SCHULTZ: J. clin. Invest. **30**, 99 (1951).
[12] WINTROBE, M. M.: Clinical Hematology. London 1951.

Blut, in dem der Blutzucker bestimmt werden soll, wird am besten mit Natriumfluorid ungerinnbar gemacht, da es auch die Glykolyse hemmt.

In letzter Zeit wird häufig Äthylendiamintetraacetat als Komplexbildner für Ca^{++} verwendet[1, 2].

Neuerdings wird das Blut sofort nach der Entnahme mit Ionenaustauschern decalcifiziert. QUICK[3] verwendet Amberlite IR-100 in der Na-Form. Bei den neueren COHNschen Methoden zur Plasmafraktionierung (vgl. S. 244ff.) wird mit Dowex-50 oder Amberlite IR-120, die 0,003 % Ca-Ionen enthalten, gearbeitet. Die Behandlung des Blutes mit Austauschern hat den Vorteil, daß außer den Ca-Ionen auch 90 % der Blutplättchen am Austauscher festgehalten werden. Die anderen geformten Elemente des Blutes werden dann in Spezialzentrifugen abzentrifugiert (vgl. S. 245).

Weitere Stoffe, die das Blut ungerinnbar machen, sind: Heparin (Zusammenfassung der Literatur bei[4]), der Blutegelextrakt Hirudin (vgl.[5]), Trypsinhemmstoff aus Sojabohnen oder Pankreas[6–8], verschiedene Schlangengifte[9, 10], besonders Cobragift[11].

Das ungerinnbar gemachte Blut wird unter Standardbedingungen bei 1500 g 30 min zentrifugiert. Der Anteil des Plasmas beträgt dann 50—57 % des Blutvolumens; der Rest besteht aus den geformten Elementen (Hämatokrit), der unter diesen Bedingungen bei menschlichem Blut noch 5 % Plasma enthält. Bei tierischem Blut können die Mengen des eingeschlossenen Plasmas von 3,3 % (Kaninchen) bis 12,5 % (Rind) schwanken[12]. Zur Gewinnung von plättchenreichem Plasma wird 5 min bei 1500 Upm, von plättchenarmem Plasma $^1/_2$ Std bei 1500 Upm oder 5 min bei 3000 Upm zentrifugiert[13].

Kann das Plasma nicht sofort verarbeitet werden, wird es am besten bei 4° C aufbewahrt. Schon kurzes Stehenlassen von Plasma oder Serum verändert einen Teil der Eiweißkörper (vgl. S. 222, s. auch Komplement und Lipoproteide S. 305 u. 317). Die Stabilität der meisten Plasmaproteine wird erhöht, wenn man das Plasma in gefrorenem oder gefriergetrocknetem Zustand aufhebt. Dabei werden jedoch die Lipoproteide stark geschädigt (vgl. S. 330).

Für klinische Zwecke entfernt man die labilen Proteinkomponenten aus dem Plasma und erhält dadurch „stabile Plasmaproteinlösungen", die injizierbar sind (Methoden S. 250).

b) Serum.

Zur Gewinnung von Serum läßt man im allgemeinen das Blut in einem Glaszylinder stehen und gießt nach einiger Zeit das ausgepreßte Serum vom Blutkuchen ab; oder man läßt das Blut in ein Glasgefäß fließen, das mehrere Glasperlen enthält, schüttelt während der Gerinnung, läßt 1 Std bei 37° stehen und zentrifugiert ab; oder man schlägt das Blut während der Gerinnung und trennt dann das Serum durch Zentrifugieren von den geformten Elementen.

Bei kleineren Blutmengen wird eine Capillare $^2/_3$—$^3/_4$ mit Blut gefüllt, am unblutigen Ende mit Paraffin verschlossen und nach 30 min das Serum vom Blutkuchen bei niederen Touren abzentrifugiert (vgl. S. 255).

---

[1] SCHWARZENBACH, G., u. H. ACKERMANN: Helv. **30**, 1798 (1947).
[2] DILLARD, G. H., G. BREKER and E. P. CRONKITE: Proc. Soc. exp. Biol. Med. **78**, 796 (1951).
[3] QUICK, A. J.: Science, N. Y. **106**, 591 (1947).
[4] STUDER, A.: Exper. **10**, 148 (1954).
[5] DEUTSCH, E.: Blutgerinnungsfaktoren. S. 164. Wien 1955.
[6] MCFARLANE, R. G.: Lancet **1946 I**, 888.
[7] BIGGS, R., A. S. DOUGLAS and R. G. MCFARLANE: J. Physiol., London **122**, 554 (1953).
[8] DEUTSCH, E., u. H. FRISCHAUF: Acta haematol., Basel **13**, 169 (1955).
[9] CÉSARI, E., et P. BOQUET: Ann. Inst. Pasteur **58**, 6 (1937).
[10] KLOBUSITZKY, D. v.: Klin. Med., Wien **9**, 310 (1954).
[11] KRUSE, I., and H. DAM: Biochim. biophysica Acta, N. Y. **5**, 268 (1950).
[12] JENNINGS, F. W., I. M. LAUDER and W. MULLIGAN: Biochem. J. **59**, III (1955).
[13] BIGGS, R., and R. G. MCFARLANE: Blood Coagulation and its Disorders. S. 341. Oxford 1953.

3. Fraktionierung von Plasma und Serum.

a) Trennung mit physikalischen Methoden.

α) *Elektrophorese.*

Durch Elektrophorese kann man die Proteine menschlichen Plasmas in 6—7 *Komponenten* trennen, die nach abnehmender Beweglichkeit geordnet als Albumin, α_1- und α_2-Globulin, β_1- und β_2-Globulin, Fibrinogen (Φ-Komponente) und γ-Globulin (von manchen Autoren γ_1- und γ_2-Globulin) bezeichnet werden. In erster Annäherung scheint jede davon als einheitliche Komponente im elektrischen Feld zu wandern. Das bedeutet jedoch nicht, daß sie in bezug auf Größe, Gestalt und isoelektrischen Punkt homogen ist (vgl. Tabelle 2). So enthält die Φ-Komponente außer Fibrinogen noch einen Eiweißkörper mit der gleichen Beweglichkeit, der in seinen Eigenschaften dem γ-Globulin sehr ähnlich ist. Er wird γ_1-Globulin genannt, macht 2—3% der normalen Plasmaproteine aus und wird nach Gerinnung von Fibrinogen im elektrophoretischen Bild sichtbar[1]. Ebenso scheint das γ-Globulin kein einheitliches Protein zu sein. ALBERTY[2] fand, daß der sehr breite γ-Globulingipfel — obwohl er nicht in mehrere Gipfel unterteilbar ist — aus vielen Komponenten von verhältnismäßig weit differierenden Beweglichkeiten bestehen muß. Mit den α- und β-Globulinen wandern Proteine von sehr verschiedenen Eigenschaften, wie die Lipoproteide, die Mucoproteide, die metallbindenden Proteine (Tabelle 2).

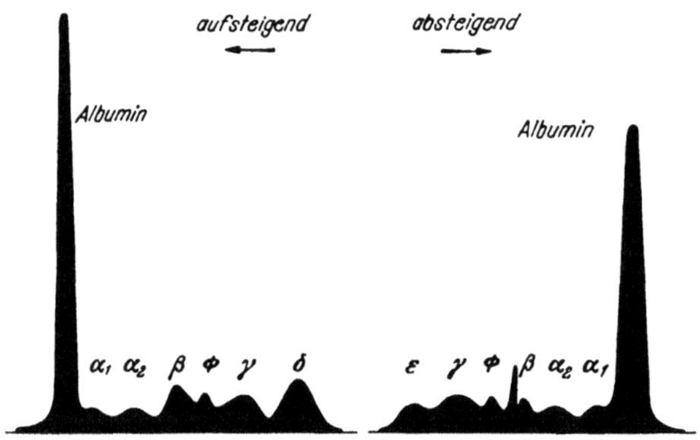

Abb. 1. Elektrophorese von normalem menschlichem Plasma in Veronal-Veronalnatrium-Puffer, $\Gamma/2$ 0,1, nach 150 min bei einem Potentialgradienten von 6,0 V/cm (nach ALBERTY[4]).

LONGSWORTH[3] fand beim Vergleich einer Reihe von *Puffern*, daß sich Veronal-Veronalnatrium-Puffer p_H 8,6, $\Gamma/2$ 0,1 bei 25° am besten zur elektrophoretischen Trennung von Gesamtplasma eignet. In diesem Puffer liegen alle Plasmaeiweißkörper als Anionen vor. Das α_1-Globulin erscheint als eigene Komponente, die bei niedrigerem p_H elektrophoretisch nicht nachweisbar ist, und die γ-Globulinbande wird gut von den δ- und ε-Banden getrennt.

Das α_1-Globulin kann allerdings auch in Phosphatpuffer p_H 8,8, $\Gamma/2$ 0,15, abgetrennt werden. Die Verwendung dieses Puffers hat den Vorteil, daß in isolierten Fraktionen der Stickstoff bestimmt werden kann[5]. Die Unterschiede der scheinbaren relativen Verteilung der einzelnen Komponenten in diesem Puffer betragen im Vergleich zu Veronalpuffer p_H 8,6 nur etwa 2—3% und sind daher für klinische Zwecke nicht von Bedeutung.

WIEDEMANN[6] empfiehlt zur Elektrophorese des Plasmas den Universalpuffer nach MICHAELIS, in dem das Kochsalz durch eine ionenstärkeäquivalente Menge von neutralem Kaliumoxalat ersetzt ist (s. auch [7]).

Abb. 1 zeigt das elektrophoretische Bild eines normalen menschlichen Plasmas (vgl. [7]).

In Tabelle 2 sind die *Mengenverteilungen* der elektrophoretischen Komponenten im menschlichen Plasma und ihre *Beweglichkeiten* im elektrischen Feld nach ARMSTRONG und Mitarbeiter[8] angegeben.

Den Prozentsatz einer elektrophoretischen Komponente in einem Gemisch ermittelt man im allgemeinen, indem man einfach die Fläche, die dieser Komponente zukommt,

---

[1] DEUTSCH, H. F., R. A. ALBERTY and L. J. GOSTING: J. biol. Ch. **165**, 21 (1946).
[2] ALBERTY, R. A.: Am. Soc. **70**, 1675 (1948).
[3] LONGSWORTH, L. G.: Chem. Reviews **30**, 323 (1942).
[4] ALBERTY, R. A.: Neurath-Bailey, Proteins Bd. I A, S. 516.
[5] HOCH, H.: Biochem. J. **46**, 539 (1950).
[6] WIEDEMANN, E.: Schweiz. med. Wschr. **76**, 241 (1946).
[7] WIEDEMANN, E.: Elektrophorese, ds. Handb. Bd. 1, S. 86 (1953).
[8] ARMSTRONG, S. H. jr., M. J. E. BUDKA and K. C. MORRISON: Am. Soc. **69**, 416 (1947).

Tabelle 2. *Eigenschaften der Eiweißkomponenten des Plasmas*[1].
(Wenn nicht anders erwähnt, handelt es sich um menschliches Plasma.)

Komponente	Konzentration im Plasma g/l	Mol.-Gewicht	Länge Å	Achsenverhältnis	Spezifisches Volumen	$S_{20,w}$	Isoelektrischer Punkt
Albumine $\mu = -5{,}9$[a]	43						
krist. Albumin	43	65000	150	4:1	0,73	4,3	5,2[b]
α_1-Globuline $\mu = -5{,}1$	3						
α_1-Mucoproteid	0,5	45000		8:1	0,67	3,5	3
α_1-Lipoproteid	1	(200000)	300		(0,84)	(5)	(5,2)
α_2-Globuline $\mu = -4{,}1$	7						
Coeruloplasmin	0,3	150000					4,4
α_2-Lipoproteid	0,2						
Fetuin (Kalb)		35000					
(Komplement C'1 u. C'2)							
β-Globuline $\mu = -2{,}8$ bis $-3{,}5$	11						
Transferrin	2,5	90000	190	5:1	0,72		5,8
β-Lipoproteid	4	1300000	185	1:1	0,95	7	5,4
Prothrombin (Rind)	0,1	63000			0,70		4,2
(Faktor VII)							
(Christmas-Faktor)							
Φ- und γ_1-Globuline $\mu = -2{,}1$	5						
Fibrinogen	3	330000	700	20:1	0,72	8	(5)
(Antihämophiles Globulin)							
Isoagglutinine		(500000)				9	(6)
γ_2-Globuline $\mu = -1{,}0$	9	150000	240	6:1	0,74[c]	7	6,5—8
Diphtherie-Antitoxin	10^{-3}						
Gesamt-Plasmaproteine	78						

a) Elektrophoretische Beweglichkeiten[2] und elektrophoretische Konzentrationen[3] sind die in Veronalpuffer p_H 8,6, Ionenstärke 0,1, gefundenen.
b) Der isoelektrische Punkt nach „Entsalzen" und Entfernen der Fettsäuren mit Ionenaustauschern oder nach Dialyse und Ätherextraktion[4]. Wegen der Ionenbindung wird der isoelektrische Punkt durch Salze stark beeinflußt (in Acetatpuffer, $\Gamma/2$ 0,15, beträgt er 4,7).
c) Rinder-γ-Globulin hat ein spezifisches Partialvolumen von 0,72[5].

durch die ganze Fläche des elektrophoretischen Bildes — exklusive der ε-Bande beim absteigenden und der δ-Bande beim aufsteigenden Bild[6] — teilt. Dieses Verfahren stützt sich auf die Annahme, daß die Änderung des Brechungsindex bei einer Bande nur durch das in dieser Bande enthaltene Protein verursacht ist und daß alle Proteine des Gemisches das gleiche spezifische Brechungsinkrement haben. Das stimmt annähernd für normales menschliches Albumin, α-, β- und γ-Globulin und Fibrinogen[2,7,8]. Bei der Umrechnung der Flächenwerte in Trockengewicht Protein werden Umwandlungsfaktoren gebraucht, die so nahe an 1 herankommen, daß sie vernachlässigt werden können. (Die größten Unterschiede im spezifischen Brechungsinkrement liegen unter 5%.)

Sehr viel größere Irrtümer entstehen, wenn der %-Gehalt in Proteinstickstoff wiedergegeben werden soll, besonders für die lipoidreichen Proteine, da deren Stickstoffgehalt sehr viel geringer ist als die 16%, die für Proteine im Durchschnitt angenommen werden (s. Tabelle 3).

[1] Nach HUGHES, W. L.: Neurath-Bailey, Proteins Bd. 2/B, S. 740, mit einigen Nachträgen.
[2] ARMSTRONG, S. H. jr., M. J. E. BUDKA and M. HASSON: Am. Soc. **69**, 416 (1947).
[3] PERLMANN, G. E., and P. KAUFMANN: Am. Soc. **67**, 638 (1945).
[4] COHN, E. J., W. L. HUGHES jr. and J. H. WEARE: Am. Soc. **69**, 1753 (1947).
[5] DAYHOFF, M. O., G. E. PERLMANN and D. A. MACINNES: Am. Soc. **74**, 2515 (1952).
[6] Siehe ALBERTY, R. A.: Neurath-Bailey, Proteins Bd. 1/A, S. 517.
[7] ARMSTRONG, S. H. jr., M. J. E. BUDKA, K. C. MORRISON and M. HASSON: Am. Soc. **69**, 1747 (1947).
[8] PERLMANN, G. E., and L. G. LONGSWORTH: Am. Soc. **70**, 2719 (1948).

Zur Bestimmung des Trockengewichtes empfehlen ARMSTRONG und Mitarbeiter[1], im Vakuum über P_2O_5 zwischen 50 und 80° zu trocknen, da man nur dann auch für die Lipoproteide reproduzierbare Werte erhält.

ARMSTRONG und Mitarbeiter[2] sowie PERLMANN und KAUFMANN[3] fanden niedrigere Werte für die Albumin- und höhere für die Globulinkonzentration als DOLE und BRAUN[4]. Sie haben den Einfluß von Proteinkonzentration und Ionenstärke auf die Elektrophorese des menschlichen Plasmas sehr genau untersucht und diese Untersuchungen auch auf künstliche Gemische von Plasmaproteinen ausgedehnt[2]. Bei hoher Ionenstärke und niedriger Proteinkonzentration kommen die gemessenen Werte den tatsächlichen Konzentrationen der Proteinkomponenten am nächsten. Bei der Elektrophorese von Schweine-[6] und Rinderserum[7] wurde das gleiche beobachtet.

Tabelle 3. *Stickstoffgehalte und Faktoren zur Berechnung des Eiweißgehaltes aus dem Stickstoffgehalt für verschiedene Plasmaproteinfraktionen und gereinigte Plasmaproteine*[1, 5].

Komponente	Stickstoffgehalt %	Faktor
Gesamtplasmaprotein	14,86	6,73
Albuminfraktion . . .	16,0	6,25
Krist. Albumin . . .	16,01	6,2
Fibrinogen	16,90	5,92
α-Globulinfraktion . .	11,90	8,41
α_1-Lipoproteid	8,0	12,5
α_2-Globulin	14,28	7,0
β-Globulinfraktion . .	14,86	6,73
β_1-Globulin (lipoidarm)	15,15	6,6
Rohes β-Lipoproteid .	8,69	11,5
β_1-Lipoproteid	4,22	23,7
γ-Globulinfraktion . .	16,03	6,24

In Abb. 2 sind die gemessenen Prozente Albumin bei der Elektrophorese von 3 verschiedenen Proteingemischen gegen das Verhältnis von Proteinkonzentration zu Ionenstärke des Puffers graphisch aufgetragen[8].

Da die Anomalien bei der Elektrophorese geringer werden, wenn das Verhältnis Proteinkonzentration zu Ionenstärke des Puffers verkleinert wird, wurde geschlossen, daß man die wahre Zusammensetzung erhält, wenn man die gemessenen Werte auf 0 extrapoliert. Neuere Arbeiten über die Theorie der Elektrophorese haben jedoch gezeigt[9], daß man die wahre Zusammensetzung eines Gemisches doch nicht durch einfaches Extrapolieren erhalten kann. Allerdings liegen in manchen Fällen die Unterschiede zwischen wahren und extrapolierten Werten im Bereich der Fehlergrenzen.

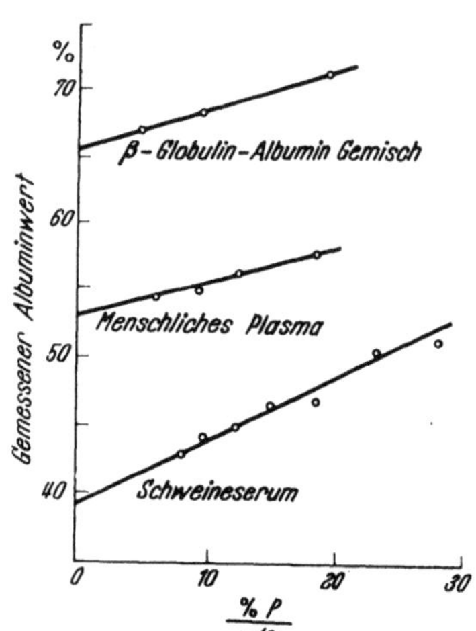

Abb. 2. Extrapolation elektrophoretischer Analysen bei verschiedener Protein- und Salzkonzentration auf „ideale Bedingungen" (nach ALBERTY[8]).

Enthält ein Gemisch aber 2 Komponenten mit sehr ähnlichen Beweglichkeiten, so können die gemessenen Werte von den tatsächlichen sehr weit abweichen. Für solche Fälle haben HOCH-LIGETI und HOCH[9] eine Gleichung zur Korrektur der gemessenen Werte vorgeschlagen, mit deren Hilfe man den tatsächlichen Werten sehr nahe kommt.

Viele Untersuchungen von Plasma und Serum werden nur zu vergleichenden Zwecken gemacht. Wenn man die Untersuchungen alle unter denselben Bedingungen durchführt, kann man Schlüsse aus dem Vergleich der verschiedenen Bilder ziehen, obwohl die gefundenen Werte

[1] ARMSTRONG, S. H. jr., M. J. E. BUDKA, K. C. MORRISON and M. HASSON: Am. Soc. **69**, 1747 (1947).
[2] ARMSTRONG, S. H. jr., M. J. E. BUDKA and M. HASSON: Am. Soc. **69**, 416 (1947).
[3] PERLMANN, G. E., and D. KAUFMAN: Am. Soc. **67**, 638 (1945).
[4] DOLE, V. P., and E. BRAUN: J. clin. Invest. **23**, 708 (1944).
[5] COHN, E. J., L. E. STRONG, W. L. HUGHES jr., D. J. MULFORD, J. N. ASHWORTH, M. MELIN and H. L. TAYLOR: Am. Soc. **68**, 459 (1946).
[6] SVENSSON, H.: Ark. Kemi, Mineral. Geol. **17** A, No. **14** (1943).
[7] KOENIG, V. L., J. D. PERRINGS and K. R. HOGNESS: Arch. Biochem. **11**, 345 (1946).
[8] ALBERTY, R. A.: Neurath-Bailey, Proteins Bd. 1A, S. 519.
[9] HOCH-LIGETI, C., and H. HOCH: Biochem. J. **43**, 556 (1948).

Fehler einschließen. Bei kritischeren Untersuchungen sollte man jedoch mehrere Versuche, bei denen entweder die Salz- oder die Proteinkonzentration verändert wird, durchführen.

Die Beweglichkeiten sind für die einzelnen Komponenten verschieden, je nachdem, ob sie allein oder im Gesamtplasma wandern. Sie werden nicht nur von den Elektrolytionen beeinflußt (Theorien von DOLE[1] und von SVENSSON[2], s. auch [3] und [4]), sondern es wirken auch mehr oder weniger starke Kräfte zwischen den verschiedenen Plasmaproteinen, die deren Beweglichkeiten verändern (s. auch [4] und [5]). Nach ARMSTRONG und Mitarbeitern[6] werden die Albumine, lipoidarmes α_2-Globulin, die lipoidarmen β-Globuline, Fibrinogen und die γ-Globuline von den sie umgebenden Proteinen in ihrer Beweglichkeit nur sehr wenig, die lipoidreichen α- und β-Globuline dagegen sehr stark beeinflußt. Den unterschiedlichen Einfluß der Proteinkonzentration verschiedener Eiweißkörper betonen neuerdings auch LIPMANN und Mitarbeiter[7].

Da die Lipoproteide die einwandfreie Trennung der übrigen Plasmaeiweißkörper am meisten stören, wird von TRAUTMANN[8] vorgeschlagen, diese zuerst in der Ultrazentrifuge durch Flotation (s. S. 331) abzutrennen.

Die U-Rohr-Elektrophorese kann auch zur präparativen Darstellung der Plasmakomponenten verwendet werden[9].

Über die Methodik der U-Rohr-Elektrophorese s. [9].

Anstatt der langdauernden und kostspieligen U-Rohr-Elektrophorese zieht man vielfach die *Elektrophorese auf Filtrierpapier* (Zonenelektrophorese) vor. Allerdings liefert sie nur für die Serumproteine einwandfreie Werte. Bei Verwendung von Plasma wird das Fibrinogen leicht auf dem Papier niedergeschlagen oder mit anderen Komponenten geschleppt*. Näheres über Papierelektrophorese s. S. 160ff.

Neuerdings haben GRABAR und Mitarbeiter[10, 11] die Immunelektrophorese entwickelt, eine Zonenelektrophorese in Agar (Methode s. S. 171 und im Original). Damit lassen sich im menschlichen Serum 16 Eiweißkomponenten nachweisen.

Auch mit Zonenelektrophorese in Stärkegel[12–17] (Methode s. im Original[12]) läßt sich menschliches Serum in sehr viel mehr Komponenten auftrennen als mit U-Rohr-Elektrophorese oder der üblichen Zonenelektrophorese in Filtrierpapier. SMITHIES konnte auf diese Art mehrere Personengruppen unterscheiden, deren Serumeiweiß verschieden zusammengesetzt war. Die charakteristischen Unterschiede sind offenbar gen-bedingt. Er findet bei einer Gruppe (I) zwei Komponenten, die schneller als Albumin (Präalbumine), und zwei, die langsamer als Albumin (Postalbumine) wandern. In Gruppe II finden sich zwischen β- und α_2-Globulinen drei weitere Proteine, deren Wanderungsgeschwindigkeiten sich wiederum in Gruppe II und II_1 unterscheiden. Es wird ein schnell (F-α_2) und ein

* BERKEŠ, I., u. V. KARAS: B. Z. **324**, 499 (1953) berichten über gute Erfolge mit der Papierelektrophorese des Plasmas mit Whatman 1-Papier in Phosphatpuffer von p_H 9,2. Die Φ-Komponente (Fibrinogen) wird gut von den anderen Proteinen getrennt.

1 DOLE, V. P.: Am. Soc. **67**, 1119 (1945). J. clin. Invest. **23**, 708 (1944).
2 SVENSSON, H.: Ark. Kemi, Mineral. Geol. **17** A, Nr. 14 (1943); **22** A, Nr. 10 (1946).
3 WIEDEMANN, E.: Elektrophorese, ds. Handb. Bd. 1, S. 85.
4 ALBERTY, R. A.: Neurath-Bailey, Proteins Bd. 1A, S. 526.
5 KLOTZ, I. M.: Neurath-Bailey, Proteins Bd. 1B, S. 727.
6 ARMSTRONG, S. H. jr., M. J. E. BUDKA and K. C. MORRISON: Am. Soc. **69**, 416 (1947).
7 LIPPMAN, R. W., and J. BANOVITZ: J. biol. Ch. **199**, 451 (1952).
8 TRAUTMANN, R.: Arch. Biochem. **53**, 85 (1954).
9 WIEDEMANN, E.: ds. Handbuch Bd. 1, S. 54.
10 WILLIAMS, C. A. jr., and P. GRABAR: J. Immunol. **74**, 658 (1955). Biochim. biophysica Acta, N. Y. **17**, 67 (1955).
11 URIEL, J., et P. GRABAR: Ann. Inst. Pasteur **90**, 427 (1956).
12 SMITHIES, O.: Biochem. J. **61**, 629 (1955).
13 SMITHIES, O.: Nature **175**, 307 (1955).
14 SMITHIES, O., and N. F. WALKER: Nature **176**, 1265 (1955).
15 SMITHIES, O., and N. F. WALKER: Nature **178**, 694 (1956).
16 SMITHIES, O., and M. D. POULIK: Nature **177**, 1033 (1956).
17 SMITHIES, O.: Nature **180**, 1482 (1957).

langsam (S-α_2) wanderndes α_2-Globulin gefunden, die beide Hämoglobin binden, also Haptoglobine sind (vgl. S. 362). Durch zweidimensionale Zonenelektrophorese in Stärkegel[1-3] lassen sich auch die β-Globuline noch weiter auftrennen.

Zur *präparativen elektrophoretischen Darstellung* der Serum- und Plasmaeiweißkörper werden mehrere Apparaturen mit verschiedenen Trägern, wie Glaspulver, Filtrierpapierpulver, Stärke usw.[4-9], angegeben. Mit Elektrophorese-Konvektion 102 können die Plasmaeiweißkörper ohne Denaturierung besonders rein dargestellt werden[10-12]. So ist es damit CANN und Mitarbeitern[10] gelungen, ein in der Ultrazentrifuge nahezu einheitliches γ-Globulin darzustellen, sehr viel einheitlicheres als mit chemischen Fraktionierungsmethoden (vgl. S. 295).

Einflüsse auf das elektrophoretische Bild. Schon allein durch das *Stehenlassen* von Plasma und Serum kann sich das elektrophoretische Bild wesentlich verändern. So wandert ein Teil der β-Globuline — offenbar die β-Lipoproteide — schon nach 36stündigem Stehen anders[13]. Es kann sich dabei um Assoziation zwischen einzelnen Proteinen oder um Denaturierungserscheinungen handeln. Wird das Plasma nur in Natriumcitrat aufgehoben, sind die Veränderungen relativ geringer, als wenn 1% Glucose dabei ist. Über den Einfluß der Aufbewahrung auf die elektrophoretische Analyse s. auch [14, 15].

Sehr wesentlich ändert sich die elektrophoretische Zusammensetzung des menschlichen Plasmas und Serums mit dem *Lebensalter*. Bei Neugeborenen sind fast ausnahmslos die Albumine vermindert und die γ-Globuline vermehrt, während im Säuglingsalter die α-Globuline vermehrt und die γ-Globuline vermindert sind[16]. Im Alter[17, 18] sowie bei Angehörigen anderer Volksstämme[19] sind die Elektrophoresebilder verändert.

Größer ist der Einfluß verschiedener *Krankheiten* auf das elektrophoretische Bild[20-26], (s. auch Tabelle 4). Die normalen Proteine können vermehrt oder vermindert sein, oder es können neue Proteinkomponenten — wie etwa die hochmolekularen Myelomproteine — erscheinen. Diese abnormen Proteine wandern entweder mit einer der normalen Komponenten des Plasmas oder zwischen diesen (vgl. S. 392ff.).

Mit der Elektrophorese kann man auch schon leichte *Denaturierung* von Plasma und Serum verfolgen. Wenn das Serum auf 65° erhitzt wird, verschwinden die Albumin- und Globulingipfel, und an ihre Stelle tritt eine einzige Komponente[27, 28]. Der Einfluß von

[1] SMITHIES, O., and M. D. POULIK: Nature **177**, 1033 (1956).
[2] SMITHIES, O.: Nature **180**, 1482 (1957).
[3] SILBERMAN, H. J.: Biochim. biophysica Acta, N. Y. **24**, 647 (1957).
[4] GRASSMANN, W., u. K. HANNIG: Naturwiss. **37**, 397 (1950).
[5] SVENSSON, H., and I. BRATTSTEN: Ark. Kemi **1**, 47, 407 (1949).
[6] BOCKEMÜLLER, W., u. R. REBLING: Chem.-Ing.-Techn. **24**, 617 (1952).
[7] FLODIN, P., and J. PORATH: Biochim. biophysica Acta, N. Y. **13**, 175 (1954).
[8] BRADISH, C. J., and N. V. SMART: Nature **174**, 272 (1954).
[9] HARTMANN, F., u. H. J. MÜLLER: Naturwiss. **39**, 282 (1952).
[10] CANN, J. R., J. G. KIRKWOOD, R. A. BROWN and O. J. PLESCIA: Am. Soc. **71**, 1603 (1949).
[11] CANN, J. R., and J. G. KIRKWOOD: Cold Spring Harbour Symp. quant. Biol. **14**, 9 (1950).
[12] CANN, J. R.: Am. Soc. **75**, 4213 (1953).
[13] HOCH, H., and A. CHANUTIN: J. biol. Ch. **209**, 661 (1954). Arch. Biochem. **51**, 271 (1954).
[14] KREJCI, L. E., L. SWEENY and E. B. SANIGAR: J. biol. Ch. **158**, 693 (1945).
[15] MOORE, D. H., J. B. ROBERTS, M. COSTELLO and T. W. SCHONBERGER: J. biol. Ch. **180**, 1147 (1949).
[16] KARTE, W.: Z. Kinderheilkde. **73**, 467 (1953).
[17] BOSELLI, A., G. MARS et M. MORPURGO: Rev. méd. Liège **5**, 655 (1950).
[18] RAFSLEY, H. A., B. NEWMAN and C. I. KRIEGER: Amer. J. med. Sci. **217**, 206 (1949).
[19] STANIER, W. M.: Nature **171**, 880 (1953).
[20] Wuhrmann-Wunderly, 2. Aufl.
[21] GUTMAN, A.: Adv. Protein Chem. **4**, 162 (1948).
[22] ROUTH, J. I., and W. D. PAUL: Arch. physic. Med. **32**, 397 (1951).
[23] STERN, K. G., and M. REINER: Yale J. biol. Med. **19**, 67 (1946).
[24] LUETSCHER, J. A. jr.: Physiol. Rev. **27**, 621 (1947).
[25] GRASSMANN, W., K. HANNIG u. M. KNEDEL: D. m. W. **1951**, 333.
[26] HEILMEYER, L.: Handb. inn. Med. (BERGMANN-FREY-SCHWIEGK) 4. Aufl. Bd. 2, S. 18.
[27] SCHEER, J. VAN DER, R. W. G. WYCKOFF and F. L. CLARKE: J. Immunol. **40**, 39 (1941).
[28] ARDRY, R.: Bull. Soc. Chim. biol. **33**, 236 (1951).

Tabelle 4. *Gehalt an Gesamteiweiß und an den papierelektrophoretisch gefundenen Komponenten im normalen Serum und bei verschiedenen Erkrankungen* (nach GRASSMANN und Mitarbeitern[1]).

Diagnose	Gesamteiweiß g-%	Albumin %	α_1-Globulin %	α_2-Globulin %	β-Globulin %	γ-Globulin %
Normal		60,1	4,4	11,9	13,3	10,3
Atrophische Lebercirrhose	5,7	33,1	30,5		18,4	18,0
Der gleiche Patient 4 Monate später	7,8	29,3	4,1	6,9	14,7	45
Nephritis mit nephrotischem Einschlag	3,4	21,5	37,5		21,2	19,8
Nephritis mit nephrotischem Einschlag	3,8	30,3	34,2		10,5	25,5
Nephrose	4,5	31,5	45,3		18,0	5,2
Plasmocytom	8,5	35,6	3,2	8,8	11,0	41,4
Plasmocytom	7,6	44,0	3,2	8,7	11,1	33,0

Temperaturerhöhung auf die elektrophoretische Beweglichkeit der Komponenten des Rinderserums kann durch vorherige Sättigung mit Glucose unterdrückt werden[2]. Wenn menschliches Serum mit Essigsäure auf p_H 3 gebracht wird, erscheint eine neue elektrophoretische Komponente[3]. Wahrscheinlich handelt es sich um Spaltung von Lipoid-Proteinbindungen und darauffolgende Bildung von Komplexen zwischen Albuminen und Globulinen. Auch durch UV-Bestrahlung des Serums entsteht auf Kosten der Albumine und Globuline progressiv eine neue denaturierte elektrophoretische Komponente[4].

Die Verteilung der einzelnen Proteinkomponenten im *Plasma verschiedener Tiere* ist artspezifisch (Tabelle 5[5]). Die einzelnen Fraktionen, auch innerhalb der gleichen Art,

Tabelle 5. *Elektrophoretische Analyse des Plasmas verschiedener Tierarten*[5].

Arten	%-Gehalt						
	γ	Φ	β	α_3	α_2	α_1	Albumin
Mensch	9	5	11		9	7	59
Affe	9	9	16	5	5	6	50
Pferd	11	16	22		13	8	30
Schwein	15	14	8		17	6	40
Kuh	11	16	14		8	11	40
Schaf	15	10	15		7	10	43
Hund	9	13	13		8	17	40
Katze	12	5	9	5	20	8	41
Kaninchen	4	8	13			12	63
Meerschweinchen	6	8	9	15	4	4	54
Ratte	5	20 ($\Phi + \beta$)				15	60

zeigen noch starke individuelle Schwankungen[6]. Die Wanderungsgeschwindigkeit sagt allerdings noch nichts über die eventuell veränderte Zusammensetzung der Proteine aus. Neben dem Albumin findet sich bei manchen Arten eine Komponente, die „f" genannt wird. Beim Pferd erscheint der Fibrinogenwert zu hoch, weil mit dem Fibrinogen ein γ-Globulin wandert. Der tatsächliche Wert an koagulierbarem Eiweiß in dieser Fraktion beträgt nur 5—6% (vgl. Tabelle 5[5]). Auch beim Schwein, Schaf und Hund liegen die elektrophoretisch gefundenen Fibrinogenwerte zu hoch.

MOORE[7] vergleicht die verschiedenen Beweglichkeiten der Komponenten tierischer Seren bei wechselndem p_H und veränderter Proteinkonzentration. Über die großen Verschiedenheiten der elektrophoretischen Zusammensetzung von Rinder- und Pferdeseren

[1] GRASSMANN, W., K. HANNIG u. M. KNEDEL: D. m. W. **1951**, 333.
[2] HARDT, C. R., I. F. HUDDLESON and C. D. BALL: J. biol. Ch. **163**, 211 (1946).
[3] PERLMANN, G. E., and D. KAUFMAN: J. biol. Ch. **179**, 133 (1949).
[4] DAVIS, B. D., A. HOLLAENDER and J. P. GREENSTEIN: J. biol. Ch. **146**, 663 (1942).
[5] DEUTSCH, H. F., and M. B. GOODLOE: J. biol. Ch. **161**, 1 (1945).
[6] SVENSSON, H.: Ark. Kemi, Mineral. Geol. **17** A, No. 14 (1943).
[7] MOORE, D. H.: J. biol. Ch. **161**, 21 (1945).

sowie über krankhafte Veränderungen bei Rindern s.[1-3]. Bei Hühnern finden sich Unterschiede im elektrophoretischen Bild schon zwischen männlichen und weiblichen Tieren, zwischen legenden und nichtlegenden Hennen[4, 5]. Seren von Vögeln[6], Ratten, Kaninchen[7] und anderen kleinen Laboratoriumstieren[8] zeigten bei der Papierelektrophorese charakteristische Unterschiede. Allerdings variieren die von den einzelnen Autoren angegebenen Werte außerordentlich stark[9]. Bei Mäusen soll es auch erbliche Unterschiede im elektrophoretischen Bild geben[10].

Im Serum niederer Tiere ist die Verteilung der Eiweißkomponenten auch artspezifisch[11]. Die einzelnen Komponenten lassen sich aber nicht mit denen im Säugetierserum vergleichen. Sehr nahe verwandte Arten zeigen oft schon große Unterschiede in der Zusammensetzung. Über Elektrophorese der Blutproteine Wirbelloser s. auch[12].

Beim *Vergleich der elektrophoretisch gefundenen Komponenten mit den durch Salzfraktionierung* mit Natriumsulfat erhaltenen Fraktionen[13-15] bleibt bei 21,5 %iger Natriumsättigung im Filtrat mit den Albuminen ein großer Teil der α- und β-Globuline zurück. Die Abweichungen sind bei pathologischen Seren meist noch größer als bei normalen.

Jager und Mitarbeiter[16] vergleichen das nach 6 verschiedenen Methoden dargestellte Albumin mit dem elektrophoretisch erhaltenen. Die durch Fällung mit gesättigter Magnesiumsulfatlösung erhaltenen und die immuno-chemisch bestimmten Albuminwerte stimmen am besten mit den elektrophoretisch ermittelten überein (Tabelle 6).

Auch die mit der Papierelektrophorese erhaltenen Fraktionen stimmen mit den durch Salzfraktionierungsmethoden erhaltenen schlecht überein[17]. Die Albuminbestimmung durch Fällungsmethoden läßt besonders bei pathologischen Seren, also dann, wenn die genaue Albuminbestimmung am meisten interessiert, vollkommen im Stich[18].

Sehr viel besser ist die mengenmäßige Übereinstimmung, wenn zur Fällung mehrere Salzlösungen verwendet werden, wie es Gleiss und Hinsberg[19, 20] beschreiben (Vergleich mit Antweiler-Elektrophorese).

β) Trennung der Serumeiweißkörper durch Chromatographie.

Zur Trennung der Serumproteine wurde auch die *Papierchromatographie* mit oberflächenaktiven Mitteln angewandt; die Proteine wurden dann mit verschiedenen Farb-

---

[1] Hogness, K. R., J. W. Giffee and V. L. Koenig: Arch. Biochem. **10**, 281 (1946).
[2] Stähl, W., u. M. K. Zacherl: H. **293**, 278 (1953).
[3] Bradish, C. J., W. M. Henderson and J. B. Brooksby: Biochem. J. **56**, 329 (1954).
[4] Brandt, L. W., R. E. Clegg and A. C. Andrews: J. biol. Ch. **191**, 105 (1951).
[5] Clegg, R. E., P. E. Sanford, R. E. Hein, A. C. Andrews, J. S. Hughes and C. D. Mueller: Science, N. Y. **114**, 437 (1951).
[6] Cannan, R. H., W. P. M. Kinley and W. A. Maw: Science, N. Y. **118**, 86 (1953).
[7] Scheiffarth, F., u. G. Berg: Z. ges. exp. Med. **119**, 550 (1952).
[8] Glason, T. L., and F. Friedberg: Physiol. Zool. **26**, 195 (1953).
[9] Berg, G., K. H. Kimbel u. F. Scheiffarth: Naturwiss. **42**, 51 (1955).
[10] Thompson, S., J. S. Foster, J. W. Gowen and O. E. Tauber: Proc. Soc. exp. Biol. Med. **87**, 315 (1954).
[11] Deutsch, H. F., and W. H. McShan: J. biol. Ch. **180**, 219 (1949).
[12] Krieg, A.: Naturwiss. **43**, 60 (1956).
[13] Taylor, H. L., and A. Keys: J. biol. Ch. **148**, 379 (1943).
[14] Gutman, A. B., D. H. Moore, E. B. Gutman, V. McClellan and E. A. Kabat: J. clin. Invest. **20**, 765 (1941).
[15] Luetscher, J. A. jr.: J. clin. Invest. **19**, 313 (1940).
[16] Jager, B. V., T. B. Schwartz, E. L. Smith, M. Nickerson and D. M. Brown: J. Lab. clin. Med. **35**, 76 (1950).
[17] Levin, B., and V. G. Oberholzer: Amer. J. clin. Path. **23**, 205 (1953).
[18] Ott, H., H. Huber u. G. Körver: Kli. Wo. **1952**, 34.
[19] Gleiss, J., u. K. Hinsberg: Z. ges. exp. Med. **116**, 599 (1950/51).
[20] Hinsberg, K.: ds. Handb. Bd. 5, S. 25ff.

Tabelle 6. *Vergleich der mit Elektrophorese und 6 verschiedenen chemischen Methoden bestimmten Albuminwerte*[1].

Diagnose	Albumin in % vom Gesamtserumeiweiß						
	Elektrophorese	21,5 %iges Na_2SO_4[2]	26 %iges Na_2SO_4[3]	26,9 %iges Na_2SO_3[4]	gesättigtes $MgSO_4$[5]	gepuffertes Methanol[6]	immunologisch[7]
Normal	61	74	59	59	64	64	60
Normal	57	71	58	60	64	64	66
Normal	65	71	60	62	63	63	72
Normal	62	70	59	62	63	68	63
Normales Sammelserum (40 Personen)	64	70	49	58	67	64	70
Rekonvalescenz (Varicellen)	51	62	54	57	54	60	46
Rekonvalescenz (Pneumonie)	49	58	46	49	51	53	57
Malaria 4. Woche	44	52	42	47	47	46	39
Lebercirrhose	31	33	25	27	32	22	31
Nephrotisches Syndrom	32	57	55	47	54	51	33
Nephrotisches Syndrom	45	49	41	47	46	43	43

stoffen angefärbt: Hämin[8], saure Farbstoffe[9], Bromthymolblau, Bromphenolphthaleinäthylester[10]. Die Methode hat jedoch bisher keine größere Bedeutung gewonnen.

Auch an *Ionenaustauschern* wurden Serumproteine chromatographiert, so von BOMAN[11] an einem Anionenaustauscher, von SOBER und PETERSON[12] an Celluloseionenaustauschern. Auch TISELIUS[13] beschreibt die Chromatographie von Serumproteinen. Siehe hierzu auch S. 43ff.

Von TAVEL[14] wird die *Gegenstromverteilung* zur Trennung von Serumproteinen eingesetzt. Bisher ist nur eine gewisse Anreicherung der γ-Globuline in der organischen Phase gelungen.

SCHULTZE und Mitarbeiter[15] kombinieren zur Plasmafraktionierung *Adsorptionsmethoden mit Aussalzmethoden* (s. Tabelle 11, S. 233).

γ) Fraktionierung des Serums in der Ultrazentrifuge.

Die ersten Untersuchungen über die Fraktionierung des Serums in der Ultrazentrifuge stammen von v. MUTZENBECHER[16], sie wurden von McFARLANE[17] und PEDERSEN[18] weiter ausgedehnt. PEDERSEN untersuchte außer menschlichem Serum die Seren von Kuh, Kalb, Kaninchen, Schaf und Fohlen.

[1] JAGER, B. V., T. B. SCHWARTZ, E. L. SMITH, M. NICKERSON and D. M. BROWN: J. Lab. clin. Med. **35**, 76 (1950).
[2] HOWE, P. E.: J. biol. Ch. **49**, 93, 109 (1921).
[3] MAJOOR, C. L. H.: J. biol. Ch. **169**, 583 (1947). — MILNE, J.: J. biol. Ch. **169**, 595 (1947).
[4] COHN, C., and W. Q. WOLFSON: J. Lab. clin. Med. **33**, 367 (1948).
[5] POPJÁK, G., and E. F. MCCARTHY: Biochem. J. **40**, 789 (1946).
[6] PILLEMER, L., and M. C. HUTCHINSON: J. biol. Ch. **158**, 299 (1945).
[7] CHOW, B. F., F. HOMBURGER, S. DE BIASE and M. L. PETERMANN: J. Lab. clin. Med. **33**, 1052 (1948). — MARTIN, N. H., and R. MORRIS: J. clin. Path. **2**, 64 (1949). — KABAT, E. A., and M. HEIDELBERGER: J. exp. Med. **66**, 229 (1937).
[8] FRANKLIN, A. E., and J. H. QUASTEL: Proc. Soc. exp. Biol. Med. **74**, 803 (1950). — FRANKLIN, A. E., J. H. QUASTEL and S. F. VAN STRATEN: Nature **168**, 685 (1951).
[9] JONES, J. I. M., and S. E. MICHAEL: Nature **165**, 685 (1950).
[10] PAPASTAMATIS, S. C., and J. F. WILKINSON: Nature **167**, 724 (1951).
[11] BOMAN, H. G.: Nature **175**, 898 (1955).
[12] PETERSON, E. A., and H. A. SOBER: Fed. Proc. **13**, 273 (1954).
[13] TISELIUS, A.: Ark. Kemi **7**, 443 (1954). — TISELIUS, A., G. HJERTÉN and Ö. LEVIN: Arch. Biochem. **65**, 132 (1956).
[14] TAVEL, P. v.: Helv. **38**, 520 (1955).
[15] SCHULTZE, H. E., I. GÖLLNER, K. HEIDE, M. SCHÖNENBERGER u. G. SCHWICK: Z. Naturforsch. **10b**, 466 (1955).
[16] MUTZENBECHER, P. v.: B. Z. **266**, 226, 250, 259 (1933).
[17] McFARLANE, A. S.: Biochem. J. **29**, 407, 660, 1175, 1202 (1935).
[18] PEDERSEN, K. O.: Ultracentrifugal Studies on Serum and Serum Fractions. Uppsala 1945.

Das menschliche Serum kann durch Fraktionierung in der Ultrazentrifuge in 4 Hauptfraktionen getrennt werden[1, 2] (s. Abb. 3):

„Albumin" oder A-Komponente, $S_{20,w} = 4,6$,

„X-Protein" (nach [1, 3]), $S_{20,w} = 6$, in 0,5 m NaCl $S \sim 2,9$,

„Globulin" oder G-Komponente, $S_{20,w} = 7$ und deutliche Mengen einer noch schneller sedimentierenden Komponente,

„20-Komponente", $S_{20,w} = 20$.

Außerdem wurden verschiedene Komponenten zwischen $S_{20,w} = 7$ und $S_{20,w} = 20$ beobachtet, die willkürlich in 2 Gruppen mit den Sedimentationskonstanten zwischen 8 und 11 und zwischen 12 und 18 eingeteilt wurden[2].

Die *A-Komponente* enthält außer dem gesamten Albumin α_1- und β_2-Globuline mit sehr ähnlichen Sedimentationskonstanten, die sich in der Ultrazentrifuge nicht vom Albumin trennen lassen (s. Tabelle 7).

McFarlane[3] und Pedersen[1] hielten das „*X-Protein*" für einen dissoziierbaren Komplex aus Albumin-, Globulin- und Lipoidanteilen. Nach Oncley[2] und Mitarbeitern soll es identisch sein mit dem β_1-Lipoproteid, das nur im menschlichen Serum in wesentlichen Mengen vorkommt (s. Tabelle 7). Das β_1-Lipoproteid hat infolge seines hohen Fettgehaltes (75%) eine Dichte ~ 1 (die fettfreien Serumproteine $\sim 1,33$)[1, 4]. Es ist daher sehr empfindlich gegen die Dichte des Lösungsmittels und dadurch von den anderen Serumproteinen zu unterscheiden. In Lösungsmitteln mit hoher Dichte steigt es an die Oberfläche.

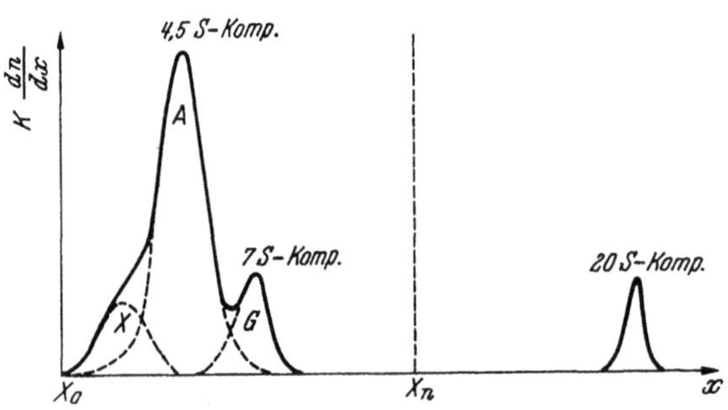

Abb. 3. Schematisierte Standardaufnahme eines Normalserums nach Pedersen[1]. Das Bild ist insofern schematisiert, als eine Trennung aller Komponenten nicht in einer Aufnahme erreicht werden kann. Die 20 S-Komponente ist schon lange aussedimentiert, bevor die Trennung der anderen Komponenten erreicht ist. Das Bild besteht demnach aus 2 Hälften, wie durch die gestrichelte Linie angedeutet ist.

Auch die anderen Lipoproteide des Serums können durch Erhöhung der Dichte des Lösungsmittels zur Sedimentation in entgegengesetzter Richtung (Flotation) gebracht werden. Durch Variation der Lösungsmitteldichte von 1,063 g/cm³ bis 1,20 g/cm³ konnten Gofman und Mitarbeiter[5-8] auf diese Art die Lipoproteide des Serums in 3 Fraktionen aufteilen (s. auch unter Lipoproteide S. 332).

Mit der „*G-Komponente*" $S_{20,w} = 7$, die den größten Teil der γ-Globuline enthält, sedimentiert etwa die Hälfte der β-Globuline und α_2-Globuline (Tabelle 7).

Die *20 S-Komponente* ist nach Oncley und Mitarbeitern[2] ein β-Globulin. Im menschlichen Normalserum macht sie nur wenige Prozente aus[9], kann aber bei Krankheiten wesentlich erhöht sein (s. S. 392ff.). Sie könnte z. T. ein Kunstprodukt sein, das durch das Sammeln oder Stehenlassen von Plasma entsteht (vgl. S. 301). Im Serum verschiedener Tiere findet man sie in unterschiedlicher Menge. Die Pneumokokken-Antikörper von Pferd, Kuh und Schwein wandern mit der 20 S-Komponente[10] (vgl. S. 301).

Das A/G-Verhältnis erhöht sich im Ultrazentrifugenbild mit zunehmender Serumkonzentration. Die Ursache scheinen die Lipoproteide des Serums zu sein, deren Wechsel-

[1] Pedersen, K. O.: Ultracentrifugal Studies on Serum and Serum Fractions. Uppsala 1945.
[2] Oncley, J. L., G. Scatchard and A. Brown: J. physic. Colloid Chem. **51**, 184 (1947).
[3] McFarlane, A. S.: Biochem. J. **29**, 407, 660, 1175, 1202 (1935).
[4] Oncley, J. L., F. R. N. Gurd and M. Melin: Am. Soc. **72**, 458 (1950).
[5] Gofman, J. W., F. T. Lindgren, H. A. Elliott, W. Mantz, J. Hewitt, B. Strisower, V. Herring and T. P. Lyon: Science, N. Y. **111**, 166, 186 (1950).
[6] Gofman, J. W., F. T. Lindgren and H. A. Elliott: J. biol. Ch. **179**, 973 (1949).
[7] Lindgren, F. T., H. A. Elliott and J. W. Gofman: J. physic. Colloid Chem. **55**, 80 (1951).
[8] Lalla, O. de, and J. W. Gofman; in: Methods of Biochemical Analysis. New York, London 1954.
[9] Dialer, K.: Z. Elektrochem. **55**, 525 (1951).
[10] Kabat, E. A.: J. exp. Med. **69**, 108 (1939).

Tabelle 7. *Proteinkomponenten des menschlichen Plasmas, durch physikalisch-chemische Methoden charakterisiert*[1].

Elektrophoretische Komponente	Fraktion**	Ungefähre Konzentration im Plasma g/l	Sedimentations-Konstante $S_{20,\,w}$	Spezifisches Volumen	„intrinsic viscosity" $[\eta] \times 10^2$	Reibungskoeffizient f/f_0	Molekulargewicht	Annähernde Dimensionen in Å	
								Länge	Durchmesser
Albumin	V	32	4,6	0,733	4,2	1,28	69000	150	38
α_1-Globulin	IV—1	2*	5,0	0,841	6,6	1,38	200000	300	50
α_2-Globulin	IV—6	1	9	0,693	9,2	1,58	(300000)		
β_1-Globulin	IV—7	2	5,5	0,725	5,5	1,37	90000	190	37
β_1-Globulin	III—0, III—2	2	7	0,74			150000		
β_1-Globulin	III—0	1	20	0,74			(500000, 1000000)		
β_1-Globulin	III—0	2*	2,9***	0,950	4,1	1,7	1300000	185	185
β_2-Globulin	III—1	2	7				(150000)		
γ-Globulin	II	5	7,2	0,739	6	1,38	156000	235	44
γ-Globulin	II	1	10				(300000)		
Fibrinogen	I—2	2	9		25	1,98	400000	700	38

* Diese beiden Globuline sind Lipoproteide und enthalten 35% Lipoid für das α_1-Globulin, 75% Lipoid für das β_1-Globulin. Die anderen Komponenten enthalten wenig oder kein Lipoid.
** Fraktionen nach COHN und Mitarbeitern[2] (vgl. S. 237ff.).
*** Die Sedimentationskonstante, die in 0,5 m NaCl erhalten wurde.

wirkung mit den anderen Proteinen des Serums bei steigender Konzentration zunimmt[3] (vgl. S. 317ff.).

Fetuin. PEDERSEN[3] fand im Serum von Kalbsfeten und jungen Kälbern — aber auch im Serum neugeborener Schafe und Fohlen — ein Globulin, das mit zunehmendem Alter aus dem tierischen Serum verschwindet und im Serum der Kuh nur mehr in Spuren vorhanden ist. Im menschlichen Fetalserum ist es nur in ganz geringen Mengen nachzuweisen. Es hat eine Sedimentationskonstante $S_{20,\mathrm{w}} = 3{,}2$ und ein Mol.-Gewicht von 50000. Das Serum des neugeborenen Kalbes enthält nahezu kein γ-Globulin, statt dessen Fetuin. Nachdem das Kalb Colostrum (s. S. 414) bekommen hat, steigt der γ-Globulingehalt, und der Fetuingehalt nimmt langsam ab.

Da in der Ultrazentrifuge im allgemeinen nur Serum getrennt wird, ist das Fibrinogen nicht berücksichtigt. Die Sedimentationskonstante von Fibrinogen ist in Tabelle 7 angegeben. Über neue Untersuchungen von Fibrinogen in der Ultrazentrifuge s. S. 260.

In den Tabellen 1 (s. S. 214) und 7 sind die Sedimentationskonstanten der elektrophoretischen Komponenten des Plasmas wiedergegeben. In Tabelle 7 sind diese Fraktionen mit denen der Alkoholfraktionierung verglichen.

Die Ultrazentrifuge wird außer zur Fraktionierung von Gesamtserum auch zur Untersuchung gereinigter Fraktionen oder Eiweißkörper angewandt; z. B. kann der Nachweis von Makroglobulinen im Serum, wie sie erstmals von WALDENSTRÖM[4] und PEDERSEN[3] beobachtet wurden, nur in der Ultrazentrifuge geführt werden. Elektrophoretisch wandern diese abnormen Globuline meist mit den β_2-Globulinen. Bei der Untersuchung mit der Ultrazentrifuge können sie in der 20 S-Komponente gefunden werden[5], wenn sie echte Makroglobuline sind, in der 7 S-Komponente, wenn es andere Paraproteine sind. DIALER[5] hat außerdem gefunden, daß bei verschiedenen pathologischen Zuständen, bei denen die Albumine stark vermindert sind, auch die A-Komponente in der Ultrazentrifuge sehr erniedrigt ist. Über die Ermittlung der Diffusionskonstante, die zur Bestimmung des Molekulargewichtes außer der Sedimentationskonstanten notwendig ist, s. dieses Handbuch[6].

[1] ONCLEY, J. L., G. SCATCHARD and A. BROWN: J. physic. Colloid Chem. **51**, 184 (1947).
[2] COHN, E. J., L. E. STRONG, W. L. HUGHES jr., D. J. MULFORD, J. N. ASHWORTH, M. MELIN and H. L. TAYLOR: Am. Soc. **68**, 459 (1946).
[3] PEDERSEN, K. O.: Ultracentrifugal Studies on Serum and Serum Fractions. Uppsala 1945.
[4] WALDENSTRÖM, J.: Acta med. scand. **117**, 216 (1944).
[5] DIALER, K.: Z. Elektrochem. **55**, 525 (1951).
[6] HELLMAN, E.: ds. Handbuch Bd. 1, S. 112.

b) Trennung mit chemischen Methoden.

α) Fällung in salzfreier Lösung in der Nähe des isoelektrischen Punktes (Euglobuline).

Ein kleiner Teil der Proteine fällt aus, wenn man Plasma oder Serum gegen destilliertes Wasser bis zur Salzfreiheit dialysiert, oder wenn man es 1:10 mit destilliertem Wasser verdünnt. Noch mehr fällt aus, wenn man nach dem Dialysieren eine schwach saure Reaktion, z. B. durch Einleiten von CO_2 oder Zusatz von Essigsäure, herstellt.

Die auf diese Weise ausgefällten Proteine werden als *Euglobuline* bezeichnet. Sie sind dadurch gekennzeichnet, daß sie in salzfreier Lösung beim isoelektrischen Punkt unlöslich sind. Auf Zugaben geringer Mengen von Neutralsalzen gehen sie in Lösung (Einsalzeffekt[1]), fallen aber wieder aus, wenn die Konzentration des Neutralsalzes einen gewissen Sättigungsgrad erreicht (Aussalzeffekt).

Als Euglobuline werden auch die Eiweißkörper des Serums bezeichnet, die ausfallen, wenn die Lösung zu $^1/_3$ mit Ammoniumsulfat gesättigt (vgl. S. 229) oder bis zu 13,5% mit Natriumsulfat versetzt wird (vgl. S. 232). Dabei fallen allerdings z. T. andere Proteine aus als bei Dialyse am isoelektrischen Punkt. In diesem Kapitel werden nur diejenigen Eiweißkörper als Euglobuline bezeichnet, die beim isoelektrischen Punkt in salzfreier Lösung unlöslich sind.

Fibrinogen[2], Prothrombin[3], Plasminogen[4], die Komponente C'1 des Komplements[5] und Properdin[6] gehören zu den Euglobulinen. Auch ein Teil der γ-Globuline fällt als Euglobulin aus[7].

Durch Wechselwirkung zwischen verschiedenen Proteinen können mit den Euglobulinen auch Proteine ausfallen, die sonst nicht zu den Euglobulinen gehören. Dabei verschiebt sich manchmal der p_H der Ausfällung des Euglobulins von seinem isoelektrischen Punkt in der Richtung des isoelektrischen Punktes des mitgefällten Proteins.

So fand CANN[7] in einer als Euglobulin ausgefällten γ-Globulinfraktion Albumin, das mit diesem ausgefallen war. GREEN[8] und PEREZ und Mitarbeiter[9] fällten bei verschiedenem p_H Gemische verschiedener Proteine als Euglobuline aus (s. unten).

Darstellung der Euglobuline. Das Serum wird durch *erschöpfende Dialyse* gegen destilliertes Wasser oder ganz verdünnte Salzlösungen oder durch Zufügen von 10—20 Vol. destillierten Wassers verdünnt. Man säuert durch Einleiten von CO_2 oder durch Zugeben von Essigsäure an. In neuerer Zeit wird meist mit Essigsäure bis p_H 5,2 angesäuert, dabei wird aber ein Teil der Proteine schon denaturiert[10]. Die so gewonnenen Proteine sind nur ein Teil der Globuline und keine reinen Eiweißkörper.

Auch durch *Entfernen der Salze mit Austauschern* können die Euglobuline von den anderen Plasmaproteinen getrennt werden[11, 12]. Beschreibung der Methode s. S. 250.

GREEN[8] hat aus normalem Pferdeserum durch Dialyse bei unterschiedlichem p_H 3 verschiedene Proteinfraktionen — PI, PII und PIII — erhalten. Sie unterscheiden sich durch ihr Säure- und Basenbindungsvermögen, sind aber keine reinen Eiweißkörper.

Auch PEREZ und Mitarbeiter[9] erhielten durch Dialyse und Variation des p_H aus Pferdeserum 3 Euglobulinfraktionen mit verschiedenen isoelektrischen Punkten. Sie wurden bei p_H 7,7—7,4, p_H 6,4—6,2, p_H 5,4—5,2 gefällt. Jede Fraktion soll mit Antikörpern von

[1] EDSALL, J. T.: Adv. Protein Chem. **3**, 383 (1947).
[2] MELLANBY, J.: Proc. R. Soc. London (B) **113**, 93 (1933).
[3] MELLANBY, J.: Proc. R. Soc. London (B) **107**, 271 (1931).
[4] MILSTONE, J. H.: J. Immunol. **42**, 109 (1941).
[5] PILLEMER, L.: Chem. Reviews **33**, 1 (1943).
[6] PILLEMER, L., L. BLUM, I. H. LEPOW, O. A. ROSS, E. W. TODD and A. C. WARDLAW: Science, N. Y. **120**, 279 (1954).
[7] CANN, J. R.: Am. Soc. **75**, 4213 (1953).
[8] GREEN, A. A.: Am. Soc. **60**, 1108 (1938).
[9] PEREZ, J. J., G. SANDOR et C. SERGENT: Cr. **225**, 966 (1947).
[10] PEDERSEN, K. O.: Ultracentrifugal Studies of Serum and Serum Fractions. Uppsala 1945.
[11] REID, A. F., and F. JONES: Amer. J. clin. Path. **19**, 10 (1949). Industr. engng. Chem. **43**, 1074 (1951).
[12] NITSCHMANN, H., u. P. KISTLER: Helv. **37**, 1767 (1954).

verschiedener Funktion korrespondieren: Agglutinine, hämolytischer Amboceptor, Antitoxine[1].

Menschliche Seren ergeben analoge Fraktionen wie die von PEREZ[2] aus Pferdeserum gewonnenen[3]. Alle 3 Fraktionen enthalten bei der elektrophoretischen Untersuchung γ-Globulin[4]. In Fraktion 1 findet sich außerdem noch β_2-Globulin, in Fraktion 2 β_1-Globulin und in Fraktion 3 α_2-Globulin. Anscheinend werden durch Wechselwirkung zwischen den Proteinen mehrere verschiedene Proteine gemeinsam ausgefällt (vgl. S. 302). Die γ-Globuline können mit 1%iger Glykokollösung aus den Proteinniederschlägen selektiv herausgelöst werden. In pathologischen Seren werden 3 weitere Fraktionen gefunden. GRÖNWALL[5] hat auch die Euglobuline des Serums untersucht.

β) Die fraktionierte Aussalzung.

Die Fraktionierung der Plasma- oder Serumeiweißkörper durch Aussalzen mit Neutralsalzen war eine der ersten Trennungsmethoden für diese Proteine (vgl. [6]). Zur Fraktionierung werden Ammoniumsulfat, Natriumsulfat (S. 232), Natriumsulfit (S. 234), Magnesiumsulfat (S. 234), Kaliumphosphatpuffer (S. 235) und gelegentlich auch andere Salze oder Salzgemische (S. 236) angewandt.

Die Aussalzmethoden haben vor den Fällungsmethoden mit Hilfe organischer Lösungsmittel bei niedriger Salzkonzentration und tiefer Temperatur (vgl. S. 236ff.) den Vorteil, daß sie ohne spezielle Ausrüstung relativ einfach durchzuführen sind. Auch werden empfindliche Proteine durch Neutralsalze weniger leicht geschädigt als durch organische Lösungsmittel.

Ammoniumsulfat wird wegen seiner guten Löslichkeit und seines guten Aussalzeffektes am häufigsten zur Trennung der Plasma- und Serumeiweißkörper verwendet. Es dient hauptsächlich zur präparativen Trennung. Nur wenige Autoren verwenden es auch für klinisch-analytische Zwecke[7, 8].

Ammoniumsulfat schädigt anscheinend von allen Neutralsalzen empfindliche Proteine am wenigsten. So werden etwa die Lipoproteide des Serums, die schon durch Phosphatlösungen denaturiert werden, durch Ammoniumsulfat nicht geschädigt[9].

Die Fraktionen, die mit Ammoniumsulfatfraktionierung gewonnen werden, sind auch durch mehrmaliges Umfällen z. T. nicht rein zu erhalten (s. unten). Ein weiterer Nachteil der Fällung mit Ammoniumsulfat ist seine geringe Pufferwirkung und daß die Lösung in Wasser schwach sauren p_H zeigt. Dieser kann allerdings mit NH_3 oder H_2SO_4 auf den gewünschten Wert eingestellt werden, ohne fremde Ionen einzuführen.

Man kann das Aussalzen mit Ammoniumsulfat auf verschiedene Art durchführen.

Häufig wird der Sättigungsgrad der Lösung angegeben, wobei die gesättigte Lösung als 100 angenommen wird und die Teilsättigung in Prozenten — also $^1/_2$-Sättigung = 50% — ausgedrückt wird; oder Ganzsättigung wird als 1 ausgedrückt und $^1/_2$-Sättigung dann als 0,5 Sättigung. Um Teilsättigung zu erreichen, wird meistens bei Zimmertemperatur eine gesättigte Lösung hergestellt, und um etwa Serum mit 0,5-(50%) Sättigung zu erhalten, wird das gleiche Volumen ganzgesättigter Lösung zugefügt. Die Menge ganzgesättigter Lösung in Kubikzentimeter, Y, die zu 100 cm³ einer Lösung der Teilsättigung S_1 zugegeben werden muß, um eine Lösung des Sättigungsgrades S_2 zu erhalten, wird nach der folgenden Gleichung berechnet:

$$Y = \frac{100\,(S_2 - S_1)}{1 - S_2}\,.$$

[1] SANDOR, G.: Ann. Inst. Pasteur **77**, 31, 201 (1949). Cr. **228**, 282 (1949).
[2] PEREZ, J. J., G. SANDOR et C. SERGENT: Cr. **225**, 966 (1947).
[3] SANDOR, G., et L. CEDDAHA: Bull. Soc. Chim. biol. **31**, 1525 (1949).
[4] SABETAY, Y., et G. SANDOR: Cr. **237**, 206 (1953).
[5] GRÖNWALL, A.: C. R. Lab. Carlsberg **24**, No. 8—11 (1942).
[6] PEDERSEN, K. O.: Ultracentrifugal Studies of Serum and Serum Fractions. Uppsala 1945.
[7] GRUNZE, H., J. H. OETTEL u. K. TAUSCHNITZ: Z. klin. Med. **146**, 44 (1950).
[8] OETTEL, J. H.: D. m. W. **1949**, 599.
[9] MACHEBOEUF, M., et P. REBEYROTTE: Bull. Soc. Chim. biol. **33**, 998 (1951).

Ein Nomogramm, das aus dieser Formel entwickelt ist, ist S. 33 wiedergegeben. Wenn alle Versuche bei der gleichen Temperatur durchgeführt werden, ist der Fehler, der sich durch die Dichteänderungen ergibt, nicht größer als 2% (vgl. [1]); s. Tabelle 8 nach [1]. Die Methode ist bei Einhalten der Temperatur reproduzierbar und für einfache präparative Zwecke ausreichend[1]. Häufig ist es, besonders zur Herstellung hochkonzentrierter Lösungen, besser, festes Ammoniumsulfat zuzugeben. Auch dabei kann man den Sättigungsgrad als Maß der Konzentration angeben. Das Gewicht in Gramm, X, das zu 100 cm³ einer Lösung des Sättigungsgrades S_1 zugefügt werden muß, um zu einer Lösung des Sättigungsgrades S_2 zu kommen, kann mit folgender Gleichung berechnet werden:

$$X = \frac{0{,}1\,G\,(S_2 - S_1)}{1 - \frac{V\,G}{1000}\,S_2}.$$

Dabei bedeutet G = g Ammoniumsulfat in 1000 cm³ gesättigter Lösung und V = spezifisches Volumen von Ammoniumsulfat in gesättigter Lösung.

Die Werte für G, V und $VG/1000$ bei verschiedenen Temperaturen sind in Tabelle 8 wiedergegeben.

Verschiedene Autoren geben anstatt des Sättigungsgrades die Molarität von Ammoniumsulfat an, um besser reproduzierbare Werte zu erhalten (vgl. S. 231). Die Beziehung zwischen Ammoniumsulfatmolarität und Sättigungsgrad kann aus Tabelle 8 entnommen werden.

Tabelle 8. *Gesättigte Ammoniumsulfatlösungen in Wasser bei verschiedenen Temperaturen*[1].

Temperatur in °C	0	10	20	25	30
Mol $(NH_4)_2SO_4$/1000 g H_2O	5,35	5,53	5,73	5,82	5,91
g $(NH_4)_2SO_4$ in 1000 g H_2O	706,95	730,73	757,16	769,05	780,95
Gewichtsprozent	41,42	42,22	43,09	43,47	43,85
Dichte (interpoliert)	1,2428	1,2436	1,2447	1,2450	1,2449
g $(NH_4)_2SO_4$ in 1000 cm³ Lösung	514,72	525,05	536,34	541,24	545,88
Mol $(NH_4)_2SO_4$ in 1000 cm³ Lösung	3,90	3,97	4,06	4,10	4,13
g $(NH_4)_2SO_4$, die zu 1000 cm³ Wasser zugefügt werden müssen (G)	706,86	730,53	755,82	766,80	777,55
Spezifisches Volumen V, in gesättigter Lösung	0,5262	0,5357	0,5414	0,5435	0,5458
$\frac{V \times G}{1000}$	0,271	0,281	0,290	0,294	0,298

Bei all diesen Fällungen mit Ammoniumsulfat ist die Änderung des spezifischen Volumens des gelösten Salzes bei verschiedener Konzentration der Lösung nicht berücksichtigt. Um diesen Fehler zu beseitigen, haben Bücher und Mitarbeiter[2] die Gewichtsprozente an festem Ammoniumsulfat berechnet, die einer bestimmten Molarität entsprechen (Tabelle 9). Sie geben festes Salz zu. Nach der Formel

$$X = V\left[\frac{G_2\,(100 - G_1)}{G_1\,(100 - G_2)} - 1\right]\frac{m_1}{7{,}6}$$

[(G_1; G_2 = Gewichtsprozente Salz (g Salz je 100 g Lösung) bei der Ausgangsmolarität (m_1) bzw. gewünschten Molarität; X = zuzugebende Salzmenge (g); V = Volumen der Lösung (cm³); m_1 = Ausgangsmolarität (Mol/l).]

wird die Menge Ammoniumsulfat in Gramm berechnet, die nötig ist, um ein Volumen V der Ammoniumsulfatlösung von der Molarität m_1 (G_1 Gewichtsprozent) zur Molarität m_2 (G_2 Gewichtsprozent) zu bringen.

Das Ammoniumsulfat p. a. des Handels wird nochmals umkristallisiert, die heißgesättigte Lösung mit 2 g/l Äthylendiamintetraacetat versetzt und schwach ammoniakalisch gemacht. Die Ammoniumsulfatmolarität wird regelmäßig photometrisch nach

[1] Taylor, J. F.: Neurath-Bailey, Proteins Bd. 1A, S. 54.

[2] Beisenherz, G., H. J. Boltze, T. Bücher, R. Czok, K. H. Garbade, E. Meyer-Arendt u. G. Pfleiderer: Z. Naturforsch. 8b, 555 (1953).

NESSLER nachgeprüft. Um gleichmäßiges Zugeben des Ammoniumsulfats zu gewährleisten, wird dieses mit einem automatischen Salzstreuer zugegeben, und schließlich werden die Niederschläge mit einem Plümper gleichmäßig verteilt.

Tabelle 9. *Salzgehalt in Gewichtsprozenten (G) von Ammoniumsulfatlösungen verschiedener Molarität (m) bei 20°*[1].

m	0,1	0,2	0,3	0,4	0,5	0,6	0,7	0,8	0,9	1,0
G	1,3	2,6	3,8	5,1	6,4	7,6	8,8	10,0	11,1	12,3
m	1,1	1,2	1,3	1,4	1,5	1,6	1,7	1,8	1,9	2,0
G	13,4	14,6	15,7	16,8	17,9	19,0	20,1	21,2	22,2	23,3
m	2,1	2,2	2,3	2,4	2,5	2,6	2,7	2,8	2,9	3,0
G	24,3	25,3	26,4	27,4	28,4	29,4	30,3	31,3	32,2	33,2
m	3,1	3,2	3,3	3,4	3,5	3,6	3,7	3,8	3,9	
G	34,2	35,1	36,1	37,0	38,0	38,9	39,8	40,7	41,6	

Die Methode ist im Original für Muskelextrakt angegeben und wird hier wegen ihrer Genauigkeit und guten Reproduzierbarkeit wiedergegeben.

Bei der klassischen Methode des Aussalzens mit Ammoniumsulfat werden etwa bei 0,20—0,25-Sättigung Fibrinogen, bei 0,33-Sättigung die Euglobuline und bei 0,50-Sättigung die Pseudoglobuline ausgefällt, während der Hauptanteil des Albumins in Lösung bleibt. Es kann dann durch Ganzsättigung mit Ammoniumsulfat gefällt werden.

Die auf diese Art gewonnenen Fraktionen stellen keine einheitlichen Eiweißkörper dar; verhältnismäßig rein ist die Albuminfraktion. Allerdings erwies sich auch diese im Löslichkeitstest nicht als homogen[2]. TISELIUS[3] fand bei der elektrophoretischen Analyse der einzelnen Fraktionen, daß schon der bei 0,30-Ammoniumsulfatsättigung gefällte Anteil deutliche Mengen Albumin enthält, das Filtrat nach 0,55-Sättigung etwa 25% Globuline. Ähnliche Resultate erhielten SVENSSON[4] u. a.

COHN und Mitarbeiter[5] haben Pferdeserum durch Ammoniumsulfatfraktionierung in 5 Komponenten zerlegt (Tabelle 10), deren reinste, bei 0,34-Sättigung erhaltene Fraktion elektrophoretisch nahezu reines γ-Globulin enthält. Sie geben neben dem Sättigungsgrad die molare Konzentration für Ammoniumsulfat an (s. Tabelle 10), da damit die Versuche bei allen Temperaturen besser reproduzierbar sind.

Tabelle 10. *Fraktionierte Fällung von Pferdeserum mit Ammoniumsulfat*[5].

Ammoniumsulfat-konzentration		Gefälltes Protein in % vom Gesamtprotein	Zusammensetzung des Niederschlages
Sättigung	m		
0,34	1,39	20	hauptsächlich γ-Globuline
0,40	1,64	15	γ-, β- und α-Globuline
0,50	2,05	14	β- und α-Globuline, Mucoproteide
0,62	2,57	32	hauptsächlich kristallines Albumin
0,68	2,80	14	kristallines Albumin, Glykoproteide, Hämocuprein, Cholinesterase, Phosphatase

***Fraktionierung von menschlichem Serum mit Ammoniumsulfat nach* PEDERSEN[6].**

PEDERSEN hat eingehende Untersuchungen zur Fraktionierung von menschlichem Serum und von dem verschiedener Tierarten mit Ammoniumsulfat gemacht. Er variierte

[1] BEISENHERZ, G., H. J. BOLTZE, T. BÜCHER, R. CZOK, K. H. GARBADE, E. MEYER-ARENDT u. G. PFLEIDERER: Z. Naturforsch. 8b, 555 (1953).
[2] SØRENSEN, S. P. L.: C. R. Lab. Carlsberg **18**, No. 5 (1930).
[3] TISELIUS, A.: Biochem. J. **31**, 1464 (1937).
[4] SVENSSON, H.: Kolloid Z. **90**, 141 (1940).
[5] COHN, E. J., T. L. MCMEEKIN, J. L. ONCLEY, J. M. NEWELL and W. L. HUGHES: Am. Soc. **62**, 3386 (1940).
[6] PEDERSEN, K. O.: Ultracentrifugal Studies of Serum and Serum Fractions. Uppsala 1945.

den p_H zwischen 5 und 7 und die Temperatur bei Ammoniumsulfatkonzentrationen von 0,33-, 0,375-, 0,41-, 0,46-, 0,50- und 0,60- Sättigung *. Von den dabei erhaltenen Fraktionen sind nur die am schwersten lösliche — γ-Globulin — und die am leichtesten lösliche — Albumin — relativ rein und können durch Umfällen weiter gereinigt werden. Alle anderen Fraktionen verändern auch durch häufiges Umfällen mit Ammoniumsulfat ihre Zusammensetzung kaum.

Die besten Resultate erhält man, wenn man Temperatur und p_H konstant hält, das Serum 1:1 mit Wasser oder Salzlösungen von niederer Ionenstärke verdünnt (0,16 m $Na_2HPO_4 + 0{,}01$ m NaH_2PO_4 u. a.), die Ammoniumsulfatlösung langsam aus einer Capillare unter Rühren zufließen läßt und das Rühren bei konstanter Temperatur noch einige Stunden fortsetzt. Man zentrifugiert zur Entfernung der Mutterlauge und wäscht in den Zentrifugenbechern mehrmals mit $(NH_4)_2SO_4$ gleicher Konzentration. Die Niederschläge werden in 0,2 m NaCl gelöst und durch Dialyse gegen 0,2 m NaCl von $(NH_4)_2SO_4$ befreit. Der Proteingehalt wird refraktometrisch gemessen (s. [1]). Durch Fällungen bei p_H 7 und $+2°$ oder $+4°$ C und bei p_H 5 bei Zimmertemperatur wird relativ die beste Trennung der Globuline erreicht. γ-Globulin läßt sich am besten bei p_H 7 abtrennen, das Fetuin des Kälberserums bei p_H 5.

Über weitere Variationen der Methode s. [2]. Neuerdings haben SCHULTZE[3] und Mitarbeiter eine Plasmafraktionierungsmethode ausgearbeitet, bei der die Fraktionierung mit Ammoniumsulfat mit Adsorptionsmethoden kombiniert ist. Die Methode ist in Tabelle 11 schematisch wiedergegeben.

Natriumsulfat. Die fraktionierte Fällung der Serumproteine mit *Natriumsulfat* wurde von HOWE[4] ausgearbeitet. Der Aussalzeffekt von Natriumsulfat ist größer als der von Ammoniumsulfat, allerdings ist das erstere ein weniger gut lösliches Salz. Der Hauptvorteil dieser Fraktionierung liegt darin, daß die Fraktionen durch Stickstoffbestimmung erfaßt werden können.

Die von HOWE definierten Fraktionen sind:

Euglobulin: Fällung bei 13,5% Na_2SO_4
Pseudoglobulin I: Fällung bei 17,4% Na_2SO_4
Pseudoglobulin II: Fällung bei 21,5% Na_2SO_4
Albumin: bleibt nach 21,5% Sättigung in Lösung.

Praktisch wird 1 Vol. Serum (0,5 cm^3) mit 30 Vol. (15 cm^3) 14%-, 18%- und 22%iger Na_2SO_4-Lösung bei 37° gefällt und der Stickstoff in allen Fraktionen bestimmt.

Euglobulin-N = Gesamt-N minus N im Filtrat der 13,5% Na_2SO_4-Fällung
Pseudoglobulin I-N = N im Filtrat der 13,5% Fällung minus N im Filtrat der 17,4% Fällung
Pseudoglobulin II-N = N im Filtrat der 17,4% Fällung minus N im Filtrat der 21,5% Fällung
Albumin-N = N im Filtrat der 21,5% Fällung minus Reststickstoff

Die Na_2SO_4-Fällung ist stark temperaturabhängig; Schwankungen des p_H zwischen 5 und 9 scheinen keinen Unterschied auszumachen[5].

Die zur Bestimmung des Albumin/Globulin-Quotienten in der Klinik früher sehr verbreitete Methode trennt die Serumproteine nur sehr unvollkommen. Die Albuminwerte liegen 10—15% höher als die elektrophoretisch gefundenen. Der größte Teil der α-Globuline bleibt bei 21,5% Na_2SO_4-Sättigung mit den Albuminen in Lösung (Lit. bei [6]).

* Die von PEDERSEN[2] angegebenen Ammoniumsulfatkonzentrationen beziehen sich auf 4 m Ammoniumsulfat, das er anstatt ganz gesättigtem = 4,1 m bei 25° anwendet, um bei jeder Temperatur reproduzierbare Werte zu erhalten.

[1] Siehe ds. Handbuch Bd. 1, S. 447 (1953).
[2] PEDERSEN, K. O.: Ultracentrifugal Studies on Serum and Serum Fractions. Uppsala 1945.
[3] SCHULTZE, H. E., I. GÖLLNER, K. HEIDE, M. SCHÖNENBERGER u. G. SCHWICK: Z. Naturforsch. **10** b, 466 (1955).
[4] HOWE, P. E.: J. biol. Ch. **49**, 93 (1921). Physiol. Rev. **5**, 439 (1925).
[5] WU, H.: Chin. J. Physiol. **7**, 125 (1933).
[6] GUTMAN, A. B.: Adv. Protein Chem. **4**, 155 (1948).

Tabelle 11. *Fraktionierungsschema für α-Globuline neben einigen anderen Serumproteinen.*
Alle elektrophoretischen Untersuchungen wurden mittels Tiselius-Elektrophorese in Diäthylbarbitursäure-Puffer, p_H: 8,6, μ 0,1, bei + 2° C ausgeführt[1].

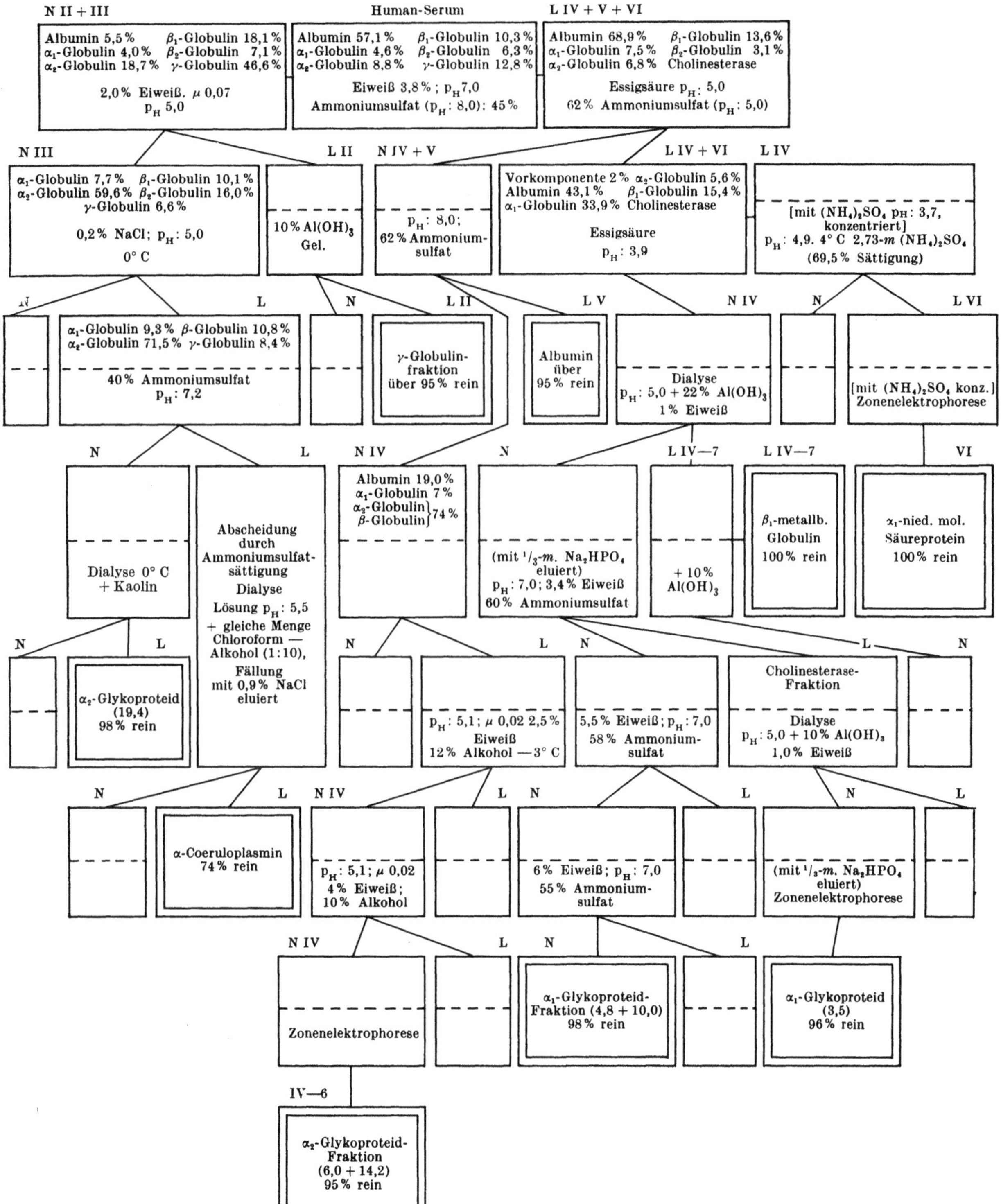

[1] Schultze, H. E., I. Göllner, K. Heide, M. Schönenberger u. G. Schwick: Z. Naturforsch. **10b**, 466 (1955).

Obwohl ein Teil der Albumine an den Niederschlag adsorbiert bleibt, ist der A/G-Quotient dann immer noch zu hoch. Noch größer als beim normalen Serum sind die Abweichungen bei Nieren- und anderen Erkrankungen, bei denen die α-Globuline vermehrt sind (s. Tabelle 6 und [1]). Am reinsten erscheint die Euglobulinfraktion, die nahezu elektrophoretisch reines γ-Globulin enthält, von diesem aber auch nur etwa $^1/_2$—$^2/_3$. Auch auf die Fehlerquellen bei der Na_2SO_4-Fraktionierung durch verschieden lange Filtrationsdauer und Anwendung verschiedener Arten von Filtrierpapier wurde hingewiesen[2–4] (vgl. S. 224).

Mit der HOWEschen Methode erhalten GUTMAN und Mitarbeiter[5] in Seren von normalen Erwachsenen mit einem Eiweißgehalt von 6,5—7,9 g-% (Mittel 7,2 g-%): 4,7 bis 5,7% Albumin (Mittel 5,2%); 1,3—2,5% Gesamtglobulin (Mittel 2%); <0,1—0,4% Euglobulin (Mittel 0,2%); 0,8—1,9% Pseudoglobulin I (Mittel 1,3%); 0,2—0,8% Pseudoglobulin II (Mittel 0,5%).

Trotz des nur orientierenden Wertes der HOWEschen Fraktionierungsmethode leistete sie in der Klinik doch gute Dienste[6].

MAJOOR[7] ist es mit anderen Na_2SO_4-Konzentrationen gelungen, Fraktionen zu erhalten, die den elektrophoretischen Fraktionen ähnlicher sind. Er verwendet Lösungen folgender Konzentrationen: 18,5 Vol-% = Euglobulin stimmt relativ gut mit den γ-Globulinen, 26,8% = Pseudoglobulin mit den α- und β-Globulinen überein. Im Überstand bleibt das Albumin in reinerer Form als bei der HOWEschen Fraktionierung. Ähnliche vergleichende Versuche hat MILNE[8] mit 19,6 und 26,8 Vol-% Na_2SO_4 gemacht.

Natriumsulfit und Natriumhyposulfit wurden auch zur Fraktionierung des Serums angewandt[9,10]. COHN und Mitarbeiter[9] trennten Albumin von Globulin durch Fällung mit 26,9 Vol-% Na_2SO_4, wobei die im Filtrat bleibenden Albumine elektrophoretisch einheitlicher sind als die mit der HOWEschen Methode erhaltenen (s. Tabelle 6). Bei der Fällung zwischen 10—30 g-% Na_2SO_3 bei 32° erhalten GRAS und SALAZAR[10] bei 19,2 g-% und 25,9 g-% 2 Knickpunkte der Aussalzkurven. Mit Natriumhyposulfit werden 3 Knickpunkte der Aussalzkurven bei 30,7, 35,5 und 42,2 g-% Fällungen erhalten[4].

Heute wird der Albumin-Globulin-Quotient mit einer etwas modifizierten Methode, die Natriumsulfat und Natriumsulfit verwendet, relativ genau bestimmt (Beschreibung der Methode Bd. V, S. 25ff.).

Magnesiumsulfat. Die Fällung von Gesamtglobulin durch Ganzsättigung mit *Magnesiumsulfat*[11] gibt eine gute Trennung von Albumin und Globulin (vgl. Tabelle 6). Durch Schütteln während des Arbeitens wird allerdings leicht etwas Albumin denaturiert und dadurch der Albuminwert erniedrigt. Das Eiweiß im Filtrat muß bei dieser Methode nach KJELDAHL bestimmt werden. Die Anwendung des Biuretreagens ist im $MgSO_4$-Filtrat nicht möglich.

Kaliumphosphat. Die Fraktionierung des Plasmas mit Kaliumphosphatpuffer wurde von BUTLER und MONTGOMERY[12] entwickelt. Phosphate scheinen sich für klinisch-analytische Aussalzkurven besser als zur präparativen Darstellung von Plasmaproteinen zu eignen. Mindestens die Lipoproteide[13] werden durch Phosphatfällung denaturiert. Ein

[1] OTT, H., H. HUBER u. G. KÖRVER: Kli. Wo. **1952**, 34.
[2] LEUTHARDT, F.: Helv. med. Acta **12**, 685 (1945); zit. nach [4].
[3] ROBINSON, H. W., J. W. PRICE and C. G. HOGDEN: J. biol. Ch. **120**, 481 (1937).
[4] Wuhrmann-Wunderly, 2. Aufl. S. 75ff.
[5] GUTMAN, A. B., D. H. MOORE, E. B. GUTMAN, V. MCCLELLAN and E. A. KABAT: J. clin. Invest. **20**, 765 (1941).
[6] GUTMAN, A. B.: Adv. Protein Chem. **4**, 155 (1948).
[7] MAJOOR, C. L. H.: J. biol. Ch. **169**, 583 (1947).
[8] MILNE, J.: J. biol. Ch. **169**, 595 (1947).
[9] COHN, C., and W. Q. WOLFSON: J. Lab. clin. Med. **33**, 367 (1948).
[10] GRAS, J., e M. SALAZAR: Rev. esp. Fisiol. **6**, (2) 113 (1950); zit. nach [4].
[11] POPJÁK, G., and E. F. MCCARTHY: Biochem. J. **40**, 789 (1946).
[12] BUTLER, A. M., and H. MONTGOMERY: J. biol. Ch. **99**, 173 (1932).
[13] MÂCHEBOEUF, M., et P. REBEYROTTE: Bull. Soc. Chim. biol. **33**, 998 (1951).

Teil der Lipoproteide ist nach der Phosphatfällung nicht mehr löslich, ein anderer Teil gibt nachher ein ganz anderes elektrophoretisches Bild als vorher. Die Methode hat den großen Vorteil des wohldefinierten p_H. Die Aussalzkonstante ist höher als für Na_2SO_4, man erreicht aber keine so hohen Ionenstärken. Die Abhängigkeit der Löslichkeit des Pferde- und menschlichen Plasmas von der Salzkonzentration wurde in der Weise ermittelt, daß 0,5 cm³ Plasma mit 15 cm³ verschiedener Phosphatlösungen gemischt und 12 Std bei 25° stehen gelassen wurden. Die Salzlösungen bestanden aus äquimolaren Mischungen von primärem und sekundärem K-phosphat, deren Konzentration von 0,6—3 m anstieg. Ihr p_H betrug stets 6,5. Die Kurven, welche die Abhängigkeit der Löslichkeit der Proteinfraktionen in *g/l* von den molaren Salzkonzentrationen ausdrücken, zeigen Knicke an charakteristischen Punkten. Sie entsprechen einer geringeren Löslichkeit der betreffenden Fraktion und liegen beim Pferdeplasma bei 0,7—1,1 m für Fibrinogen, 1,2 bis 1,6 m für Euglobulin, 1,5—2,5 m für Pseudoglobulin und bei 2,5—3,0 m Phosphat für Albumin. Bei der Kurve des menschlichen Plasmas fehlt ein Knick, der die Euglobulin- von der Pseudoglobulinfraktion trennt. Da es reicher an Albumin ist, rückt dessen Fällungsgrenze nach 2,3 m Phosphat. Da an den Knickpunkten die Löslichkeit der ausfallenden Proteinfraktion nicht Null ist, bleibt ein Teil noch im Bereich der nächsten Proteinfraktion gelöst. Die Fällung ist bei Zimmertemperatur nicht von Temperaturschwankungen, wohl aber vom p_H abhängig. Der p_H ändert sich jedoch bei gegebenem Verhältnis von primärem zu sekundärem K-phosphat im Bereich der angewandten Konzentrationen nicht, erst bei Verdünnung mit Wasser ändert er sich rasch[2] (theoretische Untersuchungen über K-phosphatpuffer[3]). LEUTHARDT und WUHRMANN[1] führten die Methode in die Klinik ein.

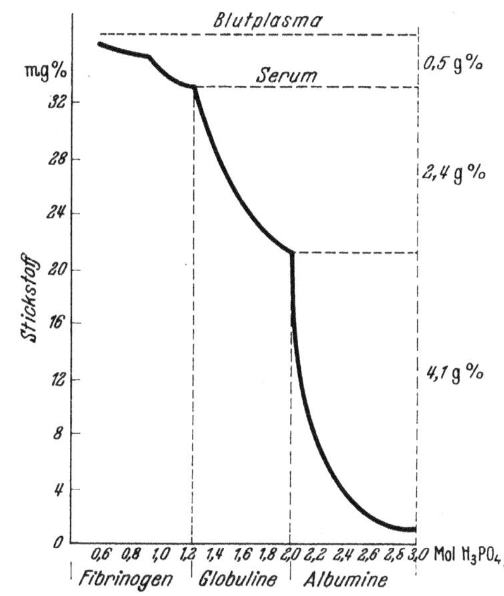

Abb. 4. Löslichkeitskurve von menschlichem Plasma und Serum in Phosphatpuffer. Auf der Ordinate sind die gefundenen Stickstoffgehalte des Filtrats in mg-% angegeben[1].

***Fraktionierung des Plasmas mit Kaliumphosphat nach* LEUTHARDT *und* WUHRMANN[1].**

Dazu werden etwa 30 verschiedene Phosphatkonzentrationen verwendet, von 0,8 bis 2,8 m. Um sie herzustellen, werden 817 g reines, vollständig getrocknetes, primäres K-phosphat in einen 2 *l*-Kolben eingewogen, 750 cm³ 4 n Kalilauge zugefügt, nachher unter leichtem Erwärmen ~1200 cm³ Wasser. Wenn alles Salz gelöst ist, wird abgekühlt und zur Marke aufgefüllt. Die Lösung enthält 3 Mol Phosphat je *l* und hat p_H 6,5. Es werden daraus je 500 cm³ der gewünschten Verdünnungen hergestellt und in Flaschen mit Schliff-Stopfen aufbewahrt. Zu je 0,5 cm³ Serum oder Plasma werden 15 cm³ der Verdünnungen pipettiert und die Fläschchen im Wasserbad bei 25° 12—16 Std in rotierender Bewegung gehalten. Daraufhin wird im Brutschrank bei 25° durch Schleicher & Schüll-Filter 602 extrahart mit bedecktem Trichter filtriert — das erste Drittel des durchlaufenden Filtrats wird verworfen — und in 2 cm³ der Filtrate der N nach KJELDAHL bestimmt.

Der erste Teil der Löslichkeitskurve bis 1,3 m entspricht dem Fibrinogen. Der anschließende Kurventeil, der bei etwa 2,05 m einen Knickpunkt erreicht, entspricht dem Globulin-, der letzte Kurvenast schließlich dem Albumingehalt (s. Abb. 4).

[1] LEUTHARDT, F., u. F. WUHRMANN: Kli. Wo. **1938 I**, 409.

[2] BUTLER, A. M., H. BLATT and H. SOUTHGATE: J. biol. Ch. **109**, 755 (1935).

[3] COHN, E. J.: Am. Soc. **49**, 173 (1927).

WUHRMANN und WUNDERLY[1, 2] haben mit der Methode zahlreiche normale und pathologische Plasmen untersucht.

Von ROCHE und Mitarbeitern[3, 4] wurde die Methode auch häufig angewandt. Eine genaue Beschreibung findet man bei DERRIEN[5]. Sie ist aber so empfindlich, daß schon die Tagesschwankungen bei dem gleichen Individuum sehr groß sind[6].

Natriumchlorid wurde schon von HAMMARSTEN[7] zur Fällung angewandt. Bei Halbsättigung mit NaCl wird das Fibrinogen ausgefällt, bei Ganzsättigung die Euglobuline[8].

Natriumcitrat. JAMESON und Mitarbeiter[9] benutzen Natriumcitrat zur Serumfraktionierung, geben aber keine genaueren Daten über die einzelnen Fraktionen.

GLEISS und HINSBERG[10] bedienen sich der Fällung durch *verschiedene Salze* zur Bestimmung der Serumfraktionen und erhalten gute Übereinstimmung mit den elektrophoretisch gefundenen Fraktionen.

γ) Fraktionierung unter Verwendung organischer Lösungsmittel.

Von COHN und seiner Schule[11] wurden auf Grund jahrelanger theoretischer Überlegungen und empirischer Untersuchungen an einfachen Systemen[12] neue Methoden zur Blutfraktionierung ausgearbeitet. Sie bestehen in fraktionierter Fällung bzw. Extraktion bei sehr niedriger Salzkonzentration mit Zusatz wassermischbarer organischer Lösungsmittel unter genauer Kontrolle von p_H, Ionenstärke, Temperatur und Konzentration der Zusätze. Es sollen hier nach STRÄSSLE[13] kurz die theoretischen Grundlagen der COHNschen Methode wiedergegeben werden.

Tabelle 12. *Vergleich von Molarität und Ionenstärke verschiedener Salze.*

Salz	Molarität	Ionenstärke
NaCl . . .	0,1	0,1
Na_2SO_4 . .	0,1	3 · 0,1
$MgSO_4$ . .	0,1	4 · 0,1
Na_3PO_4 . .	0,1	6 · 0,1
Fe^{III}-citrat	0,1	9 · 0,1
$Mg_3(BO_3)_2$.	0,1	15 · 0,1

Der Arbeitsbereich in den besonders von COHN und seiner Schule entwickelten Methoden ist in das Gebiet sehr niedriger Neutralsalzkonzentrationen verlegt. Hier kommt der individuelle Ladungscharakter in einer für jedes Protein spezifischen Weise zur Geltung und wird nicht durch eine hohe Salzkonzentration maskiert, wie dies in der Aussalzmethode der Fall ist. Die Abhängigkeit der Löslichkeit vom Ladungszustand der Proteine wurde erst durch die Entwicklung der theoretischen Grundlagen verständlich. MELLANBY[14] sowie LEWIS und RANDALL[15] führten den Begriff der Ionenstärke ein:

$$\text{Ionenstärke } \Gamma/2 = {}^1/_2 \, \Sigma c_i z_i^2$$

(c_i = Konzentration der verschiedenen Ionenarten in g-Ion je 1000 g Lösungsmittel; z_i = Valenz der entsprechenden Ionen).

Diese ist verschieden von der Molarität, wie aus Tabelle 12 hervorgeht.

Die Ionenstärke repräsentiert somit die Gesamtladung aller in Lösung anwesenden Anionen und Kationen und ihre Berücksichtigung erlaubt die Erfassung des gesamten ionalen Ladungseffektes auf die Dissoziation der sauren und basischen Gruppen im

1 Wuhrmann-Wunderly, 2. Aufl. S. 159ff.
2 WUHRMANN, F., u. C. WUNDERLY: Helv. med. Acta, Suppl. **10**, 138 (1943).
3 ROCHE, J., Y. DERRIEN et P. MANDEL: C. R. Soc. biol. **138**, 515, 600, 634, 676 (1944); **139**, 101 (1945).
4 ROCHE, J., et Y. DERRIEN: Bull. Soc. Chim. biol. **28**, 838 (1946).
5 DERRIEN, Y.: Biochim. biophysica Acta , N. Y. **8**, 631 (1952).
6 STEYN-PARVÉ, E. P., and A. J. VAN DEN HOUT: Biochim. biophysica Acta, N. Y. **10**, 320 (1953).
7 HAMMARSTEN, O.: Pflügers Arch. **19**, 563 (1879); **20**, 431 (1880).
8 HEIYNSIUS, A.: Pflügers Arch. **2**, 1 (1869).
9 JAMESON, E., and C. ALVAREZ-TOSTADO: Am. Soc. **65**, 459 (1943).
10 ds. Handb. Bd. 5, S. 25 (1953).
11 COHN, E. J., L. E. STRONG, W. L. HUGHES jr., D. J. MULFORD, J. N. ASHWORTH, M. MELIN and H. L. TAYLOR: Am. Soc. **68**, 459 (1946).
12 COHN, E. J., and J. T. EDSALL: Proteins, Amino Acids and Peptides. New York 1943.
13 STRÄSSLE, R.: Exper. **9**, 242 (1953).
14 MELLANBY, J.: J. Physiol., London **33**, 338 (1905).
15 LEWIS, G. N., and M. RANDALL: Am. Soc. **43**, 1112 (1921).

Proteinmolekül. DEBYE[1] hat in seiner Gleichung der interionischen Kräfte dem Begriff der Ionenstärke vertiefte theoretische Bedeutung gegeben, und schließlich haben SCATCHARD und KIRKWOOD[2] die Gleichung von DEBYE-HÜCKEL auf dipolare Ionen erweitert und so die Wechselwirkungen zwischen Neutralsalzen, Aminosäuren, Peptiden und Proteinen theoretisch fundiert. Damit waren grundlegende neue Erkenntnisse gewonnen: Die Löslichkeit der Proteine hängt außerordentlich stark von ihrem Ladungszustand ab, und zwar ist, genauer ausgedrückt, der Logarithmus der Löslichkeit vom Quadrat des Dipolmomentes bzw. von elektrischen Momenten höherer Ordnung abhängig. Das Moment wird aber in empfindlicher Weise durch kleinste p_H-Änderungen in der Lösung verändert, woraus folgt, daß die Löslichkeit eines Proteins auf minimale p_H-Schwankungen in stark vergrößertem Maßstab anspricht. Daneben wird sie von der Art und Konzentration aller in Lösung anwesenden Ionen, dipolaren Ionen und Proteinen sowie von der herrschenden Dielektrizitätskonstante beeinflußt. Es ist leicht einzusehen, daß ein System mit 5 oder mehr Variablen eine viel größere Zahl von Trennungsmöglichkeiten bietet als die Aussalzmethode, wobei allerdings die zweckmäßige Wahl und genaue Kontrolle der verschiedenen Variablen von entscheidender Bedeutung für den Erfolg einer Fraktionierung sind. Das Grundprinzip solcher Fraktionierungen besteht in der Ausfällung eines Proteins in der Nähe seines isoelektrischen Punktes, wo es minimale Löslichkeit aufweist, die durch Alkoholzusatz in der Kälte (zwecks Vermeidung von Denaturierung) weiter herabgesetzt wird. Da die isoelektrischen Punkte der Begleitproteine in der Regel nicht mit demjenigen des auszufällenden Proteins zusammenfallen, die Löslichkeit in Abhängigkeit des p_H beiderseits des isoelektrischen Punktes aber in exponentieller Weise ansteigt, ist eine Trennung leicht zu erzielen.

Neben diesen allgemeinen elektrochemischen Prinzipien wird besonders in den neueren Verfahren von COHN von mehr spezifischen Wechselwirkungen zwischen Proteinen und Blutkörperchen einerseits, Metallionen, Zuckern und Polysacchariden andererseits Gebrauch gemacht. Hierbei bilden sich entweder Metallkomplexe[3-6] oder schwerlösliche Metallsalze der Proteine, die in einem p_H-Bereich ausfallen, in welchem die Natriumsalze der Proteine infolge starker Dissoziation erhöhte Löslichkeit aufweisen.

Zur *fraktionierten Fällung* der Plasmaproteine in einem System mit 5 Variablen — Proteinkonzentration, Salzkonzentration, p_H, Temperatur und *Äthylalkohol*konzentration — wurden von der COHNschen Schule seit 1940 eine Reihe von Methoden ausgearbeitet, von denen Methode 6 die bekannteste ist[7].

***Plasmaproteinfraktionierung mittels Methode 6 nach* COHN, STRONG, HUGHES jr., MULFORD, ASHWORTH, MELIN *und* TAYLOR[7].**

In Methode 6 wird das Plasma durch Einführen von 500 cm³ Blut in Gefäße, die 50 cm³ einer 4%igen Na-citratlösung enthalten, und Abzentrifugieren der Erythrocyten gewonnen und nach Durchführung der serologischen Tests gesammelt. Der durchschnittliche N-Gehalt beträgt 9,88 g/*l*, davon 9,65 g Protein-N je *l*.

Das Plasma soll spätestens innerhalb von 72 Std nach dem Abnehmen des Blutes verarbeitet werden. Es wird vorsichtig gerührt und so schnell wie möglich auf 0° gebracht, wobei sich keine Eiskristalle bilden sollen.

Während des Rührens in einem Kälteraum von —5° läßt man durch eine Capillare ein vorgekühltes Gemisch eines Natriumacetat-Essigsäurepuffers in einem Äthylalkohol-

[1] DEBYE, P., u. E. HÜCKEL: Physik. Z. **24**, 185, 334 (1923); **26**, 22, 93 (1925).
[2] SCATCHARD, G., u. J. G. KIRKWOOD: Physik. Z. **33**, 297 (1932).
[3] TANFORD, C., and M. L. WAGNER: Am. Soc. **75**, 434 (1953).
[4] COHN, E. J., D. M. SURGENOR, K. SCHMID, W. H. BATCHELOR and E. H. ALAMERY: 2. Int. Congr. Biochem. Paris 1952. S. 175.
[5] GURD, F. R. N., and J. T. EDSALL: Fed. Proc. **11**, 224 (1952).
[6] COHN, E. J.; in: TULLIS, J. L. (Hrsgb.): Blood Cells and Plasma Proteins. S. 29ff. New York 1953.
[7] COHN, E. J., L. E. STRONG, W. L. HUGHES jr., D. J. MULFORD, J. N. ASHWORTH, M. MELIN and H. L. TAYLOR: Am. Soc. **68**, 459 (1946).

Wasser-Gemisch zufließen, bis p_H 7,2 ± 0,2* und die Äthylalkoholkonzentration, Mol-Fraktion 0,0266, erreicht ist**. Dazu braucht man je Liter Plasma (bei 0° gemessen) 177 cm³ 53 %igen Äthylalkohol (bei —5° gemessen) und ungefähr 1 cm³ Acetatpuffer. Der Puffer besteht aus 200 cm³ 4 m Natriumacetat und 400 cm³ 10 n Essigsäure, mit Wasser auf 1 *l* aufgefüllt. Wird er mit Wasser 80fach verdünnt, sollte er bei 25° p_H 4,0 ± 0,02 haben. Während des Zufügens des Gemisches darf die Temperatur bis nahe an den Gefrierpunkt des Gemisches sinken, so daß die Endtemperatur zwischen —2,5° und —3° liegt.

Niederschlag I besteht hauptsächlich aus Fibrinogen, enthält aber auch antihämophiles Globulin (s. S. 281) und ein nicht gerinnbares Protein, das bei tiefer Temperatur unlöslich ist. Er wird bei —2° bis —3° abzentrifugiert. Die nichtgetrocknete Fraktion, bei —5° und auch tieferer Temperatur einige Monate aufbewahrt, verliert an Fibrinogengehalt. Das Fibrinogen kann unzerstört erhalten werden, wenn es in seinem 4fachen Volumen Citratpuffer, p_H 6,1, Ionenstärke $\Gamma/2$ 0,3 gelöst, zur Klärung und Sterilisation filtriert und dann gefriergetrocknet wird. — Die Fraktion kann auch zur Gewinnung von antihämophilem Globulin verwendet werden (s. S. 282).

Der Überstand *I* wird auf die gleiche Art, wie bei der ersten Fällung beschrieben, innerhalb von 5 Std auf p_H 6,9 und eine Äthylalkoholkonzentration von 25 % (Mol-Fraktion 0,0907) gebracht. Die Temperatur muß nahe am Gefrierpunkt sein, bis —5° erreicht ist, und wird dann auf —5° gehalten. Man braucht dazu je Liter Überstand ein Alkohol-Puffergemisch aus: 601 cm³ 53,3 %igem Äthylalkohol bei —5°; 0,88 cm³ 10 n Essigsäure bei 25°; 0,44 cm³ 4 m Natriumacetat bei 25°; 2,30 cm³ 95 %igem Äthylalkohol.

Niederschlag II und III wird bei —5° abzentrifugiert. Elektrophoretisch besteht er hauptsächlich aus β- und γ-Globulin. Er enthält nahezu alle Immunglobuline und Isoagglutinine, fast das gesamte Prothrombin und Plasminogen und die β_1-Lipoproteide. Beim Aufheben des ungetrockneten Niederschlages geht ein Teil der Prothrombin- und Isoagglutininaktivitäten verloren. Die Antikörperaktivitäten bleiben jahrelang unzerstört erhalten. Der Niederschlag kann wegen seines hohen Gehaltes an Lipoproteiden nicht gefriergetrocknet, ja nicht einmal gefroren und wieder aufgetaut werden ohne deutliche Denaturierung. Deshalb müssen die Lipoproteide möglichst bald von den anderen Proteinen getrennt werden. Über die Trennung von Niederschlag *II* und *III* s. Methode 9, S. 240ff.

Der Überstand *II* und *III* wird durch Zufügen von Wasser und Acetatpuffer auf p_H 5,2 und 18 % Äthylalkoholkonzentration gebracht. Das wird in 2 Schritten durchgeführt: 1. 311 cm³ Wasser von 0° je Liter Überstand durch eine Capillare zufügen, Temperatur auf —5° halten; 2. je Liter Überstand 78 cm³ Wasser, das genügend Acetatpuffer enthält, um das p_H auf 5,2 ± 0,2 zu bringen. Die notwendige Menge Acetatpuffer wird vorher durch Titration bestimmt. Nachdem alles zugefügt ist, rührt man 1 Std und läßt dann 6—8 Std stehen, da sich der Niederschlag nur langsam bildet.

Niederschlag IV-1 wird bei —5° abzentrifugiert. Die Fraktion besteht elektrophoretisch hauptsächlich aus α-Globulinen und ist sehr lipoidreich. Sie enthält die α-Lipoproteide. Die lipoidreichen Proteine werden bei tiefer Temperatur, niedrigem p_H und hoher Alkoholkonzentration leicht zerstört. Der Niederschlag sollte gleich in dem etwa 4fachen Volumen Wasser bei p_H 6,0 gelöst, eventuell gefriergetrocknet werden. Er darf wegen der leichten Denaturierung der Lipoproteide nicht zu lang in gefrorenem Zustand gehalten werden.

Der Überstand *IV-1* wird bei —5° auf p_H 5,8 ± 0,05, Ionenstärke $\Gamma/2$ 0,09 und eine Äthylalkoholkonzentration von 40 % gebracht. In der ersten halben Stunde wird der Puffer zugefügt und die Temperatur auf —5° gehalten (1,14 g $NaHCO_3$, 7,90 cm³ 4 m Natriumacetat mit Wasser auf 77 cm³ gebracht je Liter Überstand). Daraufhin wird durch

* Die p_H-Werte werden nicht direkt in der Lösung mit hoher Äthylalkoholkonzentration gemessen, sondern es wird mit Wasser oder verdünnter NaCl-Lösung bis zu einer Endkonzentration von etwa 4 % Äthylalkohol verdünnt und dann mit der Glaselektrode der p_H gemessen.

** Den Mol.-Fraktionen von 0,0266, 0,0328, 0,0509, 0,0624, 0,0907, 0,1630 und 0,2462 entsprechen 8, 10, 15, 18, 25, 40 und 53,3 Vol.-% Äthylalkohol bei 25° C.

Zufügen von 456 cm^3 kaltem 95%igem Äthylalkohol dessen Konzentration auf 40% gebracht (Mol-Fraktion 0,163), während die Temperatur auf —5° gehalten wird.

Tabelle 13. *Plasmafraktionierung nach Methode 6*[1].

Plasma
↓
Äthylalkohol 8%, p_H 7,2
Temperatur —3° C, $\Gamma/2$ 0,14
Protein 5,1%

↓ Überstand I — ↓ Niederschlag I

Überstand I
↓
Äthylalkohol 25%, p_H 6,8
Temperatur —5° C, $\Gamma/2$ 0,09
Protein 3,0%

↓ Überstand II + III — ↓ Niederschlag II + III

Überstand II + III
↓
Äthylalkohol 18%, p_H 5,2
Temperatur —5° C, $\Gamma/2$ 0,09
Protein 1,6%

↓ Überstand IV-1 — ↓ Niederschlag IV-1

Überstand IV-1
↓
Äthylalkohol 40%, p_H 5,8
Temperatur —5° C, $\Gamma/2$ 0,09
Protein 1,0%

↓ Überstand IV-4 — ↓ Niederschlag IV-4

Überstand IV-4
Äthylalkohol 40%, p_H 4,8
Temperatur —5° C, $\Gamma/2$ 0,11
Protein 0,8%

↓ Überstand V — ↓ Niederschlag V

Niederschlag V
↓
Äthylalkohol 10%, p_H 4,5
Temperatur —3° C, $\Gamma/2$ 0,1
Protein 3,0%

↓ Überstand — ↓ Verunreinigungen

Überstand
↓
Äthylalkohol 40%, p_H 5,2
Temperatur —5° C, $\Gamma/2$ 0,01
Protein 2,5%

↓ Überstand — ↓ Albumin

Niederschlag IV-4 wird bei —5° abzentrifugiert. Elektrophoretisch besteht er aus α- und β-Globulinen (z. B. eisenbindendem Globulin) und etwas Albumin. Esteraseaktivität

[1] Cohn, E. J., L. E. Strong, W. L. Hughes jr., D. J. Mulford, J. N. Ashworth, M. Melin and H. L. Taylor: Am. Soc. **68**, 459 (1946).

und Hypertensinogen sind auch darin enthalten. Der Niederschlag kann in kaltem Wasser gelöst und gefriergetrocknet werden.

Der Überstand *IV-4* ist nicht vollkommen klar. Es wird 0,5% gewaschenes Standard-Super-Cel darin suspendiert und bei —5° filtriert. Für die Stabilität des später ausgefällten Albumins ist es nötig, daß die Lösung vollkommen klar ist, höchstens einen schwachen Tyndalleffekt zeigt.

Nach dem Sammeln von Filtrat und Waschflüssigkeit (je Liter ursprüngliches Plasma mit je 250 cm³ 40%igem Äthylalkohol, der 0,1 m NaCl je *l* enthält, waschen) wird der p_H durch Zufügen von Acetatpuffer auf 4,8 gebracht, die Temperatur wird auf —5°, die Äthylalkoholkonzentration auf 40% gehalten. Man braucht zum Einstellen des p_H je Liter Überstand einen Puffer aus 5,0 cm³ 10 n Essigsäure, 2,5 cm³ 4 m Natriumacetat, 10,5 cm³ 95%igem Äthylalkohol, mit Wasser auf 25 cm³ gebracht. Das Zufügen des Puffers nimmt ungefähr 2 Std in Anspruch, danach sollte man noch etwa 3 Std ohne Rühren stehen lassen.

Niederschlag V wird bei —5° bis —6° abzentrifugiert oder filtriert. Er enthält den Hauptanteil der Albumine des menschlichen Plasmas. Elektrophoretisch enthält er im allgemeinen weniger als 3% α-Globulin und weniger als 0,5% β-Globulin. Zur Reinigung der Albuminfraktion für klinische Zwecke ist es notwendig, die Elektrolytkonzentration zu erniedrigen und verunreinigende Proteine zu entfernen.

Niederschlag *V* wird dazu in 6 Vol. Wasser bei 0° gelöst und der Lösung innerhalb von 2 Std 1 Vol. 53,3%iger Äthylalkohol zugefügt, während die Temperatur auf —2° bis —3° gebracht wird. Es wird 2 Std weitergerührt und filtriert, das Albumin bei —5° durch Erhöhen der Alkoholkonzentration auf 40% bei p_H 5,2 neuerlich gefällt. Das geschieht durch Zufügen von Na-Hydrogencarbonat, bis p_H 5,0—5,2 erreicht ist, und Zufügen von 545 cm³ 95%igem Äthylalkohol je Liter Filtrat innerhalb von 2 Std bei —5°. Das gefällte Albumin kann bei —5 bis —6° abzentrifugiert und gefriergetrocknet werden.

Wird eine 25%ige Lösung von Albumin in 0,04 m Acetyltryptophan mit Na-Hydrogencarbonat auf p_H 6,8 gebracht und durch Filtration sterilisiert, sollte Erhitzen auf 50° über mehrere Monate zu keinerlei Wolkenbildung oder Niederschlag führen, ebensowenig Erhitzen auf 57° über 100 Std oder 10 Std auf 60°. Dieser Test ist sehr empfindlich für die Stabilität von Albumin. Eine so zubereitete 25%ige Albuminlösung sollte nicht mehr als 0,33 g Na/100 cm³ enthalten.

Der Überstand *V* enthält weniger als 2% der Proteine des menschlichen Plasmas, außerdem Nicht-Proteinsubstanzen von niedrigem Mol.-Gewicht. Er wird als Fraktion *VI* bezeichnet. Fraktionierungsschema s. Tabelle 13.

Zur weiteren Aufarbeitung von Niederschlag *II* und *III* wurde *Methode 9* entwickelt, wiedergegeben nach [1, 2] (Schema der Fraktionierung s. Tabelle 14).

Plasmaproteinfraktionierung mittels Methode 9 nach **ONCLEY, MELIN, RICHERT, CAMERON** ***und*** **GROSS**[1] ***sowie*** **STRONG**[2].

Niederschlag II und *III* ist das Ausgangsmaterial. Jedes Kilogramm dieses Niederschlags wird in 2 kg Wasser von 0° (in dem etwa $^1/_4$ als feine Eiskristalle vorhanden sein sollte) suspendiert. Sobald die Suspension gleichmäßig ist, werden 3 kg Wasser von 0°, die 112 cm³ 0,5 m Na_2HPO_4 (p_H 9,2) enthalten, hinzugefügt. Die Suspension soll langsam gerührt und dabei auf 0° gehalten werden, bis alle Klumpen verschwunden sind und man eine nahezu vollkommene Lösung erreicht hat. Die gleichmäßige Suspension wird in 20 kg Wasser von 0° gegeben und bei 0° 30—60 min gerührt. Der p_H sollte 7,6 ± 0,2 betragen*. Durch Zufügen von 15 *l* 53,3%igem Äthylalkohol wird auf eine Äthylalkohol-

* Wegen der niederen Ionenstärke ist die p_H-Ablesung stark von der Art der Ablesung mit der Glaselektrode abhängig. Es ist hier der Wert angegeben, der bei Verdünnen der Suspension mit 0,02 m NaCl-Lösung knapp vor dem Zufügen des Alkohols erhalten wurde. Verdünnen mit 0,15 m NaCl-Lösung gibt ein p_H näher an 7,2.

[1] ONCLEY, J. L., M. MELIN, D. A. RICHERT, J. W. CAMERON and P. M. GROSS jr.: Am. Soc. **71**, 541 (1949).

[2] STRONG, L. E.: Encyclopedia of Chemical Technology. Vol. II. S. 556. New York 1948.

konzentration von 20% (Mol-Fraktion 0,07) gebracht, während die Temperatur so tief wie möglich gehalten wird, bis —5° erreicht ist. Die Suspension sollte bei langsamem Rühren mehrere Stunden bei —5° stehen, bevor in der Sharples-Überlaufzentrifuge mit einer Geschwindigkeit von 30 l/Std abzentrifugiert wird. Auf diese Art wird die β_1-Lipoproteidfraktion aus Fraktion *II* und *III* beinahe quantitativ aus demRückstand von

Tabelle 14. *Schema der Methode 9*[1].

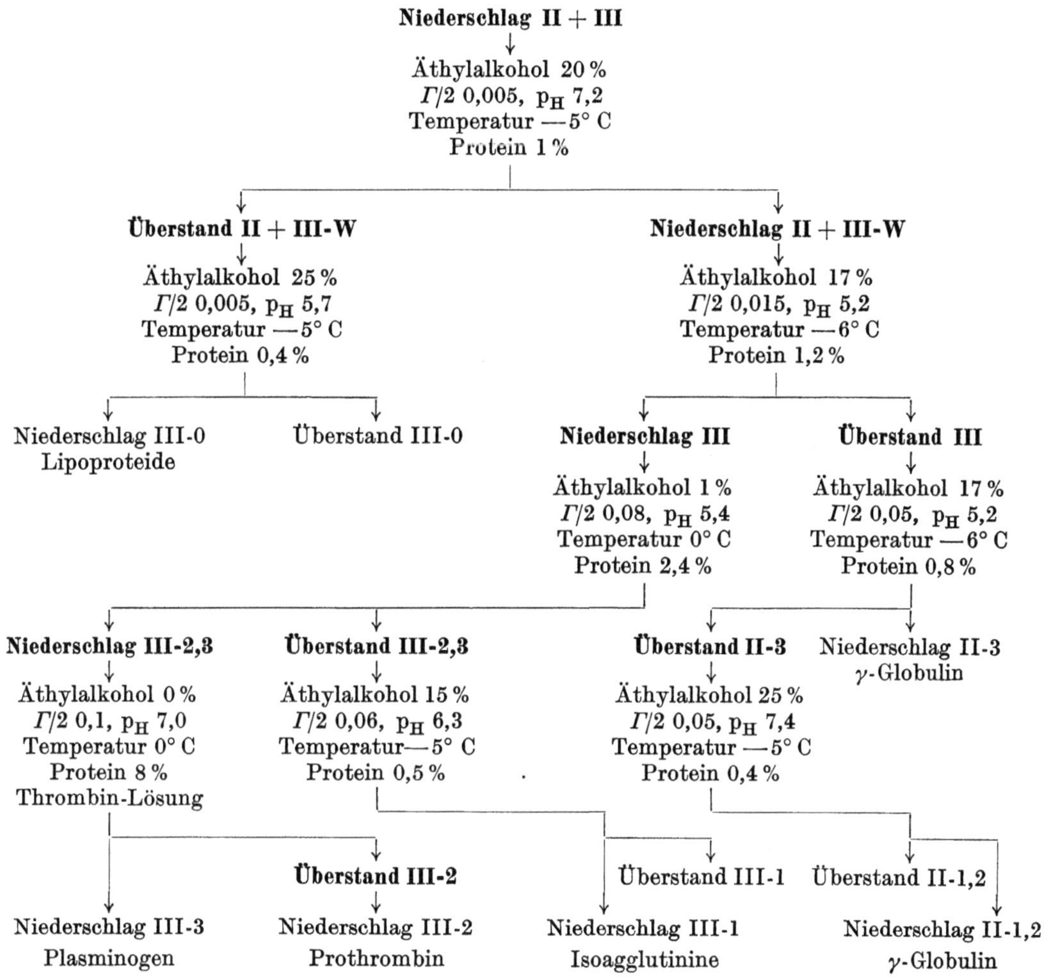

Plasminogen, Prothrombin, Isoagglutininen und γ-Globulinen extrahiert. Die cholesterin- und carotinoidtragenden Proteine dieser Fraktion haben ihre geringste Löslichkeit bei p_H 5,9. Isolierte Lipoproteidfraktionen sind isoionisch bei $p_H \sim 5{,}5$. Euglobuline, die in diesem Bereich isoelektrisch sind, wurden schon von HARDY u. a.[2] beobachtet. Nach TISELIUS[3] haben die gesamten β-Globuline ihren isoelektrischen Punkt bei p_H 5,1. Das Lipoproteid hat in der Ultrazentrifuge die Eigenschaften des „X-Proteins" (vgl. S. 226).

Niederschlag III-0 enthält den größten Teil der Lipoide und Carotinoidpigmente, die vorher in Niederschlag *II* und *III* vorhanden waren, etwa 85% des Cholesterins aus

[1] ONCLEY, J. L., M. MELIN, D. A. RICHERT, J. W. CAMERON and P. M. GROSS jr.: Am. Soc. **71**, 541 (1949).
[2] HARDY, W. B.: J. Physiol., London **33**, 251 (1905). — MELLANBY, J.: J. Physiol., London **33**, 338 (1905). — CHICK, H.: Biochem. J. **8**, 261 (1914). — COHN, E. J.: J. gen. Physiol. **4**, 697 (1922). — GREEN, A. A.: Am. Soc. **60**, 1108 (1938).
[3] TISELIUS, A.: Biochem. J. **31**, 313, 1464 (1937).

Niederschlag *II* und *III* und $^2/_3$ des Cholesterins des Gesamtplasmas. Er wird aus Überstand *II* und *III-W* ausgefällt, indem man den p_H mit Calciumacetatpuffer p_H 4,0 auf etwa 5,7 und die Äthylalkoholkonzentration auf 25% bringt. Der (8fache) Puffer ist der gleiche, wie er bei der Fraktionierung des Plasmas (S. 238) gebraucht wurde, nur daß das Natriumacetat durch Calciumacetat ersetzt wird. Er besteht aus 4,0 m Essigsäure und 0,4 molarem Calciumacetat. Die Suspension sollte vor dem Zentrifugieren 48 Std bei —5° stehen und dann mit einer Geschwindigkeit von 20 *l*/Std in der Sharples-Überlaufzentrifuge zentrifugiert werden.

Niederschlag *III-0* kann nicht ohne Denaturierung gefriergetrocknet werden. Das meiste Lipoproteid kann jedoch durch neuerliche Suspension des Niederschlags in reichlich Wasser Ionenstärke $\Gamma/2 < 0{,}002$ und p_H 5,4—5,9 als Euglobulin wieder gefällt werden.

Der Überstand enthält noch deutliche Mengen Proteine, die durch Erhöhung der Äthylalkoholkonzentration auf 35% und Einstellen des p_H auf 4,8 zum großen Teil gefällt werden können, bis jetzt aber noch nicht genauer untersucht wurden.

Niederschlag II + III-W besteht aus praktisch allen γ-Globulinen, Isoagglutininen, Plasminogen und Prothrombin, die ursprünglich in Fraktion *II* und *III* vorhanden waren. Er enthält sehr wenig Cholesterin und Carotinoidpigment, und auch ein großer Teil der blutdrucksenkenden Aktivität ist entfernt worden. Bei normalem Sammelplasma sollte er 60% des Niederschlages *II* und *III* ausmachen. Bei der Elektrophorese enthält er 50—55% γ-Globuline.

Der Niederschlag *II + III-W* wird im Acetatpuffer suspendiert und auf p_H 5,2, Ionenstärke $\Gamma/2$ 0,015 sowie 17% Äthylalkoholkonzentration gebracht. Dazu wird zuerst jedes Kilogramm von Niederschlag *II + III-W* in 2 kg Eiswasser, wie oben beschrieben, suspendiert. Dann werden 2 kg kaltes Wasser, dem 0,35 Mol Natriumacetat zugesetzt worden sind, zugefügt. Sobald die Suspension fein verteilt ist, wird je Kilogramm Niederschlag *II + III-W* 1 *l* Wasser zugegeben, in dem so viel Acetatpuffer enthalten ist, daß der p_H der Suspension 5,2 ± 0,1 erreicht. Anschließend wird mehrere Stunden gerührt. Daraufhin werden je Kilogramm Niederschlag *II + III-W* 13,5 *l* kaltes Wasser und 8,66 *l* 53,3%iger Äthylalkohol zugefügt und dadurch die Äthylalkoholkonzentration auf 17% gebracht. Die Temperatur soll während des Zufließens des Äthylalkohols immer nahe am Gefrierpunkt gehalten werden, bis eine Temperatur von —6° erreicht ist. Der Niederschlag wird — etwa 30 *l*/Std — in der Sharples-Überlaufzentrifuge bei einer Temperatur von —6° ± 0,5° abzentrifugiert. Der Überlauf dieses Zentrifugates soll bei —6° ± 0,5° durch Filtrieren geklärt werden. Es werden Seitz-Filterplatten S-1 und 0,5% 505 Filterhilfe oder K-5-Platten und 1% Hyflo-Filterhilfe zur Filtration benutzt. Die Filterplatten müssen mit 0,3 m NaCl, mit 0,01 m Essigsäure und schließlich mit Acetatpuffer p_H 5,2, Ionenstärke $\Gamma/2$ 0,05 in 17%igem Äthylalkohol gewaschen werden, so daß der p_H des letzten Durchlaufs 5,2 beträgt.

Niederschlag III enthält die Isoagglutinine, Plasminogen und Prothrombin. Er kann bei —5° 2 Wochen ohne deutlichen Prothrombinverlust aufgehoben werden. Um Verluste dieser Aktivität zu vermeiden, ist es besser, ihn gleich aufzuarbeiten und das Prothrombin in Thrombin umzuwandeln.

Jedes Kilogramm Niederschlag *III* wird in 2 kg Eiswasser suspendiert und mit 2 kg auf 0° gekühltem Acetatpuffer, Ionenstärke $\Gamma/2$ 0,5, p_H 5,4, verdünnt und gerührt, bis die Suspension gleichmäßig geworden ist. Mit 7,5 kg Wasser von 0° wird weiter verdünnt. Die Suspension soll p_H 5,4, Ionenstärke $\Gamma/2$ 0,08 und 0° bis + 1° haben. Nach mehreren Stunden Rühren wird der Niederschlag bei 0° bis + 1° bei niederen Touren abzentrifugiert.

Niederschlag III-2,3 enthält Prothrombin, Plasminogen und eine kleine Menge Fibrinogen, die durch Niederschlag *I* nicht entfernt wurde. Jedes Kilogramm dieses Niederschlags soll so schnell wie möglich in 1 *l* Wasser von 0° suspendiert und mit Glykokoll-

Na-Puffer* der p_H auf 6,8—7,0 eingestellt werden. Dann wird 1 *l* Wasser von 0° zugefügt, das genügend NaCl enthält, so daß man eine Gesamtionenstärke $\Gamma/2$ 0,1 erreicht. Nach 1—2stündigem Rühren wird die Lösung auf entstandenes Thrombin untersucht und eine Probe entnommen, um festzustellen, ob alles Fibrinogen geronnen ist. Dazu wird eine kleine Menge abzentrifugiert und zu dem Überstand etwas Thrombin gegeben, um zu prüfen, ob noch mehr Fibrin gebildet wird. Wenn schon das gesamte Fibrinogen geronnen war, wird kein weiteres Thrombin zugefügt. Ist noch Fibrinogen in der Lösung vorhanden, gibt man genügend Thrombin zu, um eine Gesamtmenge (inklusive des schon vorhandenen Thrombins) von 10000 Einheiten/kg Niederschlag *III-2,3* in der Lösung zu erhalten. Anschließend wird die Suspension eine weitere Stunde gerührt und dann bei 0° 1 Std lang, oder wenn kontinuierliches Zentrifugieren notwendig ist, bei sehr niederen Touren zentrifugiert.

Der Überstand *III-2*, der das Prothrombin enthält, wird zur Gewinnung von Prothrombin direkt getrocknet oder noch vor dem Trocknen in Thrombin umgewandelt. Zur Umwandlung von Prothrombin in Thrombin wird $CaCl_2$ und Thrombokinase zugefügt und die Temperatur auf 20—25° gebracht. Diese Lösung wird dann geklärt, sterilisiert und getrocknet.

Niederschlag III-3, der durch das Zentrifugieren der Lösung von Niederschlag *III-2,3* nach dem Zufügen von Thrombin erhalten wird, ist ein fibröses Material, das eine hohe Konzentration von Plasminogen enthält. Es soll in einer NaCl- und Na-Hydrogencarbonatlösung mit einer Ionenstärke von 0,15 und einem p_H von 7,1 $\pm$ 0,1 suspendiert werden, am besten im Homogenisator, um das Fibringerinnsel zu zerkleinern. Die Suspension läßt man dann bei 0° stehen, bis das gesamte Fibrin aufgelöst ist. Nach dem Klären und Zentrifugieren kann das Material gefriergetrocknet werden (vgl. S. 287).

Jedes Kilogramm des Überstandes *III-2,3* wird durch Zufügen von Na-Hydrogencarbonat auf p_H 6,3 gebracht (dazu werden etwa 20 cm^3 1 m Na-Hydrogencarbonat gebraucht). Dann wird die Äthylalkoholkonzentration durch Zugeben eines gleichen Volumens 30%igen Äthylalkohols auf 15% gebracht. Die Temperatur hält man während des Zufließens des Äthylalkohols immer nahe am Gefrierpunkt, bis —5° erreicht ist, und beläßt sie dann auf —5°.

Der *Niederschlag III-1* wird mit einer Geschwindigkeit von 80 *l*/Std bei —5° abzentrifugiert. Wenn das angewendete Plasma nicht gruppenspezifisch ist, ist die Isoagglutininkonzentration zu gering, um brauchbares Blutgruppenglobulin zu gewinnen. Da bisher keine anderen brauchbaren Komponenten aus dieser Fraktion bekannt sind, kann der Überstand *III-1* verworfen werden, bis weitere Untersuchungen seine Brauchbarkeit zeigen.

Niederschlag *III-1* enthält die Isoagglutinine. Wenn das Sammelplasma gruppenspezifisch und von genügend hohem Titer war, kann er gefriergetrocknet und in isotonischer Kochsalzlösung p_H 7 mit 5% Proteinkonzentration als Blutgruppenlösung gelöst werden. Aber nur weniger als 1% der am besten gereinigten Präparate sind Isoagglutinine.

Jedes Kilogramm des Überstandes *III* wird durch Zufügen von 50 mMol NaCl auf Ionenstärke $\Gamma/2$ 0,05 gebracht, während der p_H auf 5,2, die Äthylalkoholkonzentration auf 17% und die Temperatur auf —6° gehalten wird.

Der *Niederschlag II-3* besteht hauptsächlich aus γ-Globulin. (Die immunologischen Titer der untersuchten Antikörper sind beinahe identisch mit denen aus Niederschlag *II-1,2* [vgl. S. 244] mit Ausnahme der Typhus „0"-Agglutinine.)

Niederschlag *II-3* kann bei —6° mit einer Geschwindigkeit von 50 *l*/Std abzentrifugiert werden. Er kann gefriergetrocknet werden, am besten ohne Zufügen von NaCl oder Glykokoll.

---

* Glykokoll-Na-Puffer wird dargestellt, indem eine Glykokoll-Lösung mit NaOH halb neutralisiert wird. Die Lösung enthält 1 Mol Glykokoll und 0,5 Mol NaOH je *l*. Sie hat ein p_H von ~9,5. Der Glykokoll-Na-Puffer hat den Vorteil, daß man damit beim Trocknen eine weniger starke Verschiebung des p_H beobachtet, als wenn man Na-Hydrogencarbonat zur Erhöhung der Alkalität zufügt.

Jedes Kilogramm des Überstandes *II-3* wird durch Zufügen von etwa 15 mMol Na-Hydrogencarbonat auf p_H 7,4 ± 0,2 und durch Zugeben von 40—114 cm³ 95%igem Äthylalkohol auf 20—25% Äthylalkoholkonzentration gebracht, während die Temperatur auf —5° gehalten wird.

Niederschlag II-1,2 besteht hauptsächlich aus γ-Globulinen, und zwar aus ihrem löslicheren Anteil. Dieses Material wurde in der Klinik gegen Masern und epidemische Gelbsucht verwendet. Der Niederschlag wird so gelöst, daß 16,5 g γ-Globulin in 100 cm³ enthalten sind, und sterilisiert. Niederschlag *II-1,2* soll mit einer Geschwindigkeit von 50 *l*/Std bei —5° abzentrifugiert werden. Er kann gefriergetrocknet werden, am besten ohne Zufügen von NaCl oder Glykokoll.

Von der COHNschen Schule wurde in den letzten Jahren eine Reihe weiterer Methoden ausgearbeitet, da die Methoden 6 und 9 einige Nachteile haben. Die Gesamtfraktionierung dauert mehrere Tage, während deren die Plasmaproteine in Lösung der Wirkung der vorhandenen Enzyme ausgesetzt sind; außerdem bringen die Alkoholkonzentrationen bis zu 40% selbst bei tiefer Temperatur die Gefahr der Denaturierung mit sich. Der angewandte p_H zwischen 4,8 und 7,5 überschreitet die Stabilitätsgrenze mancher Proteine. So wird ein Teil der Enzyme zerstört, und die γ-Globuline werden z. T. denaturiert, wie KIRKWOOD, CANN und Mitarbeiter nachgewiesen haben[1, 2]. Sie erhielten aus Plasma mit Elektrophorese-Konvektion (vgl. S. 295) ein in der Ultrazentrifuge viel einheitlicheres γ-Globulin als durch die Alkoholfraktionierung.

Außerdem hat sich im Verlauf der Untersuchungen über Verbesserungen der Methode herausgestellt[3]: 1. Daß das Blut nie Glas, Gummi oder einer anderen benetzbaren Oberfläche ausgesetzt werden darf, da dabei die Blutplättchen zerstört und manche Plasmaproteine verändert werden (vgl. S. 278ff.). Es werden deshalb bei den neuen Methoden keine Glasgefäße verwendet, sondern mit Silicon überzogene Gefäße, auf jeden Fall nur nichtbenetzbare Oberflächen. 2. Daß das Blut keinen hohen Konzentrationen von Anticoagulantien ausgesetzt werden darf. Es wird deshalb an Austauschern decalcifiziert. 3. Daß alle Blutkomponenten besser im getrennten Zustand als im Gesamtblut aufgehoben werden. Bei den neuen Methoden (Methode 10[4] und vollautomatisches Verfahren, wiedergegeben nach [5]), werden die Blutkörperchen, die, wenn sie zerstört sind, wesentliche Enzymquellen sind und dadurch wieder zerstörend auf die Plasmaproteine wirken, mit Spezialzentrifugen und am Austauscher separat abgetrennt.

Das gelingt dadurch, daß die Erythrocyten bei Zusatz fadenförmiger, hochmolekularer Stoffe wie Fibrinogen oder Dextran durch Röllchenbildung eine schnellere Senkungsgeschwindigkeit bekommen, während die Senkungsgeschwindigkeit der Leukocyten nicht beeinflußt wird. Oder die Trennung gelingt durch die verschiedene Dichte von Plasma ($D = 1{,}026$), Erythrocyten ($D = 1{,}09$), Leukocyten ($D = 1{,}065$) und Thrombocyten ($D = 1{,}03$).

Durch Überschichten einer Serumalbuminlösung der Dichte 1,079 mit Blut und anschließendes Zentrifugieren wird erreicht, daß die Erythrocyten die Albuminschicht passieren und sedimentieren, während die Leukocyten sich an der Grenzschicht zwischen Plasma und Albuminlösung ansammeln[5].

In einem der COHNschen vollautomatischen Verfahren[6], in welchem die sog. „falling film centrifuge" verwendet wird, gelangen die Leukocyten bei 100 × g, die Thrombocyten bei 400 × g zur Abscheidung. Hierbei wird das von oben in die Zentrifuge einfließende

[1] CANN, J. R., R. A. BROWN, G. J. SINGER, J. B. SHUMAKER jr. and J. G. KIRKWOOD: Science, N. Y. **114**, 30 (1951).
[2] CANN, J. R.: Am. Soc. **75**, 4213 (1951).
[3] TULLIS, J. L.: N. Y. State J. Med. **53**, 525 (1953).
[4] COHN, E. J., F. R. N. GURD, D. M. SURGENOR, B. A. BARNES, R. K. BROWN, G. DEROUAUX, J. M. GILLEPSIE, F. W. KAHNT, W. F. LEVER, C. H. LIU, D. MITTELMAN, R. F. MOUTON, K. SCHMID and E. UROMA: Am. Soc. **72**, 465 (1950).
[5] STRÄSSLE, R.: Exper. **9**, 242 (1953).
[6] EMERSON, C. L. jr.: Proc. 2nd Conference on Separation of formed Elements. 1950. Boston, Mass.

Plasma an der Wand einer mit 100 × g rotierenden Trommel fein versprüht, während das nachfolgende Plasma in dünner Schicht über diesen Plasmafilm gleitet, wobei infolge der geringen Schichtdicke die Leukocyten laufend abzentrifugiert werden. Das verbleibende, plättchenreiche Plasma fließt in die darunterliegende, unabhängig von der oberen mit 400 × g rotierende Trommel, in deren Oberteil die Thrombocyten auszentrifugiert werden, während dank einer eingebauten Trennwand das im unteren Teil sich ansammelnde, plättchenfreie Plasma diskontinuierlich abgezogen werden kann.

Neu ist die in Abb. 5 gezeigte gekühlte Spezialzentrifuge, in welcher verschiedene der besprochenen Prinzipien vereinigt sind[1, 2]. Das Blut wird direkt aus der Vene des Spenders durch eine Kolonne eines Kationenaustauschers (Dowex-50, zu 0,003 % seiner Kapazität mit Calciumionen beladen; er sollte frei von CO_2 sein) geschickt, wobei die Calciumionen des Blutes sowie 90 % der Thrombocyten festgehalten werden. Letztere lassen sich am Ende der Operation mit Natriumchloridlösung unter Zusatz von Natriumacetat, Äthylendiamintetraacetat oder Natriumcitrat wieder teilweise eluieren. Nun wird das Restblut in der aus unbenetzbarem Material bestehenden Zentrifuge als feiner Film versprüht und wandert alsdann über eine im oberen Teil des Rotors befindliche Schicht einer Lactoselösung solcher Dichte, daß bei der herrschenden Zentrifugalbeschleunigung von 200 × g nur die Erythrocyten diese Schicht zu durchdringen vermögen und im oberen Teil des Rotors in turbulenter Strömung festgehalten werden. Hier ist das Prinzip der ,,long traverse path centrifuge" verwirklicht. Das Plasma gleitet in laminarer Strömung über die wie eine Schneide wirkende Lactoseschicht, wobei das Prinzip der ,,falling film centrifuge" verwirklicht ist, und fließt in den unteren Teil des Rotors über, wo nun die Leukocyten nach dem ,,falling film" Prinzip abgetrennt werden*.

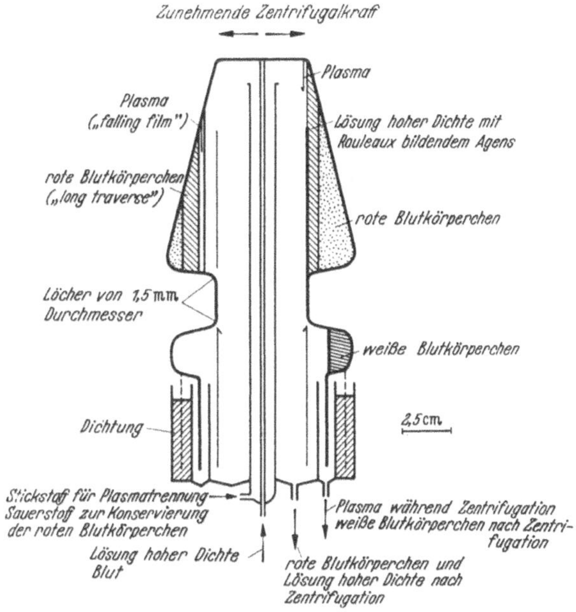

Abb. 5. Spezialzentrifuge zur Trennung von Erythrocyten, Leukocyten und Plasma[3].

***Trennung der Plasmaproteine mit Äthylalkohol und zweiwertigen Metall- und Erdalkalimetallionen (Methode 10) nach* Cohn, Gurd, Surgenor, Barnes, Brown, Derouaux, Gillespie, Kahnt, Lever, Liu, Mittelman, Mouton, Schmid *und* Uroma[4].**

In Methode 10 werden die Plasmaproteine noch schonender behandelt als in Methode 6. Zweiwertige Metall- und Erdalkalimetallionen werden in Verbindung mit Äthylalkohol zur Trennung der Plasmaproteine angewandt. Da die Proteinverbindungen dieser Metalle schwerer löslich sind als die der Alkalimetalle, kann die Äthylalkoholkonzentration niedriger gehalten werden (bis 19 %) als bei den früheren Methoden. Es wird in einem p_H-Bereich zwischen 5,5—7,2 bei —5° gearbeitet. Das Blut wird, wie oben beschrieben, über Austauschern gesammelt. Die Proteine werden so schnell wie möglich in den unlöslichen Zustand gebracht, um sie voneinander und von den Enzymen zu trennen. Die

* Neuerdings wird von der Firma Arthur D. Little, Inc., 30 Memorial Drive, Cambridge 42, Massachusetts, USA, ein automatisches Gerät zur Blutfraktionierung hergestellt.

[1] Cohn, E. J.: 2. Int. Congr. Biochem. Paris 1952. S. 175.

[2] Tullis, J. L.: Blood 7, 891 (1952).

[3] Strässle, R.: Exper. 9, 242 (1953).

[4] Cohn, E. J., F. R. N. Gurd, D. M. Surgenor, B. A. Barnes, R. K. Brown, G. Derouaux, J. M. Gillespie, F. W. Kahnt, W. F. Lever, C. H. Liu, D. Mittelman, R. F. Mouton, K. Schmid and E. Uroma: Am. Soc. 72, 465 (1950).

Zeit, in der das Plasma in flüssigem Zustand bleibt, die bei Methode 6 noch 72 Std betrug, ist bei Methode 10 auf wenige Minuten verkürzt[1].

Bei dieser Methode werden die einzelnen Plasmaproteine selektiv aus den Niederschlägen herausgelöst und nicht wie bei Methode 6 fraktioniert gefällt.

Eine ausführliche Beschreibung der Methode 10 ist S. 39ff. zu finden.

LEVER und Mitarbeiter[2] haben die Methode für 5 cm³ Blut für klinische Zwecke modifiziert.

Die COHNsche Plasmafraktionierung ergibt nur für normales menschliches Plasma die oben beschriebenen Resultate. Schon für abnormes menschliches, besonders aber für tierisches Plasma muß sie modifiziert werden. Für kleine Laboratoriumstiere (Ratte, Meerschweinchen, Kaninchen) wurden solche Versuche schon gemacht[3, 4].

***Vereinfachte Fraktionierung mit Äthylalkohol nach* NITSCHMANN, KISTLER *und* LERGIER[5].**

NITSCHMANN und Mitarbeiter[5] haben Methode 6 und Methode 10 kombiniert und vereinfacht. Sie gewinnen dadurch die wichtigsten klinischen Produkte der Plasmafraktionierung — Albumin und γ-Globulin — schneller und in besserer Ausbeute, als es mit der sehr komplizierten Methode 6 möglich ist. Schema der Fraktionierung s. Tabelle 15.

Tabelle 15. *Schema für die modifizierte Methode 10*[5, 6].

Plasma
↓
Äthylalkohol 8 %
Temperatur 0° C
p_H 7,2, Protein 5 %

→ ↓ Äthylalkohol 19 %, Temperatur —5° C, p_H 5,8
  - ↓ Äthylalkohol 40 %, Temperatur —8° C, p_H 4,8
    - ↓ Zentrifugat verworfen
    - ↓ Rohalbumin, aufgelöst (Äthylalkohol 10 %, p_H 4,8), geklärt, getrocknet: Albumin
  - ↓ Niederschlag A, extrahiert nach [4]: Äthylalkohol 17 %, Temperatur —6° C, $\Gamma/2 \sim 0{,}01$
    - ↓ Äthylalkohol 25 %, Temperatur —7° C, p_H 7,0
      - ↓ Zentrifugat verworfen
      - ↓ γ-Globulin
    - ↓ α- und β-Globuline

→ ↓ Fraktion I (Fibrinogen usw.)

Die Methode wurde zur Herstellung von Plasmaproteinkonserven für das schweizerische Rote Kreuz ausgearbeitet.

Das Ausgangsmaterial ist Citratplasma. Zunächst wird nach Methode 10 bei p_H 5,8 bis 5,9 mit 19 % Äthylalkohol* der Großteil der Globuline und das Fibrinogen gefällt

* Verf. haben gefunden, daß man, entgegen der Originalvorschrift, bei allen Fällungen 95 %igen Alkohol verwenden kann.

[1] COHN, E. J.: Science, N. Y. **112**, 450 (1950).
[2] LEVER, W. F., F. R. N. GURD, E. UROMA, R. K. BROWN, B. A. BARNES, K. SCHMID and E. L. SCHULTZ: J. clin. Invest. **30**, 99 (1951).
[3] KELTZ, A., and J. W. MEHL: Am. Soc. **76**, 4004 (1954).
[4] GOLDSTEIN, J., and J. W. ANDERSON: J. biol. Ch. **224**, 775 (1957).
[5] NITSCHMANN, H., P. KISTLER u. W. LERGIER: Helv. **37**, 866 (1954).
[6] DEUTSCH, H. F., L. J. GOSTING, R. A. ALBERTY u. J. W. WILLIAMS: J. biol. Ch. **164**, 109 (1946).

(Niederschlag *A*). Dann fällt man aus dem Überstand mit 40% Äthylalkohol bei p_H 4,8 das Albumin nach Methode 6. Auf eine weitgehende Reinigung von Albumin, wie sie bei Methode 6 beschrieben ist, wird verzichtet.

Man löst die in der Sharples-Zentrifuge erhaltene Albuminpaste in gerade so viel Wasser, daß die Alkoholkonzentration auf 10% reduziert wird. Daraufhin wird filtriert und gefriergetrocknet. Zur klinischen Verwendung von Albumin werden je 25 g dieses Trockenpulvers mit einer Lösung, die 0,04 m Na-mandelat und 0,08 m NaCl enthält, zu 100 cm^3 gelöst. Die Lösung wird steril filtriert (Steril S-Filter Filtrox), abgefüllt und verschlossen. Schließlich werden die Fläschchen 10 Std bei 60° pasteurisiert (Zerstörung von Serumhepatitis-Virus).

Der Niederschlag *A* kann auch in 2 Schritten gefällt werden. Man fällt zuerst das Fibrinogen bei 8% Alkoholkonzentration und p_H 7,2 und zentrifugiert es ab*. Dann fällt man bei 19% Alkoholkonzentration und p_H 5,8 den Niederschlag *A* und extrahiert daraus die γ-Globuline mit 17%igem Äthylalkohol, wie es DEUTSCH und Mitarbeiter[1] zur Gewinnung von γ-Globulinen aus der COHNschen Fraktion $II + III$ vorgeschlagen haben.

Man suspendiert jedes Kilogramm Niederschlag *A* (feuchte Paste) in 10 *l* Wasser von 0°. Dann gibt man langsam eine Mischung von 680 cm^3 0,05 m Na_2HPO_4 und 4170 cm^3 0,05 m Essigsäure zu, die den p_H des Systems auf 4,8 $\pm$ 0,05 bringt. Nach 2—3 Std Rühren bei 0° wird der p_H durch Zugabe von 2640 cm^3 0,05 m Na_2HPO_4 und 2260 cm^3 0,05 m Essigsäure auf 5,1 $\pm$ 0,04 erhöht. Die Mischung wird dann mit 9,7 *l* Wasser von 0° verdünnt und die Alkoholkonzentration durch vorsichtigen Zusatz von 6,3 *l* 95%igem Alkohol auf 17% gebracht. Dabei wird die Temperatur immer so tief wie möglich gehalten. Sie soll zuletzt —6,5° betragen. Nach 1 Std wird zentrifugiert und das Zentrifugat durch Filtration vollständig geklärt. Der p_H des Filtrats wird mit 0,1 n NaOH auf 6,8—7,2 und die Alkoholkonzentration auf 25% eingestellt, und dadurch werden die γ-Globuline ausgefällt.

Mit dieser Methode erhält man eine Ausbeute von 46—54% Albumin, das bei der Elektrophorese 93—99% rein erscheint und γ-Globuline, bis zu 80% Ausbeute, die elektrophoretisch 90—99% rein sind.

Über Einzelheiten und Modifikationen der Methode s. das Original[2].

***Fraktionierung von Plasmaproteinen mit Methylalkohol nach* PILLEMER *und* HUTCHINSON[3].**

Von PILLEMER und Mitarbeitern[3] wird die Anwendung von Methylalkohol anstatt Äthylalkohol empfohlen, da dieser weniger stark denaturierend wirken soll und man dadurch bei höheren Temperaturen arbeiten kann. Die Fraktionierung mit Methylalkohol wurde auch für kleine Mengen zur Anwendung in der Klinik ausgearbeitet[3-5]. Für den Vergleich mit anderen klinischen Fraktionierungsmethoden s. Tabelle 6.

***Fraktionierung von Plasmaproteinen mit Äther nach* KEKWICK und MACKAY[6].**

MCFARLANE[7] entfernte Lipoide aus den Lipoproteiden des Plasmas durch Einstellen des p_H auf 5,4 mit Citronensäure und Tieffrieren auf —30° mit einem Überschuß von Äther. Auf diese Art wurde auch das Fibrinogen gefällt, und man erhielt nach Entfernen des überschüssigen Äthers und Einstellen des p_H auf 7,0 eine kristallklare Plasmaproteinlösung, die mehrere Jahre haltbar und für Transfusionen geeignet war.

* Nach den Erfahrungen der COHNschen Gruppe[8] werden allfällig vorhandene Hepatitisvirusteilchen weitgehend mit Fraktion *I* (Fibrinogen) niedergeschlagen.

[1] DEUTSCH, H. F., L. J. GOSTING, R. A. ALBERTY and J. W. WILLIAMS: J. biol. Ch. **164**, 109 (1946).
[2] NITSCHMANN, H., P. KISTLER u. W. LERGIER: Helv. **37**, 866 (1954).
[3] PILLEMER, L., and M. C. HUTCHINSON: J. biol. Ch. **158**, 299 (1945).
[4] KNÜCHEL, F.: Z. ges. exp. Med. **116**, 575 (1951).
[5] DUBERT, J. M., P. SLIZEWICZ, P. REBEYROTTE et M. MÂCHEBOEUF: Ann. Inst. Pasteur **84**, 370 (1953).
[6] KEKWICK, R. A., and M. E. MACKAY: Med. Res. Council spec. Rep. Ser. No. 286 (1954).
[7] MCFARLANE, A. S.: Nature **149**, 439 (1942).
[8] JANEWAY, C. A.: J. amer. med. Ass. **138**, 859 (1948) [zit. nach [2]].

Angeregt durch diese Versuche haben KEKWICK und Mitarbeiter[1-3] eine Plasmafraktionierung mit Äther ausgearbeitet. Äther soll weniger denaturierend wirken als Alkohol und Aceton.

Die Methode ist in Tabelle 16 (S. 249) schematisch wiedergegeben. Als Ausgangsmaterial wird Citratplasma, das durch eine Papiermasse filtriert wurde, innerhalb von 24 Std nach der Blutentnahme verwendet. Bei 0° bis —0,5° wird bei einer Ätherkonzentration von 11 Vol.-% ein *Niederschlag* gefällt, der zu 50% Fibrinogen enthält. Man schwemmt ihn in einer Natriumcitrat-Kochsalzlösung auf, die 10 Vol.-% Äther enthält, zentrifugiert, löst ihn neuerlich und fällt nochmals um. Man erhält einen Niederschlag, der zu 88—89% aus Fibrinogen besteht, antihämophiles Globulin enthält und für klinische Zwecke geeignet ist.

Überstand 1 bringt man mit Essigsäure (0,5 m) oder Citronensäure (0,2 m) auf p_H 5,3 bis 5,35. Es fällt ein Niederschlag aus, der 30—40 Einheiten Prothrombin je cm^3 Fibrinogenüberstand enthält. Um das Antithrombin daraus zu entfernen, wird er in 20% des Volumens des Überstandes an dest. Wasser aufgeschwemmt und abzentrifugiert. Dann schwemmt man ihn in Citrat-Kochsalzlösung auf und löst ihn durch Einstellen des p_H auf 7,0 mit 0,2 n NaOH. Prothrombin wird daraufhin in Thrombin umgewandelt[1].

Aus dem *Überstand 2* werden durch Einstellen des p_H auf $5{,}50 \pm 0{,}02$ mit 0,5 m $NaHCO_3$, Verdünnen mit 3 Vol. Wasser und Einstellen der Ätherkonzentration auf 18,5 Vol.-% bei —3,5° die Globuline gefällt[2]. Der Niederschlag, der α-, β- und γ-Globuline enthält, wird in genügend Acetat-Phosphatpuffer* p_H 4 gelöst, um eine Lösung von p_H 4,6 zu erhalten. Durch Zufügen von Acetat-Phosphatpuffer p_H 6** wird der p_H der Lösung auf $5 \pm 0{,}02$, die Ionenstärke mit Wasser auf 0,010 und die Ätherkonzentration auf 9 Vol.-% bei 0° gebracht. Auf diese Art werden α- und β-Globuline gefällt. Die γ-Globuline bleiben in Lösung. Man fällt sie bei —3,5° durch Einstellen des p_H auf 6,7 mit 0,5 m $NaHCO_3$ und der Ätherkonzentration auf 18,5 Vol.-%. Der Niederschlag enthält 90% γ-Globuline (Elektrophorese).

Aus dem *Überstand 3* kann das rohe Albumin durch Einstellen des p_H auf 5,0 und Zufügen des halben Volumens an 50%igem Äthylalkohol bei —5° oder durch Zufügen von 0,2 Mol Zinkacetat gefällt werden. Die Zinkionen können dann mit Austauschern entfernt werden (vgl. S. 346)[3].

Das rohe Albumin löst man in dest. Wasser (12 Vol-% des Überstandes 3) und reinigt es, indem man den p_H auf 5,1 und die Ätherkonzentration auf 13% einstellt und dadurch eventuelle Verunreinigungen fällt. Schließlich fällt man das gereinigte Albumin bei —3,5°, p_H 4,8 und einer Ätherkonzentration von 18%. Der Niederschlag enthält 94% reines Albumin.

Das mit dieser Methode erhaltene Fibrinogen kann zur Herstellung von Fibrinfilm und Fibrinschaum, die γ-Globuline zur Behandlung von Infektionskrankheiten und das Albumin als Blutersatz verwendet werden. Zur Anwendung im großen Maßstab (wie Methode 6) ist diese Methode wegen der Schwierigkeit, große Äthermengen zu handhaben, nicht geeignet.

Neuerdings wurde die Ätherfraktionierung auch auf Seren von Meerschweinchen, Ratte, Kaninchen, Katze, Hund, Affe, Rind, Pferd und Schaf angewandt[4].

δ) *Trennung der Plasmaproteine durch Fällung mit Schwermetallsalzen ohne organische Lösungsmittel.*

In letzter Zeit wurde von der COHNschen Schule eine Methode entwickelt, die auf den Gebrauch von organischen Lösungsmitteln ganz verzichtet. Es werden Reaktionen

* Acetat-Phosphatpuffer p_H 4, Essigsäure 0,043 m, Na_2HPO_4 0,007 m.

** Acetat-Phosphatpuffer p_H 6, Essigsäure 0,023 m, Na_2HPO_4 0,0027 m.

[1] KEKWICK, R. A., M. E. MACKAY and B. R. RECORD: Nature **157**, 629 (1946).

[2] KEKWICK, R. A., and M. E. MACKAY: 1. Int. Congr. Biochem. Cambridge 1949. S. 147.

[3] KEKWICK, R. A., and M. E. MACKAY: Med. Res. Council spec. Rep. Ser. No. 286 (1954).

[4] MACKAY, M. E.: Biochem. J. **60**, 475 (1955).

Tabelle 16. *Ätherfraktionierung von menschlichem Plasma nach* KEKWICK *und* MACKEY[1].

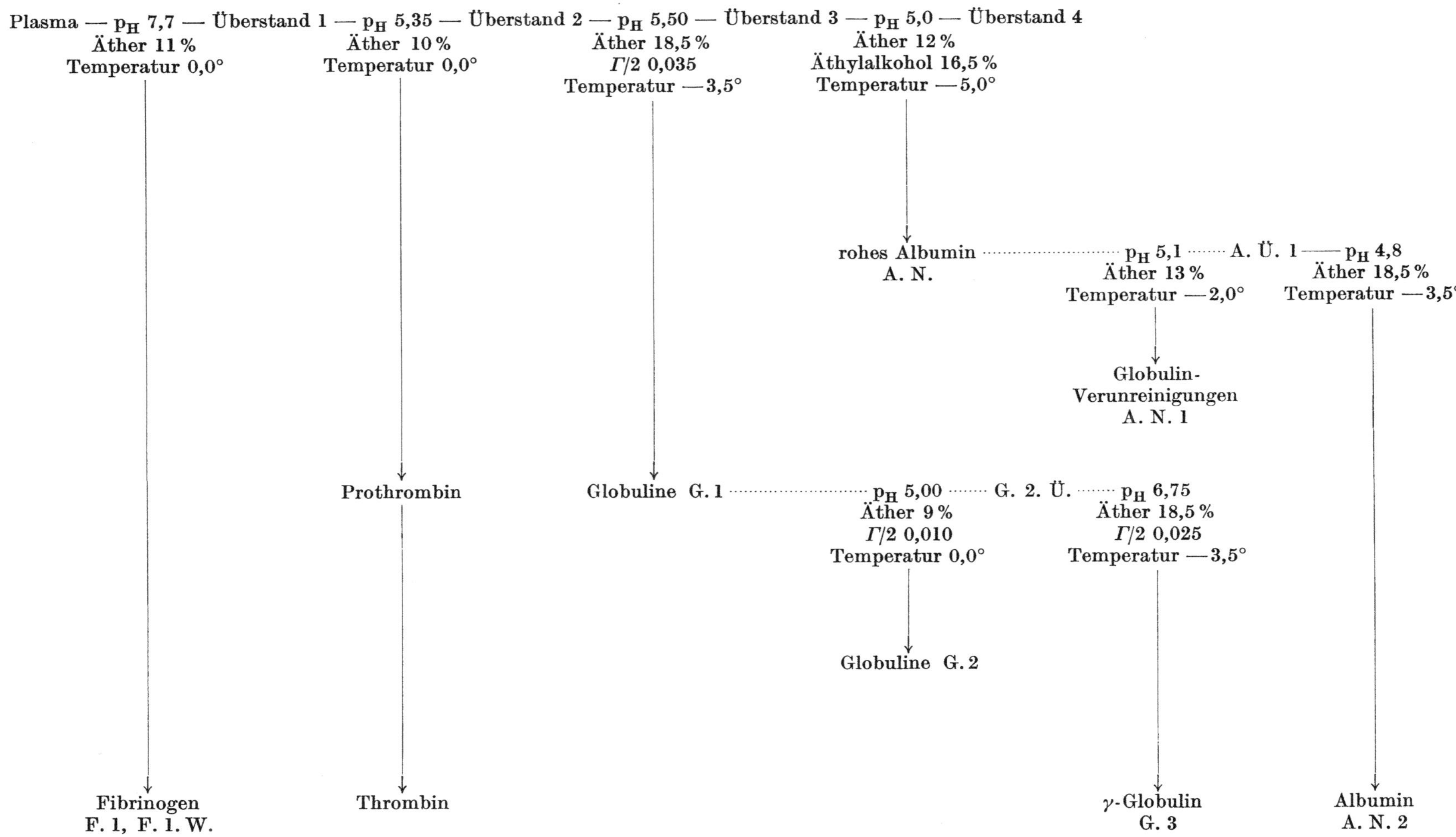

[1] KEKWICK, R. A., and M. E. MACKAY: Med. Res. Council spec. Rep. Ser. No. 286 (1954).

zwischen den Plasmaproteinen einerseits, Schwermetallionen und Zuckern andererseits ausgenützt[1-3]. Es wird bei 0° gearbeitet. Das — wie S. 244f. beschrieben — durch Austauscher von Calcium und Thrombocyten befreite, durch Spezialzentrifugieren von Erythrocyten und Leukocyten getrennte Plasma wird, wie in dem Schema Tabelle 17 (S. 251) wiedergegeben, weiterbehandelt. Es wird in einem sterilen System gearbeitet und zunächst ein Teil der Globuline entfernt: einerseits Prothrombin, Faktor VII, instabiles Lipoproteid an $BaSO_4$ adsorbiert, andererseits eine Fraktion ähnlich $I+II+III$ durch Komplexbildung mit Zinkionen unlöslich gemacht.

Die zurückbleibende Lösung wird „stable plasma protein solution" (SPPS) genannt und entweder als solche verwendet oder auf ihre Komponenten weiterverarbeitet. Die darin enthaltenen Proteine können durch Zugabe von Quecksilberionen als Zn-Hg-Komplexe als Fraktion $IV+V$ gefällt werden. In Lösung bleiben die Glykoproteide, Fraktion *VI* (über deren Weiterverarbeitung s. [4] und S. 360ff.). Der Niederschlag $IV+V$ enthält dann Zink- und Quecksilberionen. Durch Zufügen von kleinsten Mengen Glykokoll kann das Zink, durch Zufügen von aliphatischen Aminen das Quecksilber aus dem Proteinkomplex entfernt und dadurch die Proteine löslich gemacht werden. Eine genaue Beschreibung der Methode wurde bisher nicht veröffentlicht.

ε) *Herstellung von stabilen Plasmaproteinlösungen.*

Cohn und Mitarbeiter haben bei der Aufarbeitung des Plasmas mit Schwermetallsalzen, wie oben beschrieben, eine stabile Plasmaproteinlösung (SPPS) hergestellt, die nach Entfernung von Fibrinogen, β-Lipoproteid, Prothrombin und anderen Globulinen so haltbar ist, daß sie 10 Std auf 60° erhitzt werden kann (s. Tabelle 17, S. 251). Dadurch wird das Serumhepatitisvirus zerstört, und die Lösung ist als Transfusionsmittel geeignet[5].

Nitschmann und Mitarbeiter[6] haben eine ähnlich stabile Plasmaproteinlösung (PPL) durch Entsalzen mit Ionenaustauschern, wie es schon Reid und Jones[7] in ihrem „batch"-Verfahren vorschlagen (s. auch S. 246), erhalten. Dadurch werden die Euglobuline, Fibrinogen und die β-Lipoproteide abgetrennt, und die Plasmaproteinlösung wird haltbar.

Nitschmann und Mitarbeiter[6] arbeiten nicht im „batch"-Verfahren, sondern an einer gemischten Austauschersäule mit dem Kationenaustauscher IR 120 in H^+-Form und dem Anionenaustauscher IRA 410 in OH^--Form im Verhältnis $K:A = 1:1{,}9$*. Zur Gewährleistung von Sterilität und Pyrogenfreiheit werden die Austauscher nach dem Abmessen und frühestens 12 Std vor dem Gebrauch mit HCl bzw. NaOH behandelt und dann mit frisch dest. pyrogenfreiem Wasser erschöpfend ausgewaschen. Dann werden die Harze in pyrogenfreiem Wasser gemischt, in die Säule eingefüllt und dort nochmals mit pyrogenfreiem Wasser nachgespült.

Für größere Versuche wird ein Pyrexglasrohr von 8 cm innerem Durchmesser und 100 cm Länge, unten durch Porzellanplatte und Hahn abgeschlossen und mit 3,5 *l* des Austauschergemisches gefüllt. Diese Menge Austauscher reicht aus, um 5 *l* Blut zu entsalzen.

Durchführung der Entsalzung. Die Durchflußgeschwindigkeit des Plasmas darf 0,6 bis 0,7 cm^3 je Quadratzentimeter Rohrquerschnitt und Minute nicht überschreiten, damit die Säulenkapazität voll ausgenützt wird. Die Temperatur hat auf die Kapazität keinen merklichen Einfluß. Da die Entsalzung nicht lange dauert, braucht sie nicht im Kühlraum vorgenommen zu werden. Arbeitstemperatur 12—15°, wäßrigen Vorlauf verwerfen,

* Röhm and Haas Comp., Philadelphia, USA.

[1] Cohn, E. J., J. L. Tullis, D. M. Surgenor and M. D. D'Hont: Science, N. Y. **114**, 479 (1951).
[2] Cohn, E. J.; in: Blood Cells and Plasma Proteins (Hrsg. Tullis, J. L.). S. 29ff. New York 1953.
[3] Cohn, E. J.: 2. Int. Congr. Biochem. Paris 1952. S. 175.
[4] Schmid, K.: Am. Soc. **75**, 60 (1953).
[5] Gellis, S. S., J. R. Neefe, J. Stokes jr., L. E. Strong, C. A. Janeway and G. Scatchard: J. clin. Invest. **27**, 239 (1948).
[6] Nitschmann, H., u. P. Kistler: Helv. **37**, 1767 (1954).
[7] Reid, A. F., and F. Jones: Amer. J. clin. Path. **19**, 10 (1949); Industr. engng. Chem. **43**, 1074 (1951).

Plasma steril auffangen. Zur Überwachung des Vorganges werden der p_H und der elektrische Widerstand der abfließenden Lösung kontrolliert. Die Lösung, die aus der Austauschersäule ausfließt (p_H 5,2—5,3; etwa 90000 Ω/cm), ist nur leicht getrübt, da die Hauptmenge der ausgefällten Globuline durch die Harzkörner abfiltriert wird. Sie wird bei 0° zentrifugiert und ist dann nur schwach opalescent. Sie wird durch sehr langsamen Zusatz von 1 n NaOH auf p_H 7,5 gebracht, dabei wird die Lösung noch klarer. Es werden 0,004 Mol Natriumcaprylat je *l* zugesetzt, um die Wärmestabilität zu erhöhen. Falls

Tabelle 17. *Vollautomatisches Verfahren zur Plasmaproteinfraktionierung*[1, 2].

Spender
|
Blut

Kationenaustauscher (Dowex-50 + 0,003 % Ca^{++}) → | → 95 % der Thrombocyten sowie Ca^{++}, Mg^{++} und K^{+} entfernt

Spezialzentrifuge vgl. Abb. 5, S. 245 → | → Erythrocyten und Leukocyten, abgetrennt und fraktioniert

Plasma

Bariumsulfat → | → Prothrombin, Faktor VII-Vorstufe, instabiles Lipoproteid abgetrennt

Fällung bei 0° C mit 10 mMol Zn^{++} je *l* Plasma, zentrifugiert → | → Fibrinogen, kälteunlösliches Globulin, Faktor V, Antihämophiles Globulin, Isoagglutinine, Plasminogen, γ-Globulin, β-Lipoproteid, $β_2$-Globuline, Coeruloplasmin

Kationenaustauscher → | → Zinkionen entfernt

10 Std/60° C erhitzt: Zerstörung des Serumhepatitis-Virus → Stabile Plasmaprotein-Lösung: 55 % der Proteine in natürlichen Blutelektrolyten → Serumalbumin, $α_1$-Lipoproteid, $α_1$-Bilirubinglobulin, $α_2$-Glykoproteid, $β_1$-metallbindendes Globulin, saures Glykoproteid, Jodproteine, Mucoproteide, alkalische Phosphatase, Plasmaesterase, Amylase

das Ausgangsplasma nicht schon genügend Glucose enthält, wird der Gehalt durch Zusatz einer 50%igen sterilen pyrogenfreien Lösung auf 5% gebracht. Dabei wird die für eine Infusionslösung erforderliche Isotonie mit dem Blut erreicht. Die Lösung wird nun sofort in die endgültigen Behälter sterilfiltriert, verschlossen und darin 10 Std bei 60° pasteurisiert.

Sofort nach der Passage des Plasmas sollen die Austauscher regeneriert werden [mehrmals mit kleineren Mengen Essigsäure/Acetatpuffer (0,2 m HAc-0,5 m NaAc) eluieren]. Das Eluat kann auch noch fraktioniert werden. Dann wird mit gewöhnlichem Wasser gewaschen, in gesättigtem NaCl getrennt (IR 120 setzt sich ab, IRA 400 schwimmt) und in konz. HCl stehengelassen.

PPL wird analytisch und physikalisch-chemisch untersucht und die nötigen Sicherheitsteste durchgeführt (auf Pyrogenfreiheit, Toxicität, Sterilität). Sie ist gegenüber

[1] COHN, E. J., J. L. TULLIS, D. M. SURGENOR and M. D. D'HONT: Science, N. Y. **114**, 479 (1951).
[2] STRÄSSLE, R.: Exper. **9**, 242 (1953).

Plasma in der Eiweißzusammensetzung etwas verschoben; Fibrinogen und β-Lipoproteid fehlen ganz. PPL ist aber pasteurisierbar und gewährleistet dadurch Hepatitissicherheit.

Eine ähnlich stabile Plasmaproteinlösung erhalten MILNE und TODD[1] durch Adsorption des Plasmas an Kaolin. Dieses hält 1,54% der Plasmaproteine, jedenfalls Fibrinogen und Prothrombin, aber auch andere Proteine zurück. Pyrogen und andere toxische Substanzen sollen auch an Kaolin adsorbiert werden. Ebenso erhält MCFARLANE[2] durch Behandlung des Plasmas bei tiefer Temperatur mit Äther (s. S. 247) eine stabile Plasmaproteinlösung.

4. Bestimmung der Gesamtplasmaproteine.

Es werden verschiedene chemische und physikalische Methoden angewandt (s. [3]). Hier sollen nur eine chemische und eine physikalische Methode angeführt werden.

Die Farbe, die durch gemeinsame Anwendung des Biuret- und Phenolreagens (FOLIN und CIOCALTEU[4]) entsteht, kann vorteilhaft zur Eiweißbestimmung verwertet werden[5]. Von LOWRY und Mitarbeitern wurde die Methode neuerdings weiter ausgearbeitet[6]. Dabei wird das Protein zuerst mit einer alkalischen Kupfersulfatlösung und daraufhin mit dem Phenolreagens von FOLIN und CIOCALTEU behandelt. Es wird eine viel intensivere Farbe entwickelt als mit dem Biuretreagens allein. Die Methode ist ebenso empfindlich wie die mit NESSLERS-Reagens, bedarf aber keiner Hydrolyse. Sie ist weniger abhängig von der Zusammensetzung des Proteins als die FOLIN-Methode allein. Sie ist 10—20mal empfindlicher als die UV-Absorptionsmessung bei 280 mμ und weniger individuellen Schwankungen des Proteins unterworfen. Sie ist 100mal empfindlicher als die Biuretreaktion allein, allerdings etwas mehr individuellen Schwankungen unterworfen. Eine gewisse Störung verursacht Ammoniak, das unter bestimmten Grenzen gehalten werden muß. Ammoniumsulfat über 0,15% vermindert die Farbentwicklung.

Die Methode ist nicht nur für die Gesamteiweißbestimmung in Plasma und Serum sehr geeignet, sondern verspricht auch für die Routinebestimmungen während der Fraktionierungsmethoden außerordentlich brauchbar zu werden[7].

***Bestimmung von Eiweiß nach* LOWRY, ROSEBROUGH, FARR *und* RANDALL[6].**

Reagentien:

1. Na_2CO_3, 2%ig in 0,10 n NaOH.
2. $CuSO_4 \cdot 5\,H_2O$ 0,5%ig in 1%igem Na- oder K-tartrat.
3. Alkalische Kupferlösung: 50 cm³ Reagens *1* werden mit 1 cm³ Reagens *2* gemischt. Nach einem Tag verwerfen.
4. *Carbonat-Kupferlösung:* ist die gleiche wie Lösung *3*, nur wird NaOH weggelassen.
5. Verdünntes Phenolreagens. FOLIN-CIOCALTEU-Phenolreagens[4] wird mit NaOH bis zum Phenolphthalein-Endpunkt titriert. Auf der Basis dieser Titration wird das FOLIN-Reagens so lange verdünnt, bis es 1 n an Säure ist (ungefähr 2fach verdünnt).

Standardlösungen können aus menschlichem Serum, das 100—1000fach verdünnt wurde (nahezu 700—70 γ Protein je cm³), hergestellt werden. Diese wieder können gegen eine Standardlösung aus kristallisiertem Rinderserumalbumin* kontrolliert werden; 1 γ davon ist äquivalent 0,97 γ Serumprotein. Flüssige Rinderserumalbuminlösungen sind für Standardlösungen nicht geeignet, da sie zu leicht Oberflächendenaturierung unterworfen sind.

Ausführung

für *gelöste Proteine* oder solche, die in *verdünntem Alkali leicht löslich* sind. (Die Vorschrift ist für ein Endvolumen von 1,1—1,3 cm³ angegeben, es kann aber jedes beliebige Vielfache oder Teil dieser Mengen angewendet werden.)

* Armour and Co., Chicago, USA.

[1] MILNE, G. R., and G. M. TODD: J. Pharmacy Pharmacol. **2**, 831 (1950).
[2] MCFARLANE, A. S.: Nature **149**, 439 (1942).
[3] HINSBERG, K.: ds. Handbuch Bd. 5, S. 25 (1953).
[4] FOLIN, O., and V. CIOCALTEU: J. biol. Ch. **73**, 627 (1927).
[5] HERRIOTT, R. M.: Proc. Soc. exp. Biol. Med. **46**, 642 (1941).
[6] LOWRY, O. H., N. J. ROSEBROUGH, A. L. FARR and R. J. RANDALL: J. biol. Ch. **193**, 265 (1951).
[7] Zit. nach TAYLOR, J. F.: Neurath-Bailey, Proteins Bd. 1A, S. 16.

Zu einer Probe von 5—100 γ Protein in 0,2 cm^3 (oder weniger) in einem 3—10 cm^3-Reagensglas wird 1 cm^3 Lösung *3* zugefügt. Gut mischen und 10 min oder länger bei Zimmertemperatur stehenlassen. 0,10 cm^3 Reagens *5* wird schnell zugefügt und innerhalb von 1 oder 2 sec gemischt. Nach 30 min oder länger wird im Colorimeter oder Spektrophotometer abgelesen. In dem Bereich von 5—25 γ Protein je cm^3 wird am besten bei oder nahe bei $\lambda = 750$ mμ, dem Absorptionsgipfel, abgelesen. Bei stärkeren Lösungen bei oder nahe bei $\lambda = 500$ mμ. Ablesen nach einer Standardkurve. Wenn nötig, für den Farbwert der Standardlösung und das zu bestimmende Protein Korrekturen einführen.

Es ist nicht notwendig, vor dem Zufügen des Kupferreagens alle Proben und Standardlösungen auf das gleiche Volumen zu bringen, vorausgesetzt, daß Korrekturen für kleine Unterschiede im Endvolumen gemacht werden. Die kritischen Volumina sind die des alkalischen Kupferreagens und des Phenolreagens.

Wenn das Protein in sehr verdünnter Lösung vorhanden ist (weniger als 25 γ/cm^3), können 0,5 cm^3 mit 0,5 cm^3 einer doppelt starken Lösung *3* gemischt werden. Weitere Behandlung wie oben.

Unlösliche Proteine, etwa nach Fällung mit Trichloressigsäure oder Perchlorsäure, werden zuerst bei Zimmertemperatur mit NaOH behandelt. Man kann z. B. 0,1 cm^3 1 n NaOH zu 5—100 γ Proteinniederschlag zufügen, $^1/_2$ Std oder länger stehenlassen, 1 cm^3 Reagens *4* (ohne NaOH) zugeben und nach 10 min wie üblich 0,1 cm^3 verdünntes Folin-Reagens *5* zusetzen.

Die Methode kann auch als Mikromethode bis zu 0,2 γ Protein angewandt werden (s. Original) vgl. S. 384.

Schließlich können die Gesamteiweiße des Blutes sowie des Serums aus dem spezifischen Gewicht ermittelt werden.

***Bestimmung des spezifischen Gewichtes von Serum oder Gesamtblut nach* Lowry *und* Hunter**[1].

Man überschichtet in einem Meßzylinder ein Gemisch aus 2 organischen Lösungsmitteln mit einem zweiten, aus den gleichen Lösungsmitteln in anderem Mengenverhältnis hergestellten Gemisch. Nach vorsichtigem Durchmischen der beiden Schichten erhält man eine Flüssigkeitssäule, deren Dichte nach oben kontinuierlich abnimmt. Durch Eintropfen von Salzlösungen mit bekanntem spez. Gewicht wird die Säule an der Skala geeicht. Die abgelesenen Meßwerte werden graphisch interpoliert.

Geräte:

1. Meßzylinder, 250 cm^3 möglichst mit Skala rund um den Zylinder.
2. Rührer aus 3 mm starkem Kupferdraht mit Kegelspirale aus 12—14 Windungen.
3. Kleine Gummibällchen als Sauger.
4. Trichter, Pipetten, Meßzylinder zu 100 und 10 cm^3, Schütteltrichter 200 cm^3, Aräometer von 0,8—1,11, Filtrierpapier.

Reagentien:

1. Brombenzol (spez. Gewicht 1,49).
2. Petroleum (spez. Gewicht 0,807).
3. Eichlösungen. Die Eichlösungen werden aus K_2SO_4 p. A., das bei 100—110° 24 Std getrocknet wurde, und dest. Wasser hergestellt.

Eichlösung	*g/l*	spez. Gewicht	g-% Eiweiß
I	17,64	1,0141	2,5
II	23,08	1,0184	4,0
III	28,53	1,0227	5,5
IV	34,04	1,0270	7,0
V	39,58	1,0313	8,5
VI	45,10	1,0356	10,0

Für annähernd normale Seren genügen die 3., 4. und 5. Eichlösung. Die Eichlösungen sind im Kühlschrank mit Gummistopfen verschlossen unbegrenzt haltbar.

[1] Lowry, O., and T. H. Hunter: J. biol. Ch. **159**, 465 (1945).

Es ist zweckmäßig, in kleine 5—10 cm^3-Fläschchen abzufüllen, diese auch mit Gummistopfen zu verschließen und daraus die Eichlösungen zu entnehmen. Die kleinen Fläschchen sollen mindestens alle 14 Tage entleert und aus den Vorratsflaschen nachgefüllt werden.

4. Seesand, fein.
5. Calciumchlorid.

Herstellung der Flüssigkeitssäule:

Mischung A. 60 cm^3 Brombenzol (spez. Gewicht 1,49) und 90 cm^3 Petroleum (spez. Gewicht 0,807) werden im Schütteltrichter innig gemischt. Diese Mischung *A* hat bei 15° das spez. Gewicht 1,07. 150 cm^3 davon werden in den 250 cm^3-Meßzylinder gefüllt.

Mischung B. Etwa 40 cm^3 Brombenzol und 110 cm^3 Petroleum werden wie oben gemischt. Die Mischung hat bei 15° ein spez. Gewicht von 0,99. (Nötigenfalls korrigiert man die temperierten Lösungen durch vorsichtige Zugabe von wenig Brombenzol oder Petroleum.)

Man überschichtet nun die im Meßzylinder befindliche Lösung *B* vorsichtig mit Lösung *A*, indem man durch einen Trichter, der wenig Zellstoff enthält und dessen Rohr an der Wand des Meßzylinders anliegt, zufließen läßt.

Mischen. Nun mischt man durch vorsichtiges Hin- und Herbewegen des Spiralrührers 3—4 cm oberhalb und unterhalb der Berührungsfläche der beiden Flüssigkeitssäulen so lange, bis der Schlieren-Effekt in diesem Bereich annähernd gleichmäßig ist. Dann verlängert man den Hub schrittweise um 6—8 cm, bis die ganze Säule erfaßt ist. In jedem Hubbereich wird so lange gemischt, bis der Schlieren-Effekt in dem ganzen Bereich annähernd gleich stark ist. (Es wird eher zu wenig als zu viel gerührt, und man ist überrascht, wieviel Rühren erforderlich ist.) $^1/_2$ Std nach dem Rühren ist die Säule gebrauchsfertig. Es empfiehlt sich, die Säule sofort informatorisch zu eichen. Dazu läßt man aus den 3 verschieden schweren Eichlösungen mit Capillaren (beiderseits offene Schmelzpunktröhrchen etwa 8 cm lang und 1—1,5 mm Durchmesser) und den beschriebenen Gummibällchen je 2 Tropfen in die Lösung einfallen. Die Tropfen gleicher Dichte müssen auf gleicher Höhe stehen. Der Höhenabstand der verschiedenen Eichproben soll annähernd gleich groß sein. Der Gesamtabstand von der schwersten bis zur leichtesten Probe soll $^1/_2$—$^1/_4$ der ganzen Zylinderskala betragen. Stehen die verschiedenen Proben zu dicht, so ist zu wenig gemischt worden, sind die Abstände erheblich verschieden voneinander (nicht linear), so kann man durch Mischen im engeren Bereich die Abstände vergrößern. Stehen die Proben zu weit voneinander entfernt, so ist zu viel gemischt worden. Die Säule muß dann frisch bereitet werden.

Die Säule wird mit der Zeit besser, und das Dichtegefälle nähert sich über die ganze Höhe der Säule immer mehr der Linearität. Die Abstände zwischen den Proben werden immer größer, schließlich erreicht die schwerste Probe den Boden. — Bei warmem Wetter liegen die Eichproben dichter als bei kaltem. Man kann die Säule in einen Flüssigkeitsmantel stellen, um bessere Temperaturgleichheit zu erreichen, doch ist das im allgemeinen nicht nötig. — Die Säule wird mit einem Wattebausch verschlossen gehalten, um Verdampfen des leichter flüchtigen Brombenzols möglichst zu vermeiden. Die Säule ist schon nach $^1/_2$ Std gebrauchsfertig, es ist aber zweckmäßiger, über Nacht stehenzulassen.

Eichen. Man nimmt mit einer sauberen Capillare etwas von der Eichlösung auf, setzt das Gummibällchen auf, spült die Capillare aus und nimmt neuerlich Eichlösung auf. Die Capillare wird dann etwa 1 cm unter die Flüssigkeitsoberfläche der Säule eingeführt und die Eichlösung mit dem Bällchen ausgedrückt. 3—4 min nach dem Einsetzen des Tropfens kann abgelesen werden. Es ist wichtig, keine Luft mit einzublasen, die den Tropfen zerstäubt oder an ihm haften bleibt und ihn dadurch leichter macht. Von jeder Eichprobe setzt man 2 Tropfen ein. Die Skalenwerte werden abgelesen, auf Millimeterpapier aufgetragen und in Abhängigkeit vom spez. Gewicht der Eichlösung die später gefundenen Ablesungswerte für das Serum graphisch interpoliert. Man eicht die Säule täglich.

Blutentnahme. Die Blutprobe wird aus der Fingerbeere oder dem Ohrläppchen entnommen, die Capillare zu $^2/_3$—$^3/_4$ damit gefüllt und am unblutigen Ende durch heißes flüssiges Paraffin verschlossen. Nach 30 min wird 3 min bei niedrigen Touren zentrifugiert. Nach dem Zentrifugieren nicht über 4 Std stehenlassen. Nun schneidet man die Capillare oberhalb des Blutkuchens mit einer Ampullensäge ab und läßt das Serum wie beschrieben in die Flüssigkeitssäule eintropfen. Man achte darauf, daß an dem Serumtröpfchen keine Luftbläschen hängenbleiben. Man setzt 10 Serumproben in den Zylinder und verteilt sie einem bestimmten Netz entsprechend. Vertikalmarken am oberen Zylinderende erleichtern das Verteilen der Proben.

Die Tropfen werden nach dem Ablesen durch Einstäuben von feinem Seesand versenkt.

Eine Trübung der Flüssigkeitssäule wird beseitigt, indem man einige Kubikzentimeter aus dem oberen Teil der Säule mit feingepulvertem $CaCl_2$ mischt und die Suspension rasch zurückgießt. Bis zur Wiederbenutzung muß die Säule 2—3 Std stehen.

Zur Bestimmung des spezifischen Gewichtes von Gesamtblut muß die Säule etwas anders zusammengesetzt sein.

Mischung A: 72,96 cm³ Brombenzol und 89,16 cm³ Petroleum, ebenso gemischt wie oben, haben bei 15° ein spez. Gewicht von 1,11.

Mischung B: 49,4 cm³ Brombenzol und 112,4 cm³ Petroleum haben bei 15° ein spez. Gewicht von 1,01.

Je 150 cm³ von Mischung A und B, übereinander geschichtet, geben nach vorschriftsmäßigem Mischen die gewünschte Säule.

Für den 250 cm³-Meßzylinder werden 300 cm³ Flüssigkeit verwendet, damit der Abstand der Flüssigkeit von der Zylinderöffnung nicht zu groß ist.

Eichlösungen (aus K_2SO_4, s. S. 253).

Eichlösung	g/l	spez. Gewicht
Ib	57,13	1,0450
IIb	70,22	1,0550
IIIb	83,49	1,0650
IVb	96,86	1,0750

Für niedrigste Hb-Werte kann die höchste Serumeichlösung benutzt werden.

Die spezifischen Gewichte werden ebenfalls graphisch interpoliert. Die Berechnung der Hb-Konzentration wird in Abhängigkeit vom Serumprotein aus der Tabelle von PHILLIPS und VAN SLYKE[1].

Im Prinzip wird ebenso verfahren wie beim Serum. Es genügt jedoch $^1/_4$—$^1/_3$ der Capillarenlänge. Die Proben müssen sofort, ehe sie gerinnen, eingetropft werden.

5. Die an der Blutgerinnung beteiligten Proteine.

Bei der Blutgerinnung wird unter dem Einfluß des Thrombins *Fibrinogen* in *Fibrin* umgewandelt. *Thrombin* wird für diesen Zweck aus *Prothrombin* gebildet. Außer diesen sind noch eine Reihe anderer Proteine an der Blutgerinnung beteiligt, teils als Beschleuniger, teils als Hemmstoffe.

Man teilt die Blutgerinnung in 1 Vorphase und 2 Hauptphasen ein.

In der Vorphase wird die Blutthrombokinase gebildet. Daran sind außer Ca^{++} verschiedene Faktoren beteiligt: 1. ein oder mehrere Faktoren aus den Blutplättchen, 2. Faktoren aus dem Plasma: *Faktor VIII* (*antihämophiles Globulin*, vgl. S. 281) und *Faktor IX* (*Christmas-Faktor*, vgl. S. 284) und wahrscheinlich auch *Faktor V* (*Ac-Globulin*, vgl. S. 275).

In der 1. Hauptphase aktiviert die Blutthrombokinase in Gegenwart von Ca^{++} die Umwandlung von Prothrombin in Thrombin. Die Aktivierung wird durch die beiden Proteine Faktor V (Ac-Globulin) und Faktor VII (vgl. S. 278) beschleunigt.

---

[1] PHILLIPS, R. A., D. D. VAN SLYKE, V. P. DOLE, K. EMERSON jr., P. B. HAMILTON and R. M. ARCHIBALD: Bull. U.S. Army Med. Dept. No. 71, 66—83 (1943).

In der 2. Hauptphase wird Fibrinogen durch Thrombin und Ca^{++} in Fibrin umgewandelt. Hier wirkt ein noch nicht näher definierter Eiweißkörper aus dem Serum mit (vgl. S. 262). Thrombin geht unter Reaktion mit *Antithrombin* (vgl. S. 286) in das unwirksame Metathrombin über. Das Fibrin wird durch ein proteolytisches Ferment, das *Plasmin* (*Fibrinolysin*, vgl. S. 290), aufgelöst.

Von den vielen anderen Faktoren, die die Blutgerinnung beschleunigen oder hemmen, weiß man bisher nicht, ob sie Eiweißkörper sind, ob sie mit dem Abbau der definierten Eiweißkomponenten der Gerinnung entstehen oder ob sie Aktivitäten schon bekannter Komponenten unter anderen Bedingungen sind. Sie werden daher hier nicht besprochen. Näheres darüber bei [1] und [2].

a) Fibrinogen, Fibrin.

α) Fibrinogen.

Fibrinogen findet sich in der Entwicklungsreihe zum ersten Mal bei den Crustaceen[3]. Es ist das einzige lösliche Fadenmolekül. Das normale menschliche Plasma enthält 0,19—0,33 g-% Fibrinogen, im Mittel 0,25 %[4]. Das Fibrinogen der verschiedenen Säugetiere ist artspezifisch[5]. Es ist eines der am schwersten löslichen Plasmaproteine und erscheint deshalb bei allen Fraktionierungsmethoden in der ersten Fraktion. Es ist schwierig, Fibrinogen rein darzustellen, weil meistens eine ganze Anzahl anderer Plasmaproteine mit ihm zusammen ausfällt. Zur Prüfung des Präparates auf Reinheit ist es erstens notwendig, die Menge des in ihm enthaltenen gerinnbaren Proteins zu bestimmen. Man weiß heute (vgl. S. 261), daß bei der Gerinnung durch die Einwirkung von Thrombin das Fibrinogen zu 3—4 % in Peptide gespalten wird. Aus vollkommen reinem Fibrinogen kann man also nur 96 % gerinnbares Protein erhalten. Zweitens muß man das Präparat auf andere Gerinnungsfaktoren prüfen, da — wie unten ausgeführt wird — bei den meisten Fibrinogendarstellungen antihämophiles Globulin, Plasminogen, Faktor V und Prothrombin mit ausgefällt werden. Diese sind in so geringer Konzentration wirksam, daß nach der Bestimmung des gerinnbaren Proteins rein erscheinendes Fibrinogen noch signifikante Mengen davon enthalten kann. Man kann ein Fibrinogen erst dann als rein bezeichnen, wenn es 96 % gerinnbares Protein enthält und die Prüfung auf die oben genannten Gerinnungsfaktoren negativ ausfällt.

Darstellung. Fibrinogen fällt aus, wenn man das Plasma 10fach verdünnt und den p_H auf 5,3 einstellt[6]. Benutzt man als Ausgangsmaterial Vogelplasma (wie bei der ursprünglichen Darstellung von MELLANBY[6]), so erhält man relativ reines Fibrinogen; aus Rinderplasma gewonnenes ist jedoch stark mit Prothrombin, Faktor V, Plasminogen und antihämophilem Globulin verunreinigt. Das so erhaltene Fibrinogen ist wegen seiner großen Empfindlichkeit gegen saure Reaktion unstabil.

Ähnlich artspezifisch ist die Ausfällung von Fibrinogen durch *Halbsättigung mit NaCl*, die von HAMMARSTEN[7] für Pferdeplasma angegeben wurde.

Durch *Ammoniumsulfat* kann Fibrinogen bei neutraler Reaktion aus verschiedenen Plasmen bei nahezu der gleichen Konzentration gefällt werden; für Rinderplasma wird 0,28-Sättigung[8], für menschliches Plasma 0,25-Sättigung[9] angegeben. Zur Reinigung von Fibrinogen mit Ammoniumsulfatfällung allein soll bis zu 10mal umgefällt werden, denn Prothrombin, Faktor V, antihämophiles Globulin und Plasminogen lassen sich sehr schwer davon abtrennen.

[1] BIGGS, R., and R. G. MCFARLANE: Blood Coagulation and its Disorders. Oxford 1953. 2. Aufl. 1956.
[2] DEUTSCH, E.: Blutgerinnungsfaktoren. Wien 1955.
[3] ALEXANDER, B.; in: Blood Cells and Plasma Proteins (Hrsg. TULLIS, J. L.). S. 76. New York 1953.
[4] HAM, T. H., and F. C. CURTIS: Medicine, Baltimore **17**, 413, 447 (1938).
[5] BURSTEIN, M., et A. GUINAND: Rev. Hématol. **9**, 231 (1954).
[6] MELLANBY, J.: Proc. R. Soc. London (B) **113**, 93 (1933).
[7] HAMMARSTEN, O.: Pflügers Arch. **19**, 563 (1879).
[8] ASTRUP, T., and S. DARLING: Acta physiol. scand. **4**, 45 (1942).
[9] MILSTONE, J. H.: J. Immunol. **42**, 109 (1941).

LAKI[1] fällt Fibrinogen aus Schweineplasma mit 0,2 $(NH_4)_2SO_4$-Sättigung und reinigt es dann durch Adsorption an $Ca_3(PO_4)_2$.

Darstellung von Fibrinogen aus Schweineplasma nach LAKI[1].

Fibrinogen wird aus Schweineoxalatplasma durch 0,2 $(NH_4)_2SO_4$-Sättigung (vgl. S. 229) gefällt, abzentrifugiert und in 0,7 %iger NaCl-Lösung gelöst. Dann wird das Fibrinogen an frisch zubereitetes $Ca_3(PO_4)_2$ adsorbiert und nach dem Abzentrifugieren mit m/5 Phosphatpuffer p_H 6,6 eluiert. Aus dem Eluat wird es durch 0,2 $(NH_4)_2SO_4$-Sättigung abgeschieden, abzentrifugiert und in dem gleichen Phosphatpuffer gelöst. Die Lösung gibt einen schwachen TYNDALL-Effekt, ist aber ganz klar. So gewonnenes Fibrinogen soll nur gerinnbares Protein enthalten. Wird die Lösung bei 40° mit dest. Wasser auf das 10fache verdünnt, scheidet sich Fibrinogen in Flocken ab, die von LAKI für Kristalle gehalten werden.

Um *prothrombinfreies Fibrinogen* zu erhalten, empfahl schon BORDET[2-4] Adsorption von Prothrombin an CaF_2, $BaSO_4$ oder $Ca_3(PO_4)_2$ vor der Fällung von Fibrinogen. Auch $Al(OH)_3$[5], $Mg(OH)_2$ oder Filtration durch Seitz-Filter werden empfohlen. GOLLUB und Mitarbeiter[5] erhalten prothrombinfreies Plasma zur Gewinnung von Fibrinogen durch Behandlung mit frischgefällten Adsorbentien in einem Gewichtsverhältnis von 2,0 g je 100 cm³ für $BaSO_4$, 0,2 g/100 cm³ für $Ca_3(PO_4)_2$ und 0,2 g/100 cm³ für $Al(OH)_3$.

Mit *Phosphatpuffer* wird Fibrinogen in der 1. Fraktion ausgefällt (s. S. 234 und [6]). Mit 1 m Phosphat gefälltes Fibrinogen[6] soll reiner sein als das mit $(NH_4)_2SO_4$ oder NaCl gewonnene[7].

Fällung von Fibrinogen aus prothrombinfreiem Plasma nach OWREN[8].

Nach OWREN[8], der sich im wesentlichen nach ASTRUP und DARLING[9] richtet, wird das Plasma an $Ca_3(PO_4)_2$ adsorbiert und mit $(NH_4)_2SO_4$ gefällt.

Tertiäres Calciumphosphat. Zu 100 cm³ 10 %igem $CaCl_2$ werden 100 cm³ 10 %iges Na_3PO_4 gefügt, umgerührt und 2 min zentrifugiert. Der Niederschlag wird je 2mal mit Wasser und mit physiologischer Kochsalzlösung gewaschen und anschließend in 75 cm³ physiologischer Kochsalzlösung suspendiert.

Plasma. Man läßt menschliches oder Rinder-Oxalatplasma (100 cm³ 3,5 %iges Kaliumoxalat je 900 cm³ Blut) 24 Std bei 0° stehen.

Fibrinogengewinnung. Zu 100 cm³ solchen Plasmas, das mit 0,5 n HCl neutralisiert wurde, fügt man 20 cm³ Tricalciumphosphatsuspension, rührt zeitweilig und zentrifugiert nach 15—20 min ab. Daraufhin neutralisiert man erneut, fügt weitere 20 cm³ Suspension zu und zentrifugiert nach 30 min langem Stehen (bei gleichzeitigem Rühren) ab. Um eventuell noch vorhandene Prothrombinreste zu entfernen, filtriert man 2mal durch ein frisches Seitz-Filter.

Zu 100 cm³ dieses Plasmas fügt man 110 cm³ Wasser und 70 cm³ gesättigtes $(NH_4)_2SO_4$ zu. Nach dem Abzentrifugieren wird der Niederschlag bei 1° in 40 cm³ physiologischer Kochsalzlösung gelöst und filtriert. Anschließend gibt man so viel Wasser zu, bis ein Gesamtvolumen von 120 cm³ erreicht ist, und fällt das Fibrinogen neuerlich durch Zugeben von 40 cm³ gesättigtem $(NH_4)_2SO_4$. Nach dem Abzentrifugieren nimmt man den Niederschlag in 25 cm³ physiologischer Kochsalzlösung auf und dialysiert mehrere Stunden bei tiefer Temperatur gegen 1 *l* physiologischer Kochsalzlösung (mehrmals wechseln). Um den p_H aufrechtzuerhalten, wird mit 10 Vol.-% Veronalpuffer p_H 7,3 versetzt und eingefroren. In diesem Zustand ist die Fibrinogenlösung gut haltbar.

[1] LAKI, K.: H. **273**, 95 (1942).
[2] BORDET, J., et O. GENGOU: Ann. Inst. Pasteur **18**, 26 (1904).
[3] BORDET, J., et L. DELANGE: Ann. Inst. Pasteur **26**, 739 (1912).
[4] BORDET, J., u. L. DELANGE: Berlin. klin. Wschr. **1914**, 497.
[5] GOLLUB, S., F. E. KAPLAN, D. R. MERANZE and H. TUFT: Amer. J. clin. Path. **19**, 1071 (1949).
[6] JAQUES, L. B.: Biochem. J. **37**, 344 (1943).
[7] AVERY, A., and F. L. MUNRO: Arch. Biochem. **16**, 33 (1948).
[8] OWREN, P. A.: Acta med. scand., Suppl. **194** (1947).
[9] ASTRUP, T., and S. DARLING: Acta physiol. scand. **4**, 45 (1942).

Bei der *Äthylalkoholfraktionierung* (s. Methode 6, S. 237ff.; vereinfachte Methode 10, S. 246f.) wird Fibrinogen in Fraktion *I*, die bei p_H 7,2, 8% Äthylalkohol bei 0° gewonnen wird, konzentriert.

***Reinigung von Fibrinogen aus Fraktion I nach* Morrison *und* Edsall**[1].

Fraktion I von menschlichem Plasma enthält 60—65% Fibrinogen, die entsprechende Fraktion *I* aus Rinderplasma ungefähr 75%. Es wird durch Fällung bei verschiedenem p_H und verschiedener Äthylalkoholkonzentration gereinigt[1].

Jedes Kilogramm von Niederschlag *I* wird in 4 *l* Citratpuffer — p_H 5,90, Ionenstärke $\Gamma/2$ 0,30 — bei 10° ± 2° suspendiert. Der Puffer enthält 0,055 m Natriumcitrat und ungefähr 0,013 m Säure je *l*. Die genaue Menge HCl sollte so eingestellt werden, daß die gelöste Fraktion *I* ein p_H von 6,25—6,40 hat. Die Suspension wird auf 20—25° erwärmt und $^1/_2$ Std gerührt. Dann saugt man unter Zufügen von 50 g Standard-Supercel je *l* durch ein sehr poröses Filtrierpapier ab. Nach weiterer Klärung* wird die Lösung auf ungefähr 7° gekühlt und durch langsames Zufügen von $1^1/_2$ Volumen auf 0° gekühltem Citratpuffer (Ionenstärke $\Gamma/2$ 0,30, dem die genügende Menge HCl und 2% Äthylalkohol zugefügt wurden) unter dauerndem Rühren der p_H auf 5,0—5,1 gebracht. Unter fortwährendem Rühren wird die Suspension auf 0° abgekühlt.

Dieser Niederschlag *I-A* enthält ungefähr 80% des ursprünglich gefällten Fibrinogens mit einer Reinheit von etwa 85%. Es wird bei hohen Touren abzentrifugiert. Jedes Kilogramm Niederschlag *I-A* wird in 6 *l* Citratpuffer, dem genügend NaOH zugesetzt wurde, um den p_H der Suspension auf 6,35 ± 0,05 zu bringen, suspendiert (Homogenisator verwenden, tiefe Temperatur, kurze Zeit, Schäumen vermeiden). Nach dem Erwärmen auf 20—25° und 20 min vorsichtigem Rühren wird filtriert und auf 10° gekühlt. Ein gleiches Volumen Citratpuffer von 0°, der 1% Äthylalkohol enthält, wird unter langsamem Rühren zugefügt und langsam auf 0° gekühlt.

Der zweite Niederschlag (*I-1*), der dicht und zäh ist, kann ohne Zentrifugieren entfernt werden. Er enthält ungefähr 20% des ursprünglich gefällten Proteins, von dem $^2/_3$ oder weniger Fibrinogen sind. Der Rest ist ein β-Globulin, das bei tiefer Temperatur unlöslich ist (kälteunlösliches Globulin)**.

Der Überstand wird durch Zufügen des gleichen Volumens von 15%igem Äthylalkohol von 0° auf eine Äthylalkoholkonzentration von 8% gebracht.

Der neue Niederschlag (*I-2*) enthält noch 60% des anfänglichen Fibrinogens und sollte weniger als 5% nicht gerinnbares Protein enthalten. Er wird bei 0—1° abzentrifugiert und in 4 *l* 0,3 m NaCl-Lösung suspendiert. Nach dem Klären (feine Filterplatten wie Seitz S-3 oder Hormann D-10) wird die Lösung gefriergetrocknet. Beim Gefriertrocknen hat man einen Verlust von etwa 5% gerinnbarem Protein.

Im Hinblick auf die große Empfindlichkeit von Fibrinogen sollte so schnell wie möglich gearbeitet werden.

Ein etwas modifiziertes Verfahren dieser Methode findet sich bei [2].

***Reinigung von Fibrinogen aus Fraktion I durch Ammoniumsulfatfällung nach* Laki**[3].

Aus Fraktion *I* von Rinderplasma, die bei etwas geringerer Alkoholkonzentration gewonnen wird als die aus menschlichem Plasma, wurde durch Ausfällen des kälte-

* Druckfiltration durch Hormann D-2-Filterplatten genügt im allgemeinen, um den Hauptanteil der Trübung zu entfernen. Waschen der Filterplatten mit Citratpuffer zur Entfernung des Ca ist zu empfehlen. Diese Filtration kann dazu dienen, Spuren von Prothrombin oder Thrombin zu entfernen, kann aber auch erwünschte Substanzen eliminieren (z. B. antihämophiles Globulin).

** Das „kälteunlösliche Globulin" wurde von Edsall und Mitarbeitern[4] weiter untersucht. In der Ultrazentrifuge sedimentieren 75% davon mit $S_{20} = 15$. Bei der Elektrophorese wandern 90% davon einheitlich.

[1] Morrison, P. R., J. T. Edsall and S. G. Miller: Am. Soc. 70, 3103 (1948).

[2] Morrison, P. R., S. Shulman and W. F. Blatt: Proc. Soc. exp. Biol. Med. 78, 653 (1951).

[3] Laki, K.: Arch. Biochem. 32, 317 (1951).

[4] Edsall, J. T., G. A. Gilbert and H. A. Scheraga: Am. Soc. 77, 157 (1955).

unlöslichen Globulins und darauffolgende Fällung von Fibrinogen mit Ammoniumsulfat ein physikochemisch besonders einheitliches[1, 2] Fibrinogen gewonnen[3]. (Man kann Fraktion *I* bei Armour and Co., Chicago (USA), und bei den Behring-Werken, Marburg a. d. Lahn, käuflich erhalten.)

2 g von Fraktion *I* aus Rinderplasma löst man in 100 cm³ 0,1 m Phosphatpuffer, p_H 6,41, verdünnt mit 100 cm³ Wasser p_H 6,52 und läßt über Nacht bei 0° stehen. Der Niederschlag wird bei Zimmertemperatur abfiltriert und so eine Lösung Fibrinogen *I* erhalten.

Zum Filtrat fügt man $^1/_3$ Vol. gesättigtes Ammoniumsulfat unter Rühren in kleinen Portionen hinzu. Der flockige weiße Niederschlag wird abzentrifugiert und bei Zimmertemperatur in 60 cm³ 0,3 m KCl gelöst; der p_H der KCl-Lösung bringt man mit einer kleinen Menge Ammoniak auf p_H 7,4. Die wasserklare Lösung wird gegen 1 *l* 0,3 m KCl (3mal wechseln) im Eisschrank 3 Tage dialysiert. Reinheit 95 % gerinnbares Protein. Auf diese Art gewonnenes Fibrinogen ist frei von Plasmin.

Das bei *Ätherfraktionierung* des Plasma (s. S. 248) mit 11 Vol.-% Äther bei 0° und 2maligem Umfällen erhaltene Fibrinogen enthält 88—90 % gerinnbares Protein. Es wurde neuerdings durch Ätherfraktionierung gereinigt und frei von anderen Gerinnungsfaktoren gewonnen[4].

Das mit einer der üblichen Methoden ohne besondere Reinigung gewonnene Fibrinogen enthält immer antihämophiles Globulin und meist auch Plasminogen, eventuell auch noch kleine Mengen Prothrombin oder Faktor V.

Physikalische Eigenschaften (vgl. Tabellen 1, S. 214, 2, S. 219 und 7, S. 227). Das Fibrinogen der verschiedenen Säugetierarten ist sehr ähnlich aufgebaut[5], besonders Fibrinogen von Mensch und Rind gleichen sich in ihren physikalischen Eigenschaften[6]. Fibrinogen von Geflügel unterscheidet sich wesentlich von dem der Säugetiere[5]. Die Beweglichkeit von Fibrinogen im elektrischen Feld ist in Tabelle 2 angeführt. Verlängert man die Dauer der Elektrophorese auf das 6fache, dann werden die Bilder sehr komplex[7]. Bei der Papierelektrophorese bei p_H 12,9 soll Fibrinogen ohne Denaturierung in 2—3 Fraktionen zerfallen[8]. Rinderfibrinogen soll bei der Elektrophorese schneller beweglich sein als menschliches[9, 10].

Der *isoelektrische Punkt* liegt bei p_H 5[11], nach anderen Autoren bei p_H 5,5[12] oder p_H 5,3[8].

Das *Molekulargewicht* von menschlichem Fibrinogen sollte nach den ersten Untersuchungen von HOLMBERG[13] 700 000 betragen. Seither wurden mit Messungen der Sedimentations- und Diffusionskonstanten[14-17], der Lichtstreuung[18, 19] oder des osmotischen Druckes[14, 20] für menschliches und Rinderfibrinogen Molekulargewichte von 400 000 bis 500 000 gefunden. Eine teilweise Aggregation der Fibrinogenmoleküle im Verlauf der

[1] KATZ, S., K. GUTFREUND, S. SHULMAN and J. D. FERRY: Am. Soc. **74**, 5706 (1952).
[2] SHULMAN, S.: Am. Soc. **75**, 5946 (1953).
[3] LAKI, K.: Arch. Biochem. **32**, 317 (1951).
[4] KEKWICK, R. A., M. E. MACKAY, M. H. NANCE and B. R. RECORD: Biochem. J. **60**, 671 (1955).
[5] BAGDY, O., and T. SCILAGYI: Exper. **9**, 104 (1953).
[6] EDSALL, J. T.: Discuss. Faraday Soc. **13**, 9 (1953).
[7] CASPARY, E. A., and R. A. KEKWICK: Biochem. J. **67**, 41 (1957).
[8] KLINGENBERG, H. G. u. E. SCHAUENSTEIN: Z. Naturforsch. **8b**, 483 (1953).
[9] SEEGERS, W. H., M. NIEFT and J. M. VANDENBELT: Arch. Biochem. **7**, 15 (1945).
[10] DEUTSCH, H. F., and M. B. GOODLOE: J. biol. Ch. **161**, 1 (1945).
[11] SHULMAN, S.: Discuss. Faraday Soc. **13**, 109 (1953).
[12] NORBÖ, R.: B. Z. **190**, 150 (1927).
[13] HOLMBERG, C. G.: Ark. Kemi, Mineral. Geol. **17A**, No. 28 (1944).
[14] ONCLEY, J. L., G. SCATCHARD and A. BROWN: J. physic. Colloid Chem. **51**, 184 (1947).
[15] KOENIG, V. L., and K. O. PEDERSEN: Arch. Biochem. **25**, 97 (1950).
[16] SHULMAN, S., and J. D. FERRY: J. physic. Colloid Chem. **55**, 135 (1951).
[17] KOENIG, V. L., and J. D. PERRINGS: Arch. Biochem. **36**, 147 (1952); **40**, 218 (1952).
[18] STEINER, R. F., and K. LAKI: Am. Soc. **73**, 882 (1951). Arch. Biochem. **34**, 24 (1951).
[19] HOCKING, C. S., M. LASKOWSKI jr., and H. A. SCHERAGA: Am. Soc. **74**, 775 (1952).
[20] ADAIR, G. S.: siehe BAILEY, K.: Adv. Protein Chem. **1**, 308 (1944).

Reinigung erschwert die Molekulargewichtsbestimmung. Nach neueren Beobachtungen wird sowohl für menschliches wie für Rinderfibrinogen ein Molekulargewicht von 330000 angenommen. Besonders sorgfältige Untersuchungen mit Lichtstreuungsmessungen ergaben für Rinderfibrinogen ein Molekulargewicht von 340000[1]. Von SHULMAN[2] wurde sehr genau die Sedimentations- und Diffusionskonstante von Rinderfibrinogen bestimmt und daraus ein Molekulargewicht von 330000 berechnet. Nach neueren Untersuchungen soll das menschliche Fibrinogenmolekül in sehr verdünnter Lösung (weniger als 0,15 g/100 cm³) in kleinere Bruchstücke mit einem Molekulargewicht von 130000 ± 20000 und einem Achsenverhältnis von 6:1 dissoziieren[3], Rinderfibrinogen oberhalb p_H 12,8 in ein A-Molekül (Molekulargewicht 230000) und 8 B-Moleküle (Molekulargewicht 14000). Bringt man das A-Molekül wieder auf niedrigeres p_H, so ist es noch gerinnungsfähig[4].

Die *Sedimentationskonstante* von Rinderfibrinogen beträgt nach SHULMAN[2] $S_{20,w} = 7,80$ (Spinco-Zentrifuge), $S_{20,w} = 7,95$ (Ölturbinenzentrifuge), von menschlichem Fibrinogen $S_{20,w} = 7,63$[5]. Die *Diffusionskonstante* des Rinderfibrinogens ist bei einer Konzentration von 4,0 g/l, $2,02 \times 10^{-7}$ cm² sec^{-1}, die des menschlichen Fibrinogens[5] mit der GAYschen Diffusionsmethode auf 0 extrapoliert $1,98 \times 10^{-7}$ cm² sec^{-1}. Die „intrinsic viscosity" $[\eta] \times 10^2$ für Rinderfibrinogen[2] ist 25, für menschliches Fibrinogen[5] 24,5. Der *Reibungskoeffizient* beträgt für beide 2,34[2,5]. Schon eine 2%ige Fibrinogenlösung ist isoviscös mit Gesamtplasma.

Das *spezifische Partialvolumen* von Rinderfibrinogen wurde zu 0,71 bestimmt[2], aus dem Aminosäuregehalt berechnet[6], beträgt es 0,717. Werte für menschliches Fibrinogen: direkt bestimmt 0,725[7], aus dem Aminosäuregehalt berechnet = 0,723[8].

Viscositäts- und Strömungsdoppelbrechungsmessungen zeigen, daß das *Fibrinogenmolekül deutlich asymmetrisch* ist. Auch dafür werden sehr verschiedene Daten angegeben. Nach EDSALL[9, 10] hat das Rinderfibrinogenmolekül eine Länge von etwa 700 Å und ein *Achsenverhältnis* von 18:1. Aus elektronenmikroskopischen Untersuchungen[11] ergibt sich für das Fibrinogenmolekül eine gertengleiche Form (Durchmesser: 40 Å, Länge: 300 bis 1100 Å, durchschnittlich 700 Å), dabei sind kleinere Anteile perlschnurartig aneinander gereiht. Diese Resultate stimmen mit den in Lösung gefundenen Werten gut überein[9]. Allerdings finden andere Autoren im Elektronenmikroskop differierende Resultate[12, 13]. Die kleinen Anteile des Fibrinogenmoleküls könnten mit den von HOLMBERG[14] nach Behandlung mit Plasmin gefundenen Spaltprodukten von Fibrinogen mit einem Molekulargewicht von 100000 identisch sein.

Analytische Daten. Fibrinogen enthält 16,9% Stickstoff, 4,6% reduzierende Zucker und 1,1% Hexosamin[15]. STARY und Mitarbeiter[16] finden 2,3% Kohlenhydrat, d.i. 1,32% Hexose und 1,04% Glucosamin. Der Zucker scheint sehr fest an das Molekül gebunden zu sein, da er durch wiederholte Behandlung mit Chloressigsäure-Trichloressigsäure nicht abgespalten wird. Fibrinogen und Fibrinhydrolysate[17] zeigen auf dem Papierchromatogramm 3 Zuckerkomponenten mit den Beweglichkeiten von Hexosamin, Mannose und

1 KATZ, S., K. GUTFREUND, S. SHULMAN and J. D. FERRY: Am. Soc. **74**, 5706 (1952).
2 SHULMAN, S.: Am. Soc. **75**, 5846 (1953).
3 CASPARY, E. A., and R. A. KEKWICK: Biochem. J. **56**, XXXV (1954).
4 FITZGERALD, J. E., N. S. SCHNEIDER and D. F. WAUGH: Am. Soc. **79**, 601 (1957).
5 CASPARY, E. A., and R. A. KEKWICK: Biochem. J. **67**, 416 (1957).
6 BAILEY, K., and F. SANGER: Ann. Rev. **20**, 118 (1951).
7 ARMSTRONG, S. H. jr., M. J. E. BUDKA, K. C. MORRISON and M. HASSON: Am. Soc. **69**, 1747 (1947).
8 MCMEEKIN, T. L., and K. MARSHALL: Science, N. Y. **116**, 142 (1952).
9 EDSALL, J. T.: Discuss. Faraday Soc. **13**, 9 (1953).
10 EDSALL, J. T., J. F. FOSTER and H. SCHEINBERG: Am. Soc. **69**, 2731 (1947).
11 HALL, C. E.: J. biol. Ch. **179**, 857 (1949).
12 PORTER, K., and C. V. Z. HAWN: J. exp. Med. **90**, 225 (1949).
13 MITCHELL, M.: Biochim. biophysica Acta, N. Y. **9**, 430 (1952).
14 HOLMBERG, C. G.: Ark. Kemi, Mineral. Geol. **17**A, No. 28 (1944).
15 CONSDEN, R.: Discuss. Faraday Soc. **13**, 282 (1953).
16 STARY, Z., F. BURSA u. S. G. ANHEGGER-LISIE: H. **295**, 29 (1953).
17 CONSDEN, R., and W. M. STANIER: Nature **169**, 783 (1952).

Galaktose, alle in gleicher Menge (s. auch [1,2]). Menschliches Fibrin enthält 0,64—0,89 % Neuraminsäure[3]. Der Aminosäuregehalt ist in Tabelle 28, S. 378, wiedergegeben. Über die Endgruppen von Fibrinogen und Fibrin s. unten.

Denaturierung. Fibrinogen wird leichter als alle anderen Plasmaproteine denaturiert. Bei 53° coaguliert es innerhalb von 5 min. Die Denaturierung beginnt schon bei 47°. Gegen *p_H-Änderungen* ist es sehr empfindlich (vgl. S. 256). Fibrinogen und Fibrin scheinen einer Oxydation durch Tyrosinase zugänglich zu sein[4]. Die am Fibrinogen beobachtete Denaturierung ist häufig eine durch kleine Thrombinmengen bewirkte Gerinnung. *Gerinnung* kann nicht nur durch Thrombin, sondern auch *durch Papain, Staphylocoagulase* und *Schlangengift* hervorgerufen werden[5,6]. Mehrere Autoren geben an, daß Plasma von anderen Substanzen als Thrombin unspezifisch zur Gerinnung gebracht werden kann[7], z. B. von Chloramin-T, Ninhydrin und 1,4-Naphthochinonsulfosäure. Es wird aber heute angenommen, daß doch kleine Mengen Thrombin an dieser Gerinnung beteiligt sind, da nicht jedes Plasma von diesen Reagentien zur Gerinnung gebracht werden kann. Durch Bestrahlen von Rinderfibrinogen mit *Röntgenstrahlen* wird es in 2 in der Ultrazentrifuge nachweisbare Komponenten zerlegt[8].

Bestimmung von Fibrinogen. Zur Bestimmung des Fibrinogens im Plasma wird dieses meistens zur Gerinnung gebracht und die Fibrinmenge entweder gravimetrisch oder durch Stickstoffbestimmung nach KJELDAHL ermittelt (Methoden s. [9,10]).

Auch durch Vergleich der Viscosität von Plasma und Serum kann Fibrinogen bestimmt werden[11].

Von den üblichen Plasmaproteinuntersuchungen spricht die Blutsenkung am stärksten auf Veränderungen des Fibrinogengehaltes an. Das Fibrinogen als hochmolekulares Fadenmolekül beschleunigt das Zusammenballen und die Geldrollenbildung der Erythrocyten und erhöht damit die Blutsenkungsgeschwindigkeit. Näheres darüber bei [9,12].

Mit der Papierelektrophorese kann Fibrinogen auf Whatman 1-Papier in Phosphatpuffer p_H 9,2 halbquantitativ bestimmt werden[13]. Eine quantitative elektrophoretische Bestimmung ist auf vorbereiteten Papierstreifen möglich[14].

Umwandlung von Fibrinogen in Fibrin. Es ist heute geklärt, daß Thrombin bei der Gerinnung einen Peptidanteil vom Fibrinogenmolekül hydrolytisch abspaltet[15,16]. Die Reaktion geht mit kleinsten Thrombinmengen — Thrombin kann ungefähr die 10^5fache Menge seines Gewichtes an Fibrinogen spalten — schnell vor sich und ist in wenigen Minuten beendet. Es werden 3—4 % vom Fibrinogen als Fibrinopeptide abgespalten. Das Rinderfibrinogen enthält (wenn man eine Molekülgröße von 450000 annimmt) 3—4 Tyrosin-Aminoendgruppen und 2 Glutaminsäure-Aminoendgruppen[17-19], das daraus

[1] SZÁRA, S., and D. BAGDY: Acta physiol. hung. **4**, 229 (1953).
[2] SZÁRA, S., and D. BAGDY: Biochim. biophysica Acta, N. Y. **11**, 313 (1953).
[3] BÖHM, P., u. L. BAUMEISTER: Kli. Wo. **1955**, 712.
[4] SIZER, I. W., and P. F. WAGLEY: J. biol. Ch. **192**, 213 (1951).
[5] EAGLE, H., and T. N. HARRIS: J. gen. Physiol. **20**, 543 (1937). — EAGLE, H. J.: J. exp. Med. **65**, 613 (1937).
[6] FERGUSON, J. H.; in: Blood Cells and Plasma Proteins (Hrsg. TULLIS, J. L.), S. 95. New York 1953.
[7] CHARGAFF, E., and M. ZIFF: J. biol. Ch. **138**, 787 (1941). — CHARGAFF, E., and A. BENDICH: J. biol. Ch. **149**, 93 (1943).
[8] KOENIG, V. L., and J. D. PERRINGS: Arch. Biochem. **38**, 105 (1952).
[9] HINSBERG, K.: ds. Handbuch Bd. 5, S. 29f. (1953).
[10] MORRISON, P. R.: Am. Soc. **69**, 2723 (1947).
[11] PETERSEN, W. E.: J. Lab. clin. Med. **42**, 641 (1953).
[12] Wuhrmann-Wunderly, 2. Aufl., S. 132.
[13] BERKES, I., u. V. KARAS: B. Z. **324**, 499 (1953).
[14] HIRSCH, A., and C. CATTANEO: Arch. Biochem. **61**, 27 (1956).
[15] LÓRÁND, L.: Nature **167**, 992 (1951).
[16] LASKOWSKI, M., T. H. DONNELLY, B. A. VAN TIJN and H. A. SCHERAGA: J. biol. Ch. **222**, 815 (1956).
[17] LÓRÁND, L., and W. R. MIDDLEBROOK: Biochem. J. **52**, 196 (1952).
[18] LÓRÁND, L., and W. R. MIDDLEBROOK: Biochim. biophysica Acta, N. Y. **9**, 581 (1952).
[19] BETTELHEIM, F. R., and K. BAILEY: Biochim. biophysica Acta, N. Y. **9**, 578 (1952).

enstehende Fibrin 2 Tyrosin- und 4 Glykokollreste am Aminoende[1, 2]. Als C-Endgruppe findet sich bei Fibrinogen und Fibrin hauptsächlich Phenylalanin[3]. Menschliches Fibrinogen enthält dieselben Endaminosäuren, nur an Stelle der Glutaminsäure Alanin; die Amino-Endgruppen von menschlichem Fibrin sind auch Glykokoll und Tyrosin[4]. Nach LÓRÁND[1] soll durch Thrombin nur ein Peptid vom Fibrinogen abgespalten werden, nach BETTELHEIM[5] und BAILEY[6] sind es mindestens 2 Peptide mit verschiedener Aminosäurezusammensetzung, und LAKI[7] findet mehrere Peptide. Die Fibrinopeptide sind stark sauer[8]. Daher ist der isoelektrische Punkt von Fibrin höher als der von Fibrinogen. Sie enthalten 13 Aminosäuren: Asp, Glu, Ser, Gly, Thre, Ala, Tyr, Val, Leu, Phen, Pro, Arg, Lys[3].

Bei normalen Werten von p_H und Ionenstärke hydrolysiert Thrombin das Fibrinogen zu einem Produkt, in dem vermutlich die Ladungen anders verteilt sind, und dieses polymerisiert sich dann schnell zu Fibrin[9-11].

Die eigentliche Fibrinbildung aus dem durch Thrombin hydrolysierten Fibrinogen scheint in 2 Phasen zu verlaufen. Fibrin, das Thrombin aus reinen Fibrinogenlösungen bei normalem p_H und normaler Ionenstärke erzeugt hat, ist in 30%iger Harnstofflösung[12] und anderen Lösungsmitteln[13], z. B. Monochloressigsäure[8], löslich. In der Harnstofflösung hat es das gleiche Molekulargewicht wie das Fibrinogen, aus dem es entstanden ist[14-16]. Hingegen ist Fibrin, das im Plasma oder in einer Lösung, die Ca^{++} und etwas Serum enthält, unter Wirkung von Thrombin entsteht, in Harnstoff unlöslich. Es scheinen also 2 Arten von Bindungen für die Bildung des Fibringels verantwortlich zu sein:

a) Die Bindungen, die das Gel zusammenhalten, wenn es aus reinem Fibrinogen — also ohne Ca^{++} und einen noch nicht genau definierten, nicht dialysierbaren Serumfaktor[8] — gebildet wird; es könnten labile Bindungen in der Art von Wasserstoffbrücken sein, da sie durch milde Reagentien wie Harnstoff gelöst werden.

b) Die zusätzlichen Bindungen, die bei Gegenwart von Ca^{++} und Serumfaktor entstehen und das Gel fester machen; bei diesen könnte es sich um —S—S-Bindungen handeln[17-19]. Diese Annahme scheint der Befund zu bestätigen, daß nach Zusatz von Reagentien, die die SH-Gruppen maskieren, auch das im Plasma oder in Lösungen mit Calciumionen und Serum geronnene Fibrin in Harnstoff löslich ist[18].

Der Serumfaktor mit Ca^{++} kann ein schon gebildetes lösliches Fibringel in das unlösliche Fibringel umwandeln. Andererseits können SH-Verbindungen, wie Thioglykolsäure, Cystein und besonders Glutathion, innerhalb eines kritischen Konzentrationsbereiches auch in Abwesenheit von Serumfaktor aber in Gegenwart von Ca^{++} die Bildung des unlöslichen Fibringels bewirken[19].

Neuerdings fand MIDDLEBROOK[2], daß die Peptidketten von im Plasma geronnenem Fibrin anders gruppiert sind als die von Fibrin, das aus reinen Fibrinogenlösungen ent-

[1] LÓRÁND, L., and W. R. MIDDLEBROOK: Biochem. J. **52**, 196 (1952).
[2] MIDDLEBROOK, W. R.: Biochem. J. **59**, 146 (1955).
[3] BAILEY, K., and F. R. BETTELHEIM: Biochim. biophysica Acta, N. Y. **18**, 495 (1955).
[4] LÓRÁND, L., and W. R. MIDDLEBROOK: Science, N. Y. **118**, 3070 (1953).
[5] BETTELHEIM, F. R.: Am. Soc. **76**, 2838 (1954).
[6] BETTELHEIM, F. R., and K. BAILEY: Biochim. biophysica Acta, N. Y. **9**, 578 (1952).
[7] LAKI, K.: Fed. Proc. **12**, 471 (1953).
[8] LÓRÁND, L.: Physiol. Rev. **34**, 742 (1954).
[9] MIHALYI, E.: Acta chem. scand. **4**, 317 (1950).
[10] FERRY, J. D.: Proc. nat. Acad. Sci. USA **38**, 566 (1952).
[11] LAKI, K., and R. STEINER: J. polymer Sci. **8**, 457 (1952).
[12] LÓRÁND, L.: Nature **166**, 694 (1950).
[13] SHULMAN, S., S. KATZ and J. D. FERRY: J. gen. Physiol. **36**, 759 (1953).
[14] MIHALYI, E.: Acta chem. scand. **4**, 344 (1950).
[15] STEINER, R. F., and K. LAKI: Arch. Biochem. **34**, 24 (1951).
[16] SHULMAN, S., P. EHRLICH and J. D. FERRY: Am. Soc. **73**, 1388 (1951).
[17] EDSALL, J. T.; in: Blood Cells and Plasma Proteins (Hrsgb. TULLIS, J. L.). S. 133. New York 1953.
[18] LOEWY, A. G.: zit. nach [17].
[19] LOEWY, A. G., and J. T. EDSALL: J. biol. Ch. **211**, 829 (1954).

standen ist. Thrombin soll das Fibrinogen etwa in der Mitte des Moleküls angreifen[1]. Acetyliertes Fibrinogen wird von Thrombin nicht zur Gerinnung gebracht, jedoch wird ein Peptid abgespalten, und es bilden sich lösliche Polymerisationsprodukte[2].

Neben Harnstoff und einer Reihe weiterer Substanzen beeinflussen schon Änderungen der Ionenstärke und des p_H die Gerinnung von Fibrinogen[3-5]. Bei konstantem p_H, z. B. 6,2, führt zunehmende Konzentration von Natriumchlorid zu verlängerter Gerinnungszeit. Am schnellsten gerinnt es bei p_H 7, etwas abhängig von der Ionenstärke. Bei niedrigerem und höherem p_H wird die Gerinnung progressiv verzögert, bis sie bei p_H 5,3 und 10 vollkommen gehemmt ist[6, 7]; d. h. das Fibrinogen wird durch Thrombin bei p_H 5,3 wohl hydrolysiert, aber es polymerisiert nicht. Bei Neutralisation kommt es dann sofort zur Gerinnung[7].

Hemmstoffe der Umwandlung von Fibrinogen in Fibrin. SHULMAN[8] hat eine Reihe von Hemmstoffen der Gerinnung von Fibrinogen untersucht und sie zusammenfassend besprochen. Er teilt sie in 2 Gruppen ein: 1. Hemmstoffe und 2. gerinnungsverzögernde Stoffe. Zu den Hemmstoffen gehören die neutralen Alkohole von Heptamethylenglykol bis Tetramethylenglykol, die neutralen Amide Harnstoff, Methylharnstoff, Semicarbazid, Formamid, das neutrale dipolare Ion Cystein, die Kationen Guanidin, Histamin, Imidazol, die Anionen Ascorbat, Tetrathionat, Rhodanid und viele andere. Zu den gerinnungsverzögernden Stoffen gehören die Alkohole Glycerin, Äthylenglykol, Trimethylenglykol, die dipolaren Ionen Glykokoll und Taurin, die Kationen Histidin, Lysin, Methylamin, die Anionen Thiosulfat, Isopropylsulfonat usw.

Man weiß bis heute nicht, ob die Aminogruppen oder der Kohlenhydratanteil an der Zusammenlagerung und der Vernetzung der Fibrinogenmoleküle beteiligt sind[9]. Doch spricht die Hemmung durch Formaldehyd für die Bedeutung freier Aminogruppen[10], die Hemmung durch Semicarbazid für die Bedeutung von Carbonylgruppen[11].

Sehr genau wurde die Gerinnungshemmung durch Hexamethylenglykol untersucht[12-15]. In Gegenwart von 0,4 m Hexamethylenglykol bei p_H 6,2 wird das Fibrinogenmolekül wohl durch Thrombin verändert, aber nur teilweise polymerisiert. Die Polymerisation bleibt bei einem durchschnittlichen Grad von 15 Molekülen stehen, und es kommt nicht zur eigentlichen Gerinnung.

Beschleuniger der Umwandlung von Fibrinogen in Fibrin. Protamin und Polylysin beschleunigen die Umwandlung von Fibrinogen in Fibrin durch Thrombin[16, 17].

β) Fibrin.

Reinigung. Das aus Fibrinogenlösungen gewonnene Fibrin kann auf zweierlei Arten gereinigt werden.

1. Das Fibringel wird in einen flockigen Niederschlag umgewandelt, indem das Gerinnsel in 1 vol.-%iger Monochloressigsäurelösung gelöst und dann das Protein mit

---

1 TINOCO, I. jr., and J. D. FERRY: Am. Soc. **76**, 5573 (1954).
2 CASPARY, E. A.: Biochem. J. **62**, 507 (1956).
3 EDSALL, J. T., and W. F. LEVER: J. biol. Ch. **191**, 735 (1951).
4 SHULMAN, S., and J. D. FERRY: J. physic. Colloid Chem. **54**, 66 (1950).
5 FERRY, J. D.: Physiol. Rev. **34**, 753 (1954).
6 LAKI, K., and M. MOMMAERTS: Nature **156**, 664 (1945).
7 LAKI, K.: Arch. Biochem. **32**, 317 (1951).
8 SHULMAN, S.: Discuss. Faraday Soc. **13**, 109 (1953).
9 LÓRÁND, L.: Physiol. Rev. **34**, 742 (1954).
10 MIHALYI, E., u. L. LÓRÁND: Acta physiol. hung. **1**, 218 (1948).
11 LAKI, K.: Trans. 4th Josiah Macy jr. Conf. on Blood Clotting. S. 217. New York 1951.
12 KATZ, S., K. G. GUTFREUND, S. SHULMAN and J. D. FERRY: Am. Soc. **74**, 5706 (1952).
13 SHULMAN, S., and J. D. FERRY: J. physic. Colloid Chem. **55**, 135 (1951).
14 SHULMAN, S., J. D. FERRY and I. TINOCO jr.: Arch. Biochem. **42**, 245 (1954).
15 TINOCO, I. jr., and J. D. FERRY: Arch. Biochem. **48**, 7 (1954).
16 FERGUSON, J. H.: Amer. J. Physiol. **130**, 759 (1940).
17 BIEZUNSKI, E., E. SHAFRIR, A. DE VRIES and E. KATCHALSKI: Biochem. J. **59**, 55 (1955).

7 vol.-%iger Trichloressigsäurelösung gefällt wird[1]. Lösung und Fällung können mehrmals wiederholt werden[2].

2. Das Fibringel kann in 30 vol.-%iger Harnstofflösung gelöst und durch Dialyse wieder zur Gerinnung gebracht werden[3].

Die *Struktur des Fibringels* wurde von FERRY und MORRISON[4] und anderen sehr genau untersucht (Zusammenfassung bei [5], s. auch [6] und [7]). Schon bei einem Proteingehalt von 0,004% kann ein Fibringel gebildet werden. Bei niedrigem p_H und geringer Ionenstärke bildet sich ein grobes, dichtes Gerinnsel, das man nur schwer zerreiben kann. Bei hohem p_H und hoher Ionenstärke ist das entstandene Gerinnsel fein, durchsichtig, elastisch und leicht zerreibbar. Das letztere scheint sich unter Bedingungen zu bilden, bei denen die molekularen Wechselwirkungen gering sind. Hinsichtlich des Farbbindungsvermögens des Fibringels für saure und basische Farbstoffe unter verschiedenen Bedingungen s. [8]. Mit Cupriäthylendiamin kann man Fibrin, offenbar durch Aufspaltung von Wasserstoffbrücken, an denen die phenolischen Hydroxylgruppen von Tyrosin beteiligt sind, in 2 Komponenten spalten[9,10].

Fibrin wird als Fibrinfilm und Fibrinschaum in der Chirurgie verwandt[11-15].

b) Prothrombin, Thrombin.

α) *Prothrombin.*

Prothrombin, die Vorstufe von Thrombin, ist im Plasma in einer Konzentration von ~15 mg-% enthalten[16]. Von manchen Autoren wird angenommen, daß Prothrombin im Plasma z. T. als inaktive Vorstufe vorliegt[17,18]. Die Angaben über die Prothrombinmengen im Plasma verschiedener Tiere sind widersprechend. Nach DE NICOLA[19] findet man im Meerschweinchenplasma am wenigsten, in der Reihenfolge Hund, Kaninchen, Katze, Ratte, Ochse, Mensch jeweils mehr davon. Nach anderen Autoren[20,21] soll Rattenplasma die 4—5fache Menge Prothrombin des menschlichen Plasmas enthalten.

Darstellung. Prothrombin wird durch Verdünnen des Plasmas und Ansäuern auf p_H 5,1—5,3 als *Euglobulin* gefällt (s. S. 228ff.)[22].

Aus Gesamtplasma fällt es bei Halbsättigung mit *Ammoniumsulfat*, in gereinigter Form erst zwischen 0,65—0,7 Sättigung aus. Das durch Salzfällung oder Fällung im sauren Bereich dargestellte Prothrombin macht 1—3% der gesamten Plasmaproteine aus und enthält noch Fibrinogen, Ac-Globulin, Faktor VII, antihämophiles Globulin und Plasminogen, aber kein Antithrombin.

---

[1] LÓRÁND, L.: Nature **167**, 992 (1951).
[2] CONSDEN, R.: Discuss. Faraday Soc. **13**, 282 (1953).
[3] LÓRÁND, L.: Nature **166**, 694 (1950).
[4] FERRY, J. D., and P. R. MORRISON: Am. Soc. **69**, 388 (1947).
[5] FERRY, J. D.: Adv. Protein Chem. **4**, 1 (1948).
[6] EDSALL, J. T.: Discuss. Faraday Soc. **13**, 9 (1953).
[7] FERRY, J. D.: Physiol. Rev. **34**, 753 (1954).
[8] SINGER, M., and P. R. MORRISON: J. biol. Ch. **175**, 133 (1948).
[9] SCHAUENSTEIN, E., u. M. HOCHENEGGER: Z. Naturforsch. **8b**, 473 (1953).
[10] SCHAUENSTEIN, E., and M. HOCHENEGGER: J. polymer Sci. **10**, 63 (1953).
[11] FERRY, J. D., and P. R. MORRISON: J. clin. Invest. **23**, 566 (1944). Am. Soc. **69**, 400 (1947).
[12] BERING, E. A.: J. clin. Invest. **23**, 586 (1944).
[13] KEKWICK, R. A., and M. E. MACKAY: Med. Res. Council spec. Rep. Ser. No. 286 (1954).
[14] ALBRECHT, K., u. W. DRESSLER: Zbl. Chir. **75**, 1145 (1950).
[15] BAGDY, D., L. WINTER u. T. BENEDEK: Zbl. Chir. **77**, 791 (1952).
[16] SEEGERS, W. H.: Harvey Lect. (1951/52) **47**, 180 (1953).
[17] QUICK, A. J., and M. STEFANINI: J. Lab. clin. Med. **34**, 1203 (1949).
[18] BORDET, J.: Ann. Inst. Pasteur **34**, 561 (1920).
[19] NICOLA, P. DE: Blood **8**, 947 (1953).
[20] QUICK, A. J.: Amer. J. Physiol. **132**, 239 (1941).
[21] WITTE, S.: Acta haematol., Basel **10**, 359 (1953).
[22] MELLANBY, J.: Proc. R. Soc. London (B) **107**, 271 (1930).

Bei der *Äthylalkoholfraktionierung* wird es in Fraktion *III-2* konzentriert; ein kleiner Teil fällt schon in Fraktion *I* mit dem Fibrinogen aus (S. 237ff.). Das bei der Äthylalkoholfraktionierung in Fraktion *III-2* gefällte Prothrombin ist bei p_H 5,2 sehr unstabil und sollte schnell bei p_H 6 oder höherem p_H und höherer Salzkonzentration wieder gelöst und sofort gefriergetrocknet werden. So erhaltene Prothrombinpräparate sind noch sehr unrein[1].

Bei der *Ätherfraktionierung* findet es sich in der 2. Fraktion (S. 247f.).

Heute kann Prothrombin sehr viel besser durch *Adsorptionsmethoden* gereinigt werden. Bei den neueren Methoden der COHNschen Schule wird es an *Bariumsulfat* adsorbiert (S. 250f.). Aus Oxalatplasma — nicht aus Citratplasma — wird es an Bariumsulfat[2], *Kationenaustauscher in der Bariumform*[2], *Calciumphosphat*[3], *Magnesiumhydroxyd*[3-5], *Aluminiumhydroxyd*[6] und z. T. an Bariumcarbonat[7] und Seitz-Ek-Filter[8] adsorbiert. Am schwersten gelingt die Trennung des Prothrombins von Faktor VII, der sehr ähnliche chemische und physikalisch-chemische Eigenschaften zu haben scheint.

Die bisher reinsten Präparate erhielten SEEGERS und Mitarbeiter[9, 10] durch Fällung von Prothrombin nach Verdünnen und Ansäuern auf p_H 5,1, darauffolgende Adsorption an Magnesiumhydroxyd und schließlich fraktionierte Fällung mit Ammoniumsulfat. Sie erreichten auf diese Weise eine 700fache Reinigung von Prothrombin gegenüber dem Plasma und erhielten in der Ultrazentrifuge einheitliche Präparate[11].

***Prothrombindarstellung nach* SEEGERS, LOOMIS *und* VANDENBELT[9] *sowie* WARE *und* SEEGERS[10].**

Man versetzt 3 *l* Rinderoxalatplasma (1 *l* 1,85%ige Kaliumoxalatlösung, die 0,5% Oxalsäure enthält, auf 17 *l* Blut) mit 42 *l* kaltem destilliertem Wasser und fügt so lange 1%ige Essigsäure hinzu, bis der p_H 5,1 beträgt. Den Niederschlag läßt man 4 Std absitzen. Anschließend dekantiert man den Überstand, zentrifugiert den Niederschlag in der Kälte ab, fügt 500 cm³ Oxalat-Kochsalzlösung (0,5%ige Kaliumoxalatlösung, die 0,9% NaCl enthält) hinzu und verteilt das Ganze fein mit einem Rührwerk (Homogenisator). Dann stellt man den p_H mit 0,1 n NaOH auf 6,4 ein, löst dadurch das Prothrombin, zentrifugiert die unlöslichen Proteine in der Kälte ab und gibt unter Rühren 140 cm³ einer eiskalten Magnesiumhydroxydsuspension hinzu (5 *l* konzentriertes Ammoniak und 20 *l* 20%ige $MgCl_2$-Lösung; der ausfallende Niederschlag wird mehrmals gewaschen und 500 g davon in 1 *l* Wasser suspendiert). Man zentrifugiert bei 0° in der Winkelzentrifuge ab, verwirft den Überstand und wäscht das $Mg(OH)_2$ mit 200 cm³ kaltem Wasser. Nach abermaligem Zentrifugieren und Waschen suspendiert man es in 250 cm³ Wasser und setzt es unter ständigem Schütteln im Autoklaven 30 min lang einem Druck von 2,0 bis 2,5 Atmosphären CO_2 aus. Nach 10 min Ruhe läßt man das CO_2 ausströmen und erhält das Prothrombin in Lösung. Es soll ungefähr $4{,}0 \cdot 10^5$ Prothrombineinheiten enthalten, d. i. 1900 Prothrombineinheiten je mg Proteinstickstoff. Man kühlt die Lösung sofort auf 0° ab und kann sie dann bis zu 15 Std aufbewahren. Die unlöslichen Magnesiumsalze und das Fibrinogen filtriert man durch Gaze ab, die klare Prothrombinlösung bewahrt man in Eiswasser auf und fügt bei 0° eine bei 26° gesättigte Ammoniumsulfatlösung tropfenweise hinzu, bis Halbsättigung erreicht ist. Dann zentrifugiert man in der Winkelzentrifuge 10 min bei 3500 U/min bei —5°, bringt die klare überstehende Lösung auf 0° und

[1] EDSALL, J. T., R. M. FERRY and S. H. ARMSTRONG jr.: J. clin. Invest. **23**, 557 (1944).
[2] SURGENOR, D. M., and J. F. NOERTKER: Am. Soc. **74**, 3448 (1952).
[3] DUCKERT, F., F. KOLLER and M. MATTER: Proc. Soc. exp. Biol. Med. **82**, 259 (1953).
[4] NOLF, P.: Arch. int. Pharmacodyn. Thérap. **70**, 5 (1945).
[5] OWREN, P. A.: The Coagulation of Blood. Acta med. scand., Suppl. **194** (1947).
[6] BIGGS, R., and R. G. MCFARLANE: Blood Coagulation and its Disorders. S. 342. Oxford 1953.
[7] SEEGERS, W. H., and N. ALKJAERSIG: Amer. J. Physiol. **172**, 73 (1953).
[8] FLYNN, J. H., and R. W. COON: Amer. J. Physiol. **175**, 289 (1953).
[9] SEEGERS, W. H., E. C. LOOMIS and J. M. VANDENBELT: Arch. Biochem. **6**, 85 (1945).
[10] WARE, A. G., and W. H. SEEGERS: J. biol. Ch. **174**, 565 (1948).
[11] LAMY, F., and D. F. WAUGH: J. biol. Ch. **203**, 489 (1953).

versetzt sie tropfenweise mit der gleichen Ammoniumsulfatlösung bis zu 0,65-Sättigung. Im Verlauf von 30 min bringt man die Temperatur auf —5° und läßt 30 min stehen. Die Prothrombinsuspension dekantiert man von den anorganischen Kristallen ab und zentrifugiert bei 3500 U/min. Den gesamten Niederschlag sammelt man in einem Becher, löst ihn in 10 cm³ kaltem destilliertem Wasser und dialysiert bei p_H 7 gegen destilliertes Wasser, bis die Leitfähigkeit bei 5° 2000—3000 Ohm beträgt. Das wird meist in 60—90 min erreicht, wenn die Dialysierschläuche nur halb gefüllt sind und ständig bewegt werden. Nun stellt man bei 0° unter ständigem Rühren durch Zusatz von 0,1 n HCl auf p_H 5,4 ein und zentrifugiert den ausfallenden geringen Niederschlag, der hauptsächlich aus Ac-Globulin besteht, ab. Aus dem Überstand fällt man das Prothrombin durch Einstellen des p_H auf 4,6, zentrifugiert, löst in 10 cm³ Wasser unter vorsichtiger Zugabe von 0,1 n Natronlauge, bis ein p_H von 7,0—7,5 erreicht ist, und erhitzt 2 Std auf 53°, um die letzten Reste von Ac-Globulin zu inaktivieren. Der Verlust an Prothrombinaktivität ist dabei gering. Das Produkt ist praktisch reines Prothrombin und kann gefriergetrocknet werden.

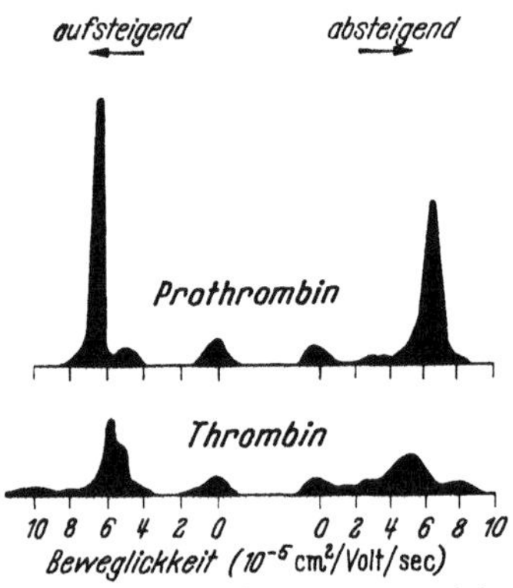

Abb. 6. Elektrophorese von gereinigtem Prothrombin vor und nach der Aktivierung zu Thrombin mit 25 %iger Natriumcitratlösung[4] (Veronalpuffer p_H 8,6 $\Gamma/2$ 0,1).

Das von SEEGERS und Mitarbeitern dargestellte Prothrombin hat eine Aktivität von 1400—2000 Einheiten/mg Trockenprotein oder 23000—30000 Einheiten/mg Tyrosin. Das Plasma enthält 200—300 Einheiten/cm³. Definition der Prothrombineinheit s. S. 270.

Von verschiedenen Arbeitsgruppen wird Prothrombin durch *Adsorption an Bariumsulfat* gereinigt[1-3]. Es kann durch Citrat eluiert werden. Man setzt Oxalatplasma oder am Austauscher decalcifiziertes Plasma ein, da das Prothrombin aus Citratplasma nicht adsorbiert wird. An Stelle von Bariumsulfat können auch Austauscher vom Sulfosäure-(Dowex-50)- oder vom carboxylgruppenhaltigen (Amberlite IRC-50-)Typ in der Bariumform zur Adsorption verwendet werden. Außer Prothrombin wird auch Faktor VII an Bariumsulfat adsorbiert, und zwar noch fester als dieses. Auch eine kleine Menge Ac-Globulin und Proteine, die mit der Blutgerinnung nichts zu tun haben, bleiben hängen. Sie können durch NaCl oder Oxalat eluiert werden, während Prothrombin und Faktor VII erst durch Citrat abgelöst werden. Eine Methode für die Trennung von Prothrombin und Faktor VII wird S. 279 beschrieben[5]. Prothrombin kann von Bariumsulfat auch durch Äthylendiamintetraacetat, 0,5 m Natriumsulfat[3] oder Phosphatpuffer p_H 8[1] eluiert werden. Um ein Prothrombin zu gewinnen, das frei von Faktor VII ist, verwenden FLYNN und COON als Ausgangsmaterial Rinderplasma, das zuvor durch Seitz-Filtration gereinigt wurde[6].

NOLF[7] adsorbiert Prothrombin an *Calciumphosphat* und eluiert mit Phosphatpuffer p_H 8. BIGGS und McFARLANE[8] ziehen *Aluminiumhydroxyd* allen anderen Adsorbentien vor. *Bariumcarbonat* adsorbiert leichter Verunreinigungen als Prothrombin[9].

Prothrombin und Faktor VII (S. 278) bilden mit *Zink* Komplexe, die in Wasser und bei Ionenstärken unter 0,03 vollkommen unlöslich, bei höheren Ionenstärken aber löslich sind[10].

1 FANTL, P., and M. H. NANCE: Med. J. Australia **1**, 128 (1948). Austral. J. exp. Biol. med. Sci. **26**, 207 (1948).
2 ALEXANDER, B., and G. LANDWEHR: Amer. J. Physiol. **159**, 322 (1949).
3 SURGENOR, D. M., and J. F. NOERTKER: Am. Soc. **74**, 3448 (1952).
4 SEEGERS, W. H.: Harvey Lect. (1951/52) **47**, 185 (1953).
5 DUCKERT, F., F. KOLLER and M. MATTER: Proc. Soc. exp. Biol. Med. **82**, 259 (1953).
6 FLYNN, J. H., and R. W. COON: Amer. J. Physiol. **175**, 289 (1953).
7 NOLF, P.: Arch. Int. Pharmacodyn. Thérap. **70**, 5 (1945).
8 BIGGS, R., and R. G. McFARLANE: Blood Coagulation and its Disorders. S. 342. Oxford 1953.
9 SEEGERS, W. H., and N. ALKJAERSIG: Amer. J. Physiol. **172**, 73 (1953).
10 COHN, E. J.; in: Blood Cells and Plasma Proteins (Hrsgb. TULLIS, J. L.). S. 36. New York 1953.

Physikalische Eigenschaften. Rinder- und menschliches Prothrombin stimmen in ihren physikalischen Eigenschaften, UV-Spektrum, Elektrophorese und Verhalten in der Ultrazentrifuge, gut überein[1]. Bei der *Elektrophorese* der hochgereinigten Prothrombinpräparate[2, 3] wandert die Hauptkomponente zwischen Albumin und α_1-Globulin (Abb. 6).

Es erscheint im allgemeinen ein kleiner Anteil einer zweiten elektrophoretischen Komponente, die aber aus dem Prothrombin selbst zu stammen scheint[3]. Der *isoelektrische Punkt* von Prothrombin liegt bei einer Ionenstärke von 0,1 bei p_H 4,2 [2, 3]. In der Ultrazentrifuge ist das von SEEGERS und Mitarbeitern[4, 5] dargestellte Rinder-Prothrombin homogen[6]. Es hat ein *Molekulargewicht* von 62700. *Sedimentationskonstante* $S_{20,w} = 4{,}89$; *Diffusionskonstante* $D = 6{,}24 \cdot 10^{-7}$ cm² sec⁻¹. Die „intrinsic viscosity" $[\eta] \times 10^2$ beträgt 4,1, das *spezifische Partialvolumen* ist 0,70. Der *Reibungskoeffizient* beträgt 1,32. Der Wassergehalt wird mit 0,3 g/g Protein angenommen. Aus Reibungskoeffizient und Viscosität wird ein *Achsenverhältnis* von 3,5 berechnet. Das entspricht für ein gestrecktes sphärisches Molekül einer *Länge* von 119 Å und einem *Durchmesser* von 34 Å[6]. Mit Ausnahme des spezifischen Partialvolumens sind alle diese Werte für menschliches Prothrombin die gleichen wie für Rinderprothrombin[6].

Löslichkeit. Prothrombin ist zwischen p_H 3,9 und 5,6 unlöslich. Oberhalb p_H 5,6 ist es in destilliertem Wasser und in physiologischer Kochsalzlösung leicht löslich.

Analytische Daten. Das Prothrombin hat auf aschefreier Basis einen Stickstoffgehalt von 14,7 % und einen Schwefelgehalt von 1,54 %. Es enthält relativ viel Zucker: 6,5 % Hexosen, 0,6 % Pentose und 2,07 % Acetylhexosamin[8]. Der Aminosäuregehalt ist in Tabelle 28 angegeben.

Tabelle 18. *Zusammensetzung von Prothrombin und seinen Abbauprodukten*[7] (g-Mol Aminosäuren je 10⁵ g Protein).

	Prothrombin	Thrombin	Überstand (33 % vom Prothrombin)
Asparaginsäure	75,3	80	66
Threonin	39,2	35	48
Serin	53,8	48	54
Glutaminsäure	87,4	81	102
Prolin	48,0	39	66
Glycin	59,8	65	51
Alanin	46,0	44	51
Valin	41,6	40	45
Methionin	13,0	9	21
Isoleucin	24,0	24	24
Leucin	58,0	64	48
Tyrosin	24,2	18	36
Phenylalanin	28,5	23	39
Histidin	11,9	10	15
Lysin	39,3	39	39
Arginin	47,0	40	63
Tryptophan	16,3	—	—
Cystin/2	26,3	—	—
Amid-NH_3	68,2	(106)	(0)
Acetylhexosamin	9,4	—	—
Hexose	36,1	—	—
Pentose	2,5	—	—

Die Zusammensetzung von Prothrombin ist in Tabelle 18 mit dem daraus mit 25 %igem Natriumcitrat hergestellten Thrombin verglichen[7].

Denaturierung. Hinsichtlich der Empfindlichkeit von Prothrombin gegenüber *Erwärmen* widersprechen sich die Angaben in der Literatur. Anscheinend wird es mit zunehmender Reinigung stabiler. Im Plasma wird es durch 10 min langes Erhitzen auf 56° vollkommen zerstört[9]. Nach OWREN[10] wird es durch Erwärmen auf 60° zerstört. Die Denaturierung soll jedoch schon bei 40° beginnen. WARE und SEEGERS[5] konnten neutrale Prothrombinlösungen in destilliertem Wasser 2 Std auf 53° mit nur geringem Aktivitäts-

[1] SEEGERS, W. H., and N. ALKJAERSIG: Amer. J. Physiol. **172**, 73 (1953).
[2] SEEGERS, W. H., R. I. MCCLAUGHRY and J. L. FAHEY: Blood **5**, 421 (1950).
[3] SEEGERS, W. H.: Harvey Lect. (1951/52) **47**, 185 (1953).
[4] SEEGERS, W. H., E. C. LOOMIS and J. M. VANDENBELT: Arch. Biochem. **6**, 85 (1945).
[5] WARE, A. G., and W. H. SEEGERS: J. biol. Ch. **174**, 565 (1948).
[6] LAMY, F., and D. F. WAUGH: J. biol. Ch. **203**, 489 (1953).
[7] LAKI, K.: Physiol. Rev. **34**, 734 (1954).
[8] LAKI, K., D. R. KOMINZ, P. SYMONDS, L. LÓRÁND and W. H. SEEGERS: Arch. Biochem. **49**, 276 (1954).
[9] ASTRUP, T., u. S. DARLING: Acta physiol. scand. **5**, 97 (1943).
[10] OWREN, P. A.: Acta med. scand., Suppl. **194** (1947).

verlust erwärmen. BIGGS und MCFARLANE[1] berichten, daß das an $Al(OH)_3$ adsorbierte Prothrombin dem Erhitzen auf 56° 7 Std lang widersteht und sogar ohne wesentliche Zerstörung gekocht werden kann. Das so gereinigte Prothrombin behielt auch nach Fällung mit einem gleichen Volumen *Trichloressigsäure* und Wiederauflösen einen Teil seiner Aktivität.

Im *Kühlraum* hält sich Prothrombin im Rinderoxalat- oder -citratplasma monatelang[2].

Man kann Prothrombin gefriertrocknen und findet unmittelbar nachher die gleiche Aktivität wie vorher. Wenn man das trockene Produkt jedoch im Exsiccator wenige Monate bis zu einem Jahr aufhebt, dann verliert es die Aktivität teilweise oder vollkommen[3]. Ein solches Prothrombin läßt sich mit Ca-Ionen, Thrombokinase und Ac-Globulin nicht in Thrombin umwandeln. Dagegen entsteht bei Behandlung mit 25%igem Natriumcitrat aktives Thrombin (s. unten).

Das gefriergetrocknete Prothrombin bekommt schon nach einem Monat Aufheben Acceleratoreigenschaften[4].

Prothrombin ist nur innerhalb eines bestimmten *p_H-Bereiches* stabil. Unterhalb p_H 4,8 und oberhalb p_H 10 beginnt seine Inaktivierung. Es bildet leicht hochpolymere Aggregate[5]. Wenn man Prothrombin mit *Sulfhydrylgruppen* enthaltenden Verbindungen (Cystein, Glutathion, BAL) behandelt, wird es unwirksam[6]. Die *Salze der seltenen Erden* wirken als Antiprothrombine[7, 8].

In vivo wird das Prothrombin des Plasmas durch Behandlung mit *Dicumarol* und ähnlichen Verbindungen vermindert (darüber ausführlich bei [9]).

Bestimmung. Prothrombin kann man entweder mit einer Einstufen- oder einer Zweistufen-Methode bestimmen.

Die einfachste *Einstufen-Methode* ist die Bestimmung der Prothrombinzeit nach QUICK[10]. Er ging von der Annahme aus, daß in einem System, das Thrombokinase, Ca^{++} und Fibrinogen in optimaler Menge enthält, die Gerinnungszeit nur von der Prothrombinmenge abhängt.

Diese Voraussetzung trifft jedoch nicht zu. Nicht das gesamte Prothrombin wird sofort in Thrombin umgewandelt, sondern die Umwandlungsgeschwindigkeit ist außer von Thrombokinase und Ca^{++} auch von Accelerator-Globulin (vgl. S. 275) und Faktor VII (vgl. S. 278) abhängig. Dennoch wird die QUICKsche Prothrombinbestimmung — oft unter dem Namen „QUICK-Zeit" — häufig angewandt, da sie zur Prüfung der Gerinnung nach Dicumarolbehandlung meistens genügt.

Prothrombinbestimmung nach* QUICK[10] *(*QUICK*-Zeit).

Reagentien:

1. Oxalatplasma: 1 Teil 1,33%iges Natriumoxalat + 9 Teile Blut oder
   Citratplasma: 2 Teile 3,8%iges Natriumcitrat + 8 Teile Blut.
2. Thrombokinase: acetongetrocknete Gehirnsubstanz, ~60 mg in 10 cm³ physiologischer Kochsalzlösung suspendiert.
3. Calciumchlorid: 0,025 m $CaCl_2$-Lösung.

Ausführung:

Man versetzt 0,1 cm³ Oxalatplasma oder Citratplasma im Wasserbad bei 37° C mit 0,1 cm³ Thrombokinase und fügt 0,1 cm³ $CaCl_2$-Lösung, die vorher auf 37° C erwärmt wurde, zu. Von dem Augenblick der Zugabe der Ca^{++} an wird die Zeit bis zum Eintritt

---

1 BIGGS, R., and R. G. MCFARLANE: Blood Coagulation and its Disorders. S. 43. Oxford 1953.
2 MURPHY, R. C., A. G. WARE and W. H. SEEGERS: Amer. J. Physiol. **151**, 338 (1947).
3 MCCLAUGHRY, R. I., E. B. ANDREWS and W. H. SEEGERS: Proc. Soc. exp. Biol. Med. **75**, 252 (1950).
4 MCCLAUGHRY, R. I.: [SEEGERS, W. H.: Harvey Lect. (1951/52) **47**, 196 (1953)].
5 LAMY, F., and D. F. WAUGH: Physiol. Rev. **34**, 722 (1954).
6 WARE, A. G., and G. F. LANCHANTIN: Physiol. Rev. **34**, 719 (1954).
7 DYCKERHOFF, H., u. O. GRÜNEWALD: B. Z. **315**, 124 (1943).
8 VINCKE, E., u. E. SCHMIDT: H. **273**, 39 (1942).
9 DEUTSCH, E.: Blutgerinnungsfaktoren. S. 69. Wien 1955.
10 QUICK, A. J.: Amer. J. Physiol. **114**, 282 (1936).

der Gerinnung gemessen. Die Gerinnungszeit von normalem menschlichem Plasma beträgt 12—15 sec. Der Zeitpunkt der Gerinnung wird entweder durch Bewegen eines Drahtes in schmalem Glasröhrchen oder durch gleichmäßiges Bewegen dieses Röhrchens durch einen Motor[1, 2] oder photoelektrisch[3, 4] bestimmt.

Man stellt mit Normalplasma oder Sammelplasma eine Verdünnungsreihe und damit eine Eichkurve her. Das Plasma wird dazu mit physiologischer Kochsalzlösung oder einer solchen, die so viel Oxalat enthält, daß dessen Konzentration konstant gehalten wird, verdünnt[5].

Man kann auch mit Plasma, das vorher mit Bariumsulfat oder Tricalciumphosphat behandelt wurde[6], oder mit einer Fibrinogenlösung[7, 8] verdünnen. Allerdings wird der Charakter der Methode dadurch schon etwas verändert, daß alle diese Verdünnungsmittel noch etwas Ac-Globulin enthalten (vgl. Abb. 7).

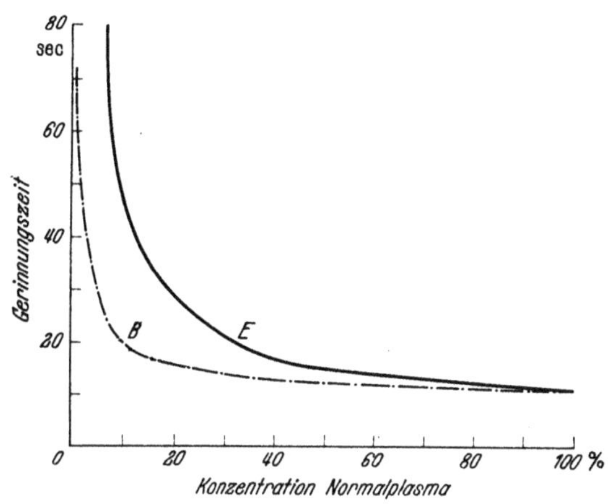

Abb. 7. Beziehung zwischen Konzentration von Normalplasma und Gerinnungszeit nach QUICK bei Verdünnung[8]. *B* mit prothrombinfreiem Plasma, *E* mit physiologischer NaCl-Lösung.

Für jede Thrombokinase muß man eine eigene Eichkurve aufstellen, da es bisher noch nicht gelungen ist, eine Standardthrombokinase herzustellen.

Es wurden zahlreiche Modifikationen dieser Methode — auch mit Gesamtblut — ausgearbeitet. Die Methoden mit Gesamtblut befriedigen nicht (vgl. dazu[9]). WINTERSTEIN[10] gibt eine Methode an, mit der man die Prothrombinzeit am Krankenbett bei konstanter Temperatur bestimmen kann. In letzter Zeit haben einige Autoren genau den Einfluß aller Faktoren untersucht, die die Prothrombinzeit nach QUICK beeinflussen. Sie schlagen vor, die Prothrombinzeit nach QUICK als Thrombokinasezeit zu bezeichnen[11, 12].

Ein einstufiges Verfahren, mit dem nur das Prothrombin allein bestimmt wird, geben KOLLER und Mitarbeiter[13] an. Alle Gerinnungsfaktoren, mit Ausnahme von Prothrombin, werden konstant gehalten. Die mit dieser Methode gewonnenen Ergebnisse stimmen gut mit denen der zweistufigen Methoden überein.

***Einstufen-Methode zur Bestimmung von Prothrombin nach* KOLLER *und Mitarbeitern*[13].**

Reagentien:

Fibrinogen, Thrombokinase, Ca-Ionen, Faktor V (Ac-Globulin) und Faktor VII werden benötigt.

Für *Fibrinogen und Faktor V* verwendet man *Rinderplasma*, aus dem Prothrombin und Faktor VII durch Adsorption an tertiäres Calciumphosphat (50 mg/cm^3) eliminiert wurden. Das Plasma enthält dann Fibrinogen und Faktor V in konstanter Menge.

---

[1] SCHULTZE, H. E.: A. e. P. P. **207**, 173 (1949).
[2] HALSE, T.: Ärztl. Wschr. **1950**, 384.
[3] LOSNER, S., B. VOLK and M. JACOBI: J. Lab. clin. Med. **36**, 473 (1950).
[4] VOLK, B., and S. LOSNER: Amer. J. med. Sci. **224**, 27 (1952).
[5] ASTRUP, T., S. MÜLLERTZ and J. R. HANSEN: Scand. J. clin. Lab. Invest. **3**, 209 (1951).
[6] GRUBER, C. M., et Z. T. LASHICHENKO: Arch. int. Pharmacodyn. Thérap. **94**, 289 (1953).
[7] NITSCHE, G. A., H. W. GERARDE and H. F. DEUTSCH: J. Lab. clin. Med. **32**, 410 (1947).
[8] KOLLER, F., u. P. FRICK: Helv. **32**, 717 (1949).
[9] DEUTSCH, E.: Blutgerinnungsfaktoren. S. 85. Wien 1955.
[10] WINTERSTEIN, A., u. R. MARBET: Helv. med. Acta **19**, 409 (1952).
[11] MARBET, R., R. STRÄSSLE u. A. WINTERSTEIN: Helv. physiol. Acta **11**, C 65 (1954).
[12] BIGGS, R., and R. G. MCFARLANE: Blood Coagulation and its Disorders. S. 168. Oxford 1953.
[13] KOLLER, F., A. LOELIGER u. F. DUCKERT: Acta haematol., Basel **6**, 9 (1951).

Als *Faktor VII* setzt man Oxalatserum oder ein gereinigtes Präparat von Faktor VII (vgl. S. 278ff.) zu. Das Oxalatserum (9 Teile Serum und 1 Teil 1,34 %iges Natriumoxalat) muß praktisch frei von Prothrombin sein. Das kann man prüfen, indem man 0,1 cm³ mit Tricalciumphosphat behandeltes Menschen- oder Rinderplasma, die prothrombinfrei sind, 0,1 cm³ Thrombokinase* und 0,1 cm³ 0,025 m Calciumchlorid zu 0,1 cm³ unverdünntem Serum fügt. Innerhalb von mindestens 90 sec darf dieses Gemisch nicht gerinnen (d. h., es ist frei von Prothrombin oder enthält nur Spuren davon).

Ausführung:

0,1 cm³ mit Veronalpuffer nach MICHAELIS, p_H 7,35, 1:10 verdünntes Plasma, 0,05 cm³ tricalciumphosphatbehandeltes Rinderplasma, 0,05 cm³ prothrombinfreies Oxalatserum oder eine gereinigte Fraktion von Faktor VII und 0,1 cm³ Thrombokinase* werden gemischt. Nach 20 sec fügt man 0,1 cm³ 0,025 m Calciumchloridlösung zu und bestimmt die Gerinnungszeit.

Die Normalwerte mit der von den Autoren benützten Thrombokinase sind 15—17 sec. Die Standardkurve gibt auf doppelt logarithmischem Papier eine gerade Linie.

BIGGS und MCFARLANE[1, 2] bestimmen das Prothrombin mit dem Thrombin-Bildungs-Test (Thrombin generation test), bei dem die Menge Thrombin, die sich bei 37° im venösen Blut bildet, in bestimmten Zeitintervallen an Fibrinogenlösungen getestet wird.

Mit der „*P & P Method*" nach OWREN[3] werden Prothrombin und Faktor VII gemeinsam bestimmt.

Mit den *Zweistufen-Methoden* kann man auch das gesamte Prothrombin unabhängig von der Konzentration der Acceleratoren erfassen. Das Plasma wird zuerst durch Zusatz einer kleinen Thrombinmenge defibriniert. Man wartet eine kurze Zeit ab, bis das zugesetzte Thrombin inaktiviert ist. Dann setzt man Thrombokinase und Ca^{++} zu, um das gesamte Prothrombin in Thrombin umzuwandeln, und testet diese Lösung in bestimmten Zeitintervallen an einer Fibrinogenlösung oder an prothrombinfreiem Plasma[4]. Heute führt man die Methode mit isolierten Gerinnungsfaktoren und mit einem Zusatz von Ac-Globulin zur ersten Phase durch[5].

Diejenige Menge Prothrombin, aus der unter optimalen Bedingungen eine Einheit Thrombin gebildet wird, wird als eine *Prothrombineinheit* bezeichnet[6, 7] (Thrombineinheit s. S. 274).

Umwandlung von Prothrombin in Thrombin. Der optimale p_H für die Umwandlung von Prothrombin in Thrombin ist 7,2. Aus den Prothrombinpräparaten, die durch Salzfällung und isoelektrische Fällung gewonnen werden, bildet sich mit Calciumionen und Gewebs- oder Plasmathrombokinase schnell Thrombin. So gewonnenes Thrombin nennt man auch *Biothrombin*[8]. Prothrombinpräparate, die durch Adsorption dargestellt wurden, werden mit Thrombokinase und Calciumionen nur zum Teil, und zwar langsam[6, 7, 9], oder gar nicht[10] in Thrombin umgewandelt. Anfangs dachte man an Denaturierung, aber die Umwandlung setzte sofort ein, wenn kleine Mengen frischen Plasmas zugefügt wurden[6, 7, 9-11]. Das Plasma enthält noch zusätzliche Faktoren, die die Umwandlung von Prothrombin in Thrombin beschleunigen: Accelerator-Globulin (Faktor V) (s. S. 275) und Faktor VII (s. S. 278).

---

* Die Thrombokinase wird in der gleichen Weise hergestellt wie für die Prüfung auf Faktor VII. S. 281.

[1] BIGGS, R., and R. G. MCFARLANE: Blood Coagulation and its Disorders. S. 168. Oxford 1953.
[2] BIGGS, R., and A. S. DOUGLAS: J. clin. Path. **6**, 15 (1953).
[3] OWREN, P. A.: Schweiz. med. Wschr. **84**, 822 (1954).
[4] WARNER, E. D., K. M. BRINKHOUS and H. P. SMITH: Amer. J. Physiol. **114**, 667 (1936).
[5] WARE, A. G., and W. H. SEEGERS: Amer. J. clin. Path. **10**, 471 (1949).
[6] OWREN, P. A.: Acta med. scand., Suppl. **194** (1947).
[7] WARE, A. G., and W. H. SEEGERS: J. biol. Ch. **174**, 565 (1948).
[8] LAMY, F., and D. F. WAUGH: Physiol. Rev. **34**, 722 (1954).
[9] FANTL, P., and M. H. NANCE: Med. J. Australia **1**, 128 (1948). Austral. J. exp. Biol. med. Sci. **26**, 207 (1948).
[10] NOLF, P.: Arch. int. Pharmacodyn. Thérap. **70**, 5 (1945).
[11] QUICK, A. J.: Amer. J. Physiol. **140**, 212 (1943).

Auch durch Behandlung mit Trypsin kann Prothrombin in Thrombin umgewandelt werden[1]. Auf diese Art gewonnenes Thrombin wird auch als *Trypsin-Thrombin* bezeichnet[2].

SEEGERS[3, 4] konnte zeigen, daß gereinigtes Prothrombin in 25%iger Natriumcitratlösung langsam in Thrombin umgewandelt wird. Kleine Mengen von Thrombin beschleunigen diesen Prozeß. SEEGERS und Mitarbeiter[3-5] vermuten, daß es sich um eine Autokatalyse handelt. Dabei werden offenbar Peptide und Kohlenhydrate vom Prothrombin abgespalten[6] (vgl. Tabelle 18, S. 267). Das so gewonnene Thrombin wird auch *Citrat-Thrombin* genannt[2]. Die Umwandlung gelingt auch in konzentrierten Lösungen von Magnesiumsulfat, Kaliumsulfat und Ammoniumsulfat, Kaliumoxalat, sekundärem Kaliumphosphat und bis zu einem gewissen Grad in wäßrigen Lösungen. Chlorionen stabilisieren Prothrombin.

Das Biothrombin scheint nahezu die gleichen physikalischen Eigenschaften wie Prothrombin zu haben. Mit 25%igem Natriumcitrat kann man aus Biothrombin sowie aus Prothrombin noch tyrosin- und kohlenhydrathaltige und trichloressigsäurelösliche Produkte abspalten.

Ganz allgemein scheinen sehr verschieden große Thrombinmoleküle zu existieren, die alle Fibrinogen zur Gerinnung bringen können[2] (vgl. auch „Physikalische Eigenschaften“ S. 267).

Im Plasma wird zu Beginn der Gerinnung langsam Thrombin gebildet. Die Geschwindigkeit steigert sich allmählich, bis kurz nach dem Ende der Gerinnung die Thrombinbildung beinahe explosiv wird[7-9].

SEEGERS und Mitarbeiter[10-19] beobachteten neuerdings, daß aus Prothrombin in Lösung ganz verschiedene Produkte entstehen können, und zwar Thrombin, Biothrombin, Thrombinthrombin, Autoprothrombin I und Autoprothrombin II. Die beiden letzten Verbindungen haben ihren Namen daher, daß sie in 25%iger Natriumcitratlösung autokatalytisch in Thrombin übergehen können. Welches dieser Produkte im Einzelfall entsteht, hängt von der Art und der Konzentration der „Aktivatoren“ ab. Diese Aktivatoren können die Bildung eines Prothrombinderivates fördern und gleichzeitig die Bildung eines anderen Derivates hemmen.

Gibt man Ca^{++} und Plättchenfaktor 3 zu Prothrombin, so verschwindet die Prothrombinaktivität, und es erscheint Acceleratoraktivität. Es ist ein Derivat des Prothrombins entstanden, das in Gegenwart der biologischen Aktivatoren kein Thrombin bildet, wohl aber in Gegenwart von 25%igem Natriumcitrat. Es wird Autoprothrombin I genannt. Es wurde unter bestimmten Bedingungen[10, 11] in Gegenwart von Ac-Globulin, Plättchenfaktor 3 und Ca^{++} aus Prothrombin gewonnen.

$$\text{Prothrombin} \xrightarrow[\text{Plättchenfaktor 3}]{\text{Ac-Globulin}\atop Ca^{++}} \text{Autoprothrombin I}$$

[1] SCHULTZE, H. E., u. G. SCHWICK: H. 289, 26 (1951).
[2] LAMY, F., and D. F. WAUGH: Physiol. Rev. 34, 722 (1954).
[3] SEEGERS, W. H., R. I. MCCLAUGHRY and J. L. FAHEY: Blood 5, 421 (1950).
[4] SEEGERS, W. H.: Proc. Soc. exp. Biol. Med. 72, 677 (1949).
[5] LÓRÁND, L., N. ALKJAERSIG and W. H. SEEGERS: Arch. Biochem. 45, 312 (1953).
[6] LAKI, K.: Physiol. Rev. 34, 730 (1954).
[7] OWREN, P. A.: Acta med. scand., Suppl. 194 (1947).
[8] EAGLE, H.: J. gen. Physiol. 18, 531, 547 (1935).
[9] HERBERT, F. K.: Biochem. J. 34, 1554 (1940).
[10] SEEGERS, W. H., N. ALKJAERSIG and S. A. JOHNSON: Amer. J. Physiol. 181, 589 (1955).
[11] PENNER, J. A., and W. H. SEEGERS: Amer. J. Physiol. 186, 343 (1956).
[12] SEEGERS, W. H., S. A. JOHNSON and J. A. PENNER: Canad. J. Biochem. Physiol. 34, 887 (1956).
[13] PENNER, J. A., F. DUCKERT, S. A. JOHNSON and W. H. SEEGERS: Canad. J. Biochem. Physiol. 34, 1199 (1956).
[14] ALKJAERSIG, N., and W. H. SEEGERS: Amer. J. Physiol. 182, 347 (1955).
[15] SEEGERS, W. H., and S. A. JOHNSON: Amer. J. Physiol. 184, 259 (1956).
[16] SEEGERS, W. H., S. A. JOHNSON, C. FELL and N. ALKJAERSIG: Amer. J. Physiol. 178, 1 (1954).
[17] JOHNSON, J. F., and W. H. SEEGERS: Michigan State med. J. 52, 537 (1953).
[18] SEEGERS, W. H., J. F. JOHNSON and C. FELL: Amer. J. Physiol. 176, 97 (1954).
[19] CARTER, J. R., and E. D. WARNER: Amer. J. Physiol. 184, 195 (1956).

Thrombin hemmt die Bildung von Autoprothrombin I. Autoprothrombin I aktiviert in Gegenwart von Ca^{++}, Ac-Globulin und dem Gift der Russelviper die Umwandlung von Prothrombin in Biothrombin. Bei dieser Reaktion kann das Gift der Russelviper durch Thrombokinase ersetzt werden. Autoprothrombin I scheint mit Faktor VII identisch zu sein[1-3] (vgl. S. 278ff.).

Autoprothrombin II (Plättchencofaktor II) wird in Gegenwart von Ac-Globulin und Thrombin aus Prothrombin gebildet[4, 5].

$$\text{Prothrombin} \xrightarrow[\text{Ac-Globulin}]{\text{Thrombin}} \text{Autoprothrombin II}$$

Autoprothrombin II wirkt bei der Entstehung von Thrombin aus Prothrombin als Cofaktor, wenn Plättchenfaktor 3 vorhanden ist.

$$\text{Prothrombin} \xrightarrow[\substack{\text{Plättchenfaktor 3} \\ \text{Autoprothrombin II}}]{\substack{Ca^{++} \\ \text{Ac-Globulin}}} \text{Thrombin}$$

Plättchenfaktor 3, Ca^{++} und Linadryl hemmen die Bildung von Autoprothrombin II. Sowohl Autoprothrombin I als auch Autoprothrombin II sollen im strömenden Blut gebildet werden. Welche Beziehungen die beiden Prothrombinderivate zu den anderen Blutgerinnungsfaktoren haben, kann heute noch nicht mit Sicherheit ausgesagt werden (vgl. die Originalliteratur).

β) Thrombin.

Thrombin ist viel stabiler als Prothrombin. Es wirkt als proteolytisches Ferment. Seine wichtigste Reaktion ist diejenige mit Fibrinogen (vgl. S. 261). In stärkerer Konzentration wirkt Thrombin auch gegenüber Fibrin[6], Casein[7] und vielleicht Gelatine[8] proteolytisch. Es hydrolysiert synthetische Peptide und Ester von Arginin, am besten Tosylargininmethylester (TAMe). Die Aktivität von Thrombin gegenüber solchen Substraten ist proportional seiner Aktivität gegenüber Fibrinogen. TAMe hemmt die Wirkung von Thrombin auf Fibrinogen kompetitiv[9]. Die autokatalytische Wirkung von Thrombin bei der Umwandlung von Prothrombin in Thrombin (vgl. S. 271) scheint auch mit seiner proteolytischen Aktivität in Beziehung zu stehen[10].

Neben den erwähnten Wirkungen soll Thrombin auch den Zerfall der Thrombocyten fördern. Nach Ansicht einzelner Autoren[11] soll es die Aktivierung von antihämophilem Globulin und von Ac-Globulin aus ihren Vorstufen bewirken.

Darstellung. SCHMIDT[12] fällte Thrombin aus frischem Serum mit *Alkohol*. MELLANBY[13] stellte durch *Verdünnen* und *Ansäuern* auf p_H 5,3 aus Plasma eine Globulinfraktion dar (MELLANBY-Fibrinogen), in der beim Stehen spontan aus Prothrombin Thrombin entstand. Auf die gleiche Art stellten ASTRUP und DARLING[14] eine Globulinfraktion her. Daraus wurde mit *Calciumchlorid und Rinderlungen-Thrombokinase* Thrombin gebildet, dieses mit Aceton gefällt und in physiologischer Kochsalzlösung gelöst.

Das bei der *Äthylalkoholfraktionierung* mit Fraktion *III-2* gefällte Prothrombin (vgl. S. 243) kann sofort nach dem Auflösen mit Calciumchlorid und Placentathrombokinase

1 SEEGERS, W. H., S. A. JOHNSON, C. FELL and N. ALKJAERSIG: Amer. J. Physiol. **178**, 1 (1954).
2 JOHNSON, J. F., and W. H. SEEGERS: Michigan State med. J. **52**, 537 (1953).
3 SEEGERS, W. H., J. F. JOHNSON and C. FELL: Amer. J. Physiol. **176**, 97 (1954).
4 SEEGERS, W. H., and S. A. JOHNSON: Amer. J. Physiol. **184**, 259 (1956).
5 PENNER, J. A., and W. H. SEEGERS: Amer. J. Physiol. **186**, 343 (1956).
6 GUEST, M. M., and A. G. WARE: Science, N. Y. **112**, 21 (1950).
7 SCHULTZE, H. E., u. G. SCHWICK: H. **289**, 26 (1951).
8 LÓRÁND, L.: Physiol. Rev. **34**, 742 (1954).
9 SHERRY, S., and W. TROLL: J. biol. Ch. **208**, 95 (1954).
10 SHERRY, S., W. TROLL and H. GLUECK: Physiol. Rev. **34**, 736 (1954).
11 QUICK, A. J.: Sang **25**, 726 (1954).
12 SCHMIDT, A. (1892) [MORAWITZ, P.: Zur Blutlehre. Leipzig 1905].
13 MELLANBY, J.: Proc. R. Soc. London (B) **113**, 93 (1941).
14 ASTRUP, T., and S. DARLING: Acta physiol. scand. **2**, 22 (1941).

in Thrombin umgewandelt werden. Man erhält ein relativ unreines Thrombin, das sofort gefriergetrocknet werden soll.

***Darstellung von Thrombin nach* Astrup *und* Darling**[1].

10 *l* Rinderplasma werden mit 150 *l* dest. Wasser verdünnt und mit Essigsäure bei p_H 5,3 gefällt. Man braucht dazu ungefähr 3 *l* 1%ige Essigsäure. Die Fällung wird am besten in je 1 *l* Plasma durchgeführt und das „Mellanby-Fibrinogen" nach 10 min Stehen abzentrifugiert. Der gesamte Niederschlag wird dann in 7 *l* 0,9%iger NaCl-Lösung bei 30° gelöst. 1,5 *l* Rinderlungenthrombokinase und 250 cm^3 1,5%ige $CaCl_2$-Lösung werden zugefügt. Das Gemisch gerinnt in 1—3 min. Während dieser Zeit wird kräftig gerührt, um das Fibrin fadenförmig zu erhalten, damit es leicht entfernt werden kann. Man läßt 1 Std stehen und gießt dann durch ein Sieb. Die Lösung enthält 8 Thrombineinheiten (TE) je Kubikzentimeter und hat ein Volumen von etwa 9 *l*. Ausbeute: 70000 TE.

Diese „Mellanby-Lösung" fällt man mit einem gleichen Volumen Aceton, läßt über Nacht stehen und verreibt den Niederschlag in einem Mörser mit etwa 1,5 *l* Aceton. Nach 24stündigem Stehen wird abgenutscht und der Niederschlag erneut mit 1 *l* Aceton verrieben. Man läßt einige Tage stehen, rührt zeitweilig um, filtriert anschließend, behandelt mit Äther und trocknet an der Luft.

Die Behandlung mit Aceton muß sehr sorgfältig durchgeführt werden, denn kleine Reste von Feuchtigkeit erschweren das Trocknen und vermindern die Aktivität.

Die Ausbeute beträgt ungefähr 60 g rohes Thrombin als weißes Pulver mit einer Aktivität von 800 TE/g *Thrombin A*. (Definition der TE s. S. 274.)

Zur weiteren Reinigung werden 40 g Thrombin A 6 Std bei 0° mit 800 cm^3 0,9%iger Kochsalzlösung und einigen Tropfen Octylalkohol extrahiert. Nach dem Zentrifugieren wird der Niederschlag erneut mit 600 cm^3 Kochsalzlösung extrahiert. Die beiden Extraktionen zusammen ergeben 1100 cm^3 einer Lösung *Ea*, die eine Aktivität von 30—36 TE/cm^3 hat.

Zu der Lösung *Ea* wird 1%ige Essigsäure zugefügt, bis p_H 5,5 erreicht ist. Nach dem Abzentrifugieren des Niederschlags wird die klare Lösung mit 2 Vol. eiskaltem Aceton versetzt. Man läßt 2 Std stehen, dekantiert, zentrifugiert und behandelt den Niederschlag im Mörser mit 200 cm^3 Aceton. Man läßt bis zum nächsten Tag stehen, nutscht ab und behandelt mit 200 cm^3 absol. Alkohol. Nach 24stündigem Stehen wird filtriert, mit Äther behandelt und an der Luft getrocknet. Die Behandlung mit Aceton, Alkohol und Äther muß sehr sorgfältig geschehen. Ausbeute: 2,5 g *Thrombin B* mit einer Aktivität von ungefähr 10000 TE/g.

Neuerdings wurde Thrombin an dem *Ionenaustauscher* Amberlite IRC-50 gereinigt[2]. Vgl. auch Darstellung von Prothrombin S. 264ff.

Aus reinem Prothrombin[3,4] stellten Seegers und Mitarbeiter[5,6] Thrombin dar, ohne daß sie irgendwelche Gerinnungsfaktoren zufügten. In 25%iger Natriumcitratlösung wird dieses Prothrombin in 40 Std in Thrombin umgewandelt (s. auch S. 271ff.). Bei Zufügen kleiner Mengen 3-Methyl-4,6,4'-triaminodiphenylsulfon ist die Umwandlung in 24 Std beendet.

Reines Thrombin kann durch 0,47-Sättigung mit Ammoniumsulfat in eine lösliche und eine unlösliche Fraktion getrennt werden, die beide aktiv sind[6]. Vgl. S. 270 und „Physikalische Eigenschaften".

Physikalische Eigenschaften. *Elektrophorese.* Bei der elektrophoretischen Untersuchung[4,5] besteht das so erhaltene Thrombin (Citrat-Thrombin) aus 3 Komponenten mit den isoelektrischen Punkten 3,6, 4,1 und 4,7. Die beiden langsamer wandernden

[1] Astrup, T., and S. Darling: Acta physiol. scand. 2, 22 (1941).
[2] Strøier Rasmussen, P.: Biochim. biophysica Acta, N. Y. 16, 157 (1955).
[3] Ware, A. G., and W. H. Seegers: J. biol. Ch. 174, 565 (1948).
[4] Seegers, W. H., E. C. Loomis and J. M. Vandenbelt: Arch. Biochem. 6, 85 (1945).
[5] Seegers, W. H.: Proc. Soc. exp. Biol. Med. 72, 677 (1949).
[6] Seegers, W. H., R. I. McClaughry and J. L. Fahey: Blood 5, 421 (1950).

Komponenten mit den isoelektrischen Punkten 4,1 und 4,7 haben Thrombinaktivität (s. Abb. 6) (vgl. S. 270 und 273).

Molekulargewicht[1, 2]. In der Ultrazentrifuge zeigt das gleiche Material 4 Komponenten: etwa 10% kleinere Fragmente mit dem Mol.-Gewicht < 5000, 8% einer Komponente mit dem Mol.-Gewicht ~ 15000, 32% einer Komponente mit dem Mol.-Gewicht 45000 und heterogenes schweres Material ($> 50\%$) (s. auch Abb. 6). Die Thrombinaktivität kommt der Komponente mit dem Mol.-Gewicht 45000 und dem schweren Material zu[2].

Analytische Daten. Gereinigtes Thrombin enthält keinen Phosphor[3, 4] und kein Calcium[5]. Nur 60% des Eiweißanteils von Prothrombin scheinen in Thrombin überzugehen. Dieser Anteil enthält wenig oder kein Kohlenhydrat[6] (vgl. Tabelle 18, S. 267).

Denaturierung. Thrombin wird sehr viel weniger leicht als das Prothrombin, aus dem es entstanden ist, denaturiert; beim *Stehen in Lösung* verliert es aber auch den größten Teil seiner Aktivität. *Gefriergetrocknetes* Thrombin ist sehr stabil und behält seine Aktivität über Jahre. Glycerin wirkt stabilisierend auf Thrombinlösungen[7]. Beim *Erwärmen* auf 56° wird Thrombin zerstört. Die Inaktivierung beginnt schon bei 40°.

Thrombin wird an Fibrin adsorbiert[8], und zwar stärker als irgendein anderes Plasmaprotein[9]. Das adsorbierte Thrombin wird unzerstört wieder zurückgewonnen, wenn das Fibringerinnsel durch Plasmin aufgelöst wird[10].

Bestimmung. Zur Bestimmung von Thrombin wird an reinen Fibrinogenlösungen oder prothrombinfreiem Plasma getestet.

Nach SEEGERS und Mitarbeitern[11] versetzt man 0,1 cm³ einer 1%igen Fibrinogenlösung mit 0,3 cm³ einer Lösung, die folgende Zusammensetzung hat: 2 Teile 15%iges Gummi arabicum, das 0,7% $CaCl_2$ enthält, 1 Teil Imidazolpuffer von p_H 7,2—7,4, 2 Teile 0,7%iges $CaCl_2$ und 4 Teile 0,85%iges NaCl. Dazu gibt man 0,1 cm³ der zu testenden Thrombinlösung und mißt die Gerinnungszeit bei 28°. Als eine *Thrombineinheit* (TE) gilt diejenige Menge Thrombin, die in einem Kubikzentimeter enthalten ist, wenn die Gerinnungszeit unter diesen Bedingungen 15 sec beträgt. Eine solche Thrombineinheit wird auch als *Iowa-Einheit* bezeichnet. Für Werte zwischen 13 und 17 sec wird ein Korrekturfaktor eingeführt.

Die Thrombineinheiten werden nach der Formel

$$\text{Thrombineinheiten/cm}^3 = \text{Ausgangs-Verdünnung} \times 5 \times \text{Korrekturfaktor}$$

berechnet. Multiplikation mit 5 ist wegen der Verdünnung mit der Fibrinogenlösung und der Aktivierungsmischung notwendig.

Man kann auch eine Verdünnungsreihe mit Thrombin von bekanntem Gehalt herstellen. Auf doppelt logarithmischem Papier erhält man dann eine Eichkurve, die eine gerade Linie ergibt.

OWREN[12] definiert eine Thrombineinheit als diejenige Menge Thrombin, die in einem Volumen von 1 cm³, der 0,1% frisches profibrinfreies menschliches Fibrinogen enthält, bei einer Temperatur von 37°, p_H 7,3 und 0,154 m NaCl Konzentration in 15 sec Gerinnung bewirkt.

Andere Autoren definieren eine TE etwas anders[4, 13].

[1] LAMY, F., and D. F. WAUGH: J. biol. Ch. **203**, 489 (1953).
[2] LAMY, F., and D. F. WAUGH: Fed. Proc. **13**, 83 (1954).
[3] CHARGAFF, E., M. ZIFF and S. S. COHEN: J. biol. Ch. **135**, 351 (1940).
[4] ASTRUP, T., and S. DARLING: Acta physiol. scand. **2**, 22 (1941).
[5] FERGUSON, J. H.: Amer. J. Physiol. **119**, 755 (1937).
[6] LÓRÁND, L., N. ALKJAERSIG and W. H. SEEGERS: Arch. Biochem. **45**, 312 (1954).
[7] GERENDAS, M.: Acta physiol. hung. **1**, Nr. 4 (1948).
[8] SEEGERS, W. H., M. NIEFT and E. C. LOOMIS: Science, N. Y. **101**, 520 (1945).
[9] MORRISON, P. R.: Am. Soc. **69**, 2723 (1947).
[10] SEEGERS, W. H.: J. physic. Colloid Chem. **51**, 198 (1947).
[11] SEEGERS, W. H., and H. P. SMITH: Amer. J. Physiol. **137**, 348 (1942).
[12] OWREN, P. A.: Acta med. scand., Suppl. **194** (1947).
[13] LENGGENHAGER, K.: Helv. med. Acta **7**, 262 (1940).

Da die erwähnten Definitionen einer TE alle etwas abhängig von dem Zustand der angewandten Fibrinogenlösung sind, scheint die eindeutigste Definition die von SHERRY und TROLL[1] zu sein. Sie benützen die proteolytische Aktivität gegenüber Tosylargininmethylester (= Toluolsulfonylargininmethylester, TAME) zur Bestimmung der Thrombineinheiten. Dabei wird als *TAME-Einheit* diejenige Menge Thrombin angenommen, die in 10 min 1 μMol Säure in Freiheit setzt. Eine solche Einheit entspricht etwa einer *NIH-Einheit Thrombin* (NIH = National Institute of Health of the Unites States Public Health Service). Eine NIH-Einheit wird als diejenige Menge Thrombin definiert, die 1 cm^3 einer 1%igen Lösung der COHNschen Fraktion *I* (vgl. S. 238ff.) aus menschlichem Plasma bei 25° in 45 sec zur Gerinnung bringt[2].

c) Accelerator (Ac)-Globulin.

NOLF[3] fand, daß an $Ca_3(PO_4)_2$ adsorbiertes Prothrombin durch Calciumionen und Thrombokinase nicht in Thrombin umgewandelt wird, sondern erst, wenn etwas von dem Plasma, aus dem das Thrombin entfernt worden war, zugefügt wird. Er nannte die im Plasma vorhandene hypothetische Substanz Thrombogen. QUICK[4] beobachtete, daß in der Kälte aufgehobenes Oxalatplasma eine verlängerte Prothrombinzeit zeigte, die durch Zufügen kleiner Mengen frischen Plasmas zur Norm zurückkehrte. Er nahm an, daß im Plasma außer Prothrombin ein weiterer zur Gerinnung notwendiger Faktor vorhanden ist, den er „labile factor" nannte. Von weiteren Arbeitsgruppen wurden ähnliche Beobachtungen gemacht.

Es scheint heute, daß das Accelerator-Globulin (Ac-Globulin*) von WARE und SEEGERS[5] identisch ist mit Thrombogen von NOLF[3], „labile factor" von QUICK[4], Faktor V von OWREN[6], später Accelerin von OWREN[7], Prothrombin-Accelerator von FANTL und NANCE[8] und Prothrombokinase von MILSTONE[9].

Ac-Globulin beschleunigt die Thrombinbildung, beeinflußt aber auch die Menge des aus Prothrombin gebildeten Thrombins[10]. Es wirkt noch in einer Verdünnung von $^1/_{500}$ des Gehaltes im Serum. Nach Dicumarolbehandlung ist es nur wenig[11] oder gar nicht[12], bei schweren Leberschäden ist es stark vermindert[11]. Hämophilieplasma enthält normale Mengen Ac-Globulin[13]. Im Plasma verschiedener Tierarten sind Konzentration und Stabilität verschieden[12, 14, 15].

Nach WARE, SEEGERS und Mitarbeitern[16-18] soll Plasma-Ac-Globulin durch kleine Mengen Thrombin in Serum-Ac-Globulin umgewandelt werden, das etwa die 10fache Aktivität des ersteren hat. Das Plasma-Ac-Globulin wird an $BaSO_4$ nicht adsorbiert, sondern erst nach der Reaktion mit Thrombin. Nach OWREN[19] soll der Faktor V

* Der Name Ac-Globulin hat sich am besten durchgesetzt.

1 SHERRY, S., and W. TROLL: J. biol. Ch. **208**, 95 (1954).
2 SEEGERS, W. H.: J. biol. Ch. **136**, 103 (1940).
3 NOLF, P.: Arch. int. Pharmacodyn. Thérap. **70**, 5 (1945).
4 QUICK, A.: Amer. J. Physiol. **140**, 212 (1943).
5 WARE, A. G., and W. H. SEEGERS: J. biol. Ch. **172**, 699 (1948).
6 OWREN, P. A.: Acta med. scand., Suppl. **194** (1947).
7 OWREN, P. A.: 2. Int. Congr. Haematol. Cambridge 1950. S. 379, 475.
8 FANTL, P., and M. H. NANCE: Nature **158**, 708 (1946).
9 MILSTONE, J. H.: J. gen. Physiol. **31**, 301 (1948).
10 DEUTSCH, E.: Blutgerinnungsfaktoren. S. 112. Wien 1955.
11 SEEGERS, W. H.: Circulation, N. Y. **1**, 2 (1950).
12 DEUTSCH, E., H. FRISCHAUF u. V. GRÜNBERGER: Z. klin. Med. **147**, 324 (1950).
13 BIGGS, R., and R. G. MCFARLANE: Blood Coagulation and its Disorders. S. 74. Oxford 1953.
14 MURPHY, R. C., A. G. WARE and W. H. SEEGERS: Amer. J. Physiol. **151**, 338 (1947).
15 MURPHY, R. C., and W. H. SEEGERS: Amer. J. Physiol. **154**, 134 (1948).
16 WARE, A. G., R. C. MURPHY and W. H. SEEGERS: Science, N. Y. **106**, 618 (1947).
17 WARE, A. G., and L. M. LEWIS: Fed. Proc. **12**, 286 (1953). Blood **9**, 520 (1954).
18 LANCHANTIN, G. F., and A. G. WARE: Biochim. biophysica Acta, N. Y. **18**, 288 (1955).
19 OWREN, P. A.: The Coagulation of Blood. Oslo 1947.

(Plasma-Ac-Globulin) unter dem Einfluß von Thrombokinase und Calciumionen in Gegenwart von Prothrombin in den aktiven Faktor VI (Serum-Ac-Globulin ?) umgewandelt werden. Nach QUICK[1] soll hingegen das Plasma-Ac-Globulin direkt an der Umwandlung von Prothrombin in Thrombin beteiligt sein.

Von den meisten Autoren wird heute angenommen, daß es nicht nur ein Plasma-Ac-Globulin (Proaccelerin), sondern auch ein Serum-Ac-Globulin (Accelerin) gibt und daß dieses gemeinsam mit Faktor VII (Convertin) erst die optimale Umwandlung von Prothrombin in Thrombin gewährleistet[2, 3].

Darstellung und Eigenschaften. Chemisch scheint Ac-Globulin dem Prothrombin sehr ähnlich zu sein, denn es kann durch Salzfraktionierung aus Gesamtplasma nicht vom Prothrombin getrennt werden. Aus teilweise gereinigten Lösungen fällt es bei geringerer *Ammoniumsulfatsättigung* aus als Prothrombin[4] (vgl. S. 264). Bei der *Äthylalkoholfraktionierung* (vgl. S. 237ff.) wird es in Fraktion $II + III$ konzentriert[5, 6] und daraus mit den β-Lipoproteiden extrahiert, woraus geschlossen wird, daß es normalerweise mit den Lipoproteiden assoziiert ist. An $BaSO_4$ wird Ac-Globulin aus dem Plasma nicht adsorbiert; $Al(OH)_3$, $Ca_3(PO_4)_2$ und $Mg(OH)_2$ *adsorbieren* alle etwas Ac-Globulin aus dem Plasma. Aus gereinigten Lösungen kann es durch diese Adsorbentien vollkommen entfernt werden[7]. Aus Plasma, aus dem das Prothrombin mit $BaCO_3$ entfernt wurde, kann ein Teil der Ac-Globulinaktivität an $CoCO_3$, ein anderer an $PbCO_3$ adsorbiert und daraus mit Phosphatpuffer wieder eluiert werden[8].

Nach OWREN[7] wird das Ac-Globulin dargestellt, indem aus Rinderplasma das Fibrinogen durch 0,33-Sättigung mit Ammoniumsulfat ausgefällt, das Prothrombin durch Seitz-Filter entfernt, das Ac-Globulin durch 0,50-Ammoniumsulfat-Sättigung gefällt und schließlich bei p_H 5,4 umgefällt wird.

***Darstellung von Ac-Globulin (Faktor V) nach* OWREN[7].**

Man mischt 9 Vol Rinderblut mit 1 Vol 4 vol-%igem Kaliumoxalat (1 H_2O), kühlt auf $+1°$ und zentrifugiert ab.

Darstellung von prothrombinfreiem Plasma. Das so erhaltene Rinderplasma wird zuerst durch eine Filterplatte, die etwa 20% Asbest enthält, dann 2mal durch Filterplatten, die 40% Asbest enthalten, filtriert. Die Filterplatten werden vorher mit Citrat-Kochsalzlösung (0,4 Vol.-% tert. Na-Citrat, 0,9 Vol.-% NaCl) gewaschen.

Das prothrombinfreie Rinderplasma verdünnt man mit 2 Vol. dest. Wasser, kühlt auf $-1°$, während man 10 Vol.-% Äther langsam durch eine Capillare zufließen läßt. Man läßt absitzen und entfernt den Niederschlag zur Herstellung von Fibrinogen.

Den p_H der Lösung stellt man dann mit 0,1 n Essigsäure auf 6,5 ein , läßt 1 Std stehen und verwirft den sich bildenden Niederschlag.

Zu der überstehenden Lösung fügt man so lange 0,1 n Essigsäure, bis p_H 5,3 erreicht ist, läßt 1 Std bei $-1°$ stehen und zentrifugiert bei $-2°$ ab. Der Niederschlag enthält 80% von dem Ac-Globulin des Plasmas. Man suspendiert ihn bei 0° in Acetatpuffer p_H 5,23, $\Gamma/2 = 0{,}04$, und zentrifugiert ab. Daraufhin suspendiert man ihn in $^1/_5$ des ursprünglichen Plasmavolumens an dest. Wasser und löst ihn durch Einstellen des p_H auf 6,5 mit 0,1 n NaOH. Ac-Globulin löst sich vollkommen. Eine geringe Menge ungelösten Materials wird abzentrifugiert.

---

[1] QUICK, A. J., and M. STEFANINI: J. Lab. clin. Med. **34**, 1203 (1949).
[2] OWREN, P. A.: Int. Tagung über Thrombose und Embolie. Basel 1954.
[3] DEUTSCH, E.: Blutgerinnungsfaktoren. S. 96. Wien 1955.
[4] WARE, A. G., and W. H. SEEGERS: J. biol. Ch. **172**, 699 (1948).
[5] SURGENOR, D. M., B. ALEXANDER, R. G. GOLDSTEIN and K. SCHMID: J. physic. Colloid Chem. **55**, 94 (1951).
[6] STRÄSSLE, R., R. MARBET u. A. WINTERSTEIN: 5. Int. Congr. Haematol. Paris 1954.
[7] OWREN, P. A.: Biochem. J. **43**, 136 (1948).
[8] SØRBIE, O., I. KRUSE and H. DAM: Acta chem. scand. **5**, 487 (1951).

Nun bringt man die Lösung mit NaCl auf Ionenstärke $\Gamma/2 = 0{,}10$ und stellt den p_H mit $^1/_2$ Vol. Acetatpuffer p_H 5,23, $\Gamma/2 = 0{,}10$, auf 5,3 ein. Den gelben Niederschlag, der sich bildet, läßt man 1 Std absitzen und zentrifugiert ihn ab.

Die überstehende Lösung wird auf je 100 cm³ mit 150 cm³ dest. Wasser bis Ionenstärke $\Gamma/2$ 0,04 verdünnt. Dabei fällt Ac-Globulin aus. Man läßt 2 Std bei 0° stehen, zentrifugiert ab, wäscht den Niederschlag mit dest. Wasser, suspendiert in dest. Wasser und löst ihn durch Einstellen des p_H auf 7,0 mit 0,1 n NaOH.

Die so erhaltene Ac-Globulinlösung wird gefriergetrocknet.

Die gesamte Darstellung sollte bei tiefer Temperatur durchgeführt werden, da Ac-Globulin oberhalb von 0° durch Äther denaturiert wird.

Ausbeute ~60%, 100—150fache Reinigung.

WARE und SEEGERS[1] verfahren zur Darstellung von Ac-Globulin, wie bei der Prothrombindarstellung (S. 265) beschrieben, bis zu dem Moment, in dem Prothrombin und Ac-Globulin gemeinsam durch CO_2 vom $Mg(OH)_2$ abgelöst werden.

***Darstellung von Ac-Globulin nach* WARE *und* SEEGERS[1].**

Die erhaltene Lösung (S. 265) kühlt man auf 0°, fällt durch 0,30-Sättigung mit Ammoniumsulfat das Fibrinogen aus und zentrifugiert es bei 0° ab. Zum Überstand gibt man tropfenweise unter Rühren Ammoniumsulfat bis 0,50-Sättigung zu und läßt 20 min stehen, um die anorganischen Salze absitzen zu lassen. Der Proteinniederschlag, der das meiste Ac-Globulin enthält, setzt sich erst später ab und wird dann bei 0° abzentrifugiert und in 100 cm³ eiskaltem Wasser gelöst. Man fügt nun Ammoniumsulfat bis 0,45-Sättigung zu. Der Überstand enthält noch beachtliche Mengen Prothrombin. Er wird verworfen. Den Niederschlag löst man in 10 cm³ eiskaltem Wasser und dialysiert gegen häufig gewechseltes dest. Wasser bei p_H 7,0, bis der spezifische Widerstand bei 5° 3000—4000 Ohm beträgt. Um größere Verluste an Ac-Globulin zu vermeiden, soll man höchstens $1^1/_2$ Std dialysieren. Man kann das Ac-Globulin nun durch isoelektrische Fällung reinigen. Der p_H wird auf 7,0 eingestellt, dann wird bei 0° zentrifugiert. Man verwirft den Niederschlag und säuert unter Rühren die überstehende Lösung mit 0,1 n HCl auf p_H 5,4 an. Den Niederschlag zentrifugiert man bei 0° ab. Er enthält das gereinigte Ac-Globulin. Er wird in 10 cm³ eiskaltem Wasser suspendiert und der p_H mit 0,1 n NaOH auf 7,0 eingestellt.

Die so erhaltene Ac-Globulinlösung kann ohne Aktivitätsverlust gefriergetrocknet werden.

Das auf diese Art aus menschlichem Plasma dargestellte Produkt ist im allgemeinen relativ frei von Fibrinogen, Prothrombin und Antithrombin, während das aus Rinderplasma auf die gleiche Art gewonnene meist noch etwas Prothrombin enthält. LEWIS und WARE[2] haben in letzter Zeit eine Vereinfachung der Methode mitgeteilt.

Physikalische Eigenschaften. *Elektrophorese.* Das von WARE und SEEGERS[1] dargestellte Ac-Globulin enthält 2 elektrophoretische Hauptkomponenten und ungefähr 5% Prothrombin. In Phosphatpuffer, p_H 7,4, $\Gamma/2 = 0{,}2$, hat die eine Hauptkomponente eine Beweglichkeit von $-2{,}69 \times 10^{-5}$, die andere von $-4{,}73 \times 10^{-5}$. Die Ac-Globulinaktivität kommt anscheinend der letzteren zu. Wenn man das annimmt, wäre das Präparat 50% rein. Bei der Elektrophorese geht ein Teil der Aktivität verloren. Bei der Papierelektrophorese wandert die Ac-Globulinaktivität des menschlichen Plasmas zwischen den β- und γ-Globulinen, die des Kaninchenplasmas in der Nähe der γ-Globuline[3].

Denaturierung. Ac-Globulin ist in Oxalatplasma besonders labil, weniger in Citratplasma. In Rinderplasma hält es sich besser als im menschlichen[4]. In diesem geht der größte Teil der Aktivität in wenigen Tagen verloren[5, 6]. Plättchenextrakt trägt zur

[1] WARE, A. G., and W. H. SEEGERS: J. biol. Ch. **172**, 699 (1948).
[2] LEWIS, M. L., and A. G. WARE: Proc. Soc. exp. Biol. Med. **84**, 636 (1953).
[3] OWEN, C. A. jr., and B. F. MCKENZIE: J. appl. Physiol. **6**, 696 (1954).
[4] MURPHY, R. C., A. G. WARE and W. H. SEEGERS: Amer. J. Physiol. **151**, 338 (1947).
[5] WARE, A. G., J. L. FAHEY and W. H. SEEGERS: Amer. J. Physiol. **154**, 140 (1948).
[6] SEEGERS, W. H.: Circulation, N. Y. **1**, 2 (1950).

Instabilität von Ac-Globulin bei[1]. Ac-Globulin ist thermolabil und wird durch halbstündiges *Erwärmen* auf 50° oder 3 min langes Erwärmen auf 56° zerstört. Unterhalb p_H 4,0 und oberhalb p_H 10 geht seine Aktivität verloren[2]. Übersichten über Ac-Globulin s.[3,4].

Bestimmung. Ac-Globulin kann mit einer Einstufen- oder einer Zweistufen-Methode bestimmt werden.

Bei der Einstufen-Methode geht man am besten so vor, wie bei der Prothrombin- (S. 269) und Faktor VII-Bestimmung (S. 280) beschrieben, indem man ein Gerinnungssystem herstellt, das alle anderen Gerinnungsfaktoren im Überschuß enthält, so daß dann die Gerinnungszeit nur noch von der Konzentration von Ac-Globulin (Faktor V) abhängt. Als Quelle der Gerinnungsfaktoren Fibrinogen, Prothrombin und Faktor VII dient gelagertes Normalplasma.

Ac-Globulin-Bestimmung mit der Einstufen-Methode nach Deutsch ***und*** Schaden[5].
Reagentien:

1. *Gelagertes Plasma.* Normales Oxalatplasma läßt man nach Zusatz von etwas Thymol 8—48 Std im Brutschrank bei 37° stehen. Dabei sinken Prothrombin und Faktor VII höchstens um 20%, Ac-Globulin aber auf ~1% ab. Die Gerinnungszeit nach Quick muß mehr als 60 sec betragen.
2. *Verdünntes Plasma.* Das unbekannte Oxalatplasma wird 1:10 mit Veronalpuffer, p_H 7,34, Ionenstärke $\Gamma/2$ 0,14, der 0,15% Natriumoxalat enthält, verdünnt.

Ausführung:

0,1 cm^3 des 10fach verdünnten Plasmas wird mit 0,1 cm^3 gelagertem Plasma, 0,1 cm^3 Thrombokinase und 0,1 cm^3 0,5%iger Calciumchloridlösung versetzt. Die Eichkurve wird in gleicher Weise gewonnen wie bei den übrigen Testmethoden. Sie ist auch hier im doppelt-logarithmischen System eine Gerade.

Mit einer Zweistufen-Methode wird Ac-Globulin von Ware und Seegers[6] in gleicher Art wie Prothrombin bestimmt.

d) Faktor VII.

Schon Bordet[7] beobachtete, daß Prothrombin im Serum schneller als im Plasma in Thrombin umgewandelt wird. Aus der Tatsache, daß Plasma, das in Glasgefäßen aufbewahrt wurde, reaktionsfähiger ist als das in siliconüberzogenen Gefäßen aufbewahrte, schlossen Quick und Mitarbeiter[8], daß das Plasma eine unwirksame Vorstufe des Prothrombins enthält, die erst durch den Kontakt mit Glas in wirksames Prothrombin umgewandelt wird. Wenn man zu Rinderplasma, aus dem die Hauptmenge Prothrombin durch Seitz-Filter entfernt wurde und das in Gegenwart von Thrombokinase (Hirnemulsion) und Calciumionen nicht oder nur langsam gerinnt, kleine Mengen normalen menschlichen Serums zufügt, kommt es zur Gerinnung[9,10]. Verdünnt man Plasma mit $BaSO_4$-behandeltem Plasma 1:10, so ist die Gerinnung stark verzögert. Durch Zufügen kleiner Mengen Serum wird sie beschleunigt. Daraus wird geschlossen, daß Plasma und Serum einen Faktor enthalten, der die Gerinnung beschleunigt und der an $BaSO_4$ adsorbiert werden kann. Im Serum von dicumarolbehandelten Patienten fehlt dieser Faktor[11]. Koller und Mitarbeiter[10] nannten ihn Faktor VII.

---

[1] Ware, A. G., J. L. Fahey and W. H. Seegers: Amer. J. Physiol. **154**, 140 (1948).
[2] Owren, P. A.: Acta med. scand., Suppl. **194** (1947).
[3] Flynn, J. H., and R. W. Coon: Ann. Rev. Physiol. **14**, 205 (1952).
[4] Alexander, B., J. E. Flynn, F. D. Mann, P. A. Owren and W. H. Seegers: Blood Clotting and Allied Problems, Trans. 5th Conf. New York 1953.
[5] Deutsch, E., u. W. Schaden: B. Z. **324**, 266 (1953).
[6] Ware, A. G., and W. H Seegers: J. biol. Ch. **172**, 699 (1948).
[7] Bordet, J., et L. Delange: Ann. Inst. Pasteur **26**, 655, 739 (1912).
[8] Quick, A. J., and M. Stefanini: J. Lab. clin. Med. **34**, 1203 (1949).
[9] Owren, P. A.: 2. Int. Congr. Haematol., Cambridge 1950. S. 379, 475. Scand. J. clin. Lab. Invest. **3**, 168 (1951).
[10] Koller, F., A. Loeliger and F. Duckert: Acta haematol., Basel **6**, 1 (1951).
[11] Owen, C. A., and J. L. Bollman: Proc. Soc. exp. Biol. Med. **67**, 231 (1948).

Faktor VII von KOLLER[1] scheint identisch zu sein mit: Convertin (OWREN[2]), serum prothrombin conversion accelerator [S.P.C.A. (ALEXANDER[3])], stable prothrombin conversion factor (OWEN[4]), Co-Thromboplastine (MANN und HURN[5]) und accelerator factor (McMILLON[6]).

Faktor VII beschleunigt die Umwandlung von Prothrombin in Thrombin. Er scheint wichtig zu sein für die Blutthrombokinasebildung.

Von manchen Autoren[2,3] wird angenommen, daß Faktor VII im Plasma in Form einer inaktiven Vorstufe vorhanden ist und daß mit Thrombokinase und Calciumionen aus der inaktiven Vorstufe (Proconvertin) erst der aktive Faktor VII (Convertin) entsteht[7]. KOLLER und Mitarbeiter[8] vermuten jedoch nur eine Form von Faktor VII. Er bildet sich während der Blutgerinnung und ist im Serum schließlich in ungefähr doppelter Menge vorhanden wie im Plasma[9]. Er soll das Substrat sein, aus dem in der Leber Prothrombin gebildet wird[10], und soll beim Abbau von Prothrombin wieder entstehen[10,11].

Darstellung. Faktor VII ist außerordentlich schwer vom Prothrombin zu trennen. Eine Möglichkeit der Trennung ist der *Gerinnungsprozeß* selbst, bei dem mehr als 95% vom Prothrombin verbraucht werden, während Faktor VII unverändert im Serum zurückbleibt. Bei Behandlung von Patienten mit Dicumarol verschwindet zuerst Faktor VII aus dem Plasma — im weiteren Verlauf der Behandlung auch Prothrombin. Dadurch kann eine gewisse Trennung von Prothrombin und Faktor VII erzielt werden. Wenn man Patienten mit Tromexan behandelt, verschwindet Faktor VII vollständig aus ihrem Plasma, während Prothrombin zum größten Teil erhalten bleibt[12]. Solches *Tromexanplasma* benützt man daher für die Messung von Faktor VII in verschiedenen Seren.

Durch fraktionierte Fällung mit verschiedenen Salzen, organischen Lösungsmitteln oder ihre kombinierte Anwendung lassen sich Prothrombin und Faktor VII nicht trennen. Auch fraktionierte Adsorption an $BaSO_4$, $Ca_3(PO_4)_2$, $Al(OH)_3$ usw. hat wenig Erfolg. Eine gewisse Trennung erreicht man mit steigenden Mengen $BaSO_4$, da Faktor VII schneller als Prothrombin daran adsorbiert wird[8].

Trennung von Faktor VII und Prothrombin durch Chromatographie an $BaSO_4$ nach KOLLER[8].

Prothrombin und Faktor VII werden durch Adsorption an $BaSO_4$ von Fibrinogen und Ac-Globulin getrennt, schließlich an $BaSO_4$ chromatographiert und mit Citrat von verschiedenem p_H fraktioniert eluiert. So erhält man zuerst reines Prothrombin, dann reinen Faktor VII.

Die 2 ersten Schritte werden bei 2° durchgeführt, der 3. und 4. bei Zimmertemperatur.

Schritt 1: Adsorption. 10 g $BaSO_4$ (Merck, reinst, gepulvert) werden in 200 cm³ Oxalatplasma suspendiert. Man rührt die Suspension 40 min und zentrifugiert dann ab. Der Überstand, der Fibrinogen und Ac-Globulin enthält, wird verworfen.

Schritt 2: Waschen. Das Bariumsulfat wird 2mal mit physiologischer Kochsalzlösung gewaschen, die Lösung verworfen.

Schritt 3: Darstellung der Chromatographiesäule. Ein homogenes Gemisch von 10 g $BaSO_4$ (s. Schritt 1) und 5 g Hyflo-Supercel suspendiert man in physiologischer Kochsalzlösung, füllt es in eine Säule und verwirft die restliche Kochsalzlösung.

[1] KOLLER, F., A. LOELIGER and F. DUCKERT: Acta haematol., Basel **6**, 1 (1951).
[2] OWREN, P. A.: 2. Int. Congr. Haematol. Cambridge 1950. S. 379, 475. Scand. J. clin. Invest. **3**, 168 (1951).
[3] ALEXANDER, B., and G. LANDWEHR: Amer. J. Physiol. **159**, 322 (1949).
[4] OWEN, C. A., and J. L. BOLLMAN: Proc. Soc. exp. Biol. Med. **67**, 231, 67 (1948).
[5] MANN, F., and M. HURN: Amer. J. Physiol. **164**, 105 (1951).
[6] McMILLON, R. L.: Science, N. Y. **108**, 416 (1948).
[7] MARBET, R., u. A. WINTERSTEIN: Exper. **10**, 273 (1954).
[8] DUCKERT, F., F. KOLLER and M. MATTER: Proc. Soc. exp. Biol. Med. **82**, 259 (1953).
[9] BIGGS, R., and R. G. McFARLANE: Blood Coagulation and its Disorders, S. 95ff. Oxford 1953.
[10] LASCH, H. G., u. L. RÓKA: H. **294**, 30 (1953).
[11] ALEXANDER, B.; in: Blood Cells and Plasma Proteins (Hrsg. TULLIS, J. L.). S. 89. New York 1953.
[12] LYTTLETON, J. W.: Thesis London 1950.

Schritt 4: Elution. Das Prothrombin wird mit 150 cm³ 0,14 m tert. Natriumcitrat-Citronensäurelösung p_H 5,8 eluiert. Die Elution wird mit 0,14 m tert. Natriumcitratlösung p_H 7,8 fortgesetzt. Nach Zufügen der letzteren steigt der p_H des Eluats langsam an, bis p_H 7,8 erreicht ist. Es wird zuerst reines Prothrombin eluiert, dann ein Gemisch von Prothrombin und Faktor VII und schließlich reiner Faktor VII. Man eluiert unter Druck, um eine Elutionsgeschwindigkeit von 1 Tropfen/12 sec zu erreichen.

Prothrombin-Ausbeute ~50%, Faktor VII-Ausbeute ~10%.

***Reinigung von Faktor VII aus dem Serum nach* Duckert, Koller *und* Matter**[1]. Weil das Serum wenig Prothrombin enthält, läßt sich aus ihm der Faktor VII leichter reinigen als aus dem Plasma.

Alle Schritte werden bei 2—5° durchgeführt.

Schritt 1: Adsorption. Faktor VII wird an $BaSO_4$ (Merck, Röntgen) adsorbiert. Dazu werden 20 g $BaSO_4$ in 200 cm³ verdünntem Serum suspendiert (9 Teile Serum, 1 Teil 0,1 m Natriumoxalat). Man rührt die Suspension 45 min und zentrifugiert dann ab.

Schritt 2: Waschen. Man verwirft den Überstand und wäscht das $BaSO_4$ 2mal mit 30 cm³ physiologischer Kochsalzlösung und 1mal mit 0,006 m Natriumcitrat.

Schritt 3: Elution. Man eluiert Faktor VII mit 0,14 m Natriumcitrat p_H 7,8. Dazu suspendiert man das $BaSO_4$ in 30 cm³ Citrat, rührt 30 min und zentrifugiert dann ab. Der Überstand enthält den Faktor VII. Ausbeute ~90%.

Von Biggs und McFarlane[2] wird Faktor VII durch Adsorption an $Al(OH)_3$ gewonnen. Andere Methoden zur Trennung von Prothrombin und Faktor VII s. [3-5].

Physikalische Eigenschaften. *Elektrophorese.* Faktor VII wandert bei der Elektrophorese mit den β-Globulinen[6, 7].

In der *Ultrazentrifuge* sind die Faktor VII-Präparate nicht homogen[8].

Analytische Daten. Gereinigter Faktor VII enthält Kohlenhydrat, aber kein Cholesterin[9].

Denaturierung. Faktor VII ist sehr viel stabiler als Ac-Globulin. Er hält sich im Serum bei 4—5° 3 Tage lang. Auch beim *Erwärmen* auf 50—55° ist Faktor VII resistenter als Ac-Globulin, aber etwas empfindlicher als Prothrombin[5]. Das reine Präparat verliert bei 50° 40% seiner Aktivität in 30 min, bei 55° in 4 min und bei 60° in 2 min. Es ist bei 50° empfindlicher als im Gesamtplasma oder Serum, bei 55° genau so empfindlich. Zwischen p_H 6 und 8 bleibt die Aktivität von Faktor VII bei 37° über 1 Std unverändert. In stärker saurem oder stärker alkalischem Bereich nimmt sie schnell ab[5].

Bestimmung. Zur Bestimmung von Faktor VII geben Koller und Mitarbeiter[10] die anderen Gerinnungsfaktoren im Überschuß zu, so daß die Gerinnungszeit nur von Faktor VII abhängt.

***Einstufige Methode zur Bestimmung von Faktor VII nach* Koller, Loeliger *und* Duckert**[10].

Reagentien:

1. *Rinderplasma,* das durch Asbest filtriert worden ist, enthält Fibrinogen, Prothrombin und Ac-Globulin (Faktor V) in konstanten Mengen. Vor dem Gebrauch soll darin das Prothrombin bestimmt werden (vgl. S. 269). Sein Gehalt soll, verglichen mit normalem menschlichem Plasma, nicht weniger als 15% betragen.

---

[1] Duckert, F., F. Koller and M. Matter: Proc. Soc. exp. Biol. Med. 82, 259 (1953).
[2] Biggs, R., and R. G. McFarlane: Blood Coagulation and its Disorders. S. 343. Oxford 1953.
[3] Goldstein, R., A. G. Bollock and B. Alexander: Fed. Proc. 12, 209 (1953).
[4] Lewis, L., and J. H. Ferguson: J. clin. Invest. 32, 915 (1953).
[5] Deutsch, E., u. W. Schaden: B. Z. 324, 266 (1953).
[6] Koller, F., A. Loeliger et F. Duckert: Rev. Hématol. 7, 156 (1952).
[7] Owen, C. A. jr., and B. F. McKenzie: J. appl. Physiol. 6, 696 (1954).
[8] Strässle, R., R. Marbet et A. Winterstein: 5. Int. Congr. Haematol. Paris 1954.
[9] Alexander, B., R. Goldstein and G. Landwehr: J. clin. Invest. 29, 881 (1950).
[10] Koller, F., A. Loeliger and F. Duckert: Acta haematol., Basel 6, 9 (1951).

2. *Thrombokinase* (acetongetrocknete Hirnsubstanz) wird im Überschuß zugegeben.
3. 0,025 m *Calciumchlorid.*

Ausführung:

Man fängt das Blut in siliconisierten Gefäßen auf: 9 cm³ Blut auf 1 cm³ 1,34%ige Natriumoxalatlösung. Nach dem Zentrifugieren verdünnt man das Plasma 1:10 mit Veronalpuffer nach MICHAELIS, p_H 7,35. Man mischt in einem Reagensglas bei 37° 0,1 cm³ 1:10 verdünntes Plasma, 0,1 cm³ asbestfiltriertes Rinderplasma und 0,1 cm³ Thrombokinase. Nach 20 sec fügt man 0,1 cm³ 0,025 m Calciumchloridlösung zu und mißt die Gerinnungszeit.

Die Normalwerte mit menschlicher Thrombokinase betragen 20—25 sec. Auf doppelt-logarithmischem Papier gibt die Standardkurve eine nahezu gerade Linie (außer wenn die Konzentration im Plasma höher als 10% liegt).

Die Methode beruht auf dem gleichen Prinzip wie die einstufige Prothrombinbestimmung von KOLLER und Mitarbeitern[1] (vgl. S. 269).

e) Antihämophiles Globulin[2].

Während normales Blut nach dem Auffangen in Glasgefäßen in wenigen Minuten gerinnt, dauert es bei Hämophilie unter den gleichen Bedingungen 1 Std oder mehr.

Schon ADDIS[3] fand, daß eine Globulinfraktion aus normalem Plasma die Blutgerinnung im Plasma von Patienten mit Hämophilie beschleunigen kann. Auch PATEK und Mitarbeiter[4] fanden in der normalen Globulinfraktion, die sie durch Säurefällung erhalten hatten, das bei Hämophilie wirksame Material. POHLE und Mitarbeiter[5] konnten die Gerinnungszeit bei Hämophilie auch in vivo durch Gaben einer konz. Globulinlösung verkürzen.

Auf Grund dieser und zahlreicher anderer Arbeiten wurde es klar, daß normales Plasma einen Faktor enthält, der bei Hämophilie fehlt und der mit den anderen Faktoren der Blutgerinnung nicht identisch ist.

Seit einiger Zeit weiß man, daß bei 20% der Patienten mit Hämophilie nicht das antihämophile Globulin, sondern ein anderer zur normalen Gerinnung notwendiger Faktor im Plasma fehlt (Christmas-Faktor[6]; vgl. S. 284). CRAMER und Mitarbeiter[7] empfehlen daher, antihämophiles Globulin als antihämophiles Globulin A und den neuen Faktor als antihämophiles Globulin B zu bezeichnen. AGGELER[8] nennt das erstere plasma thromboplastic factor A = PTF A, das letztere plasma thromboplastic factor B = PTF B. Antihämophiles Globulin wird auch einfach als antihämophiler Faktor = AHF oder als Faktor VIII[9] bezeichnet.

Antihämophiles Globulin[10] scheint identisch zu sein mit dem Thromboplastinogen von QUICK[11], dem Thrombocytolysin von BRINKHOUS[12], dem Thromboplastinogen von CONLEY[13],

[1] KOLLER, F., A. LOELIGER and F. DUCKERT: Acta haematol., Basel **6**, 9 (1951).
[2] TAYLOR, F. H. L., C. S. DAVIDSON, H. J. TAGNON, M. A. ADAMS, A. H. MACDONALD and G. R. MINOT: J. clin. Invest. **24**, 698 (1945).
[3] ADDIS, T.: J. Path. Bacteriology **15**, 427 (1911).
[4] PATEK, A. J., and R. P. STETSON: J. clin. Invest. **15**, 531 (1936).
[5] POHLE, F. J., and F. H. L. TAYLOR: J. clin. Invest. **16**, 741 (1937).
[6] BIGGS, R., A. S. DOUGLAS, R. G. MCFARLANE, J. V. DACIE, W. R. PITNEY, C. MERSKEY and J. R. O'BRIEN: Brit. med. J. **1952 II**, 1378.
[7] CRAMER, R., P. FLÜCKIGER, C. GASSER, F. KOLLER, A. LOELIGER and M. MATTER: Acta haematol., Basel **10**, 65 (1954).
[8] AGGELER, P. M., S. G. WHITE and T. H. SPAET: Blood **9**, 246 (1954).
[9] KOLLER, F.: A. e. P. P. **222**, 89 (1954).
[10] TAYLOR, F. H. L., C. S. DAVIDSON, H. J. TAGNON, M. A. ADAMS, A. H. MACDONALD and G. R. MINOT: J. clin. Invest. **24**, 698 (1945).
[11] QUICK, A. J., J. N. SHANBERGE and M. STEFANINI: Amer. J. med. Sci. **217**, 198 (1949).
[12] BRINKHOUS, K. M.: Proc. Soc. exp. Biol. Med. **66**, 117 (1947).
[13] CONLEY, C. L., R. C. HARTMANN and W. I. MORSE: J. clin. Invest. **28**, 340 (1949).

der thromboplastic plasma component von SHINOWARA[1] und dem Plättchen-Cofaktor I von JOHNSON[2].

Auch in tierischem Plasma (Rind, Hund[3]) findet sich antihämophiles Globulin. Bei Hunden kennt man eine erbliche Hämophilie[4].

Man glaubt heute, daß antihämophiles Globulin dadurch wirkt, daß es gemeinsam mit einem oder mehreren Thrombocytenfaktoren, dem noch zu besprechenden Christmas-Faktor (vgl. S. 284) und Ca^{++} die Plasmathrombokinase bildet.

Antihämophiles Globulin scheint im Plasma in inaktiver Form vorzuliegen und erst durch Berührung mit einer benetzbaren Oberfläche aktiviert zu werden[5, 6]. Durch Thrombin wird es auch in Gefäßen mit nicht benetzbarer Oberfläche aktiviert[7].

Darstellung. Antihämophiles Globulin wird bei allen Plasmafraktionierungsmethoden zum großen Teil in der *Fibrinogenfraktion* ausgefällt. Das sagt noch nicht, daß es ähnliche Eigenschaften hat wie das Fibrinogen. Es scheint vielmehr mit dem Fibrinogen nur assoziiert zu sein, da es in gereinigtem Zustand bei anderer Ammoniumsulfatkonzentration als dieses ausfällt.

Mit *Ammoniumsulfat* fällt es aus dem Plasma bei 0,33—0,36-Sättigung. In gereinigter Form fällt es erst zwischen 0,41- und 0,5-Sättigung aus[3].

Bei der *Äthylalkoholfraktionierung* (vgl. S. 238 und 242) findet es sich in Fraktion *I* und III_2, kleine Mengen auch in Fraktion *II* und *IV*[8, 9].

Beim Sammeln des Blutes über Austauschern findet es sich auch zum größten Teil in Fraktion *I* (vgl. S. 245ff.).

Man kann antihämophiles Globulin vom Fibrinogen trennen, indem man 5 min auf 56° erhitzt. Dabei coaguliert das Fibrinogen, antihämophiles Globulin wird nicht zerstört[10]. Es fällt, ähnlich wie das kälteunlösliche Globulin von EDSALL[11], in der Kälte aus[4]. Wenn man also nach dem Abtrennen von Fibrinogen bei 56° 30 min lang bei 32000 g und 1° zentrifugiert, kann man antihämophiles Globulin gewinnen[1, 12].

Antihämophiles Globulin wird an Tierkohle (Norit)[13] und an Kaolin[3] adsorbiert.

An Berkefeld-Filtern[14], Magnesiumhydroxyd, Bariumsulfat, Calciumphosphat und Aluminiumhydroxyd[4] wird es nicht oder nur wenig adsorbiert. Darauf gründen sich verschiedene Methoden zur Reinigung der antihämophilen Aktivität.

Durch Filtration mit Berkefeld-Filtern wurde es frei von Fibrinogen und Prothrombin dargestellt[14]; oder Prothrombin und Faktor VII wurden durch Adsorption an $Al(OH)_3$ aus dem Plasma entfernt, die Fibrinogenfraktion mit 0,33-Ammoniumsulfatsättigung gefällt, der Niederschlag in 0,85%iger NaCl-Lösung gelöst und gegen 0,85%ige NaCl-Lösung dialysiert[15].

Das reinste antihämophile Globulin haben LÓRÁND und LAKI[3] durch *Adsorption an Kaolin* dargestellt.

***Darstellung von antihämophilem Globulin nach* LÓRÁND *und* LAKI[3].**

Kaolin (Mallinckrodt, N. F. Colloidal) wird zuerst mit einer 0,9%igen NaCl-Lösung, die 0,02 m Phosphatpuffer p_H 5,9 enthält, gewaschen. 100 cm^3 Plasma, dem 80 cm^3 0,9%ige

[1] SHINOWARA, G. Y.: J. Lab. clin. Med. **38**, 11, 23 (1951).
[2] JOHNSON, S. A., W. M. SMATHERS and C. L. SCHNEIDER: Amer. J. Physiol. **170**, 631 (1952).
[3] LÓRÁND, L., and K. LAKI: Biochim. biophysica Acta, N. Y. **13**, 448 (1954).
[4] BRINKHOUS, K. M.: Sang **25**, 738 (1954).
[5] QUICK, A. J., and E. EPSTEIN: J. appl. Physiol. **4**, 840 (1952).
[6] QUICK, A. J.: Schweiz. med. Wschr. **84**, 783 (1954).
[7] QUICK, A. J., C. V. HUSSAY and E. EPSTEIN: Amer. J. Physiol. **174**, 123 (1953).
[8] EDSALL, J. T., R. M. FERRY and S. H. ARMSTRONG jr: J. clin. Invest. **23**, 557 (1944).
[9] MINOT, G. R., and F. H. L. TAYLOR: Ann. internal Med. **26**, 363 (1947).
[10] LEWIS, J. H., J. P. SOULIER and F. H. L. TAYLOR: J. clin. Invest. **25**, 876 (1946).
[11] MORRISON, P. R., J. T. EDSALL and S. G. MILLER: Am. Soc. **70**, 3103 (1948).
[12] SPAET, T. H., and B. G. KINSELL: Proc. Soc. exp. Biol. Med. **84**, 314 (1953).
[13] BENDIEN, W. N., u. S. VAN CREFELD: Acta brev. neerl. Physiol. **5**, 135 (1935).
[14] LOZNER, E. L., F. H. L. TAYLOR and R. KARK: J. clin. Invest. **18**, 603 (1939).
[15] BIGGS, R., and R. G. MCFARLANE: Blood Coagulation and its Disorders. S. 342. Oxford 1953.

NaCl-Lösung und 20 cm³ 0,2 m Phosphatpuffer p_H 5,9 zugefügt wurden, rührt man, am besten in der Kälte, 15 min mit 5 g Kaolin. Um gute Ausbeuten zu erhalten, sollte der p_H zwischen 5,8 und 6,0 gehalten werden. Man zentrifugiert dann das Kaolin ab und homogenisiert es bei Zimmertemperatur etwa 5 min mit einem Gemisch aus 30 cm³ 0,05 m Na-tetraborat und 20 cm³ 0,9%igem NaCl. Daraufhin wird erneut abzentrifugiert und das Kaolin 15 min mit 50 cm³ 0,1%igem $(NH_4)_2CO_3$ (Vol.-%) homogenisiert. Das Kaolin wird abzentrifugiert.

Der Überstand enthält das aktive Prinzip.

Der p_H des Eluats wird mit n HCl auf 7,4 eingestellt und die Lösung gefriergetrocknet. Man löst den Rückstand in 5 cm³ dest. Wasser auf und entfernt Kaolinteilchen durch hochtouriges Zentrifugieren oder Filtrieren. Man erhält eine wasserklare Lösung.

Praktisch die gesamte Aktivität läßt sich mit Ammoniumsulfat zwischen 0,41- und 0,5-Sättigung ausfällen. Der Niederschlag wird in 1 cm³ dest. Wasser gelöst und in gefrorenem Zustand aufgehoben.

Das auf diese Art gereinigte antihämophile Globulin enthält im Vergleich zum Plasma, von dem man ausgegangen ist, die 200fache Aktivität je mg Protein.

Physikalische Eigenschaften. *Elektrophorese.* Das von LÓRÁND und LAKI[1] dargestellte antihämophile Globulin wandert einheitlich als β_2-Globulin. In der *Ultrazentrifuge* enthält es eine Hauptkomponente und 2 kleinere Komponenten. Die *Löslichkeit* des isolierten Materials hat den gleichen hohen Temperaturkoeffizienten wie das kälteunlösliche Globulin von EDSALL[2] (vgl. S. 258). Antihämophiles Globulin scheint eines der Kryoglobuline des Plasmas zu sein[3].

Denaturierung, Stabilität. Die Angaben über die Stabilität des antihämophilen Globulins sind widersprechend[3]. Rohe Präparate von antihämophilem Globulin sind im allgemeinen sehr labil; es kommt aber auch vor, daß es sich in einem Plasma, das bei 4° aufgehoben wurde, bis zu 14 Tagen hält. In anderen Fällen verschwindet seine Aktivität nach Entnehmen des Blutes rasch, aus Gesamtblut rascher als aus Plasma. Um antihämophiles Globulin zu gewinnen, muß man das Plasma bei der Darstellung so schnell wie möglich von den geformten Elementen des Blutes trennen und gefriertrocknen[4, 5].

Durch Alkali sowie durch *Erwärmen* auf 60° wird antihämophiles Globulin zerstört[6]. Plasmin zerstört in relativ geringer Konzentration (0,8 E/cm³) antihämophiles Globulin schnell[3].

Nach Gaben von antihämophilem Globulin in vivo verschwinden 90% der Aktivität innerhalb von 4—6 Std aus dem Plasma. Spuren bleiben mehrere Tage erhalten[3].

Bei der Gerinnung scheint antihämophiles Globulin zerstört oder gebunden zu werden. Im Serum ist es nicht mehr nachweisbar.

***Bestimmung von antihämophilem Globulin mit dem Thrombokinase-Bildungs-Test (thromboplastin generation test) nach* BIGGS *und* MCFARLANE[7-10].**

Dazu werden die 4 zur Bildung von Plasmathrombokinase notwendigen Faktoren, Thrombocyten, antihämophiles Globulin, Christmas-Faktor und Ca^{++}, gemischt und die Geschwindigkeit der Thrombokinasebildung wird an thrombocytenfreiem Plasma gemessen.

[1] LÓRÁND, L., and K. LAKI: Biochim. biophysica Acta, N. Y. **13**, 448 (1954).
[2] MORRISON, P. R., J. T. EDSALL and S. G. MILLER: Am. Soc. **70**, 3103 (1948).
[3] BRINKHOUS, K. M.: Sang **25**, 738 (1954).
[4] TAYLOR, F. H. L., E. L. LOZNER, C. S. DAVIDSON, J. H. TAGNON and L. NEWHOUSER: J. clin. Invest. **23**, 351 (1944).
[5] JOHNSON, J. B.: J. amer. med. Ass. **118**, 799 (1942).
[6] DEUTSCH, E.: Klin. Med., Wien **9**, 145 (1954).
[7] BIGGS, R., and R. G. MCFARLANE: Blood Coagulation and its Disorders. S. 367. Oxford 1953.
[8] BIGGS, R., and A. S. DOUGLAS: J. clin. Path. **6**, 23 (1953).
[9] BIGGS, R., A. S. DOUGLAS and R. G. MCFARLANE: J. Physiol., London **119**, 89 (1953).
[10] BIGGS, R., A. S. DOUGLAS, R. G. MCFARLANE, J. V. DACIE, W. R. PITNEY, C. MERSKEY and J. R. O'BRIEN: Brit. med. J. **1952 II**, 1378.

Reagentien:

1. Als Thrombocytensuspension werden mehrmals gewaschene Thrombocyten verwendet. Die Suspension sollte 200000—600000 Thrombocyten je cm^3 enthalten*.
2. An $Al(OH)_3$ oder $BaSO_4$ adsorbiertes Plasma (vgl. S. 279) wird 1:5 verdünnt. Es enthält das antihämophile Globulin.
3. Serum, hergestellt wie auf S. 217 angegeben, wird 1:10 verdünnt. Es dient als Quelle für den Christmas-Faktor.
4. Das Plasma, aus dem die Thrombocyten entfernt wurden, dient als Substrat*.

Ausführung:

0,3 cm^3 Thrombocytensuspension werden zu 0,3 cm^3 1:5 verdünntem, $Al(OH)_3$-behandeltem Plasma gefügt und dazu noch 0,3 cm^3 1:10 verdünntes Serum gegeben. Zu dem Gemisch gibt man 0,3 cm^3 0,025 m $CaCl_2$ und mißt von diesem Moment an die Zeit. In bestimmten Zeitintervallen gibt man 0,1 cm^3 des Gemisches und 0,1 cm^3 0,025 m $CaCl_2$ zu 0,1 cm^3-Proben von thrombocytenfreiem Plasma, die vorher in ein Wasserbad gestellt wurden. Die Gerinnungszeiten des Plasmasubstrats werden gemessen.

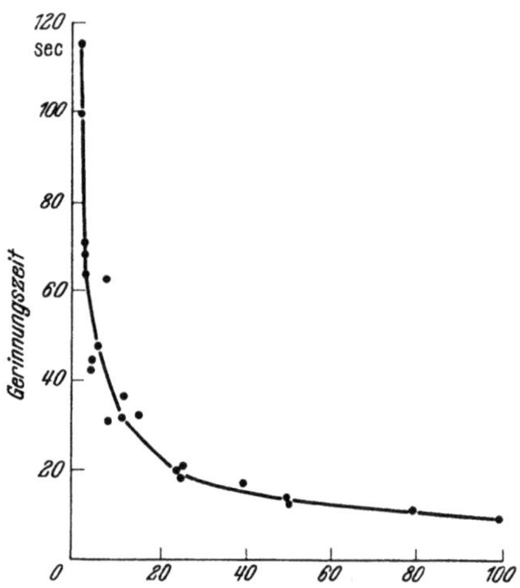

Konzentration der Thrombokinase, wobei die Wirksamkeit der besten Thrombokinase als 100% angenommen wird.

Abb. 8. Bestimmung von antihämophilem Globulin (und anderen Faktoren der Thrombokinasebildung) mit dem Thrombokinasebildungstest[1].

Nach 2—8 min langem Inkubieren erhält man eine minimale Gerinnungszeit von 10—15 sec.

Wenn man eine minimale Gerinnungszeit erreicht hat, kann man das Gemisch in ein Eisbad stellen und eine Verdünnungsreihe herstellen, die man an dem gleichen Substrat testet. Die Eichkurve, die man erhält, gibt die Beziehung Konzentration der Thrombokinase/Gerinnungszeit wieder, s. Abb. 8.

Zur Bestimmung werden zuerst alle Faktoren der Thrombokinasebildung aus dem zu untersuchenden Blut entnommen. Wenn man abnorme Resultate erhält, tauscht man die einzelnen Faktoren gegen solche aus Normalblut aus und kann so stufenweise testen, welcher Faktor der Thrombokinasebildung fehlt oder in zu geringer Menge vorhanden ist.

f) Christmas-Faktor.

10—20% aller Patienten mit Hämophilie sind resistent gegen die Behandlung mit antihämophilem Globulin. Es wurde ein weiterer Faktor gefunden, der in diesen Fällen die Hämophilie zu heilen vermag[2-5]. BIGGS und Mitarbeiter[2] haben diesen Faktor „Christmas factor" genannt, nach der Patientin, bei dem sie zum ersten Mal diese Gerinnungsstörung beobachteten. SOULIER und Mitarbeiter[3] nennen ihn antihemophilic

* Plättchenreiches Plasma (vgl. S. 217) wird in einem siliconüberzogenen Röhrchen 1/2 Std bei 3000 U/min zentrifugiert und der Überstand (Plasma) verworfen. Der Niederschlag, der die Plättchen enthält, wird in physiologischer Kochsalzlösung suspendiert und erneut zentrifugiert, um Spuren von Plasma zu entfernen. Das Waschen kann man mehrmals wiederholen. Schließlich werden die Plättchen in einem Volumen physiologischer Kochsalzlösung, das 1/4 der ursprünglichen Plasmamenge ausmacht, wieder suspendiert[6].

[1] BIGGS, R., and R. G. MCFARLANE: Blood Coagulation and its Disorders. S. 104. Oxford 1953.

[2] BIGGS, R., A. S. DOUGLAS, R. G. MCFARLANE, J. V. DACIE, W. R. PITNEY, C. MERSKEY and J. R. O'BRIEN: Brit. med. J. **1952 II**, 1378.

[3] SOULIER, J. P., and M. J. LARRIEU: New Engl. J. Med. **249**, 547 (1953).

[4] AGGELER, P. M., S. G. WHITE, M. B. GLENDENING, E. W. PAGE, T. B. LEAKE and G. BATES: Proc. Soc. exp. Biol. Med. **79**, 692 (1952).

[5] WHITE, S. G., and P. M. AGGELER: Blood **8**, 101 (1953).

[6] BIGGS, R., and MCFARLANE, R. G.: Human Blood Coagulation, S. 344. Oxford 1953.

factor-B, CRAMER und Mitarbeiter[1] antihämophiles Globulin B und KOLLER[2] nennt ihn Faktor IX. Von AGGELER[3] und WHITE[4] wurde er zuerst plasma thromboplastin component (PTC) genannt; später schlagen sie vor, daß er den Namen Plasma-Thromboplastin-Faktor B (PTF-B) bekommen soll im Gegensatz zum antihämophilen Globulin, das man dann Plasma-Thromboplastin-Faktor A (PTF-A) nennen würde[5]. DEUTSCH und Mitarbeiter[6] haben die Identität dieser Faktoren nachgewiesen.

Christmas-Faktor scheint für die Bildung der Blutthrombokinase notwendig zu sein. Er wird bei der Gerinnung nicht verbraucht und findet sich im Plasma und im Serum. Von manchen Autoren wird angenommen, daß er im Plasma als Vorstufe vorhanden ist und erst durch den Kontakt mit Glas aktiviert wird[7].

Darstellung. Christmas-Faktor wurde in einer rohen *Ätherfraktion*, die α- und β-Globulin enthielt, gefunden[8]. Bei Einstellung des p_H auf 5,1 findet er sich sowohl in der Euglobulin- als auch in der Pseudoglobulinfraktion. Bei der *Ammoniumsulfatfraktionierung* findet er sich nach 0,45—0,50-Sättigung im Niederschlag, während das antihämophile Globulin schon nach 0,33-Sättigung mit dem Fibrinogen ausfällt. Bei der *Äthylalkoholfraktionierung* ist er in den Fraktionen *III* und *IV-1* konzentriert. Auch die Fraktionen *I* und *IV-4* enthalten geringe Mengen, während in den Fraktionen *II* und *V* nichts davon vorhanden ist[9]. Aus Fraktion *IV-1* kann er gereinigt werden.

***Reinigung von Christmas-Faktor aus Fraktion IV-1 nach* WHITE, AGGELER *und* EMERY[9].**

Eine 10 %ige Lösung dieser Fraktion wird mit 100 mg $BaSO_4$ je cm^3 bei p_H 7,0 und 37° durch 30 min behandelt. Man wäscht dann das $BaSO_4$ einmal mit der eingesetzten Flüssigkeitsmenge 0,1 m Natriumoxalat und einmal mit ebensoviel 0,006 m Natriumcitrat. Die Waschflüssigkeiten werden verworfen. Schließlich wird der Christmas-Faktor mit 0,34 m Natriumcitrat eluiert, die Lösung gegen dest. Wasser dialysiert und gefriergetrocknet. Christmas-Faktor kann aus normalem Plasma durch alle für Prothrombin bekannten Adsorbentien adsorbiert werden[10].

Physikalische Eigenschaften. Bei der *Papierelektrophorese* wandert er mit den β_2-Globulinen[5].

Denaturierung. Christmas-Faktor ist hitzelabil. Durch 10 min langes *Erwärmen* auf 56° wird er zerstört. Er ist sehr resistent gegen p_H-Änderungen. Beim Aufheben von Plasma und Serum ist er lange Zeit haltbar. Nach Bluttransfusionen an Patienten, deren Blut keinen Christmas-Faktor enthält, ist er noch nach 3 Wochen nachweisbar, während antihämophiles Globulin in kurzer Zeit verschwindet. Hochgereinigte Präparate[9] sind intravenös verträglich. Man kann damit die Gerinnungsstörung für 7 Tage normalisieren.

Bestimmung. Meist wird der Thrombokinase-Bildungs-Test (thromboplastin generation test) von BIGGS und MCFARLANE zur Bestimmung von Christmas-Faktor verwendet (s. S. 283).

Überblick über die ältere Literatur bei [10].

[1] CRAMER, R., P. FLÜCKIGER, C. GASSER, F. KOLLER, A. LOELIGER and M. MATTER: Acta haematol., Basel 10, 65 (1954).
[2] KOLLER, F.: A. e. P. P. 222, 89 (1954).
[3] AGGELER, P. M., S. G. WHITE, M.B. GLENDENING, E. W. PAGE, T. B. LEAKE and G. BATES: Proc. Soc. exp. Biol. Med. 79, 692 (1952).
[4] WHITE, S. G., and P. M. AGGELER: Blood 8, 101 (1953).
[5] AGGELER, P. M., T. H. SPAET and B. E. EMERY: Science, N. Y. 119, 806 (1954).
[6] DEUTSCH, E., K. KUNDRATITZ, H. FRISCHAUF, J. JURKA u. W. SCHADEN: Arch. Kinderheilkde. 148, 115 (1954).
[7] BIGGS, R., A. S. DOUGLAS and R. G. MCFARLANE: J. Physiol., London 122, 538 (1953).
[8] BIGGS, R., A. S. DOUGLAS, R. G. MCFARLANE, J. V. DACIE, W. R. PITNEY, C. MERSKEY and J. R. O'BRIEN: Brit. med. J. 1952 II, 1378.
[9] WHITE, S. G., P. M. AGGELER and B. E. EMERY: Proc. Soc. exp. Biol. Med. 83, 69 (1953).
[10] AGGELER, P. M., S. G. WHITE and T. H. SPAET: Blood 9, 246 (1954).

g) Antithrombin.

Nach der Gerinnung wird Thrombin inaktiviert, wobei 4 Mechanismen wirksam zu sein scheinen [1]: 1. wird ein Teil von Thrombin an Fibrin adsorbiert [2], 2. wirkt Heparin gemeinsam mit einem Cofaktor, der bei der Äthylalkoholfraktionierung in Fraktion *IV-1* konzentriert wird [3], 3. wirkt anscheinend ein Protein unabhängig vom Heparin als Antithrombin und 4. scheint bei der Prothrombinumwandlung ein Faktor zu entstehen, der Thrombin inaktiviert [1].

80% der Antithrombinaktivität soll dem Antithrombin (3.) zukommen. Über seine chemische Natur ist wenig bekannt. Man nimmt an, daß es ein Protein ist [4]. Es wird hier als Antithrombin bezeichnet.

Darstellung. Bei der Fraktionierung mit *Ammoniumsulfat* findet sich Antithrombin in der Albuminfraktion. Nach ASTRUP und DARLING [5] fällt es bei 0,65-Sättigung aus. Nach LYTTLETON [6] ist die Fällung mit Ammoniumsulfat p_H-abhängig: bei p_H 7,0 fällt es bei 0,70-Sättigung, bei p_H 4,5 schon bei 0,50-Sättigung. Bei der *Äthylalkoholfraktionierung* findet sich Antithrombin in Fraktion *III-3* [7]. Durch Behandlung mit $Ca_3(PO_4)_2$, $BaSO_4$, $Mg(OH)_2$ usw. wird es nicht aus dem Plasma entfernt [5]. Durch *Ätherfraktionierung* (s. S. 248) kann es teilweise vom Albumin getrennt werden [6, 8]. Mit Ammoniumsulfatfraktionierung gelingt das nicht. Man erhält bei der Ätherfraktionierung aus dem Albuminüberstand durch Einstellen des p_H auf 5,0 bei —4°, Äthergehalt 18%, Ionenstärke $\Gamma/2$ 0,035, einen Niederschlag, der einen großen Teil der α-Globuline enthält (30%) und damit das Antithrombin. Durch elektrophoretische Trennung der α-Globuline von dem verunreinigenden Albumin kann die Antithrombinaktivität der α-Globulinfraktion noch erhöht werden [6].

Physikalische Eigenschaften. *Elektrophorese.* LYTTLETON [9] fand Antithrombin bei der Elektrophorese in der α_2-Globulinfraktion, die die rohe Albuminfraktion beim Aussalzen verunreinigt, konzentriert.

Denaturierung. Antithrombin ist bis 50° stabil. Beim 3 min langen Erwärmen auf 56° bleibt es aktiv [2]. Bei 65° wird es inaktiviert. Beim Aufheben in der Kälte ist es monatelang haltbar [6]. Bei p_H-Werten von 6,0—8,5 — in rohen Präparaten sogar bis 9,5 — ist es stabil [6]. Von Chloroform wird es zerstört.

Es scheint eine lineare Beziehung zwischen der Antithrombinkonzentration und der Inaktivierungsgeschwindigkeit von Thrombin zu bestehen [6].

Bestimmung. Zur Bestimmung von Antithrombin werden 0,5 cm^3 durch Hitze defibriniertes Plasma mit 0,5 cm^3 Standard-Thrombin, das 1100 E/cm^3 enthält, 2 Std bei 28° inkubiert. Das restliche Thrombin wird wie üblich bestimmt (vgl. S. 274). Das zerstörte Thrombin wird in Prozent des zugesetzten Thrombins ausgedrückt [10]. Siehe auch die Bestimmungsmethode von ASTRUP und DARLING [5, 11].

h) Plasminogen, Plasmin.

Nach der Blutgerinnung wird das Gerinnsel manchmal, aber nicht immer, aufgelöst. Dafür ist ein proteolytisches Ferment verantwortlich, Plasmin [12], das im Plasma als inaktive Vorstufe, Plasminogen, vorhanden ist.

[1] SEEGERS, W. H., J. F. JOHNSON and C. FELL: Amer. J. Physiol. **176**, 97 (1954).
[2] KLEIN, P. D., and W. H. SEEGERS: Blood **5**, 742 (1950).
[3] KOLLER, F., and G. DEROUAUX: Nach D. M. SURGENOR; in: Blood Cells and Plasma Proteins (Hrsgb. TULLIS, J. L.), S. 72. New York 1953.
[4] VOLKERT, M.: Acta physiol. scand. Suppl. **15**, 5 (1943).
[5] ASTRUP, T., and S. DARLING: Acta physiol. scand. **4**, 293 (1942).
[6] LYTTLETON, J. W.: Biochem. J. **58**, 8 (1954).
[7] LOOMIS, E. C.: J. Lab. clin. Med. **34**, 631 (1949).
[8] KEKWICK, R. A., and M. E. MACKAY: Med. Res. Council spec. Rep. Ser. No. 286 (1954).
[9] LYTTLETON, J. W.: Thesis. London 1950.
[10] SEEGERS, W. H., K. D. MILLER, E. B. ANDREWS and R. C. MURPHY: Amer. J. Physiol. **169**, 700 (1952) [DEUTSCH, E.: Blutgerinnungsfaktoren. S. 163. Wien 1955].
[11] ASTRUP, T., and S. DARLING: Acta physiol. scand. **5**, 13 (1943).
[12] CHRISTENSEN, L. R., and C. McLEOD: J. gen. Physiol. **28**, 363, 559 (1945).

α) *Plasminogen.*

Plasminogen[1] scheint mit Profibrinolysin[2, 3], Tryptogen[4] und „lytic factor“[5] identisch zu sein[6].

Wenn man Plasma mit Chloroform, Äther oder Thymol behandelt, wird das Plasminogen zu Plasmin aktiviert[2, 7–10]. Auch während der Äthylalkoholfraktionierung wird es z. T. aktiviert. Von manchen Autoren wird angenommen, daß Plasminogen ein Lipoproteid ist, das durch milde Entfettung aktiviert, durch stärkere Entfettung zerstört wird[2]. Man kann Plasminogen auch durch 20faches Verdünnen z. T. aktivieren. Läßt man Plasma in der Kälte ohne Aktivator stehen, dann wird das gesamte Plasminogen in 3—4 Wochen aktiviert. Trypsin sowie Plasmin selbst wirken als Aktivatoren[11]. Am raschesten wird Plasminogen durch ein Ferment aus β-hämolytischen Streptokokken, „Streptokinase“[1, 12, 13], weniger stark durch ein solches aus micrococcus aureus, „Staphylokinase“[14], aktiviert.

Der Grad der Aktivierung ist für die Plasminogene verschiedener Tierarten sehr unterschiedlich[13, 15]. In verschiedenen Geweben findet sich ein aktivierendes Ferment, Fibrinokinase[12, 15, 16], das aber offenbar nicht so wirksam ist wie Streptokinase[12]. ASTRUP und Mitarbeiter[12, 15, 16] fanden, daß nur ein Teil des Plasminogens im Plasma durch Streptokinase aktiviert wird und vermuteten 2 verschiedene Vorstufen von Plasmin. Neuerdings fanden sie in Milch und Plasma einen Proaktivator, mit dem gemeinsam Streptokinase erst aktivierend wirken kann. Ein Teil vom Plasminogen scheint mit diesem Proaktivator verunreinigt und daher der Aktivierung durch Streptokinase leicht zugänglich zu sein, der andere nicht[17, 18]. Auch TROLL und SHERRY[19] finden, daß Streptokinase sich mit einem Plasmafaktor zu dem eigentlichen Aktivator verbindet, der Plasminogen enzymatisch in Plasmin umwandelt[1].

Menschliches Plasma enthält 572 CHRISTENSEN-Einheiten[20] (vgl. S. 290) bzw. 400 bis 900 LOOMIS-Einheiten Plasminogen[21]. Bei Rheumatismus und anderen Krankheiten ist es vermehrt[20]. Plasma vom Rind, Pferd, Hund, Affe, Meerschweinchen enthält nur $^1/_{10}$, das von Kaninchen etwa die Hälfte der Plasminogenmenge des menschlichen Plasmas[20].

Plasminogen wird mit Hilfe des Aktivators, der sich aus einem Proaktivator im Plasma und Streptokinase bildet, quantitativ in Plasmin umgewandelt[22].

Der Aktivator findet sich auch im Urin[23].

---

1 CHRISTENSEN, L. R., and C. MCLEOD: J. gen. Physiol. **28**, 363, 559 (1945).
2 ROCHA e SILVA, M., and C. RIMINGTON: Biochem. J. **43**, 163 (1948).
3 HALSE, T.: Fibrinolyse. Freiburg 1948.
4 FERGUSON, J. H., B. L. TRAVIS and E. B. GERHEIM: Proc. Soc. exp. Biol. Med. **64**, 302 (1947).
5 MILSTONE, H.: J. Immunol. **42**, 109 (1941).
6 MCFARLANE, R. G., and J. PILLING: Lancet **1946 II**, 562.
7 TAGNON, H. J.: J. Lab. clin. Med. **27**, 1119 (1942).
8 TAGNON, H. J., C. S. DAVIDSON, and F. H. L. TAYLOR: J. clin. Invest. **21**, 525 (1942).
9 MCFARLANE, R. G., and R. BIGGS: Blood **3**, 1167 (1948).
10 RATNOFF, O. D.: J. exp. Med. **87**, 211 (1948).
11 LEWIS, J. H., and J. H. FERGUSON: Amer. J. Physiol. **170**, 636 (1952).
12 ASTRUP, T., and P. M. PERMIN: Nature **159**, 681 (1947); **161**, 689 (1948).
13 LEWIS, J. H., J. H. FERGUSON and B. D. JACKSON: Proc. Soc. exp. Biol. Med. **72**, 703 (1949).
14 LEWIS, J. H., and J. H. FERGUSON: Amer. J. Physiol. **166**, 594 (1951). Rev. hématol. **7**, 6 (1952).
15 ASTRUP, T., J. CROOKSTON and A. MCINTYRE: Acta physiol. scand. **21**, 238 (1950).
16 ASTRUP, T.: Biochem. J. **50**, 5 (1952).
17 ASTRUP, T., and I. STERNDORFF: Proc. Soc. exp. Biol. Med. **84**, 605 (1953). Acta physiol. scand. **37**, 40 (1956).
18 MÜLLERTZ, S., and M. LASSEN: Proc. Soc. exp. Biol. Med. **82**, 264 (1953).
19 TROLL, W., and S. SHERRY: J. biol. Ch. **213**, 881 (1955).
20 CHRISTENSEN, L. R.: J. clin. Invest. **28**, 163 (1949).
21 SOICHER, R. R., P. RICHARDS and B. ROSE: J. Lab. clin. Med. **43**, 495 (1954).
22 MÜLLERTZ, S.: Biochem. J. **61**, 424 (1955).
23 ASTRUP, T., and I. STERNDORFF: Scand. J. clin. Lab. Invest. **7**, 239 (1955).

Das fibrinolytische System scheint in enger Beziehung zum Komplementsystem zu stehen[1-5]. Nach PILLEMER[1] hat die Komponente C'1 des Komplements Ähnlichkeit mit dem Plasminogen. Durch Immunreaktionen aktiviertes C'1 hat proteolytische und esterspaltende Enzymaktivität, die so wie die des Plasmins an TAME gemessen werden

Tabelle 19. *Teilweise Reinigung von Plasminogen*[6].

Serum

bis zu niedriger Ionenstärke dialysieren

Mit verdünnter Esssigsäure auf p_H 5,3 einstellen; zentrifugieren

→ **Niederschlag**
In 0,16 m NaCl lösen, p_H 7,0—7,4; mit 0,08 m NaCl verdünnen bis zu ~ einer proteolytischen Einheit/cm³; mit verdünnter Essigsäure auf p_H 5,3 einstellen; zentrifugieren

→ Überstand verwerfen

→ **Niederschlag**
In physiologischem Kochsalzlösung-Phosphatpuffer, p_H 7,4 lösen; unlösliche Proteine abzentrifugieren

→ Überstand verwerfen

→ Niederschlag verwerfen

→ **Überstand**
Gegen 0,3 m NaCl dialysieren; durch Zufügen von 0,3 m NaCl auf 1—2 proteolytische Einheiten/cm³ verdünnen; p_H mit verdünnter Essigsäure oder Acetatpuffer auf 5,0 einstellen; 1 g Kaolin je 80—100 proteolytische Einheiten zufügen; 1½—2 Std rühren, zentrifugieren

→ **Kaolin**
Unter 15—20 min langem Rühren in 2 Portionen 0,1 m Phosphatpuffer-0,9 %igem NaCl, p_H 5,4, suspendieren; nach jeder Rührperiode abzentrifugieren

→ Überstand verwerfen

→ **Kaolin**
In dem ½ Volumen dessen, was man zur Adsorption eingesetzt hat, Phosphatpuffer-physiologischer Kochsalzlösung, p_H 4, suspendieren, 3—4 Std rühren, zentrifugieren

→ Beide Waschflüssigkeiten verwerfen

→ Kaolin verwerfen

→ **Eluat**
enthält Plasminogen, 15—19 proteolytische Einheiten/mg Stickstoff

kann[2, 3] (vgl. S. 292). Bei allen Antigen-Antikörper-Reaktionen, bei denen Komplement fixiert wird, wird Plasminogen zu Plasmin aktiviert, offenbar durch die im Serum vorhandene Fibrinokinase, die mit einer Komponente des Komplements identisch sein soll[4].

[1] PILLEMER, L., O. D. RATNOFF, L. BLUM and I. H. LEPOW: J. exp. Med. 97, 573 (1953).
[2] BECKER, E. L.: Fed. Proc. 15, 581 (1956).
[3] LEPOW, I. H., O. D. RATNOFF and L. PILLEMER: J. clin. Invest. 35, 720 (1956).
[4] UNGAR, G., E. DAMGAARD and F. P. HUMMEL: J. exp. Med. 98, 291 (1953).
[5] LEPOW, I. H., and L. PILLEMER: J. Immunol. 75, 63 (1955).
[6] REMMERT, L. F., and P. P. COHEN: J. biol. Ch. 181, 431 (1949).

Umgekehrt ist jede Aktivierung von Plasminogen zu Plasmin durch Streptokinase mit einer Inaktivierung des Komplements verbunden, die offenbar dadurch zustande kommt, daß C'2/C'4 proteolytisch gespalten wird. Auch C'1 soll von Plasmin zum Teil abgebaut werden[1, 2].

Zusammenfassende Darstellung über Plasminogen-Plasmin[3].

Darstellung. Plasminogen findet sich in der Euglobulinfraktion des Plasmas[4, 5]. Es ist eines der am schwersten löslichen Plasmaproteine. RATNOFF[6] hat es durch Verdünnen des Plasmas 1:20 und Ansäuern auf p_H 5,2—5,4 als Euglobulin ausgefällt, in Phosphatpuffer gelöst, mit Aceton gefällt[7], nochmals in Phosphatpuffer gelöst und mit Chloroform oder Streptokinase aktiviert. *Ammoniumsulfat* fällt es zwischen 0,25- und 0,37-Sättigung[8]. Bei der *Äthylalkoholfraktionierung* fällt ein Teil mit dem Fibrinogen in Fraktion *I* aus und kann daraus gewonnen werden[9], der Hauptanteil wird aber in Fraktion *III-2,3* konzentriert. Bei der gemeinsamen Fällung von Fraktion *I*+*II*+*III* (vgl. S. 240ff.) und deren Extraktion bleibt das Plasminogen als unlösliches Protein zurück. Das Schema der Reinigung von Plasminogen durch REMMERT und COHEN[10] ist auf S. 288 angegeben. Wenn das von REMMERT und COHEN dargestellte Material gefriergetrocknet und bei 4° C aufgehoben wird, entwickelt es gelegentlich spontan Plasminaktivität[11]. Die große Beständigkeit von Plasminogen gegen Säure und Alkali hat sich KLINE[12] zur Darstellung von Plasminogen zunutze gemacht. Er konnte es kristallisieren.

***Darstellung von Plasminogen nach* KLINE[12].**

Fraktion *III* nach COHN (s. S. 238) wird zunächst 10 min bei Zimmertemperatur mit 0,05 n H_2SO_4 extrahiert (20 cm^3/g). Man zentrifugiert dann die Suspension 10 min bei 2500 U/min, entfernt die schwimmenden Lipoide, dekantiert die überstehende Lösung und stellt den p_H mit n NaOH auf 11 ein. Das Enzym verträgt p_H 11 bis zu 3 min. Säure und Alkali läßt man aus einer Pipette zufließen, während man mit der Hand rührt.

Dann bringt man den p_H mit n HCl auf 5,3 und läßt in der Kälte mindestens 3 Std, eventuell über Nacht, stehen. Daraufhin wird der p_H mit n HCl auf 2 eingestellt und 1 Std bei 2700 U/min zentrifugiert. Nach dem Entfernen der schwimmenden Lipoide wird die Lösung, die das Plasminogen enthält, sorgfältig von dem gelatinösen Rückstand dekantiert. Die erhaltene Enzymlösung ist bei p_H 2,5 mindestens eine Woche lang haltbar. 65% Ausbeute des eingesetzten Enzyms, 14,8 proteolytische Einheiten/mg N (nach[10]): Lösung *A*.

Zu Lösung *A* gibt man tropfenweise n NaOH, bis p_H 8,6 erreicht ist. Bei p_H 4,5 bildet sich ein Niederschlag, bei p_H 8,2 wird die Lösung opalescierend. Wenn ein sichtbarer Niederschlag ungelöst bleibt, wird der p_H auf 9 eingestellt, abzentrifugiert und der Niederschlag verworfen. Nun dialysiert man die Lösung gegen 0,25 m Natriumphosphat, p_H 6,0. Dabei erscheint sofort ein feiner Niederschlag. Man überträgt die Suspension nach 10 min in einen Zentrifugenbecher und läßt 1 Std im Eisraum stehen. Dann wird zentrifugiert und der Niederschlag, der das Plasminogen enthält, mit Hilfe von 1—2 Tropfen n HCl in dest. Wasser gelöst. Noch vor dem Zufügen der Säure verteilt man die Klumpen mit einem Glasstab. Diese Lösung, Lösung *B*, ist bei 4° mindestens 2 Wochen haltbar. 33,2% Ausbeute, 59,2 proteolytische Einheiten/mg N. Das bedeutet eine 425fache Reinigung

[1] PILLEMER, L., O. D. RATNOFF, L. BLUM and I. H. LEPOW: J. exp. Med. **97**. 573 (1953).
[2] LEPOW, I. H., and L. PILLEMER: J. Immunol. **75**, 63 (1955).
[3] MÜLLERTZ, S.: Acta physiol. scand. **38**, Suppl. 130 (1956).
[4] TAGNON, H. J.: J. Lab. clin. Med. **27**, 1119 (1942).
[5] TAGNON, H. J., C. S. DAVIDSON and H. F. L. TAYLOR: J. clin. Invest. **21**, 525 (1942).
[6] RATNOFF, O. D.: J. exp. Med. **96**, 319 (1952).
[7] CHRISTENSEN, L. R., and D. H. SMITH jr.: Proc. Soc. exp. Biol. Med. **74**, 840 (1950).
[8] ROCHA E SILVA, M., and C. RIMINGTON: Biochem. J. **43**, 163 (1948).
[9] ANDERSON, H. G., H. G. KUNKEL and M. MCCARTY: J. clin. Invest. **127**, 425 (1948).
[10] REMMERT, L. F., and P. P. COHEN: J. biol. Ch. **181**, 431 (1949).
[11] FLETCHER, A. P.: Biochem. J. **56**, 677 (1954).
[12] KLINE, D. L.: J. biol. Ch. **204**, 949 (1953).

des Enzyms gegenüber dem Serum. Nach dem Aktivieren mit Streptokinase löst das Produkt in vivo und in vitro Fibringerinnsel auf.

Wenn Lösung *B* auf p_H 8,2 eingestellt wurde, bildeten sich Kristallnadeln, die sich beim Stehenlassen vermehrten. Nach Lösen in Wasser mit 2 Tropfen HCl und Einstellen des p_H auf 8,2 konnte das Enzym umkristallisiert werden.

Physikalische Eigenschaften. Der *isoelektrische Punkt* von Plasminogen liegt bei p_H 5.

Denaturierung, Aktivität. Plasminogen verträgt *Erwärmen* auf 56° bis zu 30 min ohne Aktivitätsverlust und wird selbst bei 70° nur langsam inaktiviert[1]. Es ist sehr stabil gegen p_H-Änderungen (vgl. Darstellung nach KLINE). In gelöstem Zustand verliert es bei Zimmertemperatur in 6—8 Std die Aktivität; als Trockenpräparat ist es bei Zimmertemperatur jahrelang haltbar[2].

Bestimmung. Plasminogen kann nicht direkt, sondern erst nach Umwandlung in Plasmin bestimmt werden. Als eine CHRISTENSEN-Einheit[3] wird diejenige Menge definiert, die ein Fibringerinnsel aus einer 0,2 vol.-%igen Rinderfibrinogenlösung in einem Volumen von 1 cm^3, p_H 7,4—7,5, bei 35° in 30 min zu lösen vermag. Voraussetzung ist, daß das gesamte Plasminogen durch Streptokinase in Plasmin umgewandelt wurde. Dafür gibt es keinen experimentellen Beweis. Man erhält mit der Plasminogen-Bestimmungsmethode von CHRISTENSEN[3] daher eher zu niedrige als zu hohe Werte. Bei der Bestimmung ist zu beachten, daß bei der Aktivierung kleiner Plasminogenmengen mit einem Überschuß an Streptokinase ein hoher Prozentsatz, bei hoher Konzentration von Plasminogen nur ein kleiner Prozentsatz durch Streptokinase aktiviert wird[4]. Wenn man die Streptokinase-Konzentration auf das 20—50fache erhöht, wird die Aktivierung gehemmt[4]. Über die Bestimmung von Plasmin s. unten.

β) Plasmin.

Plasmin[5] scheint mit Fibrinolysin[6,7] und Plasma-Tryptase[8] identisch zu sein.

Plasmin ist ein proteolytisches Ferment. Seine wichtigste Eigenschaft ist die Fibrinolyse.

Im gereinigten System greift es aber nicht nur Fibringerinnsel, sondern ebenso schnell Fibrinogen an[3,9]. Im Plasma wird Fibrinogen von Plasmin langsamer verdaut als Fibrin. Dafür soll die starke Adsorption von Plasmin an Fibrin und/oder ein Hemmkörper im Plasma verantwortlich sein[10]. Bei der Hydrolyse von Fibrin durch Plasmin entstehen nur große Bruchstücke, die durch Trichloressigsäure gefällt werden können[11]. Auch andere Plasmaproteine, wie Prothrombin und Ac-Globulin, sollen von Plasmin angegriffen werden[12]. Plasmin hydrolysiert auch Casein und Gelatine[5] sowie künstliche Substrate, z. B. Tosylargininmethylester und Lysinäthylester[13,14]. Die künstlichen Substrate hemmen die Verdauung der natürlichen kompetitiv. Als optimaler p_H für die Wirkung von Plasmin werden unterschiedliche Werte, die zwischen p_H 6 und 8 schwanken[1,7,15], in letzter Zeit p_H 7,2, angegeben.

---

[1] PERMIN, P. M.: Nature **160**, 571 (1947).
[2] LOOMIS, E. C.: Trans. Macy Found. 5th Conf. Blood Clotting. S. 179. 1952.
[3] CHRISTENSEN, L. R.: J. clin. Invest. **28**, 163 (1949).
[4] FLETCHER, A. P.: Biochem. J. **56**, 677 (1954).
[5] CHRISTENSEN, L. R., and C. MCLEOD: J. gen. Physiol. **28**, 363, 559 (1945).
[6] ROCHA e SILVA, M., and C. RIMINGTON: Biochem. J. **43**, 163 (1948).
[7] HALSE, T.: Fibrinolyse. Freiburg 1948.
[8] FERGUSON, J. H., B. L. TRAVIS and E. B. GERHEIM: Proc. Soc. exp. Biol. Med. **64**, 302 (1947).
[9] MÜLLERTZ, S.: Acta physiol. scand. **26**, 174 (1952).
[10] MÜLLERTZ, S.: Acta physiol. scand. **28**, 29 (1953).
[11] KAPLAN, E. H.: Proc. Soc. exp. Biol. Med. **85**, 142 (1954).
[12] LEWIS, J. H., A. C. HOWE and J. H. FERGUSON: J. clin. Invest. **28**, 1507 (1949).
[13] TROLL, W., S. SHERRY and J. WACHMAN: J. biol. Ch. **208**, 85 (1954).
[14] TROLL, W., and S. SHERRY: Biol. Bull. **107**, 291 (1954).
[15] RATNOFF, O. D.: J. exp. Med. **87**, 211 (1948).

Unter physiologischen Bedingungen findet man nur minimale Mengen von aktivem Plasmin im Plasma, sehr viel mehr bei manchen Krankheiten und nach dem Tode[1,2]. (Literatur darüber bei [3-5].)

Im Plasma und anderen Körperflüssigkeiten ist ein Antiplasmin[6,7], das sich im stöchiometrischen Verhältnis mit Plasmin verbinden soll[8], enthalten. Durch Cystein, Glutathion und Heparin wird Plasmin inaktiviert[9]. Auch Albumin hemmt die fibrinolytische Aktivität. Basische Polyaminosäuren wirken reversibel hemmend auf die Fibrinolyse durch Plasmin, saure Polyaminosäuren heben diesen Effekt auf[10]. In Gegenwart von Ca-Ionen wird menschliches, durch Streptokinase aktiviertes Plasmin inaktiviert[11].

Darstellung. Bei Dialyse fällt Plasmin bei p_H 6,0 als *Euglobulin* aus[12]. Es wird durch 0,25—0,37-Sättigung mit *Ammoniumsulfat* z. T., durch Halbsättigung vollkommen abgetrennt. Bei der *Äthylalkoholfraktionierung* findet es sich in Fraktion *III-3*. Das nicht in Fraktion *I* ausgefällte Fibrinogen fällt auch mit Fraktion *III-3* aus und wird mit kleinen Mengen Thrombin zur Gerinnung gebracht (vgl. S. 243). An dem dabei gebildeten Fibringerinnsel wird ein großer Teil von Plasminogen adsorbiert. Es bildet sich dabei unter diesen Bedingungen Plasmin, das das Gerinnsel bei Zimmertemperatur in wenigen Stunden auflöst. In der Kälte dauert die Auflösung 1—2 Tage.

Nach Rocha e Silva[7] wird menschliches oder Rinderserum oder -plasma mit dest. Wasser 1:10 verdünnt und durch Ansäuern mit verdünnter Essigsäure auf p_H 5,3—5,5 gefällt. Den Euglobulinniederschlag, der sich über Nacht bildet, löst man in $^1/_3$ des ursprünglichen Volumens von 1 vol.-%igem NaCl und neutralisiert mit 0,1 n NaOH vorsichtig. Man läßt nun 3—4 Tage mit Chloroform (0,1 Vol.) bei Zimmertemperatur stehen und schüttelt gelegentlich. Den wäßrigen Anteil verdünnt man erneut mit dest. Wasser 1:10, stellt den p_H auf 5,3 ein, läßt den Niederschlag in der Kälte absitzen, zentrifugiert und löst in 0,2 Vol. 1 vol.-%igem NaCl.

Das aktivierte Plasmin wird mit Ammoniumsulfat zwischen 0,25- und 0,37-Sättigung gefällt, erneut in Kochsalzlösung bei p_H 7,4 gelöst, verdünnt und isoelektrisch zwischen p_H 5,0 und 5,5 gefällt. Die Lösung und Fällung werden nochmals wiederholt, es wird dialysiert und eingefroren.

Die Aktivierung ist nach der Chloroformbehandlung meist noch nicht vollkommen, deshalb werden alle Präparate nach Entfernen des Chloroforms und Fällung bei p_H 5,3 mit 10 Vol. dest. Wasser 2—4 Std bei 38° gehalten, um die maximale Aktivierung zu erreichen.

Auch Loomis und Mitarbeiter[13], v. Kaulla[14] und Kline[15] geben Methoden zur Reinigung von Plasmin an. Fletcher[16] beschreibt die Darstellung eines sterilen injizierbaren Präparates.

Plasminogen (Darstellung s. S. 289) wird mit Streptokinase* aktiviert, oder Plasmin entsteht manchmal auch durch spontane Aktivierung.

* Streptokinase-Darstellung nach Christensen[17] oder käuflich bei den Behring-Werken, Marburg, oder Fa. Lederle, Chicago, USA.

1 Müllertz, S.: Acta physiol. scand. **28**, 29 (1953).
2 Müllertz, S.: Acta physiol. scand. **27**, 264 (1953).
3 Halse, T.: Fibrinolyse. Freiburg 1948.
4 McFarlane, R. G., and R. Biggs: Blood **3**, 1167 (1948).
5 Deutsch, E.: Blutgerinnungsfaktoren. Wien 1955.
6 Fletcher, A. P.: Biochem. J. **56**, 677 (1954).
7 Rocha e Silva, M., and C. Rimington: Biochem. J. **43**, 163 (1948).
8 Shulman, N. R.: J. exp. Med. **95**, 571 (1952).
9 Astrup, T., J. Crookston and A. McIntyre: Acta physiol. scand. **21**, 238 (1950).
10 Ginsberg, J., A. de Vries and E. Katchalski: Science, N. Y. **116**, 15 (1952).
11 Lepow, I. H., L. Pillemer and O. D. Ratnoff: J. exp. Med. **98**, 277 (1953).
12 Permin, P. M.: Nature **160**, 571 (1947).
13 Loomis, E. C., C. George jr. and A. Ryder: Arch. Biochem. **12**, 1 (1947).
14 Kaulla, K. N. von: Nature **164**, 408 (1949).
15 Fishman, J. B., and D. L. Kline: Proc. Soc. exp. Biol. Med. **91**, 323 (1956).
16 Fletcher, A. P.: J. clin. Invest. **33**, 1242 (1954).
17 Christensen, L. R.: J. clin. Invest. **28**, 163 (1949).

Physikalische Eigenschaften. Der isoelektrische Punkt von Plasmin liegt bei p_H 5,3 bis 5,5.

Denaturierung, Aktivität. Beim Erwärmen auf 56—60° wird Plasmin langsam, bei 70° in 5 min inaktiviert[1]. Gegen p_H-Änderungen ist es relativ beständig, wenn auch nicht so beständig wie Plasminogen (vgl. S. 290).

Über Aktivierung und Hemmung von Plasmin vgl. S. 290f.

Bestimmung. Zur Untersuchung der fibrinolytischen Aktivität des Plasmas wird entweder die Spontanfibrinolyse oder die Aktivität von gereinigtem Plasmin bestimmt.

Zur Bestimmung der *Spontanfibrinolyse* werden 6 Plasmaproben zur Gerinnung gebracht und in 3 Proben sofort, in 3 weiteren Proben nach 24stündiger Inkubation bei 37° das Fibrin mit einer der üblichen Methoden gemessen (vgl. [2]). Man kann das Gerinnsel auch mit Carminrot anfärben und die Menge des durch die Fibrinolyse freigewordenen Farbstoffs colorimetrisch bestimmen[3].

Um die gesamte fibrinolytische Aktivität zu bestimmen, muß zuerst das Plasminogen mit Streptokinase, Chloroform oder durch Verdünnen und isoelektrische Fällung aktiviert werden (vgl. S. 290). Dann kann man zur Testung von Plasmin an Fibringerinnsel entweder die geringste Menge Enzym bestimmen, die notwendig ist, um eine bestimmte Menge Fibrin in einer bestimmten Zeit aufzulösen[4], oder man kann die Zeit messen, die das unverdünnte Enzym braucht, um eine bestimmte Menge Fibringerinnsel aufzulösen[5]. Die beiden Methoden geben in gereinigten Systemen übereinstimmende Resultate. In biologischen Flüssigkeiten stimmen die Resultate aber wegen des unterschiedlichen Gehaltes an Antiplasmin nicht überein[6]. Plasmin wird daher nicht in Gesamtplasma bestimmt, sondern es wird nach Verdünnen isoelektrisch bei p_H 5,3 gefällt, wobei der Hemmstoff in Lösung bleibt; dann erst wird die Aktivität gemessen. Die empfindlichste Methode ist die Plattenmethode, die von ASTRUP und PERMIN[7,8] entwickelt und von ASTRUP, MÜLLERTZ und LASSEN[9-12] verbessert wurde.

***Bestimmung von Plasmin mit der Plattenmethode nach* MÜLLERTZ[10,11].**

Reagentien:

1. Fibrinogen, dargestellt nach ASTRUP und DARLING (vgl. S. 257), 80—90% gerinnbares Protein.
2. Thrombin, 13 E/mg; im allgemeinen werden 0,20 cm³ (100 E/cm³ physiologische Kochsalzlösung) verwendet, um 10 cm³ Fibrinogen (0,2%ig) zur Gerinnung zu bringen.
3. m/15 Phosphatpuffer (SØRENSEN) p_H 7,2.
4. 0,1 m Veronalpuffer (MICHAELIS).
5. Petri-Schalen, 10 cm Durchmesser, mit planem Boden (vor dem Gebrauch gut reinigen und sterilisieren), die zum Einfüllen der Fibrinogenlösung genau horizontal aufgestellt werden müssen, um eine gleichmäßige Dicke der Fibrinschicht zu sichern.

Die Bestimmung kann wegen des Antiplasmingehaltes des Plasmas nicht direkt in diesem durchgeführt werden. Deshalb wird bei niedriger Ionenstärke und p_H 5,3 eine Globulinfraktion ausgefällt (dabei bleibt das Antiplasmin in Lösung) und wieder gelöst. Von dieser Lösung werden Verdünnungsreihen hergestellt und mit der Plattenmethode gemessen.

---

[1] PERMIN, P. M.: Nature **160**, 571 (1947).
[2] HINSBERG, K.: ds. Handbuch Bd. 5, S. 29f. (1953).
[3] HALSE, T.: Kli. Wo. **1949**, 226.
[4] CHRISTENSEN, L. R.: J. clin. Invest. **28**, 163 (1949).
[5] LEWIS, J. H., and J. H. FERGUSON: J. clin. Invest. **29**, 486 (1950).
[6] FLETCHER, A. P.: Biochem. J. **56**, 677 (1954).
[7] PERMIN, P. M.: Nature **160**, 571, 1971 (1947).
[8] ASTRUP, T.: Trans. Macy Found. 1. Conf. Blood Clotting. S. 28. New York 1948.
[9] ASTRUP, T., J. CROOKSTON and A. MCINTYRE: Acta physiol. scand. **21**, 238 (1950).
[10] MÜLLERTZ, S.: Acta physiol. scand. **25**, 93 (1952).
[11] MÜLLERTZ, S.: Acta physiol. scand. **27**, 265 (1953).
[12] LASSEN, M.: Acta physiol. scand. **27**, 371 (1953).

Ausführung:

Eine frisch bereitete Fibrinogenlösung (0,2%ig in Phosphatpuffer, p_H 7,2, Ionenstärke $\Gamma/2$ 0,15) wird in der Petri-Schale mit Thrombin zur Gerinnung gebracht. Die Fibrinschicht soll 1 mm betragen. Die zu prüfende Lösung wird in kleinen Tropfen (0,030 cm^3) auf die Fibrinoberfläche gebracht und 18 Std inkubiert (optimale Temperatur 30—39°). Dann werden die aufgelösten Zonen gemessen.

Da das Fibrinogen häufig noch Plasminogen enthält, empfiehlt es sich, die fertig gegossenen Platten 30 min auf 80° zu erhitzen, um das eventuell vorhandene Plasminogen zu zerstören[1].

Die Plasminaktivität kann auch an Caseinlösungen[2], an der Erniedrigung der Viscosität von Gelatinelösungen[3] oder an künstlichen Substraten[4] gemessen werden. Auch Veränderungen des Thrombelastogramms erlauben eine Bestimmung von Plasmin[5].

6. Eiweißkörper mit schützender Funktion*.

a) γ-Globuline, Antikörper.

Die γ-Globuline — die elektrophoretisch am langsamsten wandernden Proteine des Blutplasmas, mit dem isoelektrischen Punkt bei ~7 — enthalten die Antikörper. Es wird einerseits angenommen, daß alle γ-Globuline Antikörper sind, andererseits glaubt man, daß nur ein Teil der γ-Globuline Antikörper sind und der Rest des Proteins inert ist. Für beide Annahmen scheint es Beweise zu geben. So nähert sich beim Neugeborenen die Menge der von der Mutter übernommenen Antikörper der γ-Globulinmenge des Plasmas[6]. Wenn die γ-Globuline im Plasma fehlen (Agammaglobulinämie), fehlen auch die Antikörper[7, 8].

Beim multiplen Myelom ist jedoch die Fähigkeit, Antikörper zu bilden, ganz verlorengegangen; es werden aber enorme Mengen nichtaktiven γ-Globulins gebildet[9]. KUNKEL und Mitarbeiter[10] konnten immunologisch 2 Arten von γ-Globulinen nachweisen, deren eine inaktiv und identisch mit Myelomproteinen war. Nach HAUROWITZ[11] sollen sich auf den Reiz des Antigens „veränderte" γ-Globuline bilden.

Diphtherie-Antitoxin macht im menschlichen Plasma nur etwa 1 γ/cm^3 aus, also ungefähr $1{,}5 \cdot 10^{-3}$% des gesamten Plasmaproteins. Das würde bedeuten, daß nur winzige Mengen des normalen γ-Globulins aus diesem Antikörper bestehen. Danach könnten Hunderte, ja Tausende von Antikörpern in der normalen γ-Globulinfraktion enthalten sein[12]. Andererseits fand PORTER[13], daß Antikörper gegen Ovalbumin aus Kaninchenserum $^1/_3$ der entsprechenden γ-Globuline ausmachte.

Antikörper und Isohämagglutinine passieren beim Menschen die Placentaschranke, allergische Reagine dagegen nicht. Beim Rind passieren Antikörper die Placentaschranke nicht, sondern erscheinen erst nach Aufnahme des Colostrums im Plasma des jungen Kalbes[14] (vgl. S. 414). Bis dahin ist das γ-Globulin durch ein anderes Protein — Fetuin (vgl. S. 370f.) — ersetzt, das nachher langsam aus dem Plasma verschwindet.

* Einzelheiten der immunologischen Methodik sind im Beitrag „Antigene, Antikörper, Komplement" ausführlich behandelt (s. S. 587ff.).

[1] LASSEN, M.: Acta physiol. scand. **27**, 371 (1953).
[2] REMMERT, L. F., and P. P. COHEN: J. biol. Ch. **181**, 432 (1949).
[3] UNGAR, G., and E. DAMGAARD: J. exp. Med. **93**, 89 (1951).
[4] TROLL, W., S. SHERRY and J. WACHMAN: J. biol. Ch. **208**, 85 (1954).
[5] HARTERT, H.: Kli. Wo. **1950**, 77.
[6] WIENER, A. S.: J. exp. Med. **94**, 213 (1951).
[7] BRUTON, C. O.: J. Pediatr. **9**, 722 (1952).
[8] LANG, N., G. SCHETTLER u. R. WILDHACK: Kli. Wo. **1954**, 856.
[9] LARSON, D. L., and L. J. TOMLINSON: J. Lab. clin. Med. **39**, 129 (1952).
[10] KUNKEL, H. G., R. J. SLATER and R. A. GOOD: Proc. Soc. exp. Biol. Med. **76**, 190 (1951).
[11] HAUROWITZ, F.: Biol. Reviews **27**, 247 (1952).
[12] ONCLEY, J. L.; in: Blood Cells and Plasma Proteins (Hrsgb. TULLIS, J. L.). S. 184. New York 1953.
[13] PORTER, R. R.: Biochem. J. **46**, 473 (1950).
[14] SMITH, E. L.: J. biol. Ch. **164**, 345; **165**, 665 (1946).

Im Säugetierplasma wandern im elektrischen Feld alle Antikörper mit den γ-Globulinen, die sich aus γ_1- und γ_2-Globulinen zusammensetzen (vgl. Elektrophorese S. 218). Nach Infektion mit Tuberkelbacillen nimmt bei Kaninchen auch das α-Globulin zu, es ist jedoch nicht nachgewiesen, ob tatsächlich Antikörper mit den α-Globulinen wandern, oder ob es sich nur um eine unspezifische Zunahme handelt[1]. Allergische Reagine erscheinen auch in der α_2-Globulinfraktion[2]. Die γ_1-Globuline werden von ONCLEY[3] als β_2-Globuline bezeichnet, im Rinder- oder Pferdeplasma werden sie meistens T-Komponente genannt[4, 5]. Im Hühnerplasma wandern Antikörper auch mit den α-Globulinen[6]. Antikörper gegen ein bestimmtes Antigen wandern häufig nicht nur mit einer elektrophoretischen Komponente, sondern sind in beiden nachweisbar. So wird das Tetanusantitoxin[5] wie das Diphtherieantitoxin aus Pferdeserum in γ_1- und γ_2-Globulinen gefunden[7].

Die Antikörper des Blutplasmas entstehen als Reaktion auf ein Antigen, das meist ein Protein oder ein Polysaccharid ist. Sie werden anscheinend in den Plasmazellen gebildet (vgl. S. 214) und erscheinen ungefähr eine Woche nach dem Reiz im Blutplasma. Nicht nur körperfremde, auch körpereigene Substanzen können als Antigen wirken[8]. Die Antikörper sind im allgemeinen dem Antigen gegenüber spezifisch[9, 10]. Sie verbinden sich häufig nicht einmal mit Antigenen sehr nahe verwandter Gruppen. Es gibt sogar Antikörper, die zwischen optisch isomeren Antigenen unterscheiden[11].

Die γ-Globuline sind sehr heterogen. Das ist erklärlich, wenn man an die große Zahl von Antigenen denkt, gegen die Antikörper gebildet werden[12]. Aber auch ein einzelnes Antigen scheint mehrere determinante Gruppen zu haben und dadurch zur Bildung verschiedener Antikörper anzuregen[13]. Auch je nach der Art der Injektion, ob interstitiell oder intravenös injiziert wird, oder nach der Zeitspanne von der Antigenaufnahme bis zur Untersuchung, unterscheiden sich die Antikörper, die im Blut gegen ein bestimmtes Antigen gefunden werden (vgl. PORTER[14]).

Die Antikörper des Blutplasmas werden in 2 Hauptgruppen eingeteilt: 1. *Immunantikörper*, 2. *Isohämagglutinine* und verschiedene andere Antikörper gegen komplexe Polysaccharide. Die Immunantikörper werden eingeteilt in a) Präcipitine, b) Agglutinine, c) neutralisierende Antikörper, d) komplementfixierende Antikörper, e) blockierende Antikörper, f) Reagine. Die verschiedenen Namen für Antikörper sagen aber noch nicht, daß sie unbedingt verschiedene Proteine sind[15]. Die Isohämagglutinine werden auch natürliche Antikörper genannt, weil sie ohne Stimulierung durch ein Antigen entstehen[9]. Reagine werden die Antikörper genannt, die sich bei Allergie bilden und die dadurch nachgewiesen werden können, daß sie die menschliche Haut passiv sensibilisieren. Unter diesen gibt es aber offenbar je nach der Zeit, in der die Allergie besteht, verschiedene Arten von Antikörpern, präcipitierende und solche, die nur durch die Sensibilisierung der Haut nachgewiesen werden können.

Darstellung. Die meisten *γ-Globuline* sind bei $p_H \sim 7$ am schwersten löslich, sehr viel leichter löslich sind sie bei p_H 5,2—5,4.

---

1 SEIBERT, F. B., and J. W. NELSON: J. biol. Ch. **143**, 29 (1942).
2 CAMPBELL, D. H., J. R. CANN, T. B. FRIEDMANN and R. BROWN: Science, N. Y. **119**, 289 (1954).
3 ONCLEY, J. L.; in: Blood Cells and Plasma Proteins (Hrsgb. TULLIS, J. L.). S. 180. New York 1953.
4 SCHEER, J. VAN DER, and R. W. G. WYCKOFF: Science, N. Y. **91**, 485 (1940).
5 SMITH, E. L., and T. D. GERLOUGH: J. biol. Ch. **167**, 679 (1947).
6 DEUTSCH, H. F., J. C. NICHOL and M. COHN: J. Immunol. **63**, 195 (1949).
7 DEUTSCH, H. F., and J. C. NICHOL: J. biol. Ch. **176**, 797 (1948).
8 RICH, A. R.: Harvey Lect. (1945/46) **42**, 106 (1947).
9 LANDSTEINER, K.: The Specifity of Serological Reactions. Cambridge 1945.
10 WESTPHAL, O.: Immunchemie; in: Flaschenträger-Lehnartz, Bd. 2b, S. 894.
11 LANDSTEINER, K., and J. VAN DER SCHEER: J. exp. Med. **48**, 315 (1928).
12 ENDERS, J. F.: J. clin. Invest. **23**, 510 (1944).
13 HAUROWITZ, F., and P. SCHWERIN: Brit. J. exp. Path. **23**, 146 (1942). J. Immunol. **47**, 111 (1943).
14 PORTER, R. R.: Biochem. J. **58**, XXXIX (1954).
15 BOYD, W. C.: Neurath-Bailey, Proteins, Bd. 2B, S. 755.

Im Löslichkeitstest variieren die γ-Globuline sehr stark[1]. Das zeigt sich bei der Darstellung durch *Verdünnen des Plasmas* mit Wasser oder schwachen Elektrolyten. Ein Teil der γ-Globuline fällt als Euglobuline aus, ein anderer Teil bleibt als Pseudoglobuline in Lösung (vgl. S. 228).

Bei der *Ammoniumsulfatfraktionierung* des Serums findet sich der Hauptanteil der γ-Globuline in der am schwersten löslichen Fraktion (vgl. S. 231ff.).

KEKWICK[2] konnte durch Fällung mit *Natriumsulfat* aus menschlichem Serum elektrophoretisch reines γ-Globulin gewinnen.

***Darstellung von γ-Globulin nach* KEKWICK[2].**

18 g Na_2SO_4 werden zu 100 cm³ normalem menschlichem Serum gegeben. Der Niederschlag wird in 40% des Serumvolumens Phosphatpuffer, p_H 8, Ionenstärke $\Gamma/2$ 0,1, gelöst und die Na_2SO_4-Konzentration auf 12 g/100 cm³ gebracht. Der Niederschlag enthält γ-Globulin mit ungefähr 5% α- und β-Globulin. Er wird in 2% des Serumvolumens Phosphatpuffer, p_H 8, Ionenstärke $\Gamma/2$ 0,1, gelöst und mit 12 g Na_2SO_4 je 100 cm³ gefällt. Dieser Niederschlag enthält elektrophoretisch reines γ-Globulin. Ausbeute ~7% der ursprünglichen Serumproteine.

Bei der *Äthylalkoholfraktionierung* (Methode 9, S. 241ff.) werden die γ-Globuline in Fraktion *II-1* und *II-3* (die meisten Antikörper) und in Fraktion *III-1* (Isoagglutinine, Typhus 0-Agglutinine) konzentriert.

Mit der *vereinfachten Äthylalkoholfraktionierung* wird zu 90—99% elektrophoretisch reines γ-Globulin in guter Ausbeute erhalten[3] (Beschreibung der Methode Tabelle 15, S. 246).

DEUTSCH und Mitarbeiter[4] erhielten durch Fraktionieren von Niederschlag *II + III*[5] (vgl. S. 296ff.) 2 γ-Globulinfraktionen, die sie γ_1- *und* γ_2-*Globuline* nennen. Die Methode ist auf Tabelle 20 schematisch dargestellt. Mit γ_2-Globulin werden die üblichen γ-Globuline bezeichnet, die ungefähr 11% der Plasmaproteine ausmachen (vgl. S. 223). γ_1-Globulin ist diejenige Komponente, die bei der Elektrophorese des normalen Plasmas mit dem Fibrinogen wandert und erst bei Elektrophorese des Serums als distinkte Komponente sichtbar wird. γ_1-Globuline machen 2—3% der normalen Plasmaproteine aus. Die Komponente scheint identisch mit der Komponente *III-1* aus Methode 9 (s.[6]) zu sein, ist aber elektrophoretisch einheitlicher.

SMITH[7] hat γ_1-Globulin aus Rinderplasma dargestellt. Es wird T-Komponente genannt. Bei der *Ätherfraktionierung* erhielt KEKWICK[8] γ-Globulin, das bei der Elektrophorese zu 90% rein erschien (vgl. S. 247ff.).

γ-Globuline lassen sich mit *Polyelektrolyten* wie Polymethacrylsäure fällen[9]. Die günstigsten Bedingungen liegen bei p_H 5,5, Ionenkonzentration $\Gamma/2$ 0,025 und einem Verhältnis Polymethacrylsäure: γ-Globulin von 0,14.

Mit *Elektrophorese-Konvektion* wurden γ-Globuline mit den einheitlichsten Molekulargewichten gewonnen[10-13]. Dabei wird Serum bis zu einer Konzentration von 3,5 g Protein je 100 cm³ verdünnt und in Phosphatpuffer, Ionenstärke $\Gamma/2$ 0,1, 48 Std bei Feldstärke

[1] ALBERTY, R. A., E. A. ANDERSON and J. W. WILLIAMS: J. physic. Colloid Chem. **52**, 217 (1948).
[2] KEKWICK, R. A.: Biochem. J. **34**, 1249 (1940).
[3] DEUTSCH, H. F., L. J. GOSTING, R. A. ALBERTY and J. W. WILLIAMS: J. biol. Ch. **164**, 109 (1946).
[4] DEUTSCH, H. F., R. A. ALBERTY and L. J. GOSTING: J. biol. Ch. **165**, 21 (1946).
[5] COHN, E. J., L. E. STRONG, W. L. HUGHES jr., D. J. MULFORD, J. N. ASHWORTH, M. MELIN and H. L. TAYLOR: Am. Soc. **68**, 459 (1946).
[6] ONCLEY, J. L., M. MELIN, D. A. RICHERT, J. W. CAMERON and P. M. GROSS jr.: Am. Soc. **71**, 541 (1949).
[7] SMITH, E. L.: J. biol. Ch. **164**, 345 (1946).
[8] KEKWICK, R. A., and M. E. MACKAY: Med. Res. Council spec. Rep. Ser. No. 286 (1954).
[9] ALAMERI, E.: Suom. Kemist., Ser. B. **28**, 28 (1955).
[10] CANN, J. R., J. G. KIRKWOOD, R. A. BROWN and O. J. PLESCIA: Am. Soc. **71**, 1603 (1949).
[11] CANN, J. R., R. A. BROWN and J. G. KIRKWOOD: J. biol. Ch. **181**, 161 (1949).
[12] CANN, J. R., R. A. BROWN, J. G. KIRKWOOD and J. H. HINK: J. biol. Ch. **185**, 663 (1950).
[13] CANN, J. R., D. H. CAMPBELL, R. A. BROWN and J. G. KIRKWOOD: Am. Soc. **73**, 4611 (1951).

Tabelle 20. *Schema zur Darstellung von γ_1- und γ_2-Globulin nach* DEUTSCH, ALBERTY *und* GOSTING[1].

1 kg Fraktion *II* + *III* suspendiert; Äthylalkohol 17 %, p_H 5,1, Protein 1,5—2,5 %, $\Gamma/2$ 0,01; zentrifugieren

- ↓ Niederschlag Rückstand von Fraktion *II* + *III* 3000 cm³ Lösung, p_H 4,8—5,1 je kg; 1—16 Std rühren. Na_2HPO_4 bis p_H 5,1 zufügen, abzentrifugieren
  - ↓ Niederschlag hauptsächlich β-Globulin
  - ↓ Überstand mit 53,3 %igem Äthylalkohol auf 10 % bringen
    - ↓ Niederschlag hauptsächlich β-Globulin
    - ↓ Überstand mit Na_2HPO_4 auf p_H 7,7; mit 53,3 %igem Äthylalkohol auf 20 %
      - ↓ Niederschlag hauptsächlich γ_2- und γ_1-Globulin. In einer Lösung von p_H 5,1—5,3 suspendieren; 30—60 min rühren; Na_2HPO_4 bis p_H 5,5 Acetat-Phosphat; $\Gamma/2$ 0,005—0,015; 53,3 %iger Äthylalkohol bis 10—14 %; zentrifugieren
        - ↓ Niederschlag hauptsächlich γ_1-Globulin. In einer Lösung p_H 7,7, $\Gamma/2$ 0,05[1] suspendieren; 30 min rühren; zentrifugieren und Zentrifugat filtrieren
          - ↓ Niederschlag verworfen
          - ↓ Überstand; 53,3 %iger Äthylalkohol bis 20 % zentrifugieren
            - ↓ Niederschlag hauptsächlich γ_1-Globulin
            - ↓ Überstand verworfen
        - ↓ Überstand; Na_2HPO_4 auf 7,2—7,4; 53,3 %iger Äthylalkohol bis 20 % zentrifugieren
          - ↓ Niederschlag hauptsächlich γ_2-Globulin
          - ↓ Überstand verworfen
      - ↓ Überstand verworfen
- ↓ Überstand; p_H 7,0—7,2, Äthylalkohol 25 %.; zentrifugieren
  - ↓ Niederschlag γ_2-Globulin
  - ↓ Überstand verworfen

1,5—2 V/cm im Elektrophoresekonvektions-Apparat fraktioniert. CANN[2] erhielt so aus menschlichem Serum Präparate, die in der Ultrazentrifuge zu 90—99 % homogen waren. Die Hauptkomponente hatte die Sedimentationskonstante $S = 6{,}56 \pm 0{,}011$. Das restliche Material hatte eine Sedimentationskonstante von $S = 4{,}3$ — anscheinend Albumin —, und nur wenige Präparate enthielten ungefähr 1 % einer Komponente mit $S = 17$. Aus der Bandenverbreiterung der Sedimentationskonstante der Hauptkomponente wurde geschlossen[2], daß das γ-Globulin ein Gemisch aus mindestens 2 Proteinen mit verschiedenen Sedimentationskonstanten sein muß und daß die Menge der Komponenten mit der höheren Sedimentationskonstanten ungefähr 25 % betragen müßte.

Bei Dialyse dieser γ-Globulinpräparate gegen dest. Wasser durch 48—72 Std fielen 30 % des γ-Globulins als Euglobulin aus. Das restliche Pseudoglobulin sedimentierte dann in der Ultrazentrifuge einheitlich mit $S = 6{,}51$. Das Euglobulin hingegen liefert in der Ultrazentrifuge mehrere Komponenten: eine Hauptkomponente von 81—93 %

[1] DEUTSCH, H. F., R. A. ALBERTY and L. J. GOSTING: J. biol. Ch. **165**, 21 (1946).
[2] CANN, J. R.: Am. Soc. **75**, 4213 (1953).

mit der Sedimentationskonstanten $S = 6{,}61$ und 2 kleinere Komponenten von 2—12% mit $S = 4{,}4$ und von 5—11% mit $S = 17$. Die Komponente mit der Sedimentationskonstante $S = 4{,}4$ scheint Albumin zu sein. Das unerwartete Auftreten von Albumin in der Euglobulinfraktion spricht für Wechselwirkungen zwischen Albumin und γ-Globulin (vgl. S. 228 und [1]).

γ-Globuline, die mit Äthylalkohol- oder Ätherfraktionierung gewonnen wurden, werden klinisch gegen Masern, Mumps usw. angewendet[2-4]. Man stellt eine 16,5%ige γ-Globulinlösung mit 0,3 m Glykokoll für den klinischen Gebrauch her. Sie enthält ungefähr die 25fache γ-Globulinkonzentration des Plasmas; die verschiedenen Antikörper sind gegenüber dem Plasma auf das 18—25fache vermehrt[5] (vgl. auch S. 243 und 247f.).

Darstellung von Antikörpern*. Gereinigte Antikörper können auf verschiedene Art dargestellt werden, es ist aber nicht möglich, die Methode zur Reinigung eines Antikörpers ohne weiteres auf einen anderen zu übertragen.

Diphtherieantitoxin aus Pferdeserum konnte bei 0,5-Sättigung mit *Ammoniumsulfat* als Pseudoglobulin gefällt werden[6, 7].

***Reinigung von Antikörpern aus Kaninchenplasma nach* McFadden *und* Smith[8].**

Hyperimmunes Kaninchenplasma wird mit dem gleichen Volumen dest. Wasser verdünnt, mit festem Ammoniumsulfat auf 0,27-Sättigung gebracht (vgl. S. 230ff.) und 30 min auf 56° erhitzt. Man verwirft die unlösliche Fraktion und fällt die Antikörper bei 0,5-Sättigung mit Ammoniumsulfat; der Niederschlag wird in Wasser aufgelöst und bei 0,45-Sättigung mit Ammoniumsulfat umgefällt. Dann dialysiert man den Niederschlag in der Kälte gegen Wasser, hält den p_H auf 5,3 und verwirft die unlösliche Fraktion. Den p_H des Überstandes stellt man auf 7 ein und fällt die Antikörper zwischen 0,43- und 0,47-Ammoniumsulfat-Sättigung. Diesen Niederschlag dialysiert man dann gegen isotonische Kochsalzlösung, macht die Lösung mit 0,25% Phenol und einer 1:10000-Lösung an Merthiolat haltbar und hebt sie in gefrorenem Zustand auf.

In den so zubereiteten eingefrorenen Lösungen (Laboratories E. R. Squibb and Sons) waren eine ganze Reihe von Antikörpern noch nach 15—17 Jahren aktiv. Die Lösungen enthielten 20% Protein, davon etwa 99% γ-Globuline, von denen 14—30% präcipitierbare Antikörper waren (nach [9]).

Besser kann man Antikörper mit *proteolytischen Enzymen* reinigen, die offenbar die anderen Serumeiweißkörper leichter zerstören als die Antikörper. Allerdings scheint auch in teilweise gespaltenen Antikörpern noch Aktivität erhalten zu bleiben (vgl. S. 303). (Über die Reinigung von Antikörpern mit Hilfe von Enzymen s. bei [10] und [11].)

Northrop[12] konnte durch Pepsin-Verdauung eines Diphtherietoxin-Antitoxin-Niederschlages ein voll aktives Antitoxin gewinnen. Es hatte nur das halbe Molekulargewicht des ursprünglichen Antitoxins und konnte kristallisiert werden.

***Reindarstellung von Antikörpern durch Fällung mit dem entsprechenden Antigen nach* Humphrey *und* McFarlane[13].**

Die Menge Antigen, die notwendig ist, um die optimale Menge Antikörper auszufällen, wird im voraus durch eine Versuchsreihe mit kleinen Plasma- oder Serummengen

* Siehe auch S. 587ff.

1 Lontie, R., and P. R. Morrison [Doty, P., and J. T. Edsall: Adv. Protein Chem. **6**, 71 (1951)].
2 Janeway, C. A.: J. amer. med. Ass. **126**, 674 (1944).
3 Greenberg, M., S. Fant and D. Rutstein: J. amer. med. Ass. **126**, 944 (1944).
4 Enders, J. F.; in: Blood Cells and Plasma Proteins (Hrsgb. Tullis, J. L.). S. 174. New York 1953.
5 Cohn, E. J.: Amer. Sci. **33**, 61 (1945).
6 Moerch, E.: Zbl. Bakteriologie I. **123**, 301 (1932) [zit. nach [7]].
7 Schmidt, H.: Fortschritte der Serologie. S. 335. Darmstadt 1950/1955.
8 McFadden, M. L., and E. L. Smith: J. biol. Ch. **214**, 185 (1955).
9 Heidelberger, M., and F. E. Kendall: J. exp. Med. **61**, 563 (1935).
10 Schmidt, H.: Fortschritte der Serologie. S. 337ff. Darmstadt 1950/1955.
11 Modern, F., u. G. Ruff: B. Z. **299**, 377 (1938); **305**, 405 (1940).
12 Northrop, J. H.: J. gen. Physiol. **32**, 705 (1949).
13 Humphrey, J. H., and A. S. McFarlane: Biochem. J. **57**, 186 (1954).

bestimmt. Dann werden Antigen und Antiserum im ermittelten Verhältnis gemischt, im allgemeinen einige Minuten bei 37° inkubiert und dann einige Tage bei 0—2° stehengelassen, um eine quantitative Ausflockung zu erreichen. Die Serumproben sollten vor dem Ausfällen des Niederschlags 15 min bei 2000 × g zentrifugiert werden, um unspezifische Fällungen vor dem Versuch zu entfernen. Die Antigen-Antikörperniederschläge sind meist unlöslich und können wiederholt ohne Verlust gewaschen werden. Sie werden mit Alkohol und Äther gewaschen und entweder direkt gewogen oder der Stickstoff nach KJELDAHL bestimmt, oder in 0,1 n NaOH gelöst und die Lichtabsorption bei 280 mμ[1-3] gemessen, oder das Eiweiß nach FOLIN bestimmt[4].

Wenn die erwartete Menge Antikörper weniger als 1 mg/cm³ beträgt, sollte das Komplement vor dem Ausfällen des Antigen-Antikörperkomplexes durch ein Ovalbumin-Antiovalbumin-System aus dem Serum entfernt werden[5]. Der Fehler, der durch das am Niederschlag fixierte Komplement entsteht, wird bei so kleinen Antikörpermengen sonst zu groß.

Auf diese Art kann die im Serum vorhandene Menge Antikörper gemessen werden. Sehr viel schwieriger ist die *Trennung von Antikörper und Antigen.* Das ist bisher nur in einigen Fällen gelungen. Sie kann durch Erhitzen des spezifischen Niederschlags auf 40—60° oder durch Einstellen auf p_H 3, Inkubieren bei Zimmertemperatur und darauffolgendes Abzentrifugieren des denaturierten Antigens erreicht werden[6]. Auf diese Art werden aber immer nur sehr kleine Mengen Antikörper wiedergewonnen.

Durch Herauslösen des Antikörpers aus dem spezifischen Niederschlag mit 15%iger NaCl-Lösung erhielten HEIDELBERGER und KENDALL[7] ungefähr 25% des gefällten Antikörpers.

Antikörper gegen Azoproteine wurden vom Antigen durch verdünnte Säuren, NaCl und Ausfrieren getrennt[8].

Antikörper gegen spezifische Polysaccharide von Pneumokokken werden durch Barytwasser oder Kalkwasser, in denen die Polysaccharide unlöslich, die Antikörper aber löslich sind, aus dem Antigen-Antikörperkomplex herausgelöst[9].

Bei Verwendung künstlicher Antigene mit einer bekannten Haptengruppe kann man den spezifischen Niederschlag durch Zugeben einer großen Menge kleiner Moleküle, die die Haptengruppe enthalten, dissoziieren; Antigen und Antikörper können dann durch fraktionierte Fällung getrennt werden[10].

Vielversprechend scheint die Reinigung von Antikörpern durch irreversible Fixierung des Antigens an eine feste Oberfläche und Adsorption des Antikörpers daran zu sein. Der Antikörper kann dann vom Antigen durch Dissoziation getrennt werden. Auf diese Art können auch nichtpräcipitierende Antikörper gewonnen werden. Schon SVENSSON[11] adsorbierte Antigen an Tierkohle, fügte dann Antiserum zu und eluierte nach Auswaschen der übrigen Serumproteine den Antikörper mit verdünnter Essigsäure. Cellulose wurde mit p-Nitrobenzyl-chlorid gekoppelt, reduziert, das aromatische Amin diazotiert und dieses dann mit Serumalbumin gekoppelt[12], oder menschliches Serumalbumin wurde an einen Austauscher mit Chloridgruppen gehängt[13]. Die so entstandenen Antigen-

[1] HUMPHREY, J. H., and A. S. MCFARLANE: Biochem. J. **57**, 186 (1957).
[2] EISEN, H. N.: J. Immunol. **60**, 77 (1948).
[3] GITLIN, D.: J. Immunol. **62**, 437 (1949).
[4] HEIDELBERGER, M., and C. F. C. MCPHERSON: Science, N. Y. **97**, 405 (1943).
[5] HEIDELBERGER, M., and M. M. MAYER: J. exp. Med. **75**, 295 (1942).
[6] CAMPBELL, D. H., and F. LANNI; in: GREENBERG, D. M. (Hrsg.): Amino Acids and Proteins. S. 649. Springfield, Ill. 1951.
[7] HEIDELBERGER, M., and E. A. KABAT: J. exp. Med. **65**, 885 (1937).
[8] HAUROWITZ, F., S. TEKMAN, M. BILEN and P. SCHWERIN: Biochem. J. **41**, 304 (1947).
[9] HEIDELBERGER, M., and E. A. KABAT: J. exp. Med. **67**, 161 (1938).
[10] CAMPBELL, D. H., R. H. BLAKER and A. B. PARDEE: Am. Soc. **70**, 2496 (1948).
[11] SVENSSON, H.: Ark. Kemi, Mineral. Geol. A **17**, 1 (1943).
[12] CAMPBELL, D. H., E. LUESCHER and S. G. LERMANN: Proc. nat. Acad. Sci. USA **37**, 575 (1951).
[13] ISLIKER, H.: Ann. N. Y. Acad. Sci. **57**, 225 (1953).

pulver wurden dann mit Antiserum gemischt, um den Antikörper daran zu adsorbieren, oder das Serum wurde an einer Säule des Antigenpulvers chromatographiert, diese mit 0,15 m NaCl gewaschen und schließlich der Antikörper mit verdünnter Essigsäure bei p_H 3,2 eluiert. Zur Gewinnung von Isohämagglutininen wurde an einen Harz-Erythrocytenstroma-Komplex adsorbiert und dann bei 37° die Isohämagglutinine mit Lactose- oder Galaktoselösung eluiert[1-3].

PORTER[4] hat γ-Globuline aus Kaninchenserum durch *Verteilungschromatographie* fraktioniert, um Antikörper gegen Ovalbumin von den inaktiven Proteinen zu trennen. γ-Globulin läßt sich ohne Denaturierung in einem System Wasser-Phosphatpuffer: Cellosolve verteilen. Zu Beginn der Immunisierung wird bei der Chromatographie nur ein Gipfel mit Antikörperaktivität gefunden, später zwei, und schließlich enthält der zweite Gipfel den Hauptanteil der Antikörperaktivität, der erste bleibt aber auch aktiv.

Auch Rinder-β-Globulin läßt sich bis zu einem gewissen Grad mit Verteilungschromatographie aufteilen, doch muß die Methode für jede Tierart extra ausgearbeitet werden[5]. Methodik s. [5-7].

ISLIKER[8] hat Antikörper mit Zinksalzen und Glykokoll fraktioniert.

***Reinigung von Antikörper gegen Pneumococcus-Polysaccharid Typ I aus Pferdeserum nach* NORTHROP *und* GOEBEL[9].**

Man verdünnt das Antiserum mit Wasser 1:10. Der Niederschlag, der nahezu den gesamten Antikörper enthält, wird in physiologischer Kochsalzlösung mit einem Proteingehalt von ~3% gelöst. Zu der Lösung fügt man saures K-phthalat, p_H 3,6, hinzu*. Auf diese Art wird das inaktive Protein gefällt, der Antikörper bleibt in Lösung. Er ist mit dem spezifischen Polysaccharid zu 90—100% fällbar. Bei der Elektrophorese ist er nahezu homogen. Durch Ammoniumsulfatfraktionierung kann eine Serie von Proteinen daraus gewonnen werden, die alle durch das spezifische Polysaccharid fällbar sind. Ihre in vivo schützenden Eigenschaften variieren jedoch stark und sind bei allen Fraktionen geringer als bei dem durch einfache Dissoziation gewonnenen Antikörper. Eines der Proteine, das zwischen 0,17- und 0,20-Ammoniumsulfatsättigung ausfällt, konnte kristallisiert werden. Einzelheiten der Methode s. [9].

Auch durch präparative Elektrophorese (vgl. S. 86f.) können Antikörper gereinigt werden. So versuchte man z. B. durch Elektrophoresekonvektion Keuchhusten-Antikörper aus der γ-Globulinfraktion (Fraktion *II* der Äthylalkoholfraktionierung S. 243) von Immunseren zu isolieren. Eine Reihe getrennter γ-Globulinfraktionen mit isoelektrischen Punkten zwischen 6,96 und 7,86 hatte alle Antikörperaktivität. Am stärksten war sie in der alkalischsten Fraktion[10].

Die **Isohämagglutinine** sind bis jetzt noch nicht als chemische Einheiten rein isoliert worden[11]. Bei der Äthylalkoholfraktionierung werden sie in Fraktion *III-1* konzentriert (vgl. S. 243).

Als *Zink-Komplexe* sind die Isohämagglutinine in Wasser vollkommen unlöslich, wenn die Ionenstärke bei 0,03 oder darunter liegt[12]. Die beste Methode zu ihrer Reinigung

* Die Menge Phthalat, die bei verschiedenen Serumproben notwendig ist, schwankt zwischen 0,4 und 0,7 Vol. Sie wird ermittelt, indem 10 cm³-Proben der Proteinlösung mit wechselnden Mengen 0,2 m Phthalat versetzt, nach 24 Std zentrifugiert und im Überstand der Antikörpergehalt geprüft wird.

[1] ISLIKER, H.: Ann. N. Y. Acad. Sci. **57**, 225 (1953).
[2] ISLIKER, H.: 2. Int. Congr. Biochem. Paris 1952. S. 393.
[3] ISLIKER, H., and P. H. STRAUSS: Fed. Proc. **13**, 236 (1954).
[4] PORTER, R. R.: Biochem. J. **58**, XXXIX (1954).
[5] PORTER, R. R., and E. M. PRESS: Biochem. J. **66**, 600 (1957).
[6] PORTER, R. R.: Biochem. J. **59**, 405 (1955).
[7] PORTER, R. R.; in: Colowick-Kaplan, Meth. Enzymol. Bd. **4**, S. 229ff.
[8] ISLIKER, H. C., and H. N. ANTONIADES: Am. Soc. **77**, 5863 (1955).
[9] NORTHROP, J. H., and W. F. GOEBEL: J. gen. Physiol. **32**, 705 (1949).
[10] CANN, J. R., R. A. BROWN, J. G. KIRKWOOD and J. H. HINK jr.: J. biol. Ch. **185**, 663 (1950).
[11] COHN, E. J.; in: TULLIS, J. L. (Hrsg.): Blood Cells and Plasma Proteins. S. 52ff. New York 1953.
[12] COHN, E. J.; in: TULLIS, J. L. (Hrsg.): Blood Cells and Plasma Proteins. S. 36. New York 1953.

scheint die Adsorption an Erythrocytenstroma zu sein (vgl. S. 298). Das Stroma verschiedener Bluttypen behält die Fähigkeit, Isohämagglutinine zu adsorbieren, auch nach dem Erhitzen und nach chemischer Behandlung[1].

Auch *Anti-Rh-Antikörper* sowie einige allergische Reagine werden bei der Äthylalkoholfraktionierung in Fraktion *III-1* (S. 243) konzentriert[2,3].

CANN und Mitarbeiter[4] haben mit Elektrophoresekonvektion Rh-Antikörper in verschiedenen elektrophoretischen Fraktionen isoliert.

Mit der gleichen Methode wurden auch allergische Reagine mit den γ-Globulinen konzentriert[5].

Physikalische Eigenschaften. *Elektrophorese.* γ-Globulin wandert im elektrischen Feld als einzelne Bande. Mit der Methode der reversiblen Bandenverbreiterung konnte aber gezeigt werden, daß noch große Unterschiede in der Beweglichkeit und den isoelektrischen Punkten der einzelnen γ-Globuline bestehen[6,7]. Bei menschlichem γ-Globulin wurde ein kontinuierliches Spektrum der Beweglichkeiten aufgezeigt, deren relative Mengen sich einer GAUSSschen Verteilungskurve nähern mit einem mittleren *isoelektrischen Punkt* von p_H 7,3. Manchmal wurden 2 GAUSSsche Verteilungskurven beobachtet, die den γ_1- und γ_2-Globulinen zukommen. Die schnellere Komponente, γ_1-Globulin, wird von ONCLEY[8] als β_2-Globulin bezeichnet. Bei Pferde- oder Rinderserum bezeichnet man die γ_1-Globuline als T-Komponente. (Über die Darstellung von γ_1- und γ_2-Globulin s. S. 295.) Durch Elektrophorese wurden γ-Globulinfraktionen mit verschiedenen mittleren Beweglichkeiten und isoelektrischen Punkten abgetrennt[9,10]. Die mittleren Beweglichkeiten von menschlichen γ-Globulinen in Veronalpuffer p_H 8,6 betrugen $-0{,}88 \cdot 10^{-5}$ bis $1{,}75 \cdot 10^{-5}$, das Spektrum der isoelektrischen Punkte in Kakodylat-Chlorid-Puffer reicht von 7,86—6,96, Mittelwert 7,3[11]. γ_1- und γ_2-Globuline von Mensch[12], Pferd[13] und Kuh[14] differieren bei einer Ionenstärke von 0,1 in ihren isoelektrischen Punkten um 1,5, 2,0 und 1,4 p_H-Einheiten respektive. Die Standardabweichungen sind im Falle der menschlichen γ_1- und γ_2-Globuline 0,3—0,4 p_H-Einheiten (s.[15]). Die Heterogenität der γ-Globuline ist bei der Elektrophorese eine andere als bei der Sedimentation mit der Ultrazentrifuge[9]. Über elektrophoretische Eigenschaften von normalen und Immunseren s. [16].

Molekulargewicht. Ultrazentrifugenuntersuchungen an den mit Äthylalkoholfraktionierung gewonnenen γ-Globulinen[17–21] zeigten, daß diese Präparate mindestens 3 Komponenten mit durchschnittlichen Sedimentationskonstanten $S = 7$, $S = 8$—12 und $S = 18$—20 enthielten (s. Tabelle 7, S. 227). Die Menge der normalen Komponente von $S = 7$

1 COHN, E. J.; in: TULLIS, J. L. (Hrsgb.): Blood Cells and Plasma Proteins. S. 52ff. New York 1953.
2 ONCLEY, J. L., M. MELIN, J. W. CAMERON, D. A. RICHERT and L. K. DIAMOND: Ann. N. Y. Acad Sci. **46**, 899 (1946).
3 CAMERON, J. W., and L. K. DIAMOND: J. clin. Invest. **24**, 793 (1945). J. Lab. clin. Med. **30**, 82 (1945).
4 CANN, J. R., R. A. BROWN, D. C. GAJDUSEK, J. C. KIRKWOOD and P. STURGEON: J. Immunol. **66**, 137 (1951).
5 HEWITT LOVELESS, M., and J. R. CANN: Science, N. Y. **117**, 105 (1953).
6 ALBERTY, R. A.: Am. Soc. **70**, 1675 (1948).
7 BROWN, R. A., and J. R. CANN: J. physic. Colloid Chem. **54**, 364 (1950).
8 ONCLEY, J. L.; in: TULLIS, J. L. (Hrsg.): Blood Cells and Plasma Proteins. S. 180. New York 1953.
9 CANN, J. R., R. A. BROWN, J. G. KIRKWOOD and J. H. HINK jr.: J. biol. Ch. **185**, 663 (1950).
10 CANN, J. R., R. A. BROWN and J. G. KIRKWOOD: J. biol. Ch. **181**, 161 (1949).
11 ALBERTY, R. A., E. A. ANDERSON and J. W. WILLIAMS: J. physic. Colloid Chem. **52**, 217 (1948).
12 ALBERTY, R. A.: J. physic. Colloid Chem. **53**, 114 (1949).
13 DEUTSCH, H. F., and J. C. NICHOL: J. biol. Ch. **176**, 797 (1948).
14 HESS, E. L., and H. F. DEUTSCH: Am. Soc. **71**, 1376 (1949).
15 ALBERTY, R. A.: Neurath-Bailey, Proteins, Bd. 1A, S. 512.
16 WILLIAMS, J. W.: Fortschr. Chem. org. Naturstoffe **7**, 270 (1950).
17 COHN, M., H. F. DEUTSCH and L. R. WETTER: J. Immunol. **64**, 381 (1950).
18 WILLIAMS, J. W., M. L. PETERMANN, G. C. COLOVOS, M. B. GOODLOE, J. L. ONCLEY and S. H. ARMSTRONG jr.: J. clin. Invest. **23**, 433 (1944).
19 DEUTSCH, H. F., R. A. ALBERTY, L. J. GOSTING and J. W. WILLIAMS: J. Immunol. **56**, 183 (1947).
20 DEUTSCH, H. F., R. A. ALBERTY and L. J. GOSTING: J. biol. Ch. **165**, 21 (1946).
21 ONCLEY, J. L., G. SCATCHARD and A. BROWN: J. physic. Colloid Chem. **51**, 184 (1947).

schwankte von 89—57 % mit einer entsprechenden Zunahme der schwereren Komponenten. Einige Präparate enthielten auch noch ungefähr 5 % einer langsamer sedimentierenden Komponente $S = 4$—5, die vermutlich aus Albumin bestand. Die Komponente $S = 7$ ist in bezug auf Größe und Gestalt meßbar heterogen[1].

Die durch Elektrophoresekonvektion aus Plasma erhaltenen γ-Globulinpräparate sind in der Ultrazentrifuge sehr viel einheitlicher als die mit Äthylalkoholfraktionierung gewonnenen[2]. Die besten Präparate[3] enthalten 99 % einer Komponente mit der *Sedimentationskonstante* $S_{20,w} = 6{,}56 \pm 0{,}011$, der Rest hat die Sedimentationskonstante $S = 4{,}3$ — offenbar handelt es sich um Albumin —, und nur selten wird eine Komponente mit der Sedimentationskonstante $S = 17$ gefunden. Die $S = 6{,}56$-Komponente ist allerdings noch kein einheitliches Eiweiß (s. S. 296). Mit der gleichen Methode aus Sammelplasma gewonnene γ-Globulinpräparate enthielten 5 % eines Materials mit der Sedimentationskonstante von $S = 8$—20. Die *Diffusionskonstante* beträgt $D = 3{,}84 \cdot 10^{-7}$ cm² sec⁻¹, das *spezifische Partialvolumen* ist 0,745. Aus diesen Daten wurde ein *Mol.-Gewicht* von 162000 berechnet.

Die hochmolekularen γ-Globulinkomponenten mit Sedimentationskonstanten zwischen $S = 7$ und $S = 20$, die nach der Äthylalkoholfraktionierung gefunden wurden, scheinen Polymerisationsprodukte zu sein, die durch das Sammeln des Plasmas oder durch die Verarbeitung entstanden sind.

Wie leicht γ-Globuline polymerisieren, zeigt sich auch beim Ultrazentrifugieren von γ-Globulin bei Ionenstärken unter 0,01[3]. Man findet dann 2 Komponenten $S = 6{,}1$ und $S = 9{,}5$. Wenn die Ionenstärke wieder auf 0,1 gebracht wird, verschwindet die Komponente $S = 9{,}5$.

Die *Antikörper* der Huftiere gegen Pneumokokken scheinen alle *Sedimentationskonstanten* von $S_{20,w} = 18$ und *Mol.-Gewichte* von ~1000000 zu haben[4, 5]. Für menschliche Antikörper gegen Pneumokokken wird ein Mol.-Gewicht von 194000 und eine Sedimentationskonstante von $S = 7{,}4$ angegeben[6]. WASSERMANN-Antikörper (syphilitisches Reagin) menschlichen Ursprungs hat in der Ultrazentrifuge 2 Komponenten mit Sedimentationskonstanten von $S = 7$ und $S = 19$[7].

Die Sedimentationskonstante der *Anti-B-Isohämagglutinine* im menschlichen Serum von Gruppe 0 und Gruppe A wurden bestimmt und deutliche Unterschiede in dem Anti-B von Menschen des Genotyps $A_1 0$, $A_1 A_1$ und 00 gefunden. Die entsprechenden Sedimentationskonstanten betragen 15,5, 11 und 6,5, die dazugehörigen Mol.-Gewichte sind 500000 für das Anti-B des Genotyps $A_1 0$, 300000 für $A_1 A_1$ und 170000 für 00[8].

Das *Achsenverhältnis* für Kaninchenantikörper gegen Pneumokokken beträgt 7,5, mit einer Längsachse von 274 Å und einem Durchmesser von 37 Å[9]; für Pferdeantikörper gegen Pneumokokken beträgt das Achsenverhältnis ~20, die Längsachse ist 950 Å und der Durchmesser 47 Å. Näheres darüber bei [10].

Analytische Daten. Menschliches γ-Globulin enthält 16,03 % Stickstoff, 2,3 % Hexose, 1,2 % Hexosamin und weniger als 0,05 % Cholesterin. Das Verhältnis Hexose : Hexosamin ist 2 : 1. Außer Galaktose, Mannose und Glucosamin enthält die Kohlenhydratkomponente auch Fucose[11]. Die Aminosäurezusammensetzung von Menschen- und Rinder-γ-Globulin

[1] WILLIAMS, J. W., R. L. BALDWIN, W. M. SAUNDERS and P. G. SQUIRE: Am. Soc. **74**, 1542 (1952).
[2] CANN, J. R., R. A. BROWN, S. J. SINGER, J. B. SHUMAKER jr. and J. G. KIRKWOOD: Science, N. Y. **114**, 30 (1951).
[3] CANN, J. R.: Am. Soc. **75**, 4213 (1953).
[4] KABAT, E. A.: J. exp. Med. **69**, 103 (1939).
[5] KEKWICK, R. A., and B. B. RECORD: Brit. J. exp. Path. **22**, 29 (1941).
[6] KABAT, E. A., and A. E. BEZER: J. exp. Med. **82**, 207 (1945).
[7] DAVIS, E. D., D. H. MOORE, E. A. KABAT and A. HARRIS: J. Immunol. **50**, 1 (1945).
[8] FILITTI-WURMSER, S., G. AUBEL-LESURE et R. WURMSER: J. Chim. physique Physico-chim. biol. **50**, 236 (1953).
[9] NEURATH, H.: Am. Soc. **61**, 1841 (1939).
[10] CAMPBELL, D. H., and N. BULLMAN: Fortschr. Chem. org. Naturstoffe **9**, 443 (1952).
[11] MICHEEL, F., u. F. SUTHAUS: Naturwiss. **43**, 108 (1956).

ist in Tabelle 28 wiedergegeben. γ_1- und γ_2-Globulin aus Rinderplasma sind ähnlich zusammengesetzt[1]. Sie unterscheiden sich hauptsächlich im Phenylalaningehalt (γ_1-Globulin enthält um die Hälfte mehr Phenylalanin als γ_2-Globulin). Die UV-Spektren der beiden γ-Globuline sind dementsprechend verschieden[2, 3].

Auffallend ist der hohe Gehalt der γ-Globuline an Oxyaminosäuren. Diese bilden offenbar Querverbindungen mit den Aminogruppen. Dadurch scheint die starre Struktur der γ-Globuline, bei der alle $\equiv NH^+$-Gruppen intern gebunden sind, zu entstehen[4]. Die starre Struktur soll wesentlich sein für die Antikörpereigenschaften der γ-Globuline.

Die Aminosäurezusammensetzung von Antikörpern aus Kaninchenserum gegen verschiedene Pneumokokken ist, innerhalb der Fehlergrenzen, die gleiche[5].

Aus Kaninchenserum mit der Methode von KEKWICK (vgl. S. 248) dargestelltes inaktives γ-Globulin hat die gleiche Endaminosäuresequenz wie Antikörper gegen Ovalbumin des gleichen Serums[6]. Die gleiche Endaminosäuresequenz haben auch Kaninchenantikörper gegen Serumalbumin[7] und 8 Antikörper gegen verschiedene Pneumokokken[8]. Die einzige Endaminosäure ist Alanin, die N-Endaminosäuresequenz ist Ala-Leu-Val-Asp-Glu[6, 8]. Sowohl freies γ-Globulin als auch die Antikörper gegen Ovalbumin haben die gleiche Menge ε-Lysinreste. Das Verhältnis von nichtreaktionsfähigem Histidin zu Gesamthistidin ist in dem Antigen-Antikörperkomplex höher als im freien γ-Globulin. Es scheinen also Imidazolreste an der Antigen-Antikörperbindung entweder von seiten des Antikörpers oder des Antigens beteiligt zu sein.

Von PUTNAM[9] und MCFADDEN[10] wurden im menschlichen γ-Globulin als Aminoendgruppen 1 Mol Asparaginsäure, 1 Mol Glutaminsäure, 0,1—0,2 Mol Serin und kleine Mengen einer nicht identifizierten Aminosäure je Mol gefunden. Die Globulinfraktion *II-1,2* (vgl. S. 243) enthält in den Endgruppen 1,7mal mehr Glutaminsäure als Asparaginsäure, während die Fraktion *II-3* 1 Mol Glutaminsäure je Mol Protein enthält[10]. Nach neueren Untersuchungen von PUTNAM[11] enthält normales menschliches γ-Globulin 1 Mol Asparaginsäure und 2 Mol Glutaminsäure je Mol (Mol.-Gewicht 160000).

PORTER[12] fand in Rinder-γ-Globulin 5 verschiedene Endaminosäuren, und zwar 0,23 Mol Asparaginsäure, 0,06 Mol Glutaminsäure, 0,14 Mol Serin, 0,09 Mol Alanin und 0,35 Mol Valin pro Mol γ-Globulin (Mol.-Gewicht 160000). Mit Verteilungschromatographie gelang ihm eine gewisse Aufteilung dieser γ-Globuline in Fraktionen. Danach und nach den Untersuchungen von MCFADDEN und SMITH[10] scheint es, als ob nur der Anteil der γ-Globuline, dessen Endgruppe Valin ist, Antikörperaktivität hat.

Bindung. Die γ-Globuline neigen zu Wechselwirkungen mit anderen Proteinen — besonders mit den Lipoproteiden und den Albuminen (vgl. S. 317)[13]. Im Bereich zwischen den isoelektrischen Punkten von γ-Globulin und β-Lipoproteid fällt ein Teil der Lipoproteide mit den γ-Globulinen aus[14]. Auch miteinander verbinden sich die γ-Globulinmoleküle offenbar leicht (vgl. Mol.-Gewicht, S. 301).

Bei p_H-Werten im isoelektrischen Bereich aggregiert γ-Pseudoglobulin bei sehr niedriger Salzkonzentration leicht[15]. Bei niedrigem p_H (3,1) steigern verschiedene mono-

[1] SMITH, E. L., and B. V. JAGER: Ann. Rev. Microbiol. **6**, 207 (1952).
[2] SMITH, E. L., R. D. GREENE and E. BARTNER: J. biol. Ch. **164**, 359 (1946).
[3] SMITH, E. L., and R. D. GREENE: J. biol. Ch. **171**, 355 (1947).
[4] KLOTZ, I. M., and J. M. URQUHART: Am. Soc. **71**, 1597 (1949).
[5] SMITH, E. L., M. L. MCFADDEN, A. STOCKELL and V. BUETTNER-JANUSCH: J. biol. Ch. **214**, 197 (1955).
[6] PORTER, R. R.: Biochem. J. **46**, 473 (1950).
[7] ORLANS, E. S.: Nature **175**, 728 (1955).
[8] MCFADDEN, M. L., and E. L. SMITH: J. biol. Ch. **214**, 185 (1955).
[9] PUTNAM, F. W.: Am. Soc. **75**, 2785 (1953).
[10] MCFADDEN, M. L., and E. L. SMITH: Am. Soc. **75**, 2784 (1953).
[11] PUTNAM, F. W.: Science, N. Y. **122**, 275 (1955).
[12] PORTER, R. R., and E. M. PRESS: Biochem. J. **66**, 600 (1957).
[13] SCATCHARD, G., A. GEE and J. WEEKS: J. physic. Chem. **58**, 733 (1954).
[14] ONCLEY, J. L., E. ELLENBOGEN, D. GITLIN and F. R. N. GURD: J. physic. Chem. **56**, 85 (1952).
[15] CANN, J. R., and R. A. PHELPS: Am. Soc. **77**, 4266 (1955).

valente Anionen in der Reihenfolge Cl, Br, NO_3 und ClO_4 die Tendenz zur Assoziation der γ-Pseudoglobulinmoleküle[1].

Antikörpermoleküle scheinen häufig Bindungen einzugehen, durch die sie ihre fällenden Eigenschaften verlieren, die aber in vivo keinen Aktivitätsverlust zur Folge haben. Einführung von 1—2 fluorescierenden Gruppen je Mol Antikörper verändert anscheinend die Antikörpereigenschaften nicht[2]. Auch Jodierung bis zu 3—4 Atomen/Mol beeinflußt die Antikörperaktivität nicht[3], während Einführung größerer Jodmengen die Menge des durch Antigen fällbaren Antikörpers verringert[4]. Ähnlich verhält es sich bei der Behandlung mit Diazoniumverbindungen.

γ-Globulin wirkt antikomplementär[5]. Die Wirkung wird durch Albumin aufgehoben.

Denaturierung, Stabilität. γ-Globulin ist in isotonischer Lösung nahe p_H 7 am stabilsten. Es wird im Gegensatz zu Albumin von Acetyltryptophan oder langkettigen Fettsäuren nicht stabilisiert. Galaktose, Tartrat, Succinat oder Glykokoll wirken jedoch stabilisierend auf γ-Globulinlösungen. Diese können, wenn man ihnen eines dieser stabilisierenden Reagentien zugefügt hat, mehrere Stunden auf 50° erhitzt werden, ohne dabei denaturiert zu werden[6]. Auch Dextransulfat (Mol.-Gewicht 7000—8000) wirkt bei Temperaturen zwischen 57 und 60° stabilisierend auf γ-Globulin. Das Dextransulfat kann nachher durch Austauscher (Dowex-1) aus der γ-Globulinlösung entfernt werden[7].

Leichte Denaturierung von γ-Globulinlösungen kann häufig schon durch Trübungsmessungen, Elektrophorese oder Untersuchung in der Ultrazentrifuge erkannt werden, bevor sich die Antikörperaktivität verändert.

Die Stabilität der Antikörper ist stark von den Bedingungen abhängig, unter denen sie der denaturierenden Behandlung ausgesetzt werden. Erhitzen auf die gleiche Temperatur verändert die Präcipitinreaktion von Pferdeantikörper gegen Pneumococcus Typ I im Gesamtserum viel stärker als das Erhitzen der Euglobulinfraktion, die den Antikörper enthält[8]. Ähnlich verhält es sich beim Erhitzen der gleichen Euglobulinfraktion mit und ohne Casein[9]. Behandlung mit 6—8 m Harnstofflösungen verändert das Mol.-Gewicht des gereinigten γ-Globulins nicht[10, 11], während bei der Behandlung von Kaninchenserum mit 8 m Harnstoff die Präcipitinreaktion des Antikörpers gegen Ovalbumin verändert wird[12]. Schon Gefrieren allein genügt, um Antikörper zu denaturieren[13].

Bei der Denaturierung der Antikörper ist manchmal die Präcipitinreaktion unverändert, während die Wirkung in vivo abgenommen hat[14], oder umgekehrt, der Antikörper wird von dem spezifischen Antigen nicht mehr gefällt, wirkt aber noch in vivo.

Verdauung mit Pepsin bei p_H 3,5[15, 16] führt zur Spaltung der Antikörpermoleküle; die Aktivitäten bleiben jedoch in dem nach der Verdauung sehr heterogenen Material[17] erhalten (vgl. a. S. 297). Noch inhomogener ist das Material nach der Papainverdauung[18],

[1] Cann, J. R., and R. A. Phelps: Am. Soc. **77**, 4266 (1955).
[2] Coons, A. H., and M. H. Kaplan: J. exp. Med. **91**, 1 (1950).
[3] Pressmann, D., and L. A. Sternberger: Am. Soc. **72**, 2226 (1950).
[4] Pressmann, D., and L. A. Sternberger: J. Immunol. **66**, 609 (1951).
[5] Olhagen, B.: Acta med. scand., Suppl. **162** (1945).
[6] Scatchard, G., L. E. Strong, W. L. Hughes jr., J. N. Ashworth and A. H. Sparrow: J. clin. Invest. **24**, 671 (1945).
[7] Walton, K. W., and R. B. Pennell: Arch. Biochem. **56**, 553 (1955).
[8] Jennings, R. K., and L. D. Smith: J. Immunol. **45**, 108 (1942).
[9] Krejci, L. E., R. K. Jennings and L. D. Smith: J. Immunol. **45**, 108 (1942).
[10] Burk, N. F.: J. biol. Ch. **121**, 373 (1937).
[11] Neurath, H., G. R. Cooper and J. O. Erickson: J. biol. Ch. **142**, 265 (1942).
[12] Wright, G. G.: J. exp. Med. **81**, 647 (1945).
[13] Haurowitz, F.: Chemistry and Biology of Proteins. New York 1950.
[14] Northrop, J. H., and W. F. Goebel: J. gen. Physiol. **32**, 705 (1949).
[15] Bridgman, W. B.: Am. Soc. **68**, 857 (1946).
[16] Anderson, C. G.: Biochem. J. **59**, 47 (1955).
[17] Williams, J. W., R. L. Baldwin, W. M. Saunders and P. G. Squire: Am. Soc. **74**, 1542 (1952).
[18] Deutsch, H. F., M. L. Petermann and J. W. Williams: J. biol. Ch. **164**, 93 (1946).

es enthält aber immer noch einen Teil der Aktivität. So bleibt auch nach Behandlung mit $Ba(OH)_2$ ein Teil der Antikörperaktivität[1] erhalten.

Aus diesen Versuchen geht schon hervor, daß die Antikörper sowohl gegen saures[2, 3] als auch gegen alkalisches p_H[1] relativ unempfindlich sind.

Bestimmung von γ-Globulinen und Antikörpern. Die Menge der im Plasma oder Serum vorhandenen *γ-Globuline* kann man elektrophoretisch, am einfachsten papierelektrophoretisch, bestimmen (s. S. 218 und 160ff.).

Auch mit kombinierter Salzfällung[4] oder mit Aussalzkurven mit Phosphatpuffer[5] (s. S. 234f.) können relativ genaue Werte für die im Serum vorhandenen γ-Globulinmengen erhalten werden.

Zur Bestimmung der γ-Globuline wird nach[6] mit Kochsalz-Ammoniumsulfatlösung gefällt oder nach[7] mit Veronal-Zinksulfat. Das Reagens nach POPPER[6] fällt auch Fibrinogen und sollte deshalb nur für Serum angewandt werden.

Die Zunahme der γ-Globuline, wie sie sich bei Infektionskrankheiten findet, kann man auch mit der TAKATA-ARA- oder Formolgel-Reaktion nachweisen, die bei Vermehrung der γ-Globuline meist positiv ausfallen. Über die Beziehung der γ-Globuline zu anderen üblichen Plasmaproteinreaktionen vgl.[8].

γ-Globuline können auch immunologisch bestimmt werden, doch sind die Resultate sehr wechselnd — offenbar wegen der großen Heterogenität der γ-Globuline[9]. Im allgemeinen werden immunologisch sehr viel höhere Werte als mit der Elektrophorese gefunden[10, 11]. Ein großer Vorteil der immunologischen Methode ist aber ihre große Empfindlichkeit[9]. JAGER[9] konnte bei Agammaglobulinämie mit ihr noch sehr geringe Mengen γ-Globuline nachweisen, als alle anderen Methoden versagten.

Zum Nachweis der *präcipitierenden Antikörper* wird die quantitative Präcipitintechnik angewandt. Das homologe Antigen wird bis zur Äquivalenzzone zugefügt und im Niederschlag das Eiweiß bestimmt (vgl. S. 297)[12, 13].

Zur Bestimmung der Heterogenität von Antikörpern verwendet man die Agar-Diffusionsmethode nach OUDIN[14–16]. Verfeinerung der Methode durch Elektrophorese in Gelen bei [17, 18]. Neue Methode der Titration von Antigen-Antikörpern in Gelen s.[19].

Genaueres über die Bestimmung von Antikörpern und Isohämagglutininen findet man bei[20].

---

1 KABAT, E. A.: J. exp. Med. **69**, 103 (1939).
2 BRIDGMAN, W. B.: Am. Soc. **68**, 857 (1946).
3 ANDERSON, C. G.: Biochem. J. **59**, 47 (1955).
4 HINSBERG, K.: ds. Handb. Bd. 5, S. 25ff.
5 DERRIEN, Y.: Biochim. biophysica Acta, N. Y. **8**, 631 (1952).
6 HUERGA, J. DE LA, and H. POPPER: J. Lab. clin. Med. **35**, 459 (1950).
7 KUNKEL, H. G.: Proc. Soc. exp. Biol. Med. **66**, 217 (1947).
8 HINSBERG, K.: ds. Handb. Bd. 5, S. 30.
9 JAGER, B. V.: Fed. Proc. **12**, 723 (1953).
10 KUNKEL, H. G., and S. M. WARD: J. biol. Ch. **182**, 597 (1950).
11 JAGER, B. V., E. L. SMITH, M. NICKERSON and D. M. BROWN: J. biol. Ch. **176**, 1177 (1948).
12 HEIDELBERGER, M., and F. E. KENDALL: J. exp. Med. **62**, 467, 697 (1935).
13 KENDALL, F. E.: Ann. N. Y. Acad. Sci. **43**, 85 (1942/43).
14 OUDIN, J.: Ann. Inst. Pasteur **75**, 33, 109 (1948).
15 OUDIN, J.: Cr. **228**, 1890 (1949).
16 OUCHTERLONY, Ö.: Ark. Kemi, Min. Geol. B **26**, 1 (1949).
17 GRABAR, P., and C. A. WILLIAMS: Biochim. biophysica Acta, N. Y. **10**, 193 (1953); **17**, 67 (1955).
18 WILLIAMS jr., C. A., and P. GRABAR: J. Immunol. **74**, 158, 397, 404 (1955).
19 FEINBERG, J. G.: Nature **177**, 530 (1956).
20 SCHMIDT, H.: Fortschritte der Serologie. Darmstadt 1950/1955. — Über unvollständige Antikörper bei: SPIELMANN, W.: Ergebn. Hyg. **28**, 203 (1954). — Zusammenfassende Darstellungen über Antikörper außerdem: KABAT, E. E., and M. M. MAYER: Experimental Immunochemistry. Springfield, Ill. 1948. — CAMPBELL, D. H., and F. LANNI; in: GREENBERG, D. M. (Hrsg.): Amino Acids and Proteins. S. 649. Springfield, Ill. 1951. — MARRACK, J. R.: Ann. Rept. Progr. Chem. **48**, 2 (1951). — WILLIAMS, J. W.: Fortschr. Chem. org. Naturstoffe **7**, 270 1950). — MAYER, M. M.: Ann. Rev. **20**, 415 (1951). — BOYD, W. C.: Fundamentals of Immunology. 3. Aufl. New York 1956. — ISLIKER, H.: Adv. Protein Chem. **12**, 111 (1957).

b) Komplement*.

Bei der Immunität unterscheidet man 2 Hauptgruppen, die durch verschiedene Proteine charakterisiert sind.

Bei der 1. Gruppe handelt es sich um die erworbene Immunität, die durch den Reiz eines bestimmten Antigens zustande kommt und die sich durch den Antikörpernachweis zu erkennen gibt. Über Antikörper vgl. S. 293ff.

Die 2. Gruppe umfaßt die Faktoren, die die „natürliche“ Immunität bedingen. Unter diesen steht bei weitem das Komplement an erster Stelle.

Das Komplement lagert sich an Antigen-Antikörperkomplexe aller Art an. Dabei können die Antikörper auch sog. Normal-Antikörper (Normal-Amboceptoren) sein, die unabhängig von nachweisbaren Infektionen in jedem Normalserum vorkommen. Das Komplement spielt somit nicht nur bei der „natürlichen“, sondern auch bei der erworbenen Immunität eine Rolle.

Handelt es sich um zellständige Antigene, z. B. Bakterien oder rote Blutzellen, dann äußert sich die Komplementwirkung in einer Lyse (Bakteriolyse, Hämolyse), wodurch bei vielen Infektionen der bakteriolytische Effekt von menschlichem Gesamtblut zu erklären ist. Aus dem Maß der Hämolyse wird die Komplementaktivität ermittelt. Bei der komplementbedingten Cytolyse spielen Mg^{++} und Ca^{++} eine wichtige Rolle.

Handelt es sich um gelöste Antigene, so findet ebenfalls in vielen Fällen eine Adsorption von Komplement an den Antigen-Antikörperkomplex statt. Hier ermittelt man meist den Betrag des fixierten Komplements nur indirekt, etwa durch Zusatz eines zweiten Antigen-Antikörpersystems, bei dem die Komplementbindung durch Hämolyse gut zu erkennen ist. Ein solches Standard-„hämolytisches System“ stellt das Gemisch aus Hammelblutkörperchen und Antihammelblutkörperchen-Kaninchenserum dar, das beinahe zu allen Komplementbindungsreaktionen in der Praxis Verwendung findet.

In manchen Fällen konnte die Bindung des Komplements an Antigen-Antikörperkomplexe durch Mikrostickstoffbestimmung nachgewiesen werden[1–4].

Das Komplement wird außer von Antigen-Antikörperkomplexen von vielen anderen Stoffen — Proteinen und Nichtproteinen — unspezifisch adsorbiert und dadurch inaktiviert.

Das Komplement ist nicht einheitlich. Es umfaßt eine Gruppe labiler Proteine, die in ihrer Gesamtheit als C′ bezeichnet werden. C′ besteht mindestens aus 4 Komponenten: C′1 (früher Komplement-Mittelstück), C′2 (früher Komplement-Endstück), C′3 und C′4**. Durch 50 min langes Erhitzen auf 56° wird das gesamte Komplement inaktiviert[5]. Es wird dann als iC′ bezeichnet. Spezifische Inaktivierung einer der 4 Komponenten des menschlichen Komplements[6] zerstört die lysierenden Eigenschaften des menschlichen Erwachsenenserums; Kombination der 4 Komponenten, bei denen jeweils die 3 anderen spezifisch inaktiviert wurden, stellt sie wieder her. Es sind also alle 4 Komponenten des Komplements für die lysierenden Eigenschaften des Serums notwendig.

Offenbar bestehen enge Beziehungen zwischen Komplementsystem und fibrinolytischem System (s. darüber bei Plasminogen, S. 288).

C′1 wird als diejenige Komponente des Komplements definiert, die vollkommen ausfällt, wenn frisches menschliches Serum gegen Phosphatpuffer, p_H 5,4, $\Gamma/2$ 0,02, dialysiert wird[7, 8] (der Niederschlag enthält etwas C′3 und C′4, aber kein C′2).

C′2 wird als diejenige Komponente bezeichnet, die bei der oben erwähnten Dialyse ganz im Überstand bleibt (der Überstand enthält auch etwas C′3 und C′4).

* Siehe hierzu auch den Beitrag: Antigen, Antikörper, Komplement (S. 587ff.).

** Nomenklatur nach PILLEMER, L., and E. E. ECKER: Science, N. Y. **94**, 437 (1941).

1 HEIDELBERGER, M.: J. exp. Med. **73**, 681 (1941).

2 HEIDELBERGER, M., M. ROCHA E SILVA and M. M. MAYER: J. exp. Med. **74**, 359 (1941).

3 HEIDELBERGER, M., A. J. WEIL and H. P. TREFFERS: J. exp. Med. **73**, 695 (1941).

4 LEVINE, L., K. M. COWAN, A. G. OSLER and M. M. MAYER: J. Immunol. **71**, 359 (1953).

5 LEVINE, L., K. M. COWAN, A. G. OSLER, O. G. BIER and M. M. MAYER: J. Immunol. **71**, 359 (1953).

6 DOZOIS, T. F., S. SEIFTER and E. E. ECKER: J. Immunol. **47**, 215 (1943).

7 PILLEMER, L., S. SEIFTER, C. L. SANCLEMENTE and E. E. ECKER: J. Immunol. **47**, 205 (1943).

8 ECKER, E. E., S. SEIFTER and T. F. DOZOIS: J. Lab. clin. Med. **30**, 39 (1945).

C'3 wird an Zymosan, den unlöslichen Rückstand aus Hefe, die mit Trypsin verdaut und mit Wasser und Alkohol extrahiert wurde, bei 37° adsorbiert[1].

C'4 wird die Komponente genannt, die durch Behandlung mit 0,2 cm^3 0,16 m Ammoniak je cm^3 menschlichem Serum oder mit Hydrazin spezifisch inaktiviert wird[2].

Auf diese 4 verschiedenen Arten kann jede Komponente des Komplements spezifisch aus dem Serum entfernt werden[3].

Das gesamte Komplement bleibt beim Aufheben bei —35°, mit geringem Aktivitätsverlust über 1 Jahr erhalten. Zufügen von 10% festem Natriumchlorid und 4% fester Borsäure vermindert den Aktivitätsverlust[4].

PILLEMER und Mitarbeiter[5] haben die 3 Komponenten C'1, C'2 und C'4 aus Meerschweinchenserum durch fraktionierte Ammoniumsulfatfällung als definierte Eiweißkörper isoliert. Bei etwas anderen Ammoniumsulfatkonzentrationen und anderem p_H wurden diese 3 Komponenten auch aus menschlichem Serum dargestellt[2, 6]. C'3 konnte bisher nicht rein dargestellt werden. Es steht nicht fest, ob es ein Eiweißkörper ist (vgl. S. 308).

C'1 (früher Komplement-Mittelstück) macht 0,6—0,8% der Serumproteine aus. Die Darstellung von C'1 aus menschlichem Serum nach PILLEMER und Mitarbeitern[6] ist in Tabelle 21 wiedergegeben.

Bei der COHNschen Fraktionierung (vgl. S. 240ff.) wurde C'1 in Fraktion *III-2* konzentriert[7]. C'1 ist ein *Euglobulin* und daher in elektrolytfreiem Wasser unlöslich.

An Bleiphosphat, Titandioxyd, Magnesiumhydroxyd und Kaolin wird C'1 adsorbiert.

Physikalische Eigenschaften. *Elektrophorese.* Bei der Elektrophorese in Veronalpuffer, p_H 7,8, $\Gamma/2$ 0,1, hat das menschliche C'1 eine Beweglichkeit von $-2,9 \cdot 10^{-5}$ (s. [2]). Der *isoelektrische Punkt* liegt bei p_H 6,2[6]. Die *Sedimentationskonstante* beträgt $S_{20,w} = 6,9$[2].

Analytische Daten. Menschliches C'1 enthält 13,9% N, $<0,1$% P und 3,5% Kohlenhydrat[6].

Denaturierung, Stabilität. Gereinigtes C'1 wird am besten in Pufferlösungen, p_H 6,6, die mehr als 0,9% NaCl enthalten, aufbewahrt. In dieser Lösung hält es sich mindestens 2 Jahre. Es kann gefriergetrocknet werden. Durch Erhitzen auf 50° wird es schon z. T. inaktiviert, durch 30 min langes Erhitzen auf 56° vollkommen zerstört.

C'2 aus menschlichem Serum kann bei p_H 6,8 mit 2,4—2,6 m Ammoniumsulfat gefällt werden. Durch zahlreiche Umfällungen mit Ammoniumsulfat kann man es reinigen[8]. Es wird in der COHNschen Fraktion *IV* gefunden (vgl. S. 237ff.). An Magnesiumhydroxyd und Kaolin wird es adsorbiert.

Die mit Ammoniumsulfatfällung gewonnenen Präparate enthielten bei der *Elektrophorese* in Veronalpuffer p_H 7,8, Ionenstärke $\Gamma/2$ 0,1, 50% Albumin und ein Globulin mit einer Wanderungsgeschwindigkeit von $-2,6 \cdot 10^{-5}$. C'2 aus Meerschweinchenserum hat in Phosphatpuffer, p_H 7,7, $\Gamma/2$ 0,2, eine Beweglichkeit von $-4,2 \cdot 10^{-5}$. Das entspricht einem α-Globulin[5].

Analytische Daten und Denaturierung. C'2 aus Meerschweinchenserum[2, 8] hat einen Kohlenhydratgehalt von mehr als 10%, während menschliches C'2 nur 3% Kohlenhydrat enthält. Die Aktivität von C'2 und C'4 aus Meerschweinchenserum ist kaum zu trennen. Es wird daher angenommen, daß die beiden Komponenten des Komplements C'2 und C'4 mit dem gleichen Molekül verknüpft sind, aber ungleiche reaktive

---

[1] PILLEMER, L., and E. E. ECKER: J. biol. Ch. **137**, 139 (1941).
[2] ECKER, E. E., S. SEIFTER and T. F. DOZOIS: J. Lab. clin. Med. **30**, 39 (1945).
[3] DOZOIS, T. F., S. SEIFTER and E. E. ECKER: J. Immunol. **47**, 215 (1943).
[4] SEIFTER, S., L. PILLEMER and E. E. ECKER: J. Immunol. **47**, 195 (1943).
[5] PILLEMER, L., E. E. ECKER, J. L. ONCLEY and E. J. COHN: J. exp. Med. **74**, 297 (1941).
[6] PILLEMER, L., S. SEIFTER, C. L. SANCLEMENTE and E. E. ECKER: J. Immunol. **47**, 205 (1943).
[7] COHN, E. J., J. L. ONCLEY, L. E. STRONG, W. L. HUGHES jr. and S. H. ARMSTRONG: J. clin. Invest. **23**, 417 (1944).
[8] SEIFTER, S., T. F. DOZOIS and E. E. ECKER: J. Immunol. **49**, 45 (1944).

Tabelle 21[1]. *Darstellung von C'1 aus menschlichem Serum.*

Menschliches Serum
1:2 mit physiologischer Kochsalzlösung verdünnt, bei 1° C mit 1,4 m Ammoniumsulfat gefällt. p_H 6,1

↓ **Niederschlag** (Fraktion 1) — ↓ Überstand

Niederschlag (Fraktion 1)
↓
waschen; dialysieren gegen Phosphatpuffer p_H 5,4, $\Gamma/2 = 0{,}02$

↓ Überstand (Fraktion 1 A) — ↓ **Niederschlag** (Fraktion 1 B)

Niederschlag (Fraktion 1 B)
↓
waschen; in 4,5 %igem NaCl aufnehmen (bis zu $^1/_{10}$ des Serumvolumens); mit 1,0 m Ammoniumsulfat fällen

↓ **Überstand** — ↓ Niederschlag

Überstand
↓
gemeinsam mit 2 Waschflüssigkeiten des Niederschlags mit 1,8 m Ammoniumsulfat fällen

↓ Überstand — ↓ **Niederschlag**

Niederschlag
↓
waschen; dialysieren gegen Phosphatpuffer p_H 5,4, $\Gamma/2 = 0{,}02$

↓ Überstand (Fraktion 1 B C) — ↓ **Niederschlag** (Fraktion 1 B D)

Niederschlag (Fraktion 1 B D)
↓
in Phosphatpuffer p_H 5,4, $\Gamma/2 = 0{,}02$; waschen; in Phosphatpuffer p_H 6,6, $\Gamma/2 = 0{,}3$, lösen, Endvolumen: $^1/_{35}$ des Serums
↓
C'1

Gruppen haben. C'2 wird allerdings schon durch 30 min langes Erhitzen auf 50°, C'4 erst durch 30 min langes Erhitzen auf 66° denaturiert. C'2 ist diejenige Komponente des Komplements, die am empfindlichsten gegen Hitze ist[2].

Das menschliche C'2 ist leichter von C'4 zu trennen als das des Meerschweinchens. *Elektrophoretisch* ist normalerweise kein α-Globulin darin nachweisbar. Daß C'4 in der gereinigten Fraktion C'2 des menschlichen Serums nicht gefunden wird, könnte durch die zahlreichen Umfällungen bei der Ammoniumsulfatfraktionierung bedingt sein.

In Puffer p_H 6,6, der 0,9 % NaCl enthält, ist C'2 mindestens 2 Jahre haltbar.

C'4 aus menschlichem Serum kann relativ frei von anderen Komponenten des Komplements erhalten werden, wenn man den Niederschlag, der bei Dialyse gegen Phosphatpuffer p_H 5,4, Ionenstärke $\Gamma/2$ 0,02, entsteht, gegen Phosphatpuffer p_H 6,6, Ionenstärke $\Gamma/2$ 0,04, dialysiert. Der Überstand enthält dann 1—3 % der Serumproteine und 90 % der C'4-Aktivität mit kleinen Mengen C'1 und C'3[3]. Die beiden letzteren können durch Behandlung mit einem Überschuß von Zymosan entfernt werden.

C'2 und C'4 machen 0,17 % der Serumproteine aus.

---

[1] PILLEMER, L., S. SEIFTER, C. L. SANCLEMENTE and E. E. ECKER: J. Immunol. **47**, 205 (1943).
[2] SEIFTER, S., L. PILLEMER and E. E. ECKER: J. Immunol. **47**, 195 (1943).
[3] ECKER, E. E., S. SEIFTER and T. F. DOZOIS: J. Lab. clin. Med. **30**, 39 (1945).

Denaturierung, Stabilität. Auf diese Art hergestelltes C'4 ist in Phosphatpuffer p_H 6,6, der mit NaCl isotonisch gemacht wurde, gut haltbar[1]. Es kann gefriergetrocknet werden. Durch 30 min langes Erhitzen auf 66° wird es inaktiviert. Gegen verdünntes Alkali, Ammoniak oder Hydrazin ist es außerordentlich empfindlich, bei Zimmertemperatur wird es innerhalb von 1 min inaktiviert. Es ist diejenige Komponente des Komplements, die am empfindlichsten gegen p_H-Änderungen ist. Zwischen p_H 6,0 und 6,8 ist es am stabilsten[2].

C'3 konnte bisher weder aus menschlichem noch aus Meerschweinchenserum in einem höheren Grad von Reinheit isoliert werden. Refraktionierung der Fraktion, die mit Phosphatpuffer p_H 5,4, Ionenstärke $\Gamma/2$ 0,02, als Euglobulin gefällt wurde, mit 30%igem Äthylalkohol bei —10° führt zu einem Niederschlag, der 70% der C'3-Aktivität und kleine Mengen C'1 und C'4 enthält. An Zymosan wird C'3 bei 37° adsorbiert, kann aber nicht wieder eluiert werden[3]. Mg^{++}, die anderen Komponenten des Komplements und Properdin[4] sind für diese Adsorption notwendig (vgl. S. 311). Die Adsorption von C'3 an Zymosan scheint mit der Reaktion von C' mit Erythrocyten und Bakterien vergleichbar zu sein[5].

C'3 wurde in allen Globulinfraktionen gefunden, kleine Mengen auch in der Albuminfraktion. C'3 ist relativ hitzestabil. Es wird vermutet, daß es ein Phospholipoid oder ein Phosphoproteid ist. Es soll Enzymeigenschaften haben.

Bestimmung. Die Bestimmung von Komplement beruht auf der Fixierung von C' an ein Antigen-Antikörpersystem, die auf zweierlei Art gemessen werden kann: 1. durch das Verschwinden der hämolytischen Aktivität, 2. durch die Aufnahme von C'-Stickstoff an spezifische Niederschläge.

Als *hämolytische Einheit*[6] wird von HEIDELBERGER diejenige Komplementmenge definiert, die notwendig ist, um 0,2 cm^3 einer minimal sensibilisierten 2—2,5%igen Schafserythrocytensuspension zu hämolysieren. Normales Meerschweinchenserum enthält 200 bis 250 hämolytische Einheiten/cm^3.

Es gibt eine ganze Reihe von Methoden zur Titration des Komplements[7-12]. Hier soll die Methode von SPIELMANN und Mitarbeitern[9,10] wiedergegeben werden, die mit einem Mittelwert-Test reproduzierbare Titerbestimmungen mit einer Fehlergrenze von maximal 15—25% ermöglicht.

***Bestimmung des Komplementgehaltes nach* SPIELMANN *und* SCHULZ[9] *sowie* PFEIFFER, SCHÖFFLING, BRUCH *und* SPIELMANN[10].**

Das 1:10 verdünnte Serum wird in einer Verdünnungsreihe von 0,1—1,2 cm^3 (Vol. 1,2 cm^3) angesetzt; die Abstände der einzelnen Verdünnungsstufen sollen 0,05 von 0,1 bis 0,5 und 0,1 von 0,5—1,0 cm^3 betragen. Als Verdünnungsflüssigkeit wird folgende gepufferte Salzlösung verwendet: 8,5 g NaCl, 0,575 g Veronal, 0,375 g Veronal-Na, 0,016 g $CaCl_2$, 0,123 g $MgSO_4 \cdot 6\,H_2O$, Aqua dest. ad 1000 cm^3.

Nach Zugabe einer optimal sensibilisierten 2%igen Hammelblutkörperchensuspension werden die Röhrchen für 1/2 Std in ein Wasserbad von 37° C gesetzt, anschließend bei 1000—2000 U/min kurz zentrifugiert und die Hämolysegrade, die der spektrophoto-

[1] ECKER, E. E., S. SEIFTER and T. F. DOZOIS: J. Lab. clin. Med. **30**, 39 (1945).
[2] SEIFTER, S., L. PILLEMER and E. E. ECKER: J. Immunol. **47**, 195 (1943).
[3] PILLEMER, L., L. BLUM, J. PENSKY and I. H. LEPOW: J. Immunol. **71**, 331 (1953).
[4] PILLEMER, L., L. BLUM, E. W. TODD and I. H. LEPOW: Fed. Proc. **13**, 508 (1954).
[5] PILLEMER, L., I. H. LEPOW and L. BLUM: J. Immunol. **71**, 339 (1953).
[6] HEIDELBERGER, M.: J. exp. Med. **73**, 681 (1941). Science, N. Y. **92**, 534 (1940).
[7] WADSWORTH, A.: Standard Methods of the Division of Laboratories and Research of the New York State Dept. of Health. 3. Aufl. Baltimore 1947.
[8] KOLMER, J. A., and N. BOERNER: Approved Laboratory Technique. 4. Aufl. New York 1945.
[9] SPIELMANN, W., u. W. SCHULZ: Z. Hyg. **134**, 233 (1952).
[10] PFEIFFER, E. F., K. SCHÖFFLING, H. E. BRUCH u. W. SPIELMANN: Z. ges. exp. Med. **122**, 446 (1954).
[11] ECKER, E. E., L. PILLEMER and S. SEIFTER: J. Immunol. **47**, 181 (1943).
[12] OSLER, A. G., J. H. STRAUSS and M. M. MAYER: Amer. J. Syph. **36**, 140 (1952).

metrisch abgelesenen Extinktion (bei 550 mμ) direkt proportional sind, in den einzelnen Röhrchen ermittelt. Die graphische Darstellung der Hämolysegrade (bzw. der Extinktion) in Abhängigkeit von der Komplementmenge ergibt, wie SPIELMANN und SCHULZ[1] gezeigt haben, im GAUSSschen Wahrscheinlichkeitsnetz eine Gerade. Deshalb bekommt man den genauesten Wert des Komplementgehaltes eines Serums, wenn man durch die im Wahrscheinlichkeitsnetz aufgetragenen Kurvenpunkte eine Ausgleichsgerade zieht und die für 50%ige Hämolyse benötigte Komplementmenge daraus ermittelt. Zum Beispiel sei in einem beliebigen Titrationsversuch diese Serummenge 0,30 cm³. Der Komplementindex ($=KI$) ergibt sich dann aus der Gleichung:

$$0{,}25:0{,}30=0{,}83,$$

wobei 0,25 in einer größeren Versuchsreihe als die zur 50%igen Hämolyse benötigte durchschnittliche Serummenge ermittelt wurde.

Die Komplementhemmung (KH) beträgt in diesem angenommenen Falle 0,24, wie sich aus der Beziehung $KH=1-\frac{k}{a}$ ergibt, wobei a die zur 50%igen Hämolyse notwendige Menge des Meerschweinchenkomplements nach Zusatz eines bestimmten Serums nach Inaktivierung darstellt und k den unter denselben Bedingungen erhaltenen Kontrollwert ohne Serum bedeutet. (Man erkennt leicht, daß hier bei fehlender Serumhemmung ($a=k$) die Eigenhemmung $KH=0$ wird. Sie ist dagegen um so größer, je mehr a im Verhältnis zu k wächst.) Ergibt sich in unserem Beispiel $KH=0{,}24$, so ist der reale Komplementgehalt $KR=0{,}83+0{,}24=1{,}07$.

Eine etwas andere Titrationsmethode s. S. 312.

HEIDELBERGER[2] konnte in einigen Fällen mit genauen Mikrostickstoffbestimmungen zeigen, daß, wenn Komplement an einen Antigen-Antikörperniederschlag fixiert wird, der Stickstoffgehalt des Niederschlags ansteigt. Er berechnete, daß 0,10—0,14 mg Komplementstickstoff 1000 hämolytischen Einheiten entsprechen. Ein Kubikzentimeter Meerschweinchenserum enthält danach 0,04—0,06 mg Komplementstickstoff.

Der hämolytische Titer kann jedoch schwer mit dem Komplementfixierungstest in Zusammenhang gebracht werden, da das Komplement ja aus 4 Komponenten besteht. Die Komponente, deren Titer im Serum am geringsten ist, wirkt als limitierender Faktor. So ist z. B. der Titer von Meerschweinchenserum durch die Komponente C′3 limitiert, und diese Komponente wird durch den Fixierungsprozeß nur teilweise aus dem Serum entfernt. Wenn dagegen C′2 die Komponente mit dem geringsten Titer ist und man es in genügender Menge zufügt, hängt der hämolytische Effekt nicht nur von der erhöhten Menge C′2, sondern auch von dem vorhandenen C′3 ab. Die beiden Komponenten scheinen bis zu einem gewissen Grad in einem reziproken Verhältnis zu stehen[3].

Zusammenfassende Darstellungen über Komplement s. [4–6].

c) Properdin.

Bei dem Versuch, C′3 an Zymosan zu reinigen, fanden PILLEMER und Mitarbeiter[7, 8] ein neues Protein, das in jedem Serum enthalten und ein wichtiger Faktor der „natürlichen Immunität" ist. Gemeinsam mit Mg^{++} und Komplement scheint es bei der Zerstörung von Bakterien, der Neutralisierung von Viren und der Lyse verschiedener roter Zellen mitzuwirken. Es wurde „Properdin" (von pro perdere) genannt. Die im menschlichen Serum vorhandene Menge ist ~0,03% der gesamten Serumproteine.

[1] SPIELMANN, W., u. W. SCHULZ: Z. Hyg. **134**, 233 (1952).
[2] HEIDELBERGER, M.: J. exp. Med. **73**, 681 (1941).
[3] BOYD, W. C.: Neurath-Bailey, Proteins, Bd. 2B, S. 842.
[4] PILLEMER, L.: Chem. Reviews **33**, 1 (1943).
[5] HEIDELBERGER, M., and M. M.. MAYER: Adv. Enzymol. **8**, 71 (1948).
[6] KABAT, E. A., and M. M. MAYER: Experimental Immunochemistry. S. 97. Springfield, Ill. 1948.
[7] PILLEMER, L., L. BLUM, E. W. TODD and I. H. LEPOW: Fed. Proc. **13**, 508 (1954).
[8] PILLEMER, L., L. BLUM, I. H. LEPOW, O. A. ROSS, E. W. TODD and A. C. WARDLAW: Science, N. Y. **120**, 279 (1954).

Darstellung. Properdin wurde in guter Ausbeute aus menschlichem und Rinderserum durch seine spezifische Verbindung mit Zymosan bei 17° C und die Dissoziation dieses Komplexes dargestellt.

Die Darstellung von Properdin nach [1] ist in Tabelle 22 schematisch beschrieben.

Tabelle 22. *Isolierung von Properdin aus menschlichem Serum*[1].

100 cm³ frisches menschliches **Serum**

↓

auf 17° ± 1° einstellen; 4 cm³ Zymosansuspension (50—75 mg/cm³) *(1.)*, die vorher auf 17° ± 1° eingestellt war, zufügen. 60 min bei 17° ± 1° rühren. Mit n HCl p_H auf 6,9 ± 0,2 einstellen und erhalten. Sofort 30 min bei 1° mit 4000 U/min zentrifugieren

↓ **Niederschlag** = PZ-Komplex — ↓ Überstand = RP

↓

bei 1° in genau 50 cm³ Phosphat-Kochsalzpuffer, p_H 6,0 *(2.)*, suspendieren. Sofort 30 min bei 1° mit 4000 U/min zentrifugieren; dieses Waschen 2mal wiederholen

↓ **Niederschlag** = gewaschener PZ-Komplex — ↓ Überstand = Waschflüssigkeiten

↓

bei 37° ± 1° in 36 cm³ MICHAELIS-Puffer, p_H 7,4 *(3.)*, und 14 cm³ 2 m NaCl suspendieren. Sofort 60 min bei 1° mit 4000 U/min zentrifugieren

↓ Niederschlag = eluierter PZ-Komplex — ↓ **Überstand** = Properdin-Eluat

↓

3 Tage gegen 2 *l* dest. Wasser (3mal wechseln) bei 1° dialysieren. Der Widerstand nach der Dialyse sollte <4000 Ohm sein. Nach der Dialyse p_H auf 5,8 ± 0,1 einstellen. Daraufhin mindestens 1 Std bei 1° stehen lassen. 30 min bei 1° mit 4000 U/min zentrifugieren

↓ **Niederschlag** = rohes Properdin — ↓ Überstand verwerfen

↓

bei 1° mit 17 cm³ Veronalpuffer, p_H 7,4, extrahieren. 30 min bei 1° mit 4000 U/min zentrifugieren

↓ **Niederschlag** — ↓ Überstand A = Properdin-Extrakt

↓

bei 1° mit 8 cm³ Veronalpuffer, p_H 7,4, nochmals extrahieren. 30 min bei 1° mit 4000 U/min zentrifugieren

↓ Niederschlag verwerfen — ↓ Überstand B = Properdin-Extrakt

↓

Überstände A und B vereinigen = 25 cm³, p_H = 7,0—7,4, bei —20° oder darunter aufheben

Reagentien zur Properdindarstellung:

1. 200—300 mg Zymosan (s. S. 313) in 20 cm³ 0,15 m NaCl suspendieren, 1 Std im kochenden Wasserbad stehen lassen, 30 min bei 4000 U/min zentrifugieren. Den

[1] PILLEMER, L., L. BLUM, I. H. LEPOW, L. WURZ and E. W. TODD: J. exp. Med. **103**, 1 (1956).

Rückstand so einheitlich wie möglich in Veronalpuffer p_H 7,4 (s. S. 312) mit einem Endvolumen von 4 cm^3 suspendieren (50—75 mg/cm^3).

2. Phosphat-Kochsalzpuffer p_H 6,0.
   1768,4 cm^3 0,1 m NaH_2PO_4,
   231,6 cm^3 0,1 m Na_2HPO_4.
   Ein Teil Puffer zu 19 Teilen 0,15 m NaCl zufügen.
3. MICHAELIS-Puffer p_H 7,4.
   9,714 g Na-Acetat (3 H_2O),
   14,714 g Veronal-Natrium,
   17,0 g NaCl.

In 1960 cm^3 H_2O lösen, mit $\sim$43 cm^3 n HCl auf p_H 7,4 $\pm$ 0,1 einstellen.

So hergestelltes Properdin (Tabelle 22) ist frei von C'-Komponenten, enthält aber etwas Plasminogen. Es wird auf diese Art ungefähr 2000fach gereinigt.

In Fraktion *III* nach DEUTSCH[1] (vgl. S. 246f.) wird Properdin gefunden. An Kaolin, Tierkohle, Anionen- oder Kationenaustauschern wird Properdin nicht adsorbiert[2].

Eigenschaften, Denaturierung, Stabilität. Properdin ist ein Euglobulin. Seine minimale Löslichkeit liegt bei p_H 4,8—6,5. Die *Sedimentationskonstante* beträgt $S = 27$. Das *Molekulargewicht* liegt bei 1000000. Im Serum ist es bis 48° stabil, bei 50° beginnt die Denaturierung, und bei 56° ist es nach 30 min vollkommen denaturiert.

In gereinigtem Zustand ist Properdin gegen 30 min langes Erhitzen auf 66° stabil und wird erst bei 5 min langem Erhitzen auf 100° denaturiert. Zwischen p_H 4,8 und 8,4, sowie gegen Frieren und Auftauen ist es stabil.

Bei 17° wird Properdin in Gegenwart von C' und Mg^{++} an einen unlöslichen Polysaccharidkomplex aus Hefe (Zymosan) adsorbiert. Seine Wechselwirkung mit Bakterien und verschiedenen Polysacchariden scheint eine ähnliche Adsorption zu sein[2]. Auch dafür sind C' und Mg^{++} notwendig. Nach Injektion verschiedener Bakterienzellmembranen oder Polysaccharide an Versuchstiere in vivo fällt der Properdingehalt im Blut zunächst ab, um nachher weit über die Norm anzusteigen[2].

Bestimmung[3]. Die Bestimmung von Properdin beruht darauf, daß C'3 durch Zymosan bei 37° nur in Gegenwart von Properdin inaktiviert wird.

***Bestimmung von Properdin nach* PILLEMER, BLUM, LEPOW, WURZ *und* TODD**[3].

Prinzip:

Zur Bestimmung von Properdin mischt man verschiedene Volumina dieser Lösung mit konstanten Mengen Serum, das kein Properdin enthält, und Zymosan, läßt 1 Std bei 37° stehen und ermittelt die kleinste Menge, die das C'3 des Gemisches vollkommen inaktiviert.

Abkürzungen:

P Properdin,
RP Serum, das kein Properdin enthält (removed Properdin),
Z Zymosan,
PZ Properdin-Zymosankomplex,
C' Komplement,
C'1 erste Komponente des Komplements,
C'2 zweite Komponente des Komplements,
C'3 dritte Komponente des Komplements,
C'4 vierte Komponente des Komplements
R1 Serum, in dem C'1 fehlt,
R2 Serum, in dem C'2 fehlt,
R3 Serum, in dem C'3 fehlt,
R4 Serum, in dem C'4 fehlt.

---
[1] DEUTSCH, H. F., L. J. GOSTING, R. A. ALBERTY and J. W. WILLIAMS: J. biol. Ch. **164**, 109 (1946).
[2] PILLEMER, L., M. D. SCHOENBERG, L. BLUM and L. WURZ: Science, N. Y. **122**, 545 (1955).
[3] PILLEMER, L., L. BLUM, I. H. LEPOW, L. WURZ and E. W. TODD: J. exp. Med. **103**, 1 (1956).

Material und Methoden:

1. Menschliches Serum. Man entnimmt das Blut von gesunden Versuchspersonen am späten Nachmittag und läßt bei Zimmertemperatur 2 Std stehen. Durch 30 min langes Zentrifugieren bei 4000 U/min bei 2° trennt man das Serum ab und zentrifugiert noch einmal unter den gleichen Bedingungen, um restliche rote Blutkörperchen zu entfernen. Wenn man das Serum innerhalb der nächsten 8 Std verwendet, hebt man es bei 2° auf, sonst wird es für spätere Verwendung bei —70° aufgehoben.

2. Veronalpuffer p_H 7,4[1]. 85,0 g NaCl, 5,75 g Veronal, 3,75 g Veronal-Na, 5,0 cm³ m $MgCl_2$-Lösung, 1,5 cm³ m $CaCl_2$-Lösung. Man löst in etwa 1500 cm³ heißem dest. Wasser. Nach dem Kühlen füllt man auf 2000 cm³ auf. Diesen konzentrierten Puffer hebt man bei 1° auf. Vor dem Gebrauch mischt man 1 Teil Puffer mit 4 Teilen dest. Wasser. Der verdünnte Puffer wird jedesmal frisch bereitet und nach 12 Std verworfen.

3. Sensibilisierte Schafserythrocyten. Frisches Schafsblut wird in dem gleichen Volumen ALSEVERscher Lösung[1]* aufgefangen und bei 0° aufgehoben. Das Blut muß 4 Tage alt sein, bevor es verwendet wird, ist nach 10 Tagen aber zu verwerfen. Sensibilisierte Schafszellen werden täglich auf folgende Art zubereitet: man wäscht die Zellen 2mal mit 10 Vol. 0,15 m NaCl-Lösung und 1mal mit 10 Vol. Veronalpuffer. Dann stellt man eine 2%ige Suspension gewaschener Zellen in Veronalpuffer her. 1 cm³ dieser Lösung hämolysiert man durch Zufügen von 24 cm³ dest. Wasser. Die Hämoglobinkonzentration der hämolysierten roten Zellen wird bei 550 mμ gegen einen Wasserleerwert gemessen. Die Erythrocytensuspension wird so lange mit Veronalpuffer verdünnt, bis 1 cm³ $5 \cdot 10^5$ Zellen enthält. Das bestimmt man an einer Eichkurve, in der Zellzahlen und optische Dichte bei 550 mμ zueinander in Beziehung gesetzt sind. Ein gleiches Volumen Veronalpuffer, das 4 Einheiten Amboceptor enthält, wird schnell unter gutem Mischen zu den standardisierten Schafserythrocyten gefügt. Die sensibilisierten Zellen können nach ihrer Herstellung nur 12 Std benützt werden.

4. Titration des menschlichen Komplements (C'). Eine Einheit C' ist die minimale Menge Serum, die notwendig ist, um 1 cm³ sensibilisierter Schafserythrocyten in einem Endvolumen von 1,5 cm³ in 30 min bei 37° vollkommen zu hämolysieren. Normales menschliches Serum enthält 25—75 Einheiten mit einem Mittelwert von 40 Einheiten/cm³. Der letzte Wert entspricht 0,12 cm³ einer 1:5-Verdünnung von menschlichem Serum. Das Komplement wurde in folgender Weise titriert: verschiedene Mengen einer 1:5-Verdünnung von menschlichem Serum im Bereich von 0,08—0,3 cm³ werden in eine Reihe serologischer Teströhrchen 12×75 mm gebracht, die genügend Veronalpuffer enthalten, um das Endvolumen auf 0,5 cm³ zu bringen. Dann fügt man zu jedem Röhrchen 1 cm³ eben sensibilisierter Schafserythrocyten. Man schüttelt und inkubiert im Wasserbad bei 37° 30 min. Die geringste Menge Serum, die noch totale Hämolyse hervorruft, wird als eine Einheit C' angesehen. Aus dem Verdünnungsgrad läßt sich dann berechnen, wieviel Einheiten C' in 1 cm³ unverdünntem Serum enthalten sind.

5. Titration der Komponenten von C'. Allgemeine Methoden zur Darstellung der Reagentien und zur Titration der einzelnen Komponenten von C' wurden an anderer Stelle beschrieben[2-5] (vgl. auch S. 307f.). Hier wird eine Verdünnungsreihe der Probe, die titriert werden soll, mit Veronalpuffer hergestellt. Zu einer Serie von 12×75 mm-Teströhrchen in einem Eisbad gibt man 0,2 cm³ der Probenverdünnungen, eine konstante Menge Reagens (R1, R2, R3 oder R4, je nachdem, welche Komponente titriert werden soll) und 1 cm³ sensibilisierte Schafszellen. Der Inhalt der Röhrchen wird gemischt,

* 2,05 g Glucose, 0,8 g Na-Citrat, 0,42 g NaCl auf 100 cm³. Mit Citronensäure auf p_H 6,1 einstellen. Sterilisieren, indem man durch ein gläsernes Bakterienfilter laufen läßt.

1 KABAT, E. A., and M. M. MAYER: Experimental Immunochemistry. S. 107. Springfield, Ill. 1948.

2 PILLEMER, L.: Chem. Reviews **33**, 1 (1943).

3 KABAT, E. A., and M. M. MAYER: Experimental Immunochemistry. Springfield, Ill. 1948.

4 ECKER, E. E., L. PILLEMER and S. SEIFTER: J. Immunol. **47**, 181 (1943).

5 LEPOW, I. H., L. WURZ, O. D. RATNOFF and L. PILLEMER: J. Immunol. **73**, 146 (1954).

30 min bei 37° im Wasserbad inkubiert, bei 2000 U/min 5 min zentrifugiert und mit einem 50 %igen hämolytischen Standard (vgl. S. 309) verglichen. Der Titer wird als der reziproke Wert der Verdünnung ausgedrückt, die 50 %ige Hämolyse ergab. Dieser Wert gibt mit 5 multipliziert die Zahl der Einheiten der Komponente, die in einem Kubikzentimeter enthalten sind. Beispiel: Wenn eine Verdünnung von $^1/_{24}$ 60 %ige Hämolyse und $^1/_{48}$ 40 %ige Hämolyse ergab, wurde der Endpunkt bei $^1/_{36}$ angenommen und der Titer als 180 Einheiten ausgedrückt.

6. Herstellung von Zymosan.

a) Ein Kilogramm Hefe wird in 4 *l* 0,5 m Na_2HPO_4 suspendiert und 3 Std gekocht.

b) Auf 37° kühlen und 16 Tage bei 37° inkubieren. Am 1., 3., 6. und 10. Tag des Inkubierens fügt man 0,5 g Trypsin (Wilson 1:250) hinzu. Außerdem fügt man am 1. Tag des Inkubierens 5 cm³ Toluol und jeweils am 3., 7., 11. und 15. Tag 2,5 cm³ Toluol zu. Man rührt gelegentlich und stellt durch vorsichtiges Zufügen von NaOH den p_H täglich auf 7,8—8 ein.

c) Man zentrifugiert und verwirft den Überstand.

d) Den Niederschlag suspendiert man bei Zimmertemperatur in genau 4 *l* Leitungswasser, rührt 1 Std gründlich, zentrifugiert nochmals und verwirft den Überstand.

e) Nun suspendiert man den Niederschlag unter gründlichem Rühren in gerade 4 *l* kochendem Leitungswasser und rührt bei 95—100° 1 Std. Man zentrifugiert neuerlich und wiederholt den gleichen Schritt noch einmal.

f) Der Niederschlag wird in gerade 4 *l* kochendem dest. Wasser suspendiert und dabei gründlich gerührt. Man behandelt, rührt wie in Schritt e und wiederholt das gleiche noch einmal. Der Überstand sollte frei von löslichem Kohlenhydrat sein. Wenn das nicht der Fall ist, wird das Waschen wiederholt.

g) Den Niederschlag von Schritt f fügt man unter gründlichem Rühren:

α) zu 8 *l* absolutem Äthylalkohol, rührt 1 Std und zentrifugiert ab;

β) den Niederschlag fügt man zu 4 *l* absolutem Äthylalkohol und behandelt wie in Schritt α;

γ) den Rückstand trocknet man im Vakuum;

δ) das Trockenpulver kocht man am Rückflußkühler 3 Std mit 500 cm³ absolutem Äthylalkohol;

ε) man zentrifugiert, trocknet schnell im Vakuum und hebt im Vakuum auf.

Ausbeute 1—2 %.

Vor dem Gebrauch wird das Zymosan so genau wie möglich in 100 Vol. 0,15 m NaCl suspendiert. Die Suspension stellt man 1 Std in ein kochendes Wasserbad, zentrifugiert dann 30 min bei 4000 U/min, verwirft den Überstand und suspendiert den Rest in der gewünschten Konzentration in dem gewählten Lösungsmittel. Solche Suspensionen kann man bei 1° mindestens 1 Monat aufheben, wenn man Verunreinigungen vermeidet.

7. Standardisierung von Zymosan.

a) Jede Partie Zymosan wird darauf geprüft, welches die geringste Menge ist, die man für die spezifische Inaktivierung von C′3 braucht. Von den meisten Zymosandarstellungen werden 0,5—2 mg gebraucht, um das C′3 in 1 cm³ menschlichem Serum zu inaktivieren. In der Praxis werden je 0,5, 1,2 und 4 mg Zymosan mit 1 cm³ Serum 1 Std bei 37° unter gelegentlichem Mischen inkubiert. Der Rückstand wird abzentrifugiert und der Überstand auf C′3-Aktivität geprüft. Wenn C′3 vollkommen inaktiviert wurde, wird die Probe mit der minimalen Menge Zymosan auf gesamte C′-Aktivität und auf die Aktivität anderer C′-Komponenten geprüft. Für ein brauchbares Reagens (R 3) sollten noch mindestens 75 % der ursprünglichen Menge an C′1, C′2 und C′4 vorhanden sein.

b) Wenn man 2—3 mg Zymosan zu 1 cm³ Serum zufügt und es 1 Std bei 17° damit behandelt, werden im allgemeinen 90 % vom Properdin aus dem Serum entfernt, und man erhält brauchbares RP und ein PZ, aus dem man Properdin eluieren kann.

c) Die optimale Menge Zymosan, die für die Properdinbestimmung gebraucht wird, wird auf folgende Weise ermittelt: Gemische von 0,25 cm³ RP und 0,5 cm³ Puffer mit und ohne 1 Einheit zugefügtes Properdin werden 1 Std bei 37° mit verschiedenen Mengen Zymosan inkubiert. Die Menge Zymosan, die für die Properdinbestimmung verwendet wird, ist die maximale Menge, die den Titer von C'3 im RP nicht um mehr als 25% reduziert, die aber in Gegenwart von 1 Einheit Properdin das gesamte C'3 im RP inaktiviert. Im allgemeinen ist das ungefähr die 4fache Menge des Zymosans, die notwendig ist, um C'3 im unbehandelten Serum zu inaktivieren.

Zur Bestimmung von Properdin braucht man ein RP, dem nur Properdin fehlt. RP muß C'3 liefern und einen Überschuß all der Cofaktoren, die zur Bildung eines aktiven PZ und zur Inaktivierung von C'3 durch PZ notwendig sind. Außerdem muß es hinreichende Mengen von C'1, C'2 und C'4 für die Hämolyse sensibilisierter Schafserythrocyten für die schließliche Bestimmung von Properdin enthalten.

Aus verschiedenen Seren erhält man sehr verschieden gut brauchbares RP. Die Gründe für diese Unterschiede kennt man nicht.

Wie unabhängig voneinander PILLEMER und Mitarbeiter, H. ISLIKER und FISCHER[1] gefunden haben, läßt sich aus den Mischseren zahlreicher Spender immer ein brauchbares RP herstellen.

8. Darstellung von RP. Man bringt Serum auf 17° und hält es im Thermostaten auf dieser Temperatur. Genaues Einhalten der Temperatur ist wichtig. Zu jedem Kubikzentimeter Serum fügt man 2—3 mg Zymosan in 0,08 cm³ Veronalpuffer. Das Gemisch wird dauernd gerührt; bei kleinen Mengen mischt man mit der Hand alle 10 min. Nach 1 Std bringt man das Gemisch in gekühlte Zentrifugenbecher und zentrifugiert bei 1° 30 min bei 4000 U/min. Den klaren Überstand bringt man auf 17° und bringt neuerlich unter Rühren zu jedem Kubikzentimeter Serum 2—3 mg Zymosan in 0,08 cm³ Veronalpuffer. Das Gemisch wird bei 17° 1 Std inkubiert und wie oben zentrifugiert. Der klare Überstand (RP) wird zum Aufheben bei —70° in entsprechende Gefäße verteilt oder, wenn er innerhalb von 12 Std verwendet wird, bei 1° aufgehoben.

9. Standardisierung von RP. Ein brauchbares RP sollte einen C'-Titer von mindestens 75% des Originalserums haben. Es sollte gegen frisches Serum nicht antikomplementär sein, auch nicht gegen irgendeines der Serumreagentien. Zufügen von Zymosan bei 37° für 1 Std sollte den C'3-Titer nicht auf mehr als 75% des unbehandelten RP senken. Zufügen von 1 Einheit Properdin unter den gleichen Bedingungen sollte C'3 vollkommen inaktivieren.

10. Darstellung von R3. Ein brauchbares R3 darf kein C'3 enthalten, dafür aber einen Überschuß an C'1, C'2 und C'4. 1—2 mg Zymosan in 0,05 cm³ Veronalpuffer fügt man bei 37° zu jedem Kubikzentimeter Serum und suspendiert es darin. Das Gemisch wird unter gelegentlichem Mischen bei 37° 60 min inkubiert. Dann zentrifugiert man bei 4000 U/min bei 1°. Es wird, wie bei RP beschrieben, aufgehoben.

11. Standardisierung von R3. R3 wird getestet: a) auf Hämolyse gegen sensibilisierte Schafserythrocyten, b) auf antikomplementäre Eigenschaften gegenüber kleinen Mengen frischen Serums und c) auf seine Fähigkeit, damit C'3 in einem Standard-RP-Präparat in Gegenwart und in Abwesenheit von Zymosan und in Gegenwart und in Abwesenheit von Properdin zu messen; 0,1 cm³ R3 sollte für 1 cm³ sensibilisierte Schafserythrocyten nicht hämolytisch wirken und 0,05 cm³ R3 sollten, wenn sie zu 0,10 cm³ einer 1:15-Verdünnung von frischem Serum gegeben werden, den C'-Titer des Serums um mindestens 200% erhöhen. Mit 0,05 cm³ R3 sollte man mindestens erhalten: a) 120 Einheiten C'3 je cm³ RP, b) nicht weniger als 90 Einheiten im RP, das vorher bei 37° mit Zymosan behandelt wurde, und c) überhaupt kein C'3 im RP, das vorher in Gegenwart von 1 Einheit Properdin mit Zymosan behandelt wurde.

Definition der Einheiten:

1. Eine Einheit *Properdin* ist diejenige Menge, die in Gegenwart einer optimalen Menge Zymosan 120 ± 30 Einheiten C'3 in 1 cm³ RP während 1 Std bei 37° vollkommen inakti-

[1] FISCHER, H.: Persönliche Mitteilung.

viert. Zum Beispiel wenn 0,1 cm^3 der Probe die minimale Menge ist, die 120 Einheiten C'3 in 1 cm^3 RP in Gegenwart von Zymosan vollkommen inaktiviert, dann enthält die Probe $1/0,1 = 10$ Einheiten Properdin je cm^3.

2. Eine Einheit *C'3* ist diejenige Menge, die in Gegenwart von 2 Einheiten (im allgemeinen 0,05 cm^3) von R 3 und 1 cm^3 sensibilisierten Schafszellen in einem Endvolumen von 1,5 cm^3 50% der Zellen in 30 min bei 37° hämolysiert. Zum Beispiel, wenn 0,2 cm^3 einer $^1/_{24}$-Verdünnung der Probe 50%ige Hämolyse ergibt, dann ist die Konzentration von C'3 $24/0,2 = 120$ Einheiten/cm^3.

3. Eine Einheit *R3* ist gleich der kleinsten Menge des Originalserums, aus dem das R 3 dargestellt wurde, das, wenn es zu 1 cm^3 sensibilisierter Schafszellen in einem Endvolumen von 1,5 cm^3 zugefügt wurde, 100% der Zellen in 30 min bei 37° hämolysiert. Zum Beispiel, wenn 0,12 cm^3 einer 1:5-Verdünnung des Originalserums vor der Umwandlung in R 3 100%ige Hämolyse ergaben, dann sind 2 Einheiten R 3, das daraus hergestellt wurde, in $2 \cdot 0,12/5 = 0,05$ cm^3 enthalten.

Ausführung:

1. Zu einer Serie von 13×100 mm-Reagensgläsern in einem Kältebad fügt man 0,1 cm^3 einer standardisierten Zymosansuspension.

2. In jedes Gläschen gibt man 0,25 cm^3 RP.

3. Zu den aufeinanderfolgenden Gläschen fügt man abnehmende Mengen der zu untersuchenden Probe; z. B. 0,25 cm^3 in das erste Gläschen, 0,12 cm^3 in das zweite usw.

4. In jedes Gläschen gibt man soviel Veronalpuffer, daß das Endvolumen 0,75 cm^3 beträgt.

5. Man verschließt die Gläschen, schüttelt, inkubiert 1 Std bei 37° und schüttelt alle 10 min.

6. Man zentrifugiert 10 min bei 2000 U/min und gießt die Überstände in eine Serie von leeren Gläschen.

Der nächste Schritt bestimmt die Konzentration von C'3 in diesen Überständen.

7. Mit jedem Überstand aus Schritt 6 macht man eine doppelte Verdünnungsreihe von 1:1 bis 1:16 in Veronalpuffer, indem man in jedes Gläschen von 12×75 mm ein Volumen von 0,2 cm^3 bringt. Man fügt 2 Einheiten (0,05 cm^3) R 3 zu jedem Röhrchen und bringt das Volumen mit Veronalpuffer auf 0,5 cm^3. Dann fügt man 1 cm^3 sensibilisierte Schafszellen zu, inkubiert 30 min bei 37° und zentrifugiert bei 1500 U/min ab.

Man bestimmt, welche Verdünnung 50%ige Hämolyse ergibt, indem man jedes Röhrchen mit einem 50%igen Hämolyse-Standard vergleicht. Den Hämolyse-Standard stellt man aus 0,5 cm^3 sensibilisierten Schafszellen, 1 cm^3 Veronalpuffer und einer Spur Saponin her. Wenn der Endpunkt der 50%igen Hämolyse sich zwischen 2 Verdünnungen befindet, z. B. zwischen 1:8 und 1:16, nimmt man die Endpunktverdünnung als in der Mitte liegend an, also bei 1:12. Wenn 1:12 der Endpunkt in der C'3-Titration ist, dann ist die Konzentration von C'3 im Überstand von Schritt 6 $12 \cdot 0,2 = 60$ Einheiten/cm^3. Nachdem das RP in den Überständen von Schritt 6 dreifach verdünnt ist, bedeutet ein 1:12-Endpunkt bei der Titration von C'3 $60 \cdot 3 = 180$ Einheiten C'3 je cm^3 unverdünntem RP. Wenn der Endpunkt der C'3-Titration in dem unverdünnten Überstand von Schritt 6 erfolgt, dann beträgt der C'3-Titer 15 Einheiten unverdünntes RP. Wenn man keine Spur von Hämolyse sieht, nimmt man an, daß der C'3-Titer 0 ist, also das gesamte C'3 im RP inaktiviert worden ist.

Der Endpunkt in der Properdintitration wird als das minimale Volumen der Probe in Schritt 3 abgelesen, die eine vollkommene Inaktivierung in Schritt 7 zeigt. Die Anzahl der Properdineinheiten je cm^3 in der Testprobe wird bestimmt, indem man dieses Volumen durch 0,25 dividiert.

Kontrollen:

Von Schritt 3 ab führt man 4 Kontrollröhrchen mit bis zum Schluß der Bestimmung.

Röhrchen A: enthält 0,25 cm³ RP + 0,5 cm³ Puffer und dient dazu, die Konzentration von C'3 im RP nach dem Inkubieren, Zentrifugieren usw., aber in Abwesenheit von Properdin oder Zymosan zu bestimmen.

Röhrchen B: enthält 0,25 cm³ RP + 0,4 cm³ (Puffer + 0,1 cm³ Zymosan). Man benützt es, um den Verlust an C'3 in Gegenwart von Zymosan, aber in Abwesenheit von Properdin zu messen.

Röhrchen C: enthält 0,25 cm³ RP + 0,05 cm³ (0,25 Einheiten) gereinigtes Properdin + 0,35 cm³ Puffer + 0,1 cm³ Zymosan. Mit dieser Probe prüft man, ob das Zufügen von 1 Einheit Properdin (je cm³ RP) in Gegenwart von Zymosan zur vollkommenen Inaktivierung von C'3 führt.

Röhrchen D: enthält das gleiche wie Röhrchen C, nur daß anstatt 0,25 Einheiten Properdin nur 0,126 Einheiten zugefügt werden. Damit mißt man den Effekt von 1/2 Einheit Properdin je cm³ RP.

Typische Resultate mit den Kontrollröhrchen am Ende von Schritt 7 sind:

Röhrchen A	120 Einheiten C'3 je cm³,
Röhrchen B	90 Einheiten C'3 je cm³,
Röhrchen C	0 Einheiten C'3 je cm³,
Röhrchen D	eine Spur bis zu 15 Einheiten C'3 je cm³.

Für Properdintitrationen von menschlichem oder anderem Serum werden noch zusätzliche Kontrollen, die aus einem Standardserum der zu untersuchenden Tierart bestehen, bei Schritt 3 angesetzt.

Standardseren aus dem Laboratorium von PILLEMER enthalten die folgenden Konzentrationen von Properdin: Mensch 6—8 E/cm³; Maus 12—15 E/cm³; Ratte 25—30 E/cm³; Hund 12—15 E/cm³; Kaninchen 8—12 E/cm³.

FRITZSCHE, FISCHER und Mitarbeiter[1] haben eine Modifikation der Originalmethode von PILLEMER angegeben. Eine Änderung war notwendig, da nach den Erfahrungen dieser Autoren der Zuwachs an C'3-Aktivität durch das auf Properdin zu testende Serum beträchtlich ist. Man kann nur unter Berücksichtigung dieser Aktivitätszunahme kleinere Properdinmengen erfassen.

Zu diesem Zweck werden die Testansätze doppelt ausgeführt. Der eine Ansatz wird mit Zymosan inkubiert, der andere nicht. Als eine Einheit Properdin wird dann diejenige Menge definiert, die eine Abnahme von 50% der C'3-Aktivität in 1 cm³ Testserum bei Gegenwart von 0,25 cm³ RP-Serum im Testansatz bewirkt.

Die Testseren für die Properdinbestimmung werden in gefriergetrocknetem Zustand von den Behring-Werken, Marburg, geliefert.

LEONS[2] kinetische Untersuchungen haben gezeigt, daß an der Reaktion zwischen Zymosan und Properdin noch bisher unbekannte Co-Faktoren beteiligt sind, die die Reaktion limitieren können. Er bestimmt mit seiner Methode das sog. ,,verfügbare Properdin“ (available properdin). Man adsorbiert zuerst mit Zymosan bei 17° das verfügbare Properdin und setzt dann den PZ-Komplex einem RP-Serum zu und inkubiert noch einmal bei 37°. Die dadurch bewirkte Verminderung der C'3-Aktivität in RP-Serum wird mit Hilfe von nach MAYER und HEIDELBERGER vorbehandelten Erythrocyten gemessen.

ISLIKER[3] hat eine Methode zur Properdinbestimmung entwickelt, die sich von der von PILLEMER dadurch unterscheidet, daß kleinere Serummengen verwendet werden, R3-Serum nicht zugegeben wird und die sensibilisierten Hammelerythrocyten sofort dem Zymosanansatz nach der Erstinkubation bei 17° zugesetzt werden.

---

[1] FRITZSCHE, W., H. FISCHER, G. SCHWICK und H. E. SCHULTZE: Kli. Wo. **1958**, 100.

[2] LEON, M. A.: J. exp. Med. **103**, 285 (1956).

[3] ISLIKER, H. C., u. E. LINDER: Vox sanguinis, Basel **3**, 23 (1958).

7. Eiweißkörper mit spezifischer Transportfunktion.

a) Lipoproteide.

Die Fette des Nüchternplasmas sind zu 95%[1, 2], nach anderen Autoren zu 100%[3] an Protein gebunden. Dadurch werden sie wasserlöslich. Außerdem scheinen die Lipoproteide zur Stabilisierung von Fettemulsionen beizutragen[4]. Wenn sie in vitro in Kontakt gebracht werden, gehen Fette und Proteine keine Verbindung miteinander ein[5]. Wenn jedoch Fette und Proteine an Oberflächen gespreitet werden, können sie sich verbinden[6, 7].

Bei einem Teil der dargestellten Lipoproteide (s. unten) findet man ein konstantes Verhältnis Lipoid zu Protein. Das zeigt, daß unter physiologischen Bedingungen eine selektive Bindung zwischen Lipoiden und bestimmten Proteinen besteht. Bei einem Teil der von GOFMAN und Mitarbeitern[8, 9] isolierten Lipoproteide ist es jedoch noch nicht sicher, ob sie eine konstante Zusammensetzung haben.

Nach BLIX, TISELIUS und SVENSSON[10] wandern die Lipoproteide bei der Elektrophorese hauptsächlich mit der α- und β-Globulinfraktion, nur kleine Mengen mit Albumin und γ-Globulin.

MACHEBOEUF[11] hat als erster aus Pferdeserum ein Lipoproteid isoliert, das auch nach mehrmaligem Umfällen seine konstante Zusammensetzung behielt. Er nannte es *Cenapse Acid (CA)*[12]. Es besteht zu ungefähr 40% aus Lipoiden, ist aber trotzdem bei p_H 6,5 in Wasser löslich. Normales Pferdeserum enthält ungefähr 2,5 g/*l*. Bei unterernährten Pferden verringern sich die Konzentration und der Fettgehalt von CA[13].

McFARLANE[14] und PEDERSEN[15] fanden bei Untersuchungen des menschlichen Plasmas in der Ultrazentrifuge das *X-Protein*, das im Gegensatz zu allen anderen Plasmaproteinen sehr empfindlich gegen die Dichte des Lösungsmittels ist und bei genügend hoher Dichte an die Oberfläche steigt[15]. Es enthält große Mengen Phospholipoide (vgl. Tabelle 23). Die Menge an X-Protein, die PEDERSEN beim Ultrazentrifugieren fand, schien von der Konzentration des Serums stark abhängig zu sein. Heute nimmt man an, daß das X-Protein identisch ist[16] mit dem β-Lipoproteid[17] und daß seine scheinbare Vermehrung bei erhöhter Serumkonzentration durch eine starke Wechselwirkung mit dem γ-Globulin und dem Albumin zustande kommt (vgl. S. 302 und 341). Nach PEDERSEN[15] soll das X-Protein nur im menschlichen Plasma vorkommen (vgl. S. 226).

Bei der Äthylalkoholfraktionierung[18] wurde aus menschlichem Plasma je ein mit den α- und mit den β-Globulinen wanderndes Lipoproteid isoliert. Das *β-Lipoproteid* wurde in Fraktion III-0 konzentriert und von ONCLEY und Mitarbeitern[17] in der Ultrazentrifuge

---

1 GOFMAN, J. W., H. B. JONES, F. T. LINDGREN, T. P. LYON, H. A. ELLIOTT and B. STRISOWER: Circulation, N. Y. **2**, 161 (1950).
2 GOFMAN, J. W., H. B. JONES, T. P. LYON, F. T. LINDGREN, D. M. GRAHAM, B. STRISOWER and A. V. NICHOLS: Wisconsin med. J. **51**, 587 (1952).
3 HILLYARD, L. A., C. ENTENMAN, H. FEINBERG and I. L. CHAIKOFF: J. biol. Ch. **214**, 79 (1955).
4 FRAZER, A. C.: Discuss. Faraday Soc. **6**, 81 (1949).
5 POLONOVSKY, J., et M. MACHEBOEUF: Ann. Inst. Pasteur. **73**, 980 (1947); **74**, 196, 203 (1948).
6 GOTER, E., and J. HERMANS: Proc. Kon. ned. Akad. Wet. Amsterdam **45**, 804—810 (1942).
7 RIDEAL, E. K., and J. H. SCHULMAN: Proc. R. Soc. London (B) **122**, 29 (1937); (B) **126**, 356 (1939).
8 GOFMAN, J. W., F. T. LINDGREN and H. A. ELLIOTT: J. biol. Ch. **179**, 1973 (1949).
9 GOFMAN, J. W., F. T. LINDGREN, H. A. ELLIOTT, W. MANTZ, J. HEWITT, B. STRISOWER and V. HERRING: Science, N. Y. **111**, 166 (1950).
10 BLIX, G., A. TISELIUS and H. SVENSSON: J. biol. Ch. **137**, 485 (1941).
11 MACHEBOEUF, M.: Bull. Soc. Chim. biol. **11**, 268 (1929).
12 MACHEBOEUF, M., and P. REBEYROTTE: Discuss. Faraday Soc. **6**, 62 (1949).
13 MACHEBOEUF, M.: Bull. Soc. Chim. biol. **11**, 483 (1929). Cr. **189**, 109 (1929).
14 McFARLANE, A. S.: Biochem. J. **29**, 407, 660, 1202 (1935).
15 PEDERSEN, K. O.: Ultracentrifugal Studies on Serum and Serum Fractions. Uppsala 1945.
16 ONCLEY, J. L.; in: TULLIS, J. L. (Hrsg.): Blood Cells and Plasma Proteins. S. 337. New York 1953.
17 ONCLEY, J. L., F. R. N. GURD and M. MELIN: Am. Soc. **72**, 458 (1950).
18 COHN, E. J., L. E. STRONG, W. L. HUGHES jr., D. J. MULFORD, J. N. ASHWORTH, M. MLLIN and H. L. TAYLOR: Am. Soc. **68**, 459 (1946).

Tabelle 23. *Zusammensetzung verschiedener gereinigter Plasmalipoproteide*[1].

Lipoproteide	Prozentuale Zusammensetzung von Lipoprotein					Mol-Verhältnisse		
	Cholesterin			Phospho-lipoid	Peptide	Chole-sterin / Phospho-lipoid	freies Chole-sterin / Gesamt-chole-sterin	Chole-sterin / Stick-stoff
	Gesamt-	freies	Ester-					
MACHEBOEUF[2]								
CA (Pferd)	10,4	0	17,9	22,7	59,3	0,91	0	0,040
BLIX, TISELIUS und SVENSSON[3]								
β-Globulin	8,6	—	—	10,0	—	1,7	—	—
α-Globulin	4,4	—	—	7,2	—	1,2	—	—
Albumin	1,1			2,2	—	1,0	—	—
γ-Globulin	0,4	—	—	1,0	—	0,8	—	—
ADAIR und ADAIR[4]	16,4	—	—	8,5	40	3,8	—	0,093
PEDERSEN[5]								
X-Protein	—	—	—	23,4	—	—	—	—
ONCLEY, GURD und MELIN[6]								
β-Lipoproteid	30,9	8,3	39,1	29,3	23,0	2,1	0,27	0,28
COHN, STRONG und BLANCHARD[7]								
α_1-Lipoproteid	12,0	3,3	15	21	57	1,36	0,27	0,053
GREEN, LEWIS und PAGE[8]								
α_2-Lipoproteid	—	—	—	—	—	2,6	—	0,24
GOFMAN und Mitarbeiter[9]								
S_{f4}	30	8	40	25	25	2,4	0,25	0,27

isoliert (vgl. S. 322). Es enthält 75% Fette und nur 25% Protein; das Molekül enthält 0,6 g Wasser je g Trockengewicht. Trotz des Vorherrschens des Lipoidanteils verhält es sich wie ein typisches Euglobulin, d. h. es ist in der Nähe des isoelektrischen Punktes in Wasser unlöslich. In hydratisierter Form hat es eine Dichte von $\sim$1,03 g/cm^3 im Gegensatz zu den anderen Serumeiweißkörpern, deren Dichte $\sim$1,3 g/cm^3 beträgt. Es ist immunologisch kein einheitliches Protein, sondern ein Gemisch von verschiedenen Lipoproteiden und auch fettfreien Euglobulinen[10]. Ein *α-Lipoproteid* des menschlichen Plasmas wurde bei der Äthylalkoholfraktionierung in Fraktion IV-1 konzentriert. Eine Darstellung dieses sehr empfindlichen Lipoproteids gelang aber erst mit den neuesten Methoden (vgl. S. 39ff.). α_1-Lipoproteid enthält nur ungefähr 35% Fett und 65% Protein. Seine Dichte liegt bei 1,2.

α_1- und β-Lipoproteid zusammen enthalten ungefähr $^3/_4$ des Gesamtfettes des menschlichen Nüchternplasmas. Sie machen ungefähr 3 bzw. 5% der gesamten Plasmaproteine aus[6, 11], jedoch wechselt ihr Gehalt stark mit Alter und Geschlecht[8] (vgl. S. 320).

Im menschlichen Plasma wurden von der COHNschen Gruppe außer den α- und β-Lipoproteiden auch noch kleine Mengen *anderer Lipoproteide* gefunden, die an $BaSO_4$ und

[1] HUGHES, W. L.: Neurath-Bailey, Proteins, Bd. 2/B, S. 702.
[2] MACHEBOEUF, M., and P. REBEYROTTE: Discuss. Faraday Soc. **6**, 62 (1949).
[3] BLIX, G., A. TISELIUS and H. SVENSSON: J. biol. Ch. **137**, 485 (1941).
[4] ADAIR, G. S., and M. E. ADAIR: J. Physiol., London **102**, 17 (1943).
[5] PEDERSEN, K. O.: Ultracentrifugal Studies on Serum and Serum Fractions. Uppsala 1945.
[6] ONCLEY, J. L., F. R. N. GURD and M. MELIN: Am. Soc. **72**, 458 (1950).
[7] Analyse der Fraktion IV-1,1 aus normalem menschlichem Plasma von Dr. ROBERT ROSENBERG (zit. nach [1]).
[8] LEWIS, L. A., A. A. GREEN and I. H. PAGE: Amer. J. Physiol. **171**, 391 (1952).
[9] JONES, H. B., J. W. GOFMAN, F. T. LINDGREN, T. P. LYON, D. M. GRAHAM, B. STRISOWER and A. V. NICHOLS: Amer. J. Med. **11**, 358 (1951).
[10] GITLIN, D.: Science, N. Y. **117**, 591 (1953).
[11] GURD, F. R. N., J. L. ONCLEY, J. T. EDSALL and E. J. COHN: Discuss. Faraday Soc. **6**, 70 (1949).

$CaCO_3$ spezifisch adsorbiert und mit Na-citrat wieder eluiert werden können[1]. Ob diese in geringen Mengen vorkommenden Lipoproteide identisch sind mit einem Lipoproteid, das von GOFMAN und Mitarbeitern[2-4] mit der Flotationsmethode aus menschlichem Plasma isoliert wurde und das bei der Elektrophorese mit den α_2-Globulinen wandert, steht noch nicht fest. Das Plasma enthält davon nur 0,1—0,2 g/l[5].

GOFMAN und Mitarbeiter[2-4] haben durch Ultrazentrifugieren in Lösungsmitteln hoher Dichte ein ganzes Spektrum von Lipoproteiden aus menschlichen und tierischen Seren isoliert. Die spezifisch leichten Lipoproteide steigen dabei an die Oberfläche (Flotation). Durch Variieren der Lösungsmitteldichte konnten sie[5] mindestens 9 verschiedene Lipoproteide aus menschlichem Serum isolieren. Sie haben gezeigt, daß β-Lipoproteid auch in der Ultrazentrifuge nicht einheitlich ist, sondern daß im menschlichen Serum eine ganze Reihe von Lipoproteiden vorkommen, die in hydratisierter Form eine Dichte $\sim$1,03 haben[3]. Sie konnten auch α-Lipoproteid durch Flotation isolieren (vgl. S. 324ff.). Auch dieses scheint aus 2 Komponenten mit etwas unterschiedlicher Dichte zu bestehen.

Die Art der Bindung der Fette an die Proteine kennt man bis heute nicht, aber vieles spricht dafür, daß sie nur eine lose ist. Bei normaler Temperatur lassen sich die Fette durch Äther nicht aus den Lipoproteiden herauslösen. Wird aber das Serum mit Äther auf —60° gebracht, dann sind nachher die Fette im Äther löslich[6]. Offenbar sind durch das Tieffrieren Teile des Strukturwassers abgespalten und die Fette dadurch frei geworden. Von COHN[7], ONCLEY und Mitarbeitern[8, 9] wurde gezeigt, daß schon bloßes Gefriertrocknen genügt, um β_1-Lipoproteid irreversibel unlöslich zu machen. Ein weiterer Beweis der lockeren Bindung scheint zu sein, daß sich zwischen gebundenem Plasma-Cholesterin und Erythrocyten-Cholesterin leicht ein Gleichgewicht einstellt[10]. GOULD[11] berichtet, daß im Hundeplasma Cholesterin sehr locker gebunden sei. Da sich β_1-Lipoproteid trotz seines hohen Fettgehaltes (75%) wie ein Eiweißkörper verhält, nimmt man an, daß die Fett-, Aminosäuren- und Wassermoleküle so angeordnet sind, daß die Aminosäurereste und Phosphorsäurereste sich an der Oberfläche des Moleküls befinden[12]. Nach ONCLEY[13] sind im Protein Löcher in Form zylindrischer Kanäle vorhanden, in denen sich alle Moleküle von entsprechenden Dimensionen, durch schwache VAN-DER-WAALSsche Kräfte gebunden, absetzen können. Die Fettmoleküle stabilisieren dann auch die Struktur des Proteinmoleküls. MACHEBOEUF[14] nahm schon 1932 an, daß die Lipoide durch ihre Paraffinketten an die hydrophoben Teile gewisser Aminosäuren gebunden seien und daß deren polarer Teil gegen das Wasser orientiert sei. Die Oberfläche der Struktur würde dann die polaren Funktionen von Aminosäuren und Fetten enthalten; diese wären hydratisiert, und dadurch würde eine große Menge Wassermoleküle zu einem schützenden Mantel gebunden, der die Stabilität des ganzen Moleküls gewährleistet.

Auch über die Funktion der Lipoproteide weiß man nur wenig. So soll β_1-Lipoproteid keine Transportform der Fette von und zu den Fettdepots sein, sondern ein sehr spezialisiertes Trägermolekül, das in der Leber gebildet und von den Gewebszellen direkt

[1] COHN, E. J.; in: TULLIS, J. L. (Hrsg.): Blood Cells and Plasma Proteins. S. 61. New York 1953.
[2] GOFMAN, J. W., F. T. LINDGREN and H. A. ELLIOTT: J. biol. Ch. **179**, 973 (1949).
[3] GOFMAN, J. W., F. T. LINDGREN, H. A. ELLIOTT, W. MANTZ, J. HEWITT, B. STRISOWER and V. HERRING: Science, N. Y. **111**, 166 (1950).
[4] LINDGREN, F. T., H. A. ELLIOTT and J. W. GOFMAN: J. physic. Colloid Chem. **55**, 80 (1951).
[5] JONES, H. B., J. W. GOFMAN, F. T. LINDGREN, T. P. LYON, D. M. GRAHAM, B. STRISOWER and A. V. NICHOLS: Amer. J. Med. **11**, 358 (1950).
[6] MCFARLANE, A. S.: Nature **149**, 439 (1942).
[7] COHN, E. J., L. E. STRONG, W. L. HUGHES jr., D. J. MULFORD, J. N. ASHWORTH, M. MELIN and H. L. TAYLOR: Am. Soc. **68**, 459 (1946).
[8] ONCLEY, J. L., M. MELIN, J. W. CAMERON, D. A. RICHERT and L. K. DIAMOND: Am. Soc. **71**, 1227 (1949).
[9] ONCLEY, J. L., M. MELIN, D. A. RICHERT, J. CAMERON and P. M. GROSS jr.: Am. Soc. **71**, 541 (1949).
[10] HAGERMANN, J. A. S., and R. C. GOULD: Proc. Soc. exp. Biol. Med. **78**, 329 (1951).
[11] GOULD, R. C.: Amer. J. Med. **11**, 209 (1951).
[12] ONCLEY, J. L., F. R. N. GURD and M. MELIN: Am. Soc. **72**, 458 (1950).
[13] ONCLEY, J. L.; in: TULLIS, J. L. (Hrsg.): Blood Cells and Plasma Proteins. S. 337. New York 1953.
[14] MACHEBOEUF, M., et G. SANDOR: Bull. Soc. Chim. biol. **14**, 1168 (1932); C. r. **194**, 1102 (1932).

aufgenommen wird[1]. Es wurde in den Zellkernen fast aller Gewebe immunologisch nachgewiesen[2]. Ein Beweis dafür, daß die Lipoproteide aber doch eine Transportfunktion haben, wird darin gesehen, daß sie immer kleine Mengen fettlöslicher Vitamine[3, 4] und Hormone[5] enthalten (vgl. S. 330) und daß sie ihr Cholesterin schnell mit dem der Erythrocyten austauschen (vgl. S. 319). Das in geringer Menge gefundene α_2-Lipoproteid (vgl. S. 319) soll etwas mit dem Komplement zu tun haben[6].

Immunochemisch sind die Plasma-Lipoproteide heterogen[7, 8].

Auf Hormontherapie antworten α- und β-Lipoproteide separat. Daraus geht hervor, daß ihre Entstehung und ihr Stoffwechsel bis zu einem gewissen Grad getrennt sind. Nach Heparingaben in vivo werden die großen Lipoproteidmoleküle, die vorher im Plasma vorhanden waren, in kleinere umgewandelt, die unter den Versuchsbedingungen von GOFMAN (vgl. S. 327) weniger rasch steigen[9]. In vitro wirkt Heparin nicht. Um hier das gleiche zu erreichen, ist ein *clearing factor* notwendig, der bei der Äthylalkoholfraktionierung in der lipoidarmen Fraktion III-1,2,3 gefunden wird[10, 11]. Es ist eine Lipoproteid-Lipase, die durch Heparin aktiviert wird und die KORN[12, 13] aus Rattenherz isoliert hat.

Als Acceptor für die freiwerdenden Fettsäuren dienen offenbar Albumin[13, 14] oder Ca-Ionen. Im Papierelektropherogramm zeigen sich große Unterschiede gegenüber der Norm, wenn man 3—4 Std nach einer Fettmahlzeit 100 mg Heparin injiziert und 30 min später Blut entnimmt und das Serum zur Papierelektrophorese aufsetzt[15]. Es erscheint ein neues Protein zwischen den α_2- und β_1-Globulinen, das mehr Neutralfett als die α_2- oder β_1-Globuline enthält, und eine neue Bande bei den γ_1-Globulinen, die fettfreies Protein ist. Die Konzentration der β_2-Lipoproteide nimmt ab. Die elektrophoretische Beweglichkeit von β_1-Lipoproteid und Lipoalbumin nimmt zu. Es erscheint ein Lipo-Präalbumin, dessen Lipoidanteil relativ stark basisch ist. Dieses Lipo-Präalbumin wird auch nach intravenösen Gaben von Fett beobachtet[16].

Die gesamte Fettmenge im normalen menschlichen Plasma entspricht ungefähr 7% der gesamten Proteine[17]. Sie ändert sich aber mit Alter und Geschlecht und unter dem Einfluß von Hormonen[18]. So variiert auch der Fettgehalt in den einzelnen Lipoproteiden bei verschiedenen Individuen in weiten Grenzen, ebenso wie der Gehalt an den einzelnen Lipoproteiden[19, 20]. Bei ein und demselben Individuum bleibt aber die Konzentration der einzelnen Lipoproteide oft bis zu einem Jahr gleich. Von GLAZIER und Mitarbeitern[21] wurde der Gehalt der von GOFMAN und Mitarbeitern charakterisierten Lipoproteid-

---

1 FRAZER, A. C.: Discuss. Faraday Soc. **6**, 81 (1949). Physiol. Rev. **26**, 103 (1946).
2 GITLIN, D., B. H. LANDING and A. WHIPPLE: J. exp. Med. **97**, 163 (1953).
3 ONCLEY, J. L., F. R. N. GURD and M. MELIN: Am. Soc. **72**, 458 (1950).
4 LEWIS, L. A., M. L. QUAIFE and I. H. PAGE: Amer. J. Physiol. **178**, 221 (1954).
5 ROBERTS, S., and C. M. SZEGO: Endocrinology **39**, 183 (1946).
6 COHN, E. J.; in: TULLIS, J. L. (Hrsg.): Blood Cells and Plasma Proteins. S. 45. New York 1953.
7 ALADJEM, F., M. LIEBERMAN and J. W. GOFMAN: J. exp. Med. **105**, 49 (1957).
8 ALADJEM, F., and D. H. CAMPBELL: Nature **179**, 203 (1957).
9 GRAHAM, D. M., T. P. LYON, J. W. GOFMAN, H. B. JONES, A. YANKLEY, J. SIMONTON and S. WHITE: Circulation, N. Y. **4**, 666 (1951).
10 BROWN, R. K., E. BOYLE and C. B. ANFINSEN: Fed. Proc. **11**, 18 (1952).
11 ANFINSEN, C. B., E. BOYLE and R. K. BROWN: Science, N. Y. **115**, 583 (1952).
12 KORN, E. D.: J. biol. Ch. **215**, 1, 15 (1955).
13 KORN, E. D., and T. W. QUIGLEY jr.: Biochim. biophysica Acta, N. Y. **18**, 143 (1955).
14 MCDANIEL, R. A., and M. I. GROSSMAN: Proc. Soc. exp. Biol. Med. **89**, 442 (1955).
15 WOLFSON, W. Q., and B. H. PENWARDEN jr.: Nature **179**, 676 (1957).
16 HERBST, F. S. M., W. F. LEVER and W. R. WADDELL: Science, N. Y. **123**, 843 (1956).
17 Peters-van Slyke, 2. Aufl., Bd. 1, S. 469.
18 FRAZER, A. C.: Discuss. Faraday Soc. **6**, 81 (1949).
19 GOFMAN, J. W., F. T. LINDGREN, H. A. ELLIOTT, W. MANTZ, J. HEWITT, B. STRISOWER and V. HERRING: Science, N. Y. **111**, 166 (1950).
20 JONES, H. B., J. W. GOFMAN, F. T. LINDGREN, T. P. LYON, D. M. GRAHAM, B. STRISOWER and A. V. NICHOLS: Amer. J. Med. **11**, 358 (1951).
21 GLAZIER, F. W., A. R. TAMPLIN, B. STRISOWER, O. F. DE LALLA, J. W. GOFMAN, T. R. DAWBER and E. PHILLIPS: J. Gerontol. **9**, 395 (1954).

fraktionen S_f 0—12 (DI), S_f 12—20 (DII), S_f 20—100 (DIII) und S_f 100—400 (DIV) (vgl. S. 332ff.) im Serum von über 3000 Erwachsenen untersucht. Nach [1] liegen die Werte für DII im allgemeinen zwischen 200 und 300 mg-%, die für DI meist etwas niedriger und die für DIII und DIV zwischen 0 und 50 mg-%. Der mittlere Lipoproteidgehalt nimmt bei Männern bis zum 5.—6. Lebensjahrzehnt, bei Frauen bis zum 7. Lebensjahrzehnt zu[2]. Zwischen dem 20. und 50. Lebensjahr sind die Fraktionen DI und DII bei Männern höher als bei Frauen[2]. Im Verlauf des Fastens bleiben die Fraktionen DI und DII gleich, während DIII und DIV erheblich ansteigen[1]. Im allgemeinen scheint die Ernährung keinen oder nur geringen Einfluß auf den Lipoproteidgehalt des Plasmas zu haben[3, 4]. Bei Atherosklerose sind die Lipoproteide mit niederer Dichte im Serum erhöht[5-7]. Man findet keine Beziehung zwischen dem Lipoproteidgehalt des Serums und der Mortalität bei Coronarerkrankungen[2]. Die Streuungen sind aber sowohl bei Gesunden wie bei Kranken sehr groß[8].

Im Serum verschiedener Tiere der gleichen Gattung schwankt der Gehalt an Lipoproteiden oft stark, ähnlich wie im menschlichen Serum[9]. GOFMAN[10] fand im Kaninchenserum ein Lipoproteid von ähnlich niedriger Dichte wie das β-Lipoproteid des menschlichen Serums. Auch nach dem Fasten verhalten sich die Lipoproteide des Kaninchenserums ähnlich wie die des menschlichen Serums[11]. Die Lipoproteide des Hundeplasmas finden sich bei der COHNschen Fraktionierungsmethode 10 (vgl. S. 39ff.) in den Fraktionen IV + V + VI und I + III, und zwar wandern die ersteren elektrophoretisch mit den α-Globulinen, die letzteren mit den β-Globulinen[12]. Im Plasma von Hühnerembryonen überwiegen die Lipoproteide von niedriger Dichte (S_f 0—50). Zwischen dem 18. und 21. Tag nehmen plötzlich die Lipoproteide höherer Dichte zu[13].

Aus dem Plasma von legenden Hennen kann schnell ein Lipophosphoproteidkomplex gefällt werden, wenn man mit 5—10 Vol. Wasser verdünnt[14]. Der Komplex kann in Wasser gelöst und in 0,09%igem NaCl umgefällt werden. Es werden ungefähr 2 g-% dieses Lipoproteids gefunden, das Verhältnis N/P beträgt $\sim$3,5. Es enthält ungefähr 20% Protein (N = 14,5%, P = 0,65%), die Lipoidkomponente enthält ungefähr 25% Phospholipoid und 4% Cholesterin, der Rest ist Neutralfett. Dieses Lipoproteid enthält 80% des Neutralfettes des Plasmas. Das Material findet sich bei nichtlegenden Hühnern nicht, wohl aber bei mit Oestron behandelten Hähnen.

Darstellung. MACHEBOEUF[15] hat aus den Proteinen des Pferdeserums, die bei Halbsättigung mit Ammoniumsulfat bei neutraler Reaktion in Lösung bleiben, durch Einstellen des p_H auf 3,9 ein definiertes Lipoproteid (CA) gefällt.

***Darstellung von „Cenapse Acid" (CA) nach* MACHEBOEUF *und* REBEYROTTE[16].**

Man fällt die Globuline aus Pferdeserum durch 0,5-Sättigung mit $(NH_4)_2SO_4$, löst sie wieder auf und fällt noch einmal bei 0,5-Sättigung mit $(NH_4)_2SO_4$. Die beiden Überstände

[1] RUBIN, L., and F. ALADJEM: Amer. J. Physiol. **178**, 267 (1954).
[2] GLAZIER, F. W., A. R. TAMPLIN, B. STRISOWER, O. F. DE LALLA, J. W. GOFMAN, T. R. DAWBER and E. PHILLIPS: J. Gerontol. **9**, 395 (1954).
[3] MANN, G. V., J. A. MUNOZ and N. S. SCRIMSHAW: Amer. J. Med. **19**, 25 (1955).
[4] HATCH, F. T., L. L. ABELL and F. E. KENDALL: Amer. J. Med. **19**, 48 (1955).
[5] BARR, D. P., E. M. RUSS and H. A. EDER: Amer. J. Med. **11**, 480 (1951).
[6] GOFMAN, J. W., H. B. JONES, F. T. LINDGREN, T. P. LYON, H. A. ELLIOTT and B. STRISOWER: Circulation, N. Y. **2**, 161 (1950).
[7] KELLNER, A., J. W. CORRELL and A. T. LAA: J. exp. Med. **93**, 385 (1951).
[8] LAWRY, E. Y., G. V. MANN, A. PETERSON, A. P. WYSOCKI, R. O'CONNELL and F. J. STARE: Amer. J. Med. **22**, 605 (1957).
[9] LEWIS, L. A., A. A. GREEN and J. H. PAGE: Amer. J. Physiol. **171**, 391 (1952).
[10] GOFMAN, J. W., F. T. LINDGREN and H. A. ELLIOTT: J. biol. Ch. **179**, 973 (1949).
[11] ALADJEM, F., and L. RUBIN: Amer. J. Physiol. **178**, 267 (1954).
[12] RUSS, E. M., and J. RAYMUNT: Circulation Res. **3**, 194 (1955).
[13] SCHJEIDE, O. A.: J. biol. Ch. **214**, 315 (1955).
[14] MCINDOE, W. M.: Biochem. J. **67**, 19 P (1957).
[15] MACHEBOEUF, M.: Bull. Soc. Chim. biol. **11**, 268, 483 (1929).
[16] MACHEBOEUF, M., and P. REBEYROTTE: Discuss. Faraday Soc. **6**, 62 (1949).

sammelt man und fügt zu dieser Lösung 0,1 n H_2SO_4 bis p_H 3,9. Den Niederschlag löst man in einer kleinen Menge H_2O und fügt Ammoniak zu, bis p_H 7 erreicht ist; durch Einstellen des p_H auf 3,9 fällt man nochmals. Da in dieser Lösung die Ammoniumsulfatkonzentration geringer ist, wird weniger Albumin als bei der ersten Fällung mit ausgefällt. Wenn man das Lösen bei p_H 7 und Fällen bei p_H 3,9 mehrmals wiederholt, erreicht man eine Fraktionierung. Nach 6 Fällungen bleibt die Zusammensetzung des CA-Niederschlages gleich.

Wenn CA mit großen Mengen „Crystalbumin" aus Pferdeserum (vgl. S. 341) zusammengebracht wird, dann löst es sich auch bei p_H 3,9 in großen Mengen Wasser. Deshalb muß man den Niederschlag in wenig Wasser lösen.

Cenapse Acid scheint kein Kunstprodukt zu sein, denn MACHEBOEUF[1] konnte es auch durch Einstellen des Serum-p_H auf 5,5 ausfällen. Durch mehrmaliges Umfällen mit Ammoniumsulfat wird es nicht denaturiert. Mit Phosphaten fallen die Fette erst bei 2,4 m aus, dabei werden die Lipoproteide aber offenbar denaturiert, denn der Niederschlag ist nachher unlöslich[2]. Im Hundeserum scheint CA nicht vorzukommen[3].

ADAIR und ADAIR[4] haben zwischen 0,5- und 0,6-Sättigung mit *Ammoniumsulfat* bei p_H 7 aus menschlichem Serum eine rohe Lipoproteidfraktion gefällt, die vermutlich mit dem β_1-Lipoproteid von ONCLEY[5] identisch ist. Wenn der Niederschlag, der eine Dichte von 1,10 hat, durch Umfällen gereinigt wird, dann ist das Material bei der Elektrophorese nahezu homogen (Zusammensetzung s. Tabelle 23, S. 318).

Bei der *Äthylalkoholfraktionierung* mit Methode 6[6] und 9[7] (vgl. S. 237 und 240) werden die *β-Lipoproteide* in Fraktion III-0 konzentriert.

Aus Fraktion III-0 als Ausgangsmaterial haben ONCLEY und Mitarbeiter[5] durch Zentrifugieren in Medien mit hoher Dichte β-Lipoproteid rein abgetrennt.

***Darstellung von β-Lipoproteid aus menschlichem Plasma nach* ONCLEY, GURD *und* MELIN[5].**

Man fügt zu jedem Kilogramm Lipoproteid enthaltender Paste (Fraktion III-0, Darstellung s. S. 241), die bei —5° bis zur Verarbeitung aufgehoben wird, 1 kg einer Mischung von Eis und dest. Wasser und rührt die Suspension 1 Std. Dann gießt man sie langsam unter Rühren in 20 kg dest. Wasser, das eine kleine Menge Eis enthält. Nachdem man noch 1 Std gerührt hat, läßt man über Nacht stehen. Dann zentrifugiert man in der Sharples-Zentrifuge, die auf 0° gekühlt ist, mit einer Geschwindigkeit von 10 *l*/Std ab.

Die Euglobulin-Paste, die man erhält, löst man dann entweder in 1 m NaCl oder 0,15 m NaCl und 1,14 m Glykokoll bei 0°. Das geschieht, indem man 135 g der Euglobulinpaste mit 112 cm^3 4 m NaCl und 200 cm^3 dest. Wasser oder mit 17 cm^3 4 m NaCl, 38 g festem Glykokoll und 300 cm^3 dest. Wasser rührt. Die Lösung ist noch gegen die Salz- oder Glykokoll-Salz-Lösung zu dialysieren, um die letzten Spuren Äthylalkohol zu entfernen und die entsprechende Dichte zu erreichen. Bevor man die dialysierte Lösung in die präparative Ultrazentrifuge bringt, wird sie zuerst auf eine von 2 Arten behandelt, um das vorhandene aggregierte Material zu entfernen. Die erste Methode ist, die Lösung bei 25000 × g abzuzentrifugieren. Danach wird die klare Lösung unter einem gelblichen Schaum mit einer großen Spritze abgezogen. Eine etwas weniger befriedigende alternative Methode ist, sukzessive unter Druck durch Asbestfilterplatten D-0, D-6 und D-10 zu filtrieren. Die Konzentration der so erhaltenen Lösungen ist ungefähr 8 g/100 cm^3. Alle Arbeiten werden bei 0° durchgeführt.

---

1 MACHEBOEUF, M., and P. REBEYROTTE: Discuss. Faraday Soc. **6**, 62 (1949).
2 MACHEBOEUF, M., et P. REBEYROTTE: Bull. Soc. Chim. biol. **33**, 998 (1951).
3 MACHEBOEUF, M., et P. REBEYROTTE: Bull. Soc. Chim. biol. **33**, 92 (1951).
4 ADAIR, G. S., and M. E. ADAIR: J. Physiol., London **102**, 17 (1943).
5 ONCLEY, J. L., F. R. N. GURD and M. MELIN: Am. Soc. **72**, 458 (1950).
6 COHN, E. J., L. E. STRONG, W. L. HUGHES jr., D. J. MULFORD, J. N. ASHWORTH, M. MELIN and H. L. TAYLOR: Am. Soc. **68**, 459 (1946).
7 ONCLEY, J. L., M. MELIN, D. A. RICHERT, J. W. CAMERON and P. M. GROSS: Am. Soc. **71**, 541 (1949).

Lösungen, die auf eine der oben beschriebenen Arten geklärt worden sind, werden dann in der präparativen Ultrazentrifuge 6 Std bei 45000 U/min, d. i. etwa 120000 × g, zentrifugiert. Der Rotor wird auf 0° vorgekühlt und so nahe wie möglich an dieser Temperatur gehalten. Während der Dauer des Zentrifugierens steigt die Temperatur auf ungefähr 15° an. Nach dem Zentrifugieren findet man die folgenden Schichten: 1. eine gelbe Schicht an der Oberfläche des Zentrifugengefäßes, die mit einem Spatel entfernt und im allgemeinen verworfen wird, 2. die klare gelbe Lösung unterhalb des festen Materials, die man zunächst abzieht, ihr folgt 3. eine grüngelbe Zwischenlage, die im allgemeinen nicht weiter behandelt wird, 4. die grüne Lösung am Boden des Bechers, die als gesonderte Fraktion abdekantiert wird und die 5. einen grünlichen Niederschlag hinterläßt, der weitgehend in 0,15 m NaCl wiederaufgelöst werden kann.

Das an der Oberfläche konzentrierte Material scheint hauptsächlich aus denaturiertem β-Lipoproteid zu bestehen. Seine Quantität wächst mit dem Alter des Lipoproteidpräparates. Das Verhältnis Fett-Protein war in diesem Material im allgemeinen etwas höher als im β-Lipoproteid. Die mittlere Lösung *(3)* scheint ein Gemisch aus der fettreichen Fraktion *(2)* und der nahezu fettfreien Fraktion *(4)* zu sein.

Aus der β-Lipoproteidfraktion *(2)* wird zunächst das Glykokoll durch Dialyse bei 0° gegen 0,15 m NaCl entfernt. Dann wird sie, wenn sie nicht gleich gebraucht wird, durch Asbestplatten filtriert und dadurch sterilisiert. Man hebt sie bei 0° aseptisch auf. Nach ONCLEY[1] sollen alle β-Lipoproteidpräparate die gleiche Zusammensetzung haben und alle in der Ultrazentrifuge homogen sein.

Von GOFMAN und Mitarbeitern (s. unten) wurden allerdings mehrere Lipoproteide, die dem β-Lipoproteid zu entsprechen scheinen, aus menschlichem Serum isoliert (s. Tabelle 23, S. 318).

β-Lipoproteid kann mit Zn-Ionen schnell aus dem Plasma gefällt werden[2]. Es hat Euglobulin-Eigenschaften.

α-Lipoproteide werden bei Methode 6[3] (vgl. S. 237) in Fraktion IV-1 konzentriert, bei Methode 10[4] (vgl. S. 39ff.) bleiben sie mit dem Albumin in Fraktion V in Lösung. Wenn sie nach Methode 6 bei p_H 5,1 gefällt werden, scheinen sie etwas denaturiert zu werden. Mit Zn-Ionen können sie nach Methode 10 mit dem Albumin bei p_H 5,8 gefällt werden[4, 5]. Erst mit diesen neuen Methoden der COHNschen Schule (vgl. S. 39ff.) dargestellte α-Lipoproteide scheinen nicht mehr denaturiert zu sein.

Zufügen von Ba-Ionen zu der Lösung, die schon Zn- und Hg-Ionen enthält, vermindert die Löslichkeit der α-Lipoproteide. Man erhält dann eine Lösung, die ganz frei von Cholesterin ist und noch immer 60% der Plasmaproteine enthält[6]. Der α-Lipoproteidkomplex mit Zn-, Hg- und Ba-Ionen löst sich schnell, wenn Zn- oder Hg-Ionen entfernt werden, denn das Ba-Salz sowie das Na-Salz des α-Lipoproteidanteils sind in Wasser leicht löslich. So dargestelltes α-Lipoproteid scheint nicht denaturiert zu sein, denn es ist so leicht löslich wie Albumin. α-Lipoproteide fällen leicht andere Proteine, auch Albumin, aus Lösungen mit aus. Die Löslichkeitseigenschaften der α-Lipoproteide erinnern an die der Cenapse Acid von MACHEBOEUF (vgl. S. 321).

Kleine Mengen von Lipoproteiden werden auch an $BaSO_4$ oder $CaCO_3$ adsorbiert und können wieder eluiert werden (vgl. S. 248ff.).

[1] ONCLEY, J. L., F. R. N. GURD and M. MELIN: Am. Soc. **72**, 458 (1950).
[2] COHN, E. J.; in: TULLIS, J. L. (Hrsg.): Blood Cells and Plasma Proteins. S. 45. New York 1953.
[3] COHN, E. J., L. E. STRONG, W. L. HUGHES jr., D. J. MULFORD, J. N. ASHWORTH, M. MELIN and H. L. TAYLOR: Am. Soc. **68**, 459 (1946).
[4] COHN, E. J., F. R. N. GURD, D. M. SURGENOR, B. A. BARNES, R. K. BROWN, G. DEROUAUX, J. M. GILLESPIE, F. W. KAHNT, W. F. LEVER, C. H. LIU, D. MITTELMAN, R. F. MOUTON, K. SCHMID and E. UROMA: Am. Soc. **72**, 465 (1950).
[5] LEVER, W. F., F. R. N. GURD, E. UROMA, R. K. BROWN, B. A. BARNES, K. SCHMID and E. L. SCHULTZ: J. clin. Invest. **30**, 99 (1951).
[6] COHN, E. J.; in: TULLIS, J. L. (Hrsg.): Blood Cells and Plasma Proteins. S. 44. New York 1953.

Schon PEDERSEN[1] sowie ONCLEY und Mitarbeiter[2] haben gezeigt, daß in Lösungen, deren Dichte durch Zufügen von Neutralsalzen erhöht wurde, die Lipoproteide in der Ultrazentrifuge an die Oberfläche steigen und so von den anderen Plasmaproteinen getrennt werden können. Die Methode ist zur Gewinnung der Lipoproteide besonders geeignet, da diese gegen die meisten Methoden, die anderen Plasmaproteinen nicht schaden, wie Tieffrieren, Behandeln mit organischen Lösungsmitteln bei tiefer Temperatur (S. 237ff.), Behandeln mit Phosphaten (S. 235ff.) usw., sehr empfindlich sind. Allerdings ist es möglich, daß durch die hohen Salzkonzentrationen, die zur Darstellung in der Ultrazentrifuge notwendig sind, die Lipoproteidkomplexe auch schon beeinflußt werden. GOFMAN und Mitarbeiter[3,4] haben die Methode mit Variation der Lösungsmitteldichte auf menschliches und anderes Plasma angewandt und die Lipoproteide und andere Lipoproteidkomplexe in verschiedene Gruppen getrennt*. Mehrere Fraktionen werden beschrieben[4]:

1. Die Fraktion mit $S_f = 70$ und darüber, die die Chylomikronen und einige Aggregate von kleineren Dimensionen enthält. Sie steigt nach fettreichen Mahlzeiten stark an und macht einen Teil der alimentären Lipämie aus.

2. Die Fraktion mit $S_f = 30$—70, die auch einen Teil der alimentären Lipämie einschließt und ihre Konzentration in Beziehung zu Mahlzeiten ändert.

3. Moleküle der Klasse $S_f = 20$—30, deren Bedeutung noch nicht bekannt ist.

4. $S_f = 10$—20. Diese Komponenten, Mol.-Gewicht $\sim 10^6$, sind im Serum vieler Versuchspersonen vorhanden. Sie sind der Anteil der Lipoproteide, der nach GOFMAN und Mitarbeitern[5-7] in Beziehung zur Atherosklerose steht.

5. $S_f = 2$—8. Diese Lipoproteidmoleküle enthalten eine Hauptfraktion von Serumcholesterin und Phospholipoid und entsprechen offenbar dem β-Lipoproteid der Harvard-Gruppe (vgl. Tabelle 23, S. 318). Ein Individuum kann eine oder mehrere dieser Komponenten enthalten. Die Menge im Serum eines Individuums bleibt im allgemeinen über längere Zeit (1 Jahr) gleich.

Durch Erhöhung der Lösungsmitteldichte auf 1,24 g/cm³ wurden

6. noch 2 weitere Lipoproteide mit hydratisierten Dichten von 1,075 g/cm³ und 1,12 g/cm³ erhalten, die offenbar dem α-Lipoproteid der Harvard-Gruppe entsprechen.

***Darstellung und Trennung der Lipoproteide des Plasmas durch präparatives Ultrazentrifugieren nach* GOFMAN *und Mitarbeitern*[8].**

Die Lipoproteide und andere Lipoidkomplexe des Serums werden zuerst in der präparativen Ultrazentrifuge von den anderen Serumproteinen getrennt.

Die Technik zur Trennung der Lipoproteide von den anderen Serumproteinen hängt ganz davon ab, welches Segment des gesamten Lipoproteidspektrums von Interesse ist. Die Trennung wird erreicht durch präparatives Ultrazentrifugieren in einer Lösung, deren Dichte größer ist als die des dichtesten Lipoproteids, das von Interesse ist, aber geringer als die der übrigen Lipoproteide und der Serumproteine.

---

* Wenn Moleküle im Zentrifugalfeld in entgegengesetzter Richtung sedimentieren, wie es der Fall ist, wenn diese Moleküle eine geringere Dichte haben als das Lösungsmittel, in dem sie gelöst sind, wird von Flotation gesprochen. Die SVEDBERG-Einheit (1 S $= 10^{-13}$ cm/sec/dyn/g) wird benutzt. So wird ein Molekül, das unter den spezifischen Bedingungen von GOFMAN[3] eine Flotationsgeschwindigkeit von 20 S-Einheiten hat, als Molekül der 20 S_f-Klasse bezeichnet usw.

[1] PEDERSEN, K. O.: Ultracentrifugal Studies of Serum and Serum Fractions. Uppsala 1945.

[2] ONCLEY, J. L., F. R. N. GURD and M. MELIN: Am. Soc. **72**, 458 (1950).

[3] GOFMAN, J. W., F. T. LINDGREN, H. A. ELLIOTT, W. MANTZ, J. HEWITT, B. STRISOWER and V. HERRING: Science, N. Y. **111**, 166 (1950).

[4] LINDGREN, F. T., H. A. ELLIOTT and J. W. GOFMAN: J. physic. Colloid Chem. **55**, 80 (1951).

[5] JONES, H. B., J. W. GOFMAN, F. T. LINDGREN, T. P. LYON, D. M. GRAHAM, B. STRISOWER and A. V. NICHOLS: Amer. J. Med. **11**, 358 (1951).

[6] GOFMAN, J. W., H. B. JONES, F. T. LINDGREN, T. P. LYON, H. A. ELLIOTT and B. STRISOWER: Circulation, N. Y. **2**, 161 (1950).

[7] GRAHAM, D. M., T. P. LYON, J. W. GOFMAN, H. B. JONES, A. YANKLEY, J. SIMONTON and S. WHITE: Circulation, N. Y. **4**, 666 (1951).

[8] LALLA, O. DE, and J. W. GOFMAN: Meth. biochem. Analysis. Bd. 1, S. 459.

Von den Autoren wurden 3 grundlegende Typen von Schritten in der präparativen Spinco-Ultrazentrifuge angewandt, mit denen sie ein befriedigendes Schema für die quantitative Untersuchung und Auflösung des Lipoproteidspektrums erhielten.

Die 3 Schritte sind:

A. Präparatives Ultrazentrifugieren bei einer Lösungsmitteldichte von 1,063 g/cm³. Dadurch wird eine ganze Serie von Lipoproteiden, deren Dichte in dem Bereich von weniger als 1,0 g/cm³ bis 1,04 g/cm³ liegt, von den dichteren Lipoproteiden und anderen Serumproteinen quantitativ abgetrennt.

B. Präparatives Ultrazentrifugieren bei einer Lösungsmitteldichte von 1,125 g/cm³. Dadurch werden 2 weitere Lipoproteide abgeschieden, deren eines eine hydratisierte Dichte von 1,05 g/cm³, das andere eine hydratisierte Dichte von 1,075 g/cm³ hat.

C. Präparatives Ultrazentrifugieren bei einer Lösungsmitteldichte von 1,20 g/cm³. Dadurch wird noch ein weiteres Lipoproteid abgeschieden, dessen hydratisierte Dichte 1,145 g/cm³ beträgt.

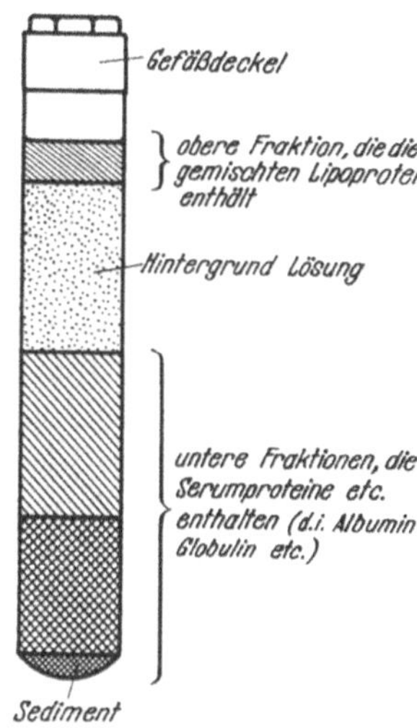

Abb. 9. Verteilung der Serumkomponenten in dem präparativen Ultrazentrifugengefäß nach dem Ultrazentrifugieren.

Die durch diese präparativen Schritte abgetrennten Lipoproteidkomponenten werden dann in der analytischen Ultrazentrifuge untersucht und die Art und Konzentration der vorhandenen Lipoproteide bestimmt.

Zu einer vollkommenen Analyse, die alle 3 präparativen Schritte einschließt, braucht man mindestens 11 cm³ Serum. 25 cm³ Blut werden in einer trockenen Spritze aufgezogen und in ein trockenes Gefäß übertragen. Nach 2—4 Std wird bei 1500—2000 U/min 10—15 min zentrifugiert. Das Serum wird abdekantiert und bis zum Gebrauch verschlossen bei 0—4° aufgehoben.

1. Präparatives Ultrazentrifugieren bei einer Lösungsdichte von 1,063 g/cm³ (präparativer Typ 1).

5 cm³ Serum werden bei Zimmertemperatur mit 4 cm³ eines Lösungsmittels, das die Dichte 1,1315 ± 0,0005 g/cm³ bei 20° hat, in einem Plasticgefäß der Ultrazentrifuge, das 10,5 cm³ faßt, gemischt. Verdünnungsflüssigkeit ist eine wäßrige NaCl-Lösung, die pyknometrisch auf die Dichte 1,1315 ± 0,0005 g/cm³ bei 20° eingestellt wird. Das Plasticgefäß wird verschlossen, 10mal umgedreht, um eine gleichmäßige Mischung zu erreichen, und in den präparativen Rotor der Ultrazentrifuge gestellt, der bis zu 20 solcher Proben faßt. Bevor es in das Loch des Rotors gesenkt wird, füllt man 0,5 cm³ Wasser in das Loch, da die Erfahrung gelehrt hat, daß dadurch ein Verlust des Gefäßinhalts vermieden wird. Dann wird durch 13—16 Std bei 14—21° mit 30000 U/min zentrifugiert. Für das Spinco-Modell 30,2 Rotor (Gefäß-Neigungswinkel 14°) ist das durchschnittliche Gravitationsfeld bei 30000 U/min 79,420 × g.

Unter diesen Bedingungen flotieren alle Lipoproteide mit einer hydratisierten Dichte von 1,04 g/cm³ und darunter in den oberen Teil des ersten Kubikzentimeters des präparativen Zentrifugengefäßes. Lipoproteide und andere Makromoleküle, die hydratisierte Dichten größer als 1,063 g/cm³ haben, sedimentieren unter diesen Bedingungen (vgl. Abb. 9).

Sofort nach dem Ultrazentrifugieren werden die Plasticgefäße vorsichtig aus dem Rotor herausgenommen, und die Lipoproteidschicht bei Zimmertemperatur vorsichtig abgenommen. Man verwendet dazu eine Pipette in der Art eines Augentropfgläschens mit einem Gummibällchen am dickeren Ende; das dünne Ende ist als Capillare von 1 mm Durchmesser ausgezogen. Damit wird das Lipoproteid aufgezogen. Es soll aber keine Luft mit aufgezogen werden. Das Material wird quantitativ in ein Meßgläschen von 1,00 ± 0,02 cm³ Inhalt überführt. Abpipettieren und Übertragen in das Meßgläschen werden so lange fortgesetzt, bis man 1,00 ± 0,02 cm³ des Gefäßinhaltes übertragen hat.

Mit einer kleinen klinischen Zentrifuge kann man sich helfen, eventuell beim Übertragen gebildete Luftbläschen zum Platzen zu bringen, da diese sonst die Volumenmessung stören würden. Auf diese Art hat man eine 5fache Anreicherung der Lipoproteide, die vorher in 5 cm^3 enthalten waren und jetzt in 1 cm^3 enthalten sind, erreicht.

In manchen menschlichen Seren ist der Lipoproteidgehalt sehr hoch. Dadurch entstehen manchmal Schwierigkeiten beim Abpipettieren, wenn z. B. die Lipoproteide im oberen Teil des Ultrazentrifugengefäßes als Häutchen gepackt sind. Die Schwierigkeiten können überwunden werden, indem man weniger als 5 cm^3 Serum als Ausgangsmaterial verwendet, bei sehr hoher Lipoproteidkonzentration nur 1 cm^3 oder noch weniger. Es wird dann mit einer NaCl-Lösung der Dichte $1{,}0073 \pm 0{,}0005$ g/cm^3 auf 5 cm^3 aufgefüllt. Diese Lösung wird als „mock“ serum bezeichnet. So erhält man annähernd die Dichte des menschlichen Serums, ohne den Beitrag von Proteinen und Lipoproteiden zur Dichte berücksichtigen zu müssen.

2. Präparatives Ultrazentrifugieren bei einer Lösungsdichte von 1,125 g/cm^3 (präparativer Typ 2).

3 cm^3 Serum werden bei Zimmertemperatur mit 3 cm^3 Verdünnungsmittel von der Dichte von $1{,}2427 \pm 0{,}0005$ g/cm^3 (bei 20°) in einem Plasticgefäß von 7,5 cm^3 Fassung gemischt. Das Verdünnungsmittel ist ein Gemisch von $NaNO_3$ und schwerem Wasser (99,5% D_2O), das pyknometrisch auf eine Dichte von $1{,}2427 \pm 0{,}0005$ g/cm^3 bei 20° eingestellt wurde. Die Dichte im Plasticgefäß beträgt dann 1,125 g/cm^3 bei 26°. Man zentrifugiert in einem Spinco-Rotor Modell 40,3 (Gefäß-Neigungswinkel 20°), und zwar bei 40000 U/min bei 14—21° C durch 23—26 Std. Das durchschnittliche Zentrifugalfeld beträgt dann 114,400 × g. Dabei kommen 2 weitere Lipoproteide zur Flotation. Sie haben die Dichte 1,05 g/cm^3 und 1,075 g/cm^3. Die Lipoproteide werden wie oben beschrieben abgenommen. Man erreicht eine 3malige Konzentrierung.

3. Präparatives Ultrazentrifugieren bei einer Lösungsdichte von 1,20 g/cm^3 (präparativer Typ 3).

3 cm^3 Serum werden bei Zimmertemperatur mit einem Verdünnungsmittel von der Dichte $1{,}3927 \pm 0{,}0005$ (bei 20° C) in einem Plasticgefäß von 7,5 cm^3 Fassung verdünnt. Das Verdünnungsmittel ist eine Lösung von $NaNO_3$ in schwerem Wasser (99,5% D_2O), die pyknometrisch auf eine Dichte von $1{,}3927 \pm 0{,}0005$ g/cm^3 bei 20° C eingestellt wurde. Die Dichte im Plasticgefäß beträgt dann 1,20 g/cm^3 bei 26° C. Das Ultrazentrifugieren wird wie oben beschrieben durchgeführt.

Jede der so erhaltenen präparativen Lipoproteidfraktionen kann sofort zur Analyse auf ihre Komponenten in der analytischen Ultrazentrifuge verwendet werden (s. S. 332ff.).

Hillyard und Mitarbeiter[1] trennen die Serumlipoproteide von Mensch, Hund, Ratte, Kaninchen und Huhn durch Flotation in der Ultrazentrifuge bei etwas anderen Lösungsdichten in 4 Fraktionen, und zwar: Fraktion A weniger als 1,063 g/cm^3, Fraktion B zwischen 1,063 und 1,107, Fraktion C zwischen 1,107 und 1,220 und Fraktion D größer als 1,220. Fraktion A soll mit den β-Lipoproteiden von Oncley (vgl. S. 323), Fraktion B mit den α_2-Lipoproteiden (vgl. S. 319 und [2,3]), Fraktion C mit den α_1-Lipoproteiden (vgl. S. 319 und [4,5]) und die in Fraktion D enthaltenen Lipoproteide mit den von Turner und Mitarbeitern[6] beschriebenen Phospholipoproteiden von hoher Dichte identisch sein.

Zur *Entfettung des Serums* werden nach Hardy und Gardiner[7] 10 Vol Lösungsmittel, das aus 3 Vol-Teilen Äther und 1 Vol-Teil Äthylalkohol besteht, angewendet, um nach der

[1] Hillyard, L. A., C. Entenman, H. Feinberg and I. L. Chaikoff: J. biol. Ch. **214**, 79 (1955).
[2] Russ, E. M., H. A. Eder and D. P. Barr: Amer. J. Med. **11**, 469 (1951).
[3] Kunkel, H. G., and R. J. Slater: J. clin. Invest. **31**, 677 (1952).
[4] Oncley, J. L., and F. R. N. Gurd; in: Tullis, J. L. (Hrsg.): Blood Cells and Plasma Proteins. S. 338. New York 1953.
[5] Lewis, L. A., A. A. Green and I. H. Page: Amer. J. Physiol. **171**, 391 (1952).
[6] Turner, R. H., J. R. Snavely, W. H. Goldwater, M. L. Randolph, C. C. Sprague and W. G. Unglaub: J. clin. Invest. **30**, 1071 (1951).
[7] Hardy, W. B., and S. Gardiner: J. Physiol., London **40**, 68 (1910).

Extraktion der Fette die reinen Eiweißkörper untersuchen zu können. Nach PEDERSEN[1] soll dabei das Protein des Lipoproteids denaturiert werden. Nach anderen Autoren[2] wird es bei dieser Methode nicht denaturiert.

MACHEBOEUF und Mitarbeiter[3] haben die Extraktion von Cholesterin- und Phospholipoidanteil an dem von ihnen dargestellten CA aus Pferdeserum genau untersucht. Bei Zimmertemperatur wird aus diesem Lipoproteid von Äther allein nur eine unbeträchtliche Menge Fett extrahiert. Fügt man jedoch dem Äther eine kleine Menge Äthylalkohol zu (100 cm^3 Äther mit 9,6% Äthylalkohol; da der Alkohol zwischen Äther und Serum verteilt ist, beträgt schließlich die Konzentration im Serum unter 7%), dann kann man einen beträchtlichen Anteil der Serumlipoide extrahieren[4]. Es können so von 600 mg Fett aus 100 cm^3 Serum 310 mg herausgelöst werden. Die Fette lassen sich aber nicht sofort nach dem Mischen des Serums mit dem Äther-Äthylalkohol-Gemisch extrahieren, sondern erst nach einer gewissen Latenzzeit. Die Länge der Latenzzeit hängt von der Menge zugefügten Äthylalkohols ab; die extrahierbare Menge Fett ist davon unabhängig, wenn nicht so große Mengen Äthylalkohol zugefügt werden, daß er denaturierend auf das Protein wirkt. Die Menge des eingesetzten Äthers spielt keine Rolle, ja der Äther ist überhaupt nicht notwendig. Es genügt, das Serum vorsichtig mit alkoholischem Äther zu schütteln. Wird der Äther dann vorsichtig entfernt, erscheinen nach der Latenzperiode kleine Fetttröpfchen an der Oberfläche des Serums. Nach Entfetten von CA mit Äthylalkohol-Äther bei tiefer Temperatur erhält man ein elektrophoretisch einheitliches Protein. Lipoproteide aus Pferdeserum, die den menschlichen α_1-Lipoproteiden ähneln, werden von Äthylalkohol-Äther nicht extrahiert.

Aus seinen Versuchen schließt MACHEBOEUF[3, 5], daß die bei der Äthylalkoholfraktionierung aus menschlichem Plasma dargestellten Lipoproteide nicht mehr in vollkommen nativem Zustand sind.

Wie schon erwähnt, kann nach McFARLANE[6] nach Frieren des Serums mit Äther bei —60° dieser allein aus fast allen Lipoproteiden das Fett quantitativ extrahieren. Durch das Tieffrieren wird anscheinend das in die Struktur eingebaute Wasser abgespalten, und dadurch werden die Fette zur Extraktion frei.

MACHEBOEUF und Mitarbeiter haben auch die Extraktion der Fette aus den Lipoproteiden durch Seifen und Netzmittel untersucht[3]. Mit Äther und Saponin konnte das gesamte Cholesterin des Serums extrahiert werden, aber nichts von den Phospholipoiden[7]. Lauryl-dimethylbenzyl-ammoniumchlorid (Zephirol) und Äther extrahieren 93% vom Serumcholesterin, aber keine Phospholipoide[8]. Es scheint jedoch[9], daß die Phospholipoide wasserlösliche Komplexe mit Zephirol bilden, die von Äther nicht extrahiert werden. Andere Netzmittel sollen nur extrahierend wirken, wenn sie eine lange Fettsäurekette enthalten[8-10].

Von BATCHELOR[11] wurde aus den menschlichen Lipoproteiden durch vorsichtiges Durchströmen mit Petroleum oder Äther (eine Modifikation der Methoden von MACHEBOEUF) Cholesterin quantitativ extrahiert, ohne den Lipoidphosphor zu extrahieren.

---

[1] PEDERSEN, K. O.: Ultracentrifugal Studies on Serum and Serum Fractions. Uppsala 1945.
[2] MACHEBOEUF, M., et P. REBEYROTTE: Discurs. Faraday Soc. **6**, 66 (1949).
[3] MACHEBOEUF, M.; in: TULLIS, J. L. (Hrsg.): Blood Cells and Plasma Proteins. S. 358. New York 1953.
[4] MACHEBOEUF, M., et G. SANDOR: Bull. Soc. Chim. biol. **14**, 1168 (1932). Cr. **194**, 1102 (1932).
[5] MACHEBOEUF, M., and P. REBEYROTTE: Discuss. Faraday Soc. **6**, 62 (1949).
[6] McFARLANE, A. S.: Nature **149**, 439 (1942).
[7] TAYEAU, F.: Cr. **212**, 575 (1941). Bull. Soc. Pharmacie Bordeaux **3**, 62 (1947).
[8] MACHEBOEUF, M., et J. POLONOVSKY: Bull. Soc. Chim. biol. **31**, 125 (1949).
[9] MACHEBOEUF, M.; in: TULLIS, J. L. (Hrsg.): Blood Cells and Plasma Proteins. S. 362. New York 1953.
[10] POLONOVSKY, J., et M. MACHEBOEUF: Ann. Inst. Pasteur **73**, 980 (1947); **74**, 196, 203 (1948).
[11] BATCHELOR, W. H.; in: TULLIS, J. L. (Hrsg.): Blood Cells and Plasma Proteins. S. 44, New York 1953.

Physikalische Eigenschaften. *Elektrophorese.* Natürliche Lipoproteide dissoziieren im elektrischen Feld nicht[1-3]. Das von MACHEBOEUF aus Pferdeserum isolierte Lipoproteid *Cenapse Acid* (vgl. S. 321f.) ist oberhalb p_H 6,5 löslich und zeigt in Phosphatpuffer p_H 7,7 bei der Elektrophorese eine Hauptkomponente und eine zweite, in sehr viel geringerer Konzentration vorhandene Komponente, die auch ein Lipoproteid ist[3]. Die eine Komponente hat die Beweglichkeit von Albumin, die andere die von α-Globulin. Der isoelektrische Punkt beider Fraktionen liegt bei p_H 4,7[4]. Das Protein, das nach Extraktion der Fette nach[5] aus CA erhalten wird, wandert elektrophoretisch einheitlich mit einer ganz ähnlichen Beweglichkeit wie Albumin. Es läßt sich nur durch langdauernde Elektrophorese vom Albumin trennen[6].

BLIX, TISELIUS und SVENSSON[7] haben bei der Elektrophorese von menschlichem Serum den Hauptanteil der Fette in der α- und β-Globulinfraktion gefunden und nur einen kleinen Teil bei den γ-Globulinen und dem Albumin. In guter Übereinstimmung wurde von der Harvard-Gruppe (vgl. Tabelle 23, S. 318) gezeigt, daß der Hauptanteil der Lipoproteide des menschlichen Plasmas elektrophoretisch mit den α- und β-Globulinen wandert.

Die Hauptkomponente der *α-Lipoproteide* wandert mit den α_1-Globulinen und beträgt im allgemeinen 1—2 g/*l*[8]. Eine zweite α-Lipoproteidkomponente wandert mit den α_2-Globulinen[8], macht aber im allgemeinen nur $^1/_{10}$ der Menge des α_1-Lipoproteids aus[9].

Die *β-Lipoproteide* wandern mit den β_1-Globulinen[10]. Ihr *isoelektrischer Punkt* liegt bei p_H 5,4.

Kleine Mengen Lipoproteid werden auch in der *γ-Globulinfraktion* gefunden[11, 12]. Man könnte annehmen, daß es Spuren von β-Lipoproteid sind, aber das molekulare Verhältnis von Cholesterin zu Phospholipoid ist in dieser Fraktion höher als im β-Lipoproteid (3,5 bis 5,9 im γ-Globulin, 2,2—2,5 im β-Lipoproteid). Diese Fraktion enthält etwa 3% vom Gesamt-Plasmacholesterin[11, 12].

Molekulargewicht. In der Ultrazentrifuge sedimentiert Cenapse Acid im Wasser (20° C) langsamer als Albumin ($S = 2{,}5$—4) im Zusammenhang mit ihrem hohen Fettgehalt und der damit verbundenen geringen Dichte. Es sedimentiert einheitlich[3]. MACHEBOEUF hat ein Mol.-Gewicht von 85000 dafür berechnet.

Die *Dichte* von CA beträgt $1{,}10 \pm 0{,}05$ g/cm³ [6].

Durch Ultrazentrifugieren in Medien von hoher Dichte erhaltenes *β_1-Lipoproteid* (vgl. S. 322) ist in der Ultrazentrifuge homogen. Es scheint ein sphärisches, hochsolvatisiertes Molekül vom Mol.-Gewicht $1{,}3 \cdot 10^6$ (wasserfrei) zu sein[10]. Durch seine geringe Dichte sedimentiert es sehr langsam, ganz ähnlich wie das von PEDERSEN[13] beschriebene *X-Protein*, mit dem es identisch zu sein scheint. β-Lipoproteid hat in hydratisierter Form eine *Dichte* von 1,032, in entwässerter Form eine Dichte von 1,053. Untersuchungen in Medien von hoher Dichte, in denen die Sedimentationskonstante der β-Lipoproteide negativ ist, zeigten, daß eine ganze Reihe von Lipoproteid-Komponenten von Dichten zwischen 0,96 und 1,050 im menschlichen Plasma vorhanden ist (vgl. S. 319ff.)[14, 15]. Schon die auffal-

[1] MACHEBOEUF, M., J. L. DELSAL, P. LEPINE et J. GIUNTINI: Ann. Inst. Pasteur **69**, 321 (1943).
[2] COHEN, S. S., and E. CHARGAFF: Biochem. J. **36**, 243 (1940).
[3] MACHEBOEUF, M., et P. REBEYROTTE: Bull. Soc. Chim. biol. **33**, 998 (1951).
[4] REBEYROTTE, P.: Bull. Soc. Chim. biol. **36**, 1628 (1955).
[5] HARDY, W. B., and S. GARDINER: J. Physiol., London **40**, 68 (1910).
[6] MACHEBOEUF, M., and P. REBEYROTTE: Discuss. Faraday Soc. **6**, 62 (1949).
[7] BLIX, G., A. TISELIUS and H. SVENSSON: J. biol. Ch. **137**, 485 (1941).
[8] LEWIS, L. A., A. A. GREEN and J. H. PAGE: Amer. J. Physiol. **171**, 391 (1952).
[9] LEWIS, L. A., and I. H. PAGE: Circulation, N. Y. **7**, 707 (1953).
[10] ONCLEY, J. L., F. R. N. GURD and M. MELIN: Am. Soc. **72**, 458 (1950).
[11] LEVER, W. F., F. R. N. GURD, E. UROMA, R. K. BROWN, B. A. BARNES, K. SCHMID and E. L. SCHULTZ: J. clin. Invest. **30**, 99 (1951).
[12] RUSS, E. M., H. A. EDER and D. P. BARR: Amer. J. Med. **11**, 168 (1951).
[13] PEDERSEN, K. O.: Ultracentrifugal Studies of Serum and Serum Fractions. Uppsala 1945.
[14] LINDGREN, F. T., H. A. ELLIOTT and J. W. GOFMAN: J. physic. Colloid Chem. **55**, 80 (1951).
[15] JONES, H. B., J. W. GOFMAN, F. T. LINDGREN, T. P. LYON, D. M. GRAHAM, B. STRISOWER and A. V. NICHOLS: Amer. J. Med. **11**, 358 (1951).

lende Bandenverbreiterung beim Ultrazentrifugieren in Medien einer Dichte, die der des Lipoproteids sehr ähnlich sind, ließ Unterschiede in der molekularen Zusammensetzung des Moleküls vermuten. Manchmal werden Veränderungen der Sedimentationsgeschwindigkeit von β-Lipoproteid beobachtet, die offenbar durch Veränderungen der Dichte durch Oxydation zustande kommen. Die „intrinsic viscosity“ $[\eta] \times 10^2$ des β-Lipoproteids beträgt 4,1 und ist die für ein sphärisches Molekül mit diesem Löslichkeitsgrad berechnete und deutet auf ein Molekül von 184 Å Durchmesser[1]. Das *spezifische Partialvolumen* des wasserfreien β-Lipoproteids ist $\sim$0,950[1], das des hydratisierten Proteins 0,97[2]. Die *Hydratation* des β-Lipoproteids beträgt 0,6 g Wasser je g wasserfreies Lipoproteid[1].

Das Molekulargewicht von *α-Lipoproteid* ist nach ONCLEY und Mitarbeitern[1] $\sim$200000. Seine Viscosität beträgt 0,066. Danach scheint das Molekül asymmetrischer als das β-Lipoproteid zu sein. Seine Dimensionen sollen 300 Å zu 50 Å sein[1]. Da sich die physikalischen Daten des α-Lipoproteids alle auf das mit Äthylalkoholfraktionierung dargestellte α-Lipoproteid beziehen und von COHN und Mitarbeitern[3] neuerdings angegeben wird, daß bei dieser Methode α-Lipoproteid anscheinend, wenigstens z. T., denaturiert wird, können die Werte nur als annähernde Angaben betrachtet werden.

Die *Löslichkeitseigenschaften* der Lipoproteide sind die von typischen Proteinen. So ist z. B. β_1-Lipoproteid beim isoelektrischen Punkt in verdünnten Salzlösungen löslich. Die Lipoproteide reagieren auf Veränderungen von p_H und Ionenstärke so, als ob der Fettanteil keinen Einfluß hätte. Im Moment der Denaturierung, wenn die Bindung zwischen Protein- und Lipoidanteil gesprengt wird, zeigen die Fette ihre charakteristische Unlöslichkeit in Wasser. Das Protein, das aus β-Lipoproteid nach Extraktion der Fette in der Kälte zurückbleibt, ist in Wasser löslich[4].

Analytische Daten. CA (MACHEBOEUF S. 317) enthält nahezu 18% Cholesterinester und 23% Lecithin (von schlecht ernährten Pferden enthält CA nur 12% Lecithin und 4% Cholesterinester). Wenn man MACHEBOEUFs Ergebnis, daß die Serumkonzentration dieser Komponente 2,5 g/*l* beträgt, zugrunde legt, folgt daraus, daß CA $^1/_3$ des Cholesterins des Pferdeserums enthält. CA enthält kein freies Cholesterin (vgl. Tabelle 23, S. 318).

Die annähernde Zusammensetzung von β_1-Lipoproteid ist: 25% Protein, 30% Phospholipoid, 45% Cholesterin (frei und verestert) (vgl. Tabelle 23, S. 318). Es enthält 0,6 g Wasser je g Trockengewicht, das wären 44000 Mol Wasser je Mol β-Lipoproteid[1].

Vorläufige Aminosäureanalysen haben gezeigt, daß in dem Polypeptidanteil des β-Lipoproteids die üblichen Aminosäuren ungefähr in dem gleichen Verhältnis wie in anderen lipoidfreien Globulinen des Plasmas vorhanden sind[5].

Von den α-Lipoproteiden bestehen ungefähr 65% des Trockengewichts aus Aminosäuren und 35% aus Fetten (vgl. Tabelle 23, S. 318). Sie haben ein sehr viel niedrigeres Cholesterin/Phospholipoid-Verhältnis als das β_1-Lipoproteid. α- und β-Lipoproteid haben das gleiche Verhältnis von freiem zu verestertem Cholesterin.

Die Acetalphosphatide des menschlichen Serums sind zum größten Teil in den Lipoproteiden enthalten, und zwar in den α_1- und β_1-Lipoproteiden[6].

Mit zweidimensionaler Papierchromatographie wurden in den Eiweißanteilen der Lipoproteide 15 Aminosäuren (Alanin, Arginin, Asparaginsäure, Cystein, Glutaminsäure, Glycin, Histidin, Leucin, Lysin, Phenylalanin, Prolin, Serin, Tryptophan, Tyrosin und Valin) nachgewiesen, die auch halbquantitativ bestimmt wurden. Die Eiweiße der Lipoproteide verschiedener Dichte sollen in ihrer Aminosäurenzusammensetzung sehr ähnlich, wenn nicht identisch sein[7].

[1] ONCLEY, J. L., G. SCATCHARD and A. BROWN: J. physic. Colloid Chem. **51**, 184 (1947).
[2] PEDERSEN, K. O.: Ultracentrifugal Studies of Serum and Serum Fractions. Uppsala 1945.
[3] COHN, E. J.; in: TULLIS, J. L. (Hrsg.): Blood Cells and Plasma Proteins. S. 43. New York 1953.
[4] ONCLEY, J. L., F. R. N. GURD and M. MELIN: Am. Soc. **72**, 458 (1950).
[5] ONCLEY, J. L.: Harvey Lectures, **50**, 75 (1955).
[6] LEUPOLD, F., H. FRANK u. H. BÜTTNER: H. **296**, 55 (1956).
[7] SHORE, B., e C. V. G. SHORE: Plasma, Milano **2**, 621 (1954).

Über die Zusammensetzung der von GOFMAN und Mitarbeitern isolierten Lipoproteide vgl. Tabelle 23, S. 318, und [1].

Bindung. β-Lipoproteid bindet die gesamten Carotinoide des Serums. Die Menge entspricht aber nur ungefähr 1 Mol Carotin je Mol β-Lipoproteid. Von den Carotinoiden scheint auch die Farbe des β-Lipoproteids herzurühren[2]. Im β-Lipoproteid wurde Oestriol gefunden[3].

α_1-Lipoproteide enthalten einen Hauptanteil der Gallenfarbstoffe. Es wurde Lathosterin darin gefunden[4].

Tokopherol wurde in allen Lipoproteidfraktionen gefunden[5], und zwar finden sich 54% vom gesamten Tokopherol des Serums in der α-Lipoproteidfraktion — 10mal mehr in der α_2- als in der α_1-Fraktion. Die β-Lipoproteidfraktion enthält $\sim$20% vom Tokopherol[5].

Die β-Lipoproteide gehen leicht Bindungen mit anderen Proteinen ein[6]. So verbinden sie sich mit den γ-Globulinen über einen p_H-Bereich, in dem die γ-Globuline als Kationen und die β-Lipoproteide als Anionen leicht löslich sind. Wenn man die beiden mischt, vermindert sich ihre Löslichkeit um das Hundertfache. Diese gegenseitige Bindung der beiden Proteine wird bei Methode 10 (vgl. S. 39ff. und 245f.) ausgenützt, um die γ-Globuline quantitativ von den Albuminen in einem Bereich, in dem diese beiden löslich sind, zu trennen. Die γ-Globuline werden durch ihre Bindung mit den β-Lipoproteiden unlöslich. Durch Zufügen von Glykokoll kann der Komplex dann aufgelöst werden. Die Ionenstärke hat auf die Löslichkeit des β-Lipoproteid-γ-Globulin-Komplexes einen großen Einfluß. Wenn man die Ionenstärke in Phosphatpuffer p_H 6,6 von 0,01 auf 0,02 erhöht, nimmt die Löslichkeit um das Zehnfache zu.

β-Lipoproteid bildet auch Komplexe mit Polyanionen wie Heparin, sulfuriertem Amylopektin usw. Im Gesamtserum soll β-Lipoproteid zwischen p_H 7,5 und 8,6 das einzige Protein sein, das derartige Komplexe bildet[7–9].

Denaturierung, Stabilität. Lipoproteide werden sehr leicht denaturiert. Wie schon erwähnt (S. 319 und 327), sind sie sehr empfindlich gegen *Temperaturänderungen*; aber nicht nur gegen Temperaturerhöhung, wie viele andere Eiweißkörper, sondern auch gegen Temperaturerniedrigung. β-Lipoproteid kann ohne Denaturierung nicht gefroren oder gefriergetrocknet werden (vgl. S. 319), α-Lipoproteid dagegen scheint gegen Kälte, besonders in Gegenwart von Albumin, wesentlich stabiler zu sein[10]. Schon durch das *Altern* allein, bei gewöhnlicher Temperatur, scheint sich die Struktur von CA zu ändern[11, 12]. So mag der Mangel an freiem Cholesterin in CA (vgl. S. 329) an der Länge der Zeit liegen, die zwischen dem Abnehmen des Blutes und der Analyse liegt.

Durch Behandlung mit konzentrierten *Phosphatlösungen*[13] wird CA denaturiert[14]. Es bildet sich ein an Lipoiden reicher Niederschlag, der bei p_H 6 unlöslich ist, bis die Lipoide entfernt worden sind. Die nach der Phosphatbehandlung von CA in Lösung bleibenden Proteine sind elektrophoretisch heterogen. CA scheint leicht zu dissoziieren, wie sich bei

[1] JONES, H. B., J. W. GOFMAN, F. T. LINDGREN, T. P. LYON, D. M. GRAHAM, B. STRISOWER and A. V. NICHOLS: Amer. J. Med. **11**, 358 (1951).
[2] ONCLEY, J. L., F. R. N. GURD and M. MELIN: Am. Soc. **72**, 460 (1950).
[3] ROBERTS, S., and C. M. SZEGO: Endocrinology **39**, 183 (1946).
[4] FIESER, L. F.: Zit. nach [10]
[5] LEWIS, L. A., M. L. QUAIFE and I. H. PAGE: Amer. J. Physiol. **178**, 221 (1954).
[6] ONCLEY, J. L., E. ELLENBOGEN, D. GITLIN and F. R. N. GURD: J. physic. Colloid Chem. **56**, 85 (1952).
[7] BERNFELD, P.: Fed. Proc. **13**, 183 (1954).
[8] BERNFELD, P.: Fed. Proc. **14**, 182 (1955).
[9] BERNFELD, P., V. M. DONAHUE and M. E. BERKOWITZ: J. biol. Ch. **226**, 51 (1957).
[10] COHN, E. J.; in: TULLIS, J. L. (Hrsg.): Blood Cells and Plasma Proteins. S. 44. New York 1953.
[11] MACHEBOEUF, M., and P. REBEYROTTE: Discuss. Faraday Soc. **6**, 62 (1949).
[12] TAYEAU, F., et F. ROLLAND, C. R. Soc. Biol. **143**, 394 (1949).
[13] MACHEBOEUF, M., et P. REBEYROTTE: Bull. Soc. Chim. biol. **33**, 998 (1951).
[14] MACHEBOEUF, M., et G. SANDOR: Bull. Soc. Chim. biol. **13**, 745 (1931).

Messungen des osmotischen Druckes zeigte[1]. Die Denaturierung der Lipoproteide durch Phosphate wird[2] als Austausch der Phosphorsäuregruppen von Lecithin gegen anorganische Phosphatgruppen gedeutet, denn es ist auffallend, daß andere Mineralsalze, die häufig zum Aussalzen verwendet werden, Lipoproteide nicht denaturieren.

ONCLEY und Mitarbeiter[3] fanden, daß β_1-Lipoproteid einer schnellen *Autoxydation* unterworfen ist. Die Instabilität von β_1-Lipoproteid erschwert seine vollständige Untersuchung sehr. Die Luftoxydation, der es sehr leicht unterliegt, scheint zuerst die Carotinoide und dann die ungesättigten Fettsäuren anzugreifen. Sie ist begleitet von deutlichen Veränderungen im Absorptionsspektrum, von erhöhter molekularer Dichte und elektrischer Beweglichkeit bei p_H 8,6. Bisher wurden keine befriedigenden Antioxydantien gefunden[4]. Die isolierte CA ist auffallend stabil gegen Oxydation im Gegensatz zu dem Lipoproteid (CA) im Gesamtplasma[1].

β-Lipoproteid scheint leicht zu dissoziieren, wie sich an osmotischen Messungen zeigte[5].

β-Lipoproteid wird durch Lecithin stabilisiert (vgl. S. 319), durch *Lecithinase* kann es schnell zerstört werden[6].

Über die Denaturierung mit *Alkohol* und *Äther* vgl. S. 319.

Das Cholesterin ist im α_1-Lipoproteid auffallend labil gebunden. Es kann beim Stehen mit Äther schnell extrahiert werden. Wenn die α-Lipoproteide auf 60° erhitzt werden, ist Cholesterin nachher nicht mehr extrahierbar[7] (vgl. S. 327).

Bei einem $p_H \sim 5$ werden Lipoproteide leicht denaturiert. MACHEBOEUF[8] und Mitarbeiter haben die Denaturierung im alkalischen Gebiet untersucht.

Krankhafte Veränderungen im Lipoproteidgehalt des Serums wurden von GOFMAN und Mitarbeitern bei Atherosklerose[9-11] und von LEVER und Mitarbeitern für Hauterkrankungen[12] gefunden.

Bestimmung. Die Bestimmung der Lipoproteide des Serums kann *elektrophoretisch* (vgl. S. 218 und [13-15]) an Filtrierpapier oder in Stärke[16, 17] durchgeführt werden.

Beim Vergleich der elektrophoretischen Fraktionen mit denen des analytischen Ultrazentrifugierens (s. unten) werden die Chylomikronen, die bei der Papierelektrophorese am Startpunkt bleiben, bei einer Dichte von 1,005 in der Oberflächenfraktion gefunden, bei einer Dichte von 1,063 finden sich außerdem die β-Lipoproteide, bei einer Dichte von 1,200 auch noch die α-Lipoproteide in der Oberflächenfraktion[18, 19].

Die Vermehrung der β-Lipoproteide bei entzündlichen Prozessen, nephrotischem Syndrom usw. zeigt sich in einem positiven *Thymoltrübungstest*[20].

---

1 MACHEBOEUF, M., et G. SANDOR: Bull. Soc. Chim. biol. **13**, 745 (1931).
2 MACHEBOEUF, M., et P. REBEYROTTE: Bull. Soc. Chim. biol. **33**, 998 (1951).
3 ONCLEY, J. L., F. R. N. GURD and M. MELIN: Am. Soc. **72**, 458 (1950).
4 ADAIR, G. S., and M. E. ADAIR: J. Physiol., London **102**, 17 (1943).
5 ONCLEY, J. L., G. SCATCHARD and A. BROWN: J. physic. Colloid Chem. **51**, 184 (1947).
6 PETERMANN, M. L.: J. biol. Ch. **162**, 37 (1946).
7 COHN, E. J.; in: TULLIS, J. L. (Hrsg.): Blood Cells and Plasma Proteins. S. **44**. New York 1953.
8 MACHEBOEUF, M., et B. ROBERT: Bull. Soc. Chim. biol. **35**, 399 (1953).
9 JONES, H. B., J. W. GOFMAN, F. T. LINDGREN, T. P. LYON, D. M. GRAHAM, B. STRISOWER and A. V. NICHOLS: Amer. J. Med. **11**, 358 (1951).
10 GOFMAN, J. W., H. B. JONES, F. T. LINDGREN, T. P. LYON, H. A. ELLIOTT and B. STRISOWER: Circulation, N. Y. **2**, 161 (1950).
11 GRAHAM, D. M., T. P. LYON, J. W. GOFMAN, H. B. JONES, A. YANKLEY, J. SIMONTON and S. WHITE: Circulation, N. Y. **4**, 666 (1951).
12 LEVER, W. F., N. A. HARLEY and A. E. BLANEY: J. invest. Derm. **19**, 55 (1952).
13 WUNDERLY, C., u. S. PILLER: Kli. Wo. **1954**, 425.
14 LANGAUS, T. A., E. L. DURRUM and W. L. JENCKS: J. clin. Invest. **34**, 1427, 1437 (1955).
15 PEZOLD, A.: Kli. Wo. **1957**, 475.
16 CARLSON, L. W.: Acta chem. scand. **8**, 510 (1954).
17 PARONETTO, F., C. I. WANG and D. AALERSBERG: Science, N. Y. **124**, 1148 (1956).
18 PEZOLD, F. A., O. F. DE LALLA and J. W. GOFMAN: Clin. chim. Acta, N. Y. **2**, 43 (1957).
19 KUNKEL, H. G., and R. TRAUTMANN: J. clin. Invest. **35**, 641 (1956).
20 Wuhrmann-Wunderly, 2. Aufl., S. 135.

Eine genaue Analyse der Konzentration und Verteilung der verschiedenen Lipoproteide erlaubt das *analytische Ultrazentrifugieren* nach GOFMAN und Mitarbeitern[1].

Analyse der Lipoproteide des menschlichen Serums in der Ultrazentrifuge nach GOFMAN[1].

Das Lipoproteidkonzentrat, das man bei einem der oben (S. 325f.) beschriebenen präparativen Ultrazentrifugenschritte erhält, kann ohne weiteres zum analytischen Ultrazentrifugieren verwendet werden. Das geschieht in einer analytischen Ultrazentrifuge (Spinco Modell E), die mit einem diagonalen Draht, Zylinderlinse, Schlierenoptik und Kamera ausgerüstet ist.

Eine Zelle des Rotors der analytischen Ultrazentrifuge wird mit einem Anteil des Lipoproteidkonzentrates beschickt. Man tariert mit einer Balancezelle aus und bringt beide in einen analytischen Rotor (Spinco Typ A). Der Rotor wird auf $26{,}0 \pm 0{,}5°$ gebracht, dann wird bei 52640 U/min ultrazentrifugiert. Der Spinco-Rotor Typ A entwickelt bei 52640 U/min ein Zentrifugalfeld von $215000 \times g$, berechnet auf die Mitte der Flüssigkeitssäule in der analytischen Zelle. Nachdem man die volle Tourenzahl erreicht hat, werden in den folgenden Zeitintervallen Aufnahmen gemacht.

a) Für das Zentrifugieren (präparativer Typ 1) bei einer Lösungsdichte von 1,063 g/cm^3: nach 0, 6, 12, 22, 30, 38 min.

b) Für das Zentrifugieren (präparativer Typ 2 und 3) bei Lösungsdichten von 1,125 g/cm^3 und 1,20 g/cm^3 respektive: nach 0, 16, 32, 48, 64 min.

Für die Auswertung der Ultrazentrifugenfilm-Aufnahmen muß man den Anteil der Beschleunigungszeit kennen, der auf die Zeit bei voller Tourenzahl anzurechnen ist. In guter Näherung kann man ein Drittel der Beschleunigungszeit einsetzen. Zum Beispiel ist einer Beschleunigungszeit von 5,2 min, wie sie im Laboratorium von GOFMAN gemessen wird, eine Zeit von 1,73 min bei voller Tourenzahl äquivalent. So kann angenommen werden, daß in dem Augenblick, in dem volle Touren erreicht sind, die anzurechnende Zeit der Beschleunigung schon 1,73 min beträgt.

Für die Analyse der Ultrazentrifugenfilme muß man noch Leerversuche ohne Lipoproteide unter den gleichen Bedingungen ausführen. Dazu verwendet man:

a) Für den präparativen Typ 1: ein NaCl-Wasser-Gemisch, $D = 1{,}0630 \pm 0{,}005$ g/cm^3 bei 26°.

b) Für den präparativen Typ 2: ein NaCl-Wasser-$NaNO_3$-schweres Wasser-Gemisch, $D = 1{,}1250 \pm 0{,}0005$ g/cm^3 bei 26°, das durch Mischen gleicher Volumina „mock" Serum (vgl. S. 326) und des entsprechenden Verdünnungsmittels dieses präparativen Schrittes (Typ 2) hergestellt wird.

c) Für den präparativen Typ 3: ein NaCl-Wasser-$NaNO_3$-schweres Wasser-Gemisch, $D = 1{,}200 \pm 0{,}001$ g/cm^3 bei 26°, das man durch Mischen gleicher Volumina „mock" Serum (vgl. S. 326) und des entsprechenden Verdünnungsmittels dieses präparativen Schrittes (Typ 3) herstellt.

Analyse der Ultrazentrifugenfilme:

Aus den erhaltenen Filmaufnahmen zeichnet man den Brechungsindexgradienten als Funktion des Abstandes von der Rotationsachse vergrößert auf.

Aus den bei der Ultrazentrifugierung des Leerversuches („mock" Serum mit der entsprechenden Verdünnung) gewonnenen Aufnahmen ergibt sich eine Grundlinie. Diese kommt zustande durch Überlagerung der auf der Verteilung der Salzionen beruhenden Brechungsindexgradienten über andere Gradienten, wie Kompressionseffekte und die gesamten Zellfaktoren. Die in der gleichen Zelle laufenden Lipoproteide ergeben Brechungsindexgradienten, die durch die Lipoproteidbanden und die oben erwähnten Banden des Leerversuches, denen sie überlagert sind, entstehen. Wenn man die letzteren von den ersteren abzieht, erhält man bei jedem Abstand von der Rotationsachse den Brechungsindexgradienten des Lipoproteids allein.

---
[1] LALLA, O. DE, and J. W. GOFMAN: Meth. biochem. Analysis. Bd. 1, S. 459.

Abb. 10a stellt die Flotation eines einzelnen Lipoproteids von der Basis zur Rotationsachse einer sektorförmigen, analytischen Zelle dar. Abb. 10b zeigt die Konzentration dieses Lipoproteids als Funktion des Abstandes von der Rotationsachse. Das optische System erlaubt, den Brechungsindexgradienten (dn/dx) als Funktion des Abstandes (x) direkt abzulesen. Abb. 10c zeigt das Diagramm von (dn/dx) gegen x, das dem Konzentrationsdiagramm in Abb. 10b entspricht. Abb. 11a zeigt das Filmbild einer Ultrazentrifugenanalyse für ein solches System, und Abb. 11b zeigt das Filmbild für die entsprechende Salzlösung (Leerversuch). Die Diagramme in Abb. 10 entsprechen den Aufnahmen nach 30 min bei voller Tourenzahl, wie sie in Abb. 11a und 11b wiedergegeben sind. Wenn man den Brechungsindexgradienten für das Lipoproteid selbst erhalten will, muß man die Kurve der entsprechenden Salzlösung von der Kurve des Lipoproteids abziehen. Eine schematische Darstellung des Lipoproteidbildes mit dem überlagerten Bild der entsprechenden Salzlösung zeigt Abb. 12.

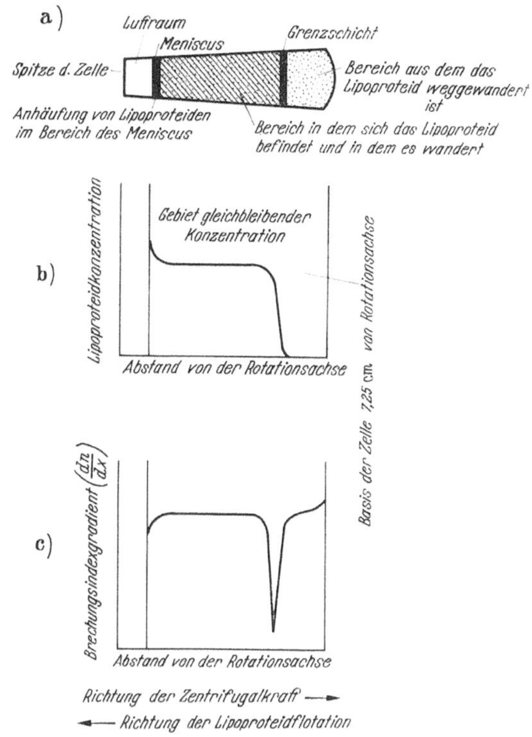

Abb. 10a—c. a Schematisches Diagramm einer analytischen Ultrazentrifugenzelle, die ein wanderndes Lipoproteid enthält. b Darstellung der Konzentration dieses Lipoproteids als Funktion des Abstandes von der Rotationsachse. c Darstellung des Brechungsindexgradienten als Funktion des Abstandes von der Rotationsachse. Mit dem optischen Schlierensystem der Spinco-Ultrazentrifuge Modell E wird diese Darstellungsweise angewandt.

Die schraffierte Fläche in Abb. 12 ist ein Maß für $\int (dn/dx)\, dx$ in der Grenzschicht des wandernden Lipoproteids. Da diese Fläche das Brechungsindexinkrement der Grenzschicht darstellt, ist sie der Veränderung der Konzentration des Lipoproteids im gleichen Bereich proportional. Diese Änderung der Lipoproteidkonzentration ist gleich der tatsächlichen Lipoproteidkonzentration im Bereich des Plateaus der Zelle, da die Lipoproteidkonzentration in den Bereichen, die zentrifugal zur Grenzschicht (boundary region)

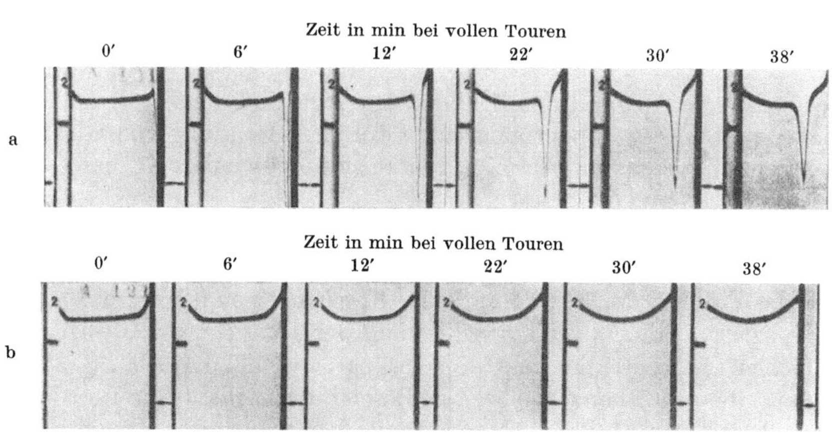

Abb. 11a u. b. a Aufnahme der Flotation eines einzelnen Lipoproteids. $D = 1{,}063$ g/cm³ bei 26° C (präparativer Typ 1) (52640 U/min). b Entsprechende Filmaufnahmen der Salzlösung allein. Die Salzlösung hat eine Dichte von $D = 1{,}063$ g/cm³ bei 26° C; 52640 U/min.

lieen, gleich 0 ist. Die so im Plateaubereich gemessene Lipoproteidkonzentration muß, wie es beim Ultrazentrifugieren üblich ist, für die auf der Sektorform der Zelle beruhenden radialen Konzentrationseffekte und für das inhomogene Zentrifugalfeld korrigiert werden, wie Gl. (1) zeigt:

$$C_i = C_m (R_\alpha/R_0)^2. \qquad (1)$$

Dabei bedeuten C_i = Anfangskonzentration des Lipoproteids, C_m = gemessene Konzentration, bestimmt aus $\int (dn/dx)\,dx$ in der Grenzschicht, R_0 = Abstand von der Rotationsachse zur Basis der Zelle und R_α = Abstand von der Rotationsachse bis zum Maximum der Bande.

Man kann die Lipoproteide durch ihre Wanderungsgeschwindigkeiten entweder unter definierten oder unter Standardbedingungen charakterisieren. Im letzteren Fall braucht man das spezifische Partialvolumen der verschiedenen Lipoproteide und die Viscosität des Mediums, in dem sie flotieren. Zur Zeit kennt man diese Daten noch nicht und muß daher die Wanderungsgeschwindigkeiten unter willkürlich gewählten Bedingungen beschreiben. Wanderungsgeschwindigkeiten in der Ultrazentrifuge werden im allgemeinen in SVEDBERG-Einheiten oder S-Einheiten ausgedrückt (1 S-Einheit = 10^{-13} cm/sec/dyn/g); für Lipoproteide, die flotieren, würden die Wanderungsgeschwindigkeiten in S-Einheiten negativ sein. Um eine positive Wanderungsgeschwindigkeit zu erhalten, verwendet man die S_f-Einheit, wobei 1 S_f-Einheit = —1 S-Einheit ist. Die Bestimmung der Flotationsgeschwindigkeit eines Lipoproteids beruht auf der Anwendung der SVEDBERG-Formel, Gl. (2):

$$S = \frac{dx/dt}{\omega^2 x}. \qquad (2)$$

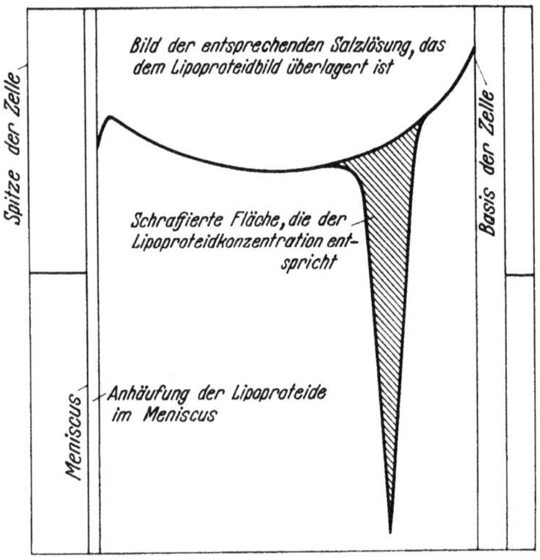

Abb. 12. Schematische Darstellung des 30min-Bildes bei voller Tourenzahl aus Abb. 11a, in der die Grundlinie des Bildes der entsprechenden Salzlösung aus Abb. 11b überlagert ist.

Dabei bedeuten: S = Wanderungsgeschwindigkeit im Einheitsfeld, x = Entfernung des Lipoproteids von der Rotationsachse, t = Zentrifugierungszeit bei vollen Touren (52640 U/min), wobei die äquivalente Zeit der Beschleunigungszeit berücksichtigt ist, und ω = Winkelgeschwindigkeit ($2\pi f$), wobei f die Rotationsfrequenz bedeutet.

Wenn man Gl. (2) integriert, erhält man Gl. (3):

$$\ln \frac{x}{x_0} = \Big[S\,\omega^2 t \Big]_0^t \qquad (3)$$

Dabei bedeutet x_0 = Abstand der Zellbasis zur Rotationsachse. So ist es durch Bestimmung der Position einer Lipoproteidbande durch Anwendung von Gl. (3) zu irgendeiner Zeit des Zentrifugierens möglich, die Flotationsgeschwindigkeit dieses Lipoproteids in S_f-Einheiten zu bestimmen.

In vielen Seren gibt es entweder eine ganze Anzahl von Lipoproteiden, durch die eine Reihe nahe aneinanderliegender Banden entsteht, oder ein Continuum von Lipoproteiden. Dadurch wird das Problem der Bestimmung der Konzentration der einzelnen Lipoproteideinheiten kompliziert. Abb. 13 zeigt das Filmbild der analytischen Ultrazentrifugierung eines menschlichen Lipoproteidkonzentrates (präparativer Typ 1) (vgl. S. 325) mit einer breiten Beugung, die sich über einen weiten Bereich der Zelle ausbreitet, im Gegensatz zu der scharfen Beugung in Abb. 11a. Man nimmt an, daß die breite Beugung das Ergebnis einer ganzen Anzahl, möglicherweise einer sehr großen Anzahl nahe aneinanderliegender Banden ist. In Abb. 14 ist diese Art der Deutung schematisch dargestellt; dabei ist das zweite Bild von Abb. 13 (6 min bei vollen Touren) als Beispiel benutzt. Die Auflösung der Fläche in die einzelnen Lipoproteide ist schwer, wenn nicht unmöglich. In solchen Fällen bleibt die Analyse auf die Bestimmung der Summe der Konzentrationen der gesamten

Lipoproteide innerhalb willkürlich gewählter Flotationsgeschwindigkeitsgrenzen beschränkt. Noch eine weitere Schwierigkeit muß berücksichtigt werden. Die Lipoproteide erleiden, wenn ihre Konzentration zunimmt, eine Selbstverzögerung der Flotationsgeschwindigkeit; weiter wird jedes einzelne Lipoproteid durch Zunahme der Konzentration der gesamten Lipoproteide mit langsameren Flotationsgeschwindigkeiten zunehmend ver-

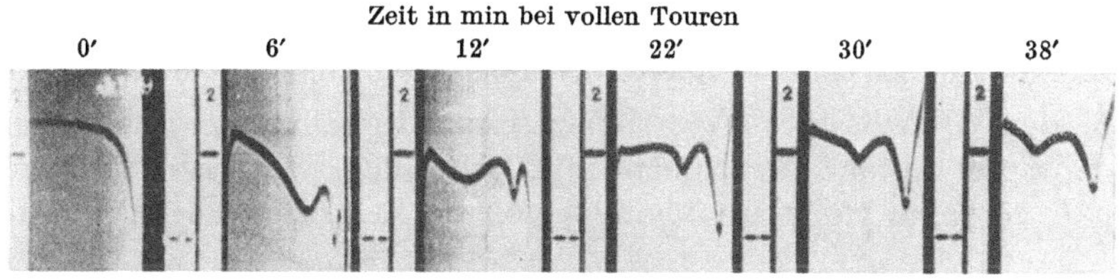

Abb. 13. Analytisches Ultrazentrifugenbild, das die verschiedenen Lipoproteidarten, die im allgemeinen im menschlichen Serum enthalten sind, zeigt. Das Lipoproteidkonzentrat für diese Analyse wurde mit dem präparativen Typ 1 gewonnen. Lösungsdichte 1,063 g/cm³ bei 26° C. Rotorgeschwindigkeit 52640 U/min.

zögert[1]. Ein Resultat dieser Verlangsamungseffekte ist außerdem das Johnston-Ogston-Phänomen[2]. Bei der quantitativen Auswertung der Filmbilder der Ultrazentrifugenanalyse müssen der Verlangsamungseffekt und das Johnston-Ogston-Phänomen berücksichtigt werden.

Filmanalyse der Ultrazentrifugierung bei einer Lösungsdichte von 1,063 g/cm³:

Im allgemeinen erhält man bei dieser Ultrazentrifugenanalyse den Typ des Continuums (wie er in Abb. 13 gezeigt ist). Zur Auswertung solcher Filme einschließlich der Korrekturen für den Verlangsamungseffekt und für das Johnston-Ogston-Phänomen muß man wissen, wie die Konzentration die Flotation verändert. Ideal wäre es, wenn man den Verlangsamungseffekt bei allen zu erwartenden Konzentrationen für die Lipoproteide aller möglichen Flotationsgeschwindigkeiten messen könnte. Da diese Daten bis jetzt nicht vorliegen, macht man gewisse Annahmen. Erstens nimmt man an, daß jedes Lipoproteid mit steigender Konzentration die Geschwindigkeit eines anderen Lipoproteids genauso verlangsamt wie seine eigene. Zweitens nimmt man an, daß die Flotationsgeschwindigkeit gegen die Konzentrationsfunktion im Bereich der Konzentrationen, die man für solche Analysen braucht, eine lineare ist. Daher kann Gl. (4) für ein einzelnes Lipoproteid so geschrieben werden:

$$F = F^0\,(1 - k\,c), \qquad (4)$$

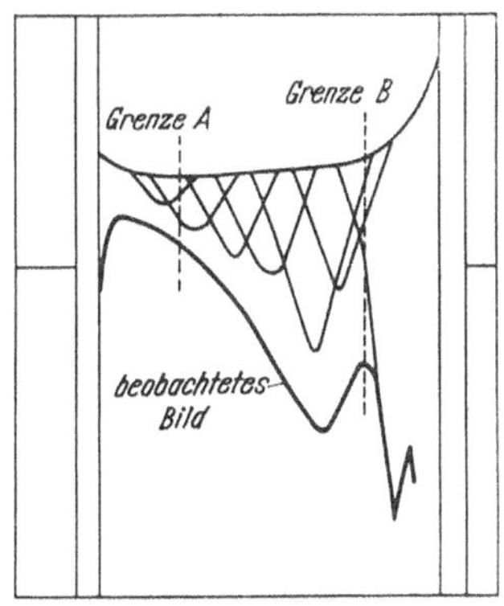

Abb. 14. Schematische Deutung der breiten Beugung, die bei der Analyse des Continuums der Lipoproteide boebachtet wird (s. Text). Das beobachtete Bild wird so gedeutet, daß es aus der Summe der sich überschneidenden Beugungen, die vielen einzeln wandernden Lipoproteidbanden entsprechen, entsteht. Konzentrationen mißt man bei solchen Bildern zwischen den Grenzen gewählter Flotationsgeschwindigkeiten (hier werden diese als Grenze *A* und Grenze *B* bezeichnet).

dabei bedeuten F = Flotationsgeschwindigkeit (in S_f-Einheiten) bei einer Konzentration c, F^0 = Standardflotationsgeschwindigkeit oder Flotationsgeschwindigkeit bei unendlicher Verdünnung und k = eine Konstante, die die Größe des Verlangsamungseffekts determiniert.

Wenn man die erste Annahme berücksichtigt, kann man die allgemeinere Gl. (5) aufstellen:

$$F_n = F_n^0\,[1 - k\,(c_1 + c_2 + \cdots + c_n)]\,, \qquad (5)$$

dabei bedeuten F_n = Flotationsgeschwindigkeit des n-ten Lipoproteids in Gegenwart einer Konzentration c_1 des Lipoproteids 1, c_2 des Lipoproteids 2 ----- und c_n des Lipoproteids n,

[1] Gofman, J. W., B. Strisower, O. de Lalla, A. Tamplin, H. B. Jones and F. T. Lindgren: Modern Med., Minneapolis **15**, 119 (1953).

[2] Johnston, J. P., and A. G. Ogston: Trans. Faraday Soc. **42**, 789 (1946). — vgl. ds. Handbuch Bd. 1, S. 113 (1953).

F_n^0 = die Standardflotationsgeschwindigkeit des Lipoproteids n und k = dieselbe Konstante wie in Gl. (4).

Aus experimentellen Daten, die man bisher gesammelt hat, wurde gefunden, daß bei einer Lipoproteidkonzentration von 0—4000 mg-%, bei Flotationsgeschwindigkeiten S_f^0 3—10 der Wert für $k = 3{,}105\ (\text{mg-}\%)^{-1}$ ist. Man erhielt diesen Wert durch experimentelle Messungen der Flotationsgeschwindigkeit als Funktion der Konzentration. Wenn die Lipoproteidkonzentration extrem hoch wird, gilt die Annahme der linearen Veränderung der Flotationsgeschwindigkeit mit der Konzentration nicht mehr.

Die Wahl der Grenzen der Flotationsgeschwindigkeiten, zwischen denen man die Summe der Lipoproteidkonzentrationen mißt, steht dem Untersucher frei. Das Prinzip, nach dem man vorgeht, bleibt unabhängig von den Grenzen der S_f^0-Werte gleich. Als

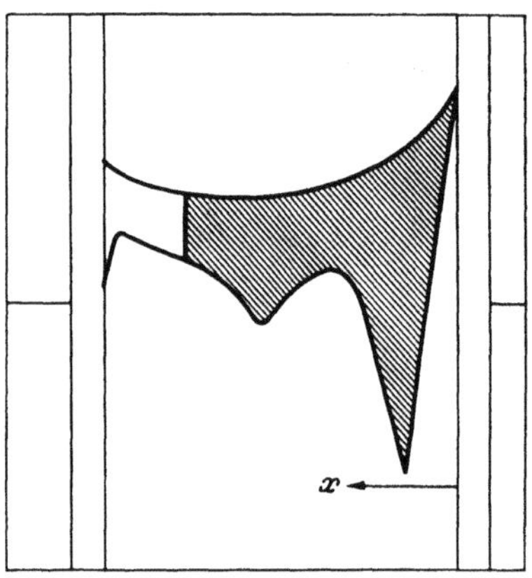

Abb. 15a.

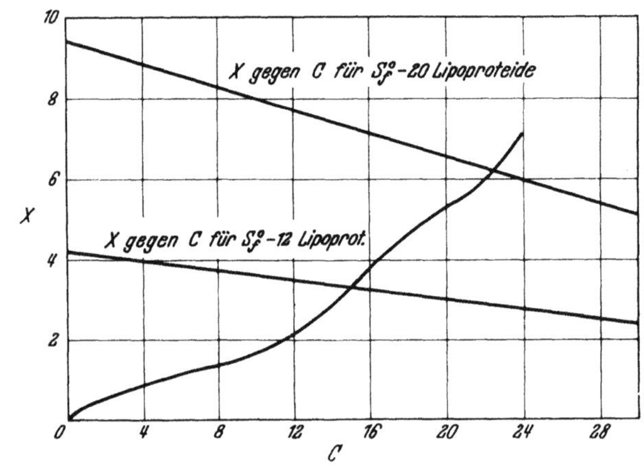

Abb. 15b.

Abb. 15a. Darstellung der vergrößerten Zeichnung, wie sie zur Filmanalyse mit der im Text beschriebenen Methode verwendet wird. Die Zeichnung entspricht dem Bild nach 30min bei vollen Touren, das in Abb. 13 gezeigt ist.

Abb. 15b. Integralkurve, die der schraffierten Fläche aus Abb. 15a entspricht, die in ein Koordinatensystem eingetragen ist, in dem die Abhängigkeit von x gegen c für Lipoproteide S_f^0 12 und S_f^0 20 dargestellt sind. Die eingetragenen Punkte der Integralkurve sind kumulative Summen der Ordinaten aus Abb. 15a bei aufeinanderfolgenden gleichen Intervallen entlang der x-Achse. Eine Ordinate in (a) kommt dem vertikalen Abstand zwischen der Zeichnung des Lipoproteidbildes und der der entsprechenden Salzlösung gleich.

Beispiel wird die Messung an 2 Gruppen von Lipoproteiden S_f^0 0—12 und S_f^0 12—20 beschrieben. Im allgemeinen mißt man diese beiden Gruppen von Lipoproteiden an dem 30 min-Bild bei vollen Touren. Die Schritte der Analyse sind folgende:

a) Man verwendet einen Projektor, um den Ultrazentrifugenfilm 5mal zu vergrößern. (Der Faktor 5 ist willkürlich gewählt.) Dann zeichnet man das vergrößerte Bild in eine Vorlage ein, auf die bereits die beim Zentrifugieren der entsprechenden Salzlösung gewonnene Kurve eingetragen ist (Abb. 15a). Man muß auf genaue Übereinstimmung der beiden Bilder achten.

b) Dann wird die vergrößerte Zeichnung analysiert. Zuerst bestimmt man die Fläche, die der Lipoproteidgruppe S_f^0 0—12 entspricht. Dazu braucht man den Punkt auf der Kurve, der der Bande des Lipoproteids mit S_f^0 12 entspricht. Natürlich ist dieser Punkt bei den einzelnen Analysen verschieden, da die Konzentrationen der Lipoproteide von S_f^0 0—12 in den verschiedenen Seren wechseln. Wenn man in brauchbarer Annäherung die Punkte der Geschwindigkeitsgrenzen S_f^0 bestimmen will, muß man die vergrößerte Zeichnung (dn/dx) gegen x in die entsprechende Integralkurve umwandeln und in ein Koordinatensystem eintragen, in dem bereits die x- gegen c-Werte für S_f^0 12 und S_f^0 20 eingetragen sind (Abb. 15b). Die F- gegen c-Werte erhält man durch Einsetzen in Gl. (5) und wandelt dann mit Hilfe der integrierten SVEDBERG-Formel die F-Werte in x-Werte um [Gl. (3)]. Es gibt eine eindeutige Auflösung für den Punkt x_{12} auf der Zeichnung, die die Position der S_f^0 12-Lipoproteidbande darstellt. Diese Auflösung ist der Punkt auf der x-Achse, der dem Schnittpunkt der Integralkurve mit der x- gegen c-Linie für S_f^0 12 entspricht. Die gesamte Fläche, die auf der Integralkurve bis zu diesem Schnittpunkt dargestellt ist, ist ein Maß für die Summe der Lipoproteide zwischen den Flotationsgeschwindigkeiten S_f^0 0 und S_f^0 12. Diese Summe wird im allgemeinen bezeichnet als die Konzentration der S_f^0 12-Lipoproteidklasse oder Standard S_f^0 0—12-Lipoproteide. Genauso gibt es eine eindeutige Auflösung für den Punkt x_{20} auf der Zeichnung, der die Position S_f^0 20 der Lipoproteidbande darstellt. Diese Auflösung ist der Schnittpunkt der Integralkurve mit der x- gegen c-Linie für S_f^0 20. Die Fläche auf der Integralkurve bis zu diesem Schnittpunkt entspricht der Konzentration der S_f^0 0—20-Lipoproteide. Selbstverständlich ist die Konzentration von S_f^0 12—20 gleich der Konzentration S_f^0 0—20, vermindert um die Konzentration S_f^0 0—12. In gleicher Art kann man die Summe der Konzentrationen von Lipoproteiden zwischen anderen Flotationsgeschwindigkeitsgrenzen bestimmen. Zum Beispiel mißt man die S_f^0 20—100-Lipoproteide mit dem Filmbild nach 6 min Zentrifugierungszeit bei voller Tourenzahl. (Das tatsächliche Äquivalent der Zeit bei vollen Touren in min $= 6 + {}^1/_3$ der Beschleunigungszeit in min.)

Die JOHNSTON-OGSTON-*Korrektur.* JOHNSTON und OGSTON[1] haben gezeigt, daß, wenn man ein Gemisch von 2 Arten von Makromolekülen zentrifugiert, die Konzentration der schneller wandernden Komponente fälschlich niedriger erscheint, und zwar um die gleiche Menge, wie die Konzentration der langsamer wandernden Komponente fälschlich höher erscheint. Für 2 derartige Komponenten in einem homogenen Kräftefeld und einer rechteckigen Zelle haben JOHNSTON und OGSTON Gl. (6) abgeleitet:

$$\frac{C_s^\beta}{C_s^\alpha} = \frac{S_f^\alpha - S_s^\alpha}{S_f^\alpha - S_s^\beta}. \tag{6}$$

Dabei bedeuten $C_s^\beta =$ die Konzentration der langsamer wandernden Komponente, wenn keine schneller wandernde vorhanden ist, $C_s^\alpha =$ die Konzentration der langsamer wandernden Komponente, wenn die schneller wandernde vorhanden ist, $S_f^\alpha =$ Wanderungsgeschwindigkeit der schneller wandernden Komponente, wenn beide Komponenten vorhanden sind, $S_s^\alpha =$ Wanderungsgeschwindigkeit der langsamer wandernden Komponente, wenn beide Komponenten vorhanden sind, und $S_s^\beta =$ Wanderungsgeschwindigkeit der langsamer wandernden Komponente, wenn sie allein vorhanden ist.

Wenn man aus Gl. (5) die Abhängigkeit der Flotationsgeschwindigkeit F von der Konzentration c einsetzt, kann sie in Gl. (7) umgewandelt werden:

$$\varDelta C = \frac{R\, C_f^{\text{gemessen}}\, C_s^\beta}{N + R\, C_f^{\text{gemessen}}}. \tag{7}$$

Dabei bedeuten $\varDelta C =$ die Menge, um die die schnellere Komponente irrtümlich niedriger oder die langsamere irrtümlich höher erscheint, $R = k\, S_s^0$ (k ist die Konstante der F- gegen c-Abhängigkeitsbeziehung und S_s^0 die Flotationsgeschwindigkeit der langsamer wandernden Komponente bei unendlicher Verdünnung), $C_f^{\text{gemessen}} =$ die gemessene Konzentration der schneller wandernden Komponente, $C_s^\beta =$ die gemessene Konzentration der langsamer wandernden Komponente (in der Lösungsphase, in der die schneller wandernde Komponente nicht vorhanden ist und $N = S_f^\alpha — S_s^\beta$, wobei S_f^α die gemessene Flotationsgeschwindigkeit der schneller wandernden Komponente und S_s^β die gemessene Flotationsgeschwindigkeit der langsamer wandernden Komponente ist). Daher ist:

$$\text{wahre } C_f = C_f^{\text{gemessen}} + \varDelta C,$$
$$\text{wahre } C_s = C_s^{\text{gemessen}} - \varDelta C.$$

In einem Mehrkomponenten-System wendet man diese Überlegungen an, indem man für jede Komponente über jede andere Komponente eine JOHNSTON-OGSTON-Korrektur macht.

Bei der Lipoproteidanalyse des Continuums haben wir angenommen, daß eine bestimmte Gruppe von Lipoproteiden, z. B. die Gruppe der S_f^0 0—12-Lipoproteide, als

[1] JOHNSTON, J. P., and A. G. OGSTON: Trans. Faraday Soc. **42**, 789 (1946).

gesonderte Komponente angesehen wird und daß ihr eine Flotationsgeschwindigkeit zugeschrieben wird, die durch einen Punkt auf der x-Achse der Integralkurve bestimmt ist, der die gesamte Konzentration dieser Gruppe in die Hälfte teilt. Dieser Punkt wird als Mittelflächenposition (mid area position) bezeichnet. Die Flotationsgeschwindigkeiten, die solchen Mittelflächenpositionen entsprechen, werden (mit Hilfe der SVEDBERG-Formel) für die JOHNSTON-OGSTON-Korrekturen angewandt.

Korrekturen für die Abhängigkeit der Größe der gemessenen Fläche von der Lage in der Zelle. Wie schon früher gezeigt, differieren die gemessenen Flächen bei jeder Bandenposition von den wahren Flächen, die der Lipoproteidkonzentration entsprechen, wegen der radialen Konzentrationseffekte (Sektorform der Zelle). Mit Hilfe von Gl. (1) können die gemessenen in wahre Flächen umgewandelt werden. Die Bandenpositionen, die man benutzt, wenn man Gl. (1) anwendet, sind die Mittelflächenpositionen, wie sie oben unter „Die JOHNSTON-OGSTON-Korrektur“ beschrieben sind. Die Autoren wenden zuerst die JOHNSTON-OGSTON-Korrektur, dann die radiale Konzentrationskorrektur an. Die radialen Konzentrationseffekte bringen häufig während des Ultrazentrifugierens eine Veränderung des JOHNSTON-OGSTON-Effekts mit sich.

Berechnung der Konzentration in Milligrammprozent aus der Fläche. Gl. (8), die von PICKELS[1, 2] für die Schlierenoptik der analytischen Spinco-Ultrazentrifuge abgeleitet wurde, verwendet man, um die Konzentration in Milligrammprozent aus der Fläche zu berechnen:

$$C = \frac{A \operatorname{tang} \Theta \, 1000}{L \cdot T \cdot M \cdot m \cdot N \cdot E^2 \Delta n}. \qquad (8)$$

Dabei bedeuten C = Konzentration des Lipoproteids im Originalserum in Milligrammprozent, A = Fläche in Quadratmillimeter der gemessenen Lipoproteidgruppe (korrigiert sowohl für Konzentrationseffekte der Sektorzelle als auch für JOHNSTON-OGSTON-Effekte), tang Θ = Tangens des Winkels des diagonalen Drahtes in bezug auf das Spaltbild, L = optischer Hebelarm (Abstand entlang des optischen Weges vom Zentrum der Kondensorlinse über den Rotor zum diagonalen Draht in Millimeter), M = Vergrößerung der Zellhöhe (Vergrößerung des Kamera-Linsensystems), m = Vergrößerung der Zylinderlinsen, N = Faktor, um den die Lipoproteide bei der präparativen Methode konzentriert wurden, E = lineare Vergrößerung des Projektors, wie sie zur Herstellung der Zeichnungen benutzt wurde (hier im Text 5mal), und Δn = spezifisches Brechungsinkrement für die Lipoproteide in dem besonderen Medium.

Für Lipoproteide mit 1,04 g/cm³ und weniger, in einer NaCl-Lösung der Dichte 1,063 g/cm³, nimmt man Δn als 0,00154 an.

Filmanalyse der Ultrazentrifugierung bei einer Lösungsdichte von 1,125 g/cm³:

Abb. 16 zeigt einen typischen Ultrazentrifugenfilm einer Analyse von menschlichem Serum bei einer Lösungsdichte von 1,125 g/cm³.

Bei dieser Analyse werden 2 zusätzliche Komponenten bestimmt, ein Lipoproteid mit einer hydratisierten Dichte von 1,05 g/cm³ und ein Lipoproteid mit einer hydratisierten Dichte von 1,075 g/cm³. Das 1,05 g/cm³-Lipoproteid mißt man, indem man, wie oben beschrieben, eine vergrößerte Zeichnung macht, für die man die Aufnahme nach 32 min bei voller Tourenzahl zugrunde legt. Bei der Bestimmung dieses Lipoproteids stößt man auf eine Schwierigkeit, die dadurch entsteht, daß sich dieses Lipoproteid schwer von der Gruppe der Lipoproteide mit niedriger Dichte trennt. Man sieht diesen Komplex gerade vor dem 1,05 g/cm³-Lipoproteid herwandern (Abb. 16). Die Fläche, die diesem Lipoproteid entspricht, wird mit Hilfe von Abb. 17 auf folgende Weise annäherungsweise bestimmt:

a) Man macht eine Bestimmung der maximalen Ordinate für das 1,05 g/cm³-Lipoproteid.

[1] PICKELS, E. G.: Technical Memo. Specialized Instruments Corporation. Belmont California.

[2] PICKELS, E. G.; in: ALEXANDER, J. (Hrsg.): Colloid Chemistry. Bd. V, Kap. 19, S. 411—434. New York 1944.

b) Von diesem Punkt aus zieht man eine vertikale Linie zu der Zeichnung der entsprechenden Salzlösung.

c) Man mißt die schraffierte Fläche und verdoppelt sie. (Das geschieht unter der Annahme, daß die Bande über der vertikalen Linie symmetrisch ist.)

Das Lipoproteid mit der hydratisierten Dichte 1,075 g/cm³ läßt sich genauer messen, da es eine ganz diskrete Bande ergibt (s. Abb. 16a, Aufnahme nach 64 min bei vollen

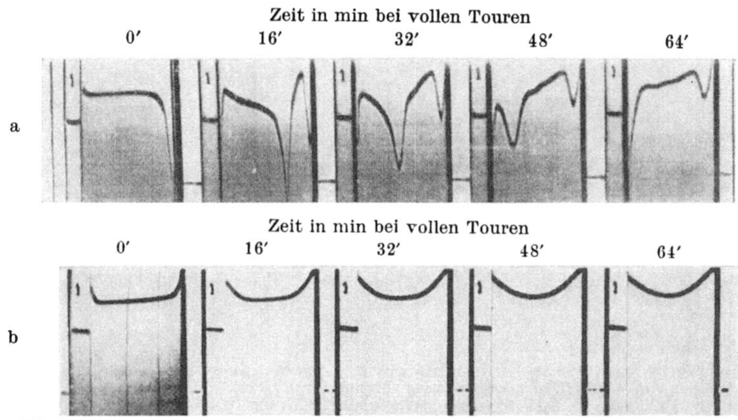

Abb. 16a u. b. a Filmbild einer analytischen Ultrazentrifugierung, das die Lipoproteide zeigt, die in einem menschlichen Serum bei einer Lösungsdichte von 1,125 g/cm³ (präparativer Typ 2) (vgl. S. 326) beobachtet werden. Geschwindigkeit 52640 U/min. b Das Bild der entsprechenden Salzlösung (präparativer Typ 2).

Touren). Die gesamte Fläche, die mit diesem Lipoproteidbandenbereich zusammenhängt, entspricht der Konzentration des 1,075 g/cm³-Lipoproteids, wie es in der schraffierten Fläche in Abb. 18 gezeigt ist.

Bei beiden Lipoproteidanalysen (1,05 g/cm³ und 1,075 g/cm³) wird eine kleine JOHNSTON-OGSTON-Korrektur vernachlässigt. Die Korrektur der Konzentration für die aus der

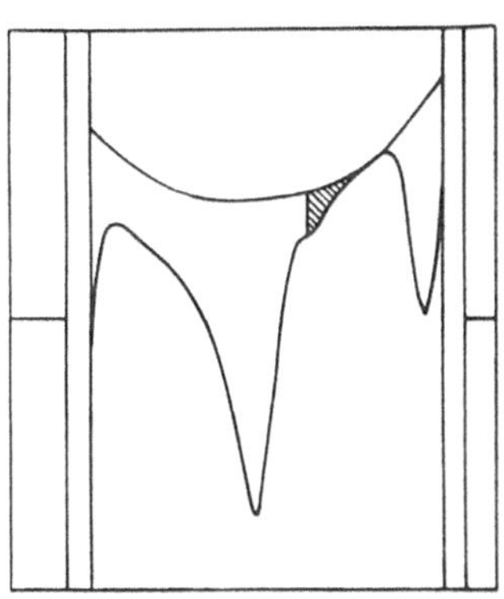

Abb. 17. Vergrößerte Zeichnung und die zur Bestimmung des Lipoproteids der hydratisierten Dichte 1,05 g/cm³ gemessene Fläche. Die Zeichnung stellt das Bild nach 32 min bei voller Tourenzahl aus Abb. 16a mit der überlagerten Zeichnung des Bildes der entsprechenden Salzlösung dar.

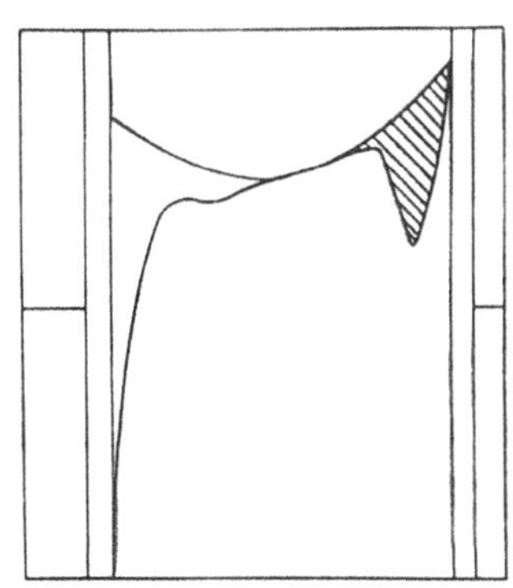

Abb. 18. Vergrößerte Zeichnung und die zur Bestimmung des Lipoproteids der hydratisierten Dichte 1,075 g/cm³ gemessene Fläche. Die Zeichnung stellt das Bild nach 64 min bei voller Tourenzahl aus Abb. 16a mit der überlagerten Zeichnung des Bildes der entsprechenden Salzlösung dar.

Sektorform der Zelle entstehende Abweichung wird wie oben beschrieben [Gl. (1)] gemacht. Umrechnung der Flächen in Milligrammprozent macht man mit Gl. (8), nur nimmt man für Δn den Wert 0,00169 für beide Lipoproteide an.

Filmanalyse der Ultrazentrifugierung bei einer Lösungsdichte von 1,20 g/cm³:

Eine typische Ultrazentrifugenanalyse des menschlichen Serums bei einer Lösungsdichte von 1,20 g/cm³ zeigt Abb. 19a. Dabei wird das Lipoproteid mit der hydratisierten Dichte 1,145 g/cm³ bestimmt. Bei der Aufnahme nach 64 min bei vollen Touren sieht man einen Komplex von 2 Lipoproteiden. Das sind die Lipoproteide mit den Dichten 1,075 g/cm³ und 1,145 g/cm³. Das Lipoproteid mit der geringen Dichte wandert schneller. Die gesamte Fläche dieses Komplexes ist in Abb. 20 schraffiert gezeigt.

Die Fläche wird nach Gl. (1) für die Konzentration korrigiert, und dann wandelt man mit Hilfe von Gl. (8) in Milligrammprozent um. Das Δn für diese Lipoproteide in dieser

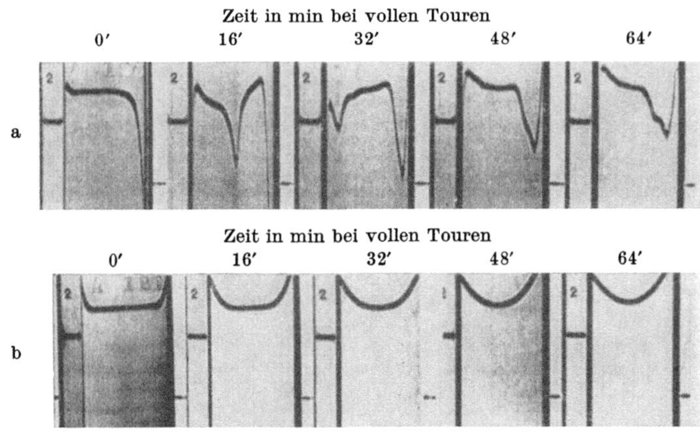

Abb. 19a u. b. a Filmbild einer analytischen Ultrazentrifugierung, das die Lipoproteide des menschlichen Serums zeigt, die bei einer Lösungsdichte von 1,20 g/cm³ (präparativer Typ 3) (vgl. S. 326) beobachtet wurden. Geschwindigkeit 52640 U/min. b Bild der entsprechenden Salzlösung (präparativer Typ 3).

Lösung wird als 0,00154 angenommen. Die erhaltene Konzentration ist die Summe der Konzentrationen der Lipoproteide mit den Dichten 1,075 g/cm³ und 1,145 g/cm³. Nachdem das Lipoproteid 1,075 g/cm³ schon im letzten Abschnitt bestimmt wurde, kann man aus der Differenz die Konzentration des Lipoproteids 1,145 g/cm³ erhalten.

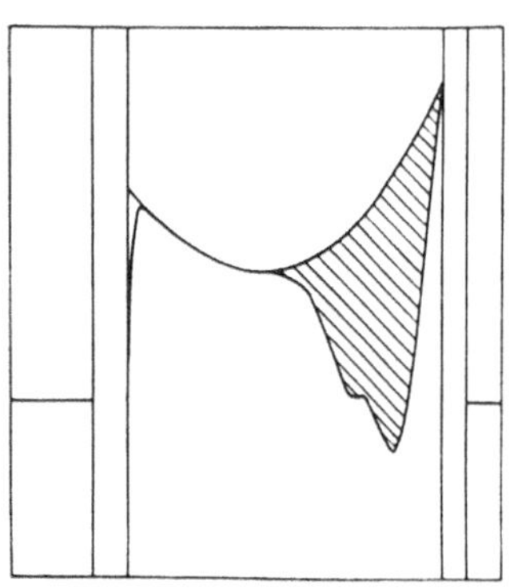

Abb. 20. Vergrößerte Zeichnung und die zur Bestimmung der Summe der Konzentrationen der Lipoproteide der Dichten 1,075 g/cm³ und 1,145 g/cm³ gemessene Fläche. Die Zeichnung stellt das Bild nach 64 min bei voller Tourenzahl aus Abb. 19a mit der überlagerten Zeichnung des Bildes der entsprechenden Salzlösung dar.

b) Metallbindende Plasmaproteine.

Diese Substanzgruppe, insbesondere Transferrin und Coeruloplasmin, werden in einem eigenen Kapitel (S. 714ff.) behandelt.

c) Andere Proteine mit spezifischer Transportfunktion.

Thyreoglobulin. Der Hauptanteil von Jod im normalen Serum scheint u. a. dem Thyroxin zuzukommen[1, 2], das im Blut lose an ein spezifisches Protein gebunden ist[3].

Nach Gaben großer Mengen ^{131}J wurde eine abnorme Serum-Jod-Komponente gleichzeitig mit einem starken Abfall von ^{131}J im Schilddrüsengewebe beobachtet[4, 5]. Es wird angenommen, daß in diesen Fällen unverändertes Thyreoglobulin in den Kreislauf gelangte[6]. Diese Serumkomponente hat die gleichen Löslichkeitseigenschaften wie dem Serum zugefügtes Thyreoglobulin aus Schilddrüsengewebe, d. h. sie ist mit Phosphatpuffer zwischen 1,40 und 1,75 m bei p_H 6,55 fällbar[6].

Bei der Ammoniumsulfatfraktionierung wurde früher der Hauptanteil vom Serumjod in der „Albumin“-Fraktion gefunden[7].

[1] Taurog, A., and I. L. Chaikoff: J. biol. Ch. **176**, 639 (1948).
[2] Laidlaw, J. C.: Nature **164**, 927 (1949).
[3] Gordon, A. H., J. Gross, D. O'Connor and R. Pitt-Rivers: Nature **169**, 19 (1952).
[4] Feller, P. D., I. L. Chaikoff, A. Taurog and H. B. Jones: Endocrinology **45**, 464 (1949).
[5] Robbins, J., J. E. Rall, D. V. Becker and R. W. Rawson: J. clin. Endocrinol. **12**, 856 (1952).
[6] Robbins, J.: J. biol. Ch. **208**, 377 (1954).
[7] Riggs, D. G., P. H. Lavietes and E. B. Man: J. biol. Ch. **143**, 363 (1942).

Bei der Äthylalkoholfraktionierung (vgl. S. 237ff.) wird es in den Fraktionen V und VI konzentriert; jedoch haben die Fraktionen IV[1, 2] und VI-3[3] ein sehr viel höheres Jod/Protein-Verhältnis. Nach LAMEYER und Mitarbeitern[4] soll es in Fraktion IV-4 konzentriert werden, nach anderen Autoren[5] in Fraktionen IV-6 und IV-9.

Maximal wurden im Serum 10 γ/100 cm^3 stabiles, proteingebundenes ^{131}J gefunden. Wenn man annimmt, daß es nur Thyreoglobulin-Jod ist und der Jodgehalt von Thyreoglobulin 0,5% beträgt, wäre die maximale Thyreoglobulinkonzentration im menschlichen Serum 0,02 mg/cm^3 (s. [6]).

Bei der Papierelektrophorese wandert die Komponente in Veronalpuffer p_H 8,6 zwischen den α_1- und α_2-Globulinen[6], nach anderen Autoren mit den β-Globulinen[4].

In der Ultrazentrifuge sedimentiert sie sehr schnell, ähnlich dem Thyreoglobulin[7]. Das Thyreoglobulin des Serums soll ein Glykoproteid sein[8].

8. Albumin.

Albumin gehört zu den Plasmaproteinen, die am leichtesten löslich und am stabilsten sind.

Früher bezeichnete man als Albumin den Anteil des Serumeiweißes, der bei Halbsättigung mit Ammoniumsulfat oder Fällung mit 21,5%igem Natriumsulfat in Lösung bleibt. Aus der Ammoniumsulfatfraktion des Pferdeserums wurde Albumin durch Ansäuern kristallisiert[9–11]. Im Löslichkeitstest war es aber noch nicht einheitlich, sondern schien aus mehreren Albuminen mit unterschiedlichem Kohlenhydratgehalt zu bestehen[9]. Ein einheitliches kohlenhydratfreies Albumin — „*Crystalbumin*" — wurde von HEWITT[10] aus dieser Ammoniumsulfatfraktion des Pferdeserums durch Ansäuern mit Essigsäure kristallisiert[10,12], ein kohlenhydrathaltiges aus der gleichen Fraktion von MCMEEKIN[13].

Außerdem wurden aus dieser Fraktion noch weitere definierte kohlenhydratreiche Eiweißkörper dargestellt, *Seroglykoid* und *Globoglykoid*[10, 12, 14], die damals zu den Albuminen gerechnet wurden. Aus der gleichen Ammoniumsulfatfraktion des menschlichen Serums konnte auch ein kohlenhydratfreies Albumin kristallisiert werden[15, 16], nur bei Rinderserum gelang dies nicht.

Aus der Elektrophorese hat sich dann klar ergeben, daß das „Albumin", das nach 0,50- oder 0,55-Sättigung von Menschen- oder Pferdeserum mit Ammoniumsulfat in Lösung bleibt, kein einheitliches Protein ist. Schon TISELIUS[17] zeigte, daß es noch 25% Proteine enthält, die elektrophoretisch mit den Globulinen wandern (Pferdeserum) (vgl. S. 231). Neuerdings wurden die Proteine der nach Halbsättigung mit Ammoniumsulfat in Lösung bleibenden Fraktion sogar in 5 elektrophoretische Komponenten von β_1-Globulin bis Albumin getrennt[18] (Menschen- und Pferdeserum).

[1] TAUROG, A., and I. L. CHAIKOFF: J. biol. Ch. **176**, 639 (1948).
[2] SALTER, W. T.: Ann. N. Y. Acad. Sci. **50**, 358 (1949).
[3] SCHMID, K.: Am. Soc. **75**, 60, 2532 (1953).
[4] LAMEIJER, L. D. F., A. A. H. KASSENAAR and A. QUERIDO: Nature **175**, 685 (1955).
[5] FREINKEL, N., J. T. DOWLING and S. H. INGBAR: J. clin. Invest. **34**, 1698 (1955).
[6] ROBBINS, J.: J. biol. Ch. **208**, 377 (1954).
[7] ROBBINS, J., M. L. PETERMANN and J. E. RALL: J. biol. Ch. **208**, 387 (1954).
[8] ROBBINS, J., M. L. PETERMANN and J. E. RALL: Fed. Proc. **13**, 280 (1954).
[9] SØRENSEN, S. P. L.: C. R. Lab. Carlsberg **18**, No. 5 (1930).
[10] HEWITT, L. F.: Biochem. J. **30**, 2229 (1936).
[11] MCMEEKIN, T. L.: Am. Soc. **61**, 2884 (1939).
[12] RIMINGTON, C., and M. VAN DEN ENDE: Biochem. J. **34**, 941 (1940).
[13] MCMEEKIN, T. L.: Am. Soc. **62**, 393 (1940).
[14] KEKWICK, R. A.: Biochem. J. **32**, 552 (1938).
[15] ADAIR, M. E., and G. L. TAYLOR: Nature **135**, 307 (1935).
[16] KENDALL, F. E.: J. biol. Ch. **138**, 97 (1941).
[17] TISELIUS, A.: Biochem. J. **31**, 1464 (1937).
[18] HARBOE, N.: Acta physiol. scand. **25**, Suppl. **89**, 36 (1951).

Bei der Äthylalkoholfraktionierung[1] konnte das Albumin aus menschlichem und Rinderplasma in Fraktion V zu 98 % elektrophoretisch rein erhalten werden. Der größte Teil dieses Albumins konnte kohlenhydratfrei kristallisiert werden[2]. Die geringen Mengen Kohlenhydrat, die vor dem Kristallisieren in der Albuminlösung enthalten sind, werden den α-Globulinen zugeschrieben.

Heute wird Albumin nicht mehr als diejenige Komponente bezeichnet, die nach Halbsättigung mit Ammoniumsulfat oder bei 21,5 %igem Natriumsulfat in Lösung bleibt, sondern als die Hauptkomponente der Plasmaproteine bei der elektrophoretischen Trennung, die in Veronalpuffer p_H 8,6, Ionenstärke $\Gamma/2$ 0,1, eine Beweglichkeit von $\mu = -5{,}9$ hat.

Die kohlenhydratreichen Proteine, die bei Halbsättigung mit Ammoniumsulfat in Lösung bleiben, werden nicht mehr zu den Albuminen, sondern zu den Glykoproteiden gerechnet und mit diesen besprochen.

Dieses Albumin scheint aber immer noch nicht einheitlich zu sein. LUETSCHER[3] fand als erster, daß es bei der Elektrophorese bei p_H 4 in 2—3 Komponenten getrennt werden kann. Auch aus der Untersuchung des Albumins mit der neuen elektrophoretischen Methode der reversiblen Bandenverbreiterung bei p_H 4,6 geht hervor, daß es nicht einheitlich ist[4]. Es ist aber bis heute nicht sicher, ob es sich bei den elektrophoretischen Befunden um eine echte Heterogenität handelt oder ob die Uneinheitlichkeit einfach dadurch vorgetäuscht wird, daß mehr oder weniger geladene Moleküle, wie etwa Fettsäuren, die sich sehr schwer vom Albuminmolekül trennen lassen, an die einzelnen Albuminmoleküle gebunden sind und ihre Wanderung beeinflussen (vgl. S. 344).

HUGHES[5, 6] trennte Albumin durch Behandeln mit Quecksilber(II)-Salzen in 2 Fraktionen: Etwa $^2/_3$ ist Mercaptalbumin, das je Molekül eine freie SH-Gruppe enthält; die zweite Fraktion ist der Rest des Albumins, der keine freien SH-Gruppen aufweist. Bisher wurde aber zwischen Mercaptalbumin und dem Rest des Albumins kein Unterschied außer im Gehalt an freien SH-Gruppen beobachtet. Es scheint, daß die Albuminmoleküle, die keine freien SH-Gruppen enthalten, an dieser Stelle durch S—S-Brücken verknüpft sind[7].

Ungefähr 50 % der Plasmaproteine bestehen aus Albumin. Es ist verantwortlich für 80 % des *kolloidosmotischen Druckes* des Plasmas[8] und spielt die Hauptrolle bei der Aufrechterhaltung des Blutvolumens. Das Wasserbindungsvermögen von Albumin ist 2,4mal größer als das der Globuline[9].

Albumin erfüllt offenbar den Hauptanteil der *Transportfunktion* des Blutes. Es bindet Fettsäuren, Vitamine, Hormone, Metalle, Pharmaka usw. (s. S. 351) und bringt diese Substanzen an den Ort ihres Verbrauchs, wirkt aber auch entgiftend durch die Komplexbildung mit Schwermetallen, Pharmaka usw. Wahrscheinlich ist es auch direkt ein Nährstoff für die Gewebe[10].

Eine Albuminverminderung im Plasma entspricht immer einer Globulinvermehrung[9]; eine Albuminvermehrung kennt man nicht. Die Albuminverminderung kann bis zu vollkommenem Verschwinden des Albumins gehen[11].

Albumine von Mensch, Rind, Pferd und Schwein haben große Ähnlichkeit in ihren physikalisch-chemischen Eigenschaften. Sogar immunologisch verhalten sich menschliches

---

[1] COHN, E. J., L. E. STRONG, W. L. HUGHES jr., D. J. MULFORD, J. N. ASHWORTH, M. MELIN and H. L. TAYLOR: Am. Soc. **68**, 459 (1946).
[2] COHN, E. J., W. L. HUGHES jr. and J. H. WEARE: Am. Soc. **69**, 1753 (1947).
[3] LUETSCHER, J. A.: Am. Soc. **61**, 2888 (1939).
[4] BALDWIN, R. L., P. M. LAUGHTON and R. A. ALBERTY: J. physic. Colloid Chem. **55**, 111 (1951).
[5] HUGHES, W. L. jr.: Am. Soc. **69**, 1836 (1947).
[6] HUGHES, W. L. jr.: Cold Spring Harbor Symp. quant. Biol. **14**, 79 (1950).
[7] HUNTER, M. [HUGHES, W. L.; in: Neurath-Bailey, Proteins Bd. 2, S. 690].
[8] COHN, E. J.: Exper. **3**, 125 (1947).
[9] HEILMEYER, L., u. H. BEGEMANN: Blut und Blutkrankheiten. Hdb. inn. Med. (BERGMANN-FREY-SCHWIEGK) 4. Aufl. Bd. 2, S. 14.
[10] SCHILLER, A. A., R. W. SCHAYER and E. L. HESS: J. gen. Physiol. **36**, 489 (1953).
[11] BENNHOLD, H.: Kli. Wo. **1954**, 756.

und Rinderserumalbumin sehr ähnlich[1]. Albumingehalte des Serums verschiedener Säugetiere s. Tabelle 5 (S. 223). Über die Albumingehalte von Reptilien s. [2].

Darstellung. Wegen seiner guten Löslichkeit findet sich bei allen *Aussalzmethoden* Albumin in der löslichsten Fraktion (s. S. 229ff.).

Bei der *Äthylakoholfraktionierung* werden 92% vom gesamten Albumin in Fraktion V konzentriert[3]. Daraus und aus den Albuminfraktionen, die mit der vereinfachten Methode 10[4] und bei der *Ätherfraktionierung*[5] gewonnen werden, werden sterile Albuminlösungen für den klinischen Gebrauch hergestellt (Beschreibung der Methoden S. 240ff., S. 247 und S. 248; vgl. auch S. 39; über die Verwendung der Albuminfraktionen für therapeutische Zwecke s. auch [6]).

Zink verbindet sich mit nahezu 17 Gruppen des Serumalbuminmoleküls; es sind die Imidazolgruppen[7]. Dieser *Zinkkomplex* ist bei neutraler Reaktion genügend stabil, so daß man das Albumin aus einem Äthylalkohol-Wasser-Gemisch [Äthylalkohol Mol.-Fraktion 0,040 (vgl. S. 238), p_H 7,2] mit Zinkionen ausfällen kann[8]. Mit Glykokoll von genügend hoher Konzentration kann man die Zinkionen von Albumin entfernen oder man kann sie am Austauscher abtrennen (s. S. 347, Abb. 21).

Albumin kann auch mit Polyelektrolyten, wie z. B. Polymethacrylsäure und Polyvinylamin, gefällt werden[9].

Die *Kristallisation von Serumalbumin* gelingt am schnellsten bei einem p_H, das um 0,2—0,5 Einheiten auf der alkalischen Seite des isoelektrischen Punktes liegt, aus einer ungefähr 10%igen Proteinlösung. Kleine Mengen Fettsäuren, Decylalkohol, Toluol, Amylalkohol, Chloroform usw. (s. S. 344) fördern die Kristallisation.

Über Kristallisation von Albumin aus der 0,5-Ammoniumsulfatfraktion des menschlichen Serums vgl. [10], aus der gleichen Fraktion des Pferdeserums vgl. [11-13].

***Kristallisation von menschlichem Serumalbumin aus Ammoniumsulfatlösung nach* Kendall[14].**

Man kühlt 100 cm³ unverdünntes Serum oder Plasma in einem Eisbad und versetzt es bei Zimmertemperatur tropfenweise unter ständigem Rühren mit 120 cm³ gesättigter $(NH_4)_2SO_4$-Lösung. Nachdem man eine weitere Stunde gerührt hat, wird der Niederschlag in der Kälte abgesaugt. Aus dem klaren Filtrat fällt man das Albumin durch Zufügen von 25 g festem $(NH_4)_2SO_4$ (0,75-Sättigung). Man läßt über Nacht bei Zimmertemperatur stehen und saugt ab.

Nun löst man den Niederschlag in 25 cm³ dest. Wasser, mißt das Volumen der Lösung und stellt den p_H mit 0,1 n H_2SO_4 in 0,50-gesättigtem $(NH_4)_2SO_4$ auf 4,9 ein. Die Lösung wird auf 15° gekühlt und die Ammoniumsulfatkonzentration auf 0,50-Sättigung gebracht. Die dazu erforderliche Menge gesättigtes Ammoniumsulfat ist 39 cm³, vermindert um die Hälfte des gemessenen Volumens der Albuminlösung. Bei dieser Berechnung ist die 0,75-$(NH_4)_2SO_4$-Sättigung berücksichtigt, die in dem feuchten Niederschlag enthalten ist. Der geringe Niederschlag, der sich bildet, wird in der Kälte durch ein Faltenfilter

[1] Boyd, W. C.: Neurath-Bailey, Proteins Bd. 2B, S. 755. 1954.
[2] Cohen, E.: Science, N. Y. **119**, 98 (1954).
[3] Cohn, E. J., L. E. Strong, W. L. Hughes jr., D. J. Mulford, J. N. Ashworth, M. Melin and H. L. Taylor: Am. Soc. **68**, 459 (1946).
[4] Nitschmann, Hs., P. Kistler u. W. Lergier: Helv. **37**, 866 (1954).
[5] Kekwick, R. A., and M. E. Mackay: Med. Res. Council spec. Rep. Ser. No. 268 (1954).
[6] Heilmeyer, L., u. H. Begemann: Blut und Blutkrankheiten, Handb. inn. Med. (Bergmann-Frey-Schwiegk) 4. Aufl. Bd. 2, S. 20.
[7] Gurd, F. R. N., and D. S. Goodman: Am. Soc. **74**, 670 (1952).
[8] Cohn, E. J.; in: Tullis, J. L. (Hrsg.): Blood Cells and Plasma Proteins. S. 35. New York 1953.
[9] Morawetz, H., and W. L. Hughes: J. physic. Colloid Chem. **56**, 64 (1952).
[10] Adair, M. E., and G. L. Taylor: Nature **135**, 307 (1935).
[11] Sørensen, S. P. L.: C. R. Lab. Carlsberg **18**, No. 5 (1930).
[12] Hewitt, L. F.: Biochem. J. **30**, 2229 (1936).
[13] McMeekin, T. L.: Am. Soc. **61**, 2884 (1939).
[14] Kendall, F. E.: J. biol. Ch. **138**, 97 (1941).

abfiltriert. Das klare Filtrat läßt man bei 4° stehen, bis sich Kristalle bilden. Es dauert ungefähr 2 Wochen, bis die ersten erscheinen, und noch einmal so lang, bis der Hauptanteil des Albumins auskristallisiert ist. Ausbeute: 40—65 % des Albumins. Umkristallisieren durch Lösen in 10 cm³ Wasser, Filtrieren durch ein Asbestfilter und wieder Halbsättigen mit Ammoniumsulfat.

Das kristallisierte Albumin enthält auch nach mehrmaligem Umkristallisieren noch wechselnde Mengen Fettsäuren, 0,4—2,9 %, die nicht ohne Denaturierung des Albumins von diesem getrennt werden können. (Über die Entfernung von Fettsäuren aus Albuminlösung vgl. S. 347.) Es enthielt kein Kohlenhydrat.

Auch aus *wäßriger Lösung* gelang das Kristallisieren von menschlichem und Pferdeserumalbumin[1, 2].

COHN[2] kristallisierte menschliches und Rinderserumalbumin aus *alkoholischen Lösungen* (s. unten).

Aus *organischen Lösungsmitteln* hat auch LEWIN[3] Albumin mit einer großen Zahl von niedermolekularen Substraten kristallisiert. Er verwendet nicht nur Äthylalkohol oder Aceton allein, sondern auch Gemische von 40 Vol.-% Äthylalkohol und 60 Vol.-% Aceton.

Als *Quecksilberdimeres* kristallisierte HUGHES[4, 5] einen Anteil vom Albumin (Methode S. 345).

***Kristallisation von Albumin aus Fraktion V nach* COHN, HUGHES jr. *und* WAERE[2].**

COHN und Mitarbeiter[2] kristallisierten aus Fraktion V aus menschlichem und Rinderplasma ein kohlenhydratfreies Albumin. Es enthält nach mehrmaligem Umkristallisieren immer noch mindestens 1 Mol Fettsäure je Mol Albumin.

Albumin, dem die Fettsäuren entzogen wurden, läßt sich schwer zur Kristallisation bringen. Zufügen von 0,1—1 % Decanol*, Stearinsäure oder Ölsäure oder anderen kleinen organischen Molekülen erleichtert das Kristallisieren.

Aus reinen Lösungen kristallisiert das Albumin leichter als aus Lösungen, die noch stark mit Globulinen verunreinigt sind. Solche gereinigten Albuminlösungen erhält man z. B. durch Stabilisieren mittels Hitzebehandlung (vgl. S. 240 und 247) oder durch einmaliges Kristallisieren von Albumin aus konzentrierter alkoholischer Lösung und Wiederauflösen. Aus solchen Lösungen läßt sich das Albumin dann leicht bei geringer Alkohol- und Elektrolytkonzentration oder sogar aus Wasser kristallisieren.

COHN und Mitarbeiter[2] geben verschiedene Bedingungen an, unter denen die Kristallisation gelingt.

So für *Rinderserumalbumin*:

Äthylalkohol, bei 25° Vol-%	0 bis 25
Decylalkohol, Mol/l	0 bis 0,02
Ionenstärke $\Gamma/2$	0,0 bis 0,05
p_H	5,0 bis 6,0
Temperatur °C	+25 bis —5°
Proteinkonzentration % . .	5 bis 20

Unter diesen Bedingungen beträgt die Ausbeute an kristallisiertem Albumin nie mehr als 20—25 % vom Ausgangsalbumin.

Wenn man jedoch die 25 %ige Proteinlösung mit 0,1 m Natriummandelat bei p_H 6,0 im Wasserbad 10 Std auf 60° ± 0,2° erhitzt, abkühlt, mit 7 Vol. 23 %igem Alkohol versetzt, abzentrifugiert und den Überstand durch Filtrieren klärt, erhält man mit 35 %igem Äthylalkohol, bei p_H 5,2, Proteinkonzentration 3 %, eine Ausbeute von 40 % vom Ausgangsalbumin.

* Auch niedrigere Alkohole, wie n-Amylalkohol und n-Hexylalkohol, sind besonders unterhalb von Mol.-Fraktion 0,05 (vgl. S. 238) Äthylalkohol wirksam. Sie müssen aber in höherer Konzentration als die langkettigen Alkohole und Fettsäuren angewandt werden.

[1] MCMEEKIN, T. L.: Am. Soc. **61**, 2884 (1939).
[2] COHN, E. J., W. L. HUGHES jr. and J. H. WEARE: Am. Soc. **69**, 1753 (1947).
[3] LEWIN, J.: Am. Soc. **73**, 3906 (1951).
[4] HUGHES, W. L.: Am. Soc. **69**, 1836 (1947).
[5] HUGHES, W. L. jr.: Cold Spring Harbor Symp. quant. Biol. **14**, 79 (1950).

Menschliches Serumalbumin kristallisiert am besten unter folgenden Bedingungen:

	Äthylalkohol Mol.-Fraktion	Zugesetztes Reagens	Ionenstärke $\Gamma/2$	p_H	Temperatur °C
I.	0	Decylalkohol	<0,001	4,9	0
II.	0,02 bis 0,06	$CHCl_3$	0 bis 0,05	4,9	+10 bis —5
III.	0,09 bis 0,136	Decylalkohol, $CHCl_3$	0,05 bis 0,3	5,3	+10 bis —10

Am günstigsten ist eine Proteinkonzentration von ~10%.

Wenn Fraktion V gegen dest. Wasser dialysiert wird oder wenn man bei hoher Decylalkoholkonzentration arbeitet (I.), kristallisiert das Albumin in rhombischen Plättchen, die sich gut umkristallisieren lassen, aber man erhält immer nur kleine Mengen. COHN und Mitarbeiter[1] meinen, daß das einer Fraktionierung von Albumin gleichkommen könnte.

Unter den beiden anderen Bedingungen (II. und III.) erhält man 90% und mehr Ausbeute an Kristallen, die eine längliche Form haben.

Menschliches Serumalbumin enthält nur 0,6—0,7 Mol titrierbare Sulfhydrylgruppen je Mol Albumin[2,3]. HUGHES[2,4] zerlegte das menschliche Serumalbumin in 2 Anteile. Der erste enthält eine freie Sulfhydrylgruppe je Mol und wird Mercaptalbumin genannt. Bei Zufügen äquivalenter Mengen Quecksilber(II)-chlorid fällt das Mercaptalbumin-Dimere aus:

$$2\,\text{Alb—SH} + HgCl_2 \rightleftharpoons \text{Alb—S—Hg—S—Alb} + 2\,HCl.$$

Der zweite Anteil enthält keine freien SH-Gruppen und bleibt bei der Behandlung mit Quecksilber(II)-chlorid im Überstand.

Das gereinigte menschliche Mercaptalbumin ist leicht wasserlöslich, kann durch Umkristallisieren gereinigt werden und ist relativ unempfindlich gegen Denaturieren während des Arbeitens. Chlorionen stören die Fällung von Hg-Mercaptalbumin.

Kristallisation des Quecksilberdimeren von Mercaptalbumin[5].

Ein Kilogramm getrocknete Fraktion V (s. S. 236ff.) wird bei 0° in 3 *l* 10%igem Äthylalkohol gelöst, filtriert und mit 15 g $NaHCO_3$ in Lösung auf p_H 5,2 gebracht. Es werden 1,17 g $HgCl_2$ (die stöchiometrische Menge für 0,60 Sulfhydrylgruppen je Mol Albumin) in 250 cm³ Wasser langsam unter Rühren zugefügt. Man läßt genügend 70%igen Äthylalkohol (an einer kleinen Menge ausprobieren) zufließen, daß sich die Konzentration in der Lösung gerade unterhalb des Punktes befindet, bei dem sich ein amorpher Niederschlag bilden würde. Die Lösung enthält schließlich ungefähr 20 Gew.-% Protein und 18 Vol.-% Äthylalkohol. Man fügt Impfkristalle zu und läßt bei 0° stehen.

Nach 10 Tagen hat sich eine große Menge Kristalle abgesetzt; es wird filtriert und der Niederschlag mit 1 *l* 10%igem Äthylalkohol gewaschen. Die besten Resultate erhält man, wenn man die Kristalle in Äthylalkohol von einer Konzentration suspendiert, die gerade unterhalb der für die amorphe Fällung notwendigen Konzentration liegt. Der Niederschlag wird in 1 *l* Wasser, das 2,5 g $NaHCO_3$ enthält, gelöst. Man erhält eine Lösung von p_H 5,9 und filtriert. Um ohne Erhöhung der Ionenstärke den p_H in den isoelektrischen Bereich zu bringen, wird ein Kationenaustauscher (Amberlite IR-120) in der Wasserstoff-Form der Lösung zugefügt, gemischt und filtriert. Nach der Behandlung mit dem Austauscher hat die Lösung einen p_H von 5,2 (anstatt Austauscher kann evtl. auch Acetatpuffer p_H 4 zur Einstellung des p_H verwendet werden). Man fügt nun, wie vorher, 70%igen Alkohol und Impfkristalle zu und läßt bei 0° stehen.

[1] COHN, E. J., W. L. HUGHES jr. and J. H. WEARE: Am. Soc. **69**, 1753 (1947).
[2] HUGHES, W. L. jr.: Cold Spring Harbor Symp. quant. Biol. **14**, 79 (1950).
[3] BENESCH, R., and R. E. BENESCH: Arch. Biochem. **19**, 35 (1948).
[4] HUGHES, W. L. jr.: Am. Soc. **69**, 1836 (1947).
[5] Preparation of Human Serum-Mercaptalbumin, XVI. Methods and Procedures employed in the Preparation and Characterization of Proteins, Harvard Univ. Boston, 1952 nach Thesis: DINTZIS, H. M., Boston 1952. Eine Kopie wurde uns von Herrn Dr. ONCLEY liebenswürdigerweise zur Verfügung gestellt.

Die erhaltenen Kristalle werden noch einmal auf die gleiche Art umkristallisiert. Ausbeute: ungefähr 100 g. Die Kristalle werden gefroren und bis zum Gebrauch bei —18° aufbewahrt.

Das Mercaptalbumin wird am besten durch Austauscher von den Verunreinigungen befreit. Besonders schwierig ist es, die Fettsäuren, die das Albumin selbst nach mehrmaligem Umkristallisieren[1, 2] oder nach Elektrodialyse noch begleiten, oder das N-Acetyltryptophan, das dem Albumin zur Stabilisierung zugefügt wird (vgl. S. 240 und 355), zu entfernen. Auch anorganische Ionen, wie Chlorid oder Rhodanid[3] oder Schwermetallionen[4], werden von Albumin gebunden (vgl. S. 351), die Schwermetallionen, besonders das Quecksilber, so fest, daß sie nur durch besondere Behandlung entfernt werden können.

Reinigung von Mercaptalbumin mit Austauschern.

Vorbereitung der Austauscher. Als Kationenaustauscher dienen Amberlite IR-120 (20—50 Maschen)* oder Dowex-50. Sie sind in der Na-Form im Handel und müssen in die NH_4-Form umgewandelt werden. Durch Beschicken der Austauschersäule mit einem 50fachen Überschuß an 6 n H_2SO_4 und darauffolgendes Waschen mit dest. Wasser, bis der p_H der Waschflüssigkeit 6 erreicht hat, erhält man die H-Form. Die Kapazität des Austauschers beträgt dann 1,8 mÄq Säure je cm^3 feuchter Austauscher.

Die NH_4-Form wird durch Aufgeben eines 10fachen Überschusses an 3 n NH_4Cl auf die Na-Form-Säule oder durch Neutralisieren der H-Form mit NH_3 erhalten.

Als Anionenaustauscher dient IRA-400 (20—50 Maschen)* (evtl. Dowex-1) in der Cl-Form als Ausgangsprodukt. Man erhält daraus die OH-Form, wenn man den Austauscher an der Säule mit dem 50fachen Überschuß an carbonatfreier NaOH behandelt. Die Waschflüssigkeit soll am Ende der Behandlung nur noch eine ganz schwache Cl-Reaktion mit $AgNO_3$ geben. Der Austauscher wird dann in einem geschlossenen Gefäß unter CO_2-freiem Wasser bei 0° aufbewahrt. Die Kapazität beträgt 0,7 mÄq Base je cm^3 feuchter Austauscher.

Außerdem verwendet man noch folgende Formen:

die Acetat-Form, die aus der Cl-Form mit einem 10fachen Überschuß an 3 n Naacetat oder durch Neutralisieren der OH-Form mit Essigsäure bereitet wird,

die Thioglykolat-Form, die aus der OH-Form durch Zufügen von Thioglykolsäure bis zur sauren Reaktion (Lackmus) kurz vor dem Benutzen hergestellt wird,

die Äthylendiamintetraacetat-Form, die durch Behandlung der Cl-Form mit einem kleinen Überschuß des Trinatriumsalzes der Äthylendiamintetraessigsäure hergestellt wird (vgl. Abb. 21).

Alle Austauscher werden vor dem Einfüllen in die Säule sorgfältig gewaschen. Die einzelnen Austauscherschichten sollten mindestens 2,5 cm hoch sein. Die Säulen sollen einen Durchmesser von mindestens 2 cm haben. Beim Einfüllen der gemischten Austauscher wird das Austauschergemisch in einem dicken Brei in kleinen Mengen durch eine seichte Wasserschicht getropft, damit sich die Austauscher nicht entmischen.

Bei allen Operationen wird die stöchiometrische Menge Austauscher, die notwendig ist, aus der Kapazität berechnet und das 2—3-fache der berechneten Menge angewandt.

Die Durchflußgeschwindigkeit durch die Austauschersäule wird mit Volumen Flüssigkeit je Volumen Austauscher je Stunde (Vol/Vol/Std) bezeichnet. In den meisten Fällen ist die Durchflußgeschwindigkeit 1 Vol/Vol/Std ausreichend.

Um das Quecksilber von den Sulfhydrylgruppen des Mercaptalbumin zu entfernen, wird die Thioglykolsäure, die zum Quecksilber eine große Affinität hat und sich mit ihm zu einem kleinen, negativ geladenen Ion verbindet, als Träger verwendet. Dieses kleine

* Röhm & Haas, Philadelphia, USA.

[1] KENDALL, F. E.: J. biol. Ch. **138**, 97 (1941).

[2] COHN, E. J., W. L. HUGHES jr. and J. H. WEARE: Am. Soc. **69**, 1753 (1947).

[3] SCATCHARD, G., I. H. SCHEINBERG and S. H. ARMSTRONG jr.: Am. Soc. **72**, 535 (1950).

[4] GURD, F. R. N., and D. S. GOODMAN: Am. Soc. **74**, 670 (1952).

geladene Molekül kann im Austauscher frei diffundieren und wird mit der üblichen Austauschertechnik entfernt.

Aus den Lösungen von menschlichem Mercaptalbumin wird das Quecksilber an Säulen vom Typ a (Abb. 21) zu mehr als 98 % entfernt.

Die Salzkonzentration beim Austausch von Quecksilber soll bei 10^{-3} oder 10^{-2} m liegen, der p_H soll ungefähr 6 betragen.

N-Acetyltryptophan und Fettsäuren können aus Albuminlösungen am Anionenaustauscher in der Acetat-Form entfernt werden. Vor der Behandlung mit dem Austauscher werden die Proteinlösungen auf Ionenstärke $\Gamma/2$ 0,01 und p_H 6 gebracht. Die Gegenwart von N-Acetyltryptophan kann leicht quantitativ durch seine starke Absorption im UV verfolgt werden. Der molare Extinktionskoeffizient bei 279 mμ ist in Gegenwart von menschlichem Serumalbumin 4650. Die Abtrennung von N-Acetyltryptophan gelingt quantitativ.

An dem gleichen Austauscher kann der Fettsäuregehalt von Albuminlösungen auf 0,25 Äq/Mol vermindert werden (Fettsäureanalyse nach [1]).

Hämatin kann an dem gleichen Austauscher nicht vom Albuminmolekül getrennt werden.

Um Proteinlösungen zu entsalzen, genügt es nicht, die Salze an gemischten Austauschern der H- und OH-Form auszutauschen, da Proteine sehr empfindlich gegen p_H-Änderungen sind. Man läßt die Proteinlösung vorher über Austauscher der Ammonium- und Acetat-Form laufen, so daß alle Kationen und Anionen gegen Ammoniumacetat ausgetauscht sind. Dieses wird dann mit minimalen p_H-Schwankungen an der aus H- und OH-Form gemischten Säule entfernt.

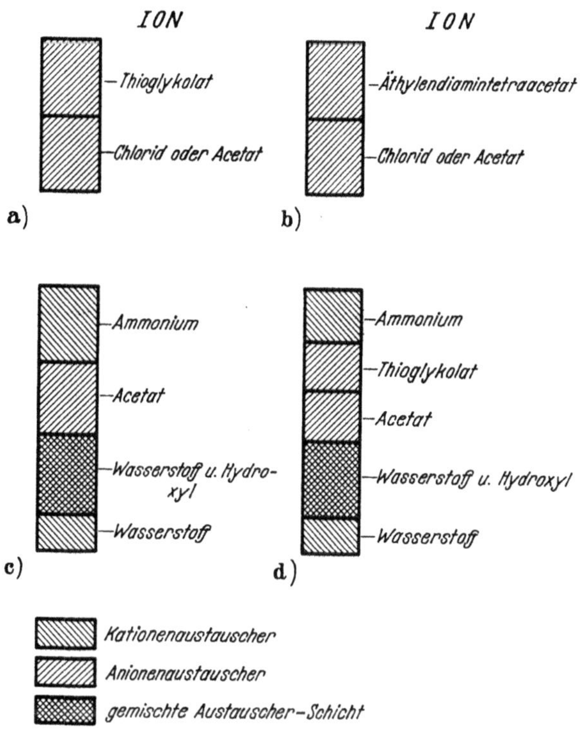

Abb. 21. Schematische Darstellung der Austauschersäulen zur Reinigung von Albumin. Typ a), b), c) und d) s. Text.

Die Säule, wie sie zum Entsalzen von Proteinlösungen verwendet wird, gibt der Typ c (Abb. 21) wieder. Die letzte Schicht in der H-Form ist dazu da, um Spuren von organischen Aminen zu adsorbieren, die von dem OH-Form-Austauscher, der quaternäre Amine enthält, abgespalten werden.

Um Quecksilber, organische Anionen und Salze in einem Arbeitsgang vom Mercaptalbumin abzutrennen, wird eine Säule vom Typ d (Abb. 21) verwendet. Die gefriergetrockneten Kristalle des Quecksilber-Dimeren von Mercaptalbumin werden bei 0° in 10%iger Lösung mit genügend $NaHCO_3$, um p_H 6 zu erreichen, aufgelöst. 10 Mol $NaHCO_3$ je Mol Protein sind dazu notwendig. Man filtriert, verdünnt auf die gewünschte Konzentration und läßt bei 0° über eine Säule des Typs d (Abb. 21) laufen. Wenn das Mercaptalbumin als Quecksilber-Dimeres gereinigt werden soll, wird eine gleiche Säule verwendet; nur die Thioglykolat-Schicht wird weggelassen.

Entfernung von Zinkionen am Austauscher.

Viele 2wertige Metalle bilden stabile Komplexe mit Äthylendiamintetraacetat [2]. Der Komplex ist in neutraler Lösung negativ geladen, und so kann das Metall an

[1] COHN, E. J., W. L. HUGHES jr. and J. H. WEARE: Am. Soc. **69**, 1753 (1947).
[2] SCHWARZENBACH, G., and H. ACKERMANN: Helv. **30**, 1798 (1947).

Äthylendiamintetraacetat gebunden und als Anion aus Proteinlösungen entfernt werden. Auf diese Art wird das Zinkion von mit Zinkionen gefälltem Albumin aus SPPS (s. S. 250)[1] und von β-Lipoproteid (s. S. 323)[2] an einer Säule vom Typ b (Abb. 21) entfernt. Auch andere Metallträger wie Polyamine oder Citrat[3] werden empfohlen.

Das Quecksilber kann aus dem Komplex mit Albumin auch mit Glykokoll oder aliphatischen Aminen entfernt werden.

Über die Kinetik der Dimerisierung von Mercaptalbumin s. [4-7]. Mercaptalbumin bildet noch ein Disulfid-Dimeres, das bisher noch nicht vollkommen rein dargestellt werden konnte[8].

Physikalische Eigenschaften. *Elektrophorese.* Das elektrophoretische Bild für gereinigtes Mercaptalbumin in Veronalpuffer p_H 8,6 ist das gleiche wie für rohes Albumin aus Fraktion V (s. Abb. 22).

Bei der Elektrophorese bei p_H 4 kann Albumin in 2 und mehr Komponenten getrennt werden[9]. Auch nach der Methode der reversiblen Bandenverbreiterung[10] erweist sich das Albumin als nicht einheitlich. Der Gewinn oder Verlust einer elektrischen Ladung je Mol Serumalbumin bringt bei Ionenstärke $\Gamma/2$ 0,1 schon eine Veränderung der Beweglichkeit von Albumin im elektrischen Feld von $0{,}2 \cdot 10^{-5}\,cm^2/v/sec$ und eine Verschiebung des p_H oder isoelektrischen Punktes um 0,05 p_H-Einheiten mit sich[12]. So scheint es bei der starken Affinität für Anionen, besonders für Fettsäureanionen (vgl. S. 351) möglich zu sein, daß die scheinbare elektrophoretische Heterogenität von Albumin durch unterschiedliche Mengen gebundener Fettsäuren oder anderer Anionen entsteht.

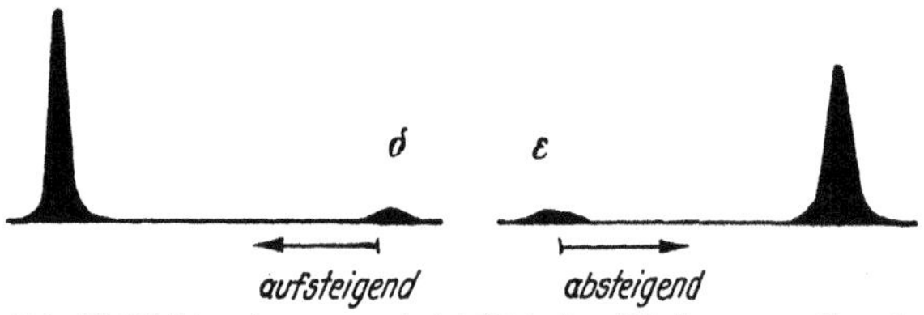

Abb. 22. Elektrophorese von kristallisiertem Rinderserumalbumin in Veronalpuffer p_H 8,6, Ionenstärke $\Gamma/2$ 0,1, nach 179 min bei einem Potentialgradienten von 6,35 v/cm [11].

Der *isoionische Punkt*[13] von menschlichem Serumalbumin in salzfreier Lösung beträgt 4,90[14], der *isoelektrische Punkt* in 0,01 m NaCl ist 4,80[15]. In 0,15 m NaCl liegt der isoionische Punkt bei p_H 5,37[16], der isoelektrische Punkt bei p_H 4,40[15]. Durch das Zufügen von NaCl wird also der isoionische Punkt erhöht, der isoelektrische Punkt erniedrigt. Daraus folgt, daß Chlorionen fester an das Albuminmolekül gebunden werden als Natriumionen.

Aus dem starken und unterschiedlichen Ionenbindungsvermögen von Albumin ist es verständlich, daß der isoelektrische Punkt sich nicht nur mit der Ionenstärke, sondern auch mit der Pufferzusammensetzung bei konstanter Ionenstärke ändert[12, 17].

---

1 SURGENOR, D. M.: Quart. Rev. int. Med. **165**, 145 (1952).
2 ONCLEY, J. L., F. R. N. GURD and M. MELIN: Am. Soc. **72**, 458 (1950).
3 WARNER, R. C., and I. WEBER: J. biol. Ch. **191**, 173 (1951).
4 EDELHOCH, H., E. KATCHALSKI, R. H. MAYBURY, W. L. HUGHES jr. and J. T. EDSALL: Am. Soc. **75**, 5058 (1954).
5 EDSALL, J. T., R. H. MAYBURY, R. B. SIMPSON and R. STRAESSLE: Am. Soc. **76**, 3131 (1954).
6 VREKER, R. A. DE, et R. LONTIE: Arch. int. Physiol. **62**, 556 (1954).
7 KAY, C. M., and J. T. EDSALL: Arch. Biochem. **65**, 354 (1956).
8 STRAESSLE, R.: Am. Soc. **76**, 3138 (1954).
9 LUETSCHER, J. A.: Am. Soc. **61**, 2888 (1939).
10 BALDWIN, R. L., P. M. LAUGHTON and R. A. ALBERTY: J. physic. Colloid Chem. **55**, 111 (1951).
11 Nach ALBERTY, R. A.: Neurath-Bailey, Proteins Bd. 1A, S. 499.
12 LONGSWORTH, L. G., and C. F. JACOBSEN: J. physic. Colloid Chem. **53**, 126 (1949).
13 Zit. nach [11] S. 477ff.
14 SCATCHARD, G., and E. S. BLACK: J. physic. Colloid Chem. **53**, 88 (1949).
15 ALBERTY, R. A.: J. physic. Colloid Chem. **53**, 114 (1949).
16 SCATCHARD, G., A. C. BATCHELDER and A. BROWN: Am. Soc. **68**, 2320 (1946).
17 ALBERTY, R. A.: Neurath-Bailey, Proteins Bd. 1A, S. 513.

Der p_H von an der Säule behandeltem isoionischem Albumin ist gleichmäßig 0,3 bis 0,4 p_H-Einheiten höher[1] als nach Elektrodialyse[2]. Das ist erklärlich, da am Anionenaustauscher der größte Teil der festgebundenen Anionen, besonders Fettsäureanionen, entfernt wurde. Der isoionische p_H des Quecksilber-Dimeren von Mercaptalbumin in 1%iger Lösung ist etwa 0,1 Einheit höher als der von Mercaptalbumin. Oberhalb und unterhalb des isoelektrischen Punktes von Rinderserumalbumin nimmt die Viscosität deutlich zu[3]. Von KLOTZ[4] wird eine Veränderung der Struktur von Albumin auf der alkalischen Seite des isoelektrischen Punktes angenommen (vgl. S. 352 und 355).

Molekulargewicht. Menschliches und Rinderserumalbumin sind sehr ähnlich in Größe und Gestalt. Bis vor kurzem wurde für menschliches Serumalbumin ein Molekulargewicht von 69000 angenommen[5]. Nun hat LOW[6] mit Röntgenstrahlen für 2 Typen von menschlichen Serumalbuminkristallen Molekulargewichte von 65200 bzw. 65600 bestimmt. Ungefähr gleichzeitig fand CREETH[7] für Rinderserumalbumin in der Ultrazentrifuge ein Mol.-Gewicht von 65400 mit einer *Sedimentationskonstanten* $S = 4{,}31$ und einer *Diffusionskonstanten* $D = 6{,}15$. KOENIG und PERRINGS[8] berechneten aus der *Sedimentationskonstanten* $S_{20,w} = 4{,}36 \cdot 10^{-13}$, dem spezifischen Partialvolumen bei 20° von 0,727 und der „intrinsic viscosity“ $[\eta] \times 10^2 = 4{,}13$ ein Mol.-Gewicht von 64500. Über den Einfluß von Salzen und Alkoholen auf die Viscosität von Serumalbumin vgl. [9].

Das am Austauscher gereinigte Mercaptalbumin hat in der Ultrazentrifuge eine Hauptkomponente von 93% mit der Sedimentationskonstanten $S = 4{,}2$; die Hauptkomponente des Quecksilber-Dimeren hat eine Sedimentationskonstante $S = 6{,}6$.

Durch Oxydation mit Perameisensäure kann Rinderserumalbumin in Untereinheiten von Mol.-Gewicht 32000 gespalten werden[10].

Die schnellere der elektrophoretischen Komponenten bei p_H 4,0 unterscheidet sich in der Ultrazentrifuge nicht vom normalen Albumin[11] (vgl. S. 348).

Unterhalb von p_H 4 und bei höheren Ionenstärken aggregieren die Albuminteilchen, und man bekommt schwerere Anteile mit Sedimentationskonstanten von $S = 6$—19[12]. Die Aggregation ist umkehrbar.

Das aus den Aminosäuren berechnete und gefundene *spezifische Partialvolumen* von Rinderserumalbumin beträgt 0,734[13]. Für menschliches Serumalbumin wird 0,733[5] oder 0,727[8] bzw. 0,747[6] angegeben.

Hydratation. Nach ONCLEY[5] enthält das Albumin 0,2 g Wasser je g Trockengewicht. Die neuen röntgenologischen Untersuchungen von LOW[6] haben gezeigt, daß der feuchte Albuminkristall im Gleichgewicht mit der Mutterlauge nur 44,6% Protein enthält. Der lufttrockene Kristall soll 458 Moleküle Wasser je Mol (Mol.-Gewicht 65000) binden. Das bedeutet dann sehr viel weniger, als in Lösung vom Albuminmolekül „gebunden“ wird[6,14].

Von ONCLEY, SCATCHARD und BROWN[5] wurde für das Albuminmolekül ein *Achsenverhältnis* von 4:1 mit einer Länge von 150 Å und einem mittleren Durchmesser von 38 Å

[1] DINTZIS, H. M.: Thesis, Boston 1952.
[2] TANFORD, C.: Am. Soc. **72**, 441 (1950).
[3] JEN TSI YANG and J. F. FOSTER: Am. Soc. **76**, 1588 (1954).
[4] KLOTZ, I. M., and J. AYERS: Discuss. Faraday Soc. **13**, 189 (1953).
[5] ONCLEY, J. L., G. SCATCHARD and A. BROWN: J. physic. Colloid Chem. **51**, 184 (1947).
[6] LOW, B.: Am. Soc. **74**, 4830 (1952).
[7] CREETH, J. M.: Biochem. J. **51**, 10 (1952).
[8] KOENIG, V. L., and J. D. PERRINGS: Arch. Biochem. **41**, 367 (1952).
[9] JIRGENSONS, B.: Arch. Biochem. **57**, 376 (1955).
[10] REICHMANN, M. E., and J. R. COLVIN: Canad. J. Chem. **33**, 163 (1955).
[11] CHARLWOOD, P. A.: Biochem. J. **56**, 259 (1954).
[12] SAROFF, A., G. I. LOEB and H. A. SCHERAGA: Am. Soc. **77**, 2908 (1955).
[13] MCMEEKIN, T. L., and K. MARSHALL: Science, N. Y. **116**, 142 (1952).
[14] ADAIR, G. S., and M. E. ADAIR: Proc. R. Soc. London (A) **190**, 341 (1947).

berechnet. Seither wurde das Albuminmolekül mit Röntgenstrahlen untersucht, und es werden etwas andere Modelle diskutiert; s. darüber bei Edsall[1, 2] und Low[3].

Das *Dipolmoment* von am Austauscher gereinigtem Mercaptalbumin beträgt 0,93/g Protein je *l*. Bei Zufügen von Fettsäuren nimmt es schnell ab[1]. Die deutlichste Abnahme sieht man nach Zugabe des ersten Fettsäuremoleküls je Mol Albumin.

Das *UV-Absorptionsspektrum* von Albumin stimmt gut mit dem Gehalt an aromatischen Aminosäuren überein[4]. Aus seinem Verlauf bei verschiedenem p_H wird geschlossen, daß die OH-Gruppen von Tyrosin im intakten Molekül nicht frei sind[5]. Von Goldfarb und Mitarbeitern[6] wurde das Absorptionsspektrum bis 200 mμ beobachtet. Bei Hitzedenaturierung von Albumin sieht man in diesem Bereich deutliche Veränderungen.

Auch das *Ultrarotspektrum* von Albumin wurde aufgenommen[7].

Die *spezifische optische Drehung* von 1—2%igen menschlichen Albuminlösungen in Wasser bei p_H 4,9—5,2 beträgt für Albumin, das nach Methode 10 (s. S. 39) dargestellt wurde, —58° bis —63°, für kristallisiertes Albumin —59,8° und für gefriergetrocknetes Albumin —61° (Na-Licht, Wellenlänge 5893 Å). Bei Krebspatienten soll die Drehung nur —54° sein[8, 9]. Aber auch bei Normalen werden individuelle Unterschiede in der Drehung von Albumin beobachtet[10].

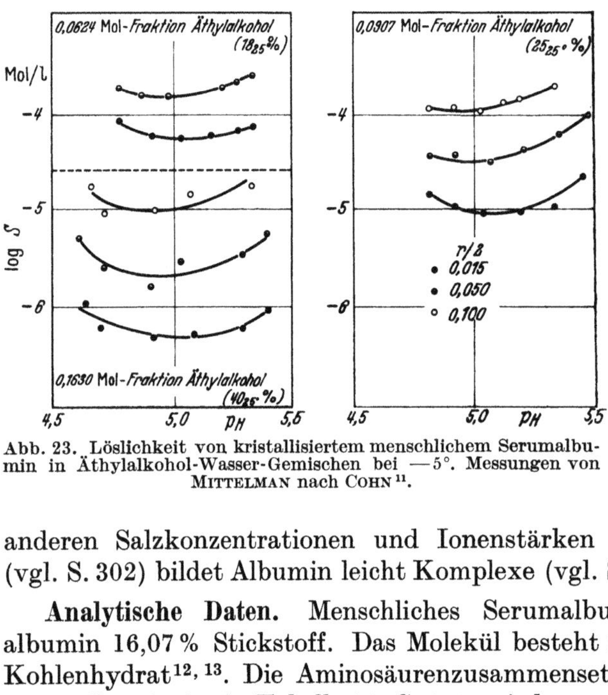

Abb. 23. Löslichkeit von kristallisiertem menschlichem Serumalbumin in Äthylalkohol-Wasser-Gemischen bei —5°. Messungen von Mittelman nach Cohn[11].

Die *Löslichkeit* von Albumin in Alkohol-Wasser-Gemischen bei verschiedenem p_H und verschiedener Ionenstärke[11] zeigt ein deutliches Minimum in der Nähe des isoelektrischen Punktes (Abb. 23) und steigt auf beiden Seiten desselben schnell an. Diese Löslichkeitskurven gelten nur für Lösungen von reinem Albumin. Wenn Albumin mit anderen Eiweißkörpern in Lösung ist, geht es leicht Bindungen mit diesen ein und kann mit ihnen gemeinsam bei ganz anderen Salzkonzentrationen und Ionenstärken ausfallen. Besonders mit γ-Globulin (vgl. S. 302) bildet Albumin leicht Komplexe (vgl. S. 355).

Analytische Daten. Menschliches Serumalbumin enthält 15,95%, Rinderserumalbumin 16,07% Stickstoff. Das Molekül besteht nur aus Aminosäuren, es enthält kein Kohlenhydrat[12, 13]. Die Aminosäurenzusammensetzung von menschlichem und Rinderserumalbumin ist in Tabelle 28, S. 378, wiedergegeben.

Mit der Bestimmung der DNP-Derivate nach Sanger[14] wurde am Aminoende von menschlichem, Rinder-, Pferde- und Schweineserumalbumin nur eine Endgruppe gefunden.

1 Edsall, J. T.: Discuss. Faraday Soc. **13**, 9 (1953).
2 Edsall, J. T.: Neurath-Bailey, Proteins, Bd. I B, S. 722.
3 Low, B.: Am. Soc. **74**, 4830 (1952).
4 Gitlin, D.: J. Immunol. **62**, 437 (1949).
5 Sizer, I. W., and A. C. Peacock: J. biol. Ch. **171**, 767 (1947).
6 Goldfarb, R., L. J. Saidel and E. Morovich: J. biol. Ch. **193**, 397 (1951).
7 Klotz, I. M., P. Griswold and D. M. Gruen: Am. Soc. **71**, 1615 (1949).
8 Jirgensons, B., and B. Sirotzky: Am. Soc. **76**, 1367 (1954).
9 Jirgensons, B.: Am. Soc. **77**, 2289 (1955).
10 Jirgensons, B.: Arch. Biochem. **59**, 420 (1956).
11 Cohn, E. J.; in: Tullis, J. L. (Hrsg.): Blood Cells and Plasma Proteins. S. 24. New York 1953.
12 Cohn, E. J., W. L. Hughes jr. and J. H. Weare: Am. Soc. **69**, 1753 (1947).
13 Brand, E.: Ann. N. Y. Acad. Sci. **47**, 187 (1946) [Edsall, J. T.: Adv. Protein Chem. **3**, 383 (1947)].
14 Sanger, F.: Biochem. J. **39**, 507 (1945).

und zwar Asparaginsäure[1, 2]. Danach würde Albumin aus einer einzigen Polypeptidkette bestehen. DUNN und Mitarbeiter[3] fanden hingegen mit Phenylisocyanat (EDMAN[4]) Asparaginsäure, Alanin, Histidin und Methionin als Endaminogruppen von Rinderserumalbumin. Diese Methode liefert aber keine so zuverlässigen Resultate.

Die Stickstoff-Endaminosäuresequenz für menschliches Serumalbumin soll Asparagylalanin, die für Rinderserumalbumin Asparagyl-threonin sein[5]. Die Aminosäuresequenz am Kohlenstoffende steht noch nicht ganz fest. Sicher ist, daß sich Rinderserumalbumin und menschliches Serumalbumin darin unterscheiden. Carboxypeptidase spaltet von Rinderserumalbumin innerhalb 24 Std Alanin, Leucin, Threonin, Valin und Serin und von menschlichem Serumalbumin Leucin, Valin, Alanin und Glykokoll[6] ab.

Bindungsaktivität. Von allen Plasmaproteinen hat Albumin die stärkste Tendenz, sich mit anderen Molekülen zu verbinden. Besonders scheint es allen anderen Proteinen in der Bindungsfähigkeit für Anionen aller Typen überlegen zu sein. Die Titrationskurve für menschliches Serumalbumin ist in Abb. 24 wiedergegeben[7]. Auf der Ordinate findet sich die Anzahl der H-Ionenäquivalente, die von p_H 2 bis zu dem auf der Abszisse angegebenen p_H dissoziieren. Die maximale Säurebindungsfähigkeit beträgt 100 Äq Säure je Mol Albumin, Mol.-Gewicht 69000[7]. Die maximale Bindungsfähigkeit für Basen kann nicht so genau berechnet werden, da sie ihr Maximum erst bei $\sim p_H$ 13 erreichen würde. Ein Vergleich der ionisierbaren Gruppen nach der Aminosäureanalyse stimmt gut mit den gefundenen Titrationswerten überein.

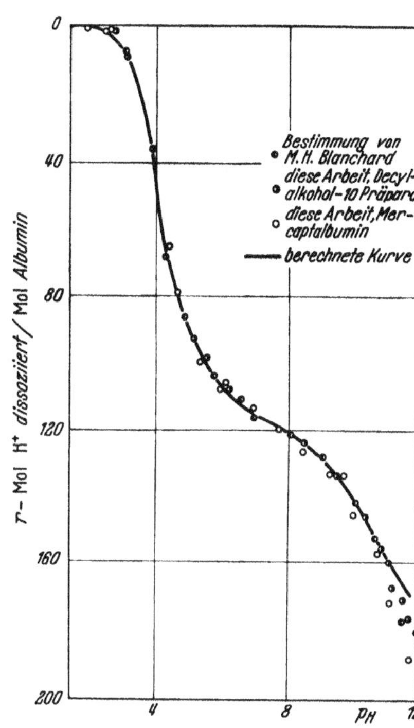

Abb. 24. Titrationskurve von menschlichem Serumalbumin bei 25°; $\Gamma/2$ 0,15[7].

An dem starken Säurebindungsvermögen von Albumin scheinen die 55 *ε-Aminogruppen* von Lysin einen Hauptanteil zu haben[8]. Albumin verliert seine Bindungsfähigkeit für Anionen in dem Bereich $\sim p_H$ 12, und das ist auch der Bereich, in dem die Lysingruppen ihre Ladung verlieren. Die ε-Aminogruppen können vollkommen acetyliert[9] und guanidiniert[10] werden. 54 der Aminogruppen werden mit Guanidin umgesetzt.

Die *Imidazolreste* liegen im Albuminmolekül frei vor[11].

Die *SH-Gruppen* von $^2/_3$ der Albuminmoleküle, die mit Hg^{++} zu einem Hg-Albumindimeren reagieren (vgl. S. 345), scheinen auch frei zu liegen, da sie mit Methyl-quecksilberjodid dieselbe Gleichgewichtskonstante geben wie Cystein[12].

Dagegen kann aus Absorptionsmessungen geschlossen werden, daß im intakten Albuminmolekül die OH-Gruppen von Tyrosin Wasserstoffbrücken mit Aminogruppen bilden[13, 14].

[1] DESNUELLE, P., M. ROVERY et C. FABRE: Cr. **233**, 987 (1951).
[2] YUNAKIS, H. VAN, and E. BRAND: Abstr. amer. chem. Soc. 119th meeting, S. 28e (1951).
[3] LAWRENCE, E., L. MCCLURE, A. SCHIELER and M. S. DUNN: Am. Soc. **75**, 1986 (1953).
[4] EDMAN, P.: Acta chem. scand. **4**, 277, 283 (1950).
[5] THOMPSON, E. O. P.: J. biol. Ch. **208**, 565 (1954).
[6] WHITE, W. F., J. SHIELDS and K. C. ROBBINS: Am. Soc. **77**, 1267 (1956).
[7] TANFORD, C.: Am. Soc. **72**, 441 (1950).
[8] KLOTZ, I. M., and F. M. WALKER: Am. Soc. **69**, 1609 (1947).
[9] FRAENKEL-CONRAT, H., R. S. BLAU and H. LINEWEAVER: J. biol. Ch. **177**, 385 (1949).
[10] HUGHES, W. L., H. A. SAROFF and A. L. CARNEY: Am. Soc. **71**, 2476 (1949).
[11] PORTER, R. R.: Biochem. J. **46**, 304 (1950).
[12] HUGHES, W. L. jr.: Cold Spring Harbor Symp. quant. Biol. **14**, 79 (1950).
[13] SIZER, I. W., and A. C. PEACOCK: J. biol. Ch. **171**, 767 (1947).
[14] TANFORD, C., and G. L. ROBERTS: Am. Soc. **74**, 2509 (1952).

Die *Carboxylgruppen* reagieren nicht sehr stark mit Metallen. Sie können mit HCl in Methylalkohol vollkommen methyliert werden, allerdings unter vollkommener Denaturierung des Proteinmoleküls[1].

Der extrapolierte Wert für die maximale Zahl *gebundener Anionen* liegt aber weit unter der Anzahl positiv geladener Gruppen am Albuminmolekül[2–5]. Es scheint verschiedene Gruppen von Reaktionsorten mit verschiedenen Assoziationskonstanten zu geben. So fanden SCATCHARD und Mitarbeiter[3] bei der Untersuchung der Reaktion von Chlorid und Rhodanid mit Albumin eine Gruppe von 10 Bindungsstellen mit einer Assoziationskonstanten von 100 und eine andere Gruppe von 30 Bindungsstellen mit einer Assoziationskonstanten von 25. Viele Anionen werden vom Albumin so fest gebunden, daß sie Wasser schnell von seinem Platz verdrängen[6]. Mit Messungen der elektromotorischen Kraft[3] und mit elektrophoretischen ,,moving boundary" Messungen[7] wurde die schnelle Zunahme der Bindung von Cl-Ionen bei fallendem p_H beobachtet. Die Bindung von Fettsäuren wurde mit Ultrafiltration[8] und Verteilungsanalyse[9] untersucht.

KARUSH[10] hat den Einfluß des p_H auf das Anionenbindungsvermögen von Albumin für Methylorange mit der Verteilungsmethode, bei der der Farbstoff zwischen einer das Protein enthaltenden wäßrigen und einer unmischbaren organischen Phase verteilt wird, genau untersucht. Wenn der p_H von 6,8 auf 7,6 erhöht wird, nimmt die Bindungsfähigkeit überraschend etwas zu und fällt bei weiterer p_H-Erhöhung ab, aber auch nicht in dem Maß, wie man es von der zunehmenden negativen elektrischen Ladung des Proteinmoleküls erwarten würde. Ähnliches wurde in Pufferlösungen beobachtet[11]. Das abnorme Bindungsvermögen scheint durch Veränderungen der Struktur des Albuminmoleküls in diesem p_H-Bereich bedingt zu sein[12] (vgl. auch Elektrophorese S. 349 und 355). Das Albuminmolekül scheint sich zu entfalten, wenn Anionen gebunden werden[13].

Gewisse Puffer hemmen die Bindung von Anionen an Albumin kompetitiv. Am wenigsten stören Glykokoll-, Borsäure- und Phosphatpuffer. Veronal- und Phthalsäurepuffer hemmen dagegen stark[11].

Temperaturveränderungen haben im allgemeinen keinen großen Einfluß auf die Ionenbindung an Serumalbumin[8, 14], es gibt aber Ausnahmen von dieser Regel[15].

Bei der Bindung von organischen Anionen an Albumin nimmt die Affinität mit steigender Kettenlänge von Buttersäure bis Caprinsäure und von Octylsulfat bis Dodecylsulfat zu[8]. Manche Fettsäuren werden so fest gebunden, daß sie auch nach häufigem Umkristallisieren an dem Albuminmolekül haften bleiben (vgl. S. 344).

In einem engen Bereich niedermolekularer Stoffe werden bestimmte Strukturen bevorzugt gebunden. So werden in der Barbitursäurereihe Thioverbindungen fester als die entsprechenden Oxyverbindungen gebunden[16]. Wenn eine reduzierende Gruppe am Benzolring in ortho-Stellung zu der Carboxylgruppe steht, wird sie vom Albuminmolekül fester gebunden als die entsprechende para-Verbindung[17].

[1] FRAENKEL-CONRAT, H., and H. S. OLCOTT: J. biol. Ch. **161**, 259 (1945).
[2] KLOTZ, I. M., F. M. WALKER and R. B. PIVAN: Am. Soc. **68**, 1486 (1946).
[3] SCATCHARD, G., I. H. SCHEINBERG and S. H. ARMSTRONG jr.: Am. Soc. **72**, 535, 540 (1950).
[4] KARUSH, F., and M. SONNENBERG: Am. Soc. **71**, 1369 (1949).
[5] TERESI, J. D., and J. M. LUCK: J. biol. Ch. **174**, 653 (1948).
[6] SCATCHARD, G., and E. S. BLACK: J. physic. Colloid Chem. **53**, 88 (1949).
[7] ALBERTY, R. A., and H. H. MARVIN jr.: Am. Soc. **73**, 3220 (1951).
[8] BOYER, P. D., G. A. BALLOU and J. M. LUCK: J. biol. Ch. **167**, 407 (1947).
[9] KARUSH, F.: Am. Soc. **72**, 2705 (1950).
[10] KARUSH, F.: Am. Soc. **73**, 1246 (1951).
[11] KLOTZ, I. M., and J. M. URQUHART: J. physic. Colloid Chem. **53**, 100 (1949).
[12] KLOTZ, I. M., R. K. BURKHART and J. M. URQUHART: J. physic. Colloid Chem. **56**, 77 (1952).
[13] KARUSH, F.: J. physic. Colloid Chem. **56**, 70 (1952).
[14] DAVIS, B. D.: J. clin. Invest. **22**, 753 (1943).
[15] BURKHART, R. K., B. E. BURGERT and J. S. LEVITT: Am. Soc. **75**, 2977 (1953).
[16] GOLDBAUM, L. R., and P. K. SMITH: Fed. Proc. **7**, 222 (1948).
[17] LUCK, J. M., and A. S. SCHMIT: Stanford med. Bull. **6**, 133 (1948).

Albumin bindet Bilirubin[1], und zwar 2—3 Mol Bilirubin je Mol Albumin[2*]. Mit Hämin (nach der alten Nomenklatur Hämatin) bildet Albumin Komplexe, die 1—2 Mol Hämin je Mol Albumin enthalten. Der Komplex wird Methämalbumin genannt[3,4] und ist so fest, daß sich das Hämin an Austauschern, die die Fettsäuren von Albumin festhalten, nicht vom Albuminmolekül trennen läßt (vgl. S. 347 und 359).

Im Gegensatz zu den oben erwähnten Befunden verbinden sich gewisse Netzmittel wie Dodecylsulfat stöchiometrisch mit dem Albumin[5]. Bei der Bindung von Dodecylsulfat verändert sich offenbar das Molvolumen von Albumin[6] (vgl. S. 354 und 356).

Die Tyrosinreste von Albumin reagieren ganz spezifisch mit in Kaliumjodid gelöstem Jod. Auch Histidinreste reagieren mit Jod, aber sehr viel langsamer. Zu Beginn der Reaktion werden Monojodtyrosin-Reste gebildet, aber der Hauptanteil von Jod wird als Dijodtyrosin gebunden[7]. Teilweise jodiertes Albumin kristallisiert wie reines Albumin. Daher wird mit ^{131}J jodiertes Albumin zur Untersuchung des Schicksals von Albumin im Körper verwendet[8]. Jodiertes Albumin ist jedoch sehr viel instabiler als normales[9].

Die Energie, die bei der Bindung des ersten Moleküls verschiedener Anionen an das Albumin frei wird, ist in Tabelle 24 wiedergegeben.

Tabelle 24. *Freie Bindungsenergien einiger Anionen mit Albumin* (nach KLOTZ[10]).

Ion	Protein	ΔF_1^0	Zit. nach
Chlorid	menschliches Serumalbumin	3,660	11
Phenylacetat	Rinderserumalbumin	4,015	12
Phenylbutyrat	Rinderserumalbumin	5,165	12
Rhodanid	menschliches Serumalbumin	5,460	11
Methylorange	Rinderserumalbumin	6,410	13
Decylsulfat	Rinderserumalbumin	7,660	14
Dodecylsulfat	Rinderserumalbumin	8,750	14

Der starken Affinität von Albumin für Anionen steht eine sehr viel schwächere für *Kationen* gegenüber. Es ist möglich, daß das schwache Kationenbindungsvermögen von Albumin eine Folge seines starken Anionenbindungsvermögens ist.

Mit Metallen scheinen sich zuerst die *SH-Gruppen* von Albumin zu Mercaptiden zu verbinden, bevor die Metalle mit anderen Gruppen reagieren[15]. Am stärksten reagiert Quecksilber(II), das mit den freien SH-Gruppen ein Quecksilber-Dimeres bildet[16]. Silber(I) kann, wenn es vorher in der Albuminlösung vorhanden war, die Bindung von Quecksilber(II) hemmen. Zinkionen verbinden sich mit den 17 freien Imidazolgruppen[17] maximal bei p_H 7. Die Assoziationskonstante der Zink-Imidazolreaktion ist von der Größenordnung 1000 ($\log K = 2{,}8$). Auch die Ionen anderer Metalle, wie Blei, Kupfer, Cadmium, bilden Komplexe mit den Imidazolgruppen von Albumin[18]. In letzter Zeit haben GURD und MURRAY[19] gezeigt, daß Bleiionen an die Carboxylgruppen von Albumin gebunden

* Außer von Albumin wird Bilirubin auch von α_1- und α_2-Globulin gebunden[8].

1 BENNHOLD, H., E. KYLIN and S. RUSZNYAK: Die Eiweißkörper des Blutplasmas. Leipzig 1938.
2 MARTIN, N. H.: Am. Soc. 71, 1230 (1949).
3 ROSENFELD, M., and D. M. SURGENOR: J. biol. Ch. 183, 663 (1950).
4 ROSENFELD, M., and D. M. SURGENOR: J. biol. Ch. 199, 911 (1952).
5 PUTNAM, F. W., and H. M. NEURATH: Am. Soc. 66, 692 (1944).
6 ROSENBERG, R. M., and I. M. KLOTZ: Am. Soc. 77, 2590 (1955).
7 HUGHES, W. L., and R. STRAESSLE: Am. Soc. 72, 452 (1950).
8 DEICHMILLER, M. P., F. J. DIXON and P. M. MAURER: Fed. Proc. 12, 386 (1953).
9 HUGHES, W. L.: Neurath-Bailey, Proteins Bd. 2B, S. 694.
10 KLOTZ, I. M.: Neurath-Bailey, Proteins Bd. 1B, S. 786.
11 SCATCHARD, G., I. H. SCHEINBERG and S. H. ARMSTRONG jr.: Am. Soc. 72, 535, 540 (1950).
12 TERESI, J. D., and J. M. LUCK: J. biol. Ch. 174, 653 (1948).
13 KLOTZ, I. M., and J. M. URQUHART: Am. Soc. 71, 1369 (1949).
14 KARUSH, F., and M. SONENBERG: Am. Soc. 71, 1369 (1949).
15 KLOTZ, I. M., M. URQUHART and H. A. FRIESE: Am. Soc. 74, 5537 (1952).
16 HUGHES, W. L.: Cold Spring Harbor Symp. quant. Biol. 14, 79 (1950).
17 GURD, F. R. N., and D. S. GOODMAN: Am. Soc. 74, 670 (1952).
18 TANFORD, C.: Am. Soc. 74, 211 (1952).
19 GURD, F. R. N., and G. R. MURRAY jr.: Am. Soc. 76, 187 (1954).

werden. Zwischen p_H 2 und 8 kann man das Albumin mit Bleiionen fällen. Es werden bis zu 70 Bleiionen je Mol Albumin reversibel gebunden.

Die Bindung des Calciumions an Albumin hängt stark vom p_H, jedoch nicht von der Temperatur ab. Unterhalb des isoelektrischen Punktes wird gar nichts gebunden, dann steigt die Menge langsam an, bis bei p_H 8 und 0° eine gleichmäßige Bindung, abhängig von den in Lösung befindlichen ungebundenen Ca^{++}, erreicht wird[1]. Mit Decylalkohol kristallisiertes Albumin bindet andere Calciummengen als kristallisiertes Mercaptalbumin[2]. Bei physiologischem p_H beträgt das Calciumbindungsvermögen von menschlichem Albumin unabhängig von Alter und Geschlecht $4{,}7 \pm 0{,}9$ mg Calcium je g Albumin. Bei Nierenerkrankungen ist die Calciumbindungsaktivität erhöht, bei Nebenschilddrüsenunterfunktion und anderen Erkrankungen erniedrigt[3]. Das gebundene Calcium kann mit Austauschern aus dem Serum entfernt werden. Aus der Kinetik der Reaktion geht hervor, daß das Calciumionen bindende Albumin echte Austauschereigenschaften hat[4]. Magnesium-, Strontium- und Bariumionen werden bei p_H 7,4 wie Calciumionen an Serumalbumin gebunden[5].

Auch organische Kationen werden vom Albumin nur in geringer Menge gebunden[6]. Mit kationischen Netzmitteln jedoch bilden sich — so wie mit anionischen — stöchiometrische Komplexe mit Albumin, in dem die Anzahl der gebundenen Netzmittelmoleküle der Anzahl der Carboxylgruppen des Albuminmoleküls entspricht[7, 8]. Die Bindung kationischer Netzmittel (Dodecyltrimethylammoniumbromid) ist jedoch weniger stark als die von anionischen (Dodecylsulfat). Bei geringer Konzentration des Netzmittels werden zunächst nur etwa 6 Moleküle je Mol Albumin gebunden, erst bei höheren Konzentrationen entspricht dann die Zahl der gebundenen Moleküle der Anzahl der freien Carboxylgruppen. Dabei scheint sich jedoch wie bei der Bindung anionischer Netzmittel das Proteinmolekül zu entfalten (vgl. S. 353)[9]. Die Bindung der organischen Ionen ist strukturabhängig[10].

Auch *nichtgeladene Moleküle* werden vom Albumin offenbar durch VAN DER WAALSsche Kräfte gebunden. Hier nimmt ebenfalls im allgemeinen die Bindungsaktivität in einem gewissen Bereich mit der Kettenlänge zu[11, 12]. Albumin, das mit Decylalkohol kristallisiert wurde, enthält 2—10 Mol/Mol Albumin[13]. Cholesterin[14] und andere Steroide[15, 16] bilden stabile Komplexe mit Albumin. Corticotropin wird von Albumin gebunden[17]. Es wurde auch versucht, die Bindung von Testosteron (die p_H-abhängig[18] ist), Cortison, Oestradiol und Progesteron quantitativ zu erfassen[15, 16, 19, 20]. Auch Carcinogene bilden Konjugate mit Albumin[21]. Die Bindung neutraler Moleküle — wie die des Azofarbstoffes Aminoazo-

[1] KATZ, S., and I. M. KLOTZ: Arch. Biochem. **44**, 351 (1953).
[2] MARTIN, N. H., and D. J. PERKINS: Biochem. J. **47**, 323 (1950).
[3] MARTIN, N. H., and D. J. PERKINS: Biochem. J. **54**, 642 (1953).
[4] KLEMENT, R., M. STREHLE u. H. GROSS: Naturwiss. **40**, 246 (1953).
[5] CARR, C. W., and K. R. WOODS: Arch. Biochem. **55**, 1 (1955).
[6] KLOTZ, I. M., E. W. GELEWITZ and J. M. URQUHART: Am. Soc. **74**, 219 (1952).
[7] GLASSMANN, H. N.: Ann. N. Y. Acad. Sci. **53**, 91 (1950).
[8] POLONOVSKY, J., et M. MACHEBOEUF: Ann. Inst. Pasteur **74**, 196 (1948).
[9] FEW, A. V., R. H. OTTEWILL and H. C. PARREIRA: Biochim. biophysica Acta, N. Y. **18**, 136 (1955).
[10] PETICOLAS, W. L., and I. M. KLOTZ: Am. Soc. **78**, 5257 (1957).
[11] BOYER, P. D., G. A. BALLOU and J. M. LUCK: J. biol. Ch. **167**, 407 (1947).
[12] KARUSH, F., and M. SONENBERG: Am. Soc. **71**, 1369 (1949).
[13] COHN, E. J.: Blood **3**, 471 (1948).
[14] BISCHOFF, F., and H. R. PILHORN: J. biol. Ch. **174**, 663 (1948).
[15] EIK-NES, K., J. A. SCHELLMAN, R. LUMRY and L. T. SAMUELS: J. biol. Ch. **206**, 411 (1954).
[16] SCHELLMAN, J. A., R. LUMRY and L. T. SAMUELS: Am. Soc. **76**, 2808 (1954).
[17] BROWN, R. A., A. W. MOYER, M. C. DAVIES and H. R. COX: Arch. Biochem. **58**, 68 (1955).
[18] LEVEDAHL, B. H., and R. PERLMUTTER: Arch. Biochem. **61**, 442 (1956).
[19] WESTPHAL, U., H. E. FIRSCHEIN and E. M. PIERCE: Science, N. Y. **121**, 601 (1955).
[20] LEVEDAHL, B. H.: Arch. Biochem. **59**, 300 (1956).
[21] PECK, R. M., G. L. MILLER and H. J. CREEK: Am. Soc. **75**, 2364 (1953).

benzol — nimmt zwischen p_H 7 und 9 zu, ein weiterer Beweis für die Entfaltung des Albuminmoleküls in diesem Bereich[1] (vgl. S. 349 und 352).

Die Bindung von sauren, basischen und neutralen *Farbstoffen* wurde von BENNHOLD und seiner Schule[2] eingehend untersucht. Bei verschiedenen pathologischen Zuständen[3], besonders bei Krebs[4], ist das Farbbindungsvermögen von Albumin vermindert. Die Methode der Fluorescenz-Depolarisierung wurde von LAURENCE[5] angewandt, um die Bindung fluorescierender Farbstoffe quantitativ zu verfolgen.

Da mit Fluorescein beladenes Albumin sich in vivo wie Albumin verhält, konnte mit ihm gezeigt werden, daß Albumin in die Zellen eindringt[6].

Mit *hochmolekularen Verbindungen* bildet Albumin auch leicht Komplexe. Lysinpolypeptide geben lösliche und unlösliche Komplexe mit Rinderserumalbumin. Bei niederer Ionenstärke oberhalb p_H 6 bildet sich ein Niederschlag: 1 Mol Polylysin je 7 Mol Albumin[7]. Mit Heparin reagiert Albumin im molekularen Verhältnis 1:2[8]. Auch zwischen Albumin und Eiweißkörpern des Serums gibt es Wechselwirkungen, die am stärksten zwischen Albumin und γ-Globulin sind, da deren isoelektrische Punkte am weitesten auseinanderliegen[9]. Einfluß von Ionen auf diese Wechselwirkungen s. [9]; vgl. auch S. 39 und 302.

Mit Na-Carboxymethylcellulose oder mit Cellulosesulfat bildet Albumin bei p_H 5,2 bis 5,6 Molekülkomplexe[10].

Übersicht über Bindung von Ionen an Serumalbumin bei [11].

Denaturierung, Stabilität. Albumin gehört zu den stabilsten Plasmaproteinen. Plasma kann mehrere Stunden auf 50—55° erhitzt werden, ohne daß das Albumin verändert wird[12]. Durch Zusatz verschiedener organischer Moleküle, wie langkettiger Fettsäuren[13] oder Acetyltryptophan[14], wird es unempfindlicher gegen Denaturierung durch *Wärme*. Auch Glycerin vermindert in saurer Lösung die Assoziation der Albuminteilchen[15]. Caprylsäure, Mandelsäure und Acetyltryptophan werden am häufigsten zum Stabilisieren von Albuminlösungen verwendet (vgl. S. 240 und 247). 0,04 m Acetyltryptophan und 0,02 m Caprylsäure oder 0,04 m Caprylsäure allein eignen sich besser zum Stabilisieren als Acetyltryptophan allein[12]. Wenn 1:1 verdünntes Gesamtplasma mit diesen Zusätzen 3—6 Std auf 63—65° erhitzt wird, kann man bei der Elektrophorese keine Veränderung von Albumin beobachten.

Für therapeutische Zwecke werden 25 %ige Albuminlösungen mit Acetyltryptophan, Caprylat oder Mandelat 10 Std auf 60° erhitzt, um das Hepatitisvirus zu vernichten[16, 17] (vgl. S. 240 und 247). Zufügen von sehr kleinen Mengen verschiedener Polysäuren [Polyphosphate (Nucleinsäuren), Polysulfate (Heparin, Dextransulfat)] zu salzfreien Albumin-

[1] KLOTZ, I. M., and J. AYERS: Am. Soc. **74**, 6178 (1952).
[2] BENNHOLD, H., E. KYLIN u. S. RUSZNYAK: Die Eiweißkörper des Blutplasmas. Leipzig 1938. — BENNHOLD, H., H. OTT u. M. WIECH: D. m. W. **1952**, 1.
[3] WESTPHAL, U., S. G. PRIEST, J. F. STETS and G. L. SELDEN: Amer. J. Physiol. **175**, 424 (1953).
[4] WINZLER, R. J.: Adv. Cancer Res. **1**, 503 (1953).
[5] LAURENCE, D. J. R.: Biochem. J. **51**, 168 (1952).
[6] SCHILLER, A. A., R. W. SCHAYER and E. L. HESS: J. gen. Physiol. **36**, 489 (1953).
[7] RICE, R. V., M. A. STAHMANN and R. A. ALBERTY: J. biol. Ch. **209**, 105 (1954).
[8] CLARKE, D. W., and F. C. MONKHOUSE: Canad. J. med. Sci. **31**, 394 (1953).
[9] SCATCHARD, G., A. GEE and J. WEEKS: J. physic. Colloid Chem. **58**, 783 (1954).
[10] NOGUCHI, H.: Biochim. biophysica Acta, N. Y. **22**, 459 (1956).
[11] GOLDSTEIN, A.: J. Pharmacol. exp. Therap. **95**, 102 (1949).
[12] HOCH, H., and A. CHANUTIN: Arch. Biochem. **51**, 271 (1954).
[13] BALLOU, G. A., P. D. BOYER, J. M. LUCK and F. G. LUM: J. biol. Ch. **153**, 589 (1944).
[14] SCATCHARD, G., L. E. STRONG, W. L. HUGHES jr., J. N. ASHWORTH and A. H. SPARROW: J. clin. Invest. **24**, 671 (1945).
[15] FOSTER, J. F., E. G. SAMSA and G. F. HANNA: Am. Soc. **76**, 6044 (1954).
[16] JANEWAY, C. A., S. T. GIBSON, L. M. WOODRUFF, J. T. HEYL, O. T. BAILEY and L. R. NEWHOUSER: J. clin. Invest. **23**, 465 (1944).
[17] GELLIS, S. S., J. R. NEEFE, J. STOKES jr., L. E. STRONG, C. A. JANEWAY and G. SCATCHARD: J. clin. Invest. **27**, 239 (1948).

lösungen verhindert die Hitzekoagulation von Albumin. Es scheint aber doch zu einer gewissen Denaturierung zu kommen[1].

Eine Albuminlösung, die 20 mg Acetyltryptophan je g Albumin enthält, kann man 10 Std auf 60° erhitzen, ohne daß das Protein sich verändert[2].

Beim Erhitzen von Gesamtplasma ohne Zusatz bildet sich auf Kosten von Albumin und Globulin eine neue elektrophoretische Komponente, „C"-Komponente, die zwischen Albumin und β-Globulin wandert[3, 4]. In konzentrierten Zuckerlösungen kann die Bildung der „C"-Komponente verhindert werden[5].

Bei Erhitzen von Pferdeserumalbumin erhöht sich das Mol.-Gewicht auf das 2—9fache des Albumins, je nach dem p_H der Albuminlösung[6]. Auch BARBU und Mitarbeiter[7] berichten über Fadenbildung von erhitztem Albumin. Die UV-Absorption von Albumin wird durch Hitzedenaturierung bis hinunter zu 205 mμ stark erhöht (vgl. S. 350, OH-Gruppen des Tyrosins)[8]. Über die Kinetik der Hitzedenaturierung von Albumin s. [9, 10]. Diffusionsuntersuchungen an Albumin aus erhitztem Plasma wurden von HOCH[11] durchgeführt.

In der Wärme ist Albumin zwischen p_H 6,5 und 7,0 am stabilsten. In der Kälte ist es von p_H 4—10 stabil. Bei Zimmertemperatur wird es ab p_H 9,5 denaturiert[12].

Netzmittel wie Dodecylsulfat in geringer Konzentration stabilisieren Albumin, in höherer Konzentration denaturieren sie es [13, 14]. Die Denaturierung äußert sich in starker Erhöhung der Viscosität[13] und in Faserbildung[15]. Der durch Denaturierung mit Netzmitteln entstandene Komplex kann durch Elektrophorese vom nichtdenaturierten Albumin getrennt werden[16].

In konzentrierten *Harnstoff*lösungen und in konzentrierten Lösungen von Guanidin-HCl wird Albumin leicht denaturiert. Durch Behandlung mit 6—8 m Harnstoff wird das Mol.-Gewicht von Albumin nicht verändert[17, 18]. Die Denaturierung äußert sich in einer Zunahme der optischen Drehung und der Viscosität[19]. Wenn nach der Behandlung von Albumin mit konzentriertem Harnstoff oder Guanidin-HCl diese beiden Substanzen abdialysiert werden, erhält man ein lösliches „regeneriertes" und ein unlösliches denaturiertes[20, 21] Albumin. Mit steigenden Harnstoff- oder Guanidin-HCl-Konzentrationen nimmt die Menge an denaturiertem Albumin zu. Das „regenerierte" Albumin ähnelt in molekular-kinetischen und serologischen Eigenschaften wie in der Kristallform sehr dem nativen Albumin, wird aber von proteolytischen Fermenten genau so schnell angegriffen wie das vollkommen denaturierte[22]. Die Harnstoffdenaturierung scheint in 2 Stufen vor

[1] HAMER, D.: Biochem. J. **56**, 610 (1954).
[2] MACKAY, M. E., and N. H. MARTIN: Biochem. J. **65**, 284 (1957).
[3] KREJCI, L. E., L. SWEENY and E. B. SANIGAR: J. biol. Ch. **158**, 693 (1945).
[4] ARDRY, R.: Bull. Soc. Chim. biol. **33**, 236, 242 (1951).
[5] HARDT, C. R., I. F. HUDDLESON and C. D. BALL: J. biol. Ch. **163**, 211 (1946).
[6] COOPER, G. R., and H. NEURATH: J. physic. Colloid Chem. **47**, 383 (1943).
[7] BARBU, E., and M. JOLY: Discuss. Faraday Soc. **13**, 77 (1953).
[8] GOLDFARB, R.: Science, N. Y. **114**, 177 (1951).
[9] GIBBS, R. J.: Arch. Biochem. **51**, 277 (1954).
[10] NAKAGAWA, S., T. KAMINOGA and S. ARAYA: J. Biochem. **41**, 371 (1954).
[11] HOCH, H.: Arch. Biochem. **53**, 387 (1954).
[12] BARBU, E., et M. MACHEBOEUF: Bull. Soc. Chim. biol. **30**, 553 (1948). Ann. Inst. Pasteur **74**, 300; **75**, 56, 226, 426 (1948).
[13] NEURATH, H., and F. W. PUTNAM: J. biol. Ch. **160**, 397 (1945).
[14] DUGGAN, E. L., and J. M. LUCK: J. biol. Ch. **172**, 205 (1948).
[15] PALLANSCH, M. J., and D. R. BRIGGS: Am. Soc. **76**, 1396 (1954).
[16] FOSTER, J. F., and J. T. YANG: Am. Soc. **75**, 5743 (1953).
[17] PUTNAM, F. W., J. O. ERICKSON, E. VOLCKIN and H. NEURATH: J. gen. Physiol. **26**, 513 (1943).
[18] WEBER, G.: Biochem. J. **51**, 155 (1952).
[19] KAUZMANN, W., R. B. SIMPSON, M. T. WATSON, B. LEVEDAHL, J. SCHELLMANN and H. K. FRENSDORFF: Abstr. amer. chem. Soc., 120th meeting. S. 118, 1951.
[20] ERICKSON, J. O., and H. NEURATH: J. exp. Med. **78**, 1 (1943).
[21] MARTIN, D. S., J. O. ERICKSON, F. W. PUTNAM and H. NEURATH: J. gen. Physiol. **26**, 533 (1943).
[22] PUTNAM, F. W.: Neurath-Bailey, Proteins Bd. 1B, S. 877.

sich zu gehen, denn die Veränderung der Viscosität nimmt weiter zu, wenn sich die optische Drehung schon lange nicht mehr ändert. Über die Kinetik der Harnstoffdenaturierung s. [1, 2]. Bei der Denaturierung mit Guanidin-HCl beobachtet man keine oder nur geringe Strömungsdoppelbrechung. Es scheint also, daß die Albuminmoleküle hier nicht assoziiert werden wie bei der Wärmedenaturierung, sondern daß diese Denaturierung einem anderen Mechanismus unterliegt[3].

Durch kleine Mengen *langkettiger Fettsäuren* kann Albumin auch gegen Denaturierung mit 6 m Harnstoff oder 2,5 m Guanidin-HCl, aber nicht gegen Denaturierung mit 6 m Guanidin-HCl und 1,2%igem Natriumdodecylsulfat geschützt werden[4, 5].

Bei der Hydrolyse durch das Enzym Chymotrypsin wird elektrophoretisch einheitliches „Crystalbumin" nur z. T. angegriffen. Ein Teil des Moleküls bleibt unverändert[6]. Neuerdings hat PORTER[7] nach Chymotrypsinverdauung einen Albuminanteil mit dem Mol.-Gewicht 12000 gefunden, der mit Kaninchenantiserum gegen Albumin agglutiniert.

Rinderserumalbumin ist nach Fällung mit *Trichloressigsäure* in verschiedenen organischen Lösungsmitteln, wie Aceton, Methylalkohol und Äthylalkohol, zu ungefähr 5 mg/cm³ löslich[8], soll aber nicht denaturiert sein[9]. Die Lösung gelingt auch direkt in Methylalkohol und Äthylalkohol, die 1% Trichloressigsäure enthalten. Über den Mechanismus der Reaktion herrscht noch keine Klarheit.

Bestimmung. Wie oben erwähnt, wird Albumin jetzt als die bei der Elektrophorese von Plasma und Serum am schnellsten wandernde Proteinkomponente definiert. So ist auch für die Bestimmung der Albuminmenge in Plasma und Serum die *Elektrophorese* die sicherste Methode. Am einfachsten wird das Albumin papierelektrophoretisch bestimmt (S. 221ff.).

Die mit verschiedenen *Aussalzmethoden* im Serum gefällte Menge Albumin stimmt meist nicht gut mit der elektrophoretisch gefundenen überein, da einerseits ein Teil Albumin schon mit den Globulinen ausfällt, andererseits ein Teil der α- und β-Globuline mit dem Albumin in Lösung bleibt (vgl. S. 225, Tabelle 6, und S. 229ff.). Durch Aussalzen mit mehreren Salzen[10] und mit Löslichkeitskurven[11] kann Albumin genau bestimmt werden.

***Bestimmung von Gesamtprotein und Albumin-Globulin-Quotienten nach* REINHOLD[12].**

Reagentien:

1. Biuret-Reagens nach WEICHSELBAUM. 45 g Natrium-kaliumtartrat löst man in nahezu 400 cm³ 0,2 n NaOH. Unter Rühren fügt man 15 g $CuSO_4 \cdot 5\,H_2O$ in feinen Kristallen zu und rührt so lange, bis das ganze Kupfersulfat gelöst ist. Daraufhin fügt man 5 g KJ zu und füllt mit 0,2 n NaOH auf 1000 cm³ auf.
   200 cm³ dieser Stammlösung werden mit 0,2 n NaOH, die 5 g KJ je *l* enthält, auf 1000 cm³ aufgefüllt.
2. Natriumhydroxyd. Aus carbonatfreiem konzentriertem NaOH wird a) 0,2 n NaOH und b) 0,2 n NaOH mit 0,5% KJ hergestellt (gegen 0,1 n Säure titrieren).

[1] KAUZMANN, W., and R. B. SIMPSON: Am. Soc. **75**, 5253 (1953).
[2] FRENSDORFF, H. K., M. T. WATSON and W. KAUZMANN: Am. Soc. **75**, 5267 (1953).
[3] FOSTER, J. F., E. G. SAMSA and G. F. HANNA: Am. Soc. **76**, 6044 (1954).
[4] BOYER, P. D., G. A. BALLOU and J. M. LUCK: J. biol. Ch. **162**, 199 (1946).
[5] BOYER, P. D., F. G. LUM, G. A. BALLOU, J. M. LUCK and R. G. RICE: J. biol. Ch. **162**, 181 (1946).
[6] BISERTE, G., et P. BOULANGER: Bull. Soc. Chim. biol. **35**, 1153 (1953).
[7] PORTER, R. R.: Biochem. J. **66**, 677 (1957).
[8] LEVINE, S.: Arch. Biochem. **50**, 515 (1954).
[9] KORNER, A., and J. R. DEBRO: Nature **178**, 1067 (1956).
[10] HINSBERG, K.: s. Bd. V, S. 25.
[11] DERRIEN, Y.: Biochim. biophysica Acta, N. Y. **8**, 631 (1952).
[12] REINHOLD, G. J.: Standard Methods of Clinical Chemistry. Bd. 1, S. 88. New York 1953.

3. Tartrat-Jodid-Lösung für den Serumleerwert. 9 g Natrium-Kaliumtartrat löst man in 0,2 n NaOH, das 0,5% KJ enthält, und füllt auf 1000 cm³ auf.
4. Standardserum. Normale oder pathologische Seren werden gesammelt und durch KJELDAHL-Bestimmung oder gravimetrische Methoden standardisiert. 2 cm³-Proben hebt man in Reagensgläsern im gefrorenen Zustand auf.

Ausführung (Gesamtproteinbestimmung):

Man mißt 5 cm³ Biuret-Reagens in eine Standardküvette, fügt mit einer geeichten Pipette 0,1 cm³ Serum zu und spült die Pipette mit dem Biuret-Reagens mehrmals durch. Die Küvetten bringt man für 10 min in ein Wasserbad von 30—32°. Es wird mit einem 555 mμ-Filter (evtl. 540 mμ) die Absorption gemessen und als Leerwert der Biuret-Leerwert verwendet.

1. Serumleerwert. 5 cm³ der Tartrat-Jodid-Leerwert-Lösung werden in eine Küvette gebracht und 0,1 cm³ Serum zugefügt. Der Serumleerwert ist nur dann unbedingt nötig, wenn man ein gefärbtes oder opalescierendes Serum untersucht, sollte aber routinemäßig immer durchgeführt werden, um die Genauigkeit zu erhöhen. Zur Einstellung des Nullwertes verwendet man Tartrat-Jodid-Lösung.

2. Biuret-Leerwert. Zu 5 cm³ Biuret-Reagens fügt man 0,1 cm³ Wasser und verfährt wie für das Serum beschrieben.

3. Serumstandard. Ein Serum von bekannter Proteinkonzentration wird genauso behandelt wie die unbekannten Seren, inklusive Serumleerwert.

Berechnung:

$$\text{Protein g/100 cm}^3 = (U - B_u)\frac{C}{S - B_s}\,.$$

U = Absorption des unbekannten Serums, S = Absorption des Standardserums, B_s = Absorption des Leerwertes des Standardserums, B_u = Absorption des Serumleerwertes, C = Proteinkonzentration im Standardserum in g/100 cm³.

Reagentien:

1. Verdünntes Biuret-Reagens (vgl. S. 357) und Tartrat-Jodid-Lösung.
2. Sulfat-Sulfit-Lösung: In ein 2 *l*-Gefäß bringt man 208 g Natriumsulfat (wasserfrei) und 70 g Natriumsulfit. Zu 900 cm³ Wasser fügt man 2 cm³ konzentrierte Schwefelsäure und gibt dann dieses angesäuerte Wasser sofort unter Rühren zu den Salzen. Wenn sich alles gelöst hat, wird in einen Meßkolben überführt und auf 1000 cm³ aufgefüllt. Der p_H muß nicht genau eingestellt werden, vorausgesetzt, daß er oberhalb von 7 liegt (zum Einstellen des p_H verdünne man 1 cm³ auf 25 cm³). Die Lösung wird in Schlifflaschen bei über 25° aufbewahrt.
3. Standardserum wie bei Gesamtprotein beschrieben.

Ausführung (Albumin- und Globulinbestimmung):

Alle Lösungen und Geräte müssen bei über 25° gehalten werden. Wenn die Zimmertemperatur darunter liegt, kristallisiert das Natriumsulfat aus.

Man bringt 7,5 cm³ der Sulfat-Sulfit-Lösung in ein Reagensglas von 18×120 mm Größe. Langsam und unter fortwährendem Mischen fügt man 0,5 cm³ Serum zu. Man verschließt und mischt durch Umkehren des Röhrchens. Dann entnimmt man sofort 2 cm³ des Gemisches zur Gesamtproteinbestimmung und bringt sie zu 5 cm³ Biuret-Reagens in eine Küvette.

In das Reagensglas, das das restliche Serum-Sulfat-Sulfit-Gemisch enthält, läßt man 3 cm³ Äther fließen. Man stopft zu und schüttelt genau in 20 sec 40mal um. Dann zentrifugiert man bei 2000 U/min 5—10 min.

Ohne den Globulinniederschlag aufzuwirbeln, entnimmt man mit einer Pipette 2 cm³ des Überstandes und bringt sie in eine Küvette zu 5 cm³ Biuret-Reagens.

1. Serumleerwert. Man fügt 2 cm³ der Serumsuspension zu 5 cm³ Tartrat-Jodid-Lösung und mischt. Im allgemeinen kann man diesen Schritt auslassen, wenn das Serum nicht zu stark gefärbt ist. Die Genauigkeit wird jedoch erhöht, wenn man ihn immer durchführt.

2. Standard. 0,5 cm^3 Standardserum behandelt man wie oben beschrieben, und entnimmt 2 cm^3 zur Gesamtproteinbestimmung. Der Rest der Bestimmung wird ausgelassen.

3. Biuret-Leerwert. Man fügt 2 cm^3 Sulfat-Sulfit-Lösung zu 5 cm^3 Biuret-Reagens.

4. Farbentwicklung. Die Reagensgläser, die Biuret- und Leerwertlösungen enthalten, bringt man für 10 min in ein Wasserbad von 30—32°. Man kühlt 5 min bei Zimmertemperatur und liest bei 555 mμ (evtl. 540 mμ oder 565 mμ) die Farbdichte ab. Man mißt zuerst die Serumleerwerte. Dann bringt man mit dem Biuret-Leerwert das Photometer auf einen Nullwert, bevor man die Farbdichte der unbekannten Lösungen abliest.

Berechnung:

$$\text{Protein g/100 cm}^3 = U - B_u \frac{C}{S - B_s}.$$

U = Absorption der unbekannten Lösung, S = Absorption der Standardlösung, B_u und B_s = die Extinktionen der Leerwerte der unbekannten und der Standardlösung respektive.

Albumin ist das Protein, das in der Sulfat-Sulfit-Lösung blieb.

Globulin = Gesamtprotein — Albumin.

Auch mit der *Alkoholfraktionierung* kleiner Plasma- oder Serummengen mit Methylalkohol[1-3] oder Äthylalkohol[4] (Methode 10, S. 39) werden mit der Elektrophorese gut übereinstimmende Werte erhalten.

Das Albumin ist nicht nur selbst sehr stabil, sondern scheint durch seinen Wassermantel und seine Ladungsverteilung auch die anderen Plasmaproteine in Lösung zu stabilisieren. Bei Krankheiten wird so gut wie nie eine Vermehrung von Albumin im Plasma, sondern immer nur eine Verminderung beobachtet[5]. Die Albuminverminderung äußert sich in einem leichteren Ausfallen der anderen Plasmaproteine, also in einer Erhöhung der *Trübungs- und Flockungsreaktionen* (Näheres darüber bei [6] und [7]).

Immunologisch kann Albumin in Körperflüssigkeiten leicht und genau bestimmt werden[8-10].

ROSENFELD und SURGENOR[11] bestimmen Albumin, indem sie den *Hämin-Albumin-Komplex* (Methämalbumin) bei 403 mμ optisch messen. Oberhalb p_H 7 werden 2 Mol Hämin je Mol Albumin unabhängig von der Ionenstärke fest gebunden. Kleine Mengen eines anderen Plasmaproteins (α_2-Glykoproteid), das auch Hämin bindet, stören die Bestimmung nicht.

Eine *Mikromethode* zur Bestimmung von menschlichem Serumalbumin wird von BETHELL und Mitarbeitern[12] angegeben. Dabei wird die Hemmung der Fluorescenz des Farbstoffes Vasoflavin durch Serumalbumin zur Bestimmung benützt. Man braucht für eine Bestimmung nur 40 γ Albumin. Eine ähnliche Methode beschreiben REES und Mitarbeiter[13].

---

[1] PILLEMER, L., and M. C. HUTCHINSON: J. biol. Ch. **158**, 299 (1945).
[2] KNÜCHEL, F.: Z. ges. exp. Med. **116**, 575 (1951).
[3] DUBERT, J. M., P. SLICEWITZ, P. REBEYROTTE et M. MACHEBOEUF: Ann. Inst. Pasteur **84**, 370 (1953).
[4] LEVER, W. F., F. R. N. GURD, E. UROMA, R. K. BROWN, B. A. BARNES, K. SCHMID and E. L. SCHULTZ: J. clin. Invest. **30**, 99 (1951).
[5] Wuhrmann-Wunderly, 2. Aufl., S. 29.
[6] Wuhrmann-Wunderly, 2. Aufl., S. 130ff.
[7] Wuhrmann-Wunderly, 2. Aufl., S. 159ff.
[8] KABAT, E. A., and M. HEIDELBERGER: J. exp. Med. **66**, 229 (1937).
[9] GITLIN, D., and C. A. JANEWAY: J. clin. Invest. **31**, 223 (1952). — GITLIN, D., C. S. DAVIDSON and L. H. WETTERLOW: J. Immunol. **63**, 415 (1949).
[10] JAGER, B. V.: Fed. Proc. **12**, 723 (1953).
[11] ROSENFELD, M., and D. M. SURGENOR: J. biol. Ch. **199**, 911 (1952).
[12] BETHELL, J. J., H. W. JOHNSTON and J. M. SCHLEGEL: Fed. Proc. **13**, 13 (1954).
[13] REES, V. H., J. E. EILDES and D. J. R. LAURENCE: J. clin. Path. **7**, 336 (1954).

α) *Präalbumin.*

Von verschiedenen Autoren[1-4] wurde mit Papierelektrophorese und Zonenelektrophorese eine Komponente gefunden, die schneller wandert als Albumin. Im Liquor wurde schon früher eine ähnliche Komponente entdeckt[5,6] (vgl. S. 383). Erst durch Elektrophorese in Stärkegel[7] oder in Agar[8] ließ sich diese Komponente deutlich von Albumin abtrennen; bei einigen Seren konnte man sogar 2 und mehr solcher Komponenten beobachten (vgl. S. 221). Die früher ,,Komponente V'' oder ,,Komponente X'' genannten Eiweißkörper bezeichnet man heute als ,,Präalbumin''.

Schultze und Mitarbeiter[9] haben ein solches Präalbumin elektrophoretisch und immunologisch rein isoliert. Funktion und Bedeutung dieses Proteins sind noch nicht bekannt. Wegen seiner elektrophoretischen Wanderungsgeschwindigkeit wird es an dieser Stelle besprochen.

Darstellung. Präalbumin wurde aus der in dem Fraktionierungsschema Tabelle 11 aufgeführten Fraktion L IV + VI gewonnen. Zunächst läßt man das Albumin auskristallisieren, bringt den p_H der Mutterlauge anschließend auf 3,9, behandelt das gefällte Eiweiß nach der Dialyse mit $Al(OH)_3$ und fällt das Eluat bei 60% Ammoniumsulfatsättigung. Der Niederschlag wird wieder gelöst, dialysiert und das Präalbumin gemeinsam mit Cholinesterase an $Al(OH)_3$ adsorbiert. Im Eluat erhält man eine Fraktion, aus der das Präalbumin durch Zonenelektrophorese gewonnen werden kann.

Die elektrophoretische Wanderungsgeschwindigkeit des gereinigten Präalbumins beträgt etwa um die Hälfte mehr als die des Serumalbumins. Im Serum beträgt sie nur etwa 20% mehr[1]. Die Sedimentationskonstante ist $S_{20,w} = 4{,}2$. Das Mol.-Gewicht wird mit 61000 angegeben.

Präalbumin enthält auffallend viel Tryptophan (2,5—2,7%), 1,1% Hexosen, 0,15% Glucosamin und keine Neuraminsäure oder Hexuronsäure.

Immunologisch ist es nahezu rein und enthält nur noch 0,3% Albumin. Das Präalbumin des Serums ist identisch mit dem des Liquors[10].

9. Glykoproteide (Mucoproteide, Mucoide*).

Alle Plasmaproteine mit Ausnahme von Albumin enthalten mehr oder weniger Kohlenhydrat. Meyer[11] nimmt neuerdings an, daß es 2 Haupttypen von kohlenhydrathaltigen Proteinen (Glykoproteiden) gibt. In dem einen soll das Kohlenhydrat durch polare Bindungen an das Protein gebunden sein. Diese Bindungen sind im elektrischen Feld durch konzentrierte Salzlösungen oder durch Alkali leicht spaltbar. In dem anderen Typ sind Protein und Kohlenhydrat — offenbar durch covalente Bindungen — relativ fest aneinander gebunden. Meyer schlägt vor, den ersten Typ in Analogie zu den Nucleoproteiden als Mucoproteide zu bezeichnen. Nach dieser Terminologie wäre ein Mucoproteid z. B. ein Gewebsprotein, an das Chondroitinsulfat gebunden ist. Der zweite Typ der Glykoproteide mit der festen Bindung zwischen Protein und Kohlenhydrat sollte nach dem Beispiel von Ovomucoid und Seromucoid als Mucoid bezeichnet werden. Obwohl man heute noch

* Siehe auch Beitrag Blix, S. 662ff.

1 Hoch, H., and A. Chanutin: J. biol. Ch. **197**, 503 (1952).
2 Hoch, H., and A. Chanutin: J. biol. Ch. **200**, 241 (1953).
3 Grassmann, W., u. K. Hannig: H. **290**, 1 (1952).
4 Ott, H.: Verh. dtsch. Ges. inn. Med. **61**, 270 (1955).
5 Bücher, T., D. Matzelt u. D. Pette: Kli. Wo. **1952**, 325.
6 Bücher, T., D. Matzelt u. D. Pette: Naturwiss. **39**, 114 (1952).
7 Smithies, O.: Biochem. J. **61**, 629 (1955).
8 Williams jr., C. A., and P. Grabar: J. Immunol. **74**, 658 (1955).
9 Schultze, H. E., M. Schönenberger u. G. Schwick: B. Z. **328**, 267 (1956).
10 Gavrilesco, K., J. Courcon, P. Hillion, J. Uriel, J. Lewin and P. Grabar: Nature **176**, 976 (1955).
11 Meyer, K.; in: Cole, W. H. (Hrsg.): Some Conjugated Proteins. S. 64. Rutgers Univ. Press. New Brunswick, N. J., 1953.

verhältnismäßig wenig über die Bindung zwischen Proteinen und Kohlenhydraten weiß, ist diese Nomenklatur im amerikanischen Schrifttum übernommen worden[1]. Im folgenden wird sie beibehalten. Sie weicht aber teilweise von der früher von MEYER[2] vorgeschlagenen Nomenklatur ab, bei der die kohlenhydrathaltigen Proteine in Glykoproteide und Mucoproteide eingeteilt wurden. Beide sollten Kohlenhydrat in fester Bindung enthalten, aber die ersteren weniger als 4% Hexosamin, die letzteren mehr als 4% Hexosamin.

Noch etwas anders definiert SURGENOR[3] Glyko- und Mucoproteide. Mucoproteide sollen Euglobulineigenschaften haben und durch hohe Viscosität und klebriges Verhalten nach dem Ausfallen charakterisiert sein. Glykoproteide sollen oft Pseudoglobuline sein, die in ihren Löslichkeitseigenschaften dem Albumin gleichen.

Jedenfalls gibt es nach dem heutigen Stand des Wissens im Serum eine Reihe von Glykoproteiden, deren Konzentrationen wechseln. Von diesen sind einige als definierte einheitliche Substanzen dargestellt worden (s. unten).

Beim Erhitzen in schwachsaurer Lösung, wenn alle anderen Proteine gefällt werden, fällt ein Teil der Glykoproteide (Seromucoide) nicht aus. Eine weitere typische Eigenschaft ist, daß diese durch Sulfosalicylsäure, Perchlorsäure und z. T. auch durch Trichloressigsäure nicht gefällt werden, daß sie in Wasser und Ammoniumsulfatlösungen leicht löslich sind, bei Ammoniumsulfatganzsättigung aber ausfallen. In dieser Fraktion der Glykoproteide sind offenbar eine ganze Reihe von Mucoiden mit unterschiedlichem Polysaccharidanteil enthalten[2]. Solche Substanzen wurden früher als Proteosen bezeichnet[4]. Auf deren oben erwähnte Eigenschaften gründet sich eine Reihe von Darstellungsmethoden (s. unten).

Bei der Elektrophorese wandert der größte Teil der Mucoproteide und Mucoide mit den α- und β-Globulinen[5-7].

Die Glykoproteide, die bei Halbsättigung mit Ammoniumsulfat mit dem Albumin in Lösung bleiben, wurden früher zu den Albuminen gerechnet und als kohlenhydratreiche Albumine bezeichnet[8-10]. Ein solches „*kohlenhydratreiches Albumin*" wurde von MCMEEKIN[11] aus Pferdeserum kristallisiert erhalten. Elektrophoretisch wanderte das so gewonnene Glykoproteid (5,5% Kohlenhydrat) jedoch mit den α-Globulinen.

RIMINGTON[12] zeigte, daß nach *Hitzekoagulation* von Rinderserum mindestens 2 Proteine in Lösung bleiben; eines, das in alkoholischer Lösung löslichere, enthielt über 40% Kohlenhydrat und war nur in geringer Menge vorhanden. Die Hauptkomponente enthielt 10,7% Kohlenhydrat und wurde *Seromucoid* genannt. Sie scheint mit dem von HEWITT[9, 13] aus dem Serum und Plasma verschiedener Tiere mit Ammoniumsulfatfraktionierung erhaltenen *Seroglykoid* identisch zu sein.

Nach der Fällung des menschlichen Serums mit Perchlorsäure bleiben mindestens 3 kohlenhydrathaltige Proteine in Lösung[4], die dann mit Phosphorwolframsäure oder Ganzsättigung mit Ammoniumsulfat gefällt werden können. WINZLER und Mitarbeiter[4, 14, 15] konnten beweisen, daß das keine Kunstprodukte sind, die durch den sauren p_H von den

[1] WINZLER, R. J.: Meth. biochem. Analysis. Bd. 2, S. 281. New York 1955.
[2] MEYER, K.: Adv. Protein Chem. **2**, 249 (1945).
[3] SURGENOR, D. M., L. E. STRONG, H. L. TAYLOR, R. S. GORDON jr. and D. M. GIBSON: Am. Soc. **7** , 1223 (1949).
[4] WINZLER, R. J., A. W. DEVOR, J. W. MEHL and I. M. SMYTH: J. clin. Invest. **27**, 609 (1948).
[5] BLIX, G., A. TISELIUS and H. SVENSSON: J. biol. Ch. **137**, 493 (1941).
[6] KÖIW, E., and A. GRÖNWALL: Scand. J. clin. Lab. Invest. **4**, 244 (1952).
[7] PETERMANN, M. L., and K. R. HOGNESS: Cancer, N. Y. **1**, 104 (1948).
[8] SØRENSEN, S. P. L.: C. R. Lab. Carlsberg **18**, No. 5 (1930).
[9] HEWITT, L. F.: Biochem. J. **31**, 360, 1047, 1534 (1937).
[10] KEKWICK, R. A.: Biochem. J. **32**, 552 (1938).
[11] MCMEEKIN, T. L.: Am. Soc. **62**, 3393 (1940).
[12] RIMINGTON, C.: Biochem. J. **34**, 931 (1940).
[13] HEWITT, L. F.: Biochem. J. **30**, 2229 (1936).
[14] WEIMER, H. E., J. W. MEHL and R. J. WINZLER: J. biol. Ch. **185**, 561 (1950).
[15] MEHL, J. W., F. GOLDEN and R. J. WINZLER: Proc. Soc. exp. Biol. Med. **72**, 110 (1949).

anderen Proteinen abgespalten wurden, da sie die Hauptkomponente dieser Glykoproteide aus dem Filtrat der 0,65-Sättigung mit Ammoniumsulfat rein isolieren konnten. Dieses Glykoproteid ist elektrophoretisch homogen[1]. Es wurde bisher als Mucoproteid MP-1 bezeichnet. Nach der Terminologie von MEYER[2] (vgl. S. 360) muß es aber zu den Mucoiden gerechnet werden, da der Kohlenhydratanteil nur sehr schwer vom Protein getrennt werden kann. Es scheint mit dem Seromucoid von RIMINGTON[3] identisch zu sein. Wahrscheinlich ist es auch mit dem „*sauren Glykoproteid*“ von SCHMID[4, 5] identisch, denn diese beiden Mucoide zeichnen sich durch ihr niedriges Mol.-Gewicht (vgl. S. 370) und den stark sauren isoelektrischen Punkt (p_H 1,8 bzw. 2,7) aus. Von beiden Arbeitsgruppen wurden ungefähr 0,5—0,7 g/*l* Plasma gefunden. Nach WINZLER[6] wird es neuerdings als *Orosomucoid* (griech. Oros = Serum) bezeichnet. Das Orosomucoid macht ungefähr 10% der Glykoproteide des Serums aus[6].

Außer dem Orosomucoid hat SCHMID[5, 7, 8] aus dem Überstand von Fraktion V der *Äthylalkoholfraktionierung* (vgl. S. 237ff.) 3 weitere saure Glykoproteide (Mucoide), die elektrophoretisch mit den α_2-Globulinen wandern, dargestellt (vgl. S. 368).

Ein weiteres α_2-Glykoproteid des menschlichen Serums ist das *Haptoglobin*, das von JAYLE und BOUSSIER[9] dargestellt wurde. Es enthält 17% Kohlenhydrat (11% Hexose, 5,7% Glucosamin). Es verbindet sich mit dem Hämoglobin in äquimolekularer Menge zu einem Hämoglobin-Haptoglobin-Komplex. Nach der früheren Nomenklatur wurde es von MEYER zu den Mucoproteiden gerechnet (vgl. S. 361). Nach der neuen Nomenklatur muß es zu den Mucoiden gerechnet werden. Durch Perchlorsäure und 0,2 m Sulfosalicylsäure wird es nicht gefällt, fällt aber mit 5%iger Phosphorwolframsäure, 70%igem Alkohol, 0,5 m Trichloressigsäure und zwischen 2,15 bis 2,5 m Ammoniumsulfat aus.

SMITHIES und Mitarbeiter[10, 11] fanden mit Zonenelektrophorese in Stärkegel (vgl. S. 221) mehrere Haptoglobuline, und zwar scheint das Auftreten der einzelnen Komponenten erblich zu sein.

Aus dem *Sulfosalicylsäurefiltrat* des Serums wurden schon von MAYER[12] durch Fällen mit Alkohol Glykoproteide gewonnen. Er nannte das Produkt *mucoidähnliche Substanz.*

Von SURGENOR und Mitarbeitern[13] wurden aus Fraktion IV-4 (Methode 6, S. 237, vgl. auch S. 368) 2 *Glykoproteide* isoliert. Das eine fiel in Fraktion IV-5 + 6, das andere in Fraktion IV-7 mit dem Transferrin aus. Das erstere macht ungefähr 6% der Proteine aus Fraktion IV-4 aus, das letztere ist das Glykoproteid, das Bilirubin und Hämin bindet[14] (vgl. S. 353 und 359). Beide wandern elektrophoretisch mit den α_2-Globulinen. Sie lassen sich sehr schwer von den α_1-Lipoproteiden und vom Transferrin trennen. Von LEVER[15, 16] (zit. nach [17]) wird mit Methode 10 in Fraktion VI α_1-Glykoproteid, in Fraktion IV + V

[1] MEHL, J. W., F. GOLDEN and R. J. WINZLER: Proc. Soc. exp. Biol. Med. **72**, 110 (1949).
[2] MEYER, K.; in: COLE, W. H. (Hrsg.): Some Conjugated Proteins. S. 64. Rutgers. Univ. Press New Brunswick, N. J. 1953.
[3] RIMINGTON, C.: Biochem. J. **34**, 931 (1940).
[4] SCHMID, K.: Am. Soc. **72**, 2816 (1950).
[5] SCHMID, K.: Am. Soc. **75**, 60 (1953). Am. Soc. **75**, 2532 (1953).
[6] WINZLER, R. J.: Meth. biochem. Analysis. Bd. 2, S. 281. New York 1955.
[7] SCHMID, K.: Fed. Proc. **13**, 290 (1954).
[8] SCHMID, K.: Am. Soc. **77**, 742 (1955).
[9] JAYLE, M. F., et G. BOUSSIER: Presse méd. **62**, 1752 (1954). Bull. Soc. Chim. biol. **36**, 959 (1954).
[10] SMITHIES, O. Biochem. J. **61**, 629 (1955).
[11] SMITHIES, O., and N. F. WALKER: Nature **178**, 694 (1956).
[12] MAYER, K.: H. **275**, 16 (1942).
[13] SURGENOR, D. M., L. E. STRONG, H. L. TAYLOR, R. S. GORDON jr. and D. M. GIBSON: Am. Soc. **71**, 1223 (1949).
[14] MARTIN, N. H.: Am. Soc. **71**, 1230 (1949).
[15] COHN, E. J., F. R. N. GURD, D. M. SURGENOR, B. A. BARNES, R. K. BROWN, G. DEROUAUX, J. M. GILLESPIE, F. W. KAHNT, W. F. LEVER, C. H. LIU, D. MITTELMAN, R. F. MOUTON, K. SCHMID and E. UROMA: Am. Soc. **72**, 465 (1950).
[16] LEVER, W. F., F. R. N. GURD, E. UROMA, R. K. BROWN, B. A. BARNESS, K. SCHMID and E. L. SCHULTZ: J. clin. Invest. **30**, 99 (1951).
[17] LEVER, W. F., and N. A. HURLEY; in: TULLIS, J. L. (Hrsg.): Blood Cells and Plasma Proteins. S. 392. New York 1953.

α_2-Glykoproteid und in Fraktion I + III β-Glykoproteid gefunden. Die meisten dieser Glykoproteide wurden aber nur gereinigt und nicht als definierte Substanzen erhalten. Erst in jüngster Zeit haben BAKER und Mitarbeiter[1] aus Fraktion III-0 ein Glykoproteid kristallisiert.

Seren von neugeborenen Kälbern und Fohlen zeigten nahezu kein β- und γ-Globulin, aber große Mengen α-Globulin[2,3]. PEDERSEN[4] fand, daß dieses mit den α-Globulinen wandernde Protein aus dem Serum von Kalbsfeten und neugeborenen Kälbern eine niedrigere Sedimentationskonstante hatte als Albumin und Globulin (vgl. S. 227) und daß es ein Glykoproteid ist. Er nannte dieses Protein *Fetuin*. Nach der neuen Nomenklatur von MEYER (vgl. S. 360) ist es ein Mucoid, das ungefähr 9,5% Mannose und 8% Glucosamin enthält[5]. Es ähnelt in seinen Eigenschaften stark dem von WEIMER und Mitarbeitern[6] und SCHMID[7] isolierten Orosomucoid. Serum von Kalbsfeten enthält durchschnittlich 45% der Proteine Fetuin[5]. Ob das Mucoid im Serum erwachsener Rinder mit Fetuin identisch ist, konnte bisher nicht festgestellt werden. Dieses ließ sich jedenfalls nicht auf die gleiche Art darstellen wie Fetuin. Das kann aber auch an der sehr viel geringeren Menge, die im Rinderserum im Vergleich zum Serum von Kalbsfeten vorhanden ist, liegen[5]. Immunologisch ist Fetuin sehr heterogen[8].

Insgesamt enthält normales Serum ungefähr 180 mg-% proteingebundenes Polysaccharid[9,10]. Davon sind 100—120 mg-% Hexosen (Galaktose, Mannose) und 60 bis 70 mg-% Hexosamin. Dazu kommen 8,9 mg-% Methylpentose (Fucose)[10] und 40—65 mg-% Neuraminsäure (bzw. Sialinsäure)[11].

Bei verschiedenen Krankheiten (s. unten) kann der Hexosegehalt bis auf 300 bis 400 mg-% steigen[9,10]. Manche Autoren[9,12-14] geben den Gehalt an proteingebundenem Zucker im Verhältnis zum Serumproteingehalt an, da man nur so eine echte Erhöhung der Glykoproteide feststellen kann.

Bei normalen Erwachsenen beträgt der durchschnittliche Gehalt an proteingebundenem Gesamtzucker 2,41—2,90% des Serumproteins, davon 1,38—1,55% Hexosen und 0,96—1,35% Hexosamin. Bei Säuglingen ist er wesentlich erhöht: durchschnittlich 3,92% Gesamtzucker, davon 2,08% Hexosen und 1,84% Hexosamin. Jedoch schwanken die Werte beim gesunden Säugling bis zu 100% und mehr, während sie beim Erwachsenen relativ stabil sind[14]. Das Verhältnis Hexose/Hexosamin beträgt beim Erwachsenen 1,28 und beim Säugling 1,16 und nicht wie früher vielfach angenommen 2:1 (vgl. auch S. 366 und Tabelle 27, S. 373).

Über die Natur der Bindung von Kohlenhydrat und Protein weiß man nur wenig. Nach manchen Autoren[15] soll es 2 verschieden fest an das Eiweiß gebundene Polysaccharidanteile geben, die Hexose, Hexosamin und Methylpentose (Fucose) in verschiedenem Verhältnis enthalten. Oder man nimmt an[16], daß eine ganze Reihe kleiner Polysaccharideinheiten über das Eiweißmolekül verteilt ist, so wie es beim Uromucoproteid der Fall ist.

---

[1] BAKER, W. H., A. PETERKOFSKY and D. L. KAUFFMANN: Am. Soc. **76**, 4244 (1954).
[2] JAMESON, E., C. ALVAREZ-TOSTADO and H. H. SORTOR: Proc. Soc. exp. Biol. Med. **51**, 163 (1942).
[3] POLSON, A. G.: Nature **152**, 413 (1943).
[4] PEDERSEN, K. O.: Ultracentrifugal Studies on Serum and Serum Fractions. Uppsala 1945.
[5] DEUTSCH, H. F.: J. biol. Ch. **208**, 669 (1954).
[6] WEIMER, H. E., J. W. MEHL and R. J. WINZLER: J. biol. Ch. **185**, 561 (1950).
[7] SCHMID, K.: Am. Soc. **75**, 60 (1953).
[8] MEYERS, W. M., and H. F. DEUTSCH: Arch. Biochem. **54**, 38 (1955).
[9] STARY, Z., H. BODUR, S. G. LISIE u. F. BATIYAK: Kli. Wo. **1953**, 399.
[10] WINZLER, R. J.: Meth. biochem. Analysis. Bd. 2, S. 279. New York 1955.
[11] BÖHM, P., S. DAUBER u. L. BAUMEISTER: Kli. Wo. **1954**, 289.
[12] LUSTIG, B.: B. Z. **238**, 307 (1931).
[13] SHETLAR, M. R., C. L. SHETLAR, V. RICHMOND and M. R. EVERETT: Cancer Res. **10**, 681 (1950).
[14] KELLNER, H., u. H. SÜDHOF: Mschr. Kinderheilkde. **103**, 385 (1955).
[15] DISCHE, Z., and M. OSNOS: Fed. Proc. **11**, 202 (1954).
[16] GOTTSCHALK, A.: Nature **172**, 808 (1953).

Auch über die physiologische Bedeutung der Mucoproteide und Mucoide des Serums ist nur wenig bekannt.

Etwa $^1/_{25}$ der antitryptischen Aktivität des Serums kommt einem Mucoid zu[1]. Auch Fetuin hat antitryptische Eigenschaften[2], aber bei beiden sind diese nur ein Bruchteil der antitryptischen Aktivität von Ovomucoid (vgl. S. 429).

Ein Hyaluronidasehemmstoff des menschlichen Serums ist ein kohlenhydrathaltiges Eiweiß[3].

Glykoproteide des Serums verhindern die Agglutination der Erythrocyten durch Influenzavirus[4].

Das thyroxintransportierende Protein des Serums soll ein α_2-Glykoproteid sein[5].

Das mit der Phosphorwolframsäuremethode dargestellte Mucoid (vgl. S. 366) zeigt gerinnungshemmende Eigenschaften[6].

Zu erwähnen ist, daß eine kohlenhydratreiche Komponente aus Meerschweinchenserum mit den Komponenten des Komplements C′2 und C′4 identisch ist (vgl. S. 306).

Auch Prothrombin enthält relativ viel Kohlenhydrat (vgl. S. 267).

Bei Krebs[7], aber auch bei verschiedenen anderen Krankheiten, wie Lungentuberkulose[7-10], Pneumonie[11], Pemphigus[12] oder Lipoidosen mit Dysfunktion der Leber[12] sowie bei vielen infektiösen und entzündlichen Prozessen[13-15] sind die Glykoproteide im Serum stark erhöht. Es scheint, daß die Glykoproteide im Serum bei Gewebsabbau und bei Proliferation erhöht sind[2, 16].

Es wird einerseits angenommen[17], daß die Glykoproteide direkt aus dem entzündeten Gewebe frei werden und in die Blutbahn gelangen, denn es ist gelungen[17], aus Rattengewebe Polysaccharide zu isolieren, die keine Glucuronsäure enthalten und die gleiche Zusammensetzung haben wie die proteingebundenen Polysaccharide des Serums. Andererseits[18] soll der erhöhte Glykoproteidgehalt des Serums eher mit der Proliferation als mit der Zerstörung des Gewebes parallel gehen. Damit mag auch das Vorkommen großer Mengen Fetuin im Serum von Kalbsfeten zusammenhängen[2]. Es wird offenbar im Fetalserum des Kalbes angestaut, weil die Placentaschranke keinen Austausch mit dem mütterlichen Serum erlaubt (vgl. S. 227). Beim Menschen ist die Placentaschranke für so kleine Proteine wie die Mucoproteide offenbar durchlässig. Interessant ist in diesem Zusammenhang, daß bei schwangeren Frauen die Mucoproteide im Serum erhöht sind[19, 20].

[1] Waldron, D. M.: Biochem. J. **49**, LVIII (1951).
[2] Deutsch, H. F.: J. biol. Ch. **208**, 669 (1954).
[3] Goldwasser, E., and M. B. Mathews: Am. Soc. **77**, 3135 (1955).
[4] Tyrrell, D. A.: J. Immunol. **72**, 494 (1954).
[5] Robbins, J., M. L. Petermann and J. E. Rall: Fed. Proc. **13**, 280 (1954).
[6] Greenspan, E. M.: Science, N. Y. **114**, 395 (1951).
[7] Winzler, R. J., A. W. Devor, J. W. Mehl and I. M. Smyth: J. clin. Invest. **27**, 609 (1948). — Winzler, R. J., and I. M. Smyth: J. clin. Invest. **27**, 617 (1948). — Winzler, R. J.: Adv. Cancer Res. **1**, 503 (1953).
[8] Köiw, E., and A. Grönwall: Scand. J. clin. Lab. Invest. **4**, 244 (1952).
[9] Seibert, F. B., M. L. Pfaff and M. V. Seibert: Arch. Biochem. **18**, 279 (1948).
[10] Stary, Z., H. Bodur, S. G. Lisie u. F. Batiyak: Kli. Wo. **1953**, 399.
[11] Nilsson, I.: B. Z. **291**, 254 (1937).
[12] Lever, W. F., and N. A. Hurley; in: Tullis, J. L. (Hrsg.): Blood Cells and Plasma Proteins. S. 392. New York 1953.
[13] Shetlar, M. R., J. V. Foster, K. H. Kelly and M. R. Everett: Proc. Soc. exp. Biol. Med. **69**, 507 (1948).
[14] Boas, N. F., and A. F. Peterman: Proc. Soc. exp. Biol. Med. **82**, 19 (1953).
[15] Hartmann, F., u. E. P. Schaefer: Z. Naturforsch. **7b**, 88 (1952).
[16] Seibert, F. B., M. V. Seibert, A. J. Atno and H. W. Campbell: J. clin. Invest. **26**, 90 (1947).
[17] Dische, Z., and M. Osnos: Fed. Proc. **9**, 165 (1950).
[18] Shetlar, M. R., J. V. Foster, K. H. Kelly, C. L. Shetlar, R. S. Bryan and M. R. Everett: Cancer Res. **9**, 515 (1949).
[19] Stary, Z., H. Bodur u. F. Batiyok: Schweiz. med. Wschr. **81**, 1273 (1951).
[20] Longsworth, L. G., R. M. Curtis and R. H. Pembroke jr.: J. clin. Invest. **24**, 46 (1945).

Besonders charakteristisch scheint die Erhöhung der Fraktion der Serummucoide bei verschiedenen Krankheiten zu sein. Sie wird von STARY[1] als die Fraktion definiert, die nach Halbsättigung mit Ammoniumsulfat mit dem Albumin in Lösung bleibt, von WINZLER[2] als die Fraktion, die in Perchlorsäure löslich, in Phosphorwolframsäure unlöslich ist. Sie ist bei Krebs[3, 4], in fortgeschrittenen Fällen von Lungentuberkulose[1], bei aktiver rheumatischer Arthritis[5], bei Verbrennungen[6] und verschiedenen Arten von Fieber[7] stark erhöht. Eine Verminderung der Serummucoide findet sich nur bei diffusen Erkrankungen des Leberparenchyms[8] und bei Lipoidnephrose[9].

Das Orosomucoid enthält Neuraminsäure bzw. Sialinsäure[10–12] und hat damit virushemmende Eigenschaften[13] (vgl. S. 389). Über Vermehrung oder Verminderung von proteingebundener Neuraminsäure und Fucose im Serum weiß man noch wenig, sie scheinen nach vorläufigen Untersuchungen aber mit der Vermehrung oder Verminderung der übrigen Zucker parallel zu gehen[2].

Darstellung. HEWITT[14–16] gewann aus der Albuminfraktion des Pferdeplasmas bei der *Ammoniumsulfatfraktionierung* 2 kohlenhydratreiche Proteine. Pferdeplasma wurde mit 0,9%igem NaCl 1:1 verdünnt; durch $^1/_2$-Sättigung mit $(NH_4)_2SO_4$ wurden die Globuline entfernt und aus dem Überstand das Albumin durch Ansäuern mit Essigsäure ausgefällt oder sogar kristallisiert. Aus der Mutterlauge erhielt er eine zweite Eiweißfraktion, die durch Hitze nicht koagulierbar war, deutliche Mengen Kohlenhydrat enthielt und durch $^2/_3$-Sättigung mit $(NH_4)_2SO_4$ und weiteres Zufügen von Essigsäure gefällt werden konnte. Er nannte dieses 11% Kohlenhydrat enthaltende Protein *Seroglykoid*. Es konnte auch nach Hitzekoagulation des Serums durch Alkoholfraktionierung gewonnen werden. Er erhielt es auch aus anderen tierischen Seren. Das zweite von HEWITT gefundene kohlenhydrathaltige Protein, Globoglykoid, das bei der Ammoniumsulfatfraktionierung mit dem rohen Albumin ausfiel und davon durch Halbsättigung mit $(NH_4)_2SO_4$ bei p_H 7 getrennt werden konnte, wurde von RIMINGTON und VAN DEN ENDE[17] kristallisiert, war aber dann kohlenhydratfrei und von Albumin nicht zu unterscheiden. Es schien also kein eigener Eiweißkörper zu sein, sondern Kohlenhydrat, wenn überhaupt, dann nur in sehr lockerer Bindung zu enthalten.

RIMINGTON[18] stellte aus Rinderplasma *nach Hitzekoagulation* mindestens 2 kohlenhydratreiche Proteine dar, als Hauptfraktion *Seromucoid*.

***Darstellung von Seromucoid nach* RIMINGTON[18].**

Defibriniertes Rinderblut wird mit 1 Vol. 0,9%iger NaCl-Lösung verdünnt, die Zellen entfernt und den p_H mit Essigsäure auf 4,7 eingestellt. Daraufhin wird mit Dampf bis zum maximalen Koagulieren erhitzt und filtriert. Das Filtrat wird im Vakuum bei 50° auf

---

1 STARY, Z., H. BODUR, S. G. LISIE u. F. BATIYAK: Kli. Wo. **1953**, 399.
2 WINZLER, R. J.: Meth. biochem. Analysis. Bd. 2, S. 279. New York 1955.
3 WINZLER, R. J., A. W. DEVOR, J. W. MEHL and I. M. SMYTH: J. clin. Invest. **27**, 609, 617 (1948).
4 SHETLAR, M. R., C. L. SHETLAR, V. RICHMOND and M. R. EVERETT: Cancer Res. **10**, 681 (1950).
5 SHETLAR, M. R., R. W. PAYNE, J. A. BULLOCK, D. P. PATRICK, A. A. HELLBAUM and W. K. ISHMAEL: J. clin. Invest. **32**, 1208 (1953).
6 KNOBLOCH, W. H., P. NAYLE, C. L. SHETLAR and M. R. SHETLAR: Proc. Soc. exp. Biol. Med. **81**, 417 (1952).
7 SHETLAR, M. R., W. H. KNOBLOCH, V. RICHMOND, C. L. SHETLAR and M. R. EVERETT: Proc. Soc. exp. Biol. Med. **83**, 75 (1953).
8 GREENSPAN, E. M.: Arch. int. Med. **93**, 863 (1954).
9 KELLY, V. C., R. A. GOOD and D. GLICK: J. clin. Invest. **29**, 1500 (1950).
10 BLIX, G., L. SVENNERHOLM and I. WERNER: Acta chem. scand. **6**, 358 (1952).
11 BÖHM, P., u. L. BAUMEISTER: H. **300**, 153 (1955).
12 ODIN, L.: Acta chem. scand. **9**, 862 (1955).
13 FAILLARD, H.: H. **307**, 62 (1957).
14 HEWITT, L. F.: Biochem. J. **30**, 2229 (1936).
15 HEWITT, L. F.: Biochem. J. **31**, 360, 1534 (1937).
16 HEWITT, L. F.: Biochem. J. **32**, 26 (1938).
17 RIMINGTON, C., and M. VAN DEN ENDE: Biochem. J. **34**, 941 (1940).
18 RIMINGTON, C.: Biochem. J. **34**, 931 (1940).

ein kleines Volumen eingedampft und das rohe Mucoproteid mit 10 Vol. Alkohol gefällt. Der Niederschlag wird mit Alkohol und Äther gewaschen.

Der wäßrige Extrakt dieses Materials wird dialysiert. Aus der klaren Flüssigkeit erhält man mit 2,7 Vol. Alkohol einen dicken Niederschlag, der abzentrifugiert wird. Die wäßrige Lösung dieses Niederschlags wird dann mit Alkohol fraktioniert. Die Hauptfraktion mit einem Verhältnis Kohlenhydrat/Gesamt-Stickstoff von 0,95 fällt mit 1 Vol. Alkohol aus. In der Endfraktion, die mit 4 Vol. Alkohol ausfällt, ist das Verhältnis Kohlenhydrat/Gesamt-Stickstoff 4,4. Diese Fraktion bedeutet nur einen sehr kleinen Teil der Gesamtmenge. Die Hauptfraktion wird mit Alkohol weiter fraktioniert und hat schließlich ein Verhältnis Kohlenhydrat/Gesamtstickstoff von 0,79, das bedeutet 10,7% Kohlenhydrat (Glucosamindihexose). Es ist das Seromucoid, das mit dem Seroglykoid von HEWITT identisch zu sein scheint, obwohl von RIMINGTON und VAN DEN ENDE[1] sowohl im physikalisch-chemischen als auch im immunologischen Verhalten Unterschiede beobachtet wurden. Diese dürften darauf beruhen, daß es sich nicht um ganz reine Präparate und um verschiedene Salzkonzentrationen handelte[2].

Die löslichste Fraktion enthielt 45% Kohlenhydrat und 9,67% Gesamtstickstoff.

Die Mucoidfraktionen wurden durch Erhitzen oder Trichloressigsäure nicht gefällt, wohl aber durch Ganzsättigung mit Ammoniumsulfat.

Die Aufarbeitung wurde mit Stickstoffbestimmung, Hexosebestimmung mit Orcin[3] und Hexosaminbestimmung mit Acetylaceton nach ELSON und MORGAN[4] mit Verbesserungen des Autors verfolgt. Das Verhältnis Hexose/Hexosamin betrug 2:1.

Nach Zufügen von 0,6 m Perchlorsäure oder 0,2 m Sulfosalicylsäure zu menschlichem Plasma bleiben im Filtrat ungefähr 5 mg nichtdialysierbarer Stickstoff je 100 cm³, der zum größten Teil den Mucoiden angehört[5]. Bei Fällung mit 0,5 m Trichloressigsäure hinterbleiben nur 0,2 mg nichtdialysierbarer Stickstoff im Filtrat.

***Darstellung von 3 Mucoiden aus dem Perchlorsäurefiltrat des menschlichen Plasmas nach* WINZLER, DEVOR, MEHL *und* SMYTH[5].**

500 cm³ Plasma werden mit 1 Vol. Wasser und 500 cm³ 1,8 m Perchlorsäure unter Rühren verdünnt. Innerhalb von 5 min nach der Proteinfällung wird durch Whatman 5-Papier filtriert und nahezu säurefrei dialysiert; durch Ganzsättigung mit Ammoniumsulfat werden die Mucoide gefällt. Sie können aus dem Perchlorsäurefiltrat auch mit Phosphorwolframsäure gefällt werden.

Man erhält mindestens 3 elektrophoretische Komponenten[6].

Daß es sich dabei nicht um Kunstprodukte handelt, die durch die starke Säurekonzentration entstanden sind, konnten die Autoren dadurch beweisen, daß sie die elektrophoretische[6] Hauptkomponente, das (frühere *Mucoproteid MP-1*) Orosomucoid, mit Ammoniumsulfatfraktionierung elektrophoretisch homogen darstellen konnten[7].

***Darstellung von Orosomucoid (früher MP-1) mit Ammoniumsulfatfraktionierung nach* WEIMER, MEHL *und* WINZLER[7].**

Ein Volumen, im allgemeinen 1—3 *l* normales menschliches Sammelplasma, wird mit 0,1 Vol. 1 m Natriumacetat und 0,9 Vol. dest. Wasser verdünnt. Unter Rühren wird Ammoniumsulfat bis zu einer Konzentration von 2,7 m zugefügt (vgl. S. 231ff.). Man läßt mindestens 16 Std bei 4° stehen und filtriert durch doppeltes Whatman 1-Papier. Der p_H des Filtrats wird mit 1 n HCl auf 4,9 gebracht und die entstehende Suspension bei 4° mindestens 16 Std stehengelassen. Man filtriert durch doppeltes Whatman 1-Papier, bringt mit n HCl auf p_H 3,7 und läßt bei 4° mindestens 16 Std stehen. Die gefällten

[1] RIMINGTON, C., and M. VAN DEN ENDE: Biochem. J. **34**, 941 (1940).
[2] MEYER, K.: Adv. Protein Chem. **2**, 266 (1945).
[3] SØRENSEN, M., and G. HAUGAARD: C. R. Lab. Carlsberg **19**, No. 12 (1933). B. Z. **260**, 247 (1933).
[4] ELSON, L. A., and W. T. J. MORGAN: Biochem. J. **27**, 1824 (1933).
[5] WINZLER, R. J., A. W. DEVOR, J. W. MEHL and I. M. SMYTH: J. clin. Invest. **27**, 609 (1948).
[6] MEHL, J. W., F. GOLDEN and R. J. WINZLER: Proc. Soc. exp. Biol. Med. **72**, 106 (1949).
[7] WEIMER, H. E., J. W. MEHL and R. J. WINZLER: J. biol. Ch. **185**, 561 (1950).

Proteine werden, wie oben beschrieben, filtriert. Man fällt dann das Orosomucoid durch Sättigung des Filtrats mit Ammoniumsulfat bei 4° und läßt das Gemisch mindestens 72 Std bei 4° stehen, um vollkommene Ausfällung des Mucoids zu garantieren, das durch Filtration durch ein doppelt starkes Whatman 1-Papier gesammelt wird. Man löst dann in einer kleinen Menge dest. Wassers, dialysiert gegen dest. Wasser bis zur Ammoniumsulfatfreiheit und kann nachher gefriertrocknen.

Die Präparate werden in 2 %iger Konzentration gelöst, filtriert, bei p_H 3,7 mit gesättigtem Ammoniumsulfat umgefällt und neuerlich isoliert. Man erhält auf diese Art 500 ± 50 mg eines elektrophoretisch homogenen Mucoids je *l* Plasma, wenn Plasmavolumina bis zu 3 *l* fraktioniert werden. Fraktionierung größerer Volumina gibt ein inhomogenes Produkt, das durch neuerliches Fraktionieren homogen gemacht werden kann.

Die etwas hygroskopischen Präparate sind leicht in Wasser löslich und geben etwas trübe Lösungen, die nicht koagulieren, wenn sie mit Essigsäure angesäuert und gekocht werden. Das Mucoid wird durch 0,6 m Perchlorsäure, 0,2 m Sulfosalicylsäure oder 5 %ige Trichloressigsäure nicht gefällt, wohl aber durch Phosphorwolframsäure und 75 %igen Äthylalkohol bei p_H 3,5.

Das Orosomucoid (MP-1) ist das sauerste der isolierten Mucoide[1] und scheint mit dem „sauren Glykoproteid" von SCHMID[2] identisch zu sein.

Chemische Zusammensetzung und physikalische Daten sind auf S. 370ff. angegeben.

SCHMID[2] hat aus Fraktion VI der COHNschen Methode 10 (vgl. S. 39) eine Reihe von Glykoproteiden isoliert, darunter deren Hauptkomponente, die er „*saures Glykoproteid*" nennt [neuerdings Orosomucoid (vgl. S. 362)]. Aus der Lösung, aus der 98 % der Proteine schon ausgefällt sind, werden die restlichen Proteine an Zinkhydroxyd adsorbiert, das Zinkhydroxyd mit Essigsäure in wäßrigem Äthylalkohol herausgelöst und die α_2- und β_1-Globulinverunreinigungen mit kleinen Mengen Bariumacetat gefällt. Orosomucoid kann schließlich als Bleisalz kristallisiert werden.

***Darstellung und Kristallisation von Orosomucoid aus Fraktion VI der Äthylalkoholfraktionierung (Methode 10) nach* SCHMID[2].**

Ausgangsmaterial ist die Lösung, die nach Fällung von 98 % der Gesamtplasmaproteine (Fraktion I—V) übrigblieb. Nach Methode 10 (vgl. S. 39) ist das Volumen dieser überstehenden Lösung das 5fache des Ausgangsvolumens des Plasmas. Sie enthält 0,066 Mol.-Fraktion Äthylalkohol (19 % Äthylalkohol bei 25°) und etwas weniger als 0,02 m Zinkacetat je *l*. Die optische Dichte bei 278 mμ in einer 1 cm-Küvette beträgt 0,49, der p_H 5,8, der Stickstoffgehalt 60 mg/*l*.

Der p_H der Lösung wird bei —5° durch langsames Zufügen von 1 m NH_4OH-NH_4Cl-Puffer von p_H 10,4 in 0,066 Mol.-Fraktion Äthylalkohol (1 *l* dieses Puffers enthält 3,1 g NH_4Cl, 5,7 cm³ NH_4OH, $d = 0{,}90$, und 200 cm³ 95 %igen Äthylalkohol; es kann evtl. auch Äthylamin benutzt werden) auf 7,9 eingestellt. Die entstehende Suspension wird 30 min gerührt, über Nacht stehengelassen, dekantiert und bei —5° zentrifugiert. (Bei einem Experiment lieferten 67 *l* Lösung, entsprechend 13,4 *l* Plasma, 820 g einer feuchten Paste, die 10 g Protein enthielt, also etwa 1,5 % der gesamten Plasmaproteine.)

Die Zinkpaste wird in einem gleichen Volumen vorgekühlten Äthylalkohols, Mol.-Fraktion 0,066, —5°, suspendiert und der p_H mit Acetatpuffer p_H 4, Ionenstärke 0,5, der Äthylalkohol Mol.-Fraktion 0,066 enthält, auf 5,8 eingestellt. Die totale Zinkionenkonzentration ist nun ungefähr 0,5 m, viel größer als in der ursprünglichen Lösung (0,02 m). Die Proteine, die unter diesen Bedingungen unlöslich sind, entfernt man durch Zentrifugieren bei —5°. Es sind dies Spuren von Albumin und anderen Komponenten aus Fraktion IV + V.

Dann fügt man genügend Bariumacetat zu, um die molare Konzentration auf 0,02 m zu bringen, und stellt den p_H mit 1 n Natriumglykokoll-Puffer p_H 9,5 auf p_H 6,1 ein (1 *l* dieses Puffers enthält 75 g Glykokoll, 20 g Natriumhydroxyd und 200 cm³ 95 %igen

[1] WINZLER, R. J., A. W. DEVOR, J. W. MEHL and I. M. SMYTH: J. clin. Invest. 27, 609 (1948).
[2] SCHMID, K.: Am. Soc. 72, 2816 (1950); 75, 60, 2532 (1953).

Äthylalkohol auf —5° vorgekühlt). Man läßt über Nacht absitzen und zentrifugiert ab. *Fraktion* VI-2.

Zur Reinigung des so gewonnenen „sauren Glykoproteids“ wird zuerst gegen Eiswasser dialysiert. Nach dem Gefriertrocknen enthält das Protein immer noch 0,1% Zink. Die 10%ige Lösung eines solchen Präparates läßt man zur Entfernung der Zn-Ionen durch einen carboxylierten Austauscher in der Na-Form von p_H 8 bei 0° laufen (s. S. 347). Da die Dialyse mehrere Tage in Anspruch nimmt, ist es besser, den größten Teil der anorganischen Salze und dialysierbaren organischen Verbindungen zu entfernen, indem man die Proteinpaste 2mal bei —5° in dem 10fachen Volumen einer Lösung, die 0,02 m Bariumsulfat und 0,163 Mol.-Fraktion Äthylalkohol enthält, suspendiert. Den Rückstand suspendiert man neuerlich in einem gleichen Volumen Eiswasser und mischt mit einer kleinen Menge Austauscher in der Natrium-Form. Zur Entfernung der letzten Ionenreste läßt man durch ein gemischtes Austauscherbett laufen, das so hergestellt sein muß, daß Denaturierung durch lokale extreme p_H-Werte vermieden wird (vgl. S. 347). Dann wird die ionenfreie Lösung gefriergetrocknet.

Das Proteinpräparat wird neuerlich in einer kleinen Menge Eiswasser (Proteinkonzentration 7%) gelöst, Äthylalkohol von —70° wird bis zur Äthylalkoholkonzentration Mol.-Fraktion 0,066 zugefügt. Temperatur —5°. Vorgekühltes Zinkacetat und Bariumacetat wird bis zu einer Konzentration von jeweils 0,02 m zugefügt. Man läßt bei —8° einen Tag stehen und entfernt dann die Ionen, wie oben beschrieben. Dann wird gefriergetrocknet. Das so erhaltene saure Glykoproteid ist elektrophoretisch homogen.

Kristallisation des sauren Glykoproteids als Bleisalz wird unter folgenden Bedingungen erreicht: 6,3% Protein, 0,0072 m Bleiacetat, p_H 5,4, Temperatur 0—8°, 10,6% Methylalkohol, 10,6% Aceton.

Physikalische Eigenschaften und analytische Daten des sauren Glykoproteids sind auf S. 370ff. angegeben.

Von Schmid[1, 2] wurden aus Fraktion VI nach dem Entfernen des Orosomucoids (sauren Glykoproteids) noch 3 andere Glykoproteide mit isoelektrischen Punkten zwischen 3,5 und 4,3 isoliert.

Fetuin wird nach Pedersen[3] bei 0,4—0,45-Sättigung mit Ammoniumsulfat abgetrennt. Von Deutsch[4] wurde Fetuin neuerdings aus dem Trichloressigsäurefiltrat des Serums von Kalbsfeten dargestellt. Die Darstellung ist schematisch in Tabelle 25 wiedergegeben.

Bei der Äthylalkoholfraktionierung wurden von Surgenor und Mitarbeitern[5] aus Fraktion IV-4 2 Glykoproteide dargestellt, aber nicht als reine Präparate isoliert.

***Darstellung von 2 Glykoproteiden (Mucoproteiden?) aus Fraktion IV-4 mit Äthylalkoholfraktionierung nach* Surgenor, Strong, Taylor, Gordon *jr. und* Gibson[5].**

Ausgangsmaterial ist Fraktion IV-4 (vgl. S. 239). Sie wird 1. suspendiert, auf p_H 5,2, Ionenstärke $\Gamma/2$ 0,02, Äthylalkoholkonzentration 18%, Proteinkonzentration 2% und —5° eingestellt. 2. Der Niederschlag, der das gesamte α_1-Lipoproteid, die α_2-Globuline und etwas Albumin und Transferrin enthält, wird auf p_H 5,0, Ionenstärke 0,001, Proteinkonzentration 1,5% und 0° gebracht. Der Euglobulinniederschlag, hauptsächlich Lipoproteid, wird verworfen. 3. Rohes Mucoproteid wird durch Einstellen der Lösung auf p_H 5,1, Ionenstärke 0,005, Äthylalkoholkonzentration 10% und —3° gefällt. Unter diesen Bedingungen bleiben Esterase und löslicheres α_2-Glykoproteid in Lösung. 4. Transferrin wird von dem rohen Mucoproteidniederschlag durch neuerliches Suspendieren und Einstellen auf p_H 6,1,

[1] Schmid, K.: Am. Soc. **75**, 2532 (1953).
[2] Schmid, K.: Fed. Proc. **13**, 290 (1954). Am. Soc. **77**, 742 (1955). Biochim. biophysica Acta, N. Y. **21**, 399 (1956).
[3] Pedersen, K. O.: J. physic. Colloid Chem. **51**, 164 (1947).
[4] Deutsch, H. F.: J. biol. Ch. **208**, 669 (1954).
[5] Surgenor, D. M., L. E. Strong, H. L. Taylor, R. S. Gordon jr. and D. M. Gibson: Am. Soc. **71**, 1223 (1949).

Ionenstärke $\Gamma/2$ 0,02, Äthylalkoholkonzentration 19 %, Proteinkonzentration 1,2 % und —5° abgetrennt. Das Mucoproteid bleibt in Lösung und wird wieder ausgefällt, indem man erneut auf p_H 5,2, Ionenstärke 0,02, Äthylalkoholkonzentration 17 % und —5° einstellt. Der Niederschlag enthält 6 % des Proteins aus Fraktion IV-4.

Tabelle 25. *Darstellung von Fetuin*[1].

Serum von Kalbsfeten

↓

1 Vol. 10 %iges neutrales Natriumtrichloracetat zufügen, mit 10 %iger Trichloressigsäure auf p_H 3,5 einstellen, zentrifugieren

↓	↓
Niederschlag A	**Überstand A**
↓	↓
verwerfen	auf p_H 7,0—7,4 einstellen, mehrere Tage dialysieren, festes Ammoniumsulfat bis 40 %-Sättigung zufügen, auf p_H 7,0 ± 1,0 einstellen

↓	↓
Niederschlag B	Überstand B
↓	↓
in Wasser suspendieren und mehrere Tage dialysieren. Protein auf 1,5 %, p_H auf 4,5 einstellen, auf 0° kühlen. Vorgekühlten 95 %igen Äthylalkohol zufügen bis 15—25 %, $\Gamma/2 = 0{,}02$—0,03, Temperatur —6°, zentrifugieren	verwerfen

↓	↓
Niederschlag C	**Überstand C**
	↓
	kalten 95 %igen Äthylalkohol bis 50 % zufügen, bei —10 bis —15° über Nacht stehenlassen, zentrifugieren

↓	↓
Niederschlag D	Überstand D
↓	↓
Fetuin	verwerfen

Weitere Reinigung wird 6. durch Wiederausfällen des Mucoproteids bei p_H 5,1, Ionenstärke $\Gamma/2$ 0,003, 10 % Äthylalkohol, 0,3 % Protein und —3° erreicht. Der Niederschlag wird 7. mit einer Proteinkonzentration von 0,5 % in Wasser gelöst und durch eine Seitz-Filterplatte S-3 unter Druck filtriert. Von dem erhaltenen Protein im Filtrat sind 82 % α_2-Globulin, der Rest besteht aus Albumin, α_1- und β_1-Globulin.

Der Hexosegehalt ist 4,3 %, der Hexosamingehalt 2,8 %.

Das zweite α_2-Glykoproteid aus Fraktion IV-4 wird gemeinsam mit dem Transferrin in Fraktion IV-7 gefällt (vgl. S. 722ff.).

Die Kohlenhydratbestimmungen werden im Verlaufe der Untersuchungen mit einer Modifikation der Methode von SØRENSEN und HAUGAARD[2], die Glucosaminbestimmungen mit der Modifikation der Methode von ELSON und MORGAN[3] und von RIMINGTON[4] durchgeführt (vgl. S. 375).

Alle Methoden werden in gleicher Art wie bei der Äthylalkoholfraktionierung S. 237ff. beschrieben durchgeführt.

BAKER und Mitarbeiter[5] haben aus Fraktion III-0 ein Glykoproteid kristallisiert.

[1] DEUTSCH, H. F.: J. biol. Ch. **208**, 669 (1954).
[2] SØRENSEN, M., u. G. HAUGAARD: B. Z. **260**, 247 (1953).
[3] ELSON, L. A., and W. T. J. MORGAN: Biochem. J. **27**, 1824 (1933).
[4] RIMINGTON, C.: Biochem. J. **34**, 931 (1940).
[5] BAKER, W. H., A. PETERKOFSKY and D. L. KAUFFMANN: Am. Soc. **76**, 4244 (1954).

Die Zink-Komplexe der α-Glykoproteide sind wasserlöslich[1]. Mit Zink und Quecksilber bilden die α_2-Glykoproteide unlösliche *Komplexe*. Ihre Bleisalze sind jedoch bei neutraler Reaktion löslich[2].

Über das Verhalten des Orosomucoids von SCHMID[3, 4] gegen diese Metallionen s. S. 367ff.

Schließlich haben SCHULTZE und Mitarbeiter[5] mit einer aus Adsorptions- und Ausfällungsmethoden kombinierten Serumfraktionierung mehrere Glykoproteidfraktionen isoliert und gereinigt (vgl. Tabelle 11 und 26).

GIRI findet mit zweidimensionaler Elektrophorese in Agar 4 Mucoproteide, die bei p_H 4,5 anodisch wandern[6].

Physikalische Eigenschaften der Mucoproteide und Mucoide. *Elektrophorese.* Das von McMEEKIN[7] kristallisierte Glykoproteid („kohlenhydratreiches Albumin") wandert elektrophoretisch mit den α-Globulinen.

Bei der COHNschen Fraktionierungsmethode 10 (vgl. S. 39) gehören die Glykoproteide, die in Fraktion I + III konzentriert werden, elektrophoretisch zu den β-Globulinen, die in Fraktion IV + V konzentrierten zu den α_2-Globulinen und die in Fraktion VI in Lösung bleibenden zu den α_1-Globulinen[8]. Das von BAKER[9] aus Fraktion III-0 kristallisierte Glykoproteid hat in Veronalpuffer p_H 8,6 $\Gamma/2$ 0,1, eine Beweglichkeit von —3,9. Es wandert also zwischen den α_2- und β-Globulinen.

Die Hauptkomponente von Fraktion VI, das mit den α_1-Globulinen wandernde Orosomucoid von SCHMID[3, 10] (saures Glykoproteid), hat den am stärksten sauren *isoelektrischen Punkt* der in dieser Fraktion gefundenen Glykoproteide und den am stärksten sauren isoelektrischen Punkt aller Plasmaproteine überhaupt. Er liegt bei p_H 2,7. Für das damit offenbar identische Orosomucoid (MP-1, WINZLER, MEHL und Mitarbeiter[11-13]) wird ein isoelektrischer Punkt von 1,8 angegeben. Der Unterschied der isoelektrischen Punkte der Glykoproteide liegt wahrscheinlich nur daran, daß von beiden Autorengruppen in verschiedenen Puffern gemessen wurde.

Orosomucoid (MP-1) wandert nach MEHL und Mitarbeitern[12, 13] in Veronalpuffer p_H 8,6 mit den α_1-Globulinen. Es ist von p_H 1,5—8,5 elektrophoretisch einheitlich. Bei der Elektrophorese bei p_H 4,5 kann es von den anderen Plasmaproteinen, die dann als Kationen wandern, getrennt werden. Die von SCHMID[14] isolierten Glykoproteide, die nach Ausfällung des Orosomucoids in Lösung bleiben, gehören zu den α_2-Globulinen.

Fetuin wandert elektrophoretisch auch mit den α_1-Globulinen. Sein isoelektrischer Punkt liegt bei p_H 3,5[15]. Danach könnte es mit dem Orosomucoid (MP-1) von MEHL und Mitarbeitern[12], das bei der Elektrophorese bei p_H 4,5 als Anion wandert, identisch sein.

Molekulargewichte. Das gereinigte *Orosomucoid* (MP-1) verhält sich im p_H-Bereich von 4,1—10,5 in der Ultrazentrifuge als einheitliche Substanz[16]. Die auf die Proteinkonzen-

[1] COHN, E. J.; in: TULLIS, J. L. (Hrsg.): Blood Cells and Plasma Proteins. S. 35. New York 1953.
[2] COHN, E. J.; in: TULLIS, J. L. (Hrsg.): Blood Cells and Plasma Proteins. S. 49. New York 1953.
[3] SCHMID, K.: Am. Soc. **72**, 2816 (1950).
[4] SCHMID, K.: Am. Soc. **75**, 60, 2532 (1953).
[5] SCHULTZE, H. E., I. GÖLLNER, K. HEIDE, M. SCHÖNENBERGER u. G. SCHWICK: Z. Naturforsch. **10b**, 463 (1955).
[6] GIRI, K. V.: Nature **179**, 632 (1957).
[7] McMEEKIN, T. L.: Am. Soc. **62**, 3393 (1940).
[8] LEVER, W. F., and N. A. HURLEY: In: TULLIS, H. L. (Hrsg.): Blood Cells and Plasma Proteins. S. 392. New York 1953.
[9] BAKER, W. H., A. PETERKOFSKY and D. L. KAUFFMANN: Am. Soc. **76**, 4244 (1954).
[10] SCHMID, K.: Am. Soc. **75**, 60 (1953).
[11] WINZLER, R. J., A. W. DEVOR, J. W. MEHL and I. M. SMYTH: J. clin. Invest. **27**, 609 (1948).
[12] MEHL, J. W., F. GOLDEN and R. J. WINZLER: Proc. Soc. exp. biol. Med. **72**, 110 (1949).
[13] WEIMER, H. E., J. W. MEHL and R. J. WINZLER: J. biol. Ch. **185**, 561 (1950).
[14] SCHMID, K.: Fed. Proc. **13**, 290 (1954). Am. Soc. **77**, 742 (1955).
[15] PEDERSEN, K. O.: J. physic. Colloid Chem. **51**, 164 (1947).
[16] SMITH, E. L., D. M. BROWN, H. E. WEIMER and R. J. WINZLER: J. biol. Ch. **185**, 569 (1950).

tration 0 extrapolierte *Sedimentationskonstante* beträgt $S_{20,w} = 3{,}11$. Die von SCHMID[1] für ein Orosomucoid gefundene Sedimentationskonstante liegt wenig höher (s. Tabelle 26). Die physikalischen Konstanten für *Fetuin* von 2 verschiedenen Autoren[2, 3] s. Tabelle 26.

Tabelle 26. *Physikalische Konstanten einiger Serumglykoproteide.*

	Sedimentationskonstante $S_{20,w}$	Spezifisches Partialvolumen	Diffusionskonstante	„Intrinsic viscosity" $[\eta] \times 10^2$	Reibungskoeffizient f/f_0	Molekulargewicht
Kristallisiertes α-Glykoproteid („kohlenhydratreiches Albumin") aus Pferdeserum[4]	4,1					
Orosomucoid: MP-1[5]	3,11	0,675	5,27	6,9	1,78	44100
Orosomucoid: saures Glykoproteid[1]	3,55					
Fetuin: Darstellung nach PEDERSEN[2]	3,23	0,710	5,5			48700
Fetuin: nach DEUTSCH[3]	2,86	0,712	5,37			45000
α_1-Glykoproteidfraktion SCHULTZE[6] [$S_{20,w}$ (0,8)]	4,8 (78,5%) 10,0 (21,5%)			7,8		125000
α_2-Mucoproteid gereinigt, SURGENOR[7]	11					
α_2-Glykoproteid, vermutlich damit identisch, SCHULTZE[6]	6,0—14,2					
Kristallisiertes α_2-Glykoproteid aus Fraktion III—0 (2%ige Lösung), BAKER[8]	14,6					
Niedermolekulares elektrophoretisch nicht einheitliches α_2-Glykoproteid, SCHMID[9]	2,8					

DEUTSCH[3] findet ein etwas niedrigeres *Molekulargewicht* als PEDERSEN[2]. Das mag damit zusammenhängen, daß Fetuin leicht Aggregate von höherem Molekulargewicht bildet, besonders wenn es saurem p_H oder Hitze ausgesetzt war[3]. Es ist deshalb unmöglich, bei Diffusionsmessungen übereinstimmende Resultate zu erhalten. Beim Ultrazentrifugieren von Gesamtserum ist Fetuin nicht ganz von Albumin zu trennen.

Die von SURGENOR und Mitarbeitern[7] gereinigten Glykoproteide sind in der Ultrazentrifuge noch nicht einheitlich. Eines davon enthält 75% einer Komponente, die je nach Proteinkonzentration mit $S = 6$—9 sedimentiert. Der auf unendliche Verdünnung extrapolierte Wert beträgt $S = 11$ (s. Tabelle 26).

Das von McMEEKIN[4] kristallisierte Glykoproteid („kohlenhydratreiches Albumin") soll in der Ultrazentrifuge nahezu einheitlich sein, ebenso das von BAKER und Mitarbeitern[8] kristallisierte (s. Tabelle 26).

Die bei der Elektrophorese uneinheitlichen α_2-Glykoproteide von SCHMID[9] erscheinen in der Ultrazentrifuge als einheitliche Komponenten (s. Tabelle 26).

Analytische Daten. Über die Zusammensetzung der Polysaccharide, die mit den Proteinen zu Glykoproteiden verbunden sind, weiß man nur wenig. Sicher ist, daß sie

[1] SCHMID, K.: Am. Soc. **75**, 60, 2532 (1953).
[2] PEDERSEN, K. O.: J. physic. Colloid Chem. **51**, 164 (1947).
[3] DEUTSCH, H. F.: J. biol. Ch. **208**, 699 (1954).
[4] McMEEKIN, T. L.: Am. Soc. **62**, 3393 (1940).
[5] SMITH, E. L., D. M. BRAUN, H. E. WEIMER and R. J. WINZLER: J. biol. Ch. **185**, 569 (1950).
[6] SCHULTZE, H. E., I. GÖLLNER, K. HEIDE, M. SCHÖNENBERGER u. G. SCHWICK: Z. Naturforsch. **10**b, 463 (1955).
[7] SURGENOR, D. M., L. E. STRONG, H. L. TAYLOR, R. S. GORDON jr. and D. M. GIBSON: Am. Soc. **71**, 1223 (1949).
[8] BAKER, W. H., A. PETERKOFSKY and D. L. KAUFMANN: Am. Soc. **76**, 4244 (1954).
[9] SCHMID, K.: Am. Soc. **77**, 742 (1955).

Galaktose[1-4], Mannose[1-3, 5, 6], Glucosamin[1, 4, 5], Galaktosamin[6] und häufig etwas Fucose[2, 3, 7] enthalten (s. Tabelle 27).

Galaktose/Mannose soll meist im Verhältnis 1:1 vorhanden sein[2, 3], doch ist das nur durch indirekte Methoden wie Papierchromatographie nachgewiesen und wohl noch nicht genügend gesichert[8]. Die früher erhobene Forderung, daß in den meisten proteingebundenen Hexosen das Verhältnis Hexose/Hexosamin 2:1 sein soll, kann nicht mehr aufrechterhalten werden (vgl. Tabelle 27). Der Gehalt an Galaktosamin ist sehr viel geringer als der an Glucosamin. Das Verhältnis Galaktosamin/Glucosamin schwankt für die einzelnen Glykoproteidfraktionen in dem Bereich 1:8,8 bis 1:18,1[9]. Das im Orosomucoid vorhandene Glucosamin soll z. T. in acetylierter Form vorliegen[3].

Eine Methylpentose (Fucose) wurde in manchen Serumglykoproteiden gefunden[2, 3].

Außerdem enthalten sie z.T. einen recht hohen Prozentsatz an Neuraminsäure[10, 11] bzw. Sialinsäure[12, 13].

Bis vor kurzem war es unklar, woher der stark saure p_H einiger Serumglykoproteide rührt, da sie keine Schwefelsäure oder Phosphorsäure enthielten und nur von manchen Autoren[14] geringe Mengen Hexuronsäure (0,46% im Seromucoid) gefunden wurde.

Nun fanden BLIX und Mitarbeiter[12, 13] in Glykoproteiden des Serums Sialinsäure, die schon 1936 von BLIX[15] aus Submaxillarismucin isoliert worden war. Von KLENK und seiner Schule[10, 11, 16] wurde im Blutserum und den Serumglykoproteiden die von KLENK[17] 1941 aus Gangliosiden isolierte Neuraminsäure nachgewiesen (vgl. S. 365 und 389).

Die Sialinsäuren sind Acetyl- bzw. Glykolylderivate der Neuraminsäure. Man findet bei einzelnen Tierarten verschiedene Sialinsäuren, die sich durch die Anzahl und die Stellung der Acetyl- bzw. Glykolyl-Gruppen unterscheiden. Nach GOTTSCHALK[18, 19] soll die Sialinsäure aus menschlichen Glykoproteiden die Formel ($CH_2OH(CHOH)_3$—CH-(NHCO—CH_3)—CHOH—CH_2—CO—COOH) haben. Nach KLENK[20] soll die Neuraminsäure der Erythritäther einer Aminohexuronsäure sein. Die Lactaminsäure von KUHN[21] ist offenbar ein Stickstoffacetylderivat der Neuraminsäure. Die Autoren sind übereingekommen, die unsubstituierte Grundverbindung als Neuraminsäure zu bezeichnen und die acetylierten Neuraminsäuren als Sialinsäuren[22]. Mit dem Vorkommen von Neuraminsäure oder einem ihrer Derivate in den Serumglykoproteiden scheint deren saurer isoelektrischer Punkt aufgeklärt. BÖHM und BAUMEISTER[23] konnten 60—68% der entsprechenden Säure aus menschlichem Plasma mit dem acceptor destroying enzyme abspalten, isolieren und als Sialinsäure identifizieren. Aus Orosomucoid wurde Sialinsäure mit einem Enzym aus Clostridium perfringens isoliert. Hierbei ändert sich der isoelektrische Punkt

[1] SØRENSEN, M., u. G. HAUGAARD: B. Z. **260**, 247 (1933).
[2] WALDRON, D. M.: Nature **170**, 461 (1952).
[3] WALDRON, D. M.: Biochem. J. **49**, LVIII (1951).
[4] WERNER, I., and L. ODIN: Exper. **5**, 233 (1947).
[5] RIMINGTON, C.: Biochem. J. **25**, 1062 (1931); **34**, 931 (1940).
[6] WERNER, I.: Acta chem. scand. **5**, 1396 (1951).
[7] GOTTSCHALK, A.: Nature **172**, 808 (1953).
[8] SÜDHOF, H., H. KELLNER u. N. SCHULTE: H. **300**, 68, 82 (1955).
[9] GOA, J.: Acta chem. scand. **9**, 1032 (1955).
[10] BÖHM, P., u. L. BAUMEISTER: H. **300**, 153 (1955).
[11] KLENK, E., u. W. STOFFEL: H. **302**, 286 (1955).
[12] BLIX, G., L. SVENNERHOLM and I. WERNER: Acta chem. scand. **6**, 358 (1952).
[13] ODIN, L., and I. WERNER: Acta Soc. Med. upsal. **52**, 227, 230 (1952).
[14] STARY, Z., u. M. YOVANIDES: B. Z. **324**, 206 (1953).
[15] BLIX, G.: H. **240**, 43 (1936).
[16] BÖHM, P., S. DAUBER u. L. BAUMEISTER: Kli. Wo. **1954**, 289.
[17] KLENK, E.: H. **268**, 50 (1941).
[18] GOTTSCHALK, A.: Nature **176**, 881 (1955).
[19] GOTTSCHALK, A.: Biochim. biophysica Acta, N. Y. **20**, 560 (1956).
[20] KLENK, E.: Angew. Chem. **68**, 349 (1956).
[21] KUHN, R., u. R. BROSSMER: B. **87**, 123 (1954). Angew. Ch. **68**, 211 (1956).
[22] BLIX, F. G., A. GOTTSCHALK and E. KLENK: Nature **179**, 1088 (1957).
[23] BÖHM, P., J. ROSS u. L. BAUMEISTER: H. **307**, 284 (1957).

Tabelle 27. *Analytische Daten verschiedener Serumglykoproteide.*

	Gesamt-N %	S %	P %	Hexose %	Hexosamin: Glucosamin %	Hexosamin: Galaktosamin %	Fucose %	Neuraminsäure %
Kristallisiertes α-Glykoproteid („kohlenhydratreiches Albumin") aus Pferdeserum[1]	15,1			5,5				
Seromucoid, RIMINGTON[2]	13,0	1,59		17,0	8			
Orosomucoid: MP-1[3]	10,1	1,02		16,4	11,9 10,9[4]	 0,62[4]	1—2[5]	8[6] bzw. Sialinsäure 8,9[7]
Orosomucoid: saures Glykoproteid[8]	10,7		1,2	17,2	11,5			
Fetuin: Zusammensetzung nach DEUTSCH[9]	13,39		0,019	9,5	~8			3,3—3,5[15]
Fetuin: nach KLENK[10]	12,4			5,3	9,9			6,0
α_1-Glykoproteidfraktion[11] (4,8—10,0)	12,9			6,0	3,3			4,2
α_2-Mucoproteid gereinigt, SURGENOR[12]				4,3	2,8			
α_2-Glykoproteidfraktion (6,0—14,2), SCHULTZE[11]	13,5			4,2	3,0			3,6
Haptoglobin, α_2-Glykoproteid[10]	12,3	1,68		11,3	5,7			
Kristallisiertes α_2-Glykoproteid, BAKER[13]				5,3	3,8			
Niedermolekulares α_2-Glykoproteid, SCHMID[14]				4—6				

des Orosomucoids von 2,7 auf 5,0. Es werden pro Proteinmolekül (Mol.-Gew. 45000) 15—16 saure Gruppen abgespalten[16].

Die Aminosäureanalyse von Orosomucoid ist in Tabelle 28, S. 378, wiedergegeben. Der Unterschied des Aminosäuregehalts von Orosomucoid gegenüber dem von Albumin, auch wenn man den zuckerfreien Anteil des Mucoids mit dem Albumin vergleicht, fällt auf. Es scheint ein ganz anderes Protein als Albumin im Orosomucoid mit dem Polysaccharid verbunden zu sein. Die früher geäußerte Meinung[1], daß die Glykoproteide mit Polysacchariden verbundenes Albumin seien, läßt sich also nicht mehr aufrechterhalten.

Nach SCHMID[17] enthält das Orosomucoid keine N-endständige Aminosäure. Es wurde nur ein DNP-Endprodukt gefunden, das aus dem Abbau von Glucosamin herzurühren

[1] MCMEEKIN, T. L.: Am. Soc. **62**, 3393 (1940).
[2] RIMINGTON, C.: Biochem. J. **34**, 931 (1940). — STAUB, A. M., and C. RIMINGTON: Biochem. J. **42**, 5 (1948).
[3] WEIMER, H. E., J. W. MEHL and R. J. WINZLER: J. biol. Ch. **185**, 561 (1950).
[4] GOA, J.: Acta chem. scand. **9**, 1032 (1955).
[5] WALDRON, D. M.: Biochem. J. **49**, LVIII (1951).
[6] BÖHM, P., u. L. BAUMEISTER: H. **300**, 153 (1955).
[7] WERNER, I., and L. ODIN: Acta Soc. Med. upsal. **57**, 230 (1952).
[8] SCHMID, K.: Am. Soc. **75**, 2532 (1953).
[9] DEUTSCH, H. F.: J. biol. Ch. **208**, 669 (1954).
[10] KLENK, E., u. W. STOFFEL: H. **302**, 286 (1955).
[11] SCHULTZE, H. E., I. GÖLLNER, K. HEIDE, M. SCHÖNENBERGER u. G. SCHWICK: Z. Naturforsch. **10b**, 463 (1955).
[12] SURGENOR, D. M., L. E. STRONG, H. L. TAYLOR, R. S. GORDON jr. and D. M. GIBSON: Am. Soc. **71**, 1223 (1949).
[13] BAKER, W. H., A. PETERKOFSKY and D. L. KAUFFMANN: Am. Soc. **76**, 4244 (1954).
[14] SCHMID, K.: Am. Soc. **77**, 742 (1955).
[15] KLENK, E., u. H. FAILLARD: Dtsch. Z. Verd.- u. Stoffw.-Krkh. **17**, 51 (1957).
[16] POPENOE, E. A., and R. M. DREW: J. biol. Ch. **228**, 673 (1957).
[17] SCHMID, K.: Biochim. biophysica Acta, N. Y. **14**, 437 (1954).

scheint. Nach SCHULTZE und Mitarbeitern[1] dagegen soll es am Aminoende Asparaginsäure und Glutaminsäure haben.

Stabilität, Denaturierung. Mucoide sind im allgemeinen sehr stabil. Sie werden durch Erhitzen auf 100° oder stark saures p_H, wie es beim Fällen mit Perchlorsäure oder Sulfosalicylsäure entsteht, anscheinend nicht verändert. Im Gegensatz dazu berichtet SURGENOR[2], daß das von ihm aus Fraktion IV-4 gewonnene Glykoproteid gegen saure p_H-Werte sehr empfindlich ist.

Fetuin scheint weniger stabil zu sein als andere Glykoproteide[3]. Wenn es bei neutraler Reaktion auf 100° erhitzt wird, koaguliert es nicht; es bilden sich aber anscheinend Aggregate von unterschiedlicher Größe[3]. Solche Aggregate werden offenbar auch bei stark saurem p_H ohne Erwärmen gebildet.

Bestimmung. Zur Bestimmung der Glykoproteide im Blutserum werden die einzelnen Polysaccharidkomponenten bestimmt.

Die gesamten *proteingebundenen Hexosen* werden entweder direkt oder nach Fällung mit Trichloressigsäure, Zinkhydroxyd oder konzentriertem Äthylalkohol bestimmt. Als Reagens auf Hexosen dienen entweder Orcin[4], Tryptophan[5], Carbazol[6] oder Anthron[7]. SÜDHOF und Mitarbeiter[8], die die verschiedenen Methoden parallel untersucht haben, geben der Bestimmung mit Orcin nach Alkoholfällung den Vorzug. Da die Orcinmethode sowohl in diesem Handbuch[9] als auch sonst häufig beschrieben ist[4, 8, 10], soll hier nur die neue, sehr gute Bestimmungsmethode mit Anthron (Modifikation der Methode von GRAFF[7]) nach Alkoholfällung beschrieben werden.

***Bestimmung der proteingebundenen Serumpolysaccharide mit Anthronreagens nach* BJÖRNESJÖ[11].**

Reagentien:

1. Anthron, 0,2vol-%ig, in konz. Schwefelsäure p. a., spez. Gewicht = 1,84. Das Anthronreagens hält sich bei etwa + 4 ° ungefähr 2 Wochen.
2. Hexosestandardlösung: 50 mg Galaktose, 50 mg Mannose und 0,25 g Benzoesäure werden mit dest. Wasser auf 100 cm³ aufgefüllt. Vor dem Gebrauch wird die Lösung mit dest. Wasser 1:10 verdünnt.

Ausführung:

Man verdünnt das Serum mit 0,9%iger Kochsalzlösung 1:1. 0,4 cm³ des verdünnten Serums tropft man in 10 cm³ absoluten Äthylalkohol, der sich in einem Zentrifugenglas mit flachem Boden befindet. Dabei fallen die Serumpolysaccharide mit dem Protein aus. Nach sorgfältigem Mischen wird 10 min bei 2000 U/min abzentrifugiert. Man dekantiert den Alkohol, wäscht den Niederschlag mit weiteren 10 cm³ Alkohol, zentrifugiert ab und löst den Niederschlag in 4 cm³ dest. Wasser. Als Leerwert benützt man dest. Wasser. Testlösungen und Anthronreagens kühlt man auf 4°, fügt zu den zu untersuchenden Lösungen vorsichtig 8 cm³ Reagens und mischt in einem eiskalten Wasserbad. Auf diese Art kann die Temperatur beim Mischen so niedrig gehalten werden, daß sich so gut wie keine Farbe entwickelt. Die gemischten Lösungen werden dann in Reagensgläser gebracht,

[1] SCHULTZE, H. E., I. GÖLLNER, K. HEIDE, M. SCHÖNENBERGER u. G. SCHWICK: Z. Naturforsch. **10**b, 463 (1955).
[2] SURGENOR, D. M., L. E. STRONG, H. L. TAYLOR, R. S. GORDON jr. and D. M. GIBSON: Am. Soc. **71**, 1223 (1949).
[3] DEUTSCH, H. F.: J. biol. Ch. **208**, 669 (1954).
[4] SØRENSEN, M., u. G. HAUGAARD: B. Z. **260**, 247 (1933).
[5] SHETLAR, M. R., J. V. FOSTER and M. R. EVERETT: Proc. Soc. exp. Biol. Med. **69**, 507 (1948).
[6] SEIBERT, F. B., and A. J. ATNO: J. biol. Ch. **163**, 511 (1946).
[7] GRAFF, M. M., E. M. GREENSPAN, I. R. LEHMANN and J. J. HOLECHEK: J. Lab. clin. Med. **37**, 736 (1951).
[8] SÜDHOF, H., H. KELLNER u. N. SCHULTE: H. **300**, 68, 82 (1955).
[9] ds. Handbuch Bd. 3, S. 691 (1955).
[10] WINZLER, R. J.: Biochemical Analysis. Bd. 2, S. 279. New York 1955.
[11] BJÖRNESJÖ, K. B.: Scand. J. clin. Lab. Invest. **7**, 147 (1955).

die man gut verstopfen kann, und 14 min auf 90° erhitzt. Dann kühlt man in Eiswasser, mißt im Beckman-Spektrophotometer die Absorption bei 630 mμ gegen dest. Wasser und vergleicht mit einer Eichkurve. Die Absorption des Leerwertes sollte 0,02—0,03 nicht überschreiten. Tryptophan im Serumprotein stört die Reaktion etwas, da die Extinktionen mit zunehmendem Tryptophangehalt bei einer Mischung von Galaktose und Mannose abnehmen. Daher werden die Werte mit einem Nomogramm nach TÜLLER[1] korrigiert. Das Nomogramm stellt man auf folgende Weise her: Eine Anzahl Lösungen, die gleiche Mengen Galaktose und Mannose enthalten, werden so verdünnt, daß sie den Werten der proteingebundenen Serumhexose zwischen 80 und 350 mg/100 cm^3 entsprechen, mit Intervallen von 10 mg/100 cm^3. Zu jeder dieser Lösungen werden verschiedene Mengen Tryptophan zugefügt. Dann werden die Lösungen mit Anthronreagens behandelt und, wie oben beschrieben, 14 min auf 90° erhitzt. Man liest bei 630 mμ und 530 mμ ab. Die Resultate werden auf einem Nomogramm aufgetragen, und zwar das Verhältnis der Absorptionen 530/630 mμ auf der Ordinate und die Absorption bei 630 mμ auf der Abszisse (s. Abb. 25). Man liest die Absorption der Serumproben bei 530 mμ und 630 mμ ab und interpoliert den Wert für die proteingebundene Hexose nach dem Nomogramm.

Über die Bestimmung der proteingebundenen Zucker auf dem Papierelektropherogramm s. S. 177 und [2]. Neuerdings hat MARKHAM[3] die proteingebundenen Zucker mit zweidimensionaler Papierchromatographie bestimmt.

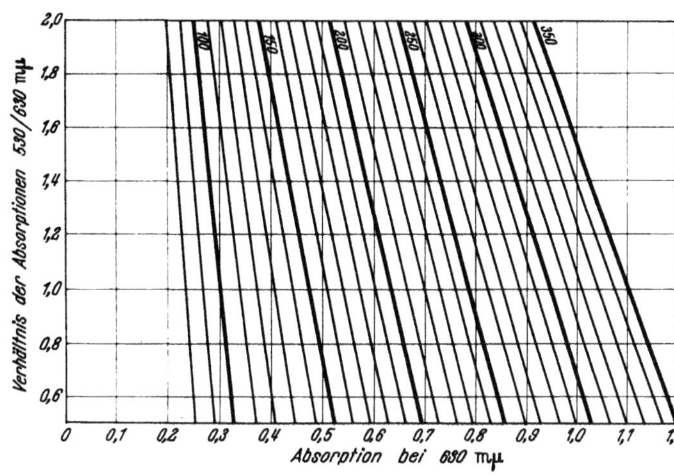

Abb. 25. Nomogramm zur Berechnung der proteingebundenen Serumhexose bei Bestimmungen mit Anthronreagens. Die geraden Linien entsprechen den Werten von proteingebundener Hexose von 80—350 mg-% mit Intervallen von 10 mg je 100 cm^3.

Bei der Elektrophorese ist eine Erhöhung der Konzentration der Glykoproteide, die isoliert mit den α_1-Globulinen wandern, von einer gleichzeitigen Erhöhung der α_1- und α_2-Globuline begleitet[4]. Bei Elektrophorese in Stärkegel werden eine Reihe von Glykoproteiden getrennt, die man bei der Papierelektrophorese nicht unterscheiden kann[5, 6]. Glykoproteide können auch turbidimetrisch bestimmt werden[7].

Die Blutsenkung ist bei Vermehrung von Glykoproteiden im Plasma immer erhöht[8, 9].

***Bestimmung von proteingebundenem Hexosamin nach* ELSON *und* MORGAN[10] *sowie* RIMINGTON[11].**

Reagentien:

1. Äthylalkohol, 95%ig.
2. 3 n HCl.
3. 3 n NaOH.

---

[1] TÜLLER, E. F., and N. R. KEIDING: Analyt. Chem., Washington **26**, 875 (1954).
[2] STARY, Z., u. A. UGUR: Kli. Wo. **1955**, 766.
[3] MARKHAM, R. L.: Nature **177**, 125 (1956).
[4] WINZLER, R. J., A. W. DEVOR, J. W. MEHL and I. M. SMYTH: J. clin. Invest. **27**, 609 (1948).
[5] SMITHIES, O.: Biochem. J. **61**, 629 (1955).
[6] SMITHIES, O., and N. F. WALKER: Nature **178**, 694 (1956).
[7] ASAMENDI, J.: Plasma, Milano **2**, 591 (1954).
[8] Wuhrmann-Wunderly, 2. Aufl. S. 166.
[9] STARY, Z., H. BODUR u. F. BATIYOK: Schw. med. Wschr. **81**, 1273 (1951).
[10] ELSON, L. A., and W. T. J. MORGAN: Biochem. J. **27**, 1824 (1933).
[11] RIMINGTON, C.: Biochem. J. **34**, 931 (1940).

4. Acetylaceton: 1 cm^3 in 50 cm^3 0,5 n Natriumcarbonat gelöst. Im Eisschrank 4 bis 5 Tage haltbar.
5. p-Dimethylaminobenzaldehyd (2mal aus verdünntem Alkohol umkristallisiert): 0,8 g in 30 cm^3 Methylalkohol und 30 cm^3 konzentrierter HCl gelöst.
6. Glucosamin-Standard. 0,05 mg/cm^3 freies Glucosamin in Wasser.

Ausführung:

Zu 0,1 cm^3 Serum in einem bis 10 cm^3 graduierten Reagensglas fügt man 5 cm^3 95 %igen Äthylalkohol, mischt, zentrifugiert 15 min, dekantiert, suspendiert den Niederschlag in 5 cm^3 95 %igem Äthylalkohol, zentrifugiert und dekantiert wieder. Zu dem Proteinniederschlag fügt man 2 cm^3 3 n HCl und hydrolysiert 4 Std mit Kühlung im kochenden Wasserbad. Dann neutralisiert man mit 3 n NaOH, bis die Lösung gegen Lackmus schwach alkalisch ist, und verdünnt auf 10 cm^3. Zu je 1 cm^3 dieser Lösung, Glucosamin-Standard bzw. destilliertem Wasser, gibt man 1 cm^3 Acetylacetonreagens und mischt. Die verschlossenen Röhrchen werden 15 min ins kochende Wasserbad gestellt, unter fließendem Wasser gekühlt, 5 cm^3 95 %iger Äthylalkohol zugefügt und gemischt. Dann setzt man 1 cm^3 p-Dimethylaminobenzaldehyd-Reagens zu, mischt gut, verdünnt mit 95 %igem Äthylalkohol auf 10 cm^3 und schüttelt kräftig. Nach 30 min liest man bei 530 mμ ab.

Bis zu 0,25 mg erhält man eine gerade Linie. Glucosamin und Galaktose geben die gleichen Werte.

Proteingebundene Methylpentose (Fucose) wurde von DISCHE[1] mit Cystein bestimmt. Die Methode wurde von WINZLER[2] zur Bestimmung der proteingebundenen Fucose im Serum übernommen.

Bestimmung von proteingebundener Methylpentose im Serum nach WINZLER[2].

Reagentien:

1. Äthylalkohol, 95 %ig.
2. H_2SO_4/H_2O-Gemisch: 6 Vol. konz. H_2SO_4 und 1 Vol. H_2O.
3. Cysteinreagens: 3 g Cystein-hydrochlorid in 100 cm^3 H_2O.
4. Methylpentose-Standard: 20 mg Fucose oder Rhamnose je cm^3.

Ausführung:

Zu 0,1 cm^3 Serum fügt man 5 cm^3 95 %igen Alkohol, mischt, zentrifugiert, dekantiert, suspendiert in 5 cm^3 95 %igem Alkohol, zentrifugiert und dekantiert wieder. Den Proteinniederschlag löst man in 1 cm^3 0,1 n NaOH und fügt dazu, sowie zu 1 cm^3 Leerwert und 1 cm^3 Standardlösung, je 4,5 cm^3 eiskalte H_2SO_4/H_2O. Man mischt im Eisbad. Dann erhitzt man 3 min im kochenden Wasserbad und kühlt mit Leitungswasser. Man gibt nun jeweils 0,1 cm^3 Cysteinreagens zu und mischt sofort (zu einer der Serumproben fügt man kein Cysteinreagens zu, um eine Korrektur für unspezifische Farbentwicklung zu haben). Nach 60—90 min wird bei 396 und 430 mμ gegen dest. Wasser abgelesen.

Berechnung:

Die Differenz der Ablesungen bei 396 und 430 mμ wird benützt und der Wert ohne Cystein abgezogen.

$$\frac{(D_{396} - D_{430}) - (D_{\text{LW } 396} - D_{\text{LW } 430})}{(D_{\text{St } 396} - D_{\text{St } 430})} \cdot 0{,}02 \cdot 1000 = \text{mg Fucose je } 100\ \text{cm}^3.$$

D_{396} usw. = Absorption der Analysenprobe, LW = Leerwert, St = Standard.

WALDRON[3] weist die proteingebundene Fucose papierelektrophoretisch nach.

Neuraminsäure[4] bzw. *Sialinsäure*[5, 6] geben ohne Vorbehandlung mit Alkali mit EHRLICHs p-Dimethylaminobenzaldehyd-Reagens eine rote Farbe. Sialinsäure wird mit

[1] DISCHE, Z., and L. S. SHETTLES: J. biol. Ch. **175**, 595 (1948).
[2] WINZLER, R. J.: Meth. biochem. Analysis. Bd. 2, S. 295. New York 1955.
[3] WALDRON, M.: Biochem. J. **49**, LVIII (1951).
[4] KLENK, E., u. H. FAILLARD: H. **298**, 230 (1954).
[5] BLIX, G.: H. **240**, 43 (1936).
[6] BLIX, G., L. SVENNERHOLM and I. WERNER: Acta chem. scand. **6**, 358 (1952).

Diphenylaminreagens bestimmt[1]. Zur Bestimmung von Neuraminsäure wird von KLENK und seiner Schule[2,3] BIALs Orcinreagens verwendet.

***Bestimmung von Neuraminsäure im Serum nach* BÖHM, DAUBER *und* BAUMEISTER[3].**

Reagentien:

1. Trichloressigsäure, 10%ig.
2. Trichloressigsäure, 5%ig.
3. BIALs Reagens: 0,1 g Orcin wird in einem 50 cm³-Meßkolben in 40,7 cm³ konz. HCl (p. a. Merck) gelöst, 1 cm³ 1%ige $FeCl_3$-Lösung zugefügt und mit dest. Wasser auf 50 cm³ aufgefüllt. Die Lösung ist im Eisschrank einige Tage haltbar.
4. Amylalkohol, p. a. Merck.

Ausführung:

Mit einer Blutzuckerpipette gibt man 0,05 cm³ Serum zu 1 cm³ dest. Wasser. Zum Auswaschen der Pipette wird 3mal aufgezogen und ausgeblasen (es werden Zentrifugengläser verwendet, die bei 2 cm³ markiert und mit Schliffstopfen verschließbar sind). Man fällt das Eiweiß mit 1 cm³ 10%iger Trichloressigsäure aus und zentrifugiert ab. Der Niederschlag wird einmal in 2 cm³ 5%iger Trichloressigsäure suspendiert und abzentrifugiert. Dann suspendiert man in 0,5 cm³ Wasser (wenn nötig mit Glasstab aufwirbeln), gibt 1 cm³ BIALs Reagens zu, füllt mit Wasser auf 2,0 cm³ auf und läßt in kochendem Wasserbad 15 min stehen. Dabei bildet sich eine rotviolette Farbe. Man kühlt in Eiswasser und schüttelt mit 5 cm³ Amylalkohol aus. Hierbei ändert sich der Farbton von violett nach graublau. Man kühlt nochmals kurz, zentrifugiert die kalte Lösung und photometriert anschließend im Beckman-Spektralphotometer bei 570 mμ gegen einen entsprechend — ohne Serum — angesetzten Leerwert. Den Neuraminsäuregehalt liest man an Hand einer Eichkurve ab. Für die Aufstellung der Eichkurve verwendet man reinste Neuraminsäure, die aus Submaxillarismucin in Form ihrer Methoxylverbindung dargestellt wurde. Bis zu 50 γ verläuft die Eichkurve linear.

Berechnung:

Für diesen Teil der Kurve gilt die Gleichung:
Extinktion (für Schichtdicke = 10 mm) · 250 = γ Neuraminsäure.

Die maximalen Abweichungen betrugen +7,5% bzw. —11,6%. Mit dem Orcinreagens nach SØRENSEN und HAUGAARD gibt Neuraminsäure keine Reaktion.

Man kann Neuraminsäure mit BIALs Reagens auch auf dem Papierchromatogramm sichtbar machen[4]. Das Chromatogramm wird nach dem Trocknen mit einer Lösung aus BIALs Reagens und Wasser 1:1 besprüht und sofort in einen Glaszylinder mit Schliffdeckel gehängt, dessen Boden mit 18%iger HCl bedeckt ist. Bei Erwärmen auf 60° entwickelt die Neuraminsäure nach 2 Std eine violette Farbe, die nicht verblaßt. Noch 2 γ Neuraminsäure sind auf diese Art nachweisbar.

Von GOTTSCHALK[5] wird neuerdings eine Methode beschrieben, mit der in einem Arbeitsgang — Hydrolyse des Glykoproteids, Abtrennung der störenden Peptide und Aminosäuren durch Alkoholfällung und Austauscher und Identifizierung der einzelnen Zucker durch Papierchromatographie — alle Polysaccharidkomponenten mit einer Genauigkeit von ±10% bestimmt werden können.

10. Enzyme des Blutplasmas.

Die Enzyme des Blutplasmas, die an Gerinnung und Fibrinolyse beteiligt sind (vgl. S. 286ff.), sowie die Komponenten des Komplements mit Enzymeigenschaften (vgl.

[1] BLIX, G., L. SVENNERHOLM and I. WERNER: Acta chem. scand. **6**, 358 (1952).
[2] KLENK, E., u. H. LANGERBEINS: H. **270**, 185 (1941).
[3] BÖHM, P., S. DAUBER u. L. BAUMEISTER: Kli. Wo. **1954**, 289.
[4] BÖHM, P., and L. BAUMEISTER: H. **300**. 153 (1955).
[5] GOTTSCHALK, G., and G. L. ADA: Biochem. J. **62**, 681 (1956).

S. 305ff.) wurden schon besprochen. Auch das Cu-bindende Protein des Plasmas, Coeruloplasmin (vgl. S. 759ff.), hat Enzymeigenschaften.

Tabelle 28. *Aminosäurezusammensetzung der Plasmaeiweißkörper* (g/100 g Eiweiß).

	Fibrinogen (Mensch)[1]	Prothrombin (Rind)[3]	γ-Globulin (Mensch)[4] Fraktion II-1	γ-Globulin (Mensch)[4] Fraktion II-1,2	γ-Globulin (Mensch)[4] Fraktion II-3	γ_2-Globulin (Rind)[4]	γ_1-Globulin (Rind)[4]	Albumin (Mensch)[1]	Albumin (Rind)[1]	Orosomucoid (Mensch)[5]
Gesamt-N . . .	16,9	14,7	16,03	16,03	16,03			15,95	16,07	10,1
Gesamt-S . . .	1,28	1,52*						1,95	1,92	1,02
Gesamt-P . . .										0,03
Amid-N	1,49							0,88	0,78	0,7
Hexose	4,6[2]	6,50		2,3	2,3	2,1	2,5			16,4
Hexosamin . .	1,1[2]	2,07		1,27	1,23	1,31	1,50			11,9
Glykokoll . . .	5,60	4,49	4,2					1,60	1,82	0,82
Alanin	3,70	4,09							6,25	
Valin	4,10	4,88	9,7	9,7	9,7	10,0	9,5	7,70	5,92	2,82
Leucin	7,10	7,60	9,3	9,3	9,5	7,4	8,6	11,00	12,27	5,21
Isoleucin . . .	4,80	3,14	2,7	2,8	2,0	3,2	3,0	1,70	2,61	3,15
Prolin.	5,70	5,52	8,1					5,10	4,75	2,37
Oxyprolin . . .										
Cystin/2. . . .	2,30	3,14	} 3,1	} 2,6	} 2,7	} 2,9	} 2,8	5,60	5,73	} 0,60
Cystein	0,40							0,70	0,3	
Methionin . . .	2,60	1,94	1,06	1,12	0,87	1,18	1,00	1,30	0,81	0,65
Tryptophan . .	3,30	3,30	2,86	2,6	2,8	2,6	2,6	0,2	0,68	1,25
Phenylalanin .	4,60	4,73	4,6	4,5	4,7	3,2	4,5	7,80	6,59	3,91
Tyrosin	5,50	4,38	6,75					4,70	5,06	1,99
Arginin	7,80	8,19	4,8	5,1	3,7	5,8	4,8	6,20	5,90	3,65
Histidin. . . .	2,60	1,84	2,50	2,01	1,91	2,05	2,01	3,50	4,0	1,31
Lysin.	9,20	5,73	8,1	7,2	6,3	6,7	6,4	12,30	12,82	5,03
Serin	7,0	6,19	11,4			10,0	9,5	3,34	4,23	2,51
Threonin . . .	6,10	4,65	8,4	8,8	7,4			4,60	5,83	4,80
Asparaginsäure.	13,10	10,01	8,8					8,95	10,91	7,44
Glutaminsäure.	14,50	12,85	11,8					17,0	16,5	10,73

* LAKI und Mitarbeiter[3] bestimmten einen S-Gehalt von 1,52% in Rinderfibrinogen (eine Bestimmung), SEEGERS und Mitarbeiter fanden dagegen nur 1,04% S (SEEGERS, W. H., R. I. McCLAUGHRY and J. L. FAHEY: Blood 5, 421 (1950).

Außer diesen sind im Plasma eine ganze Reihe von Enzymen in sehr geringer Menge vorhanden[6] (vgl. Tabelle 1, S. 214). Sie sind meistens durch ihre Reaktionen viel besser bekannt als durch ihre chemischen und physikalischen Eigenschaften[6].

Die Enzyme des Plasmas sollen weniger als 0,1% der Plasmaproteine ausmachen[7]. Es wird vermutet, daß sie aus dem Zerfall oder dem Durchlässigwerden von Leukocyten oder anderen Zellen (wahrscheinlich Leberzellen) in das Plasma gelangt sind. So wird die Gegenwart von Peptidasen im Plasma der Zerstörung von Erythrocyten[8], die Gegenwart von Lysozym dem Zerfall von Leukocyten zugeschrieben[9]. Vermutlich würde man mit verfeinerten Methoden noch viel mehr Enzyme im Plasma finden. Neuerdings

[1] TRISTRAM, G. R.: Neurath-Bailey, Proteins, Bd. 1A, S. 215.
[2] CONSDEN, R.: Discuss. Faraday Soc. 13, 282 (1953).
[3] LAKI, K., D. R. KOMINZ, P. SYMONDS, L. LÓRÁND and W. H. SEEGERS: Arch. Biochem. 49, 276 (1954).
[4] SMITH, E. L., and B. V. JAGER: Ann. Rev. Microbiol. 6, 207 (1952).
[5] WEIMER, H. E., J. W. MEHL and R. J. WINZLER: J. biol. Ch. 185, 561 (1950).
[6] COHN, E. J.: Exper. 3, 125 (1947).
[7] SURGENOR, D. M., M. J. HUNTER and R. K. BROWN; in: TULLIS, J. L. (Hrsg.): Blood Cells and Plasma Proteins, S. 315. New York 1953.
[8] SMITH, E. L., G. E. CARTWRIGHT, F. H. TYLER and M. M. WINTROBE: J. biol. Ch. 185, 59 (1950).
[9] FLANAGAN, P., and F. LIONETTI: Blood 10, 497 (1955).

wurde Aminoxydase aus Rinderplasma[1] gereinigt, die bisher nur im Plasma des Hundes gefunden werden konnte[2]. Wichtig ist die Vermehrung gewisser Enzyme im Plasma bei bestimmten Krankheiten, so die Vermehrung von saurer Phosphatase bei Prostata-Carcinom[3].

Die *Cholinesterase* des Plasmas wurde bei der Äthylalkoholfraktionierung genau untersucht. Sie wird in Fraktion IV-4 konzentriert und wurde daraus weiter gereinigt[4] (vgl. S. 239). Sie konnte jedoch bisher nicht rein isoliert werden. In der Ultrazentrifuge wurde eine Komponente beobachtet, die mit der Enzymaktivität in Beziehung stand, mit der Sedimentationskonstanten $S_{20,w} \sim 10$. Falls es die reine Esterase war, wäre die Aktivität 11000mal so groß wie die des Plasmas, und sie würde 0,01% der Plasmaproteine ausmachen[5,6]. Der isoelektrische Punkt dieser Fraktion liegt bei p_H 4,4, das Mol.-Gewicht bei 300000[6].

Die *alkalische Phosphatase* des Plasmas wird in Methode 10 (vgl. S. 39) mit Fraktion IV + V gefällt. Sie wird sehr leicht denaturiert. Sie kann daraus mit einem Lösungsmittel, das 10% Äthylalkohol, 5 mMol Zn-acetat und Na-salicylat, Ionenstärke $\Gamma/2$ 0,05, enthält, vor anderen Proteinen extrahiert werden[5].

Weitere Proteine von Wirkstoffcharakter, die mit dem Plasma transportiert werden, sind die *Proteohormone*, die hier jedoch nicht näher besprochen werden sollen.

B. Proteine in Lymphe, Gewebsflüssigkeit und anderen Körperflüssigkeiten (Ergüsse, Kniegelenksflüssigkeit, Liquor, Augenkammerwasser, Tränenflüssigkeit).

1. Lymphe.

Nach DRINKER[7] sollen Lymphe und interstitielle Flüssigkeit (Gewebsflüssigkeit) dasselbe sein, und die Proteine der Lymphe sollen den Plasmaproteinen entsprechen. Sie sollen durch die für Eiweiß teilweise durchlässigen Capillaren schließlich in die Lymphe gelangen (vgl. S. 215). Der interstitielle Raum soll $^1/_5$ des Säugetierorganismus betragen: Das wäre ungefähr 3mal das Plasmavolumen[8]. In der darin enthaltenen Flüssigkeit soll der Eiweißgehalt zwischen 0 und 2 g-% bis zum Eiweißgehalt der Lymphe schwanken. Es scheint, daß die Capillaren eine gewisse, wenn auch beim Normalen geringe Durchlässigkeit für Eiweißmoleküle haben. Falls diese Angaben stimmen, wäre das Verschwinden von 50% der Plasmaproteine schon innerhalb der ersten 24 Std nach ihrer Injektion leicht zu erklären[9-12].

Andererseits soll die Menge der Gewebsflüssigkeit, die in den Capillarspalten zwischen den Zellen der Gewebe vorkommt, unter normalen Bedingungen sehr gering sein. Es ist sehr schwer, wirklich native Gewebsflüssigkeit zu erhalten. Vielleicht können das Wasser in der vorderen Augenkammer und der Liquor cerebrospinalis als Beispiele für die Gewebsflüssigkeit angesehen werden. Sollte das zutreffen, dann wäre im Gegensatz zu

[1] TABOR, C. W., H. TABOR and S. M. ROSENTHAL: J. biol. Ch. **208**, 645 (1954).
[2] WERLE, E., u. F. ROEWER: B. Z. **322**, 320 (1952).
[3] SULLIVAN, T. J., E. B. GUTMAN and A. B. GUTMAN: J. Urol., Baltimore **48**, 426 (1942).
[4] SURGENOR, D. M., L. E. STRONG, H. L. TAYLOR, R. S. GORDON jr. and D. M. GIBSON: Am. Soc. **71**, 1223 (1949).
[5] SURGENOR, D. M., M. J. HUNTER and R. K. BROWN; in: TULLIS, J. H. (Hrsg.): Blood Cells and Plasma Proteins. S. 315. New York 1953.
[6] SURGENOR, D. M., and D. ELLIS: Am. Soc. **76**, 6049 (1954).
[7] DRINKER, C. K., and M. E. FIELD: Amer. J. Physiol. **97**, 32 (1931). — DRINKER, C. K., and J. M. YOFFEY: Lymphatics, Lymph and Lymphoid Tissue. Cambridge 1941.
[8] GAMBLE, J. C. jr., and J. S. ROBERTSON: Amer. J. Physiol. **171**, 659 (1952).
[9] WASSERMAN, K., J. D. JOSEPH and H. S. MAYERSON: Amer. J. Physiol. **184**, 177 (1956).
[10] WASSERMAN, K., and H. S. MAYERSON: Cardiologia, Basel **21**, 296 (1952).
[11] STERLING, K.: J. clin. Invest. **30**, 1228 (1951).
[12] SELIGMAN, A. M.: J. clin. Invest. **23**, 720 (1944).

DRINKER[1] das wesentliche Merkmal der Gewebsflüssigkeit ein außerordentlich niedriger Eiweißgehalt von 0,2—0,4‰. Die großen Verluste an Eiweißkörpern aus dem Plasma in den ersten 24 Std ließen sich dann durch extravasculäre „Reservoirs" von Proteinen, etwa aus der Leber, erklären, eine Annahme, die durch die Versuche von WASSERMAN[2] gestützt scheint.

Bei jeder Entzündung nehmen Volumen und Eiweißgehalt der Gewebsflüssigkeit zu.

Aufgabe der Lymphe scheint es zu sein, die Eiweißkörper aus der Gewebsflüssigkeit wieder zu entfernen und in den Blutstrom zurückzutransportieren.

WASSERMAN und Mitarbeiter[3] haben mit ^{131}J-markiertem Albumin und Globulin bei Hunden gezeigt, daß diese Eiweißkörper schon in den ersten 5—8 min nach der intravenösen Injektion in der Lymphe des Ductus thoracicus zu finden sind und daß sich nach 7—13 Std ein stationärer Zustand zwischen Lymphe und Plasma eingestellt hat; nachher verschwinden die ^{131}J-markierten Eiweißmoleküle mit gleicher Geschwindigkeit aus Lymphe und Plasma.

Albumin tritt aus den Capillaren ungefähr 1,6mal schneller aus als Globulin.

Das Verhältnis von Plasmaalbumin zu extravasculärem Albumin ist beim Menschen 1[4], bei Hunden $1{,}21 \pm 0{,}16$[2].

In den extravasculären Räumen existieren anscheinend große Mengen mobilisierbarer Plasmaproteine, die über das lymphatische System in den Blutstrom gelangen können[2].

PERLMANN und Mitarbeiter[5] fanden keinen Unterschied der elektrophoretischen Bilder von Plasma und Lymphe. Auch mit Papierelektrophorese wurde gezeigt, daß die Eiweißfraktionen der Lymphe, unabhängig von der Eiweißkonzentration in der Lymphe, den elektrophoretischen Fraktionen des Serums entsprechen[6].

Die menschliche Lymphe enthält etwa 2—4 g-% Eiweiß. Der Eiweißgehalt hängt einerseits von der funktionellen Belastung der verschiedenen Organe ab, andererseits von der Zeit nach der Resorption von Salzen, Fetten oder Zucker[6].

In der Hautlymphe des Hundes finden BARTELHEIMER und SCHWARTZKOPFF[7] 4 g-% Eiweiß, im Ductus thoracicus des Hundes 3,3—4,6 g-%. Bei Ratten wurden 1—2 g-% Eiweiß in der Lymphe gefunden[6]. Nach peroralen Gaben von Salzlösungen nimmt bei Erhöhung des Lymphflusses der relative Eiweißgehalt der Lymphe ab, während die tatsächliche Menge Eiweiß in der Lymphe in der Zeiteinheit zunimmt. Nach Fettresorption nehmen sowohl der relative als auch der absolute Eiweißgehalt der Lymphe zu[6]. Lymphe enthält Lipoproteide, die qualitativ denen des Serums gleichen, aber in verhältnismäßig geringerer Menge vorhanden sind als im Serum[8]. Der Gehalt an Lipoproteiden in der Lymphe erhöht sich nach Fettresorption nicht[6]. Um die Lymphe nach Fettresorption mit TISELIUS-Elektrophorese untersuchen zu können, werden zur Klärung kleine Mengen Protaminsulfat (höchstens 0,1 cm³ 1%ige Protaminlösung je cm³ Lymphe) zugefügt. Man erhält dann eine wasserklare Lösung[6].

Die Leberlymphe von Hund[9], Katze[10] und Ratte[11] wurde untersucht. Der Proteingehalt in der Leberlymphe der Ratte beträgt $^2/_3$ von dem des Serums; qualitativ-elektrophoretisch entspricht er dem des Serums. Er nimmt bei erhöhtem Lymphfluß ab, bei vermindertem zu. Das Albumin/Globulin-Verhältnis beträgt 0,9[11].

[1] DRINKER, C. K., and M. E. FIELD: Amer. J. Physiol. **97**, 32 (1931). — DRINKER, C. K., and J. M. YOFFEY: Lymphatics, Lymph and Lymphoid Tissue. Cambridge 1941.
[2] WASSERMAN, K., J. D. JOSEPH and H. S. MAYERSON: Amer. J. Physiol. **184**, 177 (1956).
[3] WASSERMAN, K., and H. S. MAYERSON: Cardiologia, Basel **21**, 296 (1952).
[4] STERLING, K.: J. clin. Invest. **30**, 1228 (1951).
[5] PERLMANN, G. E., W. GLENN and D. KAUFMANN: J. clin. Invest. **22**, 627 (1943).
[6] BORGSTRÖM, B., and C. B. LAURELL: Acta physiol. scand. **29**, 264 (1953).
[7] BARTELHEIMER, H., u. W. SCHWARTZKOPFF: Z. ges. exp. Med. **122**, 478 (1954).
[8] PAGE, I. H., L. A. LEWIS and G. PFAHL: Circulation, N. Y. **7**, 87 (1953).
[9] NIX, J. T., F. C. MANN, J. L. BOLLMAN, J. H. GRINDLAY and E. V. FLOCK: Amer. J. Physiol. **164**, 119 (1951).
[10] McCARRELL, J. D., S. THAYER and L. K. DRINKER: Amer. J. Physiol. **133**, 79 (1941).
[11] FRIEDMAN, M., S. O. BYERS and C. ONCOTO: Amer. J. Physiol. **184**, 11 (1956).

2. Gewebsflüssigkeit.

Der Eiweißgehalt der Gewebsflüssigkeit wird sehr verschieden angegeben, etwa zwischen 0—2 g-% oder evtl. soviel wie in der Lymphe.

Nach manchen elektrophoretischen Untersuchungen scheint die relative Verteilung der Proteine in der Gewebsflüssigkeit der im Serum zu entsprechen[1, 2], nach anderen Autoren soll der relative Albumingehalt in der Gewebsflüssigkeit gegenüber dem Serum wesentlich erhöht sein[3, 4].

Auch hochmolekulare Eiweißkörper (Makroglobuline)[5] und Fibrinogen wurden in Gewebsflüssigkeit gefunden, das letztere wurde jedoch noch nicht quantitativ bestimmt.

Einige Autoren sind der Meinung, daß der Inhalt von Cantharidenblasen der Gewebsflüssigkeit entspricht, und haben ihn analysiert. So wurde von BARTHELHEIMER[3] ein Verhältnis von Serumeiweiß/Eiweiß der Gewebsflüssigkeit von 1,8—2,4 gefunden.

Untersuchungen mit dem Farbstoff T 1824 (Evans-Blau), der nur an Albumin gebunden die Blutbahn verläßt, ergaben, daß das Albumin schon nach 20 min in der Gewebsflüssigkeit erscheint und daß sich nach 8 Std ein Gleichgewicht einstellt, die Konzentration in der Gewebsflüssigkeit aber immer etwas niedriger bleibt als im Serum[6].

Alle diese Angaben sind mit Vorsicht zu beurteilen, da durch die Schwierigkeit, Gewebsflüssigkeit zu gewinnen, wohl immer Serum und — oder — intracelluläre Flüssigkeit mitgewonnen wurden.

3. Ergüsse.

In Exsudaten werden 4—6 g-% Eiweiß, in Transsudaten weniger als 3 g-%[1], in Pleuraexsudaten 3,3—4,5 g-%, in Ascitesflüssigkeit bis zu 4,8—6 g-% Eiweiß gefunden[1]. Nach GUTMAN[4] enthält Ascitesflüssigkeit nur $^1/_{10}$ oder weniger Eiweiß als das Blutplasma. HINSBERG und Mitarbeiter[7] fanden in Mäuseascitesflüssigkeit 2,97 g-% Eiweiß. Die proteingebundenen Zucker sind in Mäuseascitesflüssigkeit gegenüber dem Serum um 40% vermindert[7]. (Weiteres über den Eiweißgehalt in verschiedenen Ergüssen s. Bd. V, S. 341ff.)

4. Kniegelenksflüssigkeit (Synovialflüssigkeit).

Die Kniegelenksflüssigkeit enthält bei normalen Rindern zwischen 0,4 und 1,4% Eiweiß[8]. Bei menschlichen Kniegelenksergüssen können die Werte erheblich höher liegen: bei 5%[9], bei Arthritis rheumatica bei 6,2%[10].

Elektrophoretisch ist die Zusammensetzung von Kniegelenksergüssen bei rheumatischen Erkrankungen sehr ähnlich der des Serums, nur α_2- und β-Globuline sind vermindert, γ-Globuline vermehrt[11]. Es findet sich außerdem ein Protein in Kniegelenksflüssigkeit, das elektrophoretisch schneller als Albumin wandert[12].

SCHMID und Mitarbeiter[10] haben die Eiweißkörper aus Kniegelenksflüssigkeit von Patienten mit Arthritis rheumatica nach den COHNschen Methoden fraktioniert (vgl. S. 237ff.) und haben sie mit den gleichzeitig aus Blutplasma dargestellten verglichen. Sie spalten zuerst die Hyaluronsäure der Kniegelenksflüssigkeit mit Hyaluronidase oder fällen sie mit Salmin aus[13]. Dann fällen sie Fraktion I (Fibrinogenkonzentrat) nach

[1] BORKENSTEIN, E., u. H. STERZ: Wien. Z. inn. Med. **33**, 523 (1952).
[2] PEZOLD, F. A., u. A. G. HINZ: Kli. Wo. **1953**, 600.
[3] BARTELHEIMER, H., u. W. SCHWARTZKOPFF: Z. ges. exp. Med. **122**, 478 (1954).
[4] GUTMAN, A. B.: Adv. Protein Chem. **4**, 191 (1948).
[5] BARTELHEIMER, H.: Z. ges. exp. Med. **117**, 364; **118**, 109 (1951).
[6] SCHWARTZKOPFF, W., u. H. BARTELHEIMER: Z. ges. exp. Med. **125**, 409 (1955).
[7] HINSBERG, K., F. BRUNS, W. GEINITZ, W. SCHILD u. H. WÜST: Z. Krebsforsch. **60**, 72 (1954).
[8] BAUER, W., M. W. ROPES and H. WAINE: Physiol. Rev. **20**, 272 (1940).
[9] CAJORI, F. A., and R. PEMBERTON: J. biol. Ch. **76**, 471 (1928).
[10] SCHMID, K., E. C. ROSA and M. B. MACNAIR: J. biol. Ch. **219**, 769 (1956).
[11] PERLMANN, G. E., M. W. ROPES, D. KAUFMANN and W. BAUER: J. clin. Invest. **33**, 319 (1954).
[12] GAEBLER, O. H., W. T. BECKER, J. W. SIGLER and R. E. GALPIN: Clin. Chem, N. Y. **1**, 105 (1955).
[13] MEYER, K.: Modern Trends in Ophthalmology. Bd. II, S. 77. New York 1947.

Methode 6 (S. 237ff.), Fraktion II und III (γ-Globulin, β_1-Lipoproteide, α_2-Globuline), Fraktion IV und V (α-Lipoproteide, α_2-Globuline), Fraktion IV und V (α-Lipoproteide, α_2-Globuline, Albumin) und Fraktion VI (Glykoproteide) werden nach Methode 10 gewonnen (vgl. S. 39) (genauere Angaben s. Original[1]).

Einige Unterschiede gegenüber den Plasmaproteinen wurden gefunden. So gerinnt Fraktion I, obwohl sie in wäßriger Citrat-Natriumchloridlösung aufgelöst wurde. Die γ-Globuline sind in geringerer Menge vorhanden und sind nicht so einheitlich wie die des Plasmas. Das hängt wahrscheinlich damit zusammen, daß die Verteilung der Lipoproteide eine andere ist als im Plasma.

5. Liquor.

Der menschliche Liquor enthält immer kleine Mengen Eiweiß. Es werden sehr unterschiedliche Werte etwa im Bereich zwischen 10 und 40 mg-% angegeben, die vermutlich durch die verschiedene Art der Bestimmung so stark schwanken[2] (vgl. S. 384). Er enthält also nur $^1/_{200}$—$^1/_{400}$ von dem Eiweiß des Blutplasmas.

Man weiß bis heute nichts Sicheres über die Entstehung der Proteine des Liquors. Sie könnten aus dem Blutplasma stammen, wobei manche die Blutliquorschranke leichter passieren als andere und dadurch ein anderes Verhältnis der Eiweißkörper im Liquor zustande kommt. Oder sie werden in den den Liquorraum umgebenden Zellen des Zentralnervensystems gebildet und in den Liquor ausgeschüttet, oder sie könnten aus den in pathologischen Fällen häufig sehr vermehrten Zellen, die im Liquor suspendiert sind, stammen[3]. Möglicherweise sind alle 3 Entstehungsorte für die Eiweißkörper des Liquors verantwortlich. Qualitativ scheinen die meisten Eiweißkörper des Blutplasmas auch im Liquor vorzukommen. So werden Albumin und ein Teil der Globuline des Liquors von den gleichen Antikörpern gefällt wie die analogen Fraktionen des Blutserums[4]. GRABAR und Mitarbeiter[5] haben ebenso wie im Serum[6] mit der immuno-elektrophoretischen Methode eine ganze Reihe von Komponenten des Serums — nur in anderem Verhältnis — im Liquor nachgewiesen. Ähnlich wie im Blutplasma herrscht auch im normalen Liquor die Menge der Albuminfraktion weit über die der Globulinfraktion vor, das Verhältnis Albumin/Globulin ist noch weiter nach Albumin verschoben als im Blutplasma. Entzündliche Vorgänge in den Meningen führen zu einer relativen und absoluten Vermehrung der γ-Globuline im Liquor[3]. Fibrinogen kommt im normalen Liquor nicht, wohl aber im pathologischen vor[2].

Außer den Serumkomponenten werden aber sowohl elektrophoretisch als auch in der Ultrazentrifuge noch andere Komponenten im Liquor gefunden. Wenn man menschlichen Liquor 100—180fach konzentriert, wandern bei der Elektrophorese bei p_H 8,6 1—2 Komponenten als schmale Banden vor dem Albumin her[4, 7-12]. Sie werden als V-Komponente[8, 9] (s. Abb. 26a und 26b) oder Komponente X und X_1[7, 13] bezeichnet. Sie konnten elektrophoretisch abgetrennt und physikalisch untersucht werden[13] (vgl. S. 360). Durch Gefriertrocknen, Anwendung zu hoher Salzkonzentrationen sowie bei den üblichen Methoden der Einengung des Liquors für die Elektrophorese (vgl.[14]), Fällung der Eiweiß-

[1] SCHMID, K., E. C. ROSA and M. B. MACNAIR: J. biol. Ch. **219**, 769 (1956).
[2] HINSBERG, K., u. W. GEINITZ: Bd. V, S. 309ff.
[3] STARY, Z., H. BODUR u. S. G. LISIE: Kli. Wo. **1953**, 339.
[4] KABAT, E. A., D. H. MOORE and H. LANDOW: J. clin. Invest. **21**, 571 (1942).
[5] GAVRILESCO, K., J. COURCON, P. HILLION, J. URIEL, J. LEWIN and P. GRABAR: Nature **176**, 976 (1955).
[6] WILLIAMS jr., C. A., and P. GRABAR: J. Immunol. **74**, 158 (1955).
[7] FISK, A. A., A. CHANUTIN and W. O. KLINGMAN: Proc. Soc. exp. Biol. Med. **78**, 1 (1951).
[8] BÜCHER, T., D. MATZELT u. D. PETTE: Kli. Wo. **1952**, 325.
[9] BÜCHER, T., D. MATZELT u. D. PETTE: Naturwiss. **39**, 114 (1952).
[10] ESSER, H., u. F. HEINZLER: Kli. Wo. **1952**, 600.
[11] BAUDOUIN, A., J. LEWIN et P. HILLION: C. R. Soc. Biol. **147**, 1036 (1953).
[12] EWERBECK, H.: Kli. Wo. **1950**, 692.
[13] UZMAN, L. L., and E. A. BERING jr.: Arch. Biochem. **60**, 257 (1956).
[14] HINSBERG, K., u. W. GEINITZ: s. ds. Handb. Bd. V, S. 230.

körper mit Aceton und Ultrafiltration geht offenbar ein Teil von X und X_1 verloren. Man sammelt daher den Liquor aseptisch und konzentriert auf das 80—180fache durch abwechselndes Pervaporieren in Dialysierschläuchen und Dialysieren gegen isotonische Kochsalzlösung bei einer Temperatur unter 10°. Dann werden X und X_1 von den anderen Liquorproteinen mit den üblichen elektrophoretischen Methoden abgetrennt[1] (vgl. Abschnitt Papierelektrophorese, S. 164).

Physikalische Eigenschaften. *Elektrophorese.* Bei p_H 8,6 betragen die Wanderungsgeschwindigkeiten von X und X_1 das 1,3- bzw. 1,30fache des Albumins. Wenn der Liquor 180fach konzentriert wurde, löste sich die Komponente X noch weiter in 2 elektrophoretische Komponenten auf[1].

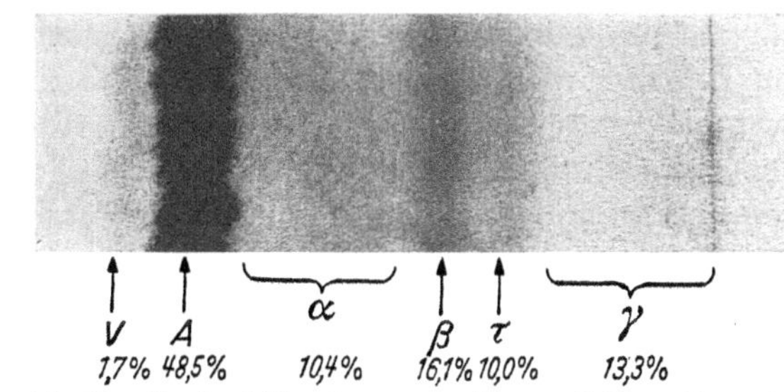

Abb. 26a. Papierelektrophorese von Liquor (0,23 mg Gesamteiweiß je cm³) nach Zusatz von Äthylendiamintetraacetat (2mg/cm³) bei p_H 8,6 mit 1,25 Vol. Aceton bei —5° gefällt und in 0,05 cm³ Puffer gelöst[2]. *A* Albuminbande; α, β, γ Globulinbanden; *V* und τ sind spezifische Banden, die im Serumpherogramm nicht enthalten sind.

In der *Ultrazentrifuge* sind X und X_1 sehr heterogen; nur ungefähr 10% sedimentieren als distinkte Komponente mit $S_{20} \sim 3{,}2$[1].

X macht ungefähr 20% der Gesamtproteine des Liquors aus[3], X_1 beträgt 13—35% von X[1]. X und X_1 sollen ein komplexes Gemisch von sauren Polypeptiden sein[1].

Im menschlichen Liquor wurde eine weitere elektrophoretische Komponente gefunden, die zwischen β- und γ-Globulinen wandert[2-4]. Sie wurde mit τ[2, 4] (vgl. Abb. 26b) bzw. *r*[3] bezeichnet. Sie macht 8—13% der Gesamtproteine aus.

Der relative Gehalt all dieser Komponenten nimmt mit dem relativen Eiweißgehalt zu.

Außerdem wurde in der Ultrazentrifuge im Liquor eine Komponente gefunden, die offenbar im menschlichen Serum nicht vorkommt[5]. Sie wandert elektrophoretisch mit den γ-Globulinen, hat aber eine niedrigere Sedimentationskonstante als diese. Durch Fällung mit 18%igem Natriumsulfat in Phosphatpuffer lassen sich 95% der Serum-γ-Globuline, aber nur 75—85% der Liquor-γ-Globuline fällen.

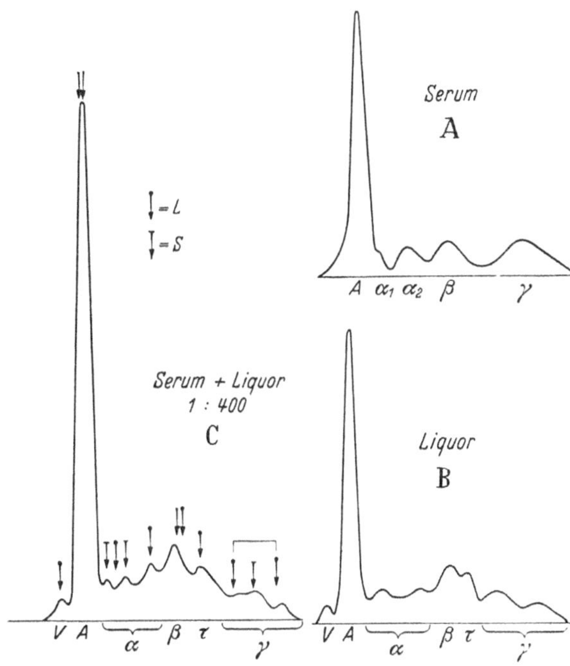

Abb. 26b. Papierelektropherogramme von Serum (A) und Liquor (B) (0,025mg Gesamteiweiß je cm³) und von einem Gemisch von Serum und Liquor im Verhältnis 1:400 (C). Die Komponenten *V* und τ kommen nur im Liquor vor[2]. Bezeichnungen wie bei Abb. 26a.

Auch das β-Globulin des Liquors hat eine langsamer sedimentierende Komponente, die im Serum nicht gefunden wird[5].

Saifer und Mitarbeiter[6] haben die γ-Globuline aus Liquor mit einer Desoxycholsäure-Cholesterin-Emulsion in Gegenwart von Hayemscher Lösung spezifisch gefällt.

[1] Uzman, L. L., and E. A. Bering jr.: Arch. Biochem. **60**, 257 (1956).
[2] Bücher, T., D. Matzelt u. D. Pette: Naturwiss. **39**, 144 (1952).
[3] Hoch, H., A. Chanutin and T. Pankey jr.: Proc. Soc. exp. Biol. Med. **81**, 628 (1952).
[4] Bücher, T., D. Matzelt u. D. Pette: Kli. Wo. **1952**, 325.
[5] Press, E. M.: Biochem. J. **60**, XXVI (1955).
[6] Saifer, A., and T. Narby: J. Lab. clin. Med. **42**, 316 (1953).

Analytische Daten. Der Liquor enthält ~0,675 mg-% proteingebundene Hexose, d. i. ~2,14% des Proteingewichtes[1].

Bestimmung. Da der Eiweißgehalt des Liquors von großem klinischen Interesse ist, ist für seine Bestimmung eine ganze Reihe von Methoden angegeben worden (Zusammenfassung bis 1952 s. Bd. V, S. 311ff.). Neuerdings wurden weitere Methoden ausgearbeitet, z. B. [2-4], und die Brauchbarkeit der verfügbaren Methoden diskutiert[5-7]. Hier soll die Methode von LOWRY[2] wiedergegeben werden, die aus der für die Gesamteiweißbestimmung im Serum angegebenen Methode entwickelt wurde[7] (vgl. S. 252). Sie eignet sich wegen ihrer großen Empfindlichkeit (bis zu 10 γ Protein) und Genauigkeit besonders für die Gesamteiweißbestimmung im Liquor und anderen Körperflüssigkeiten mit niedrigem Eiweißgehalt (vgl. auch [5, 7]).

***Eiweißbestimmung im Liquor (kombinierte Methode mit Folin-Phenol-Biuret-reagens) nach* LOWRY, ROSEBROUGH, FARR *und* RANDALL[8].**

Reagentien:

1. Alkalicarbonat. 20 g Na_2CO_3 und 0,5 g Natrium- oder Kaliumtartrat in 1 *l* 0,1 n NaOH gelöst.
2. Kupfersulfat. 1 g $CuSO_4 \cdot 5\,H_2O$ in 1 *l* Wasser gelöst.
3. Alkali-Kupfer-Reagens. 45 cm³ Lösung 1 und 5 cm³ Lösung 2 gemischt (täglich frisch bereiten).
4. Verdünntes Folin-Reagens. Man titriert 1 cm³ des Reagens von FOLIN und CIOCALTEU[9] (Darstellung s. ds. Hdb. Bd. V, S. 418) mit 0,1 n NaOH (50 cm³ Wasser zufügen und bis zum Phenophthalein-Endpunkt titrieren). Entsprechend dieser Titration verdünnt man das Reagens so, daß 1 cm³ 9 cm³ 0,1 n NaOH äquivalent ist. Dazu ist etwa doppelte Verdünnung erforderlich. Mit jedem neuen Reagens muß dieser Wert kontrolliert werden.
5. Standard-Protein. Man bestimmt den Proteingehalt einer Probe normalen menschlichen Plasmas nach KJELDAHL oder mit einer anderen Standardmethode. Dazu verdünnt man mit 0,85%iger NaCl-Lösung bis zu einer 40 mg-%igen Proteinlösung. Diese kann mit Benzoesäure konserviert werden, während Thymol nicht verwendet werden darf.

Ausführung:

Man fügt 0,2 cm³ Liquor zu 10 cm³ Reagens 3 in ein Reagensglas oder Photometergläschen. (Liquor kann mit einer 0,2 cm³-Blutzuckerpipette abgemessen und die Pipette mit Reagens nachgespült werden.) Man mischt und läßt 15 min stehen. Dann fügt man 1 cm³ Reagens 4 zu, mischt sofort kräftig, läßt 30 min oder länger stehen (bis zu einigen Stunden) und bestimmt die Farbdichte der Lösung mit einem photoelektrischen Colorimeter unter Verwendung eines Rotfilters (Absorptionsmaximum bei 750 mμ). Standardlösungen (0,2 cm³ verdünntes Plasma) und Leerwerte läßt man mitlaufen. Mit dem Leerwert stellt man das Photometer auf den Nullpunkt ein. Für Routineuntersuchungen spielt es keine Rolle, daß die Farbentwicklung der Proteinkonzentration nicht genau proportional ist[8, 10].

[1] STARY, Z., H. BODUR u. S. G. LISIE: Kli. Wo. **1953**, 339.
[2] DAUGHADAY, W. H., O. H. LOWRY, N. J. ROSEBROUGH and W. S. FIELDS: J. Lab. clin. Med. **39**, 663 (1952).
[3] FÜHR, J., u. O. S. HINZ: Kli. Wo. **1953**, 153.
[4] BÖHLE, E., u. H. FISCHER: Kli. Wo. **1953**, 798.
[5] WALDMAN, R. K., L. A. KRAUSE and E. K. BORMAN: J. Lab. clin. Med. **42**, 489 (1953).
[6] FÜHR, J., u. O. S. HINZ: Kli. Wo. **1955**, 87.
[7] EGGSTEIN, M., u. F. A. KREUTZ: Kli. Wo. **1955**, 879.
[8] LOWRY, O. H., N. J. ROSEBROUGH, A. L. FARR and R. J. RANDALL: J. biol. Ch. **193**, 265 (1951).
[9] FOLIN, O., and V. CIOCALTEU: J. biol. Ch. **73**, 627 (1927).
[10] Um eine nicht proteinbedingte Farbverstärkung zu kompensieren, schlagen DAUGHADAY, W. H., O. H. LOWRY, N. J. ROSEBROUGH and W. S. FIELDS, J. Lab. clin. Med. **39**, 663 (1952), eine Korrektur der bestimmten Eiweißwerte durch Subtraktion von 6 mg-% vor, die jedoch von EGGSTEIN, M., u. F. H. KREUTZ, Kli. Wo. **1955**, 879, auf Grund von Vergleichsuntersuchungen abgelehnt wird.

Schnellmethode am Krankenbett. Man gibt 2 Tropfen Liquor (besser mit genormter Tropfpipette als mit der Sternalnadel gemessen) zu 1 cm³ 2 %iger Na_2CO_3-Lösung in 0,1 n NaOH. Dann fügt man 1 Tropfen 1 %ige $CuSO_4 \cdot 5\,H_2O$-Lösung in 2 %igem saurem Natriumtartrat zu und nach 5 min 1 Tropfen unverdünntes Folin-Reagens (20 bis 40 Tropfen je cm³) und mischt sofort. Nach 5 min vergleicht man mit einem Standard, hergestellt aus 1, 2 und 4 Tropfen einer Lösung von 7 mg-% Tyrosin in 0,1 n HCl. Gemessen mit der gleichen Tropfenzahl wie der des Liquors sind diese Standardproben äquivalent 25, 50 und 100 mg Protein im Liquor. Eine Serie Standardproben kann einen Monat ohne schweren Fehler verwendet werden, wenn man zu jedem Standardröhrchen 3 Tropfen oder 0,1 cm³ m Essigsäure gibt und das Röhrchen gut verschließt.

***Routinemethode zur Bestimmung kleiner Eiweißmengen in Körperflüssigkeiten und Geweben nach* Böhle *und* Fischer**[1].

Prinzip:

Zur Bestimmung wird der Farbstoff Amidoschwarz 10 B (Fa. Bayer, Leverkusen) verwendet, der von Proteinen gebunden wird und sie zwischen p_H 2—4 ausfällt. Eine gepufferte Farbstofflösung wird mit der Proteinlösung gemischt, stehen gelassen, abzentrifugiert und die gebundene Menge Farbstoff dadurch ermittelt, daß man von einer ebenso behandelten Farbstofflösung ohne Protein den Farbwert abzieht. Verschiedene Proteine binden unterschiedliche Mengen Farbstoff. Für klinische Zwecke ist wichtig, daß Albumin 1,7mal soviel Farbstoff bindet wie Globulin.

Die in biologischen Flüssigkeiten vorhandenen Salze und Rest-N-Substanzen stören die Bestimmung nicht.

Reagens:

0,001 m Amidoschwarzlösung in Citronensäure-Phosphat-Puffer p_H 2,2: 0,6165 g Amidoschwarz, das im Vacuumexsiccator über $CaCl_2$ getrocknet wurde, 37,6455 g Citronensäure p. a. und 1,361 g sek. Natriumphosphat mit doppelt dest. Wasser auf 1000 cm³ auffüllen.

Ausführung:

Man bestimmt zunächst das Gesamteiweiß und den Globulingehalt des Liquors und berechnet dann daraus die Albuminkonzentration.

Zur Bestimmung des Gesamteiweißes pipettiert man in ein Zentrifugenröhrchen (Wassermann-Rörchen), das bei 1 und 3 cm³ Marken besitzt, 1 cm³ Liquor und 2 cm³ Amidoschwarz-Pufferlösung, läßt 10 min bei Zimmertemperatur stehen und zentrifugiert anschließend bei 3000 U/min. 1 cm³ des Überstandes wird in ein 25 cm³-Meßkölbchen überführt und bis zur Marke mit dest. Wasser aufgefüllt. Anschließend liest man mit dem Photometer „Eppendorf" in Küvetten von 1 cm³ Schichtdichte ab (Filter 578).

Zur Bestimmung der Globuline versetzt man in einem ebenso kalibrierten Wassermann-Röhrchen 1 cm³ Liquor mit 1 cm³ gesättigter Ammoniumsulfatlösung, läßt 2 Std bei Zimmertemperatur stehen und zentrifugiert anschließend 15 min bei 3000 U/min. Der Niederschlag wird einmal mit $^1/_2$-gesättigter Ammoniumsulfatlösung gewaschen und schließlich mit 0,9 %iger NaCl-Lösung auf 1 cm³ aufgefüllt. Man fügt 2 cm³ Amidoschwarz-Pufferlösung zu und verfährt im übrigen wie oben.

Der „Leerwert" enthält die Farbstofflösung ohne Protein, also 1 cm³ dest. Wasser und 2 cm³ Amidoschwarz-Pufferlösung, 1:25 verdünnen.

Berechnung:

Bei dieser Methode, die die Verminderung des Farbstoffs in Lösung mißt, hat selbstverständlich der „Leerwert" die höchste Extinktion (Photometer Eppendorf unter den obengenannten Bedingungen $\sim$ 1,0). Von dieser muß die Extinktion der Farblösung, die mit Eiweiß inkubiert wurde, abgezogen werden. Die Differenz der Extinktionen ergibt die Extinktion, die dem Protein entspricht. Wird z. B. für Gesamteiweiß ein Extinktionswert von 0,6 gemessen, für die proteinfreie Farbstofflösung einer von 1,0, so bedeutet dies,

---

[1] Böhle, E., u. H. Fischer: Kli. Wo. **1953**, 798.

daß die Gesamteiweißextinktion einen Wert von 1,0 minus 0,6 = 0,4 ausmacht. Hiervon ist der für die Globulinfraktion ermittelte Wert abzuziehen, um zu der Extinktion für Albumin zu kommen. Zum Beispiel gemessen für Globulin 0,9, d. h. 1,0 minus 0,9 = 0,1; 0,4 minus 0,1 = 0,3; 0,3 ist dann die Extinktion für Albumin.

Um schließlich zu der Menge Globulin in mg zu kommen, liest man an der Eichkurve für Globulin (Abb. 27) ab. Um die Menge Albumin in mg zu ermitteln, kann an der gleichen Eichkurve abgelesen werden, nur muß man die gefundene mg-Menge mit dem Faktor 1,7 multiplizieren.

6. Augenkammerwasser.

Die Proteine des Augenkammerwassers wurden nur vereinzelt untersucht. Im menschlichen Kammerwasser werden 0,01—0,015 %, in dem des normalen Kaninchenauges 0,02—0,04 % Eiweiß gefunden. Papierelektrophoretisch sind die Eiweißfraktionen ähnlich wie im Blutserum[1]. WUNDERLY[2] fand bei entzündlichen Augenaffektionen im Kammerwasser eine relative Verminderung der Albuminfraktion und eine starke Vermehrung der α-Globuline.

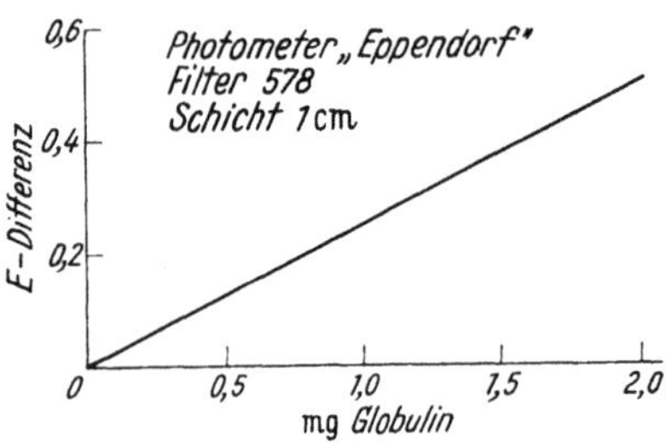

Abb. 27. Eichkurve zur Globulinbestimmung im Liquor nach [4].

Bei der Papierelektrophorese des Augenkammerwassers von Kaninchen wurde manchmal gar kein Protein gefunden, manchmal ähnliche Fraktionen wie im Serum mit erhöhter Albuminzacke[3].

Im Augenkammerwasser des Kaninchens bildet sich bei der Prothrombinbestimmung ein Gerinnsel, und die Prothrombinaktivität geht der des Blutes parallel. Erst wenn der Prothrombinspiegel im Blut unter 30 % abgesunken ist, bildet sich kein Gerinnsel mehr[5].

7. Tränenflüssigkeit.

Der nephelometrisch bestimmte Eiweißgehalt der Tränenflüssigkeit schwankt bei Gesunden zwischen 0,136 und 0,592 %. Bei Augenerkrankungen wurden Werte bis zu 0,98 % beobachtet[6].

Bei der elektrophoretischen Analyse wurden in Tränen mindestens 4 Komponenten gefunden. Eine wandert zum positiven, 3 zum negativen Pol. In den 3 letzteren ist Lysozymaktivität vorhanden. Das Lysozym von Tränen unterscheidet sich aber sowohl chemisch als auch immunologisch von dem des Eiklars.

Bei der Ammoniumsulfatfraktionierung von Tränenflüssigkeit wurden 2 Komponenten in wechselndem Verhältnis je nach dem p_H, bei dem die Fraktionierung vorgenommen wurde, gefunden. Bei der Aufnahme der Ultraviolett-Absorption findet man eine typische Proteinkurve[7].

Tränen wirken fibrinolytisch[8].

8. Harn.

Der normale menschliche Harn enthält sehr kleine Mengen Eiweiß. Von verschiedenen Autoren werden unterschiedliche Werte angegeben. So sollen im Liter ∼20 mg enthalten

[1] WITMER, R.: Exper. **7**, 347 (1951). Ophthalmologica, Basel **123**, 280 (1952).
[2] WUNDERLY, C., et B. CAIGIANUT: Ann. Oculist., Paris **185**, 414 (1952).
[3] MÜNICH, W.: Graefes Arch. Ophthalm. **154**, 50 (1953).
[4] ARGENTON, H., L. WAGNER u. H. FISCHER: Z. ges. exp. Med. **126**, 307 (1955).
[5] ZWIAUER, A., u. E. DEUTSCH: Graefes Arch. Ophthalm. **151**, 744 (1951).
[6] YUNNOLA, K.: Ann. Med. Biol. Fenn. **31**. Suppl. **1** (1953).
[7] SMOLENS, J., I. H. LEOPOLD and J. PARKER: Amer. J. Ophthalm. **32**, 153 (1949).
[8] STORM, O.: Scand. J. clin. Lab. Invest. **7**, 55 (1955).

sein[1] oder in der Tagesmenge ~39 mg[2]. Andererseits gibt ANDERSON[3] an, daß der 24 Std-Harn von gesunden Individuen allein an Mucoproteiden 110 mg (Frauen) bzw. 150 mg (Männer) enthält. Das Eiweiß im menschlichen Harn wurde neuerdings häufig mit TISELIUS-Elektrophorese und Papierelektrophorese fraktioniert[1, 2, 4–6]. Im allgemeinen entsprechen die im Harn papierelektrophoretisch gefundenen Fraktionen den elektrophoretischen Fraktionen des Serums, aber die relativen Mengen der einzelnen Eiweißfraktionen sind andere als im Serum. Zum Beispiel wurden bei 7 gesunden Erwachsenen folgende Mittelwerte gefunden: 32—54% Albumin, 31—47% α-Globulin, 7,5—15% β-Globulin und 6—11,7% γ-Globulin[7]. Etwas verschiedene Werte geben andere Autoren an: RIGAS und Mitarbeiter[2] finden bei 39 mg Gesamteiweiß 14 mg Albumin und 25 mg Globulin, SEITZ und Mitarbeiter[1] geben als Durchschnittswerte 20% Albumin, 17% α_2-Globulin, 12% α_1-Globulin, nahezu 43% β-Globulin und 8% γ-Globulin an.

Tabelle 29. *Gehalt an Harnproteinen bei verschiedenen Krankheiten* (nach SLATER und KUNKEL[6]*).

Diagnose	Harnproteine gravimetrisch bestimmt (g/l)
Multiples Myelom	5,1
Multiples Myelom	25,7
Multiples Myelom	6,2
Hepatitis	0,11
Lebercirrhose . .	6,5
Nephrose	7,9
Nephrose	7,7
Nephrose	7,1
Nephrose	11,6
Nephrose	2,5
Nephrose	21,0
Nephrose	24,8

* Das Eiweiß im Harn wurde dabei mit der Sulfosalicylsäure- und Methylalkoholmethode von BERNARD, A., and Y. SCHER, Amer. J. clin. Path. **16**, 96 (1946), und mit der gravimetrischen Methode von PETERS u. VAN SLYKE, (s. PETERS-VAN SLYKE, Bd. 2, S. 681) bestimmt.

Mit ^{131}J markiertes, intravenös injiziertes Albumin erscheint im Harn, ein Beweis dafür, daß die Plasmaproteine auch beim Gesunden in kleinen Mengen die Nierenschranke passieren[7]. Die Verminderung der Albuminkomponente im Harn gegenüber dem Serum von gesunden Versuchspersonen wird einer besseren Rückresorption von Albumin zugeschrieben.

Bei verschiedenen Krankheitsbildern ändern sich nicht nur die im Harn ausgeschiedenen Eiweißmengen (vgl. Tabelle 29), sondern auch die relativen Anteile der einzelnen Fraktionen. Es können Albumine oder Globuline überwiegen. Nach SANDKÜHLER[8] sollen sich glomeruläre und tubuläre Schäden durch das Harneiweißbild unterscheiden. Nach LASCH[9] soll erhöhte reine Albuminurie für Glomerulonephritis und eine günstige Prognose sprechen. JAHNKE und SCHOLTAN[10] haben die verschiedenen Fraktionen im Harn bei Nephropathien in der Ultrazentrifuge untersucht und gefunden, daß die γ-Globuline im Harn eine geringere Sedimentationskonstante ($S = 3$—4) haben als die im Serum ($S = 6$—7). Sie nehmen an, daß die kranke Niere die Blutproteine proteolytisch spaltet und sie dadurch harnfähig macht. Etwas Ähnliches wird von manchen Autoren für die Ausscheidung von BENCE-JONES-Protein im Harn angenommen (vgl. S. 399). Allerdings finden sich häufig auch kleine Mengen größerer Plasmaproteine im Harn.

In Abb. 28a und 28b sind typische Bilder von Papierelektropherogrammen der Harnproteine bei Lebercirrhose und Nephrose wiedergegeben[6]. Bei Lebercirrhose mit stark vermehrtem γ-Globulin im Serum ist dieses auch im Harn vermehrt, doch ist das Verhältnis γ-Globulin/Albumin im Serum höher als im Harn. Bei Nephrose finden sich große Mengen Albumin im Harn. Das β-Lipoproteid im Serum ist stark vermehrt, man findet es aber wegen seines hohen Mol.-Gewichtes (~1000000) im Harn nicht. Das

[1] SEITZ, W., E. ZIMMER u. P. E. ALBERTY: Z. klin. Med. **152**, 196 (1953).
[2] RIGAS, D. A., and C. G. HELLER: J. clin. Invest. **30**, 853 (1951).
[3] ANDERSON, A. J., and N. F. MACLAGAN: Biochem. J. **59**, 638 (1955).
[4] LUETSCHER, J. A.: J. clin. Invest. **19**, 313 (1940).
[5] ROUTH, J. I., E. L. KNAPP and C. K. KOBAYASHI: J. Pediatr. **33**, 688 (1948).
[6] SLATER, R. J., and H. G. KUNKEL: J. Lab. clin. Med. **41**, 619 (1953).
[7] MCGARRY, E., A. H. SEHON and B. ROSE: J. clin. Invest. **34**, 832 (1955).
[8] SANDKÜHLER, S.: D. m. W. **1951**, 462.
[9] LASCH, F.: Schweiz. med. Wschr. **83**, 153 (1953).
[10] JAHNKE, K., u. W. SCHOLTAN: Arch. klin. Med. **200**, 821 (1953).

bei Nierenerkrankungen im Harn häufig stark erhöhte β-Globulin wurde von LAWSON und SHULMAN[2] als β_1-metallbindendes Globulin (Transferrin) identifiziert.

Einige Harnproteine konnten nicht klassifiziert werden und ihr Ursprung bleibt dunkel. Es wird angenommen[1], daß es Proteine mit niedrigem Mol.-Gewicht sind, die durch die stärkere Proteinurie bei verschiedenen Krankheiten ausgeschieden werden, im Serum aber kein meßbares Niveau erreichen.

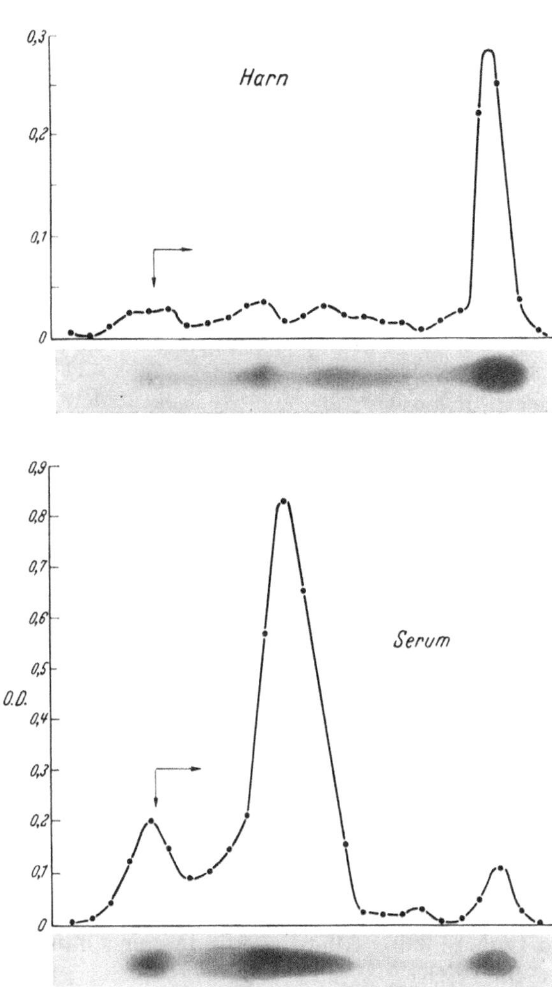

Abb. 28a. Papierelektrophoresebild von Harn und Serum eines Patienten mit Nephrose. Die sehr hohe Lipoproteidzacke des Serums findet sich im Urin nicht[1, 2].

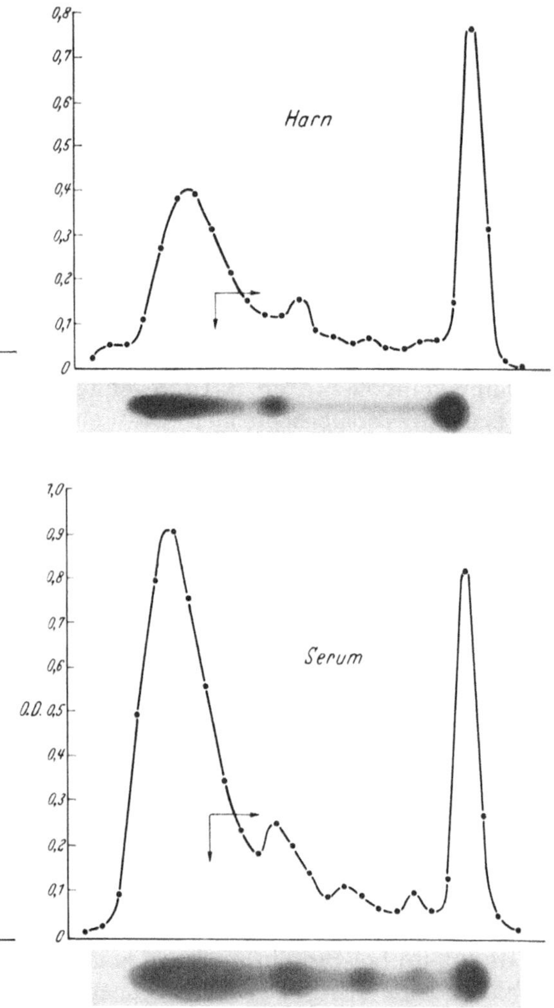

Abb. 28b. Papierelektrophoresebild von Harn und Serum eines Patienten mit Lebercirrhose. Die hohe γ-Globulinzacke des Serums findet sich auch im Harn[1, 2].

Darstellung. Für die *Papierelektrophorese der Harnproteine* haben SLATER und KUNKEL[1] bei pathologischen Fällen, je nach der Menge vorhandenen Proteins, 1—15 cm^3 Harn durch Dialyse in 25%igem wäßrigem Polyvinylpyrrolidon auf 0,2—0,3 cm^3 konzentriert. Schließlich wird gegen Veronalpuffer dialysiert, um die bei höherer Konzentration des Harns entstehenden Niederschläge zu lösen. 0,005 cm^3 dieses Materials werden wie üblich papierelektrophoretisch untersucht (vgl. S. 136ff.).

Zur Herstellung von Papierelektropherogrammen von gesunden Versuchspersonen werden 2—3 *l* Harn im Vakuum konzentriert, man erhält mit dieser Methode jedoch leicht verschmierte Pherogramme. An der Auftragstelle bleibt ein großer Teil anfärb-

[1] SLATER, R. J., and H. G. KUNKEL: J. Lab. clin. Med. **41**, 619 (1953).

[2] LAWSON, H. D., and I. SHULMAN, zit. nach SLATER, R. J., and H. G. KUNKEL: J. Lab. clin. Med. **41**, 619 (1953).

baren, klebrigen Materials, das verschwindet, wenn die Harn-Mucoproteide vor dem Konzentrieren nach TAMM und HORSFALL[1] ausgefällt werden. RIGAS und Mitarbeiter[2] sowie SCHMIDT[3] gewinnen die Harnproteine durch *Ultrafiltration.*

Nach MCGARRY[4] soll man am besten die gesamten Harnproteine mit *Alkohol fällen* und sie dann der Elektrophorese unterwerfen.

Von HILLMANN und Mitarbeitern[5,6] wurden die Harnproteine bei Nephrose nach Entfärben des Harns mit Kohle und Filtration gemeinsam mit 650 g $(NH_4)_2SO_4$ je l Urin gefällt, als 3%ige Proteinlösung aufgenommen, dialysiert und schließlich nach Dialyse gegen Phosphatpuffer elektrophoretisch untersucht. γ-Globuline und Albumin wurden aus dem Niederschlag nach Methode 10 von COHN (vgl. S. 39) dargestellt.

SELLERS und Mitarbeiter[7,8] haben die Harnproteine bei Ratten untersucht. Weibchen scheiden 0,1—0,2 mg, Männchen 0,4—1 mg Protein je Std im Harn aus[8]. Die von normalen Ratten ausgeschiedenen Proteine entsprechen hauptsächlich den α- und β-Globulinen des Serums. Albumin und γ-Globulin kommen nur selten und in geringer Menge vor. Nach intraperitonealer Injektion von 4 Goldblatt-Hundeeinheiten Renin kommt es zu einer massiven Proteinurie mit einer mittleren Proteinausscheidung von 32 mg/Std. Die Elektrophoresebilder des Harns ähneln dann denen von normalem Rattenserum.

Im normalen menschlichen Harn findet sich ein sehr großes *Mucoproteid** (Mol.-Gewicht $\sim 7 \cdot 10^6$)[1,9], das hemmend auf bestimmte Viren, wie Influenza-, Mumps- und Newcastle-Krankheits-Virus, wirkt. (Siehe auch Beitrag Glykoproteide, S. 365 und 372.) Es verhindert die Hämagglutination von Hühnererythrocyten durch erhitzte Viren. Es scheint, daß die im Mucoproteid enthaltene Sialinsäure bzw. Neuraminsäure der maßgebende Faktor für die Hemmung der Hämagglutination ist[10-12]. Sie scheint durch das Virus enzymatisch abgespalten zu werden und dadurch eine ähnliche Reaktion, wie sie offenbar am Erythrocytenstroma vor sich geht, zu verhindern. Jedenfalls wird das hemmende Mucoproteid durch Influenza-Virus inaktiviert sowie in seinen Eigenschaften verändert[9,13] und kann dann elektrophoretisch vom Ausgangsmaterial getrennt werden[14]. Das hemmende Mucoproteid aus Harn hat ähnliche chemische Eigenschaften wie das virushemmende Protein aus Eiklar[15] (vgl. S. 437). 25 mg Mucoproteid je l normalem Harn wurden von TAMM und HORSFALL[9] isoliert, aber nur ungefähr 50% davon können das Virus hemmen.

ANDERSON[16,17] isolierte die Mucoproteide aus normalem menschlichem Harn in größerer Ausbeute. Er fand 3 ähnliche Mucoproteide (A_1, A_2 und A_3) im männlichen Harn. In 24 Std werden von gesunden Individuen 110 mg (Frauen) bzw. 150 mg (Männer) Mucoproteide ausgeschieden. A_1 und A_2 sollen mit den Serumfraktionen M_1 und M_2 von

* Nach der neuen Nomenklatur (vgl. S. 360ff.) müßte es als Mucoid bezeichnet werden.

1 TAMM, I., and F. L. HORSFALL jr.: Proc. Soc. exp. Biol. Med. **74**, 108 (1950).
2 RIGAS, D. A., and H. G. KUNKEL: J. Lab. clin. Med. **41**, 619 (1953).
3 SCHMIDT, H. W.: Kli. Wo. **1953**, 985.
4 MCGARRY, E., A. H. SEHON and B. ROSE: J. clin. Invest. **34**, 832 (1955).
5 LOHSS, F., E. ROTH, E. WEILER u. G. HILLMANN: Z. Naturforsch. **7b**, 600 (1952).
6 LOHSS, F., M. HARTWIG u. G. HILLMANN: Z. Naturforsch. **7b**, 605 (1952).
7 SELLERS, A. L., H. C. GOODMAN, J. MARMORSTON and M. SMITH: Amer. J. Physiol. **163**, 662 (1950).
8 SELLERS, A. L., G. ROBERTS, I. RACK, M. SMITH, J. MARMORSTON and H. C. GOODMAN: J. exp. Med. **95**, 465 (1952).
9 TAMM, I., and F. L. HORSFALL: J. exp. Med. **95**, 71 (1952).
10 ODIN, L.: Nature **170**, 663 (1952).
11 KLENK, E., u. K. LAUENSTEIN: H. **291**, 147 (1952).
12 KLENK, E.: Angew. Chem. **68**, 349 (1956).
13 GOTTSCHALK, A.: Nature **167**, 845 (1951).
14 PERLMANN, G. E., I. TAMM and F. L. HORSFALL: J. exp. Med. **95**, 99 (1952).
15 LANNI, F., D. G. SHARP, E. A. ECKERT, E. S. DILLON, D. BEARD and J. W. BEARD: J. biol. Ch. **179**, 1275 (1949).
16 ANDERSON, A. J.: Biochem. J. **56**, XXV (1954).
17 ANDERSON, A. J., E. LOCKEY and N. F. MACLAGAN: Biochem. J. **60**, XLI (1956).

MEHL, GOLDEN und WINZLER[1] (vgl. S. 366), A_3 mit dem Harnmucoproteid von TAMM und HORSFALL[2, 3] identisch sein. Sie haben physiologisch einen großen Wirkungsbereich. Nicht nur wirken alle 3 hemmend auf die Hämagglutination von Influenza-Virus (A_1 und A_2 schwächer als A_3), sondern sie haben auch Amylaseaktivität, gonadotrope Aktivität, und A_3 hemmt die Blutgerinnung. Sie hemmen auch die Fällung von Albumin im Harn. Hierbei scheinen sie als Schutzkolloide zu wirken.

Es wird angenommen, daß im Harnmucoproteid mehrere kleine Polysaccharideinheiten an das Proteinmolekül gebunden sind[4].

Schon durch kleine Eingriffe wie Gefrieren wird offenbar das Mucoproteidmolekül gespalten. Es ist daher sehr wohl möglich, daß infolge der verschiedenen Aufarbeitungen verschiedene Mucoproteide gefunden werden[5, 6].

Die Mucoproteide des Harns sind in Wasser löslich. Sie wurden zuerst mit großen Mengen Alkohol gefällt[3, 7]. Da sie aber schon in NaCl-Lösungen von geringer Konzentration unlöslich sind, haben TAMM und HORSFALL[2] eine Methode zur Fällung mit NaCl ausgearbeitet. Schon 0,07 m NaCl-Lösungen vermindern die Löslichkeit des Mucoproteids. Zur schnellen Fällung werden 0,58 m NaCl-Lösungen verwendet. Temperatur und p_H scheinen innerhalb weiter Grenzen keinen Einfluß auf die Fällung zu haben.

***Fällung von Mucoproteid aus Harn mit NaCl nach* TAMM *und* HORSFALL[2].**

Harn wird in sterilen Flaschen gesammelt, 30 cm³ Chloroform je *l* zugefügt und bei 4° aufgehoben. Bei der gleichen Temperatur wird das Mucoproteid isoliert. Der Harn wird mit der gleichen Menge Wasser verdünnt, um eventuelle Niederschläge zu lösen, und zu dem verdünnten Harn wird NaCl bis zu einer Konzentration von 0,58 m hinzugefügt. Nach relativ vollkommener Sedimentation des weißen, flockigen Niederschlags wird der Überstand abgesaugt und der Niederschlag mit 0,58 m NaCl gewaschen. Man läßt absitzen, entfernt wieder den Überstand und zentrifugiert den Niederschlag bei 1900 U/min während 30 min ab. Das Sediment wird 2mal mit 0,58 m NaCl gewaschen und dann in dest. Wasser aufgeschwemmt. Durch Dialyse gegen 120 Vol. dest. Wasser während 4—5 Tagen entfernt man das NaCl. Die dialysierte Lösung zentrifugiert man 30 min bei 7000 U/min. Die kleine Menge Sediment, die man erhält, wäscht man einmal mit dest. Wasser und gibt dieses zu dem ersten Überstand. Das Sediment verwirft man. Die Überstände werden durch Pervaporieren eingeengt und schließlich gefriergetrocknet.

Auf diese Art werden mehr als 99 % des Hemmstoffes aus Harn entfernt.

In 0,025 m Phosphatpuffer, Ionenstärke $\Gamma/2$ 0,05, p_H 6,8, sind bei Mucoproteidkonzentrationen von 0,5—6,0 mg/cm³ 20—80 % des Materials löslich. Die Löslichkeit ist abhängig von der Temperatur der Lösung und vom Alter des Präparates. Getrocknete Mucoproteide brauchen 18—24 Std, um sich bei 4° in diesem Puffer zu lösen. Durch Schütteln kann man den Lösungsprozeß beschleunigen. Den unlöslichen Anteil entfernt man durch 30 min langes Zentrifugieren bei $3800 \times g$. Nur etwa50 % des gesamten Mucoproteids hatten hemmende Eigenschaften.

ODIN[8] stellt das Mucoproteid aus Harn außerdem noch durch 15 min langes Zentrifugieren des Urins in der Sharples-Superzentrifuge bei 45000 U/min dar. Den Niederschlag löst man in dest. Wasser, wäscht mit 0,58 m NaCl und dialysiert gegen dest. Wasser. Die Lösung zentrifugiert man 1 Std bei 22000 U/min und verwirft den Niederschlag. Der Überstand wird gefriergetrocknet.

---

1 MEHL, J. W., F. GOLDEN and R. J. WINZLER: Proc. Soc. exp. Biol. Med. **72**, 110 (1949).
2 TAMM, I., and F. L. HORSFALL jr.: J. exp. Med. **95**, 71 (1952).
3 TAMM, I., and F. L. HORSFALL jr.: Proc. Soc. exp. Biol. Med. **74**, 108 (1950).
4 GOTTSCHALK, A.: Nature **170**, 662 (1952).
5 TAMM, I., J. C. BUGHER and F. L. HORSFALL jr.: J. biol. Ch. **212**, 125 (1955).
6 BOYCE, W. H., and M. SWANSON: J. clin. Invest. **34**, 1581 (1955).
7 WALDRON, D. A.: Nature **170**, 461 (1952).
8 ODIN, L.: Nature **170**, 663 (1952).

ANDERSON und Mitarbeiter[1, 2] stellen ihre 3 Mucoproteide aus männlichem Harn durch Adsorption an Benzoesäure dar, und zwar wird A_1 bei p_H 3 in 20 vol-%igem Aceton, A_2 und A_3 werden bei p_H 4,2 in wäßrigem Medium adsorbiert.

Die 3 Mucoproteide sind gut in Wasser löslich, am besten bei p_H 9—9,5; sie koagulieren in der Hitze nicht und werden durch 10%ige Trichloressigsäure, 5%ige Sulfosalicylsäure, $^1/_2$-Sättigung mit Pikrinsäure oder 10%ige Phosphorwolframsäure aus 2%iger Lösung nicht gefällt. Mit 5%iger Phosphorwolframsäure in 2 n HCl und mit 75%igem Aceton fallen sie aus. Im letzteren Falle wird die Präcipitation durch 0,2 m NaCl stark erhöht.

Auch MARTAIN[3] hat ein Mucoproteid aus Harn isoliert.

Neuerdings wurde ultrafiltriert und der Rückstand mit NaCl behandelt. Der Rückstand scheint ein einziges Mucoproteid zu sein[4].

Physikalische Eigenschaften. *Elektrophorese.* Das Mucoproteid, das die Hämagglutination durch verschiedene Viren hemmt, ist vor und nach der Inaktivierung durch den LEE-Stamm des Influenza B-Virus bei der Elektrophorese homogen[5]. Die Wanderungsgeschwindigkeit nimmt durch die Inaktivierung um ungefähr 20% ab, offenbar infolge der Abspaltung von Neuraminsäure (vgl. S. 372). Gemische aus aktivem und inaktivem Mucoproteid können elektrophoretisch getrennt werden. Bei der Papierelektrophorese wandern die Mucoproteide von ANDERSON[6] als diffuse Bande zwischen den α_1- und α_2-Globulinen.

Das *Molekulargewicht* des Mucoproteids von TAMM und HORSFALL[7, 8] beträgt ungefähr $7 \cdot 10^6$, berechnet aus der *Sedimentationskonstanten* $S = 29{,}5$, der *Diffusionskonstanten* $3{,}25 \cdot 10^{-8}$ cm²/sec und dem *spezifischen Partialvolumen* 0,685. Nach 30 min Erhitzen auf 70° findet man eine langsamer sedimentierende Komponente[7, 8]. Der Reibungskoeffizient ist $f/f_0 = 5{,}32$. Das Achsenverhältnis ist 172. Das Mucoproteid zeigt eine *Absorptionsbande* im Ultraviolett bei 277 mμ und 3 Banden im Infrarot bei 6,5, 6,1 und 3,0 μ. Die beiden ersten Gipfel scheinen Ketongruppen, der letzte von $h = 3{,}0$ —OH- oder —NH-Gruppen zu entsprechen[7].

Im Elektronenmikroskop sieht man fadenartige Gebilde mit dem Durchmesser von ~100 Å und der Länge von ~25000 Å[9].

Analytische Daten. Das von TAMM und HORSFALL[7] isolierte Mucoproteid enthält 12,6% N. Die gesamten Mucoproteide des Harns enthalten zusammen 19% Zucker und 6,1%, Glucosamin. Das virushemmende Mucoproteid enthält 33% Zucker, 9,2% Glucosamin und 5,26% S. ODIN[10] fand ~11% N, 8,5% Hexose, 7,5% Hexosamin, 9% Sialinsäure und 1% Fucose. Nach KLENK[11] soll es nur 5% Neuraminsäure enthalten. ANDERSON[12] gibt etwas andere Daten für die von ihm isolierten Mucoproteide an; für A_1 10,54% N, 3,67% Acetyl, 17,5% Hexose und 14,41% Hexosamin; für A_2 5,1% N, 9,03% Acetyl, 30,7% Hexose und 18,29% Hexosamin. Papierelektrophoretisch wurden Galaktose, Mannose, Fucose, Glucosamin und wahrscheinlich auch Galaktosamin und Neuraminsäure festgestellt. Die papierelektrophoretisch gefundenen Aminosäuren sind: Asp, Glu, Phe, Tyr, Val, Pro, Arg, Lys, Ala, Thr, Gly, Ser, Leu, Ileu.

---

1 ANDERSON, A. J., and N. F. MACLAGAN: Biochem. J. **59**, 638 (1955).
2 ANDERSON, A. J., E. LOCKEY and N. F. MACLAGAN: Biochem. J. **60**, XLI (1956).
3 MARTAIN, C. C.: Austral. J. exp. Biol. med. Sci. **31**, 255 (1953).
4 BOYCE, W. H., and M. SWANSON: J. clin. Invest. **34**, 1581 (1955).
5 PERLMANN, G. E., I. TAMM and F. L. HORSFALL jr.: J. exp. Med. **95**, 99 (1952).
6 ANDERSON, A. J., and N. F. MACLAGAN: Biochem. J. **59**, I (1955).
7 TAMM, I., and F. L. HORSFALL jr.: J. exp. Med. **95**, 71 (1952).
8 TAMM, I., J. C. BUGHER and F. L. HORSFALL jr.: J. biol. Ch. **212**, 125 (1955).
9 PORTER, K. R., and I. TAMM: J. biol. Ch. **212**, 135 (1955).
10 ODIN, L.: Nature **170**, 663 (1952).
11 KLENK, E., u. K. LAUENSTEIN: H. **291**, 147 (1952).
12 ANDERSON, A. J.: Biochem. J. **56**, XXV (1954). — ANDERSON, A. J., and N. F. MACLAGAN: Biochem. J. **59**, 638 (1955).

Denaturierung, Stabilität. Zwischen p_H 5,4 und 8,4 ist das Mucoproteid von TAMM und HORSFALL stabil[1]. 3tägiges Aufheben bei p_H 10,4 bringt einen geringen Aktivitätsverlust mit sich. Bei p_H 2 und 3 tritt eine deutliche Fällung ein, aber keine Fällung bei p_H 1 und 4. Es wird dann bei p_H 6,5 leicht wieder gelöst. Nur bei p_H 1,08 beobachtet man einen leichten Abfall des Titers. Gegen *Hitze* ist das Mucoproteid im Harn selbst weniger empfindlich als das gereinigte Mucoproteid. In Phosphatpuffer p_H 6,5 ist es weniger empfindlich als im Wasser. Erhitzen in Phosphatpuffer durch 19 Std auf 42° erniedrigte die Aktivität um 25%. Durch Frieren wird das Molekulargewicht verändert[2]. Die meisten Viren verändern die Eigenschaften der hemmenden Harnmucoproteide, nur Schweine-Influenza- und Mumps-Virus verminderten seinen Titer nicht. Alle anderen scheinen es enzymatisch abzubauen. Die molekulare Struktur wird dabei nicht sehr verändert, sondern es scheint nur ein kleiner Molekülteil (Neuraminsäure bzw. Sialinsäure; vgl. S. 372 und 389) abgespalten zu werden (vgl. auch[3]). Die Infektiosität des Influenza-Virus wird durch das Mucoproteid nicht verändert.

Bestimmung. Die von ANDERSON[4] angegebene Bestimmung der Harnmucoproteide (vgl. S. 389) mit Diphenylamin beruht offenbar auf dem Gehalt an Neuraminsäure. Die Harnmucoproteide können mit den gleichen Methoden wie die Glykoproteide des Serums bestimmt werden (vgl. S. 374).

Über andere Methoden der Mucoproteidbestimmung im Harn vgl. [5].

Im Urin findet sich auch ein proteolytisches Ferment, *Uropepsin*, das im stark sauren Milieu wirksam ist und Pepsinogen aus Magensaft sein soll, das über den Kreislauf in den Urin gelangt[6, 7]. Die Mengen an Uropepsin im Urin können um mehrere 100% bei ein und derselben Versuchsperson schwanken[8]. Über andere Enzyme im Harn vgl. [9].

Über die abnormen Proteine im Harn s. S. 398.

C. Abnorme Plasma- und Harnproteine (Myelomglobuline, Kryoglobuline, Makroglobuline, BENCE-JONES-Eiweißkörper).

1. Myelomglobuline.

Bei multiplem Myelom sind im allgemeinen Natur und Menge der Serumproteine verändert, und im Urin wird ein charakteristisches Protein, BENCE-JONES-Eiweiß (BJE) ausgeschieden[10, 11]. Bei den meisten Patienten findet sich eine Vermehrung der Globuline, und mehr als 65% haben eine Hyperproteinämie[12]. Es werden 2 Haupttypen von Myelom unterschieden: solche, bei denen die γ-Globulinfraktion stark vermehrt ist[13], und solche, bei denen die β-Globulinfraktion überwiegt[12, 14]. WUHRMANN und WUNDERLY[14] teilen dementsprechend die Myelome in den β- und γ-Typ ein. In seltenen Fällen ist auch ein Typ α-Myelom beschrieben, bei dem die α-Globuline vermehrt sind[15–18]. Gemischte Fälle sind

[1] TAMM, I., and F. L. HORSFALL jr.: J. exp. Med. **95**, 71 (1952).
[2] TAMM, I., J. C. BUGHER and F. L. HORSFALL jr.: J. biol. Ch. **212**, 125 (1955).
[3] GOTTSCHALK, A.: Nature **167**, 845 (1951).
[4] ANDERSON, A. J., and N. F. MACLAGAN: Biochem. J. **59**, I (1955).
[5] HINSBERG, K.: ds. Handb., Bd. 5, S. 215.
[6] BUCHER, G. R.: Gastroenterol., Baltimore **8**, 627 (1947).
[7] FASCESWORTH, E. B., E. SPEER and H. ALT: J. Lab. clin. Med. **31**, 1025 (1946).
[8] VARRÓ, O., J. FAREDIN u. E. NOVASZEL: Kli. Wo. **1952**, 108.
[9] HINSBERG, K.: ds. Handb., Bd. 5, S. 292.
[10] PUTNAM, F. W., and B. UDIN: J. biol. Ch. **202**, 727 (1953).
[11] COLLIER, F. C., and P. JACKSON: New Engl. J. Med. **248**, 409 (1953).
[12] GUTMAN, A. B., D. H. MOORE, E. B. GUTMAN, V. MCCLELLAN and E. A. KABAT: J. clin. Invest. **20**, 765 (1941).
[13] LONGSWORTH, L. G., T. SHEDLOVSKY and D. A. MCINNES: J. exp. Med. **70**, 399 (1939).
[14] Wuhrmann, Wunderly, 2. Aufl., S. 288.
[15] WUHRMANN, F., C. WUNDERLY u. F. HUGENTOBLER: D. m. W. **1949**, 481.
[16] SANDKÜHLER, S.: D. m. W. **1949**, 1563.
[17] LÜDIN, H.: Schweiz. med. Wschr. **77**, 190 (1947).
[18] LOHSS, F., A. HILLMANN-ELIES u. G. HILLMANN: Z. Naturforsch. **8b**, 619 (1953).

selten[1, 2]. Außerdem gibt es Myelomfälle, bei denen das elektrophoretische Bild des Serums normal ist[1], im Urin aber BENCE-JONES-Eiweiß ausgeschieden wird[3, 4] (vgl. S. 398).

Der überwiegende Teil der Myelome sind γ-Myelome. Von WALDENSTRÖM[2] werden nur in 10 von 60 Fällen β-Myelome beschrieben. Ein ähnliches Verhältnis finden[5-7]. WUHRMANN und WUNDERLY[1] beobachteten sehr viel mehr β-Myelomfälle. Sie werden in β_1- und β_2-Myelome eingeteilt. Manche Autoren bezeichnen die β_2-Globuline als γ_1-Globuline[4] (vgl. S. 294). Vielleicht entsteht schon dadurch der Unterschied des Verhältnisses von β- zu γ-Myelomen bei den verschiedenen Autoren.

Offenbar ist beim Myelom die Proteinsynthese gestört. Das kann sich im Erscheinen großer Mengen abnormer Proteine im Harn oder in einer Zunahme der β- oder γ-Fraktion, manchmal der α-Fraktion des Serums äußern. Die so vermehrte Fraktion zeigt bei der Elektrophorese meist einen sehr scharfen Gipfel als Zeichen dafür, daß das vermehrte Protein elektrophoretisch sehr einheitlich ist (Abb. 29).

Immunologisch sind die Myelomglobuline nicht homogen[4, 8-10]. Die γ-Myelomglobuline reagieren immunologisch quantitativ ganz verschieden mit Kaninchen-Antiserum gegen normales γ-Globulin[8, 10, 11]. Es scheint, als ob durch die auf Grund der außerordentlichen Proliferation der Plasmazellen gestörte Proteinsynthese eine große Menge Protein gebildet würde, das sonst in der Familie der γ-Globuline nur in geringer Menge vorkommt[4, 10-12]. Dafür spricht auch, daß bei manchen Myelomfällen, in denen große Mengen mit den γ-Globulinen wanderndes Protein gefunden wird, als Antikörper wirksames γ-Globulin vollkommen fehlt[4] (vgl. S. 293). Danach sind Myelomglobuline keine „abnormen" Proteine, sondern jedes einzelne entspricht einer Fraktion der normalen γ-Globuline[11, 12].

Andererseits werden in der Gruppe der β-Myelomglobuline auch solche gefunden, die immunologisch keine Beziehung zu den normalen Globulinen haben[13]. Sowohl in Antiserum gegen γ-Myelomglobuline als auch in dem gegen α- und β-Myelomglobuline wurden kleine Mengen von Rest-Antikörpern nachgewiesen, die durch menschliches Gesamtserum nicht abgesättigt werden konnten[8, 9]. Gegen α- und β-Myelomglobuline wurden größere Mengen Rest-Antikörper gefunden als gegen γ-Myelomglobuline. Die diese Rest-Antikörper bildenden Myelomglobuline[8, 9] sowie diejenigen, die nach WUHRMANN und WUNDERLY[13] immunologisch keine Beziehung zu den normalen Serumproteinen haben, können sicher zu den Paraproteinen gerechnet werden.

Myelomeiweiß kann gerinnungshemmend wirken[14].

Darstellung. Die Myelomglobuline können, da sie in so überwiegender Menge im Serum vorhanden sind, meist sehr viel einfacher dargestellt werden als die entsprechenden Fraktionen aus Normalserum[8]. Es bleibt in jedem Fall auszuprobieren, welche Methode sich am besten eignet (s. S. 228ff.). γ-Myelomglobulin konnte mit Äthylalkoholfraktionierung (Methode 10, vgl. S. 39) in der γ-Globulinfraktion angereichert und nach Abdialysieren des Äthylalkohols mit 50% $(NH_4)_2SO_4$-Sättigung gefällt werden. Es wurde 96—100%ig elektrophoretisch reines γ-Myelomglobulin erhalten[8]. Es war auch nach dem

[1] Wuhrmann-Wunderly, 2. Aufl., S. 288.
[2] WALDENSTRÖM, J.: Adv. internal Med. **5**, 398 (1952).
[3] GUTMAN, A. B., D. H. MOORE, E. B. GUTMAN, V. MCCLELLAN and E. A. KABAT: J. clin. Invest. **20**, 765 (1941).
[4] PUTNAM, F. W., and B. UDIN: J. biol. Ch. **202**, 727 (1953).
[5] ADAMS, W. S., E. L. ALLING and J. S. LAWRENCE: Amer. J. Med. **6**, 141 (1949).
[6] JANSSEN, L. W.: Verh. Kon. Akad. Wet. Amsterdam (Sect. 2) **47** (1951).
[7] MALMROS, H., and G. BLIX: Acta med. scand. Suppl. **170** (1946).
[8] LOHSS, F., E. WEILER u. G. HILLMANN: Z. Naturforsch. **8b**, 625 (1953).
[9] LOHSS, F., u. G. HILLMANN: Z. Naturforsch. **8b**, 706 (1953).
[10] KUNKEL, H. G., R. J. SLATER and R. A. GOOD: Proc. Soc. exp. Biol. Med. **76**, 190 (1951).
[11] SMITH, E. L., D. M. BROWN, M. L. MCFADDEN, V. BUETTNER-JANUSCH and B. V. JAGER: J. biol. Ch. **216**, 601 (1956).
[12] SLATER, R. J., S. M. WARD and H. G. KUNKEL: J. exp. Med. **101**, 85 (1955).
[13] WUHRMANN, F., C. WUNDERLY and A. HÄSSIG: Brit. J. exp. Path. **31**, 507 (1950).
[14] LÜSCHER, E., u. A. LABHART: Schweiz. med. Wschr. **79**, 598 (1949).

Trocknen zu 96 % in Wasser löslich, während normales γ-Globulin nach dem Trocknen selbst in 0,9 % gepuffertem NaCl nur schwer löslich ist.

Zur Darstellung von α- und β-Myelomglobulin genügte Fällung mit 42,5 % bzw. 40 % $(NH_4)_2SO_4$-Sättigung, 3maliges Umfällen bei der gleichen Konzentration, Dialyse gegen fließendes Wasser und schließlich gegen 0,9 %iges NaCl[1]. Die Präparate waren elektrophoretisch einheitlich (vgl. Abb. 29).

Dirr und Mitarbeiter[2] haben methioninfreies γ-Plasmocytomeiweiß isoliert. Es wird durch Uranylacetat nicht gefällt, wohl aber durch Trichloressigsäure und Phosphorwolframsäure. Man enteiweißt zuerst mit Uranylacetat und fällt dann mit Trichloressigsäure oder Phosphorwolframsäure.

Von Putnam[3] werden die Myelomglobuline durch Elektrophorese bei p_H 8,6 isoliert.

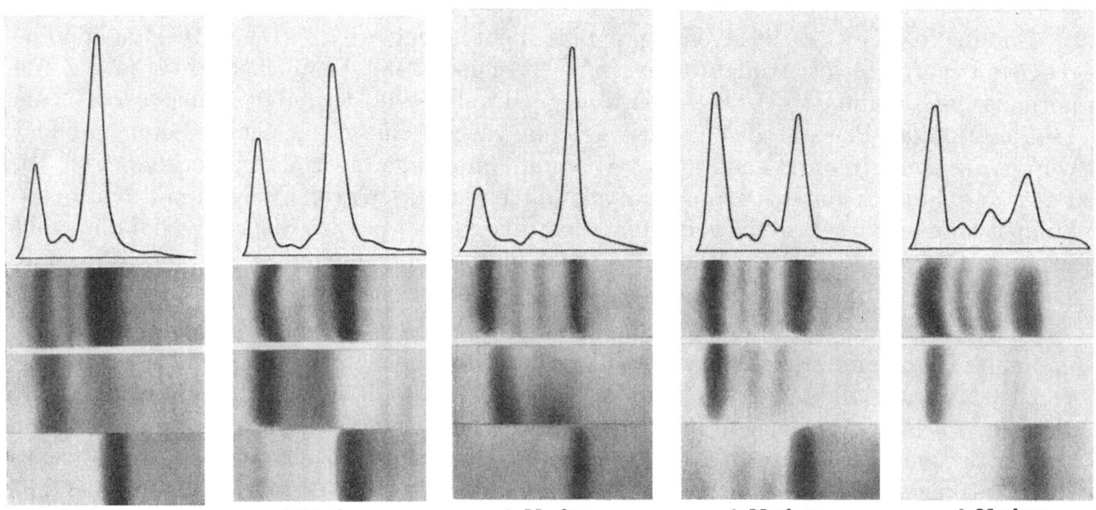

α_2-Myelom β_1-Myelom β_2-Myelom β_2-Myelom β_2-Myelom

Abb. 29. Papierelektrophorese der Seren und der durch 3maliges Aussalzen gereinigten Myelomproteine sowie die der Überstände nach dem ersten Aussalzen (nach Lohss und Mitarbeitern[1]).

Auch präparative Papierelektrophorese kann zur Darstellung abnormer Serumproteine verwendet werden[4] (vgl. S. 136).

Nach Smith und Mitarbeitern[5] soll Elektrophorese-Konvektion (vgl. S. 295) die beste Methode sein, um vollkommen reines Myelomglobulin ohne Verunreinigung mit anderen γ-Globulinen zu erhalten.

Physikalische Eigenschaften. Meistens erhält man bei der *Elektrophorese* isolierter Myelomglobuline einen scharfen Gipfel[3] (s. Abb. 29). Sie erscheinen auch mit der Methode der reversiblen Bandenverbreiterung homogen[6]. Die Beweglichkeiten von Myelomglobulinen verschiedener Patienten bei p_H 8,6 sind über einen weiten Bereich verteilt. Der größte Teil gehört aber den γ_2-Globulinen an[3].

So liegen die isoelektrischen Punkte der von Putnam[3] isolierten Myelomglobuline zwischen p_H 7,5 und 6,6[4], die der von Smith und Mitarbeitern[5] isolierten zwischen 4,7 und 7,2.

In der Ultrazentrifuge sind die γ-Myelomglobuline meist auch homogen mit *Sedimentationskonstanten* $S_{20,w} \sim 7$, ähnlich den γ-Globulinen[3, 7]. Die β-Myelomglobuline ent-

[1] Lohss, F., A. Hillmann-Elies u. G. Hillmann: Z. Naturforsch. 8b, 619 (1953).
[2] Dirr, K., u. E. Dietz: Z. inn. Med. **9**, 877 (1954).
[3] Putnam, F. W., and B. Udin: J. biol. Ch. **202**, 727 (1953).
[4] Wunderly, C.: Expos. ann. Biochim. méd. **14**, 173 (1952).
[5] Smith, E. L., D. M. Brown, M. L. Fadden, V. Buettner-Janusch and B. V. Jager: J. biol. Ch. **216**, 601 (1956).
[6] Alberty, R. A.: Am. Soc. **70**, 1675 (1948).
[7] Hillmann, A., G. Hillmann u. F. Lohss: Z. Naturforsch. 8b, 28 (1953).

halten, auch wenn sie elektrophoretisch einheitlich sind, in der Ultrazentrifuge meist mehrere Komponenten zwischen $S_{20,w} \sim 7$ und $S_{20,w} \sim 13$ [1, 2]. Auch kleine Mengen von Makroglobulinen $S_{20,w} \sim 20$ werden manchmal gefunden[2]. Meistens erkennt man keine Beziehung zwischen der elektrophoretischen Verteilung von β- und γ-Globulinen und der Verteilung von schweren und leichten Komponenten in der Ultrazentrifuge[1]. Es gibt Fälle, in denen die γ-Komponente bei der Elektrophorese stark erhöht erscheint, aber das Ultrazentrifugenbild normal ist, oder die γ-Globuline sind erhöht und ihre Sedimentationskonstante ist ungewöhnlich hoch ($S = 11$)[3].

Analytische Daten. Die von HILLMANN und Mitarbeitern[2, 4] isolierten γ-, aber auch α- und β-Myelomglobuline enthalten nach den UV-Absorptionsspektren ungefähr soviel Tryptophan und Tyrosin wie das γ-Globulin[2, 4]. Dagegen enthalten die γ-Myelomglobuline weniger, die α- und β-Myelomglobuline mehr Kohlenhydrat als die γ-Globuline. Der Cholesteringehalt ist gering, der Methioningehalt so wie bei den γ-Globulinen.

Auch nach der Bestimmung der Endaminosäuren gibt es verschiedene Myelomglobuline: ein von PUTNAM[5] isoliertes, mit einer elektrophoretischen Beweglichkeit von —1,1 hat 2 Mol Asparaginsäure am Aminoende und keine anderen Endgruppen. Ein anderes mit der elektrophoretischen Beweglichkeit —0,7 hat keine freien Aminoenden[5]. Von 4 weiteren, die SMITH und Mitarbeiter[6] isoliert haben, haben 3 nur 1 Mol Glutaminsäure, eines nur 1 Mol Asparaginsäure am Aminoende. Sie unterscheiden sich also auch hierin von den γ-Globulinen, die immer Asparaginsäure und Glutaminsäure je 1 Mol/Mol und kleine Mengen anderer Aminosäuren besitzen[5, 7] (vgl. S. 302).

2. Kryoglobuline.

In manchen Fällen von multiplem Myelom[1, 8, 9] (Purpura hyperglobulinaemica, bei multiplem Myelom und Makroglobulinämie WALDENSTRÖM[10, 11]), aber auch bei infektiöser Arthritis, Periarteriitis nodosa, Endokarditis, Nephrose und anderen Krankheitsbildern (Literatur bei [12] und [13]; vgl. auch [14–16]) kommen Kryoglobuline im Serum vor.

Als Kryoglobulin wird nach LERNER und WATSON[11] ein Globulin bezeichnet, das beim Abkühlen des Serums ausfällt oder geliert und sich beim Erwärmen des Serums auf Zimmertemperatur oder auf 37° wieder löst.

Kryoglobulinämie kann ohne Hyperglobulinämie vorkommen[14].

So war im Falle von LERNER und WATSON[10] der gesamte Globulingehalt des Serums nur 2,3 g-%, von dem trotz der geringen Menge ein Teil als Kryoglobulin ausfiel.

Manchmal fällt das Kryoglobulin kristallisiert aus[17]. In Fällen, in denen große Mengen von Kryoglobulin im Serum vorhanden sind, kann das Gelieren oder Ausfallen schon bei Zimmertemperatur einsetzen.

---

[1] PUTNAM, F. W., and B. UDIN: J. biol. Ch. **202**, 727 (1953).
[2] HILLMANN, A., G. HILLMANN u. F. LOHSS: Z. Naturforsch. 8b, 28 (1953).
[3] WALDENSTRÖM, J.: Adv. internal Med. **5**, 398 (1952).
[4] LOHSS, F., A. HILLMANN-ELIES u. G. HILLMANN: Z. Naturforsch. 8b, 619 (1953).
[5] PUTNAM, F. W.: Am. Soc. **75**, 2785 (1953).
[6] SMITH, E. L., D. M. BROWN, M. L. MCFADDEN, V. BUETTNER-JANUSCH and B. V. JAGER: J. biol. Ch. **216**, 601 (1956).
[7] MCFADDEN, M. L., and E. L. SMITH: Am. Soc. **75**, 2784 (1953).
[8] HILL, R. M., S. G. DUNLOP and R. M. MULLIGAN: J. Lab. clin. Med. **34**, 1057 (1949).
[9] LUCKEY, E. H., E. RUSS and D. P. BARR: J. Lab. clin. Med. **37**, 253 (1952).
[10] LERNER, A. B., and C. J. WATSON: Amer. J. med. Sci. **214**, 410 (1947).
[11] LERNER, A. B., C. B. B. BARNUM and C. J. WATSON: Amer. J. med. Sci. **214**, 416 (1947).
[12] GRIFFITHS, L. L., and L. GILCHRIST: Lancet **264**, 882 (1953).
[13] WALDENSTRÖM, J.: Adv. internal Med. **5**, 398 (1952).
[14] Wuhrmann-Wunderly, 2. Aufl., S. 255.
[15] GUTMAN, A. B.: Adv. Protein Chem. **4**, 155 (1948).
[16] HEILMEYER, L., u. H. BEGEMANN: Blut und Blutkrankheiten. Handb. inn. Med. (BERGMANN-SCHWIEGK-FREY) 4. Aufl., Bd. 2, S. 752.
[17] HOLMBERG, C. G., u. A. GRÖNWALL: H. **273**, 199 (1942).

Darstellung. Die Eigenschaft von Kryoglobulin, in der Kälte auszufallen, wird zu seiner Darstellung benützt. Nach der Umfällung werden Kryoglobuline häufig löslicher. GRIFFITHS und Mitarbeiter[1] isolierten ein Kryoglobulin durch Ammoniumsulfatfraktionierung. Seine elektrophoretische Beweglichkeit war nach der Ammoniumsulfatfällung unverändert, aber aus dem aus den Fraktionen wiederhergestellten Serum fiel in der Kälte das Kryoglobulin nicht mehr aus.

Physikalische Eigenschaften. Einige Kryoglobuline wandern *elektrophoretisch* mit den γ-Globulinen[2, 3], andere zwischen den β- und γ-Globulinen[1, 4, 5]

Einige Kryoglobuline haben das *Mol.-Gewicht* von normalem γ-Globulin[2, 4, 6, 7], andere haben Mol.-Gewichte von 200000[8], 600000[9] oder auch über 1000000[10-12].

Von PEDERSEN[6] wird das Verhalten von Kryoglobulin durch eine Assoziations- und Dissoziationsreaktion erklärt, die durch die Temperatur reguliert wird. Auch wurde neuerdings[12] ein Kryoglobulin isoliert, das in verschiedenen Formen vorhanden war, die durch ihre Sedimentationsgeschwindigkeiten in der Ultrazentrifuge unterschieden werden konnten. Die relativen Mengen der verschiedenen Komponenten waren abhängig von dem Grad der Reinigung des Proteins, der Proteinkonzentration, der Temperatur, dem p_H und der Ionenstärke des Mediums. Nach ausreichender Reinigung des Proteins verlor sich diese Eigenschaft.

PUTNAM[13] hat eine Reihe von Kryoglobulinen isoliert, die sich alle in bezug auf *isoelektrischen Punkt*, Sedimentationskonstante, Löslichkeit, Kristallform und Aminoendgruppen unterschieden. Sie sind nicht identisch mit BENCE-JONES-Eiweiß und sind auch nicht dessen Vorläufer (vgl. S. 398).

Die relative *Viscosität* des Serums bei Kryoglobulinämie betrug 2,21, während die von normalem Serum etwa 1,6 beträgt[12]. Der *Reibungskoeffizient* f/f_0 bei 20° betrug 1,59[1].

Immunologisch waren die von PUTNAM[2] und MCFADDEN[3] untersuchten Kryoglobuline nahe verwandt mit dem γ-Globulin.

Analytische Daten. Bei einem Kryoglobulin, das in Veronalpuffer p_H 8,6, Ionenstärke $\Gamma/2$ 0,1 die Beweglichkeit $-1{,}4 \cdot 10^{-5}$ hatte, wurden als *Aminoendgruppen* wie bei menschlichem γ-Globulin Asparaginsäure und Glutaminsäure nachgewiesen. Die sonst bei γ-Globulin gefundenen kleinen Mengen anderer Aminoendgruppen fehlten jedoch beim Kryoglobulin. Es schien also einheitlicher als γ-Globulin zu sein[3]. Bei anderen Kryoglobulinen fand PUTNAM[13] nur Asparaginsäure oder nur Glutaminsäure oder auch nur Leucin am Aminoende. Von MANDEMA und Mitarbeitern[14] wurden ein Kryoglobulin und ein Makroglobulin gewonnen, die sich in der Aminosäurezusammensetzung nur wenig vom γ-Globulin unterschieden, aber nur das Kryoglobulin enthielt Oxyprolin.

3. Makroglobulin.

Das normalerweise in kleinen Mengen im Serum vorkommende Makroglobulin (vgl. S. 226) ($S_{20,w} = 20$ mit einem Mol.-Gewicht 1000000) wurde von PEDERSEN[11] und WALDENSTRÖM[10] mit dem pathologisch vorkommenden, sog. ,,Makroglobulin Waldenström''

[1] GRIFFITHS, L. L., and L. GILCHRIST: Lancet **264**, 882 (1953).
[2] PUTNAM, F. W., and B. UDIN: J. biol. Ch. **202**, 727 (1953).
[3] MCFADDEN, M. I., and E. L. SMITH: Am. Soc. **75**, 2784 (1953).
[4] HOLMBERG, C. G., u. A. GRÖNWALL: H. **273**, 199 (1942).
[5] MCFADDEN, A. S., and A. DOVEY: J. Path. Bacteriology **64**, 335 (1952).
[6] PEDERSEN, K. O.: Cold Spring Harbor Symp. quant. Biol. **14**, 140 (1949).
[7] LERNER, A. B., and G. R. GREENBERG: J. biol. Ch. **162**, 429 (1946).
[8] BONSDORFF, B. VON, H. GROTH u. T. PACKALÉN: Folia haematol., Leipzig **59**, 184 (1938).
[9] ABRAMS, A., P. P. COHEN and O. O. MEYER: J. biol. Ch. **181**, 237 (1949).
[10] WALDENSTRÖM, J.: Acta med. scand. **117**, 216 (1944).
[11] PEDERSEN, K. O.: Ultracentrifugal Studies of Serum and Serum Fractions. Uppsala 1945.
[12] PETERMANN, M. L., and H. BRAUNSTEINER: Arch. Biochem. **53**, 491 (1954).
[13] PUTNAM, F. W.: Science, N. Y. **122**, 275 (1955).
[14] MANDEMA, E., P. C. VAN DER SCHAAF and T. H. J. HUISMAN: J. Lab. clin. Med. **45**, 261 (1955).

— Sedimentationskonstante 20—30 S — verglichen. Die normalen Makroglobuline[1] wandern elektrophoretisch im α_1-Globulinbereich. Ihr Anteil am normalen Serumeiweiß liegt zwischen 2—4%. Eine Menge über 5% wird als pathologisch angesehen[2]. Bei der „Makroglobulinämie Waldenström" werden Makroglobulinmengen von 30% und mehr beobachtet. Diese wandern elektrophoretisch mit den β- oder γ-Globulinen.

WALDENSTRÖM[2] beschrieb das überwiegende Vorkommen der $S = 20$-Komponente als ein neues Syndrom. Ausführliche Literatur über die „Makroglobulinämie Waldenström" bei [1-3].

Makroglobulin kann als Kryoglobulin ausfallen[4, 5], muß es aber nicht.

Die endgültige Entscheidung, ob es sich um ein Makroglobulin handelt, bleibt immer der Ultrazentrifuge vorbehalten.

Darstellung. „Makroglobulin Waldenström" verhält sich wie ein Euglobulin. Es läßt sich im allgemeinen durch Verdünnen des Serums mit Wasser (vgl. S. 228ff.) quantitativ ausfällen, besonders wenn es vom γ_2-Typ ist. Das Protein wird durch Zentrifugieren gesammelt und in n NaCl-Lösung wieder gelöst.

Die Löslichkeit der Makroglobuline in Elektrolyt enthaltendem Wasser und ihr Ausfallen bei Verdünnen oder Dialyse gegen Wasser gehören zu ihren charakteristischsten Eigenschaften.

WUNDERLY und Mitarbeiter[6] stellen die Makroglobuline durch präparative Papierelektrophorese dar.

DEUTSCH und Mitarbeiter konnten ein Makroglobulin aus 20%igem Alkohol kristallisieren[7].

Physikalische Eigenschaften. *Elektrophorese.* Elektrophoretisch zeigt sich bei Makroglobulinämie meist eine hohe, schmale, pathologische Zacke mit der ungefähren Wanderungsgeschwindigkeit der β- oder γ-Globuline.

Die *Sedimentationskonstante* des Makroglobulins ist meist $S_{20,\,W} = 15$—30. Es wurden aber auch 2[1] und mehrere[5] Komponenten eines Makroglobulins mit ähnlichen Sedimentationskonstanten in einem Serum gefunden.

Das *Molekulargewicht* liegt bei $\sim 1\,000\,000$.

Zur Erkennung eines Makroglobulins kann auch die *Viscosität* gemessen werden[4, 8]. Im allgemeinen wird ein hoher Temperatur-Viscositäts-Index gefunden.

Analytische Daten. WUHRMANN und Mitarbeitern[6] und andere haben die *Aminosäurezusammensetzung* mehrerer Makroglobuline bestimmt (s. Tabelle 30). Der Tyrosin- und Tryptophangehalt ist deutlich geringer als beim normalen γ-Globulin[9].

Immunologisch wurde nachgewiesen, daß das „Makroglobulin Waldenström" ein „Paraprotein" ist[10].

Bestimmung. Der einzig sichere Nachweis für Makroglobuline ist der Nachweis in der Ultrazentrifuge. Die Blutkörperchensenkung ist bei Makroglobulinämie extrem beschleunigt. Beim Eintropfen von Serum, das „Makroglobulin Waldenström" enthält, in destilliertes Wasser entsteht eine starke Trübung, die sich langsam als Niederschlag absetzt[2]. Auch in Gegenwart großer Mengen Makroglobulin ist dieser Test aber nicht immer positiv, und besonders kleine Mengen Makroglobulin können dabei leicht übersehen werden.

---

[1] KANZOW, U.: Kli. Wo. **1954**, 154.
[2] WALDENSTRÖM, J.: Adv. internal Med. **5**, 398 (1952).
[3] TISCHENDORF, W., u. F. HARTMANN: Acta haematol., Basel **4**, 374 (1950).
[4] WALDENSTRÖM, J.: Acta med. scand. **117**, 216 (1944).
[5] PETERMANN, M. L., and H. BRAUNSTEINER: Arch. Biochem. **53**, 491 (1954).
[6] PERNIS, W., F. WUHRMANN u. C. WUNDERLY: Acta haematol., Basel **11**, 309 (1954).
[7] KRATOCHVILL, C. H., and H. F. DEUTSCH: J. biol. Ch. **222**, 31 (1956).
[8] WALDENSTRÖM, J.: Presse méd. **57**, 213 (1949).
[9] GRÜMER, H.-D., E. GRUNZE u. H. HÖRNER: Kli. Wo. **1955**, 588.
[10] HÄSSIG, A.: Schweiz. med. Wschr. **1952**, 1107.

4. Bence-Jones-Eiweißkörper.

Das erste abnorme Protein, das beim multiplen Myelom gefunden wurde, war der Bence-Jones-Eiweißkörper (BJE) im Urin. Er wurde 1847 von Bence-Jones entdeckt. Mit BJE wird eine Gruppe von Proteinen bezeichnet, die bei Patienten mit multiplem Myelom im Urin gefunden werden und die dadurch charakterisiert sind, daß sie beim Erwärmen auf 45—55° ausfallen und beim weiteren Erwärmen auf 80° oder beim Kochen wieder gelöst werden[1]. Sie kommen nicht nur bei β- und γ-Myelom, sondern auch häufig

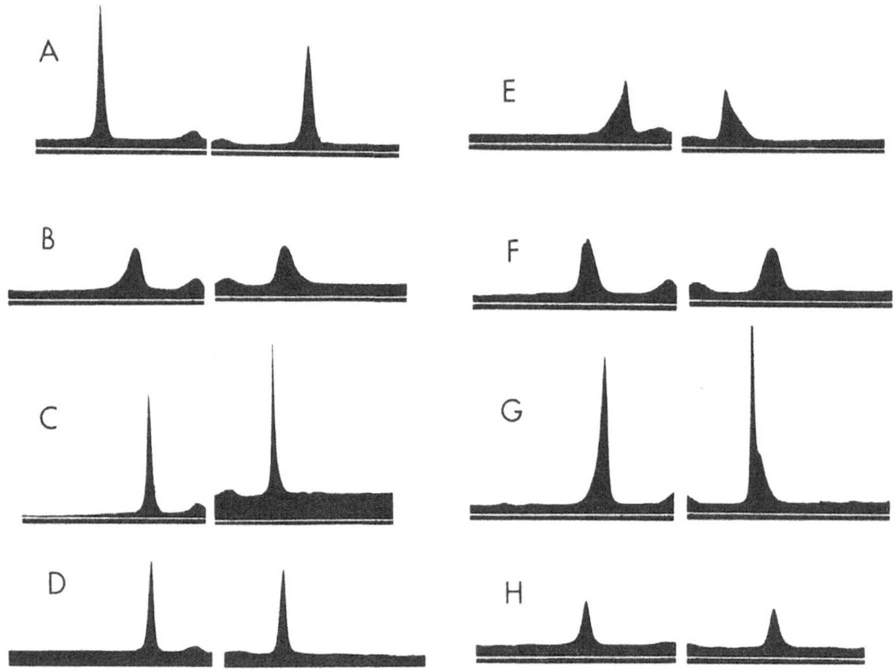

Abb. 30 [3]. Elektrophoresebil der von Bence-Jones-Eiweißkörpern verschiedener Patienten in Veronalpuffer p_H 8,6. Links aufsteigende, rechts absteigende Banden.

in großen Mengen bei dem sog. normoproteinämischen Myelom, bei dem das elektrophoretische Bild des Serums normal ist, im Urin vor[1-3].

Die Unterschiede in der Sedimentationskonstanten, der elektrophoretischen Beweglichkeit[3] (s. Abb. 30), der Löslichkeit und der Aminosäurezusammensetzung[4] haben gezeigt, daß diese Eiweißkörper sich in Größe und Struktur unterscheiden[3], und manchmal kommt sogar bei einem Patienten ein Gemisch von mehreren BJE im Urin vor[1, 3, 5]. Manche Autoren sprechen direkt von einer individuellen Spezifität der BJE[3, 6]. In einigen Fällen wurde ein BJE kristallisiert erhalten[7, 8].

Rundles und Mitarbeiter[9] haben die Beziehung der abnormen Serumproteine des multiplen Myeloms zum Bence-Jones-Protein untersucht. Sie unterscheiden sich stark in bezug auf Mol.-Gewicht und elektrophoretische Beweglichkeit (vgl. S. 394 und 396). Manche Autoren nehmen an, daß die BJE Abbauprodukte der abnormen Myelomproteine

---

[1] Gutman, A. B.: Adv. Protein Chem. **4**, 155 (1948).
[2] Waldenström, J.: Adv. internal Med. **5**, 398 (1952).
[3] Putnam, F. W., and P. Stelos: J. biol. Ch. **203**, 347 (1953).
[4] Devine, J.: Biochem. J. **35**, 433 (1941).
[5] Rundless, R. W., J. R. Cooper and R. W. Willett: J. clin. Invest. **30**, 1125 (1951).
[6] Riva, G., K. Dialer u. A. Hässig: Helv. med. Acta **18**, 401 (1951).
[7] Magnus-Levy, A.: H. **243**, 173 (1936).
[8] Janssen, L. W.: Verh. Kon. Akad. Wet., Amsterdam (Sect. 2) **47**, (1951).
[9] Rundless, E. W., G. R. Cooper and R. W. Willett: Amer. J. Med. **11**, 249 (1951).

sind[1]. So haben DEUTSCH und Mitarbeiter[2] gefunden, daß sehr gut gereinigte BJE immunologisch den normalen Serumglobulinen ähneln. Sie vermuten daher, daß die BJE Bruchstücke der normalen Serumeiweißkörper sind.

Nach anderen Autoren dagegen sollen die beiden pathologischen Proteine, Myelomglobulin und BJE, unabhängig voneinander gebildet werden; BJE wird wegen seines niedrigen Mol.-Gewichts sofort ausgeschieden und erreicht daher im Serum nie eine meßbare Konzentration[3, 4]. Dafür, daß die BJE neu gebildet werden, scheint auch zu sprechen, daß markierte Aminosäuren sehr schnell im BJE des Urins erscheinen. So findet man nach Gaben von ^{14}C-Glutaminsäure bereits nach 35 min radioaktives BJE im Urin[5, 6]. Auch die Feststellung, daß γ-Myelomglobulin die gleiche Menge Methionin wie γ-Globulin enthält[7], während BJE kein Methionin[8] oder nur Spuren davon aufweist[1], spricht dagegen, daß es sich bei BJE um ein Spaltprodukt des Myelomglobulins handelt.

Auch immunologisch soll sich BJE von den gesamten normalen Serumeiweißkörpern unterscheiden, also ein „Paraprotein" sein[9]. BJE soll mindestens 2 als Antigen wirksame Gruppen, die aber in dem gleichen Urin vorkommen können, enthalten[3]. Große Unterschiede in den physikalischen Eigenschaften verschiedener BJE sind oft in den serologischen Reaktionen nicht nachweisbar.

Zur Darstellung von BJE kann der Urin einfach erschöpfend dialysiert und nachher zentrifugiert werden[3]. Oder es wird durch etwa Halbsättigung mit $(NH_4)_2SO_4$ gefällt, abzentrifugiert und mehrmals umgefällt[10]. PUTNAM und STELOS fällen BJE in der Nähe des isoelektrischen Punktes durch Dreiviertelsättigung mit $(NH_4)_2SO_4$[3]. Auch auf andere Art — Alkohol- oder Acetonfällung — wurde es dargestellt[11], scheint dabei aber verändert zu werden[3].

Physikalische Eigenschaften. *Elektrophorese.* Die meisten BJE wandern im Bereich der β- und γ-Globuline; es gibt aber auch solche, die mit den α-Globulinen wandern. Die von PUTNAM und STELOS[3] untersuchten BJE hatten im Veronalpuffer p_H 8,5, Ionenstärke $\Gamma/2$ 0,1, Beweglichkeiten zwischen 4,7 und 1,4 (vgl. Abb. 30). Ein Teil der BJE war elektrophoretisch nicht homogen, und selbst ein BJE, das kristallisiert erhalten wurde, scheint aus 2 Komponenten zu bestehen. Die isoelektrischen Punkte variieren von p_H 4,6 bis p_H 6,7.

Auch in der Ultrazentrifuge und bei der Diffusion divergieren ihre Eigenschaften stark. *Molekulargewichte* zwischen 24000 und 90000 wurden gefunden[12].

Die *Sedimentationskonstanten* der von PUTNAM und Mitarbeitern[3] untersuchten BJE lagen zwischen 3,1 und 3,6, $D_{20} = 7{,}7$ und 7,65, $f/f_0 = 1{,}16$ und 1,19.

Das *spezifische Partialvolumen* wurde mit 0,749 angenommen[13]. Daraus wurden *Mol.-Gewichte* von 42200 und 43500 berechnet. Andere Autoren geben Mol.-Gewichte von 35000—37000[13] und 31000[12] an. f/f_0 ist so gering, daß ein symmetrisches Molekül angenommen wird.

Analytische Daten. Die Aminosäurezusammensetzung von 2 verschiedenen BJE ist in Tabelle 30 angegeben. Methionin fehlt oder kommt nur in geringer Menge

[1] SCHREIER, K., u. H. PLÜCKTHUN: Kli. Wo. **1952**, 677.
[2] DEUTSCH, H. F., C. H. KRATOCHVILL and A. E. REIF: J. biol. Ch. **216**, 103 (1956).
[3] PUTNAM, F. W., and P. STELOS: J. biol. Ch. **203**, 347 (1953).
[4] PUTNAM, F. W., and S. HARDY: J. biol. Ch. **212**, 361 (1955).
[5] HARDY, S., and F. W. PUTNAM: Fed. Proc. **12**, 214 (1953).
[6] PUTNAM, F. W.: Science N. Y. **122**, 275 (1955).
[7] HILLMANN, A., G. HILLMANN u. F. LOHSS: Z. Naturforsch. 8b, 28 (1953).
[8] DENT, C. E., and G. A. ROSE: Biochem. J. **44**, 610 (1949).
[9] WUHRMANN, F., C. WUNDERLY and A. HÄSSIG: Brit. J. exp. Path. **31**, 507 (1950).
[10] ABDERHALDEN, E., u. O. ROSTOSKI: H. **46**, 125 (1905).
[11] JIRGENSONS, B., A. J. LANDUA and J. AWAPARA: Biochim. biophysica Acta, N. Y. **9**, 625 (1952).
[12] DEUTSCH, H. F.: J. biol. Ch. **216**, 97 (1955).
[13] SVEDBERG, T., and K. O. PEDERSEN: The Ultracentrifuge. Oxford 1940.

vor[1, 2–6]. Als Aminoendgruppe wurde in einem BJE Glutaminsäure gefunden[6], in einem anderen Asparaginsäure[7], in einem weiteren gar keine[8].

PUTNAM[9] fand auch noch BJE mit Tyrosin, Isoleucin usw. Sie scheinen also offenbar individuell verschiedene Eiweißkörper zu sein.

Stabilität, Denaturierung. Bei einem p_H unterhalb ihres isoelektrischen Punktes sind die BJE z. T. sehr instabil[7]. Das ist aber keine allgemeine Charakteristik. SVEDBERG und Mitarbeiter[10] fanden, daß das von ihnen untersuchte BJE zwischen p_H 1,2 und 10,5 stabil war. Durch Ansäuern auf p_H 3 oder 4 wird wenigstens eine Gruppe der BJE gespalten[7]. Nach *Erhitzen* in Phosphatpuffer p_H 6,8 durch 10 min auf 40—60° sedimentiert das BJE nachher nicht mehr. Es wird dabei offenbar ebenso gespalten wie bei tiefem p_H ohne Erwärmen. Bei Erhitzen in Acetatpuffer p_H 5 auf 50—57° koaguliert BJE. Der Niederschlag löst sich bei Dialyse gegen Veronalpuffer wieder auf. BJE hat nach dieser Behandlung beinahe die gleiche Sedimentationskonstante wie zuvor. Aber auch hier verhalten sich nicht alle BJE gleich. Das von DEUTSCH[1] isolierte BJE koagulierte in der Nähe des Neutralpunktes bei etwa 60°.

Tabelle 30. *Aminosäurezusammensetzung verschiedener Makroglobuline und Bence-Jones-Eiweißkörper* (g/100g).

	Makroglobulin β_1-Typ [11]*	Makroglobulin γ-Typ [11]	Makroglobulin [12]	Bence-Jones-Eiweißkörper [13]**
Gesamt-Stickstoff	—	—	—	16,4
Glykokoll	4,1	4,4	3,0	4,3
Alanin	5,7	5,9	6,3	7,1
Valin	8,3	8,7	7,8	5,85
Leucin	11,3	11,3	10,5	5,9
Isoleucin	—	—	2,5	3,1
Prolin	6,5	8,5	5,1	+
Oxyprolin	—	—	—	—
Cystin	2,7	2,0	2,5	2,5
Cystein	—	—		—
Methionin	1,3	1,0	0,4	0,02
Tryptophan	—	—	—	2,2
Phenylalanin	5,2	4,5	5,2	2,5
Tyrosin	6,4	5,1	3,0	5,6
Arginin	5,2	4,6	2,1	4,8
Histidin	—	—	3,2	1,5
Lysin	4,1	3,4	7,2	5,9
Serin	9,9	8,7	9,2	10,9
Threonin	5,8	5,9	10,5	7,2
Asparaginsäure	9,0	9,0	8,1	+
Glutaminsäure	14,3	12,8	12,7	~12,0

* Von PERNIS und Mitarbeitern[11] wurden die Aminosäuren in 4 Makroglobulinen bestimmt, von denen nur ein mit dem β_1- und ein mit den γ-Globulinen wanderndes hier aufgeführt sind.

** Von SCHREIER und PLÜCKTHUN[13] wurden die Aminosäuren in 4 verschiedenen BJE bestimmt und nahezu gleich gefunden.

Auffallend ist, daß BJE in dem Puffer, in dem es beim Erhitzen nicht koaguliert, gespalten und offenbar irreversibel denaturiert wird, während es nach Hitzekoagulation bei p_H 5 unverändert bleibt[7]. (Nach Kochen in Veronalpuffer p_H 8,6 ist die elektrophoretische Beweglichkeit von BJE etwas verändert.) Gegen Denaturierung durch Guanidinhydrochlorid oder Propylalkohol ist es empfindlicher als γ-Globulin[14].

Bestimmung. Zur Bestimmung der BJE vgl. dieses Handbuch Bd. V, S. 215. Der Hitzetest befriedigt oft nicht, da er häufig erst nach Variation von p_H oder Konzentration positiv ist[7]. Dementsprechend muß er bei verschiedenem p_H und verschiedener Verdünnung ausgeführt werden, damit das Vorkommen von BJE im Urin nicht übersehen

1 DEUTSCH, H. F.: J. biol. Ch. **216**, 97 (1955).
2 DENT, G. E., and G. A. ROSE: Biochem. J. **44**, 610 (1949).
3 SCHREIER, K., u. H. PLÜCKTHUN: Kli. Wo. **1952**, 677.
4 ÅGREN, G.: Acta chem. scand. **6**, 223 (1952).
5 GRÜMER, H.-D.: Z. ges. inn. Med. **7**, 93 (1952).
6 GRÜMER, H.-D., u. W. RUSKE: Z. Naturforsch. **9b**, 415 (1954).
7 PUTNAM, F. W., and P. STELOS: J. biol. Ch. **203**, 347 (1953).
8 GRÜMER, H.-D., u. W. RUSKE: Z. Naturforsch. **10b**, 723 (1955).
9 PUTNAM, F. W., and A. MIYAKE: J. biol. Ch. **227**, 1083 (1957).
10 SVEDBERG, T., and B. SJØGREN: Am. Soc. **50**, 3318 (1928).
11 PERNIS, B., F. WUHRMANN and C. WUNDERLY: Acta haematol., Basel **11**, 309 (1954).
12 MÜTING, D.: [GRÜMER, H.-D., u. D. KLAUS: Z. ges. inn. Med. **10**, 491 (1954)].
13 SCHREIER, K., u. H. PLÜCKTHUN: Kli. Wo. **1952**, 677.
14 JIRGENSONS, B.: Arch. Biochem. **48**, 154 (1954).

wird. Außerdem sollten immer das Mol.-Gewicht oder die Sedimentationskonstante, die bei BJE niedriger als die von Serumalbumin sind, bestimmt werden[1]. Kleine Mengen BJE im Urin können serologisch nachgewiesen werden. Zur Bestimmung eignet sich besonders die Papierelektrophorese mit dem darauffolgenden Nachweis, daß Methionin fehlt[2].

Zum Nachweis von BJE im Serum wurde von HEKTOEN und Mitarbeitern[3] und von MOORE und Mitarbeitern[4] das Protein aus Urin isoliert, Kaninchen damit immunisiert und mit dem auf diese Weise hergestellten Immunserum das BJE im Serum nachgewiesen. Nach diesen Autoren soll BJE auch im Serum immer in geringer Menge vorhanden sein, wenn es im Urin vorkommt. (In einem Fall 0,3 g-% im Serum[5].)

Bei einer anderen Gruppe von Myelomen wurden im Harn Proteine, deren Mol.-Gewichte niedriger als die der BJE sind, gefunden. Es waren immer mehrere Eiweißkörper vorhanden, die nicht identisch mit Albumin waren. Sie wurden nicht genauer untersucht[1].

D. Milch-Proteine.

1. Einleitung.

Die Milch hat die Aufgabe, das neugeborene Tier zu ernähren. Ihr Eiweißgehalt wechselt von einer Tierart zur anderen. So ist die Milch von Katze, Hund, Kaninchen und Ratte, deren Neugeborene noch kaum Muskeln haben, sehr eiweißreich (s. Tabelle 31),

Tabelle 31. *Zusammensetzung der Milch verschiedener Säugetiere*[6].

	Casein %	Eiweißkörper der Molke %	Zucker %	Fett %	Asche %
Mensch	0,9	1,2	6,3	3,7	0,21
Pferd	1,3	0,7	6,0	1,3	0,51
Kuh	3,0	0,6	4,7	3,7	0,72
Katze	3,8	3,2	4,8	4,8	0,58
Hund	4,8	2,6	3,2	11,6	—
Rentier	8,4	1,5	2,8	17,1	1,20
Meerschweinchen	4,7	0,6	2,3	7,0	—

während die Milch von Rind, Ziege, Pferd und verwandten Tieren, die nach der Geburt relativ gut ausgebildete Muskeln besitzen, verhältnismäßig eiweißarm ist[7].

Die menschliche Milch läßt sich nicht in dieses Schema einfügen[8]. Sie hat für das neugeborene Kind einen besseren Nährwert als Kuh- oder Ziegenmilch.

Die Eiweißkörper der Kuhmilch sind am besten untersucht. Wenn nicht besonders erwähnt, handelt es sich im folgenden immer um Kuhmilch.

Der Eiweißgehalt und die Eiweißzusammensetzung der Milch können in weiten Grenzen variieren. Das unmittelbar nach der Geburt ausgeschiedene *Colostrum* kann bis zu 17% Eiweiß enthalten[9], und das Verhältnis der Milcheiweißkörper zueinander ist ein ganz anderes als in der später ausgeschiedenen Milch. Die Immunglobuline überwiegen bei weitem. Es enthält 5% Casein und 12% Molkenproteine (vgl. Tabelle 32). Der hohe Proteingehalt des Colostrums sinkt in den ersten 24 Std nach der Geburt schnell ab und nach etwa 10 Tagen hat sich ein Gleichgewicht eingestellt. Die Zusammensetzung der

---

[1] PUTNAM, F. W., and P. STELOS: J. biol. Ch. **203**, 347 (1953).
[2] GRÜMER, H.-D.: persönliche Mitteilung.
[3] HEKTOEN, L., and W. H. WELKER: Biochem. J. **34**, 487 (1940).
[4] MOORE, D. W., E. KABAT and A. GUTMAN: J. clin. Invest. **22**, 67 (1943).
[5] WALDENSTRÖM, J.: Adv. internal Med. **5**, 398 (1952).
[6] DAVIES, W. L.: The Chemistry of Milk. S. 7. London 1939 [MCMEEKIN, T. L.: Neurath-Bailey, Proteins, Bd. IIA, S. 389 (1954)].
[7] MCMEEKIN, T. L.: Neurath-Bailey Proteins Bd. IIA, S. 389 (1954).
[8] MELLANDER, O.: Upsala Läk.-Fören. Förh. **52**, 107 (1947).
[9] ENGEL, H., u. H. SCHLAG: Milchwirtsch. Forsch. **2**, 1 (1924).

Milch bleibt dann während des ganzen Lactationscyclus gleich (s. Abb. 31 und Tabelle 32). Etwa 70 Tage vor einer neuen Geburt bzw. 30 Tage, bevor die Milchsekretion aufhört, verändert sich die Eiweißzusammensetzung der Milch wieder in Richtung der Zusammensetzung des Colostrums, d. h. Albumine und Immunglobuline steigen an.

Qualitativ scheinen die Eiweißkomponenten während der ganzen Ausscheidungsperiode gleich zu sein. So findet SMITH[1], daß das Immunglobulin des Colostrums mit dem der Molke identisch ist. Auch die Caseinkomponenten des Colostrums sind die gleichen wie die der Milch, nur in anderem Verhältnis gemischt.

Das Eiweiß des Colostrums scheint beim neugeborenen Hund und Kalb ungespalten in den Kreislauf überzugehen. So steigt bei neugeborenen Hunden der Cholinesterasegehalt des Blutserums nach Aufnahme von Colostrum, das reich an Cholinesterase ist,

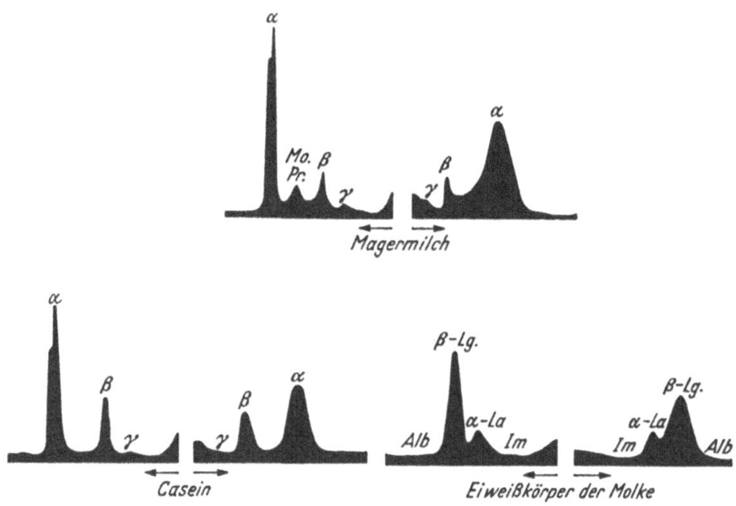

Abb. 31. Elektrophorese der Milcheiweißkörper in Veronalpuffer p_H 8,35, $\Gamma/2$ 0,1. *Mo. Pr.* Eiweißkörper der Molke. *β-Lg.* β-Lactoglobulin. *α-La.* α-Lactalbumin. *Alb.* Serumalbumin. *Im.* Immunglobulin, α-, β- und γ-Komponente des Caseins nach [2].

auf das 25fache an[3]. Das Blutserum von Kalbsfeten und von neugeborenen Kälbern enthält keine Immunglobuline. Erst nach Aufnahme von Colostrum, das reich an Immunglobulinen ist, erscheinen diese unverändert im Serum des Kalbes[4-6]. Verfüttert man jedoch an über 24 Std alte Kälber Colostrum, so verändert sich deren Immunglobulingehalt im Serum nicht, ein Zeichen dafür, daß sie es nicht mehr ungespalten aufnehmen können.

Man hat häufig versucht, die Milchproteine mit denen des Blutserums zu vergleichen. Sicher ist, daß das Immunglobulin der Molke dem des Rinderserums gleicht[1]. In der Molke findet sich auch eine kleine Menge Albumin, das die gleichen immunologischen Eigenschaften wie Serumalbumin hat (vgl. Tabelle 32 und S. 413). Die anderen Proteine haben keine Ähnlichkeit mit denen des Serums. Sie werden in der Milchdrüse gebildet[7, 8]. Mit der Ausscheidung der Proteine gelangen auch Bestandteile der Sekretionszellen in die Milch, wie z. B. Mikrosomen und Teile der löslichen Fraktion des Cytoplasmas. Mit ihnen kommen die entsprechenden Fermente in die Milch. Da die Fermente, die für die

[1] SMITH, E. L.: J. biol. Ch. **165**, 665 (1946).
[2] MCMEEKIN, T. L.: Neurath-Bailey, Proteins Bd. II A, S. 389 (1954).
[3] MCCANCE, R. A., A. O. HUTCHINSON, R. F. A. DEAN and P. E. H. JONES: Biochem. J. **45**, 493 (1949).
[4] HOWE, P. E.: J. biol. Ch. **49**, 93, 115 (1921); **52**, 51; **53**, 479 (1922).
[5] JAMESON, E., L. ALVAREZ-TOSTADO and H. H. SORTOR: Proc. Soc. exp. Biol. Med. **51**, 163 (1942).
[6] HANSEN, R. G., and P. H. PHILLIPS: J. biol. Ch. **171**, 223 (1947).
[7] KAY, H. D.: Brit. med. Bull. **5**, 149 (1947) [s. [9]].
[8] RICHARDSON, K. C.: Brit. med. Bull. **5**, 123 (1947) [zit. nach [9]].
[9] CAMPBELL, P. N., and T. S. WORK: Biochem. J. **52**, 217 (1952).

Mitochondrien charakteristisch sind, in der Milch fehlen, nimmt man an, daß diese nicht in die Milch übergehen[1].

Die Eiweißzusammensetzung der Milch wurde auf verschiedene Weise untersucht. PEDERSEN[2] fand in der Ultrazentrifuge 9 Komponenten, von denen die α-Komponente mit einer Sedimentationskonstanten von $S_{20} = 1{,}9$ dem α-Lactalbumin (vgl. S. 406 und Tabelle 32), die β-Komponente mit einer Sedimentationskonstanten von $S_{20} = 3{,}1$ dem β-Lactoglobulin (vgl. S. 409) und die γ-Komponente mit einer Sedimentationskonstanten von $S_{20} = 7{,}1$ dem Immunglobulin (vgl. S. 405) entspricht. Die restlichen 6 Komponenten gehören dem Casein an (vgl. S. 627ff.).

Um die Milcheiweißkörper elektrophoretisch zu trennen, ist es besser, sie vorher durch Säurefällung in Casein und Molke aufzuteilen, da 80% der Eiweißkörper der Milch Casein sind und seine Komponenten im elektrophoretischen Bild die der Molke überlagern (s. Abb. 31, Tabelle 32). Casein enthält 3 elektrophoretische Komponenten, α-, β- und γ-Casein. In der Molke kann man bei der Elektrophorese 6 Komponenten unterscheiden[5] (s. Abb. 31 und Tabelle 32), die den Immunglobulinen (Euglobulin und Pseudoglobulin), einer bisher noch nicht näher charakterisierten Komponente III, dem α-Lactalbumin, dem β-Lactoglobulin und dem Blutserumalbumin entsprechen. Auch papierelektrophoretisch wurden die Eiweißkörper der Gesamtmilch sowie die von Molke und Casein untersucht[6-8] und ähnliche Resultate wie mit der TISELIUS-Elektrophorese erhalten.

Tabelle 32. *Eiweißkomponenten der Kuhmilch*[3] (Elektrophorese, Veronalpuffer p_H 8,4, $\Gamma/2$ 0,1, Proteinkonzentration 1%).

	Gesamteiweiß %	Beweglichkeit x 10^{-5}
Casein[4]	80	
α-Casein	60	—6,7
β-Casein	17,6	—3,1
γ-Casein	2,4	—2,0
Eiweißkörper der Molke[5]	20	
Euglobulin	1,2	—1,7
Pseudoglobulin . . .	0,8	—2,5
Komponente III . .	3,6	—3,6
α-Lactalbumin . . .	2,4	—4,2
β-Lactoglobulin . . .	11,0	—5,1
Blutserumalbumin. .	1,0	—6,4

Mit chemischen Methoden werden die Milcheiweißkörper zunächst durch isoelektrische Fällung von Casein bei p_H 4,6 oder durch seine Fällung mit Labferment in Casein und Molke getrennt. Die Molke kann dann mit Ammoniumsulfatfraktionierung, mit Alkoholfraktionierung[9] oder Hitzekoagulation[10] in ihre Komponenten aufgeteilt werden (s. unten).

Die Frauenmilch soll nach Löslichkeitsuntersuchungen mindestens 15 Proteinkomponenten enthalten, von denen 4 der Caseinfraktion angehören[11].

SCHÄFER[12] fand bei der Elektrophorese von Frauenmilchplasma, das durch Membranfiltration gewonnen wurde, 4—5 und mehr Gipfel. Die höchste Erhebung entspricht dem β-Lactoglobulin, diesem folgt eine der 2—3 Caseinkomponenten. Daran schließen sich langsamer wandernde Komponenten an, die „Immunglobuline". Die Natur der vor dem β-Lactoglobulin wandernden Eiweißkörper ist noch unbekannt.

Das Milcheisen hängt am Milchfett und an den Immunglobulinen, während das β-Lactoglobulin frei von Eisen ist.

[1] MORTON, R. K.: Biochem. J. **57**, 231 (1954).
[2] PEDERSEN, K. O.: Biochem. J. **30**, 948 (1936).
[3] MCMEEKIN, T. L.: Neurath-Bailey, Proteins Bd. IIA, S. 392 (1954).
[4] HIPP, N. J., M. L. GROVES, J. H. CUSTER and T. L. MCMEEKIN: J. Dairy Sci. **35**, 272 (1952).
[5] SMITH, E. L.: J. biol. Ch. **165**, 665 (1946).
[6] FREIMUTH, U.: B. Z. **324**, 476 (1953).
[7] SCHULTE, K. E., u. F. MÜLLER: Milchwiss. 10, 130 (1951).
[8] SCHULTE, K. E., u. F. MÜLLER: Milchwiss. **10**, 228 (1955).
[9] SHAHAMI, K. U., and H. H. SOMMER: J. Dairy Sci. **34**, 1003 (1951).
[10] FREIMUTH, U.: B. Z. **324**, 504 (1953).
[11] DERRIEN, Y., J. LIARDET et J. ROCHE: C. R. Soc. Biol. **144**, 210 (1950).
[12] SCHÄFER, K. H.: Mschr. Kinderheilk. **99**, 69 (1951).

Neuerdings konnten MONTREUIL und HOLLEMAN[1] durch Alkoholfraktionierung ein Glykoproteid aus Frauenmilch isolieren, das 10% N, 19,56% Hexosen, 10% Hexosamin sowie Sialinsäure enthält.

Um möglichst unveränderte Eiweißkörper zu erhalten, wurde die Milch neuerdings durch fraktioniertes Zentrifugieren getrennt. In der Milch sind 3 Arten von Teilchen suspendiert: „fremdes" Material wie Euterzellen, Leukocyten und Bakterien, Fetteilchen von ganz verschiedener Größe (30—200 mμ) und kolloidale Teilchen des Caseinkomplexes[2]. Schon HAMMARSTEN[3] fand, daß die Fetteilchen der Milch von einer Eiweißschicht umgeben sind. Diese adsorbierten Lipoproteidteilchen sollen nahezu 5% der gesamten Milchproteine ausmachen[2]. Mit diesem Lipoproteid, das vorher in der Milch noch nicht gefunden wurde, ist die alkalische Phosphatase assoziiert[4].

Auch verschiedene Caseinkomponenten wurden durch fraktioniertes Zentrifugieren der Milch erhalten[2, 5]. Auch durch Säulenchromatographie werden die Milcheiweißkörper getrennt[6].

Die Milch enthält außer den oben erwähnten Eiweißkörpern noch eine ganze Reihe anderer, wie kleine Mengen Fermente und Hormone (vgl. S. 416), ein rotes und ein grünes Protein (vgl. S. 418) sowie ein Mucoproteid, das Lactaminsäure bzw. Neuraminsäure enthält, das aber noch nicht näher charakterisiert wurde[7] (vgl. S. 414).

DEUTSCH[8] hat die Molkenproteine von Mensch, Rind, Ziege, Schwein, Schaf und Pferd elektrophoretisch und in der Ultrazentrifuge getrennt und findet deutliche Unterschiede in der Zusammensetzung bei den einzelnen Arten. Doch bleiben diese für jede Art während des Lactationscyclus charakteristisch. Nur die Zusammensetzung des kurz nach der Geburt ausgeschiedenen Colostrums unterscheidet sich bei allen Arten von der der Milch.

2. Casein.

Casein wird in diesem Handbuch im Beitrag „Phosphoproteide", S. 627ff., behandelt. Auf die dort gegebene Darstellung wird verwiesen.

3. Proteine der Molke.

Wenn das Casein durch Ausfällen beim isoelektrischen Punkt oder durch Einwirkung von Lab entfernt ist, bleibt die Molke zurück, die 0,6—0,7% Eiweiß (ungefähr 15—20% des Gesamteiweißes der Milch) enthält. Das Molkeneiweiß kann durch Ammoniumsulfat in eine Albumin- und eine Globulinfraktion zerlegt werden. Tabelle 32 gibt Menge, Zahl und Verteilung der Eiweißkomponenten an, wie sie SMITH[9] mit Elektrophorese gefunden hat. Die Globulinfraktion enthält die Immunglobuline (Euglobulin und Pseudoglobulin) und eine noch nicht näher charakterisierte Komponente (Komponente III). Die Hauptkomponenten der „Albumin"-Fraktion sind α-Lactalbumin, β-Lactoglobulin und Serumalbumin. PEDERSEN[10] fand in der Ultrazentrifuge nur 3 Komponenten (vgl. S. 403).

DEUTSCH[8] hat Zahl und Verteilung der Proteine der Molke in menschlicher Milch und der Milch verschiedener Säugetiere mit Elektrophorese und in der Ultrazentrifuge untersucht.

Man kann das Eiweiß der Molke durch Ganzsättigung mit Magnesiumsulfat bei 30° C und durch Halbsättigung mit Ammoniumsulfat in eine lösliche Albumin- und eine

[1] MONTREUIL, J., et J. HOLLEMAN: Cr. **243**, 1069 (1956).
[2] MORTON, R. K.: Biochem. J. **57**, 231 (1954).
[3] Hammarsten, O.: 11. Aufl., S. 514.
[4] MORTON, R. K.: Biochem. J. **55**, 786 (1953).
[5] HEYNDRICKX, C. V., and A. DE VLEESCHAUWER: Exper. **8**, 317 (1952).
[6] SCHABER, R., u. H. HETZEL: Milchwiss. **11**, 63 (1956).
[7] KUHN, R., u. R. BROSSMER: B. Z. **87**, 123 (1954).
[8] DEUTSCH, H. F.: J. biol. Ch. **169**, 437 (1947).
[9] SMITH, E. L.: J. biol. Ch. **165**, 665 (1946).
[10] PEDERSEN, K. O.: Biochem. J. **30**, 948 (1936).

unlösliche Globulinfraktion trennen. Auch mit 2 m Natriumsulfat läßt sich die Globulinfraktion ausfällen. Die Albuminfraktion fällt dann mit 3 m Natriumsulfat aus[1]. Wenn man die saure Molke kocht, koagulieren nur ungefähr 70% des darin enthaltenen Stickstoffs[2]. BLOCK und Mitarbeiter[3] haben mit Eisen (III)-chlorid die gesamten Proteine der Molke ausgefällt. Die Autoren nennen das Produkt Ferrilactin. Man erhält aus der Molke als Ferrilactin 20% mehr Stickstoff als durch Hitzekoagulation und 10% mehr als mit Trichloressigsäurefällung im Niederschlag. Die Autoren haben das Ferrilactin weiter fraktioniert und daraus kristallisiertes β-Lactoglobulin und α-Lactalbumin erhalten[4] (vgl. S. 408, Tabelle 33).

Wenn man das Casein bei p_H 4,6 ausgefällt hat, kann man ein Molkentrockenpulver gewinnen, das die gleichen Eiweißkomponenten wie frische Molke enthält[5]. Wenn die Milch vorher sterilisiert wurde, fällt vom Molkeneiweiß etwa die Hälfte mit dem Casein aus. Alle Molkeneiweißkörper sind denaturiert. Die Molke von pasteurisierter Milch verhält sich beinahe wie die der rohen Milch, nur findet man weniger Immunglobuline.

Außer den oben erwähnten Eiweißkörpern (vgl. Tabelle 32) wurden aus Molke noch eine Reihe von Enzymen und nicht definierten Eiweißkörpern isoliert (vgl. S. 416). So wurde z. B. durch Salzfraktionierung und Chromatographie an Tricalciumphosphat aus der Molke Lactoperoxydase kristallisiert, gemeinsam mit einem weiteren roten Protein[6] (vgl. S. 418).

a) Globulinfraktion (Euglobulin, Pseudoglobulin, Komponente III).

SMITH[7] zeigte, daß die Globulinfraktion der Molke nicht einheitlich, sondern ein komplexes Gemisch ist. Er hat auch bewiesen, daß das Immunglobulin der Milch das gleiche ist wie das des Colostrums. Das Immunglobulin (Euglobulin und Pseudoglobulin) macht nach elektrophoretischen Messungen ~13%, die Komponente III ~18% der Molkenproteine aus. Die Gehalte können bei den einzelnen Kühen stark schwanken.

Darstellung von Lactoglobulin nach SMITH[7].

Nach Ausfällen von Casein aus Magermilch durch Einstellen des p_H auf $4{,}6 \pm 0{,}1$ mit 0,1 n HCl neutralisiert man mit 0,1 n NaOH, filtriert und dialysiert gegen dest. Wasser. Dann wird gefriergetrocknet. Man erhält bei der Elektrophorese dieser Molke die in Tabelle 32 wiedergegebenen elektrophoretischen Fraktionen.

Um das Immunglobulin rein zu erhalten, bringt man die Molke mit 0,1 n NaOH auf p_H 6,5 und fällt durch 0,5 Sättigung mit Ammoniumsulfat die rohe Globulinfraktion aus (Fraktion A). Durch Ganzsättigung erhält man die Fraktion B (Albuminfraktion). Fraktion A löst man bei einer Eiweißkonzentration von ~3% wieder auf, bringt den p_H auf 4,6 und fügt Ammoniumsulfat bis zu 0,25 Sättigung zu. Den Niederschlag (restliches Casein) zentrifugiert man ab und verwirft ihn (Fraktion C). Der Überstand wird zuerst durch eine Papiermasse klar filtriert; dann läßt man zur Sterilisation durch eine entsprechende Filterplatte laufen. Man stellt auf p_H 6,0 ein und sättigt mit Ammoniumsulfat bis 0,4 Sättigung. In den Niederschlag (Fraktion D) gehen 80% der Immunglobuline. Man löst ihn bei 1° in Wasser, bringt auf p_H 4,5 und filtriert den unlöslichen Rückstand ab. Durch 0,3 Sättigung mit Ammoniumsulfat fällt man Fraktion E aus. Den Überstand bringt man auf p_H 6,0 und fällt durch 0,4 Sättigung mit Ammoniumsulfat Fraktion F. Fraktion E und F dialysiert man getrennt bei 2° gegen dest. Wasser. Beide Niederschläge trennt man beim Wiederauflösen in wasserlösliches Pseudoglobulin

[1] FEIMUTH, U.: B. Z. **324**, 476 (1953).
[2] PALMER, L. S., and R. G. SCOTT: J. biol. Ch. **37**, 271 (1919).
[3] BLOCK, R. J., D. BOLLING, K. W. WEISS and G. ZWEIG: Arch. Biochem. **47**, 88 (1953).
[4] ZWEIG, G., and R. J. BLOCK: Arch. Biochem. **51**, 200 (1954).
[5] VANDEGGEN, J. E., and J. K. MIETTIUM: Acta chem. scand. **7**, 1239 (1953).
[6] POLIS, B. D., and H. W. SHMUKLER: J. biol. Ch. **201**, 475 (1953).
[7] SMITH, E. L.: J. biol. Ch. **165**, 665 (1946).

und wasserunlösliches Euglobulin; man sammelt sie getrennt und untersucht sie elektrophoretisch. Der Pseudoglobulinanteil von Fraktion E und F ist homogen, während der Euglobulinanteil nur aus Fraktion F elektrophoretisch einheitlich ist. Die elektrophoretischen Wanderungsgeschwindigkeiten von Euglobulin und Pseudoglobulin sind in Tabelle 32 angegeben.

Die Komponente der Molke (Komponente III), die eine elektrophoretische Wanderungsgeschwindigkeit von $-3{,}6 \cdot 10^{-5}$ in Veronalpuffer p_H 8,4, Ionenstärke $\Gamma/2$ 0,1, hat, und die $\sim$18% des Molkeneiweißes ausmacht, konnte bis jetzt nicht in reiner Form isoliert werden.

b) „Albumin"-Fraktion (α-Lactalbumin, β-Lactoglobulin, Serumalbumin).

Die Fraktion der Molkenproteine, die in gesättigtem Magnesiumsulfat löslich ist, enthält als Hauptkomponente α-Lactalbumin, β-Lactoglobulin und kleine Mengen Serumalbumin (vgl. Tabelle 32, S. 403).

α-Lactalbumin. PEDERSEN[1] und SVEDBERG[2] schreiben den α-Gipfel im Sedimentationsdiagramm der Molke einem Lactalbumin zu, das von KEKWICK (unveröffentlicht) isoliert wurde. Dieses Protein mit den Konstanten $S_{20} = 1{,}9 \cdot 10^{-13}$, $D_{20} = 10{,}6 \cdot 10^{-7}$ und Mol.-Gewicht = 17400 wurde als α-Lactalbumin bezeichnet.

Auch SØRENSEN und SØRENSEN[3] stellten aus der Albuminfraktion der Molke ein kristallisiertes Protein dar, das sie „kristallisierte unlösliche Substanz" nannten, da es in Wasser und in verdünnten Salzlösungen bei p_H 4,6 unlöslich war. In verdünntem Ammoniak bei p_H 6—7 war es leicht löslich. Die „kristallisierte unlösliche Substanz" schien die gleiche Kristallform wie β-Lactoglobulin zu haben, unterschied sich aber von dem letzteren nicht nur durch ihre Unlöslichkeit in verdünnten Salzlösungen, sondern auch durch ihren höheren Tryptophangehalt. Keines der Proteine enthielt Kohlenhydrat oder Phosphor. Das reine Protein wurde nicht weiter charakterisiert. Es wurde vielfach für identisch mit dem β-Lactoglobulin gehalten und seine Existenz als besonderes Protein bezweifelt (vgl. McMEEKIN[4]).

Neuerdings haben GORDON und Mitarbeiter[5] es mit einer ähnlichen Methode wie SØRENSEN und SØRENSEN[3] isoliert, kristallisiert und deren Beobachtungen bestätigt. Das α-Lactalbumin ist somit einwandfrei ein Hauptanteil der Albuminfraktion der Molke. Es scheint mit der von SMITH[6] bei der Elektrophorese der Molke in Veronalpuffer p_H 8,6 gefundenen Komponente, die eine elektrophoretische Beweglichkeit von —4,5 hat, identisch zu sein. Es macht ungefähr 12% der Molkenproteine aus.

***Darstellung von kristallisiertem α-Lactalbumin nach* GORDON *und* SEMMETT[5].**

Man entfernt das Casein aus 60 *l* roher Magermilch durch Zufügen von n HCl bis p_H 4,6, bringt die Molke mit n NH_4OH auf p_H 6,0 und fügt dann $(NH_4)_2SO_4$ (18,2 kg für 50,9 *l* Molke) bis zu 2,3 m zu, um die Globulinfraktion auszufällen. Dann gibt man genügend NH_4OH zu, um den p_H wieder auf 6,0 zu bringen, und filtriert die Globulinfraktion ab. Zu dem klaren Filtrat (59 *l*) fügt man 10 kg $(NH_4)_2SO_4$ bis zu 3,3 m zu, filtriert die ausgefällte Albuminfraktion ab und verwirft das Filtrat. Die Albuminfraktion löst man in Wasser und dialysiert. Wenn die Dialyse vollendet ist, stellt man den p_H auf 5,2 ein; β-Lactoglobulin kristallisiert aus und wird abzentrifugiert.

Zu dem klaren gelben Überstand (9 *l*) fügt man tropfenweise n HCl, bis p_H 4,0 erreicht ist. An diesem Punkt bildet sich ein relativ kleiner Niederschlag, der α-Lactalbumin enthält; er wird aber nicht entfernt. Man fügt Ammoniumsulfat (183 g/*l*) bis zu einer

[1] PEDERSEN, K. O.: Biochem. J. **30**, 948 (1936).
[2] SVEDBERG, T.: Nature **139**, 1051 (1937).
[3] SØRENSEN, M., and S. P. L. SØRENSEN: C. R. Lab. Carlsberg (I) **23**, 55 (1939).
[4] McMEEKIN, T. L., and B. D. POLIS: Adv. Protein Chem. **5**, 201 (1949).
[5] GORDON, W. G., and W. F. SEMMETT: Am. Soc. **75**, 328 (1953); **76**, 287 (1954).
[6] SMITH, E. L.: J. biol. Ch. **165**, 665 (1946).

Konzentration von 1,3 m zu. Dabei fällt das α-Lactalbumin aus. Der Niederschlag wird abzentrifugiert und der Überstand verworfen*. Man suspendiert den Niederschlag in ungefähr 600 cm^3 Wasser und fügt tropfenweise n NH_4OH zu, bis p_H 8 erreicht ist. Es löst sich praktisch das ganze Eiweiß, obwohl die Lösung immer noch etwas trübe sein kann. Man klärt sie, indem man durch eine dünne Lage Diatomeenerde filtriert, und stellt den p_H des Filtrats unter dauerndem Rühren durch tropfenweises Zufügen von n H_2SO_4 auf 4,0 ein. Man zentrifugiert das ausgefällte α-Lactalbumin ab und verwirft den Überstand.

Das α-Lactalbumin löst man in 0,03 n NH_4OH, bringt den p_H mit 0,1 n H_2SO_4 auf 6,6 und fügt zu der klaren Lösung tropfenweise unter Rühren eine gleiche Menge gesättigtes Ammoniumsulfat, das vorher mit konzentriertem NH_4OH auf p_H 6,6 gebracht worden war. Der bei Ammoniumsulfat-Halbsättigung gebildete Niederschlag ist amorph. Man zentrifugiert ihn ab; er kann weiter aufgearbeitet werden, wenn man maximale Ausbeute haben will.

Zu dem Überstand fügt man wie vorher weiter gesättigtes Ammoniumsulfat. Wenn die Konzentration etwa 58%-Sättigung beträgt, beginnt α-Lactalbumin auszukristallisieren, und bei etwa 67%-Sättigung ist die Kristallisation beendet. Das bei p_H 6,6 auskristallisierte α-Lactalbumin wird in der minimalen, zur Lösung notwendigen Menge Wasser gelöst.

Man fällt das Protein durch Zufügen von 0,1 n H_2SO_4 bis p_H 4,0 wieder aus; der Niederschlag ist dann nicht mehr kristallin. Man zentrifugiert ihn ab, löst ihn in schwachem NH_4OH wieder auf und läßt ihn — wie oben beschrieben — bei p_H 6,6 auskristallisieren. Um farblose Lösungen und einheitliche Kristalle zu erhalten, ist 2—3maliges Umkristallisieren notwendig.

Um α-Lactalbumin in trockener Form zu gewinnen, löst man es in Wasser und fällt es bei p_H 4,0 (mit 0,1 n HCl) wieder aus. Es wird bis zur Chloridfreiheit dialysiert und gefriergetrocknet.

Man erhält nach einmaligem Umkristallisieren 18 g α-Lactalbumin.

Von ZWEIG[1] wurde α-Lactalbumin aus einem aus Molke mit Eisen(III)-chlorid gefällten Eiweißkonzentrat (Ferrilactin) dargestellt (Schema der Darstellung S. 408, Tabelle 33).

Physikalische Eigenschaften. *Elektrophorese.* α-Lactalbumin ist elektrophoretisch homogen und hat in Veronalpuffer p_H 8,6 eine Beweglichkeit von —4,2. In der Ultrazentrifuge ist es 96% rein. Es hat eine *Sedimentationskonstante* von $S_{20} = 1{,}75 \cdot 10^{-13}$, $D_{20} = 10{,}57 \cdot 10^{-7}$; *spezifisches Partialvolumen* gefunden = 0,735 (berechnet = 0,729). Aus Sedimentations- und Diffusionsmessungen wurde ein *Mol.-Gewicht* von 15100, aus Lichtzerstreuungsmessungen eines von 16500 berechnet[2]. Nach der Aminosäureanalyse beträgt das durchschnittliche Mol.-Gewicht 15500[3].

Analytische Daten. α-Lactalbumin enthält 15,86% Stickstoff, 53,32% Kohlenstoff, 7,01% Wasserstoff, 21,56% Sauerstoff und 1,91% Schwefel. Die Aminosäureanalyse ist in Tabelle 36, S. 417 wiedergegeben. Auffallend ist der hohe Gehalt an Asparaginsäure und Tryptophan und der niedrige Gehalt an Arginin, Methionin und Prolin. BLOCK und WEISS[4] haben mit quantitativer Papierchromatographie ähnliche Werte erhalten.

* Der Überstand enthält noch weiteres α-Lactalbumin. Wenn man eine maximale Ausbeute erhalten will, erhöht man die Ammoniumsulfatkonzentration auf 2 m. Dabei erhält man einen weiteren großen Niederschlag, der genauso behandelt wird wie der bei 1,3 m ausgefällte. Man kann die Ausbeute an α-Lactalbumin um 20% erhöhen, wenn man diese Fraktion aufarbeitet.

[1] ZWEIG, G., and R. J. BLOCK: Arch. Biochem. **51**, 200 (1954).

[2] GORDON, W. G., and W. F. SEMMETT: Am. Soc. **75**, 328 (1953); **76**, 287 (1954).

[3] GORDON, W. G., and J. ZIEGLER: Arch. Biochem. **57**, 80 (1955).

[4] BLOCK, R. J., and K. W. WEISS: Arch. Biochem. **55**, 315 (1955).

Tabelle 33. *Schema zur Kristallisation von β-Lactoglobulin und α-Lactalbumin*[1].

- 8 *l* saure Molke, 190 cm³ 1 m $FeCl_3$ zufügen, über Nacht stehen lassen
  → Dekantieren und zentrifugieren
  - Niederschlag mit H_2SO_4 auf p_H ~1,3 einstellen
    → Durch IR112 (H^+) laufen lassen
    → Durchlauf dialysieren
    → Auf p_H 5,2 einstellen
    → Zentrifugieren
    - Mit Impfkristallen versetzen und 5—7 Tage dialysieren
      → Zentrifugieren
      - *Kristallines β-Lactoglobulin*
      - Filtrat auf p_H 4 einstellen, $(NH_4)_2SO_4$ bis 1,3 m zufügen
        → Zentrifugieren
        - Niederschlag bei p_H 8 lösen und bei p_H 4 umfällen
          → Zentrifugieren
          - Niederschlag bei p_H 6,7 lösen; dialysieren; gefriertrocknen: trockenes, *amorphes α-Lactalbumin*
          - Überstand verwerfen
        - Überstand verwerfen
    - Niederschlag I
      → Lösen bei p_H 8,6
      → Filtrieren
      → Einstellen auf p_H 4
      → Zentrifugieren
      - Überstehende Flüssigkeit bei p_H 8,6 lösen
        → Filtrieren
        → Bei p_H 4 umfällen
        → Zentrifugieren
        - Niederschlag bei p_H ~8,6 wieder auflösen, auf p_H 6,7 einstellen
          → $(NH_4)_2SO_4$ bis zu 50%iger Sättigung zufügen
          → Zentrifugieren
          - Überstehende Flüssigkeit
            → $(NH_4)_2SO_4$ bis zu 58%iger Sättigung zufügen; mit Impfkristallen versetzen
            → Stehen lassen
            → $(NH_4)_2SO_4$ bis zu 66%iger Sättigung zufügen
            → Zentrifugieren
            → *Kristallines α-Lactalbumin*
          - Amorphen Niederschlag verwerfen
        - Überstehende Flüssigkeit verwerfen
      - Filtrat: Für zusätzliches β-Lactoglobulin
  - Überstand verwerfen

---
[1] ZWEIG, G., and R. J. BLOCK: Arch. Biochem. **51**, 200 (1954).

c) β-Lactoglobulin.

Der Hauptanteil der Proteine der „Albumin"-Fraktion aus der Molke ist β-Lactoglobulin. Es macht über 50% der gesamten Molkenproteine aus (vgl. Tabelle 32). PALMER[1] erhielt es in kristalliner Form bei dem Versuch, Lactalbumin darzustellen. Es ist mit der β-Komponente der Ultrazentrifugentrennung identisch und wurde deshalb und wegen seines euglobulinähnlichen Verhaltens β-Lactoglobulin genannt[2].

Es ist eines der am besten untersuchten Proteine, da es leicht kristallisiert werden kann und nach Löslichkeitsuntersuchungen ein relativ reines Protein ist[3, 4]. Heute weiß man jedoch aus Löslichkeits-, elektrophoretischen und immunologischen Untersuchungen, daß es kein homogenes Protein ist, sondern aus mehreren Komponenten besteht (vgl. S. 411f.).

Darstellung. Von PALMER[1] wurde die Molke mit Natriumsulfat fraktioniert und dabei kristallisiertes β-Lactoglobulin erhalten. Bei der Darstellung von α-Lactalbumin[5–7] (vgl. S. 406 und 408) kristallisiert β-Lactoglobulin vor dem α-Lactalbumin aus. Eine sehr sorgfältige Darstellung durch Ammoniumsulfat-Fraktionierung gibt JACOBSEN[4] an.

***Darstellung von β-Lactoglobulin nach* SØRENSEN *und* SØRENSEN[8] *sowie* JACOBSEN[4].**

Zu etwa 60 *l* Magermilch fügt man 264 g festes $(NH_4)_2SO_4$ je *l* (0,45-Sättigung). Man rührt mit Unterbrechungen und koliert nach 2 Std durch ein Tuch. Den Schlamm bringt man laufend auf Faltenfilter. Der schlammige Niederschlag enthält die Caseinfraktion. Zu dem trüben Filtrat gibt man 262 g $(NH_4)_2SO_4$ je *l* (0,82-Sättigung) und rührt gelegentlich. Nach 2 Std filtriert man durch Faltenfilter und prüft das Filtrat mit Trichloressigsäure, Endkonzentration 10%. Es darf nur noch Spuren von Eiweiß enthalten. Den Niederschlag läßt man über Nacht auf den Filtern stehen. Am nächsten Tag saugt man ihn auf Nutschen ab, die mit mehreren Lagen weichen Papiers und einem gehärteten Filter gedeckt sind. Er darf nicht trocken werden. Man löst ihn in wenig dest. Wasser (weniger als 5% des Volumens der Magermilch). Der Gehalt der Lösung an $(NH_4)_2SO_4$ wird auf folgende Weise berechnet: Volumen der Lösung minus Volumen des zugefügten Wassers gleich Volumen des Niederschlags. Der Niederschlag entspricht einer 0,82-gesättigten $(NH_4)_2SO_4$-Lösung. Man fügt nun gesättigtes $(NH_4)_2SO_4$ bis zu 0,60—0,62-Sättigung zu. Der Niederschlag darf nicht zu groß und weiß werden, sonst ist β-Lactoglobulin mitgefällt worden. Er enthält rotes und grünes Protein. Man bringt ihn auf ein oder mehrere Faltenfilter und läßt über Nacht stehen. Nun mißt man das Volumen des Filtrates, fügt gesättigtes $(NH_4)_2SO_4$ bis zu 0,75-Sättigung zu und rührt 2 Std mit Unterbrechungen. Dann filtriert man durch Faltenfilter und saugt den Niederschlag auf der Nutsche ab. Man löst ihn wieder auf und wiederholt die fraktionierte Fällung.

Am nächsten Tag saugt man ab, löst das fast farblose Protein und dialysiert gegen dest. Wasser. Sobald die Lösung beinahe salzfrei ist, bringt man mit 2 n H_2SO_4 den p_H auf 5,4 (Indikator Bromkresolpurpur und Chlorphenolrot). Bei fortgesetzter Dialyse sinkt er auf 5,2. β-Lactoglobulin sollte spontan ausfallen. Falls nötig, beimpft man nach einigen Tagen mit β-Lactoglobulinkristallen. Sobald die Lösung ganz salzfrei ist, saugt man das kristallisierte β-Lactoglobulin ab. Wenn der p_H um mehr als 0,2 von 5,2 abweicht, stellt man ihn neuerlich ein und dialysiert weiter. Zum Umkristallisieren löst man die Kristalle in der kleinstmöglichen Menge m NaCl, verdünnt mit Wasser auf 1% der ursprünglichen Magermilchmenge = 600 cm³ und dialysiert erneut. Nach diesem Umkristallisieren saugt man die Kristalle ab, wäscht mit Wasser und bewahrt sie im Eisraum unter Wasser und Toluol auf. Die verbleibende Mutterlauge wird mit $(NH_4)_2SO_4$ auf

[1] PALMER, A. H.: J. biol. Ch. **104**, 359 (1934).
[2] CANNAN, R. K., A. H. PALMER and A. C. KIBRICK: J. biol. Ch. **142**, 803 (1942).
[3] SØRENSEN, M., and A. H. PALMER: C. R. Lab. Carlsberg (I) **21**, No. 21 (1938).
[4] JACOBSEN, C. F.: C. R. Lab. Carlsberg (I) **26**, 457 (1949).
[5] GORDON, W. G., and W. F. SEMMETT: Am. Soc. **75**, 328 (1953).
[6] GORDON, W. G., and W. F. SEMMETT: Am. Soc. **76**, 287 (1954).
[7] ZWEIG, G., and R. J. BLOCK: Arch. Biochem. **51**, 200 (1954).
[8] SØRENSEN, M., and S. P. L. SØRENSEN: C. R. Lab. Carlsberg (I) **23**, 7 (1939).

0,75-Sättigung gebracht, der Niederschlag aufgelöst und durch Dialysieren noch eine kleine Menge β-Lactoglobulin gewonnen.

Von SMITHIES[1] wird ebenfalls eine Darstellung mit Ammoniumsulfat beschrieben, aber er elektrodialysiert die Kristalle und trocknet sie schließlich in gefrorenem Zustand. Ihre physikalischen Eigenschaften werden dadurch nicht verändert.

β-Lactoglobulin kann auch über seine *Cd- oder Zn-Verbindung* gewonnen werden. Nach Entfernen von Casein dialysiert man 2 Tage bei p_H 6,5, stellt den p_H auf 6,2 ein und fügt je Liter 4 cm³ Cd-acetat oder 10 cm³ Zn-acetat zu. Man entfernt den amorphen Niederschlag nach 2 Std und stellt auf Eis. Cd-β-Lactoglobulin scheidet sich nach einem Tag, die Zn-Verbindung nach 8 Tagen in kristallisierter Form ab. Man löst in 0,05 m Äthylendiamintetraacetat, p_H 6,5, dialysiert über Nacht gegen 0,01 m Äthylendiamintetraacetat und 3 Tage gegen dest. Wasser. Kristallisiertes β-Lactoglobulin scheidet sich ab[2].

ASCHAFFENBURG und DREWRY[3] haben β_1- und β_2-Lactoglobulin getrennt kristallisiert.

***Darstellung von β_1- und β_2-Lactoglobulin nach Aschaffenburg und Drewry*[3].**

Man erwärmt Vollmilch auf 40° und fügt unter Rühren 20 g wasserfreies Na_2SO_4 je 100 cm³ zu. Wenn das Salz vollständig gelöst und die Temperatur auf unter 25° abgesunken ist, wird die Lösung durch ein Whatman Nr. 4-Faltenfilter filtriert. Das Filtrat F_1 enthält alle „Lactalbumine". Der Niederschlag, der Casein, Fett, Globuline und Peptone enthält, wird verworfen.

Man mißt das Volumen des Filtrats (F_1) und fügt unter starkem Rühren je 100 cm³ Lösung 1 cm³ konzentrierte Salzsäure hinzu, bis der p_H der Lösung etwa 2 beträgt. Bei diesem p_H fallen alle Proteine mit Ausnahme des β-Lactoglobulins aus. Läßt man jetzt längere Zeit stehen, so kristallisiert das Na_2SO_4 aus und sollte durch vorsichtiges Erwärmen wieder gelöst werden. Der Niederschlag wird durch langes Zentrifugieren vom Überstand (F_2) getrennt, setzt sich aber manchmal nicht gut ab und wird in diesem Fall durch ein Faltenfilter Whatman Nr. 4 filtriert.

Man mißt das Volumen des Überstandes (F_2) und fügt tropfenweise konzentrierten Ammoniak zu (etwa 0,6 cm³ je 100 cm³ Lösung), bis p_H 6 erreicht ist. Dann fällt man das β-Lactoglobulin mit Ammoniumsulfat aus (20 g je 100 cm³ Lösung). Nachdem es vollständig ausgefallen ist, saugt man es durch eine dünne Schicht Hyflo Supercel auf einem Whatman Nr. 1 Filtrierpapier. Das Filtrat wird verworfen und der Niederschlag in soviel Wasser verrieben, daß man ihn gerade in einen Dialysierschlauch überführen kann. Bei dieser Gelegenheit sollte das Volumen von F_2 etwa auf den hundertsten Teil des oben gemessenen Volumens vermindert werden. Der Dialysierschlauch wird verschlossen in mit Toluol gesättigtem Wasser belassen. Nachdem man über Nacht dialysiert hat, wird durch Whatman Nr. 1-Papier abgesaugt, um die Filterhilfe zu entfernen, der p_H des Filtrats auf 5,8 eingestellt und nochmals 24 Std dialysiert, wobei das Wasser mehrmals gewechselt wird.

Anschließend stellt man mit verdünnter HCl auf p_H 5,2 ein. Hierbei wird die Lösung wolkig, während Lösungen von β_2-Lactoglobulin klar bleiben. Bei allen anderen β-Lactoglobulinen fällt das Protein bei weiterer Dialyse in Form von orthorhombischen Kristallen aus. Fällt es als Öl aus, so kann es durch Beimpfen mit Kristallen leicht in die Kristallform überführt werden. Ohne Impfkristalle kann die Kristallisation bis zu 24 Std dauern. Man erhält sowohl von $\beta_{1,2}$- als auch von β_1-Lactoglobulin ungefähr 1,3—1,5 g/*l* Filtrat F_1.

β_2-Lactoglobulinlösungen bleiben bei p_H 5,2 häufig noch klar. Bei weiterer Dialyse bilden sie nur langsam ein Öl und die Ausbeute an Kristallen ist schlecht. Die Konzentration an β_2-Lactoglobulin in der Milch von Kühen, die dieses Protein produzieren, ist meist sehr gering. Da die diamantförmigen, monoklinen Kristalle zudem relativ leicht löslich sind, stellt man sich am besten eine möglichst konzentrierte Lösung der Kristalle in verdünnter NaCl her und dialysiert gegen dest. Wasser.

[1] SMITHIES, O.: Biochem. J. **55**, 57 (1953).
[2] PRÉAUX, G., H. HULSMANS et R. LACTIE: Arch. int. Physiol. **62**, 574 (1954).
[3] ASCHAFFENBURG, R., and J. DREWRY: Biochem. J. **65**, 273 (1957).

Außer in dieser monoklinen Form kristallisiert β_2-Lactoglobulin noch in orthorhombischen Kristallen aus, die schwerer löslich sind. Will man nicht unbedingt monokline Kristalle erhalten, so ist es besser, in der üblichen Art zu verfahren und mit orthorhombischen Kristallen zu beimpfen, um eine größere Ausbeute an β_2-Lactoglobulin zu erhalten. Um die monoklinen Kristalle zu erhalten, löst man dann die orthorombischen in möglichst wenig verdünnter NaCl-Lösung und verfährt wie oben.

Physikalische Eigenschaften. *Elektrophorese.* Bei der Elektrophorese ist β-Lactoglobulin kein einheitlicher Eiweißkörper[1]. Er scheint aus 3 Komponenten zu bestehen, deren Konzentration p_H-abhängig ist (Tabelle 34).

McMeekin und Mitarbeiter[2] haben durch fraktionierte Dialyse in Acetatpuffer von verschiedenem p_H kristallisierte Fraktionen gewonnen, die sich in der elektrophoretischen Beweglichkeit und Löslichkeit unterschieden. Polis und Mitarbeiter[3] erhielten mit Alkoholfraktionierung bei tiefer Temperatur eine β-Lactoglobulinkomponente, die unter allen untersuchten Bedingungen elektrophoretisch einheitlich war. Neuerdings zeigte Ogston[4] in elektrophoretischen Untersuchungen bei verschiedener Konzentration, p_H und Temperatur, daß β-Lactoglobulin aus 2 verschiedenen Produkten besteht, die chemisch sehr ähnlich sind, in verschiedenen Mischungsverhältnissen auftreten können und sich sehr schwer trennen lassen. Eines davon assoziiert sehr leicht zu einem Dimeren. Diese Assoziation ist stark p_H- und temperaturabhängig. Die elektrophoretisch schneller wandernde Komponente soll so aus einem Teil der langsamer wandernden entstehen. Vielleicht sind sogar die beiden β-Lactoglobuline aus mehreren Komponenten zusammengesetzt[5,6]. Auch papierelektrophoretisch wurden 2 verschiedene β-Lactoglobuline getrennt, β_1- und β_2-Lactoglobulin. In der Milch von einzelnen Kühen kann entweder nur eines von beiden oder ein Gemisch vorhanden sein. β-Lactoglobulin ist also offenbar eines von den Proteinen, die genabhängig sind. β_1-Lactoglobulin-Kristalle sind nicht von den von Palmer isolierten zu unterscheiden, β_2-Lactoglobulin kristallisiert in Diamantform[7].

Tabelle 34[1]. *Elektrophorese von β-Lactoglobulin* (Acetatpuffer p_H 4,8 und p_H 6,5, $\Gamma/2$ 0,1, Proteinkonzentration 1,5%).

p_H	Beweglichkeit (10^6) $cm^2/sec/V$	Relative Konzentration %
4,8	+2,3	68
	+1,9	22
	+1,2	10
6,5	—5,6	48
	—5,2	25
	—4,5	27

Der *isoelektrische Punkt* von β-Lactoglobulin liegt bei p_H 5,2[8], der der Hauptkomponente von Li[1] liegt bei p_H 5,1. In Gegenwart von Ca-Ionen ist der isoelektrische Punkt erhöht und die elektrophoretische Wanderungsgeschwindigkeit ist vermindert[9].

Molekulargewicht. β-Lactoglobulin ist identisch mit der β-Komponente der Molkenproteine in der Ultrazentrifuge[10]. Nach Pedersen[8] hat es die *Sedimentationskonstante* 3,1. Er berechnet ein *Mol.-Gewicht* von 39000, das zwischen p_H 1 und 9 stabil ist. Nach der Art, wie sich die Sedimentationskonstante mit dem p_H ändert, schließt er auf eine Änderung der Hydratation mit dem p_H. Cecil und Ogston[11] haben die Diffusions- und Sedimentationskonstante von β-Lactoglobulin sehr genau bestimmt. Die auf unendliche Verdünnung extrapolierten Werte betragen $S_{20\,(corr)} = 2{,}83$; $D_{20\,(corr)} = 7{,}82$ und ergeben ein Mol.-Gewicht von 35400. Bull und Currie[12] berechnen aus dem *osmotischen Druck* ein

[1] Li, C. H.: Am. Soc. **68**, 2746 (1946).
[2] McMeekin, T. L., B. D. Polis, E. S. della Monica and J. H. Custer: Am. Soc. **68**, 742 (1948).
[3] Polis, B. D., H. W. Shmukler, J. H. Custer and T. L. McMeekin: Am. Soc. **72**, 4965 (1950).
[4] Ogston, A. G., and J. M. A. Tilley: Biochem. J. **59**, 644 (1955).
[5] Ogston, A. G., and M. B. Tombs: Biochem. J. **66**, 399 (1957).
[6] Tombs, M. B.: Biochem. J. **67**, 517 (1957).
[7] Aschaffenburg, R., and J. Drewry: Nature **176**, 218 (1955).
[8] Pedersen, K. O.: Biochem. J. **30**, 961 (1936).
[9] Little, A., and J. H. Custer: Arch. Biochem. **71**, 229 (1957).
[10] Pedersen, K. O.: Biochem. J. **30**, 948 (1936).
[11] Cecil, R., and A. G. Ogston: Biochem. J. **44**, 33 (1949).
[12] Bull, H. B., and B. T. Currie: Am. Soc. **68**, 742 (1946).

Mol.-Gewicht von 35050. Sie betonen, daß sich das Mol.-Gewicht mit der Darstellungsweise ändert und daß ihre Werte nicht reproduzierbar waren, wenn β-Lactoglobulin vor der Fällung bei p_H 5,2 auch nur für kurze Zeit einem p_H von 5,8 ausgesetzt war.

Mit *Lichtzerstreuungsmessungen* finden HALWER und Mitarbeiter[1] ein Mol.-Gewicht von 35700. CROWFOOT[2] hat röntgenographisch die Kristallstruktur des β-Lactoglobulins untersucht. Sie nimmt an, daß eine Elementarzelle 8 Moleküle enthält und berechnet daraus ein Mol.-Gewicht von 40000 für lufttrockenes β-Lactoglobulin, dem ein Mol.-Gewicht von 35800 für wasserfreies (9,78% Feuchtigkeit) entspricht. RILEY[3] hat röntgenographisch die Dimensionen einer Elementarzelle zu $a = 60$ Å, $b = 63$ Å und $c = 110$ Å gefunden. Bei Annahme von 8 Molekülen je Elementarzelle errechnet sich daraus auch für das wasserfreie β-Lactoglobulinmolekül ein Mol.-Gewicht von 35800.

DAWSON[4] hat das β-Lactoglobulin im Elektronenmikroskop untersucht und gefunden, daß die Moleküle in den Kristallen in aufeinanderfolgenden Säulen parallel der b-Achse angeordnet sind.

Die *Dichte* und den *Wassergehalt* einzelner β-Lactoglobulinkristalle haben McMEEKIN und WARNER[5] bestimmt. In organischen Lösungsmitteln finden sie eine Dichte von 1,114—1,115, während in Rohrzucker- oder Salzlösungen eine Dichte von 1,26 gefunden wird. Salz oder Rohrzucker dringen in den Proteinkristall ein und machen ihn dichter. So nimmt β-Lactoglobulin z. B. Lithiumsalze so intensiv auf, daß Berechnungen des gebundenen Wassers nach der Methode von PERUTZ nicht mehr möglich sind[6]. β-Lactoglobulinkristalle enthalten 46% Wasser. Beim Trocknen an der Luft verliert der Kristall den größten Teil des Wassers. Die Reaktion folgt einer Gleichung erster Ordnung. Näheres s. bei [7]. McMEEKIN und MARSHALL beobachteten für das β-Lactoglobulin ein *spezifisches Partialvolumen* von 0,751; der aus den Aminosäuren berechnete Wert ist 0,746[8].

Löslichkeit. PALMER[9], JACOBSEN[10] u. a. haben gezeigt, daß sich die Löslichkeit von β-Lactoglobulin nur um 1% vermehrt, wenn man die feste Phase auf das Dreifache erhöht. JACOBSEN[10] fand für die Präparationen nach PALMER und nach SØRENSEN die gleichen Löslichkeitseigenschaften, während GRÖNWALL[11] Unterschiede in der Löslichkeit bei verschiedenen Darstellungsmethoden beobachtete. SMITHIES[12] hat in Löslichkeitsuntersuchungen gezeigt, daß β-Lactoglobulin aus 2 Hauptkomponenten im Verhältnis 1:4 und vielleicht noch einer dritten Komponente besteht.

Auch *immunologisch* ist β-Lactoglobulin heterogen[12, 13].

Analytische Daten. Die Aminosäurezusammensetzung von β-Lactoglobulin findet sich in Tabelle 36. Nach JACOBSEN[10] besitzt das β-Lactoglobulinmolekül (Mol.-Gewicht 42000) 51,8 saure, 47,5 basische und 32,6 Amidgruppen. CANNAN und Mitarbeiter[14] finden 58 Carboxyl-, 34 Amino-, 6 Imidazol- und 6 Guanidinogruppen je Mol (Mol.-Gewicht 40000) in guter Übereinstimmung mit der Aminosäureanalyse (vgl. Tabelle 36). JACOBSEN[10] berechnet 355—359 Peptidbindungen je Mol. Im β-Lactoglobulin können alle freien Aminogruppen ohne Denaturierung titriert oder mit Keten acetyliert werden, aber 12 von den 31 ε-Aminogruppen des Lysins reagieren im intakten Molekül nicht mit

[1] HALWER, M., G. C. NUTTING and B. A. BRICE: Am. Soc. **73**, 2786 (1951).
[2] CROWFOOT, D.: Chem. Reviews **28**, 215 (1941).
[3] RILEY, D. P.: Nature **168**, 242 (1951).
[4] DAWSON, D. M.: Nature **168**, 241 (1951).
[5] McMEEKIN, T. L., and R. C. WARNER: Am. Soc. **64**, 2393 (1942).
[6] GROVES, M. L., N. J. HIPP and T. L. McMEEKIN: Fed. Proc. **11**, 223 (1952).
[7] McMEEKIN, T. L.: Proteins **2A**, 420 (1954).
[8] McMEEKIN, T. L., and K. MARSHALL: Science, N. Y. **116**, 142 (1952).
[9] PALMER, A. H.: J. biol. Ch. **104**, 359 (1934).
[10] JACOBSEN, C. F.: C. R. Lab. Carlsberg (I) **26**, 457 (1949).
[11] GRÖNWALL, A.: C. R. Lab. Carlsberg (I) **24**, 185 (1942).
[12] SMITHIES, O.: Biochem. J. **58**, 31 (1954).
[13] DEUTSCH, H. F.: J. biol. Ch. **185**, 377 (1950).
[14] CANNAN, R. K., A. H. PALMER and A. C. KIBRICK: J. biol. Ch. **142**, 803 (1942).

FDNB, offenbar durch einen sterischen Effekt[1]. Auch 2 der 4 Histidinreste reagieren im intakten Molekül nicht[2]. β-Lactoglobulin hat am Aminoende 3 Leucylreste[1], nach FRAENKEL-CONRAT[3] Leu-Leu-Val. Am Carboxylende wurden 2,1 Isoleucinreste je Mol gefunden[4].

Bindung, Denaturierung. Nach der Denaturierung durch Säure, Wärme oder Äthylalkohol reagieren alle Aminogruppen und Histidinreste[2, 5]. CHRISTENSEN[6] fand, daß die optische Drehung von β-Lactoglobulin bei der Denaturierung mit Harnstoff oder Alkali bei p_H 9,3 schnell zunimmt. Die spezifischen Drehungen von β-Lactoglobulin, das durch Hitze, Dodecylsulfat, Harnstoff oder Guanidinhydrochlorid denaturiert wurde, differieren. Nach LINDERSTRØM-LANG[7] soll das β-Lactoglobulin in 2 Formen existieren, die miteinander im Gleichgewicht und leicht ineinander umwandelbar sind. Eine davon, die bei tiefer Temperatur überwiegt, ist sehr empfänglich für Harnstoffdenaturierung. Die Denaturierung geht anscheinend in 2 Schritten vor sich, der eine ist schnell und reversibel, der andere irreversibel. Die Denaturierung mit Amiden ist reversibel. Das regenerierte Protein hat die gleiche Kristallform, optische Drehung, Löslichkeit, elektrophoretischen und antigenen Eigenschaften wie das native β-Lactoglobulin.

Die Denaturierung durch *Alkali* ist irreversibel. Bei der Denaturierung durch *Wärme* in Puffer p_H 7,0, $\Gamma/2$ 0,1, laufen 2 Prozesse nebeneinander; der erste beginnt erst oberhalb von 65° und ist von einer Zunahme des Teilchengewichts auf das 4fache begleitet. Der zweite findet erst nach dem ersten statt. Er wird bei 75° zurückgedrängt und findet bei 99° überhaupt nicht mehr statt[8]. Im Temperaturbereich zwischen 64° und 75° folgt die Hitzededaturierung der einfachen Kinetik einer Reaktion erster Ordnung[9]. Über die Kinetik der Hitzedenaturierung s. auch [10]. Bei der p_H-Denaturierung sind die Geschwindigkeiten bei 3° und bei 25° zwischen p_H 8 und 10 die gleichen[11]. Bei der Trypsinverdauung wird das β-Lactoglobulinmolekül zuerst denaturiert, bevor es gespalten wird[7].

β-Lactoglobulin bindet Fettsäuren und andere kleine Moleküle[12]. Mit 2 Mol Dodecylsulfat gibt es eine kristallisierbare Verbindung[13], die weniger leicht denaturiert wird als β-Lactoglobulin[11]. Lactose-Derivate von β-Lactoglobulin beschreiben FRAENKEL-CONRAT und Mitarbeiter[14].

d) Serumalbumin aus Molke.

In der Molke wurde ein Eiweißkörper mit der elektrophoretischen Beweglichkeit von Serumalbumin gefunden (vgl. Tabelle 32, S. 403). POLIS und Mitarbeiter[15] haben ihn kristallisiert und festgestellt, daß er immunologisch mit dem Serumalbumin identisch ist[16].

***Kristallisation von Serumalbumin aus Molke nach* POLIS, SHMUKLER *und* CUSTER[15].** Aus 56,75 *l* entrahmter Milch wird Casein durch isoelektrische Fällung bei p_H 4,7 gefällt. Die Molke wird dann in 2 Hauptfraktionen bei Ammoniumsulfatkonzentrationen von 2,3 und 3,3 m und p_H 6,0 geteilt. Die 3,3 m-Salzfraktion dialysiert man zur Entfernung des Salzes. Die bei p_H 5,3 entstehenden β-Lactoglobulinkristalle zentrifugiert man

[1] PORTER, R. R.: Biochim. biophysica Acta, N. Y. **2**, 105 (1948).
[2] PORTER, R. R.: Biochem. J. **46**, 304 (1950).
[3] FRAENKEL-CONRAT, H.: Am. Soc. **76**, 3606 (1954).
[4] CHING-I NIU and H. FRAENKEL-CONRAT: Am. Soc. **77**, 5883 (1955).
[5] JACOBSEN, C. F.: C. R. Lab. Carlsberg (I) **26**, 457 (1949).
[6] CHRISTENSEN, L. K.: Nature **163**, 1003 (1949).
[7] LINDERSTRØM-LANG, K.: Cold Spring Harbor Symp. quant. Biol. **14**, 117 (1950).
[8] BRIGGS, D. R., and R. HULL: Am. Soc. **67**, 2007 (1945).
[9] LARSON, B. L., and R. JENNESS: Am. Soc. **74**, 3090 (1952).
[10] STAUFF, J., u. E. ÜHLEIN: Kolloid-Z. **143**, 1 (1955).
[11] GROVES, M. L., N. J. HIPP and T. L. MCMEEKIN: Am. Soc. **73**, 2790 (1951).
[12] DAVIS, B. D., and R. J. DUBOS: J. exp. Med. **86**, 215 (1947).
[13] MCMEEKIN, T. L., B. D. POLIS, E. S. DELLA MONICA and J. H. CUSTER: Am. Soc. **71**, 3606 (1949).
[14] FRAENKEL-CONRAT, J., B. B. COOK and A. F. MORGAN: Arch. Biochem. **35**, 157 (1952).
[15] POLIS, B. D., H. W. SHMUKLER and J. H. CUSTER: J. biol. Ch. **187**, 349 (1950).
[16] COULSON, E. J., and H. STEVENS: J. biol. Ch. **187**, 355 (1950).

ab. Die Mutterlauge, die ungefähr 80 g eines Proteingemisches in 7—10 *l* salzfreier Lösung enthält, fraktioniert man bei alkalischem p_H weiter.

Man stellt durch Zufügen von 0,05 m Natriumborat auf p_H 9,1 ein und fügt Ammoniumsulfat bis zur Endkonzentration 2,4 m zu. Nachdem die Lösung einige Stunden bei Zimmertemperatur gestanden hat, setzt sich an der Oberfläche ein dicker, braun-grüner, peroxydasehaltiger Niederschlag ab. Er wird entfernt (1,17 g). Das klare Filtrat bringt man auf eine Ammoniumsulfatkonzentration von 2,6 m und filtriert den Niederschlag (2,19 g) ab. Das im Filtrat verbleibende Protein fällt man mit 3,4 m Ammoniumsulfat (Niederschlag 3) bei p_H 5,0 vollkommen aus. Aus Niederschlag 3 (28 g) stellt man eine etwa 2%ige wäßrige Lösung her und teilt diese mit Ammoniumsulfatkonzentrationen von 2,6 m (8 g), 2,8 m (12 g) und 3,4 m Ammoniumsulfat in 3 Fraktionen auf.

Die mit 3,4 m Ammoniumsulfat gefällte Fraktion (7 g) wird in möglichst wenig Wasser gelöst und durch Dialyse salzfrei gemacht. Man bringt sie bei 3° durch Dialyse ins Gleichgewicht mit 10%igem Alkohol bei p_H 5,3, Ionenstärke $\Gamma/2$ 0,005—0,01. Es entsteht ein klarer gelatinöser Niederschlag, den man abzentrifugiert. Dann erhöht man die Alkoholkonzentration auf 20%, zentrifugiert den entstehenden Niederschlag ab, senkt die Temperatur auf —5° und erhöht die Alkoholkonzentration auf 33%, indem man 95%igen Alkohol zufügt. Das auf diesem Wege ausgefällte Protein enthält 47% Albumin (Elektrophorese). Den Überstand des mit 33%igem Alkohol entstandenen Niederschlags stellt man auf p_H 4,8, Ionenstärke $\Gamma/2$ 0,02 und 40% Alkoholkonzentration bei —5° ein. Der entstandene Niederschlag besteht vorwiegend aus Albumin, gemischt mit 3 anderen Globulinkomponenten. Er wird in Wasser gelöst und der Alkohol durch Dialyse entfernt. Man löst das Protein mit 0,1 m Dikaliumphosphat, das 0,03 m Natriumcaprylat enthält. Dann fügt man Ammoniumsulfat bis zur Konzentration 2,6 m zu, filtriert den entstehenden Niederschlag ab und fügt zu dem Überstand Ammoniumsulfatlösung zu, bis eine leichte Trübung entsteht. Wenn die Lösung über Nacht bei 3° steht, fallen sowohl Kristalle als auch amorphes Material aus. Auf Zimmertemperatur erwärmt, lösen sich die Kristalle wieder. Das amorphe Material filtriert man ab. Nachdem die Lösung auf 3° abgekühlt worden ist, bilden sich erneut sehr leichte, nadelartige Kristalle (200 mg). Wenn man die Salzkonzentration erhöht, entsteht eine andere Gruppe von Kristallen. Arbeitet man die Fällung in 30%igem Alkohol, die zu 47% aus Albumin besteht, auch auf, dann ist die Ausbeute wesentlich größer.

4. Proteine des Colostrums.

In den ersten Tagen nach der Entbindung wird eine viel eiweißreichere Milch als später ausgeschieden. Sie wird Colostrum genannt.

Colostrum enthält etwa 17% Eiweiß[1,2]. Davon sind 5% Casein und 11,3% Albumin und Globulin[3]. Dieser hohe Eiweißgehalt fällt in den ersten 24 Std schnell ab und erreicht nach etwa 10 Tagen den normalen Eiweißgehalt der Milch von 3,7%, von dem 3% Casein und 0,7% Albumin und Globulin sind. Auffallend ist der hohe Immunglobulingehalt des Colostrums (Tabelle 35). Das Blut des jungen Kalbes enthält weder Euglobulin noch Pseudoglobulin[4]; wird ihm Colostrum verfüttert, erscheinen diese Eiweißkörper schnell im Blut. Offenbar gehen sie direkt aus dem Verdauungstrakt in das Blut über[5].

Das Colostrum ist offensichtlich wichtig, um neugeborene Tiere vor Infektionen zu schützen. Interessant ist in diesem Zusammenhang, daß im Colostrum mehr Lactaminsäure bzw. Neuraminsäure gefunden wird als in der Milch[6], also offenbar mehr Muco-

[1] ENGEL, H., u. H. SCHLAG: Milchwirtsch. Forsch. **2**, 1 (1924).
[2] MACY, I. G., H. KELLEY and R. SLOAN: Bull. nat. Res. Council No. **119** (Jan. 1950).
[3] CROWTHER, C., and H. RAJSTRICK: Biochem. J. **10**, 434 (1916).
[4] HOWE, P. E.: J. biol. Ch. **49**, 93, 115 (1921); **52**, 51; **53**, 479 (1922). J. exp. Med. **39**, 313 (1924).
[5] JAMESON, E., C. ALVAREZ-TOSTADO and H. H. SORTOR: Proc. Soc. exp. Biol. Med. **51**, 163 (1942).
[6] KUHN, R., u. R. BROSSMER: B. **87**, 123 (1954).

proteid, das die Hämagglutination von Viren hemmt, darin vorkommt (vgl. S. 404ff. und S. 389ff.). Auch relativ große Mengen Trypsinhemmstoff wurden im Colostrum gefunden[1].

Tabelle 35. *Elektrophoretische Zusammensetzung des Colostrums und seiner Fraktionen*[2]. Elektrophorese in Veronalpuffer, p_H 8,3—8,4, Ionenstärke $\Gamma/2$ 0,1 bei 1° C. A = Casein-, B = Immunlactoglobulin-, C = Immunlactoglobulin- und D = β-Lactoglobulinfraktion. μ = elektrophoretische Wanderungsgeschwindigkeit, s. Abb. 32 und Tabelle 32.

Fraktion	Trockengewicht isoliert in g	μ	%	μ	%	μ	%	μ	%	μ	%	μ	%
Gesamtcolostrum . . .	355	. . .		—1,8	54	—2,6	7	—4,2	35	—5,5	2	—7,2	2
(A) Casein	60	—1,3	1	—1,8	1	—2,7	6	—4,0	18	—5,1	74		
(B) Immunlactoglobulin	101	. . .		—2,1	100	. . .		. . .		. . .		. . .	
(C) Immunlactoglobulin	113	. . .		—2,1	85	—3,6	5	—4,6	10	. . .		. . .	
(D) β-Lactoglobulin . .	17	. . .		—2,2	4	—3,2	5	—4,3	75	—5,8	10	—6,3	4

Einerseits wird angenommen, daß das Immunglobulin des Colostrums aus dem Blut stammt[3]; andererseits wurde gezeigt, daß Colostrum viele Plasmazellen enthält und daß ihre Zahl mit der Konzentration von Immunkörpern parallel geht[4]. COMLINE und Mitarbeiter[5] haben gezeigt, daß Colostrumglobulin den allgemeinen Kreislauf über die Lymphe und nicht über das Pfortadersystem erreicht.

Darstellung der Proteine des Colostrums nach **SMITH**[2].

Man sammelt 1 Std nach dem Kalben 2 *l* Colostrum, zentrifugiert und entfernt die Fettschicht. Das Colostrum (ungefähr 1700 cm³) wird dann 4fach mit dest. Wasser verdünnt und mit 0,5 n HCl auf p_H 4,5 gebracht. Den Caseinniederschlag (Fraktion A) filtriert man ab und klärt dann die Lösung durch Filtrieren durch eine dicke Papiermasse. Das Filtrat bringt man mit 0,5 n NaOH auf p_H 6 und teilt in 3 Fraktionen auf, indem man mit Ammoniumsulfat auf 0,3-(Fraktion B), 0,5-(Fraktion C) und 0,9-(Fraktion D) Sättigung bringt. Die Fraktionen B, C und D werden getrennt in Wasser wieder aufgelöst, wobei die Eiweißkonzentration etwa 5% betragen soll. Man wiederholt die Fällung mit gleichen Ammoniumsulfatkonzentrationen wie oben angegeben und dialysiert alle 3 Fraktionen bei 2° bis zur Salzfreiheit, dann wird gefriergetrocknet. Fraktion A löst man in einer minimalen Menge 0,1 n NaOH, filtriert und fällt neuerlich bei p_H 4,5. Die Fällung wird 2mal mit dest. Wasser gewaschen, in verdünntem Alkali gelöst und gefriergetrocknet. Fraktion A enthält das Casein, Fraktion D zu 75% β-Lactoglobulin von PALMER[6], das daraus auch kristallisiert erhalten werden kann. Fraktion B und C enthalten das Immunglobulin, das mit der elektrophoretisch langsam wandernden Komponente (—1,8 bis

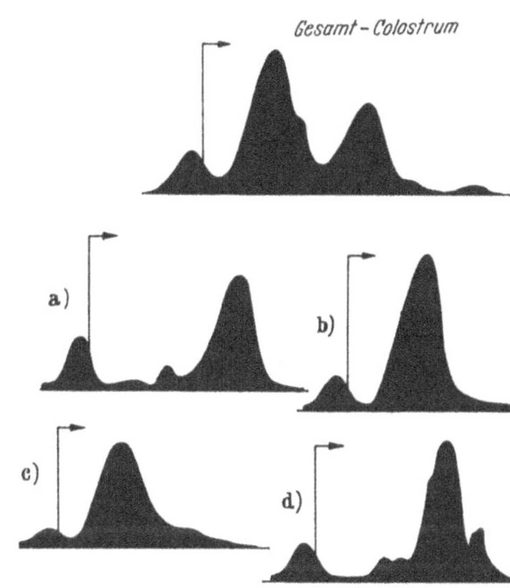

Abb. 32. Elektrophoretische Bilder von Gesamtcolostrum und den daraus erhaltenen Fraktionen[2]. a Casein; b, c und d Ammoniumsulfatfraktionen (b zwischen 0- und 0,3-Sättigung; c zwischen 0,3- und 0,5-Sättigung; d zwischen 0,5- und 0,9-Sättigung). Elektrophorese 200 min in Veronalpuffer p_H 8,3—8,4, Ionenstärke $\Gamma/2$ 0,1.

[1] LASKOWSKI, M. jr., and M. LASKOWSKI: J. biol. Ch. **190**, 563 (1951).
[2] SMITH, E. L.: J. biol. Ch. **164**, 345 (1946).
[3] SMITH, E. L.: J. biol. Ch. **165**, 665 (1946).
[4] CAMPBELL, B., R. M. PORTER and W. E. PETERSEN: Nature **166**, 913 (1950).
[5] COMLINE, R. S., H. E. ROBERTS and D. A. TITCHEN: Nature **167**, 561 (1951).
[6] PALMER, A. H.: J. biol. Ch. **104**, 359 (1934).

$2{,}2 \cdot 10^{-5}$ cm²/V/sec bei p_H 8,4) identisch ist (s. Tabelle 35). Das Immunglobulin kann nach dem Ausfällen von Casein durch Einstellen auf p_H 6 und 0,4-Sättigung mit Ammoniumsulfat, Wiederauflösen und Wiederholung dieser Fällung quantitativ und rein aus dem Colostrum erhalten werden. Durch erschöpfende Dialyse kann das Immunglobulin in wasserunlösliches Euglobulin und wasserlösliches Pseudoglobulin getrennt werden. Beide haben Immuneigenschaften. Die Mengen von Pseudoglobulin zu Euglobulin verhalten sich etwa wie 3:4.

Physikalische Eigenschaften. *Elektrophorese.* Die Eiweißmengen der einzelnen Fraktionen des Colostrums sowie ihr Anteil an den elektrophoretischen Komponenten sind in Tabelle 35 zusammengefaßt. In Abb. 32 sind die elektrophoretischen Bilder von Gesamtcolostrum und den einzelnen Fraktionen dargestellt.

Das Euglobulin wandert in Veronalpuffer p_H 8,5 mit $-1{,}9\,\mu$, das Pseudoglobulin mit $-2{,}2\,\mu$. Der *isoelektrische Punkt* des Gesamtimmunglobulins wird von SMITH[1] zu 5,85 angegeben (vgl. Tabelle 35). Der isoelektrische Punkt von Euglobulin aus der Milch eines anderen Tieres lag bei 6,2, der von Pseudoglobulin bei 6,0. In seinen elektrophoretischen Eigenschaften ähnelt das Immunglobulin des Colostrums mehr dem Plasma T-Globulin (γ_1-Globulin) als dem γ-Globulin (γ_2-Globulin) (vgl. S. 300f.). Das *Molekulargewicht* des Immunglobulins beträgt 160000—190000[1].

Analytische Daten. Das Immunglobulin enthält Kohlenhydrat[2], und zwar Hexose und Hexosamin. Der Aminosäuregehalt nach SMITH und Mitarbeitern[1, 3] und HANSEN und Mitarbeitern[4] ist in Tabelle 36 zusammengestellt.

5. Enzyme der Milch.

Die Milch enthält eine ganze Reihe von Enzymen, die teilweise aus den Sekretionszellen, den Leukocyten und evtl. aus verunreinigenden Bakterien stammen.

Mit den sog. Mikrosomen der Milch (vgl. S. 402) ist die *alkalische Phosphatase* assoziiert[5]. Die Prüfung darauf wird als Test für das Pasteurisieren verwendet, da sie durch Hitze langsamer zerstört wird als viele Bakterien. Wenn sie inaktiv geworden ist, gilt die Milch als ausreichend pasteurisiert. Milch enthält auch kleine Mengen *saure Phosphatase*[6].

Mit den Mikrosomen der Milch sind auch noch *Xanthinoxydase*, *Diaphorase* und *DPNH-Cytochrom c-Reductase* verbunden[7].

Die Xanthinoxydase wurde schon früh im Rahm gefunden[8] und daraus auf das 500fache bis 1000fache gereinigt[9, 10].

Auch *Amylase* findet sich im Rahm[11]. Kleine Mengen davon kommen auch in der Magermilch vor.

Mit dem Casein wird eine *Protease*[12] ebenso wie *Katalase* ausgefällt[13].

Lactoperoxydase wurde neuerdings aus der Molke durch Salzfraktionierung und Chromatographie isoliert und kristallisiert[14]. Sie war schon von THEORELL und ÅKESON[15]

---

[1] SMITH, E. L.: J. biol. Ch. **164**, 345 (1946).
[2] SMITH, E. L., R. D. GREENE and E. BARTNER: J. biol. Ch. **164**, 359 (1946).
[3] SMITH, E. L., and R. D. GREENE: J. biol. Ch. **171**, 355 (1947).
[4] HANSEN, R. G., R. L. POTTER and P. H. PHILLIPS: J. biol. Ch. **171**, 229 (1947).
[5] MORTON, R. K.: Biochem. J. **55**, 786 (1953).
[6] MULLEN, J. E. C.: J. Dairy Res. **17**, 288 (1950).
[7] MORTON, R. K.: Biochem. J. **57**, 231 (1954).
[8] MORGAN, E. J., C. P. STEWART and F. G. HOPKINS: Proc. R. Soc. London (B) **94**, 109 (1923).
[9] CORRAN, H. S., and D. E. GREEN: Biochem. J. **32**, 2231 (1938).
[10] CORRAN, H. S., J. G. DEWAN, A. H. GORDON and D. E. GREEN: Biochem. J. **33**, 1694 (1939).
[11] KONING, C. J.: Milchwirtsch. Zbl. **4**, 156 (1908) [McMEEKIN, T. L.: Neurath-Bailey, Proteins, Bd. IIA, S. 430 (1954)].
[12] WARNER, R. C., and E. POLIS: Am. Soc. **67**, 529 (1945).
[13] GRIMMER, W.: B. Z. **53**, 429 (1913).
[14] POLIS, B. D., and H. W. SHMUKLER: J. biol. Ch. **201**, 475 (1953).
[15] THEORELL, H., and A. ÅKESON: Arkiv Kemi, Mineral. Geol. **17** B, No. 7 (1943).

kristallisiert erhalten worden. Die Molke enthält noch *Lactase*[1] und eine *Lipase*[2]. Die Lipase ist in der Frauenmilch anscheinend in unwirksamer Form vorhanden und wird erst im Magen aktiviert, so daß dann erst das Milchfett verdaut werden kann[3]. Auch *Aldolase* wurde in der Milch gefunden[4].

6. Andere Proteine der Milch.

SØRENSEN und SØRENSEN[5] und JACOBSEN[6] berichten von einem roten und einem grünen Protein in der Milch, die sie teilweise gereinigt haben (vgl. S. 409ff.). POLIS und

Tabelle 36. *Aminosäurezusammensetzung der Milch- und Colostrumeiweißkörper* (g je 100 g Eiweiß).

	Casein Mensch	Gesamt-Casein Kuh[7]	α-Casein Kuh[7]	β-Casein Kuh[7]	γ-Casein Kuh[8]	α-Lact-albumin Kuh[9]	β-Lacto-globulin Kuh	Immun-globulin Kuh	Colostrum-globulin Kuh
Gesamt-N . .	15,1[10]	15,63	15,53	15,33	15,40	15,86	15,60[11]	15,67[12]	15,63[13]
Gesamt-S . .	0,78[14]	0,78[15]			1,03	1,91	1,60[11]	1,00[16]	1,1[17]
Gesamt-P . .		0,86	0,99	0,61	0,11	—	—	—	—
Amino-N . .		0,93	0,99	0,72	0,67	1,27	1,24[11]	—	—
Amid-N . . .		1,6	1,6	1,6	1,6	1,37	1,07[11]	—	—
Glykokoll . .	0,0[18]	2,7	2,8	2,4	1,5	3,21	1,4[11]	—	—
Alanin. . . .	2,0[18]	3,0	3,7	1,7	2,3	2,14	7,4[19]	—	—
Valin	5,0[18]	7,2	6,3	10,2	10,5	4,66	5,8[11]	9,6[20]	10,2[13]
Leucin. . . .	12,2[18]	9,2	7,9	11,6	12,0	11,52	15,6[11]	9,6[20]	8,9[13]
Isoleucin. . .	6,3[18]	6,1	6,4	5,5	4,4	6,80	6,1[21]	3,03[16]	2,77[16]
Prolin	8,9[18]	11,3	8,2	16,0	17,0	1,52	4,1[11]		10,0[17]
Phenylalanin	5,8[18]	5,0	4,6	5,8	5,8	4,47	3,5[11]	3,88[20]	3,6[12]
Cystein . . .							1,11[11]		
Cystin. . . .	0,6[18]	0,34	0,43	0,0—0,1	0,0	6,4	2,29[11]	3,15[16]	3,26
Methionin . .	2,70[14]	2,8	2,5	3,4	4,1	0,95	3,22[11]	0,9[16]	0,89[16]
Tryptophan .	1,05[14]	1,2	1,6	0,65	1,2	7,0	1,94[11]	2,7[20]	2,74[12]
Arginin . . .	3,58[14]	4,1	4,3	3,4	1,9	1,15	2,88[11]	4,05[16]	4,36[16]
Histidin . . .	2,0[18]	3,1	2,9	3,1	3,7	2,85	1,58[11]	2,05[16]	1,99[16]
Lysin	5,6[18]	8,2	8,9	6,5	6,2	11,47	11,4[11]	6,8[16]	6,3[16]
Asparaginsäure	4,6[18]	7,1	8,4	4,9	4,0	18,65	11,4[11]		9,4[17]
Glutaminsäure	20,9[18]	22,4	22,5	23,2	22,9	12,85	19,5[11]		12,3[17]
Serin	5,4[18]	6,3	6,3	6,8	5,5	4,76	5,0[11]		
Threonin. . .	4,5[18]	4,9	4,9	5,1	4,4	5,50	5,85[11]	10,5[16]	9,4[16]
Tyrosin . . .	6,11[21]	6,3	8,1	3,2	3,7	5,37	3,78[11]		6,7[17]

[1] VANDEVELDE, A. J. J.: B. Z. **11**, 61 (1908).
[2] RICE, F. E., and A. L. MARKLEY: J. Dairy Sci. **5**, 64 (1923).
[3] FREUDENBERG, E.: Bull. Schweiz. Akad. med. Wiss. **7**, 396 (1951).
[4] POLIS, B. D., and H. W. SHMUKLER: J. Dairy Sci. **33**, 619 (1950).
[5] SØRENSEN, M., and S. P. L. SØRENSEN: C. R. Lab. Carlsberg (I) **23**, 7 (1939).
[6] JACOBSEN, C. F.: C. R. Lab. Carlsberg (I) **26**, 457 (1949).
[7] GORDON, W. G., W. F. SEMMETT, R. S. CABLE and M. MORRIS: Am. Soc. **71**, 3293 (1949).
[8] GORDON, W. G., W. F. SEMMETT and M. BENDER: Am. Soc. **75**, 1678 (1953).
[9] GORDON, W. G., and J. ZIEGLER: Arch. Biochem. **57**, 84 (1955).
[10] MELLANDER, O.: Upsala Läk.-Fören. Förh. (N. S.) **52**, 107 (1947).
[11] BRAND, E., L. J. SAIDL, W. H. GOLDWATER, B. KASSEL and F. J. RYAN: Am. Soc. **67**, 1524 (1945).
[12] SMITH, E. L.: J. biol. Ch. **164**, 345 (1946).
[13] SMITH, E. L.: J. biol. Ch. **165**, 665 (1946).
[14] PLIMMER, R. H. A., and J. LOWNDES: Biochem. J. **31**, 175 (1937).
[15] KASSELL, B., and E. BRAND: J. biol. Ch. **125**, 435 (1938).
[16] SMITH, E. L., and R. D. GREENE: J. biol. Ch. **171**, 355 (1947).
[17] HANSEN, R. G., R. L. POTTER and P. H. PHILLIPS: J. biol. Ch. **171**, 229 (1947).
[18] WILLIAMS, M. B.: J. biol. Ch. **156**, 47 (1944).
[19] KESTON, A. S., S. UDENFRIEND and R. K. CANNAN: Am. Soc. **68**, 1390 (1946).
[20] SMITH, E. L., R. D. GREENE and E. BARTNER: J. biol. Ch. **164**, 359 (1946).
[21] BEACH, E. F., S. S. BERNSTEIN, O. D. HOFMAN, D. M. TEAGUE and J. G. MACY: J. biol. Ch. **139**, 57 (1941).

SHMUKLER[1] haben vielleicht das gleiche rote Protein bei der Darstellung von Lactoperoxydase gewonnen. Ein kupferbindendes Protein mit 0,19% Cu wurde von DILLS und NELSON[2] dargestellt. GREGORY und HOLDSWORTH[3] haben Vitamin B_{12}-bindendes Protein aus Schweinemilch isoliert. ASCHAFFENBURG und Mitarbeiter[4] beschreiben die Reinigung einer oberflächenaktiven Proteinfraktion aus der Molke, die nach Hitzekoagulation der Molke in Lösung bleibt. Man findet 2 jodhaltige Proteine in der Milch, wenn man an lactierende Hunde ^{131}J verfüttert[5].

E. Eier-Proteine.

1. Einleitung.

Im folgenden handelt es sich, wenn nicht anders erwähnt, um die Eiweißkörper des Hühnereis. Das Eiereiweiß besitzt die höchste biologische Wertigkeit, enthält also alle essentiellen Aminosäuren in einem optimalen Verhältnis[6]. Von BLOCK[7] wird die biologische Wertigkeit von Ovalbumin als 100% angenommen und die biologische Wertigkeit aller anderen Proteine darauf bezogen. Das Ei enthält außerdem Eiweißkörper mit besonderen schützenden oder regulierenden Funktionen, so das Lysozym mit antibiotischer, das Ovomucoid mit antitryptischer und das Ovomucin mit antihämagglutinierender Wirksamkeit. Auch spezifische Bindungsvermögen einzelner Eierproteine sind bekannt, so das Eisenbindungsvermögen von Conalbumin, das Biotinbindungsvermögen von Avidin und das Vitamin B_{12}-Bindungsvermögen von Lysozym.

Wo und woraus die Eiweißkörper des Eis gebildet werden, steht noch nicht fest. Entweder werden sie im Oviduct gebildet, wie das STEINBERG und Mitarbeiter[8] in vitro nachweisen konnten, oder die Plasmaproteine der Henne gehen als Hydrolyseprodukte in das Ei über und werden darin wieder zu Proteinen zusammengelagert[9]. Nach neuen Untersuchungen soll mindestens ein Teil der Eiweißkörper, ohne vorher abgebaut zu werden, aus dem Blut in das Ei übergehen. Nach intravenöser Injektion von Rinder-γ-Globulin und kristallisiertem Albumin an Hennen wurden diese kurz darauf im Eidotter immunologisch nachgewiesen[10]. Sie verhielten sich auch elektrophoretisch und in der Ultrazentrifuge wie die injizierten Proteine. Aus dem Eidotter geht Rinder-γ-Globulin innerhalb von 16—20 Tagen in das Blutserum des Hühnerembryos über[11].

2. Proteine des Eiklars.

Die Proteine des Eiklars wurden schon früh durch Halbsättigung mit Ammoniumsulfat in eine lösliche Albumin- und eine unlösliche Globulinfraktion getrennt.

Mit Elektrophorese haben LONGSWORTH und Mitarbeiter[12] im Eiweiß des Eiklars in einem p_H-Bereich zwischen 3,9 und 7,8 sechs verschieden wandernde Komponenten gefunden (s. Tabelle 37, Abb. 33 und 34).

Es wurden Ovalbumin, Conalbumin, Ovomucoid und 3 Globulinkomponenten G_1, G_2 und G_3 gefunden. Außer G_1, dem Lysozym, dessen isoelektrischer Punkt bei p_H 11,0 liegt, liegen alle isoelektrischen Punkte zwischen p_H 3,9 und 7,8. Die elektrophoretischen

[1] POLIS, B. D., and H. W. SHMUKLER: J. biol. Ch. **201**, 475 (1953).
[2] DILLS, W. L., and J. M. NELSON: Am. Soc. **64**, 1616 (1942).
[3] GREGORY, M. E., and E. S. HOLDSWORTH: Biochem. J. **59**, 335 (1955). Nature **173**, 830 (1954).
[4] ASCHAFFENBURG, R., and A. G. OGSTON: J. Dairy Res. **14**, 316 (1949).
[5] MIDDESWORTH, L. VAN, A. H. TUTTLE and H. THRELHELD: Science, N. Y. **118**, 749 (1953).
[6] ROSE, W. C.: Fed. Proc. **8**, 546 (1949).
[7] BLOCK, R. J.: Yale J. Biol. Med. **15**, 722 (1943).
[8] STEINBERG, D., and C. B. ANFINSEN: J. biol. Ch. **199**, 25 (1952).
[9] BUXTON, A.: Nature **168**, 657 (1951).
[10] KNIGHT, P. F., and A. M. SCHECHTMAN: J. exp. Zool. **127**, 271 (1954).
[11] SCHECHTMAN, A. M., and P. F. KNIGHT: Nature **176**, 786 (1955).
[12] LONGSWORTH, L. G., R. K. CANNAN and D. A. MCINNES: Am. Soc. **62**, 2580 (1940).

Beweglichkeiten der einzelnen isolierten Eiweißkörper sind gleich denen der Komponenten im nativen Eiklar. So muß man annehmen, daß die einzelnen Eiweißkörper als solche im nativen Eiklar vorhanden sind. Das stimmt mit den immunologischen Untersuchungen von HEKTOEN und COLE[1] überein. Allerdings beeinflussen sich einzelne Proteine bei verschiedenem p_H gegenseitig in ihrem elektrophoretischen Verhalten[3]. Ovomucoid und Ovalbumin beeinflussen sich zwischen p_H 4,3 und 4,6 und Ovomucoid und die Globuline bei p_H 6,1. Das scheint mit der basischen Natur eines Teils der Globuline zusammenzuhängen. Die gegenseitige Beeinflussung im elektrischen Feld wird durch hohe Proteinkonzentration und niedere Ionenstärke begünstigt.

Tabelle 37. *Zusammensetzung des Eiweißes aus Eiklar*[a, 2].

Eiweißfraktionen	Chemische Analysen	Elektrophoretische Analysen	
		nach LONGSWORTH u. Mitarb.[b, 3]	nach FORSYTHE u. Mitarb.[b, 4]
Gesamtprotein	10—11[c], 82,8[d]		
Ovalbumin . .	70[5]	60	64,9
Conalbumin .	9[5]	13,8	13,8
Ovomucoid. .	13[5]	14,0	9,2
Lysozym (G_1).	2,6[6]	2,8	3,4
G_2	7[e, 7]	4,6 }	8,7
G_3		4,3 }	
Mucin	2[5]		
Avidin. . . .	0,06[8]		

a) % Gesamtprotein, wenn nicht anders angegeben.
b) Gesamteiweiß minus Mucin ist 100%.
c) % Eiweiß, bezogen auf Feuchtgewicht.
d) % Eiweiß, bezogen auf Trockengewicht.
e) Gesamtglobuline.

Im elektrophoretischen Bild des Eiklars fehlen Ovomucin und Avidin. Ovomucin ist unlöslich und wird deshalb bei der Elektrophorese nicht berücksichtigt. Avidin ist in zu geringer Menge vorhanden, um im elektrophoretischen Bild zu erscheinen.

Die in halbgesättigtem Ammoniumsulfat lösliche Fraktion enthält 3 Eiweißkörper: 1. kristallisierbares Albumin (Ovalbumin)[9, 10], 2. ein Albumin, das aus halbgesättigtem Ammoniumsulfat nicht kristallisiert (Conalbumin)[10] und 3. ein nicht koagulierbares Eiweiß (Ovomucoid), dessen Glykoproteidnatur schon von MÖRNER[11] erkannt wurde. HEKTOEN und COLE[1] konnten die Existenz dieser 3 Eiweißkörper auch immunologisch bestätigen.

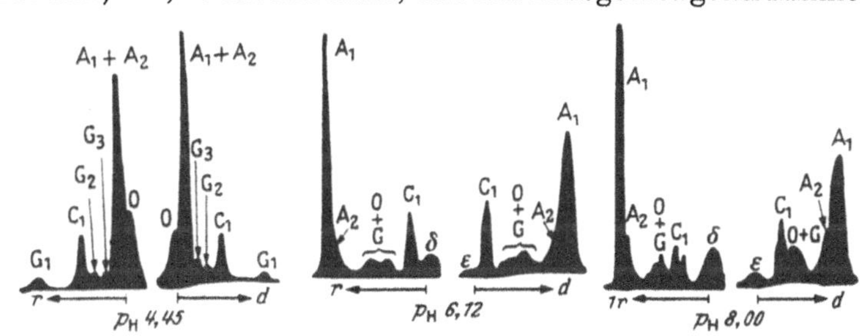

Abb. 33. Elektrophoretische Bilder von Eiklar, 8mal verdünnt in Puffer $\Gamma/2 = 0{,}1$. $A_1 + A_2$ Ovalbumin; C Conalbumin; O Ovomucoid; G_1 Lysozym; G_2 und G_3 Globulin[3].

Die in halbgesättigtem Ammoniumsulfat unlösliche Fraktion wurde von manchen Autoren für ein Globulin, von manchen für ein Mucin gehalten[10, 12–15]. Erst HEKTOEN

[1] HEKTOEN, L., and A. G. COLE: J. infect. Dis. **42**, 1 (1928).
[2] FEVOLD, H. L.: Adv. Protein Chem. **6**, 187 (1951).
[3] LONGSWORTH, L. G., R. K. CANNAN and D. A. MCINNES: Am. Soc. **62**, 2580 (1940).
[4] FORSYTHE, R. H., and J. F. FOSTER: J. biol. Ch. **184**, 377, 385 (1950).
[5] SØRENSEN, M.: C. R. Lab. Carlsberg (I) **20**, No. 3 (1934).
[6] ALDERTON, G., W. H. WARD and H. L. FEVOLD: J. biol. Ch. **157**, 43 (1945).
[7] KNIGHT, P. F., and A. M. SCHECHTMAN: J. exp. Zool. **127**, 271 (1954).
[8] WOOLLEY, D. W., and L. G. LONGSWORTH: J. biol. Ch. **142**, 285 (1942).
[9] HOFMEISTER, F.: H. **14**, 165 (1889); **16**, 187 (1892).
[10] OSBORNE, T. B., and G. F. CAMPBELL: Am. Soc. **22**, 413, 422 (1900).
[11] MÖRNER, C. T.: H. **18**, 525 (1894).
[12] LANGSTEIN, L.: Hofmeisters Beitr. **1**, 83 (1901).
[13] EICHHOLZ, A.: J. Physiol., London **23**, 163 (1898).
[14] SCHULTZ, F. N., u. R. ZSIGMONDY: Hofmeisters Beitr. **3**, 137 (1903).
[15] WELLS, H. G.: J. infect. Dis. **9**, 147 (1911).

Tabelle 38. *Trennung der Hauptproteinfraktionen des Eiklars mit Ammoniumsulfat*[1].

Zu Eiklar ein gleiches Volumen gesättigtes $(NH_4)_2SO_4$ zufügen

- Filtrat F_1
  - **Albuminfraktion**
    0,5 m H_2SO_4 bis zum Beginn der Kristallisation zufügen. Bis p_H 4,6 weiter H_2SO_4 zugeben; über Nacht kristallisieren lassen
    - Filtrat F_2; 8 g $(NH_4)_2SO_4$ je 100 cm³ Filtrat zufügen
      - Filtrat F_3 mit $(NH_4)_2SO_4$ sättigen
        - Niederschlag P_4
          - **Ovomucoidfraktion**
            In Wasser lösen, 5 min auf 100° erhitzen
            - Filtrat dialysieren, bei 0° in 65%igem Äthylalkohol fällen
              - Niederschlag
                - **Ovomucoid**
            - Niederschlag
              - Denaturiertes Ovalbumin, Conalbumin
        - Filtrat verwerfen
      - Niederschlag P_3
        Conalbuminfraktion
        Dialysieren (den geringen Niederschlag verwerfen); einstellen auf p_H 6, 0,02 m NaCl, 0° und 20 Vol-% Äthylalkohol
        - zu dem Niederschlag Eisen(III)-citrat zufügen und bei p_H 9 dialysieren
          - Niederschlag verwerfen
          - Filtrat bei p_H 6, 0,02 m NaCl, 0° und 15 Vol-% Äthylalkohol kristallisieren
            - Niederschlag
              - **Conalbumin**
        - Filtrat verwerfen
    - Niederschlag P_2
      - **Ovalbumin**
        In Wasser lösen und nach der gleichen Methode umkristallisieren
- Niederschlag P_1
  - **Globulinfraktion**
    Gegen Wasser, dann gegen 5%iges NaCl bei p_H 4—5 dialysieren
    - Filtrat
      - Einstellen auf p_H 9—10; Lysozymkristalle zusetzen
        - Niederschlag
          - **Lysozym**
    - Niederschlag mit 5%igem NaCl und mit Wasser extrahieren
      - Extrakt (zum Filtrat)
      - Niederschlag
        - hauptsächlich **Ovomucin**

Tabelle 39. *Fraktionierung von Eiklar mit Äthanol nach der Methode von* FORSYTHE *und* FOSTER[2].

Homogenisiertes Eiklar 15 min mit 50000 × g zentrifugieren

- Überstand einstellen auf Äthylalkohol Mol.-Fr.* 0,07, $\Gamma/2$ 0,06, p_H 6,3, Temperatur —6°
  - Überstand einstellen auf Äthylalkohol Mol.-Fr.* 0,11, $\Gamma/2$ 0,04, p_H 4,6, Temperatur —15°
    - Überstand Fraktion IV
      - **Ovomucoid**
    - Niederschlag Fraktion III
      - **Ovalbumin**
  - Niederschlag Fraktion II
    - **Conalbumin und Globuline**
- Niederschlag Fraktion I
  - **Ovomucin**

*) Umwandlung von Mol.-Fraktionen in Vol-% Äthylalkohol s. S. 238.

[1] WARNER, R. C.: Neurath-Bailey, Proteins, Bd. IIA, S. 440 (1954).

[2] FORSYTHE, R. H., and J. F. FOSTER: J. biol. Ch. **184**, 377, 385 (1950) [WARNER, R. C.: Proteins **2**, 435 (1954)].

und COLE[1] konnten 2 Komponenten nachweisen, deren eine mucinartigen Charakter hat.

SØRENSEN[2] hat dann durch fraktioniertes Aussalzen das Eiweiß des Eiklars in 5 Fraktionen getrennt: 70% Ovalbumin, 9% Conalbumin, 13% Ovomucoid, 7% Globulin und 2% Ovomucin (s. Tabelle 37).

WARNER[3] gibt ein Schema für die *Ammoniumsulfatfraktionierung* der Eiweißkörper des Eiklars an (vgl. Tabelle 38).

Neuerdings wurde die *Alkoholfraktionierung*, wie sie COHN und Mitarbeiter[4] für das Blutplasma ausgearbeitet haben (vgl. S. 37ff.), zur Fraktionierung der Eiweißkörper des Eiklars angewandt[5] (s. Tabelle 39).

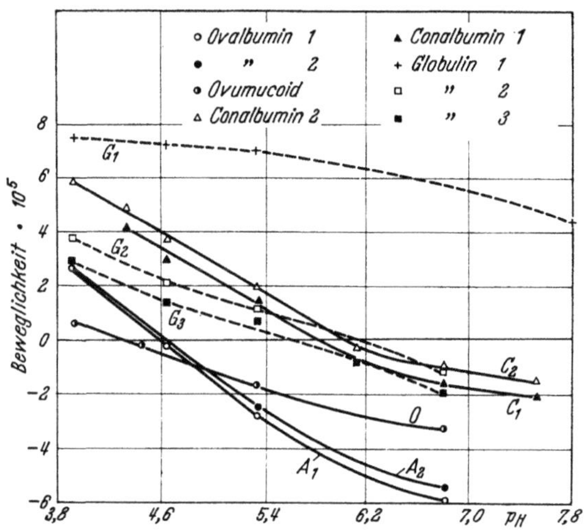

Abb. 34. Elektrophoretische Beweglichkeit der Komponente des Eiklars als Funktionen des p_H[6].

Conalbumin und die Globuline werden dadurch voneinander getrennt, daß die Globuline bei p_H 5,5, Ionenstärke $\Gamma/2$ 0, fast unlöslich sind, während Conalbuminin Lösung bleibt. Lysozym, das auch in Fraktion II enthalten ist, kann daraus nach der Methode von ALDERTON und FEVOLD[7] kristallisiert erhalten werden (vgl. S. 433).

Nach früheren elektrophoretischen Untersuchungen schien das Eiklar verschiedener Vogelarten[8] im allgemeinen die gleichen Fraktionen zu enthalten. Neuerdings fanden MCDONNELL und Mitarbeiter[9] große Unterschiede in der Zusammensetzung von Hühner-, Enten- und Truthühnereiklar (Tabelle 40). Im Hühnereiklar gehört das gesamte Cystein dem Ovalbumin an. Im nativen Ovalbumin werden 3, im denaturierten 4 Sulfhydrylgruppen je Mol gefunden (vgl. S. 424). Im Ovalbumin des Truthühnereiklars findet man je 3 SH-Gruppen je Mol, in dem der Ente nur 2, wenn man für diese Ovalbumine auch ein Mol.-Gewicht von 45000 annimmt. Deren Struktur scheint verschieden von der des Ovalbumins des Hühnereiklars zu sein, denn nur bei diesem wird bei der Denaturierung eine weitere SH-Gruppe frei (vgl. Tabelle 40).

Tabelle 40. *Zusammensetzung von Eiklar verschiedener Vogelarten* (Daten in % vom Trockengewicht) nach MCDONNELL[9].

Vogel	Lysozym	Conalbumin	Ovomucoid	Cystein nativ	Cystein denaturiert*
Huhn. . .	3,4	12	11	0,46	0,62
Truthenne.	1,84	11	11	0,42	0,47
Pekingente	0,94	2,8	15	0,32	0,37
Mallardente	0,86	2,9	15	0,28	0,29

* Nach dem Denaturieren mit Guanidin-HCl nach MCDONNELL[10].

Das Eiklar besteht aus 3 Schichten: einer äußeren dünnen, einer dicken Mittelschicht und einer inneren dünnen Schicht. FORSYTHE und FOSTER[11] und andere Autoren haben jedoch keine Unterschiede in der Eiweißzusammensetzung dieser Schichten gefunden.

[1] HEKTOEN, L., and A. G. COLE: J. infect. Dis. **42**, 1 (1928).
[2] SØRENSEN, M.: C. R. Lab. Carlsberg (I) **20**, No. 3 (1934).
[3] WARNER, R. C.: Neurath-Bailey, Proteins, Bd. IIA, S. 499 (1954).
[4] COHN, E. J., L. E. STRONG, W. L. HUGHES jr., D. J. MULFORD, J. N. ASHWORTH, M. MELIN and H. L. TAYLOR: Am. Soc. **68**, 459 (1946).
[5] FORSYTHE, R. H., and J. F. FOSTER: J. biol. Ch. **184**, 377, 385 (1950).
[6] LONGSWORTH, L. G., R. K. CANNAN and D. A. MCINNES: Am. Soc. **62**, 2580 (1940).
[7] ALDERTON, G., and H. L. FEVOLD: J. biol. Ch. **164**, 1 (1946).
[8] BAIN, J. A., and H. F. DEUTSCH: J. biol. Ch. **171**, 531 (1947).
[9] MACDONNELL, L. R., E. D. DUCAY, T. F. SUGIHARA and R. E. FEENEY: Biochim. biophysica Acta, N. Y. **13**, 140 (1954).
[10] MACDONNELL, L. R., R. B. SILVA and R. E. FEENEY: Arch. Biochem. **32**, 288 (1951).
[11] FORSYTHE, R. H., and J. F. FOSTER: Arch. Biochem. **20**, 161 (1949).

Nach den Arbeiten von LANNI und Mitarbeitern[1, 2] ist die dicke Schicht reicher an Ovomucin als die dünnen.

a) Ovalbumin.

Ovalbumin macht $^3/_5$ der gesamten Eiweißkörper des Eiklars aus. Es wurde schon früh dadurch charakterisiert, daß es in halbgesättigtem $(NH_4)_2SO_4$ löslich, durch Alkohol fällbar und durch Hitze schnell koagulierbar ist. HOFMEISTER[3] hat es zum ersten Mal kristallisiert. OSBORNE und CAMPBELL[4] nannten es Ovalbumin. Da man es so leicht kristallisieren kann, wurden sehr zahlreiche physikalische Untersuchungen mit ihm durchgeführt.

Die Methode von SØRENSEN und HØYRUP[5] mit Ammoniumsulfat gilt als Standardmethode zur Darstellung von Ovalbumin.

***Darstellung von Ovalbumin nach* SØRENSEN *und* HØYRUP[5].**

Eiklar von 60 frischen Eiern versetzt man mit der gleichen Menge gesättigtem $(NH_4)_2SO_4$ und mischt gut. Den ausgeschiedenen Niederschlag filtriert man ab. Zu dem klaren rotgelben Filtrat (etwa 3300 cm³) fügt man gesättigte $(NH_4)_2SO_4$-Lösung bis zur bleibenden Trübung (etwa 140 cm³). Dann bringt man den p_H mit 0,2 n H_2SO_4 auf 4,6 bis 4,8. Dabei scheidet sich ein amorpher, voluminöser Niederschlag ab, der anfangs leicht, später schwieriger wieder in Lösung zu bringen ist. Er sollte sich beim Rühren unter Bildung einer opalescierenden Flüssigkeit gerade wieder lösen. Im Laufe 1 Std beginnt gewöhnlich Ovalbumin auszukristallisieren. Man läßt dann unter wiederholtem Rühren 2—5 Tage bei Zimmertemperatur stehen. Das auskristallisierte Ovalbumin filtriert man ab und wäscht mit einer $(NH_4)_2SO_4$-Lösung gleicher Konzentration. Schließlich löst man in Wasser und kristallisiert 3—6mal auf die gleiche Art um. Schon bei 3mal umkristallisiertem Ovalbumin finden LONGSWORTH und Mitarbeiter[6] elektrophoretisch nahezu keine Verunreinigungen mehr. DEUTSCH und Mitarbeiter[7] hingegen fanden immunologisch noch in 6mal umkristallisiertem Ovalbumin nachweisbare Mengen anderer Proteine. Um salzfreies Ovalbumin zu erhalten, wird dialysiert.

KEKWICK und CANNAN[8] haben die Methode etwas verändert, indem sie *Natriumsulfat* an Stelle von $(NH_4)_2SO_4$ verwenden. Zu Eiklar fügt man das gleiche Volumen einer Na_2SO_4-Lösung, die 400 g wasserfreies Na_2SO_4 je *l* enthält und bei über 30° aufbewahrt werden soll. Man rührt etwas und zentrifugiert nach 2—3 Std den Niederschlag ab. Unter Rühren fügt man zu der überstehenden Flüssigkeit 0,2 n H_2SO_4 bis p_H 4,6—4,8 (Bromkresolgrün). Das Rühren wird fortgesetzt und so viel wasserfreies Na_2SO_4 zugefügt, bis eine bleibende Opalescenz entsteht. Wenn die Kristallisation von Ovalbumin beginnt, gießt man von ungelöstem Na_2SO_4 ab und läßt 1—2 Tage stehen. Während der ganzen Operation sollte die Temperatur nie unter 20° fallen. Den kristallinen Niederschlag zentrifugiert man ab und löst in einer Menge Wasser, die der Menge des eingesetzten Eiklars gleich ist. Unter Rühren fügt man wasserfreies Na_2SO_4 zu und bringt dadurch neuerlich zur Kristallisation. Dazu braucht man ungefähr 140—180 g Na_2SO_4 je *l*. Es wird noch 2mal umkristallisiert und zur Entfernung des Salzes dialysiert. Aus Natriumsulfat kristallisiertes Ovalbumin kann bei Zimmertemperatur an der Luft getrocknet werden und gibt ein haltbares weißes Pulver.

Wenn Ovalbumin bei tiefer Temperatur mit *Äthylalkohol* gefällt wurde (vgl. S. 420)[9], wird es dann auch aus Ammoniumsulfat kristallisiert.

---

[1] LANNI, F., D. G. SHARP, E. A. ECKERT, E. S. DILLON, D. BEARD and J. W. BEARD: J. biol. Ch. **179**, 1275 (1949).
[2] SHARP, D. G., F. LANNI, Y. T. LANNI, T. Z. CSÁKY and J. W. BEARD: Arch. Biochem. **30**, 251 (1951).
[3] HOFMEISTER, F.: H. **14**, 165 (1890); **16**, 187 (1892).
[4] OSBORNE, T. B., and G. F. CAMPBELL: Am. Soc. **22**, 422 (1900).
[5] SØRENSEN, S. P. L., u. M. HØYRUP: H. **103**, 15 (1918).
[6] LONGSWORTH, L. G., R. K. CANNAN and D. A. MCINNES: Am. Soc. **62**, 2580 (1940).
[7] COHN, M., L. R. WETTER and H. F. DEUTSCH: J. Immunol. **61**, 283 (1949).
[8] KEKWICK, R. A., and R. K. CANNAN: Biochem. J. **30**, 227, 235 (1936).
[9] FORSYTHE, R. H., and J. F. FOSTER: J. biol. Ch. **184**, 377, 385 (1950).

TISELIUS[1] hat durch *Adsorption an Ca-phosphat-Säulen* und Elution mit Na_2HPO_4 verschiedener Konzentration Ovalbumin in 2 Komponenten getrennt.

Physikalische Eigenschaften. *Elektrophorese.* Von verschiedenen Autoren konnte Ovalbumin elektrophoretisch in mehrere Komponenten zerlegt werden. LONGSWORTH und Mitarbeiter[2] fanden 2 Komponenten: die Hauptkomponente A_1, die in Phosphatpuffer p_H 6,8, Ionenstärke $\Gamma/2 = 0{,}1$, eine Beweglichkeit von $-6{,}0 \cdot 10^{-5}$ hat, und eine langsamer bewegliche Komponente mit der Beweglichkeit $-5{,}4 \cdot 10^{-5}$. CANN[3] findet in dem gleichen Medium 3 Komponenten mit den Wanderungsgeschwindigkeiten für A_1 $-5{,}95 \cdot 10^{-5}$, für A_2 $-5{,}05 \cdot 10^{-5}$ und für A_3 $-4{,}4 \cdot 10^{-5}$. A_1 soll 76% des Gesamtovalbumins, A_2 18,2% und A_3 5,8% ausmachen. PERLMANN[4] gibt etwas andere Werte an, und zwar für A_1 85%, für A_2 14% und für A_3 nur Spuren. LINDERSTRØM-LANG und OTTESEN[5] nahmen an, daß der Unterschied in der elektrophoretischen Beweglichkeit der Ovalbumine auf ihrem verschiedenen Phosphorgehalt beruht, denn der Gehalt des Ovalbumins von 0,12% P entspricht nur 1,8 Atomen P je Mol Ovalbumin (Mol.-Gewicht 45000). PERLMANN[4] konnte nun zeigen, daß durch Verdauung mit Prostataphosphatase 46% des P vom Ovalbumin abgespalten werden. Dabei verschwindet die elektrophoretische Komponente A_1 ganz und wird durch A_2 ersetzt. Der abgespaltene P entspricht der Hälfte des P des A_1. A_2 enthält nur noch 1 Atom P je Mol[6]. Das Enzym spaltet aus ihm keinen weiteren P ab. Läßt man aber eine Darmschleimhautphosphatase bei p_H 5,3 weiter einwirken, erhält man die phosphorfreie Ovalbuminkomponente A_3. Nach diesen Versuchen ist es klar, daß die verschiedenen Wanderungsgeschwindigkeiten der 3 elektrophoretischen Komponenten A_1, A_2 und A_3 durch ihren verschiedenen Phosphorgehalt zustande kommen (vgl. auch S. 426). Ein Molekül A_1 enthält 2 Atome Phosphor, A_2 1 Atom und A_3 gar keines (s. Tabelle 42). Beim Verlust eines Phosphoratoms nimmt die elektrophoretische Beweglichkeit durchschnittlich um $0{,}6 \cdot 10^{-5}$ ab. A_1, A_2 und A_3 kristallisieren in Nadelform so wie das gesamte Ovalbumin.

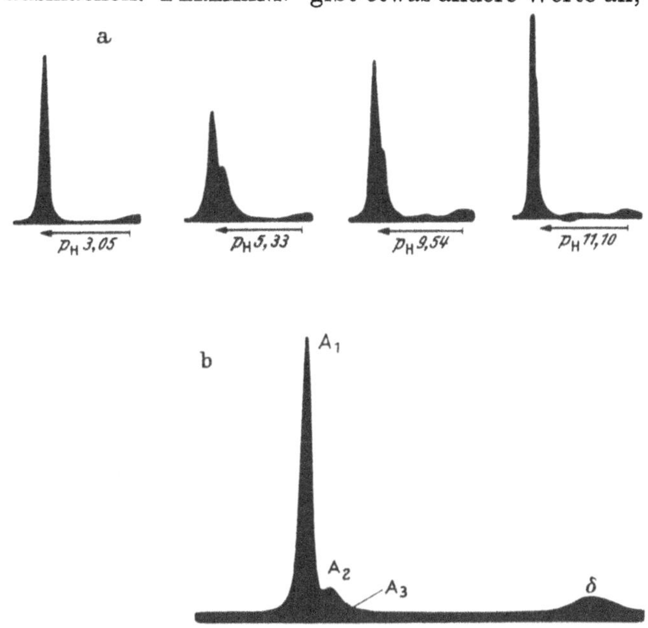

Abb. 35 a u. b. Elektrophorese von kristallisiertem Ovalbumin bei verschiedenem p_H; a nach [3], b nach [4].

Die elektrophoretischen Wanderungsgeschwindigkeiten der Ovalbumine anderer Geflügelarten[7] betragen in 0,02 n Acetatpuffer p_H 5,2: Perlhühner $-3{,}76$, Truthühner $-3{,}53$, Enten $-4{,}27$ und Gänse $-4{,}6 \cdot 10^{-5}$.

Der *isoelektrische Punkt* von Ovalbumin liegt bei p_H 4,58[8], der isoionische Punkt in Ammoniumsulfat bei p_H 4,84[9].

[1] TISELIUS, A.: Ark. Kem. **7**, 443 (1954).
[2] LONGSWORTH, L. G., R. K. CANNAN and D. A. MCINNES: Am. Soc. **62**, 2580 (1940).
[3] CANN, J. R.: Am. Soc. **71**, 907 (1949).
[4] PERLMANN, G. E.: J. gen. Physiol. **35**, 711 (1952).
[5] LINDERSTRØM-LANG, K., et M. OTTESEN: C. R. Lab. Carlsberg (I) **26**, 16 (1949).
[6] PERLMANN, G. E.: Nature **166**, 870 (1950).
[7] LANDSTEINER, K., L. G. LONGSWORTH and J. VAN DER SCHEER: Science, N. Y. **88**, 83 (1938).
[8] LONGSWORTH, L. G.: Ann. N. Y. Acad. Sci. **41**, 267 (1941).
[9] SØRENSEN, S. P. L., and M. HØYRUP: C. R. Lab. Carlsberg (I) **12**, 164 (1917).

Molekulargewicht. SØRENSEN[1] bestimmte das Mol.-Gewicht mit Hilfe des *osmotischen Druckes* zu 34000. Spätere Messungen des osmotischen Druckes ergaben 43000[2, 3], 46000[4], 45160[5] oder 45000[6].

In der *Ultrazentrifuge* haben SVEDBERG und PEDERSEN[7] eine *Sedimentationskonstante* $S_{20} = 3{,}5 \cdot 10^{-13}$ gefunden und daraus ein Mol.-Gewicht von 44000 berechnet. Auf unendliche Verdünnung extrapoliert beträgt die Sedimentationskonstante 3,67 S[8].

Mittels *Lichtzerstreuung* wurden Mol.-Gewichte von 45700[9] und 46000[10] gefunden. FEVOLD[11] hat nach den neuesten mikrobiologischen Aminosäurebestimmungen unter der Annahme, daß ein Molekül 390 Aminosäurereste und einen Kohlenhydratrest vom Mol.-Gewicht 1200 enthält, ein Mol.-Gewicht von 45130 berechnet.

Die *Diffusionskonstante* wird zu $D_{20} = 7{,}88 \cdot 10^{-7}$ (s. [12]) bzw. $D_{20} = 7{,}76 \cdot 10^{-7}$ (s. [7]) und $D_{25} = 8{,}7 \cdot 10^{-7}$ (s. [13]) angegeben.

Das *spezifische Partialvolumen* beträgt 0,749[14] bzw. 0,748[15]. Das *Achsenverhältnis* von Ovalbumin *b/a* wird zu 3,8 bzw. 3,9 und 5,0 angegeben[16, 17].

Hydratation. Ovalbumin soll unabhängig von der Art des Kristallisierens 0,22 g Wasser je g Protein enthalten[1]. Da inzwischen gefunden wurde[18], daß das Kristallwasser immer große Mengen Salz enthält, ist der Wert wahrscheinlich zu niedrig.

Kristallform. Ovalbumin kristallisiert in Nadeln oder langgestreckten Prismen, die häufig Rosetten bilden.

Auch das *Infrarotspektrum* von Ovalbumin wurde aufgenommen[19].

Analytische Daten. Der Stickstoffgehalt von Ovalbumin beträgt 15,65%, der Schwefelgehalt 1,6% (davon ist 0,49% Sulfidschwefel, der Rest Nicht-Sulfidschwefel)[20]. Der Cystin- und Cysteingehalt ist 1,8%, der Cysteingehalt allein 1,26%. Ovalbumin ist das einzige Protein aus Eiklar, das Cystein enthält. Die Aminosäurezusammensetzung ist in Tabelle 41, S. 425, zusammengefaßt. Durch elektrometrische Titration haben KEKWICK und CANNAN[21] sowie CANNAN und Mitarbeiter[22] 41 basische Gruppen je Mol (45000) gefunden. Davon sind 22 Amino-, 14 Guanidino- und 5 Imidazolylgruppen. Der neuerdings gefundene Wert von 6,6% Lysin würde 20 Lysinresten je Mol entsprechen, in guter Übereinstimmung mit den elektrometrisch gefundenen Daten. Elektrometrisch wurden 51 saure Gruppen je Mol gefunden. In Tabelle 41 sind die Werte der Titrationskurven mit denen aus den Aminosäureanalysen verglichen. CHIBNALL[23] nimmt in Übereinstimmung mit den Röntgenspektren von ASTBURY[24] 4 Peptidketten je Mol an, während CANNAN[25] mit

[1] SØRENSEN, S. P. L., and M. HØYRUP: C. R. Lab. Carlsberg (I) **12**, 164 (1917).
[2] ADAIR, G. S.: Am. Soc. **49**, 2524 (1927).
[3] MARRAK, J., and L. F. HEWITT: Biochem. J. **23**, 1079 (1929).
[4] TAYLOR, G. L., G. S. ADAIR and M. E. ADAIR: J. Hyg. London **32**, 340 (1932).
[5] BULL, H. B.: J. biol. Ch. **137**, 143 (1941).
[6] GÜNTELBERG, A. V., et K. LINDERSTRØM-LANG: C. R. Lab. Carlsberg (I) **27**, 1 (1949).
[7] SVEDBERG, T., and K. O. PEDERSEN: The Ultrazentrifuge. London 1940.
[8] KEGELES, G., and F. J. GUTTER: Am. Soc. **73**, 3770 (1951).
[9] HALWER, M., G. C. NUTTING and B. A. BRICE: Am. Soc. **73**, 2786 (1951).
[10] FOSTER, J. F., and R. C. RHEES: Arch. Biochem. **40**, 437 (1952).
[11] FEVOLD, H. L.: Adv. Protein Chem. **6**, 187 (1951).
[12] ONCLEY, J. L.: Ann. N. Y. Acad. Sci. **41**, 121 (1941).
[13] LONGSWORTH, L. G., Ann. N. Y. Acad. Sci. **41**, 267 (1941).
[14] NICHOLS, J. B.: Am. Soc. **52**, 5176 (1930).
[15] DAYHOFF, M. O., G. E. PERLMANN and D. A. McINNES: Am. Soc. **74**, 2515 (1952).
[16] MEHL, J. W., J. L. ONCLEY and R. SIMHA: Science, N. Y. **92**, 132 (1940).
[17] BULL, H. B.: J. biol. Ch. **133**, 39 (1940).
[18] McMEEKIN, T. L., and R. C. WARNER: Am. Soc. **64**, 2393 (1942).
[19] COOK, E. S., C. W. KREKE, E. B. BARNES and W. METZEL: Nature **174**, 1144 (1954).
[20] OSBORNE, T. B.: Am. Soc. **24**, 140 (1902).
[21] KEKWICK, R. A., and R. K. CANNAN: Biochem. J. **30**, 227, 235 (1936).
[22] CANNAN, R. K., A. C. KIBRICK and A. H. PALMER: Ann. N. Y. Acad. Sci. **41**, 243 (1941).
[23] CHIBNALL, A. C.: Proc. R. Soc. London (B) **131**, 136 (1942).
[24] ASTBURY W. T.: Nature **137**, 803 (1936).
[25] CANNAN, R. K.: Chem. Reviews **30**, 395 (1942).

Titration nur 1—2 Aminoendgruppen je Mol findet. PORTER[1] fand mit der SANGERschen Methode gar keine Aminoendgruppen, und so wurde angenommen, daß das Ovalbuminmolekül cyclisch sei. STEINBERG[2] fand mit Carboxypeptidase nur Alanin am Carboxylende von Ovalbumin, widerrief aber später seinen Befund wieder, da die Carboxypeptidase offenbar mit einem proteolytischen Enzym verunreinigt war[3]. Läßt man

Tabelle 41. *Vergleich der Aminosäure-Analyse mit der Titrationskurve von Ovalbumin*[4].

	Aminosäure-Analyse g/100 g Eiweiß		Gruppen je Mol von 45000
	nach TRISTRAM[5]	nach LEWIS[6]	
1. Arginin	5,72	5,9	15
2. Histidin	2,35	2,41	7
3. Lysin	6,3	6,4	20
4. Asparaginsäure	9,3	9,2	31
5. Glutaminsäure	16,5	15,7	50
6. Amid-N	1,04[7]		33
7. Phosphor	0,12[8]		1,7
8. Carboxylendgruppe			1[9]
9. Basische Gruppen insgesamt (1 + 2 + 3)			42
10. Anionen insgesamt (4 + 5 + 8 + (2 · 7)—6)			52

	Ionisierbare Gruppen	
	nach der Titrationskurve[10]	nach der Aminosäureanalyse
a) Basische Gruppen insgesamt	41	42
b) Carboxyl minus Guanidin	37	37
c) Aminogruppen	22	20
d) Imidazol	5	7
e) a—c—d = Guanidin	14	15
f) b + e = Carboxyl	51	52

6 mal umkristallisierte Carboxypeptidase einwirken, spalten sich bis zu 0,97 Moleküle Alanin ab[11]. Wenn die Carboxypeptidase mit DFP versetzt wird, setzt sie kein Alanin mehr frei, obwohl Chloracetyl-L-tyrosin noch gespalten wird[12]. TURNER und Mitarbeiter[13] haben nämlich mit der Thiohydantoinmethode auch Alanin am Carboxylende von Ovalbumin gefunden. Bei dieser Methode wird das Ovalbumin aber mit Essigsäureanhydrid behandelt und scheint dadurch denaturiert zu werden. Aus all diesen Befunden[13] wird nun geschlossen, daß natives Ovalbumin auch keine C-Endgruppe besitzt, denaturiertes aber Alanin am Carboxylende aufweist. FRAENKEL-CONRAT und Mitarbeiter[14] finden hingegen Prolin und das Peptid Val-Ser-Pro am Carboxylende.

[1] PORTER, R. R.: Biochem. J. **46**, 473 (1950).
[2] STEINBERG, D.: Am. Soc. **74**, 4217 (1952).
[3] STEINBERG, D.: Am. Soc. **75**, 4875 (1953).
[4] WARNER, R. C: Neurath-Bailey, Proteins, Bd. II A, S. 447 (1954).
[5] TRISTRAM, G. R.: Adv. Protein Chem. **5**, 83 (1949); zit. nach [4].
[6] LEWIS, J. C., N. S. SNELL, D. J. HIRSCHMANN and H. FRAENKEL-CONRAT: J. biol. Ch. **186**, 23 (1950).
[7] REES, M. W.: Biochem. J. **40**, 632 (1946).
[8] SØRENSEN, S. P. L.: C. R. Lab. Carlsberg (I) **18**, 5 (1930) [s. [4]].
[9] STEINBERG, D.: Am. Soc. **74**, 4217 (1952).
[10] CANNAN, R. K., A. C. KIBRICK and A. H. PALMER: Ann. N. Y. Acad. Sci. **41**, 243 (1941).
[11] STEINBERG, D.: C. R. Lab. Carlsberg (I) **29**, 176 (1954).
[12] STEINBERG, D.: C. R. Lab. Carlsberg (I) **29**, 159 (1954).
[13] TURNER, R. A., and G. SCHMERZLER: Biochim. biophysica Acta, N. Y. **13**, 553 (1954).
[14] CHING-I NIU and H. FRAENKEL-CONRAT: Am. Soc. **77**, 5882 (1955).

Schon früh wurden im Ovalbumin *Kohlenhydrat* und Glucosamin gefunden[1-3]. SØRENSEN[4] fand im kristallisierten Ovalbumin 1,8% Zucker, den sie als Mannose identifizierte, und 1,4% Glucosamin[5]. NEUBERGER[6] zeigte, daß das Kohlenhydrat ein integrierender Bestandteil des Ovalbuminmoleküls ist. Der Kohlenhydratgehalt von mehrmals umkristallisiertem sowie denaturiertem Ovalbumin blieb immer gleich. Das Kohlenhydrat konnte auch durch Ultrafiltration nicht entfernt werden. Es ist ein Oligosaccharid vom Mol.-Gewicht 1200, das in der Hauptsache aus Mannose und Glucosamin im Verhältnis 2:1 besteht. Außerdem enthält es noch einen bisher unbekannten stickstoffhaltigen Bestandteil.

Der *Phosphorgehalt* von Ovalbumin beträgt 0,1—0,13%. SØRENSEN[4] konnte zeigen, daß sich der Phosphorgehalt von anscheinend unverändertem Ovalbumin (gleiche Kristallform) durch Lagern stark ändern kann. $5^1/_2$ Jahre gelagertes Ovalbumin hatte nur noch einen Phosphorgehalt von 0,1%, während dieser vor der Lagerung 0,12% gewesen war. Nach 8jähriger Lagerung betrug er nur noch 0,073%. Durch Elektrodialyse konnte man das Ovalbumin in 2 Komponenten mit 0,13 bzw. 0,1% P trennen[4]. Der Gehalt an 0,12% P entspricht nur 1,8 Atomen je Mol (45000), und daraus wurde schon früh geschlossen, daß Ovalbumin aus mehreren Arten von Molekülen mit unterschiedlichem Phosphorgehalt besteht. Nun ist durch die Arbeiten von PERLMANN[7,8] aufgeklärt worden, daß die 3 elektrophoretischen Komponenten A_1, A_2 und A_3 je 2, 1 und 0 Phosphoratome respektive enthalten (vgl. S. 423 und Tabelle 42). Prostataphosphatase spaltet von der Ovalbuminkomponente A_1 ein Atom Phosphor ab. Es entsteht dabei A_2, das nur noch 1 Atom Phosphor je Mol enthält. Prostataphosphatase vermag von A_2 keinen weiteren Phosphor abzuspalten. Hingegen spaltet Darmschleimhautphosphatase bei p_H 9 von A_1 ein Atom Phosphor ab. Es entsteht A_2. Sie spaltet dann aber bei p_H 5,3 von A_2 noch weiteren Phosphor ab. Es entsteht das phosphorfreie A_3 (vgl. Tabelle 42). Aus diesen Versuchen wird geschlossen, daß der P im Ovalbuminmolekül A_1, das den größten Teil vom Ovalbumin ausmacht (vgl. S. 423), verschieden gebunden ist. Ein Teil des Phosphors wird, wie oben erwähnt, schon beim Lagern über längere Zeit[4] oder durch Elektrodialyse abgespalten. PERLMANN[8] isolierte bei der Partialhydrolyse von Ovalbumin ein Peptid, das Phosphor und Serin enthielt. FLAVIN[9] fand mehrere Phosphopeptide nach der Verdauung von Ovalbumin. Er nimmt an, daß beide Phosphatreste von Ovalbumin an Serin gebunden sind. Nur ein Teil der Peptide findet sich auch noch nach der Behandlung von Ovalbumin mit Prostataphosphatase wieder. Er schließt daraus, daß der Phosphatrest, der durch Prostataphosphatase abgespalten wird, dem Peptid Glu-Ser P-Ala entstammt und der Phosphatrest in dem Peptid Asp-Ser P-Glu-Ileu-Ala gegen diese resistent ist.

Denaturierung. Die Denaturierung von Ovalbumin wurde häufig untersucht[10]. Ovalbumin ist sehr instabil gegen *Wärme.* 2,5—5%ige Lösungen von kristallisiertem Ovalbumin in Wasser trüben sich bei 60° und flocken bei 64° aus. Engt man auch nur bei 50° ein, kann man das Ovalbumin nachher nicht mehr vollständig in Lösung bringen[11]. Anwesenheit von Kochsalz erhöht den Koagulationspunkt. In 10%igem NaCl trübt sich eine 2,5%ige Ovalbuminlösung bei 68° und flockt bei 70° aus. KLINGENBERG[12] konnte

[1] SEEMANN, F.: Diss. Marburg 1898.
[2] LANGSTEIN, L.: H. **31**, 49 (1900).
[3] FRAENKEL, S., u. C. JELLINEK: B. Z. **185**, 392 (1927).
[4] SØRENSEN, M.: C. R. Lab. Carlsberg (I) **20**, 3 (1934).
[5] SØRENSEN, M.: C. R. Lab. Carlsberg (I) **22**, 487 (1938).
[6] NEUBERGER, A.: Biochem. J. **32**, 1435 (1938).
[7] PERLMANN, G. E.: Nature **166**, 870 (1950).
[8] PERLMANN, G. E.: J. gen. Physiol. **35**, 711 (1952).
[9] FLAVIN, M.: J. biol. Ch. **210**, 771 (1954).
[10] PUTNAM, F. W.: Neurath-Bailey, Proteins, Bd. IB, S. 807 (1953).
[11] KAAS, N.: Mh. Chem. **27**, 403 (1906).
[12] KLINGENBERG, H. G.: H. **291**, 16 (1952).

zeigen, daß negativ geladene Moleküle wie Eosin das Ovalbumin gegen Hitzedenaturierung stabilisieren, während positiv geladene wie Protamin es labilisieren. HAUROWITZ und Mitarbeiter[1] fanden, daß die Hitzedenaturierung, wenn sie durch die Zunahme der Farbbindung gemessen wird, in bezug auf die Proteinkonzentration eine Reaktion erster Ordnung, in bezug auf die Zeit von höherer Ordnung ist. Ovalbumin kann Fibrillen bilden, die wahrscheinlich durch eine End-an-End-Assoziation entstehen[2]. So aggregiert es in der Wärme (abhängig von p_H und Ionenstärke) am stärksten beim *isoelektrischen Punkt*[3]. Das wurde durch Messungen der Strömungsdoppelbrechung bestätigt[4]. Auch gegen *Kälte* ist es empfindlich und soll schon beim Gefriertrocknen denaturiert werden[5].

Wenn Ovalbumin ohne Temperaturerhöhung an Grenzflächen ausgebreitet wird, z. B. durch Schütteln, wird es bereits denaturiert[6]. Kleine Mengen Ovalbumin werden schon beim häufigen Umfällen bei Zimmertemperatur denaturiert. Die Grenzflächendenaturierung ist am stärksten beim isoelektrischen Punkt[6].

GIBBS und Mitarbeiter[7] haben die Kinetik der Denaturierung von Ovalbuminlösungen bei verschiedenen p_H-Werten und wechselnder Temperatur untersucht. Zwischen p_H 0,9 und 3,4 folgt die Denaturierung von Ovalbumin in dem Temperaturbereich zwischen 25 und 44,4° der Kinetik einer Reaktion erster Ordnung. Bei p_H 13 ist die Denaturierung irreversibel. CRAMMER und NEUBERGER[8] haben diese Denaturierung an der Ionisierung der OH-Gruppen von Tyrosin verfolgt. Bei p_H 12 sind nur 2 von den 10 im Ovalbuminmolekül vorhandenen Tyrosinresten ionisiert. Wenn man den p_H auf 13 erhöht, werden alle Tyrosingruppen ionisiert und bleiben es auch, wenn man den p_H wieder auf 12 bringt. Offenbar ist das Tyrosin im nativen Ovalbumin gebunden und wird erst nach dem Denaturieren frei. Auf der sauren Seite des isoelektrischen Punktes wird die Denaturierung durch K_2SO_4 beschleunigt.

Bei der Denaturierung durch *Harnstoff* steigt der Brechungsindex von Ovalbumin von 1,1 auf 4 an[9]. Das würde einer nahezu vollkommenen Entfaltung des Moleküls entsprechen. Auch KAUZMANN und Mitarbeiter[10, 11] haben mit Messungen der optischen Aktivität und Viscosität gezeigt, daß Harnstoff und *Guanidin* offenbar das Ovalbuminmolekül entfalten. Die Denaturierung soll aus einer primären und einer sekundären Reaktion bestehen. Wenn die optische Drehung schon ein Gleichgewicht erreicht hat, ändert sich immer noch die Viscosität. Bei der Denaturierung mit Guanidinhydrochlorid wurden im sauren Bereich 8 Carboxyl-, im alkalischen 8 Lysin- oder Tyrosingruppen frei[12]. In Ovalbumin, das mit Guanidin denaturiert wurde, findet man mit p-Chlorquecksilber (II)-benzoat 4 freie Sulfhydrylgruppen je Mol, während sich im nativen mit der gleichen Methode nur 3 finden[13]. Mit den üblichen Methoden (Nitroprussid, Ferricyanid, Cystin, 2,6-Dichlorphenolindophenol) konnten allerdings im nativen Ovalbumin gar keine freien Sulfhydrylgruppen nachgewiesen werden, während sie im Ovalbumin, das durch Hitze, Schütteln, Ultraviolettbestrahlung, Behandlung mit Harnstoff, Guanidinhydrochlorid oder verschiedenen Netzmitteln denaturiert worden war, gefunden werden[14-16]. Auch

[1] HAUROWITZ, F., F. DI MOIA and S. TEKMAN: Am. Soc. **74**, 2265 (1952).
[2] JAGGI, M. P., and D. F. WAUGH: Fed. Proc. **9**, 66 (1950).
[3] FOSTER, J. F., and R. C. RHEES: Arch. Biochem. **40**, 437 (1952).
[4] FOSTER, J. F., and E. G. SAMSA: Am. Soc. **73**, 3187 (1951).
[5] BULL, H. B.: Am. Soc. **66**, 1499 (1944).
[6] BULL, H. B., and H. NEURATH: J. biol. Ch. **118**, 163 (1937); **125**, 113 (1938).
[7] GIBBS, R. J., M. BIER and F. F. NORD: Arch. Biochem. **35**, 216 (1952).
[8] CRAMMER, J. A., and A. NEUBERGER: Biochem. J. **37**, 302 (1943).
[9] ROTHEN, A.: Ann. N. Y. Acad. Sci. **43**, 229 (1942).
[10] SIMPSON, R. B., and W. KAUZMANN: Am. Soc. **75**, 5139 (1953).
[11] SCHELLMANN, J., R. B. SIMPSON and W. KAUZMANN: Am. Soc. **75**, 5157 (1953).
[12] HARRINGTON, W. F.: Biochim. biophysica Acta, N. Y. **18**, 450 (1955).
[13] MACDONNELL, L. R., R. B. SILVA and R. E. FEENEY: Arch. Biochem. **32**, 288 (1951).
[14] GREENSTEIN, J.: J. biol. Ch. **125**, 501 (1938).
[15] MIRSKY, A. E.: J. gen. Physiol. **24**, 725 (1941).
[16] KUHN, R., u. H. DESNUELLE: H. **251**, 14 (1938).

HALWER[1] schließt aus Lichtstreuungsmessungen auf eine Sprengung von Disulfidbrücken im Ovalbuminmolekül durch alle oben erwähnten Denaturierungsmittel. Auch bei der Denaturierung von Ovalbumin durch *Ultraviolettbestrahlung* kann man offenbar 2 Schritte unterscheiden[2].

Denaturierung durch *Netzmittel* wie Dodecyl-benzol-sulfonat bewirkt, daß das Ovalbumin fibrös wird, also offenbar die Moleküle[3] sich zusammenlagern.

Versuche über die Denaturierung von Ovalbumin durch Desaminierung lieferten keine eindeutigen Ergebnisse[4].

Die Immunreaktionen von denaturiertem Ovalbumin wurden untersucht[5].

Denaturiertes Ovalbumin wird von Trypsin schneller verdaut als natives[6, 7].

Bestimmung. Zur Bestimmung von Ovalbumin kann die Cysteinbestimmung mit p-Chlorquecksilber(II)-benzoat verwendet werden, da Ovalbumin das einzige Protein des Eiklars ist, das Cystein enthält[8].

b) Plakalbumin.

LINDERSTRØM-LANG und OTTESEN[9] fanden, daß Ovalbumin, das nicht steril einige Jahre aufbewahrt worden war, nicht mehr nadelförmig, sondern in Plättchenform kristallisierte. Im Laufe von zahlreichen Arbeiten aus der Schule von LINDERSTRØM-LANG (Zusammenfassung bei LINDERSTRØM-LANG[10]) wurde gefunden, daß ein Enzym aus B. subtilis, Subtilisin, für diese Veränderungen von Ovalbumin verantwortlich ist. Es vermag schon in 5 Std 90% vom Ovalbumin in Plakalbumin umzuwandeln. Es spaltet säurelöslichen Stickstoff von Ovalbumin ab. Die Kette des Ovalbumins scheint wie folgt aufgebaut zu sein: $\text{Prot.}\underbrace{\text{-}}_{1}\text{Ala}\underbrace{\text{-}}_{2}\text{Ala}\underbrace{\text{-}}_{3}\text{Asp}\underbrace{\text{-}}_{4}\text{Val}\underbrace{\text{-}}_{5}\text{Gly}\underbrace{\text{-}}_{6}\text{Ala}\underbrace{\text{-}}_{7}\text{Prot.}$ Subtilisin kann offenbar die Bindungen 1, 3 und 7 der Ovalbumin-Peptidkette spalten[11]. Es wurden nach der Einwirkung von Subtilisin auf Ovalbumin 3 Peptide gefunden: 1. Ala-Gly-Val-Asp-Ala-Ala, 2. Ala-Gly-Val-Asp und 3. Ala-Ala[12, 13]. Durch Abspaltung des 1. Peptids entsteht Plakalbumin I, durch Abspaltung des 3. Peptids Plakalbumin II[14]. Plakalbuminähnliches Protein soll durch Abspaltung von 0,97 Mol Alanin je Mol Ovalbumin durch 6mal umkristallisierte Carboxypeptidase entstehen (Plakalbumin III)[15].

Die Kinetik der Plakalbuminbildung in Beziehung zum p_H wurde von OTTESEN[16] untersucht.

Darstellung. Plakalbumin wird dargestellt, indem man zu einer salzfreien Ovalbuminlösung bei p_H 6,8 das Enzym zusetzt, es bei 30° 5—6 Std einwirken läßt, bis p_H 5,4 ansäuert und bis zur beginnenden Kristallisation Ammoniumsulfat zugibt (35—40 g je 100 g H_2O). Plakalbumin kann in 95—96% Ausbeute gewonnen werden.

---

1 HALWER, M.: Am. Soc. **76**, 183 (1954).
2 KAPLAN, J. G., D. H. ANDREWS and M. F. FRASER: J. Colloid Sci. **9**, 203 (1954). — KAPLAN, J. G., and M. J. FRASER: J. biol. Ch. **210**, 57 (1954).
3 FREDERICQ, E.: Bull. Soc. chim. Belg. **56**, 223 (1947).
4 MAURER, P. H., and M. HEIDELBERGER: Am. Soc. **73**, 2070, 2076 (1951); **74**, 1088 (1952).
5 MCPHERSON, C. F. C., and M. HEIDELBERGER: Am. Soc. **67**, 585 (1945).
6 HAUROWITZ, F., M. TUNCA, P. SCHWERIN and V. GÖKSU: J. biol. Ch. **157**, 621 (1945).
7 ROSS, W. F., and A. H. TRACY: J. biol. Ch. **145**, 19 (1942).
8 MACDONNELL, L. R., E. D. DUCAY, T. F. SUGIHARA and R. E. FEENEY: Biochim. biophysica Acta, N. Y. **13**, 140 (1954).
9 LINDERSTRØM-LANG, K., and M. OTTESEN: Nature **159**, 807 (1947). C. R. Lab. Carlsberg (I) **26**, 403 (1949).
10 LINDERSTRØM-LANG, K.: 2. Int. Congr. Biochem. Paris. S. 100. 1952.
11 OTTESEN, M.: 3. Int. Congr. Biochem., Bruxelles. S. 13. 1955.
12 OTTESEN, M., and C. A. VILLEE: C. R. Lab. Carlsberg (I) **27**, 422 (1951).
13 OTTESEN, M., and A. WOLLENBERGER: Nature **170**, 801 (1952).
14 STEINBERG, D.: C. R. Lab. Carlsberg (I) **29**, 176 (1954).
15 STEINBERG, D.: C. R. Lab. Carlsberg (I) **29**, 159 (1954).
16 OTTESEN, M.: Arch. Biochem. **65**, 70 (1956).

Physikalische Eigenschaften. *Elektrophorese.* Im elektrischen Feld wandert das Plakalbumin ähnlich wie das Ovalbumin. Der Unterschied gegen Ovalbumin beträgt in Acetatpuffer im p_H-Bereich 3,0—7,5 0,5—0,6 Beweglichkeitseinheiten. Die Beweglichkeit ändert sich wie beim Ovalbumin mit dem Phosphorgehalt[1]. Es kann ebenso wie Ovalbumin durch Prostataphosphatase nur z. T., durch Darmschleimhautphosphatase vollkommen dephosphoryliert werden[2] (vgl. Tabelle 42 und S. 426).

Tabelle 42. *Schema der Dephosphorylierung von Ovalbumin und Plakalbumin durch Prostata- und Darmschleimhautphosphatase und der Umwandlung der einzelnen Ovalbumine in die entsprechenden Plakalbuminkomponenten*[3].

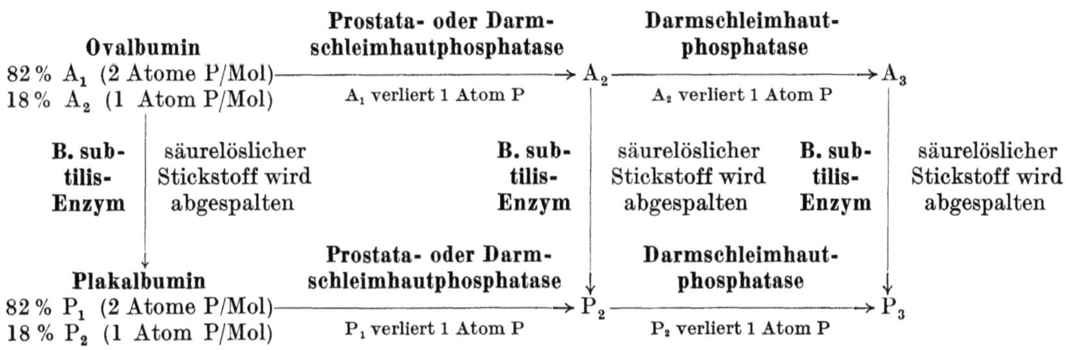

Der *isoelektrische Punkt* von Plakalbumin[4] ändert sich mit der Ionenstärke. Bei Ionenstärke $\Gamma/2 = 0{,}1$ liegt er bei p_H 4,72, bei Ionenstärke $\Gamma/2 = 0{,}01$ bei p_H 4,86. Der Unterschied gegen das Ovalbumin beträgt bei allen Ionenstärken 0,14 p_H-Einheiten.

Molekulargewicht. Mit Messungen des osmotischen Druckes fanden GÜNTELBERG und LINDERSTRØM-LANG[5] ein Mol.-Gewicht, das um 300 niedriger ist als das von Ovalbumin. Die *Sedimentationskonstante* von Plakalbumin beträgt $S_{20} = 3{,}44 \cdot 10^{-13}$, die *Diffusionskonstante* $D_{20} = 7{,}60 \cdot 10^{-7}$. Daraus berechnen LINDERSTRØM-LANG und OTTESEN[6] ein Mol.-Gewicht von 43700.

Löslichkeit. In Ammoniumsulfat (30 g/100 g) p_H 4,93 bei 30° ist Plakalbumin ungefähr 16mal besser löslich als Ovalbumin[7].

Analytische Daten. Plakalbumin enthält wie Ovalbumin 1,3% Cystin und 2,15% Mannose gegenüber Ovalbumin 2,19%.

c) Conalbumin.

Conalbumin wird zusammen mit anderen metallbindenden Proteinen in einem eigenen Beitrag behandelt (s. S. 729ff.).

d) Ovomucoid.

Die Albuminfraktion des Eiklars, die in halbgesättigtem Ammoniumsulfat löslich ist, enthält eine Komponente, die durch Hitze nicht koagulierbar ist. Sie löst sich in höheren Konzentrationen von Alkohol oder Ammoniumsulfat als die Albumine. Sie wurde schon früh entdeckt und Ovomucoid genannt, da man erkannte, daß sie ein Glykoproteid ist[8-11].

---

1 PERLMANN, G. E.: Nature **164**, 961 (1949); **166**, 870 (1950).
2 PERLMANN, G. E.: J. gen. Physiol. **35**, 711 (1952).
3 PERLMANN, G. E.: J. gen. Physiol. **35**, 723 (1952).
4 PERLMANN, G. E.: Am. Soc. **71**, 1146 (1949).
5 GÜNTELBERG, A. V., and K. LINDERSTRØM-LANG: C. R. Lab. Carlsberg (I) **27**, 1 (1949).
6 LINDERSTRØM-LANG, K., and M. OTTESEN: C. R. Lab. Carlsberg (I) **26**, 16 (1949).
7 FREDERICQ, E., and K. LINDERSTRØM-LANG: C. R. Lab. Carlsberg (I) **26**, 17 (1949).
8 MÖRNER, C. T.: H. **18**, 525 (1894).
9 EICHHOLZ, A.: J. Physiol., London **23**, 163 (1898).
10 OSBORNE, T. B., and G. F. CAMPBELL: Am. Soc. **22**, 413, 422 (1900).
11 HEKTOEN, L., and A. G. COLE: J. infect. Dis. **40**, 647 (1927).

Man weiß schon seit HEDIN[1], daß Eiklar antitryptische Eigenschaften besitzt. Von LINEWEAVER und MURRAY[2] wurde festgestellt, daß die antitryptischen Eigenschaften des Eiklars dem Ovomucoid zukommen. FRAENKEL-CONRAT und Mitarbeiter[3] haben untersucht, mit welchen Gruppen von Ovomucoid die antitryptischen Eigenschaften verknüpft sind.

Ovomucoid hemmt in vitro Katalase[4].

Darstellung. Früher wurde das Ovomucoid meist dargestellt, indem die anderen Eiweißkörper des Eiklars durch *Hitzekoagulation* entfernt wurden und das Ovomucoid dann aus der Lösung durch *Alkohol*, *Aceton* oder Ganzsättigung mit *Ammoniumsulfat* gefällt wurde[5,6]. Neuerdings haben LINEWEAVER und MURRAY[2] die anderen Eiweißkörper des Eiklars bei p_H 3,5 mit Trichloressigsäure und daraufhin das Ovomucoid mit Aceton gefällt. FREDERICQ und DEUTSCH[7] konnten mit der folgenden Methode reines, anscheinend natives Ovomucoid erhalten.

***Darstellung von Ovomucoid nach* FREDERICQ *und* DEUTSCH[7].**

1 *l* frisches Eiklar mischt man im Homogenisator, bringt mit n H_2SO_4 auf p_H 3,5 und versetzt mit 1 Vol. 10%igem Natriumtrichloracetat, p_H 3,0. Man bringt auf p_H 3,5 und läßt über Nacht bei 25° stehen. Dann dekantiert man ab und zentrifugiert. Den Niederschlag verwirft man, filtriert den Überstand, bringt mit 0,5 n NaOH auf p_H 6,0, kühlt auf 0° ab und fügt 2 Vol. vorgekühlten 95%igen Alkohol zu. Bei —6 bis —8° läßt man mehrere Stunden stehen, dekantiert und filtriert. Den Überstand verwirft man, löst das ausgefallene rohe Ovomucoid bei 0° in Wasser und dialysiert 1—2 Tage bei 0° gegen dest. Wasser. Man bringt die Proteinkonzentration auf 2% und stellt den p_H auf 3,2 sowie die Ionenstärke mit NaCl auf $\Gamma/2 = 0{,}02$ ein. Dann fügt man bei 0° 1 Vol. vorgekühlten 95%igen Äthylalkohol zu, kühlt auf —6 bis —8° und zentrifugiert ab. *Ausbeute:* etwa 5—6 g Protein. Man fällt nochmals unter den gleichen Bedingungen um, bringt dabei aber die Äthylalkoholkonzentration auf 42%. Man erhält etwa 3 g reines Ovomucoid. — Aus dem Überstand der Fällung 2 kann man noch Ovomucoid erhalten, wenn man die Alkoholkonzentration auf 65% bringt und den Niederschlag wie Fällung 2 weiter verarbeitet.

BIER und Mitarbeiter[8,9] fanden, daß Ovomucoid aus mehreren Komponenten besteht. Sie haben die Hauptkomponente mit Elektrophorese-Konvektion dargestellt und finden die gleiche antitryptische Wirksamkeit wie im gesamten Ovomucoid[8]. Bei den weiteren Untersuchungen mit Elektrophorese-Konvektion fanden sie, daß Ovomucoid aus 5 Komponenten, 3 Haupt- und 2 Nebenkomponenten besteht, deren isoelektrische Punkte zwischen p_H 4,41 und 3,83 und deren Sedimentationskonstanten zwischen 2,37 und 2,53 liegen. Es sind elektrophoretisch unterscheidbare Proteine, die aber offenbar den gleichen Ursprung und auch die gleiche antitryptische Wirksamkeit haben[9].

Neuerdings wurde es auch mit Zonenelektrophorese gereinigt[10].

Physikalische Eigenschaften. *Elektrophorese.* FREDERICQ und DEUTSCH[7] haben elektrophoretisch bei niederer Ionenstärke, $\Gamma/2 = 0{,}01$ und p_H 4,5, das dem isoelektrischen Punkt naheliegt, das gereinigte Ovomucoid in mehrere, mindestens 2 Komponenten aufteilen können (Abb. 36). Neuerdings wurde es in 5 Komponenten getrennt.

[1] HEDIN, S. G.: H. 52, 412 (1907).
[2] LINEWEAVER, H., and C. W. MURRAY: J. biol. Ch. 171, 565 (1947).
[3] FRAENKEL-CONRAT, H., R. S. BEAN and H. LINEWEAVER: J. biol. Ch. 177, 385 (1949).
[4] ABRIGRANI, F., and V. MUTELO: Exper. 10, 470 (1954).
[5] HESSELVIK, L.: H. 254, 144 (1938).
[6] LONGSWORTH, L. G., R. K. CANNAN and D. A. MCINNES: Am. Soc. 62, 2580 (1940).
[7] FREDERICQ, E., and H. F. DEUTSCH: J. biol. Ch. 181, 499 (1949).
[8] BIER, M., J. A. DUKE, R. J. GIBBS and F. F. NORD: Arch. Biochem. 37, 491 (1952).
[9] BIER, M., L. TERMINIELLO, J. A. DUKE, R. J. GIBBS and F. F. NORD: Arch. Biochem. 47, 465 (1953).
[10] JUTISZ, M., M. KAMINSKI et J. LEGAULT-DÉMARE: Biochim. biophysica Acta, N. Y. 23, 173 (1957).

Der *isoelektrische Punkt* des Ovomucoids von FREDERICQ und DEUTSCH[1] liegt bei p_H 3,9. Erhitzen von Ovomucoid für 1 Std auf 100° verschiebt ihn auf p_H 4,2. Frühere Autoren[2, 3] geben 4,3 bzw. 4,5 an, wahrscheinlich wegen der verschiedenen Darstellungsweise.

Molekulargewicht. Die *Sedimentationskonstante* von gereinigtem Ovomucoid hat bei einem Prozentgehalt von 0,5—1,5% Protein den Mittelwert $S_{20} = 2{,}8$. Die *Diffusionskonstante* ist $D_{20} = 8{,}0 \cdot 10^{-7}$ cm² sec⁻¹. Das *spezifische Partialvolumen* beträgt 0,685. FREDERICQ und DEUTSCH[1] berechnen aus diesen Daten ein Mol.-Gewicht von 27000. Aus dem osmotischen Druck haben LINEWEAVER und MURRAY[4] ein Mol.-Gewicht von 28000, LEWIS und Mitarbeiter[5] aus analytischen Daten ein Mol.-Gewicht von 28500 berechnet. Aus der Viscosität wird ein *Achsenverhältnis* von 6,5 ermittelt und aus der Sedimentations- und Diffusionskonstanten wird für den Reibungskoeffizienten ein Wert von $f/f_0 = 1{,}25$ erhalten, der einem Achsenverhältnis von 6,3 entspricht.

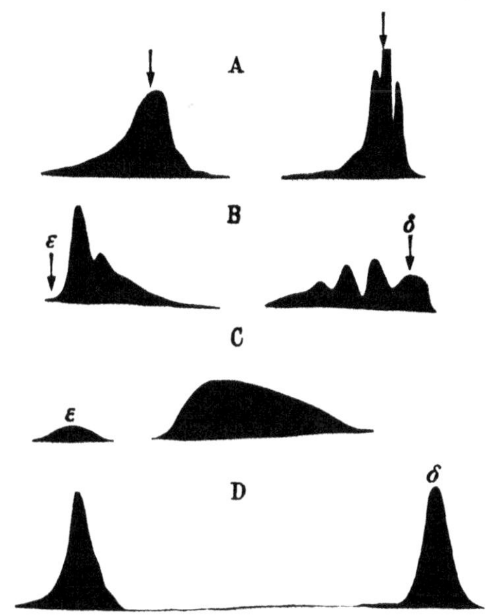

Abb. 36. Elektrophorese von gereinigtem Ovomucoid[1]. Ionenstärke $\Gamma/2 = 0{,}01$, Laufzeit 10,800 sek. *A*, *C* und *D* enthalten 2% Protein; *B* 1% Protein. Die Pfeile bedeuten die Position der ersten Banden. *A:* p_H 4,0; *B:* p_H 4,5; *C* absteigende Bande p_H 8,6; *D:* aufsteigende Bande p_H 8,6.

Analytische Daten. Der Kohlenhydratgehalt von Ovomucoid wird von den einzelnen Autoren unterschiedlich angegeben. Siehe hierzu auch Beitrag Glykoproteide, S. 662ff. Nach MEYER[6] soll es 22—26% Kohlenhydrat enthalten. Nach FREDERICQ und DEUTSCH[1] beträgt der Gehalt an Mannose 9,7% und der an Glucosamin 17%. STACEY und WOOLEY[7] meinen, daß das Ovomucoid außer Mannose auch noch Galaktose enthält und finden das Verhältnis Glucosamin : Mannose : Galaktose wie 7:3:1. Nach DIXON[8], der das Ovomucoid mit sulfonierten Ionenaustauschern hydrolysiert hat, um den Zuckeranteil möglichst unverändert zu erhalten, beträgt das Verhältnis Mannose : Galaktose : N-Acetylglucosamin 5:2:14. Stickstoffgehalt und Aminosäurezusammensetzung von Ovomucoid sind in Tabelle 48, S. 449, zusammengestellt. Nach FRAENKEL-CONRAT und PORTER[9] hat es ein Alanin am Aminoende je Mol, wenn man ein Mol.-Gewicht von 28000 annimmt. TURNER[10] fand mit der Thiohydantoinmethode ein Phenylalanin am Carboxylende. Das gleiche stellten PÉNASSE und Mitarbeiter[11] fest. Wenn Carboxyl-, Amino- oder Guanidingruppen substituiert werden, gehen die antitryptischen Eigenschaften von Ovomucoid verloren. Eine geringe Inaktivierung beobachtet man, wenn die Amido- oder die aliphatischen Hydroxylgruppen verändert werden. Eine Spaltung der Disulfidbindung führt zur Inaktivierung[12].

Denaturierung. Nach Viscositätsmessungen wird das Ovomucoid bei 1stündigem Erhitzen auf 100° nicht denaturiert, obwohl die antitryptischen Eigenschaften dabei

[1] FREDERICQ, E., and H. F. DEUTSCH: J. biol. Ch. **181**, 499 (1949).
[2] LONGSWORTH, L. G., R. K. CANNAN and D. A. MCINNES: Am. Soc. **62**, 2580 (1940).
[3] HESSELVIK, L.: H. **254**, 144 (1938).
[4] LINEWEAVER, H., and C. W. MURRAY: J. biol. Ch. **171**, 565 (1947).
[5] LEWIS, J. C., N. S. SNELL, D. J. HIRSCHMANN and H. FRAENKEL-CONRAT: J. biol. Ch. **186**, 25 (1950).
[6] MEYER, K.: Adv. Protein Chem. **2**, 249 (1945).
[7] STACEY, M., and J. M. WOOLLEY: Soc. **1940**, 184; **1942**, 550.
[8] DIXON, A. S. J.: Biochem. J. **60**, 165 (1955).
[9] FRAENKEL-CONRAT, H., and R. R. PORTER: Biochim. biophysica Acta, N. Y. **9**, 557 (1952).
[10] TURNER, R. A., and G. A. SCHMERZLER: Biochim. biophysica Acta, N. Y. **13**, 553 (1954).
[11] PÉNASSE, L., M. JUTISZ, C. FROMAGEOT and H. FRAENKEL-CONRAT: Biochim. biophysica Acta, N. Y. **9**, 551 (1952).
[12] FRAENKEL-CONRAT, H., R. S. BEAN and H. LINEWEAVER: J. biol. Ch. **177**, 385 (1949).

verlorengehen[1]. Die Änderung des isoelektrischen Punktes von 3,9 auf 4,2 zeigt, daß das Ovomucoid doch Veränderungen erlitten hat. Die Sedimentationskonstante ändert sich von 2,85 für natives Ovomucoid auf 2,65 für hitzebehandeltes. Die antitryptische Aktivität ist empfindlich gegen Alkali[2]. Aktives Ovomucoid ist gegen Chymotrypsin resistent, während inaktiviertes leicht gespalten wird[2].

Bestimmung. Zur Bestimmung von Ovomucoid wird seine trypsinhemmende Wirksamkeit benützt[3] (vgl. dieses Handbuch Bd. VI).

e) Lysozym (Globulin G_1).

FLEMING[4] fand im Eiklar ein lytisches Enzym, das er Lysozym nannte. ALDERTON und Mitarbeiter[5] haben festgestellt, daß Lysozym mit der Globulinkomponente G_1 von LONGSWORTH und Mitarbeitern[6] identisch ist, die diese bei der elektrophoretischen Untersuchung von verdünntem Eiklar fanden (s. Tabelle 37, Abb. 33, 34). Lysozym gehört der Globulinfraktion des Eiklars an, die in halbgesättigtem Ammoniumsulfat unlöslich ist. Es wirkt stark antibiotisch, offenbar dadurch, daß es die Bakterienzellmembranen auflöst[7-9]. Seine mucolytische Aktivität wirkt auch gegen das Ovomucin des Eiklars[10]. Wahrscheinlich hängt damit die allmähliche Verflüssigung des Eiklars beim Lagern zusammen. Es ist das einzige basische Protein des Eiklars und macht 2,6% der Eiweißkörper des Eiklars aus.

Darstellung. ROBERTS[11] und MEYER[7] haben Lysozym dargestellt. Das native Eiklar wird mit der 9fachen Menge Aceton gefällt. Aus dem getrockneten Pulver extrahiert man mit alkoholischer Essigsäure das Lysozym, engt die Lösung im Vakuum auf ein kleines Volumen ein, nimmt mit wenig Wasser auf und fällt mit der 5fachen Menge Äthylalkohol. Den Niederschlag extrahiert man mit schwach alkalischem Wasser und versetzt mit H_2SO_4 bis zur maximalen Fällung. Aus dem Überstand fällt man dann das Lysozym mit Flaviansäure oder Pikrinsäure. Die Flaviansäure entfernt man mit 90%igem Äthylalkohol und 0,5%igem NH_3. ROBERTS[11] hat die Fällung mit Flaviansäure durch Fällung mit Aceton bei dem richtigen p_H ersetzt. Von ihm sowie von ABRAHAM[12] wurde das Lysozym manchmal kristallisiert erhalten.

Eine sehr viel bessere Methode zur Darstellung von kristallisiertem Lysozym wird von ALDERTON und Mitarbeitern[5, 13] beschrieben.

***Darstellung von kristallisiertem Lysozym nach* ALDERTON *und* FEVOLD[14].**

Man verwendet frisches, gefrorenes oder technisch getrocknetes Eiklar als Ausgangsmaterial. Bei Verwendung des technisch getrockneten Eiklars entstehen manchmal Schwierigkeiten durch Beimengungen aus dem Dotter oder durch Abbauprodukte. Man filtriert das Eiklar durch ein Tuch, um Verunreinigungen und den Keimfleck zu entfernen. Dann homogenisiert man, indem man 10—15 min bei niederen Touren rührt. Schaumschlagen sollte vermieden werden.

---

[1] LINEWEAVER, H., and C. W. MURRAY: J. biol. Ch. **171**, 565 (1947).
[2] BALLS, A. K., and T. L. SWENSON: J. biol. Ch. **106**, 409 (1934).
[3] FEENEY, R. E., E. D. DUCAY, R. B. SILVA and L. L. R. MACDONNELL: Poultry Sci. **31**, 639 (1952).
[4] FLEMING, A.: Proc. R. Soc. London (B) **93**, 306 (1922).
[5] ALDERTON, G., W. H. WARD and H. L. FEVOLD: J. biol. Ch. **157**, 43 (1945).
[6] LONGSWORTH, L. G., R. K. CANNAN and D. A. MCINNES: Am. Soc. **62**, 2580 (1940).
[7] MEYER, K., R. THOMPSON, J. W. PALMER and D. KHORAZO: J. biol. Ch. **113**, 303 (1936).
[8] EPSTEIN, A., and E. CHAIN: J. exp. Path. **21**, 339 (1940).
[9] BOUYANSKAYA, E. S., and S. V. ERMOLAEVA: Acta med. URSS **1**, 148 (1938).
[10] HAWTHORNE, J. R.: Biochim. biophysica Acta, N. Y. **5**, 94 (1950).
[11] ROBERTS, E. A. H.: Quart. J. exp. Physiol. **27**, 89 (1937).
[12] ABRAHAM, E. P.: Biochem. J. **33**, 622 (1939).
[13] ALDERTON, G., and H. L. FEVOLD: J. biol. Ch. **164**, 1 (1946).
[14] Biochem. Prep. **1**, 67 (1949).

Adsorption. Zu 1 *l* homogenisiertem Eiklar (3 Dutzend Eier mittlerer Größe) fügt man 150 cm³ einer 10%igen Suspension von Bentonit (Volclay American Colloid Company, Chicago) in 1%igem KCl. Man rührt das Gemisch 3—5 min gut durch (übermäßiges Schäumen möglichst vermeiden), bis man eine glatte Suspension erhält. Den Schlamm zentrifugiert man ab, wäscht 2mal mit 300 cm³-Portionen 0,5 m Phosphatpuffer p_H 7,5, dann 3mal mit 300 cm³-Portionen von 5%igem wäßrigen Pyridin. Den Schlamm zentrifugiert man nach jedem Waschen ab und verwirft die Überstände, die inaktives Protein enthalten. Dann eluiert man das Lysozym, indem man den Schlamm 2mal mit je 300 cm³ einer 5%igen wäßrigen Pyridinlösung wäscht, die mit H_2SO_4 auf p_H 5 (Glaselektrode) gebracht worden ist. Die Elution sollte der Adsorption innerhalb von 24 Std folgen. Die Eluate dialysiert man gegen fließendes Wasser (12—15°) so lange, bis kein Pyridingeruch mehr wahrnehmbar ist, und dialysiert dann bei 12—15° gegen dest. Wasser weiter. Der p_H der Lösung beträgt dann ungefähr 6. Durch die Dialyse nimmt das Volumen stark zu. Man trocknet die Lösung in gefrorenem Zustand und erhält amorphes, nahezu reines Lysozym. [Da die Lösung ein Volumen von ungefähr 1,2 *l* hat, ist es gut, sie vor dem Gefriertrocknen einzuengen[1]. Dazu wird sie in dem Dialysiergefäß 24 Std bewegter Luft ausgesetzt (Ventilator). Die Temperatur bleibt unter 15°. Innerhalb von 24 Std kann die Lösung leicht von 1,2 *l* auf 225 cm³ gebracht werden. Anschließend wird gefriergetrocknet.] Man erhält eine Ausbeute von ~2—2,5 g/*l* Eiklar.

Kristallisiertes Lysozym oder eines seiner Salze stellt man auf eine der folgenden Arten dar:

1. Zu 10 cm³ einer 5%igen Lösung von amorphem Lysozym fügt man 0,5 g $NaHCO_3$ (End-p_H 8,0—8,5) und läßt die Lösung bei Zimmertemperatur stehen. Lysozymcarbonat kristallisiert aus.

2. Zu 10 cm³ einer 5%igen Lösung von amorphem Lysozym fügt man 0,5 g NaCl und bringt die Lösung mit NaOH auf p_H 9,5—10. Man läßt bei 4° stehen. Kristallisiertes isoelektrisches Lysozym fällt aus.

3. Eine 5%ige Lösung von amorphem Lysozym bringt man mit HCl auf p_H 4,5 und fügt 5% festes NaCl zu. Man läßt die Lösung bei 4° stehen. Innerhalb von 4—5 Tagen fällt kristallisiertes Lysozymhydrochlorid aus.

***Direkte Kristallisation von Lysozym aus Eiklar nach* Alderton *und* Fevold[2].**

Man löst 50 g NaCl in 1 *l* homogenisiertem Eiklar und bringt die Lösung mit n NaOH auf p_H 9,5 (Verbrauch 45—50 cm³). Man fügt unter Rühren eine kleine Menge kristallisiertes isoelektrisches Lysozym zu und läßt die Lösung bei 4° stehen. Man rührt 5—6mal täglich, bis das Lysozym auskristallisiert ist (2—4 Tage). Das kristallisierte Material wird abzentrifugiert und in Essigsäure bei p_H 4,5 gelöst. Unlösliches Material zentrifugiert man ab und extrahiert mit Wasser. Man vereinigt die beiden Extrakte und fügt 5% festes $NaHCO_3$ zu (p_H 8,0—8,5). Kristallisiertes Lysozymcarbonat scheidet sich ab. Wenn man 5% NaCl zufügt und mit NaOH auf p_H 9,5—10 bringt, so kristallisiert isoelektrisches Lysozym aus. Die Ausbeute beträgt ~3 g/kg Eiklar. Lysozymhydrochlorid kristallisiert in tetragonalen Doppelpyramiden[3], während das isoelektrische Lysozym in Nadeln kristallisiert. Jones[3] und Palmer[4] haben seine Kristallographie eingehend studiert. Hirs und Mitarbeiter[5] sowie Tallan und Mitarbeiter[6] haben Lysozym am Ionenaustauscher IRC 50 in 2—3 aktive Komponenten (A, B und C) getrennt. Wenn das Lysozym als Carbonat kristallisiert wird, enthält es zunächst 93% der Komponente A und 7% B. Läßt man in fester Form bei Zimmertemperatur 170 Tage stehen, so steigt der Gehalt an Komponente B auf 45% an, und 17% Komponente C erscheinen. Tallan[7] hat später die

[1] Kober, P. A.: Am. Soc. **49**, 944 (1917).
[2] Alderton, G., and H. L. Fevold: J. biol. Ch. **164**, 1 (1946).
[3] Jones, F. T.: Am. Soc. **68**, 854 (1946).
[4] Palmer, K. J., and M. Ballantyne: 1. Int. Congr. Cryst. Cambridge, Mass. 1948.
[5] Hirs, C. H. W., W. H. Stein and S. Moore: Am. Soc. **73**, 1893 (1951).
[6] Tallan, H. H., and W. H. Stein: Am. Soc. **73**, 2976 (1951).
[7] Tallan, H. H.: Fed. Proc. **11**, 297 (1952).

Komponente A am Ionenaustauscher vollkommen gereinigt. GONCALVES und Mitarbeiter [1] haben die Versuche an Austauschern mit zweierlei Art von Elution wiederholt. Bei der direkten Elution fanden sie mehrere Komponenten des Lysozyms. Bei der p_H-Gradientenelution war kristallisiertes Lysozym chromatographisch und immunologisch homogen.

Physikalische Eigenschaften. *Elektrophorese.* Elektrophoretisch hat Lysozym zwischen p_H 4,0 und 10,3, Ionenstärke $\Gamma/2 = 0{,}1$, nur eine Bande in guter Übereinstimmung mit den Daten von LONGSWORTH und Mitarbeitern [2] im nativen Eiklar (vgl. S. 419, Abb. 33, 34). Trotzdem scheint es nicht einheitlich zu sein [3], da die aufsteigende Bande bei der Elektrophorese keinen steady state [4] erreicht. Der *isoelektrische Punkt* von Lysozym liegt bei p_H 11 [3, 5].

Molekulargewicht. Aus Sedimentationsmessungen hat ABRAHAM [6] das Mol.-Gewicht zu 18000 bestimmt, $S_{20} = 1{,}8 \cdot 10^{-13}$. ONCLEY und BROWN [7] fanden ein Mol.-Gewicht zwischen 14000 und 17000 unter der Annahme eines spezifischen Partialvolumens von 0,70—0,75. LEWIS und Mitarbeiter [8] berechnen damit aus den Daten von ONCLEY und BROWN [7] ein Mol.-Gewicht von 14700. Mit Hilfe des osmotischen Druckes haben ONCLEY und BROWN [7] ein Mol.-Gewicht von 17500 bestimmt.

WETTER und DEUTSCH [3] haben die *Diffusionskonstante* in 0,15 m NaCl bei p_H 9 bestimmt und Mittelwerte von $D_{20} = 10{,}2$ und $11{,}2 \cdot 10^{-7}$ cm² sec⁻¹ erhalten. Für Proteinkonzentrationen von 1,3, 0,9 und 0,5% geben sie *Sedimentationskonstanten* von $S_{20,w} =$ 2,11, 2,09 und 2,12 an. Das *spezifische Partialvolumen* in 1,5%igen Proteinlösungen beträgt 0,722. Sie berechnen daraus ein Mol.-Gewicht von 17200. ROSS-COLVIN [9] findet in der Ultrazentrifuge ein Mol.-Gewicht von 14000 ± 500 und nimmt an, daß Lysozym ein Rotationsellipsoid ($L = 90$ Å, $Br = 18$ Å) ist. Mit *Lichtzerstreuungsmessungen* findet HALWER [10] ein Mol.-Gewicht von 14500. LEWIS und Mitarbeiter [8] berechnen aus ihren analytischen Daten ein Mol.-Gewicht von 14900, FROMAGEOT und Mitarbeiter [11] aus den ihren eines von 14700 in guter Übereinstimmung mit den physikalisch ermittelten Werten [8, 10].

Löslichkeit. Zwischen p_H 4 und 6 (am besten bei p_H 4,5) ist Lysozym in Wasser, das ganz geringe Mengen Salz enthält, leicht löslich, kristallisiert aber aus 5%igen Salzlösungen leicht aus. Seine Löslichkeit beträgt darin nur 0,1%. In ionenfreiem destilliertem Wasser ist es fast unlöslich. Ganz unlöslich ist es in Äthylalkohol, Aceton und Äther, wird aber nicht denaturiert [12, 13].

Analytische Daten. Lysozym ist von FROMAGEOT und DE GARILHE [11] sowie von LEWIS und Mitarbeitern [8] analysiert worden. Von letzteren wurden mikrobiologische Methoden verwandt. Es enthält 17,5% Stickstoff, 48,7% Kohlenstoff, 6,74% Wasserstoff, 2,3% Schwefel und keinen Phosphor. Der Aminosäuregehalt ist in Tabelle 48, S. 449, zusammengefaßt. Ein Mol enthält 5 Moleküle Cystin und 2 Moleküle Methionin, in guter Übereinstimmung mit dem Schwefelgehalt von 12 Atomen/Mol. Nach den analytischen Daten von Arginin, Histidin und Lysin enthält es 19—20-basische Gruppen je Mol. Nach den Werten für Glutaminsäure und Asparaginsäure müssen 20—24 Carboxylgruppen je Mol

[1] GONCALVES, J. M., R. MOLINARI and H. F. DEUTSCH: Arch. Biochem. **60**, 171 (1956).
[2] LONGSWORTH, L. G., R. K. CANNAN and D. A. MCINNES: Am. Soc. **62**, 2580 (1940).
[3] WETTER, L. R., and H. F. DEUTSCH: J. biol. Ch. **192**, 237 (1951).
[4] ANDERSON, E. A., and R. A. ALBERTY: J. physic. Colloid Chem. **52**, 1345 (1948).
[5] ALDERTON, G., W. H. WARD and H. L. FEVOLD: J. biol. Ch. **157**, 43 (1945).
[6] ABRAHAM, E. P.: Biochem. J. **33**, 622 (1939).
[7] ONCLEY, J. L., and R. BROWN: [ALDERTON, G., W. H. WARD and H. L. FEVOLD: J. biol. Ch. **157**, 43 (1945)].
[8] LEWIS, J. C., N. S. SNELL, D. J. HIRSCHMANN and H. FRAENKEL-CONRAT: J. biol. Ch. **186**, 23 (1950).
[9] ROSS-COLVIN, J.: Canad. J. Chem. **30**, 831 (1952).
[10] HALWER, M., G. C. NUTTING and B. A. BRICE: Am. Soc. **73**, 2786 (1951).
[11] FROMAGEOT, C., and M. P. DE GARILHE: Biochim. biophysica Acta, N. Y. **3**, 82 (1949); **4**, 509 (1950).
[12] MEYER, K., R. THOMPSON, J. W. PALMER and D. KHORAZO: J. biol. Ch. **113**, 303 (1936).
[13] ROBERTS, E. A. H.: Quart. J. exp. Physiol. **27**, 89 (1937).

vorhanden sein, die nicht in Peptidbindungen verankert sind. Davon sind 18—19 amidiert. Das erklärt die starke Basizität von Lysozym.

JUTISZ und PÉNASSE[1] fanden nur eine Aminogruppe (Lysin) je Mol Lysozym. Das Lysozymmolekül scheint nur aus einer Peptidkette zu bestehen, deren Endaminosäuresequenz Lys-Val-Phen-Gly ist[2-4]. Am Carboxylende soll Arginyl-leucin[5] bzw. Glycyl-cystyl-arginyl-leucin stehen[6]. Durch Partialhydrolyse von Lysozym wurden eine ganze Reihe von Peptiden aus Lysozym isoliert, aber die Aminosäurefolge noch nicht ganz aufgeklärt[7, 8].

Bindung. Lysozym bildet als stark basisches Protein leicht Komplexe mit anderen Proteinen[9]. So fällt Lysozym Insulin aus[10]. Zwei Moleküle Lysozym assoziieren offenbar mit einem Molekül Conalbumin[11].

Denaturierung. Lysozym ist sehr beständig gegen Hitze und Kälte. Es ist auch gegen Säuren beständig, aber unbeständig gegen Alkali. Löst man das getrocknete Präparat in 2%iger Essigsäure, so kann es bis zu 45 min auf 100° ohne Denaturierung erhitzt werden. Bei p_H 4,5 ist es am stabilsten gegen Erwärmen. Bei p_H 7 wird es schneller, bei p_H 9 in wenigen Minuten denaturiert[12, 13]. Bei Zimmertemperatur gehen in 0,01 n NaOH 97% der lytischen Aktivität von Lysozym schon nach 10 min verloren. Von Proteinasen wird natives Lysozym nicht angegriffen. Nach dem Erwärmen in HCl (p_H 3) wird es von Pepsin und Trypsin verdaut[14]. An Grenzflächen wird Lysozym denaturiert[15, 16]. Spuren von Schwermetallen inaktivieren Lysozym[17]. So wird es durch Kupfer irreversibel denaturiert. Dabei wird es offenbar physikalisch und nicht chemisch verändert. Die Löslichkeit nimmt ab, das Mol.-Gewicht nimmt zu, und es wird leichter verdaulich für Trypsin und Chymotrypsin[18]. Wenn die freien Aminogruppen mit Essigsäureanhydrid oder Bernsteinsäureanhydrid reagieren oder wenn Carboxylgruppen mit Methanol versetzt werden, geht die Aktivität von Lysozym verloren. Auch wenn Amido-, Guanidin- oder aliphatische Hydroxylgruppen blockiert werden, wird Lysozym inaktiviert. Jod inaktiviert es offenbar durch die Bildung eines labilen N-Jod-Histidinrestes, und es kann durch Sulfit wieder teilweise reaktiviert werden[19]. In Harnstofflösungen wird das Molekül z.T. denaturiert, aber die lytische Aktivität geht nicht verloren. Die Denaturierung von Lysozym durch Harnstoff und Glycerin soll reversibel sein[20]. Die Ionenstärke hat großen Einfluß auf die Aktivität von Lysozym[20].

Bestimmung. Die am weitesten verbreitete Methode zur Bestimmung von Lysozym ist die von FLEMING[21], die auf seiner bakteriolytischen Aktivität beruht.

[1] JUTISZ, M., et L. PÉNASSE: Bull. Soc. Chim. biol. **34**, 480 (1952).
[2] GREEN, F. C., and W. A. SCHROEDER: Am. Soc. **73**, 1385 (1951).
[3] FRAENKEL-CONRAT, H.: Am. Soc. **76**, 3606 (1954).
[4] SCHROEDER, W. A.: Am. Soc. **74**, 281 (1952).
[5] THOMPSON, E. O. P.: Biochim. biophysica Acta, N. Y. **25**, 210 (1957).
[6] THAUREAUX, J., et P. JOLLER: Cr. **242**, 1926 (1956).
[7] ACHER, R., J. THAUREAUX, C. CROCHER, M. JUTISZ et C. FROMAGEOT: Biochim. biophysica Acta, N.Y. **9**, 339 (1952). — ACHER, R., N.R. LANZELE et C. FROMAGEOT: Biochim. biophysica Acta, N.Y. **19**, 97 (1956).
[8] THOMPSON, A. R.: Biochem. J. **60**, 507 (1955).
[9] LONGSWORTH, L. G., R. K. CANNAN and D. A. MACINNES: Am. Soc. **62**, 2580 (1940).
[10] ROSS, V.: Proc. Soc. exp. Biol. Med. **72**, 465 (1949).
[11] EHRENPREIS, S., and R. C. WARNER: Arch. Biochem. **61**, 38 (1956).
[12] MEYER, K., R. THOMPSON, J. W. PALMER and D. KHORAZO: J. biol. Ch. **113**, 303 (1936).
[13] ALDERTON, G., and H. L. FEVOLD: J. biol. Ch. **164**, 1 (1946).
[14] ALDERTON, G., W. H. WARD and H. L. FEVOLD: J. biol. Ch. **157**, 43 (1945).
[15] MEYER, K., J. F. PRUDDEN, W. L. LEHMANN and A. STEINBERG: Proc. Soc. exp. Biol. Med. **65**, 220 (1947).
[16] SMITH, G. N., and C. STOCKER: Arch. Biochem. **21**, 383 (1949).
[17] FEENEY, R. E., E. D. DUCAY and L. R. MACDONNELL: Fed. Proc. **11**, 209 (1952).
[18] FEENEY, R. E., L. R. MACDONNELL and E. D. DUCAY: Arch. Biochem. **61**, 72 (1956).
[19] FRAENKEL-CONRAT, H.: Fed. Proc. **8**, 198 (1949). Arch. Biochem. **27**, 109 (1950).
[20] DICKMAN, S. R., and C. M. PROCTOR: Arch. Biochem. **40**, 364 (1952).
[21] FLEMING, A.: Proc. R. Soc. London (B) **93**, 306 (1922).

Unter den verbesserten Methoden auf dieser Basis sind die Methoden von GOLDSWORTHY und FLOREY[1], BOASSON[2], ROBERTS und Mitarbeitern[3,4] sowie von SMOLELIS und HARTSELL[5] zu nennen. Micrococcus lysodeicticus ist das für diese Methode gebräuchliche Substrat.

***Bestimmung von Lysozym (nach* FLEMING[6]).**

Ausführung. Man legt auf einer großen Oberfläche von frischem Glucose-Tryptose-Agar (p_H 6,8) eine 18 Std-Kultur von Micrococcus lysodeicticus an. Das Bacterium soll vorher 14 Tage lang auf demselben Medium gezüchtet und täglich auf eine frische Platte überimpft worden sein. SMOLELIS und HARTSELL[5] haben eine standardisierte Technik zur Gewinnung dieses Substrates angegeben. Neuerdings haben die Difco Laboratories, Inc., Detroit, Michigan, ein solches Substrat auf den Markt gebracht.

Man wäscht die Organismen von der Agarplatte mit steriler physiologischer Kochsalzlösung (p_H 6,2) und bringt die Suspension auf die gewünschte Opalescenz.

Zur Messung der Opalescenz benützt man ein Spektrophotometer. Die Wellenlänge wird so eingestellt, daß eine Durchlässigkeit von 20—30% resultiert, wenn die Suspension 1:1 mit dest. Wasser verdünnt wird. Die Lichtdurchlässigkeit von dest. Wasser soll vorher 100% gewesen sein. Die Benützung eines für nephelometrische Messungen üblichen Filters wird empfohlen.

Unmittelbar vor Beginn des Testes stellt man aus einer Vorratslösung Lysozymverdünnungen mit physiologischer Kochsalzlösung (p_H 6,2) her.

Man gibt 3 cm^3 von jeder Verdünnung in chemisch reine Reagensgläser, die ungefähr 10—15 cm^3 fassen sollen. In jedes Reagensglas fügt man die gleiche Menge Bakteriensuspension und schüttelt die Mischung gut durch, bevor man sie 1 Std bei 37° inkubiert. Um den Fehler möglichst klein zu halten, wird empfohlen, die Erwärmung auf 37° erst dann vorzunehmen, wenn unmittelbar danach abgelesen werden kann. Dann bestimmt man die Lichtdurchlässigkeit der Lösung spektrophotometrisch.

Wenn die Reaktion beendet ist (vollständige Lyse der Bakterien), erhält man eine Lichtdurchlässigkeit von mehr als 90%. Man kann den Endpunkt der Lyse auch durch Zählung der Bakterien bestimmen. Theoretisch sollte man nach totaler Lyse eine Durchlässigkeit von 100% erhalten. Das erreicht man aber im allgemeinen nicht. An der Plateaubildung der Lichtdurchlässigkeitskurve erkennt man die maximale Lichtdurchlässigkeit, nachdem man die Lysozymkonzentration stufenweise erhöht hat. Gleichzeitig soll man durch bakteriologische Auszählung kontrollieren.

Der reziproke Wert der höchsten Lysozymverdünnung, welche maximale Lichtdurchlässigkeit ergibt, wird als Anzahl der Einheiten je g Lysozym bezeichnet.

Beispiel: Wenn eine Verdünnung von 1:500000 eines Lysozympräparates vollständige Lyse ergibt, so enthält das Präparat 500000 Einheiten/g.

Mit dieser Methode kann man die Lysozymkonzentrationen unbekannter Präparate mit einer Standardkurve eines bekannten Lysozympräparates ermitteln.

SMOLELIS und HARTSELL[5] sowie LOBSTEIN und FOGELSON[7-9] berichten über Faktoren, welche die lytische Aktivität von Lysozym beeinflussen.

Viscosimetrische Methode. Diese Methode beruht auf der Hydrolyse eines Mucopolysaccharides, das man von Micrococcus lysodeicticus extrahieren kann[10]. Die Aktivität von

---

[1] GOLDSWORTHY, N. E., and H. FLOREY: Brit. J. exp. Path. **11**, 192 (1930).
[2] BOASSON, E. H.: Acta brev. neerl. Physiol. **6**, 59 (1936).
[3] ROBERTS, E. A. H., B. G. MAEGRAITH and H. W. FLOREY: Quart. J. exp. Physiol. **27**, 381 (1938).
[4] ROBERTS, E. A. H.: Quart. J. exp. Physiol. **27**, 89 (1937).
[5] SMOLELIS, A. N., and S. E. HARTSELL: J. Bacteriology **58**, 731 (1949).
[6] FLEMING, A.: Proc. R. Soc. London (B) **93**, 306 (1922).
[7] LOBSTEIN, O. E., and S. J. FOGELSON: Amer. J. digest. Dis. **18**, 213 (1951).
[8] LOBSTEIN, O. E., and S. J. FOGELSON: Amer. J. digest. Dis. **18**, 282 (1951).
[9] LOBSTEIN, O. E., and S. J. FOGELSON: Amer. J. digest. Dis. **18**, 298 (1951).
[10] MEYER, K., and E. HAHNEL: J. biol. Ch. **163**, 723 (1943).

Lysozym mißt man als Abnahme der Viscosität des Substrates. Obwohl man mit dieser Methode offenbar besser reproduzierbare Ergebnisse als mit der bakteriolytischen erhält, wird sie wegen der schwierigen Herstellung des Substrates weniger angewendet.

f) Globulin G_2 und G_3.

LONGSWORTH und Mitarbeiter[1] haben bei ihren elektrophoretischen Untersuchungen außer dem Lysozym noch 2 Globuline, G_2 und G_3, im Eiklar gefunden (s. Tabelle 37 sowie Abb. 33 und 34). Nach der Elektrophorese scheint ihr Gehalt 4,6 bzw. 4,3% der Gesamtproteine des Eiklars auszumachen. Der isoelektrische Punkt liegt für G_2 bei p_H 6,0, für G_3 bei p_H 5,6. G_2 scheint ein Euglobulin zu sein, das in 0,25%igem NaCl leicht löslich ist, unlöslich in Wasser zwischen p_H 5,5 und 7,5. G_3 konnte noch nicht rein dargestellt werden. Es ist immer mit Lysozym verunreinigt.

Von manchen Autoren wurde angenommen, daß mindestens eines der Globuline Ovomucin sei, da dieses auch bei Halbsättigung mit Ammoniumsulfat ausfällt[2]. Diese Möglichkeit wird von KAMINSKI[3] ausgeschlossen, da die Ovoglobulinfraktion, die bei Halbsättigung mit Ammoniumsulfat ausgefällt wurde, mit Ammoniumsulfat weiter fraktioniert wurde. In der Fraktion zwischen 30 und 40% Ammoniumsulfat sind die Globuline stark angereichert. Ovomucin hätte schon in einer früheren Fraktion ausfallen müssen. Conalbumin läßt sich sehr schwer von den Globulinen trennen; es bildet offenbar auch im nativen Eiklar Komplexe mit den Globulinen. Die mit 40% Ammoniumsulfat erhaltene Fraktion enthält eine Globulinkomponente, die 85—90% der Globuline ausmacht, mit der Sedimentationskonstanten 16,3 ($\sim$10%). Mit Papierelektrophorese und Elektrophorese in Gelose wurden die Komponenten ebenfalls identifiziert[4]. Sie wurden auch mmunologisch nachgewiesen[3, 5, 6].

g) Ovomucin.

Durch Verdünnen des Eiklars mit der 4fachen Menge Wasser erhielt EICHHOLZ[7] den Niederschlag eines Glykoproteids, das er Ovomucin nannte. Nach der Nomenklatur von MEYER[8] wird es Ovomucoid-β genannt und müßte auch nach der neuen Nomenklatur (vgl. S. 360ff.) zu den Mucoiden gerechnet werden. Nach kürzlichen Untersuchungen macht es 1—2% der gesamten Eiweißkörper des Eiklars aus[9-11]. Es ist in der dicken Schicht des Eiklars angereichert[9] und wird auch als Strukturprotein des Eiklars bezeichnet. LANNI und Mitarbeiter[9, 12-15] haben in der Ovomucinfraktion einen Stoff gefunden, der die Hämagglutination von Erythrocyten durch Influenzavirus hemmt. Es scheint ein ähnlich hochmolekulares Mucoid zu sein wie der entsprechende Hemmstoff aus Serum und Urin (vgl. S. 365ff. und 389ff.). Es enthält auch Sialinsäure bzw. Neuraminsäure[16] und macht

---

[1] LONGSWORTH, L. G., R. K. CANNAN and D. A. MCINNES: Am. Soc. **62**, 258 (1940).
[2] YOUNG, E. G.: J. biol. Ch. **120**, 1 (1937).
[3] KAMINSKI, M.: Biochim. biophysica Acta, N. Y. **13**, 216 (1954).
[4] GRABAR, P., et C. WILLIAMS: Biochim. biophysica Acta, N. Y. **10**, 193 (1953).
[5] KAMINSKI, M., et O. OUCHTERLONY: Bull. Soc. Chim. biol. **33**, 758 (1951).
[6] WETTER, L. R., M. COHN and H. F. DEUTSCH: J. Immunol. **69**, 109 (1952).
[7] EICHHOLZ, A.: J. Physiol., London **23**, 163 (1898).
[8] MEYER, K.: Adv. Protein Chem. **2A**, 249 (1945).
[9] LANNI, F., D. G. SHARP, E. A. ECKERT, E. S. DILLON, D. BEARD and J. W. BEARD: J. biol. Ch. **179**, 1275 (1949).
[10] FORSYTHE, R. H., and J. F. FOSTER: J. biol. Ch. **184**, 377, 385 (1950).
[11] SØRENSEN, M.: C. R. Lab. Carlsberg (I) **20**, 3 (1934).
[12] SHARP, D. G., F. LANNI, E. S. DILLON and J. W. BEARD: Proc. Soc. exp. Biol. Med. **71**, 244 (1949).
[13] SHARP, D. G., F. LANNI and J. W. BEARD: J. biol. Ch. **185**, 681 (1950).
[14] SHARP, D. G., F. LANNI, Y. T. LANNI and J. W. BEARD: Arch. Biochem. **30**, 453 (1951).
[15] SHARP, D. G., F. LANNI, Y. T. LANNI, T. Z. CSÁKY and J. W. BEARD: Arch. Biochem. **30**, 251 (1951).
[16] ODIN, L.: Acta chem. scand. **5**, 1420 (1951).

ungefähr 1,6% des Eiweißstickstoffs des Eiklars aus. LANNI und Mitarbeiter[1] fanden 3 elektrophoretische Komponenten, von denen nur 2 hemmende Eigenschaften hatten.

Das Eiweiß des Keimflecks ist dem Ovomucin sehr ähnlich[2,3].

Darstellung. Ovomucin fällt bei Halbsättigung des Eiklars mit *Ammoniumsulfat* mit der Globulinfraktion aus. SØRENSEN[4] hat es aus dem Niederschlag dargestellt, indem sie die Globuline mit verdünnten Salzlösungen und Wasser daraus soweit wie möglich extrahierte. Ungefähr 1,9% der gesamten Eiweißkörper blieben als Ovomucinfraktion zurück.

FORSYTHE und FOSTER[5] haben es durch *hochtouriges Zentrifugieren* des Eiklars vor der Fällung der anderen Proteine abgetrennt (vgl. Tabelle 39). Sie erhielten 1,1% der gesamten Proteine des Eiklars als Ovomucin. Dieses läßt sich in keinem Medium außer Eiklar wieder zu einer klaren Lösung auflösen.

LANNI und Mitarbeiter[6] fällen es in *Phosphatpuffer* bei p_H 7,2.

***Darstellung von Ovomucin nach* SØRENSEN[4].**

Man zentrifugiert den Niederschlag aus 100 cm^3 Eiklar nach Halbsättigung mit Ammoniumsulfat ab und wäscht ihn 3mal mit halbgesättigtem Ammoniumsulfat. Man löst ihn so gut wie möglich in 80 cm^3 dest. Wasser und fällt erneut durch Zufügen von 80 cm^3 gesättigtem Ammoniumsulfat. Man läßt über Nacht stehen, wäscht 3mal, löst nochmals ebenso auf und fällt erneut. Dann löst man den Niederschlag so gut wie möglich in 50 cm^3 Wasser und zentrifugiert am nächsten Tag den unlöslichen Rückstand ab. Man wäscht ihn 7—8mal mit je 10 cm^3 Wasser, das etwas $KNaSO_4$ enthält (2 cm^3 gesättigte Lösung je 100 cm^3 Wasser) und zentrifugiert ab. Den Mucinniederschlag löst man in Wasser, dem man n/5 NaOH bis zur alkalischen Reaktion zugefügt hat.

***Darstellung von Ovomucin nach* LANNI, SHARP, ECKERT, DILLON, BEARD *und* BEARD[6].**

Man verdünnt den dicken Anteil des Eiklars mit 0,1 m KH_2PO_4 auf das 7fache, End-p_H 5,7. Den Niederschlag, der dabei entsteht, wäscht man mit Phosphatpuffer p_H 5,7, suspendiert ihn in 0,06 m Phosphatpuffer p_H 7,2 und fällt nochmals durch Zufügen von KH_2PO_4. Diesen Arbeitsgang wiederholt man mehrmals. Man erhält so eine Fraktion, die als Hemmstoff im Hämagglutinationstest, auf Stickstoff bezogen, 60mal so wirksam ist wie das native Eiklar.

LANNI und Mitarbeiter[6] erhielten die wirksame Fraktion auch im Niederschlag, wenn sie das Eiklar auf das 5fache mit 0,06 m Phosphatpuffer p_H 7,2 verdünnten und hochtourig zentrifugierten.

Das Produkt ist in Phosphatpuffer p_H 7,2 zu 0,2% löslich und kann so für physikalische Untersuchungen verwendet werden.

Physikalische Eigenschaften. *Elektrophorese.* Das teilweise gereinigte Ovomucin zeigt bei der Elektrophorese in Phosphatpuffer p_H 7,2, Ionenstärke $\Gamma/2 = 0,1$, 3 Komponenten mit den Beweglichkeiten —10, —6,7 und $-3,5 \cdot 10^{-5}\ cm^2\ sec^{-1}\ v^{-1}$. Die —3,5-Komponente, die 60—90% ausmacht, ist unwirksam, die beiden anderen sind aktiv. Direkte Messungen im stark verdünnten, dicken Eiklar ergaben für die hemmende Aktivität eine Beweglichkeit von $-9,0 \cdot 10^{-5}$; bei höherer Konzentration wird eine niedrigere Beweglichkeit gefunden. Daraus schließt man, daß im nativen Eiklar 2 aktive Komponenten vorhanden sind und daß bei Verdünnung die Komponente mit der geringeren Beweglichkeit dissoziiert und die mit der höheren Beweglichkeit dabei entsteht. Die aktiven Komponenten konnten präparativ elektrophoretisch von den inaktiven getrennt

---

[1] SHARP, D. G., F. LANNI, Y. T. LANNI, T. Z. CSÁKY and J. W. BEARD: Arch. Biochem. **30**, 251 (1951).
[2] YOUNG, E. G.: J. biol. Ch. **120**, 1 (1937).
[3] MEYER, K.: Cold Spring Harbor Symp. quant. Biol. **6**, 91 (1938).
[4] SØRENSEN, M.: C. R. Lab. Carlsberg (I) **20**, 3 (1934).
[5] FORSYTHE, R. H., and J. F. FOSTER: J. biol. Ch. **184**, 377, 385 (1950).
[6] LANNI, F., D. G. SHARP, E. A. ECKERT, E. S. DILLON, D. BEARD and J. W. BEARD: J. biol. Ch. **179**, 1275 (1949).

werden. Die an aktivem oder inaktivem Protein angereicherten Fraktionen hatten aber die gleiche Sedimentationskonstante und Viscosität. Es scheint, daß die gereinigte Ovomucinfraktion aus mehreren Mucoiden besteht, von denen nur ein Teil aktiv ist[1].

In der *Ultrazentrifuge* zeigte die gereinigte Ovomucinfraktion eine einzige, etwas heterogene Bande zwischen 31 und 37 S[2,3]. Die *Sedimentationskonstante* ist außerordentlich empfindlich gegen Verdünnung. Sie nimmt beim Lagern des Eiklars ab (vgl. S. 432) und bei schwachem Erwärmen zu[3]. Eine Komponente, die ähnlich schnell sedimentiert wie das Ovomucin nach Erwärmen, wurde in der dicken Schicht des Eiklars gefunden. Nach Behandlung mit Schweineinfluenzavirus nimmt die Sedimentationskonstante ab. Ovomucin hat ein extrem hohes *Viscositätsinkrement*[4]. Nach Untersuchungen im Elektronenmikroskop besitzt es Fadenstruktur[5].

Analytische Daten. Ovomucin enthält 12,5% Stickstoff, 1,73% Schwefel und 4,57% Cystin. Die Angaben über den Gehalt an Kohlenhydraten variieren bei den einzelnen Autoren sehr. Sie sind in Tabelle 43 zusammengefaßt.

Tabelle 43. *Analytische Daten von Ovomucin.*

	Ovomucin				Keimfleck
	SØRENSEN[6]	YOUNG[7]	LANNI[2]	ODIN[9]	YOUNG[7]
Stickstoff . . . . %		11,8—13,1	12,5		13,3
Schwefel . . . . %		1,59—1,80	2,4		1,08
Hexose (Orcinmethode) . . . . . %	14,9			10,3	
Hexosamin . . . . %		10,4—12,1		11 (Glucosamin + Galaktosamin)	11,4
„Sialinsäure“ bzw. Neuraminsäure %				4	

Bestimmung. Zur Bestimmung eignet sich vermutlich die Bestimmung der Neuraminsäure (vgl. S. 377), da offenbar im Eiklar nur Ovomucin diese enthält.

h) Avidin.

EAKIN und Mitarbeiter[10] fanden im Eiklar einen Stoff, der Biotin bindet, und nannten ihn Avidin. Er ist ein Eiweißkörper und macht 0,05% des Gesamteiweißes des Eiklars aus[11,12]. EAKIN und Mitarbeiter[10] reinigten ihn auf das 600fache.

FRAENKEL-CONRAT und Mitarbeiter[13] haben 3 Arten von Avidin aus Eiklar isoliert: 1. das auch von EAKIN und Mitarbeitern[10] isolierte Avidin, das 10% Desoxyribonucleinsäure enthält (Avidin NA) und wasserunlöslich ist, 2. den Proteinanteil dieses Nucleinsäurekomplexes (Avidin A), das in seiner Wasserlöslichkeit einem Albumin gleicht, und

[1] SHARP, D. G., F. LANNI, Y. T. LANNI, T. Z. CSÁKY and J. W. BEARD: Arch. Biochem. **30**, 251 (1951).
[2] LANNI, F., D. G. SHARP, E. A. ECKERT, E. S. DILLON, D. BEARD and J. W. BEARD: J. biol. Ch. **179**, 1275 (1949).
[3] SHARP, D. G., F. LANNI, Y. T. LANNI and J. W. BEARD: Arch. Biochem. **30**, 453 (1951).
[4] ECKERT, E. A., F. LANNI, D. BEARD and J. W. BEARD: Science, N. Y. **109**, 463 (1949).
[5] SHARP, D. G., F. LANNI and J. W. BEARD: J. biol. Ch. **185**, 681 (1950).
[6] SØRENSEN, M.: C. R. Lab. Carlsberg (I) **20**, 3 (1934).
[7] YOUNG, E. G.: zit. nach [8].
[8] MEYER, K.: Adv. Protein Chem. **2**, 249 (1945).
[9] ODIN, L.: Acta chem. scand. **5**, 1420 (1951).
[10] EAKIN, R. E., W. A. MCKINLEY and R. J. WILLIAMS: Science, N. Y. **92**, 224 (1940). — EAKIN, R. E., E. E. SNELL and R. J. WILLIAMS: J. biol. Ch. **136**, 801 (1940); **140**, 535 (1941).
[11] WOOLLEY, D. W., and L. G. LONGSWORTH: J. biol. Ch. **142**, 285 (1942).
[12] PENNINGTON, D., E. E. SNELL and R. E. EAKIN: Am. Soc. **64**, 469 (1942).
[13] FRAENKEL-CONRAT, H., N. S. SNELL and E. D. DUCAY: Arch. Biochem. **39**, 80 (1952).

3. einen Komplex von Avidin mit einem sauren Glykoproteid (Avidin XA), der wasserunlöslich ist. Er ist im Eiklar in wechselnder Menge vorhanden. Alle 3 Avidine binden Biotin.

Darstellung. Acetontrockenpulver von Eiklar wird mit 1 %igem NaCl extrahiert. Aus dem Extrakt fällt man die Verunreinigungen durch $^5/_6$ gesättigtes Ammoniumsulfat und schließlich das Avidin aus dem Überstand durch Ganzsättigung mit Ammoniumsulfat[1]. Man nimmt es in Wasser auf, dialysiert und fällt mit 4 Vol. Aceton. Dann nimmt man nochmals mit halbgesättigtem Ammoniumsulfat auf, zentrifugiert den unlöslichen Anteil ab und fällt aus der dialysierten Lösung das Avidin neuerlich mit Aceton.

Oder man fällt Eiklar mit 2 Vol. Aceton[2], extrahiert den Niederschlag mit 2 %igem Ammoniumsulfat und fraktioniert wie oben mit hochkonzentriertem Ammoniumsulfat. PENNINGTON und Mitarbeiter[3] haben es aus Ammoniumsulfatlösungen kristallisiert.

Das so dargestellte Avidin ist wasserunlöslich, enthält 10 % Desoxyribonucleinsäure, besitzt aber nur etwa 35—80 % der biotinbindenden Aktivität des Eiklars. Es ist identisch mit dem Avidin NA von FRAENKEL-CONRAT[4].

***Darstellung von Avidin NA, A und XA nach* FRAENKEL-CONRAT, SNELL *und* DUCAY[4].** Eiklar wird wie bei der Lysozymdarstellung (vgl. S. 432f.) mit Bentonit behandelt, von dem man Avidin NA und XA mit 1 m K_2HPO_4 extrahieren kann, während Lysozym haften bleibt.

Man löst entweder 800 g getrocknetes Eiklar unter Rühren in 4 *l* Wasser auf oder verwendet 4,8 *l* frisches homogenisiertes Eiklar. Dazu fügt man eine Suspension von 85—100 g Bentonit (Volclay) in 2 *l* 1 %igem KCl, rührt 4 Std, mischt Hyflo-Supercel darunter und filtriert schließlich mit noch mehr Hyflo-Supercel. Den Filterkuchen wäscht man 2mal unter Rühren mit $\sim$3 *l* 1 %igem KCl und zum Schluß auf der Nutsche, bis das Filtrat klar ist. Man zerbricht den Filterkuchen und extrahiert über Nacht mit 3 *l* 1 m K_2HPO_4 und nach dem Filtrieren nochmals mit einem gleichen Volumen $^1/_2$ m K_2HPO_4. Beide klaren orangefarbenen Extrakte dialysiert man 24 Std gegen schnellfließendes Leitungswasser und dann in der Kälte 10 Tage gegen täglich gewechseltes dest. Wasser. Dann zentrifugiert man in der Kälte ab, wäscht den Rückstand mit einer kleinen Menge kalten Wassers und trocknet ihn aus dem gefrorenen Zustand. Man erhält so das rohe Avidin NA. Den Überstand des dialysierten ersten Phosphatextraktes bringt man mit Ammoniumsulfat auf 2,4 m, filtriert am nächsten Tage ab, verwirft den Niederschlag und bringt dann mit Ammoniumsulfat auf Ganzsättigung. Man filtriert am nächsten Tag durch eine kleine Nutsche, die etwas Hyflo-Supercel enthält, löst den Niederschlag in $\sim$100 cm³ verdünnter NaCl-Lösung (0,4 m) auf und dialysiert auf die gleiche Art wie das rohe Avidin NA. Nach der Dialyse fällt der Hauptanteil der biotinbindenden Aktivität als rohes Avidin XA aus. Es wird gefriergetrocknet. Ausbeute 60—400 mg, die $\sim$ 66 bis 10 % Avidin enthalten.

Rohes Avidin NA und XA werden für sich durch Ammoniumsulfatfraktionierung weiter gereinigt. Der Hauptanteil der Aktivität ist in 2,8 m Ammoniumsulfat löslich und wird bei Ganzsättigung gefällt. Mehrmalige Fraktionierung gibt Avidinpräparate, die 8—9 γ Biotin je mg Eiweiß binden. Wird das bei Ganzsättigung mit Ammoniumsulfat gefällte Avidin NA erschöpfend gegen doppelt dest. Wasser dialysiert, dann erhält man im Niederschlag reines Avidin NA und im Überstand das sehr leicht wasserlösliche Avidin A.

Physikalische Eigenschaften. *Elektrophorese.* WOOLLEY und LONGSWORTH[5] finden bei der Elektrophorese von Avidin (dargestellt nach PENNINGTON[3]) im p_H-Bereich 1,05 bis

[1] EAKIN, R. E., W. A. MCKINLEY and R. J. WILLIAMS: Science, N. Y. **92**, 224 (1940).
[2] EAKIN, R. E., E. E. SNELL and R. J. WILLIAMS: J. biol. Ch. **136**, 801 (1940); **140**, 535 (1941).
[3] PENNINGTON, D., E. E. SNELL and R. E. EAKIN: Am. Soc. **64**, 469 (1942).
[4] FRAENKEL-CONRAT, H., N. S. SNELL and E. D. DUCAY: Arch. Biochem. **39**, 80 (1952).
[5] WOOLLEY, D. W., and L. G. LONGSWORTH: J. biol. Ch. **142**, 285 (1942).

10,35, Ionenstärke $\Gamma/2$ 0,1, eine elektrophoretische Hauptkomponente und eine kleine, schneller wandernde Komponente, deren *isoelektrische Punkte* bei p_H 10 bzw. bei p_H 3,6 bis 5,3 liegen. Das Avidin A[1] ist elektrophoretisch homogen. Das Präparat von WOOLLEY und LONGSWORTH[2] ist in der *Ultrazentrifuge* homogen und hat eine *Sedimentationskonstante* von 4,75 S[3]. Für die von FRAENKEL-CONRAT und Mitarbeitern[1] dargestellten Avidine NA und A wurden Sedimentationskonstanten zwischen 4 und 4,5 gefunden[4]. Aus den Sedimentationskonstanten wird ein *Molekulargewicht* zwischen 42000 und 70000 berechnet[1, 2], aus dem osmotischen Druck für Avidin NA eines von 66000, für Avidin A eines von 68000[1]. Avidin NA bindet 8—9 γ Biotin/mg lufttrockenen Proteins. 8 γ Biotin würden einem minimalen Mol.-Gewicht von 32000 entsprechen (30000 für das aschefreie Protein). Daraus geht hervor, daß ein Molekül Avidin 2 Moleküle Biotin zu binden vermag[1].

Tabelle 44. *Analysen von Avidinpräparaten nach* FRAENKEL-CONRAT* [5].

	Stickstoff %	Aminostickstoff %	Aminostickstoff Äq/10⁴ g	Basische Gruppen Äq/10⁴ g	Saure Gruppen Äq/10⁴ g	Hexose** %	Hexosamin %
Avidin A	13,8	1,10	7,9	9,7	6,8	4,7	4,0
Avidin NA	14,2	1,01	7,2	7,6	7,9	3,8	4,2
Avidin XA	11,8	0,87	6,2	7,1	8,7	7,2	3,6

* Bezogen auf das lufttrockene Präparat (8—10% Feuchtigkeit).
** Orcinmethode, daher nur von vergleichendem Wert.

Analytische Daten. Die Aminosäurezusammensetzung von Avidin NA und Avidin A nach FRAENKEL-CONRAT[5] ist in Tabelle 48, S. 449, angegeben. Abzüglich 10% Nucleinsäure stimmen die analytischen Daten von Avidin A gut mit denen von Avidin NA überein. Avidin ist ein Glykoproteid, das Hexose und Hexosamin enthält. Der Hexose- und Hexosamingehalt für Avidin NA, A und XA findet sich in Tabelle 44. Avidin XA enthält außer Mannose und Glucosamin noch etwa 3,4% Galaktose, die dem an Avidin A gebundenen Glykoproteid zuzukommen scheint.

Denaturierung. Avidin ist verhältnismäßig unempfindlich gegen denaturierende Agentien (Hitze, Harnstoff, oberflächenaktive Verbindungen, organische Lösungsmittel). Durch niederes und hohes p_H (p_H 2,2 und 10,5) wird es denaturiert und ist dann auch durch Pepsin verdaulich. Ist Biotin an das Avidin gebunden, wird es bei niederem und hohem p_H nicht denaturiert und auch durch Pepsin nach dieser Behandlung nicht angegriffen. Der Teil des Moleküls, der am leichtesten hydrolytisch gespalten wird, scheint also auch der biotinbindende Teil zu sein. Gegen Schwermetalle ist es äußerst empfindlich[3, 5].

i) Enzyme.

Eiklar enthält außer Lysozym nur sehr geringe Mengen von Enzymen (vgl. [6]). Es wurden Tributyrinase, Peptidase und Katalase gefunden.

3. Proteine des Eidotters*.

33% der Trockensubstanz des Eidotters sind Eiweiß. Es besteht zum größten Teil aus Lipoproteiden und Phosphoproteiden und nur geringen Mengen wasserlöslicher Proteine.

* Phosphoproteide des Eidotters sind im Zusammenhang auch behandelt im Beitrag „Phosphoproteide", S. 655ff. Hierauf wird ausdrücklich verwiesen.

1 FRAENKEL-CONRAT, H., N. S. SNELL and E. D. DUCAY: Arch. Biochem. **39**, 80 (1952).
2 WOOLLEY, D. W., and L. G. LONGSWORTH: J. biol. Ch. **142**, 285 (1942).
3 ROTHEN, A.: zit. nach WOOLLEY, D.W., and L. G. LONGSWORTH: J. biol. Ch. **142**, 288 (1942).
4 WARD, W. H.: zit. nach FRAENKEL-CONRAT, H., N. S. SNELL and E. D. DUCAY: Arch. Biochem. **39**, 82 (1952).
5 FRAENKEL-CONRAT, H., N. S. SNELL and E. D. DUCAY: Arch. Biochem. **39**, 97 (1952).
6 LINEWEAVER, H. L., H. J. MORRIS, L. KLINE and R. S. BEAN: Arch. Biochem. **16**, 443 (1948).

10—12 % der Fette des Eidotters sind so fest an Eiweiß gebunden, daß es mit kaltem Äther nicht extrahiert werden kann[1]. Möglicherweise sind auch die weiteren Lipoide lose an Eiweiß gebunden.

Die Lipoproteide enthalten 17—32 % Lipoid. Manche Autoren[2, 3] meinen, daß sie aus 2 definierten Komponenten, Lipovitellin und Lipovitellenin bestehen; von anderen werden fließende Übergänge angenommen[4, 5]. Wenn man den Lipoidanteil von ihnen abspaltet, erhält man die Phosphoproteide Vitellin und Vitellenin. Außerdem finden sich im Eidotter geringe Mengen Phosvitin und ein wasserlösliches Protein Livetin (s. Tabelle 45). Das sind die einzigen charakterisierten Eiweißkomponenten des Eidotters, der in bezug auf sein Eiweiß nicht annähernd so genau untersucht ist wie das Eiklar.

In Tabelle 45 sind die Eiweißkörper des Eidotters zusammengefaßt[1].

Tabelle 45. *Eiweißkörper des Eidotters*[6].

Eiweiß	Trockensubstanz des Eidotters %	Art des Proteins	Zusammensetzung
Lipovitellin[2, 7, 8]	17—18	Lipoproteid	Phospholipoide + Vitellin
Lipovitellenin[3]	12—13	Lipoproteid	Phospholipoide + Vitellenin
Livetin[9] . . .	4—5	Pseudoglobulin	3 Komponenten
Vitellin[2, 7, 8] .	14—15	Phosphoproteid	1 % P
Vitellenin[3] . .	8—9	Phosphoproteid	0,25—0,3 % P
Phosvitin[10] . .	6	Phosphoproteid	10 % P

a) Lipovitellin (Lipovitellenin).

Von LEHMANN und MESSERSCHMIDT[11] wurde zuerst darauf aufmerksam gemacht, daß beim Verdünnen des Eidotters eiweißartiges Material ausfällt, das in Kochsalz- oder Ammoniumsulfatlösung löslich ist und durch Verdünnen wieder ausgefällt werden kann. DENNIS (1856) fand, daß dieses Protein auch alkali- und säurelöslich ist und daß es im Kontakt mit Wasser allmählich unlöslich wird. Der früher mit Vitellin bezeichnete Stoff wurde von HOPPE-SEYLER[12] als eine Verbindung von Eiweiß mit Lipoiden erkannt. OSBORNE und CAMPBELL[7] isolierten das Lipoproteid, das 15—30 % Lipoide enthielt, das sie für Lecithin hielten. Sie schlugen den Namen Lecithovitellin dafür vor. Sie erkannten, daß das Lipoproteid gegen Äther beständig ist, aber von Alkohol leicht zersetzt wird, und daß das an Eiweiß gebundene Lipoid mit 80 %igem Alkohol leicht extrahiert werden kann. Erst CHARGAFF[8] hat sich wieder eingehend mit den Lipoproteiden des Eidotters beschäftigt.

Darstellung von Lipovitellin nach CHARGAFF[8].

a) Dotter von 12 Eiern wäscht man sorgfältig mit Wasser, entfernt Membran und Keimfleck und mischt dann mit dem gleichen Volumen (230 cm^3) eiskalter, gesättigter Kochsalzlösung. (Alle Operationen führt man, wenn möglich, in einer inerten Gasatmosphäre und bei tiefer Temperatur durch.) Das Gemisch schüttelt man mit 400 cm^3

[1] ROMANOFF, A. L., and A. J. ROMANOFF: The Avian Egg. New York 1949.
[2] ALDERTON, G., and H. L. FEVOLD: Arch. Biochem. 8, 415 (1945).
[3] FEVOLD, H. L., and A. LAUSTEN: Arch. Biochem. 11, 1 (1946).
[4] LEA, C. H., and J. C. HAWKE: Biochem. J. 50, 67 (1951).
[5] YOUNG, E. G., and J. I. PHINNEY: J. biol. Ch. 193, 73 (1951).
[6] FEVOLD, H. L.: Adv. Protein Chem. 6, 186 (1951).
[7] OSBORNE, T. B., and G. F. CAMPBELL: Am. Soc. 22, 422 (1900).
[8] CHARGAFF, E.: J. biol. Ch. 142, 491 (1942).
[9] KAY, H. D., and P. G. MARSHALL: Biochem. J. 22, 1264 (1928).
[10] MECHAM, D. K., and H. S. OLCOTT: Am. Soc. 71, 3670 (1949).
[11] LEHMANN, V., and J. MESSERSCHMIDT: Arch. Heilkde. 1, 234 (1842).
[12] HOPPE-SEYLER, F.: Hoppe-Seylers med.-chem. Unters. S. 215. 1866/71.

peroxydfreiem Äther und läßt 4 Std im Kühlschrank stehen. Eine kleine Menge Ätherextrakt trennt man ab und extrahiert die gelatinöse wäßrige Emulsion neuerlich mit 500 cm³ Äther. Man trennt die abgesetzte Ätherschicht wieder ab und schüttelt 4 Std später nochmals mit 400 cm³ Äther aus. Wenn man über Nacht kühlt, scheidet sich der größte Teil des zugegebenen Äthers ab. Eine weitere Menge Äther erhält man durch Zentrifugieren der wäßrigen Schicht. Die trübe wäßrige Schicht dialysiert man 22 Std gegen fließendes Wasser durch Cellophan. Den weißen Eiweißniederschlag zentrifugiert man ab, wäscht 2mal mit eiskaltem dest. Wasser (je 200 cm³) und löst in 200 cm³ einer kalten 10%igen Kochsalzlösung. Die Proteinlösung extrahiert man erneut mit 200 cm³ Äther und zentrifugiert nach 24stündigem Stehen im Eisschrank ab, um eine vollkommene Abtrennung der Ätherschicht zu erreichen. Dialyse und Ätherextraktion werden 2mal wiederholt. Den Proteinniederschlag dialysiert man schließlich noch 17 Std gegen destilliertes Wasser, zentrifugiert ab und wäscht mit 70 cm³ eiskaltem dest. Wasser. Das Protein emulgiert man dann in 40 cm³ Wasser, läßt in Kohlendioxydschnee einfrieren und trocknet im Vakuum. Nach neuerlichem Trocknen über P_2O_5 erhält man das Lipovitellin als weißes flockiges Pulver. Ausbeute: 11,4 g. Das Pulver ist nur teilweise in 10%igem NaCl löslich.

Tabelle 46. *Zusammensetzung der Lipoproteide des Eidotters*[1].

	Gebundene Lipoide %	N %	P %	S %
Lipovitellin[2] .	18	13,0	1,5	0,86
Lipovitellin[3] .	17	13,0	1,46	
Lipovitellenin[4]	36—41	9,9—10,2	1,5—1,7	0,59—0,61
Lipovitellenin[5]	39	9,51	1,16	0,45

b) Die 12 Eidotter extrahiert man mit Äther, der 5% Aceton enthält. Nach wiederholter Dialyse und Ätherextraktion (wie oben beschrieben) zentrifugiert man das ausgefallene Eiweiß ab und wäscht mit eiskaltem Wasser. Einen kleinen Teil dieses Präparates verreibt man mit 50 cm³ Aceton von —60°, zentrifugiert nach 5 min in der gekühlten Zentrifuge ab und behandelt noch einmal bei —60° mit Aceton. Schließlich trocknet man über P_2O_5 im Vakuum. Die Behandlung von Lipovitellin mit Äther und Aceton, wie sie in Methode b) beschrieben ist, bewirkt praktisch keine Änderung in der Zusammensetzung von Lipovitellin (vgl. Tabelle 46).

Das Lipovitellin nach CHARGAFF[2] enthält 18% Lipoide, und zwar z. T. Lecithin, z. T. Kephalin.

***Darstellung von Lipovitellin und Lipovitellenin nach* ALDERTON *und* FEVOLD[3] *sowie* FEVOLD *und* LAUSTEN[4].**

Man verdünnt Eidotter mit der doppelten Menge Wasser. Nach dem hochtourigen Zentrifugieren in der Sharples-Super-Zentrifuge erhält man im Niederschlag ein Lipoproteid, das etwa 17% Lipoide enthält und anscheinend mit dem Lipovitellin von CHARGAFF[2] identisch ist. Die überstehende Flüssigkeit wird erschöpfend mit Äther extrahiert. Man erhält erneut eine feste Phase, ein Lipoproteid[4] mit 36—41% Phospholipoidgehalt (hauptsächlich Lecithin, das mit Äther nicht mehr extrahierbar ist). Von den Autoren wird es Lipovitellenin genannt (Zusammensetzung s. Tabelle 46). Lipovitellenin ist gegen Aceton instabil und in 10%igem NaCl unlöslich, während Lipovitellin darin löslich ist.

Lipovitellenin bildet in 10%iger Kochsalzlösung eine milchige Suspension. Sättigt man eine 15%ige Kochsalzlösung mit Äther, dann löst sich das Lipovitellenin und kann durch Dialyse wieder gefällt werden.

[1] FEVOLD, H. L.: Adv. Protein Chem. **6**, 187 (1951).
[2] CHARGAFF, E.: J. biol. Ch. **142**, 491 (1942).
[3] ALDERTON, G., and H. L. FEVOLD: Arch. Biochem. **8**, 415 (1945).
[4] FEVOLD, H. L., and A. LAUSTEN: Arch. Biochem. **11**, 1 (1946).
[5] SHEPARD, C. C., and G. A. HOTTLE: J. biol. Ch. **179**, 349 (1949) — wird von den Autoren nicht Lipovitellenin genannt.

CHARGAFF[1] erhält bei seiner Lipovitellindarstellung (vgl. S. 442) auch einen in 10%iger Kochsalzlösung unlöslichen Anteil, den er aber nicht weiter untersucht hat.

SHEPARD und HOTTLE[2] isolierten bei ihrer Darstellung von Livetin ein Lipoproteid, das mit dem Lipovitellenin von FEVOLD und LAUSTEN[3] identisch zu sein scheint.

VANDEGAER, REICHMANN und COOK konnten aus verdünntem Eiklar durch Ultrazentrifugieren 3 Komponenten isolieren[4]. Eine Komponente stieg an die Oberfläche, die beiden andern sedimentierten. Die erstere soll mit dem Lipovitellenin, die beiden sedimentierenden Fraktionen mit dem Lipovitellin identisch sein.

***Darstellung von Lipovitellenin nach* SHEPARD *und* HOTTLE[2].**

Man verdünnt die Eidotter mit 2 Vol. 0,85%igem NaCl und extrahiert dann 6mal mit Äther. Nach Entfernen des Äthers im Vakuum fällt ein Niederschlag aus, der mit dem Lipovitellenin nach FEVOLD und LAUSTEN identisch zu sein scheint. Dieses Lipoproteid ist unlöslich in 0,85%iger Kochsalzlösung, aber darin löslich, wenn sie mit Äther gesättigt ist. Es enthält 39% Lipoide und 9,5% Stickstoff, ähnlich wie das Lipovitellenin nach FEVOLD und LAUSTEN. Die Werte für P und S liegen allerdings etwas niedriger (s. Tabelle 46). Im elektrischen Feld wandert dieses Lipoproteid als einheitliche Komponente.

LEA und HAWKE[5] erhalten mit der etwas modifizierten Methode von CHARGAFF[1] ein Lipovitellin mit 22—30% Lipoidgehalt. Wenn sie durch direktes Zentrifugieren des verdünnten Eidotters bei 40000 U/min nach FEVOLD und LAUSTEN[3] Lipoproteid gewinnen, erhalten sie ein Lipovitellin mit 13% Lipoidgehalt. Sie nehmen daher an, daß die Lipoproteide des Eidotters in ihrem Fettgehalt stark schwanken und Lipovitellin und Lipovitellenin keine wohldefinierten Einheiten sind.

Auch YOUNG und PHINNEY[6] bezweifeln die Existenz von 2 verschiedenen Lipoproteiden, da sie bei elektrophoretischen Untersuchungen der Dotter von Lachs- und Hühnerei nur je 3 Komponenten finden. Die γ-Komponente halten sie für Lipovitellin, die β-Komponente für Livetin und die α-Komponente für Phosvitin (s. auch Tabelle 45). Im Dotter des Hühnereis sind sie zu 85,1, 10,2 und 4,6% vorhanden, im Dotter des Lachseis zu 87,5, 8,3 und 3,6%.

Physikalische Eigenschaften. *Elektrophorese.* Lipovitellenin von SHEPARD und HOTTLE[2] soll elektrophoretisch einheitlich sein. Von den anderen Präparaten liegen keine Daten vor. Der *isoelektrische Punkt* von Lipovitellin wird von YOUNG und PHINNEY[6] mit 3,4—3,5 angegeben, von LEA und HAWKE[7] mit 5,5—5,6. Das *Ultrarotspektrum* von Lipovitellin wurde aufgenommen[8].

Analytische Daten. Die analytischen Daten von Lipovitellin und Lipovitellenin sind in Tabelle 46, S. 443, angegeben. Der Gehalt an Phospholipoiden beträgt in Lipovitellin 85—90% des Gesamtfettes, der Rest besteht aus 2,4% Cholesterin (0,8% freies, 1,6% verestertes) und Triglyceriden. In den Gesamtfetten des Eidotters sind ~38% Phospholipoide und 62% andere Fette[9] enthalten.

Denaturierung, Stabilität. Zwischen p_H 5,5 und 8,5 ist Lipovitellin am stabilsten. Außerhalb dieses Bereiches wird das Lipovitellinmolekül verändert. Der Eiweißanteil kann unlöslich und der Fettanteil mit Äther extrahiert werden. Der Verlust der Löslichkeit geht nicht parallel mit der leichteren Extrahierbarkeit der Fette[10]. Die Bindung zwischen Eiweiß und Fett scheint im Lipovitellin fester zu sein als etwa im β-Lipoproteid des menschlichen Serums, denn beim Frieren von Lipovitellin mit Äther werden nur 9% des

[1] CHARGAFF, E.: J. biol. Ch. **142**, 491 (1942).
[2] SHEPARD, C. C., and G. A. HOTTLE: J. biol. Ch. **179**, 349 (1949).
[3] FEVOLD, H. L., and A. LAUSTEN: Arch. Biochem. **11**, 1 (1946).
[4] VANDEGAER, J. E., M. E. REICHMANN and W. H. COOK: Arch. Biochem. **62**, 328 (1956).
[5] LEA, C. H., and J. C. HAWKE: Biochem. J. **50**, 67 (1951); **52**, 105 (1952).
[6] YOUNG, E. G., and J. I. PHINNEY: J. biol. Ch. **193**, 73 (1951).
[7] LEA, C. H., and J. C. HAWKE: Biochem. J. **51**, XXIII (1952).
[8] FREEMAN, N. K., F. T. LINDGREN, Y. C. NG and A. V. NICHOLS: J. biol. Ch. **203**, 293 (1953).
[9] HAWKE, J. C., and C. H. LEA: Biochem. J. **54**, 479 (1953).
[10] LEA, C. H., and J. C. HAWKE: Biochem. J. **52**, 105 (1952).

Fettes abgespalten (vgl. S. 330)[1]. Bei p_H 6,8 läßt sich von Äther praktisch kein Fett extrahieren. Nach dem Gefriertrocknen bei p_H 6,8 sind ~25% der Fette extrahierbar[2, 3]. Wenn man nach dem Gefriertrocknen bei neutralem p_H wieder anfeuchtet, lassen sich die Fette wieder schwerer extrahieren[3]. Beim Aufheben in gefrorenem Zustand bei —3° und —29° wird Lipovitellin vollkommen unlöslich[3]. Rohrzucker, Milchzucker und Glucose verhindern den geringen Verlust der Löslichkeit, der beim Gefriertrocknen entsteht[4]. Rohrzucker und Milchzucker verhindern auch den Löslichkeitsverlust, der beim Lagern entsteht, Glucose erhöht ihn. Die Zucker schützen bis zu einem gewissen Grad gegen die leichtere Extrahierbarkeit der Fette nach dem Gefriertrocknen. Beim Lagern von Lipovitellin in feuchter Atmosphäre bei 37° wird es schnell vollkommen unlöslich. Gegen Äther in Gegenwart hoher Salzkonzentrationen ist es sehr instabil[3]. Es besteht somit — so wie bei den Lipoproteiden des Serums — die Gefahr, daß die isolierten Produkte nicht mit den im nativen Eidotter vorkommenden identisch sind.

b) Vitellin.

Vitellin ist ein Phosphoproteid[5]. CHARGAFF[6] stellt es aus dem Lipovitellin dadurch her, daß er die Lipoide im Soxhlet-Apparat durch 14 Std mit absolutem Alkohol extrahiert. Nach FEVOLD[7] gewinnt man Vitellin und Vitellenin aus Lipovitellin und Lipovitellenin durch erschöpfende Extraktion mit 80%igem Alkohol. LEA und HAWKE[8] extrahieren das Lipovitellin bei —7° mit Alkohol mehrmals und extrahieren nachher noch mit Äther. Der Alkohol muß, um jede Denaturierung zu vermeiden, restlos entfernt sein, bevor die Temperatur ansteigen darf. Die Zusammensetzung von Vitellin ist in Tabelle 48, S. 449, wiedergegeben. Das „Vitellenin" von FEVOLD und LAUSTEN[9] unterscheidet sich vom Vitellin nur im Phosphorgehalt, der beim Vitellin 1%, beim Vitellenin 0,29% beträgt.

Bei der Verdauung von Vitellin mit Pepsin haben SWIGEL und POSTERNAK[10] 3 Anteile mit hohem Phosphorgehalt erhalten, die sie α-, β- und γ-Ovotyrin nennen. Das β-Ovotyrin kann wieder in 2 Komponenten — β_1 und β_2 — gespalten werden. α-Ovotyrin enthält 10,87% Stickstoff und 13,76% Phosphor; β_1-Ovotyrin 11,33% Stickstoff und 12,55% Phosphor; β_2-Ovotyrin 10,92% Stickstoff, 12,09% Phosphor und 3,31% Eisen; γ-Ovotyrin 10,7% Stickstoff und 7,9% Phosphor.

β-Ovotyrin scheint mit der Vitellinsäure von LEVENE und ALSBERG[11], die diese durch Behandlung von Vitellin mit Ammoniak erhielten, identisch zu sein. Sie ist in Wasser unlöslich, in Ammoniak und essigsaurem Wasser löslich, mit Essigsäure nicht, wohl aber mit Salzsäure fällbar. Vitellinsäure enthält 13—14% Stickstoff, 9,7—10% Phosphor und 0,57% Eisen. BLACKWOOD und WISHART[12] haben auch die Pepsin- und Trypsinverdauungsprodukte von Vitellin untersucht und bei der Verdauung mit Pepsin 2 deutlich unterscheidbare phosphorhaltige Proteinkomplexe gefunden. Es bildet sich bei der Verdauung mit Pepsin zunächst ein unlöslicher Anteil, der 20% des ursprünglichen Stickstoffs und 77% des Phosphors enthält und offenbar mit dem „Hämatogen" von BUNGE[13] identisch ist. Es wird von Pepsin innerhalb von 4 Std nicht weiter verdaut und ist in Trichloressigsäure unlöslich. Die zweite Fraktion enthält 80% des Stickstoffs und 23% des Phosphors, ist in Trichloressigsäure löslich und weiter verdaulich.

[1] HAWKE, J. C., and C. H. LEA: Biochem. J. **54**, 479 (1953).
[2] LEA, C. H., and J. C. HAWKE: Biochem. J. **51**, XXIII (1952).
[3] LEA, C. H., and J. C. HAWKE: Biochem. J. **52**, 105 (1952).
[4] HAWKE, J. C., and C. H. LEA: Biochem. J. **54**, 475 (1953).
[5] PLIMMER, R. H. A., and F. H. SCOTT: Soc. **93**, 1699 (1908).
[6] CHARGAFF, E.: J. biol. Ch. **142**, 491 (1942).
[7] FEVOLD, H. L.: Adv. Protein Chem. **6**, 187 (1951).
[8] LEA, C. H., and J. C. HAWKE: Biochem. J. **50**, 67 (1951).
[9] FEVOLD, H. L., and A. LAUSTEN: Arch. Biochem. **11**, 1 (1946).
[10] SWIGEL, M. M., and T. POSTERNAK: C. R. Soc. Biol. **184**, 909; **185**, 615 (1927).
[11] LEVENE, P. A., u. C. L. ALSBERG: H. **31**, 543 (1901).
[12] BLACKWOOD, J. H., and G. M. WISHART: Biochem. J. **28**, 550 (1934).
[13] BUNGE, G.: H. **9**, 49 (1885).

Bei der tryptischen Verdauung werden 80% des Stickstoffs und 70% des Phosphors abgespalten, und es bleibt ein säureunlöslicher Rest, der 20% des Stickstoffs und 30% des Phosphors enthält.

c) Phosvitin.

Ein weiteres Phosphoproteid aus Eidotter haben MECHAM und OLCOTT[1] nach folgendem Schema dargestellt (Tabelle 47):

Tabelle 47. *Schema der Darstellung von Phosvitin nach* MECHAM *und* OLCOTT[2].

Eidotter
+ 1,2 m $MgSO_4$ + Wasser zentrifugieren

- → A: unlöslich
  - verteilen in 0,4 m $(NH_4)_2SO_4$, p_H 4 + Äther (Schütteln)
    - → wasserlöslich
      - sättigen mit $(NH_4)_2SO_4$
        - → E: lösliches Eiweiß (1,5% des Phosphors) verwerfen
        - → F: unlöslich (verteilen, in 0,25 m NaCl dialysieren), gibt Phosvitin (6,5% des Proteins, 57,5% des Phosphors)
    - → D: unlösliches Eiweiß (8% des Proteins, 10% des Phosphors verwerfen)
    - → C: ätherlösliche Lipoide verwerfen
- → B: löslich (77% des Proteins, 22% des Phosphors) verwerfen

Sie nennen es Phosvitin. Es ist offenbar vergesellschaftet mit dem Lipoproteid des Eiklars, Lipovitellin. Wenn man ^{32}P-markiertes Phosvitin mit diesem mischt, fallen sie beim Verdünnen gemeinsam aus[3]. Je nach der Darstellungsmethode wird dann offenbar nur ein Teil des Phosvitins von Lipovitellin abgespalten. Ob das ohne wesentliche Veränderung des Moleküls möglich ist, ist bis heute nicht sicher. Aus der Zusammensetzung von Phosvitin wird geschlossen, daß es identisch ist mit Vitellinsäure[4] und β-Ovotyrin[5], die durch Behandlung mit Ammoniak bzw. Pepsinverdauung vom Vitellin abgespalten werden (vgl. S. 445).

***Darstellung des Natriumsalzes von Phosvitin nach* MECHAM *und* OLCOTT[6] *mit Verbesserungen von* LIGHT *und* FRUTON[6].**

Man trennt die Eidotter von frischen Eiern sorgfältig vom Eiklar, wäscht mit Leitungswasser und rollt sie auf einem Leinentuch, um sie von anhaftendem Eiklar zu befreien. Den Keimfleck schneidet man ab. Dann durchsticht man die Dotterhaut, läßt den Inhalt ausfließen und durch ein Tuch laufen.

Zu 1 kg Dotterinhalt (aus 60—70 Eiern mittlerer Größe) fügt man 500 cm³ 1,2 m $MgSO_4$. Das Gemisch rührt man scharf, aber ohne Schaum zu bilden, 1 Std lang. 5 *l* Wasser, die 300 mg Merthiolat (Na-äthylquecksilber(II)-thiosalicylat) enthalten, fügt man unter dauerndem Rühren innerhalb 1 Std zu. Man bedeckt das Gemisch mit Toluol und läßt es über Nacht bei Zimmertemperatur stehen. Den weichen, zähen Niederschlag

[1] MECHAM, D. K., and H. S. OLCOTT: Am. Soc. **71**, 3670 (1949). Fed. Proc. **7**, 173 (1948).
[2] MECHAM, D. K., and H. S. OLCOTT: Am. Soc. **71**, 3670 (1949).
[3] FRANCIS, G. E.: Biochem. J. **51**, 715 (1952).
[4] LEVENE, P. A., u. C. L. ALSBERG: H. **31**, 543 (1901).
[5] SWIGEL, M. M., et T. POSTERNAK: C. R. Soc. Biol. **184**, 909; **185**, 615 (1927).
[6] MECHAM, D. K., and H. S. OLCOTT: Biochem. Prep. **2**, 15 (1952).

zentrifugiert man ab und verwirft den Überstand. Den Niederschlag schwemmt man in 700 cm^3 0,4 m Ammoniumsulfatlösung auf, indem man 45 min rührt, und stellt mit 6 n Schwefelsäure auf p_H 4 ein. Man fügt 30 cm^3 1,0 m Acetatpuffer p_H 4 sowie 600 cm^3 Äther zu schüttelt kräftig, zentrifugiert und verwirft die Ätherschicht. Die Mittelschicht, eine gelatinöse Emulsion, hängt im allgemeinen so gut zusammen, daß man die wäßrige Schicht, die das Phosvitin enthält, darunter abgießen kann (am besten führt man diesen Schritt mit 100 cm^3-Mengen durch). Die gelatinöse Schicht wird noch 3mal mit 400 cm^3, 350 cm^3 und 350 cm^3 0,4 m Ammoniumsulfat in 1,0 m Acetatpuffer p_H 4 in der vorhin angegebenen Konzentration extrahiert. Zu jeder dieser Extraktionen fügt man genügend Äther (~20 cm^3) hinzu, damit die gelatinöse Emulsion sich leichter bildet.

Die einzelnen Ammoniumsulfatportionen schüttelt man in der Reihenfolge, in der man sie erhält, mit einer Portion von ungefähr 150 cm^3 Äther aus. Dann läßt man 30—45 min stehen, läßt die wäßrige Schicht abfließen und filtriert durch eine poröse Glassinterplatte, die mit einer Schicht von ~ 1 cm Celite-Filterhilfe p. a. bedeckt ist. Das Filtrat (~1,8 *l*) sollte vollkommen klar und schwach gelb sein. Man dialysiert es über Nacht in ungefähr 3 *l* gesättigter Ammoniumsulfatlösung mit festem Ammoniumsulfat als Bodenkörper, deren p_H man mit Eisessig auf 4 eingestellt hat. Die Ammoniumsulfatlösung sollte durch schwaches mechanisches Rühren oder einen Luftstrom bewegt werden. Man überführt die Dialysierschläuche in einen zweiten Anteil von gesättigtem Ammoniumsulfat von p_H 4, in dem noch ungelöstes Ammoniumsulfat vorhanden ist, und dialysiert nochmals über Nacht.

Es bildet sich ein weißer gelatinöser Niederschlag, den man abzentrifugiert oder durch Glassinterplatten filtriert.

Man verteilt ihn in ungefähr 400 cm^3 0,5 m Natriumchloridlösung, dialysiert neuerlich gegen mehrmals gewechselte 2 m Natriumchloridlösung und schließlich gegen destilliertes Wasser. Dann fügt man dem Inhalt der Dialysierschläuche, die nicht mehr als zur Hälfte gefüllt sein sollten, Toluol zu.

Das dialysierte Präparat wird in den Dialysiergefäßen im Luftstrom konzentriert und schließlich aus dem gefrorenen Zustand getrocknet. Ausbeute: 7—9 g.

Physikalische Eigenschaften. *Elektrophorese.* Phosvitin ist elektrophoretisch nicht einheitlich. In Citratpuffer p_H 4,6 (Ionenstärke $\Gamma/2 = 0{,}1$) erscheinen 2 Gruppen von Komponenten, von denen die eine etwa 40, die andere etwa 60 % des Phosvitins ausmacht. Die Beweglichkeiten betragen —9 bzw. $-12 \cdot 10^{-5}\ cm^2\ volt^{-1}\ sec^{-1}$. Mit Messungen des *osmotischen Druckes* erhält man ein *Molekulargewicht* von 21000[1]. In der *Ultrazentrifuge* war das beste Präparat einheitlich. Mg^{++}-Ionen haben einen stark aggregierenden Effekt. Das Molekulargewicht erscheint in 0,05 m $MgCl_2$ mit Messungen des osmotischen Druckes wie in der Ultrazentrifuge auf 38000 bzw. 39000 erhöht.

Analytische Daten. Phosvitin macht 6—7 % des Gesamteiweißes des Eidotters aus und enthält 60—70 % des Gesamtphosphors. Das molekulare Verhältnis N/P ist im Phosvitin 2,5—2,9.

Es enthält 11,9 % N, 9,7 % P, 0,4 % Fe und 0,1 % S. Der Phosphor ist labil gegen Alkali. Er scheint in seiner Gesamtheit als einfach veresterte Phosphorsäure vorzuliegen. Von Citrus-Phosphatase werden 90 % des Phosphors abgespalten[1]. Die Aminosäurezusammensetzung von Phosvitin ist in Tabelle 48, S. 449, angegeben.

d) Livetin.

Nach der Fällung der Lipoproteide durch Verdünnen mit Wasser enthält der Eidotter noch einen durch Hitze koagulierbaren Eiweißkörper, das Livetin[2,3].

Darstellung. Nach der Entfernung der Lipoproteide kann man Livetin durch $^1/_2$-Sättigung mit $(NH_4)_2SO_4$ und darauffolgende Extraktion mit Alkohol-Äther bei —15°

[1] MECHAM, D. K., and H. S. OLCOTT: Am. Soc. **71**, 3670 (1949).
[2] PLIMMER, R. H. A.: Soc. **93**, 1500 (1908).
[3] KAY, H. D., and P. G. MARSHALL: Biochem. J. **22**, 1264 (1928).

gewinnen. Es hat die Eigenschaften eines Pseudoglobulins, ist in Wasser löslich, in $^1/_2$-gesättigtem $(NH_4)_2SO_4$ unlöslich. SHEPARD und HOTTLE[1] haben es auf 2 Arten dargestellt und elektrophoretisch untersucht.

Darstellung von Livetin nach SHEPARD ***und*** HOTTLE[1].

A. Man versetzt Eidotter mit der 2fachen Menge 0,85%iger NaCl-Lösung, filtriert durch Leinen und extrahiert erschöpfend mit Äther. Nach vollkommenem Abdampfen des Äthers im Vakuum entfernt man den Niederschlag und untersucht das Livetin in der überstehenden Lösung elektrophoretisch.

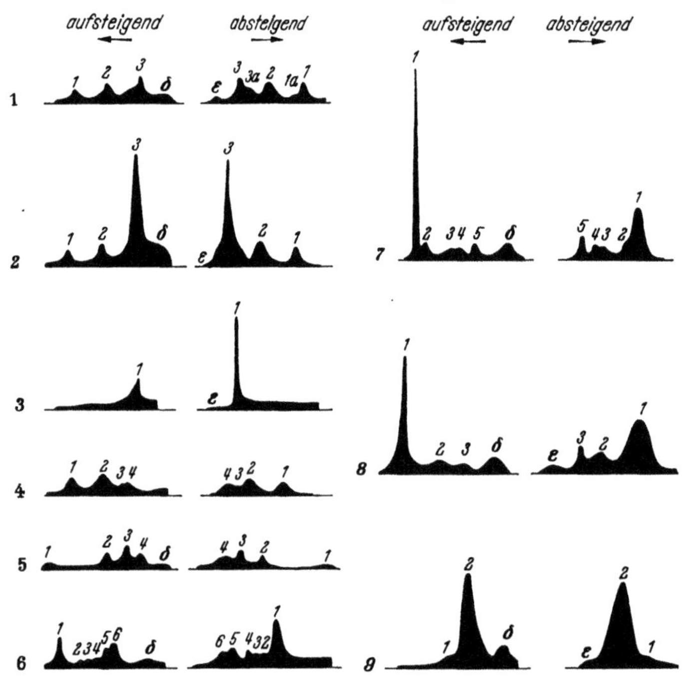

Abb. 37[1]. Elektrophorese vac: 1. Livetinfraktion, dargestellt durch 6malige Extraktion mit Äther. 2. Livetinfraktion, dargestellt durch 1malige Extraktion mit Äther. 3. Niederschlag aus Methode A, bei der der Eidotter mit Ätherextrahiert wurde. 4. Livetinfraktion nach Methode B ohne Ätherextraktiondargestellt. 5. Material aus 4. nach Ätherextraktion. 6. Hühnerplasma. 7. Eiklar. 8. Allantoisflüssigkeit aus 13 Tage befruchteten Eiern. 9. Livetinfraktion, Niederschlag mit 18%igem Äthylalkohol.

B. Um Livetin ohne Ätherextraktion darzustellen, versetzt man Eidotter mit 1 Vol. 0,85%iger NaCl-Lösung, filtriert durch Leinen und dialysiert im Kälteraum eine Woche gegen 0,85%ige NaCl-Lösung. Den entstandenen Niederschlag zentrifugiert man ab, verdünnt den Überstand mit 0,5 Vol. dest. Wassers und stellt die Lösung mit HCl auf p_H 6,0 bis 6,3 ein. An der Oberfläche setzt sich eine voluminöse gelbflockige Masse ab. Nach längerem Stehen in der Kälte kann man die untere Schicht abziehen und durch Filtration klären. Wenn das Filtrat nicht klar ist, kann es durch Dialyse über Nacht gegen 10 Vol. dest. Wassers geklärt werden. Neuerdings wurde eine weitere Fraktionierung von Livetin angegeben[2]. Die Lösung haben SHEPARD und HOTTLE[1] dann der *Elektrophorese* unterworfen. Die Livetinpräparate der ersten und die der zweiten Darstellung verhalten sich elektrophoretisch ähnlich (Abb. 37).

In Phosphatpuffer, p_H 7,95, Ionenstärke $\Gamma/2 = 0{,}099$, zeigen sich 3 wohldefinierte Komponenten mit der Beweglichkeit -7, $-4{,}4$ und $-2{,}0 \cdot 10^{-5}$. Durch Fällung mit 18%igem Alkohol bei 0° kann man die am langsamsten wandernde Komponente mit über 95% Reinheit erhalten. Die beiden anderen Komponenten konnten noch nicht zufriedenstellend gereinigt werden. Die Aminosäurezusammensetzung von Livetin ist in Tabelle 48 nach JUKES[3] angegeben.

e) Enzyme und kleine Mengen anderer Proteine im Eidotter.

Eidotter enthält mehr Enzyme als Eiklar[4]. Den Hauptanteil findet man in der Livetin-Fraktion. Es finden sich Tributyrinase, Esterase, Phosphatase, Katalase, Peptidase und Amylase. Immunologisch fanden MARSHALL und DEUTSCH[5] kleine Mengen von Eiweißkörpern des Eiklars, so Conalbumin, Ovalbumin und Lysozym im Dotter.

[1] SHEPARD, C. C., and G. A. HOTTLE: J. biol. Ch. **179**, 349 (1949).
[2] MARTIN, W. G., J. E. VANDEGAER and W. H. COOK: Canad. J. Biochem. Physiol. **35**, 241 (1957).
[3] JUKES, T. H.: J. biol. Ch. **103**, 425 (1933).
[4] LINEWEAVER, H. L., H. J. MORRIS, L. KLINE and R. S. BEAN: Arch. Biochem. **16**, 443 (1948).
[5] MARSHALL, M. E., and H. F. DEUTSCH: J. biol. Ch. **189**, 1 (1951).

Tabelle 48. *Aminosäurezusammensetzung der Eiweißkörper des Hühnereis* (g/100 g Eiweiß).

	Ovalbumin[a]	Conalbumin[1]	Ovomucoid[a]	Avidin A[2]	Avidin NA[2]	Lysozym[a]	Vitellin[a]	Livetin[3]	Phosvitin[a]
Gesamt-N . .	15,8	16,6	13,3	13,8	14,2	18,6	15,7	15,12[4]	11,9[5]
Gesamt-S . .	1,59[6]	1,83	2,2[7, 8]			2,53	1,0[9]; 0,92[10]	1,8[4]	<0,1[5]
Gesamt-P . .	0,097[11]; 0,13[12]	0	0		1,0	0	1,1[9]; 0,29[10]	0,12	9,7[5]
Amino-N . .	0,7	1,25	0,68	1,10	1,01	0,74	0,73		0,7[5]
Amid-N . . .	1,23[13]; 1,4[11]	1,04	1,0			1,71	1,29		0,8[5]
Mannose . . .	1,8[14, 15]		9,7[16]	4,7	3,8				
Glucosamin .	0,9[15]; 1,4[17]		17[16]; 12—16[18] 12,5[19]	4,0	4,5				
Glykokoll . .	3,2	5,7	3,8	5,1	4,6	5,7	2,8		1,6[5]
Alanin. . . .	5,7	4,4	2,3		+	5,8	4,0	6,2	1,5
Valin	8,8; 7,1[20]	8,2	6,0	4,5	4,2	4,8	6,2		1,1
Leucin. . . .	9,9; 9,2[20, 21]	8,8	5,1	4,9	4,9	7,0	8,6	10,6	1,0
Isoleucin. . .	7,1	5,0	1,4	5,1	5,5	5,4	5,3		0,5
Prolin	3,8	4,9	2,7	1,4	1,6	1,4	4,4	2,2	1,0
Oxyprolin . .		0	0			0	0		
Cystin	1,78[6]; 2,4[22]	3,8	6,7	0,17	0,5	8[23]; 6,8	1,2[24]; 1,5	3,5	0[5]
Cystein . . .	1,0[25]; 1,4[22]					0			
Methionin . .	5,4	2,03	0,9	1,5	1,4	2,0	2,8	2,4[26]	0,3
Tryptophan .	1,2[13, 20]	3,0	<0,3	6,0	5,4	10,6; 8,3[23]	1,1	1,26	0,6
Phenylalanin	7,5	5,7	2,9	6,2	5,9	3,1; 2,3[23]	4,0	1,95	0,6
Tyrosin . . .	3,5	4,6	3,18	0,93	0,88	3,6	3,8	3,6; 5,2[4]	0,1
Arginin . . .	5,9	7,6	3,7	6,7	6,5	12,7; 14,8[23]	8,4	5,6	4,8
Histidin . . .	2,41; 1,5[7, 13]	2,6	2,2	0,87	0,96	1,05	3,0	0,93	4,8
Lysin	6,4	10,0	6,0	6,6	6,2	5,7	6,9	5,0	5,9
Serin	8,5; 10,3[27]	6,3	4,2	4,5	4,5	6,7	11,2		33,0
Threonin. . .	4,0; 3,6[20]	5,9	5,5	12,6	10,5	5,5[23]	4,7		1,4
Asparaginsäure	9,2	13,3	13,0	10,6	9,7	18,2	8,1	3,0	4,4
Glutaminsäure	15,7	11,9	6,5		6,6	4,3; 3,3[23]	11,0	6,8	3,4

a) Wenn nicht anders erwähnt, Daten nach LEWIS und Mitarbeitern[1].

[1] LEWIS, J. C., N. S. SNELL, D. J. HIRSCHMANN and H. FRAENKEL-CONRAT: J. biol. Ch. **186**, 23 (1950).
[2] FRAENKEL-CONRAT, H., N. S. SNELL and E. D. DUCAY: Arch. Biochem. **39**, 97 (1952).
[3] JUKES, T. H.: J. biol. Ch. **103**, 425 (1933).
[4] KAY, H. D., and P. G. MARSHALL: Biochem. J. **22**, 1264 (1928).
[5] MECHAM, D. K., and H. S. OLCOTT: Am. Soc. **71**, 3670 (1949).
[6] KUHN, R., L. BIRKOFER u. F. W. QUACKENBUSH: B. **72**, 407 (1939).
[7] VICKERY, H. B.: Ann. N. Y. Acad. Sci. **41**, 87 (1949).
[8] MCFARLANE, W. D., H. J. FULMER and T. H. JUKES: Biochem. J. **24**, 1611 (1930).
[9] ALDERTON, G., and H. L. FEVOLD: J. biol. Ch. **164**, 1 (1946).
[10] FEVOLD, H. L., and A. LAUSTEN: Arch. Biochem. **11**, 1 (1946).
[11] CALVERY: J. biol. Ch. **94**, 613 (1932).
[12] SØRENSEN, S. P. L.: C. R. Lab. Carlsberg (I) **18**, 5 (1930).
[13] CHIBNALL, A. C.: Proc. R. Soc. London (B) **131**, 136 (1942).
[14] SØRENSEN, M.: C. R. Lab. Carlsberg (I) **20**, 3 (1934).
[15] NEUBERGER, A.: Biochem. J. **32**, 1435 (1938).
[16] FREDERICQ, E., and H. F. DEUTSCH: J. biol. Ch. **181**, 499 (1949).
[17] SØRENSEN, M.: C. R. Lab. Carlsberg (I) **22**, 487 (1938).
[18] MEYER, K.: Cold Spring Harbor Symp. quant. Biol. **6**, 91 (1938).
[19] HESSELVIK, L.: H. **254**, 144 (1938).
[20] BLOCK, R. J., and H. H. MITCHELL: Nutrit. Abstr. Rev. **16**, 249 (1946/47).
[21] MOORE, S., and W. H. STEIN: J. biol. Ch. **150**, 113 (1943).
[22] HESS, W. C., and M. X. SULLIVAN: J. biol. Ch. **151**, 635 (1943).
[23] FROMAGEOT, C., and M. P. DE GARILHE: Biochim. biophysica Acta, N. Y. **4**, 509 (1950).
[24] CALVERY, H. O., and A. WHITE: J. biol. Ch. **94**, 635 (1932).
[25] BRAND, E., and B. KASSEL: J. biol. Ch. **133**, 437 (1940).
[26] ROMANOFF, A. L., and A. J. ROMANOFF: The Avian Egg. New York 1949.
[27] BRAND, E.: Ann. N. Y. Acad. Sci. **47**, 187 (1946).

F. Proteine in Stütz- und Bindegewebe[1–8].

a) Einleitung.

Die hauptsächlichsten Stützsubstanzen des Körpers, Bindegewebe, Knorpel und Knochen, gehen direkt oder indirekt aus dem embryonalen Mesenchym hervor. Wie das Mesenchym aus sternförmigen, mehr oder weniger innig zusammenhängenden Zellen und einer gallertigen Grundsubstanz besteht, so sind auch alle seine Abkömmlinge durch den Besitz reichlicher Intercellularsubstanzen ausgezeichnet. Diese zerfallen in den amorphen Anteil, die *Grundsubstanz*, und in Fasern von *kollagenem*, *reticulärem* oder *elastischem* Charakter. Auf dem intercellulären Anteil beruhen die Eigenschaften des Stützgewebes: Druck- und Zugfestigkeit sowie Elastizität[9]. Die Grundsubstanz, in die Kollagen-, Reticulin- und Elastinfasern eingebettet sind, besteht offenbar aus Mucopolysacchariden, zum Teil aber auch aus Glykoproteiden (vgl. S. 481). Kollagen, Reticulin und Elastin bilden eine eigene Gruppe von Proteinen[10].

b) Kollagen.

Allgemeine Eigenschaften. Kollagen ist der Hauptbestandteil von Sehnen und Bindegewebe. Ungefähr $^1/_3$ der gesamten Proteine des Körpers ist Kollagen[11]. Das Corium der Haut besteht zu 90—95% aus Kollagen. Bis zu 25% des Knochens und ~15% des Dentins der Zähne sind Kollagen[12, 13]. Der Kollagengehalt verschiedener Gewebe ist in Tabelle 49 angegeben.

Die Kollagenfaser hat einen Durchmesser von 20—200 μ und keine definierte Länge. Sie ist aus einfacheren Fasern von einem Durchmesser von 2—10 μ aufgebaut. Durch Ultraschall können diese in Untereinheiten, die Fibrillen, mit Durchmessern von einigen Zehntel Mikron gespalten werden. Das Elektronenmikroskop löst diese Einheiten in Filamente auf, und diese wieder sind aus Protofibrillen aufgebaut, die aus einzelnen Peptidketten bestehen und einen Durchmesser von 12—17 Å haben sollen[2].

Die Mikrofibrillen mit einem Durchmesser von 300—2000 Å wurden im Elektronenmikroskop von vielen Autoren untersucht. Literatur bei [1–5].

Längs der Fibrillenachse sieht man im Elektronenmikroskop regelmäßig dunklere und hellere Querbänder. Die aus je einem dunklen und hellen Querband bestehende Periode ist im Durchschnitt ~640 Å lang. Das stimmt gut mit den im Röntgendiagramm gefundenen großen Identitätsperioden von 640—642 Å überein. Durch diese Perioden unterscheiden sich die Proteine der Kollagengruppe charakteristisch von anderen Faserproteinen. GRASSMANN und Mitarbeiter[14, 15] fanden im Elektronenmikroskop durch Anfärben mit Phosphorwolframsäure 10—13 Querstreifen je Periode und mit der Perjodat-Silber-Urotropinmethode bis zu 3 Querstreifen je Periode. Nach GRASSMANN sollen die mit Perjodat auflösbaren und mit Silber anfärbbaren Gruppen regelmäßig angeordnete

Zusammenfassungen:
1 BORASKY, R.: To the Literature on Collagen. Philadelphia 1950.
2 BEAR, R.: Structure of collagen fibrils. Adv. Protein Chem. 7, 69 (1952).
3 RANDALL, J. T. (Hrsg.): Nature and Structure of Collagen. London 1953.
4 KENDREW, J. C.: Structure Proteins I; in: Neurath-Bailey, Proteins Bd. 2B, S. 845.
5 GUSTAVSON, K. H.: Chemistry and Reactivity of Collagen. New York 1956.
6 BOURNE, G. H. (Hrsg.): Biochemistry and Physiology of Bone. New York 1956.
7 Chemie und Stoffwechsel von Binde- und Knochengewebe. 7. Mosbacher Coll. 1956.
8 DORFMAN, A., and M. B. MATHEWS: The physiology of connective tissue. Ann. Rev. Physiol. 18, 69 (1956).
9 WASSERMANN, F.: Chemie und Stoffwechsel von Binde- und Knochengewebe. 7. Mosbacher Coll. S. 1, 1956.
10 JACOBSON, W.; in: RANDALL, J. T., (Hrsg.): Nature and Structure of Collagen. S. 6. London 1953.
11 GUSTAVSON, K. H.: Chemistry and Reactivity of Collagen. S. 30. New York 1956.
12 LOSEE, F. L., R. S. LEOPOLD and W. C. HESS: J. dental Res. 30, 565 (1951).
13 LOSEE, F. L., B. A. NEIDIG anv W. C. HESS: Proc. Soc. exp. Biol. Med. 76, 783 (1951).
14 NEMETSCHEK, T., W. GRASSMANN u. U. HOFMANN: Z. Naturforsch. 10b, 61 (1955).
15 KÜHN, K., U. HOFMANN u. W. GRASSMANN: Z. Naturforsch. 11b, 581 (1956).

Tabelle 49. *Kollagen- und Elastingehalt verschiedener Gewebe* (nach [1]).

Gewebe	Tierart	Kollagen* unkorrigiert[a] %	Kollagen korrigiert[a] %	Elastin %
Aortenbogen	Rind	23,2	23,1	39,8
	Schwein	16,1	16,0	57,1
	Ratte	25,7	25,6	47,7
Knochen (Tibia)[b]	Rind	24,2	24,2	
(Femur)[b]	Ratte	15,1	15,1	
Chordae tendineae (groß)	Rind	84,8	84,6	4,88
	Schwein	77,1	76,9	3,69
Leber[c]	Rind	1,99	1,97	0
	Schwein	2,49	2,46	0
	Ratte	0,65	0,64	0
Nierenrinde[c]	Rind	5,30	5,28	1,65
	Schwein	3,82	3,80	0,58
	Ratte	3,85	3,33	0,45
Muskel (Schulter)[c]	Rind	2,14	2,08	
(Abdomen)[c]	Ratte	5,83	5,77	
Myokard (linker Ventrikel)[c]	Rind	1,99	1,93	0
	Schwein	2,24	2,18	0
(rechter Ventrikel)[c]	Rind	3,82	3,76	0
	Schwein	3,45	3,38	0
Ventrikel[c]	Ratte	3,00	2,96	0
Milz[c]	Rind	3,12	3,10	4,55
	Schwein	2,42	2,40	1,25
	Ratte	3,52	3,50	0,55
Großhirn[c]	Ratte	0,22	0,22	0
Duodenum[c]	Ratte	12,0	12,0	
Lunge[c]	Ratte	11,3	11,3	4,89
Magen (Cardia)[c]	Ratte	23,7	23,6	1,64
(Pylorus)[c]	Ratte	13,9	13,8	1,27
Schneidezähne[b]	Ratte	10,8	10,8	
Haut (Seite)	Ratte	67,8	67,6	
Haut	Hund	64,5	64,3	
	Meerschweinchen	72,3	72,1	
	Mensch	72,1	71,9	

* Bezogen auf das fettfreie Trockengewicht.

[a] Die Werte für Kollagen wurden nach dem Tyrosingehalt korrigiert (vgl. S. 474).

[b] 12 Std lang druckerhitzt.

[c] Vor Druckerhitzung mit 20%iger Harnstofflösung extrahiert.

Kohlenhydratgruppen sein. Dagegen spricht, daß der bisher gefundene Kohlenhydratanteil nicht ausreicht, um die Kohlenhydratgruppen, die dafür in der Kollagenfibrille notwendig wären, zu decken[2, 3]. Es ist also noch nicht sicher, was die Querstreifung der Kollagenfibrillen bedeutet.

Neben den quergestreiften Kollagenen, die besonders bei den Wirbeltieren und da wieder vorwiegend bei den Säugetieren vorkommen, finden sich auch nichtquergestreifte Kollagene, die besonders bei den Wirbellosen, wie z. B. in der Haut des Regenwurms, zu finden sind. Die letzteren werden auch verdeckte Kollagene genannt. Beide haben das gleiche Röntgenweitwinkeldiagramm. In Tabelle 50 nach Bear[4] sind die verschiedenen Proteine zusammengestellt, die man zur Gruppe der Kollagene zählt.

Am besten untersucht ist das Kollagen der Säugetiere. Dasjenige aus Sehnen unterscheidet sich in gewisser Beziehung von dem aus Corium.

[1] Neuman, R. E., and M. A. Logan: J. biol. Ch. **186**, 549 (1950).

[2] Schmitt, F. O., J. Gross and J. H. Highberger: Exp. Cell Res. Suppl. **3**, 326 (1955).

[3] Grassmann, W., H. Hörmann u. R. Hafter: H. **307**, 87 (1957).

[4] Bear, R. S.: Adv. Protein Chem. **7**, 69 (1952).

Tabelle 50. *Verteilung von Kollagenen in der Tierwelt* (nach [1, 2]).

Stamm	Klasse	Name des Kollagens	Vorkommen
Wirbeltiere	Säugetiere	Kollagen	Bindegewebe, Sehnen, Knochen, Haut
		Reticulin	Haut, Milz, Lymphknoten, Fettgewebe
		Vitrosin	Glaskörperflüssigkeit des Auges
	Vögel	Kollagen	Sehne, Knochen
	Amphibien		Körperwand von Kröten und Fröschen
	Fische		
	Knochenfische	Ichthyokoll	Haut, Sehne, Schwimmflosse
		Ichthylepidin	Schuppen, Körperwand vom Aal
	Knorpelfische	Elastoidin	Haifischflossen
Mollusken	Kopffüßler		Bindegewebe vom Tintenfisch
Anneliden			Körperwand der Sabella
Stachelhäuter	Holothurien		Körperwand vom Thyon
	Echinoiden		Peristome von der Arbacia
	Asteroiden		Körperwand vom Seestern
Hohltiere	Korallentiere	Cornein	axiale Stiele, Acontia
Schwämme	Demospongien	Spongin	Skelettfibrillen
		Ausgeschiedene Kollagene	
Wirbeltiere		„Ovokeratin"	Kapsel der Glattroche
Mollusken		„Byssokeratin"	Byssusfaden der Miesmuschel
Anneliden			Regenwurmhaut
Nematoden			Ascaridenhaut
Stachelhäuter			„ausgeschiedene Filamente" von Seegurken

Die Kollagene — gleich welcher Herkunft — haben verschiedene Eigenschaften gemeinsam. Ihre Struktur ist durch ein typisches Weitwinkeldiagramm und durch die oben erwähnte Achsenperiode von $\sim$640 Å charakterisiert. Chemisch zeichnen sie sich durch einen hohen Oxyprolin-, Prolin- und Glykokollgehalt und geringen Gehalt an aromatischen Aminosäuren aus[3]. Sie enthalten Oxylysin. Sie sind in kaltem Wasser unlöslich. In schwach sauren (unter p_H 5), stark alkalischen (oberhalb p_H 8) und in Neutralsalzlösungen quellen die Kollagene (vgl. S. 466).

In Wasser von bestimmter Temperatur verkürzen sie sich auf etwa $^1/_3$ oder $^1/_4$ ihrer ursprünglichen Länge (Schrumpfen). Wenn man sie in gequollenem Zustand längere Zeit in wäßriger Lösung erwärmt, werden sie in Gelatine umgewandelt und aufgelöst.

Die Temperatur, bei der Kollagen schrumpft, ist charakteristisch für die einzelnen Kollagene (vgl. Tabelle 52) und steht offenbar in engem Zusammenhang mit dem Gehalt an Oxyprolin und anderen Oxyaminosäuren. Die Oxyaminosäuren und besonders das Oxyprolin sind wesentlich am Zusammenhalt der Polypeptidketten beteiligt, und zwar sollen zwischen Ketoimidgruppen und OH-Gruppen des Oxyprolins Wasserstoffbrücken bestehen[4]. Auch die Umwandlung von Kollagen in Gelatine scheint die Wasserstoffbrücken zu betreffen. Sie gelingt nicht bei allen Kollagenen gleich leicht. Kollagen aus Rinderhaut hat einen sehr hohen Oxyprolingehalt (vgl. Tabelle 51 und 52). Es schrumpft in Wasser bei 65—70° und braucht eine starke Vorbehandlung mit Säure oder Alkali, bevor es durch Hitzebehandlung gelatiniert. Kollagen aus Schafs-, Katzen- und Hundehaut hat eine niedrigere Schrumpftemperatur (60°) und auch einen niedrigeren Oxyprolingehalt. Ichthyokoll (Kollagen aus Schwimmblase und Haut von Kaltwasserfischen) wird schon bei 37° in eine lösliche gelatinierte Form umgewandelt. Es enthält sehr viel weniger Oxyprolin als Säugetierkollagen (vgl. Tabelle 51 und 52)[4].

Elastoidin, ein kollagenartiges Protein aus der Rückenflosse von Knorpelfischen, schrumpft zwischen 63 und 64° reversibel. Die hitzeverkürzte Faser schnellt beim Ab-

[1] Kendrew, J. C.; in: Neurath-Bailey, Proteins, Bd. 2B, S. 911.
[2] Bear, R. S.: Adv. Protein Chem. **7**, 69 (1952).
[3] Gross, J.: Fed. Proc. **13**, 62 (1954).
[4] Gustavson, K. H.: Chemistry and Reactivity of Collagen. S. 82. New York 1956.

Tabelle 51. *Aminosäurezusammensetzung verschiedener Kollagene und anderer Proteine des Stütz- und Bindegewebes.* (g/100 g Eiweiß)

	Kollagen						Osseomucoid[5]	Elastoidin[6]* Rückenflosse des Haies (Carcharinus melanopterus)	Gelatine				Elastin	
	Rinderhaut[1,2]	citrat-extrahiertes Kollagen (Prokollagen aus Rinderhaut[1,2])	Ichthyokoll[3] (Kollagen aus der Schwimmblase des Störs)	Haut des Lungenfisches[3] (Neoceratodus)	Rinderknochen[4]	menschlicher Knochen[4]			Rinderhaut[4]	Haut der Pythonschlange[7]	Hühnerbeinsehne[7]	Haut des Lungenfisches (Neoceratodus)[3]	Ligamentum nuchae (Rind)[8]	Aorta (Rind)[9,10]
Gesamt-N	18,6	17,7	18,54	18,24	18,26	18,45	11,3	17,52	18,14	16,19	17,80	18,21	16,80	17,1
Gesamt-S	0,30						S: 1,83 SO_4-S: 1,63	0,51					0,17 bis 0,28	
Gesamt-P	—	—	—	—	—	—	—	—	—	—	—	—	—	—
Amino-N	0,46	0,49												
Amid-N	0,66	0,52	0,63	0,67	0,63	0,56	1,07		0,11	0,28	0,61	0,63		
Hexosamin	0,05	0,01					Glucosamin 1,23 Galaktosamin 7,67				Glucosamin 0,05 Galaktosamin 0,05			
Glykokoll	26,57	26,07	27,7	24,0	25,3	25,80	2,65	25,37	27,50	21,6	27,0	26,10	26,70	30,2
Alanin	10,32	9,95	11,6	11,7	10,5	10,90	3,70	11,4	11,00	10,2	11,1	11,90	21,30	19,3
Valin	2,46	2,26	2,31	2,56	2,65	2,97	4,50	2,72	2,59	2,15	2,52	2,21	17,70	17,6
Leucin	3,73	3,20	2,55	3,37	3,93	3,60	7,27	2,62	3,33	3,07	3,38	2,75	9,00	8,7
Isoleucin	1,88	1,39	1,65	1,64	1,73	1,88	3,65	2,69	1,72	1,40	1,55	1,34	3,80	3,9
Prolin	14,42	13,02	12,8	14,8	14,7	15,30	4,24	13,27	16,35	12,5	16,2	15,80	13,50	16,8
Oxyprolin	12,83	13,62	11,8	9,8	14,1	14,10	0,00	8,76	14,10	12,2	14,0	10,80	1,60	1,91
Cystin							1,13	0,35		Spuren	Spuren		0,35	0,12
Cystein	—	—	—	—	—	—	—	—	—	—	—	—	—	—
Methionin	0,97	0,78	1,43	0,59	0,80	0,84	0,84	1,78	0,89	0,82	1,00	0,54	Spuren	0,0
Tryptophan	—	—	—	—	—	—	—	—	—	—	—	—	—	—
Phenylalanin	2,35	1,98	2,53	2,60	2,88	2,49	2,86	2,10	2,23	2,14	2,56	2,41	6,20	5,1
Tyrosin	0,99	0,50	0,46	0,19	0,56	0,86	1,98	7,15	0,29	0,30	0,67	0,14	1,50	1,63
Arginin	8,22	8,34	10,0	9,10	9,20	8,80	3,87	8,61	8,80	7,92	8,46	9,90	1,30	0,87
Histidin	0,70	0,29	0,83	0,80	0,96	0,96	2,65	1,73	0,78	0,67	0,75	0,75	0,00	0,00
Lysin	3,96	3,57	3,46	3,63	4,11	4,40	4,26	3,74	4,50	3,67	3,01	3,63	0,50	0,47
Oxylysin	1,0	0,9	1,90	0,88	1,12	0,62	0,00	0,88	0,97	0,59	1,68	1,08	0,00[11]	0,00
Serin	4,27	4,23	5,8	4,71	4,24	4,06	3,61	3,31	4,21	4,18	3,26	4,71	0,85	0,80
Threonin	2,26	2,21	3,79	3,18	2,52	2,35	4,13	2,42	2,22	1,94	2,46	3,01	1,12	1,01
Asparaginsäure	6,95	6,05	6,9	6,60	7,10	6,70	9,66	6,40	6,70	5,83	6,94	6,20	1,10	0,64
Glutaminsäure	11,16	11,02	11,4	11,90	11,90	11,40	11,67	11,01	11,40	8,35	11,82	11,90	2,40	2,1

* Faserförmiges, dem Kollagen ähnliches Protein, das aus Flossen vom Knorpelfisch gewonnen wird.

Tabelle 52. *Schrumpftemperaturen verschiedener Kollagene und deren Gehalt an Oxyprolin, Serin und Threonin*[1].

Kollagen	Schrumpftemperatur (T_S) °C	Bereich der Schrumpftemperatur (T_S) °C	Gehalt an Oxyprolin g/100 g	Gehalt an Serin und Threonin g/100 g
Kaltwasserfische				
Heilbutt . . .	40	36—43	9,1	9,3
Kabeljau . . .	40		8,3	11,1
Warmwasserfische				
Hecht	55	53—57	7,9	—
Hai	53		10,9	8,2
Amphibien				
Kröte	54		10,1	10,0
Reptilien				
Pythonschlange	57	57—59	12,2	6,1
Krokodil . . .	59		13,3	7,7
Vögel				
Huhn	64	59—67	14,0	5,7
Säugetiere				
Rind	65		14,1	6,8
Schwein . . .	62		13,5	6,3
Wal	63		12,8	7,8
Heißwasserfische				
Lungenfisch .	63		10,8	7,9

kühlen spontan auf etwa 85% ihrer Originallänge zurück[2]. Elastoidin wird nicht in Gelatine umgewandelt[3]. Die Kollagenfaserbündel lassen sich praktisch nicht dehnen. Die Fibrillen dagegen sind unter gewissen Bedingungen dehnbar[4].

Natives Kollagen aus Säugetierhaut wird von Proteinasen wie Trypsin und Papain nicht verdaut — es sei denn, die Fasern wurden zuvor mechanisch oder durch Quellen zerstört. Das Kollagen aus Fischhaut wird jedoch von Proteinasen verdaut. Kollagenase aus Clostridium welchii spaltet alle Kollagene.

Bis vor kurzem galt Kollagen als immunologisch inert. Erst neuerdings weiß man, daß es eine gewisse Antigenität aufweist[5]. Die Kollagene verschiedener Fisch- und Säugetierarten unterscheiden sich immunologisch nur wenig[6].

[1] LEACH, A. A.: Biochem. J. **67**, 86 (1957).
[2] DAMODARAN, M., C. SIVARAMAN and R. S. DHAVALIKAR: Biochem. J. **62**, 621 (1956).
[3] BEAR, R. S.: Adv. Protein Chem. **7**, 77 (1952).
[4] SCHMITT, F. O., C. E. HALL and M. A. JAKUS: J. cellul. comp. Physiol. **20**, 11 (1942).
[5] WATSON, R. F., S. ROTHBARD and P. VANAMEE: J. exp. Med. **99**, 535 (1954).
[6] MAURER, P. H.: Arch. Biochem. **58**, 205 (1955).

Literatur zu Tabelle 51.

[1] BOWES, J. H., and R. H. KENTEN: Biochem. J. **43**, 358 (1948).
[2] BOWES, J. H., R. G. ELLIOTT and J. A. MOSS: Biochem. J. **61**, 143 (1955).
[3] EASTOE, J. E.: Biochem. J. **65**, 363 (1957).
[4] EASTOE, J. E.: Biochem. J. **61**, 589 (1955).
[5] EASTOE, J. E., and B. EASTOE: Biochem. J. **57**, 453 (1954).
[6] DAMODARAN, M., C. SIVARAMAN and R. S. DHAVALIKAR: Biochem. J. **62**, 621 (1956).
[7] LEACH, A. A.: Biochem. J. **67**, 83 (1957).
[8] PARTRIDGE, S. M., and H. F. DAVIS: Biochem. J. **61**, 11, 21 (1955).
[9] NEUMAN, R. E.: Arch. Biochem. **24**, 289 (1949).
[10] NEUMAN, R. E., and M. A. LOGAN: J. biol. Ch. **184**, 299 (1950).
[11] HAMILTON, P. B., and R. A. ANDERSON: Am. Soc. **77**, 2892 (1955).

Schon NAGEOTTE[1-3] und später FAURÉ-FRÉMIET[4, 5] zeigten, daß ein beachtlicher Teil des Kollagens von gewissen Arten von Bindegewebe — wie Rattenschwanzsehne oder Schwimmblase von Fischen — in Lösung geht, wenn man mit verdünnten organischen Säuren, wie 0,01 n Essigsäure oder Ameisensäure, extrahiert. Aus dem gelösten Kollagen erhält man bei Dialyse ein Gel. Durch Zufügen von Salz kann man es als sog. Kristalle oder Fäden wieder ausfällen. Die Autoren nannten das auf diese Art lösliche Kollagen „Kollagen A". Bei einer gewissen Ionenstärke zeigen die ausgefällten Fasern Querstreifung wie natives Kollagen[6].

Später haben OREKHOVICH und Mitarbeiter[7-9] Haut mit Citratpuffern p_H 3—4 extrahiert und damit eine viscöse Kollagenlösung erhalten, aus der man durch Dialyse gegen Leitungswasser Kollagenfibrillen ausfällen kann, die im allgemeinen die Eigenschaften von nativem Kollagen haben[10]. Die russischen Autoren hielten dieses Kollagen für eine Vorstufe des reifen Kollagens und nannten es „Prokollagen"[7]. Es scheint zwar dem von NAGEOTTE[1-3] isolierten löslichen Kollagen sehr ähnlich, aber nicht mit ihm identisch zu sein, da es schon bei Dialyse ausfällt. Im Elektronenmikroskop fanden HIGHBERGER und Mitarbeiter[10] in dem gefällten „Prokollagen" außer den Fibrillen mit der Achsenperiode von ~640 Å, wie sie dem nativen Kollagen entspricht, auch Fibrillen mit Achsenperioden von 1500—3000 Å, die von den Autoren als Langraumform (FLS = fibrous long spacing) bezeichnet wurden. FLS-Fibrillen erhält man am leichtesten, wenn man Haut von Ratte, Kalb und Stier, Rattenschwanzsehne oder Fischschwimmblase mit Citratpuffer ($\Gamma/2 = 0{,}2$, p_H 3,5) extrahiert und dialysiert. Wenn man das Kollagen wiederholt mit 10%iger NaCl-Lösung, nachher mit sekundärem Natriumphosphat und daraufhin erst mit Essigsäure oder Citrat extrahiert, erhält man bei der Dialyse keine FLS-Fibrillen. Wenn man mit Phosphat allein extrahiert und aus dieser Lösung das „Prokollagen" ausfällt, erhält man Fibrillen vom FLS-Typ. GROSS, HIGHBERGER und SCHMITT[11] nahmen nun an, daß die Haut einen Faktor enthält, der in Phosphat löslich ist und die Bildung von FLS-Fibrillen fördert. Da Mucopolysaccharid in Verbindung mit Kollagen auftritt und da Glykoproteide in Phosphatlösung leicht löslich sind, vermuteten sie, daß die Glykoproteide eine Rolle beim Aufbau des Kollagens spielen und setzten deshalb einer „Prokollagenlösung" ein Mucoproteid aus Bindegewebe oder α_1-Glykoproteid aus Plasma (vgl. S. 366) im Verhältnis 1:10 zu und erhielten dann bei Dialyse fast nur Kollagen vom FLS-Typ. Wenn man einer „Prokollagenlösung" Heparin, Kaliumhyaluronat, Chondroitinsulfat, Gummi arabicum, Phosphatase u. a. zusetzt, erzielt man die gleiche Wirkung[12, 13]. FLS-Fibrillen haben eine symmetrische, nichtpolarisierte Struktur. SCHMITT, HIGHBERGER und GROSS[14-17] haben durch leichte Veränderung der Bedingungen noch einen anderen Typ von Langraumform des Kollagens entdeckt. Wenn man einen Phosphatextrakt von Kollagen gegen Citratpuffer dialysiert, erhält man im Niederschlag Fibrillen,

[1] NAGEOTTE, J.: C. R. Soc. Biol. **96**, 172 (1927).
[2] NAGEOTTE, J., et L. GUYON: Arch. Biol., Paris **41**, 1 (1930).
[3] NAGEOTTE, J., and L. GUYON: Amer. J. Path. **6**, 631 (1930).
[4] FAURÉ-FRÉMIET, E.: C. R. Soc. Biol. **113**, 715 (1933).
[5] FAURÉ-FRÉMIET, E., et H. GARRAULT: Arch. Anat. microscop. **33**, 81 (1937).
[6] SCHMITT, F. O., C. E. HALL and M. A. JAKUS: J. cellul. comp. Physiol. **20**, 11 (1942).
[7] OREKHOVICH, V. N., A. A. TUSTANOVSKY, K. D. OREKHOVICH and N. E. PLOTNIKOVA: Biochimija, Moskva **13**, 55 (1948).
[8] TUSTANOVSKY, A. A.: Biochimija, Moskva **12**, 285 (1947).
[9] OREKHOVICH, V. N.: 2. Int. Congr. Biochem. Paris 1952. S. 106.
[10] HIGHBERGER, J. H., J. GROSS and F. O. SCHMITT: Proc. nat. Acad. Sci. USA **37**, 28 (1951).
[11] GROSS, J., J. H. HIGHBERGER and F. O. SCHMITT: Proc. Soc. exp. Biol. Med. **80**, 462 (1952).
[12] MORRIONE, T. G.: J. exp. Med. **96**, 107 (1952).
[13] JACKSON, S. F., and J. T. RANDALL; in: RANDALL, J. T. (Hrsg.): Nature and Structure of Collagen. S. 181. London 1953.
[14] SCHMITT, F. O., J. GROSS and J. H. HIGHBERGER: Proc. nat. Acad. Sci. USA **39**, 459 (1953).
[15] GROSS, J., J. H. HIGHBERGER and F. O. SCHMITT: Proc. nat. Acad. Sci. USA **40**, 679 (1954).
[16] GROSS, J., J. H. HIGHBERGER and F. O. SCHMITT: Proc. nat. Acad. Sci. USA **41**, 1 (1955).
[17] SCHMITT, F. O., J. GROSS and J. H. HIGHBERGER: Exp. Cell Res. Suppl. **3**, 326 (1955).

die SLS (segment long spacing)-Fibrillen genannt werden. Diese SLS-Fibrillen bilden sich am besten, wenn man derartigen Lösungen Adenosintriphosphat (ATP) zusetzt. Die SLS-Fibrillen zeigen im Elektronenmikroskop Perioden von ungefähr 2000 Å Länge, von denen jede mindestens 20 Banden enthält. Sie haben eine asymmetrische, polarisierte Struktur. Die verschiedenen Fibrillenformen können mit geeigneten Methoden wechselseitig ineinander sowie in Fibrillen der Struktur des nativen Kollagens umgewandelt werden. Die Autoren nehmen daher an, daß eine Kollageneinheit existiert, aus der sich wechselweise die verschiedenen Kollagene bilden können, und sie nennen diese hypothetische Einheit „Tropokollagen"[1,2]. Diese Hypothese wird dadurch gestützt, daß man mit Neutralsalzlösungen oder Plasma-Ultrafiltrat[3,4] aus Bindegewebe (besonders der Haut von jungen Tieren) ein Material extrahieren kann, das beim Erwärmen auf 35° einen fibrösen Niederschlag bildet, der die Struktur von nativem Kollagen besitzt. Der in der Kälte dargestellte Extrakt enthält keine kollagenen Fibrillen. Dieses lösliche Kollagen scheint also in Form von Tropokollagenteilchen in der Grundsubstanz vorzuliegen. Sonst hätte es bei der Körpertemperatur des Tieres als Kollagenfibrillen ausgefällt werden müssen.

Boedtker und Doty[5-7] haben aus Fischschwimmblase[5] und neuerdings auch aus Kälberhaut[7] mit Citratpuffer Kollagen extrahiert, das aus stabförmigen Teilchen (3300 × 13,5 Å mit einem Mol.-Gew. von ∼300000) besteht. Sie halten dieses für identisch mit dem Tropokollagen von Gross, Highberger und Schmitt.

Chondroitinschwefelsäure wirkt stabilisierend auf Kollagen[8,9]. Aus unbehandelter Kalbs-Achillessehne kann man mit verdünnter (0,4 m) Essigsäure innerhalb von 24 Std ∼25% des Kollagens extrahieren. Hat man vorher mit Hyaluronidase behandelt, kann man 85% des Kollagens extrahieren[10]. Das Kollagen des Corium oder reifer Sehnen wird jedoch mit Hyaluronidase nicht depolymerisiert[11]. Bei der tryptischen Verdauung des Kollagens bleibt ein sehr kohlenhydratreicher Rückstand[12] zurück. Danach könnte man schließen, daß eine hochmolekulare Kohlenhydratverbindung von der Art der Hyaluronsäure oder Chondroitinschwefelsäure die Peptidketten verbindet. Andererseits sprechen verschiedene Befunde der Arbeitsgruppe von Grassmann[13-16] dafür, daß kurzkettige Kohlenhydratbruchstücke mit 1—2 Glykolgruppierungen in die Hauptkette der Peptidfaser eingebaut sind. Kollagen und Prokollagen gehen nämlich nach längerer Behandlung mit Natriumperjodat ($1^1/_2$, 18 und 43 Std mit 5%igem Natriumperjodat) in Lösung[13]. Im Elektronenmikroskop wurde beobachtet[15], daß dabei die mit Silber (Urotropinmethode) anfärbbaren Querstreifen aufgelöst werden, daß sich also offenbar die Kohlenhydratgruppen lösen. Dabei sowie auch bei der Behandlung mit Phenyljodosoacetat und bei der Reduktion mit Lithiumborhydrid wird die Peptidkette des Kollagens und Prokollagens gespalten, und es treten neue Endgruppen auf. Die Brückenglieder, die perjodatempfindlich sind, entsprächen aber einem Kohlenhydratgehalt von ∼7%, da die Länge der freigewordenen Peptide beim Prokollagen 21 Aminosäureresten, beim Kollagen

[1] Schmitt, F. O., J. Gross and J. H. Highberger: Proc. nat. Acad. Sci. USA **39**, 459 (1953).
[2] Gross, J., J. H. Highberger and F. O. Schmitt: Proc. nat. Acad. Sci. USA **40**, 679 (1955).
[3] Gross, J., J. H. Highberger and F. O. Schmitt: Proc. nat. Acad. Sci. USA **41**, 1 (1955).
[4] Schmitt, F. O., J. Gross and J. H. Highberger: Exp. Cell Res. Suppl. **3**, 326 (1955).
[5] Boedtker, H., and P. Doty: Am. Soc. **77**, 248 (1955).
[6] Boedtker, H., and P. Doty: Am. Soc. **78**, 4267 (1956).
[7] Doty, P., and T. Nishihara: Recent Advances in Gelatin and Glue Research (Cambridge 1.—5. 7. 1957). Nature **180**, 960 (1957).
[8] Jackson, D. S.: Biochem. J. **54**, 638 (1953).
[9] Jackson, D. S.: Biochem. J. **56**, 699 (1954).
[10] Jackson, D. S.; in: Randall, J. T. (Hrsg.): Nature and Structure of Collagen. S. 177. London 1953.
[11] Schwarz, W.: Die Zwischensubstanz des Bindegewebes. Symp. über Kapillaren und Interstitien, Hamburg (29./30. 10. 1954) 1955.
[12] Grassmann, W.: Symposium on Connective Tissue, London 29. 7. 56, zit. nach [13].
[13] Grassmann, W., u. K. Kühn: H. **301**, 1 (1955).
[14] Grassmann, W., H. Endres u. A. Steber: Z. Naturforsch. **9**b, 513 (1954).
[15] Kühn, K., U. Hofmann u. W. Grassmann: Z. Naturforsch. **11**b, 581 (1956).
[16] Grassmann, W., H. Hörmann u. R. Hafter: H. **307**, 87 (1957).

25 Aminosäureresten entspricht. Tatsächlich findet man aber nur den zehnten Teil davon an Zucker im Kollagen[1]. Der Abbau des Kollagens durch Lithiumborhydrid spricht für die Spaltung von Esterbindungen[2]. SEIFTER und Mitarbeiter[3] nehmen an, daß beim oxydativen Abbau von Ichthyokoll Peptidketten gespalten werden. Es läßt sich also noch nichts eindeutiges darüber aussagen, wie die Peptidketten des Kollagens zusammengehalten werden (vgl. auch S. 466f.).

Kollagen wird in den Fibroblasten gebildet[4] und offenbar als Prokollagen oder Tropokollagen an die Intercellularsubstanz abgegeben, und erst dort bilden sich anscheinend die Fasern. Wenn man Carrageenin, eine sulfurierte Polygalaktose aus der Alge Chondrus crispus, Kaninchen oder Ratten injiziert, wird die Bildung von Bindegewebe stimuliert[5]. Dabei bildet sich zuerst in Neutralsalzlösungen lösliches Kollagen, dann erst säurelösliches und zum Schluß das unlösliche Kollagen[6-8]. Danach scheint die Annahme von HARKNESS und Mitarbeitern[9] bestätigt zu sein, daß nämlich neutralsalzlösliches Kollagen der wahre Vorläufer des reifen Kollagens ist und daß säurelösliches Kollagen als Zwischenprodukt nicht unbedingt erforderlich ist. Die Autoren nehmen an, daß neutralsalzlösliches Kollagen entweder in säurelösliches umgewandelt oder an schon vorhandenes säurelösliches oder aber an unlösliches Kollagen angelagert wird[8]. BOWES und Mitarbeiter[10] haben ein Protein, das reich an Hexosamin, Tyrosin und Amid-N, aber arm an Oxyprolin ist, aus Kollagen dargestellt, von dem sie neuerdings annehmen, daß es ein integrierender Bestandteil des Kollagens ist[11]. JACKSON[8] isolierte ein wasserlösliches, reichlich Oxyprolin enthaltendes Protein, das ein niedermolekularer Anteil des neutralsalzlöslichen Kollagens oder ein noch einfacherer Bestandteil für den Kollagenaufbau sein könnte. — Wenn man säureextrahiertem Kollagen Heparin, Chondroitinschwefelsäure, Lipopolysaccharide (Endotoxin) oder Polysaccharide aus Typhusbacillen, Pneumokokken oder Streptokokken zufügt, kann sich jedes einzelne mit dem Prokollagen zusammenlagern und ausfallen. Fügt man sie gemischt einer solchen Kollagenlösung zu, wird entweder die Fällung verhindert, oder man findet ein verändertes Kollagen[12]. Es wird vermutet, daß in vivo bei Anwesenheit von Bakterienpolysacchariden in ähnlicher Art Kollagenmißbildungen entstehen können.

Der Stoffwechsel des Kollagens ist schon bei jungen Tieren sehr viel langsamer als der von anderen Körperproteinen, wie Leber- oder Plasmaproteinen (ungefähr die Hälfte, vgl. S. 213), und wird mit dem Alter immer langsamer[9, 13].

Zur Biosynthese des Kollagens ist Ascorbinsäure notwendig[5, 14], und zwar zur Bildung des Oxyprolins, das aus Prolin gebildet wird[15].

Darstellung. Kollagen existiert im Bindegewebe in 3 Formen. Die eine Form, die als säurelösliches Kollagen bezeichnet wird, kann mit verdünnter Essigsäure[16-18] oder mit

[1] GRASSMANN, W., H. HÖRMANN u. R. HAFTER: H. **307**, 87 (1957).
[2] GRASSMANN, W., H. ENDRES u. A. STEBER: Z. Naturforsch. **9b**, 513 (1954).
[3] SEIFTER, S., P. M. GALLOP and E. MEILMAN: Recent Advances in Gelatin and Glue Research (Cambridge 1.—5. 7. 1957.) Nature **180**, 960 (1957).
[4] JACKSON, D. S.: Recent Advances in Gelatin and Glue Research (Cambridge 1.—5. 7. 1957.) Nature **180**, 960 (1957.)
[5] ROBERTSON, W. VAN B., and B. SCHWARTZ: J. biol. Ch. **201**, 689 (1953).
[6] JACKSON, D. S.: Biochem. J. **62**, 25 P (1956).
[7] JACKSON, D. S.: Biochem. J. **64**, 8 P (1956).
[8] JACKSON, D. S.: Biochem. J. **65**, 277 (1957).
[9] HARKNESS, R. D., A. M. MARKO, H. M. MUIR and A. NEUBERGER: Biochem. J. **56**, 558 (1954).
[10] BOWES, J. H., R. G. ELLIOTT and J. A. MOSS: Biochem. J. **61**, 143 (1955).
[11] BOWES, J. H., R. G. ELLIOTT and J. A. MOSS: Biochem. J. **63**, 1 P (1956).
[12] BAZIN, S., et A. DELAUNAY: Ann. Inst. Pasteur **92**, 459 (1957).
[13] NEUBERGER, A., J. C. PERRONE and H. G. B. SLACK: Biochem. J. **49**, 199 (1951).
[14] ROBERTSON, W. VAN B.: J. biol. Ch. **197**, 495 (1952). 2. Int. Congr. Biochem. Paris 1952. S. 29.
[15] GOULD, B. S., and J. F. WOESSNER: J. biol. Ch. **226**, 289 (1957).
[16] ZACHARIADES, P. A.: C. R. Soc. Biol. **52**, 182 (1900).
[17] NAGEOTTE, J.: C. R. Soc. Biol. **96**, 172 (1927).
[18] LEPLOT, G.: C. R. Soc. Biol. **112**, 1256 (1933).

Citratpuffern[1-3] extrahiert werden. Sie wurde von der russischen Gruppe „Prokollagen" genannt, in der Annahme, daß es sich um die Vorstufe des eigentlichen unlöslichen Kollagens handelt (vgl. auch S. 455). Das mit Essigsäure extrahierte Kollagen[4-6] gibt bei der Dialyse gegen Wasser ein Gel und kann mit NaCl als „Kristalle" oder Fibrillen ausgefällt werden. Das citratextrahierte Kollagen[1-3] fällt bei der Dialyse gegen Wasser in „kristalliner" Form aus. Nach RANDALL[7] soll es sich jedoch nicht um echte Kristalle handeln. „Prokollagen" ist offenbar dem von NAGEOTTE extrahierten Kollagen sehr ähnlich. Sie verhalten sich jedoch bei der Dialyse verschieden, scheinen also nicht identisch zu sein[8].

Eine zweite Form wurde von HIGHBERGER, GROSS und SCHMITT[9] mit schwach alkalischen Puffern und neuerdings mit Neutralsalzlösungen[10, 11] extrahiert (vgl. S. 461). Sie wird als alkalilösliches[12] oder neutralsalzlösliches[11] Kollagen bezeichnet und scheint mit dem „Tropokollagen" von GROSS, HIGHBERGER und SCHMITT[13] identisch zu sein (vgl. S. 456).

Die dritte Form ist das „reife" Kollagen. Es macht den Hauptanteil des Kollagens aus, ist in schwachen Säuren und Alkalien unlöslich und kann erst durch Überführen in Gelatine löslich gemacht werden (vgl. S. 459 und 475).

Eine Darstellung des gesamten *unlöslichen Kollagens* geben GRASSMANN und Mitarbeiter[14] an.

***Darstellung von Kollagen nach* GRASSMANN, JANICKI *und* SCHNEIDER[14].**

GRASSMANN und Mitarbeiter reinigen das Kollagen, indem sie die nichtkollagenen Proteine durch Behandlung mit Trypsin und Kalk entfernen. Im einzelnen gehen sie dabei folgendermaßen vor:

Aus der Haut einer frischgeschlachteten Kuh gewinnt man etwa 7 kg eines nativen Mittelspaltes (Mittelteil der Haut nach Abspaltung von Oberhaut und subcutanem Gewebe; Corium major)[15], die man kurze Zeit in Eis aufbewahrt, in kleinere Stücke schneidet und diese durch einen Fleischwolf dreht. Hierbei sollte man darauf achten, daß Hautstücke und Fleischwolf kühl gehalten werden. Anschließend wird mit soviel Wasser aufgeschlämmt, daß die Masse im Holländer zirkulieren kann. Darin verbleibt sie so lange, bis sich ein völlig homogener Faserbrei gebildet hat. Durch Zentrifugieren trennt man einen Teil des Faserbreis vom Wasser ab.

Man fügt je 2,37 kg feuchten Faserkuchens, der etwa 533 g Trockensubstanz entspricht, 8 *l* einer 0,1%igen Trypsinlösung (Schering-Kahlbaum) zu, stellt den p_H mit 0,5%iger Calciumcarbonatlösung auf 7,8—8,0 ein und läßt 20 Std bei 35° stehen. Nachdem diese Behandlung 4mal wiederholt worden ist, gibt man zu den Fasern 4mal je $5^1/_2$ *l* kaltgesättigte Calciumhydroxydlösung, schüttelt eine Stunde und zentrifugiert.

Der Niederschlag wird in einer großen Menge Wasser suspendiert und anschließend durch Zugabe von Eisessig zu kleineren Portionen der Suspension das Calciumcarbonat

1 OREKHOVICH, V. N.: Biochimija, Moskva **13**, 55 (1948).
2 OREKHOVICH, V. N.: 2. Int. Congr. Biochem., Paris 1952. S. 106.
3 TUSTANOVSKY, A. A.: Biochimija, Moskva **12**, 285 (1947).
4 ZACHARIADES, P. A.: C. R. Soc. Biol. **52**, 182 (1900).
5 NAGEOTTE, J.: C. R. Soc. Biol. **96**, 172 (1927).
6 LEPLOT, G.: C. R. Soc. Biol. **112**, 1256 (1933).
7 RANDALL, J. T., G. L. BROWN, S. F. JACKSON, F. C. KELLY, A. C. T. NORTH, W. E. SEEDS and G. R. WILKINSON; in: RANDALL, J. T. (Hrsg.): Nature and Structure of Collagen. S. 213. London 1953.
8 KENDREW, J. C.: Neurath-Bailey, Proteins Bd. 2B, S. 926.
9 HIGHBERGER, J. H., J. GROSS and F. O. SCHMITT: Proc. nat. Acad. Sci. USA **37**, 286 (1951).
10 GROSS, J., J. H. HIGHBERGER and F. O. SCHMITT: Proc. nat. Acad. Sci. USA **41**, 1 (1955).
11 JACKSON, D. S., and J. H. FESSLER: Nature **176**, 69 (1955).
12 HARKNESS, R. D., A. M. MARKO, H. M. MUIR and A. NEUBERGER: Biochem. J. **56**, 558 (1954).
13 SCHMITT, F. O., J. GROSS and J. H. HIGHBERGER: Exp. Cell. Res. Suppl. **3**, 326 (1955).
14 GRASSMANN, W., J. JANICKI u. F. SCHNEIDER: Stiasny Festschrift. Darmstadt 1937, S.74 [Flaschenträger-Lehnartz, Bd. I, S. 723].
15 KÜNTZEL, A., u. K. BUCHHEIMER: Collegium **1930**, 205.

entfernt. Man setzt so lange Eisessig zu, bis sich keine Kohlensäure mehr bildet. Das wird meistens nach 2—3maligem Zusatz erreicht. Dabei ist darauf zu achten, daß keine Quellung auftritt. Anschließend wird das Kollagen 4mal mit dest. Wasser gewaschen und unter Kühlung mit Alkohol und dann 2mal mit Alkohol-Äther 1:1 behandelt. Die Fasern werden abgenutscht und an der Luft getrocknet. Dieses Kollagen ist ein weißes, leichtes, vollkommen faseriges Material.

Eine weitere Darstellung des unlöslichen Kollagens ist unter Gelatine, S. 475, angegeben.

Bowes und Kenten[1] gewinnen das Kollagen unter möglichst schonenden Bedingungen, da nach ihrer Meinung kleine Mengen an Keratin, elastischen oder Reticulinfasern weniger stören als die Einwirkung von Alkalien und Enzymen bei den sonst üblichen Methoden.

***Darstellung von Kollagen nach* Bowes *und* Kenten[1].**

Die Rückenseite eines frisch abgezogenen Ochsenfells wird in etwa 46×30 cm große Stücke geschnitten und in einer rotierenden Glastrommel zuerst mit Wasser und dann mit 10%iger NaCl-Lösung 30 min gewaschen. Man erneuert die NaCl-Lösung, läßt über Nacht stehen und anschließend in der gleichen Lösung 30 min in der Trommel rotieren. Nach mehrmaligem Waschen mit dest. Wasser trocknet man mit Aceton. Die subcutane Schicht, welche die Haarwurzeln und den größeren Teil der Muskelfasern sowie der elastischen Fasern enthält, und die Oberhaut werden entfernt. Das verbleibende Material schneidet man in Würfel von 1 cm Kantenlänge und entfettet es bei Zimmertemperatur mit Petroläther (Kp 40—60°) während 6 Tagen (3mal Petroläther wechseln). Anschließend wird mehrmals mit dest. Wasser gewaschen und mit Aceton getrocknet.

Auf diese Art gereinigtes Kollagen enthält 0,03% Asche, 23% Feuchtigkeit und <0,1% Fett. Der Stickstoffgehalt liegt höher, als er von früheren Autoren gefunden wurde (18,6%).

Aus den Knochen wird das Kollagen als Gelatine extrahiert.

***Darstellung von Kollagen bzw. Gelatine aus Knochen nach* Eastoe[2].**

Als Ausgangsmaterial nimmt man Knochen aus dem Mittelteil des Wadenbeinschaftes des Ochsen. Nachdem zuvor alles äußere Gewebe entfernt worden ist, wird der Knochen unter möglichst geringem Erwärmen pulverisiert. Das Pulver breitet man in dünner Schicht aus, um einen Feuchtigkeitsausgleich mit der Luft zu erreichen. Man bestimmt den Feuchtigkeitsgehalt durch Trocknen zur Gewichtskonstanz bei 105°. Dann extrahiert man 24 Std mit einem großen Überschuß von Wasser bei 100°, um das Kollagen in Gelatine umzuwandeln und dadurch zu lösen. Der Rückstand, der hauptsächlich aus anorganischem Material besteht, wird bei 105° getrocknet und gewogen, der Stickstoff darin bestimmt und so für das Restprotein eine Korrektur angebracht. Die Extraktionsflüssigkeit trocknet man und erhitzt dann bis zur Gewichtskonstanz auf 105°. Man nimmt an, daß das trockene Material aus Gelatine besteht, die sich aus dem Kollagen des Knochens gebildet hat. Man verascht, um einen Wert für den Gehalt an wasserlöslichen anorganischen Substanzen zu bekommen. Ein kleiner Anteil an Protein-Mucopolysaccharid-Komplex, der von den Autoren vorher aus eigenen Proben mit Kalkwasser extrahiert worden war, wurde vom Kollagenwert abgezogen.

Über die Darstellung der *Proteine aus Dentin* s. [3,4].

Säurelösliches Kollagen. Wenn man Kollagen mit Essigsäure extrahiert, kann man das Protein durch Zufügen von NaCl oder durch Neutralisieren ausfällen. Beim Dialysieren bildet sich ein Gel. Extrahiert man mit Citratpuffer, kann man es durch Dialyse oder durch Zufügen von NaCl ausfällen.

Wieviel vom Gesamtkollagen säurelöslich ist, hängt von Tierart und Organ ab.

---

[1] Bowes, J. H., and R. H. Kenten: Biochem. J. **43**, 358 (1948).
[2] Eastoe, J. E.; in: Bourne, G. H. (Hrsg.): Biochemistry and Physiology of Bone. S. 88. New York 1956.
[3] Losee, F. L., R. S. Leopold and W. C. Hess: J. dental Res. **30**, 565 (1951).
[4] Carter, W. J., R. S. Leopold and W. C. Hess: J. dental Res. **30**, 840 (1951).

Lösung von Sehnenkollagen aus Rattenschwänzen in Essigsäure nach LOOFBOUROW, GOULD ***and*** SIZER[1].

Sehnenmaterial von etwa einem Dutzend Rattenschwänzen wird 14 Tage lang mit täglich erneuerter 10%iger NaCl-Lösung (je 200 cm^3) behandelt. Anschließend extrahiert man je 3mal mit täglich gewechseltem m/15 Na_2HPO_4, wäscht sorgfältig mit dest. Wasser und behandelt 14 Tage lang mit Äther, der täglich erneuert wird. (Es darf kein Narkose-Äther verwendet werden, da dieser Hydrochinon enthält, das die Fasern unlöslich macht.) Man extrahiert bei 4° mit Äther. Dann gibt man 1 *l* 0,07 m Essigsäure zu den Fasern, die sich darin leicht lösen, filtriert durch eine Glasnutsche Nr. 1 und gewinnt so eine Stammlösung, die 0,15—0,2% Kollagen enthält.

Einzelne unter gleichen Bedingungen hergestellte Lösungen zeigen verschiedene Viscositätswerte. Durch Behandlung mit konzentriertem Acetatpuffer kann man größere Einheitlichkeit erzielen.

Werden diese Lösungen bei 4° aufbewahrt, so ändern sich deren elektrophoretische Wanderungsgeschwindigkeiten innerhalb von 8 Monaten nicht.

Darstellung von citratlöslichem Kollagen, „Prokollagen", nach OREKHOVICH[2], ***wiedergegeben nach*** BOWES, ELLIOTT ***und*** MOSS[3].

Rinderhaut wird gewaschen, in kleine Stückchen zerschnitten und maceriert (Wiley-Mühle). Das Macerat (1800 g) extrahiert man 2mal mit 10 *l* 0,1 m Na_2HPO_4-Lösung (p_H 8,6) und dann 3mal mit 10 *l* 0,12 m Natriumcitratlösung (p_H 3,62). Zwischen beiden Extraktionen wäscht man 2mal ganz kurz mit je 3 *l* Citratpuffer p_H 3,62, um das Phosphat zu entfernen. Es wird bei 2—4° je 24 Std gearbeitet. Aus der Natriumcitratlösung fällt man das Protein durch Zufügen von NaCl bis zu einer Endkonzentration von 5 Vol.-%. Den klaren Überstand hebert man am nächsten Morgen ab und zentrifugiert den gelatinösen Rückstand. Das ausgefällte Protein reinigt man, indem man es in schwach angesäuertem Wasser, p_H 4,0, löst und gegen Leitungswasser dialysiert. Man entwässert mit Aceton und trocknet an der Luft. Das Endprodukt enthält 0,5% Asche und 16,5% Feuchtigkeit.

Darstellung von ES-(extracted skin)Kollagen nach BROWN ***und*** KELLY[4].

Das lösliche Haut-(ES)Kollagen kann man aus der Haut verschiedener Tiere gewinnen. Hauptsächlich wird Rattenhaut verwendet. Man extrahiert die Haut mit sekundärem Natriumphosphat und dann mit Citratpuffer p_H 4,1. Der Pufferextrakt wird gegen 0,01 m Na_2HPO_4 dialysiert. Dabei fällt das lösliche Haut-(ES)Kollagen in Form langer Nadeln aus. Die ganze Darstellung führt man bei 4° C durch.

Darstellung von säurelöslichem Ichthyokoll (Kollagen aus Knochenfischen) nach GALLOP[5].

Man geht dazu von frischer Schwimmblase des Karpfens aus. Ihre äußere Haut (Tunica externa) besteht aus 2 Schichten: einer zähen, blättrigen äußeren Schicht von Kollagenfasern und elastischem Gewebe und aus einer inneren dickeren Schicht von feineren Kollagenfasern, die mit jener verschmolzen ist. Diese Schichten werden vom inneren Muskelgewebe getrennt und unter fließendem kaltem Wasser gewaschen. Zur Aufbewahrung kann man das Material bei —20° einfrieren.

Zur Entfernung löslicher Anteile und Kohlenhydrate bringt man 100 g feuchte Häute in 400 cm^3 kaltes 0,5 m Natriumacetat, homogenisiert 2 min und läßt unter gelegentlichem Schütteln über Nacht bei 5° stehen. Den ersten Natriumacetatextrakt zentrifugiert man bei 2000 U/min bei 5° 1 Std ab. Die zurückbleibende Gewebepaste extrahiert man nochmals

---

[1] LOOFBOUROW, J. R., B. S. GOULD and I. W. SIZER: Arch. Biochem. **22**, 406 (1949).

[2] OREKHOVICH, V. N., A. A. TUSTANOVSKY, K. D. OREKHOVICH and N. E. PLOTNIKOVA: Biochimija, Moskva **13**, 55 (1948).

[3] BOWES, J. H., R. ELLIOTT and J. A. MOSS; in: RANDALL, J. T. (Hrsg.): Nature and Structure of Collagen. S. 199. London 1953. Biochem. J. **61**, 143 (1955).

[4] BROWN, G. L., and F. C. KELLY; in: RANDALL, J. T. (Hrsg.): Nature and Structure of Collagen. S. 170. London 1953.

[5] GALLOP, P. M.: Arch. Biochem. **54**, 486 (1955).

mit 400 cm³ 0,5 m Natriumacetat über Nacht. Es wird wieder abzentrifugiert und der Rückstand genauso mit kaltem destilliertem Wasser gewaschen und wieder gesammelt. Der Anteil Kollagen, der wahrscheinlich in den Extrakten und Waschflüssigkeiten enthalten ist[1], wird nicht berücksichtigt (vgl. Darstellung s. unten).

Man stellt zunächst einen rohen Citratextrakt her, indem man die Gewebepaste 24—48 Std mit 400 cm³ Citratpuffer p_H 4,3 (aus 0,1 m Citronensäure und 0,1 m Na-Citrat) stehenläßt. Dann zentrifugiert man bei 5° 2 Std bei 2000 U/min und saugt durch ein grobes Filterpapier ab. Das Filtrat wird erneut 2 Std in der präparativen Spinco-Ultrazentrifuge bei 50000 g bei 5° zentrifugiert. Man erhält einen klaren, hochviscösen Überstand.

Nun dialysiert man den Extrakt in der Kälte 24—48 Std gegen ein großes Volumen 0,02 m Na_2HPO_4. Nach ungefähr 8 Std erscheinen innerhalb der Hülse dicke, feste, nadelförmige Fasern. Man zentrifugiert bei niedrigen Touren ab, wäscht mit einem großen Volumen kalten destillierten Wassers und hebt im feuchten Zustand bei 5° auf. Ausbeute: Ungefähr 0,5% des Feuchtgewichts der eingesetzten Haut.

Neutralsalzlösliches bzw. alkalilösliches Kollagen. HIGHBERGER, GROSS und SCHMITT[2] haben aus Haut mit schwach alkalischen Puffern ein Kollagen extrahiert. Es läßt sich auch mit Neutralsalzlösungen oder mit Plasma-Ultrafiltrat aus Bindegewebe extrahieren[3]. Bei 35° fällt es als fibröses Material aus. Es zeigt dann im Elektronenmikroskop die Querstreifungs-Periode von 640 Å wie natives Kollagen. Die Autoren nehmen an, daß dieses Material als „Tropokollagen"-Teilchen in der Grundsubstanz verteilt ist. Wenn man mit Neutralsalzlösungen, $\Gamma/2$ $\sim$0,4—1, extrahiert, scheiden sich beim Stehen aus solchen Lösungen nadelförmige Fibrillen ab, die nun unter physiologischen Bedingungen unlöslich sind. Sie lösen sich aber im Gegensatz zu reifem Kollagen in stark verdünnter Essigsäure, in 80%igem Phenol, in Lithiumjodid-Harnstoff und in Thioharnstofflösungen vollständig[4, 5].

JACKSON und FESSLER[6] extrahieren Tropokollagen aus der Haut junger Kaninchen mit m/15 Phosphatpuffer p_H 7 und fällen es anschließend durch Zugabe von NaCl bis zu einer Endkonzentration von 16%. Das so dargestellte Kollagen kann dann wiederholt in Phosphatpuffer gelöst und durch Zusatz von NaCl oder Phosphat wieder ausgefällt werden.

Kollagen aus Sehnen von Rattenschwänzen löst sich leicht in destilliertem Wasser bei p_H 6, wenn mit 0,5 m NaH_2PO_4 vorbehandelt wurde[7].

HARKNESS und Mitarbeiter[1] haben aus Kaninchenhaut in einem Arbeitsgang neutralsalzlösliches bzw. alkalilösliches, säurelösliches und unlösliches Kollagen dargestellt.

***Darstellung der Hautproteine nach* HARKNESS, MARKO, MUIR *und* NEUBERGER[1].**

Die Haare eines Kaninchens werden entweder abrasiert oder mit der elektrischen Maschine entfernt und Haut und Unterhaut abgezogen. Die Haut von Pfoten, Schwanz, Ohren, Nase usw. wird nicht verwendet. Das Unterhautgewebe — Muskel, Fett und Bindegewebe — wird abgeschabt. Die restliche Haut, die aus Dermis, Epidermis, Haarstummeln und -wurzeln besteht, wird dann zusammengerollt und in festem CO_2 eingefroren, mit einem Skalpell in feine Stückchen geschnitten und gut gemahlen. Von einem Kaninchen erhält man 30—50 g Haut. Alle weiteren Schritte führt man bei 2° durch und konserviert mit 2-Octanol. Man extrahiert entweder in einem mechanischen Schüttelgerät oder unter Rühren nach dem in Tabelle 53 wiedergegebenen Schema.

Danach suspendiert man die gemahlene Haut bei 2° im 10fachen Volumen an gesättigter Na_2HPO_4-Lösung, extrahiert 8—20 Std und zentrifugiert schließlich bei 2500 U/min

[1] HARKNESS, R. D., A. M. MARKO, H. M. MUIR and A. NEUBERGER: Biochem. J. **56**, 558 (1954).
[2] HIGHBERGER, J. H., J. GROSS and F. O. SCHMITT: Proc. nat. Acad. Sci. USA **37**, 286 (1951).
[3] GROSS, J., J. H. HIGHBERGER and F. O. SCHMITT: Proc. nat. Acad. Sci. USA **41**, 1 (1955).
[4] GRASSMANN, W.: Leder **6**, 241 (1955).
[5] KÜHN, K., U. HOFMANN u. W. GRASSMANN: Z. Naturforsch. **11**b, 581 (1956).
[6] JACKSON, D. S., and J. H. FESSLER: Nature **176**, 69 (1955).
[7] DUMITRU, E. T., and R. R. GARRETT: Arch. Biochem. **66**, 245 (1957).

Tabelle 53. *Fraktionierung der Haut junger Kaninchen*[1].
(Alle Schritte werden bei 2° durchgeführt.)

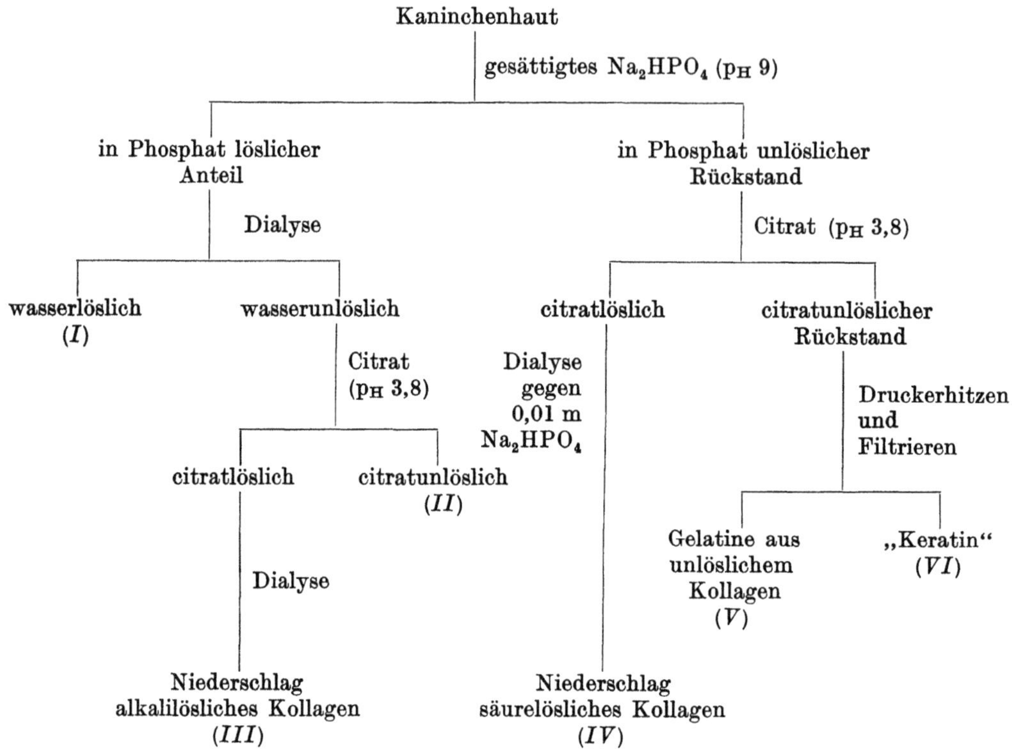

$^1/_2$ Std lang. Die *überstehende Flüssigkeit* dekantiert man und filtriert sie — wenn nötig — durch eine Glassinter-Nutsche (H 3). Der Rückstand wird mit gesättigter Na_2HPO_4-Lösung bis zu 6mal extrahiert und filtriert, bis der letzte Extrakt wasserklar ist. Die vereinigten Phosphatextrakte dialysiert man 36—48 Std gegen destilliertes Wasser. Der entstandene Niederschlag wird abzentrifugiert (1 Std bei 2500 U/min). Der klare Überstand wird zur Trockne gebracht und als wasserlösliche Fraktion (*I*) bezeichnet. Zu dem Niederschlag, der bei der Dialyse entsteht, fügt man 100 cm^3 0,1 m Natriumcitrat/HCl-Puffer, p_H 3,8.

Man schüttelt die Suspension 8—10 Std, zentrifugiert und filtriert, wie oben beschrieben, und wiederholt die Extraktion 3—4mal. Den Rückstand bezeichnet man als citratunlösliche Fraktion (*II*).

Die citratlösliche Fraktion dialysiert man gegen fließendes Leitungswasser und schließlich gegen häufig gewechseltes destilliertes Wasser. Nach langer Dialyse entsteht ein feiner Niederschlag, den man alkalilösliches Kollagen (Fraktion *III*) nennt, da es ja zuerst in Na_2HPO_4 gelöst wurde. Es löst sich jedoch jetzt nicht mehr in neutralem oder alkalischem Puffer. Aus einer Kaninchenhaut erhält man 10—25 mg dieses Materials.

Zu dem *Rückstand*, der nach erschöpfender Extraktion mit gesättigtem Na_2HPO_4 übriggeblieben war, fügt man Citratpuffer p_H 3,8, und zwar das 10fache Gewicht der ursprünglich eingesetzten Hautmenge. Dann extrahiert man unter Rühren oder Schütteln 18 Std (3—4mal wiederholen!). Nach dem Zentrifugieren und Filtrieren erhält man einen schwach viscösen, aber wasserklaren Extrakt. Man dialysiert die Lösungen gegen große Mengen 0,01 m Na_2HPO_4 und erhält ein schweres fibröses Material, das man $^1/_2$ Std lang bei 2500 U/min abzentrifugiert. Der Niederschlag enthält „säurelösliches Kollagen" = Fraktion (*IV*). Läßt man ihn längere Zeit mit Wasser in Kontakt, verwandelt er sich in ein thixotropes Gel.

[1] Harkness, R. D., A. M. Marko, H. M. Muir and A. Neuberger: Biochem. J. **56**, 558 (1954).

Den Niederschlag, der nach der Extraktion mit Citratpuffer zurückbleibt, wäscht man im Zentrifugenbecher 3mal mit 10 vol.-%igem NaCl (500 cm^3-Portionen) und dann 3mal mit Wasser und erhitzt ihn mit 500 cm^3 Wasser bei 15 Pfund Druck (~1 Atü) 3 Std lang. Das heiße Gemisch filtriert man unter Druck und erhält im Niederschlag Keratin, Elastin und denaturierte Proteine = Fraktion (*VI*). Im Filtrat des Überstands befindet sich die Gelatine, die auf ~50 cm^3 konzentriert wird. Jeder kleine Niederschlag wird abfiltriert. Man läßt die Gelatine entweder in 10 Vol. Aceton einfließen und den Niederschlag 18 Std bei 0° stehen, zentrifugiert, wäscht mit Alkohol/Äther (3:1) und trocknet im Vakuum über P_2O_5; oder aber man bringt die Lösung gleich zur Trockne, löst in 50 cm^3 Wasser wieder auf, filtriert durch eine feine Glasnutsche und hebt die Gelatinelösung als solche auf. Diese Fraktion (V) ist das unlösliche Kollagen.

Das auf diese Art gewonnene alkalilösliche Kollagen (Fraktion *III*) ist identisch mit dem neutralsalzlöslichen Kollagen von GROSS, HIGHBERGER und SCHMITT[1] sowie JACKSON[2, 3].

JACKSON[3] gibt eine Trennung der Bindegewebsproteine in wasserlösliches, neutralsalzlösliches, säurelösliches und -unlösliches Material an (vgl. Tabelle 54). Das wasserlösliche Protein ist auch reich an Oxyprolin und wird als kleiner Bestandteil, vielleicht als Vorstufe oder Abbauprodukt, des Tropokollagens angesehen.

VEIS und COHEN und Mitarbeiter[4–6] haben getrocknetes Kollagen mit Puffern von verschiedenem p_H extrahiert und mit Alkohol gefällt. Es wird bei 60° jeweils 1 Std mit physiologischer Kochsalzlösung, dann der Reihe nach mit Puffern von p_H 4,0, 3,0 und 2,0 extrahiert. Zum Schluß wird noch einmal 4 Std mit Puffer p_H 2 behandelt. Respektive 7,0, 3,8, 8,1, 17,6 und 50,5 % des Ausgangsmaterials gingen in Lösung. Mit Ausnahme der letzten Fraktion lassen sich alle mit einem Äthylalkohol-Wasser-Gemisch 3:1 ausfällen. Mit Lichtzerstreuungsmessungen wurden Molekulargewichte zwischen $2{,}0 \cdot 10^6$ und $2{,}5 \cdot 10^5$ gefunden. Zwischen den Struktureinheiten scheinen an definierten Stellen Bindungen vorhanden zu sein, die weniger stabil sind als Peptidbindungen und die bei so milder Behandlung gespalten werden. Erst bei der letzten Extraktion (4 Std, p_H 2) werden auch Peptidbindungen gespalten.

Physikalische Eigenschaften. *Elektrophorese.*

Der isoelektrische Punkt des löslichen Haut-Kollagens (ES) (Darstellung s. S. 460) wird von BROWN und KELLY[7] mit p_H 5,8 angegeben (Elektrophorese). HIGHBERGER[8] fand elektrophoretisch in Puffern, Ionenstärke $\Gamma/2 = 0{,}005$, den isoelektrischen Punkt von nativem Kollagen bei p_H 7,8, den von alkalibehandeltem nahe bei p_H 5. Nach JAMES, KENSINGTON und WARD[9] liegt der isoelektrische Punkt von Gelatine aus Kollagen, das keine Amidgruppen verloren hat, bei p_H 9,4; der von alkalibehandeltem liegt bei p_H 5. Das starke Absinken des isoelektrischen Punktes des Kollagens nach Alkalibehandlung liegt zum Teil daran, daß ein Teil der Amidgruppen abgespalten wird, zum Teil aber wohl auch daran, daß Anionen an das Protein gebunden werden. Vgl. auch [10]. ES-Kollagen (vgl. S. 460) und Sehnenkollagen von Ratten scheinen in Acetat- oder Citratpuffer p_H 3,55—4,86, $\Gamma/2 = 0{,}05$, elektrophoretisch einheitlich zu sein[7]. Bei Erhöhung der Salzkonzentration bis $\Gamma/2 = 0{,}25$ zeigte es sich, daß ES-Kollagen inhomogen ist. Die Autoren nehmen an, daß diese Inhomogenität durch eine Aggregierung der Moleküle zustande kommt.

---

[1] HIGHBERGER, J. H., J. GROSS and F. O. SCHMITT: Proc. nat. Acad. Sci. USA **37**, 286 (1951).
[2] JACKSON, D. S., and J. H. FESSLER: Nature **176**, 69 (1955).
[3] JACKSON, D. S.: Biochem. J. **65**, 277 (1955).
[4] VEIS, A., and J. COHEN: Am. Soc. **77**, 2364 (1955).
[5] VEIS, A., D. N. EGGENBERGER and J. COHEN: Am. Soc. **77**, 2368 (1955).
[6] VEIS, A., and J. COHEN: Am. Soc. **78**, 6238 (1956).
[7] BROWN, G. L., and F. C. KELLY; in: RANDALL, J. T. (Hrsg.): Nature and Structure of Collagen. S. 169. London 1953.
[8] HIGHBERGER, J. H.: Am. Soc. **61**, 2302 (1939).
[9] JAMES, J. W., A. W. KENSINGTON and A. G. WARD: Research **4**, 247 (1951).
[10] GUSTAVSON, K. H.: Chemistry and Reactivity of Collagen. S. 87. New York 1956.

Tabelle 54. *Schema zur Fraktionierung von Bindegewebsproteinen*[1].
(Alle Schritte werden bei 2° ausgeführt.)

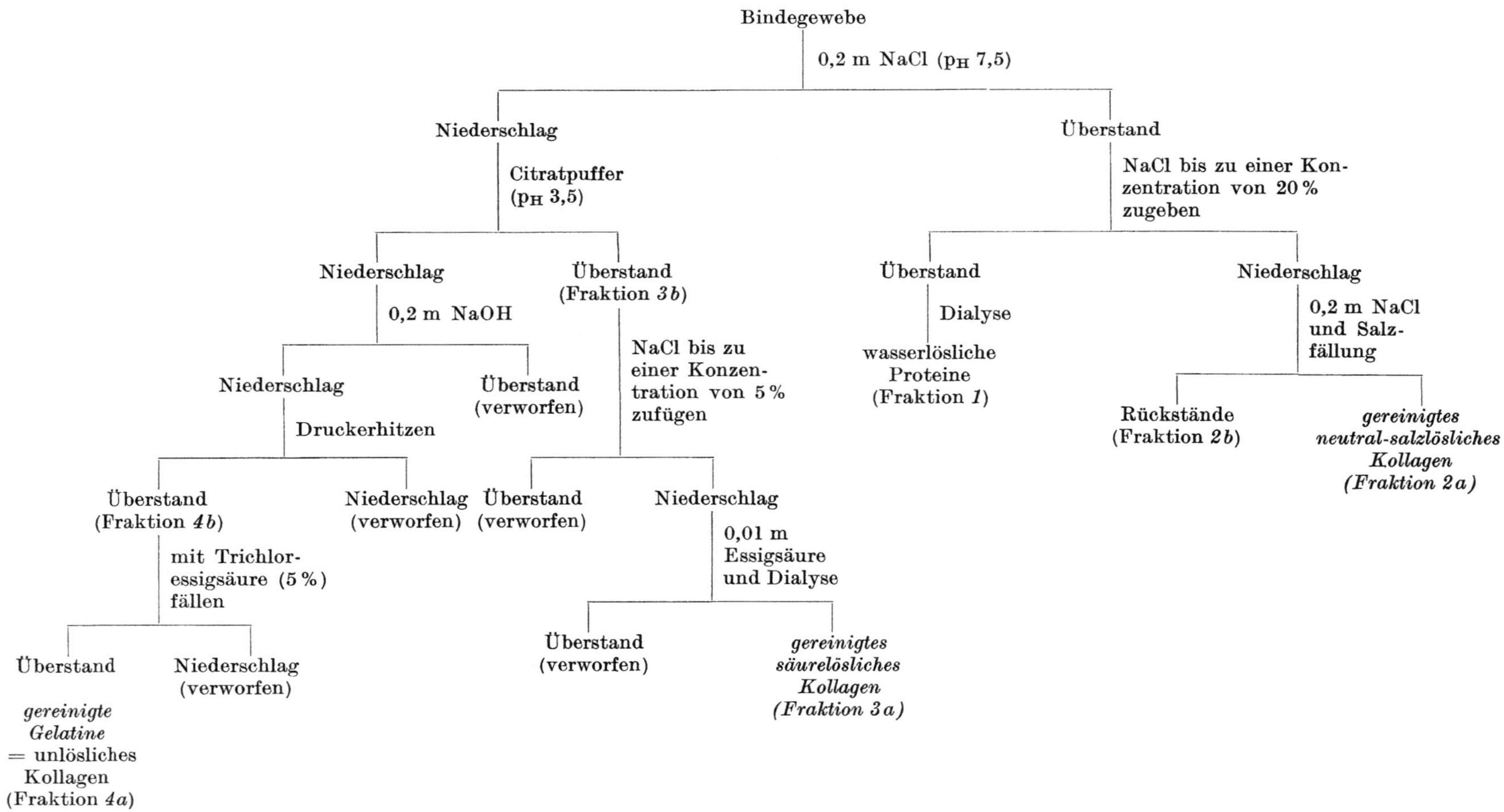

[1] Jackson, D. S.: Biochem. J. **65**, 279 (1957).

Kollagen aus Rattenschwanzsehne (Darstellung vgl. S. 460) ist elektrophoretisch nicht homogen[1]. In Acetatpuffer p_H 3,2, $\Gamma/2 = 0,1$, bei 14°, extrapoliert auf 0°, erscheint eine Hauptkomponente mit der Beweglichkeit $3,18 \cdot 10^{-5}$ cm²/V/sec. In Acetatpuffer $\Gamma/2 = 0,3$ wurden die Komponenten elektrophoretisch befriedigend getrennt; es hatte sich jedoch, wie man aus der Veränderung der Viscosität schließen konnte, die molekulare Struktur verändert. Die Veränderung durch die hohe Acetationenkonzentration ist aber reversibel. In keinem Fall war das Kollagen homogen.

In den letzten Jahren wurde das lösliche Kollagen mehrfach auf sein Mol.-Gew. und seine Viscosität usw. untersucht und sehr widersprechende Werte gefunden[2-5].

Nun haben neuerdings BOEDTKER und DOTY[6, 7] das *Molekulargewicht* des Kollagens aus Karpfenschwimmblase (Ichthyokoll) mit Messungen von Lichtzerstreuung, Doppelbrechung, osmotischem Druck, Viscosität und Sedimentationskonstante eindeutig bestimmt. Das Mol.-Gew. ist 345000, die Sedimentationskonstante $S^0_{20,w} = 2,96 \pm 0,10$, die „intrinsic viscosity" $[\eta] \times 10^2$ ist 805 ± 100. Es ist ein langes stäbchenförmiges Molekül von 3000 Å Länge und 13,6 Å Durchmesser. Das so charakterisierte lösliche Kollagen[7] wird für das hypothetische „Tropokollagen" von GROSS, HIGHBERGER und SCHMITT[8] gehalten. Bei leichter Hitzedenaturierung (30°) entsteht die sog. „parent gelatin", die nach GALLOP[4] ein Mol.-Gewicht von 70000 haben soll. Das würde bedeuten, daß das Tropokollagenmolekül aus 5 solchen Einheiten zusammengesetzt ist. Die Gelatine scheint aus mehr oder weniger großen Aggregaten dieser „parent gelatin" zu bestehen. Auch in den Prokollagenlösungen scheinen mehr oder weniger solche Moleküle zusammengelagert zu sein. Die Aggregierung hängt offenbar von der Temperatur ab. Wahrscheinlich beruhen darauf die großen Unterschiede bei den früheren Molekulargewichtsbestimmungen[2-5]. Nach BOEDTKER und DOTY[7] soll das Mol.-Gewicht der „parent gelatin" 138000 ± 8000 betragen, das lösliche Kollagenmolekül die 2,5fache Größe haben. Neuerdings wird berichtet, daß lösliches Kollagen aus Kalbshaut das gleiche Mol.-Gewicht und die gleichen Dimensionen besitzt[10]. Auch Sehnenkollagen soll die gleichen oder ähnliche Charakteristiken haben[1]. VEIS, EGGENBERGER und COHEN[11] berichten, daß bei 60° extrahiertes Hautkollagen eine neue lösliche Zwischenform zwischen Kollagen und Gelatine gibt mit Mol.-Gewichten zwischen $1 \cdot 10^6$ und $20 \cdot 10^6$. Diese Einheiten sind bei 40° sehr stabil im Gegensatz zum Ichthyokoll (s. oben und [3]).

Tabelle 55. *Elektrophorese von ES-Kollagen von Ratten in Acetatpuffer, $\Gamma/2 = 0,05$*[9].

p_H	Beweglichkeit cm²/V/sec
3,55	$6,42 \cdot 10^{-5}$
3,81	$5,53 \cdot 10^{-5}$
3,92	$5,12 \cdot 10^{-5}$
4,12	$4,55 \cdot 10^{-5}$
4,32	$4,01 \cdot 10^{-5}$
4,56	$3,36 \cdot 10^{-5}$
4,86	$2,46 \cdot 10^{-5}$

Eine Protofibrille soll aus 670—700 Aminosäureresten, durchschnittliches Mol.-Gewicht 93, bestehen[12]. Ein Einzelmolekül einer Periodenlänge hätte dann ein Mol.-Gewicht von 63000—66000. Diese Annahme geht von der sich wiederholenden Achsenperiode des Kollagenmoleküls, die im allgemeinen mit 640 Å angegeben wird, aus. Nach

[1] TOMLIN, S. G., and K. J. TURNER: Biochim. biophysica Acta, N. Y. **26**, 170 (1957).
[2] BRESLER, S. E., P. A. FINOGENOV u. S. Y. FRENKEL: Dokl. Acad. Nauk USSR. **72**, 555 (1950).
[3] MATHEWS, M. B., E. KULONEN and A. DORFMAN: Arch. Biochem. **52**, 247 (1954).
[4] GALLOP, P. M.: Arch. Biochem. **54**, 486, 501 (1955).
[5] NODA, H.: Biochim. biophysica Acta, N. Y. **17**, 92 (1955).
[6] BOEDTKER, H., and P. DOTY: Am. Soc. **77**, 248 (1955).
[7] BOEDTKER, H., and P. DOTY: Am. Soc. **78**, 4267 (1956).
[8] SCHMITT, F. O., J. GROSS and J. H. HIGHBERGER: Exp. Cell Res. Suppl. **3**, 326 (1955).
[9] BROWN, G. L., and F. C. KELLY; in: RANDALL, J. T. (Hrsg.): Nature and Structure of Collagen. S. 169. London 1953.
[10] DOTY, P., and T. NISHIHARA: Recent Advances in Gelatin and Glue Research (Cambridge 1.—5. 7. 1957.) Nature **180**, 960 (1957).
[11] VEIS, A., D. N. EGGENBERGER and J. COHEN: Am. Soc. **77**, 2368 (1955).
[12] BEAR, R. S.: Adv. Protein. Chem. **7**, 136 (1952).

SCHMITT[1] ist der Wert von 640 Å aber nur ein Durchschnittswert, und neuerdings[2] wird ein Durchschnittswert von 700 Å für eine Achsenperiode angegeben. Wenn diese Angabe richtig ist, stimmt das aus den Aminosäureresten berechnete Mol.-Gewicht relativ gut mit dem der „parent gelatin" von GALLOP[3] von 70000 überein.

Beim Säureabbau der Gelatine beobachteten SCATCHARD und Mitarbeiter[4], daß sich entlang der Molekülketten des Kollagens besonders säurelabile Bindungen befinden. Sie haben diese vorsichtig gespalten und die erhaltene Gelatine ebenfalls „parent gelatin" genannt. Es waren Moleküle von 17 Å Durchmesser und 800 Å Länge mit etwa 1170 Aminosäureresten und einem Mol.-Gewicht von $\sim 10^6$. Diese werden dann bei weiterer Hydrolyse zu Gelatinemolekülen von unterschiedlicher Länge abgebaut.

Das minimale Mol.-Gewicht des Kollagens, aus der Aminosäurezusammensetzung berechnet, beträgt 39000.

Über die Perioden des Kollagenmoleküls in Elektronenmikroskop und Röntgendiagramm s. S. 450.

Über die *Struktur* des Kollagens läßt sich noch nichts eindeutiges aussagen. COWAN und Mitarbeiter[5] haben synthetisches Poly-L-prolin mit Röntgenstrahlen untersucht und die Ergebnisse zur Grundlage für die Strukturaufklärung des Kollagens gemacht. Aus den Daten von Weitwinkelröntgendiagrammen schließen sie, daß für die allgemeine Kollagenstruktur eine einzelne Helix mit einer Periode von 28,6 Å mit 3 oder 7 Windungen am wahrscheinlichsten ist. In Übereinstimmung mit den Untersuchungen anderer Autoren[6, 7] wird geschlossen, daß die Kollagenstruktur aus 3 Ketten in der Art von Poly-L-prolin besteht, wobei $3^1/_3$ Grundbausteine auf eine Windung kommen. Diese 3 Ketten werden vermutlich durch ein Netz von NH...O-Wasserstoffbrückenbindungen zwischen Grundbausteinen in etwa gleicher Höhe und weitere Wasserstoffbrückenbindungen zusammengehalten. Weiteres über die Struktur des Kollagens findet man in der Originalliteratur[5–10] und in den neueren Zusammenfassungen[11, 12].

Quellung. Kollagen quillt auf 2 verschiedene Arten: 1. in Säuren oder Basen unter dem Einfluß des DONNAN-Gleichgewichtes und 2. in Neutralsalzlösungen. Diese Art der Quellung wird als lyophiler oder HOFMEISTER-Effekt bezeichnet. Bei sehr niedrigem und sehr hohem p_H quillt das Kollagen stärker, als nach dem DONNAN-Gleichgewicht zu erwarten ist[13], vielleicht infolge Relaxation der intrafibrillären Strukturbindungen.

Neutrale Moleküle oder hydratisierte Ionen können die Wasserstoffbrücken zwischen den Protofibrillen spalten. Das neutrale Quellen soll hauptsächlich intrafibrillär sein. Beim DONNAN-Effekt oder osmotischen Quellen verdicken und verkürzen sich die Fasern. Beim neutralen Quellen verdicken sie sich vorwiegend und können sogar etwas an Länge gewinnen (5%). Weiteres über das Quellen s.[14, 15].

Schrumpfen s. bei Denaturierung.

Analytische Daten. Nach BOWES und KENTEN[16] gereinigtes Kollagen aus Rinderhaut (vgl. S. 459) enthält 0,03% Asche, 23% Feuchtigkeit und 0,03% Fett. Der Gesamt-N

[1] SCHMITT, F. O.: Persönliche Mitteilung; s.: BOEDTKER, H., and P. DOTY: Am. Soc. **78**, 4277 (1956).
[2] BOEDTKER, H., and P. DOTY: Am. Soc. **78**, 4267 (1956).
[3] GALLOP, P. M.: Arch. Biochem. **54**, 501 (1954).
[4] SCATCHARD, G., J. L. ONCLEY, J. W. WILLIAMS and A. BROWN: Am. Soc. **66**, 1980 (1944).
[5] COWAN, P. M., S. MCGAVIN and A. C. T. NORTH: Nature **176**, 1062 (1955).
[6] RAMACHANDRAN, G. N., and G. KARTHA: Nature **176**, 593 (1955).
[7] RICH, A., and F. H. CRICK: Nature **176**, 915 (1955).
[8] RAMACHANDRAN, G. N.: Nature **177**, 710 (1956).
[9] REED, R., M. J. WOOD and M. K. KEECH: Nature **177**, 697 (1956).
[10] BURGE, R. E., and J. T. RANDALL: Proc. R. Soc. (B) **144**, 577 (1956).
[11] KENDREW, J. C.; in: Neurath-Bailey, Proteins Bd. 2B, S. 845.
[12] BEAR, R. S.: Adv. Protein Chem. **7**, 69 (1952).
[13] BOWES, J. H., and R. H. KENTEN: Nature **160**, 827 (1947).
[14] BEAR, R. S.: Adv. Protein Chem. **7**, 146ff. (1952).
[15] GUSTAVSON, K. H.: Chemistry and Reactivity of Collagen. S. 155ff. New York 1956.
[16] BOWES, J. H., and R. H. KENTEN: Biochem. J. **43**, 358 (1948).

beträgt 18,6% Für nicht so gut gereinigtes Kollagen, z. B. teilweise mit Calciumhydroxydlösung behandeltes Rinderhautkollagen werden 18% Gesamt-N und für Schafshautkollagen 17% Gesamt-N angegeben. Säugetierkollagen enthält 0,3—0,5% S, Fischhautkollagen 1,0—1,21% S[1]. Über die Herkunft des hohen Schwefelgehaltes ist man sich noch im unklaren, da er durch den Methioningehalt — 0,9% im Rinderhautkollagen, 2,3% im Fischhautkollagen — und den Esterschwefelgehalt — 0,02—0,05% — nicht gedeckt ist. GRASSMANN und Mitarbeiter[2] haben als erste nachgewiesen, daß Kollagen weniger als 1% Kohlenhydrat enthält. Seither haben mehrere Autoren die Kohlenhydrate im Kollagen bestimmt[3–6]. Glucose, Galaktose, Mannose, Fucose und Glucosamin wurden identifiziert. Nach MOSS[5] soll der Gehalt an Glucose und Hexosamin sehr viel geringer sein als von den anderen Autoren angegeben wurde, da die Aminosäuren die Bestimmung stören. Nach CONSDEN und Mitarbeitern[7] sind es 0,4% reduzierende Zucker. Nach neueren Untersuchungen von GRASSMANN[6] 0,5% im Kollagen, 0,92% im Prokollagen. Im Prokollagen wurden bisher nur Glucose und Mannose in größerer Menge als im Kollagen gefunden[6].

Die Aminosäurezusammensetzung von Kollagen verschiedenen Ursprungs und von Prokollagen und Gelatine ist in Tabelle 51 angegeben. Kollagen und Elastin sind die einzigen Proteine, welche man kennt, die Oxyprolin enthalten. Kollagen ist das einzige von 25 untersuchten Proteinen, das Oxylysin enthält[8]. Es scheint aus dem Lysin gebildet zu werden[9]. Die Aminosäurezusammensetzung des Prokollagens gleicht der der Gelatine. Prokollagen (ES-Kollagen, Darstellung s. S. 460) enthält weniger Stickstoff (17,7%), mehr Alanin, Serin und Oxyprolin und weniger Tyrosin, Histidin, Lysin, Prolin und Amid-N als natives Kollagen[10] (s. Tabelle 51). Auffallend ist, daß es weniger Hexosamin als natives Kollagen enthält. Es wäre deshalb für die Umwandlung von Prokollagen in Kollagen ein zusätzliches Protein notwendig, das relativ reich an Tyrosin, Histidin, Lysin, Prolin und Amid-N und arm an Alanin, Serin und Oxyprolin wäre und das über ein Mucopolysaccharid mit dem Prokollagen verbunden sein könnte (vgl. S. 457). Dafür spricht der geringere Hexosamingehalt des Prokollagens. Die Kollagene von Säugetieren aus verschiedenen Geweben haben gleiche Aminosäurezusammensetzung. Säugetierkollagen unterscheidet sich in seiner Aminosäurezusammensetzung jedoch sehr stark von dem von Fischen und anderen niederen Tieren. Am auffallendsten ist, daß das Kollagen von Kaltwasserfischen und anderen niederen Tieren sehr viel weniger Oxyprolin und mehr Serin, Threonin und Methionin enthält als das von Säugetieren (vgl. Tabelle 51 und 52).

Es scheint ein Zusammenhang zwischen dem Gehalt an Oxyaminosäuren, besonders dem an Oxyprolin, und der Schrumpftemperatur des Kollagens zu bestehen (s. Tabelle 52). Das Hautkollagen der Kaltwasserfische hat den niedrigsten Oxyprolingehalt, und es hat auch die niedrigste Schrumpftemperatur.

Alkalibehandeltes Kollagen und Gelatine enthalten etwas Ornithin, das offenbar aus Arginin entstanden ist[11].

Natives Kollagen enthält keine Aminoendgruppen[12]. Im säureextrahierten Kollagen stehen Asparaginsäure und Alanin am Aminoende[12], und zwar im citratextrahierten Kollagen aus Karpfenschwimmblase und Kaninchenhaut 0,12—0,16 mMol Asparaginsäure

[1] GUSTAVSON, K. H.: Acta chem. scand. 4, 1171 (1950).
[2] GRASSMANN, W., u. H. SCHLEICH: B. Z. 277, 320 (1935).
[3] GROSS, J., J. H. HIGHBERGER and F. O. SCHMITT: Proc. Soc. exp. Biol. Med. 80, 462 (1952).
[4] GLEGG, R. E., D. EIDINGER and C. P. LEBLOND: Science, N. Y. 118, 614 (1953).
[5] MOSS, J. A.: Biochem. J. 61, 153 (1955).
[6] GRASSMANN, W., H. H. HÖRMANN u. R. HAFTER: H. 307, 87 (1957).
[7] CONSDEN, R., L. E. GLYNN and W. M. STANIER: Biochem. J. 55, 248 (1953).
[8] HAMILTON, P. B., and R. A. ANDERSON: Am. Soc. 77, 2892 (1955).
[9] SINEX, F. M., and D. D. VAN SLYKE: J. biol. Ch. 216, 245 (1955).
[10] BOWES, J. H., R. G. ELLIOTT and J. A. MOSS; in: RANDALL, J. T. (Hrsg.): Nature and Structure of Collagen. S. 199. London 1953.
[11] BERGSTRÖM, S., and S. LINDSTEDT: Acta chem. scand. 5, 157 (1951).
[12] BOWES, J. H., and J. A. MOSS: Nature 168, 514 (1951). Biochem. J. 55, 735 (1953).

und 0,10 mMol Alanin je 100 g Protein[1]. Nur etwa die Hälfte der ε-Aminogruppen[2], nach anderen Autoren $^2/_3$[1], des Lysins und Oxylysins des Kollagens reagieren mit DNFB, obwohl alle mit salpetriger Säure desaminiert werden können. Nur ein Teil der Guanidylgruppen des Kollagens läßt sich mit der Sakaguchi-Reaktion bestimmen. Wenn die Guanidylgruppen der Gelatine mit Hypobromit oxydiert werden, bildet die Gelatine kein Gel mehr[3].

Über die Verteilung von sauren und basischen Gruppen s. Tabelle 56[4].

Tabelle 56. *Analyse der Titrationskurve von nativem Kollagen*[4].

Titrierte Gruppen	Art der Berechnung	p_H-Wert nach der Kurve	Vorhandene Mengen Milliäquivalente/g Protein: nach der Kurve	Vorhandene Mengen Milliäquivalente/g Protein: nach der Aminosäureanalyse	
a) Gesamte basische Gruppen	Titration von p_H 1,5 — i. P.	—	0,90	0,94	
b) Imidazol-, Imino- und α-Aminogruppen	Titration von p_H 4,9 — 9,6	7,5	0,07	0,05 —	
c) ε-Amino-Gruppen	Titration von p_H 9,6 — 12,5	11,0	0,34	0,39	0,33 (VAN SLYKE) (α- und ε-Aminogruppen)
d) Freie Carboxylgruppen	Titration von p_H 1,5 — 4,9	3,5	0,87	0,79	
e) α-Amino- und Iminogruppen	b) — 0,05 mg-Äquivalente Imidazolgruppen	—	0,02	—	
f) Guanidinogruppen	a — b — c	<14	0,49	0,51	
g) Amidgruppen	nach der Analyse	—	—	0,47	
h) Dicarbonsäuren	d + g — e	—	1,32	1,26	

GRASSMANN und Mitarbeiter[5] haben Prokollagen mit Trypsin hydrolysiert und eine ganze Reihe von Peptiden mit Kettenlängen zwischen 3 und 79 Aminosäureresten gefunden. Alle enthalten Glykokoll, aber nur wenige Prolin und Oxyprolin. Für ein Peptid mit 43—44 Aminosäureresten, das genauer untersucht wurde, wird folgende vorläufige Struktur angegeben:

H_2N-Gly-(Ser, Thr, Leu, Ala, Gly)-(10 Pro, 5 Oxypro, 12 Gly, 2 Ala, 1—2 Ser, 2 Tyr, 1 Gly)-Phe-Gly-Leu-Asp-Asp-COOH.

Weder in der aminoendständigen noch in der carboxylendständigen Sequenz wurden Iminosäuren gefunden. Diese scheinen im Mittelstück konzentriert zu sein. Das stimmt gut überein mit den Befunden von SCHROEDER und Mitarbeitern[6], die aus den Peptiden, die sie nach alkalischer und saurer Hydrolyse von Kollagen erhielten, auf eine Aminosäuresequenz Gly-Pro-Oxypro-Gly schließen. KRONER und Mitarbeiter[7] haben tatsächlich aus Stierhautkollagen die Peptide Gly-Pro-Oxypro und Gly-Pro-Oxypro-Gly isoliert.

Denaturierung. Stabilität. Eine charakteristische Größe für Kollagen ist die Schrumpftemperatur[8], T_s, d. h. diejenige Temperatur, bei der sich das Kollagen in Gegenwart von Wasser oder wäßrigen Lösungen auf $^1/_3$ oder $^1/_4$ seiner Länge zusammenzieht. Die Schrumpftemperatur hängt davon ab, aus welcher Quelle das Kollagen stammt und in welchem Lösungsmittel es sich befindet (vgl. Tabelle 52). So liegt z. B. die Schrumpf-

[1] KULONEN, E.: Ann. Med. exp. Biol. fenn. **33**, Suppl. **3**, 3 (1955).
[2] BOWES, J. H., and J. A. MOSS: Nature **168**, 514 (1951). Biochem. J. **55**, 735 (1953).
[3] GRABAR, P., et J. MOREL: Bull. Soc. Chim. biol. **32**, 630, 643 (1950).
[4] BOWES, J. H., and R. H. KENTEN: Biochem. J. **43**, 358 (1948).
[5] GRASSMANN, W., K. HANNIG, H. ENDRES u. A. RIEDEL: H. **306**, 123 (1956).
[6] SCHROEDER, W. A., L. M. KAY, J. LE GETTE, L. HONNEN and F. C. GREEN: Am. Soc. **76**, 3556 (1954).
[7] KRONER, T. D., W. TABROFF and J. J. MCGARR: Am. Soc. **77**, 3356 (1955).
[8] GUSTAVSON, K. H.: Chemistry and Reactivity of Collagen. S. 202. New York 1956.

temperatur für Säugetierkollagen im Wasser zwischen 60 und 65°, in hochkonzentrierten KCNS-Lösungen sinkt sie auf Zimmertemperatur oder tiefer ab. Das Kollagen aus der Haut von Säugetieren ist viel resistenter als das aus Fischhaut. Die Schrumpftemperatur von Ichthyokoll, dem Kollagen von Kaltwasserfischen, liegt bei 45° (vgl. Tabelle 52). Es besteht offenbar eine direkte Beziehung zwischen dem Oxyprolingehalt eines Kollagens und seiner Schrumpftemperatur[1, 2] (vgl. Tabelle 52). Wahrscheinlich bildet Oxyprolin Wasserstoffbrücken zwischen den OH-Gruppen und den CO-Gruppen der Peptidbindung[3] und Esterbindungen zwischen den Peptidketten, und trägt dadurch wesentlich zur Festigung bei. Neuerdings wird angezweifelt, daß der Oxyprolingehalt allein so wesentlich für die Erhöhung der Schrumpftemperatur ist[4]. Diese scheint noch von anderen Wasserstoffbrücken im Kollagen abzuhängen. So haben Fischkollagene mit weniger Wasserstoffbrücken eine geringere Schrumpftemperatur als Säugetierkollagene[5]. Durch Behandlung mit S- und N-Senfgasen und anderen Reagentien werden neue Querverbindungen im Kollagen gebildet, T_S steigt an[6]. Wird Kollagen aus Corium der Rinderhaut mit β-Naphthalinsulfosäure behandelt, das die Ionenbindungen aufhebt, aber nur wenig Einfluß auf die koordinativen Bindungen hat, dann wird die Schrumpftemperatur um 12—15° herabgesetzt. Behandelt man es mit 6—8 m Harnstofflösung, fällt sie um 50°, d. h. auf Zimmertemperatur, ab. Danach scheint es klar, daß die hauptsächlichsten stabilisierenden Kräfte des Säugetierkollagens Wasserstoffbindungen sind. Das Fischhautkollagen stabilisieren jedoch offenbar die polaren Bindungen, denn eine 50%ige Lösung von Na-Dodecylsulfat vermag dieses bei 48stündiger Einwirkung nahezu aufzulösen, während es auf Rinderkollagen fast keinen Einfluß hat. Die basischen Gruppen werden offenbar durch das Netzmittel blockiert und dadurch die polaren Bindungen gelöst. Der Schrumpfungsprozeß des Kollagens wird entweder als ein Abbau zu Gelatine oder als eine Art Denaturierung[7] oder neuerdings als eine Art Einschmelzen und, wo das Schrumpfen reversibel ist, wieder Auskristallisieren angesehen[8].

Wie die Schrumpftemperatur beim unlöslichen Kollagen, so steht die Denaturierungstemperatur beim löslichen Kollagen in engem Zusammenhang mit dem Oxyprolingehalt[9]. Bei der Denaturierung durch Wärme wird die starre Form der Fibrillen und ihre räumliche Ordnung (Viscositätsänderung, Änderung der optischen Drehung) aufgehoben. Gleichzeitig wird das Molekül offenbar in 2 Komponenten gespalten, ebenso wie bei der Denaturierung durch Harnstoff.

Durch Alkalibehandlung des Kollagens (p_H 12—14) werden

1. Amidgruppen hydrolysiert, die freien Carboxylgruppen dadurch vermehrt, Stickstoff geht als NH_3 verloren;
2. der Argininrest wird verändert;
3. Serin und Threonin werden etwas abgebaut;
4. ein kleiner Teil der Ketoimidgruppen wird verändert[10-12].

Native, sorgfältig dargestellte oder gegerbte Kollagene werden von Trypsin, Chymotrypsin und Papain nicht angegriffen[13]. Wenn man die Fasern mechanisch zerstört oder

[1] Gustavson, K. H.: Chemistry and Reactivity of Collagen. S. 202. New York 1956.
[2] Gustavson, K. H.: Nature **175**, 70 (1955).
[3] Huggins, M. L.: Am. Soc. **76**, 4045 (1954).
[4] Hall, D. A., and R. Reed: Nature **180**, 243 (1957).
[5] Green, G. H.: Nature **180**, 93 (1957).
[6] Goodlad, G. A.: Biochim. biophysica Acta, N. Y. **25**, 202 (1957).
[7] Bear, R. S.: Adv. Protein Chem. **7**, 69 (1952).
[8] Garret, R. R., and J. Flory: Nature **177**, 176 (1956).
[9] Orekhovich, V. N., and V. O. Shpikiter: Recent Advances in Gelatin and Glue Research (Cambridge 1.—5. 7. 1957.) Nature **180**, 690 (1957).
[10] Bowes, J. H., and R. H. Kenten: Biochem. J. **43**, 358 (1948).
[11] Bowes, J. H., and J. A. Moss: Nature **168**, 514 (1951). Biochem. J. **55**, 735 (1953).
[12] Bowes, J. H., R. G. Elliott and J. A. Moss; in: Randall, J. T. (Hrsg.): Nature and Structure of Collagen. S. 199. London 1953.
[13] Neuman, R. E., and A. A. Tytell: Proc. Soc. exp. Biol. Med. **73**, 409 (1950).

Kollagen erwärmt, erleichtert das die Hydrolyse von Kollagen durch Trypsin. Pepsin greift natives Kollagen in saurem Milieu an[1]. Verschiedene pflanzliche und tierische Kathepsine bauen Kollagen ab, wenn dieses vorher einer reversiblen Veränderung unterworfen wurde, die man durch Zusatz kleiner Salzmengen bei niedrigem p_H (unter 4,5) erreichen kann[2]. Haut, die mit Kalkwasser behandelt wurde und aus der dieses wieder ausgewaschen wurde, wird häufig mit Trypsin verdaut, um sie weicher zu machen. Dabei wird anscheinend das durch die Kälkung teilweise abgebaute Kollagen verdaut. Jede chemische Behandlung, die die Schrumpftemperatur herabsetzt, wobei Wasserstoffbrücken gesprengt werden, erhöht die Angreifbarkeit für Trypsin[3]. Fischkollagen, das eine niedrige Schrumpftemperatur und wenig Wasserstoffbrücken hat, verhält sich gegen Trypsin wie chemisch vorbehandeltes Säugetierkollagen[4, 5]. Kollagenase aus Clostridium welchii greift natives Kollagen an[6]. Kollagene aus Sehne und Haut werden in gleicher Weise gespalten[7]. Gereinigte Kollagenase aus Clostridium histolyticum wirkt nur auf Kollagen und Gelatine, aber nicht auf Casein, Hämoglobin oder niedere Peptide[8]. Die Empfindlichkeit gegen Kollagenase ändert sich mit dem Alter. Kollagen aus gealterter Haut kann gegen Kollagenase unempfindlich sein[9].

Bindung. Kollagen enthält je Gramm 1,24 Milliäquivalente anionische und 0,87 Milliäquivalente kationische Gruppen (s. Tabelle 56). Im nativen Kollagen sind nur 0,77 Milliäquivalente Carboxylgruppen frei, da es 0,47 Milliäquivalente Amidgruppen je g enthält. Natives Kollagen besitzt 0,1 Milliäquivalent freie kationische Gruppen je g[10]. In gekälkter Haut sind nur noch 0,27 Milliäquivalente/g und in gewöhnlicher Gelatine 0,14 Milliäquivalente Amidgruppen vorhanden[10, 11]. Dementsprechend überwiegen dann die anionischen Gruppen um 0,1 bzw. 0,23 Milliäquivalente/g.

Unlösliche Proteine wie Kollagen binden in Lösungen, die keine Neutralsalze enthalten, innerhalb eines begrenzten p_H-Bereichs auf beiden Seiten des isoelektrischen Punktes nur kleine Mengen von Säuren oder Basen[12]. Wahrscheinlich sind die anionischen und kationischen Seitenketten salzartig miteinander verknüpft, und es ist erst eine gewisse Konzentration an H- oder OH-Ionen notwendig, um die Bindung zu lösen. Gibt man ein Neutralsalz mit dem gleichen Anion wie die Säure zu, dann wird die Bindung wegen der erhöhten Konzentration des Anions aufgehoben.

Die Titrationskurven von nativem Kollagen, gekälktem Kollagen und Gelatine sind in Abb. 38 wiedergegeben. Man titriert das Kollagen in 0,1 m KCl-Lösung, um das Donnan-Potential auszuschalten. Gelatine wird titriert, wie es bei löslichen Proteinen üblich ist. Die Titrationskurve des Kollagens unterscheidet sich zwischen p_H 2 und 5 deutlich von der der Gelatine. Macht man die Lösung in bezug auf NaCl 0,2 m, dann deckt sich die Kurve mit der der Gelatine. Charakteristisch ist die isoelektrische Zone im Bereich von p_H 4,5—9,0. Wahrscheinlich sind in diesem p_H-Bereich kationische und anionische Gruppen intern gebunden. Erst wenn der p_H stark nach der sauren oder alkalischen Seite verändert wird, können deutliche Mengen von Ionen gebunden werden. Das Kollagen bindet viel weniger Basen als die Gelatine, zum Teil, weil bei dieser ein Teil der Amidgruppen abgespalten ist, ferner weil einige negative Gruppen durch Guanidylgruppen

[1] Sizer, I. W.: Enzymologia **13**, 293 (1949).
[2] Sherry, S., W. Troll and E. D. Rosenblum: Proc. Soc. exp. Biol. Med. **87**, 125 (1954).
[3] Green, G. H.: Nature **180**, 93 (1957).
[4] Gustavson, K. H.: Nature **175**, 70 (1955).
[5] Gustavson, K. H.: Svensk kem. T. **67**, 116 (1955).
[6] Bidwell, E., W. E. van Heyningen and P. A. Charlwood: Biochem. J. **42**, 140 (1948).
[7] Dresner, E., and M. Schubert: J. Histochem. **3**, 360 (1955).
[8] Seifter, S., P. M. Gallop and E. Meilman: Recent Advances in Gelatin and Glue Research (Cambridge 1.—5. 7. 1957.) Nature **180**, 690 (1957).
[9] Keech, M. K.: Ann. rheum. Dis. **14**, 19 (1955).
[10] Bowes, J. H., and R. H. Kenten: Biochem. J. **43**, 363 (1948).
[11] Cassel, M., and E. McKenne: J. amer. Leather Chem. Ass. **48**, 142 (1953).
[12] Gustavson, K. H.: Chemistry and Reactivity of Collagen. S. 102ff. New York 1956.

neutralisiert oder durch Esterbindung zwischen den Peptidketten maskiert sind[1]. Die Bindung mit den Guanidylgruppen ist wichtig für die Gelbildung[2]. Sie wird erst bei sehr hoher-OH-Ionenkonzentration gespalten.

Wenn man Kollagen durch Behandlung mit salpetriger Säure desaminiert, sinkt der isoelektrische Punkt auf p_H 4,6 ab und das Basenbindungsvermögen zwischen dem isoelektrischen Punkt und p_H 9 steigt stark an und gleicht dann dem der Gelatine. Offenbar werden durch die Desaminierung die Carboxylgruppen, die mit den ε-Aminogruppen des Lysins verbunden waren, frei. Die ε-Aminogruppen des Lysins scheinen z. B. im Kollagen aus Dentin maßgeblich an der Bindung von Mineralien beteiligt zu sein[3]. Auch Cholesterin wird an das Protein des Dentins gebunden[4].

Kollagen enthält ~20% seines Gewichtes gebundenes Wasser[5]. Durch pflanzliches Gerben wird der Wassergehalt auf 13—17% herabgesetzt.

Verschiedene Säuren haben eine unterschiedliche Affinität zum Kollagen, Sulfationen eine stärkere als Chloridionen.

Im Bereich von 10—30° ist die Titration mit HCl unabhängig von der Temperatur. Die Bindung von Säuren, die starke Affinität zu den basischen Gruppen haben wie die Ligninsulfosäure oder andere organische Sulfosäuren, nimmt in dem gleichen Temperaturbereich mit steigender Temperatur ab.

Schwache Säuren wie Essigsäure geben oberhalb p_H 3 Wasserstoffionen an Kollagen ab. Bei niedrigerem p_H werden ungefähr 2 Milliäquivalente Essigsäure je g Kollagen, in konzentrierten Lösungen vielleicht auch undissoziierte Säure gebunden. Salzsäure wird in diesem Bereich nicht abnorm gebunden.

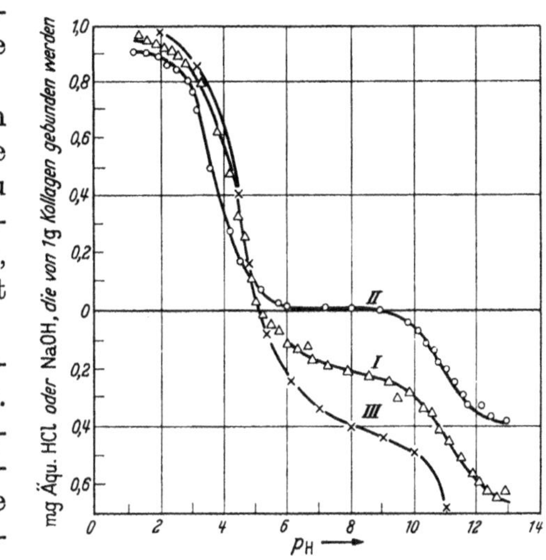

Abb. 38. Titrationskurven von Kollagen und Gelatine[6]. I. Gekälktes Kollagen (Corium), II. natives Kollagen (ungekälktes Corium), III. alkalibehandelte Gelatine.

Haut quillt mit Essigsäure um 50% stärker als mit Salzsäure. Wird sie wieder in den isoelektrischen Zustand gebracht, ist sie ungefähr 2mal so stark gequollen wie die nicht vorbehandelte Haut. Die mit Salzsäure vorbehandelte Haut ist nur um 15% mehr gequollen als die unbehandelte. Bei der mit Essigsäure vorbehandelten Haut ist die Schrumpftemperatur um 12° erniedrigt. Offenbar wird durch die Behandlung mit Essigsäure ein Teil der Kräfte, die das Kollagenmolekül zusammenhalten, aufgehoben.

Saure Farbstoffe werden stöchiometrisch an Kollagen gebunden, entsprechend den basischen Gruppen. Einen gewissen Einfluß hat auch die Konstitution des Farbstoffs[7]. Die Bindung von Polysulfosäuren an das Kollagenmolekül ist kompliziert und noch nicht ganz aufgeklärt.

Bei der Chromgerbung reagieren im Kollagen basische Chrom(III)-Komplexe mit den freien Carboxylgruppen von Asparaginsäure und Glutaminsäure. Phosphorwolframsäure wird an Kollagen gebunden, und zwar reagiert ein Molekül stöchiometrisch mit 3 Aminosäureresten[8]. Bis zu 480 mg Phosphorwolframsäure je g Kollagen werden an die Guanidylgruppen gebunden und lassen sich nicht mehr auswaschen. Diese ermöglichen die

[1] Grassmann, W., H. Endres u. A. Steber: Z. Naturforsch. **9**b, 513 (1954).
[2] Grabar, P., et J. Morel: Bull Soc. Chim. biol. **32**, 630, 643 (1950).
[3] Solomons, C. C., and J. T. Irving: Nature **178**, 548 (1956).
[4] Leopold, R. S., W. C. Hess and W. J. Carter: J. dental Res. **30**, 837 (1951).
[5] Gustavson, K. H.: Chemistry and Reactivity of Collagen. S. 145. New York 1956.
[6] Gustavson, K. H.: Chemistry and Reactivity of Collagen. S. 104. New York 1956.
[7] Gustavson, K. H.: Chemistry and Reactivity of Collagen. S. 126. New York 1956.
[8] Kühn, K., W. Grassmann u. U. Hofmann: Naturwiss. **44**, 538 (1957).

Anfärbung des Kollagens für elektronenmikroskopische Untersuchungen[1-3]. Weitere 400 mg Phosphorwolframsäure werden auswaschbar an die ε-Aminogruppen von Lysin gebunden.

Die Reaktion des Kollagens mit Gerbstoffen[4] ist offenbar sehr komplex. Alle reaktiven Gruppen, besonders aber die sauren und basischen, scheinen daran beteiligt zu sein. Formaldehyd soll mit den ε-Lysingruppen reagieren. Vegetabile Gerbstoffe, die zahlreiche phenolische Gruppen und eine Anzahl ionischer Gruppen enthalten, verleihen dem Kollagen hydrothermale Stabilität hauptsächlich durch Reaktion mit basischen Gruppen. Wirksame Gerbstoffe sollen neue Querverbindungen zwischen den Peptidketten bilden können (s. auch [5]).

Bestimmung. Zur Bestimmung von Kollagen sind verschiedene Methoden ausgearbeitet worden, die aber sehr unterschiedliche Werte ergeben.

SPENCER und Mitarbeiter[6] kochen das Kollagen mit Wasser. Die dabei gebildete Gelatine fällen sie — nachdem die begleitenden Proteine zuvor durch Hitzekoagulation entfernt worden sind — mit Gerbsäure und bestimmen so die Kollagenmenge. Bei dieser Methode liegen die Kollagenwerte leicht zu hoch, da auch andere Proteine mit der Gelatine in Lösung bleiben und mit ihr gefällt werden. Man kann auch die begleitenden Proteine mit Trypsin verdauen und das Restprotein als Kollagen ansehen[7].

Die Methode von LOWRY und Mitarbeitern[8] beruht darauf, daß die begleitenden Proteine — außer Kollagen und Elastin — mit 0,1 n NaOH bei Zimmertemperatur herausgelöst werden, der Rückstand gewaschen, entfettet und druckerhitzt wird. Bei Druckerhitzung geht Kollagen in Lösung, Elastin nicht.

***Bestimmung von Kollagen und Elastin in Geweben nach* LOWRY, GILLIGAN *und* KATERSKI[8].**

Reagentien:

1. 0,1 n NaOH.
2. Phenolrot, 0,1 %ig.
3. 0,1 n HCl.
4. Alkohol-Äther 3:1.
5. Äther.

Ausführung:

Man wiegt 2—4 g (*A*) feingemahlenes Gewebe in ein 50 cm³-Zentrifugenglas mit rundem Boden ein, überträgt es in einen Porzellanmörser und zerreibt es, bis es eine feine Paste geworden ist. Dann spült man es mit 2—4 cm³ Wasser in den Zentrifugenbecher zurück und wäscht mit ~0,1 n NaOH nach, bis ein Volumen von ~40 cm³ erreicht ist*. Man rührt stark, läßt über Nacht stehen, rührt neuerlich, zentrifugiert und saugt den Überstand ab. Zum Niederschlag fügt man unter starkem Rühren 40 cm³ 0,1 n NaOH, läßt bei gelegentlichem Rühren 2 Std stehen, zentrifugiert und entfernt den Überstand. Dann fügt man 40 cm³ Wasser zu und einen Tropfen einer 0,1 %igen Phenolrotlösung und stellt unter starkem Rühren den p_H mit 0,1 n HCl auf schwach rosa (p_H 7) ein. Man muß genügend Zeit verstreichen lassen, damit das gesamte Alkali aus den Geweberesten herausdiffundieren kann. Schließlich zentrifugiert man und entfernt den Überstand. Nun fügt

* Falls man Leber, Milz, Gehirn oder dergleichen Gewebe untersucht, muß das Volumen der ersten Extraktionsflüssigkeit mindestens die 20fache Menge des extrahierten Gewebes betragen, oder man muß das erste Volumen Alkali gleich nach dem Zufügen durch eine weitere Menge NaOH ersetzen, da sonst der alkalische Extrakt so viscös wird, daß man ihn nicht vom Rückstand trennen kann.

[1] KÜHN, K., W. GRASSMANN u. U. HOFMANN: Naturwiss. **44**, 538 (1957).
[2] NEMETSCHEK, T., W. GRASSMANN u. U. HOFMANN: Z. Naturforsch. **10**b, 61 (1955).
[3] KÜHN, K., U. HOFMANN u. W. GRASSMANN: Z. Naturforsch. **11**b, 581 (1956).
[4] BEAR, R. S.: Adv. Protein Chem. **7**, 145 (1952).
[5] GUSTAVSON, K. H.: Chemistry and Reactivity of Collagen. S. 295. New York 1956.
[6] SPENCER, H. C., S. MORGULIS and V. M. WILDER: J. biol. Ch. **120**, 257 (1937).
[7] HOPPE-SEYLER, G., u. K. LANG: H. **215**, 193 (1933).
[8] LOWRY, O. H., D. R. GILLIGAN and E. M. KATERSKY: J. biol. Ch. **139**, 795 (1941).

man 40 cm^3 eines Gemisches von 3 Teilen 95%igem Alkohol und 1 Teil Äther zu und rührt gut durch. Man läßt 10 min stehen, zentrifugiert und entfernt den Überstand. Dann rührt man mit 40 cm^3 Äther, läßt absitzen, zentrifugiert und entfernt den Überstand. Die Außenwand des Gefäßes wird gut mit warmem Wasser gewaschen. Anschließend trocknet man bei 100° 2—4 Std bis zur Gewichtskonstanz. Das Zentrifugenglas läßt man im Exsiccator stehen, wiegt es schließlich mit seinem Inhalt (B), fügt 20 cm^3 Wasser zu, verstopft mit nichtbenetzbarer Watte, bringt es in ein Drahtkörbchen, das mit braunem Papier bedeckt wird, und erhitzt bei 50 Pfund Druck (~3,4 Atü) 4 Std. Man zentrifugiert den Überstand ab, wäscht das Gefäß außen, trocknet über Nacht, kühlt und wiegt (C).

Berechnung:

$$\frac{(B-C)}{A \times 100} = \% \text{ Kollagen im Gewebe.}$$

Elastin. Bis zur Suspension des Gewebes in 40 cm^3 0,1 n NaOH geht man genauso wie bei der Kollagenbestimmung vor. Dann stellt man das Zentrifugenröhrchen 10 min in ein kochendes Wasserbad, zentrifugiert und entfernt den Überstand. Zu dem Rückstand fügt man 40 cm^3 0,1 n NaOH, bringt neuerdings für 10 min in ein kochendes Wasserbad, zentrifugiert und entfernt den Überstand. Man reinigt die Außenwand des Gefäßes, trocknet über Nacht bei 100°, kühlt und wiegt. Dann reinigt man das Gefäß, trocknet und wiegt es leer.

Berechnung:

$$\frac{(\text{Gewicht des trockenen Rückstandes})}{(\text{Gewicht der Probe}) \times 100} = \% \text{ Elastin im Gewebe.}$$

Mit dieser Alkaliextraktionsmethode erhält man niedrigere Kollagenwerte als mit den anderen Methoden.

Auf der Bestimmung des Oxyprolingehaltes des Gewebes beruht die Methode von NEUMAN und LOGAN[1, 2] unter der Annahme, daß Säugetierkollagen 13,5% Oxyprolin enthält. Diese Methode sollte nur für Säugetierkollagenbestimmungen verwendet werden, da die anderen Kollagene sehr verschiedene Oxyprolingehalte haben (s. Tabelle 51, 52).

***Bestimmung von Kollagen und Elastin in Geweben nach* NEUMAN *und* LOGAN[1].**

Reagentien:

1. Aceton.
2. Äther.
3. 6 n HCl.
4. NaOH, verdünnt.
5. Harnstoff, 20%ige Lösung.

Ausführung:

Der Kollagengehalt des Gewebes wird als Prozent des fettfreien Trockengewichtes des Gewebes ausgedrückt.

Man fügt zu 100—1000 mg feingemahlenem Gewebe 15 cm^3 Aceton. Nach 6 oder mehr Stunden dekantiert man, fügt 15 cm^3 frisches Aceton zu und läßt erneut 6 Std oder länger stehen. Dann extrahiert man 12—16 Std mit Äther. Den Rückstand trocknet man bei 108° zur Gewichtskonstanz.

Für die Extraktion von Kollagen wiegt man 5—100 mg Portionen von diesem trockenen fettfreien Gewebe genau ein und bringt sie in 15 cm^3-Zentrifugenröhrchen mit 4 cm^3 Wasser. Die Röhrchen werden mit Watte- und Gazestopfen verschlossen und 3 Std bei 15 Pfund Druck (~1 Atü) erhitzt. Wenn es nötig ist, zentrifugiert man die Röhrchen, bis die Flüssigkeit klar ist, und überführt in 18×150 mm Reagensgläser. Man wäscht den Rückstand mit 4 cm^3 Wasser, das man nach dem Zentrifugieren auch in das Reagensglas gibt. Dann wird der Rückstand im Zentrifugenröhrchen noch einmal mit ~4 cm^3 Wasser

[1] NEUMAN, R. E., and M. A. LOGAN: J. biol. Ch. **186**, 549 (1950).
[2] ds. Handb. Bd. III/2, S. 1737 u. 1755.

3 Std druckerhitzt. In der Zwischenzeit trocknet man den Überstand im Reagensglas nahezu ein, indem man durch das Röhrchen, das in einem kochenden Wasserbad steht, einen Luftstrom leitet. Nach der zweiten Druckerhitzung bringt man den Überstand auch in das Reagensglas, wäscht zweimal mit heißem Wasser, bringt dieses nach dem Zentrifugieren zu den anderen Überständen ins Reagensglas und trocknet auf die oben beschriebene Art ein.

Um das extrahierte Kollagen zu hydrolysieren, fügt man zu je 50 mg extrahiertem Protein 1 cm³ 6 n HCl, schmilzt die Gläschen zu und erhitzt bei 50 Pfund Druck (~3,4 Atü) 3 Std lang. Das Hydrolysat neutralisiert man mit NaOH-Lösung, bringt auf ein entsprechendes Volumen, so daß im Kubikzentimeter ungefähr 35—120 γ hydrolysiertes Kollagen enthalten sind, filtriert und bestimmt das Oxyprolin nach[1,2].

Aus kollagenarmen Geweben (Muskel, Niere, Milz) müssen die anderen Proteine vor der Extraktion des Kollagens entfernt werden. Dazu mahlt man 100—1500 mg frisches Gewebe (man bestimmt das fettfreie Trockengewicht in anderen Proben des Gewebes) mit Sand und 20%iger Harnstofflösung im Mörser. Man suspendiert das Gemisch bei Zimmertemperatur in ungefähr 40—45 cm³ Harnstofflösung in einem 50 cm³-Zentrifugenglas und rührt während einer Stunde gelegentlich. Dann zentrifugiert man ab und verwirft den Überstand. Den Rückstand wäscht man 3mal mit 45 cm³ Wasser und überführt ihn schließlich mit ungefähr 10 cm³ Wasser in ein 15 cm³-Zentrifugenröhrchen, zentrifugiert das Wasser ab und verwirft es. Den Rückstand rührt man mit 4—5 cm³ Wasser, druckerhitzt und behandelt ihn, wie oben beschrieben.

Berechnung:

Der Oxyprolingehalt von verschiedenen Säugetier- und Vogelkollagenen ist 13,4 ± 0,24%[1,2]. Aus dem Oxyprolingehalt kann man den Kollagengehalt durch Multiplizieren mit dem Faktor 7,46 ermitteln. Man berechnet also den Kollagengehalt auf folgende Weise:

$$\frac{\gamma \text{ Oxyprolin in } 1\,\text{cm}^3 \text{ Hydrolysat}}{\gamma \text{ Gewebe in } 1\,\text{cm}^3 \text{ Hydrolysat}} \times 7{,}46 = X \qquad X \cdot 100 = \text{mg-\% Kollagen im Gewebe.}$$

Um festzustellen, wieviel andere Proteine in den Kollagenextrakten enthalten sind, bestimmt man in den Hydrolysaten das Tyrosin[3,4] und korrigiert damit die Kollagen- und Elastinwerte (vgl. Tabelle 49).

Zur Bestimmung von Elastin werden die Rückstände von der Kollagenbestimmung (die 2mal 3 Std druckerhitzt und jeweils gewaschen worden waren) ein drittes Mal 3 Std druckerhitzt und neuerlich mit 8 cm³ Wasser gewaschen. Den Rückstand hydrolysiert man 3 Std bei 50 Pfund Druck (~3,4 Atü) mit 6 n HCl, bestimmt das Oxyprolin und korrigiert für das vorhandene Tyrosin. Den Prozentgehalt an Elastin berechnet man nach der Formel

$$\frac{\gamma \text{ Oxyprolin}}{\gamma \text{ Gewebe}} \times \text{Faktor} \times 100 = \text{mg-\% Elastin im Gewebe.}$$

Für Schweineelastin ist der Faktor 66,7 (1,5% Oxyprolin), für Rinderelastin 52,3 (1,91% Oxyprolin) und für Rattenelastin 43,4 (2,3% Oxyprolin).

Nach Fitch und Harkness[5] soll man das Gewebe etwas anders extrahieren, um das Kollagen nach dem Oxyprolingehalt zu bestimmen.

Das Gewebe wird 2mal je 1/2 Std mit 0,3 m Trichloressigsäure bei etwa 90° C extrahiert und anschließend 2mal mit kalter Trichloressigsäure gewaschen. Man kann auf diese Weise das Kollagen aus tierischen Geweben zu 93—100% einfacher und schneller extrahieren als mit der Originalmethode von Neuman und Logan[6].

[1] Neuman, R. E., and M. A. Logan: J. biol. Ch. **184**, 299 (1950).
[2] ds. Handb. Bd. III/2, S. 1737, 1755.
[3] Heidelberger, M., and C. F. C. McPherson: Science, N. Y. **97**, 405 (1943).
[4] ds. Handb. Bd. III/2, S. 1742ff.
[5] Fitch, S. M., M. L. R. Harkness and R. D. Harkness: Nature **176**, 163 (1955).
[6] Neuman, R. E., and M. A. Logan: J. biol. Ch. **186**, 549 (1950).

c) Gelatine.

Gelatine ist das Protein, das irreversibel aus Kollagen entsteht, wenn dieses einer Prozedur unterworfen wird, die es wasserlöslich macht (vgl. dagegen „lösliches" Kollagen, S. 457ff.). Im allgemeinen wird Gelatine aus 3 Quellen, aus Haut, Knochen oder Sehnen, dargestellt. Gelatine ist nicht homogen, und verschiedene Proben unterscheiden sich in ihren Eigenschaften, wie Mol.-Gewicht, isoelektrischem Punkt, Viscosität der Lösungen, Steifheit der Gele. Im allgemeinen wird angegeben, daß Gelatine in der Wärme hochviscöse Lösungen bildet, die bei $\sim 28°$ zu einer festen Gallerte erstarren. Die Charakteristika der Gelatine, die die Eigenschaften ihrer Lösungen und der Gele bestimmen, scheinen hauptsächlich durch Ladungsverteilungen, die von den ionisierbaren Gruppen herrühren, durch das Molekulargewicht und außerdem durch einen dritten Faktor, der die Steifheit des Gels besonders in der Kälte beeinflußt, bedingt zu sein[1,2]. Dieser dritte Faktor scheint auch auf den Schmelzpunkt der Gelatine und den Punkt, bei dem Gelatinelösungen durch Alkohol getrübt werden, Einfluß zu haben[3].

Gelatine gewisser Arten ist antigen[4], aber Gelatineproben aus Fischhaut oder Säugetierhaut unterscheiden sich immunologisch nur sehr wenig[5].

Darstellung. Gelatine wird durch Säure- oder Alkalibehandlung und darauffolgende Extraktion mit heißem Wasser gewonnen[6,7]. In der Technik wird Kollagen gewöhnlich durch eine längere Behandlung mit Kalk für die Umwandlung in Gelatine vorbereitet. Dabei werden Verunreinigungen besser entfernt, und die Umwandlung von Kollagen in Gelatine gelingt nach vorausgegangener Alkalibehandlung leichter[8], nicht nur durch heißes Wasser, sondern auch durch eine Aufspaltung der Wasserstoffbrücken durch Lösungen bestimmter Salze (Na-Salicylat, KSCN u. a.) bei 18°. Die Peptidketten bis zu einem Mol.-Gewicht von 60000 werden dabei praktisch nur während der Alkalibehandlung gespalten.

***Darstellung von Gelatine aus Hornschläuchen* nach* Heyns *und* Königsdorf**[9].

Macerisiertes Kollagen. 3 kg Hornschrot werden bei 3° mit 5%iger HCl abgedeckt und die Macerationsflüssigkeit jeweils bei nachlassender CO_2-Entwicklung durch frische HCl ersetzt. Nach 3 Tagen werden die macerisierten Stücke aussortiert, und der Rest weiter mit HCl behandelt. Jeden 2. Tag wird das Aussortieren wiederholt. Das entkalkte Produkt wäscht man 24 Std in fließendem Wasser, entwässert, entfettet und trocknet bei 40° im Vakuum. Ausbeute: 1000 g Ossein.

Geäschertes Kollagen. 400 g Ossein deckt man bei 3° mit Kalkmilch (*d* 1,015) 40 Tage ab und schüttelt täglich durch. Nach den ersten 20 Tagen erneuert man die Kalkmilch. Man spritzt das Kollagen mit Wasser ab, behandelt bei 3° 12 Std mit 0,1 n HCl, wäscht 40 Std mit fließendem Wasser, entwässert mit Aceton und trocknet bei 40° im Vakuum. Ausbeute: 391 g.

Gelatine. 300 g geäschertes Ossein läßt man über Nacht mit 1500 cm³ Wasser kalt vorquellen. Dann hält man im Thermostaten unter langsamem Rühren 7 Std auf 62°. Die filtrierte Lösung kühlt man im Eisschrank, schneidet das Gel in Streifen und trocknet bei 30° mit einem Föhn. Die Gelatine trocknet man anschließend bei 40° im Vakuum.

Man kann von dem nicht umgewandelten Kollagen in gleicher Weise bei 70°, 72°, 80° und 100° Auszüge machen.

Darstellung von Gelatine aus Knochen s. S. 458.

---

* Von Deutsche Gelatine Fabriken, Göppingen.

[1] Ward, A. G.: Nature **171**, 1099 (1953).
[2] Saunders, P. R., and A. G. Ward: Nature **176**, 26 (1955).
[3] Pouradier, J., et A. M. Venet: J. Chim. physique Physico-chim. biol. **49**, 85 (1952).
[4] Maurer, P. H.: J. exp. Med. **100**, 497, 515 (1954).
[5] Maurer, P. H.: Arch. Biochem. **58**, 205 (1955).
[6] Ames, W. M.: J. Sci. Food Agric. 1952, S. 454.
[7] Ward, A. G.: Chem. & Industr. **1954**.
[8] Grassmann, W.: Flaschenträger-Lehnartz, Bd. I, S. 723.
[9] Heyns, K., u. W. Königsdorf: H. **295**, 244 (1953).

STAINSBY und Mitarbeiter[1] haben Gelatine fraktioniert und dazu die Komplexbildung mit Natriumdodecylsulfat benützt. Wenn man in einer Lösung von Gelatine und Natriumdodecylsulfat bei 35° und p_H 7 die Salzkonzentration successive erhöht, dann fällt der Komplex zum Teil als Coacervat aus. Bei niedriger Salzkonzentration fällt das Material mit dem höheren Molekulargewicht aus. Durch Fällung mit Aceton kann man die Gelatine aus dem Coacervat vom Natriumdodecylsulfat abtrennen und erhält auf diese Art 5 oder weniger Fraktionen. Man kann auch mit der Alkohol-Coacervationsmethode fraktionieren[2].

Als Ersatz für Blutplasma ist eine modifizierte Gelatine untersucht worden, die man durch Umsetzung der Gelatine mit Bernsteinsäureanhydrid und Fraktionierung erhält[3]. Dann bekommt man ein Produkt, das in bezug auf Viscosität den Anforderungen entspricht.

Physikalische Eigenschaften. Der isoelektrische Punkt der Gelatine hängt von der Behandlung des Kollagens bei der Darstellung ab. Bei intensiver Alkalivorbehandlung liegt er bei p_H 4,8, bei weniger starker oder kürzer dauernder Alkalibehandlung bei p_H 5,5. Der isoelektrische Punkt von Gelatine, die mit dem Säureprozeß dargestellt wurde, liegt er im Bereich von p_H 9[4, 5]. Das Molekulargewicht der sogenannten „parent gelatin" ist beim Kollagen S. 465 angegeben. Durch thermischen Abbau werden das mittlere Molekulargewicht und die Viscosität der Gelatine in wäßriger Lösung vermindert[6]. Auch der p_H der Behandlung spielt für das mittlere Molekulargewicht eine große Rolle.

Analytische Daten. Die Aminosäurezusammensetzung von Gelatine verschiedener Herkunft ist in Tabelle 51 angegeben. HAMILTON[7] hat aus Gelatine Oxylysin isoliert. Am Aminoende der Gelatine fanden BOWES und Mitarbeiter[8] kleine Mengen von Asparaginsäure, Glutaminsäure, Glykokoll und Threonin, COURTS[4] außerdem noch Serin und Alanin sowie Spuren anderer Aminosäuren. Glykokoll macht mehr als die Hälfte der Aminosäuren am Aminoende der Gelatine aus. GRASSMANN und Mitarbeiter[9] finden die gleichen N-Endaminosäuren. Am Carboxylende finden sie mit der Thiohydantoinmethode Glykokoll, Threonin und Alanin. Anzahl und Art der freien Gruppen hängen von den Bedingungen der Darstellung ab, da die relative Labilität gewisser Peptidbindungen sich mit dem p_H ändert[10]. 90—100 % der ε-Lysin-NH_2-Gruppen der Gelatine reagieren mit FDNB. COURTS[11] hat auch nach dem enzymatischen Abbau die Endaminosäuren bestimmt.

In Gelatine wurde Glucose, Galaktose, Mannose und wahrscheinlich Glucuronsäure gefunden[12]. Sie enthält ~15% Wasser, und die handelsübliche Gelatine weist 2—3% anorganische Salze, hauptsächlich Ca^{++}, Na^+ und Mg^{++}, Cl^-, SO_4^{--} und manchmal PO_4^{---} auf[5]. Die Titrationskurve von Gelatine s. Abb. 38.

Bestimmung. Siehe bei Kollagen, S. 472ff. Will man die modifizierte lösliche Gelatine im Plasma bestimmen, fällt man die Plasmaproteine mit 2,5%iger Trichloressigsäure und bestimmt dann mit der KJELDAHL-Methode oder der Biuret-Reaktion die in Lösung gebliebene Gelatine[13, 14].

---

[1] STAINSBY, G., P. R. SAUNDERS and A. G. WARD: 13. Int. Congr. Chem. Uppsala 1953 [WARD, A. G.: Nature **171**, 1099 (1953)].
[2] STAINSBY, G.: Discuss. Faraday Soc. **18**, 288 (1954).
[3] TOURÈLOTTE, D., and H. E. WILLIAMS: Recent Advances in Gelatin and Glue Research (Cambridge, 1.—5. 7. 1957.) Nature **180**, 960 (1957).
[4] COURTS, A.: Biochem. J. **58**, 70 (1954).
[5] WARD, A. G.: Food **24**, 255 (1951).
[6] SCATCHARD, G., J. L. ONCLEY, J. W. WILLIAMS and A. BROWN: Am. Soc. **66**, 1980 (1944).
[7] HAMILTON, P. B., and R. A. ANDERSON: J. biol. Ch. **213**, 249 (1955).
[8] BOWES, J. H., and J. A. MOSS: Nature **168**, 514 (1951).
[9] GRASSMANN, W., u. H. HÖRMANN: H. **292**, 24 (1953).
[10] COURTS, A.: Biochem. J. **58**, 74 (1954).
[11] COURTS, A.: Biochem. J. **59**, 382 (1955).
[12] KULONEN, E.: Suomen Kemist. (A) **28**, 107 (1955).
[13] ARDRY, R., et O. RISBEC: Ann. pharmaceut. franç. **12**, 428 (1954).
[14] ARDRY, R., et P. BOURELY: Ann. pharmaceut. franç. **13**, 675 (1955).

d) Elastin.

Elastin ist der Hauptbestandteil der elastischen Fasern. Es kommt in Gefäßen, Sehnen und im Bindegewebe vor. Im Corium der Haut ist das Verhältnis Kollagen: Elastin ~100:1. Die elastischen Fasern sind astförmig verzweigt, von unterschiedlicher Länge und Breite und im nativen Zustand gelbgefärbt. Sie sind elastisch wie Gummi, eine Eigenschaft, die sie jedoch im getrockneten Zustand nicht mehr besitzen. Beim Erwachsenen können sie nicht mehr regeneriert werden.

Elastin wird von kochendem Wasser sowie verdünnten Säuren und Alkalien nicht aufgelöst. Da das Kollagen bei dieser Behandlung gelatinös wird und in Lösung geht, kann man es auf diese Weise leicht vom Elastin trennen (s. Darstellung von Elastin, S. 478). Es wird von proteolytischen Fermenten kaum angegriffen, soll jedoch von Elastase, einem Enzym aus Pankreas, abgebaut werden (s. S. 479).

Die Struktur von Elastin ist noch nicht vollständig aufgeklärt. Röntgendiagramme und elektronenmikroskopische Untersuchungen zeigen, daß es nicht zu den Kollagenen gehört. Die Elastinfasern besitzen die für das Kollagen typische Querstreifung nicht[1].

Nach neueren Untersuchungen scheint Kollagen jedoch unter geeigneten Bedingungen in Elastin überführt werden zu können. So gelang es BURTON und Mitarbeitern[2], Kollagen durch Pankreasfermente (Trypsin, Chymotrypsin), Säuren und Alkalien in Elastin umzuwandeln. Dabei wird eine an Oxyprolin und Arginin reiche Polypeptidfraktion und viel reduzierender Zucker abgespalten. Diese Umwandlung konnte elektronenmikroskopisch bestätigt werden. In Übereinstimmung mit diesen Untersuchungen überführten RAMACHANDRAN und Mitarbeiter[3] Kollagen durch Behandlung mit Calciumchlorid- und Nickelnitratlösungen reversibel in ein Material, das die unorientierten Reflexe von Elastin aufwies. Einige Autoren nehmen an, daß die Aorta ein Protein enthält, das zwischen Kollagen und Elastin steht[4, 5]. Verschiedene Untersuchungen lassen es möglich erscheinen, daß Elastin auch in vivo aus Kollagen entsteht[6-8]. So enthält die senile Haut viel Material, das sich wie Elastin färbt[9, 10]. Dieses wird von manchen Autoren für echtes Elastin gehalten[11].

HALL und Mitarbeiter[1] nehmen auf Grund elektronenmikroskopischer und biochemischer Untersuchungen an, daß das Material des elastischen Gewebes aus 2 Typen langkettiger Moleküle besteht, nämlich 1. einem Mucoproteid und 2. aus einem sog. ,,Elastomucin", einer Polypeptidkette, die von einer dicken Kittsubstanz umgeben ist. Die elastischen Fasern der Aorta sind im Gegensatz zu den elastischen Fasern, die aus dem Ligamentum nuchae des Rindes gewonnen wurden, in eine Grundsubstanz eingebettet[5], welche nach RINEHART[12] aus sulfurierten Mucopolysacchariden besteht. Die elastischen Fasern der Haut unterscheiden sich von denen des Ligamentum nuchae durch Aminosäurezusammensetzung und Beständigkeit gegen heißes Wasser[13].

---

[1] HALL, D. A., R. REED and R. E. TUNBRIDGE: Nature **170**, 264 (1952).
[2] BURTON, D., D. A. HALL, M. K. KEECH, R. REED, H. SAXL, R. E. TUNBRIDGE and M. J. WOOD: Nature **176**, 966 (1955).
[3] RAMACHANDRAN, G. N., and M. S. SANATHANAM: Proc. ind. Acad. Sci. (A) **45**, 124 (1957).
[4] BANGA, I.: Nature **172**, 1099 (1953).
[5] HALL, D. A.: Biochem. J. **59**, 459 (1955).
[6] ROBB-SMITH, A. H. T.; in: ASBOE-HANSON, G. (Hrsg.): Connective Tissue in Health and Disease. S. 15. Kopenhagen 1954.
[7] TUNBRIDGE, R. E., R. N. TATTERSALL, D. A. HALL, W. T. ASTBURY and R. REED: Clin. Sci. **11**, 315 (1952).
[8] ASTBURY, W. T., and F. O. BELL: Tab. biol. period. **17**, 90 (1939).
[9] MA, C. K.: J. Gerontol. **5**, 203 (1950).
[10] TATTERSALL, R. N.: Quart. J. Med. **19**, 151 (1950).
[11] LANSING, A. I.: Ciba Found. Colloq. Ageing Bd. I, S. 88 (1955).
[12] RINEHART, J. F.; in: ASBOE-HANSON, G. (Hrsg.): Connective Tissue in Health and Disease: S. 239. Kopenhagen 1954.
[13] BOWES, J. H., and R. H. KENTEN: Biochem. J. **45**, 281 (1949).

LANSING[1] zählt das Elastin zu den Lipoproteiden. Er isolierte aus entfettetem Elastin Plasmalogen und eine ungesättigte Fettsäure (0,5% des Trockengewichtes). Diese Substanzen sollen für die Aufrechterhaltung der Faserstruktur von Elastin wichtig sein[2, 3]. Im Ligamentum nuchae wurden beachtliche Mengen Cerebrosid gefunden[2].

Durch partielle Hydrolyse mit 0,25 m Oxalsäure wird das Elastin bei 100° in ein wasserlösliches Protein (mittleres Mol.-Gewicht 65000) überführt, das bei Elektrophorese in Pufferlösungen von Ionenstärke $\Gamma/2 = 0{,}20$ bei allen p_H-Werten im Bereich von 2—9 einen einzigen Gipfel aufweist. Durch Fraktionierung läßt es sich in 2 Komponenten aufteilen: eine α-Fraktion (Mol.-Gewicht 60000—84000) und eine kleinere wasserlösliche β-Fraktion (mittleres Mol.-Gewicht 5500)[4]. Bei Untersuchungen in der Ultrazentrifuge erwies sich das α-Protein als polydispers. Die Aminosäurezusammensetzung von α- und β-Protein sowie Elastin sind einander sehr ähnlich[4]. Das α-Protein wird durch Erhitzen denaturiert, das β-Protein dagegen nicht. WOOD[5] konnte ähnliche lösliche Proteine durch Kochen von Elastin mit 0,1 n NaOH und Behandlung mit Ameisensäure bei 18° nachweisen.

Es ist noch nicht klar, ob Elastin in spezifischen Zellen, den Elastoblasten, oder wie das Kollagen in den Fibroblasten entsteht[6], jedoch ist letzteres wahrscheinlicher.

Darstellung. Es werden verschiedene Methoden angegeben, um das Elastin von anderen Proteinen, vor allem von Kollagen, zu trennen. GROSS[7] läßt das gründlich zerkleinerte Gewebe (Aorta, Ligamentum nuchae, Schwimmblase vom Karpfen) über Nacht in 1%iger Essigsäure stehen, trennt das Kollagen, das eine viscöse Lösung bildet, mittels Kolieren durch ein Seidentuch vom Elastin und wäscht mehrmals mit Essigsäure nach. Nach seinen elektronenmikroskopischen Untersuchungen sollen weder Hitze noch Einwirkung von Essigsäure die Struktur des intakten Elastins angreifen.

Andere Autoren schlagen eine Behandlung des Gewebes mit Alkalien vor, um das Kollagen zu entfernen[8, 9]. LANSING und Mitarbeiter[9] kochen das Gewebe 45 min bei 98° mit 0,1 n NaOH. Hierbei soll jedoch die Struktur des Elastins verändert werden[10, 11].

Nach STEIN und MILLER[12] wird pulverisiertes Ligamentum nuchae 4—6 Tage mit häufig gewechselter Harnstofflösung gekocht.

HALL[11], der die einzelnen Methoden untersuchte, indem er die Angreifbarkeit der dargestellten Elastinpräparate gegenüber Elastase verglich, stellt fest, daß alle diese Methoden entweder das Kollagen nicht genügend entfernen, wie die Behandlung mit Essigsäure, oder aber so drastisch sind, daß sie beginnen, das Elastin abzubauen[11]. Er entfernt das Kollagen durch Suspendieren des zerkleinerten Materials in 5%iger NaCl-Lösung und vermeidet allzu scharfes Trocknen seines Elastinpräparates, indem er es über einer gesättigten NaCl-Lösung bei 18° aufbewahrt.

Eine schonende Art der Darstellung von Elastin ist auch die von PARTRIDGE und Mitarbeitern[13].

***Darstellung von Elastin nach* PARTRIDGE, DAVIS *und* ADAIR[13].**

Das Ligamentum nuchae eines frisch geschlachteten Rindes wird von dem anhängenden Fettgewebe befreit, in dünne Streifen geschnitten und in einem Fleischwolf sehr

1 LANSING, A. I.: Trans. Josiah Macy jr. Conf. on Connective Tissue. Bd. II, S. 45 (1951).
2 LABELLA, F. S.: Nature **180**, 1360 (1957).
3 PEIFER, J. J.: Fed. Proc. **16**, 232 (1957).
4 PARTRIDGE, S. M., H. F. DAVIS and G. S. ADAIR: Biochem. J. **61**, 11, 21 (1955).
5 WOOD, C. G.: [HALL, D. A., R. REED and R. E. TUNBRIDGE: Nature **170**, 264 (1952)].
6 ROBB-SMITH, A. H. T.; in: ASBOE-HANSON, G. (Hrsg.): Connective Tissue in Health and Disease. S. 15. Kopenhagen 1954.
7 GROSS, J.: J. exp. Med. **89**, 699 (1949).
8 BANGA, I., and D. SCHULER: Acta physiol. hung. **4**, 13 (1953).
9 LANSING, A. I., T. B. ROSENTHAL, M. ALEX and E. V. DEMPSEY: Anat. Rec. **114**, 555 (1952).
10 BANGA, I.: Nature **172**, 1099 (1953).
11 HALL, D. A.: Biochem. J. **59**, 459 (1955).
12 STEIN, W. H., and E. G. MILLER: J. biol. Ch. **125**, 599 (1938).
13 PARTRIDGE, S. M., H. F. DAVIS and G. S. ADAIR: Biochem. J. **61**, 11 (1955).

fein zerkleinert. Das zerkleinerte Material wird in etwa 20 Vol. einer 1%igen NaCl-Lösung geschüttelt und diese Behandlung mit frischer NaCl-Lösung so lange fortgesetzt, bis sich in dem Extrakt auf Zugabe von Trichloressigsäure kein Niederschlag mehr bildet. Anschließend wird gründlich mit dest. Wasser gewaschen und der Rückstand mit dest. Wasser 45 min bei 1 atü im Autoklaven belassen. Man extrahiert so lange im Autoklaven mit dest. Wasser, bis die Biuretprobe in dem Extrakt negativ ist. Dazu benötigt man meist 3—4 Extraktionen.

Nach Waschen mit warmem dest. Wasser wird mit Äthanol behandelt und zur Entfernung der Fette gründlich mit einer 50%igen (v/v) Äthanol-Äthermischung extrahiert. Anschließend behandelt man mit Äther und trocknet zunächst im Vakuum bei 30—40° und dann im Vakuum über H_2SO_4. Das so erhaltene Material wird sehr fein zermahlen und noch 2mal 45 min bei 1 atü im Autoklaven mit dest. Wasser behandelt, um Spuren von Kollagen und Mucopolysacchariden zu entfernen. Anschließend wird mit warmem dest. Wasser gewaschen, mit Äthanol behandelt und mit einer 50%igen Äthanol-Äthermischung extrahiert, um Reste von Fett zu entfernen. Nach dem Trocknen zerreibt man das Präparat zu einem feinen, gelbgefärbten Pulver.

Zusammensetzung des über P_2O_5 bei 80° getrockneten Pulvers: 17,3% N, 0,17 bis 0,28% S.

Physikalische Eigenschaften. Im nicht gestreckten Zustand ist Elastin optisch isotrop. Durch Strecken wird es doppelbrechend. CRUISE[1] fand im Elastin auch anisotrope Anteile. Es läßt sich noch nicht mit Sicherheit sagen, ob wirklich, wie oben erwähnt, eine biochemische Umformung stattfindet.

STEIN und MILLER[2] berechneten ein Mindestmolekulargewicht von 49500. Über Mol.-Gewicht und Elektrophorese von partiell hydrolysiertem Elastin s. auch S. 478.

Analytische Daten. Elastin enthält sehr viel weniger Oxyprolin und basische Aminosäuren als Kollagen, dagegen mehr Valin[3]. Gesamt-N, Gesamt-S und Aminosäurengehalt s. Tabelle 51.

Denaturierung. Nach neueren Untersuchungen wird Elastin durch Elastase, enbesonderes Enzym des Pankreas, abgebaut[4]. Die Elastase setzt hierbei aus dem Elastn-Kohlenhydrate, Glucosamin und Schwefelsäure frei[5]. Das Wirkungsoptimum der Elia stase liegt bei p_H 8,7—9,5[6], nach anderen Autoren[7] bei 10,3. Die Elastase soll aus 2 Enziy men bestehen, die auf 2 verschiedene Komponenten des elastischen Gewebes einwirken[6].

Darstellung der Elastase s.[4, 7]. Reinigung von Elastase s.[8].

Nach PARTRIDGE und Mitarbeitern[9] soll die Elastase an den Peptidbindungen von Elastin angreifen und daher ein proteolytisches Enzym sein.

Bestimmung s. S. 472.

e) Reticulin.

Reticulin ist das Protein, aus dem das feine Netzwerk besteht, welches die Kollagenfaserbündel umgibt. Es hat eine Membranstruktur und besteht aus winzigen, zufällig orientierten kollagenähnlichen Fibrillen, die in eine umfangreiche, strukturlose Matrix (wahrscheinlich ein Glykoproteid) eingebettet sind[10, 11].

[1] CRUISE, A. J.: Nature **179**, 674 (1957).
[2] STEIN, W. H., and E. G. MILLER: J. biol. Ch. **125**, 599 (1938).
[3] BOWES, J. H., and R. H. KENTEN: Biochem. J. **45**, 281 (1949).
[4] BANGA, I., and J. BALÓ: Nature **164**, 491 (1949); **171**, 44 (1953).
[5] HALL, D. A., R. REED and R. E. TUNBRIDGE: Nature **170**, 264 (1952).
[6] HALL, D. A., and J. E. GARDINER: Biochem. J. **59**, 465 (1955).
[7] BALÓ, J., and I. BANGA: Biochem. J. **46**, 384 (1950).
[8] HALL, D. A.: Biochem. J. **59**, 459 (1955).
[9] PARTRIDGE, S. M., and H. F. DAVIS: Biochem. J. **61**, 21 (1955).
[10] KRAMER, H., and K. LITTLE; in: RANDALL, J. T. (Hrsg.): Nature and Structure of Collagen. S. 33. London 1953.
[11] LITTLE, K., and H. KRAMER: Nature **170**, 499 (1952).

Reticulin macht weniger als 4% des Trockengewichtes des Coriums aus[1].

Wenn Kollagenfasern neu gebildet werden, z.B. in heilenden Wunden oder in der Haut eines sich entwickelnden Embryo, so sehen sie aus und verhalten sich wie Reticulinfasern.

Das Reticulin ist hauptsächlich dadurch gekennzeichnet, daß es sich mit Silber schwarz anfärbt, also argyrophil ist. Kollagen wird durch Silberimprägnation braun. Diese argyrophile Eigenschaft des Reticulins beruht nach Untersuchungen von TOMLIN[2] auf einem Oberflächenphänomen, denn es geht hierbei keine echte Verbindung mit dem Silber ein, sondern das Metall wird in Form kolloidaler Micellen an die Oberfläche des Proteins adsorbiert. Mit der Perjodsäure-Leukofuchsin-Technik färben sich Kollagenfasern nur schwach rosa an, während Reticulinfasern stark positiv reagieren[3].

Unterschiedlich ist auch das Verhalten beider Proteine gegenüber Enzymen. Das Reticulin ist gegenüber Trypsin empfindlicher als Kollagen[4]. In Kulturen von Clostridium histolyticum kommt eine Reticulinase vor, die die Reticulinfasern zerstört, ohne das Kollagen anzugreifen[5].

Reticulin ist stärker antigen als Kollagen[6]. Es bildet beim Kochen mit Wasser keine Gelatine[7, 8].

Neuere elektronenmikroskopische und röntgenologische Untersuchungen des Reticulins zeigten, daß dieses dieselbe Feinstruktur wie das Kollagen aufweist[2, 9-12]. BEAR[13] nimmt daher an, daß die Grundsubstanz des Reticulins das Kollagen ist.

Über die Natur des Reticulins und seine Beziehung zum Kollagen herrschen widersprechende Meinungen. Die wichtigsten seien hier aufgeführt:

1. Reticulin und Kollagen sind zwei verschiedene Proteine, die sich durch ihre chemischen Eigenschaften voneinander unterscheiden.
2. Das Reticulin stellt eine Vorstufe des Kollagens dar; es ist ein „Prokollagen“.
3. Beide Proteine sind chemisch identisch und unterscheiden sich nur in der Aufteilung, indem das Reticulin viel feinere Fibrillen bildet.
4. Reticulin ist ein Komplex zwischen Kollagen und Mucoproteiden oder Polysacchariden.

Heute nimmt man überwiegend die letztgenannte Theorie als richtig an und betrachtet das Reticulin als ein Protein vom Typ des Kollagens, das sich von diesem jedoch durch seine Verbindung mit Polysacchariden unterscheidet[1].

Physikalische Eigenschaften. Reticulinfasern sind optisch isotrop, während die Kollagenfasern doppelbrechend sind.

Analytische Daten. Reticulin hat einen höheren Kohlenhydrat[14]- und einen niedrigeren Prolin- und Oxyprolingehalt als Kollagen[15]. Durch seinen hohen Cystingehalt soll es sich sowohl vom Kollagen als auch vom Elastin unterscheiden[16].

---

[1] GUSTAVSON, K. H.: Chemistry and Reactivity of Collagen. S. 79. New York 1956.
[2] TOMLIN, S. G.: Nature **171**, 302 (1953).
[3] LILLIE, R. D.: J. Lab. clin. Med. **32**, 91 (1947).
[4] PEARSE, A. G. E.: Histochemistry. S. 83ff. London 1953.
[5] AIKAT, B., and J. H. DIBLE: [PEARSE, A. G. E. Histochemistry. S. 338. London 1953].
[6] ROUILLER, C.; in: BOURNE, G. H. (Hrsgb.): Biochemistry and Physiology of Bone. S. 118. New York 1956.
[7] KRAMER, H., and K. LITTLE; in: RANDALL, J. T. (Hrsg.): Nature and Structure of Collagen. S. 33. London 1953.
[8] MALL, F. P.: Anat. Anz. **3**, 397 (1888).
[9] GROSS, J.: J. Gerontol. **5**, 343 (1950). Ann. N. Y. Acad. Sci. **56**, 674 (1953).
[10] BAIRATI, A., F. MASSARI and G. MARSICO: C. R. Ass. Anat. 39. Réunion, Clermont-Ferrand 1952. Exper. **8**, 341 (1952).
[11] PORTER, K. R.: Trans. 2nd Josiah Macy jr. Conf. Connective Tissues. S. 126 (1951).
[12] LITTLE, K., and H. KRAMER: Nature **170**, 499 (1952).
[13] BEAR, R. S.: Adv. Protein Chem. **7**, 88 (1952).
[14] GLEGG, R. E., D. EIDINGER and C. P. LEBLOND: Science, N. Y. **118**, 614 (1953).
[15] BOWES, J. H., and R. H. KENTEN: Biochem. J. **43**, 358, 365 (1948).
[16] JUDITZKAJA, A. I.: Biochimija, Moskva **14**, 97 (1949); **15**, 566 (1950).

f) Proteine der Grundsubstanz.

In der Grundsubstanz von verschiedenen Bindegeweben wurde ein Protein gefunden, das nicht mit Kollagen identisch (es ist reicher an Tyrosin als dieses) und an Mucopolysaccharide gebunden ist[1-5].

Wenn man gereinigtes, d.h. mit Kochsalzlösung extrahiertes und gewaschenes Corium mit einer kalten Lösung von $^1/_2$-gesättigtem Calciumhydroxyd extrahiert und die filtrierte Lösung mit Essigsäure neutralisiert, erhält man einen cremefarbenen dicken Niederschlag, der sich beim Trocknen in eine braune Masse verwandelt. Die so erhaltene Trockensubstanz beträgt ungefähr 0,5% des Gewichtes des Kollagens. Dieses Mucoid enthält 12% N und 2,4% Esterschwefel, 7,7% Galaktose und Glucose sowie 1,5% Hexosamin[4].

Ein Protein-Polysaccharid-Komplex aus Knochen wurde Osseomucoid genannt[5]. Er enthält kein Oxyprolin und, verglichen mit Kollagen, verminderte Mengen Glykokoll, Alanin und Prolin und große Mengen Leucin und Tyrosin. Die Aminosäurezusammensetzung ist in Tabelle 51, S. 453 angegeben. Man erhält das Osseomucoid bei alkalischer Extraktion des Knochens. Es kann sein, daß das Mucoproteid im Knochen selbst mit Chondroitinsulfat und anderen Mucopolysacchariden assoziiert ist und die schwache Bindung erst durch die alkalische Extraktion gelöst wird.

Aus Knorpel haben neuerdings SHATTON und SCHUBERT[2] ein definiertes Mucoproteid isoliert. Der Knorpel wird bei 1° wiederholt mit Wasser extrahiert, dann der Extrakt mit 2 Vol. Alkohol gefällt. Im Niederschlag findet sich ein Gemisch von Proteinen, offenbar lösliches Kollagen und nicht weiter untersuchte Komponenten. Aus dem Überstand fällt man mit Kaliumacetat das Mucoid, das ungefähr 6% Tyrosin und so gut wie kein Oxyprolin enthält, also kein Kollagen ist.

Über die Darstellung der Mucoide der Grundsubstanz der Cornea s. S. 559ff.

Von einer Reihe von Autoren wurde in Knochen und Dentin ein Protein nachgewiesen, das gegen die Lösung in heißem Wasser resistenter ist als Kollagen[5-7] und das von den Autoren deshalb als „resistant protein“ bezeichnet wurde. Es enthält kein Oxyprolin, wenig Prolin und Glykokoll, ist also offenbar kein Kollagen. Der Gehalt an Valin und Alanin ist viel geringer als bei Elastin, während der Tyrosingehalt höher ist als bei Kollagen oder Elastin. Bei fortgesetztem Kochen geht es nach und nach in Lösung. Daraus erklärt sich, daß von verschiedenen Autoren unterschiedliche Mengen gefunden werden[8].

G. Keratin[9-12].

Unter dem Begriff Keratin faßt man eine Gruppe von Proteinen der Epidermis zusammen, die einen hohen Prozentsatz *Cystin* enthalten und die im festen Zustand makroskopische Strukturen bilden, in denen die Peptidketten bis zu einem hohen Grad geordnet sind[13]. Im Vergleich zu anderen Proteinen ist Keratin relativ inert, z. B. gegen heißes Wasser oder proteolytische Fermente. Allerdings wird fein gemahlene Wolle von diesen

---

1 CONSDEN, R., and R. BIRD: Nature 173, 996 (1954).
2 SHATTON, J., and M. SCHUBERT: J. biol. Ch. 211, 565 (1954).
3 WOODIN, A. M.: Biochem. J. 58, 50 (1954).
4 GRASSMANN, W., J. JANICKI, L. KLENK u. F. SCHNEIDER: B. Z. 294, 95 (1937).
5 EASTOE, J. E., and B. EASTOE: Biochem. J. 57, 453 (1954).
6 STACK, M.: Brit. dent. J. 90, 173 (1951).
7 ROGERS, H. J., S. M. WEIDMANN and A. PARKINSON: Biochem. J. 50, 537 (1952).
8 EASTOE, E. J.; in: BOURNE, G. H. (Hrsg.): Biochemistry and Physiology of Bone. S. 100. New York 1956.
9 ZAHN, H.: Sammelreferat über Histologie, Feinstruktur, Chemie und Technologie der Keratine; in: Leder 1, 222, 265 (1950); 2, 8 (1951).
10 RUDALL, K. M.: The proteins of the mammalian epidermis. Adv. Protein Chem. 7, 253 (1952).
11 WARD, W. H., and H. P. LUNDGREN: The formation, composition and properties of the keratin. Adv. Protein Chem. 9, 243 (1954).
12 KENDREW, J. C.: Structure Proteins I; in: NEURATH-BAILEY, Proteins Bd. II/B, S. 845 (1954).
13 WOODIN, A. M.: Biochem. J. 57, 99 (1954).

Fermenten angegriffen[1], und pulverisiertes Horn ist zum Teil in Wasser löslich[2]. Die Unangreifbarkeit durch Wasser und proteolytische Fermente ist also nur relativ[3].

Die Festigkeit von Keratin hängt von den Querverbindungen ab, die durch Cystinreste, Wasserstoffbrücken und Salzbindungen gebildet werden[4]. Wenn diese getrennt werden, wird das Keratin löslich (vgl. S. 486).

Die Keratine verschiedener Herkunft reagieren chemisch unterschiedlich, sind verschieden zusammengesetzt (s. Tabelle 57 und S. 493) und geben verschiedene Röntgenogramme (vgl. S. 492).

Man unterscheidet hartes und weiches Keratin[5]. Horn, Nägel, Klauen und Hufe sind typische harte Keratine. Sie werden auch *Eukeratine* genannt[5, 6]. Haar, Wolle und Federn werden zum harten Keratin bzw. Eukeratin gerechnet, sind aber in der Medulla und im inneren Kanal, wenn er vorhanden ist, mit weichem Keratin assoziiert. Ein Beispiel für weiches Keratin ist die äußere Schicht der Epidermis, wie sie etwa aus der verdickten Haut von Nasen des Rindes gewonnen wird (vgl. S. 491), oder die äußere Schicht der menschlichen Epidermis. Zu den weichen Keratinen rechnet BLOCK[6, 7] außer dem Hautkeratin von Säugetieren Fischbein, Schildpatt und Pelikan-Auswüchse. Sie werden als *Pseudokeratine* bezeichnet. Auch Ichthulokeratin aus der Schale von Lachseiern[8] und Neurokeratin[9] (vgl. S. 544) werden zu den Pseudokeratinen gerechnet. Die weichen Keratine sind unbeständig und werfen dauernd ihre äußere Schicht ab. Hautkeratin enthält 1—2 % des Trockengewichts Schwefel, ~4 % Fett und wahrscheinlich Glykogen. Hartes Keratin enthält sehr wenig „Nicht-Protein“-Komponenten, bis zu 5 % Schwefel und mehr Arginin als weiches Keratin (vgl. Tabelle 57). Weiches Keratin soll nach BLOCK[6, 7] Lysin und Arginin im äquimolaren Verhältnis enthalten, während hartes Keratin mehr Arginin enthält.

Das Protein des Zahnschmelzes wird für eine Art von relativ schwefelarmem Keratin gehalten[10]. LOSEE und HESS[11] geben einen Gesamteiweißgehalt von 0,30—0,49 % für den Zahnschmelz an. Von manchen Autoren wird es wegen des Verhältnisses Histidin : Lysin : Arginin = 1 : 3 : 9 als Eukeratin[12, 13], von anderen wegen des geringen Schwefelgehaltes als Pseudokeratin[14, 15] angesehen. Es soll 0,6 % Cystin, 1,01 % Methionin und 5 % Phenylalanin enthalten[11]. Nach anderen papierchromatographischen Untersuchungen sind Histidin, Oxyprolin und Methionin nur in verschwindenden Mengen vorhanden[12].

Auch Keratin aus der gleichen Quelle, wie etwa Säugetierhaar, ist noch nicht einheitlich, sondern ein komplexes Gemisch von Proteinen. Das erklärt sich zum Teil schon aus dem *histologischen Aufbau*[16]. Beim Haar unterscheidet man zunächst die Haarwurzel und den freien Haarschaft. Die Wurzel wird von einer keratinierten, granulierten Hüllschicht umgeben. Der Haarschaft besteht aus 3 verschiedenen Schichten, und zwar von außen nach innen: 1. Schuppendecke (Epidermis oder Cuticula), 2. Faser oder Rindenschicht (Cortex), 3. Markschicht (Medulla).

---

1 ROUTH, J. I.: J. biol. Ch. **123**, CIV (1938).
2 COHEN, H.: Arch. Biochem. **4**, 145 (1944).
3 ZAHN, H.: Sammelreferat über Histologie, Feinstruktur, Chemie und Technologie der Keratine; in: Leder **1**, 222, 265 (1950); **2**, 8 (1951).
4 LUNDGREN, H. P.: Adv. Protein Chem. **5**, 305 (1949).
5 WARD, W. H., and H. P. LUNDGREN: The formation, composition and properties of the keratin. Adv. Protein Chem. **9**, 243 (1954).
6 BLOCK, R. J.: Proc. Soc. exp. Biol. Med. **32**, 1574 (1935).
7 BLOCK, R. J.: Cold Spring Harbor Symp. quant. Biol. **6**, 79 (1938).
8 YOUNG, E. G., and D. G. SMITH: J. biol. Ch. **219**, 161 (1956).
9 BLOCK, R. J.: Arch. Biochem. **31**, 266 (1951).
10 LEICESTER, H. M.: Ann. Rev. **22**, 341 (1953).
11 LOSEE, F. L., and W. C. HESS: J. dental Res. **28**, 512 (1949).
12 BLOCK, R. J., M. K. HORWITT and D. BOLLING: J. dental Res. **28**, 518 (1949).
13 LOSEE, F. L., B. A. NEIDIG and W. C. HESS: J. dental Res. **29**, 815 (1950).
14 BENNEJEANT, C.: Cr. **232**, 1872 (1951).
15 BENNEJEANT, C.: Schweiz. Mschr. Zahnheilkde. **61**, 404 (1951).
16 ZAHN, H.: Leder **1**, 222 (1950).

Tabelle 57. *Aminosäuregehalt einiger Keratine (g/100 g).*

	Wolle Schaf[1] hart	Haar Mensch[2] hart	Horn Rind[2] hart	Kiele Stachel-schwein[2] hart	Federn Huhn[2] hart	Epidermis Mensch[2] weich	Ichthulo-keratin[3]* weich
Gesamt-N . . .	16,35	15,5—16,9	14,8—16,9	15,8	15,0—16,2	14,2—15,5	
Amid-N	1,10	1,17	1,14		1,09	1,16	1,4
Schwefel . . .	3,38	5,00—5,24	3,77—3,9	3,0	2,9	1,9	
Alanin	4,3	2,8	2,5		5,4		4,9
Arginin	9,8	8,9—10,8	6,8—10,7	7,6—8,0	6,5—7,5	5,9—11,7	5,2
Asparaginsäure.	6,8	3,9—7,7	7,7—7,9	8,7	5,8—7,5	(6,4—8,1)	9,2
Cystin	10,3	16,6—18,0	10,5—15,7	8,0—9,5	6,8—8,2	2,3—3,8	2,7
Glutaminsäure .	14,5	13,6—14,2	13,8	17,6	9,0—9,7	(9,1—15,4)	14,5
Glykokoll . . .	5,5	4,1—4,2	9,6	5,7	7,2	6,0—(13,8)	2,8
Histidin. . . .	1,2	0,6—1,2	0,6—1,0	0,6	0,3—0,7	0,6—1,8	1,0
Isoleucin . . .	3,7	(4,7)—4,8	4,3—4,8		5,3—6,0	(6,8)	4,8
Leucin	8,9	6,4—(8,3)	7,6—8,3		7,4—8,0	(8,3)	7,4
Lysin	3,3	1,9—3,1	2,4—3,6	2,6	1,0—1,7	3,1—6,9	3,1
Methionin . . .	0,56	0,7—1,0	0,5—2,2	0,8	0,4—0,5	1,0—2,5	1,7
Phenylalanin .	4,0	2,4—3,6	3,2—4,0	3,6	4,7—5,3	2,8	5,7
Prolin.	6,8	4,3—(9,6)	8,2		8,8—10,0	3,2	11,9
Serin	9,7	7,4—10,6	6,8	6,1—6,2	10,2—14,0	16,5	4,3
Threonin . . .	6,5	7,0—8,5	6,1	3,9—5,4	4,4—4,8	3,4	6,0
Tryptophan . .	0,94	0,4—1,3	0,7—1,4	0,9	0,7	0,5—1,8	3,5
Tyrosin	5,5	2,2—3,0	3,7—5,6	3,3	2,0—2,2	3,4—5,7	5,4
Valin	5,7	5,5—(5,9)	5,3—5,5		8,3—8,8	4,2—(5,6)	5,0
Cystein** . . .		0,5—0,8	0,8—1,6		0,4		

* Ichthulokeratin ist ein Pseudokeratin aus der Schale des Lachseis. Es gleicht in seiner Zusammensetzung dem Neurokeratin (s. Tabelle 76).

** Cystein bildet sich bei der sauren Hydrolyse.

Die einzelnen Haarsorten enthalten diese 3 Komponenten in verschiedenem Verhältnis, z. B. enthält feine Schafwolle kein Mark und die *Faserschicht (Cortex)* macht ~90% der Fasermasse aus. Diese besteht aus etwa 100 μ langen und 4 μ breiten spindelförmigen Zellen. In der Rinde des Stachelschweinkiels wurden bis zu 250 μ lange Zellen gefunden[4]. Die einzelnen Spindelzellen sind fest miteinander verbunden. Sie werden von Protoplasmafasern zusammengehalten, die als Fibrillen oder Tonofibrillen bezeichnet werden[5].

Im Elektronenmikroskop sieht man, daß diese aus noch feineren Fibrillen, den Mikrofibrillen oder Protofibrillen bestehen[6, 7]. Diese sind unregelmäßig breit und an verschiedenen Stellen miteinander verwachsen. Nach MERCER[8] sind die Protofibrillen Längsaggregate von scheiben- oder kugelförmigen Zellen mit einem Durchmesser von 100 Å. Die Verhornung soll durch Cystinbrückenbildung zwischen diesen monomeren Keratinmolekülen erfolgen[9].

Die Faserschicht (Cortex) bestimmt Festigkeit, Elastizität, Röntgenogramm und chemische Eigenschaften von Haaren, die wenig Markzellen enthalten. Im Horn sind die Cortexzellen nicht so langgestreckt wie im Haar.

[1] CORFIELD, M. C., and A. ROBSON: Biochem. J. **59**, 62 (1955).
[2] Nach WARD, W. H., and H. P. LUNDGREN: Adv. Protein Chem. **9**, 273 (1954). Es sind die höchsten und niedrigsten Werte der Literatur angegeben. Die in Klammern stehenden Werte beziehen sich beim Haar auf Schweinehaar, bei der Epidermis auf Proben unbekannter Herkunft.
[3] YOUNG, E. G., and D. G. SMITH: J. biol. Ch. **219**, 161 (1956).
[4] ELÖD, E., u. H. ZAHN: Melliand Textilber. **25**, 361 (1944).
[5] SCHMIDT, W. J.: Z. Naturforsch. **1**, 464 (1946).
[6] ZAHN, H.: Melliand Textilber. **22**, 305 (1941); **23**, 157 (1942); **24**, 157 (1943).
[7] MERCER, E. H., and A. L. G. REES: Austral. J. exp. Biol. med. Sci. **24**, 147, 175 (1946).
[8] FARRANT, J. L., A. L. G. REES and E. H. MERCER: Nature **159**, 535 (1947).
[9] MERCER, E. H.: J. Textile Inst. **40**T, 640 (1949). Biochim. biophysica Acta, N. Y. **3**, 161 (1949).

Das *Mark (Medulla)* ist stärker sauer als die Rinde[1]. Eine 0,05 %ige Pankreatinlösung löst z. B. das Mark des Stachelschweinkiels zu 70 % auf, während die Rinde darin praktisch unlöslich ist[2]. Es enthält jedoch reichlich Cystin (Mark von Hühnerfedern 8,5 % Cystin, Rinde 9,5 %, Mark von Stachelschweinkielen 4,3 % Cystin, Rinde 7,1 %), vgl. auch Tabelle 60 und 62. Das Mark enthält Lipoproteide. Die Markschicht ist zwar gegen Enzyme unbeständig, widersteht jedoch Alkalien besser als die Faserschicht[3].

Die *Schuppendecke (Cuticula)* ist, wie man im Elektronenmikroskop sieht, auch komplex aufgebaut[4]. Man unterscheidet eine resistente, unverdauliche Komponente K_1 und eine darüberliegende weiche, glatte Schicht K_2, die in Enzymlösungen gelockert und schließlich entfernt werden kann. Auf der Schuppendecke befindet sich nach LINDBERG[5] eine feine, 80—100 Å dicke Haut, die sog. Epicuticula. Die Schuppendecke schützt die Haut gegen chemische und mechanische Einwirkungen. Teile der Schuppendecke und die äußere Schicht der Cortex sind chemisch resistenter als die Hauptmasse der Faserschicht[3].

Außer diesen Schichten sind noch Intercellularsubstanzen vorhanden, die weniger Schwefel enthalten und besser löslich sein sollen als das Keratin[6].

Von manchen Autoren wird angegeben, daß zwischen Cuticula und Cortex die Subcutis liegt[7, 8]. Die Membran ist in Wahrheit an der Außenseite[9]. Wenn Wolle mit Peressigsäure behandelt und dann in verdünntem Alkali gelöst wird (vgl. S. 488ff.), bleiben 7—10 % des Proteins ungelöst[10]. Das soll die Membran sein, die ein β-Röntgenogramm zeigt.

Außerdem schwankt die Zusammensetzung der Haare schon von Faser zu Faser sowie innerhalb der Fasern von der Wurzel zur Spitze[11]. Die Spitzen der Haare haben offenbar, weil sie Licht und Luft so stark ausgesetzt sind, eine andere Aminosäurezusammensetzung als das übrige Haar[12].

In der menschlichen Epidermis scheint ein Faserprotein die Vorstufe des Keratins zu sein (vgl. S. 491)[13]. Auch RUDALL[14] hat aus dem äußeren Teil der Haut von Rindernasen mit 6 m Harnstoff ein Faserprotein extrahiert, das er „Epidermin" nennt und für eine Vorstufe des Keratins der Epidermis hält. Die noch nicht ganz „keratinisierten" Anteile lösen sich in Lösungsmitteln, die Wasserstoffbrücken spalten wie konz. Harnstofflösung oder 75 %iges LiBr und werden als „Präkeratin" bezeichnet[13, 14]. Keratin wird dann durch Bildung von Disulfidbrücken gefestigt. Der S-Gehalt, die α-Keratin-Konfiguration und die Dehnbarkeit sind praktisch in den Vorstufen die gleichen wie im fertigen weichen Keratin. Während der Keratinisierung steigt der S-Gehalt des nichtfaserigen Proteins der Epidermis, das ungefähr 9 % des Gesamtproteins ausmacht, auf 2,9 % an.

Die einzelnen Teile der Epidermis unterscheiden sich in den SH-Gruppen. Die Region des Stratum spinosum bis zum Stratum granulosum ist reich an freien SH-Gruppen, während das Stratum corneum nur wenig oder keine enthält; ein Hinweis dafür, daß die Keratinisierung mit der Bildung von Cystinbrücken einhergeht[14] (Tabelle 62).

[1] ZAHN, H.: Leder 1, 222 (1950).
[2] ELÖD, E., u. H. ZAHN: Melliand Textilber. **25**, 361 (1944).
[3] STOVES, J. L.: Nature **151**, 304 (1943).
[4] ZAHN, H.: Leder 1, 223 (1950).
[5] LINDBERG, J.: Textile Res. J. **19**, 43 (1949). — LINDBERG, J., B. PHILIP and N. GRALÉN: Nature **162**, 458 (1948).
[6] STAKHEYEWA-KAVETCZNEWA, L., et N. L. GAVRILOW: Bull. Soc. chim. France **4**, 647 (1936).
[7] REUMUTH, H.: Diss. Aachen 1938. — LEHMANN, E.: Melliand Textilber. **25**, 1 (1944). Kolloid-Z. **108**, 6 (1944).
[8] ELÖD, E., u. H. ZAHN: Naturwiss. **33**, 158 (1946).
[9] MERCER, E. H.: Nature **168**, 824 (1951).
[10] ALEXANDER, P., and C. EARLAND: Nature **166**, 396 (1950).
[11] ZAHN, H.: Leder 1, 265 (1950).
[12] CONSDEN, R., A. H. GORDON and A. J. P. MARTIN: Biochem. J. **40**, 580 (1946).
[13] ROE, D. A.: J. invest. Derm. **27**, 1 (1956).
[14] RUDALL, K. M.: Adv. Protein Chem. **7**, 253 (1952).

Aber auch voll ausgebildetes Keratin zeigt Unterschiede in Zusammensetzung, Quellung, Bindung von Farbstoffen usw.[1]. MERCER[2] bezeichnet das weniger gefestigte als ortho-, das festere als para-Keratin.

Die Faserkeratine sind sehr dehnbar: Unter geeigneten Bedingungen können sie 100% und mehr gedehnt werden und bei Entfernen der Spannung wieder zu ihrer ursprünglichen Länge zurückkehren. ASTBURY und Mitarbeiter[3-6] haben gezeigt, daß sich dabei das Röntgenogramm reversibel ändert. Haar im nativen Zustand ist α-Keratin. Es zeigt das α-Röntgenogramm. Gedehntes Haar ist β-Keratin. Es zeigt das β-Röntgenogramm. In der Haarwurzel bildet sich das Faserröntgenogramm erst, nachdem sich eine bestimmte Verhornungszone gebildet hat[7-9]. Denaturierte Keratine zeigen die Interferenzen des β-Keratins in desorientierter Lage. Dieses Röntgenogramm tritt dann auf, wenn Keratin in der Hitze mit Wasserstoffbrücken oder Peptidbindungen spaltenden Reagentien behandelt wird[9,10]. Diese Form wird auch als d-*Keratin* bezeichnet[10]. Das d-Keratin ist keine besondere Modifikation, sondern ein Abbauprodukt vom Typ des β-Keratins[11]. Über die Deutung der Röntgenogramme von ungedehntem und gedehntem Haar herrscht noch keine Einigkeit[12]. Neuerdings betont ELLIOTT[13] nach Untersuchung von Röntgendiagrammen und Ultrarotspektren, daß der größte Teil des Keratins im gedehnten und nichtgedehnten Haar in amorpher, nichtorientierter Form vorliegt. Das wohlbekannte Röntgendiagramm entsteht durch die relativ kleine Fraktion des Materials, die orientiert und kristallin ist. Die elastischen Eigenschaften der Wolle und ihr Ultrarotspektrum sollen hauptsächlich durch ihre größere amorphe Komponente bedingt sein.

Trockene Haare können bei Zimmertemperatur um $\sim$20% gedehnt werden. Vollkommen trocken gedehnte Haare kehren nicht zu ihrer Originallänge zurück; nur unter idealen Bedingungen in kühler, nicht zu feuchter Umgebung ist die Dehnung vollkommen reversibel. Wenn man Temperatur und Feuchtigkeit erhöht, werden sie immer dehnbarer, bis sie schließlich im Dampf um 100% gedehnt werden können. Häufig kehrt das Haar nicht zu seiner Anfangslänge zurück, sondern bleibt länger. Dieser Zustand wird als „permanent set“ bezeichnet.

Dehnt man das Haar in der Kälte und setzt es dann kurze Zeit dem Dampf aus (2 min), dann kontrahiert es sich nach Entfernen der Spannung auf etwa $^1/_3$ seiner ursprünglichen Länge. Das bezeichnet man als „Superkontraktion“[14]. In diesem Zustand zeigt das Haar desorientierte β-Konfiguration bzw. d-Konfiguration[11]. Auch wenn man Haare mit verschiedenen Reagentien behandelt (z. B. Phenol, Formamid, Harnstoff, Alkalien, verdünnten Säuren, Na_2SO_3, Na_2SO_4 usw.), ist nach dem Kochen ihre Länge anders als vor der Behandlung. Dabei werden offenbar Querverbindungen zwischen den Proteinketten des Keratinmoleküls gespalten, und die „Superkontraktion“ bzw. das „permanent set“ hängen davon ab, bis zu welchem Grad sich die Querverbindungen in der gedehnten Faser neu bilden[6]. Auch wenn man die Keratinfaser mit Wasser unter Druck oder die trockene Faser in der Flamme erhitzt, kommt es zur Superkontraktion. ZAHN[1,15] unterscheidet Keratinfasern nach der Temperatur, auf die man in 50%igem Phenol 20 min erhitzen muß,

[1] ZAHN, H.: Leder 1, 265 (1950).
[2] MERCER, E. H.: Textile Res. J. 23, 388 (1953).
[3] ASTBURY, W. T., and F. O. BELL: Nature 147, 696 (1941).
[4] ASTBURY, W. T., and A. STREET: Phil. Trans. R. Soc. London (A) 230, 75 (1931).
[5] ASTBURY, W. T.: Fundamentals of Fibre Structure. S. 134ff. Oxford 1933.
[6] ASTBURY, W. T., and H. J. WOODS: Phil. Trans. R. Soc. London (A) 232, 333 (1933).
[7] MERCER, E. H.: J. Textile Inst. 40 T, 640 (1949).
[8] MERCER, E. H.: Biochim. biophysica Acta, N. Y. 3, 161 (1949).
[9] ZAHN, H.: Leder 1, 227 (1950).
[10] ELÖD, E., H. NOWOTNY u. H. ZAHN: Kolloid-Z. 93, 50 (1940).
[11] ELÖD, E., u. H. Zahn: Melliand Textilber. 28, 2 (1947).
[12] KENDREW, J. C.: NEURATH-BAILEY, Proteins Bd. II/B, S. 864 (1954).
[13] ELLIOTT, A.: Textile Res. J. 22, 783 (1952).
[14] KENDREW, J. C.: NEURATH-BAILEY, Proteins Bd. II/B, S. 861 (1954).
[15] ZAHN, H.: Kolloid-Z. 113, 157 (1949).

um eine „Superkontraktion“ von 15—20% zu erreichen. Er bezeichnet diese Temperatur als Schrumpfungstemperatur. Sie beträgt für Schafwolle 84°, für Menschenhaar 95°. Die Schrumpfungstemperatur von Keratinfasern ist um so geringer, je geringer die Anzahl der Cystinbindungen ist[1]. Wenn man Keratin aus Wolle in Wasser auf 130° erhitzt, so kontrahieren sich die Fasern in 10 min um 36% [2], während Epidermis, die einen geringeren Cystingehalt hat, im Wasser schon bei 50—70° zu schrumpfen beginnt[3].

Im Wasser quillt Keratin. Schon aus der Luft (70% rel. Feuchtigkeit) nimmt es 16% Wasser auf[4, 5]. Der Quellungszustand der Keratine ist für viele Reaktionen wichtig, da Farbstoffe und andere Stoffe in das gequollene Keratin leichter eindringen können.

Schon beim Erhitzen mit Wasser auf 80° wird Keratin teilweise abgebaut. Offenbar wird ein Teil der —S—S-Brücken dabei gespalten[6-9].

Darstellung. Keratine lösen sich in keinem anorganischen oder organischen Lösungsmittel, wenn nicht vorher Wasserstoffbrücken, Salzbindungen oder Cystinbrücken abgebaut oder gespalten werden. Zur Stabilisierung von Keratin tragen am meisten die —S—S-Brücken bei[10]. Erst, wenn diese mindestens teilweise gelöst sind, geht das Keratin, ganz oder zum Teil, leicht in Lösung. Die hauptsächlich wirksamen Reagentien, die zur Reduktion der —S—S-Brücken von Keratin angewendet werden, sind Schwefelwasserstoff, Sulfide und Thioglykolsäure. Dabei bilden sich SH-Gruppen. Außerdem kann man Sulfite verwenden, wobei SH- und —S—SO_3H-Gruppen erzeugt werden. Durch Einwirkung von Cyaniden entstehen SH- und SCN-Gruppen. Auch Mercaptoäthanol wird angewandt[11]. So reduziertes Keratin löst sich dann leicht in Alkali, konzentrierten, wäßrigen Lösungen von Harnstoff, Guanidinsalzen, Rhodaniden, LiBr, Netzmitteln, Amiden usw., also Lösungsmitteln, die Wasserstoffbrücken spalten[12, 13].

Die Reaktion von *Wollkeratin mit Hydrogensulfit* ist zum Teil reversibel[14]. Ungefähr die Hälfte des Disulfid-Schwefels der Wolle reagiert mit $NaHSO_3$-Lösungen, und es entstehen —SH- und —S—SO_3H-Gruppen[15].

Die reaktionsfähige Fraktion des Disulfid-Schwefels zerfällt wieder in 2 Unterfraktionen, von denen die eine, Fraktion A, beim Abspülen mit Wasser schnell wieder Disulfidbrücken bildet, die andere, Fraktion B, nicht[14]. Wenn man die Carboxylgruppen von Asparaginsäure und Glutaminsäure blockiert, entsteht hauptsächlich Fraktion B[16].

Wenn man Wolle in 0,1 m Na_2S 3 Std auf 30° erwärmt, gehen 70% in Lösung, die durch Einstellen des p_H auf 4,2 nahezu vollkommen wieder ausgefällt werden können. Von verschiedenen Keratinen, die mit Sulfid, Thioglykolat oder Mercaptoäthanol bei p_H 12,7 behandelt wurden, löste sich Federkeratin am leichtesten[12]. OLOFSSON und GRALÉN[17] haben Wolle in 3,5 m Na_2S bei p_H 11 2 Tage bei Zimmertemperatur behandelt. Der Hauptanteil der Wolle mit Ausnahme der Epicuticula und einigen Elementen der

---

1 ZAHN, H.: Z. Naturforsch. **2b**, 286 (1947).
2 ZAHN, H.: Naturwiss. **31**, 137 (1943).
3 RUDALL, K. M.: Adv. Protein Chem. **7**, 253 (1952).
4 SPEAKMAN, J. B., and C. A. Cooper: J. Textile Inst. **27**, 191 (1936).
5 ZAHN, H.: Leder **2**, 8 (1951).
6 ELÖD, E., H. NOWOTNY u. H. ZAHN: Kolloid-Z. **93**, 50 (1940).
7 SCHÖBERL, A.: Angew. Chem. **54**, 313 (1941). B. **74**, 1225 (1941). B. Z. **313**, 214 (1942). Klepzigs Textil-Z. **46**, 81 (1943). Naturwiss. **34**, 217 (1947).
8 SCHÖBERL, A., u. P. RAMBACHER: A. **538**, 84 (1939). B. Z. **306**, 269 (1940).
9 ZAHN, H.: Melliand Textilber. **31**, 481 (1950).
10 ZAHN, H.: Leder **1**, 266 (1950).
11 GODDARD, D. R., and L. MICHAELIS: J. biol. Ch. **106**, 605 (1934); **112**, 361 (1935).
12 JONES, C. B., and D. K. MECHAM: Arch. Biochem. **3**, 193 (1943).
13 ROE, D. A.: J. invest. Derm. **27**, 1 (1956).
14 MIDDLEBROOK, W. R., and H. PHILLIPS: Biochem. J. **36**, 428 (1942).
15 ELSWORTH, F. F., and H. PHILLIPS: Biochem. J. **32**, 837 (1938); **35**, 135 (1941).
16 LINDLEY, H., and H. PHILLIPS: Biochem. J. **41**, 34 (1947).
17 OLOFSSON, B., and N. GRALÉN: 11. Int. Congr. Chem. London 1947. Bd. V, S. 151.

Cortex scheint in Lösung zu gehen[1]. Über die physikalischen Eigenschaften des gelösten Anteils vgl. S. 492.

Bei der Reduktion der Wolle mit Thioglykolsäure im alkalischen Medium erhält man im Extrakt mehrere elektrophoretische Fraktionen[2] (vgl. S. 492).

Fraktionierung von mit Thioglykolat behandelter Wolle nach GILLESPIE ***und*** LENNOX[2, 3]. 64 's Merinowolle, von der die Spitzen entfernt wurden, werden im Soxhlet-Apparat mit Äthylalkohol extrahiert, wiederholt mit Wasser gewaschen und im warmen Luftstrom getrocknet. Um das Protein zu lösen, verwendet man 30 cm³ 0,1 m Thioglykolat je Gramm Wolle. Man stellt den p_H mit Kaliumhydroxyd ein (Schema der Extraktion s. Tabelle 58).

Tabelle 58. *Fraktionierung von mit Thioglykolat behandelter Wolle*[2, 3].

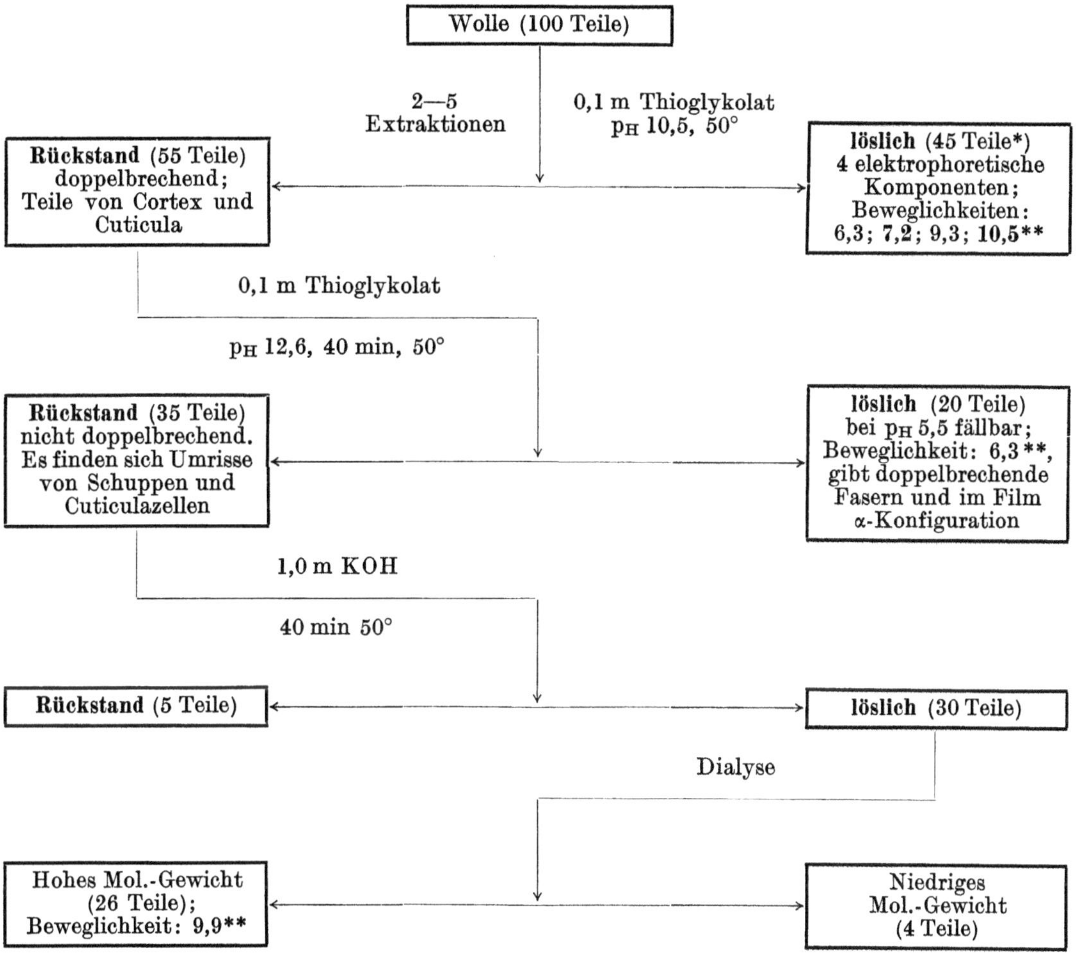

* Eine 40 min-Extraktion löst 6 %; zwei 20 min-Extraktionen lösen 25 %.

** Zeit 10^{-5} cm² volt⁻¹ sec⁻¹. Elektrophoretische Beweglichkeiten bei p_H 11, $\Gamma/2 = 0{,}22$, alle negativ.

Zur Lösung mit *Cyanid* wird noch höhere Alkalität gebraucht, oder es werden geringere Mengen Keratin gelöst als mit Thioglykolat[4]. Wolle wird in 0,5 m Kaliumcyanid in wenigen Stunden aufgelöst. In 0,1 m Kaliumcyanid bei p_H 12,6 und 50° lösen sich in 40 min nur 9 %[2]. Der gelöste Anteil ist elektrophoretisch einheitlich. Nach der Behandlung mit Cyanid ist der Rückstand dann nicht weiter löslich. Bei dieser Behandlung bilden

[1] MERCER, E. H.: Textile Res. J. **23**, 388 (1953).

[2] GILLESPIE, J. M., and F. G. LENNOX: Biochim. biophysica Acta, N. Y. **12**, 481 (1953).

[3] WARD, W. H., and H. P. LUNDGREN: Adv. Protein Chem. **9**, 264 (1954).

[4] GODDARD, D. R., and L. MICHAELIS: J. biol. Ch. **106**, 605 (1934).

sich wahrscheinlich Lanthioninbrücken (—R—S—R—), die den Rückstand sehr stabil machen[1, 2].

In Natriumsulfit allein löst sich Wolle bei keinem p_H, aber in *Natriumsulfit, das in konzentrierter, wäßriger Harnstofflösung gelöst ist,* löst sich ein beträchtlicher Anteil[3].

MERCER und OLOFFSON[3] haben 10 g Lincoln-Wolle mit 50%igem Natriumsulfit in 100 cm³ bei 20° gesättigter Harnstofflösung bei p_H 8,2 4 Std lang bei 50° behandelt. ~20% des Wollkeratins gehen in Lösung. Es hat ein mittleres Mol.-Gewicht von ~80000. Wenn weitere —S—S-Brücken gespalten werden, geht mehr Keratin in Lösung, und man kommt schließlich zu einem mittleren Mol.-Gewicht von 8000. Unter ähnlichen Bedingungen (4% Natriumsulfit, 8 m Harnstoff, 48 Std, 50° C, p_H 5,7) extrahierte WOODS[4] Merino-Wolle und erhielt ~30% in Lösung. Das Mol.-Gewicht dieses Präparates liegt zwischen 10000 und 50000. 0,5 m *Mercaptoäthanol in 10 m Harnstoff mit 0,2 m Lithiumchlorid,* p_H 8, 18 Std bei 50° C löst bis zu 60% der verschiedensten Wollarten[5]. Das nichtionische Reagens greift offenbar die Disulfidbrücken besser an als das ionische. p_H und Salzkonzentration haben nur geringen, die Harnstoffkonzentration einen größeren Einfluß.

WARD und Mitarbeiter[6] haben Federkeratin in Hydrogensulfitlösungen mit Zusatz eines Netzmittels gelöst und das Bisulfit dann durch Dialyse entfernt.

Auch *oxydierende Reagentien* können zur Lösung von Keratin verhelfen, so Peroxysäuren, Peressigsäure, Perameisensäure, Permanganat, Wasserstoffperoxyd, Chlor, Brom oder Chlordioxyd. Dabei bildet sich Cysteinsäure, und das Produkt ist dann in schwach alkalischen Medien leicht löslich. Es werden dabei allerdings auch andere Aminosäuren angegriffen (Methionin und Tryptophan von Perameisensäure, Tyrosin, Tryptophan und Histidin von Chlordioxyd), aber in relativ geringer Menge.

***Oxydation und Fraktionierung von Wolle nach Behandlung mit Chlordioxyd nach* DAS *und* SPEAKMAN[7].**

DAS und SPEAKMAN[7] oxydieren Wolle mit wäßriger, chlorfreier 1,25 m Chlordioxyd-Lösung im Dunkeln bei 22°. Dabei werden alle Cystinreste oxydiert, aber auch ein Teil der anderen Aminosäuren, z. B. das Tyrosin, und es ist möglich, daß die Anzahl dieser oxydierten Reste in den löslichen und unlöslichen Fraktionen verschieden ist. Auch wird offenbar ein Teil der Peptidbindungen durch Chlordioxyd angegriffen. Es ergeben sich verschiedene Fraktionen mit unterschiedlichem Mol.-Gewicht (Schema der Fraktionierung Tabelle 59).

Die mildeste Art, Woll-Keratin zu fraktionieren, ist die Oxydation der —S—S-Brücken mit *Peressigsäure,* gefolgt von Extraktion mit schwach alkalischen Lösungsmitteln, z. B. 0,1 n Ammoniak[8-10]. Nachdem etwa 90% der Cystinbrücken gespalten sind, wird die Wolle in 0,1 n Ammoniak leicht löslich. 7—10% bleiben in verdünntem Alkali unlöslich, und weitere Behandlung mit Peressigsäure ändert daran nichts. Der unlösliche Anteil scheint ein Teil einer Oberhaut der Wolle zu sein (vgl. S. 484). Er hat β-Konfiguration und wird β-Keratose genannt. 60—70% der löslichen Fraktion kann man durch Ansäuern mit Salzsäure ausfällen. Dieser Anteil hat α-Konfiguration und wird α-Keratose genannt.

***Darstellung von Fraktionen des Keratins aus Wolle nach* EARLAND *und* KNIGHT[10].**

Frische Wolle (Qualität 64 S) wird zweimal in einer warmen Lösung von Seife und Ammoniak gesäubert und daraufhin gut mit Wasser gewaschen. Verwitterte Spitzen werden entfernt, und dann extrahiert man die Wolle mit Äther und Äthylalkohol.

---

1 FRASER, R. D. B.: Biochim. biophysica Acta, N. Y. **12**, 482 (1953).
2 RIPA, O.: Textile Res. J. **23**, 776 (1953).
3 MERCER, E. H., and B. OLOFSSON: J. polymer Sci. **6**, 671 (1951).
4 WOODS, E. F.: Austral. J. sci. Res. **5** A, 555 (1952).
5 WARD, W. H.: Textile Res. J. **22**, 405 (1952).
6 WARD, W. H., L. M. HIGH and H. P. LUNDGREN: J. polymer Sci. **1**, 22 (1946).
7 DAS, D. B., and J. B. SPEAKMAN: J. Soc. Dyers Colourists **66**, 583 (1950).
8 ALEXANDER, P., R. F. HUDSON and M. FOX: Biochem. J. **46**, 27 (1950).
9 ALEXANDER, P., and C. EARLAND: Nature **166**, 396 (1950).
10 EARLAND, C., and C. S. KNIGHT: Biochim. biophysica Acta, N. Y. **17**, 457 (1955).

Tabelle 59. *Fraktionierung von Wolle, die mit Chlordioxyd behandelt wurde nach* [1, 2].

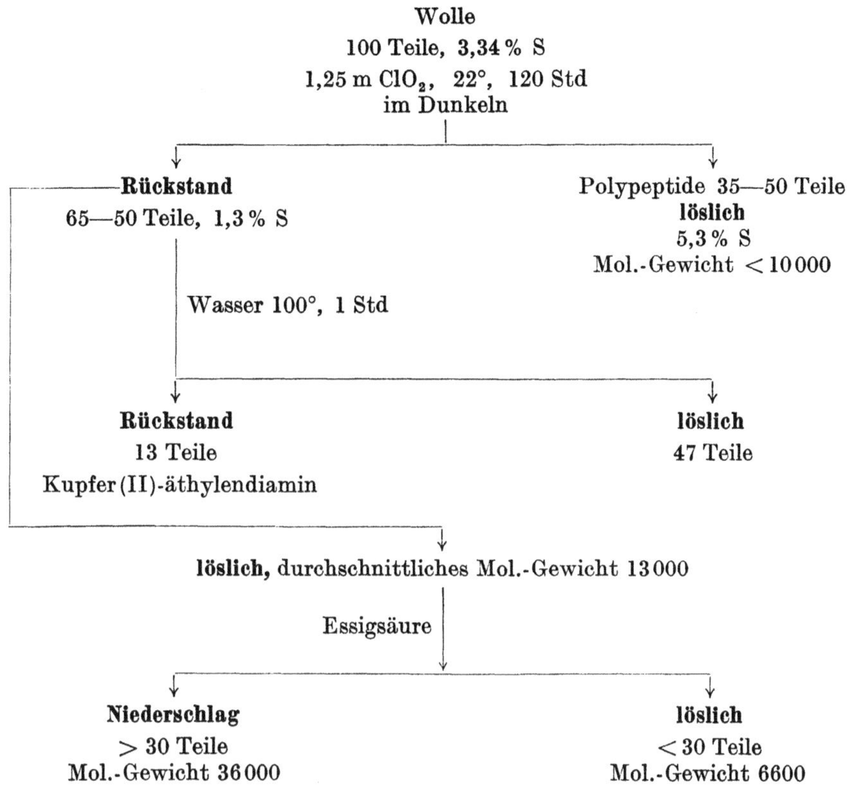

Daraufhin läßt man die Wolle mit der 200fachen Menge einer 2 %igen wäßrigen Lösung von Peressigsäure 30 Std bei 18° reagieren und extrahiert dann mit 0,2 m NH_4OH. Es bleibt ein Rückstand von β-Keratose. Die α-Keratose fällt man aus der ammoniakalischen Lösung durch Zufügen von 2 n HCl. Beide Fraktionen werden so lange mit Wasser gewaschen, bis sie gegen Lackmus neutral sind.

Wenn man der zur Oxydation verwendeten Peressigsäure Äthylalkohol zufügt, fällt ein Protein aus, das ungefähr 0,5 % des Ausgangsproduktes ausmacht und δ-Keratose genannt wird.

In der Ammoniaklösung bleiben nach dem Ausfällen der α-Keratose mit 2 n HCl $\sim$30 % Protein zurück. Es wird γ-Keratose genannt. Man trocknet entweder einfach im Vakuum, und erhält es zusammen mit dem gesamten NH_4Cl, oder die gesamte Ammoniumhydroxydfraktion wird im Vakuum getrocknet und die γ-Fraktion mit wäßriger Essigsäure, p_H 4, aus dem Trockenprodukt extrahiert. Sie enthält 5,8 % S [3].

Auch bei der Oxydation mit Permolybdänsäure oder Perwolframsäure in wäßriger, phosphorsaurer Lösung erhält man eine der β-Keratose ähnliche, in Ammoniak unlösliche Fraktion [4]. Diese Fraktion hat α-Konfiguration, und es wird daher angenommen, daß die β-Keratose durch die Behandlung mit Peressigsäure von der α- in die β-Konfiguration umgewandelt wird.

Wenn man gewaschene, entfettete Wolle in alkalischer Lösung 1 Std lang kocht (10 g Wolle in 500 cm³ 1 %iger Natriumcarbonatlösung), bleiben nur 18 % der Wolle ungelöst; aus der alkalischen Lösung kann durch Ansäuern ein abgebautes Protein gefällt werden. Durch die *Alkalibehandlung* wird hauptsächlich Cystin, bis zu einem gewissen

[1] Das, D. B., and J. B. Speakman: J. Soc. Dyers Colourists **66**, 583 (1950).
[2] Ward, W. H., and H. P. Lundgren: Adv. Protein Chem. **9**, 267 (1954).
[3] Earland, C., and C. S. Knight: Biochim. biophysica Acta, N. Y. **22**, 405 (1956).
[4] Earland, C., T. P. MacRae, G. J. Weston and K. S. Statham: Textile Res. J. **25**, 963 (1955).

Grad auch Serin und Threonin angegriffen[1]. Für jeden durch die Alkalibehandlung angegriffenen Cystinrest bildet sich ein Lanthioninrest.

$$—R—S—S—R— \longrightarrow —R—S—R— .$$

FARNWORTH[2] hat Wollkeratin mit Natriumhydrogensulfit behandelt und es je nach der Reaktionsfähigkeit der Cystinbrücken in verschiedene Fraktionen getrennt.

WOODIN[3, 4] hat *Federkeratin* mit Harnstofflösungen und reduzierenden Reagentien extrahiert und es daraufhin mit Perameisensäure oxydiert. Er erhält Cysteinsäurekeratin, ein Protein mit einer geringen Verteilung der Teilchengrößen und einem Mol.-Gewicht von ~10000.

Darstellung von Cysteinsäurekeratin aus Federn nach WOODIN[3].

Weiße Federn von Leghorn-Hennen werden bei Zimmertemperatur mit Benzol so lange extrahiert, bis der Extrakt bei der Destillation keinen Rückstand mehr gibt. Dann werden sie an der Luft getrocknet und mit destilliertem Wasser (10×2 *l*/20 g Federn) extrahiert, erneut an der Luft getrocknet und im Vakuum über P_2O_5 bei Zimmertemperatur aufgehoben.

1 g Federn suspendiert man in 20 cm³ Lösungsmittel und extrahiert 20—24 Std bei 40° und stellt, wenn nötig, während dieser Zeit den p_H (vgl. unten) neu ein. Die Suspension filtriert man und hebt das Filtrat auf. Den Rückstand wäscht man mit frischem Lösungsmittel und dann mit destilliertem Wasser, bis dieses frei von Harnstoff ist. Den Rückstand trocknet man dann bei 105° und wiegt ihn. Die meisten Extraktionen wurden in 10 m Harnstoff, 0,1 m $NaHSO_3$, 0,05 m Natriumphosphatpuffer bei unterschiedlichem p_H gemacht. Manche Extraktionen wurden in 10 m Harnstoff, 0,3 m Natriumthioglykolat, 0,05 m Phosphatpuffer durchgeführt.

Wenn eine Lösung in 5 m Harnstoff, 0,1 m $NaHSO_3$, 0,05 m Phosphatpuffer (p_H 6—8,5) oder in 5 m Harnstoff, 0,5 m Thioglykolat, 0,05 m Phosphat (p_H 6) gebraucht wird, verdünnt man den Extrakt in 10 m Harnstoff mit dem gleichen Vol. 0,1 m $NaHSO_3$, 0,05 m Phosphatpuffer von gewünschtem p_H oder 0,5 m Thioglykolat, 0,05 m Phosphatpuffer (p_H 6). Dazu wird eine feine Pipette in die Lösung eingetaucht und während des Verdünnens gerührt. Auf diese Art extrahiertes Protein bezeichnet man als *SH-Keratin.*

Lösungen von SH-Keratin in 10 m Harnstoff, 0,1 m $NaHSO_3$, 0,05 m Phosphatpuffer (p_H 6—8,5) dialysiert man gegen fließendes Leitungswasser und anschließend gegen dest. Wasser. Man erhält eine opalescierende Flüssigkeit, oder, wenn die Proteinkonzentration oberhalb 3% liegt, ein klares Gel. Diese werden gefriergetrocknet. 1 kg dieser Trockensubstanz suspendiert man bei Zimmertemperatur in 30 cm³ Ameisensäure und läßt es darin quellen. Nach 30 min fügt man 7 cm³ H_2O_2 (30 vol.-%ig) zu und rührt die Suspension. Nach ungefähr 15 min erhält man eine gelbe Lösung, die man bei Zimmertemperatur weitere 15 min stehen läßt und dann durch ein gesintertes Glasfilter filtriert. Das Filtrat kühlt man auf 5°, fügt 5 Vol. Aceton zu und zentrifugiert nach ~30 min den flockigen Niederschlag ab. Den Niederschlag wäscht man mit Aceton, suspendiert ihn in destilliertem Wasser und trocknet im gefrorenen Zustand. Ausbeute 95%.

Das Material wird „*Cysteinsäurekeratin*“ genannt.

Wenn die Lösung in Perameisensäure mit Wasser verdünnt wird, fällt das Protein nur unvollkommen aus. Wenn man zum Überstand dann Aceton fügt, erhält man eine opalescierende Lösung, aus der man mit NaCl (Endkonzentration 1 m) alles ausfällen kann.

In 10 m Harnstoff, 0,1 m $NaHSO_3$, 0,05 m Phosphat im p_H-Bereich 6—9,2 lösen sich 80—85% der Federn, in 10 m Harnstoff, 0,5 m Thioglykolat, 0,05 m Phosphat (p_H 6) lösen sich 60%.

---

[1] BLACKBURN, S., and G. R. LEE: Biochim. biophysica Acta, N. Y. **19**, 505 (1956).
[2] FARNWORTH, A. J.: Biochem. J. **60**, 626 (1955).
[3] WOODIN, A. M.: Biochem. J. **57**, 99 (1954).
[4] WOODIN, A. M.: Biochem. J. **63**, 576 (1956).

Wenn man die Harnstoffkonzentration bei p_H 6—8,5 durch Verdünnen auf 5 m bringt, entwickelt sich in den Lösungen eine bläuliche Opalescenz. Es hat sich ein feiner Niederschlag gebildet, der durch hochtouriges Zentrifugieren entfernt werden kann und einen ganz geringen Anteil des Gesamtgewichtes ausmacht. Wenn man die Harnstoffkonzentration in dem Extrakt bei p_H 9 auf 5 m bringt, fällt ein Teil des Keratins als fibröses Gerinnsel aus.

Die Trockensubstanz, die man aus den Extrakten p_H 6—8,5 erhalten hat, löst sich in 5 m Harnstoff, 0,1 m $NaHSO_3$, 0,05 m Phosphat (p_H 6). Um bei p_H 8,5 zu lösen, braucht man 10 m Harnstoff, 0,1 m $NaHSO_3$ und 0,05 m Phosphat.

Die Reaktion mit $NaHSO_3$ ist weitgehend reversibel, wie schon MIDDLEBROOK und Mitarbeiter[1] gezeigt haben. Wenn man die Lösung von SH-Keratin in 5 m Harnstoff, 0,1 m $NaHSO_3$, 0,05 m Phosphat (p_H 6) gegen 5 m Harnstoff, 0,1 m NaCl, 0,05 m Phosphat (p_H 6) dialysiert, geht ein großer Teil der freien SH-Gruppen verloren. Ebenso wenn man in der entsprechenden Lösung, die anstatt 0,1 m $NaHSO_3$, 0,5 m Na-Thioglykolat enthält, dieses gegen 0,1 m NaCl austauscht und dagegen dialysiert.

Das Verhältnis Cystein/Cystin in Harnstoff-$NaHSO_3$-Lösung hängt weitgehend vom p_H ab. Je höher der p_H, desto mehr —S—S-Brücken erhält man. Cysteinsäurekeratin ist in 5 m Harnstoff, 0,1 m NaCl, 0,05 m Phosphat (p_H 6—8,5) und in 0,05 m Na_2CO_3 oder 0,05 m Na_2CO_3, 0,2 m NaCl löslich.

Wenn man bei p_H 1,0 bei 5° 20 min mit Perameisensäure oxydiert, werden die Disulfidbrücken quantitativ oxydiert, aber die Amidgruppen und das Tyrosin bleiben erhalten[2].

ROUGVIE[3] hat Federkeratin direkt mit Peressigsäure oxydiert und auch Keratin mit einem durchschnittlichen Mol.-Gewicht von 10000 erhalten. Wenn man das oxydierte Material durch Reduktion wieder zu Fasern macht, bekommt man ein Röntgenogramm, das dem der Federn gleicht.

RUDALL[4] extrahierte aus 3 verschiedenen Schichten der *Epidermis* von Rindernasen mit 6 m Harnstoff Proteine, von denen das eine bei p_H 5,5 flockig ausfällt, das andere bei p_H 4,5 einen körnigen Niederschlag gibt. Das erstere kann in 6 m Harnstoff wieder gelöst und bei p_H 5,5 wieder ausgefällt, das letztere durch Einstellen des p_H auf 7 mit NaOH wieder aufgelöst werden. Diese beiden Proteine kommen in allen Schichten der Mucosa vor. Über physikalische Eigenschaften und S-Gehalt dieser beiden Proteine s. S. 492 und Tabelle 62. Das erstere ist ein Faserprotein und wird von RUDALL[4] *Epidermin* genannt. Das zweite ist nicht faserig.

Aus menschlicher Epidermis läßt sich mit 6 m Harnstoff kein Epidermin extrahieren; es gelingt aber mit 75%igem LiBr, das auch Wasserstoffbrücken spaltet.

***Extraktion eines Proteins der menschlichen Epidermis nach* ROE[5].**

Epidermis von amputierten Gliedern, Brust oder anderen Teilen wird nach der „stretch"-Methode[6] von den darunter liegenden Schichten befreit. Die Epidermis wird getrocknet, pulverisiert und mit Äther entfettet. Das pulverisierte Material extrahiert man mit 75%igem LiBr (10 cm^3/g Trockengewicht), indem man bei Zimmertemperatur 48 Std in verschlossenen Flaschen schüttelt. Den Extrakt filtriert man und dialysiert gegen destilliertes Wasser. Innerhalb weniger Stunden fällt im Dialysierschlauch ein weißes fibröses Material aus. Man zentrifugiert ab und wäscht dreimal mit destilliertem Wasser. Daraufhin wird dreimal mit 60%igem Aceton gewaschen und tropfenweise 4%ige Essigsäure zugefügt. Wenn man das Gemisch homogenisiert, erhält man ein Gel. Das Protein wird von den Autoren für ein Präkeratin gehalten, das dem Epidermin aus Rindernasen

[1] MIDDLEBROOK, W. R., and H. PHILLIPS: Biochem. J. **36**, 428 (1942).
[2] WOODIN, A. M.: Biochem. J. **64**, 30 P (1956).
[3] ROUGVIE, M. A.: Thesis, Mass. Inst. Technol. Cambridge, Mass. 1954.
[4] RUDALL, K. M.: Adv. Protein Chem. **7**, 266 (1952).
[5] ROE, D. A.: J. invest. Derm. **27**, 1 (1956).
[6] VAN SCOTT, E. J.: J. invest. Derm. **18**, 377 (1952).

von RUDALL[1] und der α-Keratose von ALEXANDER[2] entspricht. Im Callus finden sich nur ganz geringe Mengen dieses Präkeratins. Auffallend ist sein geringer Cystingehalt.

Physikalische Eigenschaften. Wegen der Unlöslichkeit können das Mol.-Gewicht und andere physikalische Konstanten des Keratins nicht untersucht werden. Erst nach teilweisem Abbau (vgl. S. 486ff.) wurden die Eigenschaften der dabei entstandenen Produkte festgestellt.

Elektrophorese. WARD und Mitarbeiter[3] sowie SPEAKMAN und Mitarbeiter[4] haben reduziertes Woll- und Federkeratin elektrophoretisch untersucht, aber keine wohldefinierten Produkte gefunden. Das von GILLESPIE und LENNOX[5] mit Thioglykolat reduzierte Wollkeratin (vgl. S. 487) gibt bei der Elektrophorese 4 Komponenten, von denen die alkalischste (~20% der Wolle) elektrophoretisch einheitlich ist. Eine 2 Vol.-%ige Lösung von Cysteinsäure-Keratin[6] (vgl. S. 490) in 0,05 m Na_2CO_3 wandert bei der Elektrophorese mit einer einzigen Bande. Reduziertes Präkeratin wandert elektrophoretisch einheitlich und hat den isoelektrischen Punkt bei p_H 4,2[1].

Wollkeratin, das 2 Tage lang bei Zimmertemperatur mit 3,5 n Natriumsulfid bei p_H 11 behandelt wurde[7, 8], hat eine *Sedimentationskonstante* von 0,8—1,0, ein *spezifisches Partialvolumen*, gemessen 0,703[9], aus Aminosäuren berechnet 0,73[10], eine *Diffusionskonstante* von 9. *Berechnetes Mol.-Gewicht* 9000. Wollkeratin, das mit konzentrierter Harnstoff-Natrium-hydrogensulfit-Lösung reduziert wurde (vgl. S. 488), hat die Sedimentationskonstante 1,93 und die Diffusionskonstante 1,92. Das daraus berechnete Mol.-Gewicht beträgt 84000, das Verhältnis f/f_0 3,86[11]. Wenn man den p_H bei der Reduktion auf 12 erhöht, fällt die Sedimentationskonstante auf 0,94, ist also praktisch die gleiche, wie bei der Reduktion mit Sulfidlösungen. Es wird dann ein Mol.-Gewicht von 8000—9000 angegeben. Offenbar sind in beiden Fällen alle Disulfidbrücken reduziert.

WOODIN[6] fand für das Monomere aus Federkeratin (vgl. S. 490) mit Messungen von osmotischem Druck, Sedimentationskonstante, Diffusionskonstante, Viscosität und Lichtstreuung ein Mol.-Gewicht von 10000 und ein *Achsenverhältnis* von 13.

Das Präkeratin, das aus der verdickten Haut von Nase und Lippen von Kühen mit Harnstofflösung (50 g/100 cm³ Wasser, p_H 6—7) 24 Std bei 17° extrahiert wurde, hat in 25%iger Harnstofflösung Sedimentationskonstanten von 1—7 *s*[12]. Die Hauptkomponente hat ein Mol.-Gewicht von ~60000. Das Molekül scheint sehr asymmetrisch zu sein, $f/f_0 = 3,5$.

Das *Röntgenogramm* der harten Keratine von Säugetieren zeigt im ungedehnten Zustand α-Konfiguration[13, 14]. Die harten Keratine von Vögeln und Reptilien zeigen einen besonderen Typ von β-Konfiguration, also von nicht gefalteten Ketten[15].

Säugetierhaut hat sowohl im Stratum corneum als auch im Stratum mucosum α-Konfiguration. Beim Dehnen in kaltem Wasser erzielt man nur eine ganz geringe Umwandlung in β-Konfiguration[16]. In heißem Wasser erreicht man wohl eine Umwandlung, erhält

[1] RUDALL, K. M.: Adv. Protein Chem. **7**, 253 (1952).
[2] ALEXANDER, P., D. CARTER, C. EARLAND and P. F. MARINER: Melliand Textilber. **33**, 187 (1952).
[3] WARD, W. H., L. M. HIGH and H. P. LUNDGREN: J. polymer Sci. **1**, 22 (1946).
[4] DAS, D. B., and J. B. SPEAKMAN: Thesis, Leeds 1948.
[5] GILLESPIE, J. M., and F. G. LENNOX: Biochim. biophysica Acta, N. Y. **12**, 481 (1953).
[6] WOODIN, A. M.: Biochem. J. **57**, 99 (1954).
[7] OLOFSSON, B.: Medd. svenska Textilforskn.-Inst. No. **14**, 57 (1951), zit. nach [9].
[8] OLOFSSON, B., and N. GRALÉN: 11. Int. Congr. Chem. London 1947. Bd. V, S. 151.
[9] WARD, W. H., and H. P. LUNDGREN: Adv. Protein Chem. **9**, 261 (1954).
[10] WARD, W. H.: Textile Res. J. **22**, 405 (1952).
[11] MERCER, E. H., and B. OLOFSSON: J. polymer Sci. **6**, 671 (1951).
[12] MERCER, E. H., and B. OLOFSSON: J. polymer Sci. **6**, 261 (1951).
[13] ASTBURY, W. T., and A. STREET: Trans. R. Soc., London (A) **230**, 75 (1931).
[14] ASTBURY, W. T., and H. J. WOODS: Trans. R. Soc. London (A) **232**, 333 (1933).
[15] ASTBURY, W. T., and T. C. MARWICK: Nature **130**, 309 (1932).
[16] RUDALL, K. M.: Adv. Protein Chem. **7**, 271 (1952).

aber kein wohldefiniertes β-Diagramm. Am besten gelingt eine reversible α-β-Umwandlung beim Strecken in gesättigtem Ammoniumsulfat. Das Röntgenogramm von Haarkeratin ist bei 100° stabil, das der Haut ist in heißem Wasser instabil. Das nicht faserbildende Protein der Epidermis, das bei p_H 4,5 gefällt wird (vgl. S. 491), unterscheidet sich vom Epidermin auch im Röntgenogramm. Es zeigt ein β-Diagramm.

Im Röntgenogramm von α-Keratin sieht man sich wiederholende, minimale Abstände von 200 Å parallel zur Faserachse und von 90 Å quer zur Faserachse[1, 2]. FRASER und MAC RAE[3] haben α-Keratin mit verschiedenen Schwermetallen beladen und im Röntgenogramm dann bisher nicht beobachtete Regelmäßigkeiten gefunden. Nach ASTBURY[4] ändert sich das α-Diagramm der Faserkeratine bis zu 20% Dehnung nur wenig, zwischen 30 und 50% Dehnung bildet sich dann schnell das β-Diagramm aus, das bei weiterer Dehnung praktisch unverändert bleibt. Nach neuen Untersuchungen ist schon bei 20%iger Dehnung von Lincoln-Wolle die α-Konfiguration weitgehend in die β-Konfiguration umgewandelt[5]. Wenn man die Probe in Luft dehnt, wandelt sich die α-Form bei 20° schneller um als bei 50°. Schwache Luftfeuchtigkeit beschleunigt die α-β-Umwandlung.

Außer den Interferenzen der Faserdiagramme wurden im Röntgenogramm amorphe Interferenzen bei 4, 2,1 und 1,2 Å gefunden[6, 7]. Weiteres über Röntgenogramme von Keratin und ihre Deutung und über die Struktur von Keratin s. bei [3, 8–11].

Die *Ultrarotspektren* von Keratin wurden häufig aufgenommen[12–16]. Es scheint, daß im α-Keratin des Stachelschweinkiels die C=O- und N—H-Bindungen mehr oder weniger parallel zur Faserachse liegen und im Federkeratin quer zur Faserachse. In allen Fällen finden AMBROSE und ELLIOTT ein Gemisch der Konfigurationen. ELLIOTT[15] fand bei Untersuchung des Federkeratins, daß dieses auch eine α-Komponente, bei Untersuchung von Elefantenhaar, daß es auch eine β-Komponente enthält. Das mag im Zusammenhang mit der Entdeckung von ALEXANDER und EARLAND[17] stehen, die bei der Oxydation von Wolle Membranen fanden, die β-Konfiguration aufwiesen (vgl. S. 489).

Das *Ultraviolettspektrum* von Keratin entspricht seinem Gehalt an aromatischen Aminosäuren[18, 19].

Analytische Daten. Wollkeratin ist kein chemisch homogenes Protein. Die α-Keratose und β-Keratose von EARLAND[20] (vgl. S. 488ff.) unterscheiden sich schon in ihrer elementaren Zusammensetzung. α-Keratose: C 47,08%, H 6,65%, N 16,11% und S 2,9%. β-Keratose: C 45,99%, H 6,91%, N 15,94% und S 2,72%. Mit Papierchromatographie findet man in den beiden Fraktionen außer den üblichen Aminosäuren auch noch andere Flecke, z. B. den von Lanthionin, das in beiden in nahezu gleicher Menge vorhanden zu sein scheint.

---

1 MACARTHUR, I.: Nature **152**, 38 (1943).
2 BEAR, R. S., and H. J. RUGO: Ann. N. Y. Acad. Sci. **53**, 627 (1951).
3 FRASER, R. D. B., and T. P. MAC RAE: Nature **179**, 732 (1957).
4 ASTBURY, W. T., and H. J. WOODS: Philos. Trans. R. Soc. London (A) **232**, 333 (1933).
5 BENDIT, E. G.: Nature **179**, 535 (1957).
6 ZAHN, H.: Z. Naturforsch. **1**, 690 (1946).
7 MERCER, E. H., and A. L. G. REES: Austrral. J. exp. Biol. med. Sci. **24**, 147, 175 (1946).
8 ZAHN, H.: Leder **1**, 265 (1950).
9 KENDREW, J. C.: NEURATH-BAILEY, Proteins Bd. II/B, S. 845 (1954).
10 WARD, W. H., and H. P. LUNDGREN: Adv. Protein Chem. **9**, 243 (1954).
11 EARLAND, C., and C. S. KNIGHT: Biochim. biophysica Acta, N. Y. **17**, 457 (1955).
12 AMBROSE, E. J., and W. E. HANBY: Nature **163**, 483 (1949).
13 AMBROSE, E. J., A. ELLIOTT and R. B. TEMPLE: Nature **163**, 859 (1949).
14 AMBROSE, E. J., and A. ELLIOTT: Proc. R. Soc. London (A) **206**, 206 (1951).
15 ELLIOTT, A.: Textile Res. J. **22**, 783 (1952).
16 PARKER, K. D.: Biochim. biophysica Acta, N. Y. **17**, 148 (1955).
17 ALEXANDER, P., and C. EARLAND: Nature **166**, 396 (1950).
18 BEAVEN, G. H., E. R. HOLIDAY and E. M. JOPE: Discuss. Faraday Soc. **9**, 406 (1950).
19 PERUTZ, M. F., M. JOPE and R. BARER: Discuss. Faraday Soc. **9**, 423 (1950).
20 EARLAND, C., and C. S. KNIGHT: Biochim. biophysica Acta, N. Y. **17**, 457 (1955); **22**, 405 (1956).

Feder-, Wolle- und Hautkeratin unterscheiden sich deutlich in ihrer Aminosäurezusammensetzung (vgl. Tabelle 57). Wolle enthält 0,18% Oxylysin[1]. Vollkommen hartes Keratin enthält keine freien SH-Gruppen.

Die reaktionsfähigen Gruppen des Keratins sind in Tabelle 60 zusammengestellt.

Tabelle 60. *Reaktionsfähige Gruppen verschiedener Keratine*[2].

Keratin:	Wolle	Haar	Horn	Kiele	Feder	Epidermis
Reaktionsfähige Gruppen:	Grammäquivalente/10^5 g Keratin					
Freie Carboxyl-	58—66	38—70	71—72		27—44	27—83
Amid-	79—98	84	81		78	83
Carboxyl- + Amid- . .	137—164	122—154	152—153	185	105—122	110—166
Phenolische Hydroxyl-	22—36	12—17	20—31	18	11—12	19—32
Aliphatische Hydroxyl-	124—148	129—172	116	91—104	134—174	186
Gesamte basische — . .	78—92	68—91	59—92	65—68	49—59	59—120
Amino-	20—24	13—21	16—25	18	7—12	21—47
Aromatische Kerne*. .	27—43	16—24	24—37	22	13—14	23—38
1/2 —S—S—	92—114	138—150	101—131	67—80	57—68	19—32
Oxydierbare** — . . .	526—650	722—814	538—754	381—444	309—376	207—280

* Aromatische Kerne, die sich mit Diazoniumsalzen koppeln können.

** Oxydationskapazität berechnet als doppelte Anzahl der Sauerstoff-Atome, die schnell aus Perameisensäure aufgenommen werden[3].

Wenn Keratin härter wird, verliert es seine Affinität für saure Farbstoffe und bekommt größere Affinität zu basischen Farbstoffen[4]. Das Säure-Basenverhältnis von Keratin beeinflußt auch die Wasseraufnahme. Führt man saure Gruppen in das Keratin ein, wird die Wasseraufnahme vermindert. Offenbar gehen diese mit freien kationischen Gruppen Salzbindungen ein und vermindern dadurch die ionisierten Gruppen, die zur Wasseraufnahme nötig sind.

Tabelle 61. *N-Endaminosäurereste von Wolle und Haar*[5].

Keratin	Lincoln-Wolle[6]	Romney-Wolle[7]	Merino-Wolle[7]	Menschliches Haar[7]
Aminosäure: . .	Grammäquivalente/10^6 g Keratin			
Glykokoll. . . .	5,2	4,5	4,7	3,9
Alanin	1,3	1,2	1,2	1,0
Valin	2,4	2,4	2,4	4,0
Serin.	1,3	1,2	1,2	1,0
Threonin	4,8	4,9	4,9	4,0
Asparaginsäure .	0,6	0,6	0,6	0,5
Glutaminsäure .	1,3	1,2	1,2	1,0

Die Endaminosäuren am Aminoende von verschiedener Wolle und menschlichem Haar sind in Tabelle 61 angegeben. Als Endgruppen am Carboxylende wurden mit Hydrazinolyse Serin, Glykokoll, Threonin und Alanin gefunden[8].

Aus diesen Resultaten wird geschlossen, daß das Keratin der Wolle etwa 7 verschiedene Polypeptidketten enthält. Das durchschnittliche Mol.-Gewicht einer Polypeptidkette läge dann zwischen 58000 und 65000.

Wenn man das Keratin 24 Std mit 1%igem Natriumhydrogensulfit mit gesättigtem Harnstoff, p_H 5, bei 40° C behandelt und dann mit Säure fällt, wird die Anzahl der Endgruppen verdoppelt[9]. Man findet mit Ausnahme von Threonin, das unverändert bleibt,

[1] Middlebrook, W. R.: Nature **164**, 321 (1949).
[2] Ward, W. H., and H. P. Lundgren: Adv. Protein Chem. **9**, 278 (1954).
[3] Toennies, G., and R. P. Homiller: Am. Soc. **64**, 3054 (1942).
[4] Das, D. B., and J. B. Speakman: J. Soc. Dyers Colourists **66**, 583 (1950).
[5] Nach Ward, W. H., and H. P. Lundgren: Adv. Protein Chem. **9**, 283 (1954).
[6] Middlebrook, W. R.: Nature **164**, 501 (1949). Biochim. biophysica Acta, N. Y. **7**, 547 (1951).
[7] Tibbs, J., nach J. B. Speakman: Melliand Textilber. **33**, 823 (1952).
[8] Publ. Wool Industr. Res. Ass. No. 199 (1954): Report of the Director of Research for 1953—54 [Ward, W. H., and H. P. Lundgren: Adv. Protein Chem. **9**, 283 (1954)].
[9] Middlebrook, W. R.: Biochim. biophysica Acta, N. Y. **7**, 547 (1951).

die gleichen Aminosäuren im gleichen Verhältnis verdoppelt. Alle ε-Aminogruppen von Lysin reagieren mit FDNB, aber die von Oxylysin nicht[1].

Die Aminoendgruppen (Asp, Ser, Thre, Glu, Gly, Ala, Val) des Cysteinsäurekeratins (Mol.-Gewicht 10000) (vgl. S. 490) entsprechen nur 0,1 Äquivalenten/Mol Protein. Es wird daraus geschlossen, daß es sich um ein Cyclopeptid handelt[2].

Aus den verschiedenen Schichten der menschlichen Epidermis wurden faseriges Protein (Epidermin) und nicht faseriges Protein dargestellt, die sich durch ihren Schwefelgehalt unterscheiden (s. Tabelle 62).

Tabelle 62. *Schwefelgehalt der Proteine der Epidermis*[3].

Anteil der Epidermis	Gehalt an Schwefel im nicht faserigen Protein %	Gehalt an Schwefel im faserigen Protein %
Äußerer	2,86	0,8
Mittlerer	2,24	0,9
Innerer	1,13	1,08

Bei partieller Hydrolyse des Keratins erhält man ein komplexes Gemisch von Peptiden[4-6].

Denaturierung. Stabilität. Keratin ist gegen Hitze sehr viel stabiler als etwa Kollagen (vgl. S. 468). Wenn man z. B. Roßhaar mit Wasser im Einschlußrohr auf 130° erhitzt, kontrahiert es sich innerhalb von 10 min um 36 %[7]. Hautkeratin (Epidermin) (vgl. S. 491) beginnt schon bei 50—70° zu schrumpfen. Es besitzt sehr viel weniger Cystinbrücken als Haarkeratin (s. Tabelle 57 und 60). Offenbar ist die Kontraktionstemperatur ein Maß für die Verhornung. MERCER[8] fand, daß die Bestandteile des Haars von der Papille bis zum völlig verhornten Haarschaft thermisch stabiler werden. Man muß Wolle 8 Tage in Wasser kochen, bis die α-Konfiguration in die desorientierte β-Konfiguration (d-Konfiguration) umgewandelt wird[9].

Wenn Keratin mit Wasserstoffbrücken spaltenden Reagentien behandelt wird, kontrahiert es sich bei tiefer Temperatur; in LiBr bei 90°[10], in Phenol bei 85°[10], in Formamid bei 115°[11]. Über seine Löslichkeit darin vgl. auch S. 486.

Über die Wirkung von Reduktions- und Oxydationsmitteln auf Keratin s. unter Darstellung S. 486ff. und [12].

Keratine verhalten sich gegenüber proteolytischen Enzymen unterschiedlich. Von einer 0,05 %igen Pankreatinlösung (alle 24 Std erneuert) werden ganz verschiedene Mengen der einzelnen Keratine verdaut[13] (s. Tabelle 63).

Tabelle 63. *Löslichkeit von verschiedenen Keratinen in 0,05 %iger Pankreatinlösung in Boraxpuffer (p_H 8,6) bei 40° (6fache Erneuerung)*[14].

	%
Rinderklauen (Raspelspäne)	46
Rinderhorn, harter Anteil, Späne	7,2
Rinderhorn, periphere weiche Stoffe	77
Fingernagel, kompakte Stücke	11
Schafwolle	40
Menschenhaar	1,9—8
Hundehaar	7,4
Kaninchenhaar	13,3
Kälberhaar	13,5
Weißes Pferdeschweifhaar	2,5
Stachelschweinkiel: Rinde	3,7
Stachelschweinkiel: Mark	69

Mit Blausäure aktiviertes Papain löst, bei p_H 9, mehrmals erneuert, 80 % der Schafwolle auf[15].

[1] MIDDLEBROOK, W. R.: Nature **164**, 321 (1949).
[2] WOODIN, A. M.: Nature **176**, 1117 (1955).
[3] RUDALL, K. M.: Adv. Protein Chem. **7**, 253 (1952).
[4] MARTIN, A. J. P.: Symp. Soc. Dyers Colourists S. 1 (1946).
[5] CONSDEN, R., A. H. GORDON and A. J. P. MARTIN: Biochem. J. **44**, 548 (1949).
[6] CONSDEN, R., and A. H. GORDON: Biochem. J. **46**, 8 (1950).
[7] ZAHN, H.: Naturwiss. **31**, 137 (1949).
[8] MERCER, E. H.: Biochim. biophysica Acta, N. Y. **3**, 161 (1949).
[9] ZAHN, H.: Leder **1**, 265 (1950).
[10] ALEXANDER, P.: Melliand Textilber. **31**, 550 (1947).
[11] ZAHN, H.: Z. Naturforsch. **2b**, 286 (1947).
[12] ZAHN, H.: Leder **2**, 8 (1951).
[13] ELÖD, E., u. H. ZAHN: Melliand Textilber. **25**, 361 (1944).
[14] ZAHN, H.: Leder **1**, 267 (1950).
[15] SCHÖBERL, A., u. R. HAMM: B. Z. **318**, 331, 355 (1948).

H. Muskelproteine.

α) *Allgemeines*[1-10].

Glatte Muskeln sind in unseren Organen wie den Verdauungs-, Atmungs- und Geschlechtsorganen verteilt und machen bei Wirbellosen, wie etwa den Mollusken, den Hauptteil der Muskulatur aus. Sie bestehen aus spindelförmigen Zellen von 15—500 μ Länge[1], die ein homogenes Plasma zu haben scheinen. Erst nach der Behandlung der glatten Muskeln mit Säure sieht man eine Längsfaserung. Der Zellkern liegt in diesen Zellen, im Gegensatz zu denen des Skeletmuskels, in der Mitte. Erst in letzter Zeit wurden die Eiweißkörper der glatten Muskeln häufiger untersucht (vgl. S. 537ff.).

Sehr viel intensiver hat man sich mit den Eiweißkörpern der quergestreiften Muskeln beschäftigt[1-3]. In diesen ist ja ein großer Anteil des Gesamteiweißes des Körpers der Wirbeltiere enthalten. Alle Skeletmuskeln sind quergestreift. Beim Menschen besteht ungefähr die Hälfte des Körpergewichtes aus quergestreiften Muskeln. Auch die Muskeln der Crustaceen sind quergestreift.

Der Herzmuskel liegt in bezug auf seine Struktur und seine physiologischen Eigenschaften zwischen glatten und quergestreiften Muskeln[11]. Er ist quergestreift, aber nicht so deutlich wie der Skeletmuskel. Die Fasern sind von einer dünnen Haut umgeben, die schwer zu isolieren ist. Sie sind durch querliegende Zwischenwände unterbrochen, durch die die Myofibrillen ohne Unterbrechung hindurchgehen. Der Herzmuskel gehört mit den glatten Muskeln zur unwillkürlichen Muskulatur. Wie beim glatten Muskel liegt der Zellkern in der Mitte der Muskelzelle. Auch die Eiweißkörper des Herzmuskels scheinen gewissermaßen einen Übergang zwischen denen der glatten und der quergestreiften Muskulatur zu bilden (vgl. S. 521 u. S. 542).

Die quergestreiften Muskeln werden nach ihrer Farbe bzw. nach ihrem Gehalt an Myoglobin in weiße und rote unterteilt. Weiße Muskeln des Kaninchens enthalten $\sim$ 0,2% Myoglobin[12], der rote Musculus soleus des Kaninchens enthält $\sim$ 0,315% und beim Wal oder Seehund kann der Myoglobingehalt der roten Muskeln 5—7% betragen[3]. Die roten Muskeln unterscheiden sich im Gehalt an Sarkoplasma und sind reicher an Sarkosomen als die weißen. Bei Muskeln von Fischen und anderen Tierarten findet man außerdem noch solche mit Fibrillenstruktur und solche mit Felderstruktur[8, 13]. Die quergestreiften Muskeln unterscheiden sich auch durch die Menge an Bindegewebe, die sie enthalten. So sind die bloßliegenden Muskeln der Extremitäten reich an Bindegewebe, da sie in dicke Bindegewebsschichten, die Fascien, eingebettet sind. Zur Untersuchung der wahren Muskeleiweißkörper werden vorwiegend Muskeln mit möglichst wenig Bindegewebe verwendet. Der gut geschützte Musculus psoas des Kaninchens eignet sich besonders gut, und seine Eiweißkörper sind am besten untersucht. Wenn im folgenden nicht anders erwähnt, handelt es sich um die Eiweißkörper des Kaninchenpsoas.

Der Psoas des Kaninchens ist aus langen dünnen Fasern von 10—100 μ Dicke aufgebaut, die durchgehend von einem Ende des Muskels zum anderen verlaufen[3]. Eine

Zusammenfassende Darstellungen[1-10]:

[1] BAILEY, K.: NEURATH-BAILEY, Proteins, Bd. II B, S. 954.
[2] WEBER, H. H., u. H. PORTZEHL: Ergebn. Physiol. **47**, 369 (1952).
[3] SZENT-GYÖRGYI, A.: Chemistry of Muscular Contraction. 2nd ed. S. 10. New York 1951.
[4] MOMMAERTS, W. F. H. M.: Ann. Rev. **23**, 381 (1954).
[5] Symposia Soc. exp. Biol. **9** (1955).
[6] PERRY, S. W.: Physiol. Rev. **36**, 1 (1956).
[7] WEBER, H. H.: Ann. Rev. **26**, 667 (1957).
[8] HAMOIR, G.: Adv. Protein Chem. **10**, 227 (1955).
[9] WEBER, A., and W. HASSELBACH: Pharmacol. Rev. **7**, 97 (1955).
[10] SZENT-GYÖRGYI, A. G.: Adv. Enzymol. **16**, 313 (1955).
[11] BAILEY, K.: Neurath-Bailey, Proteins, Bd. II B, S. 955 (1954).
[12] BACH, L. M. N.: Proc. Soc. exp. Biol. Med. **67**, 268 (1948).
[13] KRÜGER, P.: Z. Naturforsch. **5b**, 218 (1950). Tetanus und Tonus der quergestreiften Skeletmuskeln der Wirbeltiere und des Menschen. Leipzig 1952.

solche Muskelfaser ist eine hochdifferenzierte Zelle, die durch eine dünne Haut, das *Sarkolemm*, zusammengehalten wird. Von SZENT-GYÖRGYI[1] wird sie mit einer Wurst verglichen, deren Haut dann das Sarkolemm wäre. Sie enthält das *Sarkoplasma*, die Fibrillen oder *Myofibrillen*, die aus den eigentlichen kontraktilen Eiweißkörpern bestehen, außerdem die Granula, *Sarkosomen* genannt, die den Mitochondrien anderer Zellen entsprechen und aus Phospholipoid-Protein-Nucleinsäurekomplexen bestehen und sämtliche Fermente der oxydativen Phosphorylierung[2] und des Citronensäurecyclus enthalten[3]. Außer den großen Sarkosomen beobachtet man kleinere Gebilde, die den Mikrosomen anderer Zellen gleichen[4]. Außerdem kommen kleine Fetttröpfchen und Kerne[5] vor. Jede dieser Zellen besitzt viele Kerne, die flach gegen das Sarkolemm liegen und von einer kleinen Menge Sarkoplasma umgeben sind.

Die Myofibrillen, die man in der Muskelfaser als Längsstreifung beobachten kann, haben einen Durchmesser von $\sim 1\,\mu$ ($0{,}8$—$1{,}8\,\mu$)[5] und sind durch eine von Sarkoplasma ausgefüllte Lücke von $0{,}5\,\mu$ voneinander getrennt. Diese Fibrillen oder Myofibrillen schienen die letzten morphologischen Einheiten zu sein, da sie kein Sarkoplasma mehr enthalten. Erst im Elektronenmikroskop hat man beobachtet, daß sie aus noch dünneren Fasern, den Filamenten aufgebaut sind[5, 6].

Außer diesem intracellulären Material gibt es im Muskel noch das extracelluläre Material. Es besteht aus vasculärem und Nervengewebe, aus Bindegewebe (Elastin und Kollagen, vgl. S. 450ff.) und aus dem Material des interstitiellen Raumes. Alle unlöslichen Komponenten des extracellulären Gewebes, zusammen mit den unlöslichen Komponenten des Sarkolemms (wahrscheinlich hauptsächlich Reticulin; vgl. S. 479) werden Stroma genannt.

Wenn die Muskulatur verletzt wird, zieht sich ihr Inhalt zusammen. Die zurückbleibende Hülle, das *Sarkolemm*, ist klar und elastisch. Es enthält Protein und Fett, aber kein Kollagen. Das Sarkolemm trennt das spezifische Ionenmilieu der Muskelfaser von dem ihrer Umgebung, und in ihm scheint der von den Nervenenden ausgehende Impuls fortgepflanzt und an ganz bestimmten Stellen auf das kontraktile Material übertragen zu werden[4, 7, 8]. Es ist eine ungefähr $0{,}1\,\mu$ dicke Membran, auf der kleine Teilchen von 400—1000 Å Dicke liegen, über deren Natur man noch nichts weiß[9, 10] (Untersuchungen am Froschmuskel). Vielleicht sind es die Orte, an denen die Myofibrille am Sarkolemm haftet[9, 10]. Man nimmt heute an, daß das Sarkolemm eine komplexe Struktur hat, von der eine Schicht aus verflochtenen Reticulinfasern besteht[11]. Im Elektronenmikroskop läßt sich jedoch keine Faserung des Sarkolemms beobachten[9].

Unter dem Sarkolemm liegt das *Sarkoplasma*, das die Myofibrillen mit dem Sarkolemm verbindet und in das diese eingebettet sind. Die Eiweißkörper des Sarkoplasmas wurden schon von v. FÜRTH dargestellt[12].

Wenn man Muskel mahlt und mit einem gleichen Volumen Wasser oder physiologischer Kochsalzlösung mischt, erhält man eine viscöse Masse, aus der man nicht ohne weiteres eine Flüssigkeit auspressen kann. Nach etwa 1 Std ziehen sich die Muskelfasern zusammen, und man kann einfach mit der Hand einen Muskelpreßsaft auspressen, der

[1] SZENT-GYÖRGYI, A.: Chemistry of Muscular Contraction. 2nd. ed. S. 10. New York 1951.
[2] EDWARDS, G. A., H. RUSHA, P. DE SOUZA-SANTES and A. VALLEIO-FREIA: J. biophys. biochem. Cytol. **2**, 143 (1956).
[3] PERRY, S. V.: Biochim. biophysica Acta, N. Y. **8**, 499 (1952).
[4] ABOOD, L. G., and L. ROMANSCHEK: Exp. Cell Res. **8**, 459 (1955).
[5] PERRY, S. V., and R. W. HORNE: Biochim. biophysica Acta, N. Y. **8**, 483 (1952).
[6] HUXLEY, H. E.: Biochim. biophysica Acta, N. Y. **12**, 387 (1953).
[7] HUXLEY, A. F., and R. E. TAYLOR: Nature **176**, 1068 (1955).
[8] HUXLEY, A. F., and R. E. TAYLOR: J. Physiol., London **15**, 161 (1955).
[9] JONES, W. M., and R. BARER: Nature **161**, 1012 (1948).
[10] BARER, R.: Biol. Reviews. **23**, 159 (1948).
[11] BAILEY, K.: NEURATH-BAILEY, Proteins Bd. II B, S. 951.
[12] FÜRTH, O. v.: A. e. P. P. **36**, 230 (1895).

alle Enzymkomponenten des glykolytischen Systems enthält. Dieser Preßsaft enthält die Eiweißkörper des Sarkoplasmas und zum Teil die der Sarkosomen (Mitochondrien). Nach v. FÜRTH[1] sollte er nur Eiweiß mit Albumineigenschaften enthalten. Er nannte es *Myogen*. WEBER[2] zeigte später, daß ein Teil des auf diese Art gewonnenen Proteins bei der Dialyse ausfällt, also Globulineigenschaften besitzt. Er nannte diesen Anteil, der noch nicht näher untersucht ist, „*Globulin X*". BARANOWSKI[3] hat aus dem Muskelpreßsaft ein Protein kristallisiert, *Myogen A*, in dem später Aldolasewirksamkeit nachgewiesen wurde[4-6]. HENROTTE[7] hat aus der Myogenfraktion des Fischmuskels zwischen 40 und 55% Ammoniumsulfatsättigung ein Protein kristallisiert. Heute weiß man, daß die Proteine des Muskelpreßsaftes zum größten Teil, wenn nicht durchwegs, Fermentproteine sind[8]. Diese wurden von BÜCHER und Mitarbeitern[8] mit Ammoniumsulfatfraktionierung zum großen Teil isoliert und identifiziert (vgl. unter Fermente, Bd. VI). Das elektrophoretische Bild der Proteine der Myogenfraktion, die getrennt von den fibrillären Proteinen mit Phosphatlösungen von geringer Ionenstärke ($\Gamma/2 = 0{,}15$) extrahiert werden können, wurde von JACOB[9] und später von BOSCH[10] untersucht. Es wurden 8 verschiedene elektrophoretische Gipfel gefunden, von denen wahrscheinlich jeder noch mehrere Komponenten umfaßt. Durch Ermüdung des Muskels wird die Extraktion der Myogenfraktion, im Gegensatz zu der Fraktion der fibrillären Muskelproteine, nicht beeinflußt[11]. Die elektrophoretischen Bilder werden nicht verändert. Die Myogenfraktion verschiedener Fischarten, mit TISELIUS-Elektrophorese und Papierelektrophorese untersucht[12-14], enthält 7—10 Fraktionen.

Nachdem der Muskel auf diese Art vorbehandelt wurde, ist es schwer, daraus auch noch das Eiweiß der *Myofibrille*, das eigentliche kontraktile Material, zu gewinnen. Dieses wird im allgemeinen dadurch erhalten, daß frisch gemahlener Muskel sofort mit starken Salzlösungen $\Gamma/2 \sim 0{,}5$ extrahiert wird (vgl. Tabelle 67, S. 502). Wenn man den Extrakt dann mit Wasser auf das 20fache verdünnt, fällt Eiweiß aus, das Globulineigenschaften besitzt. Schon KÜHNE[15,16] hat ein solches Eiweiß aus Muskel isoliert (Verbesserungen von HOPPE-SEYLER[17,18]), das in 10%iger Kochsalzlösung löslich ist und beim Eingießen in Wasser wieder ausfällt. Er nannte es „*Myosin*". Von HALLIBURTON[19] wurde „Myosin" durch Extraktion und Fällung mit Magnesiumsulfat, von DANILEWSKY[20] durch Extraktion mit 12—15%igem Ammoniumchlorid und Ausfällen mit Wasser aus Muskelbrei gewonnen. v. FÜRTH[21] unterschied im Muskel nur diese beiden Arten von Eiweiß: das in Wasser unlösliche, in Neutralsalzlösungen lösliche Myosin und das oben erwähnte Myogen, das in Wasser löslich ist.

---

1 FÜRTH, O. v.: A. e. P. P. **36**, 230 (1895).
2 WEBER, H. H., u. K. MEYER: B. Z. **266**, 137 (1933).
3 BARANOWSKI, T.: H. **260**, 43 (1939).
4 ENGELHARDT, V. A.: Uspechi sowr. Biol. **14**, 177 (1941). Yale J. Biol. Med. **15**, 21 (1942).
5 MEYERHOF, O., and L. V. BECK: J. biol. Ch. **156**, 109 (1944).
6 BARANOWSKI, T., and T. R. NIEDERLAND: J. biol. Ch. **180**, 543 (1949).
7 HENROTTE, J. G.: Nature **169**, 968 (1952); **176**, 1221 (1955).
8 BEISENHERZ, G., H. J. BOLTZE, T. BÜCHER, R. CZOK, K. H. GARBADE, E. MEYER-ARENDT u. G. PFLEIDERER: Z. Naturforsch. **8b**, 555 (1953).
9 JACOB, J. J. C.: Biochem. J. **41**, 83 (1947).
10 BOSCH, M. W.: Biochim. biophysica Acta, N. Y. **7**, 61 (1951).
11 DUBUISSON, M.: Exper. **3**, 372 (1947).
12 CONNELL, J. J.: Biochem. J. **54**, 119 (1953).
13 HAMOIR, G.: Arch. int. Physiol. **63**, Suppl. (1955).
14 RANKE, E., u. F. BRAMSTEDT: Arch. Fischereiwiss. **5**, 43 (1954).
15 KÜHNE, W.: Arch. Anat. Physiol. **1859**, 748.
16 KÜHNE, W., u. R. H. CHITTENDEN: Z. Biol. **7**, 358 (1889).
17 H.-Th., 4. Aufl., S. 236.
18 WEYL, T.: H. **1**, 72 (1877).
19 HALLIBURTON, W. D.: J. Physiol., London **8**, 133 (1887).
20 DANILEWSKY, A.: H. **5**, 158 (1881).
21 FÜRTH, O. v.: H. **31**, 338 (1900).

Erst in neuerer Zeit haben mehrere Arbeitsgruppen[1-5] die Untersuchung der Muskelproteine wieder aufgenommen.

EDSALL und v. MURALT[2, 3] haben mit 3—4 Vol. KCl-Phosphatlösungen, Ionenstärke $\Gamma/2 = 1{,}36$, p_H 7—8,5, aus Kaninchen- und Rindermuskelbrei, bei einer Extraktionsdauer von $1^1/_2$—2 Std stark doppelbrechendes, hochviscöses Protein extrahiert und dieses durch Verdünnen auf Ionenstärke $\Gamma/2 = 0{,}04$—0,12 wieder ausgefällt. Bei höheren Neutralsalzkonzentrationen ($\Gamma/2 = 3{,}6$, p_H 7,4, 0°) fiel das Protein ebenfalls aus. Das so gewonnene Protein war mit dem „Myosin" der früheren Autoren identisch. EDSALL und v. MURALT vermuteten, daß Myosin das in den A-Banden der Muskelfaser vorhandene doppelbrechende Protein sei. Wenig später stellte WEBER[6] Fäden aus „Myosin" dar (vgl. S. 533) und konnte zeigen, daß die Strömungsdoppelbrechung des „Myosins" von EDSALL genügt, um die Doppelbrechung der A-Bande der Myofibrille zu erklären. EDSALL und Mitarbeiter[7, 8] haben später aus Kaninchen- und Hummermuskel „Myosin" mit KCl (0,5 m) und $NaHCO_3$ (0,03 n) extrahiert und es bei Ionenstärken zwischen 0,1 und 0,05 bei p_H 6,3 wieder ausgefällt. Beim Umfällen wurden dann Ionenstärken $\Gamma/2 = 0{,}2$ bis 0,25 verwendet und dadurch schon eine gewisse Trennung in Myosin und Actomyosin erreicht (vgl. S. 511ff.). Etwa um die gleiche Zeit fanden ENGELHARDT und LJUBIMOVA[9, 10], daß „Myosin" ATPase-Wirkung besitzt, die sich offenbar nicht vom Myosinmolekül trennen läßt, und daß durch Zugabe kleiner Mengen ATP der Elastizitätsmodul von „Myosin"fäden erniedrigt wird. NEEDHAM und Mitarbeiter[11] stellten wenig später fest, daß Viscosität und Strömungsdoppelbrechung von „Myosin"lösungen mit ATP reversibel absinken. SCHRAMM und WEBER[12] zeigten dann als erste, daß „Myosin"lösungen nicht einheitlich sind, sondern mehrere Proteine enthalten, die in der Ultrazentrifuge verschieden schnell sedimentieren. Sie nannten die langsam sedimentierende Komponente mit geringer Strömungsdoppelbrechung L-Myosin und die schnell sedimentierenden schweren Komponenten S-Myosin.

Inzwischen war in der Schule von SZENT-GYÖRGYI[4, 13] festgestellt worden, daß man bei kurzer Extraktionsdauer mit 0,6 m KCl ein „Myosin" mit geringer Viscosität erhält, bei langer Extraktionsdauer ein Protein mit hoher Viscosität, obwohl der Proteingehalt nicht wesentlich ansteigt. Das Protein mit geringer spezifischer Viscosität wurde „Myosin-A", das mit hoher Viscosität „Myosin-B" genannt. Wenn man zu „Myosin-B" kleine Mengen ATP zufügte, fiel die Viscosität stark ab. Dieser Abfall der Viscosität wurde „Activität" genannt. STRAUB[14, 15] konnte dann zeigen, daß die starke Zunahme der Viscosität bei längerer Extraktionsdauer dadurch zustande kam, daß ein weiteres Protein aus dem gemahlenen Muskel herausgelöst wurde. Er nannte dieses Protein „Actin". Actin verbindet sich mit Myosin zu dem hochviscösen Actomyosin. So ist es erklärlich, daß man bei kurzer Extraktionsdauer, wobei relativ reines Myosin und nur wenig Actin in Lösung geht, „Myosin-A" mit geringer spezifischer Viscosität erhält. Extrahiert man längere Zeit, wird ein großer Teil des Actins mit herausgelöst, man

---

1 WEBER, H. H.: B. Z. **158**, 443 (1925); **189**, 381 (1927). Ergebn. Physiol. **36**, 109 (1934). Naturwiss. **27**, 33 (1939).
2 EDSALL, J. T.: J. biol. Ch. **89**, 289 (1930).
3 MURALT, A. L. v., and J. T. EDSALL: J. biol. Ch. **89**, 315, 351 (1930).
4 SZENT-GYÖRGYI, A.: Chemistry of Muscular Contraction. 2nd ed. S. 32. New York 1951.
5 BAILEY, K.: Biochem. J. **36**, 121 (1942).
6 WEBER, H. H.: Pflügers Arch. **235**, 205 (1934).
7 GREENSTEIN, J. P., and J. T. EDSALL: J. biol. Ch. **133**, 397 (1940).
8 EDSALL, J. T., and J. W. MEHL: J. biol. Ch. **133**, 409 (1940).
9 ENGELHARDT, V. A., and M. N. LJUBIMOVA: Nature **144**, 668 (1939).
10 ENGELHARDT, V. A., M. N. LJUBIMOVA u. R. A. MEITINA: C. R. Acad. Sci. URSS **30**, 644 (1941).
11 NEEDHAM, J., S. C. SHEN, D. M. NEEDHAM and A. S. C. LAWRENCE: Nature **147**, 766 (1941).
12 SCHRAMM, G., u. H. H. WEBER: Kolloid-Z. **100**, 242 (1942).
13 BANGA, I., and A. SZENT-GYÖRGYI: Science, N. Y. **93**, 158 (1941).
14 STRAUB, F. B.: Stud. Inst. med. Chem. Szeged **1**, 43 (1941/42).
15 STRAUB, F. B.: Stud. Inst. med. Chem. Szeged **2**, 3 (1942).

erhält das hochviscöse „Myosin-B", also Actomyosin. In konzentrierten Salzlösungen in Gegenwart von kleinsten Mengen ATP dissoziiert Actomyosin wieder in seine Bestandteile, Actin und Myosin. Daher der Abfall von Viscosität und Strömungsdoppelbrechung, den schon NEEDHAM und Mitarbeiter[1] beobachteten, wenn man zu den nach EDSALL dargestellten Myosinlösungen ATP zufügt.

Wenn man nicht besondere Vorsichtsmaßregeln ergreift, geht bei der Extraktion mit starken Salzlösungen nicht nur Myosin, sondern immer auch etwas Actin in Lösung. So enthielten die früher als „Myosin" bezeichneten Proteine immer auch wechselnde Mengen Actin bzw. Actomyosin.

DUBUISSON[2, 3] und Mitarbeiter haben das nach GREENSTEIN und EDSALL[4] extrahierte „Myosin" mit TISELIUS-Elektrophorese getrennt und 3 Fraktionen gefunden: Myosin-α, Myosin-β und Myosin-γ, und zwar aus ruhendem Muskel im Verhältnis $\alpha = 25\%$, $\beta = 70\%$ und $\gamma = 5\%$.

Es ist nun schwierig, die *Nomenklatur* der Myosine einheitlich zu gestalten. Wir schließen uns dem Vorschlag von SZENT-GYÖRGYI[5] an und behalten den Namen *Myosin* nur für actinfreies Myosin vor. *Actin* ist das von STRAUB[1, 6] dargestellte Actin, und der Komplex aus Actin und Myosin wird *Actomyosin* genannt. Die früher von verschiedenen Autoren mit starken Salzlösungen extrahierten Myosine, die wechselnde Mengen Actin enthielten, werden mit „*Myosin*" oder nach BAILEY[7] mit *(Acto)-Myosin* bezeichnet.

L-Myosin von WEBER[8, 9],
„*kristallisiertes*" *Myosin* von SZENT-GYÖRGYI[10],
Myosin-β von DUBUISSON[2, 3] und
Myosin-T von TSAO[11] sind
actinfreies (oder wenigstens nahezu actinfreies) **Myosin.**

Myosin-A von SZENT-GYÖRGYI[12] ist
actinarmes „Myosin".

S-Myosin von WEBER[8, 9],
Myosin-B von SZENT-GYÖRGYI[12],
Myosin-α von DUBUISSON[2, 3] und
künstliche Gemische aus Myosin und Actin sind **Actomyosin.**

γ-Myosin von DUBUISSON[2] ist identisch mit dem in einigen Arbeiten dieser Gruppe[13, 14] als *Contractin* bezeichneten Stoff. Über seine Natur weiß man nur wenig.

Außer den erwähnten kontraktilen Proteinen wurden aus der Muskelfaser noch einige weitere Eiweißkörper isoliert, und zwar von BAILEY[15] *Tropomyosin*, von HAMOIR[16] Nucleotropomyosin. Dieses verbindet sich mit Actin und einem unbekannten Protein zum *Actotropomyosin*[17]. Es scheint ein wesentlicher Bestandteil des kontraktilen Materials der glatten Muskeln zu sein[17]. BEAR[18] entdeckte *Paramyosin* in den Schließmuskeln der

[1] NEEDHAM, J., S. C. SHEN, D. M. NEEDHAM and A. S. C. LAWRENCE: Nature **147**, 766 (1941).
[2] DUBUISSON, M.: Exper. **2**, 258 (1946).
[3] DUBUISSON, M.: Exper. **3**, 213 (1947).
[4] GREENSTEIN, J. P., and J. T. EDSALL: J. biol. Ch. **133**, 397 (1940).
[5] SZENT-GYÖRGYI, A.: Chemistry of Muscular Contraction. 2nd ed., S. 33. New York 1951.
[6] STRAUB, F. B.: Stud. Inst. med. Chem. Szeged **2**, 3 (1942).
[7] BAILEY, K.: NEURATH-BAILEY, Proteins Bd. II B, S. 959.
[8] SCHRAMM, G., u. H. H. WEBER: Kolloid-Z. **100**, 242 (1942).
[9] PORTZEHL, H., G. SCHRAMM u. H. H. WEBER: Z. Naturforsch. **5b**, 61 (1950).
[10] SZENT-GYÖRGYI, A.: Chemistry of Muscular Contraction. 2nd ed. S. 32. New York 1951.
[11] TSAO, T.-C.: Biochim. biophysica Acta, N. Y. **11**, 368 (1953).
[12] BANGA, I., and A. SZENT-GYÖRGYI: Science, N. Y. **93**, 158 (1941).
[13] DUBUISSON, M.: Biochim. biophysica Acta, N. Y. **4**, 25 (1950).
[14] DUBUISSON, M.: Exper. **4**, 437 (1948).
[15] BAILEY, K.: Nature **157**, 368 (1946).
[16] HAMOIR, G.: Biochem. J. **48**, 146 (1951).
[17] SNELLMAN, O., and M. TENOW: Biochim. biophysica Acta, N. Y. **13**, 199 (1954).
[18] BEAR, R. S.: Am. Soc. **66**, 2043 (1944). — SELBY, C. C., and R. S. BEAR: J. biophys. biochem. Cytol. **2**, 55 (1956).

Muscheln, das nach neuen Untersuchungen von BAILEY[1] ein Tropomyosin mit etwas anderer Aminosäurezusammensetzung als das Tropomyosin aus Kaninchenmuskel zu sein scheint (vgl. S. 537). DUBUISSON[2] fand *γ-Protein*, das kein fibrilläres Protein ist, aber mit diesem aus dem Muskel extrahiert wird. Seine Extrahierbarkeit hängt wie die der fibrillären Proteine vom Funktionszustand des Muskels ab[3]. Deshalb wird es mit diesen besprochen. Neuerdings wurde von mehreren Autoren[4-9] beobachtet, daß die Myofibrille außer Actin, Myosin und Tropomyosin noch *andere fibrilläre Proteine*, die etwa 20% der Myofibrille ausmachen, enthält. Sie sind bis jetzt noch nicht eindeutig charakterisiert worden (vgl. S. 543).

Die Lage der einzelnen fibrillären Proteine in der Muskelfaser kann hier nicht diskutiert werden. Näheres darüber bei[5, 9-11].

Darstellung und Trennung der gesamten Muskelproteine. DEUTICKE[12] fand, daß man aus Muskel, der vor dem Töten des Kaninchens ermüdet wurde, sehr viel weniger Protein extrahieren kann als aus ruhendem Muskel. Aber nur die Extraktion der fibrillären Proteine der Myofibrille ist abhängig von der Ermüdung (DEUTICKE-KAMP-Effekt[12, 13]). Die Extraktion der wasserlöslichen globären Proteine ist davon unabhängig[14]. Eisgekühlte Muskeln verhalten sich wie ermüdete Muskeln[14]. Auch wenn man Muskeln mit Monobromessigsäure vergiftet, bis Starre eintritt, kann man weniger Protein daraus extrahieren[15]. Bei der Ermüdung des Muskels wird ATP verbraucht. Wenn Muskeln kein ATP mehr enthalten, sind sie starr[16]. Offenbar verhindert der ATP-Mangel die Dissoziation von Actomyosin und verringert dadurch die Extrahierbarkeit.

Sehr eindrucksvoll zeigten DUBUISSON[14] und JACOB[15], daß man durch kurze Extraktion von Brei aus ermüdetem Muskel nicht nur sehr viel weniger Protein erhält, sondern daß sich auch das Verhältnis Myosin-α (Actomyosin): Myosin-β (Myosin): Myosin-γ, das aus ruhendem Muskel etwa 25:70:5 beträgt, stark zugunsten von Myosin-β verschiebt, so daß man im günstigsten Falle reines Myosin-β erhält.

Muskel enthält 17—20% Protein[17]. Je nach Art der Extraktion werden von verschiedenen Autoren unterschiedliche Werte für die Mengen der einzelnen Proteine angegeben (s. Tabelle 64).

Die Proteine des Sarkoplasmas erhält man durch Extraktion mit sehr verdünnten Salzlösungen. Dabei bleiben kontraktiles Material und Stroma ungelöst. Von den meisten Autoren wird jedoch das gesamte intracelluläre Material in starken Salzlösungen gelöst und dann bis zu einer Ionenstärke verdünnt, bei der die kontraktilen Proteine

[1] BAILEY, K.: Biochim. biophysica Acta, N. Y. **24**, 612 (1957).
[2] DUBUISSON, M.: Biochim. biophysica Acta, N. Y. **5**, 489 (1950).
[3] WEBER, H. H., u. H. PORTZEHL: Ergebn. Physiol. **47**, 369 (1952).
[4] SZENT-GYÖRGYI, A. G., D. MAZIA and A. SZENT-GYÖRGYI: Biochim. biophysica Acta, N. Y. **16**, 339 (1955).
[5] PERRY, S. V.: Physiol. Rev. **36**, 25 (1956).
[6] AMBERSON, W. R., J. I. WHITE, H. B. BENSUSAN, S. HIMMELFARB and B. E. BLANKENHORN: Amer. J. Physiol. **188**, 205 (1957).
[7] WHITE, J. I., H. B. BENSUSAN, S. HIMMELFARB, B. E. BLANKENHORN and W. R. AMBERSON: Amer. J. Physiol. **188**, 212 (1957).
[8] BENSUSAN, H. B., J. I. WHITE, S. HIMMELFARB, B. E. BLANKENHORN and W. R. AMBERSON: Amer. J. Physiol. **188**, 219 (1957).
[9] HUXLEY, H. E., and J. HANSON: Biochim. biophysica Acta, N. Y. **23**, 229, 250 (1957).
[10] WEBER, H. H.: Ann. Rev. **26**, 667 (1957).
[11] HANSON, J., and J. LOWY: Nature **180**, 906 (1957).
[12] DEUTICKE, H. J.: H. **210**, 97 (1932).
[13] KAMP, F.: B. Z. **307**, 226 (1941).
[14] DUBUISSON, M.: Exper. **3**, 372 (1947).
[15] JACOB, J.: Exper. **3**, 241 (1947).
[16] WEBER, H. H.: Biochim. biophysica Acta, N. Y. **12**, 150 (1953).
[17] DUBUISSON, M.: Exper. **3**, 221 (1947).

unlöslich sind und diese ausgefällt und so von den Proteinen des Sarkoplasmas getrennt (vgl. S. 511ff.).

WEBER und MEYER[1] haben Muskelbrei 5mal mit 0,6 m KCl-Lösung bei p_H 8—9 und dann 3- bis 5mal bei p_H 9,5 extrahiert. „Myosin" wurde durch Dialyse bei p_H 7 gefällt. Die Sarkoplasmafraktion haben sie in Myogen und „Globulin-X", das bei $\Gamma/2 = 0{,}005$ p_H 6 ausfällt, getrennt. Vermutlich ist durch das alkalische Milieu bei der Extraktion Actin mit in Lösung gegangen, und dadurch erscheint die Sarkoplasmafraktion zu hoch, die Fraktion der fibrillären Proteine zu niedrig (s. Tabelle 64).

Tabelle 64. *Mengenverteilung der Eiweißkörper im Skeletmuskel verschiedener Tiere nach* BAILEY[2].

	Protein-Stickstoff als % des gesamten koagulierbaren Stickstoffs: In Salzlösungen löslich: Protein des Sarkoplasmas (A)	In Salzlösungen löslich: lösliche fibrilläre Proteine (B)	Intracellulärer Rückstand (C)	Gesamte fibrilläre Proteine (B)+(C)	Proteine des Stromas	Protein-Stickstoff als % des intracellulären Protein-Stickstoffs: Proteine des Sarkoplasmas (A)	fibrilläre Proteine (B)+(C)	Myosin	Actin	Tropomyosin
Kaninchen[1] (weißer Muskel)	44	39	?		17	53	47			
Kaninchen[3] (weißer Muskel)	16	54	15	69	15—17	19	80			3[5] (Kaninchen[1], [3], [4])
Kaninchen[4] (weißer Muskel)	28	52	4	56	16	37	63	44	15	
Huhn[6, 7] (1 Monat) . . .	33	40	22	62	5	35	65			
Kabeljau[8]	21	70	6	76	3	22	78			

BATE SMITH[9, 10] hat mit 7%igem LiCl ($\Gamma/2 = 1{,}65$) erschöpfend extrahiert, dann den Rückstand mit Wasser gewaschen und schließlich mit 0,1 n HCl extrahiert und damit das gesamte intracelluläre Material erhalten. BATE SMITH meint, daß der säurelösliche Anteil weitgehend aus denaturiertem Myosin und Globulin-X besteht. Der säureunlösliche Rückstand enthält Kollagen, Elastin und Reticulin, die zusammen das extracelluläre Protein bilden.

HASSELBACH und SCHNEIDER[4] haben Myosin und die Proteine des Sarkoplasmas getrennt vom Actin isoliert. Sie setzten den starken Extraktionslösungen Pyrophosphat zu, das dissoziierend auf Actomyosin wirkt. Myosin geht mit den Proteinen des Sarkoplasmas in Lösung und kann durch Verdünnen ausgefällt werden. Actin bleibt offenbar an die Struktur gebunden. Der Rückstand wird mit 0,6 m KCl scharf homogenisiert, und man erhält eine trübe, viscöse Lösung von Actin, die auch das gesamte Tropomyosin als Nucleotropomyosin enthält[11]. Im Rückstand blieben dann nur noch 2—5% in Harnstoff löslicher Eiweißstickstoff. Der Rest war Stromaprotein (s. Tabelle 64, genaue Beschreibung s. S. 64). Diese selektive Extraktion gelingt bei Fischmuskel nicht[12].

ROBINSON[6] hat die Proteine aus Sarkoplasma, Myofibrille und Stroma durch Extraktion mit Salzlösungen verschiedener Stärke und mit Alkoholfällung nach COHNschem Muster (vgl. S. 236) getrennt.

Einerseits extrahiert er zerkleinerten Muskel (1—3,5 g) mit einer schwachen Salzlösung (0,1 m KCl, 0,066 m NaH_2PO_4/KH_2PO_4, p_H 7,1 $\Gamma/2 = 0{,}2$). Man homogenisiert im eis-

[1] WEBER, H. H., u. K. MEYER: B. Z. **266**, 137 (1933).
[2] BAILEY, K.: NEURATH-BAILEY, Proteins Bd. II B, S. 1012.
[3] SMITH, E. C. B.: Proc. R. Soc. London (B) **124**, 136 (1937).
[4] HASSELBACH, W., u. G. SCHNEIDER: B. Z. **321**, 462 (1951).
[5] BAILEY, K.: Biochem. J. **43**, 271 (1948).
[6] ROBINSON, D. S.: Biochem. J. **52**, 621 (1952).
[7] ROBINSON, D. S.: Biochem. J. **52**, 628 (1952).
[8] DYER, W. J., H. V. FRENCH and J. M. SNOW: J. Fisheries Res. Board Canada **7**, 585 (1950).
[9] BATE SMITH, E. C.: J. Soc. chem. Industr. **54**, 1527 (1935).
[10] BATE SMITH, E. C.: Proc. R. Soc. London (B) **124**, 136 (1938).
[11] TSAO, T.-C.: [BAILEY, K.; in: Neurath-Bailey, Proteins Bd. IIB, S. 1011].
[12] CONNELL, J. J.: Biochem. J. **58**, 360 (1954).

gekühlten Homogenisator, der 50 cm^3 fassen und höchstens zur Hälfte gefüllt sein soll (1 Tropfen Caprylalkohol gegen das Schäumen zufügen), 5 min bei vollen Touren, zentrifugiert den Überstand ab und homogenisiert den Rückstand noch 2mal 10 min bei halben Touren mit dem gleichen Lösungsmittel. Zu den vereinigten Extrakten läßt man bei 0° durch eine feine Capillare 30 Vol.-%igen Äthylalkohol bis zu einer Endkonzentration von 15 Vol.-% Äthylalkohol fließen. Im Überstand finden sich die Proteine des Sarkoplasmas. Der im Homogenisator verbliebene Rückstand wird mit 0,1 n NaOH 2mal homogenisiert und über Nacht damit stehengelassen. Der Rückstand, der nur noch die Proteine des Stromas enthält, wird in konz. H_2SO_4 gelöst und darin der Protein-Stickstoff bestimmt (Schema Tabelle 65).

Tabelle 65. *Schema der Fraktionierung von Muskeleiweißkörpern mit verdünnter KCl-Phosphat-Lösung und 0,1 n NaOH*[1].

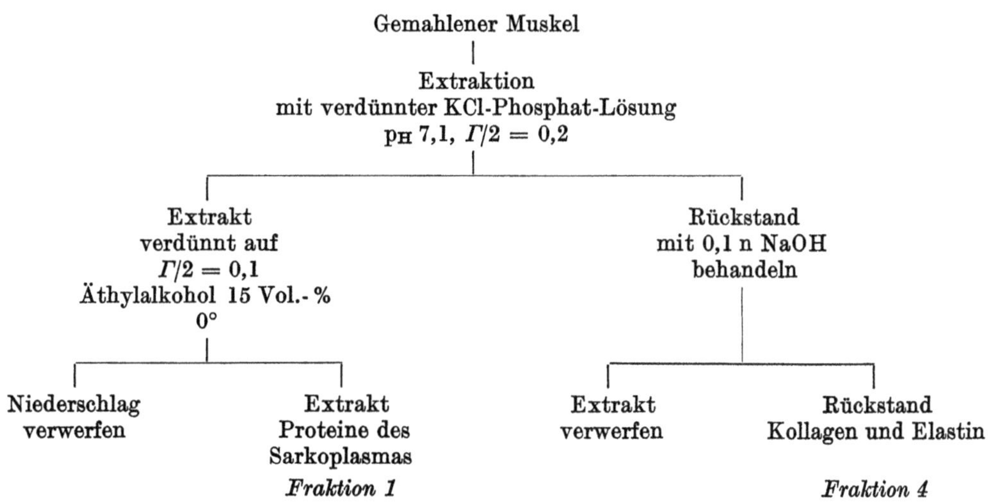

Andererseits wird gewogener Muskel so wie oben, nur mit stärkerer Salzlösung, behandelt (1,25 m KCl, 0,066 m K_2HPO_4 p_H 8,5, $\Gamma/2 = 1,45$). Die vereinigten Extrakte werden mit 0,066 m NaH_2PO_4 und Wasser auf eine KCl-Endkonzentration von 0,5 m

Tabelle 66. *Schema der Fraktionierung von Muskeleiweißkörpern mit starker KCl-Phosphat-Lösung und 0,1 n NaOH*[1].

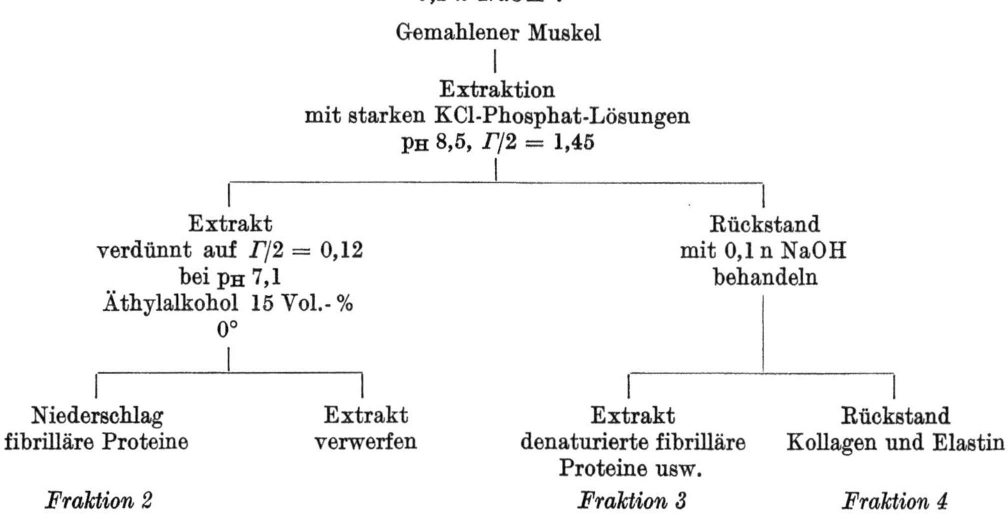

[1] Robinson, D. S.: Biochem. J. 52, 621 (1952).

$\Gamma/2 = 0{,}58$, p_H 7,1 gebracht. Proben davon bringt man bei 0° auf $\Gamma/2 = 0{,}12$, Äthylalkoholkonzentration 15 Vol.-%. Das gefällte Protein wird abzentrifugiert und 2mal mit 5%iger Trichloressigsäure gewaschen und dann erst der Protein-Stickstoff bestimmt. Der im Homogenisator verbliebene Rückstand wird wie oben mit 0,1 n NaOH extrahiert und in Überstand und Rückstand der Stickstoff bestimmt (Schema Tabelle 66).

Die Resultate des so gefundenen Gehaltes an Proteinen des Sarkoplasmas, fibrillären Proteinen und Proteinen des Stromas sind in Tabelle 64 wiedergegeben.

Die *elektrophoretische Trennung* der gesamten Muskelproteine hat HAMOIR[1] mit Karpfen-Muskelextrakten von verschiedenem p_H und Ionenstärke durchgeführt. Das elektrophoretische Bild ist stark abhängig von Ionenstärke und p_H. In Muskelextrakten $\Gamma/2 = 0{,}5$, p_H 6,2 findet er neben der Myogenfraktion 2 Strukturproteinfraktionen (2, 3), die der α- und β-Myosinfraktion von DUBUISSON, also dem Actomyosin und Myosin aus Kaninchenmuskel, entsprechen (vgl. Abb. 39). Bei anderer Ionenstärke und abweichendem p_H ist sonst häufig die Myosinfraktion nicht nachweisbar. In den Elektrophoresediagrammen der Myogenfraktion aus weißen und roten Fischmuskeln finden sich große Unterschiede[3].

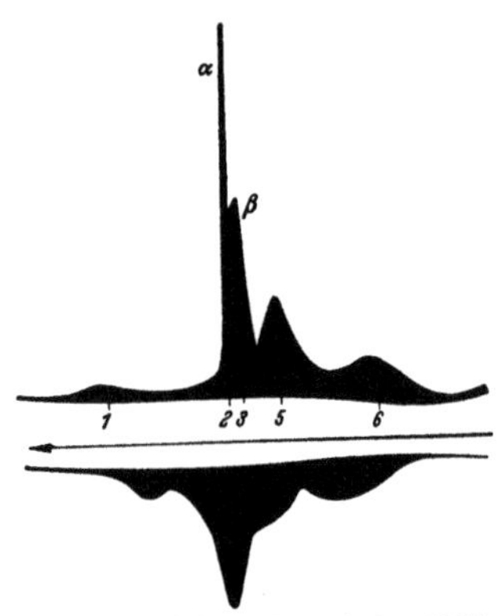

Abb. 39. Elektrophoretisches Bild eines Extraktes aus Fischmuskel (Karpfen). $\Gamma/2 = 0{,}5$, p_H 6,2 nach HAMOIR[2].

In der *Ultrazentrifuge* wurden die gesamten Muskelproteine nur von wenigen Autoren fraktioniert[1, 4]. DEUTICKE[4] findet bei Frosch- und Kaninchenmuskel 2 Komponenten mit den Sedimentationskonstanten 1,1 und 7,6 S bzw. 5,4 und 7,7 S, HAMOIR[1] bei Fischmuskel 3 Komponenten, von denen die Hauptkomponente (~ 50%) die Sedimentationskonstante 1,5, die mittlere Komponente (~ 40%) 4,8 S hat.

β) *Myosin.*

Allgemeines. Myosin ist das wichtigste Strukturprotein des Muskels[5]. Es hat Globulineigenschaften. Es ist in salzfreier Lösung beim isoelektrischen Punkt (~ p_H 5,4) unlöslich. Auf der sauren und alkalischen Seite des isoelektrischen Punktes steigt in salzfreier Lösung seine Löslichkeit an. Wenn es in salzfreier Lösung auf der sauren Seite des isoelektrischen Punktes gelöst wird, wird es nicht denaturiert, aber die Proteine des Sarkoplasmas, die mit ihm aus dem Muskel herausgelöst wurden, werden dabei zu 95% unlöslich. In Gegenwart von Salzen verschiebt sich der isolektrische Punkt von Myosin stark, was durch die große Zahl seiner ionisierten Gruppen erklärlich ist (vgl. S. 518). In Gegenwart ganz geringer KCl-Konzentrationen verschiebt er sich nach der alkalischen Seite, offenbar werden Kaliumionen bevorzugt gebunden. Erhöht man die KCl-Konzentration, erhöht sich anscheinend die Bindung der Cl^-, der isoelektrische Punkt sinkt stark ab[6] (s. Abb. 40). Calcium- und Magnesiumionen haben starke Affinität zum Myosin. Niedrige $MgCl_2$-Konzentrationen verschieben den isoelektrischen Punkt ins alkalische Gebiet. Noch schneller als beim KCl erhöht sich aber dann die Affinität für das Chlorion, und der isoelektrische Punkt verschiebt sich nach der sauren Seite (s. Abb. 40). Aus dieser Verschiebung des isoelektrischen Punktes bei verschiedenen Ionenstärken und verschiedenen Ionen erklären sich die Unterschiede des p_H in der Fällbarkeit von Myosin bei verschiedenen Ionenstärken.

Die Einsalzschwelle für Myosin bei p_H 7 liegt bei Ionenstärke $\Gamma/2 = 0{,}04$, die von Actomyosin liegt dagegen erst bei 0,3 (vgl. Tabelle 67). Wenn bei p_H 7 alle Salze ausgewaschen werden, schwillt Myosin zu einem durchsichtigen Gel an. Daraus wurde

[1] HAMOIR, G.: Arch. int. Physiol. **63**, Suppl. (1955).
[2] HAMOIR, G.: Adv. Protein Chem. **10**, 246 (1955).
[3] HAMOIR, G.: Adv. Protein Chem. **10**, 242 (1955).
[4] DEUTICKE, H. J.: H. **224**, 216 (1934).
[5] SZENT-GYÖRGYI, A.: Chemistry of Muscular Contraction. 2nd ed. S. 32. New York 1951.
[6] SARKAR, N. K.: Enzymologia **14**, 237 (1950).

geschlossen, daß Myosin „wasserlöslich" ist. Tatsächlich ist es aber in diesem Zustand nicht „wasserlöslich", sondern man kann im Elektronenmikroskop sehen, daß es ein Fadennetz bildet[1]. In 0,5 m KCl löst es sich leicht und wasserklar und zeigt bei geringem Strömungsgradienten keine Strömungsdoppelbrechung und normale Vicosität, die durch ATP nicht beeinflußt wird, im Gegensatz zum Actomyosin, das starke Strömungsdoppelbrechung aufweist und dessen Strömungsdoppelbrechung und Viscosität durch ATP stark beeinflußt werden (vgl. S. 528 und Abb. 41).

In den klassischen Untersuchungen von EDSALL und v. MURALT[2-4] wurde „Myosin" mit hochkonzentrierten Salzlösungen aus gemahlenen Muskeln verschiedener Tiere extrahiert. Seine Strömungsdoppelbrechung und Viscosität fielen in saurem und alkalischem Milieu sowie durch Behandlung mit verschiedenen Ionen (vgl. Actomyosin, S. 526ff.), besonders aber mit ATP in geringer Konzentration, stark ab. Es wurden Teilchengrößen von 5000—10000 Å Länge gefunden.

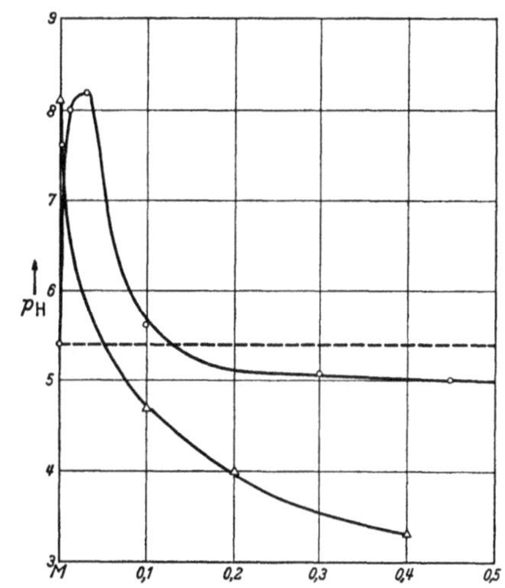

Abb. 40. Isoelektrischer Punkt von Myosin bei verschiedenen KCl-Konzentrationen: o ohne $MgCl_2$; △ in Gegenwart von 0,001 m $MgCl_2$ nach SARKAR[5].

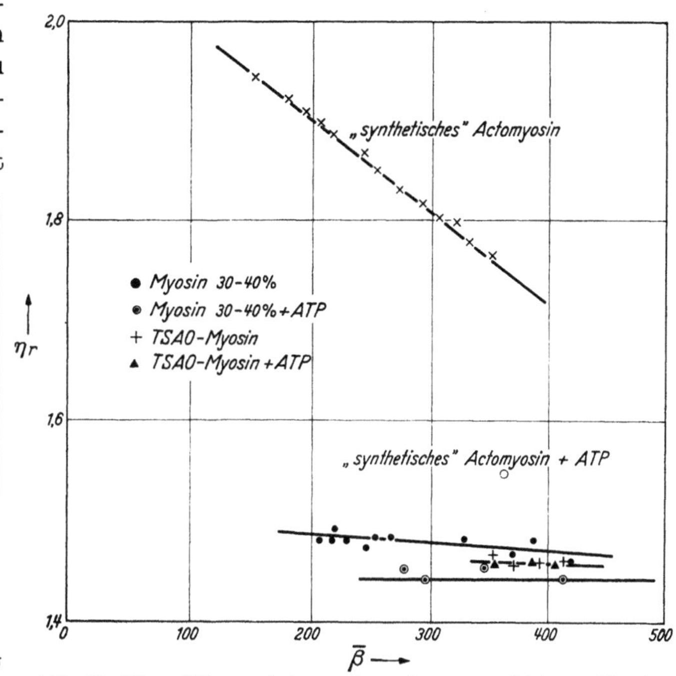

Abb. 41. Viscosität von Actomyosin und von verschiedenen Myosin-Präparaten vor und nach Zugabe von ATP nach BAILEY[6]. η_r = relative Viscosität; $\bar{\beta}$ = Umdrehungszahl der Viscositätsküvetten je min.

SCHRAMM und WEBER[7] fanden dann als erste, daß solche „Myosin"-Lösungen nicht einheitlich sind, sondern in der Ultrazentrifuge in leichtes *L-Myosin* und schweres *S-Myosin* getrennt werden können. Später wurde L-Myosin als actinfreies Myosin, S-Myosin als Actomyosin erkannt[8]. PORTZEHL und Mitarbeiter[9] trennen das Myosin (L-Myosin) auf einfache Weise vom Actomyosin, indem sie die Ionenstärke auf $\Gamma/2 = 0{,}3$ bringen. Dabei fällt Actomyosin aus, Myosin bleibt in Lösung und kann dann durch weiteres Verdünnen gefällt werden (Darstellung s. S. 512).

Wenn man die Lösung von „Myosin" in 0,5 oder 0,6 m KCl auf das 10fache verdünnt, fällt das Myosin in „kristallisierter" Form aus[10] (vgl. S. 513). Nach dem Wiederauflösen

[1] JAKUS, M. A., and C. E. HALL: J. biol. Ch. **167**, 705 (1947).
[2] EDSALL, J. T.: J. biol. Ch. **89**, 289 (1930).
[3] GREENSTEIN, J. P., and J. T. EDSALL: J. biol. Ch. **133**, 397 (1940).
[4] MURALT, A. L. v., and J. T. EDSALL: J. biol. Ch. **89**, 315, 351 (1930).
[5] SARKAR, N. K.: Enzymologia **14**, 237 (1950).
[6] BAILEY, K.: NEURATH-BAILEY, Proteins Bd. IIB, S. 960.
[7] SCHRAMM, G., u. H. H. WEBER: Kolloid-Z. **100**, 242 (1942).
[8] WEBER, H. H., u. H. PORTZEHL: Ergebn. Physiol. **47**, 369 (1952).
[9] PORTZEHL, H., G. SCHRAMM u. H. H. WEBER: Z. Naturforsch. **5b**, 61 (1950).
[10] SZENT-GYÖRGYI, A.: Chemistry of Muscular Contraction. 2nd ed. S. 146. New York 1951.

Tabelle 67. *Einige Konstanten der fibrillären*

	Tierart	Einsalzen bei $\Gamma/2$				Aussalzen bei $\Gamma/2$			
		p_H	Beginn	maximaler Effekt	Salz	p_H	Beginn	maximaler Effekt	Salz
Myosin (actinfrei)	Kaninchen	6,5—7,0	0,04	0,3[1]	KCl	6,2—6,4	4,25	4,75[1]	$(NH_4)_2SO_4$
Actomyosin	Kaninchen	5,6	0,5[10]		KCl	5,4—5,5		3,39[10]	$(NH_4)_2SO_4$
	Kaninchen	6,5—6,7	0,3[5]		KCl	6,2—6,4	2,8	3,3[11]	$(NH_4)_2SO_4$
	Kaninchen	7,6	0,43[10]	0,85[10]	Acetat-Phosphat KCl				
	Karpfen, Schnecke (Fußmuskel)	7,0	0,24	0,3[1]					
Actin (monomer)	Kaninchen		von Null an löslich[13]						
Actin (dimer)	Kaninchen		von Null an löslich			7,0	2,0		KCl
Actin (thixotrop)	Kaninchen		von Null an löslich						
Tropomyosin	Kaninchen	7,0	von Null an löslich		NaCl	7,0	5,45—7,3[22]		$(NH_4)_2SO_4$
	Fisch								
Nucleo-tropomyosin	Fisch	7,0	0,06[26]		KCl	7,0	6,1—8,0[26]		$(NH_4)_2SO_4$
φ-Protein	Kaninchen	7,4	0,05[27]—>0,64		Phosphat	6,0	4,4		$(NH_4)_2SO_4$
Paramyosin	Muscheln (Adduktoren)	6,1—7,0	0,45—0,6[28]		KCl				

	Tierart	Brechungsinkrement	„intrinsic viscosity" $[\eta] \times 10^2$	Länge in Å	Dicke in Å	Strömungsdoppelbrechung
Myosin (actinfrei)	Kaninchen	0,185[2]	230[2]	2200—2400 φ/φ_0[7] 1500[c, 8]	22—24 φ/φ_0[7]	keine
Actomyosin	Kaninchen					
	Kaninchen					
	Kaninchen			0,5 μ — 5 μ[1, e]	50—250[1, e]	sehr stark
	Karpfen, Schnecke (Fußmuskel)					
Actin (monomer)	Kaninchen	0,170[18]	21[16]	~290[16]	~24[16]	keine
Actin (dimer)	Kaninchen		50[16]	~580[16]	~ 24[16]	keine
Actin (thixotrop)	Kaninchen			1 μ—5 μ[g, 20, 21]	~100	spontan
Tropomyosin	Kaninchen	0,190[2]	52,3[25]	~385[25]	14,5[25]	in salzfreier Lösung +
	Fisch					
Nucleo-tropomyosin	Fisch					
φ-Protein	Kaninchen					keine
Paramyosin	Muscheln (Adduktoren)					

E = Elektrophorese
i. i. P. = isoionischer Punkt
F.O. = Flockungsoptimum
Q.M. = Quellungsminimum

[a] S°_{20} und D°_{20}
[b] osmotischer Druck
[c] Lichtzerstreuung
[d] Fluorescenzpolarisation
[e] Elektronenmikroskop
[f] minimaler Tryptophangehalt
[g] Aggregate nach dem Trocknen

Proteine der Myofibrille (nach[1, 2]).

Isoelektrischer Punkt p_H	Isoelektrische Fällungszone p_H	Elektrophoretische Beweglichkeit: aufsteigend $10^5 cm^2/v/sec^{-1}$	p_H	Salze	Sedimentationskonstante $S^0_{20} \cdot 10^{13}$	Diffusionskonstante $D^0_{20} \cdot 10^7$	Molekulargewicht	Spezifisches Partialvolumen
5,4[3] (E) 5,76[4] (i.i.P.)	4,8—7,5[2]	−2,9[9]	7,3	$\Gamma/2 = 0,3$ 0,25 m KCl + 0,05 m K-Veronal-acetat	7,1[5] 7,2[6]	0,87[7]	850000[a, 7] 840000[b, 7]	0,74[6]
7,0[1] (F.O.)	5,9—8,1[14] in 0,03 m KCl	−3,1[9]	7,3	$\Gamma/2 = 0,4$ NaCl-Phosphat				
5,4[1] (F.O.)					>90—≫280[5]			
5,4[1] (Q.M.)	4,5—8,0[1] in Phosphatpuffer $\Gamma/2 = 0,015$	−2,8[12]	7,1	$\Gamma/2 = 0,4$ NaCl-Phosphat				
4,8[2] (F.O.)	4,5—6,5[2]	−4,6[15]	7,4	$\Gamma/2 = 0,4$ NaCl-Phosphat	2,7—4[29]	2,5[29]	74000[b, 16] 70000[d, 16] 70000[f, 17] 57000[c, 18]	
4,8[2] (F.O.)	4,5—6,5[2]						140000[b, 16] 140000[d, 16]	
4,8[2] (F.O.)	4,5—6,5[2]				>750[29]		80000[c, 19] $1,5 \cdot 10^6$ [e, g, 20, 21]	
5,1[22] (F.O.)	4,6—6,5[22]	−5,6[23]	7,4	$\Gamma/2 = 0,4$ NaCl-Phosphat	2,6[24] ($c = 0,6$)	2,4[24] ($c = 0,6$)	55000[c, 2] 53000[b, 25]	0,71[24]
		−4,3[26]	7,4	$\Gamma/2 = 0,4$	2,85[26]			
		−6,9[26]	7,4	$\Gamma/2 = 0,15$ NaCl-Phosphat				
		−2,7	7,4	$\Gamma/2 = 0,4$				

[1] WEBER, H. H., u. H. PORTZEHL: Ergebn. Physiol. **47**, **369** (1952).
[2] BAILEY, K.; in: Neurath-Bailey, Proteins Bd. II B, S. 961
[3] ERDÖS, T., and O. SNELLMAN: Biochim. biophysica Acta, N. Y. **2**, **642** (1948).
[4] MIHÁLYI, E.: Enzymologia **14**, 224 (1950).
[5] PORTZEHL, H., G. SCHRAMM u. H. H. WEBER: Z. Naturforsch. **5** b, 61 (1950).
[6] SNELLMAN, O., and T. ERDÖS: Biochim. biophysica Acta, N. Y. **2**, 650 (1948).
[7] PORTZEHL, H.: Z. Naturforsch. **5** b, 75 (1950).
[8] MOMMAERTS, W. F. H. M.: J. biol. Ch. **188**, 553 (1951).
[9] DUBUISSON, M.: Biol. Reviews **25**, 46 (1950).
[10] HAMOIR, G.: Exper. **3**, 498 (1947).
[11] DUBUISSON, M.: Exper. **2**, 412 (1946).
[12] DUBUISSON, M.: Exper. **2**, 258 (1946).
[13] STRAUB, F. B.: Stud. Inst. med. Chem. Szeged **3**, 23, 38 (1943).
[14] SARKAR, N. K.: Enzymologia **14**, 237 (1950).
[15] DUBUISSON, M.: Biochim. biophysica Acta, N. Y. **5**, 426 (1950).
[16] TSAO, T.-C.: Biochim. biophysica Acta, N. Y. **11**, 227 (1953).
[17] STRAUB, F. B.: [SZENT-GYÖRGYI, A.: Chemistry of Muscular Contraction. 2nd ed. S. 58 New York 1951].
[18] MOMMAERTS, W. F. H. M.: J. biol. Ch. **198**, 445 (1952).
[19] STEINER, R. F., K. LAKI and S. SPICER: J. polymer Sci. 8, 23 (1952).
[20] ROZSA, G., A. SZENT-GYÖRGYI and R. W. G. WYCKOFF: Biochim. biophysica Acta, N. Y. **3**, 561 (1949).
[21] JAKUS, M. A., and C. E. HALL: J. biol. Ch. **167**, 705 (1947).
[22] BAILEY, K.: Biochem. J. **43**, 271 (1948).
[23] DUBUISSON, M.: Exper. **6**, 269 (1950).
[24] BAILEY, K., H. GUTFREUND and A. G. OGSTON: Biochem. J. **43**, 279 (1948).
[25] TSAO, T.-C., K. BAILEY and G. S. ADAIR: Biochem. J. **49**, 27 (1951).
[26] HAMOIR, G.: Biochem. J. **48**, 146 (1951).
[27] DUBUISSON, M.: Nature **166**, 1116 (1950).
[28] SCHMITT, F. O., R. S. BEAR, C. E. HALL and M. A. JAKUS: Ann. N. Y. Acad. Sci. **47**, 799 (1947).
[29] SNELLMAN, O., T. ERDÖS and M. TENOW: 6. Int. Congr. exp. Cytol. Stockholm 1947. S. 247.

kann es von Actomyosin dadurch, daß man dieses mit ATP ausfällt (Superpräcipitation, vgl. S. 529), getrennt werden. Auch dieses „*kristallisierte Myosin*“ von SZENT-GYÖRGYI ist actinfrei oder nahezu actinfrei. Seine Viscosität wird von ATP kaum beeinflußt, und es sedimentiert in der Ultrazentrifuge vorwiegend als reines Myosin. Die elektronenmikroskopischen Untersuchungen von JAKUS und HALL[1] haben gezeigt, daß es aus Fibrillen aufgebaut ist, die mit ihrer Längsachse nahezu parallel zueinander und zur Längsachse des Aggregats liegen. Nach Zufügen von 0,2 m KCl desaggregieren diese in Stäbchen von 0,5—1 μ Länge und 200—400 Å Dicke. Diese Dimensionen fallen in den Bereich von Teilchen, die auch Actin enthalten. SNELLMAN und ERDÖS[2] zeigten, daß die Myosin-„Kristalle“ durch Ultraschall in Teilchen von gleicher Dicke gespalten werden könnnen. Nach dem Lösen in 0,3 m KCl erhält man nur noch einen Myosinfilm.

DUBUISSON[3] trennte die nach EDSALL dargestellten „Myosin“-Lösungen elektrophoretisch in Myosin-α, -β und -γ. *Myosin-β* ist das actinfreie Myosin[4]. Später trennte er die 3 Proteine durch Ammoniumsulfatfraktionierung[5]. Er fällt das Myosin-β zwischen 35--39 % Ammoniumsulfatsättigung. Aus Abb. 41 geht hervor, daß das zwischen 30 und 40 % Ammoniumsulfatsättigung gefällte Myosin nicht ganz actinfrei ist. Wie oben erwähnt, verändert sich die Extrahierbarkeit der fibrillären Muskelproteine stark nach Ermüdung des Muskels. So ist es DUBUISSON[6] und JACOB[7] gelungen, durch einfache Extraktion aus ermüdetem Muskel nahezu reines Myosin (Myosin-β) zu gewinnen.

TSAO[8] hat das „kristallisierte“ Myosin durch Ammoniumsulfatfraktionierung zwischen 40 und 50 % Sättigung gereinigt und so ein tatsächlich actinfreies Myosin, *Myosin-T*, erhalten. Seine Viscosität wird von ATP nicht verändert (s. Abb. 41).

ENGELHARDT und LJUBIMOVA[9] fanden, daß gereinigte „Myosin“-Präparate ATP spalten, und daß ATP die Dehnbarkeit von „Myosin“-Fäden (Actomyosinfäden) nach WEBER (s. S. 533) beträchtlich erhöht. BANGA[10] konnte nach der Entdeckung von Actin zeigen, daß die ATPase-Aktivität eher dem Myosin als dem Actin zukommt. Sie konnte bis jetzt nicht vom Myosinmolekül getrennt werden. Auch das von TSAO[8] gereinigte Myosin besitzt immer noch die gleiche ATPase-Aktivität je Mol. Die Enzymaktivität, auf Protein bezogen, ist 20- bis 200mal geringer als die von anderen gereinigten Enzymen. Daher schien es unwahrscheinlich, daß wirklich Myosin das eigentliche Enzym ist[11]. POLIS und MEYERHOF[12] konnten durch Fällung mit basischem Lanthanacetat und Extraktion die ATPase-Aktivität auf das 2- bis 3fache erhöhen, doch es war damit noch nicht klar, ob das Produkt noch als Myosin oder als von Myosin getrennte ATPase anzusprechen war. Nun haben GERGELY u. a.[13-17] gezeigt, daß nach der Trypsinspaltung von Myosin die ATPase-Aktivität einem wohldefinierten Teil von Myosin, dem schweren H-Meromyosin, zukommt, das auch die Fähigkeit von Myosin, sich mit Actin zu verbinden,

[1] JAKUS, M. A., and C. E. HALL: J. biol. Ch. **167**, 705 (1947).
[2] SNELLMAN, O., and T. ERDÖS: Biochim. biophysica Acta, N. Y. **2**, 660 (1948).
[3] DUBUISSON, M.: Exper. **2**, 258 (1946).
[4] WEBER, H. H., u. H. PORTZEHL: Ergebn. Physiol. **47**, 369 (1952).
[5] DUBUISSON, M.: Exper. **3**, 414 (1947).
[6] DUBUISSON, M.: Exper. **3**, 372 (1947).
[7] JACOB, J.: Exper. **3**, 241 (1947).
[8] TSAO, T.-C.: Biochim. biophysica Acta, N. Y. **11**, 368 (1953).
[9] ENGELHARDT, V. A., and M. N. LJUBIMOVA: Nature **144**, 668 (1939). Biochimija, Moskva **4**, 716 (1939).
[10] BANGA, I.: Stud. Inst. med. Chem. Szeged **1**, 27 (1941). [SZENT-GYÖRGYI, A.: Chemistry of muscular contraction, 2nd ed. S. 53ff. New York 1951.]
[11] ENGELHARDT, V. A.: Adv. Enzymol. **6**, 147 (1946).
[12] POLIS, B. D., and O. MEYERHOF: J. biol. Ch. **169**, 389 (1947).
[13] GERGELY, G.: Fed. Proc. **9**, 176 (1950).
[14] GERGELY, G.: J. biol. Ch. **200**, 543 (1953).
[15] PERRY, S. V.: Biochem. J. **48**, 257 (1951).
[16] MIHÁLYI, E., and A. G. SZENT-GYÖRGYI: J. biol. Ch. **201**, 189 (1953).
[17] SZENT-GYÖRGYI, A. G.: Arch. Biochem. **42**, 305 (1953).

besitzt. Offenbar sind für beides die gleichen Zentren verantwortlich[1, 2]. Bei der Behandlung mit Butanol gehen beide Aktivitäten verloren. Versetzt man das Myosin vor der Behandlung mit Butanol mit ATP oder Actin, können beide erhalten werden. Ebenso ist es bei der Oxydation oder Blockierung der SH-Gruppen (vgl. S. 518). Allerdings verhalten sich verschiedene Reagentien unterschiedlich gegenüber den SH-Gruppen von Myosin[3-6]. Sie greifen in der Reihenfolge alkylierende, oxydierende und mercaptidbildende die SH-Gruppen von Myosin an, und in der gleichen Reihenfolge wird auch die ATPase inaktiviert. Offenbar sind SH-Gruppen für die Bindung von Actin und für die ATPase-Aktivität verantwortlich[3, 6, 7]. In Gegenwart von Äthylendiamintetraacetat als Aktivator verschwindet die ATPase-Aktivität, wenn nur 25 bzw. 75% der SH-Gruppen durch N-Äthylmaleinsäureimid oder p-Chlormercuribenzoat blockiert sind[6].

Über den Einfluß von Ionen auf die ATPase-Aktivität von Myosin ist von vielen Autoren gearbeitet worden mit oft widerspruchsvollen Resultaten[8-13]. Das erklärt sich wohl daraus, daß sich die ATPase des Myosins anders verhält als die des ungespaltenen Actomyosins[9, 10, 13] und daß die ATPase-Aktivität beider von einer ganzen Reihe von Variablen beeinflußt wird, und zwar von Temperatur, Ionenstärke, ATP-Konzentration, p_H, Mg^{++}-Konzentration, Ca^{++}-Konzentration, Verhältnis von Myosin zu Actin und vom kolloidalen Zustand[13]. Bei p_H 7 spalten Myosin und Actomyosin ATP optimal, wenn die KCl-Konzentration $\sim 0{,}3$ m ist; in Gegenwart von 0,001 m $CaCl_2$ wird das Optimum der KCl-Konzentration erniedrigt und die Aktivität verdreifacht[12]. In Gegenwart von 0,1 m KCl erhält man ein deutliches Optimum bei p_H 9, wenn Ca^{++} das aktivierende Ion ist, und ein zweites deutliches Optimum bei p_H 6,5. Ohne Ca^{++} beobachtet man nur dieses letzte Optimum[12]. Die ATPase-Aktivität von Myosin und Actomyosin in Lösung $\Gamma/2 = 0{,}6$ (Actomyosin-Sol) wird durch $Mg^{++} < 10^{-2}$ gehemmt[13]. Die von Actomyosin-Gel ($\Gamma/2 = 0{,}07$) wird durch Mg^{++} gefördert. Das erklärt sich dadurch, daß im Solzustand Actomyosin in Actin und Myosin dissoziiert ist und in diesem Fall also die ATPase des Myosins von Mg^{++} gehemmt wird. Offenbar ist das Actomyosin-Gel ein besonderes charakteristisches System[13], nicht nur in der intakten Myofibrille, wie PERRY[8] beobachtet hat. Auch der Einfluß von ATP auf die ATPase der beiden Systeme spricht dafür. Die Spaltungsrate von Myosin und Actomyosin-Sol sinkt mit steigender ATP-Konzentration bis zu $7 \cdot 10^{-3}$ m ständig ab. Die des Actomyosin-Gels wird durch ATP bis zu einem bestimmten oberen Grenzwert nicht beeinflußt[13]. Näheres s. Original und zusammenfassende Literatur, S. 496. Reinigt man Myosin oder Actomyosin, etwa mit Austauschern, vollkommen von Ionen, geht die ATPase-Aktivität ganz verloren[9, 10, 13]. Auch in Gegenwart von zu viel Salz ist die ATPase unwirksam. Die ATPase von Myosin spaltet nur die Endphosphatgruppe ab. Myokinase kann nur durch mehrmaliges Umfällen von Myosin getrennt werden[14]. In ihrer Gegenwart werden 2 Phosphatgruppen abgespalten. Man erhält Adenylsäure (AMP). Da auch häufig Adenylsäuredesaminase zugegen ist, erhält man schließlich Inosinsäure als Endprodukt.

Die anderen Enzymaktivitäten außer ATPase, die mit dem Myosin assoziiert sind — wie Myokinase-, Adenylsäuredesaminase-, Kreatinphosphokinase-Aktivität — werden

1 TSAO, T.-C.: Biochim. biophysica Acta, N. Y. **11**, 227 (1953).
2 TSAO, T.-C.: Biochim. biophysica Acta, N. Y. **11**, 236 (1953).
3 BARRON, E. S. G., and T. P. SINGER: Science, N. Y. **97**, 356 (1943).
4 BOWEN, W. J., and T. D. KERWIN: Proc. Soc. exp. Biol. Med. **88**, 515 (1955).
5 ENGELHARDT, V. A., and G. A. YAROVAGA: Ukrain. biochem. Ž. **27**, 312 (1955).
6 KIELLEY, W. W., and L. B. BRADLEY: J. biol. Ch. **218**, 653 (1956).
7 SINGER, T. P., and E. S. G. BARRON: Proc. Soc. exp. Biol. Med. **56**, 120 (1944).
8 PERRY, S. V.: Biochem. J. **48**, 257 (1951).
9 BANGA, I., and A. SZENT-GYÖRGYI: Stud. Inst. med. Chem. Szeged **3**, 72 (1943), zit nach [10].
10 SZENT-GYÖRGYI, A.: Chemistry of Muscular Contraction. 2nd ed. S. 56. New York 1951.
11 GREVILLE, G. D., and H. LEHMANN: Nature **152**, 81 (1943).
12 MOMMAERTS, W. F. H. M., and K. SERAIDARIAN: J. gen. Physiol. **30**, 401 (1947).
13 HASSELBACH, W.: Z. Naturforsch. **7b**, 163 (1952).
14 TSAO, T.-C.: Biochim. biophysica Acta, N. Y. **11**, 368 (1953).

leicht mit dem Myosin ausgefällt, wenn sie selbst auch wasserlöslich sind. Offenbar haften sie durch eine Art von Adsorption am Myosinmolekül. TSAO[1] konnte Myosin durch mehrmaliges Umfällen von Myokinase- und Kreatinphosphokinase-Aktivität befreien, und ENGELHARDT[2] u. a. [3-5] konnten mindestens einen Teil der Desaminase-Aktivität von Myosin trennen.

Myosin ist ein Molekül von der Größenordnung 10^6 (vgl. Tabelle 67 bei Mol.-Gewicht) mit einem Achsenverhältnis von ~ 100[6]. Nach PORTZEHL[7] hat es eine Länge von 2200—2400 Å und einen Durchmesser von 22—24 Å.

Über die Feinstruktur des Myosinmoleküls weiß man nur wenig. Schon aus der Aminoendgruppenbestimmung nach SANGER[8] ging hervor, daß Myosin anscheinend ein Cyclopeptid ist. BAILEY[9] fand nur ~ 1 Endgruppe auf 400000—500000 g Protein.

Aus Teilchendurchmesser und Röntgendiagramm wurde jedoch geschlossen, daß jedes Myosinteilchen aus ungefähr 8 nebeneinanderliegenden Peptidketten bestehen müsse[6]. Nun hat TSAO[1] gezeigt, daß das Myosinmolekül nach langdauernder Behandlung mit Harnstoff oder Guanidinhydrochlorid desaggregiert. Man kann dann mit Messungen des osmotischen Druckes und der Fluorescenzpolarisation 2 Arten von Molekülen beobachten, die offenbar am Aufbau des Myosinmoleküls beteiligt sind; solche, die keine identifizierbaren N-Endgruppen haben, also offenbar cyclisch sind, mit einem Mol.-Gewicht von 165000, und offenkettige Polypeptide mit einem Mol.-Gewicht von ~16000. Myosin soll aus 5 Einheiten des Teilchengewichts 165000 aufgebaut sein. Damit sollen ebenso viele offene Peptidketten mit dem Mol.-Gewicht 16000 assoziiert sein.

GERGELY[10, 11] und PERRY[12] beobachteten, daß durch tryptische Verdauung von Myosin die Viscosität vermindert wird. Die beiden wohldefinierten Spaltprodukte, die man bei kurzer Trypsinverdauung erhält, werden Meromyosine[13] genannt, und zwar leichtes Meromyosin, L-Meromyosin, mit der Sedimentationskonstante 2,5, und schweres Meromyosin, H-Meromyosin, mit der Sedimentationskonstante 5,3. Das H-Meromyosin enthält die gesamte ATPase-Aktivität des intakten Myosins und verbindet sich mit Actin. Leichtes Meromyosin hat die Löslichkeitseigenschaften von ursprünglichem Myosin in Lösungen von Neutralsalzen der Alkalimetalle[14]. Myosin besteht aus 43 % L-Meromyosin und 57 % H-Meromyosin. Danach wären im Myosinmolekül 2 Moleküle H- und 4 Moleküle L-Meromyosin vereinigt. Das leichte Meromyosin depolymerisiert durch Behandlung mit Harnstoff in Untereinheiten von Mol.-Gewicht 4600, die von SZENT-GYÖRGYI[15] Protomyosine genannt werden. Sie haben gleiches Mol.-Gewicht, aber verschiedene Aminosäurezusammensetzung. Von SZENT-GYÖRGYI und Mitarbeitern[15, 16] werden verschiedene Baupläne diskutiert, nach denen das Myosin aus den verschiedenen Meromyosinen zusammengesetzt sein könnte. Es wird angenommen, daß die Protomyosine Einheiten sind, die eine Rolle bei der Kontraktion spielen. Auch nach diesen Arbeiten scheint es, daß das Myosinmolekül aus chemisch verschiedenen Untereinheiten zusammengesetzt ist.

---

[1] TSAO, T.-C.: Biochim. biophysica Acta, N. Y. **11**, 368 (1953).
[2] ENGELHARDT, V. A.: 2. Int. Congr. Biochem. Paris 1952. S. 9.
[3] DEUTSCH, A., and R. NILSSON: Acta chem. scand. **8**, 1898 (1954).
[4] NECHIPORENKO, Z. Y., and E. N. MEDOVAR: Ukrain. biochem. Ž. **25**, 184 (1953).
[5] LJUBIMOVA, M. N., and L. A. MEITINA: Dokl. Akad. Nauk. SSSR **94**, 927 (1954).
[6] WEBER, H. H., u. H. PORTZEHL: Ergebn. Physiol. **47**, 369 (1952).
[7] PORTZEHL, H.: Z. Naturforsch. **5b**, 75 (1950).
[8] SANGER, F.: Biochem. J. **39**, 507 (1945).
[9] BAILEY, K.: Biochem. J. **49**, 23 (1951).
[10] GERGELY, J.: Fed. Proc. **9**, 176 (1950).
[11] GERGELY, J.: J. biol. Ch. **200**, 543 (1953).
[12] PERRY, S. V.: Biochem. J. **48**, 257 (1951).
[13] MIHÁLYI, E., and A. G. SZENT-GYÖRGYI: J. biol. Ch. **201**, 189 (1953).
[14] SZENT-GYÖRGYI, A. G.: Arch. Biochem. **42**, 305 (1953).
[15] SZENT-GYÖRGYI, A. G., and M. BORBIRO: Arch. Biochem. **60**, 180 (1956).
[16] LAUFFER, M., and A. G. SZENT-GYÖRGYI: Arch. Biochem. **56**, 542 (1955).

Neuerdings wird diskutiert, daß Myosin aus mehreren Proteineinheiten bestehen soll, und zwar Tropomyosin, Actin und einem unbekannten Protein[1-3].

Auch SNELLMAN[4] hat Myosin in Fragmente zerlegt, indem er es unter verschiedenen Bedingungen Ammoniumsulfat ausgesetzt und die Fragmente durch Säulenchromatographie getrennt hat.

Darstellung. Bis zur Entdeckung von Actin wurden die fibrillären Proteine des Muskels mit starken Salzlösungen zwischen p_H 7,0 und 8,5 extrahiert und durch Verdünnen wieder ausgefällt. Je nach der Dauer der Extraktion enthielten diese Präparate wechselnde Mengen Actin bzw. wechselnde Mengen Myosin und Actomyosin. Außer der Extraktionsdauer spielt auch die physiologische Vorgeschichte des Muskels (Ermüdung, DEUTICKE-KAMP-Effekt[5, 6]) dafür eine Rolle, welche Proteine und wieviel von ihnen extrahiert wird (vgl. S. 501). Die Darstellungsmethoden für Myosin und Actomyosin gehen meistens von den gleichen Muskelextrakten aus und werden deshalb gemeinsam besprochen.

EDSALL[7] empfiehlt eine Extraktionsdauer von $1^1/_2$—2 Std und Filtration durch eine 1 cm dicke Papierbreischicht; die extrahierte Lösung wurde im Falle von Rinderbrustmuskel auf Ionenstärke $\Gamma/2 = 0{,}06$—$0{,}12$, im Falle von Kaninchenmuskel auf $\Gamma/2 = 0{,}04$ bis 0,06 verdünnt. Später wurde die Extraktionslösung insoweit modifiziert, als anstatt einer KCl-Phosphatlösung, $\Gamma/2 = 1{,}36$, eine KCl-Hydrogencarbonatlösung $\Gamma/2 = 0{,}53$ verwendet wurde[8]. Zum Wiederausfällen wurde nur auf $\Gamma/2 = 0{,}2$—$0{,}25$ verdünnt und dadurch schon eine gewisse Trennung von Actomyosin und Myosin erreicht, da auf diese Art Myosin im Überstand bleibt, denn die kritische Ionenstärke für die Trennung der beiden Komponenten ist $\Gamma/2 = 0{,}3$ (s. unten).

Für alle Myosindarstellungen gilt, daß man zu ihnen nur aus Quarz oder Glas dest. Wasser und die reinsten Chemikalien verwenden soll, da Myosin eine große Affinität zu Schwermetallen besitzt[9, 10] und diese die ATPase-Aktivität hemmen.

SCHRAMM und WEBER[11] fanden, daß Myosinlösungen nicht einheitlich sind, sondern aus mehreren, in sich einheitlichen Proteinen bestehen, einem verhältnismäßig stabilen, langsam sedimentierenden L-Myosin mit der Sedimentationskonstanten $S_{20} = 7{,}1$ und mehreren labilen, schnell sedimentierenden, schweren Komponenten, S-Myosin („Actomyosin" nach [12]) mit der Sedimentationskonstanten $S_{20} \sim 80$—280. WEBER und Mitarbeiter[13] haben S-Myosin (Actomyosin) und L-Myosin (Myosin) präparativ getrennt. Dazu fällt man zunächst die gesamte „Myosin"-Fraktion durch Verdünnen auf Ionenstärke $\Gamma/2 = 0{,}04$ aus und trennt dadurch Fremdeiweiß und ATP ab. Man löst den Niederschlag bei $\Gamma/2 \sim 0{,}4$ wieder auf und fällt das Actomyosin und den Hauptanteil der Denaturierungsprodukte zwischen p_H 6 und 7,0, Ionenstärke $\Gamma/2 = 0{,}3$ aus. Aus dem Überstand kann das Myosin (L-Myosin) bei $\Gamma/2 = 0{,}03$ gefällt werden. Die Denaturierungsprodukte kann man dann aus der reinen Myosinlösung (L-Myosin) praktisch vollständig, aus den Actomyosinlösungen nur zum großen Teil bei hoher Tourenzahl (15000 U/min) abzentrifugieren.

---

[1] KOMINZ, D. R., F. SAAD, J. A. GLADNER and K. LAKI: Arch. Biochem. **70**, 16 (1957).
[2] VELICK, S. F.: Biochim. biophysica Acta, N. Y. **20**, 228 (1956).
[3] LAKI, K.: J. cellul. comp. Physiol. **49**, Suppl. 2 (1957).
[4] SNELLMAN, O.: Biochim. biophysica Acta, N. Y. **21**, 142 (1956).
[5] DEUTICKE, H. J.: H. **210**, 97 (1932).
[6] KAMP, F.: B. Z. **307**, 226 (1941).
[7] EDSALL, J. T.: J. biol. Ch. **89**, 289 (1930).
[8] GREENSTEIN, J. P., and J. T. EDSALL: J. biol. Ch. **133**, 397 (1940).
[9] SZENT-GYÖRGYI, A.: Chemistry of Muscular Contraction. 2nd ed. S. 146. New York 1951.
[10] MOMMAERTS, W. F. H. M., and R. G. PARRISH: J. biol. Ch. **188**, 545 (1951).
[11] SCHRAMM, G., u. H. H. WEBER: Kolloid-Z. **100**, 242 (1942).
[12] SZENT-GYÖRGYI, A.: Chemistry of Muscular Contraction. 2nd ed. S. 72. New York 1951.
[13] PORTZEHL, H., G. SCHRAMM u. H. H. WEBER: Z. Naturforsch. **5b**, 61 (1950).

Darstellung von Myosin (L-Myosin) und Actomyosin (S-Myosin) aus Muskeln durch fraktionierte Umfällung nach **PORTZEHL, SCHRAMM *und* WEBER**[1].

Die Muskeln werden sofort 3—5 min in Eis-Ringerlösung oder Eiswasser gekühlt. Danach zerkleinert man sie nacheinander im Fleischwolf und in der Latapiemühle und überträgt den Muskelbrei 15—20 min post mortem in Extraktionslösung von 2°. Der Salzgehalt der Extraktionslösung wird so bemessen, daß die Ionenstärke des Gesamtsystems — Lösung und Brei — $\Gamma/2 = 0{,}6$ beträgt. Als Kationen (abgesehen von den Spuren anderer, schon im Muskelbrei enthaltener Kationen) verwendet man Kaliumionen, als Anionen Chlorionen und Phosphationen; und zwar 0,3 m Cl mit 0,15 m Standard-Phosphat (Phosphat, $\Gamma/2 = 0{,}3$) oder Chlorionen und Muskel-Phosphationen*. Dazu kommen je nach p_H-Einstellung zwischen $\Gamma/2 = 0$ und 0,05 wechselnd Hydrogencarbonationen. Von der Extraktion an bringt man die Präparate auf 0,001—0,002 m KCN, um sie haltbarer zu machen.

Der p_H beträgt bei sog. A-Extrakten (durch kurze Extraktion gewonnenen Extrakten) 6,2—6,8, bei sog. B-Extrakten (durch lange Extraktion gewonnen) $\sim$ 7,5.

Das Mengenverhältnis Brei zu Extraktionslösung soll zwischen 1:3 und 1:6 liegen. Bei nur 3 Teilen Lösung auf 1 Teil Brei ist die Eiweißkonzentration der Extrakte immer und die extrahierte Eiweißmenge in der Regel größer als bei höherem Gehalt an Extraktionsmittel. Daß auch die absolute Menge an extrahiertem Eiweiß häufig größer ist, beruht auf der geringeren Verdünnung der löslichkeitsfördernden ATP. Nach der Extraktion zentrifugiert man ab. B-Extrakte verdünnt man ihrer hohen Viscosität halber vorher immer auf ein Volumen von 1 Teil Brei zu 6 Teilen Extraktionsflüssigkeit.

Man fällt die gesamte Myosinfraktion durch 14fache Verdünnung auf Ionenstärke $\Gamma/2 = 0{,}04$ aus. B-Extrakte mit p_H 7,5 werden hierzu mit Phosphat auf p_H 6,6—7,0 angesäuert. Den Niederschlag löst man bei $\Gamma/2 \sim 0{,}4$ und fällt das Actomyosin bei $\Gamma/2 \sim 0{,}3$. Wenn man im Actomyosinniederschlag möglichst wenig Myosin (L-Myosin) haben will, verdünnt man die Lösung mit entsprechenden Salzlösungen, anstatt mit Wasser; kommt es nur auf die Reindarstellung von Myosin (L-Myosin) an, verdünnt man den Überstand erst nach dem Abzentrifugieren des Actomyosins mit Salzlösung, um Myosin möglichst frei von Myogen und Globulin X zu erhalten.

So gewonnenes *Myosin* (L-Myosin) enthält nicht mehr Actomyosinspuren als das „kristallisierte" Myosin von SZENT-GYÖRGYI (vgl. S. 513), ist aber frei von Denaturierungsprodukten, die im 2mal „kristallisierten" Myosin immer enthalten sind, bei der oben beschriebenen Darstellung aber erst nach 3- bis 4maligem Umfällen entstehen.

Um *Actomyosin* frei von Myosin zu erhalten, fällt man mehrmals bei Ionenstärke $\Gamma/2 = 0{,}2$—$0{,}3$ um[2]. Dann zentrifugiert man die Lösung des Niederschlags in 0,6 m KCl bei 40,000—50,000 g. Der Überstand enthält reines Actomyosin.

DUBUISSON[3] fällt aus den „Myosin"-Extrakten nach GREENSTEIN und EDSALL[4] Actomyosin (Myosin-α) zwischen 23 und 27% Ammoniumsulfatsättigung, Myosin (Myosin-β) zwischen 35 und 39% Sättigung. HAMOIR[5] trennt die beiden in Natriumacetat- und Kaliumacetatlösungen.

Ein elektrophoretisch besonders reines Myosin (Myosin-T) erhält TSAO[6] durch Kombination der Darstellung des „kristallisierten" Myosins nach SZENT-GYÖRGYI[7] mit Ammoniumsulfatfraktionierung. Allerdings bezeichnet er nur das zwischen 40 und 50% Ammoniumsulfatsättigung ausfallende Protein als reines Myosin.

* Die Ionenstärke wird durch Leitfähigkeitsmessungen kontrolliert.

[1] PORTZEHL, H., G. SCHRAMM u. H. H. WEBER: Z. Naturforsch. **5b**, 61 (1951).
[2] WEBER, A.: Biochim. biophysica Acta, N. Y. **19**, 345 (1956).
[3] DUBUISSON, M.: Exper. **2**, 412 (1946).
[4] GREENSTEIN, J. P., and J. T. EDSALL: J. biol. Ch. **133**, 397 (1940).
[5] HAMOIR, G.: Exper. **3**, 498 (1947).
[6] TSAO, T.-C.: Biochim. biophysica Acta, N. Y. **11**, 368 (1953).
[7] SZENT-GYÖRGYI, A.: Chemistry of Muscular Contraction. 2nd ed. S. 146. New York 1951.

Darstellung von Myosin aus Kaninchenmuskeln nach SZENT-GYÖRGYI[1] ***und*** TSAO[2].

Bei der Methode von SZENT-GYÖRGYI extrahiert man den Muskel mit saurem Phosphat-KCl nach GUBA und STRAUB[3], fällt dann das Myosin in „Kristallform" durch Verdünnen, löst erneut, fällt das Actomyosin mit ATP (Superpräcipitation) und schließlich das Myosin durch Verdünnen. Vor dieser zweiten Myosinfällung entfernt TSAO[2] die kleinen Actinmengen aus dem Myosin durch Ammoniumsulfatfraktionierung nach DUBUISSON[4]. Man muß quarzdest. Wasser verwenden und die Temperatur so tief wie möglich halten.

Man tötet ein Kaninchen durch Decapitieren, enthäutet es, nimmt es schnell aus und taucht es 2—3 min in Eiswasser. Die Muskeln schneidet man heraus, bedeckt sie mit Eis, bis alle präpariert sind, und zerkleinert sie dann in einem vorgekühlten Fleischwolf mit kleinen Löchern (2 mm). Man suspendiert die zerkleinerten Muskeln bei 0° in KCl-Phosphatlösung (0,3 m KCl, 0,09 m K_2HPO_4, p_H 6,5)[3], und zwar in 300 cm³/100 g Muskel. Die im folgenden angegebenen Zahlen beziehen sich auf diese Materialmenge.

Man rührt die Suspension 10 min langsam mit einem Glasstab, während man die Temperatur auf 0° hält. Dann fügt man 1200 cm³ dest. Wasser von 0° zu und filtriert die Suspension durch ein Leinentuch. Man preßt den Rückstand vorsichtig aus. Er kann zur Darstellung von Actin verwendet werden. Man filtriert die Flüssigkeit durch eine Nutsche, auf der ein Stück Stoff liegt, das mit einer dicken Schicht Papierbrei bedeckt ist. Zu dem Filtrat fügt man langsam 2 *l* eiskaltes Wasser und fördert durch starkes Rühren die Bildung von Micellen und damit die „Kristallisation". Es tritt ein seidiger Glanz auf, der eine regelmäßige Anordnung und Zusammenlagerung der Teilchen anzeigt. Er wird laufend stärker, und eventuell „kristallisiert" das Myosin in Form mikroskopisch feiner Nadeln aus. Man läßt die Suspension nun einige Stunden bei 0° stehen, damit sich der Niederschlag absetzen kann. Dann saugt man die überstehende Flüssigkeit ab und zentrifugiert — wenn möglich bei 0° — den Niederschlag ab. Man löst ihn in einem gleichen Volumen 1,2 m KCl-Lösung von 0° und verdünnt die Lösung mit 0,6 m KCl auf 100 cm³.

Man verdünnt 1 cm³-Proben mit je 3 cm³ Wasser bei Zimmertemperatur. Dazu fügt man verschiedene Mengen einer 1%igen neutralen ATP-Lösung, um die kleinste Menge zu finden, mit der man das vorhandene Actomyosin maximal fällen kann. Dieses fällt bei ATP-Zugabe als feinkörniger Niederschlag (Superpräcipitation) aus. Dann verdünnt man auch die Hauptfraktion mit dem 3fachen Volumen Wasser bei Zimmertemperatur, fügt die entsprechende Menge (etwa 50 mg) ATP zu und trennt das auf diese Art gefällte Actomyosin in der Zentrifuge ab. Bei p_H 6,5 wird die Superpräcipitation durch Kühlen nicht rückgängig gemacht, man kann also in der gekühlten Zentrifuge abzentrifugieren.

Die überstehende Flüssigkeit verdünnt man mit der doppelten Menge Wasser von 0° und läßt das auf diese Art „kristallisierte" Myosin einige Stunden im Eisschrank absitzen. Man dekantiert, zentrifugiert das Myosin ab und löst es in 0,6 m KCl-Lösung. Neutralisiert und mit einer gleichen Menge Glycerin gemischt, kann diese Lösung bei —20° wochenlang, anscheinend unverändert, aufbewahrt werden.

TSAO[2] reinigt das „kristallisierte" Myosin auf folgende Art weiter: Die Lösung von Myosin in 0,6 m KCl wird vor der zweiten „Kristallisation" durch eine Papierbreischicht filtriert. Dann entfernt man das Actin durch Ammoniumsulfatfraktionierung nach DUBUISSON[4]. Man fügt bei 0° unter Rühren zu dem locker gepackten Myosinniederschlag gesättigte Ammoniumsulfatlösung, deren p_H vorher mit Ammoniak auf 6,5 eingestellt worden war. Zu Beginn des Zufügens geht das Gel in Lösung. Das Aussalzen beginnt bei etwa 30%iger Sättigung, wenn eine leichte Trübung auftritt. Man bringt die Lösung durch weitere Zugabe von Ammoniumsulfat auf 40% Sättigung und

[1] SZENT-GYÖRGYI, A.: Chemistry of Muscular Contraction. 2nd ed. S. 146. New York 1951.
[2] TSAO, T.-C.: Biochim. biophysica Acta, N. Y. **11**, 368 (1953).
[3] GUBA, F., and F. B. STRAUB: Stud. Inst. med. Chem. Szeged **3**, 46, 49 (1943), zit. nach [1].
[4] DUBUISSON, M.: Exper. **2**, 412 (1946).

zentrifugiert. Dann fällt man das im Überstand befindliche Myosin durch Erhöhung der Ammoniumsulfatsättigung auf 50%, zentrifugiert es ab und dialysiert im Eisschrank gegen häufig gewechseltes dest. Wasser. Man löst das Protein, indem man gegen öfter gewechseltes Lösungsmittel (z. B. 0,1 m Glykokoll, 0,2 m KCl, 0,08 n NaOH) dialysiert. Je nachdem, wofür man die Myosinlösung braucht, kann man gegen entsprechende andere Lösungsmittel dialysieren.

So gewonnenes Myosin wird als Myosin 40—50% oder Myosin-T[1] bezeichnet. Es gibt in 0,5 m KCl eine wasserklare Lösung, deren Viscosität sich bei Zugabe von ATP nicht ändert (vgl. Abb. 41). Es enthält also kein Actin und auch kein Tropomyosin mehr, von dem aus „kristallisiertem" Myosin noch 0,9% gewonnen werden konnte[1]. Es ist elektrophoretisch homogen. Es spaltet nur eine Phosphatgruppe von ATP ab, enthält also keine Myokinase[2]. Die ATPase-Aktivität ist jedoch gegenüber nichtfraktioniertem Myosin stark verringert. Vermutlich entsteht die Verminderung der Enzymaktivität durch Verunreinigung des Ammoniumsulfats mit Schwermetallionen oder durch die lange Dialyse, die zur Entfernung des Ammoniumsulfats notwendig ist. TSAO[1] legte aber bei dieser Darstellung mehr Wert auf die elektrophoretische Einheitlichkeit als auf Erhaltung der Enzymaktivität.

MOMMAERTS und PARRISH[3] haben die „Kristallisation" von Myosin[4] mit der Trennung von Actomyosin und Myosin bei Ionenstärke $\Gamma/2 = 0{,}3$ nach [5] kombiniert und dadurch ein Myosin erhalten, dessen Löslichkeitskurve für nahezu vollkommene Reinheit spricht (s. Abb. 42, Tabelle 68).

DUBUISSON[6] hat aus ermüdeten (DEUTICKE-KAMP-Effekt[7, 8]) Muskel (Faradisieren) mit einer NaCl-Phosphatlösung $\Gamma/2 = 0{,}35$, p_H 7,4 nahezu reines Myosin (Myosin-β) extrahiert.

HASSELBACH und SCHNEIDER[9] konnten mit einer pyrophosphathaltigen Extraktionslösung ($0{,}9 \cdot 10^{-2}$ m Kaliumpyrophosphat, Gesamtionenstärke $\Gamma/2 = 0{,}6$) bei p_H 6,0—6,3 Myosin (L-Myosin) und globäre Proteine erschöpfend extrahieren, ohne daß Actin austritt, wenn ein gekühlter Muskel in der gekühlten Fleischmaschine und der Latapiemühle 1mal zerkleinert wurde. Die Extraktion wird mit Sicherheit erschöpfend, wenn auf eine 20 min-Extraktion 3 weitere Extraktionen mit einer Gesamtdauer von 5 Std folgen. Der größte Teil des Myosins wird allerdings in den ersten 20 min extrahiert. Dann werden 68—70% des Stickstoffs extrahiert, und zwar 12,5—13% Rest-Stickstoff, 24—25% Stickstoff der globären Eiweißkörper und 33% Stickstoff des Myosins. Also entstammen 38% des Proteinstickstoffs dem Myosin und 28% den globären Proteinen (vgl. Tabelle 64).

Wenn der extrahierte Muskel dann 4 min im Homogenisator weiter zerkleinert wird, können bei Ionenstärken $\Gamma/2 = 0$ bis $> 0{,}6$ (falls der p_H alkalischer als 6 ist) weitere 13% des Eiweißstickstoffs extrahiert werden. Es ist Actin (vgl. S. 519).

Aus Fischmuskel (Kabeljau) hat CONNELL[10] Myosin dargestellt. Frischer grob gemahlener Muskel wurde 5 min mit einer Phosphat-KCl-Lösung $\Gamma/2 = 0{,}35$, p_H 6,5, die 0,01 m Pyrophosphat enthält, extrahiert. Durch Dialyse gegen Wasser wurde das Myosin ausgefällt, bei $\Gamma/2 = 0{,}05$, p_H 7,5 gewaschen und durch Auflösen und Umfällen gereinigt. Die klare Lösung ist elektrophoretisch einheitlich und hat die gleiche Viscosität und den gleichen isoelektrischen Punkt wie Kaninchen-Myosin.

---

[1] TSAO, T.-C.: Biochim. biophysica Acta, N. Y. **11**, 368 (1953).
[2] BAILEY, K.: Biochem. J. **45**, 479 (1949).
[3] MOMMAERTS, W. F. H. M., and R. G. PARRISH: J. biol. Ch. **188**, 545 (1951).
[4] SZENT-GYÖRGYI, A.: Chemistry of Muscular Contraction. 2nd ed. S. 146. New York 1951.
[5] PORTZEHL, H., G. SCHRAMM u. H. H. WEBER: Z. Naturforsch. **5**b, 61 (1950).
[6] DUBUISSON, M.: Exper. **3**, 372 (1947).
[7] DEUTICKE, H. J.: H. **210**, 97 (1932).
[8] KAMP, F.: B. Z. **307**, 226 (1941).
[9] HASSELBACH, W., u. G. SCHNEIDER: B. Z. **321**, 462 (1951).
[10] CONNELL, J. J.: Biochem. J. **58**, 360 (1954).

Mit Salzlösungen von verschiedener Ionenstärke und verschiedenem p_H hat HAMOIR[1] Froschmuskel extrahiert und Myosin erhalten, das dem Myosin aus Kaninchenmuskel in seinem Verhalten gegen Actin entspricht, aber eine schnellere elektrophoretische Beweglichkeit und nach Umfällen eine höhere Viscosität hat.

Tabelle 68. *Darstellung von Myosin nach* MOMMAERTS *und* PARRISH[2].

(I) 1200 cm^3 Extrakt bis $\Gamma/2 = 0{,}05$ dialysieren; zentrifugieren

(II) Überstand verwerfen | *Niederschlag* in gepuffertem KCl lösen; $\Gamma/2 = 0{,}5$, p_H 6,8 Endvolumen 400 cm^3

(III) 300 cm^3 Wasser zufügen; zentrifugieren

(IV) *Überstand* mit Wasser auf 4 *l* verdünnen; zentrifugieren | Niederschlag verwerfen

(V) Überstand verwerfen | *Niederschlag* lösen durch Zufügen von 75 cm^3 2 m KCl; mit Wasser auf 300 cm^3 auffüllen; durch Zentrifugieren klären; mit Wasser auf 3 *l* verdünnen; zentrifugieren.

(VI) Überstand verwerfen | *Niederschlag* im gewünschten Medium, z. B. 0,5 m KCl lösen

Physikalische Eigenschaften. *Elektrophorese.* DUBUISSON[3] findet bei der Elektrophorese von Kaninchen-„Myosin" (Darstellung nach GREENSTEIN und EDSALL[4]) aus ruhendem Muskel 3 Komponenten: Myosin-α (Actomyosin), Myosin-β (Myosin) und Myosin-γ (Contractin) im Verhältnis Myosin-α 25%, Myosin-β 70% und Myosin-γ 5%. Bei p_H 7,1 bis 7,2, $\Gamma/2 = 0{,}40$ sind die Wanderungsgeschwindigkeiten nach der Anode 2,7, 2,5 und $2{,}1 \cdot 10^{-5}$ cm^2/V sec. Das von Mollusken (Murex brandaris) scheint ungefähr die gleiche Zusammensetzung zu haben. Myosin-α und -β trennen sich bei p_H 7,1, $\Gamma/2 = 0{,}40$ schneller und besser, und es findet sich mehr Myosin-γ (17%). Die Wanderungsgeschwindigkeiten bei diesen sind unter den gleichen Bedingungen wie beim Kaninchen-„Myosin" 2,8, 2,6 und $1{,}93 \cdot 10^{-5}$ cm^2/V sec. Die Wanderungsgeschwindigkeiten der Myosine aus Fischmuskel unterscheiden sich nicht wesentlich von denen aus Kaninchenmuskel[5]. ERDÖS und SNELLMAN[6] haben sehr genaue elektrophoretische Untersuchungen von Myosin („kristallisiertes" Myosin, vgl. S. 513) in KCl-K-Veronal-Acetatpuffer und $CaCl_2$ und $MgCl_2$ mit dem entsprechenden Veronal-Acetatpuffer gemacht. In KCl fanden sie

[1] HAMOIR, G., et A. REUTER: Biochim. biophysica Acta, N. Y. **21**, 26 (1956).
[2] MOMMAERTS, W. F. H. M., and R. G. PARRISH: J. biol. Ch. **188**, 545 (1951).
[3] DUBUISSON, M.: Exper. **2**, 258 (1946).
[4] GREENSTEIN, J. P., and J. T. EDSALL: J. biol. Ch. **133**, 397 (1940).
[5] HAMOIR, G.: Adv. Protein Chem. **10**, 242 (1955).
[6] ERDÖS, T., and O. SNELLMAN: Biochim. biophysica Acta, N. Y. **2**, 642 (1948).

den isoelektrischen Punkt bei p_H 5,4; in $CaCl_2$ und $MgCl_2$ konnten sie keinen isoelektrischen Punkt finden, das Myosin wanderte vielmehr zwischen p_H 2 und 9 nach der Kathode. Offenbar werden Mg^{++} und Ca^{++} sehr fest an Myosin gebunden (vgl. S. 504). In verschiedenen Salzlösungen (p_H 7,4) kann man durch Variation des K/Ca-Verhältnisses einmal Wanderung nach der Anode, einmal nach der Kathode oder gar keine Wanderung erreichen. Wenn die Elektrophorese länger als 8 Std dauerte, war der Myosingipfel etwas gespalten, da aber nach 30 Std die Spaltung nicht weiter fortschritt, wurde Myosin als elektrophoretisch einheitlich angesehen. Von TSAO[1] dargestelltes Myosin (Myosin T, vgl. S. 513) ist bei p_H 9 elektrophoretisch homogen.

Der *isoelektrische Punkt* von Myosin ist wegen seiner großen Affinität für Ionen schwer zu bestimmen und wurde daher ganz unterschiedlich angegeben. In salzfreien Lösungen liegt er bei p_H 5,4[2]. Schon ganz kleine Mengen Ca^{++} bzw. Mg^{++} können ihn auf p_H 9 verschieben[3] (s. Abb. 40). MIHALYI[4] hat eine Wasserstoffionen-Dissoziationskurve von Myosin untersucht. Er hat den *isoionischen Punkt* nach der Originalmethode von SÖRENSEN[5] bestimmt, nämlich den p_H, bei dem dialysiertes Protein beim Zufügen von Salz die kleinste Veränderung zeigt: p_H 5,75. Die Titrationswerte für saure und basische Gruppen sind in Tabelle 69 den analytischen Werten gegenübergestellt.

Sedimentationskonstante. Nach WEBER[3, 6] sedimentiert und diffundiert Myosin streng monodispers. $S^0_{20} = 7{,}1$ nach PORTZEHL[6]; nach JOHNSON und LANDOLT[7] ist $S^0_{20} = 7{,}2$. Die *Diffusionskonstante* ist schwer zu bestimmen, da beim Altern störende Aggregierungsprodukte entstehen. Die bisher beste Bestimmung wurde von PORTZEHL[8] in 6—8 Std durchgeführt, $D^0_{20} = 0{,}87\ (\pm 0{,}03) \cdot 10^{-7}$. Aus D^0_{20} und S^0_{20} wird ein *Molekulargewicht* von 858000 (± 30000) errechnet. Das *Achsenverhältnis* beträgt dann 98 (± 4), falls die Hydratation nicht berücksichtigt wird. Nach osmotischen Messungen[8] beträgt das Mol.-Gewicht 840000 (± 33000). PARRISH und MOMMAERTS[9, 10] finden keine so eindeutigen Ergebnisse. Sie finden bei 23,6° ± 1,5° auf die Proteinkonzentration 0 extrapoliert die Sedimentationskonstante $S = 6{,}66 \cdot 10^{-13}$. Mit Lichtzerstreuung finden sie ein Mol.-Gewicht von 650000[10]. Sie meinen, daß einige physikalische Eigenschaften dieses Proteins so anomal sind, daß man noch nichts Eindeutiges über sein Mol.-Gewicht aussagen kann. Auch LAKI und CARROLL[11] finden eine Temperaturabhängigkeit der Sedimentationskonstante und geben für frisch bereitetes Myosin, dessen Temperatur 10° noch nicht überschritten hat, ein Mol.-Gewicht von ~ 500,000 an. Sie finden eine reversible Aggregierung der Moleküle, wenn Myosin kurze Zeit auf 20—30° erwärmt wurde. Das *spezifische Partialvolumen* nach PARRISH und MOMMAERTS[9] beträgt in Wasser 0,728; nach SNELLMAN und ERDÖS[12] beträgt es 0,74.

Die *Teilchenlänge*, aus dem osmotischen Teilchengewicht berechnet[3, 8], beträgt 2200 bis 2400 Å, die Dicke 22—24 Å. MOMMAERTS[10, 13] findet mit Lichtzerstreuung eine Länge von 1500—1600 Å (Tabelle 67). Nach Untersuchungen im Elektronenmikroskop beträgt die Teilchenlänge auch bis zu 1500 Å, die Dicke zwischen 50 und 250 Å[14]. Die „intrinsic viscosity" $[\eta] \times 10^2$ von Myosin ist nach WEBER[3] 230.

---

[1] TSAO, T.-C.: Biochim. biophysica Acta, N. Y. **11**, 368 (1953).
[2] SARKAR, N. K.: Enzymologia **14**, 237 (1950).
[3] WEBER, H. H., u. H. PORTZEHL: Ergebn. Physiol. **47**, 369 (1952).
[4] MIHALYI, E.: Enzymologia **14**, 224 (1950).
[5] SÖRENSEN, S. P. L., K. LINDERSTRØM-LANG and K. LUND: J. gen. Physiol. **8**, 543 (1925—1928).
[6] PORTZEHL, H., G. SCHRAMM u. H. H. WEBER: Z. Naturforsch. **5**b, 61 (1950.
[7] JOHNSON, P., and R. LANDOLT: Nature **165**, 430 (1950).
[8] PORTZEHL, H.: Z. Naturforsch. **5**b, 75 (1950).
[9] PARRISH, R. G., and W. F. H. M. MOMMAERTS: J. biol. Ch. **209**, 901 (1954).
[10] RUPP, J. C., and W. F. H. M. MOMMAERTS: J. biol. Ch. **224**, 277 (1957).
[11] LAKI, K., and W. R. CARROLL: Nature **175**, 389 (1955).
[12] SNELLMAN, O., and T. ERDÖS: Biochim. biophysica Acta, N. Y. **2**, 650 (1948).
[13] MOMMAERTS, W. F. H. M.: J. biol. Ch. **188**, 553 (1951).
[14] HALL, C. E., M. A. JAKUS and F. O. SCHMITT: Biol. Bull. **90**, 32 (1946).

Im *Röntgendiagramm* zeigt das native Myosin ebenso wie nach der Extraktion α-Konfiguration wie Keratin[1]. Das ungedehnte Myosin zeigt auch nach der Kontraktion immer ein α-, nie ein β-Diagramm. Myosinfilme, die man auf Glas durch Trocknen hergestellt hat, zeigen, wenn sie anderthalbmal gestreckt werden, ein orientiertes α-Bild; wenn man sie auf ihre doppelte Länge streckt, geben sie ein β-Bild. Myosin gibt keine nachweisbaren Kleinwinkelreflexionen.

Die *Löslichkeit* von Myosin ist auch bei Variation des Bodenkörpers einheitlich. Bei p_H 6,6, $\Gamma/2 = 0{,}125$ beträgt sie 0,0174%, unabhängig davon, ob das System 0,02 oder 0,4% Myosin enthält[2] (s. Abb. 42).

Analytische Daten. Nach SZENT-GYÖRGYI[3] enthält Myosin 16,15% N und 1,14% S; nach MOMMAERTS und PARRISH[2] sind es 16,2% N und 1,0% S (für Asche korrigiert). Myosin ist einer der wenigen Eiweißkörper, die freie SH-Gruppen enthalten. Diese wurden häufig untersucht, aber meist in „Myosin"-Lösungen von wechselndem Actingehalt. So haben schon GREENSTEIN und EDSALL[4] gezeigt, daß ein Teil der SH-Gruppen des „Myosins" frei, ein anderer maskiert ist. Die maskierten SH-Gruppen konnten durch starke Harnstoff- oder Guanidinlösungen oder durch graduelle Denaturierung durch Hitze freigesetzt werden. Im Myosin-A[3], also relativ actinfreiem Myosin, hat FREDERICQ[5] im nativen Protein einen —SH-Gehalt entsprechend 0,36 g Cystein/100 g, im denaturierten einen von 0,66 g Cystein/100 g mit Ferricyanid bestimmt. TSAO und BAILEY[6] fanden in denaturiertem Myosin mit N-Äthylmaleinsäureimid 0,85 g/100 g. Offenbar sind freie —SH-Gruppen sowohl für Actinbindung wie ATPase-Aktivität verantwortlich.

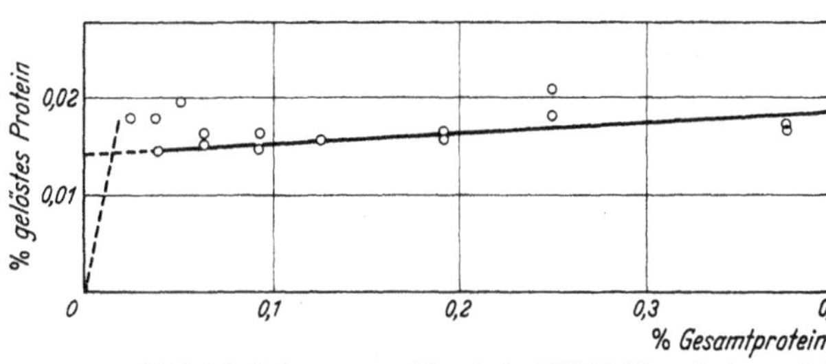

Abb. 42. Löslichkeitskurve von Myosin in KCl-K-Phosphat, p_H 6,6, Ionenstärke $\Gamma/2 = 0{,}125$[2].

Die Aminosäurezusammensetzung ist in Tabelle 72, S. 541 wiedergegeben. Das Myosinmolekül ist sehr reich an ionisierten Gruppen. Die analytisch gefundenen sauren und basischen Gruppen sind den mit Titration gefundenen in Tabelle 69 gegenübergestellt. Es findet sich keine sehr gute Übereinstimmung.

Tabelle 69. *Saure und basische Gruppen von Myosin.*

	COOH	Imidazol	Lysin	Guanidin	Insgesamt kationische Gruppen
10^5 g Myosin (Titration)[7] .	165	16	91	43	150
10^5 g Myosin (Analyse)[8] . .	154	15	85	41	141

Myosin enthält 0,04—0,07% P, der sich nach BUCHTHAL und Mitarbeitern[9] aus 30% Orthophosphat, 30% Pyrophosphat und 40% schwer hydrolysierbarem organischem Phosphat zusammensetzt. Von den 0,06% Phosphor des lipoidfreien Myosins sollen

[1] ASTBURY, W. T., and S. DICKINSON: Proc. R. Soc. London (B) **119**, 307 (1940).
[2] MOMMAERTS, W. F. H. M., and R. G. PARRISH: J. biol. Ch. **188**, 545 (1951).
[3] SZENT-GYÖRGYI, A.: Chemistry of Muscular Contraction. 2nd ed. S. 38ff.. New York 1951.
[4] GREENSTEIN, J. P., and J. T. EDSALL: J. biol. Ch. **133**, 397 (1940).
[5] FREDERICQ, E.: Bull. Soc. chim. belg. **54**, 265 (1945).
[6] TSAO, T.-C., and K. BAILEY: Biochim. biophysica Acta, N. Y. **11**, 102 (1953).
[7] MIHALYI, E.: Enzymologia **14**, 224 (1950).
[8] KOMINZ, D. R., A. HOUGH, P. SYMONDS and K. LAKI: Arch. Biochem. **50**, 148 (1954).
[9] BUCHTHAL, F., A. DEUTSCH, G. KNAPPEIS and A. MUNCH-PETERSEN: Nature **162**, 965 (1948). Acta physiol. scand. **16**, 326 (1949).

0,02% Phosphoproteid-P und 0,04% Nucleoproteid-P sein[1] Das stimmt gut mit den Befunden überein, daß 1,65 Mol P je 1 Mol Adenin und Ribose entsprechen[2]. Neuerdings haben MIHALYI und Mitarbeiter[3] 0,5—0,8% Ribonucleinsäure im Myosin gefunden, die mit heißem 10%igem NaCl extrahiert und mit Ribonuclease teilweise abgespalten werden kann. Physiko-chemische und enzymatische Eigenschaften von Myosin werden durch die Ribonucleasebehandlung verändert[3]. Myosin enthält ungefähr 1% Lipoidmaterial[4]. Mit Fluordinitrobenzol wurden nur kleine Mengen α-Aminoendgruppen gefunden[5], die BAILEY zunächst für Verunreinigungen hielt (Valin, Alanin, Lysin). Jetzt nimmt man an, daß sie den kleinen Untereinheiten des Myosinmoleküls (Mol.-Gewicht von 16000) zukommen, während das Grundmolekül von Myosin, das aus 5 Einheiten (Mol.-Gewicht von 165000) bestehen soll, offenbar cyclisch ist[6] (vgl. S. 510).

Denaturierung, Stabilität. Myosin denaturiert schnell bei Umfällungen, langsam im Lauf der Zeit[7]. Es wird durch Gefriertrocknen, Entwässern mit organischen Lösungsmitteln oder durch Hitze leicht denaturiert. In starken Salzlösungen kann es bei ungefähr p_H 7 durch Hitze nicht koaguliert werden. Durch Harnstoff- oder Guanidinlösungen wird es irreversibel depolymerisiert und geht in eine in Salzlösungen unlösliche Form über[6, 8, 9]. Myosin ist sehr empfindlich gegen Schwermetalle, muß daher immer mit glas- oder quarzdestilliertem Wasser behandelt werden. Schon durch Spuren von $CuSO_4$ wird die Stabilität herabgesetzt[4, 10]. Die Fähigkeit von Myosin, sich mit Actin zu verbinden, und die ATPase-Aktivität gehen bei Behandlung mit Butanol verloren[6, 10]. Beides kann geschützt werden, wenn man vor der Butanolbehandlung ATP oder Actin zufügt[6, 10]. Auch die Denaturierung von Myosin durch Hitze wird durch ATP gehemmt[11]. Andere Faktoren, die die ATPase-Aktivität schützen, sind: $p_H \sim 7$, geringe Ionenstärke und reduzierende Agentien wie Glutathion. Verlust der Löslichkeit von Myosin und Verlust der ATPase-Aktivität gehen nicht immer parallel, z. B. geht beim Ansäuern oder durch Oxydation oder Blockierung der SH-Gruppen die ATPase-Aktivität verloren, ohne daß sich die Löslichkeit ändert.

Andererseits ist Myosin sehr stabil, z. B. gegen saures und alkalisches p_H.

Bindung. Myosin enthält sehr zahlreiche ionisierte Gruppen und hat dadurch eine große Affinität zu Ionen[12] (vgl. Tabelle 69). Nach SZENT-GYÖRGYI[13] hat Myosin eine stärkere Affinität zu Ca^{++} als zu Mg^{++}. Im Muskel sind viel weniger Ca^{++} vorhanden, als von Myosin gebunden werden könnten. SZENT-GYÖRGYI[14] meint, daß das Myosinmolekül durch sein System an positiven und negativen Ladungen gestreckt erhalten wird.

Myosin bildet mit Glycerin Komplexe[15]. Für die Bindung mit Actin scheinen SH-Gruppen verantwortlich zu sein.

Abbau. Bei der kurzen Trypsinverdauung von Myosin wird es schnell in 2 deutliche Komponenten[16, 17] gespalten (Sedimentationskonstanten 2,5 und 5,35). Die beiden Teile

[1] LAJTHA, A.: Enzymologia 14, 284 (1951).
[2] BUCHTHAL, F., A. DEUTSCH, G. KNAPPEIS and A. MUNCH-PETERSEN: Nature 162, 965 (1948). Acta physiol. scand. 16, 326 (1949).
[3] MIHALYI, E., K. LAKI and M. L. KNOLLER: Arch. Biochem. 68, 130 (1957).
[4] MOMMAERTS, W. F. H. M., and R. G. PARRISH: J. biol. Ch. 188, 545 (1951).
[5] BAILEY, K.: Biochem. J. 49, 27 (1951).
[6] TSAO, T.-C.: Biochim. biophysica Acta, N. Y. 11, 368 (1953).
[7] PORTZEHL, H., G. SCHRAMM u. H. H. WEBER: Z. Naturforsch. 5b, 61 (1950).
[8] ARDENNE, M. v., u. H. H. WEBER: Kolloid-Z. 97, 322 (1941).
[9] SNELLMAN, O., and T. ERDÖS: Biochim. biophysica Acta, N. Y. 2, 650 (1948).
[10] TSAO, T.-C.: Biochim. biophysica Acta, N. Y. 11, 236 (1953).
[11] ENGELHARDT, V. A.: Adv. Enzymol. 6, 114 (1946).
[12] MIHALYI, E.: Enzymologia 14, 224 (1950).
[13] SZENT-GYÖRGYI, A.: Acta physiol. scand. 9, Suppl. 25 (1945).
[14] SZENT-GYÖRGYI, A.: Chemistry of Muscular Contraction. 2nd ed. S. 101. New York 1951.
[15] SZENT-GYÖRGYI, A.: Chemistry of Muscular Contraction. 2nd ed. S. 42. New York 1951.
[16] GERGELY, J.: J. biol. Ch. 200, 543 (1953).
[17] MIHALYI, E., and A. G. SZENT-GYÖRGYI: J. biol. Ch. 201, 189, 211 (1953).

wurden Meromyosine genannt (meros = Teil)[1], und zwar schweres *H-Meromyosin* (Mol.-Gewicht von 232000) und leichtes *L-Meromyosin* (Mol.-Gewicht von 96000). L-Meromyosin hat Globulineigenschaften, es kristallisiert nadelförmig[2, 3]. H-Meromyosin enthält die gesamte ATPase-Aktivität und verbindet sich mit Actin zu einem Komplex, der viscöser und ATP-empfindlicher ist. Das Myosinmolekül besteht offenbar aus 43 % L-Meromyosin und 57 % H-Meromyosin; danach wären im Myosin vom Mol.-Gewicht 850000 2 Moleküle H- mit 4 Molekülen L-Meromyosin vereinigt. Wenn man das Trypsin weiter einwirken läßt, geht die ATPase-Aktivität verloren und das Myosin wird erheblich weiter abgebaut. Von Chymotrypsin wird Myosin auch in leichte und schwere Komponenten gespalten, die den Meromyosinen gleichen[4].

Zur *Darstellung der Meromyosine* wird „kristallisiertes" Myosin nach SZENT-GYÖRGYI (vgl. S. 513) mit 2mal mit 50 %igem $MgSO_4$ umkristallisiertem Trypsin verdaut. Trypsin wird in 0,0025 n HCl gelöst und jeweils immer nur wenige Stunden bei 0° aufgehoben.

Tabelle 70. *Saure und basische Gruppen der Meromyosine*[5].

	COOH	Tyrosin	Lysin	Histidin	Arginin
H-Meromyosin	140	22 ± 1	80 ± 2	7—8	43—44
L-Meromyosin	168	14 ± 1	64 ± 2	20 ± 1	83

NANNINGA[5] hat eine Elektrotitration der beiden Meromyosine durchgeführt. Der isoelektrische Punkt für L-Meromyosin liegt bei p_H 5,7, der für H-Meromyosin bei p_H 5,2.

Über die sauren und basischen Gruppen s. Tabelle 70.

γ) *Actin.*

Die Schule von SZENT-GYÖRGYI[6-8] fand, daß man bei kurzer Extraktionsdauer von Muskelbrei mit starken Neutralsalzlösungen ein Myosin gewinnt (Myosin-A), das relativ unempfindlich gegen ATP ist, bei langer Extraktionsdauer jedoch ein solches (Myosin-B), dessen Strömungsdoppelbrechung und Viscosität durch Zugabe von ATP reversibel absinken. Diese Befunde führten schließlich zur Entdeckung eines neuen Proteins, des Actins[6, 7]. Es ist leicht in Wasser löslich und gibt eine klare Lösung von geringer Viscosität. Actin kommt in 2 Formen, einer nicht viscösen, G-Actin (G = globulär), und einer hochviscösen, F-Actin (F = fibrillär), vor, die reversibel ineinander übergehen können. Bei hoher Ionenstärke oder niedrigem p_H (unterhalb 6) polymerisiert G-Actin und geht in das hochviscöse F-Actin über (thixotroper Effekt). Auch durch Frieren „polymerisiert" es und depolymerisiert nach dem Auftauen wieder. Die „Polymerisation" durch Salze ist reversibel. Nach Messungen der Fluorescenzpolarisation scheint diese Zusammenlagerung aber keine echte Polymerisation zu sein[9].

KCl und Mg^{++} sind zur Förderung der Viscosität sehr viel wirksamer als KCl und Ca^{++}[8]. Mg^{++} sind für die Polymerisation offenbar unbedingt notwendig. Wenn man nämlich die kleinen Mengen Mg^{++}, die in G-Actinpräparaten immer vorhanden sind, mit Natriumhexametaphosphat oder Äthylendiamintetraacetat entfernt, erhöht weiteres Zufügen von Alkalisalzen die Viscosität nicht. Zufügen von Magnesiumionen kann dann wieder zur Polymerisation führen. Actin enthält auch immer Ca^{++}, und zwar ist je 18000 g Actin ein Ca^{++} sehr fest gebunden[10]. Darüber hinaus bindet es weitere Ca^{++}.

[1] MIHALYI, E., and A. G. SZENT-GYÖRGYI: J. biol. Ch. **201**, 189, 211 (1953).
[2] SZENT-GYÖRGYI, A. G.: 19. Int. Congr. Physiology, Montreal. Abstr. S. 814. 1953.
[3] SZENT-GYÖRGYI, A. G.: Arch. Biochem. **42**, 305 (1953).
[4] GERGELY, J., M. A. GOUVEA and D. KARIBIAN: J. biol. Ch. **212**, 165 (1955).
[5] NANNINGA, L. B.: Arch. Biochem. **56**, 349 (1955).
[6] STRAUB, F. B.: Stud. Inst. med. Chem. Szeged **2**, 3 (1942) [SZENT-GYÖRGYI, A.: Chemistry of Muscular Contraction. 2nd ed. S. 32. New York 1951].
[7] STRAUB, F. B.: Stud. Inst. med. Chem. Szeged **3**, 23 (1943) [SZENT-GYÖRGYI, A.: Chemistry of Muscular Contraction. 2nd ed. S. 32. New York 1951].
[8] SZENT-GYÖRGYI, A.: Chemistry of Muscular Contraction. 2nd ed. S. 32. New York 1951.
[9] TSAO, T.-C.: Biochim. biophysica Acta, N. Y. **11**, 227 (1953).
[10] SZENT-GYÖRGYI, A.: Chemistry of Muscular Contraction. 2nd ed. S. 69. New York 1951.

Schon 0,002 m Ca^{++} fällen Actin quantitativ aus[1]. Ein Teil der Ca^{++} und Mg^{++} kann allerdings durch Waschen des Muskelbreis mit Äthylendiamintetraacetat nicht entfernt werden[2]. Der Hauptanteil davon ist an Actin gebunden, zum Teil offenbar an SH-Gruppen[3]. TSAO[4, 5] hat in neuen Arbeiten gezeigt, daß sich das monomere G-Actin zu einem dimeren verbindet und daß dieses dimere Actin offenbar durch Ca^{++} oder Mg^{++} über die Nucleotidgruppe verbundenes, monomeres Actin ist. F-Actin soll ein thixotroper Zustand des dimeren Actins sein. In 0,1 m KJ polymerisiert G-Actin ebenfalls. In 0,6 m KJ ist die Polymerisation jedoch gehemmt[6], oder F-Actin wird depolymerisiert. Auch KSCN wirkt hemmend bzw. depolymerisierend. In Gegenwart von ATP ist die Depolymerisierung reversibel.

Bei den meisten Actinpräparaten wandelt sich nicht das gesamte G-Actin in F-Actin um, ein Teil ist „inaktiv". Die Aktivität hängt weitgehend von der Darstellung ab. Das nach TSAO und BAILEY[7] (vgl. S. 523) dargestellte Actin ist aktiver als das von STRAUB[8, 9]. Dieses bildet bei Konzentrationen unter 0,5% kein F-Actin mehr. Wahrscheinlich ist die Konzentration an aktiven Molekülen zu gering geworden. „Aktives" Actin scheint das dimere Actin zu sein, denn seine Aktivität hängt von der Unversehrtheit seiner prosthetischen Gruppe, einem Nucleotid, ab. Wenn man diese Gruppe bei der Darstellung durch Zugeben von ATP schützt, bleibt ein größerer Teil der Aktivität erhalten, als ohne ATP. Der Nucleotidgehalt ändert sich bei der Umwandlung von G-Actin in F-Actin[6, 10-12]. Nach STRAUB und FEUER[10] soll die prosthetische Gruppe ATP sein, das bei der Polymerisierung dephosphoryliert wird und im F-Actin dann als ADP vorliegt (vgl. Tabelle 71)[6, 13]. Actin soll eine weitere niedermolekulare prosthetische Gruppe enthalten, die frei von N, S und P ist[14], und auch Ca^{++} und Mg^{++} werden als prosthetische Gruppen angesehen.

Nach dem Trocknen des Actins sieht man im Elektronenmikroskop stäbchen- und fadenförmiges F-Actin[15]. Nach TSAO[4] gibt es keinen Beweis, daß in Lösung ebensolche Stäbchen und Fibrillen vorhanden sind, wie man sie nach dem Trocken im Elektronenmikroskop sieht[15].

Die Polymerisierung von G-Actin zu F-Actin wird durch Schwermetallverbindungen wie p-Chlormercuribenzoat, Salyrgan und Cu-glycinat am stärksten gehemmt[16-18]. Daraus, daß Salyrgan alle 4 SH-Gruppen des G-Actins, aber nur 2 des F-Actins blockiert, schließt man, daß an der Polymerisierung 2 SH-Gruppen beteiligt sind[19]. Unter entsprechenden Bedingungen kann F-Actin durch Formaldehyd reversibel zu G-Actin depolymerisiert werden. Es scheinen 2 NH_2-Gruppen an der Polymerisierung beteiligt zu sein[19-21].

[1] SZENT-GYÖRGYI, A.: Chemistry of Muscular Contraction. 2nd ed. S. 69. New York 1951.
[2] BOZLER, E.: J. gen. Physiol. **37**, 735 (1955).
[3] KIELLEY, W. W., and L. B. BRADLEY: J. biol. Ch. **218**, 653 (1956).
[4] TSAO, T.-C.: Biochim. biophysica Acta, N. Y. **11**, 227 (1953).
[5] TSAO, T.-C.: Biochim. biophysica Acta, N. Y. **11**, 236 (1953).
[6] SZENT-GYÖRGYI, A.: Arch. Biochem. **31**, 97 (1951).
[7] TSAO, T.-C., and K. BAILEY: Biochim. biophysica Acta, N. Y. **11**, 102 (1953).
[8] STRAUB, F. B.: Stud. Inst. med. Chem. Szeged **2**, 3 (1942) [SZENT-GYÖRGYI, A.: Chemistry of Muscular Contraction. 2nd ed. S. 32. Nwe York 1951].
[9] STRAUB, F. B.: Stud. Inst. med. Chem. Szeged **3**, 23 (1943) [SZENT-GYÖRGYI, A.: Chemistry of Muscular Contraction. 2nd ed. S. 32. New York 1951].
[10] STRAUB, F. B., and G. FEUER: Biochim. biophysica Acta, N. Y. **4**, 455 (1950).
[11] LAKI, K., W. J. BOWEN and A. M. CLARK: J. gen. Physiol. **33**, 437 (1950).
[12] MOMMAERTS, W. F. H. M.: J. biol. Ch. **198**, 469 (1952).
[13] SZENT-GYÖRGYI, A.: Chemistry of Muscular Contraction. 2nd ed. S. 58. New York 1951.
[14] GELOTTE, P.: Thesis, Upsala 1954.
[15] JAKUS, M. A., and C. E. HALL: J. biol. Ch. **167**, 705 (1947).
[16] TURBA, F., G. KUSCHINSKY u. H. THOMANN: Naturwiss. **37**, 453 (1950).
[17] KUSCHINSKY, G., u. F. TURBA: Naturwiss. **37**, 425 (1950).
[18] TURBA, F., u. G. KUSCHINSKY: Biochim. biophysica Acta, N. Y. **8**, 76 (1952).
[19] BÁRÁNY, M., J. SPIRÓ, G. KÖTELES and E. NAGY: Acta physiol. hung. **9**, 5 (1956).
[20] BÁRÁNY, M.: Biochim. biophysica Acta, N. Y. **19**, 560 (1956).
[21] BÁRÁNY, M., K. BÁRÁNY and F. GUBA: Nature **179**, 818 (1957).

Actin vereinigt sich mit Myosin zu dem hochviscösen Actomyosin (s. unten), das in Gegenwart von hohen Salzkonzentrationen bei Zufügen kleiner Mengen ATP in seine Komponenten dissoziiert. Auch zahlreiche andere Stoffe können den Actomyosinkomplex zur Dissoziation bringen (s. S. 529). Actin bildet einen weiteren Proteinkomplex, der aus Actin, Tropomyosin und einem noch nicht näher definierten phosphatabsorbierenden Protein besteht und Actotropomyosin genannt wird[1, 2]. Er kommt in großer Menge im Uterusmuskel, in geringerer im Herzmuskel und in kleiner Menge auch in anderen quergestreiften Muskeln vor.

Actin ist offenbar eng mit der Zellstruktur verbunden. Deshalb kann es am besten aus dem Acetontrockenpulver oder nach 4 min langem Homogenisieren des Muskels extrahiert werden[3].

1 g Kaninchenpsoasmuskel enthält 25—30 mg Actin. Es macht somit 12 bis 15 % der gesamten Proteine dieses Muskels bzw. 20—25 % der Proteine der Myofibrille aus[3, 4] (vgl. Tabelle 64). Nach STRAUB[5] soll die gesamte kontraktile Substanz aus $^3/_4$ Myosin und $^1/_4$ Actin bestehen. Der Actingehalt — auch in dem gleichen Muskel — kann aber sehr stark wechseln. Am auffallendsten ist das im Uterusmuskel, der vor der Schwangerschaft sehr wenig Actin enthält. Während der Schwangerschaft nimmt das Verhältnis Actin/Myosin stark zu[6] (vgl. S. 532).

Tabelle 71. *Der Nucleotidgehalt von Actin und isolierten Myofibrillen*[7], *ausgedrückt in μMol/g.*

Material	AMP	ADP	ATP
Myofibrillen	0,88	2,7	0,47[8]
Actin der Myofibrillen*	4,4	13,5	2,3[8]
F-Actin	—	—	8,5[9]
F-Actin	1,6	11,7	2,4[10]
G-Actin	—	—	3,4[9]
G-Actin	—	—	9,8[9]
G-Actin	—	—	23[5]
G-Actin	—	—	12—39[11]
G-Actin	2,1	1,9	7,8[10]
F-Actin	—	17,5	Spuren[12]

* Berechnet unter der Annahme, daß das gesamte Nucleotid dem Actin, das 20 % des Proteins der Myofibrille ausmacht, zukommt.

Darstellung. Actin wurde zuerst von STRAUB[13-15] sowie FEUER und Mitarbeitern[16] aus Kaninchenmuskel dargestellt. Dazu wurde der Muskel zuerst bei 0° mit der zur Extraktion von Myosin üblichen KCl-Phosphatlösung (vgl. S. 513) extrahiert, verdünnt und ausgepreßt, um den Hauptanteil des Myosins zu entfernen. Dann wurde der Rückstand mit 5 Vol. 0,4 %igem $NaHCO_3$ bei Zimmertemperatur und schließlich bei 10° mit einer Lösung, die 0,01 m $NaHCO_3$ und 0,01 m Na_2CO_3 enthält, extrahiert. Der alkalische Rückstand wurde bei Zimmertemperatur mit Aceton behandelt und schließlich aus dem Acetontrockenpulver G-Actin mit CO_2-freiem Wasser extrahiert.

G-Actin kann durch Einstellen des p_H auf 7 und Zufügen von 0,1 m KCl-Lösung und 0,0005 m $MgCl_2$-Lösung in F-Actin umgewandelt werden. STRAUB und Mitarbeiter[13-15] meinen, daß durch die Behandlung mit Aceton ein Lipoproteidkomplex von Actin

[1] SNELLMAN, O., and M. TENOW: Biochim. biophysica Acta, N. Y. **13**, 199 (1954).
[2] NAESLUND, J., and O. SNELLMAN: Acta Soc. Med. upsal. **59**, 349 (1954).
[3] HASSELBACH, W., u. G. SCHNEIDER: B. Z. **321**, 462 (1951).
[4] SZENT-GYÖRGYI, A.: Chemistry of Muscular Contraction. 2nd ed. S. 58. New York 1951.
[5] STRAUB, F. B., and G. FEUER: Biochim. biophysica Acta, N. Y. **4**, 455 (1950).
[6] CSAPO, A.: Acta physiol. scand. **19**, 100 (1949). Amer. J. Physiol. **160**, 46 (1950).
[7] BAILEY, K.; in: Neurath-Bailey, Proteins, Bd. IIB, S. 978.
[8] PERRY, S. V.: Biochem. J. **51**, 495 (1952).
[9] LAKI, K., W. J. BOWEN and A. M. CLARK: J. gen. Physiol. **33**, 437 (1950).
[10] SZENT-GYÖRGYI, A. G.: Arch. Biochem. **31**, 97 (1951).
[11] DUBUISSON, M., and L. MATHIEU: Exper. **6**, 103 (1950).
[12] MOMMAERTS, W. F. H. M.: J. biol. Ch. **198**, 469 (1952).
[13] STRAUB, F. B.: Stud. Inst. med. Chem. Szeged **2**, 3 (1942) [SZENT-GYÖRGYI, A.: Chemistry of Muscular Contraction. 2nd ed. S. 148. New York 1951].
[14] STRAUB, F. B.: Stud. Inst. med. Chem. Szeged **3**, 23 (1943) [SZENT-GYÖRGYI, A.: Chemistry of Muscular Contraction. 2nd ed. S. 148. New York 1951].
[15] SZENT-GYÖRGYI, A.: Chemistry of Muscular Contraction. 2nd ed. S. 148. New York 1951.
[16] FEUER, G., F. MOLNÁR, E. PETTKO and F. B. STRAUB: Hung. Acta physiol. **1**, 150 (1948) [SZENT-GYÖRGYI, A.: Chemistry of Muscular Contraction. 2nd ed. S. 148. New York 1951].

zerstört und dadurch erst Actin frei wird. Das nach STRAUB[1-3] dargestellte Actin ist noch sehr stark verunreinigt (s. unten und Abb. 43). Es enthält immer einen Teil denaturiertes Actin, außerdem Tropomyosin und offenbar noch ein Flavoproteid[4]. Außerdem wurden Myokinase- und Desaminaseaktivität[5] sowie Kreatinphosphokinase[6] in Actinpräparaten gefunden. Auch finden sich proteingebundenes Flavin und Carotinoid. Vorhandene Fette konnten durch Extraktion des trockenen Muskels mit Aceton[7] oder Chloroform[8] weitgehend entfernt werden.

MOMMAERTS[9] und SZENT-GYÖRGYI[10] konnten reineres Actin darstellen. MOMMAERTS[9] hat aus rohen, viscösen Actinlösungen F-Actin durch präparatives Ultrazentrifugieren von G-Actin und verunreinigenden Proteinen abgetrennt, es wieder in Wasser mit ATP-Zusatz depolymerisiert und gelöst, mit KCl wieder polymerisiert (zur Polymerisation mit KCl ist immer ATP notwendig) und F-Actin wieder in der Ultrazentrifuge abgetrennt. Der Vorgang wurde zur Reinigung von Actin mehrmals wiederholt. Ein kleiner Teil von Actin wird dabei immer inaktiv.

SZENT-GYÖRGYI[10] stellt Actin aus dem Muskelrückstand, aus dem Myosin extrahiert wurde, durch Extraktion mit KJ und ATP (KJ depolymerisiert F-Actin[11]) und Fraktionierung mit Äthylalkohol dar. Ungefähr 40% des reinen Präparates waren inaktiv.

SZENT-GYÖRGYI[10] sowie HASSELBACH und SCHNEIDER[12] haben gezeigt, daß man Actin nicht nur aus dem Acetontrockenpulver nach Alkalibehandlung darstellen kann. Es genügt, die Muskelfasern im Homogenisator mechanisch zu zerstören, um das Actin extrahieren zu können.

TSAO und BAILEY[4] gehen bei ihrer Actindarstellung dennoch von der Voraussetzung aus, daß zur Freisetzung von Actin eine Spaltung von Lipoproteidkomplexen notwendig sei. Sie verwenden daher Butylalkohol, der schon von MORTON[13] zur Spaltung solcher Komplexe empfohlen wurde. TSAO und BAILEY bleiben bei ihrer Darstellung bei einem mittleren p_H. Sie folgen der Darstellung von STRAUB[14-16] so weit, bis mit 0,4%iger $NaHCO_3$-Lösung gewaschen wird, waschen dann den Rückstand mit Wasser, homogenisieren mit Butylalkohol und extrahieren das Actin mit 30%igem Aceton. Sie erhalten auf diese Art hochaktives Actin, das elektrophoretisch homogen ist. Durch die Behandlung mit Butylalkohol wird offenbar das gesamte Fettmaterial aus der Muskelfibrille freigesetzt und dann mit Butylalkohol bzw. Aceton extrahiert, zusammen mit dem gefärbten Material (Flavine und Carotinoide). Im trockenen Rückstand bleibt Tropomyosin zurück. Auf diese Art kann man sehr viel reineres Actin gewinnen als nach der Methode von STRAUB[14-16] allein.

Die Schwierigkeit Actin rein darzustellen, besteht auch darin, daß es sehr leicht inaktiv wird, d. h. die Fähigkeit verliert, in F-Actin überzugehen. Wie oben erwähnt,

1 STRAUB, F. B.: Stud. Inst. med. Chem. Szeged **2**, 3 (1942) [SZENT-GYÖRGYI, A.: Chemistry of Muscular Contraction. 2nd ed. S. 148. New York 1951].
2 STRAUB, F. B.: Stud. Inst. med. Chem. Szeged **3**, 23 (1943) [SZENT-GYÖRGYI, A.: Chemistry of Muscular Contraction. 2nd ed. S. 148. New York 1951].
3 SZENT-GYÖRGYI, A.: Chemistry of Muscular Contraction. 2nd ed. S. 148. New York 1951.
4 TSAO, T.-C., and K. BAILEY: Biochim. biophysica Acta, N. Y. **11**, 102 (1953).
5 LAKI, K., and A. M. CLARK: Arch. Biochem. **30**, 187 (1951).
6 LJUBIMOVA, N. M., and G. M. POPOVA: Dokl. Akad Nauk. SSSR **66**, 433 (1949) [TSAO, T.-C., and K. BAILEY: Biochim. biophysica Acta, N. Y. **11**, 102 (1953)].
7 FEUER, G., F. MOLNAR, E. PETTKO and F. B. STRAUB: Hung. Acta physiol. **1**, 150 (1948) [SZENT-GYÖRGYI, A.: Chemistry of Muscular Contraction. 2nd ed. S. 148. New York 1951].
8 BAILEY, K., and S. V. PERRY: Biochim. biophysica Acta, N. Y. **1**, 506 (1947).
9 MOMMAERTS, W. F. H. M.: J. biol. Ch. **188**, 559 (1951).
10 SZENT-GYÖRGYI, A. G.: J. biol. Ch. **192**, 361 (1951).
11 SZENT-GYÖRGYI, A. G.: Arch. Biochem. **31**, 97 (1951).
12 HASSELBACH, W., u. G. SCHNEIDER: B. Z. **321**, 462 (1951).
13 MORTON, R. K.: Nature **166**, 1092 (1950).
14 STRAUB, F. B.: Stud. Inst. med. Chem. Szeged **2**, 3 (1942); zit. nach [16].
15 STRAUB, F. B.: Stud. Inst. med. Chem. Szeged **3**, 23 (1943); zit. nach [16].
16 SZENT-GYÖRGYI, A.: Chemistry of Muscular Contraction. 2nd ed. S. 32. New York 1951.

ist offenbar die prosthetische Gruppe von Actin ein Nucleotid[1, 2], dessen Unversehrtheit für die Stabiltät von Actin notwendig ist. Man kann Actin durch Zufügen von ATP während der Darstellung schützen[3, 4].

***Darstellung von Actin nach* STRAUB[5], *modifiziert nach* TSAO *und* BAILEY[6].**

Hinterbein- und Rückenmuskeln von Kaninchen werden grob gemahlen, in das 3fache Volumen einer eiskalten, sauren Phosphat-KCl-Lösung* nach GUBA und STRAUB[7] gebracht und 10 min unter konstantem vorsichtigem Rühren extrahiert. Man verdünnt die Suspension mit Wasser vom 4fachen Vol. der verwendeten Salzlösung, filtriert die Lösung durch ein Tuch** und wäscht den Rückstand zunächst mit 4 Vol. einer 0,4%igen $NaHCO_3$-Lösung (p_H der Endsuspension 7,0), dann mit 10—15 Vol. dest. Wasser. Jedes Waschen sollte unter konstantem Rühren bei Zimmertemperatur 20—30 min dauern. Den Rückstand preßt man in einem Tuch so trocken wie möglich aus und maceriert ihn mit 5 Vol. n-Butylalkohol 1 min lang im Homogenisator, der soweit vorgekühlt ist, daß die Temperatur während des Homogenisierens niemals über 20° ansteigt. Nach $^1/_2$stündigem Stehen wird der Butylalkohol durch ein Tuch abgepreßt. Man wäscht den Rückstand mit 2—3 Vol. Aceton und preßt nochmals ab. Die übrigbleibenden Klumpen zerkleinert man im Homogenisator mit Aceton einige Sekunden, preßt ab und wäscht noch 2mal mit Aceton. Das Pulver läßt man über Nacht an der Luft trocknen.

Die folgenden Schritte führt man im Kühlraum mit auf 0° abgekühlten Reagentien aus. Man extrahiert je 10 g der lufttrockenen Fasern mit 200—300 cm^3 30 vol.-%igem Aceton, welches je 40 γ Na-ATP und neutralisierte Ascorbinsäure je cm^3 enthält. Nach 30 min langer Extraktion unter konstantem leichtem Rühren preßt man die Flüssigkeit durch ein Tuch auf eine Nutsche, auf der eine dünne Papierbreischicht liegt, die vorher mit 30%igem Aceton gewaschen wurde. Dadurch werden die feinen Rückstände beseitigt. Man fügt *m* Acetatpuffer (0,5 cm^3, p_H 4,65) zu dem klaren Filtrat und zentrifugiert den Niederschlag ab. Zu dem Niederschlag fügt man wenige Tropfen 5%ige $NaHCO_3$-Lösung unter Rühren zu. Dadurch wird er in ein transparentes, stark thixotropes Gel umgewandelt. Dieses dialysiert man gegen öfter erneuerte 0,1 m KCl-Lösung, die je 40 γ ATP und Ascorbinsäure je cm^3 enthält, um das Aceton zu beseitigen. Wenn man statt dessen das Gel gegen dest. Wasser, welches ebenfalls ATP und Ascorbinsäure enthält, dialysiert, wird F-Actin schnell und reversibel in die „globuläre Form" depolymerisiert.

Die gesamte Actinausbeute ist derjenigen vergleichbar, die man mit der Methode von FEUER und Mitarbeitern[8] erhält, wenn die letzte Extraktion unter leichtem mechanischem Rühren durchgeführt wird. Ohne Rühren erhält man $^1/_3$ bis $^1/_2$ dieser Menge. Das Produkt ist bei maximaler Aktivität elektrophoretisch homogen (s. Abb. 43).

Aus dem ersten Filtrat (s. oben) kann man Myosin herstellen. Aus dem Rückstand nach der Extraktion mit 30%igem Aceton kann man direkt nach der Methode von BAILEY[9] Tropomyosin gewinnen (vgl. S. 538). So lassen sich aus einem Muskelbrei Myosin, Actin und Tropomyosin darstellen.

---

* 0,3 m KCl und 0,15 m Kaliumphosphat von p_H 6,5.

** Aus dem Filtrat kann man Myosin gewinnen.

[1] STRAUB, F. B., and G. FEUER: Biochim. biophysica Acta, N. Y. **4**, 455 (1950).

[2] LAKI, K., W. J. BOWEN and A. M. CLARK: J. gen. Physiol. **33**, 437 (1950).

[3] NAESLUND, J., and O. SNELLMAN: Acta Soc. Med. upsal. **59**, 349 (1954).

[4] JAKUS, M. A., and C. E. HALL: J. biol. Ch. **167**, 705 (1947).

[5] STRAUB, F. B.: Stud. Inst. med. Chem. Szeged **2**, 3 (1942); **3**, 33 (1943); zit. nach [9].

[6] TSAO, T.-C., and K. BAILEY: Biochim. biophysica Acta, N. Y. **11**, 102 (1953).

[7] GUBA, F., and F. B. STRAUB: Stud. Inst. med. Chem. Szeged **3**, 46, 49 (1943) [SZENT-GYÖRGYI, A.: Chemistry of Muscular Contraction. 2nd ed. S. 146. New York 1951].

[8] FEUER, G., F. MOLNÁR, E. PETTKÓ and F. B. STRAUB: Hung. Acta physiol. **1**, 150 (1948) [TSAO, T.-C., and K. BAILEY: Biochim. biophysica Acta, N. Y. **11**, 102 (1953)].

[9] BAILEY, K.: Biochem. J. **43**, 271 (1948).

CONNELL[1] hat Actin aus Fischmuskel-(Kabeljau-)Aceton-Trockenpulver dargestellt, indem er nach FEUER[2] extrahierte und nur den letzten Schritt, die Behandlung mit Na_2CO_3, ausließ.

Neuerdings haben BÁRÁNY und Mitarbeiter[3] Actin aus Muskelbrei dargestellt, ohne vorher Myosin zu extrahieren. Dazu ist es 1. notwendig, die Erdalkalimetalle aus dem Muskelbrei zu entfernen, und 2. das Acetontrockenpulver richtig zu extrahieren.

***Darstellung von Actin nach* BÁRÁNY, BÁRÁNY *und* GUBA[3].**

Muskelbrei wird 15 min mit 2mal 10 Vol. von einer der folgenden Lösungen extrahiert: a) 0,01 m Äthylendiamintetraacetat (p_H 7,0) + 0,4%iges Natriumhydrogencarbonat; b) 0,4%iges Natriumcarbonat. Dann werden die Muskelreste 15 min mit 15 Vol. dest. Wasser gewaschen und mit Aceton getrocknet. Schließlich wird Actin aus dem Acetontrockenpulver mit 15 Vol. 0,3 m Kaliumjodid (p_H 7,0), das $5 \cdot 10^{-4}$ m ATP enthält, extrahiert und gegen $2 \cdot 100$ Vol. 0,1 m Kaliumchlorid und 0,001 m Magnesiumsulfat (p_H 7,0) 48 Std bei 0° dialysiert. Darin kann die Fähigkeit des Präparates, Actomyosin zu bilden, gemessen werden. Aus dem direkt gewonnenen Acetontrockenpulver läßt sich mit Wasser kein Actin extrahieren, erst wenn die Erdalkalimetalle vorher entfernt wurden, läßt sich ein Teil des Actins auch mit Wasser extrahieren. Durch diese Versuche wird die Annahme gestützt, daß Actin und Myosin über Erdalkalimetalle verbunden sind (vgl. S. 520).

Aus Muskel oder aus natürlichem Actomyosin, die mit Salyrgan gewaschen wurden, erhält man vollkommen aktives Actin, das aber nur die Hälfte der freien SH-Gruppen enthält[4]. Daraus geht hervor, daß Actin im gemahlenen Muskel in Faserform vorhanden ist (vgl. S. 520).

Physikalische Eigenschaften. *Elektrophorese.* Wegen des aggregierenden Effektes der Salzionen ist es schwierig, Actin elektrophoretisch zu untersuchen. SPICER und GERGELY[5] fanden bei der Elektrophorese von Actin etwa 20 nicht definierte Gipfel, aufsteigende und absteigende Bilder entsprachen sich nicht, und die Resultate waren nicht reproduzierbar. TSAO und BAILEY[6] haben den aggregierenden Effekt dadurch aufgehoben, daß sie entweder in sehr alkalischem (p_H 10) oder sehr saurem (p_H 2) Milieu elektrophoretisch laufen ließen. Man bekommt dann einfache, definierte elektrophoretische Bilder (s. Abb. 43). Das von ihnen dargestellte Actin ist elektrophoretisch homogen. Das nach STRAUB[7-9] dargestellte Actin enthält noch viele Verunreinigungen, z. B. relativ viel Tropomyosin, das auch elektrophoretisch dadurch nachgewiesen werden konnte, daß sich nach Zufügen von Tropomyosin der entsprechende Gipfel erhöhte. Allerdings wird bei so stark saurem oder alkalischem p_H Actin irreversibel verändert und kann nicht mehr in F-Actin umgewandelt werden.

Der *isoelektrische Punkt* von F-Actin liegt bei p_H 4,7[9], der von depolymerisiertem Actin bei p_H 5,0—5,1[10].

Molekulargewicht. Nicht das ganze G-Actin polymerisiert und F-Actin kann vom G-Actin in der Ultrazentrifuge abgetrennt werden[11]. So beobachteten JOHNSON und LANDOLT[12] in der Ultrazentrifuge eine Hauptkomponente $S_{20} \sim 50$, die offenbar dem

[1] CONNELL, J. J.: Biochem. J. **58**, 360 (1954).
[2] FEUER, G., F. MOLNÁR, E. PETTKÓ and F. B. STRAUB: Hung. Acta physiol. **1**, 150 (1948) [TSAO, T.-C., and K. BAILEY: Biochim. biophysica Acta, N. Y. **11**, 102 (1953)].
[3] BÁRÁNY, M., K. BÁRÁNY and F. GUBA: Nature **179**, 818 (1957).
[4] BÁRÁNY, M.: Biochim. biophysica Acta, N. Y. **19**, 560 (1956).
[5] SPICER, S. S., and J. GERGELY: J. biol. Ch. **188**, 179 (1951).
[6] TSAO, T.-C., and K. BAILEY: Biochim. biophysica Acta, N. Y. **11**, 102 (1953).
[7] STRAUB, F. B.: Stud. Inst. med. Chem. Szeged **2**, 3 (1942) [SZENT-GYÖRGYI, A.: Chemistry of Muscular Contraction. 2nd ed. S. 32, 58. New York 1951].
[8] STRAUB, F. B.: Stud. Inst. med. Chem. Szeged **3**, 23 (1943) [SZENT-GYÖRGYI, A.: Chemistry of Muscular Contraction. 2nd ed. S. 32, 58. New York 1951].
[9] SZENT-GYÖRGYI, A.: Chemistry of Muscular Contraction. 2nd ed. S. 32, 58. New York 1951.
[10] DEBAIN, V.: Biochim. biophysica Acta, N. Y. **21**, 182 (1956).
[11] MOMMAERTS, W. F. H. M.: J. biol. Ch. **188**, 559 (1951).
[12] JOHNSON, P., and R. LANDOLT: Nature **165**, 430 (1950).

F-Actin und eine kleine Komponente mit $S_{20} = 4{,}5$—6, die offenbar dem inaktiven G-Actin zukommt. Portzehl und Mitarbeiter[1] finden für F-Actin eine *Sedimentationskonstante* zwischen $S_{20} = 50$—65. In der Ultrazentrifuge wurde in depolymerisierenden Medien (0,5 m KJ, Glykokoll p_H 9) eine Sedimentationskonstante zwischen $S_{20} = 2{,}7$—4 gefunden; in Hexametaphosphat die Sedimentationskonstante $S_{20} = 3{,}2$ und die *Diffusionskonstante* $D_{20} = 2{,}5 \cdot 10^{-17}$. Daraus wurde ein Mol.-Gewicht von 150000 berechnet[2]. Mit Lichtzerstreuungsmessungen wurde in KJ-Lösung ein Mol.-Gewicht von 80000 gefunden[2, 3]. Nun nimmt Tsao[4] nach Messungen der Fluorescenzpolarisation und des osmotischen Druckes an, daß es ein monomeres und ein dimeres Actin gibt. Er hat in depolymerisierten Actinlösungen mit Messungen des osmotischen Druckes für das Actinmonomere ein Mol.-Gewicht von 74000, mit Fluorescenzpolarisation eines von 70000 gefunden. Das Monomere hat ein *Achsenverhältnis* von $\sim$12. Das Dimere hat ein Mol.-Gewicht von 140000. Es scheint nach der Arbeit von Tsao[4], daß jeweils 2 Monomere durch ein zweiwertiges Metall (Mg^{++} oder Ca^{++}) über eine prosthetische Nucleotidgruppe verbunden sind. Nach den Untersuchungen von Tsao[4, 5] ist es unwahrscheinlich, daß F-Actin in Lösung ein solches Polymeres ist, wie man es im Elektronenmikroskop sieht. Die kinetischen Einheiten in F-Actin sind dieselben wie die des dimeren Actins mit dem Teilchengewicht 140000 und der Rotationsrelaxationszeit von $\sim 32 \cdot 10^{-8}$ sec. Es ist kein Beweis vorhanden für das Bestehen von polymerisierten Fibrillen in Lösung, wie sie nach dem Trocknen im Elektronenmikroskop beobachtet werden können[6, 7]. Es scheint, daß es ein thixotroper Zustand der dimeren Form des F-Actins ist, in der das Monomere vom Mol.-Gewicht 70000 über die prosthetische Gruppe, das Nucleotid, und durch Magnesium an ein anderes Molekül gebunden ist. Die Bindung scheint an Zentren zu geschehen, die SH-Gruppen enthalten[4].

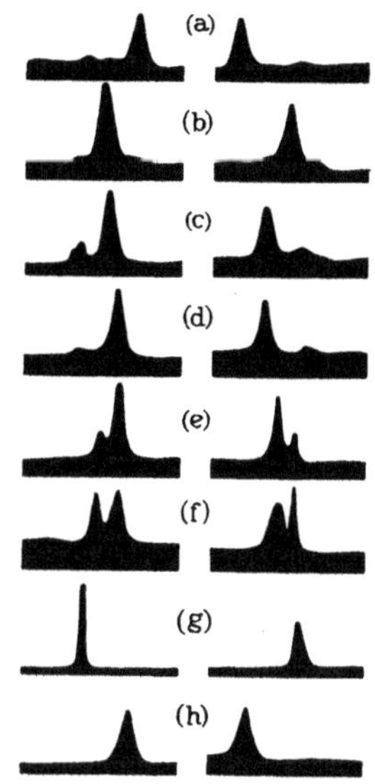

Abb. 43a—h. Elektrophoretische Bilder von Actin, das nach verschiedenen Methoden dargestellt wurde. a Darstellung nach Feuer[10] in 0,075 m Glykokoll, 0,1 m KCl (mit HCl bis p_H 1,3 titriert), 28 V, 18,7 mA, 6 Std. b Das gleiche wie a in 0,1 m H_3BO_3, 0,1 n NaOH, 0,1 m KCl, p_H 10, 48 V, 14 mA, 6¾ Std. c Das gleiche wie a mit zugesetztem Tropomyosin (die Tropomyosinzacke ist erhöht). d, e, f Darstellung nach Tsao und Bailey[11] mit Butylalkohol-Aceton. Der Muskelbrei wurde vorher jeweils bei p_H 6,5, 8 und 9 behandelt. In 0,1 m Glykokoll, 0,1 m KCl (mit HCl bis p_H 2 titriert). g mit Butylalkohol-Aceton nach[11] dargestellt, bei p_H 7 vorbehandelt, mit 30%igem Aceton extrahiert (s. oben). In 0,1 m Glykokoll, 0,067 n HCl, 0,1 m KCl, p_H 2,3, 43 V, 14 mA, 6 Std. h Das gleiche wie g in 0,1 m H_3BO_3, 0,1 n NaOH, 0,1 m KCl, p_H 10, 48 V, 14 mA, 4 Std.

Viscosität. Die „intrinsic viscosity" $[\eta] \times 10^2$ von monomerem G-Actin beträgt 24[4], die des dimeren 52.

Astbury und Mitarbeiter[8] finden mit Röntgenuntersuchungen im G-Actin einen Durchmesser von 54 Å. Nach neuen Beobachtungen des Röntgendiagramms scheint F-Actin weder α- noch β-Konfiguration von Astbury aufzuweisen[9].

Analytische Daten. Stickstoff-, Phosphor- und Aminosäuregehalt von Actin sind in den Tabellen 71 und 72 angegeben. Aus der Aminosäureanalyse geht hervor, daß Actin und Tropomyosin zusammen (je 50%) die gleiche Aminosäurezusammensetzung wie Myosin

[1] Portzehl, H., G. Schramm u. H. H. Weber: Z. Naturforsch. **5**b, 61 (1950).
[2] Snellman, O., T. Erdös and M. Tenow: 6. Int. Congr. exp. Cytol. Stockholm 1947. S. 247.
[3] Steiner, R. F., K. Laki and S. Spicer: J. polymer Sci. **8**, 23 (1952).
[4] Tsao, T.-C.: Biochim. biophysica Acta, N. Y. **11**, 227 (1953).
[5] Tsao, T.-C.: Biochim. biophysica Acta, N. Y. **11**, 236 (1953).
[6] Rozsa, G., u. M. Staudinger: Makromol. Chem. **2**, 66 (1948).
[7] Jakus, M. A., and C. E. Hall: J. biol. Ch. **167**, 705 (1947).
[8] Astbury, W. T., S. V. Perry, R. Reed and L. C. Spark: Biochim. biophysica Acta, N. Y. **1**, 379 (1947).
[9] Cohen, C., and J. Hanson: Biochim. biophysica Acta, N. Y. **21**, 177 (1956).
[10] Feuer, G., F. Molnár, E. Pettkó and F. B. Straub: Hung. Acta physiol. **1**, 150 (1948). — Tsao, T.-C., and K. Bailey: Biochim. biophysica Acta, N. Y. **11**, 102 (1953).
[11] Tsao, T.-C., and K. Bailey: Biochim. biophysica Acta, N. Y. **11**, 102 (1953).

haben[1]. Actin enthält immer kleine Mengen leicht abspaltbaren Phosphors. Es enthält ein Nucleotid, das offenbar für die Polymerisation wesentlich ist[2, 3] (vgl. auch [4]). Die Menge Nucleotid wechselt in den einzelnen Actinpräparaten stark (s. Tabelle 71 nach BAILEY). Actin hat offenbar wie Myosin und Tropomyosin keine N-Endgruppe. Am C-Ende wurde mit Carboxypeptidase und Hydrazinolyse Phenylalanin gefunden. Die Aminosäuresequenz am C-Ende soll Phenylalanin-Isoleucin-Histidin sein[5]. Actin enthält 0,84% Cystein. 40% davon reagieren mit N-Äthylmaleinsäureimid[4]. Dieses verändert aber die charakteristischen Eigenschaften von Actin nicht, während Jodosobenzoat, Cystin und Methylenblau sie etwas verändern[6].

Denaturierung, Stabilität. Bei p_H 2 und p_H 10 wird Actin inaktiviert[4]. Bei 50° wird es denaturiert. In der Nähe des Neutralpunktes ist es am stabilsten[7]. Die wäßrige Lösung kann im Exsiccator getrocknet werden und läßt sich dann wieder auflösen[7]. Schwermetallverbindungen, wie p-Chlormercuribenzoat, Salyrgan und Cu-glycinat, hemmen die Umwandlung von G- in F-Actin[8, 9].

Antigenität. Actin ist isoantigen, d. h. Injektion von Actin am Tier der gleichen Art bewirkt Antikörperbildung[10].

Bestimmung. HASSELBACH und SCHNEIDER[11] haben als erste Actin direkt bestimmt.

Der Muskel wird zuerst in der gekühlten Fleischmaschine und in der Latapiemühle zerkleinert, und die Eiweißkörper des Sarkoplasmas und Myosins werden mit 0,6 m KCl, das $0{,}9 \cdot 10^{-2}$ m Kaliumpyrophosphat enthält (p_H 6—6,3; Einstellung mit $H_2PO_4^-$), extrahiert. Das Material wird mit Sicherheit erschöpfend extrahiert, wenn man zuerst 20 min und dann noch 3mal mit einer Gesamtdauer von 5 Std extrahiert. Volumen der Extraktionslösung: Muskel = 10:1. Der Hauptanteil des Myosins wird schon in den ersten 20 min herausgelöst.

Bei dieser Methode dissoziieren Actin und Myosin durch das Pyrophosphat. Myosin geht in Lösung, Actin bleibt an die Struktur gebunden. Den Rückstand homogenisiert man dann mit 0,6 m KCl 4 min und erhält einen trüben, viscösen Extrakt von Actin. Er enthält allerdings noch das ganze Tropomyosin[12].

Man kann Actin auch viscosimetrisch nach MOMMAERTS[13] bestimmen.

δ) Actomyosin.

Wenn man Lösungen von Actin und Myosin mischt, ändern sich ihre physikalischen Eigenschaften plötzlich, Lichtzerstreuung und Strömungsdoppelbrechung nehmen stark zu. Die Viscosität steigt stark an und wird anomal. Bei hoher Proteinkonzentration und niedriger Ionenstärke entsteht ein elastisches Gel. Aus Actin und Myosin hat sich der Komplex Actomyosin gebildet. Oberhalb Ionenstärke $\Gamma/2 = 0{,}3$ befindet sich Actomyosin im Solzustand, unterhalb im Gelzustand. Letzteres ist ähnlich dem Zustand in der Muskelfibrille. Es verhält sich im Sol- und Gelzustand ganz verschieden.

Solche künstlichen Actomyosine zeigen nahezu das gleiche Verhalten wie das natürliche Actomyosin, das man bei langdauernder Extraktion von Muskelbrei mit konz. Salz-

---

[1] KOMINZ, D. R., A. HOUGH, P. SYMONDS and K. LAKI: Arch. Biochem. **50**, 148 (1954).
[2] STRAUB, F. B., and G. FEUER: Biochim. biophysica Acta, N. Y. **4**, 455 (1950).
[3] LAKI, K. W., J. BOWEN and A. M. CLARK: J. gen. Physiol. **33**, 437 (1950).
[4] TSAO, T.-C.: Biochim. biophysica Acta, N. Y. **11**, 227 (1953).
[5] LOCKER, R. H.: Biochim. biophysica Acta, N. Y. **14**, 533 (1954).
[6] FEUER, G., F. MOLNAR, E. PETTKO and F. B. STRAUB: Hung. Acta physiol. **1**, 150 (1948).
[7] SZENT-GYÖRGYI, A.: Chemistry of Muscular Contraction. 2. Aufl. S. 58. New York 1951.
[8] TURBA, F., G. KUSCHINSKY u. H. THOMANN: Naturwiss. **37**, 453 (1950).
[9] TURBA, F., u. G. KUSCHINSKY: Biochim. biophysica Acta, N. Y. **8**, 76 (1952).
[10] SZENT-GYÖRGYI, A.: Chemistry of Muscular Contraction. 2. Aufl. S. 127. New York 1951.
[11] HASSELBACH, W., u. G. SCHNEIDER: B. Z. **321**, 462 (1951).
[12] TSAO, T.-C., and K. BAILEY: Biochim. biophysica Acta, N. Y. **11**, 102 (1953).
[13] MOMMAERTS, W. F. H. M., and K. SERAIDARIAN: J. gen. Physiol. **30**, 401 (1947).

lösungen gewinnt: Myosin-B von SZENT-GYÖRGYI[1] (vgl. S. 513), S-Myosin von WEBER (vgl. S. 512) oder Myosin-α von DUBUISSON[2] (vgl. S. 512).

Actomyosin hat wie Myosin Globulineigenschaften. Es fällt in salzfreier Lösung beim isoelektrischen Punkt ($\sim$ p_H 5,6) aus. Bei p_H 7 schwillt es in salzfreier Lösung an. Bei dem gleichen p_H wird es in 0,1 m KCl-Lösung in Form von lockeren, stark hydratisierten Flocken ausgefällt. Die Einsalzschwelle liegt für Actomyosin aus Kaninchenmuskel bei $\Gamma/2 = 0{,}3$, für das aus Karpfenmuskel bei $\Gamma/2 = 0{,}45$ (p_H 7,5)[3]. Actomyosin hat wie Myosin wegen der zahlreichen ionisierten Gruppen eine große Affinität zu allen Ionen. Sehr groß ist die Affinität zu Ca^{++}- und Mg^{++}-Ionen. Actomyosin enthält immer Spuren von Mg^{++}-Ionen in wechselndem Umfang[4]. Ca^{++}- und Mg^{++} fällen Actomyosin sowie Myosin schon in geringer Konzentration.

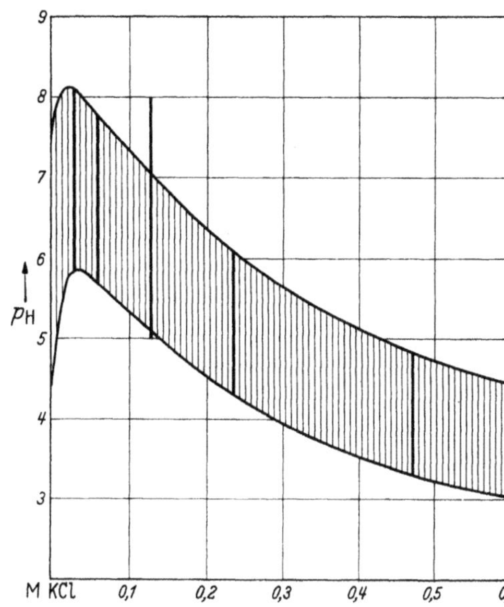

Abb. 44. Isoelektrische Fällungszone von Actomyosin in Gegenwart von verschiedenen KCl-Konzentrationen. Breite dunkle Linien: Superpräcipitation in Gegenwart von 0,03 % ATP[5].

Der isoelektrische Punkt von Actomyosin ändert sich in KCl-Lösungen verschiedener Ionenstärken wie der von Myosin[5] (vgl. S. 509). Bei ganz geringer KCl-Konzentration verschiebt er sich stark ins alkalische, bei höherer KCl-Konzentration ins saure Gebiet (s. Abb. 40 und 44), nur sind beim Actomyosin die isoelektrischen Punkte zu isoelektrischen Zonen erweitert (Abb. 44). In Gegenwart von ATP, dessen Einfluß auf Actomyosin später besprochen wird, verschiebt sich die Fällungszone nicht, es kommt nur zur Superpräcipitation (vgl. S. 529). Der Niederschlag, der vorher hydrophil und flockig war, zieht sich zusammen und wird körnig. Bei höheren Salzkonzentrationen 0,24 m und darüber kommt es zu keiner Superpräcipitation, weil in so starken Salzlösungen Actomyosin dissoziiert zu sein scheint.

WEBER[6, 7] hat geordnete Myosinfäden dargestellt, indem er Actomyosinlösungen durch feine Düsen in Wasser oder ganz verdünnte Salzlösungen einfließen ließ (Darstellung S. 533)[8]. Solche Fäden lassen sich in gleicher Weise aus natürlichem und künstlichem Actomyosin herstellen.

Die optimalen Verhältnisse, in denen sich Actin und Myosin miteinander vereinigen, werden von verschiedenen Autoren unterschiedlich angegeben[9-11]. Zum Teil liegt das daran, daß Actin, je nach der Art der Darstellung, häufig einen großen Anteil nicht aktiven Materials enthält[12-14] (vgl. S. 520). Nach Viscositätsmessungen soll das optimale Verhältnis Myosin:Actin 3:2[7], nach Untersuchungen mit der Ultrazentrifuge eines von 3:1 sein[11]. Das letztere stimmt mit den Resultaten der getrennten Extraktion von Myosin

[1] SZENT-GYÖRGYI, A.: Chemistry of Muscular Contraction. 2nd ed. S. 72ff. New York 1951.
[2] DUBUISSON, M.: Exper. **2**, 258, 412 (1946).
[3] HAMOIR, G.: Adv. Protein Chem. **10**, **244** (1955).
[4] HASSELBACH, W.: Z. Naturforsch. **7**b, 163 (1952).
[5] SARKAR, N. K.: Enzymologia **14**, 237 (1950).
[6] BOEHM, G., u. H. H. WEBER: Kolloid-Z. **61**, 269 (1932).
[7] WEBER, H. H.: Ergebn. Physiol. **36**, 103 (1934).
[8] PORTZEHL, H.: Z. Naturforsch. **6**b, 355 (1951).
[9] SZENT-GYÖRGYI, A.: Chemistry of Muscular Contraction. 2nd ed. S. 72ff. New York 1951.
[10] JAISLE, F.: B. Z. **321**, 451 (1951).
[11] JOHNSON, P., and R. LANDOLT: Discuss. Faraday Soc. **11**, 451 (1951).
[12] STRAUB, F. B.: Stud. Inst. med. Chem. Szeged **3**, 28, 33 (1943).
[13] FEUER, G., F. MOLNÁR, E. PETTKÓ and F. B. STRAUB: Hung. Acta physiol. **1**, 150 (1948).
[14] MOMMAERTS, W. F. H. M.: J. biol. Ch. **188**, 559 (1951).

und Actin aus Muskelbrei überein[1] (vgl. Tab. 64). JOHNSON und LANDOLT[2] fanden allerdings in der Ultrazentrifuge bei jedem relativen Verhältnis von Actin und Myosin neben dem Gipfel von Actomyosin noch Gipfel der einen oder anderen Komponente.

Im Laboratorium von WEBER[3] hingegen konnte ein Actomyosinpräparat, das kein freies Myosin enthielt, hergestellt werden. Die Widersprüche erklären sich wahrscheinlich dadurch, daß viele Faktoren die Bildung und Dissoziation von Actomyosin beeinflussen[1, 4]. Es sind das: Temperatur, Ionenstärke, ATP-Konzentration, p_H, Mg^{++}-Konzentration, Ca^{++}-Konzentration, das Verhältnis von Myosin zu Actin und der kolloidale Zustand[1].

Actomyosin scheint das kontraktile Protein der Muskelfibrille zu sein. WEBER[5] fand schon früh, daß die Strömungsdoppelbrechung der von EDSALL[6] extrahierten „Myosin"-Fraktion der Strömungsdoppelbrechung der intakten Myofibrille entspricht. Die lebende Muskelfaser[7], der voll geordnete Faden aus hochgereinigtem Actomyosin[5] und die unkontrahierte Modellfaser (Wasser-Glycerin extrahierte Einzelfaser des m. psoas des Kaninchens) haben eine positive Doppelbrechung[8]. Nach den Röntgendiagrammen haben Actomyosinfilme und Muskelfasern die gleiche Feinstruktur[9]. PERRY[10] konnte Actomyosin aus der isolierten Muskelfibrille extrahieren. Es bildet ihren Hauptbestandteil.

Wenn man getrocknetes Actomyosin im Elektronenmikroskop untersucht, sieht man Stäbchen von unterschiedlicher Länge[11] oder ein Netzwerk von Filamenten[12]. Allerdings ist damit noch nichts über Größe und Gestalt von Actomyosin in Lösung ausgesagt. Nach den elektronenmikroskopischen Untersuchungen von REED, ASTBURY und SPARK[13] kann man eher annehmen, daß Actomyosin in Lösung ein kontinuierliches Gel bildet.

Wenn man zu einem Actomyosin-Sol (Actomyosin in 0,6 m KCl, 10^{-3} m $MgCl_2$ gelöst) ATP zufügt, dann fallen Strömungsdoppelbrechung und Viscosität ab[14, 15]. Die Sedimentationsgeschwindigkeit vermindert sich[16, 17]. Die hohe Viscosität von Actomyosin sinkt nahezu auf die des freien Myosins[17, 18] (vgl. Abb. 41). (Beim Stehen wird ATP abgebaut, und die Viscosität kehrt zum Ausgangswert zurück.) Von den meisten Autoren werden diese Veränderungen als Dissoziation von Actomyosin in Myosin und Actin gedeutet[15, 18-20]. Neuerdings haben BLUM und MORALES[21] sowie TONAMURA und Mitarbeiter[22] aus Lichtzerstreuungsmessungen geschlossen, daß Actomyosin in Lösung ein zylindrisches Molekül sei, das durch ATP-Zusatz wohl eine Formveränderung, aber keine Dissoziation erleide. WEBER[23] konnte jedoch durch Zentrifugieren bei 100 000 g

[1] HASSELBACH, W., u. G. SCHNEIDER: B. Z. **321**, 462 (1951).
[2] JOHNSON, P., and R. LANDOLT: Discuss. Faraday Soc. **11**, 451 (1951).
[3] WEBER, H. H., u. H. PORTZEHL: Ergebn. Physiol. **47**, 369 (1952).
[4] LAKI, K., S. S. SPICER and W. R. CARROLL: Nature **169**, 328 (1952).
[5] WEBER, H. H.: Pflügers Arch. **235**, 205 (1934).
[6] EDSALL, J. T.: J. biol. Ch. **89**, 289 (1930).
[7] NOLL, D., u. H. H. WEBER: Pflügers Arch. **235**, 235 (1934).
[8] STRÖBEL, G.: Z. Naturforsch. **7**b, 102 (1952).
[9] ASTBURY, W. T., and S. DICKINSON: Proc. R. Soc. London (B) **129**, 307 (1940).
[10] PERRY, S. V.: Biochem. J. **48**, 257 (1951).
[11] JAKUS, M. A., and C. E. HALL: J. biol. Ch. **167**, 705 (1947).
[12] SNELLMAN, O., and T. ERDÖS: Biochim. biophysica Acta, N. Y. **2**, 660 (1948).
[13] REED, R., W. T. ASTBURY and L. C. SPARK: Biochim. biophysica Acta, N. Y. **2**, 674 (1948).
[14] DAINTY, M., A. KLEINZELLER, A. S. C. LAWRENCE, M. MIALL, D. M. NEEDHAM, J. NEEDHAM and S. C. SHEN: J. gen. Physiol. **27**, 355 (1944).
[15] NEEDHAM, J., A. KLEINZELLER, M. MIALL, M. DAINTY, D. M. NEEDHAM and A. S. C. LAWRENCE: Nature **150**, 46 (1942).
[16] JOHNSON, P., and R. LANDOLT: Nature **165**, 430 (1950).
[17] PORTZEHL, H., G. SCHRAMM u. H. H. WEBER: Z. Naturforsch. **5**b, 61 (1950).
[18] WEBER, H. H.: Biochim. biophysica Acta, N. Y. **4**, 12 (1950).
[19] SZENT-GYÖRGYI, A.: Chemistry of Muscular Contraction. 2nd ed. S. 72ff. New York 1951.
[20] SPICER, S. S., and J. GERGELY: J. biol. Ch. **188**, 179 (1951).
[21] BLUM, J. J., and M. F. MORALES: Arch. Biochem. **43**, 208 (1953).
[22] TONAMURA, Y., S. WATANABE and K. YAGI: J. Biochem. **40**, 27 (1953).
[23] WEBER, A.: Biochim. biophysica Acta, N. Y. **19**, 345 (1956).

aus einem Actomyosin-Sol, das mit ATP reagiert hatte, Myosin und Actin isolieren und identifizieren, und GERGELY[1] hat mit Lichtzerstreuungsmessungen mit der gleichen Auswertungsmethode von ZIMM[2], die BLUM und MORALES[3] benutzt haben, anscheinend eindeutig festgestellt, daß Actomyosin auf ATP-Zusatz in seine Komponenten dissoziiert.

Die Dissoziation von Actomyosin in Actin und Myosin erklärt SZENT-GYÖRGYI[4] aus der Änderung der Ladung der 2 Kolloide. Actin (isoelektrischer Punkt ~4,7) wird von Myosin (isoelektrischer Punkt ~5,4) abgestoßen, wenn sich dessen isoelektrischer Punkt erniedrigt. Das ist schon in 0,22 m KCl der Fall und in Gegenwart von Mg^{++} schon in 0,12 m KCl (vgl. Abb. 40 und 44). Unter diesen Bedingungen bewirkt ATP Dissoziation (vgl. S. 521). Der dissoziierende Effekt von ATP ist nicht spezifisch. Außer ATP dissoziieren CTP, ITP, GTP und UTP Actomyosin im Solzustand reversibel. UTP ist bei geringer Nucleotidkonzentration weniger wirksam, wahrscheinlich weil es von der ATPase, die mit dem Myosinmolekül verbunden ist, schneller gespalten wird als ATP[5-7]. Anorganisches Pyrophosphat sowie Triphosphat bewirken auch eine Dissoziation, die sich im Abfall der Vicosität zu erkennen gibt, aber diese Dissoziation ist nicht reversibel. Pyrophosphat wird von Myosin nicht gespalten, wohl aber Triphosphat[8]. Pyrophosphat vermindert die Viscosität bei 0°, aber nicht bei 23°. Unspezifisch dissoziierend wirken auch Harnstoff, und Guanidin, und wahrscheinlich sind alle von EDSALL und MEHL[9] angegebenen Reagentien, die in ihren „Myosin"-Lösungen (= Actomyosin) Verschwinden der Doppelbrechung und Abfall der Viscosität bewirkten, solche dissoziierende Reagentien. Die Autoren verwandten Guanidin-HCl, Methylguanidin, Arginin-HCl, Ca^{++}, Mg^{++}, J^- und SCN^- in geringer Konzentration oder Li^+, NH_4Cl, KBr und Harnstoff in hoher Konzentration. Der dissoziierende Effekt von ATP tritt augenblicklich ein, und zwar bei 0° genauso schnell wie bei höheren Temperaturen. Der kontrahierende Effekt ist hingegen deutlich temperaturabhängig, und zwar ist er bei 0° stark vermindert.

Wenn man ATP zu einem Actomyosin-Gel fügt, ändert es sich dramatisch. Nach WEBER[10] hergestellte Actomyosinfäden (Darstellung s. S. 533) in Lösungen von $\Gamma/2 = < 0{,}15$ und in Gegenwart von 0,0001 m $MgCl_2$ schrumpfen nach Zugabe von ATP in 1—2 min nach beiden Richtungen. Dieser Vorgang wurde von SZENT-GYÖRGYI[4] als Kontraktion bezeichnet. Wenn man in 0,5 m KCl gelöstes Actomyosin auf das 10fache verdünnt, erhält man einen flockigen hydrophilen Niederschlag. Wenn man dazu kleine Mengen ATP fügt, schrumpft das ganze Kolloid. Wenn man es schüttelt, gibt es einen körnigen Niederschlag. Diese Veränderung wird von SZENT-GYÖRGYI[4] Superpräcipitation genannt und als formlose Kontraktion angesehen. Wenn nicht geschüttelt wird, zieht sich das Actomyosin zu einer Art Pfropfen zusammen. Aus Actin und Myosin hergestelltes Actomyosin kontrahiert und bildet ein Superpräcipitat, ebenso wie direkt aus Muskel extrahiertes[11].

Die Superpräcipitation durch ATP hängt stark von der Ionenstärke ab (Abb. 44), aber auch von der Konzentration an ATP (mehr ATP macht die Zone der Superpräcipitation enger) und von der an Mg^{++}. Mg^{++}-Konzentrationen von 0,001 m verengern die Zone der Superpräcipitation auf den Bereich von 0,05—0,12 m KCl. Sie hängt auch von der Temperatur ab[4]. Bei 0° sah man auch bei optimaler K^+- und Mg^{++}-Konzentration

[1] GERGELY, J.: J. biol. Ch. **220**, 917 (1956).
[2] ZIMM, B. H.: J. chem. Physics **16**, 1099 (1948).
[3] BLUM, J. J., and M. F. MORALES: Arch. Biochem. **43**, 208 (1953).
[4] SZENT-GYÖRGYI, A.: Chemistry of Muscular Contraction. 2nd ed. S. 72ff. New York 1951.
[5] RANNEY, R. E.: Amer. J. Physiol. **178**, 517 (1954).
[6] KALCKAR, H. M.: Science, N. Y. **119**, 479 (1954).
[7] HASSELBACH, W.: Biochim. biophysica Acta, N. Y. **20**, 355 (1956).
[8] FRIES, E. T., and M. F. MORALES: Arch. Biochem. **56**, 326 (1955).
[9] EDSALL, J. T., and J. W. MEHL: J. biol. Ch. **133**, 409 (1940).
[10] WEBER, H. H.: Pflügers Arch. **235**, 205 (1934).
[11] PORTZEHL, H., G. SCHRAMM u. H. H. WEBER: Z. Naturforsch. **5b**, 61 (1950).

keine Superpräcipitation, bei ansteigender Temperatur wird sie bei 15° optimal[1]. Mit Hilfe des Adenosintriphosphat-Kreatin-Transphosphorylierungssystems kann die Superpräcipitation rückgängig gemacht oder gehemmt werden[2]. In Actomyosin, das schon dissoziiert ist, ist keine Superpräcipitation möglich, in solchem, das zum Teil dissoziiert ist oder nahe dem Zustand der Dissoziation ist, sieht man nur schwache Superpräcipitation oder Übergänge von Fällung zur Superpräcipitation[3].

ENGELHARDT und LJUBIMOVA[4] haben bewiesen, daß Actomyosinfäden ATPase-Aktivität haben. Nach der Entdeckung von Actin zeigte sich, daß die ATPase-Aktivität nach der Spaltung von Actomyosin dem Myosin zukommt und in diesem wieder dem H-Meromyosin (vgl. S. 519). Die ATPase-Aktivität des Actomyosin-Gels unterscheidet sich aber in manchen Punkten von der des Myosins und des Actomyosin-Sols. Die ATPase-Aktivität von Myosin und Actomyosin-Sol ($\Gamma/2 = 0{,}6$) wird durch Mg^{++} mit steigender Konzentration langsam und linear gehemmt, die von Actomyosin-Gel ($\Gamma/2 = 0{,}07$) wird durch Mg^{++} bis zu einer Konzentration von $3 \cdot 10^{-4}$ m aktiviert, dann nimmt der Umsatz wieder ab[3]. Auch ITP, GTP, CTP und UTP werden mit unterschiedlichen Geschwindigkeiten gespalten, und die Spaltungsgeschwindigkeit ist vom Ca- und Mg-Gehalt abhängig[5-7]. Die Fermentaktivität von Myosin und Actomyosin-Sol sinkt mit steigender ATP-Konzentration bis zu $7 \cdot 10^{-3}$ m ständig ab. Die Actomyosin-ATPase wird jedoch durch steigende ATP-Konzentration bis zu einem bestimmten oberen Grenzwert nicht beeinflußt[3]. Actomyosin-Gel ist offenbar ein besonderes, charakteristisches System. Actomyosin-Sol verhält sich in Gegenwart von ATP wie freies Myosin. Auch das scheint ein Beweis für die Spaltung von Actomyosin in Lösung und dafür, wie SZENT-GYÖRGYI[1] meint, daß sich Actomyosin in 0,6 m KCl-Lösung an der Grenze der Dissoziation befindet. Offenbar wird auch schon bei niedrigeren Ionenstärken Actomyosin-Gel durch ATP, Mg^{++} und Ca^{++} dissoziiert, und man findet dann ATPase-Wirksamkeiten, die dem Myosin entsprechen, anstatt solche des Actomyosins[3]. Wie schon bei Myosin erwähnt (vgl. S. 509), beeinflussen Temperatur, Ionenstärke, ATP-Konzentration, p_H, Mg^{++}-Konzentration, Ca^{++}-Konzentration, Verhältnis von Myosin zu Actin und der kolloidale Zustand[8] die ATPase-Aktivität. Wie oben gezeigt, sind alle diese Faktoren auch wesentlich für die Dissoziation.

Von der russischen Schule wurde zuerst gefunden, daß ein Actomyosinfaden nach WEBER[9], wenn er nur wenig belastet ist, beim Zufügen von ATP dehnbarer wird[10] (Weichmacherwirkung des ATP[11]). Alle anorganischen und organischen Polyphosphate haben die gleiche Wirkung, obwohl sie von Actomyosin nicht gespalten werden[10, 12, 13]. Die Wechselwirkung von Actomyosin und ATP äußert sich in dreierlei Richtung: Spaltung, Kontraktions- bzw. Superpräcipitations- und Weichmacherwirkung.

Die ATPase-Wirksamkeit von Actomyosin scheint aufs engste mit der Kontrahierbarkeit bzw. Superpräcipitation gekoppelt zu sein. Schon GODEAUX[14] fand, daß man mit SH-Reagentien das Schrumpfen von Actomyosin-Gel in Gegenwart von ATP vermindern oder verhindern kann und daß gleichzeitig die ATPase-Aktivität gehemmt wird.

---

[1] SZENT-GYÖRGYI, A.: Chemistry of Muscular Contraction. 2nd ed. S. 72ff. New York 1951.
[2] LÓRÁND, L.: Arch. Biochem. **59**, 125 (1955).
[3] HASSELBACH, W.: Z. Naturforsch. **7b**, 163 (1952).
[4] ENGELHARDT, W. A., and M. N. LJUBIMOVA: Nature **144**, 668 (1939).
[5] GREVILLE, G. D., and E. REICH: Biochim. biophysica Acta, N. Y. **20**, 440 (1956).
[6] KIELLEY, W. W., H. M. KALCKAR and L. B. BRADLEY: J. biol. Ch. **219**, 95 (1956).
[7] BLUM, J. J.: Arch. Biochem. **55**, 486 (1955).
[8] BOEHM, G., u. H. H. WEBER: Kolloid-Z. **61**, 269 (1932).
[9] WEBER, H. H.: Ergebn. Physiol. **36**, 109 (1934).
[10] ENGELHARDT, W. A., M. N. LJUBIMOVA u. R. A. MEITINA: C. R. Acad. Sci. URSS **30**, 644 (1941).
[11] WEBER, H. H., u. H. PORTZEHL: Ergebn. Physiol. **47**, 369 (1952).
[12] PORTZEHL, H.: Z. Naturforsch. **7b**, 1 (1952).
[13] WEBER, H. H.: Biochim. biophysica Acta, N. Y. **12**, 150 (1953).
[14] GODEAUX, J.: Bull. Soc. R. Sci. Liège **216**, (1944).

KUSCHINSKY und TURBA[1-3] haben das gleiche für organische Quecksilberverbindungen und Benzaldehyd, und KOREY[4] hat es an glycerinextrahierten Muskelfasern mit Jodosobenzoat und Dichlorphenarsin (Mapharsen) gezeigt. Nach KUSCHINSKY und TURBA[1-3] hemmen auch As^{III}, Sb^{III} und Cu(II)-glycinat die Schrumpfung des Actomyosin-Gels, nicht aber die ATPase-Aktivität.

Nun wurde von der Schule von WEBER[5-9] demonstriert, daß ATP Weichmacher ist, solange es nur gebunden wird und in dieser Eigenschaft von allen organischen und anorganischen Polyphosphaten vertreten werden kann. Es ist Kontraktionssubstanz, wenn es von Actomyosin-Gel gespalten wird und kann in dieser Eigenschaft auch von ITP vertreten werden. Offenbar wird die Spaltungsenergie des ATP zur Kontraktion verbraucht[8, 9]. Der Temperaturkoeffizient der mechanischen Leistung scheint durch den Temperaturkoeffizienten der ATP-Spaltung bestimmt zu sein.

SH-Gruppen — und zwar die gleichen Zentren — scheinen für die Bildung von Actomyosin aus Actin und Myosin sowie für die ATPase-Aktivität wesentlich zu sein[10]. Offenbar hat ATP eine starke Affinität zu diesen Gruppen von Myosin und fördert dadurch die Dissoziation von Actomyosin[11].

Wenn in Gegenwart von ATP die ATPase-Aktivität des Actomyosin-Gels durch Salyrgan oder durch MARSH[12]-BENDALL[13]-Faktor* gehemmt wird, kommt es zur Erniedrigung des statischen Dehnungswiderstandes von Actomyosinfäden, aber nicht zur Kontraktion. Wenn man die Wirkung von MARSH-BENDALL-Faktor durch Ca^{++} oder Coffein, die von Salyrgan durch Cystein aufhebt, kommt es in Gegenwart von ATP wieder zur Kontraktion. Ohne ATP wirken Salyrgan oder MARSH-BENDALL-Faktor nicht als Weichmacher. Sobald ATP, aus welchem Grund immer, vollkommen verschwunden ist, wird das Actomyosin in Modell und Muskel „starr".

Bei all diesen Prozessen verhält sich Actomyosin aus glatten Muskeln ebenso wie das aus Skeletmuskel[8, 9].

Über Größe und Gestalt des Actomyosinmoleküls läßt sich noch wenig aussagen.

In der Ultrazentrifuge sedimentiert Actomyosin sehr schnell mit einer Sedimentationskonstante $S_{20} \sim 90$—280[15]. Nach der Sedimentation zu schließen, gibt es mehrere natürliche Actomyosine. Während bisher angenommen wurde, daß sich F-Actin mit Myosin verbindet[5], schließt BAILEY[16] aus neuen Untersuchungen seiner Schule, daß Actomyosin ein neuer thixotroper Zustand ist, an dem nur das Actin-Monomere beteiligt ist. PERRY[11] nimmt an, daß in der Muskelfibrille die Moleküle parallel zur Längsachse geordnet sind. Möglicherweise befinden sich die beiden Proteine Actin und Myosin auch in verschiedenen Filamenten. In der glycerinierten Faser ist die Anordnung offenbar noch die gleiche. Vielleicht sind im natürlichen Actomyosin noch Micellen vorhanden, in denen Actin und Myosin ebenso orientiert sind wie in der Muskelfibrille; offenbar ist

* MARSH-BENDALL-Faktor bewirkt die Erschlaffung des Muskels. Er ist ein Protein, das in den Sarkosomen vorkommt[14].

1 KUSCHINSKY, G., u. F. TURBA: Naturwiss. **37**, 425 (1950).
2 KUSCHINSKY, G., u. F. TURBA: Exper. **6**, 103 (1950).
3 TURBA, F., u. G. KUSCHINSKY: Biochim. biophysica Acta, N. Y. **8**, 76 (1952).
4 KOREY, S.: Biochim. biophysica Acta, N. Y. **4**, 58 (1950).
5 WEBER, H. H., u. H. PORTZEHL: Ergebn. Physiol. **47**, 369 (1952).
6 PORTZEHL, H.: Z. Naturforsch. **7b**, 1 (1952).
7 WEBER, H. H.: Biochim. biophysica Acta, N. Y. **12**, 150 (1953).
8 ULBRECHT, G., u. M. ULBRECHT: Z. Naturforsch. **7b**, 434 (1952).
9 ULBRECHT, G., u. M. ULBRECHT: Biochim. biophysica Acta, N. Y. **11**, 138 (1953).
10 BAILEY, K., and S. V. PERRY: Biochim. biophysica Acta, N. Y. **1**, 506 (1947).
11 PERRY, S. V.: Physiol. Rev. **36**, 1 (1956).
12 MARSH, B. B.: Biochim. biophysica Acta, N. Y. **9**, 247 (1952).
13 BENDALL, J. R.: Proc. R. Soc. London (B) **139**, 523 (1952); **142**, 409 (1954).
14 HANSON, J.: Biochim. biophysica Acta, N. Y. **20**, 289 (1956).
15 PORTZEHL, H., G. SCHRAMM u. H. H. WEBER: Z. Naturforsch. **5b**, 61 (1950).
16 BAILEY, K.: Neurath-Bailey, Proteins, Bd. II B, S. 993 (1954).

die Dehnbarkeit um so geringer, je mehr es dem Zufall überlassen ist, wie die Actin- und Myosinmoleküle gegeneinander orientiert sind. So erreicht man mit vorsichtig getrockneten Actomyosinfäden eine Spannung von 200 g/cm², sie wird 0, wenn 30—40% der Anfangslänge erreicht sind[1]. Unter den gleichen Bedingungen erreicht die glycerinierte Faser eine Spannung von 4000 g/cm². Das ist die Größenordnung der Spannung von lebendem Warmblütermuskel.

Actomyosine verschiedener Tierarten und aus verschiedenen Muskeln scheinen sich ähnlich zu verhalten. LAJTHA[2] fand, daß Actomyosin von Mollusken das dem von Säugetieren gleicht, und ULBRECHT[3] und ULBRECHT beschreiben ein ähnliches Verhalten für Actomyosin aus glatten und quergestreiften Muskeln. Im Uterus nimmt das Actomyosin während der Schwangerschaft um das 60fache zu, um nachher wieder abzufallen[4]. Im infantilen Uterus wird der Actomyosingehalt durch Oestronsulfat vermehrt[5]. Allerdings sind Actin und Myosin von verschiedenen Tierarten nur begrenzt austauschbar. Das Actin von Langusten war mit dem Myosin von Kaninchen, Taube oder Flußkrebs wirksam, aber das Myosin von Langusten verband sich nicht mit dem Actin von Wirbeltieren[6].

Darstellung. Man kann künstliches Actomyosin durch Mischen von F-Actin und Myosin in Gegenwart von 0,5 m KCl oder durch Mischen von G-Actin und Myosin in Gegenwart von 0,1 m KCl und Spuren von Mg^{++} darstellen[7]. Das optimale Verhältnis ist 3 Teile Myosin auf 1 Teil Actin.

Um Actomyosin direkt aus dem Muskelbrei darzustellen[7], zerkleinert man Kaninchenmuskel im Fleischwolf mit kleinen Löchern (~ 2 mm), suspendiert in 3 cm³ WEBER-EDSALL-Lösung je g Muskel (0,6 m KCl, 0,01 m Na_2CO_3, 0,04 m $NaHCO_3$) und läßt die Suspension über Nacht im Kühlraum stehen. Bis zum nächsten Tag hat sich ein thixotropes Gel gebildet, das man mit 0,6 m KCl verdünnt, um die Muskelteilchen abzentrifugieren zu können.

Solches natürliches Actomyosin (Myosin-B) enthält im allgemeinen 1 Teil Actin auf 5—6 Teile Myosin. Durch Verdünnen mit 5 Teilen Wasser fällt Actomyosin als verdünnter flockiger Niederschlag aus, der ungefähr 97% Wasser enthält. Wenn man ATP zufügt, wird der Niederschlag dicht (Superpräcipitation). In 0,6 m KCl können flockiger Actomyosinniederschlag oder Superpräcipitate gleich gut wieder aufgelöst werden[7].

Actomyosin ist bei verschiedenen Tieren sehr unterschiedlich extrahierbar[4]. Auch sind die Unterschiede für die Extrahierbarkeit für Muskeln ein und desselben Tieres oft groß.

Darstellung nach [8, 9], s. S. 512 bei Myosindarstellung.

Von WEBER[10] wurden aus Actomyosinlösungen durch Einspritzen in Wasser oder verdünnte KCl-Lösung, die keine Spuren von Schwermetallsalzen enthalten dürfen, Fäden hergestellt und achsenparallel geordnet. Später ist es BUCHTHAL und Mitarbeitern[11] durch teilweises Trocknen gelungen, Actomyosinfäden dehnbar zu machen. Wenn sie unbeladen waren, zeigten solche Fäden nach Eintauchen in eine $2 \cdot 10^{-3}$ m ATP-Lösung eine Verkürzung, wenn sie beladen waren, eine Verlängerung. Im Gegensatz zu den Actomyosinfäden nach [10], die nach ATP-Zusatz in beiden Richtungen schrumpften, verkürzten sie sich nur in einer Richtung.

---

[1] WEBER, H. H., u. H. PORTZEHL: Ergebn. Physiol. **47**, 369 (1952).
[2] LAJTHA, A.: Pubbl. Staz. zool. Napoli **21**, 226 (1947).
[3] ULBRECHT, G., u. M. ULBRECHT: Biochim. biophysica Acta, N. Y. **11**, 138 (1953).
[4] SZENT-GYÖRGYI, A.: Chemistry of Muscular Contraction. 2nd ed. S. 124. New York 1951.
[5] BLASIUS, R., u. J. SCHUCK: Kli. Wo. **1955**, 276.
[6] GUBA, F.: Stud. Inst. med. Chem. Szeged **3**, 40 (1943); zit. nach[4].
[7] SZENT-GYÖRGYI, A.: Chemistry of Muscular Contraction. 2nd ed. S. 151. New York 1951.
[8] PORTZEHL, H., G. SCHRAMM u. H. H. WEBER: Z. Naturforsch. **5b**, 61 (1950).
[9] WEBER, A.: Biochim. biophysica Acta, N. Y. **19**, 345 (1956).
[10] WEBER, H. H.: Ergebn. Physiol. **36**, 205 (1934).
[11] BUCHTHAL, F., G. KNAPPEIS and A. PETERSEN: Acta physiol. scand. **13**, 167 (1947).

Darstellung von Actomyosinfäden nach **Portzehl**[1].

1 Teil Muskelbrei in der Regel mit 3 Teilen 0,6 m KCl bei p_H ~6,5—7,0 24 Std extrahieren (genaue Beschreibung s. S. 512). Zweimal als Superpräcipitation umfällen (s. oben), um die endgültige Lösung möglichst konzentriert zu erhalten (1,5—2,7%).

Von dieser Lösung spritzt man aus einer Glasspritze mit Glaskanüle (lichte Weite 100—200 μ) einen Strahl in eine rotierende Glasschale[2], die mit CO_2-freiem dest. Wasser von ~2° gefüllt ist.

Nach einem Aufenthalt von mindestens 20 min bei 0° werden die Fäden in Glycerin (Merck doppelt destilliert, $d = 1{,}23$) übertragen.

Zum Gebrauch kommen die Präparate für mindestens 30 min in 30%iges Glycerin, das mit 0,01 m Phosphat auf p_H 6,7—7,0 gepuffert ist. (Am besten mit Celluloidspatel arbeiten, da Actomyosin an Glas klebt.)

Dann werden sie auf einem Dynamodilatometer befestigt, über Nacht im Kühlschrank bei ~3° getrocknet und unter dem Mikroskop gedehnt. Spannung, Länge, Dicke und Doppelbrechung werden dabei polarisationsmikroskopisch kontrolliert.

Anschließend werden die Hebel des Dynamodilatometers mit den daran befestigten Fäden in ein Bad der Versuchslösung eingetaucht. Das Glycerin ist nach wenigen Minuten hinausdiffundiert, und der Versuch kann beginnen.

Es wird das gleiche Mikrodynamodilatometer verwendet wie zur Faserdarstellung (vgl. S. 534), nur hat es eine schwächere Federspannung, und die Klemmen zur Befestigung des Fasermodells fehlen.

Die Klemmen sind durch kurze, gewickelte Kunststoffhebel ersetzt, auf deren distalen waagerechten Teil die Fäden mit einigen Tröpfchen Cellonlack befestigt sind. Das ist nötig, weil die Fäden so viel fragiler sind als die Glycerin-Wasser extrahierten Muskelfasern, daß sie von den Mikroklemmen zerquetscht würden.

Die geringere Federspannung ist zweckmäßig, weil die Spannung der Fadenkontraktion kleiner ist als die Spannung der Faserkontraktion.

Infolge der mangelhaften Isometrie des Apparates verkürzt sich der Faden je mg Spannung um ~30 μ[3].

Die Eiweißkonzentration eines Einzelfadens wird durch Lufttrocknung unter hygrometrischer Kontrolle der Luftfeuchtigkeit bestimmt. Der nach dem Trocknen noch vorhandene Wassergehalt des Fadens wird auf Grund des hygrometrischen Befundes in Rechnung gestellt mit Hilfe der identischen Quellungskurven (Myosinfäden[2], Muskelfaser[3]).

Ein Actomyosinfaden enthält 2—3% Protein und 97—98% Wasser. Im kontrahierten Zustand enthält er 50% Protein und 50% Wasser. Ein frisch hergestellter Actomyosinfaden ist sehr weich und zerbrechlich und löst sich in 0,6 m KCl sofort wieder auf, wenn er aber etwa 1 Std aufgehoben wird, wird er sehr elastisch und löst sich selbst in 1,0 m KCl nicht mehr auf. Ein frisch hergestellter Actomyosinfaden kann noch leicht in Myosin und Actin dissoziieren. Je länger er aufgehoben wird, desto drastischere Mittel sind dazu notwendig.

Hier soll auch die Darstellung des Muskelfasermodells beschrieben werden. Dieses ist ebenso wie die Actomyosinfadenmodelle wesentlich zur Untersuchung von Dehnbarkeit und Kontraktion von Actomyosin, in denen aber das Actomyosin noch zum Teil an die Struktur gebunden ist.

Darstellung des Fasermodells.

Mit Wasser-Glycerinmischungen kann man aus Muskelfasern alle Kristalloide und ~20% des Proteins, hauptsächlich Myogen, extrahieren[4]. Der Anteil des Actomyosins

---

[1] Portzehl, H.: Z. Naturforsch. **6** b, 355 (1951).
[2] Weber, H. H.: Pflügers Arch. **235**, 205 (1934).
[3] Noll, D., u. H. H. Weber: Pflügers Arch. **235**, 234 (1934).
[4] Szent-Györgyi, A.: Chemistry of Muscular Contraction. 2nd ed. S. 151. New York 1951.

wächst hierdurch von ~50 % im lebenden Muskel auf ~ 65 %. Solche glycerinextrahierten Fäden wurden besonders von PERRY[1] und WEBER[2] hergestellt.

Darstellung von Einzelfasern nach WEBER[2].

Der Psoas eines frischgetöteten Kaninchens wird bis zur Erschöpfung mit Hilfe eines Induktoriums gereizt, um die Kontrakturen zu vermeiden, die sonst beim Einlegen in die Extraktionsflüssigkeit auftreten. Nach Abpräparieren des oberflächlichen Bindegewebes werden Bündel von 1—2 mm Dicke hergestellt, möglichst ohne die Fasern zu zerren. Die Bündel kommen für 12—24 Std in das 50—100fache Volumen einer Lösung von 30 %igem Glycerin und 0,01 m Natriumphosphat (1:1), p_H 7,0 von 0°. Weiterhin werden sie in einer 96 %igen Glycerinlösung, 0,01 m Natriumphosphat (primär:sekundär 1,5:1), p_H ~7,1 bei 0° aufbewahrt. Der Zeitraum, in dem noch befriedigende Spannungen auftreten, variiert zwischen 1—3 Wochen.

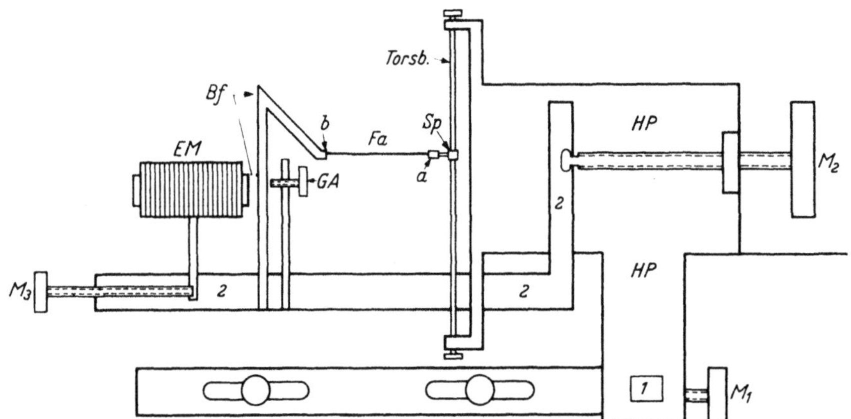

Abb. 45. Dynamo-Dilatometer für Einzelfasern von oben gesehen. Die Grundplatte *(Grpl)*, die auf dem Mikroskoptisch aufgeschraubt ist, trägt auf einem senkrechten Metallstab (1) die Halteplatte *(HP)*, die mit der Mikrometerschraube (M_1) an dem Metallstab (1) herauf und herunter geschraubt werden kann. An der Halteplatte ist das Torsionsband (*Torsb.*) mit dem Spiegel (*Sp*) und der Präparateklemme (*a*) befestigt. Auf der Halteplatte (*HP*) ist mit einer Mikrometerspindel (M_2) verschieblich befestigt eine Trägerplatte (2). Sie trägt die Blattfeder (*Bf*), an der die Präparateklemme (*b*) sitzt. Sie trägt ferner — durch die Mikrometerspindel (M_3) verschieblich gemacht — den Elektromagneten (*EM*) und in starrer Verbindung den Gegenanschlag (*GA*)[2].

Die Einzelfasern werden unter dem binokularen Mikroskop präpariert, in einer Lösung von 50 %igem Glycerin, 0,01 m Natriumphosphat (1:1), p_H 7,0, frühestens nach 12stündigem Aufenthalt in 96 %igem Glycerin. Das Alter des Kaninchens soll zwischen 8 und 12 Monaten liegen. Wenn die Kaninchen zu jung sind, reißen die Fasern zu leicht, wenn sie zu alt sind, sind die Fasern zu dick. Die Fasern werden unter dem Polarisationsmikroskop auf die Einheitlichkeit ihrer Doppelbrechung, d. h. auf die Intaktheit ihrer Feinstruktur, geprüft. Sie werden ebenfalls in der 96 %igen Glycerinlösung aufbewahrt.

Für den Versuch wird der Durchmesser der Faser mit dem Okularmikrometer an mindestens 10 verschiedenen Stellen der Faser gemessen. Zahlreiche Kontrollen zeigten, daß bei diesem Verfahren der Mittelwert der gemessenen Breite mit dem der Abstände zwischen Ober- und Unterfläche der Faser übereinstimmen.

Lösung für den Versuch: 0,01 m Natriumphosphat, p_H 6,9, die an $MgCl_2$ 10^{-3} m ist. Na-ATP wird in wechselnder Konzentration in der gleichen Pufferlösung gelöst.

Zur Messung von Spannung und Länge verwendet man ein Dynamodilatometer (vgl. Abb. 45).

Das eine Ende der Faser (*Fa*) sitzt in einer Klemme, die durch ihre Befestigung an einem Torsionsband mit Spiegelchen als Spannungshebel wirkt. Das andere Ende der Faser sitzt in einer starren Klemme, deren Abstand von der ersten Klemme durch die Mikrometerspindel (M_2) variiert werden kann. Der starren Klemme können rapide

[1] PERRY, S. V.: Biochem. J. 48, 257 (1951).
[2] WEBER, A.: Biochim. biophysica Acta, N. Y. 7, 214 (1951).

Bewegungen aufgezwungen werden, indem ein Elektromagnet die tragende Blattfeder (*Bf*) plötzlich anzieht oder losläßt, so daß sie an den Gegenanschlag (*GA*) zurückschlägt. Die Größe dieser Bewegung kann variiert werden durch Verschiebung des Elektromagneten mit der Mikrometerspindel (M_4) und durch Verstellen der Anschlagschraube am Gegenanschlag.

Die Präparateklemmen (*a* und *b*) führen senkrecht nach unten in ein Glasschälchen für das Bad.

Bei der außerordentlichen Empfindlichkeit der Präparate gegen Metallspuren müssen die Backen der Klemmen aus Kunststoff hergestellt sein. Das Bad ist seitlich und von unten von einem Temperaturbad mit Wasserdurchlauf umgeben. Kleine Thermometer im Bad und Temperatursystem.

Die Abstandsänderungen der beiden Präparatklemmen werden an einer Millimeterskala grob und an der Trommel der Mikrometerspindel fein abgelesen. Die Spannungsänderungen werden als Ausschläge des Lichthebels auf einer Millimeterskala in 2,20 m Entfernung abgelesen oder photokymographisch registriert.

Die Anordnung ist frei von thermischen Fehlern, aber nicht streng isometrisch.

Für die Einzelfaser sind die Oberflächenspannung des Bades und Strömungen im Bad bereits deutliche mechanische Beanspruchungen. Deshalb bei Änderung des Bades absaugen und wieder auffüllen, so daß die Faser dauernd untergetaucht bleibt.

Beide Modelle (Fäden, Fasern) verkürzen sich auf ATP mit dem gleichen Verkürzungsgrad und der gleichen eigenartigen Temperaturabhängigkeit.

VARGA[1] hat gezeigt, daß Faserbündel aus dem Kaninchenpsoas von 0,2—0,5 mm Dicke beim Zufügen von ATP sich auf etwa $^1/_4$ ihrer Länge verkürzen und Spannungen bis zu 2 kg/cm² entwickeln. WEBER[2] fand sogar Spannungen bis zu 4 kg/cm².

Auch die Doppelbrechung der Fasermodelle nimmt bei der Kontraktion ebenso schnell ab wie die des Muskels[3].

Durch Entfernung der Mg^{++}-Spuren mit Hexametaphosphat kann man die Kontraktion verhindern[4] ebenso wie durch Vergiften mit Salyrgan.

NESSLERs Reagens, das Kontraktion von Sehnen bewirkt[5-7], kann auch Muskelfasern und Actomyosin zur Verkürzung bringen[8].

Physikalische Eigenschaften. SCHRAMM und WEBER[9] trennten als erste die Muskelextrakte mit hochkonzentrierten Salzlösungen in der Ultrazentrifuge und fanden außer dem einheitlich sedimentierenden L-Myosin (vgl. S. 516) mehrere schnell sedimentierende Komponenten (S-Myosine). Später wurde klar, daß S-Myosin mit dem Actomyosin von SZENT-GYÖRGYI und seiner Schule[10] identisch ist. Nach der Sedimentationsgeschwindigkeit zu schließen, gibt es mehrere natürliche Actomyosine, von denen jedes mit scharf definierter Geschwindigkeit sedimentiert. Die Geschwindigkeiten sind von Präparat zu Präparat verschieden[11]. Die Wechselwirkung der Einzelteilchen ist aber offenbar bei den verschiedenen Actomyosinen annähernd gleich[11].

Die *Sedimentationskonstanten* von Actomyosin liegen zwischen $S^0_{20} \sim 90$—280[12]. Es war bisher nicht möglich, saubere *Diffusionsgradientenkurven* für Actomyosin zu erhalten[13].

Die *Viscosität* der S-Myosine (Actomyosin) ist für jedes Präparat verschieden und fällt auf ATP-Zusatz auf einen Wert ab, der sich additiv aus der Viscosität von Myosin

[1] VARGA, L.: Hung. Acta physiol. **1**, 1 (1946).
[2] WEBER, H. H., u. H. PORTZEHL: Ergebn. Physiol. **47**, 369 (1952).
[3] STRÖBEL, G.: Z. Naturforsch. **7b**, 102 (1952).
[4] PORTZEHL, H.: Z. Naturforsch. **7b**, 1 (1952).
[5] PRYOR, M.: Progr. Biophysics **1**, 512 (1950).
[6] PRYOR, M.: Nature **171**, 213 (1953).
[7] BANGA, I., J. BALO and D. SZABO: Nature **174**, 788 (1954).
[8] LAKI, K., and W. J. BOWEN: Biochim. biophysica Acta, N. Y. **16**, 301 (1955).
[9] SCHRAMM, G., u. H. H. WEBER: Kolloid-Z. **100**, 242 (1942).
[10] SZENT-GYÖRGYI, A.: Chemistry of Muscular Contraction. 2nd ed. S. 72. New York 1951.
[11] WEBER, H. H., u. H. PORTZEHL: Ergebn. Physiol. **47**, 425 (1952).
[12] PORTZEHL, H., G. SCHRAMM u. H. H. WEBER: Z. Naturforsch. **5b**, 61 (1950).
[13] PORTZEHL, H.: Z. Naturforsch. **5b**, 75 (1950).

und Actin zusammensetzt (vgl. Abb. 41, S. 505). Da die Viscosität von Actin sehr gering ist, bedeutet das praktisch die Viscosität von Myosin. Die spezifische Viscosität und demgemäß ihr Abfall nach dem Zufügen von ATP hängen von dem relativen Verhältnis von Actin und Myosin ab und von dem Zustand der Stammlösungen, aus dem das Actomyosin gebildet wurde[1]. Die Viscosität von Actomyosinlösungen nimmt mit der Zeit schnell ab[1]. Die „intrinsic viscosity" von Actomyosin, das mit Austauschern ionenfrei gemacht wurde, ist viel größer und stärker als diejenige von Actomyosin, das wie üblich in Salzlösungen $\Gamma/2 = 0{,}5$—0,6 gelöst ist[2].

Im *Elektronenmikroskop* sieht man, wenn die Stammlösungen, aus denen das Actomyosin hergestellt wurde, stark verdünnt sind[3], Fäden zwischen mehreren tausend Å Länge und 50—250 Å Dicke[4-8].

Nach Lichtzerstreuungsmessungen geben Blum und Morales[9] Molekülgrößen zwischen $5 \cdot 10^6$ und $66 \cdot 10^6$ an.

Die Strömungsdoppelbrechung von Actomyosin ist sehr hoch, aber noch nicht quantitativ gemessen.

Denaturierung, Stabilität. Wenn man eine Salzlösung von Actomyosin mit der gleichen Menge Glycerin verdünnt, bleibt bei — 20° seine Kontrahierbarkeit über Monate erhalten[10]. Mit Cu-Ionen geht die Fähigkeit von Actomyosin, mit ATP zu kontrahieren, ganz, mit Zn-Ionen teilweise verloren. Die Faktoren, die die Dissoziation von Actomyosin beeinflussen, sind S. 529 erwähnt. Ebenso dissoziierend wirken anscheinend die von Edsall und Mehl[11] angegebenen „denaturierenden" Reagentien. Bei p_H 10 und darüber wird die ATPase-Aktivität von Actomyosin irreversibel zerstört[12]. Wenn Actomyosinfäden durch Hitze denaturiert werden, ziehen sie sich zusammen[13]. Ebenso kontrahieren sie sich bei Denaturierung durch Nesslers Reagens, SCN^- und J^-[14,15]. Actomyosin aus Fischmuskel wird durch Frieren leichter denaturiert als das aus Kaninchenmuskel[16,17]. Auch durch hohe Salzkonzentrationen wird es denaturiert[18].

Bestimmung. Im allgemeinen wurde Actomyosin mit der viscosimetrischen Methode von Straub und Mitarbeitern[19] bestimmt. Wegen der anomalen Viscosität von Actomyosin befriedigt sie aber nicht. Empfindlicher ist der Test nach Mihalyi[20], bei dem die Superpräcipitation nach Zufügen von ATP bei 0,1 m KCl-Konzentrationen gemessen wird.

ε) *Tropomyosin.*

Bailey[21] fand 1946 eine neue Proteinart im Muskel, das Tropomyosin. Er kristallisierte es aus Kaninchenskeletmuskel, Schweine-, Pferdeherz- und Schellfischmuskel[22].

[1] Jaisle, F.: B. Z. **321**, 451 (1951).
[2] Wassermann, A.: J. polymer Sci. **23**, 871 (1957).
[3] Weber, H. H., u. H. Portzehl: Ergebn. Physiol. **47**, 452 (1952).
[4] Ardenne, M. v., u. H. H. Weber: Kolloid-Z. **97**, 322 (1941).
[5] Hall, C. E., M. A. Jakus and F. O. Schmitt: Biol. Bull. **90**, 32 (1946).
[6] Jakus, M. A., and C. E. Hall: J. biol. Ch. **167**, 705 (1947).
[7] Snellman, O., and T. Erdös: Biochim. biophysica Acta, N. Y. **2**, 660 (1948).
[8] Perry, S. V., R. Reed, W. T. Astbury and L. C. Spark: Biochim. biophysica Acta, N. Y. **2**, 674 (1948).
[9] Blum, J. J., and M. F. Morales: Arch. Biochem. **43**, 208 (1953).
[10] Szent-Györgyi, A.: Chemistry of Muscular Contraction. 2nd ed. S. 151. New York 1951.
[11] Edsall, T., and J. W. Mehl: J. biol. Ch. **133**, 409 (1940).
[12] Blum, J. J.: Arch. Biochem. **43**, 176 (1953).
[13] Weber, H. H.: Pflügers Arch. **235**, 205 (1934).
[14] Laki, K., and W. J. Bowen: Biochim. biophysica Acta, N. Y. **16**, 301 (1955).
[15] Bowen, W. J., and K. Laki: Amer. J. Physiol. **185**, 92 (1956).
[16] Snow, J. M.: J. Fisheries Res. Board Canada **7**, 599 (1950).
[17] Dyer, W. J.: Food Res. **16**, 522 (1951).
[18] Hamoir, G.: Adv. Protein Chem. **10**, 256 (1955).
[19] Balenovic, K., and F. B. Straub: Stud. Inst. med. Chem. Szeged **2**, 17 (1942).
[20] Mihalyi, E.: Enzymologia **14**, 224 (1950).
[21] Bailey, K.: Nature **157**, 368 (1946).
[22] Bailey, K.: Biochem. J. **43**, 271 (1948).

Kaninchenmuskel enthält ungefähr 0,5% Tropomyosin, das ist 2,6% des gesamten Muskelproteins und 4—5% der Myosinfraktion. Schweineherzmuskel enthält 0,21%. In der Aminosäurezusammensetzung (vgl. Tabelle 72) und in der α-Helixkonfiguration[1] ist es dem Myosin sehr ähnlich. Es kristallisiert aus verdünnten Salzlösungen in starkdoppelbrechenden Plättchen, die zu 90% aus Wasser bestehen[2]. BAILEY[2] sowie PERRY[3] konnten zeigen, daß es ein Teil der Muskelfibrille und nicht etwa des Sarkoplasmas ist. PERRY hat es sogar aus isolierten, sarkoplasmafreien Muskelfibrillen dargestellt. Wenn man Tropomyosin und Actin im Verhältnis 50:50 mischt, entspricht die Aminosäurezusammensetzung des Gemisches der von Myosin[4]. Nach LAKI[5] soll Tropomyosin gemeinsam mit Actin und einer dritten unbekannten Komponente das Myosin aufbauen.

Tropomyosin ist in Wasser und verdünnten Salzlösungen löslich, fällt aber in beiden in der Nähe des isoelektrischen Punktes aus. Es hat also doch Globulineigenschaften. Im Gegensatz zum Actin wird es in Neutralsalzlösungen depolymerisiert. In Abwesenheit von Salz steigt seine Viscosität enorm an und es bilden sich Fasern von gleichmäßiger Breite und verschiedener Länge.

Neuerdings haben BAILEY[6, 7] sowie KOMINZ und Mitarbeiter[5, 8–10] aus glatten und quergestreiften Muskeln von Invertebraten sowie aus glatten Muskeln von Säugetieren verschiedene Tropomyosine dargestellt (vgl. Tabelle 72).

Der glatte Teil des Schließmuskels von Auster und Pinna nobilis enthält 25—30% eines Tropomyosins mit ausgesprochenen Globulineigenschaften. Es ist in Wasser unlöslich. Es kristallisiert leicht in Nadeln und ist unempfindlich gegen organische Lösungsmittel. Seine Aminosäurezusammensetzung unterscheidet sich von der des Tropomyosins aus Kaninchenmuskel hauptsächlich dadurch, daß Lysin durch Arginin, Glutaminsäure durch Asparaginsäure ersetzt ist und daß es mehr Amidgruppen besitzt (vgl. Tabelle 72). Es ist stark doppelbrechend und hat eine hohe Viscosität. Nach BAILEY[13] soll es identisch sein mit dem *Paramyosin* von BEAR und Mitarbeitern[11, 12] (vgl. S. 500).

Die bandförmigen Filamente von Paramyosin, die aus glatten Muskelfasern von Mollusken isoliert wurden, ähneln nämlich in ihrer submikroskopischen Struktur den Kristallen des aus diesen Muskeln isolierten Tropomyosins[13]. Wenn man die glatten Muskeln der Mollusken mechanisch zerkleinert, bleiben die Paramyosinelemente in Form von langen flachen Bändern zurück[14]. Es scheint, daß im intakten Muskel Paramyosin in allen Filamenten der Fibrille vorhanden ist[15]. Nachdem Tropomyosin bei neutralem p_H vollkommen aus dem Muskelbrei extrahiert worden ist, wird mit WEBER-Lösung ein weiteres Protein extrahiert und bei $\Gamma/2 = 0{,}15$ nadelförmig wieder ausgefällt. Die Nadeln hatten die Kristallstruktur von wasserunlöslichem Tropomyosin[16]. Auch die von KOMINZ und Mitarbeitern[10] aus dem Uterus verschiedener Säugetiere und aus der Harnblase des Rindes dargestellten Tropomyosine kristallisieren nadelförmig und sind offenbar den von BAILEY[7] neuerdings gefundenen ähnlich.

1 ASTBURY, W. T., R. REED and L. C. SPARK: Biochem. J. **43**, 282 (1948).
2 BAILEY, K.: Biochem. J. **43**, 271 (1948).
3 PERRY, S. V.: Biochem. J. **55**, 114 (1953).
4 KOMINZ, D. R., A. HOUGH, P. SYMONDS and K. LAKI: Arch. Biochem. **50**, 148 (1954).
5 LAKI, K.: J. cellul. comp. Physiol. **49**. Suppl. **2** (1957).
6 BAILEY, K.: Biochem. J. **64**, 9 P (1956).
7 BAILEY, K.: Biochim. biophysica Acta, N. Y. **24**, 612 (1957).
8 KOMINZ, D. R., and F. SAAD: Fed. Proc. **15**, 112 (1956).
9 KOMINZ, D. R., F. SAAD and K. LAKI: Nature **179**, 206 (1957).
10 KOMINZ, D. R., F. SAAD, J. A. GLADNER and K. LAKI: Arch. Biochem. **70**, 16 (1957).
11 BEAR, R. S. : Am. Soc. **66**, 2043 (1944).
12 SELBY, C. C., and R. S. BEAR: J. biophys. biochem. Cytol. **2**, 55 (1956).
13 HANSON, J., J. LOWY, H. E. HUXLEY, K. BAILEY, C. M. KAY and J. C. RUEGG: Nature **180**, 1134 (1957).
14 HALL, C. E., M. A. JAKUS and F. O. SCHMITT: J. appl. Physics **16**, 459 (1945).
15 ELLIOT, G. F., J. HANSON and J. LOWY: Nature **180**, 1291 (1957).
16 RUEGG, J. C.: Helv. physiol. Acta **15**, 2, 33 (1957).

In den Muscheln findet sich außerdem ein kleiner Teil eines wasserlöslichen Tropomyosins, das in dicken Platten kristallisiert, dem Kaninchentropomyosin ähnelt und wie dieses ein höheres Verhältnis von sauren zu basischen Gruppen besitzt (vgl. Tabelle 72). Auch das aus dem Skeletmuskel von Crustaceen und Amphibien und aus dem glatten Muskel von Entenmagen erhaltene Tropomyosin[1, 2] sowie das von BAILEY[3] aus Kephalopodenmuskel (Octopus vulgaris) und von YOSHIMURA[4] aus Tintenfisch gewonnene löst sich leicht in Wasser und gleicht dem aus Kaninchenmuskel.

Die Aminosäurezusammensetzung und die Anzahl der sauren und basischen Gruppen der verschiedenen Tropomyosine sind in Tabelle 72 einander gegenübergestellt.

Darstellung. Die Fällungsgrenzen von Kaninchentropomyosin liegen zwischen 45 und 60% Ammoniumsulfatsättigung. Es wird durch Trichloressigsäure gefällt.

Von TSAO und BAILEY[5] wird eine Methode angegeben, bei der Myosin, Actin und Tropomyosin in einem Arbeitsgang dargestellt werden können (vgl. S. 523).

Darstellung und Kristallisation von Tropomyosin aus Kaninchenmuskel nach BAILEY[5, 6].

Schritt 1. Frisch präparierte Kaninchenmuskel zerkleinert man, mischt sie mit einem gleichen Volumen Wasser und homogenisiert 1 min. Nach $^1/_2$stündigem Stehen drückt man den Saft in der Handpresse aus und fügt ein gleichesVolumen Äthylalkohol zu dem Rückstand. Man preßt die Flüssigkeit nochmals ab und behandelt den Rückstand mit dem 4fachen Volumen einer 1:1 Äthylalkohol-Wasser-Mischung. Dann wäscht man 2mal mit 97%igem Äthylalkohol und 2mal mit Äther. Man trocknet das fibröse Material bei Zimmertemperatur an der Luft und bringt es, während es noch ätherhaltig ist, in m KCl-Lösung (700 cm³/100 g). Den p_H stellt man mit n NaOH auf 7 ein. Nach 12 Std bei 15—20° wird die überstehende Flüssigkeit viscös. Man preßt sie durch ein Musselintuch. Den Rückstand extrahiert man noch einmal ebenso mit m KCl-Lösung 1—2 Std und preßt die Flüssigkeit in einer Handpresse aus.

Schritt 2. Die vereinigten, nicht filtrierten Extrakte säuert man mit n HCl auf p_H 4,3 an (mit Bromkresolgrün gelbgrün). Nach 1 Std zentrifugiert man den Niederschlag ab und erhält einen klaren Überstand. Den Niederschlag verteilt man in 5 Vol.Wasser und stellt mit n NaOH auf p_H 7 ein. In diesem Stadium bleibt ein Teil der ursprünglich löslichen Proteine als denaturiertes Material suspendiert, während das Tropomyosin in Lösung geht. Denaturiertes Protein und faseriger Rückstand werden beim nächsten Schritt entfernt.

Schritt 3. Man mißt das gesamte Volumen und fügt 0,7 Vol. gesättigtes Ammoniumsulfat (das 0,01 Vol. konz. Ammoniak enthält) unter kräftigem Rühren zu. Den flockigen Niederschlag von denaturiertem Protein zentrifugiert oder filtriert man ab. Es hinterbleibt eine klare Flüssigkeit, zu der man festes Ammoniumsulfat bis 70% Sättigung zufügt. Den Tropomyosin-Niederschlag filtriert man unter Druck ab und läßt über Nacht abtropfen. Dann löst man ihn in Wasser und dialysiert 24 Std gegen große Mengen Wasser.

Schritt 4. Die dialysierte Lösung versetzt man mit soviel HCl, bis das Tropomyosin maximal ausfällt (p_H 4,5), zentrifugiert den Niederschlag ab, verteilt ihn in Wasser und bringt auf p_H 7. Nun wiederholt man das Aussalzen von Schritt 3 mit dem Unterschied, daß die anfängliche Ammoniumsulfatkonzentration zwischen 41% Sättigung und dem Punkt, bei dem sich eine schwache Trübung zeigt (45—47% Sättigung) eingestellt wird. Diesen Niederschlag, der Tropomyosin und Verunreinigungen enthält, verwirft man und

[1] SHENG, P. K., and T.-C. TSAO: Sci. sin., Peking **4**, 157 (1955) [BAILEY, K.: Biochim. biophysica Acta, N. Y. **24**, 612 (1957)].
[2] TSAO, T.-C., P. H. TAN and C. M. PENG: Sci. sin., Peking **5**, 91 (1956).
[3] BAILEY, K.: Biochim. biophysica Acta, N. Y. **24**, 612 (1957).
[4] YOSHIMURA, K.: Hokkaido Univ. School of Fisheries, Bull. **21**, 1249 (1949).
[5] TSAO, T.-C., and K. BAILEY: Biochim. biophysica Acta, N. Y. **11**, 102 (1953).
[6] BAILEY, K.: Biochem. J. **43**, 271 (1948).

bringt den Überstand mit Ammoniumsulfat auf 70% Sättigung, filtriert das Tropomyosin ab, löst und dialysiert es und wiederholt diese Reinigung nach Schritt 4.

Schritt 5. Den Niederschlag von Tropomyosin, den man schließlich erhält, löst man in Wasser, filtriert durch Papierbrei, dialysiert 2 Tage bei 0° gegen häufig gewechseltes dest. Wasser (dabei hält man den p_H innerhalb des Dialysierschlauches auf 6,5) und schließlich gegen 0,1 m KCl-Lösung. (Man prüft auf Ammoniumfreiheit, indem man einen kleinen Teil der Lösung mit Trichloressigsäure fällt und im Filtrat den Stickstoff bestimmt.) Dann fällt man mit 1,5 Vol. Äthylalkohol und trocknet den Niederschlag mehrmals mit Alkohol und schließlich mit Äther. Man kann das Entwässern des Proteins dadurch beschleunigen, daß man es auf einem Glassinterfilter ausdrückt.

Das Protein kann entweder nach dem Trocknen bei 0° oder nach einer Fällung als ammoniumsulfathaltige Paste bei 0° aufbewahrt werden.

Wenn man es zur Analyse braucht, kann man es nach dem Trocknen mit Alkohol-Äther noch weiter reinigen[1]. Man löst in Wasser, dialysiert gegen 0,1 m KCl-Lösung und zentrifugiert das aggregierte Protein ab. Man wiederholt die Äthylalkoholbehandlung und Dialyse noch einmal, wenn sich eine kleine Menge Verunreinigung abscheidet, und erhält dann eine klare Lösung.

Kristallisation[2]. Das Protein kristallisiert auch aus unreinen Lösungen schnell. Man dialysiert eine 2—3%ige Lösung (p_H 6,5—7) bei 0° gegen eine Salzlösung, die 16 g Ammoniumsulfat je *l* enthält und in bezug auf Acetatpuffer von p_H 5,4 0,01 m ist. Sobald der p_H der Lösung 5,8—6,0 erreicht hat, setzen sich im Dialysierschlauch Kristalle ab.

HAMOIR[3, 4] hat aus Fischmuskel mit Salzlösungen (Gemische von 0,1 m KH_2PO_4-Lösung und 0,15 m KCl-Lösung) zwischen p_H 5 und 7 Tropomyosin direkt extrahiert. Die besten Ausbeuten an Tropomyosin erhält er bei niedrigem p_H und kurzer Extraktionsdauer oder aus Fischmuskel, der längere Zeit gefroren aufgehoben worden war. Er erhält außer dem freien Tropomyosin auch einen Tropomyosin-Nucleinsäurekomplex.

Das globulinartige Tropomyosin[5] aus dem Schließmuskel der Muscheln (s. oben) ist leicht zu gewinnen, indem das Alkoholtrockenpulver des Muskels mit m KCl extrahiert, durch Papierbrei filtriert, gegen 0,4 m KCl und schließlich gegen 0,2 m KCl dialysiert wird. Dabei fällt ein dicker kristallisierter Niederschlag aus.

Von Ammoniumsulfat wird dieses Tropomyosin schon bei 30% Sättigung ausgefällt, das wasserlösliche, das dem Kaninchentropomyosin gleicht, erst zwischen 40 und 70% Sättigung.

***Eine einfache Darstellung zur Isolierung und Kristallisation von Tropomyosin aus dem Muskel von Venus mercenaria nach* LAKI[6].**

Schließmuskel wird im Fleischwolf gemahlen, 2mal 10 min mit 10 Vol. 4%iger $NaHCO_3$-Lösung unter gelegentlichem Rühren gewaschen. Man gießt durch ein Koliertuch, wäscht 15 min mit 10 Vol. dest. kaltem Wasser und trennt erneut auf dem Koliertuch ab. Daraufhin suspendiert man den auf dem Koliertuch verbliebenen Rückstand für 10 min in 5 Vol. Aceton, rührt gelegentlich und suspendiert dann in 3 Vol. Aceton. Von dem entwässerten Rückstand läßt man das Aceton abfließen und trocknet ungefähr 2 Std bei Zimmertemperatur.

4 g des so behandelten Pulvers extrahiert man unter gelegentlichem Rühren 25 min mit 80 cm³ 0,3 m kalter KJ-Lösung, die 1 mg Ascorbinsäure enthält.

Der Rückstand wird erneut 15 min mit 40 cm³ KJ-Lösung extrahiert und durch ein Koliertuch filtriert.

---

1 BAILEY, K.: Biochem. J. **49**, 23 (1951).
2 BAILEY, K.: Biochem. J. **43**, 271 (1948).
3 HAMOIR, G.: Biochem. J. **48**, 146 (1951).
4 HAMOIR, G.: Biochem. J. **50**, 140 (1951).
5 BAILEY, K.: Biochim. biophysica Acta, N. Y. **24**, 612 (1957).
6 LAKI, K.: Arch. Biochem. **67**, 240 (1957).

Die vereinigten Extrakte (110 cm^3) werden abzentrifugiert. Die hinterbleibende klare Lösung enthält 2—3 mg Protein je cm^3. (Wenn man Kaninchenmuskel genauso behandelt, erhält man eine F-Actin-Lösung.) Daraufhin 2stündige Dialyse gegen 1 *l* 0,1 m KCl, dann 40 cm^3 Phosphatpuffer (6 cm^3 0,2 m $Na_2HPO_4 + 34$ cm^3 0,2 m KH_2PO_4) zur Dialysierflüssigkeit fügen (p_H 6). Sobald der Puffer eindringt, beginnt die Kristallisation, die nach 24 Std beendet ist (gelegentlich rühren). Ungefähr 60 mg Protein.

Physikalische Eigenschaften. *Elektrophorese.* Bei p_H 2,9 und 6,45 ist Tropomyosin aus Kaninchenmuskel elektrophoretisch einheitlich[1]. Der *isoelektrische Punkt* liegt bei p_H 5,1[1]. *Molekulargewicht.* Aus dem osmotischen Druck haben BAILEY und Mitarbeiter[2] für Kaninchenskeletmuskel-Tropomyosin ein Mol.-Gewicht von 88000, aus Sedimentationsmessungen eines von 92700 errechnet. Später fanden TSAO, BAILEY und ADAIR[3], daß das Mol.-Gewicht stark von der Ionenstärke abhängt. In Salzlösungen (p_H 6,5) fällt das durchschnittliche Teilchengewicht bei zunehmender Ionenstärke (Abb. 46) und nähert sich dem Wert, der in einem depolymerisierenden Reagens wie 6,7 m Harnstofflösung gefunden wird. In Säure von p_H 2 ist das Mol.-Gewicht ~53000 ähnlich dem in Harnstoff; in Alkali, p_H 12, ist es 61000. Aus Salzlösungen, Säure oder Alkali zurückgewonnenes Tropomyosin verhält sich genauso wie das Ausgangsmaterial. Das Monomere des Tropomyosins soll ein Mol.-Gewicht von 53000 haben. Aus den Aminosäuren berechnet beträgt es 62000[4]. Die *Sedimentationskonstante* $S_{20,\,w\,(c=0)}$ ist für alle Tropomyosine ~3,00[4,5]. Mit *Fluorescenz-Polarisation* wurde ein Mol.-Gewicht von 52000 gefunden[6]. Das *spezifische Partialvolumen* beträgt: gefunden 0,71; berechnet 0,735[1]. BAILEY und Mitarbeiter[3] halten für möglich, daß Tropomyosin ein Cyclopeptid ist, da keine Aminoendgruppe gefunden wurde (s. S. 541).

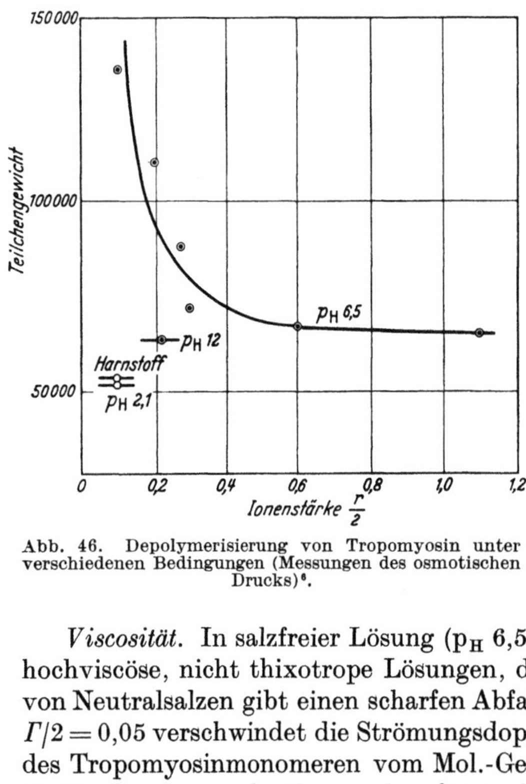

Abb. 46. Depolymerisierung von Tropomyosin unter verschiedenen Bedingungen (Messungen des osmotischen Drucks)[6].

Viscosität. In salzfreier Lösung (p_H 6,5—7) gibt Kaninchenskeletmuskel-Tropomyosin hochviscöse, nicht thixotrope Lösungen, die Strömungsdoppelbrechung zeigen. Zufügen von Neutralsalzen gibt einen scharfen Abfall der Viscosität, und bei einer Ionenstärke von $\Gamma/2 = 0{,}05$ verschwindet die Strömungsdoppelbrechung. Die „intrinsic viscosity" $[\eta] \times 10^2$ des Tropomyosinmonomeren vom Mol.-Gewicht 53000 beträgt in HCl und in Harnstoff 52,3[3]. Genaueres darüber s. das Original und [6]. Das *Achsenverhältnis*, berechnet aus Viscosität und Aminosäureresten für ein Mol.-Gewicht von 52900, ist für das wasserfreie Molekül ~26, für das hydratisierte (25% Wassergehalt) 22—23. Tropomyosin soll ein gestrecktes Ellipsoid sein[3].

Das *Röntgendiagramm* ist ein typisches α-Diagramm[7]. Im *Elektronenmikroskop* zeigt polymerisiertes Tropomyosin Fasern mit einer Breite von 200—300 Å und einer Länge von 3000—6000 Å. *Löslichkeit.* Oberhalb p_H 6,5 und unterhalb p_H 4,5 ist Tropomyosin aus Kaninchenskeletmuskel in Wasser und verdünnten Salzlösungen löslich[1]. Zwischen p_H 4,5 und 5,3 ist es in 0,01 m NaCl-Lösung vollkommen unlöslich. Unterhalb von p_H 4

[1] BAILEY, K.: Biochem. J. **43**, 271 (1948).
[2] BAILEY, K., A. GUTFREUND and A. G. OGSTON: Biochem. J. **43**, 279 (1948).
[3] TSAO, T.-C., K. BAILEY and G. S. ADAIR: Biochem. J. **49**, 27 (1951).
[4] KOMINZ, D. R., F. SAAD, J. A. GLADNER and K. LAKI: Arch. Biochem. **70**, 16 (1957).
[5] KOMINZ, D. R., F. SAAD and K. LAKI: Nature **179**, 206 (1957).
[6] BAILEY, K.: NEURATH-BAILEY, Proteins Bd. II B, S. 951.
[7] ASTBURY, W. T., R. REED and L. C. SPARK: Biochem. J. **43**, 282 (1948).

ist es in Abwesenheit und in Gegenwart von Salz in HCl löslich. Eine 2%ige Lösung in Wasser bei p_H 6,5 ist wasserklar.

Analytische Daten. Kaninchen-Tropomyosin enthält: N = 16,6—16,7%, P = 0,02%, organischen S = 0,8%, Gesamt-Kohlenhydrat < 0,2% und Amid-N = 0,9%[1]. In Tabelle 72

Tabelle 72. *Aminosäurezusammensetzung einiger Muskeleiweißkörper* (Aminosäure in g je 100 g Protein)[2-4].

	Actin	Myosin	H-Meromyosin	L-Meromyosin	Tropomyosine: Octopus (Tentakelmuskel)	Tintenfisch (Squid)	Muschel (Pinna) Schließmuskel	Kaninchen (Skeletmuskel)	Kaninchen, Rind, Mensch (Uterusmuskel)	Rind (Harnblase)
Gesamt-S . . .	1,32	0,98	—	—	—	—	—	0,72	—	—
Glykokoll . . .	5,02	2,92	3,38	1,80	1,22	2,13	0,92	0,94	0,82	0,6
Alanin	6,31	6,94	6,50	6,75	7,00	8,47	9,05	9,78	9,4	9,6
Valin	4,92	4,92	5,27	4,57	3,79	2,90	4,16	4,45	4,45	4,45
Leucin	8,25	10,35	10,20	11,13	13,60	12,40	13,55	12,44	12,3	12,44
Isoleucin	7,46	5,50	5,50	4,58	4,47	2,58	3,70	3,80	3,14—3,53	3,14—3,53
Prolin	5,06	2,53	3,34	0,97	—	—	—	—	—	—
Cystin/2	1,34	1,03	1,31	0,67	—	0,70	0,30	0,78	—	—
Methionin . . .	4,47	3,28	2,83	2,08	1,98	2,58	2,31	2,38	3,27	3,42
Tryptophan . .	2,04	0,80	0,61	1,22	—	—	—	—	—	—
Phenylalanin . .	4,78	4,46	6,60	1,58	1,09	1,28	1,37	0,58	0,58	0,79
Tyrosin	5,80	3,25	3,80	2,17	1,47	1,45	2,56	2,72	2,35	2,0
Arginin.	6,61	7,13	5,04	8,87	12,20	12,00	13,80	7,30	8,34	8,6
Histidin	2,94	2,32	1,78	2,94	1,70	1,93	0,69	0,85	1,23	1,7
Lysin	7,60	12,40	11,98	12,11	9,61	12,50	9,45	16,06	13,95	13,95
Serin.	5,88	4,31	4,52	3,89	5,44	5,81	5,13	4,20	4,20	4,20
Threonin	7,02	4,88	5,83	4,52	4,40	3,91	2,64	3,33	3,33	3,33
Asparaginsäure .	10,90	11,40	11,80	10,24	12,06	13,20	14,72	11,84	10,90	10,90
Glutaminsäure .	14,85	22,80	20,30	25,60	23,50	31,20	25,37	31,00	31,10	31,40
Amid-N	0,92	1,20	—	—	1,29	1,32	1,63	0,90	(0,9)	0,84
Prozent der gesamten Aminosäurereste:										
Saure Gruppen .	12,90	18,00	—	—	18,40	25,00	19,30	26,90	—	—
Basische Gruppen	12,00	16,10	—	—	16,90	19,10	17,00	18,00	—	—
Überschuß an sauren Gruppen	0,90	1,90	—	—	1,50	5,90	2,30	8,90	—	—
Amid	7,20	10,00	—	—	10,60	10,90	13,30	13,00	—	—

ist der Aminosäuregehalt verschiedener Tropomyosine angegeben. Aus der Aminosäureanalyse geht hervor, daß Actin und Tropomyosin zusammen (je 50%) die gleiche Zusammensetzung haben wie Myosin[2]. Tropomyosin enthält kein Tryptophan. Mit der SANGERschen Methode wurde in keinem der Tropomyosine eine Aminoendgruppe gefunden[5]. Es könnte ein cyclisches Peptid sein, oder die vorhandenen α-Aminoendgruppen reagieren aus irgendeinem Grunde nicht mit DNFB. LOCKER[6] hat sowohl mit Carboxypeptidase als auch mit der Hydrazinmethode nach AKABORI[7] Isoleucin als Carboxylendgruppe gefunden. Nach KOMINZ und Mitarbeitern[4] sollen die Carboxylendgruppen in den Tropomyosinen aus Kaninchenskeletmuskel und aus Rinderharnblase Serin und Isoleucin sein, in denen aus Uterusmuskel Asparagin und Leucin.

[1] BAILEY, K.: Biochem. J. **43**, 271 (1948).
[2] KOMINZ, D. R., A. HOUGH, P. SYMONDS and K. LAKI: Arch. Biochem. **50**, 148 (1954).
[3] BAILEY, K.: Biochim. biophysica Acta, N. Y. **24**, 612 (1957).
[4] KOMINZ, D. R., F. SAAD, J. A. GLADNER and K. LAKI: Arch. Biochem. **70**, 16 (1957).
[5] BAILEY, K: Biochem. J. **49**, 23 (1951).
[6] LOCKER, R. H.: Biochim. biophysica Acta, N. Y. **14**, 533 (1954).
[7] AKABORI, S., K. OHNO and N. NAMITA: Bull. chem. Soc. Jap. **25**, 214 (1952).

Alle nativen Tropomyosine enthalten 2 freie —SH-Gruppen je Molekül[1].

Denaturierung. Durch Erhitzen auf 100°, p_H 6,3 in 0,1 m Salzlösung wird Tropomyosin nicht denaturiert[2], ebenfalls nicht durch entwässernde organische Lösungsmittel wie Äthylalkohol oder Äther. Auch durch niederen p_H (2) und hohen p_H (12) wird es nicht verändert. Nach Lösen in konz. Harnstofflösung hat es noch die gleichen Löslichkeitseigenschaften, ist aber nicht mehr kristallisierbar.

ζ) Actotropomyosin.

Aus Uterusmuskel läßt sich Actotropomyosin (ATM) in derselben Weise extrahieren[3, 4] wie Actomyosin aus Skeletmuskel. Während bei kurzfristiger Salzextraktion von Skeletmuskel vorwiegend Myosin in Lösung geht, enthalten Uterusextrakte unter denselben Bedingungen Tropomyosin und bereits Actin, jedoch praktisch kein Myosin. ATM fällt beim Verdünnen bei etwas niedrigerer Salzkonzentration aus als Actomyosin. Man kann aus ATM Fäden spritzen, die mit ATP kontrahieren, und ATM-Lösungen ändern ihre Viscosität auf ATP-Zusatz ähnlich wie Actomyosinlösungen. Bei zunehmender Reinigung nimmt die Viscosität der ATM-Lösungen ab, und nach 2- bis 3maligem Umfällen hat ATP keine Wirkung mehr auf die Viscosität und wirkt nicht mehr kontrahierend auf ATM-Fäden. ATM ist also viel instabiler als Actomyosin.

ATM besteht aus $\sim$40% Actin, einem noch nicht definierten Protein, das phosphatabsorbierendes Protein genannt wird, und $\sim$30% Tropomyosin, wahrscheinlich vorwiegend Nucleotropomyosin, das von HAMOIR[5, 6] auch schon aus Fischmuskel gewonnen wurde. Das phosphatabsorbierende Protein, das Phosphataseaktivität hat, kann man mit organischen Lösungsmitteln und Ammoniumsulfat von ATM abtrennen. Im freien Zustand verliert es schnell die Phosphataseaktivität und die Fähigkeit, sich mit Actin zu verbinden. Die Verbindung zwischen dem phosphatabsorbierenden Protein und Nucleotropomyosin ist offenbar sehr locker. Der Komplex wird beim Verdünnen gespalten, und die Nucleotropomyosine bleiben in Lösung. Das ATM aus nichtgraviden Uteri ist stabiler als das aus graviden. Im Uterusmuskel ist das ATM offenbar die Hauptkomponente, kommt aber auch im Herzmuskel und in ganz geringer Menge im Skeletmuskel vor.

η) Y-Protein.

DUBUISSON[7] hat Y-Protein aus Muskel isoliert. Seine Extrahierbarkeit hängt auch, wie die der fibrillären Proteine, von der physiologischen Vorgeschichte des Muskels ab.

Darstellung. Normaler ruhender Muskel, den man bei −20° eingefroren hat, wird im Gefriermikrotom in 50 μ dicke Schnitte zerlegt und 10 min mit 5 Vol. WEBER-EDSALL-Lösung extrahiert (0,6 m KCl, 0,04 m $NaHCO_3$, 0,01 m Na_2CO_3; ATP-Zusatz beeinflußt die Extraktion von Y-Protein nicht). Alle Schritte werden bei $\pm 1°$ durchgeführt. Man bringt bei p_H 6,0 auf 36% Ammoniumsulfatsättigung. Im Niederschlag erhält man Actomyosin, Y-Protein und einige Myogene (Myosin wird erst bei 37—40% Ammoniumsulfatsättigung ausgefällt). Man wäscht den Niederschlag und löst ihn in 0,1 m KCl, p_H 7,6. Dann dialysiert man gegen eine Lösung von $\Gamma/2 = 0{,}05$ (0,015 m Na_2HPO_4). Actomyosin fällt aus, Y-Protein bleibt in Lösung.

LOUIS[8] gelang eine bessere Trennung, wenn er durch Verdünnen erst Actomyosin ausfällte und dann erst bei 35% Ammoniumsulfatsättigung das Y-Protein.

Physikalische Eigenschaften s. Tabelle 67, S. 506.

---

[1] KOMINZ, D. R., F. SAAD, J. A. GLADNER and K. LAKI: Arch. Biochem. **70**, 16 (1957).
[2] BAILEY, K.: Biochem. J. **43**, 271 (1948).
[3] SNELLMAN, O., and M. TENOW: Biochim. biophysica Acta, N. Y. **13**, 199 (1954).
[4] NAESLUND, J., and O. SNELLMAN: Acta Soc. Med. upsal. **59**, 349 (1954).
[5] HAMOIR, G.: Biochem. J. **48**, 146 (1951).
[6] HAMOIR, G.: Biochem. J. **50**, 140 (1951).
[7] DUBUISSON, M.: Nature **166**, 1116 (1950).
[8] LOUIS, P.: Exper. **10**, 258 (1954).

ϑ) X-Protein.

Neuerdings wurde von mehreren Autoren[1-7] beobachtet, daß die Myofibrille noch 10—20% Faserproteine enthält, die nicht mit Actin, Myosin oder Tropomyosin identisch sind. Sie werden von manchen Autoren X-Protein genannt und sind wahrscheinlich identisch mit dem Δ-Protein von AMBERSON[1-3], vielleicht auch mit dem Metamyosin von RAEBER und Mitarbeitern[7].

ι) Δ-Protein.

Δ-Protein wird aus dem gemahlenen Muskel bei hoher Ionenstärke extrahiert, und zwar entweder mit a) ungepuffertem 0,26 m Kaliumpyrophosphat (p_H 9,5) oder mit gepuffertem bei p_H 7,6, b) mit ungepuffertem 1,7 m oder 3,9 m NaCl und c) mit ungepuffertem 1 m KCl. Die Autoren reinigen entweder mit Äthylalkoholfraktionierung oder mit Salyrgan. Weder bei der Elektrophorese noch in der Ultrazentrifuge wurde bisher ein einheitliches Präparat erhalten, und es bedarf noch weiterer Untersuchungen, um das Protein zu charakterisieren und einzuordnen. Setzt man es Actomyosin zu, so wird dieses in seine Komponenten gespalten, und es bildet sich ein Komplex Δ-Protein-Myosin, der Δ-Myosin genannt wird.

Weitere Proteine aus Muskel, die sich bisher nicht einordnen lassen, sind ein kristallisiertes Protein, das durch Extraktion mit 2 m $MgCl_2$ aus Rinder- und menschlichem Muskel gewonnen wurde[8], und 2 Proteine, die nach Verdauung von Rindermuskel mit Pepsin erhalten wurden und Peptomyosin A und B genannt werden[9].

I. Proteine des Nervengewebes.

Einleitung. Die Nervenfaser besteht in der Hauptsache aus 3 Elementen: dem Achsenzylinder oder Axon (die Cytoplasmafortsetzung der Zelle), der Myelin- oder Markscheide und der fibrösen Hülle, von der angenommen wird, daß sie hauptsächlich aus Bindegewebe besteht.

Die normalen Achsenzylinder zeigen Ultrastruktur, sind aber sehr empfindlich gegen jede Veränderung der Umgebung oder Einwirkung von Reagentien, und es ist deshalb schwer, ihr Eiweiß zu untersuchen[10]. Wegen ihres geringen Fettgehaltes schienen die *Nerven von Crustaceen* besonders geeignet zur Untersuchung der *Axonproteine.* SCHMITT und BEAR[11] haben schon 1935 solche Nerven mit Neutralsalzlösungen extrahiert und 65% ihrer gesamten Proteine erhalten. Sie wurden damals für Nucleoproteide gehalten. Neuerdings hat MAXFIELD[12, 13] Hummerscherennerven mit Citratpuffer p_H 7,6 extrahiert und im Extrakt mindestens 5 unterscheidbare Fraktionen erhalten (s. Tabelle 73), von denen er zunächst nur die am schnellsten sedimentierende Fraktion, „Fraktion A", genauer untersuchte, später dann 2 weitere Fraktionen „B" und „C"[13]. Fraktion A ist monodispers, hat ein Mol.-Gewicht von $\sim$ 1,4 Millionen und scheint ein Faserprotein zu

[1] AMBERSON, W. R., J. I. WHITE, H. B. BENSUSAN, S. HIMMELFARB and B. E. BLANKENHORN: Amer. J. Physiol. **188**, 205 (1957).
[2] WHITE, J. I., H. B. BENSUSAN, S. HIMMELFARB, B. E. BLANKENHORN and W. R. AMBERSON: Amer. J. Physiol. **188**, 212 (1957).
[3] BENSUSAN, H. B., J. I. WHITE, S. HIMMELFARB, B. E. BLANKENHORN and W. R. AMBERSON: Amer. J. Physiol. **188**, 219 (1957).
[4] PERRY, S. V.: Physiol. Rev. **36**, 25 (1956).
[5] HUXLEY, H. E., and J. HANSON: Biochim. biophysica Acta, N. Y. **23**, 229, 250 (1957).
[6] HANSON, J., and J. LOWY: Nature **180**, 906 (1957).
[7] RAEBER, L., G. SCHAPIRA et J. C. DREYFUS: Cr. **241**, 1000 (1955).
[8] BOURDILLON, J., and W. H. BAKER: Biochim. biophysica Acta, N. Y. **19**, 178 (1956).
[9] BOURDILLON, J.: Am. Soc. **77**, 5308 (1955).
[10] SCHMITT, F. O.: Adv. Protein Chem. **1**, 40 (1944).
[11] SCHMITT, F. O., and R. S. BEAR: Proc. Soc. exp. Biol. Med. **32**, 943 (1935).
[12] MAXFIELD, M.: J. gen. Physiol. **34**, 853 (1951).
[13] MAXFIELD, M., and R. W. HARTLEY jr.: J. biophys. biochem. Cytol. **1**, 279 (1955).

sein. Sie soll ungefähr 10% des gesamten extrahierten makromolekularen Materials ausmachen. Nach ihrer Absorptionskurve scheint sie ein Protein, aber kein Nucleoproteid zu sein. Inzwischen wurde auch ihre Aminosäurezusammensetzung bestimmt[1], die in Tabelle 76 wiedergegeben ist. Sie soll etwa 20% gebundenes Fett enthalten. Die zwei weiteren von MAXFIELD und Mitarbeitern[2] neuerdings untersuchten Proteinfraktionen aus Hummerscherennerven haben Sedimentationskonstanten von 19,6 und 13,2 und sollen auch bei der Elektrophorese homogen sein. Bei diesen Extrakten aus Crustaceennerven ist nie ganz sicher, ob nur Axoplasma untersucht wird, da ja die gesamten Nerven extrahiert werden.

Deshalb haben BEAR, SCHMITT und YOUNG[3] die *Riesennervenfasern des Tintenfisches* (Loligo paelii) untersucht, da deren *Axoplasma* relativ leicht zu gewinnen ist. Das Axoplasma zeigt eine längsorientierte, geordnete Struktur, und im Elektronenmikroskop finden sich Fasern von 100—150 Å Durchmessser und verschiedener Länge[4,5].

BEAR, SCHMITT und YOUNG[6] konnten mit Ausnahme einer kleinen Menge granulären Materials, das selbst in n NaOH unlöslich war, das gesamte Axoplasma mit Salzlösungen, die mit Meerwasser isotonisch waren, extrahieren. Es bestand zu 90% aus Wasser und enthielt 3—4% Eiweiß, also 30—40% der Trockensubstanz. Sie nannten das Eiweiß „Neuronin", hielten es für den wesentlichen Bestandteil der Nerven, auch von Hummerscheren oder Säugetierhirn, und meinten, daß es ein Nucleoproteid sei, haben es aber weder physikalisch noch chemisch charakterisiert.

Nun hat MAXFIELD[7] das gesamte Axoplasma aus den Riesennervenfasern des Tintenfisches durch vorsichtiges Ausdrücken der Nervenfasern gewonnen, es in Puffern von verschiedenem p_H gelöst und dann in der analytischen Ultrazentrifuge fraktioniert. Es wurden 4 Fraktionen nachgewiesen. Die am schnellsten sedimentierende Fraktion wurde durch mehrmaliges Ultrazentrifugieren gereinigt und genauer charakterisiert. Sie macht ungefähr 10% der makromolekularen Bestandteile des Axoplasmas aus, scheint aber für den größten Teil seiner Viscosität verantwortlich zu sein. Sie soll ein Faserprotein sein, das bei hohem p_H und hoher Ionenstärke dissoziiert. Die Fraktion wurde von MAXFIELD[7] „Axonfilamente" genannt. Diese sind in dem Proteinkomplex, der von SCHMITT und Mitarbeitern[6] „Neuronin" genannt wurde, enthalten. Ob eine Beziehung zwischen „Fraktion A" aus Hummerscherennerven[8] und den „Axonfilamenten" besteht, scheint noch nicht sicher zu sein. Nach dem Absorptionsspektrum sollen sie ein reines Protein sein. Sie enthalten relativ große Mengen assoziiertes Fett, aber nur minimale Mengen Kohlenhydrat[1].

EWALD und KÜHNE[9] extrahierten Nervengewebe mit Fettlösungsmitteln und fanden im Rückstand ein Protein, das von proteolytischen Fermenten nicht angegriffen wurde und nachher weder in Alkali noch in Säure löslich war. Sie nannten es wegen seiner Ähnlichkeit mit dem Horn „*Neurokeratin*" und nahmen an, daß es die Gerüstsubstanz des Nervengewebes bildet und das wesentliche Protein der Myelinscheide ist. Es wurde nur im Nervengewebe (den markhaltigen Nervenfasern, der grauen Substanz des Rückenmarks und des Gehirns und in der Retina) gefunden[9]. Große Mengen anderer Gewebe, die untersucht wurden, enthielten kein Neurokeratin[10]. Seine Existenz wurde vielfach bezweifelt, und es wurde angenommen, daß es bei der Aufarbeitung aus anderen Nervenproteinen entstanden sein könnte[10]. Nun hat BLOCK[10] die Aminosäurezusammensetzung

[1] KOECHLIN, B. A., and H. D. PARISH: J. biol. Ch. **205**, 597 (1953).
[2] MAXFIELD, M., and R. W. HARTLEY jr.: J. biophys. biochem. Cytol. **1**, 279 (1955).
[3] BEAR, R. S., F. O. SCHMITT and J. Z. YOUNG: Proc. R. Soc. London (B) **123**, 505 (1937).
[4] SCHMITT, F. O., and B. B. GEREN: J. exp. Med. **91**, 499 (1950).
[5] FERNANDEZ-MORAN, H.: Exp. Cell Res. **3**, 5 (1952).
[6] BEAR, R. S., F. O. SCHMITT and J. Z. YOUNG: Proc. R. Soc. London (B) **123**, 520 (1937).
[7] MAXFIELD, M.: J. gen. Physiol. **37**, 201 (1954).
[8] MAXFIELD, M.: J. gen. Physiol. **34**, 853 (1951).
[9] EWALD, A., u. W. KÜHNE: Verh. naturhist.-med. Ver. Heidelberg **1**, 451 (1877).
[10] BLOCK, R. J.: Arch. Biochem. **31**, 266 (1951).

eines von ihm aus Schweinehirn[1] und eines von KÜHNE[2] aus Menschenhirn dargestellten Neurokeratins nahezu gleich gefunden (s. Tabelle 76). Sie unterscheidet sich wesentlich von der des Keratins und des Kollagens. Das spricht doch dafür, daß „Neurokeratin" ein definierter Eiweißkörper des Nervengewebes ist. Neuerdings wird angenommen, daß es mit dem Proteinanteil der Proteolipide identisch ist (s. S. 546).

DEUTICKE und Mitarbeiter[3] haben das Eiweiß aus *peripheren Warmblüternerven* (n. obturatorius des Rindes) mit verschiedenen Puffern zwischen p_H 1,2—10,9 extrahiert. Diese Nerven enthalten $\sim$11,8% Eiweiß. 10—30% davon gehen bei der Extraktion in Lösung. In der Ultrazentrifuge fanden sie in Extrakten zwischen p_H 6,1 und 7,3 zwei Komponenten mit den Sedimentationskonstanten 7,0 und 4,4. Ob es sich um Proteine aus Achsenzylindern oder Myelinscheide handelt, steht nicht fest.

Im *Gehirn* scheinen nach den Arbeiten von FOLCH-PI und Mitarbeitern[4] die meisten, wenn nicht alle Proteine, als *Lipoproteide* vorhanden zu sein. Eine ganze Reihe solcher Lipoproteide konnten die Autoren aus Rinderhirn isolieren. Auffallend ist deren große Resistenz im Vergleich zu anderen Lipoproteiden, etwa denen des Blutplasmas (vgl. S. 317ff.). Nach der Extraktion des Hirngewebes mit Äther-Methylalkohol in der Kälte bleibt im Rückstand ein wasserlösliches *Liponucleoproteidgemisch*, das bei p_H 4,5 unlöslich ist[5]. Es enthält 1,1% P und 35% Fette, die bei der Elektrophorese mit dem Eiweiß laufen und durch Alkohol-Äther-Extraktion oder Gefriertrocknen nicht davon getrennt werden können. Erst durch langdauerndes Kochen mit Chloroform-Methylalkohol kann man sie vom Protein trennen. Das fettfreie Material enthält dann noch 0,72% P (das bedeutet die Hälfte des Hirnproteinphosphors) und Purinbasen mit dem Purin/Phosphor-Verhältnis eines Nucleoproteids. Das Liponucleoproteid ist doppelbrechend, und sein Röntgenbild zeigt den Ordnungsgrad einer kristallinen Struktur.

Nach dem Ausfällen der Liponucleoproteidfraktion bei p_H 4,5 bleibt ein Protein in Lösung, das bei $^2/_3$-Ammoniumsulfatsättigung ausfällt. Es enthält weder Fette noch Phosphor, wird aber nur gefunden, wenn 12 Std extrahiert wird.

Außerdem wurde eine neue Art von Lipoproteiden aus Hirngewebe isoliert[6,7]. Sie sind im Gegensatz zu anderen Lipoproteiden (vgl. S. 317ff.) in Wasser unlöslich, aber in Chloroform-Methylalkoholgemischen löslich. Ihre Löslichkeit gleicht eher der von Fetten als der von Proteinen. Es scheint, als ob die Fettschicht an der Außenseite des Moleküls liegt im Gegensatz zum β-Lipoproteid des Blutplasmas, bei dem Aminosäuren und Phosphorsäure die Fettschicht umkleiden. Sie wurden wegen ihrer fettähnlichen Eigenschaften *Proteolipide* genannt[6,7]. Alle untersuchten Gewebe enthalten Proteolipide; am reichsten daran ist die weiße Gehirnsubstanz. Die Proteolipide machen 2,0—2,5% ihres Feuchtgewichtes aus. Die graue Substanz enthält nur 0,6% davon, und der Gehalt von Hirntumoren an Proteolipiden liegt zwischen dem von weißer und grauer Substanz. In anderen Geweben wurden folgende Mengen an Proteolipiden gefunden: Herz 0,348%, Niere 0,195%, Leber 0,163%, Lunge 0,094%, glatter Muskel 0,061%, Skeletmuskel 0,04%. Es wurden bisher 3 verschiedene Proteolipide A, B und C gefunden. Die Bindung zwischen Fett und Protein ist in den Proteolipiden auch unter sehr drastischen Bedingungen stabil. Sie können in Chloroform-Methylalkohol gekocht, gefroren oder gefriergetrocknet oder lange Zeit bei Zimmertemperatur aufgehoben werden, ohne daß sie gesprengt wird. Auch aus Geweben, die vorher mit Methylalkohol-Äther extrahiert oder gefriergetrocknet wurden, kann man noch Proteolipide gewinnen. Die Bindung zwischen Fett und Eiweiß wird erst gespalten, wenn man die Proteolipide aus einem Chloroform-Methylalkohol-Wasser-Gemisch im Vakuum trocknet. Offenbar bildet sich dabei ein Zweiphasensystem,

[1] BLOCK, R. J.: Yale J. Biol. Med. **9**, 445 (1937).
[2] KÜHNE, W., u. R. H. CHITTENDEN: Z. Biol. **26**, 291 (1890).
[3] DEUTICKE, H. J., O. HÖVELS u. K. LAUENSTEIN: Pflügers Arch. **255**, 46 (1952).
[4] FOLCH-PI, J.; in: Blood Cells and Plasma Proteins: TULLIS, J. L. (Hrsg.) S. 378. New York 1953.
[5] FOLCH-PI, J., and L. L. UZMAN: Fed. Proc. **7**, 155 (1948).
[6] FOLCH, J., and M. LEES: Fed. Proc. **9**, 171 (1950).
[7] FOLCH, J., and M. LEES: J. biol. Ch. **191**, 807 (1951).

und die Bindung wird an der Grenzfläche, an der sich die Proteolipide leicht ansammeln, gesprengt. Wenn man dann den Rückstand mit dem gleichen Lösungsmittelgemisch extrahiert, geht das gesamte Fett der Proteolipide A und B in Lösung, und das Protein bleibt zurück. Im Proteolipid C bleibt immer noch ein Teil des Proteins an Fett gebunden, und diese Verbindung ist in Chloroform löslich.

Die Proteineinheit von jedem der 3 Proteolipide enthält noch 1,76 % S und ist resistent gegen Trypsinverdauung. Das seinerzeit von KÜHNE[1] durch langdauernde Extraktion mit organischen Lösungsmitteln aus Hirngewebe gewonnene „Neurokeratin" (vgl. S. 544) verhält sich ähnlich, und FOLCH und Mitarbeiter[2,3] halten es für möglich, daß dieses identisch ist mit dem Proteinanteil der Proteolipide.

Proteolipid B enthält 50 % Protein sowie 50 % Fette und konnte kristallisiert werden[3]. Proteolipid C enthält 70 % Protein und 30 % Fette[4]. Ein Teil seines Phosphors scheint einer mit dem Proteolipid verbundenen Ribonucleinsäure anzugehören.

Man weiß seit langem, daß Gehirnsubstanz encephalitogen wirkt. Nun wurde gefunden, daß ein Teil der Proteolipide diese encephalitogene Wirkung hat. So wirken Proteolipid A[5-7] und ein weiteres von GOLDSTEIN[8] isoliertes Proteolipid E encephalitogen.

Auch das aus Hirngewebe isolierte Lipoid *Strandin*[9] scheint im nativen Gewebe an Protein gebunden zu sein.

Da der Kupfergehalt des Gehirns wegen seines Ansteigens bei hepatolentikulärer Degeneration (WILSONsche Krankheit) und wegen der Beziehung des Kupfermangels zur Demyelinisierung bei neugeborenen Lämmern von besonderem Interesse ist, haben PORTER und FOLCH-PI[10] weiße und graue Substanz von menschlichem und Rinderhirn auf *Kupferproteine* untersucht. Sie konnten 3 Kupfer enthaltende Proteinfraktionen isolieren (s. Schema Tabelle 74). Die Extrakte mit Chloroform-Methylalkohol oder anderen Fettextraktionsmitteln enthielten kein Kupfer. Die in Puffer p_H 4,5 lösliche Fraktion enthält nur 7 % des Gesamteiweißes der weißen Substanz, aber 64 % des vorhandenen Kupfers in nicht dialysierbarer Form. Aus dieser Fraktion konnten die Autoren ein Protein anreichern (s. Schema Tabelle 75), das 0,14 % Cu enthält. Damit ist sein Kupfergehalt immer noch um die Hälfte geringer als der von Coeruloplasmin aus Blutplasma (s. metallbindende Plasmaproteine), und es ist noch nicht sicher, ob es sich um ein einheitliches Protein handelt. In dieser Fraktion scheint auch das bei WILSONscher Erkrankung im Gehirn pathologisch angereicherte Kupfer vorhanden zu sein.

Darstellung. Die peripheren Nerven von Crustaceen schienen sich wegen ihrer Fettarmut besonders zur Darstellung der Eiweißkörper zu eignen. Diese wurden mit Puffern extrahiert und dann durch Einstellen des p_H, Alkoholfällung und in der Ultrazentrifuge getrennt.

***Darstellung des Eiweißes aus den peripheren Nerven des Hummers nach* MAXFIELD**[11].

Frisch herausgeschnittene Hummerscherennerven werden schnell mit gekühltem Wasser gewaschen und in kalten Citratpuffer (0,072 m Na-Citrat, p_H 7,6, 2°) gebracht. Man schneidet die Nerven in Millimeterstückchen und extrahiert diese über Nacht in der Kälte mit dem gleichen Puffer. Wenn man den frisch sezierten Nerv gefriertrocknet und

---

1 EWALD, A., u. W. KÜHNE: Verh. naturhist.-med. Ver. Heidelberg **1**, 451 (1877).
2 FOLCH, J., and M. LEES: Fed. Proc. **9**, 171 (1950).
3 FOLCH, J., and M. LEES: J. biol. Ch. **191**, 807 (1951).
4 FOLCH, J., and F. N. LE BARON: Fed. Proc. **10**, 183 (1951).
5 OLITZKY, P. K., and C. TAL: Proc. Soc. exp. Biol. Med. **78**, 607 (1951).
6 TAL, C., and P. K. OLITZKY: Proc. Soc. exp. Biol. Med. **81**, 590 (1952).
7 TAL, C., and P. K. OLITZKY: Science, N. Y. **116**, 420 (1952).
8 GOLDSTEIN, N. P., and M. W. KIES: Progress in Neurobiology. Bd. I, Neurochemistry. S. 198. New York 1956.
9 FOLCH, J., S. ARSOVE and J. A. MEATH: J. biol. Ch. **191**, 819 (1951).
10 PORTER, H., and J. FOLCH-PI: Progress in Neurobiology. Bd. I, Neurochemistry. S. 40. New York 1956.
11 MAXFIELD, M.: J. gen. Physiol. **34**, 853 (1951).

Tabelle 73. *Schema der Fraktionierung von Hummerscherennerven nach* MAXFIELD[1].

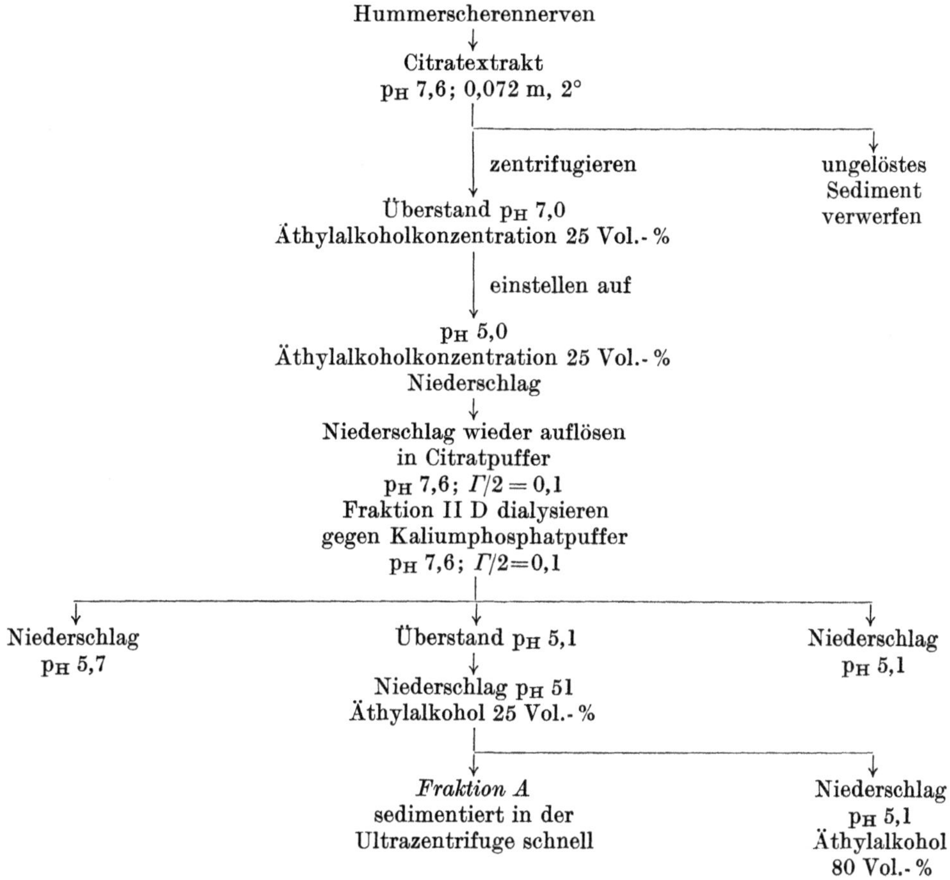

ihn dann vor dem Extrahieren im Mörser pulverisiert oder wenn man ihn vor der Extraktion mit dem Gefriermikrotom zerschneidet, geht sehr viel mehr in Lösung.

Wenn man über Nacht extrahiert hat, bringt man das Material in 125 cm^3-Glasrohre, in denen sich ein Glasstab befindet, und läßt sie in der Kälte ~ 1 Std rotieren. Dabei werden durch den Glasstab die Nerventeile vorsichtig ausgedrückt. Man zentrifugiert dann das unlösliche Sediment ab, bringt mit Essigsäure auf p_H 7,0, fügt 25 Vol.-% Äthylalkohol zu, läßt in der Kälte 1 Std stehen, zentrifugiert den geringen Niederschlag ab und stellt ihn beiseite. Wenn man dann den p_H auf 5,0 einstellt, bildet sich ein dichter weißer Niederschlag, der nach dem Abzentrifugieren in Citratpuffer p_H 7,6 gelöst wird. Die Lösung Fraktion II D dialysiert man über Nacht gegen Kaliumphosphatpuffer p_H 7,6 $\Gamma/2 = 0,1$, klärt in der Zentrifuge und stellt mit Essigsäure auf p_H 5,7 ein. Den Niederschlag zentrifugiert man ab, setzt ihn beiseite und bringt den Überstand mit Essigsäure auf p_H 5,1. Den entstandenen Niederschlag zentrifugiert man ab und fügt zu dem Überstand Äthylalkohol bis 25 Vol.-%. Den so erhaltenen Niederschlag löst man in Phosphatpuffer und fraktioniert ihn in dem analytischen Rotor der Spinco-Ultrazentrifuge bei 60000 U/min 45 min. Daraufhin entnimmt man aus der Zelle des Rotors, ohne die Lösung aufzurühren, die oberen $^3/_4$ der Lösung (das Material oberhalb der untersten Grenzschicht, die man mit freiem Auge erkennen kann) mit einer Spritze und ersetzt es durch Phosphatpuffer. Man mischt nun die Lösung in der Zelle gut durch und wiederholt das Ultrazentrifugieren, bis man die schnell sedimentierende Fraktion einheitlich erhalten hat. Es wird der analytische Rotor der Ultrazentrifuge verwendet, damit man die Trennung beobachten kann. Das schnell sedimentierende Material wird *Fraktion A* genannt.

[1] MAXFIELD, M.: J. gen. Physiol. **34**, 853 (1951).

Im ursprünglichen Nervenextrakt waren mindestens 5 Fraktionen enthalten (vgl. Schema der Darstellung Tabelle 73). Von diesen war Fraktion A monodispers und relativ leicht zu reinigen.

Inzwischen hat MAXFIELD[1, 2] 2 weitere Fraktionen, „*B*" und „*C*", aus peripheren Hummernerven isoliert. Nach der wie oben beschriebenen 12stündigen Extraktion mit schwachem Phosphatpuffer p_H 7,7, $\Gamma/2 = 0{,}1$, 2°C wird der unlösliche Rückstand abzentrifugiert und der klare Überstand 10 Std bei 40000 U/min in der präparativen Ultrazentrifuge zentrifugiert. Das Sediment, auch schwere Fraktion genannt, enthält die Fraktionen *A*, *B* und *C*. Man suspendiert es in frischem Puffer und wiederholt die Operation.

Nach dem neuerlichen Suspendieren des Sediments dialysiert man gegen dest. Wasser und titriert dann sorgfältig mit einer 10^{-3} m Zinkacetatlösung. Als Endpunkt der Titration gilt, wenn der erste feinverteilte Niederschlag erscheint, der sich beim Stehen nicht wieder auflöst. (Die Endkonzentration an Zinkacetat liegt dabei bei verschiedenen Präparaten im Bereich zwischen 1 und 4 mMol.) Es bildet sich zuerst ein flockiger Niederschlag, der sich innerhalb von 4—5 min auflöst. Dann erst erscheint ein feinverteilter Niederschlag, der sich nicht wieder auflöst. Wenn man übertitriert hat, ist es besser, mit einem Präparat ganz neu zu beginnen, denn bei Wiederholung der Titration im gleichen Präparat erhält man falsche Resultate. Man zentrifugiert dann bei 20000 U/min in der präparativen Ultrazentrifuge. Im Überstand bleibt nur eine Komponente, Fraktion *B*, die elektrophoretisch einheitlich ist und eine Sedimentationskonstante von 19,6 hat. Sie wird gegen Phosphatpuffer dialysiert, um das Zink möglichst quantitativ zu entfernen.

Aus dem letzten Sediment, das man in Phosphatpuffer löst, kann man durch Titration mit Essigsäure Fraktion *C* gewinnen. Den ersten Niederschlag, der bei dieser Titration erscheint, zentrifugiert man ab und suspendiert ihn in Phosphatpuffer. Er enthält nur Fraktion *C*. Die Sedimentationskonstante beträgt 13,2.

Die Lokalisierung dieser Proteine im normalen Neuron ist schwierig. MAXFIELD[2] hat die 3 Fraktionen mit dem gesamten Blut und den Fraktionen aus Hummerblut verglichen. Die Sedimentationskonstante von Fraktion *A* stimmt mit keiner der Fraktionen aus Hummerblut überein, ist aber gleich der Sedimentationskonstanten von Hämocyanin. Da Fraktion *A* sowie Hämocyanin bei p_H 8,6 in kleinere Moleküle dissoziieren, nimmt MAXFIELD[2] an, daß sie mit dem kupferfreien Hämocyanin identisch sei. Aus Hummerblut kann eine Komponente isoliert werden, die die gleiche Sedimentationskonstante wie Fraktion *B* hat. Allerdings ist im Hummerblut nur wenig von dieser Komponente vorhanden, und sie ist sehr schwer zu isolieren. Sie soll im Nerven angereichert sein. Fraktion *C* dagegen soll eine der Komponenten von Hämocyanin sein.

***Darstellung des Eiweißes aus dem Axoplasma der Riesennervenfasern des Tintenfisches (Loligo paelii) nach* MAXFIELD[3].**

Aus Tintenfischen, die ungefähr 4 Std vorher gefangen und mit besonderer Sorgfalt in zirkulierendem Meerwasser an die Untersuchungsstelle gebracht worden waren, wurden unter fließendem Meerwasser die Riesennervenfasern herauspräpariert, von Bindegewebe und begleitenden Fasern befreit, mit Meerwasser und dann mit dest. Wasser gespült, mit Löschblättern getrocknet und auf eine saubere, trockene, mit Parafilm überzogene Glasmikroskopschiene gebracht. Über die Nervenfaser wurde schnell ein Glasstab gerollt und dadurch das Axoplasma ausgedrückt. Man erhält aus einer Riesenfaser des Rückens des Tintenfisches ungefähr 5 mg Axoplasma. Das Axoplasma wird schnell in dem entsprechenden Puffer gelöst (Phosphatpuffer $\Gamma/2 = 0{,}1$, p_H 7,7 oder 6,0 oder 0,1 m Glykokoll p_H 6,0) und dann in der analytischen Ultrazentrifuge fraktioniert. Man erhält dabei ungefähr 4 Fraktionen, von denen nur eine, die am schnellsten sedimentierende Kompo-

[1] MAXFIELD, M.: Fed. Proc. **13**, 96 (1954).
[2] MAXFIELD, M., and R. W. HARTLEY jr.: J. biophys. biochem. Cytol. **1**, 279 (1955).
[3] MAXFIELD, M.: J. gen. Physiol. **37**, 201 (1954).

nente, näher untersucht wurde. Sie konnte durch mehrmaliges Aufschlämmen in dem gleichen Puffer und erneutes Sedimentieren rein dargestellt werden. Sie ist nach dem Sedimentieren nicht mehr in Phosphatpuffer, wohl aber in 0,1 m Glykokoll löslich. Sie soll ein Faserprotein sein, das MAXFIELD[1] „Axonfilamente" nennt.

***Darstellung eines wasserlöslichen Liponucleoproteids nach* FOLCH *und* UZMAN[2].**

Hirngewebe wird bei —15° mit einem Gemisch aus Äther-Methylalkohol 4:1 und dann mit Äther behandelt. Den Rückstand extrahiert man mit Wasser, das man immer nach wenigen Stunden erneuert. Den Extrakt klärt man durch Zentrifugieren bei 12000 U/min, bringt ihn auf p_H 8 und dann auf p_H 4,5, sammelt den sich bildenden Niederschlag *(A)* und sättigt das Filtrat mit Ammoniumsulfat zu $^2/_3$. Der sich bildende Niederschlag *(B)* wird dialysiert und gefriergetrocknet. *(B)*-Material wird nur während der ersten 12 Std der Extraktion erhalten, während man *(A)* noch nach 48 Std erhält. *(B)* ist ein Protein, das frei ist von Phosphor und Lipoiden.

(A) ist ein Liponucleoproteid, das 35% Lipoide und 1,1% P enthält und bei p_H 4,5 unlöslich ist.

Zur Darstellung der *Proteolipide*[2, 3] wird das Gewebe mit Chloroform-Methylalkohol extrahiert und der Extrakt dann mit einer großen Menge Wasser versetzt. An der Grenzfläche setzt sich Material (Flaum) ab, das in Chloroform-Methylalkohol leicht löslich ist. Aus dieser Lösung können Proteolipid A und B isoliert werden. Die Chloroformschicht kann zur Trockne gebracht werden, ohne daß das darin gelöste Protein unlöslich wird. Aus dem Rückstand wurde Proteolipid C isoliert.

***Isolierung von Proteolipiden aus weißer Gehirnsubstanz nach* FOLCH *und* LEES[4].**

Wenn nicht anders angegeben, arbeitet man bei 4°, und zwar so schnell wie möglich.

Die Gewebsprobe (2mal je 30 g weiße Substanz aus Rindergehirn) wird mit dem Chloroform-Methylalkoholgemisch 2:1 homogenisiert, und zwar $\sim$ 20 cm³ des Gemisches je g Gewebe. 3 min genügen zum vollkommenen Homogenisieren. Die beiden Homogenate vereinigt man (1100 cm³), füllt einen 1000 cm³-Erlenmeyerkolben damit bis zum Rand und stellt ihn in einen ungefähr 20 *l* fassenden Porzellantopf, der zu $^9/_{10}$ mit Wasser gefüllt ist. Die Öffnung des Kolbens soll sich ungefähr 5 cm unter der Wasseroberfläche befinden. Nach 48stündigem Stehen holt man den Erlenmeyerkolben aus dem Wasser. Er enthält eine untere klare Chloroformschicht, eine obere wäßrige Schicht, und an der Grenzfläche hat sich eine Art Flaum abgesetzt. Dieser besteht aus Proteolipiden und freien Fetten. Er enthält ungefähr 30% der festen Stoffe des ursprünglichen Extrakts, die Chloroformphase enthält $\sim$ 60—62%. Man entfernt nun so viel von der wäßrigen Schicht wie möglich, ohne den Flaum durcheinanderzuwirbeln. Dann läßt man den Erlenmeyerkolben bei — 10° stehen. Nach 6 Std ist der Flaum gefroren, während das Chloroform flüssig bleibt. Man filtriert durch auf — 10° gekühltes Filtrierpapier und Trichter und trennt so den Flaum vom Chloroform. Der Flaum auf dem Filtrierpapier wird zusammen mit dem, der an den Wänden des Gefäßes hängengeblieben war, in ein 100 cm³-Zentrifugenglas gebracht und bei 4° in der Winkelzentrifuge bei 4500 U/min 30 min zentrifugiert. Nach dem Zentrifugieren hat sich am Boden des Zentrifugengefäßes etwas Chloroform angesammelt. Man saugt es ab, wiederholt das Zentrifugieren und saugt die geringe Menge Chloroform, die sich neuerlich abgesetzt hat, wieder ab. Man wiederholt das Zentrifugieren noch einmal. Nun setzt sich am Boden kein Chloroform mehr ab. Man sammelt den Inhalt der Zentrifugengläser, bringt ihn in ein 50 cm³-Aluminiumzentrifugengefäß und zentrifugiert 1 Std bei 40000 $\times g$. Nach dem Zentrifugieren hat sich der Inhalt des Zentrifugengefäßes in einen wasserklaren Überstand und einen Niederschlag getrennt. Den Überstand dekantiert man, und den Niederschlag friert man bei — 10° ein. Den gefrorenen Niederschlag bringt man bei 4° in ein 250 cm³-

[1] MAXFIELD, M.: J. gen. Physiol. **37**, 201 (1954).
[2] FOLCH, J., and L. L. UZMAN: Fed. Proc. **7**, 155 (1948).
[3] FOLCH, J., and M. LEES: Fed. Proc. **9**, 171 (1950).
[4] FOLCH, J., and M. LEES: J. biol. Ch. **191**, 807 (1951).

Becherglas und fügt 50 cm³ Chloroform sowie 25 cm³ Methylalkohol zu. Dann rührt man das Gemisch. Wenn der gefrorene Niederschlag auftaut, bringt er Wasser in das System, und es bekommt ein milchiges Aussehen. Man rührt nun weiter und fügt so lange tropfenweise Methylalkohol zu (3—4 cm³ je min), bis man ein Einphasensystem bekommt (das Gemisch wird klar).

Diese Lösung des Flaums bringt man in einen 100 cm³-Glaszylinder mit Schliffstopfen. Sie hat ein Volumen von 90 cm³. Man fügt noch 10 cm³ Methylalkohol zu, verschließt mit dem Schliffstopfen und mischt durch mehrmaliges Umkehren des Zylinders. Dann läßt man bei — 10° stehen. Nach 40 Std wird der gebildete Niederschlag bei — 10° abfiltriert. Das Filtrierpapier mit dem Niederschlag trocknet man bei Zimmertemperatur im Vakuumexsiccator. Man erhält 1,27 g eines weißen Pulvers (Proteolipid A). Es scheint ein Gemisch aus Proteolipiden und Fett zu sein.

Zu dem Filtrat von Proteolipid A fügt man ein gleiches Volumen Aceton und läßt nach dem Mischen bei 4° über Nacht stehen. Den gebildeten Niederschlag zentrifugiert man ab und trocknet ihn bei Zimmertemperatur im Vakuumexsiccator. Man erhält 0,6 g eines weißen Pulvers (Proteolipid B). Proteolipid B ist ein mikrokristallines, weißes Pulver. Es läßt sich in Chloroform-Methylalkohol auflösen und durch Zufügen eines gleichen Volumens Aceton wieder auskristallisieren.

Proteolipid C isoliert man, indem man die Chloroformphase, die ein Volumen von ungefähr 600 cm³ hat, in einen 1 *l*-Kolben bringt und das Lösungsmittel im Vakuum abdestilliert. Zu dem Rückstand fügt man 200 cm³ Aceton und bringt es zum Kochen, indem man es in ein Wasserbad von 70° setzt. Man entfernt den Kolben wieder aus dem Wasserbad, zerreibt mit einem Glasstab den Niederschlag fein und läßt über Nacht bei 22° stehen. Am nächsten Morgen kann der größte Teil des klaren Überstands dekantiert werden. Das zurückgebliebene Aceton destilliert man im Vakuum ab. Zu dem Rückstand fügt man 250 cm³ Äther und bringt zum Kochen. Nach gründlichem Mischen mit dem Äther verschließt man den Kolben und läßt über Nacht bei 4° stehen. Am nächsten Tag dekantiert man den klaren Überstand und zentrifugiert dann 30 min bei 2500 U/min. Dann dekantiert man den restlichen Äther und trocknet den Rückstand im Vakuum. Den trocknen Rückstand löst man dann in 10 cm³ Chloroform, fügt zu der Chloroformlösung 400 cm³ Äthylalkohol und mischt. Nach 2stündigem Stehen bei 22° bildet sich ein Niederschlag, der nach dem Trocknen im Vakuum 0,65 g eines weißen Pulvers ergibt (Proteolipid C). Es ist ein doppelbrechendes weißes Pulver, das in Chloroform und in Chloroform-Methylalkohol löslich ist.

Wenn man Proteolipid A, B oder C in Chloroform-Methylalkohol-Wasser-Gemischen löst und im Vakuum trocknet, wird die Protein-Fettbindung gespalten. Nur vom Proteolipid C bleibt ein Teil in Chloroform löslich. Den Fettanteil löst man in Chloroform-Methylalkohol und das Protein hinterbleibt als unlöslicher Rückstand. Die Proteine von allen 3 Proteolipiden enthalten 1,76% S. Sie werden durch proteolytische Fermente nicht verdaut.

PORTER und FOLCH-PI[1] haben aus Hirngewebe 3 Fraktionen mit kupferbindendem Protein (s. Schema Tabelle 74) gewonnen. Aus der einen Fraktion konnten sie ein kupferbindendes Protein mit 0,14% Cu anreichern (s. Schema Tabelle 75).

Wenn man Hirnextrakt mit Alkoholfraktionierung entsprechend den COHNschen Methoden VI und X fraktioniert, erhält man in den Fraktionen I, II + III, $IV_1 + IV_2$, respektive in der Fraktion I + II + III die Blutgerinnungsfaktoren, antihämophiles Globulin und Christmas-Faktor, die sich aber bisher noch nicht voneinander trennen ließen und offenbar einen Komplex bilden[2, 3].

[1] PORTER, H., and J. FOLCH-PI: Progress in Neurobiology. Bd. I, Neurochemistry. S. 40. New York 1956.

[2] NOUR-ELDIN, F., and J. F. WILKINSON: J. Haemat. **2**, 433 (1956).

[3] NOUR-ELDIN, F., and J. F. WILKINSON: Nature **179**, 532 (1957).

Tabelle 74. *Schema zur Trennung von kupferhaltigen Hirneiweißfraktionen aus Hirngewebe*[1].

Hirnrinde oder weiße Substanz

frieren und mahlen

mit 0,1 m Natriumacetatpuffer
p_H 4,5 extrahieren

in Puffer p_H 4,5 löslich
(Fraktion I)

Rückstand
3mal mit Wasser
(Ionenstärke $\Gamma/2 < 0{,}001$)
waschen

nach Zufügen von
0,02 n HCl bis p_H 3,5—4,0
extrahieren

bei p_H 3,5—4,0 und
geringer Ionenstärke löslich
(Fraktion II)

Rückstand (Fraktion III)

Physikalische Eigenschaften. Die aus den peripheren Hummerscherennerven extrahierten Proteine, die bei p_H 5,0 unlöslich sind, (Fraktion *IID*, Schema Tabelle 73) zeigten in der Ultrazentrifuge 4 Fraktionen mit den *Sedimentskonstanten* $S_{20} = 35$, 28, 16 und 2,7[2]. Die am schnellsten sedimentierende „Fraktion *A*" hat einen *isoelektrischen Punkt* bei p_H 4,7, ein Mol.-Gewicht von $\sim 1{,}4 \cdot 10^6$ und ist in der Ultrazentrifuge 85—90% rein. Es scheint nach den Aufnahmen im Elektronenmikroskop ein Faserprotein zu sein. Die inzwischen genauer untersuchte „Fraktion *B*" aus peripheren Nerven des Hummers ist elektrophoretisch homogen und hat eine Sedimentationskonstante von 19,6, die sich mit der Konzentration nur wenig ändert, eine Diffusionskonstante $= 2{,}9 \cdot 10^{-7}$ und einen isoelektrischen Punkt $< p_H$ 6[3, 4]. Nach den physikalischen Konstanten und den Aufnahmen im Elektronenmikroskop ist es ein globuläres Protein[3]. „Fraktion *C*" aus Hummerscherennerven hat die Sedimentationskonstante 13,2[4].

Die Eiweißkörper des Axoplasmas der Riesennerven des Tintenfisches (Loligo paelii) konnten sowohl elektrophoretisch als auch in der Ultrazentrifuge in 4 Fraktionen zerlegt werden, doch scheinen die elektrophoretischen Fraktionen keine Beziehung zu denen der Ultrazentrifuge zu haben[5].

Die Sedimentationskonstante der schnell sedimentierenden Fraktion „Axonfilamente" ist in der Ultrazentrifuge stark abhängig von der Proteinkonzentration. Bei ganz geringer Proteinkonzentration sedimentiert sie schnell[5]. Das spricht für Faserbildung bei hoher Proteinkonzentration. Die Faserbildung kann man auch im *Elektronenmikroskop* beobachten[5-7]. Man findet langgestreckte Fasern von 100—150 Å Dicke und nicht definierter Länge. Axonfilamente dissoziieren, wenn der p_H von 6,6 auf 7,7 erhöht wird, und zwar vermindert sich die Länge nur wenig, während die Dicke stark abnimmt. Die Dissoziation ist reversibel und beginnt bei dem für das Axoplasma physiologischen p_H von 6,4[8].

Die *relative Viscosität* des Axoplasmas nimmt mit zunehmender Ionenstärke sowie mit zunehmendem p_H reversibel ab. Das läßt darauf schließen, daß die Fasern bei hoher

[1] PORTER, H., and J. FOLCH-PI: Progress in Neurobiology. Bd. I, Neurochemistry. S. 40. New York 1956.
[2] MAXFIELD, M.: J. gen. Physiol. **34**, 857 (1951).
[3] MAXFIELD, M.: Fed. Proc. **13**, 96 (1954).
[4] MAXFIELD, M., and R. W. HARTLEY jr.: J. biophys. biochem. Cytol. **1**, 279 (1955).
[5] MAXFIELD, M.: J. gen. Physiol. **37**, 201 (1954).
[6] SCHMITT, F. O., and B. B. GEREN: J. exp. Med. **91**, 499 (1950).
[7] FERNANDEZ-MORAN, H.: Exp. Cell Res. **3**, 5 (1952).
[8] MAXFIELD, M., and R. W. HARTLEY jr.: Biochim. biophysica Acta N. Y. **24**, 83 (1957).

Tabelle 75. *Schema der Anreicherung eines kupferreichen Proteins aus dem Pufferextrakt, p_H 4,5 (Fraktion I, Tabelle 74), von Hirngewebe*[1].

Extrakt mit Puffer p_H 4,5 (0,002 % Cu)
- Aceton bis zu 45 % bei −10° zufügen
  - 45 % Aceton Niederschlag
  - Aceton bis zu 75 % bei −10° zufügen
    - löslich in 75 %igem Aceton
    - 45—75 % Aceton *Niederschlag* (0,014 % Cu)
      - dialysieren
        - in Wasser unlöslich
        - auf p_H 8,5 einstellen
          - Niederschlag bei p_H 8,5
          - dialysieren
            - in Wasser unlöslich
            - in Wasser löslich (0,03 % Cu)
              - auf p_H 5,2 einstellen
                - Niederschlag bei p_H 5,2
                - Aceton bis zu 40 % bei −10° zufügen
                  - löslich in 40 %igem Aceton
                  - 40 % Aceton *Niederschlag* (0,06 % Cu)
                    - 1 %ige Suspension p_H 5,2
                      - Niederschlag bei p_H 5,2
                      - Aceton bis zu 40 % bei −10° zufügen
                        - löslich in 40 %igem Aceton
                        - 40 % Aceton *Niederschlag* (0,09 % Cu)
                          - 1 %ige Suspension p_H 5,2
                            - Aceton bis zu 30 % bei −10° zufügen
                              - 30 % Aceton Niederschlag
                              - Aceton bis zu 40 % bei −10° zufügen
                                - löslich in 40 %igem Aceton
                                - 30—40 % Aceton *Niederschlag* (0,14 % Cu)

Ionenstärke und hohem p_H dissoziieren. Der größte Teil der Viscosität des Axoplasmas ist mit der schnell sedimentierenden Komponente verbunden.

Der isoelektrische Punkt liegt auf der sauren Seite von p_H 6,0.

[1] PORTER, H., and J. FOLCH-PI: Progress in Neurobiology. Bd. I, Neurochemistry. S. 46. New York 1956.

Das *Ultraviolettspektrum* der Fraktion „Axonfilamente“ zeigt ein Maximum bei 276 mμ und ein Minimum bei 254 mμ.

DEUTICKE und Mitarbeiter[1] finden in den peripheren Nerven von Warmblütern 2 Proteine mit den Sedimentationskonstanten 7,0 und 4,4, die bei verschiedenem p_H konstant bleiben. Die schneller sedimentierenden Fraktionen wurden nicht berücksichtigt. Von den Proteolipiden und dem Kupfer bindenden Protein aus Hirngewebe wurden bisher keine physikalischen Konstanten angegeben.

Analytische Daten. „Fraktion *A*“ aus Hummerscherennerven macht ~10% des gesamten extrahierbaren makromolekularen Materials aus[2]. Stickstoffgehalt und Aminosäurezusammensetzung sind in Tabelle 76 angegeben. Das Protein enthält 97,1 Mol basische Gruppen (Arginin, Histidin und Lysin) und 96,5 Mol saure Gruppen (Glutaminsäure und Asparaginsäure, weniger Amidgruppen) je 10^5 g. Die Summe der gesamten Aminosäuregewichte entspricht nur 80,3% des Gesamtgewichts[3]. Der Rest ist offenbar Fett, das ein integrierender Bestandteil von „Fraktion *A*“ zu sein scheint.

Das Protein „Axonfilamente“ aus den Riesennervenfasern des Tintenfisches enthält offenbar einen beachtlichen Anteil an gebundenem Fett, aber außerordentlich wenig Kohlenhydrat[3].

Die Aminosäurezusammensetzung von „Neurokeratin“ ist in Tabelle 76 wiedergegeben.

Tabelle 76. *Zusammensetzung von Proteinfraktion A aus Hummerscherennerven, Neurokeratin und Gesamtprotein aus Hirngewebe.*

	Proteinfraktion A aus Hummerscherennerven	Neurokeratin	Gesamtprotein aus Hirngewebe
	g Aminosäure je 100 g Eiweiß[3]	g Aminosäure je 16 g Stickstoff[4]	
Gesamt-N	14,9 ± 0,3		
NH_3-N	1,46		
Glykokoll	3,65	5,0	4,8
Alanin	3,72	9,1	
Valin	5,90	5,7	4,8
Leucin	7,61	15,3	7,4
Isoleucin	5,12	11,3	5,1
Prolin	3,86	3,4	
Oxyprolin		0	
Tryptophan	2,50	1,3	1,3
Phenylalanin	6,19	15,2	5,2
Tyrosin	3,35	7,2	4,1
Arginin	5,63	4,2	7,4
Histidin	5,50	2,9	3,2
Lysin	4,27	6,3	7,0
Serin	4,96	3,3	7,1
Threonin	4,60	9,2	5,8
Asparaginsäure	12,75	3,7	10,0
Glutaminsäure	12,70	11,9	11,7
Cystin		4,3	2,0
Methionin		1,6	3,0

Das Liponucleoproteid aus Hirngewebe[5] enthält 35% Lipoide und 1,1% P. Der Lipoidanteil ist fest gebunden (langdauerndes Kochen mit Chloroform-Methylalkohol ist notwendig, um ihn zu entfernen) und besteht aus einem Gemisch von Phosphatiden und Kohlenhydrat enthaltenden Lipoiden. Das lipoidfreie Material enthält 0,72% P (das bedeutet die Hälfte des Hirnproteinphosphors) und Purine mit dem Purin/Phosphor-Verhältnis eines Nucleoproteids.

Proteolipid *A* enthält 3,4—4,3% N, 14% Kohlenhydrat (als Galaktose) und 0,2 bis 0,4% P. Es besteht aus 20% Protein, 65—75% Cerebrosiden und 5—15% Phosphatiden. Es ist offenbar ein Gemisch aus Proteolipiden und freien Fetten. Die daraus isolierte Proteineinheit enthält 1,76% S und ist resistent gegen Trypsinverdauung[6].

Proteolipid *B* enthält 8,2% N, 1,3% P und 4% Kohlenhydrat (als Galaktose). Es besteht aus 50% Protein, 20% Cerebrosiden und 30% Phosphatiden. Obwohl es

[1] DEUTICKE, H. J., O. HÖVELS u. K. LAUENSTEIN: Pflügers Arch. **255**, 46 (1952).
[2] MAXFIELD, M.: J. gen. Physiol. **34**, 857 (1951).
[3] KOECHLIN, B. A., and H. D. PARISH: J. biol. Ch. **205**, 597 (1953).
[4] BLOCK, R. J.: Arch. Biochem. **31**, 270 (1951).
[5] FOLCH, J., and L. L. UZMAN: Fed. Proc. **7**, 155 (1948).
[6] FOLCH, J., and M. LEES: J. biol. Ch. **191**, 807 (1951).

mehrmals umkristallisiert werden kann und dabei die gleiche Zusammensetzung behält, steht noch nicht fest, ob es eine reine Substanz ist. Die daraus isolierte Proteineinheit enthält 1,76% S und ist resistent gegen Trypsinverdauung[1].

Proteolipid *C* enthält 10,5—11% N, 1,3% P und 1%Kohlenhydrat (als Galaktose). Es enthält 70—75% Protein, der Rest sind offenbar Phosphatide. Die daraus isolierte Proteineinheit enthält 1,76% S und ist resistent gegen Proteinverdauung[1].

K. Augenproteine*.

α) Proteine der Linse.

35% des Feuchtgewichtes der Linse sind Trockensubstanz, und diese wiederum besteht nahezu vollkommen aus Eiweiß[2]. Die Linse ist damit das eiweißreichste Organ.

MÖRNER[3] hat als erster die Proteine der Linse in 2 Gruppen getrennt; solche, die bei physiologischem p_H in Wasser löslich sind, und Restprotein, das sich nur in stark alkalischen Lösungen auflöst. Spätere Untersuchungen ergaben qualitativ die gleichen Resultate[4, 5].

Die 2 hauptsächlichsten löslichen Proteine aus den Linsen von Augen junger Rinder sind α-Kristallin und β-Kristallin. Sie machen zusammen ungefähr 86% des Gesamteiweiß-N der Linse aus[6]. Die Linse enthält außerdem ein unlösliches Protein, Albumoid, das ungefähr 12,5% des Linseneiweißes entspricht, und kleine Mengen eines löslichen Albumins, γ-Kristallin[7] (1—2%). Auch Spuren von Mucoproteid, Nucleoproteid und Phosphoproteid wurden in der Linse gefunden.

Alle diese Eiweißkörper sind nicht einheitlich. In der Linse wurden viele Enzyme der Glykolyse nachgewiesen[8-10] und offenbar auch ein Teil der Enzyme des Citronensäurecyclus[11].

Die Enzyme der Linse werden in verschiedenen Eiweißfraktionen gefunden, so die Äpfelsäuredehydrogenase in der Albuminfraktion, die Glutathion-Reductase in der α- und β-Kristallin-Fraktion. Neuerdings hat SZENT-GYÖRGYI[12] aus Rinderaugenlinsen ein fluorescierendes Protein isoliert.

Immunologisch wurden mit der OUDINschen Geldiffusionsmethode in Rinderaugenlinsen einschließlich der Kristalline 6 Eiweißkörper nachgewiesen, von denen keines mit Serumeiweißkörpern identisch ist[13].

Die Linsenproteine sind immunologisch zwar organspezifisch, aber sehr wenig artspezifisch. Nach den anfänglichen Untersuchungen schien der Gesamtlinsenextrakt beim homologen Tier nicht als Antigen wirksam zu sein, während α-Kristallin — aber nicht β- oder γ-Kristallin — als Antigen wirkte[14]. Erst neuerdings zeigte sich, daß auch ein Linsenextrakt des homologen Tieres antigen wirken kann[15]. Man nimmt an, daß die

* Sehpigmente sind abgehandelt in Bd. III/2, S. 954ff.

[1] FOLCH, J., and M. LEES: J. biol. Ch. **191**, 807 (1951).
[2] PIRIE, A., and R. VAN HEYNINGEN: Biochemistry of the Eye. S. 3. Oxford 1956.
[3] MÖRNER, C. T.: H. **18**, 61, 213, 233 (1894).
[4] KRAUSE, A. C.: Arch. Ophthalm., Chicago (N. S.) **8**, 166 (1932).
[5] WOODS, A. C., and E. L. BURKY: J. amer. med. Ass. **89**, 102 (1927).
[6] VAN HEYNINGEN, R., and A. PIRIE: Biochem. J. **53**, 436 (1953).
[7] FROMAGEOT, P., et J. SIRCHIS: Cr. **240**, 1730 (1955).
[8] NORDMANN, J.: Biologie der cristallin. Paris 1954.
[9] GREEN, H., C. A. BOCHER and I. H. LEOPOLD: Amer. J. Ophthalm. **39**, 106, 113 (1955).
[10] VAN HEYNINGEN, R., A. PIRIE and J. W. BOAG: Biochem. J. **56**, 372 (1954).
[11] PIRIE, A., R. VAN HEYNINGEN and J. W. BOAG: Biochem. J. **54**, 682 (1953).
[12] SZENT-GYÖRGYI, A.: Biochim. biophysica Acta, N. Y. **16**, 167 (1955).
[13] RAO, S. S., M. E. KULKARNI, S. N. COOPER and M. R. RADHAHRISHNAN: Brit. J. Ophthalm. **39**, 163 (1955).
[14] WOODS, A. C., E. L. BURKY and M. B. WOODHALL: Trans. amer. ophthalm. Soc. **29**, 168 (1931).
[15] MÜLLER, H.: Graefes Arch. Ophthalm. **153**, 1 (1952).

Antigenität des α-Kristallins in der gesamten Linse gehemmt ist. Dafür ist offenbar eine Wechselwirkung zwischen α- und β-Kristallin verantwortlich, die später besprochen wird (vgl. S. 558).

Der Eiweißgehalt der Linse nimmt mit dem Alter zu, und die Zusammensetzung des Linseneiweißes verschiebt sich. β-Kristallin, das in der Jugend stark überwiegt, nimmt zugunsten von α-Kristallin und Albumoid ab. Aus immunologischen Untersuchungen[1] und aus der Veränderung des Cystein/Cystin-Verhältnisses, wie es etwa DISCHE[2] an Ratten festgestellt hat, schließt man, daß Albumoid aus dem α-Kristallin gebildet wird.

WOODS und Mitarbeiter[1] haben Kaninchen gereinigtes Albumoid injiziert. Das Antiserum enthielt dann Präcipitine gegen α-Kristallin, aber keine gegen β-Kristallin. DISCHE und Mitarbeiter[2] fanden, daß der Cystingehalt der Linse während des ganzen Lebens kontinuierlich zunimmt. Nun enthalten die löslichen Proteine zwar Cystein, aber so gut wie kein Cystin, während das Albumoid der Linsen von geschlechtsreifen Tieren ungefähr die gleiche Menge Cystein und Cystin aufweist. Schon KRAUSE[3] nahm an, daß sich das Albumoid aus dem α-Kristallin bildet, denn sie enthalten beide die gleiche Menge Schwefel. Außerdem nimmt gegen das Innere der Linse Albumoid im gleichen Maße zu, wie α-Kristallin abnimmt. Die Bildung von Albumoid ist begleitet von der Bildung von —S—S-Bindungen. DISCHE[2] meint jedoch, daß das Albumoid nicht einfach durch Oxydation der löslichen Proteine gebildet wird, sondern durch einen komplizierten Prozeß.

Ein Protein der Linse, das man durch Oxydieren mit Hexacyanoferrat(III) fällen kann und das bei Ratten nach 5 Wochen etwa 25% der löslichen Proteine ausmacht, geht beim Älterwerden langsam verloren[2].

Beim Star sind die Linsenproteine in ihrer Gesamtheit vermindert[4], und ihr Verhältnis zueinander ist verändert, aber die Natur der einzelnen Eiweißkörper bleibt offenbar gleich[5]. Die löslichen Eiweißkörper sind gegenüber denen in der normalen Linse vermindert, Albumoid bleibt gleich. Also hat sich das Verhältnis lösliche Eiweißkörper zu Albumoid verändert[5].

Ob die Linsenproteine reine Strukturproteine sind oder ob sie darüber hinaus noch andere Funktionen haben, außer denen der darin vorhandenen Enzyme, ist noch unbekannt.

Darstellung. MÖRNER[6] hat die wasserlöslichen Proteine von dem wasserunlöslichen Albumoid getrennt und durch Fällung bei verschiedenem p_H unterschieden.

WOODS und BURKY[1] stellten α- und β-Kristallin in ähnlicher Art relativ einfach dar. Rinderlinsenextrakt wird mit Essigsäure auf p_H 4,8 gebracht. α-Kristallin fällt aus und wird durch Auflösen in verdünntem Ammoniak, Dialysieren und Einstellen auf p_H 4,8 mehrmals umgefällt. Sobald der Überstand kein α-Kristallin mehr enthält, stellt man den p_H auf 5 ein und sättigt mit NaCl. β-Kristallin fällt aus, wird abzentrifugiert, gelöst und dialysiert.

Nachdem α- und β-Kristallin ausgefällt sind, kann man aus dem dialysierten Überstand γ-Kristallin (oder Albumin) durch Ganzsättigung mit Ammoniumsulfat fällen[7].

Auch KRAUSE[7] und NORDMANN[8] stellten die 3 löslichen Fraktionen α-, β- und γ-Kristallin (Albumin) und die unlösliche Fraktion Albumoid her. α- und β-Kristallin fallen bei 50% Ammoniumsulfatsättigung aus[8]. Erst FROMAGEOT und Mitarbeiter haben ein in

---

1 WOODS, A. C., and E. L. BURKY: J. amer. med. Ass. **89**, 102 (1927). Amer. J. Ophthalm. **16**, 951 (1933).
2 DISCHE, Z., E. BORENFREUND and G. ZELMENIS: A. M. A. Arch. Ophthalm. **55**, 471 (1956).
3 KRAUSE, A. C.: Arch. Ophthalm., Chicago (N. S.) **10**, 788 (1933).
4 PIRIE, A., and R. VAN HEYNINGEN: Biochemistry of the Eye. S. 18. Oxford 1956.
5 DISCHE, Z., E. BORENFREUND and G. ZELMENIS: A. M. A. Arch. Ophthalm. **55**, 633 (1956).
6 MÖRNER, C. T.: H. **18**, 61, 213, 233 (1894).
7 KRAUSE, A. C.: Arch. Ophthalm., Chicago (N. S.) **8**, 166 (1932).
8 BONOT, A., et J. NORDMANN: Bull. Soc. Chim. biol. **38**, 850 (1946).

der Ultrazentrifuge einheitliches α-Kristallin[1] und ein einheitliches Albumoid[2] aus den entsprechenden Fraktionen gewonnen.

Darstellung eines gereinigten α_1-Kristallins aus Rinderlinsen nach FROMAGEOT, SIRCHIS, PETIT ***und*** PRIOUX[1].

100 g Rinderlinsen, die direkt nach dem Tode entnommen werden, wäscht man mit physiologischer Kochsalzlösung, friert in flüssiger Luft ein und verreibt sie. Alles weitere wird bei 0° durchgeführt. Man schüttelt das erhaltene Pulver je 100 cm³ Gewebe mit 300 cm³ 0,1 m Na_2HPO_4-Lösung, p_H 7,6, 24 Std lang. Dann zentrifugiert man 1 Std bei 30000 U/min (Spinco-Ultrazentrifuge). Man erhält eine proteinreiche Lösung (~10 mg N je cm³, S/N = 0,02), der man Ammoniumsulfat bis zu 42% Sättigung zufügt. Den Niederschlag löst man durch Dialyse gegen 0,1 m Na-acetat und dialysiert so lange, bis keine SO_4-Ionen mehr vorhanden sind. Die Lösung bringt man auf 32% Ammoniumsulfatsättigung, verwirft den Niederschlag und bringt die Mutterlauge auf 42% Ammoniumsulfatsättigung. Der Eiweißniederschlag wird erneut gegen 0,1 m Na-acetat dialysiert und damit gelöst. Diese Fraktion *(A)* zeigt in der Ultrazentrifuge 2 Hauptkomponenten und 2 andere, die in nur geringer Menge vorhanden sind. Sie gleicht der von SZENT-GYÖRGYI[3] dargestellten Fraktion (s. unten). Nun fällt man Lösung *(A)* (8,3 mg N je cm³) bei p_H 7,75 durch Ganzsättigung mit Magnesiumsulfat. Dabei fallen 50% des Gesamt-N aus. Man dialysiert den Niederschlag gegen 0,1 m Na-acetat und erhält Lösung *(B)*, die in der Ultrazentrifuge nur noch einen Hauptgipfel und 2 kleinere Gipfel aufweist.

Man fällt nun diese Lösung *(B)* mit dem Eiweißreagens[4] Perfluoroctansäure [$CF_3 \cdot (CF_2)_3 \cdot COOH$]. Bei einer Perfluoroctansäure-Konzentration von $2{,}3 \cdot 10^{-3}$ m fällt oberhalb p_H 7 nichts, unterhalb p_H 7 ein Eiweißniederschlag aus. In 0,1 m Acetatpuffer p_H 5,2 findet man nahezu den gesamten Stickstoff im Niederschlag.

Man mischt bei 0° 100 cm³ Lösung *(B)*, die 500 mg N enthält, mit 100 cm³ 2%igem Na-Perfluoroctanat und 200 cm³ Acetatpuffer p_H 5,3. Den Niederschlag dialysiert man gegen 0,1 m Na_2HPO_4 und elektrodialysiert ihn dann in Gegenwart der H^+-Form des Austauschers Dowex-50. Man erhält eine klare, fluorescierende Lösung, die 82% des N aus Lösung *(B)* enthält. In der Ultrazentrifuge findet man in dieser Lösung nur noch einen Gipfel, und auch nach Lösungsversuchen mit Ammoniumsulfat scheint das erhaltene Protein einheitlich zu sein. Die Autoren schlagen vor, das Protein α_1-Kristallin zu nennen. Es enthält 14,5% N und 0,5% S. Man muß schnell arbeiten und die angegebenen Bedingungen genau einhalten, weil das Protein sehr empfindlich ist.

Es ist möglich, daß α_1-Kristallin identisch ist mit dem fluorescierenden Protein aus Rinderlinsen, das SZENT-GYÖRGYI[3] schon vorher dargestellt hatte.

Darstellung eines fluorescierenden Proteins aus Rinderlinsen nach SZENT-GYÖRGYI[3].

Linsen, die einen Monat bei −20° aufgehoben worden waren, werden mit Wasser extrahiert und aus dem Extrakt bei 40% Ammoniumsulfatsättigung die gesamten Globuline ausgefällt (Albumin bleibt in Lösung). Der Niederschlag wird in Wasser gelöst. Bei 33% Ammoniumsulfatsättigung fällt das fluorescierende Globulin zum Teil, bei 37% Sättigung fällt es vollständig aus. In salzfreier Lösung wird es von Essigsäure bei p_H 6 gefällt. Es ist also ein Euglobulin. Es ist sehr empfindlich. Wenn man es in neutraler salzfreier Lösung kocht, fällt es jedoch nicht aus, aber die Fluorescenz geht verloren. Durch heißen Alkohol ist sie nicht vom Protein zu trennen.

FROMAGEOT und Mitarbeiter[2] haben auch aus der Albumoidfraktion ein homogenes Protein isoliert.

---

[1] FROMAGEOT, P., J. SIRCHIS, L. PETIT et M. PRIOUX: Biochim. biophysica Acta N. Y. **19**, 185 (1956).
[2] FROMAGEOT, P., et J. SIRCHIS: Cr. **240**, 1730 (1955).
[3] SZENT-GYÖRGYI, A.: Biochim. biophysica Acta, N. Y. **16**, 167 (1955).
[4] LUCK, J. M., A. C. GRIFFIN, G. BOER and M. WILSON: J. biol. Ch. **206**, 767 (1954).

Darstellung einer homogenen Fraktion von Albumoid aus der Rinderlinse nach FROMAGEOT ***und*** SIRCHIS[1].

100 g Rinderlinsen, die sofort nach dem Tode der Tiere entnommen werden, friert man in flüssiger Luft ein, verreibt sie fein und extrahiert bei 0° mehrfach mit einer 0,1 m Na_2HPO_4-Lösung, p_H 7,6, bis der gesamte lösliche Stickstoff entfernt ist.

Den Rückstand (Albumoid) dialysiert man gegen dest. Wasser, bis er phosphorfrei ist.

Daraufhin extrahiert man 2mal 4 Std mit je 150 cm³ reinem Formamid bei 0°. Man vereinigt die beiden Extrakte und zentrifugiert bei 0° 1 Std bei 20000 U/min. Man erhält so eine Proteinlösung, die 25% des Anfangsgewichtes des Albumoids enthält, und einen unlöslichen Rückstand. Man fügt zu der Proteinlösung in Formamid in der Kälte das 3fache Volumen Aceton. Den Niederschlag löst man in 150 cm³ 0,02 n NaOH. Der p_H ist schließlich 12.

Man dialysiert die Lösung gegen dest. Wasser, bis p_H 7—7,5 erreicht ist. Dann konzentriert man im Vakuum.

Diese Fraktion *I* des Albumoids erscheint in der Ultrazentrifuge und bei der Papierelektrophorese nahezu einheitlich. Sie enthält 15,8% N und 1% S.

Physikalische Eigenschaften. *Elektrophorese.* Die löslichen Proteine der Linse von verschiedenen Säugetieren wurden mit Papierelektrophorese[2-6], Zonenelektrophorese in Stärke[7], aber auch mit freier Elektrophorese[8,9] untersucht. FRANÇOIS und Mitarbeiter[2] zeigten mit Papierelektrophorese in Veronalpuffer p_H 8,6 3 Proteinfraktionen in der Linse von Rind, Schwein, Pferd und Kaninchen. Beim Säugling und Kleinkind finden sie 4 Fraktionen, beim größeren Kind (7—10 Jahre) 2—3 Fraktionen. Beim Erwachsenen lassen sich keine Fraktionen mehr unterscheiden. SMELSER und Mitarbeiter[9] trennten die Proteine der Mäuselinse mit freier Elektrophorese in 3 Fraktionen. FRANÇOIS und Mitarbeiter[10] zeigten, daß das am schnellsten wandernde der 3 Proteine aus Rinderlinsen α-Kristallin ist. HESSELVIK[8] fand mit freier Elektrophorese nur 2 Komponenten, von denen die schneller wandernde α-, die langsamer wandernde β-Kristallin ist. In der Ultrazentrifuge wurden nur wenige, nicht befriedigende Untersuchungen gemacht[11].

Analytische Daten. WUNDERLY und Mitarbeiter[12] haben die Aminosäuren einer einzelnen menschlichen Linse — und zwar getrennt in Kern und Rinde — mit quantitativer Papierchromatographie untersucht. Die Aminosäuren in Kern und Rinde sind danach quantitativ und qualitativ nahezu gleich. Die Resultate stimmen mit den chemischen[13] und mikrobiologischen[14] Analysen anderer Autoren im wesentlichen überein (s. Tabelle 77).

Der Cystein- und Cystingehalt in den Eiweißfraktionen von Rattenlinsen wurde genau untersucht[15]. Die löslichen Proteine enthalten wohl Cystein, aber kein Cystin. Albumoid enthält bei geschlechtsreifen Tieren gleiche Mengen Cystein und Cystin. Mit zunehmendem Alter bleibt im Albumoid die Summe von Cystein und Cystin gleich. Der Cystingehalt nimmt mit dem Alter zu, wie auch der Cysteingehalt der löslichen Proteine.

---

[1] FROMAGEOT, P., et J. SIRCHIS: Cr. **240**, 1730 (1955).
[2] FRANÇOIS, J., R. WIEME, M. RABAEY et A. NEETENS: Exper. **10**, 79 (1954). Bull. Soc. belge Ophthalm. **104**, 322 (1953).
[3] BON, W. F.: Proc. Kon. ned. Akad. Wet. Amsterdam (C) **57**, 517 (1954).
[4] FUCHS, R., u. O. KLEIFELD: Graefes Arch. Ophthalm. **158**, 29 (1956).
[5] STEMMERMANN, W.: Kli. Wo. **1952**, 1102.
[6] MÜNICH, W., u. A. OSTWALD: Graefes Arch. Ophthalm. **156**, 547 (1954/55).
[7] BLOEMENDAL, H.: Proc. Kon. nederl. Akad. Wet. Amsterdam (C) **59**, 22 (1956).
[8] HESSELVIK, L.: Stand. Arch. Physiol. **82**, 151 (1939).
[9] SMELSER, G. K., and L. v. SALLMANN: Amer. J. Ophthalm. **32**, 1703 (1949).
[10] FRANÇOIS, J., M. RABAEY et R. WIEME: Bull. Mém. Soc. franç. Ophthalm. **1954**, 26.
[11] FROMAGEOT, P., J. SIRCHIS, L. PETIT et M. PRIOUX: Biochim. biophysica Acta, N. Y. **19**, 185 (1956).
[12] CAIGIANUT, B., B. PERNIS u. C. WUNDERLY: Exper. **9**, 218 (1953).
[13] BLOCK, R., u. P. W. SALIT: Arch. Biochem. **10**, 277 (1946).
[14] SCHAEFER, A. J., and S. SHANKMAN: Amer. J. Ophthalm. **33**, 1049 (1950).
[15] DISCHE, Z., E. BORENFREUND and G. ZELMENIS: A. M. A. Arch. Ophthalm. **55**, 471 (1956).

Denaturierung, Stabilität. β-Kristallin ist in reiner Lösung sehr empfindlich[1]. Es fällt aus wäßriger Lösung leicht im denaturierten Zustand aus. Gibt man etwas α-Kristallin zu der Lösung, dann wird das β-Kristallin stabiler. Daraus kann man auf Wechselwirkungen zwischen den beiden Proteinen schließen, wie man sie bei anderen Proteinen, z. B. den Plasmaproteinen oder dem Casein, häufig beobachtet hat.

Sowohl das von SZENT-GYÖRGYI[2] dargestellte fluorescierende Protein als auch das von FROMAGEOT[3] gewonnene α_1-Kristallin sind sehr empfindlich und müssen schnell bei tiefer Temperatur verarbeitet werden.

β) *Proteine des Glaskörpers.*

Der Glaskörper des menschlichen Auges ist noch sehr wenig untersucht. Er kann durch Filtration leicht in Residualprotein und Glaskörperflüssigkeit getrennt werden. Die konzentrierte dialysierte *Flüssigkeit* zeigt bei der Elektrophorese bei p_H 8,0 deutlich 3 Komponenten: Die schnellere hat ein Stickstoff/Hexosamin-Verhältnis, das einer Verbindung von 90% Hyaluronsäure mit 10% Protein entspricht[6]. Die beiden langsameren Komponenten entsprechen Serum-Albumin und γ-Globulin. Bei p_H 5 findet man 2 elektrophoretische Komponenten[7]. Wahrscheinlich verbinden sich bei diesem p_H Protein und Hyaluronsäure salzartig.

In der Ultrazentrifuge sieht man eine langsam sedimentierende, scharfe Bande, die zum Teil mit Hyaluronidase verdaulich ist und nachher nur eine kleine diffuse Bande gibt. Außerdem beobachtet man in der Ultrazentrifuge noch eine schnell sedimentierende diffuse Bande, die — wenn man vorher mit Trypsin verdaut hat — verschwindet. Offenbar entspricht sie dem Albumin.

Immunologisch wurden im Glaskörper mindestens 7 Proteine gefunden, von denen 5 mit Serum- und 2 mit Linsenproteinen übereinstimmten[8]. In der Proteinfraktion wurde Neuraminsäure gefunden[9].

Tabelle 77. *Aminosäurezusammensetzung der Eiweißkörper des Auges.*

	Linse eines menschlichen Auges[4] g je 100 g Aminosäure		Residualprotein des *Glaskörpers* von Ochsenaugen[5]
	Kern	Rinde	g je 100 g Protein
Glykokoll	4,1	4,4	18,0
Alanin	3,5	3,2	2,2
Valin	6,2	5,7	2,6
Leucin	11,3	11,9	5,4
Isoleucin			1,8
Serin	5,1	5,3	2,3
Threonin	3,1	2,6	2,2
Asparaginsäure	9,7	11,0	6,3
Glutaminsäure	16,4	15,5	1,2
Lysin	3,7	7,4	2,4
Oxylysin			—
Arginin	10,3	10,0	5,3
Tyrosin	6,0	5,7	0,8
Phenylalanin	5,9	5,9	1,9
Prolin	5,2	3,8	8,4
Oxyprolin			15,4
Cystin	3,3	3,1	—
Methionin	1,7	—	—
Tryptophan	—	—	1,1
Histidin	—	—	2,6
N-Gehalt			13,4%

Die Konzentration des löslichen Proteins der Glaskörperflüssigkeit beträgt bei Rindern ~40 mg-%, beim Menschen 20—40 mg-%[10].

Der Glaskörper enthält außer dem Protein der Glaskörperflüssigkeit noch ein wasserunlösliches *Residualprotein*, das offenbar die zusammenhängende Struktur des Glaskörpers bedingt. Wenn man die Glaskörperflüssigkeit durch Glasfilter abtropfen läßt,

[1] WOODS, A. C., and E. L. BURKY: J. amer. med. Ass. **89**, 102 (1927). Amer. J. Ophthalm. **16**, 951 (1933).
[2] SZENT-GYÖRGYI, A.: Biochim. biophysica Acta, N. Y. **16**, 167 (1955).
[3] FROMAGEOT, P., J. SIRCHIS, L. PETIT et M. PRIOUX: Biochim. biophysica Acta, N. Y. **19**, 185 (1956).
[4] CAIGIANUT, B., B. PERNIS u. C. WUNDERLY: Exper. **9**, 218 (1953).
[5] YOUNG, R. G., and H. H. WILLIAMS: A. M. A. Arch. Ophthalm. **51**, 593 (1954).
[6] BLIX, G.: Acta physiol. scand. **1**, 29 (1940).
[7] VARGA, L., and E. A. BALAZC: Amer. J. Ophthalm. **38**, 29 (1954).
[8] RAO, S. S., M. E. KULKARNI, S. N. COOPER and M. R. RADHAHRISHNAN: Brit. J. Ophthalm. **39**, 163 (1955).
[9] SCHMIDT, J. G. H.: Persönliche Mitteilung.
[10] PIRIE, A., and R. VAN HEYNINGEN: Biochemistry of the Eye. S. 242. Oxford 1956.

die kleinen Mengen, die auf dem Filter bleiben, mehrere Tage mit Wasser wäscht und schließlich filtriert, bleibt bei vorsichtigem Arbeiten stets eine intakte, einheitliche, dürre, aber erstaunlich zähe Masse zurück.

Ein einzelner Rinderglaskörper enthält 2—3 mg unlöslichen Rest[1]. Da der Glaskörper ~18 cm^3 ausmacht, bedeutet das ~14 mg-% unlöslichen Rest. Das Residualprotein von Ochsenglaskörper hat ein Röntgendiagramm, das dem von Kollagen gleicht[2] (vgl. S. 450). Auch die qualitative Aminosäureanalyse zeigt eine deutliche Verwandtschaft zum Kollagen. Sein Aminosäurechromatogramm gleicht dem des Cornea-Kollagens und der Gelatine. Von Clostridia-Kollagenase wird der Glaskörper in vivo verflüssigt. Die quantitative Aminosäureanalyse zeigt jedoch deutliche Unterschiede zu der des Kollagens aus Rindersehne (vgl. Tabelle 51 und 77), doch sind die Hauptaminosäuren Prolin und Oxyprolin. Residualprotein enthält nur ungefähr 14% N[3], Kollagen aus Sehnen 18,6% N (vgl. S. 466).

Außerdem enthält das Residualprotein 3—9% Zucker, aber kein Hexosamin, während Kollagen nur weniger als 1% Kohlenhydrat enthält (vgl. S. 467), in dem Hexosamin deutlich nachweisbar ist. Das Fadenprotein des Glaskörpers scheint nicht einheitlich zu sein, sondern aus mehreren verschiedenen Proteinen zu bestehen, denn man sieht 3 verschiedene Strukturen, deren Fasern unterschiedlich mit Enzymen reagieren[4].

Das Kollagen des Glaskörpers wird auch als *Vitrosin* bezeichnet (vgl. Tabelle 50 und [5]).

γ) *Proteine der Cornea.*

Die Cornea enthält 75—80% Wasser. Ungefähr 70% der festen Bestandteile bestehen aus Kollagen[6], das noch wenig untersucht ist. Es hat die für Kollagen charakteristischen Eigenschaften (vgl. S. 450ff.). Sein Stickstoffgehalt ist mit 16,9—18,1% niedriger als der des Kollagens des Coriums[7] (18,6%). Es enthält 11,8% Oxyprolin[8], also auch weniger als das Hautkollagen (vgl. Tabelle 51). Die Schrumpftemperatur des Corneakollagens von Rinderaugen liegt bei 65°. Die Quellung von Corneakollagen wechselt stark mit dem p_H und hat 2 Maxima bei p_H 4 und p_H 11 und 1 Minimum bei physiologischem p_H. Im Elektronenmikroskop sieht man, daß die Kollagenfäden aus Cornea (Mensch, Ratte) feiner und einheitlicher sind als die des Kollagens aus anderen Geweben. Die Kollagenfasern aus Rattencornea sind 20—30 mμ dick und zeigen die charakteristische Querstreifung von 625—700 Å[9] (vgl. S. 450). Die Querstreifung des Kollagens der menschlichen Cornea ist dagegen schwer zu sehen. Seine Fasern sind sowohl beim Embryo als auch beim Erwachsenen 25—35 mμ dick[10]. Die Kollagenfasern der Sklera des menschlichen Embryos sind ebenso dick wie die der Cornea, die der Sklera des Erwachsenen sind jedoch 28—280 mμ dick und deutlich quergestreift. Das Kollagen der Sklera des Erwachsenen gleicht also dem von anderen Organen, während das der Cornea des Erwachsenen mit dem der Cornea des Embryo übereinstimmt.

Beide, die Cornea und die Sklera, enthalten neben dem reifen Kollagen noch lösliches Kollagen (jene 1,17% und diese 0,28% des Trockengewichts) und ein lösliches Protein, das nicht Kollagen ist (Cornea ~18,6% und Sklera 7,2%).

Das lösliche Protein scheint ein Substanzgemisch zu sein, das mindestens zum Teil aus Mucoproteiden besteht. Es wurde von Woodin[11, 12] fraktioniert. Die größte einzelne Fraktion ist ein Polysaccharid, das Acetylglucosamin, Galaktose und Estersulfat enthält.

1 Pirie, A., and R. van Heyningen: Biochemistry of the Eye. S. 243. Oxford 1956.
2 Pirie, A., G. Schmidt and J. W. Waters: Brit. J. Ophthalm. **32**, 321 (1948).
3 Young, R. G., and H. H. Williams: A. M. A. Arch. Ophthalm. **51**, 593 (1954).
4 Bembridge, B. A., G. N. C. Crawfood and A. Pirie: Brit. J. Ophthalm. **36**, 131 (1952).
5 Kendrew, J. C.; in: Neurath-Bailey, Proteins Bd. II B, S. 947.
6 Pirie, A., and R. van Heyningen: Biochemistry of the Eye. S. 145. Oxford 1956.
7 Krause, A. C.: Biochemistry of the Eye. Baltimore 1934.
8 Polatnick, J., A. J. la Tessa and H. M. Katzin: Biochim. biophysica Acta, N. Y. **26**, 365 (1957).
9 Jakus, M.: Amer. J. Ophthalm. **38**, 40 (1945).
10 Schwarz, W.: Z. Zellforsch. **38**, 26, 78 (1953).
11 Woodin, A. M.: Biochem. J. **51**, 319 (1952).
12 Woodin, A. M.: Biochem. J. **58**, 50 (1954).

In vivo ist es an ein Protein gebunden, das von Kollagenase nicht angegriffen wird, ~6% Tyrosin, 2% Tryptophan und 0,5% Oxyprolin enthält. Hyaluronidase hat keinen Einfluß auf die Mucoide der Cornea[1]. Auch die DESCEMETsche Membran enthält Glykoproteid[2]. Die Proteine des DESCEMET-Endothelbereichs enthalten Neuraminsäure[3]. Von den Proteinen der Cornea haben nur die wasserlöslichen schwach antigene Eigenschaften[4].

Darstellung. Das Kollagen der Cornea wird im allgemeinen dargestellt, indem man die löslichen Anteile mit 10%iger NaCl-Lösung, verdünntem Alkali oder alkalischen Phosphatlösungen extrahiert und den Rückstand trocknet. Das wichtigste ist, daß man das frisch gemahlene Gewebe wiederholt extrahiert.

Neuerdings wurden unlösliches Kollagen, lösliches Kollagen und andere lösliche Proteine aus Cornea in einem Arbeitsgang getrennt dargestellt[5].

***Darstellung der Eiweißkörper der Cornea nach* POLATNICK, LA TESSA *und* KATRIN[5].**

A. Kollagen. Das Gewebe wird 1 Std in 20—30 Vol. einer kaltgesättigten Na_2HPO_4-Lösung eingeweicht, homogenisiert, über Nacht gekühlt, abzentrifugiert, erneut in Phosphatlösung suspendiert und homogenisiert. Drei weitere Tage wird täglich mit frischer Phosphatlösung ausgelaugt. Daraufhin extrahiert man das Gewebe 5 Tage mit kalten, 25%igen KCl-Lösungen, wäscht gut mit Wasser, entwässert mit Alkohol und Äther und trocknet an der Luft.

B. Extrahierbare Kollagene[6].

1. Alkalische Fraktion. Man extrahiert das Gewebe (Cornea und Sklera) an 5 aufeinander folgenden Tagen, wie oben beschrieben, mit kaltgesättigten Na_2HPO_4-Lösungen und dialysiert die vereinigten Phosphatextrakte gegen Wasser. Den Niederschlag innerhalb des Dialysierschlauches trennt man ab (die Überstände werden gefriergetrocknet, um daraus die löslichen Proteine, die nicht Kollagen sind, zu erhalten) und extrahiert ihn wiederholt (5—7 Tage) mit 0,1 m Citratpuffer, p_H 3,8. Die Extrakte entfernt man täglich und dialysiert sie gegen fließendes Wasser. Es fällt ein Niederschlag aus, der mit Wasser gewaschen und wie üblich entwässert und getrocknet wird.

2. Säurelösliche Fraktion. Der Rückstand der nach Phosphatextraktion übrigbleibt, wird auch, wie oben beschrieben, mit Citratpuffer extrahiert und durch Dialyse und Trocknen das säurelösliche Kollagen gewonnen.

3. Unlösliche Fraktionen. Der Rückstand nach der Säureextraktion wird sorgfältig mit Wasser gewaschen und in 2 gleiche Teile geteilt. Ein Teil wird mit Alkohol und Äther entwässert und an der Luft getrocknet. Der 2. Teil wird in 0,1 m Citratpuffer, p_H 5,0, suspendiert und 48 Std bei 37° mit Hyaluronidase inkubiert. Dieses Material extrahiert man mit Citratpuffer, p_H 3,8, um auf diese Art noch säurelösliches Kollagen zu erhalten. Der Rückstand wird dann gewaschen und wie üblich getrocknet. Man erhält so die mit Hyaluronidase behandelte unlösliche Kollagenfraktion.

WOODIN[7, 8] hat die löslichen Mucoide der Cornea dargestellt und fraktioniert.

***Darstellung der Mucoide aus Cornea nach* WOODIN[7].**

Corneae aus Rinderaugen (2—3 Std nach dem Tode entnommen) werden mit destilliertem Wasser gewaschen, in Blöcke eingefroren und mit dem Gefriermikrotom in 20 μ dicke Schnitte zerschnitten. Man extrahiert nun je Gramm Trockengewicht mit ungefähr 25 cm³ 10%iger $CaCl_2$-Lösung. Die Suspension wird auf p_H 8 gebracht, 3—4 Tage bei 0° stehengelassen, abzentrifugiert und die Rückstände noch 2mal extrahiert. Dann

[1] WOODIN, A. M.: Brit. J. Ophthalm. **43**, 375 (1950).
[2] KRAUSE, A. C.: Arch. Augenheilk. **107**, 453 (1933).
[3] SCHMIDT, J. G. H.: Persönliche Mitteilung.
[4] SMITH, C. H., and A. M. WOODIN: Brit. J. exp. Path. **34**, 647 (1953).
[5] POLATNICK, J., A. J. LA TESSA and H. M. KATZIN: Biochim. biophysica Acta, N. Y. **26**, 365 (1957).
[6] HARKNESS, R. D., A. M. MARKO, H. M. MUIR and A. NEUBERGER; in: RANDALL, J. T., (Hrsg.): Nature and Structure of Collagen. S. 208. New York 1953.
[7] WOODIN, A. M.: Biochem. J. **51**, 319 (1952).
[8] WOODIN, A. M.: Biochem. J. **58**, 50 (1954).

dialysiert man gegen fließendes Leitungswasser und schließlich gegen dest. Wasser. Während der Dialyse bildet sich ein Niederschlag, der als „unlösliches Mucoid" bezeichnet wird. Ein Teil des Materials bleibt im Überstand und kann durch Zufügen von 1 Vol. Äthylalkohol bei —10° ausgefällt werden. Es wird „lösliches Mucoid" genannt. Das lösliche Mucoid macht 80—85% der Gesamtextrakte aus. Es enthält — je nach dem, ob aus frischen Schnitten, getrockneten oder gequollenen Schnitten extrahiert wurde — 11,2—14,8% N, 0,53—2,1% Esterschwefel und 7—12% Hexosamin.

Tabelle 78. *Trennung der löslichen Corneamucoide*[1].

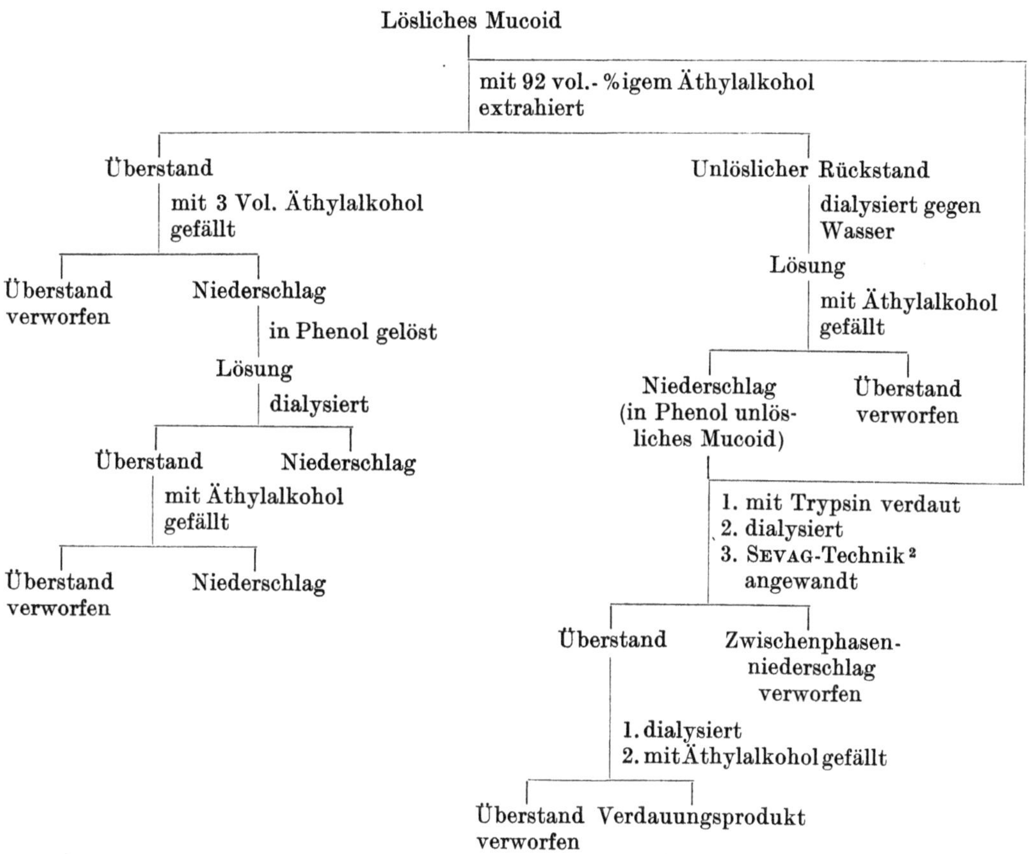

Die löslichen Mucoide werden mit Phenol extrahiert und nach dem Schema Tabelle 78 weiterverarbeitet. Man erhält so ein in Phenol unlösliches und ein in Phenol lösliches Mucoid. Das in Phenol unlösliche Mucoid aus getrockneten Schnitten enthält 8,0% N, 18,4% Hexosamin und 3,6% Ester-Sulfat.

Es macht 2,2% des Trockengewichts der Cornea aus und enthält 32% des Ester-Sulfats.

L. Leberproteine.

Die Leber enthält ~18% Eiweiß[3,4]. Das Lebereiweiß der Ratte soll eine biologische Halbwertszeit von 4—5 Tagen haben[5].

Aus der Leber wurden wohl zahlreiche Enzyme isoliert (vgl. dieses Hdb. Bd. VI), die begleitenden Proteine aber meistens verworfen. Es ist schwierig, ein so komplexes

[1] WOODIN, A. M.: Biochem. J. 51, 323 (1952).
[2] SEVAG, M. G., D. B. LACKMAN and J. SMOLENS: J. biol. Ch. 124, 425 (1938).
[3] BARIONI, N.: Exper. 7, 104 (1951).
[4] HARRISON, M. F.: Proc. R. Soc. London (B) 141, 203 (1953).
[5] NEUBERGER, A., J. C. PERRONE and H. G. B. SLACK: Biochem. J. 49, 199 (1951).

und an Enzymen reiches Proteinsystem zu fraktionieren, und deswegen wurde der Versuch nur relativ selten unternommen[1-7].

Elektrophoretisch wurden die gesamten löslichen Leberproteine in 8—10 Fraktionen zerlegt[4,7]. Relativ gut reproduzierbare Resultate erhielten SOROF und COHEN[4], wenn sie die Kaninchen- oder Rattenleber in situ mit Pufferlösung durchströmten, von der Gallenblase befreiten, mit Filterpapier trockneten und in ihrem doppelten Gewicht an 0,1 m Phosphatpuffer, p_H 7,8 2 min homogenisierten. Es wird dann 15—30 min bei 15000 × g zentrifugiert und der Überstand daraufhin 6—8 Std bei 15000 × g oder 1 Std bei 45—50000 × g in der gekühlten Spinco-Ultrazentrifuge zentrifugiert. Man erhält einen klaren bernsteinfarbenen Überstand, der 71 ± 8% des Homogenat-N enthält. Nach 15- bis 20stündiger Dialyse gegen mehrmals gewechselten Veronalpuffer, p_H 8,6, $\Gamma/2 = 0{,}1$, in Stickstoffatmosphäre wurden mit TISELIUS-Elektrophorese 8—10 Komponenten gefunden. Je nach Dauer der Aufarbeitung und Dialyse verändern sich Menge und Wanderungsgeschwindigkeit mancher Komponenten. Die Autoren untersuchten, wieweit sie durch reduzierende Verbindungen geschützt werden können. Auch von russischen Autoren[7] wird betont, daß das Vorkommen bzw. Fehlen der einzelnen Komponenten bis zu einem gewissen Grad von Extraktion und Weiterverarbeitung abhängt. Sie finden auch 8 Komponenten. 30—35% der Leberproteine wandern mit der Geschwindigkeit der α-Globuline des Blutserums, ~30% mit der der β- und γ-Globuline, 25% wandern noch langsamer als diese und nur ~10—15% mit der Geschwindigkeit des Albumins. Auch HENNING und Mitarbeiter[8] finden in normaler menschlicher Leber nur geringe Mengen Protein, das wie Albumin wandert.

SOROF und COHEN[4] haben die löslichen Proteine der Rattenleber auch in der Ultrazentrifuge getrennt. 40% der gesamten Proteine sedimentieren in der Ultrazentrifuge als 2 gut reproduzierbare Komponenten.

COHN und Mitarbeiter[5] haben die Proteine von Kaninchen- und Rinderleber auf ähnliche Art wie die Proteine des Blutplasmas (vgl. S. 237ff.) zu fraktionieren versucht. Die Lebern werden dazu mit physiologischer Kochsalzlösung durchströmt, gefroren, fein verteilt und extrahiert (Schema von Extraktion und Fraktionierung s. Tabelle 79). Die Autoren erhalten 6 Fraktionen, von denen jede einzelne ein komplexes Gemisch von Enzymen und inerten Proteinen darstellt. Die elektrophoretischen Eigenschaften der einzelnen Fraktionen sind in Tabelle 80 angegeben. Die Art der Trennung befriedigt noch nicht. Entweder werden durch das Frieren die Lipoproteide zerstört, oder es setzt, wenn man nicht einfriert, sehr schnell Autolyse ein.

Etwas mehr befriedigt die Methode zur Trennung der Leberproteine von FALCONER und Mitarbeitern[6]. Dabei werden erst die einzelnen Zellkomponenten isoliert, getrennt extrahiert und dann die löslichen Proteine weitgehend fraktioniert.

Zur Trennung der Rattenleber in einzelne Zellfraktionen haben die Autoren mit Ammoniumsulfat fraktioniert. Dazu wird die Leber einer Ratte, die über Nacht gefastet hat und dann getötet und ausgeblutet wurde, so schnell wie möglich entnommen und durch eine perforierte Stahlplatte (Durchmesser der Löcher: 0,381 mm) in ihr 3faches Volumen an gesättigtem Ammoniumsulfat gepreßt (0°) und darin 3—4 min homogenisiert. Man kühlt in Eis-Kochsalz, verdünnt mit $^1/_2$ Vol. 0,8 gesättigtem Ammoniumsulfat, filtriert durch ein Leinentuch in eine Kältezentrifuge und zentrifugiert bei 20000 × g 10 min. Man erhält so Kerne, die am Boden gepackt sind, Zellen, Mitochon-

[1] LUCK, J. M., C. C. NIMMO and C. ALVAREZ-TOSTADO: J. biol. Ch. **140**, LXXI (1941).
[2] LUCK, J. M.: Cold Spring Harbor Symp. quant. Biol. **14**, 127 (1950).
[3] SOROF, S., and P. P. COHEN: Fed. Proc. **8**, 255 (1949).
[4] SOROF, S., and P. P. COHEN: J. biol. Ch. **190**, 303, 311 (1951).
[5] COHN, E. J., D. M. SURGENOR and M. J. HUNTER; in: EDSALL, J. T. (Hrsgb.): Enzymes and Enzyme Systems. Cambridge, Mass. 1951.
[6] FALCONEP, J. S., D. J. JENDER and D. B. TAYLOR: Discuss. Faraday Soc. **13**, 43 (1953).
[7] KAPLANSKY, S. J., O. B. KUSOVLEWA and V. O. USPENSKAJA: Biochimija, Moskva **21**, 469 (1956).
[8] HENNING, N., K. KINZLMEIER, L. DEMLING and E. MANNUSS: Kli. Wo. **1952**, 390.

Tabelle 79. *System zur Trennung der Proteinenzyme und anderer Komponenten aus Rinderleber durch fraktionierte Extraktion von frischem, durchströmtem, gefrorenem, zerriebenem Gewebe*[1].

	Fraktion					Rückstand
	C_1	C_2	C_3	B_1	B_2	
		I. Bedingungen der Extraktion				
Äthylalkohol (Molfraktion)	0,066	0,032	0	0	0	
Ionenstärke	0,033	0,02	0,15	0,04	0,15	
Temperatur (°C)	−8	−5	0	0	0	
pH	5,8	5,8	5,8	7,2	7,4	
		II. Bedingungen der Wiederausfällung				
Zink (Mol)	0,02	0	0	0	0	
Äthylalkohol (Molfraktion)	0,066	0,140	0,140	0,070	0,070	
Ionenstärke	0,03	0,15	0,12	0,15	0,17	
Temperatur (°C)	−8	−18	−18	−8	−8	
pH	5,8	5,8	5,8	5,8	5,8	
Gewicht Protein in der Fraktion (g Trockengewicht Protein pro kg Frischleber)	28	27	16	26	10	45
Proteinkomponenten, die in den Fraktionen identifiziert wurden	Kathepsin gegen Hämoglobin, Albumin Hämoglobin	Kathepsin gegen Hämoglobin, alkalische Phosphatase, saure Phosphatase, Esterase, Xanthinoxydase, Arginase, Glutaminsäuredehydrogenase	Kathepsin gegen Hämoglobulin, Katalase, Peroxydase, D-Aminosäureoxydase, Essigsäure-acetat-Enzym, perniziöse Anämie-Protein	Autohydrolytische Enzyme, Desoxypentosenucleoproteid, Pentosenucleoproteid	Autohydrolytische Enzyme	Bindegewebe Albumin

drien, gefällte Proteine und gefärbten Überstand in getrennten Schichten. Die Kerne werden durch neuerliches Suspendieren und Zentrifugieren weiter gereinigt. Der ganze Prozeß soll in 1 Std beendet sein. Zu diesem Aussalzprozeß kann auch 3,5—4,5 m Kaliumphosphat verwendet werden (vgl. S. 234). Die Autoren ziehen diese Art der Trennung der Zellbestandteile den anderen üblichen Methoden vor (vgl. Bd. II, S. 537ff.), weil der Prozeß bei tiefer Temperatur und hoher Salzkonzentration schnell beendet ist und damit Proteinverluste möglichst vermieden werden.

Aus *Leberzellkernen*, die mit den Fraktionierungsmethoden von DOUNCE[2] oder BEHRENS[3] dargestellt wurden, haben WANG und Mitarbeiter[4] ein Lipoproteid isoliert, das rund 50% des Trockengewichts der isolierten Zellkerne entspricht. Sie extrahieren die Zellkerne mit NaCl-Lösung erschöpfend, daraufhin mit 0,1 n NaOH, fügen dann Essigsäure bis p_H 5,7—6,0 zu und fällen den Niederschlag durch die gleiche Behandlung mit Lauge-Säure mehrmals um. Das Material enthält 14,5% N, 0,07% P, 5,7% Arginin, 3,2% Tyrosin, 2,9% Tryptophan, ~10% Lipoide (Phospholipoide und Cholesterin) und 0,8% Ca. Es ist elektrophoretisch einheitlich[5].

[1] COHN, E. J., D. M. SURGENOR and M. J. HUNTER; in: EDSALL, J.T. (Hrsgb.): Enzymes and Enzyme Systems. Harvard Univ. Press, Cambridge Mass. 1951.
[2] DOUNCE, A. L.: J. biol. Ch. **147**, 685 (1943).
[3] BEHRENS, M.: H. **209**, 59 (1932).
[4] WANG, T. Y., D. T. MAYER and L. E. THOMAS: Exp. Cell Res. **4**, 102 (1953).
[5] CARVER, M. J., and L. E. THOMAS: Arch. Biochem. **40**, 342 (1952).

Aus *Rattenleber-Mitochondrien* hat CHARGAFF[1] ein Lipoproteid isoliert.

Die Proteine des *Cytoplasmas* haben CHANUTIN und Mitarbeiter[2] mit Salz- und Alkoholfraktionierung getrennt (Schema, Tabelle 81) und ADJUVANTIS[3] mit Papierelektrophorese. Er findet in Boratpuffer, p_H 8,6, $\Gamma/2 = 0{,}18$, Whatman 1-Papier, 0,2 cm³ aufgesetzt, 5 Fraktionen in der nach HOGEBOOM und SCHNEIDER[4] dargestellten Cytoplasmafraktion.

PETERMANN und Mitarbeiter[5] haben die makromolekularen Anteile des Rattenlebercytoplasmas, vermutlich Nucleoproteide, in der Ultrazentrifuge getrennt (Sedimentationsgeschwindigkeiten von 130, 107, 90, 72, 49, 38 und 27 *S*), und elektrophoretisch untersucht[7]. Neuerdings ist es gelungen, durch abwechselndes Zentrifugieren bei hohen und niederen Touren aus Rattenleber ein Nucleoproteid rein zu isolieren[8]. Diese Nucleoproteide sind äußerst empfindlich, PETERMANN und HAMILTON[9] haben aber aus Kalbsleber einen dialysierbaren Stoff, den sie SF nennen, isoliert, der das Nucleoproteid schützt.

Tabelle 80. *Elektrophoretische Beweglichkeiten der Komponenten der einzelnen Fraktionen aus Rinderleber*[6].

Elektrophoretische Beweglichkeit	Fraktion C_1		Fraktion C_2		Fraktion C_3		Fraktion B_1	
	Gewicht der elektrophoretischen Komponente (g Trockenprotein/kg Frischleber)							
	bestimmt bei		bestimmt bei		bestimmt bei		bestimmt bei	
$-\mu \times 10^{-5}$	p_H 7,0	p_H 8,6	p_H 7,0	p_H 8,6	p_H 7,0	p_H 8,6	p_H 7,0	p_H 8,6
9,5				2			1	3
9,0			2					8
8,5							2	
8,0				3				
7,5								
7,0		3						
6,5			4	5			2	
6,0	4	2				0,5		13
5,5				10	0,5			
5,0						1	4	
4,5	5	9			1			
4,0						9	9	1
3,5		3	10					
3,0				6				
2,5	11	7			12	5		
2,0							7	1
1,5	5	3	11	1		1	1	
1,0		1			3			
0,5	3							
Gesamt	28	28	27	27	16,5	16,5	26	26

***Darstellung eines Nucleoproteids aus dem Cytoplasma von Rattenleber und des dazu notwendigen Schutzstoffes (SF) aus Kalbsleber nach* PETERMANN *und* HAMILTON**[8].

Darstellung von SF aus Kalbsleber. Frische Kalbsleber wird gekühlt, abgehäutet, in Würfel geschnitten und je 30 g eingefroren und in der Tiefkühltruhe aufbewahrt. Zu 60 g gefrorener Leber fügt man im Halbmikro-Homogenisator 250 cm³ Wasser und läßt bei 115 Volt 1—2 min und dann bei 50 Volt 7—8 min laufen. Unter diesen Bedingungen werden die Kerne nicht zerstört. Man zentrifugiert das Homogenat in der Kälte 15 min bei 8000 × g. Das Sediment verwirft man und dialysiert den trüben Überstand über Nacht gegen das gleiche Volumen kalten destillierten Wassers. Das Dialysat wird gefriergetrocknet und der klebrige Rückstand in 0,05 Vol. Wasser gelöst. Das unlösliche Material zentrifugiert man bei 1500 × g 15 min in der Kälte ab. Die überstehende Flüssigkeit, SF, verdünnt man für den Gebrauch mit 19 Vol. Wasser oder Puffer.

---

1 CHARGAFF, E.: J. biol. Ch. **142**, 491 (1942).
2 GJESSING, E. C., C. S. FORD and A. CHANUTIN: J. biol. Ch. **188**, 155 (1951).
3 ADJUTANTIS, G.: Nature **173**, 539 (1954).
4 HOGEBOOM, G. H., W. C. SCHNEIDER and G. E. PALLADE: J. biol. Ch. **172**, 619 (1948).
5 PETERMANN, M. L., N. A. MIZEN and M. G. HAMILTON: Cancer Res. **13**, 373 (1953).
6 COHN, E. J., D. M. SURGENOR and M. J. HUNTER; in: EDSALL, J. T. (Hrsgb.): Enzymes and Enzyme Systems. Harvard Univ. Press, Cambridge, Mass. 1951.
7 PETERMANN, M. L., M. G. HAMILTON and N. A. MIZEN: Cancer Res. **14**, 366 (1954).
8 PETERMANN, M. L., and M. G. HAMILTON: J. biol. Ch. **224**, 725 (1957).
9 PETERMANN, M. L., and M. G. HAMILTON: J. biophys. biochem. Cytol. **1**, 469 (1955).

Tabelle 81. *Fraktionierung für salzlösliche Proteine der Leber*[1].

Gemahlene Rattenleber wird in 0,85 %iger NaCl-Lösung (Volumen: 8faches Ausgangsgewicht der Leber) extrahiert und die Suspension 1 Std bei 11000 U/min (0°) zentrifugiert

Niederschlag	Überstand
⇓ Fraktion R	↓ Überstand R 2 Std bei 18000 U/min (0°) zentrifugiert
⇓ Fraktion P	↓ Überstand P 16 Std bei 5—10° gegen 0,015 m $MgCl_2$, p_H 7,0, dialysiert
⇓ Fraktion I	↓ Überstand I 4 Std dialysiert, p_H 5,8
⇓ Fraktion II	↓ Überstand II 20 %iger Äthylalkohol, — 5°
⇓ Fraktion III	↓ Überstand III 40 %iger Äthylalkohol, — 5°
⇓ Fraktion IV	↓ Überstand IV 70 %iger Äthylalkohol, — 5°
⇓ Fraktion V	

SF konnte durch Fällung mit Äthylalkohol weiter gereinigt werden. Zu 5 cm³ kalter konzentrierter SF-Lösung fügt man 15 cm³ 95 %igen Äthylalkohol (— 15°). Den Niederschlag zentrifugiert man in einem Polyäthylengefäß in der Kälte ab, nimmt ihn in 20 cm³ Wasser auf und trocknet im gefrorenen Zustand. Der Rückstand (PSF) wurde in 5 cm³ Wasser gelöst und zum Gebrauch mit 14 Vol. Wasser oder Puffer verdünnt.

Reinigung des Nucleoproteids aus Rattenleber. 6 ausgewachsene, männliche Wistarratten läßt man über Nacht fasten. Jedes Tier wird leicht mit Äther anaesthesiert und bekommt dann intraperitoneal 45 mg Nembutal. Die Lebern werden mit 0,15 m NaCl-Lösung durchströmt, bis sie hell geworden sind, und danach mit 0,25 m Rohrzuckerlösung. Dann wird die Leber schnell entnommen, gekühlt und in der Kälte weiterverarbeitet. Die Lebern werden durch eine Presse aus rostfreiem Stahl gepreßt. 10 g des Breis werden mit 50 cm³ Zuckerlösung in einen großen Homogenisator mit Pistill gebracht und das Pistill mit dem Elektromotor langsam laufen gelassen, bis der Brei frei von Klümpchen ist. 3 solche Proben werden im Halbmikro-Homogenisator vereinigt und $2^1/_2$ min bei 30 Volt homogenisiert. Auf diese Art werden 80 % der Zellen zerstört, ohne daß die Kerne wesentlich beschädigt werden. Das Homogenat wird 15 min bei 8000 × g zentrifugiert, um Zelltrümmer, Kerne, Mitochondrien und flockigen Niederschlag zu entfernen. Der Überstand wird in Trockeneis mit Alkohol eingefroren und in der Tiefkühltruhe aufbewahrt. Zur Reinigung des Nucleoproteids werden 700 cm³ dieses Extraktes entsprechend 180 g Leberbrei (ungefähr 18 Rattenlebern) teilweise

[1] GJESSING, E. C., C. S. FORD and A. CHANUTIN: J. biol. Ch. 188, 155 (1951).

aufgetaut, indem man die Gläser in Wasser von 40° eintaucht und dann in ein Eisbad bringt. Die Lösung titriert man mit 0,1 n NaOH ($\sim$10 cm³) bis p_H 8,3 und fügt 0,1 Vol. Na-Desoxycholat zu (p_H 8,3), um die Mikrosomenstruktur zu zerstören. Das Nucleoproteid zentrifugiert man 2 Std bei 78000 × g bei 8° (Spinco-Ultrazentrifuge, Modell L, Rotor Nr. 30) ab. Das Sediment suspendiert man in 60 cm³ SF-Wasser in einem Kunststoffhomogenisator. 400 mg Ausbeute an rohem Nucleoproteid.

Das Nucleoproteid wurde durch abwechselndes langsames und schnelles Zentrifugieren weiter gereinigt (Schema Tabelle 82). Das langsame Zentrifugieren wird in der

Tabelle 82. *Schema zur Reinigung von Rattenleber-Nucleoproteid*[1].

400 mg rohes Nucleoproteid in 60 cm³ SF-Wasser lösen, 30 min bei 23000 × g zentrifugieren

→ Niederschlag

→ Überstand: 90 min bei 105000 × g zentrifugieren

- → Sediment
  - erneut in 60 cm³ SF-Wasser suspendieren und die vorangegangenen Schritte 3mal wiederholen
  - Sediment
  - erneut in 12 cm³ PSF-Wasser suspendieren
  - 1 Std bei 23000 × g zentrifugieren
    - → Niederschlag
    - → Nucleoproteid
- → Überstand

Kältezentrifuge bei 7—8° durchgeführt, das schnelle in der Spinco-Ultrazentrifuge Modell L, Rotor 30, Temperatur −10°. Nach dem schnellen Zentrifugieren ist das Sediment gelatinös und schwer wieder aufzulösen. Es gelingt am besten im Kunststoff-Homogenisator (langsam laufen lassen, um Schäumen zu vermeiden). Das Nucleoproteid ist sehr empfindlich gegen Salz und muß mit SF oder PSF geschützt werden. Es hat in Veronalpuffer p_H 8,6, $\Gamma/2 = 0,1$, eine Beweglichkeit von −7,9 cm²/V/sec. Die Sedimentationskonstante bei unendlicher Verdünnung ist 77,5 S. Es enthält $\sim$40% RNS, keine DNS und kein Cholesterin und $\sim$6% Phospholipoide.

Die Ausbeute beträgt 2,2 mg rohes bzw. 1,3 mg gereinigtes Nucleoproteid je g Leberbrei.

M. Histone und Protamine.

1. Histone.

Histone sind basische Eiweißkörper, die in den Zellkernen an Desoxyribonucleinsäure gebunden vorkommen. Ihr basischer Charakter ist nicht ganz so ausgeprägt wie der der Protamine. Zum Unterschied von diesen enthalten sie sämtliche Aminosäuren mit Ausnahme von Tryptophan.

[1] PETERMANN, M. L., and M. G. HAMILTON: J. biol. Ch. 224, 725 (1957).

Die Histone haben folgende Eigenschaften[1]: Ihr isoelektrischer Punkt liegt im alkalischen Gebiet. Ihr Arginin-Stickstoff beträgt 19—30% des Gesamtstickstoffs. Sie bilden mit nicht histonartigen Proteinen schwerlösliche Verbindungen. Sie werden durch Ammoniak gefällt. Bei längerer Berührung mit dem Fällungsmittel wandelt sich der Niederschlag in eine unlösliche Modifikation des Histons um. Nicht alle Histone geben diese letzte Reaktion. Pepsin-Salzsäure zerlegt die Histone in ein Gemisch basischer Peptone, von denen eines durch Na-Pikrat gefällt werden kann.

Um einen Eiweißkörper eindeutig als Histon zu identifizieren, müssen mehrere der oben erwähnten Eigenschaften zusammentreffen.

Neuerdings hält MIRSKY[2, 3] die Löslichkeit in einer heißen und kalten Lösung von 0,34 m $HgSO_4$ in 1,88 m H_2SO_4 für typisch für alle Histone. Sie unterscheiden sich dadurch von den Protaminen, die in dieser heißen Lösung wohl löslich, in kalter dagegen unlöslich sind, und von allen anderen Eiweißkörpern, die in beiden unlöslich sind.

Das erste Histon wurde von KOSSEL[1] aus den Erythrocyten des Gänseblutes gewonnen. LILIENFELD[4] hat wenig später ein Histon aus der Thymusdrüse dargestellt. Daneben wurden sie in den reifen Testikeln von Wirbeltieren und Wirbellosen festgestellt, z. B. bei Kabeljau[5], Quappe[6], Centrophorus granulosus[7], Echinodermen, Astropecten aurantiacus[8], Echinus esculentus[9]. Heute vermutet man, daß in allen somatischen Zellkernen und zum Teil auch in den Spermatozoen Histone vorkommen.

Histon enthält etwa 18% N. Histonchlorid und -sulfat sind in Wasser leicht, die freie Base nur sehr wenig löslich. Histonsalze sind hydrolytisch dissoziierbar.

Histon ist offenbar nicht einheitlich, sondern ein Gemisch aus ähnlich zusammengesetzten Substanzen. So haben viele Autoren Histon in eine lysinreiche und eine argininreiche Fraktion zerlegt. Allerdings wird von den meisten betont, daß die Histonfraktionen nur miteinander verglichen werden können, wenn die Darstellungsmethode die gleiche war.

Darstellung. Histon wird aus Gewebe, isolierten Zellkernen, Chromosin und Nucleohiston dargestellt. Man kann es daraus mit verdünnten Säuren extrahieren und aus dem Extrakt aussalzen oder mit Alkohol oder Aceton fällen, oder den Extrakt dialysieren und mit Ammoniak in der Nähe des isoelektrischen Punktes fällen. Auch durch einfache Dialyse des Säureextrakts und Gefriertrocknen kann man es gewinnen. Oder aber das Nucleohiston wird durch starke Salzlösungen dissoziiert, die Nucleinsäure mit Alkohol gefällt und aus der Lösung das Histon gewonnen. Eine dieser Methoden, oder deren Kombinationen werden zur Darstellung von Histon angewandt.

Darstellung von Histon aus Vogelbluterythrocyten nach KOSSEL[10].

Isolierte, rote Blutkörperchen aus Gänseblut wurden in Wasser gelöst und die zurückbleibende unlösliche Kernmasse in verdünnte HCl gebracht. Dabei geht das Histon als Hydrochlorid in Lösung. Es kann aus der Lösung durch Aussalzen mit Kochsalz gefällt und dann durch Dialyse vom Kochsalz befreit werden, wobei es wieder in Lösung geht. Engt man diese Lösung bei tiefer Temperatur ein und fällt sie mit Alkohol unter Zusatz von Äther, so erhält man ein wasserlösliches Präparat von Histonhydrochlorid.

Darstellung von Nucleohiston und Histon aus Thymusdrüsen nach LILIENFELD[4].

Man stellt einen wäßrigen Extrakt der Lymphzellen oder der gesamten Thymusdrüsen her und fällt durch Ansäuern mit Essigsäure. Den Niederschlag löst man in

[1] KOSSEL, A.: Protamine und Histone. Wien, Leipzig. 1929.
[2] MIRSKY, A. E., and A. W. POLLISTER: J. gen. Physiol. **30**, 117 (1947).
[3] DALY, M. M., and A. E. MIRSKY: J. gen. Physiol. **38**, 405 (1955).
[4] LILIENFELD, L.: H. **18**, 473 (1894).
[5] KOSSEL, A., u. F. KUTSCHER: H. **31**, 165 (1900).
[6] EHRSTRÖM, R.: H. **32**, 350 (1901).
[7] KOSSEL, A., u. H. PRINGLE: H. **49**, 301 (1906).
[8] KOSSEL, A., u. J. EDLBACHER: H. **94** 264 (1915).
[9] KOSSEL, A., u. W. STAUDT: H. **156**, 270 (1926).
[10] KOSSEL, A.: H. **8**, 511 (1884).

Wasser, das mit Na_2CO_3 alkalisch gemacht wurde, und wiederholt die Essigsäurefällung. Nach neuerlichem Umfällen wird mit Alkohol und Äther entwässert. Man erhält *Nucleohiston* als weißes Pulver.

Es ist in Wasser unlöslich, aber in verschiedenen Neutralsalzlösungen, in NaOH und Ammoniak löslich. Es besitzt mehr saure als basische Gruppen, so daß Nucleohiston als Säure erscheint. Es wandert selbst in neutraler oder schwach saurer Lösung nach der Anode. Lösliche Nucleohistonsalze sind in Lösung ionisiert. Nucleohiston kann auch noch zusätzlich hinzugefügtes Histon binden. Durch gleichionige Elektrolyte wird die Dissoziation von Nucleohistonsalzen zurückgedrängt und dadurch seine Löslichkeit herabgesetzt. Deshalb erhält man eine Fällung, wenn man zu einer Lösung von Nucleohistonnatrium so viel Natriumchlorid zufügt, daß sein Gehalt 0,6—0,9% beträgt. Weitere Zugabe von Kochsalz löst den Niederschlag wieder auf. Mit Erdalkalimetallionen bildet Nucleohiston unlösliche Salze. Fügt man zu einer Lösung von Nucleohiston-Na $CaCl_2$ bis zu einer Konzentration von 0,1—0,5% $CaCl_2$ zu, so fällt Nucleohiston-Ca aus.

Aus dem Nucleohiston extrahiert man das *Histon* mit verd. HCl oder H_2SO_4, DNS scheidet sich ab und wird abfiltriert. Nach FELIX und HARTENECK[1] läßt sich aus dem Filtrat das Histon mit der 3fachen Menge Alkohol fällen. Nach Filtrieren oder Zentrifugieren kann man das Histon neuerlich in warmem Wasser lösen und wieder ausfällen. Nach 3maligem Umfällen wird das Histon mit Alkohol und Äther getrocknet. Man erhält das salzsaure oder schwefelsaure Salz von Histon als weißes Pulver.

Die freie Base erhält man, wenn man die Lösung von Histonsulfat durch Ammoniak fällt. Auf diese Weise erhält man das „denaturierte“ unlösliche Histon. Diese Veränderung des Histons läßt sich vermeiden, wenn man nach FELIX und HARTENECK[1] nur sehr wenig Ammoniak benutzt und anschließend sofort Alkohol hinzufügt.

MIRSKY[2] stellt aus Zellkernen zunächst „Chromosin“ dar, das Desoxyribonucleinsäure, Histon und Nichthistonprotein enthält, und daraus Nucleohiston und Histon.

***Darstellung von Chromosin und Histon nach* MIRSKY *und* POLLISTER[2].**

Das zerkleinerte Gewebe wird sorgfältig mit physiologischer Kochsalzlösung extrahiert. Der Extrakt enthält cytoplasmatische Bestandteile. Man extrahiert so lange, bis sich im Extrakt kein mit Trichloressigsäure fällbares Material mehr befindet. Auf diese Art werden z. B. aus der Leber 67% der Substanz ausgewaschen. Nach cytologischen Befunden soll dabei die Zellstruktur unzerstört bleiben. Selbst bei p_H 9,2, bei dem 82% der Lebersubstanz extrahiert werden, bleibt das Zellgerüst erhalten. Insbesondere scheint der Zellkern nicht sichtbar verändert zu sein. Der Kern macht ungefähr 10% der frischen Leberzelle aus, nach dem Waschen aber mehr als 50%.

Nun extrahiert man das Gewebe mit 1 m NaCl-Lösung. Der Extrakt wird sofort viscös. Er wird nach langem kräftigem Rühren bei 10000 U/min abzentrifugiert. Im Extrakt erhält man „Chromosin“. Es wird durch Eingießen des Überstandes in 6 Vol. Wasser, wodurch die NaCl-Konzentration auf 0,14 m gesenkt wird, ausgefällt. Chromosine sind in 0,14 m NaCl-Lösung unlöslich, in 1 m löslich, so daß sie durch abwechselndes Zugeben von konz. Salzlösung und Verdünnen mehrmals umgefällt werden können. Sie fallen in langen Fasern aus, die man um einen Glasstab wickeln kann.

Auf diese Art wurden „Chromosine“ aus folgenden tierischen Geweben dargestellt: Säugetierleber, -niere, -thymus, -milz, -pankreas, -gehirn, Froschtestes, Vogelerythrocyten, Fischleber und -erythrocyten.

Man kann auch aus isolierten Kernen, soweit sie leicht zu gewinnen sind, Chromosin darstellen.

Zur Analyse wird Chromosin mit 65%igem Alkohol, anschließend mit 95%igem Alkohol und schließlich mit Äther behandelt und bei 106° getrocknet. Es enthält 3,55 bis 4,3% P und 14,2—16,3% N. Nach MIRSKY variiert die Zusammensetzung des Chromosins nicht mit der Darstellungsmethode.

---

[1] FELIX, K., u. A. HARTENECK: H. **157**, 76 (1926).
[2] MIRSKY, A. E., and A. W. POLLISTER: J. gen. Physiol. **30**, 117 (1947).

Histon wird aus „Chromosin“ mit Salzsäure extrahiert. Man preßt aus den Fasern im Mörser so viel Wasser wie möglich heraus; dann fügt man 0,2 n HCl zu und rührt während 1 Std ab und zu um. Man zentrifugiert die Suspension und erhält im Überstand eine klare Lösung von Histon in Salzsäure. Die Salzsäure entfernt man durch Dialyse und kann dann das Histon durch Zufügen von Ammoniak ausfällen. Es löst sich im Überschuß nicht auf. Leberhiston fällt bei p_H 10,83 (Glaselektrode) aus.

Man kann Histon auch direkt aus isolierten Zellkernen mit verdünnten Säuren extrahieren.

Wenn Histon einige Zeit aufbewahrt werden soll, darf man die Salzsäure nicht abdialysieren, sondern fügt NaOH bis $\sim p_H$ 10 zur Histonlösung zu, bis eine massive Fällung eintritt, die bald nach der Neutralisation beginnt. Dann gibt man 2 Vol. 95%igen Alkohol zu und läßt die Suspension über Nacht stehen. Man zentrifugiert das ausgefallene Histon ab, wäscht mit Alkohol und Äther und trocknet bei Zimmertemperatur. Solches Histon ist in verdünnter Salzsäure leicht und schnell löslich.

Nicht-Histon-Protein kann man auch aus isolierten Thymuszellkernen herstellen. Zunächst wird wie oben „Chromosin“ dargestellt. Zu der Chromosinlösung (4,4 mg/cm^3) wird genügend verdünnte NaOH zugefügt, so daß 0,5 cm^3 Chromosin in 3 cm^3 Wasser keinen Niederschlag ergeben. Der p_H soll 10—11 betragen. Insgesamt wurden zu 140 cm^3 Chromosin, 5,6 cm^3 0,2 n NaOH, dann 70 cm^3 1 m NaCl und 200 cm^3 eines 4:1 Chloroform-Octylalkohol-Gemisches zugefügt und 48 Std in der Kälte geschüttelt. Nach längerem Zentrifugieren bei 3500 U/min wird die oberste Schicht sorgfältig entfernt und dazu erneut 0,2 n NaOH hinzugefügt, um den p_H zwischen 10 und 11 zu halten, und erneut mit Chloroform-Octylalkohol geschüttelt. Nach dem Zentrifugieren erhält man zwischen den beiden flüssigen Phasen einen geringen Niederschlag. Man wiederholt das Schütteln und Zentrifugieren und erhält nochmals wenig Niederschlag zwischen den Phasen. Das Verhältnis N/P in der Lösung beträgt dann 1,72, woraus sich ergibt, daß die gelöste DNS nahezu proteinfrei ist.

Die gesammelten Niederschläge werden gründlich mit 0,14 m NaCl, die genügend NaOH enthält, um den p_H auf 10—11 zu halten, gewaschen, um das Protein möglichst nucleinsäurefrei zu erhalten. Der Proteinniederschlag ist durch das Chloroform gequollen und wird, um dieses zu entfernen, mit Alkohol gewaschen. Das Protein (Gesamtprotein) enthält 15,7% N.

Durch Zufügen von 1 cm^3 0,34 m $HgSO_4$ in 1,88 m H_2SO_4 zu 1 cm^3 der Proteinsuspension und 15 min langes Erhitzen auf 60° und Zufügen von 0,1 cm^3 1%igem $NaNO_2$ (Millonreaktion) erhält man einen roten Niederschlag und einen roten Überstand, ein Beweis, daß sich in dem Gemisch 2 Proteinfraktionen befinden.

Wenn man das Gesamtprotein in der Kälte mit 0,2 n HCl extrahiert, bleiben 27,5% Protein ungelöst. Dieser Rückstand enthält kein Histon mehr. Das ungelöste Protein enthält 14,9% N und 0,9% Tryptophan. Es verbindet sich nicht mit Histon, aber mit DNS. Die gleichen Präparate wurden aus Kalbsleberkernen und aus Vogelerythrocytenkernen isoliert.

Aus isolierten Chromosomen (s. dieses Hdb., Bd. II, S. 575) von Thymus-Lymphocyten kann ein Nucleohiston dargestellt werden, das kein anderes Eiweiß enthält[1]. Diese werden mit 1 m NaCl-Lösung, die 1% Citronensäure enthielt, extrahiert. Nicht alles Histon wird auf diese Art aus den Thymuschromosomen herausgelöst. Die Suspension zentrifugiert man und erhält einen klaren Überstand, an dessen Absorptionsspektrum man feststellen kann, ob er frei von DNS ist. Die Lösung dialysiert man über Nacht gegen dest. Wasser und fällt das Histon durch Zugeben von NaOH bis zur maximalen Fällung (p_H 9,2) aus. Man wäscht mit Alkohol und Äther und trocknet im Vakuum bei Zimmertemperatur.

---

[1] Mirsky, A. E., and H. Ris: J. gen. Physiol. **31**, 7 (1948).

BUTLER und Mitarbeiter[1] gehen zur Histondarstellung ebenfalls vom Gewebe aus und waschen es mit 0,9 %igem NaCl wie MIRSKY[2] (s. oben). Aus dem Rohprodukt stellen sie direkt Histone dar, indem sie den nach dem Waschprozeß verbleibenden Rückstand in 10 %iger NaCl-Lösung lösen. Dabei dissoziiert das Protein von der Nucleinsäure.

***Darstellung von Histon aus Kalbsthymus nach* BUTLER, DAVISON, JAMES *und* SHOOTER[1].**

Die Lösung von Nucleoproteid in 10 %iger NaCl-Lösung (s. oben) rührt man kräftig und fällt die Desoxyribonucleinsäure durch langsames Zufügen von Aceton oder Äthylalkohol bis zu einer Endkonzentration von 30 %. Die DNS reißt einen Teil des Proteins mit. Das erkennt man daran, daß das Verhältnis N/P des Niederschlags zwischen 2,2 und 2,7 liegt. Durch Wiederauflösen und neuerliches Ausfällen der DNS kann man die Proteinbeimengung auf ein Minimum reduzieren, bis das N/P-Verhältnis des Niederschlags nur noch 1,9 beträgt (reine DNS hat N/P 1,7).

Aus der so erhaltenen Eiweißlösung fällt ein Teil des Proteins spontan aus, der sich auf einfache Weise nicht wieder in Lösung bringen läßt. Der Niederschlag hat ein N/P-Verhältnis zwischen 12 und 20 und macht etwa $^1/_3$ des gesamten Eiweiß-N in Lösung aus. Nach dem N/P-Verhältnis könnten es künstliche Nucleoproteidkomplexe sein, die durch das Fällen mit Aceton oder Äthylalkohol denaturiert wurden, oder es könnte dem Nicht-Histon-Protein von MIRSKY[2] oder HAMER[3] entsprechen.

Das in Lösung gebliebene Protein wird mit Ammoniumsulfat ausgezalzen, oder man entfernt Fällungsmittel (Äthylalkohol, Aceton) und Salz durch Dialyse, und die wäßrige Lösung wird gefriergetrocknet. Man erhält ein weißes Pulver, das sich leicht in Wasser löst. Allerdings findet sich in den meisten Präparaten ein kleiner unlöslicher Rest.

Da die ersten Darstellungen sehr komplexe elektrophoretische Diagramme zeigten und die Autoren annahmen, daß das Protein durch zelleigene Kathepsine verdaut wurde, wurde in den letzten Darstellungen dem Medium Jodessigsäureäthylester zugefügt, um diese zu hemmen, und die ganze Darstellung einschließlich der Dialyse so schnell wie möglich durchgeführt. Es waren nicht alle Darstellungen befriedigend, aber die besten zeigten ähnliche Charakteristika wie die mit Säureextraktion gewonnenen Proteine.

***Säureextraktion von Histon aus Nucleohiston nach* BUTLER, DAVISON, JAMES *und* SHOOTER[1].**

Schwefelsäure. Nucleoproteid wird in wäßriger Lösung kräftig gerührt und so lange in H_2SO_4 zugefügt, bis eine Endkonzentration der Säure von 0,1 n erreicht ist. Nach mehrstündigem Stehen wird die Lösung abzentrifugiert und das Histon aus dem Überstand mit Äthylalkohol oder Isopropanol gefällt. Es wird in Wasser wieder aufgelöst, dialysiert und entweder sofort oder nach Umfällung gefriergetrocknet. Durch Behandeln des Rückstandes der ersten Extraktion mit mehr Säure erhält man nur noch kleine Mengen Histon.

Salzsäure. Das Histon wird mit 0,2 n HCl extrahiert und mit einem großen Überschuß an Aceton[4] gefällt, in Wasser wieder aufgelöst, dialysiert und gefriergetrocknet.

Phosphorsäure. Man extrahiert das Histon mit 0,1 n H_3PO_4 und fällt nach dem Zentrifugieren das Histon aus dem Überstand mit einem großen Überschuß an Aceton, eventuell unter Zugabe von Ammoniumhydroxyd, um die Fällung zu unterstützen. Das Protein löst man in Wasser. Es wird dialysiert und gefriergetrocknet.

Citronensäure. Das Nucleoproteid wird in 10 %iger NaCl-Lösung gelöst und Citronensäurelösung bis zu einer Endkonzentration von 1 % hineingerührt. Gemeinsam mit einem beträchtlichen Teil Protein fällt DNS aus. Das Histon wurde aus dem Überstand durch Zufügen von Aceton gefällt, dialysiert und gefriergetrocknet.

---

[1] BUTLER, J. A. V., P. F. DAVISON, D. W. F. JAMES and K. V. SHOOTER: Biochim. biophysica Acta, N. Y. **13**, 224 (1954).
[2] MIRSKY, A. E., and A. W. POLLISTER: J. gen. Physiol. **30**, 117 (1947).
[3] HAMER, D.: Brit. J. Cancer **7**, 151 (1953).
[4] STEDMAN, E., and E. STEDMAN: Phil. Trans. R. Soc. London (B) **235**, 565 (1951).

Alle gefriergetrockneten Proteine, die durch diese Säureextraktionen gewonnen werden, sind weiße, in Wasser und Pufferlösungen (außer zwischen p_H 10 und 12) leicht lösliche Pulver.

Später fällten DAVISON und Mitarbeiter[1] das Histon aus dem Säureextrakt durch Sättigung mit Kochsalz, lösten das ausgefällte Protein in Wasser wieder auf, dialysierten und trockneten es in gefrorenem Zustand. Sie beobachteten in der Ultrazentrifuge, daß bei dieser Ausfällungsart oft eine kleine Menge aggregiert wird. Die Aggregierung kann jedoch durch Behandlung mit verdünnter Säure weitgehend rückgängig gemacht werden. Wenn das Fällungsmaterial aber zu lange einwirkt, bildet sich etwas unlösliches Material. Um diese Schwierigkeit zu vermeiden und um eine volle Ausbeute des extrahierten Proteins zu gewährleisten, wurde einfach alle Säure vom Protein durch Dialyse entfernt und dann der Extrakt gefriergetrocknet. In dem Extrakt sind nur Histone enthalten.

UI[2] extrahiert mit H_2SO_4 in 3 Stufen, 0,1 n, 0,2 n und 0,5 n. Im einzelnen stellt er Kalbsthymushiston folgendermaßen dar:

Darstellung von Kalbsthymushiston nach UI[2].

Eine Suspension gereinigter Kalbsthymus-Kerne (Reinigung nach MIRSKY und POLLISTER[3], s. dieses Hdb., Bd. II, S. 576—579) aus 1,15 kg Thymusdrüsen wird zentrifugiert und der Überstand verworfen. Zu den feuchten Kernen fügt man 800 cm³ 0,13 n H_2SO_4, um eine Endkonzentration von nahezu 0,1 n H_2SO_4 zu erreichen, und läßt unter gelegentlichem Rühren 20 min stehen. Man zentrifugiert 5 min bei 4000 U/min. Der schwach opalescierende Überstand (1,17 *l*) enthält 0,93 g N. Den Rückstand extrahiert man dann 20 min mit 300 cm³ 0,1 n H_2SO_4 und zentrifugiert nochmals. Der Überstand enthält nun 0,56 g N. Beide Extrakte werden vereinigt und durch neuerliches Zentrifugieren (15 min bei 8000 U/min) geklärt (Extrakt *A*).

Nun extrahiert man den Rückstand mit 500 cm³ 0,2 n H_2SO_4, zentrifugiert die Suspension nach 20 min und wiederholt die Extraktion 3mal mit einer Gesamtmenge von 900 cm³ 0,2 n H_2SO_4. Jeder Extrakt wird bei 8000 U/min zentrifugiert, und die Extrakte werden vereinigt. 1,53 *l* Überstand enthalten ~2,66 g N (Extrakt *B*).

Weiter extrahiert man 3mal mit einer Gesamtmenge von 1,2 *l* 0,5 n H_2SO_4. Bei den 2 ersten Extraktionen läßt man die Suspension 1 Std stehen, bei der letzten die ganze Nacht. Man erhält 0,90 g N (Extrakt *C*).

Die Extrakte *A*, *B* und *C* enthalten zusammen 5,05 g N, der ~26 g Histon entspricht.

In der Ultrazentrifuge unterscheidet sich Extrakt *A* deutlich von den Extrakten *B* und *C* (vgl. S. 578).

Fällung und Fraktionierung. Zu 1,6 *l* gekühltem Extrakt *A* fügt man langsam gekühlten Äthylalkohol und hält dabei die Temperatur so tief wie möglich, ohne daß das Gemisch friert.

Bei einer Konzentration von 20 Vol.-% Äthylalkohol (400 cm³ abs. Äthylalkohol zugefügt) beginnt sich ein Niederschlag zu bilden. Man läßt 3 Std bei —5° stehen, damit sich der Niederschlag gut absetzt, und zentrifugiert dann in der Kältezentrifuge (Histon *I*). Man fügt zu dem Überstand weiter langsam Äthylalkohol, bis eine Konzentration von 45 Vol.-% erreicht ist. Die Lösung trübt sich neuerlich, und es bildet sich langsam ein Niederschlag. Man läßt einige Stunden bei —10° stehen und trennt den Niederschlag wie oben ab (Histon *II*). Der Überstand enthält keine weiteren Histonfraktionen.

Jede Fraktion löst man in kaltem destilliertem Wasser, klärt durch 30 min langes Zentrifugieren bei 8000 U/min und fällt 2mal um. Man löst schließlich den Niederschlag in kaltem destilliertem Wasser und fügt 0,2 m $BaCl_2$ zu, um die Sulfationen zu

[1] DAVISON, P. F., D. W. F. JAMES, K. V. SHOOTER and J. A. V. BUTLER: Biochim. biophysica Acta, N. Y. **15**, 415 (1954).
[2] UI, N.: Biochim. biophysica Acta, N. Y. **25**, 493 (1957).
[3] MIRSKY, A. E., and A. W. POLLISTER: J. gen. Physiol. **30**, 117 (1947).

entfernen. Am nächsten Morgen zentrifugiert man das $BaSO_4$ ab, dialysiert den Überstand erschöpfend gegen kaltes dest. Wasser und lyophilisiert (2,6 g Histon *I*, 1,2 g Histon *II*).

Extrakt *B* (1,53 *l*) bringt man auf 20 Vol.-% Äthylalkoholkonzentration bei —5°C, läßt über Nacht stehen und zentrifugiert den Niederschlag ab. Man verwirft den Überstand, weil sich beim weiteren Zufügen von Äthylalkohol nur noch eine ganz kleine Menge Niederschlag bildet.

Den Niederschlag bei 20 Vol.-% Äthylalkoholkonzentration löst man in destilliertem Wasser, klärt durch Zentrifugieren und fällt 2mal um. Man wandelt ihn in das Chlorid um, dialysiert und trocknet im gefrorenen Zustand wie oben (Histon *I* 12,0 g).

Extrakt *C* behandelt man genauso wie Extrakt *B* und erhält 2,8 g Histon *I*.

Histon *I* wird durch 5%ige Trichloressigsäure gefällt, Histon *II* nicht. Histon *I* macht 80—90% des gesamten Histons aus.

Histon *I* und *II* unterscheiden sich deutlich in ihren physikalischen Eigenschaften (vgl. S. 577) und in den analytischen Daten (vgl. S. 578).

LUCK und Mitarbeiter[1] variieren die Darstellung insofern, als sie die Kerne in 1 m NaCl suspendieren und direkt mit 0,2 n HCl extrahieren.

GRÉGOIRE und LIMOZIN[2] geben noch eine weitere Methode an.

***Darstellung von Histon aus Kalbsthymus nach* GRÉGOIRE *und* LIMOZIN[2].**

Extraktion von Nucleohiston. 400 g frisches Kalbsthymus, das von allem fremden Gewebe befreit wurde, werden in der Latapie-Mühle oder im Homogenisator in Gegenwart von Eiswasser zerkleinert und anschließend in 5 Vol. Wasser aufgenommen. Man läßt unter gelegentlichem, kräftigem Schütteln 12 Std in Eis stehen, filtriert durch mehrere Lagen Gaze und extrahiert das zurückbleibende Gewebe ein zweites Mal mit 5 Vol. Wasser 12 Std. Die filtrierten Extrakte versetzt man mit $CaCl_2$, Endkonzentration 0,1%. Das Nucleohiston fällt, mit cytoplasmatischen Bestandteilen verunreinigt, aus. Man zentrifugiert es ab, wäscht mit Wasser und zentrifugiert von neuem. Das Nucleohiston wird dann nach der Methode von MIRSKY und POLLISTER (s. S. 572) gereinigt.

Man suspendiert es unter gelegentlichem Schütteln in 10%iger NaCl-Lösung und läßt die Lösung 2—3 Wochen in Eis stehen. Auf diese Weise dissoziiert das Nucleohiston vollkommen in Histon und Nucleinsäure. Die viscöse Lösung von Nucleinsäure und Histon wird mit großer Geschwindigkeit (Servall-Zentrifuge) zentrifugiert, um alles Unlösliche zu entfernen. Zu der klaren Lösung fügt man 1,5 Vol. Äthylalkohol. Das Natriumsalz der DNS fällt aus. Man verjagt den größten Teil des Alkohols durch Destillation unter vermindertem Druck bei 45° und läßt die Lösung einige Stunden im Eis stehen. Eine Proteinfraktion (Histon *P*) fällt aus, die abzentrifugiert wird. Die überstehende Lösung, die die Fraktion Histon *S* enthält, dialysiert man in einem Cellophanschlauch gegen Wasser im Kühlraum, bis alles NaCl entfernt ist. Der Niederschlag des Histon *P* wird in Wasser suspendiert. Im Laufe der Dialyse, die bis zur NaCl-Freiheit durchgeführt wird, löst es sich in Wasser vollkommen auf. Die Lösungen der Histone *P* und *S*, denen Chloroform zugesetzt wurde, werden in Cellophanschläuche gefüllt und durch Ventilation auf ein kleines Volumen eingedunstet. Sie werden erneut gegen dest. Wasser dialysiert und dann in Portionen von 15 cm^3 gefriergetrocknet. Die erhaltenen Produkte sind weiße lockere Pulver, die man im Eis in gut verschlossenen Gläsern aufbewahrt.

Von 400 g Thymus erhält man im Mittel 3 g Histon und 12 g Desoxyribonucleinsäure.

Fraktion *P* enthält im Mittel 17,5% N, Fraktion *S* im Mittel 16% N; der Phosphorgehalt liegt zwischen 0,01 und 0,05%.

---

[1] LUCK, J. M., H. A. COOK, N. T. ELDREDGE, M. I. HALEY, D. W. KUPKE and P. S. RASMUSSEN: Arch. Biochem. **65**, 449 (1956).

[2] GRÉGOIRE, J., et M. LIMOZIN: Bull. Soc. Chim. biol. **36**, 15 (1954).

Crampton und Mitarbeiter[1-3] stellen Nucleohiston ebenfalls durch Extrahieren des Gewebes mit 1 m NaCl und Ausfällen durch Verdünnen auf 0,2 m dar. Aus diesem Nucleohiston wird Histon dargestellt, indem mit NaCl und Äthylalkohol dissoziiert wird.

***Darstellung von Nucleohiston und Histon aus Kalbsthymus nach* Crampton *und Mitarbeitern*[1-3].**

Frischer Kalbsthymus wird sofort aufgearbeitet. Man führt alle Operationen bei 4—6° durch. Je 50 g Thymus homogenisiert man mit 50 cm^3 einer Lösung von 0,1 m NaCl und 0,005 m Na-citrat (auf p_H 7 eingestellt) 30 sec und zentrifugiert anschließend 30 min bei 2000× g. Die überstehende Flüssigkeit wird verworfen und das Sediment erneut in 100 cm^3 der NaCl-Citrat-Lösung suspendiert und zentrifugiert. Daraufhin wird es 3mal mit je 50 cm^3 dest. Wasser gewaschen (durch Zugabe von 0,0004 m $NaHCO_3$ auf p_H 7 eingestellt), um die Elektrolyte zu entfernen. Während des letzten Waschens quillt das Sediment, aber nur weniger als 0,5% seines Gesamtphosphors gehen in den Überstand. Der gelatinöse Rückstand wird mit 250 cm^3 dest. Wasser (p_H 7) 15 sec homogenisiert und anschließend 1—2 Std geschüttelt. Das viscöse Gemisch wird erneut kurz homogenisiert und daraufhin 30 min bei 2000× g zentrifugiert. Zu dem Extrakt fügt man langsam ein gleiches Volumen 0,30 m NaCl-Lösung und zentrifugiert nach 15—30 min bei 900× g 15 min lang. Das Sediment suspendiert man erneut in 250 cm^3 einer 0,15 m NaCl-Lösung (oder physiologischer Kochsalzlösung/Citrat, p_H 7) und zentrifugiert. Den gewaschenen Niederschlag* homogenisiert man ~30 sec in dest. Wasser. Um Histon aus dem Nucleohiston abzutrennen, werden dest. Wasser und 4 m NaCl (oder 4 m Natriumacetat, p_H 6,5) zugefügt und sorgfältig gemischt, so daß eine Mischung entsteht (2 m in bezug auf NaCl oder Na-Acetat), die in 100 cm^3 so viel Nucleohiston enthält, wie aus 3—7 g Kalbsthymus erhalten wurde. Zu der viscösen Masse werden 2 Vol. Äthylalkohol zugefügt und die Histone nach unten beschriebener Methode gewonnen. Das gefriergetrocknete Material beträgt 23—29 mg/g Kalbsthymus.

***Darstellung von Nucleohiston und Histon aus Kalbsniere, Kalbsleber und Meerschweinchentestes nach* Crampton *und Mitarbeitern*[3].**

150 g Gewebe werden zerkleinert und innerhalb von 75 min nach dem Tod des Tieres mit 300 cm^3 0,0004 m $NaHCO_3$-Lösung (p_H 7) 2 min hochtourig homogenisiert. Das Homogenat wird sofort mit 300 cm^3 0,3 m NaCl-Lösung 15 min bei 700 × g zentrifugiert. Die überstehende Flüssigkeit wird abgesaugt, zentrifugiert und verworfen. Beide Rückstände werden mit 300 cm^3 2 m NaCl-Lösung in einen Homogenisator gebracht, den man mit Hilfe eines Transformators auf ein Viertel seiner Geschwindigkeit eingestellt hat. Nach 10 min Homogenisieren bei dieser geringen Tourenzahl und 20 min Stehen wird die viscöse Suspension 30 min bei 2000 × g (Winkelkopf) abzentrifugiert. Den Rückstand extrahiert man nochmals mit 75 cm^3 1 m NaCl, zentrifugiert und verwirft ihn dann. Um das Nucleoproteid zu gewinnen, werden die vereinigten Extrakte (425 cm^3) langsam unter leichtem Rühren in 2 *l* dest. Wasser eingegossen, um die NaCl-Konzentration von 1 m auf 0,2 m zu reduzieren. Nach 30 min gießt man die Hauptmenge der überstehenden Flüssigkeit ab und gewinnt die Nucleoproteidfasern durch Abzentrifugieren. Die Histone erhält man, indem man die Nucleoproteidfraktion mit 2,6 m NaCl und Äthylalkohol dissoziiert. Zu diesem Zweck homogenisiert man die Nucleoproteidfraktion in 150 cm^3 dest. Wasser (30 sec auf vollen Touren). In diesem Gemisch werden 30,4 g NaCl aufgelöst, dann wird mit Wasser auf 200 cm^3 aufgefüllt. Nach 30 min zentrifugiert man die Lösung 5 min bei 2000 × g (Winkelkopf) und extrahiert den so erhaltenen Rückstand noch einmal mit 20 cm^3 2,6 m NaCl. Die vereinigten Überstände (220 cm^3) werden mit dem gleichen Volumen 95%igem Äthylalkohol versetzt. Nach heftigem Schütteln wird

* „once precipitated nucleohistone".

[1] Crampton, C. F., R. Lipshitz and E. Chargaff: J. biol. Ch. **206**, 499 (1954).

[2] Crampton, C. F., S. Moore and W. H. Stein: J. biol. Ch. **215**, 787 (1955).

[3] Crampton, C. F., W. H. Stein and S. Moore: J. biol. Ch. **225**, 363 (1957).

der faserige Niederschlag (bestehend aus Na-Desoxyribonucleat) entfernt, ausgepreßt, um überschüssige Flüssigkeit zu entfernen, und mit 100 cm³ Lösung, die gleiche Volumenteile Alkohol und 2,6 m NaCl-Lösung enthält, gewaschen. Die Waschflüssigkeit vereinigt man mit dem ursprünglichen klaren alkoholischen Überstand und fügt ihm ein zweites Volumen Alkohol zu. Es entsteht ein Niederschlag, den man nach 30 min abzentrifugiert. Den klaren alkoholischen Überstand filtriert man, um eventuelle Rückstände zu entfernen. Bis zu diesem Punkt führt man alle Operationen ohne Unterbrechung aus. Der alkoholische Histonextrakt wird im Vakuum bei einer Badtemperatur unter 40° auf ein Drittel eingedampft. Nach 3—5tägiger Dialyse gegen 5mal gewechseltes dest. Wasser (8 *l*) wird die Histonlösung zentrifugiert und gefriergetrocknet.

Die Autoren erhielten 3 mg Material je g Gesamtniere und eine ähnliche Ausbeute aus Leber; bei Meerschweinchentestes war sie nur halb so groß.

Darstellung von Histon zur anschließenden Chromatographie. Zum isolierten, 1mal gefällten Kalbsthymus-Nucleohiston werden dest. Wasser und 2 m Bariumacetat zugefügt, so daß 100 cm³ der viscösen Masse, die nach tüchtigem Mischen entstand, so viel Nucleohiston enthalten, wie aus 15—20 g Kalbsthymus erhalten wird, und in bezug auf Bariumacetat 0,6 m sind. Nach 30 min fügt man unter heftigem Schütteln 2 Vol. 95%igen Alkohol in 2 gleichen Portionen zu. Um den faserigen Niederschlag abzupressen, wird das Gemisch bei 2000 × g 5 min zentrifugiert und die überstehende Flüssigkeit durch eine gesinterte Glasplatte schnell abgesaugt. Der faserige Niederschlag wird auf der Filterplatte mit einem Spatel gepreßt, um soviel wie möglich von der Flüssigkeit zu entfernen. Das Filtrat dampft man auf ein Drittel seines ursprünglichen Volumens ein (Vakuum, 40°) und fügt zu dem wäßrigen Rückstand so viel Wasser, daß die Bariumkonzentration auf 0,1 m erniedrigt wird. Diese Lösung kann nach Einstellen des p_H durch Zufügen von 1 n Essigsäure (0,81 cm³ je 100 cm³) auf 5,9—6 direkt zur Chromatographie verwendet werden. Diese Methode, die keine Dialyse erfordert, ergibt eine Ausbeute von ungefähr 67%, gemessen an der Ninhydrinfärbung des Nucleohiston, und dauert 15 Std.

Man erhält auch schnell ein undialysiertes Histongemisch, wenn man das Nucleohiston mit Salzsäure behandelt. Das 1mal gefällte Nucleohiston (das das Produkt aus 30 g Kalbsthymus je 100 cm³ enthält) wird langsam unter ständigem Rühren zum gleichen Volumen 0,5 n Salzsäure, die 0,2 m Bariumacetat enthält, hinzugefügt. Nach 15 min wird das Gemisch zentrifugiert (5 min bei 2000 × g) und die überstehende Flüssigkeit schnell durch eine gesinterte Glasplatte filtriert. Das Filtrat bringt man mit 0,1 m BaOH auf p_H 6 und benutzt es direkt zur Chromatographie. Auf diese Art kann man 74% des gesamten Nucleohistons extrahieren.

KHOUVINE und Mitarbeiter[1] stellen aus *pathologischem Gewebe* (krebsiges und nekrotisches Gewebe des atypischen Epithelioms der Ratte) Histone nach der Methode von MIRSKY und POLLISTER[2] (s. S. 568) dar. Diese enthalten etwa 18% N und 0,3% P. Über ihre Eigenschaften bei der Elektrophorese und ihre analytischen Daten s. S. 568 und 577. Die so dargestellten Histone gleichen dem Histon aus Kalbsthymus und einem solchen aus einem Rattensarkom, die von HAMER[3] nach der gleichen Methode dargestellt wurden.

Nach Extraktion der Histone aus dem Gewebe wurde mit 0,1 n Natriumacetat, das 0,2% NaOH enthält, ein Nicht-Histon-Protein extrahiert. Es läßt sich in 4 Fraktionen aufteilen und gleicht zum Teil dem „Chromosomin“ von STEDMAN und STEDMAN[4], zum Teil aber auch dem Residualprotein von MIRSKY und RIS[5]. Die Nicht-Histon-Fraktion hat die gleichen Eigenschaften und die gleiche Zusammensetzung, auch wenn man sie auf andere Art darstellt (Fällung des Desoxyribonucleopeptids mit $CaCl_2$ und Extraktion

[1] KHOUVINE, Y., J. GRÉGOIRE et J. P. ZALTA: Bull. Soc. Chim. biol. **35**, 244 (1953).
[2] MIRSKY, A. E., and A. W. POLLISTER: J. gen. Physiol. **30**, 117 (1947).
[3] HAMER, D.: Brit. J. Cancer **7**, 151 (1953).
[4] STEDMAN, E., and E. STEDMAN: Cold Spring Harbour Symp. quant. Biol. **12**, 244 (1951).
[5] MIRSKY, A. E., and H. RIS: J. gen. Physiol. **34**, 475 (1951).

von Nichthistonen und Histonen daraus). Die Histone dagegen lassen sich nur miteinander vergleichen, wenn sie mit der gleichen Methode gewonnen sind.

Fraktionierung. Wie schon erwähnt, sind Histone keine einheitlichen Eiweißkörper, sondern bestehen aus einer Anzahl von Proteinen[1-8].

GRÉGOIRE[2] findet bei der Darstellung (s. S. 572) 2 Histone, *S* und *P*, von denen Histon *S* bei der Elektrophorese in 3 weitere Komponenten zerfällt (vgl. S. 578). Histon *P* scheint einheitlich zu sein. Es ist in Wasser und Pufferlösungen löslich, fällt bei p_H 10 mit Ammoniak aus und löst sich nach Zufügen von NaOH bei p_H 12 wieder auf. Schon durch Extraktion der Thymuskerne mit Schwefelsäure und Fällung des Extrakts mit verschiedenen Alkoholkonzentrationen erreicht UI (s. S. 571) eine Trennung des Histons in 2 Fraktionen (physikalische Eigenschaften s. S. 577).

Auch BUTLER und Mitarbeiter[3-5] erreichen eine gewisse Trennung der Histone, indem sie den weniger löslichen Anteil mit Ammoniak ausfällen und daraufhin aus dem Überstand, durch Fällung mit Aceton, ein offenbar einheitliches Histon mit dem Mol.-Gewicht 18000 gewinnen. BIJVOET[9] hat das nach BUTLER dargestellte Histon (vgl. S. 570) in eine argininreiche und eine lysinreiche Fraktion getrennt. Die argininreiche Fraktion fällt bei einer Äthylalkoholkonzentration von 13—17 % aus.

Aus der BUTLERschen Schule wurde neuerdings von DAVISON[10] eine Trennung des Kalbsthymushistons durch Chromatographie angegeben. Es wird an einer Carboxymethylcellulosesäule[11] fraktioniert, für qualitative Zwecke an Säulen von 1 cm ∅ und 10—15 cm Höhe, für präparative Zwecke an Säulen von 1,4 cm ∅ (Trennung von 120 mg Eiweiß). Es wird mit Pufferlösungen steigender Ionenstärke eluiert. Die Eiweißkonzentration der Eluate wurde entweder durch die Absorption bei 2780 Å oder mit der Ninhydrinreaktion bestimmt[12]. Mit Natriumacetatpuffer, p_H 4,2, wurden aus Kalbsthymushiston 3 Fraktionen erhalten, von denen die erste (etwa 3 % des Gesamthistons) viel Dicarbonsäuren enthält; die zweite (11—13 % des Gesamthistons) ist lysinreiches Histon, und die dritte (80 % des Gesamthistons) besteht aus mehreren Fraktionen. Bei p_H 5—6,5 findet sich vor der lysinreichen noch eine weitere Komponente.

DALY und MIRSKY[6] haben auf verschiedene Weise Histonfraktionen gewonnen. Es wurde entweder aus dem Schwefelsäureextrakt isolierter Kerne argininreiches Histon bei p_H 10,6 ausgefällt, dann mit NaCl gesättigt und auf diese Weise der Rest des argininreichen Histons gefällt. Die lysinreiche Fraktion bleibt dabei in Lösung.

Oder die Histone werden mit NaCl und Citronensäure aus den isolierten Kernen extrahiert. Mit 0,05 m Citronensäure, die 0,5 m an NaCl ist, werden nur Spuren von argininreichem Histon extrahiert, aber viel lysinreiches Histon. Welche Menge des letzteren extrahiert wird, hängt von der Citronensäure, aber nicht von der Salzkonzentration ab. Bei der H_2SO_4-Extraktion beträgt die Menge der lysinreichen Fraktion etwa 20 % der argininreichen Fraktion.

Trichloressigsäure fällt sowohl die argininreiche als auch die lysinreiche Fraktion, doch braucht man für das lysinreiche Histon eine doppelt so hohe Konzentration an

1 STEDMAN, E., and E. STEDMAN: Nature **166**, 780 (1950).
2 GRÉGOIRE, J., et M. LIMOZIN: Bull. Soc. Chim. biol. **36**, 15 (1954).
3 BUTLER, J. A. V., P. F. DAVISON, D. W. F. JAMES and K. V. SHOOTER: Biochim. biophysica Acta, N. Y. **13**, 224 (1954).
4 DAVISON, P. F., D. W. F. JAMES, K. V. SHOOTER and J. A. V. BUTLER: Biochim. biophysica Acta, N. Y. **15**, 415 (1954).
5 DAVISON, P. F., and J. A. V. BUTLER: Biochim. biophysica Acta, N. Y. **15**, 439 (1954).
6 DALY, M. M., and A. E. MIRSKY: J. gen. Physiol. **38**, 405 (1955).
7 CRAMPTON, C. F., S. MOORE and W. H. STEIN: J. biol. Ch. **215**, 787 (1955).
8 CRAMPTON, C. F., W. H. STEIN and S. MOORE: J. biol. Ch. **225**, 363 (1957).
9 BIJVOET, P.: Biochim. biophysica Acta, N. Y. **25**, 502 (1957).
10 DAVISON, P. F.: Biochem. J. **66**, 708 (1957).
11 PETERSON, E. A., and H. A. SOBER: Am. Soc. **78**, 751 (1954).
12 MOORE, S., and W. H. STEIN: J. biol. Ch. **211**, 907 (1954).

TCE (~13 %) wie für das argininreiche. STEDMAN und Mitarbeiter[1] haben Histon elektrophoretisch in α_1-, α_2-, α_3-, β- und γ-Histon getrennt. Das γ-Histon läßt sich noch in 2 Komponenten mit den Sedimentationskonstanten $S = 0{,}8$ und $S = 1{,}6$ auftrennen. β-Histon, die Hauptkomponente, und 1,6 S γ-Histon konnten rein dargestellt werden. Schema der Fraktionierung s. Tabelle 83.

Tabelle 83. *Schema der Fraktionierung von Histon aus Kalbsthymus*[1].

Rohes Histon
in Wasser gelöst, geklärt (6000 × g) auf p_H 10,0 eingestellt,
$\Gamma/2 = 0{,}2$, Äthylalkoholkonzentration 17 %, bei 110000 × g
zentrifugieren

↓ Niederschlag
β-, 1,6 S γ-Histone,
in 0,1 n HCl gelöst, auf p_H 9,5
und $\Gamma/2 = 1{,}0$ (NaCl) eingestellt,
bei 110000 × g zentrifugiert

- ↓ Niederschlag
  β-Histon,
  in 0,1 n HCl gelöst und 4mal
  bei p_H 5,0 und $\Gamma/2 = 3{,}0$ (NaCl)
  umgefällt
  ↓
  Niederschlag
  in 0,1 n HCl gelöst, erschöpfend
  gegen Wasser dialysiert
  und gefriergetrocknet.
  Gereinigtes β-Histon

- ↓ Überstand
  1,6 S γ-Histon,
  gegen Puffer p_H 10,0, $\Gamma/2 = 0{,}2$
  dialysiert, Äthylalkohol bis End-
  konzentration 17 % zugefügt,
  bei 110000 × g zentrifugiert

  - ↓ Niederschlag
    1,6 S γ-Histon in 0,1 n HCl
    gelöst, auf p_H 10,0, $\Gamma/2 = 0{,}2$,
    Äthylalkoholkonzentration 17 %
    gebracht,
    bei 110000 × g zentrifugiert
    ↓
    Niederschlag
    in 0,1 n HCl gelöst, auf p_H 5,0,
    $\Gamma/2 = 3{,}0$ (NaCl) gebracht,
    5 Tage stehen gelassen,
    bei 110000 × g zentrifugiert

    - ↓ Niederschlag
      verworfen
    - ↓ Überstand
      erschöpfend gegen Wasser
      dialysiert, gefriergetrocknet,
      1,6 S γ-Histon

  - ↓ Überstand
    (α-Fraktion)

↓ Überstand
α_1-, α_2-, α_3- und 0,8 S γ-Histone
als Sulfate mit Äthylalkohol
gefällt, durch Zonenelektrophorese in Stärke, p_H 8,6, getrennt

An Austauschern haben CRAMPTON, STEIN und MOORE Histone fraktioniert[2,3].

***Chromatographische Trennung von Histonen nach* CRAMPTON, STEIN *und* MOORE**[2,3].

Das für die Chromatographie dargestellte Histon (vgl. S. 574) wurde an dem Austauscher IRC 50 (XE-64), der mit Ba^{++} oder Ca^{++} beladen war, in 3 Fraktionen getrennt, von denen 2 homogen waren. Es wird an 10 oder 30 cm hohen Säulen, die mit Ba-Acetat auf p_H 6,7 oder 6,0 gebracht worden waren, chromatographiert und mit Ca- oder Ba-Acetatpuffern, p_H 6,2 oder 6,7, mit steigender Ionenstärke (0,1—2 m) eluiert. Das Bariumacetat wird durch Dialyse gegen dest. Wasser entfernt. Fraktion A enthält ungewöhnlich viel Lysin (37,7 % N vom Gesamt-N) und Alanin (17,7 % N vom Gesamt-N). Die

[1] CRUFT, H. J., C. M. MAURITZEN and E. STEDMAN: Proc. R. Soc. London (B) **149**, 36 (1958).
[2] CRAMPTON, C. F., S. MOORE and W. H. STEIN: J. biol. Ch. **215**, 787 (1955).
[3] CRAMPTON, C. F., W. H. STEIN and S. MOORE: J. biol. Ch. **225**, 363 (1957).

Fraktionen *A* und *B* wurden aus dialysierten Histongemischen von Thymus, Leber, Nieren und Testes an 4 × 30 cm-Säulen bei p_H 6,7 gewonnen. Über die Zusammensetzung der beiden Fraktionen s. Abb. 47 und 48.

LUCK[1] hat das Histon auch an Amberlite IRC-50-Säulen mit Guanidinchlorid in leichtes und schweres Histon fraktioniert.

Physikalische Eigenschaften. Der *isoelektrische Punkt* des Histons liegt nach DALY, MIRSKY und RIS[2] zwischen p_H 10 und 11, nach BUTLER[3] bei p_H 11. Für den Hauptanteil des Leberhistons, das β-Histon von STEDMAN u. a.[4], liegt er bei 10,8 bis 11.

STEDMAN und Mitarbeiter[4] haben beobachtet, daß Histon bei der *Elektrophorese* in 3 Komponenten, α-, β- und γ-Histon, getrennt wird. In neueren Arbeiten[5] finden sie 5 elektrophoretische Komponenten, α_1-, α_2-, α_3-, β- und γ-Histon. Das mit starker Säure extrahierte Histon von BUTLER und Mitarbeitern[3,6] zeigt unterhalb p_H 6,5 nur 2 elektrophoretische Gipfel. Oberhalb p_H 7 erscheint zwischen den beiden Komponenten ein 3. Gipfel, der offenbar ein Aggregat ist. Auch andere Arbeitsgruppen[1,4,5,7-9] haben die Aggregatbildung bei Histonen beobachtet, besonders auch beim Ultrazentrifugieren (s. unten). UI[10] beobachtete, daß sein Histon *I* (vgl. S. 571) bei der Elektrophorese bei 0° in Acetatpuffer, p_H 5, $\Gamma/2 = 0{,}2$, in 3 Komponenten zerfällt, von denen die schnellste eine Wanderungsgeschwindigkeit von $6{,}4 \cdot 10^{-5}$ cm² je sec · *v* hat. Histon *II* bildet 1 Haupt- und 3 kleinere

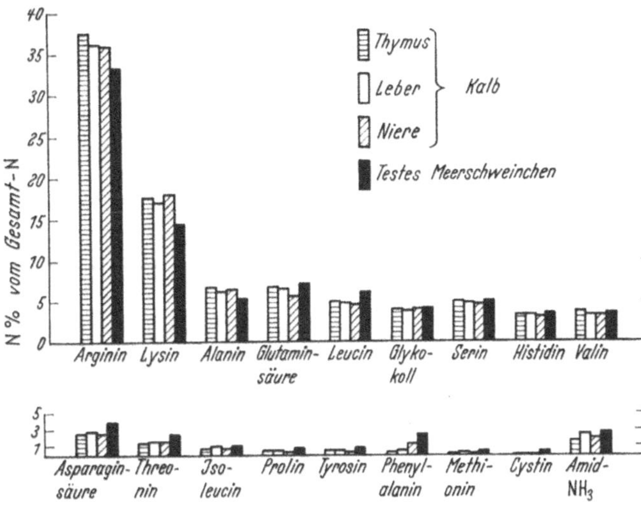

Abb. 47. Aminosäurezusammensetzung der Histonfraktionen *A* aus verschiedenen Geweben. Die Höhen der Säulen sind proportional dem N der einzelnen Aminosäuren in % vom Gesamt-N.

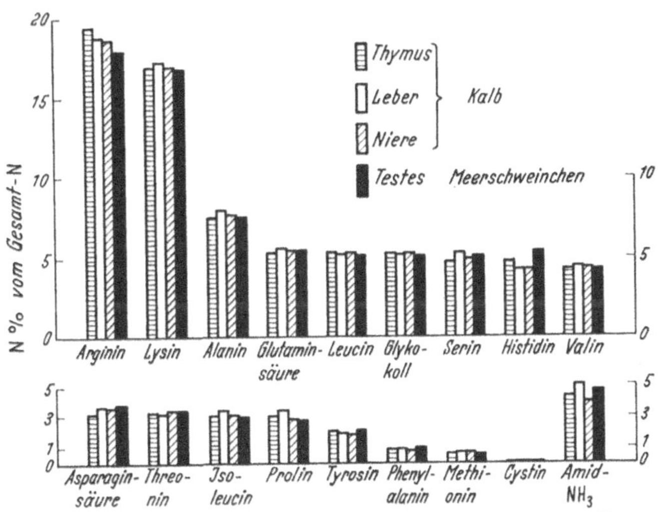

Abb. 48. Aminosäurezusammensetzung der Histonfraktionen *B* aus verschiedenen Geweben. Die Höhen der Säulen sind proportional dem N der einzelnen Aminosäuren in % vom Gesamt-N.

[1] LUCK, J. M., H. A. COOK, N. T. ELDREDGE, M. I. HALEY, D. W. KUPKE and P. S. RASMUSSEN: Arch. Biochem. **65**, 449 (1956).
[2] DALY, M. M., A. E. MIRSKY and H. RIS: J. gen. Physiol. **34**, 439 (1951).
[3] BUTLER, J. A. V., P. F. DAVISON, D. W. F. JAMES and K. V. SHOOTER: Biochim. biophysica Acta, N. Y. **13**, 224 (1954).
[4] CRUFT, H. J., C. M. MAURITZEN and E. STEDMAN: Nature **174**, 580 (1954).
[5] CRUFT, H. J., C. M. MAURITZEN and E. STEDMAN: Phil. Trans. R. Soc. London (B) **241**, 93 (1957).
[6] DAVISON, P. F., D. W. F. JAMES, K. V. SHOOTER and J. A. V. BUTLER: Biochim. biophysica Acta, N. Y. **15**, 415 (1954).
[7] TOENNIES, G., and B. BAKAY: Nature **176**, 696 (1955).
[8] UI, N.: Biochim. biophysica Acta, N. Y. **22**, 205 (1956).
[9] CRUFT, H. J., C. M. MAURITZEN and E. STEDMAN: Proc. R. Soc. London (B) **149**, 21, 36 (1958).
[10] UI, N.: Biochim. biophysica Acta, N. Y. **25**, 493 (1957).

Komponenten, von denen die Hauptkomponente unter den gleichen Bedingungen eine Wanderungsgeschwindigkeit von $8,3 \cdot 10^{-5}$ cm²/sec · v hatte.

Die Histonfraktion S von GRÉGOIRE[1] ergab in Phosphatpuffer, p_H 7,8, $\Gamma/2 = 0,15$, Proteinkonzentration 0,6%, 3 Komponenten; die Fraktion P schien in Veronalpuffer, p_H 7,8, $\Gamma/2 = 0,07$, 0,88% Protein, einheitlich.

Aus dem krebsigen und nekrotischen Gewebe des Epithelioms der Ratte dargestellte Histone geben beide bei der Elektrophorese 2 Komponenten[2]. Die Hauptkomponente des Histons aus Krebsgewebe wandert bei p_H 8,2 mit $7,2 \cdot 10^{-5}$ cm² sec^{-1} · v. Das Histon aus nekrotischem Gewebe enthält bei p_H 4,6 und 8,2 2 Komponenten. Die langsamere macht bei p_H 4,6 21%, bei p_H 8,2 13% aus, die schnellere 79 bzw. 87%.

Tabelle 84. *Physikalische Daten von Histon I und II*[9].

	Histon *I*	Histon *II*
Sedimentationskonstante $S_{20,w}(S)$ . . .	2,0	0,6
Diffusionskonstante $D_{20,w} \cdot 10^7$ cm²/sec .	5,1	7,3
Spezifisches Partialvolumen	0,74	(0,74)
Molekulargewicht	37000	8400
Reibungskoeffizient f/f_0	1,88	2,16

Sedimentations- und *Diffusionsmessungen* wurden von verschiedenen Autoren mit unterschiedlichen Resultaten durchgeführt[3-9], da, wie oben erwähnt, die Histone leicht aggregieren. STEDMAN und Mitarbeiter[3,8] haben die Aggregatbildung durch polyvalente Kationen unterdrückt und konnten so die *Sedimentationskonstante* des nichtaggregierten β-Histons messen, $S_{20} = 2,0 \cdot 10^{-13}$. Sobald es aggregiert, erscheint eine neue Sedimentationskonstante von $10,0 \cdot 10^{-13}$ und das Produkt mit dieser Konstanten kann noch weiter aggregieren. Das *Mol.-Gewicht* des nichtaggregierten β-Histons wird mit 57000 angegeben. Das aggregierte Material hat das 9—10fache Mol.-Gewicht. Auch γ-Histon nach STEDMAN[3,8,10] kann aggregieren. Es hat 2 Komponenten mit den Sedimentationskonstanten $S = 0,8$ und $S = 1,6$; die letztere soll ein Mol.-Gewicht von 74000 haben. BUTLER[4] findet eine offenbar einheitliche Komponente des Histons mit dem Mol.-Gewicht 18000. Die physikalischen Konstanten von Histon *I* und Histon *II* nach UI[9] sind in Tabelle 84 angegeben.

Analytische Daten. Im allgemeinen wird für Histon ein N-Gehalt von 18% angegeben. In Tabelle 85 ist der N-Gehalt verschiedener Histonfraktionen angegeben. Schon daraus geht hervor, wie stark sich offenbar die Fraktionen der einzelnen Autorengruppen noch unterscheiden.

Tabelle 85. *Analytische Daten von Histonfraktionen*[1,9,11,12].

	Histon *I*[9]	Histon *II*[9]	Fraktion *A*[11]	Fraktion *B*[11]	*P*[1]	Arginin-Fraktion[12]	Lysin-Fraktion[12]
Stickstoff % .	19,3 ± 0,2	18,0 ± 0,2	15,4	16,9	17,6	19,2	17,4
Schwefel % .	0,42	0,06					
Phosphor % .	< 0,01	< 0,01	< 0,02	0,01	0,015		

[1] GRÉGOIRE, J., et M. LIMOZIN: Bull. Soc. Chim. biol. **36**, 15 (1954).
[2] KHOUVINE, Y., J. GRÉGOIRE et J. P. ZALTA: Bull. Soc. Chim. biol. **35**, 244 (1953).
[3] CRUFT, H. J., C. M. MAURITZEN and E. STEDMAN: Phil. Trans. R. Soc. London (B) **241**, 93 (1957).
[4] DAVISON, P. F., D. W. F. JAMES, K. V. SHOOTER and J. A. V. BUTLER: Biochim. biophysica Acta, N. Y. **15**, 415 (1954).
[5] TOENNIES, G., and B. BAKAY: Nature **176**, 696 (1955).
[6] UI, N.: Biochim. biophysica Acta, N. Y. **22**, 205 (1956).
[7] LUCK, J. M., H. A. COOK, N. T. ELDREDGE, M. I. HALEY, D. W. KUPKE and P. S. RASMUSSEN: Arch. Biochem. **65**, 449 (1956).
[8] CRUFT, H. J., C. M. MAURITZEN and E. STEDMAN: Proc. R. Soc. London (B) **149**, 21, 36 (1958).
[9] UI, N.: Biochim. biophysica Acta, N. Y. **25**, 493 (1957).
[10] CRUFT, H. J., C. M. MAURITZEN and E. STEDMAN: Nature **174**, 580 (1954).
[11] CRAMPTON, C. F., W. H. STEIN and S. MOORE: J. biol. Ch. **225**, 363 (1957).
[12] DALY, M. M., and A. E. MIRSKY: J. gen. Physiol. **38**, 405 (1955).

In Tabelle 87 findet sich der Aminosäuregehalt von Histonen aus verschiedenen Geweben nach CRAMPTON, STEIN und MOORE (vgl. S. 573). Aus Abb. 47 und 48 geht der verschiedene Aminosäuregehalt der Histonfraktion *A* und *B* dieser Autoren hervor.

Sie finden die gleichen Aminosäureverhältnisse in den Histonfraktionen aller Organe und schließen daraus, daß Tierart und Organ keinen Einfluß auf die Zusammensetzung des Histons haben. Zu den gleichen Ergebnissen kommen VENDRELY und Mitarbeiter[1].

Tabelle 86. *Gehalt der Histonfraktionen an basischen Aminosäuren*[2].

Aminosäure	Mol Aminosäure je 100 Mol Eiweißstickstoff	
	Histon *I*	Histon *II*
Arginin . .	5,9	1,6
Histidin . .	1,5	0,24
Lysin . . .	7,3	18,9

Die basischen Aminosäuren der 2 Histonfraktionen von UI (vgl. S. 571) sind in Tabelle 86 wiedergegeben. Auch danach scheint es, als ob die Fraktionen der beiden Autoren nicht übereinstimmten.

Histone aus krebsigem und nekrotischem Gewebe aus Ratten-Epitheliom (vgl. S. 574) unterscheiden sich in ihrer Aminosäurezusammensetzung nicht[4]. Sie sind stark basisch und enthalten kein Tryptophan.

Tabelle 87. *Aminosäurezusammensetzung von Gesamthiston aus verschiedenen Geweben*[3].

Aminosäure	% N vom Gesamt-N			
	Kalbsthymus	Kalbsleber	Kalbsniere	Meerschweinchentestes
Asparaginsäure .	3,1	3,7	3,5	4,0
Glutaminsäure .	5,3	5,6	5,6	5,8
Glykokoll	5,4	5,4	5,9	5,7
Alanin	8,7	8,2	8,5	7,6
Valin	4,0	3,8	4,0	3,7
Leucin	5,0	5,4	5,3	5,1
Isoleucin	2,8	2,9	2,9	2,6
Serin	3,8	3,7	3,8	4,4
Threonin	3,7	3,7	3,8	3,5
Cystin	$<0{,}06$	0,24	0,19	0,20
Methionin . . .	0,63	0,81	0,66	0,75
Prolin	3,2	2,8	3,3	3,7
Phenylalanin . .	1,4	1,3	1,3	1,2
Tyrosin	1,6	1,6	1,7	1,9
Histidin	3,9	3,7	3,5	4,1
Lysin	19,1	16,4	16,7	15,2
Arginin	21,5	20,2	21,1	18,8
Amid-NH_3 . . .	4,1	5,1	4,5	4,7
Zusammen	97,3	94,5	96,3	93,0

Mit der FDNB-Methode wurden im Kalbsthymushiston am Aminoende Pro, Ala, Ser und Lys und in geringeren Konzentrationen 8 weitere Aminosäuren gefunden[5]. Fraktioniertes Histon (nach DAVISON und SHOOTER[6]) enthält in der argininreichen Komponente hauptsächlich Ala, in der lysinreichen hauptsächlich Pro am Aminoende. LUCK[7] und Mitarbeiter finden am Aminoende von Gesamthiston Val-Lys, Gly, Ala, Val und Leu. In ihrer leichten Fraktion finden sie die gleichen Endaminosäuren.

Am Carboxylende werden ebenfalls im Gesamtprotein, wie in den beiden Komponenten, Ala, Val, Leu, Tyr und andere gefunden.

2. Protamine.

Das erste Protamin wurde 1874 von MIESCHER[8] in Basel aus den Köpfen der Spermatozoen des Rheinsalms isoliert. Er extrahierte das entfettete Sperma mit verdünnter Salzsäure und konnte fast das gesamte gelöste Material mit Platinchlorid aus dem neutralisierten Extrakt ausfällen. Da der Niederschlag viel Stickstoff enthielt, glaubte er eine

[1] VENDRELY, R., A. KNOBLOCH et H. MATSUDAIRA: Cr. **244**, 2980 (1957). Nature **181**, 343 (1958).
[2] UI, N.: Biochim. biophysica Acta, N. Y. **25**, 493 (1957).
[3] CRAMPTON, C. F., W. H. STEIN and S. MOORE: J. biol. Ch. **225**, 363 (1957).
[4] KHOUVINE, Y., J. GRÉGOIRE et J. P. ZALTA: Bull. Soc. Chim. biol. **35**, 244 (1953).
[5] PHILLIPS, D. M.: Biochem. J. **67**, 9P (1957).
[6] DAVISON, P. F., and K. V. SHOOTER: Bull. Soc. Chim. belge **65**, 85 (1956).
[7] LUCK, J. M., H. A. COOK, N. T. ELDREDGE, M. I. HALEY, D. W. KUPKE and P. S. RASMUSSEN: Arch. Biochem. **65**, 449 (1956).
[8] MIESCHER, F.: Die histochemischen und physiologischen Arbeiten. Leipzig. 1897.

einfache organische Base vor sich zu haben und nannte sie Protamin. Die salzsauren Extrakte aus reifem Sperma enthielten praktisch keine anderen Substanzen, mit Ausnahme von kleinen Mengen von Zersetzungsprodukten der Nucleinsäure. Protamin fehlt in den unreifen Testikeln und erscheint erst kurz (etwa 40 Tage) vor dem Laichen.

Die wahre Natur dieser Base wurde aber erst 20 Jahre später von KOSSEL[1] entdeckt. Er wiederholte die Versuche von MIESCHER mit Salmspermatozoen, isolierte ähnliche Basen aus den Spermatozoen des Störs sowie einiger Forellenarten und in den späteren Jahren auch aus den Spermatozoen zahlreicher anderer Fische und bewies, daß sie aus Aminosäuren aufgebaut sind. Sie enthalten nur wenige und vorwiegend basische Aminosäuren.

Die Protamine wurden zunächst nur in den Testikeln der Knochenfische (Teleostier) gefunden, ein Befund, der in den letzten Jahren erweitert worden ist. MIRSKY und Mitarbeiter[2] isolierten aus Hahnensperma ein basisches Protein, das Gallin; FISCHER und KREUZER[3,4] haben ihre Versuche wiederholt und bestätigt, daß Gallin ein echtes Protamin ist. Es ist nicht ausgeschlossen, daß auch bei höheren Tieren ähnliche basische Eiweißkörper in den Spermatozoen vorkommen. VENDRELY und VENDRELY[5] haben beobachtet, daß der Zellkern von Widderspermatozoen so reich an Arginin ist, daß man aus dem Verhältnis Arginin:Phosphor beinahe auf das Vorhandensein eines Protamins schließen darf. Zu den gleichen Ergebnissen kamen FELIX und GRÜMER[6] bei der Analyse von Stierspermatozoenköpfen. Etwas Ähnliches scheint für andere Säugetiere, ja sogar den Menschen zuzutreffen, da DALLAM und THOMAS[7] in dem Kern dieser Spermatozoen viele basische Aminosäuren gefunden haben. Allerdings war es bis jetzt nicht möglich, aus Säugetierspermatozoen ein Protamin zu extrahieren.

Darstellung. Es wurde bereits betont, daß die Protamine nur in den Kernen reifer Spermatozoen zu finden sind. Wenn man daher zu einheitlichen Präparaten gelangen will, sollte man nur Hoden solcher Fische verarbeiten, die kurz vor dem Laichen stehen, oder noch besser frisch abgestreiftes Sperma verwenden. Letzteres bietet den großen Vorteil, daß es außer Spermatozoen keine anderen Zellen enthält. Man muß von den Spermatozoenköpfen oder von deren Kernen ausgehen.

KOSSEL[1] hat die zerkleinerten Testes mit viel Wasser verrührt, mit verdünnter Essigsäure die Schwänze abgetrennt und aus den Köpfen das Protamin dargestellt.

Darstellung von Protamin nach KOSSEL[1].

Die Testikel werden im Fleischwolf zerkleinert, wenn nötig mehrmals durchgegeben, und die breiige Masse in dem 4—5fachen Volumen Wasser verteilt. (Bei der Verarbeitung der Testikel des Karpfens benutzt man statt dessen Natriumsulfatlösung aus 10 Teilen kaltgesättigtem Na_2SO_4 und 90 Teilen Wasser.) Man schüttelt die Masse in einer Schüttelmaschine gut durch und koliert durch eine mehrfache Lage von Verbandmull. Die milchige Flüssigkeit versetzt man unter gutem Durchmischen mit verdünnter Essigsäure, bis Kongopapier stark blau gefärbt wird. Großer Essigsäureüberschuß ist zu vermeiden. Dabei werden die Schwänze der Spermatozoen abgetrennt und die Köpfe gefällt. Sie werden abfiltriert oder zentrifugiert, mit essigsäurehaltigem Wasser gewaschen und mit Aceton und Äther in der Kälte getrocknet. Nach dem Verdunsten des Äthers erhält man eine weiße mehlartige Masse, die in diesem Zustand lange aufbewahrt werden kann.

Für die weitere Verarbeitung werden 2 Methoden empfohlen.

Methode 1[8]*:* Etwa 100 g der mehlartigen Masse schüttelt man mit 500 cm^3 Schwefelsäure (1 cm^3 konz. H_2SO_4 auf 100 cm^3 Wasser) $^1/_2$ Std, filtriert und wiederholt die Ex-

[1] KOSSEL, A.: Protamine und Histone. S. 17ff. Leipzig. 1929.
[2] DALY, M. M., A. E. MIRSKY and H. RIS: J. gen. Physiol. **34**, 439 (1951).
[3] FISCHER, H., u. L. KREUZER: H. **293**, 176 (1953).
[4] LIPPERT, W., O. HUG, L. WAGNER u. H. FISCHER: Progr. in Biophysics **6**, 1 (1956).
[5] VENDRELY, R., and C. VENDRELY: Nature **172**, 30 (1953).
[6] FELIX, K., u. H.-D. GRÜMER: Unveröffentlicht.
[7] DALLAM, R. D., and L. E. THOMAS: Biochim. biophysica Acta, N. Y. **11**, 79 (1953).
[8] KOSSEL, A.: H. **25**, 165 (1898).

traktion der Filterrückstände so lange, bis eine Probe des Extrakts mit Alkohol keinen deutlichen Niederschlag mehr gibt. Man darf höchstens 1 Tag extrahieren, da sonst störende Nucleinsäureabbauprodukte in den Extrakt gelangen. Aus dem schwefelsauren Extrakt fällt man mit dem 3fachen Volumen Alkohol das Protaminsulfat, dekantiert, saugt oder zentrifugiert den Niederschlag ab, löst in wenig heißem Wasser und fällt nochmals mit Alkohol. Löst man nun den aus 100 g der lufttrockenen Spermamasse erhaltenen Niederschlag in etwa $1^1/_2$ *l* heißem Wasser und läßt die Lösung erkalten, so scheidet sich ein kleiner Teil des Sulfats als gelb oder bräunlich gefärbtes Öl ab. Dieser am schwersten lösliche Teil des Protaminsulfats wird ausgeschieden, die über dem Öl befindliche Flüssigkeit abgetrennt, auf ein kleines Volumen eingedampft und zur Gewinnung der Hauptmenge des Öls in einen Scheidetrichter gebracht. Die mittlere Fraktion des Öls ist als die reinste anzusehen.

Zur weiteren Reinigung wird das in warmem Wasser gelöste Protaminsulfat mit Natriumpikrat ausgefällt (s. Methode 2), der gut gewaschene Niederschlag in Gegenwart eines Überschusses von Schwefelsäure durch Ausschütteln mit Toluol von Pikrinsäure befreit und das Protaminsulfat aus der schwefelsauren Lösung mit Alkohol gefällt. Diese Alkoholfällung wiederholt man noch einmal. Die Konsistenz des Niederschlags hängt von der Acidität der Lösung ab. Ist die Säuremenge zu gering, so entsteht eine trübe Lösung, dann kann die Ausflockung durch vorsichtigen tropfenweisen Zusatz von Schwefelsäure bewirkt werden. Ist die Abscheidung klebrig, so ist zuviel Säure zugegen, in diesem Fall müssen die Lösung in Wasser und die Fällung mit Alkohol wiederholt werden. Das Protaminsulfat soll als pulveriger, reinweißer Niederschlag ausfallen. Derselbe wird mit Alkohol und zuletzt mit Äther gewaschen und im Exsiccator getrocknet. Die Ausbeute beträgt bei der Verarbeitung reifer Heringstestikel ungefähr 15—20 % der lufttrockenen Spermamasse.

Methode 2: Die Methode beruht darauf, daß die Nucleinsäure in das unlösliche Kupfersalz überführt wird und das Protamin dabei in Lösung geht, als Pikrat gefällt, in acetonhaltigem Wasser gelöst und als Sulfat wieder ausgefällt wird.

100 g der trockenen Spermamasse werden mit einer Lösung von 100 g Kupferchlorid in 1 *l* Wasser 3 Tage unter öfterem Umschütteln im Brutschrank stehengelassen. Die überstehende Flüssigkeit wird durch eine Nutsche abgesaugt, der Rückstand 3mal mit Wasser aufgeschlemmt, auf der Nutsche abgesaugt und so lange gewaschen, bis eine Probe des Filtrats mit konz. Natriumpikratlösung keinen merklichen Niederschlag mehr gibt.

Die vereinigten Filtrate und Waschwässer werden unter Umrühren mit so viel einer konz. Natriumpikratlösung versetzt, bis der Niederschlag von Protaminpikrat sich gut zusammenballt und schnell zu Boden sinkt. Es wird abfiltriert, mit wenig Wasser, dem etwas Natriumpikrat zugesetzt ist, gewaschen und noch feucht in einer Mischung von 1 Vol. Aceton und 3 Vol. Wasser unter schwachem Erwärmen gelöst, die Lösung, wenn möglich, filtriert und das Filtrat mit dem halben Volumen Alkohol versetzt. Man fügt nun unter Rühren tropfenweise 20 vol.-%ige Schwefelsäure zu, bis kein weiterer Niederschlag mehr entsteht. Ein Überschuß an Schwefelsäure macht den Niederschlag schmierig und löst ihn, muß also vermieden werden. Die über dem Niederschlag stehende Flüssigkeit wird durch ein Filter abgegossen und der Rückstand mit absolutem Alkohol versetzt, wodurch er hart und verreibbar wird. Man dekantiert den Niederschlag mehrfach mit Alkohol, dann mit Äther, filtriert ab, wäscht mit Äther und entfernt den Äther im Exsiccator. Zur weiteren Reinigung des Präparates kann auch seine Widerstandsfähigkeit gegen Pepsin benützt werden. Man verdaut 10 g des in Wasser gelösten Protaminsulfats mit einer Lösung von 0,1 g käuflichem Pepsin in 250 cm^3 Wasser, dem 0,5 g HCl zugesetzt sind, 24 Std bei 37°. Aus der mit Soda neutralisierten Verdauungslösung wird das Protamin wie oben als Pikrat gefällt, wieder in das Sulfat überführt, letzteres in die feste Form gebracht und nach Methode 1 umgelöst.

Die Zerlegung des Pikrats mit Toluol nach KOSSEL (Methode 1) ist sehr umständlich. FELIX und Mitarbeiter[1-3] spalten deshalb das Pikrat dadurch, daß sie es in der 100fachen Menge 0,2 n wasserfreier methylalkoholischer Salzsäure suspendieren und unter öfterem Umrühren 24 Std bei Zimmertemperatur stehenlassen. Der abgesaugte und getrocknete Rückstand wird in der 25fachen Menge des gleichen salzsäurehaltigen Methanols zerschüttelt, 24 Std stehengelassen und der nicht gelöste Rest verworfen. Die vereinigten Filtrate versetzt man mit dem 3fachen Volumen wasserfreien Äthers, läßt über Nacht im Kühlraum stehen und saugt das ausgefallene Protaminmethylester-hydrochlorid ab. Das Rohprodukt löst man in der 50fachen Menge des eingesetzten Protaminpikrats an 0,2 n salzsaurem, wasserfreiem Methanol und fällt wieder mit dem 3fachen Volumen wasserfreien Äthers. Das ausgefallene Protaminmethylester-hydrochlorid wird abgesaugt und im Vakuumexsiccator über P_2O_5 getrocknet. Die Ausbeute aus 79 g Clupeinpikrat, erhalten aus 300 g trockenen Heringsspermienköpfen, betrug 21 g Clupeinmethylester-hydrochlorid[3].

Später sind FELIX, FISCHER, KREKELS und MOHR[4] dann nicht mehr von den Spermatozoenköpfen, sondern von deren Kernen ausgegangen. Es wurde dann entweder wie oben beschrieben (S. 580ff.) weiter verarbeitet oder in Kochsalzlösung gelöst, das Nucleoprotamin durch Eingießen in Wasser gefällt und daraus mit HCl das Protamin extrahiert.

***Darstellung von Protamin nach* EELIX, FISCHER, KREKELS *und* MOHR[4].**

170 cm³ Forellenmilch, die über Nacht im Kühlschrank aufbewahrt wurde, werden in mehreren Litern eiskalten dest. Wassers 20 min plasmolysiert und anschließend 15 min bei 3000 U/min zentrifugiert. Die überstehende, opalescierende Flüssigkeit ist etwas gelblich, das Sediment rein weiß. Im gefärbten Ausstrich sieht man praktisch nur reine Kerne. Man suspendiert das Sediment in 500 cm³ Wasser, koliert durch mehrfache Lagen Mull und homogenisiert anschließend in kleinen Portionen jeweils 3 min. Die vereinigten Homogenate werden wieder bei 3000 U/min zentrifugiert. Das Sediment suspendiert man in 0,005 %iger Citronensäure. Bei dieser Konzentration beginnen die Kerne eben zu flocken. Nach 2 min Zentrifugieren bei 1500 U/min, setzen sie sich als reinweißer Niederschlag ab. Der Überstand ist wasserklar. Die Kerne werden in der Zentrifuge noch 2mal mit Wasser gewaschen und entweder gleich verarbeitet oder mit Alkohol und Äther getrocknet. Man erhält ein schneeweißes, staubfeines weißes Pulver.

Die Hälfte des Kernsediments aus 170 cm³ Forellenmilch suspendiert man ohne zu trocknen in 150 cm³ Wasser und homogenisiert mit 250 cm³ 10 %iger Kochsalzlösung kurz. Fast augenblicklich gehen die Kerne in eine hochviscöse Masse über, die mit 10 %iger Kochsalzlösung auf 1100 cm³ verdünnt und unter Eiskühlung 12 Std gerührt wird. 1000 cm³ gießt man unter Rühren in das 9fache Volumen Wasser ein. Dabei fällt das Nucleoprotamin in langen Fäden aus. Sie sind zunächst durchscheinend klar, werden aber in dem Maße, wie das Kochsalz herausdiffundiert, schnell opak und verfestigen sich schließlich zu einer rein weißen Fasermasse. Sie wird mit einem gebogenen Glasstab entnommen, in dest. Wasser mehrfach ausgedrückt, mit Alkohol salzfrei gewaschen und schließlich mit Äther getrocknet. Ausbeute 4,95 g.

1,5 g des trockenen faserigen *Nucleoprotamins* werden im Mörser mit Quarzsand staubfein zerrieben. Dann fügt man in kleinen Portionen eisgekühlte 0,2 %ige Salzsäure zu und verreibt. Die vereinigten Extrakte sind nach dem Zentrifugieren wasserklar. Im ganzen extrahiert man mit 150 cm³ Salzsäure. Man versetzt sie mit dem 20fachen Vol. Aceton, wobei eine bleibende Trübung auftritt. Man läßt 12 Std bei 4° stehen. An den Wandungen setzt sich ein glasheller, dünner Überzug ab. Das Aceton wird abgegossen und der Niederschlag in einem Minimum Wasser gelöst. In einem Zentrifugenröhrchen nochmals mit Aceton gefällt, läßt er sich gut abzentrifugieren, einfrieren

[1] FELIX, K., u. K. DIRR: H. **184**, 111 (1929).
[2] FELIX, K., u. A. MAGER: H. **249**, 111 (1937).
[3] RAUEN, H. M., W. STAMM u. K. FELIX: H. **291**, 275 (1952).
[4] FELIX, K., H. FISCHER, A. KREKELS u. R. MOHR: H. **287**, 224 (1951).

und aus dem gefrorenen Zustand im Hochvakuum trocknen. Das so gewonnene *Protaminhydrochlorid* ist ein fast kristallines Pulver ohne jede Eigenfarbe. Es ist nicht oder kaum hygroskopisch. Ausbeute 200 mg.

Man kann die Kerne auch nach MIRSKY und POLLISTER[1] in 10%iger Kochsalzlösung auflösen und aus dieser Lösung das Protamin mit Kochsalz als Öl aussalzen.

WALDSCHMIDT-LEITZ und Mitarbeiter[2, 3] haben aus getrockneten Heringstestikeln Clupeinsulfat zunächst nach Methode 2 von KOSSEL[4] und SCHMIEDEBERG[5] (s. oben) dargestellt. Ausbeute 700 g Clupeinsulfat aus 19,3 kg getrockneten Heringstestes. Das Sulfat wird zur Beseitigung fremder Eiweißkörper mit Pepsin verdaut und nochmals über das Pikrat gereinigt (s. oben, Methode 2 von KOSSEL). Dann wird es auf folgende Art weiter verarbeitet.

***Umscheidung von Clupeinsulfat nach* WALDSCHMIDT-LEITZ *und* VOH[2].**

Clupeinsulfat wird in so viel Wasser aufgenommen, daß man eine etwa 7%ige Lösung erhält. Man kühlt auf 0° ab, wobei sich das Clupeinsulfat als Öl abscheidet. Diese Umscheidung wird durch Wochen mehrmals wiederholt und regelmäßig der Quotient N/NH_2 bestimmt. Die Autoren erreichten hierbei eine Fraktionierung, nämlich eine schwerlösliche Hauptfraktion mit einem Quotienten von 122, und eine zweite leichter lösliche Fraktion in viel geringerer Menge mit dem Quotienten 22. Der Anteil der leichteren Fraktion beträgt im Rohclupein $\sim$3%.

Ganz anders stellen BLOCK und BOLLING[6] die Protamine dar. Die Spermatozoenköpfe werden mit 1%iger Citronensäure gefällt, mit 0,2%iger Salzsäure extrahiert und der Extrakt zum Sieden erhitzt. Dann wird der p_H mit Ammoniak auf 8 eingestellt und von dem Ausgefällten abfiltriert. Aus dem Filtrat wird das Protamin mit der optimalen Menge 33%iger Metaphosphorsäure gefällt und das Protaminmetaphosphat durch Kochen mit n Schwefelsäure in das Sulfat übergeführt, das wie üblich, mit Alkohol oder Aceton gefällt und getrocknet wird. Dieses Verfahren soll eine wesentlich größere Ausbeute geben, schließt aber die Gefahr einer Hydrolyse nicht aus.

Fraktionierung. Protamine sind keine einheitlichen Substanzen, sondern Gemische aus mehreren, sehr ähnlich aufgebauten Komponenten. Diese Komponenten unterscheiden sich im Molekulargewicht und in dem Gehalt an Monoaminosäuren, aber in allen ist das Verhältnis der basischen zu den Monoaminosäuren das gleiche wie in der ursprünglichen Mischung: ungefähr 2:1.

Schon 1929 wurde beobachtet[7], daß bei der Darstellung des Clupeinesterhydrochlorids eine Mischung von Esterhydrochloriden entsteht, die sich durch ihre Löslichkeit in alkoholischer Salzsäure unterscheiden; neuere Untersuchungen haben die Uneinheitlichkeit bestätigt.

Bei der Fraktionierung von Clupein mit *Gegenstromverteilung* in 15%igem Natriumacetat/5%iger Laurinsäure in n-Butanol wurden schon bei Verteilung über nur 24 Einheiten Kurven mit vielen Unregelmäßigkeiten erhalten[8]. Nach noch unveröffentlichten Versuchen[9, 10] erscheinen bei Verteilung in dem gleichen Lösungsmittelgemisch über sehr viel mehr Einheiten 3 Komponenten, von denen nur die erste einheitlich ist. Auch SCANES und TOZER[11] haben Clupein mit Gegenstromverteilung fraktioniert und es außerdem an einer Aluminiumoxydsäule getrennt. Bei der Gegenstromverteilung in dem Lösungsmittelgemisch aus 1 Teil 3 m Natriumacetat/1,5 Teilen n-Propanol finden sie 4 Haupt-

[1] MIRSKY, A. E., and A. W. POLLISTER: Proc. nat. Acad. Sci. USA **28**, 344 (1942).
[2] WALDSCHMIDT-LEITZ, E., u. R. VOH: H. **298**, 257 (1954).
[3] WALDSCHMIDT-LEITZ, E., F. ZIEGLER, A. SCHÄFFNER u. L. WEIL: H. **197**. 224 (1931).
[4] KOSSEL, A.: Protamine und Histone. S. 19. Leipzig 1929.
[5] SCHMIEDEBERG, O.: A. e. P. P. **43**, 57 (1899).
[6] BLOCK, R. J., D. BOLLING, H. GERSHON and H. A. SOBER: Proc. Soc. exp. Biol. Med. **70**, 494 (1949).
[7] FELIX, K., u. K. DIRR: H. **184**, 111 (1929).
[8] RAUEN, H. M., W. STAMM u. K. FELIX: H. **292**, 101 (1953).
[9] STAMM, W.: Unveröffentlicht.
[10] RICK, W., u. S. CLOEREN: Unveröffentlicht.
[11] SCANES, F. S., and B. T. TOZER: Biochem. J. **63**, 565 (1956).

und 2 kleinere Komponenten. Bei der Chromatographie an einer Aluminiumhydroxydsäule finden sie 2 Haupt- und 2 kleinere Komponenten. Von diesen scheint nur eine kleine Komponente (*Z*) bei beiden Trennungen die gleiche zu sein. Sie ist offenbar einheitlich, hat bei der Gegenstromverteilung einen mittleren Verteilungskoeffizienten und soll kein Glykokoll, Threonin und Leucin oder Isoleucin enthalten (vgl. Tabelle 88).

GOPPOLD-KREKELS und LEHMANN[1] haben Clupein und Salminhydrochlorid *papierchromatographisch* in einem Gemisch aus 18 cm³ 86%igem Äthylalkohol, 6 cm³ 20%iger Trichloressigsäure und 1 cm³ sek. Butanol in 3 deutlich getrennte Fraktionen zerlegt.

Tabelle 88. *Aminosäurezusammensetzung einiger Protamine* (g Aminosäure je 100 g Protamin).

	Salmin		Clupein[5], Fraktionen*		
	nach [3]	nach [4]	L	H	Z
Gesamt-N . .	30,7				
Gesamt-S . .	6,48				
Alanin. . . .	1,12	0,89	3,6	3,7	4,2
Glykokoll . .	2,95	3,01	1,4	0,1	0
Valin	3,14	3,67	0,4	4,3	3,4
Leucin. . . .	0		} 1,2	} 0,2	} 0
Isoleucin. . .	1,64	1,28			
Prolin	5,80	6,90	6,2	8,3	4,7
Phenylalanin .	0				
Tyrosin . . .	0				
Tryptophan .	0				
Serin	9,1	6,28	6,3	4,7	5,9
Threonin. . .	0		3,9	2,8	0
Cystin/2 . . .	0				
Cystein . . .	0				
Methionin . .	0				
Arginin . . .	85,2	86,4	81,5	85,5	83,1
Histidin . . .	0				
Lysin	0				
Asparaginsäure	0				
Glutaminsäure	0				
Amid-N . . .	0				

* Gewinnung der Fraktionen des Clupeins s. S. 583.

WALDSCHMIDT-LEITZ und VOH[2] haben Clupeinpikrat durch *Umscheiden* mit Wasser in einen isoleucinfreien und einen isoleucinhaltigen Anteil getrennt.

Nicht nur Clupein, sondern auch die Protamine Iridin (salmo irideus) und Salmin (salmo salar) verhalten sich bei der Gegenstromverteilung wie inhomogene Substanzen[6].

Physikalische Eigenschaften. *Elektrophorese.* Bei der Papierelektrophorese des Clupeins wurden 2 Fraktionen erhalten[7].

Bedeutend mehr Fraktionen kamen bei der TISELIUS-Elektrophorese zum Vorschein. Die Ionenstärke hatte einen großen Einfluß auf die Trennung, man erhielt aber noch keine eindeutigen Resultate[7].

Bei der Untersuchung von Clupein in der *Ultrazentrifuge* schien es sich in etwa 10 Komponenten zu spalten. (Auch hier wurden bisher keine zuverlässigen Resultate erhalten[8].)

Aus dem Vergleich der Absorption der DNP-Protamine mit der der DNP-Derivate der endständigen Aminosäuren errechnet sich für Clupein ein Mol.-Gewicht von 6000 bis 7000[9]. Das Molekulargewicht von Iridin, dem Protamin aus dem Sperma der Regenbogenforelle, soll 5000 betragen[10].

Auch bei Löslichkeitsversuchen verhielt sich das Clupein wie eine inhomogene Substanz. In einer 7,5%igen Kochsalzlösung löst es sich nur wenig. Wenn man dieser Salzlösung steigende Mengen Clupeinhydrochlorid zusetzt, so nimmt der gelöste Anteil proportional der zugesetzten Menge zu. Nähert man sich dem Sättigungswert, dann biegt die Kurve nicht in einem scharfen Knick, sondern in einem flachen Bogen um[11].

Analytische Daten. Protamine haben einen sehr hohen N-Gehalt; Salmin z. B. enthält 30,7 % N. Die Aminosäurezusammensetzung verschiedener Protamine ist in Tabelle 88 und 89 zusammengestellt. Sie enthalten nur wenige, meistens 7 Aminosäuren. Arginin, Alanin

[1] GOPPOLD-KREKELS, A., u. H. LEHMANN: H. im Druck.
[2] WALDSCHMIDT-LEITZ, E., u. R. VOH: H. **298**, 257 (1954).
[3] TRISTRAM, G. R., in: Neurath-Bailey, Proteins, Bd. I A, S. 211 (1953).
[4] CORFIELD, M. C., and A. ROBSON: Biochem. J. **55**, 517 (1953).
[5] SCANES, F. S., and B. T. TOZER: Biochem. J. **63**, 571 (1956).
[6] RAUEN, H. M., W. STAMM u. K. FELIX: H. **292**, 101 (1953).
[7] RAUEN, H. M., W. STAMM u. K. FELIX: H. **291**, 275 (1952).
[8] DAIMLER, B.: Kolloid-Z. **127**, 8, 97 (1951).
[9] HASHIMOTO, C.: Bull. chem. Soc. Jap. **28**, 385 (1955).
[10] ANDO, T. C., and C. HASHIMOTO: J. Biochem. **45**, 453 (1958).
[11] ZAHN, R. K., u. W. STAMM: Naturwiss. **41**, 95 (1954).

Tabelle 89. *Aminosäurezusammensetzung einiger Protamine.* Molekulares Verhältnis der einzelnen Aminosäuren (als Einheit diente die jeweils in geringster Menge vorhandene Aminosäure, meist Isoleucin).

Protamin	Autor	Tier	Arginin	Lysin	Histidin	Glykokoll	Alanin	Serin	Threonin	Prolin	Valin	Isoleucin	Asparaginsäure	Glutaminsäure	Tyrosin	Arginin-Stickstoff, ausgedrückt in % des Gesamtstickstoffs
Clupein .	BLOCK[1]	Clupea harengus	65	—	—	—	7	4	2	9	4	1	—	—	—	88,5
	FELIX[2]		53	—	—	—	4	6	2	5	4	1	—	—	—	89,7
	KURODA[3]		60	—	—	—	5	1	1	4	1	1	1	—	—	94,0
Salmin . .	BLOCK[1]	Salmo salar	51	—	—	—	4	6	—	7	4	1	—	—	—	90,4
	FELIX[4]		55	—	—	3	2	5	—	5	4	—	—	—	—	93,0
	TRISTRAM[5]		41	—	—	3	1	7	—	4	2	1	—	—	—	89,0
	HAMER[6]		75	—	—	7	1	8	—	6	5	2	—	—	—	91,0
	VELICK[7]		34	—	—	3	1	4	—	4	3	+	—	—	—	86,3
	CORFIELD[8]		50	—	—	4	1	7	—	6	3	1	1	—	—	89,8
	MILLS[9]		78	—	—	4	1	4	—	3	1	1	—	—	—	90,6
Scombrin .	KURODA[3]	Scomber scombrus	112	—	—	—	9	4	2	7	3	1	—	—	—	93,6
Spheroidin	KURODA[3]	Spheroides rubripes	71	—	—	—	9	7	1	1	1	1	—	—	—	93,0
Iridin . .	FELIX[10]	Salmo irideus	50	2	—	2	2	3	—	5	4	1	—	—	—	91,4
Truttin . .	FELIX[11]	Salmo trutta	50	—	—	2	2	3	—	5	5	—	—	—	—	89,5
Fontinin .	FELIX[11]	Salmo fontinalis	50	—	—	2	2	3	—	5	5	—	—	—	—	90,4
Lacustrin .	FELIX[10]	Salmo lacustris	50	—	5—15	2	2	2	—	5	2	1	1	1	—	
Sturin . .	FELIX[4]	Acipenser sturio	35	9	7	2	5	3	1	—	—	2	—	1	—	67,0
Gallin . .	MIRSKY[12]	Gallus domesticus	75	—	2	10	2	14	3	7	2	1	1	2	6	76,3
	FISCHER[13]		44	—	—	1	5	5	2	5	3	1	—	1	—	88,0

und Serin sind in allen Protaminen aufgefunden worden; Prolin und Valin in den meisten, Glykokoll und Isoleucin in vielen und die übrigen (Histidin, Lysin, Threonin, Asparaginsäure und Glutaminsäure) nur in einzelnen. In keinem Protamin hat man Tryptophan, Phenylalanin und die schwefelhaltigen Aminosäuren nachweisen können.

Unter diesen Aminosäuren überwiegen bei weitem die basischen. Sie verhalten sich zu den Monoaminosäuren wie 2:1. Die bisher erwähnten gehören zu den Monoprotaminen und enthalten nur eine einzige basische Aminosäure, nämlich Arginin; andere (Diprotamine) enthalten neben Arginin noch Lysin oder Histidin, und in den Triprotaminen kommen alle 3 basischen Aminosäuren vor. In Tabelle 89 sind die

[1] BLOCK, R. J., D. BOLLING, H. GERSHON and H. A. SOBER: Proc. Soc. exp. Biol. Med. **70**, 494 (1949).

[2] FELIX, K., H. FISCHER, A. KREKELS and H. M. RAUEN: H. **286**, 67 (1950).

[3] KURODA, Y.: J. Biochem. **38**, 115 (1951).

[4] FELIX, K., H. FISCHER u. A. KREKELS: H. **289**, 127 (1952).

[5] TRISTRAM, G.: Nature **160**, 637 (1947).

[6] HAMER, D., and D. L. WOODHOUSE: Nature **163**, 689 (1949).

[7] VELICK, S. F., and S. UDENFRIEND: J. biol. Ch. **191**, 233 (1951).

[8] CORFIELD, M. C., and A. ROBSON: Biochem. J. **55**, 517 (1953).

[9] MILLS, G. L.: Biochem. J. **50**, 707 (1952).

[10] FELIX, K., H. FISCHER, A. KREKELS u. R. MOHR: H. **287**, 224 (1951).

[11] FELIX, K., H. FISCHER, A. KREKELS u. R. MOHR: H. **289**, 10 (1951).

[12] DALY, M. M., A. E. MIRSKY and H. RIS: J. gen. Physiol. **34**, 439 (1951).

[13] FISCHER, H., u. L. KREUZER: H. **293**, 176 (1953).

Resultate zusammengefaßt, die nach Entdeckung der quantitativen Papier- und Säulenchromatographie gefunden worden sind.

Die Zahlen in der Reihe 1—12 geben die molekularen Verhältnisse der Aminosäuren an. Bei ihrer Berechnung wurde von der Voraussetzung ausgegangen, daß von der in der niedersten Konzentration vorkommenden Aminosäure gerade 1 Molekül in dem Protamin vorhanden ist. Da aber bei dieser Berechnung die experimentellen Fehler und die Unterschiede der angewandten Methoden besonders stark hervortreten, sind in der letzten Spalte noch die Ergebnisse der Argininbestimmungen, in Prozent des Gesamtstickstoffs ausgedrückt, angefügt. Hier stimmen die Resultate der einzelnen Autoren besser überein. Erfreulich ist auch die Übereinstimmung in der Art der Aminosäuren, die in den einzelnen Protaminen vorkommen.

Am eingehendsten untersucht sind Clupein und Salmin. Man kann aus den vorliegenden Ergebnissen mit Sicherheit schließen, daß Clupein (von Clupeus harengus) wohl Threonin, aber kein Glykokoll, Salmin (von Salmo salar), dagegen Glykokoll, jedoch kein Threonin enthält.

Nach den Untersuchungen von ANDO und Mitarbeitern[1, 2] unterscheidet sich Clupein, das aus Clupea pallasii gewonnen wird, von dem obigen durch den Gehalt an Glykokoll.

In diesem Zusammenhang müssen noch Substanzen erwähnt werden, die von HULTIN und HERNE[3] aus den Kernen der Spermatozoen von Patella vulgata, Patella coerulea und Arbacia lixula isoliert wurden. Sie besitzen ebenfalls basischen Charakter, unterscheiden sich aber von den eigentlichen Protaminen durch das höhere Molekular-Gewicht und den höheren Gehalt an Monoaminosäuren. Sie bilden gleichsam ein Zwischenglied zwischen Protaminen und Histonen. Von solchen Zwischenformen berichten auch VENDRELY und Mitarbeiter[4].

Als einzige N-terminale Aminosäure wurde im Clupein (Clupea harengus) mit der SANGERschen Methode Prolin gefunden[5-7]. Auch im Salmin wird von den meisten Autoren Prolin als einzige Endaminosäure am Aminoende angegeben[7, 8]. Dasselbe trifft für die bis jetzt bekannten Forellenprotamine sowie für das Protamin Mugilin[9] zu. Nur PHILLIPS[10] findet im Salmin (von Oncos hynchus Reta), daß $^4/_5$ der Endgruppen am Aminoende Prolin und der Rest hauptsächlich Arginin, Serin und Glykokoll sind. Vielleicht handelt es sich um Zersetzungsprodukte. Beim Clupein aus Clupea pallasii fanden ANDO und Mitarbeiter[1, 2] Alanin als N-terminale Aminosäure. Im Sturin findet man mit der SANGERschen Methode 2 N-terminale Aminosäuren, Alanin und Glutaminsäure[7]. Es muß aber erwähnt werden, daß dieses Sturinpräparat aus alten getrockneten Spermatozoenköpfen hergestellt war, die KOSSEL vor etwa 40 Jahren gesammelt hatte und über deren Reifegrad jetzt nichts mehr ausgesagt werden kann.

Am Carboxylende von Clupein[11], Sturin[11], Forellenprotaminen[11], Salmin[11, 12] und Mugilin[9] wurde Arginin gefunden.

Bei der partiellen Hydrolyse von Protaminen mit Säure oder Trypsin wurden verschiedene Peptide[6, 9, 11, 13, 14], darunter ein Arginintetrapeptid, isoliert; das letztere in einer Ausbeute, das 30% des Clupeinstickstoffs entspricht[6].

---

1 ANDO, T., K. IWAI, M. YAMASAKI, C. HASHIMOTO, M. KIMURA, S. ISHII and T. TAMURA: Bull. chem. Soc. Jap. **26**, 406 (1953).
2 ANDO, T., S. ISHII, C. HASHIMOTO, M. YAMASAKI and K. IWAI: Bull. chem. Soc. Jap. **25**, 132 (1952).
3 HULTIN, T., and R. HERNE: Ark. Kemi, Mineral. Geol. **26** A, Nr. 20 (1949).
4 KNOBLOCH, A., H. MATSUDAIRA et R. VENDRELY: Cr. **246**, 2679 (1958).
5 WALDSCHMIDT-LEITZ, E., K. KÜHN u. F. ZINNERT: Exper. **7**, 183 (1951).
6 FELIX, K., H. M. RAUEN u. G. H. ZIMMER: H. **291**, 228 (1952).
7 FELIX, K., u. A. KREKELS: H. **295**, 107 (1953).
8 HASHIMOTO, C.: Bull. Chem. Soc. Jap. **28**, 385 (1955).
9 HIROHATA, R., and T. IKANA: 3. Int. Congr. Biochem. Brüssel. 1955.
10 PHILLIPS, D. M. P.: Biochem. J. **60**, 403 (1955).
11 HÜBNER, L.: Diss. Frankfurt a. M. 1954.
12 CHING-I NIU and H. FRAENKEL-CONRAT: Am. Soc. **77**, 5883 (1955).
13 MAUER, R., et M. JUTISZ: Biochim. biophysica Acta, N. Y. **15**, 62 (1954).
14 MEISSNER, P.: Diss. med. Frankfurt a. M. 1954.

GPSR Compliance

The European Union's (EU) General Product Safety Regulation (GPSR) is a set of rules that requires consumer products to be safe and our obligations to ensure this.

If you have any concerns about our products, you can contact us on ProductSafety@springernature.com

In case Publisher is established outside the EU, the EU authorized representative is:

Springer Nature Customer Service Center GmbH
Europaplatz 3
69115 Heidelberg, Germany

Batch number: 10621778

Printed by Printforce, the Netherlands

HOPPE-SEYLER/THIERFELDER

HANDBUCH DER PHYSIOLOGISCH- UND PATHOLOGISCH-CHEMISCHEN ANALYSE

FÜR ÄRZTE, BIOLOGEN UND CHEMIKER

ZEHNTE AUFLAGE

HERAUSGEGEBEN VON

KONRAD LANG
MAINZ

EMIL LEHNARTZ
MÜNSTER

UNTER MITARBEIT VON

GÜNTHER SIEBERT
MAINZ

VIERTER BAND / ZWEITER BANDTEIL

SPRINGER-VERLAG BERLIN HEIDELBERG GMBH 1960

BAUSTEINE DES TIERKÖRPERS

II

BEARBEITET VON

E. BAYER · H.-J. BIELIG · G. BLIX · H. DÖRFEL · K. FELIX · F. G. FISCHER
S. GARDELL · W. GRAB · R. G. HABER · E. HABERMANN · K. HANNIG
F. HAUROWITZ · W. E. VAN HEYNINGEN · J. KIMMIG · J. MEIENHOFER
R. MICHEL · W. NEUMANN · I. PENDL · J. ROCHE · H. SCHMID
G. SCHMIDT · W. SIEDEL · R. WEHRMANN · H. ZAHN

ZWEITER BANDTEIL

MIT 215 ABBILDUNGEN

SPRINGER-VERLAG BERLIN HEIDELBERG GMBH 1960

ISBN 978-3-642-85730-0 ISBN 978-3-642-85729-4 (eBook)
DOI 10.1007/978-3-642-85729-4

Ursprünglich erschienen bei Springer-Verlag OHG / Berlin · Göttingen · Heidelberg 1960
Softcover reprint of the hardcover 10th edition 1960

Inhaltsverzeichnis.

Eiweiß. Allgemeiner Teil.

A. Gewinnung und Reindarstellung von Proteinen.

Der zweite Teil des IV. Bandes enthält die Beiträge:

Verzeichnis der in diesem Band über die in DIN 1052 und DIN 1502, Beiblatt, hinaus besonders stark abgekürzten Buch- und Zeitschriftentitel.

Bücher.

d'Ans-Lax: Taschenbuch für Chemiker und Physiker. Hrsg. D'ANS, J., u. E. LAX. 2. Aufl. Berlin, Göttingen, Heidelberg 1949. 3. Aufl. in Vorbereitung.

A.O.A.C., Meth. Analysis: Association of Official Agricultural Chemists. Official and Tentative Methods of Analysis. Washington. 5. Aufl. 1940. 6. Aufl. 1945/46.

Gattermann-Wieland: Die Praxis des Organischen Chemikers von GATTERMANN, L., bearbeitet von WIELAND, H. 34. Aufl. Berlin 1952. 38. Aufl. Berlin 1956.

Hinsberg-Lang: HINSBERG, K., u. K. LANG: Medizinische Chemie für den klinischen und theoretischen Gebrauch. 2. Aufl. München, Berlin 1951.

Org. Syntheses: Organic Syntheses. New York, London 1921. — Außerdem Sammelbände.

Pregl-Roth: ROTH, H.: Die quantitative organische Mikroanalyse von FR. PREGL. 4. Aufl. Berlin 1935. 6. Aufl. Wien 1949. 7. Aufl. in Vorbereitung.

Pigman-Goepp, Carbohydrates: PIGMAN, W. W., and R. M. GOEPP jr.: Chemistry of Carbohydrates. New York 1948. — PIGMAN, WARD: The Carbohydrates. Chemistry, Biochemistry, Physiology. New York 1957.

Stepp-Kühnau-Schröder, Vitamine: STEPP, W., J. KÜHNAU u. H. SCHRÖDER: Die Vitamine und ihre klinische Anwendung. 6. Aufl. 1944. 7. Aufl.: Bd. 1. 1952. Bd. 2. 1957.

Tollens-Elsner: TOLLENS, B., u. H. ELSNER: Kurzes Handbuch der Kohlenhydrate. 4. Aufl. von ELSNER, H. Leipzig 1935.

Zeitschriften.

A.	Justus Liebigs Annalen der Chemie.
A. e. P. P.	Naunyn-Schmiedebergs Archiv für experimentelle Pathologie und Pharmakologie.
Am. Soc.	Journal of the American Chemical Society.
B.	Berichte der Deutschen Chemischen Gesellschaft. Ab Bd. 80, 1947: Chemische Berichte.
B. Z.	Biochemische Zeitschrift.
C.	Chemisches Zentralblatt.
Cr.	Comptes Rendus hebdomadaires des Séances de l'Académie des Sciences.
D. m. W.	Deutsche Medizinische Wochenschrift.
H.	Hoppe-Seylers Zeitschrift für Physiologische Chemie.
Helv.	Helvetica Chimica Acta.
J. biol. Ch.	Journal of Biological Chemistry.
Kli. Wo.	Klinische Wochenschrift.
M. m. W.	Münchener medizinische Wochenschrift.
Soc.	Journal of the Chemical Society, London.

Antigene, Antikörper und Komplement.

Von

Felix Haurowitz.

a) Grundlagen der Immunochemie.

Immunität wurde zuerst als ein medizinisches Phänomen beschrieben, als Immunität gegen pathogene Erreger. Das immunisierende Agens, zumeist ein pathogenes Bacterium, wurde als *Antigen* bezeichnet, die im Organismus gebildete mit dem Antigen reagierende Substanz als *Antikörper*. Daß auch chemische Substanzen als Antigene wirken können, wurde zuerst von R. KRAUS durch die Entdeckung der *Präcipitinreaktion* nachgewiesen (1897). Bei der Präcipitinreaktion bildet das wasserlösliche Antigen, das *Präcipitinogen*, mit einer im Immunserum vorhandenen wasserlöslichen Substanz, dem *Präcipitin*, einen unlöslichen Niederschlag, das *Präcipitat*. Die ersten Präcipitinogene waren Substanzen, die durch Extraktion von Bakterien gewonnen worden waren. Ihre chemische Natur war unbekannt. Es lag jedoch nahe, zu prüfen, ob auch chemische Substanzen bekannter Zusammensetzung als Antigene wirken können. Das Ergebnis dieser Untersuchungen war, daß die meisten wasserlöslichen Eiweißkörper als Antigene wirksam sind. Die hohe Spezifität der durch Injektion von Eiweiß gewonnenen Immunseren gestattet Verwendung dieser Seren zur Unterscheidung von Eiweißkörpern verschiedener Tierarten; die Präcipitinreaktion findet daher vielfach Anwendung zur Feststellung der Herkunft eines Proteins (UHLENHUTH).

Die wichtige Frage, ob das Eiweißmolekül als Ganzes antigen wirkt oder ob nur bestimmte Atomgruppen für die Antigenwirkung nötig sind, wurde von K. LANDSTEINER untersucht. In seinen klassischen Arbeiten[1] zeigte LANDSTEINER, daß die serologische Spezifität der Antigene auf bestimmte chemische Gruppen des Antigenmoleküls zurückzuführen ist. Kuppelt man ein Eiweißantigen, z. B. Ovalbumin, mit einem Substituenten *S*, z. B. Azophenylsulfosäure $-N{=}N-C_6H_4-SO_3H$, und injiziert man das Kupplungsprodukt einem Kaninchen, so findet man nach einiger Zeit im Blutserum des Kaninchens Antikörper, welche das Kupplungsprodukt präcipitieren. Die gleichen Antikörper sind auch imstande, Kupplungsprodukte anderer Proteine mit dem gleichen Substituenten *S* zu präcipitieren. Dadurch ist bewiesen, daß die für die Präcipitation wesentliche Gruppe des Antigens die Gruppe *S* ist. Man bezeichnet diese für die Spezifität verantwortliche Gruppe als *determinante Gruppe des Antigens* (DOERR). Um determinant zu wirken, muß die an Eiweiß gebundene Gruppe deutlich polare Eigenschaften haben. Nicht nur saure, auch stark basische Gruppen, z. B. quaternäre Ammoniumgruppen, wirken determinant[2,3].

LANDSTEINER zeigte, daß die Fällung eines substituierten Eiweißantigens durch den entsprechenden Antikörper ausbleibt, wenn man einen großen Überschuß des freien Substituenten zusetzt. So läßt sich die Fällung von Arsanil-azo-ovalbumin durch Zusatz von Arsanil-azotyrosin oder auch durch Zusatz von Arsanilat hemmen; das Antiserum bewirkt in Gegenwart dieser Hemmstoffe keine Präcipitation. Zweifellos beruht dies auf Bildung einer löslichen Verbindung des Antikörpers mit den Molekülen der Hemmstoffe. Im Gegensatz zu dem als Antigen wirksamen Arsanil-azo-ovalbumin sind jedoch Arsanil-azotyrosin und Arsanilat nicht imstande, Bildung von Antikörpern hervorzurufen, wenn man sie Kaninchen injiziert. Daraus geht hervor, daß zur vollen Antigenwirkung das große Eiweißmolekül nötig ist. Das Eiweißmolekül wirkt vermutlich als Träger der determinanten Gruppen, indem es diese Gruppen zur Stätte der Antikörperbildung transportiert. Man bezeichnet die eiweißfreien kleinen Moleküle, die mit dem Antikörper spezifisch reagieren, jedoch nicht fähig sind, Immunität hervorzurufen, als *Haptene*.

[1] LANDSTEINER, K.: The Specificity of Serological Reactions. Cambridge, Mass. 1946.
[2] HAUROWITZ, F.: J. Immunol. **43**, 331 (1942).
[3] PRESSMAN, D., A. GROSSBERG, L. PENCE and L. PAULING: Am. Soc. **68**, 250 (1946).

In der Folgezeit ergab es sich, daß manche Haptene, vor allem solche mit mehreren determinanten Gruppen, von Antikörpern präcipitiert werden[1]. Die mit Antikörpern lösliche Verbindungen bildenden Haptene werden gelegentlich als *Halbhaptene* bezeichnet. Eine weitere ernstere Schwierigkeit der Definition ergibt sich dadurch, daß sich manche einfach gebauten Moleküle, z. B. Azide organischer Säuren, im Organismus des injizierten Tieres mit Eiweißmolekülen vereinigen und derart zu voll wirksamen Antigenen werden. Man bezeichnet solche Substanzen als *Proantigene*[2]. Zu ihnen gehören 2,4-Dinitrophenylfluorid, -chlorid und -sulfonat; Ersatz des Halogenatoms durch H, OH, CH_3 oder NH_2 führt zu Verbindungen, welche nicht als Proantigene wirken[3].

Es war ursprünglich angenommen worden, daß jedem Antigen nur ein einziger Typus von Antikörper entspricht. Es ist jedoch klar, daß ein celluläres Antigen oder ein Bacterium aus mehreren verschiedenen Antigenen aufgebaut sein kann und daß ein solches komplexes Antigen zur Bildung von mehreren Antikörpertypen Anlaß geben kann. So enthalten menschliche Erythrocyten folgende Antigene: 1. Hämoglobin, 2. eine der Blutgruppensubstanzen A, B oder 0, 3. eine der Blutgruppensubstanzen M oder N, 4. in vielen Fällen das Rh-Antigen. Injiziert man einem Tier artfremde Erythrocyten, so werden im Organismus des injizierten Tieres Antikörper gegen jedes der injizierten Antigene gebildet. Nicht nur nach Injektion derart komplexer cellulärer oder bacillärer Antigene, auch nach Injektion einheitlicher Proteine beobachtet man *Multiplizität der Antikörper*, denn jedes Protein enthält mehrere Typen von determinanten Gruppen. Gegen jede dieser Gruppen wird ein besonderer Antikörpertypus gebildet. Dies läßt sich besonders deutlich an Antigenen nachweisen, in deren Proteinmolekül zwei verschiedene Typen von Substituenten eingeführt wurden[4]. Kuppelt man beispielsweise Serumglobulin mit diazotierter Arsanilsäure und jodiert man das Azoprotein, so führt Injektion des jodierten Azoglobulins zur Bildung von mindestens zwei verschiedenen Typen von Antikörpern. Einer derselben reagiert mit der Azophenylarsinsäure-Gruppe, der andere mit der Dijodtyrosin-Gruppe des Antigens[5]. In manchen Fällen ist die eine der beiden determinanten Gruppen als Antigen wirksamer als die andere Gruppe; sie wird dann als *dominant* bezeichnet[4].

Obzwar wir die determinanten Gruppen der natürlichen Eiweißkörper nicht kennen, können wir doch annehmen, daß auch hier bestimmte polare Atomgruppen oder Kombinationen solcher Atomgruppen für die Spezifität der Proteine verantwortlich sind. Die spezifische Reaktionsfähigkeit des Organismus geht sehr weit, wie durch Injektion eines Gemisches von 15 verschiedenen Proteinen gezeigt wurde; das Immunserum enthielt in diesem Fall Antikörper gegen jedes der injizierten artfremden Proteine[6].

Es war ursprünglich angenommen worden, daß präcipitierende, agglutinierende, cytolysierende und andere Antikörper verschiedene Substanzen sind, die nichts miteinander zu tun haben. Aus späteren Untersuchungen geht jedoch hervor, daß ein und derselbe Antikörper all diese Eigenschaften besitzen kann und daß es bloß von der Nachweismethode abhängt, ob Präcipitation, Agglutination oder ein anderes Phänomen eintritt. So ist ein durch Injektion von Pneumokokken-Polysaccharid hervorgerufener Antikörper nicht nur imstande, das Polysaccharid zu präcipitieren, sondern auch die Pneumokokken zu agglutinieren und Mäuse gegen Infektion mit Pneumokokken zu schützen[7, 8]. In all diesen Reaktionen kommt es zu einer *Vereinigung von Antigen und Antikörper*[9]. Dies ist das einzige allen Immunitätsreaktionen gemeinsame Phänomen.

---

1 PAULING, L., D. PRESSMAN, D. H. CAMPBELL, C. IKEDA and M. IKAWA: Am. Soc. **64**, 2994 (1942). — PAULING, L., D. PRESSMAN, D. H. CAMPBELL and C. IKEDA: Am. Soc. **64**, 3003 (1942). — PAULING, L., D. PRESSMAN and C. IKEDA: Am. Soc. **64**, 3010 (1942). — PRESSMAN, D., D. BROWN and L. PAULING: Am. Soc. **64**, 3015 (1942).

2 GELL, P. G., C. R. HARINGTON and R. PITT RIVERS: Brit. J. exp. Path. **27**, 267 (1946).

3 EISEN, H. N., L. ORIS and S. BELMAN: J. exp. Med. **95**, 473 (1952).

4 LANDSTEINER, K., and J. VAN DER SCHEER: J. exp. Med. **67**, 709 (1938).

5 HAUROWITZ, F., and P. SCHWERIN: J. Immunol. **47**, 111 (1944).

6 HEKTOEN, L., and W. WELKER: Science, N. Y. **86**, 592 (1937).

7 HEIDELBERGER, M., and E. A. KABAT: J. exp. Med. **63**, 737 (1936).

8 GERLOUGH, T., J. PALMER and R. BLUMENTHAL: J. Immunol. **40**, 53 (1941).

9 EHRLICH, P.: Fortschr. Med. **15**, 41 (1897).

Der *Mechanismus der Antikörperbildung* ist noch nicht vollkommen aufgeklärt. Vermutlich stört das in den Zellen abgelagerte Antigen die normale Bildung von Eiweißkörpern, so daß abnorme Eiweißmoleküle entstehen, deren Oberfläche den determinanten Gruppen des abgelagerten Antigens angepaßt ist[1-3]. Die Anpassung des Antikörpermoleküls an den determinanten Bezirk des Antigenmoleküls kommt vermutlich durch eine entsprechende Faltung der Peptidketten zustande[4, 5]. Werden die Antikörper von ihrer Bildungsstätte in das Blutplasma ausgeschwemmt, so finden wir sie dort in der Globulinfraktion. Andere Antikörper scheinen jedoch in den Geweben liegen zu bleiben[6] und sind dort für die Erscheinungen des anaphylaktischen Schocks verantwortlich. So kann man aus dem Uterus eines sensibilisierten Meerschweinchens alle löslichen Antikörper auswaschen, ohne die Reaktionsfähigkeit zu verhindern. Taucht man den gewaschenen Uterus in eine Lösung des Antigens, so tritt Kontraktion des Muskels ein.

Die gegenseitige Bindung von Antigen und Antikörper beruht vermutlich auf ihrer gegenseitigen räumlichen Anpassung. Große Teile der Oberfläche beider Moleküle können infolge dieser Anpassung einander so nahe kommen, daß ihre Hydrathüllen zu einer einzigen Schicht von hydratisierten Oberflächengruppen verschmelzen. Die Freisetzung von Wassermolekülen läßt sich durch eine beträchtliche Zunahme der Entropie des Systems nachweisen[7].

Weitere theoretische Ausführungen über den Mechanismus der Bildung von Antikörpern und über ihre Reaktion mit Antigenen findet man in immunochemischen Monographien[8-13] und in zusammenfassenden Artikeln[5, 6, 14-16].

Mit dem Begriff der Immunität verbinden wir im allgemeinen die Vorstellung eines Schutzes gegen pathogene Erreger. Es muß deshalb betont werden, daß Injektion eines artfremden Antigens unter Umständen schädliche Folgen hat, indem eine zweite Injektion nach längerer Zeit gefährliche Symptome (Serumkrankheit, anaphylaktischen Schock) verursachen kann. Man hat in solchen Fällen den Ausdruck *Immunisierung* durch *Sensibilisierung* ersetzt und beide Phänomene unter dem Begriff *Allergie* zusammengefaßt. Man muß sich jedoch dessen bewußt sein, daß in beiden Fällen das gleiche Geschehen vorliegt, die Bildung von Antikörpern infolge parenteraler Zufuhr artfremder Antigene. Der Unterschied besteht bloß darin, daß die Antigen-Antikörper-Reaktion in einem Fall für den Organismus von Vorteil ist, während sie im anderen Fall zu Störungen führt.

b) Gewinnung von Immunseren.

Zur Gewinnung von Immunseren im Laboratorium eignet sich vor allem das Kaninchen. Auch Hühner und Pferde liefern Immunseren mit hohem Antikörpergehalt. Meerschweinchen sind zwar sehr empfindlich gegen eine zweite Injektion eines früher injizierten Antigens und reagieren mit heftigem anaphylaktischem Schock; ihr Blutserum ist jedoch arm an zirkulierenden Antikörpern.

---

[1] Breinl, F., u. F. Haurowitz: H. **192**, 45 (1930).
[2] Mudd, S.: J. Immunol. **23**, 423 (1932).
[3] Alexander, J.: Protoplasma, Berlin **14**, 302 (1932).
[4] Pauling, L.: Am. Soc. **62**, 2643 (1940).
[5] Haurowitz, F.: Biol. Reviews **27**, 247 (1952).
[6] Haurowitz, F.: Quart. Rev. Biol. **24**, 93 (1949). Lancet **152**, 149 (1947).
[7] Haurowitz, F.: Fed. Proc. **10**, 560 (1951).
[8] Landsteiner, K.: The Specificity of Serological Reactions. Cambridge, Mass. 1946.
[9] s. Handb. biol. Arb.-Meth. XIII, Teil 2.
[10] Marrack, J.: The Chemistry of Antigens and Antibodies. Med. Res. Council, London 1934.
[11] Schmidt, H.: Fortschritte der Serologie. 2. Aufl. Darmstadt (1950—1955).
[12] Boyd, W. C.: Fundamentals of Immunology. New York 1948.
[13] Doerr, R.: Die Immunitätsforschung. Bd. IV, Antikörper. Wien 1947.
[14] Haurowitz, F.: Fortschritte der Biochemie. 1938—1947. Kapitel XXII. Basel 1948.
[15] Haurowitz, F.: Kli. Wo. **1937 I**, 257.
[16] Haurowitz, F.: Chemistry and Biology of Proteins. Kapitel XIV. New York 1950.

Die Antigenlösung kann intravenös, subcutan, intraperitoneal oder intrakardial injiziert werden. Zur intravenösen Injektion dient bei Kaninchen die Ohrvene. 1—2 cm^3 einer 1—3 %igen Lösung des Antigens in physiologischer Kochsalzlösung werden langsam injiziert und die Injektionen in Abständen von 3—4 Tagen 4—6mal wiederholt. Bei subcutaner Injektion geht man in gleicher Weise vor, während bei intraperitonealer Injektion größere Mengen bis zu etwa 10 cm^3 je Kaninchen injiziert werden können. Die Wirksamkeit subcutaner Injektionen kann durch Adsorption des Antigens an Aluminiumhydroxyd und Injektion der Suspension wesentlich erhöht werden. Subcutane Injektion eines derart adsorbierten Ovalbumins war etwa 60mal wirksamer als die intravenöse Injektion reinen Ovalbumins[1]. Das an Aluminiumhydroxyd adsorbierte Antigen wird nur langsam aus dem injizierten Depot freigesetzt und wirkt daher über längere Zeitabschnitte[2]. Als besonders wirksame Adjuvantien erweisen sich Gemische von Paraffinöl und Lanolin oder ähnlichen hydrophilen Lipoiden, zu denen eine kleine Menge abgetöteter Tuberkelbacillen zugesetzt ist[3]. So wurden 0,5 g Ovalbumin, gelöst in 25 ml 1 %igem NaCl, mit 25 ml Aquafor, 50 ml Paraffinöl und 64 mg abgetöteter TB innig verrieben und dann Meerschweinchen intramuskulär injiziert. Durch Zusatz der Bacillen wird ein lokales Granulom und Hyperplasie der regionalen Lymphdrüsen und der Milz hervorgerufen[4]. Es kommt dadurch zu verstärkter Antikörperbildung.

Die Injektionen des Antigens sollen sich nicht über mehr als einen Zeitraum von etwa 5—6 Wochen erstrecken. Meist genügen 2—3 Wochen, um einen hohen Antikörpertiter zu erreichen. Setzt man die Injektionen unnötig lange fort, so erhält man häufig Immunseren, deren Spezifität weniger ausgeprägt ist. Bei langdauernder Immunisierung besteht auch die Gefahr, daß Antikörper gegen Verunreinigungen des Antigens gebildet werden[5].

Da der Antikörpertiter durch Injektion des Antigens vorübergehend herabgesetzt wird, kann man den Titer des Serums nicht gleich nach einer derartigen Injektion bestimmen. Man läßt etwa 6—8 Tage nach der letzten Antigen-Injektion verstreichen und entnimmt dann eine kleine Menge Blut aus der Ohrvene des Kaninchens, um den Antikörpergehalt des Serums zu bestimmen. Ist der Antikörpertiter nicht genügend hoch, so kann man weitere Mengen Antigen injizieren. Um anaphylaktische Symptome zu vermeiden, ist es in einem solchen Fall nötig, das Tier durch Injektion einer sehr kleinen Dosis des Antigens zu desensibilisieren. Man injiziere etwa $^1/_{100}$ der ursprünglich injizierten Dosis, warte etwa 1 Std, injiziere nochmals etwa $^1/_{10}$ der Dosis und kann nach einigen Stunden die volle Dosis des Antigens injizieren.

Ist der Antikörpergehalt des Immunserums hoch und will man größere Mengen Immunserum erhalten, so tötet man die Tiere durch Verbluten aus den Halsgefäßen. Das Blut wird in einem sauberen Gefäß aufgefangen und der Blutkuchen nach erfolgter Gerinnung vorsichtig mit einem Glasstab von der Wand des Gefäßes gelöst, um die Retraktion zu erleichtern. Nach 10—24stündigem Stehen bei Zimmertemperatur ist die Retraktion beendet. Das überstehende Serum wird vorsichtig abgegossen und scharf zentrifugiert, um Zellen und andere Partikel zu entfernen. Lipoide lassen sich wegen ihres geringen spezifischen Gewichtes nicht abzentrifugieren. Um sie zu entfernen, kühlt man auf etwa 0° ab und filtriert durch ein Wattebäuschchen. Unlösliche Partikel und Lipoide lassen sich auch durch Bakterienfilter (Tonkerzen) entfernen. Dies hat den Vorteil, daß man sterile Sera erhält. Es ist für immunochemische Versuche außerordentlich wichtig, daß die Sera absolut klar sind und während der Dauer des Versuches keine Trübung geben. Fehlresultate sind zumeist auf unspezifische Trübungen zurückzuführen. Man kann derartige Fehler durch gleichzeitigen Ansatz von Kontrollversuchen ausschalten.

---

[1] COULSON, E. J., and H. STEVENS: J. Immunol. **61**, 119 (1949).
[2] STÖCKL, W., M. K. ZACHERL u. K. LEBEDA: H. **289**, 233 (1952).
[3] FREUND, J., E. M. SCHRYVER, M. B. MCGUINESS and M. B. GEITNER: Proc. Soc. exp. Biol. Med. **81**, 657 (1952). Amer. J. clin. Path. **21**, 645 (1951).
[4] FISCHEL, E. E., E. A. KABAT, H. C. STOERK and A. E. BEZER: J. Immunol. **69**, 611 (1952).
[5] COHN, M.: J. Immunol. **61**, 283 (1949).

Zur Konservierung von Immunseren wird vielfach ein Zusatz von etwa 0,2—0,5% Phenol und Aufbewahrung im Kühlschrank empfohlen. Es läßt sich kaum vermeiden, daß sich das Serum dabei allmählich trübt. Bessere Resultate werden durch Zusatz von 1 : 10000 Merthiolat (Eli Lilly) erzielt. Am besten ist es wohl, die Immunsera ohne Zusatz eines Desinficiens im Tiefkühlschrank bei etwa —10° aufzubewahren. Beim Auftauen treten gelegentlich Trübungen auf, die in der oben beschriebenen Weise entfernt werden.

c) Antigene.

Es sollen hier nur jene Antigene erörtert werden, die als chemische Substanzen erkannt sind. Erythrocyten, Bakterien und andere corpusculäre Antigene werden daher nicht beschrieben, wohl aber die aus ihnen darstellbaren antigen wirkenden Substanzen.

α) Blutgruppensubstanzen[1].

Die Agglutination von roten Blutkörperchen eines Individuums durch das Blutserum gewisser anderer Individuen ist von großer praktischer Bedeutung für die Bluttransfusion von Mensch zu Mensch. Agglutination erfolgt dann, wenn das den Erythrocyten zugesetzte Serum einen Antikörper (Agglutinin) gegen die in den Erythrocyten vorhandene Blutgruppensubstanz besitzt. Es war ursprünglich angenommen worden, daß beim Menschen nur 2 Blutgruppensubstanzen existieren, die Substanzen A und B, und daß der Typus AB auf ihrem gemeinsamen Vorkommen, der Typus 0 auf ihrem Fehlen beruht. Inzwischen wurde jedoch festgestellt, daß auch Individuen der Blutgruppe 0 ein besonderes Antigen besitzen[2-4]. Es wurde als H-Substanz bezeichnet[3] und ist vermutlich eine Vorstufe der Substanzen A und B[3, 4]. Bei Individuen der Blutgruppe A wird zumeist die stark reagierende Untergruppe A_1, seltener die schwach reagierende Untergruppe A_2 gefunden.

Der serologische Nachweis der Blutgruppen ist in serologischen und klinischen Laboratoriumsbüchern beschrieben[5, 6]. Die Isolierung der Blutgruppensubstanzen aus menschlichen Blutkörperchen ist schwierig, da sie daselbst nur in sehr kleinen Mengen vorkommen. Größere Mengen in gleicher Weise reagierender Substanzen kommen jedoch in den parenchymatösen Organen und in vielen Körperflüssigkeiten vor und wurden aus der Magenschleimhaut, aus dem Speichel, aus Ovarialcysten, aus Pepton und aus käuflichen Pepsinpräparaten dargestellt[2, 3, 7-11]. Kuppelt man den diazotierten p-Amino-benzyläther der Substanz A an Eiweiß und injiziert das Kupplungsprodukt Kaninchen, so erhält man Immunsera, die nicht nur das injizierte Antigen präcipitieren, sondern auch Erythrocyten der Blutgruppe A agglutinieren[12]. Dadurch ist bewiesen, daß die Agglutination der Erythrocyten durch das Anti-A-Serum auf dessen Reaktion mit Substanz A zurückzuführen ist. Offenbar ist das Kohlenhydratantigen A in der Oberfläche der Blutkörperchen vorhanden.

Darstellung von Blutgruppensubstanz A und O aus Schweinemagen[13-15]. Die Schleimhaut des frischen Magens wird in kleine Stücke geschnitten und in 400 cm^3 Citratpuffer von p_H 2,3 suspendiert. Nach Zusatz von Toluol wird 2 Wochen lang bei 37°

[1] KABAT, E. A.: Bact. Rev. **13**, 189 (1950).
[2] LANDSTEINER, K., and R. HARTE: J. biol. Ch. **140**, 673 (1941).
[3] MORGAN, W., and W. WATKINS: Brit. J. exp. Path. **26**, 387 (1945).
[4] HIRSZFELD, L.: J. Immunol. **55**, 141 (1947).
[5] BOYD, W. C.: Fundamentals of Immunology. New York 1948.
[6] SACHS, H., u. A. KLOPSTOCK: Handb. biol. Arb.-Meth. XIII, Teil 2, S. 594ff.
[7] GIBBONS, R. A., and W. T. J. MORGAN: Biochem. J. **57**, 283 (1954).
[8] BRAHN, B., F. SCHIFF u. F. WEINMANN: Kli. Wo. **1932 II**, 1592.
[9] WITEBSKY, E., and N. KLENDSHOJ: J. exp. Med. **72**, 663 (1940).
[10] BROWN, D., E. L. BENNETT, G. HOLZMAN and C. NIEMANN: Arch. Biochem. **13**, 421 (1947).
[11] KABAT, E. A., H. BAER, R. L. DAY and V. KNAUB: J. exp. Med. **91**, 433 (1950).
[12] WESTPHAL, O., E. REICHE u. E. KRAH: Naturwiss. **32**, 40 (1944).
[13] MORGAN, W., and H. KING: Biochem. J. **37**, 640 (1943).
[14] BENDICH, A., E. KABAT and A. BEZER: J. exp. Med. **83**, 477 (1946).
[15] s. a. HOLZMAN, G., and C. NIEMANN: Am. Soc. **72**, 2044, 2048 (1950).

gehalten, wobei das p_H allmählich auf etwa 6—7 ansteigt. Durch Zusatz von 5 Vol. Alkohol wird gefällt. Der mit Alkohol gewaschene und getrocknete Niederschlag wird in 10 cm^3 90%igem Phenol einen Tag lang geschüttelt, zentrifugiert und die abgeschleuderte Fällung nochmals mit frischem Phenol extrahiert. Zu der von Fetten befreiten klaren Phenollösung setzt man eine Mischung von gleichen Teilen Alkohol und 90%igem Phenol hinzu, bis die Alkoholkonzentration 10% ist. Nach Stehen über Nacht wird zentrifugiert, der Niederschlag in 90%igem Phenol gelöst und die Fällung mit Alkohol-Phenol wiederholt. Aus dem Niederschlag wird das Phenol durch Waschen mit Alkohol und Äther entfernt und das Präparat über Phosphorpentoxyd im Vakuum getrocknet. In ähnlicher Weise wurden die Substanzen M und N dargestellt[1]. — Aus Magen- oder Darmschleimhaut wurden A-Substanzen auch durch Boratlösungen extrahiert[2]. Aus Neopepton (Difco) wurde Eiweiß durch Zusatz von Natriumwolframat und Schwefelsäure entfernt und die A-Substanz aus dem dialysierten Filtrat durch Aceton gefällt[3].

Die aus verschiedenen Organen erhaltenen Blutgruppensubstanzen A, B und 0 stehen einander chemisch sehr nahe[4, 5]. Es sind hochviscöse Glucoproteide oder Glucopeptide. Sie enthalten 5,9—6,5% Stickstoff und 50—60% Kohlenhydrate (als Glucose berechnet). Der Kohlenhydratanteil besteht aus Galaktose, Acetylglucosamin, Acetylchondrosamin und Fucose[5-7]. Die Substanzen A und 0 aus Schweinemagen enthalten 6—10% Fucose (= 6-Desoxy-hexose) und 27,1% ihres Stickstoffes als Aminosäure-N; folgende Aminosäuren wurden im Hydrolysat gefunden: Glykokoll, Valin, Isoleucin, Prolin, Histidin, Lysin, Asparaginsäure, Glutaminsäure, Serin, Tyrosin, Phenylalanin und Tryptophan[8]. Die aus Ovarialcysten dargestellte A-Substanz enthält äquimolekulare Mengen von Galaktose, Acetylglucosamin, Acetylchondrosamin und Fucose[5, 9]. Das Molekulargewicht der A-Substanz ist 3880 oder ein Vielfaches dieser Zahl[9].

Die aus menschlichen Ovarialcysten isolierte B-Substanz enthält 50% reduzierender Substanzen (als Glucose berechnet), und zwar 18% L-Fucose und 20% eines Hexosamins; 86% des Stickstoffes sind als Aminostickstoff vorhanden; bei Hydrolyse der B-Substanz wurden 11 Aminosäuren erhalten[10]. Ähnliche Eigenschaften hat die menschliche H-Substanz[5] und die ebenfalls aus Erythrocyten der Blutgruppe Le^a (LEWIS) isolierte Substanz[5]. Das Molekulargewicht der H- und Le^a-Substanzen ist ungefähr 300000.

Die gereinigten Blutgruppensubstanzen werden durch die homologen Antikörper nicht präcipitiert. Sie hemmen jedoch die Agglutination von Blutkörperchen, die die gleiche Blutgruppensubstanz enthalten, durch den homologen Antikörper und können mittelst dieser Hemmungsreaktion nachgewiesen und serologisch bestimmt werden.

Infolge ihres Gehaltes an Acetylglucosamin geben die Blutgruppensubstanzen A, B und 0 nach Behandlung mit Alkali eine Rotfärbung mit p-Dimethylaminobenzaldehyd[11, 12]. Diese Farbreaktion kann zur quantitativen Bestimmung der Blutgruppensubstanzen benützt werden. In serologischer Hinsicht stehen die Blutgruppensubstanzen einander und anderen Glucoproteiden nahe. Die aus roten Blutkörperchen dargestellte A-Substanz ist jedoch nicht identisch mit den aus Organen oder Körperflüssigkeiten dargestellten A-Substanzen, obzwar all diese Substanzen mit dem A-Agglutinin reagieren[13]. Das

---

1 HOHORST, H. J.: Z. Hyg. **139**, 561 (1954).
2 ZITTLE, A.: Arch. Biochem. **17**, 195 (1948).
3 GERHEIM, E. B., M. K. BERKUT and J. K. GERHEIM: Proc. Soc. exp. Biol. Med. **72**, 394 (1949).
4 BOYD, W. C., and E. R. WARSHAWER: J. Immunol. **50**, 101 (1945).
5 MORGAN, W. T. J., and W. M. WATKINS: Br. J. exp. Path. **29**, 159 (1948). — ANNISON, E. F., and W. T. J. MORGAN: Biochem. J. **50**, 460; **52**, 247 (1952).
6 BRAY, H. G., H. HENRY and M. STACEY: Biochem. J. **40**, 124 (1946).
7 FREUDENBERG, K., u. H. EICHEL: A. **510**, 240 (1934); **518**, 97 (1935).
8 BAER, H., Z. DISCHE and E. A. KABAT: J. exp. Med. **88**, 59 (1948).
9 AMINOFF, D., W. T. J. MORGAN and W. M. WATKINS: Biochem. J. **46**, 426 (1950).
10 GIBBONS, R. A., and W. T. J. MORGAN: Biochem. J. **57**, 283 (1954).
11 KING, H., and W. MORGAN: Biochem. J. **38**, X (1944).
12 HOLZMAN, G., E. L. BENNETT, D. BROWN and C. NIEMANN: Arch. Biochem. **11**, 415 (1946).
13 KABAT, E. A., H. BAER, R. L. DAY and V. KNAUB: J. exp. Med. **91**, 433 (1950).

A-Agglutinin wird auch von dem gonadotropen Hormon[1] und von mehreren bakteriellen Polysaccharid-Antigenen (s. unten) gebunden. Die Blutgruppensubstanzen werden durch spezifische *Blutgruppenenzyme* zerstört. Solche Enzyme wurden in sterilen Stuhlfiltraten gefunden.

Neben den Blutgruppensubstanzen A, B und 0 (H) enthalten menschliche Erythrocyten noch die Substanzen M, N und Rh. Die Substanzen M und N sind vermutlich auch Glucoproteide, denn sie liefern beim Kochen reduzierende Substanzen[2, 3]. Der Rh-Faktor wurde von LANDSTEINER und WIENER[4] entdeckt. Er reagiert mit Immunseren, die durch Injektion von Erythrocyten vom Rhesus-Affen an Kaninchen gewonnen werden. Auch Rh-negative Menschen bilden Antikörper gegen den Rh-Faktor. Erythroblastosis fetalis und andere Blutungen menschlicher Feten und Neugeborenen werden darauf zurückgeführt, daß der Rh-Faktor Rh-positiver Feten auf Rh-negative Mütter übergeht und dort zur Bildung von Anti-Rh führt; Diffusion von Anti-Rh von Mutter zu Fetus bewirkt in letzterem Hämolyse[5]. Eine genauere genetische Analyse ergab das Vorliegen von zahlreichen verschiedenen Rh-Allelomorphen[6, 7]. Der Rh-Faktor findet sich im Blut von etwa 85% aller Menschen der weißen Rasse[7]. Beim Versuch, den Rh-Faktor aus dem Stroma der Erythrocyten darzustellen, wurde eine bei p_H 7—8 fällbare, Elinin genannte Substanz erhalten; sie enthält 40—50% Lipoide und gibt die Reaktionen des Rh-Faktors[8].

β) Andere Kohlenhydratantigene[9].

Injiziert man Kaninchen einen Brei von Meerschweinchenorganen, so bilden sie Antikörper, welche imstande sind, Schafblutkörperchen zu hämolysieren (FORSSMAN). Das FORSSMAN*sche heterogenetische Antigen* findet sich auch in Organen von Menschen der Blutgruppe A, ferner in den Organen von Katze, Hund, Schaf, Pferd, Affe, aber nicht in jenen von Schwein, Rind, Ratte, Kaninchen. Das durch Extraktion gewonnene und gereinigte FORSSMANsche Hapten enthält 30% Kohlenhydrate (als Glucose berechnet), davon 8,5% Aminozucker, vor allem Chondrosamin; es ist frei von Eiweiß, enthält jedoch Lignocerinsäure und andere Lipoide. Das Molekulargewicht des FORSSMANschen Haptens ist ungefähr 1000; es enthält 0,1% P und 2,9% N[10, 11].

Den menschlichen Blutgruppenfaktoren A, B und 0 steht ein aus Pneumokokken des Typus XIV gewonnenes Polysaccharid nahe[12, 13]. Es enthält 44,4% C, 6,8% H, 5% N, 9,0% Acetyl, 74% reduzierende Zucker, davon 62% Aminozucker; $[\alpha]_D = +12{,}50$[14]. Die *Kohlenhydratantigene der Pneumokokken* gehören zu den am besten untersuchten Antigenen. Zu ihrer Darstellung wird die Bouillonkultur der Pneumokokken zunächst im Vakuum oder durch Ultrafiltration eingeengt, dann das Antigen durch Äthyl- oder Propylalkohol aus essigsaurer Lösung gefällt. Die wäßrige Lösung des Antigens wird durch Schütteln mit Chloroform (nach SEVAG) von Eiweiß befreit[15]. Die Zusammensetzung einiger Pneumokokkenantigene geht aus der folgenden Zusammenstellung hervor[12, 16]:

[1] BUSSARD, A., et A. EYQUEM: Ann. Inst. Pasteur **73**, 1194 (1948).
[2] HOHORST, H. J.: Z. Hyg. **139**, 561 (1954).
[3] SCHMIDT, H.: Med. u. Chem. **4**, 420 (1942).
[4] LANDSTEINER, K., and A. WIENER: J. exp. Med. **74**, 309 (1941).
[5] LEVINE, P., E. KATZIN and L. BURNHAM: J. amer. med. Ass. **116**, 285 (1941).
[6] RACE, R. R., A. E. MOURANT and S. CALLENDER: Nature **157**, 410 (1946).
[7] WIENER, A.: This Month in American Med. (January 1947).
[8] CALVIN, M., R. S. EVANS, V. BEHRENDT and G. CALVIN: Proc. Soc. exp. Biol. Med. **61**, 416 (1946).
[9] SCHMIDT, H.: Fortschritte der Serologie. 2. Aufl. Darmstadt (1950/1955).
[10] PAPIRMEISTER, B., and M. F. MALLETTE: Arch. Biochem. **57**, 94, 106 (1955).
[11] BRUNIUS, E.: On the Nature of the True Forssman Hapten. Stockholm 1936.
[12] GOEBEL, W. F., P. B. BEESON and C. L. HOAGLAND: J. biol. Ch. **129**, 455 (1939). — KABAT, E. A., A. E. BEZER and V. KNAUB: J. exp. Med. **87**, 295 (1948).
[13] WEIL, A., and E. SHERMAN: J. Immunol. **36**, 139 (1939).
[14] HOAGLAND, C. L., P. B. BEESON and W. F. GOEBEL: Science, N. Y. 88, 261 (1938).
[15] HEIDELBERGER, M., C. M. MCLEOD, H. MARKOWITZ and A. S. ROE: J. exp. Med. **64**, 559 (1936); **91**, 341 (1950). Am. Soc. **70**, 211 (1948).
[16] KABAT, E. A., and M. M. MAYER: Experimental Immunochemistry S. 519. Springfield, Ill. 1949.

Tabelle 1. *Zusammensetzung von Pneumokokkenantigenen.*

Typus	Gesamt-N (%)	Amino-N (%)	Phosphor (%)	Acetyl (%)	$[\alpha]_D$	Zucker (als Glucose) (%)
I	4,78	1,97	0,19	6,6	+267°	30
II	0,73	—	—	3,8	+ 58°	100
III	0,09	—	0,0	0,32	— 36°	84
XIV	5,0	—	—	9,0	+ 12,5°	74

Das Polysaccharid aus Pneumokokken des Typus III ist ein Polyglucosido-glucuronid [1]. Kuppelt man diazotiertes p-Aminobenzyl-cellobiuronid an Eiweiß und injiziert dieses Kaninchen, so bilden die Tiere Antikörper gegen Pneumokokken des Typus III [2]. In gleicher Weise kann man durch Injektion eines Kupplungsproduktes von Eiweiß mit p-Aminobenzylgentiobiuronid gegen Pneumokokken des Typus II immunisieren [3]. Aus diesen Versuchen geht hervor, daß die determinanten Gruppen der Kohlenhydratantigene II und III ihre Cellobiuronsäure- und Gentiobiuronsäuregruppen sind. Tatsächlich gibt mit N_2O_4 oxydierte Cellulose Kreuzreaktionen mit den Kohlenhydratantigenen der Pneumokokkentypen III und VIII [4].

Auch die *Endotoxine der Salmonella-Gruppe* sind Kohlenhydratantigene. Zur Darstellung der *O-Antigene* der glatten Varianten werden die trockenen Bakterien in der 5fachen Menge Wasser suspendiert und bei 0° mit dem gleichen Volumen eiskalter 0,5 n Trichloressigsäure geschüttelt. Nach mehreren Stunden wird zentrifugiert und das Antigen aus der Trichloressigsäurelösung durch 68%igen Alkohol gefällt [5]. Man kann die Endotoxine auch durch das zur Darstellung von Blutgruppensubstanzen angewandte Phenol-Alkoholverfahren isolieren [6]. Schließlich wurden Endotoxine auch durch Extraktion der Bakterien mit der 10fachen Menge Diäthylenglykol ($CH_2OH{-}CH_2{-}O{-}CH_2{-}CH_2OH$) gereinigt [6]. Die derart gewonnenen Endotoxine sind Kohlenhydrat-Lipoid-Eiweiß-Verbindungen, die durch Behandlung mit Formamid in ihre Komponenten gespalten werden können [6]. Das aus Shigella sonnei isolierte Antigen ist ein Phospholipomucoproteid; es enthält 11% N, 1% P, 10,7% Lipoid und 6,4% Kohlenhydrat [7, 8]. Es läßt sich an kationische, nicht an anionische Adsorbentien adsorbieren [9]. Man findet derartige Kohlenhydratantigene nur in den (glatten) smooth-Varianten der Erreger, nicht in den rauhen R-Varianten [6]. Hingegen sind die aus hochvirulenten Erregern gewonnenen Vi-Antigene sowie die O-Antigene Glucolipoproteide [10]. Es sei schließlich bemerkt, daß auch die im Agar enthaltenen Polysaccharide als Antigene wirksam sein und bei Kaninchen zur Bildung von Antikörpern führen können [11].

γ) *Eiweißantigene.*

Die meisten der löslichen Proteine sind wirksame Antigene. So erhält man präcipitierende Immunsera, wenn man Kaninchen artfremde Serumproteine, Ovalbumin, Hämoglobin, pflanzliche Proteine und auch Proteinenzyme injiziert. Die derart erhaltenen Immunseren können mit Vorteil zur Differenzierung von Proteinen, z. B. im wachsenden Hühnerembryo [12], benützt werden. Proteine nahe verwandter Arten geben häufig serologische Kreuzreaktionen; so werden Ovalbumine von Huhn und Ente sowohl durch Anti-

[1] Reeves, R. G., and W. F. Goebel: J. biol. Ch. **139**, 511 (1941).
[2] Goebel, W. F.: J. exp. Med. **69**, 353 (1939).
[3] Goebel, W. F.: J. exp. Med. **72**, 33 (1940).
[4] Heidelberger, M., and G. L. Hobby: Proc. nat. Acad. Sci. USA **28**, 516 (1942)
[5] Boivin, A., et L. Mesrobeanu: Rev. Immunol., Paris **4**, 40, 197 (1938).
[6] Morgan, W., and S. Partridge: Biochem. J. **35**, 1140 (1941); **34**, 169 (1940).
[7] Goebel, W. F., and M. A. Jesaitis: J. exp. Med. **96**, 425 (1951).
[8] Morgan, W.: Helv. **21**, 469 (1938).
[9] Dubos, R., and J. Geiger: J. exp. Med. **84**, 143 (1946).
[10] Schmidt, H.: Fortschritte der Serologie. 2. Aufl. Darmstadt (1950—1955).
[11] Glynn, L. E., and E. J. Holborow: J. Path. Bact. **64**, 775 (1952).
[12] Ebert, J. D.: Ann. N. Y. Acad. Sci. **55**, 67 (1952).

Hühnerovalbumin als auch durch Anti-Entenovalbumin präcipitiert[1]. In anderen Fällen findet man Hemmung der Präcipitinreaktion durch artfremde Proteine des gleichen Typus; die Präcipitation menschlichen Hämoglobins durch das homologe Anti-Hämoglobin wird durch Zusatz von Rinderhämoglobin gehemmt[2].

Die determinanten Gruppen der Protein-Antigene sind nicht bekannt. Der geringe Gehalt der Serumglobuline an Kohlenhydrat ist ohne Bedeutung für ihre Spezifität; das Kohlenhydrat läßt sich ohne Änderung der Spezifität entfernen[3]. Man kann eine geringe Anzahl von Azogruppen, Jodatomen oder Acetylgruppen in Serumglobulin einführen, ohne die Artspezifität zu vernichten[4]. Werden jedoch mehr als etwa 100 solcher Gruppen an das Serumglobulinmolekül gebunden, so verliert es seine serologische Spezifität[4]. Auch durch Denaturierung kann man den Antigencharakter der Proteine vernichten. Denaturiertes Ovalbumin bindet nur etwa 1—2% der von nativem Ovalbumin gebundenen Antikörper[5]. Auch durch hohe Drucke von etwa 6000 Atm[6] oder durch Ultraschallwellen[7] wird die Spezifität vieler Proteine vernichtet.

Die eben erwähnten Versuche gestatten keine Aussagen über die chemische Konstitution der determinanten Gruppen der natürlichen Proteine. Aus den Substitutionsversuchen an Serumglobulin geht jedoch hervor, daß die Artspezifität durch eine Kombination von Aminogruppen, phenolischen OH-Gruppen und vermutlich auch anderen Gruppen bedingt ist[4]. Daß die Peptidstruktur antigen wirken kann, ist durch Kupplung von Eiweiß mit Glycyl-glycin, Leucyl-leucin, Glycyl-leucin und Leucyl-glycin und durch die serologische Unterscheidung dieser 4 Peptide nachgewiesen[8]. Die Phosphorsäuregruppen von Casein und die Dijodphenolgruppen von Thyreoglobulin scheinen nicht determinant zu sein, denn Casein reagiert nicht mit Antikörpern gegen künstlich phosphorylierte Proteine[9], Thyreoglobulin nicht mit Antikörpern gegen Jodeiweiß[10]. Nucleoproteide sind im allgemeinen nicht antigen wirksam; in jenen Fällen, in denen antigene Wirkung beobachtet wurde, scheint sie durch die Eiweißkomponente bedingt zu sein[11]. Es sei schließlich erwähnt, daß man durch Erhitzen von Eiweißgemischen antigen wirkende Komplexe mit einer neuartigen Spezifität erhalten kann[12]. Im Gegensatz zu den meisten löslichen Proteinen ist Gelatine frei von antigener Wirkung. Mit Jod oder durch Azogruppen markierte Gelatine wird schnell in den Harn ausgeschieden und im Gegensatz zu den wirksamen Protein-Antigenen nicht in der Leber abgelagert[13].

Zu den Eiweißantigenen gehören auch die für die menschliche Pathologie so wichtigen bakteriellen *Exotoxine*. Im Gegensatz zu den Endotoxinen (s. oben S. 594) werden die Exotoxine von den Bakterien in die Kulturflüssigkeit sezerniert und können daher aus dem Kulturfiltrat isoliert werden. Diphtherietoxin[14, 15], Tetanustoxin[16] und Botulinustoxin[17–19] wurden in reiner, zum Teil in kristallisierter Form erhalten. Die Endotoxine sind

[1] Hooker, S., and W. C. Boyd: J. Immunol. **25**, 469 (1934).
[2] Haurowitz, F., R. Cindi u. P. Schwerin: Rev. Fac. Sci. Istanbul (A) **9**, 120 (1944).
[3] Ogston, A.: Nature **141**, 1056 (1938).
[4] Haurowitz, F., K. Sarafyan and P. Schwerin: J. Immunol. **40**, 391 (1941).
[5] Haurowitz, F., u. F. Bursa: Rev. Fac. Sci. Istanbul (B) **10**, 283 (1945).
[6] Macheboeuf, M., et J. Basset: Bull. Soc. Chim. biol. **18**, 1181 (1936).
[7] Flosdorf, E. W., and L. A. Chambers: J. Immunol. **28**, 297 (1935).
[8] Landsteiner, K., and J. van der Scheer: J. exp. Med. **55**, 781 (1932).
[9] Heidelberger, M., B. Davis and H. Treffers: Am. Soc. **63**, 498 (1941).
[10] Snapper, I., u. A. Grünbaum: Wien. klin. Wschr. **1935**, 1199.
[11] Lavin, G. I., R. H. S. Thompson and R. J. Dubos: J. biol. Ch. **125**, 75 (1938).
[12] Kleczkowski, A.: Brit. J. exp. Path. **22**, 188, 192, 208 (1941).
[13] Haurowitz, F., M. Tunca and P. Schwerin: Biochem. J. **37**, 247 (1943). — s. jedoch Maurer, P. H.: Arch. Biochem. **58**, 205 (1955).
[14] Petermann, M. L., and A. M. Pappenheimer jr.: J. physic. Chem. **45**, 1 (1941).
[15] Pillemer, L., J. Bentoff, E. Brown and I. H. Lepow: J. Immunol. **65**, 591, 599 (1950). — Pillemer, L., D. Toll and S. J. Badger: J. biol. Ch. **170**, 571 (1947).
[16] Pillemer, L., and D. Moore: J. biol. Ch. **173**, 427 (1948).
[17] Putnam, F. W., C. Lamanna and D. Sharp: J. biol. Ch. **165**, 735 (1946); **176**, 401 (1948).
[18] Kegeles, G.: Am. Soc. **68**, 1670 (1946).
[19] Abrams, A., G. Kegeles and G. A. Hottle: J. biol. Ch. **164**, 63 (1946).

im Gegensatz zu den Exotoxinen sehr labile Substanzen. Sie werden leicht durch Erwärmen zerstört.

Darstellung von Diphtherietoxin[1]. Das Kulturfiltrat wird bei p_H 7,0—7,4 und bei Temperaturen unter 35° im Vakuum auf etwa $^1/_5$ des Volumens eingeengt. Zu jedem Liter des eingeengten Filtrates werden 500 g Ammoniumsulfat zugesetzt und der Niederschlag abfiltriert. Zu dem in Wasser gelösten Niederschlag werden 0,4 Vol. gesättigter Ammoniumsulfatlösung zugesetzt. Nach Entfernung eines inaktiven Niederschlages wird das Toxin durch weiteren Zusatz von 0,7 Vol. der Ammoniumsulfatlösung gefällt. Das wieder in Wasser gelöste Präparat wird mit 0,45 Vol. gesättigter Ammoniumsulfatlösung versetzt, die Fällung entfernt, dann das Toxin durch 0,5 Vol. Ammoniumsulfatlösung gefällt. Verunreinigungen des Toxins können durch Adsorption an Tonerde-Gel entfernt werden. Zur Konservierung des Diphtherietoxins wird die wäßrige Lösung mit 1%igem Formaldehyd versetzt und 30 min bei 55° gehalten.

Da das Diphtherietoxin viel labiler ist als das homologe Antitoxin, wird Antitoxin als Standard benutzt und als Antitoxineinheit jene Menge definiert, die die für ein Meerschweinchen eben tödliche Dosis des Toxins neutralisiert. Als *Lf-Einheit des Toxins* wird jene Toxinmenge bezeichnet, die mit einer Antitoxineinheit am schnellsten Flockung herbeiführt. Versuche mit den reinen Substanzen ergeben, daß eine Toxineinheit (Lf) etwa 0,003 mg reinen Toxins entspricht, eine Antitoxineinheit etwa 0,01 mg des reinen Antitoxins[1]. Zum Nachweis bakterieller Toxine s. Beitrag VAN HEYNINGEN (S. 785ff.). Das gereinigte Diphtherietoxin ist vermutlich ein Gemisch mehrerer ähnlicher Proteine, die mit dem Antitoxin Komplexe bilden und dadurch entgiftet werden. Das Kulturfiltrat der Diphtheriebacillen enthält mehr als zwanzig derartiger Proteinantigene[2].

Die Giftwirkung der Toxine ist wahrscheinlich dadurch bedingt, daß die Toxine enzymatisch wirksam sind[3]. So wirkt Ricin, das toxische Protein der Ricinussamen, das in kristalliner Form dargestellt wurde[4], als proteolytisches Enzym auf Casein, Ovalbumin und Serumalbumin[5]. Den Toxinen sind die Pollenallergene verwandt sowie Allergene aus anderen Pflanzenteilen[6], ferner Tuberkulin aus den Tuberkelbacillen. Bei Fraktionierung mit Alkohol liefert Tuberkulin die Kohlenhydrate I und II, die Proteine A, B und C sowie ein Nucleoproteid; die Hautreaktion wird durch das Protein A hervorgerufen[7].

δ) Proteinantigene mit künstlich eingeführten determinanten Gruppen[8].

Während Methylierung, Acetylierung oder Behandlung mit Formaldehyd die Spezifität der Proteine nur wenig beeinflussen, erhält man sehr wirksame chemospezifische Antigene bei Behandlung von Eiweiß mit Halogenen. Besonders wirksam sind *Jodproteine*, deren determinante Gruppe die Dijodphenolgruppe ihrer jodierten Tyrosinmoleküle ist[9, 10]. Über die serologischen Eigenschaften der mit Salpetersäure erhaltenen Produkte (Nitroproteine, Diazoproteine) ist nicht viel bekannt[9, 11].

Eine besondere Bedeutung kommt der *Kupplung von Eiweiß mit Diazoverbindungen* zu, denn diese Reaktion läßt sich in der Kälte bei schwach alkalischer Reaktion durchführen, also unter Bedingungen, unter denen die meisten Eiweißkörper nicht denaturiert werden. Die große Bedeutung dieser Methode liegt darin, daß sich auf diesem Wege fast alle Atomgruppen an Eiweiß kuppeln lassen. Zucker, Aminosäuren, Fettsäuren, Sterine und

---

[1] PAPPENHEIMER jr., A. M., and E. S. ROBINSON: J. Immunol. **32**, 291 (1937).
[2] POPE, C. G., M. F. STEVENS, E. A. CASPARY and E. L. FENTON: Brit. J. exp. Path. **32**, 246 (1951).
[3] PUTNAM, F. W., C. LAMANNA and D. SHARP: J. biol. Ch. **165**, 735 (1946); **176**, 401 (1948).
[4] KUNITZ, M., and M. MCDONALD: J. exp. Med. **88**, 205 (1948).
[5] MOULE, Y.: Arch. Sci. physiol. **5**, 227 (1951).
[6] SPIES, J., and E. J. COULSON: Am. Soc. **65**, 1720 (1943). — s. a. J. Allergy **21**, 34 (1950).
[7] SEIBERT, F. B.: Amer. Rev. Tuberc. **59**, 86 (1949).
[8] Siehe HAUROWITZ, F.: Modifizierte Proteine; dieses Handb. Bd. IV, S. 125.
[9] WORMALL, A.: J. exp. Med. **51**, 295 (1930).
[10] HAUROWITZ, F., u. G. APPEL: Z. Immun.-Forsch. **95**, 478 (1939).
[11] EAGLE, H.: Proc. Soc. exp. Biol. Med. **34**, 39 (1936).

Steroidhormone sind mit Hilfe dieser Methode an Eiweiß gebunden und auf ihre serologische Spezifität geprüft worden. Die Zahl der von einem Eiweißmolekül gebundenen Substituenten hängt von dem Verhältnis Substituent/Eiweiß im Versuchsansatz ab und kann nach Belieben variiert werden, wie das folgende Beispiel zeigt[1].

Darstellung von Arsanil-azoglobulinen verschiedenen Gehaltes an determinanten Gruppen. Eine 5%ige Lösung von Pferdeserumglobulin wird bei 0° mit 1,5 Vol. n Sodalösung vermischt. Je 62,5 cm³ dieser Lösung werden mit fallenden Mengen Diazo-Lösung gekuppelt, und zwar die erste Probe mit 20 cm³, andere Proben mit 10 cm³, 5 cm³ und so fort bis zu 0,16 cm³ Diazo-Lösung. Zur Bereitung der Diazo-Lösung werden 5 g Atoxyl (= p-amino-phenylarsin-saures Natrium) in 60 cm³ n HCl gelöst, dann auf 2—3° gekühlt und tropfenweise mit kalter 10%iger Natriumnitrit-Lösung versetzt, bis Jodkalium-Stärkepapier einen bleibenden Überschuß an Nitrit anzeigt. Beim Kühlen etwa ausgefallene Aminophenylarsinsäure geht als Diazoverbindung vollkommen in Lösung. Die Diazolösung wird mit eiskaltem Wasser auf 100 cm³ verdünnt, dann zu der sodaalkalischen Globulinlösung unter Rühren zugesetzt. Eine braunrote Färbung zeigt die Bildung des Azoproteins an. Nach etwa 1—2 Std Aufenthalt im Eisschrank wird mit verdünnter Essigsäure neutralisiert und gegen destilliertes Wasser dialysiert. Die Proben Nr. 1, 2 und 3 lassen sich durch Ansäuern fällen und auf diese Weise reinigen. Die an Phenylarsinsäuregruppen ärmeren Präparate 5—8 können durch Ammoniumsulfat ausgesalzen und gereinigt werden. Die in einem solchen Versuch erhaltenen Azoproteine Nr. 1—8 enthielten zwischen 190 und 2 Azophenylarsinsäuregruppen je Globulinmolekül (Mol.-Gew. 175000).

Um Zucker an Eiweiß zu binden, veräthert man die Zucker zunächst mit p-Nitrophenylbromid, reduziert die Nitrogruppe durch Dithionit, $Na_2S_2O_4$, zur Aminogruppe, diazotiert und kuppelt an Eiweiß[2-4]. In analoger Weise werden Steroide, Peptide, Aminosäuren und andere Substanzen mit p-Nitrobenzoesäure acyliert, reduziert und die p-Aminobenzoylester diazotiert und mit Eiweiß gekuppelt[5, 6]. Wendet man weniger als die maximale Menge eines Substituenten an, so kann man zwei oder drei verschiedene Substituenten an ein Proteinmolekül kuppeln[7]. Kuppelt man Diazoverbindungen an die Stromata der roten Blutkörperchen, so werden unlösliche Azostromata erhalten, die als spezifische Adsorbentien für homologe Antikörper sehr geeignet sind[8].

Nicht nur Diazoverbindungen lassen sich an Eiweiß kuppeln. Wirksame Antigene mit chemospezifischen Gruppen sind auch durch die Kupplung von Proteinen mit Arylisocyanaten[9], Säureaziden[10], Oxazolonen[11] und anderen Verbindungen erhalten worden. Derart substituierte Proteine sind an anderer Stelle in diesem Handbuch beschrieben[12].

ε) *Lokalisierung von Antigenen im Organismus.*

Chemisch markierte Antigene lassen sich im Organismus durch chemische Analyse bestimmen, wenn das zur Markierung angewandte Element körperfremd ist. So läßt sich die Verteilung eines Arsanilazoproteins im Organismus durch Arsenbestimmung in den Organen ermitteln[13]. Intensiv gefärbte Azoproteine können auch mikroskopisch im

[1] HAUROWITZ, F.: H. **245**, 23 (1936).
[2] LANDSTEINER, K., and J. VAN DER SCHEER: J. exp. Med. **59**, 751 (1934); **50**, 407 (1929).
[3] WESTPHAL, O., K. MAURER u. H. SCHMIDT: H. **282**, 127 (1949).
[4] AVERY, O., and W. F. GOEBEL: J. exp. Med. **50**, 533; **54**, 818 (1929).
[5] GROB, C. A., u. W. A. GOLDBERG: Helv. **32**, 172ff. (1949).
[6] LANDSTEINER, K., and J. VAN DER SCHEER: J. exp. Med. **59**, 769 (1934); **69**, 705 (1939).
[7] HAUROWITZ, F., and P. SCHWERIN: J. Immunol. **47**, 111 (1944).
[8] LANDSTEINER, K., and J. VAN DER SCHEER: J. exp. Med. **63**, 325 (1936).
[9] HOPKINS, S. J., and A. WORMALL: Biochem. J. **27**, 740 (1933).
[10] CLUTTON, R. F., C. R. HARINGTON and M. E. YUILL: Biochem. J. **32**, 1111, 1119 (1938).
[11] LETTRÉ, H., u. R. HAAS: H. **266**, 31, 37 (1940).
[12] Siehe HAUROWITZ, F.: Modifizierte Proteine; dieses Handb. Bd. IV, S. 125.
[13] HAUROWITZ, F., u. F. BREINL: H. **205**, 259 (1932).

Gewebe nachgewiesen werden[1]. Untersuchungen dieser Art geben jedoch nur über das Schicksal stark substituierter Proteinantigene Auskunft; sie können begreiflicherweise nicht auf die nativen, unsubstituierten Proteine angewandt werden. In den letzten Jahren ist in dieser Hinsicht durch Einführung radioaktiver Isotope Abhilfe geschaffen worden. Substituiert man native Proteine durch Spuren eines radioaktiven Isotopen, so daß nicht mehr als 1—2 Substituenten je Eiweißmolekül eingeführt werden, so wird die serologische Spezifität des nativen Proteins nicht geändert. Antikörper gegen das native Protein können dieses nicht von dem durch Spuren von ^{131}J oder durch Spuren von diazotierter radioaktiver Sulfanilsäure substituierten Protein unterscheiden[2, 3]. Man kann auch das zu injizierende Antigen durch Kupplung mit kleinen Mengen von Fluoresceinisocyanat markieren und seine Ablagerung in den Organen unter dem Fluorescenzmikroskop verfolgen[4]. Eine andere Nachweismethode beruht auf der Lokalisierung des Antigens in Gewebsschnitten mittels fluorescierender Antikörper[5].

Die zur Markierung verwendeten Gruppen haften mehr oder weniger fest am Protein. Die radioaktiven Isotopen gestatten quantitative Bestimmung des injizierten Antigens durch Messung der Radioaktivität. Untersuchungen dieser Art zeigen, daß stark substituierte Jod- und Azoproteine schnell aus der Blutbahn verschwinden, in den Organen des reticuloendothelialen Systems abgelagert werden und dort monatelang liegenbleiben[6–9]. Im Gegensatz zu diesen stark modifizierten Proteinen werden die nur durch Spuren von Isotopen substituierten, nativen Proteine nur langsam aus der Blutbahn eliminiert und in den Organen abgelagert[10, 11]. Während die stark modifizierten Proteine vorwiegend in den Mitochondrien und Mikrosomen der Milz und Leber konzentriert werden, zeigen die nativen Proteine gleichmäßige Verteilung zwischen den subcellulären Fraktionen dieser Organe[6, 11].

Untersuchungen dieser Art beruhen auf der Annahme, daß das Schicksal des radioaktiven Markierers mit jenem des injizierten Proteins identisch ist. Obwohl dies für das im Blut zirkulierende injizierte Antigen kurz nach Injektion gelten mag, ist eine solche Annahme in langfristigen Versuchen nicht gerechtfertigt. Untersuchungen mit doppelt markierten Antigenen, welche „äußerlich" durch ^{131}J und „innerlich" durch ^{35}S-Aminosäuren markiert waren, zeigen, daß in den Organen ^{131}J oder jodhaltige Fragmente des Antigens abgespalten werden, so daß das Verhältnis ^{35}S/^{131}J schnell ansteigt[12]. Es ist jedoch fraglich, ob der innere Markierer, d. h. die ^{35}S-haltige Aminosäure, als verläßlich angesehen werden darf, denn ein Teil der ^{35}S-Aktivität der Organe mag auf Einverleibung von ^{35}S-Aminosäuren in die Organproteine beruhen[12]. In langfristigen Versuchen ist es empfehlenswert, ^{14}C als Markierer zu verwenden, da dessen Halbwertszeit mehr als 5000 Jahre beträgt. „Äußere" Markierung läßt sich durch Verwendung von diazotierter ^{14}C-Anthranilsäure erzielen[13], innere Markierung durch ^{14}C-Aminosäuren. Die ^{14}C-Anthranilazogruppe haftet am Eiweiß viel fester als ^{131}J[14]. Die scheinbare Umsatzgeschwindigkeit von ^{131}J-Serumalbumin ist viel höher als jene von innerlich markiertem ^{14}C-Serumalbumin[15].

---

[1] Sabin, F. R.: J. exp. Med. **70**, 67 (1939).
[2] Knox, W. C., and F. C. Endicott: J. Immunol. **65**, 523 (1950).
[3] Eisen, H. N., and A. S. Keston: J. Immunol. **63**, 71 (1949).
[4] Schiller, A. A., R. W. Schayer and E. L. Hess: J. gen. Physiol. **36**, 489 (1953).
[5] Coons, A. H., M. H. Kaplan and H. W. Deane: J. exp. Med. **91**, 1, 15 (1950).
[6] Haurowitz, F., and C. F. Crampton: J. Immunol. **68**, 73 (1951).
[7] Haurowitz, F., and H. Walter: Proc. Soc. exp. Biol. Med. **88**, 67 (1955).
[8] Ingraham, J. S.: J. infect. Dis. **89**, 109, 114 (1951).
[9] McMaster, P. D., E. Sturm and J. L. Edwards: J. exp. Med. **100**, 341 (1954).
[10] Warren, S., and F. S. Dixon: Amer. J. med. Sci. **216**, 136 (1948). — Dixon, F. J., S. C. Bukantz and G. J. Dammin: Science, N. Y. **113**, 274 (1951).
[11] Crampton, C. F., H. H. Reller and F. Haurowitz: J. Immunol. **71**, 319 (1953).
[12] Friedberg, W., H. Walter and F. Haurowitz: J. Immunol. **75**, 315 (1955).
[13] Crampton, C. F., H. H. Reller and F. Haurowitz: Proc. Soc. exp. Biol. Med. **80**, 448 (1952).
[14] Haurowitz, F., u. H. Walter: Unveröffentlichte Versuche.
[15] Masouredis, S. P., and M. L. Beeckmans: Proc. Soc. exp. Biol. Med. **89**, 398 (1955).

Es sei schließlich bemerkt, daß die radioaktiven Antigene im histologischen Schnitt auch durch Autoradiographie nachgewiesen werden können[1, 2].

d) Antikörper.

α) *Natur der Antikörper.*

Die Antikörper des Blutplasmas werden stets in dessen Globulinfraktion gefunden. Während früher angenommen wurde, daß die Antikörper als Spurensubstanzen den Globulinen anhaften, ist es heute klar, daß die *Antikörper selbst Globuline sind.* Das in den Bildungsstätten der Serumglobuline abgelagerte Antigen stört die Bildung normaler Serumglobuline derart, daß an ihrer Stelle abnorme Globuline entstehen, die der determinanten Gruppe des Antigens komplementär angepaßt sind; dies sind die Antikörper[3–6].

Der Gehalt der Antikörper an Aminosäuren ist nicht von jenem der normalen Serumglobuline verschieden; die Reihenfolge der Aminosäuren in der terminalen Peptidkette von normalen γ-Globulinen und von Antikörpern gegen Ovalbumin ist gleich; sie besteht aus Alanyl-leucyl-valyl-aspartyl-prolyl-glutaminsäure; die terminale freie Aminogruppe wird von Alanin gebildet[7, 8]. Antikörper unterscheiden sich vermutlich von den normalen γ-Globulinen des Serums durch ihre Konstellation, d. h. durch die Faltung der Peptidketten im globulären Molekül[6, 9]. Auf diese Weise kommt offenbar die Anpassung an die determinanten Gruppen des Antigens zustande.

Die Menge des gebildeten Antikörpers ist im allgemeinen ein Vielfaches des injizierten Antigens. Injektion von 16,2 mg Kohlenhydrat-Antigen aus Shiga-Bacillen an ein Pferd führte zur Bildung von mindestens 41 g Antikörper[10]. Da jedes Antigenmolekül zur Bildung zahlreicher Antikörpermoleküle Anlaß gibt, kann die Spezifität der Antikörper nicht auf Einbau des Antigens in das Antikörpermolekül beruhen. Tatsächlich sind Antikörper gegen Jodproteine, Bromproteine, Casein und Arsanil-azoprotein frei von Jod, Brom, Phosphor und Arsen[11].

Die Bezeichnung Antikörper wird zumeist nur für die *löslichen Antikörper* des Blutserums verwendet. Zweifellos ist jedoch ein Teil der mit dem Antigen reagierenden Substanzen an die Zellstruktur verankert; dies wird vor allem durch die Immunitätsreaktion glatter Muskeln der sensibilisierten Tiere bewiesen. Man nennt die *zellgebundenen Antikörper*[9] gelegentlich sessile Antikörper[12] oder auch Desmoantikörper im Gegensatz zu den gelösten Lyoantikörpern[13].

β) *Darstellung der Antikörper.*

1. Unspezifische Methoden[14]. Da die Antikörper in bestimmten Fraktionen der Serumglobuline enthalten sind, bedeutet die Isolierung dieser Fraktionen aus Immunseren gleichzeitig Isolierung der Antikörper. Bei der *Alkoholfraktionierung*[15] finden sich die Antikörper in der Fraktion II + III, die bei —5° und p_H 7 durch 25% Alkohol gefällt

[1] PRESSMAN, D., H. N. EISEN and M. SIEGEL: J. Immunol. **65**, 559 (1950).
[2] HAUROWITZ, F., R. H. SHELLHAMER, M. DICKS, E. S. BROWN and H. F. CHENG: Fed. Proc. **14**, 465 (1955) — CHENG, H. F.: Ph. D. Thesis, Indiana University 1956.
[3] BREINL, F., F. HAUROWITZ: H. **192**, 45 (1930).
[4] MUDD, S.: J. Immunol. **23**, 423 (1932).
[5] ALEXANDER, J.: Protoplasma, Berlin **14**, 302 (1932).
[6] PAULING, L.: Am. Soc. **62**, 2643 (1940).
[7] PORTER, R. R.: Biochem. J. **46**, 473 (1950).
[8] SMITH, E. L., M. L. MCFADDEN, A. STOCKELL and V. BUETTNER-JANUSCH: J. biol. Ch. **214**, 185, 197 (1955).
[9] HAUROWITZ, F.: Biol. Reviews **27**, 247 (1952).
[10] MORGAN, W.: Biochem. J. **31**, 2003 (1937).
[11] HAUROWITZ, F., M. VARDAR and P. SCHWERIN: J. Immunol. **43**, 327 (1942).
[12] STEFFEN, C.: Kli. Wo. **1955**, 134.
[13] RONDONI, P.: Wien. med. Wschr. **1937**, No. 44.
[14] WILLIAMS, J. W.: Fortschr. Chem. org. Naturstoffe **7**, 240 (1950).
[15] ONCLEY, J. L., M. MELIN, D. A. RICHERT, J. W. CAMERON and P. M. GROSS jr.: Am. Soc. **71**, 541 (1949).

wird; durch Lösen in wenig Wasser, Ansäuern auf p_H 5,2 und Zusatz von Alkohol bis zu einer Konzentration von 17% wird Fraktion III gefällt, während Fraktion II gelöst bleibt; sie wird durch Erhöhung der Ionenstärke auf 0,05 gefällt. Fraktion II enthält Diphtherie-Antitoxin, komplementbindende Antikörper gegen Influenza und auch H-Agglutinine gegen Typhus. Aus Fraktion III wird durch 1% Alkohol bei p_H 5,4 und bei einer Ionenstärke von 0,08 die Fraktion III-2,3 gefällt; die überstehende Lösung (Fraktion III-1) enthält die Isoagglutinine Anti-A, Anti-B und Anti-Rh, 0-Agglutinine gegen Typhus und andere Antikörper[1]. Fraktionierung mit Methanol[2] oder mit Zinksalzen[3] ist zur Darstellung von Antikörpern ebenfalls erfolgreich angewandt worden. Eine ausführliche Beschreibung der COHNschen Methoden der Serum- und Plasmafraktionierung s. S. 35ff. und 237ff.

Auch *Aussalzung* mit Ammoniumsulfat oder Natriumsulfat kann zur Isolierung der Antikörper herangezogen werden. Die die Antikörper enthaltenden γ-Globuline werden durch $^1/_3$-Sättigung mit Ammoniumsulfat bei Zimmertemperatur gefällt. Antikörper gegen Pneumokokken-Antigene lassen sich aus Kaninchenserum durch Halbsättigung mit Natriumsulfat bei 35—38° ausfällen[4]. Aus Pferdeserum wurden durch Fraktionierung mit Ammoniumsulfat kristallisierte Antikörper gegen Pneumokokken erhalten[5].

Trennt man durch *Dialyse* die in salzfreiem Wasser unlöslichen Euglobuline von den löslichen Pseudoglobulinen, so findet man die Präcipitine meist in der Pseudoglobulinfraktion, während agglutinierende Antikörper zumeist in der Euglobulinfraktion auftreten[6, 7]. Antikörper gegen Pneumokokken werden durch Eingießen von Pferde-Immunserum in das 20fache Volumen kalten Wassers gefällt; um die Fällung zu vervollständigen, setzt man 2 cm^3 m Phosphatpuffer p_H 6,8 für jeden Liter Wasser zu[8].

Häufig wird die Dialyse mit Aussalzung kombiniert. So wird *Diphtherie-Antitoxin* durch Mischen von 900 cm^3 Antiserum mit 450 cm^3 Wasser und Zusatz von 1350 cm^3 gesättigter Ammoniumsulfatlösung gefällt; der Globulinniederschlag wird gegen Wasser dialysiert, unlösliches Euglobulin entfernt und die Lösung der Pseudoglobuline mit dem halben Volumen gesättigter Ammoniumsulfatlösung (= $^1/_3$-Sättigung) gefällt. Die Fällung enthält etwa $^1/_5$ der Antitoxine. Die Hauptmenge der Antitoxine wird aus der überstehenden Lösung durch Zusatz von Ammoniumsulfat zur Halbsättigung gefällt. Die Fällung wird gegen destilliertes Wasser dialysiert und das unlösliche Euglobulin verworfen. Etwa $^1/_3$ der Pseudoglobuline entfällt auf Antitoxin[9].

Da der isoelektrische Punkt der die Antikörper enthaltenden γ-Globuline bei höherem p_H liegt als jener der Albumine und der α- und β-Globuline, können Antikörper auch durch Elektrophorese gereinigt werden[10]. Mehrere Antikörper wurden auch durch „electrophoresis-convection", d. h. durch Kombination von Elektrophorese mit gleichzeitiger Diffusion senkrecht zur elektrophoretischen Wanderungsrichtung, erfolgreich fraktioniert[11]. Es sei schließlich erwähnt, daß sich Antikörper auch durch Verteilungschromatographie mit K-phosphatpuffer und Cellosolve bei —3° reinigen lassen[12].

2. Spezifische Methoden zur Darstellung von Antikörpern. Diese Methoden bestehen aus 2 Teilreaktionen; die erste derselben ist die spezifische Präcipitation des Antikörpers durch das homologe Antigen; die zweite Teilreaktion ist die Abspaltung des Antikörpers aus dem Präcipitat durch geeignete Maßnahmen. Es ist ein großer Vorteil dieser Methoden

[1] ONCLEY, J. L., M. MELIN, D. A. RICHERT, J. W. CAMERON and P. M. GROSS jr.: Am. Soc. **71**, 541 (1949).
[2] WITTLER, R. G., and L. PILLEMER: J. Immunol. **62**, 463 (1949).
[3] ISLIKER, H. C., and H. N. ANTONIADES: Am. Soc. **77**, 5863 (1955).
[4] HEIDELBERGER, M., J. C. TURNER and C. M. SOO HOO: Proc. Soc. exp. Biol. Med. **37**, 734 (1939).
[5] NORTHROP, J., and W. F. GOEBEL: J. gen. Physiol. **32**, 705 (1949).
[6] HAUROWITZ, F., u. P. TANASOGLU: Istanbul Seririyati **26**, 63 (1944).
[7] SANDOR, G., et L. CEDDAHA: Bull. Soc. Chim. biol. **31**, 1005 (1949).
[8] FELTON, L. D.: J. infect. Dis. **37**, 199 (1925); **42**, 248 (1928).
[9] PAPPENHEIMER jr., A. M., H. P. LUNDGREN and J. W. WILLIAMS: J. exp. Med. **71**, 247 (1940).
[10] TISELIUS, A.: J. exp. Med. **65**, 641 (1937).
[11] LOVELESS, M. H., and J. R. CANN: Science, N. Y. **117**, 105 (1953).
[12] PORTER, R. R.: Biochem. J. **59**, 405 (1955).

gegenüber den unspezifischen Methoden, daß der Antikörper durch die spezifische Präcipitation nicht nur von den inaktiven Globulinen, sondern auch von allen anderen Antikörpern des Immunserums abgetrennt wird. Diesem Vorteil steht als Nachteil die geringe Ausbeute an Antikörpern entgegen. Ein beträchtlicher Teil des Antikörpers wird durch die zur Abspaltung vom Antigen nötigen Maßnahmen zerstört. Man wird daher die spezifischen Darstellungsmethoden dann anwenden, wenn die Reinheit des Antikörperpräparates wichtiger ist als dessen Ausbeute.

Antikörper gegen Pneumokokken-Polysaccharide werden durch Behandlung des Präcipitates mit Barytwasser[1] oder mit 10—20%iger Kochsalzlösung[2] dargestellt. In beiden Fällen geht der Antikörper in Lösung, während das Kohlenhydrat-Antigen mit einem Teil des Antikörpers ungelöst bleibt. Zur Präcipitation wendet man einen kleinen Überschuß an Immunserum an; das aus 100 cm³ Immunserum erhaltene Präcipitat wird auf der Zentrifuge 3mal mit 1% Kochsalzlösung gewaschen, dann in 30 cm³ 15%iger NaCl-Lösung suspendiert und nach Zusatz von 1 Tropfen Toluol 1 Std bei 37° gehalten; die abzentrifugierte Fällung wird nochmals mit 15 cm³ der konzentrierten Kochsalzlösung behandelt. Die vereinigten Extrakte werden gegen 0,9% NaCl-Lösung dialysiert. Weitere Mengen Antikörper lassen sich aus dem mit Kochsalzlösung erschöpften Präcipitat durch Zusatz der zur Lösung eben nötigen Menge gesättigter Barytlauge und Fällung des Antigens mit 10% Bariumchloridlösung erhalten. Die gesamte Ausbeute an Antikörper beträgt etwa 30% des ursprünglich vorhandenen Antikörpers. 80—100% des erhaltenen Proteins werden durch das Kohlenhydratantigen präcipitiert[3, 4].

Ein ähnliches Verfahren läßt sich zur Darstellung der Antikörper aus den bei *luetischen Seren* erhaltenen Flocken anwenden. Auch aus agglutinierten Pneumokokken lassen sich Antikörper durch Einwirkung von 15%iger Kochsalzlösung abspalten. Antikörper gegen Typhusbacillen wurden *aus den agglutinierten Bakterien* durch Erwärmen[5] oder durch Ansäuern[6] auf p_H 2 abgespalten. Durch das letztere Verfahren konnten auch Antikörper gegen Dysenterie und gegen Friedländer-Bacillen von den agglutinierten Erregern abgespalten werden[6].

Antikörper gegen Azoproteine lassen sich aus dem unlöslichen Antigen-Antikörper-Komplex durch 5% NaCl enthaltende 0,05 bis 0,5 n HCl abspalten. Um Denaturierung durch die Säure zu vermeiden, muß bei 0° gearbeitet und der saure Ansatz schnell zentrifugiert und neutralisiert werden. Durch Wiederholung der Präcipitationen und der Säurebehandlung erhält man eine Proteinfraktion, die mindestens 90% präcipitierenden Antikörper enthält[7]. Antikörper gegen Arsanilazoeiweiß können auch mit dem aus Resorcin und 3 Molekülen diazotierter Arsanilsäure gebildeten Azofarbstoff präcipitiert werden; durch Natriumarsanilat wird das Präcipitat gelöst; der Farbstoff läßt sich durch Ansäuern fällen, während der Antikörper durch Zusatz von Kochsalz bis zu einer Konzentration von 4 m NaCl aus der sauren Lösung gefällt wird[8].

Antikörper gegen native Proteine können durch keine dieser Methoden dargestellt werden, da in diesem Fall Antigen und Antikörper Proteine sind und Einwirkung von Säuren, Basen oder Salzen auf das Präcipitat entweder beide Komponenten oder keine derselben löst. Diese Schwierigkeit läßt sich dadurch umgehen, daß man die Antikörper mit einem chemisch veränderten Antigenprotein präcipitiert. So läßt sich Antiovalbumin nicht nur durch Ovalbumin präcipitieren, sondern auch durch Azo-ovalbumin, sofern dieses nur eine geringe Anzahl von Azogruppen enthält[9]. Aus dem Präcipitat kann der

[1] Felton, L.: J. Immunol. **22**, 453 (1932).
[2] Heidelberger, M., and F. E. Kendall: J. exp. Med. **64**, 161 (1936).
[3] Heidelberger, M., and E. A. Kabat: J. exp. Med. **67**, 181 (1938).
[4] Kabat, E. A., and M. M. Mayer: Experimental Immunochemistry. S. 519. Springfield, Ill. 1949.
[5] Jenkins, C. E.: Brit. J. exp. Path. **27**, 111 (1946).
[6] Lee, K., and H. Wu: Chin. J. Physiol. **17**, 1, 19 (1949).
[7] Haurowitz, F., S. Tekman, M. Bilen and P. Schwerin: Biochem. J. **41**, 403 (1947).
[8] Campbell, D. H., R. H. Blaker and A. B. Pardee: Am. Soc. **70**, 2339 (1948).
[9] Haurowitz, F., L. Etili et S. Tunc: Bull. Soc. Chim. biol. **30**, 220 (1948).

Antikörper in der oben angegebenen Weise mit salzsaurer 5%iger Kochsalzlösung extrahiert werden[1]. Bessere Ausbeuten werden erhalten, wenn man das Präcipitat in Kalkwasser löst und das Antigen durch Calcium-aluminat fällt[2]. In gleicher Weise lassen sich Antikörper gegen Serumglobulin an Azoserumglobulin binden und reinigen[1]. Ist das Antigen sehr labil, so kann man auch versuchen, es zu denaturieren und dann den gegen Denaturierung beständigeren Antikörper davon abtrennen. Auf diese Weise läßt sich Antiovalbumin von Ovalbumin trennen; die Denaturierung wird durch Lösen des Präcipitates in 0,2 n NaOH bewirkt; aus dem neutralisierten Ansatz fällt denaturiertes Ovalbumin aus, während ein Teil der Antikörper nativ in Lösung bleibt[3]. In den letzten Jahren sind auch Versuche gemacht worden, das Antigen an eine Adsorptionssäule zu binden, dann den Antikörper aus dem Immunserum spezifisch an das adsorbierte Antigen zu fixieren und schließlich den Antikörper mit einem geeigneten Lösungsmittel zu eluieren. So wurden lösliche Serumproteine an Cellulose[4], an diazotierte Aminobenzylcellulose[5] oder an ein Adsorbens mit Säurechloridgruppen[6] gebunden und durch das derart gebundene Antigen der Antikörper aus dem Immunserum adsorbiert; aus dem gewaschenen Adsorbat, das frei von anderen Proteinen des Immunserums ist, werden die Antikörper durch Ansäuern auf p_H 3,2 abgespalten. Es sei schließlich erwähnt, daß sich Antikörper auch in vivo reinigen lassen. So wird ein durch Injektion von Rattenniere erhaltenes Kaninchenserum, das Antikörper gegen Rattenniere enthält, einer Ratte injiziert; die Hauptmenge des Antikörpers wird von der Niere gebunden und kann aus der isolierten Niere durch Perfusion mit verdünntem Alkali oder durch Erwärmen abgespalten werden[7]. Antiazoproteine, die den Endothelien der Lebergefäße anhaften, können durch Perfusion mit sauren Lösungen, p_H 2,5, abgespalten werden[8].

Bei der Darstellung reiner *Antitoxine* wird von ihrer hohen Resistenz gegen proteolytische Enzyme Gebrauch gemacht. Diphtherie-Antitoxin läßt sich aus Toxin-Antitoxin-Flocken durch Behandlung mit Trypsin bei p_H 3,5—3,7 isolieren; das Toxin wird dabei zerstört, das Antitoxin durch Fraktionierung mit Ammoniumsulfat gereinigt. Ein Teil des Antitoxins wird dabei in Kristallen erhalten[9,10]. Auch halbstündige Behandlung mit Pepsin bei p_H 3,2 wurde zur Reinigung des Diphtherietoxins angewandt[11].

γ) Eigenschaften der Antikörper.

Als Globuline werden die Antikörper durch Halbsättigung mit Ammoniumsulfat gefällt. Antikörper, die der *γ-Fraktion* der Serumglobuline angehören, fallen bereits bei $^1/_3$-Sättigung mit Ammoniumsulfat aus. Im Elektrophoreseversuch wandern die Antikörper mit den β- und γ-Globulinen, deren isoelektrische Punkte etwa bei p_H 5,1 und 6,0 liegen, oder mit einer besonderen *T-Fraktion* der Globuline, deren isoelektrischer Punkt zwischen jenem der β- und γ-Fraktion liegt[12]. Antikörper vom T-Globulintypus wurden in syphilitischen Seren[13] und in Antipneumokokkenseren des Pferdes gefunden. Bei Immunisierung steigt der Gehalt des Serums an γ- und an T-Globulin an[14].

Das *Molekulargewicht* der Antikörper vom Menschen, Affen und Kaninchen ist etwa 150000—200000, während jenes der Antikörper vom Pferd, Rind und Schwein etwa 900000 ist[15]. Es ist bemerkenswert, daß das Pferd beide Antikörpertypen erzeugen kann

[1] Haurowitz, F., L. Etili et S. Tunc: Bull. Soc. Chim. biol. **30**, 220 (1948).
[2] Sternberger, L. A., and D. Pressman: J. Immunol. **65**, 65 (1950).
[3] Liu, S., and H. Wu: Chin. J. Physiol. **13**, 437 (1938).
[4] Talmage, D. W., H. R. Baker and W. Akeson: J. infect. Dis. **94**, 199 (1954).
[5] Campbell, D. H., E. Luescher and L. S. Lerman: Proc. nat. Acad. Sci. USA **37**, 575 (1951).
[6] Isliker, H. C.: Ann. N. Y. Acad. Sci. **57**, 225 (1953).
[7] Pressman, D., and B. Sherman: J. Immunol. **67**, 15, 21 (1951); **71**, 1 (1953).
[8] Garvey, J. S., and D. H. Campbell: J. Immunol. **72**, 131 (1954).
[9] Northrop, J., and W. F. Goebel: J. gen. Physiol. **25**, 465 (1942).
[10] Bourdillon, J.: Arch. Biochem. **8**, 37 (1945).
[11] Harms, A. J.: Biochem. J. **42**, 390 (1948).
[12] Tiselius, A., and E. A. Kabat: J. exp. Med. **69**, 119 (1939).
[13] Davis, B. D., D. H. Moore, E. A. Kabat and A. Harris: J. Immunol. **50**, 1 (1945).
[14] Scheer, J. van der, R. Wyckoff: Science, N. Y. **91**, 485 (1940).
[15] Kabat, E. A.: J. exp. Med. **69**, 103 (1939).

(s. Tabelle 2). Den Unterschieden im Molekulargewicht entsprechen Unterschiede im Reibungskoeffizienten, wie aus Tabelle 2 hervorgeht.

Tabelle 2. *Eigenschaften gereinigter Antikörper*[1–5].

Tierart	Antigen	Molekular-gewicht	Reibungs-koeffizient	Isoelektri-scher Punkt
Pferd . . .	Pneumococcus	920000	2,0	4,4
Rind. . . .	Pneumococcus	910000	2,0	4,8
Schwein . .	Pneumococcus	930000	2,0	5,1
Kaninchen .	Pneumococcus	157000	1,4	5,8
Mensch. . .	Pneumococcus	195000	1,5	
Kaninchen .	Ovalbumin	165000	1,6	5,8
Pferd . . .	Diphtherietoxin	184000	1,4	
Kaninchen .	Schaferythrocyten	900000		

Injiziert man einem Kaninchen Pferdeantikörper gegen Pneumokokken, so bildet das Kaninchen Antikörper gegen normales Pferdeserumglobulin. Man kann daher die Antikörper des Pferdeserums nicht von normalen Pferdeserumglobulinen unterscheiden[6]. Die spezifisch bindende Gruppe des Antikörpermoleküls ist offenbar klein und beeinflußt daher nicht die Artspezifität der Pferdeserumglobulin-Moleküle. Möglicherweise sind die normalen Serumglobuline „Autoantikörper", d. h. Globuline, deren Moleküle normalen Zellbestandteilen komplementär angepaßt sind[7, 8]. In Versuchen mit ^{15}N oder ^{13}C wurde denn auch festgestellt, daß die Bildungsgeschwindigkeit und die „Halbwertszeit" der Antikörper mit jener normaler Serumglobuline identisch oder ihr sehr ähnlich ist[9, 10].

Präcipitate, die mit Immunseren vom Kaninchen erhalten wurden, sind in einem Überschuß des Antikörpers unlöslich. Dagegen werden Präcipitate des Pferdeserums von einem Überschuß des Antikörpers zumeist gelöst[11]. Dies gilt unter anderem für die Toxin-Antitoxin-Flocken, die in einem Überschuß des Pferde-Immunserums löslich sind, aber auch für Komplexe von Ovalbumin und Pferde-Antiovalbumin. Man spricht hier von einem flockenden oder *Antitoxintypus* der Antikörper und versteht darunter Antikörper, die, im Überschuß angewandt, imstande sind, das mit ihnen erhaltene Präcipitat zu lösen. Im Gegensatz dazu werden die Antikörper des Kaninchens als Antikörper des *Präcipitintypus* bezeichnet; sie sind nicht imstande, das Präcipitat zu lösen. Pferde bilden bei intravenöser Injektion vorwiegend flockende, bei subcutaner Injektion vorwiegend präcipitierende Antikörper[12]. Es ist bemerkenswert, daß Diphtherie-Antitoxin des Pferdes, ein typischer flockender Antikörper, als präcipitierender Antikörper wirkt, wenn die übliche physiologische Salzlösung durch 20% Ammoniumsulfat ersetzt wird[13]. Auch die Antikörper des Huhnes wirken nur in hohen Salzkonzentrationen, z. B. in 8% NaCl, präcipitierend; in 0,9% NaCl ist die Präcipitierung abgeschwächt[14].

Es ist bereits oben erwähnt worden, daß Verbindungen des Antikörpers mit Haptenen löslich sind und daß Haptene die Verbindung von Antikörper mit Antigen verhindern

[1] Kabat, E. A., and M. M. Mayer: Experimental Immunochemistry. S. 519. Springfield, Ill. 1949.
[2] Kabat, E. A.: J. exp. Med. **69**, 103 (1939).
[3] Heidelberger, M., K. Pedersen and A. Tiselius: Nature **138**, 165 (1936).
[4] Heidelberger, M., and F. E. Kendall: J. exp. Med. **65**, 647 (1937).
[5] Paic, M.: Cr. **207**, 1074 (1938).
[6] Treffers, H., and M. Heidelberger: J. exp. Med. **73**, 125, 293 (1941).
[7] Tyler, A.: Physiol. Rev. **28**, 180 (1948).
[8] Boyd, W. C., and H. Bernard: J. exp. Med. **66**, 383 (1937).
[9] Schoenheimer, R., S. Ratner, D. Rittenberg and M. Heidelberger: J. biol. Ch. **144**, 541, 545 (1942).
[10] Gros, P., J. M. Dubert, S. S. Sung, J. Coursaget et M. Macheboeuf: Bull. Soc. Chim. biol. **34**, 37 (1952).
[11] Cohn, M., and A. M. Pappenheimer jr.: J. Immunol. **63**, 291 (1949).
[12] Heidelberger, M., H. Treffers and J. Freund: J. exp. Med. **86**, 77ff. (1947).
[13] Pope, C. G.: Discuss. Faraday Soc. **18**, 323 (1954).
[14] Goodman, M., H. R. Wolfe and S. Norton: J. Immunol. **66**, 225 (1951). — Munoz, J., and E. L. Becker: J. Immunol. **68**, 405 (1952).

können. Die Löslichkeit des Antigen-Antikörper-Komplexes hängt jedoch nicht nur von der Natur des Antigens oder Haptens, sondern auch von jener des Antikörpers ab. Manche Antikörper bilden stets lösliche Komplexe mit dem Antigen; im Gegensatz zu den Präcipitinen bezeichnet man solche Antikörper als *Reagine*. Gelegentlich treten solche Antikörper neben präcipitierenden oder agglutinierenden Antikörpern auf und verhindern das Auftreten sichtbarer Präcipitate oder Agglutinate. Man bezeichnet sie dann als *blockierende Antikörper*[1] oder auch als Agglutinoide, Kryptagglutinine, oder inkomplette Antikörper[2,3]. So findet man nach Injektion von Diphtherietoxoid beim Menschen 3 Typen von Antitoxinen: 1. Präcipitine, 2. Reagine, welche die Haut sensibilisieren, und 3. nichtsensibilisierende Reagine[4]. Die verschiedenen Typen lassen sich durch Elektrophorese unterscheiden[4,5].

Die inkompletten Antikörper (Reagine, blockierende Antikörper usw.) werden häufig als einwertige oder univalente Antikörper bezeichnet und den multivalenten, präcipitierenden Antikörpern gegenübergestellt. Diese Bezeichnungen sind irreführend und unzutreffend, da — wie oben erwähnt wurde — nichtpräcipitierende Antikörper durch Erhöhung der Salzkonzentration oder durch andere unspezifische Änderungen des physikalisch-chemischen Milieus in präcipitierende Antikörper umgewandelt werden können. Die Bezeichnungen univalent und multivalent sollen daher vermieden werden.

δ) *Substituierung und Markierung von Antikörpern.*

Durch Behandlung von Immunseren mit einem großen Überschuß an Formaldehyd, Jod oder Diazoverbindungen wird die Antikörpereigenschaft vernichtet. Bei vorsichtigem Zusatz geringer Mengen dieser Reagentien[6], ebenso bei vorsichtiger Acetylierung mit Keten[7], bleibt der Antikörpercharakter erhalten. Mit Fluorescein-isocyanat behandelte Antikörper wurden zum Nachweis von Antigen[8] oder von Antikörper[9] in Gewebschnitten verwendet. Besonders häufig wurde Jodierung von Antikörpern mit sehr kleinen Mengen von radioaktivem Jod angewandt; führt man nur 1—2 Atome von ^{131}J in das Antikörpermolekül ein, so nimmt die Antikörperaktivität nur unwesentlich ab[10]. Auch radioaktives p-Jodphenylsulfonylchlorid[11] und ^{35}S-Dichloräthylsulfon[12] wurden zur Markierung von Antikörpern angewandt.

Bemerkenswerterweise bewahrt Diphtherieantitoxin vom Pferd seine volle Antitoxinwirkung, wenn es durch Pepsin, Trypsin oder Papain vorsichtig gespalten wird. Das dabei erhaltene *Spalt-Antitoxin* ist ebenso wirksam wie das ursprüngliche Antitoxin, obwohl das Mol.-Gewicht von etwa 160000 auf etwa 90000 herabgesetzt ist[13]. Man kann diese Resistenz des Antitoxins gegen Enzyme benützen, um es von anderen Proteinen zu befreien.

e) Quantitative Bestimmung von Antigen und Antikörper.

α) *Der Präcipitintest als Vorprobe.*

Der in serologischen Laboratorien vielfach angewandte Präcipitintest wird in der quantitativen immunochemischen Analyse als Vorprobe benützt um zu ermitteln, welche

[1] WIENER, A. S.: Proc. Soc. exp. Biol. Med. **56**, 173 (1944).
[2] HUMMEL, K.: Die inkompletten Antikörper in der Immunbiologie. Stuttgart 1955.
[3] SCHMIDT, H.: Schweiz. Z. allg. Path. **17**, 400 (1954).
[4] KUHNS, W. J., and A. M. PAPPENHEIMER jr.: J. exp. Med. **95**, 363, 375 (1952); **99**, 577 (1954). J. Immunol. **75**, 105 (1955).
[5] LOVELESS, M. H., and J. R. CANN: J. Immunol. **74**, 329 (1955).
[6] BREINL, F., u. F. HAUROWITZ: Z. Immun.-Forsch. **77**, 176 (1932).
[7] GOLDIE, H., et A. SANDOR: C. R. Soc. Biol. **126**, 974, 977 (1937); **129**, 454 (1938).
[8] COONS, A. H., M. H. KAPLAN and H. W. DEANE: J. exp. Med. **91**, 1, 15 (1950).
[9] COONS, A. H., E. H. LEDUC and J. M. CONNOLLY:: J. exp. Med. **102**, 49 (1955).
[10] COHEN, S.: J. Immunol. **67**, 339 (1951). — MASOUREDIS, S. P., L. R. MELCHER and D. C. KOBLICK: J. Immunol. **66**, 297 (1951). — BUTEMENT, F. D. S.: Soc. **1949**, Suppl. **2**, 408.
[11] EISEN, H. N., and A. S. KESTON: Fed. Proc. **7**, 153 (1948).
[12] FRANCIS, G. E., W. MULLIGAN and A. WORMALL: Biochem. J. **60**, 363, 373 (1955).
[13] PETERMANN, M. L., and A. M. PAPPENHEIMER jr: J. physic. Chem. **45**, 1 (1941). — PETERMANN, M. L.: Am. Soc. **68**, 106 (1946).

Mengen an Antigen und Antikörper man bei der quantitativen Analyse anzusetzen hat. Eine derartige Vorprobe ist nötig, da vollkommene Präcipitation im allgemeinen nur bei einem bestimmten Verhältnis Antigen/Antikörper erzielt wird. Man vermeidet durch die Vorprobe eine unnötige Ausdehnung der Versuchsbedingungen und damit Verschwendung des meist wertvollen Antikörperpräparates. Ist der Titer des verwendeten Immunserums (Antikörperlösung) unbekannt, so setzt man am besten eine Reihe von Präcipitationsröhrchen mit folgendem Inhalt an:

Röhrchen-Nr.	1	2	3	4	5	6	7	8	9
Antigenverdünnung.	1:30	1:100	1:300	1:1000	1:3000	1:10000	—	1:30	—
Antigen (cm^3) . . .	1,0	1,0	1,0	1,0	1,0	1,0	—	1,0	—
0,9 %iges NaCl (cm^3)	—	—	—	—	—	—	1,0	0,1	1,1
Immunserum (cm^3) .	0,1	0,1	0,1	0,1	0,1	0,1	0,1	—	—

Die Präcipitationsröhrchen sind 8—10 cm lang und haben einen Innendurchmesser von 7—9 mm. Das Antigen wird mit 0,9 %iger NaCl-Lösung verdünnt. Man bringt zuerst die Antigenlösung und die NaCl-Lösung in die Röhrchen und unterschichtet dann vorsichtig (ohne aufzurühren) mit dem Immunserum. Nach $^1/_4$stündigem Aufenthalt bei 37° wird die erste Ablesung vorgenommen. Man achtet dabei auf das Zonenphänomen, d. h. auf das Auftreten einer Trübung zwischen den beiden Schichten. Die Intensität der Trübung wird durch +++, ++, +, Spur oder 0 angegeben. Man mischt dann den Inhalt der Röhrchen, indem man das obere Ende zwischen den Fingern der linken Hand hält und den Boden leicht mit dem rechten Zeigefinger oder mit einem kurzen Stück Vakuumschlauch schlägt. Die Röhrchen werden dann etwa 2 Std bei 37° und 12—24 Std im Eisschrank gehalten, dann abgelesen. Man achtet bei dieser zweiten Ablesung auf die Intensität der am Boden abgesetzten Flockung. Geringe Präcipitate lassen sich nur mit der Lupe erkennen. Man wirbelt das Präcipitat durch leichtes Schlagen des Röhrchens auf und notiert die Intensität der Trübung. Da die Präcipitation durch einen Überschuß an Antigen stets gehemmt wird, wird man maximale Präcipitation bei einer mittleren Antigenverdünnung finden, während Röhrchen 1 evtl. auch 2 zwar die Ringprobe geben, aber keine oder nur geringe Flockung im durchgemischten Ansatz. Die Röhrchen 7, 8 und 9 dürfen keine Trübung geben. Wenn in 7 oder 8 eine Trübung beobachtet wird, so empfiehlt es sich, Antigen- bzw. Antikörperlösung scharf zu zentrifugieren und den Versuch zu wiederholen.

Die eben beschriebene Anordnung gibt nur einen ungefähren Anhaltspunkt für das optimale Verhältnis zwischen Antigen und Antikörper. Man kann dieses Verhältnis genauer bestimmen, wenn man den Versuch mit näher beieinanderliegenden Verdünnungen wiederholt. Hat man z. B. bei einer Antigenverdünnung $1:10^3$ maximale Flockung beobachtet, so setzt man einen zweiten Versuch mit den Verdünnungen 1 : 125, 1 : 250, 1 : 500, 1 : 1000, 1 : 2000 und 1 : 4000 an. Ist hier die Ablesung der Flockung 0, +, +++, ++, +, Spur, so weiß man, daß das optimale Verhältnis 1 cm^3 1 : 500 Antigen je 0,1 cm^3 Immunserum ist. Man wird daher im Hauptversuch (s. S. 608) auf je 1 cm^3 Immunserum 10 cm^3 1 : 500 Antigen oder 0,2 cm^3 des 10fach verdünnten Antigens verwenden.

Hat man nicht genügend Material zur Verfügung, so kann man die Versuche in kleineren Präcipitationsröhrchen mit $^1/_2$ oder $^1/_4$ der oben angegebenen Mengen ansetzen. Da die Flockung nicht in allen Röhrchen gleich grob ist, ist es oft schwer, das Maximum der Flockung visuell zu bestimmen. Man kann diese Schwierigkeit umgehen, indem man die Flockung auf der Zentrifuge abschleudert und einen Teil der überstehenden Flüssigkeit durch Zusatz von Antigen auf freien Antikörper prüft, während ein anderer Teil durch Zusatz von Antikörper auf Antigen geprüft wird. Die zugesetzten Mengen Antigen und Antikörper müssen dabei sehr gering sein, um Überschußhemmung zu vermeiden. Man hält 12—24 Std im Eisschrank und liest dann ab. Die *Äquivalenzzone* liegt dort, wo weder Antigen noch Antikörper Trübung bewirken.

Man vermeidet die lange Versuchsdauer, wenn man nach DEAN und WEBB[1] die Geschwindigkeit der Flockung als Maß benützt. Man setzt in diesem Verfahren allen Röhrchen die gleiche Menge Immunserum zu und variiert die Antigenverdünnung wie oben angegeben. Es wird sofort gemischt und der Ansatz in ein Wasserbad (37°) gebracht, in dem eine ständige Beobachtung der Röhrchen möglich ist. Das Röhrchen, in welchem zuerst Flockung auftritt, entspricht dem optimalen Verhältnis Antigen/Antikörper (Methode der optimalen Proportionen).

Während bei allen bisher beschriebenen Verfahren die Antikörpermenge konstant gehalten wird, wird bei der quantitativen Titrierung von Antitoxinen des Pferdeserums die Antigenmenge konstant gehalten, da hier das Präcipitat durch überschüssigen Antikörper (Antitoxin) gelöst wird[2]. In einem dritten Verfahren werden sowohl Antigen- als auch Antikörpermenge variiert und als optimale Flockung jene betrachtet, bei der das Produkt Antigenmenge $\times$ Antikörpermenge am geringsten ist. Man hat dieses Verfahren als ε-Verfahren bezeichnet, im Gegensatz zum α-Verfahren (Antikörper konstant) und β-Verfahren (Antigen konstant).

Bei jedem dieser Verfahren ist darauf zu achten, daß der p_H etwa zwischen 6,5 und 8,0 liegt und daß der Salzgehalt der Lösungen etwa 0,85—1,2% NaCl ist. In Abwesenheit von Salzen tritt weder Präcipitation[3] noch auch Neutralisierung von Toxinen durch Antitoxine ein[4]. Zu hoher Salzgehalt bewirkt Dissoziation vieler Präcipitate (s. jedoch S. 603). Antigen- und Antikörperlösungen müssen vollkommen klar sein. Die Empfindlichkeit der richtig ausgeführten Präcipitinreaktion ist sehr hoch. Positive Ergebnisse werden noch von etwa 0,05 mg Antikörper und von etwa 0,001—0,005 mg Antigen gegeben. Bei mikroskopischer Ablesung kommt man mit 2—3 mm^3 Immunserum aus[5].

β) *Quantitative Analyse des Präcipitates.*

Wie im vorangehenden Abschnitt gezeigt wurde, fällt unter optimalen Bedingungen die Hauptmenge des Antigens und des Antikörpers als unlösliches Präcipitat aus. Man kann daher durch Analyse des Präcipitates die Summe von Antigen und Antikörper quantitativ bestimmen. Dies gilt jedoch nur für den Idealfall, der sich selten realisieren läßt. Man hat vor allem die folgenden störenden Umstände in Betracht zu ziehen:

1. Multiplizität der Antikörper. Wie (S. 588) erwähnt wurde, enthält das Immunserum stets ein Gemisch mehr oder weniger wirksamer Antikörper. Inkomplette Antikörper werden bei Gegenwart präcipitierender Antikörper in das Präcipitat mitgerissen, geben aber keinen Niederschlag mit dem Antigen bei Abwesenheit der präcipitierenden Antikörper. Setzt man daher einem Immunserum das Antigen fraktioniert zu und entfernt mit den ersten Präcipitaten die Antikörper, so gibt weiterer Antigenzusatz keine Fällung, obwohl die gleiche Menge Immunserum bei Zusatz des gesamten Antigens in einer Portion beträchtlich mehr Präcipitat liefert. Der Umstand, daß fraktionierter Antigenzusatz weniger Präcipitat liefert als einmaliger Antigenzusatz, ist schon lange als DANYSZ-Phänomen bekannt. Es ist aus der eben gegebenen Erklärung des DANYSZ-Phänomens klar, daß man bei fraktioniertem Zusatz des Antigens zum Immunserum nur die hochwertigen Antikörper bestimmt; will man die minderwertigen Antikörper mitbestimmen, muß man die gesamte Antigenmenge in einer Portion zusetzen. Die Gegenwart inkompletter Antikörper kann gelegentlich dadurch vorgetäuscht werden, daß die in einem Immunserum vorhandenen Antigen-Antikörpersysteme verschiedene Zonen maximaler Präcipitation haben[6]. Wenn tatsächlich inkomplette, nichtpräcipitierende Antikörper vorliegen, kann manchmal Agglutination zu ihrem Nachweis herangezogen

[1] DEAN, H., and R. WEBB: J. Path. Bact. **29**, 473 (1926).
[2] RAMON, G.: C. R. Soc. Biol. **86**, 661, 711, 813 (1922).
[3] HAUROWITZ, F.: H. **245**, 23 (1936).
[4] SCHMIDT, H.: Z. Immun.-Forsch. **87**, 197 (1930).
[5] HEYNINGEN, W. E. VAN, and G. P. GLADSTONE: Brit. J. exp. Path. **34**, 230 (1953).
[6] MARRACK, J. R.: Ann. Rep. Progr. Chem. **48**, 249 (1952).

werden. So wird nur ein Teil der Antikörper gegen Pneumokokken durch das Kapsel-Polysaccharid gefällt; ein weiterer Teil wird durch Agglutination an die Kokken gebunden[1].

2. Spezifische Hemmung und Dissoziation des Präcipitates. Wie (S. 605) erörtert wurde, wird die Präcipitation stets durch einen Überschuß an Antigen gehemmt. Man kann einen solchen Überschuß durch fraktionierten Zusatz kleiner Portionen des Antigens zum Immunserum vermeiden oder auch durch Ansetzen mehrerer Versuche mit variierten Antigenmengen. Bei Antikörpern vom Antitoxintypus (s. S. 603) hat man auch einen Überschuß an Antikörper zu vermeiden. Bei Hemmung durch blockierende Antikörper muß zu anderen Nachweismethoden gegriffen werden (s. S. 613).

Werden Antigen-Antikörper-Präcipitate mit 0,9%iger Kochsalzlösung gewaschen, so nimmt ihr Gewicht um einen kleinen Betrag ab. Man hat dies auf eine geringe Löslichkeit der Präcipitate zurückgeführt. Eine nähere Untersuchung zeigt jedoch, daß beim Waschen mit Kochsalzlösung vorwiegend oder ausschließlich Antikörper aus dem Präcipitat abgespalten wird und daß das Verhältnis Antigen/Antikörper im Präcipitat bei wiederholtem Waschen zunimmt[2]. Man hat daher unnötige Verdünnung zu vermeiden und hat das Gesamtvolumen möglichst niedrig zu halten. Durch starke Verdünnung kann unter Umständen die Menge des präcipitierten Antigens auf einen Bruchteil des in konzentrierter Lösung gefällten Antigens abnehmen[3].

3. Co-Präcipitation anderer Substanzen. Bei der Präcipitinreaktion wird Komplement (s. S. 616) in den Niederschlag mitgerissen, obwohl dies für das Zustandekommen der Fällung nicht nötig ist. Um Bindung des Komplementes zu vermeiden, wird das Immunserum inaktiviert, d. h. 30—50 min bei 56° gehalten (s. S. 614). Dabei können manche besonders empfindlichen Antikörper zerstört werden. Will man dies verhindern, so kann man das Komplement durch ein fremdes Antigen-Antikörper-System adsorbieren; so wurde einem Immunserum gegen Pneumokokken-Kohlenhydrat zunächst Ovalbumin und Anti-Ovalbumin zugesetzt, der das Komplement enthaltende Niederschlag abzentrifugiert und das überstehende Immunserum zur quantitativen Präcipitinreaktion mit Pneumokokkenantigen angesetzt[4]. Fremde Proteine werden bei der Präcipitinreaktion im allgemeinen nicht mitgerissen[5,6]. In saurer Lösung können jedoch Azoproteine mit normalen γ-Globulinen des Kaninchenserums unspezifische Fällungen geben und dadurch das Vorhandensein von Antikörpern vortäuschen[7]. Auch bei zu niedrigem oder zu hohem Salzgehalt kann es zu unspezifischen Fällungen kommen, im ersteren Fall durch die unlöslichen Euglobuline, im letzteren Fall durch Aussalzung.

4. Natürliche Antikörper und Kreuzreaktionen. Häufig findet man in normalen Seren präcipitierende Antikörper. So enthalten viele normale Kaninchensera Antikörper gegen Pneumokokken des Typus II[8]. Durch geeignete Kontrollversuche lassen sich derartige Reaktionen entdecken. Täuschungen können auch durch Kreuzreaktionen verursacht werden. So reagieren Antikörper gegen Serumalbumin vom Menschen auch mit dem Serumalbumin des Rindes; in viel stärkerem Maße reagieren Anti-Globuline mit Globulinen von Tierarten, deren Globuline nicht zur Immunisierung verwendet wurden[9]. Antikörper gegen Pneumokokken-Polysaccharid II präcipitieren auch pflanzliche Gummiarten[10,11]; Antikörper gegen Blutgruppe A reagieren auch mit Anthrax-Antigen und mit

[1] Heidelberger, M., and E. A. Kabat: J. exp. Med. **63**, 737 (1936).
[2] Haurowitz, F., C. F. Crampton and R. Sowinski: Fed. Proc. **10**, 560 (1951). — Haurowitz, F., R. Sowinski and H. F. Cheng: Am. Soc. **79**, 1882 (1957).
[3] Talmage, D. W., u. P. H. Maurer: J. infect. Dis. **92**, 288 (1953).
[4] Heidelberger, M., and M. M. Mayer: J. exp. Med. **75**, 285 (1942).
[5] Smith, F. C., and J. Marrack: Brit. J. exp. Path. **11**, 494 (1930).
[6] Haurowitz, F., u. F. Breinl: H. **214**, 111 (1933).
[7] Haurowitz, F., P. Schwerin and S. Tunc: Arch. Biochem. **11**, 515 (1946).
[8] Mu oz, J., and F. E. Holford: J. Immunol. **63**, 51 (1949).
[9] Maurer, P. H.: J. Immunol. **72**, 119 (1954).
[10] Heidelberger, M., O. T. Avery and W. F. Goebel: J. exp. Med. **49**, 847 (1929).
[11] Marrack, J., and B. R. Carpenter: Brit. J. exp. Path. **19**, 53 (1938).

dem Pneumokokkenkohlenhydrat des Typus XIV[1]. Im allgemeinen erhält man jedoch mit dem zur Immunisierung angewandten Antigen größere Mengen Präcipitat als mit heterologen Antigenen und kann auf diese Weise die Antigene voneinander unterscheiden.

Bei Berücksichtigung der unter 1.—4. angeführten Umstände kann man mit Hilfe der *quantitativen Präcipitinreaktion* sehr kleine Mengen Antigen und Antikörper präzise bestimmen. Will man das Antigen fraktioniert zusetzen, so wendet man mindestens 3—5 cm^3 Immunserum an. Man setzt zuerst etwa $^1/_3$ bis $^1/_2$ der im Vorversuch als äquivalent ermittelten Antigenmenge zu, dann je etwa 10—20% der äquivalenten Antigenmenge. Will man das gesamte Antigen in einer Portion zusetzen, so verwendet man mindestens 1 cm^3 Immunserum je Ansatz und setzt 3—5 Versuchsröhrchen an. Zu einem der Röhrchen fügt man die im Vorversuch ermittelte äquivalente Menge Antigen; in den anderen Röhrchen ist die zuzusetzende Antigenmenge um 10—20% größer oder kleiner. Zur Vervollkommnung der Flockung läßt man etwa $^1/_2$ Std bei 37° stehen, dann 24—48 Std im Eisschrank. Die erhaltenen Präcipitate sind gröber und leichter zentrifugierbar, wenn man die Ansätze einfriert und erst kurz vor der Weiterverarbeitung auftaut. Nach dem Auftauen muß gut gemischt werden, um Scheidung in salzreiche und salzarme Schichten zu vermeiden. Der durchgemischte Ansatz wird scharf zentrifugiert. Bei fraktioniertem Zusatz des Antigens wird die überstehende Antikörperlösung möglichst vollständig abgegossen, das Präcipitat mit einer kleinen Menge 0,9%iger Kochsalzlösung gewaschen und die Waschflüssigkeit zu der überstehenden Antikörperlösung gefügt; zu dieser Lösung wird dann die nächste Portion des Antigens zugesetzt und die eben beschriebene Behandlung wiederholt. Hat man das Antigen in einer einzigen Portion zugesetzt, so können die überstehende Flüssigkeit und die Waschwässer verworfen werden.

Die Präcipitate werden insgesamt 3mal mit 0,9%iger Kochsalzlösung gewaschen, um lösliche Begleitstoffe des Antigens und des Antikörpers zu entfernen. Um die *Gesamtmenge des Präcipitates* zu bestimmen, sind verschiedene Methoden angewandt worden. Zur gravimetrischen Bestimmung[2] wird das Präcipitat je einmal mit kleinen Mengen der folgenden Flüssigkeiten gewaschen: 50% wäßriger Methylalkohol, reiner Methylalkohol, Aceton, Äther. Durch den wäßrigen Methylalkohol werden kleine Mengen von NaCl entfernt, während Lipoide durch Aceton und Äther extrahiert werden. Man trocknet bei 105—110° in den gewogenen Präcipitationsröhrchen und wägt auf der Mikro- oder Halbmikrowaage. Besteht das Präcipitat nur aus Eiweiß, so kann man seine Menge durch das Kjeldahl-Verfahren ermitteln[3]. Bei sehr kleinen Eiweißmengen kann man das Präcipitat durch Zusatz von verdünntem wäßrigem NaOH oder Natriumcarbonat auflösen und in dieser Lösung das Eiweiß mittels der sehr empfindlichen Farbreaktion mit Phosphormolybdat colorimetrisch bestimmen[4] oder aber die Absorption der Eiweißlösung im Ultraviolett messen und aus der Höhe der Extinktion den Eiweißgehalt berechnen[5].

Bei allen quantitativen Verfahren ist das Volumen der zum Waschen verwendeten Kochsalzlösung möglichst niedrig zu halten, da die Präcipitate in Kochsalzlösung — wie oben erwähnt — in freien Antikörper und ein an Antikörper ärmeres Präcipitat dissoziieren. Die Dissoziationskonstante beträgt etwa 10^{-6}, so daß die geringe Dissoziation im allgemeinen vernachlässigt werden kann. Bei 37° ist die Dissoziation beträchtlich höher als bei 0°. Deshalb empfiehlt es sich, in der Kälte zu zentrifugieren. Aus den bei verschiedenen Temperaturen gefundenen Dissoziationskonstanten der Präcipitate kann die Reaktionswärme der Antigen-Antikörperreaktion und die sie begleitende Änderung der Entropie und der freien Energie berechnet werden[6].

Während die quantitative Bestimmung der Menge des Präcipitates stets durchführbar ist, ist es nicht immer möglich, *Antigen und Antikörper im Präcipitat* durch chemische

[1] IVANOVICS, G.: Z. Immun.-Forsch. **97**, 402 (1940).
[2] HAUROWITZ, F.: H. **245**, 23 (1936).
[3] HEIDELBERGER, H., und Mitarbeiter: Zahlreiche Mitteilungen im J. exp. Med. seit 1929.
[4] HEIDELBERGER, M., and C. F. C. MCPHERSON: Science, N. Y. **97**, 405 (1943).
[5] EISEN, H. N.: J. Immunol. **60**, 77 (1948).
[6] HAUROWITZ, F., R. SOWINSKI and H. F. CHENG: Am. Soc. **79**, 882 (1957).

Analyse zu bestimmen. Dies gilt besonders dann, wenn das Antigen ein einfacher Eiweißkörper ist, der sich vom Antikörpereiweiß chemisch nicht unterscheiden läßt. Antigene, die sich chemisch vom Antikörper unterscheiden, können im Präcipitat direkt bestimmt werden. Bei den Kohlenhydrat-Antigenen kann deren Reduktionswert zur quantitativen Bestimmung verwertet werden. Ist das Kohlenhydrat stickstofffrei, so kann man die Gesamtmenge des Präcipitates gravimetrisch bestimmen, davon die durch Kjeldahl-Analyse ermittelte Antikörpermenge abziehen und auf diese Weise den Antigengehalt berechnen[1]. Enthält das Antigen ein Element, das im Antikörper nicht enthalten ist, so kann dessen Bestimmung zur Bestimmung des Antigengehaltes herangezogen werden. So läßt sich präcipitiertes Hämocyanin durch Bestimmung von Kupfer im Präcipitat[2], Thyreoglobulin durch Jodbestimmung[1, 3], Phosphoproteid durch Bestimmung von Phosphor[4] und Arsanilazoeiweiß durch Bestimmung von Arsen[5] im Präcipitat bestimmen. Gefärbte Antigene werden in dem in verdünntem Alkali gelösten Präcipitat colorimetrisch oder photometrisch bestimmt. In dieser Weise sind Azoproteine[6, 7] und Hämoglobin[8] in Präcipitaten bestimmt worden.

Ist das Antigen ein einfacher Eiweißkörper, so kann man es durch Behandlung mit einer kleinen Menge eines *radioaktiven Isotops markieren* und auf diese Weise die direkte Bestimmung im Präcipitat ermöglichen. Serumalbumin, das mit einer kleinen Menge radioaktiven Jods jodiert ist, reagiert mit Anti-Serumalbumin in gleicher Weise wie das ursprüngliche nichtjodierte Serumalbumin[9, 10]. In analoger Versuchsanordnung läßt sich auch der Antikörper ohne Beeinträchtigung seiner Wirkung durch kleine Mengen Radiojod markieren[11].

Wenn die Menge des zugesetzten Antigens bekannt ist und wenn sich das Präcipitat in einem Überschuß des Antikörpers nicht löst, so kann man annehmen, daß es die gesamte Menge des zugesetzten Antigens enthält. Zieht man diese vom Gewicht des Präcipitates ab, so erhält man das Gewicht des präcipitierten Antikörpers. Diese *indirekte Methode* ist nur dann anwendbar, wenn ein einziges homogenes Antigen vorliegt und wenn durch Analyse der überstehenden Flüssigkeit nachgewiesen wird, daß diese frei von Antigen ist[12, 13].

Das *Verhältnis Antikörper/Antigen im Präcipitat* hängt vom Verhältnis der beiden Komponenten in der überstehenden Flüssigkeit ab. Je reicher diese an Antigen ist, um so mehr Antigen findet man im Präcipitat. Die Menge des Präcipitates nimmt dabei bis zu einem gewissen Maximum zu, um dann infolge der hemmenden Wirkung überschüssigen Antigens abzunehmen. So findet man im Hämoglobin-Antihämoglobin-Präcipitat bei Anwendung kleiner Hämoglobinmengen nur 6 % Hämoglobin, entsprechend 6 Antikörpermolekülen je Hämoglobinmolekül; bei hohen Hämoglobinkonzentrationen findet man 24 % Hämoglobin im Präcipitat, entsprechend 2 Antikörpermolekülen je Hämoglobinmolekül[8]. In analoger Weise variiert die Zusammensetzung von Thyreoglobulin-Präcipitaten von TgA_1 bis TgA_{60} (Tg = Thyreoglobulinmolekül, A = Antikörpermolekül[3]), jene von Serumalbumin-Präcipitaten von SaA_2 bis SaA_6 und jene von Präcipitaten des Ovalbumins von OvA bis OvA_4[1].

[1] Heidelberger, M.: Am. Soc. **60**, 242 (1938).
[2] Boyd, W. C., and S. Hooker: J. gen. Physiol. **17**, 341 (1934); **22**, 281 (1939).
[3] Stokinger, M., and M. Heidelberger: J. exp. Med. **66**, 251 (1937).
[4] Haurowitz, F., M. Vardar and P. Schwerin: J. Immunol. **43**, 327 (1942).
[5] Haurowitz, F., u. F. Breinl: H. **214**, 111 (1933).
[6] Haurowitz, F.: H. **245**, 23 (1936).
[7] Heidelberger, M., and F. E. Kendall: J. exp. Med. **50**, 809 (1929); **62**, 467, 697; **65**, 647 (1935).
[8] Breinl, F., u. F. Haurowitz: H. **192**, 45 (1930).
[9] Knox, W. C., and F. C. Endicott: J. Immunol. **65**, 523 (1950).
[10] Eisen, H. N., and A. S. Keston: J. Immunol. **63**, 71 (1949).
[11] Pressman, D., and G. Keighley: J. Immunol. **59**, 141 (1948).
[12] Heidelberger, M., and F. E. Kendall: J. exp. Med. **62**, 697 (1935).
[13] Eisen, H. N.,: Fed. Proc. **10**, 179 (1951).

Für das Verhältnis Antikörper/Antigen im Präcipitat haben BOYD und HOOKER[1] die empirische Gleichung

$$R = 37\,800\,M^{-0,8} + 179\,M^{-0,35}$$

abgeleitet. Darin ist R das molekulare Verhältnis Antikörper/Antigen im Präcipitat und M das Molekulargewicht des Antigens. Die Gleichung gilt auch für die großen Virusantigene und für celluläre Antigene; bei letzteren wird das Molekulargewicht durch das mit der LOSCHMIDTschen Zahl multiplizierte Gewicht des Antigenpartikels ersetzt.

Der Gehalt des Immunserums an Antikörper läßt sich auch graphisch ermitteln, wenn man die zugesetzte Menge Antigen ($= x$) gegen y, das Gewichtsverhältnis Antikörper/Antigen (A/x) im Präcipitat aufträgt. Man erhält dann eine annähernd gerade Linie, die der Gleichung $y = a - bx$ entspricht. Multipliziert man mit x, so erhält man $xy = A = ax - bx^2$. Nach HEIDELBERGER und KENDALL[2] ist $a = 2R$ und $b = R^2/M$, wenn R das Verhältnis Antikörper/Antigen am Äquivalenzpunkt und M die am Äquivalenzpunkt gefällte Antikörpermenge ist. In der linearen Gleichung $y = a - bx$ ist a der Schnittpunkt der Geraden mit der y-Achse und b die Neigung der Geraden gegen die x-Achse. Man kann daher R durch Ablesung des Schnittpunktes und $M = R^2/b$ aus der Neigung der Geraden berechnen. Es ist eine Schwäche dieses Verfahrens, daß die experimentell gefundenen Punkte nicht vollkommen einer Geraden entsprechen. Daher wurde die Gleichung $A = 2Rx - R^2x^2/M$ durch die ähnliche Gleichung $A = 3Rx - 2\sqrt{R^3x/M}$ ersetzt[3]. BOYD[4] hat gezeigt, daß man nicht nur mit dieser Gleichung, sondern auch mit anderen empirischen oder theoretisch abgeleiteten Gleichungen[5, 6] annähernd richtige Werte erhält. Man kann daher keine dieser Gleichungen als vollkommen befriedigend ansehen. Dies geht auch aus der oben erwähnten Dissoziation der Präcipitate beim Waschen mit Kochsalzlösung hervor. Da das Antigen/Antikörper-Verhältnis im Präcipitat von der Häufigkeit des Waschens abhängt, und da dieser Umstand bei keiner der vorgeschlagenen Gleichungen in Betracht gezogen wird, ist der Wert aller vorgeschlagenen Gleichungen gering.

γ) *Nachweis und Bestimmung multipler Antikörper.*

Enthält ein Immunserum zwei oder mehr verschiedene Typen von Antikörpern, und wird es mit einem Gemisch der beiden entsprechenden Antigene geprüft, so findet man bei der Vorprobe unter Umständen 2 Maxima der Präcipitation[7]. Zum Nachweis multipler Antikörper sind besonders jene Methoden geeignet, bei denen das Immunserum mit Gelatine oder Agar gemischt und derart in eine Gallerte umgewandelt wird. Füllt man die warme Mischung von Immunserum und Gelatine oder Agar in ein Fällungsröhrchen ein und überschichtet man sie nach Erkalten mit der Antigenlösung, so diffundiert das Antigen langsam in die Antikörpergallerte und verursacht das Auftreten mehrerer Trübungsringe, deren jeder einem besonderen Antigen-Antikörperpaar entspricht (OUDIN[8]). Die Wanderungsgeschwindigkeit der Trübungsringe nimmt allmählich ab; die in der Zeit t zurückgelegte Distanz ist der Quadratwurzel aus t proportional[9]. Mit Hilfe dieser einfachen Technik wurden fünf verschiedene Antikörper in einem gegen Ovalbumin gerichteten Antiserum entdeckt und 2 Antikörper in einem Immunserum gegen Serumalbumin[9]. Trägt man im Oudin-Test die von einem Präcipitationsring zurückgelegte Strecke (in mm) gegen die Quadratwurzel der Wanderungszeit (in min) auf, so erhält man eine

[1] BOYD, W. C., and S. HOOKER: J. gen. Physiol. **17**, 341 (1934); **22**, 281 (1939).
[2] HEIDELBERGER, M., and F. E. KENDALL: J. exp. Med. **61**, 563 (1935).
[3] HEIDELBERGER, M., and F. E. KENDALL: J. exp. Med. **50**, 809 (1929); **62**, 467, 697 (1935); **65**, 647 (1937).
[4] BOYD, W. C.: Fundamentals of Immunology. New York 1956.
[5] HERSHEY, A.: J. Immunol. **45**, 39 (1942).
[6] PAULING, L., D. H. CAMPBELL and D. PRESSMAN: Physiol. Rev. **23**, 203 (1943).
[7] TAYLOR, G., and G. ADAIR: J. Hyg., London **35**, 169 (1935).
[8] OUDIN, J.: Ann. Inst. Pasteur **75**, 109 (1948). Cr. **222**, 115 (1946).
[9] MUNOZ, J., and E. L. BECKER: J. Immunol. **65**, 47 (1950).

Gerade, deren Neigung dem Logarithmus der Antigen- oder Antikörperkonzentration proportional ist[1].

Eine Verfeinerung der Agartechnik kann oft dadurch erzielt werden, daß man die Diffusion des Antigens gegen den Antikörper in flachen Agar- oder Gelatineplatten vor sich gehen läßt (OUCHTERLONY[2]). Antigen- und Antikörperlösung werden dabei an zwei verschiedenen Stellen der Platte appliziert; die Zahl der sich ausbildenden Fällungszonen hängt auch hier von der Zahl der Antigene und Antikörper ab[3]. Der Vorteil dieser Methode ist, daß man zwei oder mehr Antigene gleichzeitig an verschiedenen Stellen der Platte auftragen und deren Reaktion mit einem Immunserum oder auch mit verschiedenen Immunseren gleichzeitig untersuchen kann; wenn die beiden untersuchten Antigenlösungen identisch sind, erhält man symmetrische Fällungszonen; unsymmetrische Zonen bedeuten stets Verschiedenheit[2, 4]. Die horizontale Diffusionstechnik kann nach GRABAR[5] weiter dadurch verfeinert werden, daß man sie mit Elektrophorese kombiniert. In dieser Immunoelektrophorese genannten Technik wird die Antigenlösung zuerst einer Elektrophorese im Gel unterworfen; dann läßt man das Immunserum im rechten Winkel zur Richtung der elektrophoretischen Wanderung eindiffundieren. Auf diese Weise wurde eine große Zahl neuer Antigene und Antikörper entdeckt[5].

Das wichtigste Ergebnis der eben mitgeteilten Methoden ist, daß es wohl kaum ein Immunserum gibt, das nur einen einzigen Typus von Antikörper enthält. Stets findet man Multiplizität der Antikörper. Sie ist verursacht durch 1. Multiplizität der Antigene in der injizierten Lösung, 2. Vorkommen verschiedener determinanter Gruppen in jedem der injizierten Antigene, 3. verschiedene Grade der Anpassung des Antikörpers an die homologe determinante Gruppe. Will man die Antikörper eines Immunserums voneinander trennen, so muß man bedenken, daß Zusatz eines Antigens XY, das determinante Gruppen der Typen X und Y enthält, Antikörper der Typen anti-X, anti-Y und auch solche des Typus anti-XY präcipitiert. Zur Trennung solcher Antikörpergemische muß man daher geeignete Testantigene zusetzen, die entweder nur Gruppen des Typus X oder solche des Typus Y enthalten. Erstere entfernen aus dem Immunserum Präcipitine des Typus anti-X, letztere solche des Typus anti-Y; weiterer Zusatz von XY zu dem mit X und Y erschöpften Immunserum kann dann Präcipitine des Typus anti-XY ausfällen. Analysen dieser Art sind an Antigenen mit künstlich eingeführten Jod- oder Azogruppen durchgeführt worden und ergeben, daß die Summe der insgesamt ausgefällten Präcipitine von der Reihenfolge der Antigenzusätze unabhängig ist[6-9].

δ) Quantitative Bestimmung der Bindung von Hapten an Antikörper.

Wie oben (S. 587) erwähnt wurde, läßt sich die Antigen-Antikörperreaktion durch Zusatz von Haptenen, die die gleiche determinante Gruppe besitzen, hemmen. Daß das Hapten an Antikörpermoleküle gebunden wird, läßt sich durch Dialyse nachweisen. Man bringt in den Dialysierschlauch das Immunserum und verwendet als Außenflüssigkeit entweder physiologische Kochsalzlösung oder besser ein Normalserum der gleichen Tierart. Zu beiden wird Hapten zugesetzt, so daß dessen Konzentration innen und außen gleich ist. Nach 24stündiger Dialyse im Eisschrank bestimmt man den Haptengehalt beider Flüssigkeiten. Ist das Hapten gefärbt, so läßt sich seine Konzentration leicht colorimetrisch bestimmen. Die Differenz zwischen Außen- und Innenflüssigkeit entspricht

[1] RUBINSTEIN, H. M.: J. Immunol. **73**, 322 (1954).
[2] OUCHTERLONY, O.: Ark. Kemi **1**, 43, 55 (1950).
[3] OAKLEY, C. L., and A. J. FULTHORPE: J. Path. Bact. **65**, 49 (1953).
[4] BJÖRKLUND, N. B.: Proc. Soc. exp. Biol. Med. **79**, 319 (1952).
[5] GRABAR, P., und Mitarbeiter: Bull. Soc. Chim. biol. **37**, 783, 797 (1955). J. Immunol. **74**, 397, 404 (1955).
[6] HAUROWITZ, F.: J. Immunol. **43**, 331 (1942).
[7] HAUROWITZ, F.: Schweiz. med. Wschr. **73**, 264 (1943).
[8] HAUROWITZ, F., and P. SCHWERIN: Brit. J. exp. Path. **23**, 146 (1942).
[9] HAUROWITZ, F.: J. chem. Educat. **32**, 615 (1955).

dem an Antikörper gebundenen Hapten[1, 2]. — Bindung des Haptens an den Antikörper läßt sich auch durch die hemmende Wirkung des Haptens auf die Präcipitation des Antigens nachweisen. Je mehr Hapten man zusetzt, um so geringer ist die Menge des Präcipitates, bis schließlich die Präcipitation ganz ausbleibt. Da die Haptenwirkung reversibel ist, kann man hier das Massenwirkungsgesetz anwenden und für jedes Hapten eine Hemmungskonstante berechnen. PAULING und Mitarbeiter[3] haben die determinanten Gruppen von Haptenmolekülen systematisch variiert und aus den Hemmungskonstanten der verschiedenen Haptene Rückschlüsse auf die räumliche Anpassung des Antikörpermoleküls an das Antigenmolekül gezogen. Ihre Versuche gestatten auch die statistische Berechnung eines Index für die Heterogenität der Antikörper des Immunserums.

ε) Nachweis und Bestimmung von Antikörpern durch Agglutination.

Die Agglutination ist eine viel empfindlichere Reaktion als die Präcipitinreaktion. Man kann mittels Agglutination viel kleinere Mengen von Antikörpern nachweisen. Eine einfache Überlegung ergibt als Grund für diese hohe Empfindlichkeit die Tatsache, daß man es bei der Agglutination mit großen, mikroskopisch sichtbaren Teilchen (Zellen, Bakterien) zu tun hat und daß für ihre Agglutination nur eine kleine Menge von oberflächlich verankerten Antikörpermolekülen nötig ist. Das Verhältnis Antigen/Antikörper ist daher im Agglutinat um mehrere Größenordnungen höher als im Präcipitat, so daß eine kleine Menge Antikörper sichtbare Agglutination bewirken kann. Es ist ein weiterer Vorteil der Agglutination, daß hier ein Überschuß des Antigens, d. h. der geformten Partikel oder Zellen, nicht hemmend wirkt. Den Vorteilen der Agglutinationsmethode steht als Nachteil gegenüber, daß die vom Antigen gebundene Antikörpermenge so klein ist, daß sie sich nur in wenigen Fällen chemisch bestimmen läßt. Agglutination ist daher zum Nachweis sehr kleiner Antikörpermengen und vor allem zum Nachweis inkompletter Antikörper sehr geeignet, weniger zur quantitativen Bestimmung von Antikörpern.

Bei der üblichen serologischen Titration von agglutinierenden Antikörpern (Agglutininen) füllt man in eine Reihe von Röhrchen je 0,5 cm^3 0,9%iger Kochsalzlösung. Zum ersten Röhrchen setzt man 0,5 cm^3 des zu untersuchenden Immunserums (Antikörperlösung) zu. Man mischt den Inhalt des Röhrchens und überträgt 0,5 cm^3 in das zweite Röhrchen, mischt dessen Inhalt, überträgt 0,5 cm^3 in das dritte Röhrchen usf., so daß ein Verdünnungsfaktor von 1 : 2 für den Antikörper resultiert. Man setzt dann zu jedem Röhrchen 0,2 cm^3 der zu agglutinierenden Teilchen zu, hält etwa 30—60 min bei 37°, dann einige Stunden bei niedriger Temperatur und liest ab. Werden Erythrocyten oder Bakterien agglutiniert, so muß die Antikörperlösung durch halbstündiges Erhitzen auf 56° inaktiviert werden, um Hämolyse und Cytolyse durch das Komplement zu verhindern.

Zur quantitativen chemischen Bestimmung von Agglutininen bestimmt man den Stickstoffgehalt der Antikörperlösung vor und nach der Agglutination und ermittelt auf diese Weise die Menge des an die agglutinierten Teilchen gebundenen Antikörpers. Da diese Menge sehr gering ist, ist diese chemische Bestimmung nur in Ausnahmefällen durchführbar[4]. Man hat besonders darauf zu achten, daß die Antigensuspension frei von löslichen Stickstoffverbindungen ist.

Da die Agglutination viel empfindlicher ist als die Präcipitinreaktion, wurden im letzten Jahrzehnt Versuche gemacht, lösliche Antigene an Kollodiumteilchen oder an rote Blutkörperchen zu adsorbieren und dann durch Zusatz des Präcipitins Agglutination zu erzielen. Tatsächlich können mit Ovalbumin oder anderen löslichen Antigenen beladene Kollodiumteilchen durch Antiovalbumin und andere Antikörper agglutiniert werden[5-7].

[1] HAUROWITZ, F., u. F. BREINL: H. **214**, 111 (1933).
[2] MARRACK, J., and F. SMITH: Brit. J. exp. Path. **13**, 394 (1933).
[3] PAULING, L., und Mitarbeiter: Am. Soc. **66**, 784, 1731 (1944); **67**, 1003, 1219, 1602 (1945).
[4] HEIDELBERGER, M., and F. E. KENDALL: J. Immunol. **60**, 643 (1943).
[5] KABAT, E. A., and M. M. MAYER: Experimental Immunochemistry. S. 519. Springfield, Ill. 1949.
[6] CANNON, P. R., and C. E. MARSHALL: J. Immunol. **38**, 365 (1940).
[7] LOWELL, F. C.: J. Immunol. **46**, 177 (1943).

Weit wichtiger ist jedoch die Agglutination von Erythrocyten nach deren Beladung mit löslichen Antigenen und die dadurch bewirkte Erhöhung der Empfindlichkeit serologischer Nachweisreaktionen.

Um Protein-Antigene an Erythrocyten zu binden, werden Blutkörperchen vom Schaf zuerst mit Tannin behandelt, dann mit NaCl-Lösung tanninfrei gewaschen und schließlich in eine Lösung des untersuchten Antigens gebracht. Das Proteinantigen wird an die in der Oberfläche des Erythrocyten befindlichen Tanninmoleküle gebunden; die derart behandelten, mit Antigen beladenen Erythrocyten dienen als Reagens zum Nachweis der gegen das adsorbierte Protein gerichteten Präcipitate[1-3]. Auch durch diazotiertes Benzidin, das nur mit *einer* Diazogruppe an Erythrocyten verankert wird und eine zweite Diazogruppe zur Bindung von löslichem Eiweiß verfügbar hat, lassen sich Erythrocyten mit Proteinantigenen beladen[3, 4].

Ein anderes, von COOMBS[4] ausgearbeitetes Verfahren wird zum Nachweis inkompletter oder blockierender Antikörper angewandt. Die roten Blutkörperchen werden bei dieser Methode zunächst mit dem inkompletten Antikörper beladen, dann ein Immunserum zugesetzt, welches den inkompletten Antikörper präcipitiert. Belädt man z. B. Erythrocyten zunächst mit menschlichen inkompletten Rh-Antikörpern und setzt dann Serum eines Kaninchens zu, das durch Injektion von menschlichen Serumglobulinen sensibilisiert war, so tritt Agglutination der Blutkörperchen ein.

Ein anderes Verfahren, das zum Nachweis inkompletter Antikörper dient, beruht auf der erhöhten Agglutinierbarkeit von Erythrocyten, die der Wirkung von proteolytischen Enzymen ausgesetzt waren. Trypsin[5-7], ebenso wie Papain[8, 9] erwies sich in solchen Versuchen als wirksam. Ihre Wirkung wird der Entfernung hemmender Proteine oder Peptide von der Oberfläche der roten Blutkörperchen zugeschrieben und der Freilegung von antikörperbindenden Gruppen des Erythrocyten.

Während in keiner der bisher beschriebenen Methoden der „Komplement" genannte Faktor frischer Meerschweinchenseren zur Agglutination erforderlich war, wird in manchen Fällen Verklumpung der roten Blutkörperchen nur bei Gegenwart von Komplement erzielt. Man spricht in einem solchen Fall von „Konglutination" (BORDET). Die Konglutination ist sehr spezifisch und ist häufig empfindlicher als die Agglutination; so werden Erythrocyten, die mit Polysaccharid der Pneumokokken III beladen sind, durch Anti-Polysaccharid III plus Komplement in hoher Verdünnung des Antikörpers agglutiniert[10]. Es ist nicht klar, ob für die Konglutination Gegenwart eines „Konglutinin" genannten Serumglobulins erforderlich ist[11]. Für die klassische Konglutination nach BORDET scheint aktives Komplement nötig zu sein[12]. Bezüglich Nachweis und Bestimmung der verschiedenen Typen von inkompletten Antikörpern sei auf einschlägige Arbeiten[13, 14] und auf eine Monographie[15] verwiesen.

---

[1] BOYDEN, S. V.: J. exp. Med. **93**, 107 (1951).
[2] BORDUAS, A. G., et U. P. GRABAR: Ann. Inst. Pasteur **84**, 903 (1953).
[3] STAVITSKY, A.: J. Immunol. **72**, 360 (1954). — STAVITSKY, A. B., and E. R. ARQUILLA: J. Immunol. **74**, 306, 368 (1955).
[4] COOMBS, R. R. A., und Mitarbeiter: Brit. J. exp. Path. **31**, 640 (1950); **32**, 195 (1951); **33**, 390 (1952); **34**, 325 (1953). Schweiz. Z. Path. Bakt. **17**, 424 (1954).
[5] DAUSSET, J., et G. VIDAL: C. R. Soc. Biol. **144**, 679 (1950).
[6] WHEELER, W. E., A. L. LUHBY and M. L. L. SCHOLL: J. Immunol. **65**, 39 (1950).
[7] WIENER, A. S., and L. KATZ: J. Immunol. **66**, 51 (1951).
[8] BERGER, E.: Exper. **8**, 227 (1952).
[9] SPIELMANN, W.: Z. Immun.-Forsch. **109**, 475 (1952).
[10] BIER, O.: Ann. Inst. Pasteur **81**, 650 (1951).
[11] EISLER, M.: Z. Immun.-Forsch. **108**, 553 (1951).
[12] RICE, C. E.: J. Immunol. **70**, 497 (1953).
[13] HUMMEL, K.: Z. Immun.-Forsch. **109**, 124 (1952).
[14] KRIEGER, V. I., and E. J. WILLIAMS: Nature **169**, 414 (1952).
[15] HUMMEL, K.: Die inkompletten Antikörper in der Immunbiologie. Stuttgart 1955.

f) Komplement.

α) *Nachweis des Komplements.*

Der von BUCHNER „Alexin", von BORDET „Komplement" genannte Faktor des Blutserums ist für die Lyse von sensibilisierten, d. h. mit Antikörpern (Hämolysin, Cytolysin) beladenen Zellen und Bakterien verantwortlich. Er „komplettiert" die Wirkung der Lysine, vor allem jene der Hämolysine, Cytolysine und Bakteriolysine, aber auch jene der Bakteriocidine[1]. Im Gegensatz zu Antigenen und Antikörpern ist das Komplement nicht spezifisch. Von den Antikörpern unterscheidet es sich ferner durch seine hohe Labilität; es wird durch Erwärmen auf 56° zerstört, so daß man auf diese Weise Blutserum von Komplement befreien kann.

Komplement wird nicht nur bei der Lyse, sondern auch bei der Präcipitinreaktion, der Toxin-Antitoxin-Neutralisierung und bei anderen Immunitätsreaktionen an den Antigen-Antikörperkomplex gebunden, obzwar es zum Zustandekommen von Präcipitaten oder Agglutinaten oder zur Neutralisierung von Toxinen nicht nötig ist. Zur Bindung des Komplements ist die Bildung eines Niederschlages nicht erforderlich. Komplement wird daher auch an lösliche Antigen-Antikörperkomplexe gebunden[2]. Die Bindung des Komplements an den Antigen-Antikörperkomplex geht mit einer Inaktivierung des Komplements einher, so daß die Komplementbindung vielfach zum Nachweis unsichtbarer Antigen-Antikörperreaktionen angewandt wird.

Zum *Nachweis des Komplements* eignet sich besonders die Hämolyse, da sie mit freiem Auge sichtbar ist und ihr Ausmaß colorimetrisch gemessen werden kann. Als Antigen dienen meist Erythrocyten vom Schaf, als Antikörper das Immunserum von Kaninchen, denen Schafblutkörperchen injiziert worden waren. Die Schafblutkörperchen werden durch Waschen mit 0,9%iger NaCl-Lösung von Serum befreit, dann in der 20fachen Menge 0,9%iger Kochsalzlösung aufgeschwemmt. Das das Lysin enthaltende Kaninchenserum wird durch 30—50 min bei 56° gehalten, um das Komplement zu zerstören, dann etwa auf das 500fache mit Kochsalzlösung verdünnt. In einem Vorversuch bestimmt man die Lysinmenge, die nötig ist, um bei Komplementüberschuß in 0,1 cm^3 der Erythrocytensuspension komplette Hämolyse herbeizuführen. Dann füllt man in jedes einer Reihe von Reagensgläschen das Doppelte dieser Menge an Lysin ein, z. B. 0,2 cm^3; zu jedem der Röhrchen werden dann von 0,05 bis 0,5 cm^3 ansteigende Mengen der auf Komplement zu prüfenden Flüssigkeit zugesetzt und das Volumen mit 0,9%iger Kochsalzlösung auf 0,9 cm^3 aufgefüllt. Schließlich wird in jedes der Röhrchen 0,1 cm^3 der Erythrocytensuspension gebracht, der Inhalt der Röhrchen gemischt und der ganze Ansatz 30 min bei 37° gehalten. Enthält die untersuchte Flüssigkeit Komplement, so beobachtet man Hämolyse. In Kontrollröhrchen, in denen Lysin oder Komplement oder beide Lösungen durch Kochsalzlösung ersetzt sind, darf keine Lyse eintreten.

Das *Ausmaß der Hämolyse* läßt sich colorimetrisch messen. Als Standard kann der Inhalt eines der Röhrchen dienen, in denen komplette Lyse eingetreten ist. Die Zahl der hämolysierten Zellen ist der Menge des Komplements nicht proportional. Trägt man das Ausmaß der Lyse (in Prozenten der totalen Lyse) gegen die Komplementmenge auf, so erhält man eine S-förmig ansteigende Kurve, die nur in ihrem mittleren Bereich einen annähernd linearen Verlauf hat. Deshalb wird empfohlen, die 50%ige Hämolyse als Maß der Komplementmenge zu benutzen[3]. Ist x die Menge des Komplements, y das Ausmaß der Lyse in Prozenten der kompletten Lyse, so gilt annähernd die VON KROGHsche Gleichung[4]

$$x = K\left(\frac{y}{100 - y}\right)^{\frac{1}{n}}.$$

---

[1] SEIFTER, S. T., F. DOZOIS and E. E. ECKER: J. Immunol. **49**, 45 (1944).

[2] HOOKER, S., and W. C. BOYD: Ann. N. Y. Acad. Sci. **43**, 107 (1942).

[3] MAYER, M., A. OSLER, O. BIER and M. HEIDELBERGER: J. Immunol. **59**, 195 (1948). — THOMPSON, W., C. E. RICE, E. MALTANER and F. MALTANER: J. Immunol. **62**, 353 (1949).

[4] ECKER, E. E., and C. W. HIATT: Amer. J. clin. Path. **19**, 141 (1949).

Bei 50%iger Lyse ist $x = K\left(\frac{50}{50}\right)^{\frac{1}{n}} = K$. Hat man auf diese Weise K mittels einer bekannten Menge Komplement ermittelt, so kann man n berechnen; der experimentell gefundene Wert von n ist etwa $5{,}0 \pm 0{,}5$[1].

Obzwar Eintritt der Hämolyse im allgemeinen Gegenwart von Komplement, Ausbleiben der Hämolyse Abwesenheit von Komplement anzeigt, muß man gelegentliches Versagen der Methode durch folgende Faktoren in Betracht ziehen: 1. Manche Antigen- oder Antikörperlösungen inaktivieren das Komplement, vermutlich durch Bindung eines Hemmungsstoffes an die wirksamen Gruppen des Komplements. Die antikomplementäre Wirkung der γ-Fraktion des menschlichen Serumglobulins läßt sich durch Erwärmen auf 56° oder durch Zusatz von Serumalbumin oder β-Serumglobulin aufheben[2]. 2. Die Aktivität des Komplementes hängt von der Menge des angewandten Hämolysins ab. Je mehr Hämolysin zugesetzt wird, um so höher ist die Wirksamkeit des Komplements, so daß bei hohem Hämolysingehalt gleiche Wirkungen mit kleineren Komplementmengen erzielt werden. Es empfiehlt sich daher mit einem Überschuß an Komplement zu arbeiten. 3. Die Aktivität des Komplements wird durch Magnesium, Calcium und andere zweiwertige Metallionen erhöht[1].

β) Anwendung von Komplement zum Nachweis der Vereinigung von Antigen und Antikörpern (Komplementablenkung).

Während der positive Hämolysetest zum Nachweis und zur annähernden Bestimmung des Komplements dient, wird das Ausbleiben der Hämolyse in einem komplementhaltigen Ansatz zum Nachweis der Komplementbindung an ein Antigen-Antikörpersystem und damit zum Nachweis der Antigen-Antikörperreaktion angewandt. Der Vorteil dieses komplizierten und nicht immer eindeutigen Verfahrens ist, daß man mit seiner Hilfe sehr kleine Mengen Antigen oder Antikörper nachweisen kann. Die Komplementbindungsreaktion besteht hier aus 2 Teilreaktionen. Man bringt zuerst die auf Antikörper zu prüfende Lösung mit Komplement zusammen; dann setzt man Antigen zu und hält etwa 30 min bei 37°. Als Komplement dient meist frisches Meerschweinchenserum, das im Verhältnis 1 : 20 mit 0,9%iger Kochsalzlösung verdünnt wurde. Ein etwa entstehender Niederschlag wird abgeschleudert; die überstehende Lösung wird dann in der oben beschriebenen Weise auf ihren Komplementgehalt geprüft, indem man sie mit Schafblutkörperchen und Antischafblutserum des Kaninchens zusammenbringt, wiederum 30 min bei 37° hält und auf Hämolyse prüft. Ausbleiben der Hämolyse bedeutet, daß das Komplement durch eine Antigen-Antikörperreaktion im ersten Teil des Versuches gebunden und inaktiviert wurde. Tritt hingegen Hämolyse ein, so zeigt dies an, daß keine Antigen-Antikörperreaktion im ersten Teil des Versuches stattgefunden hat.

Bei der Deutung solcher Versuche hat man die im vorstehenden Abschnitt (s. oben) erörterten Fehlerquellen zu beachten. Man hat ferner daran zu denken, daß gewisse Antigen-Antikörperkomplexe nicht imstande sind, Komplement zu binden. Dies gilt z. B. für die Reaktion zwischen Kapselkohlenhydrat der Pneumokokken und Antipneumokokkenserum des Pferdes[3, 4].

Das zur Komplementbindungsreaktion nötige Meerschweinchenserum läßt sich im Tiefkühlschrank in gefrorenem Zustand mehrere Wochen oder Monate aufbewahren. Da wiederholtes Frieren und Auftauen die Aktivität beeinträchtigt, empfiehlt es sich, größere Mengen Komplement auf mehrere kleine Röhrchen zu verteilen und gesondert einzufrieren. Zur Konservierung der Schafblutkörperchen wird die Alsever-Lösung empfohlen; sie enthält 2,05% Glucose, 0,8% Natriumcitrat, 0,42% Kochsalz und so viel Citronensäure, daß der p_H der Lösung 6,1 ist[5].

---

[1] MAYER, M., A. OSLER, O. BIER and M. HEIDELBERGER: J. exp. Med. **84**, 535 (1946).
[2] DAVIS, B. D., E. A. KABAT, A. HARRIS and D. H. MOORE: J. Immunol. **49**, 223 (1944).
[3] GOODNER, K., and F. L. HORSFALL: J. exp. Med. **64**, 201 (1936).
[4] HEIDELBERGER, M., and M. MAYER: J. exp. Med. **75**, 285 (1942).
[5] KABAT, E. A., and M. M. MAYER:: Experimental Immunochemistery. S. 107. Springfield, Ill. 1949.

γ) *Quantitative Bestimmung des Komplements.*

Läßt man die Präcipitinreaktion in Gegenwart von aktivem Meerschweinchenserum vor sich gehen, so wird Komplement gebunden. Die Gesamtmenge des Präcipitates ist in diesem Fall höher als in einem Parallelversuch mit inaktiviertem Meerschweinchenserum. Die Differenz zwischen den beiden Gewichten entspricht dem Gewicht des an das Präcipitat gebundenen Komplements[1]. Bei Anwendung von Pneumokokkenkohlenhydrat als Antigen und Immunserum vom Kaninchen als Antikörper wurden durch Kjeldahl-Analyse der Präcipitate etwa 0,04—0,06 mg Komplement-N je Kubikzentimeter Meerschweinchenserum und 0,03—0,05 mg Komplement-N je Kubikzentimeter menschlichen Serums gefunden[2]. Dies entspricht etwa 17—34 mg-% Komplement, wenn man den gefundenen Stickstoff auf Eiweiß umrechnet. Bei Anwendung von Azo-proteinantigenen und Anti-azoprotein vom Kaninchen wurden durch gravimetrische Analyse der Präcipitate im Meerschweinchenserum 15—20 mg-% Komplement gefunden[3].

δ) *Die Komplementfraktionen.*

Komplement besteht aus mindestens vier verschiedenen Substanzen. Jede derselben ist für die lytische Wirkung des Komplements notwendig. Das Ausbleiben der Hämolyse zeigt also bloß an, daß mindestens eine der 4 Fraktionen fehlt, während ein positiver Befund beweist, daß alle 4 Fraktionen in der zur Hämolyse erforderlichen Mindestmenge vorhanden sind. Dialysiert man Meerschweinchenserum gegen destilliertes Wasser, so fallen Euglobuline aus, während Pseudoglobuline gelöst bleiben. Die Euglobulinfraktion enthält das „Mittelstück" des Komplements, die Pseudoglobulinfraktion das „Endstück". Eine „dritte Komponente" wird durch Kobragift oder durch Zymosan, ein unlösliches Polysaccharid aus Hefe, inaktiviert, während die sog. „vierte Komponente" durch Ammoniak oder primäre Amine inaktiviert wird. Bei der Trennung in Mittelstück und Endstück finden sich dritte und vierte Komponente in beiden Fraktionen, erstere vorwiegend in der Euglobulinfraktion, letztere in der Pseudoglobulinfraktion. Für die 4 Fraktionen wurden die einfacheren Bezeichnungen C′1, C′2, C′3 und C′4 eingeführt[4].

Das *Mittelstück* (C′1) läßt sich aus dem Serum am besten durch langsamen Zusatz des Serums zu 10 Volumina 0,005 m K_2HPO_4 ausfällen; der Niederschlag wird mit 0,005 m Phosphatpuffer p_H 5,4 gewaschen, dann in Kochsalzlösung gelöst und durch Hydrogencarbonat auf p_H 7 gebracht[5]. Die überstehende Flüssigkeit von der ersten Fällung läßt sich als Lösung des *Endstückes* (C′2) verwenden. Sie wird durch Zusatz von NaCl isotonisch gemacht, dann durch Hydrogencarbonat auf p_H 7,5 gebracht, da C′2 bei p_H-Werten unter 6,5 unbeständig ist. Zur Bereitung des Zymosanreagens kocht man eine 1 %ige Suspension von Hefezymosan in 0,9 %iger Kochsalzlösung 1 Std lang, zentrifugiert, gießt die Lösung ab und suspendiert das unlösliche Zymosan in 100 cm³ Kochsalzlösung; zur Inaktivierung der *dritten Komponente* (C′3) fügt man zu dem das Komplement enthaltenden Serum eine in einem Vorversuch ermittelte genügende Menge der homogenisierten Zymosansuspension und hält 1—2 Std bei 37°; man zentrifugiert dann das Unlösliche ab und verwendet die überstehende Flüssigkeit als C′3-freies Serum[5]. Da auch die anderen Komponenten durch Zymosan langsam inaktiviert werden, vermeide man einen Überschuß des Reagens. Zur Inaktivierung der *vierten Komponente* (C′4) setzt man je 1,0 cm³ Serum 0,25 cm³ einer 0,15 n Ammoniaklösung zu, hält 90 min bei alkalischer Reaktion und neutralisiert dann durch 0,15 n HCl[6]. Hält man ein Serum 20 min bei 56°, so sind C′1 und C′2 fast vollkommen zerstört, während beträchtliche Teile von C′3 und C′4 noch erhalten sind; man kann daher solche Sera als Lösungen von C′3 und C′4 verwenden.

[1] Heidelberger, M., A. J. Weil and H. P. Treffers: J. exp. Med. **73**, 681, 695 (1941).
[2] Heidelberger, M., and M. Mayer: J. exp. Med. **75**, 285 (1942).
[3] Haurowitz, F., and M. Yenson: J. Immunol. **47**, 309 (1943).
[4] Pillemer, L., and E. E. Ecker: Science, N. Y. **94**, 437 (1941).
[5] Ecker, E. E., L. Pillemer and S. Seifter: J. Immunol. **47**, 181, 195, 205, 215 (1943).
[6] Gordon, J., H. R. Whitehead and A. Wormall: Biochem. J. **20**, 1028 (1926).

Fraktioniert man Blut mit Ammoniumsulfat, so fällt C'1 bei einer Ammoniumsulfat-Konzentration von 1,39 molar aus (d. h. bei $^1/_3$-Sättigung), C'3 bei 2,0 molarer und C'2 mit C'4 bei 2,5 molarer Konzentration an Ammoniumsulfat[1, 2]. Eine genauere Analyse zeigt, daß C'1 und C'2 nicht einheitlich, sondern Gemische mehrerer Proteine sind[3]. Ausführliche Vorschriften zur Komplementdarstellung s. bei „Serumproteinen", S. 305ff.

Die Fraktion C'1 bildet im menschlichen Blutserum 0,6% der gesamten Proteine; C'1 ist ein Euglobulin, das 16,3% N, 0,1% P und 2,7% Kohlenhydrat enthält[1]. Der isoelektrische Punkt ist p_H 5,4. Fraktion C'1 ist an ein Phosphatid gebunden; durch Alkali wird diese Bindung gesprengt und C'1 gleichzeitig inaktiviert. Die C'2 und C'4 enthaltende Fraktion bildet nur 0,18% der Serumproteine; sie besteht aus Glucoproteiden und enthält 14,2% N und 10,3% Kohlenhydrat; der isoelektrische Punkt ist 6,3—6,4[1]. Der Kohlenhydratanteil des Glucoproteidkomplexes wird durch C'4 gebildet[4]. Die für die Komplementwirkung nötigen Calcium-Ionen sind an das Kohlenhydrat C'4 gebunden; durch Säuren wird Calcium abgesprengt und das Komplement hierdurch inaktiviert[4]. Die Inaktivierung von C'4 durch Ammoniak oder Amine beruht offenbar auf einer Reaktion der Basen mit einer Aldehyd- oder Ketogruppe des Kohlenhydrates[3]. Über die Fraktion C'3 ist nur wenig bekannt; sie scheint N-frei zu sein. Der Mechanismus der Komplementbindung und der dadurch bedingten Lyse ist noch nicht ganz klargestellt. Der Prozeß besteht offenbar aus mehreren Phasen, deren erste die Bindung von C'1 ist[5]. Diese Phase findet auch in der Kälte sehr schnell statt, besteht daher vermutlich bloß in Adsorption von C'1. In einer zweiten, nur bei höherer Temperatur stattfindenden Reaktion werden C'2 und C'4 gebunden[5]; dabei sind Calcium-Ionen erforderlich[6]. In dieser zweiten Phase wird vielleicht ein Proenzym (C'1 ?) aktiviert und in ein Enzym umgewandelt, das dann in der terminalen Phase die Membran des Erythrocyten auflöst und dadurch Hämolyse bewirkt.

Die Aufgabe des Kaninchenblut-Antikörpers ist es, die Bindung des Komplements an die roten Blutkörperchen zu vermitteln; man bezeichnet daher den gegen Erythrocyten gerichteten Antikörper als Amboceptor. Zur Hämolyse ist jedoch der Amboceptor nicht unbedingt erforderlich. Man kann Schafblutkörperchen, die mit diazotierter Sulfanilsäure oder Arsanilsäure behandelt sind, durch Präcipitine gegen Sulfanilazoproteine oder Arsanilazoproteine sensibilisieren und dann durch Komplementzusatz Hämolyse erzielen[7, 8]. Dies zeigt, daß dem Amboceptor keinerlei enzymatische Wirkung zukommt.

Die quantitative Bestimmung der 4 Komponenten des Komplements ist schwierig, da die Wirkung einer jeden der 4 Komponenten an die Gegenwart der drei anderen Komponenten gebunden ist und von ihnen beeinflußt wird. Die Bindung der Komponenten hängt auch von der Temperatur, vom Salzgehalt und vom Alter der Präcipitate ab[9]. Ein Vergleich des menschlichen Serums mit dem häufig benutzten Meerschweinchenserum ergab, daß das Menschenserum arm an C'2 und C'3 ist, Meerschweinchenserum arm an C'3. Die üblichen Komplementtitrationen sind daher Titrationen dieser beiden in ungenügender Menge vorhandenen Komponenten[10]. Rinder- und Pferdeserum sind arm an C'2, Schafserum an C'2 und C'4. Durch geeignete Mischungen kann man die Wirksamkeit der unvollkommenen Seren erhöhen, denn die Komplementfraktionen verschiedener Tierarten können einander ersetzen und ergänzen[11].

---

[1] PILLEMER, L., E. ECKER, J. ONKLEY and E. COHN: J. exp. Med. **74**, 297 (1941).
[2] JONSEN, J., W. MANSKI and M. HEIDELBERGER: J. Immunol. **67**, 385 (1951).
[3] ECKER, E., and L. PILLEMER: Ann. N. Y. Acad. Sci. **43**, 63 (1942).
[4] PILLEMER, L., S. SEIFTER and E. ECKER: J. Immunol. **40**, 89, 97, 101 (1941).
[5] LEPOW, I. H., and L. PILLEMER: J. Immunol. **75**, 63 (1955).
[6] MAYER, M. M., and L. LEVINE: J. Immunol. **72**, 511, 516 (1954).
[7] SILVERSTEIN, A. M., and F. MALTANER: J. Immunol. **69**, 197 (1952).
[8] INGRAHAM, J. S.: J. infect. Dis. **91**, 268 (1952).
[9] PILLEMER, L., S. SEIFTER and E. ECKER: J. exp. Med. **75**, 420 (1942).
[10] BIER, O., G. LEYTON, M. MAYER and M. HEIDELBERGER: J. exp. Med. **81**, 449 (1945).
[11] ECKER, E., and S. SEIFTER: Proc. Soc. exp. Biol. Med. **58**, 359 (1945).

Phosphoproteide.

Von

Gerhard Schmidt.

Mit 4 Abbildungen.

A. Definition.

Im strengen Sinne werden als Phosphoproteide nur diejenigen Eiweißkörper bezeichnet, deren prosthetische Gruppen ausschließlich aus Phosphorsäuregruppen bestehen. Durch diese Definition sind die Phosphoproteide vor allem von den Nucleoproteiden scharf unterschieden. Obwohl diese Abgrenzung historisch viel zur Klärung der Klassifizierung der Eiweißkörper beigetragen hat und auch gegenwärtig noch praktisch durchaus brauchbar ist, erscheint es als möglich, daß phosphorhaltige Proteide existieren, für die die obige Definition zu eng gefaßt ist. Sogar diejenigen Phosphoproteide, für die diese Charakterisierung gegeben wurde, wie das Casein, könnten vielleicht einen Teil ihrer Phosphorsäuregruppen in der Form von Pyrophosphatbrücken zwischen Aminosäureketten enthalten. Ferner erscheint es im Hinblick auf die rasch ansteigende Anzahl von Beobachtungen natürlich vorkommender oder enzymatisch gebildeter phosphorsäurehaltiger Aminosäureverbindungen als möglich, daß phosphorsäurehaltige Proteide von bisher unbekannten Struktureigentümlichkeiten der Phosphorsäuregruppen vorkommen. Es sei jedoch hervorgehoben, daß z. Z. noch keine eindeutig bewiesenen Ausnahmen von der oben gegebenen Definition der Phosphoproteide bekannt sind.

Da alle daraufhin untersuchten Phosphoproteide bei geeigneter Säurehydrolyse O-Phosphorylserin[1-5] und in einigen Fällen außerdem O-Phosphorylthreonin[6] lieferten, und da der Phosphor typischer Phosphoproteide durch verdünnte Alkalihydroxydlösungen schon bei 37° als anorganisches Phosphat abgespalten wird[7-10], ist es sehr wahrscheinlich, daß alle Phosphorsäuregruppen der Phosphoproteide in der Form von Phosphorsäureestern von Oxyaminosäuregruppen gebunden sind. Allerdings steht der quantitative Beweis für diese Behauptung noch aus, da es bisher nur möglich war, einen Teil des Phosphoproteidphosphors in der Form von Phosphorsäureestern von Oxyaminosäuren abzuspalten. Ferner ist die Möglichkeit gegenwärtig nicht auszuschließen, daß die bei Säurehydrolyse entstehenden Phosphorsäureester der Oxyaminosäuren vielleicht z. T. sekundär durch Umlagerung der entsprechenden Phosphoramidverbindungen entstanden sein könnten, in Analogie zu der Bildung von O-Serinphosphorsäure und O-Threoninphosphorsäure beim Kochen der Methylester von N-Serin-di-isopropylphosphorsäure[11] und von N-Threonin-di-isopropylphosphorsäure mit 2 n wäßriger Salzsäure.

Die Möglichkeit sekundärer Phosphorylwanderungen während der Säurehydrolyse von Phosphoproteiden ist von Ågren[12] diskutiert worden. Dieser Autor wies nach, daß bei der Säurehydrolyse von Phosphorylinsulin, das durch Behandlung von Insulin mit Amino-

---

[1] Lipmann, F., and P. A. Levene: J. biol. Ch. **98**, 109 (1932).
[2] Schmidt, G.: 14. Int. Congr. Physiol. Rom 1932. S. 228.
[3] Schmidt, G.: H. **223**, 86 (1934).
[4] Lipmann, F.: B. Z. **262**, 9 (1933).
[5] Ågren, G., C.-H. de Verdier and J. Glomset: Acta chem. scand. **8**, 503 (1954).
[6] Verdier, C.-H. de: Acta chem. scand. **7**, 196 (1953).
[7] Plimmer, R. H. A., and W. M. Bayliss: J. Physiol., London **33**, 455 (1906).
[8] Plimmer, R. H. A.: Biochem. J. **7**, 44 (1913).
[9] Siehe jedoch Crosbie, G. W., W. C. Hutchison, W. M. McIndoe, M. Childs and J. N. Davidson: Biochim. biophysica Acta, N. Y. **14**, 580 (1954).
[10] Siehe jedoch Glomset, J.: Acta chem. scand. **11**, 512 (1957).
[11] Plapinger, R. E., and T. Wagner-Jauregg: Am. Soc. **75**, 5757 (1953).
[12] Ågren, G.: Acta chem. scand. **11**, 1089 (1957).

phosphat nach MUELLER und Mitarbeitern[1] hergestellt wurde, O-Phosphorylserin entsteht. Da bei der Reaktion von freiem Histidin mit Aminophosphat die Phosphorylierung an einem der Imidazolstickstoffatome erfolgt, ist es möglich, daß bei entsprechender Behandlung von Insulin ebenfalls Histidingruppen phosphoryliert werden. Obgleich die bisher vorliegenden Beobachtungen Serinhydroxylgruppen als Bindungsorte eines Teiles der Phosphorylgruppen in den Phosphoproteiden keineswegs ausschließen oder auch nur unwahrscheinlich machen, weisen sie doch darauf hin, daß andere strukturelle Möglichkeiten gegenwärtig noch in Betracht gezogen werden müssen. Analoge Möglichkeiten gelten natürlich auch für strukturelle Schlußfolgerungen, die aus dem Nachweis von O-Phosphorylthreonin in Säurehydrolysaten von Phosphoproteiden gezogen worden sind.

Aus diesen Bemerkungen geht hervor, daß sich die Phosphoproteide scharf von den Nucleoproteiden und von nucleotidhaltigen Enzymproteinen unterscheiden. Erstens enthalten die Phosphoproteide keine der organischen Komponenten der Nucleinsäuren oder der Nucleotide. Zweitens sind die Phosphorsäuregruppen der Phosphoproteide in covalenten Bindungen mit Aminosäureresten an das Eiweißmolekül gebunden, während in den Nucleoproteiden wenigstens der größte Teil der Phosphorsäuregruppen der Nucleinsäurekomponenten in salzartiger Bindung mit den Proteinkationen assoziiert ist.

B. Bemerkungen zur Geschichte und zur gegenwärtigen Bedeutung der Phosphoproteidforschung.

Obwohl Casein schon 1839 von MULDER[2] und Nucleinsäuren 1871 von MIESCHER[3] zum ersten Mal dargestellt wurden, sind die eben hervorgehobenen scharfen Unterschiede zwischen den beiden Hauptklassen der phosphorhaltigen Proteine, den Phosphoproteiden und den Nucleoproteiden, erst gegen Ende des vorigen Jahrhunderts als Ergebnis langjähriger Forschung klargestellt worden. Um die Herausarbeitung dieser Unterschiede haben sich vor allem MIESCHER[4], HOPPE-SEYLER[5], KOSSEL[6] und LEVENE[7] verdient gemacht. Eine ausführliche Darstellung der Anfänge der Nucleinsäure- und der Phosphoproteidforschung hat LEVENE[8] in seiner Monographie gegeben. Die charakteristische Alkalilabilität der Phosphorsäuregruppen der Phosphoproteide wurde 1906 von PLIMMER und BAYLISS[9] beschrieben, die damit die erste Grundlage der analytischen Methoden zur Bestimmung des Phosphoproteidphosphors in Geweben gaben. Die Bedeutung der Oxyaminosäuregruppen als der Bindungsorte der Phosphorsäuregruppen in den Molekülen der Phosphoproteide wurde erst viel später von LIPMANN und LEVENE (1932)[10] und von SCHMIDT (1932)[11] gezeigt, die Serinphosphorsäure aus Säurehydrolysaten von Vitellinsäure bzw. ein Dipeptid aus Glutaminsäure und Serinphosphorsäure aus trypsinverdautem Casein isolierten.

Die Isolierung der Phosphoproteide, die bis 1929 auf ziemlich primitive Methoden angewiesen war, wurde in den Laboratorien von LINDERSTRØM-LANG[12], MELLANDER[13] und

[1] MUELLER, T., T. RATHLEV and T. ROSENBERG: Biochim. biophysica Acta, N. Y. **19**, 563 (1956).
[2] MULDER, G. J.: A. **28**, 73 (1838).
[3] MIESCHER, F.: Hoppe-Seylers med.-chem. Unters., S. 502, 1871.
[4] MIESCHER, F.: Die histochemischen und physiologischen Arbeiten. Gesammelt und herausgegeben von seinen Freunden. S. 304. Leipzig 1897. (Vortrag, gehalten vor der naturforschenden Gesellschaft Basel am 19. Februar 1890, nach dem ungedruckt hinterlassenen Konzept.) Siehe auch S. 25 und S. 109.
[5] Hoppe-Seylers med.-chem. Unters. S. 215 (1866).
[6] KOSSEL, A.: H. **10**, 248 (1886).
[7] LEVENE, P. A., u. C. L. ALSBERG: H. **31**, 543 (1900).
[8] LEVENE, P. A., and L. W. BASS: Nucleic Acids. S. 246ff. New York 1931.
[9] PLIMMER, R. H. A., and W. M. BAYLISS: J. Physiol., London **33**, 455 (1906).
[10] LIPMANN, F., and P. A. LEVENE: J. biol. Ch. **98**, 109 (1932).
[11] SCHMIDT, G.: **14**. Int. Congr. Physiol. Rom 1932. S. 228.
[12] LINDERSTRØM-LANG, K., and S. KODAMA: C. R. Lab. Carlsberg **16**, No. 1 (1927).
[13] MELLANDER, O.: Upsala Läk.-Fören. Förh. **52**, 107 (1947).

später vor allem durch WARNER[1] in McMEEKINs Laboratorium in wichtigen Punkten verfeinert. Diese Forscher zeigten, daß Casein aus Kuhmilch ein Gemisch verschiedener Phosphoproteide ist.

Die Untersuchung der Phosphoproteide und ihres Stoffwechsels mit radioaktivem Phosphat und mit chromatographischen Methoden hat seit 1951[2] zu Beobachtungen von großer Tragweite für die Entwicklung dieses Gebietes der Proteinchemie und des Proteinstoffwechsels geführt. Bis zu diesen Arbeiten schien das Vorkommen charakteristischer Phosphoproteide auf Milch und Eidotter beschränkt zu sein, und deren physiologische Bedeutung wurde vor allem als die einer Quelle von Aminosäuren, Phosphor und Calcium für den wachsenden Organismus gedeutet. Der Nachweis kleiner Phosphormengen im Eieralbumin durch OSBORNE und CAMPBELL (1900) und dessen Bestätigung durch MÂCHEBOEUF, SØRENSEN und SØRENSEN (1927)[3] wurde für die Abgrenzung der Phosphoproteide unberücksichtigt gelassen, da erst viel später Beobachtungen über die Natur dieser organischen Phosphorsäuregruppen gemacht werden konnten. Seit diesen Arbeiten weist jedoch eine wachsende Anzahl von Beobachtungen auf die Phosphoproteidnatur mancher Proteine, namentlich mancher Enzyme hin[4-9]. Darüber hinaus kann kaum mehr ein Zweifel an der katalytischen Aktivität der phosphorylierten Aminosäuregruppen vieler solcher Proteine als intermediärer Phosphorsäureüberträger bestehen.

Außerdem ist ein neues Gebiet der Phosphoproteidchemie durch die Entdeckung von MAZUR und BODANSKY[10] eröffnet worden, die 1946 die irreversible Hemmung der Cholinesterase durch Diisopropylfluorphosphat (DFP) beobachteten. MICHEL und KROP[11] stellten 1951 mittels radioaktivem DFP fest, daß dieser Hemmungsstoff eine stabile Verbindung mit der enzymhaltigen Eiweißfraktion bildet und daß sowohl deren Entstehung als auch die Hemmung des Enzyms durch die Gegenwart von Acetylcholin verhindert wird. Dies ist kaum anders zu erklären als durch die Annahme, daß DFP an ein enzymatisches Wirkungszentrum des Enzymmoleküls gebunden wird. WEBB[12] fand 1948, daß kristallisiertes Chymotrypsin gleichfalls durch DFP irreversibel gehemmt wird, und JANSEN und BALLS[13] berichteten 1949 über eine entsprechende Hemmung von kristallisiertem Trypsin. An diesen kristallisierten Enzymproteinen, deren inaktive DFP-Verbindungen gleichfalls in kristallisierter Form erhalten werden konnten, wurde gezeigt, daß in jedem Fall *ein* Molekül DFP mit *einem* Molekül des Enzyms unter Abspaltung von HF reagierte; durch Säurehydrolyse der DFP-Enzymproteine und durch darauffolgende Ionenaustauschchromatographie wurden aus allen solchen Verbindungen in befriedigender Ausbeute (z. B. 30% des inkorporierten DFP) radioaktives O-Phosphoserin[14] und O-Phosphoserinhaltige Peptide[15] erhalten, auch aus gereinigter DFP-Cholinesterase. DFP-Trypsin reagiert nicht mit den spezifischen Trypsinhemmstoffen aus Pankreas und aus Sojabohnen. Chymotrypsinogen sowie eine Reihe untersuchter unspezifischer Eiweißstoffe verbinden sich nicht mit DFP. Aus diesen Beobachtungen sowie aus der Tatsache, daß sich trotz der erheblichen Anzahl der in den gehemmten Enzymproteinen vorhandenen Seringruppen jeweils nur *eine* Seringruppe je Eiweißmolekül mit DFP verbindet, geht hervor, daß die Reaktion von DFP mit den Enzymproteinen von feinen, sehr spezifischen Struktur-

[1] WARNER, R. C.: Am. Soc. **66**, 1725 (1944).
[2] DAVIDSON, J. N., S. C. FRAZER and W. C. HUTCHISON: Biochem. J. **49**, 311 (1951).
[3] MÂCHEBOEUF, M., M. SØRENSEN et S. P. L. SØRENSEN: C. R. Lab. Carlsberg **16**, No. 12 (1927).
[4] NORTHROP, J. H.: J. gen. Physiol. **13**, 739 (1930).
[5] HERRIOTT, R. M.: J. gen. Physiol. **21**, 501 (1938).
[6] FLAVIN, M.: Fed. Proc. **13**, 208 (1954). J. biol. Ch. **210**, 771 (1954).
[7] ÅGREN, G.: Acta chem. scand. **10**, 152 (1956). — Uppsala Univ. Årssivrift 1958: 5.
[8] ÅGREN, G., and L. ENGSTRØM: Acta chem. scand. **10**, 489 (1956).
[9] RALL, T. W., E. W. SUTHERLAND and W. D. WOSILAIT: J. biol. Ch. **218**, 483 (1956).
[10] MAZUR, A., and O. BODANSKY: J. biol. Ch. **163**, 261 (1946).
[11] MICHEL, H. O., and S. KROP: J. biol. Ch. **190**, 119 (1951).
[12] WEBB, E. C.: Biochem. J. **42**, 96 (1948).
[13] JANSEN, E. F., and A. K. BALLS: J. biol. Ch. **194**, 721 (1952).
[14] SCHAFFER, N. K., S. C. MAY and W. H. SUMMERSON: J. biol. Ch. **206**, 201 (1954).
[15] SCHAFFER, N. K., S. HARSHMAN and R. R. ENGLE: J. biol. Ch. **214**, 799 (1955).

eigentümlichkeiten der reagierenden Seringruppe abhängt, die mit den für die Reaktion des betreffenden Enzyms mit seinen Substraten verantwortlichen Gruppen höchstwahrscheinlich nahe verwandt sind. Im Gegensatz zu der Spezifität der DFP-Reaktion können aus vielen Proteinen nach NEUBERG[1] durch Phosphoroxychlorid bei höherer Temperatur phosphorreiche Derivate synthetisiert werden, in denen ein großer Teil der Alkoholgruppen der Proteine mit Phosphorsäure verestert ist.

C. Allgemeine Reaktionen der Phosphoproteide.

Die Möglichkeit, die Phosphoproteide von den meisten anderen Proteinen analytisch zu unterscheiden, ist vor allem durch das Verhalten ihrer *Phosphorsäuregruppen* gegeben. Die relativ phosphorreichen Vertreter der Gruppe (Caseine, Vitelline) sind wasserunlösliche Säuren, deren Alkalisalze in Wasser löslich sind. Die Phosphorsäuregruppen werden durch normale oder doppelt normale Lösungen von Mineralsäuren nur langsam und unvollständig bei mehrstündigem Erhitzen im kochenden Wasserbad als Orthophosphorsäure abgespalten. Da unter diesen Bedingungen gleichzeitig ein beträchtlicher Teil der Peptidbindungen hydrolysiert wird, ist es möglich, aus Säurehydrolysaten von Phosphoproteiden Serinphosphorsäure[2, 3] und Threoninphosphorsäure[4] sowie phosphorsäurehaltige Peptide[5, 6] zu isolieren.

Werden die Bedingungen der Säurehydrolyse so drastisch gewählt (längeres Erhitzen mit 6 n Salzsäure auf 100°), daß ein großer Teil des Phosphoproteid- (oder des Phosphopeptid-) Phosphors als Orthophosphorsäure abgespalten wird, so wird die Abspaltung der Phosphorsäuregruppen gewöhnlich von weitgehender Zerstörung derjenigen Seringruppen begleitet, die ursprünglich mit Phosphorsäure verestert waren. Diese Seringruppen werden hierbei hauptsächlich zu Brenztraubensäure abgebaut.

Im Gegensatz zu der relativen Resistenz der Phosphorsäurebindungen gegen Säuren steht ihre charakteristische *Labilität gegen verdünnte Alkalien.* PLIMMER und BAYLISS[7] fanden, daß die Phosphorsäuregruppen der Caseine wie der Vitelline durch 24stündige Inkubation in 0,25 n Natronlauge quantitativ als Orthophosphat abgespalten werden. Die Alkalilabilität der Phosphorsäuregruppen der Phosphoproteide steht im Gegensatz zu der Alkalistabilität von Serinphosphat. Möglicherweise ist die erstere durch Enolisierung der vicinalen Peptidgruppen bedingt, in Analogie zu anderen, charakteristischen Reaktionen serinhaltiger Peptide, die von NICOLET, SHINN und SAIDEL[8] studiert wurden. Leider liegen bisher keine systematischen Untersuchungen über das Verhalten der Phosphorsäuregruppen in Serinphosphat und in reinen Peptiden der Serinphosphorsäure gegen hydrolysierende Agentien vor (s. auch S. 647, s. ferner[9-11]).

Das eben beschriebene Verhalten der Phosphorsäuregruppen der Phosphoproteide gegen Alkalien bzw. gegen Säuren liegt einigen Methoden zum Nachweis und zur Bestimmung von Phosphoproteiden in Geweben zugrunde.

Der Verlauf der Dephosphorylierung der Phosphoproteide bei alkalischer Reaktion ist nicht nur vom p_H, sondern auch von der Natur der Kationen abhängig. Besonders durch Bariumionen, in schwächerem Maße auch durch Magnesium-, Kobalt- und Eisen(III)-ionen, jedoch nicht durch Molybdän^{+++}, wird die Abspaltung der Phosphorylgruppen

[1] NEUBERG, C., u. W. OERTEL: B. Z. **60**, 491 (1914).
[2] LIPMANN, F., and P. A. LEVENE: J. biol. Ch. **98**, 109 (1932).
[3] ÅGREN, G., C.-H. DE VERDIER and J. GLOMSET: Acta chem. scand. **8**, 503 (1954).
[4] VERDIER, C.-H. DE: Acta chem. scand. **7**, 196 (1953).
[5] LEVENE, P. A., and D. W. HILL: J. biol. Ch. **101**, 711 (1933).
[6] VERDIER, C.-H. DE: Acta chem. scand. **8**, 1302 (1954).
[7] PLIMMER, R. H. A., and W. M. BAYLISS: J. Physiol., London **33**, 455 (1906).
[8] NICOLET, B. H., L. A. SHINN and L. J. SAIDEL: J. biol. Ch. **142**, 609 (1942).
[9] SUNDARARAJAN, T. A., K. S. V. SAMPATH KUMAR and P. S. SARMA: Biochim. biophysica Acta, N. Y. **28**, 148 (1958).
[10] BAMANN, E., H. TRAMPMANN u. A. SCHEUGART: Ber. **88**, 1726 (1955).
[11] GREENSTEIN, T. P.: Adv. Enzymol. **8**, 117 (1948).

beschleunigt. Wieweit dieser Einfluß durch Entionisierung des entstandenen Phosphates oder durch die Bildung von Metall-Eiweißkomplexen bedingt ist, läßt sich aus den vorliegenden Beobachtungen nicht ohne weiteres entnehmen.

D. Nachweis und Bestimmung der Phosphoproteide in Geweben und Körperflüssigkeiten.

***Bestimmung von Phosphoproteid-Phosphor nach* PLIMMER *nach der Methode von* SCHMIDT *und* THANNHAUSER[1].**

Prinzip:

Die nach der Extraktion der Lipoide und der säurelöslichen Phosphorverbindungen aus tierischen Geweben im unlöslichen Rückstand verbleibenden Phosphorsäurefraktionen enthalten den gesamten Phosphoproteid- und Nucleoproteid-Phosphor und in gewissen Geweben — wie bei markhaltigen Nerven — beträchtliche Mengen an unextrahierbarem Lipoidphosphor, der von Inositphosphatiden herrührt[2,3]. Durch 24stündige Inkubation des Rückstandes mit 0,25 n Kalilauge wird der Phosphoproteidphosphor quantitativ in Orthophosphat übergeführt, während alle übrigen Phosphorverbindungen, soweit sie überhaupt gespalten werden, organische Phosphorverbindungen als Hydrolyseprodukte liefern.

Reagentien:

1. Trichloressigsäure, 15%ig.
2. Trichloressigsäure, 2%ig.
3. Äthanol-Äther 3:1 (v/v).
4. 0,3 n NaOH.
5. 6 n HCl.
6. Ammoniak, 10%ig.
7. Thymolphthalein als Indicator.
8. $CaCl_2$, 10%ig.
9. $MgCO_3$, 1%ige Suspension.
10. Ammoniak, 0,5%ig.

Ausführung:

Da Gewebe und Körperflüssigkeiten außer Milch und Eidotter nur sehr geringe Mengen von Phosphoproteiden enthalten, sind zur Bestimmung Mengen von mindestens 1 g frischen Gewebes nötig. Eidotter und Kuhmilch enthalten 100 mg-% bzw. 30 mg-% Phosphoproteidphosphor. Nach Enteiweißung in 7,5%iger Trichloressigsäure in der Kälte wird der Niederschlag in einem kleinen Büchner-Trichter über einer dünnen Lage Kieselgur abgesaugt und etwa 10mal mit *reichlichen* Mengen einer etwa 2%igen eiskalten Trichloressigsäurelösung gewaschen. Die Trichloressigsäure wird durch mehrmaliges Waschen mit Alkohol und Äther entfernt, und die Lipoide werden aus dem pulvrigen Filterrückstand durch Kochen mit Alkohol-Äthermischung (75:25 v/v) während 5 min extrahiert. Das entfettete Pulver wird mit 0,3 n Natronlauge (5 cm^3/g frischen Gewebes) für 24 Std im Schüttelthermostaten bei 37° inkubiert und die Suspension durch Zentrifugieren geklärt. Ein aliquoter Teil wird durch Zusatz von $^1/_5$ Vol. 6 n Salzsäure und von 1 Volumenteil 7,5%iger Trichloressigsäure von koagulablen Eiweißspaltprodukten befreit. Nach Abfiltrieren des Niederschlages wird ein aliquoter Teil des Filtrates mit 10%igem Ammoniak gegen Thymolphthalein alkalisiert und das anorganische Phosphat durch Zusatz von 1 cm^3 10%iger Calciumchloridlösung und 0,5 cm^3 einer 1%igen Suspension von Magnesiumcarbonat nach DELORY[4] quantitativ ausgefällt. Nach 1stündigem Stehen im Eisschrank wird der Niederschlag abzentrifugiert und 2mal mit 0,5%igem Ammoniak gewaschen. Der Rückstand wird in verdünnter Trichloressigsäure gelöst und die Phosphorsäure nach FISKE und SUBBAROW[5] bestimmt. (Modifikationen für kleine Mengen von Phosphoproteidphosphor s. S. 623f.)

---

[1] SCHMIDT, G., and S. J. THANNHAUSER: J. biol. Ch. **161**, 83 (1945).
[2] FOLCH, J., and F. N. LE BARON: Fed. Proc. **10**, 183 (1951).
[3] FOLCH, J., and F. N. LE BARON: Fed. Proc. **12**, 203 (1953).
[4] DELORY, G. E.: Biochem. J. **32**, 1161 (1938).
[5] FISKE, C. H., and Y. SUBBAROW: J. biol. Ch. **66**, 375 (1925).

Bemerkungen zur Anwendung der Schmidt-Thannhauser-Technik zur Bestimmung der spezifischen Radioaktivität von Phosphoproteidphosphor in Versuchen mit ^{32}P. Von allen bisher bekannten Phosphorsäureverbindungen der Gewebe werden nur Phosphorsäureester, die eine Carbonylgruppe enthalten, ferner Enolphosphorsäureester durch Alkalien unter den oben definierten Bedingungen unter Bildung von Orthophosphat gespalten. Da alle bekannten Phosphorsäuregruppen dieser Art zur säurelöslichen Phosphorfraktion der Gewebe gehören, nur in minimalen Mengen in Geweben vorkommen und während der Vorbehandlung des Materials entfernt werden, ist die Spezifität der Methode gut begründet. Die in Materialien mit reichlichem Phosphoproteidgehalt bestimmten Werte können daher als genau angesehen werden. Die Konzentration der Phosphoproteide in den meisten Geweben ist jedoch so außerordentlich niedrig, daß die Resultate in solchen Fällen aus allgemeinen analytischen Erwägungen als approximativ betrachtet werden müssen.

Besondere Vorsichtsmaßregeln sind bei der Anwendung der oben beschriebenen Methode zu Inkorporationsversuchen mit radioaktivem Phosphat erforderlich. Nach den Erfahrungen von DAVIDSON[1] sowie SCHMIDT[2] enthalten die nach der geschilderten Methode dargestellten Proteinniederschläge stets kleine Mengen adsorbierter anorganischer Phosphorsäure, die zwar bei chemischen Bestimmungen vernachlässigt werden können, jedoch für Radioaktivitätsmessungen eliminiert werden müssen. Dies ist nur durch Extraktion der säureextrahierten und entfetteten Proteinniederschläge mit verdünntem Ammoniak, Zusatz von nichtradioaktivem Phosphat, Umfällung durch Ansäuern und Wiederholung dieses Verfahrens möglich. Diese Umfällungen müssen selbstverständlich *vor* der Alkalihydrolyse vorgenommen werden. Für Bestimmungen der spezifischen Radioaktivität ist daher das weiter unten beschriebene Verfahren der chromatographischen Isolierung von Serinphosphat aus Säurehydrolysaten der Proteinniederschläge der oben beschriebenen Technik vorzuziehen.

Eine weitere Fehlerquelle bei Bestimmung der Radioaktivität ist nach VLADIMIROFF und Mitarbeitern[3] die Adsorption von kleinen Mengen organischer Phosphorsäureverbindungen (Nucleotiden) an die nach DELORYs[4] Methode gewonnenen Niederschläge von anorganischem Phosphat, das nach der Alkalihydrolyse der Phosphoproteidfraktion entsteht. Dieser Fehler kann dadurch vermieden werden, daß man nicht die Lösungen der Phosphatniederschläge direkt zu Bestimmungen der Radioaktivität verwendet, sondern ihnen die nach Zusatz des Ammoniummolybdatreagens quantitativ gebildete Phosphomolybdänsäure nach BERENBLUM und CHAIN[5-8] mit Isobutanol entzieht (s. Bd. III, S. 165f. und 466f.) und den so erhaltenen Extrakt sowohl zur colorimetrischen Bestimmung als auch zu den Radioaktivitätsmessungen verwendet. Da jedoch bei dieser Arbeitsweise der durch Adsorption von präformierter anorganischer Phosphorsäure an die ersten Trichloressigsäurefällung erhaltenen Gewebsproteine bedingte Fehler unberücksichtigt bleibt, müssen beide in diesem Abschnitt beschriebenen Methoden kombiniert angewandt werden.

Bemerkungen zur chemischen Bestimmung von anorganischem Phosphat in Phosphoproteidhydrolysaten. Die im Vorhergehenden diskutierten Schwierigkeiten, die bei der chemischen Bestimmung des Phosphoproteidphosphors zu berücksichtigen sind, gelten selbstverständlich allgemein für die Bestimmung von anorganischem Phosphat in Gegenwart von kolloidalen Eiweißabbauprodukten, wie Albumosen und Peptonen. Sie müssen

[1] DAVIDSON, J. N., S. C. FRAZER and W. C. HUTCHISON: Biochem. J. **49**, 311 (1951).
[2] SCHMIDT, G., and H. M. DAVIDSON: Biochim. biophysica Acta, N. Y. **19**, 116 (1956).
[3] VLADIMIROV, G. E., T. N. IVANOVA u. N. I. PRAVDINA: Biochimija, Moskva **21**, 155 (1956) (S. 151 der engl. Übers.).
[4] DELORY, G. E.: Biochem. J. **32**, 1161 (1938).
[5] BERENBLUM, I., and E. CHAIN: Biochem. J. **32**, 295 (1938).
[6] MARTIN, J. B., and D. M. DOTY: Analyt. Chem., Washington **21**, 965 (1949).
[7] BAJAJ, V., and P. S. KRISHNAN: Arch. Biochem. **47**, 34 (1953).
[8] WEIL-MALHERBE, H., and R. H. GREEN: Biochem. J. **49**, 286 (1951).

in allen Untersuchungen über die Bildung von Orthophosphat bei der chemischen oder enzymatischen Degradierung von Phosphoproteiden durch geeignete Modifikationen der Technik der Phosphatbestimmung beseitigt werden. Keine der Methoden, die auf der Anwendung von Molybdatreagentien beruhen (z. B. die Methoden von EMBDEN und von FISKE und SUBBAROW), kann direkt an solchen Hydrolysaten durchgeführt werden. Entweder muß das Phosphat vor der gravimetrischen oder colorimetrischen Bestimmung von den Eiweißabbauprodukten befreit werden (Technik von DELORY oder von BERENBLUM und CHAIN) oder die Eiweißabbauprodukte müssen vor dem Zusatz der Molybdänreagentien aus der Lösung entfernt werden.

Die Fällung von Orthophosphat als Ammoniummagnesiumphosphat ist für Bestimmungen der Radioaktivität von Phosphoproteidphosphor in Versuchen mit ^{32}P nur dann zu empfehlen, wenn die Kenntnis der Aktivität je mg Phosphoproteinphosphors unwesentlich ist, da in solchen Experimenten durch Zusatz genügender Mengen von unmarkiertem Phosphat immer eine nahezu quantitative Kristallisation von Ammoniummagnesiumphosphat erreicht werden kann. Ohne solchen Zusatz werden die kleinen Mengen Phosphat, die aus dem Phosphoproteid selbst herstammen, ganz oder teilweise in Lösung gehalten.

Die Mitfällung organischer Verunreinigungen verursacht häufig Schwierigkeiten bei der Benutzung der von DELORY eingeführten und von SCHMIDT und THANNHAUSER für die Bestimmung des Phosphoproteidphosphors angewandten Ausfällung von Orthophosphat durch Zusatz von Calciumchlorid und Magnesiumcarbonat zu den alkalisierten Trichloressigsäurefiltraten von Phosphoproteidhydrolysaten. Obgleich die Ausfällung von Phosphat nach DELORY quantitativ ist, treten bei der colorimetrischen Phosphorbestimmung an Lösungen solcher DELORY-Niederschläge häufig störende Trübungen auf, die durch Adsorption von Eiweißabbauprodukten an die DELORY-Niederschläge bedingt sind. Solche Trübungen werden vermieden, wenn die Phosphorbestimmung an DELORY-Niederschlägen nach der Isobutanolmethode von BERENBLUM und CHAIN durchgeführt wird (s. Bd. III, S. 165f. und 466f.).

Nach unveröffentlichten Erfahrungen von SCHMIDT und LISS ist jedoch das einfachste Verfahren die Entfernung der störenden Eiweißabbauprodukte durch Adsorption an einen Kationenaustauscher von genügender Kapazität (*Amberlite IR 100*, Analytical Grade; Roehm and Haas Company Inc. Philadelphia, Pennsylvania; *Dowex 50*, Acid Form. Dow Chemicals, Inc. Midland, Michigan). Zum Beispiel werden 5 cm³ Trichloressigsäurefiltrat, das durch Fällung des tryptischen Hydrolysates einer 2%igen Caseinlösung durch Zusatz eines gleichen Volumenteiles 15%iger Trichloressigsäure erhalten wird, mit 1 g Dowex 50 für 10 min mechanisch gerührt. Nach Auffüllung der Suspension auf ein geeignetes Volumen und Filtration kann in der klaren Lösung der Phosphor direkt nach FISKE und SUBBAROW bestimmt werden. In Zusatzversuchen mit bekannten Mengen von Orthophosphat wurden ausnahmslos quantitative Ausbeuten erhalten.

***Bestimmung von Phosphoproteid-Phosphor nach* SCHNEIDER[1,2].**

Prinzip:

Dem von säurelöslichen Verbindungen und von Lipoiden befreiten Gewebepulver werden die Nucleinsäuren quantitativ durch 15 min langes Erhitzen mit 5%iger Trichloressigsäure bei 90° entzogen. Unter diesen Bedingungen bleibt der gesamte Phosphoproteidphosphor in organischer Form im unlöslichen Rückstand und kann in der gewaschenen Proteinfraktion nach Veraschen bestimmt werden.

Reagentien:

1. Trichloressigsäure, 10%ig.
2. Trichloressigsäure, 5%ig.
3. NaOH, 2%ig.

[1] SCHNEIDER, W. C.: J. biol. Ch. **161**, 293 (1945).
[2] SCHNEIDER, W. C.: J. biol. Ch. **164**, 747 (1946).

Ausführung:

Das Gewebe wird in der oben beschriebenen Weise (S. 622) von säurelöslichen Verbindungen befreit und entfettet. Der von 200 mg frischem Gewebe erhaltene Rückstand wird in 1,2 cm^3 Wasser suspendiert, und die Suspension wird nach Vermischen mit 1,3 cm^3 kalter, 10%iger Trichloressigsäurelösung zentrifugiert. Der Rückstand wird in 5 cm^3 5%iger Trichloressigsäurelösung suspendiert, die Suspension für 15 min in einem Wasserbad von 90° erhitzt, abgekühlt und zentrifugiert. Nach Waschen mit 5%iger Trichloressigsäure wird der Rückstand in 5 cm^3 2%iger Natronlauge durch 10 min langes Digerieren im kochenden Wasserbad gelöst. In der Lösung wird der Gesamtphosphor nach FISKE und SUBBAROW[1] bestimmt.

Bemerkungen zur Bestimmung der Phosphoproteide nach SCHNEIDER. Offensichtlich ist die Spezifität der Schneiderschen Methode weniger streng als die von Bestimmungen, welche auf der von PLIMMER[2, 3] entdeckten Alkalilabilität der Phosphorylgruppen der Phosphoproteide aufgebaut sind. Die Interpretation der nach SCHNEIDER erhaltenen Werte als Phosphoproteidphosphor setzt daher voraus, daß die Extraktion der Eiweißfraktion mit heißer Trichloressigsäure alle anderen möglicherweise vorhandenen Phosphorverbindungen entfernt. Das Zutreffen dieser Voraussetzungen wurde bisher nur für die Nucleinsäuren, jedoch nicht für Substanzen wie Inositphosphorsäureverbindungen bewiesen, die in manchen Geweben einen sehr erheblichen Anteil der entfetteten und mit kalter Trichloressigsäure extrahierten Eiweißfraktion ausmachen[4-7].

Obgleich daher die Deutung dieser Werte weiterer Untersuchungen bedarf, ist die Behandlung der Gewebeeiweißfraktion nach SCHNEIDER eine unentbehrliche Methode für die Analyse der Phosphoproteide, da sie die chromatographische Isolierung kleinster Mengen eiweißgebundener, phosphorylierter Aminosäuregruppen nach vorhergehender Markierung mit ^{32}P gestattet (s. folgenden Abschnitt).

***Nachweis von Phosphorylserin in entfetteten, säure-extrahierten Gewebsproteinen (Schneider-Fraktion) nach* ÅGREN *und Mitarbeitern*[8].**

Prinzip:

Der chromatographische Nachweis der Phosphoseringruppen wird durch Vorbehandlung der lebenden Organismen mit hohen Dosen radioaktiven Phosphates erleichtert. Sechs Ratten wurde 1 μC ^{32}P-Phosphat je g Körpergewicht 4 Std vor der Tötung subcutan injiziert. Zur Isolierung von kristallisiertem ^{32}P-Serin wurden 4 kg Hefe durch 2stündige Kultivierung in Gegenwart von 2 mC trägerfreiem ^{32}P-Phosphat in dem von JUNI und Mitarbeitern[9] beschriebenen Medium gewonnen. Die nach SCHNEIDER erhaltenen Gewebsproteine werden nach LIPMANN[10] mit 2 n Salzsäure während 20 Std im siedenden Wasserbad unter Rückfluß hydrolysiert. Das Hydrolysat befreit man vom größten Teil der Salzsäure durch wiederholtes Eindampfen unter vermindertem Druck und läßt es, wenn nötig, zur Entfernung von Huminsubstanzen durch eine kurze Säule von Tierkohle tropfen. Aus der Lösung werden die mit den Waschwässern vereinigten phosphorylierten Aminosäuren und Peptide nach Konzentrierung zu einem Volumen von wenigen Kubikzentimetern an eine Säule (120×4 cm) des Kationen-Adsorbens Dowex 50 (8% Querbindungen) (Dow Chemicals Corporation, Midland, Michigan, USA) adsorbiert und mit 0,01 n Salzsäure eluiert. Das Elutionsdiagramm wird durch Bestimmung der

1 FISKE, C. H., and Y. SUBBAROW: J. biol. Ch. **66**, 375 (1925).
2 PLIMMER, R. H. A., and W. M. BAYLISS: J. Physiol., London **33**, 455 (1906).
3 PLIMMER, R. A. H.: Biochem. J. **7**, 44 (1913).
4 SCHMIDT, G., and S. J. THANNHAUSER: J. biol. Ch. **161**, 83 (1945).
5 FOLCH, J., and F. N. LE BARON: Fed. Proc. **10**, 183 (1951).
6 DAVIDSON, J. N., and R. M. S. SMELLIE: Biochem. J. **52**, 599 (1952).
7 HUTCHISON, W. C., G. W. CROSBIE, C. B. MENDES, W. M. MCINDOE, M. CHILDS and J. N. DAVIDSON: Biochim. biophysica Acta, N. Y. **21**, 44 (1956).
8 ÅGREN, G., C.-H. DE VERDIER and J. GLOMSET: Acta chem. scand. **8**, 503 (1954).
9 JUNI, E., M. D. KAMEN, J. M. REINER and S. SPIEGELMAN: Arch. Biochem. **18**, 387 (1948).
10 LIPMANN, F.: B. Z. **262**, 9 (1933).

Radioaktivität der eluierten Fraktionen aufgenommen. Die der anorganischen Phosphorsäure folgende radioaktive Fraktion wird zur Identifizierung mit Serinphosphorsäure gemischt, an eine Säule von Dowex 1 (100—200 mesh) adsorbiert und mit 0,01 n Salzsäure eluiert. In dieser Weise wurden z. B. aus 4 kg Hefe 80 mg kristallisiertes, radioaktives Phosphorylserin dargestellt.

Da viele Einzelheiten der Versuchstechnik den Erfordernissen des jeweils analysierten Materials angepaßt werden müssen und da die Methodik des Nachweises von Phosphorylserin und Phosphorylthreonin in Proteinen z. Z. sich noch in rascher Entwicklung befindet, muß für die Beschreibung der einzelnen Manipulationen auf die Originalarbeiten verwiesen werden.

***Papierchromatographischer Nachweis phosphorylierter Aminosäuren und Polypeptide nach* Ågren *und* Glomset**[1]. Es eignet sich ein Gemisch von Benzol, Wasser und Propionsäure (25/25/62 v/v/v) für Phosphopeptone[1] bzw. Isobuttersäure und Ammoniak[2] für Phosphoserin. Diese beiden Gemische eignen sich sowohl zu ein- als auch zweidimensionaler Papierchromatographie (in der oben eingehaltenen Reihenfolge).

Ninhydrinreaktion. Während Chromatogramme der phosphorylierten Aminosäuren mit der gebräuchlichen 0,25%igen Lösung von Ninhydrin in Butanol entwickelt werden können, versagt dieses Reagens bei höheren Phosphopeptiden. Für die letzteren Substanzen muß das von Lewis[3] angegebene Ninhydrinreagens angewandt werden.

Ninhydrinreagens nach Lewis[3]. In eine 0,4%ige (w/v) Lösung von Ninhydrin in 10%igem (v/v) wäßrigem Isopropanol werden unmittelbar vor dem Bestäuben des Chromatogramms 5 % Collidin gegeben. Das Chromatogramm wird zum Entwickeln für 20—25 min in einem Bleitank aufgehängt, auf dessen Boden sich ein elektrisch geheiztes Wasserbad befindet und dessen Dampfraumtemperatur mittelst elektrischer Glühlampen auf einer Temperatur zwischen 80° und 90° gehalten wird.

***Chromatographischer Nachweis von Phosphoproteid-Phosphor in Abbauprodukten der Phosphoproteide nach* Ågren *und* Glomset**[1]. Zur Papierchromatographie von Phosphopeptiden eignet sich mit Essigsäure und Wasser gewaschenes Papier (Munktell No. OB). Das Chromatogramm wird mittels eines Zerstäubers mit gesättigter äthylalkoholischer Kalilauge behandelt, 10 min lang auf 100° erhitzt und dieser Behandlung zum Zweck der Hydrolyse der phosphorylierten Produkte nochmals unterworfen. Das nunmehr intensiv gelb gefärbte Papier wird für 30 min in einer Chlorwasserstoffatmosphäre gehalten. Das weiß gewordene Chromatogramm wird dann mit einer Molybdatlösung behandelt, die durch Eingießen einer 5%igen wäßrigen Ammoniummolybdatlösung (100 cm³) in 35 cm³ konzentrierte Salpetersäure (spez. Gew. 1,2) erhalten wurde. Nach 15 min langem Trocknen wird das Chromatogramm mit einer Benzidinlösung bestäubt, die durch Auflösen von 0,05 g Benzidin oder Benzidinchlorid in 10 cm³ Eisessig und Verdünnung der Lösung mit Wasser auf 100 cm³ bereitet wurde. Das Chromatogramm wird dann sofort in einem Glastrog mit Ammoniakgas aufgehängt, worauf nach ganz kurzer Zeit die Entwicklung der Peptidphosphorsäureflecke mit blauer Farbe beginnt.

Die Empfindlichkeitsgrenze der Methode ist eine Menge von 0,025 mg eines Peptides mit 5% Phosphor.

Bemerkungen zum Nachweis von Phosphoproteid-Phosphor in der Form von Phosphoserin oder anderen phosphorylierten Aminosäuren. An sich erscheint die Spezifität des chromatographischen Nachweises phosphorylierter Oxyaminosäureverbindungen derjenigen der übrigen Methoden überlegen zu sein. Ågren und seine Mitarbeiter haben allerdings darauf hingewiesen, daß die bei der Säurehydrolyse der Gewebs-

[1] Ågren, G., and J. Glomset: Acta chem. scand. **7**, 1071 (1953).
[2] Magasanik, B., E. Vischer, R. Doniger, D. Elson and E. Chargaff: J. biol. Ch. **186**, 37 (1950). 10 Volumina Isobuttersäure und 6 Volumina 0,5 n Ammoniak.
[3] Lewis, P. R.: Biochem. J. **52**, 330 (1952).

proteine entstehenden phosphorylierten Aminosäuren ihren Ursprung in Phospholipoiden haben könnten, die bei der Entfettung der Proteine im Rückstand verblieben sein könnten. Die Gegenwart unextrahierbarer Phospholipoide wurde durch die Arbeiten von FOLCH[1, 2] und von ROSSITER[3] und deren Mitarbeitern vor allem für Nervengewebe nachgewiesen. Dem Verfasser des vorliegenden Kapitels erscheint es jedoch als unwahrscheinlich, daß die Säurehydrolyse der bisher bekannten Phosphatide zur Bildung meßbarer Mengen von Aminosäure-phosphorsäureestern führen würde. Die Hauptprodukte der Hydrolyse der glycerinhaltigen Phosphatide sind vielmehr Glycerinphosphorsäure und die entsprechenden freien Aminoalkohole. Nur im Falle von Sphingomyelin hat RENNKAMP[4] nach Erhitzen des Lipoids mit methylalkoholischer Salzsäure die Hauptmenge der phosphorhaltigen Hydrolyseprodukte als Phosphorylcholin identifiziert. Es ist jedoch zuzugeben, daß eine systematische Untersuchung der immerhin möglichen Entstehung kleiner Mengen phosphorylierter Aminosäuren bei der Säurehydrolyse von Kephalinen noch aussteht.

E. Spezielle Chemie der Phosphoproteide.

1. Einleitung.

Trotz der schon erwähnten Tatsache, daß mit der Verfeinerung der Analysenmethoden die Phosphoproteidnatur einer zunehmenden Anzahl von Eiweißkörpern (z. B. von kristallisiertem Eieralbumin und Pepsin) erkannt wird, die bisher zu anderen Klassen der Proteine gerechnet wurden, beschränkt sich die folgende Beschreibung aus praktischen Gründen auf die herkömmlicherweise als die typischen Vertreter dieser Klasse von Eiweißkörpern aufgefaßten Substanzgruppen, nämlich auf die Caseine der Milch und die Vitelline des Eidotters. Eine gewisse sachliche Berechtigung zu dieser theoretisch willkürlichen Beschränkung ist durch die Tatsache gegeben, daß diese beiden Gruppen von Eiweißkörpern sich durch ihren ungleich höheren Phosphorgehalt von den erst erwähnten phosphorhaltigen Proteinen unterscheiden. Der hohe Phosphorsäuregehalt der ersteren Gruppe ist ein bestimmender Faktor für einige ihrer physikalisch-chemischen Eigenschaften, während der Phosphorsäuregehalt von z. B. Eieralbumin oder Pepsin zu gering ist, um sich im physikalischen Verhalten dieser Proteine in charakteristischer Weise bemerkbar zu machen.

2. Die Caseine.

Die Caseine stellen den überwiegenden Eiweißbestandteil der Milch der meisten untersuchten Säugetierarten dar. In der Frauenmilch ist die Konzentration der Caseinfraktion ähnlich der der Molkenproteine. Die folgende Beschreibung bezieht sich hauptsächlich auf die Caseinfraktion der Kuhmilch, die bisher weitaus am gründlichsten untersucht worden ist. Das Casein der Kuhmilch besteht aus mindestens 4 verschiedenen Phosphoproteiden[5–12], die als α-, β-, γ- und $\varkappa$-Casein bezeichnet werden und von denen die β- und γ-Komponente in elektrophoretisch einheitlicher Form gewonnen werden können, während die α-Komponente selbst ein Gemisch von mindestens 2 Phosphoproteiden ist.

[1] FOLCH, J., and F. N. LE BARON: Fed. Proc. **10**, 183 (1951).
[2] FOLCH, J., and F. N. LE BARON: Fed. Proc. **12**, 203 (1953).
[3] DELUCA, H. A., R. J. ROSSITER and K. P. STRICKLAND: Biochem. J. **55**, 193 (1953).
[4] RENNKAMP, F.: H. **284**, 215 (1949).
[5] LINDERSTRØM-LANG, K., and S. KODAMA: C. R. Lab. Carlsberg **16**, No. 1 (1927).
[6] MELLANDER, O.: B. Z. **300**, 240 (1939).
[7] HIPP, N. J., M. L. GROVES, J. H. CUSTER and T. L. MCMEEKIN: J. Dairy Sci. **35**, 272 (1952).
[8] OSBORNE, T. B., and A. J. WAKEMAN: J. biol. Ch. **33**, 243 (1918).
[9] WAUGH, D. F., and P. H. VON HIPPEL: Am. Soc. **78**, 4576 (1956).
[10] SVEDBERG, T., L. M. CARPENTER and D. C. CARPENTER: Am. Soc. **52**, 241 (1930).
[11] SVEDBERG, T., L. M. CARPENTER and D. C. CARPENTER: Am. Soc. **52**, 701 (1930).
[12] PEDERSEN, K. O.: Biochem. J. **30**, 948 (1936).

Es ist möglich, daß durch weitere Verfeinerung der Fraktionierungsmethoden die Anzahl der Caseinkomponenten der Kuhmilch sich als noch größer herausstellen könnte, denn es wird weiter unten gezeigt werden, daß die bisher bekannten verschiedenen Caseine in der Milch nicht als Gemisch im strengen Sinne, sondern in der Form von mehr oder weniger leicht trennbaren Assoziationsverbindungen existieren. Der Nachweis der heterogenen Natur der Caseinfraktion der Kuhmilch macht es wahrscheinlich, daß in der Milch der anderen Säugetierarten ähnliche Verhältnisse vorliegen, und es liegt sehr nahe, die beträchtlichen Unterschiede, die seit langem im physikalischen Verhalten der Caseinfraktionen aus Kuhmilch bzw. denjenigen aus menschlicher Milch bekannt sind, auf Verschiedenheiten in den Proportionen und der Komplexbildung zwischen den individuellen, verschiedenen Komponenten der Gesamtcaseinfraktion zurückzuführen (s. unten).

Kompliziert wie die chemische Zusammensetzung der Caseinfraktion der genuinen Kuhmilch ist ihr physikalisch-chemischer Zustand. Die Caseine sind in der Milch in der Form einer fein-dispersen, beständigen Suspension ihrer Komplexe mit Calciumphosphat vorhanden, die durch Zentrifugierung von Magermilch in einer Sharples-Zentrifuge oder in einer anderen hochtourigen Zentrifuge leicht abgetrennt werden können[1-4]. Durch einfaches Aufschwemmen und Verreiben des abgeschleuderten Caseinat-Calciumphosphatkomplexes läßt sich leicht wieder eine kolloidale Suspension vom ursprünglichen feinen Dispersionsgrad herstellen. Nach von Hippel und Waugh[4] bezeichnet man die in der Milch existierende, fein-disperse Form der Caseinfraktion als „micellares" Casein zum Unterschied von ihren monomer oder oligomer gelösten Alkalisalzen einerseits und von den — unter gewissen Bedingungen (s. unten) — entstehenden grobflockigen Niederschlägen ihrer Calciumsalze andererseits.

Infolge der hauptsächlich durch die Phosphorylgruppen bedingten sauren Natur aller Caseine lassen sie sich zum größten Teil aus dem in der Milch präformierten micellaren Caseinat-Calciumphosphatkomplex durch Ansäuerung auf p_H 4,7 in Freiheit setzen[5, 6]. Der Hauptteil der Caseine fällt unter diesen Bedingungen aus der Kuhmilch in grobflockiger Form aus. (Über das etwas andersartige Verhalten der Caseine der menschlichen Milch s. unten.) Bei weiterem Säurezusatz gehen die gefällten Caseine schließlich wieder vollständig in Lösung[7]. Die eben beschriebene „isoelektrische" Fällung der Caseine ist die Grundlage der älteren Methoden zur Darstellung der Gesamtcaseinfraktion der Milch[8-10] sowie wichtiger, weiter unten beschriebener, neuerer Methoden zur Aufteilung dieser Fraktion in ihre Komponenten. Die Caseinniederschläge lassen sich durch vorsichtigen Alkalizusatz bis zu einem p_H zwischen 6 und 7 als Alkalisalze in Lösung bringen. Durch Digerieren mit Calcium- oder anderen Erdalkalicarbonaten können aus Caseinniederschlägen fein-disperse Suspensionen von Casein-Calciumkomplexen unter Austreibung von Kohlensäure erhalten werden, die sich beim Erwärmen stark trüben und die beim längeren Stehen ausflocken. Ähnliche Suspensionen können auch durch Zusatz von Erdalkalihydroxydlösungen zu Caseinniederschlägen bereitet werden. Das Verhalten der Gesamtcaseinfraktion gegen Erdalkali-[11] und Magnesiumcarbonate[12] und -hydroxyde ist in der älteren Literatur eingehend diskutiert worden, da das Studium solcher Komplexe zum Verständnis des physiko-chemischen Verhaltens der in der Milch vorgebildeten Caseinat-Calciumphosphatverbindungen wichtig war. Die Calciumverbindungen von Casein aus

[1] Ramsdell, G. A., and E. O. Whittier: J. biol. Ch. **154**, 413 (1944).
[2] Nitzschmann, H.: Helv. **32**, 1258 (1949).
[3] Dlyachenko, P. F.: Voprosy Pitanija **12**, 65 (1953) [Chem. Abstr. **47**, 1585].
[4] Hippel P. H. v., and D. F. Waugh: Am. Soc. **77**, 4311 (1955).
[5] Lebermann, F.: B. Z. **206**, 56 (1929).
[6] Treudtel, F.: B. Z. **180**, 371 (1927).
[7] Slyke, L. L. van, and E. B. Hart: Amer. chem. J. **33**, 461 (1905).
[8] Hammarsten, O.: H. **7**, 227 (1883).
[9] Chittenden, R. H., and H. M. Painter: Trans. Connecticut Acad. Arts Sci. **7**, 362 (1885/1888).
[10] Lehmann, J., u. W. Hempel: Pflügers Arch. **56**, 558 (1894).
[11] Slyke, L. L. van, and A. W. Bosworth: J. biol. Ch. **14**, 211 (1913).
[12] Slyke, L. L. van, and O. B. Winter: J. biol. Ch. **17**, 287 (1914).

menschlicher Milch[1] verhalten sich ähnlich wie die aus Kuhmilchcasein erhaltenen Calciumkomplexe. Viele der älteren Beobachtungen werden jedoch erst durch die nunmehr mögliche Untersuchung der einzelnen Caseinkomponenten klargestellt werden können, deren physikalisch-chemische Eigenschaften untereinander sehr erhebliche Unterschiede aufweisen.

Die gelösten Alkalisalze der Caseine können nicht nur durch Zusatz von Alkalihydroxyden zu den mittels Säure ausgefällten Caseinen erhalten werden, sondern sie können auch durch Ionenaustausch bei neutraler Reaktion dadurch dargestellt werden, daß man Suspensionen von micellarem Caseinat-Calciumphosphat gegen Alkalisalzlösungen von geeigneter Konzentration und neutraler Reaktion dialysiert. Dabei wird die stark opalescente ursprüngliche Suspension im Dialysierschlauch wasserklar, während anorganisches Phosphat und Calcium vollständig aus der Caseinatlösung verschwinden. Schon VAN SLYKE und seine Mitarbeiter[2] zeigten, daß die von ihnen aus säuregefälltem Casein hergestellten Suspensionen von feinverteiltem Calciumcaseinat bei neutraler Reaktion in 5%iger Natriumchloridlösung unter Austausch von Calcium- gegen Natriumionen klare Caseinatlösungen bilden.

Die nach beiden Methoden — der Lösung isoelektrisch gefällter Caseine und der Ionenaustauschmethode — hergestellten klaren Alkalicaseinatlösungen ergeben sehr ähnliche Diagramme bei der Elektrophorese. Dies spricht sehr dafür, daß die Produkte der chemischen Fraktionierung der Caseinatlösungen, die aus technischen Gründen bisher hauptsächlich an säuregefälltem Casein durchgeführt wurde, nicht etwa sekundär durch Säuredenaturierung entstanden sind, sondern genuine Bestandteile der in der Milch vorhandenen Caseinmicellen darstellen.

Die eben beschriebenen beiden Methoden, die für die Darstellung der löslichen Alkalicaseinate aus den in der Milch vorhandenen Calciumkomplexen von „Gesamt"-Casein zur Verfügung stehen, sind für die Aufteilung von „Gesamt"-Casein in seine einzelnen Komponenten von grundlegender Bedeutung, da diese Fraktionierung nur mit löslichen Caseinaten, nicht aber mit ihren Calciumkomplexen möglich ist. Trotz der Wichtigkeit der Tatsache, daß aus der mittels Säurefällung oder mittels Ionenaustausch erhaltenen löslichen Caseinatfraktion individuelle Caseine mit übereinstimmenden Eigenschaften erhalten werden, muß ausdrücklich hervorgehoben werden, daß die beiden Methoden als vorbereitende Maßnahmen zur Fraktionierung von Casein nicht gleichwertig sind. In jüngster Zeit ist es WAUGH und VON HIPPEL[3] gelungen, mittels der Ionenaustauschmethode von Gesamtcasein eine für dessen physiko-chemisches Verhalten besonders wichtige Komponente, das $\varkappa$-Casein, abzutrennen, das unter den bisher angewandten Bedingungen der Säurefällung ganz oder teilweise mit der α-Caseinkomponente assoziiert blieb.

Säuregefälltes Casein löst sich in konzentrierter Harnstofflösung. Da die Harnstoffkonzentrationen, die zur Lösung der einzelnen Caseinkomponenten der Gesamtfraktion notwendig sind, voneinander stark differieren, ist die schrittweise Verdünnung einer solchen Caseinlösung eine sehr geeignete Methode zur Fraktionierung von Gesamtcasein[4].

a) Konzentration von Casein in verschiedenen Milcharten.

Der Caseingehalt der Milch verschiedener Tierarten zeigt charakteristische Unterschiede, obwohl naturgemäß die Caseinkonzentration in der Milch individueller Tiere erheblich von äußeren Bedingungen abhängt. Die folgende Tabelle enthält charakteristische Werte des Caseingehalts der Milch verschiedener Arten[5, 6].

---

[1] BOSWORTH, A. W., and L. A. GIBLIN: J. biol. Ch. **35**, 115 (1918).
[2] SLYKE, L. L. VAN, and A. W. BOSWORTH: J. biol. Ch. **14**, 211 (1913).
[3] WAUGH, D. F., and P. H. v. HIPPEL: Am. Soc. **78**, 4576 (1956).
[4] HIPP, N. J., M. L. GROVES, J. H. CUSTER and T. L. MCMEEKIN: J. Dairy Sci. **35**, 272 (1952).
[5] DAVIES, W. L.: The Chemistry of Milk. London 1939.
[6] Tab. biol. period. Bd. II, S. 536ff.

Tabelle 1. *Caseingehalt verschiedener Milcharten*[1, 2].

	Species												
	Echidna	Mensch	Esel	Pferd	Kuh	Lama	Katze	Schaf	Hund	Meerschweinchen	Rentier	Ratte	Walfisch
% Casein	1,2	0,3—0,9	1,0	1,3[3]	2,8—3,0	3	3,8	4,6	4,8	4,7	8,4	9,9	etwa 12[4]

b) Elementaranalyse von Casein.

Die von verschiedenen Autoren gefundenen Werte für die Gesamtfraktion des *Kuh*milchcaseins zeigen nur verhältnismäßig geringe Abweichungen. Das Casein der Kuhmilch unterscheidet sich von dem menschlicher Milch durch seinen höheren Phosphor- und Stickstoffgehalt.

Einige Analysenresultate der Literatur sind in Tabelle 2 zusammengestellt.

Tabelle 2. *Elementaranalysen von Casein (Gesamtfraktion).*

Tierart	Element					
	C	H	N	P	S	
Kuh.	52,88	7,00	15,51	0,79	0,77	RAMSDELL and WHITTIER[5]
	53,08	6,95	15,65	0,85	0,81	MELLANDER[6]
	52,96	7,05	15,65	0,85	0,72	HAMMARSTEN[7]
Mensch . . .	53,06	6,97	15,16	0,47	1,13 (0,65)*	MELLANDER[6]

* Die voneinander abweichenden Schwefelwerte wurden an 2 mit verschiedenen Methoden gewonnenen Caseinproben erhalten.

c) Verhalten der Caseine beim Erhitzen.

Caseinlösungen oder Milch koagulieren nicht beim Erhitzen bis zu 100°. Beim Erhitzen unter Druck gerinnen sie unter Zersetzung[8, 9].

d) Die einzelnen Komponenten der Caseinfraktion der Kuhmilch.

Von den 4 bereits erwähnten Caseinen der Kuhmilch können 2, α- und β-Casein, durch isoelektrische Fällung gewonnen werden. Wenn die Umfällung der Rohcaseinfraktion bei 2° und p_H 4,7 ausgeführt wird, bleibt β-Casein im Filtrat, aus dem es durch Erwärmen auf 32° und Einstellen des p_H auf 4,9 ausgefällt wird. Nach den physikalisch-chemischen Beobachtungen von VON HIPPEL und WAUGH[10] hängt dieses Verhalten mit der größeren Tendenz der Moleküle von α-Casein zusammen, schon bei niedriger Temperatur und neutraler Reaktion Aggregate zu bilden, während das β-Casein erst bei einer Temperatur über 30° aggregiert. Da das α-Casein von beiden den höheren Gehalt an Phosphorylgruppen besitzt, hängt die Aggregierung nicht mit der Ladung, sondern wahrscheinlich mit der Anordnung der nicht polaren Gruppen in den Caseinmolekülen zusammen. Die Aggregationsvorgänge sind reversibel, da z. B. mehrfach umgefälltes β-Casein immer wieder bei niedriger Temperatur gelöst und durch Erwärmen und Einstellen des p_H auf 4,9 wieder gefällt werden kann.

[1] DAVIES, W. L.: The Chemistry of Milk. London 1939.
[2] Tab. biol. period. Bd. II, S. 536ff.
[3] VENUTI, A.: Riv. Clin. pediatr. **27**, 643 (1929).
[4] MARSTON, H. E.: Austral. J. exp. Biol. med. Sci. **3**, 217 (1926).
[5] RAMSDELL, G. A., and E. O. WHITTIER: J. biol. Ch. **154**, 413 (1944).
[6] MELLANDER, O.: Upsala Läk.-Fören. Förh. **52**, 107 (1947).
[7] HAMMARSTEN, O.: H. **7**, 227 (1883).
[8] HOWAT, G. R., and N. C. WRIGHT: Biochem. J. **28**, 1336 (1934).
[9] RIMINGTON, C.: Biochem. J. **21**, 204 (1927).
[10] HIPPEL, P. H. v., and D. F. WAUGH: Am. Soc. **77**, 4311 (1955).

Tabelle 3. *Aminosäuregehalt von Gesamtcasein sowie von α- und β-Casein* (nach GORDON, SEMMETT, CABLE und MORRIS[1] sowie GORDON, SEMMETT und BENDER[2]).

Komponenten-gruppe	Gesamtcasein		α-Casein		β-Casein	
	g/100 g Protein	g N/100 g Gesamt-N	g/100 g Protein	g N/100 g Gesamt-N	g/100 g Protein	g N/100 g Gesamt-N
Gesamt-N . . .	15,63	100	15,33	100	15,33	100
Gesamt-P. . . .	0,86		0,99		0,61	
Amino-N	0,93	5,9	0,99	6,4	0,72	5,4
Glycin[3-5]	2,0 (1,9)	2,4	2,3	2,8	1,6	1,9
Alanin*[3, 4] . . .	3,2 (3,5)	3,2	3,8	3,8	2,0	2,0
Valin*	7,2 (7,2)	5,5	6,3	4,9	10,2	8,0
Leucin*	9,2 (10,3)	6,3	7,9	5,4	11,6	8,1
Isoleucin* . . .	6,1 (7,6)	4,2	6,4	4,4	5,5	3,8
Prolin*	10,6 (11,6)	8,3	7,5	5,8	15,1	11,8
Phenylalanin* . .	5,0 (5,3)	2,7	4,6	2,5	5,8	3,2
Cystin[6, 7]	0,34 (0,34)	0,3	0,43	0,3	<0,1	<0,1
Methionin[8] . . .	2,8 (3,1)	1,7	2,5	1,5	3,4	2,1
Tryptophan[9, 10] .	1,2 (1,2)	1,1	1,6	1,4	0,65	0,6
Arginin[11]	4,1 (4,0)	8,4	4,3	8,9	3,4	2,1
Histidin[11, 12] . .	3,1 (3,2)	5,4	2,9	5,1	3,1	5,5
Lysin[10]	8,2 (8,3)	10,1	8,9	11,0	6,5	8,1
Asparaginsäure[13]	7,1 (7,2)	4,8	8,4	5,7	4,9	3,4
Glutaminsäure[13] .	22,4 (22,0)	13,6	22,5	13,8	23,2	14,4
Amid-N[14]	1,6 (1,4)	10,2	1,6	10,3	1,6	10,4
Serin[15, 16]	6,3 (5,9), (7,4)	5,4	6,3	5,4	6,8	5,9
Threonin[17] . . .	4,9 (4,6)	3,7	4,9	3,7	5,1	3,9
Tyrosin[18]	6,3 (6,2)	3,1	8,1	4,0	3,2	1,6

* Mikrobiologisch.

[1] GORDON, W. G., W. F. SEMMETT, R. S. CABLE and M. MORRIS: Am. Soc. **71**, 3293 (1949).
[2] GORDON, W. G., W. F. SEMMETT and M. BENDER: Am. Soc. **72**, 4282 (1950).

Bestimmungsmethoden.

[3] AQVIST, S. E. G.: Acta physiol. scand. **13**, 297 (1947).
[4] KESTON, A. S., S. UDENFRIEND and R. K. CANNAN: Am. Soc. **71**, 249 (1949).
[5] SHANKMAN, S., M. N. CAMIEN and M. S. DUNN: J. biol. Ch. **168**, 51 (1947).
[6] KASSELL, B., and E. BRAND: J. biol. Ch. **125**, 115 (1938).
[7] VASSEL, B.: J. biol. Ch. **140**, 323 (1941).
[8] KASSELL, B., and E. BRAND: J. biol. Ch. **125**, 145 (1938).
[9] BRAND, E., and B. KASSELL: J. biol. Ch. **131**, 489 (1939).
[10] SHAW, J. L. D., and W. D. MCFARLANE: Canad. J. Res. (B) **16**, 361 (1938).
[11] MACPHERSON, H. T.: Biochem. J. **36**, 59 (1942).
[12] HANKE, M. E.: Fed. Proc. **5**, 137 (1946).
[13] STOKES, J. L., and M. GUNNESS: J. biol. Ch. **157**, 651 (1945). — STOKES, J. L., M. GUNNESS, I. M. DWYER and M. C. CASWELL: J. biol. Ch. **160**, 35 (1945).

(Fortsetzung s. S. 632 unten.)

α- und β-Casein unterscheiden sich ferner durch die bedeutend größere Löslichkeit des letzteren in Äthylalkohol-Wassermischungen. HIPP, GROVES, CUSTER und MCMEEKIN[1] haben auf dieser Basis eine Methode zur präparativen Trennung dieser beiden Caseine ausgearbeitet.

Der Gehalt der Gesamtcaseinfraktion[2-11], des α- und des β-Caseins an den einzelnen Aminosäuren ist von GORDON, SEMMETT, CABLE und MORRIS in MCMEEKINs Laboratorium verglichen worden[12]. Die von diesen Autoren erhaltenen Werte sind in Tabelle 3 wiedergegeben. Glycin, Valin, Leucin, Isoleucin, Prolin, Phenylalanin, Asparaginsäure und Glutaminsäure wurden mikrobiologisch, die anderen Aminosäuren mit Hilfe der in der Tabelle angeführten Analysenmethoden bestimmt. Die Tabelle zeigt, daß α- und β-Casein sich bezüglich ihrer Aminosäurezusammensetzung sehr erheblich unterscheiden, besonders durch die Abwesenheit von Cystin in β-Casein. Nach KASSELL und BRAND[6] ist die Cystingruppe in den cystinhaltigen Caseinen wahrscheinlich in der Disulfidform vorhanden.

Andere physikalisch-chemische und chemische Eigenschaften von α- und β-Casein sind in Tabelle 5 (s. S. 633) zusammengestellt.

Eine dritte Caseinkomponente, ϰ-Casein, ist 1956 von WAUGH und VON HIPPEL[14] aufgefunden worden. Nach den Arbeiten dieser Autoren ist ϰ-Casein der stabilisierende Faktor, der als Schutzkolloid für die fein-disperse Form der Caseinat-Calciumphosphat-Micellen in der Milch verantwortlich ist. In Abwesenheit dieser Caseinkomponente bewirkt Zusatz von Calciumsalzen zu Lösungen von Alkalicaseinaten Ausfällung in grobflockiger Form, während in seiner Gegenwart beständige, fein-disperse Suspensionen erhalten werden, die sich von den durch Zentrifugierung und darauffolgender Dispergierung aus Milch erhaltenen Suspensionen in ihren kolloidchemischen Eigenschaften nicht grundsätzlich unterscheiden. Ferner ist nach WAUGH und VON HIPPEL das ϰ-Casein das eigentliche Substrat des Labfermentes. Es gelang diesen Autoren, aus gelabten Casein-

Tabelle 4. *Aminosäuregehalt von γ-Casein* (nach GORDON, SEMMETT und BENDER[13]).

Komponentengruppe	g/100 g Protein	g/100 g Gesamt-N
Gesamt-N	15,4	
Gesamt-P	0,11	
Amino-N	0,67	4,35
Glycin	1,5	1,8
Alanin	2,3	2,3
Valin	10,5	8,2
Leucin	12,0	8,3
Isoleucin	4,4	3,1
Prolin	17,0	13,4
Phenylalanin	5,8	3,2
Cystin	0,0	0,0
Methionin	4,1	2,5
Tryptophan	1,2	1,1
Arginin	1,9	4,0
Histidin	3,7	6,5
Lysin	6,2	7,7
Asparaginsäure	4,0	2,7
Glutaminsäure	22,9	14,2
Amid-N	1,6	10,4
Serin	5,5	4,8
Threonin	4,4	3,4
Tyrosin	3,7	1,9

[1] HIPP, N. J., M. L. GROVES, J. H. CUSTER and T. L. MCMEEKIN: Am. Soc. **72**, 4928 (1950).
[2] GRASSMANN, W., K. HANNIG u. M. PLÖCKL: H. **299**, 258 (1955).
[3] SHANKMAN, S., M. N. CAMIEN and M. S. DUNN: J. biol. Ch. **168**, 51 (1947).
[4] TRISTRAM, G. R.: Biochem. J. **40**, 721 (1946).
[5] HENDERSON, L. M., and E. E. SNELL: J. biol. Ch. **172**, 15 (1948).
[6] KASSELL, B., and E. BRAND: J. biol. Ch. **125**, 435 (1938).
[7] HENDERSON, L. M., W. L. BRICKSON and E. E. SNELL: J. biol. Ch. **172**, 31 (1948).
[8] HAC, L. R., and E. E. SNELL: J. biol. Ch. **159**, 291 (1945).
[9] MACPHERSON, H. T.: Biochem. J. **40**, 470 (1946).
[10] BAILEY, K., A. C. CHIBNALL, M. W. REES and E. F. WILLIAMS: Biochem. J. **37**, 360 (1943).
[11] REES, M. W.: Biochem. J. **40**, 632 (1946).
[12] GORDON, W. G., W. F. SEMMETT, R. S. CABLE and M. MORRIS: Am. Soc. **71**, 3293 (1949).
[13] GORDON, W. G., W. F. SEMMETT and M. BENDER: Am. Soc. **75**, 1678 (1953).
[14] WAUGH, D. F., and P. H. V. HIPPEL: Am. Soc. **78**, 4576 (1956).

Literatur zu Tabelle 3. (Fortsetzung von S. 631 unten.)

[14] WINNICK, T.: J. biol. Ch. **142**, 461 (1942).
[15] BOYD, M. J., and M. A. LOGAN: J. biol. Ch. **146**, 279 (1942).
[16] MACFADYEN, D. A.: J. biol. Ch. **158**, 107 (1945).
[17] WINNICK, T.: J. biol. Ch. **142**, 461 (1942).
[18] BRAND, E., and B. KASSELL: J. biol. Ch. **131**, 489 (1939).

präparaten das α-Casein in unveränderter Form zurückzugewinnen, während das ϰ-Casein im Coagulum nicht mehr als solches nachweisbar war, sondern zu einem unlöslichen Protein (para-ϰ-Casein) abgebaut wird. Im Gesamtcasein ist die ϰ-Komponente in ziemlich stabiler Weise mit α-Casein assoziiert, kann aber aus diesem Komplex durch Calciumionen in der Kälte abgespalten werden. Die Menge an ϰ-Casein in den Micellen von Gesamtcasein beträgt etwa den vierten Teil derjenigen von α-Casein. Abgesehen von dem charakteristischen stabilisierenden Effekt von ϰ-Casein auf die Dispersion der Calciumkomplexe der anderen Caseine kann das ϰ-Casein von α- und β-Casein durch seine viel höhere Sedimentationskonstante differenziert werden. Über die Aminosäurezusammensetzung von ϰ-Casein liegen noch keine Angaben vor. WAUGH und von HIPPEL weisen jedoch darauf hin, daß die in der Literatur für die Zusammensetzung von α-Casein angegebenen Werte (s. Tabelle 3, S. 631) an Mischungen von α- und ϰ-Casein erhalten wurden und daß sie durch Analysen von ϰ-freiem α-Casein nachgeprüft werden sollten.

Die vierte, gegenwärtig bekannte Caseinkomponente, das γ-Casein, wurde 1918 von OSBORNE und WAKEMAN[1] auf Grund ihrer im Vergleich mit den übrigen Caseinen viel bedeutenderen Alkohollöslichkeit entdeckt. Es enthielt viel weniger Phosphor als α- oder β-Casein. In elektrophoretisch einheitlicher Form ist γ-Casein in MCMEEKINs Laboratorium isoliert worden[2, 3].

Wenn Lösungen von säuregefälltem Rohcasein in konzentrierter Harnstofflösung schrittweise verdünnt werden, fallen α-Casein und β-Casein bei Harnstoffkonzentrationen von 4,6 m bzw. 1,7 m aus, während γ-Casein unter diesen Bedingungen in Lösung bleibt und aus dem Filtrat der β-Caseinfällung in einheitlicher Form erhalten werden kann. Infolge seines viel geringeren Phosphorsäuregehaltes besitzt γ-Casein eine geringere Mobilität im elektrischen Feld als die beiden ersteren Caseinkomponenten. Die Aminosäurezusammensetzung von γ-Casein ist in Tabelle 4 zusammengestellt.

Tabelle 5. *Einige Eigenschaften von α-, β- und γ-Casein.*

(Die Tabelle ist mit unwesentlichen Abänderungen der Zusammenstellung der Daten in den Arbeiten von HIPP, GROVES, CUSTER und MCMEEKIN[3] entnommen.)

Eigenschaft	α-Casein	β-Casein	γ-Casein	Bemerkungen
% N	15,56	15,39	15,49	
% P	0,98	0,55	0,11	
% S	0,72	0,80	1,03	
Elektrophoretische Wanderungsgeschwindigkeit $u \times 10^5$ ($cm^2 \times V^{-1} \times sec^{-1}$)	—6,75	—3,05	—2,01	Veronalpuffer μ 0,1, p_H 8,4; 0,05 m NaCl, Konzentration 1 % 4,7 V/cm
Isoelektrischer Punkt, p_H	4,7	4,9	5,8—6,0	
Spezifische Drehung [α_D^{25}]	—90,5	—125,2	—131,9	4,7 V/cm
Extinktion, 278 mμ . . .	1,025	0,475	0,50	1 cm, Caseinkonzentration 0,1 %, p_H 7,2—9,4
Löslichkeit, mg N/100 cm³				(In Gegenwart von 0,007 m NaCl, außer in den Löslichkeitsbestimmungen von α-Casein in Wasser)
Wasser, 2,5°	spurenweise (p_H 4,7)	8,46 (p_H 4,7)	15,3 (p_H 5,95)	
Wasser, 25,0°	0,05 (p_H 4,7)	0,41 (p_H 4,7)	1—2,8 (p_H 5,95)	
50 % v/v Alkohol 2,5° .	0,12 (p_H 5,6)	0,75 (p_H 5,6)	0,88 (p_H 6,2)	
50 % v/v Alkohol 25,0° .	0,135 (p_H 5,6)	1,9 (p_H 5,6)	14,5 (p_H 6,2)	

[1] OSBORNE, T. B., and A. J. WAKEMAN: J. biol. Ch. 33, 243 (1918).
[2] HIPP, N. J., M. L. GROVES, J. H. CUSTER and T. L. MCMEEKIN: J. Dairy Sci. 35, 272 (1952).
[3] HIPP, N. J., M. L. GROVES, J. H. CUSTER and T. L. MCMEEKIN: Am. Soc. 72, 4928 (1950).

e) Elektrophoretisches Verhalten der Caseine einiger Tierarten.

Dovey und Campbell[1] fanden, daß jede der Gesamtcaseinfraktionen aus Ziegen- bzw. Kaninchenmilch Komponenten verschiedener Wanderungsgeschwindigkeit enthalten. Die gegenseitigen Verhältnisse der verschiedenen Fraktionen sind bei verschiedenen Tierarten verschieden (Tabelle 6).

Tabelle 6. *Haupt-Caseinfraktionen in Kuh-, Ziegen- und Kaninchenmilch.*

Tierart	Wanderungsgeschwindigkeit $u \times 10^5$	% vom Gesamtcasein	Bedingungen
Rind . . .	5,9	84	
	3,1	16	
Ziege . . .	6,7	49	p_H 8,4
	3,4	51	Veronalpuffer,
Kaninchen	5,6	89	Ionenstärke 0,1,
	1,7	11	4,3 V/cm

f) Teilchengröße und physikalisch-chemisches Verhalten.

Die Molekulargewichte der Caseine, die unter gegebenen Bedingungen aus Messungen des osmotischen Druckes[2], der Sedimentierungsgeschwindigkeit[3-6], der Diffusionsgeschwindigkeit[6], der spezifischen Grenzviscositätszahl[7-10] und dem spezifischen Volumen[11, 12] unter Berücksichtigung der Hydratisierung annäherungsweise berechnet werden können, werden in hohem Maße von der ausgesprochenen Tendenz dieser Eiweißstoffe zur Aggregatbildung beeinflußt. Diese Tendenz ist besonders charakteristisch für das α-Casein, das nach von Hippel und Waugh[6] in Lösungen bei p_H-Werten unter 10,9 immer in Form von Aggregaten vorhanden ist. Bei höherer Alkalinität sind nach Waugh alle Caseine in „Monomere“ dissoziiert, die sich bei entsprechender Erniedrigung des p_H wieder aggregieren. Erhöhung der Temperatur hat gleichfalls Aggregierung von α-Casein zur Folge. Im Gegensatz zum α-Casein, das schon bei 0° in neutralen Lösungen polymerisiert ist, tritt Aggregatbildung beim β-Casein erst bei wesentlich höheren Temperaturen (32°) auf. Es sei ausdrücklich bemerkt, daß die Aggregierungstendenz der Caseine nach sorgfältiger Entfernung der Calciumionen festgestellt wurde.

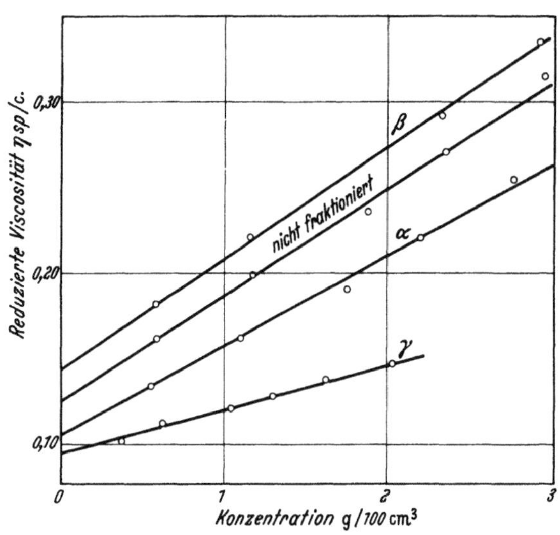

Abb. 1. Viscosität von α-, β-, γ- und von unfraktioniertem Kuhmilchcasein. Ionenstärke 0,05, p_H 6,4—6,9 mit Ausnahme der γ-Caseinlösung, deren p_H 7,5 betrug (nach Hipp, Groves und McMeekin[8]). Die Viscositätswerte sind als Grenzviscositätszahlen (intrinsic viscosities) wiedergegeben. Definition s. Houben-Weyl, 4. Aufl., Teil 1, S. 431.

In Gemischen der einzelnen Caseine werden die Verhältnisse noch dadurch kompliziert, daß Komplexbildung zwischen Molekülen der verschiedenen Komponenten eintritt, die sich z. B. in der Asymmetrie der zusammengehörigen auf- bzw. absteigenden Hälften der Elektrophoresediagramme äußert. Die Tendenz der Caseine zur Komplexbildung scheint

[1] Dovey, A., and P. N. Campbell: Nature **169**, 1014 (1952).
[2] Gordon, W. G., W. F. Semmett, R. S. Cable and M. Morris: Am. Soc. **71**, 3293 (1949).
[3] Svedberg, T., L. M. Carpenter and D. C. Carpenter: Am. Soc. **52**, 241 (1930).
[4] Svedberg, T., L. M. Carpenter and D. C. Carpenter: Am. Soc. **52**, 701 (1930).
[5] Pedersen, K.: Biochem. J. **30**, 948 (1936).
[6] Hippel, P. H. v., and D. F. Waugh: Am. Soc. **77**, 4311 (1955).
[7] Burk, N. F., and D. M. Greenberg: J. biol. Ch. **87**, 197 (1930).
[8] Hipp, N. J., M. L. Groves and T. L. McMeekin: Am. Soc. **74**, 4822 (1952).
[9] Nitschmann, H., u. H. Guggisberg: Helv. **24**, 574 (1941).
[10] Plomley, K. F., H. G. Higgins and J. F. Hayes: Nature **167**, 224 (1951).
[11] McMeekin, T. L., M. L. Groves and N. J. Hipp: Am. Soc. **71**, 3298 (1949).
[12] Chick, H., and C. J. Martin: Biochem. J. **7**, 92 (1913).

von physiologischer Bedeutung zu sein, denn die im Hinblick auf die heterogene Zusammensetzung der Gesamtcaseinfraktion so auffallend konstante Proportion der Einzelkomponenten läßt sich kaum anders erklären als durch die Annahme, daß die Bildung der Caseinkomplexe in den Zellen der Milchdrüse den Gesetzmäßigkeiten stöchiometrischer Enzymreaktionen vergleichbar ist.

Im Hinblick auf die Aggregierungstendenz der Caseine ist die Tatsache verständlich, daß die aus physikalisch-chemischen Messungen errechneten Werte für die Teilchengröße stark von den jeweiligen Versuchsbedingungen abhängen. So fanden SVEDBERG, CARPENTER und CARPENTER[1, 2] sowie PEDERSEN[3, 4] auf Grund von Sedimentierungsbestimmungen für die polydisperse Gesamtfraktion „Molekulargewichte" zwischen 75000 und 375000 in Phosphatpuffer. HOLWERDA[5] beschrieb schon 1931 den bedeutenden Einfluß der Ionenstärke auf die Lichtzerstreuung von Caseinlösungen. SULLIVAN und Mitarbeiter[6] erhielten für α-Casein auf Grund von Sedimentationsbestimmungen in Veronalpuffer von Ionenstärke 0,1 den Wert 121800, während Lichtstreuungsbestimmungen in Phosphatpuffer von Ionenstärke 0,1 einen Wert von 400000 ergaben. Die Aggregierung der α-Caseinteilchen wird hauptsächlich von der Art und der Konzentration der Elektrolyte[7], in geringerem Ausmaße von der Temperatur beeinflußt. Im Gegensatz zum Verhalten von α-Casein wird die Aggregierung von β-Casein durch Erhöhung der Temperatur z. B. von 2° auf 32° stark erhöht. Für β-Casein wurden auf Grund von Sedimentierungsbestimmungen unter 15° Molekulargewichtswerte von 24100 erhalten[6]. Der relativ niedrige Wert von 33600, der von BURK und GREENBERG[8] für Lösungen von Gesamtcasein in 0,66 m Harnstofflösungen durch Bestimmung des osmotischen Druckes erhalten wurde, ist wahrscheinlich dem desaggregierenden Effekt von Harnstoff zuzuschreiben. Es muß jedoch betont werden, daß gegenwärtig noch kein sicheres Kriterium existiert, das gestatten würde, Bedingungen zu finden, unter denen ein molekularer Dispersionszustand der Caseinteilchen angenommen werden kann.

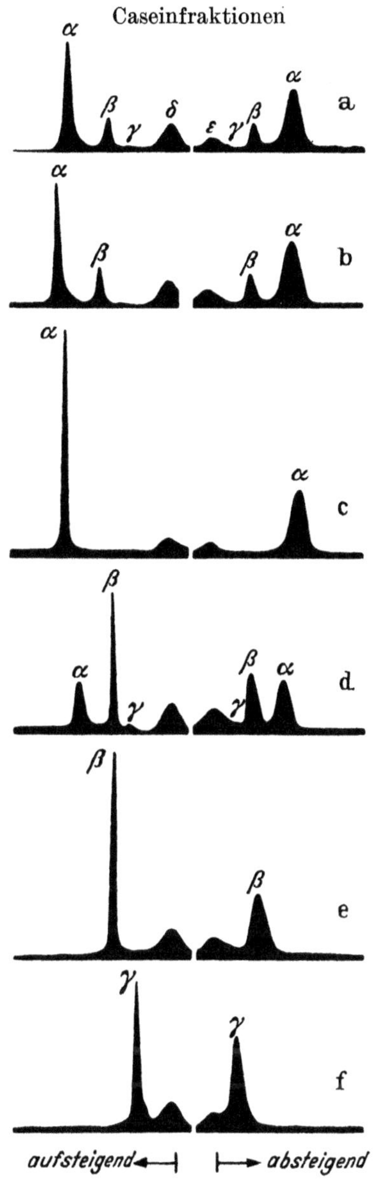

Abb. 2. Elektrophorese-Diagramme von säuregefälltem Kuhmilchcasein und von dessen mittels Harnstofffraktionierung gewonnenen Fraktionen und Komponenten. Bedingungen der Elektrophorese: Veronalpuffer von p_H 8,4 und Ionenstärke 0,1. NaCl-Konzentration 0,05 n. Feldstärke 4,33—4,86 V/cm. Proteinkonzentration 1%. Dauer der Elektrophorese 3 Std. *a* Unfraktioniertes Casein; *b* Fraktion B; *c* α-Casein; *d* Fraktion C; *e* β-Casein; *f* γ-Casein (nach HIPP, GROVES, CUSTER und McMEEKIN[9]).

Auf Grund der Ergebnisse von Viscositätsbestimmungen ist anzunehmen, daß die gelösten Caseinteilchen keine sphärische, sondern eine asymmetrische Form

[1] SVEDBERG, T., L. M. CARPENTER and D. C. CARPENTER: Am. Soc. **52**, 241 (1930).
[2] SVEDBERG, T., L. M. CARPENTER and D. C. CARPENTER: Am. Soc. **52**, 701 (1930).
[3] PEDERSEN, K.: Biochem. J. **30**, 948 (1936).
[4] LAUFFER, M.: Green's Currents biochem. Res. S. 246. 1946.
[5] HOLWERDA, B. J.: Recu. Trav. chim. Pays-Bas **50**, 601 (1931).
[6] SULLIVAN, R. A., M. M. FITZPATRICK, E. K. STANTON, R. ANNINO, G. KISSEL and F. PALERMITI: Arch. Biochem. **55**, 455 (1955).
[7] SVEDBERG, T., and K. O. PEDERSEN: The Ultracentrifuge. London 1940.
[8] BURK, N. F., and D. M. GREENBERG: J. biol. Ch. **87**, 197 (1930).
[9] HIPP, N. J., M. L. GROVES, J. H. CUSTER and T. L. McMEEKIN: J. Dairy Sci. **35**, 272 (1952).

besitzen. Dies gilt für alle bisher untersuchten Aggregierungsbedingungen einschließlich der von VON HIPPEL und WAUGH[1] beschriebenen, bei alkalischer Reaktion existierenden Monomeren. Nach MCMEEKIN[2] ist sowohl das physikalisch-chemische Verhalten der Caseine als auch ihre relativ schnelle Hydrolysierbarkeit durch proteolytische Enzyme den entsprechenden Eigenschaften denaturierter globulärer Proteine ähnlich.

Die im folgenden gegebenen Daten für die Asymmetrie von Caseinen sind wie die Angaben über die Molekulargewichte als grobe Annäherungswerte aufzufassen. Die von verschiedenen Autoren berechneten Zahlen weichen erheblich voneinander ab, da es wegen der Aggregierungstendenz, der Ladung und der Inhomogenität noch nicht möglich ist, ideale Bedingungen für die physikalisch-chemischen Messungen zu definieren.

Das *spezifische Partialvolumen* für Casein und seine Komponenten, beobachtet und berechnet, ist in Tabelle 7 angegeben.

MELLON und Mitarbeiter[3-5] haben den Effekt der polaren Gruppen auf die *Wasserabsorption in der Dampfphase* untersucht. 25% werden von Aminogruppen, 45% von Peptidbindungen und 10% von Guanidin-Gruppen absorbiert.

Tabelle 7. *Spezifisches Partialvolumen von Casein und β-Lactoglobulin*[6].

	Beobachtet	Berechnet aus Aminosäuren
α-Casein	0,728	0,725
β-Casein	0,741	0,743
Casein (unfraktioniert)	0,731	0,731
β-Lactoglobulin . . .	0,751	0,746

Bestimmungen der spezifischen Grenzviscositätszahl (intrinsic viscosity) lassen auf einen erheblichen Asymmetriegrad in der Gestalt der monomeren wie der polymeren α- und β-Caseinmoleküle schließen. Unter der Annahme ellipsoider Form[7-14] und eines Hydratisierungsgrades von etwa 0,4 sind Achsenverhältnisse von 10,2, 13,2 und 9,3 für α-, β- bzw. γ-Casein und von 12,0 für Gesamtcasein in nahezu neutralen Lösungen berechnet worden. Für Casein-„Monomere" kamen VON HIPPEL und WAUGH auf Grund von Messungen an alkalischen Caseinlösungen zu einem Verhältniswert von 10—11 unter Annahme eines Hydratisierungsgrades von 0,3.

g) Endgruppen einiger Caseine.

Die Natur der endständigen Aminogruppen ist von LEA und Mitarbeitern[15, 16] an gereinigtem käuflichem Casein und von MELLON und Mitarbeitern[17] mittels der Dinitrofluorbenzolmethode an α- und β-Casein untersucht worden. Die letzteren Autoren fanden, daß beide Caseine nur Arginin und Lysin als Endgruppen mit freien Aminogruppen enthalten, und daß das Verhältnis der endständigen Arginin- zu den endständigen Lysingruppen im α-Casein 7 und im β-Casein 2 beträgt. Allerdings ist zu berücksichtigen, daß

[1] HIPPEL, P. H. v., and D. F. WAUGH: Am. Soc. **77**, 4311 (1955).
[2] MCMEEKIN, T. L.: J. Milk Food Technol. **15**, 57 (1952).
[3] MELLON, E. F., A. H. KORN and S. R. HOOVER: Am. Soc. **69**, 827 (1947).
[4] MELLON, E. F., A. H. KORN and S. R. HOOVER: Am. Soc. **70**, 3040 (1948).
[5] MELLON, E. F., A. H. KORN, E. S. KOKES and S. R. HOOVER: Am. Soc. **73**, 1870 (1951).
[6] MCMEEKIN, T. L., and K. MARSHALL: Science, N. Y. **116**, 142 (1952).
[7] HIPP, N. J., M. L. GROVES and T. L. MCMEEKIN: Am. Soc. **74**, 4822 (1952).
[8] PLOMLEY, K. F., H. G. HIGGINS and J. F. HAYES: Nature **167**, 224 (1951).
[9] SIMHA, R.: J. physic. Chem. (russ.) **44**, 25 (1940).
[10] MEHL, J. W., J. L. ONCLEY and R. SIMHA: Science, N. Y. **92**, 132 (1940).
[11] LAUFFER, M.: Green's Currents biochem. Res. S. 246. 1946.
[12] SULLIVAN, R. A., M. M. FITZPATRICK, E. K. STANTON, R. ANNINO, G. KISSEL and F. PALERMITI: Arch. Biochem. **55**, 455 (1955).
[13] HOLWERDA, B. J.: Recu. Trav. chim. Pays-Bas **50**, 601 (1931).
[14] HALWER, M.: Arch. Biochem. **51**, 79 (1954).
[15] LEA, C. H. and R. S. HANNAN: Biochim. biophysica Acta, N. Y. **4**, 518 (1950).
[16] SCHWARTZ, H. M., and C. H. LEA: Biochem. J. **50**, 713 (1952).
[17] MELLON, E. F., A. H. KORN and S. R. HOOVER: Am. Soc. **75**, 1675 (1953).

die quantitativen Werte der terminalen Lysingruppen als Annäherungszahlen zu betrachten sind, da ein großer, wenn auch reproduzierbarer Anteil von Bis-dinitrophenyl-lysin während der Hydrolyse des substituierten Proteins zerstört wird und daß daher zur Berechnung der Endgruppen die experimentellen Werte mit einer hohen Korrektur versehen werden müssen. Die Tatsache, daß LEA und Mitarbeiter kein endständiges Arginin in ihrem Caseinpräparat fanden, wird von MELLON und Mitarbeitern[1] theoretisch auf die Anwendung hoher Trocknungstemperaturen bei der industriellen Darstellung von Casein zurückgeführt. Nach MELLON und Mitarbeitern enthält α-Casein per 100000 g 10,7 Mol endständiges Arginin und 1,5 Mol endständiges Lysin, β-Casein 5,3 Mol endständiges Arginin und 2,4 Mol endständiges Lysin. Die aus dem α-Aminostickstoffgehalt der beiden Proteine berechneten mittleren Kettenmolekulargewichte von 10000 bzw. 14300 sind etwas höher als die aus den Endgruppenbestimmungen berechneten Werte. Die Daten für die endständigen Lysingruppen sind jedoch aus den oben angegebenen Gründen zu ungenau, um für Abschätzungen des minimalen Molekulargewichts verwertbar zu sein.

h) Abbauprodukte von Casein.

α) *Produkte enzymatischer Abbauvorgänge.*

Wirkung proteolytischer Enzyme. Die Wirkung proteolytischer Enzyme ist bisher vorwiegend an der Gesamtcaseinfraktion, also an einem heterogenen Substrat, studiert worden. Daher sind die meisten vorliegenden Beobachtungen einer quantitativen Interpretation nicht ohne weiteres zugänglich. Casein wird leicht durch Pepsin, Trypsin, Chymotrypsin, Carboxypeptidase, Kathepsine und pflanzliche Proteasen angegriffen. Schon in den ersten Stadien der Proteolyse verschwindet die charakteristische Fällbarkeit von Casein in der Nähe des isoelektrischen Punktes. Die Phosphorylgruppen bleiben auch nach langdauernder Einwirkung relativ großer Proteasemengen zum größten Teil, vielleicht sogar vollständig in organischer Bindung. Die Bildung phosphorreicher Peptone, deren Entstehung schon von SALKOWSKI entdeckt[2, 3] und deren Zusammensetzung zuerst von POSTERNAK[4, 5] und von RIMINGTON und KAY[6, 7] untersucht wurde, ist daher eine charakteristische Erscheinung, durch die sich die Produkte der enzymatischen Hydrolyse der Caseine und der anderen Phosphoproteide von denen der Proteolyse anderer Eiweißkörper unterscheiden. Während die von den genannten Autoren erhaltenen Phosphopeptone eine größere Anzahl verschiedener Aminosäuren enthielten, erhielt SCHMIDT[8, 9] durch langdauernde Inkubation von Casein mit großen Mengen von Pankreatin Peptide, die entweder ausschließlich Phosphorsäure, Glutaminsäure und Serin in äquimolekularem Verhältnis oder außer diesen Komponenten noch eines der Leucine enthielten. Ein Jahr später wurde von LEVENE und HILL[10] aus dem Säurehydrolysat einer mit Trypsin verdauten Caseinlösung ein aus äquimolekularen Mengen von Glutaminsäure, Serin und Phosphorsäure zusammengesetztes Dipeptid in der Form seines kristallisierten Brucinsalzes isoliert. Durch diese Arbeiten wurde zum ersten Mal Serin als einer der Bindungsorte der Phosphorsäure im Caseinmolekül wahrscheinlich gemacht.

Gleichzeitig gelang es LIPMANN[11], aus Säurehydrolysaten von Casein Serinphosphorsäure zu isolieren.

---

[1] MELLON, E. F., A. H. KORN and S. R. HOOVER: Am. Soc. **75**, 1675 (1953).
[2] SALKOWSKI, E.: H. **32**, 245 (1901).
[3] REH, A.: Hofmeisters Beitr. **11**, 1 (1906).
[4] POSTERNAK, S.: Biochem. J. **21**, 289 (1927).
[5] POSTERNAK, S., et T. POSTERNAK: C. R. Soc. Biol. **185**, 615 (1927).
[6] RIMINGTON, C., and H. D. KAY: Biochem. J. **20**, 777 (1926).
[7] RIMINGTON, C.: Biochem. J. **21**, 1187 (1927).
[8] SCHMIDT, G.: 14. Int. Congr. Physiol. Rom 1932. S. 228.
[9] SCHMIDT, G.: H. **223**, 86 (1934).
[10] LEVENE, P. A., and D. W. HILL: J. biol. Ch. **101**, 711 (1933).
[11] LIPMANN, F.: B. Z. **262**, 9 (1933).

Phosphopeptone wurden in der Folge von einer Reihe von Autoren durch Proteolyse aus Casein erhalten[1-4]. Alle diese Produkte stimmen mit der von SCHMIDT und von LEVENE und HILL[5] beschriebenen Fraktion darin überein, daß sie Glutaminsäure, Serin und Isoleucin enthalten.

Während die im Vorhergehenden erwähnten Phosphopeptone aus der *Gesamt*caseinfraktion dargestellt wurden, untersuchten McMEEKIN und seine Mitarbeiter[6] das Verhalten von α- und β-Casein bei der proteolytischen Spaltung. Sie fanden, daß die phosphorhaltigen Abbauprodukte, die aus α-Casein bei der Verdauung mit kristallisiertem Pepsin erhalten wurden, von den unter vergleichbaren Bedingungen aus β-Casein gebildeten Phosphopeptonen verschieden waren. Die aus α-Casein erhaltenen Phosphopeptone bestanden schon nach kurzer Pepsinverdauung zum großen Teil (etwa 75% des Caseinphosphors) aus Fraktionen von relativ niedrigen Molekulargewichten, im Gegensatz zu den Phosphopeptonen aus β-Casein, die nicht dialysierbar waren und die sich aus dem Verdauungsgemisch in gelatinöser Form abschieden.

Aus dem β-Casein der Kuhmilch erhielten PETERSON, NAUMAN und McMEEKIN[7] durch kurzdauernde Verdauung mit kristallisiertem Trypsin zum ersten Male ein elektrophoretisch einheitliches Phosphopepton von einem Molekulargewicht von etwa 4000. Es enthielt Phosphorsäure, Serin, Glutaminsäure, Leucin und Amidstickstoff in molekularen Proportionen von 4,7:4,2:6,8:3,1:3,0 und in kleineren Mengen Valin (2), Isoleucin (2), Arginin (1,6), Threonin (1), Glycin (1,1), Prolin (1) und Alanin (0,25). Tryptophan sowie Tyrosin waren abwesend. Die Amino- und die Carboxylendgruppe bestanden beide aus Arginin. Das nahezu äquimolekulare Verhältnis der Phosphorsäure- und der Oxyaminosäuregruppen macht das Vorhandensein von Phosphodiesterquerbindungen in dem analysierten Phosphopepton sehr unwahrscheinlich.

Die Trennung der Phosphopeptone oder Phosphopeptide von den phosphorfreien Hydrolyseprodukten kann zu präparativen Zwecken durch Fällung mit neutralem Bleiacetat oder durch Zusatz von Bariumacetat oder Bariumhydroxyd, Ausfällung der Bariumsalze durch Zusatz des gleichen oder doppelten Volumenteils 95%igen Äthylalkohols und Einstellung des p_H auf etwa 10 erreicht werden. Zur weiteren Reinigung ist man für alle Phosphopeptone und Phosphopeptide auf chromatographische Methoden, vor allem auf Ionenaustauschmethoden, angewiesen. Die einzige Ausnahme bildet das von LEVENE und HILL[5] beschriebene Phosphodipeptid aus Glutaminsäure und Serin, das als kristallisiertes Brucinsalz erhalten werden konnte.

Die chromatographische Fraktionierung der phosphorylierten Spaltprodukte wird häufig mit dem phosphopeptidhaltigen Hydrolysaten direkt ohne vorhergehende Barium- oder Bleifällung ausgeführt.

Wirkung von Phosphatasen. Das Verhalten der Phosphorylgruppen von Caseinen und einigen anderen Phosphoproteiden (Eieralbumin, Pepsin) ist von PERLMANN[8-11] untersucht worden. Während durch Prostataphosphatase aus α-Casein bei p_H 6,1 maximal 40% des Gesamtphosphors nach 24stündiger Inkubation als Orthophosphat abgespalten wurden, war dies Enzym ohne meßbare hydrolytische Wirkung auf die Phosphorylgruppen von β-Casein. Zusatz von β-Casein zu Lösungen von α-Casein hemmte die Wirkung von

[1] RIMINGTON, C.: Biochem. J. **35**, 321 (1941).
[2] LOWNDES, J., T. J. R. MACARA and R. H. A. PLIMMER: Biochem. J. **35**, 315 (1941).
[3] DAMODARAN, M., and B. V. RAMACHANDRAN: Biochem. J. **35**, 122 (1941).
[4] MELLANDER, O.: Upsala Läk.-Fören. Förh. **52**, 107 (1947).
[5] LEVENE, P. A., and D. W. HILL: J. biol. Ch. **101**, 711 (1933).
[6] GROVES, M. L., N. J. HIPP and T. L. McMEEKIN: Am. Soc. **80**, 216 (1958).
[7] PETERSON, K. F., L. W. NAUMAN and T. L. McMEEKIN: Am. Soc. **80**, 95 (1958).
[8] PERLMANN, G. E.: Am. Soc. **74**, 3191 (1952).
[9] PERLMANN, G. E.; in: McELROY, W. D., and B. GLASS (Hrsgb.): Phosphorus Metabolism. Bd. 2, S. 167. Baltimore 1952.
[10] PERLMANN, G. E.: Adv. Protein Chem. **10**, 1 (1955).
[11] PERLMANN, G. E.: J. gen. Physiol. **35**, 711 (1952).

Prostataphosphatase auf das letztere Substrat. Dies erklärt die Beobachtung, daß aus Gesamtcasein (im Gegensatz zum Verhalten der α-Komponente) nur 12,5% des Gesamtphosphors bei langdauernder Einwirkung von Prostataphosphatase abgespalten werden konnten[1-3].

Aus Eieralbumin ist durch Prostataphosphatase etwa die Hälfte des Gesamtphosphors als anorganisches Phosphat abspaltbar[3,4]. Nach FLAVIN[5] ist die enzymatisch abspaltbare Phosphorsäuregruppe in Eieralbumin in einer Serin, Glutaminsäure, Isoleucin und Alanin enthaltenden Polypeptidgruppe im Albuminmolekül präformiert. Die Ähnlichkeit dieser Gruppe mit den aus Caseinhydrolysaten isolierten Polypeptiden ist so auffallend, daß man versucht ist, eine mehr als zufällige Parallele in der Struktur der phosphorhaltigen Fragmente beider Proteine anzunehmen. Da Prostataphosphatase aus einfacher gebauten Phosphorsäureestern, wie Nucleotiden, Glycerinphosphorsäuren und anderen Substanzen dieser Klasse, nur diejenigen Phosphorsäuregruppen abspaltet, die mit *einem* Hydroxylrest verestert sind[6], hat PERLMANN die Möglichkeit diskutiert[3], daß die gegen Phosphatase resistenten Phosphorsäuregruppen in Phosphoproteiden als Phosphodiestergruppen oder Pyrophosphatgruppen vorhanden sein könnten, die strukturell in ähnlicher Weise wie die Cystingruppen als Brücken zwischen Peptidketten eine Rolle spielen würden.

Ein unterschiedliches Verhalten der Phosphorsäuregruppen gegen Phosphatasen ist nicht nur mit Casein, sondern auch mit einfacher gebauten Phosphopeptonen aus Casein nachgewiesen worden[7,8]. Im Hinblick auf die Interpretation von PERLMANN und ihre Bedeutung für die Struktur der Phosphoproteide wäre es von großem Interesse, die bisher noch beschränkte Anzahl von entsprechenden Beobachtungen mit phosphorylierten Polypeptiden zu erweitern, da es leichter sein dürfte, die Ursache für die Resistenz gewisser Phosphorsäuregruppen in Substraten mit einfacherer Struktur aufzuklären.

Die Anwesenheit von Phosphorsäuregruppen in Phosphopeptonen hat andererseits auch einen wichtigen Einfluß auf die Spaltbarkeit der Peptidbindungen durch proteolytische Enzyme. So wird z. B. Phosphoryl-seryl-glutaminsäure erst nach der enzymatischen, durch Inkubation mit Phosphatase bewirkten Abspaltung der Phosphorsäuregruppe durch Aminopeptidase hydrolysiert.

Nach BAMANN und seinen Mitarbeitern[9] werden aus Casein wie aus vielen anderen relativ säurestabilen Phosphorsäureestern in Gegenwart von gewissen Metallsalzen bei 37° und bei schwach alkalischer Reaktion Phosphorsäuregruppen als anorganisches Phosphat abgespalten.

Die Existenz *spezifischer* Phosphoproteid-Phosphatasen ist in mehreren Gewebsarten nachgewiesen worden, z. B. in Froscheiern[10] und Milz (SUNDARARAJAN)[11-14]. Nach den Angaben von SUNDARARAJAN und SARMA[14] ist es möglich, mit gereinigter Milzphosphatase fast den gesamten Phosphor aus Casein abzuspalten. Aus 25g Casein konnten durch Inkubation mit diesem Enzym 17 g eines Proteins mit 0,05% Phosphor erhalten werden, das sich

[1] PERLMANN, G. E.: Am. Soc. **74**, 3191 (1952).
[2] PERLMANN, G. E.; in: MCELROY, W. D., and B. GLASS (Hrsgb.): Phosphorus Metabolism. Bd. 2, S. 167. Baltimore 1952.
[3] PERLMANN, G. E.: Adv. Protein Chem. **10**, 1 (1955).
[4] PERLMANN, G. E.: J. gen. Physiol. **35**, 711 (1952).
[5] FLAVIN, M.: J. biol. Ch. **210**, 771 (1954).
[6] SCHMIDT, G., R. CUBILES, N. ZÖLLNER, L. HECHT, N. STRICKLER, K. SERAIDARIAN, M. SERAIDARIAN and S. J. THANNHAUSER: J. biol. Ch. **192**, 715 (1951).
[7] RIMINGTON, C.: Biochem. J. **21**, 1187 (1927).
[8] POSTERNAK, T., et H. POLLACZEK: Helv. **24**, 1190 (1941).
[9] BAMANN, E., F. FISCHLER u. H. TRAPMANN: B. Z. **325**, 413 (1954).
[10] HARRIS, D. L.: J. biol. Ch. **165**, 541 (1946).
[11] SUNDARARAJAN, T. A., and P. S. SARMA: Biochem. J. **56**, 125 (1954).
[12] SUNDARARAJAN, T. A., and P. S. SARMA: Nature **173**, 685 (1954).
[13] SUNDARARAJAN, T. A., and P. S. SARMA: Biochim. biophysica Acta, N. Y. **13**, 588 (1954).
[14] SUNDARARAJAN, T. A., and P. S. SARMA: Biochem. J. **65**, 261 (1957).

von Casein durch seinen höheren isoelektrischen Punkt (p_H 6,2) unterschied. Das Verhalten des Aminostickstoffs während der enzymatischen Hydrolyse der Phosphorsäuregruppen ist noch nicht untersucht worden.

Nach HOFMAN[1] spaltet die Phosphoproteid-Phosphatase aus Milz anorganisches Pyrophosphat und Adenosintriphosphat (unter Bildung von Adenosin-5'-phosphat) sowie aromatische Phosphorsäuremonoester (Phenylphosphat und p-Nitrophenylphosphat, Tyrosinphosphat) mit ähnlichen Geschwindigkeiten wie Phosphoproteide, während aliphatische Phosphomonoester (Glycerophosphate, Zuckerphosphate, Serinphosphat, Threoninphosphat) entweder gar nicht oder mit ganz geringer Geschwindigkeit hydrolysiert werden. Phosphodiester (Diphenylphosphat, N-Phenylphosphosphorylglycin) werden nicht angegriffen.

Die von PERLMANN angenommene Existenz von Phosphodiesterbrücken als „Quer"-bindungen zwischen Peptidketten der Caseinmoleküle würde nach SUNDARARAJAN und SARMA[2] das Auftreten säurelöslicher Peptide bei der enzymatischen Dephosphorylierung von Casein mit der spezifischen Phosphoproteid-Phosphatase aus Ochsenmilz erklären, die von Proteasen durch kurzes Erhitzen auf 80° bei p_H 5 befreit wurde. (Darstellung des gereinigten Enzyms s. S. 641.) Es gelang den indischen Autoren, das gesamte Phosphat von Casein als anorganisches Phosphat durch 48stündige Inkubation mit einer Lösung dieses Enzyms abzuspalten und aus der Verdauungsflüssigkeit etwa 60 % des eingesetzten Substrates in der Form einer praktisch phosphorfreien Proteinfraktion zu isolieren, die sich in ihrer Aminosäurezusammensetzung nur unwesentlich von Casein unterschied. Wie zu erwarten war, hatte die Abspaltung der Phosphorsäuregruppen eine Verschiebung des isoelektrischen Punktes auf den Wert von p_H 6,0 zur Folge. Etwa 1 % vom Gesamtstickstoff wurde bei praktisch vollständiger Dephosphorylierung in der Form von säurelöslichen Peptiden abgespalten, die die für Phosphopeptone des Caseins (s. S. 638) charakteristischen Aminosäuren enthielten. Da einige andere mit Phosphoproteid-Phosphatase inkubierten Proteine keine meßbaren Mengen von säurelöslichem Stickstoff lieferten, nehmen die Autoren an, daß die Entstehung dieser Fraktion bei der enzymatischen Hydrolyse von Casein als phosphatatische Spaltung von Phosphatbrücken zwischen Peptidketten aufgefaßt werden muß. Diese Erklärung setzt voraus, daß die Phosphoproteid-Phosphatase der Milz sowohl Phosphomonoester- als auch Phosphodiesterbindungen spaltet.

Obgleich somit die interessante Annahme von Phosphodiesterbrücken in Caseinen durch eine Anzahl von Beobachtungen gestützt wird, sind andersartige Erklärungen der von PERLMANN aufgefundenen Resistenz eines Teiles der Caseinphosphorsäuregruppen gegen die Wirkung spezifischer Phosphomonoesterasen gegenwärtig nicht ausgeschlossen. Es ist durchaus möglich, daß die Angreifbarkeit von Phosphomonoestergruppen des Caseins durch Prostataphosphomonoesterase von gewissen Struktureigentümlichkeiten des organischen Teiles des Substrates, wie z. B. von der Natur der den Phosphoestergruppen benachbarten Aminosäurereste abhängt (s. auch HOFMAN[1]).

Darstellung proteasefreier Phosphoproteid-Phosphatase aus Ochsenmilz nach SUNDARARAJAN ***und*** SARMA[2]. ***Darstellung von enzymatisch dephosphoryliertem Casein.*** Ochsenmilz wird mit 2,5 Vol. 0,85 %iger Kochsalzlösung, die 0,2 m Acetatpuffer von p_H 5 enthält, homogenisiert. Die Suspension wird zentrifugiert und das Zentrifugat mit Ammoniumsulfat fraktioniert. Der zwischen 0,4—0,8 Ammoniumsulfatsättigung ausfallende Niederschlag wird mit 0,85 %iger Kochsalzlösung, deren p_H mittels Acetatpuffer auf 5 eingestellt ist, extrahiert und die so erhaltene Suspension filtriert. Das Filtrat wird mit Aceton fraktioniert und der bei den Acetonkonzentrationen von 55—66 % (v/v) erhaltene Niederschlag mit gepufferter Kochsalzlösung (p_H 5) extrahiert. Das Filtrat wird zur Inaktivierung der Proteasen während 5 min in einem Wasserbad von 80° erhitzt.

---

[1] HOFMAN, T.: Biochem. J. 69, 135 (1958).
[2] SUNDARARAJAN, T. A., and P. S. SARMA: Biochem. J. 65, 261 (1957).

Darstellung von Phosphoproteidphosphatase aus Ochsenmilz nach HOFMAN[1].

In gefrorenem Zustande aufbewahrte Ochsenmilz wird abgehäutet und durch einen Fleischwolf getrieben. 100 g Gewebebrei werden mit 900 cm³ 0,5 m kalter Natriumchloridlösung in 0,05 m Natriumacetat-Essigsäurepuffer von p_H 5,9 homogenisiert, und die erhaltene Suspension wird bei 900 × g zentrifugiert. Die überstehende Flüssigkeit wird auf 0° abgekühlt und mit 450 cm³ kaltem Butylalkohol 5 min lang geschüttelt. Durch Zentrifugierung bei 1500 × g während 15 min trennt sich das Gemisch in 3 Schichten. Die Bodenschicht (450 cm³), die die Hauptmenge des Enzyms enthält, wird durch eine Capillare abgezogen, und die Mittelschicht wird wiederum mit 500 cm³ der gepufferten Kochsalzlösung extrahiert.

Die vereinigten beiden Extrakte werden auf 2° abgekühlt und mit etwa $^1/_4$ Volumen Aceton gemischt. Nach etwa 18stündigem Aufbewahren bei —15° wird die Mischung von einem inaktiven, gelatinösen Niederschlag abzentrifugiert. Die klare Lösung wird durch erneuten Zusatz von Aceton auf eine Acetonkonzentration (v/v) von 50% gebracht und über Nacht bei —15° stehengelassen. Dabei scheidet sich ein rotbrauner Niederschlag aus, der fast die gesamte Enzymaktivität enthält. Er wird abzentrifugiert und von der überstehenden Flüssigkeit so vollständig wie möglich durch Abhebern und Abtropfen getrennt. Der Niederschlag wird in 115 cm³ der gepufferten Kochsalzlösung suspendiert und die Suspension durch Zentrifugieren geklärt. Nach 48stündiger Dialyse der Lösung gegen häufig gewechseltes dest. Wasser bildet sich ein flockiger Niederschlag, der einen beträchtlichen Anteil der ursprünglichen Phosphoproteidphosphataseaktivität enthält, aber nunmehr frei von Glycerophosphatase ist. Der Niederschlag wird in 80 cm³ der gepufferten Natriumchloridlösung gelöst. Die nach Abzentrifugieren von unlöslichen Verunreinigungen erhaltene, gelbliche und schwach opalescierende Flüssigkeit enthält etwa 20% der ursprünglichen Aktivität der Phosphoproteidphosphatase. Die Aktivität der Lösung je Milligramm Proteinstickstoff ist etwa das Vierzigfache der im zentrifugierten Rohextrakt gefundenen. Die Lösung ist praktisch frei von Proteasen und Glycerophosphatasen.

Zur präparativen enzymatischen Dephosphorylierung wird eine 2,5%ige Caseinlösung, die je Liter 50 cm³ einer molaren Acetatpufferlösung von p_H 5,8 und außerdem als Aktivator 10 cm³ einer 0,1 mol Thioglykolsäurelösung enthält, mit 15 cm³ der Enzymlösung (700 Enzymeinheiten je mg Proteinstickstoff*) bei 37° in Gegenwart von 25 cm³ Toluol für 24 Std inkubiert. Nach erneuter Zugabe von 15 cm³ der Enzymlösung wird die Inkubierung für weitere 24 Std fortgesetzt. Das ausgefallene, dephosphorylierte Casein wird abfiltriert und durch Umfällung seiner durch vorsichtigen Alkalizusatz erhaltenen Lösung bei p_H 6 gereinigt.

Die Labgerinnung von Casein. Wenn Milch oder micellares Casein mit Extrakten aus Kalbsmagenschleimhaut behandelt wird, so tritt in Gegenwart von Calciumsalzen eine grobflockige Ausfällung von Casein ein. Die Umwandlung des micellaren Casein-Calciumkomplexes in das unter diesen Bedingungen ausfallende grobflockige Gerinnsel wird durch das Labenzym (Rennin) der Magenschleimhaut bewirkt, das von HANKINSON und von BERRIDGE in kristallisierter Form erhalten wurde[2-7].

Der Mechanismus der Labgerinnung ist noch nicht völlig aufgeklärt, und es würde zuweit führen, die verschiedenen, zum großen Teil nur noch historisch interessanten

* Eine Enzymeinheit spaltet je Minute 1 γ anorganischen Phosphors aus 10 μMol Casein bei 37° und p_H 6 in einem Gesamtvolumen von 1 cm³ ab. Die Testmischung enthält 0,02 m Veronal-Acetatpuffer und 0,001 M Thioglykolsäure als Aktivator.

[1] HOFMAN, T.: Biochem. J. **69**, 135 (1958).
[2] BERRIDGE, N. J.: Biochem. J. **39**, 179 (1945).
[3] BERRIDGE, N. J., and C. WOODWARD: J. Dairy Res. **20**, 255 (1953).
[4] HANKINSON, C. L.: J. Dairy Sci. **26**, 53 (1943).
[5] DE BAUN, R. M., W. M. CONNORS and R. A. SULLIVAN: Arch. Biochem. **43**, 324 (1953).
[6] BERRIDGE, N. J.; in: COLOWICK-KAPLAN, Meth. Enzymol. Bd. 2, S. 69.
[7] BERRIDGE, N. J.: Adv. Enzymol. **15**, 423 (1954).

Theorien der Labwirkung im einzelnen zu besprechen. Die neuere Entwicklung der Labforschung hat ihren Ausgangspunkt in der Auffassung von LINDERSTRØM-LANG[1] und von HOLTER[2], nach der die zur Gerinnung führende, durch Rennin katalysierte chemische Veränderung des Substrates nicht das gesamte Casein, sondern nur eine spezifische, in kleinen Mengen im micellaren Casein vorhandene Eiweißfraktion betrifft, die als Schutzkolloid die Casein-Calciumphosphatmicellen in ihrem feinen Dispersionszustand erhält. Nach dem spezifischen enzymatischen Abbau dieses Schutzkolloides fallen die übrigen, quantitativ überwiegenden Komponenten der Casein-Calciummicellen (oder die gelösten Caseinate) auf Zusatz von Calciumsalzen in grobflockiger, chemisch so gut wie unveränderter Form aus. Die Bezeichnung „Paracasein", die früher für labgeronnenes Casein eingeführt worden war, hat nach dieser Theorie daher eine chemische Bedeutung nur für die quantitativ geringe Fraktion des „Schutzkolloides", das nach WAUGHs Versuchen (s. unten) durch Rennin in ein unlösliches Protein umgewandelt wird.

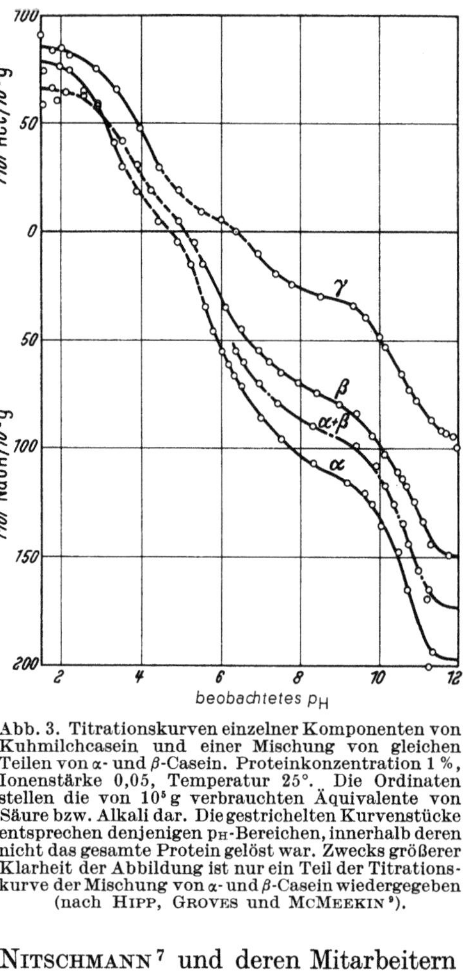

Abb. 3. Titrationskurven einzelner Komponenten von Kuhmilchcasein und einer Mischung von gleichen Teilen von α- und β-Casein. Proteinkonzentration 1%, Ionenstärke 0,05, Temperatur 25°. Die Ordinaten stellen die von 10^5 g verbrauchten Äquivalente von Säure bzw. Alkali dar. Die gestrichelten Kurvenstücke entsprechen denjenigen pH-Bereichen, innerhalb deren nicht das gesamte Protein gelöst war. Zwecks größerer Klarheit der Abbildung ist nur ein Teil der Titrationskurve der Mischung von α- und β-Casein wiedergegeben (nach HIPP, GROVES und MCMEEKIN[9]).

Nach der eben skizzierten Auffassung zerfällt der Prozeß der Labgerinnung in 2 Phasen: Nur die erste ist enzymatischer Natur und besteht aus dem hydrolytischen Abbau der spezifischen „Schutzkolloidfraktion" der Casein-Calciumphosphatmicellen durch Rennin. Die zweite Phase ist der kolloidchemische Vorgang der Ausflockung der Hauptcaseinfraktionen als unlöslicher Calciumkomplex.

Wichtige Fortschritte in der Aufklärung der ersten Phase verdankt man besonders den Untersuchungen aus den Laboratorien von LINDERSTRØM-LANG[1], CHERBULIEZ[3], BERRIDGE[4], NITSCHMANN[5] und WAUGH[6]. NITSCHMANN und Mitarbeiter[5, 7, 8] zeigten, daß der enzymatische Primärvorgang der Labgerinnung mit großer Wahrscheinlichkeit eine sehr rasch verlaufende, wenngleich ihrer absoluten Menge nach geringfügige Abspaltung einer säurelöslichen Peptidfraktion aus der „Schutzkolloidfraktion" der Caseinmicellen ist. Nach CHERBULIEZ[3] und nach NITSCHMANN[7] und deren Mitarbeitern findet sich das Substrat der spezifischen Primärproteolyse nur in der α-Caseinfraktion, und es gelang WAUGH und VON HIPPEL, dieses Substrat — und damit das hypothetische „Schutzkolloid" von LINDERSTRØM-LANG — in gereinigter Form aus α-Casein, das unter Umgehung der isoelektrischen Fällung (s. S. 651) hergestellt war, als ϰ-Casein zu gewinnen[6]. Durch Rennin wird ϰ-Casein vermutlich unter Spaltung spezifischer Peptidbindungen rasch in ein wasserunlösliches Protein umgewandelt, das von WAUGH als para-ϰ-Casein bezeichnet wurde.

[1] LINDERSTRØM-LANG, K.: C. R. Lab. Carlsberg **17**, No. 9 (1928).
[2] HOLTER, H.: B. Z. **255**, 160 (1934).
[3] CHERBULIEZ, E., et P. BAUDET: Helv. **33**, 1673 (1950).
[4] BERRIDGE, N. J.: Nature **149**, 1942 (1942).
[5] NITSCHMANN, H., u. R. VARIN: Helv. **34**, 1421 (1951).
[6] WAUGH, D. F., and P. H. VON HIPPEL: Am. Soc. **78**, 4576 (1956).
[7] NITSCHMANN, H., u. W. KELLER: Helv. **38**, 942 (1955).
[8] MATTENHEIMER, H., u. H. NITSCHMANN: Helv. **38**, 687 (1955).
[9] HIPP, N. J., M. L. GROVES and T. L. MCMEEKIN: Am. Soc. **74**, 4822 (1952).

Der proteolytische Effekt von Rennin ist nicht streng auf die rasch verlaufende Primärreaktion mit ϰ-Casein beschränkt[1]. Vielmehr erleiden sowohl α- als auch β-Casein einen langsamen Abbau durch langdauernde Inkubation mit kristallisiertem Labenzym. Diese Sekundärproteolyse ist jedoch ohne Bedeutung für den Prozeß der Labgerinnung.

Die Auffassung der enzymatischen Phase der Labgerinnung als eines proteolytischen Vorganges macht es erklärlich, daß viele Proteasen — eine Ausnahme macht nach MATTENHEIMER und NITSCHMANN[2] kristallisiertes Trypsin — Casein in ähnlicher Weise wie das Lab zur Gerinnung zu bringen vermögen (vgl. auch BERRIDGE[3, 4]).

Über die Zusammensetzung der bei der enzymatischen Primärreaktion der Labgerinnung abgespaltenen, trichloressigsäurelöslichen Stickstofffraktion ist bisher noch nichts bekannt. Möglicherweise entspricht sie der schon von früheren Beobachtern in der Molke gefundenen Proteosenfraktion[5-8]. Nach NITSCHMANN beträgt die abgespaltene Stickstoffmenge etwa 1 % des Gesamtstickstoffs vom als Substrat verwendeten Casein. Calciumionen sind ohne Einfluß auf den enzymatischen Primärvorgang der Labgerinnung. MATTENHEIMER, NITSCHMANN und ZAHLER[9] konnten mit empfindlichen Methoden keine Abspaltung von anorganischem Phosphat bei der Labgerinnung nachweisen.

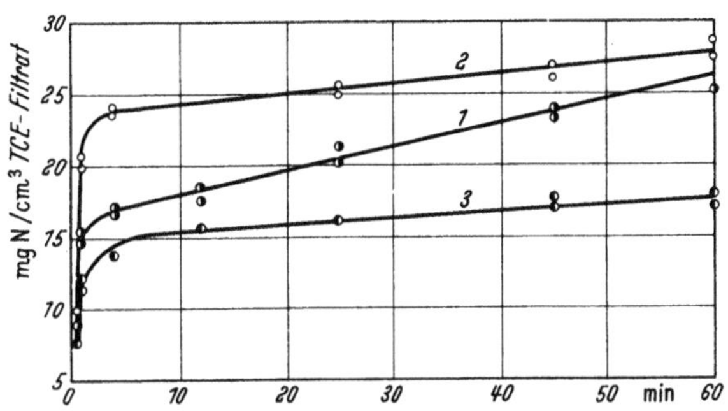

Abb. 4. Abspaltung von Nichtproteinstickstoff aus α-Casein durch Labferment. Die Kurven zeigen die rasch verlaufende, spezifische „Primärreaktion" von NITSCHMANN und die langsame unspezifische Proteolyse, deren Geschwindigkeit charakteristischerweise bei höheren Substratkonzentrationen geringer ist (Kurve 2) als bei niedrigeren Substratkonzentrationen (Kurve 1). Kurve 1: α-Caseinkonzentration im Ansatz 1,2 %. — Kurve 2: α-Caseinkonzentration im Ansatz 2,4 %. — Kurve 3: α-Caseinkonzentration während der Inkubation mit Labferment 2,4 %. Unmittelbar vor jeder Trichloressigsäurefällung wurde mit Wasser auf das doppelte Volumen verdünnt, so daß die Analysen unter denselben Bedingungen durchgeführt wurden wie bei Kurve 1 (nach NITSCHMANN u. KELLER[1]).

Die nichtenzymatische Phase der Ausscheidung der Calciumcaseinate ist nach LINDERSTRØM-LANG, nach NITSCHMANN und nach WAUGH nicht von eingreifenden Veränderungen der Hauptfraktion der Caseine begleitet. Nach WAUGH läßt sich aus dem Gerinnsel das α-Casein wieder zurückgewinnen und durch Zusatz geeigneter Mengen von ϰ-Casein (α-Casein : ϰ-Casein = 4 : 1) in micellarer Form dispergieren. Eine Suspension solcher Micellen kann durch Inkubation mit Rennin erneut zur Gerinnung gebracht werden. CHERBULIEZ und WOLF[10] erhielten aus labgeronnenem Casein γ-Casein in unveränderter Form zurück.

Andererseits schließt BERRIDGE[11] aus dem ungewöhnlich hohen Temperaturkoeffizienten (13—16 je Anstieg um 10°), daß die nichtenzymatische Phase der Labgerinnung als Denaturierungsvorgang („uncoiling" von Peptidketten) aufzufassen sei. Ein derartiger Mechanismus wäre jedoch mit der von WAUGH berichteten Gerinnungsfähigkeit von gelabten Caseinen nach deren Resuspendierung in Gegenwart von ϰ-Casein nicht ohne weiteres in Einklang zu bringen.

Unter gewöhnlichen Bedingungen, d. h. bei Gegenwart aller zur Labgerinnung notwendigen Komponenten und innerhalb des für den vollständigen Ablauf des Prozesses

[1] NITSCHMANN, H., u. W. KELLER: Helv. **38**, 942 (1955).
[2] MATTENHEIMER, H., u. H. NITSCHMANN: Helv. **38**, 687 (1955).
[3] BERRIDGE, N. J.; in: COLOWICK-KAPLAN Meth. Enzymol. Bd. 2, S. 69.
[4] BERRIDGE, N. J.: Adv. Enzymol. **15**, 423 (1954).
[5] HAMMARSTEN, O.: H. **130**, 155 (1923).
[6] FULD, E.: B. Z. **4**, 486 (1907).
[7] WEGELIN, E.: Versl. landbouwk. Onderz. Rijkslandb.-Proefstat. No. **58**, 3 (1952).
[8] ALAIS, C., G. MOCQUOT, H. NITSCHMANN u. P. ZAHLER: Helv. **36**, 1955 (1953).
[9] MATTENHEIMER, H., H. NITSCHMANN u. P. ZAHLER: Helv. **35**, 1970 (1952).
[10] CHERBULIEZ, E., u. B. WOLF: Helv. **36**, 1174 (1953).
[11] BERRIDGE, N. J.; in: SUMMER-MYRBÄCK, Enzymes. Bd. I, Teil 2. S. 1103.

unerläßlichen Temperaturintervalles, ist die enzymatische, erste Phase der limitierende Zeitfaktor, während die zweite Phase praktisch so gut wie momentan verläuft. Nur die Geschwindigkeit der ersten Phase ist direkt von der Labkonzentration abhängig und liegt daher allen Bestimmungen der Labaktivität zugrunde. Bei Temperaturen unterhalb 15° ist der Eintritt der zweiten Phase enorm verzögert, obwohl unter diesen Bedingungen der Enzymprozeß mit meßbarer Geschwindigkeit vor sich geht.

Zur Messung der Aktivität von Labpräparaten werden meist Lösungen von Trockenmilchpräparaten verwendet[1], da gereinigte Caseinate häufig ohne Labzusatz in Gegenwart von Calciumsalzen grobflockig ausfallen. Dies trifft jedoch nicht für feindisperse Suspensionen von micellaren Casein-Calciumphosphatkomplexen zu, die leicht und in genügenden Mengen durch Superzentrifugierung von abgerahmter Milch erhalten werden können und die nach Dialyse gegen eiskaltes Wasser und Lyophilisierung als Trockenpräparate mindestens für mehrere Monate haltbar sind, wenn sie in gefrorenem Zustand aufbewahrt werden. Es dürfte sich empfehlen, für enzymchemische Untersuchungen die gebräuchlichen Trockenmilchpräparate durch gereinigtes micellares Casein als Substrat zu ersetzen.

β) Produkte der Dephosphorylierung von Casein.

Dephosphorylierung durch 24stündige Inkubation mit 0,25 n Natronlauge. Die durch Alkalieinwirkung auf Casein entstehenden Spaltungsprodukte sind von Kay und Rimington[2] und später von Plimmer und Lawton[3] untersucht worden. Die Einwirkung verdünnter Natronlauge auf Casein bei 37° ist nicht auf die Abspaltung von anorganischem Phosphat (und von Amidgruppen) beschränkt, sondern führt zu tiefergreifendem Abbau wenigstens eines Teiles vom Casein. Plimmer und Lawton konnten aus der digerierten Lösung 55% des Gesamtstickstoffs in Form von „Dephosphocasein" durch Ansäuerung auf p_H 4,2 niederschlagen, während der Rest des Aminosäurestickstoffs im Filtrat zum großen Teil in Form von Albumosen („Dephosphocaseose") vorhanden war, von denen ein Teil durch Halbsättigung mit Ammoniumsulfat ausfällbar war. Das Dephosphocasein ist in verdünnten Säuren und Alkalien löslich und fällt beim Neutralisieren aus. Bezüglich seiner Aminosäurezusammensetzung ist es, abgesehen von seinem höheren Tyrosin- und seinem niedrigeren Oxyaminosäuregehalt, der Gesamtcaseinfraktion ähnlich[4].

Bemerkung. Im Hinblick auf die noch ungeklärte Frage der möglichen Existenz von Phosphorsäure- oder Pyrophosphorsäurebrücken in Caseinmolekülen wäre eine Neuuntersuchung der eigenartigen alkalischen Hydrolyse des Caseins von Interesse. Schließlich muß darauf hingewiesen werden, daß die bisherigen Untersuchungen der Alkalihydrolyse von Casein nicht an homogenen Präparaten, sondern an der Gesamtcaseinfraktion ausgeführt wurden.

Dephosphorylierung von Casein durch Inkubation mit Phosphoproteid-Phosphatase. Nach Sundararajan und Sarma[5] kann Casein in präparativem Maßstab durch gereinigte Phosphoproteid-Phosphatase aus Ochsenmilz in ein Protein von einem Phosphorgehalt von nur 0,03% übergeführt werden (s. den Abschnitt über Phosphatasen, S. 641).

γ) O-Phosphorylserin.

O-Phosphorylserin ist in kleinen Mengen in einigen Geweben (Leber[6], Augenlinse[7]) nachgewiesen worden. Wie schon erwähnt (S. 619), kann O-Phosphorylserin aus natürlichen Phosphoproteiden sowie aus Diisopropylphosphorylderivaten von Proteinen durch Säurehydrolyse erhalten werden. Es sei ausdrücklich bemerkt, daß durch ausschließlich

[1] Berridge, N. J.; in: Sumner-Myrbäck, Enzymes. Bd. I, Teil 2. S. 1103.
[2] Rimington, C., and H. D. Kay: Biochem. J. **20**, 777 (1926).
[3] Plimmer, R. H. A., and J. H. T. Lawton: Biochem. J. **33**, 530 (1939).
[4] Rew Macara, T. J., and R. H. A. Plimmer: Biochem. J. **34**, 1431 (1941).
[5] Sundararajan, T. A., and P. S. Sarma: Biochem. J. **65**, 261 (1957).
[6] Nemer, M., and D. Elwyn: Am. Soc. **79**, 6564 (1957).
[7] Malatesta, C.: Boll. Ocul. **31**, 685 (1952).

enzymatische Proteolyse bisher niemals freies O-Phosphorylserin, sondern nur phosphorylserinhaltige Peptide gewonnen wurden.

In anabolischer Richtung wird es enzymatisch als Zwischenprodukt bei der biologischen Umwandlung von Kohlenhydraten in Serin gebildet[1]. Außerdem kann Serin in Gegenwart von O-Phosphorylserin durch eine enzymatische Austauschreaktion phosphoryliert werden, deren Mechanismus noch nicht näher bekannt ist[2]. Adenosintriphosphat ist ohne Einfluß auf diese Reaktion, und Serinkinasen sind (im Gegensatz zu den Beobachtungen über die enzymatischen Phosphorylierungen von Cholin und Äthanolamin) bisher noch nicht in Geweben nachgewiesen worden.

Ob Phosphorylserin im Organismus eine direkte Vorstufe der Phosphoproteide ist oder ob die Phosphorsäuregruppe ausschließlich durch Phosphorylierung von Proteinen in die entsprechenden Eiweiß- (oder Peptid-)Moleküle eingeführt wird, ist eine noch ungeklärte Frage. KENNEDY[3] sowie SCHMIDT[4] und deren Mitarbeiter zeigten die Einverleibung von markiertem Orthophosphat in zellfreien Suspensionen von Leber bzw. von lactierenden Brustdrüsen von Ratten in Gegenwart von Adenosintriphosphat. RABINOWITZ[5] fand, daß Taubenhirn und Taubenleber ein Enzymsystem enthalten, das imstande ist, den reversiblen Austausch von Phosphorylgruppen zwischen Phosvitin und Adenosintriphosphat zu katalysieren.

Darstellung. ***1. Synthese nach* FOELSCH *und* MELLANDER[6].**

N-Carbobenzoxyserin-benzylester (L-, D- oder D,L-Form) wird mittels Diphenylphosphoroxychlorid phosphoryliert und der entstandene Triester durch katalytische Hydrierung in die entsprechenden isomeren Phosphorylserine übergeführt.

*N-Carbobenzoxy-*L*-serinbenzylester.* In Anlehnung an die azeotrope Destillationsmethode von CIPERA und NICHOLLS[7] werden 10 g N-Carbobenzoxy-L-serin[8] und 20 cm³ Benzylalkohol mit 100 cm³ Tetrachlorkohlenstoff in Gegenwart von 0,5 g p-Toluolsulfosäure destilliert, wobei das Volumen durch häufige Zugaben von Tetrachlorkohlenstoff konstant gehalten wird. Nach einer Reaktionsdauer von 5 Std wird die Tetrachlorkohlenstofflösung abgekühlt und darauf mit 50 cm³ einer 20%igen Natriumhydrogencarbonatlösung und 3 Portionen von je 50 cm³ Wasser gewaschen. Nach Trocknung über Natriumsulfat fügt man Petroläther (Kp. 20—40°) zu der warmen Lösung. Nach einigen Stunden kristallisiert die Hauptmenge des Esters bei Zimmertemperatur aus und wird abgesaugt. Durch Abkühlen der Mutterlauge auf —16° werden noch weitere Mengen des Produktes erhalten, so daß die Ausbeute etwa 70—78% der Theorie beträgt. F 83—84°; $\alpha_D^{21} + 5{,}5°$ (Chloroform, $c = 4$, 1 l/dm). Methoden zur Synthese der entsprechenden D,L- und D-Verbindungen sind von JONES und LIPKIN[9] bzw. von SKINNER und Mitarbeitern[10] angegeben worden.

*O-Diphenylphosphoryl-N-carbobenzoxy-*L*-serinbenzylester.* Zu einer Lösung von 6,6 g (20 mMol) von N-Carbobenzoxy-L-serinbenzylester in 10 cm³ wasserfreiem Pyridin werden 6,4 g (24 mMol) Diphenylphosphoroxychlorid innerhalb von 10 min zugegeben. Die Mischung wird geschüttelt, wobei die Temperatur durch gelegentliches Abkühlen in Wasser unter 40° gehalten wird. Pyridiniumchlorid kristallisiert dabei aus. Nach 4stündigem Stehen bei Zimmertemperatur wird der Überschuß an Diphenyloxychlorid durch Zugabe von 1 cm³ Wasser zersetzt, und nach einer weiteren Stunde wird die Mischung in einen 150 cm³ Wasser und 150 cm³ Äther enthaltenden Scheidetrichter gegossen. Der

[1] ICHIHARA, A., and D. M. GREENBERG: J. biol. Ch. **224**, 331 (1957).
[2] NEUHAUS, F. C., and W. L. BYRNE: Fed. Proc. **17**, 282 (1958).
[3] BURNETT, G., and E. P. KENNEDY: J. biol. Ch. **211**, 969 (1954).
[4] SCHMIDT, G., and H. M. DAVIDSON: Biochim. biophysica Acta, N. Y. **19**, 116 (1956).
[5] RABINOWITZ, M.: Fed. Proc. **16**, 236 (1957).
[6] FOELSCH, G., and O. MELLANDER: Acta chem. scand. **11**, 1222 (1957).
[7] CIPERA, J. D., and R. V. V. NICHOLLS: Chem. & Industr. **1955**, 16.
[8] BAER, E., and J. MAURUKAS: J. biol. Ch. **212**, 25 (1955).
[9] JONES, E. E., and D. LIPKIN: Am. Soc. **78**, 2408 (1956).
[10] SKINNER, C. G., T. J. MCCORD, J. M. RAVEL and W. SHIVE: Am. Soc. **78**, 2412 (1956).

ätherische Extrakt wird mit 2 Portionen von je 50 cm^3 kalter 4 n Schwefelsäure, 50 cm^3 Wasser, 50 cm^3 20%iger Natriumcarbonatlösung und nochmals mit 50 cm^3 Wasser gewaschen. Nach Trocknen über Natriumsulfat wird der Äther abdestilliert, zuletzt bei einem Druck von 0,1 mm Quecksilber. Der als farbloses Öl hinterbleibende Triester wird in 30 cm^3 99%igem Äthanol gelöst. Nach Zugabe von Petroläther (Kp. 20—40°) bis zur leichten Trübung kristallisiert das Phosphorylierungsprodukt langsam aus. Nach Stehen bei Zimmertemperatur über Nacht und anschließendem mehrstündigem Stehen bei 4° ist die Kristallisation beendet. Ausbeute 10 g (95% der Theorie). F 53—53,5°; α_D^{18} + 18° (Chloroform, $c = 5{,}3$ 1 l/dm); α_D^{18}—3,8° (Äthanol, $c = 10{,}1$, 1 l/dm).

O-Phosphoryl-L-serin. Zu einer Lösung von 5,6 g (10 mMol) O-Diphenylphosphoryl-N-Carbobenzoxy-L-serinbenzylester in 50 cm^3 Äthanol werden 1,5 g Palladiumoxyd-Katalysator[1] gegeben. Die Mischung wird in einer Atmosphäre von reinem Wasserstoff geschüttelt. Nach 8 Std wird praktisch kein Wasserstoff mehr verbraucht, und ein hauptsächlich aus O-Diphenylphosphoryl-L-serin bestehender Niederschlag setzt sich ab. Dies Material wird durch Zugabe einer Mischung von warmem Wasser und Essigsäure (1:1) gelöst. Der Katalysator wird abfiltriert und mit weiteren Mengen von heißem Wasser gewaschen. Die vereinigten Lösungen werden dann unter vermindertem Druck bei einer Badtemperatur von 40° zur Trockne eingedampft. Der trockene Rückstand wird in 50 cm^3 Eisessig gelöst und wiederum in einer Wasserstoffatmosphäre, diesmal in Gegenwart von 1 g Platinoxyd-Katalysator[1] geschüttelt. Nach Verlauf von 20 Std hört die Wasserstoffaufnahme auf. Ausgefallenes Material wird durch Zugabe von 25 cm^3 heißem Wasser gelöst, und der Katalysator wird abfiltriert. Das Filtrat und die Waschwässer werden unter vermindertem Druck zur Trockne eingeengt, und der Rückstand wird in 100 cm^3 Wasser gelöst. 10 g des Kationenaustauschers Amberlite IR-120 (H^+-Form) werden zugesetzt, und die Mischung wird 1,5 Std lang geschüttelt. Der Austauscher wird abfiltriert und mit Wasser gewaschen. Die vereinigten Lösungen werden wiederum unter vermindertem Druck zur Trockne gebracht. Der Rückstand wird in 8 cm^3 kochendem Wasser gelöst und 99%iger Alkohol bis zur Bildung einer schwachen Trübung zugegeben. Zur Erzielung vollständiger Kristallisation ist es häufig notwendig, allmählich mehrere Volumina von absolutem Alkohol zuzugeben und die Lösung im Kühlschrank während einiger Tage aufzubewahren. Die Kristalle werden mit 66%igem Alkohol gewaschen und bei Zimmertemperatur im Vakuum über Phosphorpentoxyd getrocknet. Ausbeute 1,55 g (48% der Theorie) (Physikalische Eigenschaften s. unten).

***Darstellung von Phosphorylserin nach* PLIMMER[2].**

PLIMMER[2] sowie LEVENE und SCHORMÜLLER[3] erhielten in wechselnden Ausbeuten O-Phosphorylserin durch Digerieren von 1 g Serin mit einer Mischung von 7 g Phosphorsäure und 1 g Phosphorpentoxyd bei Zimmertemperatur. Bei Reaktionszeiten von 4, 24 und 46 Tagen wurden Ausbeuten des Bariumsalzes von 0,5, 16 und 26% erhalten. Wenn die Reaktionsmischung im Autoklaven bei etwa 9 kg/cm^2 Druck für 1—1,5 Std erhitzt wurde, betrugen die Ausbeuten zwischen 8 und 21% der Theorie. Bei Erhitzen während 24 oder 48 Std wurde kein Phosphorylserin erhalten. Anscheinend führte das lange Erhitzen zur Zerstörung des entstandenen Reaktionsproduktes.

Zur Darstellung des Bariumsalzes wurde die Reaktionsmischung auf 250—500 cm^3 mit Wasser verdünnt und mit einem geringen Überschuß von Bariumhydroxydlösung (p_H etwa 8,5) versetzt. Nach gründlichem Auswaschen des Niederschlages mit Wasser wurde das mit den Waschwässern vereinigte Filtrat unter vermindertem Druck auf ein kleines Volumen eingeengt und das Bariumsalz durch Zusatz eines gleichen Volumens Alkohol gefällt. Aus dem Bariumsalz kann das freie Phosphorylserin über das Bleisalz in kristallisierter Form erhalten werden. Der Schmelzpunkt der so erhaltenen Substanz stimmt mit dem nach FOELSCH und MELLANDER erhaltenen Ester gut überein.

---

[1] ADAMS, R., V. VOORHEES and R. L. SHRINER: Org. Syntheses, Coll. Vol. **1**, 463 (1948).
[2] PLIMMER, R. H. A.: Biochem. J. **35**, 461 (1941).
[3] LEVENE, P. A., and A. SCHORMÜLLER: J. biol. Ch. **106**, 595 (1934).

Eigenschaften. O-Phosphoryl-L-serin schmilzt unter Zersetzung bei 168—172°. Die spezifische Drehung in 3,5%iger wäßriger Lösung beträgt $\alpha_D^{18} + 7,4°$, in 3,0%iger Lösung in 2 n Salzsäure $\alpha_D^{23} = +16,2°$. (Die Lösungen wurden aus dem Bariumsalz dargestellt.)

Im Gegensatz zu dem Verhalten der in der Form von Eiweißstoffen oder Peptonen gebundenen Phosphoseringruppen wird aus freiem Phosphorylserin durch die Einwirkung von 0,25 n oder 0,5 n Natronlauge während 24 Std kein anorganisches Phosphat abgespalten. Bei 100° beträgt der Hydrolysegrad mit 0,25 n Natronlauge nach 8 Std 3,7%, nach 48 Std 66%, mit 0,5 n Natronlauge nach 8 Std 74,6, nach 24 Std 71,2%. Die Ausbeuten an Orthophosphat werden durch längeres Erhitzen unter den angegebenen Bedingungen nicht wesentlich erhöht.

Durch n Salzsäure werden bei 37° keine Phosphorsäuregruppen in anorganischer Form abgespalten. Bei 100° sind nach 24 Std 60,6%, nach 72 Std 83,2% des Phosphors als anorganisches Phosphat vorhanden.

Durch alkalische Nieren- und Darmphosphatase wird Phosphorylserin wirksam hydrolysiert.

Eine spezifische Phosphoserinphosphatase[1-3] ist in Ratten- und Hühnerleber nachgewiesen worden. Das Enzym hydrolysiert Phosphoryl-L-serin (Michaelis-Konstante K_M $5,8 \times 10^{-5}$) sowie in schwächerem Maße Phosphoryl-D-serin (K_M $4,2 \times 10^{-3}$). Die Eigenschaften des Enzyms sind bei p_H 5,9 und 7,5 studiert worden. Das p_H-Optimum wurde noch nicht bestimmt. Magnesiumionen sind notwendig zur Aktivierung des Enzyms. Das Enzym katalysiert nicht nur die Hydrolyse der Phosphorylserine, sondern auch den bereits erwähnten Austausch der Phosphorylgruppe zwischen Phosphoryl-L-serin und L-Serin (s. S. 645). Weder auf D,L-Homoserin noch auf D,L-Threonin wurde die Phosphorylgruppe von Phosphoryl-L-serin übertragen.

i) Darstellung der Gesamtcaseinfraktion.

Die Caseine sind in der Milch als feinverteilte, zentrifugierbare Komplexe mit Calciumphosphat vorhanden, aus denen das freie Casein durch isoelektrische Fällung dargestellt werden kann[4-8].

Darstellung der freien Gesamtcaseinfraktion aus Kuhmilch nach WARNER[9]. Unpasteurisierte, frische Kuhmilch wird mit Toluol versetzt und sofort auf 2° abgekühlt. Alle Operationen werden im Kälteraum bei 2° durchgeführt. Die abgerahmte Milch wird unter mechanischem Rühren durch langsam aus einer am Boden des Reaktionsgefäßes ausmündenden Capillare zufließende 0,1 n Salzsäure auf p_H 4,6 gebracht, wobei das Casein ausfällt. Die angesäuerte Milch wird mit etwa 3 Vol. Wasser verdünnt und der Niederschlag 6mal durch Dekantieren gewaschen. Der Niederschlag wird durch vorsichtigen Zusatz von 0,1 n Natronlauge zu p_H 6,3 in Lösung gebracht, die Lösung 2mal mit Äther extrahiert und, wenn nötig, durch eine Lage von Filtrierpapierbrei auf einem Büchner-Trichter abfiltriert. Die Lösung wird auf eine Proteinkonzentration von 0,5% verdünnt und das Casein mittels der beschriebenen Technik durch Zusatz von 0,01 n Salzsäure ausgefällt. Nach sorgfältigem Waschen mit Wasser wird das Produkt entweder zur Aufbewahrung mit Alkohol und Äther getrocknet oder zum Zweck der Fraktionierung in die verschiedenen Caseine in feuchtem Zustande weiterverarbeitet (s. unten). Andere Ausführungsweisen der isoelektrischen Fällung s. [4-8].

---

[1] ICHIHARA, A., and D. M. GREENBERG: J. biol. Ch. **224**, 331 (1957).
[2] BORKENHAGEN, L. F., and E. P. KENNEDY: Biochim. biophysica Acta, N. Y. **28**, 222 (1958).
[3] NEUHAUS, F. C., and W. L. BYRNE: Biochim. biophysica Acta, N. Y. **28**, 223 (1958).
[4] HAMMARSTEN, O.: H. **7**, 227 (1883).
[5] HAMMARSTEN, O.: H. **9**, 273 (1885).
[6] SLYKE, L. L. VAN, and J. C. BAKER: J. biol. Ch. **35**, 127 (1918).
[7] DUNN, M. S.: Biochem. Prep. **1**, 22 (1949).
[8] COHN, E. J., and J. L. HENDRY: Org. Syntheses. Collective Vol. **2**, 120 (1943).
[9] WARNER, R. C.: Am. Soc. **66**, 1725 (1944).

***Darstellung der Caseinfraktion der Kuhmilch in der Form des präformierten Calciumphosphatkomplexes (micellares Casein) nach* von Hippel *und* Waugh**[1]. Unpasteurisierte Kuhmilch (p_H 6,6) wird für 30 min bei 895 g (2000 U/min: Refrigerated Centrifuge, International Equipment Corporation, Watertown, Massachusetts) bei 5° 1/2 Std zentrifugiert. 1 *l* Magermilch wird mit 60 cm³ einer 2,0 m Lösung von Calciumchlorid versetzt, wobei sich der p_H um nicht mehr als 0,1 Einheiten erniedrigt. Durch den Zusatz von Calciumchlorid wird das Gleichgewicht zwischen micellarem und monodispersem Casein fast vollständig in der Richtung der polymeren Calcium-Caseinkomplexe verschoben.

Das Casein wird durch 90 min langes Zentrifugieren bei 45000 g in einer auf 5° gekühlten Spinco-Zentrifuge (Spinco Preparative Centrifuge, Model L, Rotor No. 20) mit 18000 U/min bei 5° abgetrennt. Das überstehende Molkeneiweiß wird durch Dekantieren entfernt und an der Wand des Zentrifugenrohres anhaftendes Fett sorgfältig abgewischt. Das Caseingel wird mittels eines Glasspatels gesammelt und in 250 cm³ einer Lösung von 0,076 m Kochsalz und 0,133 m Calciumchlorid suspendiert. Die Dispersion des Gels wird durch Homogenisierung in einem Waring-Apparat bewirkt. Die Micellen werden durch Zentrifugieren bei 90000 g (28000 U/min; Rotor No. 30, Spinco) abgetrennt, und das Waschen wird in der eben beschriebenen Weise wiederholt.

Die Überführung in lösliches Caseinnatrium geschieht durch Suspension des Gels in 0,085 m Natriumchloridlösung (250 cm³), Fällung von Calcium durch vorsichtigen Zusatz von etwa 100 cm³ 1,5 m Lösung von Kaliumoxalat und gleichzeitig von einer hinreichenden Menge 0,1 m Oxalsäure, so daß der p_H zwischen 6,6 und 7 gehalten wird. Das in fein verteilter Form ausgefallene Calciumoxalat wird durch 2 aufeinanderfolgende Zentrifugierungen bei 895 g bzw. bei 45000 g (Technik s. oben) entfernt und die erhaltene Lösung schließlich gründlich gegen 0,085 m Kochsalzlösung dialysiert.

Darstellung des Caseinat-Calciumphosphatkomplexes der Kuhmilch nach* Ramsdell *und* Whittier[2] *(s. auch* de Kadt *und* van Minnen[3]*). Einfacher als die im Vorhergehenden beschriebene Methode ist die Darstellung des Caseinat-Calciumphosphatkomplexes mittels einer Sharples-Zentrifuge nach Ramsdell und Whittier[2]. Das Zentrifugiergefäß einer Sharples-Zentrifuge wird mit Celluloidfilm ausgelegt und bei langsamer Rotation mit destilliertem Wasser gefüllt. Nach Steigerung der Tourenzahl auf 50000 U/min läßt man 500 cm³ auf 5° abgekühlter, roher abgerahmter Kuhmilch durch eine feine Capillare einfließen, so daß zwischen Beginn und Ende des Einfließens etwa 20 min vergehen. Das Zentrifugieren wird bei 50000 U/min unter Zufließen von 300 cm³ kaltem Wasser fortgesetzt. Das abgeschleuderte Caseinat wird gesammelt und in 500 cm³ Wasser so fein verrieben, daß es in Suspension bleibt. Die Suspension wird in der oben beschriebenen Weise wieder in der Sharples-Zentrifuge zentrifugiert und das Waschen wiederholt. Das Casein ist danach frei von Lactose und von Chlorid, enthält aber noch 0,01% Fett.

Nach Erfahrungen im Laboratorium des Autors (Schmidt und Liss[4]) können kleinere Mengen von Caseinat-Calciumphosphat in bequemer Weise durch Zentrifugieren von eiskalter, unpasteurisierter Magermilch in einer Winkelzentrifuge von 13000 U/min (20000 g), Waschen mit Wasser, Dialyse gegen 3mal gewechseltes Wasser im Kälteraum und Trocknen des Niederschlages im Hochvakuum im gefrorenen Zustande dargestellt werden. Suspensionen des so dargestellten Caseinat-Calciumphosphatkomplexes gaben bei 16stündiger Dialyse gegen Wasser keine meßbaren Mengen von Calcium- oder Phosphationen an die Außenflüssigkeit ab; dagegen wird das Calciumphosphat leicht gegen andere Ionen ausgetauscht, wenn der Caseinatkomplex gegen Salzlösungen von höherer als normaler Konzentration dialysiert wird.

Von besonderem Vorteil als Substrat für Enzymversuche über Labgerinnung sind lyophilisierte Präparate von Casein-Calciumphosphat, das nach einer der eben beschrie-

[1] Hippel, P. H. v., and D. F. Waugh: Am. Soc. **77**, 4311 (1955).
[2] Ramsdell, G. A., and E. O. Whittier: J. biol. Ch. **154**, 413 (1944).
[3] Kadt, G. S. de, et G. van Minnen: Recu. Trav. chim. Pays-Bas **62**, 257 (1943).
[4] Schmidt, G., u. M. Liss: Unpublizierte Versuche.

benen Methoden dargestellt wurde. Sie sind außer den meist für diesen Zweck benutzten Trockenmilchpulvern die einzigen gereinigten Caseinpräparate, die nicht zur Spontangerinnung bei Zusatz von Calciumionen neigen. Für die Darstellung von Labsubstrat sind die beiden zuletzt beschriebenen Methoden besonders gut geeignet und einfacher als die Methode von VON HIPPEL und WAUGH[1].

Darstellung der Gesamtcaseinfraktion aus Frauenmilch nach WILLIAMSON[2-4]. Die Darstellung von Casein aus Frauenmilch ist schwieriger als die aus Kuhmilch, da das erstere viel feinkörniger ausfällt, bei geringerem Überschuß von Säure wieder in Lösung geht und in viel geringerer Konzentration in der Milch vorhanden ist. Da auch das relative Verhältnis von Frauenmilchcasein zu den Molkenproteinen viel geringer ist als in der Kuhmilch, ist eine Verunreinigung von Frauenmilchcasein durch mitgerissene Molkenproteine eine Fehlerquelle, die bei der Ausfällung von Kuhmilchcasein nur eine untergeordnete Rolle spielt. Der begünstigende Einfluß höherer Temperaturen (35—38°) auf die Ausfällung sowie das Verhalten von Frauenmilchcasein bei der Elektrophorese[5] legen die Annahme nahe, daß es einen höheren Anteil an einer dem β-Kuhmilchcasein nahestehenden Komponente enthält als das Kuhmilchcasein.

Zur Darstellung von Casein wird die im gefrorenen Zustand aufbewahrte Magermilch (die Abzentrifugierung des Fettes wird durch vorheriges Abkühlen der Milch erleichtert) nach WILLIAMSON[3] auf eine Temperatur zwischen 35° und 38° erwärmt und durch Zusatz von 0,1 n Essigsäure das Casein ausgefällt. Das abzentrifugierte Casein wird zu einem Gehalt von etwa 1 % in Wasser suspendiert und durch vorsichtigen Zusatz von 0,05 n Natronlauge bis zum p_H 6,2 gelöst. Die Lösung wird durch Filtration geklärt und das Casein in der beschriebenen Weise wieder ausgefällt. Die Umfällung wird 3mal wiederholt. Schließlich wird die Caseinlösung gegen Wasser dialysiert und das durch Fällen bei p_H 4,5 erhaltene Casein nach Abzentrifugieren mit Alkohol und Äther getrocknet.

Darstellung von Frauenmilchcasein nach MELLANDER[6].

1. Modifikation der Darstellung nach ENGEL[4]. Man zentrifugiert frische Frauenmilch, bis sie fettfrei ist. Täglich gesammelte Milch wird in gefrorenem Zustand aufbewahrt, bis eine genügend große Menge beisammen ist. 4 *l* Milch verdünnt man mit ungefähr 40 *l* destillierten Wassers und fügt dann ungefähr 4 *l* 0,4 n Essigsäure unter Rühren langsam zu, während die Temperatur auf etwa 20° gehalten wird; dann gibt man etwa 0,1 n Na-acetat zu, bis ein p_H von 4,6 erreicht ist (Glaselektrode) (ungefähr 3,2 *l*). Das Gemisch erwärmt man 1 Std auf 35—40° C und läßt es über Nacht bei 2° C stehen. Dabei setzt sich der Casein-Niederschlag ab. Den Überstand saugt man ab, sammelt den Niederschlag und wäscht 4mal mit je 4 *l* Acetatpuffer derselben Zusammensetzung wie für die Fällung. Dann wäscht man den Niederschlag 2mal mit destilliertem Wasser (je 2 *l*), 2mal mit 96 %igem Äthylalkohol (je 2 *l*), absolutem Alkohol (0,5 *l*) und schließlich mit Äther (1 *l*) und trocknet ihn wie Casein aus Kuhmilch. Man erhält so etwa 14 g Casein aus 4 *l* Frauenmilch.

2. Modifikation nach SANDELIN[7]. Zu 5 *l* fettfreier Frauenmilch fügt man 135 cm³ 10 %iges Kaliumoxalat. Man läßt über Nacht bei 2° stehen und entfernt das entstandene Calciumoxalat durch Zentrifugieren. Man fügt 5 *l* Wasser zu und dann unter Rühren langsam 0,05 n HCl, bis p_H 4,6 erreicht ist. Das Gemisch erwärmt man 1 Std auf 40° und läßt über Nacht bei 2° stehen. Am nächsten Tag saugt man die überstehende Flüssigkeit ab, zentrifugiert den Niederschlag und wäscht bis zur Cl^--Freiheit mit destilliertem Wasser

[1] HIPPEL, P. H. v., and D. F. WAUGH: Am. Soc. **77**, 4311 (1955).
[2] BEACH, E. F., S. S. BERNSTEIN, O. D. HOFFMAN, D. M. TEAGUE and I. G. MACY: J. biol. Ch. **139**, 57 (1941).
[3] WILLIAMSON, M. B.: J. biol. Ch. **156**, 47 (1944).
[4] ENGEL, F.: B. Z. **14**, 234 (1908).
[5] SCHMIDT, G., and M. LISS: Unpublizierte Versuche.
[6] MELLANDER, O.: Upsala Läk.-Fören. Förh. **52**, 107 (1947).
[7] SANDELIN, A. E.: Mejerit. Aikakaus. 1—2 (1943), zit. nach [6].

(im allgemeinen genügt 3—5maliges Waschen mit je 1 *l* dest. Wasser). Dann wäscht man mit Alkohol und Äther wie oben beschrieben. Man erhält so 20—25 g Casein aus 4 *l* Frauenmilch.

Physikalische Eigenschaften. *Elektrophorese.* Das Casein der Frauenmilch enthält wie das der Kuhmilch 3 elektrophoretische Komponenten. Unter vergleichbaren Bedingungen sind die Ionenbeweglichkeiten der Frauenmilchcaseine geringer als diejenigen der entsprechenden Kuhmilchcaseine. Für die α-, β- und γ-Caseine fand MELLANDER[1] bei einer Ionenstärke von 0,15 in einem Feld von 5 V/cm in Phosphatpuffer folgende Werte:

Material	$u \times 10^5$ ($cm^{-2} \times V^{-1} \times sec^{-1} \times 10^5$) von Casein			pH
	α	β	γ	
Kuhmilch . .	—6,9	—3,4	—0,6	6,55
Frauenmilch .	—3,5	—2,4	—0,2	6,48

Analytische Daten. Die Elementaranalyse von Casein aus Frauenmilch ist in Tabelle 8, die Aminosäureanalyse in Tabelle 9 angegeben. Auffallend ist der niedrige Phosphorgehalt.

Tabelle 8. *Elementaranalysen von Casein der Frauenmilch*[1].

	C %	H %	N %	P %	S %	O %
E. .	53,68	7,14	15,08	0,47	0,65	22,63
S. .	53,05	6,96	14,98	0,40	1,2	22,5

E = Darstellung nach ENGEL[2].
S = Darstellung nach SANDELIN[3].

Tabelle 9. *Aminosäurezusammensetzung von Gesamtcasein aus menschlicher Milch* (MACY, KELLEY und SLOAN)[4].

Komponentengruppe	g/100 g Protein	g N/100 g Gesamt-N	Komponentengruppe	g/100 g Protein	g N/100 g Gesamt-N
Gesamt-N . .	14,89	100	Methionin . .	2,4	1,53
Gesamt-P . .	0,57		Tryptophan .	1,4	1,4
Glycin. . . .	0,0	0,0	Arginin . . .	3,4	7,3
Alanin. . . .	2,0	2,1	Histidin . . .	1,8	3,3
Valin	5,0	4,0	Lysin	5,4	7,0
Leucin. . . .	12,2	8,8	Asparaginsäure	4,6	3,3
Isoleucin. . .	6,3	4,55	Glutaminsäure	20,9	13,5
Prolin	8,9	7,3	Serin	5,4	4,85
Phenylalanin .	5,8	3,3	Threonin. . .	4,5	3,6
Cystin	0,64	0,6	Tyrosin . . .	5,7	2,95

k) Darstellung einzelner Kuhmilchcaseine.

Vorbemerkungen. Im folgenden werden zunächst die 3 Methoden beschrieben, die im Laboratorium von McMEEKIN zur Fraktionierung von isoelektrisch gefälltem Kuhmilchcasein in die 3 Komponenten α-, β- und γ-Casein ausgearbeitet worden sind. Es sei bemerkt, daß zur Darstellung größerer Mengen dieser Komponenten die S. 654 geschilderte „Harnstoff"-Methode am geeignetsten ist und daß die elektrophoretische Analyse das wichtigste Kriterium für den Fortschritt der Reinigung ist.

Schon die Autoren der eben erwähnten Methoden fanden, daß mehrere Präparationen von α-Casein bei der Elektrophorese 2 benachbarte Spitzen zeigten. Die Arbeiten von

[1] MELLANDER, O.: Upsala Läk.-Fören. Förh. (N.F.) **52**, 107 (1947).
[2] ENGEL, H.: B. Z. **14**, 234 (1908).
[3] SANDELIN, A. E.: Mejerit. Aikakaus. 1—2 (1943), zit. nach [1].
[4] MACY, I. G., H. KELLEY and R. SLOAN: Bull. nat. Res. Counc. No. 119 (1950).

WAUGH und VON HIPPEL enthalten weitere Beobachtungen, die kaum anders zu erklären sind als durch die Annahme, daß das aus säuregefälltem Casein dargestellte α-Casein aus einem Komplex zwischen 2 Proteinen, dem α_s-Casein und dem ϰ-Casein, besteht.

Zur Zeit sind diese beiden Proteinfraktionen ausschließlich durch physikalisch-chemische Eigenschaften und ihr verschiedenes Verhalten unter dem Einfluß von Lab charakterisiert, während noch keine genaueren Daten über ihre Aminosäurezusammensetzung und ihren Phosphorgehalt vorliegen. Die Darstellung der α_s- und der ϰ-Caseinkomponente unterscheidet sich von den 3 ersterwähnten Methoden vor allem dadurch, daß als Ausgangsmaterial nicht Lösungen von säuregefälltem Casein benutzt werden, sondern daß das micellare Caseinat-Calciumphosphat bei neutraler Reaktion durch Entfernung von Calcium mittels Ammoniumoxalat in Lösung gebracht und schließlich durch Zusatz von Calciumionen bei 37° in eine — quantitativ überwiegende — unlösliche und eine lösliche Fraktion zerlegt wird.

Die Darstellung der ϰ-Caseinfraktion wird im Anschluß an die Fraktionierung von Casein mittels der oben erwähnten Methoden beschrieben werden.

WALTER[1] und ELLFOLK[2] haben α- und β-Casein durch *Verteilung* in 2 kritischen Phasenpaaren aus Phenol, Alkohol und Wasser in wenigen Verteilungsschritten getrennt.

1. Einfache Darstellung von elektrophoretisch einheitlichem α-Casein nach ELLFOLK[2]. 1 g säuregefälltes Casein wird in Wasser durch Neutralisierung zu p_H 8,7 gelöst und das Volumen der Lösung auf 60 cm³ gebracht. Nach Zufügen von 30 cm³ Collidin und 16,5 cm³ Äthanol werden die Phasen gemischt, und die Emulsion wird bei Zimmertemperatur bis zur völligen Trennung der Phasen stehengelassen. Die überstehende, collidinreiche Flüssigkeit wird sorgfältig so vollständig wie möglich abgetrennt. Die wasserreiche untere Schicht wird in derselben Weise noch dreimal mit Collidin und Äthanol behandelt. Die zuletzt erhaltene wasserreiche, untere Schicht wird unter vermindertem Druck zur Trockne eingedampft. Der Rückstand, der aus elektrophoretisch einheitlichem α-Casein besteht, wird in einer geeigneten Puffermischung gelöst und kann direkt zu elektrophoretischen Versuchen benutzt werden.

2. Darstellung von α- und β-Casein durch isoelektrische Fällung nach WARNER[3]. Der in der oben beschriebenen Weise (s. S. 647) gewonnene, jedoch nicht mit Alkohol und Äther behandelte Niederschlag der Caseinfraktion der Milch wird in Wasser suspendiert und die Suspension vorsichtig mit so viel verdünnter Natronlauge (etwa 0,65 Äq/g des feuchten Niederschlages) versetzt, daß eine Lösung von p_H 6,5 entsteht. Die Lösung wird auf 2° abgekühlt und mit Wasser zu einer Proteinkonzentration von 0,2—0,3% verdünnt. Unter mechanischem Rühren wird tropfenweise 0,01 n Salzsäure zugesetzt, wobei eine starke, zunehmende Trübung auftritt. Der Salzsäurezusatz wird fortgesetzt, bis nach Zentrifugieren einer Probe eine klare, überstehende Flüssigkeit erhalten wird. Dies ist der Fall, wenn die Suspension bei der ersten Fällung ein p_H zwischen 4,4 und 4,5, bei den folgenden Umfällungen einen etwas niedrigeren p_H erreicht hat. Der Niederschlag, in dem das α-Casein angereichert ist, wird in der oben beschriebenen Weise in Lösung gebracht und die Umfällung durch Säurezusatz etwa 6mal wiederholt. Der zuletzt erhaltene Niederschlag wird gründlich mit Wasser gewaschen und mit Alkohol und Äther getrocknet. Er besteht aus praktisch reinem α-Casein.

Aus den vereinigten Filtraten von den bei der Darstellung von α-Casein erhaltenen Niederschlägen wird praktisch das gesamte Eiweiß nach Erwärmen auf Zimmertemperatur durch Einstellen des p_H auf 4,9 niedergeschlagen. Dieser Niederschlag enthält außer α-Casein und β-Casein noch eine dritte, elektrophoretisch nachweisbare Komponente, die jedoch auf Grund ihres Löslichkeitsverhaltens leicht von α- und β-Casein abgetrennt werden kann. β-Casein hat bei 2° und p_H 4,9 eine Löslichkeit zwischen 0,02 und 0,03%,

[1] WALTER, H. O.: Diss. Phil. Bern 1952.
[2] ELLFOLK, N.: Acta chem. scand. **11**, 1317 (1957).
[3] RAMSDELL, G. A., and E. O. WHITTIER: J. biol. Ch. **154**, 413 (1944).

während α-Casein unter diesen Bedingungen so gut wie unlöslich und die „dritte" Komponente löslicher als β-Casein ist.

Der rohe β-Caseinniederschlag wird durch Suspendieren in Wasser und vorsichtigen Zusatz verdünnter Natronlauge gelöst, so daß eine etwa 0,2%ige Lösung vom p_H 6 erhalten wird. Die Lösung wird auf 2° abgekühlt und der p_H durch Zusatz von 0,01 n Salzsäure auf 4,9 eingestellt. Der Niederschlag wird abfiltriert und durch Zusatz von Natronlauge zu einer Konzentration von 0,2% und zu einem p_H von 6 in Lösung gebracht. Zu dieser Lösung wird *bei 2°* 0,01 n Salzsäure zugesetzt, bis der p_H auf 4,5 gesunken ist. Der entstandene Niederschlag (hauptsächlich α-Casein) wird abfiltriert. Das Filtrat wird auf Zimmertemperatur erwärmt und der erhaltene Niederschlag mit Natronlauge zu einer Eiweißkonzentration von 0,5% und einem p_H von ungefähr 6 gelöst. Diese Lösung wird *bei 2°* durch Zusatz von 0,01 n Salzsäure zum p_H 4,9 gefällt. Das niedergeschlagene β-Casein wird mit Wasser gewaschen und mit Alkohol und Äther getrocknet. Durch Aufarbeitung der entsprechenden Fraktionen in der beschriebenen Weise können noch weitere kleine Mengen von β-Casein gewonnen werden. Die Ausbeute an β-Casein beträgt etwa 50% des in der Milch vorhandenen β-Caseins oder 7—9% der gesamten Caseinfraktion der Milch.

Darstellung von γ-Casein aus Kuhmilch mittels Alkoholfraktionierung nach* HIPP, GROVES, CUSTER *und* MCMEEKIN[1] *(s. auch* CHERBULIEZ *und* WOLF[2]*;* OSBORNE *und* WAKEMAN[3]*). Die Caseinfraktion von 60 *l* unpasteurisierter, abgerahmter Kuhmilch wird durch Ansäuern mittels n Salzsäure auf p_H 4,5 gewonnen, durch einen dichten Baumwollsack filtriert und 4mal durch Aufschwemmen in 20 *l* destilliertem Wasser gewaschen. Das Rohcasein wird durch 2malige Umfällung der Natriumcaseinatlösung aus einem Volumen von 28 *l* mittels Zusatz von verdünnter Salzsäure zum p_H 4,7 gereinigt.

Das Casein wird durch Zusatz von ungefähr 925 cm³ n Natronlauge gelöst, so daß sich eine Lösung von etwa 15 *l* mit einem p_H von ungefähr 7 ergibt. Die Lösung wird langsam unter mechanischem Rühren mit dem gleichen Volumen absoluten Äthylalkohols versetzt. Die Hauptmenge von α- und β-Casein wird durch langsamen Zusatz von etwa 600 cm³ einer normalen Salzsäurelösung in 50%igem Äthylalkohol ausgefällt (p_H 5,7). Der Niederschlag wird durch Faltenfilter abfiltriert und insgesamt mit 700 cm³ 50%igen Alkohols gewaschen. Das Filtrat wird auf 2° abgekühlt und der ausgeschiedene Niederschlag bei 2° mit Aceton und bei Zimmertemperatur mit Äther gewaschen und getrocknet (Ausbeute 68 g). Die bei Zimmertemperatur in 50%igem Alkohol unlösliche Fraktion wird nochmals in der beschriebenen Weise gelöst und in 31 *l* 50%igen Alkohols umgefällt. Die bei Zimmertemperatur in 50%igem Alkohol lösliche, aber bei 2° unlösliche Fraktion wiegt ungefähr 34 g und enthält (nach elektrophoretischen Daten) 29% γ-Casein. Die durch die beiden Extraktionen mit 50%igem Alkohol erhaltenen Fraktionen (etwa 100 g) werden mit einer möglichst geringen Menge verdünnter Natronlauge gelöst und die Lösung auf 2 *l* verdünnt. Die Lösung wird wieder bei Zimmertemperatur mit dem gleichen Volumen absoluten Alkohols versetzt und der p_H durch Zusatz verdünnter Salzsäurelösung in 50%igem Alkohol auf p_H 5,7 eingestellt. Nach Entfernung des bei Zimmertemperatur entstandenen Niederschlags durch Zentrifugierung wird das Zentrifugat auf 2° abgekühlt und der nun entstandene Niederschlag abzentrifugiert und mit Aceton und Äther bei 2° getrocknet. Er wiegt 20 g und besteht zu 64% aus γ-Casein.

Die Verunreinigungen von α- und β-Casein werden durch isoelektrische Umfällung bei 2° aus der vorgereinigten Fraktion von γ-Casein entfernt. 20 g dieser Fraktion werden mit einem Minimum verdünnter Natronlauge gelöst und die Lösung mit Wasser auf 1,5 *l* verdünnt. Nach Abkühlen auf 2° wird der p_H durch vorsichtigen Zusatz von 0,01 n Salzsäure auf 4,7 eingestellt. Der Niederschlag, der das α- und β-Casein enthält, wird durch Filtration bei 2° entfernt. Das Filtrat wird auf ein p_H von 5,8 eingestellt und dann

---

[1] HIPP, N. J., M. L. GROVES, J. H. CUSTER and T. L. MCMEEKIN: Am. Soc. **72**, 4928 (1950).
[2] CHERBULIEZ, E., u. B. WOLF: Helv. **36**, 1174 (1953).
[3] OSBORNE, T. B., and A. J. WAKEMAN: J. biol. Ch. **33**, 243 (1918).

auf 30° erwärmt, worauf sich ein Niederschlag von γ-Casein ausscheidet. Durch nochmaliges Aufarbeiten des bei 2° und bei p_H 4,7 ausgefallenen α- und β-Caseins kann eine Gesamtausbeute von etwa 8 g γ-Casein erzielt werden.

Nach CHERBULIEZ und WOLF[1] kann γ-Casein sowohl aus von Calcium befreiten Caseinlösungen als auch aus labgeronnenem Casein gewonnen werden, ohne daß Alkohol zur Trennung von den übrigen Caseinkomponenten angewandt zu werden braucht.

***3. Darstellung von α-, β- und γ-Casein mittels verdünnten Alkohols nach* HIPP, GROVES, CUSTER *und* MCMEEKIN[2].** Etwa 1000 g feuchten, isoelektrisch gefällten Kuhmilchcaseins werden in Wasser suspendiert und durch langsamen Zusatz von 0,1 n Ammoniumhydroxyd gelöst, so daß eine 6,6 %ige Caseinlösung vom p_H 7 entsteht, wenn das Volumen durch Wasserzusatz auf 15 *l* eingestellt wird. Durch Zusatz von 462 g Ammoniumacetat wird die Konzentration dieses Salzes in der Caseinlösung auf 0,4 Mol gebracht. Dann wird unter Umrühren langsam 1 Vol. absoluten Alkohols zugefügt.

Fraktion A. Durch Einstellen des p_H auf 6,5 mittels vorsichtigen Zusatzes von n Essigsäure in 50 %igem Alkohol werden etwa 30 % vom Casein gefällt (Fraktion A). Der Niederschlag, der zu 92 % aus α- und zu 8 % aus β-Casein besteht und außerdem die mit dem Casein mitgefällte Protease der Milch enthält, wird nach mehrstündigem Stehen durch Faltenfilter abfiltriert und kann zur Darstellung von α-Casein benutzt werden.

Fraktion B. Das Filtrat der Fraktion A wird durch Zusatz einer 2 n Essigsäurelösung in 50 %igem Alkohol unter Umrühren auf p_H 5,7 angesäuert und das Rühren für 1 Std fortgesetzt, wobei sich ein zäher Niederschlag abscheidet, der nach mehrstündigem Stehen über großen Faltenfiltern abfiltriert wird. Der Niederschlag, dessen Menge etwa 39 % vom Gesamtcasein beträgt, besteht zu 80 % aus α- und zu 20 % aus β-Casein.

Fraktion C. Durch Abkühlen des Filtrates der Fraktion B auf 2° oder durch Verdünnen mit 1 Vol. Wasser bei Zimmertemperatur wird ein dritter Proteinniederschlag erzeugt, der 31 % vom Gesamtcasein enthält und zu 44 % aus α-, zu 50 % aus β- und zu 6 % aus γ-Casein besteht.

Elektrophoretisch einheitliches α-Casein kann aus Fraktion *A* oder *B* hergestellt werden. Die Darstellung aus der ersteren Fraktion ist etwas einfacher, andererseits enthält das aus Fraktion *A* isolierte α-Casein das oben erwähnte proteolytische Enzym, und seine Lösungen zeigen eine leichte Opalescenz.

Der feuchte Niederschlag der Fraktion *A* wird in Wasser aufgeschwemmt und durch Zusatz von 0,1 n Ammoniumhydroxyd zu p_H 7,2 gelöst. Durch Verdünnung mit Wasser wird der Eiweißgehalt auf 6 % eingestellt. Ein dem Volumen des insgesamt zugesetzten Wassers entsprechendes Volumen absoluten Alkohols wird zugefügt, wodurch der p_H auf 7,7 ansteigt. Durch langsamen Zusatz einer 2 m Ammoniumacetatlösung in 50 %igem Alkohol wird der p_H der Lösung wieder auf 7,2 gebracht. Dabei scheidet sich elektrophoretisch einheitliches α-Casein in körniger Form ab. Gewöhnlich sind je Liter der Lösung 25—30 cm^3 der Ammoniumacetatlösung nötig. Der Niederschlag wird abgeschleudert und wenigstens 3mal mit 50 %igem Alkohol, der 0,07 m Ammoniumacetat enthält, gewaschen. Durch Lösen des Niederschlags in verdünntem Ammoniak, Ansäuern der Lösung auf p_H 4,7 und Waschen des Niederschlags mit Wasser erhält man das freie α-Casein.

Um einheitliches α-Casein aus Fraktion B darzustellen, löst man eine wäßrige Suspension von 2 kg des feuchten Niederschlags (Trockengewicht 800 g) durch Zufügen von 280 g Borax. Die Lösung wird auf ein Volumen von 13 *l* verdünnt und mit 228 g Natriumchlorid sowie 13 *l* absolutem Alkohol gemischt. Zusatz von 2,1 *l* einer Lösung von 0,5 n Salzsäure in 50 %igem Alkohol erzeugt eine Eiweißfällung durch Erniedrigung des p_H auf 5,7, welche man über Nacht stehenläßt und dann von der überstehenden Flüssigkeit durch Dekantieren abtrennt. Der klebrige Niederschlag wird mit 2 *l* einer 0,15 m Lösung von Natriumchlorid in 50 %igem Alkohol gewaschen. Nach 2maliger Wieder-

[1] CHERBULIEZ, E., u. B. WOLF: Helv. **36**. 1174 (1953).
[2] HIPP, N. J., M. L. GROVES, J. H. CUSTER and T. L. MCMEEKIN: J. Dairy Sci. **35**, 272 (1952).

holung des Fraktionierungsprozesses unter Anwendung der halben oben angegebenen Volumina werden 285 g α-Casein erhalten (15 % vom Gesamtcasein).

Darstellung von β-Casein aus Fraktion C. 1 kg der Fraktion C wird in Wasser aufgeschwemmt und durch Zufügen der gerade notwendigen Menge verdünnter Natronlauge gelöst. Nach Verdünnung auf eine Eiweißkonzentration von 1 % wird die Lösung auf 2° abgekühlt und tropfenweise unter dauerndem Umrühren mit verdünnter Salzsäure versetzt, bis der p_H auf 4,5 abgesunken ist. Der hauptsächlich aus α-Casein bestehende Niederschlag wird durch Filtration bei 2° entfernt. Aus dem Filtrat wird rohes β-Casein durch Erwärmen auf 32° ausgefällt und durch Filtrieren abgetrennt, wobei die Hauptmenge des γ-Caseins im Filtrat gelöst bleibt und daraus in reiner Form isoliert werden kann. Der Niederschlag wird durch 2malige Extraktion bei p_H 4,5 und 2° vom γ-Casein befreit, zu einer Konzentration von 1 % gelöst und 5mal bei p_H 4,3 und 2° umgefällt. Durch Erwärmen dieser Filtrate auf 32° werden 115 g zu 98 % reines β-Casein erhalten. Drei weitere Extraktionen des bei 2° erhaltenen Rückstandes bei p_H 4,0 liefern weitere 160 g eines 90—92 % reinen β-Caseins. Alle über 90 % β-Casein enthaltenden Niederschläge werden zu einer Endkonzentration von 0,1 % gelöst, und die Lösung wird von den Resten von α-Casein durch Fällen bei 2° und p_H 4,4 befreit. Durch Einstellen des p_H auf 4,9 und Erwärmen auf 32° wird das reine β-Casein gefällt. Der Niederschlag wird nochmals bei p_H 4,9 umgefällt und das schließlich erhaltene Produkt mit Wasser gewaschen und mit Aceton (wegen der erheblichen Löslichkeit von β-Casein in wasserhaltigem Alkohol) getrocknet. Ausbeute 166 g an elektrophoretisch einheitlichem β-Casein.

Darstellung von γ-Casein. Die ersten beiden bei der Herstellung von rohem β-Casein nach der im Vorhergehenden beschriebenen Darstellungsweise anfallenden Filtrate dienen als Ausgangsmaterial zur Isolierung von γ-Casein. Das gesamte Eiweiß wird aus diesen Filtraten durch Zusatz von Natriumchlorid bis zu 0,5 m Kochsalzkonzentration ausgefällt. Der Niederschlag wird durch Filtration abgetrennt, vom Filter durch verdünnte Natronlauge abgelöst und aus einem Volumen von etwa 1500 cm³ in Gegenwart von 0,5 m Natriumchlorid durch Zusatz von Säure zum p_H 5,5 gefällt. Der etwa 30 g Eiweiß enthaltende Niederschlag wird abzentrifugiert, mit verdünnter Natronlauge gelöst und die Lösung in der Kälte bis zum Verschwinden der Chloridionen dialysiert. Die Lösung von rohem γ-Casein, deren Volumen etwa 200 cm³ beträgt, wird durch Zusatz von 0,01 m Salzsäure bei Zimmertemperatur auf p_H 6,4 angesäuert, wobei das Protein in sirupartiger Form ausfällt. 13 g (auf Trockengewicht bezogen) des Sirups werden 3mal mit 50 %igem Alkohol bei 35° extrahiert; der Extrakt wird auf Zimmertemperatur abgekühlt, wobei das unlösliche Material jeweils abzentrifugiert wird. Nach Zufügen von 500 cm³ 50 %igen Alkohols zur Klärung der vereinigten Zentrifugate wird das γ-Casein durch Abkühlen auf 2° niedergeschlagen. Nach 1tägigem Stehen wird der Niederschlag bei 2° abzentrifugiert. Der Niederschlag wird in 2000 cm³ 50 %igen Alkohols bei Zimmertemperatur gelöst und das Casein wieder bei 2° gefällt. Der Niederschlag wird bei 2° abzentrifugiert und mit 20 Vol. Aceton gewaschen. Das Produkt wird mit einer Mischung gleicher Vol. Aceton und Äther getrocknet. Ausbeute 6 g.

***4. Darstellung von α-, β- und γ-Casein durch Fraktionierung einer Lösung von Gesamtcasein in konzentrierter Harnstofflösung nach* Hipp, Groves, Custer *und* McMeekin**[1]. 1500 g feuchtes Gesamtcasein (Trockengewicht 400 g) werden durch Zusatz von 1500 g Harnstoff und von Wasser zu einem Gesamtvolumen von 3750 cm³ gelöst (Harnstoffkonzentration 6,6 m).

Isolierung von α-Casein. Nachdem die Lösung Zimmertemperatur erreicht hat, werden unter mechanischem Rühren langsam 1650 cm³ Wasser zugesetzt, so daß die Harnstoffkonzentration auf 4,63 m absinkt. Der hierbei sich ausscheidende Niederschlag besteht hauptsächlich aus α-Casein. Nach Waschen mit 4,7 m Harnstofflösung wird der Niederschlag wieder in Harnstofflösung gelöst und in der oben beschriebenen Weise

[1] Hipp, N. J., M. L. Groves, J. H. Custer and T. L. McMeekin: J. Dairy Sci. **35**, 212 (1952).

umgefällt. Nach völliger Entfernung von Harnstoff durch gründliches Waschen mit Wasser wird der Niederschlag mit Aceton und Äther getrocknet. Auf diese Weise werden 180 g elektrophoretisch einheitliches α-Casein erhalten, das noch einen geringen Teil der im Gesamtcasein ursprünglich vorhandenen proteolytischen Aktivität enthält.

Isolierung von β-Casein. Das bei der Ausfällung von rohem α-Casein bei 4,63 m Harnstoffkonzentration erhaltene Filtrat wird mit Wasser auf 3,3 m Harnstoffkonzentration verdünnt und der dabei entstehende, relativ geringfügige Niederschlag durch Zentrifugieren entfernt. Die überstehende Lösung wird auf 1,7 m Harnstoffkonzentration verdünnt und der p_H der Lösung durch Zusatz von 20 cm^3 0,1 n Salzsäure auf 4,7 eingestellt. Dabei scheidet sich ein Niederschlag von etwa 87 g rohem β-Casein ab. Dieser Niederschlag wird in 2000 cm^3 4,6 m Harnstofflösung gelöst und die Lösung nochmals in der beschriebenen Weise fraktioniert. 32 g elektrophoretisch einheitliches β-Casein (Ausbeute 40%) werden schließlich erhalten.

Isolierung von γ-Casein. Die bei der Darstellung von rohem β-Casein erhaltene, in 1,7 m Harnstofflösung lösliche Caseinfraktion wird durch Zusatz von festem Ammoniumsulfat bis zu einer Konzentration von 1,6 m gefällt. Durch Filtration werden 20—30 g eines Gemisches von etwa 40% γ- und 60% β-Casein erhalten. Es wird in 250 cm^3 einer 2 m Harnstofflösung gelöst und die Lösung durch Erwärmen auf 60° und Verdünnung auf 1 m Harnstoffkonzentration von ausfallenden Verunreinigungen befreit. Aus der überstehenden Lösung wird γ-Casein durch Zusatz von festem Ammoniumsulfat gefällt. Weitere Mengen von γ-Casein können durch entsprechende Aufarbeitung aus der bei 1 m Harnstoffkonzentration unlöslichen Fraktion gewonnen werden. Das mit Ammoniumsulfat niedergeschlagene Material enthält etwa 80% γ- und 20% β-Casein. Zur Darstellung von reinem γ-Casein wird eine durch vorsichtigen Zusatz von verdünnter Natronlauge erhaltene Lösung dieses Materials auf 2° abgekühlt und auf p_H 4,7 angesäuert. Nach Entfernung der ausgefallenen Verunreinigungen wird die überstehende Lösung bei 2° auf p_H 5,8 angesäuert und durch Erwärmen auf 30° gefällt. Etwa 3—4 g reines γ-Casein werden gewonnen (Ausbeute 25%).

***5. Darstellung der κ-Caseinfraktion nach* WAUGH *und* VON HIPPEL[1].** Als Ausgangsmaterial dient eine durch Ionenaustausch aus micellarem Casein gewonnene Caseinlösung (s. S. 648). Das gelöste Casein wird in micellares Calciumcaseinat umgewandelt, indem man der nach der auf S. 648 gegebenen Vorschrift erhaltenen Caseinlösung 60 cm^3 2,0 m Calciumchloridlösung und so viel 0,1 n Natronlauge zusetzt, daß der p_H während der Reaktion ständig zwischen 6,6 und 7 gehalten wird. Die Suspension (etwa 300 cm^3) wird zur Erleichterung der Abtrennung der unlöslichen Calciumcaseinate auf 37° erwärmt und für 120 min bei 5° und 90000 g zentrifugiert. (Spinco Preparative Ultracentrifuge Modell L, Rotor No. 30, 28000 U/min.) Die überstehende Flüssigkeit enthält die κ-Caseinfraktion. Zur Entfernung von Calcium wird die Lösung bei 0° tropfenweise mit der gerade notwendigen Menge 1,5 m Kaliumoxalatlösung versetzt, wobei der p_H durch gelegentlichen Zusatz von 0,1 m Oxalsäurelösung zwischen 6,6 und 7 gehalten wird.

3. Phosphoproteide des Eidotters*.

In Analogie zur Zusammensetzung der Milch der Säugetiere enthält der Eidotter aller untersuchten Vertebraten beträchtliche Mengen von Phosphoproteiden. Über den Phosphoproteidgehalt von Eiern wirbelloser Tiere liegen z. Z. nur wenige Angaben vor. Nach unveröffentlichten Analysen von SCHMIDT sind in Seeigeleiern nur ganz geringe Mengen dieser Eiweißkörper vorhanden.

Die Eigenschaften der Phosphoproteide des Eidotters sind in neuerer Zeit fast ausschließlich am Hühnerei untersucht worden, und die meisten Angaben dieses Kapitels

* Andere Dotterproteine außer Phosphoproteiden sind im Beitrag „Eiweiß, deskriptiver Teil", S. 441ff., beschrieben. Dort sind auch einige ergänzende Angaben zu den hier behandelten Substanzen enthalten.

[1] WAUGH, D. F., and P. H. v. HIPPEL: Am. Soc. 78, 4576 (1956).

beziehen sich auf dieses Material. Im Gegensatz zur Milch ist die Analyse der Dotterphosphoproteide durch die gleichzeitige Gegenwart großer Mengen von Phosphatiden, in der Hauptsache von Lecithin, erschwert, dessen Phosphorgehalt etwa 80 % des Gesamtphosphors des Dotters ausmacht, während der der Phosphoproteide nur die Hauptmenge der restlichen 20 % darstellt. Bis etwa zum Jahre 1949 wurde nach dem Vorgang von HOPPE-SEYLER[1] allgemein angenommen, daß die genuinen Phosphoproteide des Dotters als Assoziationsverbindungen mit einem beträchtlichen Teil der Dotterphosphatide[2-5] vorliegen. HOPPE-SEYLER war zu dieser Annahme auf Grund seiner Beobachtung gekommen, daß die Phosphoproteide zusammen mit der durch Äther nicht extrahierbaren Portion der Phosphatide aus dem Dotter mit 10 %iger Kochsalzlösung extrahiert werden, bei hinreichender Verdünnung des Extraktes mit Wasser zusammen mit den Phosphoproteiden ausfallen und daß nach mehrfacher Umfällung unter Benutzung dieses Verhaltens eine aus Phosphatiden und Phosphoproteiden bestehende Fraktion von nahezu konstanter Zusammensetzung erhalten wird, die von HOPPE-SEYLER als Lecithovitellin bezeichnet wurde. Das Lecithovitellin wurde für lange Zeit, bis zur Entdeckung der Serumlipoproteide durch MÂCHEBOEUF[3], als der Hauptvertreter der Lipoproteide angesehen. Das lecithinfreie Vitellin konnte aus der Hoppe-Seylerschen Fraktion nur in denaturiertem Zustand nach Extraktion der Phosphatide mit heißem Alkohol erhalten werden.

Eine Anzahl neuerer Beobachtungen macht es jedoch sehr wahrscheinlich, daß das Lecithovitellin HOPPE-SEYLERs als ein sekundäres Produkt der Fraktionierungsmethode betrachtet werden muß und daß die Phosphoproteide des Dotters, wenn überhaupt, nur mit einem ganz geringen Anteil der Dotterphosphatide assoziiert sind. Die ätherunlösliche Fraktion der letzteren ist zwar in Form von Lipoproteiden im Dotter vorhanden, jedoch als prosthetische Gruppen praktisch phosphorfreier Eiweißkörper. Die Hauptstützpunkte dieser Auffassung sind die beiden folgenden Beobachtungen:

1. Es gelang MECHAM und OLCOTT[5], durch eine milde Fraktionierungsmethode aus frischen Dottern ein wasserlösliches Natriumsalz einer sehr phosphorreichen, aber phosphatidfreien Eiweißfraktion, des Phosvitins, zu gewinnen, dessen Phosphorgehalt 60—70 % des Phosphoproteidphosphors des Ausgangsmaterials betrug. Diese Fraktion entspricht wahrscheinlich der Vitellinsäure, die 1900 von LEVENE[6] aus dem Vitellinanteil von Hoppe-Seylers „Lecithovitellin" durch 2stündige Extraktion mit 12 %igem Ammoniak bei Zimmertemperatur erhalten wurde.

2. SCHMIDT und seine Mitarbeiter[7] fanden, daß aus unverdünnten Dottern die gesamte Menge der Phosphoproteide durch Zentrifugierung bei 20000 g als weißes Sediment abtrennbar ist, während die Konzentration des Lipoidphosphors in der klaren, viscösen, überstehenden Flüssigkeit mit der im Gesamtdotter identisch ist. Da die abzentrifugierten Dotterplättchen etwa 10 % des Dottervolumens betragen, bedeutet diese Beobachtung, daß 85—90 % der Dotterphosphatide von den Phosphoproteiden durch Zentrifugierung abgetrennt werden können und daher sicherlich nicht an diese gebunden sind. Dagegen finden sich beinahe das gesamte Eisen und Calcium des Dotters in den Dotterplättchen, so daß diese Metalle mit der die Phosphoproteide enthaltenden Fraktion assoziiert sind. Es liegt nahe, in dem micellaren Zustand der genuinen Caseinfraktion der Milch eine mehr als zufällige Ähnlichkeit mit dem der Phosphoproteide im Eidotter zu vermuten.

Diese Ausführungen zeigen, daß der Hauptanteil der Dotterphosphoproteide, nämlich die Phosvitinfraktion, mit großer Wahrscheinlichkeit nicht als Lipophosphoproteid im Dotter vorgebildet ist. Für die restlichen 30 % läßt sich eine Assoziation mit einem kleinen Teil der Dotterphosphatide gegenwärtig weder mit Sicherheit ausschließen noch beweisen.

[1] Hoppe-Seylers med.-chem. Unters. S. 215ff.
[2] OSBORNE, T. B., and G. F. CAMPBELL: Am. Soc. **22**, 413 (1900).
[3] MÂCHEBOEUF, J. R.: État des lipides dans la matière vivante. Paris 1937.
[4] CALVERY, H. O., and A. WHITE: J. biol. Ch. **94**, 635 (1931).
[5] MECHAM, D. K., and H. S. OLCOTT: Am. Soc. **71**, 3670 (1949).
[6] LEVENE, P. A., u. C. L. ALSBERG: H. **31**, 543 (1900).
[7] SCHMIDT, G., M. J. BESSMANN, M. D. HICKEY and S. J. THANNHAUSER: J. biol. Ch. **223**, 1027 (1956).

In der folgenden Beschreibung der Phosphoproteidfraktionen werden dieselben daher übersichtshalber in 2 Gruppen besprochen werden: 1. phosphatidfreie Dotterphosphoproteide (Phosvitin, Vitellinsäure und verwandte Fraktionen), 2. phosphatidhaltige Dotterphosphoproteine (Lipovitellin, Lipovitellenin, Livetin). Es sei nochmals betont, daß diese Einteilung nur zur Vereinfachung der Beschreibung des verfügbaren experimentellen Materials dienen soll und keinesfalls als Versuch einer Klassifizierung der natürlichen Dotterphosphoproteide aufgefaßt werden darf. Das Lipovitellin enthält sicherlich praktisch die gesamte Phosvitinfraktion; dennoch kann auf seine Beschreibung nicht gänzlich verzichtet werden, da es als Ausgangsmaterial zur Darstellung von Phosphopeptonen benutzt wurde und da es möglicherweise eine noch unbekannte Phosphoproteidkomponente enthält. Was die beiden anderen Vertreter der zweiten Gruppe betrifft, so ist nicht nur deren genuiner Lipoproteidcharakter gegenwärtig noch zweifelhaft, sondern es ist auch möglich, daß deren Eiweißkomponenten phosphorfreie Proteine neben Phosphoproteiden enthalten.

a) Phosphatidfreie Dotterphosphoproteidfraktionen.

α) Phosvitinfraktion.

Phosvitin ist 1949 von Mecham und Olcott[1] durch Ausfällung aus Dotteremulsionen mittels verdünnter Magnesiumsulfatlösung, Extraktion des Niederschlags mit 0,4 m Ammoniumsulfatlösung und schließlicher Entfernung von Ammoniumsulfat durch Dialyse gegen Wasser dargestellt worden. Es unterscheidet sich von Casein vor allem durch seinen etwa 10fach höheren Phosphorgehalt, der einem Verhältnis von weniger als 3 Aminosäuregruppen für je eine Phosphorsäuregruppe entspricht. Es coaguliert nicht bei 100° im p_H-Bereich zwischen 4 und 4,8. Im elektrischen Feld lassen sich in Natriumcitratpuffer von p_H 4,6 2 Komponenten von Wanderungsgeschwindigkeiten von —9 *u* (40% der Gesamtfraktion) bzw. —12 *u* ($10^5 \cdot cm^2 \cdot volt^{-1} \cdot sec^{-1}$) (60% der Gesamtfraktion) unterscheiden. Als Minimummolekulargewicht ergeben sich aus Messungen des osmotischen Druckes Durchschnittswerte von 21000, aus Messungen der Sedimentationsgeschwindigkeit Werte von 12000.

In Gegenwart von 0,05 m Magnesiumsulfat erhält man mit beiden Methoden doppelt so hohe Werte wie in Abwesenheit von Magnesiumsalzen, so daß Magnesiumsalze eine Dimerisation, möglicherweise durch eine Magnesium-Brückenbindung zwischen 2 „monomeren" Molekülen des Proteins, zu bewirken scheinen.

Angesichts der Wasserlöslichkeit der nach gründlicher Dialyse gegen Salzlösungen und gegen Wasser erhaltenen Phosvitinfraktion erhebt sich die Frage, warum im Eidotter selbst die gesamte Phosphoproteidfraktion nach Schmidt und Mitarbeitern in der Form von abzentrifugierbaren Körnchen vorhanden ist. Da diese Körnchen nahezu das gesamte Calcium und Eisen des Dotters enthalten, liegt die Annahme nahe, daß das native Phosvitin als unlöslicher Protein-Metallkomplex vorliegt, der durch Dialyse gegen Kochsalzlösungen unter gleichzeitigem Ionenaustausch in ein wasserlösliches Natriumsalz übergeführt wird. Wenn diese Erklärung sich als richtig herausstellen sollte, würde sich eine interessante Analogie zwischen dem Löslichkeitsverhalten der Phosphoproteide der Milch und des Eidotters ergeben.

In 2%iger Lösung zeigt Phosvitin eine optische Drehung von $[\alpha]_D^{25} = -71°$ bei p_H 7,5, von $[\alpha]_D^{25} = -51°$ bei p_H 4,5. Die entsprechenden Werte in Gegenwart von 2 m Natriumchlorid sind —68° bzw. —46°. Da andere Proteine wie etwa Serumalbumin keine merkliche Änderung des Drehungsvermögens innerhalb dieses p_H-Bereiches erkennen lassen, ist das Verhalten von Phosvitin wahrscheinlich durch die verschiedenen Ionisierungszustände der Phosphorsäuregruppen bedingt.

Der Alkaliverbrauch bei der Titration von Phosvitin stimmt mit der Annahme überein, daß alle Phosphorsäuregruppen in der Form von sekundären Phosphorylgruppen vorliegen.

Hydrolyse von Phosvitin. Der Phosphor aus Phosvitin wird durch 24stündige Inkubation mit 0,25 n Kalilauge quantitativ als Orthophosphat abgespalten. Hierbei tritt

[1] Mecham, D. K., and H. S. Olcott: Am. Soc. 71, 3670 (1949).

während der ersten 4 Std eine etwa 10fache Steigerung der Ultraviolettabsorption bei 250 mμ ein. Da nach CARTER und GREENSTEIN Dehydroalanylgruppen eine starke Ultraviolettabsorption besitzen[1], ist anzunehmen, daß solche Gruppen bei der Alkalibehandlung von Phosvitin aus phosphorylierten Seringruppen entstehen und daß ihre Bildung mit der Abspaltung der Phosphorsäuregruppen zusammenhängt. NICOLET, SHINN und SAIDEL demonstrierten die Bildung von Dehydroalanylgruppen bei Alkalibehandlung phosphorfreier Serinpeptide[2]. Eine Voraussetzung für dieses Verhalten ist, daß Serin oder Serinphosphorsäure in peptidartiger Bindung vorliegen, da weder freies Serin noch sein Phosphorsäureester eine außergewöhnliche Empfindlichkeit gegen Alkalien besitzen.

Durch kristallisiertes Trypsin wird Phosvitin wesentlich langsamer gespalten als Casein. Ausgedehnte systematische Studien über das Verhalten von Phosvitin gegen gereinigte proteolytische Enzyme liegen z. Z. noch nicht vor, wären aber von großem Interesse im Hinblick auf den ungewöhnlichen Reichtum dieses Proteins an Phosphorsäuregruppen.

Durch 64stündige Inkubation mit Phosphoproteid-Phosphatase aus Grapefruit-Extrakt werden nach MECHAM und OLCOTT[3] etwa 90 % des Gesamtphosphors abgespalten, während nur ein relativ geringer Zuwachs an Aminostickstoff eintritt.

***Darstellung von Phosvitin nach* MECHAM *und* OLCOTT**[3]. Die Dottern frischer Hühnereier werden mit Leitungswasser gewaschen und zur Befreiung von anhaftendem Eierklar über Gaze gerollt. Die Chalazen werden abgeschnitten. Darauf wird der nach Anstechen der Dotterhäute ausfließende Inhalt durch eine einzige Lage Gaze coliert.

2400 g Dotterinhalt (von 13 Dutzend Eiern) werden mit 1200 cm³ einer 1,2 m Magnesiumsulfatlösung gemischt, der man vorher 120 mg Merthiolat (Natrium-äthylquecksilber(II)-thiosalicylat) zugesetzt hat. Die Mischung wird 1 Std lang kräftig gerührt, wobei Schäumen vermieden werden muß. Darauf läßt man unter ständigem Rühren innerhalb von 90 min 12 *l* Wasser zufließen, denen 600 mg Merthiolat zugesetzt worden waren. Nach 18stündigem Stehen bei Zimmertemperatur unter einer Lage Toluol wird der weiche, zähe Niederschlag abzentrifugiert und die überstehende Lösung verworfen.

Der Niederschlag wird unter 45 min langem Rühren in 1600 cm³ 0,4 m Ammoniumsulfatlösung verteilt und die Suspension durch vorsichtigen Zusatz von 6 n Schwefelsäure auf p_H 4 angesäuert. Danach werden noch 80 cm³ m Acetatpuffer von p_H 4 zugefügt. Die Suspension wird kräftig mit 1200 cm³ Äthyläther geschüttelt; die Mischung läßt man über Nacht bei Zimmertemperatur stehen. Das Schütteln mit Äther hat hauptsächlich den Zweck, die Entfernung verunreinigender Eiweißstoffe zu erleichtern. Nach Abtrennung der schwach opalescenten, wäßrigen Schicht wird die ätherhaltige Emulsion zentrifugiert, um die Ausbeute der wäßrigen Fraktion etwas zu erhöhen. Nach Entfernung der klaren Ätherschicht wird die verbleibende gelatinöse Emulsion noch 3mal mit der oben angegebenen Mischung von auf p_H 4 angesäuerter 0,4 m Ammoniumsulfatlösung und von m Acetatpuffer von p_H 4 extrahiert, wobei die erste Extraktion mit 1000 cm³, die beiden folgenden Extraktionen mit je 800 cm³ ausgeführt werden. Bei der ersten Extraktion werden außerdem 300 cm³ Äther zugesetzt. Nur der letzte Extrakt wird durch Zentrifugieren gewonnen, die beiden ersten Extrakte werden nach Stehen der Mischungen über Nacht abgehebert.

Die Extrakte werden jeweils in Einzelportionen mit 200 cm³ Äther ausgeschüttelt und die wäßrigen Schichten nach 45 min langem Stehen abgelassen und durch grobporige Filter filtriert. Nach abermaligem Ausschütteln mit 200 cm³ Äther werden die wäßrigen Fraktionen durch Filter aus gesintertem Glas mittlerer Porosität, die mit einer 1,3 cm dicken Schicht reiner, hochporöser Kieselgur (z. B. Hyflo Filter Aid, John Manville Company, Boston) bedeckt wird, abgesaugt. Auf diese Weise werden im ganzen 4400 cm³ eines klaren, leicht gelblichen Filtrates erhalten. Die Lösung wird über Nacht gegen 2 *l* einer gesättigten Ammoniumsulfatlösung dialysiert, die einen reichlichen Bodensatz von festem Ammoniumsulfat enthält und während der Dialyse langsam gerührt wird. Die

[1] CARTER, C. E., and J. P. GREENSTEIN: J. biol. Ch. **165**, 725 (1946).
[3] NICOLET, B. H., L. A. SHINN and L. J. SAIDEL: J. biol. Ch. **142**, 609 (1942).
[2] MECHAM, D. K., and H. S. OLCOTT: Am. Soc. **71**, 3670 (1949).

Außenflüssigkeit wird danach durch mittels Zusatz von Eisessig auf p_H 4 angesäuerte, gesättigte Ammoniumsulfatlösung ersetzt, wobei wiederum für die Gegenwart von genügend festem Ammoniumsulfat als Bodensatz Sorge getragen wird.

Über Nacht setzt sich ein weißer, gelatinöser Niederschlag ab, dessen Hauptmenge durch Zentrifugierung abgetrennt werden kann. Der Rest kann durch Filtration über poröse Glasfilter gewonnen werden. Der Niederschlag wird mit 50 cm^3 einer 5 m Natriumchloridlösung gemischt und die Suspension auf ein Gesamtvolumen von 1000 cm^3 mit 5 m Kochsalzlösung verdünnt.

Die zähflüssige Emulsion wird gegen mehrfach gewechselte 2 m Natriumchloridlösung dialysiert, deren erste Portion Natriumacetat in 0,01 m Konzentration enthält, wodurch die Lösung des Niederschlags erleichtert wird. Schließlich wird die Dialyse gegen Wasser fortgesetzt. Die Lösung enthält zwischen 20 und 25 g Phosvitin, das nach vollständiger Entfernung der Salze durch Trocknung im gefrorenen Zustand erhalten werden kann.

β) Vitellinsäure, Ichthulinsäure.

Durch 2stündige Extraktion der von Phosphatiden befreiten Lecithovitellinfraktion mit 12%igem Ammoniak bei Zimmertemperatur erhielten LEVENE und ALSBERG eine Eiweißfraktion mit einem Phosphorgehalt von etwa 10%. Durch Säurehydrolyse gelang es LIPMANN und LEVENE[1], Serinphosphorsäure aus dem Gemisch der Spaltprodukte zu isolieren. Möglicherweise ist Vitellinsäure ein dem Phosvitin ähnliches Gemisch von phosphorreichen, genuinen Phosphoproteiden des Dotters.

Mittels der gleichen Technik extrahierte LEVENE aus der Phosphoproteidfraktion von Dorscheiern eine phosphorreiche (10,3% P) Proteinfraktion, die er als *Ichthulinsäure* bezeichnete[2].

Eine Reihe ähnlicher Fraktionen ist aus den Eiern anderer Fischarten erhalten worden. Da keine dieser Fraktionen bisher mit Hilfe von neueren Methoden analysiert worden ist, wird auf deren Beschreibung in der vorhergehenden Auflage dieses Handbuches verwiesen*.

γ) Phosphopeptone, die durch enzymatischen Abbau des Eidotters bzw. von Lecithovitellin oder Vitellin (s. S. 657) entstehen.

Im Hinblick auf die Beobachtung, daß die Hauptmenge der Dotterphosphoproteide in der Form des phosphorreichen Phosvitins unter Bedingungen isoliert werden kann, die dessen Entstehung durch Abspaltung aus einer phorphorärmeren Muttersubstanz unwahrscheinlich machen, gewinnen zahlreiche ältere Angaben über die Isolierung phosphorreicher, proteolytischer Abbauprodukte der Dotterproteine erneutes Interesse. Da alle derartigen Substanzen nur wenig definiert sind, wird nur kurz auf diese Arbeiten hingewiesen werden.

Die ersten Versuche über die Proteolyse der Phosphoproteide des Dotters sind schon 1870 von MIESCHER[3] beschrieben worden. Er bezeichnete die bei der Pepsinverdauung von Dotterproteinen sich abscheidenden, phosphorhaltigen, säureunlöslichen Fraktionen als Paranucleinsäuren — ein Ausdruck, der aus naheliegenden Gründen später völlig aufgegeben wurde. In den folgenden 30 Jahren ist eine große Anzahl derartiger Fraktionen aus den Eiern vieler Tierarten, namentlich aus Fischeiern, dargestellt worden. Obwohl die Ergebnisse dieser zahlreichen Arbeiten auch gegenwärtig ein deskriptives Interesse besitzen, beschränken sich die folgenden Bemerkungen auf die Diskussion einiger weniger charakteristischer Beispiele. Ausführliche Angaben über die ältere Literatur dieses Gebietes finden sich in den früheren Auflagen dieses Werkes.

Die am längsten bekannte Phosphopeptonfraktion aus Eidotter ist das von BUNGE[4] durch Pepsinverdauung des Dotters erhaltene Hämatogen, das 5,2% Phosphor und 0,3%

* HOPPE-SEYLER-THIERFELDER: Handbuch der Physiologisch- und Pathologisch-Chemischen Analyse. 9. Aufl. S. 547. Berlin 1924.

[1] LIPMANN, F. A., and P. A. LEVENE: J. biol. Ch. **98**, 107 (1932).

[2] LEVENE, P. A.: H. **32**, 281 (1901).

[3] MIESCHER, F.: HOPPE-SEYLERs med.-chem. Unters. Heft 4, S. 502 (1871).

[4] BUNGE, W. v.: H. **9**, 49 (1882).

Eisen enthält. OSBORNE und CAMPBELL[1] haben aus Lecithovitellin Pepsinpeptone mit Phosphorkonzentrationen von etwa 2,5—4,2% dargestellt. POSTERNAK und POSTERNAK[2] unterwarfen die Hämatogenfraktion für 48 Std der Einwirkung von Trypsin (das auf Dotteremulsionen nur eine geringe Wirkung hat) und zerlegten die phosphorhaltigen Abbauprodukte in 3 phosphorreiche Peptonfraktionen, die sie als α-, β- und γ-Ovotyrin bezeichneten (13,8%, 12,1% und 7,9% P). Nur die β-Ovotyrinfraktion enthielt erhebliche Eisenmengen (0,37%).

Wieweit die proteolytische Entstehung dieser phosphorreichen Peptone auf der enzymatischen Abspaltung von Peptiden oder Aminosäuren aus einer phosphorärmeren Vorstufe beruht und wieweit sie auf die hydrolytische Entfernung verunreinigender Proteine von einer phosphorreichen, präformierten Dotterkomponente wie vom Phosvitin zurückzuführen ist, läßt sich auf Grund der vorliegenden Beobachtungen nicht entscheiden. Die Isolierung von Phosvitin in einer Ausbeute, die dieses phosphorreiche Protein als den Hauptbestandteil der Phosphoproteidfraktion des Dotters erscheinen läßt, spricht zugunsten der letzteren Annahme. S. und T. POSTERNAK fanden schon, daß phosphotyrinartige Substanzen ohne Proteolyse aus Dotter extrahiert werden können. Andererseits besitzen 2 der von POSTERNAK erhaltenen Phosphotyrine einen noch höheren Phosphorgehalt als das Phosvitin, so daß diese Produkte wahrscheinlich als Abbauprodukte von Phosvitin aufzufassen sind. Zudem haben MECHAM und OLCOTT gezeigt, daß die Phosvitinfraktion durch kristallisiertes Trypsin bis zu einem gewissen Grade hydrolysiert wird. Ferner weisen die Resultate kinetischer Versuche von BLACKWOOD und WISHART[3] über die Hydrolyse der Lecithovitellinfraktion auf die Möglichkeit hin, daß im Dotter verschiedene Phosphoproteide vorgebildet sind, die sich sowohl in ihrem Phosphorgehalt als auch in ihrer Angreifbarkeit durch proteolytische Enzyme voneinander unterscheiden.

b) Phosphatidhaltige Phosphoproteidfraktionen des Eidotters.

Die prinzipielle Wichtigkeit der Isolierung von Phosvitin durch MECHAM und OLCOTT liegt in der Tatsache, daß beinahe 70% des Proteinphosphors des Dotters in der Form einer außerordentlich phosphorreichen Eiweißfraktion erhalten wurden unter Bedingungen, die eine sekundäre Entstehung dieser Fraktion durch Spaltung eines phosphorarmen Proteins beinahe mit Sicherheit ausschließen, im Gegensatz zu der viel früher von LEVENE dargestellten Vitellinsäure, für die diese Möglichkeit durchaus in Betracht gezogen werden muß. Obgleich die Phosvitinfraktion, wie schon erwähnt, nicht homogen ist, zeigt der hohe Gehalt an Serinphosphorsäuregruppen, daß sie — wenn überhaupt — nur unbedeutende Beimengungen phosphorfreier Eiweißstoffe enthalten kann.

Im Gegensatz zum Phosvitin sind die schon lange vor dessen Entdeckung beschriebenen phosphorarmen Eiweißkomponenten der lecithinhaltigen Phosphoproteidpräparate aus Eidotter z. T. mit Sicherheit, z. T. mit großer Wahrscheinlichkeit als Gemische phosphorfreier und phosphorhaltiger Eiweißstoffe aufzufassen. Dies gilt vor allem für das klassische, aus Eidotter erhaltene Phosphoproteidpräparat, das Vitellin HOPPE-SEYLERs, und die später mittels abgeänderter Isolierungstechnik von anderen Autoren erhaltenen Vitelline. Die Darstellung aller Vitelline gründet sich auf die Lösung des Dotters in einem gleichen Volumen etwa 20%iger Natriumchloridlösung, Extraktion der „freien" Phosphatide mit Äther und darauffolgende Verdünnung der wäßrigen Lösung mit einem mehrfachen Volumen Wasser, wodurch lecithin- und phosphoproteidhaltige Niederschläge erhalten werden, die durch Lösen in 10%iger Kochsalzlösung und Verdünnen mit Wasser mehrfach umgefällt werden können (bei zu häufiger Umfällung verlieren die Niederschläge ihre Löslichkeit in Salzlösungen hoher Ionenstärke, vermutlich durch Denaturierung). Aus den phosphatidhaltigen, von HOPPE-SEYLER als Lipo-phosphoproteide aufgefaßten und daher als Lecithovitellin bezeichneten Niederschlägen können

[1] OSBORNE, T. B., and G. F. CAMPBELL: Connecticut agric. Exp. Stat. Bull. **23** (1900).
[2] POSTERNAK, S., et T. POSTERNAK: Cr. **184**, 909 (1927).
[3] BLACKWOOD, J. H., and G. M. WISHART: Biochem. J. **28**, 550 (1934).

die Phosphatide mit Alkohol extrahiert werden. Für den denaturierten, phosphatidfreien Eiweißrückstand, der in Wasser unlöslich, aber in verdünnten Alkalien löslich ist, führte HOPPE-SEYLER den Namen Vitellin ein. Bei geeigneter Darstellungstechnik können beinahe 90 % des gesamten Dotterphosphoproteid-Phosphors in der Form der Vitellinfraktion, die selbst je nach der angewandten Darstellungsmethode nur etwa 2 % Phosphor enthält, gewonnen werden. Ein Vergleich mit der Ausbeute und dem Phosphorgehalt von Phosvitin zeigt daher, daß die Vitellinfraktion ein Gemisch von phosphorreichen und phosphorarmen Proteinen sein muß.

Lipovitellenin, Vitellenin, Livetin. Die bei der Ausfällung von Lipovitellin durch Verdünnung des Dotters mit Wasser (2 Vol.) gewonnenen und durch Abschleudern in einer Sharples-Zentrifuge abgetrennten Niederschläge enthalten nicht die gesamte Phosphoproteidmenge des Dotters: vielmehr bleibt ein relativ kleiner Anteil derselben in der überstehenden Lösung. FEVOLD und LAUSTEN[1] zerlegten diese Phosphoproteid-Phosphor enthaltende Fraktion durch Extraktion der Lösung mit Äther in 2 Komponenten: das hierbei ausfallende, zwischen der wäßrigen und der ätherischen Phase sich ansammelnde *Lipovitellenin* und das in Lösung bleibende, schon von PLIMMER beobachtete *Livetin.*

Die Lipovitelleninfraktion unterscheidet sich in ihren Löslichkeitseigenschaften von der Lipovitellinfraktion vor allem dadurch, daß sie sich in 10 %iger Kochsalzlösung nur bei Sättigung mit Äther klar löst. Nach Entfernung des Äthers durch Verdampfen werden die Lösungen von Lipovitellenin stark opalescent. Durch erneute Sättigung der Suspension kann die Trübung wieder zum Verschwinden gebracht werden. Diese Eigenschaft hängt vielleicht mit dem im Vergleich zum Lipovitellin höheren Phospholipoidgehalt (etwa 40 %) zusammen. Das nach Entfernung der gebundenen Phospholipoide durch Alkoholbehandlung aus dem Lipovitellenin erhaltene Phosphoproteid *Vitellenin* enthält nur etwa 0,3 % Phosphoproteid-Phosphor. Der hohe Lipoidgehalt von Lipovitellenin ist ferner wahrscheinlich dafür verantwortlich, daß es nicht zusammen mit dem Lipovitellin abzentrifugiert wird, wenn die Phospholipoproteide durch Verdünnen des Dotters abgeschieden werden.

Zur Darstellung wird der in der erwähnten Weise erhaltene Niederschlag der Lipovitelleninfraktion mit Äther extrahiert und in 10 %iger Kochsalzlösung gelöst. Nach Entfernung von Natriumchlorid durch Dialyse fällt die Lipovitelleninfraktion aus und kann durch Lyophilisierung in trockenem Zustand erhalten werden. Das frisch getrocknete Material löst sich wieder in mit Äther gesättigter, 10 %iger Kochsalzlösung, verliert aber seine Löslichkeit schon nach mehrtägigem Aufbewahren bei Zimmertemperatur.

Livetinfraktion[2, 3]. Die Einreihung der biologisch wichtigen Livetinfraktion in die Klasse der Phosphoproteide ist gegenwärtig nur insoweit berechtigt, als diese Eiweißfraktion etwa 0,05 % Phosphoproteid-Phosphor enthält. Ob dieser Phosphorgehalt von einer Beimengung der bereits beschriebenen Phosphoproteide herrührt oder auf die Anwesenheit eines spezifischen Phosphoproteids zurückzuführen ist, läßt sich auf Grund der wenigen vorhandenen Angaben nicht entscheiden. Als Livetin wird diejenige Dottereiweißfraktion definiert, die nach Ausfällung der Lipovitellin- und der Lipovitelleninfraktionen durch Verdünnung von Dotterlösungen mittels Salzlösungen niedriger Ionenstärke (z. B. 0,85 %iger Natriumchloridlösung) in Lösung bleibt. Die Livetinfraktion ist von großem Interesse, da viele durch experimentelle Infektion des Dottersacks gewonnene Antigene sich in der wasserlöslichen Fraktion der Dottereiweißstoffe vorfinden. SHEPARD und HOTTLE[4] zeigten die elektrophoretische Inhomogenität der Livetinfraktion[4], nachdem schon früher KAY und MARSHALL[5] die Livetinfraktion, die sie durch Fällung mit halbgesättigter Ammoniumsulfatlösung dargestellt hatten, auf Grund ihres Löslichkeitsverhaltens als ein Gemisch von Proteinen erkannt hatten.

[1] FEVOLD, H. L., and A. LAUSTEN: Arch. Biochem. **11**, 1 (1946).
[2] PLIMMER, R. H. A.: Soc. **93**, 1500 (1908).
[3] OSBORNE, T. B., and G. F. CAMPBELL: Am. Soc. **22**, 413 (1900).
[4] SHEPARD, C. C., and G. A. HOTTLE: J. biol. Ch. **179**, 349 (1949).
[5] KAY, H. D., and P. G. MARSHALL: Biochem. J. **22**, 1264 (1928).

Mucopolysaccharide und Glykoproteide.

Von

G. Blix und S. Gardell.

Mit 3 Abbildungen.

A. Definitionen.

Die Glykoproteide gehören zu den zusammengesetzten Eiweißkörpern. Sie sind Verbindungen von Eiweißstoffen mit Kohlenhydraten. Die Nomenklatur der Glykoproteide bzw. deren Kohlenhydratkomponenten ist noch sehr uneinheitlich, was hauptsächlich darauf beruht, daß die Kenntnis dieser Substanzen noch immer sehr unvollständig ist. Auch die allgemein als einfache Eiweißkörper bezeichneten Substanzen enthalten meistens eine Kohlenhydratgruppe, deren Menge jedoch nicht einige Prozente des Stoffes übersteigt. In den seit langem als Glykoproteide bekannten Stoffen macht die Kohlenhydratkomponente einen verhältnismäßig beträchtlichen Anteil aus, 5—25%, bisweilen mehr. Zwischen Glykoproteiden und einfachen Proteinstoffen läßt sich keine scharfe Grenze ziehen.

Man hat die Glykoproteide lange in 2 voneinander nicht scharf abgegrenzte Gruppen, *Mucine* und *Mucoide** (aus lat. Mucus = Schleim), eingeteilt. Erstere werden besonders durch die schleimige Beschaffenheit ihrer Lösungen gekennzeichnet, während den letzten diese Eigenschaft meistens fehlt. Es hat sich jedoch gezeigt, daß diese Einteilung chemisch nicht gut begründet ist. Die genannten Namen sind aus praktischen Gründen immer noch kaum zu entbehren; als *Mucine* können ganz allgemein die aus Schleim, schleimigen Flüssigkeiten oder Schleimgewebe darstellbaren Glykoproteide bezeichnet werden, während *Mucoide* als gemeinsamer Name für die übrigen Glykoproteide verwendet wird.

Die Kohlenhydratkomponenten der Mucine und Mucoide enthalten, soweit bekannt ist, immer *Hexosamin*. Man hat daher die hexosaminhaltigen Polysaccharide oft als *Mucopolysaccharide* bezeichnet, ein Name, der auch unten für diese Substanzen verwendet wird. Dieser Name ist indessen kürzlich auch als Bezeichnung von Glykoproteiden, in denen die Kohlenhydratgruppe den Hauptanteil ausmacht, benutzt worden, wobei gleichzeitig die hexosaminhaltigen Polysaccharide *Aminopolysaccharide* genannt wurden[1]. Im folgenden werden zuerst die Kohlenhydratkomponenten für sich besprochen. Die Darstellung beschränkt sich auf die Glykoproteide der Wirbeltiere.

B. Die Kohlenhydratkomponenten der Glykoproteide.

1. Allgemeines.

Die Kohlenhydratkomponenten der Glykoproteide enthalten entweder D-*Glucosamin* (2-Amino-2-desoxy-D-glucose, auch *Chitosamin* genannt) oder D-*Galaktosamin* (2-Amino-2-desoxy-D-galaktose). Das letztere wird oft als *Chondrosamin* bezeichnet. Die Hexosamine treten, mit einer bekannten Ausnahme (Heparin), als *N-Acetylverbindungen* auf.

Eine Hauptgruppe der Mucopolysaccharide besteht aus Substanzen, in denen *Uronsäure* als Baustein vorkommt. Sie könnten als *Mucopolyuronide* bezeichnet werden. Als Uronsäure kommt vorwiegend die D-Glucuronsäure vor. In einigen der Mucopolyuronide wird der saure Charakter noch durch *Schwefelsäure* verstärkt.

---

* In der angelsächsischen Literatur wird „Mucoprotein" oft etwa synonym mit Mucin und „Glykoprotein" etwa synonym mit Mucoid verwendet, aber diese Bezeichnungen sind bisweilen auch in anderem Sinne angewandt worden.

[1] Kent, P. W., and M. W. Whitehouse: Biochemistry of the Amino Sugars. London 1955.

Die übrigen Mucopolysaccharide sind bezüglich des chemischen Aufbaues mehr uneinheitlich. Sie sind auch weniger gut bekannt als die Mucopolyuronide. Außer Hexosamin findet sich als Bestandteil meistens *Hexose* (und zwar *Mannose* oder *Galaktose* oder beide). In einer Gruppe von Glykoproteiden tritt dazu noch L-*Fucose* auf. In der letzten Zeit ist in vielen Fällen neben Hexosamin und Hexose noch *Sialinsäure (Neuraminsäure)* als Komponente von Glykoproteiden gefunden worden. In einigen Glykoproteiden besteht der Kohlenhydratanteil so gut wie ausschließlich aus Sialinsäure und Hexosamin. Auch Schwefelsäure kann in dieser heterogenen Gruppe von Mucopolysacchariden als Baustein auftreten. Die sog. *Keratoschwefelsäure* ist somit aus Acetylhexosamin, Hexose und Schwefelsäure aufgebaut. Sämtliche schwefelhaltigen Mucopolysaccharide werden nicht selten unter dem Namen *Sulfomucopolysaccharide* zusammengefaßt.

Unten werden zuerst die Mucopolyuronide, dann die Keratoschwefelsäure und die Sialinsäure (Neuraminsäure) besprochen. Die übrigen, meistens weniger bekannten Kohlenhydratkomponenten werden aus praktischen Gründen hauptsächlich zusammen mit den betreffenden Glykoproteiden behandelt (s. auch S. 685).

2. Mucopolyuronide.

a) Chondroitinschwefelsäure.

Diese Säure wurde in reinem Zustande zuerst von MÖRNER[1] aus Knorpel dargestellt und als Esterschwefelsäure erkannt. Durch Arbeiten von SCHMIEDEBERG[2] und von LEVENE[3] wurde ihre Zusammensetzung näher aufgeklärt.

Die Chondroitinschwefelsäure ist aus äquimolekularen Mengen von *N-Acetyl-chondrosamin, Uronsäure* und *Schwefelsäure* aufgebaut. Bei vorsichtiger Hydrolyse kann die Schwefelsäure abgespalten werden, ohne daß die Substanz sonst erheblich abgebaut wird. Das so erhaltene Produkt ist als „*Chondroitin*" bezeichnet worden. Diese Substanz wirkt ebenso wie die Chondroitinschwefelsäure sehr wenig reduzierend und besitzt keine freie Aminogruppe. Durch weitere hydrolytische Spaltung wird das Chondroitin depolymerisiert und desacetyliert. Hierbei entsteht *Chondrosin,* das aus Chondrosamin und Uronsäure zusammengesetzt ist und das Reduktionsvermögen eines reduzierenden Disaccharides besitzt. Die Schwefelsäuregruppe ist an den Hexosaminteil gebunden[4]. Das *Chondrosin* ist erst kürzlich in kristalliner Form erhalten worden[5]. Es gibt aber leicht kristallisierende *Äthylester-* bzw. *Methylesterhydrochloride*[5–7]. Für aus Chondroitinschwefelsäure A (s. unten) dargestelltes Chondrosin ist die untenstehende Struktur erwiesen[8, 9].

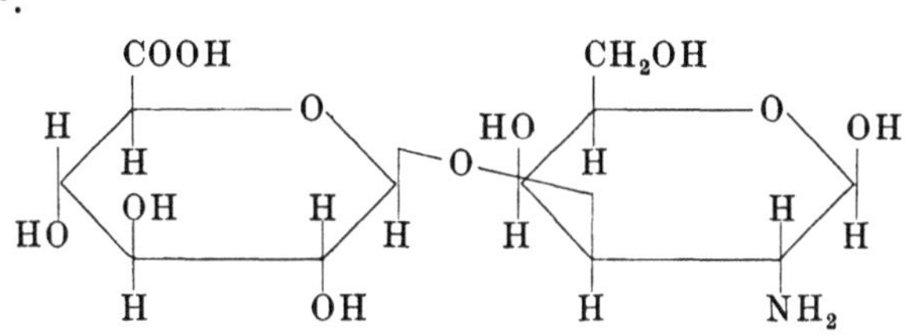

3-(β-D-Glucopyranosyluronsäure)-2-desoxy-2-amino-D-galaktose.

Das kristalline Chondrosin zeigt $[\alpha]_D^{24} = +40°$ (1, 0,05 n HCl)[5]. Chondrosinäthylesterhydrochlorid hat $[\alpha]_D = +35°$[6], Chondrosinmethylesterhydrochlorid $[\alpha]_D^{25} = +39°$

[1] MÖRNER, C. T.: Skand. Arch. Physiol. **1**, 210 (1889).
[2] SCHMIEDEBERG, O.: A. e. P. P. **28**, 315 (1891).
[3] LEVENE, P. A., and F. B. LA FORGE: J. biol. Ch. **18**, 237 (1914). — LEVENE, P. A., and J. LÓPEZ-SUÁREZ: J. biol. Ch. **36**, 105 (1918).
[4] WOLFROM, M. L., R. K. MADISON and M. J. CRON: Am. Soc. **74**, 1491 (1952).
[5] DAVIDSON, E. A., and K. MEYER: Am. Soc. **76**, 5686 (1954).
[6] HEBTING, J.: B. Z. **63**, 353 (1914).
[7] LEVENE, P. A.: J. biol. Ch. **140**, 267 (1941).
[8] MASAMUNE, H., Z. YOSIZAWA and M. MAKI: Tohoku J. exp. Med. **55**, 47 (1951).
[9] DAVIDSON, E. A., and K. MEYER: Am. Soc. **77**, 4796 (1955).

(4, Methanol)[1]; $+42°$ (2, Wasser)[2]. Der Schmelzpunkt der letzteren ist bei 155—156°[1] bis 165—170°[3] gefunden worden.

Die Chondroitinschwefelsäure (aus Knorpel) ist wahrscheinlich ein unverzweigtes Kettenpolymer, das aus Disaccharideinheiten aufgebaut ist. Ihr Molekulargewicht im Nativzustande liegt wahrscheinlich bei 40000—50000[4]. (Höhere Werte[5] beruhen wahrscheinlich darauf, daß die untersuchten Präparate kleine Mengen von Protein enthielten, die mit der Chondroitinschwefelsäure größere Komplexe bildeten[4].)

Verschiedene Formen von Chondroitinschwefelsäure. Nach MEYER und Mitarbeitern[6, 7] tritt die Chondroitinschwefelsäure in 3 Modifikationen auf, die mit A, B und C bezeichnet werden. Die wichtigsten Unterschiede zwischen diesen Formen gehen aus der untenstehenden Tabelle hervor.

Tabelle 1. *Unterschiedliche Formen von Chondroitinschwefelsäure.*

	A	B	C
$[\alpha]_D$ (der neutralen Salze)	—28° bis —32°	—55° bis —63°	—16° bis —22°
Ca-Salze werden gefällt bei einer Äthanolkonzentration von	30—40 %	18—25 %	40—50 %
Hydrolyse durch Testes-Hyaluronidase	+	—	+

Ein weiterer Unterschied zwischen A und C einerseits sowie B andererseits liegt darin, daß Uronsäurebestimmungen mit der colorimetrischen Carbazolmethode bei jenen denselben Wert wie bei der Decarboxylierungsmethode geben, während bei dieser die colorimetrische Methode nur einen halb so hohen Wert wie die CO_2-Methode gibt. Kürzlich hat man gefunden, daß dieses Verhalten darauf beruht, daß die Chondroitinschwefelsäure B nicht D-Glucuronsäure, sondern L-*Iduronsäure* enthält[8]. Die Sulfatgruppe ist in den Chondroitinschwefelsäuren A und B wahrscheinlich an C-4, in der Chondroitinschwefelsäure C an C-6 des Hexosamins gebunden[9].

Vorkommen. Die Chondroitinschwefelsäure kommt im Knorpel besonders reichlich vor (bis zu etwa 20% der Trockensubstanz). In kleineren Mengen findet sie sich in vielen Stützgeweben, wie Sehnen, Aortenwand, Sklera[10, 11], Hautgewebe[11], Knochengewebe[7], Nucleus pulposus[12], Nabelstrang[13] und Herzklappen[14]. Nach MEYER und Mitarbeitern[7] kommt die Chondroitinschwefelsäure A als Hauptform in Knorpel, Knochen, Aortawand, Ligamentum nuchae und Cornea vor. Die C-Form soll in kleinen Mengen in Knorpel,

[1] WOLFROM, M. L., R. K. MADISON and M. J. CRON: Am. Soc. **74**, 1491 (1952).
[2] DAVIDSON, E. A., and K. MEYER: Am. Soc. **76**, 5686 (1954).
[3] LEVENE, P. A.: J. biol. Ch. **140**, 267 (1941).
[4] MATHEWS, M. B.: Arch. Biochem. **61**, 367 (1956). — MUIR, H.: Biochem. J. **62**, XXVI (1956). — WEBBFR, R. V., and S. T. BAYLEY: Canad. J. Biochem. Physiol. **34**, 993 (1956).
[5] BLIX, G., u. O. SNELLMAN: Ark. Kemi, Mineral. Geol. **19** A, No. 32 (1945).
[6] MEYER, K., and M. M. RAPPORT: Science, N. Y. **113**, 596 (1951).
[7] MEYER, K., E. DAVIDSON, A. LINKER and P. HOFFMAN: Biochim. biophysica Acta, N. Y. **21**, 506 (1956).
[8] HOFFMAN, P. A., A. LINKER and P. HOFFMAN: Science, N. Y. **124**, 1252 (1956). Arch. Biochem. **69**, 435 (1957). — CIFONELLI, J. A., J. LUDOWIEG and A. DORFMAN: J. biol. Ch. **233**, 541 (1958).
[9] JEANLOZ, R. W., and P. J. STOFFYN: Fed. Proc. **17**, 249 (1958). — MATHEWS, M. B.: Nature **181**, 421 (1958). — HOFFMAN, P., A. LINKER and K. MEYER: Biochim. biophysica Acta, N. Y. **30**, 184 (1958).
[10] LEVENE, P. A., and J. LÓPEZ-SUÁREZ: J. biol. Ch. **36**, 105 (1918). — LEVENE, P. A., and F. B. LA FORGE: J. biol. Ch. **18**, 237 (1914).
[11] MEYER, K., and E. CHAFFEE: J. biol. Ch. **138**, 491 (1941). — BOSTRÖM, H., and S. GARDELL: Acta chem. scand. **7**, 216 (1953).
[12] MALMGREN, H., and B. SYLVÉN: Biochim. biophysica Acta, N. Y. **9**, 706 (1952). — GARDELL, S.: Acta chem. scand. **9**, 1035 (1955). — ORR, S. F. D.: Biochim. biophysica Acta, N. Y. **14**, 173 (1954).
[13] MEYER, K., and J. W. PALMER: J. biol. Ch. **114**, 689 (1936).
[14] DEISS, W. P., and A. S. LEON: J. biol. Ch. **215**, 685 (1955).

Knochen, Sehnen, Herzklappen und Haut vorhanden sein. Die Chondroitinschwefelsäure B wurde zuerst aus Hautgewebe isoliert und soll angeblich ferner in Sehnen, Ligamentum nuchae, Herzklappen und Aorta vorkommen.

Das sog. β-Heparin[1-3] ist mit der Chondroitinschwefelsäure B identisch[4]. Es wurde aus Rinder- bzw. Schaflunge dargestellt. Es besitzt, ebenso wie die Chondroitinschwefelsäure B, eine gewisse anticoagulierende Wirkung. Sie wird bei Gargoylismus (HURTLERs Syndrom) reichlich mit dem Harn ausgeschieden[5, 6].

Eigenschaften. Die freie Chondroitinschwefelsäure ist nur amorph erhalten worden. Ein kristallines Ca-Salz ist dargestellt worden[7], sonst hat man auch die Salze nur amorph erhalten. Die Säure ist leicht löslich in Wasser, unlöslich in organischen Lösungsmitteln. Fast sämtliche Salze sind wasserlöslich. Die neutrale Lösung wird von basischem Bleiacetat sowie von langkettigen quartären Ammoniumbasen gefällt. Alkohol fällt vollständig nur bei Gegenwart von Neutralsalzen. Von Bleiacetat, Quecksilberchlorid oder Silbernitrat wird die Substanz nicht gefällt. Wasserlösliche Eiweißstoffe bilden auf der sauren Seite ihrer isoelektrischen Punkte unlösliche, salzartige Verbindungen mit der Chondroitinschwefelsäure[8]. Überschuß von Mineralsäuren löst diese Verbindungen auf. Chondroitinschwefelsäure sowie andere hochpolymere Schwefelsäureester zeigen gegen Toluidinblau und eine Reihe von anderen Farbstoffen eine starke metachromatische Wirkung[9], die oft für ihren histochemischen Nachweis benützt worden ist.

Physikalisch-chemisch verhält sich die Chondroitinschwefelsäure in wäßriger Lösung wie ein typischer linearer Polyelektrolyt.

Über Einzelheiten im physikalisch-chemischen Verhalten der Substanz muß auf die Originalliteratur hingewiesen werden (Viscosität[10-13], Strömungsdoppelbrechung[10, 11, 13], elektrophoretische Wanderungsgeschwindigkeit[14, 15], potentiometrische Titrierung[12, 16], Infrarotabsorption[17]).

b) Mucoitinschwefelsäure.

Dieser Name wurde von LEVENE eingeführt, um Substanzen zu bezeichnen, die ebenso wie die Chondroitinschwefelsäure aus N-acetyliertem Hexosamin, Glucuronsäure und Schwefelsäure zusammengesetzt waren, aber anstatt Chondrosamin Glucosamin enthielten. LEVENE und Mitarbeiter[18] stellten aus verschiedenen Geweben Produkte dar, denen sie diese Natur zuschrieben. Nur für Hornhaut[19] und Magenschleim (Magenmucosa)[20] wurde das Vorkommen von Mucoitinschwefelsäure von anderen Untersuchern bestätigt. Die Behauptung, daß Mucoitinschwefelsäure in der Hornhaut vorkommt, hat sich aber

[1] MARBET, R., u. A. WINTERSTEIN: Helv. **34**, 2311 (1951).
[2] MARBET, R., u. A. WINTERSTEIN: Exper. **8**, 41 (1952).
[3] YAMASHINA, Y.: Acta chem. scand. **8**, 1316 (1954).
[4] MEYER, K., E. DAVIDSON, A. LINKER and P. HOFFMAN: Biochim. biophysica Acta, N. Y. **21**, 506 (1951).
[5] DORFMAN, A., and A. E. LORINCZ: Proc. nat. Acad. Sci. USA **43**, 443 (1957).
[6] MEYER, K., M. M. GRUMBACH, A. LINKER and PH. HOFFMAN: Proc. Soc. exp. Biol. Med. **97**, 275 (1958).
[7] EINBINDER, J., and M. SCHUBERT: J. biol. Ch. **191**, 591 (1951).
[8] MEYER, K., J. W. PALMER and E. M. SMYTH: J. biol. Ch. **119**, 501 (1937).
[9] LISON, L.: Arch. Biol., Paris **46**, 599 (1935).
[10] BLIX, G., u. O. SNELLMAN: Ark. Kemi, Mineral. Geol. **19** A, No. 32 (1945).
[11] MATHEWS, M. B., and A. DORFMAN: Arch. Biochem. **42**, 41 (1953).
[12] MATHEWS, M. B.: Arch. Biochem. **43**, 181 (1953).
[13] WEBBER, R. V., and S. T. BAYLEY: Canad. J. Biochem. Physiol. **34**, 993 (1956).
[14] BLIX, G.: Acta physiol. scand. **1**, 29 (1940).
[15] MATHEWS, M. B.: Arch. Biochem. **61**, 367 (1956).
[16] WILANDER, O.: Skand. Arch. Physiol. **81**, Suppl. XV (1938).
[17] ORR, S. F. D., and R. J. C. HARRIS: Nature **169**, 544 (1952).
[18] LEVENE, P. A., and J. LÓPEZ-SUÁREZ: J. biol. Ch. **25**, 511; **26**, 373 (1916); **36**, 105 (1918).
[19] MEYER, K., and E. CHAFFEE: Amer. J. Ophthalm. **23**, 1320 (1940).
[20] Siehe unter anderen: MEYER, K., E. M. SMYTH and J. W. PALMER: J. biol. Ch. **119**, 73 (1937).

später als irrtümlich erwiesen[1, 2], und das Vorkommen einer solchen Substanz in Magenmucosa muß nach neueren Untersuchungen stark in Frage gestellt werden[3]. Es mag hinzugefügt werden, daß die sog. Heparinmonoschwefelsäure (s. unten) die Zusammensetzung einer Mucoitinschwefelsäure hat.

c) Heparin[4].

Das Heparin ist eine die Blutgerinnung hemmende Substanz, die zuerst von McLean[5] aus Leber hergestellt wurde. Howell[6] erkannte sie als eine Kohlenhydratverbindung. Der Aufbau von Heparin ist später vor allem durch Jorpes und Mitarbeiter[4] klargelegt worden.

Die strukturelle Grundeinheit von Heparin ist ein aus D-Glucosamin und D-Glucuronsäure bestehendes Disaccharid. Die Aminogruppe ist nicht acetyliert[7, 8]. Auf jede Disaccharideinheit kommen 4—6 Schwefelsäuregruppen, von denen eine an der Aminogruppe substituiert ist[9, 10]. (Etwa 10% der Aminogruppen sollen unsubstituiert sein[10, 11].) Die an die Aminogruppe gebundene Schwefelsäure wird leicht abgespalten. Wenn die Spaltung unter milden Bedingungen geschieht, wird die Schwefelsäure jedoch nicht frei, sondern bleibt am Molekül gebunden, wahrscheinlich durch Wanderung an eine alkoholische Gruppe. Das Heparin wird als ein Kettenpolymer aufgefaßt.

Die Substanz, wie sie gewöhnlich als ein in Wasser schwerlösliches Bariumsalz dargestellt wird, ist nicht einheitlich. Gute Handelspräparate zeigten elektrophoretisch bzw. adsorptionsanalytisch 2—4 Fraktionen. In der Ultrazentrifuge wiesen sie eine gewisse Polydipersität auf und ein mittleres Molekulargewicht von etwa 17000[12]. Durch Fraktionierung der Brucinsalze konnten Produkte erhalten werden, die sehr nahe an 4 bzw. 6 Schwefelsäurereste je Dimeres enthielten[13].

Das Heparin, wie es im allgemeinen erhalten wird, ist also wahrscheinlich als eine Mischung von Substanzen mit demselben Kohlenhydratskelet, aber unterschiedlichem Gehalt an Schwefelsäure anzusehen, darunter solchen mit 4, 6 und, vielleicht vor allem, mit 5 Schwefelsäuregruppen je Dimeres. Mehrere Untersucher haben ein kristallines saures Bariumsalz mit diesem Schwefelsäuregehalt erhalten. Es ist auch möglich, daß verschiedene Dimere innerhalb desselben Heparinmoleküls eine verschiedene Anzahl von Schwefelsäuregruppen besitzen können. Versuche näherer Strukturanalyse von Heparin haben noch nicht zu eindeutigen Resultaten geführt.

Das Heparin ist rechtsdrehend. Die schwerlösliche Heparinfraktionen zeigen eine spezifische Drehung, $[\alpha]_D$, von etwa $+45°$ bis $+65°$. Seine glykosaminidischen Bindungen besitzen daher wahrscheinlich, im Gegensatz zu denen von Chondroitinschwefelsäure und Hyaluronsäure, α-Konfiguration.

Vorkommen. Nach den Untersuchungen von Jorpes und Mitarbeitern kommt das Heparin vorwiegend in den Ehrlichschen Mastzellen vor. Dort scheint es unter nativen Verhältnissen nicht frei, sondern an ein Lipoproteid gebunden vorzukommen[14, 15].

[1] Woodin, A. M.: Biochem. J. 51, 319 (1953).
[2] Meyer, K., A. Linker, E. A. Davidson and B. Weissman: J. biol. Ch. **205**, 611 (1953).
[3] Smith, H., R. C. Gallop and J. L. Stanley: Biochem. J. **52**, 15 (1952). — Smith, H., and R. C. Gallop: Biochem. J. **53**, 666 (1953). — Smith, H., H. T. Zwartouw, R. C. Gallop and P. W. Harris-Smith: Biochem. J. **53**, 673 (1953).
[4] Ausführliche Übersicht über die Chemie von Heparin findet man bei Jorpes, E.: Heparin. 2. Aufl., London 1946, und bei Foster, A. B., and A. J. Huggard: Adv. Carbohydrate Chem. **10**, 335 (1955).
[5] McLean, J.: Amer. J. Physiol. **41**, 212 (1916).
[6] Howell, W. H.: Amer. J. Physiol. **71**, 553 (1924/25).
[7] Masamune, H., M. Suzuki and I. Kondo: J. Biochem. **31**, 343 (1940).
[8] Wolfrom, M. L., D. I. Weisblat, J. V. Karabinos, W. H. McNeely and J. McLean: Am. Soc. **65**, 2077 (1943).
[9] Jorpes, E., H. Boström and V. Mutt: J. biol. Ch. **183**, 607 (1950).
[10] Meyer, K., u. D. E. Schwarz: Helv. **33**, 1651 (1950).
[11] Foster, A. B., E. F. Martlew and M. Stacey: Chem. & Industr. **1953**, 899.
[12] Jensen, R., O. Snellman and B. Sylvén: J. biol. Ch. **174**, 265 (1948).
[13] Jorpes, E.: Biochem. J. **36**, 203 (1942). H. **278**, 7 (1943).
[14] Julén, C., O. Snellman and B. Sylvén: Acta physiol. scand. **19**, 289 (1950).
[15] Snellman, O., B. Sylvén and C. Julén: Biochim. biophysica Acta, N. Y. **7**, 98 (1951).

Die Mastzellen sind vor allem an der Wand oder in der nächsten Nähe der kleinen Gefäße und der Capillaren des Bindegewebes angehäuft. Das Heparin findet sich somit nicht nur in der Leber, sondern weit verbreitet im Körper, verhältnismäßig reichlich in der Lunge.

Eigenschaften. Das Heparin ist leicht löslich in Wasser und darin thermostabil. Seine glykosidischen Bindungen zeigen eine bemerkenswerte Resistenz gegen Mineralsäuren.

Die meisten Salze von Heparin sind leicht löslich in Wasser und können daraus durch Alkohol oder Aceton, evtl. erst nach Zusatz von Neutralsalzen wie NaCl, ausgefällt werden. Aus der wäßrigen Lösung läßt es sich mit basischem Bleiacetat sowie mit Bariumhydroxyd oder mit überschüssigem Bariumchlorid fällen. Außer den Bariumsalzen sind auch die Brucin-, Chinin- und Benzidinsalze verhältnismäßig schwerlöslich in Wasser und eignen sich daher wie jene für die Reindarstellung der Substanz. Ein kristallines, saures Bariumsalz von Heparin scheint ziemlich leicht darstellbar zu sein (s. S. 666).

Die freie, durch Elektrodialyse gereinigte Säure löst sich auch in Methylalkohol und Äthylalkohol sowie in Aceton und Eisessig.

Dank der Esterschwefelsäuregruppen ist das Heparin eine starke Säure und bei physiologischem p_H eine der am stärksten elektrisch geladenen Verbindungen des Körpers. Damit übereinstimmend zeigt das Heparin auch eine hohe elektrophoretische Wanderungsgeschwindigkeit[1]. (Potentiometrische Titrierung, Messung von osmotischem Druck und elektrischer Leitfähigkeit an Heparin s.[1, 2].)

Das Heparin verbindet sich leicht mit Eiweiß. Protamine fällen Heparin in neutraler Lösung. Es gibt mit Farbstoffen wie Toluidinblau eine sehr starke metachromatische Färbung und wird von letzterem gefällt.

Die gerinnungshemmende Wirkung von Heparin scheint von der Anzahl der Schwefelsäuregruppen und vom Polymerisationsgrad z. T. abzuhängen. Andere Faktoren sind aber offenbar auch von Bedeutung[2, 3].

Aus den löslicheren Fraktionen der Barium- und Brucinsalze von Heparin isolierten JORPES und GARDELL[4] eine Substanz, die infolge ihrer Eigenschaften und Zusammensetzung als *Heparinmonoschwefelsäure* bezeichnet wurde. Die Verbindung war aus äquivalenten Mengen von *Glucosamin, Uronsäure, Essigsäure* und *Schwefelsäure* zusammengesetzt und rechtsdrehend ($[\alpha]_D^{20} = +46$—$49°$). Sie war, wie das Heparin, sehr resistent gegen saure Hydrolyse und zeigte eine schwache anticoagulierende Wirkung (10 bis 16 I.E./mg*). Die Substanz ist später unter dem Namen Heparitinsulfat weiter untersucht worden[5].

d) Hyaluronsäure.

Die Hyaluronsäure wurde zuerst von MEYER und PALMER[6] aus Glaskörper dargestellt und ist später weit verbreitet gefunden worden (s. unten). Sie ist aus N-Acetyl-D-glucosamin und D-Glucuronsäure in äquivalenten Mengen aufgebaut. Ihre Struktur ist noch unvollständig aufgeklärt. Durch Kombination von enzymatischem Abbau und milder Säurehydrolyse haben MEYER und Mitarbeiter[7] mit einer Ausbeute bis zu etwa 60% aus

* Toronto-Einheiten (s. JORPES, E.: Heparin. 2. Aufl., S. 80. London 1946.

[1] WILANDER, O.: Skand. Arch. Physiol. 81, Suppl. XV (1938).
[2] WOLFROM, M. L., D. I. WEISBLAT, J. V. KARABINOS, W. H. MCNEELY and J. MCLEAN: Am. Soc. **65**, 2077 (1943).
[3] MARBET, R., u. A. WINTERSTEIN: Exper. 8, 41 (1952).
[4] JORPES, E., and S. GARDELL: J. biol. Ch. **176**, 267 (1948).
[5] LINKER, A., P. HOFFMAN, P. SAMPSON and K. MEYER: Biochim. biophysica Acta, N. Y. **29**, 443 (1958).
[6] MEYER, K., and J. PALMER: J. biol. Ch. **107**, 629 (1934).
[7] WEISSMAN, B., M. RAPPORT, A. LINKER and K. MEYER: J. biol. Ch. **205**, 205 (1954).

Hyaluronsäure ein Disaccharid erhalten, die *Hyalobiuronsäure*, für welche die untenstehende Struktur bewiesen ist[1, 2].

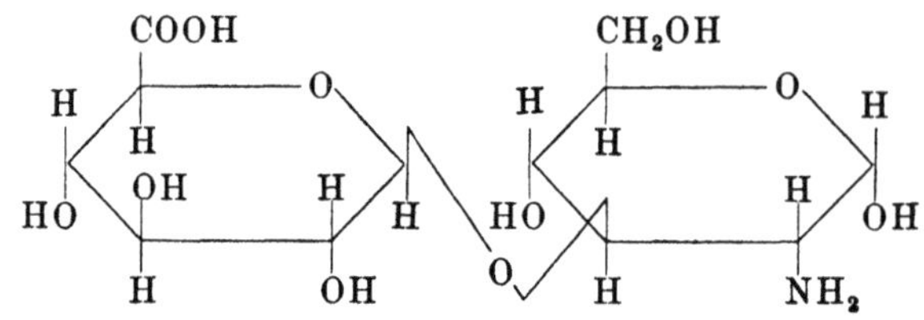

Hyalobiuronsäure

3-O-(β-D-Glucopyranosyluronsäure-)2-amino-2-desoxy-D-glucose.

Die Hyalobiuronsäure wurde kristallin isoliert. Sie zeigte $[\alpha]_D^{24} = +30{,}5°$ (2,00, 0,10 n HCl) bzw. $+22{,}5°$ (2,00, 1,0 n HCl). Potentiometrische Titrierung gab $pK_1' = 2{,}6$ und $pK_2' = 7{,}1$[3]. Durch Behandlung der Hyalobiuronsäure mit Keten wurde N-Acetylhyalobiuronsäure erhalten[4]. Amorphe Substanz, $[\alpha]_D = -32°$ (2, H_2O), $pK' = 3{,}3$.

Die Hyaluronsäure hat ein, wahrscheinlich unverzweigtes Kettenmolekül, das aus N-Acetylhyalobiuronsäure-Einheiten zusammengesetzt ist[1, 3, 4]. Die Frage nach der Lage der glucosaminidischen Bindung ist noch unentschieden (entweder 1—3 oder 1—4)[1, 5].

Molekulargewichtsbestimmungen haben variierende Werte gegeben ($2 \cdot 10^5$ bis $8 \cdot 10^6$), je nach Ursprung und Darstellung der Substanz und der verwendeten Bestimmungsmethode[6]. Die Lösungen der Hyaluronsäure sind mehr oder weniger polydispers.

Vorkommen. Außer in Glaskörper, Nabelschnur (Whartonsche Sulze) und Gelenk- und Sehnenscheidenflüssigkeit ist die Hyaluronsäure in verschiedenen anderen biologischen Materialien nachgewiesen worden, wie Haut[7], Kammerwasser[8], gewissen Tumoren und Tumorexsudaten (Mesotheliome[9], Vogelsarkome[10], Rous-Sarkom[11], s. hierzu auch[12]). Sie wird auch von hämolytischen Streptokokken Gruppe A und C gebildet[13].

Eigenschaften. Hyaluronsäure verschiedenen Ursprunges zeigt dieselbe chemische Zusammensetzung, dieselben chemischen Eigenschaften und dieselbe optische Drehung.

Sowohl die freie Säure als auch die Salze sind bisher nur amorph erhalten worden. Die Alkali- und Erdalkalisalze und die freie Säure sind alle leicht löslich in Wasser, unlöslich in organischen Lösungsmitteln. Alkohol fällt vollständig nur in Gegenwart von Neutralsalzen. Die Substanz wird von langkettigen quartären Ammoniumbasen gefällt[14].

[1] WEISSMAN, B., and K. MEYER: Am. Soc. **74**, 4729 (1952); **76**, 1753 (1954).
[2] Siehe auch JEANLOZ, R. W.: 3. Int. Congr. Biochem. Bruxelles 1955, S. 65.
[3] WEISSMAN, B., M. RAPPORT, A. LINKER and K. MEYER: J. biol. Ch. **205**, 205 (1954).
[4] WEISSMAN, B., and K. MEYER: Am. Soc. **76**, 1753 (1954).
[5] LINKER, A., and K. MEYER: Nature **174**, 1192 (1954).
[6] Siehe: BLIX, G., u. O. SNELLMAN: Ark. Kemi, Mineral. Geol. **19** A, No. 32 (1945). — LAURENT, T. C., and J. GERGELY: J. biol. Ch. **212**, 325 (1955). — LAURENT, T. C.: J. biol. Ch. **216**, 263 (1955). — BRUNISH, R., and J. W. ROWEN: Trans. amer. ophthalm. Soc. **52**, 369 (1954). — ROWEN, J. W., R. BRUNISH and F. W. BISHOP: Biochim. biophysica Acta, N. Y. **19**, 480 (1956). — BLUMBERG, B. S., and G. OSTER: Science, N. Y. **120**, 432 (1954). — CHRISTIANSEN, J. A., and C. E. JENSEN: Acta chem. scand. **7**, 1247 (1953); **9**, 1405 (1955). — LAURENT, T. C.: Ark. Kemi **11**, 487 (1957).
[7] MEYER, K., and E. CHAFFEE: J. biol. Ch. **138**, 491 (1941).
[8] MEYER, K., and J. W. PALMER: Amer. J. Ophthalm. **19**, 859 (1936). — BÁRÁNY, E. H., and A. M. WOODIN: Acta physiol. scand. **33**, 257 (1955).
[9] MEYER, K., and E. CHAFFEE: J. biol. Ch. **133**, 83 (1940). — BLIX, G.: Acta Soc. Med. upsal. **56**, 47 (1951).
[10] KABAT, E. A.: J. biol. Ch. **130**, 143 (1939).
[11] PIRIE, N. W.: Brit. J. exp. Path. **23**, 277 (1942).
[12] MEYER, K., E. DAVIDSON, A. LINKER and P. HOFFMAN: Biochim. biophysica Acta, N. Y. **21**, 506 (1956).
[13] KENDALL, F. E., M. HEIDELBERGER and M. H. DAWSON: J. biol. Ch. **118**, 61 (1937). — SEASTONE, C. V.: J. exp. Med. **70**, 361 (1939).
[14] SCOTT, J. E.: Biochim. biophysica Acta, N. Y. **18**, 428 (1955). — LAURENT, T. C.: Ark. Kemi **11**, 497 (1957).

In nativem und in nicht allzu stark abgebautem Zustande wird Hyaluronsäure von Eiweißstoffen auf der sauren Seite ihres isoelektrischen Punktes gefällt. Die Säure wirkt nur schwach metachromatisch.

Durch Behandlung in der Wärme mit verdünnten Mineralsäuren wird die Hyaluronsäure schnell desacetyliert und bis zum Disaccharid abgebaut, das bei etwas energischerer Behandlung weiter hydrolysiert wird. Die Hyaluronsäure wird von einer in Hoden und Spermatozoen sehr aktiven Hyaluronidase hydrolytisch gespalten. Hyaluronidasen werden auch von gewissen Bakterien (Pneumokokken, Streptokokken u. a.) gebildet[1].

Die Natur der Hyaluronsäure als eines hochpolymeren Polyelektrolyten bestimmt in der Hauptsache ihr physikalisch-chemisches Verhalten. Die Ergebnisse der Bestimmungen von Viscosität, osmotischem Druck, Strömungsdoppelbrechung usw. von Hyaluronsäurelösungen variieren stark mit Ursprung und Darstellung des verwendeten Präparates*. Dies ist teilweise auf einen variierenden Polymerisationsgrad der Hyaluronsäure zurückzuführen. In welchem Maße kleine Mengen von anhaftenden Proteinstoffen die physikalisch-chemischen Eigenschaften beeinflussen, ist nicht klar.

In neutraler Lösung zeigt die Hyaluronsäure eine spezifische Drehung von etwa $[\alpha]_D$ —60° bis —80°.

3. Keratoschwefelsäure.

Die Polysaccharide der Hornhaut bestehen, wie von MEYER und Mitarbeitern[15] 1953 gezeigt wurde, zu etwa der Hälfte aus einer Substanz, die aus äquimolaren Mengen von N-Acetylglucosamin, D-Galaktose und Schwefelsäure aufgebaut ist. Diese Substanz wurde als *Keratoschwefelsäure* bezeichnet. Beobachtungen über eine ähnliche Verbindung machte schon früher SUZUKI[16]. Wie kürzlich nachgewiesen wurde[17, 18], bestehen die Mucopolysaccharide des Nucleus pulposus gleichfalls zu etwa 50% aus Keratosulfat. Auch im Knochengewebe soll Keratosulfat vorkommen[19].

Die Eigenschaften dieser Substanz, die im Körper wahrscheinlich weit verbreitet ist, sind noch nicht näher bekannt.

4. Sialinsäure, Neuraminsäure.

Aus Submaxillarismucin von Rind stellte BLIX (1936)[20] eine kristalline Säure dar, deren elementare Zusammensetzung etwa $C_{14}H_{25}NO_{11}$ entsprach. Sie wurde später[21] *Sialinsäure*

* Eine Übersicht über die physikalische Chemie der Hyaluronsäure (und Chondroitinschwefelsäure) findet man in DORFMAN, A., and M. B. MATHEWS: Ann. Rev. Physiol. 18, 78 (1956). Siehe übrigens betreffend *Viscosität* unter anderen [2–7], *Strömungsdoppelbrechung*[2, 7], *Elektrophorese*[7–9], *osmotischem Druck*[10], *dielektrischen Eigenschaften*[11, 12], *Infrarotabsorption*[13], *Elektronenmikroskopie*[7, 14]:

[1] Für Literatur über Hyaluronidasen s.: GIBIAN, H.: Ergebn. Enzymforsch. **13**, 1 (1954).
[2] BLIX, G., u. O. SNELLMAN: Ark. Kemi, Mineral. Geol. **19** A, 32 (1945).
[3] BLUMBERG, B. S., G. OSTER and K. MEYER: J. clin. Invest. **34**, 1454 (1955).
[4] SUNDBLAD, L.: Acta Soc. Med. upsal. **58**, 113 (1953).
[5] JEANLOZ, R., and E. FORCHIELLI: J. biol. Ch. **186**, 495 (1950).
[6] LAURENT, T. C.: Ark. Kemi **11**, 487 (1957).
[7] ROWEN, J. W., R. BRUNISH and F. W. BISHOP: Biochim. biophysica Acta, N. Y. **19**, 480 (1956).
[8] BLIX, G.: Acta physiol. scand. **1**, 29 (1940).
[9] PANTLITSCHKO, M.: Mh. Chem. **83**, 1125 (1952).
[10] CHRISTIANSEN, J. A., and C. E. JENSEN: Acta chem. scand. **9**, 1405 (1955).
[11] JACOBSON, B., and T. C. LAURENT: J. Colloid Sci. **9**, 36 (1954).
[12] JUNGNER, G.: Acta chem. scand. **4**, 1154 (1950).
[13] ORR, S. F. D.: Biochim. biophysica Acta, N. Y. **14**, 173 (1954).
[14] JENSEN, C. E., and F. CARLSEN: Acta chem. scand. **8**, 1357 (1954).
[15] MEYER, K., A. LINKER, E. A. DAVIDSON and B. WEISSMAN: J. biol. Ch. **205**, 611 (1953).
[16] SUZUKI, H.: J. Biochem. **30**, 185 (1939).
[17] GARDELL, S., and S. RASTGELDI: Acta chem. scand. **8**, 362 (1954).
[18] GARDELL, S.: Acta chem. scand. **9**, 1035 (1955).
[19] MEYER, K., E. DAVIDSON, A. LINKER and P. HOFFMAN: Biochim. biophysica Acta, N. Y. **21**, 506 (1956).
[20] BLIX, G.: H. **240**, 43 (1936).
[21] BLIX, G., L. SVENNERHOLM and I. WERNER: Acta chem. scand. **6**, 358 (1952).

genannt. Kürzlich sind mit dieser Substanz nahe verwandte, unter sich verschiedene Säuren aus Submaxillarismucin von Schwein bzw. Schaf und Pferd isoliert worden[1, 2]. Sie wurden als Sialinsäure P (aus Schweinmucin) bzw. Sialinsäure O (aus Schafmucin) und E (aus Pferdemucin) bezeichnet, zum Unterschied von der ursprünglichen, jetzt als Sialinsäure B benannten Verbindung*.

Aus den Spaltprodukten, die beim Erhitzen der Ganglioside mit methanolischer Salzsäure entstehen, konnte KLENK (1941)[3] eine kristalline Säure mit der Zusammensetzung $C_{11}H_{21}NO_9$ oder $C_{10}H_{19}NO_8$ isolieren. Sie ist das Methylglykosid einer (noch nicht dargestellten) Säure, der der Name *Neuraminsäure* gegeben wurde. Es hat sich herausgestellt, daß die Sialinsäuren alle einfache Substitutionsderivate der Neuraminsäure sind. Die O-Sialinsäure ist nichts anderes als N-Acetylneuraminsäure, die P-Sialinsäure ist N-Glykolylneuraminsäure. Die B- und E-Sialinsäuren sind Diacetylderivate von Neuraminsäure, die außer einer N-Acetylgruppe noch ein O-Acetyl besitzen. Die letztgenannten sind Isomere. Die Lactaminsäure der Kuhmilch[4, 5] und die Gynaminsäure der Brustmilch[6] haben sich als identisch mit der N-Acetylneuraminsäure erwiesen.

Die zuerst von GOTTSCHALK[7] vorgeschlagene Struktur, nachdem die Neuraminsäure als ein Aldolkondensationsprodukt zwischen Glucosamin und Brenztraubensäure aufgefaßt wurde, erhielt vor allem dadurch eine starke Stütze, daß es KUHN und BROSSMER[5] gelang, durch Erhitzen von O-Sialinsäure mit Pyridin und Nickel(II)-acetat N-Acetyl-D-glucosamin zu erhalten. Später wurde N-Acetylneuraminsäure durch Kondensation von N-Acetylglucosamin mit Oxalessigsäure (unter CO_2-Abspaltung) synthetisiert[8]. Wichtige Gründe sind aber kürzlich für die Auffassung angezogen, daß nicht D-Glucosamin, sondern D-Mannosamin in dem Sialinsäuremolekul eingebaut ist[9, 10]. N-Acetylmannosamin wird bei alkalischer Reaktion leicht zu N-Acetylglucosamin epimerisiert. Berücksichtigt man auch die von KUHN und BROSSMER[10] angegebene Konfiguration der C_4-Gruppe, so kommt der Acetylneuraminsäure die nebenstehende Struktur zu.

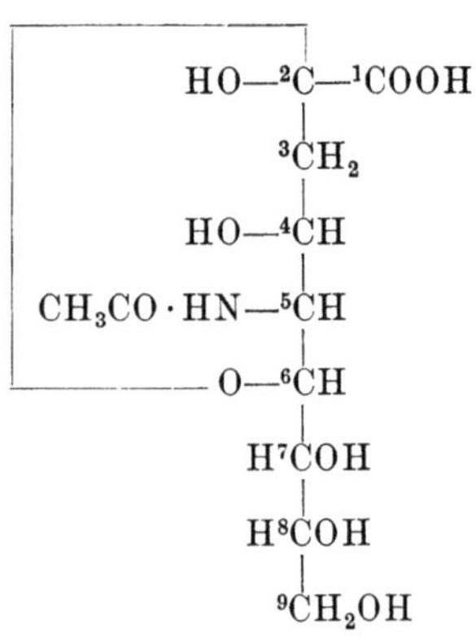

β-D(—)-N-Acetylneuraminsäure.

Vorkommen. Außer aus Submaxillarismucinen sind Sialinsäuren (bzw. Methoxyneuraminsäure) in kristallinem Zustand aus einer ganzen Reihe von Glykoproteiden epithelialer Sekrete (einschließlich Milch und Harn) und weiter unter anderem aus Blutserum und Erythrocyten dargestellt worden[11]. Eine polymerisierte Form von Sialinsäure ist kürzlich aus Coli-Bakterien isoliert worden[12]. Aus dem dialysierbaren Anteil der Milch konnten KUHN und BROSSMER[13] kürzlich eine Substanz isolieren, die aus Lactose und einer Diacetylneuraminsäure zusammengesetzt war. Eine ähnliche Substanz war schon früher in Brustdrüsen (von Ratten) nachgewiesen[14] worden.

* Die Buchstaben beziehen sich auf die englischen, vom Lateinischen abgeleiteten Adjektive *b*ovine, *p*orcine, *o*vine und *e*quine.

1 BLIX, G., E. LINDBERG, L. ODIN and I. WERNER: Nature **175**, 340 (1955).
2 BLIX, G., E. LINDBERG, L. ODIN and I. WERNER: Acta Soc. Med. upsal. **61**, 1 (1956).
3 KLENK, E.: H. **268**, 50 (1941).
4 KUHN, R., u. R. BROSSMER: B. **87**, 123 (1954).
5 KUHN, R., u. R. BROSSMER: B. **89**, 2471 (1956).
6 ZILLIKEN, F., G. A. BRAUN and P. GYÖRGY: Arch. Biochem. **54**, 564 (1955).
7 GOTTSCHALK, A.: Nature **176**, 881 (1955).
8 CORNFORTH, J. W., M. E. DAINES and A. GOTTSCHALK: Proc. chem. Soc. **1957**, 25.
9 COMB, D. G., and S. ROSEMAN: Am. Soc. **80**, 497, 3166 (1958).
10 KUHN, R., u. R. BROSSMER: A. **616**, 221 (1958).
11 Zusammenfassung bei: WHELAN, W. J.: Ann. Rep. Progr. Chem. **54**, 319 (1957).
12 BARRY, G. T.: J. exp. Med. **107**, 507 (1958).
13 KUHN, R., u. R. BROSSMER: Angew. Chem. **68**, 211 (1956).
14 TRUCCO, R. E., and R. CAPUTTO: J. biol. Ch. **206**, 901 (1956).

Eigenschaften. Die Sialinsäuren sind alle leicht löslich in Wasser, löslich in Methanol und Äthanol, unlöslich in Äther und Petroläther. Sie werden beim Erhitzen unter Schmelzen und Verkohlung zersetzt.

Tabelle 2. *Eigenschaften von Sialinsäuren.*

	$[\alpha]_D^{+20°}$	Zersetzung bei
N-Acetylneuraminsäure (Sialinsäure O) .	—31 ± 2°	185—187°
N-Glykolylneuraminsäure (Sialinsäure P)	—32 ± 2°	185—187°
Sialinsäure B	+ 6 ± 1°	145—146°
Sialinsäure E	—61 ± 1°	etwa 200°
Methoxyneuraminsäure	—55—56°	etwa 200°

Die Sialinsäuren sind sehr labil. Sie haben ihr Stabilitätsmaximum bei p_H 4—5. Sie sind verhältnismäßig starke Säuren. Der pK′ liegt für O-, P- und B-Sialinsäure bei 2,6—2,7[1, 2]. Die Sialinsäuren reduzieren Fehlingsche Lösung in der Wärme. Sie geben (ebenso wie die Methoxyneuraminsäure) die Bialsche Reaktion mit violetter Farbe, mit dem Ehrlichschen p-Dimethylaminobenzaldehydreagens ohne Vorbehandlung mit Alkali eine rotviolette Farbe und mit Diphenylamin und Trichloressigsäure eine blauviolette Farbe[3]. Erhitzen mit verdünnten Mineralsäuren führt rasch zu Zersetzung unter starker Huminbildung. Beim Erhitzen mit 12%iger HCl wird Kohlendioxyd (1 Mol/Mol) abgespalten. Wird Sialinsäure mit verdünntem Alkali erhitzt, entsteht unter anderem α-Pyrrol-carbonsäure[4, 5].

Methylester der Sialinsäuren und Methylglucoside der Methylester sind dargestellt worden[1]. N-Acetylneuraminsäure gibt mit C_2H_5SH und HCl ein Mercaptal-lacton[6].

5. Andere Kohlenhydratkomponenten.

Viele Glykoproteide enthalten Kohlenhydratkomponenten, die aus N-Acetylhexosamin und N-freien Zuckern zusammengesetzt sind. Meistens handelt es sich dabei um Gruppen, die außer Hexosamin, D-Galaktose und D-Mannose oder D-Galaktose und L-Fucose enthalten. In der letzten Zeit ist in vielen Glykoproteiden Sialinsäure zusammen mit solchen Gruppen gefunden worden. Dabei ist noch unentschieden, ob die Sialinsäure zusammen mit einer äquivalenten Menge Hexosamin als eine Gruppe für sich an das Eiweiß gebunden ist oder ob sie in demselben Komplex wie die anderen Zucker vorkommt.

Näheres über diese Kohlenhydratkomponenten wird im Abschnitt über Glykoproteide (S. 685) mitgeteilt.

C. Allgemeines über Nachweis und Bestimmung von Mucopolysacchariden in Geweben.

Die in Geweben vorkommenden Mucopolysaccharide können mit histologischen Methoden nachgewiesen werden. Die gebräuchlichsten Verfahren sind hierbei a) die Färbung des Präparates mit Toluidinblau, wobei die sauren Mucopolysaccharide als metachromatisch gefärbte Partien deutlich sichtbar werden und b) die Oxydation mit Perjodsäure und anschließende Färbung mit SCHIFFs Reagens, womit hauptsächlich Glykol- und Oxyaminogruppen nachgewiesen werden. Nähere Einzelheiten dieser Methoden sind in histologischen Handbüchern zu finden[7].

[1] BLIX, G., E. LINDBERG, L. ODIN and I. WERNER: Acta Soc. Med. upsal. **61**, 1 (1956).
[2] SVENNERHOLM, L.: Acta Soc. Med. upsal. **61**, 75 (1956).
[3] WERNER, I., and L. ODIN: Acta Soc. Med. upsal. **57**, 230 (1952).
[4] KLENK, E., u. H. FAILLARD: H. **298**, 230 (1954).
[5] GOTTSCHALK, A.: Biochem. J. **61**, 298 (1955).
[6] KUHN, R., u. R. BROSSMER: Angew. Chem. **69**, 534 (1957).
[7] Siehe unter anderen: EVERSON PEARSE, A. G.: Histochemistry Theoretical and Applied. London 1953. — GOMORI, G.: Microscopic Histochemistry Principles and Practice. Chicago 1952.

Sulfathaltige Polysaccharide können auch mit autoradiographischen Methoden nachgewiesen werden. Der größte Teil vom injizierten organischen radioaktiven Sulfat wird in kurzer Zeit durch die Nieren ausgeschieden, so daß nach 48 Std praktisch kein freies Sulfat in den Geweben nachgewiesen werden kann. Während dieser Zeit ist ein Teil vom radioaktiven Sulfat jedoch in die sulfathaltigen Polysaccharide eingebaut worden. Das in dieser Weise gebundene Sulfat hat eine wesentlich längere Halbwertszeit, was einen spezifischen Nachweis mit Hilfe autoradiographischer Methoden ermöglicht[1].

Aber weder die histologischen noch die autoradiographischen Methoden erlauben nähere Schlüsse über die qualitativen und quantitativen Verhältnisse der Mucopolysaccharide in den Geweben, insbesondere da meistens verschiedene Mucopolysaccharide nebeneinander vorkommen. Die Erkennung der Art der Gewebsmucopolysaccharide und ihre quantitative Bestimmung setzen im allgemeinen ihre Isolierung von anderen Gewebsbestandteilen sowie ihre Trennung voneinander voraus. Die Methoden der Isolierung und Fraktionierung der Gewebsmucopolysaccharide werden unten näher behandelt.

Durch Nachweis und quantitative Bestimmung einzelner Polysaccharidkomponenten, wie Hexosamine, Schwefelsäure usw., direkt im Gewebe können jedoch oft wertvolle Aufschlüsse über die Art und Menge der Mucopolysaccharide eines Gewebes erhalten werden. Die qualitativen und quantitativen Bestimmungsmethoden der durch Hydrolyse erhaltenen Komponenten werden S. 696 näher besprochen.

D. Darstellung der Mucopolysaccharide und der Sialinsäuren.

1. Isolierung der Gesamtmucopolyuronide (und der Keratoschwefelsäure).

Allgemeines. Verglichen mit der Leichtigkeit, mit der sich die Polynucleotide eines Nucleoproteidkomplexes unter Einwirkung von Neutralsalzen in ihre Komponenten zerlegen lassen[2], ist der entsprechende Mucopolysaccharid-Eiweißkomplex stabil. Will man mit guter Ausbeute eine Mucopolysaccharidfraktion in möglichst reiner Form erhalten, muß man gewöhnlich ziemlich drastische Maßnahmen anwenden, die leicht zu einer Veränderung des Mucopolysaccharidmoleküls an sich führen können. Soll das Polysaccharid in möglichst „nativer“ Form isoliert werden, können nur sehr schonende Methoden zur Anwendung kommen. Leider ist dabei die Ausbeute oft gering und die erhaltenen Präparate sind meistens mit Eiweiß verunreinigt.

Die Wahl der Methode zur Isolierung von Mucopolysacchariden aus einem Organ muß sich deshalb danach richten, zu welchem Zwecke das isolierte Polysaccharid verwendet werden soll. Man strebt z. B. danach, mit möglichst guter Ausbeute ein bestimmtes Polysaccharid zu isolieren zwecks Untersuchung oder Reindarstellung der darin enthaltenen Komponenten, oder es gilt, wie z. B. bei der Isolierung von Heparin, eine physiologisch aktive Substanz zur therapeutischen Anwendung zu gewinnen. In solchen Fällen ist ein etwas depolymerisiertes oder in seiner „nativen“ Form verändertes Produkt, das aber mit guter Ausbeute rein erhalten werden kann, einer vollständig unveränderten, aber verunreinigten Form mit nur schlechter Ausbeute vorzuziehen. Auch wenn es gilt, alle in einem Organ vorkommenden Mucopolysaccharide zu isolieren, um den Mucopolysaccharidgehalt des betreffenden Organs unter normalen und pathologischen Bedingungen zu untersuchen, sind weniger schonende Verfahren vorzuziehen.

Die drastischen Methoden haben jedoch den Nachteil, daß die weniger resistenten Polysaccharide depolymerisiert werden können, so daß sie ihren Charakter ändern und bei der weiteren Verarbeitung des Extraktes eventuell verlorengehen.

Zur Extraktion der Polysaccharide aus einem Organ kommen 3 Verfahren in Frage:

1. Die *Extraktion mit Alkali* gibt schnell eine relativ reine Mucopolysaccharidfraktion, die aber aller Wahrscheinlichkeit nach ihren „nativen“ Zustand verloren hat.

[1] Boström, H.: Ark. Kemi **6**, 43 (1953).
[2] Hammarsten, E.: B. Z. **144**, 383 (1924).

2. Will man ein möglichst natives Präparat haben, empfiehlt sich die *Verwendung von Wasser oder Neutralsalzen.* Im allgemeinen erhält man aber keine reinen Produkte.

3. *Der Abbau von Gewebseiweiß mit proteolytischen Enzymen.* Diese Methode gibt die beste Ausbeute an Polysacchariden aus einem Organ und auch die größte Anzahl von Komponenten. Das Verfahren ist auch relativ schonend, abgesehen von einem eventuellen direkten Effekt eines Enzymextraktes auf das Polysaccharidmolekül.

a) Extraktion mit Alkali bzw. Neutralsalzen.

Zur Darstellung der Polysaccharide mit *Alkaliextraktion* verwendet man 0,5 n NaOH. Hin und wieder können stärker alkalische Lösungen notwendig sein. Sie führen aber meist zu einer hochgradigen Veränderung des Polysaccharidmoleküls.

Nach der Extraktion wird der Extrakt von dem ungelösten Teil getrennt, neutralisiert und dialysiert. Nach anschließender Konzentration der Lösung werden die Rohpolysaccharide entweder mit Alkohol oder mit Eisessig ausgefällt (s. S. 679: Darstellung der Chondroitinschwefelsäure).

Bei der Extraktion mit Neutralsalzen verwendet man meistens 10%iges $CaCl_2$; der erhaltene Extrakt wird ebenso behandelt wie der Alkaliextrakt. Auch Rhodanide sind verwendet worden.

Reinigung der Extrakte. Im weiteren Arbeitsgang werden aus den Neutralsalz- oder Alkaliextrakten die Proteine entfernt, wobei die vollständige Entfernung der Proteine nicht selten bedeutende Schwierigkeiten macht. Hierbei wird nach verschiedenen Methoden vorgegangen, z. B. Ausfällung mit Gerbsäure[1] oder Phosphorwolframsäure[2], Schütteln mit Chloroform[3] oder Anwendung von Formaldehyd zur Blockierung der Aminogruppen des Eiweißes[4]. Das schonendste Verfahren ist die zuerst von MÖRNER[5] beschriebene und später von SEVAG[3] ausgearbeitete Methode, das Eiweiß durch Schütteln mit Chloroform und Amylalkohol zu denaturieren. Bezüglich Einzelheiten über die Methoden zur Reinigung der Alkali- bzw. Neutralsalzextrakte s. S. 679.

b) Darstellung von Mucopolysacchariden durch proteolytische Digestion von Geweben.

Schon im Jahre 1891 wandte SCHMIEDEBERG[6] die Digestion mit proteolytischen Fermenten zur Darstellung von Polysacchariden an. Er verwandte Magensaft, was aber verschiedene Nachteile hatte. Um eine befriedigende Digestion zu erreichen, war es nämlich notwendig, sie in saurer Reaktion vorzunehmen, wodurch leicht Estersulfat abgespalten wird. Außerdem enthält der Magensaft selbst Polysaccharide. Sogar die im Handel vorkommenden Pepsinpräparate enthalten nicht selten bedeutende Kohlenhydratmengen.

Um diese Nachteile zu vermeiden, wandten CHARLES und SCOTT[7] bei der Darstellung von Heparin Trypsin an.

α) *Digestion durch Pankreas- und Darmfermente*[8, 9].

Das Organ — am besten gefroren aufbewahrt — wird in noch gefrorenem Zustande (wiederholte Zugabe von Kohlensäureschnee!) durch die Fleischhackmaschine gedreht und die gefrorene Masse in kleinen Portionen in kochendem Wasser coaguliert. Die Wassermenge muß etwa der Hälfte des gesamten Organgewichts entsprechen. Nach jedem Zusatz läßt man die Mischung erst einmal aufkochen, ehe man eine neue Portion zugibt. Nach dem letzten Zusatz wird die Masse etwa 30 min lang gekocht und dann auf 40° C

[1] MÖRNER, C. T.: Skand. Arch. Physiol. **1**, 210 (1889).
[2] FÜRTH, O., u. T. BRUNO: B. Z. **294**, 153 (1937).
[3] SEVAG, M. G.: B. Z. **273**, 419 (1934).
[4] MASAMUNE, H., and S.-I. OSAKI: Tohoku J. exp. Med. **45**, 12 (1943).
[5] MÖRNER, K. A. H.: Skand. Arch. Physiol. **6**, 332 (1895).
[6] SCHMIEDEBERG, O.: A. e. P. P. **28**, 355 (1891).
[7] CHARLES, A. F., and D. A. SCOTT: J. biol. Ch. **102**, 425 (1933).
[8] GARDELL, S.: Ark. Kemi **4**, 449 (1952).
[9] BOSTRÖM, H., and S. GARDELL: Acta chem. scand. **7**, 216 (1953).

abgekühlt. Während des Kochens muß die Reaktion beinahe neutral sein. Nach dem Abkühlen bringt man den p_H mit 1 n NaOH auf etwa 8,5 und setzt je Kilogramm Organgewicht 5 cm³ Glycerinextrakt aus Schweinepankreas zu (Darstellung des Glycerinextraktes s. unten). Hierauf gibt man so viel Toluol zu, daß es die Digestionsmasse in einer etwa 0,5 cm dicken Schicht bedeckt, schüttelt gut um und stellt das Material in einen Thermostaten mit 37—40° C.

Während der ersten Digestionsstunden sinkt der p_H der Masse schnell auf etwa 6—7. Diese Änderung wird kompensiert, indem man von Zeit zu Zeit etwa 1 n NaOH bis zu p_H 8—8,5 zusetzt. Nach 4—5 Tagen verändert sich der p_H nicht mehr. Man gibt nun wieder 5 cm³ Pankreasextrakt zu der Masse und kontrolliert den p_H. Durch Bestimmung des Verhältnisses zwischen dem freien Aminostickstoff nach VAN SLYKE[1] und dem Gesamtstickstoff nach KJELDAHL[2] kann man den Verlauf der Digestion verfolgen. Wenn sich das Verhältnis zwischen dem freien und dem Gesamtstickstoff auch nach weiterem Zusatz von Pankreasextrakt und Einstellen des p_H nicht mehr ändert, gibt man je Kilogramm Organ 5 cm³ Glycerinextrakt aus Darmschleimhaut zu (Darstellung s. unten). Das Einstellen des p_H geschieht wie oben beschrieben, und der Verlauf der Digestion wird weiter durch Bestimmung des freiwerdenden Stickstoffs kontrolliert. Im allgemeinen dauert die Digestion 4 Wochen. Manchmal ist es vorteilhaft, Pankreasextrakt und Darmextrakt gleichzeitig zuzugeben.

Bei sehr fettreichen Geweben kann es vorteilhaft sein, ein Acetontrockenpulver als Ausgangsmaterial zu benutzen. Das Gefriertrocknen und spätere Zerkleinern des Organs in getrocknetem Zustand scheint manchmal günstig zu sein, da die Polysaccharidausbeute leichter auf Trockensubstanz berechnet werden kann. Das Organtrockenpulver wird in diesem Fall direkt in das kochende Wasser gegeben.

Herstellung der Glycerinextrakte aus Pankreas und Darmschleimhaut.

Pankreasextrakt. Die zermahlenen Pankreasdrüsen müssen zur Aktivierung einige Stunden bei Zimmertemperatur stehen und werden dann mit Alkohol und Äther getrocknet. Das Trockenpulver wird mit 87%igem Glycerin (10 cm³ auf 1 g Trockenpulver) bei + 4° C 4—6 Std extrahiert. Danach wird die Mischung mit 1 Vol. Wasser verdünnt und bei + 4° C durch ein Faltenfilter filtriert. In der Kälte aufbewahrt, hält sich das Filtrat mindestens 4 Wochen ohne nennenswerten Verlust an enzymatischer Aktivität.

Darmschleimhautextrakt. Frische Darmausschabung wird mit 87%igem Glycerin (10 cm³ auf 1 g Substanz) 5 Std bei + 4° C extrahiert und die Mischung durch ein Faltenfilter filtriert. Das Filtrat ist manchmal opalescierend und muß durch Zentrifugieren geklärt werden.

Diese Extrakte enthalten geringe Kohlenhydratmengen, der Pankreasextrakt etwa 2,6 mg in 100 cm³, als Glucose berechnet, und der Darmschleimhautextrakt etwa 4,0 mg in 100 cm³. In Anbetracht der geringen Extraktmengen, die zur Digestion notwendig sind, kann man jedoch über diese Verunreinigung hinwegsehen.

β) Digestion mit Papain.

Schneller geht die Digestion mit Papain, und zwar am besten bei 65—70° C, da bei dieser Temperatur die im Gewebe vorhandenen Enzyme nur eine minimale Aktivität haben.

Folgendes Verfahren kann empfohlen werden[3]:

Frisches, gefriergetrocknetes oder mit Aceton getrocknetes Organ wird in einer Digestionslösung aufgeschwemmt. Wendet man frisches Organ an, braucht man 1—2 cm³ Digestionslösung je Gramm Organ, in den anderen Fällen 5—10 cm³ auf 1 g Organ. Die Digestionslösung besteht aus 0,1 m Phosphat-, Phosphat-Citrat- oder Acetatpuffer. p_H 6,9, mit 0,005 m Cysteinhydrochlorid und 0,005 m Versene (Äthylendiamintetraessig-

[1] SLYKE, D. D. VAN: J. biol. Ch. **9**, 185 (1911); **12**, 275 (1912); **16**, 121 (1913); **23**, 407 (1915); **83**, 425 (1929). — Siehe auch Bd. III, S. 312.
[2] Über die Bestimmung von Stickstoff nach KJELDAHL s. Bd. III, S. 236.
[3] SCOTT, J. E.: The assay of acidic polysaccharides from tissues. Diss. phil. Manchester 1956.

säure-dinatriumsalz) und 0,5% Papain (Handelspräparat). Das Gemisch wird zur Digestion 12—24 Std bei 65—70° C in den Thermostaten gestellt. Danach wird die Aufschwemmung im Vakuum eingeengt, dialysiert und erneut eingeengt. Aus dem Konzentrat kann dann das rohe Polysaccharidgemisch mit Alkohol ausgefällt werden.

γ) Reinigung des nach Digestion erhaltenen Polysaccharidextraktes.

Die nach der Digestion mit proteolytischen Enzymen erhaltenen Produkte können durch Ausfällung mit Alkohol weitgehend gereinigt werden. Die Alkoholfällung wird erst bei alkalischer Reaktion (p_H 9—11) und danach bei saurer Reaktion (p_H 2—3) ausgeführt. Bei der Fällung bei saurer Reaktion ist ein Zusatz von Neutralsalz notwendig, um eine vollständige Ausfällung zu erreichen. Zur Entfernung der verunreinigenden Proteine wandte man früher LLOYDs Reagens oder Fuller-Erde an. Diese Adsorptionsmittel verursachen jedoch einen nicht geringen Verlust an Kohlenhydraten, weswegen es am günstigsten ist, die Polysaccharidfraktion durch Extraktion mit 90%igem Phenol zu reinigen[1, 2].

Zur Reinigung von Alkali- oder Neutralsalzextrakten kann dieses Verfahren allerdings nicht empfohlen werden, da die verunreinigenden Proteine dieser Extrakte durch 90%iges Phenol nicht genügend gelöst werden.

Die rohe Polysaccharidfraktion wird in einer Konzentration von 5—10% in Wasser gelöst oder suspendiert und gefriergetrocknet. Das Trockenpulver wird über Nacht unter kräftigem Schütteln mit 90%igem Phenol (10 cm^3 auf 1 g Trockenpulver) im Schüttelapparat extrahiert und die Mischung dann bei 10000—25000 g 30 min zentrifugiert. Aus dem abdekantierten Phenolextrakt können Proteine und eventuelle Protein-Kohlenhydratkomplexe mit Alkohol ausgefällt werden.

Der Extraktionsrest wird mit der Hälfte der ursprünglichen Phenolmenge einmal gewaschen und nochmals zentrifugiert. Danach löst man den Rückstand in Wasser und gibt vorsichtig Alkali zu, um die Löslichkeit zu erleichtern. Die klare oder schwach opalescierende Flüssigkeit wird durch vorsichtige, tropfenweise Zugabe von konz. HCl auf ungefähr p_H 2 gebracht, wobei das restliche Phenol sich als Emulsion abscheidet. Durch Zusatz von 10 Vol. Äthanol werden aus dieser Mischung die Polysaccharide ausgefällt. Der Niederschlag wird abgetrennt, in Wasser gelöst, neutralisiert, dialysiert und schließlich gefriergetrocknet oder mit 5—10 Vol Alkohol ausgefällt. Das auf diese Weise gereinigte Produkt enthält meist etwa 5%Eiweiß. Die Ausbeute beträgt 60—80% der im Organ vorkommenden Polysaccharide, nach den Aminozuckerwerten berechnet.

2. Fraktionierung von Mucopolysaccharidgemischen.

Bei der Darstellung von Mucopolysacchariden nach den angegebenen Methoden erhält man ein Gemisch aus verschiedenen Polysaccharidkomponenten, die hauptsächlich nach folgenden Prinzipien fraktioniert werden können:

1. Fraktionierte Alkoholfällung (Äthanol) aus wäßrigen Lösungen bei verschiedenem p_H und in Gegenwart verschiedener Metallionen.
2. Fraktionierte Elution aus einer Cellulosesäule mit den gleichen Variablen wie unter 1.
3. Fraktionierung mit quartären Ammoniumbasen.
4. Elektrophoretische Trennung.
5. Verteilungsverfahren.

a) Alkoholfraktionierung von Polysaccharidgemischen.

***Alkoholfraktionierung in Gegenwart von Calciumsalzen nach* MEYER *und Mitarbeitern*[3].** Zu einer etwa 2%igen Lösung des Polysaccharidgemisches gibt man Calciumacetat und Essigsäure, bis eine Konzentration von 5% bzw. 0,5 n erreicht ist. Unter

[1] GARDELL, S., and S. RASTGELDI: Acta chem. scand. 8, 362 (1954).

[2] GARDELL, S.: Unveröffentlicht.

[3] MEYER, K., A. LINKER, E. A. DAVIDSON and B. WEISSMANN: J. biol. Ch. 205, 611 (1953).

kräftigem Umrühren setzt man dann tropfenweise Äthanol zu. Meistens entnimmt man die Fraktionen bei Äthanolkonzentrationen von 20, 30, 40 und 50%, aber das kann von Fall zu Fall verschieden gehandhabt werden. Jede Fraktion muß erst 24 Std bei 4° C stehen, ehe sie durch Zentrifugieren bei 0° C von der Mutterlauge getrennt wird.

Bei diesem Verfahren erhält man bei einer Äthanolkonzentration von 18—25% Chondroitinschwefelsäure B, bei 30—40% Chondroitinschwefelsäure A und bei 40—50% Chondroitinschwefelsäure C. Keratosulfat erhält man bei einer Äthanolkonzentration von 50% und Hyaluronsäure bei einer solchen von 30%. Die Methode ermöglicht keine scharfe Trennung der verschiedenen Komponenten; diese kann erst durch mehrfach wiederholte Fraktionierungen erreicht werden.

***Fraktionierung mit Alkohol in Gegenwart von Bariumsalzen nach* Smith, Gallop *und* Stanley**[1, 2]. Zu einer 5%igen wäßrigen Lösung des Polysaccharidgemisches gibt man festes Bariumacetat bis zu einer Konzentration von 3% und bringt den p_H durch Zusatz von Essigsäure oder Bariumhydroxyd auf 6,7—7,1. Die Lösung läßt man über Nacht bei 0° C stehen und entfernt die entstandene Fällung durch Zentrifugieren bei 0° C. Die überstehende Flüssigkeit fraktioniert man durch Zusatz von Äthanol bei 0° C. Jede Fraktion läßt man vor der Trennung über Nacht bei 0° C stehen.

Hierbei erhält man bereits in der ersten, nur mit Bariumacetat in der Kälte versetzten Fraktion Heparin. Die übrigen Polysaccharide werden durch fraktionierten Zusatz von Äthanol ausgefällt. Bei einer Äthanolkonzentration von 0—10% wird ein galaktosaminhaltiges Polysaccharid erhalten und ein anderes bei 10—30%iger Äthanolkonzentration. Diese beiden Polysaccharide sind wahrscheinlich mit der Chondroitinschwefelsäure B bzw. der Chondroitinschwefelsäure A identisch. Bei höheren Alkoholkonzentrationen werden neutrale Polysaccharide ausgefällt. Mit dieser Methode hat man nur Polysaccharide aus der Magenschleimhaut fraktioniert.

b) Fraktionierte Elution aus einer Cellulose-Säule[3].

Herstellung der Säule. Aus Whatman-Cellulosepulver werden verschieden große Säulen hergestellt. Eine passende Menge des Pulvers wird mit Wasser zu einer dünnen Masse vermischt und in eine Saugflasche gegossen, wobei darauf zu achten ist, daß die Flasche nur bis zu einem Fünftel ihres Gesamtvolumens gefüllt werden darf. Man schließt die Flasche dann an eine Wasserstrahlpumpe an und rotiert sie während des Evakuierens vorsichtig. Dabei wird fast alle in der Cellulosemasse enthaltene Luft entfernt, was die spätere gleichmäßige Packung der Säule sehr erleichtert.

Danach füllt man die dünne Masse in ein Chromatographierohr, läßt sie sinken, bis sie eine konstante Höhe eingenommen hat, und preßt nun eine dem Volumen der Säule etwa entsprechende Wassermenge mit einem Druck von 30—40 cm Hg durch die Säule. Die Cellulosemasse wird mit Wasser unter einem hydrostatischen Druck von 2 m so lange gewaschen, bis keine Kohlenhydrate im Durchlauf nachgewiesen werden können. Danach wird die Säule mit 80%igem Äthanol, das 0,3% Bariumacetat enthält, ins Gleichgewicht gebracht.

Vorbereitung der Probe. Mit 0,3% wäßrigem Bariumacetat wird eine Lösung hergestellt, die 5—10% des Polysaccharidgemisches enthält.

Aufbringen der Probe auf die Säule. Etwa 0,5 cm^3 Polysaccharidlösung je Quadratzentimeter des Säulenquerschnittes werden auf die Säule gegeben. Nachdem die aufgebrachte Lösung langsam in die Cellulosemasse eingedrungen ist, werden die Wände des Chromatographierohrs mit ein wenig Bariumacetat gewaschen.

Elution des Untersuchungsmaterials. Die Elution des Materials aus der Säule kann auf 2 Arten durchgeführt werden. Entweder verwendet man stufenweise abnehmende

---

[1] Smith, H., R. C. Gallop and J. L. Stanley: Biochem. J. **52**, 15 (1952).
[2] Smith, H., and R. C. Gallop: Biochem. J. **53**, 666 (1953).
[3] Gardell, S.: Acta chem. scand. **11**, 668 (1957).

Äthanolkonzentrationen, oder man bedient sich einer Methode, die ein kontinuierliches Absinken der Äthanolkonzentration gewährleistet. Der Durchlauf wird hierbei von einem passenden Fraktionssammler aufgefangen.

In beiden Fällen wird die Cellulosemasse erst mit einer mindestens dem 3fachen Volumen der Säule entsprechenden Menge von 80%igem Äthanol, das 0,3% Bariumacetat enthält, gewaschen, damit man sicher sein kann, daß alles Material im obersten Teil der Säule gefällt wird. Bei diesen Waschungen sollen keine oder doch nur sehr geringe Kohlenhydratmengen im Durchlauf erscheinen.

Zur Feststellung der für eine stufenweise Elution günstigsten Bedingungen (z. B. Alkoholkonzentration und Volumen jeder Fraktion) empfiehlt es sich, Probeelutionen auszuführen.

Bei kontinuierlich absinkenden Äthanolkonzentrationen kann man durch eine Probeelution, die entweder stufenweise oder mit einem willkürlichen Gradienten ausgeführt wird, einen passenden Gradienten feststellen. Beim ersten Versuch empfiehlt es sich, die Äthanolkonzentration zwischen 2 aufeinanderfolgenden Eluierungslösungen um 5% zu senken, wobei das Volumen jeder Lösung dem 3fachen Volumen der Säule entsprechen soll.

Die Durchlaufgeschwindigkeit darf 5—10 cm^3/Std und cm^2 Säulenquerschnitt nicht übersteigen.

Die Fraktionen werden je nach dem Zwecke des Versuches behandelt. Im allgemeinen wird eine qualitative oder quantitative Kohlenhydratbestimmung ausgeführt.

c) Fraktionierung mit quartären Ammoniumbasen.

Kürzlich ist man auf die Möglichkeit, quartäre Ammoniumbasen zur Fraktionierung der Mucopolysaccharide zu verwenden, aufmerksam geworden. SCOTT[1] sowie STACEY[2] haben unabhängig voneinander dieses Prinzip angewandt.

Quartäre Ammoniumbasen mit langer aliphatischer Kette bilden mit Mucopolysacchariden, die Sulfat- oder Carboxylgruppen enthalten, in Wasser unlösliche Komplexe, die von Salzen dissoziiert werden können. Für die Dissoziation verschiedener Mucopolysaccharide sind hierbei verschiedene Salzkonzentrationen erforderlich, wobei die für jedes Mucopolysaccharid charakteristische Salzkonzentration teils von der Art der sauren Gruppe und teils von der Ladungsdichte des Moleküls abhängt*. Die Hyaluronsäure, deren einzige ionisierbaren Gruppen die Carboxylgruppen sind, bildet z. B. mit Cetylpyridiniumchlorid einen Komplex, der von 0,2 n $MgCl_2$ dissoziiert wird. Der Komplex der Chondroitinschwefelsäure wird von 0,9 n $MgCl_2$ dissoziiert, während die Dissoziation des Heparinkomplexes eine Konzentration von über 1,6 n $MgCl_2$ erfordert. Der Effekt der verschiedenen Salze ist unterschiedlich[1]. Auf diese Eigenschaften der Komplexe aus quartären Ammoniumbasen und Mucopolysacchariden gründen sich mehrere Fraktionierungsverfahren. Bei den angegebenen Methoden können Cetylpyridiniumchlorid oder Cetyltrimethylammoniumbromid mit Vorteil angewandt werden.

1. Aus einer Lösung, die eine quartäre Ammoniumbase, Mucopolysaccharide und ein Salz in ausreichender Konzentration enthält, um die Bildung der wasserunlöslichen Komplexe zu verhindern, können die verschiedenen Mucopolysaccharide durch Zusatz von Wasser ausgefällt werden.

2. Nach Ausfällung sämtlicher Mucopolysaccharide als Komplexe mit quartären Ammoniumbasen können die einzelnen Mucopolysaccharide durch Behandlung der Fällung mit steigenden Salzkonzentrationen selektiv gelöst werden. Diese Methode eignet sich am besten für das Säulenverfahren.

---

* Von Bedeutung ist auch die Länge der aliphatischen Kette der quaternären Ammoniumbasen.

[1] SCOTT, J. E.: Biochim. biophysica Acta, N. Y. 18, 428 (1955). The assay of acidic polysaccharides from tissues. Diss. phil. Manchester 1956.

[2] STACEY, M.: In: Biochemistry of Nitrogen. In Honour of ARTURI J. VIRTANEN. S. 362. Helsinki 1955.

Die Cellulosesäule wird wie unter b) beschrieben hergestellt, nur daß sie statt mit 80%igem Alkohol mit einer 1%igen Cetylpyridiniumchlorid-Lösung gewaschen wird. Eine wäßrige Lösung des Polysaccharidgemisches wird auf die Säule gegeben und dringt langsam in die Cellulosemasse ein. Danach wird die Säule mit 1%igem Cetylpyridiniumchlorid gewaschen. Hierbei wird die Keratoschwefelsäure eluiert, die mit Cetylpyridiniumchlorid ein Salz bildet, das in einem Überschuß von Cetylpyridiniumchlorid löslich ist. Durch Elution mit steigenden Salzkonzentrationen, z. B. mit 0,25, 0,5, 1,1, 1,5 und 2 n $MgCl_2$, erhält man bei 0,25 n $MgCl_2$ Hyaluronsäure, bei 1,1 n $MgCl_2$ Chondroitinschwefelsäure und bei 1,5 n $MgCl_2$ Heparin. Die übrigen angegebenen Konzentrationen dienen zur Kontrolle der Effektivität der Elution[1].

d) Elektrophoretische Fraktionierung der Mucopolysaccharide.

GARDELL, GORDON und ÅQVIST[2] haben eine zonenelektrophoretische Methode zur Trennung der Hyaluronsäure und der Chondroitinschwefelsäure ausgearbeitet. Sie wird in dem von CONSDEN, GORDON und MARTIN[3] beschriebenen Apparat mit Kieselgur als stabilisierendem Medium ausgeführt. Einzelheiten sind aus der Originalarbeit zu ersehen. BOSTRÖM und GARDELL[4] sowie DORFMAN und Mitarbeiter[5] benutzten diese Methode zur Trennung von Hyaluronsäure und Chondroitinschwefelsäure im Rahmen ihrer Untersuchungen über den Stoffwechsel der Mucopolysaccharide. Mit der beschriebenen Apparatur ist es möglich, Substanzmengen von 50—200 mg mit 80—90% Ausbeute zu trennen. Mit einer vergrößerten Apparatur kann die Kapazität wesentlich erhöht werden.

RIENITS[6] hat die Papierelektrophorese von Mucopolysacchariden beschrieben. Der Nachweis der Polysaccharide geschieht entweder durch Färbung mit Toluidinblau oder durch Elution des Papiers mit anschließender Bestimmung der Hexosamine oder der Uronsäure im Eluat. Kürzlich wurde eine Modifikation beschrieben, in der als stabilisierendes Medium Seide oder Glas angewandt wurde[7]. Einzelheiten dieser Verfahren können der Originalarbeit entnommen werden. Für Stoffwechseluntersuchungen können diese Methoden auch mit Radioaktivitätsmessungen direkt auf dem Papierstreifen kombiniert werden.

e) Die Fraktionierung von Polysaccharidgemischen mit Verteilungsverfahren.

Die Fraktionierung von Polysaccharidgemischen nach dem Craig-Verfahren ist nur in geringem Umfange ausgeführt worden. Da die Polysaccharide in organischen Lösungsmitteln nur schwer löslich sind, ist es schwierig, ein passendes Lösungsmittelsystem für eine solche Fraktionierung zu finden. Durch Anwendung von Fettaminen als „Träger" ist es aber doch gelungen, die verschiedenen Komponenten des Heparins voneinander zu trennen[8,9]. Mit Hilfe dieser Amine konnten auch die Hyaluronsäure und die Chondroitinschwefelsäure durch Verteilungschromatographie getrennt werden[10]. Auch über die papierchromatographische Trennung der Hyaluronsäure und der Chondroitinschwefelsäure ist berichtet worden[11].

---

1 GARDELL, S., and J. E. SCOTT: Unveröffentlicht.
2 GARDELL, S., A. H. GORDON and S. ÅQVIST: Acta chem. scand. **4**, 907 (1950).
3 CONSDEN, R., A. H. GORDON and A. J. P. MARTIN: Biochem. J. **40**, 33 (1940).
4 BOSTRÖM, H., and S. GARDELL: Acta chem. scand. **7**, 216 (1953).
5 SCHILLER, S., M. B. MATHEWS, L. GOLDFABER, J. LUDOWIEG and A. DORFMAN: J. biol. Ch. **212**, 531 (1955).
6 RIENITS, K. G.: Biochem. J. **53**, 79 (1953).
7 FULLER, K. W., and D. H. NORTHCOTE: Biochem. J. **64**, 657 (1956).
8 O'KEEFFE, A. E., M. A. DOLLIVER and E. T. STILLER: Am. Soc. **71**, 2452 (1949).
9 WOLFROM, M. L., G. MONTGOMERY, J. W. KARABINOS and P. ROTHSEB: Am. Soc. **72**, 5796 (1950).
10 BERENSON, G. S., S. ROSEMAN and A. DORFMAN: Biochim. biophysica Acta, N. Y. **17**, 75 (1955).
11 KERBY, G.: Proc. Soc. exp. Biol. Med. **83**, 263 (1955).

3. Darstellung einzelner Mucopolysaccharide.

a) Chondroitinschwefelsäure.

Das beste Ausgangsmaterial zur Darstellung der Chondroitinschwefelsäure ist hyaliner Knorpel, z. B. Tracheal-, Rippen- oder Nasenknorpel. Die Wahl der zur Darstellung angewandten Methoden muß sich, wie S. 672 bereits angeführt, danach richten, zu welchem Zwecke man das erhaltene Produkt verwenden will.

Darstellungsmethoden, die auf der alkalischen Extraktion beruhen, sind von vielen Verfassern angegeben worden[1]. Die bei der alkalischen Extraktion erhaltene Chondroitinschwefelsäure ist polydispers und hat ein im Mittel niedrigeres Molekulargewicht[2].

Durch Extraktion mit Wasser oder Salzlösungen erhält man ein hochpolymeres Produkt. Die Ausbeute der Wasserextraktion ist aber schlecht, da nur ein ganz unbedeutender Teil der Chondroitinschwefelsäure des Knorpels extrahiert wird[3]. Dagegen gibt die Extraktion mit Salzlösungen eine bessere Ausbeute.

Unter den in letzter Zeit beschriebenen schonenden Verfahren sind die von BLIX und SNELLMAN[4] sowie EINBINDER und SCHUBERT[5] vorzuziehen.

Die nach diesen Methoden dargestellte Chondroitinschwefelsäure kann mit proteolytischen Enzymen zu einem beinahe monodispersen Produkt mit einem Molekulargewicht von etwa 50000 depolymerisiert werden[6].

***Extraktion von Chondroitinschwefelsäure mit Alkali und Reinigung mit Kaolin nach* JORPES[3], *modifiziert nach* STRANDBERG[7].** Knorpelringe von Rindertrachea werden möglichst von Bindegewebe freipräpariert, in dünne Scheiben geschnitten und in Äthanol aufgeschwemmt und fixiert. Die mit Alkohol behandelten Knorpelscheiben werden dann an der Luft getrocknet, wobei sie eine sehr harte Konsistenz erhalten, und schließlich zu einem feinen Pulver zermahlen.

Man gibt 1 kg des Knorpeltrockenpulvers in 1—2 *l* kochendes Wasser und läßt die Mischung 1—1$^1/_2$ Std kochen. Nach Abkühlen wird mit Wasser auf 3,8 *l* verdünnt, das Gemisch bei 0° C bis + 5° C mit 70 g NaOH in 200 cm^3 Wasser versetzt und bei gleicher Temperatur 24 Std im Schüttelapparat extrahiert, wobei der Knorpel teilweise gelöst wird. Nach Neutralisierung mit Eisessig in der Kälte (p_H 6—7) werden die Knorpelreste abzentrifugiert und 2mal mit kleinen Wassermengen gewaschen. Die Waschflüssigkeiten und der ursprüngliche Extrakt geben ein Gesamtvolumen von ungefähr 6 *l*.

Die Lösung wird nun im Vakuum auf ungefähr 2 *l* eingeengt und bei etwa 25000 g 25 min zentrifugiert. Die erhaltene klare Flüssigkeit wird mit 3 Vol. Äthanol gefällt. Danach gibt man die Fällung auf eine Nutsche, saugt sie möglichst trocken und löst sie in 1 *l* Wasser, wobei man eine opalescierende Lösung erhält. Nach Ausfällen mit 8 Vol. Eisessig läßt man die Mischung über Nacht in der Kälte stehen. Danach wird die Fällung auf einer Nutsche abfiltriert und erst mit Eisessig und dann mit absolutem Alkohol so lange gewaschen, bis nur noch ein ganz schwacher Essiggeruch spürbar ist. Nach erneutem Trocknen auf der Nutsche wird die Fällung in Wasser zu einer opalescierenden Lösung gelöst, die man mit gesättigter Sodalösung auf p_H 5—6 einstellt. Die Gesamtflüssigkeit von etwa 2 *l* wird bei 25000 g 20—30 min zentrifugiert und die klare Lösung in der Kälte dialysiert, wobei das destillierte Wasser mehrfach gewechselt werden muß.

Nach Verdünnung des Dialysates auf etwa 3 *l* gibt man unter ständigem Umrühren 100 g Kaolin zu und rührt, nachdem alles Kaolin zugesetzt ist, die Masse noch 5—10 min

[1] Siehe unter anderen MÖRNER, C. T.: Skand. Arch. Physiol. **1**, 210 (1889). — LEVENE, P. A., and F. B. LA FORGE: J. biol. Ch. **18**, 237 (1914). — JORPES, J. E.: B. Z. **204**, 354 (1929). — FÜRTH, O., u. T. BRUNO: B. Z. **294**, 153 (1937).
[2] MATHEWS, M. B.: Arch. Biochem. **61**, 367 (1956).
[3] JORPES, J. E.: B. Z. **204**, 354 (1929).
[4] BLIX, G., and O. SNELLMAN: Ark. Kemi, Mineral. Geol. **194**, 32 (1945).
[5] EINBINDER, J., and M. SCHUBERT: J. biol. Ch. **185**, 725 (1950).
[6] MUIR, H.: Biochem. J. **62**, 26 P (1956).
[7] STRANDBERG, L.: Acta physiol. scand. **21**, 222 (1950).

lang weiter. Die Aufschwemmung wird filtriert und das klare Filtrat im Vakuum zu einem dünnen Sirup eingeengt, der in Gegenwart von Natriumchlorid mit 3 Vol. Äthanol gefällt und mit Äthanol und Äther getrocknet wird. Die Ausbeute beträgt meistens 60—65 g des Natriumsalzes der Chondroitinschwefelsäure und Spuren von Calcium.

Mikromethode. BOSTRÖM und MÅNSSON[1] wandten eine Modifikation dieses Verfahrens zur Darstellung kleinerer Mengen Chondroitinschwefelsäure an. Sie entwickelten ihre Methode hauptsächlich zur Verwendung im Rahmen ihrer Stoffwechseluntersuchungen.

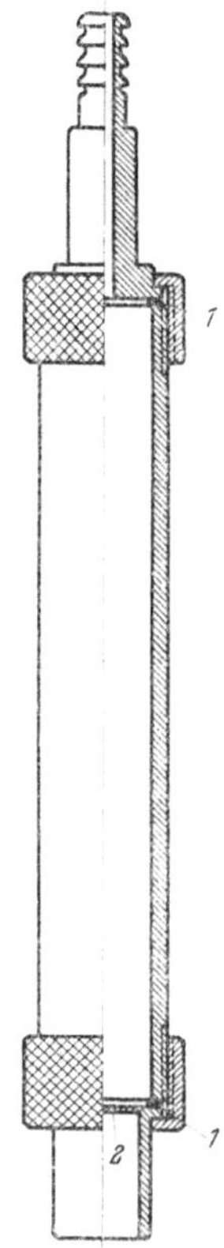

Abb. 1. Stahlrohr zur Enteiweißung von Chondroitinschwefelsäure mit Kaolin. Schematisches Bild. 1. Gummipackungen. 2. Perforierte Stahlscheibe. Nach BOSTRÖM, H., and B. MÅNSSON: Ark. Kemi 6, 17 (1953).

Frischer Knorpel aus Trachea, Gelenken oder Rippen wird in dünne Scheiben geschnitten und homogenisiert. 2,5 g werden in einen Erlenmeyer-Kolben gegeben und 25 cm³ Wasser zugesetzt. Nach 5 min Kochen wird die Mischung auf etwa 0° C abgekühlt und mit 2,5 cm³ 5,5 n Natriumhydroxyd versetzt bis zu einer Konzentration von 0,5 n NaOH (2%). Anschließend wird der Kolben 20 Std bei 0° C bis +4° C geschüttelt. Danach säuert man die Mischung in der Kälte mit Eisessig auf p_H 6—7 an und filtriert durch Glaswolle. Das Filtrat wird 24 Std in Cellophanschläuchen gegen fließendes destilliertes Wasser dialysiert. Nach Einengen des Dialysates auf etwa 50 cm³ läßt man die Lösung mit einem Überdruck von 2—4 Atm durch eine 30 mm hohe und 25 mm breite Kaolinsäule passieren. Diese Prozedur dauert 5—10 Std und muß in spezialkonstruierten Stahlrohren ausgeführt werden (s. Abb. 1).

Nach der Adsorption an Kaolin erhält man eine vollkommen klare Lösung, die im Vakuum zu einem dünnen Sirup eingedampft und dann mit 3 Vol. Alkohol versetzt wird, wobei die Chondroitinschwefelsäure ausfällt. Die mit absolutem Äthanol und Äther getrocknete Fällung gibt ein weißes Pulver, das Natriumsalz der Chondroitinschwefelsäure. Die Ausbeute ist 30—40 mg/g frischen Knorpels.

Herstellung der Kaolinsäule. Man stellt eine 15%ige Kaolinaufschwemmung her und läßt sie über Nacht sedimentieren. Nach Aufschütteln ist das Kaolin dann gebrauchsfertig.

Auf die perforierte Stahlscheibe am unteren Ende des Stahlrohrs (s. Abb. 1) wird ein Filtrierpapier gelegt und das Rohr mit der Kaolinaufschwemmung gefüllt. Danach wird das Rohr geschlossen und ein Überdruck von 2—4 Atm auf die Suspension ausgeübt. Etwa 70 cm³ Wasser dürfen ausgepreßt werden, wobei man aber sorgfältig darauf achten muß, daß keine Luft in die Kaolinschicht eindringt. Das Rohr wird nun mit dem Alkaliextrakt gefüllt und erneut unter Druck gesetzt. Wenn man bei der Dialyse und Eindunstung einige Vereinfachungen vornimmt, können mit der Methode verschiedene Präparate gleichzeitig dargestellt werden. In bezug auf diese Einzelheiten wird auf die Originalarbeit hingewiesen.

Darstellung der Chondroitinschwefelsäure durch Digestion mit Papain und Fällung mit Cetylpyridiniumchlorid nach SCOTT[2] ***(etwas modifiziert).*** Der Knorpel wird durch eine Fleischhackmaschine getrieben und mit Aceton und Äther extrahiert. Man digeriert 100 g Trockenpulver in 1 *l* einer Pufferlösung von p_H 6,8—7 (0,1 m Phosphat- oder Acetatpuffer), die 0,005 m Cysteinhydrochlorid, 0,005 m Äthylendiamintetraessigsäure-dinatriumsalz und 0,5% Papain enthält Die Digestion dauert bei 65—70° C 10—12 Std.

Die digerierte Lösung wird dann gegen fließendes Leitungswasser dialysiert und auf etwa 200 cm³ eingeengt. Danach gibt man 1%ige Cetylpyridiniumchloridlösung zu, bis

[1] BOSTRÖM, H., and B. MÅNSSON: Ark. Kemi 6, 17 (1953).
[2] SCOTT, J. E.: The assay of acidic polysaccharides from tissues. Diss. phil. Manchester 1956.

eine flockige Fällung auftritt und nach Zentrifugieren die überstehende Flüssigkeit vollkommen klar ist. Im allgemeinen sind dazu etwa 5 Vol. 1%ige Cetylpyridiniumchloridlösung nötig. Man zentrifugiert die entstandene Fällung ab, löst sie bei 37° C in 500 cm^3 1,25 n NaCl und fällt dann erneut mit Alkohol. Der dabei erhaltene Niederschlag wird in Wasser gelöst und muß eine klare Lösung ergeben. Ist dies nicht der Fall, wird die Lösung in bezug auf NaCl 1,25 n gemacht und dann nochmals mit Alkohol gefällt. Den Überschuß an Salzen entfernt man durch wiederholte Alkoholfällungen, eventuell mit Hilfe von Dialyse. Die Ausbeute beträgt 10 g Chondroitinschwefelsäure aus 100 g Knorpeltrockenpulver; N meistens 2,4—2,8%; S = 4,5—5%.

Die mit den oben beschriebenen Methoden dargestellten Chondroitinschwefelsäurepräparate sind nahezu frei von Proteinen. Die Cetylpyridiniummethode gibt jedoch ein etwas weniger reines Produkt. Andererseits erhält man mit dieser Methode wahrscheinlich weniger depolymerisierte Präparate als mit der Alkaliextraktionsmethode, und die Ausführung ist außerdem einfacher und geht wesentlich schneller.

Zur Darstellung eines möglichst nativen Präparates werden folgende Methoden empfohlen:

***Darstellung der Chondroitinschwefelsäure nach* Blix *und* Snellman**[1]. 1 kg Knorpel (septum nasi vom Rind) wird zerschnitten, möglichst fein zermahlen und erst mit 2 *l*, danach mit 1,2 *l* 10%iger Calciumchloridlösung extrahiert. Die Extraktion erfolgt durch Schütteln in Stickstoffatmosphäre und dauert jedesmal 8 Std. Die Extrakte werden vereinigt und mit Ammoniumsulfat gesättigt, wonach die entstandene Fällung abzentrifugiert wird. Die erhaltene klare Lösung wird 3—4 Tage gegen fließendes Leitungswasser dialysiert und dann im Vakuum bei + 20° C auf 800—900 cm^3 eingeengt. Danach setzt man Calciumchlorid bis zu einer Konzentration von etwa 10% zu und schüttelt das Gemisch in Stickstoffatmosphäre mit $^1/_2$ Vol. Chloroform und $^1/_{20}$ Vol. Amylalkohol 18 bis 24 Std. Nach Zentrifugieren hebert man die oberste Schicht, die aus Calciumchloridlösung besteht, vorsichtig ab, bringt sie auf etwa p_H 7 und schüttelt sie erneut mit einem Chloroform-Amylalkohol-Gemisch. Die Prozedur wird nun abwechselnd bei p_H 7 und p_H 5 6mal wiederholt. Dann versetzt man die Lösung mit 10 g Fuller-Erde, dialysiert 4 Tage gegen oft zu wechselnde 0,5%ige Natriumacetatlösung und fällt mit 3 Vol. 95%igem Alkohol. Die Ausbeute beträgt 2—3 g.

Auf diese Weise wird aber nur ein geringer Teil der im Knorpel enthaltenen Chondroitinschwefelsäure extrahiert. Das Präparat ist nicht eiweißfrei, enthält 2,6—3% Stickstoff und 5,2—6% Schwefel und scheint nativer zu sein, als das durch Alkaliextraktion erhaltene Produkt.

Von den anderen schonenden Verfahren sollen hier nur die Methode von Mathews und Dorfman[2] genannt werden, die eine bessere Ausbeute gibt, sowie die Methode von Einbinder und Schubert[3]. In bezug auf die Einzelheiten dieser Methoden wird auf die Originalarbeiten verwiesen.

***Reinigung von Chondroitinschwefelsäure B nach* Cifonelli, Ludowieg *und* Dorfman**[4].

Für die Reinigung von Chondroitinschwefelsäure B haben Cifonelli, Ludowieg und Dorfman[4] neulich eine Methode beschrieben, wobei die Chondroitinschwefelsäure als Kupfersalz ausgefällt wird. Zu 1 Vol. einer 1%igen wäßrigen Lösung von Polysaccharid werden 0,1 Vol. gesättigter NaOH und 0,8 Vol. von Benedicts Lösung gegeben. Das Gemisch wird 15 min geschüttelt und dann zentrifugiert. Die entstandene Fällung wird mit 2 n NaOH und 0,5 Vol. Benedicts Lösung gewaschen und in verdünnter Essigsäure gelöst. Danach wird mit 4—5 Vol. Eisessig gefällt und in Wasser wieder gelöst. Die erhaltene Lösung wird auf einer Kationenaustauschersäule (Dowex 50 H^+, Vernetzungsgrad 8%, 200—400 Maschen; eine Säule um 2,2×5 cm ist für 200 mg

[1] Blix, G., and O. Snellman: Ark. Kemi, Mineral. Geol. **19** A, No. 32 (1945).
[2] Mathews, M. B., and A. Dorfman: Arch. Biochem. **42**, 41 (1953).
[3] Einbinder, J., and M. Schubert: J. biol. Ch. **185**, 725 (1950).
[4] Cifonelli, J. A., J. Ludowieg and A. Dorfman: J. biol. Ch. **233**, 541 (1958).

rohes Polysaccharid erforderlich) gereinigt und mit NaOH neutralisiert. Nach dem Eindampfen wird mit Alkohol gefällt.

b) Hyaluronsäure.

Bei der Gewinnung der Hyaluronsäure gelten im wesentlichen die gleichen Prinzipien wie bei der Darstellung der Chondroitinschwefelsäure. Die mit verschiedenen Methoden erhaltenen hochviscösen und hochpolymeren Präparate sind im allgemeinen mit Eiweiß verunreinigt, eignen sich aber für enzymatische Versuche, d. h. zur Bestimmung der Hyaluronidase.

Das beste Ausgangsmaterial für die Gewinnung der Hyaluronsäure sind Nabelstrang, Glaskörper, Gelenkflüssigkeit und Hahnenkämme. Der Nabelstrang enthält besonders viel Hyaluronsäure, die daraus gewonnenen Präparate sind aber im allgemeinen mit Chondroitinschwefelsäure verunreinigt. Diese Fehlerquelle kann wesentlich verringert werden, wenn man nach der Entwässerung alle Gefäße aus dem Nabelstrang entfernt.

Es gibt viele Methoden zur Isolierung der Hyaluronsäure, die hier nicht alle aufgezählt werden können, weswegen auf die unten zitierten Originalarbeiten hingewiesen wird.

***Darstellung der Hyaluronsäure nach* Blix *und* Snellman**[1]. Aus der mit Aceton entwässerten Nabelschnur werden nach Möglichkeit alle Blutgefäße wegpräpariert, das Material dann fein zerschnitten und mit destilliertem Wasser und einigen Tropfen Toluol extrahiert. Die Extraktion erfolgt durch 12stündiges Schütteln in Stickstoffatmosphäre und wird 6—8mal wiederholt. Jeder Extrakt wird mit Alkohol unter Zusatz einer kleinen Menge Bariumacetat gefällt. Die Fällung wird abzentrifugiert, in 10% $CaCl_2$ bei p_H 7—8 gelöst und mit einem Chloroform-Amylalkoholgemisch ebenso wie bei der Darstellung der Chondroitinschwefelsäure behandelt. Diese Behandlung muß 6—7mal wiederholt werden, um die Proteine möglichst vollständig zu entfernen. Danach wird die wäßrige Phase mit Alkohol gefällt und die entstandene Fällung in Wasser gelöst und dialysiert. Aus dem Dialysat wird die Hyaluronsäure mit Alkohol ausgefällt.

Ein beinahe eiweißfreies, aber etwas weniger hochmolekulares Präparat von Hyaluronsäure kann folgendermaßen dargestellt werden[2]. Entwässerte und von Blutgefäßen befreite Nabelschnüre (etwa 100 St.) werden fein zerschnitten und mit 5 *l* Wasser, 1 g Papain, 50—100 mg Kaliumcyanid und einigen Kubikzentimetern Toluol versetzt. Die Wasserstoffionenkonzentration wird durch Zusatz von Essigsäure auf p_H 5,0 gebracht. Man läßt die Mischung 48 Std lang bei + 40° C stehen und setzt, wenn nötig, mehr Toluol zu. Der p_H wird kontrolliert und auf 5,0 gehalten. Die Digestion kann auch, wie oben S. 674 beschrieben, ausgeführt werden. Die Mischung wird dann einen Tag lang gegen fließendes Leitungswasser dialysiert und danach zentrifugiert. Die abgeheberte Lösung versetzt man mit $CaCl_2$ bis zu einer Konzentration von 10%. Nach Einstellen des p_H auf 5,0 schüttelt man die Lösung wie oben mit einem Chloroform-Amylalkohol-Gemisch. Die Sevag-Behandlung wird 2mal wiederholt, das eine Mal bei p_H 6,0. Nach 2tägiger Dialyse gegen fließendes Leitungswasser wird das Dialysat im Vakuum bei einer + 40° C nicht übersteigenden Temperatur auf 1 *l* eingeengt, dann gegen 0,5% Natriumacetatlösung (5 *l*, 2mal täglich erneuert) dialysiert und mit Alkohol gefällt. Die erhaltene Fällung wird in 500—600 cm^3 Wasser, das ein wenig Natriumacetat enthält, gelöst und unter kräftigem Umrühren tropfenweise mit Alkohol bis zur Opalescenz versetzt. Die beim Stehen ausflockende Fällung wird abfiltriert und verworfen. Die Hauptmenge der Hyaluronsäure wird danach durch Zusatz von etwa 2 Vol. Alkohol präcipitiert.

In dem von Hadidian und Pirie[3] beschriebenen Verfahren wird die Hyaluronsäure zusammen mit den Proteinen durch Ammoniumsulfat mit oder ohne Zusatz von Pyridin gefällt. Jeanloz und Forchielli[4] modifizierten später diese Methode und arbeiteten auch ein Verfahren aus, das auf der proteolytischen Digestion basiert.

[1] Blix, G., and O. Snellman: Ark. Kemi, Mineral. Geol. **19** A, No. 32 (1945).
[2] Blix, G., u. E. Lindberg: Unveröffentlicht.
[3] Hadidian, Z., and N. W. Pirie: Biochem. J. **42**, 260 (1948).
[4] Jeanloz, R., and E. Forchielli: J. biol. Ch. **186**, 495 (1950).

Besonders die aus der Nabelschnur dargestellte Hyaluronsäure enthält oft geringe Mengen Chondroitinschwefelsäure, die durch Fraktionierung mit quartären Ammoniumbasen oder durch Elektrophorese entfernt werden können.

***Darstellung von Hyaluronsäure nach* CIFONELLI *und* MAYEDA**[1]. 100 g mit Aceton entwässerte und fein zerschnittene Nabelschnüre werden mit 2 *l* 0,15 m NaCl und 1—2 cm^3 Toluol über Nacht geschüttelt. Das Gemisch wird dann zentrifugiert, das Ungelöste mit 500 cm^3 Wasser gewaschen und mit 0,15 m NaCl nochmals extrahiert. Die Extrakte und das Waschwasser werden vereinigt und mit $^1/_{10}$ Vol. Äthanol versetzt. Die Lösung wird dann durch Tierkohle filtriert.

Das Filter wird folgendermaßen hergestellt. 40 g Tierkohle (Darco G 60) und 40 g Cellulosepulver werden mit Wasser zu einem homogenen Brei verrührt, der dann auf eine 0,5 cm hohe Schicht von Cellulosepulver in einen 18,5 cm BÜCHNER-Trichter gegossen wird. Man bedeckt die Kohle-Cellulose-Schicht mit einem Filtrierpapier und wäscht mehrmals vor der Verwendung mit Wasser.

Das Filtrat dialysiert man gegen Wasser, klärt durch Seitz-Filtration, engt zu einem kleinen Volumen ein und fällt dann die Hyaluronsäure durch Zusatz von 4 Vol. Äthanol aus. Ausbeute 3,5—4 g. Eine eventuell noch vorhandene Verunreinigung mit Eiweiß, die durch ihre Absorption bei 280 mμ nachweisbar ist, kann durch Adsorption an Dowex-1-Harz entfernt werden.

Diese Methode zeichnet sich durch ihre Einfachheit aus und liefert, wie es scheint, reine Präparate. Das hier verwendete Prinzip kann auch bei der Darstellung von Hyaluronsäure aus anderen Materialien gebraucht werden.

Einzelheiten über die Darstellung der Hyaluronsäure nach anderen Methoden sind aus der Originalliteratur zu ersehen[2].

c) Heparin.

Als Ausgangsmaterial werden bei der Darstellung von Heparin Lunge oder Leber verwendet. Nach der Methode von CHARLES und SCOTT[3] wird das Heparin aus leicht autolysierenden Organen durch Alkaliextraktion gewonnen. Durch Ansäuern fällt das Heparin zusammen mit dem Eiweiß aus dem Extrakt aus. Aus diesem Rohprodukt kann das Heparin durch tryptische Digestion dargestellt werden. Die verunreinigenden Proteine entfernt man entweder durch Adsorption an LLOYDs Reagens, Fuller-Erde oder dgl., oder durch Verteilung zwischen Phenol und Wasser[4].

Zur Trennung von anderen Polysacchariden wird das Heparin als wasserunlösliches Bariumsalz ausgefällt. Die Darstellung von Heparin im Laboratorium zu physiologischen Zwecken ist schwierig und lohnt sich auch nicht, da es ausreichend reine und hochaktive Handelspräparate gibt. Mit der auf S. 672 beschriebenen allgemeinen Methode zur Darstellung von Polysacchariden erhält man das Heparin in der Polysaccharidfraktion, aus welcher es leicht als Bariumsalz ausgefällt werden kann.

d) Keratoschwefelsäure.

Zur Darstellung dieses Polysaccharids sind noch keine speziellen Methoden ausgearbeitet worden, sondern man hat es bei 2 allgemeinen Verfahren gewonnen, und zwar a) bei der Fraktionierung von Polysaccharidgemischen nach MEYER, LINKER, DAVIDSON

[1] CIFONELLI, J. A., and M. MAYEDA: Biochim. biophysica Acta, N. Y. **24**, 397 (1957).

[2] Siehe besonders: MEYER, K., and J. W. PALMER: J. biol. Ch. **107**, 629 (1934); **114**, 689 (1936). — ROPES, M., W. v. B. ROBERTSON, E. ROSSMEISL, B. PEABODY and W. BAUER: Acta med. scand., Suppl. **196**, 700 (1947). — FRISCH-NIGGEMEYER, W.: Mh. Chem. **85**, 304 (1954). — PANTLITSCHKO, M.: Mh. Chem. **83**, 1125 (1952). — Zusammenstellungen in: MEYER, K., and M. M. RAPPORT: Adv. Enzymol. **13**, 199 (1952). — TOLKSDORF, S.; in: GLICK, D. (Hrsg.): Methods in Biochemical Analysis. Vol. 1. New York 1954.

[3] CHARLES, A. F., and D. A. SCOTT: J. biol. Ch. **102**, 425 (1933).

[4] HOMAN, J. D., and J. LENZ: Biochim. biophysica Acta, N. Y. **2**, 333 (1948).

und WEISSMANN (s. S. 675), bei welcher es bei einer Äthanolkonzentration von 50% ausgefällt wird, und b) bei der fraktionierten Elution aus einer Cellulosesäule, bei der man das Keratosulfat bei 35—40%iger Alkoholkonzentration der Eluierungslösung erhält. Als Ausgangsmaterial eignen sich am besten Cornea und Nucleus pulposus. Der Keratosulfatgehalt des Nucleus pulposus ist bis zu 20mal größer als der der Cornea. Wie weit das Keratosulfat der beiden Gewebe identisch ist, ist noch nicht klar.

Das bei diesen Verfahren erhaltene Keratosulfat ist stets mit Chondroitinschwefelsäure verunreinigt. Durch wiederholte Fraktionierung mit Hilfe einer Cellulosesäule kann die Substanz weiter gereinigt werden, ist aber bisher noch nicht ganz frei von Chondroitinschwefelsäure erhalten worden.

Was die Einzelheiten der Darstellung anbelangt, so wird auf die allgemeinen Methoden zur Isolierung von Polysacchariden auf S. 672 verwiesen.

4. Darstellung von Sialinsäure.

Allgemeines. Die Sialinsäuren sind sowohl aus Glykoproteiden als aus Gangliosiden leicht abspaltbar. Wegen der großen Labilität der O-Acetylgruppe darf die Hydrolyse bei Darstellung von B- und E-Sialinsäure nicht bei höherer Acidität als p_H 2—3 (bei 90—100°) ausgeführt werden. Wesentlich für die Erhaltung von kristalliner Sialinsäure in guter Ausbeute ist vorherige Entfernung von Kationen. Kristallisierende Salze der Sialinsäure sind nicht bekannt. Wegen der Unbeständigkeit der Sialinsäuren in Wasserlösung müssen langwierige Eindunstungen auch bei Zimmertemperatur vermieden werden. Am besten verwendet man Trocknung im gefrorenem Zustande. Auch ist zu bemerken, daß die Sialinsäuren in rein methanolischer Lösung schon bei Zimmertemperatur allmählich verestert werden.

***Darstellung von B-Sialinsäure aus Submaxillarismucin von Rind nach* BLIX, LINDBERG, ODIN *und* WERNER[1].** 40 g entwässertes Mucin (Darstellung s. S. 688) werden nach Entfettung mit Äther in 400 cm³ Wasser suspendiert, während 30 min unter Schütteln gelinde erwärmt und dann 1 Std lang unter oft wiederholtem Schütteln im kochenden Wasserbad erhitzt. Nach Kühlen wird die Mischung zentrifugiert und der ungelöste Rest mit 200 cm³ Wasser in der Zentrifuge gewaschen. Die vereinigten Lösungen werden in gefrorenem Zustande getrocknet. Den Rückstand extrahiert man 2mal mit 500 cm³ Methanol 2 Std lang bei + 4° (gelegentliches Umschwenken). Die Extrakte werden je für sich in vacuo bei nicht über + 20° zur Trockne eingedampft und die Rückstände zusammen in etwa 2 cm³ Wasser gelöst. Dazu fügt man 30 cm³ Methanol und dann Äther, bis eine flockige Fällung entsteht (etwa 90 cm³ sind erforderlich). Tritt nach Filtrierung und Hinzufügen von noch etwas Äther sofort mehr amorphe Fällung auf, so wird sie gleichfalls abfiltriert. Zum Filtrat setzt man tropfenweise Petroläther bis zu schwacher Opalescenz. Über Nacht im Kühlschrank kristallisiert die Sialinsäure in Haufen an den Wänden des Gefäßes. Beim Hinfügen von einigen Tropfen Petroläther an jedem der 4—5 folgenden Tage kristallisiert mehr Substanz aus. Beim Umkristallisieren werden die Kristalle zuerst mit gekühltem Methanol gewaschen, dann in Wasser gelöst und durch Zusatz von Methanol und Äther zur Kristallisation gebracht. Zusatz von Petroläther erübrigt sich dann meist, und die erforderliche Menge Äther sinkt mit steigendem Reinheitsgrad der Substanz. Einigermaßen rein kristallisiert die B-Sialinsäure in quadratischen Tafeln. Ausbeute etwa 0,5 g. Die Substanz, wie sie in dieser Weise erhalten wird, ist noch nicht ganz einheitlich[1], sondern enthält unter anderem kleine Mengen O-Sialinsäure. Die E-Sialinsäure kann nach demselben Verfahren in kristallinem Zustand erhalten werden.

Etwas leichter kann man die E-Sialinsäure annähernd rein mit guter Ausbeute folgendermaßen darstellen. — Die Suspension von Mucin in Wasser wird mit Hilfe verdünnter Schwefelsäure auf p_H 2,5 gebracht und dann 1 Std lang unter oft wiederholtem Schütteln im kochenden Wasserbad erhitzt. Nach Kühlen und Waschen wie oben werden

[1] BLIX, G., E. LINDBERG, L. ODIN u. I. WERNER: Acta Soc. Med. upsal. **61**, 1 (1956).

die vereinigten Lösungen mit Baryt auf etwa p_H 3,5 eingestellt und dann (ohne Filtrierung) in gefrorenem Zustande getrocknet. Den Rückstand extrahiert man 2mal mit 500 cm^3 Methanol (unter gelegentlichem Umschwenken) 1—2 Std lang bei +4°, engt die vereinigten Extrakte in vacuo bis auf 30 cm^3 ein und läßt bei —10 bis 15° einen Tag lang stehen. Die ausfallende Substanz wird auf der Glasfilternutsche abgesaugt und 4—5mal mit je 5 cm^3 gekühltem Methanol gewaschen. Aus dem Filtrat scheidet sich bei weiterem Einengen (bis 15—20 cm^3) noch etwas Sialinsäure ab, die in derselben Weise gewaschen wird. Die Sialinsäure wird dann in 2—3 cm^3 Wasser gelöst, 20 cm^3 Methanol hinzugefügt und Äther bis zur schwachen Opalescenz zugesetzt. Eine eventuell auftretende amorphe Fällung wird abfiltriert. Im Kühlschrank kristallisiert die Sialinsäure. Bei vorsichtigem Zusatz von mehr Äther kristallisiert noch etwas Substanz aus. Umkristallisieren aus Wasser-Methanol-Äther.

Darstellung von O- und P-Sialinsäure. Diese Substanzen können nach der oben beschriebenen Methode aus den betreffenden Submaxillarismucinen erhalten werden. Größere Ausbeute erhält man indessen durch einstündige Hydrolyse mit verdünnter Schwefelsäure bei p_H um 2,0—2,5 und 80—100°. Der p_H muß dann während der Hydrolyse kontrolliert werden und, wenn gestiegen, durch Zusatz von mehr Schwefelsäure wieder auf p_H 2,0—2,5 gebracht werden. Nach Hydrolyse und Kühlung wird die Lösung mit Baryt bis auf p_H 6—7 neutralisiert und unmittelbar durch eine Säule eines Kationenaustauschers (Amberlite IRC 50 oder Dowex 50, H^+-Form) gegossen. Das Filtrat kann entweder gefriergetrocknet werden, der Rückstand mit Methanol extrahiert und weiter, wie oben für die B-Sialinsäure angegeben, kristallisiert werden, oder durch einen Anionenaustauscher (Dowex 1 oder 2, Formiat-Form) gegossen[1, 2] und die adsorbierte Sialinsäure dann mit 0,3 n Ameisensäure eluiert werden, wobei man die bialpositiven (und zugleich hexosenegativen) Fraktionen vereinigt, zur Trockne bringt und dann wie oben kristallisiert. Gradientenelution mit Ameisensäure kann gleichfalls verwendet werden. Kristallisation erfolgt auch durch Suspension der Substanz in Eisessig bei +50°, tropfenweisen Zusatz von Wasser bis Lösung und nachfolgendes Stehen bei +10°[3].

Andere Materialien (Gewebe usw.) als Mucin müssen gewöhnlich zuerst mit Alkohol oder Aceton entwässert und mit Äther (oder bei lipidreichen Organen mit Methanol-Chloroform, 2:1 im Soxhlet-Apparat) entfettet werden. Sie werden dann mit 0,01 n Schwefelsäure bei Zimmertemperatur so oft geschüttelt, bis die Suspension (bzw. Innenflüssigkeit) ein p_H von etwa 2,5 erreicht. Dann wird mit 0,03 n Schwefelsäure 1 Std lang bei 80° hydrolysiert und weiter wie oben verfahren. Ausbeute aus 1 *l* Blutserum etwa 0,5 g[3]. Für die Darstellung von Sialinsäure aus Milch s. besonders [2, 4]. Über die *Darstellung von Methoxyneuraminsäure* aus Glykoproteiden s. [5].

E. Die Glykoproteide.

1. Allgemeines.

Es können zur Zeit 2 Hauptgruppen von Glykoproteiden unterschieden werden. Zu der einen gehören die Glykoproteide, in denen Mucopolyuronide (bzw. Keratoschwefelsäure) vorkommen. Das Polysaccharid ist hier meist ziemlich leicht vom Proteinteil trennbar. In gewissen Fällen sind die beiden Komponenten wahrscheinlich durch polare Bindungen vereinigt, andere Bindungsarten können auch in Frage kommen. In der zweiten Gruppe besteht die Kohlenhydratkomponente aus einem neutralen Polysaccharid bzw. Sialinsäure-hexosamin oder aus beiden. Hier sind die Komponenten fester, sicher

[1] SVENNERHOLM, L.: Acta Soc. Med. upsal. **61**, 75 (1956).
[2] ZILLIKEN, F., G. A. BRAUN and P. GYÖRGY: Arch. Biochem. **63**, 394 (1956).
[3] SVENNERHOLM, L.: Acta Soc. Med. upsal. **61**, 75 (1956) und unveröffentlicht.
[4] KUHN, R., u. R. BROSSMER: B. **87**, 123 (1954).
[5] KLENK, E., u. K. LAUENSTEIN: H. **291**, 147 (1952). — WEYGAND, F., u. H. RINNO: H. **306**, 173 (1957).

durch Kovalenzen aneinander gebunden. Unten soll zuerst die erstgenannte und dann die letztgenannte dieser Typen von Glykoproteiden behandelt worden.

Was die *Darstellung* der Glykoproteide betrifft, so können keine allgemeinen Prinzipien angegeben werden. Sie gestaltet sich in den einzelnen Fällen sehr verschieden. Die Glykoproteide weichen in bezug auf Löslichkeit und Fällbarkeit von den mit ihnen vergesellschafteten Proteinstoffen anderer Art oft beträchtlich ab, was man natürlich bei der Abtrennung der Hauptmenge der letzteren ausnützt. Die schließliche Reinigung bereitet aber oft Schwierigkeiten, und bisher ist die Darstellung von einigermaßen einheitlichen, wohldefinierten Glykoproteiden nur in wenigen Fällen gelungen. Die verwendeten Verfahren sind dabei meist kompliziert und müssen in der Originalliteratur nachgesehen werden.

Für den *Nachweis* bzw. die quantitative Bestimmung der Glykoproteide kann ihre kennzeichnende Kohlenhydratkomponente benützt werden (s. S. 696). In gewissen Fällen können physiologische Wirkungen oder serologische Eigenschaften dazu verwendet werden (Gonadotropine, Blutgruppenantigene u. a.).

Die folgenden Ausführungen sind auf die am besten charakterisierten Glykoproteide konzentriert.

2. Glykoproteide, die Chondroitinschwefelsäure bzw. Hyaluronsäure und Heparin enthalten.

Werden Chondroitinschwefelsäure oder Hyaluronsäure aus Geweben zusammen mit Eiweiß mit neutralen oder schwach alkalischen wäßrigen Lösungen extrahiert oder kommen sie, wie z. B. in der Gelenkflüssigkeit, zusammen mit Eiweiß vor, so werden sie in der Regel als salzartige Verbindungen mit Eiweiß ausgefällt, sobald die H-Ionenkonzentration bei Säurezusatz den isoelektrischen Punkt des Eiweißes überschreitet. Die aus verschiedenen Geweben derart dargestellten Glykoproteide wurden je nach dem Ursprung als Chondromucoid bzw. Osseomucoid, Tendomucoid, Funismucin usw. bezeichnet. Diese Produkte sind *Kunstprodukte*. Ein geeigneter Überschuß an Mineralsäure verdrängt die Polysaccharidsäure aus diesen Verbindungen, wobei Eiweiß und Kohlenhydrat wieder in Lösung gehen. Werden neutrale Lösungen der Polysaccharidsäuren mit passenden Mengen von Proteinen, wie Leim, Edestin u. a., versetzt, bilden sich auch nach Ansäuerung künstliche Glykoproteide, die den wie oben aus Geweben oder Körperflüssigkeiten dargestellten gleichen[1].

Die Frage nach der Art und Zusammensetzung der unter *physiologischen* Verhältnissen vorkommenden Verbindungen zwischen Polysaccharidsäuren und Eiweiß ist schwieriger zu beantworten. Am eingehendsten ist das Verhältnis der Hyaluronsäure in der nativen Gelenkflüssigkeit untersucht worden.

Wird Gelenkflüssigkeit innerhalb des physiologischen p_H-Gebietes der Elektrophorese unterworfen, so tritt neben Proteinkomponenten von derselben Art wie im Blutserum (Albumin, Globuline) eine schneller wandernde Komponente auf, die zum größten Teil aus Hyaluronsäure besteht und höchstens kleine Mengen Eiweiß enthält[2]. Nach OGSTON und STANIER[3] erhält man bei Ultrafiltration (Porengröße 1—1,5 μ) von Ochsensynovia einen Filterrückstand, der aus Hyaluronsäure zusammen mit etwa 25% Protein besteht. Die Zusammensetzung ändert sich nur unwesentlich bei wiederholten Ultrafiltrierungen. Dieses Produkt sedimentiert in der Ultrazentrifuge einheitlich. Nach denselben Autoren wird die Hyaluronsäure der Synovia von etwa derselben Menge Eiweiß begleitet bei Elektrophorese, Sedimentierung und Diffusion. Es gelingt nicht, das Eiweiß aus dem Komplex zu entfernen ohne Veränderung der Viscositätsverhältnisse des ursprünglichen

---

[1] Siehe unter anderen MÖRNER, C. T.: H. **18**, 213 (1894). — MEYER, K., J. W. PALMER and E. M. SMYTH: J. biol. Ch. **119**, 501 (1937).

[2] BLIX, G.: Acta physiol. scand. **1**, 29 (1940).

[3] OGSTON, A. G., and J. E. STANIER: Biochem. J. **49**, 585 (1951); **52**, 149 (1952).

Produktes. Es wird daher angenommen, daß die Hyaluronsäure zusammen mit dem Eiweiß einen präformierten Komplex in der Gelenkflüssigkeit darstellt, ein Hyaloproteid[1].

Kürzlich ist erwiesen worden[2], daß die Eiweißkomponente des Ultrafiltrierungsproduktes, sowohl quantitativ wie qualitativ, mit p_H und Ionenstärke ihrer Lösung variiert. Unter annähernd physiologischen Verhältnissen enthielt der Komplex 28% Protein, das größtenteils aus α-Globulin (76%) bestand und kein Albumin enthielt. Eine immunologische Untersuchung zeigte, daß die Eiweißkomponenten aus Serumproteinen bestanden. Die verschiedenen Proteine gingen bei variiertem p_H nicht so in den Komplex hinein, wie man es erwarten sollte, wenn es sich um polare Bindungen zwischen den Komponenten handelte. Aus ihren physikalisch-chemischen Untersuchungen schließen OGSTON und STANIER, daß der Komplex in wäßriger Lösung als eine sehr stark hydratisierte, unregelmäßig gefaltete Molekülkette („random coil") von beinahe sphärischer Form auftritt. Die Partikelgröße liegt um $12 \cdot 10^6$. Genaue Untersuchungen an nativen Hyaluronsäure-Proteinverbindungen liegen sonst nicht vor. Es ist anzunehmen, daß die Hyaluronsäure in den Geweben in loser Verbindung mit Eiweiß vorkommt. Vielleicht sind alle Hyaluronsäurepräparate, die in Lösung Partikelgewichte um 10^5—10^6 aufweisen, in Wirklichkeit Komplexe mit kleinen Mengen Eiweiß.

Die Frage nach nativen Verbindungen zwischen *Chondroitinschwefelsäure* und Proteinen ist noch wenig bearbeitet worden. Die Tatsache, daß von der Chondroitinschwefelsäure des Knorpels nur ein Teil mit Wasser oder Neutralsalzlösungen extrahiert wird und daß der Rest nur mit Hilfe von Alkali in Lösung gebracht werden kann, haben zu der Vermutung geführt, daß das Polysaccharid hier teilweise mit Co-Valenzen an das Kollagen gebunden ist. Beweise hierfür liegen nicht vor. SHATTON und SCHUBERT[3] haben kürzlich gezeigt, daß mindestens ein Drittel der Chondroitinschwefelsäure des Knorpels sich in der Form eines wasserlöslichen Glykoproteides befindet. Dieses Chondromucoid besteht zu etwa $^2/_3$ aus Chondroitinschwefelsäure und $^1/_3$ aus Protein. Letzteres ist offenbar kein Prokollagen oder Kollagenabkömmling, denn es enthält nur unbedeutende Mengen von Oxyprolin. Das Mucoid wurde weder von Essigsäure noch von den gewöhnlichen Eiweißfällungsmitteln gefällt. Ihre Salze zeigte bei wiederholter Reinigung eine unveränderte Zusammensetzung. Durch Ultrafiltration konnte das Mucoid von freier Chondroitinschwefelsäure getrennt werden. Elektrophoretisch zeigte es 2 Komponenten mit nur wenig verschiedener Wanderungsgeschwindigkeit. In bezug auf das quantitative Verhältnis zwischen Polysaccharid und Eiweiß ist dieses Mucoid somit vom selben Typus wie das Hyaluronsäuremucoid von OGSTON und STANIER. Nach MEYER und Mitarbeitern[4,5] ist die Chondroitinschwefelsäure B (und C) fester gebunden an einem Proteinstoff, der nicht Kollagen ist.

Das *Heparin* kommt, wie oben erwähnt wurde (s. S. 666), in den Mastzellen an ein Lipoproteid gebunden vor. Dieser Lipoproteid-Heparin-Komplex ist in elektrophoretisch einheitlicher Form dargestellt worden und hat auch in der Ultrazentrifuge eine gute Homogenität aufgewiesen. Die elektrophoretische Wanderungsgeschwindigkeit in Phosphatpuffer bei p_H 7,0 war $5{,}9 \cdot 10^{-5}$ cm²/V/sec gegenüber 18—$22 \cdot 10^{-5}$ für das reine Heparin. Die Proteinkomponente war ein niedermolekulares Polypeptid (Mol.-Gew. etwa 8000), in dem nur 6 verschiedene Aminosäuren nachgewiesen werden konnten. Der Komplex konnte leicht dissoziiert und rekonstruiert werden. Er zeigte eine starke Antithrombinwirkung in einem System von gereinigtem Fibrinogen und Thrombin, während

[1] Siehe auch BLUMBERG, B. S., and A. G. OGSTON: Biochem. J. **66**, 342 (1957); **68**, 183 (1958).
[2] CURTAIN, C. C.: Biochem. J. **61**, 688 (1955).
[3] SHATTON, J., and M. SCHUBERT: J. biol. Ch. **211**, 565 (1954). — Siehe auch: BERNARDI, G.: Biochim. biophysica Acta, N. Y. **26**, 47 (1957). — MATHEWS, M. B., and J. LOZAITYTE: Arch. Biochem. **74**, 158 (1958). — MUIR, H.: Biochem. J. **69**, 195 (1958).
[4] MEYER, K.: Discuss. Faraday Soc. **13**, 271 (1953).
[5] MEYER, K., E. DAVIDSON, A. LINKER and P. HOFFMAN: Biochim. biophysica Acta, N. Y. **21**, 506 (1956).

das Heparin und das Lipoproteid für sich keine solche Wirkung aufwiesen. Der Gehalt des Komplexes an Kohlenhydrat wurde nicht bestimmt. Auch im Blutserum findet sich Heparin an Eiweiß gebunden.

3. Sialinsäure enthaltende Glykoproteide.

Am eingehendsten ist aus Submaxillarisdrüsen dargestellte Mucinsubstanz untersucht worden. Ein gleichartiges Mucin kommt in Sublingualisschleim vor[1].

Darstellung. Aus Submaxillarismucin kann *Sialomucin* unschwer nach einem ursprünglich von O. HAMMARSTEN angegebenen Verfahren dargestellt werden[2]. Die reinpräparierten Drüsen werden in etwa haselnußgroße Stücke geschnitten und dann 5—7mal je 24 Std lang bei $+4°$ mit $^3/_4$ Teilen Wasser extrahiert. Die Extrakte werden je für sich mit so viel verdünnter HCl versetzt, wie erforderlich ist, um das Mucin eben auf der sauren Seite seiner isoelektrischen Zone aufzulösen. (Die nötige Menge an Säure wird am besten in einer Vorprobe mit z. B. 5 cm^3 des Extraktes ermittelt.) Das Mucin wird darauf durch Zusatz des 3—4fachen Vol. an Wasser ausgefällt, ausgepreßt, in der kleinstmöglichen Menge 1,5%iger HCl wieder gelöst und durch Zusatz von Wasser nochmals gefällt. Das Mucin wird dann mit Wasser gewaschen, mit Alkohol entwässert und mit Äther entfettet.

Zusammensetzung und Eigenschaften. Das mehrmals umgefällte Mucin vom Rind enthält etwa 20% Sialinsäure und eine dazugehörende etwa äquivalente Menge von Hexosamin, hauptsächlich Galaktosamin. Die Sialinsäure tritt wenigstens größtenteils als Endgruppe auf und ist mit seiner potentiellen Ketogruppe O-glykosidisch am Acetylhexosamin gebunden[3]. Das Mucin enthält außerdem noch einige Prozente einer neutralen Kohlenhydratgruppe, in der Hexosamin, Galaktose, Fucose und Mannose vorkommen. Nach derselben Methode dargestellte Submaxillarismucine von anderen Tierarten können einen anderen Sialinsäuregehalt und eine andere Proportion zwischen Galaktosamin und Glucosamin aufweisen. Mit Hilfe einer komplizierteren und kleinere Ausbeuten liefernden Methode von McCREA[4] kann ein Sialomucin erhalten werden, das bis zu 35% Sialinsäure enthält[5].

Eine neutrale Lösung von nativem Mucin ist stark fadenziehend und zeigt ausgesprochene Strömungsdoppelbrechung. Schon wiederholtes Fällen führt eine Abnahme der fadenziehenden Eigenschaften herbei, und in der aus getrocknetem Mucin bereiteten Lösung fehlt sie meistens ganz. Das Fadenziehen wird auch von verdünnten Alkalien rasch vernichtet.

Bei Elektrophorese von nach HAMMARSTEN dargestelltem Submaxillarismucin bei neutraler Reaktion wandert die Hauptmenge der Substanz mit einer Geschwindigkeit, die etwas größer ist als die von Serumalbumin[6]. Eine kleinere kohlenhydratarme Fraktion, die wohl als eine Verunreinigung zu betrachten ist, wandert etwa wie ein Globulin.

Eine neutrale Mucinlösung gerinnt beim Sieden nicht. Die neutrale, salzarme Lösung gibt mit Essigsäure in der Kälte einen in überschüssiger Säure unlöslichen Niederschlag, der zähe, elastische, am Glas haftende Massen bildet. Die Schwerlöslichkeit in Essigsäure hängt mit dem verhältnismäßig stark sauren Charakter von Mucin zusammen. Sein isoelektrischer Punkt liegt bei p_H 2,5—3,0. In überschüssiger Mineralsäure löst es sich leicht auf. Bei ausreichendem Zusatz von Neutralsalz bleibt das Mucin auch im isoelektrischen Gebiet in Lösung. Eine neutrale Lösung von Mucin wird in Gegenwart von Neutralsalzen durch Alkohol gefällt. Außerdem können mit mehreren Metallsalzen Niederschläge erzielt werden. Durch Sättigung mit Kochsalz oder Magnesiumsalz wird das Mucin aus-

[1] TANABE, Y.: J. Biochem. **28**, 227 (1938); **29**, 377 (1939).
[2] BLIX, G.: H. **240**, 43 (1936). — BLIX, G., L. SVENNERHOLM u. I. WERNER: Acta chem. scand. **6**, 358 (1952).
[3] GOTTSCHALK, A.: Biochim. biophys. Acta, N. Y. **23**, 645; **24**, 649 (1957).
[4] McCREA, J. F.: Biochem. J. **55**, 132 (1953).
[5] ODIN, L.: Unveröffentlicht.
[6] BLIX, G.: Acta physiol. scand. **1**, 29 (1940).

gesalzen[1]. Pepsin und Trypsin bauen Submaxillarismucin ab. Von Testes-Mucinase wird es nicht angegriffen. Kochen von isoelektrischem Mucin in Wasser führt zu einem partiellen Abbau von Mucin, wobei ein Teil der Sialinsäure zusammen mit Substanzen von Polypeptidnatur abgespalten wird. Kochen mit verdünnten Mineralsäuren und Alkalien baut das Mucin schnell weitgehend ab.

Die Influenzavirus-Hämagglutination wird durch viele Glykoproteide gehemmt, wobei es sich um eine Konkurrenzhemmung handelt[2]. ODIN[3] wies darauf hin, daß die hemmenden Glykoproteide alle Sialinsäure als Bestandteil hatten und daß einige dieser Glykoproteide außer Hexosamin und Sialinsäure nur unbedeutende Mengen von anderen Zuckern enthielten; er fand, daß das durch Virus aus Harnmucin abgespaltete Produkt die Farbeaktionen von Sialinsäure gab. KLENK und Mitarbeiter[4] stellten die Abspaltung von Acetylneuraminsäure fest. Das Influenzavirus besitzt somit eine Sialidase-(Neuraminidase-)Wirkung, und Sialinsäure dient als Zellreceptor für dieses Virus[5]. Sialidase wird auch von Vibrio cholerae[6], Clostridium welchii[7] und Pneumokokken[8] gebildet.

MCCREA[9] fand das von ihm dargestellte Mucin (vom Schaf) einheitlich sowohl elektrophoretisch als auch in der Ultrazentrifuge. Es gab nichtviscöse Lösungen und wurde von einer Reihe der gewöhnlichen Eiweißfällungsmittel, wie Trichloressigsäure, Gerbsäure und Pikrinsäure, nicht gefällt. Es zeigte eine sehr starke Hemmungswirkung gegen Influenza-Virus-Hämagglutination.

Wie oben (s. S. 670) erwähnt wurde, kommt die Sialinsäure in anderen epithelialen Schleimsubstanzen sowie in den Serumglykoproteiden vor, jedoch meistens in bedeutend kleineren Mengen als in den Submaxillarismucinen. Einige von diesen Sialinsäuren enthaltenden Glykoproteiden werden unten unter dem Abschnitt über Serumglykoproteide näher besprochen. Erwähnt sei auch hier, daß WERNER[10] in der Ascitesflüssigkeit eines Falles von Pankreascarcinom ein Glykoproteid fand, dessen Kohlenhydratkomponente praktisch ausschließlich aus Sialinsäure und Hexosamin bestand.

4. Fucomucine*.

Die meisten epithelialen Schleime enthalten als Hauptbestandteil Glykoproteide, deren kennzeichnendster Bestandteil L-*Fucose* ist[10]. Daher ist der Name *Fucomucine* für diese Glykoproteide und der Name *Fucomucane* für ihren Polysaccharidanteil vorgeschlagen worden[11]. Fucose wurde in Glykoproteiden dieser Art von STACEY und Mitarbeitern[12] entdeckt und damit zum ersten Male in tierischem Material nachgewiesen. (Kleine Mengen von Fucose sind unter anderem auch in Serumglykoproteiden gefunden worden.)

Die Fucomucane sind aus *N-Acetylglucosamin, N-Acetylgalaktosamin*[13], D-*Galaktose* und L-*Fucose* aufgebaut. Ob Sialinsäure, die in kleiner Menge in den Fucomucinen auftritt, als integrierender Bestandteil darin vorkommt, ist noch nicht festgestellt worden.

* Siehe auch: SPRINGER, G. F.: Kli. Wo. **1955**, 347.

1 Für Einzelheiten über die Fällungseigenschaften des Mucins s. HAMMARSTEN, O.: H. **12**, 163 (1881)

2 Siehe u. a. GOTTSCHALK, A.: Yale J. biol. Med. **28**, 525 (1956). — KLENK, E.: Angew. Chem. **68**, 349 (1956).

3 ODIN, L.: Nature **170**, 663 (1952).

4 KLENK, E., H. FAILLARD u. H. LEMPFRID: H. **301**, 235 (1955).

5 Siehe KLENK, E., u. W. STOFFEL: H. **303**, 78 (1956).

6 FAILLARD, H.: H. **305**, 145 (1956); **307**, 62 (1957). — KLENK, E., u. G. UHLENBRUCK: H. **307**, 266 (1957).

7 BÖHM, P., J. ROSS u. L. BAUMEISTER: H. **308**, 181 (1957).

8 HEIMER, R., and K. MEYER: Proc. Nat. Acad. Sci. **42**, 728 (1956).

9 MCCREA, J. F.: Biochem. J. **55**, 132 (1953).

10 WERNER, I.: Acta Soc. Med. upsal. **58**, 1 (1953).

11 BLIX, G.: Angew. Chem. **62**, 171 (1950).

12 BRAY, H. G., H. HENRY and M. STACEY: Biochem. J. **40**, 124 (1946).

13 Zuerst nachgewiesen von AMINOFF, D., W. T. J. MORGAN and W. M. WATKINS: Biochem. J. **46**, 426 (1950). — ANNISON, E. F., A. T. JAMES and W. T. J. MORGAN: Biochem. J. **48**, 477 (1951).

Die epithelialen Schleime treten in 2 physikalisch verschiedenen Formen auf, nämlich teils als weiches Gel, teils als viscöse Flüssigkeit. Die Zusammensetzung dieser beiden Formen ist in bezug auf die Kohlenhydratkomponente nicht unterscheidbar[1]. Die 2 Formen sind auch nicht auf eine verschiedene Konzentration von Fucomucin zurückzuführen, denn die Schleimgele lösen sich nicht in Wasser oder verdünnten Salzlösungen. Bisweilen kann der Schleim unter verschiedenen physiologischen Verhältnissen verschiedene Formen annehmen. So tritt der Schleim der Cervix uteri meistens in Gelform auf, geht aber zur Zeit der Ovulation in eine viscöse Flüssigkeit über.

Das Interesse für die Fucomucine gründete sich bisher größtenteils auf ihre Natur als *Blutgruppenantigene*[2]. Sie sind indessen für die charakteristischen physikalischen Eigenschaften der meisten epithelialen Schleime verantwortlich und verdienen deshalb von physiologischem Gesichtspunkt in erster Linie Aufmerksamkeit als Schleimsubstanzen.

Die Blutgruppenantigene AB0 (H) werden von etwa 80% der Menschen (kaukasischer Rasse) mit den epithelialen Schleimen in wasserlöslicher Form abgesondert. Diese Personen sind als „Sekretoren" im Gegenteil zu „Nicht-Sekretoren" bezeichnet worden. In beiden Gruppen enthalten die Schleime etwa dieselben Mengen von Fucomucin. Später ist gezeigt worden, daß nahezu alle „Nicht-Sekretoren" ein Blutgruppenantigen, „Lewis" genannt, sezernieren, das einem anderen Blutgruppensystem als dem ABO-System angehört. In gewissen tierischen epithelialen Schleimen konnte bisher überhaupt keine Blutgruppenaktivität nachgewiesen werden. Auch bei den „Sekretoren" findet sich in den Schleimen neben Blutgruppensubstanzen wahrscheinlich auch serologisch inaktives Fucomucin.

Nur aus flüssigem Schleim sind Fucomucine bisher als einigermaßen wohldefinierte Substanzen in unveränderter Form dargestellt worden. Am besten charakterisiert sind die von MORGAN und Mitarbeitern[3] aus pseudomucinösen Ovarialcystenflüssigkeiten dargestellten Blutgruppenantigene. Die Fucomucane sind bisher nicht frei von Polypeptid erhalten worden.

Die serologische Aktivität der Blutgruppensubstanzen bleibt zwischen p_H 3—7,5 während 2stündigen Erhitzens auf 100° unverändert. Dagegen sinkt die Aktivität beim Erhitzen bei p_H 2 und darunter, sowie beim Erhitzen in verdünnter Sodalösung. Etwa 80% der Fucose werden schon bei p_H 3 abgespalten. In einigen Fällen sind die Spaltprodukte, die beim Erhitzen bei p_H 1,5—1,8 auf 100° entstehen, näher analysiert worden[4]. In dem dialysablen Anteil derselben wurden freie Fucose, freies N-Acetylhexosamin zusammen mit Oligosacchariden und kleinen Mengen von Polypeptidmaterial gefunden. Der Quotient Glucosamin/Galaktosamin wies in den Dialysaten bei verschiedenen Blutgruppenantigenen große Unterschiede auf. Für die geprüften A-Substanzen lag dieser Quotient zwischen 2 und 4,3, für 2 0-Substanzen bei 13 bzw. 14. Bei 4 B-Substanzen wurde überhaupt kein Galaktosamin abgespalten. In allen Substanzen enthält der nichtdialysable Anteil Galaktose, Glucosamin und Galaktosamin in etwa gleichen Mengenverhältnissen. Diese und andere Ergebnisse haben zu der Auffassung geführt, daß die Blutgruppenpolysaccharide aus einer aus Galaktose, N-Acetylglucosamin und N-Acetylgalaktosamin regelmäßig aufgebauten polymeren Grundkette bestehen, von der zahlreiche Seitenketten abzweigen. Einige von diesen sind einfache Fucosereste bzw. N-Acetylhexosaminreste, andere wieder stellen Oligosaccharide dar. Die letzteren sind bei den verschiedenen Blutgruppenantigenen verschieden aufgebaut und sollen in erster Linie für die serologische Spezifität verantwortlich sein. Die Grundketten der verschiedenen Substanzen sind nicht sicher identisch.

---

[1] WERNER, I.: Acta Soc. Med. upsal. **58**, 1 (1953).

[2] Näheres über die Blutgruppenantigene s. Bd. IV, S. 591ff. dieses Handbuches.

[3] MORGAN, W. T. J.: Proc. R. Soc. Med. **46**, 783 (1953). — GIBBONS, R. A., W. T. J. MORGAN and M. GIBBONS: Biochem. J. **60**, 428 (1955).

[4] LESKOWITZ, S., and E. A. KABAT: Am. Soc. **76**, 5060 (1954). — KABAT, E. A., and S. LESKOWITZ: Am. Soc. **77**, 5159 (1955).

Der Gehalt an Gesamt-Stickstoff in den MORGANschen Blutgruppensubstanzen liegt meistens um 5,5% (4,2—6,2%). Der Polypeptidanteil macht 20—30% der Substanzen aus. Elf verschiedene Aminosäuren sind in ihnen nachgewiesen worden, nämlich Alanin, Arginin, Asparaginsäure, Glutaminsäure, Leucin, Isoleucin, Lysin, Prolin, Serin, Threonin und Valin[1]. Von diesen scheint Threonin in der größten Menge vorzukommen. (Auch in den nicht gereinigten Fucomucinen des Gastrointestinaltraktus überwiegen Threonin und Serin[2].)

Die *Enterokinase* scheint ein Fucomucin zu sein[3]. Ein Präparat, das wahrscheinlich 80% rein war, enthielt beinahe 30% Kohlenhydrat, und zwar Glucosamin (10%), Galaktosamin (3%), Galaktose (8%), Fucose (4%) und Mannose (3%).

Der sog. „*intrinsic factor*“ (aus Schweinemagen) gehört möglicherweise auch zu dieser Gruppe[4]. In hochgereinigter Form stellt er ein Glykoproteid mit einem Molekulargewicht von etwa 15000 dar, in dem Hexosamin (5,8%), Galaktose, Fucose (1,4%) und Mannose nachgewiesen wurden. Die Substanz war adsorptionsanalytisch einheitlich und zeigte nur eine unbedeutende Blutgruppenaktivität.

5. Harnglykoproteide[5].

Die Harnglykoproteide stammen wahrscheinlich zum größten Teil aus den Harnwegen. Bei Proteinurie und auch unter normalen Verhältnissen können sie teilweise vom Blutplasma herrühren[6-8]. Kleine Mengen von Glykoproteiden in Gelform sind im normalen Harn suspendiert und können durch Filtrieren oder Zentrifugieren abgetrennt werden. Die sog. Nubecula besteht hauptsächlich aus Glykoproteiden. Auch aus dem filtrierten Harn können Glykoproteide in verschiedener Weise isoliert werden. Die organische Grundsubstanz der Harnkonkremente scheint hauptsächlich aus Glykoproteiden zu bestehen[9]. Das Glykoproteidmaterial des Harns enthält Fucose und besteht somit, wenigstens teilweise, aus *Fucomucinen*. Außer Fucose sind in den Harnglykoproteiden noch Galaktose, Mannose, Glucosamin, Galaktosamin und Sialinsäure nachgewiesen worden[10-12]. Kleine Mengen veresterter Schwefelsäure finden sich auch in diesen Produkten. Die alte Behauptung, daß Chondroitinschwefelsäure im normalen Harn vorkommt, ist kürzlich einwandfrei bestätigt worden[13].

Am besten charakterisiert ist ein von TAMM und HORSFALL dargestelltes Glykoproteid[14, 15]. Der Harn wurde zuerst mit 0,58 m NaCl gefällt. Aus der Fällung wurde das Mucin durch Extraktion mit 0,025 m Phosphatpuffer bei p_H 6,8 gewonnen. Es gab eine viscöse Lösung. Sein Molekulargewicht wurde zu $7{,}0 \cdot 10^6$ berechnet. Im Ultramikroskop erschien das Mucin in der Form von nodösen Fäden mit den ungefähren Dimensionen $100 \cdot 25000$ Å[16]. Die Substanz zeigte eine hochgradige Hemmungswirkung gegenüber dem

[1] Siehe unter anderen CARSTEN, M. E., and E. A. KABAT: Am. Soc. **78**, 3083 (1956).
[2] WERNER, I.: Acta Med. Soc. upsal. **58**, 1 (1953).
[3] YAMASHINA, I.: Ark. Kemi **9**, 225 (1956).
[4] Siehe LATNER, A. L., R. J. MERRILLS and L. RAINE: Biochem. J. **63**, 501 (1956).
[5] Siehe unter anderen MÖRNER, K. A. H.: Skand. Arch. Physiol. **6**, 332 (1895). — KOBAYASI, T.: J. Biochem. **30**, 451 (1939). — ODIN, L.: Nature **170**, 663 (1952). — GOTTSCHALK, A.: Nature **170**, 662 (1952).
[6] BOYCE, W. H., F. K. GARVEY and C. M. NORFLEET: J. clin. Invest. **33**, 1287 (1954). — RIGAS, D. A., and C. G. HELLER: J. clin. Invest. **30**, 853 (1951).
[7] POPENOE, E. A.: J. biol. Ch. **217**, 61 (1955).
[8] MCGARRY, E., A. H. SEHON and B. ROSE: J. clin. Invest. **34**, 832 (1955).
[9] BOYCE, W. H., and N. M. SULKIN: J. clin. Invest. **35**, 1067 (1956).
[10] GOTTSCHALK, A.: Nature **170**, 662 (1952).
[11] ODIN, L.: Nature **170**, 663 (1952).
[12] HAMERMAN, O., A. REIFE and K. DARTZ: J. Lab. clin. Med. **48**, 729 (1956).
[13] DI FERRANTE, N., and C. RICH: Clin. chim. Acta **1**, 519 (1956).
[14] TAMM, I., and F. L. HORSFALL jr.: J. exp. Med. **95**, 71 (1952).
[15] TAMM, I., J. C. BUGHER and F. L. HORSFALL jr.: J. biol. Ch. **212**, 125 (1955).
[16] PORTER, K. R., and I. TAMM: J. biol. Ch. **212**, 135 (1955).

Hämagglutinationseffekt von Influenzavirus und gewissen anderen Viren. — Die quantitative Analyse nach TAMM und HORSFALL dargestellter Substanz sowie zweier in anderer Weise isolierter Harnglykoproteide (die einfach durch Zentrifugieren des Harns und Waschen des Zentrifugats mit 0,58 m NaCl gewonnen worden waren) zeigte in bezug auf die Kohlenhydratkomponenten eine nahe Übereinstimmung: Hexosamin 6,4—9,4%, Hexose 6,8—9,0%, Fucose 0,7—1,1% und Sialinsäure 7,3—9,1%[1, 2]. Durch Adsorption an Benzoesäure und nachfolgende Elution erhielten ANDERSON, LOCHEY und MACLAGAN[3, 4] 3 Glykoproteidfraktionen, die der Substanz von TAMM und HORSFALL nahezustehen scheinen. Sie wiesen alle Amylaseaktivität auf, unterschieden sich aber in Hinsicht auf gewisse andere biologische Wirkungen. Nähere Angaben und Darstellungsverfahren s. im Beitrag Eiweißkörper, S. 389ff.

Es soll hier zuletzt daran erinnert werden, daß die *Harngonadotropine* Glykoproteide sind und daß es seit langem bekannt ist, daß Harn *Blutgruppenantigene* enthalten kann.

6. Serumglykoproteide*.

Alle daraufhin untersuchten Serumproteine, kristallines Serumalbumin ausgenommen, enthalten Kohlenhydrate, nur einige jedoch in solcher Menge, daß sie den Namen Glykoproteide verdienen. Die Kohlenhydratkomponenten der Serumproteine sind durchgehend vom gleichen allgemeinen Typus. Sie bestehen aus Hexosen, und zwar aus Galaktose und Mannose, weiter aus Hexosamin (wobei Glucosamin vorherrscht)[5] und Sialinsäure. In einigen Fällen ist auch Fucose in kleiner Menge gefunden worden. Das molekulare Verhältnis Hexose:Hexosamin:Sialinsäure kommt bei den Gesamtproteinen des normalen Menschenserums nahe 2:2:1[6]. Dies würde einer Gruppe von Dihexose-hexosamin und einer Gruppe von Sialinsäure-Hexosamin entsprechen. Ob diese Gruppen vereinigt oder je für sich mit dem Eiweiß verbunden sind, ist unentschieden.

Wird die Hauptmenge der Serumproteide durch Wärmecoagulation ausgefällt, so kann aus dem eingeengten Filtrat mit Alkohol eine Eiweißfraktion ausgefällt werden, die als *Seromucoid* bezeichnet worden ist[7]. Das Seromucoid stellt eine Mischung von kohlenhydratreichen Eiweißfraktionen dar. Sein Hauptbestandteil ist wahrscheinlich das sog. α_1-Glykoproteid (s. unten). Gleichartige Glykoproteide finden sich in den Filtraten, die man nach Fällung des Serums mit Fällungsmitteln, wie Perchlorsäure, Sulfosalicylsäure oder Trichloressigsäure, oder nach Ausfällung der Hauptmenge des Serumeiweißes mittels Neutralsalzen erhält. Diese Glykoproteide zeichnen sich also durch eine größere Löslichkeit als die übrigen Serumproteine aus. Sie entsprechen auch dem, was früher bisweilen als Serumalbumose oder Proteose bezeichnet wurde.

Von den durch Elektrophorese trennbaren Eiweißkomponenten des menschlichen Blutserums zeigten sich frühzeitig die α- und β-Globuline besonders kohlenhydratreich[8]. Zu den α-Globulinen gehören auch die bisher am besten definierten Glykoproteide des Blutserums.

Nach Fällung menschlichen Blutserums mit Perchlorsäure konnten WINZLER und Mitarbeiter[9] im Filtrat elektrophoretisch 3 Eiweißkomponenten nachweisen, die einen verhältnismäßig stark sauren Charakter hatten (isoelektrischer Punkt in Citratpuffer bei p_H 2,3 bzw. 3,4 und 4,3). (Schon früher war die Beobachtung gemacht worden, daß bei

* Zusammenfassende Darstellung: SONNET, J.: Les glycoprotéines sériques a l'état normal et pathologique. Brüssel 1956.

[1] GOTTSCHALK, A.: Nature 170, 662 (1952).
[2] ODIN, L.: Nature 170, 663 (1952).
[3] ANDERSON, A. J., and N. F. MACLAGAN: Biochem. J. 59, 638 (1955).
[4] ANDERSON, A. J., E. LOCKEY and N. F. MACLAGAN: Biochem. J. 60, XLI (1955).
[5] GOA, J.: Scand. J. clin. Lab. Invest. 7, Suppl. 22 (1955).
[6] BJÖRNESJÖ, K. B., L. ODIN u. I. WERNER: Unveröffentlicht.
[7] Siehe z. B.: STAUB, A. M., and C. RIMINGTON: Biochem. J. 42, 5 (1948).
[8] BLIX, G., A. TISELIUS and H. SVENSSON: J. biol. Ch. 137, 485 (1941).
[9] MEHL, J. W., J. HUMPHREY and R. J. WINZLER: Proc. Soc. exp. Biol. Med. 72, 110 (1949).

Elektrophorese von Serum bei p_H 4,5 ein kleiner Teil des Eiweißes noch anodisch wanderte[1].) Die größte und sauerste dieser Komponenten wurde später nach einem Aussalzungsverfahren als eine bei Elektrophorese (p_H 1,5—8,5) und Sedimentation (p_H 4,1 bis 10,5) einheitliche Substanz dargestellt[2]. Sie wanderte bei neutraler Reaktion wie ein α_1-Globulin und kann als ein α_1-Glykoproteid bezeichnet werden. Sie wurde auch „Orosomucoid" (oros = Serum) genannt. Dieses α_1-Glykoproteid hat ein Molekulargewicht von 40000—44000[3,4]. Es wird weder von Perchlorsäure, Sulfosalicylsäure oder Trichloressigsäure noch durch Kochen gefällt, kann aber durch Phosphorwolframsäure in 2% HCl und durch Sättigung mit Ammoniumsulfat ausgefällt werden*.

Eine mit diesem α_1-Glykoproteid offenbar identische Substanz wurde von SCHMID[5] mit Hilfe des COHNschen Fraktionierungssystems (Fraktion VI-1) dargestellt und als Bleisalz kristallisiert. Das α_1-Glykoproteid enthält 14—17% Hexose[2,4-6], 10—12% Hexosamin[2,4-6], 10% Sialinsäure[4,6] und 1% Fucose. Das Hexosamin besteht hauptsächlich aus Glucosamin. Kleine Mengen Galaktosamin konnten auch darin nachgewiesen werden. Als Hexosen kommen Galaktose und Mannose in etwa äquimolekularen Mengen vor. Das α_1-Glykoproteid macht etwa 0,5% des Gesamtproteins von Serum aus*.

Von den bei p_H 4,5 anodisch wandernden bzw. im Perchlorsäurefiltrat und in der Cohnschen Fraktion VI-1 vorkommenden Eiweißkomponenten ist ferner bisher nur *eine* näher charakterisiert worden. Der weniger lösliche Teil der Fraktion VI-1 tritt bei p_H 8,6 einheitlich auf mit der Wanderungsgeschwindigkeit eines α_2-Globulins, das sich bei saurer Reaktion in 3 Komponenten aufteilt[7]. Eine von diesen ist isoliert worden, zeigte sich elektrophoretisch zwischen p_H 4—10 sowie in der Ultrazentrifuge einheitlich[8] und war verhältnismäßig niedrigmolekular. Der isoelektrische Punkt der Substanz (Acetatpuffer) lag bei p_H 3,8—3,9. Sie wurde von 20% Trichloressigsäure, nicht aber durch Kochen gefällt. Es wurde darin 5% Hexose, 3,5% Hexosamin und 7% Sialinsäure gefunden. Möglicherweise ist die Substanz identisch mit der thyroxinbindenden Fraktion des Serumproteins[9].

Zu den α_2-Glykoproteiden gehört auch das nach JAYLE und Mitarbeitern[10] im Blutserum sowie im Harn bei Nephrose vorkommende *Haptoglobulin*. Diese Substanz besitzt die Eigenschaft, Hämoglobin stöchiometrisch zu binden und die peroxydatische Funktion von Hämoglobin erheblich zu verstärken. In welcher Beziehung sie zu den SCHMIDschen α_2-Glykoproteiden steht, ist unentschieden*.

Ziemlich wohldefiniert ist auch ein elektrophoretisch als γ_1-Globulin wanderndes Glykoproteid[11], das ein höheres Molekulargewicht hat (etwa 10^6) als der Hauptanteil des γ-Globulins (etwa $1,5 \cdot 10^5$). Sedimentationskonstante 19 S, gegenüber 7 S des Hauptanteils. Dieses Glykoproteid, das 5—10% des Gesamt-γ-Globulins beträgt, enthielt (noch nicht ganz rein) 5,20% Hexose, 0,62% Fucose, 2,90% Hexosamin und 1,70% Sialinsäure.

* Nähere Angaben s. auch S. 360ff. bei Serumproteinen.

1 PETERMANN, M. P., D. A. KARNOWSKY and K. M. HOGNESS: Cancer, N. Y. **1**, 104 (1948).

2 WEIMER, H. E., J. W. MEHL and R. J. WINZLER: J. biol. Ch. **185**, 561 (1950).

3 SMITH, E. L., D. M. BROWN, H. E. WEIMER and R. J. WINZLER: J. biol. Ch. **185**, 569 (1950).

4 SCHULTZE, H. E., I. GÖLLNER, K. HEIDE, M. SCHÖNENBERGER u. G. SCHWICK: Z. Naturforsch. **10b**, 463 (1955).

5 SCHMID, K.: Am. Soc. **72**, 2816 (1950); **75**, 60 (1953).

6 ODIN, L., u. I. WERNER: Acta Soc. Med. upsal. **57**, 227 (1952).

7 SCHMID, K.: Am. Soc. **77**, 742 (1955).

8 SCHMID, K.: Biochim. biophysica Acta, N. Y. **21**, 399 (1956).

9 PETERMANN, M. L., J. ROBBINS and M. G. HAMILTON: J. biol. Ch. **208**, 369 (1954). — ROBBINS, J., M. L. PETERMANN and J. E. RALL: J. biol. Ch. **212**, 403 (1955).

10 JAYLE, M. F., et G. BOUSSIER: Bull. Soc. Chim. biol. **36**, 959 (1954). — BURTIN, P., P. GRABAR, G. BOUSSIER et M. F. JAYLE: Bull. Soc. Chim. biol. **36**, 1029 (1954). — GUINAND, S., I. TONNELAT, G. BOUSSIER et M. F. JAYLE: Bull. Soc. Chim. biol. **38**, 329 (1956). — JAYLE, M. F., et G. BOUSSIER: Expos. ann. Biochim. méd. **17**, 172 (1955). — BAUDOUIN, A., J. LEWIN et P. HILLION: C. R. Soc. Biol. **150**, 1316 (1956).

11 MÜLLER-EBERHARD, H. J., H. G. KUNKEL and E. C. FRANKLIN: Proc. Soc. exp. Biol. Med. **93**, 146 (1956).

Die Kohlenhydratwerte stimmten sehr nahe mit demjenigen eines pathologischen γ_1-Makroglobulins überein.

Die zu der α-Globulingruppe gehörenden Proteine mit speziellen physiologischen Funktionen, das *Prothrombin*, das *Thrombin* und das Coeruleoplasmin sind auch Glykoproteide[1].

Fetuin. Zu den Glykoproteiden gehört das Fetuin, ein Protein, das bei Elektrophorese und Ultrazentrifugieren von Blutserum von neugeborenen Kälbern und Rindfeten entdeckt wurde[2]. Bei neutraler Reaktion wandert es elektrophoretisch wie ein α_1-Globulin und bildet im fetalen Rindserum beinahe die Hälfte der Proteinstoffe[3]. Es ist noch nicht in einheitlicher Form erhalten worden und scheint verhältnismäßig labil zu sein, besonders in Hinsicht auf Aggregationstendenz. Der isoelektrische Punkt der Substanz liegt bei p_H 3,4—4,4[3] und das Molekulargewicht um 50000. Es enthält etwa 8—10% Hexosamin, 5—9% Hexose und 6% Neuraminsäure[3]. Zur Darstellung s. unter Serumproteinen, S. 369.

7. Gonadotropine[4].

Das aus Harn schwangerer Frauen erhaltene Choriongonadotropin (HCG) ist in kristalliner Form dargestellt worden. Sein Molekulargewicht wurde zu etwa 100000 berechnet. Der isoelektrische Punkt wurde bei p_H 3,2—3,3 gefunden. Es soll etwa 5% Hexosamin und 11% Hexose enthalten. Letzteres wurde von GURIN und Mitarbeitern[5] als Galaktose identifiziert. ODIN und WERNER[6] wiesen in einem hochgereinigten Präparat noch Mannose und Sialinsäure nach.

Das aus Serum schwangerer Stuten erhaltene Gonadotropin (PSMG) ist auch in der Form eines ziemlich sauren Glykoproteids erhalten worden. Der isoelektrische Punkt lag bei p_H 2,60—2,65. In der Substanz finden sich 14—17% Hexose und etwa 8% Hexosamin. Galaktose wurde mit Sicherheit nachgewiesen. Ob darin noch Mannose und Sialinsäure vorhanden sind, ist unbekannt.

Von den Gonadotropinen der Hypophyse scheint wenigstens das interstitialzellstimulierende Hormon ein Glykoproteid zu sein. Die von Schaf bzw. Schwein erhaltenen Präparate unterschieden sich nicht unbeträchtlich. Sie enthielten 7—8% Kohlenhydrat (Mannose und Hexosamin im ungefähren Verhältnis 1:1).

8. Glykoproteide des Eiklars[7].

a) Ovomucoid (Ovomucoid-α)[8].

Darstellung. Nach Ausfällung der in der Wärme koagulablen Proteine des Eiklars durch Kochen bei p_H 4,5—5,0 kann aus dem mäßig eingeengten Filtrat ein Glykoproteid ausgefällt werden, das seit seiner Entdeckung von MÖRNER[9] als Ovomucoid bezeichnet wird. Es ist in einer Konzentration von 1—2% in dem Eiklar des Hühnereies sowie in dem vieler anderer Vogelarten gefunden worden[9].

Die Substanz läßt sich auch ohne Verwendung von Wärme darstellen[10]. Man versetzt Eiklar unter Umrühren mit etwa 1 Vol. einer Lösung, die aus 0,5 m Trichloressigsäure

---

[1] Siehe SCHULZE, H. E.: Scand. J. Clin. Lab. Invest. **10**, Suppl. **31**, 137 (1957).

[2] PEDERSEN, K. O., in: THE SVEDBERG 1884—1944. S. 490. Uppsala 1944. Nature **154**, 575 (1944). Ultracentrifugal Studies on Serum and Serum Fractions. Uppsala 1945. J. physic. Colloid Chem. **51**, 164 (1947).

[3] DEUTSCH, H. F.: J. biol. Ch. **208**, 669 (1954). — KLENK, E., u. W. STOFFEL: H. **302**, 286 (1955).

[4] Übersichte über die Chemie der Gonadotropine findet man bei LI, C. H.: Vitamins & Hormones **7**, 223 (1949). — MORRIS, C. J. O. R.: Brit. med. Bull. **11**, 101 (1955). — WERTH, G.: Arzneim.-Forsch. **5**, 409 (1955).

[5] GURIN, S., C. BACHMAN and D. W. WILSON: J. biol. Ch. **133**, 467 (1940).

[6] ODIN, L., u. I. WERNER: Unveröffentlicht.

[7] Eine Übersicht über die Eiweißstoffe des Eiklars ist von FEVOLD, H. L.: Adv. Protein Chem. **6**, 187 (1951) gegeben; s. ferner in diesem Band S. 418ff.

[8] MEYER, K.: Cold Spring Harbor Symp. quant. Biol. **6**, 91 (1938).

[9] MÖRNER, C. T. H.: H. **18**, 525 (1894); **80**, 430 (1912).

[10] LINEWEAVER, H., and C. W. MURRAY: J. biol. Ch. **171**, 565 (1947).

(1 Vol.) und Aceton (2 Vol.) besteht und setzt das Umrühren noch 15—30 min fort. Die Mischung wird dann filtriert und das Filtrat mit 2—2$^1/_2$ Vol. Aceton gefällt. Die Fällung wird mit Aceton gewaschen, in Wasser gelöst, dialysiert und nochmals mit Aceton gefällt.

Weitere Angaben s. auch im Beitrag Eiweißkörper, S. 429ff.

Zusammensetzung. Das Ovomucoid enthält etwa 22—26% Polysaccharid. LEVENE und Mitarbeiter[1] stellten aus Ovomucoid (sowie aus coaguliertem Eiweiß) ein Polysaccharid dar, das den Analysen nach ein polymerisiertes Dimannose-Glucosamin mit einem Molekulargewicht von etwa 2000 war. Ein von STACEY und WOOLLEY[2] dargestelltes Polysaccharid enthielt dagegen mehr Glucosamin als Hexose. Bei vollständiger Methylierung und Hydrolyse wurden aus letzterem N-Acetyl-3,4,6-trimethyl-D-glucosamin (7 Mol), D-Mannopyranose (2 Mol), 3,4,6-Trimethyl-D-mannopyranose (1 Mol) und Tetramethyl-D-galaktopyranose (1 Mol) erhalten.

STACEY und WOOLLEY stellten sich das Polysaccharid als ein Hendecasaccharid vor, das aus 3 Gruppen Mannose, 7 Acetylglucosamin und einer Galaktose zusammengesetzt sei, wobei 2 der Mannosegruppen eine zentrale Stellung einnehmen sollten. Die Richtigkeit dieser Auffassung der Struktur hängt unter anderem von der Einheitlichkeit der Substanz ab. Wie oben gesagt wurde, kann das Ovomucoid aber in mehrere Subfraktionen aufgeteilt werden. Die Strukturfrage dieses Polysaccharids ist weiterer Prüfung bedürftig. ODIN[3] hat das Vorkommen von Glucosamin, Mannose und Galaktose im Ovomucoid etwa im molekularen Verhältnis 7:3:1 bestätigen können.

Über die Aminosäurezusammensetzung von Ovomucoid liegt eine Untersuchung vor[4]; s. auch S. 449.

Eigenschaften. Bei Elektrophorese wanderte das Ovomucoid mit einer einzigen Grenzfläche[5], die jedoch gewisse Zeichen elektrochemischer Uneinheitlichkeit zeigte[6]. Der isoelektrische Punkt von wärmebehandeltem Ovomucoid wurde bei p_H 4,3—4,5 gefunden, der von ohne Erhitzen hergestelltem bei p_H 3,9[7]. Letzteres zeigte ein einheitliches Molekulargewicht von 29000. Später ist jedoch ohne Wärmebehandlung dargestelltes Ovomucoid durch Elektrophorese in Acetatpuffer (Ionenstärke 0,01) bei p_H 4—5 in 5 Fraktionen aufgeteilt worden[8]. Ihre isoelektrischen Punkte lagen zwischen p_H 3,83 und 4,41. Sie gleichen einander auch in bezug auf Sedimentationskonstante und antitryptische Aktivität.

Das Ovomucoid löst sich sehr leicht in Wasser. Die Lösung wird nicht durch Essigsäure gefällt, auch nicht unter anderem durch Trichloressigsäure, Sulfosalicylsäure, Metaphosphorsäure oder Bleiacetat. Es wird dagegen durch Phosphorwolframsäure und durch Sättigung mit Ammoniumsulfat gefällt.

Das ohne Kochen dargestellte Ovomucoid zeigt eine starke antitryptische Wirkung[9]. Es ist praktisch vollständig resistent gegen Chymotrypsin und Papain.

b) Ovomucin (Ovomucoid-β)[10].

Das Ovomucin ist weniger gut charakterisiert als das Ovomucoid. Es wird durch Verdünnen des Eiklars mit Wasser in zähen Massen ausgefällt[11, 12]. Es kann dann unter den Bedingungen, unter welchen es präformiert im Eiklar vorkommt, nicht wieder in Lösung

[1] LEVENE, P. A., and T. MORI: J. biol. Ch. **84**, 49 (1929). — LEVENE, P. A.: J. biol. Ch. **140**, 279 (1941).
[2] STACEY, M., and J. M. WOOLLEY: Soc. **1940**, 184.
[3] ODIN, L.: Unveröffentlicht.
[4] LEWIS, J. C., N. S. SNELL, D. J. HIRSCHMANN and H. FRAENKEL-CONRAT: J. biol. Ch. **186**, 23 (1950).
[5] HESSELVIK, L.: H. **254**, 144 (1938).
[6] LONGSWORTH, L. G., R. K. CANNAN and D. A. MAC INNES: Am. Soc. **62**, 2580 (1940).
[7] FREDERICQ, E., and H. F. DEUTSCH: J. biol. Ch. **181**, 499 (1949).
[8] BIER, M., L. TERMINIELLO, J. A. DUKE, R. J. GIBBS u. F. F. NORD: Arch. Biochem. **47**, 465 (1953).
[9] LINEWEAVER, H., and C. W. MURRAY: J. biol. Ch. **171**, 565 (1947).
[10] MEYER, K.: Cold Spring Harbor Symp. quant. Biol. **6**, 91 (1938).
[11] YOUNG, E. G.: J. biol. Ch. **120**, 1 (1937).
[12] SÖRENSEN, M.: C. R. Lab. Carlsberg (II) **22**, 487 (1938).

gebracht werden. Mit Alkali oder mit verschiedenen Mitteln, die denaturierte Proteine lösen, geht es in Lösung. Die Lösungen sind hochviscös. Bei wiederholten Fällen neigt es mehr und mehr dazu, unlöslich zu werden.

Die Kohlenhydratkomponenten von Ovomucin sind kürzlich von ODIN[1] näher untersucht worden. Insgesamt enthält das Ovomucin etwa 22% Kohlenhydrat; Hexose und Hexosamin findet man je etwa 8% und Sialinsäure etwa 6,5—7,0%. Glucosamin und Galaktosamin sind im Verhältnis 3:1 vorhanden. Die Hexosen sind Mannose und Galaktose (1:2). Hexose, Hexosamin und Sialinsäure kommen annähernd im Verhältnis 2:2:1 vor.

Die Hemmungswirkung des Eiklars auf die Influenzavirushämagglutination ist auf das Ovomucin lokalisiert worden[2,3]. Diese Wirkung steht mit dem Sialinsäuregehalt in Verbindung.

F. Identifizierung und quantitative Bestimmung der Monosaccharidkomponente der Mucopolysaccharide und Glykoproteide.

1. Hydrolyse der Mucopolysaccharide.

Falls bei der Ausführung der quantitativen colorimetrischen Bestimmung der Hexosen, Methylpentosen und Uronsäuren starke Schwefelsäure angewandt wird, ist eine Hydrolyse des Polysaccharids vor der Bestimmung nicht notwendig. Der qualitative und quantitative Nachweis der Aminozucker und die Identifizierung und quantitative chromatographische Bestimmung der neutralen Monosaccharide sind jedoch erst nach Hydrolyse des Polysaccharids möglich. Hierbei sind 2 Faktoren von wesentlicher Bedeutung. Erstens muß die Hydrolyse, wenigstens für die quantitative Bestimmung, vollständig sein, und zweitens dürfen keine freiwerdenden Monosaccharide durch die Hydrolyse zerstört werden. Diese Forderungen können aber selten gleichzeitig erfüllt werden, weswegen man bei der quantitativen Bestimmung der freigewordenen Monosaccharide oft zu niedrige Werte erhält.

Heparin, Chondroitinschwefelsäure und Hyaluronsäure enthalten Uronsäure, und zur vollständigen Hydrolyse der Uronide sind meist relativ drastische Methoden notwendig. Was die Glykoside der Aminohexosen betrifft, ist deren Resistenz, wie FOSTER und STACEY[4] neulich beweisen konnten, weitgehend davon abhängig, ob und wie ihre Aminogruppe substituiert ist.

Aminozuckerglykoside, die eine unsubstituierte Aminogruppe mit deren positivem Charakter enthalten, sind sehr resistent gegen saure Hydrolyse. Leicht abspaltbare Substituenten an dem Aminostickstoff bewirken ebenfalls eine starke Resistenz gegen saure Hydrolyse. Das Heparin enthält eine Sulfaminbindung, also eine Bindung, die durch Säuren leicht gespalten werden kann, und ist im übrigen gegen saure Hydrolyse sehr resistent, während Chondroitinschwefelsäure und Hyaluronsäure mit ihren relativ schwer abspaltbaren Acetylgruppen leichter hydrolysiert werden können. Die Hydrolyse der Glykoside der Aminohexosen wird nicht nur durch die Substitution der Aminogruppe, sondern auch durch die Substituenten an anderen Stellen des Moleküls beeinflußt.

Früher nahm man an, daß die zu niedrigen Werte, die man bei der Bestimmung der Aminohexosen nach Hydrolyse des Mucopolysaccharids erhielt, durch eine teilweise Zerstörung des Aminozuckers während der angewandten drastischen Hydrolysemethoden verursacht wurden. Neuere Erfahrungen konnten diese Annahme nicht bestätigen. Nach 24stündiger Hydrolyse von Corneapolysacchariden mit 6 n HCl erhält man annähernd

[1] ODIN, L.: Unveröffentlicht.
[2] LANNI, F., D. G. SHARP, E. A. ECKERT, E. S. DILLON, D. BEARD and J. W. BEARD: J. biol. Ch. **179**, 1275 (1949).
[3] SHARP, D. G., F. LANNI and J. W. BEARD: J. biol. Ch. **185**, 681 (1950).
[4] FOSTER, A. B., and M. STACEY: Adv. Carbohydrate Chem. **7**, 247 (1952).

die gleichen Glucosaminwerte wie nach 8stündiger Hydrolyse[1]. Aller Wahrscheinlichkeit nach sind demnach die bei der Mucopolysaccharidanalyse erhaltenen niedrigen Hexosaminwerte im wesentlichen einer unvollständigen Hydrolyse des Polysaccharids zuzuschreiben.

Die Uronsäuren werden durch die drastischen Hydrolysebedingungen, die zu ihrer Freimachung aus dem Polysaccharid notwendig sind, fast quantitativ zerstört.

Monosaccharide sind im allgemeinen resistenter gegen Säuren als Uronsäuren, aber leichter zerstörbar als Aminohexosen.

Allgemeine Regeln für die Hydrolyse von Mucopolysacchariden und Glykoproteiden lassen sich nicht aufstellen. Sollen unbekannte Polysaccharide hydrolysiert und deren Monosaccharide quantitativ — z. B. chromatographisch — bestimmt werden, empfiehlt es sich, die Hydrolyse, besonders hinsichtlich der Zeit und der Säurekonzentration, unter verschiedenen Bedingungen vorzunehmen und nach jedem Versuch den Monosaccharidgehalt zu bestimmen. Der höchste Wert, den man auf diese Weise für eine Komponente erhält, kommt wahrscheinlich dem tatsächlichen Gehalt am nächsten. Dabei ist aber zu berücksichtigen, daß die für eine Monosaccharidkomponente günstigsten Hydrolysebedingungen keinesfalls auch für die anderen im Polysaccharid enthaltenen Komponenten die günstigsten zu sein brauchen.

Bei der Bestimmung der Aminozucker ist es vorteilhaft, die vorhergehende Hydrolyse mit drastischen Methoden vorzunehmen, z. B. mit 6 n HCl bei 100° C 8 Std oder mit 2—4 n HCl bei 100° C 14 Std. Diese Verfahren haben 2 sehr wesentliche Vorteile für die spätere quantitative Erfassung der Aminozucker. Erstens wird wahrscheinlich auf diese Weise das Polysaccharid am wirksamsten gespalten, und zweitens werden Monosaccharide und Uronsäuren fast quantitativ zerstört. Da Monosaccharide zusammen mit Aminosäuren aber Chromogene bilden können, die die quantitative Bestimmung der Aminozucker stören, sind diese Überlegungen sehr wichtig.

2. Nachweis und Bestimmung von Hexosaminen.

a) Qualitativer Nachweis.

Ein häufig angewandtes Verfahren zum Nachweis der Hexosamine ist die *Kristallisation ihrer Hydrochloride*, wobei sich meist Unterschiede in deren Löslichkeit ausnutzen lassen. So ist das Glucosamin-hydrochlorid in wäßriger Lösung schwerer löslich als Galaktosamin-hydrochlorid und kann nach Hydrolyse oft durch Einengen des Hydrolysats direkt in kristalliner Form gewonnen werden. Die Kristallisation der Hydrochloride von Glucosamin und Galaktosamin gelingt jedoch wesentlich leichter aus salzsaurer methanolischer Lösung, wobei eine vorsichtige Zugabe von Aceton oder Äther die Kristallisation begünstigt.

Das Galaktosamin läßt sich in kristallisierter Form am besten darstellen, wenn man zu der methanolischen salzsauren Lösung bei —5 bis —10° C tropfenweise kaltes Aceton zugibt, bis eine schwache Opalescenz auftritt[2]. Zur Erleichterung der Kristallbildung reibt man die Wände des Gefäßes mit einem Glasstab und läßt die Lösung bei —10° C stehen. In den Lösungen vorhandene Neutralsalze oder Aminosäuren können die Kristallbildung erheblich stören.

Schwieriger ist die *Identifizierung*, wenn Glucosamin und Galaktosamin nebeneinander im Hydrolysat vorliegen. In diesem Falle ist es am besten, beide Komponenten chromatographisch auf einer Ionenaustauschersäule zu trennen (s. S. 703). Alle zur gleichen Komponente gehörenden Fraktionen werden vereinigt, eingeengt und wie oben beschrieben zur Kristallisation gebracht[1]. Das Glucosamin-hydrochlorid kristallisiert dann monoklin-sphenoidisch und das Galaktosamin-hydrochlorid in feinen Nadeln aus. Die weitere Identifizierung von Glucosamin- bzw. Galaktosamin-hydrochlorid ist auf Grund ihrer verschiedenen optischen Aktivität möglich. Der Endwert für Glucosamin-hydrochlorid

[1] Gardell, S.: Acta chem. scand. **7**, 207 (1953).
[2] Gardell, S.: Acta chem. scand. **5**, 195 (1951).

in 2%iger wäßriger Lösung ist $[\alpha]_D^{20}$ + 72°, der für Galaktosamin-hydrochlorid $[\alpha]_D^{20}$ + 93°. Da das Glucosamin jedoch meistens in der α-Form auskristallisiert, führt die Mutarotation zu einer Abnahme der Drehung, während beim Galaktosamin, welches Kristalle in der β-Form bildet, die Drehung auf Grund der Mutarotation zunimmt. Die Messung der optischen Aktivität der beiden Hexosamine stellt ein nur unzureichendes Nachweisverfahren dar. Ebensowenig ist eine einwandfreie Trennung auf Grund ihrer Schmelzpunkte möglich. Dagegen haben sich die Röntgendiffraktionsmessungen als sichere und zweifellos beste Methode zum Nachweis von Hexosamin-hydrochloriden erwiesen[1].

Auch andere chemische Nachweismethoden sind angegeben worden. Die Untersuchung verschiedener Schiff-Basen ergab, daß die p-Nitrobenzyliden-, 2-Oxy-1-naphthyliden- und 3-Methoxy-4-oxybenzyliden-Derivate von Glucosamin und von Galaktosamin[2] auf Grund ihrer verschiedenen Löslichkeitsverhältnisse zur Isolierung und Charakterisierung von Hexosaminen geeignet sind, s. Bd. III/1, S. 765.

Durch Überführung in ein *N-Carbobenzyloxy-Derivat* kann das Glucosamin aus einer Mischung von neutralen Monosacchariden und Aminosäuren isoliert werden[3]. Dieses Verfahren läßt sich jedoch nicht auf die Isolierung von Galaktosamin anwenden, da dessen Derivat leichter löslich ist.

Die Einführung der *Papierchromatographie* in die Analyse von Kohlenhydraten durch Bell[4] und Partridge[5] bedeutete eine wesentliche Vereinfachung des Nachweises der Monosaccharide und anderer bei der Spaltung von Polysacchariden entstehender Abbauprodukte. Seit der erstmaligen Anwendung dieses Trennungsverfahrens auf Glucosamin und Galaktosamin durch Aminoff und Morgan[6] sind verschiedene Lösungsmittelsysteme zur papierchromatographischen Trennung dieser beiden Aminozucker angegeben worden. Obwohl sich beide Verbindungen neben anderen Monosacchariden und Aminosäuren leicht nachweisen lassen, haben doch die meisten Lösungsmittelsysteme den Nachteil, daß sie zu einer nur unvollständigen Trennung der beiden Hexosamine führen. Eine ausreichend scharfe Trennung zwischen Glucosamin und Galaktosamin läßt sich jedoch mit dem Lösungsmittelsystem Pyridin:Äthylacetat:Wasser:Essigsäure im Verhältnis 5:5:3:1 erreichen[7]. Wird dabei Triphenyltetrazoliumchlorid als Entwickler angewandt, können die einzelnen Hexosamine auch in Gemischen quantitativ bestimmt werden.

Zur Erkennung der Hexosamine auf dem Papier lassen sich 3 verschiedene Methoden anwenden. Neben der Möglichkeit, sie als reduzierende Zucker mit Silbernitrat in ammoniakalischer Lösung[8] oder durch die von Trevelyan, Procter und Harrison[9] angegebene Methode nachzuweisen, liefert auch der Nachweis mit der Elson-Morgan-Reaktion[8, 10, 11] sehr spezifische Resultate.

Reagentien:

1. Acetylacetonlösung. a) 0,5 cm³ Acetylaceton in 50 cm³ Butanol gelöst. b) 5 cm³ 50%ige wäßrige Lösung von KOH und 20 cm³ Äthanol. 10 cm³ von a) und 0,5 cm³ von b) werden unmittelbar vor dem Gebrauch gemischt.
2. p-Dimethylaminobenzaldehydlösung. 1 g p-Dimethylaminobenzaldehyd wird in 30 cm³ Äthanol gelöst und mit 30 cm³ konz. HCl sowie 180 cm³ Butanol versetzt.

Das Chromatogramm wird zuerst mit einer alkalischen Lösung von Acetylaceton in Butanol besprüht, 5 min lang auf etwa 100° erwärmt und danach mit einer salzsauren

[1] Werner, I.: Mikrochim. Acta **39**, 133 (1952).
[2] Jolles, Z. E., and W. T. J. Morgan: Biochem. J. **34**, 1183 (1940).
[3] Chargaff, E., and M. Bovarnick: J. biol. Ch. **118**, 42 (1937).
[4] Bell, D. J.: Soc. **1944**, 473.
[5] Partridge, S. M.: Nature **158**, 270 (1946).
[6] Aminoff, D., and W. T. J. Morgan: Nature **162**, 579 (1948).
[7] Fischer, F. G., u. H. J. Nebel: H. **302**, 10 (1955).
[8] Aminoff, D., and W. T. J. Morgan: Nature **162**, 579 (1948).
[9] Trevelyan, W. E., D. P. Procter and J. S. Harrison: Nature **166**, 444 (1950).
[10] Foster, M. C., and G. C. Ashton: Nature **172**, 958 (1953).
[11] Partridge, S. M.: Biochem. J. **42**, 238 (1948).

Lösung von p-Dimethylaminobenzaldehyd in derselben Weise behandelt, wobei die Hexosamine als rote Flecken hervortreten.

Auch die *Ninhydrin-Reaktion* kann in gleicher Weise wie für die Aminosäuren auch zum Nachweis für die Hexosamine herangezogen werden. Noch leichter lassen sich die Hexosamine auf dem Chromatogramm erkennen, wenn man sie vorher durch Kondensation mit *Dinitrofluorbenzol* in ihre DNP-Derivate überführt[1]. In dem Lösungsmittelsystem Butanol:Äther:Boratpuffer (0,2 m p_H 8,0) im Verhältnis 4:1:5 wandert das Galaktosaminderivat wesentlich langsamer als das entsprechende Glucosaminderivat.

Der beste papierchromatographische *Nachweis der Hexosamine* ist jedoch ihre Oxydation mit Ninhydrin, wobei aus dem Glucosamin *Arabinose* und aus dem Galaktosamin *Lyxose* gebildet werden[2]. Diese so erhaltenen Pentosen lassen sich in mehreren Lösungsmittelsystemen leicht papierchromatographisch voneinander trennen und nachweisen. Die Methode ist von STOFFYN und JEANLOZ modifiziert worden und auf sehr geringe Mengen von Aminozuckern anwendbar[3].

***Oxydation von Hexosaminen mit Ninhydrin nach* STOFFYN *und* JEANLOZ**[3]. *A. Verfahren im Capillarröhrchen.* Kleine Mengen der Zucker (20 bis 50 γ) werden in verdünnter wäßriger Lösung mit Hilfe der Oberflächenspannung in Capillarröhrchen aufgenommen und eine 2%ige wäßrige Ninhydrinlösung, die 4% Pyridin enthält, in geringem Überschuß zugegeben. Die Capillare wird dann an beiden Enden zugeschmolzen und eine Zeitlang auf 100° C erhitzt. Nach Öffnen des Röhrchens wird die Lösung zur Papierchromatographie auf einen Startfleck (Filterpapier Whatman Nr. 1 oder Nr. 54) aufgetragen und absteigend in Butanol:Äthanol:Wasser 4:1:1 chromatographiert. Zur Entwicklung wird nach TREVELYAN u. a. mit einer äthanolischen Natriumhydroxydlösung behandelt, die als Bad und nicht als Spray anzuwenden ist.

B. Filtrierpapiermethode. Nach Auftragen von 1—150 γ Zucker zur Papierchromatographie werden die Startflecke mit einer 2%igen äthanolischen Lösung von Ninhydrin, die 4% Pyridin enthält, besprüht und das Papier 3 Std lang bei 80° C in ein geschlossenes Gefäß gehängt, an dessen Boden sich eine 50%ige wäßrige Pyridinlösung befindet. Die Papierchromatographie erfolgt dann wie oben angegeben.

Das Verfahren *A.* ist vorzuziehen.

Zur *Chromatographie* größerer Hexosaminmengen verwenden ANNISON, JAMES und MORGAN[4] die Verteilungschromatographie ihrer DNP-Derivate auf einer Kieselgursäule. Als stationäre Phase wandten sie einen Boratpuffer von p_H 10, als bewegliche Phase Amylalkohol an. Das Galaktosamin, das auf Grund seiner Hydroxylgruppen in cis-Stellung an den Kohlenstoffatomen C-3 und C-4 leichter Boratkomplexe bildet, wurde länger auf der Säule zurückgehalten. Dieses Verfahren ist von KABAT und LESKOWITZ in der Weise modifiziert worden[5], daß Glucosamin bzw. Galaktosamin durch Reduktion mit Natriumborhydrid in den entsprechenden Aminoalkohol überführt und deren DNP-Derivate in einem Äthanol-Chloroformgemisch auf einer Silicagel-Kieselgur-Säule chromatographiert werden.

Das einfachste Verfahren zur Trennung der Hexosamine ist jedoch die Chromatographie auf einer Kationenaustauscher-Säule (Dowex 50) mit Salzsäure als Lösungsmittel[6] (s. S. 703).

b) Quantitative Bestimmung der gesamten Hexosamine.

Die charakteristischste und zur Bestimmung von 2-Aminohexosen am häufigsten verwandte Farbreaktion ist die ELSON-MORGAN-Reaktion. Sie basiert auf der Beobachtung

[1] KENT, P. W., G. LAWSON and A. SENIOR: Science, N. Y. **113**, 354 (1951).
[2] GARDELL, S., F. HEIJKENSKJÖLD and A. E. ROCH-NORLUND: Acta chem. scand. **4**, 970 (1950).
[3] STOFFYN, P. J., and R. W. JEANLOZ: Arch. Biochem. **52**, 373 (1954).
[4] ANNISON, E. F., A. T. JAMES and W. T. J. MORGAN: Biochem. J. **48**, 477 (1951).
[5] LESKOWITZ, S., and E. A. KABAT: Am. Soc. **76**, 4887 (1954).
[6] GARDELL, S.: Acta chem. scand. **7**, 207 (1953).

von MÜLLER[1], daß Penta-acetylglucosamin nach Erhitzen in alkalischer Lösung mit Ehrlichs Reagens (p-Dimethylaminobenzaldehyd in salzsaurer Lösung) eine intensiv rote Farbe bildet.

ZUCKERKANDL und MESSINER-KLEBERMASS[2] versuchten, diese Farbreaktion nach vorheriger Acetylierung der Hexosamine zu ihrer quantitativen Bestimmung heranzuziehen. Praktisch anwendbar wurde die Methode jedoch erst in der von ELSON und MORGAN modifizierten Form[3], die auf die Beobachtung von PAULY und LUDWIG[4] zurückgeht, daß man eine stabile rote Farbe erhält, wenn man die Acetylierung von Glucosamin mit Acetylaceton in alkalischer Lösung vornimmt. Diese zuerst von ELSON und MORGAN angegebene Technik ist später mehrfach modifiziert worden, z. B. [5–9].

Hexosaminbestimmung nach BLIX[8]. Nach BLIX[8] wird die Analyse mit kleinen Veränderungen folgendermaßen ausgeführt.

Reagentien:

1. Acetylacetonlösung: 0,75 cm^3 reines Acetylaceton werden in 25 cm^3 1,25 n Na_2CO_3 gelöst. Das Reagens wird unmittelbar vor Gebrauch hergestellt.
2. EHRLICHs Reagens: 1,6 g p-Dimethylaminobenzaldehyd werden in 30 cm^3 konz. Salzsäure gelöst und mit 30 cm^3 96%igem Äthanol versetzt. Die Lösung muß klar und nur schwach gelblich sein. Sie ist bei 0 bis +4° C lange haltbar.

Vorbereitung der Proben.

Nach der Hydrolyse kann eines der folgenden Verfahren angewandt werden:

1. Die Probe wird auf ein bekanntes Volumen, z. B. 10 cm^3, verdünnt. Ein aliquoter Teil, z. B. 5 cm^3, wird mit 4 n NaOH und Methylrot als Indikator sorgfältig titriert. Zum Rest der verdünnten Probe gibt man nun die durch die Titration festgestellte erforderliche Menge 4 n NaOH und verdünnt die Mischung nochmals auf ein bekanntes Volumen. 2 cm^3 dieser Verdünnung entnimmt man zur Analyse[8].

2. Die Probe wird entweder in einem Pyrexröhrchen mit einer 5 cm^3-Marke hydrolysiert oder nach der Hydrolyse in ein solches Glas übergeführt. Danach setzt man einen Tropfen einer alkoholischen Bromthymolblau-Lösung zu, neutralisiert mit NaOH und füllt mit H_2O bis zur Marke 5 cm^3 auf[9].

3. Die Probe wird in ein graduiertes Pyrexröhrchen überführt und über NaOH und konz. H_2SO_4 im Vakuum-Exsiccator eingeengt. Wenn die Flüssigkeit verdampft ist, setzt man 1 cm^3 H_2O zu und bringt das Röhrchen erneut in den Exsiccator. Nach Abdunstung wird der Rückstand in Wasser gelöst.

Acetylierung.

2 cm^3 der nach Verfahren 1 oder 2 behandelten Probe werden in ein 30—40 cm^3 fassendes Röhrchen mit Schliffstopfen gebracht und mit 2 cm^3 Acetylaceton-Lösung versetzt. Das gleiche gilt für eine Blindprobe, die nur Wasser enthält. Die Röhrchen werden im Wasserbad 20—60 min auf 96° C erhitzt. (Wenn man über ein spezialkonstruiertes Wasserbad verfügt, kann man auch gewöhnliche Reagensgläser anwenden[10]. Sonst ist es auch möglich, kleine, mit Wasser oder Äthanol gefüllte Röhrchen als Kühler in die Reagensgläser einzusetzen, so daß ihr nach außen gebogener Rand auf der Kante des Reagensglases aufliegt.)

---

[1] MÜLLER, F.: Z. Biol. **42**, 561 (1901).
[2] ZUCKERKANDL, F., u. L. MESSINER-KLEBERMASS: B. Z. **236**, 19 (1931).
[3] ELSON, L. A., and W. T. J. MORGAN: Biochem. J. **27**, 1824 (1933).
[4] PAULY, H., u. E. LUDWIG: H. **121**, 170 (1922).
[5] BAYER, R., u. O. FÜRTH: B. Z. **282**, 242 (1935).
[6] NILSSON, I.: B. Z. **285**, 386 (1936).
[7] PALMER, J. W., E. M. SMYTH and K. MEYER: J. biol. Ch. **119**, 491 (1937).
[8] BLIX, G.: Acta chem. scand. **2**, 467 (1948).
[9] ROSENLUND, B.: Scand. J. clin. Lab. Invest. **8**, 177 (1956).
[10] GARDELL, S.: Acta chem. scand. **5**, 1011 (1951).

Colorimetrie.

Nach der Acetylierung kühlt man die Röhrchen ab und gibt zu jedem 20 cm^3 96%iges Äthanol sowie anschließend 2 cm^3 EHRLICHs Reagens und mischt die Lösungen gut durch. Nach 45 min wird in einer 1 cm-Küvette bei 530 mμ abgelesen.

Auf diese Weise können Hexosaminmengen von 25—150 γ in der acetylierten Probe bestimmt werden. Wird die Probe nur 20 min acetyliert, erhält man bei Hexosaminmengen über 75 γ zu niedrige Werte. Bei geringerem Hexosamingehalt wird die Bestimmung leicht ungenau, da die Eigenfarbe des Hydrolysates, besonders in Anwesenheit von anderen Zuckern, bei 530 mμ eine Absorption bewirkt.

Entgegen der früheren Annahme, daß die 2-Aminohexosen durch Acetylaceton in alkalischer Lösung zunächst in Pyrrolderivate umgewandelt werden, die sich dann mit p-Dimethylaminobenzaldehyd zu rotgefärbten Verbindungen kondensieren[1], haben neuere Untersuchungen ergeben, daß der Reaktionsmechanismus wahrscheinlich viel komplizierter ist[2] (s. auch „Bestimmungen von N-Acetylaminozuckern" S. 706). Es hat sich gezeigt, daß die Reaktion nicht spezifisch für 2-Aminohexosen ist, da basische Aminosäuren und Monosaccharide beim Erhitzen in Gegenwart von Alkali unspezifische Chromogene bilden, die die Reaktion stören und zu deren Beseitigung verschiedene Methoden vorgeschlagen wurden. IMMERS und VASSEUR[3, 4] empfehlen, die Reaktion bei verschiedenen p_H-Werten (9,5 und 11,0) durchzuführen und die Glucosamin-Standardlösung bei den gleichen p_H-Werten anzusetzen, da das Glucosamin bei p_H 9,5 eine optimale Farbreaktion gibt[5], die entsprechenden p_H-Werte für den Aminosäuren-Neutralzuckerkomplex jedoch zwischen 10,5 und 11 liegen. Durch Änderung der Acetylacetonkonzentration (z. B. 0,8 und 4—5%) und durch Ablesen bei verschiedenen Wellenlängen läßt sich der Fehler noch weiter verringern[4, 6]. Das Absorptionsmaximum für Glucosamin liegt nämlich zunächst bei 530 mμ, verschiebt sich jedoch später auf 750 mμ. Dagegen steigt das Spektrum des Glucose-Lysinkomplexes zuerst auf ein Maximum bei 560 mμ, während später 2 Maxima bei 510 und 570 mμ, in Gegenwart von Acetylaceton bei 530 und 570 mμ, gefunden werden.

BOAS[7] gibt eine andere Methode zur Entfernung der unspezifischen Chromogene an, nach der die Hexosamine auf einem in H-Form vorliegenden Kationenaustauscher (Dowex 50) adsorbiert und zunächst die Neutralzucker und Chromogene mit Wasser eluiert werden. Die Elution der Hexosamine erfolgt dann mit 1 n oder 2 n HCl.

Auch bei der quantitativen chromatographischen Bestimmung von Glucosamin und Galaktosamin nebeneinander (s. unten) werden störende Chromogene entfernt. Da diese hauptsächlich durch Verbindung basischer Aminosäuren mit neutralen Monosacchariden gebildet werden, läßt sich ihre Entstehung auch durch Zerstörung der Monosaccharide verhindern. Die Monosaccharide können durch 8—15stündige Hydrolyse der Polysaccharide oder des Gewebes in 4—6 n HCl zerstört werden. Unter den gleichen Bedingungen ist der Verlust an Aminohexosen geringfügig. Wenn es sich darum handelt, Aminozucker in Glykoproteiden quantitativ zu bestimmen, stört daher das Vorhandensein von basischen Aminosäuren in der Eiweißkomponente nicht.

Bei der Desaminierung von 2-Aminohexosen bilden sich 2,5-Anhydrozucker. Im Gegensatz zu den Aminohexosen geben diese Anhydrozucker in Gegenwart starker Salzsäure eine Farbreaktion mit Indol[8].

Unter Einwirkung von Alkali wird aus den Aminohexosen Ammoniak abgespalten, das sich nach Destillation mit Nesslers Reagens quantitativ bestimmen läßt[9]. Wird die

[1] PAULY, H., u. E. LUDWIG: H. **121**, 170 (1922).
[2] SCHLOSS, B.: Analyt. Chem., Washington **23**, 1321 (1951).
[3] IMMERS, J., and E. VASSEUR: Nature **165**, 898 (1950).
[4] IMMERS, J., and E. VASSEUR: Acta chem. scand. **6**, 363 (1952).
[5] SÖRENSEN, M.: C. R. Lab. Carlsberg (II) **22**, 487 (1938).
[6] Siehe auch SVENNERHOLM, L.: Acta Soc. Med. upsal. **61**, 287 (1957).
[7] BOAS, N. F.: J. biol. Ch. **204**, 553 (1953).
[8] DISCHE, Z., and E. BORENFREUND: J. biol. Ch. **184**, 517 (1950).
[9] TRACEY, M. V.: Biochem. J. **52**, 265 (1952).

Reaktion mit Natriumphosphat-Boratpuffer bei p_H 11,4 ausgeführt, ist die Hydrolyse für Aminohexosen spezifisch, falls Glutamin und Asparagin, die unter diesen Bedingungen ebenfalls hydrolysiert werden, vorher durch saure Hydrolyse der Aminohexosen entfernt worden sind.

Unter den angegebenen Methoden ist die ELSON-MORGAN-Reaktion am gebräuchlichsten und besitzt trotz der Störungsmöglichkeit durch unspezifische Chromogene die größte Spezifität. Die Indolreaktion nach DISCHE und BORENFREUND ist zwar 5mal empfindlicher, jedoch weniger spezifisch, da Farbreaktionen außer von 2,5-Anhydrozuckern auch von anderen Hexosen — wenn auch in geringerem Ausmaße — gegeben werden, so daß sie in größerer Menge die Ergebnisse dieser Bestimmungsmethode erheblich beeinflussen können.

Gut übereinstimmende Resultate ergaben beide Methoden bei der Analyse von Blutgruppensubstanzen, dagegen konnten bei der Untersuchung der Serummucopolysaccharide sowie von Hyaluronsäure und Chondroitinschwefelsäure mit der Indolreaktion nur 55% der mit der ELSON-MORGAN-Reaktion bestimmten Hexosaminmengen gefunden werden[1].

Eine Ultramikromethode zur Bestimmung von Glucosamin und Galaktosamin ist neuerdings von EXLEY beschrieben worden[2].

c) Die selektive colorimetrische Bestimmung von Glucosamin und Galaktosamin in Gemischen (nach TRACEY)[3].

Alle bisher hier beschriebenen Methoden zum quantitativen Nachweis der 2-Aminohexosen sind nur gruppenspezifisch und eignen sich nicht für die selektive Bestimmung nebeneinander vorkommender Hexosamine. Kürzlich konnte TRACEY durch Zusatz von Boratpuffer zum Reaktionsgemisch die Elson-Morgan-Reaktion so modifizieren, daß Unterschiede in der Farbintensität zwischen Glucosamin und Galaktosamin auftraten und damit eine selektive Bestimmung der einzelnen Komponenten möglich wurde.

Reagentien:

1. Boratlösung: 3,2 g $Na_2B_4O_7 \cdot 10\,H_2O$ in 100 cm³ Wasser.
2. Acetylacetonlösung: 1 Teil Acetylaceton in 25 Teilen 1,5 n Na_2CO_3.
3. EHRLICHs Reagens: 1,6 g reines p-Dimethylaminobenzaldehyd in 30 cm³ konz. HCl und 30 cm³ Äthanol.

Ausführung:

Von jeder zur Untersuchung gelangenden Probe, die in 1 cm³ 50—300 γ Aminozucker enthält, werden 2 Portionen genommen und nach folgendem Schema behandelt:

	I	II		I	II
Probe	0,5 cm³	1 cm³	Kochzeit	7 min	7 min
H_2O	1,5 cm³	0 cm³	Alkohol	1 cm³	7 cm³
Boratlösung	0 cm³	1 cm³	Ehrlichs Reagens	1 cm³	1 cm³
Acetylacetonlösung	1 cm³	1 cm³			

Mit Standardlösungen von Glucosaminhydrochlorid und Galaktosaminhydrochlorid wird in gleicher Weise folgendermaßen verfahren:

	I Gehalt: 50, 100 und 150 γ/cm³	II Gehalt: 100, 200 und 300 γ/cm³
Menge	1 cm³	1 cm³
H_2O	1 cm³	0 cm³
Boratlösung	0 cm³	1 cm³
Acetylaceton	1 cm³	1 cm³

[1] DISCHE, Z.: Sugars in polysaccharides; in: GLICK, D. (Hrsg.): Methods of Biochemical Analysis. Bd. 2, S. 313. New York 1955.

[2] EXLEY, D.: Biochem. J. 67, 52 (1957).

[3] TRACEY, M. V.: Biochim. biophysica Acta, N. Y. 17, 159 (1955).

Nach Zusatz von Acetylaceton werden die Standardlösungen ebenso behandelt wie die Proben. Während des Erhitzens werden die Röhrchen mit einer Glaskugel oder auf ähnliche Weise verschlossen.

Nach Zugabe von EHRLICHs Reagens muß der Inhalt der Röhrchen gut gemischt werden, worauf man die Proben 45 min stehen läßt. Abgelesen wird in einem Photometer bei 520—540 mμ mit einer 1 cm-Küvette.

Der Effekt von Borat beruht darauf, daß die Farbentwicklung für Glucosamin und Galaktosamin in verschiedener Weise beeinflußt wird. Gegenüber einem Farbansatz ohne Borat wird die durch eine bestimmte Glucosaminmenge gebildete Farbintensität durch Boratzusatz auf etwa 24—30% herabgedrückt, während der Boratzusatz bei Galaktosamin die Farbentwicklung nur auf etwa 50—65% reduziert. Aus den Differenzen, die man beim Ablesen der beiden Serien erhält, kann der Gehalt an Glucosamin und Galaktosamin errechnet werden. Geben die Ablesungen in den beiden Serien von Galaktosaminstandardlösung gleiche Werte, so geht daraus hervor, daß die Farbbildung von 1 γ Aminozucker durch das Borat um 50% reduziert wurde. Eine Probe, deren Farbintensität um 50% verringert wird, enthält also 100% Galaktosamin. Verringert sich die Farbmenge um weniger als 50%, ist Glucosamin vorhanden. Wenn in einer Glucosaminstandardlösung durch Boratzusatz die Farbmenge auf 30% je γ Aminozucker reduziert wird und in der Probe auf 40%, so bedeutet das, daß diese Probe 50% Glucosamin und 50% Galaktosamin enthält.

Das Verfahren gibt nur dann wirklich quantitative Werte, wenn Galaktosamin und Glucosamin in Mengenverhältnissen zwischen etwa 20:80% und 80:20% vorliegen.

d) Quantitative chromatographische Bestimmung der Hexosamine.

Auf Grund seines basischen Charakters kann das Glucosamin von neutralen Monosacchariden leicht durch Adsorption an eine Kationenaustauscher-Säule getrennt werden[1].

Chromatographische Hexosaminbestimmung nach GARDELL[2]. Eine gute Trennung von Glucosamin und Galaktosamin als Kationen gelingt auf einer Austauschersäule von Dowex 50 durch Eluierung mit 0,3 n HCl nach folgendem Verfahren[2]:

Herstellung der Kationenaustauscher-Säule:

Dowex 50, 250—400 Maschen, Vernetzungsgrad 8—12%, wird mit 4 n HCl gewaschen, bis das Filtrat farblos ist, dann in einem gleichen Volumen 4 n HCl aufgeschwemmt und in dieser Form aufbewahrt. Zur Herstellung einer Kationenaustauscher-Säule wird der Austauscher als Suspension in ein Chromatographierohr gefüllt, das etwa 35—40 cm lang ist und einen Durchmesser von 0,6—0,7 cm hat. An seinem oberen Ende ist es erweitert, unten mit einer Glasfilterplatte verschlossen. Der Austauscher wird bis zu einer etwa 0,5 cm vom oberen Rande liegenden Markierungslinie eingefüllt. Dann wird ein Scheidetrichter aufgesetzt und mit Druckluft so lange ein Druck von 10 cm Hg auf die Säule ausgeübt, bis das Niveau des Austauschers in der Säule konstant bleibt. Der Scheidetrichter wird dann mit 0,3 n HCl beschickt, der Druck auf 7 cm Hg eingestellt und mit 0,3 n HCl so lange gewaschen, bis die Säurekonzentration von Einlauf und Durchlauf gleich ist, was etwa 10 Std dauert. Danach entfernt man den Scheidetrichter, nimmt eine etwa 1—4 cm dicke Schicht des Austauschers aus dem oberen erweiterten Teil des Chromatographierohres heraus und läßt mit Hilfe eines Scheidetrichters erneut einen Druck von 10 mm Hg einwirken. Sobald die überstehende 0,3 n HCl die Oberfläche des Austauschers erreicht hat und die Säule gerade eben trocken wird — ohne daß jedoch Luft in den Austauscher eindringt —, ist die Austauschersäule gebrauchsfertig. Nach Gebrauch wird der Austauscher herausgenommen, in HCl aufgeschwemmt und mehrfach mit 4 n HCl gewaschen.

[1] FREUDENBERG, K., H. WALCH u. H. MOLTER: Naturwiss. **30**, 87 (1942).
[2] GARDELL, S.: Acta chem. scand. **7**, 207 (1953).

Hydrolyse der Polysaccharide. Die Hydrolyse der Polysaccharide (freie Substanz oder Gewebe) wird mit 6 n HCl 8 Std lang vorgenommen. Kleine Proben von gereinigten Polysaccharidgemischen oder Polysaccharidfraktionen können mit Vorteil in kleinen, zugeschmolzenen Glasröhrchen hydrolysiert werden. Für Substanzmengen bis zu 10 mg nimmt man 0,5 cm³ 6 n HCl und für größere Mengen ein dementsprechend größeres Volumen. Das Hydrolysat wird in einem kleinen Becherglas im Exsiccator über NaOH und H_2SO_4 getrocknet und der Rückstand in einer entsprechenden Menge 0,3 n HCl aufgenommen.

Aufbringen des Aminozuckergemisches. 0,1—0,4 cm³ des Hydrolysats von einer Aminozuckerlösung (Lösungsmittel 0,3 n HCl), die 60—600 γ jeder Komponente enthalten

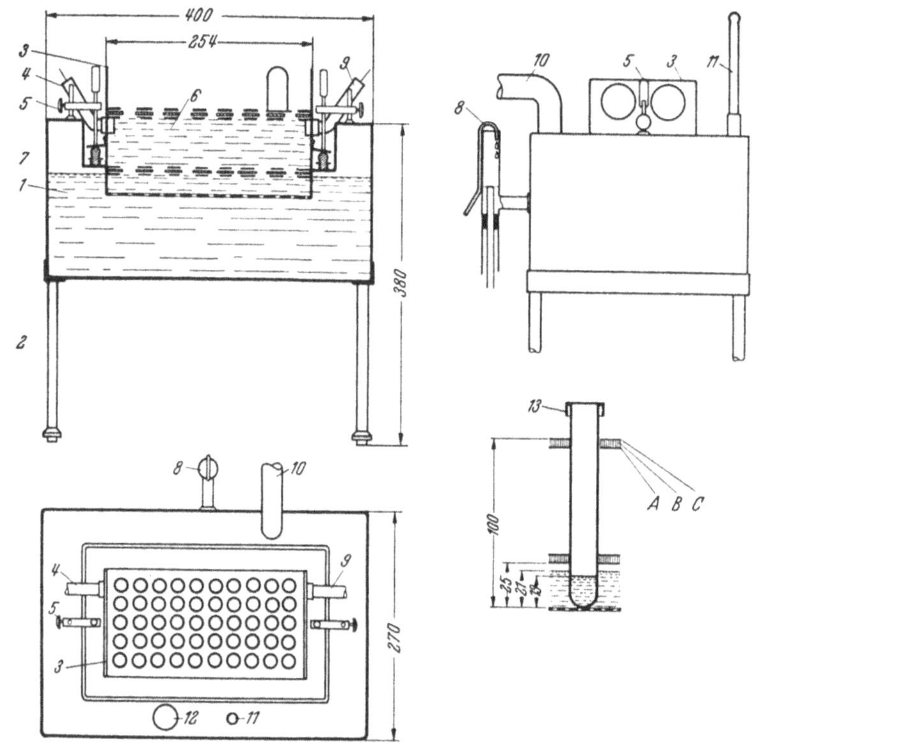

Abb. 2. Wasserbad mit Kühlanordnung. 1. Wasserbad. 2. Eisenstativ. 3. Stativ für Teströhrchen. 4. Zufluß des Kühlwassers. 5. Festsetzungsanordnung des Röhrchenstatives. 6. Kühlwasser. 7. Gummipackung zwischen Wasserbad und Röhrchenstativ. 8. Niveauregulator des Wasserbades. 9. Abfluß des Kühlwassers. 10. Dampfablauf. 11. Thermometer. 12. Öffnung für Inspektion. 13. Aluminiumkapsel. — *A* und *C* sind 2 Aluminiumplatten, *B* eine Gummiplatte. Die Löcher der ersten haben einen Durchmesser von 18 mm, die der Gummiplatte 14 mm. Äußere Durchmesser der Teströhrchen 15,4—16,0 mm. Aus GARDELL, S.: Acta chem. scand. 5, 1011 (1951)

sollen, werden auf die Säule gegeben, wobei darauf geachtet werden muß, daß man die Säulenoberfläche nicht aufrührt. Nachdem die aufgebrachte Lösung in den Austauscher eingedrungen ist, werden die Wände des Chromatographierohrs ohne Anwendung von Druck 3mal mit 0,3 n HCl gewaschen und das Rohr mit 0,3 n HCl gefüllt. Dann verbindet man das Chromatographierohr mit Hilfe eines durchlochten Gummistopfens und eines Glasrohrs mit einer 500 cm³ 0,3 n HCl fassenden Vorsatzflasche und reguliert die Stellung der Flasche so, daß je Stunde 1,5—2 cm³ HCl durchfließen.

Auffangen des Durchlaufs. Die Kationenaustauscher-Säule wird mit einem Fraktionssammler verbunden und der Durchlauf in dünnwandigen Teströhrchen (15,4—16 × 120 mm) in Fraktionen von je 0,5 cm³ aufgefangen. Die Gesamtmenge wird von dem Augenblick an gemessen, in dem man das Aminozuckergemisch auf die Säule aufgibt.

Untersuchung der Austauscherfraktionen:

Reagentien:

1. Die Standardlösungen von 0,3 n HCl gelöstem Glucosaminhydrochlorid enthalten 10, 20, 50, 75 und 100 γ/0,5 cm³. Bei 4° C im Kühlschrank aufbewahrt, sind die Lösungen ungefähr einen Monat lang haltbar.

2. Acetylacetonlösung. 1,5 cm³ reines, farbloses Acetylaceton werden auf 50 cm³ mit 1,25 n Natriumcarbonat verdünnt. Die Lösung ist bei Zimmertemperatur höchstens 3 Std lang haltbar. Durch Aufbewahren in der Kälte wird ihre Haltbarkeit nicht wesentlich verbessert.
3. EHRLICHs Reagens. 1,6 g p-Dimethylaminobenzaldehyd p.a. werden in 30 cm³ konz. HCl gelöst und danach 30 cm³ 96%iger Alkohol zugesetzt. Die schwachgelbe Lösung ist bei kühler Aufbewahrung etwa 2 Monate lang haltbar.

Ausführung der Bestimmung:

In jedes Teströhrchen, das je eine Fraktion von 0,5 cm³ enthält, gibt man 1 cm³ Acetylacetonlösung. Die Röhrchen werden sorgfältig geschüttelt, in ein mit einer Kühlvorrichtung versehenes Gestell gesetzt (Abb. 2), mit Aluminiumkapseln verschlossen und in einem Wasserbad von 96° C 60 min lang erhitzt. Die Standardwerte mit je 0,5 cm³ der genannten Konzentrationen und 2 Leerwerten (0,5 cm³ 0,3 n HCl) werden ebenfalls mit je 1 cm³ Acetylaceton beschickt und in gleicher Weise behandelt. Zum Abkühlen werden die Röhrchen 5 min lang in kaltes Wasser gestellt. Danach gibt man zu jeder Probe erst 10 cm³ 96%igen Alkohol, dann 1 cm³ EHRLICHs Reagens und mischt die Lösungen gründlich durch Einblasen von Luft mittels einer Capillare. Die Ablesung erfolgt nach einer Stunde im Beckman-Spektrophotometer, Modell B, oder einem ähnlichen Apparat, in einer 1 cm-Küvette bei 535 mμ.

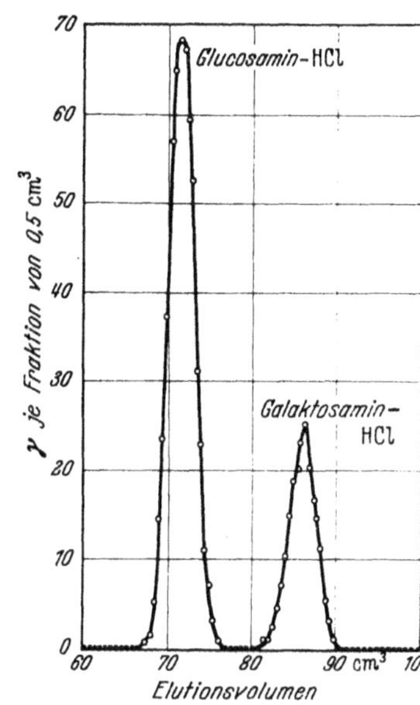

Abb. 3. Durchlauf-Konzentrationskurve für die Trennung von 500 γ Glucosamin-HCl und 225 γ Galaktosamin-HCl auf einer 0,7 × 39,0 cm Dowex 50-Säule. Aus GARDELL, S.: Acta chem. scand. 7, 207 (1953).

Beim Ablesen wird so verfahren, daß zuerst die Standardserie gegen die zugehörigen Leerwerte abgelesen wird. Zur Ermittlung eines korrekten Leerwertes ist es jedoch erforderlich, aus jeder Analysenreihe einige Fraktionen, die keine Aminozucker enthalten, als Leerwerte einzusetzen und die hierfür gemessenen Werte mit den Leerwerten der Standardserie zu vergleichen. Derjenige Leerwert, der hierbei dem Mittelwert für alle abgelesenen Leerwerte am nächsten kommt, wird der quantitativen Bestimmung der Aminozuckerfraktionen zugrunde gelegt. Er sollte sich vom Leerwert der Standardserie jedoch nicht mehr als um einen Extinktionswert von $\pm 0{,}020$ unterscheiden (Messung in einer 1 cm-Küvette).

In späteren Modifikationen dieses Verfahrens wurden andere Ionenaustauscher und andere Salzsäurekonzentrationen zur Elution verwendet, ohne daß eine dieser Modifikationen irgendeinen Vorteil gegenüber der oben beschriebenen Technik bringt.

Berechnung:

Als Standardlösungen und Testwerte für die Anlage einer Eichkurve verwendet man Glucosamin-hydrochlorid. Die Aufstellung einer eigenen Eichkurve für das Galaktosamin erübrigt sich im allgemeinen, da gleiche Konzentrationen von Glucosamin-hydrochlorid und Galaktosamin-hydrochlorid unter den Bedingungen der ELSON-MORGAN-Reaktion praktisch gleiche Farbintensitäten entwickeln.

Durch Addition aller zum Glucosamin bzw. Galaktosamin gehörenden Einzelfraktionen erhält man die Gesamtmenge an Glucosamin und Galaktosamin.

Stellt man das Ergebnis in Form einer Durchlaufkonzentrationskurve graphisch dar (Abb. 3), so gewinnt man ein anschauliches Bild der erreichten Trennung. Darüber hinaus gestattet die Durchlaufkonzentrationskurve eine Identifizierung der einzelnen Komponenten, da das Durchlaufvolumen bis zum Erreichen des Glucosamingipfels und in gleicher Weise bis zum Erreichen des Galaktosamingipfels für gleiche Säulenabmessungen jeweils konstant und dem Säulenvolumen direkt proportional ist. Allerdings gilt dies nur für die gleiche Charge des Austauschers. Bei Verwendung anderer Chargen des gleichen

Präparates (Dowex 50) können die Durchlaufvolumina abweichende Werte geben, weshalb jede neue Charge zweckmäßigerweise zuerst mit reinen Glucosamin- bzw. Galaktosaminlösungen eingestellt werden muß.

Ist eine direkte Identifizierung der Komponenten erforderlich, so empfiehlt es sich, die Säulenchromatographie in größerem Maßstab durchzuführen und jeweils nur einen Teil der Einzelfraktion für die colorimetrische Analyse zu verwenden. Die Restfraktionen werden dann, getrennt für Glucosamin und Galaktosamin, vereinigt, zur Trockne gebracht und zur Kristallisation angesetzt. Danach ist durch Messung der optischen Aktivität bzw. durch Röntgendiffraktionsmessung eine einwandfreie Identifizierung möglich.

Zum sicheren Nachweis kleinerer Hexosaminmengen hat sich — besonders wenn nur eine Komponente vorliegt — die sog. „gemischte Chromatographie" bewährt, deren Prinzip darin besteht, die vermutete Komponente dem Hydrolysat in reiner Form zuzusetzen und mit dieser Mischung die Chromatographie durchzuführen. Zeigt die Durchlaufkonzentrationskurve nur einen Gipfel, so ist mit großer Wahrscheinlichkeit das Vorhandensein nur eines Aminozuckers und die Identität mit dem zugesetzten Aminozucker anzunehmen.

e) Enzymatische Bestimmung von Glucosamin und Galaktosamin in Gemischen[1].

Dieses Verfahren gründet sich auf die Tatsache, daß Glucosamin im Gegensatz zu Galaktosamin durch Hexokinase und ATP phosphoryliert wird. Das Glucosamin bildet unter diesen Bedingungen Glucosamin-6-phosphat, das mit Zinksulfat und Bariumhydroxyd aus der Lösung entfernt werden kann. Führt man die ELSON-MORGAN-Reaktion vor und nach der Enzymeinwirkung aus, kann der Gehalt an Glucosamin und Galaktosamin bestimmt werden.

f) Die Bestimmung von N-Acetylhexosaminen.

Nach Behandlung mit Alkali geben N-acetylierte Hexosamine mit EHRLICHs Reagens eine Farbreaktion, weswegen eine zusätzliche Behandlung mit Acetylaceton nicht nötig ist. Auf Grund dieser Erfahrungen arbeiteten MORGAN und ELSON[2] eine colorimetrische Bestimmungsmethode für N-Acetylhexosamine aus. Die Reaktion gründete sich hierbei ebenso wie bei der Bestimmung der freien Hexosamine auf die Arbeiten von MÜLLER[3] und von ZUCKERKANDL und MESSINER-KLEBERMASS[4]. Die verschiedenen Faktoren, die die colorimetrische Methode beeinflussen, sind von AMINOFF, MORGAN und WATKINS[5] sorgfältig untersucht worden. Alle Einzelheiten über die Ausführung der Bestimmung sind aus Bd. III, S. 769 und den Originalarbeiten zu ersehen.

Die Art der bei der Alkalibehandlung von N-Acetylglucosamin gebildeten Chromogene ist von mehreren Verfassern diskutiert worden. Die kürzlich erschienene Arbeit von KUHN und KRÜGER[6] trug wesentlich zur Klärung dieser Frage bei. Die Autoren konnten nachweisen, daß unter Einwirkung von Alkali auf N-Acetylglucosamin *3-Acetoaminofuran* gebildet wird, das mit EHRLICHs Reagens eine rotviolette Farbreaktion gibt und wahrscheinlich mit dem bei der MORGAN-ELSON-Reaktion entstehenden Chromogen identisch ist.

Eine Methode zur selektiven Bestimmung von N-Acetylglucosamin, das in einem Gemisch mit freien Hexosen vorkommt, ist von HAHN[7] ausgearbeitet worden. Auf Grund ihrer verschiedenen Fähigkeit, $HgCl_2$ zu reduzieren, können diese beiden Komponenten getrennt werden. Die freien Aminozucker reduzieren $HgCl_2$ bei p_H 5,9, die acetylierte Form nicht. Bei p_H 7,4 ist jedoch die Reduktionsfähigkeit beider Formen gleich groß.

[1] SLEIN, M.: Proc. Soc. exp. Biol. Med. **80**, 646 (1952).
[2] MORGAN, W. J. T., and L. A. ELSON: Biochem. J. **28**, 988 (1934).
[3] MÜLLER, F.: Z. Biol. **42**, 561 (1901).
[4] ZUCKERKANDL, F., u. L. MESSINER-KLEBERMASS: B. Z. **236**, 19 (1931).
[5] AMINOFF, D., W. J. T. MORGAN and W. M. WATKINS: Biochem. J. **51**, 379 (1952).
[6] KUHN, R., u. G. KRÜGER: B. **89**, 1473 (1956).
[7] HAHN, L.: Ark. Kemi, Mineral. Geol. **22** A, No. 12 (1946).

g) Präparative Darstellung von Glucosamin und Galaktosamin (als Bezugssubstanzen).

Das Glucosamin läßt sich durch saure Hydrolyse von Chitin aus Hummer- oder Krebsschalen in Form seines Hydrochlorids leicht gewinnen[1].

Größere Schwierigkeiten bereitet dagegen die Darstellung von Galaktosamin-hydrochlorid. Auf Grund seiner leichteren Löslichkeit wird die Kristallbildung durch Neutralsalze und andere Verunreinigungen gestört. Als Ausgangsmaterial für die Gewinnung von Galaktosamin verwendet man gewöhnlich Chondroitinschwefelsäure. Die spätere Kristallisation von Galaktosamin wird wesentlich erleichtert, wenn man von möglichst reiner Chondroitinschwefelsäure ausgeht (s. Darstellung der Chondroitinschwefelsäure).

Für die präparative Darstellung hat sich folgendes Verfahren bewährt[2]:

Darstellung von Galaktosamin-hydrochlorid nach GARDELL[2]. 25 g Chondroitinschwefelsäure werden in etwa 250 cm³ Wasser gelöst, die Lösung mit konzentrierter Salzsäure stark sauer gemacht (etwa 0,5—1 n) und die Chondroitinschwefelsäure mit einem etwa 5fachen Volumen Alkohol ausgefällt. Die Fällung der freien Säure wird sofort abzentrifugiert, in Wasser gelöst, dann wie oben beschrieben erneut gefällt, zentrifugiert, zur Entfernung des überschüssigen Alkohols mit Äther gewaschen und anschließend im Exsiccator getrocknet. Danach hydrolysiert man durch Kochen mit 500 cm³ 6 n Salzsäure am Rückflußkühler 6—8 Std. Das Hydrolysat wird mit Wasser auf 2 *l* verdünnt und mit so viel Tierkohle versetzt, daß nach Filtration eine klare, schwach gelblich gefärbte Lösung zurückbleibt, die im Vakuum auf etwa 500 cm³ eingeengt wird. Nach genauer Messung des Volumens werden 5 cm³ in ein Zentrifugenglas pipettiert und durch Titration festgestellt, wieviel Kubikzentimeter einer etwa 0,2 n $Ba(OH)_2$-Lösung notwendig sind, um das vorhandene Sulfat quantitativ auszufällen, ohne daß ein Überschuß an Barium zurückbleibt. Dies geschieht am einfachsten, indem man das Bariumhydroxyd mehrfach in kleinen Portionen zugibt und nach jedem Zusatz das entstandene Bariumsulfat durch Zentrifugieren entfernt. In der Nähe des Äquivalenzpunktes muß die zugegebene Bariumhydroxydmenge entsprechend verringert werden. Auf diese Weise läßt sich das für die Sulfatfällung notwendige Volumen an $Ba(OH)_2$ mit ausreichender Genauigkeit bestimmen. Die Hauptmenge der Lösung wird nun mit etwa 95% der erforderlichen Bariumhydroxydmenge versetzt und zentrifugiert. Die Fällung wird einmal gewaschen und die vereinigten Lösungen erneut im Vakuum auf etwa 75 cm³ eingeengt. (Eine kleine Probe dieser Lösung wird auf Sulfat- bzw. Bariumionen mit $Ba(OH)_2$ bzw. H_2SO_4 geprüft. Sind von einem der beiden Ionen größere Mengen vorhanden, müssen sie wie angegeben entfernt werden.) Das Hydrolysat wird nun erneut eingeengt, wobei das Galaktosamin-hydrochlorid meistens direkt aus der Lösung auskristallisiert. Die Kristalle werden abgetrennt, die Mutterlauge vorsichtig mit Methanol versetzt, auf —10° C abgekühlt und danach tropfenweise kaltes Aceton zugegeben. Auf diese Weise können 5—6 g kristallisierte Substanz gewonnen werden.

Die Umkristallisation von Galaktosamin-hydrochlorid erfolgt mit größter Ausbeute aus salzsaurer methanolischer Wasserlösung, die auf —5° bis —10° C abgekühlt und bis zum ersten Anzeichen einer Opalescenz tropfenweise mit kaltem Aceton versetzt wird. Nach Reiben der Gefäßwand mit einem Glasstab läßt man die Lösung über Nacht bei —10° C stehen. Die Kristalle werden zuerst mit kaltem Methanol, dann mit Aceton gewaschen[3].

3. Nachweis und Bestimmung von Uronsäuren in Mucopolysacchariden.

In Bd. III/1, S. 749 sind sowohl der Nachweis als auch die quantitative Bestimmung der Uronsäuren beschrieben. Hier soll deshalb nur auf einige bei der Mucopolysaccharidanalyse wichtige Umstände und Verfahren hingewiesen werden.

[1] PRINGSHEIM, H., u. G. RUSCHMANN: B. 48, 680 (1915).
[2] GARDELL, S.: Unveröffentlicht.
[3] GARDELL, S.: Acta chem. scand. 5, 195 (1951).

a) Qualitativer Nachweis.

Der qualitative Nachweis der Uronsäuren in Polysacchariden wird durch den Umstand sehr erschwert, daß im allgemeinen drastische Maßnahmen zur Isolierung notwendig sind. Die bei der Hydrolyse mit HCl oder H_2SO_4 freiwerdende Uronsäure wird ebenso schnell beinahe quantitativ zerstört, wie sie aus dem Polysaccharid isoliert wird. Eine direkte Isolierung aus einem Mucopolysaccharid-hydrolysat läßt sich zur Zeit nur mit großen Schwierigkeiten durchführen. Auch die Isolierung charakteristischer Derivate (Bd. III/1, S. 755), wie Cinchoninsalz, Hydrazone oder Osazone, ist in diesem Zusammenhange nicht leicht.

Der papierchromatographische Nachweis der in den Polysacchariden enthaltenen Uronsäuren hat sich als ziemlich wertlos erwiesen. Zur Identifizierung einer Uronsäurekomponente in Mucopolysacchariden bedient man sich meistens der Hydrolyse mit nachfolgender Oxydation zur entsprechenden Zuckercarbonsäure, die sich dann identifizieren läßt.

Farbreaktionen, wie z. B. die Naphthoresorcinreaktion, geben in bezug auf die in den Mucopolysacchariden enthaltenen Uronsäuren keine eindeutigen Resultate.

Über die Carbazol- und Thioglykolsäurereaktionen nach DISCHE wird später berichtet werden.

b) Quantitative Bestimmung.

(Siehe auch Bd. III/1, S. 749.) Eine quantitative Bestimmung von Uronsäuren in Mucopolysacchariden und Glykoproteiden geschieht entweder durch Decarboxylierung der Uronsäuren in stark salzsaurem Milieu und nachfolgende Bestimmung des entstandenen CO_2 oder durch colorimetrische Methoden. Keine dieser Bestimmungsmethoden befriedigt aber in vollem Umfange, da beide unter anderem nicht die erforderliche strenge Spezifität besitzen.

Decarboxylierungsmethoden.

Ausgehend von der 1896 von MANN und TOLLENS[1] gemachten Beobachtung, daß Glucuronsäurelacton durch kochende HCl quantitativ decarboxyliert wird, arbeiteten LEFEVRE und TOLLENS[2] ein auf diesem Prinzip beruhendes Verfahren zur quantitativen Bestimmung der Glucuronsäure aus. Hiernach wird zuerst durch 3—4stündiges Kochen mit 12%iger HCl eine quantitative Decarboxylierung vorgenommen und anschließend die entstandene CO_2-Menge gemessen (Bd. III/1, S. 752). Dieses Verfahren wurde später hinsichtlich der CO_2-Bestimmungstechnik in der Weise modifiziert, daß das entstandene Kohlendioxyd entweder in einem CO_2-freien Luftstrom oder mit N_2 aus dem Reaktionsgefäß entfernt und in Bariumhydroxyd bzw. Natriumhydroxyd aufgenommen wird[3, 4]. Eine manometrische CO_2-Bestimmungsmethode nach VAN SLYKE und FOLCH wurde von TRACEY[5] angegeben (s. unten).

Alle auf der Decarboxylierung der Uronsäuren basierenden Verfahren haben jedoch den Nachteil, daß eine CO_2-Bildung nicht nur aus Uronsäuren, sondern auch aus anderen Verbindungen erfolgen kann. So entwickeln z. B. Hexosen kleine Mengen CO_2, weshalb die Bestimmung kleiner Uronsäuremengen in Gegenwart eines Überschusses an Hexosen mit wesentlichen Fehlerquellen behaftet ist. Nach Angabe einiger Autoren sollen daher HCl-Konzentrationen über 12% in Gegenwart von Hexosen zu hohe Uronsäurewerte liefern[6], wogegen andere Untersucher[7] fanden, daß gerade stärkere HCl-Konzentrationen (19%) bei nur kurzer Reaktionszeit genauere Uronsäurewerte geben, weil die CO_2-Entwicklung aus Uronsäuren im Gegensatz zu der aus den Hexosen zeitlich schneller erfolgt.

---

[1] MANN, F., u. B. TOLLENS: A. **290**, 155 (1896).
[2] LEFEVRE, K. H., u. B. TOLLENS: B. **40**, 4513 (1907).
[3] DICKSON, A. D., H. OTTERSON and K. P. LINK: Am. Soc. **52**, 775 (1930).
[4] BURKHART, B., L. BAUR and K. P. LINK: J. biol. Ch. **104**, 171 (1934).
[5] TRACEY, M. V.: Biochem. J. **43**, 185 (1948).
[6] WHISTLER, R. L., A. R. MARTIN and M. HARRIS: J. Res. nat. Bur. Stand. **24**, 13 (1940).
[7] MCCREADY, R. M., H. A. SWENSON and W. D. MACLAY: Industr. engng. Chem., analyt. Ed. **18**, 290 (1946).

Außerdem scheint oft eine HCl-Konzentration von 12% für eine quantitative Decarboxylierung nicht ausreichend zu sein. So ist es auch nach Ergebnissen von JORPES[1] für die Bestimmung der Uronsäuren im Heparin in der Modifikation nach BURKHART, BAUR und LINK beispielsweise notwendig, die Decarboxylierung in 20%iger HCl vorzunehmen.

Nach VOSS und PFIRSCHKE[2] lassen sich viele bei der Decarboxylierung auftretende Fehlerquellen ausschalten, wenn für die Decarboxylierung statt der gebräuchlichen HCl kochende 20 m Zinkchloridlösung verwandt wird. Für die Bestimmung von Uronsäuren und uronsäurehaltigen Mucopolysacchariden ist es jedoch besonders störend, daß außer den Uronsäuren auch die Sialinsäure unter den gleichen Reaktionsbedingungen quantitativ decarboxyliert wird[3].

Auf Grund eigener Erfahrungen ist für die Uronsäurebestimmung die von TRACEY[4] angegebene Modifikation vorzuziehen, weil sie nicht nur auch bei Bestimmung sehr kleiner Uronsäuremengen zuverlässige Werte gibt, sondern auch gleichzeitig mit einer größeren Anzahl von Untersuchungsproben durchgeführt werden kann.

Bestimmung der Uronsäuren nach TRACEY[5].

Herstellung von Glaskölbchen für die Decarboxylierung:

Sodaglasröhrchen mit einem Durchmesser von etwa 5 mm werden in 8—10 cm lange Stücke geschnitten, sorgfältig gereinigt, getrocknet und an einem Ende zu einem kugelförmigen Kölbchen von etwa 15 mm Durchmesser aufgeblasen.

Reagentien:

1. HCl, 12%ig.
2. 0,5 n NaOH.
3. Reagentien für die Bestimmung von CO_2 nach VAN SLYKE und FOLCH (s. Bd. III/1, S. 218).

Einwiegen der Proben:

In das so vorbereitete Kölbchen werden nicht mehr als 50 mg Substanz eingebracht, wobei darauf zu achten ist, daß vom Untersuchungsgut nichts im Rohr haften bleibt. Es empfiehlt sich daher, die Substanz mit einem V-förmigen Spatel einzutragen. Lösungen werden mit einer Capillarpipette ebenfalls direkt in das Kölbchen eingeführt. Befindet sich die zu untersuchende Probe in gelöster Form, so muß das Lösungsmittel vor der Decarboxylierung entfernt werden, was bei Mengen bis 1 cm^3 Lösung direkt im Reaktionskölbchen geschehen kann.

Für die Decarboxylierung wird 12%ige HCl verwendet. Es werden jeweils 0,25 cm^3 HCl mit einer Capillarpipette in das Reaktionskölbchen vorsichtig einpipettiert, so daß keine Säure an den Wänden des Glasrohrs haften bleibt. Anschließend wird das Glasrohr zugeschmolzen und das obere Ende zu einer mindestens 2 cm langen geschlossenen Capillare ausgezogen.

Decarboxylierung der Probe:

Die zugeschmolzenen Reaktionskölbchen werden dann 5 Std bei 111° C erhitzt.

CO_2-Bestimmung:

Nach Abkühlung werden Capillare und Glasrohr des Reaktionsgefäßes in der Weise mit einem etwa 8 cm langen Vakuumschlauch verbunden, daß dieser bis an das Kölbchen heranreicht. Das andere Ende des Schlauches wird an einen Gasbestimmungsapparat nach VAN SLYKE und NEILL angeschlossen. Die Entfernung der Luft aus dem Vakuumschlauch und dem Zuleitungsrohr des Apparates wird durch Senken der Quecksilbersäule in der üblichen Weise vorgenommen. Der Gasbestimmungsapparat wird dann mit 2 cm^3 0,5 n NaOH beschickt und die Höhe des Quecksilberspiegels auf die Hälfte des Niveaus im größten erweiterten Teil der Extraktionskammer gesenkt. Durch Betätigung des

[1] JORPES, E.: Biochem. J. **29**, 1817 (1935).
[2] VOSS, W., u. J. PFIRSCHKE: B. **70** B, 631 (1937).
[3] BLIX, G., E. LINDBERG, L. ODIN u. I. WERNER: Acta Soc. Med. upsal. **61**, 1 (1956).
[4] TRACEY, M. V.: Biochem. J. **43**, 85 (1948).
[5] TRACEY, M. V.: Biochem. J. **43**, 185 (1948).

Absperrhahns wird das System dann mit dem am Vakuumschlauch befindlichen Reaktionsgefäß verbunden. Erst jetzt wird die Capillare des Reaktionsgefäßes durch Abbiegen des Vakuumschlauches abgebrochen und das entstandene CO_2 durch ungefähr 10maliges Heben und Senken des Quecksilberspiegels quantitativ in das Natriumhydroxyd des Gasbestimmungsapparates überführt, wobei das Decarboxylierungskölbchen zweckmäßigerweise vorsichtig geschüttelt wird, so daß sich die Reaktionsflüssigkeit gleichmäßig an den Wänden des Kölbchens verteilt. Dieser Vorgang läßt sich weiterhin durch Erwärmen des Kölbchens in der hohlen Hand beschleunigen.

Der weitere Gang der Analyse erfolgt in üblicher Weise nach VAN SLYKE und FOLCH[1].

Quantitative colorimetrische Bestimmung der Uronsäuren nach DISCHE[2].

Prinzip:

Uronsäuren geben beim Erhitzen in konz. H_2SO_4 mit Carbazol eine purpurrote Farbe.

Reagentien:

1. Schwefelsäure, konz., p. a.
2. Carbazollösung, 0,1%ige äthanolische. Das Carbazol muß 2mal aus Benzol umkristallisiert werden.
3. Standardlösungen von Uronsäuren.

Ausführung:

In einem Reagensglas (2×20 cm) werden zu 1 cm^3 einer Lösung, die 5—100 γ Uronsäure je Kubikzentimeter enthalten soll, unter Kühlung 6 cm^3 konz. Schwefelsäure gegeben. Danach wird 20 min im kochenden Wasserbad erhitzt. Standardlösungen und Leerwerte werden in gleicher Weise behandelt. Nach Abkühlen in Leitungswasser werden zu jeder Probe 0,2 cm^3 der 0,1%igen alkoholischen Carbazollösung gegeben. Bei Zimmertemperatur entwickelt sich dann innerhalb von 2 Std die für Uronsäuren typische rote Farbe, die etwa 1 Std konstant bleibt und deren Intensität danach langsam abnimmt. Ablesung bei 535 mμ, 2 Std nach Zusatz von Carbazol.

Die Farbentwicklung ist für die einzelnen Uronsäuren nicht gleich[3]. So gibt z. B. die Galakturonsäure eine um 20% stärkere Farbentwicklung als die Glucuronsäure. Die Farbintensität wird weiterhin durch die Art der glykosidischen Bindung der Uronsäure an Monosaccharide oder Alkohole beeinflußt. So gibt z. B. Heparin um 50%, Alginsäure sogar um 82% höhere Werte als reine Glucuronsäure. Beim 2-Methanolglucuronid liegen die Werte um 15% zu hoch.

Zur quantitativen Bestimmung unbekannter Polysaccharide ist die Methode daher nicht geeignet. Sie kann jedoch mit Vorteil dazu verwendet werden, den Verlauf der Präparation und Fraktionierung uronsäurehaltiger Polysaccharide zu kontrollieren.

Neben den beschriebenen Bestimmungsmethoden sind von DISCHE verschiedene Reaktionen zur quantitativen Bestimmung der Glucuronsäure und Galakturonsäure sowie weiterer Uronsäuren angegeben worden[4-6]. Bezüglich einer genauen Beschreibung muß jedoch auf die Originalarbeiten bzw. eine zusammenfassende Darstellung von DISCHE verwiesen werden[3].

4. Bestimmung der neutralen Monosaccharide.

Die neutralen Monosaccharide können entweder mit colorimetrischen Methoden direkt im unhydrolysierten Makromolekül oder nach dessen Totalhydrolyse bestimmt werden. Bezüglich der verschiedenen Methoden wird auf das Kapitel Kohlenhydrate Bd. III/1, S. 646, hingewiesen.

Einige spezielle Verfahren sollen hier aber doch erwähnt werden.

---

[1] SLYKE, D. D. VAN, and J. FOLCH: J. biol. Ch. **136**, 509 (1940) (s. auch Bd. III/1, S. 218).
[2] DISCHE, Z.: J. biol. Ch. **167**, 189 (1947).
[3] DISCHE, Z., in: GLICK, D. (Hrsg.): Meth. biochem. Analysis. Bd. 2, S. 313.
[4] DISCHE, Z.: J. biol. Ch. **183**, 489 (1950).
[5] DISCHE, Z.: J. biol. Ch. **171**, 725 (1947).
[6] DISCHE, Z.: Arch. Biochem. **16**, 409 (1948).

Die einzelnen Monosaccharide können nach chromatographischer Trennung auf Stärke mit einem Butanol-Propanol-Gemisch als beweglicher Phase bestimmt werden. Es scheint, daß diese Separationsmethode eine bessere Aufteilung gibt als die quantitative papierchromatographische Technik (Bd. III/1, S. 664). Jedenfalls trifft das für Fucose-Ribose- und Glucose-Mannose-Galaktose-Gemische zu. Einzelheiten sind aus der Originalarbeit zu ersehen[1].

Von den verschiedenen Methoden zur Bestimmung der neutralen Monosaccharide soll hier DISCHEs Cysteinreaktion zum Nachweis der Methylpentosen und Aldohexosen genannt werden. Was die übrigen Verfahren anbelangt, wird auf Bd. III/1, vor allem auf die S. 690 und 691 verwiesen.

Bestimmung der Methylpentosen nach DISCHE[2].

Reagentien:

1. Schwefelsäuremischung aus 1 Vol. Wasser und 6 Vol. konz. Schwefelsäure p. a.
2. Cysteinhydrochlorid, 3 %ige wäßrige Lösung.

Ausführung:

1 cm³ einer Lösung, die mindestens 2 γ Methylpentose enthält, wird in einem 150 × 16 mm-Reagensglas im Eisbad mit 4,5 cm³ Schwefelsäuremischung versetzt und die Probe einige Minuten auf 20—22° C erwärmt. Danach kommt das Gemisch 3 min in ein stark kochendes Wasserbad. Nach Abkühlen in Leitungswasser setzt man unter sorgfältigem Mischen 0,1 cm³ Cysteinhydrochlorid zu. 90 min nach Zugabe der Cysteinhydrochloridlösung liest man die Probe im Photometer sowohl bei 396 mμ als auch bei 430 mμ ab (s. unten). Die Differenz zwischen E_{396} und E_{430} entspricht der vorhandenen Methylpentosemenge. Hexosen und Methylpentosen geben mit dieser Methode eine Farbreaktion, die bei 396 mμ eine kräftige Lichtabsorption hat. Hexosen haben jedoch eine bedeutend breitere Absorption.

Während also die Methylpentosen bei 430 mμ kaum eine Lichtabsorption zeigen, ist die Absorption der Hexosen hier ebenso stark wie bei 396 mμ. Aus diesem Grunde können Methylpentosen und Hexosen gleichzeitig bestimmt werden. Da die Absorptionskurven der einzelnen Bestimmungen verschieden sind, muß bei jeder Ablesung eine Absorptionskurve für Hexose (oder Galaktose) hergestellt werden. Mit Hilfe dieser Kurve wird dann die Wellenlänge bestimmt, bei der die Absorption ebenso stark ist wie bei 396 mμ, was meistens bei 425—430 mμ der Fall ist. Diese Absorption wird als E_{430} bezeichnet.

Die übrigen Kohlenhydrate geben unter diesen Bedingungen fast keine Farbreaktion.

Die Methode wird noch spezifischer, wenn man das Reaktionsgemisch mit Wasser versetzt und die Geschwindigkeit mißt, mit der das Farbprodukt zerstört wird.

Bezüglich weiterer Einzelheiten wird auf die Originalarbeiten hingewiesen[2, 3].

Quantitative Bestimmung der Uronsäuren mit Orcin und Salzsäure.

Eine Methode, die sich als sehr wertvoll für die Bestimmung von Uronsäuren gezeigt hat, ist die Orcinreaktion nach BROWN[4]. Diese Methode, die ursprünglich für die Bestimmung der Pentosen ausgearbeitet war, ist von KHYM und DOHERTY[5] für die Bestimmung von Uronsäuren gebraucht worden.

Bei der Mucopolysaccharidanalyse kann man mit der Orcinmethode, zusammen mit der Carbazolmethode, zwischen Chondroitinschwefelsäure A und B unterscheiden[6]. Chondroitinschwefelsäure A gibt mit der Orcinmethode und mit der Carbazolmethode dieselben Werte. Chondroitinschwefelsäure B gibt aber mit der Carbazolmethode etwa 50 % des Wertes (berechnet als Glucuronsäure), der mit der Orcinmethode erhalten wird.

---

[1] GARDELL, S.: Acta chem. scand. 7, 201 (1953).
[2] DISCHE, Z., and L. SHETTLES: J. biol. Ch. **175**, 595 (1948).
[3] DISCHE, Z., and L. SHETTLES: J. biol. Ch. **192**, 579 (1951).
[4] BROWN, A. H.: Arch. Biochem. **11**, 269 (1946).
[5] KHYM, J. X., and D. G. DOHERTY: Am. Soc. **74**, 3199 (1952).
[6] HOFFMAN, P., A. LINKER and K. MEYER: Science, N. Y. **124**, 1252 (1956).

Prinzip:

Uronsäuren geben bei Erhitzen mit Orcin und HCl eine grüne Farbe.

Reagentien:

1. Orcinlösung: 4 g umkristallisiertes Orcin werden in 100 cm³ einer 1,5%igen, wäßrigen Lösung von $FeCl_3 \cdot 6\,H_2O$ gelöst.
2. Salzsäure, 30%ig (5 Teile konz. HCl und 1 Teil dest. Wasser).
3. Orcin-Salzsäurereagens. 1 Teil Orcinlösung und 20 Teile 30%ige Salzsäure.
4. Standardlösungen von Glucuronsäure.

Ausführung:

In einem Reagensglas 15×150 mm werden zu 1,5 cm³ einer Lösung, die 10—50 γ Uronsäure enthalten soll, 4,5 cm³ Orcin-Salzsäurereagens gegeben. Danach wird 20 min im kochenden Wasserbad erhitzt.

Nach Abkühlen in Leitungswasser wird bei 670 mμ abgelesen.

Standardlösung und Leerwerte werden in gleicher Weise behandelt.

5. Nachweis und Bestimmung von Sialinsäure.

Die verschiedenen Sialinsäuren sowie ihre kristallinen Derivate (Methylester, Methylglykoside der Methylester) werden am besten und einfachsten mit Hilfe der Röntgendiffraktionsbilder der pulverisierten Substanzen (Debye-Scherrer-Linien) identifiziert[1].

Zum allgemeinen qualitativen Nachweis der Sialinsäuren dienen in erster Linie die Bialsche Reaktion und die Reaktion mit dem Ehrlichschen p-Dimethylaminobenzaldehyd-Reagens. Reagentien und Mengenverhältnisse wie bei den quantitativen Bestimmungen (s. unten). Einige Minuten Kochen über freier Flamme. Keine dieser Reaktionen ist streng spezifisch. Eine rotviolette Bial-Reaktion erhält man auch mit sehr kleinen Mengen von Ketoaldosen[2], eine direkte Ehrlich-Reaktion geben z. B. viele Pyrrolderivate. Sind bei der Prüfung jedoch diese beiden Reaktionen positiv, kann die Anwesenheit von Sialinsäure beinahe als sichergestellt betrachtet werden. Feststellung der für Sialinsäure kennzeichnenden Lichtabsorptionsmaxima der gefärbten Lösungen (bei 570 mμ bzw. 565 mμ) gibt noch größere Sicherheit. Starke Huminbildung beim Kochen mit 25%iger HCl erhärtet den Nachweis.

Die genannten Farbreaktionen können auch quantitativ ausgewertet werden. Sie sind in etwas wechselnder Form verwendet worden. Die folgenden Ausführungen haben sich gut bewährt[3].

Colorimetrische Bestimmung von Sialinsäure mit der Bial-Reaktion nach **WERNER *und* ODIN**[3].

Reagentien:

1. Orcin: 0,5 g reine Substanz werden in 200 cm³ konz. HCl gelöst und 50 cm³ Wasser zugegeben. Die Lösung ist im Dunkel mindestens 2 Wochen lang haltbar.
2. 1/150 m $FeCl_3$-Lösung in HCl von derselben Stärke wie in 1.
3. Isoamylalkohol, der folgendermaßen gereinigt wird: Man schüttelt 10 Teile Amylalkohol mit einem Teil konz. HCl im Scheidetrichter und läßt über Nacht stehen. Nach genauer Abtrennung der Säure und mehrmaligem Waschen des Alkohols mit Wasser wird der Amylalkohol über wasserfreier Soda destilliert. Verwendet wird die bei 131—133° übergehende Fraktion.

Ausführung:

5 cm³ Testlösung oder Testsuspension (0,5—0,15 mg Sialinsäure), 3,5 cm³ Orcinreagens und 0,5 cm³ $FeCl_3$-Lösung werden in einem Rohre mit eingeschliffenem Stopfen gut vermischt und im Paraffinbade bei + 108° genau 15 min lang erhitzt. (Es empfiehlt sich, die

---

[1] BLIX, G., E. LINDBERG, L. ODIN and I. WERNER: Acta Soc. Med. upsal. **61**, 1 (1956).
[2] SVENNERHOLM, L.: Ark. Kemi **10**, 577 (1957).
[3] WERNER, I., and L. ODIN: Acta Soc. Med. upsal. **57**, 230 (1952).

Lösung nach einigen Minuten kräftig umzuschütteln.) Die Lösung wird dann unter Leitungswasser gekühlt und 5 cm³ Amylalkohol werden zugegeben. Man schüttelt gründlich um und zentrifugiert kurz. Die Extinktion der Amylalkohollösung wird innerhalb 20 min bei 570 mμ photometrisch bestimmt. Die Extinktion einer Leerprobe wird subtrahiert. Als Standard dient reine Sialinsäure.

Bei *Bestimmung in Blutserum*[1] setzt man zu 0,50 cm³ Serum 1,00 cm³ physiologische Kochsalzlösung. Von der Mischung werden 0,40 cm³ tropfenweise unter Umschütteln in 10 cm³ kalten absoluten Alkohol gegeben. Nach Zentrifugieren und Abdekantieren der Lösung wäscht man die Fällung im Zentrifugenrohr mit 10 cm³ absolutem Äthanol. Dann wird die Fällung in 5 cm³ physiologischer NaCl-Lösung gelöst, und man verfährt wie oben. Als Standard wird Sialinsäure O (N-Acetylneuraminsäure) verwendet.

Colorimetrische Bestimmung von Sialinsäure mit Resorcin-Salzsäure nach SVENNERHOLM[2].

Reagentien:

1. Salzsäure, $d = 1{,}19$, zur Analyse (weniger als 0,0001 % Fe^{3+}).
2. 0,1 m Kupfersulfat.
3. Isoamylalkohol, gereinigt wie in der vorstehenden Methode.
4. Resorcinreagens: 2 g Resorcin werden in 100 cm³ Wasser gelöst. (Die Lösung ist im Kühlschrank mehrere Monate lang haltbar.) Zu 80 cm³ der konz. Salzsäure werden 0,25 cm³ der Kupfersulfatlösung und 10 cm³ der Resorcinlösung gegeben. Dann wird auf 100 cm³ mit Wasser aufgefüllt. Das Reagens wird wenigstens 4 Std vor dem Gebrauch hergestellt und ist in der Kälte wenigstens eine Woche lang haltbar.

Ausführung:

2 cm³ Testlösung (0,01—0,03 mg Sialinsäure) werden mit 2 cm³ des Resorcinreagens versetzt und 15 min lang auf +110° erhitzt. Man kühlt unter Leitungswasser und gibt 5 cm³ Isoamylalkohol zu. Die Mischung wird kräftig umgeschüttelt und dann kurz zentrifugiert. Wird die Probe dann in Eiswasser aufbewahrt, so bleibt die Lichtabsorption wenigstens 3 Std lang unverändert. Die Amylalkoholphase wird in eine 50 mm-Mikroküvette übergeführt und die Extinktion bei 580 mμ bestimmt.

Diese Methode ist empfindlicher als die Bestimmung mit dem BIAL-Reagens und wird weniger als die letztere von der Anwesenheit anderer Kohlenhydrate beeinflußt.

Bei diesen beiden Methoden liegt der molare Extinktionskoeffizient der N-Glykolylneuraminsäure (P-Sialinsäure) etwa 20 % höher als derjenige der N-Acetylneuraminsäure (O-Sialinsäure) und der B-Sialinsäure.

Die gewöhnlichen Zucker geben bei diesen Methoden eine gewisse, aber meistens unbedeutende Lichtabsorption. Wenn neben der Sialinsäure verhältnismäßig viel Kohlenhydrat in der Probe anwesend ist, muß jedoch für dieses korrigiert werden. Das erfordert eine vorausgehende Bestimmung der Extinktionskoeffizienten der vorhandenen Zucker bei der verwendeten Reaktion und Wellenlänge und eine separate Bestimmung ihrer Konzentration mit irgend einer anderen Methode, oder es kann mit Hilfe von Absorptionsmessung an 2 verschiedenen Wellenlängen korrigiert werden*.

Colorimetrische Bestimmung von Sialinsäure mit EHRLICHs ***Reagens nach*** WERNER ***und*** ODIN[3].

Reagens:

5 g reines p-Dimethylaminobenzaldehyd werden in 100 cm³ einer Mischung von gleichen Teilen konz. HCl und Wasser gelöst. Die Lösung soll nur hellgelb gefärbt sein.

* Näheres hierüber s. SVENNERHOLM, L.: Ark. Kemi 10, 557 (1957). Biochim. biophysica Acta, N. Y. 24, 604 (1957).

[1] ODIN, L., I. WERNER u. K.-B. BJÖRNESJÖ: Unveröffentlicht.

[2] SVENNERHOLM, L.: Biochim. biophysica Acta, N. Y. 24, 604 (1957).

[3] WERNER, I., and L. ODIN: Acta med. Soc. upsal. 57, 230 (1952).

Ausführung:

5 cm^3 Testlösung oder Testsuspension (0,10—0,50 mg Sialinsäure) werden mit 1 cm^3 Reagens in einem Röhrchen mit eingeschliffenem Stopfen versetzt. Die Lösung wird genau 30 min im kochenden Wasserbad erhitzt und dann unter Leitungswasser gekühlt. Wenn nötig werden die Lösungen danach filtriert. Die photometrische Auswertung wird bei 565 mμ innerhalb 30 min vorgenommen. Die gefärbten Lösungen dürfen keine Opalescenz zeigen.

Diese 3 Methoden geben meistens gut übereinstimmende Werte. Im Blutserum liefert jedoch die letzte aus unbekannten Gründen zu hohe Werte.

Über die colorimetrische Bestimmung von Sialinsäure im Blutserum mit Hilfe der DISCHEschen Diphenylamin-Reaktion s. WINZLER[1].

Metallproteide und verwandte Systeme.

Von

H.-J. Bielig und E. Bayer.

Mit 23 Abbildungen.

1. Definition. Allgemeine Eigenschaften.

Abgehandelt werden in diesem Abschnitt im Tierkörper aufgefundene Verbindungen von Metallen (Fe, Cu, V, Zn) mit Proteinen, Peptiden oder Aminosäuren, in denen das Metall entweder stöchiometrisch an spezifische Liganden des Trägers oder an mit diesen verknüpften, abspaltbaren, nicht porphyrinartigen Gruppen* gebunden ist. Zu ersteren gehören Hämocyanine, Coeruloplasmin, Hämocuprein und Hepatocuprein, Hämerythrin, Eisen(III)-transferrin, die Metallverbindungen von Conalbumin sowie Ferrichrom und Zinkcysteinat; zu letzteren das Hämovanadin. Eine Sonderstellung nehmen die hoch eisenhaltigen Systeme Ferritin und Hämosiderin ein.

Funktionell betrachtet handelt es sich einerseits um reversibel *Sauerstoffbindende* oder *oxydoreduzierend wirkende Systeme* mit dadurch bedingtem Farbwechsel (Hämocyanine, Hämerythrin, Hämovanadin). Andererseits liegen *Metall-Transportproteide* (Eisentransferrin, Coeruloplasmin, Hämocuprein), *Metall-Speicherproteide* (Ferritin, Hämosiderin, Hepatocuprein) oder *Ablagerungsformen* (Zinkcysteinat) vor. Nicht aufgenommen wurden Enzyme mit metalltragender Wirkgruppe**, wobei davon abzusehen ist, daß z. B. Hämocyanin auch schwache enzymatische Aktivitäten entfaltet.

Extracellulär finden sich Hämocyanine (in der Leibeshöhlenflüssigkeit von Wirbellosen), Eisen-transferrin, Coeruloplasmin (im Blutplasma von Säugetieren) sowie Conalbumin (im Hühnereiweiß). *Intracellulär* kommen Hämerythrin und Hämovanadin (in Blutzellen von Evertebraten), Hämocuprein (in Blutzellen von Säugetieren), Ferritin, Hepatocuprein (bei Mensch und Wirbeltieren) sowie Ferrichrom (bei Pilzen) vor.

Das *Ausmaß der Metallbindung* in den genannten Metallproteiden steigt von Eisentransferrin (0,125% Fe), Metall-conalbuminen (0,159% Fe, 0,166% Cu, 0,18% Zn) und Hämocyaninen (0,17—0,26% Cu) über Coeruloplasmin, Hämo- und Hepatocuprein (0,34% Cu), Hämerythrin (1% Fe) sowie Hämovanadin (4,7% V) bis zum Ferritin, das mit einer Fe-Aufnahme von etwa 20% den höchsten definiert proteingebundenen Metallgehalt im Tierkörper aufweist. In den Ferrichromen findet man 5,3 bzw. 7,5% Fe, im Zinkcysteinat des Tapetum lucidum von Caniden 32,5% Zn.

* Proteide mit Metall-porphyrinen als spezifischen Gruppen findet man Bd. VI.

** Vgl. den Abschnitt „Enzyme", Bd. VI.

[1] WINZLER, R. J., in: GLICK, D. (Hrsgb): Meth. biochem. Analysis. Bd. II, S. 279.

Die *Abspaltung der Metalle* gelingt, im allgemeinen reversibel, durch Komplexaustausch, z. T. nach vorhergehender reduktiver Überführung in eine niedere Wertigkeitsstufe. So lassen sich z. B. das Cu aus Hämocyaninen mittels Blausäure, das V aus Hämovanadin mit 8-Hydroxychinolin, das Zn aus dem Zinkcysteinat mit Dithizon direkt entfernen. Aus Hämerythrin, Eisen-transferrin und Ferritin wird das 3wertige Eisen nach Reduktion zum $Fe^{2\oplus}$ von α,α'-Dipyridyl bzw. o,o'-Phenanthrolin komplex gebunden. Die erhaltenen *metallfreien Proteine* werden bei ihren Metallverbindungen besprochen.

Für die *Bestimmung der Wertigkeit* eignen sich vor allem magnetochemische Untersuchungen[1].

Über die genannten spezifisch wirksamen, metallbindenden Proteine hinaus reagieren auch andere Proteine (z. B. Albumine, Casein, Kollagen), Peptide und Aminosäuren mit physiologisch (z. B. Cu, Fe, Co, Mn, Mo, V, Zn, Ca, Mg) oder pharmakologisch (z. B. Hg, Pb, Ag, Cd, Cr) wirksamen Metallen unter überwiegend komplexer Bindung. Ihre Eigenschaften und die Methoden zu ihrer Untersuchung sind in den Zusammenfassungen[2-9] beschrieben.

Als wesentliche Faktoren, die die *Stabilität der Komplexe* zwischen Metallionen, einfachen organischen Molekülen und Polymeren beeinflussen, wurden erkannt[10] für:

1. Metalle. Radius, Wertigkeit, Ladung, Affinität zu $OH^{\ominus}$, Elektronenstruktur, Koordinationszahl, Löslichkeit und Hydratationsgrad.

2. Organische Moleküle. Acidität, Elektronegativität, relative Stellung und Zwitterionencharakter der metallbindenden funktionellen Gruppen [—COOH, —OH, =CO, $-NH_2$, —NHR—, $-NR_2$, —N=, —SH, —S—, $-SO_3H$, —OPO(OH)], Wasserstoffbrückenbindung, Ladungsverteilung und Resonanzfähigkeit.

3. Polymere. Ladungsdichte und Ladungsverteilung, Sitz und Natur spezifischer Gruppen, Ausmaß der Querverbindungen (Vernetzung), Hydratationsgrad.

4. Metallkomplexe. Größe und Form des Chelates, Löslichkeit, Resonanzmöglichkeiten, Entropie-Zunahme.

2. Hämerythrin[11-13].

Historisches. Hämerythrin ist das von KRUKENBERG[14] benannte braunrote Pigment in den erythrocytenähnlichen Zellen der Coelomflüssigkeit einiger Anneliden und Brachiopoden[15]. LANKESTER[16] gewann es erstmals zellfrei durch Hämolyse, ANDREWS[17]

[1] SELWOOD, P. W.: Magnetochemistry. 2. Edit. New York 1956.
[2] GURD, F. R. N., and P. E. WILCOX: Complex formation between metallic cations and proteins, peptides, and amino acids. Adv. Protein Chem. **11**, 311 (1956).
[3] WILLIAMS, R. J. P.: Metal ions in biological systems. Biol. Reviews **28**, 381 (1953).
[4] WEITZEL, G.: Chemie und Physiologie biogener Zink-Verbindungen. Angew. Chem. **68**, 566 (1956).
[5] COHN, E. J.: Number of sites on certain proteins which interact specifically with certain metals; in: GURD, F. R. N. (Hrsgb.): Chemical Specificity in Biological Interactions. S. 7, New York 1954.
[6] SCHUBERT, J.: Interactions of metals with small molecules in relation to metal-protein complexes; in: GURD, F. R. N.: zit. unter [5], S. 114.
[7] SCATCHARD, G., W. L. HUGHES jr., F. R. N. GURD and P. E. WILCOX: The interaction of proteins with small molecules and ions; in: GURD, F. R. N.: zit. unter [5], S. 193.
[8] SCHWARZENBACH, G.: The specificity of metal complex formation (V. Reasons for the metal specificity involved in protein reactions); in: GURD, F. R. N.: zit. unter [5], S. 189.
[9] KLOTZ, I. M.: Thermodynamic and molecular properties of some metal-protein complexes; in: MCELROY, W. D., and B. GLASS (Hrsgb.): Symposion on the Mechanism of Enzyme Action. S. 257. Baltimore 1954.
[10] SCHUBERT, J.; in: GURD, F. R. N. (Hrsgb.): Chemical Specificity in Biological Interactions. S. 114. New York 1954.

Zusammenfassende Darstellungen[11-13]:

[11] FLORKIN, M.: Recherches sur les hémerythrines. Thèse Liège 1933.
[12] FLORKIN, M.: L'évolution biochimique. Liège 1944.
[13] ROCHE, J.: Pigments respiratoires. Paris 1935. Ann. Rev. **5**, 472 (1936).
[14] KRUKENBERG, C.: Vergl. physiol. Studien. Heidelberg **3**, 82 (1880/82).
[15] CUÉNOT, L.: Arch. Zool. exp. gén. (2) **9**, 593 (1891). — DAWSON, A. B.: Biol. Bull. **64**, 233 (1933).
[16] LANKESTER, E. R.: Proc. R. Soc. London **21**, 70 (1872/73).
[17] ANDREWS, E. A.: Johns Hopkins Univ. Circ. **9**, 65 (1890).

erkannte es als eisenhaltiges Globulin, das von GRIFFITHS[1] porphyrinfrei befunden wurde. FLORKIN[2] erhielt Oxyhämerythrin kristallisiert, und ROCHE[3] bestimmte sein Molekulargewicht zu 66000. Die Entdeckung der reversiblen, mit Farbwechsel verbundenen Sauerstoffbindung geht auf SCHWALBE[4] und MARRIAN[5] zurück. Nach BOERI[6] wird je 2 Atome Fe 1 Mol O_2 aufgenommen („Ferro"-oxyhämerythrin), das irreversibel zum Ferri-hämerythrin (Methämerythrin) oxydiert werden kann[5].

Vorkommen (Tabelle 1). Hämerythrin wurde bisher nur bei marinen Wirbellosen gefunden. Es kommt in den roten, scheibenförmigen Blutzellen der Leibeshöhlenflüssigkeit von Sipunculiden (Gephyrea achaeta)[2,7] und einigen Polychaeten[8] vor, die zu den Gliederwürmern (Annelida) gehören. Unter den Molluscoideen (Tentaculata) findet es sich in der Klasse der Brachiopoda (Armfüßler)[9].

Darstellung. Geeignet zur Gewinnung von *kristallisiertem Oxyhämerythrin* sind die Blutzellen von Phascolosoma-Arten. Weniger gut und mit abgewandelter Methodik kristallisiert Hämerythrin aus Sipunculus nudus. — Die Leibeshöhlenflüssigkeit hat man durch einfaches Aufschneiden des Hautmuskelschlauches der Würmer gewonnen, durch Filtrieren von den agglutinierenden farblosen Zellen befreit, zentrifugiert und die „gepackten roten Zellen" (Zellvolumen 1050 μ^3, Oberfläche 660 μ^2, mittlerer Durchmesser $14{,}5 \pm 1{,}8\ \mu$)[12], welche etwa 7 Vol.-% der Coelomflüssigkeit ausmachen[2], nach Waschen mit Seewasser durch destilliertes Wasser hämolysiert (zur Bestimmung der Permeabilität vgl. [12]). Bei der Dialyse des Zentrifugates gegen alkoholhaltiges Wasser kristallisiert der Farbstoff.

Tabelle 1. *Vorkommen von Hämerythrin.*

Annelida:	Polychaeta	
		Magellona papillicornis[8]
	Sipunculoidea	
		Sipunculus nudus[10]
		Phascolosoma vulgare
		Phascolosoma elongatum[2]
		Phascolosoma gouldii[11]
		Physcosoma granulatum
		Priapulus caudatus[7]
		Halicryptus spinulosus[7]
Molluscoidea:	Brachiopoda	
		Lingula unguis[9]

Reduziertes Hämerythrin wird nach Einwirkung von Natriumdithionit auf Oxyhämerythrin durch Dialyse kristallisiert erhalten[2].

Kristallisiertes Methämerythrin stellt man durch Oxydation des gelösten Pigmentes mit Kaliumferricyanid und entsprechende Dialyse dar[11].

1. Kristallisiertes Oxyhämerythrin aus Phascolosoma[2,11]. Die beim Anschneiden der Leibeshöhle auslaufende Coelomflüssigkeit läßt man 1 Std im Kühlschrank stehen, dekantiert oder filtriert durch Glaswolle von farblosen Zellagglomeraten ab und zentrifugiert einige Minuten bei 3000 Umdrehungen. Das Sediment enthält in der unteren Schicht die hämerythrinhaltigen Zellen, darüber etwas durch vorsichtiges Saugen mit einem Heber mechanisch abtrennbares, schwach farbiges Zellmaterial. Die Plasmaphase wird durch ein gleiches Volumen Seewasser ersetzt, die Zellphase aufgeschüttelt, durch Zentrifugieren erneut sedimentiert, nochmals farbloses Zellmaterial wie angegeben abgetrennt und der Waschprozeß — im allgemeinen 4mal — wiederholt, bis die Seewasserphase beim Erhitzen nicht mehr durch denaturierte Proteine getrübt wird. Nun hämolysiert man mit so viel destilliertem Wasser, wie etwa dem 10fachen Zellvolumen entspricht, und gewinnt die weinrote, zellfreie *Oxyhämerythrin-Rohlösung* durch Abschleudern der Stromata.

[1] GRIFFITHS, A.-B.: Cr. **115**, 669 (1892).
[2] FLORKIN, M.: Arch. int. Physiol. **36**, 247 (1933).
[3] ROCHE, A., et J. ROCHE: Cr. **199**, 1678 (1934).
[4] SCHWALBE, G.: Arch. mikroskop. Anat. **5**, 248 (1869).
[5] MARRIAN, G. F.: J. exp. Biol. **4**, 357 (1927).
[6] BOERI, E., and A. GHIRETTI-MAGALDI: Biochim. biophysica Acta, N. Y. **23**, 489 (1957).
[7] FÄNGE, R., u. B. ÅKESSON: Ark. Zool. [2] **3**, 25 (1951).
[8] BENHAM, W. B.: Quart. J. microscop. Sci. **39**, 1 (1896).
[9] KAWAGUTI, S.: Mem. Fac. Sci. Agric. Taihoku **23**, 95 (1941).
[10] ROCHE, J.: Bull. Soc. Chim. biol. **15**, 1415 (1933).
[11] LOVE, W. E.: Biochim. biophysica Acta, N. Y. **23**, 465 (1957).
[12] LOVE, W. E.: Biol. Bull. **105**, 128 (1953).

Tabelle 2. *Physikalische Eigenschaften von Hämerythrinpräparaten.*

(Phg) = aus Phascolosoma gouldii; (Phe) = aus Phascolosoma elongatum; (Sn) = aus Sipunculus nudus; Oxyhe = Oxyhämerythrin; Redhe = reduziertes Hämerythrin (Desoxyhämerythrin); Methe = Methämerythrin.

Eigenschaft	Präparat	
Kristall-struktur	Oxyhe (Sn)	orthorhombische Kristalle[1]
	Oxyhe (Phe)	polychroitische Rhombendodekaeder (Abb. 1)[2]
	Methe (Phg)	monokline Kristalle, a:b:c = 56,9:134,6:74,2 Å, Elementarzellvolumen $562 \cdot 10^3$ Å^3, 2 asym. Einheiten je Elementarzelle ($3{,}98 \cdot 10^{-19}$ g trockenes Protein)[3]
Löslichkeit	Oxyhe (Sn)	schwer löslich in dest. Wasser (p_H 5,6—5,9)[1]; 1,3—1,6 m $(NH_4)_2SO_4$; 1,2—1,5 m Phosphatpuffer (p_H 6,5)[4]. Löslich in 0,9% NaCl, < 1,0 m Phosphatpuffer (p_H 6,5), 1% Na_2CO_3[1]
	Oxyhe (Phe)	unlöslich in H_2O, löslich in schwachen Salzlösungen[2]
	Oxyhe, Redhe, Methe (Phg)	unlöslich in 20%igem Äthanol
	Oxyhe (Phg)	löslich in 3fachem Volumen 0,5 m NaCl-Boratpuffer (p_H 8)
	Methe (Phg)	löslich in 1 m $(NH_4)_2SO_4$[3]
Eisengehalt	Oxyhe (Sn)	0,83%[5]; 1,01%[1]
	Oxyhe (Phe)	0,99%[2]
	Methe (Phg)	0,88%[3]
Absorptions-maxima	Oxyhe (Sn)	278, 327, 500 mμ (in m/150 Phosphatpuffer, p_H 7); ln E_{max}(278 mμ) = $42 \cdot 10^6$/g-Atom Fe; $E_{278}/E_{500} = 15{,}7$; E Oxyhe:E Redhe:E Methe (Abb. 2) = 1:0,59:1,07 (278 mμ); 1:0,39:0,35 (500 mμ)[5]
	Oxyhe (Phe)	E Oxyhe:E Redhe = 20:1 (500 mμ)[2]
	Oxyhe (Phg)	280, 320, 500 mμ (in Boratpuffer, p_H 8,1, Ionenstärke 0,08)[6]
	Redhe (Phg)	280, 330, 375 mμ[6]
	Methe (Phg)	$E = 2{,}75$ mg^{-1} · cm^3 · cm^{-1} (278 mμ); $E_{500}/E_{278} = 1:17{,}6$[3]
Molekular-gewicht	Oxyhe (Sn)	66000, osmometrisch bei p_H 6,8[7]
	Oxyhe (Phg)	66000, aus Sedimentation ($S_{20} = 6{,}2 \cdot 10^{-13}$)[8]
	Methe (Phg)	120000, aus Röntgendiffraktion[3]
Diffusions-koeffizient	Oxyhe (Phg)	$5{,}8 \cdot 10^{-7}$ cm^2 · sec^{-1} in 0,1 m Phosphatpuffer (p_H 7,0; 20°)[9]
Isoelektrischer Punkt p_K-Werte	Oxyhe (Sn)	p_H 5,6 (in 0,1 n NaCl)[1]; p_K (Base) 2,9; p_K (Säure) 6,7[1]
	Redhe (Sn)	p_K (Säure) 6,9[1]
Sauerstoff-bindung	Oxyhe (Sn)	Fe:O_2 = 2:1 (manometrisch)[5]; Coelomflüssigkeit 2,89 Vol.-%; Hämerythrin-haltige Zellen 21 Vol.-%[2]
	Oxyhe (Phe)	Fe:O_2 = 3:1 (manometrisch)[2]; Coelomflüssigkeit 2,68 Vol.-%[2]
	Oxyhe (Phg)	Fe:O_2 = 19:8 (spektrophotometrisch)[3]; Oxygenierungswärme —18 kcal/Mol[10]

Bei der Dialyse der Oxyhämerythrin-Lösung gegen 0° kaltes dest. Wasser, das 20 Vol.-% Äthanol oder 25% Äthanol und 5% Diäthyläther enthält, scheidet sich der Farbstoff innerhalb 24 Std kristallisiert ab. Man wäscht die zentrifugierten Kristalle mit 20%igem Äthanol oder mit destilliertem Wasser.

[1] ROCHE, J.: Bull. Soc. Chim. biol. **15**, 1415 (1933).
[2] FLORKIN, M.: Arch. int. Physiol. **36**, 247 (1933).
[3] LOVE, W. E.: Biochim. biophysica Acta, N. Y. **23**, 465 (1957).
[4] ROCHE, J., et Y. DERRIEN: C. R. Soc. Biol. **131**, 384 (1939).
[5] BOERI, E., and A. GHIRETTI-MAGALDI: Biochim. biophysica Acta, N. Y. **23**, 489 (1957).
[6] KLOTZ, I. M., S. RAPAPORT and E. V. H. ROSENBERG: Biol. Bull. **105**, 377 (1953).
[7] ROCHE, A., et J. ROCHE: Bull. Soc. Chim. biol. **17**, 1494 (1935).
[8] RESNIK, R. A., and I. M. KLOTZ: Biol. Bull. **101**, 227 (1951).
[9] BRILL, A. S., and J. M. OLSON: Biol. Bull. **105**, 371 (1953).
[10] PETICOLAS, W. L., W. E. LOVE and I. M. KLOTZ: unveröffentlicht [KLOTZ, I. M., and T. A. KLOTZ: Science, N. Y. **121**, 477 (1955)].

*2. **Kristallisiertes Hämerythrin aus Sipunculus***[1]. Gewonnen und zur Hämolyse vorbereitet werden die hämerythrinhaltigen Zellen wie bei *1.* angegeben. Den Waschvorgang kontrolliert man z. B. mit Hilfe von ESBACHs Reagens (Eiweißfällung mit einer Lösung aus 1 g Pikrinsäure + 2 g Citronensäure in 100 cm^3 Wasser). Hämolysiert wird mit der dem 2fachen Zellvolumen entsprechenden Menge 0,9 %iger Natriumchlorid-Lösung[1] oder m/150 Phosphatpuffer vom p_H 7,0[2]. Das braunrote Zentrifugat dialysiert man gegen dest. Wasser von 0°, trennt zunächst ausfallendes farbloses, amorphes Protein ab und erhält in 3—5 Tagen ein Hämerythrin-Rohkristallisat. Beim Lösen in 0,9 %iger NaCl-Lösung bleiben weitere farblose Begleitstoffe zurück. Erneute Dialyse liefert in einigen Tagen bis Wochen kristallisiertes, violettrotes Oxyhämerythrin neben braunem, mikrokristallinem Material (Methämerythrin).

*3. **Kristallisiertes Hämerythrin aus Oxyhämerythrin***[3]. Die nach *1.* dargestellte Oxyhämerythrin-Rohlösung wird tropfenweise mit einer frisch bereiteten wäßrigen Lösung von hochprozentigem Natriumdithionit versetzt, bis Farbumschlag nach schwach Gelbrosa eingetreten ist. Dann dialysiert man wie bei *1.* angegeben gegen 25 %iges Äthanol in Anwesenheit von 5 % peroxydfreiem Diäthyläther.

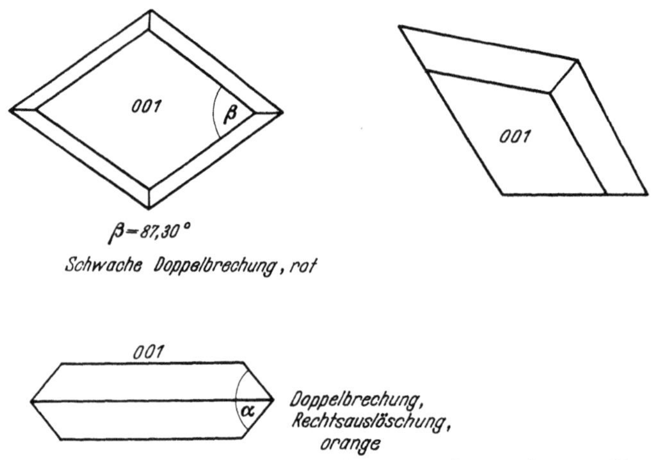

Abb. 1. Kristallform von Oxyhämerythrin (Phascolosoma elongatum)[3].

*4. **Kristallisiertes Methämerythrin aus Hämerythrin***[4]. Die nach *1.* bereitete Oxyhämerythrin-Rohlösung titriert man mit wäßrigem Kaliumferricyanid, bis sich die Farbe nicht mehr ändert, und dialysiert gegen 20 %iges wäßriges Äthanol bei 0°. Die vorsichtig mit dem kalten Dialysiermittel gewaschenen Kristalle werden in dem gerade ausreichenden Volumen 1 m Ammoniumsulfat-Lösung aufgelöst und durch Wiederholung der Dialyse umkristallisiert. Zur Entfernung allen ungebundenen Eisens muß dieser Vorgang 4mal wiederholt werden.

Eigenschaften und Konstitution. Hämerythrin erscheint in 3 verschiedenen kristallisierbaren *Formen:* braunrotem Oxyhämerythrin, schwachgelbem, reduziertem Hämerythrin und braungelbem Methämerythrin (Ferri-hämerythrin), deren *physikalische Eigenschaften* in Tabelle 2 (S. 717) angegeben sind. Die *Kristalle* gehören dem orthorhombischen System an (Abb. 1). Die *Absorptionsspektren* sind in Abb. 2 enthalten; charakteristisch für das Oxyhämerythrin ist das Maximum bei $\lambda = 500$ mμ, das der reduzierten Form fehlt. Der *Eisengehalt* von Hämerythrin beträgt nach neueren Bestimmungen 0,83 % für Sipunculus[2], 0,88 % für Phascolosoma gouldii[4]. Es kommen danach rund 10 Atome Fe auf ein Molekül vom *Molekulargewicht* 66000 (osmometrisch[5]; aus Sedimentationskonstante[6]) oder 19 Fe auf ein Molgewicht von 120000 (aus Diffusionskonstante[4, 7] oder Röntgendiffraktion[4]). Das Molekulargewicht ist für Oxyhämerythrin und Methämerythrin das gleiche[4]. Für das auf den Eisengehalt bezogene *Sauerstoffbindungsvermögen* darf als sicherer Wert 1 Mol O_2 je 2 Atome Fe (manometrisch, Sipunculus)[2] gelten. Das für Phascolosoma

[1] ROCHE, J.: Bull. Soc. Chim. biol. **15**, 1415 (1933).
[2] BOERI, E., and A. GHIRETTI-MAGALDI: Biochim. biophysica Acta, N. Y. **23**, 489 (1957).
[3] FLORKIN, M.: Arch. int. Physiol. **36**, 247 (1933).
[4] LOVE, W. E.: Biochim. biophysica Acta, N. Y. **23**, 465 (1957).
[5] ROCHE, A., et J. ROCHE: Bull. Soc. Chim. biol. **17**, 1494 (1935).
[6] RESNIK, R. A., and I. M. KLOTZ: Biol. Bull. **101**, 227 (1951).
[7] BRILL, A. S., and J. M. OLSON: Biol. Bull. **105**, 371 (1953).

aus dem Extinktionsunterschied von Oxyhämerythrin zu reduziertem Hämerythrin bei λ_{max} 500 mμ ermittelte Verhältnis 8 O_2/19 Fe[1] liegt zwischen dem ersteren Wert und der von FLORKIN[2] ursprünglich manometrisch ermittelten Beziehung 1 O_2/3 Fe (Sipunculus).

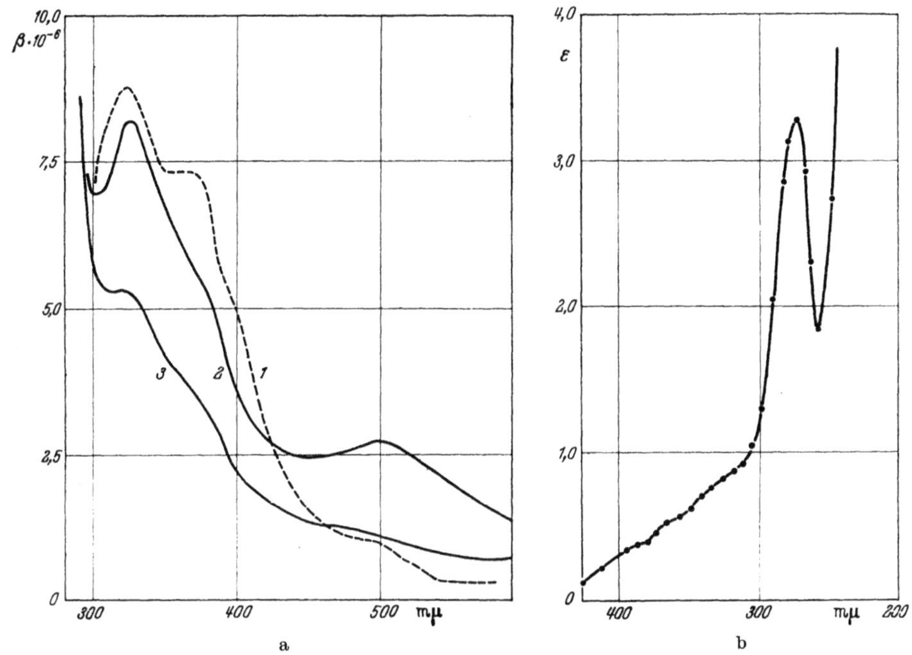

Abb. 2a u. b. a Absorptionsspektren von (2) Oxyhämerythrin ($\beta = 42 \cdot 10^6$ bei 278 mμ), (3) reduziertem Hämerythrin und (1) Methämerythrin (Sipunculus nudus) in m/150 Phosphatpuffer (p_H 7,0)[3]. Abszisse: Wellenlänge λ mμ; Ordinate: ln Extinktion je g-Atom Fe/cm³. b UV-Spektrum von Oxyhämerythrin (Sipunculus nudus)[4], $d = 1$ cm; 0,426 mg N je cm³ Lösung.

Oxyhämerythrin gibt im Vakuum und bei Zugabe von Quecksilberpräparaten (Salyrgan, Hg/Fe = 1/3)[5] seinen Sauerstoff unter Farbaufhellung zu reduziertem Hämerythrin ab, das z. T. durch den freigelegten Sauerstoff in Methämerythrin übergeht[3]. Quantitative O_2-Entbindung findet bei gleichzeitiger Oxydation mit Kaliumferricyanid zu Methämerythrin[2] statt. Kohlenoxyd wird nicht gebunden[6]. Die Affinität von Hämerythrin zu Sauerstoff steigt mit abnehmender Temperatur[1].

Hämerythrin ist ein in verdünnten Salzlösungen von neutralem bis schwach alkalischem p_H lösliches Metallproteid von *Globulinnatur*. Es fällt in oxydiertem Zustand durch 30—50%ige Sättigung mit Ammoniumsulfat[7], das durch Dialyse bei p_H 8 wieder entfernt werden kann[2], und durch 1,2—1,5 m Phosphatpuffer vom p_H 6,5[7] (Abb. 3). Der *isoelektrische Punkt* von Oxyhämerythrin liegt bei p_H 5,6; seine *Löslichkeit* (Abb. 3) ist am geringsten in destilliertem Wasser vom p_H 5,6—5,9[4]. Die Lösungen von Oxyhämerythrin aus Phascolosoma elongatum fluorescieren blauviolett; die *Fluorescenz* fehlt entsprechenden Präparaten aus Phascolosoma

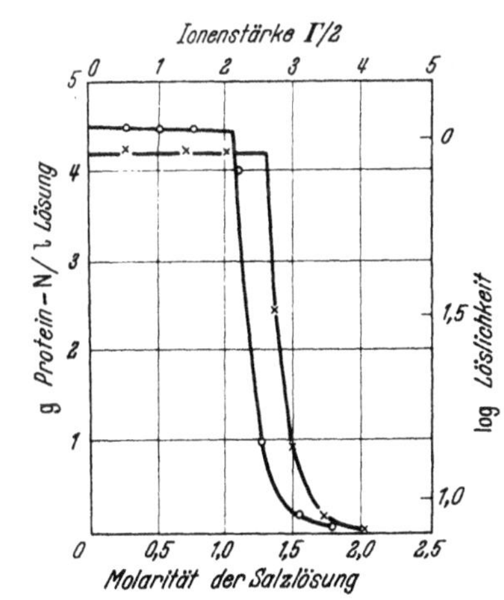

Abb. 3. Löslichkeit von Hämerythrin (Sipunculus) in Anwesenheit von o——o Phosphatpuffer (p_H 6,5) und von ×——× Ammoniumsulfat (p_H 6,15) verschiedener Ionenstärke[7].

[1] LOVE, W. E.: Biochim. biophysica Acta, N. Y. **23**, 465 (1957).
[2] FLORKIN, M.: Arch. int. Physiol. **36**, 247 (1933).
[3] BOERI, E., and A. GHIRETTI-MAGALDI: Biochim. biophysica Acta, N. Y. **23**, 489 (1957).
[4] ROCHE, J.: Bull. Soc. Chim. biol. **15**, 1415 (1933).
[5] KLOTZ, I. M., S. RAPAPORT and E. V. H. ROSENBERG: Biol. Bull. **105**, 377 (1953).
[6] FLORKIN, M.: C. R. Soc. Biol. **112**, 207 (1933).
[7] ROCHE, J., et Y. DERRIEN: C. R. Soc. Biol. **131**, 384 (1939).

vulgare und Sipunculus nudus[1]. Oxyhämerythrin ist in Lösung und im kristallisierten Zustand instabil. Gelöste Präparate zeigen innerhalb einiger Tage, auch im Kühlschrank, praktisch vollständigen Übergang in *Methämerythrin*[2, 3]. Über Schwefelsäure getrocknete Kristalle sind noch einige Tage lang mit brauner Farbe, aber fehlender Sauerstoffabgabe löslich; Trocknung bei 120° führt zu vollständig unlöslichen Produkten[1].

Hämerythrin enthält *keine abspaltbare prosthetische Gruppe.* KLOTZ[4, 5] nimmt an, daß das sauerstoffbindende Eisen mit dem Protein über Schwefelatome verknüpft sei, was indessen nicht unwidersprochen geblieben ist[6]. Nach ROCHE[7] enthält Sipunculus-Hämerythrin 1,74 % S und 16,8 % N. Die *Abspaltung von Eisen* gelingt quantitativ durch Schwefelsäure nach vorheriger Reduktion mit Natriumdithionit, wobei die Proteinkomponente denaturiert ausfällt[1]. Das freie 2wertige Eisen kann als Berliner Blau nachgewiesen werden[8]. Als Reduktionsmittel eignet sich auch Hydroxylamin in Schwefelsäure, wonach das Eisen zum orangefarbenen Fe(II)-Phenanthrolinkomplex gebunden werden kann[5]. Ohne Reduktionsmittel gibt reduziertes Hämerythrin 66 % seines Eisens an o,o'-Phenanthrolin in schwefelsaurer Lösung ab, Oxyhämerythrin dagegen nur 14 %[4, 5]. Der Schluß, daß reduziertes Hämerythrin 2wertiges neben 3wertigem Fe, Oxyhämerythrin dagegen nur 3wertiges Fe enthalte, ist aber nicht bindend, da der bei der Fe-Abspaltung aus Oxyhämerythrin zugleich abgegebene Sauerstoff ursprünglich 2wertiges Eisen partiell zu 3wertigem Fe zu oxydieren vermag, was auch vom Hämoglobin her bekannt ist[9]. Daß Kaliumferricyanid mit der quantitativen Entbindung von O_2 das Oxyhämerythrin in Methämerythrin überführt, spricht dafür, daß, wie im reduzierten Hämerythrin, auch im Oxyhämerythrin das zur O_2-Bindung befähigte Metall in 2wertigem Zustand vorliegt (vgl. dazu KUBO[10]). Hierfür sprechen auch spektrale Unterschiede (Abb. 2a). Bei der Sauerstoffbindung nimmt das *magnetische Moment* ab[10].

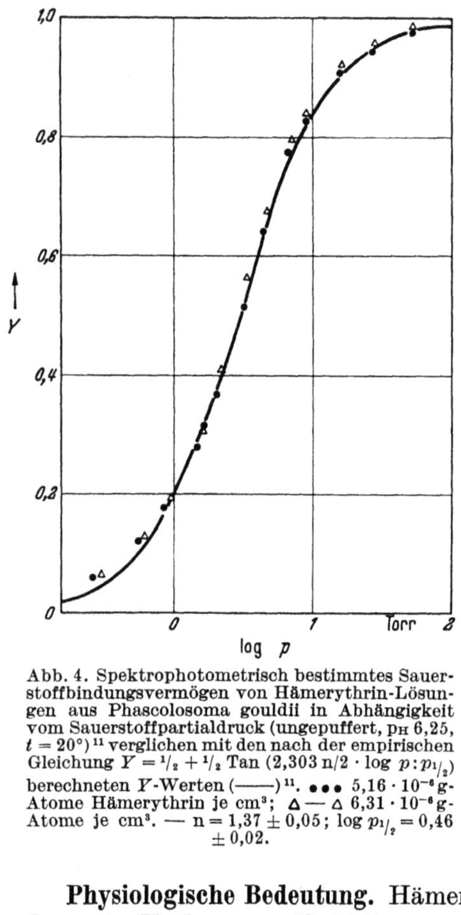

Abb. 4. Spektrophotometrisch bestimmtes Sauerstoffbindungsvermögen von Hämerythrin-Lösungen aus Phascolosoma gouldii in Abhängigkeit vom Sauerstoffpartialdruck (ungepuffert, p_H 6,25, $t = 20°$)[11] verglichen mit den nach der empirischen Gleichung $Y = 1/2 + 1/2 \text{ Tan } (2{,}303\, n/2 \cdot \log p : p_{1/2})$ berechneten Y-Werten (——)[11]. ●●● $5{,}16 \cdot 10^{-6}$ g-Atome Hämerythrin je cm^3; △—△ $6{,}31 \cdot 10^{-6}$ g-Atome je cm^3. — $n = 1{,}37 \pm 0{,}05$; $\log p_{1/2} = 0{,}46 \pm 0{,}02$.

Physiologische Bedeutung. Hämerythrin ist der zellgebundene *Sauerstoffüberträger* bei den unter Vorkommen (S. 716) angegebenen marinen Wirbellosen[12]. Über die Abhängigkeit des *Sauerstoffbindungsvermögens* vom O_2-Partialdruck durch Hämerythrin aus Phascolosoma gouldii orientiert Abb. 4. Die Methodik ist bei BOERI und GHIRETTI-MAGALDI[9] genauer beschrieben. Die maximale O_2-Bindung der hämerythrinhaltigen Zellen von Sipunculus beträgt 21 Vol.-%[1]. Über den *Bohr-Effekt* in Hämerythrin-Lösungen vgl. [11].

---

[1] FLORKIN, M.: Arch. int. Physiol. **36**, 247 (1933).
[2] LOVE, W. E.: Biochim. biophysica Acta, N. Y. **23**, 465 (1957).
[3] BRILL, A. S., and J. M. OLSON: Biol. Bull. **105**, 371 (1953).
[4] KLOTZ, I. M., and T. A. KLOTZ: Science, N. Y. **121**, 477 (1955).
[5] KLOTZ, I. M., and T. A. KLOTZ: Science, N. Y. **122**, 559 (1955).
[6] WILLIAMS, R. J. P.: Science, N. Y. **122**, 558 (1955).
[7] ROCHE, J.: Ann. Physiol. Physicochim. biol. **9**, 583 (1934).
[8] MARRIAN, G. F.: J. exp. Biol. **4**, 357 (1927).
[9] BOERI, E., and A. GHIRETTI-MAGALDI: Biochim. biophysica Acta, N. Y. **23**, 489 (1957).
[10] KUBO, M.: Bull. chem. Soc. Jap. **26**, 244 (1953).
[11] KUBO, M.: Bull. chem. Soc. Jap. **26**, 189 (1953).
[12] FLORKIN, M.: Ann. Physiol. Physicochim. biol. **10**, 599 (1934).

Nachweis und Bestimmung. Für den Nachweis von Hämerythrin sind maßgebend das Absorptionsspektrum (Abb. 2)[1, 2], der Eisengehalt[1-3], das O_2-Bindungsvermögen[2], die Überführung mit Kaliumferricyanid in Methämerythrin[1, 2] und gegebenenfalls die Kristallform (Abb. 1)[2, 4].

1. Bestimmung von Hämerythrinen aus dem Absorptionsspektrum. Die frische *Oxyhämerythrin-Lösung* wird innerhalb 36 Std nach Töten der Tiere in m/150 Phosphatpuffer (p_H 7) gemessen. Das Verhältnis E_{278}/E_{500} soll 15,7 (Sipunculus)[1] oder 17,6 (Phascolosoma gouldii)[2] betragen. Aufgetragen wird in Eichkurven die Extinktion bei verschiedenen Wellenlängen als Funktion der Konzentration (bez. auf 19 Atome Fe je Mol). *Reduziertes Hämerythrin* erhält man zur spektrophotometrischen Messung aus der Oxyhämerythrin-Lösung durch Evakuieren in THUNBERG-Küvetten und Einströmen von Wasserstoff an Stelle der Luft[1]. *Methämerythrin* kann entweder 1. aus Oxyhämerythrin in Lösung von 0,2 m Trispuffer (p_H 7,0) mit m/150 Kaliumferricyanid bereitet und durch Entfernen nicht proteingebundenen Eisens mittels langdauernder Dialyse vorbereitet werden[1], oder 2. aus kristallisiertem Präparat (s. S. 718) durch Lösen in 1 m Ammoniumsulfat und Dialyse auf Sulfatfreiheit gegen 1 m Ammoniumacetat-Lösung[2]. Zur Bestimmung des spezifischen Extinktionskoeffizienten bei 278 mμ mißt man zuerst die gegebenenfalls mit weiterem 1 m NH_4-Acetat verdünnte Ausgangslösung, trocknet dann einen aliquoten Teil bei 105° und zieht vom Gewicht den Salzgehalt nach entsprechender Trocknung der Ammoniumacetat-Lösung ab.

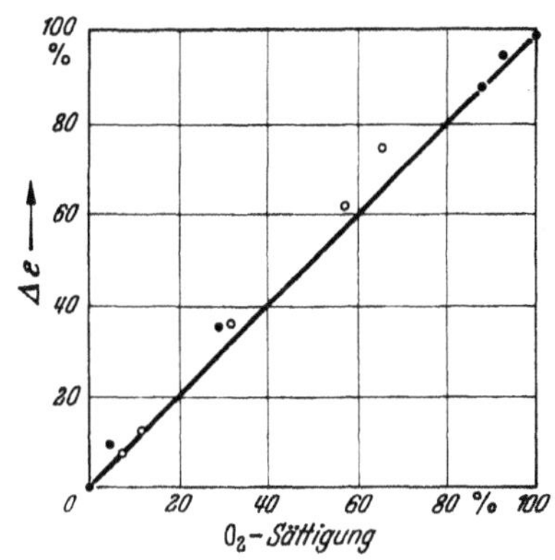

Abb. 5. Prozentuale Änderung der Extinktion (% $\Delta\varepsilon$) von Hämerythrin als Funktion der Sauerstoffsättigung[2]. • = bei 0° C; ∘ = bei 23° C.

2. Bestimmung von Sauerstoffgehalt und O_2-Bindungsvermögen. Den O_2-Gehalt von Hämerythrin-Lösungen bestimmt man entweder a) nach LOVE[2] mit der mikrovolumetrischen Methode von ROUGHTON und SCHOLANDER[5] unter Anwendung des 3fachen Probevolumens, oder b) nach BOERI[1] mit dem mikromanometrischen Verfahren von VAN SLYKE und NEILL[6]. Das Sauerstoffbindungsvermögen von reduziertem Hämerythrin (aus Oxyhämerythrin durch Entfernung von O_2 mittels über Platinasbest gereinigtem Wasserstoff) erhält man nach LOVE[2] spektrophotometrisch unter Verwendung der Technik von ALLEN, GUTHE und WYMAN[7]. Die Zunahme der Extinktion bei λ_{max} 800 mμ geht proportional dem O_2-Sättigungsgrad (Abb. 5).

3. Eisengehalt. Empfohlen wird das Verfahren von LORBER[8] mit der von PAUL[9] bzw. THEORELL und Mitarbeitern[10] angegebenen Veraschungstechnik.

Reagentien:

1. Schwefelsäure, konz., z. A. ($d = 1,84$).
2. Wasserstoffperoxyd, 30 %iges, z. A.
3. Ammoniak, 35 %iges wäßriges.
4. Sulfosalicylsäure, 20 %ige wäßrige Lösung, eisenfrei.
5. Eisen(II)-Salzlösung zur Eichung: 0,7032 g MOHRsches Salz, $(NH_4)_2Fe(SO_4)_2 \cdot 6\,H_2O$, in 1000 cm³ Wasser + 4 Tropfen konz. Schwefelsäure.

---

[1] BOERI, E., and A. GHIRETTI-MAGALDI: Biochim. biophysica Acta, N. Y. **23**, 489 (1957).
[2] LOVE, W. E.: Biochim. biophysica Acta, N. Y. **23**, 465 (1957).
[3] KLOTZ, I. M., and T. A. KLOTZ: Science, N. Y. **122**, 559 (1955).
[4] FLORKIN, M.: Arch. int. Physiol. **36**, 247 (1933).
[5] ROUGHTON, F. J. W., and P. F. SCHOLANDER: J. biol. Ch. **148**, 541 (1943).
[6] SLYKE, D. D. VAN, and J. M. NEILL: J. biol. Ch. **61**, 523 (1924).
[7] ALLEN, D. W., K. F. GUTHE and J. WYMAN jr.: J. biol. Ch. **187**, 393 (1950).
[8] LORBER, L.: B. Z. **181**, 391 (1927).
[9] PAUL, K.-G.: Acta chem. scand. **2**, 430 (1948).
[10] THEORELL, H., M. BÉZNAK, R. BONNICHSEN, K.-G. PAUL u. Å. ÅKESON: Acta chem. scand. **5**, 445 (1951).

Ausführung:

Aliquote Teile der zu untersuchenden Probe, die 5—70 γ Eisen enthält, werden im Reagensglas oder im KJELDAHL-Kolben (Jena- oder Pyrex-Glas) mit 1—50 cm^3 konz. Schwefelsäure über freier Flamme erhitzt, wobei Siedeverzug durch einige Glasperlen verhindert wird. Wenn die Schwefelsäure fast völlig abgedampft ist, setzt man den Erhitzungsprozeß unter Zugabe von 1—2 Tropfen Wasserstoffperoxyd je min fort, bis die Probe farblos erscheint, und erwärmt dann noch einige Sekunden, bis alles H_2O_2 zerstört ist. Man kühlt ab, verdünnt mit einigen Kubikzentimetern Wasser und neutralisiert mit Ammoniak. Nach Zugabe von 0,3 cm^3 der Sulfosalicylsäure-Lösung und soviel weiterem Ammoniak, bis die zuerst entstehende Rotfärbung in Gelb übergegangen ist, füllt man mit Wasser auf 15 cm^3 auf und mißt die Extinktion spektrophotometrisch bei λ_{max} 424 mμ ($d = 1,0$ cm). 1 γ Fe(III) je cm^3 entspricht hierbei einer Extinktion von $\log I_0/I = 0,100$. — Es empfiehlt sich, 2—3 Parallelbestimmungen und Blindwertkontrollen anzusetzen. Die Blindwerte betragen im allgemeinen 1—1,4 γ Fe je 10 cm^3 Lösung, was im wesentlichen auf dem Sulfosalicylsäure-Präparat beruht.

3. Eisen(III)-transferrin (Eisensiderophilin).

Historisches. Die von FONTÈS und THIVOLLE[1] 1925 entdeckte Fe-haltige Fraktion im Blutserum von Säugetieren enthält das Metall nach BARKAN[2] in nicht dialysierbarer, nicht ultrafiltrierbarer, proteingebundener Form. SCHADE und CAROLINE[3] sowie COHN und Mitarbeiter[4] haben die eisenbindende Komponente durch Serumfraktionierung in der β-Globulinfraktion festgestellt. Das β_1-metallbindende Globulin[5] wurde Transferrin[6] oder Siderophilin[7] genannt und von KOECHLIN[5, 8] kristallisiert erhalten. Das Eisen(III)-transferrin haben LAURELL und INGELMAN[9] aus Schweineserum isoliert.

Vorkommen. Eisen-transferrin findet sich im Serum von Mensch[3, 4], Pferd[2], Schwein[9] und wahrscheinlich anderen Säugetieren. Das Siderophilin macht 3,3% der gesamten menschlichen Plasmaproteine in einer Konzentration von $2,8 \cdot 10^{-5}$ Mol/l aus[10]. Immunologisch wurden 0,27 g Transferrin je 100 cm^3 Serum gefunden[11], was gut mit dem aus der Eisenbindekapazität berechneten Wert von 0,24—0,28 g-% übereinstimmt[12].

Darstellung. Man gewinnt das kristalline, eisenfreie, metallbindende β_1-Globulin (Transferrin, Siderophilin) aus der Fraktion IV,7 von menschlichem Serum[8], die 76% davon enthält und bei Auftrennung der Serumfraktion IV,4 erhalten wird[13]. Eisentransferrin gewinnt man entweder aus mit Eisen(II)-Ionen versetztem Schweineserum[14] oder aus Transferrin und Eisen(II)-Salz in gepufferter Lösung[5]. Die Übertragung des Eisens vom Ferritin auf Siderophilin gelingt nach reduzierender Einwirkung von Ascorbinsäure oder Cystein[15].

[1] FONTÈS, G., et L. THIVOLLE: C. R. Soc. Biol. **93**, 687 (1925).
[2] BARKAN, G.: H. **171**, 195 (1927); **216**, 1, 17; **221**, 241 (1933). — BARKAN, G., u. O. SCHALES: H. **248**, 96 (1937). — Vgl. STARKENSTEIN, E., u. Z. HARVALIK: A. e. P. P. **172**, 75 (1933).
[3] SCHADE, A. L., and L. CAROLINE: Science, N. Y. **104**, 340 (1946).
[4] COHN, E. J., L. E. STRONG, W. L. HUGHES jr., D. J. MULFORD, J. N. ASHWORTH, M. MELIN and H. L. TAYLOR: Am. Soc. **68**, 459 (1946).
[5] SURGENOR, D. M., B. A. KOECHLIN and L. E. STRONG: J. clin. Invest. **28**, 73 (1949).
[6] HOLMBERG, C. G., and C.-B. LAURELL: Acta chem. scand. **1**, 944 (1947).
[7] SCHADE, A. L., R. W. REINHART and H. LEVY: Arch. Biochem. **20**, 170 (1949).
[8] KOECHLIN, B. A.: Am. Soc. **74**, 2649 (1952).
[9] LAURELL, C.-B., and B. INGELMAN: Acta chem. scand. **1**, 770 (1947).
[10] COHN, E. J.: Blood **3**, 471 (1948).
[11] JAGER, B. V.: J. clin. Invest. **28**, 792 (1949).
[12] LAURELL, C.-B.: Blood **6**, 183 (1951).
[13] SURGENOR, D. M., S. E. STRONG, H. L. TAYLOR, R. S. GORDON jr. and D. M. GIBSON: Am. Soc. **71**, 1223 (1949).
[14] LAURELL, C.-B., and B. INGELMAN: Acta chem. scand. **1**, 770 (1947). — LAURELL, C.-B.: Acta chem. scand. **7**, 1407 (1953).
[15] BIELIG, H.-J., u. E. BAYER: Naturwiss. **42**, 466 (1955). — MAZUR, A., S. BAEZ and E. SHORR: J. biol. Ch. **213**, 147 (1955).

1. Kristallisiertes Transferrin aus menschlichem Serum[1, 2]. Aus menschlichem Serum erhält man mit der Äthanol-Fraktionierungsmethode (Verfahren 6 von COHN, STRONG und Mitarbeitern[3]; vgl. S. 237 ff.) die Fraktion IV,4, die außer etwas Albumin lipoidfreie α- und β-Globuline, unter letzteren Transferrin und Coeruloplasmin enthält.

1 kg Fraktion IV,4 als Paste in 8,5 *l* Eiswasser suspendieren und hierzu durch feine Düsen (Durchlauf 80—100 cm^3/min) unter Turbinieren mit 241 mMol Natriumacetatpuffer (zuvor mit 1420 cm^3 Wasser verdünnen) auf p_H 4,7 und Ionenstärke 0,02 wie folgt einstellen: Zuerst mit dem Acetatpuffer (p_H 4) auf p_H 4,7 bringen, dann mit Acetatpuffer (p_H 7) auf die richtige Ionenstärke einstellen und zuletzt 4,25 *l* 53,3 %igen Alkohol bei —5° zufügen. Von der Fällung (Fraktion IV,5 + 6) wird bei —5° abzentrifugiert und die überstehende Lösung bei derselben Temperatur mit $NaHCO_3$ auf p_H 5,9—6 gebracht, sowie so viel NaCl (beide Salze in 50 cm^3 Wasser) hinzugegeben, daß 114 mÄq Natrium, die Ionenstärke 0,09 und ein Alkoholgehalt von 40% vorliegen. Zuletzt versetzt man je Liter Ausgangslösung mit 437 cm^3 95 %igem Äthanol (Zugabegeschwindigkeit durch Düsen 40—50 cm^3/min). Die bei —5° abgeschleuderte Fällung ist die *Fraktion IV,7*.

1 kg der Fraktion IV,7 wird als Paste in einem Gemisch aus 6 *l* Wasser und 3 kg feinem Eis gelöst. Sodann bringt man wie folgt auf p_H 4,45, Ionenstärke 0,01 und 25% Äthanol-Gehalt (Temperatur —5°), wonach der Protein-Gehalt 1% beträgt: Zuerst mit 0,8 n Natriumacetatpuffer auf p_H 4 einstellen, dann mit Acetatpuffer (p_H 4,5) auf die angegebene Ionenstärke bringen, wobei dieser Puffer so verdünnt sein muß, daß nach der Zugabe (wie oben durch Capillardüsen) insgesamt 13,9 *l* Lösung vorhanden sind. Man versetzt nun mit 11,1 *l* 53,3 %igem Äthanol bei —5°, rührt 2 Std bei dieser Temperatur und zentrifugiert (Fraktion IV,7—1). Die überstehende Lösung stellt man mit $NaHCO_3$ in wenig Wasser auf p_H 6,2 und Ionenstärke 0,24 ein und durch Zufügen von 95 %igem Äthanol auf einen Alkoholgehalt von 40%. Dabei wird CO_2 entwickelt, so daß der p_H erst nach 1—2 Std konstant ist. Die bei —5° abzentrifugierte Fällung enthält 90—95% β_1-Globulin, das zur Abtrennung von Salzen bei —5° in 40 %igem Äthanol suspendiert und nach 2 Std Rühren erneut abgeschleudert wird. Man löst das Sediment in dem doppelten Vol. Eiswasser, klärt und trocknet in der Gefriertrocknungsapparatur.

Kristallisation. 100 g des zuvor erhaltenen Trockenpulvers, in 500 cm^3 Wasser von 0° gelöst, werden mit Natriumacetatpuffer vom p_H 4 auf p_H 6,3 eingestellt. Man klärt durch Filtrieren, verdünnt mit Wasser auf 700 cm^3, gibt so viel 53,3 %iges Äthanol bei 0° durch eine Capillardüse hinzu, daß eine Probe der klaren Lösung bei —3° gerade flockt. Die Hauptmenge läßt man innerhalb 2—3 Tagen auf —5° abkühlen, wobei an Stelle der amorphen Flocken Kristalle erhalten und bei der angegebenen Temperatur abzentrifugiert werden. Die Lösung dieser Kristalle in Eiswasser wird gefriergetrocknet. Zum Umkristallisieren löst man 100 g des Rohkristallisates in 500 cm^3 0,02 n Acetatpuffer (p_H 6,2) bei 0°, verdünnt mit 160 cm^3 Wasser, fügt bei —2° 270 cm^3 53,5 %iges Äthanol hinzu und kühlt zur Rekristallisation wieder sehr langsam auf —5° ab. Nach 2 Tagen läßt man unter lebhaftem Rühren auf 0° erwärmen, gibt weitere 70 cm^3 desselben Äthanols hinzu und erhält in 2—3 Tagen bei —5° lange, 6seitige Prismen in 80—90 %iger Ausbeute.

2. Eisen(III)-siderophilin aus Siderophilin[1, 4, 5]. Man löst reines β_1-Globulin (Siderophilin, Transferrin) in Hydrogencarbonat- oder Barbituratpuffer vom p_H 7,4 (Ionenstärke 0,1), fügt unter aeroben Bedingungen so viel Eisen(II)-ammoniumsulfat hinzu, daß auf 1 mg Reinprotein etwas mehr als 1,25 γ Fe kommen. Es wird gegen dest. Wasser bei 0° dialysiert und gefriergetrocknet: blaß lachsrotes Pulver mit einem Eisengehalt von 0,125%.

---

[1] SURGENOR, D. M., S. E. STRONG, H. L. TAYLOR, R. S. GORDON jr. and D. M. GIBSON: Am. Soc. **71**, 1223 (1949).

[2] KOECHLIN, B. A.: Am. Soc. **74**, 2649 (1952).

[3] COHN, E. J., L. E. STRONG, W. L. HUGHES jr., D. J. MULFORD, J. N. ASHWORTH, M. MELIN and H. L. TAYLOR: Am. Soc. **68**, 459 (1946).

[4] SCHADE, A. L., and L. CAROLINE: Science, N. Y. **104**, 340 (1946).

[5] SURGENOR, D. M., B. A. KOECHLIN and L. E. STRONG: J. clin. Invest. **28**, 73 (1949).

3. Kristallisiertes Eisen(III)-siderophilin aus Schweineserum[1]. Das Serum wird mit so viel Eisen(II)-ammoniumsulfat versetzt, daß die Eisenbindekapazität (s. S. 726) etwas überschritten wird (6 mg Fe/*l*). Man gibt unter Rühren Ammoniumsulfat, das vorher mit Ammoniak neutralisiert wurde, bis zu 60% Sättigung innerhalb einiger Stunden kontinuierlich bei Raumtemperatur zu. Unbeschadet einer entstehenden Fällung rührt man noch einige Stunden weiter und läßt das Präzipitat dann absitzen. Man bringt die abgetrennte Lösung mit neutralisiertem Ammoniumsulfat jetzt auf 72% Sättigung, läßt 12 Std stehen und zentrifugiert den eisenhaltigen Niederschlag ab. Man löst diesen in dest. Wasser, dialysiert gegen reines Wasser und stellt das salzfreie Dialysat mit Natriumacetatpuffer (p_H 4,8) einer solchen Konzentration auf p_H 5,2 unter Rühren ein, daß der spezifische Widerstand der Endlösung etwa 1000 Ohm beträgt. Nun kühlt man auf 0° und läßt aus feiner Düse 60%iges Äthanol von —5° so langsam in die Lösung einfließen, daß die Temperatur +4° nicht übersteigt. Um die partielle Dissoziation von Eisen-transferrin zu vermeiden, fügt man nochmals 1 mg Fe je *l* Protein-Lösung in Form von MOHRschem Salz zu. Wenn 20 Vol.-% Alkohol-Konzentration erreicht sind, wird der entstandene Albumin-Niederschlag nach 12 Std bei +4° abgetrennt und verworfen. Die klare zentrifugierte Lösung, die das Eisen-transferrin enthält, bringt man nun auf 22 Vol.-% Äthanol, kühlt auf —12° und zentrifugiert die erhaltene Fällung nach 24 Std bei —3 bis —5° ab. Den etwa 10% Eisen-transferrin enthaltenden Niederschlag löst man in Wasser und dialysiert 24 Std gegen fließendes Leitungswasser (Fraktion I). In der abzentrifugierten Lösung erhöht man den Alkoholgehalt auf 25%, läßt 24 Std bei —12° stehen, trennt das 30—50% Eisen-transferrin enthaltende Präzipitat bei —12° mit der Zentrifuge ab, löst in Wasser und dialysiert wie zuvor angegeben (Fraktion II). In der abgetrennten Lösung erhöht man nun die Alkohol-Konzentration auf 28%, löst die entstandene Fällung (Fe-Transferrin, α_1- und β_1-Globulin) wie zuvor in Wasser und dialysiert (Fraktion III).

Zur weiteren Reinigung benutzt man Fraktion II. Der p_H der dialysierten Lösung wird mit 1 n Acetatpuffer (p_H 5,5) auf 6,0 eingestellt, die Lösung nach Zugabe von 50 γ Fe (MOHRschem Salz) je g Protein mit Wasser bis zu einer Protein-Konzentration von 4% verdünnt und auf 0° gekühlt. Je 1 *l* dieser Lösung versetzt man unter Turbinieren rasch mit 250 cm³ einer Chloroform-Äthanol-Mischung ($CHCl_3$: 95%igem Äthanol = 1 : 9), zentrifugiert innerhalb 30 min bei 0°, kühlt die überstehende Lösung auf —5° und fügt, in gleicher Weise wie angegeben, nochmals 175 cm³ des Chloroform-Alkohol-Gemisches nach und nach hinzu. Die Temperatur soll dabei 0° nicht übersteigen. Die Hauptmenge des Eisen-transferrins befindet sich in der Fällung, die bei —5° abgetrennt, in Wasser suspendiert und dann sofort 10 min lang bei 20° zentrifugiert wird. Aus der überstehenden Lösung (Fraktion A) läßt sich das Eisen-transferrin kristallisieren.

Kristallisation. Fraktion A, die bis 90% an Eisen-transferrin enthält, wird 18—24 Std gegen fließendes Leitungswasser dialysiert. Man stellt den p_H dann durch Zutropfen von 2%iger Essigsäure auf 6 ein, kühlt auf 0°, läßt unter beständigem Rühren 90%igen Alkohol von —10° zutropfen, bis sich gerade eine Trübung ausscheidet, erwärmt die Lösung auf 20—22°, wobei sie wieder klar wird, und stellt im geschlossenen Gefäß bei 4° auf. Innerhalb 1—12 Std erscheinen Mikrokristalle. Ihre Abscheidung kann durch geringe Erhöhung der Alkohol-Konzentration (24 Std nach Kristallisationsbeginn) beschleunigt werden. Je niedriger die Alkohol-Konzentration, desto langsamer die Kristallisation, desto größer aber die Kristalle. Umkristallisiert wird in gleicher Weise bei einer Anfangslösung von 10% Eisentransferrin-Gehalt. Fe-Gehalt 1,20—1,36 γ/mg Protein.

Erhält man beim ersten Kristallisationsversuch eine amorphe Fällung, so hat man zuviel Alkohol zugegeben, was durch Versetzen mit etwas Wasser korrigiert werden kann.

4. Eisenübertragung von Ferritin auf Siderophilin[2]. Man füllt einen Cellophanschlauch mit 5 cm³ 0,5%iger, dialysierter, wäßriger Ferritin-Lösung, fügt dazu 17 mg

[1] LAURELL, C.-B., and B. INGELMAN: Acta chem. scand. **1**, 770 (1947). — LAURELL, C.-B.: Acta chem. scand. **7**, 1407 (1953).

[2] BIELIG, H.-J., u. E. BAYER: Naturwiss. **42**, 466 (1955).

L-Ascorbinsäure (oder eine entsprechende Menge L-Cystein[1]), umgibt das System mit einer zweiten Cellophanmembran, die 100 mg β_1-Globulin (Siderophilin) in 10 cm³ einer Lösung von $NaHCO_3$ (19 mg/l) enthält, und stellt das ganze in eine gleichkonzentrierte $NaHCO_3$-Lösung. Nach 12 Std läßt sich aus dem ursprünglich Siderophilin enthaltenden Schlauch — nach Dialyse gegen dest. Wasser — durch Gefriertrocknung Eisen(III)-siderophilin mit einem Fe-Gehalt von 0,128% isolieren.

Eigenschaften und Konstitution. Die Eigenschaften des lipoidfreien, kohlenhydrathaltigen Globulins (Pseudoglobulins) Siderophilin (Transferrin) und seiner Metallkomplexe gehen aus Tabelle 3 hervor. — Von dem reinen Protein werden Eisen(II)-Ionen aerob oder

Tabelle 3. *Eigenschaften von Siderophilin (Transferrin) und seinen Metallverbindungen.*
Tr = Transferrin; Fe-Tr = Eisen(III)-transferrin; Cu-Tr = Kupfer(II)-transferrin.

Eigenschaft	Präparat	
Kristallform	Tr	sechsseitige Prismen (Elementarzelle 170:35 Å)[2]
	Fe-Tr	Abbildung bei [3]
N-Gehalt	Tr	14,7%[2]
	Fe-Tr	16,3%[3]
Kohlenhydrate	Tr	1,8% Hexosen, 1,3% Hexosamin, 0,9% Neuraminsäure[4]
Absorptionsmaxima	Tr	280 mμ ($E^{1\%}_{1\,cm} = 11{,}2$)[2]
	Fe-Tr	460 mμ ($E^{1\%}_{1\,cm} = 0{,}53$)[5]; 465 mμ ($E^{1\%}_{1\,cm} = 0{,}57$)[3]; 280 mμ ($E^{1\%}_{1\,cm} = 13{,}8$), 470 mμ ($E^{1\%}_{1\,cm} = 0{,}55$), s. Abb. 9[6], S. 727
	Cu-Tr	435 mμ ($E^{1\%}_{1\,cm} = 0{,}45$)[3]
Molekulargewicht	Tr	90000 (osmotisch[7], Sedimentation[7], Lichtstreuung[2])
	Fe-Tr	88000 (Sedimentation)[8]
Spezifisches Volumen	Tr	0,725[7]
Löslichkeit	Tr	abhängig von Ionenstärke (Abb. 8, S. 726) und p_H (am geringsten bei p_H 5)[2]
	Fe-Tr	10mal löslicher als Tr[2]
Viscosität	Tr	Grenzzahl $H = 0{,}042$ (37°, 0,15 n NaCl)[4]
Isoelektrischer Punkt	Tr	p_H 5,8[2]
	Fe-Tr	p_H 4,4 (extrapoliert)[8]
Elektrophoretische Beweglichkeit	Tr	2,5 (p_H 7,35)[8]; 3,1 (p_H 8,6, μ 0,1)[4] · 10^{-5} cm²/Volt · sec
Metallbindungsvermögen	Tr	0,125—0,135% Fe (bei p_H 7)[2, 3], entspr. 2 Atome/Mol 0,142% Cu (bei p_H 8,6)[2], entspr. 2 Atome/Mol

Eisen(III)-Ionen bei p_H 7 zu 2 Fe je Mol Transferrin (Mol.-Gewicht 90000) gebunden[2, 9], in Gegenwart von Reduktionsmitteln und von o,o'-Phenanthrolin [Fe(II)-komplex-Bildung] wieder freigesetzt[10]. Unterhalb p_H 6 zerfällt der Komplex unmittelbar unter Abspaltung von Eisen(III)-Ionen[2], was sich spektral verfolgen läßt (Abb. 6)[3]. Weiteres Eisen vermag unspezifisch gebunden und durch saure Ionenaustauscher wieder abgelöst zu werden[6]. Das *spezifisch gebundene Eisen* liegt nach magnetischen Messungen[11] in 3wertiger Form vor. Wegen ihrer geringeren *Löslichkeit* (Abb. 8)[2] fällt die eisenfreie Komponente auch in

[1] MAZUR, A., S. BAEZ and E. SHORR: J. biol. Ch. **213**, 147 (1955).
[2] KOECHLIN, B. A.: Am. Soc. **74**, 2649 (1952).
[3] SURGENOR, D. M., B. A. KOECHLIN and L. E. STRONG: J. clin. Invest. **28**, 73 (1949).
[4] SCHULTZE, H. E., I. GÖLLNER, K. HEIDE, M. SCHÖNENBERGER u. G. SCHWICK: Z. Naturforsch. **10** b, 463 (1955).
[5] SCHADE, A. L., R. W. REINHART and H. LEVY: Arch. Biochem. **20**, 170 (1949).
[6] LAURELL, C.-B.: Acta chem. scand. **7**, 1407 (1953).
[7] ONCLEY, J. L., G. SCATCHARD and A. BROWN: J. physic. Colloid Chem. **51**, 184 (1947).
[8] LAURELL, C.-B., and B. INGELMAN: Acta chem. scand. **1**, 770 (1947).
[9] SCHADE, A. L., and L. CAROLINE: Science, N. Y. **104**, 340 (1946).
[10] LAURELL, C.-B.: Acta physiol. scand. **14**, Suppl. **46** (1947).
[11] MICHAELIS, L. [zit. nach KOECHLIN, B. A.[2]]. — EHRENBERG, A., and C.-B. LAURELL: Acta chem. scand. **9**, 68 (1955).

Gegenwart von Eisen-Ionen bei p_H-Werten unterhalb 6 aus[1]. Transferrin hat das größte bisher bei Proteinen gefundene dielektrische Inkrement[2].

Zweiwertiges Kupfer wird nur bei Abwesenheit von Eisen gebunden und aus seiner Bindung an Siderophilin durch Eisen wieder verdrängt[3]. Bei p_H 8,4 ist die *Bindung von*

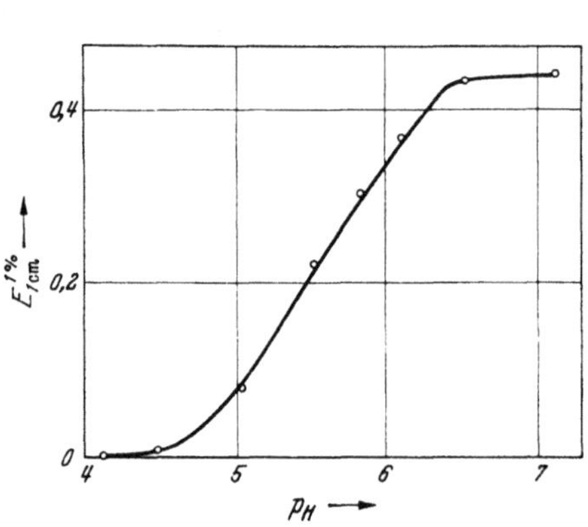

Abb. 6.

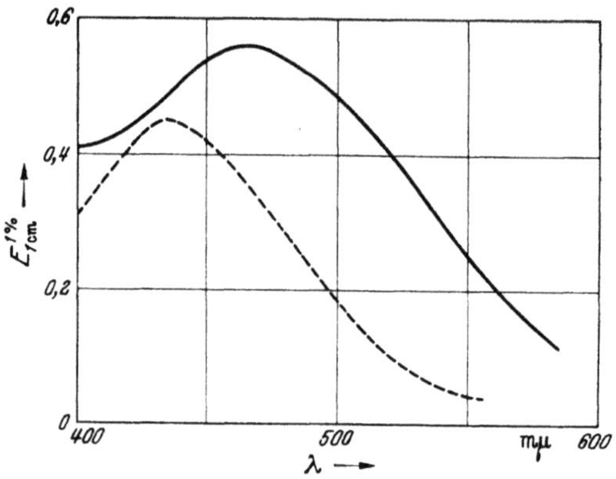

Abb. 7.

Abb. 6. p_H-Abhängigkeit der Extinktion von Eisen(III)-siderophilin bei λ_{max} 465 mμ, gemessen gegen Siderophilin als Vergleichsprobe[4]. 2,8 γ Fe je mg Siderophilin.

Abb. 7. Vergleich der Absorptionsspektren von ——— Eisen(III)-siderophilin in Barbituratpuffer (p_H 7,4, Ionenstärke 0,1)[4]; – – – Kupfer(II)-siderophilin in Barbituratpuffer (p_H 8,5, Ionenstärke 0,05)[4].

Kupfer maximal mit 2 Cu je Mol Transferrin; bei p_H 7 wird nur 1 Cu je Mol komplex festgehalten[4]. Die Absorptionsspektren von Kupfer(II)- und Eisen(III)-siderophilin sind in Abb. 7 verglichen. Die *Bindung von Zink* ist weniger fest; Kationenaustauscher lösen das Metall langsam wieder ab[4].

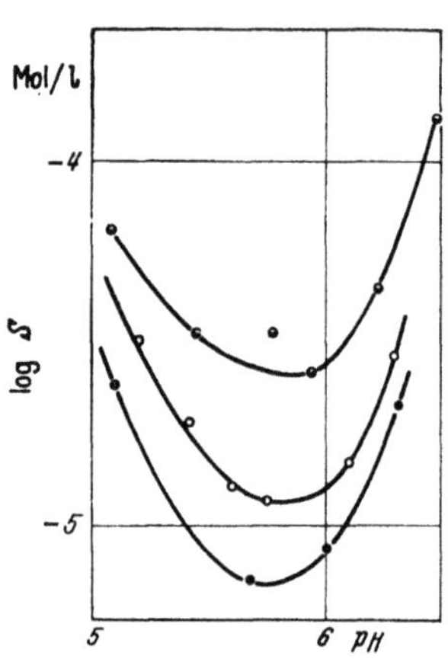

Abb. 8. Löslichkeit (S) von Siderophilin in 20%igem Äthanol bei −5°[11]. ◒ = Ionenstärke 0,10; o = Ionenstärke 0,04; • = Ionenstärke 0,01.

Das magnetische Moment von Eisen-siderophilin (μ_{eff} = 6,08 ± 0,1 BOHRsche Magnetonen) spricht für das Vorliegen eines *Eisen(III)-Ionenkomplexes*[5]. Über die Art der Liganden vgl. die Angaben beim Conalbumin (S. 731). Das eisenbindende β_1-Globulin aus Hühnerplasma ist mit dem Conalbumin aus Hühnereiklar immunologisch identisch[6]. Nach der Methode von SANGER[7] bestimmt, wird Valin als einzige *Endgruppe* im Transferrin gefunden[8]. Das Molverhältnis von Tyrosin zu Tryptophan beträgt etwa 2[9]. Freie SH-Gruppen fehlen[10].

Physiologische Bedeutung. Eisen(III)-siderophilin ist wahrscheinlich das einzige *Eisen-Transportprotein* im menschlichen und Säugetierorganismus, das Fe-Ionen in vivo spezifisch aufzunehmen und wieder abzugeben vermag[12, 13]. Die latente Bindekapazität des Serums von im Mittel 315 γ Fe je 100 cm³ [12]

[1] LAURELL, C.-B., and B. INGELMAN: Acta chem. scand. **1**, 770 (1947).
[2] ONCLEY, J. L., and N. HOLLIES [HUGHES, W. L.; in: Neurath-Bailey, Proteins, Bd. II B, S. 699].
[3] HOLMBERG, C. G., and C.-B. LAURELL: Acta chem. scand. **1**, 944 (1947).
[4] SURGENOR, D. M., B. A. KOECHLIN and L. E. STRONG: J. clin. Invest. **28**, 73 (1949).
[5] EHRENBERG, A., and C.-B. LAURELL: Acta chem. scand. **9**, 68 (1955).
[6] MARSHALL, M. E., and H. F. DEUTSCH: J. biol. Ch. **189**, 1 (1951).
[7] Vgl. z. B. PORTER, R. R., and F. SANGER: Biochem. J. **42**, 287 (1948). — SANGER, F.: Biochem. J. **45**, 563 (1949).
[8] SCHULTZE, H. E., I. GÖLLNER, K. HEIDE, M. SCHÖNENBERGER u. G. SCHWICK: Z. Naturforsch. **10b**, 463 (1955).
[9] LAURELL, C.-B.: Acta chem. scand. **7**, 1407 (1953).
[10] HUGHES, W. L. [zit. nach KOECHLIN, B. A.: Am. Soc. **74**, 2649 (1952)].
[11] KOECHLIN, B. A.: Am. Soc. **74**, 2649 (1952).
[12] HOLMBERG, C. G., and C.-B. LAURELL: Acta physiol. scand. **10**, 307 (1945).
[13] DRABKIN, D. L.: Physiol. Rev. **31**, 370, 372 (1951).

(0,056 mMol)[1], die der Fe-Sättigung von reinem Transferrin in vitro entspricht (s. Tabelle 3), wird physiologisch nur zu $^1/_3$ ausgenützt (= 3 mg Fe im menschlichen Gesamtplasma)[2, 3]. Über die Eisen-Bindekapazität des Serums unter pathologischen Bedingungen vgl. RATH und FINCH[4] sowie DRABKIN[5]. Versuche mit ^{14}C-markiertem Transferrin und ^{59}Fe-markiertem Eisen-transferrin haben ergeben, daß ersteres die Blutbahn (Mensch) mit einer Halbwertszeit von einigen Tagen, letzteres mit einer solchen von 70—110 min verläßt[6, 7]. Hieraus muß geschlossen werden, daß die Eisenübertragung vom Eisentransferrin her, ebenso wie seine Aufnahme durch Transferrin[2, 8], in nicht-proteingebundenem Zustand erfolgt. Etwa die Hälfte des transportierten Eisens wird im Hämoglobin wiedergefunden[9].

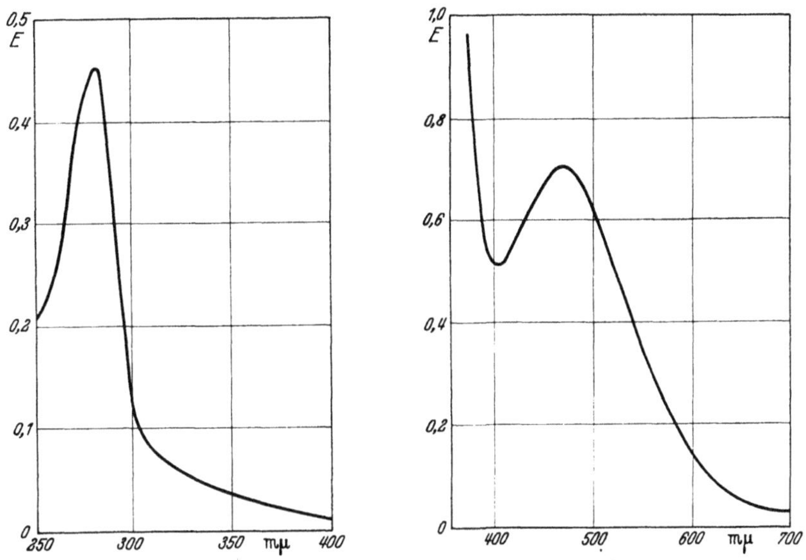

Abb. 9 a u. b. Absorptionsspektren von kristallisiertem Eisen(III)-siderophilin (d = 1 cm)[10]. a 0,0243%ig in m/30 Phosphatpuffer (p_H 7,0); b 1,29%ig in m/15 Phosphatpuffer (p_H 7,0).

Nachweis und Bestimmung. Siderophilin (Transferrin) kann man an seiner Eisen-Bindekapazität erkennen. Die Bestimmung ist mit Hilfe der spezifischen Absorption bei λ_{max} 460—470 mμ unter Zugrundelegung einer Eichkurve (Ordinate: Extinktion; Abszisse: γ Fe/mg Siderophilin bzw. γ Fe) möglich. Eisen-siderophilin und Siderophilin können mit einer Differenzmethode aus Fe-Gehalt und Fe-Bindevermögen im Serum auch nebeneinander bestimmt werden[11].

1. Ermittlung der Eisen-Bindekapazität von Transferrin[3] bzw. Serum[4]. Zu aliquoten Teilen von β_1-Globulin (Transferrin) in Barbituratpuffer (p_H 7,4, Ionenstärke 0,1) fügt man Fe(II)-Ionen in Form von Eisen(II)-ammoniumsulfat bis zu etwa 3 γ Fe je mg Protein. Nach 60 min Stehenlassen bei Raumtemperatur wird die Extinktion (log I_0/I)

[1] LAURELL, C.-B., and B. INGELMAN: Acta chem. scand. **1**, 770 (1947).
[2] HOLMBERG, C. G., and C.-B. LAURELL: Acta physiol. scand. **10**, 307 (1945).
[3] SURGENOR, D. M., B. A. KOECHLIN and L. E. STRONG: J. clin. Invest. **28**, 73 (1949).
[4] RATH, C. E., and C. A. FINCH: J. clin. Invest. **28**, 79 (1949).
[5] DRABKIN, D. L.: Physiol. Rev. **31**, 370, 372 (1951).
[6] HEVESY, G. v.: V. Kongr. europ. Ges. Hämatol. 1955, S. 10. Berlin, Göttingen, Heidelberg 1956.
[7] ELMLINGER, P. J., R. L. HUFF, C. A. TOBIAS and J. H. LAWRENCE: Acta haematol., Basel **9**, 73 (1953).
[8] BIELIG, H.-J., u. E. BAYER: Naturwiss. **42**, 466 (1955).
[9] HEVESY, G. v.: Naturwiss. Rdsch. **8**, 380 (1955).
[10] LAURELL, C.-B.: Acta chem. scand. **7**, 1407 (1953).
[11] SCHADE, A. L., J. OYAMA, R. W. REINHART and J. R. MILLER: Proc. Soc. exp. Biol. Med. **87**, 443 (1954).

bei λ_{max} 460—470 mμ bestimmt. Entsprechend verfährt man mit Serum, das mit physiologischer Kochsalz-Lösung an Stelle von Puffer verdünnt wird. Abgelesen wird hier bei λ_{max} 525 mμ wegen störender Begleitfarbstoffe. Maximale Eisenbindung liegt vor, wenn die erhaltene Kurve (Abb. 10) nicht weiter ansteigt, d. h. am Schnittpunkt des aufsteigenden und des waagrechten Kurventeils, der angibt, daß trotz steigendem Fe-Gehalt die Extinktion (bzw. Durchlässigkeit) konstant bleibt.

2. Bestimmung von Eisen(III)-siderophilin und Siderophilin nebeneinander[1].

Prinzip:

In 0,5 cm³ Serum oder Plasma wird das gebundene Eisen reduktiv mittels Ascorbinsäure bei p_H 5 abgespalten und als 2,2',2''-Terpyridyl-Komplex spektrophotometrisch bestimmt. In einer aliquoten Menge desselben Serums bzw. Plasmas ermittelt man die zur Sättigung nötige Fe-Menge. Bilirubin-Werte bis 10 γ/cm³ und Hämoglobin-Werte bis 250 γ/cm³ stören nicht.

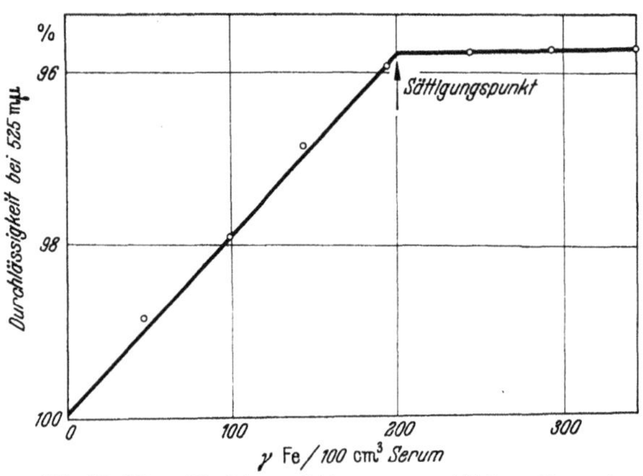

Abb. 10. Eisen-Bindekapazität von menschlichem Serum[2].

Reagentien:

1. Ascorbinsäure-Lösung, gepuffert: 1 g L-Ascorbinsäure je 100 cm³ 1 m Natriumphosphatpuffer vom p_H 5,3. Der End-p_H beträgt 5,0. Das Reagens ist eine Woche haltbar.
2. Terpyridyl-Lösung, 0,1 %ig: 100 mg 2,2',2''-Terpyridyl werden in 4 cm³ abs. Äthanol gelöst. Die Lösung wird bis 40 cm³ mit dest. Wasser verdünnt und bis zur Klärung tropfenweise mit 0,2 n HCl versetzt. Dann füllt man auf 100 cm³ mit Wasser auf (End-p_H 4,3).
3. Eisen-Standard: Dieser wird durch Lösen von Elektrolyteisen in möglichst wenig 10 n H_2SO_4 und Verdünnen mit eisenfreiem Wasser auf 1 mg Fe je cm³ erhalten.
4. 1 m Trispuffer vom p_H 8,5 bereitet man aus Tris-(hydroxymethyl)-aminomethan und HCl.
5. p-Methyl-aminophenol-sulfat, 1 %ig in 3 % $NaHSO_3$ enthaltendem Wasser.

Ausführung:

a) *Gebundenes Serumeisen.* Je 0,5 cm³ Blutserum oder heparinisiertes Plasma (1 γ-% Heparin) werden in 2 Röhrchen (*I* und *II*) pipettiert. Zur Probe *I* (Kontrolle) gibt man 0,5 cm³ einer Mischung von 4 cm³ der gepufferten Ascorbinsäure-Lösung und 6 cm³ Wasser (Gemisch *A*). Probe *II* versetzt man mit 0,5 cm³ einer Mischung von 4 cm³ gepufferter Ascorbinsäure-Lösung, 2 cm³ Terpyridyl-Reagens und 4 cm³ Wasser (Gemisch *B*). Der End-p_H ist in beiden Fällen 6,0. Man hält *I* und *II* 20 min bei 45° (Wasserbad) und bestimmt dann die Extinktion (log I_0/I) beider Lösungen bei λ_{max} 552 mμ ($d = 1$ cm). Als Vergleichslösung verwendet man eine Mischung aus je 0,5 cm³ Wasser und Gemisch *A* für *I* und von je 0,5 cm³ Wasser und Gemisch *B* für *II*. Die mit dem Eisen-Standard aufgenommene Eichkurve ist eine Gerade; es gilt γ Fe je cm³ = log $I_0/I \cdot 5$. Die Differenz der korrigierten Extinktionen von *II* und *I* ergibt die Menge des an Transferrin gebundenen Eisens.

b) *Eisen-Bindekapazität.* Zu je 0,5 cm³ Blutserum oder Heparin-Plasma in 2 Röhrchen gibt man 0,2 cm³ Trispuffer und 0,1 cm³ der Eisen-Standardlösung (gewöhnlich 25 γ Fe je cm³). Man versieht mit Glaskappen, stellt 10 min ins Wasserbad von 45°, wobei

[1] SCHADE, A. L., J. OYAMA, R. W. REINHART and J. R. MILLER: Proc. Soc. exp. Biol. Med. **87**, 443 (1954).

[2] RATH, C. E., and C. A. FINCH: J. clin. Invest. **28**, 79 (1949).

ungebundenes Transferrin den Eisenkomplex bildet, und fügt dann zu beiden Proben je 0,1 cm³ p-Methyl-aminophenol-sulfat-Lösung sowie zur Probe *I* (Kontrolle) 0,1 cm³ Wasser, zur Probe *II* 0,1 cm³ Terpyridyl-Reagens. Es wird erneut 30 min bei 45° gehalten und dann die Extinktion beider Proben wie bei a) angegeben bestimmt. Als Vergleichslösungen verwendet man ein Gemisch von 0,7 cm³ Wasser, 0,2 cm³ Trispuffer und 0,1 cm³ p-Methyl-aminophenol-sulfat-Lösung für *I* und 0,6 cm³ Wasser, 0,2 cm³ Trispuffer, 0,1 cm³ p-Methyl-aminophenol-sulfat-Lösung und 0,1 cm³ Terpyridyl-Reagens für *II*. Die Differenz der korrigierten Extinktionen von *I* (bekannte Eisenkontrolle) gegen *II* ergibt die von Transferrin gebundene Menge Fe je 0,5 cm³ Serum bzw. Plasma.

4. Metallverbindungen des Conalbumins.

Historisches. Eiereiweiß enthält eine *Eisen*-bindende Fraktion[1], die vom Ovalbumin verschieden und mit einem Albumin identisch ist[2], das von seinen Entdeckern, OSBORNE und CAMPBELL[3], *Conalbumin* genannt wurde. Die Reindarstellung von nativem Conalbumin gelang BAIN und DEUTSCH[4], seine Kristallisation und diejenige seiner Eisenverbindung WARNER und WEBER[5], die auch die Bindung von *Zink* durch das Protein erkannten[6]. Die Existenz eines gelben *Kupfer*-Komplexes haben FRAENKEL-CONRAT und FEENEY[7] erwiesen.

Vorkommen. Conalbumin kommt im Eiklar des Hühnereies zu etwa 12% des Trockengewichtes vor. Seine Schwermetallverbindungen wurden bisher in der Natur nicht aufgefunden.

Darstellung. Der ursprünglichen Abtrennung vom Eieralbumin durch Alkohol- und Salzfällungen[4] ist die Gewinnung kristallisierter Präparate überlegen, die aus den Mutterlaugen der Ovalbumin-Darstellung erhalten werden und zugleich die Isolierung von Eisenconalbumin einschließen[5].

1. Kristallisiertes Eisen-conalbumin aus Hühnereiweiß[5]. Die bei der Darstellung von kristallinem Ovalbumin (Eieralbumin) nach SØRENSEN und HØYRUP[8] (s. S. 422) erhaltene Mutterlauge (p_H 4,7; etwa halbgesättigt mit Ammoniumsulfat) wird, je 100 cm³, mit 8 g $(NH_4)_2SO_4$ versetzt. Die ausgefallene Conalbumin-Fraktion wird abzentrifugiert, gegen kaltes, häufig gewechseltes dest. Wasser 3 Tage lang dialysiert und die dabei erhaltene Lösung von einer geringen Menge Ungelöstem befreit. Das auf p_H 6 eingestellte Filtrat bringt man auf 0,02 m NaCl und fügt soviel 50%iges Äthanol, das 0,02 m an NaCl ist, bei 0—2° unter Rühren hinzu, bis bei einer Alkohol-Konzentration von 20% ein Niederschlag entsteht. Diesen übergießt man mit kaltem Wasser (100 cm³ auf 3—4 g) und erhält bei Raumtemperatur eine Lösung, der man so viel Eisen(III)-nitrat in 0,1 m Natriumcitrat-Lösung, die mehr als 1 Mol $NaHCO_3$ je g-Atom Fe enthält, zufügt, daß auf 1 g Protein-Niederschlag 2,1 mg Fe kommen. Unbeschadet einer geringfügigen Fällung wird mit Ammoniak auf p_H 9,2 eingestellt und längere Zeit gegen kaltes 0,002 m Ammoniak dialysiert. Ein Niederschlag wird abzentrifugiert. Die dialysierte Lösung bringt man auf p_H 6, einen Gehalt von 0,02 m NaCl und erzeugt bei 0—2° durch Alkohol (Gesamtkonzentration 8—10%) eine leichte Trübung. Innerhalb 12 Std erhält man eine amorphe Fällung, die entweder durch Wiederholung der letztgenannten Fällungsoperation oder durch Dialyse gegen steigende Konzentrationen von Äthanol in 0,02 m NaCl-Lösung

[1] SCHADE, A. L., and L. CAROLINE: Science, N. Y. **100**, 14 (1944).
[2] ALDERTON, G., W. H. WARD and H. L. FEVOLD: Arch. Biochem. **11**, 9 (1946).
[3] OSBORNE, T. B., and G. F. CAMPBELL: Am. Soc. **22**, 422 (1900).
[4] LONGSWORTH, L. G., R. K. CANNAN and D. A. MACINNES: Am. Soc. **62**, 2580 (1940). — BAIN, J. A., and H. F. DEUTSCH: J. biol. Ch. **172**, 547 (1948). — COHN, E. J., L. E. STRONG, W. L. HUGHES jr., D. J. MULFORD, J. N. ASHWORTH, M. MELIN and H. L. TAYLOR: Am. Soc. **68**, 459 (1946).
[5] WARNER, R. C., and I. WEBER: Fed. Proc. **9**, 243 (1950). J. biol. Ch. **191**, 173 (1951).
[6] WARNER, R. C., and I. WEBER: Am. Soc. **75**, 5094 (1953).
[7] FRAENKEL-CONRAT, H., and R. E. FEENEY: Arch. Biochem. **29**, 101 (1950).
[8] SØRENSEN, S. P. L., u. M. HØYRUP: C. R. Lab. Carlsberg **12**, 12 (1916/17).

kristallisiert werden kann. Hat man Impfkristalle, die man nach Einstellen auf 8% Äthanol zufügt, so erhält man an Stelle der amorphen Fällung direkt das Kristallisat. Dieses rührt man in seiner Mutterlauge und fügt weiter Äthanol bis zu einem Gehalt von 15—20% hinzu. Die lachsroten, rechtwinkligen Plättchen von Eisen-conalbumin werden von der noch schwach gefärbten Mutterlauge abgetrennt, in Wasser gelöst und bei p_H 6 mittels NaCl und Äthanol 2mal wie angegeben umkristallisiert. Ausbeute 108 g aus 15 *l* Eiklar.

*2. **Kristallisiertes Conalbumin aus Eisen-conalbumin***[1]. Kristallisiertes Eisen-conalbumin löst man in Wasser von 25°, erniedrigt den p_H durch Citronensäure auf 4,7, fügt 1 g Ionenaustauscher Dowex-1 ($Cl^{\ominus}$-Form) je 10 g Ausgangsmaterial hinzu und rührt, bis die gelbe Farbe des durch Eisenabspaltung gebildeten Fe(III)-Citrates verschwunden ist (etwa 30 min). Der Austausch wird mit frischem Anionen-Austauscher unter Zusatz von Citrat-Puffer (p_H 4,7) noch 2mal wiederholt. Die eisenfreie Lösung ($E_{1\,cm}^{1\,\%}$ >0,01 bei 470 mμ) stellt man auf p_H 6 ein und dialysiert, bis kein Citrat mehr vorhanden ist. Aus der dialysierten Lösung erhält man das Conalbumin in gleicher Weise kristallisiert, wie dies für die Eisenkomponente oben beschrieben wurde. Hierzu hat sich ein etwas größerer Zusatz an Äthanol als notwendig erwiesen.

*3. **Kristallisiertes Zink-conalbumin***[2] wird aus einer Lösung von metallfreiem kristallisiertem Conalbumin durch Zugabe eines 30%igen Überschusses an Zinksulfat beim isoelektrischen p_H 6,8 durch Kühlung erhalten. Umkristallisiert wird durch Lösen in verdünntem Alkali und Einstellen auf p_H 6,4.

Tabelle 4. *Eigenschaften von Conalbumin und seinen Metallverbindungen.*
Con = Conalbumin; Fe-Con = Eisen(III)-conalbumin; Cu-Con = Kupfer(II)-conalbumin.

Eigenschaft	Präparat	
Kristallform	Con und Fe-Con	rechtwinklige Plättchen[1]
N- und S-Gehalt	Con	16,6% N[1]; 1,83% S[3]
Fe-Gehalt	Fe-Con	0,159%, entspr. 2 Atome/Mol
Absorptionsmaxima	Con	278 mμ, $\varepsilon = 11{,}1$ (in 0,02 n HCl)[1]
	Fe-Con	470 mμ, $\varepsilon = 0{,}62$ (bei p_H 6—9)[1]
	Cu-Con	440 mμ[2]
Molekulargewicht	Con	87000 (aus Sedimentation)[4, 5] und Diffusionskonstante ($D_{20,\,w} = 5{,}66 \cdot 10^{-7}$ cm²/sec)[4]
		76600 (aus Fe-Bindekapazität)[1]
Spezifisches Volumen	Con	0,731[4]
Löslichkeit		Con leichter als Fe-Con[1]
Elektrophoretische Beweglichkeit	Con und Fe-Con	s. Abb. 11, S. 731
Isoelektrischer Punkt	Con	p_H 6,8[1]
	Fe-Con	p_H 5,8[1]
Metallbindungsvermögen	Con	0,166% Cu, entspr. 2 Atome/Mol[2]
		0,18% Zn[2]

Eigenschaften und Konstitution. Die Eigenschaften von *Conalbumin*, einem typischen Albumin[4], und seinen *Metallverbindungen* gehen aus Tabelle 4 hervor. Elektrophoretisch einheitliches Conalbumin[2] (Prüfung auf Homogenität[6]) enthält kein Kohlenhydrat[4] und bindet außer Fe >Cu >Zn andere Schwermetalle nicht sicher[2, 7]. Von den beiden je Mol aufgenommenen Metallatomen wird das zweite leichter gebunden als das erste[2]. Die Eisenbindung ist unterhalb p_H 5,5[7] (Dissoziationskurve bei WARNER[2]), Conalbumin selbst

[1] WARNER, R. C., and I. WEBER: J. biol. Ch. **191**, 173 (1951).
[2] WARNER, R. C., and I. WEBER: Am. Soc. **75**, 5094 (1953).
[3] LEWIS, J. C., N. S. SNELL, D. J. HIRSCHMANN and H. FRAENKEL-CONRAT: J. biol. Ch. **186**, 23 (1950).
[4] BAIN, J. A., and H. F. DEUTSCH: J. biol. Ch. **172**, 547 (1948).
[5] ROTHEN, A.: [LONGSWORTH, L. G., R. K. CANNAN and D. A. MACINNES: Am. Soc. **62**, 2580 (1940)].
[6] ANDERSON, E. A., and R. A. ALBERTY: J. physic. Colloid Chem. **52**, 1345 (1948).
[7] FRAENKEL-CONRAT, H., and R. E. FEENEY: Arch. Biochem. **29**, 101 (1950).

unterhalb p_H 4,7 nicht mehr stabil[1]. Bei p_H 3 ist Conalbumin hoch aggregiert, so daß es bereits durch geringe Ammoniumsulfat-Konzentrationen gefällt wird. Nach der Dialyse ist diese Conalbuminfraktion (C_4) bei p_H 7 von nativem Conalbumin elektrophoretisch verschieden. In Puffern vom p_H 4,5—7,5 spaltet sie unter Bildung von weiteren elektrophoretisch trennbaren *Modifikationen* (C_1—C_3) auf, die in sulfatfreiem Medium bei p_H 3 und geringer Ionenstärke (0,01—0,16) monomer sind und die gleiche Sedimentationskonstante wie natives Conalbumin haben[2]. — Die *Aminosäuren*-Zusammensetzung (vgl. Abschnitt „Proteine", Tabelle 48, S. 449) zeigt einen besonders hohen Asparaginsäure- und Glutaminsäure-Gehalt. Je 10^5 g Protein finden sich 109,6 alkoholische und 25,4 phenolische OH-Gruppen[3]. Je Mol Conalbumin werden 9 Peptidketten angenommen[3]; mit der Dinitrofluorbenzol-Methode wurde jedoch nur eine Endgruppe (Alanin) je Mol gefunden[4].

Auf Grund der Beobachtung, daß 1 Atom CO_2 als Hydrogencarbonat-Ion je 1 Fe bei der Eisenbindung nötig ist[5] (manometrischer Nachweis[6]), nimmt WARNER[7] im Eisen-conalbumin einen Eisen(III)-bicarbonato-Komplex an, in dem phenolische Gruppen der Proteinkomponente hauptvalent, Hydrogencarbonat und Protein-carboxylat nebenvalent gebunden seien. Aus dem Vergleich von Eisen-conalbumin und Eisen-transferrin[5] mit der roten Form[8] von Hydroxamsäure-eisen-(III)-Komplexen schließen FIALA und BURK[9] auf das Vorliegen von komplexen Hydroxamsäure-eisen(III)-Bindungen in den beiden Metallproteiden. FRAENKEL-CONRAT[10] konnte jedoch, bei gleichartigem enzymatischem Abbau, im Conalbumin, gegensätzlich zu in vitro erhaltenen „Hydroxamsäure-Proteinen" (z. B. aus Serumalbumin und Ovomucoid), keine eisenbindenden Hydroxamsäure-Gruppen feststellen. Zur Fixierung von 2 Mol Lysozym je Mol Conalbumin vgl. EHRENPREIS und WARNER[11].

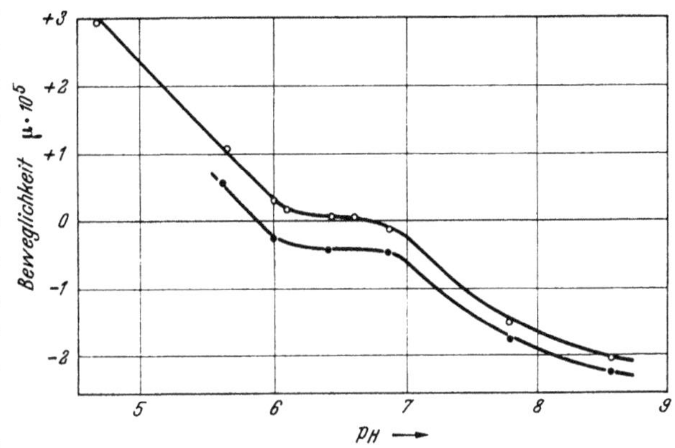

Abb. 11. Elektrophoretische Beweglichkeit von Conalbumin (o——o) und Eisen(III)-conalbumin (•——•) in Abhängigkeit vom p_H-Wert (Acetat-, Kakodylat- und Barbiturat-Puffer; Ionenstärke 0,1)[1].

Nachweis und Bestimmung. Conalbumin wird an seiner metallbindenden Fähigkeit und seinen Absorptionsmaxima (Tabelle 4) erkannt. Das Protein wird spektrophotometrisch auf Grund seiner Extinktion ($\varepsilon = 11{,}1$ bei λ 278 mμ in 0,02 n HCl), der Eisen(III)-Komplex entsprechend bei λ_{max} 470 mμ ($\varepsilon = 0{,}62$ bei p_H 6—9) bestimmt[1]. Das Eisen-Bindungsvermögen ermittelt man, wie beim Transferrin (auf S. 727) angegeben[12], die Kupfer(II)-Bindekapazität durch spektrophotometrische Titration[6].

Bestimmung der Kupfer-Bindekapazität von Conalbumin[6]. Eine 0,63 %ige Lösung von Conalbumin in Veronalpuffer (p_H 8,2) wird in Anwesenheit von 0,002 m Natriumcitrat und 0,1 n $NaHCO_3$ mit 0—0,5 μMol Kupfer (in Form von $CuSO_4 \cdot 5\,H_2O$) versetzt und

[1] WARNER, R. C., and I. WEBER: J. biol. Ch. **191**, 173 (1951).
[2] CANN, J. R., and R. A. PHELPS: Arch. Biochem. **52**, 48 (1954).
[3] LEWIS, J. C., N. S. SNELL, D. J. HIRSCHMANN and H. FRAENKEL-CONRAT: J. biol. Ch. **186**, 23 (1950).
[4] FRAENKEL-CONRAT, H., and R. R. PORTER: Biochim. biophysica Acta, N. Y. **9**, 557 (1952).
[5] SCHADE, A. L., R. W. REINHART and H. LEVY: Arch. Biochem. **20**, 170 (1949).
[6] WARNER, R. C., and I. WEBER: Am. Soc. **75**, 5094 (1953).
[7] WARNER, R. C.: Trans. N. Y. Acad. Sci. **16**, 182 (1954).
[8] Vgl. BAYER, E., u. K.-H. REUTHER: B. **89**, 2541 (1956).
[9] FIALA, S., and D. BURK: Arch. Biochem. **20**, 172 (1949).
[10] FRAENKEL-CONRAT, H.: Arch. Biochem. **28**, 452 (1950).
[11] EHRENPREIS, S., and R. C. WARNER: Arch. Biochem. **61**, 38 (1956).
[12] FEENEY, R. E., E. D. DUCAY, R. B. SILVA and L. R. MACDONNELL: Poultry Sci. **31**, 639 (1952).

die Extinktion jeder Probe bei λ_{max} 440 mμ bestimmt. Der Schnittpunkt von aufsteigendem Kurvenast (zunehmende Cu-Bindung) und waagerechtem Kurvenast (Cu-Sättigung) gibt das Cu-Bindevermögen an (0,166% Cu).

5. Ferritin[1-3].

Historisches. SCHMIEDEBERG[4] isolierte aus Schweineleber einen als Ferratin bezeichneten amorphen, eisenhaltigen, wasserlöslichen Eiweißkörper. Das von LAUFBERGER[5] aus Pferdemilz 1937 kristallisierte, braunrote, etwa 20% 3wertiges Eisen enthaltende Eisenproteid wird Ferritin genannt. KUHN und Mitarbeiter[6] ermitteln als eisentragende Gruppe den Goethit FeOOH. GRANICK und MICHAELIS[7] gewinnen durch reduktive Abspaltung des Metalls die Proteinkomponente Apoferritin und postulieren, daß im Ferritin hochmolekulare phosphathaltige Eisenhydroxyd-Micellen die Oberfläche dieses Apoferritins besetzen. BIELIG und BAYER[8] schließen aus dem magnetischen Moment von Ferritin[9] auf einen Poly-eisen(III)-Komplex von Apoferritin, den sie aus Apoferritin und Eisensalz synthetisieren. Die Eisen-Speicherfunktion von Ferritin wird von HAHN und Mitarbeitern[10], seine Identität mit dem „vasodepressor material" (VDM-Faktor) von MAZUR und SHORR[11] erkannt.

Vorkommen. Ferritin findet sich beim Menschen und wahrscheinlich bei allen Säugetieren bevorzugt in Milz[12] und Leber[12], Darmmucosa[12], rotem Knochenmark[12], Placenta[13], Niere[2], Hoden[12], Gehirn[14] und anderen Organen*. Untersucht wurden — durch histochemische oder präparative Kristallisation des Ferritins[12,15] — entsprechende Organe folgender Tiere: Pferd[16], Meerschweinchen, Schwein, Kaninchen, Maus, Ratte[17], Hund, Katze, Schakal[6]. Auch bei Knorpelfischen (Scyllium canicula)[18] wurde es gefunden. Der kristallographische Nachweis ist in Leber und Milz von Kuh, Schaf, Reh, Huhn, Fischen und Ochsenfrosch sowie in der Milz vom Wal[6] bisher nicht gelungen[12]. Der menschliche Organismus von 70 kg Gewicht enthält etwa 3 g Ferritin und in diesem 16,4% des gesamten Körpereisens[19]. Über die quantitative Ferritin-Verteilung in den Organen (Hund) orientiert Tabelle 5.

Darstellung. Als geeignetes Ausgangsmaterial zur Gewinnung von *kristallisiertem Ferritin* (und Apoferritin) hat sich Pferdemilz, am besten von älteren Tieren[20], erwiesen. Auf 80° erhitzte wäßrige Milzauszüge werden mit Ammoniumsulfat gefällt; der in Wasser gelöste Niederschlag wird mit Cadmiumsulfat kristallisiert[5,6,21]. Die Ausbeute an

* Die Literaturangaben [2,12-14] beziehen sich auf das Vorkommen beim Menschen.

Zusammenfassende Darstellungen [1-3]:

1 GRANICK, S.: Chem. Reviews **38**, 379 (1946).
2 MICHAELIS, L.: Adv. Protein Chem. **3**, 53 (1947).
3 GRANICK, S.: Physiol. Rev. **31**, 489 (1951). — SCHWIETZER, C. H.: Arzneim.-Forsch. **1**, 72 (1951).
4 SCHMIEDEBERG, O.: A. e. P. P. **33**, 101 (1894).
5 LAUFBERGER, V.: Bull. Soc. Chim. biol. **19**, 1575 (1937).
6 KUHN, R., N. A. SÖRENSEN u. L. BIRKOFER: B. **73**, 823 (1940).
7 GRANICK, S., and L. MICHAELIS: Science, N. Y. **95**, 439 (1942).
8 BIELIG, H.-J., u. E. BAYER: Naturwiss. **42**, 125 (1955).
9 MICHAELIS, L., C. D. CORYELL and S. GRANICK: J. biol. Ch. **148**, 463 (1943).
10 HAHN, P. F., S. GRANICK, W. F. BALE and L. MICHAELIS: J. biol. Ch. **150**, 407 (1943).
11 MAZUR, A., and E. SHORR: J. biol. Ch. **176**, 771 (1948).
12 GRANICK, S.: J. biol. Ch. **149**, 157 (1943).
13 TECCE, G., e T. TECCE: Quadr. Nutrit. **11**, 42 (1950). — WÖHLER, F.: V. Kongr. europ. Ges. Hämatol. 1955, S. 148. Berlin, Göttingen, Heidelberg 1956.
14 DIEZEL, P. B., u. M. TAUBERT: Verh. dtsch. Ges. Path. **38**, 321 (1954).
15 GRANICK, S.: J. biol. Ch. **164**, 737 (1946).
16 GABRIO, B. W., and K. SALOMON: Proc. Soc. exp. Biol. Med. **75**, 124 (1950).
17 KEIDERLING, W., F. WÖHLER u. H. ALTMEYER: A. e. P. P. **223**, 375 (1954).
18 TECCE, G.: Nature **170**, 75 (1952).
19 DRABKIN, D. L.: Physiol. Rev. **31**, 345 (1951).
20 BEHRENS, M., u. M. TAUBERT: H. **290**, 156 (1952).
21 GRANICK, S.: J. biol. Ch. **146**, 451 (1942).

Ferritin beträgt etwa 0,1 % der frischen Pferdemilz. In ähnlicher Weise kann auch aus Milz und Leber anderer Tiere und vom Menschen kristallisiertes Ferritin erhalten werden. Die Menge nimmt in folgender Reihenfolge ab: Pferd, Mensch, Meerschweinchen, Maus, Ratte, Kaninchen und Katze[1]. — *Kristallines Apoferritin* erhält man aus Ferritin durch Reduktion des Eisens mit Dithionit, Bindung der Eisen(II)-ionen an α,α'-Dipyridyl, Dialyse und Ammoniumsulfat-Fällung[2, 3]. — Die *Partialsynthese* von Ferritinen verschiedenen Eisengehaltes gelingt aus Apoferritin in Hydrogencarbonat-Puffer mit Eisen(II)-ammoniumsulfat unter Belüftung[4].

1. Kristallisiertes Ferritin aus Pferdemilz[3, 5–7]. 1 kg mit dem Fleischwolf zerkleinerte frische Pferdemilz rührt man 3 Std mit 2 *l* Wasser bei Raumtemperatur, zentrifugiert mit 5000 U/min, erhitzt die wäßrige Phase zur Fällung von Begleitproteinen im Wasserbad langsam auf 80°, zentrifugiert erneut und stellt die rotbraune Lösung nach Erkalten durch Einrühren von festem Ammoniumsulfat auf 35 % Sättigung ein. Hierbei wird das rohe, noch amorphe Ferritin niedergeschlagen. Ein empfohlener[5, 6] zweiter Wasserauszug des Milzmaterials sowie eine Vorfällung mit 10 % Ammoniumsulfat haben sich als unnötig erwiesen. Die abzentrifugierte Rohfällung löst man zur Kristallisation sofort in 60—70 cm³ dest. Wasser, kühlt auf 0° und gibt dasselbe Volumen eiskalter, 10 %iger Cadmiumsulfat-Lösung ($CdSO_4 \cdot 8/3\, H_2O$) hinzu. Die Kristallisation beginnt bei 20° nach 15—30 min und ist innerhalb 12 Std beendet. Vom abzentrifugierten Rohkristallisat trennt man spezifisch leichtere, amorphe, gelbbraune Begleitsubstanzen sorgfältig durch mehrmaliges Schlämmen und erhält so 0,7—1,0 g dunkel braunrote, pseudokubische Ferritinkristalle (Fe-Gehalt, trocken 17—20 %).

Tabelle 5. *Ferritin-Gehalt in Geweben des Hundes**[8] (angegeben in γ Ferritin-N je g Frischgewebe).

Leber	65—134	Skeletmuskel . .	2—9
Milz	42—166	Herzmuskel . . .	1—2
Knochenmark	12—18	Glatte Muskulatur	<0,5
Niere, Rinde .	14—20	Darmmucosa . .	<0,5
Niere, Mark .	<0,5	Gesamtblut . . .	<0,5
Pankreas . .	3—8		

* Werte von 4 Tieren bestimmt mit der Mikropräzipitin-Reaktion (s. S. 740).

Will man umlösen, was recht verlustreich ist, so schüttelt man 0,5 g des Ferritin-Kristallisates 12 Std lang mit 40—50 cm³ 2 %igem wäßrigem Ammoniumsulfat, trennt von unlöslichen amorphen Produkten durch scharfes Zentrifugieren, fügt zur klaren, braunroten Lösung das gleiche Volumen 10 %igen, wäßrigen Cadmiumsulfates und gewinnt die alsbald erscheinenden Kristalle durch kurzes Abschleudern bei niedriger Umdrehungszahl, wobei amorphe Anteile in der überstehenden Lösung suspendiert bleiben.

2. Kristallisiertes, salzfreies Apoferritin aus Pferdemilz[2]. 300 g Pferdemilz werden in kleine Würfel geschnitten und diese im Starmix unter Wasserzusatz zerkleinert. Den mit weiterem Wasser (insgesamt 600—700 cm³) verdünnten Gewebebrei stellt man in verschlossenen 1 *l*-Flaschen in ein Wasserbad, das innerhalb 30 min auf 80° erwärmt wird. Wenn das Material die Temperatur von 78° angenommen hat (1 Std), trennt man vom koagulierten Eiweiß durch ein Sieb, versetzt das Filtrat mit festem Ammoniumsulfat (15 g/100 cm³) und zentrifugiert nach 1 Std scharf ab. Die abgegossene Flüssigkeit wird mit Ammoniumsulfat (9 g/100 cm³) auf 24 % Sättigung gebracht und die entstandene Fällung von Rohferritin nach 30 min abgeschleudert (bei der Isolierung von *Ferritin aus Menschenleber* liegt die günstigste Fällungskonzentration bei 25—30 % Sättigung mit Ammoniumsulfat). Das Sediment löst man in 100 cm³ Natriumacetat-Puffer vom p_H 5,0 bis 5,2, zentrifugiert von ungelösten Anteilen ab, fügt 3 g Natriumdithionit (90 %ig) zur

[1] Granick, S.: J. biol. Ch. **149**, 157 (1943).
[2] Behrens, M., u. M. Taubert: H. **290**, 156 (1952).
[3] Granick, S., and L. Michaelis: J. biol. Ch. **147**, 91 (1943).
[4] Bielig, H.-J., u. E. Bayer: Naturwiss. **42**, 125 (1955).
[5] Kuhn, R., N. A. Sörensen u. L. Birkofer: B. **73**, 823 (1940).
[6] Laufberger, V.: Bull. Soc. Chim. biol. **19**, 1575 (1937).
[7] Granick, S.: J. biol. Ch. **146**, 451 (1942).
[8] Mazur, A., and E. Shorr: J. biol. Ch. **182**, 607 (1950).

Lösung hinzu und läßt in geschlossenem Gefäß unter gelegentlichem Umschütteln 2 Std stehen. Nach zusätzlichem Auflösen von 30 g Ammoniumsulfat zentrifugiert man scharf in verschlossenen Gläsern und verwirft die überstehende Eisen(II)-haltige Lösung. Mit dem Sediment wird der Reduktionsvorgang in Acetatpuffer noch 3—4mal wiederholt, wobei man jeweils weniger, zuletzt kein $Na_2S_2O_4$ mehr zufügt. Der zuletzt erhaltene Niederschlag wird in 50 cm³ Wasser suspendiert und geht nach Zugabe von 50 cm³ 10%iger Cadmiumsulfat-Lösung vollständig in Lösung. Das innerhalb 12 Std erscheinende kristalline Apoferritin wird durch 3 min Zentrifugieren bei 2000 U/min abgeschleudert, wobei amorphes Protein suspendiert bleibt und abgegossen werden kann. — Man löst das Rohkristallisat in etwa 40 cm³ 2%igem Ammoniumsulfat, zentrifugiert ungelöste Anteile ab und erhält nach Zugabe des gleichen Volumens 10%iger Cadmiumsulfat-Lösung nun sofort Kristalle. Zur Entfernung von eingeschlossenem Cadmiumsulfat werden die Kristalle in 20 cm³ Wasser gelöst, etwaige unlösliche Verunreinigungen abzentrifugiert und das Zentrifugat mit 5 g Ammoniumsulfat (25% Sättigung) erneut gefällt. Zur Entfernung von eingeschlossenem Ammoniumsulfat löst man in Wasser, fällt mit demselben Volumen Aceton und trennt von der Lösung durch rasches Zentrifugieren, um Denaturierung zu vermeiden. Die beiden Umfällungsvorgänge müssen je 4mal wiederholt werden, um etwa 250 mg kristallisiertes, salzfreies Apoferritin zu bekommen.

3. Kristallisiertes Apoferritin aus Ferritin-Präparaten[1]. Je 10 cm³ einer etwa 1%igen Lösung von Ferritin (kristallisiertes Präparat oder die nach *1.* bzw. *2.* bereitete rohe Ammoniumsulfat-Fällung) versetzt man bei Raumtemperatur in einem Cellophanschlauch mit 2 cm³ 1 m Acetatpuffer (p_H 5,2—5,5), 100 mg α,α'-Dipyridyl und 100 mg Natriumdithionit (90%ig). 30 min später beginnt man mit der Dialyse gegen fließendes dest. Wasser bei Raumtemperatur, wobei der Schlauch im Dialysiergefäß bewegt wird. Das Dialysat färbt sich durch den entstehenden Eisen(II)-dipyridyl-Komplex rot. Nach 18—24 Std fügt man erneut 2 cm³ Acetatpuffer, 20 mg α,α'-Dipyridyl und 50 mg $Na_2S_2O_4$ zum Ansatz, setzt die Dialyse fort und verfährt so in gleicher Weise, bis dialysierte Lösung und Dialysat farblos erscheinen, also alles Eisen abgespalten ist, was gewöhnlich 2—3 Tage dauert. Man zentrifugiert vom Ungelösten bei 4000 U/min ab und versetzt die schwach opalescierende Apoferritin-Lösung mit $^1/_4$ ihres Volumens an 20%iger Cadmiumsulfat-Lösung bzw. soviel festem $CdSO_4 \cdot 8/3\ H_2O$, daß der Gehalt daran 5% beträgt. Innerhalb 12 Std scheiden sich bis 30 mg einheitlich kristallisiertes, farbloses Apoferritin ab. Bei einem Ausgangsferritin mit 10,69% N, 2,04% S, 0,82% P und 18,74% Fe hatte das so erhaltene Apoferritin 15,11% N, 2,48% S, 0,79% Cd und weniger als 0,01% Fe und P. — Wird der von GRANICK und MICHAELIS[2] empfohlene saure Acetatpuffer (p_H 4,6) angewandt, so sind die Apoferritin-Präparate durch kolloidalen Schwefel verunreinigt, der aus dem $Na_2S_2O_4$ stammt[3]. Die Gefahr einer Denaturierung des Apoferritins wird sehr vermindert durch *Verwendung von Cystein oder Ascorbinsäure als Reduktionsmittel* anstelle von Natriumdithionit[1]. — Das Verfahren eignet sich bei partieller Reduktion auch zur *Darstellung von Ferritinen niedriger Eisengehalte*[2].

4. Kristallisiertes Ferritin, synthetisch aus Apoferritin[4]. Eine Lösung von 100 mg Apoferritin in 50 cm³ dest. Wasser versetzt man tropfenweise unter Eiskühlung und Umschütteln mit so viel gesättigter, eiskalter Lösung von $NaHCO_3$ (1,2—2,0 cm³), bis der p_H 7,3—7,5 beträgt. Hat man zuviel $NaHCO_3$ oder dieses zu rasch zugegeben, wobei Protein gefallen ist, so kann der Ansatz für die Synthese nicht mehr verwendet werden. Zur klaren, gepufferten Lösung von Apoferritin fügt man nun, immer unter Eiskühlung, so viel festes Eisen(II)-ammoniumsulfat (etwa 200 mg MOHRsches Salz) unter Schütteln hinzu, daß noch keine grünblaue Fällung basischer Eisen(II)-Verbindungen entsteht und der p_H nach dem Lösen des Eisensalzes nicht unterhalb 6,5 liegt. Die alsbald einsetzende

[1] BIELIG, H.-J., u. E. BAYER: unveröffentlichte Versuche.
[2] GRANICK, S., and L. MICHAELIS: J. biol. Ch. **147**, 91 (1943).
[3] BEHRENS, M., u. M. TAUBERT: H. **290**, 156 (1952).
[4] BIELIG, H.-J., u. E. BAYER: Naturwiss. **42**, 125 (1955) und unveröffentlichte Versuche.

Luftoxydation von Eisen läßt man sich innerhalb 1 Std bei 4° vervollständigen. Zur nun braunroten, immer noch klaren Lösung gibt man 10 cm³ eiskalte, wäßrige, 10 %ige Cadmiumsulfat-Lösung und überläßt den Ansatz 12 Std bei 4—6° der Kristallisation. Das durch Zentrifugieren von der Mutterlauge getrennte Rohkristallisat (90—100 mg) reinigt man wie beim natürlichen Ferritin durch mehrmaliges Abschlämmen gelblicher, amorpher Begleitstoffe, wobei die charakteristischen Ferritinkristalle zurückbleiben. Ausbeute bis 50 mg; Fe-Gehalt um 17 %. — Das Verfahren kann auch zur *Partialsynthese von Ferritinen verschieden hohen Eisengehaltes* benutzt werden.

Tabelle 6. *Eigenschaften von Ferritin und Apoferritin.*

Eigenschaft	Ferritin	Apoferritin
Kristallstruktur	Isotrope, pseudokubische Kristalle (Abb. 12): quadratische Platten (Pferd), Oktaeder (Mensch, Ratte, Schwein), Tetraeder (Hund)[1]. — Elementarzelle: a = b = c = 186 Å; 8 Moleküle je Zelle[2]; a:b:c = 131,5:131,5:186 Å (orthorhombisch, doppelbrechend)[3]	wie Ferritin im kubischen System (Abb. 12)
Dichte	$d_4^{20} \sim 1{,}45$[2]	$d_4^{20} = 1{,}27$[2]
Löslichkeit, Fällbarkeit und Thermostabilität	Löslich in 2 %igem $(NH_4)_2SO_4$, reversibel fällbar mit 35 %igem $(NH_4)_2SO_4$ und mit Aceton; mäßig löslich in H_2O[4]. — Thermostabil bis 80°[4]; durch Invertseifen denaturiert[5]	leicht löslich in H_2O, sonst wie Ferritin[6]
Fe-Gehalt	bei Fe-Sättigung Mittelwert 20 %[4, 7–9]	—
Fe/N-Verhältnis	bei Fe-Sättigung Mittelwert 2,20[9]	—
Magnetisches Moment	natürlich $\mu_{eff} = 3{,}81$ BM[10], synthetisch $\mu_{eff} = 3{,}95$ BM[11]	—
Absorptionsspektrum	ohne spezifisches Maximum[1] (Abb. 13)	λ_{max} 282 mμ[1] (Abb. 13)
Molekulargewicht	700000 (berechnet aus Mol.-Gew. Apoferritin und Fe/N-Verhältnis bei Fe-Sättigung)[9]; 1320000 (aus spez. Vol. = 0,589)[12]	465000 (aus Sedimentation, $S_{20} = 17{,}6 \cdot 10^{-13}$) für Pferd, Mensch[12]
Molekülform	Mol.-Durchmesser 94 ± 5 Å (aus elektronenmikroskopischen Daten)[13]	Ellipsoid (Achsenverhältnis 3:1; spez. Vol. 0,747)
Isoelektrischer Punkt[14]	p_H 4,6 (Pferd), 5,2 (Hund), 5,5 (Mensch)	wie Ferritin
Elektrophoretische Wanderungsgeschwindigkeit[14]	$-6{,}3 \cdot 10^{-5}$ cm²/Volt · sec bei p_H 7,3 (Phosphatpuffer)	$-6{,}2 \cdot 10^{-5}$ cm²/Volt·sec bei p_H 7,3 (Phosphatpuffer)

Eigenschaften und Konstitution. Die wichtigsten Eigenschaften von *Ferritin* (mit Fe gesättigt) und seiner Protein-Komponente *Apoferritin* enthält Tabelle 6. Es fällt auf, daß beide Verbindungen im gleichen (regulären) System (Abb. 12) kristallisieren (gleichartige *Elementarzelle*), denselben isoelektrischen Punkt, dieselbe *Wanderungsgeschwindigkeit* und

[1] GRANICK, S.: Chem. Reviews **38**, 379 (1946).
[2] FANKUCHEN, I.: J. biol. Ch. **150**, 57 (1943).
[3] HODGKIN, D. C.: Cold Spring Harbor Symp. quant. Biol. **14**, 65 (1949).
[4] GRANICK, S.: J. biol. Ch. **146**, 451 (1942).
[5] KUHN, R., u. H.-J. BIELIG: B. **73**, 1080 (1940).
[6] GRANICK, S., and L. MICHAELIS: J. biol. Ch. **147**, 91 (1943).
[7] LAUFBERGER, V.: Bull. Soc. Chim. biol. **19**, 1575 (1937).
[8] KUHN, R., N. A. SÖRENSEN u. L. BIRKOFER: B. **73**, 823 (1940).
[9] BIELIG, H.-J., u. E. BAYER: unveröffentlicht.
[10] MICHAELIS, L., C. D. CORYELL and S. GRANICK: J. biol. Ch. **148**, 463 (1943).
[11] BIELIG, H.-J., u. E. BAYER: Naturwiss. **42**, 125 (1955).
[12] ROTHEN, A.: J. biol. Ch. **152**, 679 (1944).
[13] FARRANT, J. L.: Biochim. biophysica Acta, N. Y. **13**, 569 (1954).
[14] MAZUR, A., and E. SHORR: J. biol. Ch. **182**, 607 (1950).

übereinstimmende *Viscosität*[1] aufweisen. Apoferritin hat die *Aminosäuren*-Zusammensetzung eines normalen Proteins (Tabelle 7), das jedoch durch besondere Thermostabilität und Spezifität gegenüber Fe ausgezeichnet ist. Das Eisen, welches im Ferritin in 3wertiger Form vorliegt[2], wird durch verdünnte Salzsäure unter Denaturierung der Apoferritin-Komponente in Form von $Fe^{3\oplus}$-Ionen[2], oder ohne Denaturierung durch Einwirkung von Reduktionsmitteln[3,4], die verschieden rasch wirksam sind[4], als $Fe^{2\oplus}$-Ionen abgespalten.

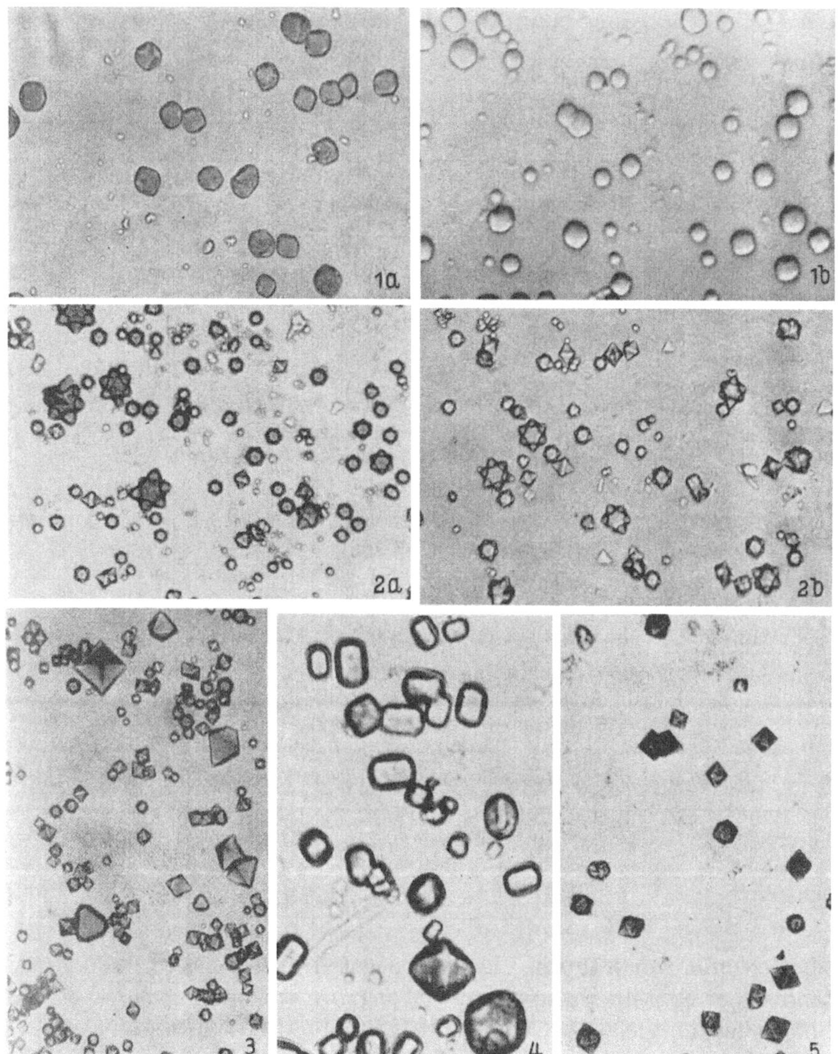

Abb. 12. Kristallformen von Ferritin und Apoferritin[5]. 1a Ferritin (Mensch); 1b Apoferritin (Mensch); 2a Ferritin (Pferd); 2b Apoferritin (Pferd); 3 Ferritin (Hund); 4 Ferritin (Meerschweinchen); 5 Ferritin (Maus).

Das dabei kristallisierbare Apoferritin (s. S. 734) ist in der Ultrazentrifuge einheitlich (Mol.-Gew. 465000), während *Ferritin* uneinheitlich aus Molekülen verschieden hohen Fe-Gehaltes besteht[6]. Maximal wird 1 Atom Fe je 2 N-Atome als FeOOH gebunden, woraus sich für Fe-gesättigtes Ferritin ein Mol.-Gew. von 700000 errechnet[7]. Die durch die aromatischen Aminosäuren bedingte Absorptionsbande von Apoferritin bei 282 mμ

[1] MAZUR, A., I. LITT and E. SHORR: J. biol. Ch. **187**, 473 (1950).
[2] LAUFBERGER, V.: Bull. Soc. Chim. biol. **19**, 1575 (1937).
[3] GRANICK, S., and L. MICHAELIS: J. biol. Ch. **147**, 91 (1943).
[4] BIELIG, H.-J., u. E. BAYER: Naturwiss. **42**, 466 (1955).
[5] GRANICK, S.: Chem. Reviews **38**, 379 (1946).
[6] ROTHEN, A.: J. biol. Ch. **152**, 679 (1944).
[7] BIELIG, H.-J., u. E. BAYER: Naturwiss. **42**, 125 (1955).

ist beim Ferritin, das eine, seine braune Farbe bedingende, lange Endabsorption im sichtbaren Bereich aufweist, nur mehr schwach angedeutet (Abb. 13). Der im natürlichen Ferritin gefundene P-Gehalt ist durch Phosphatgruppen (eine Phosphorsäuregruppe je 6 bis 22 FeOOH-Gruppierungen)[1, 2] bedingt; er fehlt im „synthetischen" Ferritin aus Apoferritin, das sonst mit dem natürlichen Ferritin übereinstimmt[3].

Tabelle 7. *Aminosäuren-Analyse von Apoferritin und Ferritin*[4].

Aminosäuren	Apoferritin		Ferritin
	g-% Protein	% des Gesamt-N	% des Gesamt-N
Glutaminsäure .	17,2	10,1	9,9
Asparaginsäure	6,8	4,4	
Lysin	7,8	9,2	
Arginin	9,1 (8,3)	18,0	
Histidin	4,8	8,0	
Cystin	1,7	1,2	
Methionin . . .	1,9	1,1	1,0
Tyrosin	5,0	2,4	
Phenylalanin .	6,1	3,2	3,0
Tryptophan . .	1,2	1,0	
Leucin	19,1	12,6	12,5
Isoleucin . . .	1,4	0,9	
Glycin	3,4	3,9	
Valin	4,3	3,2	3,1
Alanin	1,9	1,8	3,1
Threonin . . .	4,3	3,1	
Prolin	1,5	1,1	
NH_3	—	10,0	
Humin	—	3,4	

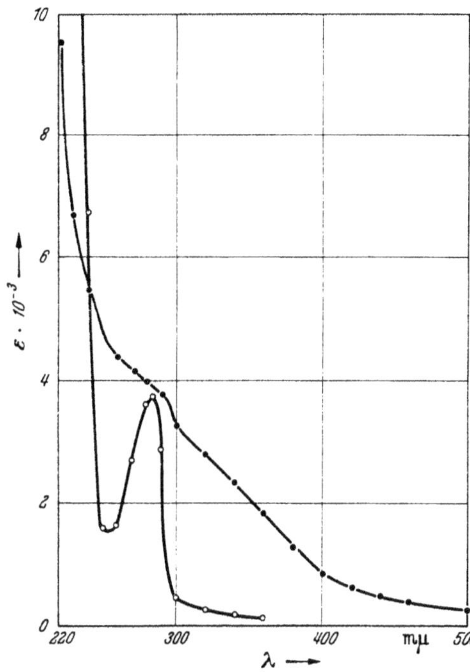

Abb. 13. Absorptionsspektren von •——• Ferritin (Pferd) und o——o Apoferritin, beide bezogen auf Äquiv.-Gew. 250 (entspr. 1 Fe je 250 g Ferritin[5]).

Aus dem von KUHN und Mitarbeitern[6] erwiesenen Vorliegen von FeOOH-(Goethit)-Gruppen, dem Verhalten in der Ultrazentrifuge[7] und der Bildung von Eisenhydroxyd beim alkalischen Abbau, haben GRANICK und HAHN[2] auf das Vorliegen von Eisenhydroxyd-Phosphat-Micellen der Zusammensetzung $[(FeOOH)_8 \cdot (FeOOPO_3H_2)]_x$ im Ferritin geschlossen, die unspezifisch an die Oberfläche des Apoferritins gebunden seien. Da sich von Aminosäuren und Peptiden hochmolekulare Eisen(III)-Komplexe mit ähnlichen magnetischen Momenten wie das Ferritin darstellen lassen, sehen BIELIG und BAYER[3] das Ferritin als koplanaren Poly-eisen(III)-Komplex an, in dem je 2 Amino- bzw. Peptid-N 1 FeOOH-Gruppe in folgender Weise nach Art einer Einschlußverbindung binden:

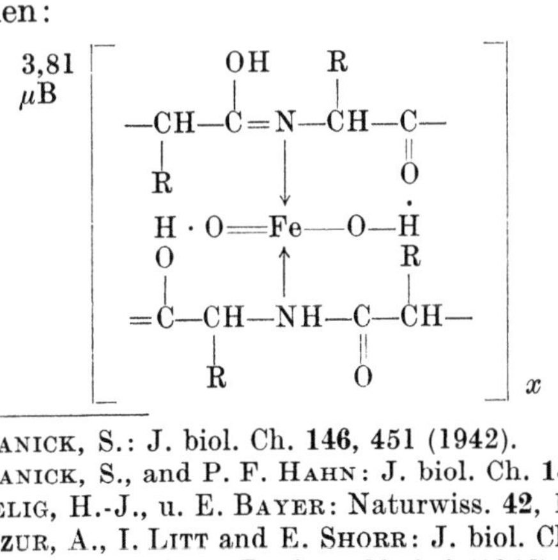

oder

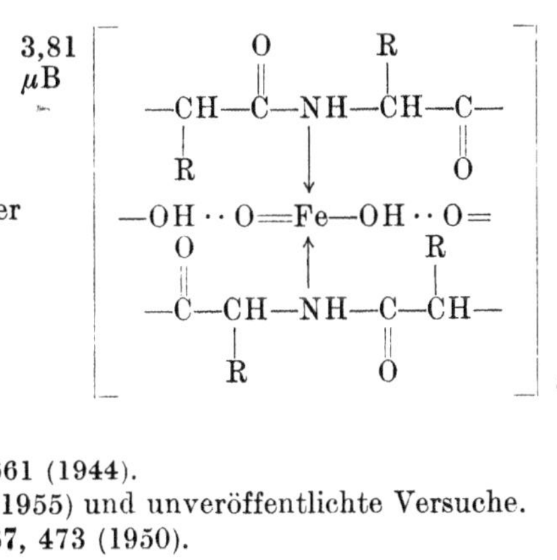

[1] GRANICK, S.: J. biol. Ch. **146**, 451 (1942).
[2] GRANICK, S., and P. F. HAHN: J. biol. Ch. **155**, 661 (1944).
[3] BIELIG, H.-J., u. E. BAYER: Naturwiss. **42**, 125 (1955) und unveröffentlichte Versuche.
[4] MAZUR, A., I. LITT and E. SHORR: J. biol. Ch. **187**, 473 (1950).
[5] GRANICK, S.: Chem. Reviews **38**, 379 (1946).
[6] KUHN, R., N. A. SÖRENSEN u. L. BIRKOFER: B. **73**, 823 (1940).
[7] ROTHEN, A.: J. biol. Ch. **152**, 679 (1944).

Die eingangs erwähnten Übereinstimmungen zwischen Ferritin und Apoferritin, deren Deutung mit der Micellartheorie auf gewisse Schwierigkeiten stößt[1], stehen mit der Komplex-Theorie in Einklang. Elektronenmikroskopische Bilder von Ferritin[2] lassen sich im Sinne beider Theorien deuten.

Physiologische Bedeutung[1, 3–5]. Tierversuche mit enteralen Gaben von radioaktiven $^{59}Fe^{2\oplus}$-Ionen[6] und mit parenteraler Verabreichung von ^{59}Fe(III)-Citrat[7] sowie von Erythrocyten, deren Hämoglobin-Eisen entsprechend markiert war[8], haben ergeben, daß Ferritin sowohl bei der Eisenresorption (Darm, Placenta) und im Leberstoffwechsel, als auch beim Auf- und Abbau der Hämkomponente des roten Blutfarbstoffes als *Eisen-Speicherproteid* auftritt. Durch die Fähigkeit des in den Mucosazellen des Darmes enthaltenen Apoferritins, resorbiertes Eisen bis zu einem Sättigungswert von etwa 20% Fe einzulagern und aus seiner Bindung reduktiv[9], zur Übertragung auf das Transferrin im Blutserum, nach und nach wieder freizugeben[10–13], wirkt das Ferritin offenbar primär als „Mucosablock"[6] für die Eisenresorption[14]. Darüber hinaus scheint aber, wie Versuche mit länger dauernder Fe(II)-Verabreichung zeigten[13], noch eine unbekannte Regulation der Eisenaufnahme mitzuwirken.

Das in der hypoaktiven, irreversiblen Phase des experimentell bei Tieren erzeugten Schockzustandes[15] sowie beim Blutungsschock des Menschen[16] und bei Leberhypoxie vermehrt von der Leber ausgeschüttete „Vasodepressormaterial" *(VDM-Faktor)* hat sich mit Ferritin als identisch erwiesen[17]. Die gefäßaktive Form ist die anaerob entstehende, antidiuretisch wirkende[18] *Sulfhydrylform* von Ferritin[19], die aerob reversibel in die VDM-unwirksame Disulfidform übergeht[20, 21].

Nachweis und Bestimmung. Der *Nachweis* von Ferritin im Gewebe gelingt mikroskopisch nach seiner Kristallisation[22]; die Abschätzung seiner Menge durch Ermittlung des Volumens der aus wäßrigen Gewebeextrakten erhaltenen Kristalle[23]. Zur Sicherung des Befundes kann ein histochemischer Eisen(III)-Nachweis angeschlossen werden (s. Hämosiderin). Für die quantitative *Bestimmung* wird Ferritin von Hämosiderin durch Lösen in Wasser, von Hämoglobin durch dessen Koagulation bei 75° abgetrennt[24] und

[1] GRANICK, S.: Physiol. Rev. **31**, 489 (1951).
[2] FARRANT, J. L.: Biochim. biophysica Acta, N. Y. **13**, 569 (1954). — Vgl. LINDNER, E.: Ergebn. allg. Path. u. path. Anat. **38**, 46 (1958).
[3] GRANICK, S.: Bull. N. Y. Acad. Med. **30**, 81 (1954).
[4] HEILMEYER, L., u. L. WEISSBECKER: Handb. allg. Path. (BÜCHNER-LETTERER-ROULET) Bd. IV/2, S. 1. Nachtrag von F. WÖHLER, ebenda S. 768.
[5] DRABKIN, D. L.: Physiol. Rev. **31**, 345 (1951).
[6] HAHN, P. F., W. F. BALE, J. F. ROSS, W. M. BALFOUR and G. H. WHIPPLE: J. exp. Med. **78**, 169 (1943). — Vgl. HEVESY, G. v.: Naturwiss. Rdsch. **8**, 380 (1955).
[7] GRANICK, S., and P. F. HAHN: J. biol. Ch. **155**, 661 (1944).
[8] HAHN, P. F., S. GRANICK, W. F. BALE and L. MICHAELIS: J. biol. Ch. **150**, 407 (1943).
[9] GRANICK, S.: J. biol. Ch. **164**, 737 (1946).
[10] GRANICK, S.: Bull. N. Y. Acad. Med. **25**, 403 (1949).
[11] MAZUR, A., S. BAEZ and E. SHORR: J. biol. Ch. **213**, 147 (1955).
[12] BIELIG, H.-J., u. E. BAYER: Naturwiss. **42**, 466 (1955).
[13] WÖHLER, F., L. HEILMEYER, D. EMRICH u. S. H. KANG: A. e. P. P. **230**, 107 (1957). — WÖHLER, F., u. M. KÖRTE: A. e. P. P. **230**, 502 (1957).
[14] JACOBI, H., K. PFLEGER u. W. RUMMEL: A. e. P. P. **229**, 198 (1956).
[15] ZWEIFACH, B. W., D. B. METZ and E. SHORR: Amer. J. Physiol. **164**, 91 (1951).
[16] SCOTT jr., R., J. M. HOWARD, E. SHORR, N. LAWSON and J. H. DAVIS: Ann. Surg. **141**, 504 (1955).
[17] MAZUR, A., and E. SHORR: J. biol. Ch. **176**, 771 (1948).
[18] BAEZ, S., A. MAZUR and E. SHORR: Fed. Proc. **7**, 5 (1948).
[19] MAZUR, A., I. LITT and E. SHORR: J. biol. Ch. **187**, 485 (1950).
[20] MAZUR, A., I. LITT and E. SHORR: J. biol. Ch. **187**, 497 (1950).
[21] MAZUR, A., G. SANDER and E. SHORR: Fed. Proc. **12**, 1 (1953).
[22] GRANICK, S.: J. biol. Ch. **164**, 737 (1946). — GRANICK, S., and L. MICHAELIS: Proc. Soc. exp. Biol. Med. **66**, 296 (1947).
[23] GRANICK, S.: J. biol. Ch. **149**, 157 (1943). — Vgl. GABRIO, B. W., and K. SALOMON: Proc. Soc. exp. Biol. Med. **75**, 124 (1950).
[24] GABRIO, B. W., A. SHODEN and C. A. FINCH: J. biol. Ch. **204**, 815 (1953).

papierelektrophoretisch gereinigt[1]. Den Gehalt ermittelt man entweder photoelektrisch bzw. aus dem Eisenwert[1] oder immunologisch[2]. Letztere Methode eignet sich auch zur gemeinsamen Bestimmung von Ferritin und Apoferritin und von Apoferritin allein.

1. Mikroskopischer Nachweis von Ferritin im Gewebe durch direkte Kristallisation[3, 4]. Mit isotonischer Salzlösung gewaschene frische Gewebeschnitte (z. B. von Darmmucosa, Leber) werden auf dem Objektträger mit 3—4 Tropfen 10%iger, wäßriger Cadmiumsulfat-Lösung behandelt, mit Deckglas versehen und in einem geschlossenen Gefäß, das etwas feuchtes Filtrierpapier enthält, stehengelassen. Mit dem langsamen, partiellen Eindunsten der Flüssigkeit auf dem Objektträger kristallisiert anwesendes Ferritin innerhalb 12 Std. Es wird an der braunen Farbe und der charakteristischen Form der stark lichtbrechenden Kristalle (Tabelle 6, Abb. 12) erkannt. Es unterscheidet sich dadurch von etwa anwesenden, ebenfalls braunen, aber amorphen Hämosiderin-Granula.

2. Abschätzung der Ferritinmenge im Gewebe[3]. Das frische Gewebe wird mit dem $1^1/_2$fachen Volumen dest. Wasser homogenisiert, auf 80° erhitzt, filtriert und das Filtrat mit festem Ammoniumsulfat versetzt (35 g/100 cm³). Das innerhalb 12 Std bei 4° abgeschiedene Rohferritin wird, wie S. 733 unter *1.* beschrieben, zur Kristallisation gebracht (48 Std Kristallisationszeit) und entsprechend einmal umkristallisiert. Die Kristalle zentrifugiert man bei konstantem g-Wert in graduierten Röhrchen ab, ermittelt das Kristallvolumen in Kubikzentimetern und bezieht auf 100 g frisches Gewebe. So wurden z. B. 0,01—0,116 cm³ Ferritin je 100 g frischer Leber (Hund) ermittelt.

3. Quantitative Ferritinbestimmung.

a) Abtrennung von Hämosiderin und Hämoglobin[5]. Frisch bereitetes Homogenat aus 10 g Gewebe wird, wie bei der Hämosiderin-Bestimmung angegeben ist (S. 745), extrahiert und der unlösliche Gewebeanteil abzentrifugiert. — Die erhaltenen Extrakte (etwa 70 cm³) erhitzt man im Wasserbad unter Rühren 5 min auf 75°, stellt 30 min in Eis und zentrifugiert sofort 30 min bei 1400 × g. Die überstehende, das Ferritin enthaltende Lösung wird dekantiert, das das koagulierte Hämoglobin enthaltende Sediment mit 10 cm³ dest. Wasser nachgewaschen, 15 min zentrifugiert und die Waschflüssigkeit zur abgetrennten Hauptlösung gegeben.

b) Papierelektrophoretische Reinigung[1]. Die nach *3a)* bereitete Ferritin-Lösung dialysiert man 24 Std gegen fließendes Wasser, engt dann im Vakuum nahezu zur Trockne ein und verdünnt mit dest. Wasser auf ein bestimmtes Volumen (z. B. 1 cm³). 0,01 cm³ dieser Lösung werden auf einen für die Elektrophoresekammer bestimmten Papierstreifen (Whatman Nr. 1) aufgetragen und mit Veronalpuffer (p_H 8,6) als mobiler Phase 14 Std bei 110 V elektrophoretisch aufgetrennt. Die Beweglichkeit von *Ferritin* beträgt $-6{,}1 \cdot 10^{-5}$ cm²/V · sec. Die Lage der Ferritinbande wird durch vorsichtiges Aufsprühen von 6 n HCl, Trocknen des Streifens bei 100° im Trockenschrank, anschließendes Besprühen mit 2%iger Lösung von Kalium-hexacyanoferrat(II) und nochmaliges Trocknen mittels der entstehenden Berliner Blau-Reaktion markiert. — Liegt nur *Apoferritin* vor, so findet sich dieses an derselben Stelle des Elektropherogramms, da seine Beweglichkeit (Tabelle 6) gleich der von Ferritin ist. Man markiert mit Amidoschwarz (s. S. 172ff.).

c) Photoelektrische Bestimmung von Ferritin nach Papierelektrophorese[1]. Das nach *3b)* erhaltene, durch die Berliner Blau-Reaktion markierte Elektropherogramm wird in α-Bromnaphthalin-haltigem Paraffinöl ($n_D = 1{,}51$) transparent gemacht und die Extinktion der blauen Farbe photoelektrisch gemessen. Aus Eichwerten von entsprechend behandelten

---

[1] Keiderling, W., u. F. Wöhler: A. e. P. P. **221**, 418 (1954).
[2] Mazur, A., and E. Shorr: J. biol. Ch. **176**, 771 (1948); **182**, 607 (1950).
[3] Granick, S.: J. biol. Ch. **149**, 157 (1943). — Vgl. Gabrio, B. W., and K. Salomon: Proc. Soc. exp. Biol. Med. **75**, 124 (1950).
[4] Granick, S.: J. biol. Ch. **164**, 737 (1946). — Granick, S., and L. Michaelis: Proc. Soc. exp. Biol. Med. **66**, 296 (1947).
[5] Gabrio, B. W., A. Shoden and C. A. Finch: J. biol. Ch. **204**, 815 (1953).

Ferritinpräparaten bekannten Eisengehaltes (Abb. 14) läßt sich die Extinktion in Gewichtseinheiten Ferritin ausdrücken.

d) Ermittlung des Ferritin-Gehaltes durch colorimetrische Bestimmung des Eisens als Komplex. Aus dem nach *3b)* erhaltenen Elektropherogramm wird das ferritinhaltige, braune Papiersegment (ohne Vorbehandlung mit Salzsäure und Hexacyanoferrat) ausgeschnitten und das Eisenproteid mit Wasser herausgelöst. Man führt quantitativ in einen Mikro-KJELDAHL-Kolben über und verascht nach Verdampfen des Wassers in üblicher Weise mit konz. Schwefelsäure und Perhydrol oder Salpetersäure-Schwefelsäure[1]. Den Abdampfrückstand nimmt man in einem geeigneten Volumen Wasser (wenigstens 20 γ Fe/5 cm³) auf und bestimmt den Fe-Gehalt colorimetrisch entweder mittels o,o'-Phenanthrolin[1,2] oder α,α'-Dipyridyl[3].

Phenanthrolin-Methode[1,2]. 10 cm³ schwach saurer Eisenlösung werden mit 1 cm³ 0,5%iger wäßriger Lösung von o,o'-Phenanthrolin, 1 cm³ frisch bereiteter 1%iger Hydrochinon-Lösung und 5 cm³ einer Lösung von Natriumcitrat (25 g-%) versetzt und halbkonzentriertes Ammoniak bis zum p_H 3,5—4 (Umschlag von Bromphenolblau) zugegeben. Man füllt auf 25 cm³ auf und bestimmt die Extinktion nach 1 Std bei 508 mμ. Als Eisenstandard benutzt man Eisen(II)-ammoniumsulfat (MOHRsches Salz).

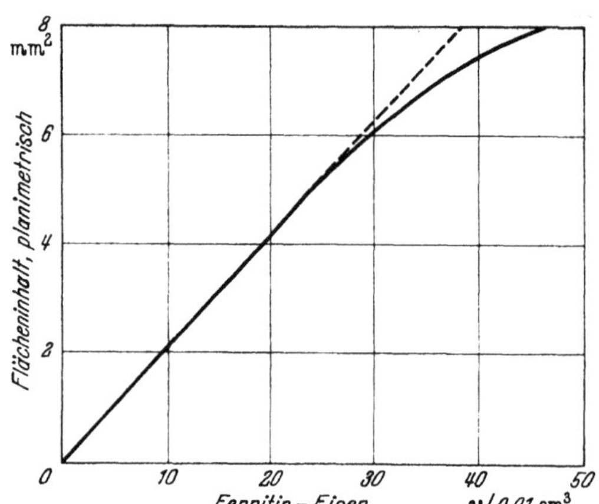

Abb. 14. Eichkurve zur quantitativen Bestimmung von Ferritin-Eisen nach der Berliner Blau-Reaktion in Elektropherogrammen[4].

Dipyridyl-Methode[3]. Die 10—50 γ Eisen enthaltende Lösung in 2 cm³ 1 n HCl versetzt man mit 1 cm³ 1%iger Lösung von α,α'-Dipyridyl in 0,2 n HCl sowie einer frisch bereiteten, 10%igen wäßrigen Lösung von Natriumsulfit. Man hält 15 min bei 20° und bestimmt dann die Extinktion der Rotfärbung bei λ_{max} 525 mμ. γ Fe je cm³ $= \log I_0/I \cdot 6{,}50$.

Zur Umrechnung auf Ferritin nimmt man einen Eisengehalt im Ferritin von 17 bis 20% an.

4. Immunologische Bestimmung von Ferritin und Apoferritin[5,6].

Prinzip:

Da Ferritin und Apoferritin dieselbe elektrophoretische Wanderungsgeschwindigkeit haben, findet man beide in der gleichen Zone des Elektropherogramms. Auch bei der Präzipitinreaktion werden beide durch denselben Antikörper quantitativ gefällt. Man kann also mit dieser Methode die Summe von Ferritin + Apoferritin bestimmen. Da der Ferritin-Gehalt aus dem Eisenwert ermittelbar ist, ergibt sich der Apoferritin-Gehalt aus der Differenz.

Ausführung:

Zu jeder Immunisierungsserie werden 12 Kaninchen benutzt. Diesen injiziert man i.v. wöchentlich an 4 nacheinander folgenden Tagen eine Suspension alaungefällten Ferritins bzw. Apoferritins (15 mg N/cm³) 4 Wochen lang wie folgt: 2 Tage 0,5 cm³, 2 Tage 1 cm³, 4 Tage 1,5 cm³, 4 Tage 2 cm³, 4 Tage 3 cm³. — 5 Tage nach der letzten Injektion wird Blut entnommen, daraus das Antiserum bereitet, dieses nach Konservierung mit Mer-

---

[1] SANDELL, E. B.: Colorimetric Determination of Traces of Metals. 2. Edit. S. 384. New York 1950.
[2] KOLTHOFF, I. M., D. L. LEUSSING and T. S. LEE: Am. Soc. **72**, 2173 (1950). — BENCZE, B.: Z. analyt. Chem. **128**, 179 (1948). — BOREI, H.: B. Z. **314**, 359 (1943).
[3] FEIGL, F., u. H. HAMBURG: Z. analyt. Chem. **86**, 7 (1931). — FEIGL, F., P. KRUMHOLZ u. H. HAMBURG: ebenda **90**, 199 (1932). — BIELIG, H.-J., u. E. BAYER: unveröffentlichte Versuche.
[4] KEIDERLING, W., u. F. WÖHLER: A. e. P. P. **221**, 418 (1954).
[5] MAZUR, A., and E. SHORR: J. biol. Ch. **182**, 607 (1950).
[6] MAZUR, A., and E. SHORR: J. biol. Ch. **176**, 771 (1948).

thiolat (1:10⁴) gekühlt und zur Entfernung von etwa anwesenden Festteilchen und Fett zentrifugiert. Manchmal erweist es sich als nötig, mehrere Sera zu vereinigen und den Antikörper durch zwei aufeinanderfolgende Fällungen der ,,Globulin-Fraktion" mittels Halbsättigung mit Ammoniumsulfat und jeweils sorgfältiger Dialyse gegen 0,9%iges NaCl zu reinigen.

1 cm^3 Antiserum wird mit Antigen (0,1—0,5 mg Ferritin-N bzw. Apoferritin-N) in 0,9%igem NaCl versetzt und mit der Kochsalz-Lösung auf 3 cm^3 verdünnt. Man inkubiert 1 Std bei 37°, läßt 48 Std im Kühlschrank stehen, zentrifugiert die Präzipitate kalt ab, wäscht diese 2mal mit 3 cm^3 eiskaltem 0,9%igem NaCl und bestimmt den N-Gehalt mit der Mikro-KJELDAHL-Methode[1]. — Die nach der Abtrennung der Präzipitate verbleibende zentrifugierte Lösung teilt man und kontrolliert durch Zugabe einerseits von Antikörper, andererseits von Antigen, ob man das Äquivalenzgebiet getroffen hat, in dem weder Antikörper noch Antigen im Überschuß vorliegen. — Den Gehalt an Ferritin + Apoferritin liest man an einer Eich-Präzipitin-Kurve (Ordinate: mg Gesamt-N im spezifischen Präzipitat; Abszisse: mg Antigen-N, zugegeben) ab, die mit reinem Ferritin- bzw. Apoferritin-Präparat derselben Species aufgestellt wurde, von der die zu untersuchende Probe stammte (Beispiel in Abb. 15).

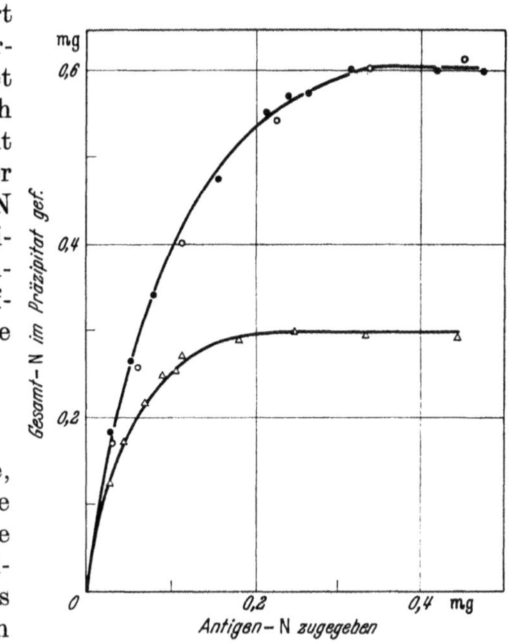

Abb. 15. Quantitative Präzipitin-Kurven von Kaninchen-Antiserum (gegen Ferritin aus Pferdemilz) mit •——• Ferritin aus Pferdemilz; o——o Apoferritin aus Pferdemilz und △——△ Ferritin aus Hundeleber als Antigenen[2].

6. Hämosiderin.

Historisches. PERLS[3] zeigt 1867, daß braune, nicht kristalline Ablagerungen in der Milz die Berliner Blau-Reaktion auf Eisen geben. Die Eisenkomponente wird von KUNKEL[4] als Ferrioxydhydrat angesehen. NEUMANN[5] nennt das eisenhaltige, körnige Pigment in Extravasaten Hämosiderin. Diesen Namen überträgt HUECK[6] auf Fe-reiche, braunrote, extracelluläre Granula, die sich in Eisendepotorganen finden und histochemisch charakterisierbar sind[7]. BEHRENS und ASHER[8] isolieren aus trocken pulverisierter Pferdemilz durch Verteilung zwischen organischen Lösungsmitteln verschiedener Dichte erstmals hoch Fe-haltige Fraktionen, die als Hämosiderin a und Hämosiderin b bezeichnet werden. GABRIO und Mitarbeiter[9] trennen ,,Hämosiderin"-Granula ohne nähere Charakterisierung aus frischer Leber ab. Die Gewinnung einheitlichen, nativen Hämosiderins aus Pferdemilz, das aus einer Eisen-, einer Protein- und einer Nucleotidkomponente aufgebaut und — gegenüber Ferritin — nicht kristallisierbar und schwerlöslich ist, gelingt unabhängig voneinander LUDEWIG[10] sowie BIELIG und WÖHLER[11].

[1] Vgl. PREGL, F., u. H. ROTH: Quantitative organische Mikroanalyse. 6. Aufl. S. 106. Wien 1949.
[2] MAZUR, A., and E. SHORR: J. biol. Ch. **182**, 607 (1950).
[3] PERLS, M.: Virchows Arch. **39**, 42 (1867).
[4] KUNKEL, A.: Virchows Arch. **81**, 381 (1880).
[5] NEUMANN, E.: Virchows Arch. **111**, 25 (1888).
[6] HUECK, W.: Beitr. path. Anat. **54**, 68 (1912). — Vgl. COOK, S. F.: J. biol. Ch. **82**, 595 (1929).
[7] GOESSNER, W.: Virchows Arch. **323**, 685 (1953). — GEDIGK, P., u. G. STRAUSS: Virchows Arch. **324**, 373 (1953/54).
[8] BEHRENS, M., u. T. ASHER: H. **220**, 97 (1933). — BEHRENS, M., u. M. TAUBERT: H. **289**, 116 (1952).
[9] SHODEN, A., B. W. GABRIO and C. A. FINCH: J. biol. Ch. **204**, 823 (1953).
[10] LUDEWIG, S.: Proc. Soc. exp. Biol. Med. **95**, 514 (1957).
[11] BIELIG, H.-J., u. F. WÖHLER: Naturwiss. **45**, 488 (1958).

Vorkommen und Bildung. Hämosiderin findet sich, bevorzugt bei Störungen des Eisenstoffwechsels (Organsiderosen im Gefolge verschiedener Erkrankungen und der Eisenspeicherungskrankheit)[1], in all jenen Organen vom Menschen und gewissen Säugern, die auch Ferritin enthalten. Es wurde besonders in Milz (Pferd, Ratte, Mensch)[2-4], Leber (Ratte, Mensch)[2,4], Knochenmark[2,5], Placenta[6], Gehirn[7], Lunge[8], Dünndarm und anderen Organen festgestellt, denen es bei erheblicher Anhäufung eine charakteristische rotbraune Farbe verleihen kann.

Eisen wird in Form von Hämosiderin offenbar immer dann gespeichert, wenn ungenügende Mengen an Apoferritin (s. S. 738) zur Ferritinbildung verfügbar sind (Eiweißmangel, Störungen der fermentativen Apoferritin-Synthese, übermäßiges Eisenangebot)[9]. In vivo verabreichtes, radioaktiv markiertes Eisen wird sowohl im Ferritin als auch im Hämosiderin wiedergefunden[10]. Mit zunehmendem Lebensalter verschiebt sich das Verhältnis Ferritin:Hämosiderin zugunsten des Hämosiderins[11]. Für die Milz älterer Pferde wird ein Gehalt an Hämosiderin-Granula von 5% des Trockengewichtes angegeben[8].

Darstellung. *Natives Hämosiderin* erhält man am besten aus frisch zerkleinerter und homogenisierter Pferdemilz durch fraktionierte Zentrifugation des dunkel braunroten Bodensatzes schnellster Sedimentation[12]. *Aposiderin* wird daraus durch reduktive Entfernung des Eisens analog der Gewinnung von Apoferritin aus Ferritin (S. 734) erhalten[12]. — Angegeben sind im folgenden noch eine Isolierung von Hämosiderin-Granula aus Kaninchenleber[13] und die Gewinnung von Eisenkomponenten (sog. ,,Hämosiderin a und b") aus gefriergetrockneter Pferdemilz[14].

***1. Natives Hämosiderin aus frischer Pferdemilz nach* Bielig *und* Wöhler**[12].

Trabekelfreies, frisches Milzgewebe wird mit der 20fachen Gewichtsmenge eisenfreiem dest. Wasser von 4° unter Kühlung bei 12000 U/min feinst homogenisiert, wobei die Temperatur 10° nicht übersteigen soll. Dann wird in der Kühlzentrifuge (etwa 0° Rotortemperatur, 15000 U/min, Radius 8,5 cm) 20 min lang abgeschleudert (Polyvinylröhrchen), der Überstand verworfen, das Sediment bei —20° im Rohr eingefroren und mit Hilfe eines Hornspatels ganz herausgezogen. Das in der untersten Schicht an seiner dunkel rostbraunen Farbe erkennbare Hämosiderin wird mit einem feinen, feuchten Pinsel vorsichtig abgestreift und in dest. eisenfreiem Wasser suspendiert. Noch anhaftende Gewebspartikel entfernt man durch erneute Zentrifugation (0°, 20 min, 3000 U/min). Überstand und abgehobene obere Restzellschicht werden verworfen; das übrige Sediment wird mit dest. Wasser ausgewaschen. — Um sicher zu gehen, daß keine Gewebepartikelchen mehr beigemischt sind, suspendiert man die Hämosiderinfraktion in einer gesättigten Lösung vom Natriumsalz der Monojodmethansulfosäure (,,Abrodil", Bayer-Werk, Leverkusen). Die hohe Dichte der Lösung ($d_4^{20} = 1{,}6$) erlaubt noch feinste Zelltrümmer von der schweren Hämosiderinschicht zu scheiden. Letzterer haften aber

[1] Übersicht bei Heilmeyer, L., u. L Weissbecker: Handb. allg. Path. (Büchner-Letterer-Roulet) Bd. IV/2, S. 1; Nachtrag von Wöhler, F., ebenda S. 768. — Drabkin, D. L.: Physiol. Rev. **31**, 345 (1951). — Vgl. Brock, J. F.: Ann. Rev. **24**, 523 (1955).
[2] Goessner, W.: Virchows Arch. **323**, 685 (1953). — Gedigk, P., u. G. Strauss: Virchows Arch. **324**, 373 (1953/54).
[3] Behrens, M., u. T. Asher: H. **220**, 97 (1933). — Behrens, M., u. M. Taubert: H. **289**, 116 (1952).
[4] Keiderling, W., F. Wöhler u. H. Altmeyer: A.e.P.P. **223**, 375 (1954).
[5] Koszewski, B. J.: Kli. Wo. **1952**, 926.
[6] Wöhler, F.: D. m. W. **1955 I**, 30.
[7] Diezel, P. B., u. M. Taubert: Verh. dtsch. Ges. Path. **1954**, 321.
[8] Rechenberger, J., u. E. Schairer: Z. ges. exp. Med. **112**, 559 (1943).
[9] Schwietzer, C. H.: D. m. W. **1952 I**, 17.
[10] Hampton jr., J. K., and J. B. Kahn jr.: Amer. J. Physiol. **174**, 226 (1953).
[11] Rechenberger, J.: V. Kongr. europ. Ges. Hämatol. 1955, S. 166. Berlin, Göttingen, Heidelberg 1956.
[12] Bielig, H.-J., u. F. Wöhler: Naturwiss. **45**, 488 (1958). — Ludewig, S.: Proc. Soc. exp. Biol. Med. **95**, 514 (1957).
[13] Gabrio, B. W., A. Shoden and C. A. Finch: J. biol. Ch. **204**, 815 (1953).
[14] Behrens, M., u. T. Asher: H. **220**, 97 (1933).

Abrodilreste hartnäckig an, die nur durch vielmaliges Waschen mit Wasser zu entfernen sind. — Getrocknet wird im Vakuum bei Raumtemperatur über $CaCl_2$ oder P_2O_5. Ausbeute im Mittel 500 mg mikroskopisch einheitliches, natives Hämosiderin/kg Pferdemilz.

2. *Aposiderin aus nativem Hämosiderin*[1].

100 mg getrocknetes, nach vorher beschriebener Methode dargestelltes Hämosiderin werden in 20 cm³ 0,1 m Acetatpuffer (p_H 5,5) suspendiert und im Cellophanschlauch mit je 100 mg α,α'-Dipyridyl und 100 mg Natriumdithionit versetzt. 30 min später beginnt man mit der Dialyse gegen 5 *l* dest. Wasser von Raumtemperatur. Das Wasser wird täglich 4mal gewechselt, das Innere des Cellophanschlauches täglich erneut mit 2 cm³ 1 m Acetatpuffer, 20 mg Dipyridyl und 50 mg $Na_2S_2O_4$ versetzt, bis sich kein Eisen mehr als roter α,α'-Dipyridyl-eisen(II)-Komplex nachweisen läßt, was nach etwa 3 Tagen der Fall ist. Jetzt wird die dialysierte Lösung 10 min zentrifugiert (3000 U/min, 16 cm Radius), das kaum gelbe Aposiderin-Sediment mit Wasser gewaschen und im Vakuum bei 20° über $CaCl_2$ getrocknet. Ausbeute etwa 40 % der eingesetzten Hämosiderin-Menge.

3. *Hämosiderin-Granula aus Kaninchenleber nach* Gabrio, Shoden *und* Finch[2].

Die zerkleinerte Leber wird mit dem 5fachen Volumen 0,9 %iger NaCl-Lösung extrahiert, der Geweberückstand 2mal mit dem 10fachen Volumen dest. Wasser ausgezogen und jeweils 30 min bei 1400 × g zentrifugiert. Das zuletzt erhaltene Sediment suspendiert man in dem 5fachen Volumen dest. Wasser, erhitzt im Wasserbad auf 75° und filtriert 3mal durch ein Filter aus 10 Schichten feiner Gaze. Die ins Filtrat gehenden Granula werden nach erneutem Abschleudern 2mal mit dem 10fachen Volumen 2 %iger Ammoniumsulfat-Lösung und danach mit dem 5fachen Volumen dest. Wasser gewaschen. Die erhaltenen Hämosiderin-Granula erscheinen mikroskopisch einheitlich.

4. *Nucleoproteidfreies Hämosiderin aus Pferdemilz nach* Ludewig[3].

Gefrorene und wieder aufgetaute Pferdemilz wird in Anteilen von 80 g mit 400 cm³ kalter 0,9 %iger NaCl-Lösung homogenisiert. Die Suspension aus 1 kg Milz filtriert man durch Gaze, zentrifugiert und befreit das Sediment von Nucleoproteid durch Extraktion mit 1500 cm³ 1 m NaCl-Lösung. Durch Suspendieren in 600 cm³ gesättigter KBr-Lösung ($d = 1,38$), dann 4,42 m KJ-Lösung ($d = 1,42$) und schließlich gesättigter KJ-Lösung ($d = 1,72$) werden spezifisch leichtere Begleitstoffe abgetrennt. Das Sediment wird mit dest. Wasser gewaschen und über P_2O_5 getrocknet. Ausbeute bis 3 g je Milz. Fe = 24 bis 36 %, N = 4,15—5,40 %, P = 1,62—3,74 %, Hexosen etwa 1 %.

5. *„Hämosiderin-Fraktionen a und b" aus getrockneter Pferdemilz nach* Behrens *und* Asher[4].

200 g gefriergetrocknete Milz werden in der Porzellan-Kugelmühle fein gemahlen und dann gesiebt (0,25 mm Maschenweite). 150 g des erhaltenen Pulvers suspendiert man in einem Gemisch aus Tetrachlorkohlenstoff und Benzol (Dichte $d = 1,320$). Der Bodensatz wird mit Tetrachlorkohlenstoff ($d = 1,59$) geschüttelt und bei 1600 × g zentrifugiert (Hämosiderin-Anteil *I*). Aus den Suspensionen in CCl_4 + Benzol bzw. CCl_4 allein erhält man bei 1600 × g Sedimente, die vereinigt werden (Hämosiderin-Anteil *II*). Die sich an der Oberfläche der Zentrifugate abscheidenden Anteile werden in Tetrachlorkohlenstoff-Benzol und noch einmal in Tetrachlorkohlenstoff allein suspendiert und zentrifugiert; sie bilden den Hämosiderin-Anteil *III*. *I* + *II* + *III* wird in CCl_4 ($d = 1,59$) noch mehrmals verteilt, zentrifugiert und zuletzt mit Äther gewaschen: Ausbeute 10,5 g *gereinigtes Gesamt-Hämosiderin*. Dieses verteilt man in Äthylenbromid ($d = 2,18$), zentrifugiert und wiederholt die Verteilung noch mehrmals in gleicher Weise. Die beiden zuletzt erhaltenen Sedimente sind die *Hämosiderin-Fraktion b* (1,31 g; $d > 2,2$, 35,9 % Fe, 4,0 % N). Die beiden zuletzt an der Äthylenbromid-Oberfläche angereicherten Fraktionen suspendiert man in Äthylenbromid + Tetrachlorkohlenstoff ($d = 1,8$) und gewinnt durch Zentrifugieren und Waschen des Sedimentes mit Äther das *Hämosiderin a* (4,1 g; $d = 1,8$—$2,2$, 31,6 % Fe, 5,7 % N, 0,8 % P).

[1] Bielig, H.-J., u. F. Wöhler: Naturwiss. **45**, 488 (1958). — Wöhler, F.: Habil.-Schr. Med. Freiburg/Brsg. 1958.
[2] Gabrio, B. W., A. Shoden and C. A. Finch: J. biol. Ch. **204**, 815 (1953).
[3] Ludewig, S.: Proc. Soc. exp. Biol. Med. **95**, 514 (1957).
[4] Behrens, M., u. T. Asher: H. **220**, 97 (1933).

Eigenschaften und Bauplan[1]. Frisches, *natives Hämosiderin* sieht goldgelb, getrocknetes rostbraun aus. Es ist nicht kristallisierbar. Die einheitlichen Granula haben etwa die Größe von Mitochondrien. Der Stickstoffgehalt beträgt ~ 9,5 %, der *Eisengehalt* ~ 37 %. Das Präparat ist unlöslich in Wasser. Bei p_H-Werten unterhalb 5 wird das Eisen in Form von Fe(III)-Ionen, durch Reduktionsmittel ($Na_2S_2O_4$, Cystein, Ascorbinsäure) als Fe(II)-Ionen freigelegt. Das zurückbleibende *Aposiderin* ist ebenfalls in Wasser unlöslich, aber löslich bei p_H-Werten oberhalb 9. In Mineralsäuren findet Hydrolyse statt. In den Hydrolysaten lassen sich außer Aminosäuren (s. Tabelle 8), Guanin und Zucker

Tabelle 8. *Zusammensetzung von nativem Hämosiderin*[1].
(Mittelwerte von 5 verschiedenen Präparaten)

Elemente	Gesamt N = 9,50 %; Protein-N = 3,35 %; Purin-N = 6,15 %; P-Gehalt = 1,64 % (entspr. 5,15 % H_3PO_4); Fe-Gehalt = 36,90 % (entspr. 58,8 % FeOOH); S-Gehalt = 1,0 %; Ca-Gehalt = 0,36 % (als Verunreinigung)
Protein-Komponente	17,5 % des Trockengewichtes mit folgenden *Aminosäuren* (%): Glycin 7,23; Alanin 6,70; Valin 1,70; Leucin 12,11; Phenylalanin 1,96; Tyrosin 1,47; Serin 7,79; Threonin 3,77; Citrullin 0,98; Cystin 3,10; Methionin 4,57; Prolin 3,87; Tryptophan 1,89; Glutaminsäure 21,71; Asparaginsäure 4,42; Arginin 7,24; Lysin 8,88; Histidin 1,49
Nucleotid-Komponente	25 % des Trockengewichtes mit 27 % reduzierendem Kohlenhydrat, 53 % Guanin- und 20 % Phosphorsäureanteil
Eisen-Komponente .	57,5 % des Trockengewichtes als FeOOH in Gelform, die durch Altern mineralisiert (α- und γ-Eisenoxydhydrat)

(Hexosamin, Galaktose, Mannose, Fucose[2], Desoxyribose[1]) papierchromatographisch abtrennen. Auf 2 Mol Guanin kommen etwa 1 Mol Kohlenhydrat und 1 Mol Phosphorsäure (aus dem P-Gehalt von 1,64 %). Die *Eisen-Komponente* erscheint als polymeres FeOOH in Gelform (röntgenamorph). Bei Einwirkung höherer Temperatur unter Trocknungsbedingungen (Altern, Tempern) erscheinen im Röntgendiagramm die Interferenzlinien von kristallinem α- und γ-Eisenoxydhydrat, d. h. die Eisenkomponente mineralisiert (vgl. hierzu SCHWIETZER[3]). Gewebeschnitte enthalten das Hämosiderin-Eisen nach elektronenoptischen Befunden in ähnlicher Gruppierung wie das Ferritin-Eisen[4]. Die Eigenschaften des nativen Hämosiderins gehen im einzelnen aus Tabelle 8 hervor.

Physiologische Bedeutung[5]. Hämosiderin bildet zusammen mit Ferritin die als Speichereisen bezeichneten Fe-Komponenten im Säugetierorganismus. Letzteres liegt in gelöster, ersteres im reticuloendothelialen Sytem in unlöslicher Form vor. Aus beiden Komponenten vermag das Metall in Form von Fe(II)-Ionen unter physiologischen Bedingungen wieder mobilisiert und zum Hämoglobin- bzw. Zellhämin-Aufbau verwendet zu werden. Zur Beteiligung des Hämosiderins an Entgiftungsvorgängen s. HEILMEYER und Mitarbeiter[6].

Nachweis und Bestimmung. Die intracelluläre Lokalisation der Hämosiderin-Granula in — z.B. mit 4 %igem neutralem Formalin in 96 %igem Alkohol fixierten — Gewebeschnitten wird durch eine Kernfärbung mit Hämalaun erleichtert.

---

[1] BIELIG, H.-J., u. F. WÖHLER: Naturwiss. **45**, 488 (1958). — WÖHLER, F.: Habil.-Schr. Med. Freiburg/Brsg. 1958.
[2] LUDEWIG, S.: Proc. Soc. exp. Biol. Med. **95**, 514 (1957).
[3] SCHWIETZER, C. H.: Materia med. Nordmark **1951**, 213.
[4] CAROU, J., J. BERNARD, M. BESSIS, A. COMBRISSON, R. MALASSENET et J. BRETON: Presse méd. **65**, 1991 (1957). — Vgl. KUFF, E. L., and A. J. DALTON: J. ultrastruct. Res. **1**, 62 (1957).
[5] Übersicht bei HEILMEYER, L., u. L. WEISSBECKER: Handb. allg. Path. (BÜCHNER-LETTERER-ROULET) Bd. IV/2, S. 1; Nachtrag von WÖHLER, F., ebenda S. 768. — Vgl. GEDIGK, P.: Ergebn. allg. Path. u. path. Anat. **38**, 1 (1958).
[6] HEILMEYER, L., W. KEIDERLING u. F. WÖHLER: Dtsch. med. Wschr. **1958 II**, 1965.

Die *histochemischen Reaktionen* gehen aus Tabelle 9 hervor. Die positive Perjodsäure-Schiffreaktion ist auf eine der gefundenen Hexose-Komponenten zurückzuführen.

Tabelle 9. *Histochemisches Verhalten von Hämosiderin-Granula*[1].

Reagens	Befund	
	vor Fe-Extraktion	nach Fe-Extraktion mit Oxalsäure
Unbehandelt	gold- bis dunkelbraune Granula	farblose Granula
Oxalsäure 5%ig (3 Std)	farblos durch Fe-Extraktion	farblose Granula
Eisenreaktion[2] [Kaliumhexacyanoferrat (II) 2%ig, nach Vorbehandlung mit 1%iger HCl]	positiv durch Abscheidung von Berliner Blau	negativ
Fettreaktion (Sudanschwarz)	negativ	negativ
Perjodsäure-Schiff-Reaktion nach HOTCHKISS-MCMANUS	positiv	positiv
Eisenbindung nach HALE[3] mit kolloidalem Fe(III)-hydroxyd	—	positiv nach Fe-Extraktion mit 3%iger Essigsäure

Das *Hämosiderin-Eisen* wird im Gewebe nach Abtrennung vom Hämoglobin- und Ferritin-Eisen bestimmt[4] (vgl. S. 739). Im nativen Hämosiderin erfolgt die Fe-Bestimmung direkt nach Veraschung wie beim Ferritin (S. 740) angegeben. Die *Aminosäuren*-Zusammensetzung des Aposiderins[5] erhält man nach den Angaben von MOORE und STEIN[6]. — Die Identifizierung der *Kohlenhydrat-Komponenten*[5] geschieht nach Hydrolyse mit 2n H_2SO_4 und Ionenaustausch papierchromatographisch (Anilinphthalat), bei Desoxyribose nach partieller Säurehydrolyse (Trichloressigsäure) und papierchromatographischer Abtrennung durch spezifische Farbreaktionen[7, 8]. Bestimmt wird die Desoxyribose aus der Rotfärbung mit Cystein in saurer Lösung nach den Angaben von STUMPF[9]. — *Guanin* wird aus den sauren Hydrolysaten papierchromatographisch abgetrennt und als Hg(II)-Verbindung mit Eosin nachgewiesen[10]. Seine Bestimmung geschieht in den Eluaten nach Fällung als Cu(II)-Komplex durch photometrische Auswertung der Farbreaktionen mit FOLINS-Reagens[11]. — Der *Phosphor*-Gehalt läßt sich im nativen Hämosiderin mit der Molybdänblau-Reaktion (Sn(II)-chlorid als Reduktionsmittel[12]) ermitteln.

Bestimmung von Hämosiderin (Hämosiderin-Eisen) im Gewebe[5].

1. Abtrennung des Hämosiderins von Ferritin und Hämoglobin. 8—20 g frisches Gewebe (z. B. Leber, Milz) werden 3 min lang homogenisiert. In einer Probe Homogenat kann der Gesamteisen-Gehalt wie beim Transferrin-Eisen (S. 728) bzw. beim Ferritin-Eisen (S. 740) bestimmt und das Trockengewicht des Gewebes ermittelt werden.

[1] GOESSNER, W.: Virchows Arch. **323**, 685 (1953). — GEDIGK, P., u. G. STRAUSS: Virchows Arch. **324**, 373 (1953/54).
[2] Zur Frage des Nachweises von freiem und gebundenem Eisen vgl. WÖHLER, F., L. HEILMEYER, D. EMRICH u. S. H. KANG: A.e.P.P. **230**, 107 (1957).
[3] HALE, C. W.: Nature **157**, 802 (1946). — Vgl. REINHART, J. F., and S. K. ABUL-HAJ: A. M. A. Arch. Path. **52**, 189 (1951).
[4] GABRIO, B. W., A. SHODEN and C. A. FINCH: J. biol. Ch. **204**, 815 (1953).
[5] WÖHLER, F.: Habil.-Schr. Med. Freiburg/Brsg. 1958. — LUDEWIG, S.: Proc. Soc. exp. Biol. Med. **95**, 514 (1957).
[6] MOORE, S., and W. H. STEIN: J. biol. Ch. **176**, 367 (1948).
[7] Nach PÖHM, M., u. R. WEISER: Naturwiss. **43**, 582 (1956).
[8] Nach WEBB, J. M., and H. B. LEVY: J. biol. Ch. **213**, 107 (1955).
[9] STUMPF, P. K.: J. biol. Ch. **169**, 367 (1947).
[10] Nach MARKHAM, R., and J. SMITH: Biochem. J. **45**, 294 (1949).
[11] Nach WILLIAMS jr., J. N.: J. biol. Ch. **184**, 627 (1950).
[12] Nach BERENBLUM, I., and E. CHAIN: Biochem. J. **32**, 286, 295 (1938).

10 g Homogenat extrahiert man, ebenfalls im Glashomogenisator, je 5 min lang mit 2mal 10 cm³ dest. Wasser bei Raumtemperatur. Man gießt in ein Zentrifugenglas (100 cm³) und wäscht den Homogenisator 3mal mit je 7 cm³ dest. Wasser aus. Die vereinigten Suspensionen zentrifugiert man 30 min bei 1400 × g. Die überstehende Lösung enthält Hämoglobin und Ferritin (Trennung s. S. 739), das Sediment Hämosiderin. Dieses wäscht man noch 2mal mit je 10 cm³ Wasser aus, um Reste der löslichen Eisenverbindungen zu entfernen.

2. Bestimmung von Hämosiderin-Eisen. Das nach *1.* erhaltene, gewaschene Hämosiderin wird im siedenden Wasserbad 2 Std lang mit dem 5fachen Volumen 1%iger Natronlauge hydrolysiert. Ein aliquoter Teil des Hydrolysates wird zur Veraschung und anschließenden Eisenbestimmung (s. unter *1.*) verwendet.

7. Ferrichrome.

Historisches und Vorkommen. Ferrichrom nennt NEILANDS[1] eine eisenhaltige organische Verbindung, die sich aus dem *Brandpilz* Ustilago sphaerogena isolieren läßt. In dessen Kulturmedium findet sich Ferrichrom A, welches außer den Aminosäuren Glycin und Ornithin noch Serin enthält[2].

Darstellung. *Ferrichrom* wird aus den Pilzzellen mit Natronlauge extrahiert, nach Fällung von Proteinen in Benzylalkohol aufgenommen und aus Methanol kristallisiert. *Ferrichrom A*, von Ustilago auf eisenfreiem Kulturmedium gebildet, wird diesem als Eisenverbindung mit Benzylalkohol entzogen und aus Wasser kristallisiert[2].

1. Kristallisiertes Ferrichrom aus Ustilago sphaerogena[1]. Der Pilz wird in Gefäßen mit Rührvorrichtung und Belüftung unter Temperaturkontrolle im großen kultiviert. Das Medium besteht aus 200 *l* Leitungswasser, dem 1% Glucose und 1,8% Hefeextrakt (Difco) zugesetzt werden. Nach Autoklavieren wird mit 1 *l* Pilzsuspension beimpft und 36 Std bei 25° gehalten. Es können 2,4 kg Pilzmycel (Trockengewicht) geerntet werden.

Die ursprüngliche Pilzsuspension wird mit 7 kg Filtercel gemischt und durch eine Filterpresse abgetrennt. Den Pilzbrei suspendiert man in 40 *l* Wasser, fügt so viel 1 n NaOH hinzu, daß man ein p_H von 10 erreicht, und rührt 4 Std, wobei durch weitere Zugabe von Lauge das gleiche p_H eingehalten wird. Man filtriert wieder durch eine Filterpresse, bringt den klaren braunen Extrakt mit konz. Phosphorsäure auf p_H 7 und fügt technisches Ammoniumsulfat (480 g/*l*) hinzu. Nach 3—4 Std bei 5° wird ein farbloser Proteinniederschlag abfiltriert und die klare Lösung mit Ammoniumsulfat versetzt. Die nach 12 Std bei 5° von restlichem Protein befreite Lösung extrahiert man 2mal mit je 1 *l* Benzylalkohol und wäscht die vereinigten Auszüge 2mal mit je 200 cm³ Wasser. Die benzylalkoholische Phase wird mit 6 *l* Äther und so viel dest. Wasser versetzt, daß eine wäßrige Phase von 300 cm³ entsteht. Nach Durchmischen wird die organische Phase abgetrennt, die wäßrige Phase noch 2mal mit je 300 cm³ Äther gewaschen und im Vakuum bei 25° zur Trockne eingedampft. Den Abdampfrückstand erhitzt man bis zur Lösung mit 300 cm³ Methanol unter Rückfluß, filtriert und engt im Wasserbad wenig ein. Das Ferrichrom kristallisiert in langen, gelben Nadeln mit einer Gesamtausbeute von 0,8—1 g. Nach 3maligem Umkristallisieren aus Methanol wird bei 110° im Vakuum getrocknet.

2. Kristallisiertes Ferrichrom A aus der Kulturflüssigkeit von Ustilago sphaerogena[2]. Der Pilz wird in einem eisenfreien Medium folgender Zusammensetzung[3] kultiviert: 1 g K_2SO_4, 3 g K_2HPO_4, 3 g NH_4-Acetat, 20 g Glucose, 1 g Citronensäure, 2 g Aneurin, 0,005 mg $Cu^{2\oplus}$, 0,035 mg $Mn^{2\oplus}$, 2 mg $Zn^{2\oplus}$, 80 mg $Mg^{2\oplus}$. Der p_H-Wert wird mit konz. Ammoniak auf 6,8 eingestellt; dann wird auf 1 *l* mit dest. Wasser verdünnt. Je 250 cm³ dieser Lösung werden im 1 *l*-ERLENMEYER-Kolben sterilisiert und mit 1 cm³ der auf gleichem Medium gewachsenen Pilzkultur beimpft. Man läßt bei 30° unter mechanischem

[1] NEILANDS, J. B.: Am. Soc. **74**, 4846 (1952).
[2] GARIBALDI, J. A., and J. B. NEILANDS: Am. Soc. **77**, 2429 (1955).
[3] GRIMM, P. W., and P. J. ALLEN: Plant Physiol. **29**, 369 (1954).

Schütteln wachsen. Nach 5 Tagen erreicht der wie unten angegebene spektrophotometrisch bestimmte Gehalt an eisenfreiem Ferrichrom A sein Maximum.

Zur Gewinnung der Substanz wird das Kulturmedium von den Zellen abzentrifugiert und so viel Eisen(II)-sulfat oder Eisen(III)-chlorid hinzugegeben, bis keine Erhöhung der Extinktion bei 440 mμ mehr eintritt. Man sättigt mit Ammoniumsulfat, zentrifugiert vom Proteinniederschlag ab und extrahiert die Lösung mehrmals mit Benzylalkohol. Die vereinigten Auszüge werden mit dem 3fachen Volumen Äther und $^1/_{10}$ ihres Volumens an Wasser versetzt. Man schüttelt, trennt die wäßrige Phase ab, zieht die organische Phase mehrmals mit Wasser und die vereinigten wäßrigen Extrakte mehrmals mit Äther aus. Aus den wäßrigen Lösungen kristallisiert das Ferrichrom A bei Raumtemperatur.

Eigenschaften und Konstitution[1, 2]. In Tabelle 10 sind die wichtigsten Eigenschaften der Ferrichrome zusammengestellt; *Ferrichrom*, $C_{27-29}H_{42-46}O_{12}N_9Fe$, ist gut löslich in Wasser und Methanol, kaum löslich in anderen organischen Lösungsmitteln (Äthanol, Äther, Aceton, Chloroform). *Ferrichrom A*, $C_{38-40}H_{59-63}O_{21-22}N_{8-9}Fe$, löst sich in niederen Alkoholen, wenig in heißem Wasser und gar nicht in anderen organischen Lösungsmitteln. Beide Ferrichrome werden durch $NaHSO_3$ zu farblosen Verbindungen reduziert und an Luft reoxydiert. Die eisenfreien Substanzen sind unbekannt. Eine Bindung anderer Metalle und die Stabilität der Eisenbindung wurden bisher nicht untersucht.

Die Ferrichrome sind keine Porphyrin-Derivate. Auf Grund von IR-Aufnahmen enthalten sie *Amid- oder Aminogruppierungen*[1]. In den Hydrolysaten mit 6 n HCl lassen sich beim Ferrichrom Glycin und Ornithin, beim Ferrichrom A außerdem Serin papierchromatographisch nachweisen. Die Art der eisenbindenden Gruppe ist noch unbekannt. Während Ferrichrom neutral ist, enthält Ferrichrom A, gemäß der elektrometrischen Titration, saure Gruppen.

Tabelle 10. *Eigenschaften von Ferrichromen.*

Eigenschaft	Ferrichrom [2]	Ferrichrom A [1]
Kristallform	lange Nadeln	reguläre Platten
Spektrum	$\lambda_{max} = 425$ mμ, $E_{1\,cm}^{1\,\%} = 39{,}6$	$\lambda_{max} = 440$ mμ, $E_{1\,cm}^{1\,\%} = 33{,}8$
Molekulargewicht	700—800 (aus Diffusionskonstante)	—
Fe-Gehalt	7,35 %	5,3 %

Physiologische Bedeutung. Beide Ferrichrome wirken wachstumsfördernd auf Pilobolus kleinii und Arthrobacter spec.[1, 2]. Eine vermutete Mitwirkung bei der Synthese von Cytochrom c konnte experimentell nicht gefunden werden[3]. Ustilago sphaerogena produziert in zinkarmen Medien mehr Ferrichrom als bei Zinkzusatz[3].

Bestimmung. Ferrichrom und Ferrichrom A lassen sich spektrophotometrisch bei 425 bzw. 440 mμ bestimmen[4]. Das LAMBERT-BEERsche Gesetz ist erfüllt. Eine Abtrennung von Begleitsubstanzen soll vorangehen.

***Ferrichrom. Bestimmung nach* NEILANDS**[4].

Reagentien:

1. 0,1 m Kaliumphosphat-Puffer vom p_H 7.
2. Kaliumcyanid, 0,2 %ig, in obigem Phosphatpuffer.
3. Natriumhydrogensulfit, 0,5 %ig, in obigem Phosphatpuffer.

Ausführung:

Die Ferrichrom enthaltenden Lösungen werden, je nach ihrem p_H, mit Phosphorsäure oder Natronlauge auf p_H 7 eingestellt. Man sättigt mit festem Ammoniumsulfat, filtriert und schüttelt einmal mit dem 0,2fachen Volumen Benzylalkohol aus. Die organische

[1] GARIBALDI, J. A., and J. B. NEILANDS: Am. Soc. 77, 2429 (1955).
[2] NEILANDS, J. B.: Am. Soc. 74, 4846 (1952).
[3] NEILANDS, J. B.: J. biol. Ch. 205, 647 (1953).
[4] NEILANDS, J. B.: J. biol. Ch. 205, 643 (1953).

Phase trennt man ab, fügt das gleiche Volumen Wasser und das 10fache Volumen Äther hinzu, schüttelt und zieht die wäßrige Phase ab. Nach Waschen des Benzylalkohol-Äther-Gemisches mit dem 0,1fachen Volumen dest. Wasser werden die wäßrigen Auszüge vereinigt und bei 25° im Vakuum eingetrocknet. Der Rückstand wird in so viel 0,1 m Phosphatpuffer (p_H 7) gelöst, daß 1 cm³ 30—60 γ Ferrichrom enthält. — In 2 Reagensgläser (*I*, *II*) pipettiert man je 1 cm³ dieser Lösung, gibt zur Vergleichsprobe *II* 1,4 cm³ der 0,2%igen KCN-Lösung, fügt zu beiden Proben 0,1 cm³ 0,5%ige, gepufferte $NaHSO_3$-Lösung und füllt mit dem Phosphatpuffer auf 3 cm³ auf. 10 min später leitet man durch beide Proben Luft und mißt die Extinktion der nicht mit Cyanid behandelten Probe *I* bei 425 mμ (bzw. bei 440 mμ) gegen die durch Cyanid irreversibel entfärbte Vergleichsprobe *II*. Der Ferrichrom- bzw. Ferrichrom A-Gehalt errechnet sich aus den $E_{1\,cm}^{1\,\%}$-Werten der Tabelle 10.

8. Hämocyanine[1-5].

Historisches. Die blaue Farbe der Leibeshöhlenflüssigkeit von Weinbergschnecken ist bereits von SWAMMERDAM im 17. Jahrhundert beobachtet worden. HARLESS[6] stellte in dem darin enthaltenen blauen Farbstoff Kupfer und die Vertiefung der Blaufärbung durch Sauerstoff fest. In der Folgezeit wurden bei vielen Wirbellosen ähnliche Pigmente entdeckt[7-11]. Das kupferhaltige Pigment hat FRÉDÉRICQ[12] Oxyhämocyanin genannt und auf die Verwandtschaft zum Hämoglobin hingewiesen. Seine Kristallisation gelang erstmals HENZE[13]. Je 2 Atome Kupfer binden 1 Mol molekularen Sauerstoff[14-18]. Die reversible Abspaltung des Kupfers vom Protein hat KUBOWITZ[19] ausgeführt.

Vorkommen. Hämocyanine verschiedenen Molekulargewichts und Cu-Gehaltes finden sich ausschließlich bei Wirbellosen (vgl. Tabelle 11, S. 752), und zwar, in der Coelomflüssigkeit gelöst, bei Krebsen (Crustacea, Ordnung Malacostraca), Spinnentieren (Arachnoidea; z. B. Chaetopelma olivana[10]), Schnecken (Gastropoda) und Tintenfischen (Cephalopoda).

Darstellung. Die Hämocyanine lassen sich in oxygeniertem Zustand aus der Leibeshöhlenflüssigkeit durch Dialyse, Elektrodialyse, Zufügen von Elektrolyten oder Ultrazentrifugierung rein darstellen und vielfach leicht kristallisiert erhalten.

***1. Gewinnung der Leibeshöhlenflüssigkeit von Octopus vulgaris*[20].** Die Arme von Octopus werden auf einem Brett ausgebreitet und festgenagelt, so daß der Rücken des Tieres nach oben zeigt. Die dorsale Körperwand wird in Längsrichtung gespalten, die

Zusammenfassende Darstellungen [1-5]:

[1] QUAGLIARIELLO, G.: Handb. vgl. Physiol. (WINTERSTEIN) Bd. I/1, S. 602. — REINBOLD, B. v.: Blutfarbstoffe. Biochem. Handlex. Bd. VI, S. 221.
[2] DHÉRÉ, C.: Rev. suisse Zool. **35**, 277 (1928).
[3] REDFIELD, A. C.: Biol. Rev. **9**, 175 (1934).
[4] DAWSON, C. R., and M. F. MALLETTE: Adv. Protein Chem. **2**, 179 (1945).
[5] REDFIELD, A. C.: Copper Metabolism; in: MCELROY, W. D., and B. GLASS (Hrsgb.): A Symposium on Animal, Plant and Soil Relationships. S. 174. Baltimore 1950.
[6] HARLESS, E.: Arch. Anat. Physiol. **1847**, 148.
[7] GENTH, F. A.: A. **81**, 68 (1852).
[8] SCHLOSSBERGER, J.: A. **102**, 86 (1857).
[9] HAECKEL, E.: Arch. Anat., Physiol. wiss. Med. **1857**, 469.
[10] WILSON, W. H.: Rec. egypt. Gov. School Med. **1901** [zit. nach REDFIELD, A. C.[3]].
[11] BERT, P.: Cr. **65**, 300 (1867).
[12] FRÉDÉRICQ, L.: Cr. **87**, 996 (1878).
[13] HENZE, M.: H. **33**, 370 (1901).
[14] REDFIELD, A. C., T. COOLIDGE and H. MONTGOMERY: J. biol. Ch. **76**, 197 (1928).
[15] GUILLEMET, R., et G. GOSSELIN: C. R. Soc. Biol. **111**, 733 (1932).
[16] REDFIELD, A. C., and E. N. INGALLS: J. cellul. comp. Physiol. **3**, 169 (1933).
[17] DHÉRÉ, C.: C. R. Soc. Biol. **52**, 458 (1900). J. Physiol. Path. gén. **16**, 985 (1916).
[18] BEGEMANN, H.: [JORDAN, H.: Z. vgl. Physiol. **2**, 381 (1925)].
[19] KUBOWITZ, F.: B. Z. **299**, 32 (1938).
[20] Vgl. WOLVEKAMP, H. P.: Z. vgl. Physiol. **25**, 541 (1938).

große, zwischen den beiden Leberlappen verlaufende Arterie freipräpariert und eine Glaskanüle mit 2 rechtwinkeligen Biegungen in die Arterie eingeführt. Während der Operation durchspült man die Mantelhöhle kräftig mit Wasser. Das Tier kommt nun in das Aquarium zurück, wonach mit den wiederbeginnenden Atembewegungen das Blut ausgepumpt wird. Die Form der Kanüle ermöglicht das Auffangen des Blutes über dem Wasserspiegel. Ein Tier von 1 kg liefert durchschnittlich 20 cm^3 Coelomflüssigkeit.

2. Kristallisiertes Oxyhämocyanin aus der Coelomflüssigkeit von Octopus nach HENZE[1, 2]. Die nach *1.* gewonnene Leibeshöhlenflüssigkeit wird bis zu eben beginnender Trübung mit festem Ammoniumsulfat versetzt, der aufgetretene Niederschlag durch Zugabe von destilliertem Wasser gerade wieder gelöst und mit Essigsäure eine neue, geringe Fällung hervorgerufen. Nach 12stündigem Stehenlassen beginnt die Kristallisation. Die Kristalle werden filtriert und mit dest. Wasser gewaschen.

3. Kristallisiertes Oxyhämocyanin aus Octopus nach KUBOWITZ[3]. Zu 40 cm^3 Leibeshöhlenflüssigkeit (vgl. *1.*) gibt man 40 cm^3 gesättigte Ammoniumsulfat-Lösung und zentrifugiert nach mindestens 6stündigem Stehenlassen bei $+4°$ hochtourig ab. Das Sediment löst man in 40 cm^3 destilliertem Wasser und zentrifugiert von den ungelösten Anteilen ab. Die blaue Lösung wird bei $+4°$ im Cellophanschlauch 96 Std gegen fließendes Wasser dialysiert. Nach dieser Zeit ist das Oxyhämocyanin amorph ausgefallen und wird abzentrifugiert. Den Bodensatz suspendiert man in 40 cm^3 dest. Wasser, fügt zur Lösung des Hämocyanins 0,5 cm^3 1 m Acetatpuffer vom p_H 5,2 hinzu und dann langsam so viel gesättigte Ammoniumsulfat-Lösung, daß ein Sättigungsgrad von 0,23 erreicht wird. Ein evtl. entstandener Niederschlag wird abzentrifugiert und verworfen, die überstehende Lösung in einem nicht evakuierten Exsiccator über Calciumchlorid langsam eingedunstet. Nach 3 Tagen beginnt die Kristallisation, die nach 6 Tagen beendet ist. Der Sättigungsgrad an Ammoniumsulfat beträgt dann 0,445.

4. Oxyhämocyanin aus Sepia officinalis[4, 5]. Der Vorderteil der Rückenhaut wird abgetragen, der Schulp entfernt und die Leibeshöhlenflüssigkeit mit einer Spritze aus der Hauptarterie entnommen. Eine künstliche Durchströmung der Atmungshöhle mit Wasser während der Präparation ist notwendig. Je Tier wird etwa 1 cm^3 Flüssigkeit erhalten. Nach der unter *2.* angegebenen Vorschrift läßt sich daraus kristallisiertes Oxyhämocyanin gewinnen.

5. Oxyhämocyanin aus Loligo pealei[6]. Oxyhämocyanin läßt sich aus diesem Tintenfisch am besten nach der unter *2.* angegebenen Vorschrift kristallisiert gewinnen. Man macht zur Kristallisation vorteilhaft von der Erscheinung Gebrauch, daß eine leichte Erhöhung der Temperatur die Löslichkeit vom Hämocyanin herabsetzt.

6. Gewinnung der Leibeshöhlenflüssigkeit von Helix pomatia[7]. Frische Weinbergschnecken (Helix pomatia) werden in einem geschlossenen Exsiccator etwa 15 min der Einwirkung von Ätherdämpfen ausgesetzt, wodurch starke Schleimabsonderung eintritt. Die Kalkschale des Gehäuses wird oberhalb des Herzens geöffnet, mit der Schere die Lunge freipräpariert und das im Nierengebiet liegende Herz zwischen beiden Kammern durchtrennt. Man sticht die Leibeshöhle an, tropft Äther auf den Kopf des Tieres und bewirkt dadurch eine Kontraktion, die die Coelomflüssigkeit auspreßt.

7. Kristallisiertes Oxyhämocyanin aus Helix pomatia durch Dialyse[5, 8–10]. Die nach *6.* gewonnene oder durch Herzpunktion[10] erhaltene Leibeshöhlenflüssigkeit wird im Cellophan-

[1] HENZE, M.: H. **33**, 370 (1901).
[2] SVEDBERG, T., and I.-B. ERIKSSON: Am. Soc. **54**, 4730 (1932).
[3] KUBOWITZ, F.: B. Z. **299**, 32 (1938).
[4] WOLVEKAMP, H. P.: Z. vgl. Physiol. **25**, 541 (1938).
[5] DHÉRÉ, C.: J. Physiol. Path. gén. **18**, 503 (1921).
[6] MONTGOMERY, H.: Biol. Bull. **58**, 18 (1930).
[7] PHILIPPI, E.: H. **104**, 88 (1919).
[8] DHÉRÉ, C.: Cr. **146**, 784 (1908).
[9] DHÉRÉ, C.: C. R. Soc. Biol. **64**, 788 (1908).
[10] ROCHE, J., A. ROCHE, G. S. ADAIR and M. E. ADAIR: Biochem. J. **29**, 2576 (1935).

schlauch gegen eiskaltes dest. Wasser dialysiert und dieses 2mal täglich gewechselt. Nach 7tägiger Dialyse ist das Blut noch vollkommen klar. Im Verlauf des 8. Tages beginnt die Kristallisation, die mit einem Ausbleichen der blauen Lösung einhergeht. Nach dem 16. Tag wird die Dialyse abgebrochen. Im Dialysierschlauch hat sich ein dunkelblauer, kristalliner Niederschlag angesammelt, dessen Volumen etwa $^1/_6$ des behandelten Blutes beträgt. — Zur weiteren Reinigung werden die Kristalle von der Mutterlauge getrennt, an der Luft getrocknet und mit dest. Wasser gewaschen. Zum Umkristallisieren löst man die Kristalle in dest. Wasser, dem eine Spur Essigsäure zugesetzt wird, und erhält bei erneuter Dialyse sphärische Konglomerate oder Oktaeder. Kristallisiertes Oxyhämocyanin löst sich schnell und vollständig in Wasser, welches Spuren Elektrolyte enthält (z. B. Essigsäure, Natriumacetat, Natriumchlorid u. a.).

*8. **Kristallisiertes Oxyhämocyanin aus Helix pomatia durch Elektrodialyse***[1]. Die Leibeshöhlenflüssigkeit wird 7 Tage im Cellophanschlauch gegen dest. Wasser dialysiert, wobei dieses 2mal täglich gewechselt wird. Die noch klare Flüssigkeit unterwirft man bei 120 V und 0,1 mA (Platinelektroden) der Elektrodialyse. Am positiven Pol beginnt die Abscheidung des Hämocyanins in Form weißer Flocken, die sich zunächst noch lösen, nach 2—3 Std bei 16° aber abscheiden. Das kristalline Hämocyanin ist sehr elektrolytempfindlich. Bereits vom Glas abgegebene Alkalispuren führen zur Wiederauflösung.

DHÉRÉ und BAUMELER[2] haben durch *Einwirkung von Papain* auf die Coelomflüssigkeit von Helix pomatia einheitliche Kristallnadeln erhalten, die nach spektralen Eigenschaften[2] und elementarer Zusammensetzung[3] Oxyhämocyanin sind.

TISELIUS und HORSFALL[4] geben eine *Dialysenmethode* zur Darstellung elektrophoretisch einheitlichen Oxyhämocyanins aus Helix pomatia und Helix nemoralis an.

Über *weitere Darstellungsmethoden* von Oxyhämocyanin aus Helix pomatia findet man Angaben bei DHÉRÉ[1].

*9. **Kristallisiertes Hämocyanin von Viviparus malleatus mittels Heparin***[5]. Zu je 0,1 cm³ Coelomflüssigkeit oder einer Lösung von gereinigtem Hämocyanin (0,5 mg N/cm³) werden 0,1 cm³ 10%ige Heparinlösung gegeben. Nach 12stündigem Stehenlassen scheidet sich Oxyhämocyanin in hexagonalen Platten ab.

*10. **Oxyhämocyanin aus Busycon canaliculatum***[6,7]. Leibeshöhlenflüssigkeit von Busycon wird mit Ammoniumsulfat halb gesättigt und einen Monat stehengelassen. Das danach niedergeschlagene Hämocyanin wird abzentrifugiert und in 5%iger Ammoniumsulfat-Lösung aufgelöst. Von den nicht in Lösung gegangenen Bestandteilen wird abzentrifugiert und das Zentrifugat mit gesättigter Ammoniumsulfat-Lösung ausgefällt. Diese Umfällung wird 2mal wiederholt. Die so erhaltene Lösung gereinigten Oxyhämocyanins in 5%igem Ammoniumsulfat dialysiert man 5 Wochen lang gegen 0,001 n NaOH. Zuletzt beginnt sich das Oxyhämocyanin amorph niederzuschlagen. Man filtriert, wäscht mit dest. Wasser, bis im Filtrat keine Sulfat-Ionen mehr nachzuweisen sind, und trocknet das amorphe Präparat. Eine Kristallisation dieses Oxyhämocyanins ist bisher nicht gelungen.

Nach COHEN[5] läßt sich das Oxyhämocyanin aus Busycon canaliculatum durch *Heparin* ebenfalls amorph niederschlagen, während sich dasjenige von Limulus polyphemus hierbei nicht abscheidet.

*11. **Oxyhämocyanin aus Limulus polyphemus***[8]. Die frische Leibeshöhlenflüssigkeit einer großen Anzahl von Tieren wird mit Ammoniumsulfat halb gesättigt. Das ausgefallene Hämocyanin wird abzentrifugiert, in 5%iger Ammoniumsulfat-Lösung mit

---

1 DHÉRÉ, C.: J. Physiol. Path. gén. **18**, 503 (1921).
2 DHÉRÉ, C., et C. BAUMELER: C. R. Soc. Biol. **101**, 1071 (1929).
3 PHILIPPI, E., u. F. HERNLER: H. **191**, 28 (1930).
4 TISELIUS, A., u. F. L. HORSFALL jr.: Ark. Kemi, Mineral. Geol. **13** A, Nr. 18 (1939).
5 COHEN, S. S.: J. biol. Ch. **144**, 353 (1942).
6 MONTGOMERY, H.: Biol. Bull. **58**, 18 (1930).
7 DHÉRÉ, C., C. BAUMELER et A. SCHNEIDER: C. R. Soc. Biol. **101**, 759 (1929).
8 REDFIELD, A. C., T. COOLIDGE and M. A. SHOTTS: J. biol. Ch. **76**, 185 (1928).

einem Ammoniakgehalt von 0,001 n aufgelöst, filtriert und erneut durch Zugabe von Ammoniumsulfat gefällt. Diese Umfällung wird noch mehrmals wiederholt. — Zur weiteren Reinigung[1] löst man die Rohfällung in 5 %igem Ammoniumsulfat und dialysiert im Kollodiumschlauch 3 Wochen lang gegen eiskalte n/10000, später n/1000 Natronlauge und schließlich gegen dest. Wasser, bis das Oxyhämocyanin ausgefallen ist (etwa 1 Monat).

Weitere Darstellungsmethoden von Oxyhämocyanin aus Limulus haben ROCHE[2] sowie ALLISON und COLE[3] angegeben.

12. Kristallisiertes Oxyhämocyanin aus Palinurus vulgaris[4]. Unverletzte, frische Langusten (Palinurus vulgaris) werden auf einem flachen Brett mit dem Rücken nach oben festgebunden und durch Einführen einer Nadel der Punkt gekennzeichnet, an dem die Intersegmentalhaut an der inneren Oberfläche des Carapax angeheftet ist. Es wird nun ein 3 mm dickes Loch in der Mittellinie der Rückenregion, etwa 4 mm vor dem markierten Punkt, so sorgfältig gebohrt, daß sich vorzeitige Blutverluste durch Verletzung der darunter liegenden Membran vermeiden lassen. Man nimmt die Coelomflüssigkeit mit einer PASTEUR-Pipette auf. Durch Umdrehen des Tieres erhält man noch einige weitere Kubikzentimeter. — Eine rasche Koagulation der Leibeshöhlenflüssigkeit wird durch Zugabe von 5 cm^3 10 %iger Kaliumoxalat-Lösung je 100 cm^3 verhindert. Nach 15 min wird durch Glaswolle filtriert und dann das halbe Volumen an Acetatpuffer (p_H 4,6) hinzugefügt. Der innerhalb 30 min bei Kühlschranktemperatur ausgefallene weiße Niederschlag wird bei 3000 U/min abzentrifugiert und die klare Lösung im Cellophanschlauch 3 Tage lang gegen eiskaltes dest. Wasser dialysiert. Die gebildeten tiefblauen Kristalle von Oxyhämocyanin werden abdekantiert und gewaschen, bis das Waschwasser salzfrei ist. Mit etwa 1 n Ammoniak lassen sich bis zu 20 %ige Oxyhämocyanin-Lösungen aus den Kristallen erhalten. Bei Zugabe von Acetatpuffer (p_H 4,6) kristallisiert das Oxyhämocyanin wieder aus.

Die Darstellung von Oxyhämocyanin aus Palinurus durch *Elektrodialyse* beschreibt DHÉRÉ[5].

ROCHE und Mitarbeiter[2] haben Oxyhämocyanin von *Carcinus maenas* durch Dialyse, ALLISON und COLE[3] aus *Homarus americanus* und *Cancer borealis* durch Elektrodialyse gewonnen.

Physikalische Eigenschaften. Die Hämocyanine weisen sehr hohe *Molekulargewichte* auf, die nur noch von Virusmolekülen übertroffen werden. Nach den Bestimmungen des Molekulargewichtes aus der Sedimentationskonstante, die im besonderen von SVEDBERG und HEDENIUS[6] durchgeführt worden sind, unterscheiden sich die Molekulargewichte der Hämocyanine verschiedener Tierordnungen, sind aber in ein und derselben Unterordnung die gleichen (Tabelle 11).

Oxyhämocyanine von *Gastropoden* zeigen in der Ultrazentrifuge Sedimentationskonstanten $S_{20} \cdot 10^{13} = 98{,}9$—$102{,}0$[7-9] entsprechend Molekulargewichten von etwa 7—9 Millionen, während bei den *Tintenfischen* die Oxyhämocyanine der Decapoda Molekulargrößen von 2,7—3,3 Millionen[7,9,10], diejenigen der Octopoda solche von 2,8 Millionen[9,10] aufweisen. Bei den *Krebsen* der Ordnung Malacostraca hat das Oxyhämocyanin der Caridea, Palinura und Anomura ein Molekulargewicht von etwa 400000, während bei Brachyuren und Astacuren Molekulargewichte von etwa 800000 festgestellt wurden[11]. Die Molekulargewichte scheinen einfache Multipla des Wertes von etwa 400000 zu sein[10]. — Die leichte

[1] SVEDBERG, T., and F. F. HEYROTH: Am. Soc. 51, 539 (1929).
[2] ROCHE, J., A. ROCHE, G. S. ADAIR and M. E. ADAIR: Biochem. J. 29, 2576 (1935).
[3] ALLISON, J. B., and W. H. COLE: J. biol. Ch. 135, 259 (1940).
[4] RAWLINSON, W. A.: Austral. J. exp. Biol. med. Sci. 18, 131 (1940).
[5] DHÉRÉ, C.: J. Physiol. Path. gén. 18, 503 (1921).
[6] SVEDBERG, T., and A. HEDENIUS: Nature 131, 325 (1933).
[7] SVEDBERG, T.: J. biol. Ch. 103, 311 (1933).
[8] BROHULT, S.: J. physic. Colloid Chem. 51, 206 (1947).
[9] ERIKSSON-QUENSEL, I.-B., and T. SVEDBERG: Biol. Bull. 71, 498 (1936).
[10] SVEDBERG, T.: Kolloid-Z. 85, 119 (1938).
[11] JOUBERT, F. J.: Biochim. biophysica Acta, N. Y. 14, 127 (1954).

Tabelle 11. *Sedimentationskonstanten, Molekulargewichte und isoelektrische Punkte von Oxyhämocyaninen.*

Tierart	Sedimentationskonstante $S_{20} \cdot 10^{13}$	Mol.-Gewicht	Isoelektrischer Punkt
Crustacea			
Palaemon fabrici . .	16,0[1]	397000[1]	
Pandalus borealis . .	17,4[2]	397000[2]	
Palinurus vulgaris . .	16,4[1,2]	446000[1,2]	
Jasus lalandii	17,1[1]	496000[1]	4,65[1]
Eupagurus bernhardus	16,9[3]	360000[3]	
Pagurus striatus . .	16,9[3]	360000[3]	
Nephrops norvegicus .	24,5[1,2]	812000[2]	4,64[4]
Homarus vulgaris . .	22,6[2]	752000[4]	4,95[8,9]
Astacus fluviatilis . .	23,3[2]		4,93[8]
Hyas araneus	23,4[3]	640000[3]	
Maja squinado . . .	23,4[3]	640000[3]	
Cancer pagurus . . .	23,6[2]		4,65[8,9]
Carcinus maenas . .	23,3[2]	550000[7]	
Squilla mantis . . .	23,4[3]	640000[3]	
Calocaris macandreae	34,0[4]	1329000[2]	
Arachnomorpha			
Limulus polyphemus .	59,9[5]; 56,6[2]	2040000[14]	6,4[10]
Euscorpius spec. . .	34,1[3]		
Amphineura			
Tonicella marmorea .	60,8[3]	2750000[3]	
Gastropoda			
Paludina vivipara . .	102,5[6]	8700000[6]	4,71[9]
Paludina contecta . .	99,8[3]	5100000[3]	4,63[9]
Littorina littorea . .	99,7[2]		4,34[9]
Buccinum undatum .	102,1[2]		4,61[9]
Neptunea antiqua . .	104,0[2]		
Limnaea stagnalis . .	99,8[3]	5100000[3]	
Achatina fulva . . .	99,8[3]		5,03[9]
Helix pomatia . . .	98,9[2]; 103,0[6]	6680000[2]	5,05[8,10]
		8910000[6]	5,30[11]
Helix arbustorum . .	91,2[2]		5,50[9]
Helix nemoralis . . .	101,0[2]		4,63[8]
Helix hortensis . . .	100,0[2]		4,57[8]
Limax maximus . .	99,8; 97,3[2]		
Agriolimax agrestis .	99,8[3]	5100000[3]	
Arion empiricorum .	99,8[3]	5100000[3]	
Busycon canaliculatum	101,7[2]; 102,0[5]	6814000[2]	4,49[4]
Viviparus malleatus .	95,0[5]		
Cephalopoda			
Decapoda:			
Loligo vulgaris . . .	56,7[2]	2750000[3]	
Sepiola oweniana . .	57,1[3]	2750000[3]	
Rossia owenii	56,2[2]	3316000[4]	
Sepia officinalis . . .	55,9[2]	2750000[3]	
Octopoda:			
Octopus vulgaris . .	49,3[2]	2785000[2,4]	4,7[12]; 4,8[13]
Eledone cirrosa . . .	51,1[3]		4,6[8]
Eledone moschata . .	49,1[2]	2791000[2,4]	

Spaltbarkeit der Hämocyaninmoleküle durch p_H-Änderungen und Salze[2, 15] erschwert genaue Angaben. Das Vorliegen von Polymerhomologen nebeneinander erklärt auch die bei osmotischen Messungen zu niedrig gefundenen Molekulargewichte[7]. ERIKSSON-QUENSEL und SVEDBERG[2] haben mit der Ultrazentrifuge nachgewiesen, daß die Hämocyanine von Gastropoden, p_H-abhängig, in 4 verschiedenen *Molekulargrößen* vorkommen. Die Hauptkomponente mit $S_{20} = 99{,}8 \cdot 10^{-13}$, entsprechend einem Molekulargewicht von 6680000, erscheint im p_H-Gebiet von 3,6—8,2. Wie aus Abb. 16 ersichtlich ist, wird diese Hauptkomponente bei p_H 3,6—4,2 und p_H 7,4—8,2 von einem Hämocyanin begleitet, das die Sedimentationskonstante $62{,}0 \cdot 10^{-13}$ besitzt. Ab p_H 8,2 wird das

[1] JOUBERT, F. J.: Biochim. biophysica Acta, N. Y. **14**, 127 (1954).
[2] ERIKSSON-QUENSEL, I.-B., and T. SVEDBERG: Biol. Bull. **71**, 498 (1936).
[3] SVEDBERG, T.: J. biol. Ch. **103**, 311 (1933). — Vgl. SVEDBERG, T., and A. HEDENIUS: Nature **131**, 325 (1933).
[4] SVEDBERG, T.: Kolloid-Z. **85**, 119 (1938).
[5] STANLEY, W. M., and T. F. ANDERSON: J. biol. Ch. **146**, 25 (1942).
[6] BROHULT, S.: J. physic. Colloid Chem. **51**, 206 (1947).
[7] ROCHE, J., A. ROCHE, G. S. ADAIR and M. E. ADAIR: Biochem. J. **29**, 2576 (1935).
[8] PEDERSEN, K. O.: Kolloid-Z. **63**, 268 (1933).
[9] SVEDBERG, T.: unveröffentlicht [REDFIELD, A. C.: Biol. Rev. **9**, 175 (1934)].
[10] SVEDBERG, T.: Trans. Faraday Soc. **26**, 740 (1930).
[11] STEDMAN, E., and E. STEDMAN: Biochem. J. **21**, 533 (1927).
[12] QUAGLIARIELLO, G.: R. C. Atti R. Accad. med. chir., Napoli **74**, 9 (1920).
[13] ROCHE, J.: Arch. Physique biol. **7**, 207 (1930).
[14] SVEDBERG, T., and F. F. HEYROTH: Am. Soc. **51**, 539 (1929).
[15] LINNMAN, N.: Acta zool., Stockholm **25**, 58 (1944).

letztere weiter gespalten, wobei bis zum p_H 8,9 eine Sedimentationskonstante von $16{,}0 \cdot 10^{-13}$ — entsprechend dem Molekulargewicht 800000 (Brachyuren-Hämocyanin) — beobachtet wird. Merkliche weitere *Dissoziation* setzt ab p_H 9,3 ein. Es erscheint eine Komponente mit $S_{20} = 12{,}1 \cdot 10^{-13}$, der ein Molekulargewicht von 503000 zukommt[1]. Die Molekel des Helix-Hämocyanins zerfällt beim Übergang zu höheren p_H-Werten schrittweise in Hälften, Achtel und Sechzehntel der ursprünglichen Molekulargröße. BROHULT[2] hat z. B. für einzelne Komponenten von Hämocyanin aus Helix pomatia Molekulargewichte von 8,91, 4,31 und 1,03 Millionen, aus Paludina vivipara solche von 8,7 und 1,13 Millionen gefunden. Die Hämocyanin-Spaltstücke rekombinieren bei Erhöhung der Wasserstoffionenkonzentration[1, 3]. Gegenwart von 2wertigen Ionen (z. B. $Ca^{2\oplus}$, $Mg^{2\oplus}$) führt zur Stabilisierung der Hauptkomponente, während Harnstoff die Spaltung beschleunigt[4]. Da nach BROHULT[2] halbe und achtel Moleküle gleiche Länge haben wie die Ursprungsmolekel, findet die Dissoziation zunächst parallel der Längsachse statt. SCHRAMM und BERGER[5] nehmen nach elektronenmikroskopischen Befunden am Hämocyanin von Helix pomatia an, daß, nach Längsspaltung in

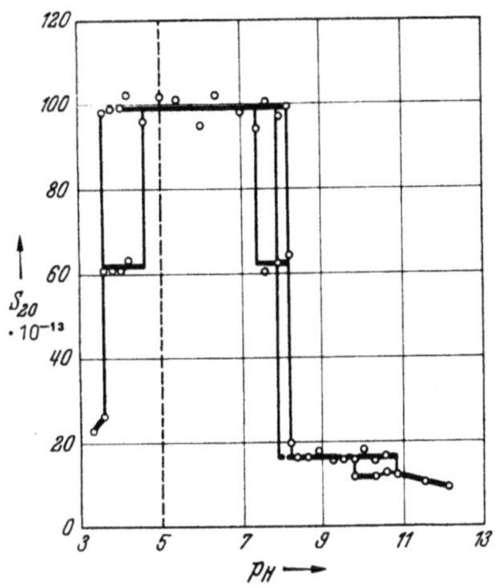

Abb. 16. p_H-Abhängigkeit der Sedimentationskonstante S_{20} (Einheit 10^{-13}) von Oxyhämocyanin aus Helix pomatia[1].

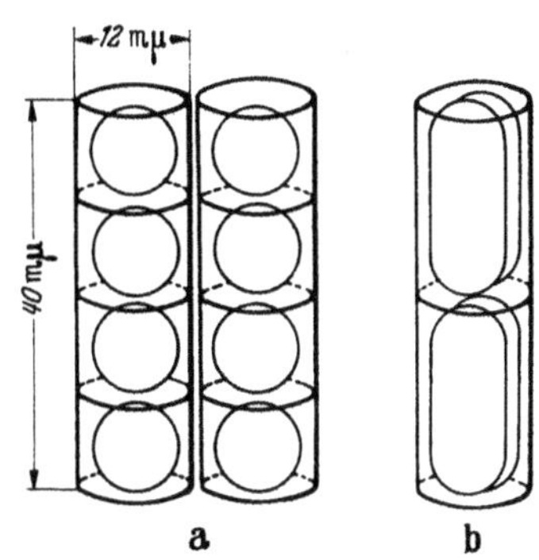

Abb. 17a u. b. Aufbau der Hämocyanine nach elektronenmikroskopischen Befunden[5]. Helix-Hämocyanin in Wasser, fixiert mit Osmiumtetroxyd, bedampft mit Palladium: a Gesamtmolekül, b Halbmolekül.

2 Bruchteile, die weitere Spaltung quer zur Längsachse erfolgt. Die Halbmoleküle zeigen nämlich zur Achse Einschnürungen, die auf einen Aufbau aus kugelförmigen Untereinheiten hinweisen (Abb. 17).

POLSON und WYCKOFF[6] haben beim Hämocyanin von Busycon ebenfalls eine *Innenstruktur* beobachtet. Über Spaltungen des Helix-Hämocyanins durch UV-Licht[7] und durch α-Strahlen[8] berichten SVEDBERG und BROHULT.

Die in Tabelle 11 zusammengestellten *isoelektrischen Punkte* variieren selbst bei sehr nahe verwandten Arten (Paludina, Helix). Zur *elektrophoretischen* Beweglichkeit s. TISELIUS[9] und PUTZEYS[10].

Oxyhämocyanine lösen sich schnell und vollständig in Wasser, welches Spuren Elektrolyte (z. B. Essigsäure, Soda, Natriumacetat, Natriumchlorid u. a.) enthält[11], fallen aber im p_H-Bereich des isoelektrischen Punktes aus. — Ähnlich wie Globuline sind die

[1] SVEDBERG, T.: Kolloid-Z. **85**, 119 (1938).
[2] BROHULT, S.: J. physic. Colloid Chem. **51**, 206 (1947).
[3] SVEDBERG, T., and F. F. HEYROTH: Am. Soc. **51**, 550 (1929).
[4] DERVICHIAN, D. G., G. FOURNET et A. GUINIER: Biochim. biophysica Acta, N. Y. **8**, 145 (1952).
[5] SCHRAMM, G., u. G. BERGER: Z. Naturforsch. **7** b, 284 (1952).
[6] POLSON, A., and R. W. G. WYCKOFF: Nature **160**, 153 (1947).
[7] SVEDBERG, T., and S. BROHULT: Nature **142**, 830 (1938).
[8] SVEDBERG, T., and S. BROHULT: Nature **143**, 938 (1939).
[9] TISELIUS, A., and F. L. HORSFALL jr.: Ark. Kem., Mineral. Geol. **13** A, Nr. 18 (1939).
[10] PUTZEYS, P., and P. VAN DE WALLE: Trans. Faraday Soc. **36**, 32 (1940).
[11] DHÉRÉ, C.: C. R. Soc. Biol. **64**, 788 (1908).

Oxyhämocyanine aber bei Gegenwart großer Mengen von Neutralsalzen schwer löslich[1,2]. Über die Löslichkeit der Hämocyanine von Limulus, Octopus und Helix in dest. Wasser bei Gegenwart von HCl oder NaOH s.[3,4]. — Exakte Bestimmungen der *Löslichkeiten* verschiedener Oxyhämocyanine wurden von ROCHE und Mitarbeitern[1,3–5] durchgeführt. Danach wird die Löslichkeit bei Gegenwart von Ammoniumsulfat sehr von der Einheitlichkeit des jeweiligen Oxyhämocyanins bestimmt. Die Konstanten K_s' und β' der Gleichung ($\log S = \beta' - \Gamma/2\ K_s'$)[6] wurden gemessen: Oxyhämocyanine aus Mollusken (Eledone moschata, Octopus vulgaris, Sepia officinalis) unterscheiden sich mit $K_s' = 1{,}84$—$2{,}02$ deutlich in ihrer Löslichkeit vom Crustaceen-Hämocyanin (Cancer pagarus) mit $K_s' = 1{,}00$—$1{,}02$. Durch Behandeln des uneinheitlichen Oxyhämocyanins von Cancer pagarus mit 0,1 n $Na_2S_2O_3$ erhält man monodisperse, homogene Lösungen[1]. Es ist anzunehmen, daß unter der Einwirkung von Thiosulfat die Proteinanteile höheren Molekulargewichtes gespalten werden. Durch die Dissoziation des Hämocyaninmoleküls bewirkte Änderungen der Löslichkeit studierten DERRIEN und Mitarbeiter[7].

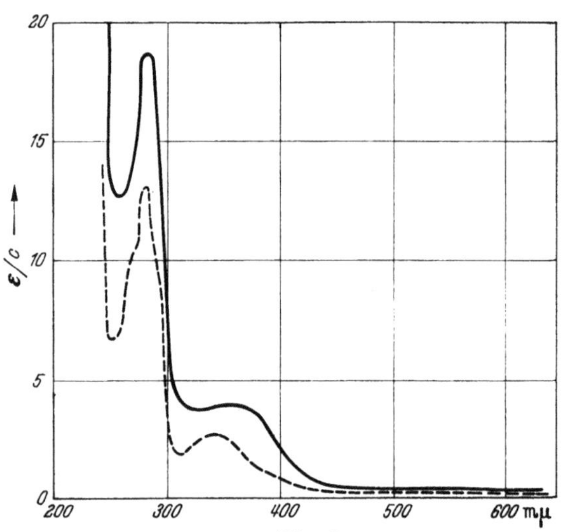

Abb. 18.

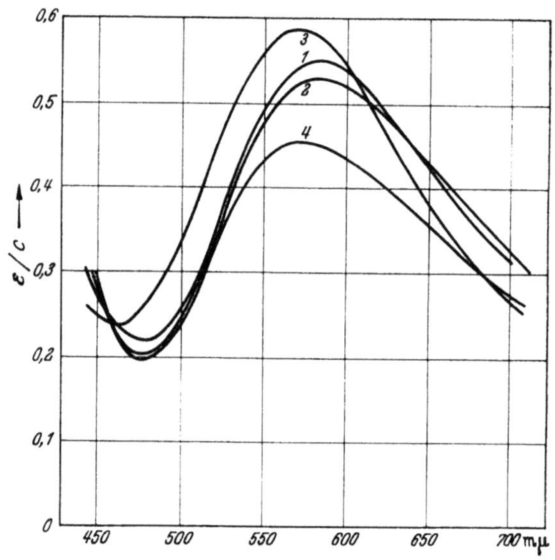

Abb. 19.

Abb. 18. Lichtabsorptionsspektren von Hämocyanin[8] aus ——— Helix pomatia (p_H 4,7) und — — — Limulus polyphemus (p_H 6,7).

Abb. 19. Lichtabsorptionsspektren von Oxyhämocyanin[9] aus (1) Loligo pealei, (2) Limulus polyphemus, (3) Homarus americanus, (4) Busycon canaliculatum. ε/c = Extinktionskoeffizient je mg-Atom Cu/l.

Die sauerstofffreien Hämocyanine zeigen im sichtbaren Spektralbereich keine ausgeprägte *Lichtabsorption*[8,9], während im UV-Bereich Maxima bei etwa 280 mμ und 350 mμ auftreten (Abb. 18)[8,10]. Während die Lichtabsorption bei 280 mμ vom *Protein* herrührt, dürfte das breite, bei 350 mμ gelegene Maximum auf die *kupferbindende Gruppierung* im Hämocyanin zurückzuführen sein. Im Verlaufe der Sauerstoffanlagerung tritt ein zusätzliches Maximum bei 550—600 mμ auf (Abb. 19), welches die blaue Farbe des Oxyhämocyanins bedingt. Die *UV-Absorptionsmaxima* der verschiedenen Oxyhämocyanine stimmen

---

[1] ROCHE, J., Y. DERRIEN et M.-S. CHOUAÏECH: C. R. Soc. Biol. **140**, 629 (1946).
[2] QUAGLIARIELLO, G.: Handb. vgl. Physiol. (WINTERSTEIN) Bd. I/1, S. 602.
[3] ROCHE, J.: Arch. Physique biol. **7**, 207 (1930).
[4] ROCHE, J.: Bull. Soc. Chim. biol. **14**, 1032 (1932).
[5] ROCHE, J., et Y. DERRIEN: Bull. Soc. Chim. biol. **22**, 7 (1940).
[6] COHN, E. J., and J.D. FERRY; in: COHN, E. J., and J. T. EDSALL (Hrsg.): Proteins, Amino Acids and Peptides. S. 603. New York 1943.
[7] DERRIEN, Y., J. ROCHE et G. LAURENT-TABUSSE: Cr. **231**, 926 (1950).
[8] SVEDBERG, T., and F. F. HEYROTH: Am. Soc. **51**, 539 (1929).
[9] REDFIELD, A. C.: Biol. Bull. **58**, 150 (1930).
[10] RAWLINSON, W. A.: Austral. J. exp. Biol. med. Sci. **18**, 131 (1940).

Tabelle 12. *Kupfer-, Schwefel-, Stickstoff- und Aminosäuren-Gehalte verschiedener Oxyhämocyanine* (Werte in %).

Tier	Cu	N	S	Alanin	Valin	Leucin	Phenyl-alanin	Threo-nin	Cystin	Lysin	Arginin	Trypto-phan	Histidin	Tyrosin
Mollusca														
Helix pomatia	0,24[1]	15,15[1]	0,76[1]	3,82[2]	7,64[2]	9,17[2]	9,12[3]	3,63[4]	2,05[5]	7,46[5]	5,26[5]	5,90[5]	5,81[5]	4,59[5]
Helix aspersa	—	—	—	—	—	—	—	—	1,91[5]	6,91[5]	5,18[5]	5,81[5]	6,15[5]	4,42[5]
Busycon canaliculatum	0,245[1]	15,9[1]	1,23[1]	—	—	—	—	—	—	—	—	—	—	—
Octopus vulgaris	0,25[1]	15,9[1]	1,04[1]	7,54[2]	6,37[2]	10,93[2]	9,00[3]	—	1,95[5]	8,63[2]	5,19[2]	4,86[2]	5,98[5]	4,59[5]
Eledone moschata	—	—	—	5,88[2]	3,6[2]	11,6[2]	—	—	2,08[5]	8,47[1]	5,44[5]	5,68[5]	6,11[5]	3,89[5]
Sepia officinalis	—	—	—	3,58[2]	6,25[2]	7,04[2]	9,04[3]	3,26[4]	2,02[5]	7,90[5]	5,62[5]	5,55[5]	5,92[5]	4,82[5]
Loligo pealei	0,26[1]	15,75[1]	1,19[1]	—	—	—	—	—	—	—	—	—	—	—
Articulata														
Limulus polyphemus	0,173[1]	16,9[1]	1,10[1]	4,8[2]	6,7[2]	7,7[2]	6,84[3]	3,21[4]	2,26[5]	8,10[5] 8,92[6]	6,85[5] 6,37[6]	4,52[5]	9,08[5] 4,52[6]	4,50[5]
Homarus americanus	0,187[1]	16,78[1]	0,90[1]	—	—	—	—	—	—	—	—	—	—	—
Carcinus maenas	—	16,83[7]	—	7,6[2]	4,2[2]	15,0[2]	10,70[3]	3,17[4]	1,99[5]	7,97	6,65[5]	5,21[5]	8,89[5]	4,82[5]
Dromia vulgaris	—	—	—	—	—	—	—	—	1,52[5]	9,61	5,72[5]	5,15[5]	7,12[5]	4,13[5]
Maja squinado	—	—	—	—	—	—	—	—	1,88[5]	—	5,87[5]	4,44[5]	—	4,27[5]

in ihrer Lage überein[8]. Jedoch unterscheiden sich die Oxyhämocyanine in ihrer langwelligen Bande innerhalb verschiedener Tierklassen[9-11], bei den Gastropoden sogar innerhalb verschiedener Familien[12, 13]. Lösungen von Oxyhämocyanin gehorchen dem LAMBERT-BEERschen Gesetz[11]. Die von SVEDBERG und HEYROTH[8] entdeckte, parallel der Spaltung von Oxyhämocyanin (s. S. 752) einhergehende Rotverschiebung des langwelligen Lichtabsorptionsmaximums bei Erhöhung des p_H-Wertes wird nach REDFIELD[11] lediglich vom Proteinanteil hervorgerufen.

Chemische Eigenschaften und Konstitution. Die elementare Zusammensetzung der Oxyhämocyanine gleicht der eines normalen Proteins. Oxyhämocyanine der Mollusken weisen *Kupfer*-Gehalte von 0,24 % und *Stickstoffwerte* von 15,2—16,1 % auf, während aus Gliedertieren (Articulata) gewonnene Oxyhämocyanine geringere Kupfergehalte (0,15 bis 0,18 %), aber höhere N-Gehalte zeigen (Tabelle 12). Außer Kupfer sind keine anderen Metalle in Oxyhämocyaninen nachweisbar[14]. Der höhere Stickstoffgehalt der Articulata-Hämocyanine dürfte auf einen höheren Gehalt an basischen Aminosäuren und Histidin zurückzuführen sein[5]. Wie aus der Zusammenstellung in Tabelle 12 ersichtlich wird, unterscheiden sich die Oxyhämocyanine in ihrem *Aminosäuren*-Gehalt innerhalb verschiedener Tierklassen, z. T. sogar innerhalb verschiedener Tierfamilien.

---

[1] HERNLER, F., u. E. PHILIPPI: H. **191**, 23 (1930); **216**, 110 (1933).
[2] ROCHE, J., et M. MOURGUE: Bull. Soc. Chim. biol. **23**, 1329 (1941).
[3] ROCHE, J., R. MICHEL et M. MOUTTE: C. R. Soc. Biol. **137**, 532 (1943).
[4] ROCHE, J., et R. MICHEL: C. R. Soc. Biol. **141**, 303 (1947).
[5] ROCHE, J., et G. JEAN: Bull. Soc. Chim. biol. **16**, 769 (1934).
[6] MAZUR, A.: J. biol. Ch. **118**, 631 (1937).
[7] ROCHE, J., A. ROCHE, G. S. ADAIR and M. E. ADAIR: Biochem. J. **29**, 2576 (1935).
[8] SVEDBERG, T., and F. F. HEYROTH: Am. Soc. **51**, 539 (1929).
[9] REDFIELD, A. C.: Biol. Bull. **58**, 150 (1930).
[10] RAWLINSON, W. A.: Austral. J. exp. Biol. med. Sci. **18**, 131 (1940).
[11] REDFIELD, A. C.: Biol. Bull. **58**, 238 (1930).
[12] SVEDBERG, T., and A. HEDENIUS: Nature **131**, 325 (1933).
[13] SVEDBERG, T.: J. biol. Ch. **103**, 311 (1933).
[14] GATTERER, A., u. E. PHILIPPI: H. **216**, 120 (1933).

Über die *Wertigkeit des Kupfers* in den Hämocyaninen gibt es keine einheitliche Auffassung. CONANT, CHOW und SCHOENBACH[1] oxydierten Oxyhämocyanin mit Kaliumpermanganat und schlossen aus ihren Titrationskurven, daß das Kupfer einwertig sei. RAWLINSON[2] konnte einen Wertigkeitswechsel von Kupfer bei dieser Oxydation mittels magnetochemischer Untersuchungen nicht bestätigen. Die Annahme des Vorliegens von einwertigem Kupfer im Oxyhämocyanin beruht vor allem auf Untersuchungen von KUBOWITZ[3]. Danach läßt sich Kupfer aus Octopus-Hämocyanin durch Zugabe von HCN und Dialyse bei p_H 7,4 abspalten, wobei gleichzeitig die charakteristischen Lichtabsorptionsbanden verschwinden. Die ursprüngliche Annahme[4], daß sich Cyanohämocyanin bilde, welches bei alkalischer Dialyse partiell wieder Hämocyanin regeneriere[5], ist nach KUBOWITZ[3] nicht zutreffend. Eine Resynthese physiologisch wirksamen Hämocyanins gelingt aus dem Cu-freien Protein und Kupfer(I)-chlorid in Gegenwart von Ammoniak unter Sauerstoffausschluß. Die Existenz einer definierten Verbindung aus Kohlenoxyd und Hämocyanin[3] ist nicht sichergestellt[2, 6–10]. Das Kupfer läßt sich irreversibel auch durch verdünnte Säuren aus Hämocyanin abspalten[11]. Da alle Versuche, eine definierte prosthetische, kupferbindende Gruppe aus Hämocyanin zu isolieren, fehlgeschlagen sind[12, 13], muß angenommen werden, daß Kupfer direkt an das Protein gebunden ist[14]. Mehrere kupferhaltige Abbauprodukte[15–22] wurden erhalten, ohne daß daraus Schlüsse auf die im Protein vorhandenen, kupferbindenden Gruppierungen gezogen werden konnten. KLOTZ und KLOTZ[23] schlossen aus Austauschversuchen mit Komplexbildnern und spektralen Vergleichen mit Kupferalbumin-Verbindungen, daß im Hämocyanin 1wertiges Kupfer an 2 $S^{\ominus}$-Gruppen des Proteins gebunden sei. Bei der Sauerstoffanlagerung werde 1 O_2 unter Oxydation eines der beiden $Cu^{1\oplus}$ zu $Cu^{2\oplus}$ und Ausbildung von $O_2^{\ominus}$-Ionen gebunden. Jedoch sind diese Befunde nicht unwidersprochen geblieben[24]. Nach Versuchen mit radioaktivem [^{64}Cu] wird Kupfer im Oxyhämocyanin nicht ausgetauscht; es ist somit sehr fest gebunden[25].

Physiologische Bedeutung. Die Hämocyanine dienen den Wirbellosen als *Sauerstoffübertragende Verbindungen*. Cephalopoden können bis zu 5 cm^3 Sauerstoff in 100 cm^3 Leibeshöhlenflüssigkeit binden[26]. 2 Atome Kupfer nehmen 1 Molekül Sauerstoff auf[27–32].

[1] CONANT, J. B., B. F. CHOW and E. B. SCHOENBACH: J. biol. Ch. **101**, 463 (1933).
[2] RAWLINSON, W. A.: Austral. J. exp. Biol. med. Sci. **19**, 137 (1941).
[3] KUBOWITZ, F.: B. Z. **299**, 32 (1938).
[4] KOBERT, R.: Pflügers Arch. **98**, 411 (1903).
[5] PEARSON, O. H.: J. biol. Ch. **115**, 171 (1936).
[6] CRAIFALEANU, A.: Boll. Soc. Natur. Napoli **32**, 141 (1919).
[7] ROOT, R. W.: J. biol. Ch. **104**, 239 (1934).
[8] ROCHE, J.: Ann. Rev. **5**, 463 (1936).
[9] DHÉRÉ, C., et A. SCHNEIDER: J. Physiol. Path. gén. **20**, 34 (1922).
[10] ROCHE, J., et P. DUBOULOZ: Bull. Soc. Chim. biol. **15**, 954 (1933).
[11] ALSBERG, C. L., and E. D. CLARK: J. biol. Ch. **8**, 1 (1910/11).
[12] PHILIPPI, E.: H. **104**, 88 (1919).
[13] DHÉRÉ, C., et C. BAUMELER: C. R. Soc. Biol. **99**, 726 (1928); **101**, 1071 (1929).
[14] HENZE, M.: H. **33**, 370 (1901).
[15] SCHMITZ, A.: Naturwiss. **18**, 798 (1930). H. **194**, 232; **196**, 71 (1931).
[16] CONANT, J. B., and W. G. HUMPHREY: Proc. nat. Acad. Sci. USA **16**, 543 (1930).
[17] CONANT, J. B., F. DERSCH and W. E. MYDANS: J. biol. Ch. **107**, 755 (1934).
[18] LAPORTA, M.: Boll. Soc. ital. Biol. sperim. **7**, 630 (1932).
[19] ROCHE, J., et P. DUBOULOZ: Cr. **196**, 646 (1933).
[20] FLORKIN, M., et C. TOUSSAINT: C. R. Soc. Biol. **132**, 45 (1939).
[21] ROCHE, J., et P. DUBOULOZ: C. R. Soc. Biol. **122**, 234 (1936).
[22] RAWLINSON, W. A.: Austral. J. exp. Biol. med. Sci. **18**, 131 (1940).
[23] KLOTZ, I. M., and T. A. KLOTZ: Science, N. Y. **121**, 477 (1955).
[24] WILLIAMS, R. J. P.: Science, N. Y. **122**, 558 (1955).
[25] JOSELOW, M. J., and C. R. DAWSON: Science, N. Y. **121**, 300 (1955).
[26] REDFIELD, A. C.: Copper Metabolism; in: MCELROY, W. D., and B. GLASS (Hrsg.): A Symposium on Animal, Plant and Soil Relationships. S. 174. Baltimore 1950.
[27] REDFIELD, A. C., T. COOLIDGE and H. MONTGOMERY: J. biol. Ch. **76**, 197 (1928).
[28] GUILLEMET, R., et G. GOSSELIN: C. R. Soc. Biol. **111**, 733 (1932).

Die *Sauerstoffdissoziationskurven*[1] von gereinigtem Hämocyanin aus Limulus und aus Busycon erfüllen die HILLsche Gleichung[2] mit $n = 1$ (Abb. 20):

$$y = \frac{K \cdot x^n}{1 + K \cdot x^n}$$

y = Anteil des respiratorischen Proteins in oxygeniertem Zustand beim Sauerstoffdruck x; K = Gleichgewichtskonstante; n = Anzahl der sauerstoffbindenden Gruppierungen, die zur Ausbildung stabiler O_2-Anlagerungsprodukte zusammengelagert sind.

In diesem Falle sind die einzelnen sauerstoffbindenden Gruppen unabhängig voneinander.

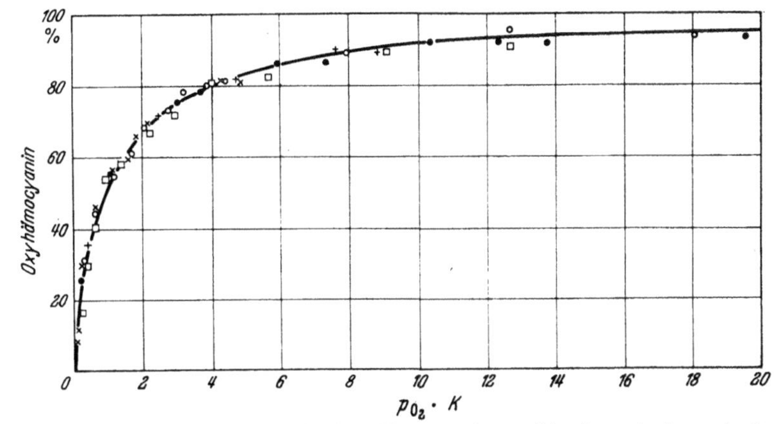

Abb. 20. Sauerstoff-Dissoziationskurve von gereinigtem Hämocyanin aus Limulus polyphemus[1]. Ordinate: % Hämocyanin in oxygeniertem Zustand. Abszisse: Produkt aus Sauerstoffdruck und Gleichgewichtskonstante K. • p_H 4,52, $K = 0,500$; ○ p_H 7,43, $K = 0,476$; □ p_H 8,51, $K = 0,322$; + p_H 9,71, $K = 0,286$; × p_H 10,42, $K = 0,178$.

Im Serum selbst ist das Sauerstoffgleichgewicht variabel[3]. Es treten Werte von $n = 2$ und $n = 4$ auf (Abb. 21). Die je 2 Kupfer enthaltenden sauerstoffbindenden Gruppen sind hier paarig oder zu vieren zusammengelagert. In vielen Fällen (Abb. 21C, D, E) gehorchen die Dissoziationskurven *nicht* der HILLschen Gleichung. Man muß hier annehmen, daß n nicht konstant ist und die sauerstoffbindenden, kupferhaltigen Gruppen in 1, 2 und 4 Untereinheiten nebeneinander vorliegen[3].

Über den BOHR-*Effekt* bei Oxyhämocyanin aus Cephalopoden vgl. WOLVEKAMP[4]. GHIRETTI[5] hat festgestellt, daß Hämocyanin *katalatische Wirkung* hat.

Nachweis und Bestimmung. Charakteristisch sind Anwesenheit und Menge an Kupfer, das nach Veraschung als Komplex oder aber polarographisch ermittelt wird. — Unter Berücksichtigung der Lichtbrechung, evtl. Begleitfarbstoffen in den Blutseren[6] (z. B. Astaxanthin in Homarus americanus) sowie p_H-abhängiger Verschiebung der Lichtabsorption[7, 8], lassen sich Oxyhämocyanine durch Extinktionsmessungen photometrisch bestimmen.

[1] REDFIELD, A. C.: Biol. Bull. **58**, 238 (1930).
[2] HILL, A. V.: J. Physiol., London **40**, IV (1910).
[3] REDFIELD, A. C., and E. N. INGALLS: J. cellul. comp. Physiol. **3**, 169 (1933).
[4] WOLVEKAMP, H. P.: Z. vgl. Physiol. **25**, 541 (1938).
[5] GHIRETTI, F.: Arch. Biochem. **63**, 165 (1956).
[6] REDFIELD, A. C.: Biol. Bull. **58**, 150 (1930).
[7] SVEDBERG, T., and F. F. HEYROTH: Am. Soc. **51**, 539 (1929).
[8] SVEDBERG, T.: J. biol. Ch. **103**, 311 (1933).

Literatur zu Seite 756. (Fortsetzung.)

29 REDFIELD, A. C., and E. N. INGALLS: J. cellul. comp. Physiol. **3**, 169 (1933).
30 DHÉRÉ, C.: C. R. Soc. Biol. **52**, 458 (1900).
31 DHÉRÉ, C.: J. Physiol. Path. gén. **16**, 983 (1915).
32 BEGEMANN, H.: [JORDAN, H.: Z. vgl. Physiol. **2**, 381 (1925)].

Colorimetrische Kupferbestimmung mit Diäthyl-dithiocarbamat[1-3].

Reagentien:

1. Schwefelsäure, konz. und Salpetersäure, konz.
2. Ammoniumacetat-Lösung, 40%ig, mit verd. Ammoniak auf p_H 8,5 eingestellt.
3. Natrium-diäthyldithiocarbamat-Lösung, 0,1%ig in Wasser.
4. Isoamylalkohol.

Ausführung:

0,5—2,0 cm³ 5—20%ige Hämocyanin-Lösung werden auf dem Wasserbad zur Trockne gedampft und mit 1 cm³ konz. Schwefelsäure sowie 0,5 cm³ konz. Salpetersäure abgeraucht. Zu dem Rückstand gibt man nochmals 0,5 cm³ Wasser, dampft zur Trockne und wiederholt diese Operation so lange, bis keine Schwefelsäuredämpfe mehr auftreten. Darauf wird in 10 cm³ Wasser aufgenommen. — In einen 60 cm³-Scheidetrichter gibt man einen aliquoten Teil dieser kupferhaltigen Lösung (Cu< 0,05 mg), fügt 2 cm³ 40%ige Ammoniumcitrat-Lösung hinzu, die mit Ammoniak auf p_H 8,5 eingestellt ist, und schüttelt nach Zufügen von 10 cm³ 0,1%igem Diäthyl-dithiocarbamat den entstandenen gelben Kupferkomplex mit 10 cm³ Isoamylalkohol aus. Die Isoamylalkohol-Schicht wird abgetrennt, auf 10 cm³ aufgefüllt und colorimetrisch gegen Vergleichslösungen gemessen.

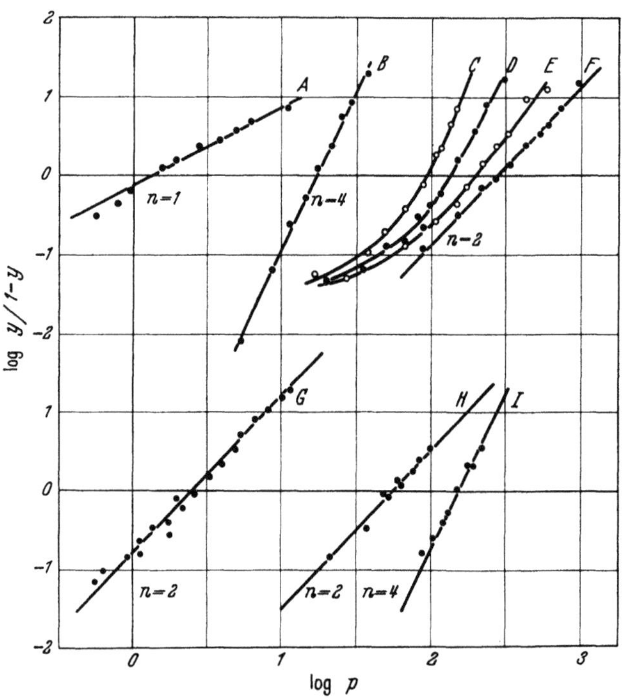

Abb. 21. Sauerstoffdissoziationskurven von Hämocyaninen[5] bei 25°. Ordinate: log $y/(1-y)$. Abszisse: log O_2-Druck. *A*. Serum von Busycon bei p_H 5,79 ($n=1$); *B*. Serum von Homarus bei p_H 8,08 ($n=4$); *C*., *D*., *E*. Seren von Homarus unter Bedingungen, bei denen n nicht konstant ist (p_H 7,27 bzw. 7,11 bzw. 6,82); *F*. Serum von Homarus bei p_H 6,42 ($n=2$); *G*., *H*. Seren von Loligo ($n=2$), p_H 9,03 (Temperatur 15 bzw. 5°); *I*. Serum von Loligo ($n=4$).

Polarographische Bestimmung von Kupfer in Hämocyanin[4]. Die Hämocyanin-Lösungen werden zunächst 50—100 Std gegen wiederholt ausgewechseltes, kupferfreies Wasser dialysiert. In ein tariertes Kölbchen wird eine 1—100 γ Cu enthaltende Menge der dialysierten Lösung pipettiert und nach Eindampfen bei 60° im Trockenschrank das Trockengewicht bestimmt. Zu dem getrockneten Kupferprotein gibt man 0,5 cm³ *0,5 m Citronensäure*, läßt 30 min unter gelegentlichem Schütteln zur Abspaltung des Kupfers stehen und zentrifugiert dann vom denaturierten Protein ab. Zur klaren Lösung fügt man 0,5 cm³ *0,5 n Natronlauge* und erhält so eine Lösung vom p_H 4,0. Nur wenn mehr als 3 mg Protein eingesetzt wurden, muß das hierbei denaturierte Protein durch Filtrieren einer aliquoten Menge abgetrennt werden. 0,5 cm³ der so gewonnenen kupferhaltigen Lösung werden in den Kathodenarm der Polarographen-Meßzelle pipettiert und die Stromstärke-Spannungs-Diagramme aufgenommen. Aus Eichkurven, die mit Kupfersalz-Lösungen bekannten Gehaltes aufgestellt werden, lassen sich die Cu-Konzentrationen berechnen.

Photometrische Gehaltsbestimmung reiner Hämocyanin-Lösungen[6]. Es sind folgende Beziehungen gültig (c = Konzentration von Hämocyanin in g/l)[6]: Oxyhämo-

[1] EDEN, A., and H. H. GREEN: Biochem. J. **34**, 1202 (1940).
[2] RAWLINSON, W. A.: Austral. J. exp. Biol. med. Sci. **16**, 303 (1938); **18**, 131 (1940).
[3] ZUCKERKANDL, E.: C. R. Soc. Biol. **145**, 291, 293 (1951).
[4] AMES, S. R., and C. R. DAWSON: Industr. engng. Chem., analyt. Ed. **17**, 249 (1945).
[5] REDFIELD, A. C., and E. N. INGALLS: J. cellul. comp. Physiol. **3**, 169 (1933).
[6] REDFIELD, A. C.: Biol. Bull. **58**, 150 (1930).

cyanin aus Busycon canaliculatum $c = 0{,}43 \cdot \log I_0/I$ (bei 570 mμ); Oxyhämocyanin aus Limulus polyphemus $c = 0{,}90 \cdot \log I_0/I$ (bei 580 mμ).

9. Coeruloplasmin, Hämocuprein und Hepatocuprein[1, 2].

Historisches. DESCHAMPS[3] findet 1849 im menschlichen Blut Kupfer, das, auf rote Blutzellen und Plasma verteilt[4, 5], allgemein bei Säugetieren vorkommt. ABDERHALDEN und MÖLLER[6] zeigen, daß die Kupferkomponente nicht dialysiert, WARBURG und KREBS[7], daß das Metall durch Säuren abspaltbar ist. Die Cu-Komponente der roten Blutzellen, *Hämocuprein*, wird von MANN und KEILIN[8] kristallisiert. Die vom Hämocuprein verschiedene, ebenfalls kristallin erhaltene[9], kupferhaltige Globulinfraktion des Serums[10] nennen HOLMBERG und LAURELL[11] *Coeruloplasmin*. Die kupferhaltige Proteinkomponente der Säugetierleber[12] heißt *Hepatocuprein*[8].

Vorkommen. *Hämocuprein* wurde in den Erythrocyten von Mensch, Rind, Schaf und anderen Säugetieren festgestellt[13]. *Coeruloplasmin* („Plasma-Hämocuprein") kommt bei Mensch[11, 14], Pferd[8], Schwein[11], Ratte[15], Hund[15] u. a. vor. Das menschliche Blutplasma enthält davon 0,3 g/*l* entsprechend etwa 96 % des Serum-Gesamtkupfers[10, 15]. Bei Ratte, Hund und Schwein sind die entsprechenden Werte 99, 88 und 58 %; der Rest des Serumkupfers liegt in einer direkt mit dem Komplexbildner Natrium-diäthyl-dithiocarbamat reagierenden, locker gebundenen Form vor, während Coeruloplasmin sein Kupfer erst nach Salzsäure-Behandlung abgibt[15]. Coeruloplasmin fehlt bei der WILSONschen Krankheit[16]. Über sein Verhalten bei anderen Erkrankungen und in der Schwangerschaft s. HEILMEYER und WEISSBECKER[17]. *Hepatocuprein* hat man in der Leber von Rind[8, 13] und Schaf[13] gefunden.

Darstellung. *Coeruloplasmin* wird aus der mit Ammoniumsulfat fällbaren Plasmaglobulin-Fraktion, nach elektivem Denaturieren von Begleitproteinen durch Alkohol/Chloroform, beim isoelektrischen Punkt rein niedergeschlagen[11]. Eine Kristallisation aus der menschlichen Serumfraktion IV-1 nach der Methode von COHN und Mitarbeitern[13] wird angegeben[9]. — *Hämocuprein* erhält man aus den Hämolysaten von Erythrocyten (Rind) durch nacheinanderfolgende Fällungen mit Äthanol, Bleiacetat, tert. Calciumphosphat und Aceton, Adsorption an Aluminiumoxyd und Kristallisation aus Acetatpuffer unter Zugabe von Alkohol[8]. — *Hepatocuprein* läßt sich aus wäßrigen Leberextrakten (Rind) in gleicher Weise wie Hämocuprein, aber nur amorph darstellen[8].

1. Coeruloplasmin aus Schweineserum[11]. Schweineserum versetzt man bis zu 36 % Sättigung mit Ammoniumsulfat, verwirft die Fällung, sättigt weiter bis zu 55 % $(NH_4)_2SO_4$,

---

Zusammenfassende Darstellungen[1, 2]:

1 DAWSON, C. R., and M. F. MALLETTE: Adv. Protein Chem. **2**, 179 (1945).
2 RAWLINSON, W. A.: Austral. chem. Inst. J. Proc. **10**, 21 (1943).
3 DESCHAMPS: Ann. Hyg. publ. **41**, 219 (1849).
4 ELVEHJEM, C. A., H. STEENBOCK and E. B. HART: J. biol. Ch. **83**, 21 (1929).
5 SCHINDEL, L.: Kli. Wo. **1931 I**, 743.
6 ABDERHALDEN, E., u. P. MÖLLER: H. **176**, 95 (1928).
7 WARBURG, O., u. H. A. KREBS: B. Z. **190**, 143 (1927).
8 MANN, T., and D. KEILIN: Proc. R. Soc. London (B) **126**, 303 (1938/39).
9 KOMMINZ, D.: [HUGHES, W. L.; in: Neurath-Bailey, Proteins, Bd. II B, S. 700].
10 HOLMBERG, C. G., and C.-B. LAURELL: Acta chem. scand. **1**, 944 (1947).
11 HOLMBERG, C. G., and C.-B. LAURELL: Acta chem. scand. **2**, 550 (1948).
12 GRUZEWSKA, Z., et G. ROUSSEL: C. R. Soc. Biol. **125**, 957 (1937).
13 COHN, E. J., T. L. MCMEEKIN, J. L. ONCLEY, J. M. NEWELL and W. L. HUGHES: Am. Soc. **62**, 3386 (1940).
14 KEIDERLING, W.: Kli. Wo. **1950**, 460.
15 GUBLER, C. J., M. E. LAHEY, G. E. CARTWRIGHT and M. M. WINTROBE: J. clin. Invest. **32**, 405 (1953).
16 HOLMBERG, C. G., and C.-B. LAURELL: Acta chem. scand. **5**, 476, 921 (1951).
17 HEILMEYER, L., u. L. WEISSBECKER: Handb. allg. Path. (BÜCHNER-LETTERER-ROULET) Bd. IV/2, S. 1.

löst den entstandenen Niederschlag in Wasser und dialysiert 24 Std gegen fließendes Leitungswasser. Die dialysierte Lösung stellt man mit verdünnter Essigsäure zuerst auf p_H 6,2 ein, säuert dann auf p_H 5,5 an und verwirft die jeweils beim Kühlen entstehenden, abzentrifugierten Niederschläge. Es wird mit Äthanol auf 15 Vol.-% eingestellt, die bei 0—5° erhaltene blaue Fällung in der Kühlzentrifuge abgetrennt, in NaCl-haltigem Wasser gelöst und 12 Std dialysiert. Bei p_H 6,5 fällt man mit Chloroform/Äthanol (1:9) unter Eiskühlung, läßt auf Raumtemperatur erwärmen und extrahiert den schwach blauen Niederschlag mehrfach mit 0,9 %iger NaCl-Lösung, bis alles Kupferproteid gelöst ist. Die zentrifugierte, dann dialysierte Lösung wird bei p_H 5,5 nochmals mit Chloroform/Äthanol und Kochsalz-Lösung wie beschrieben behandelt. Nach der Dialyse, zuerst gegen Leitungs-, dann gegen dest. Wasser, sättigt man zu 65% mit Ammoniumsulfat, löst die blaue Fällung in möglichst wenig dest. Wasser, dialysiert erneut und fällt beim isoelektrischen Punkt (p_H 4,4) durch Ansäuern mit Essigsäure. Das so gewonnene, fast reine Coeruloplasmin enthält 0,32—0,34% Cu.

2. Coeruloplasmin aus Menschenserum[1] gewinnt man analog der Vorschrift *1.*, wobei aber der bei p_H 5,5 entstehende Niederschlag hier nicht verworfen und die Alkoholfällung nur mit einem Gehalt von 10 Vol.-% Äthanol vorgenommen wird (vgl. hierzu auch SCHULTZE und Mitarbeiter[2]).

3. Hämocuprein aus Rindererythrocyten[3]. Die aus 4 *l* defibriniertem Rinderblut abgeschleuderten Erythrocyten wäscht man 2mal mit je 4 *l* isotonischer Kochsalz-Lösung und hämolysiert dann mit 4 *l* dest. Wasser. Das durch Zentrifugieren abgetrennte Hämolysat (720 g Trockensubstanz; 4,8 mg Cu) wird mit 3 *l* kaltem 90 %igem Äthanol und 250 cm^3 Chloroform versetzt, 5 min geschüttelt, 10 min in Eis gestellt und über Kieselgur abgesaugt. Den Rückstand wäscht man durch Aufwirbeln mit 1 *l* Wasser. Die vereinigten gelbrosa Filtrate (8 *l* mit 24 g Trockensubstanz und 2,4 mg Cu) fällt man kalt mit 100—140 cm^3 einer gesättigten Bleiacetat-Lösung, bis sich nichts mehr abscheidet. Nach 10 min Stehenlassen wird zentrifugiert, das Sediment in 200 cm^3 0,33 m sek. Kaliumphosphat gelöst und der ungelöste Anteil 3 Std später abgeschleudert. Die rotbraune Lösung dialysiert man 24 Std gegen dest. Wasser, gibt zu 500 cm^3 derselben 2 g eines frisch bereiteten Gels von tert. Calciumphosphat, säuert auf p_H 6,7 an und zentrifugiert 10 min später. Die überstehende, grünliche Lösung (3,4 g Trockensubstanz; 1,02 mg Cu) wird kalt mit dem 1,7—2fachen Volumen Aceton und 1—2 Tropfen 50 %iger $CaCl_2$-Lösung versetzt. Den entstandenen, abzentrifugierten Niederschlag löst man in 150 cm^3 Wasser, filtriert und schüttelt die klare grüne Lösung (0,9 g Trockensubstanz; 0,58 mg Cu) 2mal mit je 10 bis 15 cm^3 Aluminiumhydroxyd C_γ (50 mg Al_2O_3/cm^3), wobei das Hämocuprein vollständig adsorbiert wird. Die zentrifugierten, gelbgrünen Adsorbate werden getrennt mit je 30 cm^3 0,2 m sek. Kaliumphosphat eluiert. Das dialysierte Eluat der 2. Adsorption (160 mg Trockensubstanz; 0,38 mg Cu) wird bei p_H 6,7 mit dem gleichen Volumen Aceton versetzt, zentrifugiert und die klare blaue Lösung des Sedimentes in 5 cm^3 dest. Wasser mit 1 bis 2 Tropfen 1 m Acetatpuffer (p_H 6) und so viel kaltem abs. Äthanol vermischt, daß schwache Trübung eintritt. Die sofort beginnende Kristallisation ist bei 4° innerhalb 24—36 Std beendet. Ausbeute 30 mg trockenes, blaues Kristallisat mit 0,34% Cu.

4. Hepatocuprein aus Rinderleber[3]. 1750 g zerkleinerte Rinderleber vermischt man mit derselben Menge Wasser, hält 12 Std im Kühlschrank, preßt ab und versetzt das braunrote Filtrat (1650 cm^3; 152 mg Trockensubstanz und 0,03 mg Cu je cm^3) mit 1450 cm^3 kaltem, 90 %igem Äthanol sowie 160 cm^3 Chloroform. Nach 10 min Rühren wird zentrifugiert und die gelbe, opalescierende Lösung mit gesättigter Bleiacetat-Lösung vollständig gefällt. Den Niederschlag löst man in ausreichender Menge 0,3 m sek. Kaliumphosphat, dialysiert und gibt zum Dialysat (800 cm^3; 1,46 mg Trockensubstanz und 0,0018 mg Cu je cm^3)

[1] HOLMBERG, C. G., and C.-B. LAURELL: Acta chem. scand. **2**, 550 (1948).
[2] SCHULTZE, H. E., I. GÖLLNER, K. HEIDE, M. SCHÖNENBERGER u. G. SCHWICK: Z. Naturforsch. **10**b, 463 (1955).
[3] MANN, T., and D. KEILIN: Proc. R. Soc. London (B) **126**, 303 (1938/39).

2 g tert. Calciumphosphat-Gel bei p_H 6,7. Zum Filtrat werden 1400 cm^3 Aceton, 1 cm^3 1 m Acetatpuffer (p_H 6) und 0,5 cm^3 50%iger $CaCl_2$-Lösung gefügt. Den nach 10 min abzentrifugierten Niederschlag löst man in 170 cm^3 dest. Wasser, verwirft den verbliebenen Rückstand und adsorbiert die schwach grüne Lösung (170 cm^3; 2 mg Trockensubstanz und 0,0048 mg Cu je cm^3) bei p_H 6,7 nacheinander mit 10, 20 und 20 cm^3 Aluminiumhydroxyd C_γ (50 mg Al_2O_3/cm^3). Das dritte Adsorbat wird mit etwa 20 cm^3 sek. Kaliumphosphat eluiert, das Eluat gegen dest. Wasser dialysiert und das Dialysat (2,4 mg Trockensubstanz/cm^3; 0,25% Cu) mit dem doppelten Volumen Aceton bei p_H 6,6 gefällt. 10 cm^3 doppelt dest. Wasser lösen die Fällung zu einer farblosen Lösung (evtl. Rückstand verwerfen), aus der das Hepatocuprein (0,34% Cu) mit Alkohol niedergeschlagen wird.

Eigenschaften und Konstitution. ***Coeruloplasmin*** enthält bei einem aus der Sedimentationskonstante ($S_{20}^{0,8} = 7{,}1 \cdot 10^{-13}$) bestimmten *Mol.-Gewicht* von 150000[1, 2] und einem Cu-Gehalt von 0,34% 8 Atome Cu je Mol[2]. Bei der *Elektrophorese* findet sich das α-Coeruloplasmin ($\mu = 4{,}6 \cdot 10^{-5}$ cm^2/V · sec in Diäthylbarbiturat-Puffer p_H 8,6, Ionenstärke 0,1) zwischen α_1- und α_2-Globulinen[1]. Präparate mit 74% elektrophoretischem Reinheitsgrad enthalten 13,8% N, 4,0% Hexosen, 2,7% Hexosamin, 2,8% Neuraminsäure, aber keine Lipoide[1]. Zur Frage der Einheitlichkeit auf Grund immunchemischer Analyse (Auftreten von 2 Präzipitatbanden) vgl. SCHULTZE und Mitarbeiter[1]. Das *Absorptionsspektrum* (Abb. 22) ähnelt demjenigen der Hämocyanine (vgl. Abb. 18 und 19, S. 754) und ändert sich im p_H-Gebiet 5,5—8 nicht[2]. Die *Abspaltung von Kupfer* unterhalb p_H 3 und die reversible Reduktion mit Natriumdithionit, Ascorbinsäure, Hydroxylamin oder Thioglykolsäure gehen mit dem Verlust der blauen Farbe einher (Abb. 22)[2]. Der *isoelektrische Punkt* liegt in Gegenwart von Acetat-Ionen bei p_H 4,4[2]. Ammoniumsulfat fällt das reine Kupferproteid bei 44—58% Sättigung[1]. Nach der Methode von SANGER[3] wurden Asparaginsäure, Glutaminsäure, Serin und Valin als N-endständige Aminosäuren gefunden[1]. Die Viscositätsgrenzzahl H (37°, 0,15 m NaCl) beträgt 0,044[1].

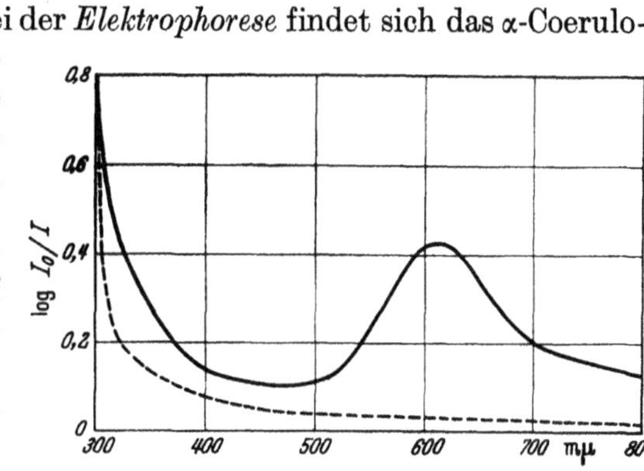

Abb. 22. Absorptionsspektrum von Coeruloplasmin[2] bei p_H 6,5 (———); dasselbe mit Ascorbinsäure reduziert (– – – –).

Hämocuprein[4] kristallisiert in Form blauer Doppelpyramiden oder hexagonaler Platten (Abbildung bei MANN und KEILIN[4]) mit 0,34% Cu, 14,35% N und 1,12% S. Aus der Sedimentationskonstanten errechnet sich ein *Mol.-Gewicht* von 35000, entsprechend 2 Atomen Cu je Mol. Verdünnte Säuren (z. B. 4%ige Trichloressigsäure) spalten das Kupfer unter Farbaufhellung und Denaturierung des Proteins ab. Kupfer-Komplexbildner wie Diäthyl-dithiocarbamat bewirken bei neutralem p_H keine Abspaltung. Natriumdithionit reduziert irreversibel (Unterschied zum Coeruloplasmin[2]).

Hepatocuprein[4] unterscheidet sich bei gleichem Cu-Gehalt (0,34%) vom Hämocuprein vor allem dadurch, daß es fast farblos ist. Über seine Kristallisation und das Molekulargewicht ist bisher nichts bekannt.

Physiologische Bedeutung. *Coeruloplasmin*, die hauptsächliche Cu-bindende Fraktion im Blutplasma, hat nach HOLMBERG und LAURELL[5] schwache Wirkungen einer *Laccase*. Es vermag Sauerstoff auf p-Phenylendiamin mit einem p_H-Optimum von 5—6 (in Acetatpuffer) sowie auf Di-phenole und Endiole (Ascorbinsäure) zu übertragen, nicht aber auf

[1] SCHULTZE, H. E., I. GÖLLNER, K. HEIDE, M. SCHÖNENBERGER u. G. SCHWICK: Z. Naturforsch. **10**b, 463 (1955).
[2] HOLMBERG, C. G., and C.-B. LAURELL: Acta chem. scand. **2**, 550 (1948).
[3] Vgl. z. B. SANGER, F.: Biochem. J. **45**, 563 (1949).
[4] MANN, T., and D. KEILIN: Proc. R. Soc. London (B) **126**, 303 (1938/39).
[5] HOLMBERG, C. G., and C.-B. LAURELL: Acta chem. scand. **5**, 476, 921 (1951).

Mono-phenole[1]. Ob es — ähnlich wie das zur β-Globulin-Fraktion gehörende Transferrin für Eisen (s. S. 726) — ein zur α-Globulin-Fraktion gehörender *Transporteur für Kupfer* im Plasma ist, steht nicht endgültig fest[2]. GUBLER und Mitarbeiter[3] nehmen an, daß das mit Diäthyl-dithiocarbamat direkt reagierende, bei physiologischen p_H-Werten ebenfalls nicht dialysierende Serum-Kupfer das eigentliche Transport-Kupfer darstellt. Bei oralen oder intravenösen Cu-Gaben steigt dieses nämlich an, während das Coeruloplasmin-Kupfer, im Gegensatz dazu, bei der Hypercuprämie in der Schwangerschaft und beim Infekt zunimmt[3].

Am *Hämocuprein* und am Hepatocuprein konnten KEILIN und MANN[4] keine Sauerstoff-transportierenden Eigenschaften und keine oxydatischen, peroxydatischen oder katalatischen Effekte feststellen. Die Funktion von Hämocuprein in den Erythrocyten ist unbekannt. — Das *Hepatocuprein* dürfte eine *Speicherform* für Kupfer darstellen.

Nachweis und Bestimmung. *Coeruloplasmin* kann in gereinigter Form auf Grund seiner maximalen Absorption bei 605 mμ bestimmt werden[5]. Die quantitative Bestimmung im Serum geschieht durch Ermittlung der Kupferverteilung unter Berücksichtigung des molaren Cu-Gehaltes[6]. Zur immunchemischen Charakterisierung und Reinheitsprüfung mit dem Agar-Diffusionstest von OUCHTERLONY[7] (Antigen vom Kaninchen) vgl. die Angaben und Abbildungen bei SCHULTZE und Mitarbeitern[8]. — Der *Hämocuprein*-Gehalt wird aus dem Cu-Gehalt der Erythrocyten errechnet[4, 6].

1. Spektrophotometrische Bestimmung von Coeruloplasmin[5]. Die Extinktion (ε) von Lösungen, in denen das Coeruloplasmin auf chemischem oder elektrophoretischem Wege stark angereichert ist, wird bei λ_{max} 605 mμ ($d = 1$ cm) gemessen. Es gilt die Beziehung $\varepsilon \cdot 5 =$ mg-% Cu. Umgerechnet auf Coeruloplasmin wird unter Berücksichtigung eines Gehaltes von 8 Atomen Cu je Mol.

2. Bestimmung von Coeruloplasmin im Blutplasma und Hämocuprein in Blutzellen durch Kupferanalyse[3, 6].

Reagentien:

1. Kupferfreies, bidest. Wasser.
2. 2 n HCl.
3. Trichloressigsäure, 20 %ig.
4. Natriumpyrophosphat, gesättigte Lösung.
5. Natriumcitrat, gesättigte Lösung.
6. Ammoniak, 21 %ig.
7. Natrium-diäthyl-dithiocarbamat (Eastman-Kodak), 0,1 %ige Lösung.
8. Kupferstandard: 0,3928 g $CuSO_4 \cdot 5\,H_2O$ in 1 l bidest. Wasser (Gehalt 100 γ Cu je cm³); davon Verdünnungen zu 0,8 und 2,0 γ Cu je cm³ herstellen.

Ausführung der Methode für Plasma:

a) Gesamtkupfer. Zu 1 cm³ Plasma oder Serum im Zentrifugenglas (15 mm Durchmesser) gibt man 1 cm³ 2 n HCl und nach Umrühren 10 min später 1 cm³ 20 %ige Trichloressigsäure. Nach weiteren 10 min wird das Glas verschlossen 30 min lang bei 3000 U/min zentrifugiert. Das Überstehende gießt man in ein kleines Zentrifugenglas und pipettiert davon 2,4 cm³ ab. Hierzu fügt man 0,2 cm³ gesättigte Pyrophosphat-Lösung, 0,2 cm³ gesättigte Natriumcitrat-Lösung sowie 0,4 cm³ der Ammoniak-Lösung und füllt mit

---

[1] SCHEINBERG, I. H., and D. GITLIN: Science, N. Y. **116**, 484 (1952).
[2] HOLMBERG, C. G., and C.-B. LAURELL: Acta chem. scand. **1**, 944 (1947).
[3] GUBLER, C. J., M. E. LAHEY, G. E. CARTWRIGHT and M. M. WINTROBE: J. clin. Invest. **32**, 405 (1953).
[4] MANN, T., and D. KEILIN: Proc. R. Soc. London (B) **126**, 303 (1938/39).
[5] HOLMBERG, C. G., and C.-B. LAURELL: Acta chem. scand. **2**, 550 (1948).
[6] GUBLER, C. J., M. E. LAHEY, H. ASHENBRUCKER, G. E. CARTWRIGHT and M. M. WINTROBE: J. biol. Ch. **196**, 209 (1952).
[7] OUCHTERLONY, Ö.: Acta path. microbiol. scand. **25**, 186 (1948).
[8] SCHULTZE, H. E., I. GÖLLNER, K. HEIDE, M. SCHÖNENBERGER u. G. SCHWICK: Z. Naturforsch. **10b**, 463 (1955).

Wasser auf 3,3 cm^3 auf. Nachdem man die Extinktion (D_1) bei 440 mμ ($d = 1$ cm) gegen dest. Wasser bestimmt hat, gibt man 0,2 cm^3 der Diäthyl-dithiocarbamat-Lösung zur Probe (Endvolumen 3,5 cm^3) und parallel zu einer Blindprobe, die alle Reagentien, aber an Stelle des Plasmazentrifugates 2,4 cm^3 Wasser enthält. Die Extinktion wird erneut wie oben gegen dest. Wasser gemessen (D_2).

Berechnung: γ-% Gesamt-Cu $= (D_2 - D_1 \cdot f) \cdot K \cdot 3{,}0 \cdot 100/V$; $f = 0{,}943$, $V = 2{,}4$, $K =$ Faktor, der mit Standard-Cu-Mengen an Stelle des Plasmazentrifugates (2,4 cm^3) bei einem Endvolumen von 3,5 cm^3 ermittelt wird.

b) Direkt reagierendes, gebundenes Plasma-Kupfer. 1 cm^3 Plasma wird mit 0,5 cm^3 gesättigter Pyrophosphat-Lösung und 2,5 cm^3 Wasser versetzt. Man bestimmt die Extinktion (D_1) bei 440 mμ ($d = 1$ cm) gegen Wasser, fügt 0,2 cm^3 Diäthyl-dithiocarbamat-Lösung hinzu und mißt die Extinktion erneut (D_2). Eine parallel gemessene Blindprobe (D_3) enthält 3,5 cm^3 Wasser, 0,5 cm^3 gesättigte Pyrophosphat-Lösung und 0,2 cm^3 Diäthyl-dithiocarbamat-Lösung.

Berechnung: γ-% direkt reagierendes Cu $= D_2 - (D_1 \cdot f + D_3) \cdot K \cdot 100$; $f = 0{,}952$, K wird wie oben angegeben bestimmt.

c) Coeruloplasmin-Gehalt. Die Differenz von Gesamt-Kupfer und direkt reagierendem Kupfer ergibt das im Coeruloplasmin gebundene, sog. indirekt reagierende Kupfer. Aus dem Gehalt von 0,35% Cu im Coeruloplasmin errechnet sich der Coeruloplasmin-Gehalt des Plasmas bzw. Serums.

Ausführung der Methode für Erythrocyten (Hämocuprein):

Die mit physiologischer NaCl-Lösung gewaschenen Blutzellen von 1 cm^3 Blut, in 1 cm^3 Gesamtvolumen NaCl-Lösung suspendiert, werden mit 0,5 cm^3 bidest. Wasser und 1 cm^3 2 n HCl verrührt, 10 min stehengelassen und nach Zugabe von 1 cm^3 20%iger Trichloressigsäure, wie beim Plasma angegeben, zentrifugiert. Man fügt zu 2,5 cm^3 Überstand 0,2 cm^3 gesättigte Pyrophosphat-Lösung, 0,2 cm^3 gesättigte Natriumcitrat-Lösung sowie 0,4 cm^3 der Ammoniak-Lösung und füllt mit Wasser auf 3,3 cm^3 (V) auf. Dann wird die Extinktion (D_1) und nach Zugabe von 0,2 cm^3 Natrium-diäthyl-dithiocarbamat-Lösung die Extinktion (D_2), wie beim Plasma angegeben, gemessen.

Berechnung: γ-% Cu in Erythrocyten $= (D_2 - D_1 \cdot f) \cdot K \cdot 3{,}5 \cdot 100/V$. Den Gehalt an Hämocuprein erhält man daraus auf Grund von dessen Cu-Gehalt (0,34%).

10. Hämovanadin[1].

Historisches. HENZE[2] entdeckt 1911 eine vanadiumhaltige, oxydierbare Verbindung in den Schwefelsäure enthaltenden Blutzellen von Ascidien (Seescheiden). Der Vanadin tragende Blutfarbstoff von Phallusia mamillata wird von CALIFANO[3] *Hämovanadin* genannt und die Anwesenheit einer Proteinkomponente festgestellt. BIELIG und Mitarbeiter[4] zeigen, daß das im Hämolysat vorliegende *braunrote* Hämovanadin ein anionischer Disulfato-Komplex des 3wertigen Vanadiums mit tert. Stickstoff enthaltenden Liganden ist[5], der mit einem Eiweißkörper salzartig zu einem Chromoproteid vom Mol.-Gewicht 24000 zusammentritt[6].

Vorkommen. Das Vorkommen von Hämovanadin ist bisher sicher nur für Phallusia mamillata erwiesen. Es ist aber wahrscheinlich, daß andere vanadiumhaltige Tunicaten (Tabelle 13) das Metall in gleicher oder ähnlicher Bindung aufweisen (vgl. dazu S. 768). Bei sorgfältiger Entblutung fand BALTSCHEFFSKY[7] in Ph. mamillata (V-Gehalt eines

[1] **Zusammenfassende Darstellung** bei WEBB, D. A.: Pubbl. Staz. zool. Napoli **28**, 273 (1956).
[2] HENZE, M.: H. **72**, 494 (1911); **79**, 215 (1912).
[3] CALIFANO, L., e P. CASELLI: Pubbl. Staz. zool. Napoli **21**, 235 (1948); **23**, 1 (1950).
[4] BIELIG, H.-J., E. BAYER, L. CALIFANO u. L. WIRTH: Pubbl. Staz. Zool. Napoli **25**, 26 (1953).
[5] BIELIG, H.-J., u. E. BAYER: Pubbl. Staz. zool. Napoli **29**, 109 (1957) und unveröffentlichte Untersuchungen.
[6] BIELIG, H.-J., u. E. BAYER: Exper. **10**, 300 (1954).
[7] BALTSCHEFFSKY, H., and M. BALTSCHEFFSKY: Pubbl. Staz. zool. Napoli **24**, 447 (1953).

Tabelle 13. *Vorkommen von Vanadium bei Tunicaten.*

Tierart		V-Gehalt in γ/g Trockengewicht	Frischgewicht	Asche
Ascidiidae				
Phallusia mamillata	ohne Mantel . . .	1700[1,*]	—	—
	Blutzellen	29000[2]	—	—
Phallusia fumigata	. . . .	—	—	16000[3,**]
Ascidia mentula	ganz	1860[1,*]	—	—
		1600[4,5]	—	—
	ohne Mantel . . .	560[4,5]	—	—
	Mantel allein . . .	741[4,5]	—	—
Ascidia nigra	ganz	3200[6]	—	—
	ohne Mantel . . .	4100[6]	—	—
Ascidia obliqua	ganz	—	300[3]	4600[3]
Ascidia samea	ganz	140[7]	—	—
	ohne Mantel . . .	410[7]	—	—
Ascidia scabra	ohne Mantel . . .	1120[1,*]	—	—
Ascidiella aspersa	ganz	—	50[3]	1030[3]
	ohne Mantel . . .	1450[1,*]	—	—
Perophoridae				
Ectemascidia conklini	ganz	1800[6]	—	—
Ectemascidia turbinata	ganz	1300[6]	—	—
Rhodosomatidae (Corellidae)				
Chelyosoma siboja	ganz	20[7]	—	—
	ohne Mantel . . .	50[7]	—	—
Cionidae	. . . .	166[4]	—	—
Ciona intestinalis	ganz	100[8]	—	400[3]
		620[9]	—	—
	ohne Mantel . . .	400[1,*]	—	—
Molgulidae				
Molgula manhattensis	ganz	32[7]	—	—
Pyuridae				
Pyura savignyi	ganz	7[7]	—	—
Styelidae	. . . .	10[7]	—	—
Dendrodoa grossularia	ganz	48[1,*]	68[3]	1300[3]
Distomus variolosus	ganz	6[7]	—	—
Botryllidae				
Botryllus schlosseri	ganz	8[7]	92[3]	1190[3]
Polycitoridae				
Polycitor vitreus	ganz	—	35[3]	440[3]
Clavelina lepadiformis	ganz	7[7]	—	—
Clavelina picta	ganz	100[6]	—	—
Eudistoma olivaceum	ganz	200[6]	—	—
Didemnidae				
Didemnum candidum	ganz	3[7]	—	—
Didemnum maculosum	ganz	31[7]	—	—
Synoicidae (Polyclinidae)				
4 verschiedene Species	ganz	4—8[7]	—	—
Euherdmania claviformis	ganz	475[8]	—	—

* Bezogen auf organisches Trockengewicht. ** Wasserunlöslicher Teil der Asche.

[1] WEBB, D. A.: J. exp. Biol. **16**, 499 (1939).
[2] BIELIG, H.-J., E. BAYER, L. CALIFANO u. L. WIRTH: Pubbl. Staz. zool. Napoli **25**, 26 (1953).
[3] VINOGRADOV, A. P.: C. R. Acad. Sci. URSS **3**, 454 (1934).
[4] BERTRAND, D.: Bull. Soc. Chim. biol. **25**, 36 (1943).
[5] BERTRAND, D.: Bull. amer. Mus. natur. Hist. **94**, 409 (1950).
[6] CIERESZKO, L. S.: Yearb. amer. philos. Soc. **1954**, 392.
[7] KOBAYASHI, S.: Sci. Rep. Tohoku Imp. Univ. (IV) **9**, 407 (1935).
[8] GOLDBERG, E. D., W. MCBLAIR and K. M. TAYLOR: Biol. Bull. **101**, 84 (1951).
[9] NODDACK, I., u. W. NODDACK: Ark. Zool. **32 A**, Nr. 4 (1939).

großen Tieres etwa 10 mg) 91 % des Gesamt-V im Blut, je 2,2 % V in Mantel und Branchialsack und nur 1,75 % V im Darmtrakt. Angaben über eine Vanadiumverteilung in Organen, die noch Blut enthalten, z. B. von Ciona intestinalis[1] und von Ascidia mentula[2], sagen danach nur etwas über die Blutverteilung zum Zeitpunkt der Messung aus.

Aus Tabelle 13 geht hervor, daß der Gesamt-V-Gehalt bei den Manteltieren außerordentlich variiert. Es fällt auf, daß vor allem die festsitzenden Arten das Metall stark anreichern. Verglichen mit dem mittleren V-Gehalt des Meerwassers, der zu 0,3 bis 0,5 γ/l[3, 4] bzw. zum 10fachen Betrag[5] angegeben wird, beträgt die Anreicherung in den Blutzellen von Ph. mamillata etwa das 10^5—10^6fache[6], während die Gesamt-V-Menge in den Tieren etwa derjenigen von 3—30 m^3 Seewasser entspricht[7]. Über das Vorkommen von Vanadium bei anderen Organismen vgl. BERTRAND[8] und KIMURA[9].

Darstellung. Die aus dem Herzen von Phallusia mamillata punktierten, vom Plasma abgetrennten Blutzellen werden mit dest. Wasser hämolysiert. Aus der erhaltenen *Henze-Lösung* fällt Aceton *braunes Präzipitat.* Die mit Luftsauerstoff oxydierte Henze-Lösung enthält *blaugrünes Hämovanadin.* Beim Neutralisieren der Henze-Lösung scheidet sich *Henze-Chromogen* ab. Ansäuern der Henze-Lösung ergibt unter Abspaltung der *Proteinkomponente* denaturiertes Hämovanadin, das beim Neutralisieren mit $NaHCO_3$ *grünes Präzipitat* liefert. Aus Henze-Chromogen erhält man nach Lösen in methanolischer Salzsäure, Abtrennen von Protein und Fällen mit Pyridin *blaues Präzipitat.* Beim Einengen der methanolischen salzsauren, grünen Lösung von blauem Präzipitat und Zugabe von Eisessig fällt eine vanadinfreie, gelbe, *organische Gruppe* partiell krist. an. Bei vollständigem Eintrocknen der grünen Lösung erhält man einen grünen Rückstand, der beim Erwärmen auf 90° schwarz-rot wird und sich in Methanol mit roter Farbe löst. Beim Extrahieren der roten Substanz mit 8-Hydroxychinolin in Methanol geht das Vanadium in den roten Bis-(8-hydroxychinolino)-vanadin(V)-Komplex[10] über, während die organische Gruppe in polymerer, schwarzbrauner Form zurückbleibt.

1. Gewinnung der Blutzellen von Phallusia mamillata Cuvier[11]. 10 Tieren von 10—15 cm Größe trägt man die Tunica an der Anwachsstelle mit einem scharfen Messer ab, legt dabei vorsichtig das der braunen Verdauungsdrüse benachbarte Herz frei, sticht dieses mit der starken Injektionsnadel einer 50 cm^3 fassenden Glaskanüle an und saugt das Blut langsam heraus. Man erhält 70—100 cm^3 durch die Zellen getrübtes, schwach gelbgrünes bis cremegelbes Blut. Nach 5 min Zentrifugieren bei 2000 U/min haben sich vom farblosen Plasma etwa 2 cm^3 Blutzellen in 2 Schichten geschieden.

Das *Blutplasma*, welches einen p_H-Wert von 6,6 aufweist[12], kann von etwas oberflächlichem, blaugrünem Schaum durch Filtrieren getrennt und im gefrorenen Zustand getrocknet werden: spröde, gelbliche bis grüngelbliche, hygroskopische Masse, etwa 4 g/100 cm^3 Blut.

Die untere Blutzellschicht, etwa $^4/_5$ des Sedimentes, enthält die grüngelben *Vanadocyten.* Die obere, spärlichere, gelbbraune Zone kann mechanisch abgetrennt werden, was aber im allgemeinen unnötig ist. Man wäscht die Vanadocyten mit $^1/_4$—$^1/_5$ des Plasmavolumens an Seewasser durch vorsichtiges Aufwirbeln, zentrifugiert rasch und verwendet die jetzt rein grüngelben Zellen zur Darstellung der Henze-Lösung. — Hat man bei der

---

1 GOLDBERG, E. D., W. MCBLAIR and K. M. TAYLOR: Biol. Bull. **101**, 84 (1951).
2 BERTRAND, D.: Bull. Soc. Chim. biol. **25**, 36 (1943).
3 WATTENBERG, H.: Z. anorg. Chem. **236**, 339 (1938).
4 ERNST, T., u. H. HÖRMANN: Nachr. Wiss. Ges. Göttingen (Fachgr. IV) **1**, 205 (1936).
5 ISHIBASHI, M., T. SHIGEMATSU, Y. NAKAGAWA and Y. ISHIBASHI: Bull. Inst. chem. Res., Kyoto Univ. **24**, 68 (1951).
6 BIELIG, H.-J., u. E. BAYER: A. **580**, 135 (1953).
7 BALTSCHEFFSKY, H., and M. BALTSCHEFFSKY: Pubbl. Staz. zool. Napoli **24**, 447 (1953).
8 BERTRAND, D.: Bull. amer. Mus. natur. Hist. **94**, 403 (1950).
9 KIMURA, K., and R. FUKAI: J. chem. Soc. Jap., pure chem. Sect. **69**, 75 (1948).
10 BIELIG, H.-J., u. E. BAYER: A. **584**, 96 (1953).
11 BIELIG, H.-J., E. BAYER, L. CALIFANO u. L. WIRTH: Pubbl. Staz. zool. Napoli **25**, 26 (1953) und unveröffentlichte Untersuchungen.
12 ROBERTSON, I. D.: J. exp. Biol. **31**, 424 (1954).

Blutgewinnung auch Körperflüssigkeit und Seewasser mit der Spritze aufgesogen, unterläßt man das Waschen; arbeitet man nicht rasch genug oder bei zu hoher Temperatur, so färben sich die Zellen bald dunkel-blaugrün und sind dann zur Hämolyse ungeeignet.

Will man ein *Trockenpräparat* herstellen, so verteilt man die Zellen in dünner Schicht an der Wand eines Glasgefäßes und trocknet in einer gut wirksamen Gefriertrocknungsanlage. Ausbeute aus 100 cm³ Blut bis 800 mg trockene, hell-graugrüne Zellen, die sofort unter Stickstoff im Vakuum eingeschmolzen werden. Der V-Gehalt beträgt etwa 3% des Trockengewichtes.

2. Darstellung von Henze-Lösung[1] und braunem Präzipitat[2]. Die nach *1.* erhaltenen frischen, gewaschenen Vanadocyten von Ph. mamillata versetzt man mit so viel raumwarmem, dest. Wasser, wie dem abgetrennten Plasma-Volumen entspricht. Mit der *Hämolyse* zunehmend, färbt sich der Ansatz beim Schütteln innerhalb 1 min dunkelbraunrot. Das braunrote Hämolysat *(Henze-Lösung)* wird von den blaugrünen Stromata bei 2000 U/min abzentrifugiert. Gehalt des Filtrates etwa 0,15 mg V je cm³; $p_H = 2{,}4$—$2{,}6$ (Glaselektrode).

70 cm³ der frischen Henze-Lösung versetzt man mit 100 cm³ absolut peroxydfreiem Aceton, zentrifugiert die braune Fällung sofort, wäscht das Sediment 2mal mit je 10 cm³ 50%igem wäßrigem Aceton und trocknet rasch über P_2O_5 bei 1 Torr: Ausbeute an *braunem Präzipitat* im Mittel 140 mg dunkelbraune, glänzende Lamellen, die an feuchter Luft durch Oxydation grün werden, trocken im Vakuum aber unbegrenzt haltbar sind. V-Gehalt etwa 4,5%.

3. Abtrennung der Proteinkomponente und Darstellung von grünem Präzipitat[1]. 70 cm³ frische Henze-Lösung versetzt man mit so viel 50%iger wäßriger Trichloressigsäure (10—15 cm³), daß nichts mehr fällt. Die abgeschiedene, flockige *Proteinkomponente* wird scharf abzentrifugiert, und im Vakuum über P_2O_5 getrocknet: Ausbeute etwa 60 mg farblose, in dest. Wasser lösliche Lamellen.

Den fast farblosen, kaum grüngelben Überstand kühlt man in Eiswasser und gibt spatelspitzenweise festes $NaHCO_3$ unter Umrühren hinzu, bis der p_H 6 beträgt (Überschreiten des Neutralpunktes muß streng vermieden werden). Hierbei erscheint, über eine braune Zwischenstufe, die Fällung von *grünem Präzipitat:* Ausbeute nach Trocknen über P_2O_5 im Vakuum durchschnittlich 70 mg; V-Gehalt 9,5—11% je nach der Menge an restlicher Proteinkomponente.

4. Gewinnung von blauem Präzipitat. Zu 50 cm³ Henze-Lösung gibt man unter Umschütteln in kleinen Anteilen Natrium-hydrogencarbonat, bis ein p_H-Wert von 6 erreicht und die zuerst rotbraune Fällung in das blaue *Henze-Chromogen* übergegangen ist. Dieses wird abzentrifugiert, mit dest. Wasser und Methanol gewaschen und in 30 cm³ Methanol, dem 0,5 cm³ konz. Salzsäure zugesetzt sind, aufgenommen. Die *grüne Lösung* wird durch Zentrifugieren von denaturiertem Protein befreit und tropfenweise mit Pyridin versetzt, bis das *blaue Präzipitat* unter Entfärbung der Lösung vollständig gefällt ist. Ausbeute etwa 40 mg nach Waschen zuerst mit Wasser, dann mit Methanol und Trocknen.

5. Gewinnung von roter Substanz und organischer Gruppe. 100 cm³ der nach *4.* gewonnenen grünen Lösung engt man im Vakuum bei 60° Badtemperatur zur Trockne ein und erhitzt den grünen Abdampfrückstand 3 min lang auf 90°, wobei er schwarz-rot wird. Ausbeute etwa 100 mg *rote Substanz* in glänzenden Lamellen.

Aus 200 cm³ Henze-Lösung nach *4.* erhaltenes blaues Präzipitat suspendiert man, ohne vorher zu trocknen, in 20 cm³ Methanol, fügt tropfenweise konz. Salzsäure bis zum Lösen hinzu und engt die grüne Lösung bei 15 Torr im Wasserbad bis nahezu zur Trockne ein (Überhitzen vermeiden!). Durch sofortige Zugabe von etwa 100 cm³ Eisessig fällt eine *organische Gruppe* in gelben, vanadinfreien Flocken, die beim Anreiben z.T. kristallin werden.

---

[1] Bielig, H.-J., E. Bayer, L. Califano u. L. Wirth: Pubbl. Staz. zool. Napoli **25**, 26 (1953) und unveröffentlichte Untersuchungen.

[2] Bielig, H.-J., u. E. Bayer: Pubbl. Staz. zool. Napoli **29**, 109 (1957).

Man zentrifugiert, wäscht mit Eisessig, der einige Tropfen konz. Salzsäure enthält, dann mit reinem Eisessig und trocknet im Vakuum über Kaliumhydroxyd. Ausbeute im Mittel 115 mg.

Eigenschaften und Konstitution. Hämovanadin tritt in verschiedenen Formen auf, die im folgenden Schema zusammengestellt sind.

Schema: *Formen des Hämovanadins.*

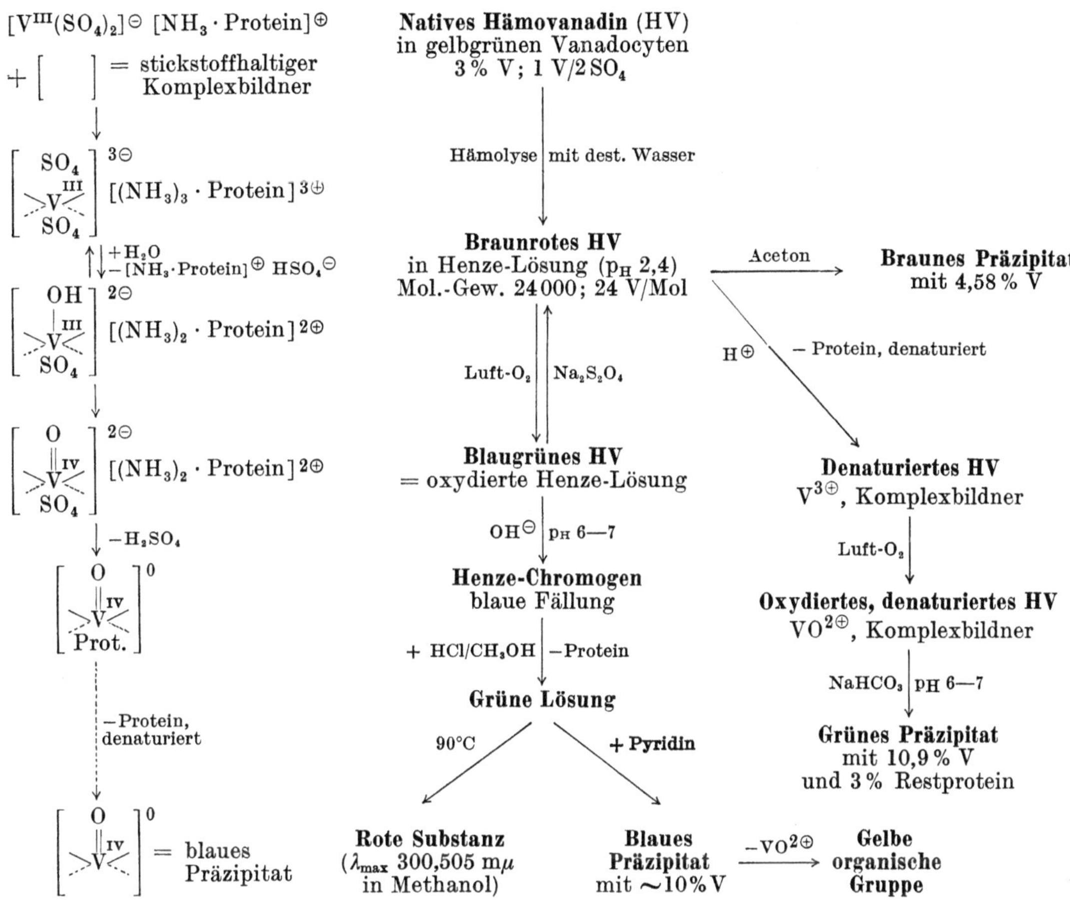

Braunrotes Hämovanadin (braunes Präzipitat) enthält nach Vergleich mit synthetischen Modellsubstanzen[1] einen anionischen *Disulfato-Komplex* von 3wertigem Vanadium mit niedriger Komplexbildungskonstante, der im wäßrigen Medium mit seiner Monohydroxoform im Gleichgewicht steht[2]. Als Kation fungiert ein relativ säurestabiles Polypeptid; der p_H der wäßrigen Lösung — durch $HSO_4^{\ominus}$-Ionen bedingt — liegt bei 2,5[3]. Das *Absorptionsspektrum* (Abb. 23) ist durch ein UV-Maximum bei 300 mμ[4], das auch die komplexbildende Gruppe aufweist[5], und durch einen Wendepunkt im Gebiet von 415 mμ charakterisiert[3]. Das *Mol.-Gewicht* von braunrotem Hämovanadin, aus der Diffusionskonstanten ermittelt, beträgt 24000; 1 Mol enthält 24 Atome Vanadium[6]. Luftsauerstoff oder 0,01%iges Wasserstoffperoxyd oxydieren, reversibel durch Natriumdithionit, zum *blaugrünen, oxydierten Hämovanadin*, das Maxima bei 275 und ∼600 mμ aufweist (Abb. 23). Das *Redoxpotential* des Systems braunrotes Hämovanadin/blaugrünes Hämovanadin liegt bei $E = +0{,}37$ V (p_H 0,42)[3, 7].

[1] Bielig, H.-J., u. E. Bayer: A. **580**, 135 (1953).
[2] Bielig, H.-J., u. E. Bayer: Pubbl. Staz. zool. Napoli **29**, 109 (1957).
[3] Bielig, H.-J., E. Bayer, L. Califano u. L. Wirth: Pubbl. Staz. zool. Napoli **25**, 26 (1953).
[4] Califano, L., e P. Caselli: Pubbl. Staz. zool. Napoli **23**, 1 (1950).
[5] Bielig, H.-J., E. Bayer u. H. Möllinger, unveröffentlicht.
[6] Bielig, H.-J., u. E. Bayer: Exper. **10**, 300 (1954).
[7] Boeri, E.: Arch. Biochem. **37**, 449 (1952).

Neutralisation der Lösung von braunrotem Hämovanadin (Henze-Lösung) führt aerob, diejenige von oxydiertem Hämovanadin auch anaerob unter Eliminierung der Sulfatogruppe zur blauen Fällung von *Henze-Chromogen.* Dieses ist ein Neutralkomplex von 4wertigem Vanadium, der noch Protein koordinativ gebunden enthält. Starke Säuren (HCl, H_2SO_4, Trichloressigsäure) führen bei p_H 1 zur Abspaltung und Denaturierung der Proteinkomponente aus braunrotem Hämovanadin und zur Zerlegung des Vanadin-Komplexes in $V^{3\oplus}$-Ionen und Komplexbildner. Die vom gefällten Protein befreiten Lösungen dieses *denaturierten Hämovanadins* ergeben bei Neutralisation mit $NaHCO_3$ das fast proteinfreie *grüne Präzipitat.* Ihm analog ist ein *blaues Präzipitat*, das aus Henze-Chromogen — nach Abspaltung von restlichem Protein mit HCl-haltigem Methanol — durch Fällung mit Pyridin entsteht. Das blaue Präzipitat ist ein Vanadin(IV)-

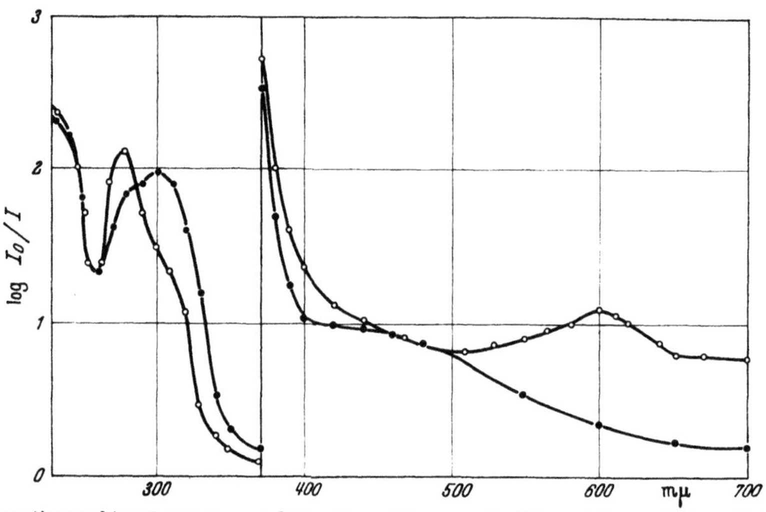

Abb. 23. Absorptionsspektren[1] von •——• braunrotem Hämovanadin (Henze-Lösung; 0,14 mg V je cm³, p_H 2,4). o——o blaugrünem oxydiertem Hämovanadin (dieselbe Henze-Lösung 7 Tage an Luft gestanden).

Neutralkomplex, der, bezogen auf 1 Atom V, 2 Atome N in tertiärer Bindung, ein weiteres N-Atom und 10—11 Atome O enthält[1-3]. Aus Henze-Chromogen erhält man mit methanolischer Salzsäure unter Abspaltung von Protein eine *grüne Lösung* und aus dieser einen grünen Abdampfrückstand, der bei 90° in eine *rote Substanz* übergeht[2]. Eine braunschwarze, polymere, organische Gruppe kann aus der roten, chlorhaltigen Substanz durch Vanadinaustausch gewonnen werden (s. S. 765). Die aus dem grünen Abdampfrückstand mit HCl/Eisessig vom Vanadin befreite z. T. *krist., gelbe, organische Gruppe* ist stickstoffhaltig[2]. WEBB[4] vermutet nach der positiven Pyrrol-Reaktion[5], daß Henze-Chromogen eine Kette von Pyrrolringen nach Art der Gallenfarbstoffe enthält. Der Komplexbildner wird im alkalischen p_H-Gebiet unter Aufnahme von Sauerstoff (1 Mol O_2 je 1 Atom ursprünglich vorhandenem V) oxydativ verändert[3].

Die *Wertigkeiten* des Vanadiums in den verschiedenen Formen von Hämovanadin (s. Schema S. 767) wurden durch magnetische Messungen und quantitative Reduktionsversuche mit Triphenyl-tetrazoliumchlorid (colorimetrische Bestimmung von entstandenem Triphenylformazan) ermittelt[1,3].

Hämolysate der Blutzellen von Ascidia obliqua (λ_{max} 430 mμ bei p_H 2,98—2,06) enthalten ebenfalls 3wertiges Vanadium (17,9 Milliatome V und 0,202 mg N je cm³ bei p_H 2,59)[6]. Dieses ist aber offenbar nicht an eine spezifische, komplexbildende organische Gruppierung

[1] BIELIG, H.-J., E. BAYER, L. CALIFANO u. L. WIRTH: Pubbl. Staz. zool. Napoli **25**, 26 (1953).
[2] BIELIG, H.-J., E. BAYER u. H. MÖLLINGER, unveröffentlicht.
[3] BIELIG, H.-J., u. E. BAYER: Pubbl. Staz. zool. Napoli **29**, 109 (1957).
[4] WEBB, D. A.: J. exp. Biol. **16**, 499 (1939).
[5] HENZE, M., R. STÖHR u. R. MÜLLER: H. **213**, 125 (1932).
[6] BOERI, E., and A. EHRENBERG: Arch. Biochem. **50**, 404 (1954).

gebunden[1,2]. Für die Bildung der braunen, reversibel oxydierbaren Form[2] werden folgende, von der Sulfatkonzentration abhängige Hydrolysen-Gleichgewichte angenommen[1]:

$$V^{3\oplus} + H_2O \rightleftharpoons VO^{\oplus} + 2\,H^{\oplus};\quad VO^{\oplus} + H_2O \rightleftharpoons V(OH)_2^{\oplus} + 2\,H^{\oplus}$$

Das Redoxpotential beträgt hier etwa $E_{1/2} = +180$ mV bei p_H 2[1]. LYBING[2] vermutet, daß bei der Hydrolyse und beim Trocknen der Blutzellen von A. obliqua das Vanadium aus seiner ursprünglichen organischen Bindung freigelegt wird. Ähnlich wie bei A. obliqua scheinen die Verhältnisse bei Ascidia aspersa und bei A. scabra zu liegen, wo WEBB[3] die Bildung eines blauen Chromogens vermißte.

Physiologische Bedeutung. Die biologische *Funktion* von Vanadium in Tunicaten und diejenige von Hämovanadin ist noch unbekannt. Sie wird jedoch in einem Wertigkeitswechsel V(III) $\rightleftharpoons$ V(IV) begründet sein, der mit einer O_2-Aufnahme unter Oxydation der komplexen organischen Gruppe gekoppelt erscheint[4, 5]. Cytochrom c wird durch braunrotes Hämovanadin in stöchiometrischem Verhältnis (V:Fe = 1:1) reduziert[6].

In *Resorptionsversuchen* an Ciona intestinalis wurde gezeigt[7], daß ungefütterte Tiere (25 g schwer), bei einer Durchflußrate von 1—2 *l* Seewasser je Std[8], 2,5 % des angebotenen radioaktiven [^{48}V] (10^{11} Atome je *l* Seewasser als Vanadat) aufnehmen. Bei Phallusia mamillata geht die Aufnahme von [^{48}V] aus dem Seewasser in das Plasma parallel derjenigen von [$^{35}SO_4$]; die Vanadocyten nehmen nur Vanadium auf[9].

Nachweis und Bestimmung. Die Anwesenheit von Hämovanadin in Tunicaten wird in den Blutzellen durch den Nachweis von Vanadium und von Sulfat erbracht[4, 10]. Die organische Gruppierung verrät sich durch ihr UV-Absorptionsmaximum bei 300 mμ[4] (Abb. 23). Die *Vanadocyten* erkennt man *histochemisch* neben den anderen Blutzellen an ihrer reduzierenden Wirkung auf Osmiumsäure (Schwarzfärbung)[3, 11]. Charakteristisch für Hämovanadin in der Henze-Lösung ist die mit einem Farbwechsel von Braunrot nach Blaugrün verbundene Oxydation durch Spuren Wasserstoffperoxyd, die durch Dithionit reversibel wird[5]. Zur Bestimmung von Vanadium eignet sich der rote Bis-(8-hydroxychinolino)-vanadin(V)-Komplex[4, 12].

Bestimmung von Vanadium in Vanadocyten und den verschiedenen Formen von Hämovanadin.

Prinzip:

Das organische Material wird mit konz. Schwefelsäure und Wasserstoffperoxyd[4] oder im Schmelztiegel[13] verascht. Den neutralisierten oder in verdünnter Säure aufgenommenen Aufschluß-Rückstand versetzt man entweder direkt mit dem 8-Hydroxy-chinolin-Reagens oder entfernt gegebenenfalls störende Begleitmetalle zuvor als Hydroxyde bzw. Sulfide. Die gebildete violette Form des Oxo-hydroxo-bis-(8-hydroxychinolino)-vanadin(V) schüttelt man mit alkoholhaltigem Chloroform aus, führt durch Erwärmen in die isomere rote Komplexform über und bestimmt diese spektrophotometrisch[4, 12].

Veraschung des Materials:

Es wird so viel an biologischem Material (Blutzellen, Henze-Chromogen, braunem, grünem oder blauem Präzipitat) verwendet, wie 50—150 γ V entsprechen. Dieses trocknet

[1] BOERI, E., and A. EHRENBERG: Arch. Biochem. **50**, 404 (1954).
[2] LYBING, S.: Ark. Kemi **6**, 261 (1953).
[3] WEBB, D. A.: J. exp. Biol. **16**, 499 (1939).
[4] BIELIG, H.-J., E. BAYER, L. CALIFANO u. L. WIRTH: Pubbl. Staz. zool. Napoli **25**, 26 (1953).
[5] BIELIG, H.-J., E. BAYER u. H. MÖLLINGER, unveröffentlicht.
[6] CALIFANO, L., and E. BOERI: J. exp. Biol. **27**, 253 (1950).
[7] GOLDBERG, E. D., W. MCBLAIR and K. M. TAYLOR: Biol. Bull. **101**, 84 (1951).
[8] Vgl. auch JØRGENSEN, C. B.: Nature **163**, 912 (1949).
[9] BIELIG, H.-J., u. E. JOST: Unveröffentlicht.
[10] HENZE, M.: H. **79**, 215 (1912); **86**, 345 (1913).
[11] HENZE, M.: H. **86**, 340 (1913).
[12] BIELIG, H.-J., u. E. BAYER: A. **584**, 96 (1953).
[13] KIMURA, K., and R. FUKAI: J. chem. Soc. Jap., pure Chem. Sect. **69**, 75 (1948).

man entweder zuerst bei 110° und verascht dann in einem Schmelztiegel bei 450° bis zur Gewichtskonstanz, oder man fügt zur eingewogenen Probe 1 cm³ konz. Schwefelsäure sowie mehrmals einige Tropfen Perhydrol und erhitzt im Reagensglas bzw. im Mikro-KJELDAHL-Kolben so lange auf freier Flamme, bis der Ansatz vollkommen klar ist. Der nur noch schwach schwefelsaure Aufschluß wird mit 1 n Natronlauge gegen Bromthymolblau neutralisiert und der Ansatz zur Trockne eingeengt.

Abtrennung von störenden Begleitmetallen:

Eisen, Uran und Kupfer, die ebenfalls farbige 8-Hydroxychinolin-Komplexe ergeben, fallen bei alkalischem p_H als Hydroxyde und können abzentrifugiert werden. Mangan vermag als Sulfid aus ammoniakalischer, Molybdän ebenfalls als Sulfid aus saurer Lösung gefällt zu werden. In letzteren Fällen muß das reduzierte Vanadium mit etwas Wasserstoffperoxyd wieder zur 5wertigen Stufe oxydiert werden. Die nur noch Vanadium enthaltende Restlösung wird erneut neutralisiert und eingetrocknet.

Bestimmung als 8-Hydroxychinolin-Komplex.

Reagentien:

1. 8-Hydroxychinolin-Lösung: Man löst 3 g 8-Hydroxychinolin (z. A.) in einem Gemisch von 31,51 g Citronensäure-monohydrat in 600 cm³ Wasser + 250 cm³ 1 n NaOH und füllt auf 1000 cm³ auf.
2. 0,1 n NaOH.
3. Chloroform (z. A.), stabilisiert mit 1% Äthanol.
4. Vanadinstandard (zur Aufstellung einer Eichkurve[1]): 17,8 mg trockenes V_2O_5 in 10 cm³ 1 n NaOH lösen und auf 100 cm³ mit dest. Wasser auffüllen (1 cm³ enthält 0,1 mg V).

Ausführung:

Den neutralen Trockenrückstand der Veraschung bzw. nach Abtrennung von Schwermetallen löst man in 2 cm³ n/10 NaOH, fügt 4 cm³ 8-Hydroxychinolin-Reagens hinzu, läßt 30 min bei 20° stehen und schüttelt den entstandenen violetten V-Komplex 3mal mit je 1 cm³ Chloroform aus. Die vereinigten blauvioletten Chloroformlösungen schüttelt man im Zentrifugenglas mit einer Spatelspitze wasserfreiem Na_2SO_4 durch, zentrifugiert, wäscht das Trockenmittel mit etwas Chloroform nach und gibt die Farblösung in ein 5 cm³-Meßkölbchen, ohne aufzufüllen. Dieses hält man 10 min in einem Wasserbad bei 60—65°, wobei die stabile rote Form des Vanadin(V)-Komplexes entsteht, kühlt auf Raumtemperatur, füllt mit Chloroform auf und bestimmt die Extinktion spektrophotometrisch bei 485 mμ. Sollte die Lösung zu farbstark sein, so wird mit $CHCl_3$ geeignet verdünnt.

Berechnung: Im Gebiet von 10—30 γ V je cm³ $CHCl_3$ gilt: γ V/cm³ $= 14{,}2\,(\log I_0/I) + 3{,}8$.

11. Zinkcysteinat.

Historisches. LEINER[2] fand bei Knochenfischen, MORTON[3] auch bei Amphibien und Säugern in der Aderhaut (Chorioidea) des Auges eine erhebliche Anreicherung von Zink. WEITZEL und Mitarbeiter[4, 5] stellten fest, daß das Metall im Tapetum lucidum als isolierbares Zinkcysteinat[6] gebunden ist.

Vorkommen. Wie aus Tabelle 14 hervorgeht, ist das Tapetum lucidum fibrosum der Pflanzenfresser zinkarm im Gegensatz zum Tapetum lucidum cellulosum der Carnivoren, das — bezogen auf Trockensubstanz — beim Fuchs bis zu 14% Zn[5], beim Seehund bis zu 10 mg Zn je Auge[6] (entsprechend 60% des Trockengewichts) als schwerlösliche Zink-

[1] Vgl. BIELIG, H.-J., E. BAYER, L. CALIFANO u. L. WIRTH: Pubbl. Staz. zool. Napoli **25**, 26 (1953).
[2] LEINER, M., u. G. LEINER: Biol. Zbl. **62**, 119 (1942); **64**, 293 (1944).
[3] BOWNESS, J. M., and R. A. MORTON: Biochem. J. **51**, 530 (1952); **53**, 620 (1953).
[4] WEITZEL, G., u. A.-M. FRETZDORFF: H. **292**, 221 (1953).
[5] WEITZEL, G., F.-J. STRECKER, U. ROESTER, E. BUDDECKE u. A.-M. FRETZDORFF: H. **296**, 19 (1954).
[6] WEITZEL, G., E. BUDDECKE, A.-M. FRETZDORFF, F.-J. STRECKER u. U. ROESTER: H. **299**, 193 (1955).

Cystein(1:1)-Verbindung enthält. Der Zn-Gehalt nimmt mit dem Alter der Tiere zu[1, 2]. Im Tapetum lucidum der Katze (etwa 1% Zn je Trockengewebe) kommt ein höheres Zinkpeptid an Stelle des Zinkcysteinats vor[3].

Darstellung. Zur Reindarstellung der Zink-Cystein-Verbindung eignen sich Seehundaugen mehrjähriger Tiere, die das rund 16fache an Tapetum-Trockengewicht wie Caniden liefern[2]. Über die Darstellung aus dem Tapetum lucidum cellulosum von Hund und Fuchsarten (Rot-, Silber-, Blaufuchs) vgl. WEITZEL und Mitarbeiter[4].

1. Zink-Cystein(1:1)-Verbindung aus dem Tapetum lucidum von Seehundaugen[2]. Aus dem präparierten hinteren Teil der Augenbulbi frisch erlegter, möglichst mehrjähriger Tiere läßt sich das zwischen Netzhaut (vorn) und Aderhaut (hinten) liegende Tapetum leicht ablösen und gefriertrocknen.

Das Tapetum-Gefriertrockenpulver (>15% Zn) wird zur Entfernung von Lipoiden mit Aceton behandelt, wieder getrocknet und danach mit 3%iger Ameisensäure unter Schütteln extrahiert. Man zentrifugiert vom zinkfreien Rückstand ab und saugt die Lösung durch ein Kollodium-Membranfilter, in dem höhermolekulare Begleitsubstanzen (Protein mit 11,67% N) zurückbleiben. Das Filtrat wird mit verdünnter Natronlauge neutralisiert, wobei die Zink-Cystein-Verbindung $C_3H_7O_3NSZn$ (Mol.-Gewicht 203; 32,5% Zn) ausfällt. Ausbeute etwa 60% des Tapetum-Trockengewichts.

Tabelle 14. *Zink-Gehalte im Tapetum lucidum von Herbivoren und Carnivoren*[1, 2].

Tierart	Anzahl untersuchter Augen	Tapetum-Bezirk mg Zn je g Trockengewebe	Isoliertes Tapetum % Zn in Trockensubstanz
Herbivoren			
Rind	20	0,97	—
Pferd	12	2,06	—
Schaf	10	2,69	—
Carnivoren			
Hund	17	46,50	7,2
Fuchs	12	67,23	11,6
Dachs	2	61,30	—
Katze	16	4,64	~0,7
Seehund *	14	99,23	14,6

* Untersucht wurde das isolierte Tapetum von 10 Wochen bis zu 8 Jahre alten Tieren. Angegeben sind der mittlere Zn-Gehalt je g Trockengewebe und der höchste Prozentgehalt[2].

Eigenschaften und Konstitution. Die aus dem Tapetum von Carnivoren und vom Seehund isolierte *Zink-Cystein-Verbindung* enthält 1 Mol Cystein je 1 Atom Zink sowie ein zusätzliches O-Atom. WEITZEL und Mitarbeiter[2] nehmen an, daß es sich um einen Aquo-Komplex von Zink mit der Koordinationszahl 4 handelt, wobei der Schwefel der Sulfhydrylgruppe, der Carboxylrest und die Aminogruppe des Cysteins sowie H_2O als Liganden auftreten. Die Schwerlöslichkeit in Wasser kann durch eine *polymere Struktur* $[(—S \cdot CH_2 \cdot CH(NH_2) \cdot COO—)Zn \cdot H_2O]_n$ erklärt werden.

BIELIG[5] vermutet, daß wegen der Unmöglichkeit, das komplex gebundene Wasser zu entfernen, nicht ein Polyaquo-Komplex, sondern ein schwerlösliches basisches Zinkcysteinat vorliegt.

Physiologische Bedeutung. Die Zink-Cystein-Verbindung, wahrscheinlich in den mikrokristallinen Glanzstäbchen des Tapetum lucidum cellulosum enthalten, dürfte an dessen Funktion als Lichtreflektor mit einer Luminescenzwirkung beteiligt sein[3]. Intravenöse Injektion von starken Zink-Komplexbildnern, z. B. 100 mg Dithizon je kg Körpergewicht, bewirkt beim Hund schon 10—15 min später rotviolette Verfärbung des Tapetum-Gebietes durch Bildung eines Zink-Dithizon-Komplexes. Einige Stunden nach der Verabreichung tritt unter Netzhautablösung Erblindung ein[3].

Nachweis und Bestimmung. Die Ermittlung der Zusammensetzung des Zink-cysteinats und seines nativen Vorliegens im Tapetum geschieht durch Bestimmung von Zink und Schwefel nach Veraschung, papierchromatographischen Nachweis von Cystein und

[1] WEITZEL, G., F.-J. STRECKER, U. ROESTER, E. BUDDECKE u. A.-M. FRETZDORFF: H. **296**, 19 (1954).
[2] WEITZEL, G., E. BUDDECKE, A.-M. FRETZDORFF, F.-J. STRECKER u. U. ROESTER: H. **304**, 1 (1956).
[3] WEITZEL, G.: Angew. Chem. **68**, 566 (1956).
[4] WEITZEL, G., E. BUDDECKE, A.-M. FRETZDORFF, F.-J. STRECKER u. U. ROESTER: H. **299**, 193 (1955).
[5] BIELIG, H.-J.: Diskussionsbemerkung zu einem Vortrag von G. WEITZEL in Chem. Ges., Freiburg i. Br. 1956.

jodometrische SH-Titration. Das zuvor abgetrennte Metall wird entweder polarographisch als Dithizon-Komplex[1] oder — beim Zn-reichen Tapetum lucidum cellulosum — komplexometrisch nach FLASCHKA[2] bestimmt. Der S-Gehalt im Aceton-Trockenpulver des Tapetums oder im isolierten Zinkcysteinat wird, nach Verbrennung in der Apparatur von WAGNER und BÜHLER[3] (6—10 mg Einwaage), titrimetrisch als Sulfat mittels Bariumchlorid und Alizarin-S (als Indikator) ermittelt[4].

1. Polarographische Zinkbestimmung in Augengeweben[1].

Reagentien:

1. Bidest. Wasser, zinkfrei.
2. H_2SO_4, konz.
3. 1 n Schwefelsäure.
4. Perhydrol (Merck).
5. 4 n NaOH (z. A.)
6. 0,1 n NaOH.
7. Alkalische Tartratlösung: 240 g NaOH in 1 *l* Wasser lösen und darin 300 g Weinsäure (z. A.) unter Rühren und Kühlen auflösen.
8. Tartratpuffer (p_H 5,2): 500 cm³ 1 m Lösung von Dinatrium-tartrat mit 500 cm³ gesättigter Na_2SO_4-Lösung vermischen und mit 1 n H_2SO_4 auf p_H 5,2 einstellen.
9. Tartratpuffer (p_H 8,0) wird wie zuvor bereitet, aber mit 0,1 n NaOH an Stelle von H_2SO_4.
10. Methylrot-Indikator, 0,3 %ig in 60 %igem Äthanol.
11. Dithizon-Lösung: 250 mg Dithizon (Merck) in 1 *l* Tetrachlorkohlenstoff lösen und in brauner Flasche kühl aufbewahren.

Glasgeräte vor jeder Bestimmung mit heißer Chromschwefelsäure füllen, 24 Std stehenlassen und zuletzt mit bidest. Wasser spülen. Kontrolle durch Zink-Analyse mit bidest. Wasser.

Erste Veraschung. 0,3 g Tapetum im KJELDAHL-Kolben einwiegen (Frischgewicht) und bei 120° bis zur Gewichtskonstanz trocknen (Trockengewicht). — Es sind folgende Werte an Milligramm Frisch-(Trocken-)Gewicht zu erwarten: Seehund 160—360 (20—70), Hund 9 (3), Fuchs 18 (5). — Verascht wird mit 0,5—3,0 cm³ konz. Schwefelsäure und mehrmaliger Zugabe von 3—5 cm³ Perhydrol bis zur Entfärbung. Man verdünnt mit 10—20 cm³ bidest. Wasser, fügt 5 cm³ Tartratpuffer (p_H 8,0) hinzu und bis zum Umschlag von Methylrot (3 Tropfen) zuerst 4 n, dann 0,1 n NaOH.

Zink-dithizon-Komplex und zweite Veraschung. Die klare, neutralisierte Lösung (p_H 5,5) wird 5mal mit je 10 cm³ der Dithizon-Lösung ausgeschüttelt, auch wenn die CCl_4-Phase schon vorher rein grün bleibt (Dithizon-Farbe). Die Dithizon-CCl_4-Phase wird abgetrennt, getrocknet, im KJELDAHL-Kolben vom Lösungsmittel auf siedendem Wasserbad befreit, der Rückstand mit 5 cm³ 1 n H_2SO_4 versetzt, bis zum Auftreten von SO_3-Nebeln erhitzt und je 4mal mit 3—5 cm³ Perhydrol und mit 5 cm³ bidest. Wasser abgedampft. Den Rückstand nimmt man in soviel Tartratpuffer (p_H 8,0) auf (1—3 cm³), daß p_H 5,2 erreicht ist, und füllt im Weithals-Meßkolben (5—25 cm³) mit Tartratpuffer (p_H 5,2) auf.

Polarographie. 4—5 cm³ der Zn-haltigen Lösung gießt man ins Polarographiegefäß, läßt 5 min lang Wasserstoff durchströmen und registriert bei einer Hg-Tropfenzahl von 30/min. Je nach eingestellter Empfindlichkeit entspricht 1 cm Stufenhöhe 2, 4, 10 oder 16 γ Zn. Geeicht wird jeweils mit eingewogenen Proben Zinksulfat (entspr. 45 γ Zn) in Tartratpuffer (p_H 5,2). Das Halbwellenpotential für Zn ist bei p_H 5,2 = – 1,40 V.

2. *Komplexometrische Zinkbestimmung im Tapetum lucidum*[1, 2]. Einwaagen von 0,3 g Tapetum werden — nach Ermittlung des Trockengewichtes — wie unter *1.* angegeben doppelt verascht. Eingestellt wird mit einer Lösung von 35 cm³ *25 %igem Ammoniak*

[1] WEITZEL, G., u. A.-M. FRETZDORFF: H. **292**, 212 (1953).
[2] FLASCHKA, H.: Mikrochem. **39**, 38 (1952).
[3] WAGNER, H., u. F. BÜHLER: Mikrochem. **36/37**, 641 (1951).
[4] FRITZ, J. S., and M. Q. FREELAND: Analyt. Chem., Washington **26**, 1593 (1954).

(z. A.) und 5,4 g *Ammoniumchlorid* in 100 cm^3 metallfreiem Wasser auf p_H 9. Man gibt eine kleine Spatelspitze voll *Eriochromschwarz T* (1:200 mit NaCl p. a. feinst verrieben) hinzu und titriert aus der Mikrobürette (10 cm^3, $^1/_{50}$ Teilung) mit 0,001 m Lösung von *Komplexon III* (3,721 g Trilon B zu 1 *l* mit metallfreiem Wasser lösen und nochmals 1:10 verdünnen) bis zum scharfen Umschlag von Weinrot zu Blau. 0,153 cm^3 Komplexon III-Lösung entsprechen 10 γ Zn.

3. Papierchromatographischer Nachweis von Zink und Cystein im Tapetum lucidum[1, 2]. Aus 10—15 mg Tapetum-Acetontrockenpulver wird mit 3 cm^3 90 %iger Essigsäure oder 3 %iger Ameisensäure das Zinkcysteinat unter leichtem Erwärmen extrahiert. Man filtriert durch eine kleine Glassinternutsche und trocknet das Filtrat im Vakuum ein.

Zum *Zink-Nachweis* löst man den Rückstand in 0,1 n HCl, trägt eine 10 γ Zn entsprechende Menge auf Schleicher & Schüll-Papier Nr. 2043b (zuvor mit Salzsäure und Flußsäure gewaschen) auf, trocknet und chromatographiert aufsteigend z. B. mit α-Picolin/Wasser (60:40). Markiert wird mit 0,1 %igem Dithizon in Chloroform (Violettfärbung). Der R_F-Wert beträgt 0,71—0,77.

Zum *Cystein-Nachweis* chromatographiert man entsprechend, aber — um Cystin-Bildung zu vermeiden — in Schwefelwasserstoff-Atmosphäre. Hierzu durchströmt man das Lösungsmittel in einer Waschflasche mit H_2S und leitet es dann in die Chromatographie-Kammer. Markiert wird mit Ninhydrin-Reagens (200 mg Ninhydrin in n-Butanol/2 n Essigsäure = 95:5).

4. Jodometrische SH-Bestimmung in Tapetum-Auszügen[2]. 5—8 mg Tapetum-Acetontrockenpulver werden mit 90 %iger Essigsäure quantitativ extrahiert. Der Rückstand wird abfiltriert und die erhaltene Cystein-Lösung nach KUHN und Mitarbeitern[3] jodometrisch titriert.

Hormones Thyroïdiennes.

Par

Raymond Michel et Jean Roche.

1. Introduction.

On peut définir une hormone comme un produit sécrété par une glande close et qui possède à faible dose les propriétés spécifiques des extraits endocriniens totaux. La thyroxine répond à cette définition; aussi, l'a-t-on considérée dès sa découverte, comme l'hormone thyroïdienne; au cours de ces dernières années, trois autres substances iodées douées d'activités hormonales ont été caractérisées dans le corps thyroïde. Ces quatre produits sont mis en circulation et distribués par le sang à l'ensemble des tissus; ils y subissent une dégradation qui conduit à l'excrétion rénale d'iodures.

Les importants progrès récemment enregistrés dans la biochimie thyroïdienne, sont dus pour une grande part à la résolution de problèmes techniques. L'identification de corps nouveaux n'a été possible que grâce à l'adaptation de méthodes nouvelles; l'étude de l'iode sanguin a exigé la mise au point de procédés de dosage particulièrement sensibles et la mesure des effets hormonaux a nécessité l'élaboration d'essais biologiques bien standardisés. Les aspects techniques des solutions apportées aux divers problèmes posés par les recherches thyroïdiennes seront principalement retenus dans notre exposé, qui comportera deux chapitres. Le premier sera consacré à la nature de l'iode hormonal thyroïdien et au dosage de ses divers constituants, le second traitera de la caractérisation, de la détermination des produits iodés du sang et des méthodes destinées à mesurer l'intensité de leurs principaux effets biologiques.

[1] WEITZEL, G., u. A.-M. FRETZDORFF: H. **292**, 212 (1953).
[2] WEITZEL, G., E. BUDDECKE, A.-M. FRETZDORFF, F.-J. STRECKER u. U. ROESTER: H. **299**, 193 (1955).
[3] KUHN, R., L. BIRKOFER u. F. W. QUACKENBUSH: B. **72**, 407 (1939).

2. Nature et dosages des hormones thyroïdiennes.

Le corps thyroïde de l'homme renferme 15 à 20% de l'iode total de l'organisme, alors que son poids correspond au plus à 0,03% de la masse corporelle. Les iodures captés par la glande sont rapidement incorporés à certains acides aminés dans une protéine, la thyroglobuline, dont la teneur en halogène dépasse à peine 1% pour les échantillons les plus riches en celui-ci[1]. Le rapport: $\frac{\text{I hormonal}}{\text{I total}}$ est peu variable (0,25—0,35) d'une préparation à l'autre, mais la teneur en iode présente des écarts qui peuvent être importants; aussi[2] le taux de l'halogène n'est-il pas une constante de composition de la thyroglobuline.

Trois types de corps iodés ont été identifiés dans cette protéine, certains dérivent de la L-tyrosine, d'autres de la L-thyronine, d'autres enfin de la L-histidine. Leurs formules sont rassemblées ci-dessous:

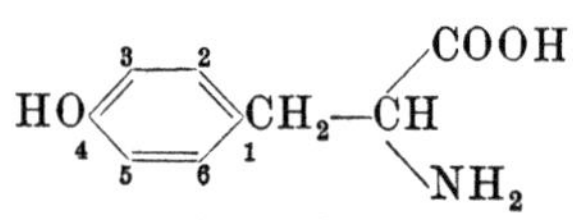
Tyrosine

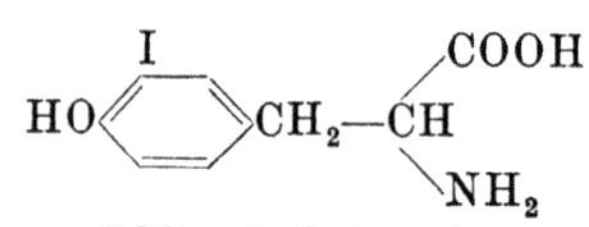
3-Monoiodotyrosine

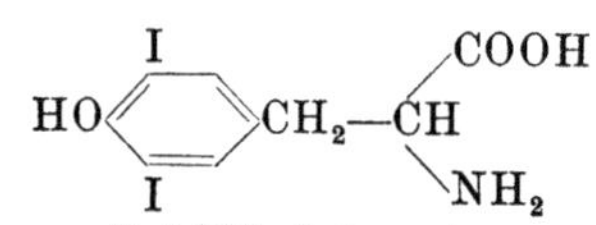
3:5-Diiodotyrosine

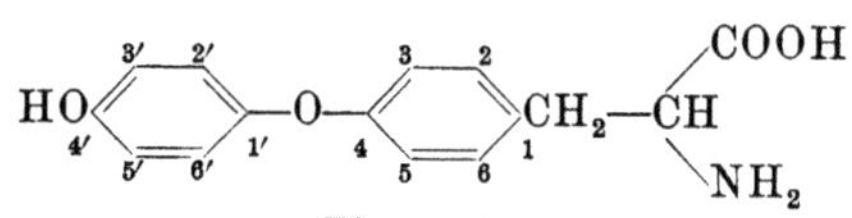
Thyronine

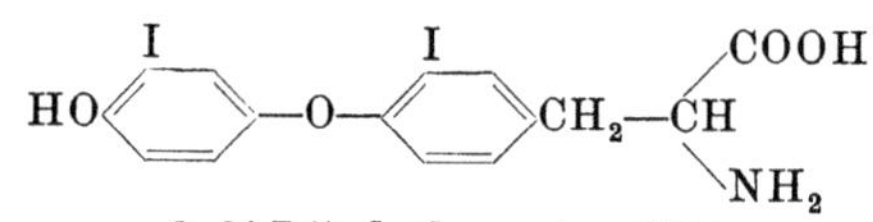
3:3'-Diiodothyronine (T'_2)

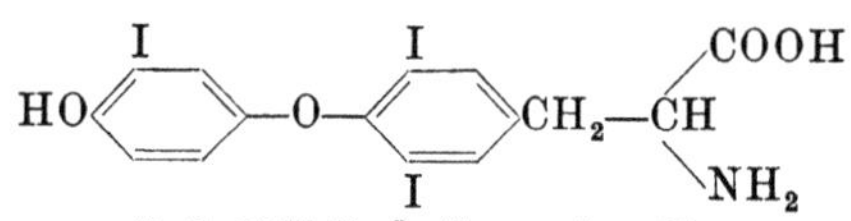
3:5:3'-Triiodothyronine (T_3)

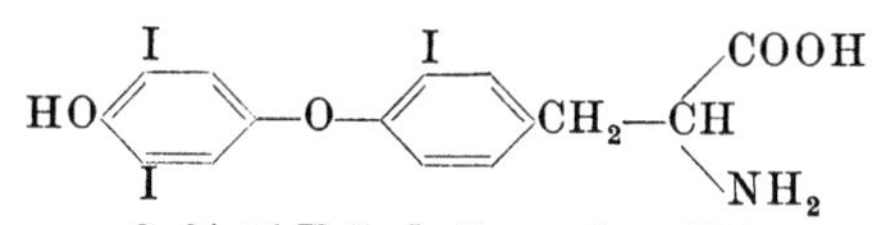
3:3':5'-Triiodothyronine (T'_3)

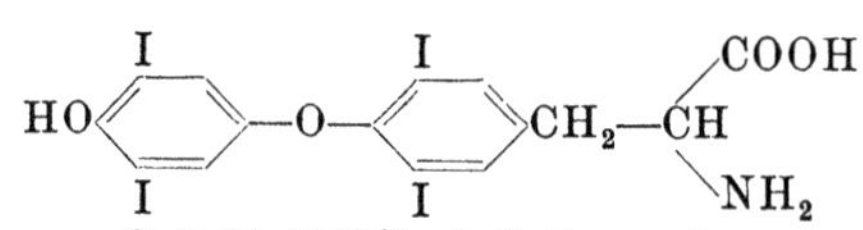
3:5:3':5'-Tétraiodothyronine
Thyroxine (T_4)

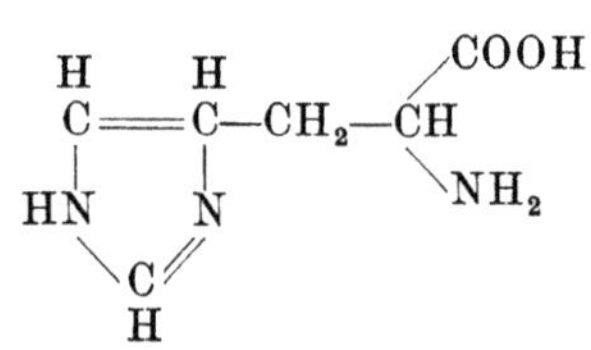
Histidine

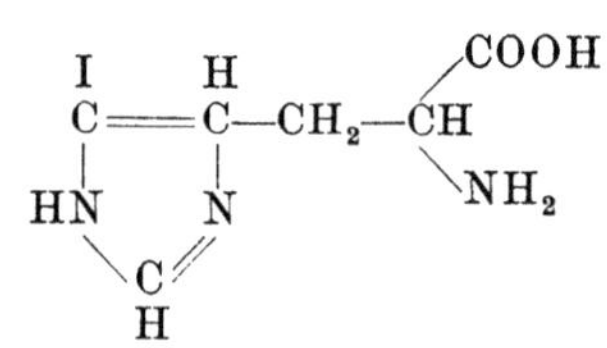
2-Monoiodohistidine

Seuls les acides aminés iodés dérivés de la L-thyronine sont les constituants hormonaux; les iodotyrosines[3,4] sont leurs précurseurs. La monoiodohistidine[5] n'intervient pas dans l'hormonogénèse. Cet article est consacré exclusivement aux hormones thyroïdiennes, c'est-à-dire aux iodothyronines. Celles-ci sont aux nombre de 4; un dérivé tétraiodé ou thyroxine (T_4), 2 triiodothyronines isomères (T_3 et T'_3) et 1 diiodothyronine (T'_2).

Diverses réactions colorées ont été mises en oeuvre pour les identifier et même pour les doser, soit en solution, soit après séparation sur les chromatogrammes. Comme tous les acides α-aminés elles donnent une coloration violacée avec la ninhydrine et comme de très nombreux phénols, une coloration rouge orangé avec le réactif de PAULY[6,7]. Mais

[1] GORBMAN, A., S. LISSITZKY, O. MICHEL, R. MICHEL and J. ROCHE: Endocrinology **51**, 546 (1952).
[2] DERRIEN, Y., R. MICHEL, K. O. PEDERSEN et J. ROCHE: Biochim. biophysica Acta, N. Y. **3**, 436 (1949).
[3] HARINGTON, C. R., and S. S. RANDALL: Biochem. J. **23**, 373 (1929).
[4] FINK, K., and R. M. FINK: Science, N. Y. **108**, 358 (1948).
[5] ROCHE, J., S. LISSITZKY et R. MICHEL: Biochim. biophysica Acta, N. Y. **8**, 339 (1952).
[6] ROCHE, J., S. LISSITZKY and R. MICHEL: Meth. biochem. Analysis **1**, 243 (1954).
[7] GROSS, J.: Brit. med. Bull. **10**, 218 (1954).

elles ont pu être caractérisées grâce à des réactions du groupement phénolique orthosubstitué. C'est ainsi que la réaction de MILLON et celle à l'α-nitroso-β-naphtol[1] qui nécessitent une position ortho libre sont positives avec T_3 et T'_2 mais non avec T'_3 et T_4. La réaction d'INGVALDSEN et CAMERON[2] aux ions nitreux n'est présentée que par les produits iodés de structure orthodiiodophénolique, soit T_4 et T'_3.

Les réactions colorées caractéristiques des iodothyronines ont été rassemblées, dans le tableau 1.

a) Thyroxine (T_4).

Elle a été isolée à l'état cristallisé dès 1919 à partir d'hydrolysat sodique d'extrait thyroïdien[3]. Sa constitution a été établie quelques années plus tard, puis confirmée par sa synthèse[4]. Elle correspond à l'acide β-3:5-diiodo-4 (3':5'-diiodo-4'hydroxy-phénoxy-phényl) α-amino-propionique. On obtient la thyroxine par ioduration en 3':5' de la 3:5-diiodothyronine. La première synthèse de celle-ci a été réalisée par HARINGTON et BARGER[4]. Depuis lors, deux nouvelles méthodes ont été élaborées; elles conduisent à l'isomère naturel L et utilisent toutes deux comme produit de départ la L-tyrosine, mais sont totalement différentes dans leur principe[5, 6]. Le pouvoir rotatoire est de $[\alpha]_{5461} = -5{,}7°$ en solution éthanol-NaOH.

Tableau 1. *Réactions de caracterisation des hormones thyroïdiennes.*

Réactions étudiées	T_4	T_3	T'_3	T'_2
I Réaction à la ninhydrine . . .	+	+	+	+
II Réaction du groupement phénol				
R. Pauly	+	+	+	+
R. de Millon	—	+	—	+
R. à l'α-nitroso-β-naphtol . .	—	+	—	+
R. aux ions nitreux	+	—	+	—

T_4 cristallise en aiguilles microscopiques réunies en gerbes ou en rosettes. Elle est pratiquement insoluble à p_H 4,5 et précipite de ses solutions quantitativement à ce p_H. Cette propriété a été mise à profit pour son dosage dans les hydrolysats de poudre de thyroïde[7]. Elle est extractible par le p-butanol à p_H 4 et demeure en solution dans ce solvant après lavages par les alcalis, même concentrés, ce qui n'est pas le cas pour les iodotyrosines.

Dosages de la thyroxine. — *A*. On a préconisé un dosage de la thyroxine dans les préparations thyroïdiennes[8] basé sur ce principe et dont le mode opératoire est le suivant:

De 250 mg à 1 g de thyroglobuline ou de poudre de thyroïde (selon la richesse en iode) sont additionnés de 10 à 50 ml (5 ml par 100 mg) de solution de baryte à 8 % et chauffés pendant 6 heures au bain d'huile à 115° sous réfrigérant à reflux. Après refroidissement, on transvase quantitativement dans une ampoule à décantation. On amène le milieu à p_H 3,5—4,0 à l'aide d'HCl N, on porte à 75 ml avec de l'eau distillée. Après addition de 75 ml de *n*-butanol, on agite énergiquement et laisse reposer 12 heures. Pour éliminer les iodotyrosines, on lave l'extrait butanolique avec NaOH 5 N (2 lavages: le premier avec 75 ml, le second avec 37,5 ml) en ayant soin, au cours du dernier lavage, d'éliminer les produits insolubles rassemblés à la limite de séparation des deux liquides. On recueille quantitativement la couche butanolique que l'on concentre sous vide. Le résidu sec (R) est repris par de l'eau distillée dans un creuset en nickel. On dose ensuite l'iode après minéralisation sodique, avec titrage final, par une solution de thiosulfate N/200; 1 ml de cette solution correspond à 0,634 mg d'iode thyroxinien.

[1] ACHER, R., et C. CROCKER: Biochim. biophysica Acta, N. Y. **9**, 704 (1952).
[2] INGVALSEN, I., and A. T. CAMERON: Proc. Trans. R. Soc. Canada (3) Sect. V, **20**, 297 (1926).
[3] KENDALL, E. C.: J. biol. Ch. **39**, 125 (1919).
[4] HARINGTON, C. R., and G. BARGER: Biochem. J. **21**, 169 (1927).
[5] CHALMERS, J. R., G. T. DICKSON, J. ELKS and B. A. HEMS: Soc. 3424 (1949).
[6] HILLMANN, G.: 3. Int. Congr. Biochem. Bruxelles 1955. Abstract 1—16.
[7] HARINGTON, C. R.: Fortschr. Chem. org. Naturstoffe **2**, 103 (1939).
[8] BLAU, N. F.: J. biol. Ch. **110**, 351 (1935).

Cette méthode ne permet pas de doser spécifiquement T_4 mais globalement les iodothyronines de la thyroglobuline, lesquelles possèdent toutes les mêmes caractères de solubilité dans le *n*-butanol que T_4. Cependant, étant donné le taux particulièrement élevé de celle-ci par rapport aux autres produits hormonaux, cette technique fournit des renseignements suffisants pour les besoins courants de l'analyse de préparations thyroïdiennes.

B. Un dosage plus précis est réalisé par colorimétrie[1] opérée sur le résidu d'extraction butanolique (R), obtenu par la technique précédente. La réaction colorée adoptée est basée sur la propriété présentée par de nombreux ortho-diiodophénols, de donner une teinte orangée par addition de NO_2Na en milieu chlorhydrique, qui vire au rouge après alcalinisation par l'ammoniaque. Cette réaction fortement positive avec T_4 et T'_3 est négative avec T'_2 et T_3.

Le résidu (R) est repris par 20 ml d'une solution (A) renfermant 10 ml NaOH 10 N, 10 ml HCl 10,5 N, 25 ml éthanol à 95° et 30 ml d'eau. On dose T_4 sur une partie aliquote d'un volume égal ou inférieur à 7,5 ml et renfermant de 100 à 300 μg de ce corps.

Pour cela on ajoute à l'échantillon prélevé, autant de ml de solution (A) qu'il est nécessaire pour atteindre le volume total de 7,5 ml, puis 1 ml de solution fraîche de NO_2Na à 1%. On abandonne à 15° C pendant 10 min au cours desquelles il se développe une coloration jaune orangé, puis on ajoute 1,5 ml d'ammoniaque concentrée, ce qui provoque un virage au rouge. On centrifuge et l'on mesure, dans les 15 min qui suivent l'alcalinisation, l'intensité de la coloration à un électrophotomètre dans une cuve de 2 cm et à une longueur d'onde de 5000 Å. On reporte le résultat obtenu sur une courbe d'étalonnage établie au préalable en opérant de la même manière sur des solutions titrées de T_4 (100 à 300 μg) ce qui permet de connaître la quantité de ce corps présente dans la prise d'essai. En fait c'est la richesse en T_4 et T'_3 que l'on détermine par cette méthode, mais la teneur de la seconde dans les préparations thyroïdiennes est tellement faible — inférieure à 2% — qu'elle peut être négligée devant le taux de la première.

La teneur en iode thyroxinien de la thyroglobuline normale de diverses espèces animales présente des variations assez importantes, mais qui vont de pair avec leur richesse en iode total. On note ainsi une constance relative du rapport $\frac{\text{I thyroxinien}}{\text{I total}}$ qui s'établit entre 0,25 et 0,35, traduisant sans doute un équilibre entre les diverses réactions qui donnent naissance à la thyroxine[2]. Ce rapport est beaucoup plus faible et n'atteint 0,15 qu'avec certaines thyroglobulines pathologiques préparées à partir de glandes thyroïdes hypertrophiées consécutives à un goître simple ou après administration d'antithyroïdien de synthèse[3].

b) Di- et triiodothyronines (T'_2, T_3 et T'_3).

La caractérisation des thyronines partiellement iodées dans la thyroglobuline a été réalisée grâce à l'utilisation du radioisotope de l'iode ^{131}I associé à l'emploi de méthodes chromatographiques; toutefois ces analyses n'ont pu être menées à bonne fin que grâce à la synthèse préalable de diverses iodothyronines.

La 3:5:3'-triiodothyronine, T_3, est préparée par ioduration partielle en milieu ammoniacal de la 3:5-diiodothyronine, T_2, soit au moyen d'une solution iodoiodurée diluée[4], soit par une solution méthanolique d'iode[5]. T_3 est ensuite purifiée par chromatographie. Elle cristallise en longues aiguilles et fond à 233° C avec décomposition. Son spectre ultraviolet montre un maximum d'absorption à 3173 Å.

Les deux autres iodothyronines T'_2 et T'_3 identifiées dans la thyroglobuline ont été obtenues par ioduration contrôlée de 3-iodothyronine, T_1; diverses synthèses de celle-ci

[1] Roche, J., et R. Michel: Biochim. biophysica Acta, 1, 335 (1947).
[2] Michel, R., et M. Lafon: C. R. Soc. Biol. 140, 634 (1946).
[3] Roche, J., et R. Michel: Fortschr. Chem. org. Naturstoffe 12, 349 (1955).
[4] Roche, J., S. Lissitzky et R. Michel: Biochim. biophysica Acta, N. Y. 11, 215 (1953).
[5] Gross, J., and R. Pitt-Rivers: Biochem. J. 53, 645 (1953).

ont été décrites[1-4]. T_2 cristallise en aiguilles, anhydre ou parfois avec deux molécules d'eau de cristallisation; elle fond à 198° C et T'_3 à 207° C.

Les produits synthétiques ont servi de substance de référence en vue de leur identification dans les extraits thyroïdiens. Celle-ci a pu être accomplie grâce à l'établissement de solvants chromatographiques assurant la résolution de tous les corps iodés déjà connus d'avec les nouveaux, lesquels ont d'ailleurs pu être séparés entre eux.

α) *Caractérisation chromatographique des iodothyronines.* Les iodothyronines peuvent être repérées sur les chromatogrammes par les diverses réactions colorées des acides aminés et des phénols déjà signalés, et en outre par la présence d'iode (Bowden et MacLagan[5]). Les deux premiers types de révélation nécessitent des quantités de substance supérieures à 15 μg; la troisième réaction spécifique des corps iodés, donne de meilleurs résultats en présence de 1 à 5 μg de produit halogèné. Les R_F des iodothyronines dans divers solvants sont réunis dans le tableau 2.

Tableau 2. *R_F des iodothyronines.*

Produit	1 n-butanol-acide acétique-eau (78-5-17) desc. +17° C	2 n-butanol sat. NH_4OH 2 N desc. +17° C	3 n-butanol-dioxane (4:1) sat. NH_4OH 2 N desc. +17° C	4 isopentanol sat. NH_4OH 2 N desc. +13° C	5 pentanol tert. sat. NH_4OH 2 N asc. +17° C	6 collidine-eau (100—35,5) sat. NH_3 asc. +17° C	7 méthanol $AcONH_4$ 0,2 M (1:2,5) asc. +3° C entr.: 10 μg
Thyronine	0,60	0,50	0,55	—	—	0,57	—
3'-monoiodothyronine	0,68	0,41	0,40	—	—	0,58	—
3-monoiodothyronine	0,70	0,60	0,65	0,70	0,46	0,65	0,00
3:5-diiodothyronine	0,65	0,72	0,70	0,75	0,54	0,68	0,00
3:3'-diiodothyronine	0,70	0,51	0,48	0,50	0,35	0,63	0,23
3':5'-diiodothyronine	0,75	0.43	0,40	—	—	0,38	—
3:3':5'-triiodothyronine	0,68	0,43	0,41	0,40	0,20	0,58	0,00
3:5:3'-triiodothyronine	0,70	0,65	0,62	0,60	0,45	0,70	0,00
Thyroxine	0,75	0,48	0,46	0,50	0,25	0,59	0,00
Iodures	0,20	0,31	0,37	0,20	0,18	0,85	0,60

Les solvants alcalins se prêtent le mieux à la séparation des mélanges d'iodothyronines[6]. Le *n*-butanol saturé d'ammoniaque 2 N permet une résolution satisfaisante de T_4, de T_3 et I^-, de même, celle de T'_2, de T'_3 et I^-, par contre il ne permet pas la séparation d'un mélange de T_4, de T'_2 et de T'_3, ni celle de la 3'-iodothyronine, T_1, et de la 3':5'-diiodothyronine. Le *n*-butanol-dioxane (4:1) saturé d'ammoniaque 2 N donne des résultats analogues; son avantage tient au fait qu'il conduit à des taches plus petites et mieux définies. Dans ces deux solvants, T_4 et T'_2 sont presque confondues, tandis que la séparation entre la première et T'_3 est en général insuffisante pour permettre de caractériser la seconde. L'alcool isoamylique saturé d'ammoniaque à 13° C, en phase descendante et après un temps prolongé de migration (environ 72 heures), permet de séparer T'_3 de T_4, de T'_2 de I^- et de T_3; il est par contre inefficace pour séparer T_4 de T'_2. Cette dernière difficulté a pu être résolue par l'emploi de l'alcool amylique tertiaire saturé d'ammoniaque 2 N[7], en sens descendant et à 17° C; T'_2 est séparée de T_4, de T_3 et de T'_3, des iodures et des autres iodothyronines.

β) *Radiochromatographie des di- et triiodothyronines.* Il n'existe pas actuellement de méthode qui permette de déterminer les teneurs en di- et triiodothyronines des préparations thyroïdiennes; par contre il est possible, après administration d'^{131}I à des animaux, de les identifier et même d'apprécier leurs proportions relatives. Une quantité importante

[1] Roche, J., R. Michel et W. Wolf: Cr. **239**, 597 (1954).
[2] Gemmill, C. L., J. J. Anderson and A. Burger: Am. Soc. **78**, 2434 (1946).
[3] Roche, J., R. Michel, J. Nunez et C. Jacquemin: Cr. **244**, 1507 (1957).
[4] Roche, J., R. Michel, J. Nunez et C. Jacquemin: Cr. **245**, 77 (1957).
[5] Bowden, C. H., N. F. MacLagan and J. H. Wilkinson: Biochem. J. **59**, 93 (1955).
[6] Roche, J., S. Lissitzky and R. Michel: Meth. biochem. Analysis **1**, 243 (1954).
[7] Gleason, G. I.: J. biol. Ch. **213**, 837 (1955).

du radioiode est captée dans la glande thyroïde 24 heures après injection, ^{131}I étant fixé sur la thyroglobuline. Pour analyser cette protéine il convient d'abord de l'extraire en totalité, puis d'en détacher les acides aminés par hydrolyse et enfin de séparer ces derniers par chromatographie.

De 10 à 100 mg de tissu thyroïdien sont broyés en présence de poudre de verre. Le broyat est extrait 4 fois par 0,5 ml NaCl à 9‰. L'ensemble des liquides d'extraction, centrifugé à grande vitesse pour éliminer complètement les débris cellulaires, renferme la quasi-totalité de la radioactivité de l'échantillon. Une partie, 1,5 ml, de cette solution est hydrolysée par les protéinases pancréatiques totales (de 1 à 5 mg) à p_H 8,5 à 37° C pendant 24 heures, puis par la papaïne (de 1 à 5 mg) activée par H_2S à p_H 5,0, pendant 12 heures. La protéolyse est arrêtée par l'addition de 0,1 ml NH_4OH concentré[1, 2]. On peut remplacer les protéases précédentes par une préparation de cathepsine thyroïdienne de porc[3].

L'hydrolyse de la protéine thyroïdienne par les enzymes protéolytiques est le procédé le plus convenable. Il doit être employé de préférence aux alcalis chauds qui entraînent, outre une déshalogénation importante, la formation d'artefacts chromatographiques constitués par des produits de dégradation[4–6]. Il y a cependant lien de retenir que la protéolyse enzymatique n'est jamais complète et qu'une partie des iodothyronines peut demeurer présente dans divers peptides et échapper à l'analyse. Une première indication sur la composition en corps iodés de l'extrait est fournie par analyse chromatographique bidimensionnelle directe d'une partie aliquote de l'hydrolysat et renfermant 0,01 μC I^{131}. Après développement dans les deux solvants et repérage de la position des divers acides aminés iodés grâce à des corps de référence, on place le chromatogramme au contact d'un film de rayons X (Kodirex sans écran) et on laisse pendant une période qui dépend de l'intensité des taches radioactives, un flux total de 10^6 particules β/cm^2 est nécessaire pour obtenir une image satisfaisante. La complexité d'un hydrolysat thyroïdien est telle que l'examen du radioautochromatogramme ne permet pas de se faire une idée, même approximative, de la proportion des différents produits iodés. Si on désire mettre en évidence un constituant qui existe à l'état de traces, on doit prolonger le temps d'exposition et dans ce cas l'impression du film par le rayonnement β des autres corps radioactifs est maximum. Pour obtenir des données semi-quantitatives, il est indispensable de préparer un radioautochromatogramme dans des conditions telles que le produit le plus radioactif fournisse une tache d'intensité mesurable, c'est-à-dire qu'elle ne présente pas une opacité totale. Il est alors possible, en se servant d'un photomètre spécial, d'estimer la proportion des divers constituants par la mesure de l'intensité relative de lumière absorbée par chacune des taches. La densitomètrie des surfaces impressionnées donne de meilleurs résultats avec les chromatogrammes monodimensionnels. La densité optique est mesurée tout au long de l'autochromatogramme, chaque tache radioactive absorbe plus ou moins de lumière selon son opacité[7]. Les résultats sont représentés par une courbe où chaque clocher indique un ou plusieurs corps radioactifs et dont la surface est proportionnelle à l'activité.

On peut déterminer directement la proportion des divers produits iodés séparés sur un chromatogramme par mesure de la radioactivité le long de celui-ci, en le déplaçant sous la fenêtre d'un compteur de GEIGER-MÜLLER[8]. Le déplacement peut être manuel, la radioactivité est alors directement indiquée sur l'échelle pour un temps défini; on peut également disposer d'un appareillage automatique faisant défiler le chromatogramme à une vitesse constante sous le compteur, lequel est réuni à un engistreur adapté à un inté-

---

1 ROCHE, J., M. JUTISZ, S. LISSITZKY et R. MICHEL: Biochim. biophysica Acta, N. Y. **7**, 257 (1951).
2 ROCHE, J., R. MICHEL, J. NUNEZ et W. WOLF: Biochim. biophysica Acta, N. Y. **18**, 149 (1955).
3 ALPERS, J. B., J. ROBBINS and J. E. RALL: Endocrinology **56**, 110 (1955).
4 STANLEY, P. G.: Nature **171**, 933 (1953).
5 ROCHE, J., R. MICHEL et E. VOLPERT: C. R. Soc. Biol. **148**, 21 (1954).
6 KENNEDY, T. H.: Nature **179**, 50 (1957).
7 GROSS, J.: Brit. med. Bull. **10**, 218 (1954).
8 LISSITZKY, S., et R. MICHEL: Chromatographie sur papier. Bull. Soc. chim. France. **1952**, 891.

grateur[1]. La représentation graphique des résultats exprime la radioactivité en fonction de la distance du chromatogramme. Chaque clocher correspond à un ou plusieurs corps marqués, dont la surface est proportionnelle à la radioactivité du produit séparé. Grâce à cette technique, la cinétique de formation de T_3 et T'_2 dans la glande thyroïde de rat a pu être déterminée, ainsi que les mécanismes enzymatiques qui contrôlent la sécrétion thyroïdienne.

3. Nature, dosage et activités biologiques des hormones circulantes.

a) Nature de l'iode sanguin.

La nature de l'iode sanguin n'est pas complètement élucidée, mais un point demeure acquis: le sang renferme à la fois de l'iode inorganique et organique, celui-ci étant essentiellement plasmatique tandis que les iodures sont distribués dans les hématies et dans le plasma. La concentration des iodures dépend de l'apport alimentaire et de l'état fonctionnel de la glande thyroïde. T_4 et T_3, ajoutées à des hématies lavées en suspension dans un liquide isotonique, ne traversant pas la membrane globulaire, tandis que I^- semble légèrement concentré par les globules. La différence de comportement entre iode hormonal et minéral a été mise à profit dans l'établissement d'un test clinique d'exploration de la glande thyroïde. 24 heures après injection d'une dose traceuse de ^{131}INa le rapport $\frac{\text{radioactivité hématie}}{\text{radioactivité plasma}}$ est déterminé. Egal à 0,46 chez le sujet normal, il baisse dans les cas d'hyperfonctionnement et augmente chez les hypothyroïdiens[2, 3].

La nature de l'iode organique est complexe. L'application du principe de la dilution isotopique à l'analyse de plasmas d'animaux traités par ^{131}INa a permis dès 1947[4] de confirmer une hypothèse émise 3 ans plus tôt par HARINGTON[5], à savoir que T_4 devait constituer l'hormone circulante. L'extension à l'étude de l'iode sanguin des méthodes utilisées pour l'identification des corps iodés de la glande thyroïde, après les avoir adaptées à ce problème particulier, a permis de montrer que T_4 n'était pas le seul produit iodé organique[6]. Alors que la thyroglobuline doit d'abord être hydrolysée pour en libérer les constituants iodés, l'hydrolysat étant déposé tel quel sur la ligne de départ du chromatogramme, il n'en est pas de même avec le sérum. L'hydrolyse est inutile. Par contre, il convient d'éliminer les protéines et d'en séparer les corps iodés. En effet à l'exception du solvant: collidine/eau en atmosphère de NH_3, où les protéines ne gênent pas sensiblement la migration des produits marqués — à condition néanmoins que l'activité spécifique soit suffisamment élevée — elles empêchent tout déplacement avec les solvants usuels. L'extraction peut être effectuée de diverses façons: par le *n*-butanol neutre ajouté en quantité suffisante pour retenir l'eau du plasma[4], ce qui a pour effet de détacher les substances iodées liées aux protéines, ou par le *n*-butanol acidifié par HCl dilué dont les liquides butanoliques sont employés soit directement[7] soit après purification par le chloroforme[8]. Enfin, dans un autre procédé, le plasma, d'abord lyophilisé, est délipidé à froid par de l'éther déperoxydé contenant 5% d'éthanol. Après dissolution de la poudre dans NH_4OH 0,1 N, les protéines précipitées par de l'éthanol jusqu'à obtention d'une concentration à 65% d'alcool, sont éliminées par centrifugation. Le liquide surnageant est analysé par chromatographie après concentration partielle sous vide[9].

Les radioautochromatogrammes des extraits plasmatiques radioactifs montrent l'existence de plusieurs produits iodés, dont le plus important est T_4; un autre correspond à

[1] CHAIN, E. B.: Expos. ann. Biochim. méd. **17**, 29 (1957).
[2] WHITE, W.: J. Lab. clin. Med. **41**, 516 (1953).
[3] COURRIER, R., M. TUBIANA et F. MOREL: Bull. Acad. nat. Méd., Paris **135**, 117 (1955).
[4] TAUROG, A., and I. L. CHAIKOFF: J. biol. Ch. **171**, 439 (1947).
[5] HARINGTON, C. R.: Proc. R. Soc. London (B) **132**, 223 (1944).
[6] CRITCHLOW, A., and M. K. GOLDFINCH: Radioisotope Conference **1**, 271 (1954).
[7] GROSS, J., and R. PITT-RIVERS: Lancet **261**, 766 (1951).
[8] FLOCK, E. V., and J. L. BOLLMAN: J. biol. Ch. **214**, 709 (1955).
[9] ROCHE, J., R. MICHEL et J. NUNEZ: C. R. Soc. Biol. **150**, 20 (1956).

T_3[1]. Il semble que le sang de Rat soit plus riche en T_3 que celui de l'Homme; dans diverses affections thyroïdiennes, elle n'existe qu'à l'état de traces et parfois fait totalement défaut[2]. La thyroglobuline a été caractérisée dans certains cas pathologiques ou après administration de quantités importantes d'iode radioactif[3]. Une protéine iodée particulière a été signalée dans certains cancers thyroïdiens, sa nature a été étudiée par les mêmes techniques que celles qui ont permis d'identifier les substances iodées glandulaires[4].

L'analyse chromatographique de plasma de Rats traités par ^{131}INa a permis la caractérisation de deux nouveaux constituants iodés. L'un, dont la position chromatographique dans les solvants usuels est confondue avec celle de T_4 a pu être dédoublé par chromatographie bidimensionnelle et identifié à T'_2[5] par référence au produit synthétique. Elle apparaît précocément dans le sang; son taux semble diminuer par la suite; exceptionnellement, il peut atteindre le quart de celui de T_4 présente. L'autre est T'_3[6], mais elle ne s'y trouve qu'à une faible concentration, en sorte que sa mise en évidence a nécessité la purification et l'enrichissement préalable des extraits plasmatiques. On peut considérer que ceux-ci renferment généralement 24 heures après injection d'^{131}INa au Rat: 10 à 20% d'iodures, 70% de T_4, 2 à 5% de T_3, 5 à 10% de T'_2 et des traces de T'_3.

D'autres produits iodés circulent dans le sang à des teneurs infimes[7]; il ne semblent pas être des iodotyrosines; la chromatographie dans certains solvants particuliers permet d'exclure cette éventualité. Il est plus vraisemblable d'admettre que ce sont des dérivés du métabolisme tissulaire des iodothyronines et dont la nature est encore inconnue.

Les hormones iodées circulantes sont lieés à certaines protéines plasmatiques (TBP). Cette union a pu être démontrée par l'électrophorèse de plasmas radioactifs[8], en comparant sur l'électrophorégramme la position des produits marqués par repérage autographique ou comptage au compteur de GEIGER-MÜLLER avec la migration des substances de référence. La fixation de T_4 sur certains glycoprotéides globulinique (TBP) est plus solide que celle qui unit T_3 aux mêmes protéines, en sorte que la liaison plus labile de celle-ci favorise sa diffusion tissulaire et explique en partie certaines différences métaboliques constatées entre les deux hormones. Une fraction albuminique (préalbumine) transporte T_3 spicifiquement.

b) Dosage de l'iode organique fixé aux protéines sériques (PBI).

Il était certes tentant de connaître le taux des hormones iodées circulantes, car l'exploration d'une glande close n'est en général possible que par l'évaluation de ses produits d'élimination urinaire, lesquels sont souvent des catabolites inactifs. Cependant, la détermination de l'iode organique du sang a posé un problème analytique difficile à résoudre, car il convient de pouvoir doser avec une précision suffisante des quantités d'iode inférieures à 0,02 μg. Dans ce but, de nombreuses techniques ont été préconisées. Celles qui étaient, jusqu'à ces dernières années, les plus couramment employées sont basées sur la méthode de CHANEY[9], qui consiste à détruire la matière organique en milieu acide; après minéralisation le milieu est réduit, puis l'iode est distillé et le dosage colorimétrique de l'halogène est réalisé sur le distillat. L'iode catalyse, même à l'état de traces en présence d'acide arsénieux, la réduction die sulfate cérique, jaune, qui se décolore.

D'autres méthodes de minéralisation ont été proposées. Elles ont pour objet d'éviter la distillation délicate et souvent incomplète dans l'appareil de CHANEY. Actuellement,

---

[1] GROSS, J., and R. PITT-RIVERS: Lancet **262**, 439 (1952).
[2] BROWN, F., and H. JACKSON: Biochem. J. **56**, 399 (1954).
[3] ROBBINS, J., J. E. RALL, D. V. BECKER and R. W. RAWSON: J. clin. Endocrinol. **12**, 856 (1952).
[4] TATA, J. R., J. E. RALL and R. W. RAWSON: J. clin. Endocrinol. **16**, 1554 (1956).
[5] ROCHE, J., R. MICHEL, J. NUNEZ et W. WOLF: C. R. Soc. Biol. **149**, 884 (1956).
[6] ROCHE, J., R. MICHEL et J. NUNEZ: C. R. Soc. Biol. **150**, 20 (1956).
[7] CETTINI, G., F. COTTINO, P. G. MONTEFERARRIO e V. ROSSETTI: Tiropatia **4**, 1 (1954).
[8] ROBBINS, J., and J. E. RALL: Proc. Soc. exp. Biol. Med. **81**, 530 (1950).
[9] CHANEY, A. L.: Industr. engng. Chem., analyt. Ed. **12**, 179 (1940).

une technique très utilisée comporte la destruction des protéines en milieu alcalin. Préconisée dès 1945 par SALTER et al.[1], elle a été abandonnée pendant un certain temps, mais BARKER et al.[2] ont apporté par la suite à la technique originale des changements destinés à la rendre plus fidèle. A titre d'exemple, nous citerons le mode de dosage du PBI basé sur la méthode de BARKER, où seules quelques modifications de détail ont été introduites[3].

Dans un tube à centrifuger bordé (25×100 mm), on place, dans l'ordre et en agitant après chaque addition, 7 ml d'eau, 1 ml de sérum, 1 ml de sulfate de zinc à 10% et 1 ml NaOH 0,5 N. Après 5 minutes de repos, on centrifuge, le liquide surnageant est éliminé, le culot protéique est ensuite lavé deux fois par 10 ml d'eau. Le précipité est remis en suspension dans 1 ml de CO_3Na_2 4 N au moyen d'une fine baguette de verre, laquelle est rincée par 0,5 ml d'eau. On porte dans une étuve à air à 90° C jusqu'à dessication complète; la poudre est ensuite incinérée dans un four chauffé à 600° C ± 20° C, pendant 2 h 30. Après refroidissement, on verse avec précaution 2,5 ml HCl 2 N et, pour assurer une bonne dissolution, on remue le tube à essai pendant 10 minutes; tout le précipité blanc est alors dissous et l'odeur de H_2S disparaît; 10 ml d'eau sont ajoutés en agitant, puis le résidu insoluble éliminé par centrifugation. Le liquide surnageant est transvasé dans un tube à essai très propre. Des prises d'essai de 2 fois 5 ml sont pipettés dans des tubes s'adaptant à un colorimètre. A chacun d'eux on ajoute 0,5 ml d'une solution d'acide arsénieux celle-ci est préparée en dissolvant 3,8 g de As_2O_3 dans 50 ml NaOH N, puis 50 ml d'eau et on complète à 500 ml avec SO_4H_2 3,5 N. On place les tubes du colorimètre dans un bain-marie dont la température est exactement réglée à 37° C. Quand cette température est atteinte, on note avec précision l'heure à laquelle on verse 0,5 ml d'une solution de sulfate cérique qui est obtenue en dissolvant 39 g de sulfate cérique ammoniacal dans 1 litre SO_4H_2 3,5 N. L'intensité de la coloration diminue constamment; aussi ajoute-t-on 0,5 ml de la solution de sulfate cérique au deuxième tube, une minute après addition au premier. L'intensité de la coloration est mesurée au photomètre exactement quinze minutes après, en utilisant un filtre bleu, la cuve compensatrice étant remplie d'eau distillée.

La quantité d'iode de la prise d'essai, exprimée en μg, est obtenue en se référent à une courbe d'étalonnage; il convient de multiplier cette valeur par 250 pour avoir la teneur en μg d'iode de 100 ml de sérum. La courbe d'étalonnage comporte des prises d'essai de 0,02, 0,04, 0,06, 0,08 et 0,10 μg d'iode sous forme de IK, contenues dans un volume de 5 ml. Elles sont préparées à partir d'une solution stock d'IK à 130,8 mg par litre que l'on dilue au moment du besoin par une solution de NaCl provenant de 8,48 g de CO_3Na_2, desséché à 600° C, dissous dans 100 ml HCl 2 N et complété à 500 ml avec de l'eau distillée. A chaque prise d'essai d'un volume de 5 ml, on ajoute 0,5 ml de la solution d'acide arsénieux, puis on continue comme lors de l'opération précédente.

La précision du dosage peut atteindre 10% à condition que des précautions spéciales soient prises: il est indispensable de n'employer que des réactifs rigoureusement exempts d'iode et d'une grande pureté, d'utiliser une verrerie extrêmement propre et de renouveller pour chaque détermination de PBI la courbe d'étalonnage. Il convient également de pratiquer de temps à autre des dosages de contrôle avec une solution de thyroxine pure de concentration connue afin de vérifier la pureté des réactifs.

Les valeurs trouvées pour les sérums de sujets normaux sont comprises entre 3,5 et 7,0 μg par 100 ml. Une corrélation satisfaisante existe en général entre les déterminations du PBI et les observations cliniques; une teneur inférieure à 3,5 μg pour 100 ml s'observe dans les hypothyroïdies et les valeurs élevées se trouvent chez les malades atteints d'hyperthyréoses[4]. Cependant, on constate parfois des chiffres nettement supérieurs à la normale, pouvant même dépasser 30 μg chez des sujets hypothyroïdiens. Dans ce cas, on peut pratiquer non plus le dosage sur les protéines sériques précipitées, mais sur des extraits

[1] SALTER, W. T., R. E. CORTELL and E. A. MACKAY: J. Pharmacol. exp. Therap. **85**, 310 (1945).
[2] BARKER, S. B., M. J. HUMPHREY and M. H. SOLGE: J. clin. Invest. **30**, 55 (1951).
[3] BROWN, H., A. M. REINGOLD and M. SAMSON: J. clin. Endocrinol. **13**, 444 (1953).
[4] RAPPORT, R. L., and G. M. CURTIS: J. clin. Endocrinol. **10**, 735 (1950).

n-butanoliques. Dans ces conditions, les valeurs trouvées pour ce «butyl extractible iodine» (BEI) sont en rapport avec les examens cliniques. On observe de telles anomalies chez certains sujets traités par ^{131}I ou recevant une thérapeutique iodée, chez les patients qui présentent un syndrome d'Hashimoto et chez les «engorged goiters»[1]. On peut supposer que lors de leur précipitation par le sulfate de zinc, les protéines sériques retiennent, malgré les lavages, une certaine quantité d'iodures inorganiques.

Il y a lieu enfin de signaler que la méthode de BARKER pour le dosage du PBI permet de déterminer l'iode sérique de sujets traités avec des médicaments diurétiques mercuriels, ce qui n'est pas le cas avec les techniques qui nécessitent une distillation car I_2Hg, formé au cours de la minéralisation, non volatil, retient une partie de l'iode sanguin.

Cependant, le PBI n'apporte que des renseignements partiels sur l'état fonctionnel du corps thyroïde et sur l'utilisation des iodothyronines. Il fournit, en effet, la quantité globale de celles-ci sans faire de discrimination entre elles; or, on sait qu'elles possèdent des activités biologiques très différentes: T_3 est environ 5 fois plus efficace que T_4; il suffit donc d'une quantité 5 fois moindre de T_3 pour modifier complètement l'interprétation de l'iode sanguin hormonal. La signification du PBI serait meilleure si l'on connaissait le rapport T_3/T_4, qui semble différent selon les espèces et selon les cas pathologiques; il paraît être plus élevé chez les Basedowiens que chez les normaux. Un essai de dosage différentiel de T_4 et T_3 a été tenté après séparation chromatographique d'un extrait plasmatique et élution des bandes correspondant aux R_F de ces deux corps[2]. Mais la quantité d'iode présente sur la zone de T_3 est très faible, ce qui rend les analyses très difficiles et les résultats peu précis.

Pour éviter les déterminations du PBI, on se contente parfois, en clinique, d'administrer une dose connue de ^{131}INa et d'établir au cours du temps le rapport $\frac{PB^{131}I}{^{131}I \text{ total plasmatique}} \times 100$. Cet «index de conversion» renseigne sur l'état fonctionnel de la glande thyroïde; il est environ de 40 chez les sujets normaux, compris entre 50 et 100 chez les hyperthyroïdiens, il n'atteint pas 10 dans les cas d'hypothyroïdie[3].

L'évaluation de $PB^{131}I$ à un temps donné apporte des indications sur la vitesse de la sécrétion thyroïdienne, tandis que $PB^{127}I$ traduit l'état d'équilibre qui s'établit entre les produits sécrétés par la glande et ceux qui proviennent de leur métabolisme tissulaire et qui repassent dans le sang. Aussi n'est-il guère étonnant que l'on constate parfois des différences qui paraissent contradictoires entre les estimations des deux PBI. Ainsi, lors de certains ictères, on trouve un index de conversion normal, mais le $PB^{127}I$ est élevé[4]. On explique ce résultat en considérant que des produits inactifs formés au niveau du foie refluent vers le sang, d'où $PB^{127}I$ augmenté, mais sans incidence sur la sécrétion thyroïdienne, d'où $PB^{131}I$ normal. Une certaine prudence doit toujours être apportée à l'interprétation des analyses de l'iode sanguin, qu'il s'agisse de résultats de l'iode organique fixé aux protéines plasmatiques ou même de PBI provenant de sujets traités par ^{131}I. Dans les cas douteux, un examen clinique approfondi et un test biologique, tel que la détermination du métabolisme de base, doivent être réalisés.

c) Mesure des activités biologiques des hormones thyroïdiennes.

Les propriétés biologiques des hormones thyroïdiennes sont multiples et variées[5]. Elles concernent entre autres l'élévation du métabolisme de base, l'accroissement du rythme cardiaque, l'inhibition de la sécrétion de l'hormone thyréotrope antéhypophysaire et l'accélération de la métamorphose des larves de Batraciens. La diversité des effets a eu pour conséquence la mise en oeuvre d'essais biologiques différents dont la réalisation a

[1] MAN, E. B., et P. K. BONDY: Amer. Goiter Ass. Meeting 1957 New York, Abstr. no. 14.
[2] BARNA, S., G. SZABO, G. FENER u. I. R. BALOGH: Acta med. hung. 10, 339 (1957).
[3] RALL, J. E.: Amer. J. Med. 20, 719 (1956).
[4] SCAZZIGA, B. R., T. BERAUD et A. VANNOTTI: Schweiz. med. Wschr. 86, 875 (1956).
[5] RAWSON, R. W., J. E. RALL and M. SONENBERG; in: PINCUS-THIMANN, Hormones, Bd. 3, S. 433.

exigé la mise au point de méthodes de dosage standardisées portant chacune sur un test particulier. Nous en citerons quatre différentes qui concernent des propriétés biologiques distinctes.

α) Action sur le métabolisme de base.

Le rat est l'animal de choix. La mesure peut être conduite chez l'animal intact ou thyroïdectomisé laissé douze heures à jeun avant toute mesure. Les hormones peuvent être administrées en une seule fois[1] ou par perfusion continue[2]. Les déterminations sont effectuées dans un appareil clos comportant un cylindre en verre où est placé l'animal, un récipient rempli de chaux sodée et servant de piège à CO_2, un manomètre ou tout appareil qui permet d'apprécier une variation de pression ou de volume et, enfin, un système de pompe destiné à assurer le mouvement des gaz dans l'appareil. L'appareillage complet est placé à une température de $28° \pm 1°$ C. L'atmosphère est constituée par de l'oxygène pur. Les diminutions de volume peuvent être compensées par l'admission d'un égal volume d'eau introduit au moyen d'une burette[3]. Les moyennes de 3 ou 4 déterminations, effectuées pendant 10 minutes chacune, sont retenues. La valeur de la baisse du volume moyen est ramenée au volume d'oxygène consommé pendant une heure à 0° C sous 760 mm, puis converti en Calories en utilisant le facteur 4,8 Calories par litre d'oxygène. La surface corporelle S du rat en m² est calculée à partir de son poids P en kg grâce à la formule $S = KP^{2/3}$ ou $K = 10$. Les résultats sont exprimés en Calories par m² de surface et par heure.

Une dose de 5 μg de T_4 augmente de façon significative le métabolisme de base du Rat. T_3 est de 3 à 5 fois plus efficace[4], T'_2 posséderait une faible activité qui paraît être très transitoire[5]; T'_3 n'a pas encore été testée.

β) Action sur le rythme cardiaque.

Le nombre de pulsations dépasse 400 par minute chez le Rat normal. Aussi la détermination ne peut-elle être obtenue qu' après enregistrement. On peut réaliser la mesure du rythme cardiaque en plaçant le Rat dans un bocal recouvert d'une toile métallique. 2 épingles de sûreté, fixées de chaque côté sous la peau de l'animal, servent d'électrodes. Celles-ci sont réunies à un électrocardiographe par un fil fin. Les déterminations commencent à partir du moment où l'animal est tranquille, la fréquence cardiaque est enregistrée sur une bande de papier étalonnée. Les résultats sont exprimés en nombre de battements par minute[1, 6].

Une dose journalière de 15 μg de T_4 amène une accélération significative. Il ne semble pas que des comparaisons aient été entreprises avec les autres hormones.

γ) Activité antigoitrogène.

Le principe qui est à la base de ce test est que l'hyperplasie de la glande thyroïde consécutive à l'administration d'un antithyroïdien de synthèse régresse sous l'effet d'agent thyromimétique[7]. Les modalités d'application[8] sont les suivantes:

Des lots de 5 rats ♂ de 125 à 150 g reçoivent quotidiennement pendant 10 jours 5 mg de 6 *n*-propylthiouracile en suspension dans 1 ml de sirop de gomme administré par sondage gastrique. Chacun de ces groupes reçoit quotidiennement en injection intrapéritonéale une dose d'hormone. Chaque produit est essayé à plusieurs doses, ainsi que la substance de référence, T_4 en général. Deux lots témoins sont constitués; l'un recoit seulement

[1] GRAD, B.: Endocrinology **50**, 94 (1952).
[2] THIBAULT, O.: Arch. Sci. physiol. **10**, 423 (1956).
[3] BARGETON, D., et C. KRUM-HELLER: C. R. Soc. Biol. **142**, 899 (1948).
[4] BARKER, S. B.: The Thyroid. Brookhaven Symp. Biol. **7**, 74 (1955).
[5] GEMMILL, C. L.: Amer. J. Physiol. **186**, 1 (1956).
[6] EARTLY, H., and C. P. LEBLOND: Endocrinology **54**, 249 (1954).
[7] DEMPSEY, E. W., and E. B. ASTWOOD: Endocrinology **32**, 509 (1943).
[8] ROCHE, J., G. H. DELTOUR, R. MICHEL et S. MAYER: Biochim. biophysica Acta, N. Y. **3**, 658 (1949).

l'agent goîtrogène, l'autre n'est l'objet d'aucun traitement, ceci afin de définir l'action du produit goîtrogène en comparant le poids maximum des thyroïdes hyperplasiées à celui des thyroïdes normales. Les animaux sont sacrifiés 24 heures après la dernière injection; leurs glandes thyroïdes sont prélevées, disséquées et pesées. Chaque dose ayant été administrée à 5 animaux, la comparaison des poids d'organes provenant d'animaux traités est faite avec le poids moyen du corps thyroïde des témoins qui ont reçu l'agent goîtrogène et avec celui des animaux témoins. On porte sur un graphique les résultats obtenus; en ordonnées figurent les logarithmes des poids de thyroïdes exprimés en mg et ramenés à 100 g de poids corporel, et en abscisses est indiquée la dose journalière en μg d'hormone injectée rapportée à 100 g de poids d'animal. L'ordonnée la plus faible correspond à celle des animaux témoins (glandes normales) et l'ordonnée la plus élevée à celle des rats ne recevant que l'antithyroïdien (glandes hypertrophiées).

Tableau 3. *Activité antigoitrogene des iodothyronines.*

Nature de l'hormone	Dose minimum efficace μg/100 g	Activité relative
T_4 (DL)	9,0	100
T_3 (DL)	1,8	500
T'_3 (DL)	180	5
T'_2 (DL)	11	82

Le tableau 3 indique les activités antigoîtrogènes relatives des hormones thyroïdiennes[1].

Les activités antigoîtrogènes de T_3 et T'_2 déterminées par une autre technique biologique ont conduit à des résultats plus faibles, surtout en ce qui concerne la seconde[2].

δ) Action sur la métamorphose des larves de Batraciens.

De nombreuses méthodes ont été préconisées. La plus simple consiste à placer dans des béchers remplis de 250 ml de solution d'hormones 8 têtards de diverses espèces de *Rana* mesurant de 25 mm à 30 mm. La longueur totale des 8 animaux de chaque bécher est déterminée avant tout traitement. 6 doses au moins pour chaque produit à analyser renfermant de 0,2 μg à 25 μg et même 100 μg pour les moins actifs sont utilisées. Les animaux sont mesurés tous les deux jours avant le changement de solution d'iodothyronine. Entre temps, un jour sur deux, une pincée de farine d'orge est ajoutée à chaque bécher. L'opération dure 10 jours. Des séries de graphiques sont réalisés en portant en abscisses le temps en jours et, en ordonnées, la longueur totale des animaux de chaque série. Un produit de référence, T_4 en général, et une série d'animaux témoins servent d'éléments de comparaison[3].

Tableau 4. *Activité métamorphogène des iodothyronines.*

Nature de l'hormone	Activité relative
T_4 (DL)	100
T_3 (DL)	380
T'_3 (DL)	10
T'_2 (DL)	75

L'activité métamorphogène relative des diverses iodothyronines est indiquée dans le tableau 4.

Diverses conclusions peuvent être tirées des résultats des analyses biologiques des effets des hormones thyroïdiennes. Une assez bonne corrélation existe entre les valeurs comparatives obtenues avec les différents tests, tout au moins en ce qui concerne T_4 et T_3, celle-ci étant de 3 à 10 fois plus active que la première[4]. Les activités antigoîtrogène et métamorphogène de T'_3 sont très faibles. T'_2 possède selon les tests, les trois quarts de l'efficacité de T_4, mais son influence sur la consommation d'oxygène est nettement inférieure; il est possible que ces différences soient dues au catabolisme très rapide de T'_2.

Il est d'ailleurs difficile, en se placant sur un plan plus général, de ne pas tenir compte de leur comportement métabolique dans l'estimation des effets des iodothyronines. Nous ne l'exposons pas en détail dans cet article, essentiellement analytique, mais on ne peut le passer entièrement sous silence, car il est certain que le métabolisme des substances iodées possède un retentissement certain sur l'action hormonale proprement dite. En effet, les

[1] ROCHE, J., R. MICHEL, R. TRUCHOT, W. WOLF et O. MICHEL: Biochim. biophysica Acta, N. Y. **20**, 337 (1956).
[2] GEMMILL, C. L.: Amer. J. Physiol. **186**, 1 (1956).
[3] SHELLABARGER, C. J., et J. T. GODWIN: Endocrinology **54**, 230 (1954).
[4] BARKER, S. B.: The Thyroid. Brookhaven Symp. Biol. **7**, 74 (1955).

hormones thyroïdiennes subissent dans l'organisme des transformations de trois types principaux: déshalogénation[1], conjugaison et dégradation de la chaîne alanine.

La déshalogénation cellulaire totale se traduit par l'inactivation complète des hormones; une hypothyroïdie peut même résulter d'une désioduration trop rapide.

La formation de glycuroconjugué est surtout hépatique, les dérivés formés s'éliminent ensuite par la bile [2, 3], puis grâce à une circulation entéro-hépatique, sont résorbés et les hormones récupérées en partie. Dans le cas d'obstruction biliaire, les conjugués inactifs refluant vers le sang, le PBI est alors augmenté, mais sans accroissement du métabolisme de base[4].

Enfin, la dégradation de la chaîne alanine s'opère dans tous les tissus. Dans une première étape, l'acide pyruvique correspondant apparaît, il est transformé dans une deuxième par une décarboxylation oxydative en dérivé acétique[5, 6]. Or comme l'action des acides tri- et tétraiodothyroacétiques serait immédiate sur les échanges respiratoires[7], alors que celle des hormones dont ils proviennent comporte toujours un certain temps perdu, on peut se demander si leur formation n'est pas l'étape la plus importante du métabolisme des iodothyronines et s'ils ne constituent pas la forme active des hormones au niveau cellulaire.

The Assay of Bacterial Toxins.

By

W. E. van Heyningen.

With 5 Figures.

a) Introduction.

This chapter will be concerned with the principles of the assay of bacterial toxins rather than the details which, for the better known toxins and antitoxins, may be found in various publications of the World Health Organization, viz. the International Pharmacopoeia, the Bulletin, the Technical Report Series and the Monograph Series. Nor will it be concerned in detail with the statistical mathematics of bioassays (see also vol. II), which has been the subject of much study in the last twenty years by a number of competent authorities, most of whom are cited in thoughtful reviews by Maaløe and Jerne[8] and by Miles[9]. An attempt will be made to present the essential statistical conclusions in a non-mathematical way.

From the chemical point of view the bacterial toxins fall into three groups: (a) The simple proteins, produced either extra- or intracellularly by both gram-positive and gram-negative organisms. The extremely potent classical toxins, such as diphtheria, tetanus and botulinus toxins, fall into this group. They are toxic to a wide variety of animals, and differ greatly in their pharmacological activity. They are antigenic, and are neutralized by their homologous antibodies. (b) The toxic and pyrogenic polymolecular complexes of phospholipid, polysaccharide and protein, which are produced intracellularly by a number of gram-negative organisms. They all have the same pharmacological activity in animals, irrespective of their parent organisms, and are considerably less toxic than the

---

[1] Gross, J., et C. P. Leblond: Proc. exp. Biol. Med. **76**, 686 (1951).
[2] Taurog, A.: The Thyroid. Brookhaven Symp. Biol. **7**, 74 (1955).
[3] Roche, J., and R. Michel: Physiol. Rev. **35**, 583 (1955).
[4] Scazziga, B. R., Th. Béraud et A. Vannotti: Schweiz. med. Wschr. **86**, 875 (1956).
[5] Pitt-Rivers, R.: Lancet **1953**, 234.
[6] Roche, J., R. Michel et P. Jouan: Ciba Found. Coll. Endocrinol. **10**, 168 (1957).
[7] Thibault, O.: Arch. Sci. physiol. **10**, 423 (1956).
[8] Maaløe, O., and N. K. Jerne: Ann. Rev. Microbiol. **6**, 349 (1952).
[9] Miles, A. A.: Fed. Proc. **13**, 799 (1954).

simple protein toxins. They are powerfully antigenic, but their biological activity is not neutralized, or is only partially neutralized, by their homologous antibodies. (c) The small-molecular phytopathogenic toxins, which are not known to be toxic to animals, and which are not antigenic. In the discussion that follows we will be concerned chiefly with the simple protein toxins, both because of the wide range of their pharmacological activities and because they are the only toxins that can be titrated against their homologous antitoxins.

A preparation of completely pure toxin can be assayed by different chemical or physical methods according to its constitution, such as the determination of dry weight, nitrogen, protein, polysaccharide, ultraviolet absorption, etc., but since it is generally necessary to assay toxins in their crude state, and since completely purified preparations are seldom obtainable, these methods of assay are only of academic interest. In general toxins are assayed either by measuring their effect on the host or on an appropriate component of the host's tissues or, in the case of the simple protein toxins, by titrating them against their homologous antitoxins.

b) Assay of Activity.

In addition to the lethal effect, the activity of many toxins can be observed in other ways. The best known of these are the necrotizing action following intracutaneous injection, and the haemolytic action on red blood cells *in vitro*. But not all toxins are dermonecrotizing or haemolytic. Thus the neurotoxins of the tetanus, botulinus and dysentery bacilli, which act specifically on nerve cells (tetanus, botulinus) or on small blood vessels of nervous tissue (dysentery), have neither of these effects, and diphtheria toxin, which is necrotizing, is not haemolytic. Some organisms (staphylococci, streptococci) produce leucocidins which destroy white blood cells. MILES and MILES[1] have shown that a number of clostridial toxins (and other substances, including allergens, histamine and histamine liberators) bring about an increase in capillary permeability which may have useful applications. (The effects of this action may be seen in a round area of intense blueing 30 minutes after intracutaneous injection of the toxins into depilated animals with pontamine blue previously introduced into the circulation.) A few bacterial toxins are known to be enzymes, e. g. the α-toxin (lecithinase C) and $\varkappa$-toxin (collagenase) of *Clostridium perfringens*.

These various activities can be assayed quantitatively in a number of ways, viz. (a) the dose can be found that produces a certain effect in a certain time, e. g. death of a certain proportion of animals injected, haemolysis of a certain proportion of red blood cells in a suspension, and area of necrosis of a certain size, or (b) the effect produced by a certain amount of toxin in a certain time can be measured, e. g. the area of necrosis or capillary permeability, the degree of haemolysis, the extent of an enzyme-catalysed reaction or (c) the time that a certain amount of toxin takes to produce a certain effect can be measured, e. g. death of an animal, a certain degree of haemolysis. Some of these assays will now be discussed in greater detail.

α) Measurement of Lethal Action.

Test animals. The most commonly used animals are mice, guinea pigs and rabbits. Cold-blooded animals, such as frogs, cannot be used because they are insusceptible to bacterial toxins at their normal temperatures, although they might become susceptible when raised to higher temperatures. Animals may vary considerably in their susceptibility to toxins. Thus the rabbit is 1000 times more susceptible per unit weight to dysentery toxin than the mouse, and the guinea pig 1000 times more susceptible to diphtheria toxin (see VAN HEYNINGEN and GLADSTONE[2]). Nevertheless, mice are still very susceptible to dysentery toxin and for reasons of convenience and economy are generally used in its assay; on the other hand, guinea pigs are used for diphtheria toxin since the mouse is

[1] MILES, A. A., and E. M. MILES: J. Physiol., London **118**, 228 (1952).

[2] HEYNINGEN, W. E. VAN, and G. P. GLADSTONE: Brit. J. exp. Path. **34**, 202 (1953).

inconveniently resistant. It is always advisable to use animals of the same strain, sex, age and weight to diminish as much as possible errors due to individual variations in susceptibility.

Relation of lethal dose to weight of animal. It is common practice to assume that the lethal dose increases directly in proportion to the body weight of the test animal, and to express toxicities as lethal doses per kilogram body weight. It would greatly aid comparisons of toxicities of different toxins, in different species of animals if this could be done, but the underlying assumption is not necessarily valid. For example, LAMANNA, JENSEN and BROSS[1] have shown that there is no significant relation between the body weight of mice and the lethal dose of botulinus toxin. They point out that the botulinus toxins might be a special case since they are neurotoxins acting specifically on the neuromuscular junctions, and the numbers of these junctions may not increase with increasing weight. A similar argument may be found to apply to other toxins which act on a limited tissue, but perhaps not to toxins, such as diphtheria toxin, which are toxic to tissues generally. In such cases the lethal dose may, however, be more directly related to surface area rather than weight. It is therefore necessary to establish for each toxin and each species what proportionality exists between body weight and lethal dose before serious comparisons can be made.

Route of administration. With the exception of certain enterotoxins, such as the staphylococcus enterotoxin, and of the crystals produced by *Bacillus thuringiensis* which are toxic to silkworms and other insects only when introduced by mouth (HANNAY and FITZ-JAMES[2]), all toxins are introduced into animals parenterally by injection. The route to be taken for injection is largely a matter of convenience. Toxins may be injected intravenously, intraperitoneally, intramuscularly, subcutaneously or intracutaneously, the intravenous route generally, but not invariably, being the most efficacious, and the subcutaneous and intraperitoneal routes the most convenient. The intraperitoneal route is particularly convenient when large numbers of mice have to be injected, and it may for this reason be chosen in preference to the more efficacious intravenous route, for example in the assay of dysentery toxin (VAN HEYNINGEN and GLADSTONE[3]). Tetanus toxin is considerably more toxic when injected directly into the brain or spinal cord rather than intravenously, but this route is not suitable or necessary for assay purposes.

Precautions to be observed. Most bacterial toxins are proteins and they may be readily denatured, especially in the high dilutions that are necessary in testing extremely potent preparations, and particularly when the preparations are highly purified. It is important, therefore, to protect dilutions of toxin by adding protein, such as 0,2% gelatin, or broth, to the diluent, and to keep the dilutions cold. It is well known that some bacterial toxins are strongly adsorbed onto the wall of glass pipettes, and this might give rise to considerable errors when dilutions are made. These can be avoided by using a fresh pipette in making up (and a fresh syringe for injecting) each successive dilution. If a toxin requires a metal or some other ion for its full activity, for example calcium in the case of *Clostridium perfringens* α-toxin, or reducing substances in the case of certain oxygen-labile haemolysins, the optimal concentration of these ions should always be present in the final dilutions, and ions, such as phosphate or oxalate, that are likely to sequester essential metals, should be absent. It is also advisable to ensure that the diluent is buffered at a p_H that ensures maximum stability and activity of the toxin. A few toxins, such as the ε- and ι-toxins of *Clostridium perfringens*, are produced in culture filtrates as inactive pro-toxins, and should be activated by treatment with trypsin before assay.

The lethal dose. Toxicity is generally expressed quantitatively by a statement of the Minimal Lethal Dose, or MLD. A series of logarithmically spaced doses of toxin differing by steps of two-fold or less are injected into animals, the spacing of the doses and the size

[1] LAMANNA, C., W. I. JENSEN and I. D. J. BROSS: Amer. J. Hyg. **62**, 21 (1955).
[2] HANNAY, C. L., and P. FITZ-JAMES: Canad. J. Microbiol. **1**, 694 (1955).
[3] HEYNINGEN, W. E. VAN, and G. P. GLADSTONE: Brit. J. exp. Path. **34**, 202 (1953).

of the groups receiving each dose varying according to the accuracy required of the test. The expression MLD is equivocal and may mean the least dose that will kill all the animals injected (the Certainly Lethal Dose or LD_{100}), or the dose that will kill a certain proportion, such as 50%, of the animals (the Average Lethal Dose, or LD_{50}), or the least dose that will kill any of the animals (say LD_5), which is slightly larger than the Maximum Tolerated Dose (LD_0), the largest dose that just fails to kill any of the animals. A statement of lethal dose should include the period of time elapsing between the injection of the animal and the final observation. Some toxins, e. g. the α-toxin of *Clostridium perfringens*, act rapidly and kill mice within 24—48 hours, and death after that time may be due to causes other than the toxin. On the other hand, dysentery toxin, for example, acts slowly, the majority of mice that receive one or more fatal doses dying on the fourth day. In this case the animals are observed for a week.

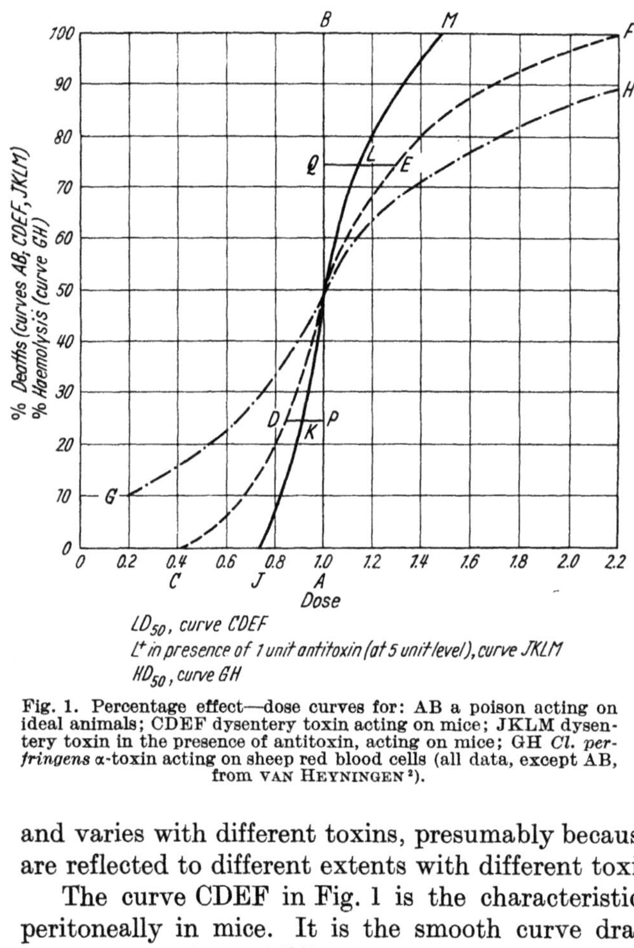

Fig. 1. Percentage effect—dose curves for: AB a poison acting on ideal animals; CDEF dysentery toxin acting on mice; JKLM dysentery toxin in the presence of antitoxin, acting on mice; GH *Cl. perfringens* α-toxin acting on sheep red blood cells (all data, except AB, from VAN HEYNINGEN [2]).

For reasons which will now be discussed, the LD_{50} is the most expedient of the various minimal lethal doses. If all the individuals in a group of animals injected with toxin were exactly the same there would be no such thing as a dose of toxin that would kill some, but not all, of the animals injected. The smallest dose that kills would kill all the animals and it would be infinitesimally greater than the largest dose that just fails to kill. The dose-mortality curve, or characteristic (TREVAN[1]), would be represented by the practically vertical line AB in Fig. 1. In fact the characteristic is always curved, and varies with different toxins, presumably because the differences in individual animals are reflected to different extents with different toxins.

The curve CDEF in Fig. 1 is the characteristic for dysentery toxin injected intraperitoneally in mice. It is the smooth curve drawn through the data obtained from 19 determinations of LD_{50} on 740 mice (VAN HEYNINGEN[2]). The dose that kills all, or nearly all, the mice is twice the LD_{50}, and the LD_{50} is twice the largest dose that fails, or nearly fails, to kill any of the mice. The dose-mortality curve of dysentery toxin in rabbits is almost identical. It will readily be seen that the steeper the characteristic, the closer it is to the ideal AB, and the more accurately can the lethal dose be determined. The characteristics of bacterial toxins are steepest in the neighbourhood of 50% mortality (perhaps 35—40% for dysentery toxin), and this is one of the reasons why it is more advisable to determine the LD_{50} (or perhaps the LD_{35} or LD_{40}) rather than the LD_{95} or the LD_5. The extreme ends of the characteristic are nearly horizontal, and at the level of 5% or 95% mortality the estimation of lethal dose becomes highly uncertain. The Certainly Lethal Dose (LD_{100}), which is still used by so many workers, is even more difficult to determine. While the accuracy, but not the size, of the LD_{50} is increased with increasing numbers of animals injected, the *size* of the LD_{100} also increases with increasing

[1] TREVAN, J. W.: Proc. R. Soc. London (B) **101**, 483 (1927).
[2] HEYNINGEN, W. E. VAN: unpublished data.

animals. Thus it may be found that 20 out of 20 animals are killed by a certain dose, but if one more animal is injected it may survive, and a higher dose must be used to kill it, and the more animals are used the greater the chance will be of finding individuals that can tolerate greater doses.

The accuracy of an LD_{50} determination increases with increasing numbers of animals used, but after a certain limit, *provided all the doses are on the steep part of the characteristic*, the gain in accuracy is small compared with the increase in animals used. This is shown in fig. 2, taken from TREVAN's[1] pioneer paper on the error in determination of toxicity. It is purely mathematically derived and shows the limits of percentage mortality obtainable by chance when an LD_{50} of *any* poison is injected into different sized groups of *any* animal. With more than 30—50 animals there is only a comparatively small change in the extent of the limits. These data are purely mathematical and do not directly show the percentage error of the dose, which depends also, as we have seen, on the slope and shape of the characteristic. TREVAN[1] has shown that the deviations of dose corresponding to the deviations of mortality for a group of animals of given size may be obtained by drawing horizontal lines from the ends of the mortality deviations in Fig. 1 (25% to 75% for 50 animals). The points where these lines cut the characteristic give the range of dose deviation. These intercepts, for 50 mice injected with dysentery toxin, are shown at points D and E, and correspond to deviations of + 31% and — 14%, i. e. a deviation range of 45%. With the same number of guinea pigs injected with diphtheria toxin the range of deviation is 20% (TREVAN[1]). These conclusions apply only to a range of doses not widely different from the LD_{50}. With a series of doses differing by two-fold steps the maximum number of doses that can fall on the steep part of the characteristic CDEF (Fig. 1) is two. It follows therefore that if the LD_{50} is entirely unknown, and it is necessary to determine it with a deviation of not greater than (say) 50%, it will not be possible to do so in one experiment, unless 50 mice are used per dose, and one of these falls on the steep part of the characteristic, or 25 mice are used per dose and two doses fall on the steep part of the characteristic. In practice it is advisable first to do a trial experiment with a series of 2-fold dilutions of toxin (6 will cover a 32-fold range) using (say) 4 animals per dilution. It is reasonable to expect that such an experiment should embrace the LD_{50} within a 4-fold range, and this could then be covered by a series of 7 doses differing successively from each other by 20%. With 10 animals per dose there is a reasonable chance that the straight part of the characteristic would be covered by 40 to 60 animals, and an answer with a deviation range of 40—50% should be obtained at a total expense of about 100 animals. These approximations are very rough, but serviceable for most day-to-day assays. For a more sophisticated treatment of the determination of the dose deviation the statistical authorities cited by MAALØE and JERNE[2] should be consulted.

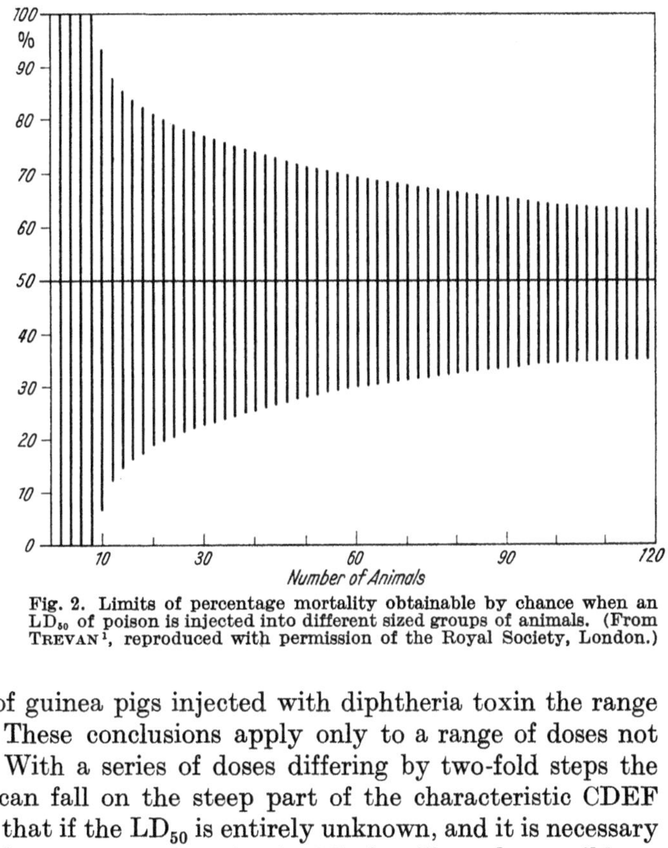

Fig. 2. Limits of percentage mortality obtainable by chance when an LD_{50} of poison is injected into different sized groups of animals. (From TREVAN[1], reproduced with permission of the Royal Society, London.)

[1] TREVAN, J. W.: Proc. R. Soc. London (B) **101**, 483 (1927).
[2] MAALØE, O., and N. K. JERNE: Ann. Rev. Microbiol. **6**, 349 (1952).

The LD_{50} has a further statistical advantage over the LD_{100}. In the determination of the LD_{100} the only information that can be used is the dose that kills all the animals injected, but with the LD_{50} *all* the information can be used. One of the more popular methods of doing this is that devised by REED and MUENCH[1]. This is based on the assumption that animals killed by a certain dose would also be killed by a larger dose, and animals that survive a certain dose would also survive a smaller dose. Therefore, for any given dose, a summation can be made of all the animals dying at that dose and the lower doses, and animals surviving that dose and the higher doses. In this way the numbers contributing to the calculation of the percentage mortality at a given dose can be increased. The dose corresponding to 50% mortality can then be extrapolated from these data by simple means. By use of this technique it is likely that the expenditure of 94 animals in the example above would lead to a smaller range of deviation than 40—50%. The technique of REED and MUENCH has been adversely criticized by GADDUM[2], but his criticism applies only when the doses are not equally spaced and the animals not equally distributed, and generally it is easy to arrange for equal spacing and distribution.

β) Death Time.

IPSEN[3] has shown that tetanus toxin can be assayed by measuring the time interval between intravenous injection of the toxin and death of the animal. The lethal dose can then be read from a curve fitting the following formula:

$$(D/d - 1)^{0,5} \cdot (T/8 - 1) = 10{,}3$$

where D is the dose used, d the lethal dose and T the death time. There appears to be no reason why this technique (but not this formula) should not be applied to other toxins.

γ) Measurement of other Activities.

Necrotizing activity. Many bacterial toxins (e.g. diphtheria toxin, *Cl. perfringens* α-toxin) are toxic to tissues generally, and when injected into the skin will cause an area of necrosis to appear. The botulinus and tetanus neurotoxins, which act on cells in the peripherial and central nervous system (WRIGHT[4]), and dysentery toxin, which acts specifically on blood vessels of nervous tissue (BRIDGWATER, MORGAN, BROWN and WRIGHT[5]), do not have a necrotizing action. The necrotizing activity of diphtheria toxin is assayed by measuring the least dose, (the Minimal Reactive Dose, or MRD) that will produce an area of necrosis, i. e. a red flush 5 mm in diameter, 36 hours after injection into the depilated skin of a guinea pig (see GLENNY[6]). Assay by measuring reactions in the skin of guinea pigs has the advantage that up to 8 or more tests may be made in one animal. Rabbits are used in Denmark and Canada, although the reaction takes 3 to 4 days to develop properly in these animals. Necrotizing activity may also be determined by measuring the diameter of the inflammatory response to an intracutaneous injection of the toxin. With diphtheria toxin the diameter, within a range of 5 to 20 mm or more, is substantially linear with respect to the logarithm of the dose (MILES[7]).

Haemolytic activity. A suspension of washed red blood cells is like a group of test animals in that a quantal response is obtained when samples of the suspension are incubated with logarithmically spaced doses of a haemolytic toxin. Again there is a great variation in susceptibility of the individual cells, and the % haemolysis-dose curve has a similar characteristic to the mortality-dose curve in animals. Curve GH, fig. 1, shows

---

[1] REED, L. J., and H. MUENCH: Amer. J. Hyg. **27**, 493 (1938).
[2] GADDUM, J. H.: Pharmacol. Rev. **5**, 87 (1953).
[3] IPSEN, J.: Contributions to the theory of biological Standardisation. Part III. Copenhagen 1941.
[4] WRIGHT, G. PAYLING: Pharmacol. Rev. **7**, 413 (1955).
[5] BRIDGWATER, F. A. J., R. S. MORGAN, K. E. K. ROWSON and G. PAYLING WRIGHT: Brit. J. exp. Path. **36**, 447 (1955).
[6] GLENNY, A. T.: Medical Research Council. System of Bacteriology. Vol. 6, Chapt. 4. London 1931.
[7] MILES, A. A.: Brit. J. exp. Path. **30**, 319 (1949).

the characteristic of *Cl. perfringens* α-toxin acting on sheep red blood cells (VAN HEYNINGEN[1]). The HD_{50}, or dose that causes 50% haemolysis under specified conditions, is a suitable unit for the same reasons that apply to the LD_{50}. The advantages of a red cell suspension over a group of animals are numerous and obvious. The most important of these are: (1) the number of cells that can be incubated with a given dose is several orders of magnitude greater than the corresponding number of animals that can be used; (2) it is very simple to test the effect of a large number of closely spaced doses; (3) that the percentage haemolysis can be read within times varying from a few minutes to overnight. Consequently the accuracy and speed obtainable in the determination of the HD_{50} is considerably greater than that of the LD_{50}, even when the characteristic is comparatively flat, as in GH, fig. 1. In practice the HD_{50} is determined in the following general way: a number of tubes are set up containing constant volumes of a 2—6% suspension of washed red blood cells of an appropriate species in suitable buffer solution, and to these are added varying volumes of buffer so that when they are followed by volumes of toxin varying logarithmically by 5—20% steps constant volumes of mixtures are obtained. The mixtures are then shaken and incubated in a waterbath at 37° for an appropriate period of time, say 20—60 minutes. Haemolysis is then stopped by adding excess of antitoxin to each tube, or by chilling, and the unhaemolysed cells are centrifuged down. The percentage haemolysis in each mixture is then determined by colourimetric estimation of the liberated haemoglobin in the supernatant, and the dose corresponding to 50% haemolysis found by simple extrapolation. The standard for 50% haemolysis can be made by laking an appropriate sample of the original suspension with distilled water, or better still, the supernatant can be used after haemolysis of the red cell suspension by exactly 1 HD_{50} of a stable standard preparation of the haemolysin.

The α-toxin of *Cl. perfringens* (VAN HEYNINGEN[2]) and the staphylococcal β-haemolysin (LLEWELLYN SMITH and PRICE[3]) are "hot-cold" haemolysins. During the incubation period at 37° these toxins bring about all the changes in the red cell that eventually lead to lysis, but lysis does not take place at 37°; it occurs only when the cells are cooled, to room temperature or lower, and is then spontaneous and independent of the toxin, and may take place in the presence of excess antitoxin. In these cases suspension of red cells should be cooled for at least an hour before being centrifuged, and often it is convenient to leave them overnight in a refrigerator. It is advisable, however, to stop the haemolytic reaction after the fixed period of incubation at 37° by the addition of excess antitoxin or some other inhibitor.

Many workers find it unnecessary to go to the trouble of centrifuging down the unhaemolysed cells and determining the haemoglobin in the supernatants with any accuracy. The red cells are allowed to settle down under gravity overnight and the end-point is simply chosen as the first tube to show perceptible or complete or intermediate haemolysis as judged by rough visual comparison with a standard made by laking an appropriate concentration of cells. Since it is possible to set up many mixtures containing closely spaced concentrations of haemolysin this method often gives results of serviceable accuracy.

Many other methods of measuring haemolysis may be used: (a) as a suspension of red blood cells lyses it becomes increasingly transparent, and many workers have measured the time that it takes for a hairline or some other suitable target to become visible through the suspension (e. g. GALE and VAN HEYNINGEN[4]). This time can then be related to the concentration of haemolysin by means of a suitable graph or formula. The progress curve of most bacterial haemolysins is S-shaped, and flattens out before the time when the suspension becomes sufficiently transparent for the target to be seen. As a result of this

[1] HEYNINGEN, W. E. VAN: unpublished data.
[2] HEYNINGEN, W. E. VAN: Biochem. J. **35**, 1257 (1941).
[3] LLEWELLYN SMITH, M., and S. A. PRICE: J. Path. Bacteriology **47**, 361 (1938).
[4] GALE, E. F., and W. E. VAN HEYNINGEN: Biochem. J. **36**, 624 (1942).

the accuracy of the method is likely to suffer and it would be better to employ a photoelectric device that could signal a degree of transparency corresponding to 50% haemolysis. Better still would be a photoelectric device measuring the time elapsing between attainment two degrees of haemolysis (say 30% and 60%) that fall on the straightest and most vertical part of the progress curve. This would give the slope of that portion of the curve and should be directly related to the concentration of haemolysin. VAN HEYNINGEN[1] has carried out preliminary experiments showing that a device based on this principle is suitable. (b) KEILIN and HARTREE[2] follow the course of haemolysis by adding a low concentration of ferricyanide to the haemolysing system. The red blood cell is impermeable to this ion and therefore the formation of methaemoglobin from ferricyanide and haemoglobin, which can be followed by observation of the methaemoglobin absorption band at 634 mμ, is a measure of the amount of liberated haemoglobin, and therefore of the extent of haemolysis. This method is liable, however, to subjective error and requires a considerable degree of observational skill. (c) WILLIAMS[3] has devised an ingenious electrochemical adaption of KEILIN and HARTREE's method. The ferricyanide is reduced by the liberated haemoglobin to ferrocyanide and the formation of this can be followed by means of an electrode assembly consisting of a reference electrode and a platinum micro-electrode. If a potential of about + 0,75 volts is applied by means of a small dry cell to the platinum micro-electrode the current which flows is directly related to the concentration of ferrocyanide. This method has not yet been exhaustively tried.

The red blood cell is an extremely fragile structure, liable to be lysed by innumerable substances that normally contaminate laboratory glassware. It is therefore of considerable importance that all glassware used in assays of haemolysis should be immaculately clean and free from traces of soaps and detergents.

Leucocidal activity. The leucocidins produced by staphylococci have been assayed in a number of ways: (a) NEISSER and WECHSBERG[4] measured their effect in reducing the ability of leucocytes to reduce methyleneblue. (b) This method has been modified by JENSEN and MAALØE[5], who substituted dichlorophenol-indophenol for methylene blue and stabilized the leucocyte suspension by the addition of KCN. (c) PANTON and VALENTINE[6] observed the destruction of leucocytes by direct observation of stained films of blood. (d) GLADSTONE and VAN HEYNINGEN[7] observed the action of the leucocidin under phase-contrast in the microscope. Of these methods the last is the most direct and the most likely to be a true measure of the action of the leucocidin, which more than compensates for its comparative laboriousness. The first two methods suffer from the disadvantage that large numbers of leucocytes are needed, and these can only be obtained from experimental animals. They are therefore ruled out when it is necessary to use human leucocytes, as it may be to distinguish between different leucocidins. In observing the destruction of living leucocytes under the phase contrast microscope it is not possible to get a quantal response, i. e. to find a dose of leucocidin that will destroy a certain proportion of the leucocytes — either none or all the leucocytes are destroyed. The endpoint in the determination of the minimal leucocidal dose is not very clear in direct determinations of leucocidal activity, but is reasonably satisfactory in leucocidin-antileucocidin titrations (see below).

Cl. perfringens α-toxin activity. *Cl. perfringens* α-toxin, which is lethal, dermonecrotizing and haemolytic, is also capable of causing a turbidity to appear when incubated with a solution of the yolk of a hen's egg (MACFARLANE, OAKLEY and ANDERSON[8]). MACFAR-

[1] HEYNINGEN, W. E. VAN: unpublished data.
[2] KEILIN, D., and E. F. HARTREE: Nature **157**, 210 (1946).
[3] WILLIAMS, G. R.: J. Path. Bacteriology **73**, 269 (1957).
[4] NEISSER, M., u. F. WECHSBERG: Z. Hyg. **36**, 299 (1901).
[5] JENSEN, T., and O. MAALØE: Acta path. microbiol. scand. **27**, 313 (1950).
[6] PANTON, P. N., and F. C. O. VALENTINE: Lancet **222**, 506 (1932).
[7] GLADSTONE, G. P., and W. E. VAN HEYNINGEN: Brit. J. exp. Path. **38**, 123 (1957).
[8] MACFARLANE, R. G., C. L. OAKLEY and C. G. ANDERSON: J. Path. Bacteriology **52**, 99 (1941).

LANE and KNIGHT[1] showed that all these actions of the toxin are due to its being an enzyme, a lecithinase C, which catalyses the cleavage of phosphorylcholine from lecithin. The production of turbidity in egg yolk solution has been used by VAN HEYNINGEN[2] in a rapid and convenient assay of the toxin. Samples of the toxin are incubated with egg yolk solution at 37° C for 15 mins and the reaction stopped by the addition of excess antitoxin. The resultant turbidities are then compared with that produced by an arbitrary unit of a stable standard preparation of the toxin under the same conditions. It is essential that the turbidity produced by the toxin be compared with that produced by a standard rather than that it should be determined absolutely, because the degree of turbidity produced by the same amount of toxin with the yolk from different eggs varies considerably. This method has the merit of convenience and simplicity, but for more specific and accurate estimations it may be better to use more conventional enzymic methods, such as the colourimetric estimation of liberated acid-soluble phosphorus (MACFARLANE and KNIGHT[1]), or the manometric estimation of CO_2 liberated from bicarbonate by phosphorylcholine (ZAMECNIK, BREWSTER and LIPMANN[3]) (see also vol. VI).

Cl. perfringens κ-toxin activity. The *Cl. perfringens* κ-toxin is a proteolytic enzyme, or collagenase, which appears to be specific for collagen and gelatin (BIDWELL and VAN HEYNINGEN[4]). The most convenient assay of this enzyme depends on its ability to bring commercial hide powder (used in the leather trade for the assay of tannin) into solution. This process is readily followed if an azo-dye (R-Salt) is coupled to the hide powder to form "azocoll" (OAKLEY, WARRACK and VAN HEYNINGEN[5]). Although "azocoll" is not a completely native preparation of collagen, and can be attacked by other proteolytic enzymes, such as trypsin, which do not attack native collagen, its use as a substrate for collagenase is still valid in so far it is a substrate that is attacked by this enzyme. Other native, collagen substrates, such as collagen "paper" prepared from Achilles tendon, have been used (OAKLEY, WARRACK and VAN HEYNINGEN[5]) but they are more useful for qualitative indications of collagenase activity than for assay.

δ) Assay of Phospholipid-Polysaccharide-Protein Toxins.

The complex endotoxins of gram-negative organisms are not easy to assay. Their mortality dose characteristics tend to be flat and consequently a great deal of scattering is obtained when attempts are made to determine the LD_{50} by intravenous injection into mice (EICHENBERGER[6]). These toxins are powerfully pyrogenic, and may also be assayed by determining the minimal pyrogenic dose, i. e. the dose which, on the average, causes a temperature increase of 0,6° C in rabbits. Subcutaneous or rectal temperatures may be recorded automatically and the characteristic of the pyrogenic effect is such that 2-two-fold differing doses may be found, one of which causes more and the other less than an increase in temperature of 0,6° C (EICHENBERGER, SCHMIDHAUSER-KOPP, HURNI, FRICSAY and WESTPHAL[7]; WESTPHAL, LÜDERITZ, EICHENBERGER and KEIDERLING[8]).

ε) Phytopathogenic Toxins.

Wildfire toxin. The "wildfire" disease of the tobacco plant, caused by the organism *Pseudomonas tabaci*, is characterised by necrotic lesions on the leaves, surrounded by chlorotic haloes due to an absence of chlorophyll. The chlorotic haloes result from the action of a toxin, a methionine analogue, which is assayed as follows: 0,05 ml drops of

[1] MACFARLANE, M. G., and B. C. J. G. KNIGHT: Biochem. J. 35, 884 (1941).
[2] HEYNINGEN, W. E. VAN: Biochem. J. 35, 1246 (1941).
[3] ZAMECNIK, P. C., L. E. BREWSTER and F. LIPMANN: J. exp. Med. 85, 381 (1947).
[4] BIDWELL, E., and W. E. VAN HEYNINGEN: Biochem. J. 42, 140 (1948).
[5] OAKLEY, C. L., H. WARRACK and W. E. VAN HEYNINGEN: J. Path. Bacteriology 58, 229 (1946).
[6] EICHENBERGER, E.: Private communication.
[7] EICHENBERGER, E., M. SCHMIDHAUSER-KOPP, H. HURNI, M. FRICSAY u. O. WESTPHAL: Schweiz. med. Wschr. 85, 1190 (1955).
[8] WESTPHAL, O., O. LÜDERITZ, E. EICHENBERGER u. W. KEIDERLING: Z. Naturforsch. 7b, 536 (1952).

serial 2-fold dilutions of the toxin adjusted to p_H 6—7 are placed on the upper surface of a tobacco leaf, between the larger veins and 1 to 2 cm from the midrib. Plants about 15 cm high are used. The leaf is then pricked with a dissecting needle through the drops of toxin solution, and the inoculated plant is placed under a bell jar on a greenhouse bench, about 90 cm below a 1000 watt incandescent lamp. The plant is examined after 24 and 48 hours, and the end-point is taken as the greatest dilution producing a discernible typical lesion (WOOLLEY, PRINGLE and BRAUN[1]).

Wilting toxins. The wilting toxins (e.g. lycomarasmin, a dipeptide; fusaric acid, a pyridine dicarboxylic acid) produced by various fungi (e. g. *Fusarium* spp. and *Gibberella Fujikora*) can be assayed by measuring their effect on the tomato plant (GÄUMANN and JAAG[2]; GÄUMANN, NAEF-ROTH and KOBEL[3]). The "minimal dose" is defined as that amount of toxin per kg fresh weight of plant that will, at a given concentration and under given environmental conditions, produce a certain degree of irreversible wilting. Freshly cut shoots of tomato plants weighing about 20 g are placed in a series of two-fold dilutions of the toxin until a given dose of the toxin is taken up (1—8 hours), and then placed in spring water. The time of uptake of the dose decreases with increasing concentration of the toxin solutions, but the latent period before symptoms appear is unaffected. Symptoms appear after 2 days and reach their maximum at 4 days. The symptoms are classified into 4 groups of increasing severity as they affect the leaves (lycomarasmin) or both the leaves and the stems (fusaric acid). The end-point in the assay of "minimal dose" is taken as midway between the first and second degrees of wilting. It is important to note the concentration of the test solutions of toxin, since the minimal dose decreases with decreasing concentration of toxin, partly because excess toxin is mechanically lost during transport to the susceptible structures, and partly because the lethal dose is taken up faster from higher concentration of toxin, with the result that interfering side reactions (e. g. shock reaction) take place before the toxin can exert its full effect.

Fusaric acid (but not lycomarasmin) also inhibits germination of the spores of the corn smut, *Ustilago zeae*, and this action can be used for assay. The LD_{50} is defined as that amount of toxin per unit volume of solution that under certain conditions will inhibit the germination of 50% of the spores (KOBEL[4], KERN[5]).

c) Assay of Antibody-Combining Power.

Apart from the substances, in almost all cases indefinable, with which toxins react in the host, every antigenic toxin is also capable of reacting *in vitro* with another substance, which is, at least within reasonable limits, definable. This is its specific homologous antitoxin. In the case of the simple protein toxins, which are neutralised by the homologous antitoxins, this reaction can be used for their assay, generally with a greater precision than that attainable in direct assays of activity. Phytopathogenic toxins, which are not antigenic, and the complex polymolecular toxins, which are not completely neutralised by their homologous antitoxins, cannot be assayed by these means. The titration against antitoxin is a measure of the total antigen; it embraces also the toxoid which is present in all preparations of toxin, and can be used to assay preparations containing only toxoid.

Whether a toxin is assayed by measuring its effect on a susceptible system or by titrating it against antitoxin will depend upon what aspect of the toxin is concerned. If the interest is in its activity alone it must be assayed by measuring this activity, and toxoid must be excluded. On the other hand, if the toxin preparation is being considered as an antigen its toxoid content must be taken into account and it must be titrated against

[1] WOOLLEY, D. W., R. B. PRINGLE and A. C. BRAUN: J. biol. Ch. **197**, 409 (1952).
[2] GÄUMANN, E., u. O. JAAG: Phytopath. Z. **16**, 226 (1950).
[3] GÄUMANN, E., S. NAEF-ROTH u. H. KOBEL: Phytopath. Z. **20**, 1 (1952).
[4] KOBEL, F.: Phytopath. Z. **18**, 157 (1951).
[5] KERN, H.: Phytopath. Z. **19**, 351 (1952).

antitoxin. However, if the interest in the preparation is in its activity, and it is known that no appreciable toxoiding takes place during handling, it might be expedient to titrate it by measuring its antibody-combining power because this can, for reasons outlined below, be measured with greater precision than its activity.

The end-point of the toxin-antitoxin titration can be observed either with or without an external indicator, the indicator being the system susceptible to the toxin. In the method employing an indicator a series of mixtures are made containing a constant amount of antitoxin and logarithmically falling amounts of toxin, and that mixture is found which just contains an excess of toxin. The Test Dose of a toxin is that amount which, in the presence of one unit of antitoxin (see below), contains an amount of unneutralised toxin equivalent to a 50% effective dose, i. e. an LD_{50}, HD_{50}, MRD etc., and is designated L^+, Lh, Lr, etc., according to whether killing, haemolysis, dermonecrosis, or some other effect of the toxin is observed. In addition to these Test Doses there is also the Lo, which is that amount of toxin which in the presence of one unit of antitoxin just fails to produce an observable reaction in a susceptible system. It is probably fallacious to regard a toxin-antitoxin mixture that has some toxicity as a mixture of completely neutralised toxin and completely free toxin — it is more likely to contain a toxin-antitoxin complex of modified toxicity, or a family of such complexes, and the greater the proportion of antitoxin in the complex the less its toxicity.

In the titration without an external indicator the end-point is seen in the form of a flocculation between toxin and antitoxin and the Test Dose, or Lf, is defined as that amount of toxin which will flocculate faster with one unit of antitoxin than any other amounts. Both these types of titration are discussed in greater detail below.

It will be noted that in these titrations the value of the toxin preparation, i. e. its total antigen content, is defined in terms of the amount of antitoxin with which it will combine. In the case of the better known toxins the dimensions of the units of their homologous antitoxins are decided by international agreement through the agency of the World Health Organization. These units take the form of arbitrarily defined weights of certain dried International Standard Antitoxic Sera and certain Reference Sera obtained from hyperimmunized horses and preserved in a number of recognized laboratories (e. g. The State Serum Institute in Copenhagen). National standards and local sub-standards are evaluated in terms of the International Standards by titrating them against test toxins which are in turn titrated against the International Standards. In the case of lesser known or newly discovered toxins, workers concerned define their own arbitrary units of antitoxin.

There is, at first sight, no reason why the International Standards should take the form of antitoxin rather than toxin preparations, and in fact reference has already been made in a previous section to the use of certain local standard stable preparations of toxin. In principle it is advisable to compare the action of a toxin on its test system with that of a weighed and equivalent amount of a stable standard preparation of toxin on the same test system and under the same conditions, and similarly to compare the antitoxin with a standard preparation of antitoxin (see HARTLEY[1]). In doing so a number of assumptions must be made which are not completely justifiable. Briefly they are that the test and standard preparations of toxin, or of antitoxin, are identical. These conditions are seldom likely to be fulfilled, since toxin preparations may be contaminated with irrelevant toxins or inert substances or toxoid. One consequence of this is that two preparations of toxin having the same degree of biological activity might have different antibody combining powers. Moreover, two antigen preparations with the same antibody-combining power may differ in their ability to stimulate antibody production. Antitoxin preparations contain only one kind of reagent, and it is for this reason that they are chosen as International Standards. They are, however, also not entirely satisfactory, since different antitoxin preparations may differ in their avidity, i. e. in the firmness with which they combine with the antigen, whether this is toxin or toxoid. A complex of toxin and

[1] HARTLEY, P.: Proc. R. Soc. Med. **39**, 45 (1945).

non-avid antitoxin will tend to dissociate on dilution *in vitro*, or on injection into an animal, partly owing to dilution in the body fluids and partly owing to competition for the toxin between the susceptible substances in the body and the antitoxin. The majority of antisera, including all International Standard Antisera, are avid, however, and this problem, although present in theory, does not often arise in practice (see MAALØE and JERNE[1]). A further problem lies in the assumption that the antitoxic value of a dried serum preparation will not change on keeping. It is true that many dried preparations of protein appear to remain unchanged after years of preservation, but the philosophical difficulty remains that there is no certain means of telling whether a dried serum preparation has changed, since no comparison is possible.

α) Toxin-Antitoxin Titrations with Indicators.

The unit of antitoxin is generally chosen in such a way that the Test Dose contains a large number of minimal effective doses. For example the unit of diphtheria antitoxin, which is still in use, was originally chosen by EHRLICH as that amount of antitoxin that neutralised 100 MLD of a certain toxin preparation. If a Test Dose of toxin is determined by setting up a series of mixtures each containing one unit of antitoxin and amounts of toxin falling logarithmically in steps differing by (say) 10% then the difference in free toxin between the mixture containing a neutral mixture of toxin and antitoxin and that containing an excess toxin should be equivalent to several effective doses and the end-point should be sharp. Moreover, the sharpness of the end-point can be increased by determining the test dose at a higher level of antitoxin than one unit, e. g. it could be defined as one fifth of that amount of toxin (the $L+ \times 5$) which in the presence of five units of antitoxin contains an amount of free toxin equivalent to a minimal effective dose. On the other hand, it may be expedient to work at a lower level of antitoxin. For example, the Lr/500 is often used in titrating diphtheria toxin in order to avoid severe reactions or death in guinea pigs intracutaneously injected with under-neutralised mixtures. It should be realised, however, that for reasons to be discussed below, the value of a given type of Test Dose will vary with the level at which it is tested.

As an example of the determination of a test dose (at the 0,5 unit level) the following protocols from a paper by SKULBERG and VAN HEYNINGEN[2] are quoted. They are reproduced with permission of the World Health Organization. The test toxin was the *Cl. perfringens* α-toxin, a Ca-activated lecithinase which is lethal, haemolytic ("hot-cold" haemolysin) and capable of producing a turbidity when incubated with egg yolk solution:

448 mg of Copenhagen test toxin P 2 were dissolved in 20 ml of a solution containing 0,002 M $CaCl_2$, 0,3% gelatin, and 1% NaCl (henceforth called "calcium gelatin saline"). Eleven mixtures were then made up, each containing: (a) 0,35 ml of the International Standard Antitoxin (perfringens), i. e. 7 units of alpha antitoxin; (b) amounts of the test toxin solution decreasing by 10% steps from 2,74 ml to 0,95 ml; (c) calcium gelatin saline to make the volume in each case up to 7 ml. Each of the mixtures therefore contained 1 unit of alpha antitoxin per ml.

The following tests were then made with these mixtures:

The Lv test. 0,5 ml of each toxin-antitoxin mixture was mixed with 0,5 ml of fresh egg-yolk solution made by suspending the yolk of one hen's egg in 500 ml of 1% NaCl solution, adding 100 g of filter-aid (Standard Super Cel, Johns-Manville), and filtering. The mixtures were incubated at 37° C for one hour before being read. The indicating mixture was that which contained the least amount of toxin that caused a perceptible turbidity to appear.

The Lh test. 0,5 ml of each toxin-antitoxin mixture was mixed with 0,5 ml of a 3% suspension of washed human red blood cells in 1% NaCl solution. The mixtures were incubated at 37° C for one hour and stood at 4° C overnight before being read. The

[1] MAALØE, O., and N. K. JERNE: Ann. Rev. Microbiol. **6**, 349 (1952).
[2] SKULBERG, A., and W. E. VAN HEYNINGEN: Bull. Wld. Hlth. Organiz. **14**, 557 (1956).

indicating mixture was that which contained the least amount of toxin that caused a perceptible degree of haemolysis.

The L+ test. Since the egg-yolk turbidity and the red-cell haemolysis tests are more sensitive than mouse killing the Lv and Lh values were smaller than the L+ value. The first seven of the eleven toxin-antitoxin mixtures were spaced about the L+ value supplied by the issuers of the test toxin, and the range extended to eleven mixtures to embrace the Lv and Lh tests. The values for the Lv tests, which could be obtained in little over an hour, were always determined before the L+ tests were made, to confirm that a suitable range of toxin concentration was being used. 0,5 ml doses from each of the first seven toxin-antitoxin mixtures were injected into the tail veins of mice (18—20 g), eight mice being used for each mixture. Deaths were recorded after 48 hours.

The results are shown in Table 1. It will be noted that the end-points of the titrations using the egg yolk reaction, and the haemolysis of red cells were not taken as any definite degree of reaction, but merely as the first perceptible reaction. When the spacing of the successive amounts of toxin is as small as 10% a more painstaking end-point is not necessary. In the case of the L+ the end-point of 50% mortality was calculated according to the method of REED and MUENCH[2]. From these results the following test doses may be calculated:

Lv (at 0,5 unit level) = 2,10 mg;
i. e. Lv = 4,20 mg
Lh (at 0,5 unit level) = 2,10 mg;
i. e. Lh = 4,20 mg
L+ (at 0,5 unit level) = 2,94 mg;
i. e. L+ = 5,88 mg

Table 1. *Determination of Test Doses of Copenhagen Test Toxin P 2* (from SKULBERG and VAN HEYNINGEN[1]). (Reproduced with Permission of the World Health Organization.)

mg of test toxin mixed with 0,5 unit of antitoxin	Lv reaction	Lh reaction	Mice killed
4,38	+++	+++	8/8
3,95	+++	+++	8/8
3,55	+++	+++	8/8
3,20	+++	+++	8/8
2,88	+++	+++	3/8
2,59	+++	+++	0/8
2,34	++	++	0/8
2,10	+	+	
1,89	—	—	
1,70	—	—	
1,52	—	—	

It will be seen that the size of the test dose varies with the sensitivity of the end-point test.

In a converse way, the antitoxin content of an unknown antiserum can be determined by titration against a test toxin of known values. This is illustrated by further protocols from the paper by SKULBERG and VAN HEYNINGEN[1] on the determination of the α-antitoxin content of International Reference Preparation of Clostridium perfringens Type B Antitoxin, tested against Copenhagen test toxin P 2:

470 mg of Copenhagen test toxin P 2 were dissolved in 40 ml of calcium gelatin saline, giving a solution containing 2 L+ per ml, 2,8 Lv per ml and 2,8 Lh per ml. The contents of one ampoule of the International Reference Preparation of *Clostridium welchii* (perfringens) Type B Antitoxin containing 5000 units of beta antitoxin were dissolved in 20 ml of calcium gelatin saline. Eleven solutions were made up, each containing: (a) 3,5 ml of test toxin solution, i. e. 7 L+, or 9,8 Lv, or 9,8 Lh; (b) amounts of the 1/20 antitoxin solution decreasing by 10% steps from 1,02 ml to 0,36 ml; (c) calcium gelatin saline to make the volume in each case up to 7 ml. Each of the solutions therefore contained 1 L+, or 1,4 Lv, or 1,4 Lh per ml.

The mixtures were then tested by injecting into mice, and by mixing with egg-yolk solution and red-blood-cell suspension in the same way as in the determinations of test doses except that in this case the seven solutions containing the smallest amounts of antitoxin were used in the mouse assays.

[1] SKULBERG, A., and W. E. VAN HEYNINGEN: Bull. Wld. Hlth. Organiz. 14, 557 (1956).
[2] REED, L. J., and H. MUENCH: Amer. J. Hyg. 27, 493 (1938).

The results of these tests, which are shown in Table 2, lead to the following conclusions:

By Lv test: 0,00239 ml of antitoxin contains 0,7 unit; i. e. the antitoxin contains 292 units per ml.

By Lh test: the antitoxin contains 292 units per ml.

By L+ test: 0,0017 ml of antitoxin contains 0,5 unit; i. e. the antitoxin contains 294 units per ml.

It will be noted that the value obtained for the antitoxin is independent of the method of testing or the size of the test dose.

Accuracy of the combining power test. Fig. 1, p. 788 illustrates the difference in accuracy of the determinations of LD_{50} and L+. Curve CDEF shows the characteristic of dysentery toxin acting on mice, already discussed, and curve JKLM the same toxin, also in mice, in the presence of antitoxin. The L+ values on this curve were all determined at the 5 unit level. Since the L+ curve is steeper than the LD_{50} curve it follows that greater accuracy is attainable in the determination of the L+ than of the LD_{50}. We have already seen that the limits of deviation of the LD_{50} test with 50 mice are given by the line QE and PD, i. e. +31% and —14%; for the L+ test the limits are QL and PK, or +15% and —8%.

Table 2. *Determination of α-Antitoxin Content of International Reference Preparation of Clostridium Perfringens Type B Antitoxin with Copenhagen Test Toxin P 2* (from SKULBERG and VAN HEYNINGEN[1]). (Reproduced with Permission of the World Health Organization.)

ml of original antitoxin mixed with 0,5 L+, or 0,7 Lv, or 0,7 Lh	Lv reaction	Lh reaction	Mice killed
0,00364	—	—	
0,00328	—	—	
0,00296	—	—	
0,00268	—	—	
0,00239	+	+	0/8
0,00214	++	++	0/8
0,00193	+++	+++	0/8
0,00175	+++	+++	2/8
0,00157	+++	+++	8/8
0,00143	+++	+++	8/8
0,00128	+++	+++	8/8

The curve JKLM is less steep than might be expected. The point J represents the Lo, the amount of toxin which in the presence of one unit of antitoxin just fails to kill. It might be expected that the Lo should be less than the L+ dose by one LD_{50}, and, since the toxin preparation happens to contain 10 LD_{50} per L+, the point J should lie at 0,9; in fact it lies at 0,75. The difference between the L+ and the Lo thus appears to be equivalent to 2,5 LD_{50} rather than 1 LD_{50}. The reason for this apparent discrepancy was first given by EHRLICH[2], and has since been re-interpreted by GLENNY[3] as follows: All preparations of toxin contain a proportion of toxoid, and it is known that toxin combines more rapidly than toxoid with antitoxin. Fig. 3 shows the neutralization by one unit of antitoxin (OC) of one Lo unit of a hypothetical antigen (OB), containing 60% toxin (OA) and 40% toxoid (AB). Curve 1 shows the total amount of antigen remaining free in the presence of increasing amounts of antitoxin, and curve 2 the total free toxin, if it combined with antitoxin at the same rate as toxoid. However, since it combines more rapidly its neutralization is represented by curve 3. At first this curve falls faster than curve 2 (although not faster than curve 1), but as the ratio of free toxin to toxoid diminishes it flattens out. When one unit of antitoxin has been added to one Lo unit of antigen there should be no free toxin, but when added to one L+ unit there should be one LD_{50} of toxin free. This amount is represented by OD on the ordinate, and it remains free from one Lo when only 0,75 units of antitoxin have been added, as shown by point E. To find the neutralization curve of the toxin in an amount of antigen that would have one LD_{50} of toxin free in the presence of one unit of antitoxin, i. e. the L+, the curve 3 must be displaced to the right so that point E lies at E′ directly above point C. This is shown in curve 4, which intersects the ordinate at A′. The distance AA′ then represents the difference in toxin, amounting to 4,4 LD_{50}, between the L+ and Lo doses.

[1] SKULBERG, A., and W. E. VAN HEYNINGEN: Bull. Wld. Hlth. Organiz. **14**, 557 (1956).
[2] EHRLICH, P.: D. m. W. **1898**, 597.
[3] GLENNY, A. T.: Medical Research Council. System of Bacteriology. Vol. 6, Chapt. 4. London 1931.

Consideration of fig. 3 will show that the difference between the L+ and the Lo will be smaller: (a) the greater the proportion of toxin in the antigen, (b) the more equal the rates of fixation of toxin and toxoid by antitoxin, and (c) the greater the Lo or L+ dose is in relation to the LD_{50}. The smaller the difference between the L+ and the Lo the nearer points J and A in fig. 1 would be, i. e. the steeper the curve JKLM, and therefore the greater the accuracy of the L+ determination. The first two factors (proportion of toxin, and its rate of fixation) are generally beyond the control of the investigator, but the third factor, the size of the L+ relative to the LD_{50} can be increased at will merely by working at a higher level of antitoxin concentration. Since the difference between the L+ and the Lo is smaller the higher the antitoxin unit level at which the L+ is determined, and since the Lo is unaffected, it follows that the L+ will be smaller the higher the antitoxin unit level.

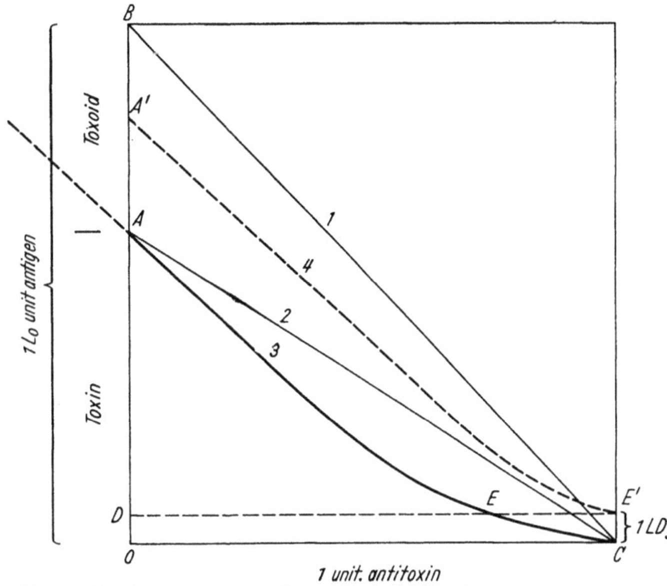

Fig. 3. Fixation of toxin and toxoid by antitoxin. Curve 1, uncombined total antigen in 1 Lo unit; curve 2, uncombined toxin in 1 Lo unit antigen, toxin neutralized at same rate as toxoid; curve 3, uncombined toxin in 1 Lo unit, toxin neutralized faster than toxoid; curve 4, uncombined toxin in 1 L+ unit. (Adapted from GLENNY[1].)

β) *Titrations without Indicators (Flocculation Assays).*

The end-point of the toxin-antitoxin, or of a toxoid-antitoxin, titration can be seen directly in a flocculation of the antigen-antibody complex, without the intervention of an external indicator system sensitive to excess toxin. If falling amounts of antitoxin (from horse serum) are mixed with constant amounts of toxin, and the mixtures held for some time, preferably at a slightly elevated temperature (45—50°), flocculation will take place over a certain range of antitoxin concentration, but in the regions of antigen or antibody excess the floccules will be soluble. [With rabbit serum the precipitate is soluble in excess antigen but not in excess antibody (see COHN and PAPPENHEIMER[2]).] Within the flocculation range there is a smaller range, the equivalence zone, where all, or nearly all, the antigen and antibody is absent from the ambient fluid and present in the floccules, being combined there in proportion to their original concentration in the mixtures. This is illustrated in curve β, Fig. 4. Curve α shows that a similar curve is obtained when varying amounts of toxin are added to constant amounts of antitoxin. With purified preparations of diphtheria antitoxin the typical equivalence zone may not appear (POPE and STEVENS[3]; POPE[4]).

Within the equivalence zone the different mixtures of toxin and antitoxin flocculate at different rates, and that amount of antigen which, per unit of antitoxin, flocculates before all other amounts of antigen per unit of antitoxin, is known as the Lf unit. This is indicated in curves α and β in fig. 4 by TA, where T and A represent Lf units of antigen and units of antitoxin respectively. At a given ratio of antigen and antibody the speed of flocculation is dependent on a number of further factors. These are: (a) The "quality" of the antigen and antibody, i. e. the capacity of the antigen to stimulate antibody production and the avidity of the antibody. The symbol Kf, referring either to antigen or

[1] GLENNY, A. T.: Medical Research Council. System of Bacteriology. Vol. 6, Chapt. 4. London 1931.
[2] COHN, M., and A. M. PAPPENHEIMER jr.: J. Immunol. **63**, 291 (1949).
[3] POPE, C. G., and M. F. STEVENS: Brit. J. exp. Path. **34**, 56, 241 (1953).
[4] POPE, C. G.: Int. Arch. Allergy **5**, 115 (1954).

antibody, is used to indicate the speed of flocculation at a given concentration of antibody. The better the quality of the reactants the smaller the Kf. The Kf of an antigen may depend on the culture medium on which it was produced and the degree to which it has been adversely affected during treatment, purification and toxoiding etc. (b) The absolute concentration of the reactants. (c) The temperature. The effects of relative and absolute concentration of reactants, and of temperature, may be seen in Fig. 5.

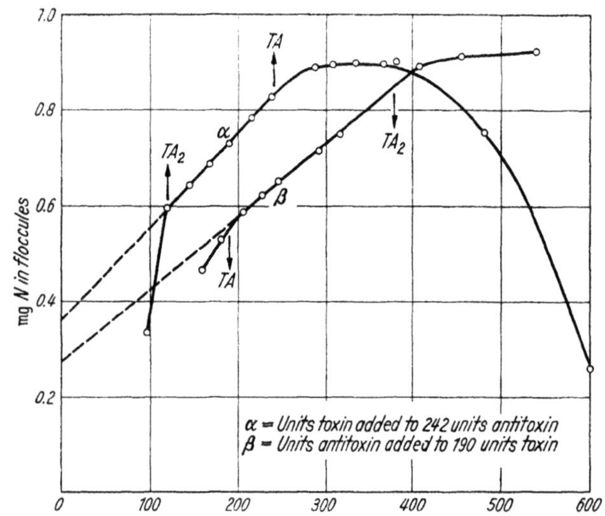

Fig. 4. Equivalence zone in toxin-antitoxin flocculation. T and A represent equivalent units, not molecules, of *Cl. perfringens* α-toxin and antitoxin respectively, and TA and TA_2 the composition of complexes formed in the equivalence zones. (From VAN HEYNINGEN[1], reproduced with permission of The Biochemical Society and the Cambridge University Press.)

It happens that with avid antisera (the majority of antisera) the Lf unit of a given toxin preparation is very close to the Lo dose, i. e. the mixture that flocculates first is just neutral. We have already seen that the combination of toxin with non-avid sera is not firm and that the toxin-antitoxin complex tends to dissociate *in vivo*. If a non-avid serum were tested against the same test toxin by an *in vitro* flocculation test and an *in vivo* titration the dissociation taking place *in vivo* would make the antiserum appear to have less toxin-combining power than indicated by the *in vitro* flocculation test. The "serum ratio", of such a serum i. e. the ratio of its antitoxin content measured *in vivo* and *in vitro* would be less than unity (see BARR and GLENNY[2]). Once the *in vitro* value of a typically avid serum has been fixed it can be used as a basis of comparison for *in vitro* tests on all kinds of sera, whether or not they are avid, provided always the *in vitro* test is used and not the *in vivo*. The *in vivo* value of a non-avid serum, and conversely that of a toxin tested against it, will vary according to the circumstances of the test, e. g. the concentration of toxin and antitoxin, and the time elapsing between mixing of the reactants and injection into the animal. It is important that a non-avid serum should be regarded as having two distinct values, *in vivo* and *in vitro*, but since the *in vivo* value can vary according to the circumstances of the test only the *in vitro* value should be taken into account and only the *in vitro* test should be used in referring toxins or unknown sera to such as serum. There are, on the other hand, certain sera that have a serum ratio greater than

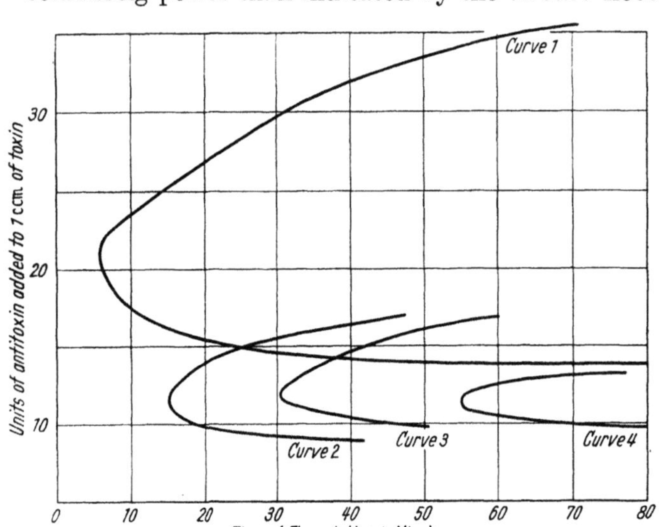

Fig. 5. Flocculation times of mixtures containing 1 ml of toxin and different amounts of antitoxin. Curve 1: toxin containing 21 Lf/ml, mixtures kept at 50° C; curves 2, 3 and 4: to in containing 12 Lf/ml, mixtures kept at 50, 35 and 25° C. (From GLEN Y[3], reproduced with permission of the Controller of Her Britannic Majesty's Stationery Office.)

[1] HEYNINGEN, W. E. VAN: Biochem. Soc. Symp. **10**, 37 (1953).
[2] BARR, M., and A. T. GLENNY: J. Path. Bacteriology **47**, 27 (1938).
[3] GLENNY, A. T.: Medical Research Council. System of Bacteriology. Vol. 6, Chapt. 4. London 1931.

unity, and such sera cannot be used as *in vitro* standards. They appear to flocculate more readily with toxoid than with toxin, and consequently different values are obtained when they are tested against toxin preparations containing different proportions of toxoid (BARR and GLENNY[1]). All International Standard Antitoxins are defined in terms of tests carried out *in vivo*, with only one exception, viz. the International Diphtheria Standard Flocculating Antiserum preserved at the State Serum Institute in Copenhagen. It follows therefore that if the Lf content of a toxin or toxoid preparation is to be tested against these standards, or against sub-standards referring to them, it is important that the serum ratios of the standards and sub-standards should be known.

Since most toxin preparations contain several antigens, and the corresponding antisera as many antibodies, it often happens that when a series of mixtures of toxin and antitoxin are set up more than one zone of flocculation may be seen, i. e. there may be more than one mixture that flocculates faster than the mixtures immediately on either side of it. In such cases a distinction can be made between the flocculation zone due to the toxin in question and those due to irrelevant antigens by at least two means, viz: (a) The L+ value of the toxin preparation can be determined and the flocculation zone which gives an Lf value nearest to (and rather smaller than) the L+ value is chosen. (b) A known amount of toxin or toxoid with a known Lf value is blended with the toxin preparation and the zone that shifts in value by the predictable amount is chosen. In practice irrelevant zones are generally found only when the range of antitoxin used extends considerably (say 100-fold), in large steps (say 2-fold), and they may be separated from the relevant zone by several steps. With a little experience of the material in hand it often happens that the value of a toxin preparation can be predicted within (say) a 4-fold range, and the antitoxin steps are arranged with 10—20% difference. In such cases the irrelevant zones are not likely to be encountered. The speed of flocculation may also be useful in identifying the relevant zone of flocculation. Thus VAN HEYNINGEN and GLADSTONE[2] found with dysentery toxin that the product, units antitoxin per ml mixture multiplied by the flocculation time (in minutes) was about 1000, regardless of the concentration of antitoxin. If a value were found 20% greater or smaller it was invariablv due to an irrelevant antigen.

Tierische Gifte *.

Von

Wilhelm Neumann und Ernst Habermann.

A. Allgemeines.

Tierische Gifte sind Produkte des tierischen Organismus, welche angreifende oder angegriffene Tiere und Menschen auf dem Wege pharmakologisch-toxikologischer Reaktionen oder biochemischer Umsetzungen schädigen. *Aktiv giftig* ist ein Tier, wenn es z. B. durch Beißen, Stechen oder Speien ein wirksames Sekret an den Gegner heranbringt; enthält dagegen ein Tier Giftstoffe, welche erst durch Verzehren seiner Körperteile wirksam werden, so spricht man von *passiver Giftigkeit.*

Die bis zum Jahre 1946 vorliegende Literatur über tierische Gifte ist von HARMON und POLLARD[3] zusammengefaßt und inzwischen von SCHÖTTLER[4] ergänzt worden (vgl. auch [5-7] sowie eine Sammlung von 61 Einzelbeiträgen zu einem Symposium bei [8]). Die

* Abgeschlossen am 20. 1. 1958.

[1] BARR, M., and A. T. GLENNY: J. Path. Bacteriology **47**, 27 (1938).
[2] HEYNINGEN, W. E. VAN, and G. P. GLADSTONE: Brit. J. exp. Path. **34**, 202 (1953).
[3] HARMON, R. W., and C. B. POLLARD: Bibliography of Animal Venoms. Gainesville 1948.
[4] SCHÖTTLER, W. H. A.: Mem. Inst. Butantan **26**, 7 (1954).
[5] GESSNER, O.: Handb. Heffter. Erg.-Bd. 6, S. 1.
[6] ESSEX, H. E.: Physiol. Rev. **25**, 148 (1945).
[7] BOQUET, P.: Venins des serpents et antivenins. Paris 1948.
[8] BUCKLEY, E. E., and N. PORGES: Venoms. Washington 1956.

Biochemie der tierischen Gifte haben KAISER und MICHL[1] dargestellt, auf neuere Übersichtsaufsätze wird weiter unten hingewiesen.

Bezüglich der *Systematik* der giftigen Tiere und näherer Angaben über die *giftbildenden und giftführenden Organe* muß auf Spezialwerke[2, 3] verwiesen werden, ebenso bezüglich der Systematik und Toxikologie von hier nicht aufgeführten Meerestieren[4].

Beim *Nachweis* und bei der *Bestimmung der Wirkstoffe* tierischer Gifte treten die gleichen Probleme auf wie bei manchen Drogen: Die Vielzahl und höchst unterschiedliche Zusammensetzung der Gifte macht es unmöglich, universell verwendbare, einfache chemisch-analytische Methoden anzugeben. Auch eine biologische Auswertung, wie man sie bei Auszügen aus Pflanzen oder Organen durchführt, welche Stoffe mit bestimmter pharmakologischer Wirkung enthalten, ist nur beschränkt möglich; denn die pharmakologisch-toxikologischen Wirkungen der weitaus meisten tierischen Gifte sind bis heute noch nicht genügend definiert. Eine Ausnahme macht z. B. die Gerinnungsförderung durch Schlangengifte, welche sich unschwer in übersichtlicher Anordnung in vitro bestimmen läßt (vgl. Bd. V, S. 162, sowie Bd. VI). In jedem Falle muß die Ausführung der Untersuchung ihrem Zweck angepaßt werden. Handelt es sich darum, ein Gift zu identifizieren, so sind viel mehr Eigenschaften der vorliegenden Substanz zu erfassen als etwa bei der qualitativen oder quantitativen Ermittlung eines speziellen biochemischen oder pharmakologischen Wirkfaktors.

Auch bei einfachster Fragestellung kommt man kaum mit einer einzigen chemischen oder physiko-chemischen Reaktion aus, obwohl eine solche gelegentlich von Nutzen sein kann. So läßt der Flavingehalt der Schlangengifte bis zu einem gewissen Grade auf ihren Gehalt an Aminosäureoxydase schließen[5]; hoher Adenosingehalt könnte auf das Vorliegen des Giftes von Bitis arietans hinweisen[6]. Beim Bienengift könnte die Erniedrigung der Oberflächenspannung von Wasser[7] als Maß für den Gehalt an Toxinfraktion I dienen. Alle diese Verfahren bedürfen jedoch der Untermauerung durch spezifischere pharmakologische bzw. biochemische Methoden. Einstweilen wird die *Bestimmung* tierischer Gifte oder einzelner Wirkstoffe *im wesentlichen* als *Aktivitätsbestimmung* auszuführen sein.

Selbst bei der gleichen Tierart kann die Aktivität des Giftes ebenso wie seine anderen Eigenschaften, etwa Farbe, Löslichkeit, elektrophoretisches Spektrum, von Charge zu Charge schwanken. Dabei können sowohl *gegenseitige Beeinflussungen einzelner Wirkstoffe* als auch hemmende oder fördernde *Effekte an sich unwirksamer Komponenten* des Giftes beteiligt sein. Schon Unterschiede im geographischen Vorkommen der Tiere sind wichtig. So zeigen Crotalus terrificus-Gifte je nach Herkunft der Schlangen ein sehr verschiedenes elektrophoretisches Bild[8]. Standortvarietäten von Vipera aspis produzieren verschieden stark gefärbtes und verschieden stark nekrotisierendes Gift[9]. Auch die Haltung der Gifttiere, die Art der Giftentnahme, die seit der letzten Giftabgabe verstrichene Zeit und andere äußere Umstände sind von Bedeutung; Alter und Art der Lagerung der Probe beeinflussen die Allgemeintoxicität (vgl. S. 807), was auch in Änderungen des papierchromatographischen Verhaltens zum Ausdruck kommt (vgl. S. 807). Man muß insgesamt bei tierischen Giften mit beträchtlichen *Schwankungen der Zusammensetzung* und damit auch *der Art und Stärke der Wirkung* rechnen.

---

[1] KAISER, E., u. H. MICHL: Die Biochemie der tierischen Gifte. Wien 1958.
[2] PHISALIX, M.: Animaux venimeux et venins. Paris 1922.
[3] PAWLOWSKY, E. N.: Gifttiere und ihre Giftigkeit. Jena 1927.
[4] HALSTEAD, B. W.; in: BUCKLEY-PORGES: Venoms. S. 9. Washington 1956.
[5] ZELLER, E. A.: Adv. Enzymol. **8**, 459 (1948); vgl. S. 809.
[6] FISCHER, F. G., u. H. DÖRFEL: H. **296**, 232 (1954).
[7] HABERMANN, E.: A. e. P. P. **222**, 173 (1954); Z. ges. exp. Med. **130**, 19 (1957).
[8] GONÇALVES, J. M., e L. G. VIEIRA: An. Acad. brasil. Cienc. **22**, 141 (1950). — GONÇALVES, J. M.: An. Acad. brasil. Cienc. **28**, 365 (1957).
[9] CÉSARI, E., J. BAUCHE et P. BOQUET: Cr. **201**, 683 (1935).

a) Vorgehen bei der Untersuchung von Giftproben.

Häufig taucht die Frage auf, ob wirklich das angegebene Material vorliegt, ob es genügend rein und aktiv ist. Man wird in diesem Fall zunächst die Toxicität prüfen.

Die *Allgemeintoxicität* ist zweifellos die wichtigste Eigenschaft tierischer Giftsekrete. Ihre Bestimmung erfolgt z. B. an Mäusen, Ratten, Meerschweinchen, Tauben oder auch größeren Tieren durch intravenöse, intraperitoneale oder subcutane Injektion. Dabei ist auch das *Vergiftungsbild* als solches *zu beachten.* Die Auswertung der zahlenmäßigen Ergebnisse erfolgt nach den in der Pharmakologie üblichen statistischen Verfahren; bezüglich der Einzelheiten vergleiche man z. B. [1]. Man ermittelt *am besten die LD 50,* d. h. die für 50% eines Tierkollektivs letale Dosis, da sie erheblich genauer bestimmbar ist als die sog. Dosis letalis minima (LD min) oder die zu 100% tödliche Dosis. Jede solche Angabe sollte auf das Gewicht der Versuchstiere bezogen werden. *Auf die Art der Applikation ist besonders zu achten.* Die bei der subcutanen Einspritzung gefundene LD 50 unterscheidet sich mitunter aus den verschiedensten Gründen erheblich von dem Wert, den man bei der intravenösen Einspritzung findet. Die Toxicität schwankt im übrigen von Präparat zu Präparat und ist, wie schon erwähnt, von vielen Faktoren abhängig. Daher können die in Zusammenstellungen (z. B. [2-4]) angegebenen Zahlenwerte nur als Anhalt dienen und dürfen nur mit Vorsicht als Kriterien für Reinheitsunterschiede herangezogen werden.

Findet man die Toxicität einer Giftprobe in der erwarteten Größenordnung, so kann die *Papierelektrophorese* eine Orientierung über die Zusammensetzung des Giftes liefern. Dabei ist darauf zu achten, daß keine schnell wandernden Komponenten übersehen werden, wie etwa bei bestimmten Viperidengiften, für die auf dem mit Amidoschwarz 10 B gefärbten Streifen eine charakteristische, stark basische ,,Rotfraktion" der Identifizierung dienlich sein könnte [5]. Ähnlich vermag die *Papierchromatographie* bei niedermolekularen und — wegen der Beschränkung auf wenige Lösungsmittel — in geringerem Maße bei höhermolekularen Substanzen weiter zu helfen. So lassen sich beispielsweise Bienen-, Wespen- und Hornissengift dadurch unterscheiden, daß das erstgenannte an niedermolekularen Wirkstoffen nur Histamin, Wespengift außerdem 5-Oxytryptamin und Hornissengift zu beiden noch Acetylcholin enthält [6]. Daß Unterschiede im elektrophoretischen und papierchromatographischen Bild auch bei Giftproben der gleichen Tierart bestehen können, sei hier nochmals betont.

Manchmal wird man auch die *Antigennatur* eines unbekannten Giftes zu charakterisieren suchen. Gegen zahlreiche Komponenten kann aktiv oder passiv immunisiert werden. Die Antikörper sind aber oft nicht nur gegen das zur Immunisierung verwendete Antigen gerichtet, sondern auch gegen diesem verwandte Proteinsubstanzen [7]. Ein Beispiel für die *Identifizierung* von Schlangengiften *auf Grund mehrerer Kriterien* hat Klobusitzky [8] gegeben. Neuerdings haben Gonçalves und Deutsch 5 Crotalidengifte eindeutig differenziert mit Hilfe von Papierelektrophorese, Ultrazentrifugierung, Antigen-Antikörper-Reaktion und Toxicitätsbestimmungen an der Maus [9]. Mehrere Autoren [10-13] benutzten eine Geldiffusionstechnik zur Bestimmung der Zahl der Schlangengiftantigene;

[1] Ther, L.: Pharmakologische Methoden. S. 74ff. Stuttgart 1949.
[2] Gessner, O.: Handb. Heffter Erg.-Bd. 6, S. 21.
[3] Maas, T. A.: Tab. biol. period. **9**, 146 (1934).
[4] Schöttler, W. H. A.: Amer. J. trop. Med. **31**, 489 (1951).
[5] Habermann, E., u. W. Neumann: A. e. P. P. **223**, 388 (1954).
[6] Neumann, W., and E. Habermann; in: Buckley-Porges: Venoms. S. 171. Washington 1956.
[7] Schlossberger, H., R. Bieling u. A. Demnitz: Behringwerke-Mitt. **7**, 111 (1936).
[8] Klobusitzky, D. v.: Dtsch. Z. gerichtl. Med. **30**, 156 (1938).
[9] Gonçalves, J. M., and H. F. Deutsch: Arch. Biochem. **60**, 402 (1956).
[10] Kulkarni, M. E., S. S. Rao and S. S. Rao: Current Sci., Bangalore **23**, 190 (1954) [C. A. **49**, 2627 (1955)].
[11] Kulkarni, M. E., and S. S. Rao; in: Buckley-Porges: Venoms. S. 175. Washington 1956.
[12] Piantanida, M., and N. Muic: J. Immunol. **73**, 115 (1954).
[13] Grasset, E., E. Pongratz et T. Brechbuhler: Ann. Inst. Pasteur **91**, 162 (1956).

auch die Antigennatur von elektrophoretischen Fraktionen wurde auf diesem Wege untersucht[1].

Häufig wird man auf eine Reihe *spezieller Komponenten* prüfen müssen, welche von Gift zu Gift differieren und im nächsten Abschnitt im einzelnen aufgeführt seien.

Bei Erörterungen über *Pharmakologie und Toxikologie* tierischer Gifte darf *neben dem Anteil der eigentlichen Giftbestandteile* nicht die eventuelle *Mitwirkung pharmakologisch aktiver Stoffe* übersehen werden, die durch das Gift *aus dem vergifteten Organismus* freigesetzt werden, wie z. B. Bradykinin (vgl. S. 830), Lysocithin (vgl. S. 828), „slow reacting substances" oder Histamin, Serotonin, Acetylcholin, Adrenalin, Arterenol, Purinderivate, aber auch Fettsäuren, Wasserstoffsuperoxyd oder Kaliumionen (vgl. über diese pharmakologisch-toxikologischen Fragen bei [2]).

b) Wirkstoffe tierischer Gifte.

Bisher ist außer dem Gift bestimmter europäischer Ameisen kein tierisches Giftsekret bekannt, welches nur eine einzige Wirkkomponente enthielte. Alle tierischen „*Toxine*" *der älteren Literatur* müssen heute als z. T. *sehr komplizierte Gemische* betrachtet werden. In der Regel sind mehrere Wirkstoffe vorhanden; sie lassen sich nach folgendem Schema[3] gruppieren:

Tabelle 1. *Wirkstoffe tierischer Gifte.*

Niedermolekulare Substanzen, z. B.

stickstoffreie: Ameisensäure (Formica-Arten), Bufagine (Bufo-Arten), Cantharidin (u. a. Lytta vesicatoria)

stickstoffhaltige: Acetylcholin (Vespa crabro), Adrenalin (u. a. Bufo agua), Bufotenin und Derivate (Bufo-Arten), Bufotoxine (Bufo-Arten), Histamin (z. B. Apis mellifica, Vespa vulgaris, Vespa crabro), 5-Oxytryptamin (z. B. Vespa vulgaris), Samandarin (Salamander-Arten)

Höhermolekulare Stoffe.

I. *Toxine im engeren Sinne* (giftige Peptide oder Proteine, bei denen z. Z. keine enzymatischen Effekte bekannt sind)*:
   - Cardiotoxin (Naia naia)
   - Crotactin (Crotalus terrificus)
   - Crotamin (Crotalus terrificus)
   - Melittin (Apis mellifica)
   - Neurotoxine (Naia naia und Bungarus fasciatus)

II. *Enzyme*[4, 5], z. B. (vgl. hierzu auch Bd. VI):
   1. Esterasen: Cholinesterase
      Phospholipasen A, B und C
      Phosphatasen
   2. Hyaluronidasen
   3. Proteasen: Proteinasen
      Peptidasen
   4. Faktoren, welche die eiweißartigen Komponenten der Blutgerinnung beeinflussen (vielleicht identisch mit 3)
   5. Aminosäureoxydasen

Viele tierische Gifte enthalten Vertreter aus mehreren der großen in Tabelle 1 aufgeführten Gruppen. Extreme stellen die Gifte der Kröten und der Schlangen dar, von

* Einige in der Literatur beschriebene „Hämolysine" sind in diesem Schema nicht aufgeführt, da z. Z. noch unentschieden ist, wieweit sie ähnlich wie Melittin *direkt* hämolysieren oder nur *indirekt* auf Erythrocyten wirken, weil sie infolge eines Gehalts an Phospholipase A auf enzymatischem Wege aus Phospholipoiden die entsprechenden Lysophospholipoide entstehen lassen.

[1] Grasset, E., T. Brechbuhler, D. E. Schwartz and E. Pongratz; in: Buckley-Porges: Venoms. S. 153. Washington 1956.

[2] Neumann, W., u. E. Habermann: Pharmacol. Rev. in Vorbereitung.

[3] Neumann, W., and E. Habermann; in: Buckley-Porges: Venoms. S. 171. Washington 1956.

[4] Zeller, E. A.; in: Sumner-Myrbäck, Enzymes. Bd. I/2, S. 986.

[5] Slotta, K.: Fortschr. Chem. org. Naturstoffe 12, 406 (1955).

denen die erstgenannten anscheinend nur niedermolekulare Wirkstoffe enthalten, während die Schlangengifte ganz überwiegend aus Stoffen von Eiweißcharakter bestehen.

B. Schlangengifte.

I. Allgemeines.

Man rechnet z. Z. mit etwa 200 für den Menschen gefährlichen Schlangenarten[1]. *Alle bisher näher untersuchten Schlangengifte enthalten mehrere Komponenten*, z. T. bestehen selbst bei der gleichen Schlangenart regionale Unterschiede. *Neben eigentlichen Wirkstoffen* spielen *auch hemmende Faktoren* eine Rolle.

Nach den Untersuchungen der letzten Jahrzehnte sind die *wesentlichsten Wirkkomponenten* der Schlangengifte *eiweißartige Verbindungen*. Es werden daher ältere, offenbar irrtümliche Angaben über die vermeintliche Isolierung von Wirkstoffen ohne Eiweißcharakter hier nicht berücksichtigt.

Die Chemie der Schlangengifte ist z. Z. noch nicht soweit geklärt, daß man höhermolekulare Reinsubstanzen aus mehreren sich zoologisch näher oder ferner stehenden Quellen vergleichen könnte. Auf Grund biologischer Wirkungen geprägte, allgemein gehaltene Bezeichnungen, wie „Neurotoxin", „Hämolysin" oder dergleichen, aber auch die spezielle Benennung vorhandener Enzyme dürfen nicht zu der Annahme verleiten, daß die damit gemeinten Substanzen von Gift zu Gift übereinstimmen müßten. Erhebliche immunbiologische Unterschiede lassen sich sogar zwischen Giften nachweisen, die einander in der Systematik nahestehen, und es ist noch nicht abzusehen, ob und wieweit sich auch eine chemische Differenzierung gleichartig wirksamer Stoffe verschiedener Herkunft ergeben wird.

Bisher besteht auch, bis auf den Sonderfall der Ophio-L-Aminosäureoxydase, kein Anhalt dafür, daß leicht abspaltbare, niedermolekulare prosthetische Gruppen an den pharmakologischen oder biochemischen Wirkungen von Schlangengiftbestandteilen entscheidend beteiligt wären.

Die *Möglichkeit einer chemischen Erfassung* der aktiven Substanzen ist noch sehr *beschränkt*. *An ihre Stelle treten* einstweilen, soweit möglich, *biochemische Aktivitätsbestimmungen* und im übrigen, wie auch sonst bei biologisch aktiven Proteinen, entsprechende *biologische Testverfahren*. Die verwirrende Fülle von Daten über pharmakologische und biochemische Wirkungen von Schlangengiften kann aber an dieser Stelle nicht wiedergegeben werden.

In der Literatur über einige häufiger studierte Gifte finden sich z. B. allein bezüglich der Toxicität neben der LD 50 (vgl. hierzu S. 803) die verschiedensten Maße. Einige Autoren[2] bezeichnen als DLm (= dosis letalis minima) jene Dosis, welche bei *subcutaner* Injektion mindestens 2 von 3 Mäusen von 16—20 g innerhalb 8—20 Std tötet, und als ME[2] (Mäuseeinheit) die so ermittelte DLm je g Maus. Andere[3] ermitteln dagegen die ME bei *intravenöser* Einspritzung und verstehen sie nicht je g, sondern je Maus von 18—20 g. Der erstgenannten ME entspricht ungefähr die GE = Gifteinheit weiterer Autoren[4], die gleichzeitig als GW = Giftwert einen Kehrwert hiervon benutzen, der angibt, wieviel g Maus bei subcutaner Injektion durch 1 mg des betreffenden Materials getötet werden. Schließlich wird auch[5] die Zahl der Letaldosen je mg Stickstoff bei *intramuskulärer* Injektion an 300—310 g schweren Tauben oder auch die LD min für Tauben von 300 g[6] genannt. Eingehende Toxicitätsuntersuchungen mit moderner Auswertungsmethodik und Nomenklatur bringen[7, 8].

[1] SWAROOP, S., and B. GRAB; in: BUCKLEY-PORGES: Venoms. S. 439. Washington 1956.
[2] MICHEEL, F., u. F. JUNG: H. **239**, 217 (1936).
[3] WIELAND, H., u. W. KONZ: S.-B. bayer. Akad. Wiss. math.-naturwiss. Kl. H. **2**, 177 (1936).
[4] SLOTTA, K., u. G. SZYSZKA: B. **71**, 258 (1938).
[5] GHOSH, B. N., and S. S. DE: Ind. J. med. Res. **25**, 779 (1938).
[6] GHOSH, B. N., S. S. DE and D. P. BHATTACHARYA: Ind. J. med. Res. **26**, 753 (1939).
[7] SCHÖTTLER, W. H. A.: Amer. J. trop. Med. **31**, 489 (1951).
[8] CHRISTENSEN, P. A., and D. J. FINNEY: J. Immunol. **70**, 7 (1953).

Wahrscheinlich enthalten *zahlreiche Gifte mehr als eine toxische Komponente* (vgl. hierzu S. 814). So wurde in Klapperschlangengift neben Crotactin noch Crotamin (vgl. S. 816), in Cobragift neben dem „Neurotoxin (R)" noch ein „Cardiotoxin" (vgl. S. 817) aufgefunden. Bei der Elektrophorese verschiedener Cobragifte ist zwar eine gleich schnell laufende Komponente „T" mit neurotoxischer und hämolytischer Aktivität beobachtet worden[1]; neuere Untersuchungen mit empfindlicherer Apparatur lassen jedoch darauf schließen, daß hier wohl mehrere Giftfaktoren vorliegen bzw. eine Einzelkomponente mit dem Tiselius-Verfahren nicht als scharfer Gradient darstellbar ist[2].

Es liegt nahe, in dem *Enzymgehalt* eines Sekrets einen für seine toxische Wirkung wesentlichen Faktor zu vermuten. In der Tat sind Phospholipase-Präparate als mäßig giftig befunden worden[3], was wahrscheinlich auf der Bildung toxischer Lysoverbindungen aus körpereigenen Phospholipoiden beruht, und auch die gelegentlich als Todesursache erkennbare intravasale Blutgerinnung dürfte enzymatisch bedingt sein (vgl. S. 826). Die Toxicität von Cholinesterase[4], Aminosäureoxydase[5], Hyaluronidase[6] scheint jedoch praktisch jenseits der Nachweisbarkeitsgrenze zu liegen, und gerade genauer untersuchte starke „Neurotoxine", wie Crotactin und Crotamin, gehören nicht zu den bisher bekannten Enzymen. Die *Wirkung der Gesamtgifte* ist aber *durch das Zusammenspiel aller Einzelfaktoren bedingt, an dem die Enzyme* sowohl durch Bildung sekundärer Wirkstoffe aus körpereigenem Material als auch durch Freisetzung körpereigener Wirkstoffe und durch Förderung der Resorptions- und Wirkungsbedingungen spezifisch toxischer Giftkomponenten *teilhaben können.* Ein Parallelismus zwischen dem Enzymgehalt von Giftfraktionen und ihrer Toxicität besteht jedoch nicht[7, 8].

Im folgenden werden die wenigen Stoffe in den Mittelpunkt der Darstellung gerückt, welche bisher aus Schlangengiften in relativ gereinigtem Zustand dargestellt worden sind.

II. Gewinnung von Schlangengiften.

Die Gifte werden z. T. in großem Maßstab zur Erzeugung von Immunseren oder pharmazeutischen Präparaten gewonnen. Bei sorgfältiger Haltung können manche Schlangen im Abstand von 1—4 Wochen sehr oft entgiftet werden.

Folgende Verfahren werden angewendet:

a) Entleeren der Giftdrüsen der narkotisierten Schlange durch Fingerdruck. Hierbei kann das Drüsengewebe durch zu starken Druck Schaden leiden.

b) Die nicht narkotisierte Schlange wird im Nacken gefaßt, eine Schale zwischen ihre Kiefer geschoben, eventuell nach Öffnung des Maules mit einer Pinzette. Durch den dadurch in der Regel ausgelösten Beißakt wird das Gift aus den Drüsen ausgepreßt und spritzt von den Giftzähnen ins Schälchen, das zum Abfangen von Verunreinigungen aus der Mundhöhle mit Mull oder dünnem Gummi überspannt werden kann.

c) Wie b), aber mit zusätzlicher elektrischer Reizung (Induktorium) der Kiefermuskulatur mittels eines zangenförmigen Elektrodenpaares. Bei diesem besonders bei kleinen oder trägen Schlangen empfehlenswerten Verfahren wird erheblich mehr Gift ausgepreßt als durch den spontanen Beißakt.

Die Giftausbeute hängt von Allgemeinzustand und Größe des Tieres, von Futter und Haltung sowie von der Zeit seit dem letzten Biß, aber auch von der Umgebungstemperatur (Jahreszeit!) ab. Nach dem Biß sind noch etwa $^1/_2$—$^1/_4$ der spontan ausgestoßenen Menge

[1] Polson, A., F. J. Joubert and D. A. Haig: Biochem. J. **40**, 265 (1946).
[2] Fischer, F. G., u. W. P. Neumann: H. **297**, 92, 100 (1954).
[3] Habermann, E.: A. e. P. P. **230**, 538; **232**, 244 (1957).
[4] Chaudhuri, D. K.: Sci. & Cult., Calcutta **8**, 238 (1942).
[5] Singer, T. P., and E. B. Kearney: Arch. Biochem. **29**, 190 (1950).
[6] Habermann, E.: B. Z. **329**, 1 (1957).
[7] Habermann, E.: H. **297**, 104 (1954).
[8] Radomski, L., and W. B. Deichmann: J. Pharmacol. exp. Ther. **116**, 47 (1956); **119**, 178 (1957).

ausdrückbar[1, 2]. Die Trocknung des Sekretes erfolgt entweder über Phosphorpentoxyd oder durch Gefriertrocknung. Der Trockengehalt liegt bei 24—40 % der Feuchtsubstanz[3], unter schärferen Bedingungen läßt sich den „Trocken"giften noch weiteres Wasser entziehen[4, 5]. Die bei einer Entleerung erhaltene Trockengiftmenge schwankt zwischen wenigen Milligrammen (z. B. bei Vipera berus[6] und Demansia textilis[2]) und mehreren Dezigrammen[3, 7].

Die *Stabilität der Gifte* bei der Lagerung ist von erheblichem Interesse; hierüber bestehen widersprechende Angaben. Nach SLOTTA[8] sollen vollkommen trockene Gifte auf Jahre hinaus stabil sein, SCHÖTTLER[9] (hier auch Literaturübersicht) zieht die Aufbewahrung des getrockneten Giftes in einem mit Korkstopfen verschlossenen Glasröhrchen vor, weil wiederholtes Evakuieren die Wirksamkeit minderte. Amorphes Crotoxin ist noch aus mindestens 3 Jahre gelagertem Crotalus terrificus-Gift darstellbar[10]. Es bestehen wohl auch Unterschiede zwischen verschiedenen Giftsekreten oder Giftqualitäten. Auch dem Dispersionsgrad wird Bedeutung beigemessen[11]. Differenzen im papierchromatographischen Bild zeigten sich bei Ammodytesgift, das frisch oder 3 Monate bzw. 1 Jahr gelagert war[12]. Wichtig ist Aufbewahrung im Dunkeln; Ultraviolettstrahlen schädigen stark.

III. Analytische Daten über Schlangen-Gesamtgifte.

a) Elementaranalyse.

Bei 9 verschiedenen Schlangengiften schwankte die Restfeuchte zwischen 4 und 9 %, der Aschegehalt zwischen 3 und 6 %. Der Gesamtstickstoff lag zwischen 13,4 und 14,8 %, davon wurden 8,8—9,8 % als Albumin-N, 3,3—4,6 % als Globulin-N, der Rest (0,37—1,12 %) als Nicht-Eiweißstickstoff gerechnet[13]. Das von MICHEEL[14] zur Darstellung eines Neurotoxins benutzte Naia flava-Gift enthielt 47,06 % C, 6,05 % H, 4,6 % S, 14,64 % N, 3,0 % Asche. Die Elementaranalysen der von FISCHER und NEUMANN[5] sowie NEUMANN und HABERMANN[10] untersuchten Gifte sind in Tabelle 2 zusammengefaßt.

Tabelle 2. *Elementaranalyse von Schlangengiften* (nach Trocknung im Hochvakuum).

	Gewichtsverlust* %	C %	H %	N %	S %	P %	Rückstand %
Naia haie . .	7,05	45,77	6,79	13,01	4,10	<0,1	1,82
Naia nigricollis	5,84	43,99	6,61	12,93	4,27	<0,1	3,99
Echis carinatus	6,4	45,73	6,63	12,98	2,48	0,04	3,40
Bitis arietans .	7,1	45,04	6,41	14,62	3,10	0,41	2,58
Crotalus terrificus . . .	12,3	44,12	6,42	12,49	3,08	—	6,91

* des lufttrockenen Giftes im Hochvakuum über Phosphorpentoxyd.

Der Natriumgehalt von 9 getrockneten Giften lag (flammenphotometrisch) zwischen 1 und 2,3 % (Vip. russelli 1,42 %, Vip. aspis 1,86 %), der Kaliumgehalt zwischen 0,1 und 0,9 % (Vip. russelli 0,86 %, Vip. aspis 0,22 %), der Chloridgehalt (potentiometrisch)

[1] DO AMARAL, A.: Bull. Antivenin Inst. Amer. **1**, 100, 103 (1928) [s. [3]].
[2] FAIRLEY, H., and B. SPLATT: Med. J. Austral. **1929 I**, 336 [s. [3]].
[3] GESSNER, O.: Handb. Heffter Erg.-Bd. VI, S. 6—7.
[4] SLOTTA, K., u. W. FORSTER: B. **71**, 1082 (1938).
[5] FISCHER, F. G., u. W. P. NEUMANN: H. **297**, 92, 100 (1954).
[6] Eigene Untersuchungen.
[7] FAUST, E. S.: Handb. Heffter Bd. II/2, S. 1769.
[8] SLOTTA, K.: Fortschr. Chem. org. Naturstoffe **12**, 406 (1955).
[9] SCHÖTTLER, W. H. A.: J. Immunol. **67**, 299 (1951).
[10] NEUMANN, W. P., u. E. HABERMANN: B. Z. **327**, 170 (1955).
[11] TAYLOR, J.: Ind. J. med. Res. **28**, 279 (1940).
[12] RAUDONAT, H. W., u. A. OETTERT: Naturwiss. **42**, 558 (1955).
[13] MERCHANTE, F.-M.: C. R. Soc. Biol. **122**, 487 (1936).
[14] MICHEEL, F., u. F. JUNG: H. **239**, 217 (1936).

zwischen 0,2 und 2,6% (Vip. russelli 0,29%, Vip. aspis 0,19%); der Stickstoffgehalt (nach KJELDAHL) betrug 12—16% des Trockengewichts an Proteinen[1].

b) Schwefelgehalt.

Schon DELEZENNE[2, 3] schenkte dem Schwefel in Schlangengiften besondere Aufmerksamkeit (vgl. Tabelle 3). Er könnte als Thiol-, Alkylthiol- (z. B. Methionin-) oder Disulfidschwefel vorliegen, daneben vielleicht in noch unbekannter Bindungsart[4]. Sowohl die Thiol- als auch die Disulfidgruppierung scheint in Schlangengiften in verschiedener Form vorzuliegen. Naia-Rohgift z. B. läßt sich durch unterschiedliche Behandlung mit KCN in verschiedenem Grad entgiften, wobei sich gleichzeitig 3 Stufen unterschiedlichen Jodverbrauchs herausbilden[5]. Die Thiol-Gruppen hat man[6] in leicht reagierende, träg reagierende und maskierte eingeteilt. Das bei der Hydrolyse von Naia tripudians-Gift neu auftretende Thiol[7] dürfte zuvor maskiert vorgelegen haben. Die Annahme eines Thiolactonrings[8] oder eines mittels Säure hydrolysierbaren Thioäthers[7] ist noch nicht experimentell gesichert, doch spricht manches für eine spezielle Art der Schwefelbindung in Cobragift-Neurotoxin[9], während andererseits auch an andere Angriffspunkte der bei der Untersuchung zugesetzten reduzierenden Substanzen (z. B. Hydrogensulfit an Kohlenhydrat[10]) zu denken ist.

Die Toxicität von Crotalus terrificus-Gift scheint weitgehend an die Unversehrtheit von Disulfidbrücken geknüpft zu sein; die 20fache Menge Cystein beseitigt bei p_H 7,6 und Zimmertemperatur die Giftigkeit binnen 24 Std zum größten Teil[11]. Demgegenüber wird beispielsweise die Aktivität des rohen Neurotoxins von Naia tripudians durch den 40- bis 80fachen Überschuß an Cystein im schwach Alkalischen nur um maximal 25% vermindert[12], die des Hämolysins aus Cobragift wird nach oxydativer Inaktivierung durch Reduktionsmittel wiederhergestellt[13]. Angaben[14] über eine Entgiftung von Cobragift durch eine Reihe sulfhydrylhaltiger Substanzen konnten am Gift von Naia nigricollis nicht bestätigt werden[15]. Bei Einwirkung verschiedener Reduktionsmittel auf rohes Tripudiansgift und eine daraus isolierte, stark toxische Fraktion inaktivierte Hydrogensulfit am stärksten, während Cystein das Neurotoxin nur um 30% abschwächte[10]. In vivo wurde die Toxicität von Cobragift durch Cystein und Dimercaptopropanol (BAL) nicht abgeschwächt, in vitro hatte nur BAL einen unsicheren Effekt[16].

Ob und wieweit der Schwefelgehalt von Schlangengift-Komponenten für deren spezifische Wirkung entscheidend ist, kann noch nicht gesagt werden. Beim Bienengift enthält die stark und direkt hämolysierende und zugleich hochtoxische sog. Fraktion I (Melittin) *keinen* Schwefel (vgl. S. 841).

c) Zink.

Nach DELEZENNE[3] soll eine Reihe von Schlangengiften auffallend viel Zink enthalten (vgl. Tabelle 3), das durch Dialyse und Fällung nicht zu entfernen sein soll. RÂY[17] konnte

[1] GRASSET, E., T. BRECHBUHLER, D. E. SCHWARTZ and E. PONGRATZ; in: BUCKLEY-PORGES: Venoms. S. 153. Washington 1956.
[2] DELEZENNE, C.: Thèse Fac. Sci. Paris 1919.
[3] DELEZENNE, C.: Ann. Inst. Pasteur **33**, 68 (1919).
[4] SLOTTA, K., u. W. FORSTER: B. **71**, 1082 (1938).
[5] WELLERS, G.: Rev. canad. Biol. **8**, 139 (1949).
[6] BARRON, E. S. G.: Adv. Enzymol. **11**, 201 (1951).
[7] MICHEEL, F.: B. **72**, 68 (1939).
[8] MICHEEL, F., u. F. JUNG: H. **239**, 217 (1936).
[9] MICHEEL, F., u. H. EMDE: H. **265**, 266 (1940).
[10] GHOSH, B. N., S. S. DE and D. N. CHOWDHURY: Sci. & Cult., Calcutta **4**, 198 (1938).
[11] SLOTTA, K., u. H. FRAENKEL-CONRAT: B. **71**, 264 (1938).
[12] MICHEEL, F., u. H. SCHMITZ: B. **71**, 703 (1938).
[13] DE, S. S.: Ind. J. med. Res. **27**, 807 (1940).
[14] BINET, L., G. WELLER et E. ROBILLARD: C. R. Soc. Biol. **131**, 934 (1939).
[15] Eigene Untersuchungen.
[16] VEERARAGHAVAN, N.: Ind. J. med. Res. **39**, 267 (1951).
[17] RÂY, P.: J. ind. chem. Soc. **17**, 681 (1940).

mit empfindlicherer Methode für verschiedene Gifte diese hohen Zinkwerte nicht bestätigen, fand aber im Gift von Naia naia und Naia tripudians 0,46—0,55% Zn. Zwischen den geprüften Giftqualitäten und dem Zinkgehalt bestand im Gegensatz zu DELEZENNE[1] kein Parallelismus[2]. Möglicherweise bedingt der Zinkgehalt der Gifte eine einstweilige Blockierung gewisser Enzyme in den Giftdrüsen und damit einen Schutz der Schlange gegen ihr eigenes Gift (FLECKENSTEIN und GERKHARDT[3]). Zum Beispiel wurden in einer Cobragiftcharge 0,22% Zink gefunden; Entfernung desselben führte zum Anstieg der 5'-Nucleotidaseaktivität[4].

Tabelle 3. *Zink- und Schwefelgehalt von Schlangengiften*[1].

	S (%)	Zn (%)
Colubridengifte		
Naia tripudians . .	4,2; 4,46	0,52
Bungarus caeruleus .	4,79	0,43
Naia haie	4,49	0,42
Sepedon.	3,83	0,33
Hoplocephalus variegatus. . . .	3,68	0,32
Viperidengifte		
Cerastes cornutus. .	2,53; 2,55	0,22
Bothrops lanceolatus	2,47	0,19
Trimeresurus riukianus	2,36	0,17
Vipera lebetina. . .	1,92	0,13
Bitis arietans . . .	1,80	0,11
Bitis gabonica . . .	1,69	0,12

d) Purinderivate.

Adenosin ist im Gift von Bitis arietans vorhanden und kristallisiert beim Einengen des Ultrafiltrats der Giftlösung aus[5], kann auch papierchromatographisch[5, 6] nachgewiesen und dann photometrisch bestimmt werden[5], ebenso durch Messung der Absorption einer mit Trichloressigsäure enteiweißten[5] oder einer dialysierten[6] Giftlösung. Daneben findet sich *Adenosin-3'-phosphorsäure* (vgl. Tabelle 4), und anscheinend auch ein *Guaninderivat.*

Tabelle 4. *Purinderivate in Schlangengiften.*

Tierart	Adenosin	Adenosin-3'-phosphat[6]	Guaninverbindungen[6]	Gehalt: Adenosin % nach[5]	Gehalt: Purinverbindungen % nach[6]
Bitis arietans	+++[5, 6]	—	Spur	12,7	3,8
Dendraspis viridis . .	+++[5]			2,6	
Dendraspis angusticeps	+++[6]	—	—		4,3
Notechis scutatus . .	+[6]	Spur	Spur (nicht regelmäßig)		1,4
Denisonia superba . .	Spur[6]	+ (nicht regelmäßig)	—		2,0
Acanthophis antarcticus	++[6]	Spur (nicht regelmäßig)	Spur (nicht regelmäßig)		2,4

e) Kohlenhydrate.

Eine positive MOLISCHsche Probe zeigten die nucleotidfreien Gifte verschiedener Vipern- und Bothropsarten, eine negative die untersuchten Naia- und Crotalusgifte[5].

f) Flavine.

Schon frühzeitig interessierte die Frage nach Zusammenhängen zwischen der Intensität der *Gelbfärbung bestimmter Gifte* und ihrer Toxicität (vgl. z. B. [7]). Ein Hinweis auf die Flavinnatur dieser Farbstoffe ergab sich aus dem Fluorescenzspektrum von Dialysaten. Giftproben von Vip. aspis enthielten, als Riboflavin berechnet, 52 γ bzw. 44 γ, von Naia tripudians 37 γ[8], von Bothrops jararaca 250 γ Flavin je g Trockengift[9]. Auch im Gift von

[1] DELEZENNE, C.: Ann. Inst. Pasteur **33**, 68 (1919).
[2] RÂY, P.: J. ind. chem. Soc. **17**, 681 (1940).
[3] FLECKENSTEIN, A., u. H. GERKHARDT: A. e. P. P. **214**, 135 (1952).
[4] KAYE, M. A. G.: Biochim. biophysica Acta, N. Y. **18**, 456 (1955).
[5] FISCHER, F. G., u. H. DÖRFEL: H. **296**, 232 (1954).
[6] DOERY, H. M.: Nature **177**, 381 (1956).
[7] CÉSARI, E., J. BAUCHE et P. BOQUET: Cr. **201**, 683 (1935). — BOQUET, P.: Venins des serpents et antivenins. S. 103. Paris 1948.
[8] BROOKS, G.: Ann. Inst. Pasteur **64**, 558 (1940).
[9] TABORDA, A. R., e L. C. TABORDA: Mem. Inst. Butantan **15**, 47 (1941).

Vip. aspis und Vip. lebentina wurden riboflavinartige Körper festgestellt[1]. Nach der Entdeckung von L-*Aminosäureoxydase* in Schlangengiften[2] ergab sich ein weitgehender Parallelismus zwischen diesem Enzym und dem Flavingehalt[3]. SINGER und KEARNEY gelang[4] neben einer weitgehenden Reinigung des Enzyms auch eine Abtrennung der *prosthetischen Gruppe*, die durch ihr Absorptionsspektrum, die Änderung der Fluorescenz bei enzymatischer (Nucleotidpyrophosphatase) oder Säurehydrolyse, durch Behandlung mit Adenylsäuredesaminase, papierchromatographischen Nachweis von Adenin, Ausschluß von Flavinmononucleotid und schließlich Aktivierung der D-Aminosäureoxydase als *Flavinadenin-dinucleotid* charakterisiert wurde. Der gesamte Riboflavingehalt von rohem Agkistrodon-Gift ($4 \cdot 10^{-1}\,\mu$M/g) lag in Form des Dinucleotids, an L-Aminosäureoxydase gebunden, vor[4]. Bei den Giften einer Reihe südamerikanischer Schlangen zeigt sich deutlicher Parallelismus zwischen Farbe, Riboflavingehalt (10—420 γ/g) und Aminosäureoxydaseaktivität[5]. Auch papierchromatographisch[6] und papierelektrophoretisch[7-9] lassen sich aus manchen Giften eine oder mehrere intensiv gelb fluorescierende Fraktionen darstellen, die nicht immer mit Eiweißfraktionen zusammenfallen.

Flavine und andere fluorescierende Substanzen können durch *Photoinaktivierung* die Toxicität mindern[10].

IV. Elektrophorese und Chromatographie der Schlangengifte.

Die Analyse der Proteingemische erfordert z. T. Erfahrung in der Ausführung und vor allem in der Auswertung pharmakologischer Experimente (vgl. S. 803). Je mehr Wirkqualitäten einer bestimmten Giftkomponente bekanntwerden, desto mehr Kriterien für ihre Einheitlichkeit werden verfügbar, und die biologischen Kriterien können, wie z. B. die Auftrennung von Crotoxin zeigt, wesentlich schärfer sein als die chemischen. Versuche, durch einfache fraktionierte Fällung Albumin, Globulin, „Proteosen" usw. zu unterscheiden, sind bezüglich Reinheit der erhaltenen Fraktionen mit Vorsicht zu bewerten. Erhebliche Erweiterungen der analytischen und präparativen Möglichkeiten beruhen auf der Einführung elektrophoretischer und chromatographischer Verfahren.

a) Elektrophoretische Verfahren.

1. Die **freie Elektrophorese** fand mehrfach Anwendung; jedoch bedingen der relativ große Substanzbedarf (mikroelektrophoretische Verfahren wie das von ANTWEILER [vgl. Bd. I, S. 81ff.] wurden bisher noch nicht angewendet) und die Schwierigkeiten bei der Isolierung einzelner Fraktionen wesentliche Einschränkungen des Anwendungsbereiches.

Ältere Versuche mit einfacher Methodik[11, 12] zeigten bereits die prinzipielle Möglichkeit, Schlangengifte elektrophoretisch zu charakterisieren. Die Untersuchung einer Reihe von Colubridengiften[13] mit relativ unvollkommener Apparatur schien zunächst eine gewisse Regelmäßigkeit im elektrophoretischen Verhalten zu ergeben. Eine durch ihre Wanderungsgeschwindigkeit definierte „T"-Fraktion enthielt die toxische und hämolytische

[1] ZELLER, E. A., V. KOCHER u. A. MARITZ: Helv. physiol. Acta **2**, C 63 (1944).
[2] ZELLER, E. A., u. A. MARITZ: Helv. **27**, 1888 (1944).
[3] ZELLER, E. A.: Adv. Enzymol. **8**, 459 (1948).
[4] SINGER, T. P., and E. B. KEARNEY: Arch. Biochem. **27**, 348 (1950).
[5] BARRIO, A.: Cienc. e Invest. **8**, 36 (1952). Rev. Inst. Malbrán **16**, 204 (1954).
[6] RAUDONAT, H. W.: Naturwiss. **42**, 558 (1955).
[7] NEUMANN, W., E. HABERMANN u. G. AMEND: Naturwiss. **39**, 286 (1952).
[8] HABERMANN, E., u. W. NEUMANN: A. e. P. P. **223**, 388 (1954).
[9] GRASSET, E., T. BRECHBUHLER, D. E. SCHWARTZ and E. PONGRATZ; in: BUCKLEY-PORGES: Venoms. S. 153. Washington 1956.
[10] FERRI, R. G., and R. GUIDOLIN: Science, N. Y. **113**, 300 (1951).
[11] MICHEEL, F., H. DIETRICH u. G. BISCHOFF: H. **249**, 157 (1937).
[12] GHOSH, B. N., and S. S. DE: Ind. J. med. Res. **24**, 1175 (1937).
[13] POLSON, A., F. J. JOUBERT and D. A. HAIG: Biochem. J. **40**, 265 (1946).

Aktivität, eine inaktive „I"-Fraktion war ebenfalls allen Giften gemeinsam. Mit erheblich verbesserter Apparatur und Testmethodik wurden jedoch bei den Giften von Naia nigricollis und Naia haie Unterschiede bezüglich Zahl der beobachteten Banden, prozentualer Zusammensetzung und Beweglichkeit gefunden. Das erstgenannte Gift enthielt 8, das zweite 10 Komponenten[1]. Die Hauptmengen beider Gifte liefen, wie schon früher[2] festgestellt worden war, kathodisch[1]. Eine T-Fraktion war jedoch nicht nachweisbar[1]. Toxicität, direkte Hämolyse und Lecithinspaltung gingen einander nicht parallel[3]. Die Gifte von 2 Viperiden (Bitis arietans und Echis carinatus) unterschieden sich von den Colubridengiften durch einen hohen Gehalt an Proteinen mit dem isoelektrischen Punkt um p_H 7. Die Gradienten waren breit und flach[4]. Elektrophoretische Analyse von Crotalus terrificus-Gift[5] ließ auf Protein-Protein-Wechselwirkung in Lösung schließen. Man fand eine schnell kathodisch wandernde X-Komponente; toxische und proteolytische Aktivität ließen sich bei Crotalus terrificus- und bei Jararacussu-Gift trennen. Ob die hier beschriebene T-Fraktion identisch sein soll mit der früher genannten[2], wird nicht ausgeführt. Weitere Analysen der beiden Gifte[6] wiesen auf Unterschiede des elektrophoretischen Bildes in Abhängigkeit von physiologischem Zustand und Herkunft der Schlangen hin. So konnte aus bestimmten Crotalus terrificus-Giften Crotamin[6] dargestellt werden, 4 Colubridengifte enthielten je 5—7, hauptsächlich kathodenwärts wandernde Fraktionen, 2 Viperidengifte 4—5 Fraktionen mit anodischer Wanderung (MICHAELIS-Puffer p_H 8,6; $\mu = 0{,}1$); Vipera russelli-Gift ergab 4 anodisch und 4 kathodisch laufende Komponenten (Phosphatpuffer p_H 6,0; $\mu = 0{,}1$)[7].

2. Die Elektrophorese in stabilisiertem Medium wurde erstmals bei Schlangengift angewendet, und zwar um die Wanderung des koagulationsfördernden Prinzips und des Farbstoffs von Jararaca-Gift festzustellen[8]. Später folgten papierelektrophoretische Analysen zahlreicher Schlangengifte[7, 9–24] und Versuche, einzelne Fraktionen darzustellen[7, 12–14, 16–19, 24–27] oder anderweitig dargestellte Fraktionen auf Reinheit und isoelektrischen Punkt zu untersuchen[15, 16, 27]. Die Papierelektrophorese hat zweifellos unsere Kenntnisse bezüglich der Zusammensetzung von Schlangengiften wie auch anderer tierischer Gifte erheblich

[1] FISCHER, F. G., u. W. P. NEUMANN: H. **297**, 92 (1954).
[2] POLSON, A., F. J. JOUBERT and D. A. HAIG: Biochem. J. **40**, 265 (1946).
[3] HABERMANN, E.: H. **297**, 104 (1954).
[4] FISCHER, F. G., u. W. P. NEUMANN: H. **297**, 100 (1954).
[5] GONÇALVES, J. M., and A. POLSON: Arch. Biochem. **13**, 253 (1947).
[6] GONÇALVES, J. M., e. L. G. VIEIRA: An. Acad. brasil. Cienc. **22**, 141 (1950).
[7] GRASSET, E., T. BRECHBUHLER, D. E. SCHWARTZ and E. PONGRATZ; in: BUCKLEY-PORGES: Venoms. S. 153. Washington 1956.
[8] KLOBUSITZKY, D. v., u. P. KÖNIG: A. e. P. P. **192**, 271 (1939). — KÖNIG, P.: Acta e Trabalhos do Terceiro Congresso Sul-Americano de Chimica, Rio de Janeiro e Sao Paulo **2**, 334 (1937).
[9] WIELAND, T., u. L. WIRTH: Angew. Chem. **62**, 473 (1950).
[10] GRASSMANN, W.: Naturwiss. **38**, 200 (1951).
[11] NEUMANN, W., E. HABERMANN u. G. AMEND: Naturwiss. **39**, 286 (1952).
[12] HABERMANN, E., u. W. NEUMANN: A. e. P. P. **223**, 388 (1954).
[13] GRASSMANN, W., u. K. HANNIG: H. **296**, 30 (1954).
[14] SUZUKI, T., F. HAGIHARA and Y. TAKAGI: J. pharmaceut. Soc. Jap. **74**, 167 (1954) [Chem. Abstr. **48**, 13772].
[15] MUIĆ, N., u. M. PIANTANIDA: H. **299**, 6 (1955).
[16] NEUMANN, W. P., u. E. HABERMANN: B. Z. **327**, 170 (1955).
[17] SLOTTA, K., e P. BORCHERT: Mem. Inst. Butantan **26**, 297 (1954).
[18] GRASSET, D., u. D. E. SCHWARTZ: Ann. Inst. Pasteur 88, 271 (1955).
[19] GONÇALVES, J. M.; in: BUCKLEY-PORGES: Venoms. S. 261. Washington 1956.
[20] BARRIO, A.: Rev. Inst. Malbrán **16**, 215 (1954).
[21] GONÇALVES, J. M., and H. F. DEUTSCH: Arch. Biochem. **60**, 402 (1956).
[22] GONÇALVES, J. M., e E. G. ARANTES: Ann. Acad. brasil. Ciênc. **28**, 369 (1957).
[23] GONÇALVES, J. M.: An. Acad. brasil. Cienc. **28**, 365 (1957).
[24] GITTER, S., S. KOCHWA, A. DE VRIES and M. LEFFKOWITZ: Amer. J. trop. Med. Hyg. **6**, 180 (1957).
[25] BUSSARD, A., et R. CÔTÉ: Cr. **239**, 915 (1954).
[26] MICHL, H.: Naturwiss. **41**, 403 (1954). Mh. Chem. **85**, 1240 (1954).
[27] HABERMANN, E.: B. Z. **329**, 405 (1957).

vertieft. Schon allein die Tatsache, daß sich fast jedes Giftsekret in eine Reihe von eiweißartigen Fraktionen aufspalten ließ, wies auf den komplexen Charakter der Sekrete hin und machte es fraglich, ob man beispielsweise noch von „*dem*" Cobra-*Toxin* sprechen durfte (vgl. auch S. 816). In der Tat erwies sich bei der biochemischen oder pharmakologischen Untersuchung eine Reihe von Wirkungen als in bestimmten Fraktionen angereichert, so daß sich zugleich Möglichkeiten für eine Isolierung oder zum mindesten eine Differenzierung der verschiedenen Wirkkomponenten ergaben. Man konnte auch, wenn man gleichzeitig eine Vergleichssubstanz auftrug und den p_H-Wert variierte, den isoelektrischen Punkt einzelner Fraktionen wenigstens annähernd bestimmen und die Wanderungsgeschwindigkeit gleichartiger Wirkkomponenten verschiedener Gifte vergleichen.

Die Brauchbarkeit des papierelektrophoretischen Verfahrens ist jedoch auch auf diesem Spezialgebiet nicht unbegrenzt und die Auswertung seiner Ergebnisse nicht frei von Irrtumsmöglichkeiten. Stark basische Substanzen werden an den üblichen Papieren oft adsorbiert. Die dabei entstehenden, auch aus der Papierchromatographie bekannten „Schwänze" sind mitunter irrtümlich als Unterfraktionen interpretiert worden. Die Angabe der elektrophoretischen Beweglichkeit ist bei stärker ans Papier adsorbierbaren Eiweißkörpern auch bei Benutzung einer Nullpunktssubstanz mit Unsicherheiten behaftet. Schließlich ist es nicht möglich, die prozentuale Zusammensetzung auf Grund der Photometrie des gefärbten Papierstreifens genau anzugeben, wenn keine Eichkurve mit den Reinfraktionen vorliegt; denn die Färbbarkeit verschiedener Eiweißkörper ist auch hier unterschiedlich.

Neben derartigen generellen Unsicherheitsfaktoren der papierelektrophoretischen Methode bestehen spezielle *Schwierigkeiten bei der Deutung* der mit Schlangengiften erhaltenen Ergebnisse. Zunächst unterscheidet sich das papierelektrophoretische Bild[1] ebenso wie das Spektrum der freien Elektrophorese[2] von Charge zu Charge z. T. recht erheblich. Infolgedessen ist auch bei sorgfältig adaptierter Technik eine vollständige Reproduzierbarkeit von Ergebnissen eines anderen Untersuchers oft nicht zu erwarten. Bei der biologischen Auswertung von Pherogrammen fällt außerdem ins Gewicht, daß die Löslichkeit mancher Komponenten im Verband des Gesamtgiftes besser ist als in isoliertem Zustand, so daß damit die Elution in Frage gestellt wird. Gelegentlich wurde auch mit einem Puffer gearbeitet, in dem sich ein Teil des Giftes nicht löste[3, 4]. Ferner beeinflussen sich verschiedene Schlangengiftkomponenten bezüglich ihrer Aktivität. Phospholipase A wird unter bestimmten Bedingungen durch (basische ?) Begleitsubstanzen aktiviert, unter anderen nicht[1]. Im Bereich der Proteasen ist ein Inhibitor beschrieben worden[5]. Durch solche Feststellungen wird es verständlich, daß manche Enzyme auf den Pherogrammen zwei[6–8], ja gelegentlich sogar drei (Phospholipase mit verschiedenen Testmethoden[6]) Aktivitätsmaxima zeigen. Der Wert der papierelektrophoretischen Untersuchung der Schlangengifte liegt bisher vielleicht weniger in der Ermittlung einer oft wechselnden Zahl und Größe von Fraktionen als vielmehr in der Aufdeckung derartiger komplizierter Zusammenhänge. Ein Erscheinen gleichartiger Enzymaktivität in verschiedenen elektrophoretischen Fraktionen beweist für sich allein noch keineswegs das Vorliegen mehrerer Enzyme.

b) Chromatographische Verfahren.

Während die elektrophoretischen Verfahren bei nahezu allen Schlangengiften eine Fraktionierung in mehrere, leicht sichtbar zu machende Komponenten ergeben, ist dies

---

[1] HABERMANN, E., u. W. NEUMANN: A. e. P. P. **223**, 388 (1954).
[2] GONÇALVES, J. M., e L. G. VIEIRA: An. Acad. brasil. Cienc. **22**, 141 (1950).
[3] SLOTTA, K., e P. BORCHERT: Mem. Inst. Butantan **26**, 297 (1954).
[4] SLOTTA, K., e P. BORCHERT: Mem. Inst. Butantan **26**, 279 (1954).
[5] RAUDONAT, H. W.: Naturwiss. **42**, 559 (1955).
[6] GRASSMANN, W., u. K. HANNIG: H. **296**, 30 (1954). — Vgl. dazu HABERMANN, E., u. W. NEUMANN: H. **297**, 179 (1954).
[7] MICHL, H.: Naturwiss. **41**, 403 (1954). Mh. Chem. **85**, 1240 (1954).
[8] GITTER, S., S. KOCHWA, A. DE VRIES and M. LEFFKOWITZ: Amer. J. trop. Med. Hyg. **6**, 180 (1957).

bei den chromatographischen Methoden nicht immer der Fall. Hier bedarf es, wie auch bei der Auftrennung anderer Proteingemische, einer sorgfältigen Auswahl des geeigneten Adsorbens, der Zusammensetzung der Elutionsflüssigkeit und der anzuwendenden Proteinkonzentration. Die Zahl der erzielbaren Fraktionen ist meist geringer als bei der Elektrophorese; dafür scheint unter günstigen Bedingungen ihre Reinheit größer zu sein als dort.

1. Die Säulenchromatographie erlaubt die Reinigung verschiedener aktiver Prinzipien. Die Methodik entsprach bisher der sonst in der Eiweißchemie üblichen. Von den Toxinen im engeren Sinne (vgl. S. 814) scheint bisher lediglich Crotactin und Crotamin von Crotalus terrificus chromatographisch gereinigt worden zu sein (vgl. S. 815). Besonders gut scheinen sich die Enzyme von Schlangengiften für die Chromatographie zu eignen. Eine Übersicht über die erzielten Ergebnisse gibt Tabelle 5.

Tabelle 5. *Abtrennung von Schlangengiftkomponenten durch Säulenchromatographie.*

Säulenfüllung	Lösungsmittel	Art des Giftes	Trenneffekt	Autor
Amberlite IRC 50	0,2 m Phosphatpuffer p_H 6,80	Crotalus terrificus	Crotactin und Phospholipase A	[1]
Amberlite IRC 50	0,1 m Phosphatpuffer p_H 6,3, kontinuierlich ansteigend auf 0,2 m sekundäres Phosphat und 2 m NaCl	Crotalus terrificus	Phospholipase, Hyaluronidase, toxisches und koagulierendes Prinzip sowie Crotamin	[2]
Amberlite IRC 50	0,2 m Natriumphosphatpuffer p_H 6,5, Elution mit 0,2 m Natriumphosphatpuffer p_H 7,3	Crotalus terrificus	Crotamin	[3]
Aluminiumoxyd	0,1 m Ammoniumacetat p_H 4,0 bzw. 5,0	Crotalus terrificus	Phospholipase A	[2]
Amberlite IRC 50	0,2 m Acetatpuffer p_H 6,2	Crotalus adamanteus	Phosphodiesterase und 5′-Nucleotidase	[4]
Amberlite IRC 50	0,2 m Acetatpuffer p_H 6,2, Elution mit 1,0 m Acetatpuffer p_H 6,5	Crotalus adamanteus	Phosphodiesterase und Verunreinigungen	[4]
Carboxymethylcellulose	Acetatpuffer mit Steigerung von p_H und Ionenstärke	Crotalus adamanteus	Phosphodiesterase und Verunreinigungen	[4]
Diäthylaminoäthylcellulose	Tris-HCl-Puffer 0,02 m p_H 8,9; Entwicklung mit gleichem Puffer 0,33 m	Crotalus adamanteus	3 Phosphodiesterasegipfel, gleichzeitig Desoxyribonucleaseaktivität	[5]
Zerfasertes Filterpapier	stufenweiser Anstieg der Kochsalzkonzentration von 0 auf 1 %	Crotalus adamanteus, Vipera Russelli	Phosphodiesterase und 5′-Nucleotidase	[6]

Jedoch bestehen auch bei diesem Verfahren gewisse Grenzen der Anwendbarkeit und Fehlermöglichkeiten bei der Deutung der Ergebnisse. Häufig werden Proteine an die Säulenfüllung sehr stark oder gar irreversibel adsorbiert, vielleicht auch an der Füllung denaturiert. Gelegentlich sind dann die Gradienten auch bei den besten bisher gefundenen

[1] NEUMANN, W. P., u. E. HABERMANN: B. Z. **327**, 170 (1955). Vgl. aber auch [2].
[2] HABERMANN, E.: B. Z. **329**, 405 (1957).
[3] GONÇALVES, J. M.; in: BUCKLEY-PORGES: Venoms. S. 261. Washington 1956.
[4] PRIVAT DE GARILHE, M., and M. LASKOWSKI: Biochim. biophysica Acta, N. Y. **18**, 370 (1955).
[5] BOMAN, H. G., and U. KALETTA: Nature **178**, 1394 (1956). Biochim. biophysica Acta, N. Y. **24**, 619 (1957).
[6] HURST, R. O., and G. C. BUTLER: J. biol. Ch. **193**, 91 (1951).

Bedingungen noch zu breit. Manchmal findet sich bei stufenweiser Elution[1, 2], gelegentlich auch, wenn man mit kontinuierlich ansteigender Ionenkonzentration eluiert[2], die gleiche Wirkkomponente in mehreren Gradienten. Man kann jedoch allein aus diesem Phänomen nicht auf eine Verschiedenheit der aktiven Proteine schließen, da Fronteneffekte eine Rolle spielen können.

Eng verwandt mit der Säulenchromatographie ist die Adsorption durch Zufügung des Adsorbens zur Giftlösung (positive Adsorption = Bindung der zu isolierenden Substanz; negative Adsorption = Bindung von Verunreinigungen). Beispiele hierfür finden sich bei der Abhandlung der eiweißartigen Wirkstoffe.

2. Papierchromatographische Untersuchungen liegen bisher nur in beschränktem Umfange vor. Das Gift von Vipera ammodytes wurde durch aufsteigende Papierchromatographie mit ansteigender Salzkonzentration in 2 offenbar noch nicht einheitliche Hauptfraktionen aufgeteilt[3], die sich auch bezüglich Löslichkeit und Lage des isoelektrischen Punktes unterscheiden. Crotoxin ergab in einer Mischung aus Phosphat-Citrat-Puffer und Propanol (2:1) 2 Fraktionen, von denen nur die langsamere hämolysierte[4]. Mittels eines Gemisches aus Phosphat-Citrat-Puffer, n-Propanol und Wasser (5:3,5:1,5) trennte man das Gift von Vipera ammodytes[5] in mehrere Komponenten mit unterschiedlicher biologischer Aktivität und beobachtete zugleich eine deutliche Abhängigkeit des papierchromatographischen Bildes vom Alter des Giftes. Ein Proteasenhemmstoff konnte nicht nur im Ammodytesgift, sondern auch in verschiedenen anderen Schlangengiften nachgewiesen werden[6], ebenso ließ sich der dialysable Anteil von Cobragift (Naia nivea) weiter auftrennen, wobei sich Proteolyse und direkt hämolysierende Wirkung in verschiedenen Fraktionen anreicherten[7]. Auch aus „Cardiotoxin" (s. S. 818) konnten durch eine als Gradienten-Chromatographie bezeichnete Methode mehrere Fraktionen dargestellt werden[8].

V. Eiweißartige Wirkstoffe.

a) Toxische Prinzipien.

Toxine im engeren Sinne (vgl. S. 804) kommen in allen Schlangengiften vor, z. T. enthalten die Gifte verschiedene Stoffe dieser Art nebeneinander und *neben Wirkstoffen anderer Art.* Klapperschlangengift liefert z. B. bei der Papierelektrophorese eine auf dem Papier wenig differenzierte und nur wenig bewegliche Hauptfraktion, die im wesentlichen dem Crotoxin[9] entspricht und neben dem Hauptteil der toxischen Wirkung des Giftes (d. h. Crotactin[10]) auch dessen Phospholipase A[9] und Coagulase[10] sowie noch Bradykinin freisetzende und proteolytische Wirkung[11] enthält. Daneben finden sich relativ schnell wandernde basische Bestandteile, in erster Linie wohl Crotamin und verwandte Stoffe[11, 12], schließlich mindestens 2 dazwischen liegende Komponenten von noch unbekannter Bedeutung[9, 12] sowie DPNase[11].

α) Crotoxin (Crotalus terrificus).

Darstellung. α) 15 cm^3 frisch entnommenes, zentrifugiertes Gift mit 3 g Trockensubstanz werden mit 36 cm^3 0,1 n HCl und 250 cm^3 Wasser 10 min auf 70° erwärmt. Nach

---

1 BOMAN, H. G., and U. KALETTA: Nature **178**, 1394 (1956). Biochim. biophysica Acta, N. Y. **24**, 619 (1957).
2 HABERMANN, E., u. W. P. NEUMANN: B. Z. **328**, 465 (1957). — HABERMANN, E.: B. Z. **329**, 1 (1957).
3 PIANTANIDA, M., and N. MUIĆ: Arch. Biochem. **46**, 110 (1953).
4 SLOTTA, K.: Fortschr. Chem. org. Naturstoffe **12**, 406 (1955).
5 RAUDONAT, H. W.: Naturwiss. **42**, 558 (1955).
6 RAUDONAT, H. W.: Naturwiss. **42**, 559 (1955).
7 RAUDONAT, H. W.: Naturwiss. **42**, 648 (1955).
8 RAUDONAT, H. W., u. B. HOLLER: A. e. P. P. **233**, 431 (1958).
9 HABERMANN, E., u. W. NEUMANN: A. e. P. P. **223**, 388 (1954).
10 NEUMANN, W. P., u. E. HABERMANN: B. Z. **327**, 170 (1955).
11 GONÇALVES, J. M.: Monografia do Instituto de Biophisica do Rio de Janeiro. S. **113** (1951) [BUCKLEY-PORGES: Venoms. S. 261. Washington 1956].
12 GONÇALVES, J. M., and H. F. DEUTSCH: Arch. Biochem. **60**, 402 (1956).

Abtrennung eines inaktiven Niederschlags wird langsam mit 21,5 cm^3 0,1 n Ammoniak versetzt. Es fallen rund 42% des Trockengehalts des Ausgangsmaterials aus[1].

β) 10 cm^3 Frischgift werden mit 175 cm^3 physiologischer Kochsalzlösung und dann langsam mit 150 cm^3 gesättigter Ammoniumsulfatlösung versetzt. Nach Zentrifugieren fallen aus dem Überstehenden mit weiteren 150 cm^3 gesättigtem Ammoniumsulfat 742 mg amorphes Crotoxin[1].

Zur Kristallisation löst man 730 mg amorphes Crotoxin in 8,5 cm^3 1%iger Essigsäure bei 55°, versetzt allmählich mit 4,5 cm^3 1%igem Pyridin und läßt langsam abkühlen; die Kristalle werden am nächsten Tag mit Wasser gewaschen und dann getrocknet. Ausbeute etwa 80% [1].

Elementaranalyse nach 5facher Umkristallisation: C 50,77%, H 6,41%, N 15,86; 15,90%, S 3,96; 4,03% [1]. Der Schwefelgehalt verteilt sich auf Cystin-S, Methionin-S und unbekannt gebundenen S im Verhältnis 36:3:2[2].

Aminosäureanalysen sind wiederholt ausgeführt worden[3-5]; bezüglich der Blockade aktiver Gruppen vgl. [5].

Die Löslichkeit von kristallisiertem Crotoxin ist bei fraktionierter Ammoniumsulfatfällung dem Logarithmus der Ammoniumsulfatkonzentration proportional[1]. Bei Sedimentations- und Diffusionsmessung[6] verhält sich Crotoxin einheitlich, das Molekulargewicht liegt um 30000, auch elektrophoretisch erscheint es zwischen p_H 7,20 und 3,91 als einheitlich[7, 8].

Die chemische Einheitlichkeit von Crotoxin ist jedoch nur eine scheinbare, und so erklären sich wohl auch Schwankungen im Giftwert und im Aminosäuregehalt der einzelnen Präparate bei deren Prüfung durch verschiedene Untersucher.

Für *Inhomogenität von Crotoxin* spricht es, daß Kochsalz aus einer Lösung von Crotalus-Gesamtgift einen Niederschlag mit relativ stärker hämolytischer als toxischer Wirkung fällt[9], daß Papierchromatographie mit Citrat-Phosphat-Puffer und Propanol 2 Fraktionen liefert, von denen nur die langsamere hämolysiert[10], daß Crotoxin mit Fluordinitrobenzol eine wasserunlösliche Fraktion und ein wasserlösliches Dinitrophenylderivat ergibt, welche sich auch im Aminosäurengehalt unterscheiden[11]. Schließlich ist Crotoxin durch Säulenchromatographie in Crotactin (vgl. unten) und Phospholipase A zerlegt worden[12, 13], wobei gleichzeitig die im Crotoxin vorhandene Hyaluronidase[14] verschwindet[12].

β) *Crotactin (Crotalus terrificus).*

Darstellung[12]. 100 mg Rohgift (87,7 mg Trockensubstanz, i. p. LD 50 = 0,15 mg/kg Maus) werden in 10 cm^3 0,013 n HCl gelöst, 10 min bei 70° gehalten, abgekühlt und zentrifugiert. Das Überstehende wird mit 0,95 cm^3 0,1 n Ammoniak und 2,1 cm^3 Äthanol versetzt, nach 20 min zentrifugiert. Von den erhaltenen 49,08 mg Crotoxin (i. p. LD 50 = 0,10 mg/kg Maus) werden 48,6 mg in 5 cm^3 0,2 m Phosphatpuffer (p_H 6,80) auf eine 3,0 × 14,5 cm-Säule von Amberlite IRC 50 gebracht. Die zweiten 50 cm^3 Durchlauf werden in Cellophan bei 0—3° dialysiert, gefroren auf 3—4 cm^3 eingeengt und mit Essigsäure auf

[1] Slotta, K., u. H. Fraenkel-Conrat: B. **71**, 1076 (1938).
[2] Slotta, K., u. W. Forster: B. **71**, 1082 (1938).
[3] Slotta, K., and J. Primosigh: Nature **168**, 696 (1951). Mem. Inst. Butantan **23**, 51 (1951).
[4] Fischer, F. G., u. H. Dörfel: H. **297**, 278 (1954).
[5] Fraenkel-Conrat, H., and J. Fraenkel-Conrat: Biochim. biophysica Acta, N. Y. **5**, 98 (1950).
[6] Gralén, N., and T. Svedberg: Biochem. J. **32**, 1375 (1938).
[7] Li, C. H., and H. Fraenkel-Conrat: Am. Soc. **64**, 1586 (1942).
[8] Slotta, K.: Exper. **9**, 81 (1953).
[9] Ghosh, B. N., and S. S. De: Nature **143**, 380 (1939).
[10] Slotta, K.: Fortschr. Chem. org. Naturstoffe **12**, 406 (1955).
[11] Fraenkel-Conrat, H., and B. Singer: Arch. Biochem. **60**, 64 (1956).
[12] Neumann, W. P., u. E. Habermann: B. Z. **327**, 170 (1955).
[13] Habermann, E.: B. Z. **329**, 405 (1957).
[14] Slotta, K., e A. Ballester: Mem. Inst. Butantan **26**, 311 (1954).

p_H 4,5 gebracht. Das ausfallende Crotactin (i. p. LD 50 = 0,06—0,07 mg/kg Maus) entspricht gewaschen und getrocknet 35% der eingesetzten Trockensubstanz. Bei anderen Gift- und Ionenaustauscherchargen gelang eine Trennung (bei 4 cm langer Säule) erst bei p_H 6,40 bzw. 5,80[1].

Die **Elementaranalyse** von Crotactin ergab C 46,94; 46,94%, H 6,54; 6,76%; N 14,69; 14,48%, S 4,07%[2], der isoelektrische Punkt liegt um p_H 4,3[2].

Crotactin ist das Haupttoxin des Giftes von Crotalus terrificus; es unterscheidet sich vom Crotoxin durch die wesentlich höhere Toxicität, vor allem aber durch das Fehlen von Phospholipase- und Hyaluronidase-Aktivität[3]. Die pharmakologischen Wirkungen von Crotactin[2,3] und Phospholipase A[4] sind eindeutig verschieden, ebenso unterscheidet sich Crotactin pharmakologisch von Crotamin (s. unten).

γ) Crotamin (Crotalus terrificus).

Crotamin ist aus dem Gift von Crotalus terrificus-Exemplaren aus Südbrasilien und Argentinien durch Elektrophorese und Chromatographie dargestellt worden[5]. Der isoelektrische Punkt liegt bei p_H 10,3[5], das Molekulargewicht nach Bestimmungen mittels Ultrazentrifuge bei 10000—15000[6]. Der Crotamingehalt eines „weißen" Crotalus terrificus-Giftes betrug etwa 3%[6]. Pharmakologische Wirkungen von Crotamin sind untersucht worden[7], Antikörperbildung gegen Crotamin ist möglich[6]. Quantitative Bestimmung mittels Papierelektrophorese s. [8].

Crotaliden aus Mittel- und Nordbrasilien sowie Nordamerika enthalten *noch andere basische Proteine*[6,9].

δ) „Toxin III" (Crotalus terrificus)

Im Gift der brasilianischen Klapperschlange wurde neben Crotactin und Crotamin noch ein drittes toxisches Prinzip aufgefunden, welches im Vergleich zu Crotactin unter bestimmten Bedingungen schwerer fällbar, aber weniger stabil gegen Pikrinsäure ist und sich auch von Crotamin chemisch und pharmakologisch unterscheiden läßt. Es konnte bisher nur angereichert, aber noch nicht rein dargestellt werden[1,10].

ε) Neurotoxine aus Cobragiften.

***I. Neurotoxin von Naia naia;* GHOSH *und* CHAUDHURI[11].**

Darstellung. 300 cm³ einer 5%igen Lösung des Giftes von Naia naia (i. m. LD min 0,095 mg für Tauben von 300 g) werden zum gleichen Volumen Natriumsulfatlösung (44 g auf 100 cm³ Wasser) gegeben und 30 min bei 37° gehalten. Der Niederschlag wird im gleichen Verhältnis (150 cm³ : 150 cm³) umgefällt. Zu 2 Teilen der vereinigten Mutterlaugen wird 1 Teil Natriumsulfatlösung gegeben, der Niederschlag umgefällt. Ausbeute: 56% Neurotoxin. Es folgt Adsorption an Wolframsäure, Auflösung des Niederschlags bei p_H 8,6—8,8, Fällung der Wolframsäure als Bariumsalz, Entfernung überschüssiger Bariumionen mit Schwefelsäure und Natriumsulfat, Fällung mit dem 3fachen Volumen Methanol bei 0°. Der getrocknete Niederschlag wird in Wasser gelöst und fraktioniert mit Methanol bei p_H 1,8—2,0 gefällt; Maximalaktivität des Niederschlags bei Zusatz des 1,8fachen Volumens. Toxicität aufs 15fache gesteigert von 0,095 mg/LD min an Tauben auf 0,0064 mg/LD min.

[1] HABERMANN, E.: B. Z. **329**, 405 (1957).
[2] NEUMANN, W. P., u. E. HABERMANN: B. Z. **327**, 170 (1955).
[3] HABERMANN, E., u. W. P. NEUMANN: A. e. P. P. **228**, 217 (1956).
[4] HABERMANN, E.: A. e. P. P. **230**, 538 (1957).
[5] GONÇALVES, J. M.: Monografia do Instituto de Biophísica do Rio de Janeiro. S. 113 (1951).
[6] GONÇALVES, J. M., and H. F. DEUTSCH: Arch. Biochem. **60**, 402 (1956).
[7] MOUSSATCHÉ, H., G. D. VIEIRA, J. M. GONÇALVES and A. HASSON [BUCKLEY-PORGES: Venoms. S. 275. Washington 1956].
[8] GONÇALVES, J. M., e E. G. ARANTES: An. Acad. brasil. Cienc. **28**, 369 (1957).
[9] GONÇALVES, J. M. [BUCKLEY-PORGES: Venoms. S. 261. Washington 1956].
[10] HABERMANN, E.: A. e. P. P. **232**, 244 (1957).
[11] GHOSH, B. N., and D. K. CHAUDHURI: J. ind. chem. Soc. **20**, 22 (1943).

Eine ähnliche Fraktionierungsmethode war zuvor schon bei dem Gift von Naia tripudians angewendet worden[1].

Das Naia naia-Neurotoxin enthält (in Klammern der Gehalt von rohem Cobragift) 28,5 (7,7)% Arginin, 7,3 (4,1)% Histidin, 5,2 (14,2)% Lysin[2]. Sein isoelektrischer Punkt liegt wahrscheinlich bei p_H 11[3]. Es geht bei der Elektrodialyse durch Pergament leichter als durch feinste Ultra-Feinfilter und noch leichter als durch Cellophan[4].

II. Neurotoxin von Naia naia; Bussard *und* Côté[5].

Darstellung. Durch Säulen-Elektrophorese ist Naia naia-Gift in eine neurotoxische, durch Cellophan dialysierbare Fraktion und eine nicht dialysable und nicht toxische Lecithinase-(Phospholipase-)Fraktion getrennt worden[5].

III. Neurotoxin von Naia naia; Wieland *und* Konz[6].

Darstellung. Zu 10 g in 1560 cm^3 Wasser gelöstem Rohgift gibt man langsam 2400 cm^3 abs. Äthanol, läßt bei 0° 1 Std stehen, zentrifugiert. Niederschlag = 2,7 g (i. v. ME = etwa 5 γ/g). Die bei maximal 40° auf etwa 250 cm^3 eingedampfte und mit Wasser auf 360 cm^3 verdünnte Mutterlauge läßt man in 360 cm^3 Aceton einlaufen. 5 Std Eisschrank, zentrifugieren; Niederschlag = 0,34 g (i. v. ME = etwa 0,65 γ/g). Zusatz von weiteren 360 cm^3 Aceton ergibt 2,21 g (i. v. ME = etwa 0,125 γ/g). Gelöst bleiben 4,85 g (i. v. ME = etwa 1,25 γ/g). Die hämolysierende Komponente (vgl. S. 820) findet sich in einer neurotoxisch wenig wirksamen Fraktion. Werden 50 mg des gereinigten Toxins in 6 cm^3 Wasser mit 9 cm^3 Äthanol versetzt, so bleiben in Lösung 39 mg (i. v. ME = etwa 0,1 γ/g), im Niederschlag ist die i. v. ME = 0,6 γ/g. Das Toxin dialysiert durch Kollodium und Cellophan, hat ein Molekulargewicht (aus dem Dialysenkoeffizienten berechnet) um 1500, gibt ein Pikrat und ein Hydrochlorid. Schwefelgehalt: 5,11 bzw. 5,14%.

Ein von Wieland gereinigtes Cobratoxin hatte nach Diffusionsmessungen ein Molekulargewicht von 2430[7].

Das Gift von Naia naia atra wurde durch Aceton- und anschließende Ammoniumsulfatfällung in eine 10fach toxischere und eine 20mal weniger toxische Fraktion geschieden. Zinkgehalt, Schwefelgehalt und hämolytisches Vermögen gingen der Allgemeintoxicität nicht parallel[8].

IV. Neurotoxine von Naia tripudians; Micheel, Dietrich *und* Bischoff[9].

Darstellung. Kataphorese in einer Mehrzellenapparatur ergibt Neurotoxin A (s. c. ME = 0,03 γ/g), welches aber in Lösung und besonders beim Einengen an Aktivität verliert. Ein kristallisierendes Neurotoxin C enthält 22,37% Zink (s. c. ME = 6—9 γ/g). Ein Neurotoxin B (vgl. unter VI) wurde aus Tripudiansgift nicht dargestellt. Inaktivierung und Reaktivierung der Toxine sind untersucht worden[9-11], ebenso ein dabei auftretendes kristallisierendes Spaltprodukt[10,11].

V. Fraktionen nach Ganguly[12-14].

Das Gesamtprotein von *Naia tripudians* kann durch Hitzekoagulation und Fällung in Albumin (40%), Globulin (20%), „primäre Proteose" (11%) und „sekundäre Proteose"

[1] Ghosh, B. N., S. S. De and D. K. Chaudhuri: Ind. J. med. Res. **29**, 367 (1941).
[2] Ghosh, B. N., and D. K. Chaudhuri: J. ind. chem. Soc. **20**, 22 (1943).
[3] Ghosh, B. N., and S. S. De: Ind. J. med. Res. **25**, 779 (1938).
[4] Ghosh, B. N., and S. S. De: Ind. J. med. Res. **24**, 1175 (1937).
[5] Bussard, A., et R. Côté: Cr. **239**, 915 (1954).
[6] Wieland, H., u. W. Konz: S.-B. bayer. Akad. Wiss., math.-physikal. Kl. **2**, 177 (1936).
[7] Bergold, G.: Z. Naturforsch. **1**, 100 (1946).
[8] Ueda, E., T. Sasaki u. M.-T. Peng: Mem. Fac. Med., nat. Taiwan Univ. **1**, 194 (1951).
[9] Micheel, F., H. Dietrich u. G. Bischoff: H. **249**, 157 (1937).
[10] Micheel, F., u. G. Bode: Naturwiss. **26**, 298 (1938). B. **71**, 1302 (1938).
[11] Micheel, F., u. H. Emde: H. **265**, 266 (1940).
[12] Ganguly, S. N., and M. T. Malkana: Ind. J. med. Res. **24**, 281 (1936).
[13] Ganguly, S. N.: Ind. J. med. Res. **24**, 1165 (1937).
[14] Ganguly, S. N., and M. T. Malkana: Ind. J. med. Res. **23**, 997 (1936).

(17%) unterteilt werden. Das toxische Prinzip wurde durch Sättigung einer 1%igen Giftlösung mit Kochsalz, Stehenlassen über Nacht und 6minütiges Erhitzen auf 75° weder gefällt noch zerstört und wird daher zu den „sekundären Proteosen" gerechnet[1]. Die Phospholipoidspaltung und die direkt hämolysierende Wirkung dagegen fanden sich in der Globulin- und der „primäre Proteose" genannten Fraktion[2].

Die neurotoxischen, hämorrhagischen und koagulationsfördernden Wirkungen von *Vipera Russelli*-Gift wurden dagegen sämtlich zu den „sekundären Proteosen" gerechnet und konnten nicht voneinander getrennt werden[3].

VI. Neurotoxine von Naia flava; MICHEEL *und* JUNG[4].

Darstellung. Eine 5%ige Lösung von Naia flava-Gift (s. c. ME = 0,5—1 γ/g) wird zentrifugiert, durch ein dichtes Collodiumfilter gedrückt, der Filterrückstand aus Cellophan dialysiert und die Außenflüssigkeit zur Trockne gebracht (s. c. ME = 0,4 γ/g). Bei langsamem Zusatz von Aceton zu einer Lösung des Trockenrückstands ergeben sich Fraktionen von Neurotoxin A (s. c. ME = 0,12 γ/g); Molekulargewicht (aus dem Dialysenkoeffizienten geschätzt) 2500—4000; C 45,2%, H 7,0%, N 14,7%, S 5,5%, Asche 3%[4].

Fraktionierte Fällung des Rohtoxins (s. c. ME = 0,4 γ/g) mit Alkohol und Aceton ergibt Neurotoxin B[5] (s. c. ME = 1 γ/g) von einheitlichem Dialysenkoeffizienten (Fraktion D nach [4]). Neurotoxin B ist schwerer fällbar als Neurotoxin A[5]. Geschätztes Molekulargewicht 2500—3000; C 47,68%, H 7,14%, N 14,51%, S 4,95%.

Die unter *I.* bis *VI.* erwähnten Beobachtungen sind wegen der Unterschiede im Ausgangsmaterial und in den benutzten Testmethoden schwer vergleichbar. Es scheinen aber in den Cobragiften mehrere Neurotoxine vorzuliegen, die basischer Natur und anscheinend — nach ihrem Verhalten bei der Fällung und der Dialyse zu schließen — relativ niedermolekular sind. Ihr Reinheitsgrad muß aber noch als unzureichend definiert betrachtet werden.

ζ) Cardiotoxin von Naia tripudians.

Darstellung. 200 cm³ einer 1%igen, auf p_H 6,5 eingestellten Lösung von Naia tripudians-Gift werden allmählich mit 44 g Natriumsulfat versetzt, 30 min bei 37° gehalten und filtriert; mit dem Niederschlag wird der Prozeß 3mal wiederholt. Dann wird in 100 cm³ Kochsalzlösung gelöst, auf p_H 2,8 gebracht, mit 17 g Kochsalz versetzt, 30 min bei 37° gehalten, filtriert und mit dem Niederschlag der Prozeß wiederholt. Danach wird in 50 cm³ Wasser gelöst (p_H auf 6,0 eingestellt), mit 15 g Kochsalz gefällt, der Niederschlag dialysiert. Nach Fällung mit Äthanol bei 0° Anreicherung etwa 15fach, Ausbeute um 40%. Das Präparat enthält von der Gesamttoxicität weniger als 0,2%, von der gesamten hämolytischen Aktivität weniger als 1%. Der isoelektrische Punkt[6] wird mit 8,2, das Molekulargewicht (nach der Diffusionsgeschwindigkeit) mit 46000[7] angegeben.

Die Bestimmung der Cardiotoxin-Aktivität erfolgte am durchströmten Krötenherzen oder durch intravenöse Injektion an der anaesthesierten Katze[6], wobei die für den Herzstillstand erforderliche Dosis ermittelt wurde.

Cardiotoxin ergibt jedoch ebenso wie der durch Cellophan dialysable und auch der undialysable Anteil des Giftes von Naia nivea papierchromatographisch 4 Fraktionen, von denen die beiden ersten cardiotoxisch wirken. Bei Naia nivea-Gift ist die erste dieser Fraktionen zinkhaltig. Wegen der partiellen Dialysierbarkeit wird angenommen, daß die herzwirksame Komponente relativ niedermolekular und z. T. an Proteine gebunden ist[8].

---

[1] GANGULY, S. N., and M. T. MALKANA: Ind. J. med. Res. **24**, 281 (1936).
[2] GANGULY, S. N.: Ind. J. med. Res. **24**, 1165 (1937).
[3] GANGULY, S. N., and M. T. MALKANA: Ind. J. med. Res. **23**, 997 (1936).
[4] MICHEEL, F., u. F. JUNG: H. **239**, 217 (1936).
[5] MICHEEL, F., H. DIETRICH u. G. BISCHOFF: H. **249**, 157 (1937).
[6] SARKAR, N. K.: J. ind. chem. Soc. **24**, 227 (1947).
[7] SARKAR, N. K.: J. ind. chem. Soc. **24**, 61 (1947).
[8] RAUDONAT, H. W., u. B. HOLLER: A. e. P. P. **233**, 431 (1958).

η) Toxisches Prinzip von Vipera Russelli.

Darstellung. Eine 0,5%ige Giftlösung (LDmin = 0,01 mg) wird zur Entfernung inaktiver Proteine zunächst mit 24% Natriumsulfat gefällt, dann auf 30% Natriumsulfat gebracht. Der 2. Niederschlag (50000 LDmin) wird in 15 cm³ Wasser mit Aluminiumoxyd $C\gamma$ (96 mg in 10 cm³ Wasser) geschüttelt. Nach Zentrifugieren wird mit 1% Na_2HPO_4 enthaltendem 5%igem Glycerinwasser eluiert. Ausbeute 40%, Anreicherung 7,8fach. Keine Angaben über anderweitige Wirkungen[1]. Bezüglich Inaktivierbarkeit im Verband des Gesamtgiftes vgl. [2]; isoelektrischer Punkt um p_H 5,8[3].

ϑ) Toxisches Prinzip von Bungarus fasciatus.

Darstellung. a) Eine Lösung von 90 mg Gift in 10 cm³ Wasser wird mit 40%iger Natriumsulfatlösung auf 24% Salzgehalt gebracht, 30 min bei 37° gehalten, zentrifugiert; die Fällung wird wiederholt. Die vereinten Mutterlaugen werden auf 28% Natriumsulfat gebracht nach 30 min (37°) zentrifugiert. Aus dem Überstehenden wird an Wolframsäure-Niederschlag adsorbiert, in Wasser suspendiert (p_H auf 9,0 gebracht) mit Bariumchlorid behandelt und zentrifugiert, der Ba^{++}-Überschuß mit Natriumsulfat entfernt. Anreicherung im Überstehenden 5,3fach, Ausbeute 36%, frei von Hämolysin[1].

b) Wiederholte Behandlung mit Eisen(III)-hydroxyd in Gegenwart von 0,75% Natriumchlorid ergibt im Überstehenden etwa 9fache Anreicherung mit 75% Ausbeute; das Material ist aber nicht frei von Hämolysin[1].

b) „Hämolysine".

Als Hämolysine werden Substanzen bezeichnet, welche unter bestimmten Bedingungen die Permeabilität von Erythrocyten so erhöhen, daß Hämoglobin austritt. Mit dieser Benennung ist aber weder etwas über die chemische Natur des „Hämolysins", noch über den Wirkungsmechanismus auszusagen; denn die *Erythrocytenwand reagiert auf zahlreiche verschiedenartige Einflüsse mit Durchlässigkeitszunahme* und noch dazu *in verschiedener Weise*. Dies zeigen elektronenmikroskopische Untersuchungen mit verschiedenartigen Hämolysinen, auch von „direkt" und „indirekt" angreifenden Bestandteilen tierischer Gifte[4, 5]. Außerdem sind die *Erythrocyten verschiedener Tierarten gegen das gleiche Agens unterschiedlich empfindlich*, und schließlich kann der Hämoglobinaustritt auch noch *durch sonstige Faktoren*, z. B. durch die Gegenwart anderer Stoffe, *gefördert oder gehemmt* werden.

Jedes *Hämolyseverfahren sollte* daher mindestens bezüglich Zellart und -konzentration, Art des Puffers, p_H, Temperatur, Reaktionsdauer und evtl. Vorhandensein anderer, die Hämolyse beeinflussender Faktoren *definiert werden.* Es ist zweckmäßig, eine Dosis-Wirkungs-Kurve aufzustellen (vgl. z. B. [6]) und die *Wirksamkeit der hämolysierenden Substanz* analog zur Bestimmung der LD 50 *durch Angabe der* (am exaktesten zu ermittelnden) *50% hämolysierenden Dosis* (HD 50) und der Neigung der Kurve *zu charakterisieren*[7]. Bei orientierenden Versuchen genügt oft die Feststellung des Übergangs von „deckfarben" in „lackfarben", doch kann die subjektive Schätzung des Hämolysegrades leicht Irrtümer erzeugen. Am besten wird das freigesetzte Hämoglobin nach Abzentrifugieren unhämolysierter Zellen durch eines der üblichen spektrophotometrischen Verfahren ermittelt; dabei ist zu beachten, daß beim Zentrifugieren die mechanische Belastung der Erythrocyten noch zu weiterem Hämoglobinaustritt führen kann.

Zur Ordnung der verwirrenden Fülle der für tierische Gifte beschriebenen „Hämolysine" sollte man stets *„direkt", d. h. unmittelbar, am Erythrocyten angreifende Stoffe von*

[1] Ghosh, B. N., S. S. De and D. P. Bhattacharya: Ind. J. med. Res. **26**, 753 (1939). Sci. & Cult., Calcutta **3**, 298 (1937).
[2] Ghosh, B. N., S. S. De and D. N. Chowdhuri: Sci. & Cult., Calcutta **4**, 198 (1938).
[3] Ghosh, B. N., S. S. De and D. P. Bhattacharya: Sci. & Cult., Calcutta **3**, 297 (1937).
[4] Neumann, W.: Naturwiss. **41**, 322 (1954).
[5] Habermann, E., u. E. Mölbert: A. e. P. P. **223**, 203 (1954).
[6] Neumann, W., E. Habermann u. H. Hansen: A. e. P. P. **217**, 130 (1953).
[7] Habermann, E.: Z. ges. exp. Med. **129**, 436 (1958).

„*indirekt*", d. h. erst über die Bildung von Zwischengliedern, *wirkenden unterscheiden*[1-3]. Diese Differenzierung ist unentbehrlich, wenn in einem Gift nebeneinander verschiedene Hämolysine vorliegen; sie ist jedoch nicht an allen Erythrocytenarten möglich. So greift z. B. gereinigte Phospholipase A „gewaschene", d. h. von Serum weitgehend befreite, Meerschweinchen-Erythrocyten stark an, menschliche Erythrocyten unter gleichen Bedingungen dagegen nicht unmittelbar, sondern erst nach Lecithinzusatz, d. h. auf dem Umweg über die extraerythrocytäre Bildung von Lysolecithin. Die *indirekt hämolysierende Phospholipase A* ist *anscheinend in allen Schlangengiften* enthalten. Daneben kommen, ebenso wie im Bienengift[1], *direktwirkende Hämolysine* vor, so bei Naia nigricollis[4], aber auch in anderen Giften (z. B. [5,6]).

α) *Hämolysin von Naia naia.*

Darstellung. 100 cm³ einer 2%igen Lösung von Cobragift (Naia naia) werden auf p_H 3,0 gebracht, mit 15 g Kochsalz versetzt, 20 min bei 37° gehalten und filtriert. Der Niederschlag wird in 50 cm³ Wasser gelöst, bei p_H 4,2 mit 5 g Kochsalz versetzt, das Filtrat auf p_H 2,8—3,0 gebracht, 2 g Kochsalz zugefügt, der Niederschlag in 20 cm³ Wasser gelöst und die Lösung mit 5,2 g Ammoniumsulfat bei p_H 2,8—3,0 gefällt. Nun wird in 10 cm³ 0,2 m Acetatpuffer vom p_H 5,6 gelöst, mit Cγ-Aluminiumhydroxyd (396 mg in 10 cm³ Wasser) geschüttelt und das Überstehende mit 5,2 g Ammoniumsulfat versetzt. Das Filtrat hiervon liefert bei 60%iger Sättigung mit Ammoniumsulfat nadelförmige Kristalle, die nach Umkristallisieren 2,94% des Proteins und 52% der hämolytischen Aktivität = 3360 bzw. 3318 Hämolysineinheiten je mg[7] (vgl. unten) enthalten[7-9]*. Der isoelektrische Punkt liegt bei p_H 8,55 bzw. 8,61[10], das Molekulargewicht (nach Diffusionsgeschwindigkeit) um 32000[11], nach chemischen Daten mindestens bei 33000[12]; C 48,66%, H 6,21%, N 15,92%, S 3,88%[12], Aminosäuregehalt vgl. bei[12], p_H- und Hitzestabilität[13], Antikörperbildung und UV-Einflüsse[14] sowie Aktivierung und Inaktivierung[15] wurden untersucht.

Bestimmung der hämolytischen Aktivität: a) Zu 0,3 cm³ einer Hämolysin-Kochsalz-(0,81%)-Natriumacetat(0,119%)-Lösung vom p_H 7,4—7,6 werden 0,2 cm³ frisch bereitete Emulsion von 50 γ Lecithin im gleichen Medium und 1 cm³ einer 5%igen Suspension 4mal gewaschener Meerschweinchen-Erythrocyten in gepufferter Kochsalzlösung gegeben. Bei 37° wird die Zeit bis zur totalen Hämolyse bestimmt[8]. b) Abgestufte Giftmengen werden in 1 cm³ Lösung mit 0,4 cm³ einer 5%igen Suspension gewaschener Meerschweinchen-Erythrocyten bei p_H 7,6 bis zur kompletten Hämolyse beobachtet[15].

Eine **Hämolysineinheit** hämolysiert in der gleichen Zeit (etwa 30 min[8] bzw. 2 Std[7]) wie 10 γ rohes Cobragift.

Leider ist aus den oben (S. 819) erwähnten Gründen *noch unklar, ob* ein *direkt oder* ein *indirekt hämolysierendes Hämolysin* vorliegt *oder* evtl. auch eine *Kombination beider Prinzipien.*

* Die quantitativen Angaben differieren etwas in den verschiedenen Veröffentlichungen.

[1] NEUMANN, W., E. HABERMANN u. H. HANSEN: A. e. P. P. **217**, 130 (1953).
[2] KYES, P., and J. BAILEY: J. Immunol. **14**, 117 (1926).
[3] ROY, A. C.: Nature **155**, 696 (1945).
[4] HABERMANN, E., u. W. NEUMANN: A. e. P. P. **223**, 388 (1954).
[5] SLOTTA, K., e P. BORCHERT: Mem. Inst. Butantan **26**, 297 (1954).
[6] RAUDONAT, H. W.: Naturwiss. **42**, 558, 648 (1955).
[7] DE, S. S.: Ann. Biochem. exp. Med., Calcutta **4**, 45 (1944).
[8] DE, S. S.: Ind. J. med. Res. **27**, 531 (1939).
[9] DE, S. S.: Sci. & Cult., Calcutta **6**, 675 (1941).
[10] DE, S. S.: J. ind. chem. Soc. **21**, 292 (1944).
[11] DE, S. S.: J. ind. chem. Soc. **21**, 307 (1944).
[12] DE, S. S.: J. ind. chem. Soc. **22**, 10 (1944).
[13] DE, S. S.: J. ind. chem. Soc. **21**, 290 (1944).
[14] DE, S. S.: Ann. Biochem. exp. Med., Calcutta **2**, 237 (1942).
[15] DE, S. S.: Ind. J. med. Res. **27**, 793, 807 (1940).

β) Hämolysin von Bungarus fasciatus.

Darstellung. Analog wie bei dem Hämolysin aus Naia naia-Gift (vgl. oben unter α)[1]. Aktivität des Produkts 1650 Hämolysineinheiten je mg[1].

c) Enzyme.

Bisher wurde in Schlangengiften kein vollkommen neuartiges Enzym gefunden. Jedes der bisher näher untersuchten Gifte enthält vielmehr mehrere im Prinzip bekannte Enzyme, das Sekret von Bothrops jararaca z. B. mindestens 8, nämlich Phosphodiesterase, Adenosintriphosphatase, 5′-Nucleotidase, Phospholipase A, Hyaluronidase, L-Aminosäureoxydase, ferner ein thromboplastinähnlich und ein thrombinähnlich wirkendes Prinzip, vielleicht auch noch eine spezifische Protease.

Es wäre unwesentlich, den Gehalt der Schlangengifte an einzelnen Enzymen aufzuführen, der von Charge zu Charge erheblich wechselt. Die Bestimmungsmethoden sind nicht grundsätzlich verschieden gegenüber denen bei gleichartigen Enzymen anderer Herkunft, wenn auch die optimalen Reaktionsbedingungen erwartungsgemäß etwas anders liegen. Es kann deshalb hier auf die in Bd. IV beschriebenen Bestimmungsverfahren hingewiesen werden.

Einen Überblick über die in Schlangengiften gefundenen Enzyme gibt die Tabelle 6; im folgenden wird nur auf solche Enzyme näher eingegangen, bei denen eine Isolierung oder Anreicherung versucht worden ist.

α) Cholinesterase.

Das Enzym findet sich in Colubridengiften[2].

Darstellung[3, 4]. 2 g Naia tripudians-Gift (Var. monocellata) in 100 cm³ Wasser werden auf p_H 6,0 eingestellt, mit 22 g wasserfreiem Natriumsulfat versetzt und nach 15 min bei 35° filtriert. Der Niederschlag wird noch zweimal umgefällt, in 40 cm³ Wasser (p_H 6,0) mit 60 cm³ gesättigter Ammoniumsulfatlösung versetzt, 30 min bei 0° gehalten; Niederschlag in 40 cm³ Wasser mit 26 cm³ ges. Ammoniumsulfatlösung gefällt; zum Filtrat 34 cm³ Ammoniumsulfatlösung, 30 min bei 0°. Niederschlag in 10 cm³ Wasser (p_H 6,0) bei 0° allmählich mit 5 cm³ ges. Ammoniumsulfatlösung versetzt, 4 Std bei 0°. Niederschlag enthielt 1,11% des Ausgangsmaterial-Proteins, aber 24% der Cholinesterase-Aktivität. Analog läßt sich das Enzym aus Bungarus fasciatus anreichern, allerdings in geringerem Grade (11fach).

Isoelektrischer Punkt bei p_H 5,55 bzw. 5,90[5]. Bezüglich Stabilitätsbedingungen s. [6-8].

Bestimmung. Siehe Cholinesterase, Bd. VI.

Spezielle Reaktionsbedingungen s.[4, 9, 10]. Eine Einheit spaltet in 10 min bei p_H 7,4 und 37° 3,97 mg Acetylcholinchlorid und entspricht rund 0,051 mg des Präparats aus Tripudiansgift und 0,10 mg des Präparats aus Bungarus fasciatus-Gift[4]. Standardbedingungen[4] hierzu: 2,5 cm³ 1%iges Acetylcholinchlorid in Kochsalzlösung, 2 cm³ Phosphatpuffer p_H 7,4 und 0,5 cm³ Gift-Kochsalzlösung; 1 E = 2 cm³ n/100 KOH, Indikator Phenolphthalein. Bezüglich eines Inaktivators aus Naia-atra-Gift vgl. [11].

β) Phospholipase (Crotalus terrificus).

Die Abtrennung der Phospholipase A vom toxischen und vom koagulationsfördernden Prinzip des Giftes gelingt durch Chromatographie am Ionenaustauscher IRC 50, der sich

[1] De, S. S.: Ann. Biochem. exp. Med., Calcutta 4, 45 (1944).
[2] Iyengar, N. K., K. B. Sehra, B. Mukerji and R. N. Chopra: Curr. Sci., Bangalore 7, 51 (1938).
[3] Chaudhuri, D. K.: Sci. & Cult., Calcutta 8, 238 (1942).
[4] Chaudhuri, D. K.: Ann. Biochem. exp. Med., Calcutta 4, 77 (1944).
[5] Chaudhuri, D. K.: Ann. Biochem. exp. Med., Calcutta 6, 91 (1946).
[6] Chaudhuri, D. K.: Ann. Biochem. exp. Med., Calcutta 9, 73 (1949).
[7] Chaudhuri, D. K.: Ann. Biochem. exp. Med., Calcutta 10, 65 (1950).
[8] Chaudhuri, D. K.: Ann. Biochem. exp. Med., Calcutta 10, 71 (1950).
[9] Chaudhuri, D. K.: Ann. Biochem. exp. Med., Calcutta 9, 79 (1949).
[10] Chaudhuri, D. K.: Ann. Biochem. exp. Med., Calcutta 9, 85 (1949).
[11] Lee, C. Y., C. C. Chang and K. Kamijo: Biochem. J. 62, 582 (1956).

Tabelle 6. *Enzyme in Schlangengiften.*

Enzym	Substrat	Reaktionsprodukte	Bestimmungsmethode (s. a. Bd. VI)	Vorkommen
Cholinesterase	Cholinester[1], aber auch Äthylacetat[2], Phenylacetat usw.[3–5]	Alkohol + Säure	titrimetrisch[1, 6], manometrisch[2, 5, 7, 8], photometrisch[9]	alle bisher untersuchten Colubridengifte[8]
Phospholipase A	Lecithin Kephalin	Lysolecithin[10, 11] mit freiem α′-OH[12, 13], Lysokephalin[14] sowie Fettsäure (ungesättigt oder gesättigt)[15, 16]	manometrisch[7, 18, 19], titrimetrisch[16, 20], hämolytische Wirkung[15, 21], Hemmung der Eigelbkoagulation[22, 23]	alle bisher untersuchten Schlangengifte[21]
	Phosphatidalcholin	Halbacetal[17] + Fettsäure	photometrisch[24]	
Phospholipase C*	Lecithin	Diglycerid + Phosphorylcholin[25]	photometrisch[25]	Bothrops alternata
Phosphomonoesterase	β-Glycerophosphat, Glucose-1-phosphat, Glucose-6-phosphat[26], Pyrophosphat[26, 27, 67] Monophenylphosphat[28, 29]	Alkohol + Phosphorsäure	photometrisch[28–30]	keine Regel zu finden[28]
Phosphodiesterase	Oligonucleotide[31], Diphenylphosphat[28, 29, 32], Bis-(p-nitrophenyl)-phosphat[31] Casein[33]	Alkohol + Monoester	photometrisch[28, 30–32]	fast alle untersuchten Schlangengifte[28, 67]
5′-Nucleotidase	Adenosin-5′-phosphat und Inosin-5′-phosphat[34]	Adenosin bzw. Inosin + Phosphorsäure	photometrisch[34], in Kombination mit Chromatographie[27]	alle untersuchten Schlangengifte[34, 35]
Adenosindiphosphatase**	Adenosin-5′-diphosphat	Adenosin-5′-phosphat + Phosphorsäure[27]	photometrisch, in Kombination mit Chromatographie[27]	Naia naia-Gift[27]
Adenosintriphosphatase	Adenosin-5′-triphosphat	Adenosin-5′-phosphat + Pyrophosphorsäure[27, 35, 36]	photometrisch[30, 35], in Kombination mit Chromatographie[27]	alle untersuchten Schlangengifte[26, 35, 67]
Ribonuclease	Ribonucleinsäure[37, 38]	Oligonucleotide	manometrisch[38]	alle untersuchten Schlangengifte[38]
Desoxyribonuclease***	Desoxyribonucleinsäure[37, 39]	Oligonucleotide	manometrisch[39], viscosimetrisch[40]	alle untersuchten Schlangengifte[39]
Nucleosidase	Diphosphopyridinnucleotid	Nicotinsäureamid + Restmolekül[41]	photometrisch nach [42]	Bungarus fasciatus, nicht Cobra oder Vipera Russelli[41]
Nucleotidpyrophosphatase****	Diphosphopyridin-nucleotid[43, 44, 67], Triphosphopyridinnucleotid[45], auch Ribonucleosid-2′,3′-phosphate[74]	Adenosin-5′-mono- bzw. -diphosphat + Nicotinsäureamid-nucleosid-5′-phosphat[43–45] Ribonucleosid-3′-phosphat[74]	manometrisch und enzymatisch[43, 44] chromatographisch[74]	fast alle untersuchten Schlangengifte[44, 67] Crotalus adamanteus[74]

	Coenzym A[46]	Pantethein-phosphat + Adenosin-3',5'-diphosphat[46]	chromatographisch und enzymatisch[46]	alle untersuchten Schlangengifte[46]
Hyaluronidase	Hyaluronsäure[47, 68, 69] Chondroitinschwefelsäure[73]	bei Schlangengiftenzymen nicht identifiziert	viscosimetrisch[47, 68, 69], reduktometrisch[48], spreading-Wirkung[47, 49, 68–70]	alle untersuchten Schlangengifte[47], Viperiden mehr als Colubriden[49]
Proteinasen (wahrscheinlich auch Gerinnungsfaktoren (vgl. S. 826)	zahlreiche Proteine[50–54, 71, 72] (wahrscheinlich auch Hypertensinogen[55])	niedermolekular, nicht identifiziert; Bradykinin[54, 56]	photometrisch[54, 57–59], viscosimetrisch[52, 60], titrimetrisch[50, 53], Verdauung einer Gelatineschicht[51] *****	alle untersuchten Gifte; Colubriden relativ wenig[51]
Dipeptidase	Dipeptide[50]	Aminosäuren	titrimetrisch[50]	gelegentlich und nur sehr wenig[61]
L-Aminosäure-oxydase	L-Aminosäuren bestimmter Struktur[62–64]	Ketosäure, Wasserstoffperoxyd und Ammoniak[62]	manometrisch[62, 65], titrimetrisch[60], photometrisch[9, 66]	mehr als 50 Schlangengifte verschiedener Herkunft[63]

* Noch nicht bestätigt. ** Noch nicht näher charakterisiert. *** Nicht sicher verschieden von Phosphodiesterase[66, 75].
**** Unbekannt, ob die verschiedenen Substrate durch das gleiche Enzym (vielleicht Phosphodiesterase?) gespalten werden.
***** Bradykininbestimmung vgl. S. 830.

1 IYENGAR, N. K., K. B. SEHRA, B. MUKERJI and R. N. CHOPRA: Curr. Sci., Bangalore **7**, 51 (1938).
2 BOVET-NITTI, F.: Exper. **3**, 283 (1947).
3 ZELLER, E. A., G. A. FLEISHER and R. A. MCNAUGHTON: Proc. Soc. exp. Biol. Med. **71**, 326 (1949) [s. 61].
4 MOUNTER, L. A.: Biochem. J. **50**, 122 (1951).
5 AUGUSTINSSON, K.-B.: Acta chem. scand. **5**, 699, 712 (1951).
6 CHAUDHURI, D. K.: Ann. Biochem. exp. Med., Calcutta **4**, 77 (1944).
7 BOVET, F., et D. BOVET: Ann. Inst. Pasteur **69**, 309 (1943).
8 ZELLER, E. A.: Helv. **32**, 94 (1949).
9 HABERMANN, E.: Unveröffentlicht.
10 LÜDECKE, K.: Diss. München 1905.
11 DELEZENNE, C., et S. LEDEBT: Cr. **155**, 1101 (1912). — DELEZENNE, C., et E. FOURNEAU: Bull. Soc. chim. France **15**, 421 (1914).
12 HANAHAN, D. J.: J. biol. Ch. **207**, 879 (1954).
13 LONG, C., and I. F. PENNY: Biochem. J. **58**, XV (1954).
14 LEVENE, P. A., and I. P. ROLF: J. biol. Ch. **55**, 743 (1923). — LEVENE, P. A., I. P. ROLF and H. S. SIMMS: J. biol. Ch. **58**, 859 (1924).
15 ZELLER, E. A.: Fed. Proc. **11**, 316 (1952).
16 HANAHAN, D. J., M. RODBELL and L. TURNER: J. biol. Ch. **206**, 431 (1954).
17 FRANZL, R. E., and M. M. RAPPORT: Fed. Proc. **14**, 213 (1955).
18 ZAMECNIK, P. C., and F. LIPMANN: J. exp. Med. **85**, 395 (1947).
19 HABERMANN, E.: B. Z. **328**, 474 (1957).
20 FAIRBAIRN, D.: J. biol. Ch. **157**, 633 (1945).
21 NEUMANN, W., u. E. HABERMANN: H. **296**, 166 (1954).
22 FLECKENSTEIN, A., u. B. FETTIG: Z. Naturforsch. **6**b, 213 (1951).
23 HABERMANN, E., u. W. NEUMANN: H. **297**, 179 (1954).
24 RAPPORT, M. M., and N. ALONZO: J. biol. Ch. **217**, 193 (1955).
25 VIDAL BREARD, J. J., e V. E. ELIAS: Arch. Farmacia Bioquím. Tucumán **5**, 77 (1950).
26 ZELLER, E. A.: Helv. **33**, 821 (1950).
27 JOHNSON, M., M. A. G. KAYE, R. HEMS and H. A. KREBS: Biochem. J. **54**, 625 (1953).
28 GULLAND, J. M., and E. M. JACKSON: Biochem. J. **32**, 590 (1938).
29 KLEIN, W., u. A. ROSSI: H. **231**, 104 (1935).
30 ZELLER, E. A.: Helv. **32**, 2512 (1949).
31 PRIVAT DE GARILHE, M., and M. LASKOWSKI: Biochim. biophysica Acta, N. Y. **18**, 370 (1955).
32 UZAWA, S.: J. Biochem. **15**, 19 (1932).
33 PERLMANN, G. E.: Biochim. biophysica Acta, N. Y. **13**, 452 (1954).
34 GULLAND, J. M., and E. M. JACKSON: Biochem. J. **32**, 597 (1938).
35 ZELLER, E. A.: Arch. Biochem. **28**, 138 (1950).
36 HITCHINGS, G. H., and H. S. FULLER: J. biol. Ch. **128**, XLV (1939).
37 DELEZENNE, C., et H. MOREL: Cr. **168**, 241 (1919) [s. 38, 39].

im Gleichgewicht mit 0,1 m Phosphatpuffer (p_H 6,3) befindet und allmählich auf 0,2 m bezüglich sekundärem Phosphat und 2,0 m bezüglich Kochsalz gebracht wird. Dabei erscheinen zunächst toxisches und koagulationsförderndes Prinzip gemeinsam, später, weit abgesetzt, Hyaluronidase und schließlich Phospholipase[1].

Aus Crotoxin (vgl. S. 814) erhält man die Phospholipase-Aktivität durch Chromatographie an Aluminiumoxyd mit 0,1 m Ammonacetatpuffer p_H 4,0 bzw. 5,0 im Eluat. Nach Einengen der gefrorenen Lösung, Fällung mit Pikrinsäure und Zersetzung des Pikrats mit salzsaurem Aceton gewinnt man das Enzym in einer Ausbeute von maximal 59 % der Substanz, aber — anscheinend infolge Entfernung eines Inhibitors — 160 % (manometrischer Test) bzw. 270 % (Dotterkoagulationstest) der Aktivität. Obwohl das Enzym rund 2,5- bzw. 4mal aktiver als Crotoxin ist, beträgt seine Aktivität nur rund 6 % von der eines analogen Präparates aus Bienengift (s. S. 841)[1].

[1] Habermann, E.: B. Z. **329**, 405 (1957).

Literatur zu Tabelle 6. (Fortsetzung.)

[38] Taborda, A. R., L. C. Taborda, J. N. Williams and C. A. Elvehjem: J. biol. Ch. **194**, 227 (1952).
[39] Taborda, A. R., L. C. Taborda, J. N. Williams and C. A. Elvehjem: J. biol. Ch. **195**, 207 (1952).
[40] Cunningham, L.: Zit. nach [31].
[41] Bhattacharya, K. L.: J. ind. chem. Soc. **30**, 685 (1953).
[42] Wang, Y. L., and E. Kodicek: Biochem. J. **37**, 530 (1943).
[43] Chain, E.: Biochem. J. **33**, 407 (1939).
[44] Zeller, E. A., u. D. P. Epperson: zit. nach [61].
[45] Wang, T. P., L. Shuster and N. O. Kaplan: J. biol. Ch. **206**, 299 (1954).
[46] Novelli, G. D., F. Schmetz and N. Kaplan: J. biol. Ch. **206**, 533 (1954).
[47] Chain, E., and E. S. Duthie: Brit. J. exp. Path. **21**, 324 (1940).
[48] Slotta, K., e A. Ballester: Mem. Inst. Butantan **26**, 311 (1954).
[49] Duran-Reynals, F.: Science, N.Y. **83**, 286 (1936). Proc. Soc. exp. Biol. Med. **38**, 763 (1938). Bact. Rev. **6**, 197 (1942).
[50] Ghosh, B. N.: Oest. Chem.-Ztg. **43**, 158 (1940). — Ghosh, B. N., P. K. Dutt and D. K. Chowdhury: J. ind. chem. Soc. **16**, 75 (1939).
[51] Eagle, H.: J. exp. Med. **65**, 613 (1937).
[52] Martirani, J., e M. P. Azevedo: Mem. Inst. Butantan **22**, 47 (1949).
[53] Ghosh, B. N., and S. S. De: J. ind. chem. Soc. **13**, 627 (1936).
[54] Holtz, P., u. H. W. Raudonat: A. e. P. P. **229**, 113 (1956).
[55] Croxatto, H.: Proc. Soc. exp. Biol. Med. **62**, 146 (1946).
[56] Rocha e Silva, M.: Übersicht in Gaddum, J. H.: Polypeptides. S. 45. Edinburgh, London 1955.
[57] Janszky, B.: An. Inst. Pinheiros **14**, 31 (1951).
[58] Azevedo, M. P., e J. Martirani: Mem. Inst. Butantan **22**, 31 (1949).
[59] Habermann, E., u. W. Neumann: A. e. P. P. **223**, 388 (1954).
[60] Michl, H.: Mh. Chem. **85**, 1240 (1954).
[61] Zeller, E. A.: Sumner-Myrbäck, Enzymes. Bd. I/2, S. 986.
[62] Zeller, E. A., u. A. Maritz: Helv. **27**, 1888 (1944).
[63] Zeller, E. A., A. Maritz u. B. Iselin: Helv. **28**, 365, 1615 (1945). Zeller, E. A., B. Iselin u. A. Maritz: Helv. physiol. Acta **4**, 233 (1946).
[64] Fleisher, G. A., and E. A. Zeller: Abstr. 115. Meet. Amer. chem. Soc. 20 C (1949) [s. [61]]. — Blaschko, H., and J. Stiven: Biochem. J. **46**, 88 (1950). — Bender, A. E., and H. A. Krebs: Biochem. J. **46**, 210 (1950).
[65] Singer, T. P., and E. B. Kearney: Arch. Biochem. **29**, 190 (1950).
[66] Boman, H. G., and U. Kaletta: Biochim. biophysica Acta, N. Y. **24**, 619 (1957).
[67] Yang, Ch.-Ch., and L.-T. Chang: J. Formosan Med. Ass. **53**, 609 (1954) [Chem. Abstr. **49**, 5672].
[68] Favilli, G.: Boll. Ist. sieroter. milanese **19**, 481 (1940).
[69] Favilli, G.; in: Buckley-Porges: Venoms. S. 281. Washington 1956.
[70] Tarabini-Castellani, G.: Arch. ital. med. sperim. **2**, 969 (1938).
[71] Rao, S. S., and S. S. Rao; in: Buckley-Porges: Venoms. S. 179. Washington 1956.
[72] Deutsch, H. F., and C. R. Diniz; in: Buckley-Porges: Venoms. S. 199. Washington 1956. — J. biol. Ch. **216**, 17 (1955).
[73] Berganini, C.: G. Biochim. **2**, 320 (1953) [Chem. Abstr. **49**, 13333].
[74] Dekker, C. A.: Fed. Proc. **13**, 197 (1954). — Whitfeld, P. R., L. A. Heppel and R. Markham: Biochem. J. **60**, 415 (1955).
[75] Laskowski, M., G. Hagerty, U.-R. Laurila and H. G. Boman: Nature **180**, 1181 (1957).

γ) Phosphodiesterase (Crotalus adamanteus).

Darstellung. a) Wiederholte fraktionierte Fällung des Giftes mit Aceton ergibt zwischen 40 und 67% Aceton eine 18—20% der Phosphodiesterase neben 0,02—0,03% der 5'-Nucleotidase-Aktivität enthaltende Fraktion. Hitzeinaktivierung (40 min bei 65°) zerstört 60% der Diesteraseaktivität und senkt die von 5'-Nucleotidase unter die Grenze der Nachweisbarkeit[1].

b) Fraktionierte Elution des Giftes aus Säulen von zerfasertem Filterpapier mittels Wasser, 0,1% und 1,0% Kochsalz liefert eine weitgehend von 5'-Nucleotidase freie Phosphodiesterase-Fraktion. Analog verhält sich Gift von Vipera Russelli. Darmphosphatasen konnten dagegen mit diesem Verfahren nicht getrennt werden[2].

c) Wird eine Amberlite IRC 50-Säule mit 0,2 m Acetatpuffer (p_H 6,2) mit Gift von Crotalus adamanteus „überladen", so brechen 30—50% Phosphodiesterase durch, während der Rest mit der gesamten 5'-Nucleotidase zurückgehalten wird. 1,9fache Anreicherung. Durch Gefriertrocknung, Dialyse gegen 0,2 m Acetatpuffer (p_H 6,2), Adsorption an IRC 50, Elution mit 1 m Acetatpuffer (p_H 6,5) wird 26fache Anreicherung gegenüber dem Ausgangsmaterial erreicht. Gefriertrocknung, Dialyse gegen 0,005 m Acetat—0,001 m Magnesiumsulfat (p_H 5,5), Adsorption an Carboxymethylcellulose, Elution mit Acetatpuffer (p_H stufenweise ansteigend, ebenso Ionenstärke) gibt insgesamt 74fache Anreicherung mit 11% Ausbeute[3].

Das so gewonnene Präparat ist frei von Desoxyribonuclease[4], Ribonuclease[4], 5'-Nucleotidase, Adenosintriphosphatase, spaltet nur Oligonucleotide[3]. Auf sonstige Wirkungsqualitäten und Reinheitskriterien scheint nicht geprüft zu sein.

d) Bei Chromatographie an Diäthylaminoäthyl-cellulose, die sich im Gleichgewicht mit 0,02 m Tris-HCl-Puffer p_H 8,9 befand, wurden 3 Gipfel der Enzymaktivität erhalten. 300 mg Gift wurden zunächst mit 0,33 m, dann mit 0,60 m Puffer p_H 8,9, schließlich mit 0,33 m Puffer vom p_H 7,3 eluiert. Bei Rechromatographie rückten die Elutionsvolumina nahe zusammen. Bei Säulenelektrophorese wurden 2 Maxima gesehen. Desoxyribonuclease- und Phosphodiesterase-Aktivität liefen stets parallel[5].

Die Divergenz bezüglich des Verhältnisses von Phosphodiesterase- und Desoxyribonuclease-Ak:ivität[3, 5] wird auf methodische Unterschiede bei der Aktivitätsbestimmung bezogen[6].

δ) Hyaluronidase.

Darstellung. Bei Ammoniumsulfatfällung von *Crotalus atrox*-Gift erscheint das Maximum der Mucinaseaktivität zwischen 33 und 50% Sättigung. Umfällung, Dialyse und Gefriertrocknung der zwischen 33 und 66% Sättigung fallenden Fraktion ergibt 7% des eingesetzten Materials mit 40% der Aktivität[7]. Keine weiteren Reinheitskriterien genannt.

Das Enzym von *Crotalus terrificus*-Gift ist am Ionenaustauscher IRC 50 vom toxischen und koagulationsfördernden Prinzip sowie von der Phospholipase A des Giftes zu trennen (vgl. oben unter Phospholipase A)[8].

ε) L-Aminosäure-Oxydase (Agkistrodon piscivorus).

Darstellung. 1 g Agkistrodon piscivorus-Gift und 1 mM Leucin in 110 cm^3 Wasser werden 5 min bei 73° gehalten, abgekühlt, zentrifugiert. Reinheitsgrad 0,06 (Ausgangsmaterial 0,021—0,025); Ausbeute 100%. Anschließend Adsorption an eine gealterte Suspension von Calciumphosphat-Gel unter streng kontrollierten Bedingungen, Elution

[1] Sinsheimer, R. L., and J. Koerner: J. biol. Ch. **198**, 293 (1952).
[2] Hurst, R. O., and G. C. Butler: J. biol. Ch. **193**, 91 (1951).
[3] Privat de Garilhe, M., and M. Laskowski: Biochim. biophysica Acta, N. Y. **18**, 370 (1955).
[4] Cunningham, L.: unveröffentlicht [s. [3]].
[5] Boman, H. G., and U. Kaletta: Biochim. biophysica Acta, N. Y. **24**, 619 (1957).
[6] Laskowski, M., G. Hagerty, U.-R. Laurila and H. G. Boman: Nature **180**, 1181 (1957).
[7] Madinaveitia, J.: Biochem. J. **35**, 447 (1941).
[8] Habermann, E.: Unveröffentlichte Beobachtung.

von Verunreinigungen, dann des Enzyms unter Steigerung der Ionenstärke durch Ammoniumsulfatzusatz. Fällung des eluierten Materials durch weiteres Ammoniumsulfat (Einzelheiten s. Original). Ausbeute 60—70%, Reinheitsgrad 0,79—0,87. Fraktionierte Fällung bei p_H 5,5 (Acetatpuffer) zwischen 63 und 72% Sättigung mit Ammoniumsulfat; Ausbeute 70—80%, Reinheitsgrad 0,93. Elektrophorese in Tris-Puffer (p_H 7,2, 0,05 m) im Tiselius-Apparat. Ausbeute um 50%, Reinheitsgrad 1,0[1].

Bei Elektrophorese, Löslichkeitsprüfung und Sedimentation erscheint das Präparat als einheitlich. Molekulargewicht nach Sedimentation und Diffusion 61600, minimal bei Annahme eines Flavin-adenindinucleotids je Molekül 62800[1]. Prosthetische Gruppe: Flavin-adenindinucleotid[2]. Umsatz unter günstigen Bedingungen bei 38° 3100 Moleküle O_2 je Enzymmolekül und min, p_H-Optimum 7,0—7,5. Das Präparat ist nicht oder sehr wenig toxisch, hat keine hämorrhagische Wirkung[1], andere Wirkqualitäten sind anscheinend nicht untersucht.

Bestimmung. a) In der Warburg-Apparatur 1 cm^3 0,2 m Tris-Puffer (p_H 7,2) + 0,21 cm^3 0,1 m L-Leucin + Enzymverdünnung; Gasphase Luft, 38°. b) In späteren Stadien kann die Enzymkonzentration durch Vergleich der Extinktion bei 280 und 460 mμ ermittelt werden; die Verhältniszahl ist beim gereinigten Enzym 9,3—9,4[1].

ζ) Anhang: Sogenannter Inhibitor (Naia naia).

Ein aus Naia naia-Gift auf das 16fache angereicherter Inhibitor des Cytochromoxydase-Systems besaß noch $^1/_3$ der Toxicität des Gesamtgiftes[3]. Seine Natur ist noch ungeklärt, insbesondere seine Beziehung zur Phospholipase A.

d) Koagulationsfördernde Prinzipien.

Die *Angriffspunkte von Schlangengiften am Gerinnungssystem* des Blutes sind *mannigfaltig*, und im Einzelfall können sowohl *Hemmung* als auch *Förderung der Gerinnung* resultieren. Gesichert erscheinen:

1. Inaktivierung von Gewebs-Thromboplastin[4-12].
2. Zerstörung von Prothrombin[13].
3. Zerstörung von Fibrinogen[9, 13-15] und Fibrin[16].
4. Überführung von Prothrombin in Thrombin[13-19].
5. Überführung von Fibrinogen in Fibrin[6, 13-17, 19].

Die Thromboplastin-Inaktivierung scheint vorwiegend durch Phospholipase A[5, 10, 11] bedingt zu sein, während in den übrigen Fällen wohl proteolytische Fermente[13, 17, 20], vielleicht z. T. spezifischen Charakters[18], im Spiel sind. Ob auch einige in neuerer Zeit

[1] SINGER, T. P., and E. B. KEARNEY: Arch. Biochem. **29**, 190 (1950).
[2] SINGER, T. P., and E. B. KEARNEY: Arch. Biochem. **27**, 348 (1950).
[3] CHATTERJEE, A. K.: Ind. J. med. Res. **37**, 241 (1949).
[4] MORAWITZ, P.: Ergebn. Physiol. **4**, 307 (1905), u. zwar S. 407.
[5] HIRSCHFELD, L., u. R. KLINGER: B. Z. **70**, 398 (1915).
[6] HOUSSAY, B. A., et A. SORDELLI: J. Physiol. Path. gén. **18**, 781 (1920) [Ber. Physiol. **2**, 318].
[7] KRUSE, I., and H. DAM: Biochim. biophysica Acta, N. Y. **5**, 268 (1950).
[8] FLECKENSTEIN, A., u. B. FETTIG: A. e. P. P. **216**, 415 (1952).
[9] BILLING, W.: J. Pharmacol. exp. Therap. **38**, 173 (1930).
[10] HABERMANN, E.: A. e. P. P. **223**, 182 (1954).
[11] LINK, T.: Z. Immun.-Forsch. **85**, 504 (1935).
[12] VELLARD, J., et M. VIANNA: C. R. Soc. Biol. **114**, 143 (1933).
[13] EAGLE, H.: J. exp. Med. **65**, 613 (1937).
[14] LINK, T.: Z. Immun.-Forsch. **90**, 352 (1937).
[15] JANSZKY, B.: An. Inst. Pinheiros **12**, 121 (1949).
[16] DIDISHEIM, P., and J. H. LEWIS: Proc. Soc. exp. Biol. Med. **93**, 10 (1956).
[17] ROSENFELD, S., and J. RUBINSTEIN: J. Lab. clin. Med. **27**, 45 (1941).
[18] HOLTZ, P., u. H. W. RAUDONAT: A. e. P. P. **229**, 113 (1956).
[19] HOUSSAY, B. A., and A. SORDELLI: Arch. int. Physiol. **15**, 378 (1920).
[20] JANSZKY, B.: Arch. Biochem. **28**, 139 (1950).

aufgefundene Gerinnungsfaktoren durch Schlangengifte beeinflußt werden, ist noch nicht ausreichend untersucht. Die Wirkungen eines Teils dieser Faktoren können durch Schlangengift imitiert werden (Übersicht bei DEUTSCH[1]). Im folgenden wird nur auf Stoffe eingegangen, welche die Gerinnung *fördern*.

Da die *meisten Schlangengifte mehrere*, z. T. entgegengesetzt wirkende *gerinnungsaktive Komponenten* enthalten, sind manche älteren Versuche zur Isolierung solcher Substanzen, welche mit Gesamtblut als Testobjekt arbeiteten, mit Vorsicht zu bewerten. Übersichten über ältere Arbeiten bei [2], über neuere bei [3].

Zur *Bestimmung der Wirkung* auf die Gerinnung können die üblichen Ein- oder Mehrstufenverfahren verwendet werden (vgl. Bd. V, S. 162—167)); eine gesonderte Besprechung erübrigt sich daher.

α) „Koagulin“ (Vipera Russelli).

Darstellung. 0,1 g Gift in 10 cm^3 physiologischer Kochsalzlösung wird allmählich mit 5 g wasserfreiem Magnesiumsulfat versetzt, 30 min bei 6° gehalten, der Niederschlag in 10 cm^3 Kochsalzlösung nochmals mit 5 g Magnesiumsulfat gefällt. Man erhält so 90% des „Koagulins“ mit 10% des neurotoxischen Prinzips. Weitere Reinigung durch Kieselgel, welches vorwiegend Neurotoxin adsorbiert, und durch Kataphorese (anodische Wanderung bei p_H 5,0)[4] (keine Angabe der Testmethode).

β) (Crotalus terrificus).

Darstellung. Eine Giftlösung wird zu 40% mit Ammoniumsulfat gesättigt, der Niederschlag dialysiert, das ausfallende Globulin abzentrifugiert, die Mutterlauge lyophilisiert[5] (10fache Anreicherung). Über den Gehalt des Präparates an anderen Wirkstoffen scheint nichts bekannt zu sein. Eigene Versuche führten auf diesem Wege zu keinem brauchbaren Präparat.

γ) (Notechis scutatus).

Darstellung. Eine 0,1%ige, filtrierte Lösung des Giftes wird mit dem gleichen Volumen 5%iger Salzsäure über Nacht im Kühlschrank belassen. Der entstehende Niederschlag wird einige Male umgefällt. Dabei soll das toxische Prinzip quantitativ in der Mutterlauge bleiben, der Niederschlag aber die Gesamtmenge des koagulationsfördernden Prinzips enthalten, das Prothrombin in Thrombin überführt[6].

δ) (Bothrops jararaca).

Darstellung. Wiederholte fraktionierte Fällung einer Lösung des Giftes mit Ammoniumsulfat lieferte zwischen 56 und 65% Sättigung eine „Koagulin“-Fraktion, welche gegenüber dem Vollgift weniger als $^1/_{10}$ der proteolytischen Wirkung, aber etwa die 7fache fibrinogenumwandelnde Aktivität besaß[7]. Eine andere, bereits bei 42% Sättigung fallende und im Vergleich zum Gesamtgift stärker proteolytische Fraktion führte Prothrombin in Thrombin über. Beide Komponenten bildeten Bradykinin, jedoch bei unterschiedlichen optimalen Reaktionsbedingungen[7]. Die Kombination von Säureinaktivierung, fraktionierter Fällung mit Aceton und schließlich Elektrophorese ergab ein Präparat, das bezüglich thrombinähnlicher Wirkung 10—12mal aktiver war als Ausgangsmaterial und auch stark permeabilitätserhöhend und bradykininfreisetzend wirkte; die übrigen Aktivitäten des Ausgangsmaterials waren nur zu einem geringen Prozentsatz vorhanden[8].

Im Gift von *Bothrops atrox* scheint die fibrinogenzerstörende Komponente empfindlicher zu sein als die thrombinartig wirkende[9].

---

[1] DEUTSCH, E.: Blutgerinnungsfaktoren. S. 208. Wien 1955.
[2] GESSNER, O.: Handb. Heffter Erg.-Bd. VI, S. 1.
[3] JANSZKY, B.: An. Inst. Pinheiros **14**, 51 (1951).
[4] GHOSH, B. N., S. S. DE and P. C. RAY: Sci. & Cult., Calcutta **4**, 738 (1939).
[5] SLOTTA, K., and H. FRAENKEL-CONRAT: Nature **142**, 213 (1938).
[6] ROSENFELD, S., and J. RUBINSTEIN: J. Lab. clin. Med. **27**, 45 (1941).
[7] HOLTZ, P., u. H. W. RAUDONAT: A. e. P. P. **229**, 113 (1956).
[8] HABERMANN, E.: A. e. P. P. **234**, 291 (1958).
[9] JANSZKY, B.: An. Inst. Pinheiros **12**, 121 (1949).

Bei älteren Untersuchungen[1, 2] ist eine Verschiedenheit von gerinnungsfördernden und toxischen Prinzipien von Bothropsgift wahrscheinlich gemacht worden, doch sind die betreffenden Substanzen weder chemisch noch biologisch ausreichend definiert; z. B. soll „Bothropotoxin" zunächst negative Lassaigne- und Nitroprussidprobe ergeben haben, ein später hergestelltes Präparat dagegen stickstoffhaltig, aber schwefelfrei gewesen sein.

VI. Durch Schlangengifte entstehende Wirkstoffe.

Schlangengifte setzen, wie auch eine Reihe anderer tierischer Gifte, im vergifteten Organismus pharmakologisch wirksame Stoffe frei (vgl. S. 804), von denen im folgenden Lysocithin und Bradykinin etwas näher besprochen werden.

a) Lysocithin.

Nomenklatur. Unter der Gruppenbezeichnung „Lysocithin"[3] faßt man die aus Lecithinen und Kephalinen durch Abspaltung eines Fettsäurerestes entstehenden Verbindungen (Lysophosphatide) zusammen (Zusammenstellung älterer Arbeiten bei [4, 5], vgl. auch [6, 7]), solange nicht in Einzelfällen die genauere Kenntnis der Struktur eine präzisere Bezeichnung gestattet.

Vorkommen. Auf das Vorliegen von Lysocithin im normalen oder pathologischen Gewebe ist bisher meist nur indirekt geschlossen worden. Von einer eindeutigen chemischen Charakterisierung der von verschiedenen Autoren[8-14] isolierten lysocithinähnlich wirkenden Gewebsbestandteile kann noch nicht gesprochen werden, wenn auch *β-Palmitoyllysolecithin* in Nebennierenextrakten sehr wahrscheinlich vorkommt[11]. Ein allgemein brauchbares Verfahren zur Isolierung von natürlich vorkommendem Lysocithin kann noch nicht empfohlen werden. Das von SINGER[13, 14] geübte Extraktionsverfahren wurde von anderer Seite abgelehnt[15].

Darstellung. a) *Enzymatisch:* Phospholipase A aus Pankreas, Schlangen- oder Bienengift bildet Lysophosphatide. Als Substrat dienen Eigelb[3, 16-18], gereinigtes natürliches oder synthetisches Lecithin[19-23], ein Präparat aus Rinderhirn[24] oder andere Substrate[25]. Gereinigtes Kephalin konnte durch Phospholipase A nicht gespalten werden[19], dagegen

---

1 KLOBUSITZKY, D. v.: A. e. P. P. **179**, 204 (1935); **180**, 479 (1936).
2 KLOBUSITZKY, D. v., u. P. KÖNIG: A. e. P. P. **181**, 387; **182**, 577 (1936); **192**, 271 (1939). H. **255**, I (1938).
3 DELEZENNE, C., et E. FOURNEAU: Bull. Soc. chim. France **15**, 421 (1914).
4 ERCOLI, A.; in: Handb. Enzymol. (NORD-WEIDENHAGEN) S. 480ff. Leipzig 1940.
5 ZELLER, E. A.; in: SUMNER-MYRBÄCK: Enzymes, Bd. I/2. S. 988ff. New York 1951.
6 NEUMANN, W., u. E. HABERMANN: H. **296**, 166 (1954).
7 HABERMANN, E.: B. Z. **328**, 474 (1957).
8 BELFANTI, S.: B. Z. **154**, 148 (1924).
9 BELFANTI, S.: Z. Immunforsch. **44**, 347 (1925).
10 BELFANTI, S.: Z. Immunforsch. **56**, 449 (1928).
11 HAJDU, S., H. WEISS and E. TITUS: J. Pharmacol. exp. Therap. **120**, 99 (1957).
12 PIGHINI, G.: Z. ges. Neurol. Psych. **140**, 218 (1932).
13 SINGER, K.: Amer. J. med. Sci. **199**, 466 (1940).
14 SINGER, K.: J. clin. Invest. **20**, 153 (1941).
15 COLLIER, H. B., and K. M. WILBUR: J. Lab. clin. Invest. **29**, 1123 (1944).
16 DELEZENNE, C., et S. LEDEBT: Cr. **155**, 1101 (1912).
17 LEVENE, P. A., and I. P. ROLF: J. biol. Ch. **55**, 743 (1923).
18 LEVENE, P. A., I. P. ROLF and H. S. SIMMS: J. biol. Ch. **58**, 859 (1924).
19 CHARGAFF, E., and S. S. COHEN: J. biol. Ch. **129**, 619 (1939).
20 DEBUCH, H.: H. **306**, 279 (1957).
21 HANAHAN, D. J.: J. biol. Ch. **195**, 199 (1952).
22 HANAHAN, D. J.: J. biol. Ch. **211**, 321 (1954).
23 HANAHAN, D. J., M. RODBELL and L. D. TURNER: J. biol. Ch. **206**, 431 (1954).
24 FAIRBAIRN, D.: J. biol. Ch. **157**, 633 (1945).
25 MAGISTRIS, H.: B. Z. **210**, 85 (1929).

scheint Phosphatidalcholin in Fettsäure und die entsprechende Halbacetalverbindung zerlegt zu werden[1]. Es werden aber nicht, wie man früher meinte, nur ungesättigte Fettsäuren, sondern auch gesättigte[2, 3] abgespalten. Offenbar ist die ursprüngliche Stellung der Säure in α'-Position entscheidend.

Beispiele. 1. 5 g Dipalmitoleyl-L-α-lecithin aus frischer Bäckerhefe werden in 500 cm^3 peroxydfreiem Äther mit 15 mg Naia naia-Gift in 5 cm^3 H_2O gründlich durchgemischt. Der in 50 min entstandene Niederschlag wird abzentrifugiert, mit Äther gewaschen, in möglichst wenig Chloroform gelöst und mit dem 6fachen Volumen Äther gefällt. Die Umfällung aus Chloroform wird 5mal wiederholt. Ausbeute 3,3 g farbloses, amorphes *β-Monopalmitoleyl-lecithin (β-Monopalmitoleyl-lysolecithin)*, leicht löslich in Methanol, Äthanol, Chloroform, Pyridin-Wasser, wenig löslich in Aceton, unlöslich in Äther und Petroläther. $[\alpha]_D^{25} = -2{,}15°$; Hydrierung über PtO_2 liefert *β-Monopalmitoyl-lecithin (β-Monopalmitoyl-lysolecithin)*, F. 195—196°, $[\alpha]_D^{25} = -2{,}2°$ (Chloroform)[2].

2. 1,00 g chromatographisch gereinigtes Eigelb-Lecithin wird in 150 cm^3 peroxydfreiem Äther mit 10 mg Naia naia-Gift in 3 cm^3 H_2O 2 Std behandelt, der ausgefallene Nieder schlag abzentrifugiert und aus Chloroform kristallisiert. *β-Monostearoyllecithin (β-Monostearoyl-lysolecithin)* bildet farblose Nadeln, F. 257,5—258,5° im auf 205° vorgewärmten Block, $[\alpha]_D^{25} = -2{,}87°$ (Chloroform-Methanol 9:1)[4].

b) *Synthetisch* entsteht bei der Darstellung von L-α-Dioleyllecithin als Zwischenprodukt *Oleyl-lysolecithin*[5], welches durch Chromatographie abgetrennt werden kann.

c) *Sonstige Verfahren.* Bei der Chromatographie von Lecithin an der Aluminiumoxydsäule[6] findet sich im Eluat zu einem gewissen Prozentsatz Lysocithin, welches mittels Gegenstromverteilung[7] oder Chromatographie an vorbehandelter Kieselsäure[8] zu gewinnen ist.

Aus Dünndarminhalt erscheint die Darstellung von *β-Palmitoyl-lysolecithin* möglich[9].

Eigenschaften. Bisher sind nur Lysolecithine (Monoacyl-glyceryl-phosphorylcholine) und Lysocolaminkephaline (Monoacyl-glyceryl-phosphorylcolamine) näher untersucht worden, während die Frage nach anderen Lysoverbindungen, etwa aus der Gruppe der Serinkephaline, offen ist. Alle bisher bekannten natürlichen Glycerophosphatide aus höheren Pflanzen und Tieren besitzen α-Struktur und L-Konfiguration[5]; bei enzymatisch erzeugtem Lysolecithin war bisher die α'-ständige OH-Gruppe immer frei[10, 11], so daß es sich wohl stets um Verbindungen mit β-ständiger Fettsäure handeln dürfte. Letztere kann unter anderem Myristinsäure[3], Palmitinsäure[2, 7, 10, 12–14], Stearinsäure[4, 7, 14, 15], Palmitoleinsäure[2], Ölsäure[5, 7], Linolsäure[7] oder Linolensäure[7] sein.

Nachweis und quantitative Bestimmung von Lysocithin in biologischem Material ist erst nach vorheriger Reinigung möglich, weil die z. Z. verfügbaren chemischen und biologischen Bestimmungsverfahren relativ unspezifisch sind und durch zahlreiche Begleitsubstanzen gestört werden können.

---

[1] FRANZL, R. E., and M. M. RAPPORT: Fed. Proc. **14**, 213 (1955).
[2] HANAHAN, D. J., M. RODBELL and L. D. TURNER: J. biol. Ch. **206**, 431 (1954).
[3] ZELLER, E. A.: Fed. Proc. **11**, 316 (1952).
[4] HANAHAN, D. J.: J. biol. Ch. **211**, 321 (1954).
[5] BAER, E., D. BUCHNEA and A. G. NEWCOMBE: Am. Soc. **78**, 232 (1956).
[6] HANAHAN, D. J., M. B. TURNER and M. E. JAYKO: J. biol. Ch. **192**, 623 (1951).
[7] DEBUCH, H.: H. **306**, 279 (1957).
[8] LEA, C. H., D. N. RHODES and R. D. STOLL: Biochem. J. **60**, 353 (1955).
[9] BORGSTRÖM, B.: Acta chem. scand. **11**, 749 (1957).
[10] HANAHAN, D. J.: J. biol. Ch. **207**, 879 (1954).
[11] LONG, C., and I. F. PENNY: Biochem. J. **58**, XV (1954).
[12] DELEZENNE, C., et E. FOURNEAU: Bull. Soc. chim. France **15**, 421 (1914).
[13] HAJDU, S., H. WEISS and E. TITUS: J. Pharmacol. exp. Therap. **120**, 99 (1957).
[14] DELEZENNE, C., et S. LEDEBT: Cr. **155**, 1101 (1912).
[15] LEVENE, P. A., and I. P. ROLF: J. biol. Ch. **55**, 743 (1923).

Früher suchte man Löslichkeitsunterschiede zur (meist unvollkommenen) Trennung auszunutzen[1-5].

Gegenstromverteilung[6, 7] sowie Chromatographie von vorgereinigtem Material an Kieselsäuresäulen[8] oder Aluminiumoxyd[9] ergibt weitgehend reine Verbindungen; an Kieselsäure lassen sich auch Cholin-Lysophosphatide und Colamin-Lysophosphatide nebeneinander gewinnen.

Papierchromatographie auf kieselsäurebehandeltem[8], weniger gut auf normalem[10] Papier und Färbung mit den üblichen Reagentien auf Cholin, Aminogruppen, Esterbindungen oder Mehrfachbindungen erlaubt weitere Identifizierung, für die auch noch das IR-Spektrum[11] sowie die starke Erniedrigung der Oberflächenspannung[12] von Wasser herangezogen werden kann.

Unter den *biologischen Nachweis- und Bestimmungsmethoden* stehen jene im Vordergrund, die auf der hämolytischen Wirkung von Lysolecithinen beruhen, die aber von zahlreichen körpereigenen Substanzen gehemmt wird (Übersicht bei [13]). Die hämolytische Wirkung von Lysokephalinen[14, 15] ist geringer als die von Lysolecithinen[4, 15].

Am Froschherzen hat man das „staircase"-Phänomen[16] zur Lysocithinbestimmung herangezogen[6].

b) Bradykinin, Kallidin, Clostridin.

Nomenklatur und Entstehung. Bradykinin[17] (Übersicht bei [18, 25]) wird aus einer Bradykininogen genannten Vorstufe, die sich in den Plasmaglobulinen insbesondere in der Fraktion IV-4 bzw. IV-6 nach Cohn[19, 25] bzw. im α_2-Globulin[20, 25] befindet, durch Schlangengifte freigesetzt. Die Bezeichnung als Bradykinin beruht darauf, daß die entsprechenden Präparate an der glatten Muskulatur bestimmter isolierter Organe eine langsame Kontraktion erzeugen. Bradykininogen scheint auch im Gewebe vorzukommen, z. B. im Pankreas, wo eine derartige Komponente ganz überwiegend in der Mikrosomen-Cytoplasma-Fraktion auftritt[21].

Ähnlich wie Bradykinin verhalten sich Kallidin[22, 23] (Übersicht bei [20]) und Clostridin[24]; ob und evtl. wieweit diese 3 Stoffe chemisch übereinstimmen, ist noch ungeklärt. Ob Kallidinogen mit Bradykininogen identisch ist und inwieweit diese Stoffe vielleicht den Vorstufen anderer biologisch wirksamer Peptide entsprechen, wird noch diskutiert (vgl. [19]).

[1] Levene, P. A., and I. P. Rolf: J. biol. Ch. **55**, **743** (1923).
[2] Levene, P. A., I. P. Rolf and H. S. Simms: J. biol. Ch. **58**, 859 (1924).
[3] Chargaff, E., and S. S. Cohen: J. biol. Ch. **129**, 619 (1939).
[4] Magistris, H.: B. Z. **210**, 85 (1929).
[5] King, E. J., and M. Dolan: Biochem. J. **27**, 403 (1933).
[6] Hajdu, S., H. Weiss and E. Titus: J. Pharmacol. exp. Therap. **120**, 99 (1957).
[7] Debuch, H.: H. **306**, 279 (1957).
[8] Lea, C. H., D. N. Rhodes and R. D. Stoll: Biochem. J. **60**, 353 (1955).
[9] Habermann, E.: Unveröffentlicht.
[10] Huennekens, F. M., D. J. Hanahan and M. Uziel: J. biol. Ch. **206**, **443** (1954).
[11] Hanahan, D. J., M. Rodbell and L. D. Turner: J. biol. Ch. **206**, 431 (1954).
[12] Habermann, E.: A. e. P. P. **225**, 158 (1955).
[13] Habermann, E.: Z. ges. exp. Med. **129**, **436** (1958).
[14] Dunn, E. E.: J. Pharmacol. exp. Therap. **50**, 393 (1934).
[15] Neumann, W.: Ber. phys.-med. Ges. Würzburg **66**, 168 (1954).
[16] Hajdu, S.: J. Pharmacol. exp. Therap. **120**, 90 (1957).
[17] Rocha e Silva, M., W. T. Beraldo and G. Rosenfeld: Amer. J. Physiol. **156**, 261 (1949).
[18] Rocha e Silva, M.: bei [25], S. 45.
[19] Van Arman, C. G.: bei [25], S. 103.
[20] Werle, E.: bei [25], S. 20.
[21] Siebert, G., E. Werle, G. Jung u. L. Maier: B. Z. **326**, 420 (1955).
[22] Werle, E.: Angew. Chem. **60**, 53 (1948).
[23] Werle, E., W. Götze u. A. Keppler: B. Z. **289**, 217 (1937).
[24] Prado, J. L., R. Monier, E. S. Prado et C. Fromageot: Biochim. biophysica Acta, N. Y. **22**, 87 (1956).
[25] Gaddum, J. H.: Polypeptides which Stimulate Plain Muscle. Edinburgh, London 1955.

Die Freisetzung von Bradykinin, Kallidin oder Clostridin erfolgt höchstwahrscheinlich enzymatisch, doch ist die Aktivität des oder der betreffenden Enzyme bisher lediglich biologisch erfaßbar. Beziehungen zur proteolytischen Aktivität der Gifte sind wahrscheinlich, wenn auch bisher weder bei Gesamtgiften[1] noch bei Giftfraktionen (von Bothrops jararaca-Gift[2]) ein Parallelismus zwischen Bradykininfreisetzung und Proteolyse besteht. Möglicherweise enthält das gleiche Gift mehrere bradykininfreisetzende Prinzipien. Beziehungen zur Spaltung von Benzoylargininmethylester (BAME) sind wahrscheinlich[3].

Neben Schlangengiften setzen auch Trypsin[4], Kallikrein-Präparate (Übersicht bei [5]) von unterschiedlicher Herkunft und verschiedenen Eigenschaften[6], Plasmin[7] oder Clostridiengift[8] bradykininähnliche Substanzen frei.

Andererseits sind Chymotrypsin[1] und die meisten Schlangengifte[4, 9] sowie Inhaltsstoffe zahlreicher Gewebe[5] imstande, Bradykinin bzw. Kallidin zu inaktivieren. Im Blut findet sich der Inaktivator in der α_2-Globulinfraktion[5].

Anreicherung von Bradykinin[10–12]. Die Globuline von Ochsenplasma werden mit Gift von Bothrops jararaca inkubiert, der Ansatz mit 70% Äthanol ausgekocht. Der Auszug wird getrocknet, der Rückstand in Essigsäure aufgenommen. Das daraus mittels Äther ausgefällte Material (1 biologische Einheit = 0,2 mg Material je cm³ Plasma) wird an einer mit 7% Phenol-Wasser im Gleichgewicht stehenden Säule aus zerkleinertem Whatman I-Papier chromatographiert, aus der es mit 0,2% Essigsäure ausgewaschen werden kann (1 Einheit = 0,1 mg Trockenrückstand). Nach Gefriertrocknung wird mit 70% Äthanol an Aluminiumoxyd und mittels 0,2 m Natriumphosphatpuffer p_H 7,3 am Ionenaustauscher Amberlite IRC 50 chromatographiert. Die in den beiden letzten Stufen erhaltenen wirksamsten Fraktionen wurden mit Säure hydrolysiert und mit Ninhydrin gegen einen Leucin-Standard colorimetriert; 1 mg „Leucin" entsprach dann 1160 bzw. rund 5000 Einheiten[11]. Nach diesen Angaben könnten vermutlich aus 1 cm³ Plasma (1 Einheit) rund einige Zehntel Gamma Bradykinin entstehen.

Wertbestimmung und biologische Eigenschaften. Vorläufig kann jede Bradykininbestimmung nur biologisch ausgeführt werden. Man vergleicht am isolierten Meerschweinchenileum die Aktivität der zu untersuchenden Probe mit der eines Laborstandards[12, 13]. Da ein spezifischer Inhibitor noch nicht gefunden wurde, erfaßt der Test alles, was am Darm eine langsame Kontraktion hervorruft. Diese ist zwar von ähnlichen Effekten der sog. Substanz P[14, 15] sowie von Kinin[16] aus Wespengift (vgl. S. 842) und von Hypertensin[17] zu unterscheiden, nicht aber von den durch Kallidin[5, 16] oder Clostridin[8] erzeugten. Eine gewisse Einengung erlauben Vergleiche an verschiedenen biologischen Objekten (vgl. z. B. [18, 19]).

[1] Werle, E., R. Kehl u. K. Koebke: B. Z. **321**, 213 (1950).
[2] Holtz, P., u. H. W. Raudonat: A. e. P. P. **229**, 113 (1956).
[3] Hamberg, U., et M. Rocha e Silva: Arch. int. Pharmacodyn. Thérap. **110**, 222 (1957).
[4] Rocha e Silva, M., W. T. Beraldo and G. Rosenfeld: Amer. J. Physiol. **156**, 261 (1949).
[5] Werle, E.: bei [18], S. 20.
[6] Werle, E., u. L. Maier: B. Z. **323**, 279 (1952).
[7] Beraldo, W. T.: Amer. J. Physiol. **163**, 283 (1950).
[8] Prado, J. L., R. Monier, E. S. Prado et C. Fromageot: Biochim. biophysica Acta, N. Y. **22**, 87 (1956).
[9] Deutsch, H. F., and C. R. Diniz: J. biol. Chem. **216**, 17 (1955).
[10] Andrade, S. O., C. R. Diniz et M. Rocha e Silva: Arch. int. Pharmacodyn. Thérap. **95**, 100 (1953).
[11] Andrade, S. O., and M. Rocha e Silva: Biochem. J. **64**, 701 (1956).
[12] Prado, E. S., W. T. Beraldo and M. Rocha e Silva: Arch. Biochem. **27**, 410 (1950).
[13] Rocha e Silva, M.: Acta physiol. latinoamer. **2**, 238 (1952).
[14] Pernow, B., and M. Rocha e Silva: Acta physiol. scand. **34**, 59 (1955).
[15] Vogt, W.: Naturwiss. **42**, 607 (1955).
[16] Holdstock, D. J., A. P. Mathias and M. Schachter: Brit. J. Pharmacol. **12**, 149 (1957).
[17] Werle, E., R. Kehl u. K. Koebke: B. Z. **320**, 372 (1950).
[18] Gaddum, J. H.: Polypeptides which Stimulate Plain Muscle. S. 130. Edinburgh, London 1955.
[19] Werle, E., u. E. G. Erdös: A. e. P. P. **223**, 234 (1954).

Chemische Eigenschaften. Bradykinin wandert bei p_H 4—9 kathodisch[1, 14]. Inaktivierungsversuche machen die Bedeutung der Polypeptidstruktur sowie von Aminogruppen[1, 2] und des Vorliegens von Tyrosin oder Histidin[3] wahrscheinlich. Für eine chemische Analyse reichte das reinste bisher erhaltene Material[4] noch nicht aus.

C. Krötengifte.

Übersichten über Chemie und Pharmakologie geben[5, 6].

Im Gegensatz zu den Schlangengiften, bei denen niedermolekulare Substanzen unter den Wirkstoffen anscheinend fehlen, wenn man von einigen Purinderivaten absieht, enthalten die Krötengifte ganz *überwiegend niedermolekulare Substanzen*, und andererseits ist praktisch noch nichts über die eiweißartigen Bestandteile dieser Sekrete bekannt.

Die Giftstoffe der Kröten werden von Hautdrüsen abgesondert, besonders von den hinter den Augen liegenden sog. Parotiden. An Bestandteilen sind zu nennen:

a) *Steroidverbindungen (Bufadienolide).* Sie stehen chemisch und pharmakologisch den pflanzlichen Herzgiften der Digitalis-Strophanthus-Gruppe nahe, sind aber keine Glykoside, sondern *Ester der Grundstoffe (Bufogenine)*; als Säurekomponenten fungieren Essigsäure und Suberylarginin.

Zu dieser Gruppe gehören zahlreiche *Bufotaline* und *Bufotoxine*; Näheres s. Bd. III/2, S. 1437—1451, vgl. auch [5].

b) *Indolderivate. Bufotenin* und *Bufotenidin* sind charakteristische Bestandteile der Krötengifte, chemisch gesehen Methylierungsprodukte von 5-Oxytryptamin, aber von ganz andersartiger pharmakologischer Wirkung als Oxytryptamin, das selbst in mehreren Giften enthalten ist (vgl. Bd. III/2, S. 1182 und 1183). Außerdem kommt *Dehydrobufotenin*[5] und *Bufothionin* (vgl. Bd. III/2, S. 1183) vor sowie sein N-Methyl-Derivat.

c) *Adrenalin* ist in einigen Sekreten nachgewiesen worden (vgl. Bd. III/2, S. 1167), *Noradrenalin* in chinesischem Krötengift, wahrscheinlich von Bufo b. gargarizans[7].

d) *Oxytyramin* kommt bei Bufo marinus vor (vgl. Bd. III/2, S. 1165).

e) *Cholesterin, Ergosterin* und *γ-Sitosterin*[5].

D. Salamandergifte.

Ältere Untersuchungen[8-10].

Gewinnung aus Salamandra maculosa und atra. Den Hautdrüsen der mit Kohlensäure betäubten Tiere wird das rahmartige Rohgift durch Aussaugen mittels Wasserstrahlpumpe entzogen[11, 12]; es erstarrt rasch zu einer klebrigen, elastischen Masse. Die Ausbeute betrug (beim Ausdrücken der Hautdrüsen) 295 g Rohgift aus 946 Feuersalamandern (S. maculosa)[13], beim Aussaugen etwa 21—26 mg/g Tier[12].

Bestandteile. Das Rohgift wird mit Pepsin-Salzsäure (10—14 Tage bei 37°) verdaut, die Flüssigkeit vom Rückstand abgegossen, dieser mit 1% Salzsäure ausgekocht. Mit Äther wird ein aus absolutem Äthanol in Nadeln vom F 139° kristallisierender N-freier Alkohol, wahrscheinlich aus der Steringruppe extrahiert; Acetylderivat: F 107—108°.

---

1 Werle, E.: bei [14], S. 20.
2 Vogt, W.: Naturwiss. **42**, 607 (1955).
3 Rocha e Silva, M.: Bradicinina. Thesis. Sao Paulo 1951.
4 Andrade, S. O., and M. Rocha e Silva: Biochem. J. **64**, 701 (1956).
5 Jensen, H., u. U. Westphal; in: Buckley-Porges: Venoms. S. 75. Washington 1956.
6 Erspamer, V.: Pharmacol. Rev. **6**, 430 (1954).
7 Lee, H. M., and K. K. Chen: J. Pharmacol. exp. Therap. **102**, 286 (1951).
8 Zalesky: Hoppe-Seylers med.-chem. Unters. H. 1, S. 85. 1866 [s. [13]].
9 Faust, E. S.: A. e. P. P. **41**, 229 (1898); **43**, 84 (1900).
10 Netolitzky, F.: A. e. P. P. **51**, 118 (1904).
11 Krollpfeifer: [s. [12]].
12 Schöpf, C., u. W. Braun: A. **514**, 69 (1934).
13 Gessner, O., u. K. Craemer: A. e. P. P. **152**, 229 (1930).
14 Gaddum, J. H.: Polyptides which Stimulate Plain Muscle. Edinburgh, London 1955.

Die ausgeätherte salzsaure Lösung wird ammoniakalisch gemacht und mit Äther extrahiert. Beim Eindunsten der ersten Auszüge kristallisiert *Samandarin*, das nach 2maligem Umkristallisieren aus Methanol oder 50% wäßrigem Aceton bereits vollkommen rein ist; F 187—188°, Ausbeute 2,6—6,4% des Rohgiftes. Spätere Ätherauszüge sowie Mutterlaugen der Samandarinkristallisation enthalten amorphe Nebenalkaloide.

Samandarin ist eine farblose, starke Base $C_{19}H_{31}O_2N$, $[\alpha]_D^{17} = +43{,}3°$; 43,7°. Hydrochlorid F 321—322°. Base in amorphem Zustand leicht, in kristallisiertem schwer ätherlöslich, in Wasser und Alkali praktisch nicht, in den meisten organischen Lösungsmitteln gut löslich. Keine Permanganatentfärbung in der Kälte im Sauren, keine katalytische Hydrierung mit Palladium(II)-chlorid. An der Luft in konzentrierter Salzsäure allmählich von oben her rotviolette Verfärbung, beim Eindampfen einer mit Platinchlorid versetzten Lösung Blaufärbung[1].

Oxydation von Samandarin mit Chromsäure ergibt das zugehörige Keton *Samandaron*[2], das den größten Teil der natürlich vorkommenden Nebenalkaloide ausmacht[3]; daneben noch *Samandaridin* ($C_{21}H_{31}O_3N$; F 289°)[3].

Untersuchungen zur Konstitution vgl. [2,4]; Samandarin enthält wahrscheinlich 2 CH_3, 1 sekundäres OH, eine Oxazolidingruppierung und einen Tetrahydrofuranring an einem Cyclopentanoperhydronaphthalinkern. Pharmakologische Beobachtungen vgl. [5].

An strukturell unbekannten Substanzen enthält das Gift des Feuersalamanders eine salolartig riechende Substanz, das des Alpensalamanders (S. atra) eine senfölartig riechende Substanz. Ferner finden sich ein örtlich reizendes Prinzip, ein Agglutinin und ein Hämolysin[5]. Schließlich wurden auch *Tryptamin* und *5-Oxytryptamin* gefunden (vgl. [6]).

Der *Nachweis* von Salamandergift dürfte durch Isolierung und Identifizierung von Samandarin möglich sein.

E. Fischgifte.

Bezüglich Systematik und Toxikologie giftiger Meerestiere s. [7].

α) *Fugugift.*

Gewinnung. a) Die Ovarien von Spheroides rubripes werden mit Wasser extrahiert, das toxische Prinzip mit Bleiacetat und Ammoniak gefällt und in essigsaurer Lösung durch Schwefelwasserstoff von Blei befreit; das Filtrat wird eingeengt[8]; ähnlich schon[9]. Das Roh-*Tetrodotoxin* kann durch Lösung in Wasser und Fällung mit Äthanol weiter gereinigt werden. Verunreinigungen werden durch Phosphorwolframsäure, Hg-Pikrat, Phenylhydrazin und Pikrolonsäure entfernt. Nach Adsorption an Al_2O_3 und Extraktion mit heißem Wasser wird ein amorphes Pulver erhalten, das zunächst aus 80% Methanol, dann aus verdünnter Essigsäure durch Zugabe von Methanol und Äther umkristallisiert wird. Weiße, sich um 250° zersetzende Nadeln. Ausbeute 13 mg *Spheroidin*[8] aus 20 kg Ovarien.

b) Bei Chromatographie des Rohgiftes an Stärke und Aktivkohle laufen Zucker und Aminosäuren schneller; das resultierende unreine Gift (MLD 0,6 γ/g Maus[10]) ist nach

1 Schöpf, C., u. W. Braun: A. **514**, 69 (1934).
2 Schöpf, C., H.-K. Blödorn, D. Klein u. G. Seitz: B. **83**, 372 (1950).
3 Schöpf, C., u. K. Koch: A. **552**, 37 (1942).
4 Schöpf, C., u. K. Koch (unter Mitarb. v. W. Contzen): A. **552**, 62 (1942). — Schöpf, C., u. D. Klein: B. **87**, 1638 (1954).
5 Gessner, O.: Handb. Heffter Erg.-Bd. VI, S. 54.
6 Erspamer, V.: Pharmacol. Rev. **6**, 429 (1954).
7 Halstead, B. W.; in: Buckley-Porges: Venoms. S. 9. Washington 1956.
8 Yokoo, A.: J. chem. Soc. Jap. **71**, 590 (1950) [Chem. Abstr. **45**, 6759].
9 Tahara, Y.: B. Z. **30**, 255 (1910).
10 Tsuda, K., and M. Kawamura: J. pharmaceut. Soc. Jap. **72**, 187 (1952) [Chem. Abstr. **47**, 2191].

Reinigung am Chromatopile in Prismen kristallisierbar, die sich bei 220° schwärzen. Gut löslich in verdünnter Essigsäure, schlecht in Wasser, abs. Äthanol, Äther[1].

c) Ein vereinfachtes Verfahren[2] beruht auf der Adsorption eines konzentrierten wäßrigen Extraktes an die Na^+-Form von Amberlite IRC 50 und Elution mit Salzsäure. Die Chloridionen werden mittels Amberlite IR 4B, Verunreinigungen durch nochmalige Passage durch Amberlite IRC 50 (H^+-Form) entfernt. Behandlung des konzentrierten Eluats mit $HgCl_2$, dann mit H_2S und schließlich mit Amberlite IR 4B. Einengung ergibt feine, nadelförmige Drusen, deren LD min nach Umkristallisation bei 0,008 γ/g Maus (i. p. Injektion) lag.

d) 1 kg Ovarien oder Leber werden zerrieben, einige Male mit 2 Vol Wasser extrahiert. Der auf 300—500 cm^3 eingeengte Extrakt wird dialysiert, das Dialysat konzentriert, mit Bleiacetat behandelt, filtriert und das Filtrat auf p_H 5—6,5 gebracht. Das Gift wird an „acid clay" adsorbiert und durch Alkalibehandlung freigesetzt[3].

Eigenschaften. *Spheroidin* $C_{12}H_{17}O_{10}N_3$ enthält eine basische Gruppe und einen Lactonring, der Bedingung für die Toxicität ist[4].

Das *Tetrodotoxin* von TSUDA und KAWAMURA[5] ergibt bei 5maliger Umkristallisation C 40,23—41,22%, H 5,07—5,88%, N 12,65—13,28%, Basenäquivalent (titriert mit n/100 HCl gegen Methylrot) = 3,46—3,63. $[\alpha]_D^{25} = -8,64$, MLD bei subcutaner Injektion 0,009—0,014 γ/g Maus. Löslich in verdünnter Essigsäure. Infrarotspektrum weist auf —OH- oder =NH- sowie —CON=- Gruppen hin. Reaktion positiv auf primäre und sekundäre Amine sowie Zucker (MOLISCH), negativ auf Pentose, Pyrimidin, Imidazol, Ehrlich, Fehling, Sakaguchi, Ninhydrin, Biuret. Nach Papierchromatographie und Infrarotspektrum sollen Tetrodotoxin[5] und Spheroidin[4] identisch sein[6]. Keine Antigennatur von ungereinigtem Tetrodotoxin[7].

β) Andere Fischgifte.

Die *Ichthyosarkotoxine* aus Fugu rubripes chinensis, Gymnothorax-Arten, Lugianus vaigiensis und Caranx melampygus sind nach Homogenisieren (2 cm^3 Wasser je g) durch Cellophan dialysierbar[8]. Das toxische Prinzip von Gymnothorax ist in Wasser und saurem Methanol löslich[9].

Die als „*Ichthyotoxikum*"[10] bezeichneten toxischen Prinzipien des Blutes von Aal (Anguilla anguilla) und Wels (Silurus glanis) scheinen höhermolekulare Körper zu sein. Das Welstoxin ist nicht dialysabel[11], das des Aals und der Muräne ist thermolabil und möglicherweise an die Albuminfraktion gebunden[12]; Immunisierung ist möglich[12-14]. Im Aalserum sind weder Acetylcholin noch Histamin nachweisbar[15].

Zusammenfassung pharmakologischer und toxikologischer Beobachtungen bei[16, 17].

---

1 TSUDA, K., and M. KAWAMURA: J. pharmaceut. Soc. Jap. **72**, 711 (1952) [Chem. Abstr. **46**, 9733].
2 NAGAI, J.: H. **306**, 104 (1956).
3 MATSUO, K.: Jap. Pat. 175845 (1948) [Chem. Abstr. **44**, 10190].
4 YOKOO, A.: Proc. imp. Acad. Jap. **28**, 200 (1952) [Chem. Abstr. **46**, 11468].
5 TSUDA, K., and M. KAWAMURA: Pharmaceut. Bull., Tokyo **1**, 112 (1953) [Chem. Abstr. **48**, 5385].
6 YOKOO, A., and S. MOROSAWA: J. pharmaceut. Soc. Jap. **75**, 235 (1955) [Chem. Abstr. **49**, 8509].
7 ISHIWARA, F.: A. e. P. P. **103**, 209 (1924).
8 HALSTEAD, B. W., and R. J. RALLS: Science, N. Y. **119**, 160 (1954).
9 RALLS, R. J., and B. W. HALSTEAD: Amer. J. trop. Med. **4**, 136 (1955).
10 MOSSO, A.: A. e. P. P. **25**, 111 (1889).
11 BEZNÁK, A. v., u. L. v. TÓTH: A. e. P. P. **180**, 69 (1935).
12 TAKASAKA, T.: Z. Immun.-Forsch. **51**, 482 (1927).
13 YAMAOKA, H.: Acta Scholae med. Kioto **4**, 481 (1922) [Handb. Heffter Erg.-Bd. VI, S. 62].
14 MITOMO, Y.: Tohoku J. exp. Med. **8**, 284, 312 (1927) [Handb. Heffter Erg.-Bd. VI, S. 62].
15 BOCCONI, G.: Boll. Soc. ital. Biol. sperim. **25**, 12 (1949) [Chem. Abstr. **45**, 6737].
16 GESSNER, O.: Handb. Heffter Erg.-Bd. VI, S. 62.
17 HALSTEAD, B. W.; in: BUCKLEY-PORGES: Venoms. S. 9. Washington 1956.

F. Molluskengifte.

α) *Schneckengifte.*

Murexin[1] (vgl. Bd. III/2, S. 1138) und *5-Oxytryptamin*[1] (vgl. Bd. III/2, S. 1182) wurden in den Hypobranchialdrüsensekreten der Purpurschnecken Murex trunculus und Murex brandaris gefunden. Die chemisch noch nicht näher charakterisierten *Purpurine* scheinen pharmakologisch unwirksam zu sein.

β) *Octopodengifte.*

Gewinnung aus den hinteren Speicheldrüsen von *Octopus vulgaris* und *macropus* sowie von *Eledone moschata*[1].

Bestandteile. An niedermolekularen Komponenten finden sich außer *Histamin* (vgl. Bd. III/2, S. 1172) und *5-Oxytryptamin*[1] (vgl. Bd. III/2, S. 1182) noch *Octopamin*[1] (L-p-Oxyphenyläthanolamin, vgl. Bd. III/2, S. 1165) und *Tyramin*[1] (vgl. Bd. III/2, S. 1163). Eine noch nicht näher bekannte Substanz wurde als *Eledoisin* bezeichnet.

γ) *Muschelgifte.*

Eine Übersicht über pharmakologische und toxikologische Beobachtungen geben[2,3].

Gewinnung. a) Extrakte aus Verdauungsdrüsen von *Mytilus californ. Conrad* mit salzsaurem (p_H 2—3) 15% Äthanol ergaben über Amberlite IRC 50, dann XE 64 und zuletzt Aluminiumoxyd ein Hydrochlorid $C_{10}H_{17}O_4N_7 \cdot 2\,HCl$ mit $[\alpha]_D^{20} + 133°$ und $5{,}5 \pm 0{,}5$ MU/γ (1 MU i. p. tötet eine 20 g-Maus in 15 min[4]), das ebenso aus Organen von Saxidomas giganteus erhalten wurde[5]. Beide Präparate erschienen bei Gegenstromverteilung und Papierchromatographie als einheitlich. Ninhydrin- und Sakaguchi-Reaktion waren negativ, jenseits 230 mμ bestand kein Maximum der UV-Absorption[4]. Daneben wurden Betain, Taurin, Tyrosin, Cholin und Homarin[6] sowie Alanin, Glutaminsäure, Tryptophan und Arginin[4] identifiziert.

b) Aus *Meeresplankton*, welches die primäre Quelle des Muschelgiftes sein dürfte: 5000 *l* eines an *Gongyaulax catenella* reichen Meerwassers ergaben bei Zentrifugieren 40,6 g Festsubstanz mit 500000 MU. Extraktion mit 95%igem salzsaurem Alkohol, Chromatographie an mit Säure gewaschenem Norit A, Rechromatographie der aktiven Fraktion an der gleichen Säule: 1,65 MU/γ; daneben Trimethylamin, Cholin und unbekannte Base[7].

c) Extraktion einer toxischen Substanz aus *Venerupis semidecussata* und *Ostrea gigas:* Extraktion mit Methanol, Eindunsten, Rückstand wiederum mit Methanol extrahieren, mit absolutem Äthanol fällen. Dreimalige Wiederholung dieses Prozesses ergibt weißes Pulver, MLD 0,3—0,5 mg/kg i. p. bei der weißen Maus. Die wäßrige Lösung des Giftes wird bei p_H 8 an Al_2O_3 chromatographiert, die untere Säulenhälfte mit verdünntem Ammoniak extrahiert, im Endprodukt MLD 0,05 mg/kg. Ninhydrin und Molisch negativ. Fällbar durch Alkaloidfällungsmittel[8].

d) Extraktion von *Venerupis*-Eingeweiden mit Methanol ergibt *Venerupin*, besonders in der Leber. Extraktion mit saurem Methanol ergibt muscarinartige Substanz[9].

---

1 Erspamer, V.: Zusammenfassungen in Arzneim.-Forsch. **2**, 253 (1952) u. Pharmacol. Rev. **6**, 425 (1954).
2 Halstead, B. W.; in: Buckley-Porges: Venoms. S. 9. Washington 1956.
3 Gessner, O.: Handb. Heffter, Erg.-Bd. VI, S. 65.
4 Mold, J. D., J. P. Bowden, D. W. Stanger, J. E. Maurer, J. M. Lynch, R. S. Wyler, E. J. Schantz and B. Riegel: Am. Soc. **79**, 5235 (1957).
5 Schantz, E. J., J. D. Mold, D. W. Stanger, J. Shavel, F. J. Riehl, J. P. Bowden, J. M. Lynch, R. S. Wyler, B. Riegel and H. Sommer: Am. Soc. **79**, 5230 (1957).
6 Riegel, B., D. W. Stanger, D. M. Wikholm, J. D. Mold and H. Sommer: J. biol. Ch. **177**, 1 (1949).
7 Riegel, B., D. W. Stanger, D. M. Wikholm, J. D. Mold and H. Sommer: J. biol. Ch. **177**, 7 (1949).
8 Ishidate, M., u. H. Hagiwara: Bull. physiograph. Sci. Res. Inst., Tokyo **10**, 43 (1952) [Chem. Abstr. **48**, 7211].
9 Hashimoto, Y., and M. Migata: Bull. jap. Soc. sci. Fish. **16**, 77 (1950) [Chem. Abstr. **46**, 9733].

e) Extraktion nach [1]: „Leber"brei wird mit angesäuertem Methanol erhitzt, bei 37° getrocknet; mit Äther und Chloroform werden 15—21 % des Materials mit 0—19 % der Toxicität entfernt. Extraktion mit saurem Methanol, Adsorption von Verunreinigungen an Kohle, Adsorption an Permutit, Elution durch gesättigtes Kaliumchlorid, Extraktion des getrockneten Eluats mit Methanol, Reinigung durch Acetonbehandlung; Fällung mit Äther ergibt Öl, Überführung ins Hydrochlorid. Mit Reinecke-Salz Niederschlag, der mit Silbersulfat und Bariumchlorid zersetzt wird. MLD = 1,7 γ. Analyse: C 10,73 %; H 5,31 %; N 8,59 %, Asche 35,52 %. Weitere Reinigung s. Original.

Ein *Mytilotoxin* [2] konnte von Nachuntersuchern [1, 3] nicht erhalten werden.

G. Holothuriengifte.

Aus *Actinopyga agassizi* wurde ein toxisches, *Holothurin* genanntes, saponinartiges Steroid isoliert, dessen Summenformel mit $C_{50}H_{82}O_{26}S$ angegeben wird. Der Schwefel soll sich in esterartiger Bindung befinden. Aglykon Holothurinogen: $[\alpha]_D^{25} = -17°$ (in Chloroform), F 258°, nach Behandlung mit Äther Anstieg auf 274—276°. Das Infrarotspektrum weist auf Hydroxyl- und Carbonylgruppen sowie konjugierte Doppelbindungen hin [4, 5].

H. Gifte der Nesseltiere (Cnidaria).

Eine Übersicht über pharmakologische Beobachtungen gibt [6]; bezüglich pharmakologisch weniger wirksamer niedermolekularer Verbindungen vgl. [7].

Metridium senile. Die Nematocysten lassen sich durch Homogenisieren, Sieben und fraktioniertes Zentrifugieren funktionsfähig isolieren.

Bestandteile. Papierchromatographie des hydrolysierten Inhalts der Nematocysten ergab 16 Aminosäuren (anscheinend kein Tyrosin und Tryptophan), außerdem ein Hexosamin (Galaktosamin?) und eine Uronsäure (Glucuronsäure?) im molaren Verhältnis 4:5, daneben 2 Oxyindole, vielleicht 5-Oxytryptophan und Bufotenin [8]. Tentakelextrakte sollen 5-Oxytryptamin sowie Murexin (Urocanylcholin [9]) enthalten [10]; andere Untersucher [11] konnten jedoch kein 5-Oxytryptamin in Extrakten von M. senile und A. sulcata finden.

Anemonia equina. Die Tentakeln werden entweder mit Wasser bzw. Glycerin extrahiert (Darstellung von Thalassin und Congestin) oder direkt in 90 %igen Alkohol gelegt (Darstellung von Thalassin allein) [12].

Bestandteile. 1. Trennung von Thalassin und Congestin: *Congestin* fällt mit Alkohol [12].

2. *Actinin* (s. Bd. III/2, S. 1145).

3. *Histamin* (s. Bd. III/2, S. 1172), in frischen Tentakeln 2—6,5 γ/g [13].

4. *Tetramin* (s. Bd. III/2, S. 1129).

5. *N-Methylpyridiniumhydroxyd* (s. Bd. III/2, S. 1139).

Anemonia sulcata. Nach Extraktion der zerkleinerten Tiere mit 95 % Äthanol, Vakuumtrocknung des Auszuges und Aufnehmen mit Wasser fallen unwirksame Bestandteile mit Alkohol, die lokal- und allgemeintoxischen mit Äther. Ihre wäßrige Lösung wird mit

[1] MÜLLER, H.: J. Pharmacol. exp. Therap. **53**, 67 (1935).
[2] BRIEGER, L.: D. m. W. **1885**, Nr. 53 [Maly's Ber. **15**, 355 (1885)].
[3] THESEN, J.: A. e. P. P. **47**, 311 (1902).
[4] CHANLEY, J. D., S. K. KOHN, R. F. NIGRELLI and H. SOBOTKA: Zoologica, N. Y. **40**, 99 (1955).
[5] NIGRELLI, R. F., J. D. CHANLEY, S. K. KOHN and H. SOBOTKA: Zoologica, N. Y. **40**, 47 (1955).
[6] GESSNER, O.: Handb. Heffter Erg.-Bd. VI, S. 82.
[7] KAISER, E., u. H. MICHL: Biochemie der tierischen Gifte. S. 6. Wien 1958.
[8] PHILLIPS, J. H.: Nature **178**, 932 (1956).
[9] Siehe z. B. ERSPAMER, V.: Science, N. Y. **117**, 161 (1953).
[10] WELSH, J.: Deep-Sea Res. **3**, Suppl. 287 (1955).
[11] MATHIAS, A. P., D. M. ROSS and M. SCHACHTER: Nature **180**, 658 (1957).
[12] RICHET, C.: Pflügers Arch. **108**, 369 (1905).
[13] JAQUES, R., and M. SCHACHTER: Brit. J. Pharmacol. **9**, 49 (1954).

Bleiacetat geklärt und mit Schwefelsäure entbleit. Weitere Reinigung über eine Fällung mit Phosphorwolframsäure aus essigsaurer Lösung, Zerlegung mit Baryt, Fällungen aus wäßriger Lösung zunächst mit Alkohol, dann durch Ammoniumsulfat, dann mit Pikrinsäure. Nach Zerlegung mit schwefelsaurem Aceton und Entfernung der Pikrinsäure mit Äther wird mit Aceton gefällt. Die in Wasser und verdünntem Äthanol lösliche Substanz hat ein Molekulargewicht (Dialyse) um 1000—2000. C 49,9%, H 6,97%, N 16,70%, Gesamt-S 6,21%, 5,82%, Sulfatschwefel 1,61%. Kein Phosphor. Ninhydrin, Sakaguchi, Hopkins, Pauly positiv; Pankreatin zerstört, Pepsin-Salzsäure nicht[1].

Die Tiere enthalten außerdem noch *Anemonin* (s. Bd. III/2, S. 1150), *Cholin*[2] (siehe Bd. III/2, S. 1131), *Trigonellin* (s. Bd. III/2, S. 1148) und *Homarin* (s. Bd. III/2, S. 1150).

Adamsia. Das wirksame Prinzip ist durch Trichloressigsäure nicht fällbar[3].

Calliactia parasitica enthielt viel (500—600 γ/g Trockengewicht) Oxytryptamin im coelenterischen Gewebe, aber relativ wenig (6—12 γ/g) in den Tentakeln[4].

J. Skorpiongifte.

Übersichten über pharmakologische Beobachtungen geben [5-7].

Gewinnung. a) Das Tier wird mittels einer Pinzette vor dem letzten Schwanzglied gefaßt und hochgehoben; dann fassen Daumen und Zeigefinger der freien Hand an der gleichen Stelle zu. Bereits hierbei, oder bei Ausübung von leichtem Druck auf die Drüsenregion, tritt Sekret aus.

b) Wie unter a), aber zusätzlich einige Stromstöße auf die Unterseite des Schwanzendgliedes; die Ausbeute wird wesentlich größer[8-10].

Eigenschaften. Der erste austretende Gifttropfen ist in der Regel klar, der zweite und dritte milchig getrübt, weitere Tropfen sind milchig-schleimig. Die Toxicität steigt bei den brasilianischen Arten *Tityus serrulatus* und *T. bahiensis*[8] vom klaren zum milchig-schleimigen Sekret an, während bei afrikanischen Skorpionen die ersten Tropfen am giftigsten sein sollen[11, 12]. Bei brasilianischen Arten erzielte man eine mittlere Ausbeute von 0,30—0,38 mg Trockensubstanz je Tier, welche jedoch stark von Ernährung und Zahl der Giftentnahmen abhing[8]. Über Toxicität (2,6—5,6 mg/kg Maus, i.m.) und Ausbeuten bei nordafrikanischen Skorpionen berichtet[13].

Die Trockensubstanz ist ein amorphes, farbloses Pulver. Der hyaline Anteil ist gut, der milchige schlechter wasserlöslich[14].

Das Gift von *Centruroides noxias* enthält nach elektrischer Reizung 77,5% Wasser, 1,32% Asche, 2,48% N, Protein, Fett, Schwefel; Chlorid ist nachweisbar, nicht dagegen Zucker[15].

Ein Extrakt zerriebener Stacheln eines syrischen Skorpions lieferte nach Fällung mit Pikrinsäure und Zersetzung mit saurem Aceton ein toxisches, amorphes, leicht wasserlösliches Hydrochlorid (C 43,6%; H 6,8%; N 13,6%; S 3,8%; Cl 5,5%[16]). Das durch

1 Sonderhoff, R.: A. **525**, 138 (1936).
2 Ackermann, D.: H. **295**, 1 (1953).
3 Cantacuzène, J., et A. Damboviceanu: C. R. Soc. Biol. **117**, 136, 138 (1934); zit. nach [5].
4 Mathias, A. P., D. M. Ross and M. Schachter: Nature **180**, 658 (1957).
5 Gessner, O.: Handb. Heffter Erg.-Bd. VI, S. 66.
6 Pozo, E. C. del; in: Buckley-Porges: Venoms. S. 123. Washington 1956.
7 Diniz, C. R., and J. M. Gonçalves; in: Buckley-Porges: Venoms. S. 131. Washington 1956.
8 Bücherl, W.: Mem. Inst. Butantan **25** (1), 53 (1953). Arzneim.-Forsch. **5**, 68 (1955).
9 Balozet, L.: Arch. Inst. Pasteur Algér. **33**, 90 (1955); zit. nach [10].
10 Adam, K. R., and C. Weiss: Nature **178**, 421 (1956).
11 Phisalix, M.: Animaux venimeux et venins. Paris 1922.
12 Lissitzky, S., F. Miranda, P. Etzensperger et J. Mercier: C. R. Soc. Biol. **150**, 741 (1956).
13 Balozet, L.; in: Buckley-Porges: Venoms. S. 141. Washington 1956.
14 Bücherl, W.: Mem. Inst. Butantan **25** (1), 83 (1953).
15 Ramirez, R.: An. Es. nac. Cienc. biol., México **4**, 379 (1947) [C. A. **42**, 2681 (1948)].
16 Tetsch, C., u. K. Wolff: B. Z. **290**, 394 (1937).

Extraktion des Giftapparates des mexikanischen *Centrurus gracilis* gewonnene toxische Prinzip wird durch Alkohol sowie Ammoniumsulfat gefällt, dialysiert nicht durch Kollodiummembranen und wird durch Verdauung mit Trypsin oder Pepsin oder Behandlung mit Säure bzw. Lauge zerstört[1]. Bei *Centruroides elegans* und *Centruroides suffusus suffusus* wurden die Giftdrüsen mit feuchtem Sand zerrieben, der filtrierte Extrakt mit Aluminiumsulfat und Calciumhydroxyd geklärt, das Überstehende auf —5° gekühlt, das toxische Prinzip mit Aceton gefällt. Bei der Elektrophorese in Tiselius-Puffer lag der isoelektrische Punkt der toxischen Fraktion in beiden Fällen bei p_H 8,1[2].

Aus dem Gift von *Buthus martensii* ist ein *Buthotoxin* genanntes aktives Prinzip abgetrennt worden; die Analyse des Pikrats ergab C 45,58; H 5,83; N 15,21; S 28,8 bis 29,2(?)%. LD_{min} für Kaninchen 0,07 mg/kg, für Mäuse 0,5 mg/kg, für Frösche 0,7 mg/kg[3].

Bei *Tityus serrulatus* und *T. bahiensis* ergab die Papierelektrophorese des Gesamtgifts bzw. eines alkoholischen Extrakts langsam kathodisch wandernde, wahrscheinlich niedermolekulare toxische und darmaktive Anteile[4]. Bei Papierelektrophorese wurde kein Histamin, aber 1—2% freies Lysin gefunden. Die Hauptmenge der Inhaltsstoffe bildeten mehrere bei p_H 5,0 hauptsächlich kathodenwärts wandernde proteinartige Substanzen[5]. Die Aminosäuren im Gift von *T. bahiensis* wurden bestimmt[5].

Gift von *Leiurus quinquestriatus* enthält eine sich papierchromatographisch und biologisch wie *5-Oxytryptamin* verhaltende Substanz in einer Menge von 1—4 mg/g Trockengift[6].

Über die nähere Beschaffenheit der oben erwähnten proteinartigen Giftbestandteile ist noch nichts Näheres bekannt.

Die Skorpiongifte enthalten — anscheinend mit Ausnahme derer von *Buthus australis* und *B. occitanus*[7] — hämolysierende Stoffe[8], doch ist noch offen, ob es sich dabei um direkte oder um indirekte, d. h. durch Enzyme bewirkte Hämolyse handelt.

Bei einigen Giften sind proteolytische Wirkungen bekannt[9], bei anderen Faktoren, die die Plasmakoagulation fördern oder hemmen[10]. Spreading-Aktivität ist bei zahlreichen Giften gefunden worden[11], eine Adenosintriphosphatase im Gift von Euscorpius italicus[12].

Nachweis und Bestimmung der Skorpiongifte sind auf Grund der bisherigen Kenntnisse noch nicht möglich.

K. Spinnengifte.

Eine Übersicht über pharmakologische Beobachtungen geben[13, 14].

Gewinnung. a) Die Tiere werden veranlaßt, in einen Wattetampon zu beißen, der anschließend extrahiert wird.

b) Die beiden Chelizeren werden auf Elektroden gelegt; durch einen Stromstoß wird ihre Muskulatur zur Kontraktion gebracht. Die Gifttröpfchen werden mittels Pipette gesammelt. Trockengewicht: $^1/_4$—$^1/_6$ der Frischsubstanz[15]. Bezüglich Ausbeute und

[1] Kubota, S.: J. Pharmacol. exp. Therap. **11**, 447 (1918).
[2] Bolivar, I., et G. Rodriguez: Ciencia, México **12**, 277 (1953) [Chem. Abstr. **48**, 4688 (1954)].
[3] Kaku, T.: Kumamoto pharmacol. Bull. **1**, 21 (1954) [Chem. Abstr. **49**, 8504 (1955)].
[4] Diniz, C. R., and J. M. Gonçalves; in: Buckley-Porges: Venoms. S. 131. Washington 1956.
[5] Fischer, F. G., u. H. Bohn: H. **306**, 269 (1957).
[6] Adam, K. R., and C. Weiss: Nature **178**, 421 (1956).
[7] Balozet, L.: Arch. Inst. Pasteur Algér. **29**, 200 (1951).
[8] Lissitzky, S., F. Miranda, P. Etzensperger et J. Mercier: C. R. Soc. Biol. **150**, 741 (1956).
[9] Grasset, E., A. Schaafsma and J. Hodgson: Trans. R. Soc. trop. Med. Hyg. **39**, 397 (1946).
[10] Balozet, L.; in: Buckley-Porges: Venoms. S. 141. Washington 1956.
[11] Tarabini-Castellani, G.: Arch. ital. Med. sperim. **2**, 969 (1938) [Favilli, G.; in: Buckley-Porges: Venoms. S. 281. Washington 1956].
[12] Zeller, E. A.: Helv. **33**, 821 (1950).
[13] Gessner, O.: Handb. Heffter Erg.-Bd. VI, S. 68ff.
[14] Finlayson, M. H.; in: Buckley-Porges: Venoms S. 85. Washington 1956.
[15] Bücherl, W.: Arzneim.-Forsch. **6**, 293 (1956).

Toxicität bei den einzelnen Spinnenarten s.[1]. Das Gift von *Phoneutria fera* reagiert nahezu neutral; das „unreife" Gift ist lackmussauer. Nach Trocknung ist es in Wasser teilweise schwer löslich. Trockengift je Tier im Mittel 0,1—1,4 mg. LD_{50} weiße Maus i.v. 0,34 mg/kg, s. c. 0,7 mg/kg[2].

c) Extraktion des Cephalothorax.

Bestandteile. Über die Chemie der Spinnengifte ist noch nichts Genaueres bekannt. Antikörperbildung weist im Verein mit positiven Eiweißreaktionen auf die Bedeutung von Proteinen hin. In einigen Giften sind Enzyme nachgewiesen worden. Die Gifte von *Lycosa raptoria* sowie *Ctenus nigriventer* spalten Proteine und Hyaluronsäure[3], die Gifte von *Hogna tarantula* und von *Latrodectus tredecimguttatus* wirken ebenfalls proteolytisch, das letztgenannte besitzt auch die Wirkung einer Adrenalinoxydase[4]. Bei *Loxoscelis laeta* wirken Extrakte des Cephalothorax hämolytisch, nicht aber solche aus den Giftdrüsen[5]. Lipoide scheinen eine Rolle zu spielen[4, 6].

Im Gift von *Araneidae (Kreuzspinnen)* sind papierelektrophoretisch und papierchromatographisch eine Reihe von niedermolekularen Komponenten gefunden worden, die sich zum Teil mit Ninhydrin färben, zum Teil durch charakteristische Fluorescenz im UV-Licht auffallen[7].

Latrodectus tredecimguttatus liefert je Biß 0,5 mg Trockensubstanz. Papierelektrophoretisch ergeben sich 6 mit Bromphenolblau und 2 mit Ninhydrin, aber nicht mit Bromphenolblau färbbare Komponenten[8].

In Giftsekreten von *Vogelspinnen* wurden 3 Stoffgruppen näher charakterisiert[9]:

1. *Freie Aminosäuren* (durch Papierchromatographie und Papierelektrophorese; vgl. Tabelle 7).

Tabelle 7. *Freie Aminosäuren in den Giftdrüsensekreten einiger Vogelspinnen* (g Aminosäure in 100 g getrocknetem Rohgift)[9].

Spinnen-Art	Glutaminsäure	γ-Aminobuttersäure	Asparaginsäure
Grammostola mollicoma .	21,8	3,8	0
Grammostola actaeon . .	18,5	1,5	0
Acanthoscurria atrox . . .	7,1	3,6	0,5
Pamphobeteus sorocabae .	0,5; 0,5	5,2; 7,0	0
Pamphobeteus tetracanthus	1,5	5,7	0
Lasiodora klugii	0,7; 0,5	7,1; 4,4	0

2. *Proteinkomponenten.* Bei p_H 5,0 und 0° ergaben sich bei 6 Std Laufzeit papierelektrophoretisch jeweils 4 ganz überwiegend kathodisch wandernde Komponenten (Tabelle 8).

Tabelle 8. *Papierelektrophoretische Fraktionen von Vogelspinnengift*[9].

Fraktion	G. mollicoma		G. actaeon		P. roseus		A. atrox	
	5,2 V/cm		4,7 V/cm		4,7 V/cm		5,2 V/cm	
	cm	%	cm	%	cm	%	cm	%
I	3,2	17	2,7	28	2,9	32	3,5	40
II	2,3	36	2,1	50	1,6	36	1,9	18
III	1,7	30	0,8	8	0,7	14	1,2	12
IV	0,3	17	0	14	0	18	0,3	30

[1] Bücherl, W.: Arzneim.-Forsch. **6**, 293 (1956).
[2] Bücherl, W.; in: Buckley-Porges: Venoms. S. 95. Washington 1956.
[3] Kaiser, E.: Mh. Chem. **84**, 482 (1953).
[4] Lebez, D.: H. **298**, 73 (1954).
[5] Macchiavello, A.: Puerto Rico J. publ. Hlth. **23**, 266 (1948) [Chem. Abstr. **42**, 3852].
[6] Flury, F.: A. e. P. P. **119**, Verh. S. 50 (1927).
[7] Neumann, W., E. Habermann u. G. Amend: Naturwiss. **39**, 286 (1952).
[8] Muić, N., M. Stanić u. A. Meniga: H. **305**, 70 (1956).
[9] Fischer, F. G., u. H. Bohn: A. **603**, 232 (1957).

Bei beiden Grammostola-Arten machen die Aminosäuren nach Hydrolyse insgesamt 80—88% des Gesamt-Trockengiftes aus, bei Pamphobeteus sorocabae und Lasiodora klugii weniger als 50%.

3. *Basische Bestandteile* fanden sich in den Sekreten der beiden Grammostola-Arten nur zu 1—2% des Trockengiftes, in 7 anderen Giften bis zu 40%. Starke Fluorescenz nach Alkalisieren. Papierchromatographisch und papierelektrophoretisch Auftrennung in 3 Komponenten. Hydrolyse mit Baryt bei 100° ergibt aus einer Fraktion *Spermin*, aus einer weiteren *Trimethylendiamin*, aus der dazwischenliegenden beides.

Als Muttersubstanz der phenolischen Hydrolysenprodukte kommt *p-Oxyphenylbrenztraubensäure* in Frage, die in alkalischer Lösung Sauerstoff aufnimmt und deren Spektrum dem des G. pulchripes-Sekretes entspricht. Wahrscheinlich ist außer dieser Säure noch die eine oder andere Phenolcarbonsäure mit den Diaminen verknüpft; die Natur der Bindung ist jedoch unbekannt. (Nachweis und Bestimmung von Spermin vgl. Bd. III/2, S. 1159.)

Für die Gifte von *Lycosa erythrognatha (= L. raptoria)* und *Phoneutria fera (= Ctenus nigriventer)* liegen einige chemische Analysen vor[1]. Als freie niedermolekulare Komponenten wurden papierelektrophoretisch nachgewiesen und papierchromatographisch bestimmt (in Prozent des Trockensekretes):

Gift von	Glutaminsäure	Asparaginsäure	Lysin	Histamin	N	Rückstand
Phoneutria fera . . .	23,6	1,0	0,2	1,0	11,8	10,4
Lycosa erythrognatha	11,8	0,7	1,0	3,6	12,99	7,4

Daneben fand sich in beiden Giften reichlich anorganisches Phosphat, die Phloroglucinreaktion auf Pentosen war mit dem Sekret von P. fera positiv, mit dem von L. erythrognatha negativ.

Die *Proteine* machen in beiden Giften etwa 50% der Trockensubstanz aus, die papierelektrophoretisch bei p_H 5,0 in 4 Fraktionen überwiegend kathodisch wandern. Für das Gesamtgift von P. fera liegt eine Aminosäurenanalyse vor[1].

L. Hymenopterengifte.

α) Bienengift (Apis mellifica).

Gewinnung. a) und b) wie bei Wespengift (S. 842); eine Biene liefert etwa 0,3 mg eines schwach sauren Feuchtsekrets mit etwa 0,1 mg Trockensubstanz.

c) Zur Gewinnung größerer Mengen läßt man Bienen durch eine gespannte Gummimembran stechen. Die sich unter der Membran ansammelnde, viscöse Flüssigkeit trocknet im kalten Luftstrom zu einer schwach gelblichen, glasigen Masse.

d) Sogenanntes „Pikratgift" erhält man durch Zusatz von Pikrinsäure zu Rohgiftlösungen und Zersetzen des entstandenen Niederschlags mit HCl-Aceton[2]; es ist im wesentlichen ein Gemisch der Hydrochloride der sog. Fraktion I (vgl. unten) und der Phospholipase A; die Hyaluronidaseaktivität geht durch die HCl-Behandlung großenteils verloren.

Bestandteile. a) Äther extrahiert einen stark duftenden Stoff, Chloroform eine sterinartige, in länglichen Nadeln vom F 120° kristallisierende Fraktion[2].

b) Papierelektrophorese liefert folgende Komponenten[3, 4]:

1. Schnell kathodisch wandernde, ninhydrinpositive Komponente.

[1] Fischer, F. G., u. H. Bohn: H. **306**, 265 (1957).
[2] Tetsch, C., u. K. Wolff: B. Z. **288**, 126 (1936).
[3] Neumann, W., E. Habermann u. G. Amend: Naturwiss. **39**, 286 (1952).
[4] Neumann, W., u. E. Habermann: A. e. P. P. **222**, 367 (1954).

2. *Histamin* (auch als Pikrat[1-3]) sowie papierchromatographisch[4] aus dem Gift isoliert; 0,1 %[5]; 1—1,5 %[3,4] der Trockensubstanz (vgl. Bd. III/2, S. 1172).

3. *Fraktion* 0; eiweißartig, noch nicht näher untersucht, etwa 4—9 % des Gesamtproteins[6,7].

4. *Fraktion I = Melittin.* Stark basisch, eiweißartig, die Oberflächenspannung von Wasser erniedrigend. Nach Menge und pharmakologischer Aktivität das Haupttoxin des Bienengiftes, etwa 73 % des Gesamtproteins[6,7]. Zur Pharmakologie vgl. [7]. Kein Antigencharakter nachgewiesen[8].

Präparativ ist Fraktion I aus Pikratgift durch Chromatographie an Oxycellulose enthaltendem Cellulosepulver und Entwicklung mit n-Propanol — 0,05 m Citrat-Phosphatpuffer p_H 7,6 — Wasser (50:25:25) abzutrennen[9]. Ausbeute an einer 12×3,8 cm-Säule etwa 66 % der eingesetzten 120 mg Gift[9]. LD 50 (i. v. weiße Maus) etwa 3,5 mg/kg[7]. Molekulargewicht um 35000; isoelektrischer Punkt weit im Alkalischen. Hydrochlorid: C 48,53 %; H 7,72 %; N 16,72 %; Cl 7,14 %. Kein Schwefel (<0,1 %)[9]. Aminosäureanalyse ergibt[10] 13 Säuren, aber kein Cystein oder Methionin, kein Phenylalanin, Tyrosin oder Histidin.

5. *Fraktion II = Enzymfraktion*, enthält Phospholipase A und Hyaluronidase (etwa 23 % des Gesamtproteins). Antigencharakter erwiesen[8].

Zur *Darstellung der Phospholipase A*[11,12] wird eine 2 %ige Lösung von Bienentrockengift in 0,1 n Essigsäure bei 0° mit dem 1,5fachen Volumen Aceton gefällt; aus der Mutterlauge kann mit Pikrinsäure Fraktion I gewonnen werden. Der Acetonniederschlag wird am Ionenaustauscher IRC 50 bei p_H 7,4 mit 0,4 m Ammoniumacetatpuffer chromatographiert. Gefriertrocknung des Eluats und mehrfache Umfällung mit Aceton liefert die Enzymfraktion II. Deren Chromatographie an Aluminiumoxyd bei p_H 5,00 (0,2 m Ammoniumacetatpuffer) gibt Phospholipase A, die mehrfach mittels Pikrinsäure umgefällt wird. Zerlegung des Pikrats mit Aceton-HCl: Anreicherung etwa 13fach. Isoelektrischer Punkt bei p_H 6,5. Hydrochlorid: C 46,17 %; H 6,44 %; N 14,39 %; Cl 4,35 %. S vorhanden, Phosphor nicht nachweisbar, Probe nach Molisch positiv. Das Präparat enthält auch die in Melittin fehlenden 5 Aminosäuren in ähnlichem Verhältnis wie die Enzymfraktion[13].

Die *Darstellung der Hyaluronidase*[14] erfolgt durch Chromatographie von Gesamtgift an Ionenaustauscher IRC 50 (0,1 m Phosphatpuffer p_H 6,3—6,4). Bei kontinuierlicher Steigerung der Salzkonzentration auf 0,5 m bezüglich Phosphat und 2 m bezüglich Kochsalz erscheinen 2 inaktive ninhydrinpositive Gipfel, dann Hyaluronidase als scharfer Gradient, gefolgt von der weniger deutlich abgesetzten Phospholipase. Anreicherung etwa 30fach, Ausbeute etwa 40 %.

6. Anodisch wandernde, ninhydrinpositive Komponente.

7. Anodisch wandernde, den durch Ninhydrin gebräunten Streifen entfärbende Komponente (Säure unbekannter Natur, vielleicht identisch mit oder in Beziehung zu der im Weiselfuttersaft gefundenen 10-Oxy-Δ^2-decensäure[15]).

[1] Tetsch, C., u. K. Wolff: B. Z. 288, 126 (1936).
[2] Ackermann, D., u. H. Mauer: Pflügers Arch. 247, 623 (1943).
[3] Reinert, M.: Festschr. E. Barell S. 407. Basel 1936.
[4] Schachter, M., and E. M. Thain: Brit. J. Pharmacol. 9, 352 (1954).
[5] Eigene Untersuchungen.
[6] Neumann, W., E. Habermann u. G. Amend: Naturwiss. 39, 286 (1952).
[7] Neumann, W., u. E. Habermann: A. e. P. P. 222, 367 (1954).
[8] Habermann, E., and M. El Karemi: Nature 178, 1349 (1956).
[9] Fischer, F. G., u. W. P. Neumann: B. Z. 324, 447 (1953).
[10] Fischer, F. G., u. H. Dörfel: B. Z. 324, 465 (1953).
[11] Habermann, E., W. P. Neumann u. W. Neumann: Naturwiss. 43, 84 (1956).
[12] Habermann, E., u. W. P. Neumann: B. Z. 328, 465 (1957).
[13] Schütz, E.: Unveröffentlicht.
[14] Habermann, E.: B. Z. 329, 1 (1957).
[15] Butenandt, A., u. H. Rembold: H. 308, 284 (1957).

Nachweis von Bienengift. Reines oder weitgehend reines Gift liefert das relativ charakteristische papierelektrophoretische Bild. Aus Lösungen bis 1:8000 fällt Fraktion I als Pikrat, aus stärkeren Lösungen auch Fraktion II. Biologische (Hämolyse, Allgemeintoxicität) und biochemische (Enzymnachweis) Reaktionen ermöglichen die Charakterisierung[1].

β) Wespengift (Vespa vulgaris).

Gewinnung. a) Die Tiere werden durch Abkühlen auf 0° immobilisiert, mit einer Pinzette um die Thoraco-Abdominal-Verbindung gefaßt und durch Anhauchen und Berühren gereizt. Das austretende Gifttröpfchen wird in etwas Wasser aufgefangen.

b) Der Giftapparat wird freipräpariert, getrocknet und mit Wasser extrahiert.

Nachweis und Bestimmung charakteristischer Bestandteile in gereinigten Präparaten durch Papierchromatographie und evtl. fermentchemische Methoden:

1. *Histamin* (vgl. Bd. III/2, S. 1172): Papierchromatographie mit anschließender biologischer Auswertung: 20 mg/g, CODEs Verfahren: 16 mg/g Trockengift[2].
2. *5-Oxytryptamin* (vgl. Bd. III/2, S. 1182) 0,32 mg/g[2].
3. *Kinin*, ein langsam dialysierendes Polypeptid, unlöslich in 95 % Äthanol, 95 % Aceton, wasserfreiem Äther; löslich in Wasser, 95 % Phenol, 5 % Trichloressigsäure, 60 % gesättigtem Ammoniumsulfat. Sehr stabil im schwach sauren oder neutralen Bereich. Leicht zerstörbar durch Trypsin und Chymotrypsin[3].
4. *Direkt hämolytisches Prinzip*[4].
5. *Hyaluronidase*[5].
6. *Phospholipase A*[6, 7].
7. *Phospholipase B*[6, 7].
8. *Cholinesterase*[5].

γ) Hornissengift (Vespa crabro).

Das Gift von Vespa crabro enthält an niedermolekularen Bestandteilen außer *Histamin* und *5-Oxytryptamin* noch bis 5 % *Acetylcholin*[8].

M. Ameisengifte.

Hinsichtlich des Giftapparates kann man beißende, stechende und spritzende Ameisen unterscheiden[9]. Bei den spritzenden Arten *(Formicinen)* verfügen die Arbeiterinnen in ihren Giftblasen über einen Vorrat von *Ameisensäure* (vgl. Tabelle 9), deren Menge rund 20 % des Körpergewichts erreichen kann (vgl. Tabelle 9), deren Konzentration bei Formica rufa 20—72 % beträgt[9] und die z.T. auf beträchtliche Entfernung verspritzt werden kann, bei Formica rufa z. B. auf rund 50—80 cm[9].

Gift der kleinen roten Waldameise *(Formica rufa rufa pratensis)*, das durch Punktion der Giftblase der stark unterkühlten Tiere gewonnen war, enthielt durchschnittlich 55,5 % *freie Ameisensäure* und 2,2 % Trockenrückstand. Dieser besaß weder bei Aufbringen auf die Augenbindehaut des Kaninchens noch bei intracutaner Einspritzung in die Nackenhaut des Kaninchens eine Reizwirkung, hämolysierte weder direkt noch indirekt und bewirkte nur eine schwache, bei der geringen Versuchszahl nicht signifikante Dehydrogenasenhemmung[10].

---

[1] NEUMANN, W., u. E. HABERMANN: A. e. P. P. **222**, 367 (1954).
[2] JAQUES, R., and M. SCHACHTER: Brit. J. Pharmacol. **9**, 53 (1954).
[3] SCHACHTER, M., and E. M. THAIN: Brit. J. Pharmacol. **9**, 352 (1954).
[4] WAGNER, H.: Diss. med. Würzburg 1950.
[5] JAQUES, R.: Helv. physiol. Acta **13**, 113 (1955).
[6] BELFANTI, S.: [s. [7]].
[7] CONTARDI, A., u. P. LATZER: B. Z. **197**, 222 (1928).
[8] NEUMANN, W., u. E. HABERMANN; in: BUCKLEY-PORGES: Venoms. S. 171. Washington 1956.
[9] STUMPER, R.: Strasbourg-méd. **81**, 472 (1923).
[10] BOESE, M.: Beiträge zur Kenntnis des Ameisengiftes. Diss. med. Würzburg 1951.

Lasius fuliginosus enthält das antibakteriell wirksame *Dendrolasin*[1].

Das Gift europäischer stechender Ameisen *(Myrmicinen)* enthält keine Ameisensäure; über die Natur der hier vorliegenden Giftkomponenten scheinen noch keine chemischen Untersuchungen vorzuliegen, in bezug auf die Wirkung scheinen jedoch Beziehungen zum Bienengift zu bestehen[2]. Bei den *Dolichoderinen* finden sich statt des Giftapparates Analdrüsen, deren Sekret auf natürliche Feinde der Ameisen stark wirken soll[3], aber anscheinend noch nicht näher untersucht ist.

Tabelle 9. *Ameisensäurevorkommen bei Formicinen*[4].

Art	Ameisensäure je Arbeiterin mg	Ameisensäure vom Tiergewicht %
Camponotusarten . . .	0,12—3,14	1,0—7,2
Lasiusarten.	0,05—0,12	2,2—7,8
Formica rufa	1,3—3,63	13,0—19,6
Formica pratensis. . .	1,0—2,06	6,9—14,3
andere Formicaarten .	0,075—0,65	2,2—8,9

Tropische Ameisenarten besitzen zum Teil hochwirksame und auch für den Menschen gefährliche Gifte (s.[5], vgl. auch [6]).

Die argentinische Dolichoderine *Iridomyrmex humilis* enthält *Iridomyrmecin*[7], das Lacton der α-(2-Oxymethyl-3-methyl-cyclopentyl)-propionsäure[7] vom F 60—61° und $[\alpha]_D^{20} = 210°$ (in Äthanol). Das Lacton hat bei der weißen Maus eine i. p. LD_{50} von 1 mg/kg und besitzt starke insekticide Wirkung.

In *Iridomyrmex detectus* ist *2-Methyl-2-heptenon-6* gefunden worden[8]; ob dieses Keton ein Giftstoff ist, scheint noch nicht geklärt zu sein.

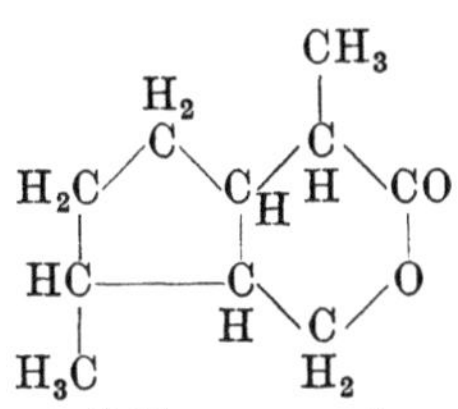

Iridomyrmecin

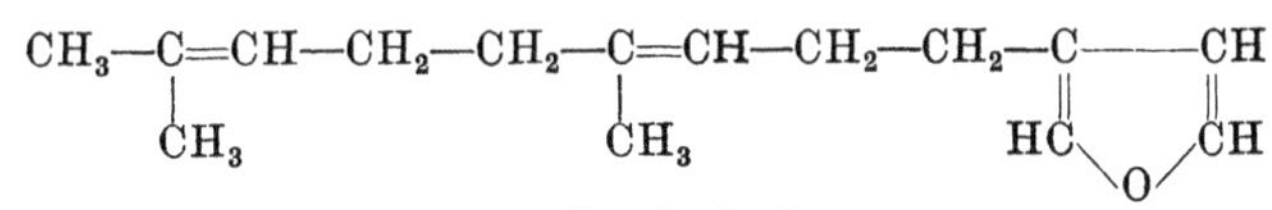

Dendrolasin

Bezüglich *Nachweis und Bestimmung* von Ameisensäure vgl. Bd. III, S. 416f., und Bd. V, S. 98f., 200f., 369, 759f.

N. Cantharidin.

In der sog. spanischen Fliege *(Lytta vesicatoria)*, aber auch in anderen Käferarten[5, 9] findet sich *Cantharidin* (3,6-Oxido-1,2-dimethyl-hexahydrophthalsäureanhydrid) $C_{10}H_{12}O_4$ der nebenstehenden Formel.

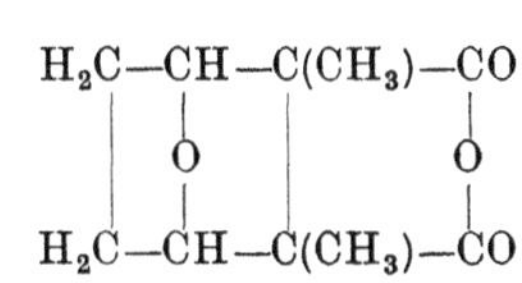

Darstellung nach[10]. 100 g gepulverte Canthariden werden mit 150 g Essigester und 2 g konzentrierter Schwefelsäure verrieben, nach 2 Tagen mit 4 g Bariumcarbonat versetzt und im Soxhlet-Apparat 48 Std mit Essigester extrahiert. Der Extraktrückstand wird mehrmals mit kaltem Petroläther verrieben und mit heißem Alkohol gewaschen.

Die *Synthese* von Cantharidin[11] ist auch als stereospezifische Totalsynthese ausgeführt worden[12].

1 Quilico, A., F. Piozzi e M. Pavan: Ric. sci. **26**, 177 (1956).
2 Stumper, R.: Strasbourg-méd. **81**, 472 (1923).
3 Escherich, K.: Die Ameise. Braunschweig 1917.
4 Stumper, R.: Cr. **234**, 149 (1952).
5 Phisalix, M.: Animaux venimeux et venins. Paris 1922.
6 Flury, F.: Ber. dtsch. pharmazeut. Ges. **29**, 650 (1919).
7 Pavan, M., e G. Ronchetti: Atti Soc. ital. Sci. natur. **94**, 379 (1955).
8 Cavill, G. W. K., D. L. Ford and H. D. Locksley: Austral. J. Chem. **9**, 288 (1956).
9 Beilstein **19**, 161 (682) [179].
10 Iyer, B. H., and P. C. Guha: J. ind. Inst. Sci. (A) **14**, 31 (1931).
11 Ziegler, K., G. Schenck u. E. W. Krockow: Naturwiss. **29**, 390 (1941). — Ziegler, K., G. Schenck, E. W. Krockow, A. Siebert, A. Wenz u. H. Weber: A. **551**, 1 (1942).
12 Stork, G., E. E. van Tamelen, L. J. Friedman u. A. W. Burgstahler: Am. Soc. **73**, 4501 (1951).

Eigenschaften. Nach Sublimation bildet Cantharidin farb- und geruchlose Kristalle vom F 214°, die unzersetzt sublimiert werden können und sich schwer in Wasser, leichter in Alkohol, besser in Äther und Benzol, besonders gut in Chloroform lösen. Weitere Einzelheiten vgl. unter [1], auch Bd. V, S. 770.

Cantharidin erzeugt auf der Haut und den zugänglichen Schleimhäuten, nach oraler Aufnahme auch auf denen des Mundes und des Verdauungstraktes, heftige Entzündungserscheinungen, evtl. mit Blasenbildung. Analog schädigt es bei seiner Ausscheidung aus dem Organismus die Nieren und die Harnwege. Gehirn und Rückenmark werden auch von der Wirkung betroffen. Pharmakologische Einzelheiten vgl. man unter [2].

Nachweis und Bestimmung (vgl. hierzu auch Bd. V, S. 770). Mikrochemisch ist Cantharidin zu identifizieren durch Sublimation[3] bzw. durch Form und optische Eigenschaften seiner Kristalle[4], auch durch Überführung des Sublimats in das Barium-[5] oder Ammoniumsalz[6] der Cantharidinsäure.

Die Bestimmung von Cantharidin in Canthariden erfordert die Einhaltung bestimmter Kautelen[7, 8] und kann auch durch Chromatographie erfolgen[9]. Cantharidin ist auch elektrodialytisch aus vorliegendem Material abzutrennen[10].

Das bei Raubkäfern wie *Paederus fuscipes* vorkommende, bei 112° schmelzende und schon mit 1—5×10^{-6} mg hautreizende *Paederin* ist anscheinend seiner Natur nach noch nicht näher bekannt. Es scheint im Gegensatz zu Cantharidin die Niere nicht anzugreifen[11, 12].

---

[1] Beilstein **19**, 161 (682) [179].
[2] GESSNER, O.: Handb. Heffter Erg.-Bd. VI, S. 73.
[3] FISCHER, R.: Arch. Pharmazie **1929**, 31.
[4] ZIJP, C. VAN: Pharmaceut. Wbl. **67**, 189 (1930).
[5] FISCHER, R.: Arch. Pharmazie **1929**, 33.
[6] DENIGÈS, G.: Bull. Soc. Pharmacie Bordeaux **73**, 7 (1935).
[7] FISCHER, R., u. H. RUESS: Pharmaz. Ztg. **81**, 1006 (1936).
[8] FISCHER, R., u. H. GOLL: Pharmaz. Zentr.-Halle **88**, 371 (1949).
[9] VALENTIN, H., u. R. FRANCK: Pharmaz. Ztg. **81**, 943 (1936).
[10] MOLLE, L.: Ann. Soc. R. Sci. méd. natur. Bruxelles **5**, 9 (1952).
[11] PAVAN, M., e G. BO: Mem. Soc. entomol. ital. **31**, 67 (1952).
[12] PAVAN, M.: Chim. e Industr., Milano **37**, 714 (1955).

GPSR Compliance

The European Union's (EU) General Product Safety Regulation (GPSR) is a set of rules that requires consumer products to be safe and our obligations to ensure this.

If you have any concerns about our products, you can contact us on ProductSafety@springernature.com

In case Publisher is established outside the EU, the EU authorized representative is:

Springer Nature Customer Service Center GmbH
Europaplatz 3
69115 Heidelberg, Germany

Batch number: 10615099

Printed by Printforce, the Netherlands

HOPPE-SEYLER/THIERFELDER

HANDBUCH DER PHYSIOLOGISCH- UND PATHOLOGISCH-CHEMISCHEN ANALYSE

FÜR ÄRZTE, BIOLOGEN UND CHEMIKER

ZEHNTE AUFLAGE

HERAUSGEGEBEN VON

KONRAD LANG
MAINZ

EMIL LEHNARTZ
MÜNSTER

UNTER MITARBEIT VON

GÜNTHER SIEBERT
MAINZ

VIERTER BAND / DRITTER BANDTEIL

SPRINGER-VERLAG BERLIN HEIDELBERG GMBH 1960

BAUSTEINE DES TIERKÖRPERS

II

BEARBEITET VON

E. BAYER · H.-J. BIELIG · G. BLIX · H. DÖRFEL · K. FELIX · F. G. FISCHER
S. GARDELL · W. GRAB · R. G. HABER · E. HABERMANN · K. HANNIG
F. HAUROWITZ · W. E. VAN HEYNINGEN · J. KIMMIG · J. MEIENHOFER
R. MICHEL · W. NEUMANN · I. PENDL · J. ROCHE · H. SCHMID
G. SCHMIDT · W. SIEDEL · R. WEHRMANN · H. ZAHN

DRITTER BANDTEIL

MIT 96 ABBILDUNGEN

SPRINGER-VERLAG BERLIN HEIDELBERG GMBH 1960

ISBN 978-3-642-85730-0 ISBN 978-3-642-85729-4 (eBook)
DOI 10.1007/978-3-642-85729-4

Ursprünglich erschienen bei Springer-Verlag OHG / Berlin · Göttingen · Heidelberg 1960
Softcover reprint of the hardcover 10th edition 1960

Inhaltsverzeichnis.

Pyrrolfarbstoffe.

Der erste Teil des IV. Bandes enthält die Beiträge:

Verzeichnis der in diesem Band über die in DIN 1052 und DIN 1502, Beiblatt, hinaus besonders stark abgekürzten Buch- und Zeitschriftentitel.

Bücher.

d'Ans-Lax: Taschenbuch für Chemiker und Physiker. Hrsg. D'ANS, J., u. E. LAX. 2. Aufl. Berlin, Göttingen, Heidelberg 1949. 3. Aufl. in Vorbereitung.

A.O.A.C., Meth. Analysis: Association of Official Agricultural Chemists. Official and Tentative Methods of Analysis. Washington. 5. Aufl. 1940. 6. Aufl. 1945/46.

Gattermann-Wieland: Die Praxis des Organischen Chemikers von GATTERMANN, L., bearbeitet von WIELAND, H. 34. Aufl. Berlin 1952. 38. Aufl. Berlin 1956.

Hinsberg-Lang: HINSBERG, K., u. K. LANG: Medizinische Chemie für den klinischen und theoretischen Gebrauch. 2. Aufl. München, Berlin 1951.

Org. Syntheses: Organic Syntheses. New York, London 1921. — Außerdem Sammelbände.

Pregl-Roth: ROTH, H.: Die quantitative organische Mikroanalyse von FR. PREGL. 4. Aufl. Berlin 1935. 6. Aufl. Wien 1949. 7. Aufl. in Vorbereitung.

Pigman-Goepp, Carbohydrates: PIGMAN, W. W., and R. M. GOEPP jr.: Chemistry of Carbohydrates. New York 1948. — PIGMAN, WARD: The Carbohydrates. Chemistry, Biochemistry, Physiology. New York 1957.

Stepp-Kühnau-Schröder, Vitamine: STEPP, W., J. KÜHNAU u. H. SCHRÖDER: Die Vitamine und ihre klinische Anwendung. 6. Aufl. 1944. 7. Aufl.: Bd. 1. 1952. Bd. 2. 1957.

Tollens-Elsner: TOLLENS, B., u. H. ELSNER: Kurzes Handbuch der Kohlenhydrate. 4. Aufl. von ELSNER, H. Leipzig 1935.

Zeitschriften.

A.	Justus Liebigs Annalen der Chemie.
A. e. P. P.	Naunyn-Schmiedebergs Archiv für experimentelle Pathologie und Pharmakologie.
Am. Soc.	Journal of the American Chemical Society.
B.	Berichte der Deutschen Chemischen Gesellschaft. Ab Bd. 80, 1947: Chemische Berichte.
B. Z.	Biochemische Zeitschrift.
C.	Chemisches Zentralblatt.
Cr.	Comptes Rendus hebdomadaires des Séances de l'Académie des Sciences.
D. m. W.	Deutsche Medizinische Wochenschrift.
H.	Hoppe-Seylers Zeitschrift für Physiologische Chemie.
Helv.	Helvetica Chimica Acta.
J. biol. Ch.	Journal of Biological Chemistry.
Kli. Wo.	Klinische Wochenschrift.
M. m. W.	Münchener medizinische Wochenschrift.
Soc.	Journal of the Chemical Society, London.

Pyrrolfarbstoffe.

Von

W. Siedel.

Mit 19 Abbildungen.

1. Porphyrine, Allgemeiner Teil.

a) Definition.

Als *Porphyrine* werden die Vertreter einer Gruppe untereinander nahe verwandter eisen- und magnesiumfreier Pyrrolfarbstoffe von charakteristischer Molekülstruktur bezeichnet. Wie das Formelbild des *Porphins* (I), als dem Grundkörper der Reihe, zeigt, sind vier stickstoffhaltige Fünfringe durch vier Methin-Brücken (—CH=) zu einem 16-gliedrigen Ringsystem verbunden. Dieses Grundgerüst, von dem sich die *Porphyrine* durch Substitution der Wasserstoff-Atome, insbesondere denen der Fünfringe, ableiten, ist 1912 von KÜSTER[1] auf Grund von Studien an Oxydations- und Reduktionsprodukten des

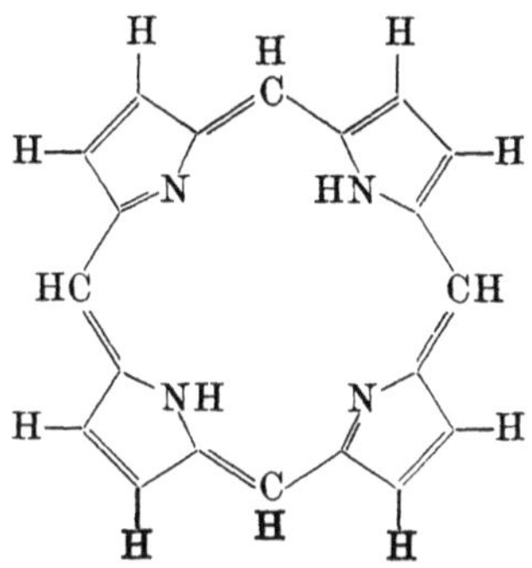

Porphin ($C_{20}H_{14}N_4$) (I)

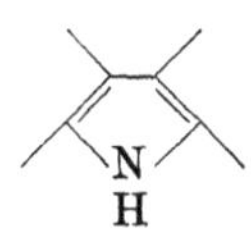

Pyrrol-Typ (Ia)

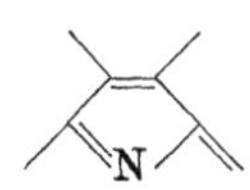

Pyrrolenin-Typ (Ib)

Maleinimid-Typ (Ic)

Hämins vorgeschlagen worden und wurde von H. FISCHER und seiner Schule durch die Synthese des Ätioporphyrins[2] (1926), der Koproporphyrine[3] (1927) und des Protoporphyrins bzw. Hämins (FISCHER und ZEILE[4] 1928) bewiesen. Das Porphin, bei dem, wie die Formel oben zeigt, sämtliche β-Stellungen der Fünfringe durch Wasserstoff-Atome besetzt sind, ist von FISCHER und GLEIM[5] sowie von ROTHEMUND[6] synthetisiert worden.

Die große Zahl der Doppelbindungen im Porphyringerüst und die durchlaufende Konjugation derselben, bzw. die damit zusammenhängende große Zahl der mesomeren Zwischenstufen bedingen den Farbstoffcharakter der Verbindungen. Die Porphyrine sind durchwegs rote Farbstoffe mit typischen selektiven Absorptionen im sichtbaren Licht.

Die Anlage der Doppelbindungen in den üblichen Strukturformeln der Porphyrine (vgl. I) ist eine willkürliche. Erfordernis ist lediglich die durchlaufende Konjugation der Doppelbindungen. Dabei ergeben sich für die heterocyclischen Fünfringe drei verschiedene Formulierungen im Porphyrinmolekül: ein Ring vom Pyrrol-Typ, zwei Ringe vom Pyrrolenin-Typ und ein Ring vom Maleinimid-Typ (Ia, Ib, Ic). Die Frage, ob im Porphingerüst der Ring vom Pyrrol-Typ etwa dem Ring vom Maleinimid-Typ gegenübersteht oder benachbart ist, ist noch nicht geklärt. Man wird das Porphingerüst überhaupt als

[1] KÜSTER, W.: H. **82**, 463 (1912).
[2] FISCHER, H., u. J. KLARER: A. **448**, 178 (1926).
[3] FISCHER, H., u. H. ANDERSAG: A. **458**, 117 (1927).
[4] FISCHER, H., u. K. ZEILE: A. **468**, 114 (1929).
[5] FISCHER, H., u. W. GLEIM: A. **521**, 157 (1936).
[6] ROTHEMUND, P.: Am. Soc. **57**, 2010 (1935); **58**, 625 (1936).

Resonanzsystem, im Sinne der aromatischen Verbindungen, betrachten müssen, bei denen die Doppelbindungen nicht fixiert sind. Durch spezifische Substitution des Porphinringes ist allerdings auch eine Unterbrechung des Resonanzprinzips denkbar und damit eine gewisse Fixierung der Doppelbindungen[1].

Die in der Natur vorkommenden Porphyrine und die durch Umbau- und Abbau-Reaktionen daraus darstellbaren sind in der Hauptsache durch die β-Substituenten charakterisiert. Sie leiten sich vom Porphin durch Ersatz der β-Wasserstoff-Atome durch Methyl-, Äthyl-, Vinyl-, Hydroxyäthyl-, Acetyl-, Carboxy-, Essigsäure- oder Propionsäure-Reste ab.

b) Geschichtliches.

Von SCHERER[2] wird 1841 erstmals „eisenfreies Hämatin" erwähnt, desgleichen 1844 von MULDER und VAN GOUDOEVER[3]. Bei dem Versuch, mit konz. Schwefelsäure das Eisen aus dem Hämatin abzuspalten, erhielt F. HOPPE-SEYLER[4] im Jahre 1871 eine rote Lösung, aus der er als erstes Porphyrin eine Substanz isolierte, die er „Hämatoporphyrin" nannte. Ein ähnliches Produkt, das als „Dichromatinsäure" bezeichnet wurde, erhielt F. HOPPE-SEYLER[5] durch Einwirkung von Alkali auf Chlorophyll. Von WILLSTÄTTER[6] wurde diese Substanz später als ein Gemisch von Porphyrinen erkannt.

Das erste kristallisiert erhaltene Porphyrin war das Dihydrochlorid des Hämatoporphyrins, das NENCKI und Mitarbeiter[7] durch Behandlung von Hämin mit Bromwasserstoff-Eisessig erhielten. NENCKI und ZALESKI[8] konnten als weiteres Porphyrin das Mesoporphyrin durch schonende Reduktion des Hämins mit Jodwasserstoff-Eisessig gewinnen. — Schließlich wies WILLSTÄTTER die Komplexnatur des Eisens im Hämin und diejenige des Magnesiums im Chlorophyll nach. Tieferer Einblick in die Chemie der Porphyrine wurde ebenfalls von WILLSTÄTTER und Mitarbeitern[6] bei der Bearbeitung der Chlorophyll-Porphyrine erzielt. Insbesondere aber war es H. FISCHER mit seiner Schule[9], der durch eine außerordentlich großangelegte Untersuchung das Gesamtgebiet der Porphyrinchemie (und Pyrrolchemie) weitgehend klärte, vor allem in strukturchemischer Hinsicht. — Zu erwähnen sind hier auch die Arbeiten von SCHUMM[10] über die Porphyrine des menschlichen und tierischen Organismus.

Interessante Befunde jener Zeit waren vor allem die Auffindung von Porphyrinen im Harn und in den Faeces bei der damals als „Hämatoporphyrie", heute als „Porphyrie" bezeichneten Erkrankung. So wurde 1915 erstmals das Uroporphyrin (Uroporphyrin I) von H. FISCHER[11] aus dem Harn eines Patienten mit kongenitaler Porphyrie (Fall PETRY) kristallisiert isoliert. In diesem Zusammenhang wurde auch das Koproporphyrin (Koproporphyrin I) von H. FISCHER[11] entdeckt. Während das Koproporphyrin III 1925[11] als solches identifiziert worden war, wurde das Uroporphyrin III erst 1934 von WALDENSTRÖM[11] aufgefunden. In die 20er Jahre fällt auch die Bearbeitung des Deuteroporphyrins und des Protoporphyrins, das erstmals von H. FISCHER und KÄMMERER 1924 aus gefaultem Blut isoliert worden war.

Nachdem mit der Synthese des Ätioporphyrins I 1926 durch FISCHER und KLARER[11] die Konstitution des Porphyrin-Grundgerüstes endgültig geklärt worden war, war der Weg zu weiteren Porphyrin-Synthesen geöffnet. Es folgten in kurzen Abständen die

[1] ROTHEMUND, P.: Am. Soc. 58, 625 (1936); 61, 2912 (1939). — DIETZ, E. M., and T. H. WERNER: Am. Soc. 58, 2180 (1936).
[2] SCHERER, J.: A. 40, 1 (1841).
[3] MULDER: J. prakt. Chem. 32, 186 (1844). — VAN GOUDOEVER u. MULDER: Pharmaz. Zbl. 1844, 592.
[4] HOPPE-SEYLER, F.: Med. chem. Unters. Heft 1—4 (1871). Centralbl. med. Wiss. 1866, 436.
[5] HOPPE-SEYLER, F.: H. 4, 193 (1880); 5, 75 (1881).
[6] WILLSTÄTTER, R., u. A. STOLL: Untersuchungen über das Chlorophyll. Berlin 1913.
[7] NENCKI, M.: A. e. P. P. 24, 430 (1888). H. 30, 423 (1900). — NENCKI, M., u. N. SIEBER: A. e. P. P. 18, 401 (1884).
[8] NENCKI, M., u. J. ZALESKI: B. 34, 997 (1901).
[9] Zusammenfassung: FISCHER-ORTH, Die Chemie des Pyrrols. 2 Bde. 1934—1940.
[10] SCHUMM, O.: Spektrochemische Analyse natürlicher organischer Farbstoffe. Jena 1927.
[11] Lit. vgl. bei den betreffenden Porphyrinen.

Synthesen des Mesoporphyrins (1927), des Koproporphyrins I (1927), des Deuteroporphyrins (1928), des Hämato- und Protoporphyrins, gipfelnd in der Synthese des Hämins (FISCHER und ZEILE 1928)[1]; Koproporphyrin III wurde 1929 synthetisiert. Die Konstitutionsaufklärung der Uroporphyrine war mit größeren Schwierigkeiten verbunden und wurde von FISCHER und Mitarbeitern[1] erst 1937 zu Ende geführt. Die Totalsynthesen der Uroporphyrine I und III wurden erst im Jahre 1953 von MACDONALD bzw. von A. TREIBS und W. OTT durchgeführt, wobei ein allgemeines Syntheseprinzip für Porphyrine verwendet wurde, das von SIEDEL und WINKLER[2] 1943 beschrieben worden ist.

Parallel zu diesen Arbeiten lief die Konstitutionsaufklärung des Spirographisporphyrins (FISCHER und v. SEEMANN 1936)[1] und dessen Totalsynthese (FISCHER und WECKER 1942)[1].

Das letzte noch ungeklärte Problem auf dem Porphyringebiet ist die Konstitution des Cytoporphyrins oder Porphyrins a, das in der letzten Zeit von WARBURG[1] näher bearbeitet worden ist.

Im Verlauf der 30er Jahre wurden schließlich auch die Häminfermente hinsichtlich der Natur ihres Porphyrinanteiles geklärt, wobei als Bearbeiter zu nennen sind: KEILIN; THEORELL; WARBURG sowie ZEILE.

Ganz besonders hervorgehoben zu werden verdienen die umfangreichen Untersuchungen über die Biosynthese der Porphyrine (S. 853), die an Hand der Benutzung von Isotopen weitgehende Einblicke in den Verlauf der natürlichen Synthese der Porphyrine erbracht haben. Diese Untersuchungen, die etwa 1945 begonnen wurden, sind an die Namen BLOCH; RITTENBERG; SHEMIN; WITTENBERG; GRINSTEIN; ALTMAN; MUIR sowie NEUBERGER geknüpft.

In Verbindung mit diesen Untersuchungen wurde auch das Problem des Porphobilinogens geklärt, einer Substanz (vgl. S. 853, 908), die von WALDENSTRÖM 1939 im Harn bei akuter Porphyrie entdeckt worden ist. Die Konstitution des Porphobilinogen ist von COOKSON und RIMINGTON 1953 aufgeklärt und 1955/56 durch Synthese bestätigt worden[3]. Es ist dieSubstanz, aus der durch Kondensation von je 4 Molekülen die Uroporphyrine als Muttersubstanzen aller Porphyrine aufgebaut werden.

Als letzte Verbindung, die ebenfalls mit den Porphyrinen in engem Zusammenhang steht, ist 1948 von RICKES[4] und Mitarbeitern das *Vitamin* B_{12} oder *Cobalamin* aus der Leber (später auch aus Strept. griseus) isoliert worden. Es ist identisch mit dem „extrinsic factor" und für die Blutbildung von ausschlaggebender Bedeutung. Bei Anämie normalisiert es das Blutbild. Durch Röntgenkristallstrukturanalyse wurde von TODD und Mitarbeitern sowie HODGKIN und Mitarbeitern[5] die Struktur des Vitamins im Sinne der S. 852 angeführten Formel aufgeklärt. Auf die umfangreichen Untersuchungen über die Chlorophyllporphyrine und andere Chlorophyllderivate, die in neuerer Zeit hauptsächlich von H. FISCHER und seiner Schule durchgeführt worden sind und in der Konstitutionsaufklärung der beiden Chlorophylle a und b gipfelten, sei hier nur hingewiesen. Auf die Chlorophyllderivate, die für die Physiologie des Menschen und der Tiere Bedeutung haben, wird in einem besonderen Kapitel (S. 934) eingegangen.

[1] Vgl. Literatur bei den betreffenden Porphyrinen S. 877ff.

[2] SIEDEL, W., u. F. WINKLER: A. **554**, 162 (1943).

[3] PRASAD, K. S. N., and R. RAPER: Nature **175**, 629 (1955). — SCOTT, J. J.: Biochem. J. **62**, 6 P (1956). — JACKSON, A. H., D. M. MACDONALD and S. F. MACDONALD: Am. Soc. **78**, 505 (1956).

[4] RICKES, E. L., N. G. BRINK, F. R. KONIUSZY, T. R. WOOD and K. FOLKERS: Science, N. Y. **107**, 396; **108**, 134, 634 (1948).

[5] CANNON, J. R., A. W. JOHNSON and A. R. TODD: Nature **174**, 1168 (1954). — BRINK, C., D. C. HODGKIN L. LINDSEY, J. PICKWORTH, J. H. ROBERTSON and J. G. WHITE: Nature **174**, 1169 (1954). — HODGKIN, D. C., J. PICKWORTH, J. H. ROBERTSON, K. N. TRUEBLOOD, R. J. POSEN and J. G. WHITE: Nature **176**, 325 (1955). — BONNET, B., J. R. CANNON, A. W. JOHNSON, J. SUTHERLAND, A. R. TODD and E. L. SMITH: Nature **176**, 328 (1955). — HODGKIN, D. C., J. KAMPER, M. MACKAY, J. PICKWORTH, K. N. TRUEBLOOD and J. G. WHITE: Nature **178**, 64 (1956). — Über Vitamin B_{12} vgl. ds. Handb., Bd. IV, S. 1491ff. — Ferner TODD, A. R.: Angew. Chem. **67**, 428 (1955), sowie die Zusammenfassung von BERNHAUER, K., u. W. FRIEDRICH: Angew. Chem. **66**, 776 (1954).

c) Vorkommen der Porphyrine.

Das Gerüst der Porphyrine liegt einer größeren Zahl von Naturstoffen zugrunde. Mengenmäßig sind an der Spitze zu nennen die Hämoglobine und die Chlorophylle, Substanzen, die für den Prozeß des Lebens von fundamentaler Bedeutung sind. In beiden Substanztypen ist das Porphyrin mit einem Metallatom (Fe bzw. Mg) komplex verbunden und darüber hinaus mit einem Protein zu einem Chromoproteid. Zu den Fe-haltigen Porphyrinen gehören auch die Häminfermente, die Cytochrome, die Cytochromoxydase, die Katalase und die Peroxydasen. Diese Häminproteide sind ubiquitär und spielen als Bestandteile fast aller lebenden Zellen eine entscheidende Rolle in der Atmungskette und anderen physiologischen Mechanismen.

Mengenmäßig völlig anders liegen die Verhältnisse bei dem Vorkommen der reinen metallfreien Porphyrine in der Natur. Sie sind, wie die folgende Tabelle zeigt, zwar weit verbreitet, kommen aber physiologisch jeweils nur in ganz geringen Konzentrationen vor. Während der Blutfarbstoff sich nur von der Reihe III der Porphyrine ableitet, stammen die natürlichen Porphyrine von den beiden Isomerenreihen I und III ab. Wie aus der Tabelle 1 auch ersichtlich, kommen die freien Porphyrine nicht nur im Organismus

Tabelle 1. *Natürliches Vorkommen der freien Porphyrine.*

Vorkommen	Uroporphyrin		Koproporphyrin		Protoporphyrin	Hämatoporphyrin	Mesoporphyrin	Deuteroporphyrin
	I	III	I	III				
Blutserum[1]				+	+[1]	+[2]		
Erythrocyten[3]					+			
Knochen, Skelet[4] . . .	+[5, 6]	+[7]	+[5]					
Knochenmark[8]	+[5]		+		+			
Muskel[9]			+		+			
Herz			+					
Milz.			+					
Leber, Niere[10]	+	+[7]	+					
Corpus luteum					+[11]			
Nervensystem (sensorisch)					+[12]			
Amnionflüssigkeit. . . .			+[13]					
Faeces			+[14]	+[15]	+[16]			
Meconium			+				+	
Harn	+[17]	+[7]	+[18]					
Galle			+[19]					
Eigelb.					+[20]			
Eischalen					+[21]			
Vogelfedern, Turacus . .		+[22]						
Vogelfedern, Trappe. . .				+[23]				
Ambra					+			
Hardersche Drüse. . . .					+[24]			
Muschelschalen.	+[25]							
Rattenkot		+			+			
Invertebraten					+[26]			
Hefe			+[27]	+[28]	+[29]	+[30]		
Pilze, pathogen[31]								
Bakterien[32]	+		+	(+)[33]				
Cerealien[34].			+		+			
Kartoffel[34].			+		+			
Zuckerrübe[34].			+		+			
Laubblätter[34]			+		+			
Kohle[35]								+
Asphalt[35]							+	
Erdwachs[35]							+	
Ölschiefer[35]							+	
Erdöl[35]							+	+
Koprolithe[36]							+	

Literatur zu Tabelle 1.

1 BORST, M., u. H. KÖNIGSDÖRFFER: Untersuchungen über Porphyrie. Leipzig 1929. — HIJMANS VAN DEN BERGH, A. A., u. W. GROTEPASS: Kli. Wo. **1933 I**, 586. — KELLER, C. J., u. K. A. SEGGEL: Folia haematol., Leipzig **52**, 241 (1934), hierzu vgl. FISCHER, H.: Neuere Methoden der Isolierung und des Nachweises von Porphyrinen.

2 Bei Fäulnis von Blut.

3 HIJMANS VAN DEN BERGH, A. A., W. GROTEPASS u. F. E. REVERS: Kli. Wo. **1932 II**, 1534. — BOAS, I.: Kli. Wo. **1933 I**, 589. — FISCHER, H.: Verh. dtsch. Ges. inn. Med. **45**, 1 (1933). — KÄMMERER, H.: Verh. dtsch. Ges. inn. Med. **45**, 28 (1933). — LAGEDER, K.: Kli. Wo. **1936 I**, 296. — ROTH, E.: Dtsch. Arch. klin. Med. **178**, 185 (1935). — SCHREUS, H. T.: Kli. Wo. **1934 I**, 121, 334. — SCHUMM, O.: H. **142**, 209 (1925). A. e. P. P. **191**, 529 (1939). — VANNOTTI, A.: Porphyrine und Porphyrinkrankheiten. Berlin 1937. — CARTWRIGHT, G. E., M. A. LAURITSEN, P. J. JONES, J. M. MERRIL and M. M. WINTROBE: Science, N. Y. **103**, 72 (1946). J. clin. Invest. **25**, 65, 81 (1946).

4 FINK, H.: H. **197**, 193 (1931). — FINK, H., u. W. HOERBURGER: H. **202**, 8 (1931). — FIKENTSCHER, R., H. FINK u. E. EMMINGER: Kli. Wo. **1931 II**, 2036. — FIKENTSCHER, R.: Kli. Wo. **1935 I**, 569. — TURNER, W. J.: J. biol. Ch. **118**, 519 (1937). — BORST, M., u. H. KÖNIGSDÖRFFER: Untersuchungen über Porphyrie. Leipzig 1929. — VANNOTTI, A.: Porphyrine und Porphyrin-Krankheiten. Berlin 1937. — DERRIEN, E., et C. BENOIT: Arch. Soc. Sci. méd. biol. Montpellier **1929**, 510.

5 Bei kongenitaler Porphyrie.

6 Bei Ochronose, normal bei bestimmten amerikanischen Eichhörnchen, Fox squirrel und ground squirrel (Sciurus niger).

7 Bei akuter Porphyrie.

8 SCHUMM, O.: H. **133**, 298 (1924); **147**, 184 (1925). — FISCHER, H.: H. **96**, 148 (1915); **97**, 109, 148; **98**, 14, 78 (1916). B. **60**, 2626 (1927). — FISCHER, H., H. HILMER, F. LINDNER u. B. PÜTZER: H. **150**, 44 (1925).

9 FISCHER, H., u. H. HILMER: H. **143**, 6 (1925); **153**, 213 (1926). — SCHUMM, O.: H. **133**, 298 (1924); **147**, 184 (1925).

10 Vgl. FISCHER, H.: H. **96**, 148, 309 (1915); **97**, 109, 148; **98**, 78 (1916). B. **60**, 2626 (1927). — FISCHER, H., H. HILMER, F. LINDNER u. B. PÜTZER: H. **150**, 44 (1925). — FISCHER, H., u. H. LIBOWITZKY: H. **241**, 222 (1936). — FISCHER, H., u. H. J. HOFMANN: H. **246**, 15 (1937). — FISCHER, H., u. H. FINK: H. **144**, 107; **150**, 256 (1925). — RIMINGTON, C.: Biochem. J. **32**, 460 (1938).

11 POLICARD, A.: Cr. **179**, 1287 (1924).

12 KLÜVER, H.: Science, N. Y. **99**, 482 (1944). — CHU, E. S., and C. J. WATSON: Proc. Soc. exp. Biol. Med. **66**, 569 (1947).

13 DERRIEN, E.: Bull. Soc. Chim. biol. **8**, 218 (1927). — FIKENTSCHER, R.: Kli. Wo. **1935 I**, 569.

14 Normal, physiol.

15 Bei kongenitaler und akuter (toxischer) Porphyrie.

16 Nach Blutungen im Magen-Darmkanal bzw. nach Blutgenuß.

17 Physiologisch nur Spuren, stark vermehrt bei kongenitaler Porphyrie.

18 FISCHER, H.: H. **95**, 55; **96**, 148 (1915). — FISCHER, H.: H. **96**, 148, 309 (1915). — FISCHER, H., u. W. ZERWECK: H. **132**, 12; **138**, 307 (1924). — PAPENDIECK, A.: H. **136**, 293 (1924). — FINK, H., u. W. HOERBURGER: Naturwiss. **22**, 292 (1934).

19 SCHUMM, O.: H. **130**, 172 (1923); **132**, 62 (1924); **136**, 246 (1924); **153**, 233 (1926). — Vgl. auch WALDENSTRÖM, J.: H. **239**, II (1936). — FISCHER, H., u. H. FINK: H. **144**, 107; **150**, 256 (1925).

20 HIJMANS VAN DEN BERGH, A. A., et W. GROTEPASS: C. R. Soc. Biol. **121**, 1253 (1936).

21 KRUCKENBERG, C. F. W.: Verhandl. Physik.-med. Ges. Würzburg N.F. **17**, 109 (1883). — SORBY, H. Q.: Proc. zool. Soc. London **1875**, 351. — LIEBERMANN, C.: B. **11**, 606 (1878). — FISCHER, H., u. F. KÖGL: H. **131**, 241 (1923); **138**, 267 (1924). — Vgl. auch FISCHER, H., u. F. LINDNER: H. **142**, 141 (1925). — FISCHER, H., u. R. MÜLLER: H. **142**, 156 (1925). — LEHMANN: zit. bei DHÉRÉ, C.: vgl. Cr. **195**, 1436 (1932). — Vgl. auch DERRIEN, E., et J. TURCHINI: C. R. Soc. Biol. **91**, 637 (1924); **92**, 1028 (1925). — BIERRY, H., et B. GOUZON: Cr. **194**, 653 (1932). — KÖNIGSDÖRFFER, H.: Strahlentherapie **28**, 132 (1928). — GOUZON, B.: C. R. Soc. Biol. **116**, 925 (1934). — DHÉRÉ, C.: C. R. Soc. Biol. **112**, 1595 (1933). — POZZO DI BORGO: zit. bei DHÉRÉ, C.: Cr. **195, 1436** (1932). — HIJMANS VAN DEN BERGH, A. A., et W. GROTEPASS: C. R. Soc. Biol. **121**, 1253 (1936). — GIERSBERG, H.: Biol. Zbl. **43**, 167 (1923). — RICHARDSON, A. P.: Trans. R. Soc. London **255** B, 149 (1935). — VÖLKER, O.: H. **273**, 277 (1942). — DERRIEN, E.: C. R. Soc. Biol. **92**, 1030 (1925).

22 CHURCH, A.: Philos. Trans. R. Soc. London **154**, 627 (1869). — FISCHER, H., u. J. HILGER: H. **128**, 167 (1923); **138**, 49; **139**, 59 (1924). — RIMINGTON, C.: Proc. R. Soc. London (B) **127**, 106 (1939). — NICHOLAS, R. E. H., and C. RIMINGTON: Scand. J. clin. Lab. Invest. **1**, 12 (1949). Biochem. J. **50**, 194 (1951).

23 VÖLKER, O.: H. **258**, 1 (1939); vgl. auch Z. Naturforsch. **2b**, 316 (1947).

24 DERRIEN, E.: C. R. Soc. Biol. **91, 643** (1924). — Vgl. auch DERRIEN, E., et J. TURCHINI: C. R. Soc. Biol. **92**, 1028, 1030 (1925). — STRONG, L. C.: Proc. Soc. exp. Biol. Med. **57**, 78 (1944). — HUEPER, W. C., and F. H. J. FIGGE: Cancer Res. **5**, 328 (1945).

des Menschen und der höheren Tiere vor, sondern auch in niederen Tieren, in höheren Pflanzen, in Pilzen und auch in Bakterien. Infolge der verhältnismäßig großen Stabilität des Porphyringerüstes haben Porphyrine auch längere Erdepochen überdauert, wie ihr Vorkommen in Kohle, Erdöl, Ölschiefern, Asphalt und Erdwachs beweist.

Zur Ausscheidung der Porphyrine beim Menschen sei auf die Kapitel über Physiologische Bedeutung der Porphyrine (S. 876ff.) verweisen.

d) Konstitution der Porphyrine.

Betrachtet man die Konstitution der Porphyrine unter dem Gesichtspunkt ihrer Biosynthese (vgl. S. 853), so ist man gezwungen, die Uroporphyrine an die Spitze zu stellen. Sie bilden sich durch Kondensation von je 4 Molekülen *Porphobilinogen* nach 2 verschiedenen Schemata. Dabei werden einmal die 4 Porphobilinogen-Moleküle im gleichen Richtungssinn miteinander verkettet unter Bildung des *Uroporphyrin I*. Von ihm leiten sich die — allerdings seltener vorkommenden — Porphyrine der Reihe I ab, die sämtlich zentrosymmetrisch gebaut sind. Das andere Mal werden nur 3 der Porphobilinogen-Moleküle im gleichen Richtungssinn verkettet, das vierte wird umgekehrt in den Ring eingebaut. Dies führt zum *Uroporphyrin III*, der Muttersubstanz der völlig unsymmetrischen Reihe III der Porphyrine.

Wie die Formelbilder (S. 851) zeigen, haben die Uroporphyrine je 4 Essigsäure- und Propionsäurereste als Substituenten. Denkt man sich die Essigsäurereste decarboxyliert, entsprechend dem biologischen Geschehen, so resultieren die beiden *Koproporphyrine I*

Literatur zu Tabelle 1. (Fortsetzung.)

[25] FISCHER, H., u. E. HAARER: H. **204**, 101 (1932). — FISCHER, H., u. H.-J. HOFMANN: H. **246**, 15 (1937).

[26] MACMUNN, C. A.: J. Physiol., London **7**, 240 (1886). — KENNEDY, G. Y., and H. G. VEVERS: Nature **171**, 81 (1953). — DHÉRÉ, C.: Cr. **195**, 1436 (1932). — DEMIEN, E.: Cr. **184**, 480 (1927).

[27] FISCHER, H., u. H. FINK: H. **150**, 243 (1925). Vgl. auch H. **144**, 101 (1925). — FISCHER, H., u. K. SCHNELLER: H. **135**, 253 (1924). — FISCHER, H., u. H. HILMER: H. **153**, 167 (1926). — Vgl. auch KENCH, J. E.: Biochem. J. **40**, 666 (1946). — RIMINGTON, C.: Nature **151**, 393 (1943). — MAYER, R. M.: H. **177**, 47, 99 (1928).

[28] KENCH, J. E., and J. F. WILKINSON: Nature **155**, 579 (1945).

[29] Bei Autolyse der Hefe, vgl. SCHUMM, O.: H. **152**, 147; **154**, 171; **158**, 77 (1926). — FISCHER, H., u. H. HILMER: H. **153**, 167 (1926). — FISCHER, H., u. F. SCHWERDTEL: H. **159**, 120 (1926). — FISCHER, H., u. K. JORDAN: H. **190**, 75 (1930).

[30] Bei Autolyse der Hefe, vgl. FISCHER, H., u. J. HILGER: H. **138**, 271 (1924). — FISCHER, H., u. F. LINDNER: H. **145**, 202 (1925).

[31] CARRIÉ, C.: Die Porphyrine. Leipzig 1936. — CARRIÉ, C., u. A. MALLINCKRODT-HAUPT: Arch. Derm. Syph., Berlin **170**, 521 (1934).

[32] GRAY, C. H., and L. B. HOLT: Biochem. J. **43**, 191 (1948). — LASCELLES, J.: Biochem. J. **55**, IV (1953). — SCHAEFFER, P.: Biochim. biophys. Acta, N. Y. **9**, 362 (1952). — KLÜVER, H.: J. Psychol. Provincetown **25**, 331 (1948). — GRAY, C. H., and L. B. HOLT: Biochem. J. **43**, 191 (1948). — PAPPENHEIMER, A. M. jr.: J. biol. Ch. **167**, 251 (1947). — CROWE, M. O'L., and A. WALKER: Brit. J. exp. Path. **32**, 1 (1951). — TODD, C. M.: Biochem. J. **45**, 386 (1949). — WATSON, C. J.: Physiol. Rev. **27**, 478 (1947). — KENNEDY, G. Y., and H. G. VEVERS: Nature **171**, 81 (1953). — Vgl. hierzu: JAKOB, A.: Kli. Wo. **1939 II**, 1024. — COULTER, C. B., and F. M. STONE: J. gen. Physiol. **14**, 583 (1931). — STONE, F. M., and C. B. COULTER: J. gen. Physiol. **15**, 629 (1932). — DHÉRÉ, C., et L. RAPETTI: Bull. Acad. Med., Paris **114**, 96 (1935). — CARRIÉ, C.: Die Porphyrine. Leipzig 1936. — CARRIÉ, C., u. A. MALLINCKRODT-HAUPT: Arch. Derm. Syph., Berlin **170**, 521 (1934).

[33] GRAY, C. H., and L. B. HOLT: Biochem. J. **43**, 191 (1948). — PAPPENHEIMER, A. L. jr.: J. biol. Ch. **167**, 251 (1947). — TODD, C. M.: Biochem. J. **45**, 386 (1949). — WATSON, C. J.: Physiol. Rev. **27**, 478 (1947). — KENNEDY, G. Y., and H. G. VEVERS: Nature **171**, 81 (1953).

[34] FISCHER, H., u. H. FINK: H. **150**, 243 (1925). Vgl. auch H. **144**, 101 (1925). — FISCHER, H., u. J. HILGER: H. **138**, 288 (1924). — FISCHER, H., u. H. FINK: H. **140**, 57 (1924); **153**, 204 (1925). B. Z. **211**, 65 (1929). — GRAY, C. H., and L. B. HOLT: Biochem. J. **43**, 191 (1948). — LASCELLES, J.: Biochem. J. **55**, IV (1953). — Vgl. auch KÄMMERER, H., u. Y. GÜRSCHING: Verh. dtsch. Ges. inn. Med. **41**, 486 (1929). — SCHUMM, O.: H. **152**, 147; **154**, 171; **158**, 77 (1926). — FISCHER, H., u. H. HILMER: H. **153**, 167 (1926). — FISCHER, H., u. F. SCHWERDTEL: H. **159**, 120 (1926). — FISCHER, H., u. K. JORDAN: H. **190**, 75 (1930).

[35] TREIBS, A.: A. **510**, 42 (1934). — Vgl. auch DHÉRÉ, C., u. G. HRADIL: Schweiz. mineral. petrogr. Mitt. **14**, 279 (1934).

[36] TREIBS, A.: A. **520**, 144 (1935).

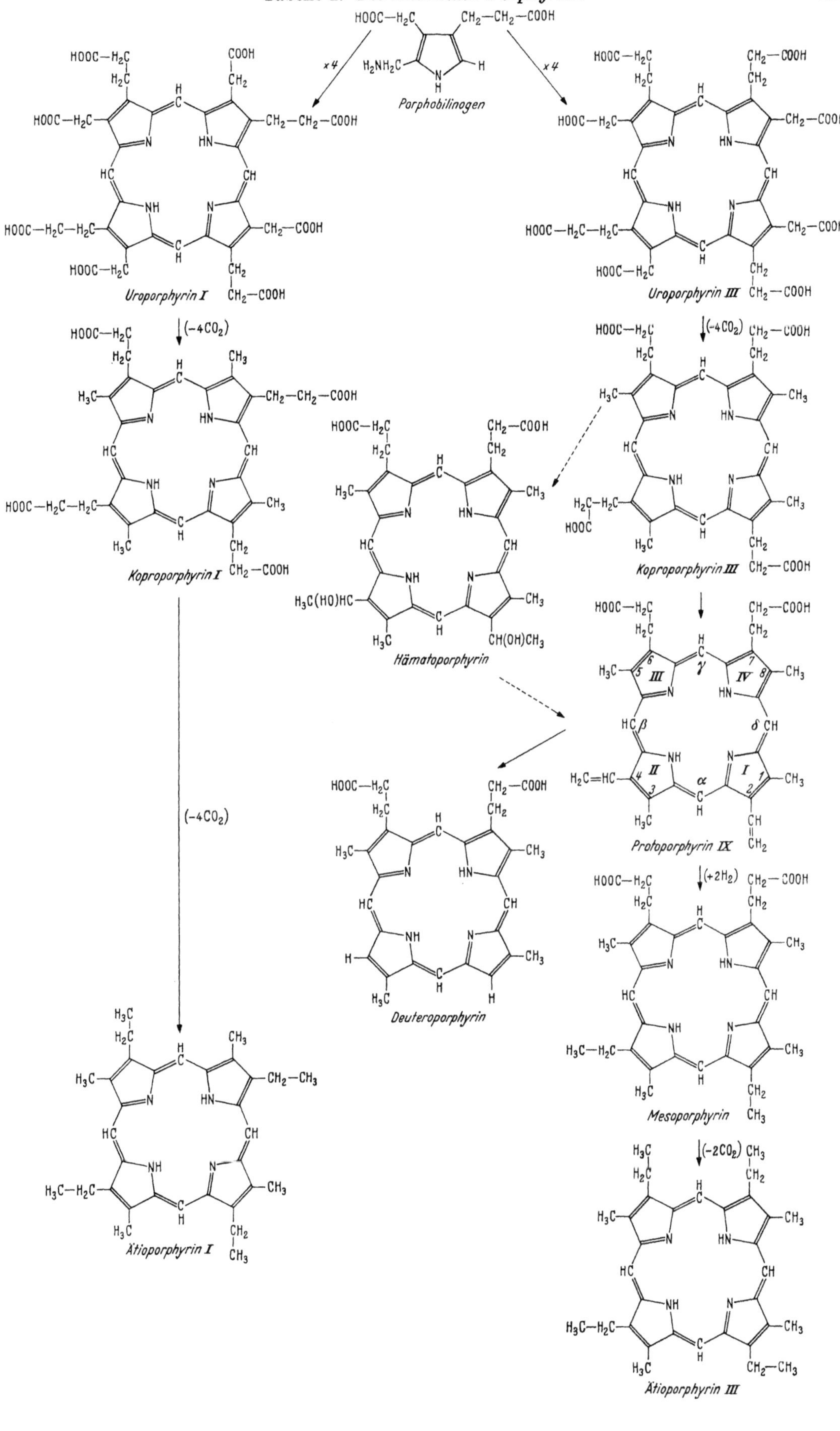
Porphobilinogen
x4
x4
Uroporphyrin I
Uroporphyrin III
(−4CO2)
(−4CO2)
Koproporphyrin I
Koproporphyrin III
Hämatoporphyrin
Protoporphyrin IX
(+2H2)
Deuteroporphyrin
Mesoporphyrin
(−4CO2)
(−2CO2)
Ätioporphyrin I
Ätioporphyrin III

und *III*. Sie besitzen als Substituenten jeweils 4 Methylgruppen und 4 Propionsäurereste. Wie zu erwarten war, sind auch Porphyrine aufgefunden worden, die der Zahl der Carboxygruppen nach zwischen den Uroporphyrinen und den Koproporphyrinen stehen, bei denen also nur 1, 2 oder 3 Essigsäurereste decarboxyliert sind (vgl. S. 907), die also 7, 6 oder 5 Carboxylgruppen tragen.

Aus dem Koproporphyrin III entsteht durch Umwandlung zweier Propionsäurereste in Vinylgruppen das *Protoporphyrin*. Es gehört also der III-Reihe der Porphyrine an. Durch Reduktion der beiden Vinylgruppen zu Äthylgruppen kann aus dem Protoporphyrin leicht das *Mesoporphyrin* dargestellt werden. Wie das Protoporphyrin wird es häufig mit der Ziffer IX gekennzeichnet, und zwar, weil es bei Aufstellung der Formelbilder der 15 denkbaren Isomeren die Ziffer IX erhalten hat. Sie hat Bedeutung nur bei der Unterscheidung der synthetischen Mesoporphyrin-Isomeren.

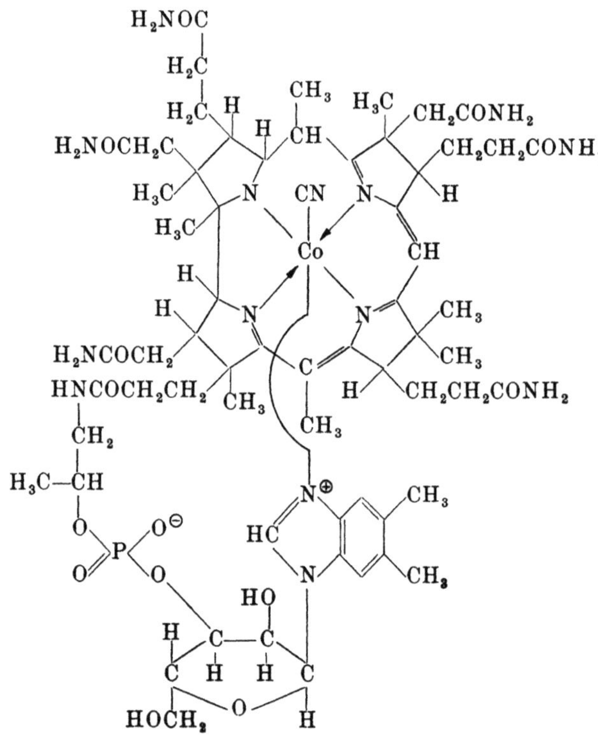

Vitamin B_{12}

Spaltet man beim Protoporphyrin die beiden Vinylgruppen ab, so erhält man das *Deuteroporphyrin*. Es besitzt an Stelle der Vinylgruppen lediglich Wasserstoff-Atome als Substituenten.

Eine Zwischenstufe bei der Entstehung des Protoporphyrins aus dem Koproporphyrin III scheint das *Hämatoporphyrin* zu sein (vgl. S. 888). Außer bei einer Chlorella-Mutante ist es noch nicht in der Natur gefunden worden. Meist stellt man es durch Wasseranlagerung an die Vinylgruppen des Protoporphyrins dar.

Schließlich seien noch die beiden *Ätioporphyrine I* und *III* genannt. Sie besitzen als Substituenten nur noch Methyl- und Äthylgruppen, und zwar je 4, und können sowohl aus den Uroporphyrinen, aus den Koproporphyrinen als auch (Typ III) aus dem Mesoporphyrin durch vollständige Decarboxylierung entstanden gedacht werden. Ätioporphyrin I kommt in der Natur nicht vor, sondern wird nur auf chemischem Wege aus dem Uroporphyrin I und Koproporphyrin I erhalten. Dagegen konnte das Ätioporphyrin III in Erdöl, Kohle und bituminösen Schiefern nachgewiesen werden.

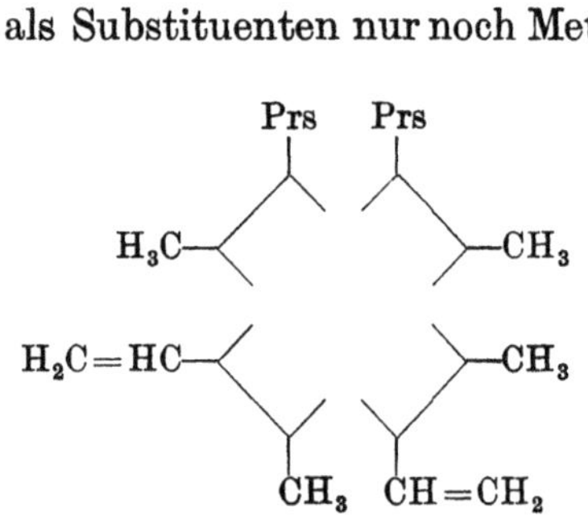

(II)

Prs = $-CH_2CH_2COOH$

Weitere Porphyrine, wie das *Spirographisporphyrin* (S. 913) und das *Porphyrin c* (S. 917), leiten sich von den genannten Porphyrinen ab, selbst der farbgebende Anteil des *Vitamin B_{12}*, dessen Formel oben angeführt ist.

Nomenklatur und Symbole. Bei den Porphyrinen werden zur näheren Kennzeichnung, wenn nötig, die heterocyclischen Fünfringe mit I bis IV gekennzeichnet, wobei das Protoporphyrin (vgl. Schema S. 851) zugrunde gelegt wird. Die Methinbrücken, die die Kerne verbinden, werden mit α, β, γ, δ bezeichnet und die β-Stellen der Fünfringe fortlaufend von 1 bis 8, wobei in der Reihe III wiederum das Protoporphyrin als eine 1,3,5,8-Tetramethyl-2,4-divinyl-porphin-6,7-dipropionsäure benannt wird. Dabei wird unter „-porphin-“ nur das unsubstituierte Ringgerüst verstanden. Ein Porphyrin ist also ein teilweise oder völlig substituiertes Porphin. — Häufig wird, speziell um in Abhandlungen Raum zu sparen, bei der Darstellung der Porphyrinformeln ein von H. FISCHER eingeführtes Symbol benutzt. Da im allgemeinen das Porphyringerüst immer das gleiche ist, genügt es in den meisten Fällen, nur die äußeren Teile der 4 Fünfringe zu skizzieren und die angegliederten Substituenten anzugeben, wie das vorstehend (II) für das Protoporphyrin geschehen ist.

e) Die Biosynthese der Porphyrine.

Der Weg der Biosynthese der Porphyrine ist heute durch die Verwendung isotopenmarkierter Bausteine in den wesentlichen Zügen aufgeklärt[1]. Der Vorgang stellt sich im einzelnen folgendermaßen dar: Die blutfarbstoffbildende Zelle entnimmt aus den Produkten des Citronensäurecyclus Succinyl-Coenzym A und bringt es mit Glycin zur Umsetzung. Die dabei entstehende α-Amino-β-keto-adipinsäure wird dann unter Decarboxylierung in δ-Aminolävulinsäure übergeführt. Zwei Moleküle dieser letzteren Verbindung treten schließlich in der im folgenden Schema skizzierten Weise unter Bildung des Porphobilinogens in Reaktion:

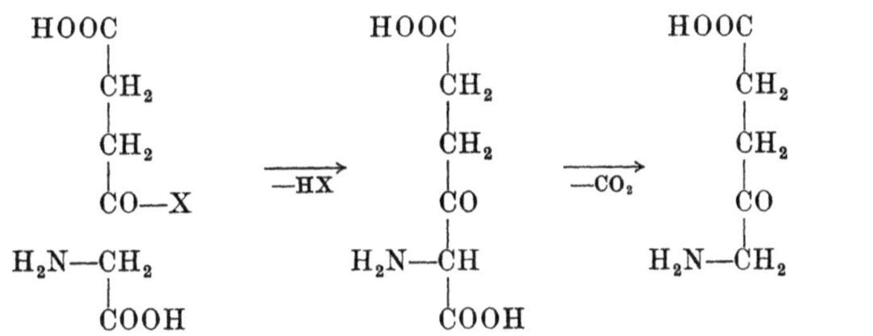

Succinyl-Verb. Glycin — α-Amino-β-keto-adipinsäure — δ-Amino-lävulinsäure

X = Coenzym A

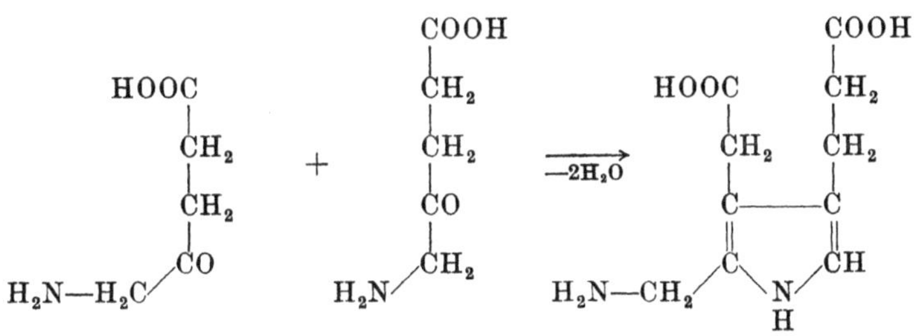

Porphobilinogen

Daß die α-Amino-β-keto-adipinsäure die Rolle einer Vorstufe der δ-Amino-lävulinsäure spielt, wird bewiesen durch den Anstieg des Porphobilinogens bei Ratten, denen die Säure intraperitoneal verabreicht worden ist[2]. Die δ-Aminolävulinsäure ist schon länger als normales Zwischenprodukt bei der Porphyrinsynthese in Mensch, Tier, Pflanze und Mikroorganismen erkannt[3]. Auch das Enzymsystem der δ-Aminolävulinsäure-dehydrogenase findet sich in der Natur weit verbreitet[4]. In Entenblut konnte in vitro die Überführung

[1] Zusammenfassende Darstellungen: SHEMIN, D.: Ergebn. Physiol. **49**, 299 (1957). — ZEILE, K.: Angew. Chem. **66**, 729 (1954). — SIEDEL, W.: **Flaschenträger-Lehnartz**, Bd. II/1b, S. 996ff. — Neuere Ergebnisse: WOLSTENHOLME, G. E. W. and E. C. P. MILLAR (Hrsg.): Porphyrin Biosynthesis and Metabolism. Ciba Found. Sympos., London 1955.

[2] SHEMIN, D., and C. S. RUSSELL: Am. Soc. **75**, 4873 (1953). — SHEMIN, D., C. S. RUSSELL and T. ABRAMSKY: J. biol. Ch. **215**, 613 (1955).

[3] GIBSON, K. D., A. NEUBERGER and J. J. SCOTT: Biochem. J. **58**, XII (1954); **61**, 618 (1955). — SCHMID, R., and D. SHEMIN: Am. Soc. **77**, 506 (1955).

[4] SHEMIN, D., T. ABRAMSKY and C. S. RUSSELL: Am. Soc. **76**, 1204 (1954).

von δ-Amino-lävulinsäure in Protoporphyrin erzielt werden. Auch mit Rattenleberhomogenaten gelang dieselbe Umsetzung[1].

Der wichtigste Schritt in der Biosynthese der Porphyrine ist die fermentative Kondensation von je 4 Molekülen Porphobilinogen zum 16gliedrigen Porphinderivat. Dabei werden 4 Moleküle Ammoniak abgespalten. Das dabei zuerst entstehende $-CH_2$-Brücken besitzende Porphyrinderivat, ein sog. Porphyrinogen, wird anschließend unter Wegnahme von 3 Mol Wasserstoff zum eigentlichen Porphyrin umgewandelt. Wie aus den Formelbildern S. 851 ersichtlich, fällt bei der Kondensation des Porphobilinogens zu dem Porphyrinogen die Entscheidung, welcher der beiden Wege zu den Uroporphyrinen I bzw. III eingeschlagen wird. Der Weg zum Uroporphyrin III ist der weitaus übergeordnete und man schätzt das Verhältnis der in der Biosynthese gebildeten Mengen der Uroporphyrine I und III auf etwa 1:1500.

Auf biologischem Wege ist von BOGORAD[2] mit Hilfe einer in Spinatextrakten gefundenen Desaminase die Überführung von Porphobilinogen in Uroporphyrin III realisiert worden. Die rein chemische Überführung ist schon von WATSON und SCHWARTZ (S. 909) 1941 beschrieben worden. Sie gelingt sowohl im sauren als auch im alkalischen Milieu[3]. In ersterem entsteht in der Hauptsache Uroporphyrin III, in letzterem Uroporphyrin I. Neuerdings gelang RIMINGTON und KROL[4] auch die Kondensation von Porphobilinogencarbonsäure zu Uroporphyrin.

Eine besondere Schwierigkeit in der Erklärung bietet allerdings der „Dualismus" der Porphyrine, also die Existenz der beiden Kondensationswege des Porphobilinogens, die zu den Uroporphyrinen I und III führen. Zwar ist die Bildung des Uroporphyrins I mit der alternierenden Anordnung der β-Substituenten durch eine gleichlaufende Kondensation von 4 Molekülen Porphobilinogen — in Analogie zu der von SIEDEL und WINKLER[5] aufgefundenen Porphyrinsynthese aus Pyrrol-α-carbinolen — leicht zu verstehen. Die Erklärung der Porphobilinogenkondensation zu dem unsymmetrischen Uroporphyrin III jedoch bedarf besonderer Annahmen. Bindende Untersuchungsergebnisse liegen darüber aber noch nicht vor[6]. Zum Ablauf der normalen Synthese von Uroporphyrin III sind die verschiedensten Faktoren nötig. Interessant sind hier z. B. Versuche von STICH und EISGRUBER[7]. Sie fanden, daß bei Hefe der normale Ablauf der Porphyrin-Synthese zur Reihe III nur bei Anwesenheit von Riboflavin garantiert ist. FALLOT und Mitarbeiter[8] konnten zeigen, daß menschliches Blut, mit δ-Aminolävulinsäure und Glutathion inkubiert, Uroporphyrin I erzeugt.

Abschließend sei erwähnt, daß auch Versuche vorliegen, denen zufolge die Biosynthese des Protoporphyrins nicht auf dem auf S. 851 dargestellten Wege abläuft. So soll z. B. das Koproporphyrin III nicht die Rolle eines Zwischenproduktes auf dem Wege vom Uroporphyrin III zum Protoporphyrin spielen. Vielmehr soll das Protoporphyrin direkt aus dem Uroporphyrin III entstehen[9].

Was den Übergang vom Uroporphyrin III zum Protoporphyrin betrifft, so ist anzunehmen, daß nach Decarboxylierung der Essigsäurereste und Bildung des Koproporphyrins III schließlich die beiden Propionsäurereste in 2- und 4-Stellung in Vinylgruppen umgewandelt werden. Dies geschieht sehr wahrscheinlich über die β-Oxydation der beiden

[1] SCHWARTZ, S.: Fed. Proc. **13**, 293 (1954).
[2] BOGORAD, L.: Science, N. Y. **121**, 878 (1955). — Vgl. auch GRANICK, S.: Science, N. Y. **120**, 1105 (1954).
[3] COOKSON, G. H., and C. RIMINGTON: Biochem. J. **57**, 476 (1954). — KALCKAR, H. M., E. P. ANDERSON and K. J. ISSELBACHER: Proc. nat. Acad. Sci. USA **42**, 49 (1956).
[4] RIMINGTON, C., and S. KROL: Nature **175**, 630 (1955).
[5] SIEDEL, W., u. F. WINKLER: A. **554**, 162 (1943).
[6] Vgl. BOGORAD, L., and S. GRANICK: Proc. nat. Acad. Sci. USA **39**, 1176 (1953). — NEUBERGER, A., H. M. MUIR and C. H. GRAY: Nature **165**, 948 (1950).
[7] STICH, W., u. H. EISGRUBER: Kli. Wo. **1950**, 133.
[8] FALLOT, P., J. CANIVET, M. MONDT et J. POIDATZ: Cr. **242**, 2668 (1956).
[9] Vgl. Ciba Found. Symp. on Porphyrin Biosynthesis and Metabolism, SCHWARTZ, S., and K. IKEDA, S. 209).

Propionsäurereste, anschließende Decarboxylierung und Umwandlung der Acetylgruppen in β-Oxyäthylgruppen. Letztere können dann leicht unter Wasserabspaltung die Vinylgruppen liefern. Während bei der Häm-Biosynthese jedoch das Hämatoporphyrin als Zwischenprodukt noch nicht nachgewiesen ist, ist dies bei der Biosynthese des Chlorophylls tatsächlich geschehen[1]. — Der Einbau des Eisenatoms in das Protoporphyrin zum Häm geht schließlich enzymatisch vor sich[2].

f) Physikalisch-chemische Eigenschaften der Porphyrine.

Die wichtigsten physikalisch-chemischen Charakteristika der Porphyrine sind Löslichkeit, Säure-Basen-Charakter, Schmelzpunkte der Ester, Adsorption und Oberflächen-Eigenschaften, Lichtabsorption und Fluorescenz.

α) Säure-Basen-Charakter; Salzsäure-Zahl.

Die Porphyrine sind amphotere Verbindungen mit isoelektrischen Punkten oder Zonen um p_H 3—3,5, wobei der saure Charakter von den Carboxylgruppen in den Seitenketten abhängt. Lediglich die Ätioporphyrine sind nicht amphoter, sondern haben den Charakter von schwachen Basen entsprechend dem Besitz von 2 tertiären N-Atomen. Dementsprechend werden Porphyrine leicht ausgeflockt und sind praktisch in verdünnter Essigsäure unlöslich.

Tabelle 3. *Salzsäure-Zahlen der bekanntesten Porphyrine und ihrer Methylester.*

	Porphyrin	Methylester
Protoporphyrin .	2,0	5,5
Hämatoporphyrin	0,1	—
Mesoporphyrin .	0,5	2,5
Deuteroporphyrin	0,36	2,0
Ätioporphyrine .	3,0	—
Koproporphyrine	0,09	1,5
Uroporphyrine .	—	etwa 7,0

Die Verteilung der Porphyrine zwischen Wasser und organischen Lösungsmitteln, insbesondere Äther, hängt von der Natur der Seitenkette und vom p_H ab. So können Porphyrine ohne saure Gruppen in den Seitenketten aus Äther nur mit starken Mineralsäuren extrahiert werden, z. B. mit Salzsäure, wobei Dihydrochloride gebildet werden. — Porphyrine mit 2—4 Carboxylgruppen in den Seitenketten werden mit Äther aus Wasser bei einem p_H von 3—4 extrahiert. Aus der Ätherlösung können sie dann entweder mit Salzsäure als Hydrochloride oder mit Alkali als Salze der Carbonsäuren eliminiert werden. Porphyrine mit 8 Carboxylgruppen (z. B. die Uroporphyrine) können nicht mit Äther extrahiert werden, es sei denn, ihre Carboxylgruppen wären verestert. Die Ausnutzung der Extraktion der Porphyrine aus ätherischer Lösung mit starker Salzsäure ist von besonderer Bedeutung für ihre Reinigung und Identifizierung geworden. WILLSTÄTTER und MIEG[3] fanden, daß zur Extraktion aus Äther die verschiedenen Porphyrine Salzsäure von verschiedenen Konzentrationen verlangen. Sie führten daraufhin als Charakteristikum der Porphyrine die „Salzsäure-Zahl“ (HCl-Zahl) ein. Diese ist definiert als die prozentuale Konzentration derjenigen wäßrigen Salzsäure, die aus einem gleichen Volumen einer ätherischen Porphyrinlösung $^2/_3$ des Porphyrins extrahiert. Der Vergleich geschieht colorimetrisch.

Da die HCl-Zahl nicht nur von der Basizität der Porphyrine abhängt, sondern auch von den Verteilungskoeffizienten des freien Porphyrins und seines Hydrochlorids in Wasser und organischen Lösungsmitteln, haben Ester, obgleich sie nicht schwächere Basen sind als die freien Porphyrine, höhere HCl-Zahlen als diese. Die Koproporphyrine mit 4 hydrophilen Carboxylgruppen haben niedere HCl-Zahlen.

Es ist selbstverständlich, daß die HCl-Zahl auch für die präparative analytische und synthetische Arbeit in der Porphyrinchemie bedeutungsvoll geworden ist. Auf Grund der verschiedenen HCl-Zahlen sind die verschiedenen Porphyrine leicht voneinander zu

[1] GRANICK, S., L. BOGORAD and H. JAFFE: J. biol. Ch. **202**, 801 (1953).
[2] GRANICK, S.: Fed. Proc. **13**, 219 (1954).
[3] WILLSTÄTTER, R., u. M. MIEG: A. **400**, 147 (1913).

trennen, wenn man sie in ätherische Lösung überführt und diese mit wäßrigen Salzsäure-Lösungen extrahiert, deren Konzentration den HCl-Zahlen der enthaltenen Porphyrine entspricht. Man muß natürlich mit der Extraktion derjenigen Porphyrine beginnen, die die niedrigsten HCl-Zahlen haben.

Ein Nachteil des Verfahrens der HCl-Zahl-Bestimmung ist, daß schließlich eine Porphyrinlösung in Salzsäure mit einer Lösung des gleichen Porphyrins in Äther verglichen wird. Beide stimmen in den Farbnuancen nie vollkommen überein. Es empfiehlt sich deshalb, die HCl-Zahl nach der von FISCHER und KIRSTAHLER[1] angegebenen verbesserten Methode zu bestimmen, nach der man den im Restäther verbleibenden Porphyrinanteil mit dem halben Volumen etwas konzentrierterer Salzsäure ausschüttelt, so daß diese Menge dann das gesamte Restporphyrin enthält, also ein Drittel der ursprünglichen Menge.

β) Schmelzpunkte der Ester.

Für die Identifizierung der Porphyrine erweist sich die Bestimmung der Schmelzpunkte der Ester, insbesondere der Methylester als sehr zweckmäßig. Die Darstellung der Ester geschieht leicht durch $^1/_2$stündiges Erhitzen der Porphyrine mit methanolischer Salzsäure am Rückfluß oder auch durch längeres Stehenlassen mit gesättigter methanolischer Salzsäure. Man nimmt anschließend die Porphyrinmethylester in Chloroform auf, wäscht Methanol und Chlorwasserstoffsäure mit Sodalösung und hierauf mit Wasser aus. Dann bringt man den Ester durch Einengen der Chloroformlösung oder durch Verdrängung des Chloroforms mit Methanol zur Kristallisation. Die Kristalle der Porphyrinmethylester sind meist in der Durchsicht rot oder rotbraun und zeigen allgemein violetten Oberflächenglanz.

Selbstverständlich kann die Veresterung der Porphyrine auch mit ätherischer Diazomethanlösung vorgenommen werden.

Tabelle 4. *Schmelzpunkte der Porphyrin-methylester.*

Protoporphyrin-dimethylester . . .	225° korr.
Hämatoporphyrin-dimethylester . .	212° korr.
Mesoporphyrin-dimethylester . . .	216° korr.
Deuteroporphyrin-dimethylester . .	223° korr.
Koproporphyrin I-tetramethylester .	251° korr.
Koproporphyrin III-tetramethylester	135° u. 170° korr. Dimorphie
Uroporphyrin I-octamethylester . .	300—311° korr.
Uroporphyrin III-octamethylester .	255—257° korr.
Spirographisporphyrin-dimethylester	285° korr.

Die Methylester der beiden isomeren Koproporphyrine unterscheiden sich in ihrer Löslichkeit in Methanol und Äther (vgl. S. 901).

γ) Löslichkeit der Porphyrine, Kristallisation.

Im allgemeinen sind die Porphyrine in Wasser, Alkohol, reinem Äther und Aceton unlöslich. Mit Ausnahme der Uroporphyrine sind sie in Äther jedoch löslich, wenn sie mittels Äther aus einer salzsauren Lösung unter Abstumpfen derselben mit Natriumacetatlösung ausgeschüttelt werden. Die meisten Porphyrine sind löslich in Chloroform und Pyridin, vielfach auch in eisessighaltigem Äther. Selbstverständlich sind sie in Salzsäure löslich, wenn auch meist erst unter Erwärmen. Ebenso sind sie in Amylalkohol löslich, wenn Eisessig oder auch Salzsäure anwesend sind. — Die Ester der Porphyrine sind meist leichter löslich in Chloroform und Pyridin. Vielfach sind sie auch in Essigester löslich bzw. in Alkoholen.

Die carboxylgruppentragenden Porphyrine sind in wäßrigem Ammoniak löslich, meist auch in Natronlauge und Kalilauge. Sie bilden oft aber auch wasserunlösliche Natrium-

[1] FISCHER, H., u. A. KIRSTAHLER: H. 198, 47 (1931).

und Kaliumsalze. So kann auch über die Alkalisalze eine Trennung der Porphyrine erreicht werden. Die Natriumsalze von Protoporphyrin, Mesoporphyrin und Deuteroporphyrin sind z. B. in Wasser schwer löslich, diejenigen der Koproporphyrine, Uroporphyrine und des Hämatoporphyrins dagegen leicht.

Die Porphyrine und besonders ihre Ester kristallisieren alle sehr gut, meist in schmalen oder auch in gebogenen feinen Nadeln. Oft sind die Nadeln rosettenartig verwachsen. Die Form der Kristalle ist für jedes Porphyrin charakteristisch und kann ebenfalls zur Identifizierung herangezogen werden.

Röntgendiagramm nach Debye-Scherrer. Entsprechend der ausgezeichneten Kristallisationsfähigkeit der Porphyrine lassen sich scharf ausgebildete Röntgenbeugungsbilder mit der Debye-Scherrer-Kamera herstellen. Diese Röntgendiagramme wurden erstmals von Siedel und Winkler[1] zu Identifizierungszwecken in der Porphyrinchemie herangezogen. Es zeigte sich, daß selbst isomere Porphyrine (z. B. die 4 Ätioporphyrine) eindeutig voneinander unterschieden werden können.

δ) *Chromatographisches Verhalten der Porphyrine.*

Säulenchromatographie. Die Adsorptionschromatographie der Porphyrine an Aluminiumoxyd, Calciumcarbonat und Magnesiumoxyd ist von einigen Autoren[2] beschrieben worden. Es gelingt, Porphyrinester zu trennen, nicht aber Isomere. Die Verteilungschromatographie an Silicagel wurde ebenfalls zur Trennung von Protoporphyrin, Mesoporphyrin, Koproporphyrin und Uroporphyrin benutzt[3].

Papierchromatographie. Erfolgreicher können Porphyrinmischungen mittels der Papierchromatographie aufgetrennt und identifiziert werden[4, 5]. Bei der Methode von Nicholas und Rimington[5] wird ein System von Lutidin-Wasser meist mit einer Ammoniak-Atmosphäre für die Trennung der freien Porphyrincarbonsäuren benutzt. Wie die nebenstehende Tabelle zeigt, hängen die R_F-Werte von der Anzahl der Carboxylgruppen der Porphyrine ab. Dementsprechend können die Porphyrin-dicarbonsäuren neben den -tetra- und -octacarbonsäuren erkannt werden. Auch die bisher unbekannten Porphyrine mit 3, 5, 6 und 7 Carboxylgruppen sind erstmals[6] (vgl. S. 907) papierchromatographisch nachgewiesen worden.

Tabelle 5. *R_F-Werte der Porphyrine, bestimmt nach der Methode von* Kehl *und* Stich.

[Papier: Schleicher & Schüll 2043b. Entwicklung des Chromatogramms mit 2,6-Dimethylpyridin-Wasser (1:1) in Ammoniak-Atmosphäre.] Die Identifizierung der Porphyrine erfolgt mit Hilfe ihrer Fluorescenz im UV (Hanauer Analysenquarzlampe mit Woodschem Filter) oder mittels Taschenspektroskops gegen eine starke Lichtquelle.

Porphyrin	Zahl der –COOH-Gruppen	R_F bei 25°	R_F bei 15°
Uroporphyrin . .	8	0,26	0,19
Koproporphyrin .	4	0,54	0,47
Protoporphyrin .	2	0,84	0,75
Mesoporphyrin .	2	0,86	0,81
Hämatoporphyrin	2	0,87	0,77
Deuteroporphyrin	2	0,88	0,79
Ätioporphyrin . .	0	1,00	1,00

Die Bestimmungen sind möglich ab 0,02 mg-% Porphyrin. Mit 2—3 γ kann der R_F-Wert der Porphyrine bereits festgelegt werden.

---

[1] Siedel, W., u. F. Winkler: A. **554**, 162 (1943).

[2] Falk, J. E.: Brit. med. Bull. **10**, 211 (1954) (Zusammenfassung). — Watson, C. J., M. Berg and V. Hawkinson: J. biol. Ch. **214**, 547 (1955). — Nicholas, R. E. H.: Biochem. J. **48**, 309 (1951). — Comfort, A., and M. Weatherall: Biochem. J. **54**, 247 (1953). — Grinstein, M.: J. biol. Ch. **167**, 515 (1947). — Gray, C. H., and L. B. Holt: Biochem. J. **43**, 191 (1948). — Grinstein, M., S. Schwartz and C. J. Watson: J. biol. Ch. **157**, 323 (1945).

[3] Nicholas, R. E. H., and C. Rimington: Scand. J. clin. Lab. Invest. **1**, 12 (1949). — Lucas, J., and J. M. Orten: J. biol. Ch. **191**, 287 (1951). — Larsen, E. G., C. M. Glafkides and J. M. Orten: Fed. Proc. **12**, 236 (1953).

[4] Kehl, R., u. W. Stich: H. **289**, 6 (1951); **290**, 151 (1952).

[5] Nicholas, R. E. H., and C. Rimington: Biochem. J. **48**, 306 (1951). — Vgl. auch Anm. 3.

[6] McSwiney, R. R., R. E. H. Nicholas and F. T. G. Prunty: Biochem. J. **46**, 147 (1950).

Auch die Chromatographie der Ester ist beschrieben worden[1,2], hierbei auch die Trennung von Isomeren und Porphyrinen mit derselben Anzahl von Carboxylgruppen. Bei der letztgenannten Methode wurde die zweidimensionale Papierchromatographie angewandt[3]. — Allerdings sei betont, daß die Anwendbarkeit der Methode der Papierchromatographie der Porphyrine begrenzt ist und daß leicht Unregelmäßigkeiten auftreten können.

Elektrophorese. Die Elektrophorese der Porphyrine, und zwar auf Agar, ist erstmals von PAPASTAMATIS und KENCH[4] beschrieben worden. Sie benutzten einen Phosphat-Puffer von p_H 8. Die elektrophoretische Porphyrin-Trennung auf Papier ist erfolgreich von HEIKEL[5] sowie von LARSEN[6] und Mitarbeitern und von WITH[7] bearbeitet worden. Allerdings erzielten auch diese Methoden keine Trennung der Isomeren I und III der Koproporphyrine und Uroporphyrine.

Gegenstromverteilung. PAUL[8] sowie GRANICK und BOGORAD[9] beschreiben die CRAIG-Technik zur Reinigung und Trennung von Porphyrinen. Die Methode ist sehr empfindlich und kann für kleinste Mengen an Porphyrinen sowohl präparativ als auch analytisch benutzt werden. Analysen von Porphyrin-Gemischen werden von TORRES und DE LA GANDARA[10] beschrieben.

ε) Spektroskopisches Verhalten der Porphyrine.

Die Porphyrine haben in Lösung eine intensiv rote, prächtige Farbe, die allerdings mit der Natur des Lösungsmittels und dem p_H der Lösung variiert. In einem sauren Medium ist die Farbe im allgemeinen schön rot. Dabei ist oft Dichroismus zu beobachten. Im alkalischen Milieu schlägt die Farbe der Porphyrine nach bräunlichrot oder orangerot um. Charakteristisch und für die Erkennung der Porphyrine von besonderer Bedeutung sind ihre Absorptionsspektren in den verschiedenen Wellenbereichen:

Absorption der Porphyrine im sichtbaren Licht. Die Porphyrine zeigen im sichtbaren Licht scharf ausgeprägte Banden, deren Maxima auch in Spektroskopen für visuelle Beobachtung sehr genau bestimmt werden können. Selbstverständlich variiert die Lage und die Anzahl der Banden mit dem p_H der Lösung. — In organischen Lösungsmitteln zeigen die octasubstituierten Porphyrine (und solche kommen physiologisch nur in Frage) in der Hauptsache 5 Banden, 4 intensive (I—IV) und eine schwächere (Ia). Dazu kommt bei etwa 400 mμ eine stärkere Bande, die nach ihrem Entdecker SORET-Bande genannt wird[11]. Als neutrale Solventien zur Messung der Absorptionsbanden dienen Äther, Pyridin-Äther oder Dioxan. Genaue Messungen sind von STERN und Mitarbeitern[12] in neuerer Zeit durchgeführt worden.

Die Lage der Maxima der octasubstituierten Porphyrine, die nur Methyl-, Äthyl-, Essigsäure- und Propionsäuregruppen tragen, ist nur wenig voneinander unterschieden. Die Lage der Maxima der Absorptionsbanden der verschiedenen, mit Alkyl substituierten Porphyrine ist vollkommen gleich. Bei Eintritt von Substituenten mit längerer Kette

[1] KENCH, J. E., R. E. LANE and H. VARLEY: Biochem. J. **51**, IX (1952). — Vgl. auch KENCH, J. E., and C. S. PAPASTAMATIO: Biochem. J. **51**, XLI (1952).
[2] CHU, T. C., A. A. GREEN and E. J.-H. CHU: J. biol. Ch. **190**, 643 (1951).
[3] FALK, J. E., and A. BENSON: Biochem. J. **55**, 101 (1953).
[4] PAPASTAMATIO, C. S., and J. E. KENCH: Nature **170**, 33 (1952).
[5] HEIKEL, T.: Scand. J. clin. Lab. Invest. **7**, 347 (1955). — Vgl. auch Scand. J. clin. Lab. Invest. **8**, 172 (1956) (Betr.: Identifizierung und Reinigung von Porphobilinogen).
[6] LARSEN, E. G., J. MELCER and J. M. ORTEN: Fed. Proc. **14**, 440 (1955).
[7] WITH, T. K.: Scand. J. clin. Lab. Invest. **8**, 113 (1956).
[8] PAUL, K. G.: Scand. J. clin. Lab. Invest. **5**, 212 (1953).
[9] GRANICK, S., and L. BOGORAD: J. biol. Ch. **202**, 781 (1953).
[10] TORRES, J. T., e J. P. DE LA GANDARA: Arch. Med. exp., Madrid **17**, 209 (1955).
[11] SORET, J. L.: Cr. **97**, 1267 (1883). — GAMGEE, A.: Z. Biol. **34**, 505 (1897).
[12] STERN, A., u. H. WENDERLEIN: Z. physikal. Chem. (A) **170**, 337 (1934); **174**, 81, 321 (1935); **175**, 405; **176**, 81 (1936). — STERN, A., H. WENDERLEIN u. H. MOLVIG: Z. physikal. Chem. (A) **177**, 40 (1936).

tritt nur geringe Rotverschiebung der Maxima ein. Die Frequenzabstände der einzelnen Banden bleiben dabei innerhalb der verschiedenen Absorptionsspektren derselben Porphyringruppe nahezu gleich. Die isomeren Porphyrine haben gleiche Lage der Bandenmaxima, jedoch verschiedene Extinktionskoeffizienten, wodurch bei einigen Porphyrinen die Möglichkeit der Unterscheidung gegeben ist. Vinylgruppen ändern den Typ der Absorptionsspektren der octasubstituierten Porphyrine, der als „Ätiotyp" bezeichnet wird, nicht; es tritt lediglich eine Rotverschiebung der Bandenmaxima ein.

Während die Porphyrine im alkalischen Medium Spektren haben, die denen in organischen Lösungsmitteln sehr ähnlich sind, wenn auch weniger scharf, tritt in saurem Medium eine völlige Änderung ein. So zeigen sie in Salzsäure nur noch 2 Hauptbanden mit einer schwachen dritten Bande. Mit steigender Konzentration der Salzsäure verschiebt sich das Spektrum nach Violett. Im allgemeinen haben die „sauren" Spektren wenig Interesse. Sie ähneln im übrigen den Hämochromogen-Spektren (vgl. S. 922).

Die Spektren der Porphyrin-Komplexsalze sind im sichtbaren Wellenbereich durch 2 Banden charakterisiert. Quantitative Messungen sind von HAUROWITZ[1] durchgeführt worden.

Absorption im Ultraviolett. Die UV-Spektren der Porphyrine sind von verschiedenen Autoren[2-6] beschrieben worden. Sie sind nicht sonderlich charakteristisch. Die Absorptionsbande bei 400 $m\mu$ ist identisch mit der S. 858 genannten „SORET"-Bande, die auch das Hämoglobin zeigt, ebenso Myoglobin, Cytochrom, Peroxydase, Katalase und Oxydasen. Die UV-Spektren der Porphyrine sind bei den einzelnen Vertretern aufgeführt.

Absorption im Infrarot. Die IR-Spektren der Porphyrine zeigen wenig charakteristische Unterschiede. Sie sind von mehreren Bearbeitern veröffentlicht worden[7-10]. Praktisch können sie kaum zur Unterscheidung der Porphyrine herangezogen werden.

ζ) Fluorescenz der Porphyrine.

Charakteristisch für die Porphyrine ist ihr Verhalten im UV. Sie zeigen darin in fester wie in gelöster Form eine prachtvolle und intensive Rotfluorescenz. Diese kann zur Erkennung kleinster Mengen von Porphyrinen benutzt werden und ist noch in größten Verdünnungen sichtbar. Selbst in einzelnen Erythrocyten können die Porphyrine sichtbar gemacht werden[11].

DHÉRÉ[12] konnte zeigen, daß die Fluorescenz des reinen Porphyrins in absolut alkoholischer Lösung noch bei einer Verdünnung von 1:50000000 ($= 5 \cdot 10^{-7}$) sichtbar ist. In schwefelsaurer Lösung liegt die Erkennungsgrenze bei $1 \cdot 10^{-9}$ (HAUSMANN)[3]. Mit Hilfe dieser Methode sind von FISCHER und Mitarbeitern[13] sowie von BORST und KÖNIGSDÖRFFER[14] in zahlreichen Objekten des tierischen Organismus wie auch in Eierschalen usw. Porphyrine aufgefunden worden.

[1] HAUROWITZ, F.: B. **68**, 1795 (1936).
[2] FRIEDLI, H.: Bull. Soc. Chim. biol. **6**, 908 (1924).
[3] HAUSMANN, W., u. O. KRUMPEL: B. Z. **186**, 203 (1927).
[4] HEILMEYER, L.: Spectrophotometry in Medicine. London 1943.
[5] TREIBS, A.: H. **212**, 33 (1932).
[6] PRUCKNER, F., u. A. STERN: Z. physikal. Chem. (A) **177**, 387 (1936).
[7] GRAY, C. H., A. NEUBERGER and P. H. A. SNEATH: Biochem. J. **47**, 87 (1950).
[8] FALK, J. E., and J. B. WILLIS: Austral. J. sci. Res. (A) **1**, 579 (1951).
[9] ALTMAN, K. I., L. L. MILLER and J. E. RICHMOND: Arch. Biochem. **36**, 399 (1952).
[10] CRAVEN, C. W., K. R. REISMANN and H. J. CHINN: Analyt. Chem., Washington **24**, 1214 (1952).
[11] KELLER, C. J., u. K. A. SEGGEL: Folia haematol., Leipzig **52**, 241 (1934).
[12] DHÉRÉ, C., et S. SOBOLEWSKI: C. R. Soc. Biol. **70**, 511 (1911). — DHÉRÉ, C., A. SCHNEIDER et T. VAN DER BOM: Cr. **179**, 351 (1924).
[13] FISCHER, H.: H. **177**, 48 (1928). — Vgl. auch MEYER, M.: H. **179**, 116 (1928). — FINK, H.: B. Z. **211**, 65 (1929). Kli. Wo. **1933 II**, 1840. — FIKENTSCHER, R.: H. **197**, 193; **202**, 8 (1931).
[14] BORST, M., u. H. KÖNIGSDÖRFFER: Untersuchungen über Porphyrie. Leipzig 1929.

Die Fluorescenzspektren der Porphyrine sind zwar eingehend untersucht worden[1, 2], werden jedoch im allgemeinen weniger zur Identifizierung herangezogen (vgl. Tabelle 7. Sie sind nicht geeignet, Stellungsisomerie bei den Porphyrinen aufzudecken, jedenfalls nicht bei den mit dem Blutfarbstoff verwandten. Dagegen ist von FINK und

Tabelle 6. *Spektren der Porphyrine im sichtbaren Licht.*

Porphyrine	Lösungsmittel	Maxima der Hauptbanden (mμ)							
Protoporphyrin	Äther	632,5	(604)	586	576	537	502		
	25 %ige HCl	602,4	(582)	557					
-methylester	Chloroform	631,3	(603)	575	542	508			
Hämatoporphyrin	Äther	624,8	(615)	(598)	(579)	569	530	497	470
	25 %ige HCl	595,8	575	552	528	510			
Mesoporphyrin	Äther	623,3	612	597	578	568	559	529	
	25 %ige HCl	593,1	572	549	525	509			
	Chloroform	621,0	566	533	498				
Uroporphyrine I bzw. III	25 %ige HCl	596,6	578	554	511				
-methylester	Chloroform	626,2	599	581	571	537	501		
Koproporphyrine	Äther	623,9	597	578	568	529	480		
I bzw. III	25 %ige HCl	593,9	575	551					
-methylester	Chloroform	622,3	598	578	568	533	499		
Deuteroporphyrin	Äther	621,3	566	524	493				
	25 %ige HCl	591,0	548	404					
-methylester	Chloroform	620,2	565	533	498				
Ätioporphyrin	Äther	622,3	610	596	576	567	557		
	25 %ige HCl	545,1	528						

Tabelle 7. *Porphyrin-Fluorescenzspektren* (gemessen in Pyridin)[3].

Porphyrin	Banden (mμ)			
	α	β	γ	Hauptbande
Protoporphyrin .	706—696	689—677	669—657	649,3—618,5 634
Hämatoporphyrin	696—686	678—668	659—649	641,1—613,3 627,2
Mesoporphyrin .	694—684	677—666	656—646	639,8—608,3 624
Uroporphyrine .	696—688	678—669	660—651	638,5—615,4 626,9
Koproporphyrine	696—686	677—666	657—646	638,5—610,3 624,4
Ätioporphyrine .	693—684	677—668	656—645	637,1—610,3 623,7

Mitarbeitern[4] eine Bestimmungsmethode für Porphyrine ausgearbeitet worden, die auf der unterschiedlichen Fluorescenzintensität der Porphyrine bei verschiedenem p_H beruht. Sie gestattet nicht nur die Unterscheidung der verschiedenen Porphyrintypen, sondern

[1] DHÉRÉ, C., et J. AHARONI: Cr. **190**, 1499 (1930). — DHÉRÉ, C., et. O. BIERMACHER: C. R. Soc. Biol. **120**, 1162 (1935). Cr. **202**, 442 (1936). — DHÉRÉ, C., et E. BOIS: Cr. **183**, 321 (1926).

[2] STERN, A.: Z. physikal. Chem. (A) **174**, 332 (1935); **175**, **434** (1935). Angew. Chem. **49**, 55 (1936). — STERN, A., u. M. DEŽELIC: Z. physikal. Chem. (A) **176**, 347 (1936). — STERN, A., u. H. MOLVIG: Z. physikal. Chem. (A) **175**, 38 (1935); **176**, 209 (1936). — STERN, A., H. WENDERLEIN u. H. MOLVIG: Z. physikal. Chem. (A) **177**, 40 (1936).

[3] DHÉRÉ, C., u. E. BOIS: Cr. **183**, 321 (1926).

[4] FINK, H., u. W. HOERBURGER: H. **218**, 181; **220**, 123 (1933); **225**, 49 (1934); **232**, 28 (1935). — Vgl. auch JOPE, E. M., and J. R. P. O'BRIEN: Biochem. J. **38**, 239 (1945). — WALDENSTRÖM, J., H. FINK u. W. HOERBURGER: H. **233**, 1 (1935). — RIMINGTON, C.: Biochem. J. **37**, 137 (1943).

auch der isomeren Porphyrine, wie z. B. die 4 verschiedenen p_H-Fluorescenzkurven der Koproporphyrine I—IV zeigen. Die Ausführung der Methode erfordert jedoch viel Übung. Dazu sind reinste Substanzen nötig. Für Näheres sei auf die Originalliteratur verwiesen.

g) Porphyrinogene.

Wie viele Farbstoffe lassen sich die Porphyrine zu farblosen Leukoverbindungen reduzieren. Diese werden als *Porphyrinogene* bezeichnet[1]. In Übereinstimmung mit der Aufnahme von 3 Mol Wasserstoff in das Porphyringerüst enthalten diese Verbindungen 4 Pyrrolkerne, die durch $-CH_2$-Gruppen miteinander verbunden sind. Da dadurch die Konjugation der Doppelbindungen aufgehoben ist, ist auch der Farbstoffcharakter beseitigt. Diese Leukoverbindungen, die oft durch sehr gute Kristallisation ausgezeichnet sind, sind gegen Luftsauerstoff empfindlich und werden leicht zu den Porphyrinen dehydriert. [Dabei entstehen mitunter auch urobilinoide Verbindungen (vgl. Gallenfarbstoffe, S. 990).]

Die Porphyrinogene kommen auch in Gesellschaft der natürlichen Porphyrine vor. So liegt z. B. ein Teil der Uroporphyrine und Koproporphyrine in den Faeces und im Harn in Form der Porphyrinogene vor, teilweise erzeugt durch die reduktiven Systeme der Darmflora. Aber auch bei der Biosynthese der Porphyrine dürften die Uroporphyrinogene die Vorläufer der Uroporphyrine sein.

Chemisch dargestellt werden die Porphyrinogene durch Einwirkung von Jodwasserstoffsäure-Eisessig-Phosphoniumjodid auf Porphyrine (z. B. Mesoporphyrinogen[1] $C_{34}H_{42}O_4N_4$) oder auch durch Reduktion derselben mittels Palladiummohr als Katalysator (z. B. Uroporphyrinogen-octamethylester $C_{48}H_{60}O_{16}N_4$) sowie mit Natriumamalgam und Zink-Alkali[2].

h) Porphyrin-Metallkomplexe.

Näheres vgl. Kapitel 3, S. 917ff.

i) Molekülverbindungen der Porphyrine.

Die Porphyrine bilden — insbesondere mit Nitrophenolabkömmlingen — leicht Molekülverbindungen, die meist rot bis rotviolett gefärbt sind und gut kristallisieren. Die Molekülverbindungen der Porphyrine mit Styphninsäure, Pikrinsäure, Pikrolonsäure und Flaviansäure sind von TREIBS[3] näher untersucht worden. Obwohl diese Verbindungen interessante Eigenschaften zeigen, sind sie zu analytischen Zwecken bisher nicht herangezogen worden.

k) Isolierung der Porphyrine.

Bei der Isolierung der Porphyrine ist zu unterscheiden zwischen den ätherunlöslichen Uroporphyrinen und den ätherlöslichen Porphyrinen, zu denen Koproporphyrin, Protoporphyrin, Mesoporphyrin und Deuteroporphyrin gehören.

Zur Abtrennung der ätherlöslichen Porphyrine eignet sich allgemein die Methode der Extraktion des porphyrinhaltigen Materials mit eisessighaltigem Äther. So können Harn, Galle, Serum und Faeces mit diesem Lösungsmittelgemisch ausgezogen werden. Gewebe werden zweckmäßig vorher zerkleinert und eventuell getrocknet. Der Ätherlösung wird mittels Wasser die Essigsäure entzogen, und hierauf werden mit 5%iger Salzsäure die Porphyrine ausgeschüttelt. Durch Abstumpfen der Salzsäurelösung mit Natriumacetat und gleichzeitigem Ausschütteln mit Äther werden die Porphyrine wieder in diesen übergeführt. Diese Operation kann zur Reinigung mehrfach wiederholt werden. Schließlich kann man die Porphyrine durch Einengen des Äthers zur Kristallisation bringen. Man kann aber auch die Porphyrine aus der salzsauren Lösung durch Neutralisation der Säure zur Fällung bringen bzw. aus der Ätherlösung mit Natronlauge als Natriumsalze ausflocken.

[1] FISCHER, H., E. BARTHOLOMÄUS u. F. RÖSE: H. 84, 262 (1913).
[2] FISCHER, H., u. E. BARTHOLOMÄUS: B. 46, 511 (1913). — FISCHER, H., u. W. ZERWECK: H. **137**, 242 (1924). — FISCHER, H., u. P. HEISEL: A. **457**, 83 (1927).
[3] TREIBS, A.: A. **476**, 1 (1929). — TREIBS, A., u. P. DIETER: A. **513**, 65 (1934).

Sollten bei der Operation mit Salzsäure-Äther die Porphyrine vorzeitig ausflocken, so löst man die Flocken wieder in Salzsäure und überführt erneut in Äther.

Bei den Extraktionen mit Äther ist zu beachten, daß der Äther peroxydfrei ist. Dies erreicht man durch Stehenlassen des zu verwendenden Äthers über kristallisiertem Eisen(II)-sulfat (Ferrosulfat) oder über gekörnter Aktivkohle.

Außerdem ist zu beachten, daß die Ätherlösungen der Porphyrine nicht unnötig dem Licht ausgesetzt werden, insbesondere dem Sonnenlicht, da hierbei Zersetzungen und Oxydationen eintreten.

Endlich ist bei den Porphyrinextraktionen auf einen möglichen Gehalt des zu extrahierenden Materials an Metallionen zu achten, speziell Cu^{++} und Zn^{++}. Die Porphyrine könnten sonst leicht Metallkomplexe bilden und sich der üblichen Erfassung entziehen.

Zur Abtrennung der Porphyrine haben sich auch Adsorptionsverfahren, speziell unter Benutzung von Aluminiumoxyd oder Talkum[1] bewährt. Dabei werden die Uroporphyrine ebenfalls erfaßt. Für die Abscheidung der Uroporphyrine aus Harn kommt ferner die einfache Ausfällung mit Essigsäure in Betracht. Zur Extraktion aus festem Material eignet sich am besten Salzsäure.

Die Vorschriften zur Isolierung der einzelnen Porphyrine sind bei den jeweiligen Porphyrinen aufgeführt. Nachfolgend sollen auch Verfahren beschrieben werden, nach denen Porphyringemische aufgetrennt werden.

Isolierung der Porphyrine aus Harn.

1. Verfahren nach FISCHER[1]. Der Harn wird nach Ansäuern mit Eisessig (2 cm³ auf 100 cm³ Harn) mit dem gleichen Volumen Äther im Scheidetrichter ausgeschüttelt. Die wäßrige Schicht wird dann abgelassen und der porphyrinhaltige Äther durch Ausschütteln mit Wasser von der Essigsäure befreit. Die Porphyrine werden nun dem Äther mit 10—20 %iger Salzsäure entzogen. Dann wird die salzsaure Lösung mit Äther überschichtet und mit festem Natriumacetat bis zur kongoneutralen Reaktion abgestumpft. Die Porphyrine werden dabei vom Äther aufgenommen. Die Ätherlösung wird hierauf mit Wasser gewaschen und entweder mit 25 %iger HCl oder mit 0,1 n Natronlauge extrahiert. Die Porphyrine liegen dann in salzsaurer Lösung oder als Natriumsalze gelöst in Wasser vor, sofern sie nicht als schwerlösliche Natriumsalze ausgeflockt sind. — Diese Extraktionsmethode kann auch als Mikromethode benutzt werden.

Sollte der Harn Albumin enthalten, so ist oft eine scharfe Trennung zwischen wäßriger und Ätherphase durch Emulsionsbildung unmöglich. Um diese Schwierigkeit zu beseitigen, wird der Harn auf +4° C gebracht und mit Aceton von —5° C unter Rühren versetzt. Das dabei ausfallende Albumin wird durch Filtration abgetrennt. Das Porphyrin wird dann aus der wäßrigen Phase sowie aus dem getrockneten Niederschlag extrahiert. Die Beseitigung der Emulsion kann eventuell auch mittels Octylalkohol erreicht werden.

2. Verfahren nach WALDENSTRÖM (vgl. S. 898). Diese Isolierungsmethode ist auf die Erfassung der Uroporphyrine abgestellt.

3. RIMINGTONS *Methode* (vgl. S. 899). Sie dient zur chromatographischen Isolierung der Uroporphyrine und gleichzeitig zur quantitativen Bestimmung.

4. Methode nach DOBRINER[2]. Die Methode wird zur Isolierung und Trennung von Protoporphyrin, Deuteroporphyrin, Uroporphyrin und Koproporphyrin benutzt. Dabei wird wie üblich (vgl. 1.) eine salzsaure Lösung der Porphyrine gewonnen. Diese wird dann mit Natriumacetat neutralisiert. Das ätherunlösliche *Uroporphyrin* fällt aus, die anderen Porphyrine werden mit Äther ausgeschüttelt. Diese Ätherlösung wird nunmehr mit 5—10 %iger Salzsäure extrahiert. Aus dem salzsauren Extrakt wird das *Protoporphyrin* mit Chloroform ausgezogen. Die in der Salzsäure verbleibenden Porphyrine werden durch Neutralisieren der Säure mit Natriumacetat und Ausschütteln mit Äther wieder in diesen übergeführt. Nun wird der Äther mit 0,4 %iger Salzsäure extrahiert. Durch

[1] FISCHER, H.: Neuere Methoden der Isolierung u. d. Nachweises von Porphyrinen. Handb. biol. Arb.-Meth. Abt. I, Teil 2, S. 196, Abt. IV, Teil 5/I, S. 536.

[2] DOBRINER, K.: J. biol. Ch. **113**, 1 (1936).

Verdünnen derselben auf 0,2% und Ausschütteln mit Chloroform wird das *Deuteroporphyrin* isoliert. Die *Koproporphyrine* werden dann schließlich über Äther gewonnen.

Isolierung der Porphyrine aus Faeces.

1. FISCHERs *Methode*[1]. 10 g Faeces werden in einer Reibschale mit Eisessig verrieben. Dann wird Äther zugefügt. Nach Filtration wird die Ätherlösung in einem Scheidetrichter mit Wasser gewaschen und hierauf mit 10%iger Salzsäure extrahiert. Durch Neutralisation der salzsauren Lösung mit Natriumacetat werden die Porphyrine erneut in Äther übergeführt. Die Reinigung der Porphyrine über Salzsäure-Äther kann dann nochmals wiederholt werden. Um Fette und Cholesterin zu beseitigen, wird der erste Salzsäure-Extrakt mit Petroläther ausgeschüttelt. Die weitere Auftrennung der Porphyrine erfolgt dann nach SCHUMM[2], indem man die Ätherlösung mit 20%iger Salzsäure ausschüttelt. Aus diesem Auszug wird durch Ausschütteln mit Chloroform das *Protoporphyrin* gewonnen, zusammen mit kleinen Mengen *Deuteroporphyrin*. Die *Koproporphyrine* sind in Chloroform nicht löslich und können aus der salzsauren Lösung wieder in Äther übergeführt werden. Aus den Lösungen werden die einzelnen Porphyrine nach den üblichen Methoden (s. bei den entsprechenden Porphyrinen) isoliert. Die *Uroporphyrine* werden aus den Faeces mit einer Alkohol-Salzsäure-Mischung extrahiert.

2. Methode nach DOBRINER[3]. Man verfährt zuerst, wie unter 1. angegeben, bis zur Überführung der Porphyrine in Äther. Dann wird jedoch die Ätherlösung mit 20%iger Natronlauge geschüttelt. Dabei fallen die unlöslichen Natriumsalze von Protoporphyrin und Deuteroporphyrin aus, während *Koproporphyrin* in Lösung bleibt. Die ausgeflockten Natriumsalze werden abfiltriert und von dem Filter mit Eisessig oder mit 20%iger Salzsäure abgelöst. Aus diesen Lösungen werden die Porphyrine durch Abstumpfen mit Natriumacetatlösung und gleichzeitiges Ausschütteln mit Äther wieder in diesen übergeführt. Mit 0,6%iger Salzsäure kann nunmehr aus dem Äther das *Deuteroporphyrin* ausgezogen werden. Das *Protoporphyrin* bleibt in Lösung. Man erzielt somit eine Trennung von Koproporphyrin, Deuteroporphyrin und Protoporphyrin.

Isolierung der Porphyrine aus Serum.

Vgl. H. FISCHERs Methode zur Gewinnung von Protoporphyrin aus Serum S. 884.

Extraktion der Porphyrine aus Erythrocyten.

Vgl. Methode von GRINSTEIN und WATSON zur Extraktion des Protoporphyrins aus den Erythrocyten S. 884.

Extraktion der Porphyrine aus Galle.

Es wird die gleiche Methode wie bei der Serum-Extraktion verwandt und eine Ätherlösung der Porphyrine gewonnen. Da die Ätherlösung auch Gallenfarbstoffe enthält, wird die Überführung der Porphyrine aus der Ätherlösung in die Salzsäurelösung und wieder zurück einige Male wiederholt. Bei der Koproporphyrinbestimmung werden die Gallenfarbstoffe mittels Chloroform eliminiert.

Extraktion der Porphyrine aus Organen.

Vgl. Isolierung von Koproporphyrin aus Organen nach H. FISCHER, S. 905.

l) Nachweis, Identifizierung und quantitative Bestimmung der Porphyrine.

Von besonderer klinisch-diagnostischer Bedeutung ist die quantitative Bestimmung der Porphyrine. Ihr vorangehen muß selbstverständlich a) die Erkennung der Porphyrine selbst, b) die quantitative Isolierung derselben (aus Harn, Faeces, Serum, Galle, Erythrocyten usw.) sowie c) die Auftrennung der Porphyringemische in die einzelnen Individuen und d) die Identifizierung. Erst dann ist e) die quantitative Bestimmung sinnvoll.

a) Bei dem *Nachweis der Porphyrine nach klinischen Gesichtspunkten* unterscheidet man von vornherein zwischen den ätherunlöslichen Uroporphyrinen I und III und den

[1] FISCHER, H.: Handb. biol. Arb.-Meth. Abt. I. Teil 2, S. 196; Abt. IV, Teil 5/I, S. 536.
[2] SCHUMM, O.: Spektrochemische Analyse natürlicher organischer Farbstoffe. Jena 1937.
[3] DOBRINER, K.: J. biol. Ch. **120**, 115 (1937).

ätherlöslichen Koproporphyrinen I und III, Protoporphyrin, Mesoporphyrin, Hämatoporphyrin und Deuteroporphyrin. Zur Isolierung der vermuteten Porphyrine werden zweckmäßig die im Vorgehenden beschriebenen Methoden angewandt. Der erste Nachweis der Porphyrinnatur der vorliegenden Farbstoffe geschieht dann (ohne Isolierung) durch die Rotfluorescenz im UV. Weiter sind die Porphyrine durch ein sehr scharfes und definiertes Spektrum im sichtbaren Licht charakterisiert. Schließlich können die Porphyrine aus der ätherischen Lösung mittels Salzsäure ausgeschüttelt werden, ebenso auch (mit Ausnahme der Ätioporphyrine) mit Alkalilauge oder Ammoniaklösung. Mit Alkalilaugen werden dabei oft Ausfällungen der Porphyrin-Na- bzw. -K-Salze erzielt. Schließlich sind alle Porphyrine — mit Ausnahme der Ätioporphyrine — veresterbar und können dann mit verdünnten Alkalilösungen nicht mehr aus dem Äther extrahiert werden.

b) Isolierung der Porphyrine, vgl. S. 861.

c) Auftrennung der Porphyrin-Gemische, vgl. S. 898; 905.

d) Identifizierung der Porphyrine. Hierzu werden herangezogen:

1. der Schmelzpunkt der Methylester (vgl. Tabelle 4, S. 856);
2. die Salzsäure-Zahl (vgl. Tabelle 3, S. 855);
3. das Spektrum im Sichtbaren (vgl. Tabelle 6, S. 860);
4. das Fluorescenz-Spektrum im UV (vgl. Tabelle 7, S. 860);
5. die p_H-Fluorescenzkurve (vgl. S. 860);
6. das Röntgendiagramm (vgl. S. 857);
7. Papierchromatographie, Bestimmung der R_F-Werte (vgl. Tabelle 5, S. 857);
8. Molekülverbindungen;
9. Metallkomplexe (vgl. S. 917).

Die entsprechenden Daten sind meistens bei den betreffenden Porphyrinen nochmals aufgeführt.

Als eine weitere Methode zur Identifizierung der Porphyrine kann die Fluorescenzmikroskopie[1] herangezogen werden.

Zu d) 3. ist noch hinzuzufügen, daß bei Betrachtung der Porphyrinspektren im Sichtbaren zur raschen und sichersten Orientierung die Messung der I. Absorptionsbande in ätherischer Lösung dient. Dabei ist für Protoporphyrin die Lage dieser Bande bei 632 mμ kennzeichnend, für Deuteroporphyrin bei 621 mμ. Uroporphyrine, Koproporphyrine, Mesoporphyrin und Hämatoporphyrin sind mit ihrer Bande I bei 623 mμ nicht auseinanderzuhalten, wohl aber durch ihre Salzsäure-Zahlen bzw. durch besonderes Verhalten. So kann Hämatoporphyrin daran erkannt werden, daß es in konz. H_2SO_4 innerhalb 20 min sein Spektrum um 10 mμ nach Rot verschiebt (Protoporphyrinbildung!), was bei Koproporphyrin und Mesoporphyrin nicht möglich ist. Die Uroporphyrine können schon an ihrer Schwerlöslichkeit in Äther leicht erkannt werden.

e) Quantitative Bestimmungsmethoden für Porphyrine. Zur quantitativen Bestimmung der Porphyrine sind 1. colorimetrische, 2. spektrocolorimetrische, 3. spektrophotometrische und 4. fluorescenzphotometrische Methoden in Gebrauch.

Nötig ist selbstverständlich, die Porphyrine quantitativ aus dem zu untersuchenden Material zu isolieren und in reinster Form zur Messung zu bringen. Außerdem ist immer zu beachten, daß die Porphyrine nicht länger als nötig der Einwirkung von Lichtstrahlen ausgesetzt werden, denn sie sind lichtempfindlich.

1. Bei der *colorimetrischen Methode* ist eine Porphyrinkonzentration Voraussetzung, die eine deutliche Rotfärbung der Lösung hervorruft, das sind etwa 5 mg/*l*. Der colorimetrische Vergleich wird am besten in salzsaurer Lösung gegen einen Standard desselben Porphyrins in Salzsäure gleicher Konzentration vorgenommen. Die Salzsäurekonzentrationen sollen gleich sein, um Farbgleichheit zu gewährleisten und Spektrenverschiebungen zu vermeiden.

[1] Borst, M., u. H. Königsdörffer: Untersuchungen über Porphyrie. Leipzig 1929. — Haitinger, M.: Fluorescenzmikroskopie. Leipzig 1938.

2. *Spektrocolorimetrische Vergleichsmethode nach* Carrié *und* Schreus[1].

Prinzip:

Diese Methode beruht darauf, daß die Hauptabsorptionsbande eines Porphyrins in salzsaurer Lösung scharf ist und sich gut zum Vergleich mit derjenigen einer Standard-Porphyrinlösung eignet. An Stelle von reinem Koproporphyrin kann zum Vergleich auch eine Lösung von Mesoporphyrin oder Hämatoporphyrin benutzt werden. — Im Colorimeter tritt an Stelle des Okulars ein Spektroskop.

Reagentien:

1. Eisessig.
2. Äther.
3. HCl, 20%ig.
4. Porphyrin-Standard: Koproporphyrin (evtl. auch Mesoporphyrin bzw. Hämatoporphyrin), 1 mg-% in 5%iger HCl. Im Dunkeln für mehrere Wochen haltbar.

Ausführung:

Ein aliquoter Teil der Tagesharnmenge (etwa der 3. oder 5. Teil) wird mit Essigsäure schwach angesäuert (auf 100 cm³ Harn etwa 1—2 cm³ Eisessig), dann wird die gleiche Menge Äther zugegeben und im Scheidetrichter geschüttelt. Nun wird der Harn abgelassen und in derselben Weise nochmals extrahiert. Die vereinigten essigsauren Ätherlösungen werden dann im Schüttelrohr 6—8mal mit kleinen Mengen destillierten Wassers gewaschen. Hierauf wird dem Äther durch zweimaliges Ausschütteln mit je 1 cm³ 20%iger Salzsäure das Porphyrin entzogen. Die nun das Porphyrin enthaltende HCl-Lösung wird auf genau 2,5 cm³ aufgefüllt. Dann wird der Porphyringehalt spektrocolorimetrisch bestimmt, und zwar mittels des Authenrieth-Colorimeters. Dabei wird die zu bestimmende Porphyrin-HCl-Lösung in den Trog gefüllt, während der Keil die geeichte Koproporphyrin- oder Mesoporphyrinlösung enthält. Vor das im Authenrieth-Colorimeter befindliche Prisma wird nun ein Spektroskop gestellt, dessen Spaltlänge so groß sein muß, daß die Spektren sowohl der im Keil als auch der im Trog befindlichen Lösungen nebeneinander im Gesichtsfeld zu erblicken sind. Als Spektroskop ist ein Handspektroskop mit einer Spaltlänge von 10 mm ausreichend. Spaltbreite des Spektroskops, Lichtquelle und Abstand der Lichtquelle müssen immer konstant gehalten werden. Um den Bereich der abzulesenden Porphyrinwerte zu vergrößern, wird zweckmäßig ein Keil mit stärkerer Steighöhe und von folgenden Maßen verwendet: Länge 120 mm, Höhe 18 mm, Breite 20 mm. Durch Verschieben des Keils werden die beiden Spektren nunmehr in genaue Übereinstimmung gebracht, so daß man scheinbar nur das Spektrum einer Lösung zu sehen vermeint. Aus den abgelesenen Authenrieth-Werten erhält man in der zuvor gewonnenen Eichtabelle den Porphyringehalt in Gamma. Es können noch bis zu 5 γ in 2,5 cm³ HCl bestimmt werden. Bei sehr hohem Porphyringehalt wird entsprechend weniger Ausgangsmaterial genommen oder die gewonnene Porphyrin-HCl-Lösung auf das doppelte Volumen gebracht. Bei manchen zu untersuchenden Materialien (z. B. urobilinreichen Harnen) ist es nötig, die HCl-Lösung nochmals durch Rücküberführung des Porphyrins in Äther zu reinigen. Üblicherweise beträgt dabei der Porphyrinverlust etwa 20%, kann jedoch bei subtilem Arbeiten noch wesentlich vermindert werden.

Ein besonderer Vorteil der Methode liegt in einer gleichzeitigen spektroskopischen Identifizierung der Porphyrine, die zu bestimmen sind.

Eine andere spektrocolorimetrische Methode unter Benutzung eines Stufenphotometers mit Hilfe einer Hämatoporphyrinlösung als Standard wird von Vannotti und Neuhaus[2] beschrieben, insbesondere zur Messung von Koproporphyrinen und Uroporphyrinen.

---

[1] Carrié, C.: Die Porphyrine, ihr Nachweis, ihre Physiologie und Klinik. Leipzig 1936. — Vgl. auch Schreus, H. T., u. C. Carrié: Kli. Wo. **1933 I**, 146; **1931 I**, 1017. — Vgl. auch Watson, C. J.: J. clin. Invest. **16**, 383 (1937). — Tropp, C., u. A. Hofmann: B. Z. **292**, 74 (1937).

[2] Vannotti, A., u. E. Neuhaus: Quantitative Messungsmethoden der Porphyrine. Z. ges. exp. Med. **97**, 398 (1935).

Eine Methode der photoelektrischen Colorimetrie mit gebräuchlichen Lichtfiltern im sichtbaren Bereich ist von DOBRINER und Mitarbeitern[1] ausgearbeitet worden, desgleichen von GRINSTEIN und WATSON[2] für extrem geringe Mengen von Protoporphyrin. — Weitere spektrophotometrische Methoden für sichtbares Licht und UV vgl. [3].

3. Fluorescenzphotometrische Methoden der Porphyrinbestimmung.

FIKENTSCHER und Mitarbeiter[4] messen die Fluorescenzintensität der Porphyrine mit dem Zeiss-Stufenphotometer. Die außerordentlich empfindliche Methode ist folgende:

Reagentien:

1. Eisessig.
2. Äther.
3. HCl, 5%ig.
4. Koproporphyrin-Standard. Die auf der Mikrowaage eingewogene Menge Koproporphyrin wird, damit eine quantitative Lösung erfolgt, zunächst in konz. Salzsäure gebracht. Nach vollständiger Auflösung des Farbstoffes wird die Salzsäure mit dest. Wasser bis auf eine 5%ige HCl-Lösung verdünnt. (Es wird vorher, am besten durch Titration, errechnet, welche Mengen konz. HCl bzw. dest. Wasser verwandt werden müssen, um eine 5%ige HCl-Lösung zu erhalten.) Man kann auch den Koproporphyrin-tetramethylester für die Herstellung des Standards verwenden. Die Einwaage löst man in konz. Salzsäure. Nach etwa 1 Std ist die Verseifung vollständig. Der Koproporphyrinester-Wert muß auf den des freien Koproporphyrins umgerechnet werden. (Das Mol.-Gewicht von freiem Porphyrin ist 654,69, das des Koproporphyrinesters 710,73.) Eine Einwaage von x mg Koproporphyrin-tetramethylester entspricht also

$$x \frac{654,69}{710,73} \text{ mg freiem Koproporphyrin.}$$

Es empfiehlt sich, im allgemeinen nicht höher als 1 mg-%ige Stammlösungen für den Vergleichsstandard herzustellen. Für die meisten Untersuchungen eignen sich Vergleichslösungen mit nur 0,0375, 0,05 oder auch 0,075 mg-%iger Farbstoff-Konzentration sehr gut.

Ausführung:

Zu 30—100 cm³ der zu untersuchenden Flüssigkeit (Serum, Harn, Fruchtwasser) gibt man ein Fünftel des Volumens Eisessig. Nach kurzer Durchmischung schüttelt man mehrere Male mit je 50—100 cm³ Äther aus. Die vereinigten Ätherauszüge werden mit dest. Wasser so lange gewaschen, bis das Waschwasser blaues Lackmuspapier nicht mehr rötet. Hierauf wird der Ätherauszug zweimal mit je 2 cm³ 5%iger Salzsäure durchgeschüttelt. Die das Porphyrin enthaltenden salzsauren Auszüge werden quantitativ (der Scheidetrichter wird mit 1 cm³ 5%iger HCl nachgespült) in ein Meßkölbchen von 7 cm³ Inhalt gebracht. Der in der Salzsäure enthaltene Äther wird durch Erhitzen des Meßkölbchens im Wasserbad auf 60° entfernt. Hierauf wird mit 5%iger Salzsäure bis zur Eichmarke im Meßkölbchen aufgefüllt.

Apparatur:

Man benutzt für die Messung eine Analysenquarzlampe mit Schwarz-Uviolfilter als fluorescenzerregender Lichtquelle und das Zeißsche Stufenphotometer für die quantitative Erfassung der Fluorescenzintensität der Koproporphyrin-Salzsäure-Lösung, unter Vorschaltung des Filters L I. — Die beobachtete Fluorescenzintensität ist nur bei niederen Konzentrationen (Schichtdicken) der Konzentration (Schichtdicke) proportional. Die Durchführbarkeit fluorometrischer Konzentrationsbestimmungen ist jedoch grundsätzlich nicht an Proportionalität zu der Konzentration der Untersuchungsflüssigkeit gebunden,

[1] DOBRINER, K., u. W. H. STRAIN and S. A. LOCALIO: Proc. Soc. exp. Biol. Med. **36**, 752 (1937).

[2] GRINSTEIN, M., and C. J. WATSON: J. biol. Ch. **147**, 675 (1943).

[3] SCHUMM, O.: Z. ges. exp. Med. **106**, 252 (1939). A. e. P. P. **191**, 529 (1939).

[4] FIKENTSCHER, R.: B. Z. **249**, 257 (1932). — FIKENTSCHER, R., u. K. FRANKE: Kli. Wo. **1934 I**, 285; **1934 II**, 992; **1935 II**, 1758.

da stets der Gehalt der Untersuchungslösung auf einer empirisch aufgestellten Eichkurve abgelesen werden kann oder aber die stärker konzentrierten Porphyrinlösungen so weit verdünnt werden können, daß die Fluorescenzintensitäten im Bereich des linearen Anstiegs liegen. Die erhaltenen Meßwerte müssen dann auf die ursprüngliche Konzentration umgerechnet werden. Es besteht ferner die Möglichkeit, die Schichtdicke zu wechseln. Die Wahl der richtigen Schichtdicke wird am sichersten daran erkannt, daß die Messungen der zu untersuchenden fluoreszierenden Flüssigkeit mit einer Küvette von der doppelten und der halben Schichtdicke wiederholt werden. Im Bereich des linearen Anstiegs muß dann für die Fluorescenzintensität der doppelte bzw. halbe Wert gefunden werden. — FIKENTSCHER[1] gibt für die Lichtemission einer Lösung von Koproporphyrin in 5%iger Salzsäure im UV bei einer Schichtdicke von 10 mm folgende Kurven an (Abb. 1a u. b):

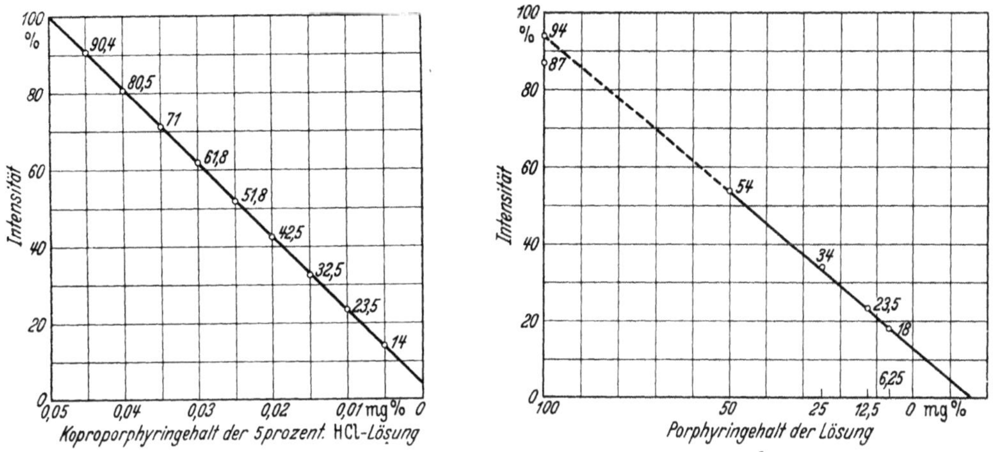

a b

Abb. 1 a u. b. Eichkurven zur Koproporphyrinbestimmung.

Berechnung:

Der bei der Messung der Koproporphyrin-Fluorescenzintensität erhaltene Mittelwert für die Farbstoffkonzentration in der untersuchten Salzsäurelösung gibt dann bei der Umrechnung nach der Formel $w \cdot m/a$ den Koproporphyringehalt der Ausgangsflüssigkeit in Milligrammprozenten an (w bedeutet den Mittelwert der Koproporphyrin-Konzentration in der Salzsäurelösung, m die Gesamtmenge der Salzsäurelösung im Meßkölbchen, a die Menge der Ausgangsuntersuchungsflüssigkeit.)

Beispiel: Es wurden 0,02 mg-% Koproporphyrin in der 5%igen HCl gemessen. Das Meßkölbchen war bis zur 7 cm³-Marke mit 5%iger HCl-Porphyrinlösung gefüllt. Das Porphyrin war aus 30 cm³ Harn extrahiert worden. $\frac{0,02 \cdot 7}{30} = 0,0046$. Der untersuchte Harn hat also einen Koproporphyringehalt von 0,0046 mg-%.

Die Methode gestattet im HCl-Auszug noch einen Porphyringehalt von 1 γ-% genau zu ermitteln.

Weitere Beispiele von Bestimmungsmethoden für Porphyrine werden beschrieben: S. 884 (Protoporphyrin); S. 900 (Uroporphyrin); S. 906 (Koproporphyrin) sowie Bd. V, S. 156 u. 231. Schließlich sei noch die Methode der Photographie der Porphyrin-Fluorescenzspektren von DHÉRÉ[2] angeführt. Für manche klinischen Zwecke ist auch die Bestimmungsmethode nach ZEILE und REUTER[3] gut geeignet.

m) Stoffwechsel der Porphyrine beim Menschen.

Das im menschlichen und tierischen Organismus vorhandene Porphyrin ist seiner Herkunft nach entweder „endogenes“ oder „exogenes“ Porphyrin. Während das endogene

[1] FIKENTSCHER, R.: B. Z. **249**, 257 (1933).
[2] DHÉRÉ, C., A. SCHNEIDER et T. VAN DER BOM: Cr. **179**, 351 (1924).
[3] ZEILE, K., u. F. REUTER: H. **221**, 101 (1933).

ein Produkt des Aufbaus von Blutfarbstoff und verwandten Verbindungen ist (Biosynthese, vgl. S. 853) bzw. Abbauprodukte derselben darstellt, ist das exogene mit der Nahrung aufgenommen oder auch durch die intestinale Flora gebildet worden. Selbstverständlich rechnen auch die Abbauprodukte des Chlorophylls hierzu, die im Verdauungstrakt entstehen (vgl. Chlorophyll, S. 935). Die exogenen Porphyrine können im Darm resorbiert werden. Als endogene Porphyrine können die Porphyrine der Reihen I und III vorkommen; und zwar sowohl bei den Uroporphyrinen als auch bei den Koproporphyrinen und den dazwischenliegenden Porphyrinen mit 5, 6 und 7 Carboxylgruppen, wie sie im Aufbau des Blutfarbstoffes entstehen. Als Abbauprodukte des Blutfarbstoffes können nur Porphyrine der Reihe III auftreten. Der Stoffwechsel der Porphyrine spielt sich im Knochenmark, in der Leber, der Milz und unter Umständen auch in der Haut ab. Die Ausscheidung der Porphyrine geschieht im Harn und mit den Faeces.

α) *Ausscheidung der Porphyrine im Harn.*

Im normalen Harn werden beim Menschen täglich ausgeschieden:

Uroporphyrin I 15—30 γ[1-3]
Uroporphyrin III Spuren
Koproporphyrin I 166+45 γ (beim Manne[4])
134±42 γ (bei der Frau[4])
Koproporphyrin III Spuren.

Natürlich variiert die Menge der ausgeschiedenen Porphyrine mit der Diät, der Lebensweise und gewissen konstitutionellen Faktoren. Die obengenannten Zahlen gelten für die Porphyrinausscheidung bei porphyrinarmer oder porphyrinfreier Kost. Auch Fleisch- und Blutgenuß erhöht die Menge der Harnporphyrine beträchtlich[5]. Eine Erhöhung wird auch beobachtet (oft bis zur doppelten Menge) bei Muskelanstrengungen[6].

Auch die Nierentätigkeit ist ausschlaggebend für die Ausscheidung der Porphyrine. Bei Sklerose der Nierengefäße wird Koproporphyrin nur in sehr kleinen Mengen gefunden. Auch bei Leberinsuffizienz ist oft die Harnporphyrin-Ausscheidung vermindert, während die Porphyrinproduktion vermehrt ist, wie der erhöhte Porphyrinspiegel im Blutplasma zeigt[7]. Bei Myokardinfarkt wird oft Koproporphyrinurie beobachtet[8].

Das vom Darm aus resorbierte Porphyrin erscheint zum Teil im Harn, wie durch perorale Gabe von Koproporphyrin nachgewiesen worden ist[9]. Bei Gallengangverschluß wurde Protoporphyrin gefunden, das durch Stauung der Galle in den großen Kreislauf gelangt sein dürfte.

Typisch ist der hohe Koproporphyringehalt des Harns nach Vergiftungen, wobei man von *echten Porphyrinurien* sprechen kann bzw. von „*symptomatischen*" *Porphyrinurien.* Sie treten auf bei Vergiftungen durch Blei (Ausscheidung von Koproporphyrin III), Schlafmittel (Sulfonal, Trional, Amylenhydrat, Chloralhydrat, Paraldehyd), Alkohol, Urethan, nach Serum- und Blutinjektionen, in geringem Maße auch bei Sulfonamiden und Barbitursäurederivaten (vgl. auch Experimentelle Porphyrie, S. 876). Tiere, die mit Tetrachlorkohlenstoff vergiftet sind, scheiden Koproporphyrin III in gleichen Mengen im Harn und in den Faeces aus. Bleivergiftete Ratten scheiden im Harn Koproporphyrin III

[1] NICHOLAS, R. E. H., and C. RIMINGTON: Scand. J. clin. Lab. Invest. **1**, 12 (1949).
[2] SCHWARTZ, S.: Veterans Admin. techn. Bull. TB 10—94 (1953).
[3] LOCKWOOD, W. H., and B. BLOOMFIELD: Austral. J. exp. Biol. med. Sci. **32**, 733 (1954). — BRUGSCH, J.: Z. ges. inn. Med. **2**, 71 (1947). — VANNOTTI, A., u. E. NEUHAUS: Z. ges. exp. Med. **97**, 398 (1935).
[4] SCHWARTZ, S., L. ZIEVE and C. J. WATSON: J. Lab. clin. Med. **37**, 843 (1951); **41**, 663 (1953). — DOBRINER, K., and C. P. RHOADS: New Engl. J. Med. **219**, 1027 (1938).
[5] BRUGSCH, J.: Z. ges. exp. Med. **95**, 471, 482 (1935); **98**, 49, 57 (1936). Ergebn. inn. Med. **51**, 86 (1936). Z. ges. inn. Med. **2**, 71 (1947). — VANNOTTI, A.: Porphyrine und Porphyrinkrankheiten. Berlin 1937.
[6] FRANKE, K., u. R. FIKENTSCHER: M. m. W. **1935 I**, 171.
[7] BRUGSCH, J.: Z. ges. inn. Med. **2**, 71 (1947).
[8] KESKOLO, P.: Ann. Med. internae fenn. **45**, Suppl. 24 (1956).
[9] FISCHER, H., u. H. HILMER: H. **153**, 167 (1926).

aus zusammen mit Porphobilinogen und höchstens einer Spur Koproporphyrin I[1]. Bei Bleivergiftung scheint die metabolische Störung zu einer Überproduktion von Porphobilinogen oder zu einer verminderten Verwertung desselben zur Koproporphyrin III-Synthese zu führen. Bei Bleivergiftung des Menschen werden 30% des Koproporphyrins als Typ III ausgeschieden[2].

Weiteres über toxische Porphyrinurien S. 868.

β) *Ausscheidung der Porphyrine in den Faeces.*

Die in den Faeces enthaltenen Porphyrine übertreffen in der Menge die Harnporphyrine regelmäßig. Zum Teil ist dies bedingt durch die Aufnahme von Porphyrinverbindungen mit blut- und chlorophyllhaltigen Nahrungsmitteln. Bei gemischter porphyrinarmer Diät werden normalerweise im Stuhl gefunden:

Koproporphyrin III 150—400 γ/die[3]
Koproporphyrin I 200—270 γ/die[4].

Bei normaler porphyrinreicher Kost tritt eine Erhöhung der Porphyrinausscheidung bis auf 1000 γ/Tag ein. Da von der Galle täglich etwa 300—600 γ Porphyrine in den Darm ausgeschieden werden[5], muß ein Teil der Porphyrine resorbiert und im Harn zur Ausscheidung kommen. Schließlich ist auch noch eine Synthese von Porphyrinen durch die Bakterienflora des Darmes in Betracht zu ziehen. Die Hauptmenge der Porphyrine im Darm dürfte allerdings aus den Nahrungsmitteln stammen, aus dem Hämoglobin, Myoglobin und Chlorophyll. Während aus dem Hämoglobin und dem Myoglobin durch Autolyse und Fäulnis Protoporphyrin und Deuteroporphyrin entstehen, werden aus dem Chlorophyll Rhodoporphyrin, Pyrroporphyrin und Phylloporphyrin sowie Phylloerythrin gebildet (Näheres vgl. Chlorophyll, S. 935).

Bemerkenswert ist der hohe Gehalt des Mekoniums an Koproporphyrin III. Es ist von der Galle ausgeschieden worden.

Nicht alle Porphyrine werden im Darm resorbiert. Während die „natürlichen" Porphyrine (z. B. Koproporphyrin und Protoporphyrin) leicht resorbiert werden, ist dies bei den nicht zum normalen Stoffwechsel gehörenden Porphyrinen nur in ganz geringem Maße der Fall. So wird z. B. Hämatoporphyrin nicht resorbiert. Peroral verabreicht, erscheint es nicht im Harn, sondern im Stuhl. Sollte eine Resorption doch stattgefunden haben, so wird es jedenfalls durch die Leber wieder in den Darm ausgeschieden[6]. Hämatoporphyrin, intravenös gegeben, erscheint nach wenigen Minuten in der Galle und bleibt immer unverändert. Uroporphyrin, peroral genommen, erleidet ebenfalls weder im Kreislauf noch im Darm eine Veränderung[7]. Koproporphyrin, peroral verabreicht, wird im Stuhl und Harn ausgeschieden; mit der Duodenalsonde gegeben, wird es gut resorbiert und ist in der Galle $^1/_2$—2 Std später nachzuweisen. Die Ausscheidung durch die Niere benötigt längere Zeit (bis zu 24 Std).

γ) *Porphyrinspiegel des Blutes.*

Das Blut enthält ebenfalls Porphyrine, jedoch nur in sehr geringen Mengen. Sie dürften aus dem enterohepatischen Kreislauf stammen, insbesondere das Koproporphyrin[8, 9]. Auch die Erythrocyten enthalten Porphyrin, und zwar Protoporphyrin[9]. Da

[1] COMFORT, A., and M. WEATHERALL: Biochem. J. **54**, 247 (1953).
[2] WEATHERALL, M.: Biochem. J. **52**, 683 (1952). — KENCH, J. E., R. E. LANE and H. VARLEY: Brit. J. industr. Med. **9**, 113 (1952). — SHIELS, D. O., G. R. PALMER, P. E. CORNISH and E. J. KAERLY: Med. J. Australia **40**, 171 (1953).
[3] JOPE, E. M., and J. R. P. O'BRIEN: Biochem. J. **37**, X (1943).
[4] DOBRINER, K., W. H. STRAIN and S. A. LOCALIO: Proc. Soc. exp. Biol. Med. **36**, 752 (1937). — Vgl. auch: DOBRINER, K.: J. biol. Ch. **120**, 115 (1937).
[5] BRUGSCH, J.: Z. ges. exp. Med. **95**, 471, 482 (1935); **98**, 49, 57 (1936).
[6] NEUBAUER, O.: A. e. P. P. **43**, 456 (1900).
[7] FISCHER, H.: M. m. W. **1923**, 1143.
[8] FISCHER, H., u. W. ZERWECK: H. **137**, 176 (1924).
[9] HIJMANS VAN DEN BERGH, A. A., u. W. GROTEPASS: Kli. Wo. **1933 I**, 586.

sie im Ultraviolett fluorescieren, werden sie „Fluorocyten" genannt[1]. Auch die Erythroblasten des Knochenmarks besitzen Protoporphyrin[2], die embryonalen Erythrocyten enthalten dazu noch Koproporphyrin und Uroporphyrin. Auch in den Reticulocyten ist Protoporphyrin vorhanden[3]. Der Protoporphyringehalt des Blutes beträgt 2 bis 20 γ/100 cm³ 100 % Hämoglobin konz.[4], wird oft aber auch höher gefunden und dürfte vielleicht im allgemeinen[5, 6] 40 γ in der gleichen Menge Hämoglobin wie oben betragen.

Das Protoporphyrin tritt vermehrt auf bei Fieber, Lebererkrankungen, Bleivergiftung, perniziöser Anämie und ADDISONscher Krankheit.

Auch freies Koproporphyrin ist in den Erythrocyten gefunden worden[7].

Porphyrine werden außerdem auf den Schleimhäuten, besonders des Mundes gefunden. Sie sind dort bakteriellen Ursprunges, ebenso wie auf der Mucosa der Vagina. Oft werden Porphyrine auch in der Umgebung der Hautporen gefunden. Schließlich zeigen die im Wachsen befindlichen Zähne, ebenso aber auch erkrankte Zähne durch Rotfluorescenz im UV die Existenz von Porphyrin an. Wie S. 880 näher beschrieben ist, scheint das Protoporphyrin als Katalysator bei den Verkalkungsprozessen des Skeletsystems und natürlich auch der Zähne eine Rolle zu spielen. Auch über die Deponierung der Porphyrine auf dem Skeletsystem wird S. 895; 897 Näheres gesagt. — Schließlich sei noch auf das Vorkommen von *Koproporphyrin* in der Amnionflüssigkeit sowie im Serum der Embryonen wie auch derNeu geborenen hingewiesen.

δ) Abbau des Blutfarbstoffes und der Porphyrine.

Der normale Abbau des Blutfarbstoffes (Protoporphyrin) erfolgt in den Zellen des reticuloendothelialen Systems — speziell der Leber — und endet in der Bildung der Gallenfarbstoffe. Diese werden in einem eigenen Kapitel beschrieben (S. 942).

n) Störungen im Porphyrin-Stoffwechsel des Menschen.

Abgesehen von der Erscheinung der Porphyrie, die in einem besonderen Kapitel (vgl. S. 874) behandelt wird, haben wir mit Störungen des Porphyrin-Stoffwechsels zu rechnen, einmal in der Blutbildungsstätte, dem Knochenmark, dann im Blute selbst, schließlich in der Leber und im gastrointestinalen System sowie in der Haut. Dazu kommen die Beeinflussungen des Porphyrin-Stoffwechsels durch Avitaminosen und durch Intoxikationen, sowohl infektiöser als auch rein chemischer Art.

In der Tabelle 8 S. 872 sind die wesentlichen pathologischen Erscheinungen mit den zugehörigen Änderungen des Porphyrin-Stoffwechsels zusammengestellt[1].

o) Biologische Wirkungen der Porphyrine.

Die Porphyrine verursachen im menschlichen und tierischen Organismus mannigfache Symptome, von denen in erster Linie zu nennen sind:

Die photosensibilisierenden Wirkungen. Sie wurden zuerst von HAUSMANN[8] am Hämatoporphyrin untersucht und an Mäusen demonstriert. Die Lichtreaktion ist in Übereinstimmung mit der Lage der Absorptionsmaxima des Sensibilisators von der Wellenlänge des eingestrahlten Lichtes abhängig. Sie ist bei UV-Belichtung wesentlich größer als bei langwelliger Bestrahlung. Wirksam sind die Wellenbereiche 490—580 mμ im Sichtbaren und 265—313 mμ sowie 250 mμ im UV (ELLINGER). Während bei dem Warmblüter die Phototoxicität mit der Anzahl der Carboxylgruppen im Porphyringerüst

---

[1] KELLER, C. J., u. K. A. SEGGEL: Folia haematol., Leipzig **52**, 241 (1934).
[2] BORST, M., u. H. KÖNIGSDÖRFFER: Untersuchungen über Porphyrie. Leipzig 1929.
[3] WATSON, C. J., and W. O. CLARKE: Proc. Soc. exp. Biol. Med. **36**, 65 (1937).
[4] SCHUMM, O., u. G. KNOP: Z. ges. exp. Med. **106**, 252 (1939).
[5] WARD, E., and H. L. MASON: J. clin. Invest. **29**, 905 (1950).
[6] VIGLIANI, E., e M. SANO: Folia med., Napoli **26**, 325 (1940).
[7] WATSON, C. J.: Arch. internal Med., Chicago **86**, 797 (1950).
[8] HAUSMANN, W.: Wien. klin. Wschr. **1909**, 1820; Strahlentherapie **28**, 81 (1928). — Vgl. auch CARRIÉ, C.: Strahlentherapie **46**, 697 (1933). — KÄMMERER, H., u. H. WEISBECKER: Ae.P.P. **111**, 263 (1926).

wächst, also mit der Reihe Protoporphyrin, Koproporphyrin, Uroporphyrin[1] (Deuteroporphyrin und Mesoporphyrin sind praktisch ohne Wirkung), ist die Empfindlichkeit von Paramäcien[2] umgekehrt. So sind Mesoporphyrin und Protoporphyrin hier besonders wirksam, während Koproporphyrin und Uroporphyrin unwirksam sind.

Selbstverständlich hängt die Lichtwirkung auch von der Dauer der Einstrahlung und der Konzentration der Porphyrine ab. So zeigen Mäuse je nach Art der Dosierung körperliche Unruhe, Reizerscheinungen an der Haut, Ödeme, Nekrosen, Haarausfall, und schließlich tritt bei akuter Einstrahlung nach wenigen Stunden der Tod ein. GÜNTHER[3] beobachtete Paralysen bei der Maus, EPPINGER und ARNSTEIN[4] sahen dieselben Phänomene bei Kaninchen und KAJDI[5] stellte bei Ratten Hyperthermie fest. PERUTZ[6] sowie HAUSMANN und ARZT[7] beschreiben vasculäre Läsionen am Kaninchenohr nach Hämatoporphyrin-Gabe.

Es sei an dieser Stelle bemerkt, daß eine amerikanische Eichhörnchenart (S. 895) keine Merkmale von Lichtempfindlichkeit zeigt, obwohl große Mengen von Uroporphyrin auf den Knochen der Tiere abgelagert sind.

Die photosensibilisierende Wirkung der Porphyrine im menschlichen Organismus hat MEYER-BETZ[8] in einem Selbstversuch gezeigt. Nach intravenöser Injektion von 0,2 g Hämatoporphyrin in 10 ml. 0,1 n NaOH zeigte die Haut bei Belichtung entzündliche Symptome, Rötung, Ödembildung und seröse Infiltrationen, die erst langsam verschwanden und starke Pigmentation verursachten. Photosensibilität bestand noch nach Wochen. — Ähnlich sind die Erscheinungen bei Fällen von Porphyrie, allerdings scheint hier eine Abhängigkeit der Lichteinwirkung von der Übereinstimmung der eingestrahlten Wellenlänge mit dem Absorptionsspektrum des Porphyrins nicht zu bestehen[9]. — Es wurde auch über Lichtdermatosen als Folge einer gesteigerten Porphyrinbildung durch eine pathologische Darmflora bei fehlender Porphyrinerhöhung im Harn berichtet[10]. — Subcutane Injektion von Porphyrinen oder auch intradermale verursachen — selbst in großen Dosen — selten Photosensibilität[11]. — Im übrigen ist der Grad der Photosensibilität auch von individuellen konstitutionellen Faktoren abhängig.

In vitro-Versuche mit Hämatoporphyrin ergaben eine gesteigerte Sauerstoffaufnahme bei Erythrocyten, die besonders bei Bestrahlung verstärkt wurde. Weiter konnte festgestellt werden, daß die anaerobe Glykolyse in Gewebekulturen bei Anwesenheit von Hämatoporphyrin durch UV-Bestrahlung zurückgedrängt wird, während in Abwesenheit des Porphyrins der gleiche Prozeß aktiviert wird.

Der Mechanismus der Photosensibilisierung ist noch unbekannt. Die Symptome allerdings weisen auf eine Proteinzerstörung hin[12-14].

Wirkung der Porphyrine auf den Kreislauf. Die Porphyrine haben mit der Zerstörung der Proteine eine weitgehende Wirkung auf das Gefäßsystem, sowohl durch lokale Vasodilatation als auch durch vasomotorische Störungen. Der arterielle Blutdruck wird stark beeinflußt und damit auch die Körpertemperatur. Der Blut-Sauerstoff nimmt ab und das Blut-Kohlendioxyd ist vermehrt. Die Wirkungen auf das Herz und Coronar-

[1] FISCHER, H., u. W. ZERWECK: H. **137**, 176 (1924).
[2] FISCHER, H., u. G. A. v. KEMNITZ: H. **96**, 309 (1916).
[3] GÜNTHER, H.: Ergebn. Path. **20**, 608 (1922).
[4] EPPINGER, H., u. A. ARNSTEIN: Z. klin. Med. **74**, 324 (1912).
[5] KAJDI, L.: B. Z. **170**, 201 (1926).
[6] PERUTZ, A.: Arch. Derm. Syph., Berlin **124**, 531 (1917).
[7] HAUSMANN, W., u. L. ARZT: Strahlentherapie **11**, 444 (1920).
[8] MEYER-BETZ, F.: Dtsch. Arch. klin. Med. **112**, 476 (1913).
[9] TURNER, W. J.: Arch. Derm. Syph., Chicago **37**, 549 (1938).
[10] URBACH, E.: Kli. Wo. **1938**, 304.
[11] ZELIGMAN, J.: Proc. Soc. exp. Biol. Med. **61**, 350 (1946).
[12] GAFFRON, H.: B. Z. **179**, 157 (1926).
[13] HILL, R., and H. F. HOLDEN: Biochem. J. **20**, 1326 (1926).
[14] BOYD, M. J.: J. biol. Ch. **103**, 249 (1933).

Tabelle 8.

1. Störungen durch Blutkrankheiten:	
Anämien:	
α) Anämien, aplastische, durch Störungen im erythropoetischen System	Geringe Koproporphyrinurie; im allgemeinen jedoch Sinken des Porphyrinspiegels in Blut, Harn und Knochenmark
β) Myeloische Leukämie	Koproporphyrin in Harn und Protoporphyrin im Blut vermehrt
γ) Hypochrome Anämie	Porphyrin-Vermehrung
δ) Hämolytische Anämie	Porphyrine gewöhnlich normal[1, 2]
ε) Perniziöse Anämie	Porphyrinurie, Koproporphyrin in Faeces vermehrt, desgl. Protoporphyrin in Blut und Knochenmark[3]
2. Störungen durch Leberkrankheiten:	
α) Intoxikationen (Sulfonal, Alkohol, Narkosen)[4]	Porphyrinurie (Koproporphyrin I und III)
β) Lebercirrhose	Porphyrinurie zeitlich vor der Urobilinurie
γ) Katarrhalischer Ikterus	Porphyrinurie zusammen mit dem Ikterus und der Bilirubinämie
δ) Epidemischer Ikterus	Porphyrinurie (Koproporphyrin I und III)
ε) Gelbe Leberatrophie	Porphyrinurie
ζ) Syphilitische Cirrhose	Porphyrinurie
η) Maligne Lebermetastasen	Porphyrinurie
ϑ) Hepatische Stauungen	Porphyrinurie
ι) Infektiöse Hepatitis	Koproporphyrin, Protoporphyrin, Deuteroporphyrin und Mesoporphyrin im Darm erhöht
3. Störungen im Magen-Darmkanal:	
α) Hämorrhagien	Vermehrung der Stuhlporphyrine-Deuteroporphyrin
β) Sprue	Deuteroporphyrin
γ) Carcinome (Magen und Darm)	Deuteroporphyrin
δ) Ulcus	Porphyrine im Darm normal
ε) Enteritis, akut und chronisch	Porphyrine im Darm normal
ζ) Achlorhydrie	Vermehrung der Porphyrine in den Faeces
4. Störungen bei Hautkrankheiten:	
α) Ekzeme[5]	Porphyrinurie
β) Polymorphes Erythem[6]	Porphyrinurie
γ) Skleroderma (Photosensibilisierung)[7]	Porphyrinurie
δ) Exoderma pigmentosum[8]	Porphyrinurie
ε) Epidermolysis bullosa	Porphyrinurie
ζ) Urticaria solare	Porphyrinurie
η) Pemphigus	Porphyrinurie
ϑ) Pityriasis rosea	Porphyrinurie
ι) Arsenik-Dermatitis	Porphyrinurie
κ) Vaccinoforme Hydroa[9]	Porphyrinurie
5. Störungen bei Avitaminosen:	
α) B_2-Avitaminose[10]	Allgemein erhöhte Porphyrin-Ausscheidung
β) Folsäure-Avitaminose (Sprue)	Vermehrung von Koproporphyrin im Harn, sowie Koproporphyrin und Deuteroporphyrin in den Faeces
γ) Pellagra, endemisch[11]	Koproporphyrinurie
Pellagra, alkoholisch[12]	Koproporphyrinurie
6. Störungen bei infektiösen Intoxikationen:	
α) Infektiös-fibröse Erkrankungen	Vermehrung des Harn-Koproporphyrins
β) Infektiöse Leberintoxikation[13]	Porphyrinurie

Tabelle 8. (Fortsetzung.)

7. Störungen bei chemischen Intoxikationen:	
Medikamentöse Intoxikationen[14, 15] (speziell Narkotica, Sulfonal, Trional, Veronal)	Koproporphyrinurie, Uroporphyrinurie
(Sulfonamide)[6, 16–20]	Porphyrinurie
(Salvarsan)[21]	Porphyrinurie
Chloroform[22]	Porphyrinurie
Anilin[18, 23]	Porphyrinurie
Benzol und Chlorbenzol[23, 24]	Porphyrinurie
Alkohol (bei chronischem Alkoholismus)[25]	Porphyrinurie
Phosphor[26]	Porphyrinurie
Quecksilber[27]	Porphyrinurie
Blei[28, 29]	Porphyrinurie

system wurden von verschiedenen Seiten untersucht, und zwar an Ratte[30, 31], Hund[31, 32], Frosch[33], Kaninchen[34].

Wirkung der Porphyrine auf den Verdauungstrakt. Von VANNOTTI[1] werden die verschiedenen Einwirkungen der Porphyrine auf den Magen- und Darmtrakt beschrieben. Im Gefolge der durch Bleivergiftung hervorgerufenen Porphyrin-Intoxikation treten

---

[1] Ausführliche Darstellung bei: VANNOTTI, A.: Porphyrine und Porphyrinkrankheiten. Berlin 1937. Porphyrins, Their Biological and Chemical Importance. London 1954. — BRUGSCH, J.: Porphyrine. Leipzig 1952.
[2] DOBRINER, K., and C. P. RHOADS: J. clin. Invest. **17**, 95 (1938).
[3] WATSON, C. J.: J. clin. Invest. **14**, 110 (1953).
[4] SCHREUS, H. T., u. C. CARRIÉ: Kli. Wo. **1934I**, 334. Strahlentherapie **40**, 340 (1931).
[5] GOESCHMANN, H. W., A. E. OSTERNBERG and C. SHEARD: Arch. Derm. Syph., Chicago **20**, 205 (1920).
[6] HÜBNER, K. H.: Arch. Derm. Syph., Berlin **174**, 38 (1936).
[7] KRAUSE, P.: Verh. dtsch. Ges. inn. Med. **1933**, 90.
[8] MACFARLAND, A. R., and W. H. STRAIN: Arch. Derm. Syph., Chicago **38**, 727 (1938). — ZOON, J. J.: Strahlentherapie **61**, 640 (1938).
[9] MATHEWS, F. P.: Arch. Path., Chicago **23**, 399 (1937).
[10] VANNOTTI, A.: Schweiz. med. Wschr. **74**, 309 (1944).
[11] ELLINGER, P., and L. DOJMI: Chem. & Industr. **13**, 507 (1935). — BECK, W., P. ELLINGER and P. D. SPIES: Quart. J. Med. **30**, 305 (1937). — DOBRINER, K., W. H. STRAIN and S. A. LOCALIO: Proc. Soc. exp. Biol. Med. **38**, 748 (1938).
[12] WATSON, C. J.: Proc. Soc. exp. Biol. Med. **39**, 514 (1938).
[13] DOBRINER, K.: J. biol. Ch. **113**, 1 (1936); **120**, 115 (1937). — WATSON, C. J.: Blood **1**, 99 (1946).
[14] JÜRGENS, R., u. J. WALDENSTRÖM: Nebenwirkungen von Arzneimitteln auf Blut und Knochenmark. S. 27 u. 36. Stuttgart 1957.
[15] GÜNTHER, H.: Ergebn. Path. **20**, 608 (1922).
[16] RIMINGTON, C., and A. W. HEMMINGS: Lancet **1938**, 770.
[17] SCHREUS, H. T., u. J. KRIEG: Arch. Derm. Syph., Berlin **182**, 417 (1941).
[18] RIMINGTON, C.: Proc. R. Soc. Med. **32**, 351, 1268 (1939).
[19] LEUTHARDT, F.: Schweiz. med. Wschr. **70**, 880 (1940).
[20] DELACHAUX, A., u. H. GRAUSAZ: Helv. med. Acta **10**, 203 (1943).
[21] CAVINA, C.: G. ital. Mal. vener. **58**, 263 (1917).
[22] CARRIÉ, C.: Die Porphyrine. Leipzig 1936.
[23] LÜTHY, F.: Verh. dtsch. Ges. inn. Med. **45**, 88 (1933).
[24] GELMAN, I.: Dtsch. Arch. klin. Med. **163**, 1 (1929).
[25] KOELSCH, F.: M. m. W. **1914**, 1126, 1869.
[26] BRUGSCH, J.: Z. ges. exp. Med. **99**, 585 (1936).
[27] LORENTE, L., u. H. SCHOLDERER: Arch. Verd.-Krankh. **59**, 188 (1936).
[28] VANNOTTI, A.: Porphyrine und Porphyrinkrankheiten. Berlin 1937. Porphyrins. London 1954.
[29] GÖTZEL, A.: Wien. klin. Wschr. **1911**, 1727.
[30] SMETANA, H.: J. exp. Med. **47**, 593 (1928).
[31] HOESCH, K.: Zbl. inn. Med. **63**, 321, 361 (1942).
[32] RASK, E., J. NORRIS and W. H. HOWELL: Amer. J. Physiol. **84**, 363 (1928).
[33] AMSLER, C., u. E. P. ICK: A. e. P. P. **82**, 86 (1918).
[34] SUBNIEWSKI, J. V.: J. Physiol., London **64**, 30 (1927).

schwere Störungen in den Intestinalfunktionen auf[1], wobei schwere Konstipationen mit wechselnden Spasmen und eine Atonie des Verdauungstraktes beobachtet werden können. Selbst in schwacher Konzentration[2] verursachen die Porphyrine Erhöhung des Tonus und Rhythmus des Darmes. Dabei nimmt die Wirkung von Hämatoporphyrin über Koproporphyrin zum Uroporphyrin ab. Atropin kann die Hyperperistaltik nicht herabsetzen. Ähnliche Beobachtungen sind auch bei der Katze gemacht worden[3].

Andere Wirkungen der Porphyrine. Wie schon andernorts beschrieben (S. 871; 895), findet sich oft Porphyrinablagerung auf den Knochen. Die Untersuchungen[4-7] über diese Erscheinung haben ergeben, daß zwischen dem Porphyrin-Stoffwechsel und dem Knochenaufbau (spez. Ossifikation) sowie dem Calcium und dem Calcium-Gleichgewicht enge Beziehungen bestehen. Es lassen sich so die Anwesenheit und der reversible Niederschlag der Porphyrine in den Bezirken der intensivsten Calcifizierung der Knochen verstehen und ebenso die Resorptionsstörungen bei Porphyrinen bei gleichzeitigen Störungen des Calciumstoffwechsels (Sprue). Es scheint, daß durch die Affinität der Porphyrine zum Calcium und damit zum Skeletsystem der Organismus in die Lage versetzt ist, Porphyrine dem Kreislauf zu entziehen und zu deponieren. Die Depotbildung ist reversibel und das Porphyrin kann durch Calcium und Phosphat wieder mobilisiert werden. Daß die Porphyrine auch Beziehungen zum Phosphorstoffwechsel haben, ist ebenfalls nachgewiesen worden[8].

Eine weitere Wirkung der Porphyrine besteht in der Stimulierung der erythropoetischen Funktion des Knochenmarks[9], insbesondere bei Anämien. Hämatoporphyrin per os oder auch injiziert erhöht nach einer mehrwöchigen Latenzzeit die Erythrocytenzahl beträchtlich. Damit verbunden sind Appetitanregung, Gewichtszunahme, Abnahme des Blutzuckers (bis zu 20%) und Änderungen in der Mentalität.

Porphyrine scheinen auch an der Regulierung verschiedener Phasen des intermediären Stoffwechsels beteiligt zu sein[10].

Von verschiedenen Seiten[11] ist die Bindungsfähigkeit der Porphyrine an Fibrinogen, Albumin und Globulin festgestellt worden. So wurde gefunden[12], daß sich Hämatoporphyrin und die Koproporphyrine I und III mit dem Serumalbumin verbinden, nicht aber die Uroporphyrine I und III. Es wird vermutet, daß die Porphyrin-Protein-Komplexe einen Schutz gegen die Photosensibilation darstellen[13].

p) Porphyrien.

Neben den symptomatischen Porphyrinurien treten pathologische Erscheinungen, ebenfalls mit vermehrter Porphyrinausscheidung verbunden, in verschiedenen Formen auf. Sie werden alle unter der Bezeichnung *Porphyrie* zusammengefaßt.

Hinsichtlich der Porphyrin-Ausscheidung unterscheiden sich diese Porphyrien in der Regel durch das Auftreten von Uroprophyrin im Harn von den Porphyrinurien. Die

[1] GÜNTHER, H.: Ergebn. Path. **20**, 608 (1922).
[2] REITLINGER, K., u. P. KLEE: A. e. P. P. **127**, 277 (1928).
[3] BOULIN, R., L. JUSTIN-BESANÇON et Y. GEFFROY: Nutrition, Paris **9**, 285 (1939).
[4] FIKENTSCHER, R., H. FINK u. E. EMMINGER: Kli. Wo. **1931 II**, 2036.
[5] FINK, H., u. W. HOERBURGER: H. **202**, 8 (1931).
[6] FRÄNKEL, E.: Virchows Arch. **248**, 125 (1924).
[7] POULSON, V.: Beitr. path. Anat. **48**, 346 (1910). — Vgl. auch MASSA, M., e G. BATTISTINI: Path., Genova **25**, 28 (1933).
[8] MARIQUE, P., et C. MELOT: C. R. Soc. Biol. **123**, 75, 280 (1936).
[9] HÜHNERFELD, J.: D. m. W. **1935**, 949. Die biologisch-klinische Bedeutung des Hämatoporphyrin-Nencki. Leipzig: 1941. — STRECKER, E. A., H. PALMER u. F. J. BRACELAND: Amer. J. Psychiatr. **13**, 1157 (1934); **93**, 361 (1936). — VINCHON, J.: Monde méd. **44**, 997 (1934). Progr. méd. **1935**, 1795.
[10] HINSBERG, K., u. R. MERTEN: B. Z. **302**, 103 (1939).
[11] THOMAS, J.: Bull. Soc. Chim. biol. **20**, 878 (1938). — BOYD, M. J.: J. biol. Ch. **103**, 249 (1933). — GAFFRON, H.: B. Z. **179**, 157 (1926).
[12] GILDEMEISTER, H.: Z. ges. exp. Med. **102**, 58 (1937).
[13] SHIBUYA, H.: Strahlentherapie **17**, 412 (1924). — RASK, E. N., and W. H. HOWELL: Amer. J. Physiol. **84**, 363 (1928).

klinische Forschung über Porphyrie beginnt mit H. GÜNTHER[1] 1911, der erstmals das Krankheitsbild einer Porphyrie umriß. Er bezeichnete sie als „Hämatoporphyria congenita". Weitere Krankheitsbilder wurden 1920 als „akute Hämatoporphyrie" beschrieben, eine andere Variante wurde 1922 als „chronische Porphyrie" klassifiziert. Nach vielfachen Abänderungen der Einteilung der Porphyrien wurde schließlich von J. J. WATSON und Mitarbeitern[2] (1951/54) eine neue Klassifizierung geschaffen:

Dabei werden unterschieden:

I. Porphyria erythropoetica.
II. Porphyria hepatica.
 a) intermittent acute porphyria,
 b) cutanea tarda,
 c) mixed or combined type,
 d) latent porphyria.

Neuerdings wurde von W. STICH[3] aufbauend auf dieser Einteilung auf Grund neuester klinischer und biochemischer Erfahrungen folgende neue Klassifizierung vorgenommen:

I. Erythropoetische Porphyrien.
 a) Kongenitale Porphyrie (Morbus Günther),
 b) Porphyrinämische Photodermatose.
II. Hepatische Porphyrien.
 a) Akute Porphyrie (idiopathische und toxische),
 b) chronische Porphyrie (Porphyria cutanea tarda),
 c) kombinierte Porphyrie,
 d) latente Porphyrie.
III. Myoporphyrie.
IV. Hereditäre Koproporphyrie.

Der Krankheitsbegriff der „Porphyrie" umfaßt Erkrankungen, die sich klinisch in charakteristischer Symptomatologie und biochemisch durch exzessive Ausscheidung von Uroporphyrinen und Koproporphyrinen bzw. deren Vorstufe Porphobilinogen und δ-Aminolävulinsäure äußern.

Über Zusammenfassungen vgl. [3-22].

---

[1] GÜNTHER, H.: Dtsch. Arch. klin. Med. **105**, 88 (1912).
[2] WATSON, C. J., P. T. LOWRY, R. SCHMID, V. HAWKINSON and S. SCHWARTZ: Trans. Ass. amer. Physicians **64**, 345 (1951).
[3] STICH, W.: Kongenitale und hereditäre Porphyrien; in: Moderne Probleme der Pädiatrie. Bd. III, 139. Basel, New York 1957.
[4] GÜNTHER, H.: Porphyrie. Neue dtsch. Kl., 4. Erg.-Bd., S. 256. Berlin u. Wien 1936.
[5] KÄMMERER, H.: Biologie und Klinik der Porphyrine. Verh. dtsch. Ges. inn. Med. **45**, 28 (1933).
[6] BORST, M., u. H. KÖNIGSDÖRFFER: Untersuchungen über Porphyrie, mit besonderer Berücksichtigung der Porphyria congenita. Leipzig 1929.
[7] CARRIÉ, C.: Die Porphyrine, ihr Nachweis, ihre Physiologie und Klinik. Leipzig 1936.
[8] VANNOTTI, A.: Porphyrine und Porphyrinkrankheiten. Berlin 1937. — VANNOTTI, A.: Porphyrins, their Biological and Chemical Importance. London 1954.
[9] WALDENSTRÖM, J.: Studien über Porphyrie. Acta med. scand. Suppl. 82 (1937).
[10] WATSON, C. J.: Porphyria. Adv. internal Med. **6**, 235 (1954).
[11] BRUGSCH, J.: Porphyrine. Leipzig 1952.
[12] BÉNARD, H., A. GAJDOS et M. TISSIER: Hémoglobine et Pigments apparentés. Paris 1949.
[13] RIMINGTON, C.: Acta med. scand. **143**, 161, 177 (1952). Endeavour **14**, 123 (1953).
[14] WATSON, C. J.: Porphyrin Metabolism in Diseases of Metabolism. 3. Aufl., S. 1079—1103. Philadelphia 1952.
[15] MUIR, H. M.: Biochem. Soc. Symp. Nr. 12, **4** (1954).
[16] MARKOVITZ, M.: Ann. internal Med. **41**, 1170 (1954); enthält die Literatur bis 1954.
[17] GRAY, C. H.: Post-Grad. med. J. **32**, 186 (1956).
[18] KARK, R. M.: Med. Clin. North Amer. **39**, 11 (1955).
[19] BARNES, H. D., and J. MARSHALL: Ann. Derm. Syph., Chicago **79**, 521 (1952).
[20] DEAN, G.: S.-Afric. med. J. **30**, 377 (1956).
[21] SUNDERMAN jr., F. W., and F. W. SUNDERMAN: Amer. J. clin. Path. **25**, 1231 (1955).
[22] WALDENSTRÖM, J.: 9. Mosbacher Coll. S. 156 (1958).

(Die Bezeichnung „Hämatoporphyrie“ wird nicht mehr gebraucht, da bewiesen ist, daß Hämatoporphyrin bei der Porphyrie nicht entsteht.)

In der folgenden Tabelle sind die klinischen und chemischen Befunde bei den drei wichtigsten Porphyrien zusammengestellt[1].

Tabelle 9.

Porphyrien	Befunde	
	klinisch	chemisch
	I. Erythropoetische Porphyrie	
Kongenitale Porphyrie	*Frequenz:* 1%. *Beginn:* Frühe Kindheit *Symptome:* Schwere progrediente Photodermatose, Milztumor, hämolytische Anämie. *Verlauf:* Schwer bis zum körperlichen Verfall.	Kein Porphobilinogen. Roter Harn. Koproporphyrin I- und Uroporphyrin I -urie bis 50 mg/die Koproporphyrin I in den Faeces vermehrt. Uroporphyrin I in den Erythrocyten bis zu 500 γ/100 cm³. Uroporphyrin I und Koproporphyrin I im Knochenmark bis zu 3000 bzw. 500 γ/cm³.
	II. Hepatische Porphyrien:	
a) Akute Porphyrie	*Frequenz:* 60—70%. Weibliches Geschlecht bevorzugt. *Beginn:* 20.—40. Lebensjahr. *Symptome:* Abdominale und nervöse Störungen, Spasmen, Koliken, Paresen, Paralysen, hepatische Dysfunktion. *Verlauf:* Schubweise chronischer Verlauf, akut lebensgefährlich durch Atemlähmung.	Harn normal oder rot, enthält Porphyrinogen bis 100 mg/die und δ-Aminolävulinsäure bis 40 mg/die. Uroporphyrin III im Harn erhöht. Knochenmark normal. Uroporphyrin III im Plasma.
b) Chronische Porphyrie	*Frequenz:* 30—40%. *Beginn:* 40.—60. Lebensjahr, männliches Geschlecht bevorzugt. *Symptome:* Leichte Photodermatose, Leberschäden, Hyperpigmentation, Leberinsuffizienz. *Verlauf:* Protrahierter Verlauf mit Reduktion des Allgemeinbefindens.	Porphyrinurie; Koproporphyrin I und III sowie Uroporphyrin I und III.

Experimentelle Porphyrie. Ein interessanter Befund zum Problem der Porphyrie wurde von R. Schmid und S. Schwartz[2] gemacht mit der Beobachtung, daß Allylisopropylacetylcarbamid („Sedormid“) bei Kaninchen eine Störung des Porphyrinstoffwechsels hervorruft, der mit Ausscheidung von Porphobilinogen und großen Mengen an Porphyrin der menschlichen akuten Porphyrie nahekommt. Goldberg und Rimington[3, 4] fanden eine gleiche Wirkung auch beim Allylisopropylacetamid, das keine hypnotischen Eigenschaften hat.

Da die Leber der Sitz der Störung ist, sind die Porphyrine hauptsächlich vom Typ III. Sedormid verursacht einen starken Abfall der Leberkatalase durch Blockierung ihrer Bildung, während die anderen Häm-Fermente der Leber ziemlich unberührt bleiben[5]. Es ist naheliegend, daß eine Erhöhung der Menge an „grünem Porphyrin“ in der Leber

[1] In Anlehnung an W. Stich: Moderne Probleme der Pädiatrie. Bd. III, S. 148. Basel, New York 1957.
[2] Schmid, R., and S. Schwartz: Proc. Soc. exp. Biol. Med. **81**, 685 (1952).
[3] Goldberg, A.: Biochem. Soc. Symp. Nr. **12**, S. 27 (1945).
[4] Goldberg, A., and C. Rimington: Proc. R. Soc. London (B) **143**, 257 (1955).
[5] Schmid, R., S. Schwartz, J. Figen and M. Koefer: J. Lab. clin. Med. **42**, 947 (1953). — Schmid, R., J. Figen and S. Schwartz: J. biol. Ch. **217**, 263 (1955).

der Versuchstiere mit dem Schwund der Katalase zusammenhängt[1]. Weitere pharmakologische Studien sind an Verbindungen gemacht worden, die mit Sedormid verwandt sind[2, 3]. Dabei zeigte sich, daß den Stoffen, die die Porphyrie verursachen, folgendes gemeinsame chemisch-strukturelle Prinzip zukommt:

$$H_2C{=}CH{-}CH_2{-}\overset{\displaystyle H(R'')}{\underset{\displaystyle R}{C}}{-}CO{-}NH{-}R'$$

Von STICH und DECKER[3], die ebenfalls eine große Zahl von entsprechenden Verbindungen geprüft haben und die Ergebnisse bestätigen, wird für die Porphyrie erzeugenden Substanzen (in Anlehnung an den Ausdruck „Carcinogene") die Bezeichnung „Porphyrogene" vorgeschlagen.

Nach TALMAN und Mitarbeiter[4] reagieren Hühnerembryonen auf Sedormid ebenfalls mit Porphyrie. Dabei wurde festgestellt, daß mit dem Anstieg der Porphyrine eine Einschränkung der Purin-Synthese bei Sedormid-Gabe parallel geht[5]. Weitere Literatur vgl.[6].

Porphyrine und Krebs. Bemerkenswert sind Untersuchungen über den Zusammenhang zwischen dem Porphyringehalt und der Malignität von Geweben. So finden SCHWARTZ und Mitarbeiter[7] sowie BINGOLD, STICH und CRAMER[8], daß die Hämin-Enzyme Katalase und Cytochrom c im Tumorgewebe in ihrem üblichen Gehalt stark reduziert sind und daß meist Porphyrine völlig fehlen. Es wird daraus geschlossen, daß die maligne Zelle zur Porphyrinbildung nicht imstande ist und daß damit auch die verminderte respiratorische Fähigkeit des Tumors zusammenhängt. Während RASMUSSEN-TAXDAL und Mitarbeiter[9] feststellen, daß intravenös verabreichtes Hämatoporphyrin schnell von den Tumorgeweben aufgenommen wird, findet KENNEDY[10], daß alle rasch wachsenden Gewebe (normal und neoplastisch) intravenös gegebenes Hämatoporphyrin speichern, dies also keine spezielle Eigenschaft des Tumorgewebes darstellt.

2. Porphyrine, Spezieller Teil.

α) Protoporphyrin (= Protoporphyrin IX, Ooporphyrin, „KÄMMERERs Porphyrin", 1,3,5,8-Tetramethyl-2,4-divinyl-porphin-6,7-dipropionsäure).

Historisches. Das Protoporphyrin (Formel vgl. S. 851), die eisenfreie Stammsubstanz des Blutfarbstoffes, ist erstmals 1923 von KÄMMERER[11] durch Einwirkung von Darmbakterien auf Blut erhalten worden, nachdem es schon 1916 durch HOAGLAND[12] bei der sterilen Autolyse des Muskelfleisches beobachtet worden war. Die Darstellung des Protoporphyrins in kristallisierter Form und seine Identifizierung als das dem Hämin zugrunde liegende Porphyrin gelang dann FISCHER, teils gemeinsam mit KÄMMERER[13], teils in

[1] SCHWARTZ, S.: Fed. Proc. **14**, 717 (1955).
[2] GOLDBERG, A., and C. RIMINGTON: Proc. R. Soc. London (B) **143**, 257 (1955).
[3] STICH, W.: Verh. dtsch. Ges. inn. Med., **60**, 513 (1954). — STICH, W., u. P. DECKER: Naturwiss. **42**, 101 (1955). — GOLDBERG, A.: Biochem. J. **57**, 55 (1954). — TALMAN, E. L., R. F. LABBE and R. A. ALDRICH: Fed. Proc. **14**, 390 (1955). — STICH, W.: Kli. Wo. **1958 I**, 386.
[4] TALMAN, E. L., J. D. CASE, R. A. NEVE, R. F. LABBE and R. A. ALDRICH: J. biol. Ch. **212**, 663 (1955).
[5] LABBE, R. F., E. L. TALMAN and R. A. ALDRICH: Fed. Proc. **14**, 214 (1955).
[6] WOLSTENHOLME, G. E. W., u. E. C. P. MILLAR: Porphyrin Biosynthesis and Metabolism. S. 196, 209, 229, 245, London 1955.
[7] SCHWARTZ, S., K. ABSOLON and H. VERMUND: Univ. Minn. med. Bull. **27** (1955).
[8] BINGOLD, K., W. STICH u. H. CRAMER: Z. Krebsforsch. **57**, 653 (1951).
[9] RASMUSSEN-TAXDAL, D. S., G. E. WARD and H. J. FIGGE: Cancer, N. Y. **8**, 78 (1955).
[10] KENNEDY, G. Y.: Diss. Sheffield, Engl. 1953.
[11] KÄMMERER, H.: Arch. klin. Med. **145**, 257 (1924). M. m. W. **70**, 1144 (1923). Kli. Wo. **1923 II**, 1153.
[12] HOAGLAND, R.: J. agric. Res. **7**, 41 (1916) [C. **1917 I**, 76].
[13] FISCHER, H., H. KÄMMERER u. A. KÜHNER: H. **139**, 107 (1924).

gemeinsamer Arbeit mit seinen Schülern[1]. Von FISCHER[1, 2] ist später nachgewiesen worden, daß Protoporphyrin auch nach mehrwöchiger Gabe von Blut oder bluthaltiger Nahrung in den normalen Faeces auftritt. Auch in diesem Falle war bereits schon vorher von STOKVIS[3] die Bildung dieses Farbstoffes festgestellt worden. Allerdings war es nicht gelungen, ihn in kristallisierter Form zu erhalten und als Protoporphyrin zu charakterisieren. Schließlich ist von SCHUMM[4] in Anlehnung an ältere Befunde von F. HOPPE-SEYLER gezeigt worden, daß Protoporphyrin auch bei der Behandlung von Blut mit Salzsäure (hohe Konzentration[5]) entsteht.

Das natürliche Vorkommen des Protoporphyrins wurde erstmals von DERRIEN[6] nachgewiesen, und zwar in der HARDERschen Drüse der Nagetiere des Genus mus. Von FISCHER und KÖGL[7] wurde das Porphyrin erstmals aus gefleckten Eierschalen von im Freien brütenden Vögeln kristallisiert isoliert (Ooporphyrin). Das Vorkommen in pflanzlichem Material (vgl. unten) ist von FISCHER und Mitarbeitern[8] sowie von SCHUMM[9] erstmals bewiesen worden.

Die Konstitution von Protoporphyrin wurde von FISCHER und seiner Schule[10] aufgeklärt und von FISCHER und ZEILE[11] durch Totalsynthese bewiesen.

Schließlich ist in der neuesten Zeit auch der Mechanismus der biologischen Synthese von Protoporphyrin durch SHEMIN, RITTENBERG u. a. (vgl. Biosynthese des Blutfarbstoffs, S. 853) aufgeklärt worden. Auf GRANICK geht die Entdeckung des Protoporphyrins als Zwischenprodukt bei der biologischen Synthese von Chlorophyll zurück (vgl. Chlorophyll, S. 936, Anm. 2).

Vorkommen. Neben dem ausgedehnten Vorkommen von Protoporphyrin in Form seines Eisenkomplexsalzes, des *Häm*, findet sich das eisenfreie Protoporphyrin in der Natur weit verbreitet, sowohl im tierischen Organismus als auch in der Pflanzenwelt. Es findet sich überall, wo sich Aufbau und Abbau des Blutfarbstoffes vollziehen. So ist sein Vorkommen im Knochenmark als einer der Bildungsstätten des roten Blutfarbstoffes selbstverständlich. Dann ist es überall dort vorhanden, wo sekundär Eisen aus Blutfarbstoff abgespalten wird. — Ein wichtiges normales Vorkommen von Protoporphyrin ist das in den Erythrocyten, wie von HIJMANS VAN DEN BERGH und Mitarbeitern[12] gefunden und von anderer Seite vielfach bestätigt worden ist[13]. Normale Erythrocyten enthalten 2—20 γ je 100 cm^3. Von CARTWRIGHT und Mitarbeitern[14] werden allerdings 20—50 γ je 100 cm^3 angegeben. Noch höhere Werte (vgl. LAGEDER[13]) dürften irrtümlich sein. Stärker protoporphyrinhaltige Erythrocyten, sog. „Fluorescyten", stellen normal

[1] FISCHER, H., u. K. SCHNELLER: H. **135**, 253 (1924). — FISCHER, H., u. F. LINDNER: H. **145**, 202 (1925).
[2] FISCHER, H., u. K. SCHNELLER: H. **130**, 302 (1923). — Vgl. auch SCHUMM, O.: H. **132**, 34; **133**, 308 (1924).
[3] STOKVIS, B. J.: Ned. Natur- en Geneesk. Congr. 1899. — Vgl. auch GARROD, J.: Lancet **1900**, 1323, sowie SNAPPER, J., u. J. J. DALMEIER: Arch. Verd.-Krankh. **25**, 230 (1919). D. m. W. **1921**, 985.
[4] SCHUMM, O.: H. **132**, 34 (1924). — Vgl. auch PAPENDIECK, A.: H. **134**, 158 (1924).
[5] FISCHER, H., u. K. SCHNELLER: H. **135**, 265 Anm. (1924).
[6] DERRIEN, E., et J. TURCHINI: C. R. Soc. Biol. **91**, 637 (1924) [C. **1924 II**, 2671].
[7] FISCHER, H., u. F. KÖGL: H. **131**, 241 (1923); **138**, 262 (1924). — Vgl. auch FISCHER, H., u. F. LINDNER: H. **142**, 141 (1925). — FISCHER, H., u. R. MÜLLER: H. **142**, 155 (1925).
[8] FISCHER, H., u. H. FINK: H. **140**, 57 (1924). — FISCHER, H., u. H. HILMER: H. **153**, 167 (1926). — FISCHER, H., u. F. SCHWERDTEL: H. **159**, 120 (1926).
[9] SCHUMM, O.: H. **152**, 147; **154**, 171 (1926).
[10] Vgl. FISCHER, H., u. H. ORTH: Die Chemie des Pyrrols. Bd. II/1, S. 390ff. Leipzig 1937.
[11] FISCHER, H., u. K. ZEILE: A. **468**, 98 (1929).
[12] HIJMANS VAN DEN BERGH, A. A., W. GROTEPASS u. F. E. REVERS: Kli. Wo. **1932 II**, 1534. — BOAS, I.: Kli. Wo. **1933 I**, 589.
[13] FISCHER, H.: Verh. dtsch. Ges. inn. Med. **45**, 1 (1933). — KÄMMERER, H.: Verh. dtsch. Ges. inn. Med. **45**, 28 (1933). — LAGEDER, K.: Kli. Wo. **1936 I**, 296. — ROTH, E.: Dtsch. Arch. klin. Med. **178**, 185 (1935). — SCHREUS, H. T.: Kli. Wo. **1934 I**, 121, 334. — SCHUMM, O.: H. **142**, 209 (1925). A. e. P. P. **191**, 529 (1939). — VANNOTTI, A.: Porphyrine und Porphyrinkrankheiten. Berlin 1937.
[14] CARTWRIGHT, G. E., M. A. LAUNTSEN, P. J. JONES, J. M. MERRIL and M. M. WINTROBE: Science, N. Y. **103**, 72 (1946). J. clin. Invest. **25**, 65, 81 (1946).

0,1 % der roten Blutzellen dar. Unter pathologischen Bedingungen können bis zu 5 % der Erythrocyten als „Fluorescyten" auftreten. Bei der perniziösen Anämie erreicht die maximale Protoporphyrin-Konzentration nach Einsetzen der Lebertherapie 20—60 γ je 100 cm³ Blutzellen und fällt dann bei fortgesetzter Behandlung[1] auf 8—30 γ je 100 cm³.

Bei Bleiintoxikation steigt der Protoporphyringehalt der Erythrocyten auf den hohen Wert von etwa 200—1000 γ je 100 cm³ (s.[2]). In anderen Fällen wurden aber nur 40—50 γ je 100 cm³ gefunden, dafür aber mehr Protoporphyrin im Plasma[3]. Der Protoporphyringehalt der Blutkörperchen steigt auch bei Fieber und katarrhalischem Ikterus[6]. Ebenfalls hohe Werte treten bei Eisenmangel[5] und bei chronischen Infektionen auf[4], desgleichen bei ADDISONscher Krankheit. THOMAS[7] fand Protoporphyrin in den Ganglien bei bestimmten Fällen von myeloider Leukämie und in 2 Fällen von Chlorom. KLÜVER[8] stellte neben Koproporphyrin kleine Mengen von Protoporphyrin in der weißen Substanz des Nervensystems des Menschen und der warmblütigen Tiere fest. Es scheint nur in den Bezirken vorzukommen, in denen wenig oder kein Cytochrom c vorhanden ist, vornehmlich in den sensorischen Nerven. POLICARD[9] beobachtete die Anwesenheit von Protoporphyrin bei den in der Regression befindlichen Gelbkörpern. Weiter kommt es im Muskelfleisch sowie im Knochenmark nach perniziöser Anämie[10] vor. Schließlich hat RIMINGTON[11] Protoporphyrin in Schafleber aufgefunden. Auch findet sich Protoporphyrin in den Rändern der Placenta von Ratte und Maus während der zweiten Hälfte der Gestation[12]. Es scheint hierbei kein Abbau zu Gallenfarbstoff einzutreten im Gegensatz zur Hundeplacenta, deren Säume durch Biliverdin intensiv grün gefärbt sind.

Das natürliche Vorkommen von Protoporphyrin wurde erstmals von DERRIEN[13] in den HARDERschen Drüsen der Nagetiere des Genus mus nachgewiesen.

Im menschlichen Harn und in den Faeces kommt physiologisch kein Protoporphyrin vor, während z.B. im Rattenkot[14] erhebliche Mengen zu finden sind. Nach Blutgenuß oder auch nach Blutungen im Magen-Darmkanal findet sich Protoporphyrin (neben Koproporphyrin I) jedoch auch in menschlichen Faeces[15]. Auch im faulenden Blut entsteht Protoporphyrin[16]. Auf diese Entdeckung KÄMMERERs gründet sich die frühere — heute nicht mehr gebräuchliche — Bezeichnung „KÄMMERERs Porphyrin". Auch bei der Fäulnis von Fleisch bildet sich Protoporphyrin neben Deuteroporphyrin[17], ebenso bei der Autolyse der Hefe[18].

[1] KELLER, C. J., u. K. A. SEGGEL: Folia haematol., Leipzig **52**, 241 (1934). — SEGGEL, K. A.: Kli. Wo. **1936 I**, 574; **1937 I**, 382. — MÜLLER-NEFF, H.: Folia haematol., Leipzig **56**, 18 (1937). — CHYTREK, E.: Kli. Wo. **1940**, 1321. — VIGLIANI, E., e B. SONZONI: Arch. Sci. med., Torino **65**, 363 (1938).
[2] VIGLIANI, E., u. C. ANGELERI: Kli. Wo. **1936 I**, 700. Clin. med. ital. **65**, 1 (1934). — VIGLIANI, E., u. J. WALDENSTRÖM: Dtsch. Arch. klin. Med. **180**, 182 (1937).
[3] KENCH, J. E., A. E. GILLAM and R. E. LANE: Biochem. J. **36**, 384 (1942).
[4] BOAS, I.: Kli. Wo. **1933 I**, 589. — VIGLIANI, E., e E. SONZONI: Arch. Sci. med., Torino **65**, 363 (1938).
[5] WATSON, C. J.: Blood **1**, 99 (1946).
[6] CARTWRIGHT, G. E., M. A. LAURITSEN, P. J. JONES, J. M. MERRIL and M. M. WINTROBE: Science, N. Y. **103**, 72 (1946).
[7] THOMAS, J.: Bruxelles-méd. **16**, 1454 (1936).
[8] KLÜVER, H.: Science, N. Y. **99**, 482 (1944).
[9] POLICARD, A.: Cr. **179**, 1287 (1924).
[10] SCHUMM, O.: H. **133**, 298 (1924); **147**, 184 (1925).
[11] RIMINGTON, C.: Biochem. J. **32**, 460 (1938).
[12] THOMAS, J.: Bull. Soc. Chim. biol. **20**, 635 (1938).
[13] DERRIEN, E.: C. R. Soc. Biol. **91**, 643 (1924).
[14] RIMINGTON, C., and A. W. HEMMINGS: Lancet **1938**, 770.
[15] FISCHER, H., u. K. SCHNELLER: H. **130**, 302 (1923). — SCHUMM, O.: H. **133**, 308 (1924). Vgl. auch SNAPPER, J., u. J. J. DALMEIER: D. m. W. **1921 I**, 985. — PAPENDIECK, A.: H. **128**, 109 (1923).
[16] FISCHER, H., H. KÄMMERER u. A. KÜHNER: H. **139**, 107 (1924). — KÄMMERER, H.: A. e. P. P. **88**, 247 (1920). Dtsch. Arch. klin. Med. **145**, 257 (1924).
[17] SCHUMM, O.: H. **141**, 153 (1924); **147**, 184 (1925). — SCHUMM, O., u. E. MERTENS: H. **156**, 61 (1926). — FISCHER, H., u. F. LINDNER: H. **161**, 17 (1926). — FISCHER, H., u. K. SCHNELLER: H. **135**, 253, 293 (1924). — FISCHER, H.: H. **152**, 144 (1926).
[18] FISCHER, H., u. J. HILGER: H. **138**, 288 (1924). — FISCHER, H., H. KÄMMERER u. A. KÜHNER: H. **139**, 107 (1924). — Vgl. auch MAYER, R. M.: H. **177**, 47 (1928).

Biologisch bemerkenswert ist, daß der rote Farbstoff der gefleckten Eierschalen zahlreicher im Freien brütender Vögel ebenfalls überwiegend Protoporphyrin darstellt. Für diesen Farbstoff wurde früher die Bezeichnung „Ooporphyrin" gebraucht. Die erste Beobachtung einer Rotfluorescenz bei Eischalen geht auf KRUCKENBERG[1] zurück, während SORBY[2] und LIEBERMANN[3] schon vorher spektroskopische Messungen der verschiedenen Eischalen-Pigmente vorgenommen haben. Die Abscheidung, Kristallisation und Identifizierung des roten Farbstoffes mit Protoporphyrin gelangen dann FISCHER und KÖGL[4]. Später hat VÖLKER[5] gezeigt, daß in den Vogeleierschalen ausschließlich Protoporphyrin vorkommt, auch bei stammesgeschichtlich sehr weit voneinander entfernten Gruppen. Über die Bildung von Protoporphyrin im Uterus und den Übergang in die Eischale liegen umfangreiche Untersuchungen vor. Daß der Verkalkungsprozeß nicht nur in den Eierschalen, sondern auch in den Knochen mit der Anwesenheit von Protoporphyrin in Zusammenhang steht, beobachteten BORST und KÖNIGSDÖRFFER[6], FIKENTSCHER[7] u. a.[8] bei Untersuchungen des Skeletsystems. Die höchste Konzentration des Protoporphyrins wird immer in den Regionen stärkster Verkalkung festgestellt. Zusammen mit Mesoporphyrin ist Protoporphyrin im Ambra (ambre gris) aufgefunden worden[9]. In Invertebraten ist es in dem Seestern Asterias rubens[10] und im Erdwurm Lumbricus terrestris[11] festgestellt worden, desgleichen in den Larven der Cestoden und Cysticerci von Taenia solium[12]. Auch in dem Corynebacterium diphtheriae kommt das Protoporphyrin vor[13].

Da das Protoporphyrin bei der Biosynthese eine Vorstufe von Chlorophyll ist, ist auch sein Vorkommen im Pflanzenreich verständlich. So ist es von SCHUMM[14] und von FISCHER und Mitarbeitern[15] z.B. in Cerealien wie Gerste, Hafer, Mais, Erbsen, aber auch in Kartoffeln, Zuckerrüben, Eschen- und Ahornblättern sowie Mandeln und Hefe und in bei 18° hydrolysiertem Malz und in Trebern aufgefunden worden. Bei Untersuchungen über die Biosynthese von Chlorophyll ist das Protoporphyrin von GRANICK[16] aus einer Röntgenstrahlenmutante der Chlorella vulgaris isoliert worden. Schließlich wurde sein Vorkommen neben Häm bzw. Cytochrom in Rhodovibrio-Kulturen festgestellt[17].

Auch die Isolierung von Protoporphyrin aus dem Cytochrom b scheint sicher zu sein[13].

---

[1] KRUCKENBERG, C. F. W.: Die Farbstoffe der Vogeleierschalen. Verh. physik.-med. Ges. Würzburg N. F. **17**, 109 (1883).

[2] SORBY, H. Q.: Proc. zool. Soc. London **1875**, 351.

[3] LIEBERMANN, C.: B. **11**, 606 (1878).

[4] FISCHER, H., u. F. KÖGL: H. **131**, 241 (1923); **138**, 267 (1924). — Vgl. auch FISCHER, H., u. F. LINDNER: H. **142**, 141 (1925). — FISCHER, H., u. R. MÜLLER: H. **142**, 156 (1925). — LEHMANN: zit. bei DHÉRÉ, C.: Cr. **195**, 1436 (1932). — Vgl. auch DERRIEN, E., et J. TURCHINI: C. R. Soc. Biol. **91**, 637 (1924); **92**, 1028, 1030 (1925). — BIERRY, H., et B. GOUZON: Cr. **194**, 653 (1932). — KÖNIGSDÖRFFER, H.: Strahlentherapie **28**, 132 (1928). — GOUZON, B.: C. R. Soc. Biol. **116**, 925 (1934). — DHÉRÉ, C.: C. R. Soc. Biol. **112**, 1595 (1933). — POZZO DI BORGO: zit. bei DHÉRÉ, C.: Cr. **195**, 1436 (1932). — HIJMANS VAN DEN BERGH, A. A., et W. GROTEPASS: C. R. Soc. Biol. **121**, 1253 (1936). — GIERSBERG, H.: Biol. Zbl. **43**, 167 (1923). — RICHARDSON, A. P.: Trans. R. Soc. London **225** B, 149 (1935).

[5] VÖLKER, O.: H. **273**, 277 (1942).

[6] BORST, M., u. H. KÖNIGSDÖRFFER: Untersuchungen über Porphyrie. Leipzig 1929.

[7] FIKENTSCHER, R.: Kli. Wo. **1935 I**, 569. — FIKENTSCHER, R., H. FINK u. E. EMMINGER: Kli. Wo. **1931 II**, 2036.

[8] VANNOTTI, A.: Porphyrine und Porphyrinkrankheiten. Berlin 1937.

[9] LEDERER, E., et R. TIXIER: Cr. **225**, 531 (1947).

[10] MACMUNN, C. A.: J. Physiol., London **7**, 240 (1886). — KENNEDY, G. Y., and H. G. VEVERS: Nature **171**, 81 (1953).

[11] DHÉRÉ, C.: Cr. **195**, 1436 (1932).

[12] DERRIEN, E.: Cr. **184**, 480 (1927).

[13] RAWLINSON, W. A., and J. H. HALE: Biochem. J. **45**, 247 (1949).

[14] SCHUMM, O.: H. **152**, 147; **154**, 171; **158**, 77 (1926).

[15] FISCHER, H., u. H. HILMER: H. **153**, 167 (1926). — FISCHER, H., u. F. SCHWERDTEL: H. **159**, 120 (1926). — FISCHER, H., u. K. JORDAN: H. **190**, 75 (1930).

[16] GRANICK, S.: J. biol. Ch. **172**, 717; **175**, 333 (1948).

[17] FISCHER, H., u. J. HASENKAMP: A. **519**, 47 (1935).

Physiologische Bedeutung. Die größte Bedeutung von Protoporphyrin liegt darin, daß es die eisenfreie Vorstufe des Häms, der prosthetischen Gruppen der Cytochrome a, b und c, der Katalase und einiger Peroxydasen (Meerrettichperoxydase, Cytochrom c-peroxydase) ist. Somit kommt dem Protoporphyringerüst in Verbindung mit dem Eisenatom und einer Eiweißkomponente eine zentrale Stellung im gesamten Prozeß der Atmung zu. Bei der Biosynthese von Häm stellt es den Endpunkt im Aufbau des Porphyringerüstes dar, bei der Biosynthese des Chlorophylls ist es eine Zwischenstufe (vgl. S. 936; Anm. 2).

Die im vorhergehenden Abschnitt geschilderten Vorkommen von Protoporphyrin in der Organismenwelt charakterisieren weiterhin seine Bedeutung. Dabei ist zu berücksichtigen, daß sein Vorkommen sowohl ein physiologisches als auch ein pathologisches sein kann. So tritt das Protoporphyrin immer dort auf, wo entweder die Biosynthese des Blutfarbstoffes (oder der Atmungsfermente) noch nicht vollendet ist oder auch nicht vollendet werden konnte, oder dort, wo bereits wieder eine Eisenabspaltung aus dem Blutfarbstoff stattgefunden hat. Somit kommt es häufig an den Stellen der biologischen Hämoglobinbildung vor, also in den Reticulocyten und besonders in den unreifen Blutzellen des roten Knochenmarks, den Normoblasten[1]. Es ist selbstverständlich, daß das Protoporphyrin bei Eisenmangel (bis zum 10—20fachen) in den Blutzellen stark vermehrt ist.

Häufig ist natürlich dort mit einem Auftreten von Protoporphyrin zu rechnen, wo Hämoglobin einem Abbau unterliegt. So erklärt sich die Vermehrung von Protoporphyrin in Erythrocyten bei hämolytischer Anämie[1], bei Fieber, chronischen Infektionen, katarrhalischem Ikterus und Vergiftungen (z. B. Blei-Intoxikationen). — Tritt Protoporphyrin in den Faeces vermehrt auf, so kann dies mit der Aufnahme von bluthaltiger (muskel- und organreicher) Nahrung zusammenhängen[2]. Jedoch wird Protoporphyrin (zusammen mit Deuteroporphyrin) auch nach Blutungen im Magen-Darmkanal ausgeschieden[2]. Dabei ist jedoch wieder zu berücksichtigen, daß manche Synergismen von aeroben und anaeroben Stuhlbakterien imstande sind, aus Blutfarbstoff Protoporphyrin freizulegen[3]. Also nur unter Berücksichtigung aller Begleitumstände ist die Menge des Protoporphyrins im Stuhl ein Alarmzeichen, denn es ist sogar in Rechnung zu stellen, daß auch die Darmflora selbst zu einer Protoporphyrin-Synthese befähigt ist.

Eine Protoporphyrinausscheidung im Harn weist auf Ikterus hin[4] (Protoporphyrinurie). Hierbei kann ein rein hepatogener Ikterus vorliegen wie auch ein hämolytischer mit Sphärocytose oder mit Elliptocytose.

Protoporphyrin wirkt auf Paramäcien lichtsensibilisierend, dagegen nicht beim Menschen[5], wohl aber bei der weißen Maus.

Zusammensetzung und Formel. Das Protoporphyrin hat die Summenformel $C_{34}H_{34}O_4N_4$ und das Mol.-Gew. 562,64. Strukturformel vgl. S. 851. Es leitet sich vom Ätioporphyrin III ab und ist eine Dicarbonsäure. Nach Anordnung und Art der Seitenketten ist das Protoporphyrin als 1,3,5,8-Tetramethyl-2,4-divinyl-porphin-6,7-dipropionsäure zu bezeichnen. Die Konstitution wurde durch Synthese (vgl. S. 878) bestätigt.

Darstellung. Protoporphyrin kann sowohl a) aus dem kristallisierten Hämin (S. 925) als auch b) aus dem Hämoglobin dargestellt werden. Bei Darstellung größerer Mengen an Protoporphyrin in reiner Form ist das Verfahren a) vorzuziehen, bei dem man entweder *α)* das Hämin mit Eisenpulver und Ameisensäure behandelt oder *β)* die Eliminierung des Eisenatoms mit Hydrazinhydrat vornimmt.

---

[1] WATSON, C. J.: Blood **1**, 99 (1948).
[2] FISCHER, H., u. K. SCHNELLER: H. **130**, 302 (1923). — SCHUMM, O.: H. **133**, 308 (1924).
[3] KÄMMERER, H.: A. e. P. P. 88, 247 (1920). — Nach A. JAKOB: (Kli. Wo. **1939 II**, 1024) sind auch zahlreiche reine Bakterienstämme zur Protoporphyrin-Bildung aus Blutfarbstoff befähigt.
[4] BOAS, I.: Kli. Wo. **1933 I**, 589.
[5] FISCHER, H., u. K. SCHNELLER: H. **130**, 309 (1923). — KÄMMERER, H., u. H. WEISBECKER: A. e. P. P. **111**, 263 (1926). — FISCHER, H., u. W. ZERWECK: H. **137**, 176 (1924).

a) Protoporphyrin aus Hämin. α) Mit Ameisensäure und Fe[1]: 6 g Hämin (kristallisiert) werden in 300 cm³ Ameisensäure ($d = 1{,}22$, 95—100 %ig) unter Rückfluß zu gelindem Sieden erhitzt. Dann werden in Abständen von 5 min 4mal je 1,6—1,7 g Eisenpulver (Ferrum reductum) zugefügt. Vorsicht, Schäumen! Dabei wird unter ständigem Rühren das Reaktionsgemisch weiter erhitzt. Nach 20 min Sieden wird auf 40° abgekühlt und durch ein Faltenfilter filtriert, wobei der Rückstand auf dem Filter noch 2mal mit je 30 cm³ warmer Ameisensäure von etwa 40° nachgewaschen wird. Die dunkelrote ameisensaure Lösung des Protoporphyrins wird dann mit 1200 cm³ Ammoniumacetatlösung (s. unten) versetzt und gut umgerührt. Das so ausgeflockte Porphyrin wird abfiltriert, mit Wasser neutral gewaschen und getrocknet. Ausbeute an Rohprodukt: 4,0—4,5 g. Zur Reinigung wird das Rohprodukt in möglichst wenig Pyridin-Chloroformgemisch (1:2 oder 1:3) bei 100° gelöst und nochmals filtriert. Im Vakuum wird dann das Chloroform abgedampft. Nach kurzem Stehen erfolgt Kristallisation, die durch tropfenweises Einrühren des doppelten Volumens Wasser noch vervollständigt wird. Die Kristalle werden nach dem Absaugen zuerst mit pyridinhaltigem Wasser gewaschen. Ausbeute: 65 % der Theorie.

Herstellung der Ammoniumacetat-Lösung: 720 cm³ 25 %iges Ammoniak werden unter Kühlung mit etwa 480 cm³ 85 %iger Essigsäure bis zur schwach essigsauren Reaktion versetzt. Das Endvolumen beträgt 1200 cm³ Ammoniumacetat-Lösung.

β) Mit Hydrazinhydrat[2]: 15 g Hämin werden in kleinen Anteilen unter gutem Rühren in eine Mischung von 7 cm³ Ammoniak, 50 cm³ Wasser und 35 cm³ Methanol eingetragen. Wenn alles gelöst ist, wird die Luft im Gefäß durch Stickstoff verdrängt. Unter weiterem Stickstoff-Einleiten werden rasch 4 cm³ Hydrazinhydrat in 170 cm³ Methanol zugegeben. Nach mehrmaligem Umschütteln unter Luftabschluß wird nach 5 min eine Mischung von 50 cm³ konz. Salzsäure und 50 cm³ Methanol, durch die zuvor Stickstoff geleitet worden war, in einem Guß zu dem vorliegenden Hämochromogenbrei zugesetzt. Die Porphyrinlösung (Stickstoff-Atmosphäre ist nicht mehr nötig!) wird dann kurz auf dem Wasserbad erwärmt und nach mehrstündigem Stehen von einem größtenteils aus Häminester bestehendem Rückstand abgesaugt. Nunmehr wird aus dem Filtrat der Protoporphyrin-dimethylester mit konz. Natriumacetatlösung ausgefällt. Zur Vervollständigung der Veresterung wird die Fällung nach Waschen mit Methanol in 200 cm³ Methanol, dem 10 cm³ konz. Salzsäure zugesetzt sind, eingetragen. Beim Einleiten von Chlorwasserstoff bis zum völligen Lösen des Porphyrins entsteht quantitativ der Protoporphyrin-dimethylester. Zur Entfernung von Spuren Eisenkomplexsalz wird filtriert und der Ester durch tropfenweises Versetzen der angewärmten Lösung mit Pyridin zur Kristallisation gebracht. Schmelzpunkt 224°. Ausbeute 9,5—11,6 g.

Der Protoporphyrin-dimethylester wird verseift entweder durch Erwärmen der konzentrierten Lösung in Pyridin mit methanolischer Alkalilauge und Fällung mit Essigsäure oder durch „saure Verseifung". Hierbei werden 2 g Ester unter Rühren in eine Mischung von 30 cm³ konz. Salzsäure und 20 cm³ Äther eingetragen (Klumpenbildung vermeiden!). In kurzer Zeit ist der Ester gelöst und verseift. Durch Versetzen mit Natriumacetat-Lösung wird das freie Porphyrin ausgefällt.

b) Protoporphyrin aus Blut. α) Mit Zinn(II)-chlorid[3]: Defibriniertes Rinderblut wird mit Aceton koaguliert. Das Koagulat wird dann filtriert und der verbleibende Rückstand scharf abgepreßt. Hierauf wird er mit einer Mischung Aceton-Oxalsäure ausgezogen. Je 1 *l* des Extraktes wird dann mit einer frischbereiteten Lösung von 50 g Zinn(II)-chlorid in 150 cm³ konz. Salzsäure portionsweise unter Kühlung mit Wasser (innerhalb 5 min) versetzt. Nach etwa 1stündigem Stehen wird die rotviolette Lösung filtriert. Das Filtrat wird nun mit dem 5fachen Vol. 6 %iger Natronlauge versetzt. Hierbei scheidet sich das Natriumsalz des Protoporphyrins aus. Es wird abfiltriert, mit 3 %iger Natronlauge

---

[1] FISCHER, H., u. B. PÜTZER: H. **154**, 39 (1926). — Vgl. auch BRUGSCH, J.: Porphyrine. S. 151. Leipzig 1952. — sowie HAMSIK, A.: H. **180**, 311 (1929).

[2] TREIBS, A.: H. **286**, 8 (1951).

HAMSIK, A.: H. **180**, 308, 311 (1929); **196**, 195 (1931).

gewaschen, getrocknet und pulverisiert. Das Pulver wird mit Petroläther und hierauf mit Chloroform ausgezogen. Dann wird es in Wasser gelöst und mit Essigsäure zerlegt. Das anfallende Protoporphyrin wird schließlich abfiltriert und durch Lösen in Chloroform und vorsichtiges Versetzen mit Methanol umkristallisiert.

β) Ein weiteres Hydrazin-Verfahren zur Darstellung von Protoporphyrin aus Blut ist von BRUGSCH beschrieben worden und wird, da es zur Bestimmung kleiner Hämoglobinmengen dient, unter den Methoden der quantitativen Protoporphyrin-Bestimmung angeführt (S. 886).

γ) Schließlich kann man nach TREIBS[1] auch aus Oxyhämoglobin Protoporphyrin darstellen. Dazu leitet man in 5 cm^3 frisches Blut, die sich wegen des starken Schäumens in einem 500 cm^3-Kolben befinden, $1^1/_2$ Std einen lebhaften Wasserstoffstrom. Dann werden 25 cm^3 konz. Salzsäure, die man ebenfalls mit Wasserstoff durchperlt hat, zugetropft. Es entsteht so eine klare Lösung, die durch das freie Protoporphyrin weinrot gefärbt ist. Das Porphyrin läßt sich nach einem der bei den quantitativen Bestimmungsmethoden beschriebenen Verfahren isolieren.

Eigenschaften. Die beiden hydrophilen Carboxylgruppen des Protoporphyrin, die bei physiologischem p_H vollständig dissoziiert sind, geben dem Protoporphyrin besondere Oberflächeneigenschaften[2]. Diese sind wahrscheinlich von physiologischer Bedeutung, besonders hinsichtlich der Adsorption des Porphyrins an Fermentoberflächen. Vielleicht erklärt dies auch die Dominanz des Porphyrintyps III in der Natur. Zum Unterschied von Uroporphyrin und Koproporphyrin, mit der andersartigen Verteilung der hydrophilen Gruppen, bildet Protoporphyrin bei etwas unstabilen Filmen Monoschichten mit vertikal gestellten und dicht gepackten Molekülen. Die besondere Struktur des Protoporphyrin-Moleküls dürfte auch für die Bildung des Eisen-Komplexsalzes des Häms verantwortlich sein, denn zum Unterschied von Protoporphyrin bilden Uroporphyrine und Koproporphyrine keine Eisen-Komplexsalze in der Natur.

Reines, über das schwerlösliche Na- oder K-Salz erhaltenes und aus Pyridin umkristallisiertes Protoporphyrin läßt sich je nach Wahl des Lösungsmittels in zwei verschiedenen Kristalltypen erhalten. *Kristallform I* mit der Auslöschungsschiefe 34° wird erhalten beim Umfällen von Protoporphyrin aus methylalkoholischer Kalilauge mit Eisessig. Es bilden sich Täfelchen, deren gegenüberliegende Ecken parallel abgeschnitten sind. Mitunter treten auch nadel- oder spindelförmige Kristalle auf. *Kristallform II* mit paralleler Auslöschung wird erhalten beim Umkristallisieren aus Pyridin. Es entstehen stäbchen- und tafelförmige Kristalle von monoklinem Habitus. Aus Äther kristallisiert das Protoporphyrin in Nadeln, aus Eisessig in parallel auslöschenden länglichen Blättchen, aus Essigester in häufig zu Gruppen verwachsenen X-artig geformten Dendriten mit dem Kantenwinkel von 42°[3]. Die Farbe der Kristalle ist durchwegs braunrot. Das Protoporphyrin ist leicht löslich in Ameisensäure, löslich in Chloroform, Pyridin, Anilin, wenig löslich in Eisessig und Äther und unlöslich in Alkoholen. Es löst sich in Salzsäure und wird aus dieser durch Chloroform extrahiert. Umkristallisiert wird zweckmäßig aus Eisessig oder Essigester bzw. aus Pyridin oder Chloroform-Methanol. Die Di-Natrium- und Di-Kaliumsalze sind in Wasser schwer löslich. Die Lösungen des Protoporphyrins sind instabil, vor allem im Licht.

Die Salzsäurezahl ist 2.

Spektren im sichtbaren Licht[4]*:* In Äther (Maxima): 632,5; 604,5; 586,1; 575,8; 536,8; 501,9 mμ; in Chloroform: 631,2; 604,6; 575,1; 541,2; 507,3 mμ; in 25%iger Salzsäure: 602,4; 582,2; 557,2 mμ.

---

[1] TREIBS, A.: H. **286**, 13 (1951).

[2] HUGHES, A.: Proc. R. Soc. London (A) **155**, 710 (1936). — ALEXANDER, A. E.: Soc. **1937**, 1813. — STENHAGEN, E., and E. K. RIDEAL: Biochem. J. **33**, 1591 (1939).

[3] Kristallbilder des Protoporphyrins vgl.: FISCHER, H., A. TREIBS u. K. ZEILE: H. **193**, 138 (146—149) (1930).

[4] STERN, A., u. H. WENDERLEIN: Z. physik. Chem. (A) **170**, 337 (1934).

Spektren im UV: In 2 n Salzsäure: 408,0; 416,2—399,8 mμ; in Pyridin: 395,3; 427 bis 363,7 mμ.

Fluorescenzspektren[1]*:* In Pyridin: 706—696; 689—677; 669—657; 649—618 mμ; in 0,1 n KOH: 627—608 mμ; in essigsaurem Äther: 653; 637—627; 626—617; 585 mμ; in Dioxan (Maxima): 704; 669,5; 632,5; 605,5 mμ.

Infrarotspektrum: vgl. [2].

Die beiden Vinylgruppen, die das Protoporphyrin besitzt, verleihen ihm den Charakter einer ungesättigten Verbindung. So kann es katalytisch (mit koll. Palladium) bzw. elektrolytisch hydriert werden, ebenso mit Jodwasserstoff-Eisessig. Dabei bildet sich das *Mesoporphyrin* (vgl. S. 891). Bei Einwirkung von Bromwasserstoff-Eisessig und Wasser entsteht dagegen das Hämatoporphyrin (S. 888).

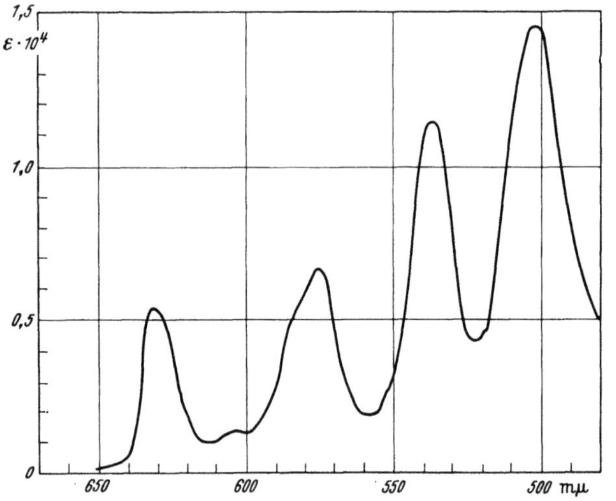

Abb. 2. Protoporphyrin-dimethylester (in Dioxan)[3].

Nachweis. Das Protoporphyrin zeigt wie alle Porphyrine im UV intensive Rotfluorescenz (Spektrum vgl. oben). Identifiziert wird es zweckmäßig spektroskopisch (Spektren vgl. oben) und mittels des Schmelzpunktes seines Dimethylesters (227°).

Bestimmungsmethoden. Bei der quantitativen Bestimmung von Protoporphyrin[4] handelt es sich meist um das freie Protoporphyrin a) des Serums und b) der Erythrocyten. Bei den letzteren ist die Bestimmung des Protoporphyringehaltes insbesondere bei der Anämie-Diagnostik von Bedeutung[5], aber auch für spezifische Intoxikationen (vgl. Vorkommen von Protoporphyrin).

Extraktion von Protoporphyrin aus dem Serum nach H. Fischer[6].

Serum wird mit dem gleichen Volumen Äther geschüttelt, dann wird das gleiche Volumen Eisessig zugesetzt und erneut kräftig geschüttelt. Aus der durch die Koagulation der Proteine entstehenden Emulsion wird nach weiterem Zusatz von Äther und anschließendem Zentrifugieren oder Filtrieren eine hellgelbe Ätherlösung gewonnen. Nach Waschen derselben mit Wasser wird durch Extraktion mit 10—25%iger Salzsäure das Protoporphyrin herausgenommen. Es kann dann nach einer der weiter unten beschriebenen Methoden quantitativ bestimmt werden.

Extraktion von Protoporphyrin aus den Erythrocyten nach Watson *und* Grinstein[7].

Eine zweckmäßige Methode zur quantitativen Bestimmung von Protoporphyrin wurde von Hijmans van den Bergh und Hyman[8] angegeben und von Hijmans van den

[1] Fink, H., u. W. Hoerburger: H. **225**, 49 (1934). — Stern, A., u. H. Molvig: Z. physik. Chem. (A) **175**, 38 (1935).
[2] Falk, J. E., and J. B. Willis: Austral. J. sci. Res. **4**, 579 (1951).
[3] Stern, A., u. H. Wenderlein: Z. physik. Chem. (A) **170**, 337 (1934).
[4] Vgl. allgemeine Bestimmungsmethode für Porphyrine, S. 863ff.
[5] Langen, C. D. de: Ned. T. Geneeskde. (1) **95**, 368 (1951) [C. **1951 II**, 1761].
[6] Fischer, H.: Neuere Methoden der Isolierung und des Nachweises von Porphyrinen. Handb. biol. Arb.-Meth. Abt. I, Teil 11, S. 169; Abt. IV, Teil 5/1, S. 536.
[7] Grinstein, M., and C. J. Watson: J. biol. Ch. **147**, 675 (1943). — Grinstein, M., and M. M. Wintrobe: J. biol. Ch. **172**, 459 (1948).
[8] Hijmans van den Bergh, A. A., u. A. J. Hyman: D. m. W. **1928 II**, 1492.

BERGH und GROTEPASS[1] verbessert. Dabei wird das Protoporphyrin aus den Blutkörperchen mit einer Mischung von 3 Vol. Äthylacetat und 1 Vol. Eisessig extrahiert. Die Konzentrationsmessung geschieht im Stufenphotometer, und zwar durch Messung der Fluorescenz-Intensität im UV. Modifikationen dieser Methode sind von LAGEDER[2], VIGLIANI und ANGELERI[3], SCHUMM[4] sowie SEGGEL[5] veröffentlicht worden.

Alle diese Methoden haben gewisse Nachteile: zu großes Volumen des zu untersuchenden Blutes, Schwierigkeiten bei der Fluorescenz-Intensitätsmessung usw.

GRINSTEIN und Mitarbeiter vermeiden in der im folgenden beschriebenen Methode diese Schwierigkeiten und Ungenauigkeiten durch Messung der Extinktion bei der Wellenlänge der maximalen Absorption von Protoporphyrin in 25%iger HCl. Die Messung wird mit dem Beckman-Spektrophotometer vorgenommen und gestattet die Verwendung wesentlich kleinerer Blutmengen als bisher.

Reagentien:

1. Äthylacetat-Eisessig 3:1.
2. HCl, 10%ig.
3. Natriumacetat, gesättigte Lösung.
4. Äthyläther.
5. Na_2CO_3, 1%ig.
6. HCl, 25%ig.

Ausführung:

Aus 2 cm³ Blut wird durch Zentrifugieren in einem konischen Zentrifugenglas von 15 cm³ das Plasma abgetrennt. Die Erythrocyten werden nun unter gutem Rühren mit einem Glasrührer portionsweise mit insgesamt 10 cm³ einer Mischung von 3 Vol. Äthylacetat und 1 Vol. Eisessig versetzt. Es ist wichtig, dabei nur Chemikalien von größter Reinheit zu verwenden. Man läßt nun die Mischung stehen, bis sich nach einigen Minuten der Niederschlag abgesetzt hat. Die überstehende Flüssigkeit wird dekantiert und in einen Scheidetrichter von etwa 100—125 cm³ Inhalt filtriert. Der Niederschlag wird noch 3mal mit je 5 cm³ der gleichen Äthylacetat-Eisessigmischung nachgewaschen. Die Auszüge werden ebenfalls in denselben Scheidetrichter filtriert. Nun werden die vereinten Filtrate 3mal mit je 7—8 cm³ destilliertem Wasser ausgeschüttelt. Diese Waschwässer werden vereinigt und nochmals mit 5 cm³ Äthylacetat ausgeschüttelt, um evtl. mitextrahiertes Porphyrin zurückzugewinnen. Diese Lösung wird dann mit dem Äthylacetat-Hauptextrakt vereinigt. Nach vollständiger Abtrennung des Wassers wird das Porphyrin rasch mit 2 cm³-Portionen einer 10%igen Salzsäure ausgezogen, bis der salzsaure Auszug im UV nicht mehr rot fluoresciert.

Nunmehr wird zur salzsauren Protoporphyrin-Lösung eine gesättigte Lösung von Natriumacetat bis zur kongoneutralen Reaktion zugefügt. Dann wird noch 1 cm³ Eisessig zugegeben, um Emulsionsbildung zu verhüten. Die neutrale Lösung wird hierauf mehrmals mit peroxydfreiem Äthyläther extrahiert, bis der Ätherextrakt keine Rotfluorescenz mehr im UV zeigt. Meist genügen 2 Extraktionen. Die vereinigten Ätherextrakte werden einmal mit 2 cm³ einer 1%igen Na_2CO_3-Lösung gewaschen, um die Essigsäure teilweise zu neutralisieren. Schließlich wird 2mal mit 2 cm³-Portionen destillierten Wassers nachgewaschen. Nach dem vollständigen Absetzen des Wassers (etwa nach 10 min) wird der Äther innerhalb 1 min mit 1,5 cm³ 25%iger Salzsäure extrahiert. Man schüttelt noch einige Male mit der Salzsäure nach, bis ein Gesamtextrakt von etwa 3,0 cm³ vorhanden ist.

---

[1] HIJMANS VAN DEN BERGH, A. A., u. W. GROTEPASS: Kli. Wo. **1933 I**, 586.
[2] LAGEDER, K.: Kli. Wo. **1936 I**, 296.
[3] VIGLIANI, E., u. C. ANGELERI: Kli. Wo. **1936 I**, 700.
[4] SCHUMM, O.: Z. ges. exp. Med. **106**, 252 (1939).
[5] SEGGEL, K.: Ergebn. inn. Med. **58**, 582 (1940).

Die optische Dichte wird mit einer Bandbreite von 0,6 mμ und bei einer Wellenlänge von 411 mμ gemessen, bei einer HCl-Konzentration von 25%. Die Messung soll wegen der Unbeständigkeit des Protoporphyrins innerhalb 1 Std ausgeführt sein.

Berechnung:

Für die Berechnung der Protoporphyrin-Konzentration wird die Konstante $K = 204$ benutzt, wobei K die Konzentration des Protoporphyrins in γ je 100 cm³ 25%iger HCl, dividiert durch die optische Dichte ist. Für 2 cm³ Blut und 3 cm³ Protoporphyrin-HCl-Lösung

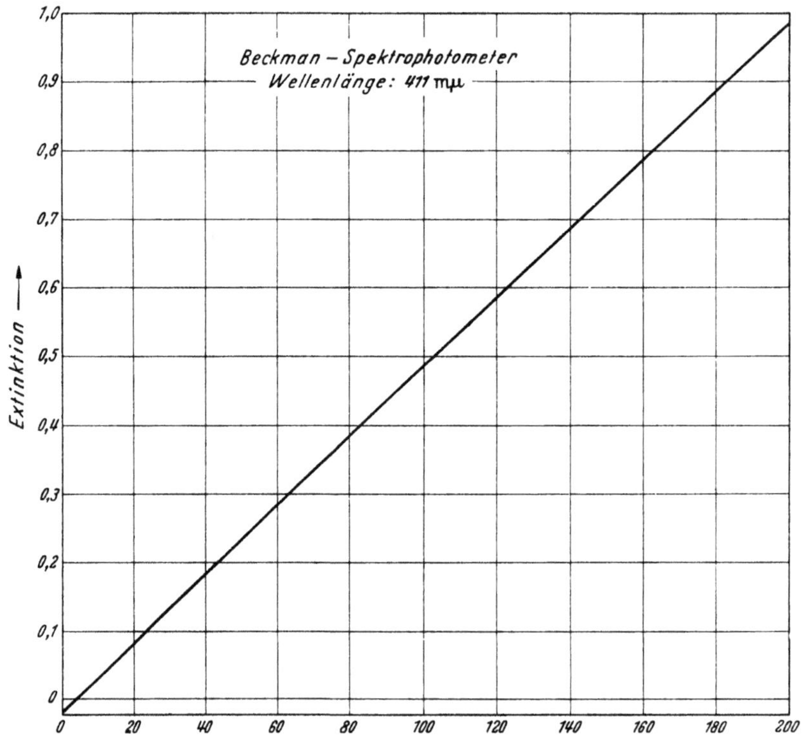

Abb. 3. Eichkurve für Protoporphyrin in 25%iger HCl.

kann die folgende Formel für die Berechnung des freien Protoporphyrins je 100 cm³ zentrifugierter Blutzellen benutzt werden.

$$EP = \frac{30600 \cdot E}{Ht}.$$

EP = Erythrocyten-Protoporphyrin in γ je 100 cm³ Blutzellen-Zentrifugat.
E = optische Dichte.
Ht = Volumen des Erythrocyten-Zentrifugats je 100 cm³ Blut.

Was weitere Bestimmungsverfahren für Protoporphyrin betrifft, so sind zu nennen das Verfahren von HÄCKER und HÜHNERFELD[1], bei dem die spektrographische Methode von SCHUMM angewandt wird, und das Verfahren von WEISS[2], bei dem eine Selenphotozelle zur Messung dient.

Hydrazin-Verfahren zur fluorometrischen Bestimmung kleiner Hämoglobinmengen als Protoporphyrin nach BRUGSCH[3].

Reagentien:

1. 0,1 n HCl.
2. Ameisensäure, 25%ig.
3. Essigsäure, 50%ig.
4. Hydrazin-HCl in Substanz.

[1] HÄCKER, W., u. J. HÜHNERFELD: A. e. P. P. **184**, 723 (1937).
[2] WEISS, G.: Kli. Wo. **1939 I**, 575.
[3] BRUGSCH, J.: Porphyrine. S. 152. Leipzig 1952.

Ausführung:

0,02 cm³ Blut werden wie üblich mit SAHLI-Pipetten entnommen. Dieses Blut wird quantitativ in ein 10 cm³-Meßkölbchen überführt, welches vorher mit 2 cm³ 0,1 n HCl beschickt wurde. Dann werden 3 cm³ 25 %ige Ameisensäure zugegeben. Anschließend wird das Meßkölbchen mit 50 %iger Essigsäure aufgefüllt. Nun wird die Lösung in ein Erlenmeyer-Kölbchen übergeführt und nach Zusatz von einigen Körnchen Hydrazinhydrochlorid etwa 2 min zum Sieden erhitzt. Dabei entsteht das Protoporphyrin aus dem Protohäm des Hämoglobins und kann nunmehr fluorometrisch oder spektralphotometrisch quantitativ bestimmt werden, am besten im Vergleich mit einer Hämatoporphyrinlösung in 5 %iger Salzsäure. — Die Hämatoporphyrin-Vergleichslösung wird in einer Konzentration von 0,1 und 0,05 γ je cm³ bei 10 cm³ Gesamtmenge hergestellt, wobei der N-Gehalt von Hämatoporphyrin nach KJELDAHL bestimmt wird. Es ist bei der fluorometrischen Bestimmung stets notwendig, die Fluorescenz-Intensität bei niederster Konzentration zu vergleichen. Ferner ist es notwendig, eine weitere Probe anzusetzen, um technische Fehler sowie vorherigen Porphyringehalt der Lösungen zu erkennen. Diese letztere Probe wird entsprechend den übrigen angesetzt, jedoch ohne Hydrazin-Zusatz. Auf diese Weise kann der Gehalt an Eisenkomplexsalz enthaltenden Porphyrinen ganz allgemein in Blut, Serum und Harn bestimmt werden.

Bei der Berechnung der Protoporphyrinmenge aus dem Wert der Hämatoporphyrin-Fluorescenz ist der Unterschied zwischen den Molekulargewichten von Hämatoporphyrin (598) und Protoporphyrin (562) zu berücksichtigen. Der Protoporphyrinwert wird demgemäß ermittelt, wenn man den gemessenen Hämatoporphyrinwert mit dem Quotient $\frac{562}{598} = 0{,}94$ multipliziert. Da das Protoporphyrin 3,3 % des Hämoglobins ausmacht, kann auch der Hämoglobingehalt des verwendeten Blutes berechnet werden.

Die Kontrollprobe, die keinen Hydrazinzusatz erhielt, darf keine Fluorescenz zeigen. Ist Fluorescenz vorhanden, so ist — von technischen Fehlern wie Lösungsverunreinigungen abgesehen — das Vorhandensein von präformiertem Porphyrin in den Untersuchungslösungen anzunehmen. Dieser gefundene Wert muß dann vom festgestellten Endwert als präformiertes Porphyrin abgezogen werden. Dies kann bei Hämoglobinbestimmungen im Harn wie im Stuhl bedeutungsvoll sein.

Beim Aufbewahren von Protoporphyrin ist, vor allem in HCl-Lösung, die partielle Umwandlungsneigung in Hämatoporphyrin zu beachten. Diese Umwandlungsneigung verbietet, Protoporphyrin enthaltende Lösungen, aber auch biologische Gemische (Stühle, Harne) längere Zeit aufzubewahren. Messungen von Protoporphyrinlösungen müssen daher ohne Verzögerung vorgenommen werden.

Derivate. *Protoporphyrin-dimethylester*, $C_{36}H_{38}O_4N_4$ (Mol.-Gew. 590,66), wird aus dem freien Porphyrin entweder mit Methanol-Salzsäure oder mittels Diazomethan[1] dargestellt. Im letzteren Falle verfährt man wie folgt: 4,5 g Protoporphyrin, die aus Pyridin umkristallisiert sind, werden in 200 cm³ Pyridin heiß gelöst und nach raschem Abkühlen mit einer ätherischen Diazomethanlösung (aus 7 g Nitrosomethylharnstoff und konz. wäßriger Alkalilösung) versetzt. Nach mehrstündigem Stehen filtriert man den kristallinen Niederschlag ab und kristallisiert ihn aus Chloroform-Methanol um. Der Protoporphyrindimethylester wird so in langen, flachen Nadeln mit dem Schmelzpunkt 225—230° erhalten. Zuweilen bilden sich auch 3seitige Pyramiden. Die ätherische Lösung des Dimethylesters erscheint im durchfallenden Licht stahlblau, im auffallenden dagegen blutrot.

Von FISCHER und ECKOLDT[2] ist die Gewinnung des Protoporphyrins aus Hämin und seine Veresterung zu einem einzigen Arbeitsgang zusammengefaßt worden, ebenso von TREIBS[3] [(vgl. S. 882, Darstellungsmethode a) *β)*].

---

[1] FISCHER, H., u. H. MEDICK: A. **517**, 245 (1935).
[2] FISCHER, H., u. H. ECKOLDT: A. **544**, 161 (1940).
[3] TREIBS, A.: H. **286**, 11 (1951).

Der Protoporphyrin-dimethylester hat die Salzsäurezahl 5,5. Spektroskopisch besteht im sichtbaren Licht praktisch Identität mit dem freien Protoporphyrin. —Fluorescenzspektrum (in Dioxan): Max. 703,5; 669,5; 632,5; (606) mμ.

Der Ester ist leicht verseifbar, so bereits mit 0,1 n Natronlauge. Er ist im Licht noch instabiler als das freie Porphyrin, bei starker Bestrahlung mit Sonnenlicht geht er in eine grüne Verbindung mit völlig andersartigem Spektrum über[1].

Mit ätherisch-wäßriger Pikrinsäure bildet der Protoporphyrin-dimethylester ein *Pikrat* ($C_{36}H_{38}O_4N_4 \cdot 2C_6H_3O_7N_3$), das aus Methanol in kleinen dunkelvioletten Prismen mit dem Schmelzpunkt 150° kristallisiert. Beim Sieden einer Pyridin-Lösung des Protoporphyrin-dimethylesters mit einer gesättigten pyridinischen Lösung von Kupferacetat bildet sich ein *Kupferkomplexsalz* ($C_{36}H_{36}O_4N_4Cu$), das aus Chloroform-Methanol in violetten Blättchen und Nadeln mit dem Schmelzpunkt 218° kristallisiert. — *Fe-Komplexsalze* des Protoporphyrins vgl. S. 920; 922; 925 ff.

β) Hämatoporphyrin, 1,3,5,8-Tetramethyl-2,4-di-(α-oxyäthyl)-porphin-6,7-dipropionsäure.

Historisches. F. HOPPE-SEYLER[2] erhielt 1871 bei der Behandlung von Hämoglobin mit konzentrierter Schwefelsäure eine rote Lösung, aus der sich das „Hämatoporphyrin" abscheiden ließ. In Form eines salzsauren Derivates, dem Dihydrochlorid, ist es von NENCKI und SIEBER[3] bei der Einwirkung von Bromwasserstoff in Eisessig und nachfolgender Behandlung mit Alkali und Salzsäure erstmals kristallisiert erhalten worden. Nach weiterer Bearbeitung durch KÜSTER[4] und WILLSTÄTTER[5] ist es schließlich FISCHER und seiner Schule[6] gelungen, das freie Hämatoporphyrin darzustellen und die Konstitution aufzuklären, insbesondere auch unter Einbeziehung eines charakteristischen Derivates, des sog. „Tetramethyl-hämatoporphyrins" (S. 891), in den Kreis der Untersuchungen. Auf dem Wege zur Synthese des Protoporphyrins wurde das Hämatoporphyrin als Zwischenstufe totalsynthetisch dargestellt (S. 889). Isolierung als Zwischenprodukt bei der Biosynthese von Chlorophyll vgl. S. 936, Anm. 2.

Vorkommen. Hämatoporphyrin kommt in der Natur nach den bisherigen Feststellungen nicht vor. Es findet sich weder in normalem noch in pathologischem Harn, und der alte Ausdruck „Hämatoporphyrinurie" ist unzutreffend. Hämatoporphyrin entsteht bei der Autolyse der Hefe[7] und beim Einleiten von Schwefelwasserstoff in gefaulte Blutlösungen[7].

Physiologische Bedeutung. Physiologisch bemerkenswert ist, daß Hämatoporphyrin wie auch Protoporphyrin und zahlreiche andere Porphyrine bereits in geringer Menge intravenös gegeben im UV stark photosensibilisierend wirkt, wie von HAUSMANN[8] gezeigt worden ist. Es wurde festgestellt, daß die UV-Bestrahlung die photobiologischen Effekte bei allen Tierarten auslöst. Beim Menschen sind die durch die Sensibilisierung mit Hämatoporphyrin bedingten schweren Ausfallserscheinungen von MEYER-BETZ[9] im Selbstversuch näher studiert worden. Im Organismus wird das Hämatoporphyrin — als unphysiologisch — schnell ausgeschieden. So konnte im Tierversuch gezeigt werden, daß Hämatoporphyrin bei intravenöser Injektion in wenigen Minuten durch die Galle

[1] FISCHER, H., u. M. DÜRR: A. **501**, 113 (1933).
[2] HOPPE-SEYLER, F.: Med.-chem. Unters., Heft 1—4. 1866/71. — Vgl. auch NENCKI, M., u. J. ZALESKI: B. **18**, 601 (1885).
[3] NENCKI, M.: A. e. P. P. **24**, 442 (1888). H. **30**, 423 (1900). — NENCKI, M., u. N. SIEBER: A. e. P. P. **18**, 401 (1884). B. **17**, 2267 (1884).
[4] KÜSTER, W., u. P. DEIHLE: H. **86**, 51 (1913).
[5] WILLSTÄTTER, R., u. M. FISCHER: H. **87**, 422 (1913).
[6] FISCHER, H., u. F. LINDNER: H. **142**, 141; **145**, 202 (1925). Vgl. auch H. **168**, 152 (1927). — FISCHER, H., u. R. MÜLLER: H. **142**, 156 (1925).
[7] FISCHER, H., u. J. HILGER: H. **138**, 288 (1924). — FISCHER, H., u. F. LINDNER: H. **145**, 202 (1925).
[8] HAUSMANN, W.: Wien. klin. Wschr. **1909**, 1620.
[9] MEYER-BETZ, F.: Arch. klin. Med. **112**, 476 (1913).

ausgeschieden wird[1]. In der Leber wird das Hämatoporphyrin nicht verändert[1]. Die Resorption von Hämatoporphyrin durch den Darm wurde von NEUBAUER[2] am Hund demonstriert. Nach HÜHNERFELD[3] kann Hämatoporphyrin therapeutisch verwandt werden, und zwar soll es neuro-vegetativ stimulierend wirken, dazu tonisierend mit auffälliger Zunahme des Appetits und des Körpergewichts. Der Hautturgor soll sich verbessern und Funktionsstörungen der Haut sollen beeinflußt werden. Auch die Anwendung als Therapeuticum bei melancholischen und depressiven Zuständen wird empfohlen. Hämatoporphyrin bewirkt Tonussteigerung des überlebenden Dünndarmes von Meerschweinchen, Katzen und Kaninchen[4]. Subcutane Injektion von Hämatoporphyrin verursacht Ansteigen der Körpertemperatur[5,6].

Konstitution und Formel. Das Hämatoporphyrin hat die Summenformel $C_{34}H_{38}O_6N_4$ und das Mol.-Gew. 598,68. Strukturformel vgl. S. 851. Es besitzt gegenüber dem Protoporphyrin Hydroxyäthylreste an Stelle der Vinylgruppen. Die Konstitutionsaufklärung ist von KÜSTER, WILLSTÄTTER und vor allem von FISCHER und seiner Schule (vgl. oben) durchgeführt worden. Auf Grund der Anordnung der Seitenketten ist das Hämatoporphyrin als eine 1,3,5,8-Tetramethyl-2,4-di-(α-hydroxyäthyl)-porphin-6,7-dipropionsäure zu bezeichnen. Von FISCHER und ZEILE[7] ist, ausgehend vom synthetischen Deuteroporphyrin, über das Diacetyldeuteroporphyrin die Totalsynthese durchgeführt worden. Von besonderer Wichtigkeit bei der Aufklärung der Struktur waren das „Tetramethylhämatoporphyrin" (S. 891) und seine oxydativen Abbauprodukte.

Darstellung. Zur Gewinnung von Hämatoporphyrin aus dem Hämin oder Hämatin ist eine energische Säureeinwirkung nötig. Am besten gelingt die Darstellung mit Hilfe von Bromwasserstoff-Eisessig[8]: 3 g Hämin werden mit 75 g Bromwasserstoffsäure-Eisessig ($d = 1{,}41$) 24 Std geschüttelt, darauf in viel Wasser gegossen und mit Natronlauge bis zum Verschwinden der Kongoreaktion abgestumpft. Hierauf wird der ausgeschiedene braunrote Niederschlag abgesaugt, mit Wasser gewaschen, in verdünnter Natronlauge aufgenommen und, falls hierbei Trübung auftreten sollte, nochmals filtriert. Aus dem Filtrat wird dann durch Zusatz von 33 %iger Natronlauge das Dinatriumsalz des Hämatoporphyrins ausgefällt. Dieses wird mit einer Fritte abgesaugt und in warmer 2,5 %iger Salzsäure gelöst. Aus der nochmals filtrierten Lösung kristallisiert beim Einengen bei Raumtemperatur (zuerst über Schwefelsäure, dann über Ätznatron) das Hämatoporphyrin in Form seines Dihydrochlorids in kleinen dünnen, zu kugeligen Aggregaten angeordneten Nadeln mit der Zusammensetzung $C_{34}H_{38}O_6N_4 \cdot 2HCl$ aus. Sie zeigen Dichroismus von Hellgelb nach Dunkel[9]. Das freie Hämatoporphyrin wird aus dem Dihydrochlorid durch Lösen in 0,1 n Natronlauge und Fällen mit Essigsäure dargestellt[10].

Eigenschaften. Das Hämatoporphyrin kristallisiert aus Äther in länglichen, an den Enden abgerundeten Blättchen von oberflächlich violetter, in der Durchsicht brauner Farbe. Die Kristalle sind schwer löslich in Äther, Methanol und Äthanol, leicht löslich in Aceton, Pyridin und Eisessig und unlöslich in Chloroform. Es ist gut löslich in verdünnten Mineralsäuren, Alkalien, Alkalicarbonaten und -hydrogencarbonaten.

[1] VANNOTTI, A.: Porphyrine und Porphyrinkrankheiten. S. 85. Berlin 1937; bzw. Porphyrins, Their Biological and Chemical Importance. S. 69. London 1954. — Vgl. auch HUTSCHENREUTER, R.: H. **222**, 161 (1933).

[2] NEUBAUER, O.: A. e. P. P. **43**, 456 (1900).

[3] HÜHNERFELD, J.: Pharmazie **2**, 97 (1947).

[4] KAJDI, L.: B. Z. **165**, 475 (1925). — Vgl. auch LASSEN, H. C. A.: Strahlentherapie **27**, 757 (1928).

[5] MEYER-BETZ, F.: Dtsch. Arch. klin. Med. **112**, 476 (1913). — KAJDI, L.: B. Z. **170**, 201 (1926).

[6] Hämatoporphyrin wird seit 1931 unter der Bezeichnung „Photodyn" (Nordmark Werke) als Therapeutikum in den Handel gebracht.

[7] FISCHER, H., u. K. ZEILE: A. **468**, 98 (1929).

[8] FISCHER, H., u. H. RÖSE: B. **46**, 2460 (1913). — Vgl. auch NENCKI, M.: H. **30**, 423 (1900) sowie WILLSTÄTTER, R., u. M. FISCHER: H. **87**, 430 (1912).

[9] FISCHER, H., u. F. LINDNER: H. **142**, 152; **145**, 202 (1925). — FISCHER, H., A. TREIBS u. G. HUMMEL: H. **185**, 33 (1929).

[10] FISCHER, H., A. TREIBS u. K. ZEILE: H. **193**, 138 (1930).

Die *Salzsäurezahl* ist 0,1.

Spektren im sichtbaren Licht:

In Eisessig-Äther (Maxima): 624,8; 614,7; 598,1; 578,6; 569; 530,4; 496,5; 470,3 mμ. In 5%iger Salzsäure: 595,2; 575,8; 551,6 mμ. Das Spektrum des Dihydrochlorids ist in alkoholischer Lösung stark vom Dissoziationsgrad der Salzsäure abhängig[1]. Die sauren Lösungen von Hämatoporphyrin zeigen schöne Violettfärbung, konzentrierte Lösungen kirschrote Färbung.

Fluorescenzspektren[2]*:*

In Eisessig bzw. Methanol: 669—647; 616—601 mμ.
In Pyridin: 694—683; 677—666; 655—645; 627,2 mμ.

Spektrum im UV (in Pyridin): 390,3; 417,2—363,4 mμ.

Spektrum im IR[3]*:*

Die beiden Oxyäthylgruppen verleihen dem Hämatoporphyrin eine ausgesprochene Instabilität. Durch Wasser-Abspaltung tritt sehr leicht Übergang in Protoporphyrin[4] ein, so z. B. bei längerem Erhitzen in Eisessig oder salzsäurehaltigem Alkohol bzw. 25%iger Salzsäure. Dasselbe geschieht auch beim Erhitzen von Hämatoporphyrin im Hochvakuum auf 105°[5]. Bei Reduktion von Hämatoporphyrin mit Kaliumalkoholat[6] bei höherer Temperatur bildet sich Mesoporphyrin IX, ebenso bei milder Reduktion mit Jodwasserstoffsäure in Eisessig[7].

Nachweis. Das Hämatoporphyrin kann spektroskopisch nachgewiesen werden. Jedoch ist es immer erwünscht, den Nachweis durch Isolierung des Porphyrins, am besten in Form seines Dimethylesters, vorzunehmen und dessen Schmelzpunkt zu bestimmen, da das Hämatoporphyrin leicht mit den Koproporphyrinen und Uroporphyrinen zu verwechseln ist. Auch die p_H-Fluorescenzkurve[8] ist charakteristisch, ebenso das IR-Spektrum.

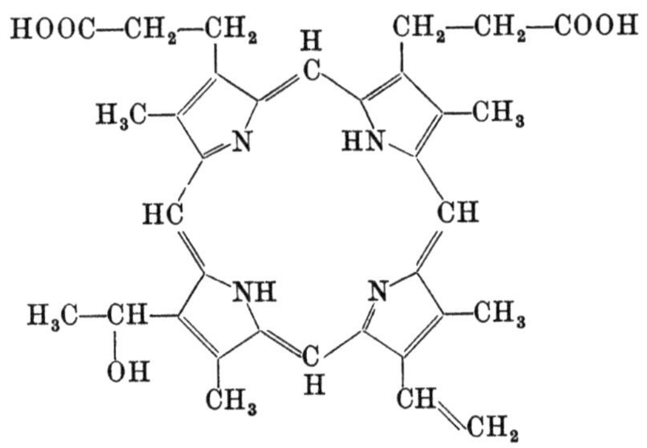

Ein einfaches von Brugsch[9] ausgearbeitetes Verfahren des fluorometrischen Nachweises von Hämatoporphyrin beruht auf der Tatsache, daß Hämatoporphyrin bei kurzem Aufkochen in HCl, H_2SO_4 oder Eisessig großenteils in Protoporphyrin übergeht. Dabei tritt eine sehr kennzeichnende Erhöhung der Salzsäurezahl ein, die auch im Extraktionsfluorogramm, das vor und nach dem Aufkochen aufgenommen wird, zum Ausdruck kommt.

Bei längerem Stehen von Hämatoporphyrin in Salzsäurelösung entsteht neben Protoporphyrin auch ein Porphyrin vom Tetramethyl-mono-oxyäthyl-mono-vinyl-porphin-dipropionsäure-Typ, dessen Salzsäurezahl (0,8) zwischen der von Protoporphyrin und von Hämatoporphyrin liegt[9]. Es scheint, daß dieses Porphyrin in den „Pseudo-deuteroporphyrinen" Watsons[10] enthalten ist, die bei kongenitalem hämolytischem Ikterus beim

[1] Willstätter, R., u. A. Pfannenstiel: A. **358**, 262 (1907).
[2] Dhéré, C., et E. Bois: Cr. **183**, 321 (1926) [C. **1926 II**, 1652].
[3] Falk, J. E., and J. B. Willis: Austr. J. sci. Res. **4**, 579 (1951).
[4] Schumm, O.: H. **168**, 1; **170**, 10 (1927).
[5] Fischer, H., u. F. Lindner: H. **142**, 152 (1925). — Fischer, H., u. K. Zeile: A. **468**, 114 (1929).
[6] Fischer, H., u. H. Röse: H. **87**, 38 (1913).
[7] Nencki, M., u. J. Zaleski: B. **34**, 997 (1901). — Fischer, H., A. Treibs u. G. Hummel: H. **185**, 48 (1929).
[8] Fink, H., u. W. Hoerburger: H. **225**, 49 (1934); **232**, 28 (1935).
[9] Brugsch, J.: Porphyrine. S. 146. 159, Leipzig 1952.
[10] Salzburg, P., and C. J. Watson: J. biol. Ch. **139**, 593 (1941). — Watson, C. J.: J. clin. Invest. **16**, 383 (1937). — Vgl. auch: Fischer, H., u. J. Hilger: H. **138**, 271 (1924). — Fischer, H., u. F. Lindner: H. **145**, 202 (1925).

Menschen und in den Faeces von Kaninchen bei Blei- und Sulfonalvergiftung beobachtet wurden. Auch bei der Perfusion von Protoporphyrin in die Leber wurde bei Kaninchen ein ähnliches Porphyrin in der Galle festgestellt. Die Erkennung des Mono-oxyäthyl-mono-vinyl-Typs ist dadurch erleichtert, daß beim Erwärmen mit Essigsäure infolge Acetylierung bzw. Bildung von Protoporphyrin die Erhöhung der Salzsäurezahl fluorometrisch erkennbar ist. — Vorstehend eine der beiden Strukturmöglichkeiten für das neue Porphyrin.

Derivate. *Hämatoporphyrin-dimethylester*, $C_{36}H_{42}O_6N_4$ (Mol.-Gew. 626,7) wird erhalten durch Stehenlassen von Hämatoporphyrin mit 8%iger methanolischer Salzsäure bei Raumtemperatur oder Aufkochen mit 1%iger methanolischer Salzsäure während 10 min. Der Dimethylester kristallisiert aus Chloroform-Methanol in dünnen Blättchen mit dem Schmelzpunkt 212° (korr.). Spektrum in Chloroform: 622,7; 596,2 (schwach); 578,5; 567,9; 532,9 (schwach) mμ. — Beim Erhitzen im Hochvakuum geht der Hämatoporphyrin-dimethylester in Protoporphyrin-dimethylester über. — Fe-Komplexsalze von Hämatoporphyrin vgl. S. 924; 929.

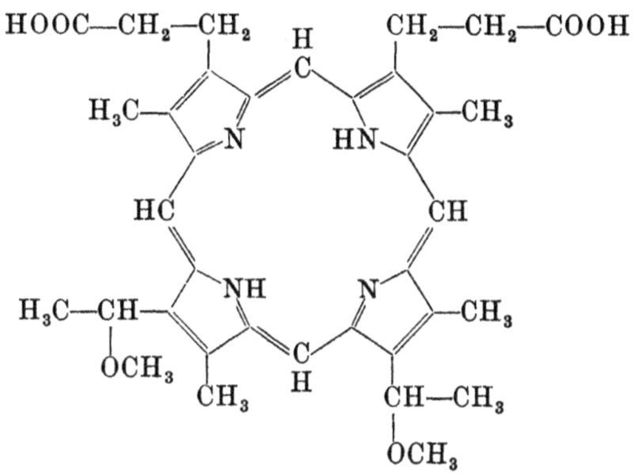

„Tetramethyl-hämatoporphyrin IX“. Bei Einwirkung von Bromwasserstoff-Eisessig auf Hämatoporphyrin oder dessen Dimethylester bzw. auch auf Protoporphyrin und nachfolgender Behandlung mit Methanol wird der nebenstehende Dimethyläther des Hämatoporphyrin-dimethylesters gebildet, das sog. „Tetramethyl-hämatoporphyrin“, $C_{38}H_{46}O_6N_4$[1]. Es tritt in verschiedenen Modifikationen auf. In der Regel werden nur die höchst und die niedrigst schmelzenden Formen mit den Schmelzpunkten 185° und 110° als Nadeln erhalten, zuweilen auch eine gleichfalls in Nadeln kristallisierende Form mit dem Schmelzpunkt 120°[2].

Spektrum in Äther: 624,7; 598,3; 579,2; 568,9; 529,8; 495,9 mμ.

Die Salzsäurezahl ist 2,0.

γ) Mesoporphyrin = Mesoporphyrin IX = 1,3,5,8-Tetramethyl-2,4-diäthyl-porphin-6,7-dipropionsäure.

Historisches. Das Mesoporphyrin ist erstmals von NENCKI und ZALESKI[3] durch schonende Reduktion von Hämin mit Jodwasserstoffsäure und Phosphoniumjodid dargestellt worden. Später ist es von FISCHER und RÖSE[4] durch Reduktion von Hämin mit Alkoholaten erhalten worden.

Die Totalsynthese, die von FISCHER und STANGLER[5] durchgeführt wurde, erbrachte den Beweis der Konstitution des Mesoporphyrins und gleichzeitig auch den Beweis der Anordnung der Seitenketten des Protoporphyrins bzw. des Häms.

Vorkommen. Das physiologische Vorkommen von Mesoporphyrin ist unbedeutend. Es findet sich in ganz geringer Menge in normalen menschlichen Faeces[6], etwas vermehrt bei Lebererkrankungen. Auch in der menschlichen Fistel-Galle ist es beobachtet worden[7]. Wesentlich bedeutungsvoller ist die Isolierung von Mesoporphyrin aus Ölschiefer, Asphalt,

[1] KÜSTER, W., u. P. DEIHLE: H. **86**, 51 (1913). — WILLSTÄTTER, R., u. M. FISCHER: H. **87**, 467 (1913). FISCHER, H., u. R. MÜLLER: H. **142**, 155 (1924). — FISCHER, H., u. K. ZEILE: A. **468**, 107 (1929).
[2] FISCHER, H., u. H. ORTH: Die Chemie des Pyrrols. Bd. II, 1, S. 425. Leipzig 1937.
[3] NENCKI, M., u. J. ZALESKI: B. **34**, 997 (1901).
[4] FISCHER, H., u. H. RÖSE: H. **87**, 38 (1913).
[5] FISCHER, H., u. G. STANGLER: A. **459**, 53 (64) (1927).
[6] ZEILE, K., u. B. RAU: H. **250**, 197 (1937).
[7] GROTEPASS, W., u. A. DEFALQUE: H. **252**, 155 (1938).

Erdöl und Erdwachs neben Ätioporphyrin und einigen Chlorophyll-Abbauprodukten[1]. Dieses Vorkommen gibt wichtige Hinweise auf die Entstehung des Erdöls.

Physiologische Bedeutung. Parallel zu seinem untergeordneten Vorkommen hat das Mesoporphyrin auch nur eine geringe physiologische Bedeutung. Sein Vorkommen ist die Folge einer sekundären Hydrierung von Protoporphyrin bzw. Häm durch Bakterien (Darmbakterien). Interessant im Hinblick auf das Hämatoporphyrin ist, daß das Mesoporphyrin nur eine geringe Photosensibilisation bei höheren Tieren zeigt, daß es dagegen auf Paramäcien stärker toxisch wirkt[2].

Zusammensetzung und Formel. Das Mesoporphyrin hat die Summenformel $C_{34}H_{38}O_4N_4$ und das Mol.-Gew. 566,68. Stukturformel vgl. S. 851. Das Mesoporphyrin unterscheidet sich vom Protoporphyrin durch die reduktive Umwandlung der Vinylgruppen in Äthylgruppen. Es wird dementsprechend als eine 1,3,5,8-Tetramethyl-2,4-diäthylporphin-6,7-dipropionsäure bezeichnet. Totalsynthese vgl. oben[3].

Darstellung. Zur Gewinnung von Mesoporphyrin können ausgehend vom Hämin zwei verschiedene Wege eingeschlagen werden:

a) Der erste Weg stellt eine Variation des ursprünglich von NENCKI und ZALESKI (S. 891, Anm. 3) ausgearbeiteten Verfahrens dar[4]. — 10 g Hämin werden in 150 cm³ Eisessig unter Zusatz von 20 cm³ Jodwasserstoffsäure ($d = 1{,}96$) gelöst. Die noch warme Lösung wird dann unter Zusatz von 15 g rotem Phosphor $2^1/_2$ Std unter Rückfluß gekocht. Sobald das Reaktionsgemisch blaurot geworden ist, gießt man in 1 *l* Wasser und setzt dann soviel 10%ige Natronlauge hinzu, daß die Reaktion nur noch essigsauer ist. Der dabei entstandene Niederschlag wird abfiltriert, in 600 cm³ 1%iger Natronlauge gelöst, auf 2 *l* verdünnt und erneut abfiltriert. Aus dem Filtrat wird mit Essigsäure das Mesoporphyrin wieder gefällt. Die weitere Reinigung erfolgt durch Lösen in Natronlauge und Fällung als Natriumsalz, und zwar durch Zusatz eines geringen Überschusses an konzentrierter Natronlauge. Durch Lösen der Fällung in 500 cm³ siedender 2,5%iger Salzsäure entsteht das kristallisierte Mesoporphyrin-dihydrochlorid, aus dem man mittels Ammoniaklösung das Porphyrin frei macht. Aus der neutralen Lösung wird es dann mit Äther extrahiert.

b) Am raschesten gewinnt man das Mesoporphyrin aus dem Hämin durch Reduktion mit Palladium in Ameisensäure[5]: 3 g Hämin werden mit 0,6 g 25%igem kolloidalem Palladium in 300 cm³ Ameisensäure ($d = 1{,}22$) $1^1/_4$ Std unter Rückfluß und gleichzeitigem Schütteln zum Sieden erhitzt. Zeigt eine Probe das reine Mesoporphyrin-Spektrum, so wird nach dem Abkühlen mit der 4fachen Menge einer etwa 30%igen Ammoniumacetat-Lösung gefällt. Der in der Hauptsache amorphe Niederschlag wird abfiltriert und noch feucht in wenig warmer Ammoniumacetat-Lösung aufgenommen. Hierauf wird mit 250 cm³ 2,5%iger Salzsäure aufgekocht und nochmals filtriert. Aus dem Filtrat kristallisiert dann das Mesoporphyrin in Form des Dihydrochlorides aus. Ausbeute etwa 65% der Theorie.

c) Selbstverständlich kann das Mesoporphyrin auch durch katalytische Reduktion von Protoporphyrin gewonnen werden[5].

Eigenschaften. Das Mesoporphyrin fällt aus Eisessig enthaltendem Äther in roten rhombischen Kristallen an. Es ist leicht löslich in Alkalien und Ammoniaklösung, schwer löslich in verdünnten Säuren, in Alkohol und Äther. Salzsäurezahl = 0,5. Spektrum in 0,1 n KOH: Max. 629,3; 601,7; 579,5; 550,7; 525,1 mμ. — Spektrum in 5%iger Salzsäure: Max. 591,7; 572,4; 548,7 mμ. — *Fluorescenzspektrum* (in Pyridin): 689; 670; 651; 624,0 mμ. *UV-Spektrum* (in Pyridin)[6]: 418,7—363,7 (Maximum 391,2) mμ. Aus Äther kristallisiert

[1] TREIBS, A.: A. **510**, 42 (1934).
[2] FISCHER, H., u. G. A. v. KEMNITZ: H. **96**, 309 (1915/16).
[3] FISCHER, H., u. G. STANGLER: A. **459**, 53 (64) (1927).
[4] FISCHER, H., E. BARTHOLOMÄUS u. H. RÖSE: H. **84**, 278 (1913). — FISCHER, H., u. H. RÖSE: B. **46**, 2460 (1913).
[5] FISCHER, H., H. GEBHARDT u. A. ROTHAAS: A. **482**, 24 (1930). — FISCHER, H., u. B. PÜTZER: H. **154**, 50 (1926).
[6] DHÉRÉ, C.: Handb. biol. Arb.-Meth., Abt. II, Teil 3 (1933).

es in langen roten Prismen. — In siedendem Paraffin tritt Decarboxylierung zum Ätioporphyrin III ein.

Nachweis. Der Nachweis von Mesoporphyrin kann spektroskopisch geschehen, wobei jedoch zu beachten ist, daß die Absorptionsspektren im sichtbaren Gebiet denen von Hämatoporphyrin sehr ähnlich sind. Besser wird die Salzsäurezahl zusammen mit dem Schmelzpunkt des Dimethylesters und seines Pikrates zur Identifizierung herangezogen. Auch die p_H-Fluorescenzkurve[1] ist charakteristisch.

Derivate. *Mesoporphyrin-dimethylester*, $C_{36}H_{42}O_4N_4$, wird am besten erhalten durch Versetzen einer ammoniakalischen Lösung von Mesoporphyrin mit 0,1 n Natronlauge und anschließende Veresterung des dabei ausgeschiedenen Dinatriumsalzes mittels Methanol-Salzsäure[2]. Ebenso kann er aus Mesoporphyrin mit Diazomethan in Chloroform-Methanollösung dargestellt werden. Er kristallisiert in roten Nadeln (aus Chloroform-Methanol) mit dem Schmelzpunkt 212—216° (korr.)[3]. Spektrum in Methanol: Max. 618,7; 592,4; 569; 528,8; 494,8 mμ. Infrarot-Spektrum s.[4].

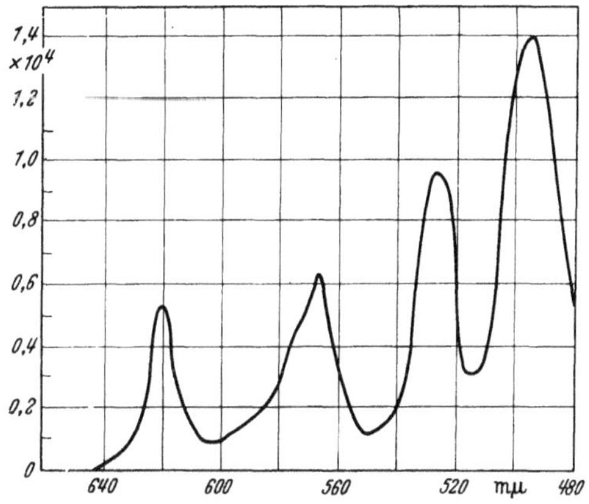

Abb. 4. Mesoporphyrin-dimethylester. Absorptionsspektrum in Dioxan[5].

Pikrat des Dimethylesters, $C_{36}H_{42}O_4N_4 \cdot C_6H_3O_7N_3$ entsteht durch Umsetzen des Dimethylesters mit Pikrinsäure in Methanol. Es kristallisiert in glänzenden purpurroten Prismen mit dem Schmelzpunkt 145°. — *Kupfer-Komplexsalz des Dimethylesters:* Beim Versetzen einer Eisessiglösung des Mesoporphyrin-dimethylesters mit einer Lösung von Kupferacetat in Eisessig bildet sich ein Kupfer-Komplexsalz $C_{36}H_{40}O_4N_4Cu$, das aus Chloroform-Eisessig in feinen Nädelchen mit dem Schmelzpunkt 224° kristallisiert.

Mesohämin vgl. S. 929.

δ) *Deuteroporphyrin = 1,3,5,8-Tetramethyl-porphin-6,7-dipropionsäure.*

Historisches. Das Deuteroporphyrin ist zum erstenmal von FISCHER und LINDNER[6] durch monatelanges Faulenlassen von Blut bei 37° in alkalischem Medium erhalten worden, und zwar über das Deuterohämin als Zwischenprodukt. Beobachtet wurde es erstmals von SCHUMM[7] in Faeces nach Blutungen im Gastrointestinal-Trakt sowie nach Aufnahme bluthaltiger Nahrung. Die Konstitution wurde von FISCHER und Mitarbeitern aufgeklärt und durch Totalsynthese bewiesen[8].

Vorkommen. Deuteroporphyrin findet sich in den Faeces nach Genuß bluthaltiger Nahrung oder auch bei Blutungen im Verdauungstrakt[9]. Weiter bildet es sich im faulenden Fleisch und bei Fäulnis des Blutes in alkalischer Lösung[6] Erhöhte Mengen an Deuteroporphyrin finden sich bei akuter Porphyrie in den Faeces[10]. Schließlich kommt Deuteroporphyrin neben Ätioporphyrin und Hämochromogenen in der Kohle vor[11].

[1] FINK, H., u. W. HOERBURGER: H. **225**, 49 (1934).
[2] FISCHER, H., u. R. MÜLLER: H. **142**, 130 (1925).
[3] FISCHER, H., u. K. ZEILE: A. **468**, 116 (1929). — FISCHER, H., u. H. J. RIEDL: H. **486**, 178 (1931).
[4] FALK, J. E., and J. B. WILLIS: Austral. J. sci. Res. (A) **4**, 579 (1951).
[5] STERN, A., u. H. WENDERLEIN: Z. physik. Chem. (A) **176**, 81 (1936).
[6] FISCHER, H., u. F. LINDNER: H. **161**, 17 (1926).
[7] SCHUMM, O.: H. **149**, 1, 111 (1925). — SCHUMM, O., u. E. MERTENS: H. **156**, 61 (1926). — Vgl. auch BOAS, I.: D. m. W. **1933 I**, 126. Kli. Wo. **1931 II**, 2311; **1932 II**, 1051, 1496.
[8] FISCHER, H., u. A. KIRSTAHLER: A. **466**, 178 (1928).
[9] SCHUMM, O.: H. **144**, 272; **147**, 221; **149**, 1 (1925); **152**, 1; **153**, 246; **159**, 194 (1926); **169**, 3 (1927). — SCHUMM, O., u. E. MERTENS: H. **156**, 61 (1926). Von SCHUMM wurde ursprünglich das Deuteroporphyrin als „Kopratoporphyrin", das Deuterohämin als „Kopratin" bezeichnet.
[10] MCSWINEY, R. R., R. E. H. NICHOLAS and F. T. G. PRUNTY: Biochem. J. **46**, 147 (1950).
[11] TREIBS, A.: A. **520**, 144 (1935).

Physiologische Bedeutung. Deuteroporphyrin ist in den Faeces meistens zu finden, wenn Hämoglobin in den Darmtrakt gelangt, sei es durch bluthaltige Nahrung oder auch durch okkulte Blutungen. Jedoch ist die von BOAS[1] hervorgehobene diagnostische Bedeutung für die Erkennung von Hämorrhagien noch umstritten[2]. Jedenfalls ist die Bildung von Deuteroporphyrin immer an die Einwirkung von Bakterien auf Blutfarbstoff gebunden.

Zusammensetzung und Formel. Der Übergang von Häm oder von Protoporphyrin in Deuteroporphyrin beruht auf einer Abspaltung der Vinylgruppen und Ersatz derselben durch Wasserstoff-Atome. So besitzt das Deuteroporphyrin die Zusammensetzung $C_{39}H_{30}O_4N_4$, das Mol.-Gew. 510,58, und stellt eine 1,3,5,8-Tetramethyl-porphin-6,7-dipropionsäure (Formel vgl. S. 851) dar. Die Konstitution wurde von FISCHER und KIRSTAHLER[3] durch Totalsynthese eindeutig klargestellt.

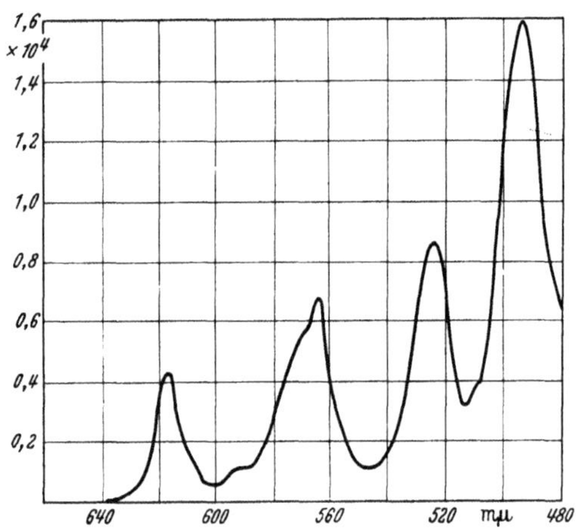

Abb. 5. Deuteroporphyrin-dimethylester. Absorptionsspektrum in Dioxan[6].

Darstellung. Zur Gewinnung von Deuteroporphyrin bedient man sich zweckmäßig des Resorcinabbaues des Hämins, wie er von SCHUMM[4] aufgefunden und von FISCHER und HUMMEL[5] methodisch ausgebaut worden ist:

5 g Hämin werden mit der 3fachen Menge Resorcin verrieben und etwa 45 min im Ölbad auf 190—200° erhitzt. Die erkaltete Schmelze wird dann in Äther aufgenommen und filtriert. Der Rückstand wird mit Äther gut gewaschen und getrocknet. Hierauf wird — wie beim Hämin S. 927 angegeben — umkristallisiert, nur daß an Stelle von 1 cm³ Salzsäure (auf 1 g Hämin) 3,2 cm³ verwendet werden. Es kristallisiert dabei das Deuterohämin-dihydrochlorid aus. Dieses wird durch Behandlung mit Eisessig-Hydrazinhydrat unter Bildung von Deuteroporphyrin enteisent.

Eigenschaften. Das Deuteroporphyrin kristallisiert aus Pyridin-Äther oder Eisessig-Äther in rotbraunen Nadeln und Prismen, mitunter auch in beiderseits zugespitzten Blättchen mit paralleler Auslöschung und dem Kantenwinkel 52°. Salzsäurezahl = 0,3. Leicht löslich in Pyridin, in essigsäurehaltigem Äther, in Salzsäure, verdünnten Alkalien, unlöslich in Alkohol und Chloroform. Spektren (in Äther): Max. 621,7; 595,7; 576,8; 566,8; 525,9; 494 mμ. — Spektrum (in 0,1 n NaOH): 615,8; 563,8; 537,8; 502,5 mμ. — Spektrum (in 5%iger HCl): 589,5; 546,6 mμ.

Nachweis. Nachgewiesen wird das Deuteroporphyrin mittels des Absorptionsspektrums, des Schmelzpunktes des Dimethylesters und der Salzsäurezahl. Auch das Pikrat des Dimethylesters ist zur Identifizierung brauchbar.

Derivate. Der *Deuteroporphyrin-dimethylester* $C_{32}H_{34}O_4N_4$ entsteht durch Behandlung von Deuteroporphyrin mit methanolischer Salzsäure oder mit Diazomethan[7]. Er kristallisiert meist in büschelig verwachsenen, gebogenen roten Nadeln mit dem Schmelzpunkt 218—220°. Salzsäurezahl = 1—2. Spektrum (in Chloroform): Max. 619,9; 575,5; 565;

[1] SCHUMM, O.: H. **149**, 1, 111 (1925). — SCHUMM, O., u. E. MERTENS: H. **156**, 61 (1926). — Vgl. auch BOAS, I.: D. m. W. **1933 I**, 126. Kli. Wo. **1931 II**, 2311; **1932 II**, 1051, 1496.
[2] HÄCKER, W.: Arch. Verd.-Krankh. **58**, 268 (1935). — BECKERMANN, F., u. H. SCHÜLKE: Kli. Wo. **1937 II**, 1311.
[3] FISCHER, H., u. A. KIRSTAHLER: A. **466**, 178 (1928).
[4] SCHUMM, O.: H. **178**, 3 (1928).
[5] FISCHER, H., u. G. HUMMEL: H. **181**, 127 (1929).
[6] STERN, A., u. H. WENDERLEIN: Z. physik. Chem. (A) **176**, 81 (1936).
[7] FISCHER, H., u. A. KIRSTAHLER: A. **466**, 183 (1928).

529,8; 496 mμ. Infrarot-Spektrum s.[1]. Das *Pikrat des Dimethylesters*[2] $C_{32}H_{34}O_4N_4 \cdot C_6H_3O_7N_3$ kristallisiert aus Methanol in schräg abgeschnittenen dunkelroten Prismen mit dem Schmelzpunkt 148°. Leicht löslich in Aceton. *Deuterohämin* vgl. S. 929.

ε) Uroporphyrin I = Porphin-1,3,5,7-tetraessigsäure-2,4,6,8-tetrapropionsäure.

Historisches. Uroporphyrin I ist erstmals (vgl. S. 846) von H. FISCHER[3] 1915 aus dem Harn eines Patienten (Fall Petry) mit kongenitaler Porphyrie isoliert worden. Die Struktur wurde auf analytischem Wege von H. FISCHER und seiner Schule[4] aufgeklärt. Von MACDONALD[5] wurde sie 1953 durch Synthese bestätigt.

Vorkommen. Das Uroporphyrin wird bei kongenitaler Porphyrie als vorherrschendes Porphyrin gefunden, nicht nur im Harn, sondern auch abgelagert in den Knochen, im Knochenmark, in Leber und Niere. Es findet sich auch im Pleuraexsudat und im Serum, aber nicht in den roten Blutkörperchen[6]. Daneben kommt meist auch noch Koproporphyrin I vor. Ebenso ist Uroporphyrin I neben Koproporphyrin I bei perniziöser Anämie festgestellt worden[7]. Bei Ochronose ist das Uroporphyrin in den Knochen verschiedener Tiere (meist der Schlachttiere) gefunden worden[8]. Physiologisch, wenn auch nur in Spuren (etwa 25 γ täglich) kommt das Uroporphyrin I im Harn des Menschen vor (auch im Kaninchenharn)[9]. FIKENTSCHER[10] fand Uroporphyrin I in den Knochen des normalen menschlichen Embryo. Es ist im postnatalen Leben noch anwesend in den Knochen des inneren Ohres. Weiter wurde das Vorkommen von Uroporphyrin I beobachtet in den Schalen verschiedener Muscheln, speziell in pteria vulgaris[11], aber auch in pteria margaritifera, clauculus pharaonis, trochus virgatus, trochus maculatus[12]. Das amerikanische Eichhörnchen (ground squirrel, Sciurus niger) hat eine physiologische Porphyrie mit Ausscheidung von Uroporphyrin I im Harn und mit Ablagerung in den Knochenmetaphysen und -epiphysen[13]. Kleine Mengen von Uroporphyrin I begleiten Koproporphyrin III im Corynebacterium diphtheriae[14] und in Rhodopseudomonas spheroides[15]. Im Pflanzenreich wurden Uroporphyrine in der Epidermis von Vicia-Schoten[16] und in den Wurzelknöllchen der roten Schminkbohne[17] gefunden.

Physiologische Bedeutung. Das Uroporphyrin I ist, wenn es auch in jedem normalen Menschenharn enthalten ist, doch durchwegs als ein pathologisches Pigment zu betrachten. Seine Entstehung aus dem Porphobilinogen (vgl. S. 908) ist zwar formelmäßig leicht verständlich, jedoch führt der physiologische Weg der Porphobilinogen-Kondensation zur Reihe III, also zum Uroporphyrin III. Durch das im Vorhergehenden beschriebene Vorkommen von Uroporphyrin I ist seine physiologische Bedeutung bereits charakteri-

[1] FALK, J. E., and J. B. WILLIS: Austral. J. sci. Res. (A) **4**, 579 (1951).
[2] TREIBS, A.: A. **476**, 1 (1929).
[3] FISCHER, H.: H. **95**, 34 (1915).
[4] Vgl. FISCHER, H., u. H. ORTH: Chemie des Pyrrols. Bd. II/1, S. 504ff. Leipzig 1937. — FISCHER, H., u. H.-J. HOFMANN: H. **246**, 15 (1937).
[5] MACDONALD, S. F., and R. J. STEDMAN: Am. Soc. **75**, 3040, 5448 (1953). Canad. J. Chem. **32**, 896 (1954). — Vgl. auch MACDONALD, S. F.: Soc. **1952**, 4176, 4184.
[6] FISCHER, H.: H. **96**, 148, 309 (1915); **97**, 109, 148; **98**, 14, 78 (1916). B. **60**, 2626 (1927). — FISCHER, H., H. HILMER, F. LINDNER u. B. PÜTZER: H. **150**, 44 (1925).
[7] FISCHER, H., u. W. ZERWECK: H. **137**, 176, 242 (1924).
[8] FINK, H.: H. **197**, 193 (1931). — FINK, H., u. W. HOERBURGER: H. **202**, 8 (1931).
[9] FISCHER, H., u. H. LIBOWITZKY: H. **241**, 220 (1936). — LOCKWOOD, W. H.: Austral. J. exp. Biol. med. Sci. **31**, 453 (1953).
[10] FIKENTSCHER, R.: Kli. Wo. **1935 I**, 569.
[11] FISCHER, H., u. E. HAARER: H. **204**, 101 (1932). — FISCHER, H., u. H.-J. HOFMANN: H. **246**, 15 (1937).
[12] TIXIER, R.: Bull. Soc. Chim. biol. **28**, 394 (1946). — COMFORT, A.: Biochem. J. **44**, 111 (1949). Biol. Reviews **26**, 285 (1951).
[13] TURNER, W. J.: J. biol. Ch. **118**, 519 (1937).
[14] GRAY, C. H., and L. B. HOLT: Biochem. J. **43**, 191 (1948).
[15] LASCELLES, J.: Biochem. J. **55**, IV (1953).
[16] GOODWIN, R. H., V. M. KOSKI and O. v. H. OWENS: Amer. J. Bot. **38**, 629 (1951).
[17] KLÜVER, H.: Science, N. Y. **99**, 482 (1944).

siert, insbesondere sein Vorkommen bei der Porphyrie. Uroporphyrin ist bei kongenitaler Porphyrie das vorherrschende Porphyrin. Es wird dabei nicht nur im Harn gefunden, sondern auch in den Knochen und in vielen Organen. Es ist auch der Begleiter von Uroporphyrin III bei der akuten Porphyrie. Weiteres über Porphyrie vgl. S. 874. Uroporphyrin I liegt der toxischen Porphyrie zugrunde, wie sie nach Schlafmittelmißbrauch (Sulfonal oder Trional) entsteht[1]. Uroporphyrin I zeigt, vor allem in reiner Form, stark lichtsensibilisierende Wirkung, die diejenige von Koproporphyrin etwa um das 10fache übertrifft[2]. Wie das Hämatoporphyrin wird das Uroporphyrin I bei der Fäulnis nicht abgebaut[3]. — Überlebende Leber überführt das Uroporphyrin allmählich in Gallenfarbstoffe[4].

Zusammensetzung und Formel. Das Uroporphyrin I stellt wie das Uroporphyrin III ein octacarboxyliertes Porphyrin dar, das 4 Essigsäure- und 4 Propionsäurereste besitzt. Es hat die Zusammensetzung $C_{40}H_{38}O_{16}N_4$, das Mol.-Gew. 830,73 und ist eine Porphin-1,3,5,7-tetraessigsäure-2,4,6,8-tetrapropionsäure (Formel vgl. S. 851). Es gehört also der zentrosymmetrischen Reihe der Porphin-Abkömmlinge an. Beim Vergleich der Formeln der Uroporphyrine mit denen der Koproporphyrine geht sinnfällig hervor, daß aus den Uroporphyrinen unter Abspaltung von 4 Mol CO_2 (aus den Essigsäureresten) die entsprechenden Koproporphyrine entstehen[5]. Dies geschieht z. B. beim Erhitzen der Uroporphyrine unter Druck auf 180° mit 1 %iger Salzsäure. Beim Erhitzen auf 300—325° im Hochvakuum tritt beim Uroporphyrin I völlige Decarboxylierung ein unter Bildung von Ätioporphyrin I (Formel vgl. S. 851)[6].

Darstellung und Gewinnung. Da Uroporphyrin I und III vielfach im Gemisch miteinander vorkommen, wird die Trennung und Gewinnung der beiden Porphyrine zusammen beim Uroporphyrin III (S. 898) beschrieben.

Eigenschaften. Das Uroporphyrin I kristallisiert aus Pyridin-Eisessig in rotbraunen Nadeln. Es ist schwer löslich in Essigsäureanhydrid, unlöslich in Eisessig, siedendem Alkohol, Chloroform oder Aceton. Es läßt sich aus salzsaurer Lösung nicht in Äther überführen.

Spektrum (in 25 %iger HCl): Max. 597,6; 577,6; 553,6; 511,3 mμ. Spektrum (in 0,1 n NaOH): Max. 612; 564,5; 539; 503,7 mμ.

UV-Spektrum (in 2 n HCl): Max. 406,6; 413,7—399,8 mμ.

Überführung in Koproporphyrin I und in Ätioporphyrin I vgl. oben.

Nachweis und Bestimmungsmethoden. Vgl. bei Uroporphyrin III, S. 900.

Derivate. *Octamethylester von Uroporphyrin I*, $C_{48}H_{54}O_{16}N_4$, kristallisiert aus Chloroform-Methanol in rotbraunen Nadeln, die oft konzentrisch gruppiert sind. Schmelzpunkt 311° korr. = 302°[7] unkorr. Salzsäurezahl 7. Unlöslich in siedendem Aceton, wenig löslich in Alkohol und Äther.

Spektrum (in Chloroform) Max.: 626,2; 599,0; 581,4; 570,5; 537,3; 500,8 mμ.

Spektrum (in 25 %iger HCl) Max.: 596,9; 576,7; 553,6 mμ.

UV-Spektrum (in Chloroform) Max.: 408; 466,0—275,0 mμ.

Fluorescenzspektrum (in Dioxan) Max.: 600; 626; 658; 676; 695,5 mμ.

---

1 FISCHER, H., u. H. LIBOWITZKY: H. **241**, 220 (1936). — WALDENSTRÖM, J.: H. **233**, 7 (1935). — Vgl. auch ELLINGER, A., u. O. RIESSER: H. **98**, 1 (1906). — SCHUMM, O.: H. **136**, 248 (1924).

2 FISCHER, H., u. W. ZERWECK: H. **137**, 176, 242 (1924). — FISCHER, H., u. G. A. v. KEMNITZ: H. **96**, 309 (1915/16).

3 FISCHER, H.: H. **96**, 148 (1915).

4 SCHREUS, H. T., u. C. CARRIÉ: Strahlentherapie **40**, 346 (1931).

5 FISCHER, H., u. W. ZERWECK: H. **137**, 242, 261 (1924).

6 FISCHER, H., u. J. HILGER: H. **140**, 238 (1924). — FISCHER, H., G. HUMMEL u. A. TREIBS: A. **466**, 211 (1928).

7 FISCHER, H., u. H. LIBOWITZKY: H. **241**, 220 (1936). — FISCHER, H., u. H.-J. HOFMANN: H. **246**, 15 (1937).

ζ) Uroporphyrin III = Porphin-1,3,5,8-tetraessigsäure-2,4,6,7-tetrapropionsäure.

Historisches. Das Uroporphyrin III wurde von WALDENSTRÖM[1] im Harn von Patienten mit akuter Porphyrie erstmals aufgefunden. Rein gewonnen wurde es erstmals von WESTALL[2]. Die Zugehörigkeit zur III-Reihe der natürlichen Porphyrine wurde durch Überführung in Koproporphyrin III bewiesen. Nachdem von H. FISCHER und seiner Schule[3] die Konstitution von Uroporphyrin III als die einer Porphin-1,3,5,8-tetraessigsäure-2,4,6,7-tetrapropionsäure klargelegt worden war, ist in der neuesten Zeit von TREIBS und OTT[4] auch die Totalsynthese durchgeführt worden.

Vorkommen. Das Uroporphyrin III findet sich bei der akuten Porphyrie im Harn, vermutlich auch in den Knochen und in verschiedenen Organen[5]. Es sei darauf hingewiesen, daß ein alleiniges Vorkommen von Uroporphyrin III nicht sicher ist, meist ist Uroporphyrin I beigemischt (Näheres vgl. S. 848). In neuerer Zeit ist die Existenz von Uroporphyrin III durch Untersuchungen von GRINSTEIN, SCHWARTZ und WATSON[6] in Zweifel gezogen worden. Nach ihren Untersuchungen stellt das „WALDENSTRÖM-Porphyrin" eine Mischung von Uroporphyrin I und einem Porphyrin mit weniger als 8 Carboxylgruppen dar. Das Uroporphyrin III ist auch bei Sulfonalvergiftung[7] beobachtet worden. Auch ein Kupferkomplexsalz von Uroporphyrin III kommt in der Natur vor. Es findet sich in den Schwungfedern des Turacus, eines zentralafrikanischen Helmvogels, und wird deshalb *Turacin* genannt. Beschrieben wurde es erstmals von CHURCH 1869[8]. Von FISCHER und HILGER[9] wurde es als Kupferkomplexsalz von Uroporphyrin erkannt und der Reihe I zugeordnet; RIMINGTON und Mitarbeiter[10] bewiesen mit dem Abbau des Turacin-Uroporphyrins aus der genannten und 10 weiteren Turacusarten zu Koproporphyrin III die Zugehörigkeit dieses Uroporphyrins zur III-Reihe. Demnach sind bei Vögeln bis heute nur Porphyrine der III-Reihe aufgefunden worden: Protoporphyrin, Koproporphyrin III und Uroporphyrin III[11].

Physiologische Bedeutung. Das Uroporphyrin III ist physiologisch im Aufbau der Porphyrine das erste Porphyrin, das aus dem einkernigen Porphobilinogen gebildet wird (vgl. Biosynthese der Porphyrine, S. 853). Aus ihm entsteht durch Decarboxylierung das Koproporphyrin, das dann weiter in Protoporphyrin übergeht. Das Uroporphyrin III ist also ein Produkt des normalen Porphyrinstoffwechsels. Somit ist sein Vorkommen im Harn nicht überraschend. Allerdings kommt es normalerweise darin nur in Spuren vor. Bei akuter Porphyrie ist es stark vermehrt und ist neben dem Uroporphyrin I das weitaus am meisten vorherrschende Porphyrin. Es findet sich auch bei der kongenitalen (= chronischen) Porphyrie im Harn. Hierbei überwiegt aber das Uroporphyrin I in der Menge. — Schließlich sei darauf hingewiesen, daß das Vorkommen von Uroporphyrin III auch auf Vergiftungen hinweisen kann (vgl. oben).

Zusammensetzung und Formel. Das Uroporphyrin III ist wie das Uroporphyrin I ein octacarboxyliertes Porphyrin, das am Porphingerüst 4 Essigsäure- und 4 Propionsäurereste trägt. Es hat die Zusammensetzung $C_{40}H_{38}O_{16}N_4$, das Mol.-Gew. 830,73 und ist als Porphin-1,3,5,8-tetraessigsäure-2,4,6,7-tetrapropionsäure zu bezeichnen. Beim

[1] WALDENSTRÖM, J.: Acta med. scand. **83**, 281 (1934). Dtsch. Arch. klin. Med. **178**, 38 (1935). H. **239**, III (1936).
[2] WESTALL, R. G.: Nature **170**, 615 (1952).
[3] FISCHER, H., u. H. ORTH: Chemie des Pyrrols. Bd. II/1, S. 504ff. Leipzig 1937. — Vgl. auch COOKSON, A. H., and C. RIMINGTON: Nature **171**, 875 (1953) sowie KENNARD, O.: Nature **171**, 876 (1953).
[4] TREIBS, A., u. W. OTT: Naturwiss. **40**, 476 (1953). A. **615**, 137 (1958).
[5] FISCHER, H., u. H. LIBOWITZKY: H. **241**, 222 (1936). — FISCHER, H., u. H.-J. HOFMANN: H. **246**, 15 (1937).
[6] GRINSTEIN, M., S. SCHWARTZ and C. J. WATSON: J. biol. Ch. **157**, 232 (1945).
[7] ELLINGER, A., u. O. RIESSER: H. **98**, 1 (1916/17).
[8] CHURCH, A.: Philos. Trans. R. Soc. London **154**, 627 (1869).
[9] FISCHER, H., u. J. HILGER: H. **128**, 167 (1923); **138**, 49; **139**, 59 (1924).
[10] RIMINGTON, C.: Proc. R. Soc. London (B) **127**, 106 (1939). — NICHOLAS, R. E. H., and C. RIMINGTON: Scand. J. clin. Lab. Invest. **1**, 12 (1949). Biochem. J. **50**, 194 (1951).
[11] VÖLKER, O.: Z. Naturforsch. **2b**, 316 (1947).

Erhitzen unter Druck in verdünnter Salzsäure geht das Uroporphyrin III unter Verlust von 4 Carboxylgruppen in Koproporphyrin III über[1]. Formel vgl. S. 851.

Isolierung der Uroporphyrine I und III.

Da die beiden Uroporphyrine fast immer — wenn auch in außerordentlich wechselnden Mengen — nebeneinander vorkommen, wird ihre Isolierung aus Harn gemeinsam beschrieben:

a) Isolierung der Uroporphyrine nach* H. FISCHER[2]*:

Der porphyrinhaltige Harn wird mit Eisessig angesäuert (etwa 100 cm³ auf 8 *l* unzersetzten Harnes). Die nach 12 Std ausgefallenen Flocken werden abgesaugt. Sie enthalten die Uroporphyrine und die Koproporphyrine. Aus dem noch feuchten Rückstand wird das Koproporphyrin mit Eisessig extrahiert. Der Rückstand wird dann mit wäßrigem Alkali gelöst und die Lösung nach Filtration mit Eisessig (unter Vermeidung eines Überschusses) gefällt. Der Niederschlag wird auf gehärtetem Filter abgesaugt, mit Wasser gewaschen und mit Methanol-Salzsäure (gasförmige HCl) in der Kälte verestert. Nach eintägigem Stehen wird mit der gleichen Menge Methanol versetzt und vom Ungelösten abfiltriert. Nunmehr wird das Filtrat in viel Wasser gegeben, unter Eiskühlung mit Soda alkalisch gemacht, worauf mit Chloroform die Octamethylester der Uroporphyrine entzogen werden. Die Chloroform-Lösung wird zur Trockne eingedampft. Der Trockenrückstand wird dann erneut mit Chloroform aufgenommen. Nach Filtration wird wiederum eingeengt und durch Zusatz von siedendem Methanol die Kristallisation der Uroporphyrinoctamethylester herbeigeführt.

Liegt ein Gemisch der Uroporphyrinester vor, so wird zur Trennung folgendermaßen verfahren[3]: Das Gemisch wird in Chloroform-Methanol 1:1 gelöst und an Talkum adsorbiert. Wird nun mit Chloroform entwickelt, so passiert der Uroporphyrin I-octamethylester die Säule. Der stärker adsorbierte Uroporphyrin III-octamethylester wird mit Eisessig eluiert.

Nach einer anderen Methode[4] wird das Estergemisch aus Dioxan fraktioniert kristallisiert, wobei der schwerer lösliche Uroporphyrin I-ester fast rein abgeschieden wird. Die Mutterlauge wird dann an Aluminiumoxyd adsorbiert. Das Chromatogramm wird hierauf mit Dioxan entwickelt. Der Uroporphyrin I-ester passiert die Säule, der fester adsorbierte Uroporphyrin III-ester wird dann mit Pyridin oder einem Chloroform-Eisessiggemisch eluiert.

b) Gewinnung der Uroporphyrine mittels der chromatographischen Extraktionsmethode von* WALDENSTRÖM[5]*:

Den schwach essigsauren Harn läßt man nach Extraktion der ätherlöslichen Porphyrine (mit Äther) durch eine mit Wasser angefeuchtete Säule von Aluminiumoxyd (anhydr. puriss. Merck, 20—30 g je Liter Harn) durchlaufen. Dabei ist zu beachten, daß die Aufschlämmung des Aluminiumoxyds eine gleichmäßige ist, denn dies allein gewährleistet die Ausbildung brauchbarer Farbstoffzonen. Wenn die ganze Harnmenge die Säule passiert hat, wird mit 1%iger Essigsäure nachgewaschen, um Reste von Harn zu entfernen. An der Aluminiumoxydsäule ist zuerst nur der oberste Teil dunkel gefärbt. Dann wandert jedoch eine rotbraune Zone immer weiter nach unten, während die Schicht zwischen ungefärbter Säule und dunkelroter Zone eine gelbbraune Farbe annimmt. Schließlich färbt sich der oberste Teil der Säule allmählich kräftig schwarzrot. Nach dem Waschen mit 1%iger Essigsäure wird 20%ige Essigsäure und endlich Eisessig durch die Säule gesaugt. Das Eisessig-Eluat enthält alle Porphyrine außer den Uroporphyrinen,

---

[1] FISCHER, H.: H. **95**, 48 (1915).
[2] FISCHER, H.: Handb. biol. Arb.-Meth., Abt. I, Teil 11, S. 191. Berlin 1936.
[3] FISCHER, H., u. H.-J. HOFMANN: H. **246**, 15 (1937).
[4] NICHOLAS, R. E. H., and C. RIMINGTON: Scand. J. clin. Lab. Invest. **1**, 12 (1949).
[5] WALDENSTRÖM, J.: Dtsch. Arch. klin. Med. **178**, 38 (1935). H. **239**, III (1936).

die in der obersten Zone adsorbiert geblieben sind. Diese werden nun, nachdem mit Wasser nachgewaschen worden ist, mit 12%iger Ammoniaklösung eluiert. Durch Ansäuern der ammoniakalischen Lösung mit Essigsäure bis zur schwach sauren Reaktion werden die Uroporphyrine ausgeflockt. Die weitere Aufarbeitung geschieht dann wie unter a) angegeben.

Bei eiweißhaltigen Harnen, bei denen oft eine Trennung der Schichten Harn—Äther Schwierigkeiten bereitet, verfährt man praktisch nach der von PIETTRE angegebenen Präcipitationsmethode. Der Harn wird auf $+4°$ gebracht und unter Umrühren wird langsam reines Aceton (auf $-5°$ gekühlt) zugesetzt. Dabei koaguliert das Eiweiß. Dieses wird abfiltriert und getrocknet. Die Porphyrine werden sowohl aus dem Filtrat als auch aus dem getrockneten Rückstand mit den üblichen Methoden extrahiert und anschließend gereinigt.

Weiter sei hier auch auf die Methode der Porphyrin-Trennung von ELDAHL[1] hingewiesen.

c) Verfahren zur Uroporphyringewinnung nach* BRUGSCH[2] *(Filterverfahren):

Das Verfahren dürfte in quantitativer Hinsicht dem unter b) beschriebenen überlegen sein. Es besteht darin, daß der zu untersuchende Harn mit Essigsäure angesäuert und dann mit Äther von den Koproporphyrinen und anderen ätherlöslichen Porphyrinen befreit wird. Die vereinigten Ätherauszüge werden mit destilliertem Wasser gewaschen. Bei schwerer akuter Porphyrie können in den ersten Waschwässern große Mengen ätherunlöslicher Porphyrine enthalten sein. Der Waschwasser-Porphyringehalt wird durch Kontrolle der Rotfluorescenz im UV festgestellt. Der ausgeätherte Harn wird mit den porphyrinhaltigen Waschwässern und nunmehr mit einer kleinen Menge Bleiacetat versetzt und verrührt. Der ausfallende Niederschlag, der die an das Bleiacetat adsorbierten ätherunlöslichen Porphyrine (Uroporphyrine) enthält, wird abfiltriert. Dann wird der Niederschlag auf dem Filter so lange mit 25%iger Salzsäure gewaschen, bis die durchlaufende Salzsäure unter dem gefilterten UV-Licht keine Rotfluorescenz mehr zeigt. Durch Abstumpfen der salzsauren Lösung mit Natriumacetat werden die Uroporphyrine ausgefällt. Die (vgl. oben) im Äther gelösten Porphyrine können dem Äther mit 5%iger Salzsäure entzogen werden und aus dem Salzsäureauszug ebenfalls mit Natriumacetat zur Fällung gebracht werden. — Das Verfahren arbeitet mit etwa 8% Verlust an Porphyrinen.

d)* RIMINGTONS *Methode*[3] *zur Uroporphyrin-Isolierung:

Sie dient zur Trennung von Koproporphyrin und Uroporphyrin und wurde auch zur quantitativen Bestimmung der Uroporphyrine ausgebaut (letztere vgl. S. 900). — Der Harn wird auf eine HCl-Konzentration von etwa 1% gebracht. Dann wird die Mischung durch eine Säule von Kieselgur filtriert. Das Filtrat ist dann frei von Porphyrinen. Die Säule wird nun mit 1%iger Salzsäure gewaschen; anschließend werden mit Eisessig die braunen Pigmente und eine kleine Menge Porphyrin eluiert. Nach ausgiebigem Waschen mit Wasser werden die verbliebenen Uroporphyrine mit einem Acetatpuffer von p_H 5,25 aus der Säule herausgelöst. Bei Einstellung der Pufferlösung auf p_H 3,0 fallen die Uroporphyrine aus und es hinterbleibt eine schwach gelb gefärbte Lösung. Der Niederschlag wird durch Zentrifugieren isoliert, getrocknet und evtl. verestert. Die Trennung der Uroporphyrin-octamethylester I und III wird dann nach Methode a) vorgenommen.

e)* DOBRINERS *Methode*[4] *zur Uroporphyrin-Isolierung:

Bei diesem Verfahren werden zuerst die Porphyrine des Harns durch Fällung mit Phosphaten niedergeschlagen. Die Fällung wird dann mit kleinen Mengen konzentrierter

[1] ELDAHL, A.: Acta med. scand. **97**, 538 (1938).
[2] BRUGSCH, J.: Porphyrine. S. 138. Leipzig 1952.
[3] RIMINGTON, C.: Biochem. J. **37**, 443 (1943).
[4] DOBRINER, K.: J. biol. Ch. **113**, 1 (1936).

Salzsäure behandelt. Die salzsauren Auszüge werden hierauf mit Natriumacetat abgestumpft. Nunmehr werden die ätherlöslichen Porphyrine mit Äther ausgeschüttelt. Die Uroporphyrine bleiben in der wäßrigen Lösung zurück, die Koproporphyrine sowie das evtl. vorhandene Protoporphyrin und Deuteroporphyrin befinden sich im Äther.

f) Vgl. Isolierung und Trennung der normalen menschlichen Harn-Porphyrine nach COMFORT, MOORE und WEATHERALL[1].

Eigenschaften. Das Uroporphyrin III gleicht in seinen Löslichkeits-Eigenschaften und im Absorptionsspektrum dem Uroporphyrin I. Identifiziert wird es im allgemeinen mit dem Schmelzpunkt des Octamethylesters (s. unten).

Derivate. *Uroporphyrin III-octamethylester*, $C_{48}H_{54}O_{16}N_4$ kristallisiert aus Methanol in büschelförmig angeordneten Nadeln vom Schmelzpunkt 255—257°, aus Essigester in hellroten büschelförmigen Kristallen mit dem Schmelzpunkt 261°. Löslich in Eisessig, Essigester und Methanol, unlöslich in Chloroform und Äther. Unterscheidet sich in der Absorption im Sichtbaren nicht vom Uroporphyrin I-octamethylester, wohl aber in der p_H-Fluorescenzkurve; vgl. S. 860.

Nachweis und Bestimmung. Der Nachweis der Uroporphyrine geschieht a) auf spektroskopischem Wege, speziell mittels der p_H-Fluorescenz; b) mit Hilfe der Octamethylester-Schmelzpunkte: Isomeres I 311°, Isomeres III 261°; c) Abbau zu den Koproporphyrinen, Überführung in die Tetramethylester und Identifizierung derselben.

Verbesserter Uroporphyrin-Nachweis nach J. BRUGSCH[2].

Reagentien:

1. Äther.
2. Essigsäure, verdünnt.
3. Bleiacetat.
4. HCl, 25%ig.

Ausführung:

Mit Äther ausgeschüttelter essigsaurer Harn wird mit einer Messerspitze Bleiacetat versetzt, der entstandene Niederschlag abfiltriert und auf dem Filter mit einigen Kubikzentimetern 25%iger Salzsäure versetzt. Das ablaufende Filtrat weist bei Anwesenheit von Uroporphyrin eine schöne Rotfluorescenz im UV auf. Es zeigt auch die typischen Spektren von Uroporphyrin-hydrochloriden.

Bestimmungsmethoden.

Vgl. auch die in Band V, S. 214 dieses Werkes angegebenen Bestimmungsmethoden[3].

Bestimmung der Harn-Uroporphyrine durch eine direkte Extraktionsmethode nach DRESEL, RIMINGTON *und* TOOTH[4].

Reagentien:

1. Eisessig.
2. Äther.
3. Natriumacetat, gesättigte wäßrige Lösung.
4. HCl, konz.
5. Cyclohexanon.
6. Petroläther, Kp 40—60°.
7. HCl, 2%ig.

---

[1] COMFORT, A., H. MOORE and M. WEATHERALL: Biochem. J. 58, 177 (1954).
[2] BRUGSCH, J.: Porphyrine. S. 130. Leipzig 1952. Z. ges. inn. Med. 4, 253 (1949).
[3] BODE, O.: Ärztl. Forsch. 4, 617 (1950). — SVEINSSON, S. L., C. RIMINGTON and H. D. BARNES: Scand. J. clin. Lab. Invest. 1, 2 (1949).
[4] DRESEL, E. I. B., C. RIMINGTON and B. E. TOOTH: Scand. J. clin. Lab. Invest. 8, 73 (1956).

Ausführung:

50 cm^3 Harn werden 2mal mit 10 cm^3 Eisessig und 100 cm^3 Äther ausgeschüttelt, um das Koproporphyrin zu isolieren. Die vereinigten Ätherschichten (A) werden einmal mit 30 cm^3 gesättigter wäßriger Natriumacetat-Lösung extrahiert, um mitgerissenes Uroporphyrin wieder zu eliminieren. Diese Acetatlösung wird mit dem wäßrigen Teil der ersten Extraktion vereinigt (B). (Bei hohem Uroporphyringehalt des Harnes sind mehrere Waschungen nötig, um alles Uroporphyrin aus dem Äther zu entfernen.) Die wäßrigen Auszüge (B) werden nunmehr mit konz. Salzsäure auf einen p_H von 1,5 eingestellt und darauf 2mal mit je 50 cm^3 Cyclohexanon ausgeschüttelt. Nunmehr wird ein gleiches Volumen (100 cm^3) von Ligroin (Kp. 40—60°) zu den vereinigten Cyclohexanon-Extrakten zugefügt und diese Lösung dann mit kleinen Mengen 2 %iger Salzsäure ausgezogen, bis der salzsaure Extrakt nicht mehr im UV fluoresciert. — Zur Bestimmung des Uroporphyrin-Gehaltes der salzsauren Lösung wird im Spektrophotometer die Extinktion der Soretbanden bei 404—405 mμ und bei 380 sowie 430 mμ bestimmt und nach der Formel von RIMINGTON und SVEINSON[1] korrigiert, wobei $E^{1\%}_{1\,cm}$ mit 6517 eingesetzt wird. Die Formel lautet $P_{405} = [2\,D_{405}—(D_{430}+D_{380})]$: 1,844 = Wert der Uroporphyrin-Absorption.

Papierchromatographische Trennung der Octamethylester von Uroporphyrin I und III nach FALK *und* BENSON[2].

Bei diesem Verfahren wird das Porphyringemisch auf Whatman-Papier Nr. 1 aufgetragen und mit einem Gemisch von Kerosen (4 cm^3) und Chloroform, das 1 % Äthanol enthält (6 cm^3), in Chloroform-Atmosphäre bei 22—23° entwickelt. Wenn $^1/_3$ der Steighöhe erreicht ist, wird das Papier getrocknet. Nach Abtrennung des unteren Teiles, in dem freie Porphyrine und Verunreinigungen zurückgeblieben sind, wird erneut entwickelt, und zwar in einer Dioxan-Atmosphäre mittels Kerosen (4 cm^3) und Dioxan (1,5 cm^3). Die R_F-Werte für Uroporphyrin-octamethylester I und III sind 0,02 und 0,5.

Diese Methode in Kombination mit derjenigen von CHU und Mitarbeitern[3] gestattet auch die Trennung eines Gemisches von Uroporphyrin-, Koproporphyrin- und Protoporphyrinestern.

Schließlich sei hier auch auf das Verfahren der papierchromatographischen Analyse der Porphyrine von KEHL und STICH[4] hingewiesen (vgl. auch S. 857).

Koproporphyrine.

Wie beim Uroporphyrin werden auch beim Koproporphyrin 2 Isomere unterschieden, Koproporphyrin I und Koproporphyrin III, die sich beide von den entsprechenden Uroporphyrinen ableiten, und zwar durch Decarboxylierung der 4 Essigsäure-Seitenketten. Da hierbei aus den Essigsäureresten Methylgruppen entstehen, enthalten die Koproporphyrine neben den 4 Propionsäure-Seitenketten 4 Methylgruppen in den β-Stellungen (vgl. Formeln S. 851).

Beide Koproporphyrine unterscheiden sich durch verschiedene physikalische Eigenschaften:

a) Durch die Esterschmelzpunkte: Der Tetramethylester von Koproporphyrin I schmilzt bei 250—258°, der Tetramethylester von Koproporphyrin III hat 2 Schmelzpunkte. Die erste Schmelze tritt bei 150—160° ein. Nach darauffolgender Kristallisation erfolgt eine zweite Schmelze beim Erhitzen auf 174—181°. Die Schmelzpunktsdiagramme[5] gestatten jedoch nicht, weniger als 15 % Beimischung des einen Porphyrins im Gemisch mit dem anderen festzustellen.

Im übrigen ist der Koproporphyrin I-tetramethylester in Methanol weniger löslich und kristallisiert daraus leichter aus als der Koproporphyrin III-tetramethylester.

---

[1] RIMINGTON, C., and S. L. SVEINSSON: Scand. J. clin. Lab. Invest. **2**, 209 (1950).
[2] FALK, J. E., and A. BENSON: Biochem. J. **55**, 101 (1953).
[3] CHU, T. C., A. A. GREEN and E. J.-H. CHU: J. biol. Ch. **190**, 643 (1951).
[4] KEHL, R., u. W. STICH: H. **289**, 6 (1951); **290**, 151 (1952).
[5] JOPE, E. M., and J. R. P. O'BRIEN: Biochem. J. **39**, 239 (1945).

b) Eine weitere Unterscheidung der Koproporphyrin-Isomeren ist mit Hilfe der p_H-Fluorescenzkurven[1] möglich, ebenso

c) durch das Infrarot-Spektrum[2] und

d) durch das DEBYE-SCHERRER-Diagramm[3].

e) Schließlich ist eine Trennung beider Koproporphyrin-tetramethylester auch durch Papierchromatographie[4] möglich.

Die Spektren der Koproporphyrine I und III im Sichtbaren und im UV können infolge ihrer großen Ähnlichkeit nicht zur Unterscheidung herangezogen werden. Weiteres vgl. S. 906.

η) Koproporphyrin I.

Historisches. Koproporphyrin I wurde erstmals 1915 von H. FISCHER in menschlichen Faeces, später auch im Harn aufgefunden[5] (Fall Petry, kongenitale Porphyrie). Koproporphyrin III wurde aus dem Harn eines Patienten mit chronischer (lichtsensitiver) Porphyrie erstmals von HIJMANS VAN DEN BERGH[6] isoliert. Identifiziert wurde es von H. FISCHER und Mitarbeitern[7]. Später zeigte sich, daß die Koproporphyrine in der Natur weit verbreitet sind. Über das Vorkommen im einzelnen vgl. unten und S. 848; 872. Synthetisiert wurden beide Porphyrine von H. FISCHER und seiner Schule (vgl. S. 903 und 905).

Vorkommen. Das Koproporphyrin I ist in der Natur weit verbreitet. Man begegnet ihm im menschlichen, tierischen und pflanzlichen Organismus, selbst in Mikroorganismen. So findet es sich unter physiologischen Bedingungen in den menschlichen Faeces[8,9] (auch im Säuglingsalter[10]) sowie besonders im Mekonium[11], dann auch im Harn[8,12-14]. Hier findet es sich zum Teil auch in der hydrierten Form als *Porphyrinogen.* Erhöhte Mengen werden bei chronischer und möglicherweise auch bei akuter Porphyrie[15] beobachtet, aber auch bei perniziöser Anämie[16], bei gewissen Nierenerkrankungen[15], bei hämolytischem Ikterus und bei Lebercirrhose[15]. Koproporphyrin I kommt in Spuren auch im Serum des gesunden, normalen Menschen vor[13], ebenso im Serum von Pferd und Rind[14,17], desgleichen aber auch im Fruchtwasser[18], wo es anscheinend vom Fetus synthetisiert wird. Schließlich findet es sich auch in der normalen menschlichen Galle[19]. Koproporphyrin I findet sich ferner bei kongenitaler Porphyrie, abgesehen von Harn, Faeces, Serum und Galle auch in Herz, Muskeln, Darm, Milz und Leber[20], vor allem aber auch — neben Uroporphyrin — im Knochenmark[16]. Weiter findet sich Koproporphyrin I in Spuren in

---

[1] FINK, H., u. W. HOERBURGER: H. **232**, 28 (1935). — SCHWARTZ, S., V. HAWKINSON, S. COHEN and C. J. WATSON: Science, N. Y. **103**, 338 (1946). J. biol. Ch. **168**, 133 (1947).
[2] FALK, J. E., and J. B. WILLIS: Austr. J. sci. Res. (A) **4**, 579 (1951).
[3] KENNARD, O., and C. RIMINGTON: Biochem. J. **55**, 105 (1953)..
[4] CHU, T. C., A. A. GREEN and E. J.-H. CHU: J. biol. Ch. **190**, 643 (1951). — KEHL, R., u. W. STICH: H. **289**, 6 (1951); **290**, 151 (1952). — Vgl. auch COMFORT, A., and M. WEATHERALL: Biochem J. **54**, **247** (1953).
[5] FISCHER, H.: H. **95**, **34** (1915); **96**, 148 (1915/16); **97**, 164 (1916); **98**, **144** (1916/17).
[6] HIJMANS VAN DEN BERGH, A. A., R. REGNIERS u. W. MULLER: Arch. Verd.-Krankh. **42**, 302 (1928).
[7] FISCHER, H., H. HILMER, F. LINDNER u. B. PÜTZER: H. **150**, 43 (1925).
[8] FISCHER, H.: H. **95**, 55; **96**, 148 (1915).
[9] FISCHER, H., u. K. SCHNELLER: H. **130**, 302 (1923); **135**, 253 (1924).
[10] FIKENTSCHER, R.: Kli. Wo. **1935 I**, 569.
[11] GÜNTHER, H.: Dtsch. Arch. klin. Med. **105**, 89 (1911). — WALDENSTRÖM, J.: Acta med. scand. Suppl. **82** (1937).
[12] FISCHER, H.: H. **96**, 148, 309 (1915).
[13] Vgl. auch FISCHER, H., u. W. ZERWECK: H. **132**, 12; **138**, 307 (1924).
[14] Vgl. auch PAPENDIECK, A.: H. **136**, 293 (1924). — FINK, H., u. W. HOERBURGER: Naturwiss. **22**, 292 (1934).
[15] WATSON, C. J.: J. clin. Invest. **14**, 106 (1935). — WALDENSTRÖM, J.: Dtsch. Arch. klin. Med. **178**, 38 (1935). H. **239**, II (1936).
[16] FISCHER, H., u. H. HILMER: H. **143**, 6 (1925); **153**, 213 (1926).
[17] FISCHER, H.: H. **138**, 307 (1924).
[18] FIKENTSCHER, R.: Arch. Gynäkol. **154**, 129 (1933).
[19] SCHUMM, O.: H. **130**, 172 (1923); **132**, 62 (1924); **136**, 246 (1924); **153**, 233 (1926). — Vgl. auch WALDENSTRÖM, J.: H. **239**, II (1936).
[20] FISCHER, H., u. H. FINK: H. **144**, 107; **150**, 256 (1925).

verschiedenen Pflanzen und pflanzlichen Produkten, so in Mais, Brennesseln, Spargel, Kartoffeln, Eichen-, Eschen- und Ahornblättern[1,2] sowie in Kokosmilch[2] und Mehl[1]. Ferner ist das Koproporphyrin I in den verschiedensten Hefearten[2,3] festgestellt worden. Es findet sich dementsprechend auch im Bier[1]. In hungernder Hefe ist dagegen das Koproporphyrin III (vgl. S. 848) beobachtet worden[4]. Koproporphyrin wird auch in Bakterien gebildet. So wurde es im Bacillus cereus[5] gefunden sowie in den nitrifizierenden Bakterien der Leguminosen-Wurzelknöllchen[6]. Andere Bakterien, wie Corynebacterium diphtheriae[7], produzieren Koproporphyrin III, besonders, wenn Fe im Nährmedium fehlt. So kommt Koproporphyrin III in intestinalen Bakterien[8] wie auch in Mykobakterien[9] vor.

Physiologische Bedeutung. Da das Koproporphyrin I durch Decarboxylierung der Essigsäure-Seitenketten aus Uroporphyrin I entsteht, ist sein Vorkommen eng an dasjenige von Uroporphyrin I geknüpft. Es findet sich deshalb in pathologischen Fällen parallel zum Uroporphyrin I vermehrt, so vor allem bei der kongenitalen Porphyrie, ebenso aber auch bei der perniziösen Anämie, bei Leberaffektionen und bei Intoxikationen. Das Auftreten von Koproporphyrin I bei Bleivergiftungen ist charakteristisch. Mitunter wird es auch nach Gabe von Sulfonamiden im Harn beobachtet[10]. Oft ist aber auch hier das Koproporphyrin III vorherrschend, wie auch bei alkoholischer Lebercirrhose und bei familärer Erythrocyten-Elliptocytosis[11]. Gegenüber Paramäcien erweist sich Koproporphyrin I (wie auch das Isomere III) als ungiftig[12].

Über die Menge des in den Faeces ausgeschiedenen Koproporphyrin I vgl. S. 869 (Nachweis und Bestimmung).

Formel und Zusammensetzung. Das Koproporphyrin I ist eine 1,3,5,7-Tetramethylporphin-2,4,6,8-tetrapropionsäure von der Zusammensetzung $C_{36}H_{38}O_8N_4$ (Formel vgl. S. 851) und dem Mol.-Gew. 654,7. Es leitet sich dementsprechend vom Uroporphyrin I ab, und zwar durch Decarboxylierung der 4 Essigsäurereste. Durch weitere Decarboxylierung kann es in das Ätioporphyrin I (vgl. S. 911) übergeführt werden. Die Totalsynthese ist von FISCHER und ANDERSAG[13] durchgeführt worden.

Darstellung und Gewinnung. a) Koproporphyrin I wird auf rein chemischem Wege aus *Uroporphyrin I* erhalten *α)* durch Einwirkung von Jodwasserstoff-Eisessig[14], *β)* bei Einwirkung von Kaliummethylat bei höherer Temperatur[14], *γ)* beim Erhitzen im Stickstoffstrom auf 180—190° und *δ)* beim Erhitzen mit 1%iger Salzsäure unter Druck[15].

b) *Gewinnung aus biologischem Material* (Faeces und Harn) vgl. bei Koproporphyrin III (S. 905).

---

[1] FISCHER, H., u. J. HILGER: H. **138**, 288 (1924). — FISCHER, H., u. H. FINK: H. **140**, 57 (1924); **153**, 204 (1925). B. Z. **211**, 65 (1929).
[2] FISCHER, H., u. H. FINK: H. **150**, 243 (1925). Vgl. auch H. **144**, 101 (1925).
[3] FISCHER, H., u. K. SCHNELLER: H. **135**, 253 (1924). — FISCHER, H., u. H. HILMER: H. **153**, 167 (1926).
[4] KENCH, J. E., and J. F. WILKINSON: Nature **155**, 579 (1945).
[5] SCHAEFFER, P.: Biochim. biophysica Acta, N. Y. **9**, 362 (1952).
[6] KLÜVER, H.: J. Psychol. Provincetown **25**, 331 (1948).
[7] GRAY, C. H., and L. B. HOLT: Biochem. J. **43**, 191 (1948). — PAPPENHEIMER, A. M. jr.: J. biol. Ch. **167**, 251 (1947).
[8] CROWE, M. O'L., and A. WALKER: Brit. J. exp. Path. **32**, 1 (1951). — TODD, C. M.: Biochem. J. **45**, 386 (1949).
[9] WATSON, C. J.: Physiol. Rev. **27**, 478 (1947). KENNEDY, G. Y., and H. G. VEVERS: Nature **171**, 81 (1953).
[10] FISCHER, H., u. R. DUESBERG: A. e. P. P. **166**, 96 (1932).
[11] BRUGSCH, J.: Z. ges. inn. Med. **6**, 233 (1951).
[12] FISCHER, H., u. J. HIERNEIS: H. **196**, 155 (1931). — FISCHER, H., u. G. A. v. KEMNITZ: H. **96**, 309 (1915/16).
[13] FISCHER, H., u. H. ANDERSAG: A. **458**, 117 (1927). — Vgl. auch FISCHER, H., u. A. TREIBS: A. **450**, 147 (1926).
[14] FISCHER, H.: H. **97**, 115 (1916).
[15] FISCHER, H., u. J. HILGER: H. **149**, 65 (1925). — FISCHER, H., u. W. ZERWECK: H. **137**, 242 (1924).

Eigenschaften. Das Koproporphyrin I kristallisiert aus Pyridin-Eisessig in kleinen, mitunter zu Gruppen angeordneten Prismen. Es ist löslich in warmem Eisessig (im Gegensatz zu Uroporphyrin I) und hieraus nach Verdünnen mit Wasser mittels Äther leicht extrahierbar (im Gegensatz zum Uroporphyrin). Das Koproporphyrin ist weiter löslich in Pyridin, es ist unlöslich in Alkoholen und Äther. Beim Erhitzen im Hochvakuum auf 300—325° tritt vollständige Decarboxylierung zum Ätioporphyrin ein[1]. Die Salzsäurezahl ist 0,09.

Spektren: Im Sichtbaren (in Äther): Max. 623,9; 597,3; 577,7; 568,2; 529,3; 480 mμ. — (In Pyridin): 622,5; 596,3; 577,7; 567,5; 531,5; 499,5 mμ. — (In 0,1 n NaOH): 617,5; 568,5; 538,5; 503,9 mμ. — (In 25%iger HCl): 593,9; 574,6; 550,9; 405,8 mμ. — UV-Spektrum (in 2 n HCl): 406,6; 413,7—399,8 mμ. — Fluorescenzspektrum[2] (in Pyridin): 689; 672; 651; 624,4 mμ. — Spektrum im Infrarot vgl. Tetramethylester (unten).

Nachweis und Bestimmungsmethoden vgl. Koproporphyrin III (S. 906).

Derivate. *Koproporphyrin I-tetramethylester* $C_{40}H_{46}O_8N_4$, Schmelzpunkt 251°, kristallisiert aus Chloroform-Methanol in roten gebogenen Nadeln. Spektrum im Sichtbaren (in Chloroform) Max.: 622,2; 595,5; 577,8; 567,2; 532,9; 499,6 mμ. — (In 25%iger HCl): 593,8; 573,1; 550,3; (525); (510) mμ. — UV-Spektrum (in Chloroform): 405,0; 463,0 bis 264,0 mμ. — Fluorescenz-Spektrum (in Dioxan): 691; 671; 654; 623; 597 mμ. — Infrarot-Spektrum[3].

ϑ) Koproporphyrin III.

Vorkommen. Das Koproporphyrin III findet sich nach GROTEPASS[4] in geringen Mengen im normalen menschlichen Harn. Vermehrt kommt es vor sowohl im Harn wie in den Faeces bei kongenitaler Porphyrie[5], aber auch bei akuten (toxischen) Porphyrien, die z. B. im Verlaufe von Vergiftungen mit Arsen[6], Blei[7], Quecksilber[8] oder auch Sulfonamiden[9] auftreten. Koproporphyrin III wurde auch aus Trappenfedern isoliert[10]. Koproporphyrin III ist in kleinen Mengen auch im Nervensystem der Warmblüter enthalten[11].

Physiologische Bedeutung. Da das Koproporphyrin seiner Konstitution nach eine Zwischenstufe darstellt, die auf dem Wege der Biosynthese des Protoporphyrins vom Uroporphyrin III aus liegt, beruht sein tatsächliches Erscheinen im Harn oder in den Faeces auf einer mehr oder minder starken Blockierung des Fermentsystems der Häm-Biosynthese. Weiteres vgl. unter Porphyrien, S. 874.

[1] FISCHER, H., u. J. HILGER: H. **149**, 65 (1925). — FISCER, H., u. W. ZERWECK: H. **137**, 242 (1924).
[2] DHÉRÉ, C., et E. BOIS: Cr. **183**, 321 (1926).
[3] FALK, J. E., and J. B. WILLIS: Austral. J. sci. Res. (A) **4**, 579 (1951).
[4] GROTEPASS, W.: H. **253**, 276 (1938).
[5] HIJMANS VAN DEN BERGH, A. A., R. REGNIERS u. W. MULLER: Arch.Verd.-Krankh. **42**, 302 (1928).— FISCHER, H., K. PLATZ u. K. MORGENROTH: H. **182**, 265 (1929). — FISCHER, H., u. G. STANGLER: A. **459**, 67 (1927). — FISCHER, H., u. R. DUESBERG: A. e. P. P. **166**, 96 (1932). — GROTEPASS, W.: H. **205**, 193 (1932).
[6] DOBRINER, K., and C. P. RHOADS: Physiol. Rev. **20**, 416 (1940). — HOERBURGER, W., u. H. FINK: H. **236**, 136 (1935). — HOERBURGER, W., u. W. SCHULZE: Arch. Derm. Syph., Berlin **175**, 671 (1937).
[7] DOBRINER, K.: J. biol. Ch. **120**, 115 (1937). — FISCHER, H., u. R. DUESBERG: A. e. P. P. **166**, 95 (1932). — GROTEPASS, W.: H. **205**, 193 (1932); **253**, 276 (1938). — HOERBURGER, W., u. H. FINK: H. **236**, 136 (1935). — MERTENS, E. H.: Kli. Wo. **1937 I**, 61. — WATSON, C. J.: J. clin. Invest. **15**, 327 (1936). — VIGLIANI, E. C., u. H. LIBOWITZKY: Kli. Wo. **1937 II**, 1243. — VIGLIANI, E. C., u. J. WALDENSTRÖM: Dtsch. Arch. klin. Med. **180**, 182 (1937).
[8] HIJMANS VAN DEN BERGH, A. A., W. GROTEPASS u. F. E. REVERS: Kli. Wo. **1932 II**, 1534. — DUESBERG, R.: A. e. P. P. **162**, 249 (1931). — VIGLIANI, E. C., u. J. WALDENSTRÖM s. Anm. 7. — KENCH, J. E., A. E. GILLAM and R. E. LANE: Biochem. J. **36**, 384 (1942).
[9] WALDENSTRÖM, J.: Dtsch. Arch. klin. Med. **178**, 38 (1935). — SCHREUS, H. T.: Kli. Wo. **1935 II**, 1717. — RIMINGTON, C., and A. W. HEMMINGS: Lancet **1938 I**, 770. — WATSON, C. J., and W. W. SPINK: Arch. internal Med., Chicago **65**, 825 (1940).
[10] VÖLKER, O.: H. **258**, 1 (1939); vgl. auch Z. Naturforsch. **2b**, 316 (1947).
[11] KLÜVER, H.: Science, N. Y. **99**, 482 (1944). — CHU, E. S., and C. J. WATSON: Proc. Soc. exp. Biol. Med. **66**, 569 (1947). — BLANSHARD, T. P.: Proc. Soc. exp. Biol. Med. **82**, 512 (1953).

Formel und Zusammensetzung. Das Koproporphyrin III = 1,3,5,8-Tetramethylporphin-2,4,6,7-tetrapropionsäure hat die Zusammensetzung $C_{36}H_{38}O_8N_4$ (Formel vgl. S. 851) und das Mol.-Gew. 654,7. Es leitet sich vom Uroporphyrin III ab, und zwar durch Decarboxylierung der Essigsäurereste. Die Totalsynthese ist von FISCHER, PLATZ und MORGENROTH[1] bzw. FISCHER und HIERNEIS[2] durchgeführt worden.

Darstellung und Gewinnung.

a) Koproporphyrin III entsteht *aus Uroporphyrin III* durch Erhitzen mit 1%iger Salzsäure auf 180—190° (unter Druck)[3].

b) Verfahren zur *Gewinnung aus biologischem Material:*

Gewinnung der Koproporphyrine I und III und ihre Trennung nach **H. FISCHER**[4].

1. Aus Faeces. Die Faeces werden getrocknet, 24 Std mit Äther und anschließend 4—5 Std mit Alkohol ausgezogen. Damit werden Fette, Urobilin, Cholesterin und andere Beimengungen entfernt. Durch 3malige Extraktion mit 1%iger Natriumhydrogencarbonatlösung wird nunmehr dem Rückstand der Farbstoff entzogen, teilweise als Porphyrinogen-Vorstufe, die aber bei der weiteren Operation zum Porphyrin dehydriert wird. Hierauf wird filtriert. Aus dem Filtrat werden anschließend mit Essigsäure die Farbstoffe ausgefällt. Trennung vgl. S. 906.

2. Aus Harn. Der Harn wird mit Eisessig (2 cm³ auf 100 cm³ Harn) versetzt. Dazu kommt die gleiche Menge Äther. Das Gemisch wird im Scheidetrichter längere Zeit geschüttelt. Nach Trennung der Schichten wird die untere abgelassen und die Ätherschicht mit kleinen Mengen Wasser vorsichtig gewaschen. Hierauf wird der Ätherschicht das Porphyrin mit kleinen Mengen Salzsäure (10—20%ig) entzogen. (In dieser salzsauren Lösung ist das Koproporphyrin noch in einer Verdünnung von 1:5000000 deutlich nachweisbar. Bei der Fluorescenzprobe liegt die Empfindlichkeitsgrenze ebenfalls bei derselben Verdünnung.) Durch Schütteln mit Äther unter Zusatz von Natriumacetat werden die Koproporphyrine wieder in diesen übergeführt und können daraus zur Kristallisation gebracht werden. Trennung vgl. S. 906.

3. Gewinnung aus Galle und Serum. Es wird die gleiche Methode wie oben benutzt. Man versetzt zuerst mit dem gleichen Volumen Eisessig-Äther 1:1 und schüttelt dann mit Äther aus.

4. Gewinnung aus Hefe. 5 kg Hefe werden mit etwa 3 *l* Eisessig 1—2 Tage stehengelassen. Dann saugt man ab, wäscht mit Eisessig und Äther und entzieht den intensiv braungefärbten essigsauren Äther-Auszügen unter öfterem Zufügen von Äther durch mehrfaches Ausschütteln mit Wasser einen großen Teil der Essigsäure. Nun wird mehrmals mit 5%iger Salzsäure ausgeschüttelt. Durch Abstumpfen mit Natronlauge und Natriumacetatlösung wird aus der roten Eisessiglösung das Porphyrin wieder in Äther getrieben. Nunmehr wird die ätherische Lösung mit Natronlauge ausgezogen. Nach 24stündigem Stehen derselben ist das Natriumsalz von *Protoporphyrin* auskristallisiert. Man filtriert von diesem ab, säuert die alkalische Mutterlauge mit Eisessig an und entzieht der Lösung mit Äther das enthaltene *Koproporphyrin.* Wird der ätherischen Lösung der noch enthaltene Eisessig mit Wasser völlig entzogen, so kristallisiert nach 12stündigem Stehen das Koproporphyrin aus.

5. Aus Organen[5]. (Beispiel: Porphyriker-Milz, Fall Petry.)

Etwa 1 kg Milz wird durch die Fleischmaschine getrieben, koliert und mit Eisessig 3 Wochen lang stehen gelassen. Unter Rühren wird dann mit 1 *l* Äther versetzt und von

---

[1] FISCHER, H., K. PLATZ u. K. MORGENROTH: H. **182**, 265 (1929).
[2] FISCHER, H., u. J. HIERNEIS: H. **196**, 155 (1931).
[3] FISCHER, H.: H. **97**, 116 (1916).
[4] FISCHER, H.: Handb. biol. Arb.-Meth. Abt. I, Teil 11, S. 196. Berlin 1936.
[5] Vgl. Bearbeitung des Falles Petry: FISCHER, H., H. HILMER, F. LINDNER u. B. PÜTZER: H. **150**, 44 (1925).

der Eisessig-Äthermischung abfiltriert. Dann wird der Rückstand so lange nachgewaschen, bis dieser farblos bleibt. Der Eisessig-Äther-Extrakt, der Hämin und Porphyrin enthält, wird zuerst auf Hämin verarbeitet, das nach Abdampfen des Äthers, darauffolgendem Zusatz von Kochsalz und $^{1}/_{4}$stündigem Erhitzen auf 100° auskristallisiert. Nach eintägigem Stehen wird abfiltriert und das Eiweiß mit Äther ausgeflockt. Nunmehr wird die filtrierte Ätherlösung zuerst erschöpfend mit Wasser gewaschen und hierauf mit 5%iger Salzsäure in kleinen Portionen mehrfach extrahiert. Wie üblich kann dann durch Abstumpfen mit Natriumacetat das mit der Salzsäure ausgezogene Koproporphyrin wieder in Äther übergeführt werden.

Trennung der Koproporphyrine I und III. Der Rückstand der ätherischen Koproporphyrin-Lösungen oder das aus salzsaurer Lösung mit Natriumacetat ausgeflockte und getrocknete Koproporphyrin I- und III-Gemisch wird zur Veresterung in Methanol gelöst, das 5—10% Chlorwasserstoffsäure enthält. Nach 5minütigem Kochen wird die Methanollösung in Chloroform gegossen. Die Chloroformlösung wird mit Wasser und 5%iger Sodalösung gut gewaschen, bis sich keine weißen Flocken mehr abscheiden. Dann wird sie unter ständigem Zusatz von Methanol eingeengt. Bei Erkalten der stark eingedampften Lösung kristallisieren die Koproporphyrin-tetramethylester aus.

Die Trennung in die Komponenten I und III ist möglich durch fraktionierte Kristallisation aus Chloroform-Methanol. Es erfolgt zuerst die Kristallisation des schwer löslichen Isomeren I. In der Mutterlauge bleibt das leicht lösliche Isomere III zurück.

Nach DOBRINER[1] kann man auch das Gemisch der Koproporphyrin-tetramethylester mit kaltem Methanol digerieren. Dabei geht der Koproporphyrin III-tetramethylester in Lösung. Nach RIMINGTON[2] werden die Ester nach der Trennung am zweckmäßigsten aus einem Gemisch von Dioxan-Methanol-Wasser umkristallisiert. Eine weitere Methode zur Trennung der Ester (nach WATSON und SCHWARTZ[3]) beruht darauf, daß diese aus einer ganz schwach ammoniakalischen Lösung an Aluminiumoxyd adsorbiert werden und der Koproporphyrin III-tetramethylester dann durch Waschen mit 35%igem Aceton eluiert wird.

Häufig erhält man die Koproporphyrine aus natürlichem Material in Form von Metallkomplexen, so vor allem als Zink- und Kupfersalze. Sie sind meist sekundär entstanden und an der auffallend leuchtend violettroten Lösungsfarbe sowie an den charakteristischen Spektren kenntlich. Während die Zink- und Blei-Komplexe leicht mit Methanol-Salzsäure gespalten werden können, werden Kupfer- und Nickelsalze erst mit kalter konzentrierter Schwefelsäure zerlegt.

Eigenschaften. Das Koproporphyrin III kristallisiert nur sehr schwer (kugelige Aggregate). Es ist leicht löslich in Eisessig und Äther und hat die Salzsäurezahl 0,09. Es bildet mit HCl ein leichtlösliches Hydrochlorid. Spektroskopisch ist es praktisch identisch mit dem Koproporphyrin I. Spektren vgl. dort (S. 904). Isoliert wird es meist in Form seines Tetramethylesters.

Nachweis und Bestimmung. Die Identifizierung der beiden Koproporphyrine geschieht an Hand der Absorptionsspektren, die Unterscheidung der Isomeren I und III mit Hilfe der Schmelzpunkte der Tetramethylester, wobei die Dimorphie des III-Tetramethylesters (vgl. unten sowie S. 907) ein besonderes Charakteristikum ist. Über weitere Methoden zur Unterscheidung der Isomeren, wie p_H-Fluorescenzkurve, Infrarotspektrum, DEBYE-SCHERRER-Diagramm und Papierchromatographie, vgl. S. 857; 859.

Zur quantitativen Bestimmung der beiden Koproporphyrin-Isomere sind mehrere Methoden beschrieben worden, und zwar von TROPP und HOFMANN[4], von BODE[5], von

[1] DOBRINER, K.: Proc. Soc. exp. Biol. Med. **35**, 175 (1936).
[2] RIMINGTON, C.: Nature **140**, 584 (1937).
[3] WATSON, C. J., and S. SCHWARTZ: Proc. Soc. exp. Biol. Med. **44**, 7 (1940).
[4] TROPP, C., u. A. HOFMANN: B. Z. **292**, 80 (1937).
[5] BODE, O.: Ärztl. Forsch. **4**, 617 (1940).

SCHWARTZ, ZIEVE und WATSON[1] und von BRUGSCH und KUBOWITZ[2]. Die 3 erstgenannten Methoden sind in diesem Werk Bd. V, S. 231, 232 bzw. 212 eingehend beschrieben.

Nach DOBRINER[3] beträgt die Menge des im Stuhl ausgeschiedenen Koproporphyrin I etwa 200—270 γ je Tag. Vgl. S. 869. Aus dem Darm wird ein Teil resorbiert und erscheint im Harn, abgesehen von der Menge, die der Zerstörung anheimfällt. Im Harn wird die Menge Koproporphyrin häufig unterschätzt, denn ein Teil liegt dort in der hydrierten Form als Koproporphyrinogen vor. Die Ausscheidung im Harn Vgl. S. 868.

Derivate. *Koproporphyrin III-tetramethylester* $C_{40}H_{46}O_8N_4$ hat infolge Dimorphie 2 Schmelzpunkte. Er schmilzt bei 150—160°, kristallisiert wieder, um erneut bei 174 bis 181° zu schmelzen. Der Ester kristallisiert aus Chloroform-Methanol nach längerem Stehen in sternförmig angeordneten Nadeln, aus Methanol allein in derben Prismen. Der Koproporphyrin III-tetramethylester ist weniger kristallisationsfreudig als der Ester des Isomeren I, wodurch gelegentlich das III-Isomere in biologischem Material übersehen wird. *Kupfer-Komplexsalz des Tetramethylesters* $C_{48}H_{44}O_8N_4Cu$ kristallisiert aus Eisessig in Nädelchen mit dem Schmelzpunkt 177°.

ι) Porphyrine mit 5—7 Carboxylgruppen.

Diese Porphyrine stehen mit der Zahl der Carboxylgruppen zwischen den Uroporphyrinen und Koproporphyrinen und werden aus den Uroporphyrinen durch schrittweise Decarboxylierung von 1, 2 oder 3 Essigsäureresten gebildet. Sie können mittels der papierchromatographischen Methode von NICHOLAS und RIMINGTON[4] identifiziert werden.

Solche Porphyrine wurden im Harn, in den Faeces und in Organen gefunden[4-8]. So wurde bei kongenitaler Porphyrie im Harn eine *Porphyrin-pentacarbonsäure* (mit dem Esterschmelzpunkt 222—227°[8] bzw. 233—235°[9]) beobachtet. Entsprechende Porphyrine wurden festgestellt im Mekonium[10, 11], im Harn normaler und bleivergifteter Kaninchen und im Corynebacterium diphtheriae[12]. Ein *Porphyrin-hexacarbonsäureester* scheint nach NICHOLAS und RIMINGTON[7] im sog. „WALDENSTRÖM"-Ester mit dem Schmelzpunkt 208° von GRINSTEIN, SCHWARTZ und WATSON[13] vorzuliegen.

Von COMFORT, MOORE und WEATHERALL[14] liegt eine Untersuchung über die normalen menschlichen Harn-Porphyrine vor, derentsprechend der Harn in der Hauptsache Koproporphyrin III neben wenig Uroporphyrin enthält, dazu etwas Koproporphyrin I und Porphyrine mit 5, 6 und 7 Carboxylgruppen. Schema der Aufarbeitung vgl. im Original. In einer weiteren Untersuchung kommen COMFORT, MOORE und WEATHERALL[15] zu ähnlichen Resultaten.

[1] SCHWARTZ, S., L. ZIEVE and C. J. WATSON: J. Lab. clin. Med. **37**, 843 (1951).
[2] BRUGSCH, J., u. F. KUBOWITZ: B. Z. **342**, 244 (1953).
[3] DOBRINER, K., W. H. STRAIN and S. A. LOCALIO: Proc. Soc. exp. Biol. Med. **36**, 752 (1937). — DOBRINER, K.: J. biol. Ch. **120**, 115 (1937). — Vgl. hierzu auch: ERIKSEN, L.: Scand. J. clin. Lab. Invest. **4**, 55 (1952). — SCHWARTZ, S., L. ZIEVE and C. J. WATSON: J. Lab. clin. Med. **37**, 843 (1951). — WATSON, C. J., R. PIMENTA DE MELLO, S. SCHWARTZ, V. E. HAWKINSON and J. BOSSENMAIER: J. Lab. clin. Med. **37**, 831 (1951).
[4] NICHOLAS, R. E. H., and C. RIMINGTON: Biochem. J. **48**, 306 (1951).
[5] KENCH, J. E., and C. S. PAPASTAMATIO: Biochem. J. **51**, XLI (1952).
[6] MCSWINEY, R. R., R. E. H. NICHOLAS and F. T. G. PRUNTY: Biochem. J. **46**, 147 (1950).
[7] NICHOLAS, R. E. H., and C. RIMINGTON: Biochem. J. **55**, 109 (1953).
[8] RIMINGTON, C., and P. A. MILES: Biochem. J. **50**, 202 (1952).
[9] GIBSON, Q. H., and D. C. HARRISON: Biochem. J. **46**, 154 (1950).
[10] NICHOLAS, R. E. H., and C. RIMINGTON: Biochem. J. **48**, 306 (1951).
[11] COMFORT, A., and M. WEATHERALL: Biochem. J. **54**, 247 (1953).
[12] NICHOLAS, R. E. H., and C. RIMINGTON: Scand. J. clin. Lab. Invest. **1**, 12 (1949).
[13] GRINSTEIN, M., S. SCHWARTZ and C. J. WATSON: J. biol. Ch. **157**, 323 (1945).
[14] COMFORT, A., and M. WEATHERALL: Biochem. J. **56**, XIX (1954).
[15] COMFORT, A., H. MOORE and M. WEATHERALL: Biochem. J. **58**, 177 (1954).

„Konchoporphyrin“. Zu den Porphyrinen mit 5 Carboxylgruppen glaubte man einige Zeit auch das 1930 von FISCHER und JORDAN[1] in Muschelschalen entdeckte Porphyrin, das man als „Konchoporphyrin“ bezeichnete, rechnen zu müssen. Nach neueren Untersuchungen[2-5] jedoch sind alle in Muschelschalen vorkommenden Porphyrine mit Uroporphyrin identisch, nur mitunter tritt Koproporphyrin als Begleiter auf.

ϰ) Porphobilinogen.

Geschichtliches. Das Porphobilinogen ist 1939 von WALDENSTRÖM und VAHLQUIST[6] im Fall einer akuten Porphyrie im Harn entdeckt worden. Es wurde bald als Vorstufe bei der physiologischen Uroporphyrinsynthese erkannt[7,8] und schließlich von COOKSON und RIMINGTON[9] in seiner Konstitution aufgeklärt. Über die Synthese liegen bereits mehrere Arbeiten vor[10].

Vorkommen. Das Porphobilinogen findet sich bei akuter Porphyrie im Harn und kann daraus isoliert werden[8]. Auch im Plasma und Serum ist es in diesem Fall enthalten, allerdings in sehr geringer Menge[11]. Bei mit Sedormid behandelten Kaninchen hat man eine Vermehrung von Porphobilinogen im Harn festgestellt[12].

Physiologische Bedeutung. Vgl. Biosynthese von Protoporphyrin, S. 853.

Zusammensetzung und Formel. Die Bruttozusammensetzung von Porphobilinogen ist $C_{10}H_{14}O_4N_2$ mit dem Mol.-Gew. 244,2. Es stellt entsprechend der nachstehenden Formel eine 2-Aminomethyl-pyrrol-3-essigsäure-4-propionsäure dar.

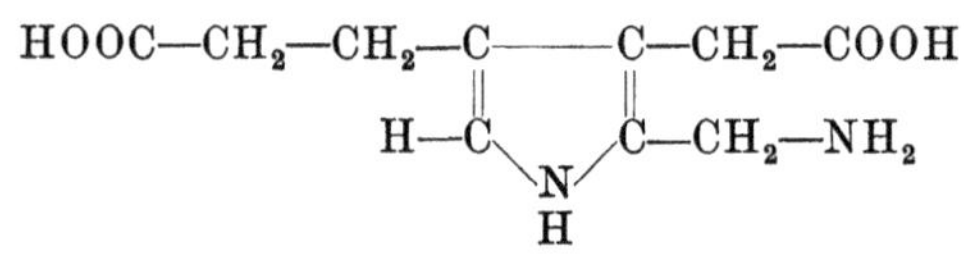

Isolierung. Die Gewinnung wird nach WESTALL[13] auf folgendem Wege vorgenommen: 20 *l* Harn (akute Porphyrie) werden mit Eisessig auf p_H 4,5 gebracht und dann mit 400 g Talkum geschüttelt, um vorhandene *Porphyrine* zu adsorbieren. Nach der Filtration wird eine warme Lösung von Quecksilber(II)-acetat im Überschuß zugesetzt. Hierauf wird der entstandene Niederschlag 2mal mit 1%iger Quecksilber(II)-acetatlösung gewaschen. Die Waschwässer zeigen keine Rotfärbung mit p-Dimethylaminobenzaldehyd-Reagens. Nunmehr wird der Niederschlag in 2 *l* Wasser aufgenommen und dieses mit Schwefelwasserstoff gesättigt. Nach Abfiltrieren vom Quecksilbersulfid wird die Lösung entgast und schließlich über den Anionenaustauscher „Dowex 2“ laufengelassen. Die Austauschermasse wird mit 500 cm³ Wasser und dann mit 0,1 m Ammoniumacetatlösung (200 cm³ je Std) gewaschen. Während die Farbstoffe im Harz bleiben, wird das Porphobilinogen ausgewaschen. Die vereinigten Waschwässer werden dann wieder mit Quecksilber(II)-acetat gefällt. Der Niederschlag wird wiederum in Wasser aufgenommen

---

[1] FISCHER, H., u. K. JORDAN: H. **190**, 75 (1930).
[2] FISCHER, H., u. E. HAARER: H. **204**, 101 (1932).
[3] WALDENSTRÖM, J.: Acta med. scand. **82** (1937).
[4] TIXIER, R.: Ann. Inst. océanogr. Monaco **22**, 343 (1945).
[5] NICHOLAS, R. E. H., and A. COMFORT: Biochem. J. **45**, 208 (1949).
[6] WALDENSTRÖM, J., u. B. VAHLQUIST: H. **260**, 186 (1939).
[7] PRUNTY, F. T. G.: Biochem. J. **39**, 446 (1945). — GRAY, C. H.: Biochem. J. **48**, LIV (1951). — BROCKMANN, P. E., and C. H. GRAY: Biochem. J. **49**, LXXI (1951). — NICHOLAS, R. E. H., and C. RIMINGTON: Scand. J. clin. Lab. Invest. **1**, 12 (1949). — WATSON, C. J., R. PIMENTA DE MELLO S. SCHWARTZ, V. E. HAWKINSON and J. BOSSENMAIER: J. Lab. clin. Med. **37**, 831 (1951).
[8] WESTALL, R. G.: Nature **170**, 614 (1952).
[9] COOKSON, A. H., and C. RIMINGTON: Nature **171**, 875 (1953). — Vgl. auch KENNARD, O.: Nature **171**, 876 (1953).
[10] PRASAD, K. S. N., and R. RAPER: Nature **175**, 629 (1955). — SCOTT, J. J.: Biochem. J. **62**, 6 P (1956). — JACKSON, A. H., D. M. MACDONALD and S. F. MACDONALD: Am. Soc. **78**, 505 (1956).
[11] FORMIJNE, P., and N. J. POULIE: Proc. Kon. ned. Akad. Wet. Amsterdam (C) **58**, 59 (1955).
[12] BROCKMANN, P. E., and C. H. GRAY: Biochem. J. **54**, XXI (1950).
[13] WESTALL, R. G.: Nature **170**, 614 (1952).

und mit Schwefelwasserstoff behandelt. Nach Abtrennung des Quecksilbersulfids läßt man die porphobilinogenhaltige wäßrige Lösung über eine Säule von Aluminiumoxyd laufen. Es wird dann mit Eisessig und hierauf mit Wasser nachgewaschen. Während im oberen Teil der Säule eine dunkle Substanz (= Porphobilin, vgl. unten) haften bleibt, wird beim Waschen mit 1 n Ammoniaklösung das Porphobilinogen herausgelöst.

Wird nunmehr mit Essigsäure der p_H auf 4 eingestellt, so tritt sofort Kristallisation von Porphobilinogen ein. Wenn noch die Mutterlauge eingeengt wird, gelingt es oft, 200—300 mg Porphobilinogen zu isolieren.

Eigenschaften. Das Porphobilinogen kristallisiert beim Neutralisieren einer ammoniakalischen Lösung mit Essigsäure in fast farblosen Prismen, die in kaltem Wasser schwer löslich sind, ebenso in organischen Lösungsmitteln. Beim Erhitzen auf 120—130° färben sich die Kristalle dunkel und zersetzen sich bei 175—180° unter Gasentwicklung. Beim Erhitzen in neutraler Lösung geht das Porphobilinogen in ein schwarzes schwerlösliches Pigment über, das als „Porphobilin" bezeichnet wird. Seine Konstitution ist noch unbekannt. Beim Erhitzen in 0,5 n Salzsäure auf 100° für 20 min dagegen geht das Porphobilinogen in ein Gemisch von Uroporphyrin I und III über[1]. Das Porphobilinogen zeigt eine positive EHRLICHsche Reaktion (mit p-Dimethylaminobenzaldehyd in salzsaurer Lösung). Im UV zeigt es in 0,01 n NaOH gelöst eine Blaufluorescenz mit Absorptionsbande bei 210 mμ. Es bildet ein Hydrochlorid $C_{10}H_{14}O_4N_2 \cdot HCl \cdot H_2O$, das in farblosen Nadeln mit dem Schmelzpunkt 160—170° kristallisiert. Bei Einwirkung von Acetanhydrid, Pyridin und Wasser entsteht aus dem Porphobilinogen das Lactam nebenstehender Formulierung mit der Zusammensetzung $C_{10}H_{12}O_3N_2$. Es kristallisiert aus 1 n Ammoniaklösung nach Ansäuern mit 0,5 n Salzsäure in farblosen Blättchen. Sein Methylester, der ebenfalls in farblosen Blättchen anfällt, hat den Schmelzpunkt 248—250° und zeigt im UV in 0,01 n Natronlauge Blaufluorescenz mit der Absorptionsbande 210 mμ.

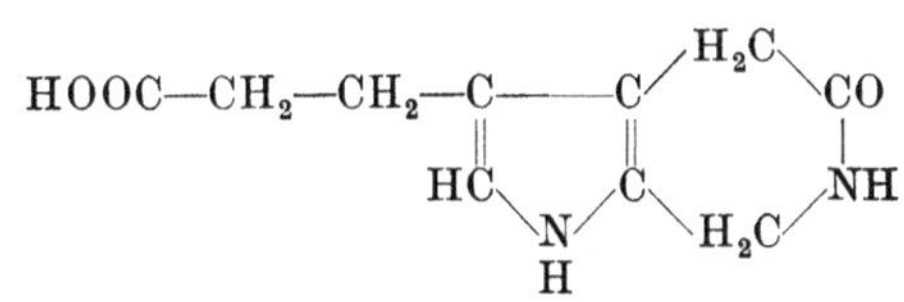

Nachweis und Bestimmung. Das Porphobilinogen ist qualitativ (vgl. oben) charakterisiert durch die UV-Fluorescenz in alkalischer Lösung, mit Bande bei 210 mμ, weiter durch Rotfärbung mit EHRLICHs Reagens und Bande bei 552 mμ. Auch durch Überführung in das oben beschriebene Lactam kann es nachgewiesen werden.

Quantitative Bestimmungen werden von MAUZERALL und GRANICK[2] beschrieben:

a) Schnellbestimmung von Porphobilinogen nach VAHLQUIST[3].

Reagens:

EHRLICHs Reagens: p-Dimethylaminobenzaldehyd, 2%ig in 6 n HCl.

Ausführung:

0,1 cm³ Harn eines Patienten mit akuter Porphyrie wird in ein 10 cm³-Fläschchen abpipettiert. Dann wird auf 5 cm³ mit Wasser verdünnt und mit 5 cm³ EHRLICHs Reagens versetzt. Es tritt Rotfärbung ein. 5 Minuten nach der Mischung wird dann die optische Dichte bei 555 mμ in einer Zelle mit 1 cm Schichtdicke bestimmt.

Berechnung:

Optische Dichte $\times$ 2,8 = μMol von Porphobilinogen in 1 cm³ Harn oder optische Dichte $\times$ 630 = γ Porphobilinogen in 1 cm³ Harn.

b) Bestimmung von Porphobilinogen nach MAUZERALL *und* GRANICK[2].

Reagentien:

1. Acetatpuffer, p_H 4,6 (57 ml Eisessig [= 1 Mol], 136 g Natriumacetat [+ 3 H_2O] [1 Mol] mit Wasser auf 1 Liter aufgefüllt).

[1] WATSON, C. J., and S. SCHWARTZ: Proc. Soc. exp. Biol. Med. **47**, 393 (1941).
[2] MAUZERALL, D., and S. GRANICK: J. biol. Ch. **219**, 435 (1956).
[3] VAHLQUIST, B.: H. **259**, 213 (1939). — Vgl. auch Anm. 1.

2. n Essigsäure.
3. 0,2 n Essigsäure.
4. EHRLICHS Reagens, s. oben.

Ausführung:

1,0 cm³ Harn mit dem p_H 5—7 (mit Acetat-Puffer einzustellen) wird auf eine Säule von Dowex 2 (Anionenaustauscher, mit 3 n $NaOOCCH_3$ in die Acetatform übergeführt) gebracht. Dann wird 2mal mit 2 cm³ Wasser nachgespült. Das dabei erhaltene Eluat enthält die δ-Aminolävulinsäure. Die Säule selbst wird nunmehr mit 2 cm³ n Essigsäure behandelt und anschließend noch mit 2 cm³ 0,2 n Essigsäure. Die vereinten essigsauren Eluate werden quantitativ in einen 10 cm³-Meßkolben übergeführt und dieser mit Wasser bis zur Meßmarke aufgefüllt. Von dieser Lösung werden dann 2 cm³ mit 2 cm³ EHRLICHS Reagens versetzt. 5 min nach der Mischung wird die optische Dichte dieser Lösung in einer Küvette mit 1 cm Schichtdicke gemessen. Zur Messung des Blindwertes wird eine Lösung von gleichen Mengen EHRLICH-Reagens und Wasser verwendet.

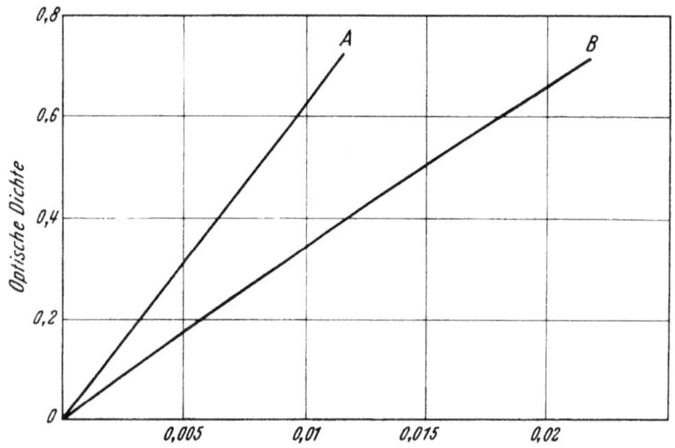

Abb. 6. Kurve *A:* Porphobilinogen-Lösung + gleiches Volumen modifiziertes EHRLICH-Reagens, abgelesen bei 553 mμ 5 min nach Mischen. Kurve *B:* Porphobilinogen-Lösung + gleiches Volumen reguläres EHRLICH-Reagens, abgelesen bei 555 mμ 5 min nach Mischen.

Berechnung:

Die Konzentration des Porphobilinogens wird aus dem nebenstehenden Diagramm (Abb. 6) abgelesen. Multiplikation mit 20 gibt den Wert in μMol Porphobilinogen je Kubikzentimeter Harn. Die Grenze der Bestimmung (beim Ablesen der optischen Dichte mit der Genauigkeit 0,01) ist ungefähr 0,006 μMol Porphobilinogen je Kubikzentimeter Harn (Diagramm B). Bei Benutzung des modifizierten EHRLICHschen Reagens*, enthaltend 4 n $HClO_4$, wird die optische Dichte (5 min nach der Mischung) bei 553 mμ bestimmt. In diesem Fall gibt die Multiplikation der optischen Dichte mit 0,32 den Wert in μMol je Kubikzentimeter Harn (Diagramm A).

c) Bestimmung der δ-Aminolävulinsäure nach MAUZERALL *und* GRANICK[1].

Reagentien:

1. Dowex 50 wird nacheinander mit 2 n NaOH, 1 Vol. 4 n HCl, 6 Vol. 2 n HCl und 6 Vol. Wasser gewaschen. Er liegt dann in saurer Form vor.
2. 0,5 m Natriumacetat.
3. Acetylaceton.
4. Acetatpuffer und EHRLICHS Reagens wie oben.

Ausführung:

Häufig ist es von Interesse, die Muttersubstanz des Porphobilinogens, die δ-Aminolävulinsäure, quantitativ zu bestimmen. Man verfährt dann folgendermaßen:

Die unter b) durch Auswaschen der Dowex 2-Säule mit Wasser angefallenen Eluate, die δ-Aminolävulinsäure und Harnstoff enthalten, werden auf den Ionenaustauscher Dowex 50 gegeben. Mit 16 cm³ Wasser wird dann der Harnstoff eluiert. Hierauf wird die δ-Aminolävulinsäure mit 3 cm³ 0,5 m Natriumacetatlösung eluiert. Nachdem dem Eluat 0,2 cm³ Acetylaceton zugefügt worden sind, wird anschließend mit dem Acetatpuffer [vgl. b)] p_H 4,6 auf 10 cm³ aufgefüllt und 10 min auf dem siedenden Wasserbad erhitzt.

* Modifiziertes EHRLICHsches Reagens: 1 g p-Dimethylamino-benzaldehyd wird in 30,0 cm³ Eisessig gelöst, mit 8 cm³ einer 70%igen Perchlorsäure-Lösung versetzt und hierauf im Meßkölbchen mit Eisessig auf 50 cm³ aufgefüllt.

[1] MAUZERALL, D., and S. GRANICK: J. biol. Ch. **219**, 435 (1956).

Von dieser Lösung werden nach dem Abkühlen 2 cm^3 mit 2 cm^3 EHRLICHs Reagens versetzt. Nach 15 min mißt man bei der Wellenlänge 553 mμ die optische Dichte in einer 1 cm-Küvette im Vergleich zu einem wäßrigen Dowex 50-Auszug.

Berechnung:

Optische Dichte $\times$ 0,35 = μ Mol δ-Aminolävulinsäure/cm^3 Harn. Optische Dichte $\times$ 47 = γ δ-Aminolävulinsäure/cm^3 Harn.

λ) Ätioporphyrin I = 1,3,5,7-Tetramethyl-2,4,6,8-tetraäthylporphin.

Historisches. Das Ätioporphyrin I ist erstmals analytisch von FISCHER und HILGER[1, 2] durch Decarboxylierung von Uroporphyrin I im Hochvakuum bei 300—352° erhalten worden. Entsprechend wurde es auch aus Koproporphyrin I[3] dargestellt. Es wurde 1926 von FISCHER und KLARER[4] als erstes Porphyrin totalsynthetisch gewonnen.

Vorkommen. Das Ätioporphyrin I findet sich nicht in der Natur.

Physiologische Bedeutung. Das Ätioporphyrin wirkt weder auf Paramäcien noch auf weiße Mäuse[5] lichtsensibilisierend.

Zusammensetzung und Formel. Entsprechend der Formel S. 851 ist das Ätioporphyrin I ein 1,3,5,7-Tetramethyl-2,4,6,8-tetraäthylporphin. Die Summenformel ist $C_{32}H_{38}N_4$, das Mol.-Gew. 478,66. Die Struktur ist durch Totalsynthese bewiesen (vgl. oben). Das Ätioporphyrin I stellt den Grundkörper der Reihe I oder der zentrosymmetrischen Porphyrine dar (Uroporphyrin I bzw. Koproporphyrin I liefern bei der vollständigen Decarboxylierung das Ätioporphyrin I).

Darstellung. Uroporphyrin I wird im Reagensglas im Metallbad auf 165° erhitzt. Dabei tritt die Decarboxylierung der 4 Essigsäurereste ein. Bei weiterem Erhitzen auf 300—325° decarboxylieren auch die Propionsäurereste und es entsteht das Ätioporphyrin I. Etwas verbleibendes saures Porphyrin kann aus der Chloroform-Lösung des Reaktionsproduktes durch Extraktion mit einer schwachen Alkalilösung entfernt werden[6].

Eigenschaften. Das Ätioporphyrin I kristallisiert aus Chloroform-Methanol, Pyridin bzw. auch Eisessig oder Essigsäureanhydrid in großen, langen Prismen mit dem Schmelzpunkt 400—405° (Block). Aus Benzol kristallisiert es in langen, dünnen Blättchen, begrenzt von einer kurzen schiefen Kante, die 55 ± 1° gegen die lange Kante geneigt ist. Das Porphyrin ist unzersetzt sublimierbar. Es ist leicht löslich in Eisessig, Chloroform, löslich in Pyridin und wenig löslich in Alkoholen. Die Salzsäurezahl ist 3.

Spektren im sichtbaren Licht:
In Äther (Max.): 623,3; 612,4; 596,1; 579,2; 566,7; (559,5); 545,3; 525,4; 493,2 mμ.
In Salzsäure (Max.): 599,5; 569,4; 546,4 mμ.
Spektrum im UV:
(In Pyridin) (Max.): 388,4 (Begrenzung 413,7—363,2) mμ.
Fluorescenzspektrum:
In Dioxan (Max.): 596; 622; 653; 670; 690; 723 mμ.

Nachweis. Für den Nachweis von Ätioporphyrin I gilt dasselbe wie für das Isomere III (vgl. S. 912).

Derivate. *Ätiohämin I* (vgl. S. 930). — *Ätioporphyrin I-Kupferkomplexsalz*, $C_{32}H_{38}N_4Cu$, wird durch Versetzen einer heißen essigsauren Lösung des Porphyrins mit Kupferacetat in heißem Eisessig erhalten und kristallisiert in langen, verfilzten Nadeln. Spektrum identisch mit dem Derivat des Isomeren III. — *Pikrat*, $C_{32}H_{38}N_4 \cdot 2C_6H_3O_7N_3$, mit Pikrinsäure in methanolischer Lösung hergestellt, kristallisiert aus Aceton-Methanol in violetten Prismen mit dem Schmelzpunkt 232° (korr.).

[1] FISCHER, H., u. J. HILGER: H. **140**, 223 (1924).
[2] FISCHER, H., u. A. TREIBS: A. **466**, 211 (1928).
[3] FISCHER, H., u. H. ANDERSAG: A. **450**, 209 (1926). — FISCHER, H., u. R. MÜLLER: H. **142**, 128 (1925).
[4] FISCHER, H., u. J. KLARER: A. **448**, 178 (1926).
[5] FISCHER, H., u. A. TREIBS: A. **448**, 184 (1926).
[6] FISCHER, H., u. A. TREIBS: A. **466**, 211 (1928).

μ) Ätioporphyrin III = 1,3,5,8-Tetramethyl-2,4,6,7-tetraäthylporphin.

Historisches. Das Ätioporphyrin III wurde erstmals von WILLSTÄTTER aus dem Phyllin des „Hämoporphyrins", einem Reduktionsprodukt von Hämatoporphyrin, durch Decarboxylierung mit Natronkalk erhalten[1], allerdings, wie FISCHER und Mitarbeiter zeigen konnten, in einem Gemisch mit 3 anderen Porphyrinen. Später ist es dann von FISCHER und TREIBS[2] aus dem Mesoporphyrin IX durch Brenzreaktion im Vakuum bei 350° dargestellt worden.

Vorkommen. Von TREIBS[3] ist das Ätioporphyrin III im (bayr.) Ölschiefer, Erdöl, Erdwachs, in der Bernsteinformation (blaue Erde von Königsberg) und in Koprolithen (Cambridge) nachgewiesen worden, ebenso in einer Reihe von Kohlensorten in- und ausländischer Herkunft (Ruhrkohle, afrikanische Round Coal, Cannelkohle, rheinische und mitteldeutsche Braunkohle, vor allem aber in der sog. Bogheadkohle [Ölsnitz-Erzgebirge]), jeweils neben Desoxophylloerythro-ätioporphyrin.

Zusammensetzung und Formel. Wie die Formel S. 851 zeigt, stellt das Ätioporphyrin III ein 1,3,5,8-Tetramethyl-2,4,6,7-tetraäthylporphin dar. Die Summenformel ist $C_{32}H_{38}N_4$, das Mol.-Gew. 478,66. Es entsteht aus dem Mesoporphyrin IX durch Decarboxylierung der beiden Propionsäurereste. Seine Bedeutung liegt vor allem auf dem Gebiet der Strukturaufklärung des Hämins und der natürlichen Porphyrine. So entsteht es auch durch Decarboxylierung der Koproporphyrine und Uroporphyrine der Reihe III[4]. Die Totalsynthese ist 1927 von FISCHER und STANGLER[5] durchgeführt worden.

Darstellung. 100 mg Mesoporphyrin IX werden in einem Metallbad bei 335 bis 345° 1 Std lang im Vakuum einer VOLMER-Luftpumpe erhitzt. Der verbleibende Rückstand wird in 15%iger Salzsäure gelöst. Dann wird durch Neutralisation das Porphyrin in Äther getrieben und aus diesem wieder mit 3%iger Salzsäure ausgezogen. Nach mehrfacher Salzsäure-Äther-Fraktionierung wird das Ätioporphyrin aus Pyridin umkristallisiert.

Eigenschaften. Das Ätioporphyrin III kristallisiert aus Chloroform-Methanol oder aus Pyridin in langen prismatischen braunroten Nadeln oder sog. „Schmetterlingen" mit einem Durchkreuzungswinkel von 68—70°. Der Schmelzpunkt ist 360—363° (Block). Leicht löslich in Eisessig, Chloroform und Pyridin, wenig löslich in Äthyläther. Die Salzsäurezahl ist 3. — Spektrum in Äther (Max.): 623,3; 612,4; 696,1; 579,2; 566,7; (559,5); 545,3; 525,4; 493,2 mμ. — Spektrum in HCl (Max.): 589,5; 569,4; 546,4 mμ. — UV-Spektrum: in Pyridin: 388,4 mμ (Begrenzung 413,7—363,2). — Fluorescenzspektrum in Dioxan: 596; 622; 653; 670, 690; 723 mμ. — Physiologisch ist das Ätioporphyrin III 7mal lichtgiftiger als Hämatoporphyrin oder Mesoporphyrin.

Nachweis. Der Nachweis von Ätioporphyrin ist dadurch erschwert, daß es spektroskopisch (im sichtbaren Licht) identisch mit Mesoporphyrin ist. Im Gegensatz zu diesem ist es aber aus der ätherischen Lösung nicht mit Natronlauge extrahierbar, da es keine Carboxylgruppen besitzt. Es unterscheidet sich also von allen bisher genannten Porphyrinen durch seine basische Natur. Ein weiterer Hinweis für sein Vorliegen ist die Salzsäurezahl. Von den Isomeren läßt es sich leicht durch das Röntgenbeugungsbild unterscheiden (vgl. S. 857).

Derivate. *Ätiohämin III* vgl. S. 930. *Ätiohäm III* vgl. S. 921. — *Kupfer-Komplexsalz*, $C_{32}H_{38}N_4Cu$, wird erhalten durch Versetzen der Eisessiglösung des Porphyrins mit Kupferacetat in Eisessig. Kristallisiert aus Pyridin-Eisessig in roten Nadeln. Spektrum in Chloroform: 562,1; 523,0; 487,9 mμ.

---

[1] WILLSTÄTTER, R.: H. **87**, 423 (1913).
[2] FISCHER, H., u. A. TREIBS: A. **466**, 188 (1928).
[3] TREIBS, A.: Angew. Chem. **49**, 682 (1936).
[4] FISCHER, H., u. J. HILGER: H. **140**, 223 (1924).
[5] FISCHER, H., u. G. STANGLER: A. **459**, 76 (1927).

ν) Spirographisporphyrin = 1,3,5,8-Tetramethyl-4-vinyl-2-formylporphin-6,7-dipropionsäure = Chlorocruoroporphyrin.

Historisches. Im Jahre 1838 entdeckte der Zoologe EDWARDS[1] bei gewissen Würmern und Schnecken einen grünen Blutfarbstoff, der als Chlorocruorin bezeichnet wurde (LANKESTER[2]). Die prosthetische Gruppe dieses Farbstoffes ist im besonderen bei dem Polychätenwurm *Spirographis spallanzanii* eingehend untersucht worden. Nachdem von MUNRO FOX[3] die Ähnlichkeit dieses Blutfarbstoffes mit dem Hämin und die Pyrrolnatur erkannt worden war, ist von WARBURG[4] und schließlich von FISCHER und v. SEEMANN[5] die Konstitution aufgeklärt worden. FISCHER und WECKER[6] gelang dann die Totalsynthese des dem Spirographishämin zugrunde liegenden Spirographisporphyrins.

Vorkommen. Das Spirographisporphyrin ist die prosthetische Gruppe des Chlorocruorins, des Blutfarbstoffes gewisser Schnecken und Würmer der Ordnung Polychaeta der Anneliden. Das bekannteste Vorkommen ist das im Borstenwurm Spirographis spallanzanii, der im Mittelmeer und in der Adria beheimatet ist.

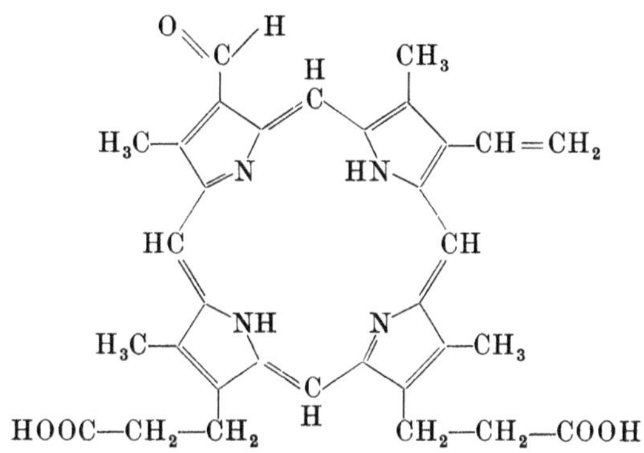

Physiologische Bedeutung. Das Spirographisporphyrin erfüllt in den genannten Species in Verbindung mit einer Eiweißkomponente die Funktion eines Blutfarbstoffes. Es scheint seiner Konstitution entsprechend ein Relikt der Evolution zu sein.

Formel und Zusammensetzung. Das Spirographisporphyrin unterscheidet sich vom Protoporphyrin dadurch, daß die Vinylgruppe in 2-Stellung durch eine Formylgruppe ersetzt ist. Bei der Resorcinschmelze resultiert dasselbe Deuteroporphyrin wie beim Protoporphyrin. Es ist also eine 1,3,5,8-Tetramethyl-4-vinyl-2-formylporphin-6,7-dipropionsäure und hat die Bruttoformel $C_{33}H_{32}O_5N_4$. Das Mol.-Gew. ist 564,62.

Gewinnung. Von FISCHER und v. SEEMANN[5] ist folgende Vorschrift für eine rationelle Gewinnung des Spirographishämins ausgearbeitet worden: Die toten Tiere (Spirographis spallanzanii) werden mit dem Fleischwolf zerkleinert. Die anfallende Masse wird dann mit Wasser ausgelaugt (etwa 6 *l*/kg). Hierauf wird durch ein Nesseltuch von den Rückständen abgesaugt. Die resultierende, stark grün gefärbte Lösung wird kurz zum Sieden erhitzt, um eine Koagulation der Eiweißbestandteile zu erreichen. Das Koagulum wird abfiltriert, und nach kurzer Behandlung mit Methanol mit einer Lösung von 1% Schwefelsäure in Methanol mehrmals ausgezogen, zweckmäßig auf der Schüttelmaschine. Die dunkelrot gefärbte methanolische Lösung des Blutfarbstoffes wird durch Filtrieren gereinigt und nach Verdünnen mit Wasser in einem Scheidetrichter mit Chloroform ausgezogen. Die Chloroform-Lösung, die den gesamten Farbstoff enthält, wird nunmehr mit Wasser völlig neutral gewaschen, hierauf durch Filtrieren getrocknet und im Vakuum bei 40—50° stark eingeengt. Die letzten Reste von Chloroform werden schließlich in der Kälte im Exsiccator abgesaugt. Der hinterbleibende schwarze schmierig-fette Rückstand wird dann in möglichst wenig Pyridin und der etwa 4fachen Menge Chloroform gelöst. Die Lösung wird zum Sieden erhitzt, filtriert und heiß in die etwa 20fache Menge Eisessig eingegossen, der mit NaCl gesättigt und mit einigen Tropfen Salzsäure versetzt ist. Beim nachfolgenden mehrstündigen Erhitzen auf dem Wasserbad wird alles Chloroform abgedampft. Nach

[1] EDWARDS, M.: Ann. Sci. natur., Paris Zool. (2) **10**, 193 (1838).
[2] LANKESTER, R.: J. Anat. Physiol., London **2**, 114 (1868); **4**, 119 (1869).
[3] MUNRO FOX, H.: Proc. R. Soc. London (B) **99**, 199 (1926).
[4] WARBURG, O., u. E. NEGELEIN: B. Z. **244**, 9; 239 (1932).
[5] FISCHER, H., u. C. v. SEEMANN: H. **242**, 133 (1936).
[6] FISCHER, H., u. G. WECKER: H. **272**, 1 (1942).

Abkühlen und etwa 15stündigem Stehen kristallisiert der Spirographishämin-dimethylester aus. Zur Reinigung wird das Rohprodukt nochmals in Pyridin-Chloroform gelöst, filtriert und in siedenden, mit NaCl gesättigten Eisessig eingegossen. Hierauf tritt wieder Kristallisation ein. Die Ausbeute beträgt etwa 260 mg Spirographishämin-dimethylester aus 10,6 kg Würmern.

Der freie Porphyrin-dimethylester wird aus dem Hämin durch Enteisenung mittels Eisen(II)-acetat-Eisessig gewonnen: 40 mg Spirographishämin-dimethylester werden in 10 cm^3 Eisessig suspendiert und unter Durchleiten von CO_2 mit 3 cm^3 frischbereiteter Eisen(II)-acetat-Lösung sowie mit 0,2 cm^3 konz. Salzsäure versetzt. Nach 1—2 min Erhitzen im siedenden Wasserbad wird die Porphyrin-Lösung in 1,5 *l* Äther gegossen und die Essigsäure daraus durch Waschen mit Wasser entfernt. Ausfallende Flocken werden nach Abtrennen des Äthers mit 25%iger äthergesättigter Salzsäure in Lösung gebracht und nach Verdünnen der Salzsäure wieder in Äther übergeführt. Die vereinigten Ätherlösungen werden mit Wasser neutral gewaschen und durch Ausschütteln mit 1%iger Salzsäure von basischen Verunreinigungen befreit. Nunmehr wird die Ätherlösung 2mal mit 1,5 *l* 5%iger Salzsäure ausgezogen. Aus der Salzsäure wird das Porphyrin dann durch Abstumpfen mit Ammoniak wieder in 1,5 *l* Äther übergeführt. Die Ätherlösung wird nun wieder neutral gewaschen, filtriert und unter CO_2-Atmosphäre bis auf wenige Kubikzentimeter eingeengt. Dabei fällt das Porphyrin kristallinisch aus. Ausbeute etwa 20 mg (= 55% der Theorie).

Eigenschaften. Das Spirographisporphyrin kristallisiert aus Äther in feinen roten prismatischen Nädelchen. Spektrum (in Pyridin-Äther) (Max.): 639; 581; 554; 514 mμ, (in Chloroform): 645,1; 580,7; 561; 520,2 mμ.

Nachweis. Der Nachweis des Spirographisporphyrins geschieht zweckmäßig spektroskopisch sowie mit Hilfe des Schmelzpunktes des Dimethylesters.

Derivate. *Dimethylester*[1] $C_{35}H_{36}O_5N_4$ aus Chloroform-Methanol umkristallisiert: Schmelzpunkt 285° (korr.); Spektrum in Chloroform (Max.): 643; 593; 581,5; 558; 517,5 mμ. — *Oxim* $C_{33}H_{33}O_5N_5$; Spektrum in neutralem Äther (Max.): 639; 579,8; 543; 507 mμ. — *Nitril* (aus dem Oxim) Spektrum (in Äther) (Max.): 581,2; 548,6; 506,4 mμ. — *Spirographis-hämin* vgl. S. 930.

ξ) Cytoporphyrin = Porphyrin a.

Historisches. RAWLINSON und HALE[2] erhielten erstmals Cytoporphyrin aus dem Hämin a aus Herzmuskelextrakten nach Abtrennung von Protohämin. Sie gewannen es auch aus dem Cytochrom a aus Corynebacterium diphtheriae. DANNENBERG und KIESE[3] erhielten es auch aus Cytochrom-oxydase-Präparaten, die nur Cytochrom a und a_3 enthielten. LEMBERG[4] konnte dann zeigen, daß die bis dahin gewonnenen Cytoporphyrin-Derivate nicht ganz rein und einheitlich waren. Schließlich gelang es WARBURG[5], das Cytohämin in kristallisiertem Zustand zu isolieren und das Cytoporphyrin daraus in reiner Form zu gewinnen. Die Konstitutionsaufklärung ist noch nicht abgeschlossen.

Vorkommen. Das Cytoporphyrin ist die prosthetische Gruppe des Hämin a, das aus dem Cytochrom a und der Cytochrom-oxydase gewonnen wird. Sein Vorkommen ist also mit dem des Cytochrom a identisch (vgl. Bd. VI).

Zusammensetzung und Formel. Die Bruttozusammensetzung von Cytoporphyrin ist nach WARBURG $C_{46}H_{60}O_6N_4$. Das Porphingerüst trägt neben 2 Propionsäureresten und 3 Methylgruppen eine Formylgruppe, eine Vinylgruppe und einen längeren aliphatischen

[1] WARBURG, O., u. E. NEGELEIN: B. Z. **244**, 239 (1932).
[2] RAWLINSON, W. A., and J. H. HALE: Biochem. J. **45**, 247 (1949). — Vgl. auch FALK, J. E., and C. RIMINGTON: Biochem. J. **51**, 36 (1942). — LEMBERG, R., B. BLOOMFIELD, P. CAIGER and W. H. LOCKWOOD: Austral. J. exp. Biol. med. Sci. **33**, 435 (1955). — LEMBERG, R., and M. STEWART: Austral. J. exp. Biol. med. Sci. **33**, 451 (1955). — LEMBERG, R., and J. PARKER: Austral. J. exp. Biol. med. Sci. **33**, 483 (1955). — LEMBERG, R., M. STEWART and B. BLOOMFIELD: Austral. J. exp. Biol. med. Sci. **33**, 491 (1955).
[3] DANNENBERG, H., u. M. KIESE: B. Z. **322**, 395 (1952).
[4] LEMBERG, R.: Nature **172**, 619 (1953).
[5] WARBURG, O.: H. **288**, 1 (1951). — WARBURG, O., u. H. S. GEWITZ: H. **292**, 174 (1953).

Rest mit der Bruttozusammensetzung $-C_{44}H_{29}O$. Ob sich das Cytohämin bzw. -porphyrin von der III-Reihe der Porphyrine ableitet, ist noch ungeklärt. WARBURG und GEWITZ[1] ist es gelungen, durch Schmelze in Resorcin aus dem Cytoporphyrin den größeren aliphatischen Rest zusammen mit der Formyl- und der Vinylgruppe abzuspalten. Es entsteht dabei ein Porphyrin mit 3 „freien" β-Stellungen, das als Cyto-deuteroporphyrin bezeichnet wird. Bei der Einwirkung von Brom[2] werden folglich 3 Bromatome in das Porphyringerüst von Cyto-deuteroporphyrin aufgenommen.

Gewinnung. Nach dem Verfahren von WARBURG, GEWITZ und VÖLKER[2] werden 16 Pferdeherzen nach Befreiung von Fett und anderen Begleitstoffen durch einen Fleischwolf getrieben. Die zerkleinerte Masse wird dann mit viel kaltem Wasser gewaschen, bis das Waschwasser fast farblos ist. Der gewaschene Fleischbrei wird zentrifugiert, um die Hauptmenge des Wassers zu entfernen. Gewicht etwa 35 kg. Aus je 2 kg werden mit 6 *l* Aceton, dem 48 cm³ konz. Salzsäure vom spez. Gewicht 1,19 zugesetzt sind, durch 20 min langes Schütteln auf der Maschine die Hämine (Bluthämin und Cytohämin) entzogen. Der Rest der Lösung wird von dem fast farblos gewordenen Fleisch abzentrifugiert. Die rotbraune Lösung der Hämine wird nach Verdünnen mit $^1/_{10}$ Vol. Wasser mit 4 n Ammoniaklösung bis zum p_H 7 neutralisiert. Der ausgefallene, die Hämine enthaltende Niederschlag wird abzentrifugiert, mehrmals mit 80%igem Aceton gewaschen und dann wiederholt mit salzsaurem Aceton (40 cm³ 2 n Salzsäure auf 1 *l* Aceton) verrieben, bis nur noch wenig Hämin in Lösung geht. Das Gesamtvolumen des Acetonextraktes, der die Hämine enthält, beträgt 5—7 *l*.

Die Lösung wird nun mit $^1/_8$ Vol. Wasser verdünnt und mit 2 n Ammoniak neutralisiert. Dem ausgefallenen Niederschlag, der die Hämine enthält, werden nach Zentrifugieren und Waschen mit 80%igem Aceton nochmals mit schwächer salzsaurem Aceton (40 cm³ 1 n Salzsäure auf 1 *l* Aceton) die Hämine entzogen. Die jetzt dunkelbraune salzsaure Acetonlösung der Hämine (Volumen etwa 2 *l*) wird dann unter mäßigem Turbinieren auf 0° abgekühlt und vorsichtig mit 1,0—1,2 *l* kaltem Wasser versetzt. Die dabei anfallenden weißen bis hellbraunen Verunreinigungen werden abzentrifugiert. Nunmehr wird mit einigen Kubikzentimetern gesättigter Natriumacetat-Lösung aus der Lösung das Hämingemisch gefällt, das abzentrifugiert, mit Wasser, dann mit 80%igem Aceton gewaschen und getrocknet wird. Ausbeute etwa 1,5 g Rohprodukt. Das Hämochromogenspektrum (in Pyridin mit Wasser und $Na_2S_2O_4$ erhalten) zeigt eine stärkere Bande bei 557 mμ (Protohämin) und eine schwächere bei 587 mμ (Cytohämin). 4 Ansätze der beschriebenen Art ergeben 6—8 g Rohprodukt.

Trennung der Hämine: 6 g Rohprodukt werden fein gepulvert und 8mal mit je 15 cm³ Eisessig verrieben. Der unlösliche Rückstand, der viel Bluthämin, aber wenig Cytohämin enthält, wird mit Petroläther gewaschen und dann getrocknet: Präparat I, 3,5 g Ausbeute, wobei das Verhältnis von Protohämin zu Cytohämin 5:1 beträgt. — Die Eisessigextrakte, die im wesentlichen das Cytohämin enthalten, werden vereinigt und in 700 cm³ Petroläther eingegossen. Der dabei ausgeflockte Niederschlag, der das Cytohämin enthält, wird abzentrifugiert, mit Petroläther gewaschen und über Natriumhydroxyd getrocknet: Präparat II, Ausbeute etwa 870 mg. Die Substanz enthält nur wenig Protohämin, hauptsächlich Cytohämin. Um aus Präparat I das restliche Cytohämin zu gewinnen, wird es in 8 cm³ Pyridin und 23 cm³ Chloroform gelöst. Diese Lösung wird dann in ein eben nicht mehr siedendes Gemisch von 180 cm³ Eisessig, dem 2,7 cm³ gesättigte Natriumchlorid-Lösung und 2,1 cm³ konz. Salzsäure zugesetzt wurden, eingegossen. Nach 16stündigem Stehen bei Raumtemperatur wird der Niederschlag, der das Protohämin enthält, abzentrifugiert und verworfen.

Die Mutterlauge, die das Cytohämin enthält, wird im Vakuum auf 30 cm³ eingedampft und in 300 cm³ Wasser gegossen. Der ausgefallene Niederschlag wird mehrmals mit Eis-

---

[1] WARBURG, O.: H. **288**, 1 (1951). — WARBURG, O., u. H.-S. GEWITZ: H. **292**, 174 (1953).

[2] WARBURG, O., H.-S. GEWITZ u. W. VÖLKER: Z. Naturforsch. **10**b, 541 (1955). — Vgl. auch LEMBERG, R.: Nature **172**, 619 (1953).

essig ausgezogen. Die so erhaltene Eisessiglösung wird mit Petroläther gefällt, der Niederschlag gewaschen und getrocknet. Präparat III, etwa 500 mg. (Die Hämochromogenspektren von II und III zeigen nur noch eine schwache Bande bei 557 mμ [Protohämin] und eine starke bei 587 mμ [Cytohämin].) Präparate II und III werden vereinigt und 15—20mal mit je 20 cm^3 Äther-Salzsäure-Gemisch (0,1 cm^3 25%ige Salzsäure auf 100 cm^3 frisch dest. Äther) verrieben. Die vereinigten Ätherlösungen werden auf das halbe Volumen eingeengt und in viel Petroläther gegossen. Das dabei ausfallende Cytohämin wird abzentrifugiert und mit Petroläther gut gewaschen. Nach Trocknen über Natriumhydroxyd beträgt die Ausbeute etwa 1070 mg.

Dieses Präparat wird in 10 cm^3 salzsaurem Aceton (0,2 cm^3 1 n Salzsäure auf 50 cm^3 Aceton) gelöst, auf 0° gekühlt und langsam mit 15 cm^3 kalter 0,1 n Salzsäure versetzt. Das ausgefällte Cytohäminhydrochlorid wird abzentrifugiert. Diese Umfällung wird noch 2mal wiederholt. Dann wird der Niederschlag mit Wasser gut gewaschen und im Exsiccator getrocknet. Ausbeute etwa 850 mg Cytohämin-hydrochlorid.

Kristallisation: 70 mg Cytohämin-hydrochlorid (Fe-Gehalt: 6,2—6,4%) werden mit 3 cm^3 Aceton-Salzsäure-Gemisch (0,2 cm^3 25%ige Salzsäure auf 50 cm^3 Aceton) verrieben. Von wenig Ungelöstem wird abzentrifugiert und die verbleibende Lösung unter Durchleiten von Stickstoff auf 1 cm^3 eingeengt. Nach 1 Std Stehen bei 0° beginnt die Kristallisation. Nach 12 Std werden die Kristalle abzentrifugiert, mit 50%igem Aceton, dann mit Wasser gewaschen und getrocknet.

Enteisenung[1]: Die Abspaltung von Eisen aus dem Cytohämin erfolgt mittels Eisen(II)-acetat-HCl in Eisessig. Zu diesem Zweck wird das Cytohämin in Eisessig aufgenommen und unter Stickstoff auf 70—80° erhitzt. Dann wird eine frischbereitete Lösung von Eisen(II)-acetat zugesetzt, sowie 1 cm^3 konz. Salzsäure und nochmals kurz (etwa 1 min) erhitzt. Nunmehr wird das Porphyrin schnell durch Eingießen der in der Farbe von Grün nach Rot umgeschlagenen Eisessiglösung in die 3—4fache Menge Wasser und Zusatz von Natriumacetat gefällt. Nach dem Filtrieren und Waschen mit Wasser wird das Porphyrin in schwach salzsaurem Aceton oder Pyridin gelöst, die Lösung in peroxydfreien Äther gegossen und dieser mehrmals mit Wasser gewaschen. Dem Äther werden durch Ausschütteln mit 6—8%iger Salzsäure zuerst Porphyrine vom Ätiotyp entzogen, hierauf mit 14—16%iger Salzsäure das Cytoporphyrin. Aus der Salzsäure wird das Cytoporphyrin durch Abstumpfen mit Natriumacetat wieder in Äther getrieben und die Fraktionierung mit der Salzsäure wiederholt, bis sich die Absorptionskurve der Lösung nicht mehr ändert, insbesondere das Verhältnis der Extinktionen bei 620, 555 und 470 mμ konstant bleibt.

Ist die zuerst erhaltene Porphyrinlösung stark mit braunen Substanzen verunreinigt, so wird die Lösung auf die Aluminiumoxydsäule gegeben, mit Pyridin, Chloroform, Butanol, Methanol, Äther und Aceton gewaschen, das Porphyrin mit salzsaurem Aceton (50 cm^3 Aceton + 2 cm^3 20%ige Salzsäure) eluiert und dann über Äther-Salzsäure fraktioniert.

Eigenschaften. Die Lösung des Cytoporphyrins in Salzsäure ist intensiv blaugrün gefärbt und hat Absorptionsmaxima bei 619 und 565 mμ. — Das Spektrum des Cytoporphyrins in Äther ist von ausgeprägtem Rhodotyp. Die Absorptionsmaxima liegen bei 648, 583, 558, 517, 412 mμ; in Chloroform bei 646; 584,5; 563,5; 520; 418,5 mμ. Die Ätherlösungen haben dunkelrote Farbe und zeigen bei großer Verdünnung rot-grünen Dichroismus.

Derivate. *Oximbildung:* Durch Zusatz von 50 mg Hydroxylaminhydrochlorid und 50 mg wasserfreiem Natriumcarbonat zu etwa 5 cm^3 Pyridinlösung des Porphyrins geht das Spektrum des Cytoporphyrins sofort vom Rhodotyp in den Ätiotyp über mit den Maxima: 635; 575; 548; 508 mμ.

---

[1] Vgl. DANNENBERG, H., u. M. KIESE: B. Z. **322**, 409 (1952). — Desgleichen LEMBERG, R.: Nature **172**, 619 (1953).

Cytodeuteroporphyrin. Durch Resorcinschmelze aus dem Cytoporphyrin erhalten[1], ist spektroskopisch mit dem Deuteroporphyrin identisch, hat die Salzsäure-Zahl 0,4—0,5. Der *Dimethylester* hat den Schmelzpunkt 189°. — *Cytohämin* s. S. 930.

o) Porphyrin c = Di-L-cystein-protoporphyrin-addukt.

Historisches. Bei Versuchen über den Abbau von Cytochrom c mittels Schwefeldioxyd erhielten HILL und KEILIN[2] ein wasserlösliches, aber ätherunlösliches Porphyrin, das sie Porphyrin c nannten. Mit Bromwasserstoff-Eisessig entstand aus diesem Porphyrin Hämatoporphyrin, das von ZEILE und REUTER[3] in Mesoporphyrin übergeführt wurde. Damit war die Zugehörigkeit der prosthetischen Gruppe von Cytochrom c zur Reihe III des gewöhnlichen Blutfarbstoffes bewiesen. THEORELL[4] fand dann, daß das Porphyrin c von HILL und KEILIN noch Peptide enthielt und daß es noch weiter abgebaut werden konnte. Es verlor dabei weiter Stickstoff, aber nicht Schwefel. Dieser erwies sich bei weiterem Abbau als Cystein-Schwefel[5]. Durch synthetische Modellversuche konnte schließlich von ZEILE und MEYER[6] die Konstitution des Porphyrin c als die eines Di-L-cystein-protoporphyrin-adduktes bewiesen werden.

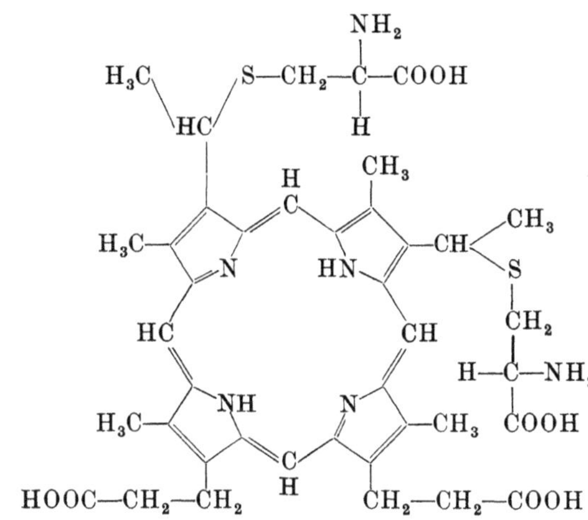

Formel und Zusammensetzung. Das Porphyrin c aus dem Cytochrom c hat als Anlagerungsprodukt von 2 Molekülen L-Cystein an das Protoporphyrin die Zusammensetzung $C_{40}H_{48}O_8N_6S_2$ und das Mol.-Gew. 804,95. Im Sinne der nebenstehenden Formel sind die beiden L-Cystein-Moleküle an die Vinylgruppen des Protoporphyrins über die Schwefelatome angelagert. Dabei ist allerdings noch ungeklärt, ob im Naturprodukt der Schwefel am α- oder am β-C-Atom der Vinylgruppen gebunden ist.

Darstellung. Da das Porphyrin c physiologisch keine Rolle spielt, sei für die Gewinnung lediglich das Literaturzitat[7] angeführt.

Eigenschaften. Der *Tetramethylester* $C_{44}H_{56}O_8N_6S_2$, Mol.-Gew. 861,07; spez. Drehung $[\alpha]^{17}$ weißes Licht $= +172°$ (in 0,1%igem HCl), Spektrum (Max.): 626; 572,5; 539; 504 mμ. Leicht löslich in Pyridin, Eisessig und Chloroform, wenig löslich in Alkohol und Äther.

3. Porphyrin-Eisen-Komplexverbindungen (Häme, Hämochromogene, Hämine, Hämatine, Parahämatine).

Allgemeines[8]. Das Porphyringerüst hat die Fähigkeit, mit Metallen Komplexverbindungen zu bilden. Dabei werden die beiden Wasserstoff-Atome der —NH-Gruppen

[1] WARBURG, O., u. H.-S. GEWITZ: H. **292**, 174 (1953).
[2] HILL, R., and D. KEILIN: Proc. R. Soc. London (B) **107**, 286 (1930).
[3] ZEILE, K., u. F. REUTER: H. **221**, 101 (1933); vgl. auch H. **207**, 35 (1932); **218**, 52 (1933).
[4] THEORELL, H.: Enzymologia **4**, 192 (1937).
[5] THEORELL, H.: B. Z. **301**, 201 (1939).
[6] ZEILE, K., u. H. MEYER: H. **262**, 178 (1939/40).
[7] ZEILE, K., u. H. MEYER: H. **262**, 197 (1939/40).
[8] WARBURG, O.: Schwermetalle als Wirkungsgruppen von Fermenten. Berlin 1946. — WILLIAMS, R. J. P.: The Properties of Metalloporphyrins. Chem. Reviews **56**, 299 (1956). — FISCHER, H., u. H. ORTH: Die Chemie des Pyrrols. Bd. II/1, S. 364ff., 602ff. Leipzig 1937. — FLASCHENTRÄGER-LEHNARTZ, Bd. I, S. 861, 866ff. — LEMBERG, R., and J. W. LEGGE: Hematin Compounds and Bile Pigments. S. 159. New York 1949. — BÉNARD, H., A. GAJDOS et M. TISSIER: Hémoglobin et pigments apparantés. S. 56ff. Paris 1949.

durch das Metallatom substituiert und gleichzeitig treten die Metallatome noch koordinativ mit den beiden tertiären N-Atomen der Pyrroleninringe in Verbindung. In der Natur sind

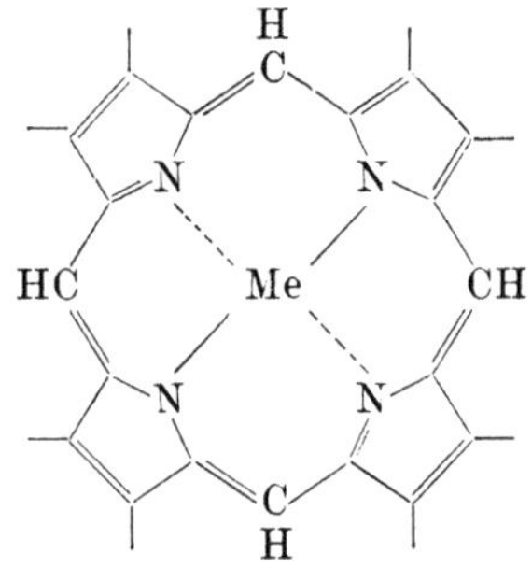

Eisen- und Magnesium-Komplexsalze der Porphyrine die weitaus vorherrschenden. Daneben sind noch vereinzelt Kupfer-[1], Zink-[2] und Vanadium-Komplexsalze[3] aufgefunden worden. Auch mit Nickel, Kobalt, Mangan und Blei sind Porphyrinkomplexe künstlich hergestellt worden[4]. Mit Alkalimetallen können in wasserfreiem Medium ebenfalls Komplexe hergestellt werden. Mit Ausnahme der Magnesiumkomplexe und der Alkalimetallkomplexe werden die Porphyrinkomplexe durch Umsetzung der Porphyrine mit den entsprechenden Metallacetaten in Eisessig gewonnen. Durch Säuren lassen sich die Metalle aus den Komplexen wieder abspalten. Hierbei werden verschiedene Grade von Beständigkeit beobachtet; Fe^{+++}, Cu^{++}, Ni^{++}, $Mn^{++(+)}$, $Co^{++(+)}$ sind sehr fest gebunden und können nur mit konz. Schwefelsäure oder Bromwasserstoffsäure-Eisessig abgespalten werden, Mg^{++} und Pb^{++} dagegen lassen sich schon mit verdünnten

Tabelle 10. *Nomenklatur der Porphyrin-Eisen-Komplexverbindungen.*
In Anlehnung an LEMBERG, R., and J. W. LEGGE: Hematin Compounds and Bile Pigments. S. 164. New York 1949.

Struktur	Wertigkeit des Eisens	Deutsche Bezeichnung	Anglo-amerikanische Bezeichnung	Weitere, teils ältere Bezeichnungen
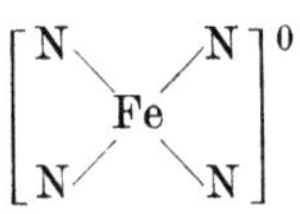	II	Häm	Hæm Hem	Ferrohäm, reduziertes Hämatin
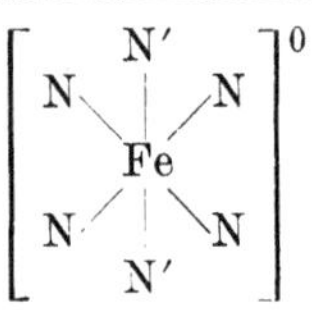	II	Hämochromogen	Hæmochrome Hemochrome	Ferrohämochromogen, reduziertes Hämochromogen
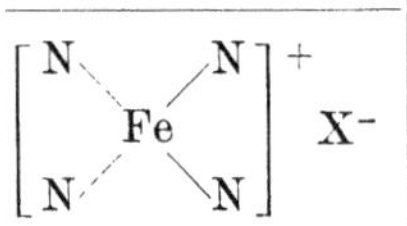	III	Hämin	Hæmin Hemin	Chlorhämin, Oxyhämin, Ferriheme-chloride usw.
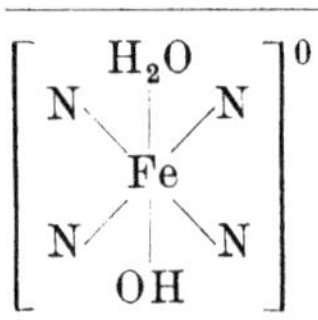	III	Hämatin	Hæmatin Hematin	Oxyhämin, Ferrihemhydroxyde, Hydroxyhemin
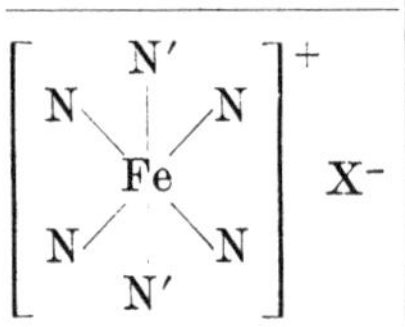	III	Parahämatin	Hæmichrome Hemichrome	Hämichromogen, Ferrihämochromogen, Ferrihemochrome

N = Pyrrol- bzw. Pyrroleninring; N′ = Basen (addiert).

[1] FISCHER, H., u. J. HILGER: H. **138**, 49, 288, 298 (1924). — WATSON, C. J., C. B. COULTER and F. M. STONE: J. gen. Physiol. **14**, 583 (1931).
[2] WATSON, C. J., S. SCHWARTZ and V. HAWKINSON: J. biol. Ch. **157**, 345 (1945). — TURNER, W. J.: Arch. internal Med., Chicago **61**, 762 (1938). — NESBITT, S., and C. H. WATKINS: Amer. J. med. Sci. **203**, 74 (1942).
[3] TREIBS, A.: Angew. Chem. **49**, 551, 682 (1930). — ERDMANN, J. G.: Am. Soc. **78**, 5844 (1956).
[4] FISCHER, H., u. W. NEUMANN: A. **494**, 225 (1932). — TAYLOR, J. F.: J. biol. Ch. **135**, 569 (1940). — HOLDEN, H. F.: Austral. J. exp. Biol. med. Sci. **19**, 89 (1941).

Säuren aus dem Komplex entfernen. Die Metallkomplexe werden häufig zur Identifizierung der Porphyrine verwendet.

Porphyrin-Eisen-Komplexe. Von besonderer Bedeutung für die Physiologie des Menschen und der Tiere sind die Eisen-Komplexverbindungen der Porphyrine[1]. Sie sind prosthetische Gruppen für eine Reihe von Chromoproteiden, die den Sauerstofftransport im Organismus bewerkstelligen und die Atmungsprozesse und andere Vorgänge katalysieren; z. B. Hämoglobin, Myoglobin, Cytochrome, Cytochromoxydasen, Katalasen und Peroxydasen (vgl. Bd. VI). Die vielseitigen biokatalytischen Funktionen dieser Verbindungen hängen auf das engste mit der Abwandlung der Bindungsverhältnisse, vor allem des zentralen Eisenatoms, zusammen.

Die einfachste Verbindung, die 2wertiges Fe an die N-Atome der Porphyrine gebunden enthält, wird als *Häm* bezeichnet. Ist das Fe 3wertig und bindet mit einer Überschußladung ein Halogen-Ion, so spricht man von einem *Hämin*, bei Bindung eines OH-Ions (in alkalischer Lösung) von einem *Hämatin*.

Das im Porphyrinring durch die 4 Komplexbindungen festgehaltene Fe-Atom hat noch auf beiden Seiten der Ringebene je eine Koordinationsstelle frei, die durch geeignete Molekülgruppen besetzt werden kann. Dabei kommen in Frage: stickstoffhaltige Moleküle (NH_3, Pyridin, Imidazol und weitere N-haltige Heterocyclen, Aminosäureester, Eiweiß) und sauerstoffhaltige Moleküle (H_2O, O_2, CO, NO). So bindet das Häm in wäßriger Lösung 2 Moleküle Wasser koordinativ. Durch Anlagerung von 2 N-haltigen Resten an die beiden verfügbaren Koordinationsstellen des 2wertigen Häm-Fe entsteht ein *Hämochromogen*, bei Anlagerung an das 3wertige Fe des Hämatins ein *Parahämatin*. Hämochromogen — Parahämatin sind reversible Redoxsysteme mit einer zu vernachlässigenden Aktivierungsenergie für den Elektronenaustausch. Hämochromogene sind leicht oxydierbar, auch durch molekularen Sauerstoff. — Das Schema auf S. 918 gibt einen Überblick über die wichtigsten Typen der Porphyrin-Fe-Komplexverbindungen. Dabei werden neben den im deutschen Schrifttum gebräuchlichen Bezeichnungen auch die im anglo-amerikanischen verwendeten angeführt, sowie auch ältere Benennungen.

Nachweis- und Bestimmungsmethoden. Der Nachweis der Porphyrin-Fe-Komplexe geschieht in erster Linie spektroskopisch. Speziell die zweibandigen Spektren der Hämochromogene sind charakteristisch und werden auch zur quantitativen Bestimmung benutzt. Auch die Infrarot-Spektroskopie[2], die Papierchromatographie[3] und die Verteilungschromatographie[4] sind zur Charakterisierung der Porphyrin-Fe-Komplexe herangezogen worden. Die Porphyrinkomponente wird zweckmäßig nach Abspaltung des Eisen-Atoms bestimmt.

a) Häme.

Allgemeines. Die Eisen(II)-Verbindungen der Porphyrine werden Häme genannt. Die Bezeichnung ist von ANSON und MIRSKY[5] eingeführt worden, gleichzeitig auch von KEILIN[6]. Diese Autoren erkannten, daß die prosthetische Gruppe im Hämoglobin als Porphyrin-Eisen(II)-Komplex vorliegt. Von FISCHER, TREIBS und ZEILE[7] wurden dann

---

1 WARBURG, O.: Schwermetalle als Wirkungsgruppen von Fermenten. Berlin 1946. — WILLIAMS, R. J. P.: The Properties of Metalloporphyrins. Chem. Reviews **56**, 299 (1956). — FISCHER, H., u. H. ORTH: Die Chemie des Pyrrols, Bd. II/1, S. 364ff., 602ff. Leipzig 1937. — FLASCHENTRÄGER-LEHNARTZ, Bd. I, S. 861, 866ff. — LEMBERG, R., and J. W. LEGGE: Hematin Compounds and Bile Pigments, S. 159. New York 1949. — BÉNARD, H., A. GAJDOS et M. TISSIER: Hémoglobin et pigments apparantés. S. 56ff. Paris 1949.

2 FALK, J. E., and J. B. WILLIS: The infrared spectra of porphyrins and their iron complexes. Austral. J. sci. Res. (A) **4**, 579 (1951).

3 CHU, T. C., and E. JU-WHA CHU: Paperchromatography of Fe-complexes of porphyrins. J. biol. Ch. **212**, 1 (1955). — Siehe Näheres bei Hämin, S. 925.

4 MORRISON, M., and E. STOTZ: Partition chromatography of hemins. J. biol. Ch. **213**, 373 (1955).

5 ANSON, M. L., and A. E. MIRSKY: J. Physiol., London **60**, 50 (1925). J. gen. Physiol. **12**, 273 (1928).

6 KEILIN, D.: Proc. R. Soc. London (B) **100**, 129 (1926).

7 FISCHER, H., A. TREIBS u. K. ZEILE: H. **195**, 1 (1931).

später alle analogen Porphyrin-Komplexe mit 2wertigem Eisen als Häme bezeichnet. So erhielt der dem Hämoglobin zugrunde liegende dementsprechend die Bezeichnung „*Protohäm*". Da andere Porphyrin-Fe(II)-Komplexe physiologisch keine wesentliche Rolle spielen, wird für das „Protohäm" aber meist die Bezeichnung „Häm" verwandt.

Eigenschaften. Häme sind ziemlich instabile und leicht oxydable Substanzen. Die Oxydationsfähigkeit wird in Berührung mit Lösungsmitteln und in Gegenwart von Halogen-Ionen noch erhöht. Aus diesem Grunde sind die Häme nur unter Verwendung von sauerstofffreien Lösungsmitteln und Ausschluß von Sauerstoff isolierbar. Salzsäure oder auch Eisessig zerlegen den Komplex fast augenblicklich. Werden die Häme auf einem Platinblech erhitzt, so verbrennen sie im Gegensatz zu den Häminen unter lebhaftem Sprühen. Stabilere Häme sind die der Ätioporphyrine, wie H. FISCHER und Mitarbeiter[1] gefunden haben. Beim Eintragen der Häme in Pyridin werden die entsprechenden Hämochromogene (S. 921) gebildet, die in Lösung wesentlich stabiler sind als die Häme.

Darstellung. Vgl. Gewinnung von Protohäm (s. unten). Sie geschieht allgemein durch Einwirkung von frisch bereiteter Eisen(II)-acetat-Lösung auf eine Suspension der Porphyrine in Eisessig unter völligem Ausschluß von Sauerstoff. Man kann Häme auch erhalten durch Reduktion von Hämatin in alkalischer Lösung (BERTIN SANS und DE MOITESSIER[2]).

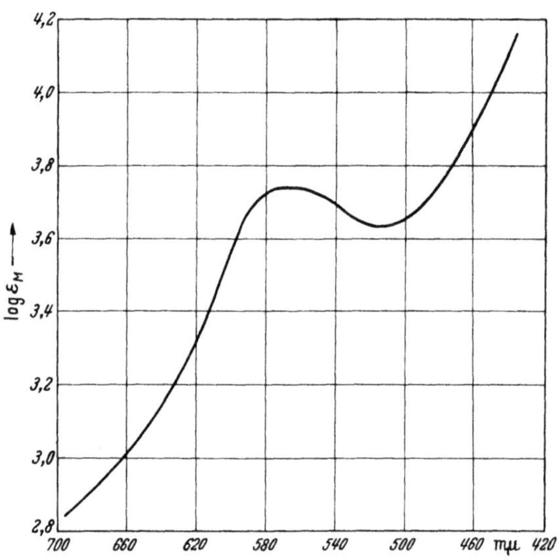

Abb. 7. Absorptionskurve von Protohäm (= Häm)[4].

α) Protohäm, Häm.

Das Protohäm oder Häm wurde als die prosthetische Gruppe von Hämoglobin erstmals von DHÉRÉ und Mitarbeitern[3] kristallisiert isoliert. Eine einfache Darstellungsweise wurde von H. FISCHER und Mitarbeitern[1] beschrieben (vgl. unten).

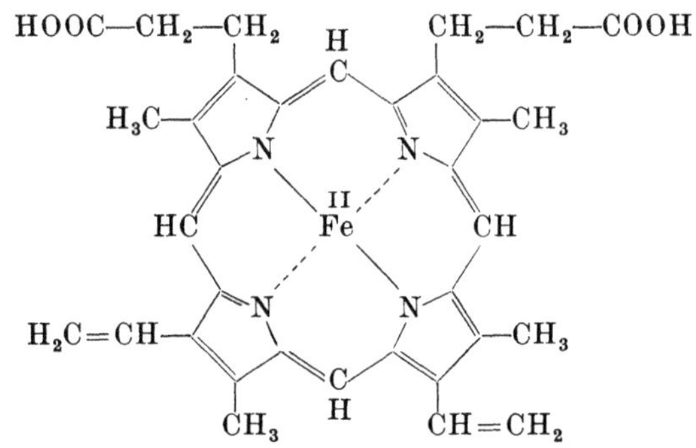

Häm = Protohäm

Das Protohäm ist ein 1,3,5,8-Tetramethyl-2,4-divinyl-porphin-6,7-dipropionsäure-eisen(II)-salz. Es hat die Bruttozusammensetzung $C_{34}H_{32}O_4N_4Fe$ und das Molekulargewicht 616,48.

Darstellung. Gewonnen wird das Protohäm oder Häm nach folgendem Verfahren[1]: Man kocht eine Suspension von 50 mg feinpulverisiertem Protoporphyrin in 20 cm³ reinstem Eisessig mit 10 cm³ klarer gesättigter Eisen(II)-acetat-Lösung, die man aus Eisenpulver und Eisessig frisch dargestellt hat. Sobald man erhitzt, beginnt die Umwandlung des braunen Porphyrins in die feinen dunkelviolettstichigen braunen Nädelchen des Häms. Es wird in Stickstoffatmosphäre gearbeitet. Die Apparatur muß so eingerichtet sein, daß die erkaltete Flüssigkeit durch einen Stickstoffstrom in ein Filterröhrchen mit eingeschmolzener Siebplatte gedrückt werden kann. Gewaschen wird mit ausgekochtem Eisessig, Wasser und peroxydfreiem Äther. Dann wird rasch im Exsiccator getrocknet.

[1] FISCHER, H., A. TREIBS u. K. ZEILE: H. **195**, 1 (1931).
[2] BERTIN SANS, H., et I. DE MOITESSIER: Cr. **114**, 923 (1892).
[3] DHÉRÉ, C., L. BAUDOUX et A. SCHNEIDER: Cr. **165**, 515 (1917).
[4] LEMBERG, R., and J. W. LEGGE: Hematin Compounds and Bile Pigments. S. 166. New York 1949.

Eigenschaften. Das Protohäm kristallisiert in dunkel-violettstichig braunen Nädelchen. Die Kristallisation kann unterschiedlich ausfallen, je nach dem verwandten Lösungsmittel (Pyridin, Chinolin) und je nach dem benutzten Reduktionsmittel (Hydrazinhydrat, Natriumdithionit, Ammoniumsulfid), sowie je nach dem Ausgangsmaterial (Hämin, Hämoglobin, frisches Blut). Das Protohäm ist löslich in Alkalien und Säuren, es ist schwer löslich in Eisessig, darin aber leicht oxydabel. Haltbar nur in N_2-Atmosphäre. — Spektrum von Protohäm im Sichtbaren (in Phosphat-Puffer bei p_H 7) (Max.): etwa 575; 550 mμ. Die Soret-Bande liegt bei 415 mμ[1]. Spektrum in wäßrig-alkalischer Lösung: 580, 544 mμ. Spektrum in alkoholisch-alkalischer Lösung: 590, 559 mμ. — Mit Kohlenmonoxyd bildet Protohäm *Carbohämochromogen*; Spektrum in 50—60%igem saurem Alkohol: 564; 520 mμ. Mit nativem Globin verbindet sich das Protohäm zu Hämoglobin, mit Pyridin, Nicotin, Cyaniden zu den entsprechenden Hämochromogenen (vgl. S. 922).

Nachweis. Geschieht spektroskopisch, vgl. oben, bzw. durch Überführen in die Hämochromogene.

β) Mesohäm

Es wird aus dem Mesoporphyrin analog dem Protoporphyrin dargestellt[2]. Zusammensetzung $C_{34}H_{36}O_4N_4Fe$. Das Mesohäm ist weniger empfindlich als das Protohäm. Der Dimethylester $C_{36}H_{40}O_4N_4Fe$ fällt in dunkel-rotbraunen Kristallen an. Er zeigt in Eisessig-Lösung folgende Absorption: 635; 537; 502 mμ.

γ) Ätiohäm III.

Wird aus dem Ätioporphyrin III mit Eisen(II)-acetat erhalten[2]. Zusammensetzung $C_{32}H_{36}N_4Fe$. Pulverspektrum: (Max.) 642; 578; 544 mμ.

b) Hämochromogene.

Allgemeines. Als Hämochromogen bezeichnete man früher allein die eigentliche Farbkomponente von Hämoglobin. Heute versteht man unter Hämochromogenen die Additionsprodukte von Stickstoffbasen (NH_3, primären Aminen, Carbylaminen, Hydrazinen, Pyridin, Pyridin-Abkömmlingen [Nicotin, Piperidin], Imidazol und denaturierten Proteinen) an die Häme. In den Hämochromogenen liegen also koordinative Verbindungen der Häme vor[3]. Cyanide bilden ebenfalls Verbindungen mit den Hämen, aber sie sind von den Hämochromogenen durch zwei zusätzliche negative Ladungen unterschieden.

Historisches. Die Bezeichnung Hämochromogen ist von HOPPE-SEYLER[4] eingeführt worden. Er bezeichnet damit die färbende Komponente des natürlichen Blutfarbstoffes, die ihr besonderes Spektrum hat und die Fähigkeit besitzt, Sauerstoff und Kohlenmonoxyd zu binden. Auch die leichte Abspaltbarkeit von Eisen aus dem Hämochromogen wurde schon von ihm beobachtet.

Struktur. Mit der strukturellen Untersuchung der Hämochromogene befaßte sich erstmals PREGL[5]. Weitere Untersuchungen wurden von v. ZEYNECK[6], KALMUS[7] und DHÉRÉ[8] durchgeführt. Von letzterem ist das Hämochromogen mit Hilfe von Natriumdithionit in kristallisierter Form erhalten worden. HAUROWITZ[9] konnte zeigen, daß das Hämochromogen auch aus dem Hämatin (S. 931) durch Behandlung mit Pyridin und

[1] DRABKIN, D. L., and J. H. AUSTIN: J. biol. Ch. **112**, 89 (1934/36). — HEILMEYER, L.: Spectrophotometry in Medicine. London 1943. — ZEILE, K., u. G. GNANT: H. **263**, 147 (1940).
[2] FISCHER, H., A. TREIBS u. K. ZEILE: H. **195**, 1 (1931).
[3] Vgl. Anm. [1] sowie H. **193**, 138 (1930). — HILL, R.: Proc. R. Soc. London (B) **105**, 112 (1929). — HAMSIK, A.: H. **241**, 156 (1936).
[4] HOPPE-SEYLER, F.: H. **13**, 477 (1889). — Vgl. auch HOPPE-SEYLER, F.: Med.-chem. Unters., H. 1—4, S. 554 (1866/71).
[5] PREGL, F.: H. **44**, 173 (1905).
[6] ZEYNECK, R. v.: H. **70**, 224 (1910).
[7] KALMUS, E.: H. **70**, 217 (1910).
[8] DHÉRÉ, C.: Cr. **79**, 1087 (1916); **97**, 1660 (1927).
[9] HAUROWITZ, F.: H. **164**, 255; **169**, 91 (1927).

Natrium — in sauerstofffreiem Medium — gebildet wird unter Aufnahme eines Äquivalents Wasserstoff. Wie CONANT[1] bewiesen hat, liegt das Komplexmetall in der 2wertigen Stufe vor. Bei Einwirkung von Säuren wird das Eisen eliminiert unter Bildung des entsprechenden Porphyrins. Mit NaCl-haltigem Eisessig wird jedoch das entsprechende Chlorhämin gebildet. Strukturell wird angenommen, daß die Basen an das zentrale Fe-Atom gebunden sind, so daß je ein Molekül oberhalb und eines unterhalb der Ebene des Porphyrinringes liegt[2]. Viele Basen sind aus sterischen Gründen (wenig exponierte Lage des N-Atoms) verhindert, Hämochromogene zu bilden, z. B. Chinoline, o-Phenanthrolin u. a.[3]. Denaturierte Proteine dagegen binden das Häm-Fe-Atom mit 2 Atomen Stickstoff[4]. Dies ist auch im Cytochrom c der Fall.

Die Hämochromogene eignen sich besonders zur Kennzeichnung und Identifizierung der Porphyrine, da sie ein sehr scharfes Absorptionsspektrum besitzen, das wesentlich charakteristischer ist als das der jeweiligen Hämine. Die Hämochromogene, die allgemein rot gefärbt sind, haben 2 scharfe Absorptionsbanden zwischen 550 und 560 mμ sowie 516 und 537 mμ. Die Lage der Banden hängt bei den Hämochromogenen desselben Porphyrins von den basischen Resten ab[5] (vgl. S. 922; 924), ebenso vom Lösungsmittel und dem Grad der Dissoziation. Selbstverständlich haben bei gleichem Basenanteil die Hämochromogene verschiedener Porphyrine unterschiedliche Spektren.

Tabelle 11. *Spektren von Hämochromogenen.*

Porphyrin	N-Verbindung	Hämochromogene Absorptionsbanden I	II
Protoporphyrin . . .	Pyridin	558	525 mμ
Mesoporphyrin . . .	Pyridin	547	518 mμ
Koproporphyrin . . .	Pyridin	545	516 mμ
Spirographisporphyrin	Pyridin	582	mμ

Darstellung. Die Hämochromogene werden dargestellt durch Einwirkung denaturierender Agentien auf das Hämoglobin. Dabei können verwendet werden: Natriumcarbonat, Natriumsalicylat, Harnstoff usw.

α) Hämochromogene von Protoporphyrin.

a) Pyridin-Protohämochromogen:

Bildung. Pyridin-Protohämochromogen entsteht beim Versetzen von Hämoglobinlösungen mit Pyridin[6], am besten, wenn man vorher das Hämoglobin mit 10%igem Alkali kocht[7]. Weiter kann es erhalten werden durch Einwirkung von TAKAJAMAs Reagens (vgl. unten) auf Hämoglobin[8]. Ferner entsteht es bei der Einwirkung von Pyridin auf Hämin in sehr verdünnter Lösung[9].

Darstellung. Bei der Darstellung des Pyridin-Protohämochromogens hält man sich zweckmäßig an die von FISCHER und JOSEPH[10] ausgearbeitete Vorschrift: In einer Mischung von 5 cm³ 10%iger Natronlauge und 15 cm³ Wasser wird 1 g reines Hämin gelöst. Nach dem Filtrieren und Nachspülen mit Wasser werden zu dieser Lösung 25 cm³ frisch bereitetes Reagens nach TAKAJAMA gegeben, das auf folgende Weise hergestellt wird. Man übergießt 5 g Glucose mit 11,5 cm³ kaltem Wasser und fügt 5 cm³ einer 10%igen Natronlauge hinzu. Nachdem klare Lösung eingetreten ist, werden 6,5 cm³ Pyridin zugesetzt. Ist die Mischung nicht klar, so wird Wasser hinzugefügt, bis die Trübung verschwindet. Dieses Reagens wird nunmehr mit der Häminlösung versetzt und auf

[1] CONANT, J. B.: J. biol. Ch. **57**, 401 (1923).
[2] HAUROWITZ, F.: Enzymologia **4**, 140 (1937).
[3] HIRSCH, M.: Diss. Heidelberg (1934).
[4] LEMBERG, R.: Ann. Rev. **7**, 421 (1939).
[5] ANSON, M. L., and E. A. MIRSKY: J. Physiol., London **60**, 50 (1925).
[6] FISCHER, H., u. K. SCHNELLER: H. **128**, 230 (1923).
[7] BARDACHI, F.: H. **70**, 207 (1911). — KALMUS, E.: H. **70**, 220 (1911).
[8] STRASSMANN, G.: M. m. W. **1922 I**, 116. Chem.-Ztg. **1922**, 612. — PUPPE: Dtsch. Z. gerichtl. Med. **1**, 663 (1922).
[9] TREIBS, A.: H. **168**, 68 (1927).
[10] JOSEPH, H.: Diss. Techn. Hochschule München 1926.

dem siedenden Wasserbad erhitzt. Bald beginnt die Abscheidung eines hellroten Niederschlages, der breiartig die ganze Flüssigkeit erfüllt. Nach 15 min läßt man erkalten, nutscht unter Stickstoff-Atmosphäre ab und wäscht mit Wasser nach. Es resultiert eine kirschrote Masse, die sich an der Luft jedoch nur kurze Zeit unverändert hält.

Eigenschaften. Die Lösungen des Pyridin-Protohämochromogens in Alkalien sind kirschrot. Sie sind bei Sauerstoff-Ausschluß beständiger als saure Lösungen. Mitunter

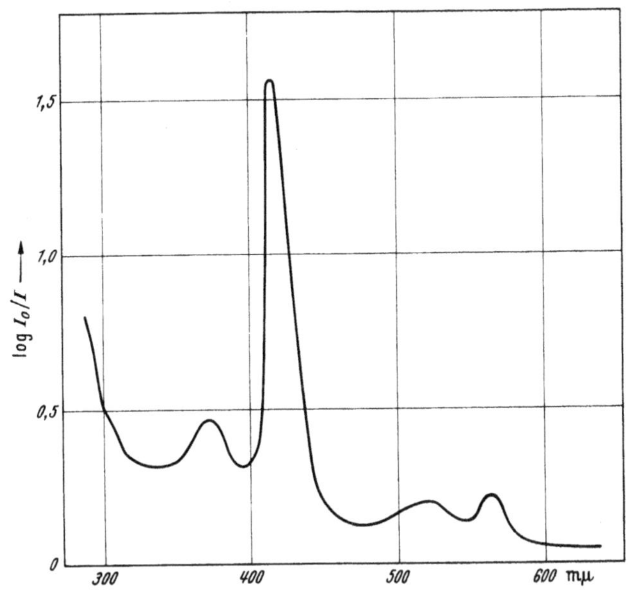

Abb. 8. Absorptionsspektrum von Pyridin-Protohämochromogen (0,2 mg Hämin in 2 cm³ 0,1 n NaOH + 0,5 cm³ Pyridin + 0,016 g Natriumdithionit in 0,2 cm³ Lösung)[1].

gelingt es auch, aus defibriniertem Blut mittels TAKAJAMAS Reagens und anschließenden Verdünnens mit Wasser das Pyridin-Protohämochromogen in roten Kristallen zu erhalten, die verschiedene Ausbildungsformen haben (Prismen, einzeln und gekreuzt zu Rosetten). Spektrum der Lösung in Pyridin (Max.): 557,2; 526,2; 484,2 (sehr schwach) mμ.

Nachweis. Die Bildung von Pyridin-Protohämochromogen kann auch zum Nachweis von Hämoglobin verwendet werden: Beim Mischen von einem Tropfen defibrinierten

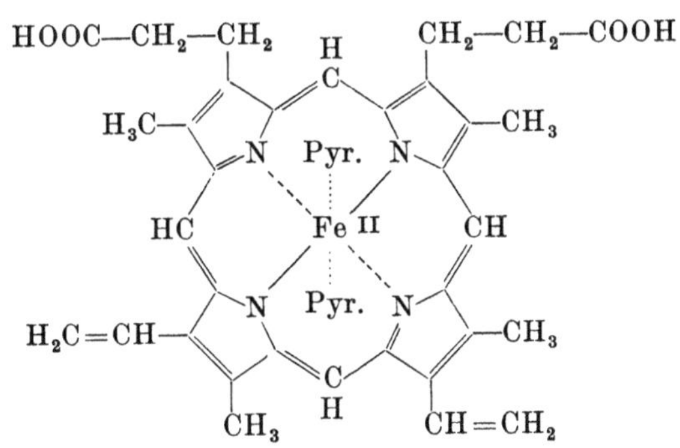

Blutes mit je einem Tropfen Pyridin und Ammoniumsulfid-Lösung auf dem Objektträger erscheinen rasch (mikroskopisch sichtbar) rote Nadelbüschel, die das Proto-hämochromogen darstellen. Da die Protohämochromogene schärfere Absorptionsspektren besitzen als die Hämine, werden sie häufig zur Identifizierung von Hämoglobin oder Hämin herangezogen. Man versetzt zu diesem Zweck die Hämine lediglich mit Pyridin und Hydrazinhydrat.

[1] KUHN, R., D. B. HAND u. M. FLORKIN: H. **201**, 255 (1931). Naturwiss. **19**, 771 (1931).

b) Kohlenmonoxyd-protohämochromogen = CO-Protohämochromogen:

Das Kohlenmonoxyd-protohämochromogen wurde zuerst von Pregl[1] hergestellt. Es entsteht aus Hämatin bei Einwirkung von Natriumdithionit in Gegenwart von Kohlenmonoxyd. Wird es bei Anwesenheit von Pyridin gewonnen, so enthält es auf 1 Atom Eisen 1 Mol Pyridin und 1 Mol Kohlenmonoxyd[2]. Warburg[2] stellt das CO-Protohämochromogen her, indem er in eine alkalische Häminlösung mit einem Boratpuffer von p_H 10,3 (in bezug auf Borsäure 1 molar) und Pyridin Kohlenmonoxyd einleitet und eine neutrale wäßrige Cysteinlösung zur Reduktion zugibt. — Spektrum in Alkali: 572 (570); 536 (540) mμ. Soretbande: 440 mμ. — Überschuß an Pyridin verdrängt das CO aus dem Molekül.

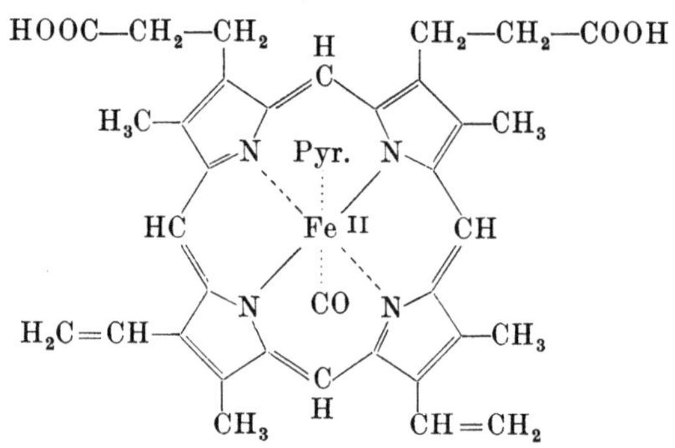

c) Nicotin-Protohämochromogen: Enthält 2 Mol Nicotin je Mol Häm. Spektrum (Max.): 557,5; 526,5 mμ.

d) Ammoniak-Protohämochromogen: Enthält 2 Mol NH_3 je Mol Häm. Spektrum (Max.): 555,0; 525,0 mμ.

e) Hydrazin-Protohämochromogen: Spektrum (Max.): 555,0; 525,0 mμ.

f) Cyanid-Protohämochromogen: Es entsteht aus dem Hämin mit Hydrazinhydrat unter Zusatz von Natriumcyanid oder auch durch Versetzen des Häms mit Kaliumcyanid[3-5]. Entsprechend der folgenden Formulierung enthält das gewöhnliche Cyanid-Protohämochromogen 2 Cyanidreste je Mol Häm. Es besitzt ein scharfes zweibandiges Spektrum mit den Maxima: 565—570; 537—540; (430) mμ. In Alkali zeigt es die Maxima: 569,5; 540 mμ. — Bei niederer Cyanidkonzentration bildet sich ein Monocyanid-ferroporphyrin mit dem Spektrum (Max.): 552—555; 524; (415) mμ.

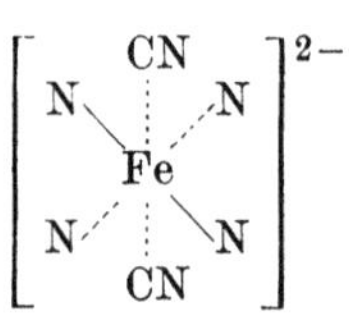

Cyanid-protohämochromogen

β) Hämochromogen von Mesoporphyrin.

Meso-pyridin-hämochromogen-dimethylester[6].

Es ist in hellbraunen Kriställchen erhältlich, die sich aus Chloroform-Petroläther umkristallisieren lassen. In Chloroform geht das Hämochromogenspektrum in das des Mesohämatins über. Pulverspektrum (Max.): 642; 577; 542 mμ.

γ) Hämochromogen von Hämatoporphyrin.

Hämato-cyanid-hämochromogen[7], Spektrum (Max.): 651; 531 mμ.

δ) Deutero-pyridin(-hydrazin)-hämochromogen-dimethylester[8].

Spektrum (Max.): 544,9; 512,3 (breit und verwaschen) mμ.

---

[1] Pregl, F.: H. **44**, 173 (1905). — Vgl. auch Hill, R.: Proc. R. Soc. London (B) **100**, 419 (1926); **105**, 112 (1930).
[2] Warburg, O., u. E. Negelein: B. Z. **200**, 414 (1928).
[3] Hill, R.: Proc. R. Soc. London (B) **100**, 419 (1929).
[4] Anson, M. L., and A. E. Mirsky: J. gen. Physiol. **12**, 273 (1928).
[5] Drabkin, D. L.: J. biol. Ch. **142**, 855 (1942). — Vgl. auch Shack, J., and W. M. Clark: J. biol. Ch. **171**, 143 (1947).
[6] Fischer, H., A. Treibs u. K. Zeile: H. **195**, 24 (1931).
[7] Schumm, O.: H. **153**, 249 (1925); **156**, 269 (1926).
[8] Fischer, H., u. G. Hummel: H. **181**, 128 (1928). — Fischer, H., u. F. Lindner: H. **161**, 30 (1926).

ε) Hämochromogen von Koproporphyrin I.

Kopro-I-pyridin(hydrazin)-hämochromogen-tetramethylester[1]. Spektrum (Max.): 553,2; 546,8; 520; 485,5 (schwach) mμ.

ξ) Hämochromogen von Uroporphyrin I.

Uro-I-pyridin(hydrazin)-hämochromogen-octamethylester[2]. Spektrum (Max.): 549,1; 518,6 mμ.

c) Hämine.

Unter Häminen versteht man Verbindungen, die den einfach positiv geladenen Porphyrin-Fe-Komplex enthalten, wobei das Eisen 3wertig ist. Das negative Ion (Anion) wird durch einen Säurerest (Cl^-, Br^-, J^-, H_3CCOO^-, SCN^- usw.) im weitesten Sinne dargestellt. Da man sich die Hämine aus den entsprechenden Hämatinen (S. 930) durch Ersatz der OH-Gruppe entstanden denken kann, darf man sie auch als Salze der Base Hämatin (Hydroxyhämin) auffassen. Die Hämine sind künstliche Produkte; sie kommen nicht in der Natur vor.

Unter dem „Hämin" schlechthin versteht man die Eisen(III)-chlorid-Verbindung von Protoporphyrin. Es hat insofern besondere Bedeutung erlangt, als es wegen seiner Schwerlöslichkeit und guten Kristallisationsfähigkeit leicht aus dem Blutfarbstoff wie auch direkt aus dem Blut zu gewinnen ist. So sind auch die klassischen Untersuchungen über die Konstitution des roten Blutfarbstoffes vom Hämin ausgegangen (vgl. unten).

Die Entstehung von Hämin aus dem Hämoglobin durch Einwirkung der üblichen Spaltungsmittel (z. B. Eisessig + Natriumchlorid) beruht auf der Abtrennung des Häms vom Globin, der Oxydation des 2wertigen Häm-Fe zum 3wertigen Hämin-Fe und Absättigung des positiv geladenen Porphyrin-Fe-Komplexes mit dem Chlor-Anion.

α) Hämin (= Chlorhämin, α-Chlorhämin).

Historisches. Der obengenannte Prozeß der Hämin-Gewinnung ist erstmals von TEICHMANN[3] durchgeführt worden. In der Folgezeit sind dann verschiedene Darstellungsverfahren ausgearbeitet worden, so von HOPPE-SEYLER; SCHALFEJEW; NENCKI und ZALESKI sowie MÖRNER. Die Frage, ob die nach den verschiedenen Methoden gewonnenen Hämine, die man früher als α-Hämin und β-Hämin unterschieden hat, identisch sind oder nicht, ist heute durch die Untersuchungen von KÜSTER[4], HAMSIK[5], HAUROWITZ[6] und FISCHER[7] dahingehend entschieden, daß jedenfalls im Blutfarbstoff der höheren Tiere stets Protohämin vorliegt und keine individuellen Unterschiede im Bau des Hämins gegeben sind. So gelang es, aus dem Blut der verschiedensten Tiere, auch der unterschiedlichsten Altersstufen, immer das gleiche Hämin herzustellen, das weiterhin einfach als „Hämin" bezeichnet wird. Lediglich verschiedene niedere Tiere stellen eine Ausnahme dar (vgl. Spirographishämin, S. 913), dagegen ist z. B. in der Hefe das Vorkommen des normalen Hämins nachgewiesen worden[8].

Zusammensetzung und Formel. Die ersten Arbeiten zur Strukturerforschung des Hämins sind von NENCKI und ZALESKI 1901 unternommen worden. Ihnen folgten die Untersuchungen von KÜSTER, ferner von PILOTY, MARCHLEWSKI und WILLSTÄTTER, bis es schließlich H. FISCHER und seiner Schule[9] gelang, das Konstitutionsproblem von Hämin und damit auch das von Protoporphyrin auf analytischem und synthetischem Wege zu lösen und die Konstitution von Hämin durch die Totalsynthese sicherzustellen[10].

[1] FISCHER, H., u. H. ANDERSAG: A. **458**, 145 (1927).
[2] FISCHER, H.: H. **95**, 48 (1915).
[3] TEICHMANN, L. T. S.: Z. ration. Med. (N.F.) **3**, 375 (1853); 8, 141 (1857).
[4] KÜSTER, W.: H. **172**, 98, 199 (1927).
[5] HAMSIK, A.: H. **148**, 99 (1925); **176**, 173 (1928).
[6] HAUROWITZ, F.: H. **173**, 118 (1928).
[7] FISCHER, H., u. A. KIRRMANN: A. **475**, 273 (1929).
[8] ZEILE, K., u. F. REUTER: H. **221**, 105 (1933).
[9] FISCHER, H., u. H. ORTH: Die Chemie des Pyrrols. Bd. II/1, S. 365. Leipzig 1937.
[10] FISCHER, H., u. K. ZEILE: A. **468**, 98 (1929).

Bei den analytischen Arbeiten haben sich besonders 2 Methoden als erfolgreich erwiesen: Die Methode des reduktiven Abbaus mit Jodwasserstoffsäure-Eisessig, die zu dem Gemisch der 4 basischen Pyrrole: Opsopyrrol, Hämopyrrol, Kryptopyrrol und Phyllopyrrol und den 4 sauren Pyrrolen: Opsopyrrolcarbonsäure, Hämopyrrolcarbonsäure, Kryptopyrrolcarbonsäure und Phyllopyrrolcarbonsäure führt. Die zweite Methode ist

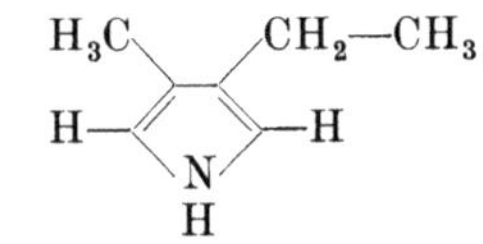
Opsopyrrol

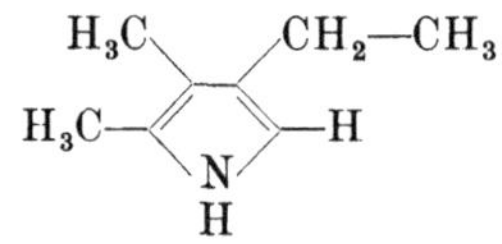
Hämopyrrol

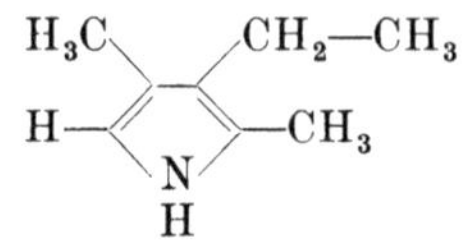
Kryptopyrrol

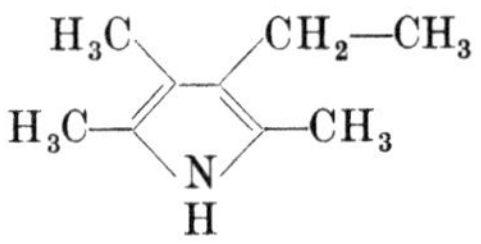
Phyllopyrrol

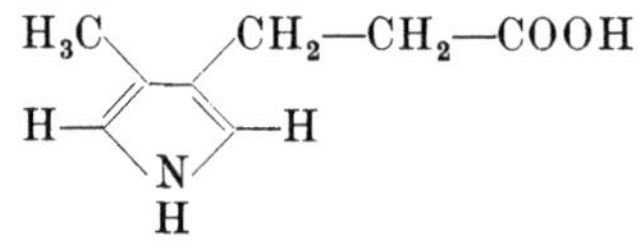
Opsopyrrol-carbonsäure

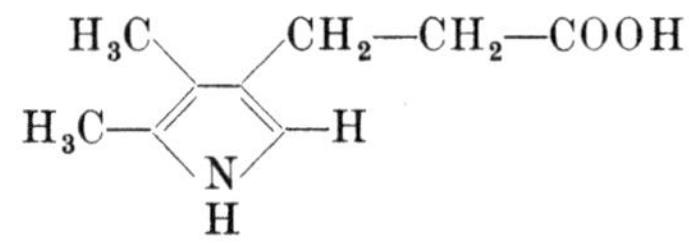
Hämopyrrol-carbonsäure

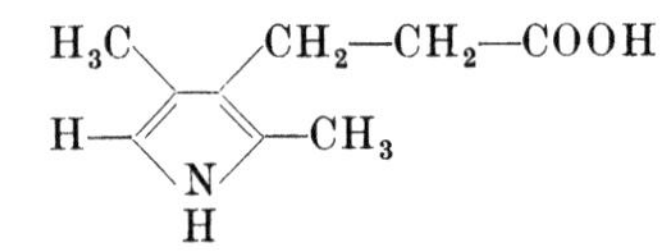
Kryptopyrrol-carbonsäure

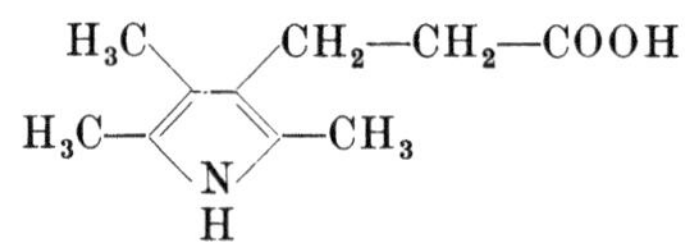
Phyllopyrrol-carbonsäure

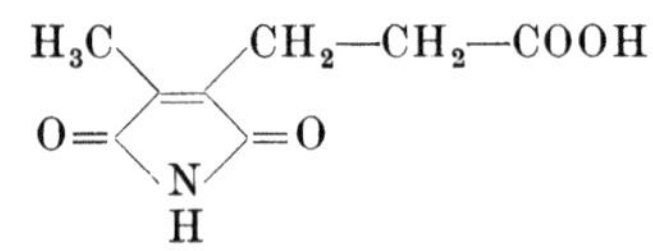
Hämatinsäure

der oxydative Abbau mit Chromsäure-Schwefelsäure gewesen, der die Hämatinsäure liefert. Die Anordnung der Seitenketten im Hämingerüst ergab sich aus den Synthesen von Ätioporphyrin III und Mesoporphyrin IX und schließlich aus der Synthese von Hämin

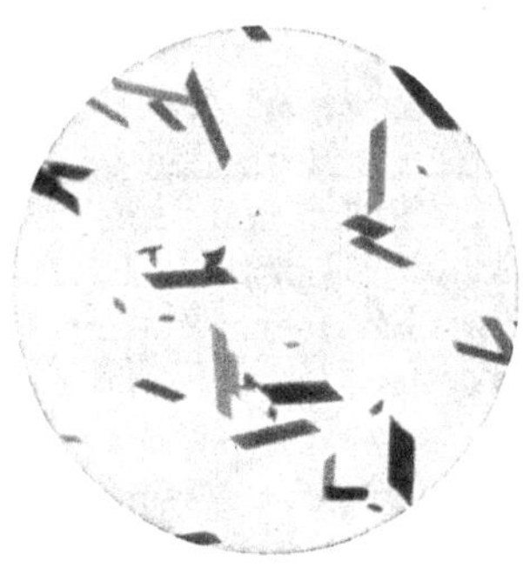
Abb. 9. Hämin, „TEICHMANNsche Kristalle" (aus menschlichem Blut).

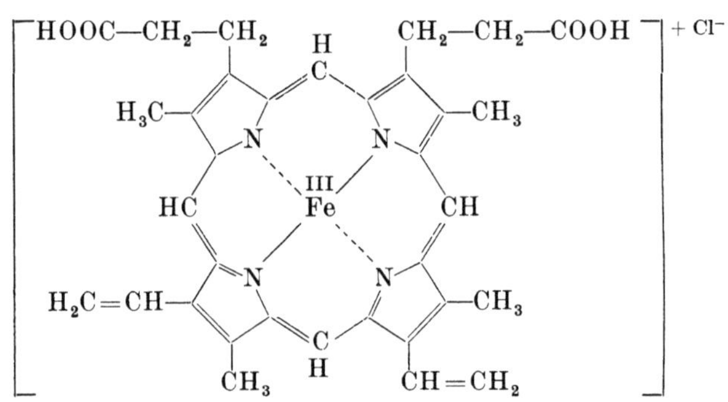
Hämin

selbst. Letztere brachte auch den Beweis für die Existenz zweier Vinylgruppen im Hämin sowie für die Stellung derselben im Molekül. — Wie die obenstehende Formel zeigt, ist das Hämin ein 1,3,5,8-Tetramethyl-2,4-divinyl-porphin-6,7-dipropionsäure-chlorferrisalz mit der Zusammensetzung $C_{34}H_{32}O_4N_4FeCl$ und dem Mol.-Gew. 651,94.

Gewinnung. Verfahren von SCHALFEJEW[1]. In einem Kolben von 4 *l* Inhalt werden 3 *l* Eisessig, denen 5 cm³ gesättigter Kochsalzlösung zugefügt sind, auf dem Sandbad

[1] SCHALFEJEW, M.: B. **18**, 232 (Ref.) (1885). — Vgl. NENCKI, M., u. J. ZALESKI: H. **30**, 384 (1900). — Org. Syntheses **21**, 53 (1941). — KING, E. J., and G. E. DELORY: Biochem. J. **39**, 111 (1945). Das Verfahren von K. A. H. MÖRNER [Jber. Fortschr. Tierchem. **27**, 145 (1898)], das in einer Extraktion des durch Kochen koagulierten Blutfarbstoffs mit angesäuertem Alkohol besteht, führt zu einem teilweise veresterten Produkt. — F. HAUROWITZ [H. **173**, 118 (1928)] geht von einer durch Hämolyse erzeugten Hämoglobinlösung aus. Die Kristallisation — also die positive TEICHMANNsche Probe — gilt als Zeichen der Unversehrtheit des Hämin-Moleküls (α-Hämin), während veränderte Präparate schlecht kristallisieren und andere Löslichkeitseigenschaften aufweisen (β- und ψ-Hämine) [HAMSIK, A.: H. **148**, 101 (1925); **182**, 117 (1929)].

auf 100° erwärmt. Aus einem Tropftrichter läßt man in dünnem Strahl unter gutem Rühren 1 *l* defibrinierten und durch ein Koliertuch filtrierten Rinderblutes im Verlauf von 20—30 min in das heiße Lösungsmittel einfließen, ohne dabei das Erhitzen zu unterbrechen. Das Abflußrohr des Tropftrichters muß so enden, daß das einfließende Blut nicht mit der Kolbenwand in Berührung kommt. Die Temperatur soll nicht unter 95° sinken. Nach dem Einlaufen des Blutes hält man das Reaktionsgemisch noch etwa 15 min im Sieden. Dabei scheidet sich die Hauptmenge des Hämins kristallisiert ab. Nach Abkühlen auf 40—50° wird das Hämin abgesaugt und dann mit 50%iger Essigsäure, Wasser, Alkohol und Äther gewaschen. Man erhält dunkle Kristalle mit starkem Oberflächenglanz und großer Reinheit. Die Ausbeute beträgt 3,5—4 g (etwa 90% der Theorie).

Umkristallisieren des Hämins[1]. Wenn es erforderlich ist, kann das Hämin umkristallisiert werden: a) entweder aus Eisessig-Kochsalz-Lösung bei 100° oder b) aus einem Pyridin-Chloroform-Eisessig-Gemisch ebenfalls bei der Temperatur des siedenden Wasserbades.

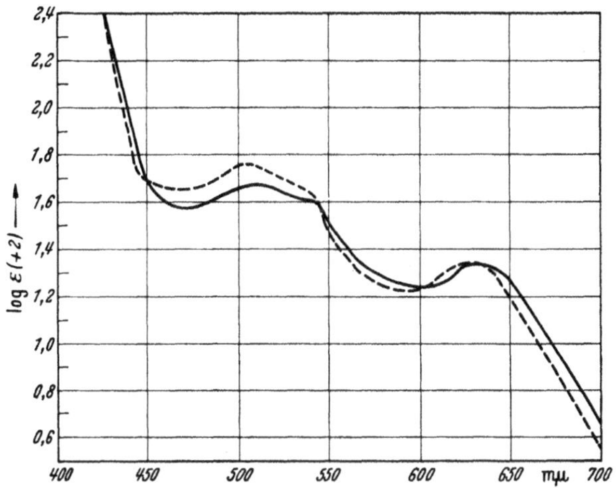

Abb. 10. —— Hämin in Eisessig (HEILMEYER, L.: Medizinische Spektrophotometrie. Jena 1933). ...... Hämatin in Eisessig (nach HOPPE-SEYLER).

Bildung von Hämin aus Protoporphyrin. 0,5 g Protoporphyrin werden in einer 90%igen, mit Kochsalz gesättigten Essigsäure in der Hitze gelöst. Nach Filtration der Lösung wird tropfenweise eine frischbereitete siedende Lösung von Fe(II)-acetat in Eisessig zugegeben, bis die Farbe von Rot nach Braun umschlägt und die Lösung spektroskopisch kein Porphyrin mehr zeigt. Die Kristallisation beginnt sofort.

Physikalische Eigenschaften. Das nach den oben angegebenen Methoden gewonnene Hämin kristallisiert in den typischen „TEICHMANNschen Kristallen", d. h. in Form langer dünner Plättchen, die in der Durchsicht braun erscheinen und im auffallenden Licht stahlblauen Metallglanz zeigen. Häufig treten auch Durchkreuzungszwillinge auf. Dieselben Kristallformen werden auch beim Umkristallisieren von Hämin aus Eisessig oder Pyridin-Chloroform-Eisessig bei der Temperatur von 100° erhalten[2]. Beim Umkristallisieren unter anderen Bedingungen werden uneinheitliche Kristalle erhalten. Beim Erhitzen im Röhrchen erleiden die Kristalle ab 240° Sinterung, jedoch tritt bis 300° kein Schmelzen ein. Das Hämin ist unlöslich in Wasser und in verdünnten Mineralsäuren wie auch organischen Säuren. Dagegen ist es löslich in konz. Schwefelsäure, allerdings unter allmählich erfolgender Fe-Abspaltung. Es ist leicht löslich in verdünnten Alkalien, wie Ammoniak, ferner in Natronlauge, hier jedoch unter Austausch des Cl-Ions gegen das OH-Ion und Bildung von Hämatin (S. 930). In Hydrogencarbonat-Lösung ist das Hämin unlöslich. Es ist hingegen leicht löslich in starken organischen Basen (p-Toluidin, Dimethylanilin, Trimethylamin)[3]. In Äther, Alkohol und Chloroform ist Hämin bei gewöhnlicher Temperatur nicht löslich.

Spektren: In 0,1 n Kalilauge (Max.): 645,2; 591,0; 539,7 mμ. — In Pyridin-Lösung (0,003%ige Lösung, sofort gemessen) (Max.): 565,4; 531,3; (0,05%ige Lösung, sofort gemessen) (Max.): 637,5 mμ. — Hämochromogenspektrum (in Pyridin unter Zusatz von Hydrazin) (Max.): 557,1; 527,3 mμ.

[1] FISCHER, H., A. TREIBS u. K. ZEILE: H. **193**, 138 (1930). — FISCHER, H., u. H. ORTH: Die Chemie des Pyrrols. Bd. II/1, S. 374. Leipzig 1937.
[2] FISCHER, H., A. TREIBS u. K. ZEILE: H. **193**, 138 (1930).
[3] KÜSTER, W.: H. **66**, 217, 384 (1910).

Chemische Eigenschaften. Behandlung von Hämin mit methanolischem Kaliumhydroxyd führt zu kristallisierten Di- und Trikaliumsalzen[1]. Behandlung mit methanolischem Kaliumhydroxyd bzw. auch Kaliumäthylat unter Druck (bei 220—230°) überführt in Mesohämin (S. 929) unter gleichzeitiger geringer Bildung von Dimethyl-diäthylpyrrol. Gegen 25%ige Salzsäure ist Hämin ziemlich beständig, von konzentrierter Salzsäure wird es beim Erwärmen allmählich unter Bildung von Protoporphyrin enteisent. Am zweckmäßigsten wird die Abspaltung des Eisens mit Ameisensäure-Eisen vollzogen (vgl. S. 882). Die Überführung von Hämin in Mesoporphyrin, Hämatoporphyrin und Deuteroporphyrin vgl. bei den betreffenden Porphyrinen. Wird Hämin in einer wäßrig-alkalischen Pyridinlösung mit Hydrazinhydrat-Sauerstoff behandelt, so entsteht das sog. „grüne Hämin", das leicht in Biliverdin übergeführt werden kann[2]. Auch mit Hefe und Leberbrei wird eine derartige Aufspaltung des Porphyringerüstes erreicht[3]. (Weiteres vgl. Kapitel Gallenfarbstoffe, S. 945.)

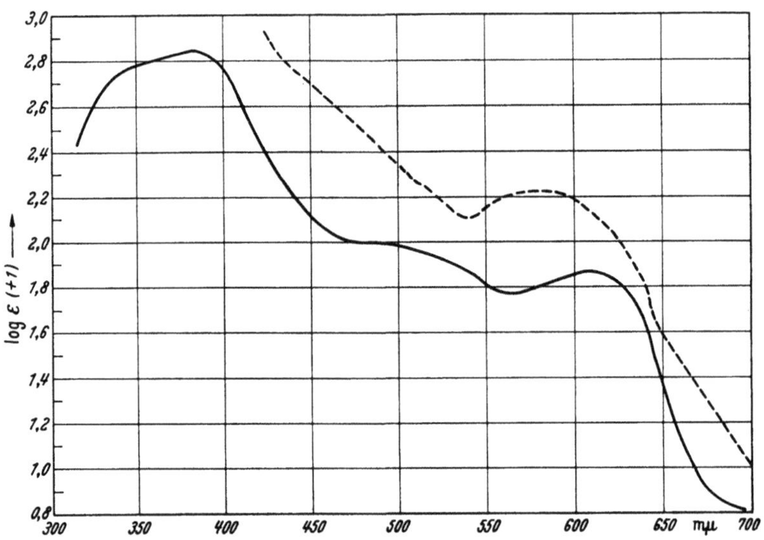

Abb. 11. ——— Hämin in 0,1 n NaOH (c = 0,1%) (HEILMEYER, L.: Medizinische Spektrophotometrie. Jena 1933). - - - Hämatin in 10%iger NaOH.

Katalytische Wirkungen von Hämin. Hämin katalysiert bei dem optimalen p_H von 5,7—7,5 die Zersetzung des Hydroperoxyds, wobei es seinerseits oxydiert wird[4]. Hämin hat also Katalasewirkung und kann zusammen mit dem Hämatin als Peroxydase bezeichnet werden[5]. Diese Eigenschaft wird auch zu einem Nachweis von Hämin benutzt. Hämin in Phosphatpuffer und Boratpuffer überträgt molekularen Sauerstoff auf Cystein[6]. Weiter katalysiert Hämin die Oxydation von Glycerinaldehyd, Benzaldehyd, Ölsäure und Schwefelwasserstoff.

Physiologisches Verhalten von Hämin. Hämin, in kleinen Dosen verfüttert, wirkt hämatopoetisch, vor allem bei niederer Blutkörperchenkonzentration. In größeren Dosen verabreicht, hat das Hämin erythropoetische Wirkung, insbesondere bei hoher Blutkörperchenkonzentration[7] (Kaninchen).

[1] FISCHER, H., u. H. RÖSE: H. **87**, 34 (1913); 88, 9 (1913).
[2] WARBURG, O., u. E. NEGELEIN: B. **63**, 1816 (1930). — LEMBERG, R.: Biochem. J. **29**, 1322 (1935).
[3] FISCHER, H., u. F. LINDNER: H. **153**, 54 (1926).
[4] WU, H.: J. Biochem. **2**, 195 (1923). — KUHN, R., u. L. BRAUN: B. **59**, 2370 (1926). H. **168**, 27 (1927). — EULER, H. v., u. R. NILSON: Ark. Kemi, Mineral. Geol. **10**, Nr. 5 (1929).
[5] BIEDERMANN, W., u. C. JERNAKOFF: B. Z. **150**, 477 (1924). — Weitere Literatur vgl. MAURER, H.: Biochem. Handlex. Bd. XIV, S. 648—649 (1933).
[6] KREBS, H. A.: B. Z. **193**, 347 (1928); **204**, 322 (1929). — CREMER, W.: B. Z. **192**, 426 (1927).
[7] VERZÁR, F., u. A. ZIH: B. Z. **205**, 388 (1929). — VERZÁR, F.: Z. ges. exp. Med. **68**, 465 (1929).

Von besonderem Interesse ist der Befund von M. W. FISHER[1], daß die tuberkulostatische Wirkung von INH (Isonicotinsäure-hydrazid) durch Hämin, vor allem in Kombination mit Mn(II)-Salzen, aufgehoben wird. Aus dieser Feststellung wie auch der Beobachtung, daß Hämin für INH-resistente Tuberkelbakterien Wuchsstoff-Wirkung hat, wird geschlossen, daß der Mechanismus der INH-Tuberkulostase mit einer Hemmung der Synthese oder der Funktionen des Blutfarbstoffes in den Bakterien in Zusammenhang steht. Eine Wuchsstoff-Wirkung von Hämin hat sich auch bei bestimmten Staphylokokken-Varianten gezeigt[2].

Nachweis und Bestimmung. Die TEICHMANNsche Reaktion (vgl. Gewinnung des Hämins, S. 926) dient, da die entstehenden Kristalle sehr charakteristisch sind (Auslöschungsschiefe etwa 34°), als Nachweis des roten Blutfarbstoffes. Die Reaktion ist auch unter dem Mikroskop auszuführen bzw. im mikroskopischen Maßstab. Als empfindlicher Nachweis gilt auch die Hämochromogenreaktion (vgl. S. 922)[3], bei der z. B. in Gegenwart von Pyridin und $Na_2S_2O_4$ das typische 2bandige Absorptionsspektrum (S. 923) auftritt.

Derivate. Hämin als Dicarbonsäure ist leicht zu verestern. Der *Dimethylester*[4] $C_{36}H_{36}O_4N_4FeCl$, Mol.-Gew. 679,94, wird dargestellt, indem man 5 g trockenes Hämin 10 min in 80 cm³ Chloroform und 14 cm³ Pyridin kräftig schüttelt, dann rasch filtriert und das Filtrat in 250 cm³ siedenden, absoluten, 35 cm³ 37 %ige Salzsäure enthaltenden Methylalkohol vorsichtig einrührt und das Gemisch bis zum Einsetzen der Kristallbildung auf dem Wasserbad erhitzt. Nach längerem Stehen unter Eiskühlung wird abgesaugt, mit wenig Methanol und Wasser gewaschen. Der Dimethylester kristallisiert aus Benzol oder Eisessig in gekreuzten Nadeln, die bis 300° nicht schmelzen.

β) Mesohämin.

Es wird dargestellt aus dem Mesoporphyrin mittels Eisen(II)-acetat entsprechend dem Hämin aus dem Protoporphyrin (S. 927)[5]. Zusammensetzung: $C_{34}H_{36}O_4N_4FeCl$. Aus Pyridin-Eisessig dunkle Prismen. Besitzt peroxydatische Wirkung.

γ) Hämatohämin.

Wird erhalten durch Einwirkung von Eisen(II)-acetat-Lösung in 60 %iger Essigsäure auf eine Lösung von Hämatoporphyrin bzw. Hämatoporphyrin-dimethyläther-dihydrochlorid in Eisessig (+NaCl) bei 90°[6]. Bei längerem Stehen erfolgt langsam Kristallisation. Kleine blauschwarze Würfel, die unlöslich sind in Äther, Alkohol, Benzol und Essigester und löslich in Aceton und Alkalilösungen. Zusammensetzung: $C_{34}H_{36}O_6N_4FeCl$. — *Cyanhämochromogen*-Spektrum: 561; 531 mμ.

δ) Deuterohämin.

Kommt in menschlichen Faeces vor, besonders nach bluthaltiger Nahrung oder nach Darm- und Magenblutungen[3]. Das Deuterohämin wird gebildet, wenn Ochsenblut mehrere Monate bei alkalischer Reaktion fault[7]. Dabei wirkt Hefe beschleunigend. Rein chemisch erhält man es durch Erhitzen von Hämin mit Resorcin oder Phloroglucin[3] sowie in der üblichen Weise durch Einführung des Eisens in Deuteroporphyrin mittels Eisen(II)-acetat[8]. Zusammensetzung: $C_{30}H_{28}O_4N_4FeCl$.

Das Deuterohämin kristallisiert aus Chloroform-Pyridin-Eisessig in glitzernden, rhomboedrischen, oft quadratischen Blättchen, bisweilen auch in länglichen, 6seitigen

---

[1] FISHER, M. W.: Amer. Rev. Tuberc. **69**, 469, 797 (1954) [Angew. Chem. **67**, 87 (1955). C. **1954**, 10033, 11218]. — KRÜGER-THIEMER, E.: Naturwiss. **42**, 47 (1955).
[2] JENSEN, J., u. E. THOFERN: Z. Naturforsch. 8b, 697 (1953) [C. **1954**, 9311].
[3] SCHUMM, O.: Die Spektrochemische Analyse natürlicher organischer Farbstoffe. Jena 1927.
[4] KÜSTER, W., u. K. SCHLAYER: H. **168**, 302 (1927).
[5] FISCHER, H., u. G. STANGLER: A. **459**, 74 (1927).
[6] KÜSTER, W., u. H. MAURER: H. **133**, 137 (1924).
[7] FISCHER, H., u. F. LINDNER: H. **161**, 17 (1926).
[8] FISCHER, H., u. F. LINDNER: H. **168**, 169 (1927).

Täfelchen oder rautenförmigen Blättchen[1]. Hämochromogenspektrum vgl. S. 924. Es ist gegenüber dem des Protohämins um etwa 12 mμ nach Violett verschoben.

ε) *Ätiohämin I.*

Das Ätiohämin I wird in der üblichen Weise aus Ätioporphyrin I und Eisen(II)-acetat hergestellt. Kristallisiert aus Chloroform-Äther in viereckigen, schwarzblauen Blättchen vom Habitus des Protohämins. Zusammensetzung: $C_{32}H_{36}N_4FeCl$. Spektrum in Pyridin: Max. 544,4 mμ; nach Zusatz von Hydrazinhydrat (Hämochromogenspektrum): 601,0 (verwaschen); 584,9 (scharf); 510,9 mμ.

ζ) *Ätiohämin III.*

Wird in der üblichen Weise gewonnen und erscheint aus Chloroform-Äther in dunklen würfelähnlichen Kristallen. Spektroskopisch mit dem Ätiohämin I identisch.

η) *Spirographishämin.*

Gewinnung vgl. S. 913. Zusammensetzung: $C_{33}H_{30}O_5N_4FeCl$; kristallisiert aus Pyridin-Chloroform-Eisessig (in Gegenwart von Kochsalz) in Prismen, die häufig zu kugeligen Drusen verwachsen sind, sowie in „Wetzsteinen". Beide Kristallformen zeigen ausgesprochenen Dichroismus. Hämochromogenspektrum: Max. 585 mμ. Bei Zugabe von Cystein (in alkalischer Lösung) liegt das Maximum bei 553 mμ.

ϑ) *Cytohämin.*

Darstellung vgl. S. 915. Das Cytohämin bildet in 50%igem Pyridin mit Natriumdithionit ein Pyridin-hämochromogen mit den Absorptionsbanden-Maxima: 587; 430 (Soret-Bande) mμ[2]. — Spektrophotometrische Bestimmung[3].

d) Hämatine.

Werden Hämine mit einem Überschuß von Alkali behandelt, so entstehen die Hämatine. Diese Umsetzung kann allgemein wie folgt formuliert werden:

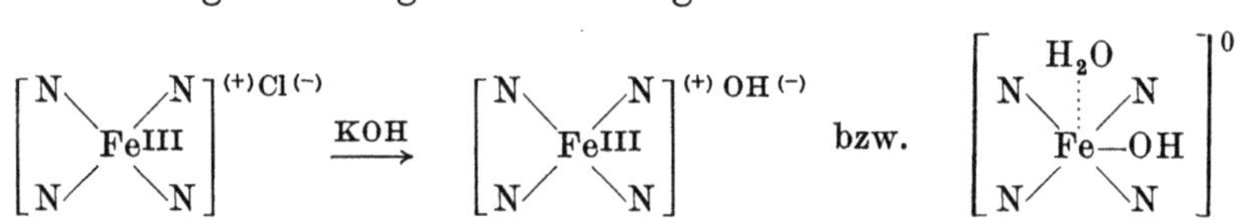

N = Pyrrol- bzw. Pyrrolenin-Ringe

Es entstehen also Ferriporphyrin-hydroxyde[4]. Die Anwesenheit der Hydroxylgruppe in diesen Komplexverbindungen kann durch Methylierung mit Dimethylsulfat[5] bewiesen

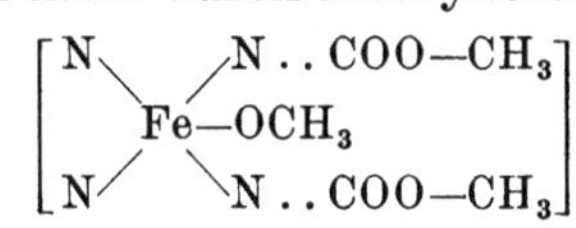

—COO—CH$_3$ = Propionsäuremethyl-Reste

werden. Es entstehen dabei trimethylierte Produkte vom obenstehenden Typ. Entsprechend wird mit Kaliummethylat auch ein Trikaliumsalz erhalten[6]. Im allgemeinen sind die tatsächlichen Konstitutions-Verhältnisse bei den Hämatinen kompliziert, aber eine eingehende Darstellung würde den Rahmen der vorliegenden Zusammenfassung weit überschreiten. Es sei deshalb nur darauf hingewiesen, daß man für die Existenz verschiedener Hämatine (α-Hämatine, β-Hämatine und ω-Hämatine) Dimerisationen, Poly-

[1] Fischer, H., u. G. Hummel: H. **181**, 107 (1929). — Schumm, O.: H. **181**, 141 (1927).
[2] Lemberg, R.: Nature **172**, 619 (1953).
[3] Lemberg, R., D. B. Morell, W. H. Lockwood, M. Stewart and B. Bloomfield: B. **89**, 309 (1956).
[4] Hamsik, A.: H. **182**, 117 (1929); **190**, 199 (1930). — Morrison, D. B., and E. F. Williams: J. biol. Ch. **123**, XXXVII (1938).
[5] Haurowitz, F.: H. **169**, 235 (1927).
[6] Willstätter, R., u. M. Fischer: H. **87**, 430, 488 (1912).

merisationen und Halbanhydrid-Bildungen verantwortlich macht[1-6]. — Da von den Hämatinen besondere Bedeutung nur das *Hämatin des Protoporphyrin* besitzt, wird nur dieses im folgenden näher beschrieben.

Hämatin (Protohämatin, α-Hämatin).

Historisches. Ersetzt man im Hämin das Chlor-Ion durch das Hydroxyl-Ion, so gelangt man zum Hämatin[7]. Es wurde von FISCHER, TREIBS und ZEILE[8] erstmals kristallisiert gewonnen. Nach KÜSTER, HAUROWITZ und HILL[9] ist es die prosthetische Gruppe von Methämoglobin.

Vorkommen. Man begegnet dem Hämatin sowohl im Pflanzen- als auch im Tierreich, besonders aber beim Menschen in alten Blutergüssen sowie im Blutplasma bei perniziöser Anämie[10], bei Ruptur von Tubenschwangerschaft, bei Malaria[11] und bei kongenitaler Porphyrie[12]. Weiter findet sich Hämatin im Blut bei verschiedensten Vergiftungen, z. B. Phosgenvergiftung. Hierbei gelangt es zum Teil auch in den Harn[13]. Das Hämatin tritt mitunter auch in den Faeces auf, und zwar bei okkulten Blutungen[14] im Magen-Darmtrakt. Allerdings kann es auch aus dem Blutfarbstoff eingenommener Speisen stammen. Schließlich ist es auch in menschlicher Galle[15], im Mekonium[15] und im Pleuraexsudat bei kongenitaler Porphyrie[16] beobachtet worden. Auch in gefaultem Blut[17] ist das Auftreten von Hämatin festgestellt worden. Möglicherweise findet es sich auch im Hafer[18]. Gesichert ist sein Vorkommen in frischer und gefaulter Hefe[17].

Physiologische Bedeutung. Da das Hämatin als prosthetische Gruppe von Methämoglobin aufzufassen ist, deckt sich seine physiologische Bedeutung mit der von Methämoglobin. Wenn es frei im Organismus vorkommt, so deutet dies fast immer auf pathologische Erscheinungen (vgl. oben) hin, abgesehen selbstverständlich von seinem Vorkommen im Darm nach Aufnahme bluthaltiger Nahrungsmittel. Im übrigen ist das Hämatin im Darm bei der Oxydation ungesättigter Säuren katalytisch wirksam[19]. Bemerkenswert sind auch die Untersuchungen von KÄMMERER[20] über die antibakterielle Wirksamkeit von Hämatinen, insbesondere Mesohämatin. Letzteres zeigt in vitro starke Hemmwirkung auf grampositive Bakterien. Das Hämatin hat etwa 70% der peroxydatischen Wirkung von Hämin[21].

---

[1] KÜSTER, W.: Handb. biol. Arb.-Meth., Abt. I, Teil 8, S. 200 (1921).
[2] HAMSIK, A.: H. **241**, 156 (1936).
[3] HOGNESS, T. R., F. P. ZSCHEILE jr., A. E. SIDWELL jr. and E. S. G. BARRON: J. biol. Ch. **118**, 1 (1937).
[4] RAWLINSON, W. A.: Austral. J. exp. Biol. med. Sci. **18**, 185 (1940).
[5] SHACK, J., and W. M. CLARK: J. biol. Ch. **171**, 143 (1947).
[6] SCHUMM, O.: Chemie der Erythrocyten und des Hämoglobins. Handb. Hämatol. (HIRSCHFELD-HITTMAIR), Bd. I/1, S. 98.
[7] SCHUMM, O.: H. **152**, 1, 55 (1926).
[8] FISCHER, H., A. TREIBS u. K. ZEILE: H. **193**, 156 (1930).
[9] HILL, R.: Proc. R. Soc. London (B) **100**, 419 (1926); **105**, 112 (1930).
[10] SCHUMM, O.: H. **128**, 188 (1923). — SCHUMM, O., u. A. ROSENBOHM: H. **178**, 250 (1928). — FABRE, R., et H. SIMMONET: Cr. **183**, 241 (1926).
[11] BROWN, W. H.: J. exp. Med. **13**, 290 (1911).
[12] SCHUMM, O.: H. **126**, 193 (1923); **152**, 1 (1925).
[13] SCHUMM, O.: H. **87**, 171 (1913). — MAYER, R.: D. m. W. **1928 II**, 1557. — Vgl. auch OSBORN, W.A.: Austral. J. exp. Biol. med. Sci. **3**, 117 (1926).
[14] SCHUMM, O., u. E. MERTENS: H. **156**, 67 (1926).
[15] SCHUMM, O.: H. **151**, 126 (1926).
[16] SCHUMM, O.: H. **126**, 193 (1923); **152**, 1 (1925).
[17] SCHUMM, O.: H. **159**, 192 (1926); **170**, 1 (1927). — FISCHER, H., u. F. SCHWERDTEL: H. **175**, 248 (1928). — MAYER, R. M.: H. **177**, 47 (1928). — FISCHER, H., u. J. HILGER: H. **138**, 290 (1924).
[18] SCHUMM, O.: H. **154**, 171; **158**, 77 (1920).
[19] KOLLATH, W.: A. e. P. P. **150**, 232 (1930). — TAPPEL, A. L.: Arch. Biochem. **44**, 378 (1953). [C. **1954**, 9779]. — Vgl. auch KEILIN, D.: Biochem. J. **41**, 503 (1947).
[20] KÄMMERER, H., E. STAUDINGER u. A. EBERLE: Z. ges. exp. Med. **124**, 257 (1954).
[21] KUHN, R., u. L. BRAUN: H. **168**, 27 (1927).

Zusammensetzung und Formel. Das Hämatin hat die Bruttozusammensetzung $C_{34}H_{33}O_5N_4Fe$, Mol.-Gew. 633,32. Ihm kommt die folgende Konstitutionsformel zu. In

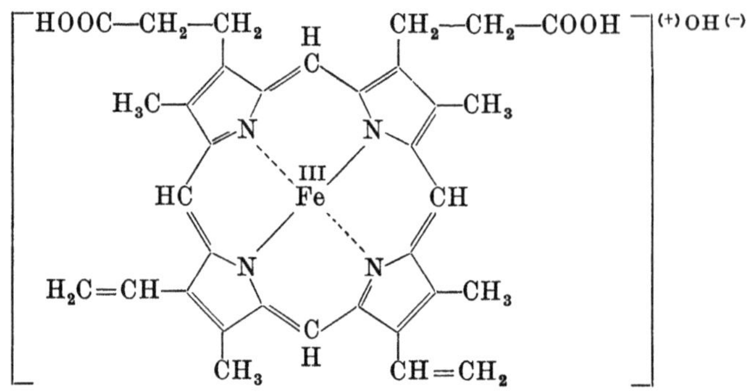

alkalischer Lösung ist allerdings die auf S. 918 angeführte Formulierung die wahrscheinlichere.

Infolge seiner ausgeprägten Instabilität sind in der älteren Literatur recht widersprechende Angaben über das „Hämatin" zu finden. Frisch dargestelltes Hämatin läßt sich jedoch mit Leichtigkeit wieder in Chlorhämin überführen[1].

Darstellung und Gewinnung. a) Man kann das Hämatin durch *Dialyse* von *Hämoglobin* mit 0,025 n Salzsäure darstellen[2]; desgleichen erhält man es durch Einwirkung von Sauerstoff auf *Hämochromogen* (Protohämochromogen). Aus dem Hämoglobin kann man das Hämatin neben dem Protoporphyrin auch durch Einwirkung von Stuhlbakterien gewinnen[3]. Man erhält das Hämatin bei diesen Methoden, bei denen anscheinend Anhydratisierungen eintreten, als amorphe Masse.

b) Will man zum kristallisierten Hämatin gelangen, so muß man sich der Vorschrift von FISCHER, TREIBS und ZEILE[1] bedienen: 0,5 g Hämin gelöst in 50 cm^3 5%iger wäßriger Kalilauge werden mit Eisessig (in geringem Überschuß) gefällt. Lösen und Fällen werden nochmals wiederholt, wobei jedesmal der Niederschlag mit verdünnter Essigsäure gewaschen wird. Hierauf wird im Hochvakuum rasch über Calciumchlorid getrocknet. Durch Eintragen in 40 cm^3 Pyridin wird erneut in Lösung gebracht, rasch durch ein gehärtetes Filter abgesaugt und mit dem gleichen Volumen Petroläther versetzt. Nach 1tägigem Stehen werden die ausgeschiedenen Kristalle abfiltriert. Das so erhaltene Hämatin enthält 2 Mol Pyridin, das jedoch leicht durch Trocknen im Vakuum bei 40° entfernt werden kann. Das Pyridin-Hämatin wird auch als Parahämatin (vgl. S. 934) bezeichnet. (Bei der Herstellung von Hämatin ist darauf zu achten, daß der Hämatin-Niederschlag nicht länger in der Mutterlauge stehenbleibt. Ebenso soll bei der Gewinnung Erhitzen vermieden werden. Es wird sonst nicht das α-Hämatin, sondern das in Natriumhydrogencarbonat-Lösung unlösliche β-Hämatin erhalten, das wahrscheinlich ein Halbanhydrid darstellt[4].

Eigenschaften. Das Hämatin ist unlöslich in Wasser, Alkohol, Äther und Aceton, es ist schwer löslich in heißem Pyridin. Dabei bildet sich Pyridin-hämatin. Leicht löslich ist es in Alkalien unter Bildung von Salzen. Das Hämatin zeigt wenig charakteristische Spektralerscheinungen, und zwar lediglich 3 undeutliche Banden, die bei fortschreitender

[1] FISCHER, H., A. TREIBS u. K. ZEILE: H. **193**, 140, 156 (1930). — Vgl. auch FISCHER, H., u. E. WALTER: B. **60**, 1987 (1927).

[2] ZEYNECK, R. v.: H. **130**, 252 (1923).

[3] KÄMMERER, H.: Kli. Wo. **1923 II**, 1153. — FISCHER, H., u. F. LINDNER H.: **145**, 211 (1925).

[4] KÜSTER, W.: Handb. biol. Arb.-Meth., Abt. I, Teil 8, S. 200 (1921). — HAMSIK, A.: H. **241**, 156 (1936). — HOGNESS, T. R., F. P. ZSCHEILE jr., A. E. SIDWELL jr. and E. S. G. BARRON: J. biol. Ch. **118**, 1 (1937). — RAWLINSON, W. A.: Austral. J. exp. Biol. med. Sci. **18**, 185 (1940). — SHACK, J., and W. M. CLARK: J. biol. Ch. **171**, 143 (1947). — SCHUMM, O.: Chemie der Erythrocyten und des Hämoglobins. Handb. Hämatol. (HIRSCHFELD-HITTMAIR), Bd. I/1, S. 98.

Verdünnung nach Rot verschoben werden[1]. In Sodalösung liegt die Bande im Rot bei 610 mμ, in schwach essigsaurem Milieu bei 630 mμ. Vgl. Abb. 10 u. 11, S. 927; 928. Hämatin wird von Essigsäure nicht verändert, durch Einwirkung von Ameisensäure, Oxalsäure, Milchsäure, 15 %iger H_2SO_4 jedoch wird das Hämatin in Protoporphyrin übergeführt[2]. Beim Kochen von Hämatin mit 1 %iger methanolischer Salzsäure entsteht das Eisensalz von Tetramethyl-hämato-porphyrin[3]. Bei Reduktion in saurer oder alkalischer Lösung entsteht Protohäm (vgl. S. 920)[4]. Parahämatine vgl. unten.

Derivate. *Ester.* Geht man bei der Darstellung des Hämatins vom Dimethylester des Hämins aus, so erhält man, wie WILLSTÄTTER[5] zeigen konnte, Hämatinester. Bei diesem Ester ist im Sinne des folgenden Schemas der Prozeß auch umkehrbar. Sonst ist nur das frisch hergestellte Hämatin wieder in Hämin überführbar.

$$\underset{\text{Häminester (braune Lösung)}}{C_{32}H_{30}N_4\,(COO{-}CH_3)_2FeCl} \underset{\text{Salzsäure}}{\overset{\text{Natronlauge}}{\rightleftharpoons}} \underset{\text{Hämatinester (rote Lösung)}}{C_{32}H_{30}N_4\,(COO{-}CH_3)_2FeOH}$$

e) Parahämatine.

Alle Hämochromogene reagieren mit Sauerstoff, wobei das 2wertige Eisen in das 3wertige übergeht. Die dabei entstehenden Produkte werden als Parahämatine (angelsächsisch: Hemichrome) bezeichnet. Ebenso kann man aber auch die Parahämatine als Verbindungen von Hämatinen mit Basen ansehen. Die Tatsache, daß Parahämatine zur Polymerisation neigen und sowohl mit H^+-Ionen als auch mit OH^--Ionen reagieren können, kompliziert das Problem der Parahämatin-Struktur außerordentlich. Dazu kommt, daß manche Parahämatine nur 1 Mol Base, andere 2 Mol Base addieren[6]. Die untenstehende Strukturformel A ist heute die wahrscheinlichste. In alkalischer Lösung dürfte wohl die Struktur B vorliegen, die aus A durch Verdrängung eines Basenmoleküls durch die OH-Gruppe hervorgegangen ist:

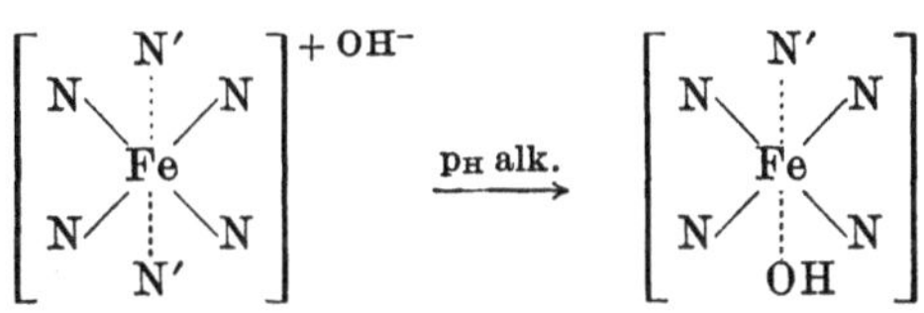

(A) (B)

N = Pyrrol- bzw. Pyrrolenin-Ringe; N′ = Base

Die Parahämatine haben je nach der Base, die sie enthalten, unterschiedliche Stabilität. Im allgemeinen sind die Parahämatine im alkalischen Bereich einigermaßen stabil, verlieren aber an Stabilität mit der Annäherung an den Neutralpunkt und im sauren Bereich. Die Absorptionsspektren der Parahämatine sind denen der Hämochromogene sehr ähnlich, besonders bei neutraler Reaktion[7]. Das Spektrum weist 2 Banden im Grün auf mit den Maxima bei 558 (schwach) und 530 (stärker) mμ. Im alkalischen Milieu tritt Verschiebung der Banden nach Rot unter Abnahme der Intensität ein.

---

[1] KEILIN, D.: Proc. R. Soc. London (B) **100**, 701, 129 (1926). — VLÈS, F.: Arch. Physique biol. **1**, 1 (1921). Biochem. Handlex. Bd. VI, S. 230.

[2] SCHUMM, O.: H. **178**, 33 (1928).

[3] SCHUMM, O.: H. **166**, 1, 319; **168**, 1; **170**, 1 (1927).

[4] HAUROWITZ, F.: H. **164**, 255 (1927). — HILL, R., and H. F. HOLDEN: Biochem. J. **21**, 625 (1927). — Vgl. auch CONANT, J. B.: J. biol. Ch. **57**, 401 (1923). — CONANT, J. B., and O. TONGBERG: J. biol. Ch. **86**, 733 (1930). — ROCHE, J.: C. R. Soc. Biol. **94**, 463 (1926).

[5] WILLSTÄTTER, R., u. M. FISCHER: H. **87**, 488 (1912). — FISCHER, H., G. HUMMEL u. A. TREIBS: A. **471**, 272 (1929).

[6] DAVIES, T. H.: J. biol. Ch. **135**, 597 (1940). — CLARK, W. M., and M. E. PERKINS: J. biol. Ch. **135**, 643 (1940).

[7] BARRON, E. S. G.: J. biol. Ch. **121**, 285 (1937). — DRABKIN, D. L.: J. biol. Ch. **142**, 855 (1942). — DRABKIN, D. L., and J. H. AUSTIN: J. biol. Ch. **112**, 89 (1935/36).

α) Pyridin-parahämatin.

Entsteht als Zwischenstufe bei der Darstellung des Hämatins[1] (vgl. S. 932). Es enthält 2 Mol Pyridin auf 1 Mol Hämatin. Die Komplexverbindung ist jedoch unstabil und verliert das Pyridin bereits bei 40° im Vakuum.

β) Imidazol-parahämatin.

Durch Umsetzung von Hämin mit Imidazol in sodaalkalischer Lösung wurde von LANGENBECK[2] das Imidazol-parahämatin[3] dargestellt. In diesem kristallisierten und recht stabilen Derivat sind 2 Imidazolreste mit dem Eisenatom des Komplexes koordinativ verknüpft. Da die entsprechende Eisen(II)-verbindung [Fe(II)-Verbindung] Sauerstoff wie das Hämoglobin reversibel addiert, nimmt man an, daß beim Hämoglobin das Globin über seine Histidinreste mit dem Eisenatom des Häm-Komplexes verknüpft ist in Analogie zum Imidazol. Auch das entsprechende *Histidin-parahämatin* läßt sich darstellen[4]. Es ist aber ebenso unstabil wie das Pyridin-parahämatin.

γ) Protein-parahämatine.

a) Methämoglobin (vgl. Bd. V, S. 145, 153) ist die Verbindung von Globin mit dem Hämatin. Sie wurde künstlich durch Zusammenbringen von nativem Globin mit Hämatin gewonnen[4]. Das aus diesem „synthetischen" Methämoglobin durch Reduktion erhaltene „resynthetische" Hämoglobin addiert Sauerstoff wie echtes Hämoglobin.

b) Kathämoglobin. Es wird analog wie Methämoglobin aus denaturiertem Globin und Hämatin gewonnen[5, 6]. Es bindet in seiner reduzierten Form keinen molekularen Sauerstoff.

Chlorophyll.

a) Allgemeiner Teil.

Wenn auch das Chlorophyll mit der Nahrung dem Menschen — und in gesteigertem Maße der Tierwelt — zugeführt wird, so spielt es doch im Stoffwechsel sowohl des Menschen als auch der Tiere nur eine untergeordnete Rolle. Teils verläßt das Chlorophyll den Verdauungstrakt fast unverändert, teils wird es zu einigen wenigen Verbindungen abgebaut, die auch nur beschränkt resorbiert werden.

Historisches. Schon im Jahre 1871 haben HEYNSIUS und CAMPBELL[7] im alkoholischen Extrakt von Menschen-, Rinder- und Schweinegalle einen beim Stehen an der Luft immer deutlicher hervortretenden Farbstoff beobachtet. MCMUNN[8], der den Farbstoff ebenfalls auffand, nannte ihn „*Cholehämatin*" in der Annahme, daß er vom Blutfarbstoff abstammt. GAMGEE[9] zeigt dann, daß der Farbstoff als Chromogen (Leukoverbindung) in der Galle vorliegt und erst an der Luft zum Farbstoff dehydriert wird. Von LOEBISCH und FISCHLER[10] konnte schließlich der Farbstoff, der von ihnen „*Bilipurpurin*" genannt wurde, aus Rindergalle kristallisiert isoliert werden. Von FISCHER und Mitarbeitern[11] wurde der Farbstoff 1931 mit dem *Phylloerythrin*, einem Abbauprodukt des Chlorophylls, identifiziert.

[1] FISCHER, H., A. TREIBS u. K. ZEILE: H. **193**, 156 (1930).
[2] LANGENBECK, W.: B. **65**, 842 (1932). Naturwiss. **20**, 124 (1932). — HAUROWITZ, F.: H. **232**, 146 (1935).
[3] CORWIN, A. H., and Z. REYES: Am. Soc. **78**, 2437 (1956). — COWGILL, R. W., and W. M. CLARK: J. biol. Ch. **198**, 33 (1952).
[4] HAMSIK, A.: H. **241**, 164 (1936).
[5] HAUROWITZ, F., u. H. WAELSCH: H. **182**, 82 (1929). — HILL, R., and H. F. HOLDEN: Biochem. J. **20**, 1326 (1927).
[6] KEILIN, D.: Proc. R. Soc. London (B) **100**, 129 (1926).
[7] HEYNSIUS, A., u. J. F. F. CAMPBELL: Pflügers Arch. **4**, 540 (1871).
[8] MCMUNN, C. A.: J. Physiol., London **6**, 25 (1880).
[9] GAMGEE, A.: Die physiologische Chemie der Verdauung. Leipzig 1897.
[10] LOEBISCH, W. F., u. M. FISCHLER: Mh. Chem. **24**, 335 (1904).
[11] FISCHER, H., u. H. HILMER: H. **143**', 1 (1925). — FISCHER, H., L. FILSER, W. HAGERT u. O. MOLDENHAUER: A. **490**, 1 (1931).

Neben dem Phylloerythrin wurden aber dann auch noch weitere Chlorophyll-Abbauprodukte von FISCHER und Mitarbeitern[1] gefunden, so *Phäophorbid a*, *Pyrophäophorbid a*, *Mesopyrophäophorbid a* und *Pyrophäophorbid b*, und zwar im Schafkot. Ferner konnten darin auch die Leukoverbindungen von *Phylloerythrin*, *Meso-pyrophäophorbid a* und *Methylphäophorbid a* nachgewiesen werden. Auch *Rhodoporphyrin-γ-carbonsäure* konnte festgestellt werden.

Auch Porphyrine wie *Phylloporphyrin*, *Pyrroporphyrin* und *Rhodoporphyrin* sind als physiologische Abbauprodukte von Chlorophyll aufgefunden worden, und zwar im 3. und 4. Magen von Wiederkäuern, außerdem auch *Phäopurpurin 18* und *Phäophytin a*[2].

Chlorophyll-Abbau im Intestinaltrakt. Als wesentlichstes Abbauprodukt des Chlorophylls im Intestinaltrakt findet sich bei den Herbivoren das *Phylloerythrin*[3]. Es kommt in der Galle und im Kot vor, aber niemals im Harn. Es kann schon im Inhalt des 1. Magens von Kühen und Schafen nachgewiesen werden. Im 3. und 4. Magen treten dazu noch *Rhodoporphyrin*, *Phylloporphyrin* und *Pyrroporphyrin* auf, außerdem *Phäophytin a* und *Phäopurpurin 18*. Aus Schafkot wurden *Phäophorbid a*, *Mesophäophorbid a* und *Meso-pyrophäophorbid a* sowie *Mesophäophorbid b* isoliert. Bei diesen 3 Meso-Verbindungen ist die Vinylgruppe des Chlorophylls zur Äthylgruppe reduziert.

Vom Menschen wird Chlorophyll zu denselben Phorbiden abgebaut, die auch im Schafkot festgestellt wurden. Beim Menschen wie bei den Carnivoren wird das Phylloerythrin völlig vermißt. Erst nach längerer vegetarischer Kost ist das Phylloerythrin in den menschlichen Faeces von FISCHER und HENDSCHEL[1] beobachtet worden. Prinzipiell wird also Chlorophyll beim Menschen in gleicher Weise wie im Wiederkäuerorganismus abgebaut. Allerdings passieren auch größere Mengen an Chlorophyll den Körper nahezu unverändert. Nach BAUMGÄRTEL[4] wird beim Menschen intestinal das Phylloerythrin reduktiv in ein Leukoprodukt, das „*Phylloerythrinogen*", übergeführt, dieses über das Pfortadersystem resorbiert und über die Leber sowohl in Richtung Blutbahn als auch in Richtung Gallenwege geleitet. So kann es im Harn wie in der Galle nachgewiesen werden. Es soll sich bei chlorophyllreicher Kost auch stets in den Faeces finden, wo es leicht zu Phylloerythrin reoxydiert wird. Nach BAUMGÄRTEL und KOHL[5] gibt Phylloerythrinogen eine stark positive EHRLICHsche Reaktion (mit p-Dimethylaminobenzaldehyd), aber keine positive Fluorescenzreaktion mit Zinkacetat. BAUMGÄRTEL vermutet auch, daß das Phylloerythrinogen mit dem „3. Urobilinkörper" von MEYER (vgl. S. 984) identisch ist und der „umgekehrten" Urobilinogenreaktion nach HOESCH (vgl. S. 988) zugrunde liegt.

Den Befunden BAUMGÄRTELs stehen allerdings die Feststellungen von J. BRUGSCH[6] entgegen. Während BAUMGÄRTEL annimmt, daß das Phylloerythrinogen leicht wieder in das rote Phylloerythrin unter Dehydrierung übergeht, ist der nach Chlorophyllkost oft im Harn beobachtete rote Farbstoff nach BRUGSCH nicht mit Phylloerythrin identisch. BRUGSCH findet beim Menschen Phylloerythrin weder in Galle noch im Stuhl. Dagegen beobachtet er einen Chromogentyp, *Chlororubinogen*, der dem Urobilinogen bzw. Urobilin ähnelt und durch Dehydrierung in den Farbstoff *Chlororubin* übergeht. Dieser Farbstoff zeigt nach GOHR und Mitarbeitern[7] keine (für Porphyrine typische) Fluorescenz, wohl aber eine positive EHRLICHsche Reaktion. Der Farbstoff findet sich oft im Harn nach erhöhter Chlorophyllgabe.

---

[1] FISCHER, H., u. A. HENDSCHEL: H. **216**, 57 (1933). — FISCHER, H., u. F. STADLER: H. **239**, 167 (1936).
[2] ROTHEMUND, P., and O. L. INMAN: Science, N. Y. **74**, 221 (1931). — ROTHEMUND, P., R. R. MACNARY and O. L. INMAN: Am. Soc. **56**, 2400 (1934).
[3] TREIBS, A.: H. **220**, 89 (1933). — Vgl. auch QUIN, J. I., C. RIMINGTON and A. C. S. ROETS: Onderstepoort J. veterin. Sci. **4**, 463 (1935).
[4] BAUMGÄRTEL, T.: Kli. Wo. **1948**, 22.
[5] KOHL: Diss. München 1947.
[6] BRUGSCH, J., R. BRAUN, D. SCHMIDT, J. WEGNER u. KÜHNEL: Z. ges. inn. Med. **4**, 538 (1949).— Vgl. auch BRUGSCH, J.: Z. ges. inn. Med. **2**, 71 (1947).
[7] GOHR, H., T. GÖRGES u. J. THIESEN: Dtsch. Z. Verd.- u. Stoffw.-Krankh. **12**, 129 (1952) [C. **1953**, 8644].

Weiter stellte BRUGSCH in Galle und Stuhl eine Substanz vom *Chlorintyp* fest (Fraktion mit 10%iger HCl), weiter die *Stercophorbide a* und *b* (Fraktion mit 25%iger HCl) im Stuhl und schließlich darin *Phäophytin a* (Fraktion mit 37%iger HCl).

Von besonderem Interesse sind die neuesten Befunde russischer Forscher[1], die den Chlorophyllumsatz bei Rindern bzw. Kälbern mit Hilfe von ^{14}C-markiertem Chlorophyll untersucht haben. Sie finden, daß das markierte Phylloerythrin von der Schleimhaut des gesamten Darmtraktes aufgenommen und dem Blute zugeführt wird bzw. der Leber über die Pfortader. So ist ^{14}C schon 3—4 Std nach der Chlorophyllgabe im Blute nachzuweisen und dort noch bis zum 9. Tage zu finden. Die Ausscheidung des ^{14}C im Harn ist erheblich. Sehr auffällig ist, daß sich das ^{14}C-Isotop auch im Hämoglobin nachweisen läßt, was zur Annahme führt, daß das Chlorophyll auch Bausteine für die Hämoglobinsynthese liefert, jedenfalls im Rinderorganismus.

Zur Konstitution von Chlorophyll und seinen biologischen Abbauprodukten. Die aus den experimentellen Ergebnissen von FISCHER[2] abgeleitete Strukturformel für *Chloro-*

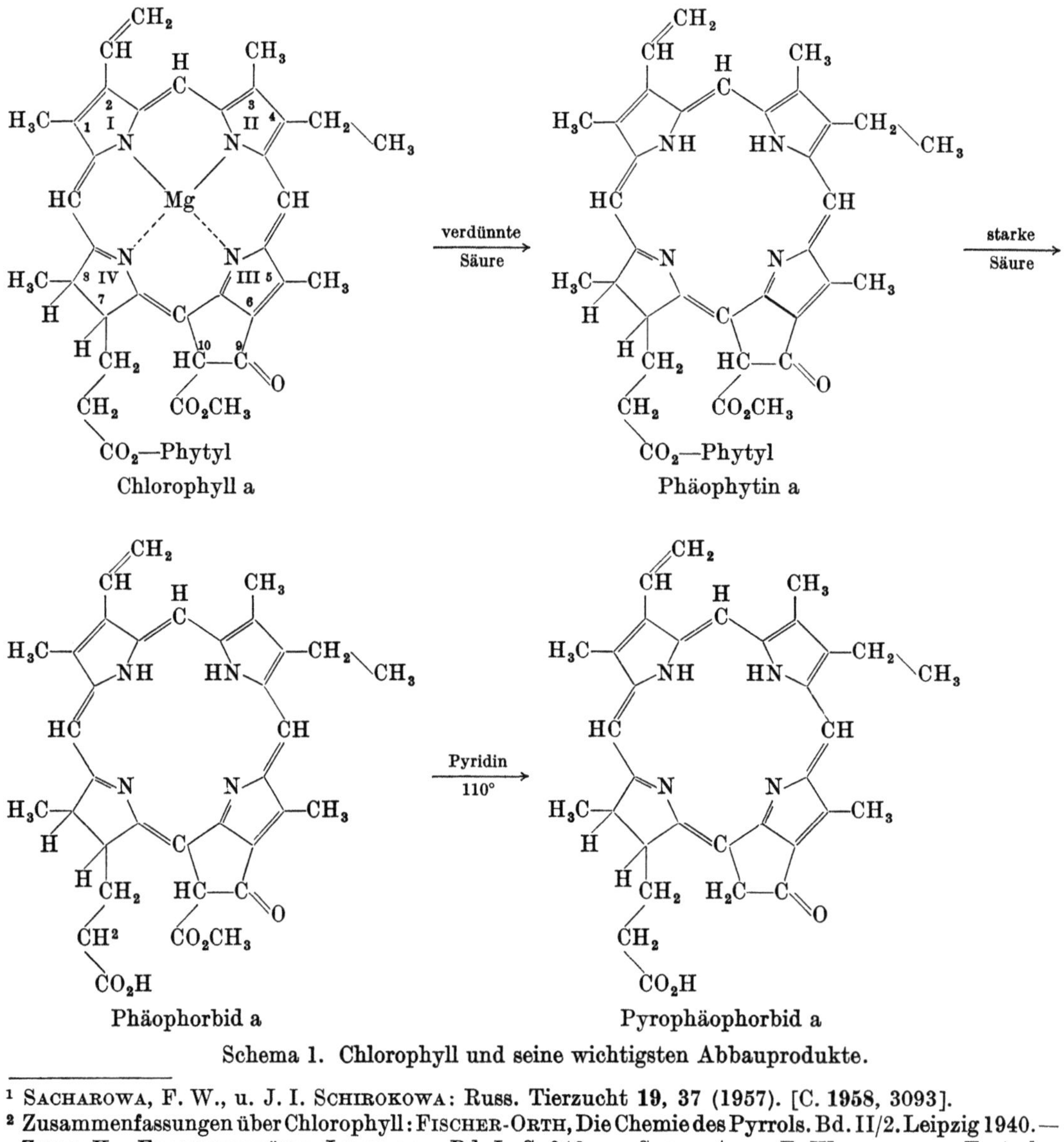

Schema 1. Chlorophyll und seine wichtigsten Abbauprodukte.

---

[1] SACHAROWA, F. W., u. J. I. SCHIROKOWA: Russ. Tierzucht **19**, 37 (1957). [C. **1958**, 3093].

[2] Zusammenfassungen über Chlorophyll: FISCHER-ORTH, Die Chemie des Pyrrols. Bd. II/2. Leipzig 1940. — ZEILE, K.: FLASCHENTRÄGER-LEHNARTZ, Bd. I, S. 946. — STOLL, A., u. E. WIEDEMANN: Fortschr. chem. Forsch. **2**, 375 (1951—53). — Über die Biosynthese des Chlorophylls vgl. Zusammenfassung von SIEDEL, W.: Angew. Chem. **66**, 735 (1954).

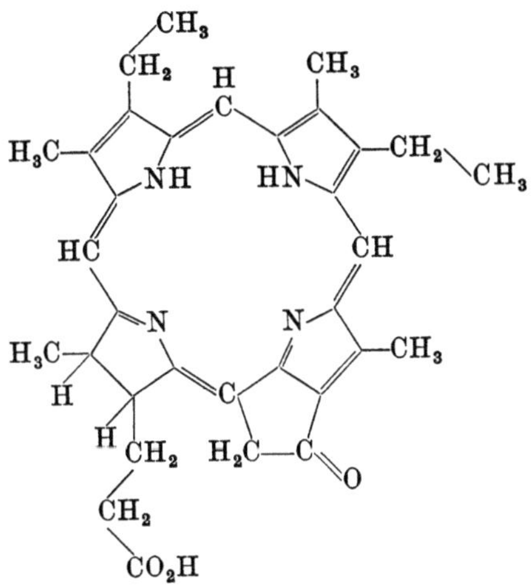

Meso-pyrophäophorbid a

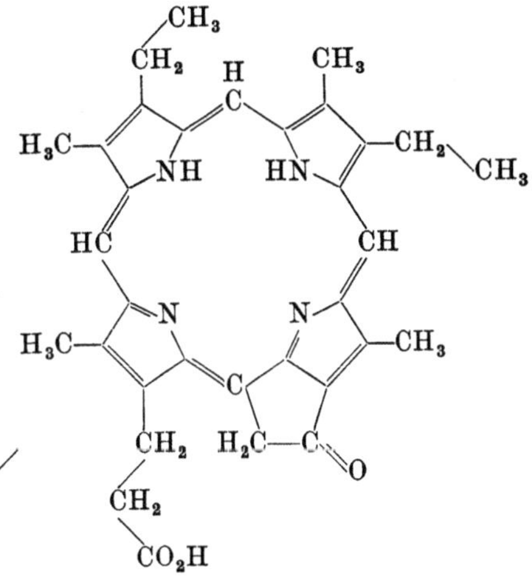

Phylloerythrin

Alkali, 175°

Alkali, 175°

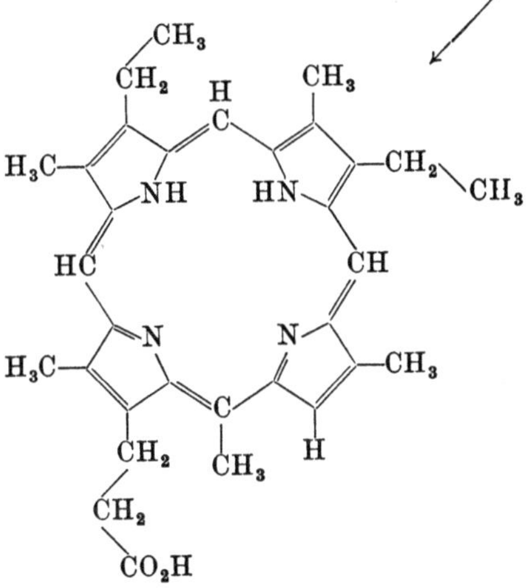

Phylloporphyrin

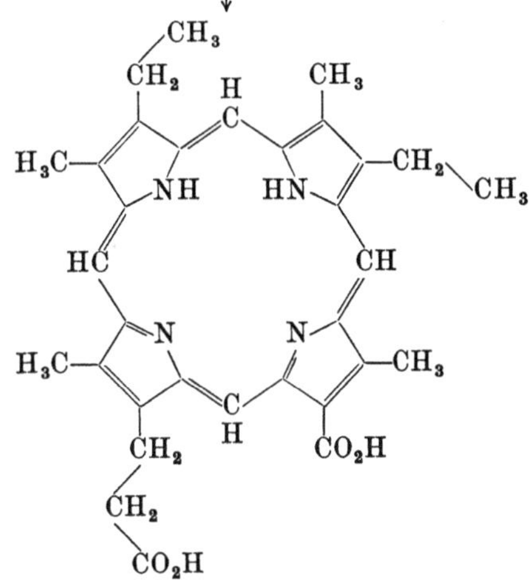

Rhodoporphyrin

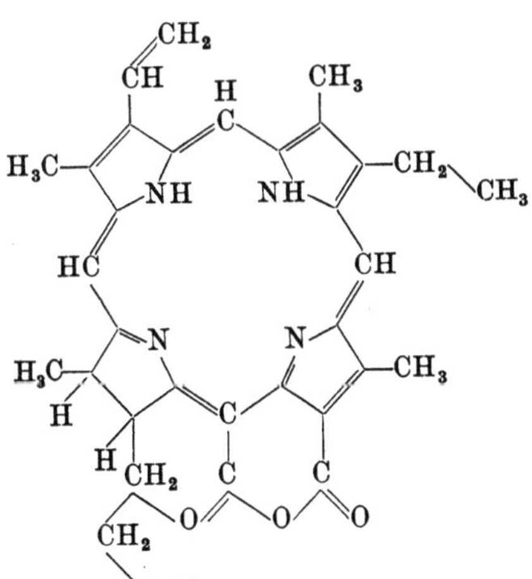

Phäopurpurin 18

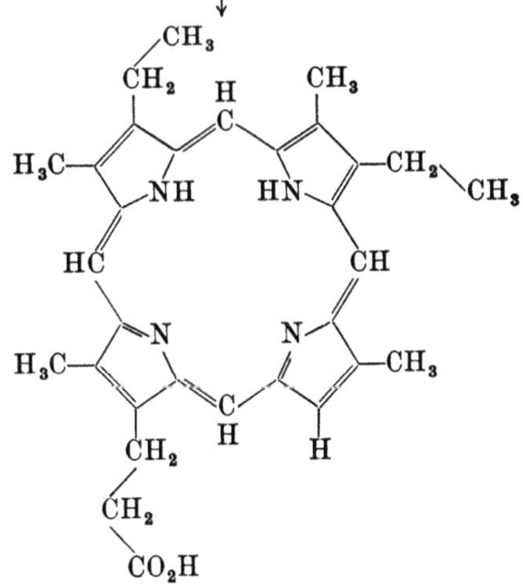

Pyrroporphyrin

phyll a ist nachstehend abgebildet. In der Formel für *Chlorophyll b* ist lediglich die CH_3-Gruppe in der 3-Stellung durch den Formylrest $-C\lessdot^{O}_{H}$ zu ersetzen. Charakteristisch ist der Magnesiumgehalt und die Veresterung mit dem ungesättigten Alkohol Phytol. Das Kerngerüst des Chlorophylls mit dem teilweise hydrierten Ring IV wird als *Phorbinsystem* bezeichnet. Der Pyrrolinring IV ist für die optische Aktivität verantwortlich, die alle Chlorophyllabkömmlinge mit dieser Gruppierung zeigen (Phorbine, Chlorine, Rhodine und Purpurine).

Das im lebenden Blatt enthaltene Chlorophyll ist an Eiweiß gebunden; dieses Chromoproteid wird als *Chloroplastin* (vgl. unten) bezeichnet. Die Bindung an Protein erhöht die Stabilität von Chlorophyll wesentlich, besonders gegen Lichteinwirkung. Die Denaturierung von Chloroplastin tritt schon bei Salzzusatz zur Lösung ein.

Der biologische Abbau und Umbau von Chlorophyll setzt dann am isocyclischen Ring (C-Atome 9 und 10), am partiell hydrierten Kern IV und an der Vinylgruppe in 2-Stellung ein. Im Chlorophyll b zählt dazu außerdem noch die Formylgruppe in 3-Stellung. Die zahlreichen chemischen Eingriffe, die an den genannten Gruppen möglich sind, führen, vor allem wenn sie wechselseitig mehrere Gruppen betreffen, zu einer großen Zahl von Abkömmlingen.

Im vorstehenden Schema sind das Chlorophyll a und seine wichtigsten biologischen Abbauprodukte aufgeführt. Zum Teil sind auch die chemischen Methoden der Umwandlung angegeben.

b) Spezieller Teil.

α) *Chloroplastin.*

Historisches. Chloroplastin ist 1921 von LUBIMENKO[1] erstmals aus den Blättern von Aspidistra eleator, einer japanischen Liliacea isoliert worden, und zwar in wäßriger Lösung. LUBIMENKOs Vermutung, daß Chlorophyll in dieser Lösung wie im Blatt an Eiweiß gebunden ist, ist von BECKING[2] durch histologische Befunde gestützt und von STOLL und WIEDEMANN[3] bewiesen worden. Von STOLL wurde dann für das Chromoproteid die Bezeichnung Chloroplastin eingeführt.

Darstellung. Die Darstellung von Chloroplastin gelingt nach LUBIMENKO durch Extraktion der Blätter zahlreicher Pflanzen, wie Spinat, Brennessel, Weizen, Roggen, Gerste, Gras, Sonnenblumen, Klee, Bohnen, Tomaten- und Gurkenpflanzen usw., mit destilliertem Wasser oder Pufferlösungen unter Ausschluß von Metall und bei niedriger Temperatur. Die Reinigung erfolgt durch wiederholte fraktionierte Umfällung mit Ammoniumsulfat unter Pufferung und durch Dialyse, z. B. gegen m/150 Phosphatpuffer bei p_H 6,8.

Eigenschaften. Gereinigte Lösungen von Chloroplastin sind tiefgrün gefärbt und besitzen das Absorptionsspektrum des nativen Chlorophylls. Maxima: I. 690—642; II. 650—615; III. 600—570 (schwach); IV. 550—530 (schwach) mμ.

Bei p_H 7,2—7,4 und bei niedriger Temperatur (2—4°) sind sie monatelang haltbar. Während Wasserentzug oder Erwärmen denaturierend wirken, vertragen die Lösungen ohne Schädigung eine 1tägige Bestrahlung von 40000 Lux (= Sonnenlichtstärke) bei Luftzutritt. Das Mol.-Gewicht beträgt einige Millionen. Während eine wäßrige Chloroplastinlösung bei Extraktion mit Äther keinen Farbstoff an diesen abgibt, gehen nach Denaturierung mit Salzen Chlorophyll a und b, aber auch Carotin und Xanthophyll in die Ätherphase über, dazu auch noch farblose Lipoide. Die Proteine (mit Globulincharakter) flocken teils aus, teils bleiben sie mit geringen Mengen Kohlenhydraten im Wasser.

---

[1] LUBIMENKO, W. N.: Cr. **176**, 365 (1921).

[2] BECKING, L. M. G. B.: Proc. VI. Int. Bot. Congr. Amsterdam II, S. 265 (1935).

[3] STOLL, A., u. E. WIEDEMANN: 10. Int. Congr. Chem. Rom 1938. Bd. **5**, S. 206 (1939). — STOLL, A., u. E. WIEDEMANN: Fortschr. Chem. org. Naturstoffe **1**, 159 (1938). — Fortschr. chem. Forsch. **2**, 538 (1951/53).

β) *Chlorophyll a, Chlorophyll b.*

Die Bezeichnung „Chlorophyll" für den grünen Blattfarbstoff ist von PELLETIER und CAVENTOU geprägt worden. Der Physiker STOKES stellt die komplexe Natur des Blattfarbstoffes fest. Von VERDEIL stammt die Hypothese der Verwandtschaft von Blut- und Blattfarbstoff, die von HOPPE-SEYLER[1] vertieft wurde. Die erste Isolierung von Chlorophyll in Substanz gelang WILLSTÄTTER und HUG[2] im Jahre 1911, nachdem schon lange vorher eine große Reihe charakteristischer Derivate gewonnen worden war. Über die Konstitutionsaufklärung vgl.[3].

Vorkommen. Chlorophyll findet sich nach den Untersuchungen von WILLSTÄTTER und Stoll[4], bei denen etwa 200 Pflanzenarten analysiert wurden, in allen grünen Pflanzen, von den Algen bis zu den Blütenpflanzen, wobei als der eigentliche Träger des Blattgrüns die Grana der Chloroplasten anzusehen sind. In diesen liegt das Chlorophyll, an Eiweiß gebunden, als Chloroplastin vor.

Das Chlorophyll ist regelmäßig von Carotin und Xanthophyll begleitet. Normale grüne Blätter enthalten 0,6—1,2% (gelegentlich bis 3%) des Trockengewichtes an Chlorophyll und 0,07—0,2% Carotinoide. Das Chlorophyll kommt in 2 Komponenten, Chlorophyll a und Chlorophyll b, vor, wobei das Verhältnis von a:b bei verschiedensten Pflanzen und Wachstumsbedingungen ziemlich konstant 2,9:1 ist. Lediglich bei den Braunalgen sind nur geringe Mengen der b-Komponente vorhanden.

Biologische Bedeutung. Die biologische Funktion von Chlorophyll bei der Photosynthese und Assimilation besteht darin, daß es den Zerfall des Wassermoleküls in Wasserstoff und Sauerstoff unter der Einwirkung der Lichtquanten katalysiert (Hill-Reaktion), wobei die für die Photosynthese benötigte Energie gewonnen wird. Der Vorgang läßt sich mit folgendem Schema darstellen:

$$2\,H_2O + nh \xrightarrow{\text{Chlorophyll}} O_2 + 4\,H^+ + 4(e)\ \text{(Elektronen)}.$$

Ob das Chlorophyll selbst an synthetischen Prozessen teilnimmt, ist noch ungeklärt.

Zusammensetzung und Formel. Chlorophyll a hat die Bruttoformel $C_{55}H_{72}O_5N_4Mg \cdot \frac{1}{2}H_2O$, Chlorophyll b die Bruttoformel $C_{55}H_{70}O_6N_4Mg$. Konstitutionsformeln vgl. S. 936. Die Formel für Chlorophyll b unterscheidet sich von der des Chlorophylls a lediglich dadurch, daß die Methylgruppe in der 3-Stellung des Chlorophylls a durch den Formylrest ersetzt ist.

Darstellung. Zur präparativen Gewinnung von Chlorophyll extrahiert man nach WILLSTÄTTER Blattmehl, z.B. von Brennesseln, mit 80%igem Aceton oder 90%igem Alkohol. Diese Lösung wird dann mit Petroläther und Wasser etwa im Verhältnis 1:4 behandelt, wobei das Chlorophyll in die Petrolätherphase übergeht. Zur Entfernung von Verunreinigungen wird noch 2mal mit 80%igem Aceton und dann 4mal mit Wasser ausgeschüttelt. Hierauf wird durch mehrmaliges Ausziehen mit 80%igem Methanol das Xanthophyll abgetrennt. Entfernt man dann durch mehrmaliges Ausschütteln der Petrolätherlösung mit Wasser restliches Aceton und Methanol, so fällt das Chlorophyll aus. Die Chlorophyllsuspension wird nun mit geglühtem Natriumsulfat und Talkum geschüttelt und durch eine Schicht von Talkum unter Rühren abgesaugt. Dann wird mit Petroläther nachgewaschen. Das Filtrat enthält das Carotin. Aus dem trockengesaugten Talkum wird das Chlorophyll mit reinem, trockenem Äther herausgelöst. Nach dem Einengen dieser Lösung wird schließlich das Rohchlorophyll mit niedrigsiedendem Petroläther gefällt.

---

[1] MARCHLEWSKI, L.: Chemie der Chlorophylle. Braunschweig 1909.
[2] WILLSTÄTTER, R., u. E. HUG: A. **380**, 177 (1911).
[3] Zusammenfassungen über Chlorophyll: FISCHER-ORTH, Die Chemie des Pyrrols. Bd. II/2. — ZEILE, K.: FLASCHENTRÄGER-LEHNARTZ, Bd. I, S. 946. — STOLL, A., u. E. WIEDEMANN: Fortschr. chem. Forsch. **2**, 375 (1951—53). — Über Biosynthese des Chlorophylls vgl. Zusammenfassung von SIEDEL, W.: Angew. Chem. **66**, 735 (1954).
[4] WILLSTÄTTER, R., u. A. STOLL: Untersuchungen über Chlorophyll. Berlin 1913.

Zur Trennung in die Komponenten a und b werden 8 g Rohchlorophyll in 200 cm³ Äther gelöst und in eine Mischung von 4 *l* Petroläther und 50—100 cm³ Methanol einfiltriert. Zur Beseitigung von Äther und eventuellen Verunreinigungen wird 2mal mit 2 *l* 80%igem Methanol gewaschen. Dann wird in 14 Auszügen mit je 2 *l* 85%igem Methanol (mit Petroläther gesättigt und mit 0,01 g Oxalsäure angesäuert) die Komponente b extrahiert. Die Extrakte werden auf höhere Methanolkonzentration gebracht, die ersten auf 90%, die folgenden auf geringere, dann wird jeder Auszug mit Petroläther gewaschen und die reine Komponente b durch Entmischen mit Wasser in 2 *l* Äther übergeführt. — Die Petrolätherlösung von Komponente a wird mit 90%igem Methanol von den letzten Resten der Komponente b befreit. Durch Auswaschen mit Wasser fällt der Farbstoff aus. Er wird über Talk filtriert und daraus mit wenig Äther wieder in Lösung gebracht. Nach Verdampfen des Äthers hinterbleibt eine blauschwarze Masse von etwa 3,7—4 g Gewicht. — Die ätherisch-petrolätherische Lösung von Chlorophyll b wird mit Wasser gewaschen, eingeengt und mit Petroläther gefällt. Dann wird auf Talk filtriert, mit Äther gelöst und noch mehrmals aus Äther-Petroläther umgefällt, wodurch noch etwas Chlorophyll a entfernt wird. Chlorophyll b wird so in Körnchen erhalten. Ausbeute 1,2 g.

Weitere Gewinnungsmethoden für die Chlorophylle sind bei FISCHER und ORTH[1] beschrieben.

Eigenschaften. Chlorophyll a ist leicht löslich in Äther, Methanol, Äthanol, Chloroform, Aceton, Schwefelkohlenstoff und Benzol, wenig in Petroläther. Die Farbe ist in Äthanol blaugrün, in konz. Ätherlösung blau und in Schwefelkohlenstoff gelbstichig grün. Tiefrote Fluorescenz. Chlorophyll bildet beim langsamen Einengen seiner ätherischen Lösung lanzettförmige Blättchen, Schmelzpunkt 117—120°; $[\alpha]^{25°}_{720\,m\mu} = -265°$ (Aceton). Spektrum in Äther (Lage der Bandenmitte): 663; 623; 607; 577; 534; 507 494; 432 mμ.

Chlorophyll b ist etwas weniger löslich als Komponente a. Es zeigt in Äther eine rein grüne, in Alkohol eine stumpfgrüne und in Schwefelkohlenstoff eine gelbgrüne Farbe. Die Fluorescenz ist braunstichig rot. Blättchen mit dem Schmelzpunkt 120 bis 130°. Die spezifische Drehung ist die gleiche wie bei Chlorophyll a. Spektrum in Äther (Bandenmitte): 644; 614; 594; 567; 542; 503; 456; 428 mμ.

γ) *Phylloerythrin.*

Historisches. Phylloerythrin wurde von LOEBISCH und FISCHLER[2] in der Galle von Rindern und Schafen entdeckt und ursprünglich „Bilipurpurin" genannt, da man eine Zugehörigkeit zu den Gallenfarbstoffen vermutete. Aber schon MARCHLEWSKI[3], der die Substanz aus dem Kot von Rindern und Schafen isolierte, wies darauf hin, daß sie ein Abbauprodukt des Blattfarbstoffes sein könnte, da sie bei chlorophyllfreier Ernährung nicht auftrat. Von FISCHER[4] wurde erstmals die Porphyrinnatur des Farbstoffes festgestellt und schließlich seine Identität mit dem aus Chlorophyll bzw. Phäophorbid a bei Behandlung mittels 20%iger Salzsäure erhältlichen Phylloerythrin bewiesen.

Vorkommen. Phylloerythrin findet sich in der Galle von Rindern und Schafen sowie im Kot von Rindern, Pferden, Schafen, Kaninchen und Elefanten. Auch aus menschlichen Exkrementen ist es schon isoliert worden[5]. Bei Rindern ist das Phylloerythrin bereits im Omasus und Abomasus (3. und 4. Magen der Wiederkäuer) festgestellt worden[6]. Bei Schwein und Hund ist das Phylloerythrin nicht gefunden worden.

---

[1] FISCHER-ORTH: Die Chemie des Pyrrols. Bd. 2/2, S. 48, Leipzig 1940.

[2] LOEBISCH, W. F., u. M. FISCHLER: Mh. Chem. **24**, 335 (1904).

[3] MARCHLEWSKY, L.: H. **43**, 464 (1904/05). — GOLDMANN, H., J. HETPER u. L. MARCHLEWSKY: H. **45**, 176 (1905).

[4] FISCHER, H., u. H. HILMER: H. **143**, 1 (1925). — FISCHER, H., L. FILSER, W. HAGERT u. O. MOLDENHAUER: A. **490**, 1 (1931).

[5] FISCHER, H., u. A. HENDSCHEL: H. **206**, 255 (1932).

[6] ROTHEMUND, P., and O. L. INMAN: Am. Soc. **54**, 4702 (1932). — ROTHEMUND, P., R. R. MCNARY and O. L. INMAN: Am. Soc. **56**, 2400 (1934).

Zusammensetzung und Formel. Das Phylloerythrin hat die Bruttozusammensetzung $C_{33}H_{34}O_3N_4$. Es ist (Konstitutionsformel vgl. S. 937) ein Porphyrinderivat, das sich vom Chlorophyll durch Verseifung des Phytolester- und Methoxylrestes, Abspaltung des Magnesiums, der Carboxylgruppe in 10-Stellung und der beiden H-Atome in 7- und 8-Stellung sowie Hydrierung der Vinylgruppe in 2-Stellung ableitet. Es ist von FISCHER und Mitarbeitern synthetisch gewonnen worden[1].

***Darstellung von Phylloerythrin aus Rindergalle nach* NOACK *und* KIESSLING[2].**

Rindergalle wird auf dem Wasserbad eingeengt und der zähflüssige Rückstand nach dem Ansäuern mit konz. Salzsäure mit einem Gemisch Chloroform-Pyridin ausgeschüttelt. Die erhaltene Lösung wird filtriert und bis zur Zähflüssigkeit eingedampft. Hierauf wird mit Alkohol erwärmt, aus dem nach Erkalten das Phylloerythrin in blauvioletten Rhomben auskristallisiert. Nach FISCHER und BÄUMLER[3] ist darauf zu achten, daß beim Aufnehmen des Rückstandes des Chloroform-Pyridin-Extraktes mit Alkohol ein großer Teil des Phylloerythrins von diesem nicht mehr gelöst wird und beim Filtrieren der heißen Lösung auf dem Filter als Rückstand verbleibt. Die Ausbeute beträgt je nach Jahreszeit aus 5 *l* frischer Rindergalle 0,01—0,15 g Phylloerythrin.

***Darstellung von Phylloerythrin aus Schafkot nach* FISCHER *und* HENDSCHEL *sowie* FISCHER *und* STADLER[4].**

Schafkot wird mit Eisessig-Äther mehrmals extrahiert. Dann wird das Farbstoffgemisch mit Salzsäure verschiedener Konzentration fraktioniert. Nachdem Koproporphyrin mit 4%iger Salzsäure entfernt ist, kann mit 8%iger Salzsäure das Phylloerythrin ausgezogen werden. Die Ausbeute daran beträgt etwa 20—30 mg aus 600 g Schafkot. — Im Äther verbleiben weitere Chlorophyllderivate, deren Isolierung unten beschrieben ist.

Eigenschaften. Phylloerythrin kristallisiert aus Pyridin-Äther in schräg abgeschnittenen Prismen. Sehr schwer löslich in den meisten Lösungsmitteln, leicht löslich in Pyridin. Spektrum in Pyridin-Äther: (Maxima) 636,8 (schwach); 593,2; 583,5; 561,8; 521,4 mμ. — *Phylloerythrin-methylester*, $C_{34}H_{36}O_3N_4$, kristallisiert aus Chloroform-Methanol in Prismen mit dem Schmelzpunkt 266°.

Phylloerythrinogen. Es ist von FISCHER und Mitarbeitern[5] durch katalytische Hydrierung von Phylloerythrin mit Platinoxyd in Eisessig hergestellt worden. Es ist eine typische Leukoverbindung, die mit Ameisensäure zu Phylloerythrin reoxydiert wird.

δ) Isolierung weiterer Chlorophyll-Abbauprodukte.

***Aufarbeitung von Schafkot nach* FISCHER *und* STADLER[6].**

Wenn dem Eisessig-Äther-Extrakt des Schafkotes (vgl. oben) das Phylloerythrin mit 8%iger Salzsäure entzogen ist, wird mit 15%iger Salzsäure ein Gemisch von Phäophorbid a, Pyrophäophorbid a und Mesophäophorbid a extrahiert. Nach Überführen in Äther und Behandeln mit Diazomethan-Methanol kann Chlorin e_6-trimethylester isoliert werden. Nach Entfernen desselben enthält der Äther meist fast reines Pyrophäophorbid a. Enthält der Äther noch größere Mengen an Meso-pyrophäophorbid a, so kann durch scharfes Fraktionieren mit Salzsäure oder durch chromatographische Adsorption eine weitgehende Trennung von Pyrophäophorbid a und Meso-pyrophäophorbid a erzielt werden.

Aus besonders hellgefärbtem Schafkot, der bei trockener Witterung gesammelt wird, können Meso-pyrophäophorbid a, Pyrophäophorbid a und b und Phäophorbid a und b isoliert werden. Vorschrift vgl. [6].

---

[1] FISCHER, H., u. J. RIEDMAIR: A. **490**, 91 (1931). — FISCHER, H., u. O. LAUBEREAU: A. **535**, 17 (1938).
[2] NOACK, K., u. W. KIESSLING: H. **182**, 13 (1929).
[3] FISCHER, H., u. R. BÄUMLER: A. **480**, 197 (1930).
[4] FISCHER, H., u. A. HENDSCHEL: H. **216**, 57 (1933). — FISCHER, H., u. F. STADLER: H. **239**, 167 (1936).
[5] FISCHER, H., u. R. BÄUMLER: A. **468**, 58 (1929). — FISCHER, H., u. E. LAKATOS: A. **506**, 123 (1933).
[6] FISCHER, H., u. F. STADLER: H. **239**, 167 (1936).

***Aufarbeitung des Mageninhaltes von Wiederkäuern nach* Rothemund, McNary *und* Inman**[1].

Der Inhalt des 3. und 4. Magens von Rindern oder Schafen wird mit einer Mischung von Chloroform und Pyridin ausgezogen. Der Extrakt wird bis fast zur Trockne im Vakuum eingedampft und der verbleibende Rückstand mit Äther aufgenommen. Aus der Ätherlösung wird dann durch Extraktion mit 0,35%iger Salzsäure das Phylloporphyrin isoliert (2 mg), mit 1,3%iger Salzsäure das Pyrroporphyrin (5 mg), mit 4%iger Salzsäure das Rhodoporphyrin (3 mg) und schließlich mit 8%iger Salzsäure das Phylloerythrin. Durch weiteres Fraktionieren mit 18-, 30- und 35%iger Salzsäure können Phäopurpurin und Phäophytin isoliert werden. Die angegebenen Ausbeuten beziehen sich auf 40 kg Mageninhalt.

Tabelle 12. *Salzsäurezahlen und Absorptionsspektren der biologischen Chlorophyll-Abbauprodukte.*

Substanz	Salzsäurezahl	Lösungsmittel	Maxima der Absorptionsspektren
Phäophytin a	28—29	Äther	666,5; 610; 561; 533,5; 502
Phäophorbid a	15	Pyridin-Äther	667; 611; (561,4); 534,4; 501,5
Phäophorbid b	19,5	Pyridin-Äther	656,2; 600,2; 554,2; 519,7
Pyrophäophorbid a . .	12—13	Pyridin-Äther	666,5; 608,7; 560; (536); 503; 473
Pyrophäophorbid b . .	18	Pyridin-Äther	655,5; (603,5); 564; 542; (491)
Meso-pyrophäophorbid a	14,5	Pyridin-Äther	658,5; 628; 603,5; 532; 499,2
Phäopurpurin 18 . . .	18	Pyridin-Äther	697—639; 544,4 (Doppelbande); 508,9; 480
Phylloerythrin	7—8	Pyridin-Äther	(636,8); 593,2; 583,5; 562; 521,4
Phylloporphyrin . . .	0,35	Pyridin-Äther	630,7; (604); 574,9; 536; 500,5
Pyrroporphyrin . . .	1,3	Pyridin-Äther	622,5; (596,2); 567,6; 526,2; 493
Rhodoporphyrin . . .	4	Äther	634; (601,5); 581; 542; 502,5; 476

Gallenfarbstoffe.

1. Allgemeiner Teil[2–12].

a) Definition.

Gallenfarbstoffe sind im weitesten Sinne Abbauprodukte des Blutfarbstoffes. Dabei sind die Porphyrinringe aufgespalten worden zu Verbindungen, bei denen die 4 Pyrrolkerne nunmehr in kettenförmiger Anordnung vorliegen. Darüber hinaus werden aber auch diese vierkernigen Ketten noch zu zweikernigen Produkten zerlegt, wie sie durch die Untersuchung der Mesobilifuscine und des Propentdyopents sowie deren Vorstufen in neuerer Zeit bekanntgeworden sind. So kennt man also heute sowohl aus 4 Pyrrolkernen als auch aus 2 Pyrrolkernen bestehende Gallenfarbstoffe. Für den Typ der vierkernigen Verbindungen benutzt man häufig auch die Bezeichnung „Bilirubinoide", abgeleitet von „Bilirubin" als dem wichtigsten Vertreter dieser Substanzgruppe. Schließlich sei betont, daß nicht alle Verbindungen, die zu den „Gallenfarbstoffen" gehören, auch Farbstoffcharakter haben. So sind Urobilinogen und Stercobilinogen farblose Ver-

[1] Rothemund, P., R. R. McNary and O. L. Inman: Am. Soc. **56**, 2400 (1934).
[2] Fischer-Orth: Die Chemie des Pyrrols, Bd. II/1, S. 621—733; Bd. II/2, S. 43.
[3] Siedel, W.: Fortschr. Chem. org. Naturstoffe **3**, 81 (1939).
[4] Siedel, W.: B. **77** (A), 21 (1944).
[5] Watson, C. J.: Handb. Hematol. (Downey). Bd. IV, S. 2447. London 1938.
[6] Lemberg, R., and J. W. Legge: Hematin Compounds and Bile Pigments. New York 1949.
[7] Baumgärtel, T.: Bilirubinstoffwechsel. Stuttgart 1950.
[8] Siedel, W.: Gallenfarbstoffe, Flaschenträger-Lehnartz, Bd. I, S. 909—946. Der Stoffwechsel der Porphyrine, ebenda, Bd. II/1, S. 996—1025.
[9] Gray, C. H.: The Bile Pigments. London 1953.
[10] With, T. K.: Bile Pigments, Biology, Chemistry, Analytical Methods. Kopenhagen 1954.
[11] Stich, W.: Biochemie und Funktion des Hämoglobins und verwandter Stoffe. Hand. allg. Path. (Büchner-Letterer-Roulet), Bd. IV/2, S. 204—244.
[12] Reinhold, B. v.: Biochem. Handlex. Bd. **6**, 277 (1911); Bd. **9**, 388 (1915). — Küster, W.: Biochem. Handlex. Bd. **10**, 33 (1923). — Maurer, H.: Biochem. Handlex. Bd. **14**, 776 (1933).

bindungen, ebenso auch Propentdyopent sowie Bilileukan und Mesobilileukan. Die Aufspaltung des Porphyrinringes und die Bildung der Gallenfarbstoffe stellt sich im einfachsten Sinne folgendermaßen dar:

Prs = —CH_2CH_2COOH

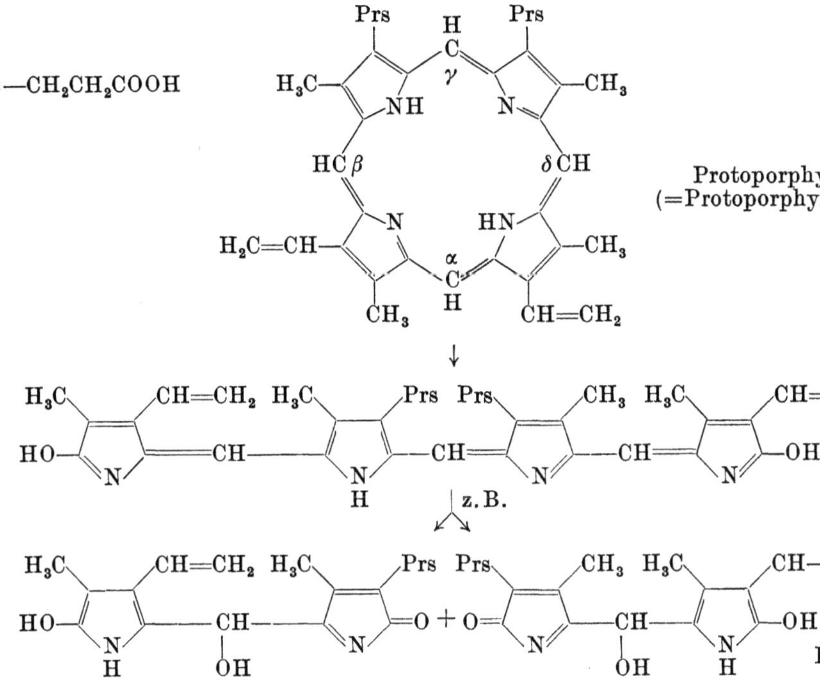

Protoporphyrin (=Protoporphyrin IX)

Biliverdin

Propentdyopent

b) Historisches.

Wenn auch mit der Auffindung des Farbspiels, das bilirubinhaltige Lösungen oder Körperflüssigkeiten mit nitrithaltiger Salpetersäure zeigen und das nach seinem Entdecker GMELIN[1] als „GMELIN*sche Reaktion*" benannt wird, schon 1826 eine erste Nachweismethode für *Bilirubin* geschaffen war, so beginnt die eigentliche chemische Erforschung der Gallenfarbstoffe doch erst mit der *Isolierung des Bilirubins* aus Gallenkonkrementen durch STÄDELER 1864[2]. Es folgte dann die Auffindung von *Urobilin* durch JAFFE[3] 1868 in der Galle und im Harn und einer entsprechenden Verbindung durch VAN LAIR und MASIUS[4] in den Faeces. Letztere wurde als *Stercobilin* bezeichnet. Es wurde dann auch bald festgestellt, daß pathologische Harne eine farblose Substanz enthalten, die mit EHRLICHs Reagens (p-Dimethylaminobenzaldehyd) eine intensive Rotfärbung gibt. Man erkannte auch, daß diese Substanz ein Reduktionsprodukt des Urobilins ist. Von LE NOBEL[5] wurde sie deshalb *Urobilinogen* benannt. Das *Biliverdin*, das Dehydrierungsprodukt des Bilirubins, wurde schon früher aufgefunden, als chemisches Individuum aber erst von STÄDELER[2] erkannt.

Die biologische Überführung von Bilirubin in Urobilin und damit der Nachweis der Abstammung des Urobilins von Bilirubin ist F. v. MÜLLER[6] gelungen. Der Beweis der Abstammung der Gallenfarbstoffe vom Blutfarbstoff ist dann schließlich von KÜSTER[7] erbracht worden, der beim oxydativen Abbau von Bilirubin und Hämin die gleiche

[1] TIEDEMANN, F., u. L. GMELIN: Die Verdauung nach Versuchen. Bd. I, S. 80. Leipzig, Heidelberg 1826.
[2] STÄDELER, G.: A. **132**, 325 (1864).
[3] JAFFE, M.: Zbl. med. Wiss. **6**, 241 (1868); **7**, 177 (1869). Virchows Arch. **47**, 405 (1869). J. prakt. Chem. **104**, 401 (1869).
[4] LAIR, C. F. VAN, u. J. B. MASIUS: Zbl. med. Wiss. **9**, 369 (1871).
[5] LE NOBEL, C.: Pflügers Arch. **40**, 501 (1887). — Vgl. auch MALY, R.: A. **161**, 368 (1872).
[6] MÜLLER, F.: Z. klin. Med. **12**, 45 (1887). Jber. schles. Ges. vaterl. Kultur, med. Abt. I, **70**, 1 (1892). — Kongr. inn. Med. **11**, 118 (1892).
[7] KÜSTER, W.: B. **30**, 1831 (1897). H. **26**, 314 (1898).

Substanz, die Hämatinsäure, erhielt. Wenn in der Folgezeit von KÜSTER[1] sowie auch von PILOTY[2] wichtige Beiträge zur Chemie der Gallenfarbstoffe geliefert worden sind, so sind die wesentlichen Zusammenhänge auf dem Gebiete der Gallenfarbstoffe dann von H. FISCHER und seiner Schule[3] geklärt worden. Vor allem sind es die synthetischen Untersuchungen auf dem Gebiete der Porphyrine gewesen, welche die analytischen und synthetischen Arbeiten bei den Gallenfarbstoffen befruchtet haben.

So wurde 1911 von H. FISCHER[4] durch Amalgamreduktion des Bilirubins das *Mesobilirubinogen* erhalten, das noch im gleichen Jahre durch FISCHER und MEYER-BETZ[5] mit dem *Urobilinogen* identifiziert werden konnte. Dieses war erstmals kristallisiert aus Harn gewonnen worden. Von WATSON[6] wurde 1931 aus Faeces erstmals das *Stercobilin* kristallisiert dargestellt und dessen Verschiedenheit vom Urobilin erkannt, das aus Urobilinogen durch Dehydrierung gewonnen worden war. Als entscheidender Unterschied wurde schließlich beim Stercobilin ein Mehrgehalt von 4 Wasserstoffatomen gegenüber dem Urobilin erkannt und die optische Aktivität des Stercobilins (FISCHER, HALBACH und STERN[7]). Schließlich gelang SIEDEL und MEIER[8] 1936 die Synthese von Urobilin (=Urobilin-IX, α), die gleichzeitig die Konstitutionsaufklärung bedeutete und auch die Grundstruktur von Stercobilin klärte. Auch die Totalsynthese von Urobilinogen wurde von SIEDEL und Mitarbeitern[8, 9] durchgeführt, sowohl im Zusammenhang mit der Synthese von Urobilin als auch von *Mesobiliviolin*, einem Dehydrierungsprodukt von Urobilin-IX, α. — In der Gruppe der Urobilinoide gelang es 1942 SCHWARTZ und WATSON[10] ein weiteres optisch aktives Urobilin, das *d-Urobilin*, in der infizierten Fistelgalle aufzufinden, das zum Unterschied von Stercobilin rechtsdrehend ist. Die Konstitution des neuen Urobilinoids ist noch nicht völlig geklärt (S. 947).

Was die Arbeiten über das Bilirubin selbst betrifft, so war die Reduktion von Bilirubin zum *Mesobilirubin* (FISCHER[11]) unter Absättigung der Vinylgruppen von besonderer Bedeutung. Aus dem Mesobilirubin konnten wohldefinierte vierkernige (Glaukobilin, Mesobiliviolin), zweikernige (Xanthobilirubinsäure und Isoxanthobilirubinsäure, Neoxanthobilirubinsäure und Iso-neoxanthobilirubinsäure) und einkernige (substitierte Pyrrole und Maleinimide) Abbauprodukte erhalten werden, die einen klaren Einblick in den Molekülbau gestatteten. Die Untersuchung dieser Bausteine und ihre Synthesen führten schließlich 1933 zur Aufstellung der Konstitutionsformel von Bilirubin und Biliverdin (SIEDEL und FISCHER[12]) sowie zur Totalsynthese von *Glaukobilin* (1935) und Mesobilirubin (1937, SIEDEL[13]). Von FISCHER und PLIENINGER[14] wurde schließlich 1942 analog dem Prinzip der Glaukobilinsynthese auch die Synthese von Biliverdin durchgeführt, aus dem dann durch Hydrierung das synthetische Bilirubin dargestellt wurde.

Nachdem lange Zeit mit dem Begriff „Gallenfarbstoffe" immer die Vorstellung von vierkernigen Verbindungstypen verbunden war, ist in neuerer Zeit zuerst durch die Untersuchung der „Pentdyopent-Reaktion" und die Auffindung von *Pro-pentdyopent*

---

[1] Vgl. Handb. biol. Arb.-Meth., Abt. I, Teil 8, S. 200; Abt. I, Teil 12, S. 335.
[2] PILOTY, O., u. S. J. THANNHAUSER: A. **390**, 191 (1912). B. **45**, 2393 (1912).
[3] FISCHER-ORTH: Die Chemie des Pyrrols, Bd. II/1, S. 619ff. — SIEDEL, W.: Fortschr. Chem. org. Naturstoffe **3**, 81 (1939). B. **77** (A), 21 (1944).
[4] FISCHER, H.: H. **73**, 204 (1911).
[5] FISCHER, H., u. F. MEYER-BETZ: H. **75**, 246 (1911).
[6] WATSON, C. J.: H. **204**, 57; **208**, 101 (1932); **233**, 39 (1935). J. biol. Ch. **114**, 47 (1936).
[7] FISCHER, H., H. HALBACH u. A. STERN: A. **519**, 254 (1935).
[8] SIEDEL, W., u. E. MEIER: H. **242**, 101 (1936).
[9] SIEDEL, W., u. H. MÖLLER: H. **264**, 64 (1940).
[10] SCHWARTZ, S., and C. J. WATSON: Proc. Soc. exp. Biol. Med. **49**, 641 (1942).
[11] FISCHER, H.: B. **47**, 2330 (1940). Z. Biol. **65**, 163 (1915).
[12] SIEDEL, W., u. H. FISCHER: H. **214**, 145 (1933).
[13] SIEDEL, W.: H. **245**, 258 (1937).
[14] FISCHER, H., u. H. PLIENINGER: H. **274**, 231 (1942).

(BINGOLD[1]; FISCHER und Mitarbeiter[2]; v. DOBENECK[3]), dann durch die Bearbeitung von *Bilifuscin* und *Mesobilifuscin* (SIEDEL und MÖLLER[4]) der Begriff erweitert und auch auf zweikernige Pyrrolderivate ausgedehnt worden. Nachdem 1939 das Mesobilifuscin synthetisiert worden war[4], wurden in den folgenden Jahren auch die verschiedensten Propentdyopent-Typen synthetisch dargestellt[3]. Schließlich führte 1948 die Weiterbearbeitung dieser Probleme zur Auffindung der Vorstufen von Bilifuscin und Mesobilifuscin, dem sogenannten *Bilileukan* und dem *Mesobilileukan*[5].

Nachdem 1935 der Mechanismus der Kupplungsreaktion von Bilirubin bzw. Mesobilirubin mit Diazoverbindungen durch FISCHER und HABERLAND[6] geklärt worden war, wurde schließlich von SIEDEL und FRÖWIS[7] (S. 954) sowie SIEDEL und GRAMS[8] auch der Vorgang der GMELINschen Reaktion klargelegt. Dabei wurde die Gruppe der *Bilipurpurine* bzw. *Mesobilipurpurine* erschlossen.

Im Zusammenhang mit dem Problem „Farbe und Konstitution der Gallenfarbstoffe" wurde auf Grund der synthetischen Ergebnisse eine eindeutige, einfache Zuordnung der verschiedensten Gallenfarbstoff-Typen vorgenommen (SIEDEL[9]) sowie eine Einteilung in charakteristische Gruppen. Dies hat auch zu einer systematischen Nomenklatur geführt[9]. — Für die Zuordnung von Farbe und Konstitution war von besonderer Bedeutung die Klarstellung der Konstitution von Mesobiliviolin (und Mesobilirhodin) durch SIEDEL[10]. Diese beiden letzteren Verbindungen scheinen auch in naher Verwandtschaft zu den prosthetischen Gruppen der *Phykobiline* der Rotalgen zu stehen, dem sogenannten *Mesobilicyanin* und *Mesobilierythrin*, die von LEMBERG[11] näher untersucht worden sind (vgl. S. 997). Daß sich diese Bilirubinoide wie die Bilirubinoide des Menschen und der Tiere vom roten Blutfarbstoff ableiten, wurde von SIEDEL bewiesen.

Ganz besondere Fortschritte wurden in den letzten 25 Jahren auf dem Gebiete der physiologischen Entstehung der Gallenfarbstoffe gemacht. So wurde ausgehend von dem „*grünen Hämin*" von WARBURG und NEGELEIN[12] durch LEMBERG[13] die „in vitro"-Bildung der Gallenfarbstoffe aus Häm erforscht und erstmals auf chemischem Wege Biliverdin bzw. Farbstoffe vom Biliverdintyp aus dem Porphyrin-Eisenkomplex erhalten. Die einzelnen Schritte der Aufspaltung des Porphyrinringes wurden dann an verschiedenen Modellporphyrinen durch FISCHER und LIBOWITZKY[14] sowie STIER[15] klargelegt. Fußend auf Versuchen von KARRER, v. EULER und HELLSTRÖM[16] ist von LEMBERG, LEGGE und LOCKWOOD[17] auch die Porphyrinspaltung am Hämoglobin selbst untersucht worden, die zum *Verdoglobin* führt.

Schließlich ist es im letzten Dezennium gelungen, unter Benutzung von isotop-markiertem Häm den zeitlichen Ablauf der Bildung des Häms und seiner Umwandlung in Gallenfarbstoffe zu verfolgen, sowohl unter physiologischen als auch unter pathologischen Bedingungen. Damit wurde das *Zeitproblem der Blutmauserung* einer Klärung näher-

[1] BINGOLD, K.: Kli. Wo. **1928 I**, 928; **1934 II**, 1451. — Vgl. weiter S. 998.
[2] FISCHER, H., u. A. MÜLLER: H. **246**, 44 (1937). — FISCHER, H., u. H. v. DOBENECK: H. **263**, 125 (1940).
[3] DOBENECK, H. v.: H. **275**, 1 (1942); weiter vgl. FISCHER, H., u. H. v. DOBENECK: H. **263**, 125 (1940). — DOBENECK, H. v.: H. **269**, 268; **270**, 223 (1941); **275**, 1 (1942). — **269**, 268 (1941).
[4] SIEDEL, W., u. H. MÖLLER: H. **264**, 64 (1940).
[5] SIEDEL, W., W. STICH u. F. EISENREICH: Naturwiss. **35**, 316 (1948).
[6] FISCHER, H., u. H. W. HABERLAND: H. **232**, 240 (1935).
[7] SIEDEL, W., u. W. FRÖWIS: H. **267**, 37 (1940).
[8] SIEDEL, W., u. E. GRAMS: H. **267**, 49 (1940).
[9] SIEDEL, W.: H. **245**, 257 (1937).
[10] SIEDEL, W.: H. **237**, 8 (1935).
[11] LEMBERG, R.: A. **461**, 46 (1928); **477**, 195 (1930).
[12] WARBURG, O., u. E. NEGELEIN: B. **63**, 1816 (1930).
[13] LEMBERG, R.: Biochem. J. **29**, 1322 (1935).
[14] FISCHER, H., u. H. LIBOWITZKY: H. **251**, 198; **255**, 209 (1938).
[15] STIER, E.: H. **272**, 239; **273**, 47; **275**, 155 (1942).
[16] KARRER, P., H. v. EULER u. H. HELLSTRÖM: Ark. Kemi, Mineral. Geol. **11 B**, Nr. 5, S. 6 (1933).
[17] LEMBERG, R., J. W. LEGGE u. W. H. LOCKWOOD: Biochem. J. **33**, 754 (1939); **35**, 328, 339 (1941).

gebracht. In diese Untersuchungen teilten sich der amerikanische Arbeitskreis um London, West, Shemin und Rittenberg[1] und der englische um Gray, Neuberger und Sneath[2].

c) Vorkommen.

Die Gallenfarbstoffe finden sich im menschlichen und tierischen Organismus überall dort, wo Blutfarbstoff zum Bilirubin abgebaut wird, das heißt also in allen Zellen des reticuloendothelialen Systems, speziell in der Leber und ihrem Sekret, der Galle, daneben aber auch im Blutserum. Weiter treten Gallenfarbstoffe dort auf, wo Bilirubin dehydriert, hydriert oder gespalten wird, das ist in der Galle und normalerweise im Darm sowie auch bei Hämatomen der Fall. Endlich gelangen sie durch Resorption normalerweise aus dem Darm oder auch in pathologischen Fällen direkt aus der Leber in den Harn. Die folgende Tabelle 13 veranschaulicht das Vorkommen der einzelnen Vertreter beim Menschen, ebenso das Schema auf S. 959.

Weitere Vorkommen von Gallenfarbstoffen s. spezieller Teil, S. 963ff.

Tabelle 13. *Vorkommen der Gallenfarbstoffe.*

Gallenfarbstoff	Galle		Darm/Faeces		Harn		Serum	
	normal	pathologisch	normal	pathologisch	normal	pathologisch	normal	pathologisch
Bilirubin	+	++	(+)			++ (Ikterus)	+	++
Biliverdin		(+)	+ (Mekonium)					(+)[1]
Mesobilirubin	(+)							
Dihydromesobilirubin			(+)					
Urobilinogen	(+)	++	+	++	(+)	++		
Stercobilinogen			+	++	(+)	++		
d-Urobilinogen		+[2]		++[3]				
Urobilin		(+)	+	++	(+)	++		
Stercobilin			+	++	(+)	++		
d-Urobilin				+[3]				
Mesobiliviolin			(+)					
Propentdyopent						++		
Bilileukan	+	++		+	(+)	+		
Mesobilileukan			(+)	++	(+)	(+)		
Bilifuscin						++		
Mesobilifuscin			+	++				

+ durchschnittliche Menge; (+) Spuren; ++ erhöhte Menge

[1] Bei hochgradigem Ikterus.

[2] Bei infizierter Fistelgalle.

[3] Nach Gabe von Tetracyclin-Antibioticis.

d) Konstitution der Gallenfarbstoffe.

Die Gallenfarbstoffe sind Abbau- oder besser Umbauprodukte des Häms, der prosthetischen Gruppe des roten Blutfarbstoffes, und stehen somit strukturchemisch in engem Zusammenhang mit dem *Protoporphyrin.* Der erste Schritt des Übergangs vom *Protoporphyrin* zu den Gallenfarbstoffen (Näheres vgl. S. 957) ist die Aufspaltung des Protoporphyrinringes an der α-Methinbrücke, wobei diese zu Kohlenoxyd (CO) oxydiert wird[3] und Hydroxylgruppen die freien Stellen der außenständigen Pyrrolringe bzw.

[1] London, I. M., D. Shemin, R. West and D. Rittenberg: J. biol. Ch. **179**, 463 (1949). — Ponticorvo, L., D. Rittenberg and K. Bloch: J. biol. Ch. **179**, 839 (1949). — London, I. M., R. West, D. Shemin and D. Rittenberg: J. biol. Ch. **184**, 351, 365 (1950).

[2] Muir, H. M., and A. Neuberger: Biochem. J. **45**, 163 (1949). — Gray, C. H., A. Neuberger and P. H. A. Sneath: Biochem. J. **47**, 87 (1950).

[3] Sjörstrand, T.: Acta physiol. scand. **26**, 328, 334, 338 (1952).

Pyrroleninringe substituieren. Als erstes Produkt der Protoporphyrin-Aufspaltung wäre so das *Biliverdin* (Formel S. 948) anzunehmen. Es findet sich aber nur in der Galle der Vögel und einiger Amphibien. Beim Menschen tritt als erster faßbarer Gallenfarbstoff im allgemeinen das *Bilirubin* (Formel S. 948) auf. Unter Aufnahme von 2 H-Atomen an der mittelständigen Methinbrücke kann man sich dieses aus dem *Biliverdin* entstanden denken. Tritt Biliverdin z. B. beim Menschen trotzdem auf, so ist es meist durch Dehydrierung des Bilirubins gebildet worden. Die bisher beschriebenen Vorgänge spielen sich im allgemeinen in der Leber (teilweise auch im Blute) sowie in der Galle ab. Werden die beiden Vinylgruppen von Bilirubin zu Äthylgruppen reduziert, so entsteht das *Mesobilirubin* (Formel S. 948). Das entsprechende Hydrierungsprodukt von Biliverdin ist das *Glaukobilin* (Formel S. 948). Beide Verbindungen finden sich nur ganz untergeordnet in der Natur und werden am besten künstlich hergestellt.

Werden beim Bilirubin nicht nur die beiden Vinylgruppen, sondern auch noch die beiden restlichen Brücken-Doppelbindungen unter Aufnahme von 4 Mol Wasserstoff reduziert, wie dies im Darmtrakt und untergeordnet auch in der Galle geschieht, so resultiert *Urobilinogen* (Formel S. 948), das seinerseits durch Dehydrierung an der mittelständigen $-CH_2$-Brücke und einer der benachbarten Iminogruppen in *Urobilin* (Formel S. 948) übergeht. — Eine andere (biologische) Form der Hydrierung von Bilirubin und eventuell von Urobilinogen führt unter Aufnahme von 6 bzw. 2 Mol Wasserstoff zum *Stercobilinogen* (Formel S. 948). Es besitzt damit 4 Wasserstoffatome mehr als das Urobilinogen und ist durch die Ausbildung von Asymmetriezentren optisch aktiv geworden. Aus ihm entsteht sekundär durch Dehydrierung an der mittelständigen $-CH_2$-Brücke das ebenfalls optisch aktive, stark linksdrehende *Stercobilin* (Formel S. 948). Das neuerdings entdeckte Urobilin-Analoge, das rechtsdrehende *d-Urobilin,* ist in seiner Struktur noch nicht völlig geklärt ebensowenig das zugehörige Chromogen (Leukoverbindung) *d-Urobilinogen.* Da d-Urobilin dem Urobilin weitgehend gleicht und lediglich 2 H-Atome weniger besitzt, muß es ihm strukturell sehr nahe stehen und im Chromophor (S. 951) identisch sein. Von SIEDEL[1] wird die folgende Formel vorgeschlagen:

Prs = $-CH_2-CH_2-COOH$

× = asymmetr. C-Atom.

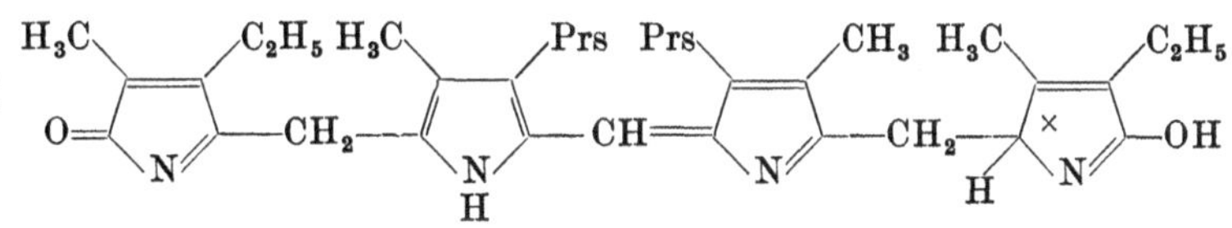

GRAY und NICHOLSON[2] nehmen die nachstehende Struktur an:

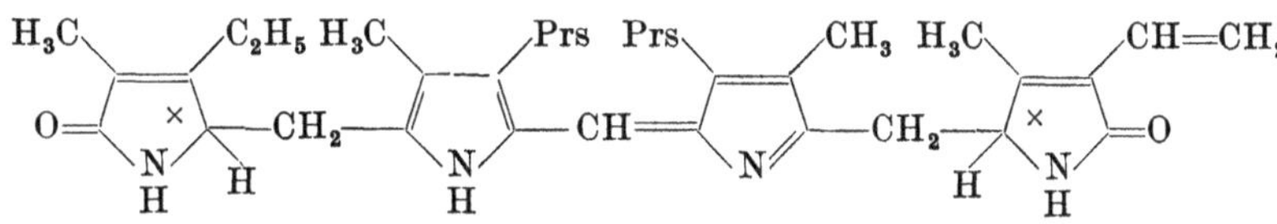

Wie die letztere Strukturformel zeigt, wird von GRAY und NICHOLSON angenommen, daß nur eine der beiden Vinylgruppen des Bilirubins reduziert worden ist, wobei es unentschieden ist, welche der beiden.

Mitunter findet sich im biologischen Material auch noch ein Dehydrierungsprodukt von Urobilin, und zwar das *Mesobiliviolin* (Formel S. 948). Ihm steht ein Isomeres zur Seite, das *Mesobilirhodin,* das sich von ihm lediglich durch die Anlage der Doppelbindungen bzw. der Pyrrol- und Pyrroleninringe unterscheidet, wie die synthetischen Untersuchungen ergeben haben[3].

[1] SIEDEL, W.: Pathologie, Diagnostik und Therapie der Leberkrankheiten. 4. Freiburger Symposion. S. 209. Berlin-Heidelberg-Göttingen 1957.
[2] GRAY, C. H., and D. C. NICHOLSON: Nature **180, 336** (1957).
[3] SIEDEL, W.: H. **237,** 8 (1935).

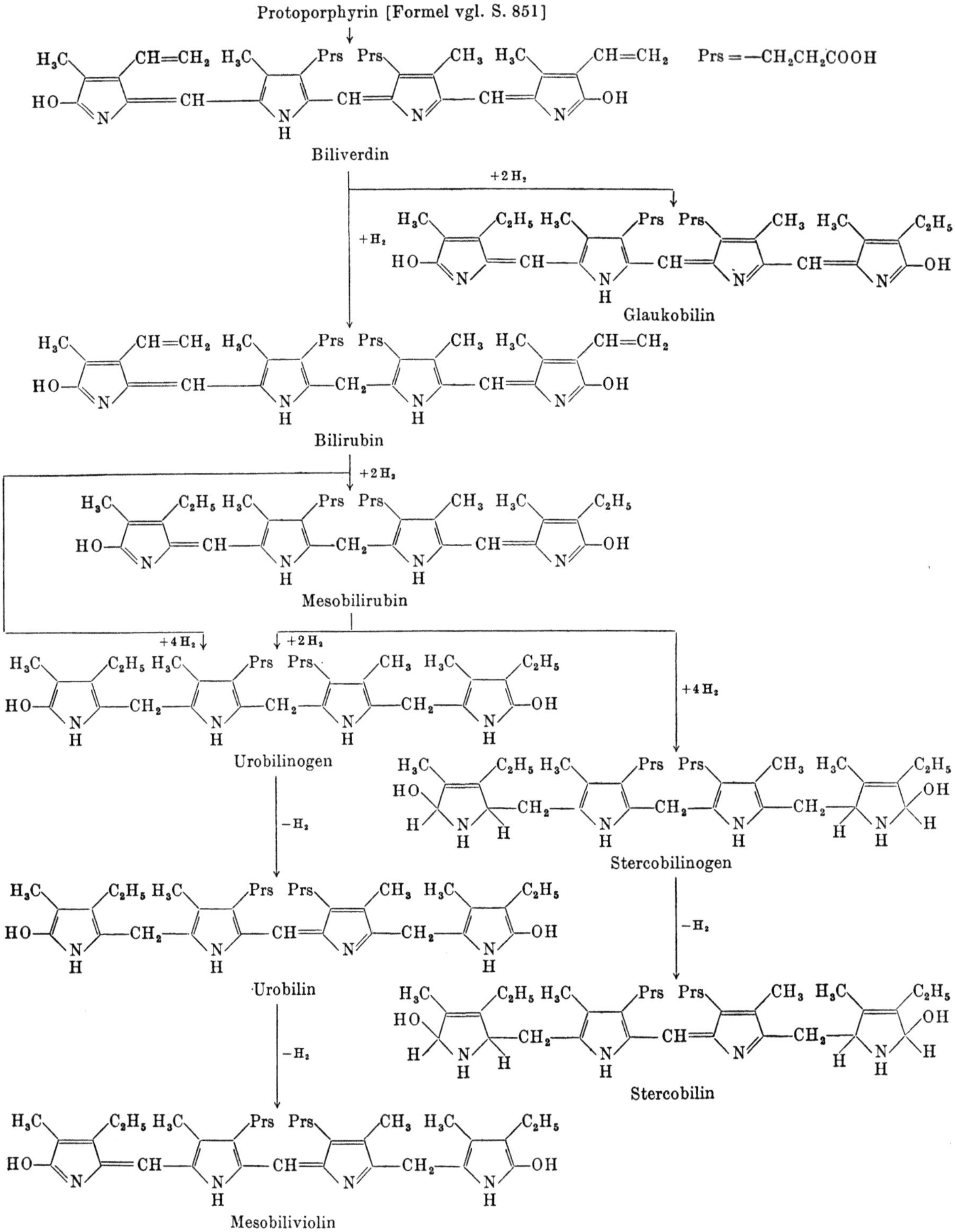

Schema 2. Die vierkernigen Gallenfarbstoffe.

Das Mesobilirhodin tritt — als energetisch wenig bevorzugt — in der Natur nicht auf, es sei denn, daß es mit dem *Mesobilierythrin* identisch ist, das von LEMBERG aus den Phykobilinen der Rotalgen gewonnen worden ist (vgl. S. 997). Das Mesobiliviolin scheint mit LEMBERGs Mesobilicyanin aus Rotalgen identisch zu sein.

Eine weitere Gruppe von Gallenfarbstoffen wurde von SIEDEL und Mitarbeitern (S. 955; 956) in den *Bilipurpurinen* aufgefunden. Über ihre Entstehung und Konstitution wird bei der Beschreibung der „GMELINschen Reaktion" S. 954 berichtet. Ebenso wird dort eine letzte Gruppe von vierkernigen Gallenfarbstoffen beschrieben, die *Choleteline*

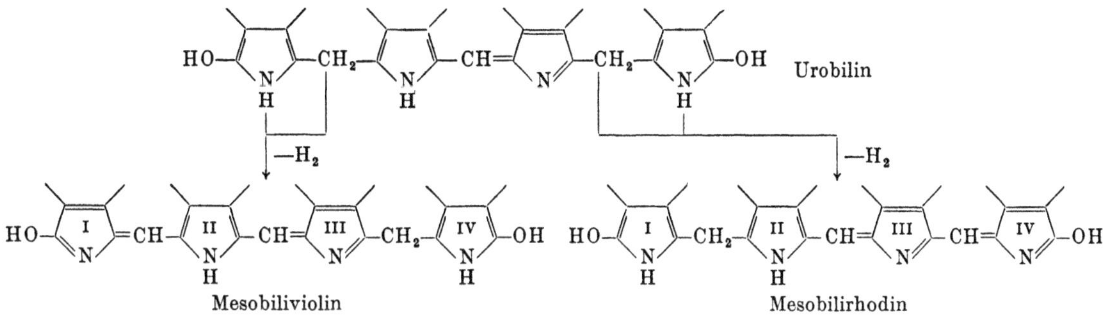

bzw. *Mesocholeteline*, die zweckmäßiger als *Biliteline* bzw. *Mesobiliteline* zu bezeichnen wären. Sie stellen die noch vierkernigen Endstufen der GMELINschen Reaktion in deren verschiedenen Ausführungsformen dar. Eine weitere Oxydation über die Choleteline hinaus führt zur Spaltung der Gallenfarbstoffe in Maleinimidderivate und Pyrromethen.

Wie auf S. 953 geschildert, ist für den Charakter des Gallenfarbstoffes die Größe seines chromophoren (farbgebenden) Bezirks im Molekül entscheidend. In der Tabelle 14 auf S. 951 sind diese Chromophore durch gestrichelte Klammern gekennzeichnet. Man sieht, daß mit der Ausweitung des Chromophors die Farbe vertieft und mit der Verengung aufgehellt wird, und kann daher konstatieren, daß sowohl bei Hydrierungsprodukten des Bilirubins (Mesobiliviolin, Urobilin, Stercobilin) als auch bei Oxydationsprodukten (Bilipurpurine, Mesobilipurpurine, Choletelin, Mesocholetelin) die gleiche Farbe (Violettrot bzw. Gelb) auftreten kann. Selbst die Fluorescenzfarben der Zinkkomplexsalze sind bei gleichen Chromophoren dieselben.

Tritt (physiologisch oder pathologisch) ein weiterer Abbau der vierkernigen Gallenfarbstoffe ein, so geschieht dies durch Spaltung an der mittleren Kohlenstoffbrücke. Der Vorgang ist in seinen Phasen noch ungeklärt. Er scheint in 2 Richtungen vor sich zu gehen und führt entweder zum *Propentdyopent* oder zum *Bilileukan* bzw. *Mesobilileukan*, farblosen Verbindungen, deren weitere Umwandlung schließlich in den braunen *Bilifuscinen* bzw. *Mesobilifuscinen* endet. Während beim Propentdyopent die Konstitution weitgehend geklärt ist (vgl. S. 998) und in ihm ein Gemisch zweier isomerer substituierter Pyrromethane der folgenden Formel vorliegt, kann bei den Bilileukanen und Mesobili-

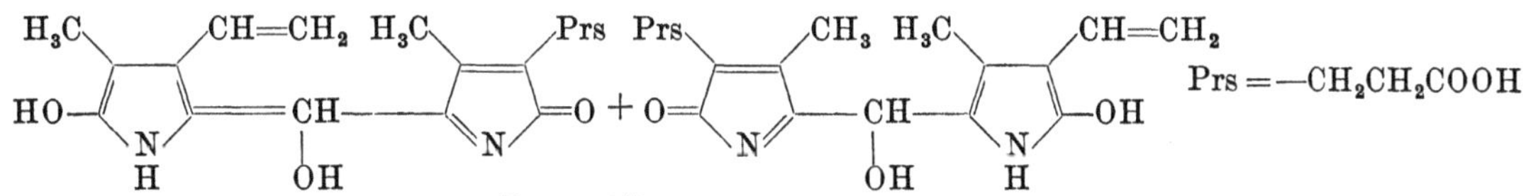

Propentdyopent

leukanen, die in Substanz infolge ihrer Instabilität noch nicht isoliert werden konnten, nur gesagt werden, daß sie ebenfalls Pyrromethane sind, von einer dem Propentdyopent sehr ähnlichen Konstitution.

Da sich Propentdyopent nur dort findet, wo reichlich Bilirubin, wie z. B. im Ikterusharn, vorhanden ist, hat es den Anschein, als wäre es ein typisches Abbauprodukt nur des Bilirubins. Bilileukan bzw. Mesobilileukan scheinen mehr im Darmtrakt unter der Einwirkung der Bakterienflora zu entstehen. Sie sind ebenfalls Gemische zweier Isomerer im Sinne der obigen Propentdyopent-Formel, wobei die Bilileukane die Vinylgruppen, die Mesobilileukane an denselben Stellen die Äthylgruppen besitzen.

Die Bilileukane bzw. Mesobilileukane, unter gewissen Umständen aber auch das Propentdyopent, gehen schließlich in die stabilen Bilifuscine bzw. Mesobilifuscine über. Diesen letzteren liegen Pyrromethene zugrunde, deren Zusammensetzung für den Besitz zweier Hydroxylgruppen spricht. Die Eigenschaften der Bilifuscine, insbesondere ihre braune Farbe, weisen jedoch darauf hin, daß die Hydroxypyrromethene zu größeren Molekülen aggregiert sein müssen. Von einer Aggregation wird zweckmäßig deshalb gesprochen, weil es noch unentschieden ist, ob dabei eine Assoziation (Chelatbindung) oder eine echte Polymerisation vorliegt.

Die Zusammenhänge lassen sich wie folgt darstellen:

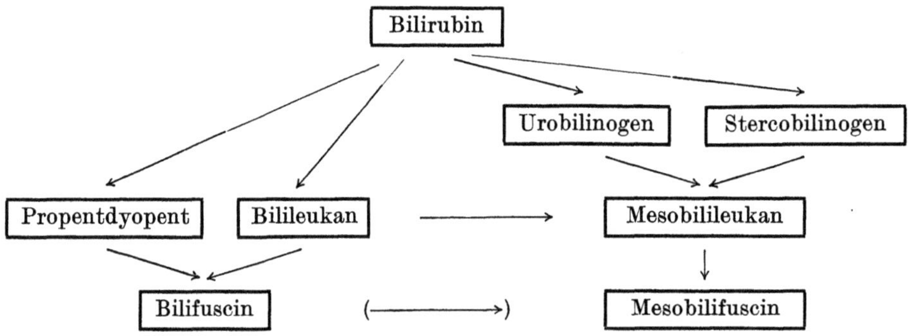

Das Bilifuscin ist dann folgendermaßen zu formulieren, wobei die Klammern und der Index x die Aggregation zu höhermolekularen Verbindungen bedeuten sollen:

Prs = —CH_2CH_2COOH

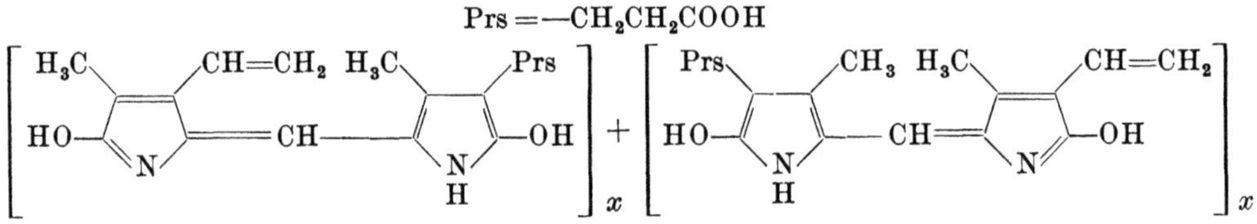

Bilifuscin
(Mesobilifuscin hat an Stelle der Vinylgruppen Äthylgruppen)

Selbstverständlich können die Aggregate auch aus den beiden Isomeren gemischt aufgebaut sein.

e) Einteilung und Nomenklatur.

1. Vierkernige Gallenfarbstoffe: Da der Charakter der Gallenfarbstoffe völlig von dem Bau ihres Brückengerüstes bestimmt wird, also von der Zahl und der Anordnung der Methylen(—CH_2—)-Gruppen und Methin(—CH=)-Gruppen, wurde von SIEDEL[1] die im folgenden Schema wiedergegebene Einteilung der Gallenfarbstoffe vorgenommen. Sie führt zu einer Gruppierung in 4 Hydrierungsstufen: A die *Bilane* mit voll hydriertem Skelet, B die *Bili-ene* mit einer Doppelbindung (= einer Methin-Gruppe) im Brückensystem, C die *Bili-diene* mit zwei Doppelbindungen (= 2 Methin-Gruppen) und D die *Bili-triene* mit 3 Doppelbindungen (= 3 Methin-Gruppen).

Die natürlichen Gallenfarbstoffe tragen oft hinter dem Namen noch die Bezifferung IX, α. Die Ziffer IX wird ihnen angefügt, weil man sie sich vom Protophyrin IX oder Mesoporphyrin IX abgeleitet denken kann, also von dem völlig unsymmetrischen Typ der natürlichen Porphyrine. Schließlich wird dazu noch die Spaltungsstelle des Porphyrinringes berücksichtigt. Da die natürlichen Gallenfarbstoffe durch Aufspaltung

[1] SIEDEL, W.: H. **245**, 257 (1937).

des Häms bzw. Protoporphyrins an der α-Methinbrücke entstehen, erhalten sie noch den Index α.

Zur Festlegung der β-Substituenten in den Fünfringen werden durchlaufend die Zahlen 1 bis 8 gebraucht, für die α-Stellen die Zahlen 1′ bis 8′. Die die Kerne verbindenden Kohlenstoffbrücken erhalten der Reihe nach die Bezeichnungen α, ms (oder β) und γ, und

Tabelle 14. *Einteilung der Gallenfarbstoffe.*

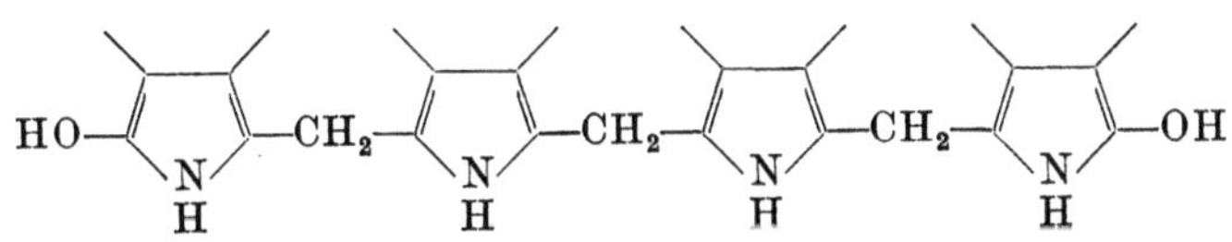	A	***Bilane:*** farblos	(Urobilinogen, Stercobilinogen)
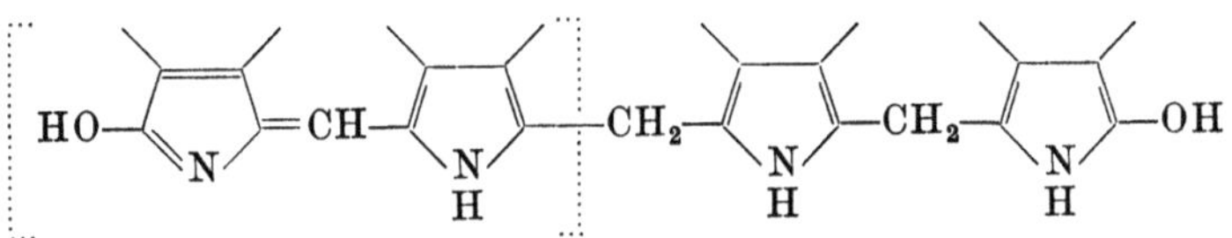	B	***Bili-ene:*** gelb	(Dihydromesobilirubin)
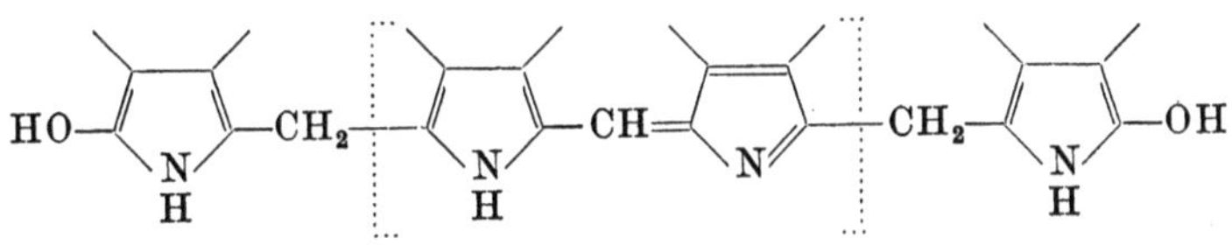		gelb	(Urobilin, Stercobilin)
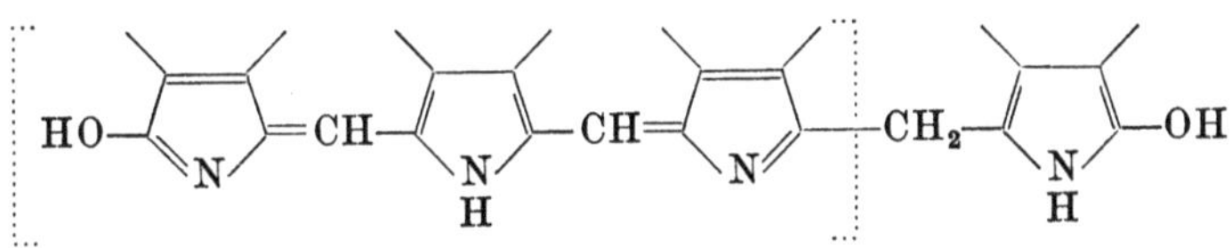	C	***Bili-diene:*** rotviolett	(Mesobiliviolin)
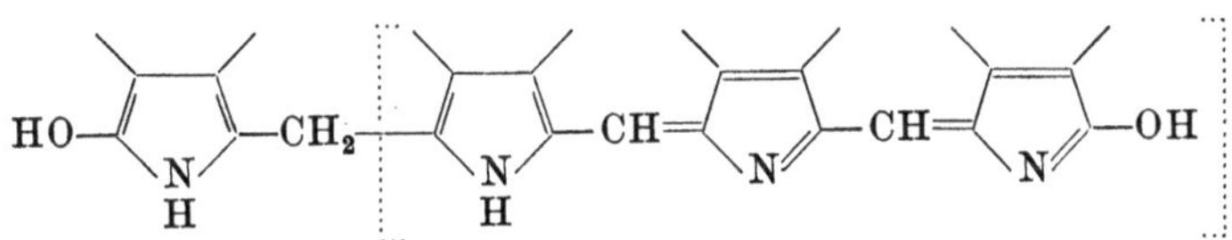		rot	(Mesobilirhodin)
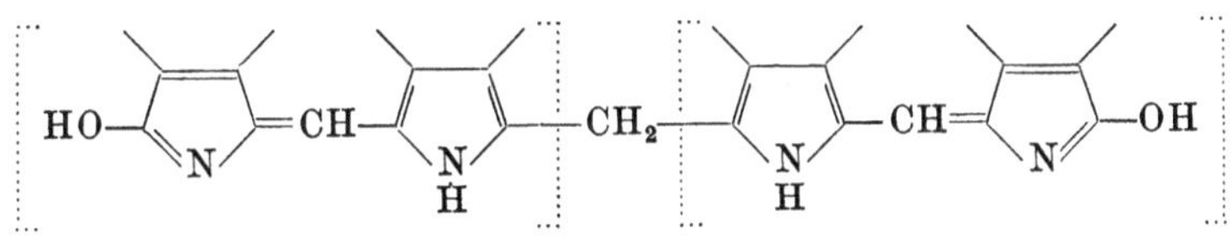		gelb	(Bilirubin, Mesobilirubin)
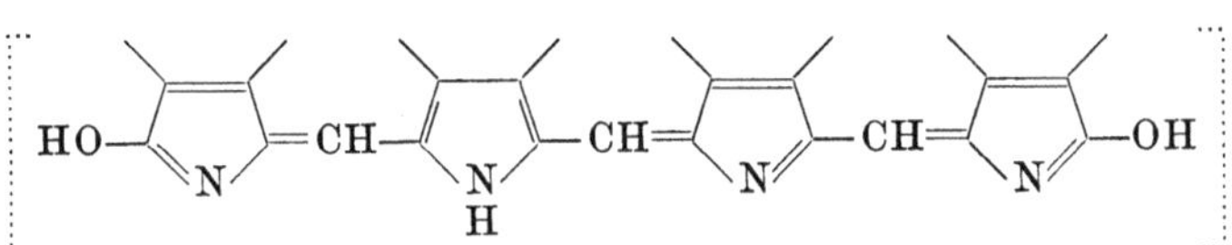	D	***Bili-triene:*** grün blau	(Biliverdin, Glaukobilin)

zwar vor allem für die Benennung des Ortes der Brücken-Doppelbindungen. Schließlich können noch, wenn nötig, die Kerne von I bis IV numeriert werden, vgl. Formel S. 949.

Unter Verwendung der Silbe „-bili-“ als Kennzeichen des Gallenfarbstoffes und Berücksichtigung der Anzahl der Brücken-Doppelbindungen wie üblich in den Silben „en“, „dien“ und „trien“ wird z. B. das Mesobilirubin (= Mesobilirubin-IX, α) als 1′,8′-Dioxy-1,3,6,7-tetramethyl-2,8-diäthyl-bilidien-(2′α,7′γ)-4,5-dipropionsäure bezeichnet. — Für Biliverdin käme entsprechend als Benennung in Frage: 1′,8′-Dioxy-1,3,6,7-tetramethyl-2,8-divinyl-bilitrien-(2′α,4′ms [bzw. 5′ms],7′γ)-4,5-dipropionsäure. — In Zukunft wird infolge der Angleichung der deutschen Nomenklatur an die internationale die Gruppenbezeichnung „Dioxy-“ durch „Dihydroxy-“ ersetzt werden.

Die rationellen Bezeichnungen der anderen Bilirubinoide vgl. speziellen Teil (S. 963ff.).

Die Vorsilbe „Meso-“ (Mesobilirubin, Mesobiliviolin usw.) wird immer gebraucht, wenn man die äthylgruppentragenden Gallenfarbstoffe von den vinylgruppentragenden unterscheiden will, wenn also durch Reduktion die Vinylgruppen in Äthylgruppen umgewandelt worden sind.

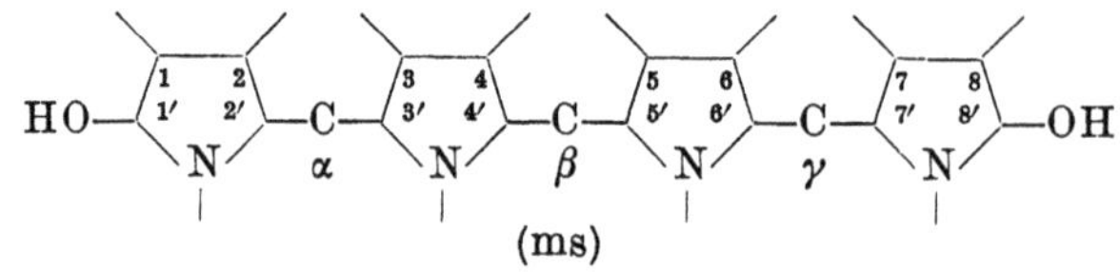

Während in der deutschen wie in der angelsächsischen und französischen Literatur für die Gallenfarbstoffe die gleichen Bezeichnungen verwandt werden, sind von LEMBERG[1] einige Abänderungen (vgl. folgende Zusammenstellung) vorgenommen worden, die sich aber nicht allgemein eingeführt haben.

Übliche Bezeichnung:	Bezeichnung nach LEMBERG:
Biliverdin	Dehydrobilirubin
Glaukobilin	Mesobiliverdin
Urobilin	Mesobiliene-b
Stercobilin	Tetrahydromesobiliene-b
Mesobiliviolin	Mesobilicyanin
Mesobilirhodin	Mesobilierythrin

Eine besondere Schwierigkeit in der Nomenklatur der Gallenfarbstoffe hat sich durch die Benennung des d-Urobilins ergeben. Von WATSON wurde im Anschluß an die Entdeckung des rechtsdrehenden d-Urobilins das linksdrehende Stercobilin als l-Urobilin und das inaktive Urobilin (= Urobilin-IX,α) als i-Urobilin bezeichnet. Vom Standpunkt der organisch-chemischen Nomenklatur aus sind diese Bezeichnungen nicht vertretbar, denn sie würden bedeuten, daß in den 3 Verbindungen Isomere vorliegen, welche die d- und l-Antipoden und die inaktive Racemform darstellen. Tatsächlich aber sind die 3 Urobilinoide nicht isomer, sondern unterscheiden sich in den Bruttoformeln bis zu 6 H-Atomen. So ist vorzuschlagen, die bisherigen Bezeichnungen Urobilin und Stercobilin zu belassen, ebenso d-Urobilin. Da letzteres 2 H-Atome weniger besitzt als Urobilin, könnte man es eventuell Dehydro-urobilin benennen.

2. Zweikernige Gallenfarbstoffe: Diese durch Spaltung der vierkernigen Gallenfarbstoffe an der mittelständigen C-Brücke sich bildenden Gallenfarbstoffe (Propentdyopent, Bilifuscin, Mesobilifuscin) sind hydroxyl-substituierte Pyrromethane bzw. Pyrromethene und können, falls eine systematische Benennung nötig ist, wie die Pyrromethane und Pyrromethene beziffert werden. Die Bilifuscine und Mesobilifuscine sind formelmäßig nicht exakt darzustellen (vgl. S. 950). Da bei ihnen eine Aggregation einer größeren Anzahl von Pyrromethen-Grundbausteinen eintritt, wird das Grundmolekül eingeklammert und erhält einen Index x oder n zum Kennzeichen der Vervielfachung.

f) Gewinnung und Darstellung.

Die Gewinnung der einzelnen Gallenfarbstoffe ist im speziellen Teil dieser Abhandlung (S. 963ff.) näher beschrieben.

g) Eigenschaften.

Die Gallenfarbstoffe sind mit wenigen Ausnahmen (z. B. Stercobilinogen, Bilifuscine) kristallisierte Substanzen. Als Carbonsäuren bilden sie Ester, allerdings von sehr unterschiedlicher Stabilität. Die Schmelzpunkte sind wenig charakteristisch, da sie infolge ihrer Höhe meist Zersetzungspunkte sind.

[1] LEMBERG, R., and J. W. LEGGE: Hematin Compounds and Bile Pigments. New York 1949.

Die Löslichkeit der Gallenfarbstoffe ist stark von der Konstitution abhängig. Während Urobilinogen, Stercobilinogen, Urobilin, Stercobilin und Propentdyopent sowie auch gewisse Bilifuscine und die Bilileukane gut wasserlöslich sind, sich aber auch in organischen Solventien lösen, sind die übrigen Gallenfarbstoffe nur in organischen Lösungsmitteln löslich. Besser wasserlöslich sind die Hydrochloride der Gallenfarbstoffe. Als solche kann man sie mittels Salzsäure aus ihren Lösungen in organischen Solventien extrahieren.

Die Eigenschaft der Gallenfarbstoffe, die diese am eindeutigsten charakterisiert, ist ihre Farbe. Die synthetischen Arbeiten haben ergeben, daß hierbei eine klare Zuordnung von Farbe und Konstitution möglich ist. Wie die Tabelle 14 auf S. 951 zeigt, auf der auch die Farben der betreffenden Gallenfarbstoffe in organischen Lösungsmitteln angegeben sind, ist für die Farbe allein die Größe des chromophoren Teils der Moleküle entscheidend, d. h., ob der Chromophor 2, 3 oder alle 4 Pyrrolkerne umfaßt. In der Tabelle ist der Chromophor (durchlaufende Konjugation der Doppelbindungen!) durch gestrichelte Klammern umrahmt. Wenn der Chromophor nur 2 Kerne umfaßt, wie bei den Bili-enen und beim Bilirubin oder Mesobilirubin, dann ist der Gallenfarbstoff gelb gefärbt, analog den Pyrromethenen. Umfaßt der Chromophor 3 Pyrrol- bzw. Pyrroleninkerne, dann hat der Gallenfarbstoff eine rotviolette oder rote Farbe wie das Mesobiliviolin und das Mesobilirhodin. Bilden alle 4 Kerne den Chromophor wie beim Biliverdin und beim Glaukobilin, dann liegt ein grünblauer bzw. blauer Farbstoff vor. Bei Salzbildung mit Säuren tritt allgemein durch Verschiebung der Absorption nach längeren Wellen eine Farbvertiefung ein, ebenso auch bei Bildung von Metallkomplexen. Die Bilane sind mangels einer chromophoren Gruppe im sichtbaren Licht farblos, ebenso die Pyrromethane Propentdyopent und Bilileukan bzw. Mesobilileukan. Über die Farbe der Bilifuscine vgl. S. 950 u. 1001.

Tabelle 15. *Lichtabsorption der Gallenfarbstoffe.*

Gallenfarbstoff	Lösungsmittel	Absorptionsmaxima	
		mμ	ε_{mM}
Bilirubin . .	Chloroform	450	55—56
Mesobilirubin	Chloroform	425	61,4
Mesobilirubin	Dioxan	426	70,8
Biliverdin . .	Methanol	640	10,4[1,2]
		392	25
Biliverdin . .	Methanol, 5 % HCl	680	28
		377	48
Glaukobilin .	Methanol, 5 % HCl	670	30,9[2,3]
		363	46,8
		309	17,8
Urobilin . . .	Dioxan	452	25,1[3]
		330	3,6
Urobilin . . .	Methanol-HCl	490	50,1[3]
		375	7,4
Stercobilin .	Dioxan	456	33,0[3]
		322	4,0
Stercobilin .	Methanol-HCl	488	55,0[3]
		372	8,5
Mesobiliviolin	Chloroform	570 diffus	—
Mesobiliviolin	Chloroform-HCl	607	21,3

In Übereinstimmung mit dem oben Geschilderten stehen die Absorptionsspektren der Gallenfarbstoffe. So zeigt Bilirubin die Absorption eines Pyrromethens, ebenso Mesobilirubin, bei dem die Banden lediglich nach kürzeren Wellenlängen verschoben sind. — Auch Urobilin und Stercobilin haben die typische Absorption der Pyrromethene, wobei angenommen wird, daß in einer Chloroformlösung des Stercobilins die Pyrrolenin-N-Atome zum Chloroform in Beziehung treten[4]. — Biliverdin und Glaukobilin unterscheiden sich in ihren Absorptionsspektren völlig von den Pyrromethenen. Beim Glaukobilin ist gegenüber dem Biliverdin die typische Violettverschiebung zu beobachten. — Die Pigmente, deren Chromophor 3 Kerne umfaßt, liegen mit ihrer Absorptionsbande zwischen den Banden der Pyrromethene und der des voll-konjugierten Biliverdins und Glaukobins. Tabelle der Absorptionsmaxima vgl. oben.

---

[1] TIXIER, P.: Bull. Soc. Chim. biol. **27**, 621 (1945).
[2] LEMBERG, R.: A. **499**, 25 (1932). — LEMBERG, R., and J. BARCROFT: Proc. R. Soc. London (B) **110**, 362 (1932).
[3] PRUCKNER, F., u. A. STERN: Z. physik. Chem. (A) **180**, 25 (1937).
[4] STERN, A., u. F. PRUCKNER: Z. physik. Chem. (A) **182**, 117 (1938).

Eine charakteristische Eigenschaft einiger Gallenfarbstoffe ist die Fluorescenz ihrer Zinkkomplexsalze. Sie tritt auf als Grünfluorescenz bei Urobilin, Stercobilin, D-Urobilin und Mesocholetelin (Bilitelin), als Rotfluorescenz bei Mesobiliviolin und den Bilipurpurinen bzw. Mesobilipurpurinen. Diese fluorescierenden Zinkkomplexsalze besitzen durchwegs wohldefinierte Absorptionsbanden. Tabelle der Absorptionsmaxima vgl. unten. Entscheidend für die Fluorescenz ist, daß die Zinkkomplexsalzlösungen angenähert neutral sind.

Tabelle 16. *Lichtabsorption der Gallenfarbstoff-Zinkkomplexsalze in Alkohol.*

Gallenfarbstoff	Lösungsfarbe	Absorptionsmaxima mμ	Fluorescenzfarbe
Urobilin	rosa	508	grün[1]
Stercobilin	rosa	506,5	grün[1,2]
Mesobiliviolin	blau	630	rot[3]
Mesobilirhodin	rosa	(575) (630) 510	grünbraun[3]
Mesobilipurpurin (— 619 mμ)	blau	619	rot[4,5]
Mesobilipurpurin (— 622 mμ)	blau	622	rot[4,5]
Mesocholetelin	rosa		grün

h) Nachweis und Bestimmung.

Identifizierung und Nachweis sind bei den Gallenfarbstoffen weitaus schwieriger als bei den Porphyrinen, und zwar weil bei den Gallenfarbstoffen keine Gruppenspezifität vorhanden ist. Fast jeder der Gallenfarbstoffe hat nur ihm eigentümliche Eigenschaften und ist oft nur bei sehr gutem Vertrautsein mit der Materie identifizierbar. Dies gilt vor allem für die Bilifuscine.

So müssen zum Nachweis und zur Identifizierung herangezogen werden:

a) Die Farbe der Substanzlösung, neutral und sauer;

b) die Löslichkeit in Wasser und organischen Lösungsmitteln;

c) das chromatographische Verhalten an der Aluminiumoxydsäule und auf Papier (vgl. S. 956);

d) Kristallform und Schmelzpunkt;

e) Röntgendiagramm nach DEBYE-SCHERRER:

f) Absorptionsspektrum (vgl. S. 953);

g) Bildung fluorescierender Zinkkomplexsalze (vgl. oben);

h) spezifische Reaktionen, zu denen zählen: 1. die GMELINsche Reaktion, 2. die Diazoreaktion, 3. die Reaktion mit p-Dimethylaminobenzaldehyd (EHRLICHsche Reaktion) und 4. die Pentdyopent-Reaktion.

α) *Die* GMELIN*sche Reaktion.*

Ihre Ausführung ist auf S. 968 beschrieben. Mit ihrer Hilfe können Bilirubin, Mesobilirubin, Biliverdin und Glaukobilin erkannt werden. Der Mechanismus ist von SIEDEL und FRÖWIS[4] sowie von SIEDEL und GRAMS[5] weitgehend aufgeklärt worden, und zwar zuerst in einer speziellen Ausführungsform mit Methanol-Brom an Stelle des eigentlichen GMELINschen Reagens (Salpetersäure mit geringen Mengen salpetriger Säure). Hierbei tritt beim *Bilirubin* wie beim *Mesobilirubin* zuerst eine Dehydrierung zum *Biliverdin* bzw. *Glaukobilin* ein und damit ein Farbumschlag nach Grün. Nunmehr folgt in der

[1] SIEDEL, W., u. E. MEIER: H. **242**, 101 (1936).
[2] FISCHER, H., u. H. HALBACH: H. **238**, 59 (1936).
[3] SIEDEL, W.: H. **237**, 8 (1935). — SIEDEL, W., u. H. MÖLLER: H. **264**, 64 (1940).
[4] SIEDEL, W., u. W. FRÖWIS: H. **267**, 37 (1940).
[5] SIEDEL, W., u. E. GRAMS: H. **267**, 49 (1940).

nächsten Stufe eine Anlagerung zweier Methoxylgruppen an eine der außenständigen Doppelbindungen des Brückenskelets. Durch Einengung des chromophoren Teiles des Gallenfarbstoffes (vgl. S. 953, Tabelle 14) auf 3 Kerne tritt dabei Farbaufhellung nach Violett-Rot ein. Der hierbei entstehende, im sauren Milieu violette, in neutralem Milieu rote Farbstoff ist ein neuer Typ eines Gallenfarbstoffes, der als *Bilipurpurin* oder *Mesobilipurpurin* bezeichnet wird. Er gibt ein intensiv rot fluorescierendes Zinkkomplexsalz mit scharfer Absorptionsbande bei 627 mμ. Beim weiteren Verlauf der Reaktion tritt nochmals Anlagerung von 2 Methoxylgruppen ein, nunmehr an die andere außenständige Brücken-Doppelbindung. Der Chromophor wird damit auf den eines Pyrromethens eingeengt,

Schema 3. Ablauf der GMELINschen Reaktion mit Methanol-Brom bei Mesobilirubin.

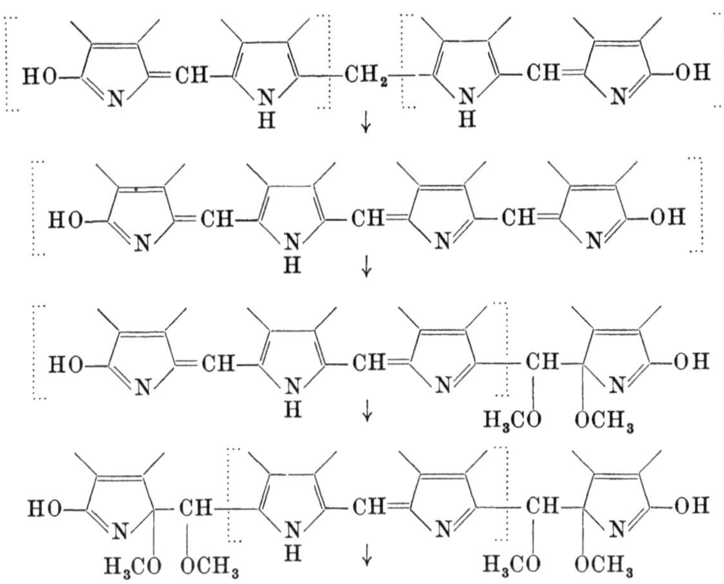

	Farbe	„GMELIN"-Farben
Mesobilirubin	gelb	gelb ↓ grün ↓
Glaukobilin	blau	blau ↓ violett ↓
Mesobilipurpurin (627 mμ)[1]	rot	rot ↓ orange ↓
Mesocholetelin (515 mμ)[1]	gelb	gelb

⁞ ⁞ = chromophore Gruppe.

womit Aufhellung der Farbe nach Gelb verbunden ist. Es liegt damit die Endstufe der GMELINschen Reaktion vor, deren Farbstoff seit langem als *Choletelin* (bzw. *Mesocholetelin*[1]) bezeichnet wird. Sie entspricht im Chromophor auch dem Urobilin (und dem Stercobilin) und zeigt infolgedessen mit Zinksalzen auch die gleiche Grünfluorescenz wie diese beiden Gallenfarbstoffe.

Bei der Ausführung der GMELINschen Reaktion mit HNO_3—HNO_2 laufen im Prinzip ähnliche Anlagerungsprozesse ab (vgl. S. 956, Schema 4), nur daß an Stelle von Methoxylgruppen HO—NO an die außenständige Doppelbindung des Biliverdins oder Glaukobilins angelagert wird. Es resultiert so ein neues *Bilipurpurin* [bzw. *Mesobilipurpurin* (619 mμ)][2]. Nach hydrolytischer Abspaltung der NO-Gruppe und eines Mols Wasser entsteht ein weiteres Bilipurpurin [bzw. Mesobilipurpurin (622 mμ)][2] mit einer —CO-Gruppe als Brücke. Der gleiche Anlagerungsvorgang wiederholt sich nochmals auf der anderen Seite des Moleküls und führt schließlich zu einem *Choletelin* (bzw. *Mesocholetelin*) mit 2 —CO-Brücken.

[1] Es ist bedauerlich, daß für diesen Farbstofftyp an Stelle des für Gallenfarbstoffe üblichen Präfix
[2] „Bili"- das für Gallensäuren gebräuchliche „Chole"- eingeführt wurde. Um Einheitlichkeit in der Bezeichnungsweise der Gallenfarbstoffe zu erzielen, wäre vorzuschlagen, diese Farbstoffe „Bilitelin" bzw. „Mesobilitelin" zu benennen.
619 bzw. 622 mμ = Maximum der Hauptabsorptionsbande des Zn-Komplexsalzes.

Zusammenfassend ist also zu sagen, daß das Farbspiel der GMELINschen Reaktion aus den Farben der nacheinander entstehenden verschiedenen Gallenfarbstoffe und den entsprechenden Mischfarben zweier benachbarter Reaktionsstufen resultiert.

Schema 4. Ablauf der GMELINschen Reaktion mit HNO_3—HNO_2 bei Mesobilirubin bzw. Glaukobilin.

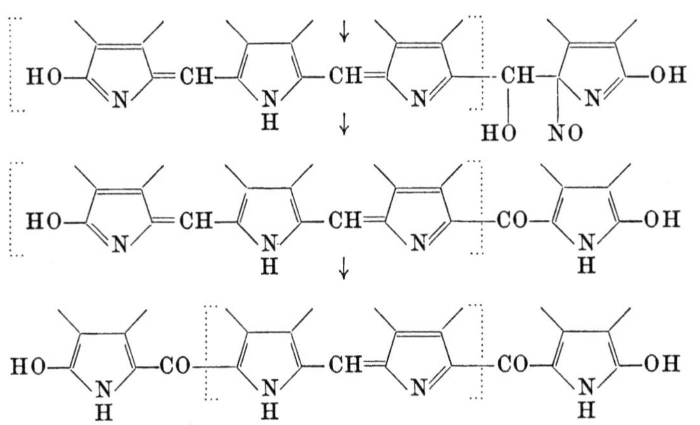

Mesobilipurpurin (rot)
(619 mμ)[1]

Mesobilipurpurin (rot)
(622 mμ)[1]

Mesocholetelin (gelb)
(Mesobilitelin)

[⁝ ⁝] = chromophore Gruppe.

[1] Maximum der Hauptabsorptionsbande des Zinkkomplexsalzes. Sie dient zur Charakterisierung des betreffenden Bilipurpurins.

β) Diazoreaktion.

Die Diazoreaktion ist auf S. 970ff. in ihrem Chemismus und in der Ausführung ausführlich beschrieben. Sie ist nur für den Nachweis von Bilirubin und Mesobilirubin geeignet.

γ) EHRLICHsche Reaktion.

Die EHRLICHsche Reaktion (mit p-Dimethylaminobenzaldehyd-HCl) ist auf S. 987 näher geschildert. Sie dient zum Nachweis und zur Bestimmung von Urobilinogen und Stercobilinogen. Sie fällt aber auch bei Anwesenheit von Porphobilinogen sowie von Pyrrolen mit freier α-Stellung positiv aus. Von YAMAOKA und Mitarbeitern[1] wird angenommen, daß der p-Dimethylaminobenzaldehyd mit der mittelständigen Methylenbrücke des Urobilinogens reagiert.

δ) Pentdyopent-Reaktion.

Ausführung und Verlauf sind S. 1000 näher beschrieben. Für den roten, in alkalischer Lösung entstehenden Farbstoff wird von v. DOBENECK eine Verbindung von folgendem Typ angenommen:

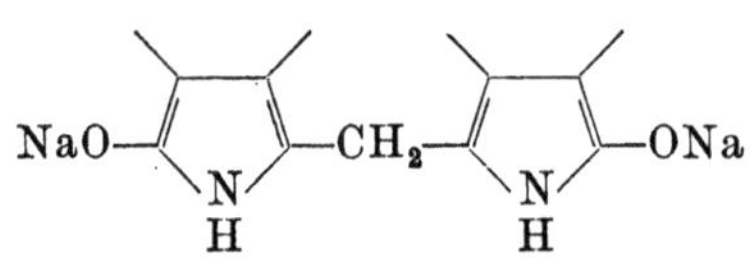

ε) Mesobiliviolin-Reaktion.

Sie ist auf S. 987 bei den Methoden zur Unterscheidung von Urobilinogen und Stercobilinogen beschrieben.

ζ) Papierchromatographie der Gallenfarbstoffe.

Von STICH, KEHL und WALTER[2] wurde die papierchromatographische Analyse der Gallenfarbstoffe ausgearbeitet. Die folgende Tabelle 17 zeigt die R_F-Werte der Gallenfarbstoffe bei Ausführung mit variierten Lösungsmittelgemischen.

[1] YAMAOKA, K., K. KOSAKA, J. NAKAGAWA, N. YADA and M. HOSOKAWA: Proc. Imp. Acad. Jap. **32**, 412, 417 (1956) [Chem. Abstr. **51**, 1335].

[2] STICH, W., R. KEHL u. H. R. WALTER: H. **292**, 178 (1953). — Vgl. auch KEHL, R., u. W. STICH: H. **290**, 151 (1952).

Weitere Untersuchungen über die Papierchromatographie der Gallenfarbstoffe vgl. GOHR[1].

Quantitative Bestimmungsmethoden. Sie sind jeweils bei den einzelnen Gallenfarbstoffen im speziellen Teil beschrieben[2].

Tabelle 17. *R_f-Werte von Gallenfarbstoffen.*

	R_F-Wert	R_F-Wert
Bilirubin	0,531	0,385
Mesobilirubin . . .	0,542	0,430
Urobilin	0,868	0,827
Stercobilin	0,885	0,810
Papier: Schleicher & Schüll Nr. 1705	40% Aceton 50% Wasser 10% Ammoniak Temperatur 20°	30% Aceton 50% Wasser 20% Ammoniak Temperatur 20°

i) Stoffwechsel der Gallenfarbstoffe.

Physiologischer Stoffwechsel. Die roten Blutkörperchen, und zwar sowohl die kernlosen des Menschen und der Säugetiere als auch die kernhaltigen der Vögel, werden ständig neu gebildet und gehen nach einer bestimmten Lebenszeit wieder zugrunde. Das Endprodukt dieses Hämoglobinstoffwechsels, der auch als „Blutmauserung" bezeichnet wird, sind die Gallenfarbstoffe, ihre Chromogene und die zugehörigen zweikernigen Verbindungen.

Hämoglobin (wie auch Myoglobin und natürlich auch die Häminfermente) werden in den Zellen des reticuloendothelialen Systems (RES) abgebaut (vgl. auch S. 964) und damit speziell in den KUPFFERschen Sternzellen der Leber, im Reticulum der Milz, im Knochenmark und in den Lymphknoten. Bei diesem Prozeß wird die prosthetische Gruppe der Häm-Proteine zuerst einer Oxydation unterworfen, bevor nach Spaltung des Porphyrinringes das *Biliverdin* oder das *Bilirubin* als erste Gallenfarbstoffe in Erscheinung treten. Dabei ist es nicht nötig, daß das Häm noch an die Globinkomponente gebunden ist. Es ist erwiesen, daß auch Hämatin selbst abbaufähig ist[3]. Während die intakten Erythrocyten durch den Gehalt an Katalase gegen den oxydativen Abbau durch Hydroperoxyd geschützt sind, werden sie im RES durch Inaktivierung der Katalase dieses Schutzes beraubt und den oxydativen Abbaukräften ausgeliefert.

Über die einzelnen Phasen des Abbaumechanismus ist man heute verhältnismäßig gut unterrichtet. Es wird dabei zuerst der Porphyrinring an der α-Methinbrücke oxydativ verändert, wobei ein grüner Farbstoff, das *Verdoglobin (= Verdohämoglobin)* gebildet wird. Verdoglobin ist von KIESE und KAESKE[4] im strömenden Blut, in der Leber und in der Milz festgestellt worden. Das vermehrte Auftreten von Verdoglobin ist in Milz- und Leberextrakten vor allem beobachtet worden, wenn dem Organismus erhöhte Hämoglobinmengen zum Abbau angeboten werden[5], wie z.B. Hämoglobininjektionen beim Hund gezeigt haben. — Mit dem Verdoglobin identisch ist auch das von BARKAN und SCHALES[6]

[1] GOHR, H.: Pathologie, Diagnostik und Therapie der Leberkrankheiten. S. 195. Berlin, Göttingen, Heidelberg 1957.

[2] Weitere Methoden vgl. HINSBERG, K., u. K. LANG: Medizinische Chemie. 3. Aufl. München 1957. — HINSBERG, K., u. R. MERTEN: Chemische Bestimmungsmethoden im klinischen Laboratorium. München 1952.

[3] LONDON, I. M.: J. biol. Ch. **184**, 373 (1950).

[4] KIESE, M., u. H. KAESKE: B. Z. **312**, 121 (1942).

[5] KIESE, M.: Naturwiss. **30**, 587 (1942). Kli.Wo.**1942**, 565.

[6] BARKAN, G., u. O. SCHALES: H. **248**, 96 (1937); **253**, 83; **254**, 241 (1938).

beschriebene „*Pseudohämoglobin*" (= Fraktion E des „*leicht abspaltbaren Bluteisens*"). Eigenschaften des Verdoglobins[1].

Die erste Beobachtung über eine in vitro-Aufspaltung des Porphyrinringes wurde von FISCHER und LINDNER[2] gemacht. Sie erhielten bei Einwirkung von Leberbrei oder Hefe auf Pyridin-Lösungen von Hämin grüne Farbstoffe. 5 Jahre später fanden WARBURG und NEGELEIN[3] das sogenannte „*grüne Hämin*" beim Einleiten von Sauerstoff in eine hydrazinhaltige Lösung von Hämin in Pyridin. Von LEMBERG[4] wurde schließlich das „grüne Hämin" mittels Methanol-Salzsäure in einen Gallenfarbstoff vom Biliverdin-Typ übergeführt. Später wurden die entsprechenden Versuche am Hämoglobin selbst durchgeführt[5]. Ein klarer Einblick in den Chemismus der Porphyrinringspaltung wurde dann mit dem Koproporphyrin I als Modellsubstanz von FISCHER und LIBOWITZKY[6] sowie STIER[7] gewonnen[8, 9].

Theoretisch wäre das erste Produkt, das bei der physiologischen Spaltung des Protoporphyrinringes entsteht, das *Biliverdin.* Tatsächlich findet sich Biliverdin aber nur in der Galle der Herbivoren, während es in der Galle der meisten Carnivoren sofort zum *Bilirubin* reduziert wird. Dementsprechend ist die Galle der Herbivoren grün gefärbt, die Galle der Carnivoren gelb oder gelbbraun. Wie von BAUMGÄRTEL und WINHOLD[10] angegeben wurde, enthält die Galle des Menschen wie der Carnivoren ein Ferment, das Biliverdin zu Bilirubin reduziert. Die Galle der Herbivoren besitzt dieses Ferment nicht[11].

In der Galle wird nun im allgemeinen ein geringfügiger Teil an Bilirubin cellulär-fermentativ zu Mesobilirubin[10] und Urobilinogen reduziert. Die Hauptmenge des Bilirubins wird dann schließlich — vor allem im Dickdarm — zu *Stercobilinogen* reduziert. BAUMGÄRTEL[12] postuliert, daß die Reduktion des Bilirubins zu Stercobilinogen nur „bakteriell-fermentativ" vor sich geht und die Reduktion zu Urobilinogen nur „cellulär-fermentativ". WATSON und Mitarbeiter[13] konnten jedoch schon früher zeigen, daß Mesobilirubin mit Stuhl (also Colibakterien) in Urobilinogen und Stercobilinogen übergeführt wird, Versuche, die von ihnen nochmals mit ^{15}N-markiertem Urobilinogen in neuerer Zeit wiederholt worden sind. Urobilinogen kann also Zwischenprodukt bei der fermentativen Reduktion des Bilirubins zum Stercobilinogen sein. Normalerweise wird in den Faeces fast nur Stercobilinogen ausgeschieden, Urobilinogen höchstens in Spuren oder zumindest in sehr geringen Mengen. Treten Urobilin, Stercobilin oder Mesobiliviolin in den Faeces auf, so können diese Farbstoffe bereits im Darm durch Dehydrierungsprozesse aus Urobilinogen bzw. Stercobilinogen entstanden sein; ebensogut aber auch erst bei der Untersuchung der Faeces infolge der Einwirkung des Luftsauerstoffes oder anderer Agentien.

---

1 Verdoglobin löst sich bei neutraler Reaktion mit grüner Farbe in Wasser. Durch Ammoniumsulfat wird es gefällt. Salzsäure und Essigsäure spalten die prosthetische Gruppe als Biliverdin ab. Absorptionsmaxima: 670 und 630 mμ. CO-Verdoglobin, Absorptionsmaximum: 630 mμ. Pyridin-Verdo(hämo)chromogen, Absorptionsmaximum: 660—670 mμ. Hydrazin-Verdo(hämo)chromogen: 617 und 630 mμ.

2 FISCHER, H., u. F. LINDNER: H. **153**, 54 (1925).

3 WARBURG, O., u. E. NEGELEIN: B. **63**, 1816 (1930).

4 LEMBERG, R.: Biochem. J. **29**, 1322 (1935).

5 KARRER, P., H. VON EULER u. H. HELLSTRÖM: Ark. Kemi, Mineral. Geol. **11** B, Nr. 5, S. 6 (1933). — LEMBERG, R.: Biochem J. **33**, 754 (1939).

6 FISCHER, H., u. H. LIBOWITZKY: H. **251**, 198; **255**, 210 (1938). — LIBOWITZKY, H.: H. **265**, 191 (1940).

7 STIER, E.: H. **272**, 239; **273**, 47; **275**, 155 (1942).

8 Vgl. auch LEMBERG, R., and J. W. LEGGE: Hematin Compounds and Bile Pigments. S. 464. New York 1949.

9 Zusammenfassende Darstellung: Vgl. SIEDEL, W.: B. **77** (A), 21 (1944).

10 WINHOLD, O.: Diss. Univ. München 1948.

11 HOFSTETTER: Diss. Univ. München 1948.

12 BAUMGÄRTEL, T.: Kli. Wo. **1943**, 92, 297, 416, 457. Z. ges. exp. Med. **112**, 459 (1943).

13 LOWRY, P. T., N. R. ZIEGLER, R. CARDINAL and C. J. WATSON: J. biol. Ch. **208**, 543 (1954). — Vgl. auch WATSON, C. J., V. SOBROV and S. SCHWARTZ: Proc. Soc. exp. Biol. Med. **49**, 647 (1942).

Der größte Teil des im Darm vorhandenen Urobilinogens wird resorbiert oder geht durch Spaltung in *Mesobilileukan* über. Das resorbierte Urobilinogen gelangt über die Pfortader in die Leber zurück, wo es vermutlich abgebaut wird. Es ist auch möglich, daß es dort in Mesobilileukan umgewandelt wird und in der Galle wieder

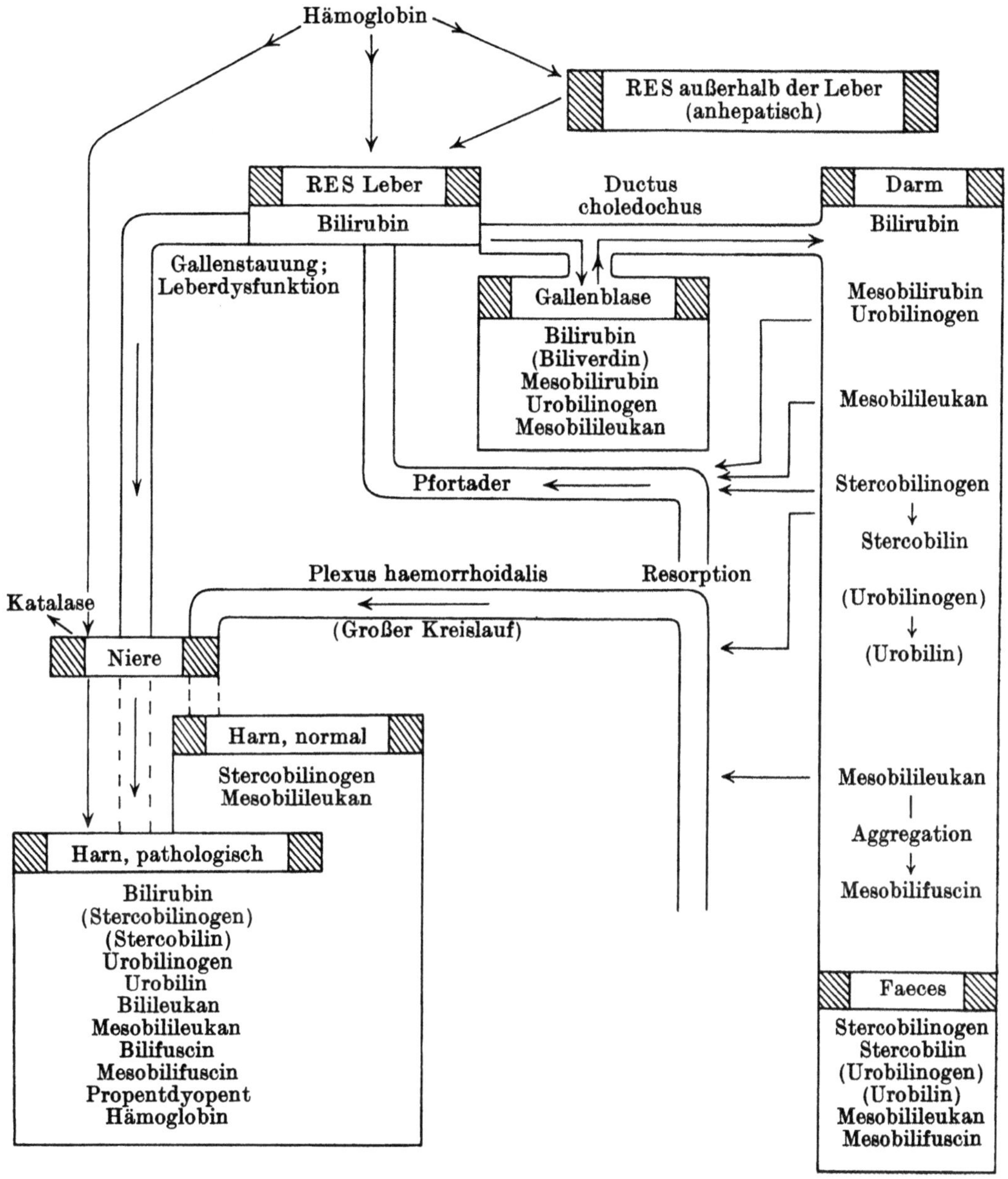

Abb. 12. Abbau des roten Blutfarbstoffes beim Menschen; physiologisch und pathologisch.

erscheint. Jedenfalls ist in der Galle Mesobilileukan von SIEDEL, STICH und EISENREICH[1] festgestellt worden. Im Colon wird schließlich auch eine geringe Menge Stercobilinogen resorbiert. Da es von der Leber anscheinend nicht abgebaut werden kann, erscheint es im Harn und ist so die Ursache der physiologischen *Stercobilinogenurie* bzw. *Stercobilinurie*[2]. Die frühere Annahme, daß das Urobilinogen in der Leber wieder zu Bilirubin dehydriert würde, ist vom chemischen Standpunkt aus unmöglich.

[1] SIEDEL, W., W. STICH u. F. EISENREICH: Naturwiss. **35**, 316 (1948).
[2] STICH, W.: D. m. W. **1946**, 137. Kli. Wo. **1948**, 365.

Im Darm erfolgt nun neben der Hydrierung des Bilirubins und des von WATSON[1] beobachteten Mesobilirubins zu Stercobilinogen durch noch ungeklärte Vorgänge gekoppelter oxydativer und reduktiver Art in einem beträchtlichen Ausmaße die Aufspaltung der Gallenfarbstoffe und ihrer Chromogene zu *Mesobilileukan.* Dieses geht schließlich in das braune *Mesobilifuscin* über, das die Farbe der Faeces bedingt. Das Nachdunkeln der Faeces an der Luft dürfte auf einer nachträglichen Oxydation von Stercobilinogen zu Stercobilin, aber auch auf weiterer Umwandlung von Mesobilileukan zu Mesobilifuscin beruhen. Daß Mesobilileukan tatsächlich aus Bilirubin entsteht, konnten SIEDEL und Mitarbeiter[2] bei einem Patienten mit totalem Choledochusverschluß zeigen. Nach Verabreichung von 150 mg Bilirubin mit der Duodenalsonde enthielt dessen vorher acholischer Stuhl neben Stercobilinogen nunmehr beträchtliche Mengen an Mesobilileukan. — Bilirubin kommt in den Faeces normalerweise nicht vor, lediglich im *Meconium,* in dem mangels einer Bakterienflora eine Reduktion noch nicht möglich ist.

Ein weiterer Abbauweg des Bilirubins ist derjenige zu *Propentdyopent,* das normal in Spuren in der Galle zu finden ist. Im normalen Harn ist es nicht vorhanden. In den Faeces kommt es überhaupt nicht vor.

In welcher Beziehung die eigentlichen Harnfarbstoffe, die *Urochrome,* zu den Gallenfarbstoffen stehen, ist noch ungeklärt. Es scheint aber, daß sich zumindest das *Urochrom B* HEILMEYERs von diesen ableitet.

Das extrahepatische Bilirubin. Das im extrahepatischen RES gebildete Bilirubin (z.B. im Plasma) kommt ebenfalls über die Leber zur Ausscheidung. Die Transportform des Bilirubins im Plasma ist die des *„indirekten Bilirubins“*, also des Bilirubins bzw. seines Natriumsalzes (S. 971). In der Leber wird das Bilirubin dann in das *„direkte Bilirubin“* umgewandelt, und zwar durch Veresterung mit Glucuronsäure mittels einer Glucuronyltransferase[3]. Anschließend wird es in die Galle ausgeschieden. Bei der Passage des Dünndarmes wird das „direkte Bilirubin“ wieder zum „indirekten Bilirubin“ verseift. Von der Leber aus kann nur das „direkte Bilirubin“ die Nierenschwelle überschreiten, wie dies unter pathologischen Bedingungen geschieht (vgl. S. 972).

Der normale Gehalt des Plasmas an Bilirubin ist äußerst gering. Er beträgt etwa 0,75 mg in 100 cm^3 Plasma. In pathologischen Fällen ist er oft beträchtlich vermehrt (S. 961).

Von besonderer Bedeutung ist das regelmäßig im Plasma des Neugeborenen vorkommende „indirekte Bilirubin“. Da hohe Konzentrationen dieses Bilirubins toxisch auf das Nervensystem wirken[4], ist die *Hyperbilirubinämie* des Neugeborenen nicht ungefährlich. Das Neugeborene besitzt in der Leber keine Glucuronyltransferase und kann somit das Bilirubin tatsächlich nur schwer zur Ausscheidung bringen. Anscheinend existiert aber ein extrahepatischer Mechanismus zur Bildung des Bilirubin-glucuronids, denn die neuerdings durchgeführte intravenöse Verabreichung von Glucuronsäure an Neugeborene hat in einem großen Prozentsatz von Fällen den „indirekt“-Spiegel gesenkt und den „direkt“-Spiegel um das Drei- bis Fünffache erhöht[5].

Bilanz des Blutfarbstoff-Gallenfarbstoff-Stoffwechsels (= Blutmauserung). Die normale Ausscheidung der Gallenfarbstoffe beträgt in den Faeces täglich etwa 120—200 mg, im Durchschnitt etwa 150 mg an Stercobilinogen und Stercobilin, im Harn nur etwa 1—2 mg. Urobilinogen und Urobilin werden in den Faeces nur in minimalen Mengen ausgeschieden, im Harn nur in Spuren. Die Menge an Mesobilileukan und an Mesobilifuscin in den Faeces dürfte schätzungsweise ebenfalls nochmals 150 mg betragen, so daß

---

[1] WATSON, C. J.: Handb. Hematol. (DOWNEY), Bd. IV, S. 2487. London 1938.

[2] SIEDEL, W., W. STICH u. F. EISENREICH: Naturwiss. **35**, 316 (1948).

[3] CARBONE, J. V., and G. M. GRODSKY: Proc. Soc. exp. Biol. Med. **94**, 461 (1957). J. biol. Ch. **226**, 449 (1957). — SCHMID, R., L. HAMMAKER and J. AXELROD: Arch. Biochem. **70**, 285 (1957).

[4] DAY, R. L.: Proc. Soc. exp. Biol. Med. **85**, 261 (1954). — WATERS, W. J., and W. R. BOWEN: Amer. J. Dis. Children **90**, 603 (1955).

[5] DANOFF, S., C. GRANTZ, A. BOYER and L. E. HOLT, jr.: Science, N. Y. **127**, 759 (1958).

insgesamt mit einer Exkretion von etwa 300 mg Gallenfarbstoffen durchschnittlich zu rechnen ist. Diese Menge entspricht dem täglichen Untergang von Erythrocyten mit einem Gesamtgehalt von 7—8 g Hämoglobin. Bei einem Bestand von etwa 900 g Hämoglobin (und anderen Hämproteiden) im menschlichen Organismus errechnet sich daraus eine Lebensdauer des Erythrocyten bzw. Häm-Moleküls von 112—130 Tagen.

In Übereinstimmung mit dieser Annahme wurde aus Versuchen[1, 2] mit dem ^{15}N-Isotop (Gabe von ^{15}N-Glycin) am Häm des menschlichen Erythrocyten eine Lebensspanne desselben von 127 Tagen berechnet. Der Verlauf der Ausscheidung des ^{15}N-markierten Stercobilins beim normalen Menschen wird in der folgenden Kurve wiedergegeben (Abb. 13: Konzentration von ^{15}N in Stercobilin-hydrochlorid nach Verabreichung von ^{15}N-Glycin).

Dabei zeigt sich, daß der ^{15}N-Gehalt des Stercobilins der Faeces 2 Maxima aufweist, ein niedrigeres in der 2. Woche des Versuchs und ein beträchtlich höheres zwischen dem 120. und 150. Tag. Zwischen dem 30. und dem 100. Tag werden geringe Mengen ausgeschieden. Es wird angenommen, daß das dem 1. Maximum entsprechende Stercobilin aus dem Protoporphyrin und Hämatin erythroblastischer Zellen stammt, die die Farbstoffkomponente im Gegensatz zur Globinkomponente im Überschuß synthetisieren. Die mittlere Periode soll dem Abbau anderer Hämproteide zuzuordnen sein, das 2. (hohe) Maximum dem Abbau der untergegangenen alternden Erythrocyten entsprechen. Insgesamt zeigt die Kurve, daß das Stercobilin 3 verschiedenen Quellen des Hämoglobin-Stoffwechsels entstammt, wobei die letztere mit dem hohen Maximum etwa 70 % des Stercobilins liefert.

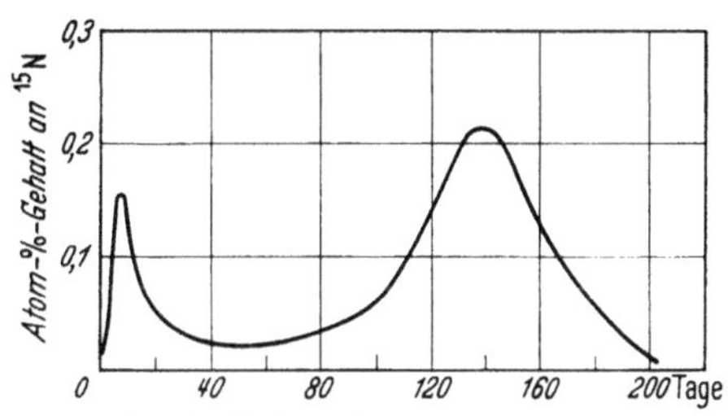

Abb. 13. Verlauf der Ausscheidung des ^{15}N-markierten Stercobilins.

Pathologischer Stoffwechsel. Betrachtet man den Stoffwechsel der Gallenfarbstoffe, wie er unter pathologischen Bedingungen abläuft, so kann man bereits bei der Bildung des Verdoglobins Veränderungen feststellen. So bewirken „Blutgifte" wie Phenylhydrazin, gewisse Sulfanilamide, Hydroxylamin, Chlorat-Ionen u. a.[3] eine beträchtliche Vermehrung des Verdoglobins im Blut, in dem es z. B. beim Menschen normal in einer Menge von 0,4 % des Hämoglobins vorhanden ist. Quantitative Bestimmungsmethoden sind von Kiese[4], Havemann[5] und Engel[6] ausgearbeitet worden.

Selbstverständlich bedeutet die Vermehrung des Verdoglobins auch einen erhöhten Bilirubinanfall in der Leber und damit auch die Erhöhung der Exkretion des Stercobilinogens (und des Stercobilins) in den Faeces. Vermehrung von Bilirubin und seinen Hydrierungsprodukten wird auch bei verschiedenen Erkrankungen beobachtet, so bei Infektionskrankheiten wie Malaria, Scharlach, Tetanus und Typhus, aber auch bei Diabetes, perniziöser Anämie und bei Blutergüssen in das Gewebe, also bei Erkrankungen, die einen erhöhten Blutzerfall zur Folge haben.

Dieser vermehrten Ausscheidung von Gallenfarbstoffen auf dem normalen (enteralen) Wege steht nun unter besonderen pathologischen Verhältnissen eine weitere im Harn gegenüber. Während der Harn im allgemeinen nur Stercobilinogen und Mesobilileukan in ganz geringen Mengen enthält, treten dann neben erhöhten Mengen von Stercobilinogen und Mesobilileukan zusätzlich noch Urobilinogen (und Urobilin), Bilirubin und dessen Abbauprodukte Propentdyopent und Bilifuscin auf. Diese Substanzen kommen im Harn

[1] London, I. M., R. West, D. Shemin and D. Rittenberg: J. biol. Ch. **184**, 351 (1950).
[2] Gray, C. H., A. Neuberger and P. H. A. Sneath: Biochem. J. **47**, 87 (1950).
[3] Heubner, W., u. M. Kiese: Schweiz. med. Wschr. **77**, 1337 (1947). — Kiese, M., u. L. Seipelt: A. e. P. P. **200**, 648 (1943).
[4] Kiese, M.: Kli. Wo. **1942**, 565.
[5] Havemann, R.: B. Z. **208**, 1 (1949). Kli. Wo. **1941**, 543.
[6] Engel, M.: H. **266**, 145 (1940).

vor allem im Gefolge einer Reihe von Erkrankungen vor, die allgemein die Symptome des Ikterus[1] zeigen.

Unter Ikterus (= Gelbsucht) versteht man die gelbe Pigmentierung der Gewebe durch Bilirubin, die auch mit einem erhöhten Bilirubingehalt des Blutplasmas verbunden ist. Dabei steigt der Bilirubinspiegel des Blutplasmas (normal = 0,75 mg-%) bei Beginn des Ikterus etwa auf 2 mg-%. Wird der Ikterus äußerlich erkennbar, dann beträgt der Blutspiegel des Bilirubins 7—8 mg-%. Häufig werden aber auch Anstiege auf 15 bis 20 mg-%, seltener auf 50 mg-%, beobachtet.

Nach ihrer Ätiologie werden die ikterischen Erkrankungen in 3 Gruppen eingeteilt:

Hämolytischer Ikterus: Er ist durch eine gesteigerte intravasale Hämolyse charakterisiert, bei der ein „indirektes Bilirubin“ in solcher Menge im Blutstrom enthalten ist, daß die Leber nicht in der Lage ist, alles Bilirubin durch Veresterung mit Glucuronsäure in das „direkte Bilirubin“ umzuwandeln und mit der Lebergalle auszuscheiden. Da das „indirekte Bilirubin“ die Nierenschwelle nicht überschreiten kann, tritt keine Bilirubinurie auf, wohl aber eine Bilirubinämie. Die Leberparenchymzellen sind dabei normal, lediglich die Hämosiderinablagerung ist verstärkt. Im Harn tritt eine erhöhte Menge an Stercobilinogen sowie an Propentdyopent auf.

Hepatogener Ikterus. Dieser Ikterus, der auch als parenchymatöser-hepatocellulärer bezeichnet wird, ist die Folge einer Funktionsstörung der Leberparenchymzellen, sei es durch Veränderung, Nekrose oder Absterben. Aus der Lebergalle tritt in diesem Falle „direktes Bilirubin“ in das Blut über, außerdem passsiert es die Niere und erscheint im Harn. Damit liegen eine Bilirubinämie und eine Bilirubinurie vor, wozu sich noch eine Urobilinogenurie gesellt sowie eine erhebliche Menge an Propentdyopent im Harn. Der wichtigste Repräsentant des hepatogenen Ikterus ist die Hepatitis epidemica. Es ist beobachtet worden[2], daß als Folge der Hepatitis epidemica auch ein hämolytischer Ikterus auftreten kann („erworbener hämolytischer Ikterus“).

Obstruktiver oder mechanischer Ikterus. Bei diesem Ikterus sind die gallenabführenden Wege verlegt, entweder durch Gallenkonkremente (Steine) oder durch Tumoren, Narbenbildung bzw. Kompression. Dadurch tritt ein Rückstau der Lebergalle ein und eine Ablenkung derselben ins Blut. Es resultiert somit eine Bilirubinämie und, da „direkt reagierendes“ Bilirubin vorliegt, auch eine Bilirubinurie und die zugehörige Urobilinogenurie. Nach längerer Stauung werden die Leberparenchymzellen sekundär geschädigt. Durch Bildung von Biliverdin aus dem in den Gallengängen gestauten Bilirubin wird das Lebergewebe grün gefärbt. Bei sehr weitgehendem Verschluß der Gallenwege nehmen infolge Mangels an Bilirubin und seinen Umsetzungsprodukten, speziell Mesobilifuscin, die Faeces eine graue tonähnliche Farbe an.

Bei allen Fällen, bei denen Bilirubin im Harn ausgeschieden wird, sind dort auch die Abbauprodukte des Bilirubins, Propentdyopent, Bilileukan und insbesondere Bilifuscin zu finden. Die für die beiden zuletzt genannten Ikterusarten typische Braunfärbung des Harnes ist häufig mehr durch das Bilifuscin bedingt als durch das Bilirubin, das an sich ja orangegelb ist. Es sind auch Fälle beobachtet worden, bei denen nur noch Bilifuscin (oder Mesobilifuscin) vorlag und alles Harn-Bilirubin bereits abgebaut war.

Abschließend wäre noch auf eine Erscheinung aufmerksam zu machen, die ohne Zweifel durch Gallenfarbstoffe hervorgerufen wird. Es ist das allgemein bekannte Farbspiel, das sich bei einem traumatischen Hämatom oder einer Suggilation bzw. Suffision unter der Haut des menschlichen Organismus zeigt. Der Ablauf der Farberscheinung über die Tönungen Grün—Blau—Violett—(Rot)—Gelb hat SIEDEL[3] veranlaßt die Frage aufzuwerfen, ob nicht bei diesem Prozeß das Gewebe die Aufgabe hat, eventuell freies

[1] Zusammenfassende Literatur: BAUMGÄRTEL, T.: Physiologie und Pathologie des Bilirubinstoffwechsels als Grundlagen der Ikterusforschung. Stuttgart 1950. — BEST, C. H., and N. B. TAYLER: Physiological Basis of Medical Practice. 6. Aufl. Baltimore 1955. — KALK, H.: Med. Klinik **1949**, 490.

[2] KALK, H.: Med. Klinik **1949**, 490.

[3] SIEDEL, W.: H. **237**, 8 (1935).

(schwerlösliches) Häm, nach Aufspaltung zum grünen Biliverdin, durch vollständige Reduktion wasserlöslich und leicht transportabel zu machen. Wenn man sich vergegenwärtigt, daß mit der Reduktion des Biliverdins zum Glaukobilin ein blauer Farbstoff entsteht, durch weitere Reduktion desselben zum Mesobiliviolin ein violetter, zum Dihydromesobilirubin oder zum Urobilin gelbe Pigmente, so hat man genau den Ablauf des Farbspiels vor sich. Am Ende des Vorgangs würde dann reduktiv Urobilinogen entstehen, das als leicht wasserlöslich gut durch das Gewebe diffundieren kann. Da der Isolierung der Farbstoffe große Schwierigkeiten im Wege stehen, konnten Beweise für die geschilderten Annahmen nicht erbracht werden. Allerdings wurde durch subcutane Injektion im Tierversuch (Kaninchen) festgestellt, daß Glaukobilin schnell resorbiert wird.

2. Spezieller Teil.

a) Vierkernige Gallenfarbstoffe.

α) *Bilirubin.*

Historisches. Das Bilirubin ist erstmals von THÉNARD aufgefunden worden. TIEDEMANN und GMELIN[1] stellten dann 1823/24 bei Versuchen über den Galleninhalt fest, daß das Bilirubin mit konzentrierter Salpetersäure eine charakteristische Farbreaktion gibt. Dieses Farbspiel wird seitdem als „GMELINsche Reaktion" bezeichnet. In Substanz ist das Bilirubin erstmals von STÄDELER[2] isoliert worden, und zwar aus Rindergallensteinen. Später ist es von FISCHER[3] auch aus menschlichen Gallensteinen gewonnen worden. In guter Ausbeute wurde es in neuerer Zeit von PORSCHE und Mitarbeitern[4] unmittelbar aus Galle dargestellt. — Die Konstitutionsaufklärung des Bilirubins ist 1933 von SIEDEL und FISCHER[5] zum Abschluß gebracht worden; die Totalsynthese wurde 1942 von FISCHER und PLIENINGER[6] durchgeführt.

Vorkommen. Wie schon eingangs gesagt, findet sich das Bilirubin hauptsächlich in der Galle, und zwar in Form des Dinatriumsalzes; ferner kommt es im Dünndarm vor sowie im Blutserum des Menschen und vieler Tiere. Bei Ikterus tritt es in den Geweben und im Harn auf[7]. Es kommt weiter vor im Harn des Neugeborenen[8] und im Stuhl des Säuglings[9]. Angereichert findet es sich als Magnesium- und Calciumverbindung in Gallenkonkrementen. Rindergallensteine sind besonders reich an Bilirubin, während bei menschlichen Gallensteinen meist der Cholesteringehalt überwiegt. Bilirubin findet sich weiter im Kammerwasser von Mensch und Tier[10], bei kongenitaler Porphyrie auch im Pleuraexsudat und besonders reichlich im Blutserum[11]. Auch im strömenden Blut kann das Bilirubin nachgewiesen werden[12]. Bei Leichen kommt Bilirubin reichlich in der Haut und in den Nieren vor[13]. Als „Hämatoidin" ist das Bilirubin bereits 1847 von VIRCHOW[14] aus alten Blutextravasaten in kristallisierter Form isoliert worden. Die

---

[1] TIEDEMANN, F., u. L. GMELIN: Die Verdauung nach Versuchen. Bd. I, S. 80. Leipzig, Heidelberg 1826.
[2] STÄDELER, G.: A. **132**, 323 (1864).
[3] FISCHER, H.: H. **73**, 204 (1911).
[4] USPat. Nr. 2166073 (1939).
[5] SIEDEL, W., u. H. FISCHER: H. **214**, 145 (1933).
[6] FISCHER, H., u. H. PLIENINGER: H. **274**, 231 (1942).
[7] HIJMANS VAN DEN BERGH, A. A.: Der Gallenfarbstoff im Blute. 2. Aufl. Leipzig, Leyden 1928. — REINBOLD, B. v.: Biochem. Handlex. Bd. 6, S. 277 (1911); Bd. 9, S. 388 (1915). — KÜSTER, W.: Biochem. Handlex. Bd. 10, S. 33 (1923). — MAURER, H.: Biochem. Handlex. Bd. 14, S. 776 (1933).
[8] ROYER, M., et J. C. BERTRAND: Rev. Soc. argent. Biol. **4**, 838 (1928).
[9] ZAMORANI, V.: Riv. Clin. pediatr. **23**, 9 (1925).
[10] RADES, A.: Graefes Arch. **109**, 342 (1922).
[11] PAPENDIECK, A.: Kli. Wo. **1923 II**, 350.
[12] JONES, C. M., and B. B. JONES: Arch. internal Med., Chicago **29**, 669 (1922).
[13] GASSMANN, F. K.: Z. klin. Med. **114**, 477 (1930).
[14] VIRCHOW, R.: Virchows Arch. **1**, 379 (1847).

Identifizierung des Hämatoidins mit dem Bilirubin ist jedoch erst von FISCHER und REINDEL[1] 1923 durchgeführt worden. Schließlich konnte das Bilirubin auch in Leberechinokokken, in Gehirnextravasaten, Netz- und Dermoidcysten festgestellt werden[2].

Physiologische Bedeutung. Bilirubin ist das erste faßbare Abbau- oder besser Umbauprodukt des roten Blutfarbstoffes und wird von der Leber in die Galle ausgeschieden. Es bedingt als gelber Farbstoff die goldgelbe Färbung z.B. der menschlichen Galle. Man glaubte lange, daß es nur eine hepatische Bilirubinbildung gäbe (MINKOWSKI und NAUNYN[3]) und sah diese Ansicht durch den Befund gestützt, daß Blutkörperchen zerstörende Gifte wie Arsenwasserstoff oder Toluylendiamin bei entleberten Gänsen keine Gallenfarbstoffbildung hervorriefen, während bei gesunden Tieren nach diesen Vergiftungen schwerster Ikterus auftrat. Von WHIPPLE und HOOPER[4] wurde jedoch nach intravenöser Injektion von hämolysiertem Blut an Hunden, deren Leber durch eine ECKsche Fistel aus dem Kreislauf ausgeschaltet war, im Serum eine ebenso große Bilirubinmenge wie beim normalen Tier festgestellt. Weiter haben MANN und MAGATH[5] auch bei Säugetieren mit völlig exstirpierter Leber nach Hämoglobininjektion eine Vermehrung des Serumbilirubins beobachtet. Durch diese Feststellung, wie auch durch die Untersuchungen von ASCHOFF[6], von McNEE[7] sowie von LEPEHNE[8], ist schließlich der Beweis erbracht worden, daß es auch eine extrahepatische Bilirubinbildung gibt, wie sie ja auch schon aus dem Vorkommen von Bilirubin in Cysten und Blutextravasaten hervorgeht. Allerdings steht die extrahepatische Bildung des Bilirubins beträchtlich in ihrem Ausmaß hinter der hepatischen zurück, die hauptsächlich in den KUPFFERschen Sternzellen der Leber vor sich geht. Ganz allgemein betrachtet man heute das reticuloendotheliale System als die Bildungsstätte des Bilirubins. Seine Zellen sind an vielen Stellen des Organismus anzutreffen, gehäuft kommen sie im Endothel der Pfortadercapillaren, im Reticulum der Milz, im Knochenmark, in den Lymphknoten, im strömenden Blut[9] und vor allem in der Leber vor.

Auch außerhalb des Organismus wird die Bilirubinbildung beobachtet. RICH[10] konnte zeigen, daß durch lebende Gewebskulturen, die phagocytäre Zellen irgendeines Gewebes mesodermaler Herkunft enthalten, Hämoglobin in Gallenfarbstoff verwandelt wird. Ebenso bildet Milzgewebe von Hühnerembryonen aus gelöstem Hämoglobin Bilirubin[11]. Von A. v. CZIKE[12] konnte auch Bilirubinvermehrung nachgewiesen werden, wenn in Citrat- oder Hirudinplasma steril aufgefangenes Blut 24 Std bei 37° steht. Von ENGEL[13] wurde eine Vermehrung des Bilirubins im Plasma bei der Autolyse von Rinderblut bei 37° festgestellt.

Über die Zusammenhänge von Bilirubin mit den anderen Gallenfarbstoffen vgl. S. 948; 958, über seine physiologischen Eigenschaften vgl. S. 967.

Zusammensetzung und Formel. Durch die analytischen Untersuchungen von W. KÜSTER und insbesondere von H. FISCHER[14] und seiner Schule konnte die Konstitution des Bilirubins in langjähriger Arbeit geklärt werden. Vor allem auf Grund von syntheti-

[1] FISCHER, H., u. F. REINDEL: H. **127**, 299 (1923).
[2] VIRCHOW, R.: Virchows Arch. **1**, 379 (1847).
[3] MINKOWSKI, O., u. B. NAUNYN: A. e. P. P. **21**, 1, 41 (1886).
[4] WHIPPLE, G. H., and C. W. HOOPER: J. exp. Med. **17**, 593 (1913).
[5] MANN, F. C., u. T. B. MAGATH: Ergebn. Physiol. **23**, 212 (1924). — MANN, F. C., C. H. CHLARD, J. L. BOLLMAN and E. J. BALDES: Amer. J. Physiol. **76**, 306; **77**, 219 (1926).
[6] ASCHOFF, L.: Kli. Wo. **1932 II**, 1620. M. m. W. **1922 II**, 1352. Kli. Wo. **1924 I**, 961; **1926 II** 1260.
[7] McNEE, J. W.: Med. Klin. **1913 II**, 1125. Brit. med. J. **1924 II**, 495.
[8] LEPEHNE, G.: Folia haematol., Leipzig **39**, 277 (1930).
[9] JONES, C. M., and B. B. JONES: Arch. internal Med., Chicago **29**, 669 (1922).
[10] RICH, A. R.: Physiol. Rev. **5**, 182 (1925).
[11] DOLJANSKI, L., u. O. KOCH: Virchows Arch. **291**, 379 (1933).
[12] CZIKE, A. v.: Dtsch. Arch. klin. Med. **164**, 236 (1929).
[13] ENGEL, M.: Diss. Univ. Zürich 1935.
[14] FISCHER-ORTH: Die Chemie des Pyrrols. Bd. II/1, S. 621ff. Leipzig 1937.

schen Arbeiten konnte schließlich 1933 von SIEDEL und FISCHER[1] die Konstitutionsformel des Bilirubins aufgestellt werden. Es erwies sich als eine 1',8'-Dioxy-1,3,6,7-tetramethyl-2,8-divinyl-bili-dien-(2'α,7'γ)-4,5-dipropionsäure von der Zusammensetzung $C_{33}H_{36}O_6N_4$ und dem Mol.-Gewicht 584,66.

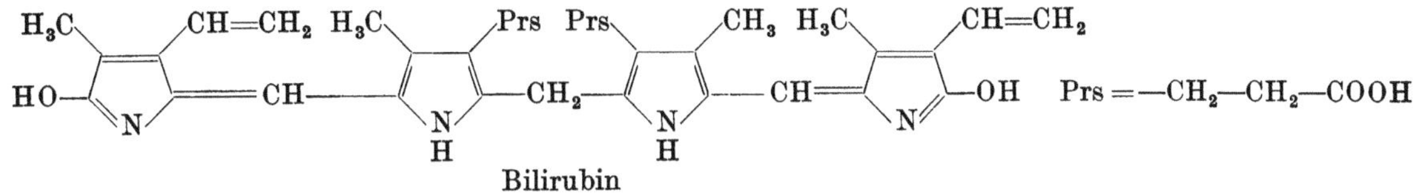

Bilirubin

Die Formel ist 1942 von FISCHER und PLIENINGER[2] durch Totalsynthese bestätigt worden.

Darstellung von Bilirubin aus Gallensteinen nach FISCHER[3].

Zur Gewinnung von Bilirubin eignen sich am besten Rindergallensteine. Nach der Vorschrift von FISCHER[3] werden diese nach dem Trocknen in der Kugelmühle auf das feinste gemahlen. Das rotbraune Mahlgut wird dann mit Äther 24 Std aus der Hülse extrahiert. Der in der Hülse verbleibende Rückstand wird nach kurzem Trocknen mit siedendem Wasser angerührt, abgenutscht und auf der Nutsche so oft mit siedendem Wasser durchgespült, bis das Wasser farblos abläuft. Hierzu sind bei Verwendung von 200 g Gallensteinen etwa 20—30 l Wasser erforderlich. Anschließend wird 24 Std mit stark verdünnter Salzsäure geschüttelt, abgesaugt und wieder mit Wasser gewaschen. Nach erneutem Trocknen wird wieder mit Äther extrahiert (zur Entfernung der Lithocholsäure), dann mit absolutem Alkohol und zuletzt längere Zeit mit Chloroform (3—4 Tage unter mehrfachem Wechsel des Lösungsmittels). Aus dem Chloroform kristallisiert das Bilirubin in sehr reiner Form aus.

Direkte Gewinnung von Bilirubin aus Galle (Menschengalle).

Die von PORSCHE und Mitarbeitern[4] ausgearbeitete Vorschrift für die Bilirubin-Gewinnung aus Galle ist von LIBOWITZKY[5] in folgender Weise modifiziert worden:

1,7 *l* Menschengalle werden mit der gleichen Menge destillierten Wassers verdünnt. Dann wird unter kräftigem Rühren ein frisch bereiteter Brei von gelöschtem Kalk so lange zugegeben, bis die Mischung stark alkalisch reagiert. Nach 12 Std Stehen wird filtriert und der Niederschlag dann über Calciumchlorid getrocknet. Hierauf wird die Substanz pulverisiert. Ausbeute etwa 120 g. Dieses Pulver (es enthält Bilirubin-Calciumsalz, Calciumsalze der Gallensäuren und Calciumcarbonat) wird unter kräftigem Rühren in $^1/_2$ *l* Chlorbenzol suspendiert. Dann wird eine Mischung von 200 cm^3 Eisessig und 200 cm^3 Chlorbenzol im Verlaufe einer $^1/_2$ Std zugetropft, wobei die Temperatur vorübergehend auf 40° ansteigt. Nach Abkühlen auf Zimmertemperatur wird abgesaugt und mit Chlorbenzol nachgewaschen. Die Chlorbenzol-Lösung des Bilirubins wird dann auf einem 50° warmen Wasserbad im Vakuum zur Trockne verdampft. Der bräunliche schmierige Rückstand wird mit 100 cm^3 Alkohol am Rückflußkühler gekocht, wobei die Schmieren in Lösung gehen und das Roh-Bilirubin als rotbraunes Kristallpulver hinterbleibt. Nach dem Erkalten wird abgesaugt und mit Alkohol und Äther nachgewaschen. Die Ausbeute beträgt etwa 350 mg Roh-Bilirubin. Dieses wird in 1 *l* Chlorbenzol auf dem siedenden Wasserbad gelöst und nach dem Erkalten von einem bilirubinfreien, schmierigen Rückstand abfiltriert. Hierauf wird die Lösung zweimal mit je 200 cm^3 2 n Salzsäure durchgeschüttelt, dann mit einer Messerspitze Tierkohle versetzt und hierauf mit $^1/_2$ *l* Wasser geschüttelt. Es wird nun von der Kohle abfiltriert und noch mehrmals mit Wasser gewaschen. Die so behandelte Chlorbenzol-Lösung des Bilirubins wird

[1] SIEDEL, W., u. H. FISCHER: H. **214**, 145 (1933).
[2] FISCHER, H., u. H. PLIENINGER: H. **274**, 231 (1942).
[3] FISCHER, H.: H. **73**, 216 (1911).
[4] US Pat. Nr. 2166073 (1939).
[5] LIBOWITZKY, H.: H. **263**, 267 (1940).

schließlich im Vakuum auf etwa 20 cm³ eingeengt, wobei das Bilirubin in prächtig rotorange gefärbten Prismen und wetzsteinförmigen Kristallen anfällt. Ausbeute 280 mg.

Eigenschaften. Das Bilirubin kristallisiert aus Chloroform in monoklinen Prismen oder orangefarbenen rhomboiden Plättchen. Aus Phenol erscheint es in langgestreckten, feinen hellgelben Nadeln. Die völlige Reindarstellung des Bilirubins gelingt mitunter nur schwer. — Aus heißem Dimethylanilin kristallisiert das Bilirubin in breiten, an beiden Enden schief abgeschnittenen, oft wetzsteinförmigen Säulen. Auch aus Chlorbenzol (vgl. vorhergehender Abschnitt) ist das Bilirubin gut umzukristallisieren. — Die Kristallform des Bilirubins wechselt stark, je nach der Vorbehandlung. Kristallographische Angaben von v. GROTH, HOLST und STEINMETZ[1] mit Abbildungen bei FISCHER und REINDEL[2].

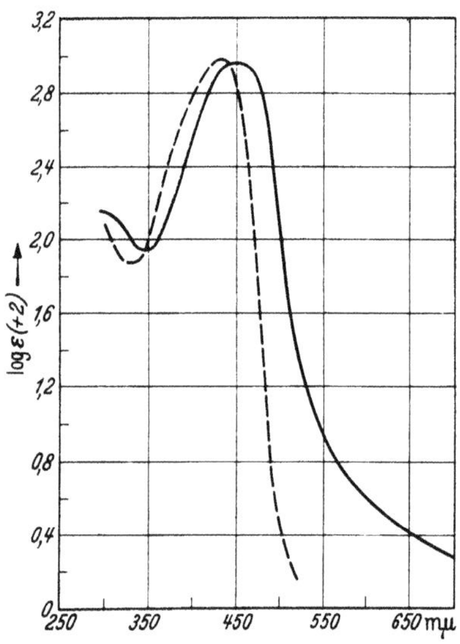

Abb. 14. Absorptionsspektren nach HEILMEYER[5]. —— Bilirubin (in Chloroform), ---- Mesobilirubin (in Chloroform) (c = 10 mg-%).

Bilirubin kann auch über das „Bilirubinammonium“[3] gereinigt werden, am besten jedoch durch Chromatographie an Al_2O_3 (standardisiert nach BROCKMANN). Die Beimischungen des in Chloroform gelösten Bilirubins werden in der obersten Zone adsorbiert, und das Bilirubin kann mit Chloroform eluiert werden[4].

Beim Erhitzen färbt sich das Bilirubin von 360° an dunkel und ist bei 400° noch nicht geschmolzen.

Bilirubin ist völlig unlöslich in Wasser und Glycerin, sehr wenig löslich in Äther, Benzol, Schwefelkohlenstoff, etwas leichter löslich in Alkohol, Eisessig und Chloroform. Die Löslichkeit in letzterem schwankt stark, je nach dem Reinheitsgrad des Bilirubins. In alkalischen Lösungsmitteln löst sich Bilirubin entsprechend seiner Säurenatur leicht. So kann man es aus Chloroformlösung leicht mit Alkalien ausschütteln (zum Unterschied von den Lipochromen).

Alle Bilirubinlösungen haben gelbe bis braungelbe Farbe, je nach der Reinheit. In einer 1,5 cm dicken Schicht ist noch bei 500000facher Verdünnung gelbliche Färbung zu erkennen. Im allgemeinen wird das Bilirubin in Lösungen leicht durch Luftsauerstoff verändert. Es tritt zuerst Grünfärbung (Biliverdin!), dann Braunfärbung (Bilifuscin!) ein. Auf einer ähnlichen oxydativen Veränderung beruht eine der wichtigsten Nachweisreaktionen des Bilirubins, nämlich die GMELINsche Reaktion (vgl. S. 954; 967). Eine größere Haltbarkeit haben die Bilirubinlösungen nach Zusatz von Eiweiß[6].

In einer 0,2 mg-%igen Chloroformlösung zeigt Bilirubin eine Absorptionsbande zwischen 490 und 400 mμ mit einem Maximum bei 450 mμ[4]. Der Beginn der Absorptionskurve ist sehr scharf, der Abfall dagegen flacher (vgl. Abb. 14). Bei längerem Stehen nimmt die Extinktion im kurzwelligen Gebiet ab, das Absorptionsverhältnis dagegen zu. Im langwelligen Licht nimmt die Lichtauslöschung zu. In einer 0,01 %igen alkoholischen oder auch in einer 1 mg-%igen, 4 % Chloroform enthaltenden alkoholischen Lösung von Bilirubin liegt das Maximum der Absorption ebenfalls bei 450 mμ[7, 8]. Da das Bilirubin in diesen alkoholischen Lösungen kolloidal vorliegt, sind die Absorptionskurven in ihren Formen etwas wechselnd. Alkalische Bilirubinlösungen zeigen im sichtbaren Bereich eine kontinuierliche Absorption mit einem Maximum bei 432 mμ[8]. Absorptionsspektrum vgl. S. 953 u. Abb. 14.

---

[1] GROTH, P.: Chemische Kristallographie. Bd. V, S. 516. 1919. (Leipzig).
[2] FISCHER, H., u. F. REINDEL: H. **127**, 299 (1923).
[3] KÜSTER, W.: H. **94**, 136 (1915); **99**, 87 (1917). — KÜSTER, W., u. R. HAAS: H. **141**, 279 (1924).
[4] SIEDEL, W.: unveröffentlicht.
[5] HEILMEYER, L.: Medizinische Spektrophotometrie. Jena 1933.
[6] SIVOR, R., u. O. FOURRAY: B. Z. **189**, 168 (1927).
[7] MÜLLER, P., u. M. ENGEL: H. **199**, 117; **202**, 56 (1931).
[8] HEILMEYER, L.: B. Z. **232**, 229 (1931).

Das Bilirubin wird durch Reduktion mit Natriumamalgam in Urobilinogen (= Mesobilirubinogen), durch katalytische Reduktion in Mesobilirubin übergeführt. Durch Reduktion mit Jodwasserstoffsäure in Eisessig wird Bilirubin zu der zweikernigen Bilirubinsäure bzw. Isobilirubinsäure und auch zu einkernigen Pyrrolderivaten gespalten (vgl. S. 944).

Physiologische Eigenschaften. Bilirubin besitzt keine Giftwirkung[1] (siehe aber S. 960). Wird es verfüttert, so wird es im Darm resorbiert oder auch zu Stercobilinogen und Urobilinogen reduziert. Bilirubin besitzt lichtsensibilisierende Wirkung, allerdings in weit geringerem Maße als die Porphyrine. In Verdünnung von 1:1000 wird bei Belichtung der Herzschlag des Tieres (Frosch) verlangsamt. Ohne Lichtzufuhr ist keine Reaktion bemerkbar[2]. Bilirubin wirkt, in geringeren Mengen kleinen Tieren per os verabreicht (Ratte, Maus), hämatopoetisch[3], auch bei Milzexstirpation und besonders bei niederem Gehalt des Blutes an roten Blutkörperchen[3, 4]. In größeren Dosen gegeben, zeigt das Bilirubin erythropoetische Wirkung, vor allem bei hoher Blutkörperchenzahl[4]. Beim Menschen wirkt Bilirubin, in alkalischer Lösung intravenös injiziert, weder hämatopoetisch noch erythropoetisch[5]. Nach Wyatt und Thompson[6] sollen durch intravenöse Gabe einer Kombination von Bilirubin und Gallensalzen in vielen Fällen die Beschwerden bei Gelenkrheumatismus beseitigt werden. — Entgegen mehrfacher Vermutung übt Bilirubin keine toxische Wirkung auf die Herzdynamik aus, es sei denn in sehr hohen Dosen[7].

Nachweis und Bestimmung. Normaler menschlicher Harn enthält kein Bilirubin; im Blutserum findet es sich nur in Spuren. Steigt im Blute der Bilirubinspiegel und tritt im Harn eine Bilirubinausscheidung ein, so ist dies ein Zeichen pathologischer Verhältnisse. Aus diesem Grunde sind die Nachweise des Bilirubins und Methoden seiner quantitativen Bestimmung von großer Wichtigkeit.

Zum Nachweis von Bilirubin dienen 2 Gruppen von Reaktionen: die Oxydation, die allgemein zu charakteristisch gefärbten Bilirubinoiden führt, und die Umsetzung mit Diazobenzolsulfosäuren, bei der das Bilirubinmolekül gespalten und in rote Azofarbstoffe übergeführt wird. Beide Methoden sind zur quantitativen Bestimmung des Bilirubins ausgewertet worden.

Oxydative Methoden des Bilirubin-Nachweises.

Gmelinsche Reaktion.

Prinzip:

Dieser Test (Chemismus vgl. S. 954) beruht auf der Oxydation von Bilirubin (oder auch Mesobilirubin) mit nitrithaltiger Salpetersäure, wobei charakteristisch gefärbte Dehydrierungs- bzw. Oxydationsprodukte der Gallenfarbstoffe (Biliverdin, Bilipurpurine, Choletelin) erhalten werden. Man kann entweder eine wäßrige Lösung des Bilirubins (Harn, Bilirubin-Alkalisalzlösung) mit nitrithaltiger Salpetersäure unterschichten oder besser eine Chloroformlösung mit dem gleichen Reagens überschichten. Bei beiden Ausführungen wird ein Farbspiel beobachtet. Bei der Ausführung mit wäßrigen Lösungen treten an der Berührungsfläche der Lösungen nacheinander die Farben Grün, Blau, Violett, Rot, Orange und Gelb auf. Bei der Durchführung mit Chloroform färbt sich meist die ganze Chloroformschicht und zeigt die Farben in derselben Reihenfolge. Die Reaktion gelingt noch gut bei einer Verdünnung des Bilirubins von 1:80000. Sie wird von Eiweiß nicht gestört, wohl aber von Alkohol. Wichtig ist bei der Reaktion das Auftreten der grünen und violetten Phase, da ohne diese leicht eine Verwechslung mit

[1] Hovall, O. H.: J. Lab. clin. Med. **14**, 217 (1928).
[2] Kämmerer, H., P. Brenner, J. Gürsching, C. Wang u. H. Douch: Verh. dtsch. Ges. inn. Med. **39**, 280 (1927).
[3] Benezik, F. B., A. Gaspar, F. Verzár u. A. Zih: B. Z. **225**, 278 (1930).
[4] Verzár, F., u. A. Zih: B. Z. **205**, 388 (1929).
[5] Popper, L.: Kli. Wo. **1930 II**, 1770.
[6] Wyatt, B. L., and H. E. Thompson: Brit. med. J. **1938 II**, 411. US Pat. Nr. 2156891.
[7] Köhler, U., K. Klinik u. W. Schmerwitz: Naturwiss. **44**, 540 (1957).

Lipochromen möglich ist. So ist im Harn der grüne Ring charakteristisch, aber auch der rotviolette muß vorhanden sein. Die Salpetersäure darf nicht zuviel salpetrige Säure enthalten, da sonst die Reaktion zu schnell abläuft und nicht typisch ist.

Reagens:

HNO_3, konzentriert, 0,1 % $NaNO_2$ enthaltend.

Ausführung der GMELIN*schen Reaktion mit Harn.* 10 cm^3 Harn werden mit etwa 5 cm^3 Reagenslösung vorsichtig mit einer Pipette unterschichtet. An der Berührungsstelle beider Flüssigkeiten bilden sich dann die verschiedenfarbigen Ringe aus. Zuoberst liegt der grüne Ring, der für Bilirubin am charakteristischsten ist. — Eine Abwandlung der Methode besteht darin, daß man ein Filter mit bilirubinhaltigem Harn befeuchtet und dann mit einem Tropfen der oben angegebenen Säure betupft. Es bilden sich dabei konzentrische Ringe von verschiedener Farbe, deren äußerster grüngefärbt sein muß. — Aus stark ikterischem Harn kann man oft durch einfaches Ausschütteln mit Chloroform, Abgießen und Verdunsten desselben sowie nochmaliges Lösen des Rückstandes in Chloroform das Bilirubin isolieren. Man kann dann mit der Chloroformlösung wie oben angegeben die GMELINsche Reaktion ausführen.

Ausführung der GMELIN*schen Reaktion mit Galle.* Man schüttelt die Galle vom Menschen oder von fleischfressenden Tieren mit Chloroform aus und verdampft die Chloroformlösung zur Trockne. Der Rückstand zeigt dann mit dem GMELINschen Reagens das charakteristische Farbspiel. — Der Nachweis des Bilirubins läßt sich auch mit der mit Wasser verdünnten Galle direkt mittels der GMELINschen Probe führen. (Im Serum kann das Bilirubin nur mittels der Diazoreaktion nachgewiesen werden, vgl. S. 970.)

HAMMARSTEN*sche Probe*[1].

Reagens:

Von einem Gemisch aus 1 Vol. Salpetersäure und 19 Vol. Salzsäure (jede Säure etwa 25%ig), das durch Stehen gelb geworden ist, mischt man vor jedesmaligem Gebrauch 1 Vol. mit 4 Vol. Alkohol.

Ausführung:

Setzt man zu einigen Kubikzentimetern dieser sauren Reagenslösung einige Tropfen Bilirubinlösung, so nimmt diese sofort eine dauerhafte schöne grüne Farbe an. Durch Zusatz von steigenden Mengen des Säuregemisches zu dieser grünen Lösung kann man nacheinander und beliebig langsam sämtliche Farben der GMELINschen Reaktion erhalten. — Will man mittels dieser Probe Bilirubin im Harn nachweisen, so werden 10 cm^3 desselben in einem Zentrifugenglase mit einigen Tropfen Calciumchloridlösung versetzt und zentrifugiert, worauf die trübe Lösung abgegossen wird. Gibt man zu dem Bodensatz 1—2 cm^3 des Reagens, so löst er sich auf und die Flüssigkeit färbt sich grün.

HUPPERT*sche Reaktion*[2].

Wird eine Lösung von Bilirubinalkali mit Calciumchlorid und Ammoniak versetzt, so fällt Bilirubin-Calcium aus. Erhitzt man den Niederschlag nach Auswaschen mit Wasser im Reagensglas mit alkoholischer Salzsäure zum Sieden, so nimmt die Flüssigkeit die grüne bzw. blaugrüne Farbe des Biliverdins an.

HARRISON-*Test für Bilirubin im Harn* (modifiziert nach HAWKINSON, WATSON und TURNER)[3].

Reagentien:

1. $BaCl_2$, gesättigte Lösung.
2. FOUCHETs Reagens: 25 g Trichloressigsäure in 100 cm^3 H_2O dest. lösen und 10 cm^3 10%ige $FeCl_3$-Lösung zufügen.

---

[1] HAMMARSTEN, O.: Skand. Arch. Physiol. **9**, 313 (1899).
[2] HUPPERT, H.: Arch. Heilkde. 8, 351, 476 (1869). — Vgl. auch SCHERER, J.: A. **53**, 377 (1845).
[3] HAWKINSON, V., C. J. WATSON and R. H. TURNER: J. amer. med. Ass. **129**, 514 (1945).

Ausführung:

Der Test lehnt sich an die HUPPERTsche Reaktion an und besteht darin, daß man einen Streifen dicken Filtrierpapiers (Schleicher & Schüll Nr. 470) mit konzentrierter Bariumchloridlösung tränkt, trocknet und 10—15 sec in den zu untersuchenden Harn taucht (es werden manchmal auch 30—120 sec angegeben). Hierauf wird der Streifen horizontal auf ein Stück einfaches Fließpapier gelegt. Auf die Grenzlinie, bis zu der der Streifen eingetaucht war und die sich gelblich bis bräunlich markiert, gibt man dann 2—3 Tropfen des Reagens von FOUCHET. Beim Auftreten einer grünen Farbe ist der Test positiv. Farben außer Grün oder Blaugrün sind nicht entscheidend.

Der Test beruht auf der Dehydrierung von Bilirubin zu Biliverdin und Bildung von dessen Eisen (III)-chlorid-Molekülverbindung. Er stellt also nur die 1. Phase im GMELINschen Test dar wie auch die HUPPERTsche Reaktion.

***Modifizierte* ROSIN*sche Probe*[1].**

Reagentien:

1. KJ, 10%ig.
2. Jodlösung, 1%ige alkoholische.

Ausführung:

5 cm³ Harn werden mit 1 cm³ einer 10%igen KJ-Lösung versetzt und vorsichtig umgeschwenkt. Um Schaumbildung zu vermeiden, darf der Harn nicht geschüttelt werden. Dann wird diese Mischung in der üblichen Weise mit $^1/_2$—1 cm³ einer 1%igen alkoholischen Jodlösung überschichtet. Filtrieren ist bei allen Bilirubin-Untersuchungen unzweckmäßig, da ein Teil des Bilirubins im Fließpapier zurückgehalten wird. Bei starken Trübungen durch corpusculäre Bestandteile kann man den Harn nach dem Zusatz der KJ-Lösung zentrifugieren und dann im Zentrifugenglas überschichten. — Bei der ROSINschen Probe tritt an der Grenzfläche zwischen Harn und Jodlösung eine Grünfärbung auf, deren Intensität im wesentlichen vom Gehalt an Bilirubin abhängt. Bei hohem Eiweißgehalt des Harns tritt an der Grenzfläche infolge Eiweißfällung ein graugrünlicher Farbton auf. Durch den Zusatz von Kaliumjodid zum Harn wird die ROSINsche Probe empfindlicher und gibt noch deutlich positive Resultate bei den Harnen, die mit der einfachen Jodprobe negativ ausfallen.

***Probe nach* BOUMA[2].**

Reagentien:

1. $CaCl_2$, 10%ig.
2. NH_4OH, stark verdünnt.
3. $FeCl_3$, 2 g in 1 *l* HCl ($d = 1{,}19$).
4. Äthanol.

Ausführung:

8 cm³ Harn (frisch und sauer reagierend) werden mit 2 cm³ 10%iger Calciumchloridlösung und tropfenweise mit einer sehr schwachen Ammoniaklösung versetzt, so daß die Reaktion nicht alkalisch wird. Der Niederschlag wird abzentrifugiert, einmal mit dest. Wasser gewaschen und in einer Mischung von 1 cm³ der Lösung von 2 g $FeCl_3$ in Salzsäure und 4 cm³ Alkohol aufgenommen. Es tritt zunächst eine grüne, dann eine blaugrüne Farbe auf. Die Reaktion ist sehr empfindlich.

Fluorescenzreaktion.

Prinzip:

Bei diesem Nachweis wird die intensive Rotfluorescenz des Zinkkomplexsalzes der Bilipurpurine (vgl. S. 955) und anschließend die Grünfluorescenz des Zinkkomplexsalzes des Choletelins (vgl. S. 955) ausgenutzt.

Reagentien:

1. Zinkacetat, gesättigte Lösung in Alkohol.
2. Jod (Brom).

---

[1] OSTEN, W.: Ärztl. Wschr. **1951**, 252.

[2] BOUMA, J.: D. m. W. **1902 I**, 866.

Ausführung:

Eine neutral eingestellte Bilirubinlösung wird mit alkoholischer Zinkacetatlösung und etwas Jod versetzt. Es tritt eine Rotfluorescenz auf mit einem Zweibandenspektrum [I. 660—615 mμ (Maximum bei 643 mμ); II. Maximum 585 mμ (schwächer)]. — Bei zunehmender Verdünnung ist die Bande I vorherrschend[1]. Bei Weiteroxydation tritt allmählich Grünfluorescenz auf. Diese wird bei niederem Bilirubingehalt und raschem Jodzusatz sofort erzielt. Die Reaktion ist ebenfalls sehr empfindlich. — Das Jod läßt sich auch durch Brom ersetzen[2, 3].

***Pentdyopent-Reaktion nach* Bingold[4].**

Diese Reaktion beruht darauf, daß das Bilirubinmolekül mit Hilfe von Hydroperoxyd in zweikernige Verbindungen gespalten wird, die als ,,Propentdyopent" mit reduzierenden Mitteln eine charakteristische Farbreaktion geben, die als ,,Pentdyopent-Reaktion" bekannt ist.

Reagentien:

1. KOH, 10%ig.
2. H_2O_2, 20%ig.
3. Natriumdithionit in Substanz.

Ausführung:

10 cm³ eines bilirubinreichen Harnes werden mit etwa 2 cm³ Kalilauge und einigen Tropfen einer 20%igen H_2O_2-Lösung versetzt. Bei nachfolgendem Erhitzen unter Zusatz einer kleinen Menge Natriumdithionit (= $Na_2S_2O_4$, Natriumhydrosulfit) tritt eine Rotfärbung auf mit einer Absorptionsbande bei 525 mμ. (Vgl. auch S. 998.)

Diazoreaktion.

Von Ehrlich[5] ist gefunden worden, daß Bilirubin, in Chloroform gelöst, nach Zusatz einer 0,1%igen Lösung von Diazobenzolsulfosäure und Salzsäure eine Rotfärbung zeigt, die auf weiteren Zusatz von konzentrierter Salzsäure über Violett in ein intensives Blau übergeht. Auf klinischem Gebiet wurde von Hijmans van den Bergh[6] erstmals die Reaktion zur quantitativen colorimetrischen Methode ausgebaut, hauptsächlich zur Bestimmung von Bilirubin im Blut. Später ist diese Bestimmungsmethode in ihrer Anwendung auf Harn-Bilirubin und Serum-Bilirubin mehrfach verbessert worden, so von Heilmeyer und Krebs[7], von Jendrassik und Cleghorn[8], Jendrassik und Gróf[9] sowie von With[10] und Engel[11].

Der *Chemismus der Diazoreaktion* ist von Fischer und Haberland[12] am Beispiel des Mesobilirubins, das die Reaktion ebenso wie Bilirubin gibt, aufgeklärt worden. Die Reaktion besteht darin, daß unter dem Einfluß der Diazokomponente das Bilirubin-Molekül hydrolytisch aufgespalten wird und die beiden Bruchstücke (Neoxanthobilirubinsäure und Iso-neoxanthobilirubinsäure) mit der Diazokomponente zu Azofarbstoffen kuppeln, wie folgende Formulierung zeigt:

---

[1] Barrenscheen, H. K., u. O. Weltmann: B. Z. **140**, 237 (1923).
[2] Dhéré, C.: C. R. Soc. Biol. **103**, 371 (1930).
[3] Siedel, W., u. E. Grams: H. **267**, 49 (1941).
[4] Bingold, K.: Kli. Wo. **1934 II**, 1451; **1935 II**, 1287; **1941**, 331.
[5] Ehrlich, P.: Zbl. inn. Med. **4**, 721 (1883).
[6] Hijmans van den Bergh, A. A.: Der Gallenfarbstoff im Blut. Leipzig, Leyden 1918. B. Z. **77**, 90 (1916).
[7] Heilmeyer, L., u. W. Krebs: B. Z. **223**, 352 (1930). Vgl. auch Heilmeyer, L.: Medizinische Spektrophotometrie. Jena 1933.
[8] Jendrassik, L., u. R. A. Cleghorn: B. Z. **289**, 1 (1936).
[9] Jendrassik, L., u. P. Gróf: B. Z. **296**, 71; **297**, 81 (1938).
[10] With, T. K.: H. **275**, 166 (1942).
[11] Engel, M.: H. **259**, 75 (1939).
[12] Fischer, H., u. H. W. Haberland: H. **232**, 236 (1935).

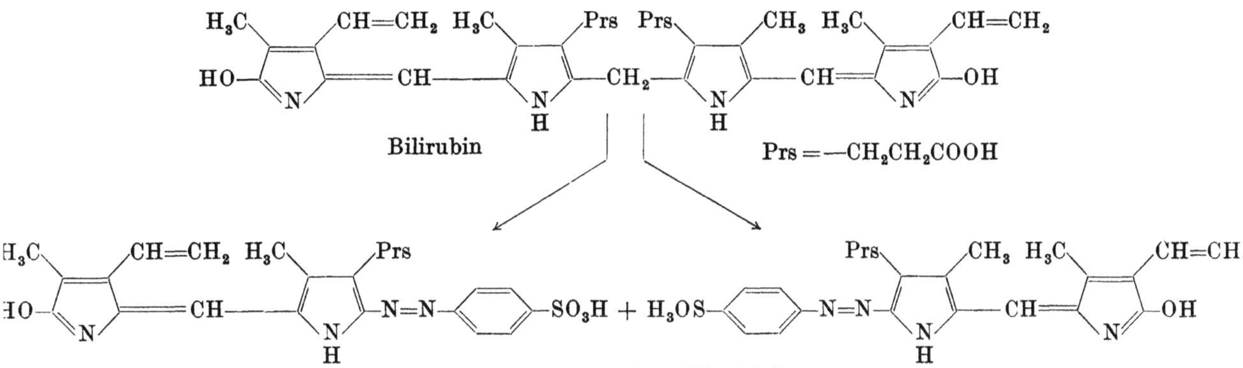

Azofarbstoffe („Azo-bilirubin")

„Direkte" und „indirekte" Diazoreaktion. Es ist schon lange bekannt, daß Bilirubin, z.B. im Serum von Ikteruskranken, bei der Diazoreaktion in 2 Arten reagiert[1,2]. Wenn die Kupplung (auch in wäßriger Lösung) sofort (d. h. innerhalb 30 sec) stattfindet, spricht man von einem „direkt" reagierenden Bilirubin. Wenn jedoch die Kupplung erst nach Zusatz von Alkohol (innerhalb 1—10 min) eintritt, bezeichnet man das Bilirubin als „indirekt" reagierend.

Allgemein kann man sagen, daß das gesamte der Leber zugeführte Bilirubin die „indirekte" Diazoreaktion zeigt. Das durch Stauung in den Kreislauf gelangende hepatische Bilirubin gibt die „direkte" Reaktion, während reines Bilirubin und anhepatisch (z. B. bei perniziöser Anämie, bei hämolytischem Ikterus, bei Blutergüssen in der Milz) entstandenes Bilirubin „indirekt" reagiert. — In der Leber wird das gesamte Bilirubin in „direkt" reagierendes umgewandelt, das im Gegensatz zum „indirekten" Bilirubin allein befähigt ist, die Nierenschwelle zu passieren. Von den Leberzellen wird somit „direkt" reagierendes Bilirubin mit der Galle ausgeschieden. Bei der Passage des Dünndarmes wird dieses jedoch wieder in „indirektes" Bilirubin verwandelt.

Die Faktoren, die für das verschiedenartige Verhalten des Bilirubins verantwortlich sind, wurden schon lange diskutiert[3], jedoch konnte erst in den letzten Jahren gezeigt werden, daß den verschiedenen Diazoreaktionen im Serum 2 verschiedene Bilirubinderivate zugrunde liegen[4-8]. Das Bilirubin, das die „indirekte" Diazoreaktion gibt, gleicht dem kristallisierten, in Chloroform löslichen und in Wasser unlöslichen Bilirubin. Das indirekte Bilirubin läßt sich im sauren Milieu bis p_H 4 nicht mit Diazobenzolsulfosäure umsetzen. Erst von p_H 4,5 an erfolgt die Bildung von Azobilirubin, die etwa bei p_H 6 ihr Maximum erreicht[9]. Das Bilirubin, das die „direkte" Diazoreaktion zeigt, ist wasserlöslich und läßt sich im sauren und neutralen Milieu ohne weiteres zum Azofarbstoff kuppeln. Nachdem in den letzten Jahren die Trennung der beiden Bilirubine durch Papierchromatographie[5,10] wie auch durch Verteilungschromatographie[6] gelungen war, konnte von SCHMID[11] und ebenso von BILLING und LATHE[12] gezeigt werden, daß das

[1] HIJMANS VAN DEN BERGH, A. A.: Der Gallenfarbstoff im Blut. Leipzig, Leyden 1918. B. Z. **77**, 90 (1916).
[2] WATSON, C. J.: Ann. internal Med. **45**, 351 (1956).
[3] Vgl. WITH, T. K.: Biology of Bile Pigments. Kopenhagen 1954.
[4] YAMAOKA, K., u. K. KOSAKA: Proc. Imp. Acad. Jap. **27**, 715 (1951).
[5] GRIES, G., P. GEDIGK u. J. GEORGI: H. **298**, 132 (1954).
[6] COLE, P. G., G. H. LATHE and B. H. BILLING: Biochem. J. **57**, 514 (1954).
[7] WESTPHAL, U., u. P. GEDIGK: H. **284**, 274 (1949). — WESTPHAL, U., H. OTT u. P. GEDIGK: H. **285** 200 (1950).
[8] GRIFFITHS, W. F., and G. KAYE: J. exp. Path. **11**, 441 (1930). — FOWWEATHER, F. S.: Biochem. J. **26**, 165 (1932).
[9] GEDIGK, P., u. G. GRIES: H. **289**, 261 (1952).
[10] Vgl. auch MONCKE, C.: Medizinische **1953**, 1036.
[11] SCHMID, R.: Science, N. Y. **124**, 76 (1956).
[12] BILLING, B. H., and G. H. LATHE: Biochem. J. **63**, 6p (1956). — BILLING, B. H.: Biochem. J. **56**, XXX (1954).

„direkt“ reagierende Bilirubin ein Glucuronsäureester des Bilirubins ist, während im „indirekt“ reagierenden Bilirubin nichtverestertes Bilirubin vorliegt. Dabei wird angenommen, daß die Glucuronsäure mit den Carboxylgruppen des Bilirubins verestert ist. In Übereinstimmung mit dem Vorhandensein zweier Carboxylgruppen im Bilirubin sind Di- und Monoglucuronsäureester gefunden worden[1].

Zusammenfassend kann nach den neuen Ergebnissen gesagt werden, daß a) „indirektes“ Bilirubin im Serum bei hämolytischer, nicht hämolytischer und nicht obstruktiver Gelbsucht gefunden wird und daß b) „direktes“ Bilirubin allgemein in der frischen Lebergalle bei Personen ohne Ikterus vorkommt sowie im Harn bei obstruktiver Gelbsucht. Das „direkte“ Bilirubin ist meist von „indirektem“ begleitet. In normalem Harn findet sich ebenfalls das „direkte“ Bilirubin.

Für klinische Zwecke wird mitunter der Quotient „direkt“-Bilirubin:„indirekt“-Bilirubin (D.I.Q.) bestimmt. Man nimmt diese Bestimmung nach MALLOY und EVELYN[2] vor. Von BUNGENBERG DE JONG[3] ist ebenfalls eine Methode der getrennten Bestimmung von „direktem“ und „indirektem“ Bilirubin ausgearbeitet worden. Sie beruht darauf, daß bei Einstellung des Serums auf p_H 1,5—2 das „direkte“ Bilirubin mit dem Diazoreagens kuppelt, während das „indirekte“ noch nicht reagiert. Wird mit Acetat der p_H auf 6—6,5 gebracht, so kuppelt auch das „indirekte“ Bilirubin.

Bilirubin-Bestimmung. Die zahlreich beschriebenen Bestimmungsmethoden des Bilirubins haben alle die Diazokupplung dieser Verbindung als Grundlage, wobei dann die quantitative Messung der Färbung colorimetrisch, absolut-colorimetrisch oder spektrophotometrisch geschehen kann. Siehe dazu auch Bd. V, S. 385.

Bilirubin-Bestimmung im Harn. Die Bilirubin-Bestimmung im Harn ist weniger gebräuchlich, da das Harn-Bilirubin beim Stehen viel schneller oxydiert wird als das Serum-Bilirubin. So ist meist die Bestimmung der gesamten Bilirubinoide im Harn wichtiger als die Einzelbestimmung des Bilirubins. Soll das Bilirubin dennoch bestimmt werden, so ist die Verwendung eines absolut frischen Harns Vorbedingung.

Der normale Harn enthält nur Spuren von Bilirubin. Sie sind mit den üblichen einfachen Verfahren nicht nachweisbar. Pathologische Bilirubinvermehrung erkennt man aber schon an der Farbe des Harnes, die dunkler gelb ist als üblich, wie auch an der Gelbfärbung des Schaumes. Behandelt man den Harn mit Erdalkaliphosphaten, so wird das Bilirubin quantitativ adsorbiert, wenn keine überschüssigen Phosphationen vorhanden sind. Der Niederschlag, auf einem Filter gesammelt und mit einem Oxydationsmittel betupft (HNO_3, Jod, $FeCl_3$ in Trichloressigsäure), zeigt die Grünfärbung des Biliverdins bzw. Rotfärbung des Bilipurpurins (Bilicyanin). Siehe hierzu auch Bd. V, S. 233ff.

***Photometrische Bestimmung von Bilirubin im Harn nach* JENDRASSIK *und* GRÓF[4].**

Prinzip:

Das Bilirubin wird durch Calciumchlorid und Natriumphosphat gefällt und auf der Zentrifuge mit verdünnter Calciumchloridlösung gewaschen. Aus dem Niederschlag wird das Bilirubin durch Alkohol und Diazomischung als Azobilirubin herausgelöst und mit Salzsäure angesäuert. Die Farbtiefe der Lösung wird dann photometrisch bestimmt.

Reagentien:

1. Natriumphosphatlösung ($Na_2HPO_4 \cdot 12\ H_2O$), 11%ig.
2. Calciumchloridlösung ($CaCl_2 \cdot 6\ H_2O$), 20%ig.
3. Calciumchloridlösung, 0,2%ig.
4. Alkohol, 96%ig.

[1] SCHMID, R.: J. biol. Ch. **229**, 881 (1957).
[2] MALLOY, H. T., and K. A. EVELYN: J. biol. Ch. **119**, 481 (1937).
[3] BUNGENBERG DE JONG, W. J. H.: Kli. Wo. **1942**, 885. Das Verfahren ist in Bd. V, S. 157 beschrieben.
[4] JENDRASSIK, L., u. P. GRÓF: B. Z. **296**, 71; **297**, 81 (1938). — Vgl. auch Variation nach WITH, T. K.: H. **275**, 166 (1942).

5. Diazolösung I (5 g Sulfanilsäure, 15 cm^3 konz. Salzsäure bis 1000 cm^3 Wasser aufgefüllt).
6. Diazolösung II (0,5%iges Natriumnitrit). Vor dem Gebrauch werden 10 cm^3 der Lösung *I* mit 0,25 cm^3 (etwa 6 Tropfen) der Lösung *II* gemischt = Diazolösung.
7. konz. Salzsäure.

Ausführung:

In einem Zentrifugenglas werden 2 cm^3 Harn, möglichst frisch und rein, abgemessen. Stark saure Harne sind mit einigen Tropfen starker Lauge zu neutralisieren, um einen eventuell bilirubinhaltigen Niederschlag zu lösen. Alkalische trübe Harne werden vor der Untersuchung gleichmäßig aufgerührt (stärkere Grade von Albuminurie, Bakteriurie und Hämaturie stören die Bestimmung und geben zu hohe Werte). Dazu gibt man dann 1,5 cm^3 Natriumphosphatlösung und unmittelbar nachher 0,5 cm^3 (10 Tropfen) 20%ige Calciumchloridlösung. Nach 10—15 min langem Stehen[1] wird zentrifugiert, die überstehende Flüssigkeit abgegossen oder abgesaugt, sodann der Niederschlag mit 10 cm^3 0,2%iger Calciumchloridlösung gewaschen. Bei genauem Arbeiten und niedrigem Bilirubingehalt ist ein dreimaliges Waschen mit je 2—5 cm^3 0,2%iger Calciumchloridlösung nötig. Nun werden 6,6 cm^3 Alkohol und 1 cm^3 Diazomischung zugefügt, dann wird der Niederschlag gründlich verrührt. Nach 5—10 min setzt man 2 cm^3 konzentrierte Salzsäure zu[2] und ermittelt den Extinktionskoeffizienten bei 1 oder 3 cm Schichtdicke im PULFRICH-Photometer mit dem Filter S 57 gegen ein mit Wasser gefülltes Gefäß.

Berechnung:

Ist E_1 der Extinktionskoeffizient der Lösung, so ist die Bilirubinkonzentration in mg-%: $c = 3{,}46 \cdot E_1$ cm.

Benützt man ein Rohr mit einer Markierung bei 10 cm^3, so gibt man zum Niederschlag erst 6 cm^3 Alkohol und ergänzt das Gemisch nach Zufügen der Salzsäure mittels Alkohol auf 10 cm^3. Von Harnen mit voraussichtlich sehr niedrigem Bilirubingehalt kann man auch 5 cm^3 und mehr mit unveränderten Mengen Fällungsmittel nehmen. Bei sehr starker Bilirubinurie — dunkelbraune Harnfarbe[3] — genügt 1 cm^3. Der Faktor ist dann entsprechend kleiner oder größer.

Die Bestimmung der täglich ausgeschiedenen Bilirubinmenge geschieht wegen der leichten Oxydierbarkeit am besten derart, daß man in mehreren Harnproben den Bilirubingehalt frisch bestimmt und aus dem berechneten Durchschnitt unter Berücksichtigung des Tagesvolumens die Ausscheidung in Gramm berechnet.

Bilirubin-Bestimmung im Serum. Bilirubin ist im menschlichen Serum immer enthalten. Mengen von 0,5—1,5 mg-% werden als normale Werte betrachtet[4]. Es muß berücksichtigt werden, daß die physiologischen Mengen beträchtlich variieren. Der durchschnittliche Normalwert wird zwischen 0,8 und 1,2 mg-% liegen. Im Serum verschiedener Tiere, wie z. B. Hunden, Kaninchen, Hasen, Meerschweinchen und Ratten, kommt Bilirubin nicht vor. Im Pferdeserum sind 1,9—3,1 mg-% normal. Einige Angaben s. auch Bd. V, S. 159ff.

Photometrische Bestimmung von Bilirubin im Serum nach* JENDRASSIK *und* GRÓF[5] *(vereinfachte Ausführung der Methode von* JENDRASSIK *und* CLEGHORN[6]*).

Prinzip:

Serumbilirubin wird mit Hilfe einer Coffeinlösung und diazotierter Sulfanilsäure in den Azofarbstoff umgewandelt und dieser durch starke Lauge in eine blaue Modifikation

[1] Von WITH werden 30 min als Reaktionsdauer empfohlen, da in kürzerer Zeit keine vollständige Fällung des Bilirubins eintreten soll.

[2] Der Niederschlag löst sich dabei und die Flüssigkeit nimmt eine blaue Farbe an, bei geringem Bilirubingehalt oft einen rötlichen Ton.

[3] Die braune Farbe kann oft auch von Bilifuscinen herrühren, ohne daß Bilirubin vorhanden ist. Vgl. S. 1003.

[4] WITH, T. K.: Acta med. scand. **115**, 542 (1943). — POLLOCK, M. R.: Lancet **1945 II**, 626.

[5] JENDRASSIK, L., u. P. GRÓF: B. Z. **297**, 81 (1938).

[6] JENDRASSIK, L., u. R. A. CLEGHORN: B. Z. **289**, 1 (1936).

übergeführt, deren Lichtabsorption mit Filter S 61 des PULFRICH-Photometers gemessen wird.

Reagentien:

1. Coffeinmischung: 20 g Coffein werden mit 30 g Natriumbenzoat und 50 g Natriumacetat in Wasser gelöst und auf 400 cm^3 aufgefüllt.
2. Diazolösung I (5 g Sulfanilsäure + 15 cm^3 konz. Salzsäure auf 1000 cm^3 Wasser).
3. Diazolösung II (0,5 %ige Natriumnitritlösung).
4. Diazomischung [10 cm^3 Diazolösung I + 0,25 cm^3 (= 6 Tropfen) Diazolösung II].
5. Fehling II-Lösung [10 g NaOH + 35 g Kalium-Natriumtartrat (Seignettesalz) + 100 cm^3 H_2O].

Ausführung:

A. Ohne Kontroll-Lösung. Es wird dem Patienten im nüchternen Zustand entnommenes, klares Serum verwandt. 1 cm^3 Serum + 2 cm^3 Coffeinmischung (gut vermischen!) + 0,5 cm^3 Diazomischung und nach 10 min + 1,5 cm^3 Fehling II-Lösung. Man mißt sofort den Extinktionskoeffizienten bei 1 cm Schichtdicke. Kontrolle: Wasser [mit Filter S 61 (E_1^{61})].

Berechnung:

Hieraus ergibt sich die Bilirubinkonzentration in Milligrammprozenten (mg-%) (c) nach der Gleichung: $c = 5{,}32\ (E_1^{61} - 0{,}03)$.

B. Mit der Vergleichslösung: Diese Methode ist vor allem dann nötig, wenn das Serum nicht ganz klar ist. Hierbei wird das Reaktionsgemisch wie unter A beschrieben hergestellt, daneben aber eine Kontroll-Lösung folgender Zusammensetzung verwendet: 1 cm^3 Serum + 2 cm^3 Coffeinmischung + 0,5 cm^3 Wasser + 1,5 cm^3 Fehling II-Lösung. Die Messung erfolgt wie zuerst.

Berechnung:

$c = 5{,}35\ (E_1^{61} - 0{,}005)$.

Seren mit erhöhtem Bilirubingehalt verdünnt man im voraus, damit die Ablesung im Stufenphotometer unter 5 mg-% bleibt. Die benötigte Serummenge ist dann noch viel geringer. Bezeichnet man mit v den Grad der Verdünnung (z.B. beim Verdünnen 1:4 ist $v = 4$), so ist die Bilirubinkonzentration:

A ohne Kontrolle: $c = 5{,}32 \cdot v \cdot (E_1^{61} - 0{,}005) - 0{,}13$,

B mit Kontrolle: $c = 5{,}35 \cdot v \cdot (E_1^{61} - 0{,}005)$.

Steht nur sehr wenig Serum zur Verfügung, so verfährt man nach der älteren „Neutralmethode" folgendermaßen.

Bestimmung von Bilirubin nach JENDRASSIK *und* CLEGHORN[1].

Prinzip:

Das auf seinen Bilirubingehalt zu untersuchende Serum wird in Anwesenheit von Coffein-Natriumbenzoat und Natriumacetat mit diazotierter Sulfanilsäure vermischt und die entstandene Färbung des Reaktionsgemisches im PULFRICHschen Stufenphotometer gegen eine ähnliche, jedoch diazofreie Serumverdünnung im Grünlicht (Filter S 53) gemessen. Die Bilirubinkonzentration wird dann mittels einer Formel errechnet.

Reagentien:

1. Coffein-Natriumbenzoat: 20 g Coffein (puriss.) + 30 g Natriumbenzoat (DAB 5) + 70 cm^3 Wasser, eventuell unter Erwärmen gelöst.
2. Natriumacetat: 3 Volumenteile gesättigte Natriumacetatlösung + 1 Volumenteil Wasser.
3. Coffeinmischung: Mischung gleicher Teile der Coffein-Benzoat- und der Natriumacetatlösung.
4. Diazolösung I: 5 g Sulfanilsäure + 15 cm^3 konz. Salzsäure auf 1000 cm^3 mit Wasser verdünnen.

---

[1] JENDRASSIK, L., u. R. A. CLEGHORN: B. Z. 289, 1 (1936).

5. Diazolösung II: 0,5 %ige Natriumnitritlösung.
6. Diazomischung: 10 cm³ *I* + 0,25 cm³ (= 6 Tropfen) *II*.

Ausführung:

Man bereitet 2 Reaktionsmischungen:

a) (Hauptprobe): 1 cm³ Serum + 1 cm³ Coffein-Natriumbenzoatlösung + 1 cm³ Natriumacetatlösung + 1,5 cm³ Wasser + 0,5 cm³ Diazomischung.

b) (Kontrolle): 1 cm³ Serum + 1 cm³ Coffein-Natriumbenzoatlösung + 1 cm³ Natriumacetatlösung + 2 cm³ Wasser.

Beide Lösungen — Hauptprobe und Kontrolle — werden in Küvetten von je 1 cm Schichtdicke gegeneinander im PULFRICHschen Stufenphotometer auf ihre Extinktion bei Filter S 53 untersucht.

Berechnung:

Die Bilirubinkonzentration berechnet sich dann in Milligrammprozenten nach der Gleichung:

$$c = 6{,}32 \cdot E_1^{53} - 0{,}05 .$$

Hat man zu wenig Serum, so stellt man mit den halben Mengen dieselben Reaktionsmischungen her und gibt dabei alles unmittelbar in die trockenen Küvetten. So genügt insgesamt 1,0 cm³ Serum. Steht noch weniger Serum zur Verfügung, so kann man im voraus mit physiologischer Kochsalzlösung 1:2 verdünnen, oder aber man verwendet nur je 0,25 cm³ unverdünntes Serum, wodurch die gesamte nötige Serummenge auf 0,5 cm³ herabgesetzt wird.

Eine weitere einfache Mikrobestimmung von Serum-Bilirubin (und Serum-Häm-Pigmenten) wird von PERRYMAN, RICHARDS und HOLBROOK[1] beschrieben. Benötigt wird hierbei nur 0,1 cm³ Serum.

***Bestimmung von Bilirubin im Vollblut und in hämoglobinhaltigem Plasma und Serum nach* ENGEL[2].**

Prinzip:

Zur Verhinderung der Oxydation des Bilirubins beim Ausfällen des Hämoglobins wird das Oxyhämoglobin in Kohlenoxyd-Hämoglobin übergeführt. Außerdem wird Ascorbinsäure als stark reduzierende Substanz zugesetzt. Die Eiweißfällung wird mittels Aceton vorgenommen. Hierauf wird der acetonische Auszug im Stufenphotometer mit Filter S 57 vor und nach der Diazotierung gemessen.

Reagentien:

1. Aceton, mit Kaliumpermanganat gekocht, dann destilliert; mit Kaliumcarbonat durchschüttelt und erneut destilliert.
2. Diazolösung I: 5,0 g Sulfanilsäure (reinst) + 50 cm³ konz. Salzsäure (37 %) auf 1000 cm³ mit H_2O aufgefüllt.
3. Diazolösung II: 0,5 %ige Natriumnitritlösung.
4. Diazomischung: 10 cm³ Lösung *I* + 0,1 cm³ Lösung *II*.
5. Salzsäure, konz. (37 %ig, spez. Gewicht 1,19).
6. 0,05 n Ascorbinsäure.
7. Ameisensäure, konz.
8. H_2SO_4, konz.

Ausführung:

5 cm³ Vollblut (hämoglobinhaltiges Plasma oder Serum) werden im 50 cm³-Meßkölbchen mit Kohlenoxyd (aus Ameisensäure und konz. Schwefelsäure bereitet) unter dreimaliger Erneuerung des Gases geschüttelt. Hierauf Zugabe von 0,5 cm³ 0,05 m Ascorbinsäure, auffüllen bis zur Marke mit Aceton. Dann wird durch ein Papierfilter (Schleicher & Schüll Nr. 602 oder 689 III) filtriert und die Durchlässigkeit des Filtrats im Stufenphotometer mit Filter S 57 in Küvetten von 1—5 cm Schichtdicke *(s)* gegen

[1] PERRYMAN, P. W., D. H. RICHARDS and B. HOLBROOK: Biochem. J. **66**, 61P (1957).
[2] ENGEL, M.: H. **259**, 75 (1939).

Aceton gemessen (D_1). Nun werden 20 cm³ des Filtrats in ein 25 cm³-Meßkölbchen gegeben, mit 2 cm³ frisch gemischtem Diazoreagens versetzt, 10 min stehengelassen, darauf 1 cm³ konz. Salzsäure zugegeben und mit Aceton bis zur Marke aufgefüllt. Jetzt erfolgt die 2. Messung im Stufenphotometer (D_2).

Berechnung:

$C = (K_2 \cdot 12{,}5 - K_1 \cdot 10) \cdot A$ g Bilirubin im Kubikzentimeter.

K_1 = Extinktionskoeffizient des acetonischen Auszuges vor Diazotierung (Verdünnung 1:10) $= \frac{-\log D_1}{S}$.

K_2 = Extinktionskoeffizient des acetonischen Auszuges nach Diazotierung (Verdünnung 1:12,5) $= \frac{-\log D_2}{S}$.

Beispiel:

Trommelablesungen: $D_1 = 87{,}9\,\%$; $D_2 = 61{,}7\,\%$; $S = 2$ cm.

$$C = \left(\frac{-\log 0{,}617 \cdot 12{,}5}{2} - \frac{-\log 0{,}879 \cdot 10}{2}\right) \cdot 0{,}84 \cdot 10^{-5}\ \mathrm{g/cm^3}.$$

$C = 0{,}867 \cdot 10^{-5}\ \mathrm{g/cm^3} = 0{,}867$ mg-%.

$A = 0{,}84 \cdot 10^{-5}$ = Absorptionsverhältnis des Bilirubin-Azofarbstoffes in salzsaurer, acetonischer Lösung mit Filter S 57 des Stufenphotometers.

Zur Bilirubinbestimmung im Faeces s. Bd. V, S. 414f.

Verbindungen von Bilirubin. *Salze.* Die Salze des Bilirubins haben geringere Bedeutung. Das *Mononatriumsalz* findet sich bei schwerem Ikterus in der Galle und im Serum. Es ist unlöslich in Chloroform und wird durch Säuren zu einem in Wasser unlöslichen, durch Stehen in Serum jedoch zu einem in Wasser kolloidal löslichen Bilirubin verwandelt. Bei der Diazoreaktion tritt sofort Rotfärbung ein[1]. — Leitet man in eine Suspension von Bilirubin in heißem Methanol Ammoniak ein, bis alles Bilirubin in Lösung gegangen ist, so kann man mittels einer Kältemischung Kristallisation des sogenannten „*Bilirubinammoniums*" erreichen. Es ist eine in braunroten Nadeln kristallisierende Substanz, die sich zum Reinigen von Bilirubin eignet[2]. Beim Kochen mit Methanol, Äther oder Chloroform verliert es sein Ammoniak wieder.

Dimethylester. Durch Einwirkung von Diazomethan auf eine Chloroformlösung von Bilirubin wird ein Dimethylester $C_{35}H_{40}O_6N_4$ (Mol.-Gewicht 612,71) erhalten, der aus Petroläther in orangeroten Rhomboedern oder büschlig verwachsenen Nädelchen mit dem Schmelzpunkt 198—200° (Sinterung ab 165°) kristallisiert[1]. Er ist jedoch sehr unbeständig und wird von Luftsauerstoff zum Biliverdinester dehydriert. Er ist leicht löslich in Aceton, Eisessig, Essigester, Chloroform und Benzol.

Molekülverbindungen von Bilirubin; Bilirubin-Glykokoll. Da das Bilirubin in biologischem Material allgemein komplex gebunden vorliegt, haben Komplex- bzw. Molekülverbindungen desselben größere Bedeutung, besonders solche mit Aminosäuren und Eiweiß. — Schüttelt man eine Chloroformlösung von Bilirubin mit einer wäßrigen Lösung von Glykokoll, so erhält man nach Abtrennen des Wassers und Einengen des Chloroforms im Vakuum das Bilirubin-Glykokoll ($C_{33}H_{36}O_6N_4 \cdot 2\,NH_2CH_2CO_2H$) in Form orangeroter Rhomboeder, die allgemein in organischen Lösungsmitteln schwer löslich sind, sich dagegen leicht in Ammoniak oder Sodalösung lösen. Beim Kochen mit Wasser erfolgt Zersetzung[3].

Bilirubin-Eiweiß-Verbindungen. Im Serum ist das Bilirubin vollständig an Eiweiß gebunden. Schon aus Versuchen von DUESBERG[4], nach denen nur Hämoglobin, nicht aber Hämatin zur physiologischen Bilirubinbildung befähigt ist, geht hervor, daß das Bilirubin im Organismus an Eiweiß gebunden ist. Von PEDERSEN und WALDENSTRÖM[5]

[1] NEWMAN, C. E.: Brit. J. exp. Path. **9**, 112 (1928) [C. **1930 I**, 2931].
[2] KÜSTER, W.: H. **94**, 152 (1915); **99**, 87 (1917). — KÜSTER, W., u. R. HAAS: H. **141**, 279 (1924).
[3] KÜSTER, W.: H. **141**, 40 (1924).
[4] DUESBERG, R.: A. e. P. P. **174**, 305 (1934).
[5] PEDERSEN, K. C., u. J. WALDENSTRÖM: H. **245**, 152 (1937). — Vgl. auch BENNHOLD, H.: Ergebn. inn. Med. **42**, 273 (1932). — SNAPPER, I., u. W. H. BENDIEN: Acta med. scand. **98**, 77 (1938).

ist durch Ultrazentrifugierung des Serums bewiesen worden, daß das Bilirubin immer an die Albuminfraktion des Serums gebunden ist, und zwar konnte gezeigt werden, daß sowohl im „direkt" wie im „indirekt" kuppelnden Bilirubin die Eiweißverbindung vorliegt. Auch in der Galle kommt das Bilirubin in hochmolekularer Form vor. — Nach den Feststellungen von WESTPHAL und Mitarbeitern[1] ist im normalen Serum das Bilirubin an Albumin und an α_2-Globulin, im ikterischen Serum an Albumin und β-Globulin gebunden.

β) Mesobilirubin (= Mesobilirubin IX, α).

Historisches. Das Mesobilirubin ist erstmals von H. FISCHER[2] gewonnen worden, und zwar durch Reduktion von Bilirubin in alkalischer Lösung mit kolloidalem Palladium als Katalysator. Die Konstitution ist nach ausgedehnten Vorarbeiten[3] von SIEDEL und FISCHER[4] 1933 endgültig geklärt worden. Abgeschlossen wurde die Beweisführung mit der von SIEDEL[5] durchgeführten Totalsynthese der Substanz.

Vorkommen und Physiologische Bedeutung. Das Mesobilirubin findet sich mitunter als Begleiter des Bilirubins in der Galle, wie von BAUMGÄRTEL und ZAHN[6] festgestellt worden ist. Es stellt dort ein Zwischenprodukt der Reduktion des Bilirubins zu Urobilinogen (und Stercobilinogen) dar. In vivo entsteht das Mesobilirubin aus Bilirubin durch Einwirkung von Leberbrei oder auch von Bakterien[7].

Zusammensetzung und Formel. Das Mesobilirubin ist eine 1′,8′-Dioxy-1,3,6,7-tetramethyl-2,8-diäthyl-bili-dien-(2′α;7′γ)-4,5-dipropionsäure, besitzt die Zusammensetzung $C_{33}H_{40}O_6N_4$ und das Mol.-Gewicht 588,68. Es unterscheidet sich vom Bilirubin durch den Besitz von 2 Äthylgruppen an Stelle der Vinylgruppen und somit durch den Mehrgehalt von 4 Wasserstoffatomen.

Prs = —CH_2—CH_2—COOH

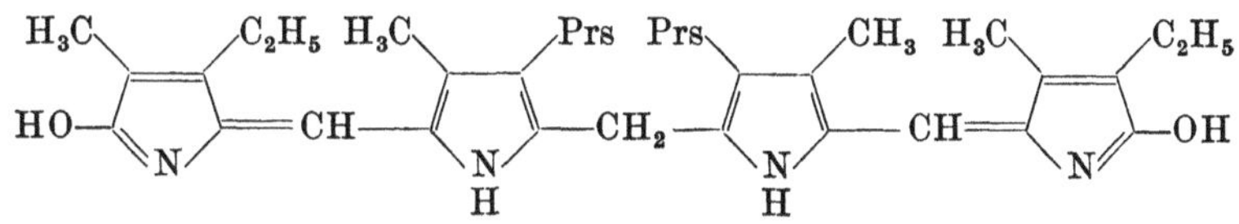

Mesobilirubin

Darstellung[8]. 10 g reines Bilirubin werden in 480 cm³ 0,1 n Natronlauge gelöst, filtriert und unter Zugabe von 4 cm³ einer 1%igen Lösung von kolloidalem Palladium geschüttelt. Nach Verlauf von etwa 8 Std (wobei man zweckmäßig inzwischen noch 1- bis 2mal erneut 4 cm³ Katalysatorlösung zugegeben hat) ist die Hydrierung beendet. Anschließend wird filtriert und das entstandene Mesobilirubin mit Eisessig ausgefällt. Ausbeute: 4—5 g. Umkristallisiert wird aus Pyridin.

Eigenschaften. Das Mesobilirubin kristallisiert aus Chloroform, in dem es ziemlich leicht löslich ist, in gelben rhombischen Blättchen, aus Pyridin in goldgelben Prismen. Auch aus Essigester ist es umkristallisierbar und erscheint daraus in feinen Nädelchen. Der Schmelzpunkt ist undeutlich und liegt bei etwa 310° (im Röhrchen). Absorptionsspektrum vgl. Abb. 14, S. 966 sowie S. 953.

Nachweis und Bestimmung. Das Mesobilirubin verhält sich sowohl bei der GMELINschen Reaktion als auch bei der Diazoreaktion wie das Bilirubin. Seine quantitative

[1] WESTPHAL, U., u. P. GEDIGK: H. **283**, 161 (1948); **284**, 274 (1949). Dtsch. Arch. klin. Med. **195**, 445 (1949). — WESTPHAL, U., H. OTT u. P. GEDIGK: H. **285**, 200 (1950). — Vgl. auch BARAC, G., et J. M. GERNAY: Bull. Soc. Chim. biol. **31**, 128 (1949).
[2] FISCHER, H.: B. **47**, 2330 (1914). Z. Biol. **65**, 163 (1914).
[3] Vgl. FISCHER-ORTH: Die Chemie des Pyrrols. Bd. II/1, S. 640ff. Leipzig 1937.
[4] SIEDEL, W., u. H. FISCHER: H. **214**, 145 (1933).
[5] SIEDEL, W.: H. **245**, 257 (1937).
[6] BAUMGÄRTEL, T.: Physiologie und Pathologie des Bilirubinstoffwechsels als Grundlagen der Ikterusforschung. S. 136. Stuttgart 1950. — BAUMGÄRTEL, T., u. D. ZAHN: Kli. Wo. **1952**, 44.
[7] BAUMGÄRTEL, T., u. D. ZAHN: Dtsch. Z. Verd.- u. Stoffw.-Krankh. **11**, 257 (1951).
[8] FISCHER, H.: B. **47**, 2330 (1914).

Bestimmung kann nach den gleichen Methoden wie die des Bilirubins vorgenommen werden.

Derivate. *Mesobilirubin-dimethylester-dihydrochlorid*, $C_{35}H_{44}O_6N_4 \cdot 2HCl$, Mol.-Gewicht 689,66. Darstellung: 0,3 g Mesobilirubin werden in 10 cm³ abs. Methanol suspendiert. Dann wird ein trockener Strom von Chlorwasserstoffgas bis zur Sättigung eingeleitet. Unter Erwärmung tritt völlige Lösung ein und bald darauf Kristallisation des Dihydrochlorids. Der Ester kristallisiert zuerst in orangeroten, meist fast quadratischen Blättchen mit grünbraunem Oberflächenglanz. — Bei besonderer Reinheit des Mesobilirubins treten nach der Veresterung fast nur rhombisch umrissene Blättchen mit den Kantenwinkeln von 35° bzw. 145° auf. Im polarisierten Licht sind die Kristalle bei Parallelstellung von Längsdiagonale und Schwingungsrichtung des polarisierten Lichtes dunkler rotorange in der Durchsicht, senkrecht dazu mehr gelborange. — Beim Erhitzen färbt sich das Dihydrochlorid bei 181° dunkelgrün, sintert bei 191° und schmilzt bei 192° [unkorrigiert = 197° (korrigiert)]. Es ist leicht löslich in Chloroform, schwer löslich in Alkohol und Äther. Den *Mesobilirubindimethylester* selbst erhält man aus dem Dihydrochlorid durch Erhitzen desselben mit Methanol. Schon nach kurzer Zeit bilden sich feine gelbgrüne rechteckige Blättchen. Mitunter erscheint der Dimethylester auch in Stäbchen oder kurzen Prismen. Aus Methanol umkristallisiert, fällt er in gelben spindelförmigen Kristallen mit dem Schmelzpunkt 239,5—240° (korrigiert) an. $C_{35}H_{44}O_6N_4$, Mol.-Gewicht 616,4.

γ) Biliverdin (= Uteroverdin, Dehydrobilirubin, Oocyan).

Bei Einwirkung von Luftsauerstoff oder anderen oxydierenden Agentien auf Bilirubin entsteht ein grünes Dehydrierungsprodukt, das Biliverdin.

Historisches. SCHERER[1] (1845) dürfte wohl erstmals das Roh-Biliverdin, das seinen Namen von BERZELIUS erhalten hat, in Händen gehabt haben. Aber erst seit den Untersuchungen von STÄDELER[2], MALY[3] und THUDICHUM[4] wird es als chemisches Individuum angesehen. Von KÜSTER[5] ist es schließlich, allerdings nur undeutlich kristallisiert, durch Oxydation des Bilirubins in alkalischer und saurer Lösung erhalten worden. KÜSTER hat auch die sekundäre Bildung von Biliverdin bei der Gewinnung von Bilirubin aus Gallensteinen beobachtet.

Die eigentliche strukturelle Zuordnung des Biliverdins geschah von der Seite des grünen Farbstoffes her, der in den Säumen der Hundeplacenta schon 1830 von BRESCHET[6] beobachtet und als „Uteroverdin" bezeichnet worden war. Es gelang 1932 LEMBERG und BARCROFT[7] dieses Uteroverdin in Form seines Hydrochlorids wie auch seines Methylesters zu isolieren und mit den entsprechenden Derivaten des Biliverdins zu identifizieren, das durch Dehydrierung von Bilirubin gewonnen worden war. Die Konstitution von Biliverdin ist mit der Aufklärung der Struktur von Glaukobilin (S. 982) und von Bilirubin (S. 965) ebenfalls geklärt gewesen. Die Totalsynthese wurde 1942 von FISCHER und PLIENINGER[8] durchgeführt.

Vorkommen. Das Biliverdin findet sich als Begleiter des Bilirubins in der Galle vieler Tiere, besonders der Vögel[9]. Es kommt im Meconium des Fetus[10] und des normalen Neugeborenen[11] vor, desgleichen in der Leichengalle. Am auffälligsten ist sein

[1] SCHERER, J.: A. **53**, 377 (1845).
[2] STÄDELER, G.: A. **132**, 323 (1864).
[3] MALY, R.: A. **175**, 76 (1874).
[4] THUDICHUM, J. L. W.: Soc. **13**, 389 (1875) [C. **1876**, 536, 711].
[5] KÜSTER, W.: H. **59**, 63 (1909). A. **181**, 242 (1876). H. **121**, 80 (1922).
[6] BRESCHET, G.: Ann. Sci. natur. Paris **19**, 379 (1830).
[7] LEMBERG, R., and J. BARCROFT: Proc. R. Soc. London (B) **110**, 361 (1932). — LEMBERG, R.: A. **499**, 25 (1932). Biochem. J. **29**, 978 (1934).
[8] FISCHER, H., u. H. PLIENINGER: H. **274**, 231 (1942).
[9] FISCHER-ORTH: Die Chemie des Pyrrols. Bd. II/1, S. 724. Leipzig 1937.
[10] ZAMORANI, V.: Riv. Clin. pediatr. **23**, 9 (1925).
[11] ROYER, M., et J. C. BERTRAND: C. R. Soc. Biol. **100**, 130 (1929).

Vorkommen in den Säumen der Hundeplacenta. Die Frage, ob der in den Vogeleierschalen häufig vorkommende blaugrüne Farbstoff, der als Oocyan bezeichnet wurde, mit dem Biliverdin identisch ist, ist noch nicht endgültig geklärt. Immerhin konnte DINELLI[1] zeigen, daß in dem Farbstoff der Eierschalen des Kasuars das Biliverdin als Chromoproteid vorliegt.

Über weitere biliverdinähnliche Farbstoffe in der Natur s. S. 981.

Physiologische Bedeutung. Das Biliverdin hat keine wesentliche physiologische Bedeutung. Es stellt lediglich ein intermediäres Produkt bei der biologischen Überführung von Protoporphyrin bzw. Häm in das Bilirubin dar, tritt aber dabei nicht in Erscheinung. Lediglich bei der künstlichen Ringaufspaltung über das Verdohämochromogen wird es als Endprodukt erhalten (vgl. S. 958). Sonst entsteht es nur aus dem Bilirubin durch Dehydrierung und ist so ein häufiger Begleiter des Bilirubins.

Zusammensetzung und Formel. Das Biliverdin hat die Zusammensetzung $C_{33}H_{34}O_6N_4$ und das Mol.-Gewicht 582,6. Als Dehydrierungsprodukt des Bilirubins stellt es eine 1',8'-Dioxy-1,3,6,7-tetramethyl-2,8-divinyl-bili-trien-(2'α,4'ms bzw. 5'ms,7'γ)-4,5-dipropionsäure dar. Es kann durch Reduktion mittels $Na_2S_2O_4$ (Natriumdithionit) in alkalischer Lösung wieder zum Bilirubin reduziert werden. Totalsynthese vgl. [2].

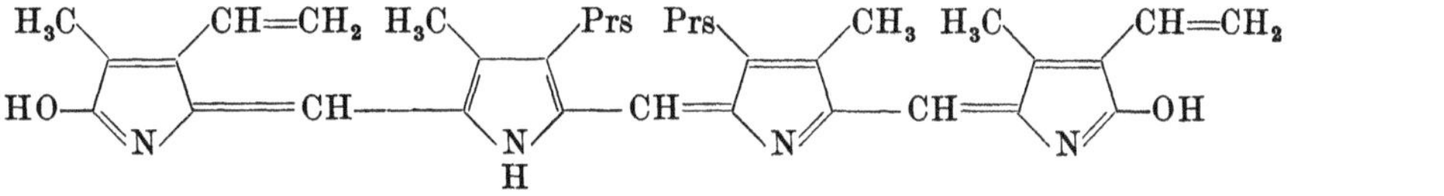

Biliverdin

Prs = —CH_2CH_2COOH

Darstellung. Zur Gewinnung von Biliverdin aus biologischem Material eignen sich am besten die grünen Säume der Hundeplacenta. Chemisch kann das Biliverdin aus Bilirubin recht gut durch Oxydation mit Chinon in Eisessiglösung oder auch durch Einwirkung von Eisen(III)-chlorid in Eisessig bzw. Hydroperoxyd in Chloroform-Äthanol erhalten werden.

***Darstellung von Biliverdin aus Hundeplacenta nach* LEMBERG *und* BARCROFT[3].**

Die sorgfältig herausoperierten und entbluteten Placenten werden geschabt. Dann werden alle festen Anteile mit 10%iger methylalkoholischer Salzsäure extrahiert und nach dem Einengen der Lösung im Vakuum unter Neutralisieren mit Soda bis zur eben verschwindenden Kongoreaktion in peroxydfreien Äther überführt. Die blaugrüne ätherische Lösung wird mehrmals mit Wasser gewaschen. Durch Extraktion mit 1%iger Salzsäure wird dann das Uteroverdin (= Biliverdin) als Hydrochlorid ausgezogen. Nach 2- bis 3maligem Extrahieren ist dem Äther alles Uteroverdin als Hydrochlorid entzogen. Es scheidet sich teilweise aus der salzsauren Lösung nach kurzem Stehen in blaugrünen Blättchen ab, ebenfalls als Hydrochlorid. Das Filtrat wird unter Kühlung mit Soda und schließlich mit Natriumacetat neutralisiert und mit Äther ausgeschüttelt. Die ätherische Lösung wird dann mit Wasser gewaschen, getrocknet und vorsichtig (zuletzt im Vakuum) zur Trockne eingedampft. Der Rückstand wird mit dem oben gewonnenen Hydrochlorid in 12%iger methanolischer Salzsäure aufgenommen. Nach 12stündigem Stehen bei gewöhnlicher Temperatur wird im Vakuum wieder zur Trockne eingeengt. Hierauf wird der Rückstand mit Äther verrührt und in wenig Methanol gelöst. Durch Schütteln dieser Lösung mit verdünnter Natriumacetatlösung wird das Hydrochlorid in den freien Dimethylester übergeführt. Zur Entfernung etwa vorhandenen nichtveresterten Biliverdins wird nochmals mit 2%iger Sodalösung und dann wieder mit

[1] DINELLI, D.: Atti R. Accad. naz. Lincei, R. C. **22**, 464 (1935).

[2] FISCHER, H., u. H. REINECKE: H. **265**, 9 (1940). Verbessert von FISCHER, H., u. O. WEISSBARTH (unveröffentlicht).

[3] LEMBERG, R., and J. BARCROFT: Proc. R. Soc. London (B) **110**, 361 (1932).

Wasser durchgeschüttelt. Die Ätherlösung wird nun mit Natriumsulfat getrocknet, eingeengt, mit Petroläther versetzt und in heißes Methanol gegeben. Beim Abkühlen kristallisiert der Biliverdin-dimethylester aus.

***Darstellung von Biliverdin aus Bilirubin nach* FISCHER *und* REINECKE**[1].

1 g Bilirubin wird in 50 cm³ Eisessig suspendiert und nach Zugabe von 1 g Chinon unter Schütteln zum Sieden erhitzt. Dann wird noch weiter 5 min auf dem siedenden Wasserbad erwärmt. Hierauf wird durch eine Glasnutsche filtriert. Das blaugrüne Filtrat enthält das Biliverdin, auf der Nutsche bleibt nichtumgesetztes Bilirubin zurück. Dieses wird erneut in Eisessig aufgenommen und nochmals der Oxydation mit Chinon unterworfen. Diese Operation wird so oft wiederholt, bis das Bilirubin gänzlich umgesetzt ist. Die blaugrünen Filtrate werden dann zusammen eingeengt. Dabei kristallisiert das Roh-Biliverdin aus. Die Kristallmasse wird abgenutscht, mit Äther gewaschen und schließlich mit abs. Äther durch Extraktion in der Hülse gereinigt. Der in der Hülse verbliebene Rückstand wird fein pulverisiert, mit einer Mischung von Aceton-Chloroform aufgeschlämmt und mit einer Diazomethan-Ätherlösung versetzt. Es wird nach und nach noch etwa 3mal Diazomethan-Ätherlösung zugesetzt, bis alles in Lösung gegangen ist. Nunmehr wird im Vakuum eingeengt und die Lösung schließlich auf eine Säule von Aluminiumoxyd (Merck, standardisiert nach BROCKMANN) aufgetropft. Entwickelt wird das Chromatogramm dann mit einer Mischung von gleichen Volumenteilen Äther, Aceton und Chloroform. Dabei wird zuerst der Monomethyläther des Biliverdin-dimethylesters eluiert, später der Dimethylester des Biliverdins. Er kristallisiert beim Einengen der Lösung aus. Umkristallisiert wird der Biliverdin-dimethylester aus Chloroform-Methanol. Will man das freie Biliverdin darstellen, so verseift man den Dimethylester mit methanolischer Kalilauge und fällt durch Zusatz von Eisessig.

Eine weitere Methode der Biliverdingewinnung aus Bilirubin wird von LEMBERG und LEGGE[2] angegeben. Sie beruht auf der Dehydrierung des Bilirubins mit Hydroperoxyd in Chloroform-Alkohol-Lösung.

Eigenschaften. Das Biliverdin kristallisiert aus Eisessig in grünen Nadeln, die sich leicht in Amylalkohol lösen, aber schwerlöslich in Methanol, Chloroform und Äther sind. Da die Substanz sehr empfindlich ist gegen Oxydationsmittel und außerdem auch schwer charakterisiert werden kann (kein Schmelzpunkt!), wird sie meist in den Dimethylester übergeführt. Vgl. S. 981.

Nachweis und Bestimmung. Der Nachweis des Biliverdins geschieht am besten durch seine Isolierung in Form des Dimethylesters und Bestimmung des Schmelzpunktes. — Versetzt man den Dimethylester in alkoholischer Lösung mit Zinkacetat und einer Spur Jod in alkoholischer Lösung, so tritt Blaufärbung der Lösung und eine intensive Rotfluorescenz auf. Die in der Durchsicht blaue Lösung hat eine charakteristische Absorptionsbande bei 641 mμ, eine schwächere bei 586 mμ.

Die Absorptionsverhältnisse salzsaurer Biliverdinlösungen für Filter 61 sind mit dem Stufenphotometer von ENGEL[3] näher untersucht und zu einer quantitativen Biliverdin-Bestimmung in Verdohämoglobinlösungen ausgewertet worden.

Zur photometrischen Schätzung des Biliverdin-Anteils an oxydierten Bilirubinlösungen oder Körperflüssigkeiten (Galle, Ikterusharn) ist von FRANKE[4] eine Methode ausgearbeitet worden. Dabei wird zuerst der Extinktionskoeffizient der zu untersuchenden Flüssigkeit bei 650 mμ bestimmt. Dann wird vorsichtig eine 0,1 %ige Kaliumpermanganatlösung zugetropft und nach jedem Tropfen die Extinktion kontrolliert. Es wird so lange Permanganat zugetropft, bis das Maximum der Extinktion erreicht ist. Bei Weiteroxydation tritt wieder Aufhellung ein. Treten Trübungen auf, so ist zwischen-

---

[1] FISCHER, H., u. H. REINECKE: H. **265**, 9 (1940). Verbessert von FISCHER, H., u. O. WEISSBARTH (unveröffentlicht).
[2] LEMBERG, R., and J. W. LEGGE: Austral. J. exp. Biol. med. Sci. **18**, 95 (1940).
[3] ENGEL, M.: H. **266**, 135, 143 (1940).
[4] FRANKE, K.: Z. ges. exp. Med. **79**, 107, 125 (1931).

durch zu filtrieren. Da die Extinktion einer frischen Bilirubinlösung bei 650 mμ außerordentlich klein ist, so ist der Biliverdin-Anteil $V = \frac{E_a}{E_e} \cdot 100\,\%$, wobei E_a die Extinktion vor und E_e die Extinktion nach der Permanganat-Oxydation ist.

Eine weitere Methode zur Erfassung des Biliverdinwertes in der Galle stammt von AMADA[1]. Das Prinzip dieser Methode besteht darin, daß man in der Galle den gesamten Bilirubinoid-Gehalt mittels der GMELINschen Reaktion bestimmt und den Bilirubin-Gehalt mittels der Diazoreaktion. Die Differenz zwischen beiden Werten ist dann als Biliverdinwert zu betrachten (Verdinwert = GMELIN-Wert — Azowert). Die Methode ist vor allem bei Kaninchengalle, die reich an Biliverdin ist, benutzt worden.

Eine Biliverdinbestimmung im Serum bei Ikterus ist von WATSON und Mitarbeitern[2] ausgearbeitet worden. — Bestimmung im Nabelschnurblut s. bei SADOUSKY und Mitarbeitern[3].

Derivate. Der *Biliverdin-dimethylester*, $C_{35}H_{38}O_6N_4$ (Mol.-Gewicht. 610,7) kristallisiert aus Chloroform-Methanol in feinen blaugrünen Prismen mit dem Schmelzpunkt 206 bis 209°. Er ist schwerlöslich in Methanol und leicht löslich in Chloroform. Wird er mit Eisessig zum Sieden erhitzt und dann mit Eisen(III)-chlorid in Eisessig versetzt, so kristallisiert bereits in der Hitze eine Molekülverbindung desselben mit Eisen(III)-chlorid und Chlorwasserstoffsäure von der Zusammensetzung $C_{35}H_{38}O_6N_4 \cdot FeCl_3 \cdot HCl$ in Form rechtwinklig abgeschnittener blauer prismatischer Stäbchen mit dem Schmelzpunkt 257° aus[4].

Abkömmlinge von Biliverdin. Zur Gruppe der Biliverdine oder der dem Biliverdin ähnlichen Bilirubinoide gehören noch eine Reihe von grünen oder blaugrünen Farbstoffen des Tierreiches. So ist aus den Pieridenflügeln (Kohlweißling) ein blauer Farbstoff, *Pterobilin* genannt, von WIELAND und TARTTER[5] isoliert worden. Er scheint ein Isomeres des Biliverdins zu sein. — JUNGE[6] fand Farbstoffe vom Biliverdintyp in der Haut von Stab- und Laubheuschrecken und WILLSTAED[7] auf den Gräten bestimmter Seefische. Die *Oocyane* sind bereits S. 978 erwähnt worden.

δ) Glaukobilin.

Historisches. Das Glaukobilin ist zum ersten Male von FISCHER, BAUMGARTNER und HESS[8] dargestellt worden, und zwar durch Einwirkung von Eisen(III)-chlorid in Eisessig auf Mesobilirubin. Dabei wurde zuerst eine Molekülverbindung von Glaukobilin, Eisen(III)-chlorid und Chlorwasserstoffsäure, das „*Ferrobilin*" erhalten, aus dem durch Behandlung mit Alkali das Glaukobilin selbst als blauer Farbstoff gewonnen wurde. Auf Grund der Bildungsweise wurde die unten angegebene Konstitution angenommen. Sie wurde dann durch die von SIEDEL[9] durchgeführte Totalsynthese bewiesen.

Vorkommen. Das Glaukobilin ist in der Natur praktisch noch nicht beobachtet worden. Jedoch ist das Glaukobilin als Sekundärprodukt aus den Chromoproteiden der Rotalgen, dem Phykoerythrin und dem Phykocyan (S. 997), erhalten worden.

Zusammensetzung und Formel. Das Glaukobilin ist ein Dehydrierungsprodukt von Mesobilirubin, wobei die Dehydrierung an der mittelständigen —CH_2-Brücke und einer der benachbarten Iminogruppen (—NH—) eingetreten ist. Es ist eine 1′,8′-Dioxy-1,3,6,7-

1 AMADA, Y.: J. Biochem. **32**, 187 (1940).
2 LARSON, E. A., G. T. EVANS and C. J. WATSON: J. Lab. clin. Med. **32**, 481 (1947).
3 SADOWSKY, A., Y. M. BROMBERG and A. BRYCZINSKI: Nature **160**, 192 (1947).
4 FISCHER, H., u. H. REINECKE: H. **265**, 9 (1940).
5 WIELAND, H., u. A. TARTTER: A. **545**, 197 (1940).
6 JUNGE, H.: H. **268**, 179 (1941).
7 WILLSTAED, H.: Enzymologia **9**, 260 (1941).
8 FISCHER, H., H. BAUMGARTNER u. R. HESS: H. **206**, 201 (1932).
9 SIEDEL, W.: H. **237**, 8 (1935).

tetramethyl-2,8-diäthyl-(2'α,4'ms bzw. 5'ms,7'γ)-4,5-dipropionsäure mit der Bruttoformel $C_{33}H_{38}O_6N_4$ und dem Mol.-Gewicht 586,66. Totalsynthese[1].

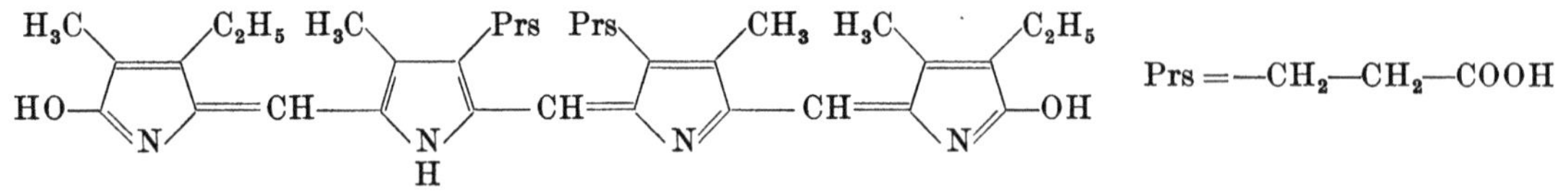

Glaukobilin

Darstellung[2]. Dargestellt wird das Glaukobilin aus dem Mesobilirubin durch Oxydation mit Eisen(III)-chlorid oder mit Bleidioxyd bzw. mit Chinon.

Oxydation mit $FeCl_3$. 0,6 g Mesobilirubin werden in 410 cm^3 siedendem Eisessig gelöst, heiß filtriert und dann mit einer Lösung von 0,6 g Eisen(III)-chlorid in 10 cm^3 heißem Eisessig versetzt. Die grüne Farbe der Lösung schlägt dabei nach tief blaugrün um, und bald beginnt Abscheidung des Ferrobilins (Molekülverbindung von Glaukobilin, $FeCl_3 \cdot HCl$) in kupferrot schimmernden Kristallen. Diese werden abgesaugt und in 2%iger Natronlauge gelöst. Nach dem Abfiltrieren vom ausgefallenen Eisenhydroxyd wird mit Essigsäure gefällt, der entstandene Niederschlag abgesaugt und mit Wasser gewaschen. Nach dem Trocknen wird der Niederschlag in siedendem Methanol gelöst. Beim Einengen dieser Lösung kristallisiert schließlich das Glaukobilin unter Eiskühlung aus. Ausbeute etwa 0,3 g.

Eigenschaften. Das Glaukobilin kristallisiert aus Methanol in prismatischen, blauen Stäbchen oder dünnen, rosettenartig verwachsenen, grün durchscheinenden Nadeln mit dem Schmelzpunkt 318° (korr.). Sie lösen sich leicht in Alkoholen und Chloroform. Diese Lösungen sind rein blau und besitzen eine verwaschene Absorptionsbande im Rot bei 685—650 mμ sowie eine sehr schwache Bande bei 580—560 mμ. Beim Schütteln mit Salzsäure färbt sich die Chloroformlösung grün. Das Spektrum zeigt dabei eine starke Aufhellung im Grün und eine starke Absorption im Rot bis 580 mμ. — Absorptionsspektrum vgl. S. 953.

Nachweis. Nachgewiesen wird das Glaukobilin durch Überführen in den Dimethylester und Bestimmung seines Schmelzpunktes. Der Ester zeigt, in Chloroform gelöst, die GMELINsche Reaktion von grün über blau, violett, rot nach gelb. Er zeigt mit Zinkacetat keine Fluorescenz, jedoch nach Zusatz von Jod intensive Rotfluorescenz mit dem Absorptionsspektrum: I. 641—614 (Maximum 627); II. 571; III. 509 mμ.

Derivate. *Glaukobilin-dimethylester*, $C_{35}H_{42}O_6N_4$ (Mol.-Gewicht 614,72) wird durch Veresterung des Glaukobilins entweder mit Salzsäure-Methanol oder mit Diazomethan gewonnen. Er kristallisiert aus Chloroform-Methanol in linealförmigen, gerade abgeschnittenen Prismen mit violettem Oberflächenglanz. Schmelzpunkt: 232—234° (korr.). Er ist leicht löslich in Chloroform, wenig löslich in Benzol[1].

Ferrobilin, $C_{33}H_{38}O_6N_4 \cdot FeCl_3 \cdot HCl$, entsteht als Zwischenprodukt bei der Herstellung des Glaukobilins aus Mesobilirubin, vgl. oben. Es kristallisiert aus Eisessig-Aceton in grünen haarförmigen Nadeln mit dem Schmelzpunkt 265°.

ε) *Urobilinogen, Stercobilinogen und d-Urobilinogen; Urobilin, Stercobilin und d-Urobilin.*

Historisches. (Vgl. auch S. 944.) Das mit der Galle in den Darm sezernierte Bilirubin wird dort unter der Einwirkung eines Bakterien-Synergismus wie auch cellulär an der Darmwand zu den Leukoverbindungen *Urobilinogen* und *Stercobilinogen* reduziert.

Die Untersuchung dieser Chromogene ist ausgegangen von dem Farbstoff, der von JAFFE[3] 1868 in der Galle und 1869 auch im Harn entdeckt und als *Urobilin* bezeichnet

[1] SIEDEL, W.: H. **237**, 8 (1935).
[2] FISCHER, H., H. BAUMGARTNER u. R. HESS: H. **206**, 201 (1932).
[3] JAFFE, M.: Zbl. med. Wiss. **6**, 243 (1868). J. prakt. Chem. **104**, 401 (1869).

worden ist. Schon JAFFE nahm an, daß das Urobilin ein Sekundärprodukt ist, das durch Oxydation (bzw. Dehydrierung) einer entsprechenden Leukoverbindung (Chromogen) entstanden ist. Der erste Versuch der künstlichen Herstellung einer solchen Leukoverbindung aus Bilirubin ist von STÄDELER[1] gemacht worden. MALY[2], der später die Versuche über die Natriumamalgamreduktion des Bilirubins wieder aufnahm, übersah die Entstehung der Leukoverbindung und erhielt immer sofort ein „Urobilin". Dagegen erkannte DISQUÉ[3] bei den gleichen Versuchen die primäre Bildung der Leukoverbindung, für die von LE NOBEL[4] die Bezeichnung *Urobilinogen* eingeführt wurde. In Übereinstimmung mit diesen Befunden steht auch die Beobachtung von SAILLET[5], daß in frischem Harn gesunder Menschen nicht Urobilin, sondern das Chromogen desselben vorkommt und daß aus diesem erst unter der Einwirkung des Lichtes oder schwacher Oxydationsmittel Urobilin gebildet wird.

Rein und kristallisiert gewonnen wurde das Urobilinogen erstmals von FISCHER und MEYER-BETZ[6], und zwar aus einem pathologischen Harn. Es konnte von ihnen auch mit der mittels Natriumamalgamreduktion aus Bilirubin erhaltenen Leukoverbindung, dem *Mesobilirubinogen,* identifiziert werden. Die Konstitution des Urobilinogen ergab sich aus der Formulierung des Bilirubinmoleküls und wurde durch Synthese von SIEDEL und Mitarbeiten[7] bewiesen, nachdem SIEDEL und MEIER[7] die Konstitution des Urobilins auf dem Wege über die Totalsynthese aufgeklärt hatten. 1 Jahr nach der Entdeckung des Urobilins wurde von VAN LAIR[8] sowie von MASIUS[8] auch in den Faeces ein urobilinähnlicher Farbstoff aufgefunden. Er wurde *Stercobilin* genannt. Erst 1932 jedoch ist dieses Stercobilin von WATSON[9] rein und kristallisiert erhalten worden. In der Folgezeit konnte dann festgestellt werden, daß dem Stercobilin ebenfalls eine Leukoverbindung zugrunde liegt, und zwar das *Stercobilinogen*[10]. Urobilinogen und Stercobilinogen kommen nach den Untersuchungen von WATSON[11], sowie von FISCHER und LIBOWITZKY[10] immer nebeneinander vor, wobei das Stercobilinogen der weitaus überwiegende Bestandteil ist. Nach STICH[12] ist im Normalharn überhaupt nur Stercobilinogen vorhanden. Über die Konstitution von Stercobilin vgl. S. 985; 992.

Im Inhalt einer infizierten Fistelgalle entdeckten 1942 SCHWARTZ und WATSON[13] ein neuartiges Urobilin, das im Gegensatz zum Stercobilin optisch rechtsdrehend ist. Dieses als *d-Urobilin* bezeichnete Pigment gleicht weitgehend dem Urobilin-IX,α, unterscheidet sich aber von ihm durch einen Mindergehalt von 2 H-Atomen. Einige Jahre später konnte dieselbe Substanz auch in den Faeces von Patienten festgestellt werden, deren Darmflora durch Aureomycin und Terramycin beeinflußt worden war[14]. Dabei konnte auch das zugehörige Chromogen, das *d-Urobilinogen,* isoliert werden. Seine Gewinnung wurde von WATSON und Mitarbeitern[15] 1956 beschrieben. Betreffs der noch ungeklärten Konstitution s. die Ausführungen S. 947.

---

[1] STÄDELER, G.: A. **132**, 323 (1864).
[2] MALY, R.: A. **161**, 368; **163**, 77 (1872); **175**, 76 (1874).
[3] DISQUÉ, L.: H. **2**, 259 (1878/79).
[4] LE NOBEL, C.: Pflügers Arch. **40**, 501 (1887).
[5] SAILLET, M.: Rev. Méd. **1897**, 109.
[6] FISCHER, H., u. F. MEYER-BETZ: H. **75**, 232 (1911).
[7] SIEDEL, W., u. E. MEIER: H. **242**, 101 (1936). — SIEDEL, W., u. H. MÖLLER: H. **264**, 64 (1940).
[8] LAIR, C. F. VAN, u. J. B. MASIUS: Zbl. med. Wiss. **9**, 369 (1871) [C. **1871**, 470].
[9] WATSON, C. J.: H. **204**, 57 (1932).
[10] WATSON, C. J.: H. **233**, 49 (1935). Proc. Soc. exp. Biol. Med. **32**, 534 (1935). — FISCHER, H., u. H. LIBOWITZKY: H. **258**, 255 (1939).
[11] WATSON, C. J.: J. biol. Ch. **114**, 47 (1936). Amer. J. clin. Path. **6**, 458 (1936). Blood **1**, 99 (1946).
[12] STICH, W.: D. m. W. **1946**, 137. — Kli. Wo. **1948**, 365.
[13] SCHWARTZ, S., and C. J. WATSON: Proc. Soc. exp. Biol. Med. **49**, 641 (1942).
[14] SBOROV, V. M., A. R. JAY and C. J. WATSON: J. Lab. clin. Med. **37**, 1 (1951). — Vgl. auch JAMES, G. W. III., A. ANDERSON and V. WILKERSON: J. clin. Invest. **31**, 641 (1952).
[15] LOWRY, P. T., R. CARDINAL, S. COLLINS and C. J. WATSON: J. biol. Ch. **218**, 641 (1956). — Vgl. auch WATSON, C. J., and P. T. LOWRY: J. biol. Ch. **218**, 633 (1956).

Weiter sei noch ein ähnliches Urobilinoid genannt, das von MEYER[1] in vivo stets im Duodenalsaft gefunden worden ist, insbesondere jedoch bei Leberschäden, erhöhtem Blutzerfall und bei Fieber. Charakteristisch für diese als „*3. Urobilinkörper*" bezeichnete Substanz ist eine positive EHRLICHsche Reaktion, eine negative SCHLESINGER-Reaktion und eine Bande von 510—495 mμ bei der Kupferreaktion (vgl. S. 987). EISENREICH[2] konnte die Substanz auch durch cellulär-fermentative Reduktion neben dem Urobilinogen erhalten und ihr Vorkommen in der Blasengalle beweisen.

Physiologische Bedeutung. Siehe S. 958.

Vorkommen. Vgl. S. 946 und 959.

ζ) Urobilinogen (= Urobilinogen-IX,α; Mesobilirubinogen).

Vorkommen. Urobilinogen findet sich hauptsächlich im Darm, in Spuren in der Gallenblase und im normalen Harn. Vermehrt tritt es im Harn auf in pathologischen Fällen, so bei Blut-, Leber- und Infektionskrankheiten[3]. In den Faeces wird eine vermehrte Ausscheidung von Urobilinogen bei den verschiedensten Erkrankungen festgestellt, z. B. bei Scharlach, Tetanus, Malaria, Typhus, Diabetes, Blutergüssen in das Gewebe, perniziöser Anämie, Hämoglobinurie und hämolytischem Ikterus, also hauptsächlich bei Erkrankungen, die einen erhöhten Zerfall von roten Blutkörperchen zur Folge haben[4, 5]. Mitunter tritt Urobilinogen in Spuren auch im Duodenalsaft auf. Über Urobilinogen im Serum vgl. BLANKENHORN[6].

Zusammensetzung und Formel. Die Konstitution des Urobilinogens wird durch die folgende Formel wiedergegeben. Die Bruttozusammensetzung ist $C_{33}H_{44}O_6N_4$ und das Mol.-Gewicht ist 492,72.

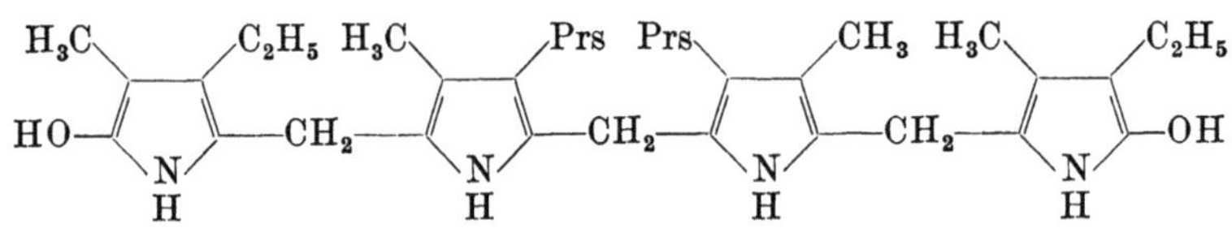

Prs = —CH_2—CH_2—COOH

Urobilinogen (-IX, α)
= Mesobilirubinogen

Es stellt eine 1',8'-Dioxy-1,3,6,7-tetramethyl-2,8-diäthyl-bilan-4,5-dipropionsäure dar und leitet sich dementsprechend vom Bilirubin durch Reduktion ab. Die Konstitution ist durch Synthese bewiesen[7].

***Darstellung von Urobilinogen aus pathologischem Harn nach* FISCHER[8] *und* WATSON[9].** Es wird vorzugsweise der Harn von Patienten mit hämolytischem Ikterus verwandt; dabei ist es wichtig, den Harn schnell zu verarbeiten und auch vor Licht zu schützen. Der Harn wird in einem Scheidetrichter ungefähr mit 1 *l* Petroläther (Leichtbenzin) überschichtet. Dann werden unter vorsichtigem Schütteln 100 cm³ Eisessig zugegeben. Wenn alles CO_2 entwichen ist, wird gut durchgeschüttelt und eine eventuell entstehende Emulsion teils mit Äthanolzugabe, teils durch Filtration beseitigt. Die Petrolätherlösung wird nach 2maligem Waschen mit Wasser 5mal mit 5%iger Natriumcarbonatlösung extrahiert. Die vereinigten wäßrigen Lösungen werden dann mit 50%iger Schwefelsäure angesäuert bis zur blauen Kongoreaktion und hierauf 8mal mit Chloroform ausgezogen. Die Chloroform-Auszüge werden im Vakuum zur Trockne eingedampft und dann

[1] MEYER, W. C.: Ärztl. Forsch. **1**, 51, 85 (1947).
[2] EISENREICH, F.: D. m. W. **1948**, 506.
[3] DIMITRIJEVIC, J. N.: Arch. inn. Med. **9**, 499 (1925).
[4] KRUMBHAAR, E. B., and A. CHANBUIN: J. exp. Med. **35**, 847 (1922).
[5] JONES, C. M., and B. B. JONES: Arch. internal Med., Chicago **29**, 669 (1922).
[6] BLANKENHORN, M.: J. biol. Ch. **80**, 477 (1928). — Vgl. HARRISON, G. A.: Chemical Methods in Clinical Medicine. S. 327. New York 1947.
[7] SIEDEL, W., u. H. MÖLLER: H. **264**, 64 (1940).
[8] FISCHER, H.: Z. Biol. **65**, 169 (1914).
[9] WATSON, C. J.: J. biol. Ch. **114**, 4 (1936).

mit einem Äthylacetat-Petroläthergemisch (2:80) aufgenommen und abfiltriert. Der nunmehr hellgelbe Rückstand wird in etwa 8 cm^3 heißem Äthylacetat gelöst und diese Lösung auf etwa 3 cm^3 eingedampft. Bei Eiskühlung kristallisiert dann das Urobilinogen aus. Aus der Mutterlauge kann noch eine weitere Menge Urobilinogen gewonnen werden. Umkristallisiert wird aus Äthylacetat.

***Darstellung von Urobilinogen aus Bilirubin nach* Fischer**[1].

700 mg Bilirubin (kristallisiert) werden 2 min mit 6 cm^3 0,1 n Natronlauge und 3 cm^3 Wasser geschüttelt. Dann werden 5 g 2,5%iges Natriumamalgam zugegeben. Hierauf wird 15 min geschüttelt, wobei noch 2mal 5 g Natriumamalgam zugesetzt werden. Die jetzt hellgelbe Lösung wird vom Quecksilber abgegossen und dieses noch 2mal mit Wasser nachgewaschen. Die vereinigten wäßrigen Lösungen werden dann mit 4n Schwefelsäure auf p_H 5,5 gebracht. Der dabei ausfallende Niederschlag wird nach Zufügen von weiteren 10 cm^3 Wasser schnell (etwa 8mal) mit je 20 cm^3 Chloroform ausgezogen, bis die wäßrige Lösung mit p-Dimethylaminobenzaldehyd keine Rotfärbung mehr zeigt. Die vereinigten Chloroformauszüge (etwa 160 cm^3) werden nach Filtrieren mit 20 cm^3 Wasser gewaschen und unter vermindertem Druck abdestilliert. Der trockene Rückstand wird in 2 cm^3 Äthylacetat gelöst und mit 80 cm^3 Petroläther (Kp. 60—80°) versetzt. Nun wird von dem dabei ausfallenden braunen Niederschlag (Mesobilifuscin!) abfiltriert und das Filtrat unter Stickstoff eingedampft. Nach 2maliger Wiederholung der Lösung in Äthylacetat, Fällung mit Petroläther und Eindampfen ist der Rückstand praktisch farblos. Beim Umkristallisieren aus 2 cm^3 Äthylacetat erscheint das Urobilinogen (= Mesobilirubinogen) in farblosen Prismen. Ausbeute: 40—50 mg. — Wenn die Kristalle nicht im Dunkeln unter Stickstoff aufbewahrt werden, färben sie sich unter Bildung von Urobilin bald braun. Der Erfolg der Methode hängt also von der Schnelligkeit der Arbeit ab.

Eigenschaften. Urobilinogen kristallisiert aus Chloroform in farblosen Prismen. Es ist leicht löslich in Chloroform, konz. Salzsäure und Ammoniak sowie Alkalilaugen, schwerlöslich in Äthylacetat, Benzol, Ligroin, Petroläther, Äther und Wasser. — Urobilinogen tritt in einer aciden und einer nichtaciden Form auf. Sie unterscheiden sich dadurch, daß erstere in Natriumhydrogencarbonat-Lösung (unter CO_2-Entwicklung), aber auch in Äthylacetat löslich ist, während die nichtacide Form darin schwer löslich ist. Der Lösung der aciden Form in Natriumhydrogencarbonat-Lösung läßt sich mittels Chloroform wieder die nichtacide Modifikation entziehen. Letztere kristallisiert in derben, farblosen monoklinen Prismen mit dem Schmelzpunkt 197—200°. Urobilin, das sich durch Dehydrierung an der Kristalloberfläche bildet, läßt sich mit Äthylacetat weglösen.

Nachweis und Bestimmung. Vgl. S. 987.

η) Stercobilinogen.

Vorkommen. Stercobilinogen findet sich immer in Begleitung von Urobilinogen in den Faeces und im Harn, speziell im pathologischen. Meist überwiegt das Stercobilinogen gegenüber dem Urobilinogen, vor allem im Harn. Vgl. S. 959.

Physiologische Bedeutung. Vgl. S. 958.

Zusammensetzung und Formel. Das Stercobilinogen ist das Reduktionsprodukt von Stercobilin. Es unterscheidet sich von Urobilinogen durch den Mehrgehalt von 4 Wasserstoffatomen, deren Stellung jedoch noch nicht gesichert ist. Man formuliert es heute als eine 1′,2′,7′,8′-Tetrahydro-1′,8′-dioxy-1,3,6,7-tetramethyl-2,8-diäthylbilan-4,5-dipropionsäure mit folgendem Formelbild:

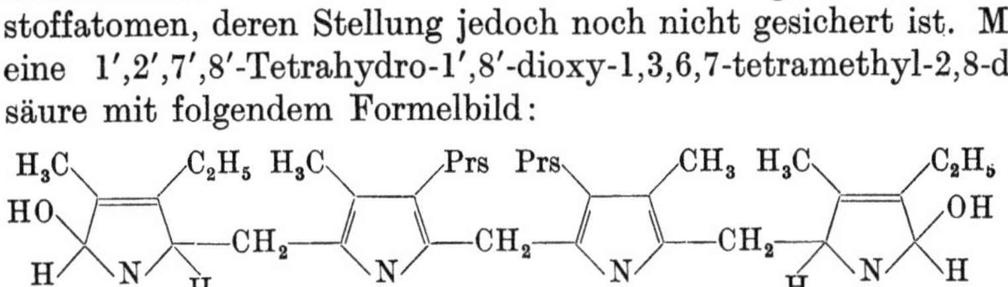

$-Prs = -CH_2-CH_2COOH$

Stercobilinogen

Die Bruttozusammensetzung ist $C_{33}H_{48}O_6N_4$ und das Mol.-Gewicht beträgt 496,75.

[1] Fischer, H.: H. 73, 204 (1911). — Fischer, H., u. F. Meyer-Betz: H. 75, 232 (1911).

Darstellung. Da das Stercobilinogen noch nicht kristallisiert erhalten worden ist, konnte eine direkte Gewinnungsmethode noch nicht ausgearbeitet werden. Indirekt wird es dargestellt durch Reduktion von Stercobilin, entweder mit Natriumamalgam entsprechend dem Urobilinogen aus Urobilin bzw. Bilirubin, oder katalytisch mit kolloidalem Palladium in 0,05%iger Natronlauge[1].

Eigenschaften. Das Stercobilinogen stellt eine farblose, amorphe Substanz dar, die an der Luft leicht zum orangeroten Stercobilin oxydiert wird. Das Stercobilinogen selbst ist optisch aktiv $[\alpha]_D^{20} = -16{,}7°$ (in Chloroform[2] 2 mg/100 cm^3). Es liefert bei der Oxydation das optische aktive Stercobilin. Es bildet ein braunes Eisen(III)-chlorid-Komplexsalz[3].

Nachweis und Bestimmung. Vgl. S. 987.

ϑ) d-Urobilinogen.

Historisches. Vgl. S. 982.

Vorkommen. d-Urobilinogen findet sich in der infizierten Fistelgalle und in den Faeces nach Gabe von Aureomycin bzw. Terramycin.

Zusammensetzung und Formel. Da d-Urobilinogen 2 H-Atome weniger besitzt als Urobilinogen, ist seine Bruttoformel mit $C_{33}H_{42}O_6N_4$ und sein Mol.-Gewicht mit 590,7 anzunehmen. Weiteres über die Konstitutionsannahmen vgl. S. 947.

Darstellung von d-Urobilinogen aus Faeces nach **LOWRY, CARDINAL, COLLINS *und* WATSON**[2].

1—4 Tagesmengen der Faeces nach Gabe von Aureomycin oder Terramycin werden in einer Reibschale mehrmals mit 95%igem Alkohol verrieben. Jeder Extrakt wird über eine Glasnutsche filtriert und dann auf eine mit Alkohol gesättigte Aluminiumoxydsäule aufgetragen. Das d-Urobilinogen wird adsorbiert und dann mit Wasser eluiert. Das Eluat wird mit Eisessig schwach angesäuert und mehrfach mit Petroläther extrahiert. Hierauf werden die Extrakte mehrmals mit Wasser gewaschen, filtriert und unter vermindertem Druck auf ein kleines Volumen eingeengt. Es hinterbleibt eine hellgelbe, kristalline Substanz. Sie wird in 2—3 cm^3 Chloroform gelöst, dem dann 50 cm^3 Petroläther zugefügt werden. Nach dem Abfiltrieren von einem eventuell gebildeten Niederschlag wird die Lösung auf eine mit Petroläther getränkte Säule von gewöhnlichem Zucker gegeben. Die zwischen zwei gelben Zonen befindliche farblose Schicht wird isoliert und in einer kleinen Menge Wasser gelöst. Diese Lösung wird nach schwachem Ansäuern mit Eisessig mehrmals mit Petroläther extrahiert. Die vereinigten Petroläther-Extrakte werden dann auf kleines Volumen eingeengt. Nach kurzer Zeit erscheinen farblose Kristalle. Umkristallisiert werden kann aus Petroläther, Chloroform-Petroläther oder Äthylacetat. Die Ausbeute beträgt etwa 18% der ursprünglich vorhandenen Menge an Faeces-d-Urobilinogen.

Darstellung von d-Urobilinogen aus d-Urobilin nach **LOWRY, CARDINAL, COLLINS *und* WATSON**[2].

100 mg d-Urobilin-hydrochlorid (kristallisiert) werden in 0,2 cm^3 0,1 n Natronlauge + 0,8 cm^3 Wasser aufgenommen. Dann werden 5 g 4%iges Natriumamalgam zugesetzt. Die Mischung wird nun 10—15 min geschüttelt, hierauf vom Quecksilber abgegossen und, nachdem dieses nochmals nachgewaschen worden ist, mit Wasser auf 100 cm^3 verdünnt. Nach Ansäuern mit Essigsäure wird die wäßrige Lösung mehrmals mit Petroläther extrahiert. — Von hier aus wird dann genau so verfahren wie bei der Gewinnung aus

[1] WATSON, C. J.: J. biol. Ch. **114**, 47 (1936). — FISCHER, H., u. H. LIBOWITZKY: H. **258**, 255 (1939). — LEMBERG, R., W. H. LOCKWOOD and R. A. WYNDHAM: Austral. J. exp. Biol. med. Sci. **16**, 169 (1938).
[2] LOWRY, P. T., R. CARDINAL, S. COLLINS and C. J. WATSON: J. biol. Ch. **218**, 641 (1956).
[3] FISCHER, H., u. G. NIEMANN: H. **137**, 308 (1924). — Vgl. hierzu LEMBERG, R., W. H. LOCKWOOD and R. A. WYNDHAM: Austral. J. exp. Biol. med. Sci. **16**, 169 (1938).

Faeces. Allerdings ist eine chromatographische Reinigung nicht nötig, da man von reinem Material ausgegangen ist. — Wird die Reduktion 40—60 min fortgesetzt, dann geht diese weiter bis zum Urobilinogen.

Eigenschaften. d-Urobilinogen kristallisiert aus Petroläther-Äthylacetat in langen Nadeln, aus Chloroform-Petroläther in fast quadratischen Blättchen. — Es ist leicht löslich in Chloroform, Äther, Aceton, Benzol, Eisessig, Äthanol und verdünnten Alkalilösungen, wenig löslich in Äthylacetat, Petroläther und Mineralsäuren und schwer löslich in Wasser. — Ist das d-Urobilinogen aus Petroläther umkristallisiert, so liegt der Schmelzpunkt bei 175°, wobei ab 142—145° Sinterung eintritt. Nach Umkristallisation aus Chloroform-Petroläther schmilzt die Substanz bei 110—115° infolge Gehalts an Kristallchloroform. Bei Waschen dieser Modifikation mit Petroläther tritt sofort Umwandlung der Blättchen in die Nadeln mit dem hohen Schmelzpunkt ein. — Spez. Drehung $[\alpha]_D^{20} = +74°$ (gemessen in Chloroform).

Methoden zur Unterscheidung von Urobilinogen und Stercobilinogen. Da es oft nötig ist, zu unterscheiden, ob Urobilinogen oder Stercobilinogen in biologischem Material vorliegen, sind verschiedene Methoden für diese Differenzierung ausgearbeitet worden:

Eine Unterscheidung der beiden Stoffe gelingt mittels der von FISCHER und NIEMANN[1] eingeführten Eisen(III)-chlorid-Methode („Biliviolin-Reaktion"). Hierbei bildet Stercobilinogen (bei Einwirkung von $FeCl_3$ in 25%iger heißer Salzsäure) nur ein braunes Eisen-(III)-chlorid-Komplexsalz, ohne daß Oxydation zum Mesobiliviolin eintritt. Urobilinogen dagegen wird bei der gleichen Umsetzung zu Mesobiliviolin oxydiert, das sich mit violetter Farbe in Chloroform löst. Dabei treten im Chloroform drei Absorptionsbanden auf: I. 618—601, II. 576—533 (verwaschen); III. 513—485 mμ. Mit Zinkacetat in alkalischer Lösung zeigt die mit Natriumacetatlösung neutralisierte Chloroformlösung eine intensive Rotfluorescenz mit charakteristischem Spektrum. Vgl. Mesobiliviolin, S. 996.

Mit Chloroform geschüttelt, entsteht nur eine braunrote Lösung mit einer Absorptionsbande bei 523—438 mμ.

Nach FISCHER[2] tritt bei Behandlung einer Urobilinogenlösung mit natronalkalischer oder ammoniakalischer Kupfersulfatlösung bei kurzem Erwärmen eine Violettfärbung mit 3 Absorptionsbanden auf (665; 600; 510—495 mμ). Stercobilinogen zeigt bei dieser Reaktion nur eine Bande bei 530—500 mμ. Diagnostische Anwendung vgl. MEYER[3].

Als dritte Methode zur Unterscheidung der beiden Chromogene kann die Pentdyopent-Reaktion dienen. Dabei wird die Substanzprobe mit 3%igem Hydroperoxyd in der Wärme oxydiert. Dann setzt man Kalilauge hinzu und eine kleine Menge festen Natriumdithionits. Beim Erhitzen tritt eine typische carminrote Färbung auf mit einer Absorptionsbande bei 522 mμ. Diese Reaktion fällt nur bei Anwesenheit von Urobilinogen positiv aus. Stercobilinogen gibt die Reaktion nicht.

Schließlich unterscheiden sich Urobilinogen und Stercobilinogen durch die optische Aktivität des letzteren. Vgl. S. 986.

Allgemeine Nachweisreaktionen für die Bilichromogene.

Nachweis der Bilichromogene durch EHRLICHs *Reagens*[4].

Zum Nachweis von Urobilinogen und Stercobilinogen dient das sog. „EHRLICHsche Reagens"[4]. Es gibt mit beiden Chromogenen eine intensive Rotfärbung in der Kälte (Formulierung vgl. S. 956). Absorptions-Spektrum: I. 556; II. 505 mμ.

Reagens:

0,4 g p-Dimethylaminobenzaldehyd in 10 cm³ konz. HCl + 10 cm³ Wasser.

[1] FISCHER, H., u. G. NIEMANN: H. **137**, 293 (1924). — WATSON, C. J.: H. **233**, 39 (1935). — HOESCH, K.: B. Z. **167**, 107 (1925). — FISCHER, H., u. H. LIBOWITZKY: H. **258**, 276 (1939). — BAUMGÄRTEL, T.: Kli.Wo. **1946**, 184.

[2] FISCHER, H.: M. m. W. **1912 II**, 2555. — FISCHER, H., u. H. LIBOWITZKY: H. **258** 276 (1939).

[3] MEYER, W. C.: Ärztl. Forsch. **1947**, 51, 85.

[4] NEUBAUER, O.: M. m. W. **1903 II**, 1846.

Ausführung mit Harn[1]:

20 cm³ frischen Harnes werden mit 80 cm³ Petroläther nicht allzu kräftig durchgeschüttelt. Nach der rasch erfolgenden Trennung der Schichten schüttelt man den Petroläther-Extrakt mit 20 cm³ destilliertem Wasser aus, dem man 4 Tropfen 10%ige Natronlauge zugesetzt hat. Urobilinogen (bzw. Stercobilinogen) geht in das schwach alkalische Wasser über. Zu dieser Lösung setzt man 10 Tropfen des EHRLICHschen Reagens. Dabei tritt die beschriebene Rotfärbung ein.

Während man bisher angenommen hat, daß die in der Wärme mit EHRLICHs Reagens erzielte Rotfärbung des Harnes identisch mit der oben beschriebenen ist, haben neuere Untersuchungen von GÖSSNER[2] den Beweis erbracht, daß in dem mit normalem Harn in der Hitze entstehenden Farbstoff ein Kondensationsprodukt von Indoxyl mit p-Dimethylaminobenzaldehyd von folgender Konstitution vorliegt.

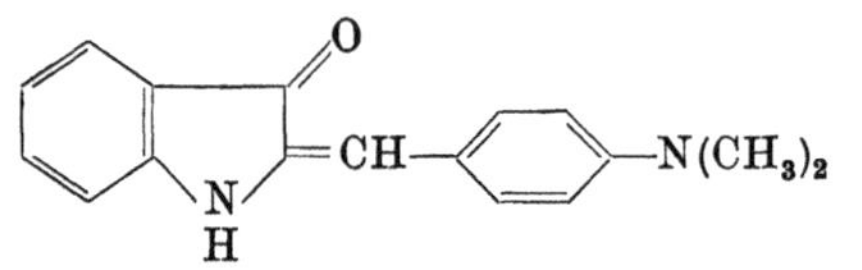

„*Umgekehrte*" *Urobilinogenreaktion.* Mitunter kann die EHRLICHsche Reaktion im Harn positiv ausfallen, obwohl kein Urobilinogen bzw. Stercobilinogen vorhanden ist. Man hat dann die von HOESCH[3] beschriebene „umgekehrte" Urobilinogenreaktion vor sich, die besonders dann deutlich wird, wenn man den Harn zum Reagens gibt. Die Reaktion ist an das Vorhandensein von Porphyrinogen bzw. Porphobilinogen geknüpft und ist damit oft das Kennzeichen einer Porphyrie (vgl. S. 874). Der entstehende rosa Farbstoff ist durch ein dreibandiges Spektrum mit den Banden: I. 570—550, II. 525, III. 500—490 mμ charakterisiert.

Bei chlorophyllreicher Ernährung kann im Harn auch eine positive EHRLICHsche Reaktion vorgetäuscht werden. Sie beruht nach BAUMGÄRTEL[4] darauf, daß das Chlorophyll zu Phylloerythrinogen reduziert wird, dieses durch teilweise Reduktion in den Harn gelangt und dort eine positive EHRLICHsche Reaktion gibt. Die SCHLESINGER-Reaktion (vgl. S. 994) ist dabei aber negativ, ebenso die Pentdyopent-Reaktion (vgl. S. 1000).

Von FINCKE und DICKEL[5] wird zusammenfassend nochmals auf die Einschränkung der Bedeutung der EHRLICHschen Reaktion (ER) hingewiesen. Sie stellen an Hand eines ausgedehnten Untersuchungsmaterials folgendes fest: 1. Der negative Ausfall der ER in der Kälte bietet nur dann Gewähr dafür, daß wirklich kein Urobilinogen (Stercobilinogen) vorhanden ist, wenn der Harn frisch untersucht wird und sonstige Fehlerquellen ausgeschlossen worden sind. — Die positive Reaktion in der Wärme zeigt nur an, daß der Harn Indican bzw. Indoxyl enthält. 2. Der positive Ausfall der ER in der Kälte kann durch die Anwesenheit von Urobilinogen, Stercobilinogen, Porphobilinogen, Porphyrinogen, Chlororubinogen und Indoxyl verursacht werden. Da sich nicht ohne weiteres entscheiden läßt, welcher von diesen Stoffen vorliegt, ist es unzulässig, allein auf Grund einer positiven ER auf die Anwesenheit von Urobilinogen oder Stercobilinogen zu schließen.

Um eindeutig zu entscheiden, daß Urobilinogen bzw. Stercobilinogen vorliegen, muß auf jeden Fall die SCHLESINGERsche Reaktion (S. 994) (SR) mit alkoholischer Zinkacetatlösung herangezogen werden, nachdem mittels einer 1%igen Jodlösung Urobilinogen bzw. Stercobilinogen zu Urobilin bzw. Stercobilin dehydriert worden sind. Ist die SR positiv, so sind Urobilin und Stercobilin vorhanden, ist die SR negativ, so weiß man sicher, daß der Harn weder Urobilin noch Stercobilin, noch deren Chromogene enthält. Um festzustellen, ob — bei positivem Ausfall der Reaktion — Urobilinogen oder Stercobilinogen

[1] TERWEN, A. J. L.: Dtsch. Arch. klin. Med. **148**, 72 (1925). — Vgl. auch TERVEN, A. J. L., u. A. LICHTENSTEIN: Dtsch. Arch. klin. Med. **148**, 113 (1925).

[2] GÖSSNER, W.: H. **282**, 262 (1947).

[3] HOESCH, K.: D. m. W. **1947**, 704.

[4] BAUMGÄRTEL, T.: Med. Klinik **1947**, 231.

[5] FINCKE, A., u. H. DICKEL: Hautarzt **2**, 495 (1951).

vorliegt, schaltet man noch die Mesobiliviolin-Reaktion ein (vgl. S. 987; 997). Ein positiver Ausfall derselben beweist die Anwesenheit von Urobilinogen oder Urobilin.

***Bestimmung von Bilichromogenen (Urobilinogen und Stercobilinogen) nach* HEILMEYER *und* KREBS**[1].

Die Ausscheidung von Urobilinogen und Stercobilinogen im Harn beträgt im Durchschnitt 20 mg je Tag, im Stuhl 150—200 mg. Die Ausscheidung unterliegt täglichen periodischen Schwankungen und ist nach Nahrungsaufnahme (vor allem nach reichlichem Fleischgenuß) am größten (z. B. nachmittags). Im Harn erscheint gewöhnlich $^1/_{10}$ bis $^1/_{30}$ der Gesamtmenge der Chromogene. Das Verhältnis ändert sich jedoch stark bei Lebererkrankungen. Bei diffusen Lebererkrankungen sind im Harn bis zu 1000 mg pro die beobachtet worden. Ähnliche Werte finden sich bei hämolytischem Ikterus, bei paroxysmaler Hämoglobinurie, Blutergüssen, akuter Leukämie und Erythrämie. Auch bei Stauungsleber, Cholecystitis und Cholangitis ist die Urobilinogenausscheidung gesteigert.

Dementsprechend haben quantitative Bestimmungsmethoden der Bilichromogene besondere Bedeutung. Bei der quantitativen Bestimmung der Chromogene ist zu berücksichtigen, daß immer ein Teil dieser Verbindungen in der dehydrierten Form, also als Urobilin und Stercobilin, vorliegt. Da ausschließlich die Bestimmung der Summe der Chromogene und ihrer Dehydrierungsprodukte von Interesse ist, muß man entweder das schon gebildete Urobilin bzw. Stercobilin wieder zu Urobilinogen bzw. Stercobilinogen reduzieren oder man muß das Urobilinogen bzw. Stercobilinogen zu Urobilin bzw. Stercobilin dehydrieren. Für die quantitative Bestimmung wird in neuerer Zeit der erste Weg vorgezogen.

Nach der TERWENschen, von HEILMEYER und KREBS modifizierten Methode wird folgendermaßen verfahren[1]:

Reagentien:

1. Eisen(II)-ammoniumsulfat (MOHRsches Salz), frische, kalt bereitete, 16%ige Lösung.
2. Natronlauge, 12%ig.
3. Eisessig.
4. Äther.
5. Salzsäure, konz., 38%ig.
6. p-Dimethylaminobenzaldehyd.
7. Natriumacetat, gesättigte Lösung.

Ausführung:

100 cm³ Harn einer Tagesportion, die kühl, dunkel und unter Luftabschluß aufbewahrt und vor der Probeentnahme gut gemischt wurde, werden mit 25 cm³ der MOHRschen Salzlösung und danach mit 25 cm³ 12%iger Natronlauge versetzt, gemischt, in einen Mischzylinder mit Glasstopfen luftfrei eingefüllt, verschlossen und 6 Std sich selbst überlassen. Dann wird rasch in ein braunes Gefäß filtriert; je nach der zu erwartenden Menge Urobilinogen werden 20—50 cm³ Filtrat mit der halben Menge Eisessig und 40 cm³ Äther im Scheidetrichter etwa 100mal durchgeschüttelt. Emulsionen lassen sich durch weiteren Zusatz von Eisessig zerstören. Der Harn wird vorsichtig und langsam abgelassen und der Äther 2mal mit 20 cm³ Wasser gewaschen. Von dem gereinigten Ätherextrakt gibt man 20 cm³ in einen trockenen Schütteltrichter mit einer Messerspitze p-Dimethylaminobenzaldehyd und 10 Tropfen konz. Salzsäure. Dann wird $1^1/_2$ min geschüttelt. Je nach der Farbe kommen etwas Wasser und 3 cm³ gesättigte Natriumacetatlösung in den Scheidetrichter. Dann wird umgeschüttelt, wobei der Farbstoff sich in der unteren wäßrigen Schicht sammelt. Man läßt die Farblösung in einen Meßzylinder fließen, wäscht den Äther nochmals mit etwas Wasser durch, welches man ebenfalls in den Meßzylinder gibt, und füllt auf 20 cm³ auf. Ist der Harn sehr urobilinreich, so wird der Äther

[1] HEILMEYER, L., u. W. KREBS: Dtsch. Arch. klin. Med. **149**, 72 (1925). B. Z. **231**, 393 (1931). — Vgl. auch WATSON, C. J.: Amer. J. clin. Path. **6**, 458 (1936). — SATO, O.: Kli. Wo. **1938 II**, 1108.

zum zweitenmal mit 5 Tropfen konz. Salzsäure $1^1/_2$ min geschüttelt und mit 1,5 cm³ Natriumacetatlösung aufgenommen. Bei ausnahmsweise hohem Urobilinogen- (bzw. Stercobilinogen-) Gehalt wird dies ein drittes Mal wiederholt und auch der Harn ein zweites Mal mit Äther extrahiert. Das Endvolumen der Lösung wird dann entsprechend größer gewählt. Die vereinigten Farbstofflösungen werden gut durchgeschüttelt und sofort im Stufenphotometer oder einem anderen Absolutcolorimeter gemessen.

Berechnung:

Bei dem Filter S 53 ist von HEILMEYER der Extinktionskoeffizient der Lösung bei 1 cm Schichtdicke zu 1,00 bei 1,36 mg-% Urobilinogen (bzw. Stercobilinogen) bestimmt worden, d. h. in 20 cm³ befinden sich 0,272 mg. Hieraus bzw. aus einer Eichkurve lassen sich die Urobilinogen- (bzw. Stercobilinogen-)Mengen ermitteln.

Beispiel: Die zur Reaktion verwendeten 20 cm³ Äther entsprechen 16,66 cm³ Harn, wenn 50 cm³ Filtrat genommen wurden. Der Extinktionskoeffizient wurde zu 0,190 ermittelt. Daraus berechnet sich das Urobilinogen (bzw. Stercobilinogen) in

$$16{,}66\,\text{cm}^3\ \text{Harn} = \frac{0{,}19 \cdot 0{,}272}{1{,}0} = 0{,}0516$$

demnach in einer Tagesmenge von beispielsweise 1640 cm³

$$\frac{1640}{16{,}66} \cdot 0{,}0516 = 5{,}09\,\text{mg}\,.$$

Diese Menge umfaßt auch Urobilin und Stercobilin mit, die beide ja zu den Chromogenen reduziert worden sind.

Bestimmung der Bilichromogene im Stuhl. 5 g gut durchgemischter Stuhl werden mit 50 cm³ Wasser gut verrührt und unter dauerndem Weiterrühren mit 50 cm³ der MOHRschen Salzlösung und 50 cm³ der 12%igen Natronlauge versetzt. Hierauf wird sofort in einen 150 cm³ fassenden Standzylinder eingefüllt und mindestens 6 Std im Dunkeln stehengelassen. Dann werden nach Filtration durch ein Faltenfilter 4 cm³ klares Filtrat mit 2 cm³ Eisessig und 20 cm³ Äther versetzt und etwa 100mal durchgeschüttelt. Der Ätherextrakt oder ein Teil desselben wird dann wie beim Harn weiter verarbeitet.

Weitere Bestimmungsmethoden für die Urobilinoide und ihre Chromogene vgl. WITH[1]. Die Methode ist in Bd. V, S. 236f. und 415ff. dieses Werkes beschrieben, ebenso die Methode von SCHWARTZ, SBOROV und WATSON[2].

ι) Urobilin (= Urobilin-IX,α).

Vorkommen. Das Urobilin findet sich als Dehydrierungsprodukt von Urobilinogen überall dort, wo dieses mit oxydierenden Agentien in Berührung kommt. So entsteht es schon durch Einwirkung von Luftsauerstoff auf Urobilinogen und fällt damit bei der Isolierung von Urobilinogen immer mit an. Bei Fällen, in denen das Urobilinogen vermehrt vorkommt, ist auch das Urobilin erhöht. Entsprechend dem Vorkommen des Urobilinogens findet sich das Urobilin normal in der Galle (geringe Mengen), in den Faeces und bei pathologischen Zuständen im Harn (Urobilinurie). Infolge der weitgehenden Ähnlichkeit ist früher das Urobilin mit dem Stercobilin der Faeces für identisch gehalten worden und wird erst seit der Isolierung des kristallisierten Stercobilins und der Konstitutionsaufklärung des Urobilins und Stercobilins von dem letzteren unterschieden (vgl. S. 995).

Physiologische Bedeutung. Vgl. S. 958.

Zusammensetzung und Formel. Nachdem das Urobilin durch Dehydrierung des Urobilinogens an der ms-Methylenbrücke und einem der beiden benachbarten Imino-

[1] WITH, T. K.: H. **275**, 176 (1942).
[2] SCHWARTZ, S., V. SBOROV u. C. J. WATSON: Amer. J. clin. Path. **14**, 598 (1944).

gruppen entsteht, stellt es eine 1',8'-Dioxy-1,3,6,7-tetramethyl-2,8-diäthyl-bili-en-(4' ms bzw. 5' ms)-4,5-dipropionsäure folgender Formel dar:

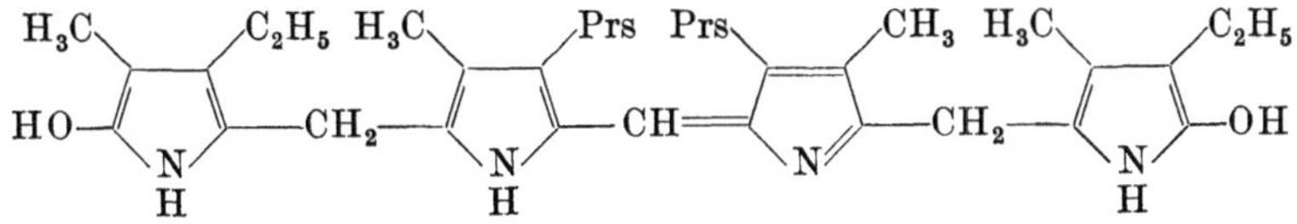

Prs = —CH_2—CH_2—COOH

Urobilin (= Urobilin-IX,α)

Die Summenformel ist $C_{33}H_{42}O_6N_4$, und das Mol.-Gewicht beträgt 590,7.

***Darstellung von Urobilin aus Urobilinogen nach* Siedel *und* Meier[1].**

500 mg Urobilinogen werden in 50 cm³ Eisessig gelöst und 30 min auf 70—80° erwärmt. Die anfänglich hellgelbe Lösung färbt sich dabei über Braun nach Dunkelrot. Nun wird nach Abkühlen in $^1/_2$ *l* peroxydfreien Äther gegeben und dieser mit 25%iger Salzsäure erschöpfend extrahiert. Das Urobilin geht mit roter Farbe in die Säure, der Äther bleibt grüngelb gefärbt. Aus der salzsauren Lösung wird der Farbstoff nach Verdünnen mit dem 4fachen Volumen Wasser mit Chloroform ausgeschüttelt. Die Chloroformauszüge werden einmal mit Wasser gewaschen, durch Filtrieren getrocknet und bei geringem Unterdruck bei möglichst tiefer Temperatur auf dem Wasserbad eingeengt. Der letzte Rest Lösungsmittel wird im Vakuum abgesaugt. Die zurückbleibende grün-rot schillernde Masse wird in Aceton aufgeschlämmt und abgenutscht. Es hinterbleibt eine orangerote Substanz, die durch Extraktion mit Aceton gereinigt wird. Ausbeute bis zu 20—25% der Theorie. Beim Einengen der Acetonlösung kristallisiert das Urobilin-hydrochlorid in orangeroten Spindeln aus, die häufig gekreuzt sind und vielfach Spaltungslinien aufweisen.

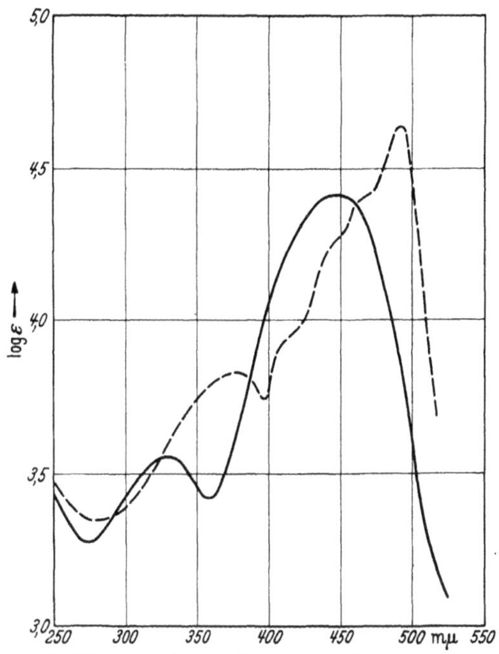

Abb. 15. Absorptionsspektren nach Pruckner und Stern[2]. —— Urobilin-IX α (in Dioxan); ---- Urobilin-IX, α-hydrochlorid (in Dioxan).

Zur Herstellung von Urobilin aus Urobilin-hydrochlorid werden 100 mg in 10 cm³ 2 n Natriumcarbonatlösung gelöst. Dabei tritt eine schwache Farbaufhellung ein. Unter Eiskühlung wird vorsichtig mit 2 n Essigsäure angesäuert und dann der Farbstoff mit Chloroform erschöpfend ausgezogen. Das Urobilin löst sich mit orangeroter Farbe in Chloroform. Die essigsaure Lösung bleibt schwach gefärbt. Die vereinigten Chloroformauszüge werden einmal mit Wasser gewaschen, durch Filtrieren getrocknet und unter vermindertem Druck bei möglichst tiefer Temperatur auf etwa 4—2 cm³ eingeengt. Nach kurzem Stehen kristallisiert Urobilin in orangeroten, feinen Nadeln aus. Die Ausbeute ist fast quantitativ[3].

Eigenschaften. Urobilin kristallisiert aus Aceton in orangegelben feinen Nadeln, aus Chloroform in lanzettförmigen Blättchen, die Kristall-Chloroform enthalten und an der Luft verwittern. Urobilin ist leicht löslich in Chloroform, Methylalkohol, Äthylalkohol und Eisessig, schwerlöslich in Benzol und Äther und unlöslich in Petroläther. Mit alkoholischer Zinkacetatlösung zeigt Urobilin eine intensive Grünfluorescenz mit einer Absorptionsbande bei 516—500 mμ (Maximum 509,5 mμ). Es schmilzt bei 174 bis 177° (korr.), bei 158° tritt Dunkelfärbung ein. — Absorptionsspektrum vgl. Abb. 15.

[1] Siedel, W., u. E. Meier: H. **242**, 101 (1936).

[2] Pruckner, F., u. A. Stern: Z. physik. Chem. (A) **180**, 38 (1937).

[3] Von Watson, C. J.: J. biol. Ch. **200**, 691 (1953) wird eine Methode angegeben, nach der Urobilin durch Reduktion von Bilirubin zu Urobilinogen und sofortige Dehydrierung desselben erhalten wird. Die Dehydrierung des nicht isolierten Urobilinogens wird mit Jod vorgenommen.

Derivate. *Urobilin-hydrochlorid* (= Urobilin-IX,α-hydrochlorid), $C_{33}H_{42}O_6N_4 \cdot HCl$ (Mol.-Gewicht 627,16), kristallisiert aus Aceton in orangeroten spindelförmigen Prismen vom Schmelzpunkt 199—200° (korr.). Es ist leicht löslich in Methanol, Äthanol, Äthylacetat und Eisessig, löslich in Chloroform, schwerlöslich in Aceton, Benzol und Äther und unlöslich in Petroläther. Absorption (in Äthanol): 506—480 mμ; (in Chloroform) 510 bis 485 mμ. — Absorptionsspektrum vgl. Abb. 15, S. 991.

Nachweis. Vgl. S. 994.

Bestimmung. Vgl. S. 995.

κ) *Stercobilin.*

Vorkommen. In Analogie zu Urobilin findet sich Stercobilin als Dehydrierungsprodukt des Stercobilinogens überall dort, wo letzteres der Einwirkung oxydierender Agentien ausgesetzt ist. So bildet es sich immer unter der Einwirkung des Luftsauerstoffs bei der Isolierung von Stercobilinogen, findet sich also vorzugsweise in den Faeces und im Harn.

Physiologische Bedeutung. Vgl. S. 958.

Zusammensetzung und Formel. Da Stercobilin durch Dehydrierung von Stercobilinogen an der ms-Methylenbrücke und einer der beiden benachbarten Iminogruppen gebildet wird, ist es eine 1′,2′,7′,8′-Tetrahydro-1′,8′-dioxy-1,3,6,7-tetramethyl-2,8-diäthyl-bili-en-(4′ ms bzw. 5′ ms)-4,5-dipropionsäure von nachstehender Formel.

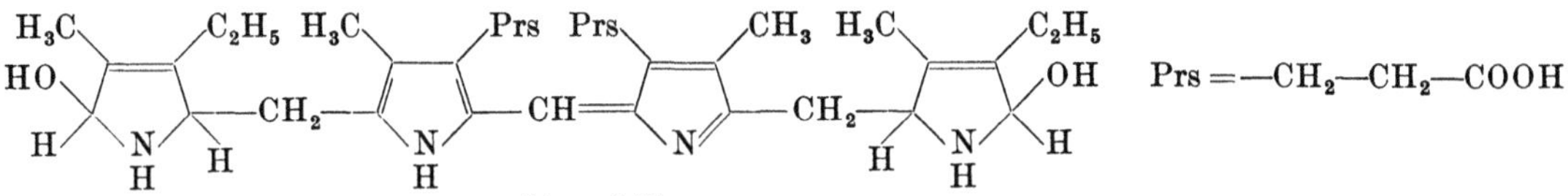

Stercobilin

Die Summenformel ist $C_{33}H_{46}O_6N_4$, und das Mol.-Gewicht beträgt 594,74.

***a) Darstellung von Stercobilin aus Faeces nach* WATSON[1].**

Die Faeces werden in einer Reibschale mit ungefähr einem Viertel ihres Gewichtes Eisessig verrieben. Dann wird das gleiche Volumen Äther zugefügt. Nach kurzem Stehen setzt sich eine tiefgefärbte Schicht ab, die dekantiert und filtriert wird. Der Rückstand wird erneut mehrmals mit Äther behandelt, wobei nach etwa jeder vierten Extraktion nochmals Eisessig zugefügt wird. Die Extraktion wird so lange fortgesetzt, bis die Extrakte hellfarben sind. Hierauf werden die vereinigten Ätherextrakte auf dem Wasserbad abdestilliert. Der Rückstand, der viel Essigsäure enthält, wird dann in das 10fache Volumen 1%iger Salzsäure eingetragen. Nach Stehen über Nacht wird das dunkelrote, fettige Material durch ein Papierfilter auf einem großen Büchner-Trichter filtriert. Nun wird zum Filtrat eine gesättigte Kaliumacetatlösung zugefügt, bis die Lösung nicht mehr kongosauer reagiert. Die Lösung wird darauf 3mal mit Äther zur Entfernung der Porphyrine und der Faeces-Mesobiliviolline ausgezogen, worauf erschöpfend mit kleinen Mengen Chloroform extrahiert wird. (In Fällen von hämolytischer Anämie wird zu den ersten Chloroformextrakten Ammoniumsulfat zugefügt, um hierbei stärker vorhandene Fremdstoffe zu beseitigen, was im Normalfall nicht nötig ist[2].) Die vereinigten Chloroformextrakte werden dann wiederholt mit kleinen Mengen Wasser ausgeschüttelt. Eine 24 Std-Menge an Faeces dürfte etwa 1 *l* Chloroformextrakt geben, der dann etwa 30—40mal mit je 50 cm³ Wasser extrahiert wird. Nach Zugabe von etwa $^1/_{30}$ Volumen konz. Salzsäure wird dann das Stercobilin-hydrochlorid erschöpfend mit Chloroform aus der salzsauren Lösung extrahiert. Nach Filtration wird diese Chloroformlösung auf ein kleines Volumen eingeengt und in das 30fache an Petroläther[3] eingetragen. Der hierbei

[1] WATSON, C. J.: J. biol. Ch. **105**, 469 (1934). — Vgl. auch vereinfachte Methode von WATSON, C. J.: J. biol. Ch. **200**, 697 (1953).
[2] GRAY, C. H.: The Bile Pigments. S. 125. London 1953.
[3] Siedepunkt des Petroläthers 60—80°.

ausgefallene Niederschlag wird wieder in Chloroform aufgenommen und erneut mit Petroläther gefällt. Dieses Verfahren wird mehrmals wiederholt. Schließlich wird der Niederschlag wieder in Chloroform aufgenommen und diese Lösung auf dem Wasserbad eingeengt. Bevor das letzte Chloroform verdampft ist, wird eiskaltes Aceton zugefügt und das vorhandene Stercobilin-hydrochlorid durch Reiben mit einem Glasstab zur Kristallisation gebracht. Man filtriert oder zentrifugiert das kristallisierte Material ab und kristallisiert es noch mehrmals aus Chloroform um, wobei manchmal eine zweite Acetonbehandlung nötig ist.

***b) Darstellung von Stercobilin aus Harn nach* Watson[1].**

Die 15 Tages-Menge eines stercobilinogenhaltigen Harnes wird verwandt. Jede Tagesmenge wird angesäuert, mit Ammoniumsulfat halb gesättigt und mit Chloroform extrahiert. Die vereinigten Chloroformextrakte werden dann auf etwa 2500 cm^3 eingeengt und in 500 cm^3-Portionen chromatographiert. Hierzu werden 500 cm^3 Chloroformlösung durch ein mit Chloroform angefeuchtetes Filter filtriert und auf eine Säule von Aluminiumoxyd (8mal 1—2 cm) aufgetragen. Die größte Menge des Pigmentes wird als braune Schicht nahe dem oberen Ende der Säule adsorbiert, während eine rötlichgelbe Zone und eine hellgelbe durch die Säule wandern. Das durchlaufende Chloroform ist schwach grüngefärbt. Die Säule wird nun mit 50%igem Äthanol durchgespült und hierauf der Farbstoff mit 20%iger wäßriger Essigsäure eluiert. Es resultieren etwa 55 cm^3 einer orangebraunen Lösung des Stercobilins, während die Säule schwach gefärbt bleibt mit einer dunkleren Zone am oberen Ende. Die vereinigten essigsauren Eluate der 5 Chromatogramme werden mit Äther extrahiert, um Verunreinigungen zu entfernen. Dann wird mit $^1/_{30}$ des Volumens konz. Salzsäure angesäuert und mit Chloroform ausgeschüttelt. Die Chloroformlösung wird dann wie unter a) mit Aceton usw. behandelt. Nach 3 derartigen Chloroform-Acetonbehandlungen wird das Stercobilin-hydrochlorid noch 3mal aus Chloroform umkristallisiert. Es ist identisch mit dem Stercobilin aus Faeces.

Überführung von Stercobilin-hydrochlorid in Stercobilin. a) 60 mg Stercobilin-hydrochlorid (kristallisiert) werden in 5 cm^3 2 n Natriumcarbonatlösung gelöst. In die eisgekühlte Lösung werden unter Rühren 5 cm^3 2 n Essigsäure langsam eingetropft. Dann wird die Lösung erschöpfend mit Chloroform ausgeschüttelt. Die Chloroformlösung wird nach Filtrieren durch ein mit Chloroform angefeuchtetes Filter im Vakuum in einem Exsiccator eingedampft. Das freie Stercobilin kristallisiert zwar, aber es muß noch mehrmals aus Aceton umkristallisiert werden, bis alle Reste von Chloroform beseitigt sind. Es wird dann noch im Vakuum über P_2O_2 getrocknet.

b) Mikromethode. Will man kleine Mengen von Stercobilin (oder auch Urobilin) aus den entsprechenden Hydrochloriden darstellen, so schüttelt man die Chloroformlösungen derselben mit einer kleinen Menge verdünnter Natriumacetat- oder Kaliumacetatlösung durch. In der Chloroformlösung ist dann das freie Stercobilin enthalten.

Eigenschaften. Stercobilin kristallisiert aus Aceton in goldgelben, unregelmäßig geformten Blättchen (meist Spindelform), aus Chloroform in schmalen Nadeln. Es ist sehr hygroskopisch (!) und leicht löslich in Alkohol, Chloroform, Eisessig, Alkalilösungen und Ammoniak, löslich in Aceton, wenig löslich in Wasser, verdünnten Säuren und Äther und unlöslich in Petroläther. Der Schmelzpunkt liegt bei 165° (unscharf). Stercobilin ist optisch aktiv. Spez. Drehung $[\alpha]^{20°}_{690-720} = -424°$ (50 mg-%ige Lösung in Chloroform). Die Drehwerte sind stark abhängig von der Wellenlänge des Lichtes. Mit alkoholischer Zinkacetatlösung zeigt Stercobilin die gleiche intensive Grünfluorescenz wie das Urobilin mit einer scharfen Absorptionsbande bei 516—500 mμ (Maximum 508 mμ). Vgl. Nachweis S. 994.

Derivate. *Stercobilin-hydrochlorid:* $C_{33}H_{46}O_6N_4 \cdot HCl$ kristallisiert aus Aceton in orangefarbenen spindelförmigen Blättchen, aus Chloroform in goldgelben abgeschrägten Prismen

[1] Variiert von Whidborne, J., and C. H. Gray; in: Gray, C. H.: The Bile Pigments. S. 127. London 1953.

oder Nadeln. Schmelzpunkt unscharf bei 165° (ab 130° Sinterung); spez. Drehung $[\alpha]_{589}^{20^\circ} = -1870°$; $[\alpha]_{656}^{20^\circ} = -1090°$ (in 50 mg-%iger Äthylacetatlösung).

Eisen(III)-chlorid-Verbindung $C_{33}H_{46}O_6N_4 \cdot FeCl_3$; aus 25%iger Salzsäure glänzende rotbraune Kristalle mit dem Zersetzungspunkt 187—190°.

Nachweis. Vgl. unten.

Bestimmung. Vgl. S. 995.

λ) d-Urobilin.

Historisches. Vgl. S. 983; 947.

Vorkommen. d-Urobilin findet sich immer in Begleitung von d-Urobilinogen, kommt also hauptsächlich in den Faeces vor, in denen die Bakterienflora durch Aureomycin oder Terramycin beeinflußt worden ist.

Zusammensetzung und Formel. d-Urobilin besitzt 2 H-Atome weniger als das Urobilin und hat demnach die Summenformel $C_{33}H_{40}O_6N_4$ und das Mol.-Gewicht 588,7. Konstitutionsannahmen vgl. S. 947.

Darstellung. *Aus Faeces.* Die Isolierungsmethode ist die gleiche wie die auf S. 992 für Stercobilin beschriebene.

Aus d-Urobilinogen: Durch Oxydation desselben mit Jod.

Eigenschaften. d-Urobilin kristallisiert aus Aceton in langen Nadeln mit dem Schmelzpunkt 172—174° (Block). Es ist hygroskopisch und kristallisiert aus wasserhaltigen Medien mit 2 Mol Wasser je Mol. Es ist weniger beständig als Urobilin und Stercobilin und wandelt sich leicht in Mesobiliviolin und Glaukobilin um. Bei Reduktion mit Natriumamalgam entsteht bei kurzer Dauer (vgl. S. 986) d-Urobilinogen, bei längerer Urobilinogen. Die Pentdyopentreaktion ist negativ. Mit $FeCl_3$ in 25%iger Salzsäure unter Zusatz von Methanol erwärmt, geht d-Urobilin — wie auch d-Urobilinogen — in blaugrüne Farbstoffe über (Glaukobilin ?). — d-Urobilin ist optisch aktiv und zeigt die spez. Drehung $[\alpha]_D^{20} = +5000°$ (in Chloroform). Im Infrarotspektrum[1] ist d-Urobilin mit Urobilin praktisch identisch, dagegen ist es vom Stercobilin unterschieden. — Mit alkoholischer Zinkacetatlösung tritt Grünfluorescenz wie beim Urobilin bzw. Stercobilin auf.

Derivate. *d-Urobilin-hydrochlorid* $C_{33}H_{40}O_6N_4 \cdot HCl$ kristallisiert aus Alkohol-Äthylacetat in langen orangegelben Nadeln.

Nachweis der Urobilinoide.

Nachweis der Urobilinoide.

Alle 3 Urobilinoide (Urobilin, Stercobilin und d-Urobilin) werden mit Hilfe des SCHLESINGERschen Reagens — Zinkacetat in abs. alkoholischer Lösung — nachgewiesen. Die Urobilinoide zeigen mit diesem Reagens eine intensive Grünfluorescenz und eine scharfe Absorptionsbande bei 516—500 mμ (Maximum etwa 508 mμ). Die Lösungen sind in der Durchsicht rosafarben.

Reagens:

10 g Zinkacetat werden in 100 cm³ abs. Alkohol gegeben. Nach längerem Stehen wird die Lösung filtriert.

Ausführung:

Will man im Harn die Urobilinoide nachweisen, so verfährt man folgendermaßen: Die Reagenslösung wird mit etwa der gleichen Menge Harn versetzt. Es wird nochmals filtriert und die Flüssigkeit gegen einen dunklen Hintergrund auf Grünfluorescenz geprüft. Die Probe wird deutlicher, wenn man vor dem Vermischen dem Harn eine 5%ige alkoholische Jodlösung zusetzt (3 Tropfen auf je 10 cm³ Harn). In diesem Falle wird auch das vorhandene Urobilinogen bzw. Stercobilinogen zu Urobilin bzw. Stercobilin dehydriert.

Eine andere Möglichkeit, die Urobilinoide nachzuweisen, besteht darin, daß man sie mittels Natriumamalgam zu den Chromogenen (Urobilinogen, Stercobilinogen, d-Uro-

[1] WATSON, C. J., and P. T. LOWRY: J. biol Ch. **218**, 633 (1956).

bilinogen) reduziert und in dieser Form mit dem EHRLICHschen Reagens (p-Dimethylaminobenzaldehyd) nachweist (vgl. S. 987).

Methoden zur Unterscheidung der Urobilinoide. *a*) Während das Urobilin eine positive *Pentdyopentreaktion* (S. 1000) gibt, ist diese beim Stercobilin und beim d-Urobilin nicht zu erzielen[1].

b) Bei *Einwirkung von $FeCl_3$ in 25%iger Salzsäure* auf Urobilin und d-Urobilin in Methanol bei 100° tritt bereits nach 5 min die Bildung von Mesobiliviolin unter Blau- oder Violettfärbung der Lösung ein. Das Vorhandensein des Mesobiliviolins wird besonders deutlich beim Ausschütteln des Reaktionsgemisches mit Chloroform. Stercobilin gibt dagegen nur eine bräunlichrote Chloroformlösung bzw. Fällung.

Diese Reaktionsunterschiede können auch zur Abtrennung des Stercobilins von Urobilin bzw. d-Urobilin benutzt werden. Das Stercobilin-Eisenkomplexsalz fällt als schwerlöslich aus[2].

c) Hinsichtlich der *Einwirkung von Kupfersulfat* in alkalischer Lösung auf die Urobilinoide gilt das auf S. 987 für die Chromogene beschriebene Verhalten.

d) Rein physikalisch können Urobilin, Stercobilin und d-Urobilin durch ihr *Verhalten im polarisierten Licht* unterschieden werden. Während Urobilin optisch inaktiv ist, ist Stercobilin linksdrehend (S. 993) und d-Urobilin rechtsdrehend (S. 994).

Bestimmung der Urobilinoide. Im allgemeinen werden Urobilin und Stercobilin in Form ihrer Chromogene (Urobilinogen und Stercobilinogen) mit Hilfe der EHRLICHschen Farbreaktion (S. 987) quantitativ bestimmt. Sie werden zu diesem Zweck durch Reduktion in die Chromogene übergeführt. Die Methode ist S. 989 beschrieben.

Die Fluorescenzreaktion mittels Zinkacetat kann auch zur quantitativen Bestimmung der Urobilinoide verwandt werden[3], insbesondere im Hinblick auf eventuelle Verluste bei der Reduktion zu den Chromogenen.

μ) *Dihydromesobilirubin.*

Historisches und Vorkommen. *Dihydromesobilirubin* ist erstmals aus den Mutterlaugen bei der katalytischen Hydrierung des Bilirubins von FISCHER und BAUMGARTNER[4] isoliert worden. Sein Vorkommen im Stuhl des Menschen ist von GÖRGES und GOHR[5] festgestellt worden.

Physiologische Bedeutung. Dihydromesobilirubin stellt lediglich eine Zwischenstufe bei der enteralen Hydrierung von Bilirubin zu Urobilinogen bzw. Stercobilinogen dar.

Zusammensetzung und Formel. Dihydromesobilirubin hat die Summenformel $C_{33}H_{42}O_6N_4$ und das Mol.-Gewicht 590,7. Es ist ein Isomeres von Urobilin und unterscheidet sich von diesem durch die Stellung der $-CH_2$-Brücken. Es hat die nachstehende Strukturformel und stellt 1',8'-Dioxy-1,3,6,7-tetramethyl-2,8-diäthyl-bili-en-(2'α bzw. 7'γ)-4,5-dipropionsäure dar:

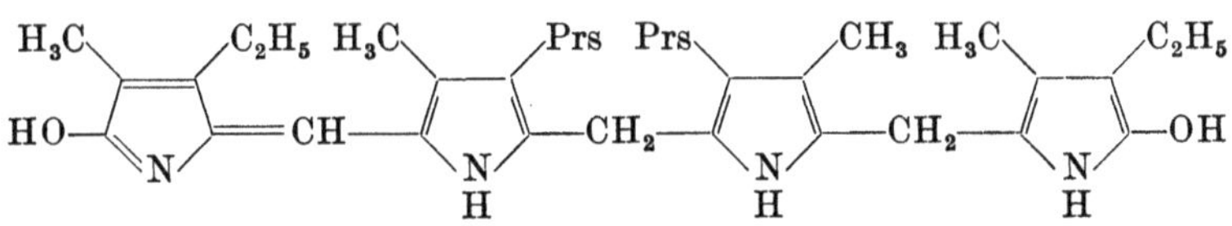

Prs = $-CH_2-CH_2-COOH$

Dihydro-mesobilirubin

Eigenschaften. Dihydromesobilirubin kristallisiert aus Alkohol in gelben Nadeln, die sich bei 250° dunkel färben, um dann bei 278—284° zu schmelzen. GMELINs Reagens bewirkt, ohne daß charakteristische Farbübergänge zu beobachten sind, sofort intensive Rotfärbung. — Zinkacetat in alkoholischer Lösung bedingt keine Fluorescenz. — Eine

[1] STICH, W.: Kli. Wo. **1948**, 365.
[2] BAUMGÄRTEL, T.: Med. Klinik **1947**, 231.
[3] ROYER, M.: C. R. Soc. Biol. **117**, 1240 (1934).
[4] FISCHER, H., u. H. BAUMGARTNER: H. **216**, 260 (1933).
[5] GÖRGES, T., u. H. GOHR: Dtsch. Z. Verd.- u. Stoffw.-Krankh. **14**, 187 (1954).

Chloroformlösung von Dihydromesobilirubin gibt mit Diazobenzolsulfosäure sofort Violettfärbung. — Auch die Reaktion mit p-Dimethylaminobenzaldehyd (EHRLICHs Reagens) ist positiv (Rotfärbung).

Zur Unterscheidung vom Mesobilirubin wird die Chloroformlösung des Dihydromesobilirubins mit konz. wäßriger $FeCl_3$-Lösung überschichtet. Bei vorsichtigem Zusatz von Alkohol, so daß keine Vermischung der beiden Schichten eintritt, entsteht an der Berührungsfläche der Schichten bei Dihydromesobilirubin ein roter Ring, der allmählich beide Schichten erfüllt. Bei Mesobilirubin entsteht unter diesen Umständen ein grüner Ring, der sich langsam verbreitert.

Nachweis. Vgl. vorangehenden Abschnitt.

ν) Mesobiliviolin.

Historisches. Bei Untersuchungen über die Stabilität von Mesobilirubinogen erhielten FISCHER und NIEMANN[1] bei Einwirkung von $FeCl_3$ auf eine salzsaure Lösung des Chromogens in der Hitze einen intensiv violetten Farbstoff. Der Farbe entsprechend wurde er „Mesobiliviolin" genannt. In der Natur wurde dieser Farbstoff erstmals von WATSON[2] beobachtet. Da er ihn immer in Begleitung des Stercobilins in den Faeces fand, nannte er ihn „Kopromesobiliviolin". Von SIEDEL[3] konnte schließlich gezeigt werden, daß in dem „Mesobiliviolin" von FISCHER und NIEMANN eine Mischung von 2 isomeren Pigmenten vorliegt, bei denen für das violette die Bezeichnung Mesobiliviolin beibehalten wurde, während das rote Isomere Mesobilirhodin genannt wurde. Die Konstitution von Mesobiliviolin ist von SIEDEL[3] aufgeklärt und durch Synthese (SIEDEL und MÖLLER[4]) bestätigt worden.

Vorkommen. Wenn das Mesobiliviolin manchmal auch in den Faeces in geringen Mengen auftritt, so liegt seine wesentlichere Bedeutung im Vorkommen in den Rotalgen (vgl. S. 997). Das Mesobiliviolin besitzt keine physiologische Bedeutung, es stellt lediglich ein Dehydrierungsprodukt von Urobilinogen bzw. Urobilin dar[5].

Zusammensetzung und Formel. Das Mesobiliviolin (= Mesobiliviolin-IX,α) hat die Summenformel $C_{33}H_{40}O_6N_4$ und das Mol.-Gewicht 588,7. Es ist isomer mit dem Mesobilirubin und unterscheidet sich von ihm durch die Verschiebung der mittelständigen $-CH_2$-Brücke. Es ist entsprechend der nachfolgenden Formel als eine 1′,8′-Dioxy-1,3,6,7-tetramethyl-2,8-diäthyl-bili-dien-(2′α, ms 5′)-4,5-dipropionsäure zu bezeichnen:

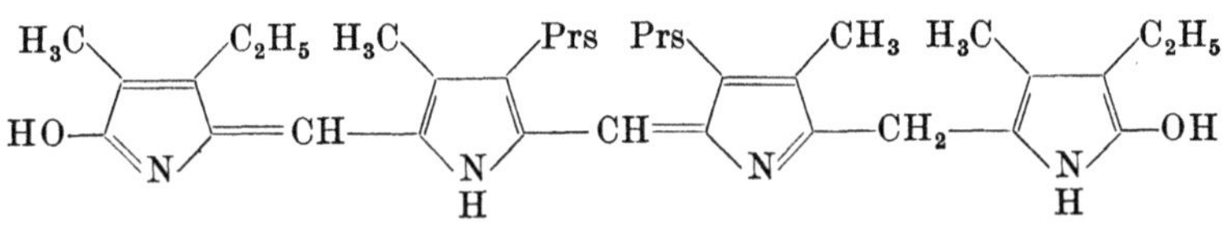

Prs = $-CH_2-CH_2-COOH$

Mesobiliviolin (= Mesobiliviolin-IX,α)

***Darstellung von Mesobiliviolin aus Mesobilirubinogen nach* SIEDEL *und* MÖLLER[4].** 0,5 g Mesobilirubinogen werden in 50 cm³ Methanol unter Zusatz von 7 cm³ 25%iger Salzsäure und 1,2 g $FeCl_3$ 15 min lang zum Sieden erhitzt. Neben der Dehydrierung tritt praktisch völlige Veresterung ein. Das Reaktionsgemisch wird dann in 2 *l* Chloroform eingegossen. Nach Extraktion der anorganischen Substanzen mittels Wasser wird der unveresterte Anteil mit 2%iger Natriumcarbonatlösung herausgeschüttelt. Hierauf wird die Chloroformlösung alkalifrei gewaschen und durch Filtrieren getrocknet. Nach dem Einengen wird an eine mit Äther getränkte Säule von Aluminiumoxyd (standardisiert nach BROCKMANN) adsorbiert. Man entwickelt zuerst das Chromatogramm mit einem Chloroform-Äthergemisch 1:6 und später 1:3. Dabei entsteht das nebenstehende Chro-

[1] FISCHER, H., u. G. NIEMANN: H. **137**, 293 (1924).
[2] WATSON, C. J.: H. **208**, 101 (1932).
[3] SIEDEL, W.: H. **237**, 8 (1935).
[4] SIEDEL, W., u. H. MÖLLER: H. **264**, 64 (1940).
[5] REINERT, H.: Z. ges. inn. Med. **3**, 241 (1948).

matogramm (Abb. 16). Der Anteil, der den Mesobiliviolin-dimethylester enthält (violette Zone), wird herausgeschnitten und auf der Nutsche mit heißem Methanol eluiert, wobei das Aluminiumoxyd von Zeit zu Zeit mit etwas Wasser benetzt wird. Dabei wird die Haftfestigkeit des Farbstoffes vermindert. Die Methanollösung wird dann in 3—4 *l* peroxydfreien Äther gegossen. Diese Ätherlösung wird mit 1 *l* Wasser gewaschen, hierauf mit 1 %iger Ammoniaklösung, dann wieder mit Wasser, und schließlich durch Filtrieren getrocknet und eingeengt.

Da die Kristallisation des Dimethylesters sehr schwer gelingt, wird er am besten in das Hydrochlorid übergeführt. Zu diesem Zweck wird in die Ätherlösung trockene Chlorwasserstoffsäure eingeleitet, bis die violette Farbe nach Blauviolett umschlägt. Beim Einengen kristallisiert dann das Mesobiliviolin-dimethylester-hydrochlorid in kleinen derben, häufig zu Konglomeraten verwachsenen Prismen vom Schmelzpunkt 165° (korr.) aus.

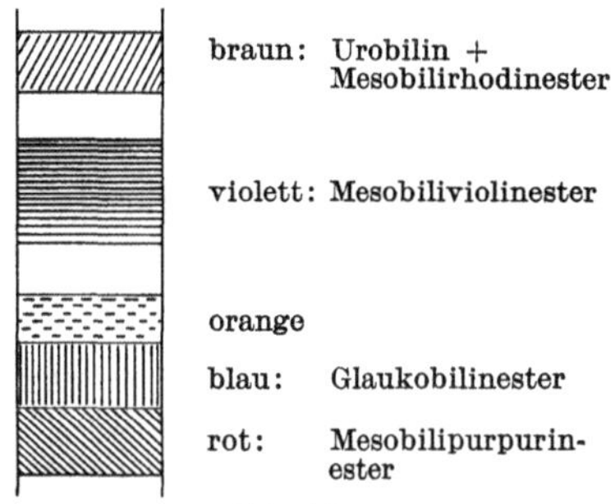

Abb. 16.

Eigenschaften. Das Mesobiliviolin ist in neutraler Lösung carminrot, in saurer Lösung violettrot. Spektrum der neutralen Lösung (in Chloroform): 594—554 mμ (Maximum 575,3 mμ); in HCl-saurer Lösung (in Chloroform): Maxima 607 und 560 mμ. — Mit alkoholischer Zinkacetatlösung zeigt das Mesobiliviolin eine intensiv rote Fluorescenz, Spektrum: I. 639,3—622,5 (Maximum 629,5 mμ); II. (schwach) 585—566 mμ. Die Lösung ist in der Durchsicht blau.

Nachweis. Durch die Rotfluorescenz des Zinkkomplexsalzes in neutraler Lösung und das zugehörige Absorptionsspektrum („Biliviolin-Reaktion") vgl. S. 987 u. oben.

Derivate. *Mesobiliviolin-dimethylester*, $C_{35}H_{44}O_6N_4$, Mol.-Gewicht 616,75 (vgl. Darstellung) ist schwer zu kristallisieren, gut dagegen das *Mesobiliviolin-dimethylester-hydrochlorid* $C_{35}H_{44}O_6N_4 \cdot HCl$ mit dem Schmelzpunkt 165° (korr.).

ξ. Phykobiline, die Pigmente der Rotalgen: Mesobilierythrin, Mesobilicyanin.

In den Chromatophoren der Rotalgen finden sich neben den Pigmenten der grünen Pflanzen auch wasserlösliche, an Eiweiß gebundene rote und blaue Farbstoffe, die als Phykoerythrin und Phykocyan bezeichnet werden. Diese Farbstoffe scheinen bei der Assimilation eine wichtige Rolle zu spielen und zwar als Sensibilisatoren für das gerade vom Chlorophyll wenig absorbierte Licht, wodurch sie den Algen das Vordringen in Meerestiefen gestatten, in welchen die Vegetation grüner Pflanzen für gewöhnlich nicht möglich ist.

In Fortführung der Untersuchungen von Kützing, Molisch[1], Hansen[2] u. a. gelang es Kylin[3], die Chromoproteide der Rotalgen in Eiweißbaustein und Farbkomponente zu zerlegen. Aus dem urobilinartigen Charakter dieser Farbstoffe schloß dann Lemberg[4] auf die Zugehörigkeit der Pigmente zu den Gallenfarbstoffen. Tatsächlich gelang es ihm, durch Behandlung der Chromoproteide mit methanolischem Alkali ein Glaukobilin zu isolieren. Die Frage, ob sich das Glaukobilin und damit die Farbstoffkomponenten vom Chlorophyll oder vom Blutfarbstoff ableiten, wurde von Siedel[5] entschieden. Er konnte die Identifizierung dieses Glaukobilins mit dem Glaukobilin-IX,α aus dem Mesobilirubin-IX,α mittels der Röntgenbeugungsdiagramme nach Debye-Scherrer durchführen und damit den Nachweis der Abstammung der Rotalgen-Farbstoffe vom Blutfarbstoff erbringen. — Neuere Studien über Phykobiline vgl. Ó hEocha[6].

[1] Molisch, H.: Bot. Ztg. **52**, 177 (1894). **53**, 131 (1895).
[2] Hansen, A.: Mitt. zool. Stat. Neapel **11**, 255 (1893).
[3] Kylin, H.: H. **69**, 169 (1910); **76**, 396 (1912).
[4] Lemberg, R.: A. **461**, 46 (1928); **477**, 195 (1930). — Lemberg, R., u. G. Bader: Naturwiss. **21**, 206 (1933). — Lemberg, R.: A. **505**, 151 (1933).
[5] Siedel, W.: B. **77** (A), 21 (1944).
[6] Ó hEocha, C.: Arch. Biochem. **73**, 207 (1958).

Phykocyanobilin. Es ist die Farbkomponente von Phykocyanin und annähernd rein von LEMBERG isoliert worden. Es ist leicht löslich in Alkoholen, Chloroform und Eisessig, schwerer in Benzol, Petroläther und Ligroin und ziemlich schwer in Äther. — Absorptionsspektrum (in Chloroform): breite flache Bande bei 568 mμ; mit HCl schärfer (Maximum 606 mμ). — Zinkkomplexsalz: Farbe grünblau, Fluorescenz rot, Absorptionsmaxima: I. 632; II. 585 mμ.

Phykoerythrobilin. Es stellt die Farbkomponente von Phykoerythrin dar, ist aber noch nicht völlig rein isoliert worden.

Die Frage der Zuordnung der beiden Pigmente zu den bekannten Gallenfarbstoff-Typen ist noch nicht entschieden. Es scheint aber das Phykocyanobilin wohl dem Mesobiliviolin nahezustehen.

b) Zweikernige Gallenfarbstoffe.

α) *Propentdyopent.*

Historisches. Ausgehend von der Beobachtung, daß Pneumokokken auf der Kochblutplatte, wenn diese auf die je nach der Tierart spezifische Zerstörungstemperatur der Katalase gebracht worden ist (72° bei menschlichem Blut), eine völlige Entfärbung des Blutfarbstoffes unter Abspaltung des Eisens in ionisierter Form bewirken, erkannte BINGOLD[1] die Bedeutung von Hydroperoxyd und Katalase für den Blutfarbstoffabbau. Als Endprodukt dieses Abbaues konnte BINGOLD[2] eine Substanz auffinden, die bei Reduktion mit Natriumdithionit ($Na_2S_2O_4$) in alkalischer Lösung eine Rotfärbung mit einer Absorptionsbande bei 525 mμ gibt. Diese Substanz wurde von BINGOLD[2] auch bei der Reduktion von bilirubinreichen Harnen mit Natriumdithionit beobachtet. Auf Grund der Lage der charakteristischen Absorptionsbande wurde von ihm die Reaktion als *Pentdyopent-Reaktion* bezeichnet.

Wie BINGOLD feststellte, dürfte mit dieser Reaktion bzw. ihrem Endprodukt das von STOKVIS[3] 1870 nach Reduktion von pathologischen Harnen mit Schwefelammonium, Zinn oder Zucker in alkalischem Medium erhaltene „reduzierbare Nebenprodukt“ identisch sein.

Daß sich das Substrat der Pentdyopent-Reaktion vom Blutfarbstoff ableitet, konnte BINGOLD durch Oxydation von katalasefreien Blutlösungen, von Hämin selbst wie auch von Bilirubin, Mesobilirubin und Urobilin mit Hydroperoxyd in ammoniakalischer Lösung beweisen. Alle Lösungen zeigten die Pentdyopent-Reaktion.

Strukturchemisch wurde von FISCHER und MÜLLER[4] die Pentdyopent-Reaktion als Gruppenreaktion erkannt, der ein Pyrrolderivat vom Typ eines Dioxy-pyrromethens zugrunde liegt. Die Untersuchungen von FISCHER und v. DOBENECK[5] führten dann zu weiteren Einblicken in die Struktur des Pentdyopents und zur Isolierung des Propentdyopents, der farblosen Vorstufe der Reaktion.

Schließlich sind Propentdyopente auf verschiedenen Wegen synthetisch dargestellt worden[6, 7]. Aus „Vinyl-neoxanthobilirubinsäure“ ist auch eine Komponente des „natürlichen“ Propentdyopents gewonnen worden[8].

Vorkommen. Das Propentdyopent findet sich in vielen pathologischen Harnen. Es wurde von BINGOLD[9] bei allen Fällen von Ikterus (z. B. katarrhalischem Ikterus, hämo-

---

[1] BINGOLD, K.: Kli. Wo. **1928 I**, 928. M. m. W. **1928 II**, 1373.

[2] BINGOLD, K.: Kli. Wo. **1934 II**, 1451; **1935 II**, 1287; **1938 I** 289; **1941**, 331. Dtsch. Arch. klin. Med. **177**, 230 (1935). Z. ges. exp. Med. **99**, 325 (1936).

[3] STOKVIS, B. J.: Maandbl. Natuurwet. **1870**, Nr. 5; **1871**, Nr. 2. B. **5**, 583 (1872).

[4] FISCHER, H., u. A. MÜLLER: H. **246**, 44 (1937).

[5] FISCHER, H., u. H. v. DOBENECK: H. **263**, 125 (1940). — DOBENECK, H. v.: H. **269**, 268; **270**, 223 (1941); **275**, 1 (1942).

[6] SIEDEL, W., u. H. MÖLLER: H. **259**, 113 (1939).

[7] Vgl. DOBENECK, H. v.: H. **270**, 223 (1941); **275**, 1 (1942).

[8] DOBENECK, H. v.: H. **269**, 268 (1941).

[9] BINGOLD, K.: Ergebn. inn. Med. **60**, 1 (1941) Zusammenfassung. Med. Klinik **1946**, 475.

lytischem Ikterus, Okklusionsikterus und Cholecystitis mit Ikterus), häufig bei infektiösem Ikterus und Stauungsikterus (als Folge von Herzstörungen) und bei gewissen Leberschädigungen (Lebercirrhose) gefunden. — Aus menschlichen Gallensteinen ist es von v. DOBENECK isoliert worden. Das in vivo vorkommende Propentdyopent stammt im allgemeinen vom Bilirubin ab. Jedoch konnte man in einigen pathologischen Fällen (Arsenwasserstoffvergiftung, paroxysmale Hämoglobinurie) im hämoglobinurischen Harn ein Propentdyopent mit der Absorption 535 mμ bei der Pentdyopent-Reaktion nachweisen, was auf einen direkten Abbau von Hämoglobin hinweist[1]. Vgl. auch [2].

Physiologische Bedeutung. Vgl. S. 949 und S. 960.

Zusammensetzung und Formel. Die Konstitution von Propentdyopent aus dem Bilirubin wird durch die beiden nachstehenden Formeln wiedergegeben. Infolge der unsymmetrischen Struktur von Bilirubin muß das Propentdyopent ein Gemisch zweier Isomerer in dem in den Formelbildern skizzierten Sinne sein. Es wird als das „natürliche" Propentdyopent bezeichnet und hat die Zusammensetzung $C_{16}H_{18}O_5N_2$ und das Mol.-

Prs = —CH$_2$—CH$_2$—COOH

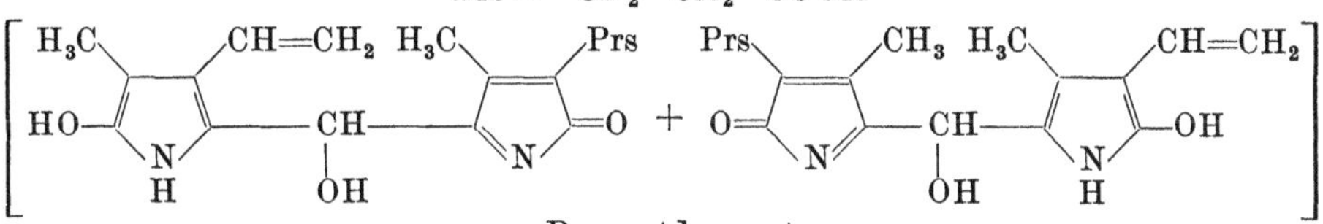

Propentdyopent

Gewicht 318,32. Die Formulierung des einen Sauerstoffatoms in Form einer Hydroxygruppe an der die Kerne verbindenden C-Brücke ist noch nicht sicher bewiesen, aber doch sehr wahrscheinlich[3, 4].

***Darstellung von Propentdyopent aus Harn nach* v. DOBENECK[5].**

Diese Methode ist sehr verlustreich und führt auch bei Verwendung größerer Mengen Harn (30 *l*) nur zu ganz geringen Propentdyopent-Mengen.

***Darstellung von Propentdyopent aus Gallensteinen nach* v. DOBENECK[5].**

Es wird wie bei der Gewinnung des Bilirubins aus Gallensteinen (Rindergallensteine) nach FISCHER (S. 965) verfahren, jedoch das Ausziehen des Gallensteinpulvers mit Wasser so gestaltet, daß die Hauptmenge des Propentdyopents in einem möglichst kleinen Volumen Wasser erhalten wird. Zu diesem Zweck werden 200 g des Pulvers vor dem Ausziehen mit der großen Menge Wasser mit 500 cm^3 Wasser kurz aufgekocht, abfiltriert und mit weiteren 250 cm^3 Wasser nachgespült. In diesem Extrakt befindet sich dann die Hauptmenge des Propentdyopents. Verunreinigungen der wäßrigen Lösung werden mit Bleiacetat gefällt. Dann wird nach schwachem Ansäuern mit Schwefelsäure eine Extraktion der wäßrigen Lösung mit Äther in einem Extraktor vorgenommen. Nach Einengen des Äthers wird das hinterbleibende Propentdyopent aus Aceton umkristallisiert (Schmelzpunkt 197° unkorr.). — Der Propentdyopentgehalt menschlicher Gallensteine scheint höher zu sein als der der Rindergallensteine. Bei den menschlichen Gallensteinen muß jedoch nach dem Pulverisieren das vorhandene Cholesterin mit Äther weggelöst werden, bevor die Aufarbeitung zu Propentdyopent vorgenommen werden kann.

***Darstellung von Propentdyopent aus Bilirubin nach* v. DOBENECK[5].**

2 g Bilirubin werden in 8%iger Natronlauge gelöst und mit 10 cm^3 3%igem Hydroperoxyd versetzt. Nach 3—4stündigem Stehen wird das überschüssige Hydroperoxyd

[1] BINGOLD, K., u. W. STICH: D. m. W. **1948**, 501.
[2] HULST, L. A., u. W. GROTEPASS: Kli. Wo **1936 I**, 201.
[3] SIEDEL, W., u. H. MÖLLER: H. **259**, 113 (1939).
[4] Vgl. DOBENECK, H. v.: H. **269**, 268; **270**, 223 (1941); **275**, 1 (1942).
[5] DOBENECK, H. v.: H. **269**, 268 (1941).

mit Mangandioxyd zerstört. Es wird nun filtriert, mit Schwefelsäure angesäuert und im Extraktor mehrere Stunden lang mit Äther extrahiert. Dann wird der Äther zur Trockne verdampft und der Rückstand aus Aceton umkristallisiert (Schmelzpunkt 197—217° unter Zersetzung).

Eigenschaften. Das Propentdyopent kristallisiert aus Äther in farblosen Nadeln mit dem Schmelzpunkt 197° (unkorr.). Es ist in Alkohol löslich, ebenso in Alkalien, weniger leicht in Wasser.

Nachweis.

Pentdyopent-Reaktion.

Zum Nachweis von Propentdyopent im Harn (speziell Ikterusharn) versetzt man diesen mit festem Natriumhydroxyd und erwärmt nach Zusatz einer kleinen Menge von Natriumdithionit über freier Flamme. Es tritt Rotfärbung des Reaktionsgemisches ein, wobei die typische Absorptionsbande bei 525 mμ erscheint.

Bei Ausführung der Pentdyopent-Reaktion mit einem bilirubinreichen Harn unter Zusatz von Hydroperoxyd erscheint die Absorptionsbande zuerst bei 530 mμ und verschiebt sich dann erst nach 525 mμ. Erklärungen für diese Bandenverlagerung vgl. v. DOBENECK[1] und BRUGSCH[2].

β) Myobilin, Bilifuscin und Mesobilifuscin, Bilileukan, Mesobilileukan.

Historisches. Als Produkt des erhöhten Abbaues von *Myoglobin* bei Muskeldystrophie fanden MELDOLESI, SIEDEL und MÖLLER[3] 1939 ein amorphes braunes Chromoproteid in den Faeces der Patienten. SIEDEL und MÖLLER[4] konnten dann zeigen, daß die prosthetische Gruppe dieses als *Myobilin* bezeichneten Farbstoffes identisch ist mit dem *Mesobilifuscin*, das durch Reduktion von *Bilifuscin*, einem ständigen Begleiter von Roh-Bilirubin aus Rindergallensteinen, entsteht. Es konnte dann bewiesen werden, daß im Bilifuscin wie im Mesobilifuscin Abkömmlinge von Dioxypyrromethenen vorliegen, bei denen in einer noch ungeklärten Weise Aggregation zu hochmolekularen Verbindungen eingetreten ist. Diese braunen Verbindungen sind als die eigentlichen Bilifuscine und Mesobilifuscine zu betrachten. Nach Feststellungen von SIEDEL, STICH und EISENREICH[5] bilden sich diese Dioxypyrromethen-Aggregate aus einer farblosen Vorstufe, die im Falle des Mesobilifuscins als *Meso-bilileukan* oder *Pro-mesobilifuscin*, im Falle des Bilifuscins als *Bilileukan* oder *Pro-bilifuscin* bezeichnet wird. Die Konstitution des Mesobilifuscins ist von SIEDEL und MÖLLER[4] aufgeklärt worden, zum Teil auf dem Wege der Synthese.

Physiologische Bedeutung. Alle diese Verbindungen sind Produkte eines reduktiv-oxydativen Abbaues der Gallenfarbstoffe im Gegensatz zu den Chromogenen, die reine Reduktionsprodukte von Bilirubin darstellen. Hierbei liegen, wie die Formeln (S. 1001) zeigen, in diesen Substanzen zweikernige Pyrrolverbindungen vor. Die Bilirubinoide sind also an der mittelständigen C-Brücke unter Eliminierung dieses C-Atoms gespalten worden. Dabei ist von SIEDEL und Mitarbeitern[5,6] festgestellt worden, daß vor der Bildung der braunen Bilifuscine und Mesobilifuscine eine farblose Substanz entsteht, die als *Bilileukan* oder *Pro-bilifuscin* bezeichnet wird. Dieser noch die Vinylgruppe des Bilirubins tragenden Verbindung steht selbstverständlich das Isologe Mesobilileukan oder Pro-mesobilifuscin zur Seite mit der Äthylgruppe an Stelle der Vinylgruppe.

Diese farblosen Verbindungen finden sich nun in relativ großer Menge in den Faeces, in geringen Mengen im normalen Harn und in größeren in pathologischen Harnen, speziell

---

1 DOBENECK, H. v.: H. **270**, 223 (1941); **275**, 1 (1942).
2 BRUGSCH, J., u. F. ALLIES: Z. ges. inn. Med. **3**, 249 (1948).
3 MELDOLESI, G., W. SIEDEL u. H. MÖLLER: H. **259**, 137 (1939).
4 SIEDEL, W., u. H. MÖLLER: H. **259**, 113 (1939).
5 SIEDEL, W., W. STICH u. F. EISENREICH: Naturwiss. **35**, 316 (1948).
6 SIEDEL, W., W. v. PÖLNITZ u. F. EISENREICH: Naturwiss. **34**, 314 (1947).

im Ikterusharn. Während im Harn wohl das Bilileukan überwiegen dürfte, liegt in den Faeces infolge des reduzierenden Milieus im Darm das Mesobilileukan vor. In einem noch ungeklärten Mechanismus gehen dann diese farblosen Verbindungen in das tiefbraune Bilifuscin bzw. Mesobilifuscin über. Diese Verbindungen sind es schließlich, die die Farbe der Faeces bedingen, wie auch die Farbe des Ikterusharnes. Da auch das Propentdyopent in diese braunen Farbstoffe übergehen kann und diese Farbstoffe sehr stabil sind, stellen sie einen Endpunkt im Blutfarbstoffabbau dar.

γ) Myobilin.

Myobilin findet sich in den Faeces bei primärer Myopathie und bei Wöchnerinnen in den ersten Tagen nach der Entbindung[1]. Die Darstellung geschieht durch Extraktion der Faeces mit Äthanol. Überführung der Substanz in Chloroform und Fällung aus diesem mit Petroläther. Nach mehrmaliger Wiederholung der Fällung wird das Myobilin aus der Chloroformlösung an Talkum adsorbiert. Das Chromatogramm wird mit einer Mischung Chloroform-Äther 1:2 entwickelt, wobei die Urobilinoide abgetrennt werden. Das Myoglobin befindet sich in der unteren Zone der Säule und kann mit Chloroform oder Äthanol eluiert werden. Die endgültige Reinigung wird dann mittels Chromatographie an Aluminiumoxyd vorgenommen. Durch Elution mit Eisessig wird das Pigment schließlich rein gewonnen in Form einer amorphen braunen Substanz.

Bei Behandlung der Substanz mit methanolischer Salzsäure in der Hitze entsteht der *Mesobilifuscin-methylester.*

δ) Mesobilifuscin.

Vorkommen. Das Mesobilifuscin fällt als Nebenprodukt bei der Darstellung von Urobilinogen aus Rohbilirubin mittels Natriumamalgam an[2], wobei es aus dem dem Bilirubin beigemischten Bilifuscin entsteht. Mesobilifuscin ist — auch bei fleisch- und chlorophyllfreier Ernährung — aus den normalen Faeces nach Behandlung mit Methanol-HCl isolierbar[3], ebenso aus Ikterusharnen nach Einwirkung von Salzsäure. Wesentliche Mengen an Bilifuscin (weniger Mesobilifuscin) finden sich im Meconium.

Zusammensetzung und Formel. Der Grundbaustein von Mesobilifuscin ist ein Dioxypyrromethen. Da das unsymmetrische Bilirubin beim Übergang in Bilifuscin bzw. Mesobilifuscin in 2 zweikernige Verbindungen zerfällt, müssen Bilifuscin und Mesobilifuscin Gemische je zweier isomerer Pyrromethene im Sinne der nachstehenden Formelbilder sein:

Prs = $—CH_2—CH_2—COOH$

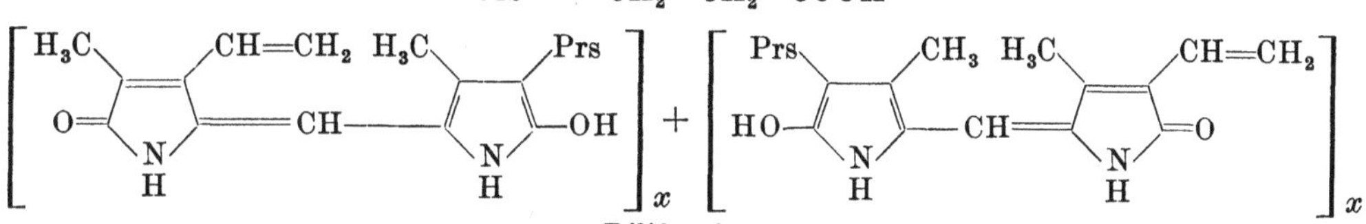

Bilifuscin

Bruttoformel: $(C_{16}H_{18}O_4N_2)x$ Mol.-Gewicht: $(302,3)x$

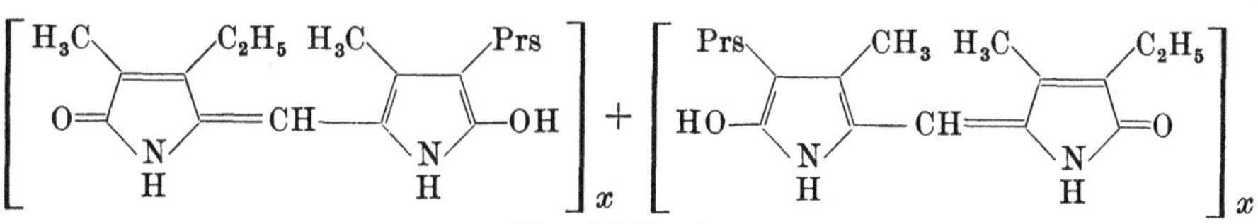

Mesobilifuscin

Bruttoformel: $(C_{16}H_{20}O_4N_2)x$ Mol.-Gewicht: $(304,2)x$

Da monomolekulare Verbindungen dieses Typs kristallisieren und gelbe Farbe haben, die Bilifuscine aber tiefbraun gefärbt und amorph sind, müssen sie in irgendeiner Form

[1] Meldolesi, G., W. Siedel u. H. Möller: H. **259**, 137 (1939).
[2] Siedel, W., u. H. Möller: H. **259**, 113 (1939).
[3] Siedel, W., W. v. Pölnitz u. F. Eisenreich (unveröffentlicht).

zu höhermolekularen Produkten aggregiert sein (assoziiert oder polymerisiert), wie in den Formelbildern durch die Klammern und den Index x angezeigt ist. Der Charakter der monomolekularen Dioxy-pyrromethene ist also nicht mehr vorhanden, sondern es liegt ein neuartiger Konstitutionstyp vor, der an die Melanine erinnert.

Da die Aggregation auf verschiedenen Stufen stehenbleiben kann, finden sich auch verschiedene Typen von Bilifuscinen bzw. Mesobilifuscinen. Es werden dabei 2 Hauptgruppen unterschieden: wasserlösliche und wasserunlösliche. Die wasserunlöslichen Mesobilifuscine z. B. zeigen in Form ihrer Methylester wiederum verschiedene Löslichkeiten und gestatten eine Unterteilung in: *I.* chloroformlösliche, *II.* methanollösliche, *III.* amylalkohollösliche und *IV.* in organischen Solventien unlösliche Typen. Die unter *I* genannten werden je nach der Eluierbarkeit aus der Aluminiumoxydsäule durch Chloroform, Methanol oder Eisessig mit *A*, *B* und *C* bezeichnet.

Der Grundbaustein von Mesobilifuscin ist von SIEDEL und MÖLLER[1] synthetisiert worden, wobei gleichzeitig auch der Übergang in das hochmolekulare Produkt stattfand.

a) Darstellung von Mesobilifuscin aus Faeces nach SIEDEL *und* v. PÖLNITZ[2].

Faeces, die im Exsiccator über Phosphorpentoxyd getrocknet sind, werden pulverisiert und auf dem Wasserbad unter Rückfluß mit Methanol-Salzsäure 1 Std erhitzt. Die Lösung färbt sich dabei dunkel-rotbraun. Durch wiederholtes Filtrieren, erst durch Watte, dann auf der Nutsche durch Filtrierpapier wird eine klare Lösung erhalten. Der Rückstand ist nach dem Waschen mit Methanol graugefärbt, ein Zeichen, daß der gesamte braune Farbstoff entfernt ist.

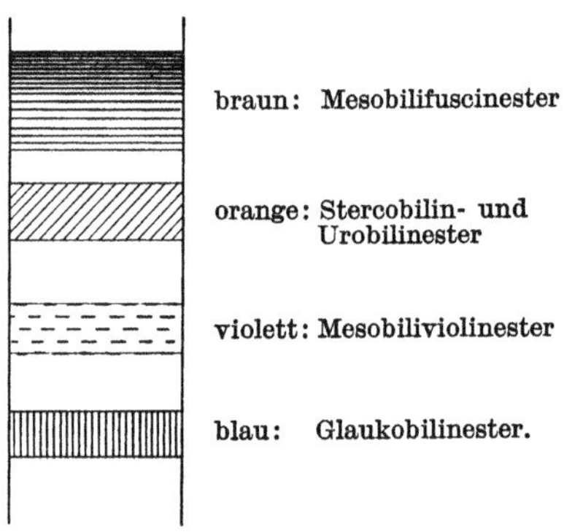

Abb. 17.

Nun wird das Filtrat, nachdem es mit Wasser versetzt worden ist, erschöpfend mit Chloroform extrahiert. Die vereinigten Chloroformauszüge werden dann mit 2 n Natriumcarbonatlösung gewaschen, durch Filtrieren getrocknet und auf ein kleines Volumen eingeengt. Schließlich wird das restliche Chloroform mit Methanol unter Sieden verdrängt. Hierauf wird der in der methanolischen Lösung vorliegende rohe Mesobilifuscin-methylester nach Zugabe von Natriumhydroxyd in der Hitze verseift. Nach Neutralisation der alkalischen Lösung mit 2 n Schwefelsäure wird das Mesobilifuscin durch Ausschütteln mit Chloroform in dieses übergeführt. Die Chloroformlösung wird nunmehr auf ein kleines Volumen eingeengt und mit Petroläther (Ligroin) versetzt. Das Mesobilifuscin fällt dabei in Flocken aus, während eventuell vorhandene Fettsäuren in Lösung bleiben.

Die Flocken werden abfiltriert und erneut mit Methanol-HCl verestert. Der Ester wird wieder wie oben in Chloroform übergeführt. Nachdem diese Chloroformlösung mit Natriumcarbonatlösung und Wasser neutral gewaschen ist, wird sie auf eine mit Äther getränkte Säule von Aluminiumoxyd (standardisiert nach BROCKMANN) aufgetropft. Die Entwicklung des Chromatogramms geschieht mit einem Chloroform-Äthergemisch 1:3. Hierbei werden die in der obenstehenden Abbildung (Abb. 17) skizzierten Zonen ausgebildet. Die oberste Zone, die den Mesobilifuscin-methylester enthält, wird isoliert und in der Hitze mit Eisessig behandelt. Beim Einengen der abgetrennten dunkelbraunen Eisessiglösung im Vakuum hinterbleibt der Mesobilifuscin-methylester. Er kann wieder in Alkohol oder Chloroform gelöst werden. — Durch Verseifung mit Natriumhydroxyd wie oben und Fällung mit 2 n Schwefelsäure wird das Mesobilifuscin erhalten. Es stellt, wie auf S. 950 gesagt, ein Gemisch mehrerer Assoziationsgrade bzw. polymerer Stufen dar.

[1] SIEDEL, W., u. H. MÖLLER: H. **259**, 113 (1939).
[2] SIEDEL, W., u. W. v. PÖLNITZ: Unveröffentlicht.

***b) Darstellung von Mesobilifuscin aus Urobilinogen nach* Siedel *und* Möller[1].**

100 mg Urobilinogen werden mit 16,2 cm³ einer heißen Eisessiglösung übergossen, die 405 mg Bleitetraacetat gelöst enthält. Man erhitzt 3 min auf dem Dampfbad, kühlt ab und gießt in 1 *l* Chloroform. Die gelbbraune Chloroformlösung wird 3mal mit Wasser gewaschen, durch Filtrieren getrocknet und eingeengt. Den letzten Rest Chloroform verdrängt man mit Methanol und verestert durch Einleiten von Chlorwasserstoff. Die weitere Aufarbeitung erfolgt, wie unter (a) angegeben ist. Auch die chromatographische Reinigung (Abb. 18) wird wie dort durchgeführt.

Eigenschaften. Das Mesobilifuscin gleicht weitgehend dem Methylester, es ist im allgemeinen nur schwerer löslich.

Methylester. Der Mesobilifuscin-methylester, $C_{17}H_{22}O_4N_2$, fällt allgemein in braunen amorphen Flocken an (aus Methanol-Petroläther). Schmelzpunkt 172—176° (korr.). Er ist leicht löslich in Alkohol, Äthylacetat, Pyridin, Eisessig, wenig löslich in Petroläther, Ligroin und Aceton. — Mit Zinkacetat und Kupferacetat entstehen schwerlösliche Komplexsalze. — Die Gmelinsche Reaktion, die Ehrlichsche Reaktion und die Schlesinger-Reaktion mit Zinkacetat sind negativ. — Durch Erhitzen mit Salzsäure wird der Aggregationsgrad von Mesobilifuscin erhöht. So können auch die wasserlöslichen Mesobilifuscine in wasserunlösliche übergeführt werden.

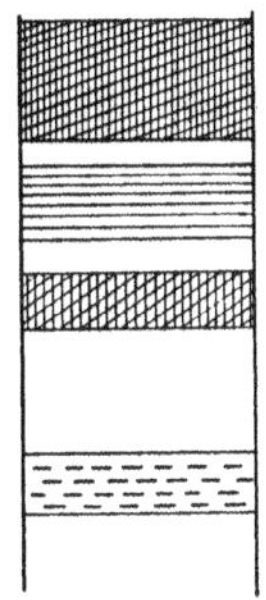

Abb. 18.

Nachweis. Charakteristisch für die Mesobilifuscine ist das Verhalten der Methylester und Äthylester bei der Chromatographie an Al_2O_3. Aus einer Chloroform-Ätherlösung werden diese Substanzen in der obersten Schicht der Säule adsorbiert. Nach Auswaschen der Bilirubinoide können dann durch Elution mit Chloroform, Methanol und Eisessig nacheinander die Typen *A*, *B* und *C* abgetrennt werden, sämtlich als braune, amorphe Farbstoffe.

Ein weiteres Charakteristikum ist die Bildung schwerlöslicher Zink- und Kupferkomplexsalze mit Zinkacetat und Kupferacetat in alkoholischer Lösung, speziell mit dem Mesobilifuscin selbst.

ε) Bilifuscin.

Vorkommen. Das Bilifuscin findet sich als Begleiter von Bilirubin in den Rindergallensteinen sowie im Ikterusharn. In den Faeces wird es in der Hauptsache zu Mesobilifuscin reduziert.

Formel. Vgl. S. 1001.

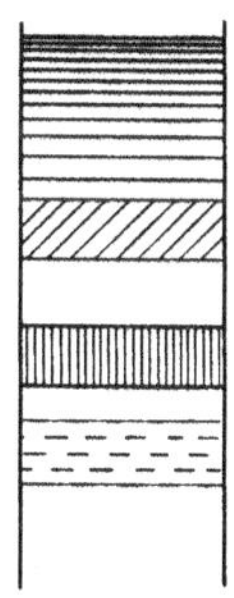

Abb. 19.

***Darstellung von Bilifuscin nach* Siedel *und* Grams[2].**

Das Bilifuscin wird aus Rindergallensteinen isoliert[2]. Der äthylalkoholische Extrakt, der bei der Gewinnung von Bilirubin aus Rindergallensteinen nach Fischer (S. 965) anfällt, wird mit der 3fachen Menge Chloroform versetzt und dann 5mal mit Wasser gewaschen. Dabei fällt ein in Chloroform schwerlösliches „hochpolymeres" Bilifuscin aus. Nunmehr wird die Chloroformlösung auf $^1/_5$ ihres Volumens eingeengt und die Restlösung dann mit der doppelten Menge Methanol versetzt. Nach Einleiten von trockenem Chlorwasserstoff bis zur Sättigung wird auf dem Wasserbad zum Sieden erhitzt. Nachdem hierauf wieder eine größere Menge Chloroform zugesetzt worden ist, wird das Gemisch mit Wasser HCl-frei gewaschen, durch Filtrieren getrocknet und auf ein kleines Volumen eingeengt. Nunmehr wird die braune Lösung auf eine mit Chloroform getränkte Säule von Al_2O_3 (standardisiert

[1] Siedel, W., u. H. Möller: H. **259**, 113 (1939).
[2] Siedel, W., u. E. Grams: Unveröffentlicht.

nach BROCKMANN) gegeben und das Chromatogramm (Abb. 19) mit Chloroform entwickelt. Die Schichten *I* und *II* sind braun und enthalten den Bilifuscin-methylester. Zone *II* enthält auch noch etwas Bilirubin-ester. In Zone *III* ist der Biliverdin-methylester, der nach Eluieren mit Methanol zum Kristallisieren gebracht werden kann, enthalten und in Zone *IV* Phylloerythrin-methylester, ein Umwandlungsprodukt von Chlorophyll.

Die Zone *I* wird nun isoliert und mit heißem Eisessig digeriert. Nach Abtrennung des Aluminiumoxyds wird der Farbstoff aus dem Eisessig in Chloroform übergeführt. Durch mehrfaches Waschen mit Wasser (ohne Alkalizusatz) wird der Eisessig entfernt und die Chloroformlösung erneut der Chromatographie unterworfen. Aus der Zone *I* wird dann wieder der Bilifuscin-methylester mit Eisessig eluiert. Nach Eindampfen der Eisessiglösung im Vakuum zur Trockne wird der Ester mit methanolischem Natriumhydroxyd verseift. Durch Fällung mit 2 n Schwefelsäure erhält man das Bilifuscin in amorphen Flocken.

Dieses Bilifuscin stellt ein Gemisch von mehreren „polymeren" Stufen dar, denn bei der Chromatographie an Aluminiumoxyd mit einem Chloroform-Äther-Methanol-Gemisch kann eine Auftrennung meist in 3 braune Zonen mit verschiedener Wanderungsgeschwindigkeit erzielt werden.

Eigenschaften und Nachweis. Vgl. Mesobilifuscin. Durch katalytische Reduktion (Pd-mohr) wird das Bilifuscin in Mesobilifuscin übergeführt.

ζ) Bilileukan, Mesobilileukan.

Vorkommen. Bilileukan und Mesobilileukan finden sich in den normalen Faeces, in geringen Mengen im normalen Harn und vermehrt im Ikterusharn sowie in allen Harnen, die erhöhte Mengen an Bilirubin enthalten. Infolge des reduzierenden Milieus im Darmtrakt dürfte dort das Mesobilileukan vorherrschen, während im Harn Bilileukan überwiegen dürfte. Auch in der Galle und im Serum, in letzterem allerdings nur in sehr geringen Mengen, ist das Bilileukan enthalten.

Zusammensetzung und Formel. Die Bilileukane sind bisher noch nicht in fester Form isoliert worden. Sie wurden bisher nur in Lösung erhalten, in denen sie auch bald in die Bilifuscine übergehen. Sie müssen demnach zweikernige Produkte sein, welchen als farblosen Substanzen nur eine Pyrromethanstruktur zukommen kann.

Darstellung. Das Mesobilileukan wird nach Entfernung von Urobilinogen und Stercobilinogen (mittels Petroläther) mit Wasser, schwacher Alkalilösung oder Aceton aus Faeces isoliert. — Aus Harn wird es durch Ausschütteln mit Isoamylalkohol extrahiert.

In vitro[1] wird das Mesobilileukan durch reduktiv-oxydative Umsetzung mit Natriumamalgam-Sauerstoff in alkalischer Lösung aus Hämin, Mesohämin, Bilirubin, Urobilin und Stercobilin erhalten. Der Versuch wird durchgeführt, indem man z. B. Hämin in schwach alkalischer Lösung mit Natriumamalgam in einem geschlossenen Gefäß schüttelt und in kurzen Abständen Sauerstoff einleitet und wieder schüttelt. Es tritt dabei in kurzer Zeit eine völlige Aufhellung der ursprünglich rotbraunen Lösung ein. Durch Zusatz von Säuren kann man (nach Abtrennung des Quecksilbers) schnell den Übergang des vorhandenen Mesobilileukans in Mesobilifuscin vollziehen, kenntlich an der Braunfärbung der Lösung. — Diese Umwandlung von Mesobilileukan in Mesobilifuscin ist auch der einfachste Nachweis für Mesobilileukan.

Eigenschaften. Mesobilileukan ist löslich in Wasser, leichter in Alkalilösungen, gut in Butylalkohol und Isoamylalkohol, schwerlöslich in Chloroform und Äther und unlöslich in Petroläther und Benzol. In schwachsaurem Milieu tritt bereits die Umwandlung in das braune Mesobilifuscin ein.

---

[1] SIEDEL, W., W. STICH u. F. EISENREICH: Naturwiss. **35**, 316 (1948).

Tokopherole*.

Von

H. Schmid und R. G. Haber.

Mit 14 Abbildungen.

A. Einleitung und Historisches.

Im Jahre 1920 machten MATTILL und CONKLIN[1] die Beobachtung, daß bei Ratten, die eine spezielle Milchdiät erhielten, Störungen in der Fortpflanzung auftreten. Zwei Jahre später haben EVANS und BISHOP[2] diese ersten Hinweise für die Existenz eines für die normale Fortpflanzung notwendigen Vitamins bestätigen können, indem sie zeigten, daß bei Ratten die erste Generation teilweise, die zweite vollständig unfruchtbar wird, wenn die Tiere ein gereinigtes, die Vitamine A, B und D sowie alle nötigen Nährstoffe enthaltendes Futter erhalten. Dieselben Autoren erkannten, daß die Sterilität durch einen im unverseifbaren Anteil von Weizenkeimlingsöl, von frischem Salat oder Alfalfaheu-Extrakten enthaltenen Wirkungsstoff geheilt wird[3, 4]. Der neue, fettlösliche Faktor, der sich als verschieden von den fettlöslichen Vitaminen A und D erwies, erhielt von SURE[5] den Namen Vitamin E. Weitere, in der älteren Literatur gebräuchliche Namen sind Faktor X, Antisterilitätsfaktor, Sterilamin, Fruchtbarkeitsvitamin, reproduzierendes Vitamin und Anti-Encephalomalacie-Vitamin. E-Vitaminose führt aber nicht nur zur Sterilität, sondern bei Ratten, Kaninchen und Meerschweinchen zu spezifischen Muskeldystrophien, wie EVANS und BURR[6] sowie GOETTSCH und PAPPENHEIMER[7] als erste fanden.

Die Reindarstellung des Vitamin E gelang erstmalig den Amerikanern EVANS, EMERSON und EMERSON[8] im Jahre 1936 aus Weizenkeimlingsöl. Das erhaltene Vitamin erwies sich von multipler Natur und bestand aus zwei homologen Verbindungen, denen die Namen α- und β-Tokopherol (früher als Neotokoferol oder Cumotokoferol bezeichnet) gegeben wurden[8]. Schon kurze Zeit darauf konnte FERNHOLZ[9] für α-Tokopherol die korrekte Strukturformel vorschlagen, die sich durch Arbeiten anderer Laboratorien bestätigen ließ. Bevor noch die letzten Einzelheiten der Konstitution des α-Tokopherols bekannt waren, gelang KARRER und Mitarbeitern[10] die Synthese der Verbindung, knapp gefolgt von englischen[11] und amerikanischen[12] Forschern.

---

* *Zusammenfassende Literatur.*
ROSENBERG, H. R.: Chemistry and Physiology of the Vitamins. New York 1945. — VOGEL, H., u. H. KNOBLOCH: Chemie und Technik der Vitamine, 3. Aufl. Bd. I. Stuttgart 1950. — SEBRELL, W. H., and R. S. HARRIS: The Vitamins. Vol. III. New York 1954. — STEPP, W., J. KÜHNAU u. H. SCHRÖDER: Die Vitamine und ihre klinische Anwendung. 7. Aufl. Bd. 2. Stuttgart 1952. — BECKMANN, R.: Vitamin E. Z. Vit.-, Horm.-Ferm.-Forsch. 7, 153—222; 281—376 (1955). — HARRIS, P. L., and W. KUJAWSKI: Annotated Bibliography of Vitamin E 1940—1950 und 1950, 1951. New York 1950 und 1952. — MASON, K. E.: Vitamin E. Ann. N. Y. Acad. Sci. 52, Art. 3, 63—428 (1949). — ABDERHALDEN, R.: Vitamine, Hormone, Fermente. 9. Aufl. Basel 1953.

[1] MATTILL, H. A., and R. E. CONKLIN: J. biol. Ch. **44**, 137 (1920).
[2] EVANS, H. M., and S. BISHOP: Science, N. Y. **56**, 650 (1922).
[3] EVANS, H. M., and S. BISHOP: Amer. J. Physiol. **63**, 396 (1922).
[4] EVANS, H. M., and G. O. BURR: Mem. Univ. Calif. No. 8 (1927).
[5] SURE, B.: J. biol. Ch. **58**, 681, 693 (1924).
[6] EVANS, H. M., and G. O. BURR: J. biol. Ch. **76**, 273 (1928).
[7] GOETTSCH, M., and A. M. PAPPENHEIMER: J. exp. Med. **54**, 145 (1931).
[8] EVANS, H. M., O. H. EMERSON and G. A. EMERSON: J. biol. Ch. **113**, 319 (1936).
[9] FERNHOLZ, E.: Am. Soc. **59**, 1154 (1937); **60**, 700 (1938).
[10] KARRER, P., H. FRITZSCHE, B. H. RINGIER u. H. SALOMON: Helv. **21**, 520, 820 (1938).
[11] BERGEL, F., A. M. COPPING, A. JACOB, A. R. TODD and T. S. WORK: Soc. **1938**, 1382. Nature **142**, 36 (1938).
[12] SMITH, L. I., H. E. UNGNADE and W. W. PRICHARD: Science N. Y., **88**, 37 (1938). — SMITH, L. I., and H. E. UNGNADE: J. org. Chem. **4**, 298 (1939).

Etwa zur selben Zeit wurde auch die Konstitutionsaufklärung[1, 2] und Synthese[3, 4] des β-Tokopherols ausgeführt; es unterscheidet sich vom α-Tokopherol nur durch den Mindergehalt einer Methylgruppe. Isomer mit β-Tokopherol ist das bereits im Jahr 1936 isolierte[5] γ-Tokopherol, das auch synthetisch[6] bereitet werden konnte. Damit ist die Zahl der in der Natur vorkommenden Vitamin E-Faktoren noch nicht erschöpft. 1946 gelang die Isolierung eines schon früher synthetisch bereiteten Tokopherols, des sog. δ-Tokopherols aus Sojabohnen[7], und kürzlich wurden noch 3 weitere natürliche Tokopherole, nämlich das ε-Tokopherol[8], ζ-Tokopherol[9] und endlich das η-Tokopherol[10], entdeckt. Die 7 Tokopherole stellen Methylderivate ein und desselben Grundgerüstes, des sog. Tokols, dar; sie unterscheiden sich voneinander nur durch Anzahl und Stellung der Methylgruppen.

B. Vorkommen.

Die Gruppe der E-Vitamine ist in der Natur weit verbreitet, vor allem in pflanzlichen Materialien. Der tierische Organismus enthält nur kleine Mengen.

Tabelle 1. *Verteilung von Tokopherol in Geweben und Organen des Menschen*[11, *]. (Methode EE und D.)

Gewebe, Organ	Mann			Frau		
	mg Gesamt-Tokopherol je 100 g	davon $\gamma+\delta+\eta$	Gesamt-Tokopherol in Gewebe oder Organ	mg Gesamt-Tokopherol je 100 g	davon $\gamma+\delta+\eta$	Gesamt-Tokopherol in Gewebe oder Organ
Bauchmuskel	0,62	<0,05	—	1,56	<0,1	—
Brust-Lendenmuskel	1,32	<0,27	—	3,80	1,0	—
Muskeln	—	—	285	—	—	269
Leber	2,49	<0,05	45	2,19	<0,14	33
Fett	24,7—29,2**	2,6—3,3	1885	39,2—49,5	12—19	6180
Herz***	1,11	<0,09	3	1,28	<0,14	4
Hoden	2,83	<0,08	2	—	—	—
Niere	0,80	<0,19	2	3,32	0,85	10
Pankreas	5,49	<0,13	7	10,6	3,75	10
Lunge	1,16	(0,34)	12	—	—	—
Milz	1,88	(0,56)	4	4,70	1,92	7
Uterus	—	—	—	1,47	0,31	2
Blut	0,8—1,6	—	64	0,8—1,6	—	45
Gesamt			2309			6560
Gesamt, bezogen auf 50 kg						8120
Gesamt, bezogen auf 70 kg			3440			

* Harn enthält keine Tokopherole [wohl aber Faeces, mit denen etwa 22 mg je Tag bei einer täglichen Aufnahme durch die Nahrung von 33 mg ausgeschieden werden. KLATSKIN, G., and D. W. MOLANDER: J. Lab. clin. Med. **39**, 802 (1952)].

** Biologisch wurden 34 mg α-Tokopherol/100 g Gewebe gefunden.

*** Die sarkosomalen (mitochondrialen) Fragmente des Herzens enthalten nach BOUMAN, J., and E. C. SLATER: Nature **177**, 1181 (1956) etwa 28 mg/100 g α-Tokopherol, aber nicht als solches, sondern in einer oxydierten Form (α-Tokopherylchinon ?).

1 JOHN, W.: H. **250**, 11 (1937); **252**, 222 (1938).
2 KARRER, P., H. SALOMON u. H. FRITZSCHE: Helv. **21**, 309 (1938).
3 JACOB, A., M. STEIGER, A. R. TODD and T. S. WORK: Soc. **1939**, 542.
4 KARRER, P., u. H. FRITZSCHE: Helv. **21**, 1234 (1938); **22**, 260 (1939).
5 EMERSON, O. H., G. A. EMERSON, A. MOHAMMAD and H. M. EVANS: J. biol. Ch. **122**, 99 (1937). Science, N. Y. **83**, 421 (1936).
6 JACOB, A., M. STEIGER, A. R. TODD and T. S. WORK: Soc. **1939**, 542
7 STERN, M. H., C. D. ROBESON, L. WEISLER and J. G. BAXTER: Am. Soc. **69**, 869 (1947).
8 EGGITT, P. W. R., and L. D. WARD: J. Sci. Food Agric. **4**, 569 (1953).
9 GREEN, J., S. MARCINKIEWICZ and P. R. WATT: J. Sci. Food Agric. **6**, 274 (1955).
10 GREEN, J., and S. MARCINKIEWICZ: Nature **177**, 86 (1956).
11 QUAIFE, M. L., and M. Y. DJU: J. biol. Ch. **180**, 263 (1949). Die niedrigeren, von ABDERHALDEN, R.: Z. Vit.-Forsch. **16**, 309, 319 (1945) nach der Kofler-Methode erhaltenen Werte erscheinen weniger zuverlässig.

Tabelle 2. *Tokopherolgehalte von Fetten und Ölen.*

Material	Gesamt mg/100 g	% α	% β	% γ	% δ	% ε	% ζ	% η	Methode*	Literaturzitat
Weizenkeimlingsöl . . .	255	56	33,5	0	0	10,5	0	0	PC	1
	260—297	57	33	0	0	10	0	0	PC	2
	262	64	27	0	0	9(?)			PC	3
	268	60	40% $\beta+\gamma+\delta+\eta$						EE; N	4
	274	70	30% nicht α-Tokopherole						diff. EE	5
		58	42						P	6
gepreßt	0,23									7
mit Petroläther extrahiert . . .	0,45									
Öl aus Weizenkleie . .	320	11	5,5	0	0	68	15	0	PC	1
Sojabohnenöl	118	13,5	0	59	27,5	0	0	0	PC	1
	83	15	0	51	34	0	0	0	PC	3
	97	22	0	78? ($\gamma+\delta$)					FM	8
	92	10	90% nicht α-Tokopherole						diff. EE	5
	74	13	87% $\beta+\gamma+\delta+\eta$						EE; N	4
	?	19		58	23				P	6
roh	176								EE	9
	159								EE	10
raffiniert	140	7	93% nicht α-Tokopherole (γ, δ, η)						D; EE	11
raffiniert und hydriert	151								EE	10
Baumwollsamenöl . . .	81	58	0	42	0	0	0	0	PC	1
	70	74	0	26	0	0			PC	3
	90	62	38% γ, δ, η						D; EE	11
	83	62	Rest nicht α-Tokopherole						diff. EE	5
	78	57	43% nicht α-Tokopherole						N; EE	4
	91	71		29?					FM	8
	77								EE	12
	67								EE	10
	?	43		57					P	6
Erdnußöl	19,5	35,5	0	64,5	0	0	0	0	PC	1
	22	50	50% nicht α-Tokopherole (γ, δ, η)						EE; D	11
	36	63	37% nicht α-Tokopherole						diff. EE	5
	48	50		50? ($\gamma+\delta$)					FM	8
	31								EE	10
Maisöl	91	11	0	89	0	0	0	0	PC	1
	86	6	0	93	1% andere				PC	3
	87	8	92% γ, δ, η						D; EE	11
	90	10		90?					FM	6
	86—88								EE	12
	102	13	87% $\beta, \gamma, \delta+\eta$						N; EE	4
	105								EE	10

* PC Papierchromatographie; EE EMMERIE-ENGEL; N Nitrosoverfahren; P Polarographisches Verfahren; FM Furter-Meyer-Methode; D Diazoverfahren; K Kofler-Methode.

[1] GREEN, J., S. MARCINKIEWICZ and P. R. WATT: J. Sci. Food Agric. **6**, 274 (1955).
[2] EGGITT, P. W. R., and L. D. WARD: J. Sci. Food Agric. **4**, 569 (1953).
[3] BROWN, F.: Biochem. J. **52**, 523 (1952).
[4] QUAIFE, M. L.: J. biol. Ch. **175**, 605 (1948).
[5] HOVE, E. L., and Z. HOVE: J. biol. Ch. **156**, 601 (1944).
[6] KNOBLOCH, E., F. MÁCHA u. K. MŇOUČEK: Chem. Listy **46**, 718 (1952) [Chem. Abstr. **47**, 5039g].
[7] DAM, H., J. GLAVIND, I. PRANGE and J. OTTESEN: Kgl. Danske Vid. Selsk. biol. Medd. **16**, No. 7 (1941).
[8] FISHER, G. S.: J. industr. engng. Chem., analyt. Ed. **17**, 224 (1945).
[9] RAWLINGS, H. W., N. H. KUHRT and J. G. BAXTER: J. amer. Oil Chem. Soc. **25**, 24 (1948).
[10] MAHON, J. H., and R. A. CHAPMAN: J. industr. engng. Chem., analyt. Ed. **26**, 1195 (1954).
[11] HARRIS, P. L., M. L. QUAIFE and W. J. SWANSON: J. Nutrit. **40**, 367 (1950).
[12] SWICK, R. W., and C. A. BAUMANN: J. industr. engng. Chem., analyt. Ed. **24**, 758 (1952).

Tabelle 2. (Fortsetzung.)

Material	Gesamt mg/100 g	% α	% β	% γ	% δ	% ε	% ζ	% η	Methode*	Literaturzitat
Rapsöl	56	27	0	73	0	0	0	0	PC	1
	55								K	2
Gerstenöl	238	15,3	wenig	6	0	34,2	44,5	0	PC	1
Roggenöl	248	39	wenig	5	0	32	24	0	PC	1
	?	54		$\beta+\gamma$(?) 46					P	3
Haferöl	61	26	0	36	10	4	22	0	PC	1
Sonnenblumenöl	51	100	0	0	0	0			PC	4
	102								EE	5
Senföl	32	26,8	Spuren	55	18,2	0	0	0	PC	1
Cocosnußöl	8,3	43	57% γ, δ, η						D; EE	6
	4								EE	5
	5								EE	7
raffiniert und hydriert	3								EE	5
hydriert	3								FM	8
Palmkernöl	56	54	40% γ, δ, η						D; EE	6
	44								K	2
	110								EE	7
Olivenöl	6,9								EE	6
	5—30								K	2
	3								EE	7
Kakaobutter	12,5								EE	7
Sesamöl, alt, roh	30								K	2
alt, raffiniert	18								K	2
Leinöl, alt, roh	33								K	2
Mandelöl	50								K	2
Ricinusöl	50								K	2
Walnußöl	55								K	2
Mohnöl, roh, frisch	44								K	2
alt, raffiniert	28								K	2
Haselnußöl	45								K	2
Hanföl	40								K	2

Reich an Vitamin E sind vor allem pflanzliche Öle und Fette, wie Getreidekeimlingsöle. Auch grüne Pflanzenteile, wie Lattich, Alfalfa usw. enthalten beträchtliche Mengen Tokopherole. Orangen und Bananen sind dagegen Vitamin E-arm.

Tierische Materialien weisen, wie erwähnt, relativ kleine Tokopherolgehalte auf. Die größten Mengen wurden in der Leber von Pferd und Rind angetroffen; kleinere Mengen sind in Muskeln, Herz, Niere, Placenta, Hypophyse u. a. m. enthalten, sowie in tierischen Produkten wie Milch und Eiern. Fischtrane weisen einen sehr kleinen Vitamin E-Gehalt auf, weil die in ihnen enthaltenen ungesättigten Fettsäuren leicht Peroxyde bilden, die die Tokopherole in die (unwirksamen) Tokopheryl-chinone überführen.

[1] Green, J., S. Marcinkiewicz and P. R. Watt: J. Sci. Food Agric. **6**, 274 (1955).
[2] Kofler, M.: Helv. **26**, 2166 (1943).
[3] Knobloch, E., F. Mácha u. K. Mňouček: Chem. Listy **46**, 718 (1952) [Chem. Abstr. **47**, 5039g].
[4] Brown, F.: Biochem. J. **52**, 523 (1952).
[5] Mahon, J. H., and R. A. Chapman: J. industr. engng. Chem., analyt. Ed. **26**, 1195 (1954).
[6] Harris, P. L., M. L. Quaife and W. J. Swanson: J. Nutrit. **40**, 367 (1950).
[7] Emmerie, A., u. C. Engel: Z. Vit.-Forsch. **13**, 259 (1943).
[8] Quackenbush, F. W., H. L. Gottlieb and H. Steenbock: J. industr. engng. Chem. **33**, 1276 (1941).

Der Gehalt der einzelnen pflanzlichen Materialien an den verschiedenen Tokopherolen ist z. T. sehr unterschiedlich. Häufig wird in Ölen die Kombination α-, β-, ε- und ζ-Tokopherol oder α-, γ-, δ- oder α-, ζ-, η-Tokopherol angetroffen (s. Biogenese S. 1024).

Die Tabellen geben einen Überblick über das Vorkommen der Tokopherole in Ölen und Fetten, pflanzlichen und tierischen Produkten und Organen. Siehe auch Nachtrag S. 1062.

Die Tokopherole kommen im Pflanzenreich, zumindest in überwiegendem Maße, frei, d. h. unverestert oder unveräthert, vor.

Tabelle 3. *Tokopherolgehalt von Körperflüssigkeiten.*

Material		mg/100 cm³	Methode	Literaturzitat
Menschliches Blut bzw. Serum	Erwachsene	etwa 0,8—1,6	EE; K	1
		0,8—1,0	PC	2
		0,4	Phosphormolybdänsäure	3
	Schulkinder	etwa 0,8—1,5	verschiedene	1
	Neugeborene	etwa 0,25—0,35	verschiedene	1
	Frühgeborene	0,25	verschiedene	1
	bei Schwangerschaft und krankhaften Zuständen	0,1—1,5	—	4, 5
Tierische Seren	Ratte	0,2—0,25	K	6
	Kaninchen	0,5—3,0	K	6
	Rind	0,2—1,5	K; EE	6, 7
	Pferd	0,2	K; EE	6, 7
Frauenmilch		1,3 (0,2—3,5)	verschiedene	1
Gehirn-Rückenmarksflüssigkeit		0		1
Harn		0		1

Tabelle 4. *Tokopherolgehalt von tierischen Produkten.*

Material	Gesamt mg/100 g	%	Methode	Literaturzitat
Butter	2,4		EE	8
	2,5		K	6
	2,6		EE	9
	3,0		EE	10
(Margarine)	83		EE	10
Schweinefett	2,7	85 α; 15 γ, δ, η	D; EE	8
	1,2		K	6
	0,5		FM	11
Haitran	4—10		EE	12
Speck	0,53	83 α; 17 γ, δ, η	D; EE	8

[1] BECKMANN, R.: Z. Vit.-Horm.-Ferm.-Forsch. **7**, 178 (1955); dort findet sich eine Literaturzusammenstellung.

[2] DELMAS, L.: Cr. **242**, 2595 (1956).

[3] NAIR, P. P., and N. G. MAGAR: J. biol. Ch. **220**, 157 (1956).

[4] DARBY, W. J., M. E. FERGUSON, R. H. FURMAN, J. M. LEMLEY, C. T. BALL and G. R. MENEELY: Ann. N. Y. Acad. Sci. **52**, 328 (1949).

[5] SCRIMSHAW, N. S., R. B. GREER and R. L. GOODLAND: Ann. N. Y. Acad. Sci. **52**, 312 (1949).

[6] KOFLER, M.: Helv. **26**, 2166 (1943).

[7] KAAY, F. C. VAN DER, G. H. B. TEUNISSEN, A. EMMERIE and M. VAN EEKELEN: Ann. N. Y. Acad. Sci. **52**, 276 (1949).

[8] HARRIS, P. L., M. L. QUAIFE and W. J. SWANSON: J. Nutrit. **40**, 367 (1950).

[9] EMMERIE, A., u. C. ENGEL: Z. Vit.-Forsch. **13**, 259 (1943).

[10] MAHON, J. H., and R. A. CHAPMAN: J. industr. engng. Chem., analyt. Ed. **26**, 1195 (1954).

[11] CHIPAULT, J. R., W. O. LUNDBERG and G. O. BURR: Arch. Biochem. **8**, 321 (1945).

[12] ROBESON, C. D., and J. G. BAXTER: Am. Soc. **65**, 940 (1943).

Tabelle 4. (Fortsetzung.)

Material	Gesamt mg/100 g	%	Methode	Literaturzitat
Käse	0,3—0,6		EE	1
Eier	2,0	58 α? 42 γ, δ, η	D; EE	2
	3,0 je 100 cm³		EE	1
Kuhmilch	0,09—0,12	α?	K	3
	0,056		K	4
	0,05—0,15		EE	5
	0,12		EE	2
	0,0—1,32 Mittel 0,42		EE	6
Milchpulver	0,3		EE	2
Rindsleber	1,40	100 α?	D; EE	2
Beefsteak	0,63	75 α? 25 γ, δ, η	D; EE	2
Fleisch	0,6 (Mittel)		EE	1
Fisch	1,0 (Mittel)		EE	1
Hering	1,05		K	4
Schellfisch	0,39		EE	2

Tabelle 5. *Verteilung von Tokopherol in Geweben und Organen einer ausgewachsenen männlichen Ratte** (Methode E.E).

Material	Autor[7]		Autor[8]	
	mg Tokopherol je 100 g	Gesamt-Tokopherol in Gewebe oder Organ in mg	mg Tokopherol je 100 g	Gesamt-Tokopherol in Gewebe oder Organ in mg
Blutzellen	—	0,047	—	—
Nebenniere	34,0	0,014	—	—
Lunge	3,24	0,045	2,01	0,036
Milz	5,1	0,03	1,38	0,006
Leber	2,52	0,269	2,94	0,221
Blutplasma	0,70	0,07	—	—
Darm	3,69	0,171	0,82	0,052
Niere	1,18	0,024	1,36	0,024
Thymus	1,7	0,008	—	—
Zwerchfell	2,5	0,016	—	—
Herz	3,42	0,031	3,54	0,028
Blase	2,6	0,019	—	—
Skelet, Kopf usw.	3,55	3,23	—	—
Gehirn	—	—	0,64	—
Mesenterial-Fett	6,0	0,349	0,19	—
Fell	3,32	1,94	—	—
Muskel	1,33	1,15	0,4	—
Hoden	2,26	0,072	0,85	0,025
Pankreas	5,48	0,089	—	—
Hypophyse	90	0,009	—	—
Zentral-Nervensystem	1,62	0,040	—	—
Total		7,634		

* Die Ratte wurde mit Vitamin E-freier Kost gefüttert, erhielt aber täglich einen Zusatz von 1 mg α-Tokopherol.

[1] ENGEL, C.: Ann. N. Y. Acad. Sci. **52**, 292 (1949).
[2] HARRIS, P. L., M. L. QUAIFE and W. J. SWANSON: J. Nutrit. **40**, 367 (1950).
[3] KOFLER, M.: Helv. **26**, 2166 (1943).
[4] LIECK, H., u. H. WILLSTAEDT: Svensk kem. T. **57**, 134 (1945).
[5] NEUWEILER, W.: Z. Vit.-Forsch. **20**, 108 (1948).
[6] BECKMANN, R.: Z. Vit.-, Horm.-Ferm.-Forsch. **7**, 153 (1955).
[7] QUAIFE, M. L., W. J. SWANSON, M. Y. DJU and P. L. HARRIS: Ann. N. Y. Acad. Sci. **52**, 300 (1949).
[8] SWICK, R. W., and C. A. BAUMANN: J. industr. engng. Chem., analyt. Ed. **24**, 758 (1952).

Tabelle 6. *Verteilung von Tokopherol in Geweben und Organen anderer Tiere.*

Material	mg Tokopherol/100 g	Material	mg Tokopherol/100 g
Kaninchen: Hirn . .	0,5—1,8[1]	*Pferd:* Herz	0,53[6]
Lunge . .	1,0—1,9[1]	Leber	1,32[6]
Herz . .	0,7—1,3[1]	Niere.	0,62[6]
Milz. . .	1,0[1]	Muskel	0,53[6]
Leber . .	0,9—1,4[1]; 0,92[2]	Hypophyse . .	2,2—3,2[3]
Nieren. .	0,6[1]		
Muskel .	0,13—0,33[1]; 0,48[3]; 0,80[2]	*Rind:* Leber	0,95[6]; 1,7—1,9[4]; 1,4[5]
Darm . .	0,4—0,7[1]	Hirn	2,2—3,3[1]
Magen. .	0,6—1,2[1]	Hypophyse, Vorderlappen	2,6—3,0[1]
Haut . .	0,26[1]		
Fett. . .	0,26[1]	Hypophyse, Hinterlappen	0,9—1,1[1]
(Urin) . .	0[2]	Muskel	0,58[6]; 0,27[4]; 0,63[5]
Schwein: Muskel .	0,11[4]; 0,71[5]		

Tabelle 7. *Tokopherolgehalte von pflanzlichen Materialien.*

Material	Gesamt mg/100 g	% α	% β	% γ	% δ	% ε	% ζ	% η	Methode	Literaturzitat
Weizenkörner geschält	3,4—3,9	50	20	0	0	30?	—	—	PC	7
Weizenkeimlingsmehl	24—36	59	31	0	0	10	?	—	PC	8
käufliches . . .	22,3	57	32	0	0	11	?	—	PC	9
gereinigt . . .	23,2	63	33,5	0	0	35	?	—	PC	9
Weizenkleie	6,9—8,7	14	6	80% andere (Hauptmenge ε?)					PC	7
	6,5	10	17,5	0	0	72,5	?	—	PC	9
Weizenkörner . . .	8,5								EE	10
Weizenmehl	2,2								EE	5
	2,8								EE	11
	2,3—5,4								biologisch	12
80% ausgemahlen . .	1,2								EE	5
Reis	5,5	47	0	0	0	0	26	27	PC	13
	2,4	50 (+ζ?)		γ, δ, η 50					D; EE	5
	2,9								EE	11
Reis, poliert	0,57	61 (+ζ?)		γ, δ, η 39					D; EE	5
	0,4								EE	11
Reiskleie	3,0								EE	14
Mais	1,5—3,6								biologisch	12
gemahlen . . .	4,2	10	0	90	0	0	—	—	PC	7
	1,7	49 (+ζ?)		γ, δ, η 51					D; EE	5
Maisflocken	1,1	10	0	90	0	0	—	—	PC	7

[1] Kofler, M.: Helv. **28**, 26 (1945).
[2] Hines, L. R., and H. A. Mattill: J. biol. Ch. **149**, 549 (1943).
[3] Meunier, P., et A. Vinet: Bull. Soc. Chim. biol. **24**, 365 (1942).
[4] Swick, R. W., and C. A. Baumann: J. industr. engng. Chem., analyt. Ed. **24**, 758 (1952).
[5] Harris, P. L., M. L. Quaife and W. J. Swanson: J. Nutrit. **40**, 367 (1950).
[6] Karrer, P., W. Jaeger u. H. Keller: Helv. **23**, 464 (1940).
[7] Brown, F.: J. Sci. Food Agric. **4**, 161 (1953).
[8] Eggitt, P. W. R., and L. D. Ward: J. Sci. Food Agric. **4**, 569 (1953).
[9] Eggitt, P. W. R., and L. D. Ward: J. Sci. Food Agric. **6**, 329 (1955).
[10] Menger, A.: Angew. Chem. **62**, 431 (1950).
[11] Engel, C.: Ann. N. Y. Acad. Sci. **52**, 292 (1949).
[12] Cabell, C. A., and N. R. Ellis: J. Nutrit. **23**, 633 (1942).
[13] Green, J., and S. Marcinkiewicz: Nature **177**, 86 (1956).
[14] Engel, C., u. A. M. de Vries: Z. Vit.-Forsch. **18**, 89, (1946).

Tabelle 7. (Fortsetzung.)

Material	Gesamt mg/100 g	% α	% β	% γ	% δ	% ε	% ζ	% η	Methode	Literaturzitat
Gerste	5,6—7,1	10	$\beta+\zeta$ 67	0	0	23?		—	PC	1
	4,2								EE	2
getrocknet. . .	2,5									3
Hafer.	1,7—3,2	26	$\beta+\zeta$ 63	0	0	11?		—	PC	1
gemahlen . . .	2,1		γ, δ, η 8; Rest 92 ($\alpha+\zeta$?)						D; EE	4
	2,0								EE	2
Gräser (20—25 cm lang)										
Dactylis glomerata										
frisch	31,3—36,2	100	0	0	0	0	0	0	PC	1
getrocknet. . .	17,4—24,2									
Festuca pratensis										
frisch	18,4—24,3	100	0	0	0	0	0	0	PC	1
getrocknet. . .	12,1—15,0									
Lolium percenne										
frisch	30,0—40,0	100	0	0	0	0	0	0	PC	1
getrocknet. . .	18,7—23,5									
Phleum pratese										
frisch	18,4—24,9	100	0	0	0	0	0	0	PC	1
getrocknet. . .	10,0—17,2									
Heu aus										
Dactylis glomerata	1,3—1,8	100	0	0	0	0	0	0	PC	1
Silage aus										
Dactylis glomerata	30,1—31,0	100	0	0	0	0	0	0	PC	1
Grasmehl, getrocknet	11,1									3
Klee, wilder, weißer										
frisch	20,2	95				5?			PC	1
getrocknet. . .	12,6—13,0									
Klee, frisch	10,0								biologisch	5
getrocknet . . .	7,1									
Alfalfa, frisch . . .	15,2								biologisch	5
getrocknet . . .	10,4									
getrocknet . . .	10—45								EE	6
Luzerne, getrocknet	21,8—28,0	95	0	0	0	5?	—	—	PC	1
Luzernenmehl										
getrocknet . . .	8,8									3
Junger Löwenzahn .	7								K	7
Bohnen	6,6—8,2	9	0	96	0	5?	—	—	PC	1
	3,6	3	γ, δ, η 97						EE	4
Bohnen, weiß . . .	4,0								EE	2
Linsen	23,6	0	0	95	0	5?	—	—	PC	1
Wirsingkohl, Blatt .	37—78	95	0	0	0	5?	—	—	PC	1
Stiel	0,9—1,6									
	8,0								EE	2
Kohl	0,11	55 α (+weitere?) γ, δ, η 45							EE; N	4
Rotkohl.	0,2								EE	2
Rosenkohl.	1,7								EE	2
Karotten	0,45	100							D; EE	4

[1] Brown, F.: J. Sci. Food Agric. **4**, 161 (1953).
[2] Engel, C.: Ann. N. Y. Acad. Sci. **52**, 292 (1949).
[3] Pesch, W. A.: Conserve e Deriv. agrum. **2**, 101 (1953).
[4] Harris, P. L., M. L. Quaife and W. J. Swanson: J. Nutrit. **40**, 367 (1950).
[5] Cabell, C. A., and N. R. Ellis: J. Nutrit. **23**, 633 (1942).
[6] Dam, H., J. Glavind, I. Prange and J. Ottesen: Kgl. Danske Vid. Selsk. biol. Medd. **16**, No. 7 (1941).
[7] Kofler, M.: Helv. 28, 26 (1945).

Tabelle 7. (Fortsetzung.)

Material	Gesamt mg/100 g	% α	% β	% γ	% δ	% ε	% ζ	% η	Methode	Literaturzitat
Sellerie	0,48	96	γ, δ, η 4						D; EE	1
	2,6								EE	2
Zwiebel	0,26	81	γ, δ, η 11						D; EE	1
	0,2								EE	2
Grüne Erbsen	2,1	5	γ, δ, η 95						D; EE	1
	6,0								EE	2
Kartoffeln, geschält	0,06								EE	1
Süßkartoffel	4,0	100							D; EE	1
Tomaten	0,36	75	γ, δ, η 25						D; EE	1
Tomatenpüree	0,83								K	4
Lattich	0,43—0,54	54—67 α + andere ? 33—46 γ, δ, η							D; EE	1
	0,29								EE	3
	0,23								biologisch	3
	0,6								EE	2
	0,16								K	4
Weiße Rübe, Kraut	2,30	97	3 % andere						D; EE	1
Weiße Rübe	0,2								EE	2
Rübenöl	60,4								EE	5
Runkelrübe	0,2								EE	2
Endivien	0,2—2,0								EE	2
Lauch	1,9								EE	2
Petersilie	5,5								EE	2
	15—30								K	6
Spinat	1,7								EE	2
	4—24								K	6
	50								EE	7
Mangold	0,8								EE	8
	2—24								K	6
Kopfsalat	9—35								K	6
Feldsalat	14								K	6
Kresse	20—43								K	6
Hagebutten	10—50								EE	7
Erdnüsse	9,3	49 α (+ weitere ?) 51 γ, δ, η							D; EE	1
	11,9								EE	9
Preßkuchen aus Erdnüssen	1,3									10
Erdnußmehl	0,4—0,5								EE	8
Sojabohne	18,8								EE	9
Cocosnuß	0,2								EE	9
Cocosnußmehl	0,4								EE	8
Kakao	3,1								EE	1
Schokolade	11,1	48 α (+ weitere ?) 52 γ, δ, η							D; EE	1
Hopfen	10—50								EE	7
Äpfel	0,74	97 α (+ weitere ?) 3 % andere							D; EE	1
Banane	0,4	93 α (+ weitere ?) 7 % γ, δ, η							D; EE	1
Grape-Frucht	0,26	96 α (+ weitere ?) 4 % γ, δ, η							D; EE	1
Orange	0,24	96 α (+ weitere ?) 4 % γ, δ, η							D; EE	1
Hefe	0								D; EE	1

[1] Harris, P. L., M. L. Quaife and W. J. Swanson: J. Nutrit. **40**, 367 (1950).
[2] Engel, C.: Ann. N. Y. Acad. Sci. **52**, 292 (1949).
[3] Quaife, M. L., and P. L. Harris: J. industr. engng. Chem., analyt. Ed. **20**, 1221 (1948).
[4] Lieck, H., u. H. Willstaedt: Svensk kem. T. **57**, 134 (1945).
[5] Herraiz, M. L., and H. G. de Alvarez Herrero: Ann. N. Y. Acad. Sci. **52**, 306 (1949).
[6] Kofler, M.: Helv. **28**, 26 (1945).
[7] Dam, H., J. Glavind, I. Prange and J. Ottesen: Kgl. Danske Vid. Selsk. biol. Medd. **16**, No. 7 (1941).
[8] Brown, F.: J. Sci. Food Agric. **4**, 161 (1953).
[9] Engel, C., u. A. M. de Vries: Z. Vit.-Forsch. **18**, 89 (1946).
[10] Pesch, W. A.: Conserve e Deriv. agrum. **2**, 101 (1953).

C. Zusammensetzung und Formeln.

In der Natur kommen, wie schon in der Einleitung erwähnt wurde, 7 verschiedene Vitamin E-Faktoren vor, die sich alle vom gleichen Grundgerüst, dem sog. Tokol, ableiten, das bisher nur synthetisch[1] erhalten worden ist und dem jede biologische Wirkung abgeht[2].

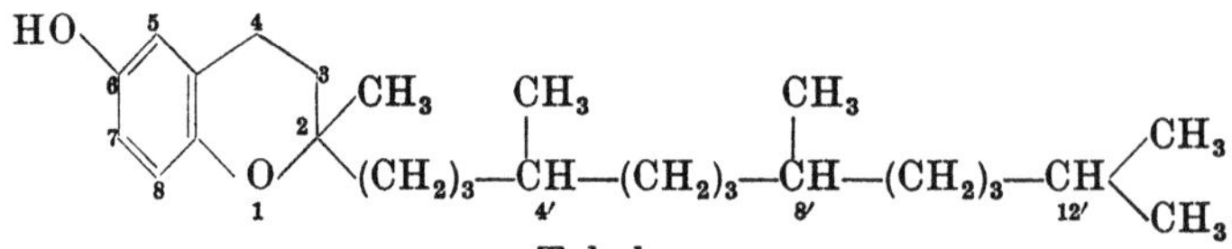

Tokol

Die verschiedenen natürlichen Tokopherole stellen im Benzolkern methylierte Abkömmlinge des Tokols dar; sie unterscheiden sich untereinander nur in Anzahl und Stellung dieser Methylgruppen.

α-Tokopherol ist das 5,7,8-Trimethyltokol, also das Tokolderivat mit der höchst möglichen Anzahl von benzolständigen Methylgruppen. Von Di-methyl-tokolen sind drei möglich, von denen die 5,8-Dimethylverbindung dem β-, die 7,8-Dimethylverbindung dem γ- und der 5,7-Dimethylabkömmling dem ζ-Tokopherol entspricht.

Auch das Monomethyltokol kann in 3 Stellungsisomeren auftreten: δ-Tokopherol ist das 8-Methyl-, ε-Tokopherol ist das 5-Methyl- und η-Tokopherol das 7-Methyltokol.

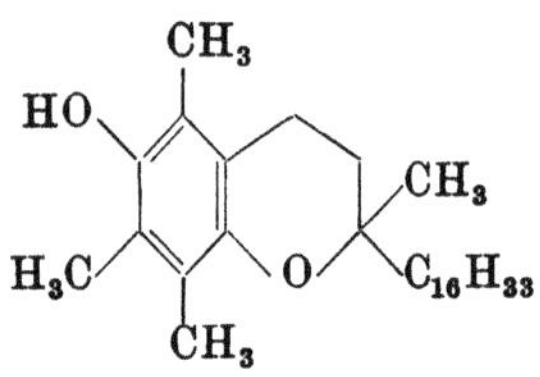

α-Tokopherol

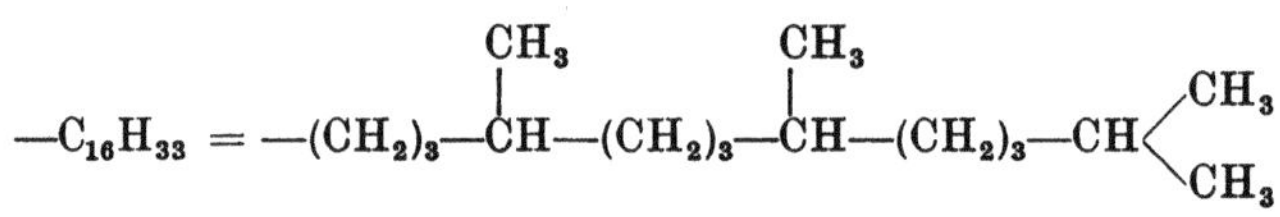

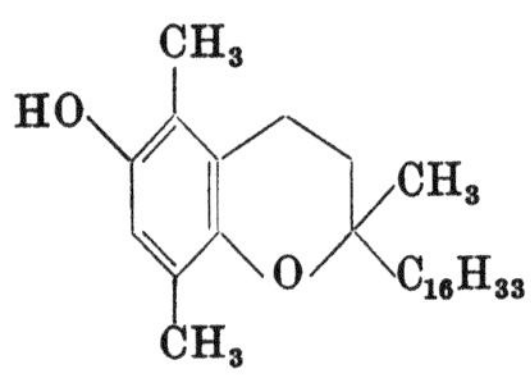

β-Tokopherol

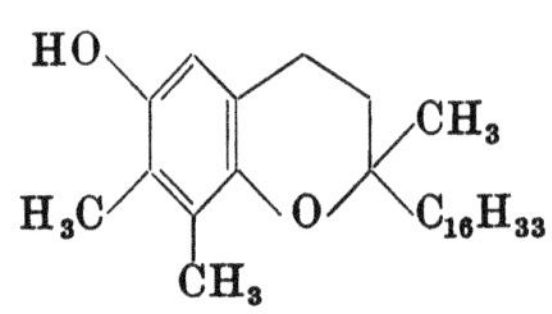

γ-Tokopherol

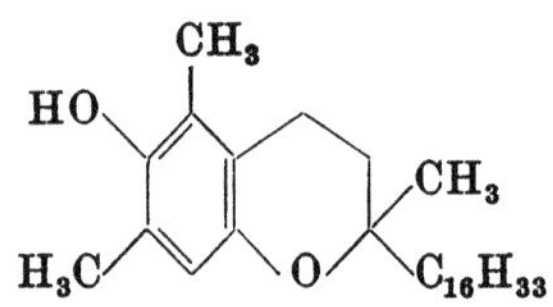

ζ-Tokopherol

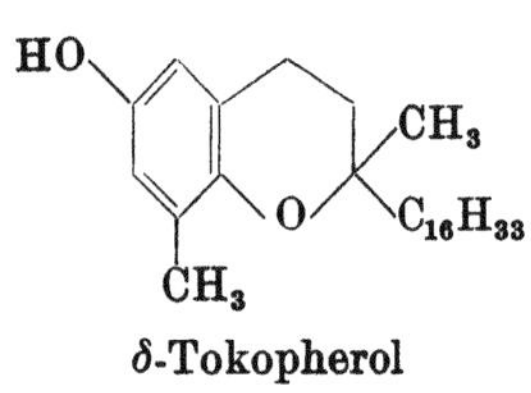

δ-Tokopherol

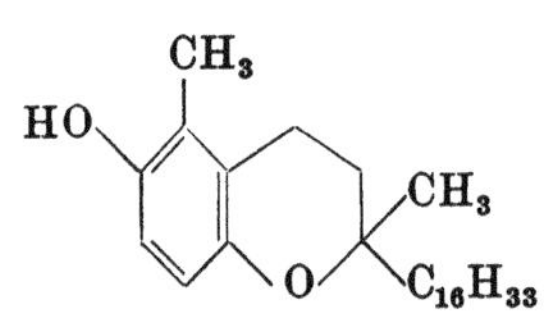

ε-Tokopherol

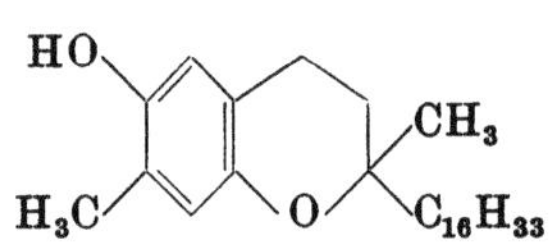

η-Tokopherol

Bei der Konstitutionsaufklärung[3] waren die Beobachtungen, daß die Tokopherole bei der Pyrolyse unter Sprengung der Ätherbindung und der C_3-C_4-Bindung ein Polymethylhydrochinon und bei der energischen Oxydation stets das Lacton 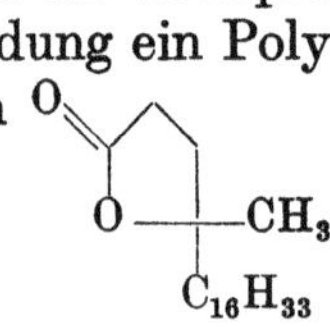 bilden, von größter Bedeutung.

[1] KARRER, P., H. FRITZSCHE, B. H. RINGIER u. H. SALOMON: Helv. **21**, 520, 820 (1938).

[2] JACOB, A., F. K. SUTCLIFFE and A. R. TODD: Soc. **1940**, 327.

[3] *Literatur zur Konstitutionsaufklärung:*

α-Tokopherol: FERNHOLZ, E.: Am. Soc. **59**, 1154 (1937); **60**, 700 (1938). — JOHN, W., E. DIETZEL u. P. GÜNTHER: H. **252**, 208 (1938). — JOHN, W.: H. **252**, 222 (1938). — JOHN, W., E. DIETZEL, P. GÜNTHER u. W. EMTE: Naturwiss. **26**, 366 (1938).

D. Darstellung der Tokopherole.

1. Isolierung aus Naturprodukten[1].

Für die industrielle Gewinnung natürlicher Tokopherolpräparate eignen sich Mais-, Baumwollsamen-, Sojabohnen- und Weizenkeimlingsöle, die etwa 0,1—0,3 % Tokopherole enthalten. Die relative Menge der einzelnen Tokopherole variiert von Öl zu Öl. Am wertvollsten sind diejenigen mit einem möglichst hohen α-Tokopherolgehalt (vgl. auch die Tabellen S. 1007—1008). Die z. B. durch Extraktion mit Lipoid-Lösungsmitteln erhaltenen Öle werden mit 20 %iger alkoholischer Kalilauge verseift, aus dem Unverseifbaren die Tokopherole durch Extraktion herausgeholt und die Sterine durch Kristallisation abgetrennt. Bei anderen Verfahren wird das Öl aus Lösungsmitteln einer fraktionierten Kristallisation unterworfen oder es wird direkt molekulardestilliert, wobei die Hauptmenge der Tokopherole bei 147° übergeht; man erhält im letzten Fall Konzentrate mit 14—18 % Tokopherol. Eine weitere Anreicherung kann durch Chromatographie an Aluminiumoxyd[2, 3], Zinkcarbonat[4], Verteilungschromatographie[5] und Gegenstromverteilung[6], durch Molekulardestillation und Reinigung über kristallisierte Tokopherolester erzielt werden.

2. Synthese von Tokopherolen[7].

Die praktisch wichtigen Synthesen von Tokopherolen benutzen im wesentlichen die Karrersche Reaktion, nämlich den Umsatz eines C-methylierten Hydrochinons mit

BERGEL, F., A. R. TODD and T. S. WORK: Soc. 1938, 253. — KARRER, P., R. ESCHER, H. FRITZSCHE, H. KELLER, B. H. RINGIER u. H. SALOMON: Helv. 21, 939 (1938).

β-Tokopherol: JOHN, W.: H. 252, 222 (1938). — JOHN, W., E. DIETZEL, P. GÜNTHER u. W. EMTE: Naturwiss. 26, 366 (1938). — JOHN, W., E. DIETZEL u. P. GÜNTHER: H. 252, 208 (1938). — BERGEL, F., A. R. TODD and T. S. WORK: Soc. 1938, 253. — EMERSON, O. H.: Am. Soc. 60, 1741 (1938). — KARRER, P., R. ESCHER, H. FRITZSCHE, H. KELLER, B. H. RINGIER u. H. SALOMON: Helv. 21, 939 (1938).

γ-Tokopherol: EMERSON, O. H.: Am. Soc. 60, 1741 (1938). — EMERSON, O. H., and L. I. SMITH: Am. Soc. 62, 1869 (1940).

δ-Tokopherol: STERN, M. H., C. D. ROBESON, L. WEISLER and J. G. BAXTER: Am. Soc. 69, 869 (1947).

ε-Tokopherol: EGGITT, P. W. R., and L. D. WARD: J. Sci. Food Agric. 4, 569 (1953). — EGGITT, P. W. R., and F. W. NORRIS: J. Sci. Food Agric. 6, 689 (1955).

ζ-Tokopherol: GREEN, J., S. MARCINKIEWICZ and P. R. WATT: J. Sci. Food Agric. 6, 274 (1955).

η-Tokopherol: GREEN, J., and S. MARCINKIEWICZ: Nature 177, 86 (1956).

[1] ROSENBERG, H. R.: Chemistry and Physiology of the Vitamins. New York 1945. — VOGEL, H., u. H. KNOBLOCH: Chemie und Technik der Vitamine. 3. Aufl. Bd. I. Stuttgart 1950. — SEBRELL, W. H., and R. S. HARRIS: The Vitamins. Vol. III. New York 1954.

[2] KOFLER, M.: Helv. 30, 1053 (1947).

[3] EMMERIE, A.: Ann. N. Y. Acad. Sci. 52, 309 (1949).

[4] STERN, M. H., C. D. ROBESON, L. WEISLER and J. G. BAXTER: Am. Soc. 69, 869 (1947).

[5] EGGITT, P. W. R., and F. W. NORRIS: J. Sci. Food Agric. 6, 689 (1955).

[6] ROSENKRANTZ, H., A. T. MILHORAT and M. FARBER: J. biol. Ch. 192, 9 (1951).

[7] *Literatur zur Synthese:*

α-Tokopherol: KARRER, P., H. FRITZSCHE, B. H. RINGIER u. H. SALOMON: Helv. 21, 520, 820 (1938). — BERGEL, F., A. M. COPPING, A. JACOB, A. R. TODD and T. S. WORK: Soc. 1938, 1382. — SMITH, L. I., and H. E. UNGNADE: J. org. Chem. 4, 298 (1939). — WERDER, F. v.: USPat. 2, 230, 659 [Chem. Abstr. 35, 3270[4]]. — JOHN, W., u. H. PINI: H. 273, 225 (1942). — SMITH, L. I., and J. A. SPRUNG: Am. Soc. 65, 1276 (1943).

β-Tokopherol: KARRER, P., u. H. FRITZSCHE: Helv. 21, 1234 (1938); 22, 260 (1939). — JACOB, A., M. STEIGER, A. R. TODD and T. S. WORK: Soc. 1939, 542.

γ-Tokopherol: KARRER, P., u. H. FRITZSCHE: Helv. 21, 1234 (1938); 22, 260 (1939). — JACOB, A., M. STEIGER, A. R. TODD and T. S. WORK: Soc. 1939, 542.

δ-Tokopherol: JACOB, A., F. K. SUTCLIFFE and A. R. TODD: Soc. 1940, 327. — STERN, M. H., C. D. ROBESON, L. WEISLER and J. G. BAXTER: Am. Soc. 69, 869 (1947). — KARRER, P., u. P. C. DUTTA: Helv. 31, 2080 (1948).

ζ-Tokopherol: KARRER, P., u. H. FRITZSCHE: Helv. 21, 1234 (1938); 22, 260 (1939). — BERGEL, F., A. M. COPPING, A. JACOB, A. R. TODD and T. S. WORK: Soc. 1938, 1382.

Weitere Tokolsynthesen s. auch JOHN, W., u. Mitarb.: H. 273, 191 (1942). B. 71, 2637 (1938); 72, 1649, 1653 (1939).

Phytylbromid oder Phytol bei Gegenwart oder Abwesenheit von sauren Katalysatoren. d,l-α-Tokopherol z. B. entsteht aus Trimethylhydrochinon, Phytylbromid und Zinkchlorid in benzolischer Lösung.

Das so erhaltene α-Tokopherol stellt eine Mischung aus 2—8 Stereoisomeren dar, je nach dem, ob synthetisches oder natürliches Phytol als Ausgangsmaterial verwendet wurde, da in der α-Tokolmolekel 3 Asymmetriezentren vorhanden sind. In derselben Weise lassen sich d,l-, β-, γ-, δ- und ζ-Tokopherol bereiten. Diese und weitere Methoden eignen sich auch für die Synthese anderer Tokole. Siehe auch Nachtrag, S. 1062.

E. Eigenschaften der Tokopherole.

Die Tokopherole stellen bei Zimmertemperatur hellgelb gefärbte Öle dar, die in Lipoidlösungsmitteln gut, in Alkohol und Aceton mäßig und in Wasser unlöslich sind. Die phenolische Hydroxylgruppe läßt sich verestern und veräthern. Manche der Ester sind kristallin. Als Derivate des o-Monoalkylhydrochinons besitzen sie im UV eine charakteristische Absorption in der Gegend von 295 mμ. In den nachfolgenden Tabellen und Figuren sind die physikalischen Konstanten der Tokopherole und ihrer wichtigsten Derivate sowie ihre UV- und IR-Spektren zusammengestellt, soweit sie bekannt sind.

Tabelle 8. α-*Tokopherol.*

Strukturformel

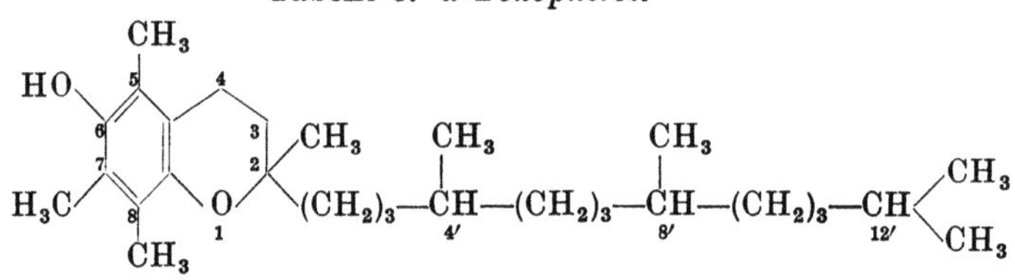

Chemische Namen:	2,5,7,8-Tetramethyl-2-(4′,8′,12′-trimethyldecyl)-6-chromanol; 5,7,8-Trimethyltokol	
Empirische Formel:	$C_{29}H_{50}O_2$	
Molekulargewicht:	430,70	
	d-	d,l-
Aussehen	blaßgelbes Öl bzw. Nadeln	blaßgelbes Öl bzw. farblose, amorphe Masse
F	2,5—3,5° (Methanol)[1]	~0°[1]
Kp/0,1 mm	200—210°[2]	—
Optische Aktivität	$[\alpha]_{546}^{25} = +0{,}32$ ($c = 14{,}28$; Alkohol)[2]	—
	$[\alpha]_{546}^{25} = -3{,}0$ ($c = 13{,}50$; Benzol)[2]	—
Normalpotential	—	+ 331 mV (Alkohol)[3]
	$d_4^{20} = 0{,}953$; $n_D^{20} = 1{,}5052$	$d_4^{20} = 0{,}9470$—$0{,}9580$ $n_D^{20} = 1{,}5030$—$1{,}5070$
Jodzahl	143[2]	—
UV-Absorption	$E_{1\,cm}^{1\%}$ 292 mμ (Alkohol) 71[2]—75,8[4, 5]	
Derivate:	F	F
Allophanat $C_{31}H_{52}O_4N_2$	157—158°[2] (161—162°)[6]	174—175°[7] (175—176°)[8]
2,4-Dinitrobenzoat $C_{31}H_{52}O_7N_2$	86—87°[9]	63°[9]

[1] Robeson, C. D.: Am. Soc. **65**, 1660 (1943).
[2] Baxter, J. G., C. D. Robeson, J. D. Taylor and R. W. Lehman: Am. Soc. **65**, 918 (1943).
[3] Wachs, W.: B.Z. **319**, 561 (1949).
[4] Eggitt, P. W. R., and F. W. Norris: J. Sci. Food Agric. **6**, 689 (1955).
[5] Robeson, C. D.: Am. Soc. **64**, 1487 (1942).
[6] Karrer, P., u. H. Rentschler: Helv. **26**, 1750 (1943).
[7] Karrer, P., H. Koenig, B. H. Ringier u. H. Salomon: Helv. **22**, 1139 (1939).
[8] John, W., u. H. Pini: H. **273**, 225 (1942).
[9] Karrer, P., H. Fritzsche, B. H. Ringier u. H. Salomon: Helv. **21**, 520 (1938).

3-Brom-D-camphersulfosäureester $C_{39}H_{63}O_5BrS$	48—50°[1]	48—50°[1]
Palmitat $C_{45}H_{80}O_3$	42—43°[2]	36—38°[2]
Saures Succinat $C_{33}H_{54}O_5$	76—77°[2]	—
Ca-Salz $C_{66}H_{105}O_{10}Ca$	—	210—212°[3]
p-Nitrophenylurethan $C_{36}H_{54}O_5N_2$	129—131°[4]	130—131°[5]
3,5-Dinitrobenzoat $C_{31}H_{52}O_7N_2$	—	66—67°[5]
3,5-Dinitrophenylurethan $C_{36}H_{53}O_7N_3$	—	145—147°[6]
p-Aminobenzoat	—	158°
Acetat $C_{31}H_{52}O_3$	26,5—27,5°[7] $E^{1\%}_{1cm}$ 286 mμ = 41,2[7] (Alkohol)	gelbes Öl (internationaler Standard) $E^{1\%}_{1cm}$ 285,5 mμ = 42,5 $\pm$ 1 (Alkohol)[8] d_4^{20} = 0,9545—0,9665 n_D^{20} = 1,4958—1,4972[8]
Phosphat $C_{29}H_{49}O_2 \cdot PO_3Na_2$	—	—[9]

Weitere Fettsäureester s.[10]

Tabelle 9. *β-Tokopherol.*

Strukturformel

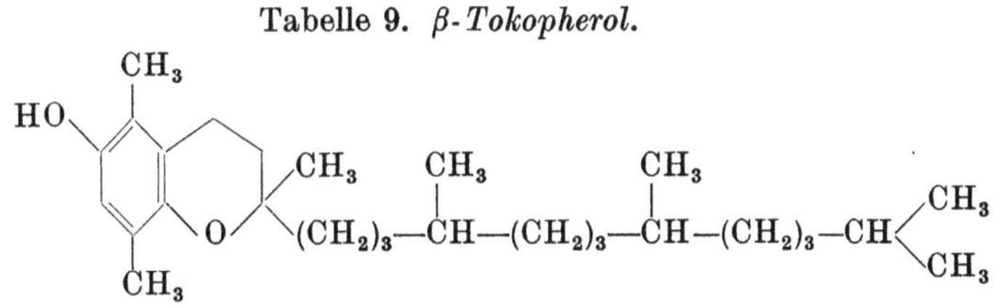

Chemische Namen:	2,5,8-Trimethyl-2-(4′,8′,12′-trimethyldecyl)-6-chromanol; 5,8-Dimethyltokol
Empirische Formel:	$C_{28}H_{48}O_2$
Molekulargewicht:	416,67
Aussehen	blaßgelbes Öl
Kp/0,1 mm	200—201°[1]
Optische Aktivität	$[\alpha]_{546}^{25} = +2{,}9°$ (c = 7,15; Alkohol)[2] $[\alpha]_{546}^{25} = +0{,}9°$ (c = 8,0; Benzol)[11]
Normalpotential	+401 mV (Alkohol)[12]
UV-Absorption	$E^{1\%}_{1cm}$ 296 mμ = 86,0[2], 89,4[13] (Alkohol)
Jodzahl	138[2]

Derivate:	d- F	d,l- F
Allophanat $C_{30}H_{50}O_4N_2$	138—139°[2]	154—155°[14]
Azobenzol-4-carbonsäureester $C_{41}H_{56}O_3N_2$	70—71°[2]	—
3,5-Dinitrophenylurethan $C_{35}H_{51}O_7N_3$	—	153—155°[6]
p-Nitrophenylurethan $C_{35}H_{52}O_5N_2$	90°[14]	112°[5]

[1] Karrer, P., H. Fritzsche, B. H. Ringier u. H. Salomon: Helv. **21**, 820 (1938).
[2] Baxter, J. G., C. D. Robeson, J. D. Taylor and R. W. Lehman: Am. Soc. **65**, 918 (1943).
[3] Smith, L. I., W. B. Renfrow and J. W. Opie: Am. Soc. **64**, 1084 (1942).
[4] Emerson, O. H., G. A. Emerson, A. Mohammad and H. M. Evans: J. biol. Ch. **122**, 99 (1937).
[5] Karrer, P., H. Koenig, B. H. Ringier u. H. Salomon: Helv. **22**, 1139 (1939).
[6] Smith, L. I., and J. A. Sprung: Am. Soc. **64**, 433 (1942).
[7] Robeson, C. D.: Am. Soc. **64**, 1487 (1942).
[8] Hume, E. M.: Nature **148**, 472 (1941). Analyst **66**, 497 (1941).
[9] Karrer, P., u. G. Bussmann: Helv. **23**, 1137 (1940).
[10] Demole, V., O. Isler, B. H. Ringier, H. Salomon u. P. Karrer: Helv. **22**, 65 (1939).
[11] Stern, M. H., C. D. Robeson, L. Weisler and J. G. Baxter: Am. Soc. **69**, 869 (1947).
[12] Wachs, W.: B. Z. **319**, 561 (1949).
[13] Eggitt, P. W. R., and F. W. Norris: J. Sci. Food Agric. **6**, 689 (1955).
[14] Karrer, P., u. H. Fritzsche: Helv. **22**, 260 (1939).

Tabelle 10. *γ-Tokopherol.*

Strukturformel

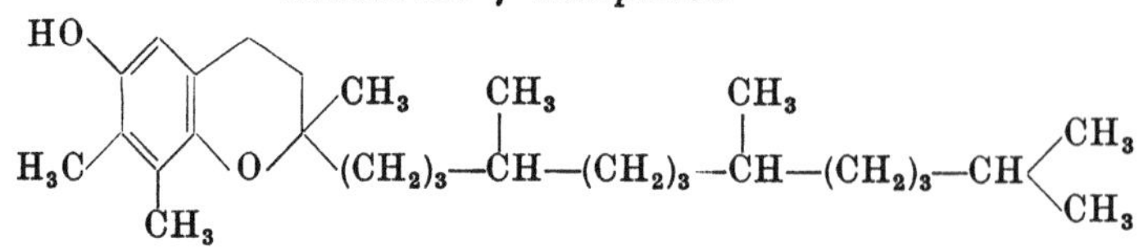

Chemische Namen: 2,7,8-Trimethyl-2-(4′,8′,12′-trimethyldecyl)-6-chromanol; 7,8-Dimethyltokol
Empirische Formel: $C_{28}H_{48}O_2$
Molekulargewicht: 416,67

	d-	d,l-
Aussehen	blaßgelbes Öl bzw. Nadeln F —3 bis —2°[1]	blaßgelbes Öl
Kp/0,1 mm	200—210°[2]	200—210°[2]
Jodzahl	152[2]	
Optische Aktivität:	$[\alpha]_{546}^{25} = +2,2°$ ($c = 9,32$; Alkohol)[2]	—
	$[\alpha]_{546}^{25} = -2,4°$ ($c = 8,59$; Benzol)[2]	—
Normalpotential	+406 mV (Alkohol)[3]	
UV-Absorption	$E_{1cm}^{1\%}$ 298 mμ = 93,2 (Alkohol)[1]	
Derivate:	F	F
Allophanat $C_{30}H_{50}O_4N_2$	136—138°[2, 4]	146°[4]
Palmitat $C_{44}H_{78}O_3$	44—45°[2]	—
3,5-Dinitrophenylurethan $C_{35}H_{51}O_7N_3$	—	143—145°[5]

Tabelle 11. *δ-Tokopherol.*

Strukturformel

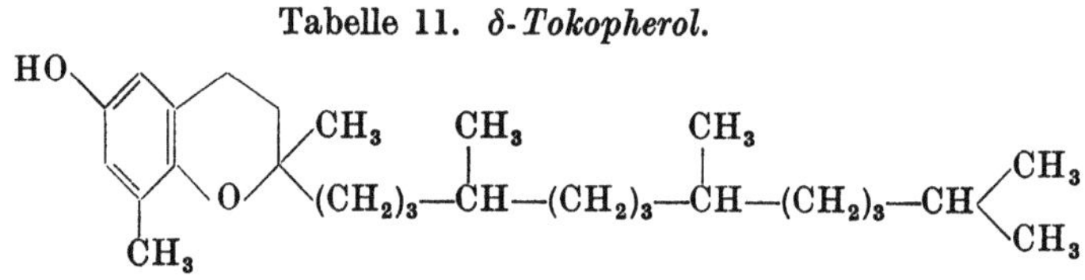

Chemische Namen: 2,8-Dimethyl-2-(4′,8′,12′-trimethyldecyl)-6-chromanol; 8-Methyltokol
Empirische Formel: $C_{27}H_{46}O_2$
Molekulargewicht: 402,64

	d-	d,l-
Aussehen	hellgelbes Öl[6]	hellgelbes Öl
Optische Aktivität	$[\alpha]_{546}^{25} = +3,4°$ ($c = 15,48$; Alkohol)[6]	
	$[\alpha]_{546}^{25} = +1,1°$ ($c = 10,86$; Benzol)[6]	
Normalpotential	+463 mV (Alkohol)[3]	
UV-Absorption	$E_{1cm}^{1\%}$ 298 mμ = 91,2[6]; 87,3[7] (Alkohol) λ_{max} = 298 mμ λ_{min} = 257 mμ	$E_{1cm}^{1\%}$ 301 mμ = 88,4 (Alkohol)[8]
Derivate:	F	
p-Phenylazobenzoat $C_{40}H_{54}O_3N_2$	41—42°[6]	—

Tabelle 12. *ζ-Tokopherol.*

Strukturformel

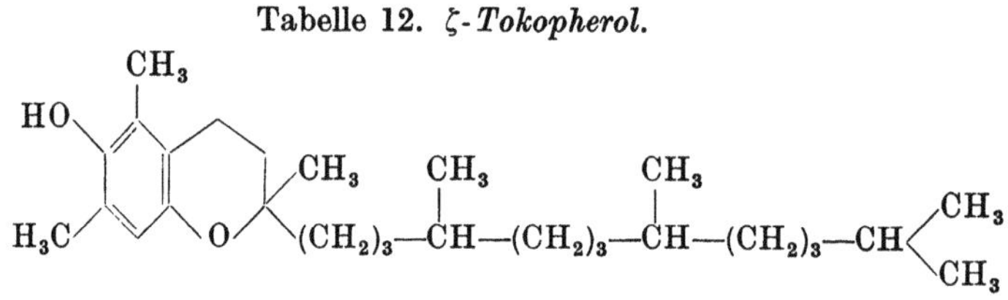

[1] Robeson, C. D.: Am. Soc. **65**, 1660 (1943).
[3] Baxter, J. G., C. D. Robeson, J. D. Taylor and R. W. Lehman: Am. Soc. **65**, 918 (1943).
[2] Wachs, W.: B. Z. **319**, 561 (1949).
[4] Karrer, P., H. Fritzsche u. R. Escher: Helv. **22**, 661 (1939).
[5] Smith, L. I., and J. A. Sprung: Am. Soc. **64**, 433 (1942).
[6] Stern, M. H., C. D. Robeson, L. Weisler and J. G. Baxter: Am. Soc. **69**, 869 (1947).
[7] Eggitt, P. W. R., and F. W. Norris: J. Sci. Food Agric. **6**, 689 (1955).
[8] Jacob, A., F. K. Sutcliffe and A. R. Todd: Soc. **1940**, 327.

Chemische Namen: 2,5,7-Trimethyl-2-(4′,8′,12′-trimethyldecyl)-6-chromanol; 5,7-Dimethyltokol
Empirische Formel: $C_{28}H_{46}O_2$
Molekulargewicht: 416,67

	d-	d,l-
Aussehen		hellgelbes Öl[1]
UV-Absorption	$E^{1\%}_{1cm}$ 292,5 mμ = 91 (Alkohol)[2]	$E^{1\%}_{1cm}$ 294 mμ = 71 (Alkohol)[2]
Derivate:		F
p-Nitrophenylurethan $C_{35}H_{52}O_5N_2$	—	90°[3]
Allophanat $C_{30}H_{50}O_4N_2$	—	148—149°[1]

Siehe auch Nachtrag, S. 1062.

Tabelle 13. *ε-Tokopherol.*

Strukturformel

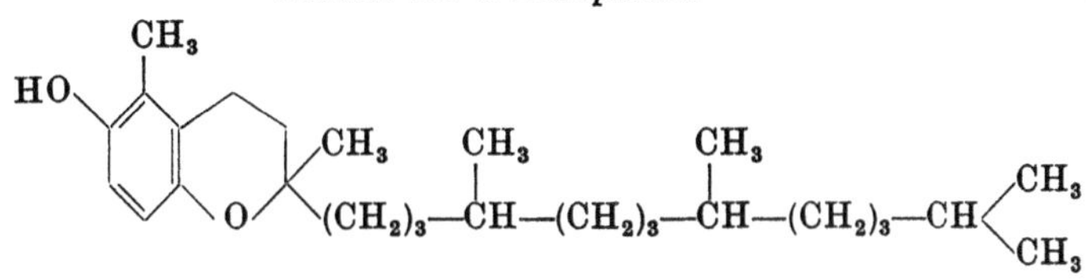

Chemische Namen: 2,5-Dimethyl-2-(4′,8′,12′-trimethyldecyl)-6-chromanol; 5-Methyltokol
Empirische Formel: $C_{27}H_{46}O_2$
Molekulargewicht: 416,67
UV-Absorption: $\lambda_{max} = 295{,}5$ mμ λ_{min} 257,5 mμ[4]
$E^{1\%}_{1cm}$ 295,5 mμ = 87,5 (Alkohol)

Tabelle 14. *η-Tokopherol.*

Strukturformel

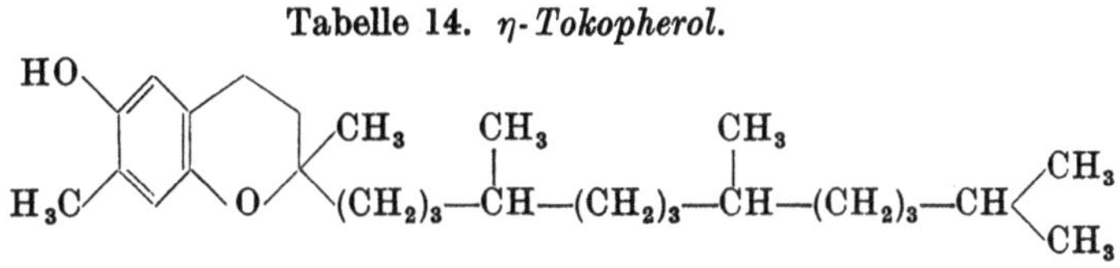

Chemische Namen: 2,7-Dimethyl-2-(4′,8′,12′-trimethyldecyl)-6-chromanol; 7-Methyltokol
Empirische Formel: $C_{27}H_{46}O_2$
Molekulargewicht: 416,67
UV-Absorption: $E^{1\%}_{1cm}$ 293 mμ = 78 (Alkohol)[5]

Siehe auch Nachtrag, S. 1062.

Die Vitamine E sind recht hitzestabil: Bei Ausschluß von Sauerstoff lassen sie sich ohne Veränderung auf Temperaturen von 200—250° erhitzen. Sie werden von Mineralsäuren (Salzsäure, Schwefelsäure) bis zu Temperaturen von 100° kaum angegriffen. Auch Alkali gegenüber sind die Tokopherole beständig, solange unter Luftausschluß gearbeitet wird.

Die Tokopherole sind aber recht oxydationsempfindlich. Bei ihrer Oxydation geht die biologische Aktivität verloren. Auch durch UV-Licht werden die Stoffe verändert, während sichtbares Licht wenig schadet.

In chemischer Hinsicht zeigen die Tokopherole die von einem 6-Oxychroman, das ein potentielles p-Hydrochinon darstellt, zu erwartenden Reaktionen.

Die Hydroxylgruppe läßt sich, wie schon erwähnt, zur Bereitung von Äthern und Estern benützen. Letztere besitzen im Gegensatz zu den Äthern die volle biologische Aktivität der freien Tokopherole.

---

[1] Bergel, F., A. M. Copping, A. Jacob, A. R. Todd and T. S. Work: Soc. **1938**, 1382.
[2] Green, J., S. Marcinkiewicz and P. R. Watt: J. Sci. Food Agric. **6**, 274 (1955).
[3] Karrer, P., u. H. Fritzsche: Helv. **22**, 260 (1939).
[4] Eggitt, P. W. R., and F. W. Norris: J. Sci. Food Agric. **6**, 689 (1955); **7**, 493 (1956).
[5] Green, J., and S. Marcinkiewicz: Nature **177**, 86 (1956).

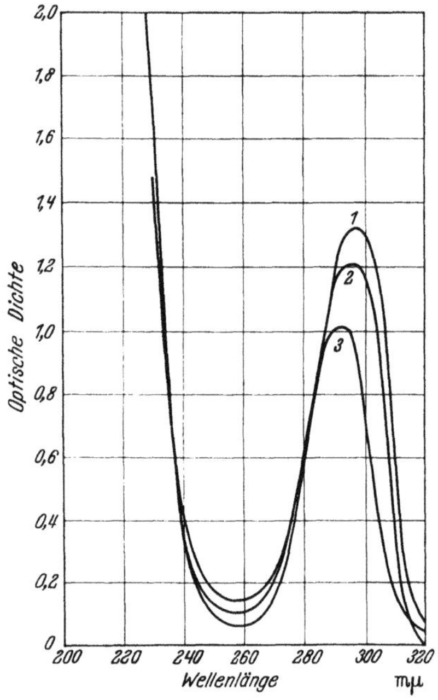

Abb. 1.

Abb. 1. Absorptionsspektren natürlicher Tokopherole in Äthanol α-(3) β-(2) γ-(1); c (g/100 cm³): 0,0137; 0,0138 und 0,142 bzw.[1].

Abb. 2. Absorptionsspektrum von ζ-Tokopherol (Alkohol)[2].

Abb. 3. IR-Spektren von α-, β-, γ- und δ-Tokopherol (in Substanz)[3].

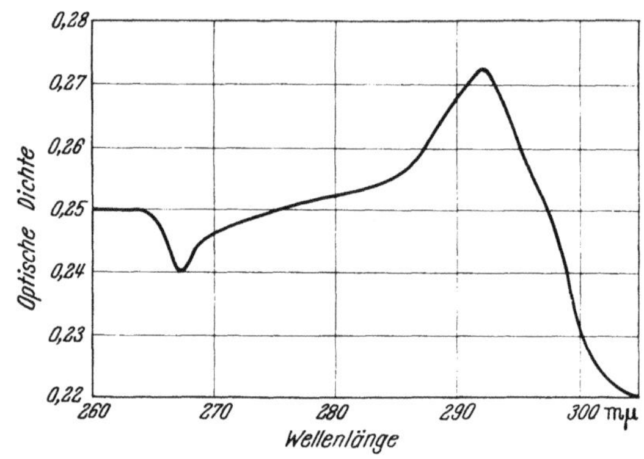

Abb. 2.

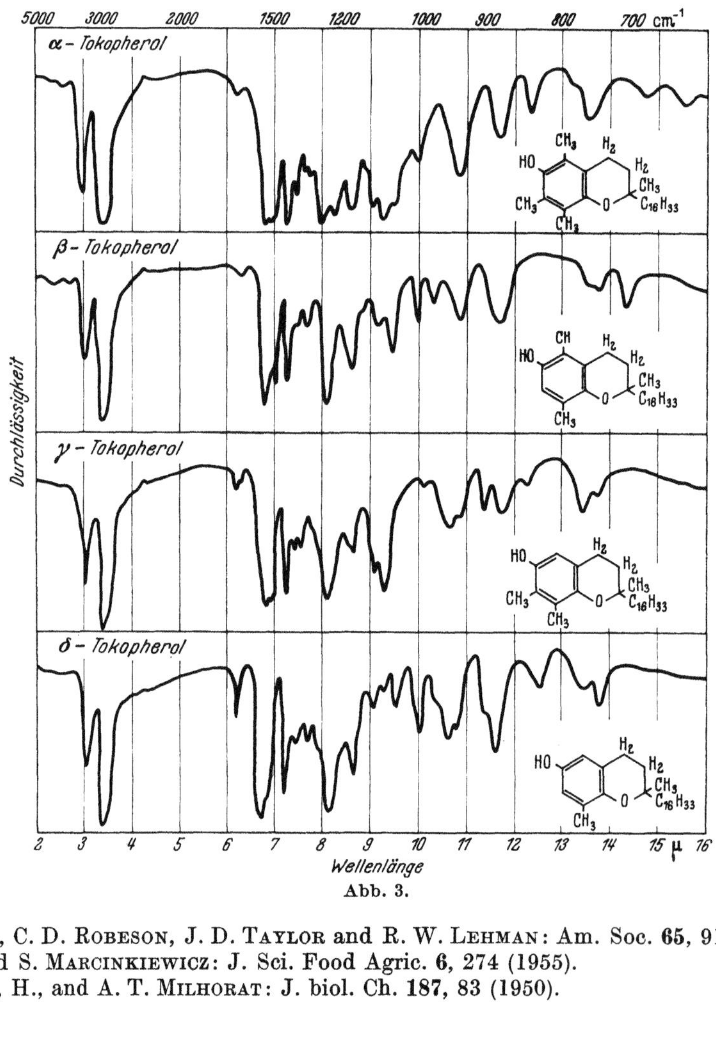

Abb. 3.

[1] BAXTER, J. G., C. D. ROBESON, J. D. TAYLOR and R. W. LEHMAN: Am. Soc. **65**, 918 (1943).
[2] GREEN, J., and S. MARCINKIEWICZ: J. Sci. Food Agric. **6**, 274 (1955).
[3] ROSENKRANTZ, H., and A. T. MILHORAT: J. biol. Ch. **187**, 83 (1950).

Alle Tokopherole mit freier 5- oder 7-Stellung, d. h. mit Ausnahme des α- und ζ-Tokopherols, geben mit salpetriger Säure gelbgefärbte Nitroso-phenole, die sich zum Nachweis der betreffenden Tokopherole heranziehen lassen.

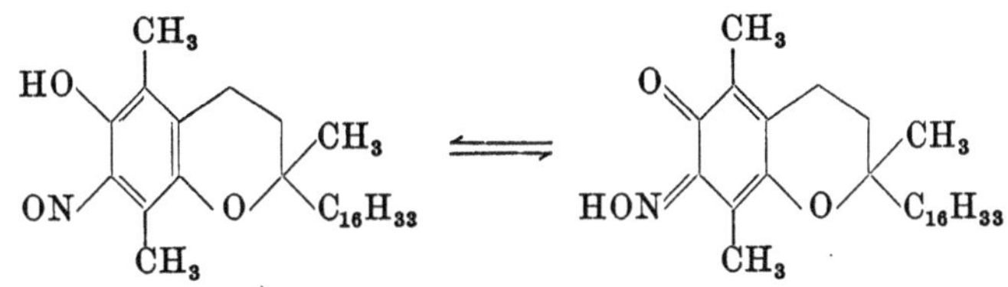

Nitroso-β-tokopherol

Tokopherole mit freier C-5-Stellung (γ-, δ- und η-Tokopherol, aber nicht α-, β-, ε- und ζ-Tokopherol) lassen sich mit Diazoniumsalzen, d. h. diazotiertem p-Nitranilin und bisdiazotiertem o-Dianisidin, zu Azofarbstoffen kuppeln; auch diese Reaktion besitzt analytische Bedeutung.

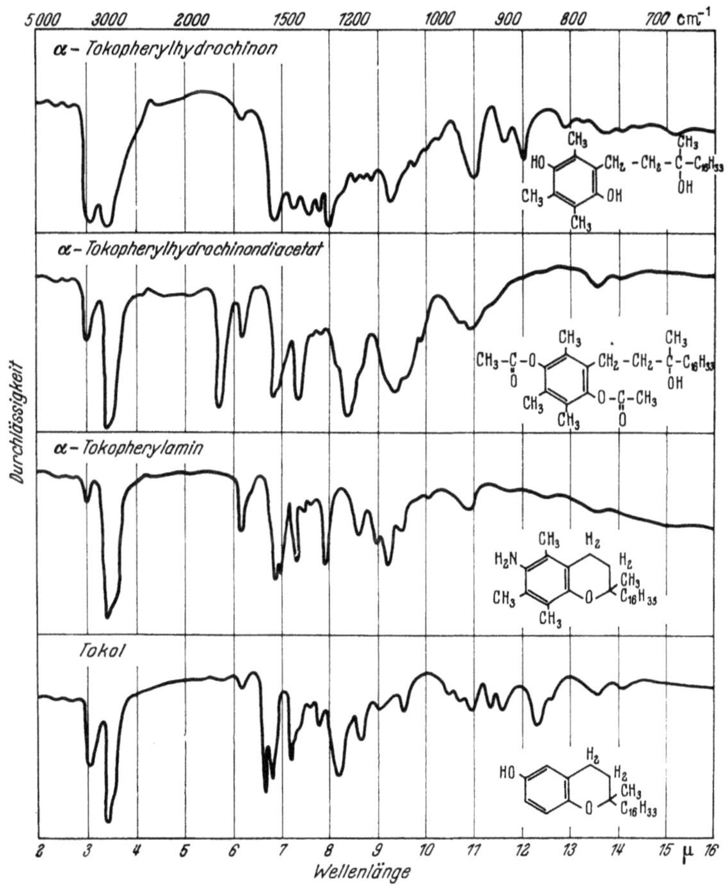

Abb. 4. IR-Spektren von Tokol und einigen Abkömmlingen des α-Tokopherols (in Substanz)[1]

Schließlich sei noch erwähnt, daß sich die Tokopherole mit mindestens einer freien Benzolstellung kernallylieren[2] und mit Formaldehyd, Salzsäure und Zinn(II)-chlorid kernmethylieren[3,4] lassen, wobei 1—2 Alkylgruppen eintreten.

[1] Rosenkrantz, H., and A. T. Milhorat: J. biol. Ch. **187**, 83 (1950).
[2] Karrer, P., H. Fritzsche, B. H. Ringier u. H. Salomon: Helv. **21**, 820 (1938).
[3] Weisler, L., and A. J. Chechak: US Pat. 2, 486, 542 [Chem. Abstr. **44**, 2037[f]].
[4] Green, J., and S. Marcinkiewicz: Nature **177**, 86 (1956).

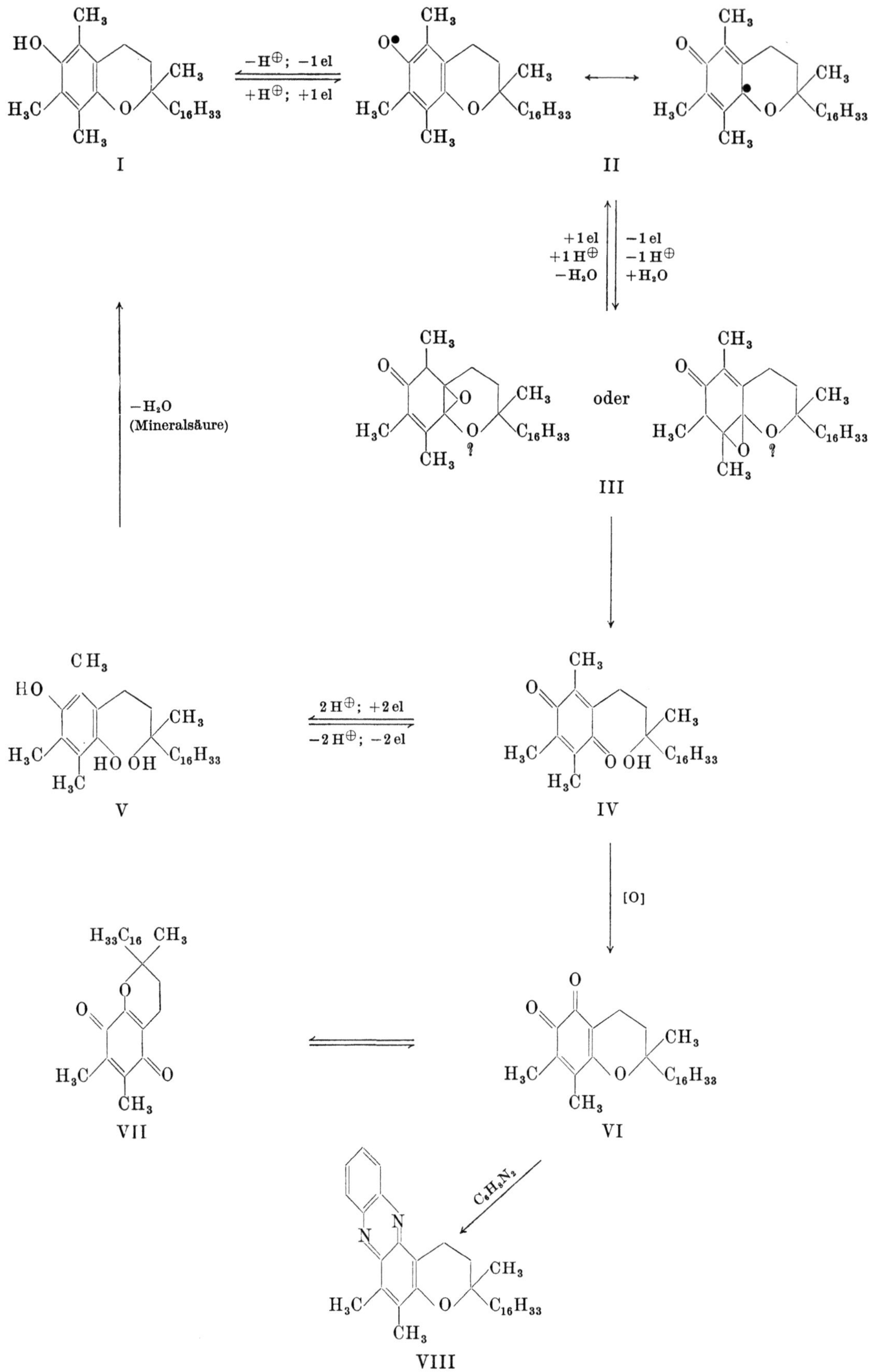
−H⊕; −1 el
+H⊕; +1 el
+1 el
+1 H⊕
−H₂O
−1 el
−1 H⊕
+H₂O
oder
−H₂O
(Mineralsäure)
2 H⊕; +2 el
−2 H⊕; −2 el
[O]
C₆H₈N₂
I
II
III
IV
V
VI
VII
VIII

Von großer Bedeutung ist das Verhalten der Tokopherole gegenüber Oxydationsmitteln, und zwar sowohl in ihrer Rolle als Antioxydantien als auch als Vitamine. Die Umsetzungen, die sich mit dem α-Tokopherol hierbei abspielen, sollen an Hand des nebenstehenden Schemas, das aber keineswegs als gesichert angesehen werden kann, kurz diskutiert werden. Die Tokopherolester, die ein verschlossenes Hydrochinonsystem enthalten, sind gegenüber Oxydationsmitteln natürlich viel stabiler.

Durch milde Oxydation mit Eisen(III)-chlorid und anderen Oxydationsmitteln entsteht aus α-Tokopherol als erstes faßbares, aber wenig beständiges Produkt ein farbloses, öliges Epoxyd $C_{29}H_{50}O_3$, dem die Formel IIIa oder IIIb zugeschrieben wird[1-3]. Instabiles

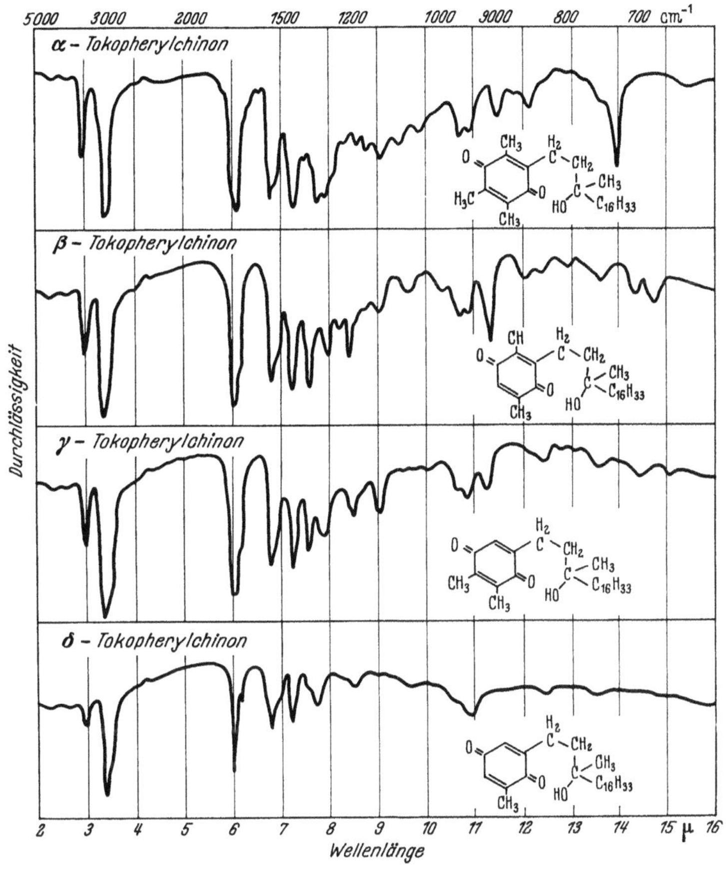

Abb. 5. IR-Spektren von Tokopherylchinonen (in Substanz)[4].

Zwischenprodukt dieser Transformation dürfte das Semichinon II sein. Dieses Radikal läßt sich in beobachtbarer Konzentration durch Ausfrieren mit flüssiger Luft erzeugen: Wenn nämlich eine Lösung des Tokopherols in einem organischen Lösungsmittel mit flüssiger Luft ausgefroren und bei der Temperatur der flüssigen Luft mit UV-Licht bestrahlt wird, entwickelt sich eine rotorange Farbe, die beim Schmelzen der gefrorenen Lösung vollständig ausbleicht und auf II zurückzuführen ist[5]. α-Tokopheroxyd (IIIa, b) läßt sich durch milde Reduktion, d. h. mit Ascorbinsäure, in α-Tokopherol (I) und durch

---

[1] Boyer, P. D., M. Rabinovitz and E. Liebe: Ann. N. Y. Acad. Sci. **52**, 188 (1949).

[2] Boyer, P. D.: Am. Soc. **73**, 733 (1951).

[3] Mit Goldchlorid scheint an Stelle des Epoxyds ein anderes labiles Zwischenprodukt, das im UV-Spektrum noch dem α-Tokopherol gleicht, zu entstehen: Ulick, S.: Ann. N. Y. Acad. Sci. **52**, 338 (1949).

[4] Rosenkrantz, H., and A. T. Milhorat: J. biol. Ch. **187**, 83 (1950).

[5] Michaelis, L., and S. H. Wollman: Science, N. Y. **109**, 313 (1949).

milde Säureeinwirkung in das stabile gelbe α-Tokopherylchinon IV umwandeln[1, 2]. Im Gegensatz zum Chinon IV[3] zeigt α-Tokopheroxyd noch deutliche Vitamin E-Wirksamkeit[1], so daß man annehmen kann, daß der reversible Übergang I ⇌ III für den Wirkungsmechanismus der E-Faktoren von Bedeutung ist. Die glatt erfolgende Dehydrierung von I zum p-Chinon IV ist, zum Teil wenigstens, für die Antioxydans-Wirkung der Tokopherole verantwortlich. Die Zelle ist anschließend nicht in der Lage, IV in I zurückzuverwandeln. Die Rückumwandlung läßt sich in vitro vollziehen, indem IV zum Hydrochinonderivat V reduziert wird[4], welches bei der säurekatalysierten Wasserabspaltung α-Tokopherol (I) liefert[4].

α-Tokopherylchinon (IV), ein gelbes Öl[3, 5], stellt, wie erwähnt, das erste stabile Oxydationsprodukt von α-Tokopherol dar, bei Verwendung von Eisen(III)-chlorid[4, 6], Goldchlorid[3], Silbernitrat[5], Cer(IV)-sulfat[7], Bleitetraacetat[8], Sauerstoff und weiteren spezifisch wirkenden Oxydationsmitteln. Daneben können auch noch andere Produkte entstehen[9, 10].

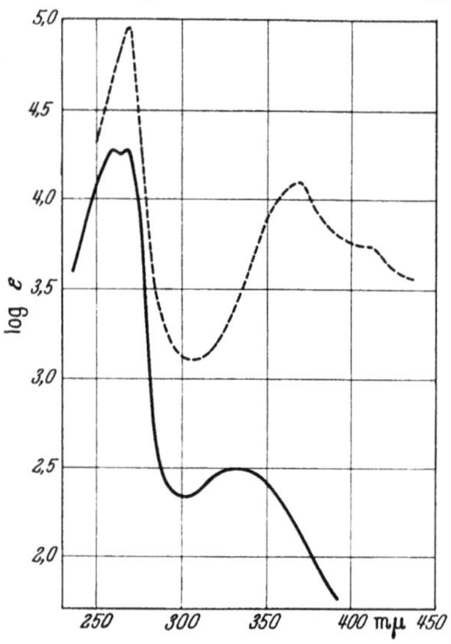

Abb. 6. Ultraviolett-Absorptionsspektren (in Petroläther)[7] von α-Tokopherylchinon ——— Chinoxalinderivat VIII - - - - -

Auch die anderen Tokopherole geben auf diese Weise ähnliche p-Chinone. Vorstehend sind das UV-Spektrum von α-Tokopherylchinon und die IR-Spektren der p-Chinone aus α-, β-, γ- und δ-Tokopherol aufgeführt.

Durch Weiterführung der Oxydation oder mit energischen Oxydationsmitteln wie Salpetersäure entsteht aus IV oder direkt aus I das sog. „rote Chinon“ VI, Tokopherolrot oder Tokorot[11]; es wird neben α-Tokopherol (I) und anderen Stoffen auch durch Dismutation des p-Chinons IV unter dem Einfluß von Phosphorsäure oder organischen Polyoxycarbonsäuren (Citronensäure, Weinsäure) gebildet[8]. Tokorot entsteht besonders glatt aus γ-Tokopherol, in dem die Stellung 5 durch ein H-Atom besetzt ist. Mit Mineralsäuren wird das Tokorot, wie andere ähnliche Chinonabkömmlinge, teilweise in die p-chinoide Verbindung VII umgewandelt[10]. Das aus Tokorot bereitete Chinoxalinderivat VIII zeichnet sich durch starke Fluorescenz aus.

Die erwähnten Oxydationsreaktionen stellen die Basis für die quantitativen Bestimmungsmethoden der Tokopherole dar.

F. Biogenese der Tokopherole.

Über die Biogenese der Tokopherole ist nichts Sicheres bekannt. Nur die pflanzliche Zelle ist zu ihrer Synthese befähigt. Man wird kaum sehr fehl gehen, wenn man annimmt, daß die Pflanze dabei einen ähnlichen Weg einschlägt wie die Chemiker im Laboratorium, d. h. die Tokopherole aus einem Hydrochinon oder p-Chinon und Phytol aufbaut. Phytol ist im Pflanzenreich weit verbreitet, meistens in veresterter Form (Chlorophyll), aber auch in freiem Zustand, z. B. in Keimlingsölen[12]. Es bestehen einige Anhaltspunkte, daß die

[1] Boyer, P. D., M. Rabinovitz and E. Liebe: Ann. N. Y. Acad. Sci. **52**, 188 (1949).
[2] Boyer, P. D.: Am. Soc. **73**, 733 (1951).
[3] Karrer, P., u. A. Geiger: Helv. **23**, 455 (1940).
[4] John, W., E. Dietzel u. W. Emte: H. **257**, 173 (1939).
[5] John, W.: H. **252**, 222 (1938).
[6] Emerson, O. H., G. A. Emerson and H. M. Evans: J. biol. Ch. **131**, 409 (1939).
[7] Kofler, M.: Helv. **30**, 1053 (1947).
[8] Issidorides, A.: Am. Soc. **73**, 5146 (1951).
[9] Frampton, V. L., W. A. Skinner and P. S. Bailey: Science, N. Y. **116**, 34 (1952).
[10] Frampton, V. L., W. A. Skinner and P. S. Bailey: Am. Soc. **76**, 282 (1954).
[11] Smith, L. I., W. B. Irwin and H. E. Ungnade: Am. Soc. **61**, 2424 (1939).
[12] Todd, A. R., F. Bergel and T. S. Work: Biochem. J. **31**, 2257 (1937).

Synthese vor allem in den grünen Pflanzenteilen erfolgt. Von dort wird das Tokopherol in die Samen transportiert, die gewöhnlich höhere Tokopherolgehalte aufweisen als die Blätter. Es ist sicher bedeutungsvoll, daß gerade die Pflanzenembryonen den höchsten spezifischen Tokopherolgehalt zeigen.

Hinsichtlich der Biogenese der verschiedenen Tokopherolhomologe scheinen die folgenden strukturellen Vorstellungen attraktiv: In der Pflanze liegt zunächst das Methylhydrochinon (Methyl-p-chinon) bzw. dessen biologisches Äquivalent vor, das sich mit Phytol je nach dem Angriffspunkt gemäß a) b) c) zu einem der 3 Methyltokole umsetzt. In der Regel wird eine gegebene Pflanze nur zur Ausführung eines dieser Schritte, d. h. a) oder b) oder c) imstande sein.

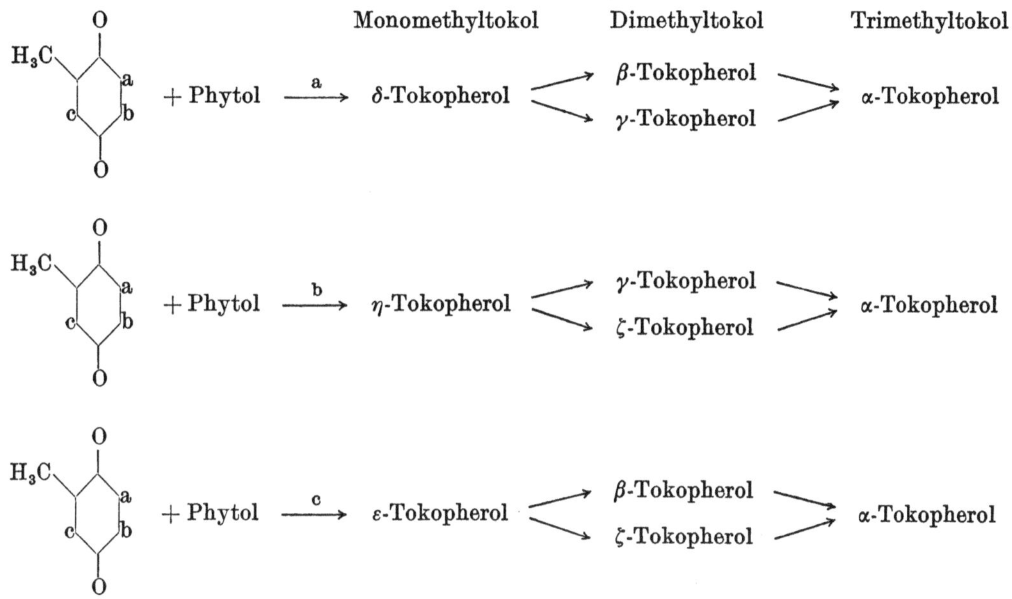

Kernmethylierung des δ-Tokopherols bzw. eines strukturell nahe verwandten Vorläufers führt dann zu β- und γ-Tokopherol, die durch nochmalige Methylierung schließlich in α-Tokopherol übergehen[1]. Analoges gilt für η- und ε-Tokopherol. Man wird deshalb in einer bestimmten Pflanze entweder die Kombination δ-, β-, γ-, α-Tokopherol *oder* η-, γ-, ζ-, α-Tokopherol *oder* ε-, β-, ζ-, α-Tokopherol erwarten, mit anderen Worten, das Monomethyltokol bestimmt die Natur der in derselben Pflanze vorkommenden Dimethyltokole. Selbstverständlich ist es möglich, daß ein oder mehrere Glieder einer Kombinationsreihe fehlen. Wie schon früher erwähnt (Vorkommen), sind für pflanzliche Öle die Kombination ε-, β-, ζ-, α-Tokopherol (c) und δ-, γ-, α-Tokopherol (a) stark bevorzugt. Ist eine Pflanze befähigt, 2 Monomethyltokole zu synthetisieren — nach den bisher vorliegenden Analysen scheint dies nur ausnahmsweise zuzutreffen (Haferöl) —, so können alle 3 Dimethyltokole auftreten.

Überlegungen dieser Art besitzen zweifellos für die Analyse von pflanzlichen Materialien einen heuristischen Wert.

Im Gegensatz zur Pflanze sind, wie schon erwähnt, Tiere nicht in der Lage, Vitamin E zu synthetisieren, selbst wenn gleichzeitig Phytol und Trimethylhydrochinon verfüttert werden[2].

[1] Solche Kernmethylierungen lassen sich in vitro mit Formaldehyd gefolgt von Reduktion verwirklichen: WEISLER, L., and A. J. CHECHAK: US Pat. 2, 486, 542 [Chem. Abstr. **44**, 2037 f]. — GREEN, J., and S. MARCINKIEWICZ: Nature **177**, 86 (1956).

[2] EVANS, H. M., O. H. EMERSON, G. A. EMERSON, L. I. SMITH, H. E. UNGNADE, W. W. PRICHARD, F. L. AUSTIN, H. H. HOEHN, J. W. OPIE and S. WAWZONEK: J. org. Chem. **4**, 376 (1939).

G. Physiologie von Vitamin E* [1].

1. Bekannte Avitaminosesymptome.

Reproduktionsorgane. Durch Degeneration des Keimdrüsenepithels tritt bei weiblichen Ratten und Mäusen nach anfänglich normaler Gravidität eine Resorptions-Sterilität ein, indem sich die Placenta nicht mehr weiterentwickelt, die Feten absterben und resorbiert oder abortiert werden. Später degenerieren auch die Ovarien, so daß eine Konzeption unmöglich ist. Bei den Männchen kommt es zu schweren Schädigungen der Hoden, in denen das Keimdrüsenepithel degeneriert, der Spermiogenese pathologisch verläuft und endlich irreversibel sistiert. Diese schweren Veränderungen sind wohl weniger hormonal als durch eine gefäßbedingte Atrophie der Keimorgane verursacht.

Die **Muskulatur** wird ebenfalls stark geschädigt, da bei Ratten, Kaninchen oder Lämmern zuerst eine Muskelschwäche, später Lähmungs- und Krampferscheinungen auftreten. Histologisch findet man einen weitgehenden Zerfall der Muskelfasern mit Einlagerung von bräunlichen Pigmenten. Auch die glatte Muskulatur des Uterus, der Bronchien, des Magendarmtraktes, der Milz wie auch der Harn- und Geschlechtsorgane zeigt die gleichen Veränderungen. Weniger beteiligt scheinen die muskulären Elemente der Aorta und Arterien. Schwer betroffen ist aber das Myokard, dessen Fasern ebenfalls braunes Pigment enthalten und zunehmend degenerieren. Es bilden sich entzündliche Infiltrate und später Narben aus.

Auch die **Nerven,** besonders sensible und autonome Fasern, und das Rückenmark werden degenerativ verändert, was z. T. eine Folge von Durchblutungsstörungen und Bindegewebsschäden ist.

Bindegewebe. Grundsubstanz, kollagene und elastische Fasern verändern sich weitgehend. Die Grundsubstanz schwillt an, die Fasern quellen auf, werden verdichtet und brüchig und enthalten Eosinophile. Besonders die Arteriolen degenerieren, und weite Capillargebiete werden in der Folge verödet. Die Gefäßwände sind vermehrt durchlässig, was zu Ödemen und Höhlenergüssen führt. An großen Gefäßen können arteriosklerotische Bilder auftreten, vielleicht bedingt durch gleichzeitigen Vitamin A-Mangel.

Auch **parenchymatöse Organe** wie die Leber werden durch Vitamin E gegenüber alimentären Schädigungen, z. B. durch proteinarme Kost, geschützt. Avitaminose führt zu Verfettung und Blutungen.

Gefäßsystem. Hühnchen, die mit Vitamin E-Mangeldiät aufgezogen werden, gelangen gewöhnlich in einen Zustand mit exsudativer Diathese und/oder Encephalomalacie, als Folge von Capillarstörungen. Die befallenen Gewebe (Subcutis, Lunge, Herzmuskel, Perikard, Gehirn) sind ödematös, hyperämisch, oft grünlich verfärbt durch abgebautes Hämoglobin.

Die Folgen der Encephalomalacie bestehen in motorischen Koordinationsstörungen, Ataxie, Tremor, Opisthotonus, Spasticität, Somnolenz, Stupor und Tod. Histologisch stellt man Capillarthrombosen mit hämorrhagischen Nekrosen fest.

Interessanterweise kommen diese Läsionen nie vor, wenn die avitaminotische Diät zusätzlich fettfrei ist. Ungesättigte Fette verstärken die Symptome.

Bei Menschen ist die E-Avitaminose klinisch nicht sicher nachgewiesen. Auch bei Abort ist der Tokopherolspiegel im Blut nicht vermindert. Krankheitsbilder wie Arterio-

---

* Die Abfassung dieses Abschnittes verdanken wir Herrn Prof. Dr. P. WASER, Pharmakologisches Institut der Universität Zürich.

[1] SEBRELL, W. H., and R. S. HARRIS: The Vitamins. Bd. III. New York 1954. — MASON, K. E.: Vitamin E. Ann. N. Y. Acad. Sci. **52**, Art 3, 63—428 (1949). — BECKMANN, R.: Vitamin E. Z. Vit.-, Horm.-Ferm.-Forsch. **7**, 153—222; 281—376 (1955). — ABDERHALDEN, E., u. G. MOURIQUAND: Vitamine und Vitamintherapie. Bern 1948. — MOORE, T.: Vitamin E. Brit. med. Bull. **12**, 44 (1956). — Wissenschaftlicher Dienst Roche: Die Vitamine: Vitamin E und Menopause **1946**, Nr. 2; Vitamin E und Fibrositis **1949**, Nr. 5; Arteriosklerose, Heparin und Vitamine A, B_6, C und E **1954**, Nr. 4/5; Vitamin E, Arteriosklerose und Altersforschung **1955**. Roche-Vitamin Vademecum Deutsche Hoffmann-La Roche AG, Grenzach, Baden 1952. — DAM, H.: Progr. Chem. Fats & Lipids **3**, 155 (1955).

sklerose, Fibrositis (z. B. durch Rheumatismus bedingt) und die retrolentale Fibroplasie des Neugeborenen werden neuerdings in Beziehung zu einem relativen E-Mangel gebracht.

2. Stoffwechselwirkungen.

Die Tokopherole haben *Redoxeigenschaften*, die heute in ihrem Einfluß auf den allgemeinen Stoffwechsel als äußerst wichtig erkannt wurden. Die antioxydative Wirkung vermindert den Sauerstoffverbrauch der Gewebe. Auch das leicht oxydierbare Vitamin A wird geschützt. Ratten überleben Sauerstoffmangel mit genügend Vitamin E-Zufuhr viel besser als avitaminotische Tiere, aber auch unphysiologisch hohe Sauerstoffkonzentrationen in der Einatmungsluft werden besser ertragen. Die Redoxwirkung scheint vor allem im Fettstoffwechsel zur Geltung zu kommen. In arteriosklerotischen Aorten wurde unter dem Einfluß von Antivitamin E (wahrscheinlich ungesättigte Fettsäuren aus Lebertran) eine Anhäufung von Lipoperoxyden festgestellt. Interessant ist die Beobachtung, daß Methylenblau und ähnliche Redox-Verbindungen gewisse Vitamin E-ähnliche Schutzeigenschaften besitzen. Aber auch der Kohlenhydratstoffwechsel und der Wasserhaushalt werden über das Hypophysen-Zwischenhirnsystem betroffen. Tokopherol erhöht die Erythrocytenresistenz und wirkt antihämolytisch und gerinnungshemmend. Auch die Kreatinurie wird gebremst.

3. Diätetische und therapeutische Indikationen.

Da wegen des normalerweise hohen Gehaltes im Plasma Mangelsymptome wohl selten auftreten, ist die Vitamin E-Therapie heute noch sehr ungenau abgegrenzt. Vitamin E wird verwendet zur Behandlung aller Störungen in Anlage und Funktion der weiblichen und männlichen Fortpflanzungsorgane, besonders bei Sterilität und in der Schwangerschaft, im Säuglingsalter, bei Entwicklungs- und Wachstumsstörungen, beim Erwachsenen bei verschiedenen muskulären Krankheiten und neurologischen Schädigungen. Heute versucht man immer häufiger Bindegewebsaffektionen, wie Rheumatismus und Gefäßkrankheiten arteriosklerotischer Art wie auch kardiomuskuläre Störungen, mit Vitamin E zu bessern. Aus den zahlreichen vitaminhaltigen Nahrungsmitteln, wie vegetabilischen Ölen, grünen Gemüsen, Fett, Milch, Eiern und Fleisch, wird vor allem α-Tokopherol resorbiert, das in der Wirkung stärker als die anderen Tokopherole ist. Vitamin E im Brot ist, wenn eine industrielle Bearbeitung des Mehls mit NCl_3 und ClO_2 stattgefunden hat, größtenteils zerstört.

4. Einheiten.

Während früher allgemein biologische Einheiten benützt wurden, ist man im Jahr 1941 dazu übergegangen, eine internationale Einheit für Vitamin E zu definieren. Als internationalen Standard für Vitamin E hat man reines synthetisches d,l-α-Tokopherylacetat bestimmt. Eine internationale Vitamin E-Einheit entspricht 1 mg des Standardpräparates. Diese Menge verhindert die Resorptionssterilität bei 50% der eingesetzten Vitamin E-Mangelratten bei oraler Gabe. Der internationale Standard wird in Form einer Lösung in Olivenöl, die 1 I. E je 0,1 g Öl enthält, herausgegeben.

Die „Mittlere Fertilitätsdosis" (M.F.D.) ist diejenige Tokopherolmenge, bei deren Verabreichung während der ersten 10 Tage der Trächtigkeit 50% der Mangelratten im 16 Tage-Test positiv ansprechen. 1 M.F.D. ist in 0,53 mg d,l-α-Tokopherylacetat enthalten[1].

Die wichtigsten, früher gebrauchten biologischen Einheiten sind die folgenden: Eine „Ratten-Einheit" oder die „Fertilisationsdosis" ist die kleinste Menge Vitamin E, die bei täglicher oraler Verabreichung an resorptions-sterile weibliche Ratten während der ganzen Trächtigkeitsperiode (21 Tage) in etwa 50% der Tiere die Geburt mindestens eines

[1] HARRIS, P. L., and M. I. LUDWIG: J. biol. Ch. 180, 611 (1949).

lebenden Jungen ermöglicht. Die Ratteneinheit oder Fertilisationsdosis entspricht 2—3 mg α-Tokopherol.

Eine „Pacini-Linn-Einheit" ist einem Zehntel der Fertilisationsdosis äquivalent. Die „Bomskow-Einheit" ist diejenige Menge Vitamin E, die bei einmaliger Zufuhr während der ersten 8 Tage der Trächtigkeit die Resorption der Feten verhindert.

5. Spezifität der biologischen Aktivität der Tokopherole und ihrer Abkömmlinge*.

Die internationale Vitamin E-Einheit (I.E.) ist, wie schon erwähnt, 1 mg synth. d,l-α-Tokopherylacetat. d,l-α-Tokopherol enthält dann 0,68, natürliches optisch aktives d-α-Tokopherol 0,92 und d-α-Tokopherylacetat 1,36 I.E. je mg[1]. Natürliches, optisch aktives d-α-Tokopherol ist somit 1,35fach wirksamer als das synthetische Produkt.

Die Bioaktivität der anderen Tokopherole soll bei den natürlichen Vertretern (d-α-Tokopherol = 100) 40 für d-β, 8 für d-γ und etwa 1 für d-δ bzw. 100:30:20:1 betragen[2–5]. Für synthetische Präparate[6] gilt $\alpha:\beta:\gamma:\delta \approx 100:25:19:1$. ζ-Tokopherol soll im Rattenversuch dem α-Tokopherol äquivalent sein[7] bzw. 30—40% seiner Aktivität besitzen[8]. Auch hinsichtlich der Stärke als Antioxydantien scheint zwischen α-, β- und γ-Tokopherol eine ähnliche Abstufung (α am wirksamsten) zu bestehen. Die biologische Aktivität von ε- und η-Tokopherol ist noch unabgeklärt. Vermutlich ist ihre Aktivität gering. Die Abklärung der biologischen Aktivität aller natürlichen Tokopherole wäre von großem praktischem Interesse, da sich dann die biologische Vitamin E-Wertigkeit von Nahrungs- und Futtermitteln auf Grund von chemischen Analysen der betreffenden Materialien berechnen ließe.

Die Ester der Tokopherole sind den Alkoholen in ihrer biologischen Aktivität mindestens äquivalent bzw. infolge ihrer Stabilität gegen Autoxydation um 62% wirksamer[9]. Unwirksam sind Allophanate und Tokopheryläther. Aminotokopherol (NH_2 an Stelle von OH) ist voll aktiv.

Eine große Zahl von tokopherolähnlichen Verbindungen wurde synthetisiert und auf mehr oder weniger zuverlässige Weise auf ihre mögliche Vitamin E-Wirksamkeit hin untersucht. Es scheint, daß nur solche Stoffe aktiv sind, die ein 6-Oxychroman-Skelett enthalten, an das im Benzolkern mehrere niedrige Alkylgruppen und in den beiden 2-Stellungen ein kleiner und ein langer, durch geradkettige Verknüpfung von mindestens 12 C-Atomen gebildeter Alkylrest, der noch zusätzliche seitenständige Methylgruppen tragen kann, angeheftet sein müssen.

Auf die Bioaktivität von α-Tokopheroxyd und die Inaktivität von α-Tokopherylchinon wurde schon früher hingewiesen.

H. Nachweis und Bestimmung der Tokopherole.

1. Nachweis**.

Zum Nachweis einzelner, reiner Tokopherole eignen sich neben den UV- und IR-Spektren die auf der milden und energischen Oxydation der Tokopherole basierenden

* Vgl. hierzu besonders: BOYER, P. D., M. RABINOVITZ and E. LIEBE: J. biol. Ch. **192**, 95 (1951). — SEBRELL, W. H., and R. S. HARRIS: The Vitamins Vol. III, S. 489. New York 1954. — VOGEL, H., u. H. KNOBLOCH: Chemie und Technik der Vitamine. 3. Aufl. Bd. I. Stuttgart 1950.

** Die hier erwähnten Nachweisreaktionen werden ausführlich unter den chemischen Bestimmungsmethoden beschrieben.

[1] HARRIS, P. L., and M. I. LUDWIG: J. biol. Ch. **179**, 1111; **180**, 611 (1949).

[2] JOFFE, M., and P. L. HARRIS: Am. Soc. **65**, 925 (1943).

[3] WEISLER, L., J. G. BAXTER and M. L. LUDWIG: Am. Soc. **67**, 1230 (1945).

[4] STERN, M. H., C. D. ROBESON, L. WEISLER and J. G. BAXTER: Am. Soc. **69**, 869 (1947).

[5] EMBREE, N. D.: Ann. Rev. **16**, 323 (1947).

[6] GOTTLIEB, H., F. W. QUACKENBUSH and H. STEENBOCK: J. Nutrit. **25**, 433 (1943).

[7] JACOB, A., F. K. SUTCLIFFE and A. R. TODD: Soc. **1940**, 327.

[8] KARRER, P., u. H. FRITZSCHE: Helv. **22**, 260 (1939).

[9] HARRIS, P. L., and M. I. LUDWIG: J. biol. Ch. **180**, 611 (1949).

Nachweisreaktionen. Zur qualitativen Analyse von Tokopherolgemischen sind am besten die papierchromatographischen Verfahren heranzuziehen. In einfacher gelagerten Fällen kann man noch folgende Beobachtungen für die Differenzierung ausnützen: β-, γ-, δ-, ε- und η-Tokopherol geben mit salpetriger Säure in alkalischer Lösung gelb gefärbte Nitrosoderivate; γ-, δ- und η-Tokopherol lassen sich mit Diazoniumsalzen zu Azofarbstoffen kuppeln. Mit Ausnahme von α- (und ζ- ?) Tokopherol werden die Tokopherole mit Salpetersäure in kaltem *Chloroform* zu rotvioletten (β- und ε-Tokopherol) bis rotorangen Verbindungen (γ-, δ-Tokopherol) oxydiert[1]. Für den qualitativen Nachweis der Tokopherole in pflanzlichen und tierischen Materialien sind, da alle Nachweisreaktionen unspezifisch sind, die störenden Begleitstoffe vorerst zu entfernen.

2. Bestimmung der Tokopherole.

Die zur quantitativen Bestimmung der Vitamin E-Faktoren vorgeschlagenen Methoden lassen sich in 3 Kategorien einteilen:

a) chemische Methoden,
b) spektrophotometrische Methoden,
c) biologische Methoden.

Das spektroskopische Verfahren kommt nur für die Bestimmung eines einzelnen, reinen oder zumindest annähernd reinen Tokopherols in Frage. Die biologischen Methoden sprechen zwar auf Vitamin E sehr spezifisch an, sie sind aber langwierig und kostspielig. Da die verschiedenen E-Faktoren sich hinsichtlich ihrer biologischen Wirksamkeit in quantitativer Hinsicht zwar sehr stark, qualitativ aber überhaupt nicht unterscheiden, ist eine differentielle Analyse unmöglich. Man erhält das Resultat eines biologischen Testes, ausgedrückt in internationalen Vitamin E-Einheiten, die auf reines d,l-α-Tokopherylacetat bezogen sind. Einzig die chemischen Analysenverfahren gestatten, zusammen mit einer zweckmäßigen Aufbereitung und Reinigung, eine vollständige und differentielle Analyse eines beliebigen Ausgangsmaterials.

a) Übersicht über die chemischen Bestimmungsmethoden.

Das Ziel einer Tokopherolanalyse besteht darin, in einem beliebigen Material jedes einzelne der 7 Tokopherole quantitativ zu bestimmen. Die Ermittlung des Gesamtgehaltes an Tokopherolen allein genügt nicht, da sich die Tokopherole, wie schon erwähnt, in ihrer biologischen Wirksamkeit stark unterscheiden.

Ein großer Teil der chemischen Bestimmungsmethoden für Tokopherole basiert auf ihrer Oxydation zu den Tokopherylchinonen oder zu Tokopherolroten. Die Oxydation wird meistens spektrophotometrisch oder colorimetrisch, seltener titrimetrisch oder polarographisch verfolgt. Mit diesen Verfahren lassen sich die einzelnen Tokopherole in der Regel nicht differenzieren, so daß nur der Gesamttokopherolgehalt bestimmbar ist. Daneben gibt es noch Reaktionen, die aut bestimmte Gruppen der Tokopherole ansprechen. Alle diese Verfahren haben jedoch den Nachteil, daß sie durch tokopherolfremde Begleitstoffe, wie Pigmente und leicht oxydierbare Substanzen, gestört werden. Diese müssen vor der eigentlichen Analyse eliminiert oder neutralisiert werden. Die selektive Bestimmung der Tokopherole ist erst seit der Einführung papierchromatographischer Methoden möglich geworden, mit deren Hilfe es gelingt, ein Tokopherolgemisch quantitativ in α-, ζ-, β- + γ-, ε- + η- und δ-Tokopherol aufzutrennen.

In der Literatur ist eine große Anzahl von Bestimmungsmethoden für Vitamin E beschrieben. Die meisten von ihnen wurden ausgearbeitet, bevor noch die Existenz der 7 natürlichen Tokopherole bekannt war. Ein Teil dieser Verfahren wirkt sich aber in mehr oder weniger großem Ausmaß diskriminierend auf einzelne Tokopherole aus, so daß sie nicht oder nur mit großer Vorsicht angewendet werden sollten. Im folgenden wurde

[1] Kofler, M.: Helv. **30**, 1067 (1947).

versucht, die bisher beschriebenen Analysenmethoden kritisch und ordnend darzustellen und ihren Anwendungsbereich unter Berücksichtigung des zuletzt erwähnten Punktes abzustecken.

Für die Analyse eines tierischen oder pflanzlichen Materials ergibt sich dann das folgende, allgemein gültige Schema: Nach Extraktion der Tokopherole (wenn nötig) wird mit Hilfe verschiedener Reinigungsoperationen ein Tokopherolkonzentrat erhalten, das frei ist von Begleitstoffen, welche die nun folgenden chemischen Analysen stören können. Es ist klar, daß die Isolierungsprozesse ohne Verluste an Tokopherol ausgeführt werden müssen. Bei jeder Analyse ist daher zur Kontrolle ein sog. *Zusatzversuch* („recovery experiment") auszuführen, indem man dem Extrakt eine bekannte Menge eines oder mehrerer Tokopherole hinzufügt. Die zugesetzte Tokopherolmenge muß dann quantitativ (97—100%) wiedergefunden werden.

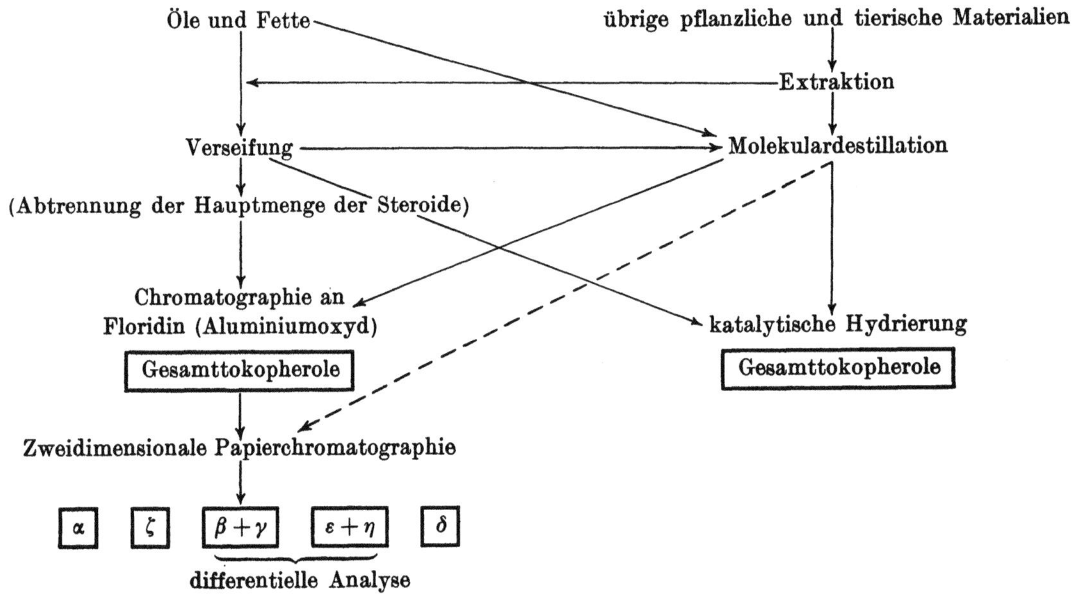

Im ersten Abschnitt dieses Kapitels werden zunächst die eigentlichen Bestimmungsmethoden für reine Tokopherole bzw. von störenden Begleitstoffen befreite Tokopherolextrakte beschrieben. Es folgen im 2. Abschnitt die Extraktions- und Reinigungsverfahren geordnet nach der Natur des zu analysierenden Materials und schließlich im 3. Abschnitt die papierchromatographischen Verfahren.

Auf Grund des Schemas läßt sich dann ein den jeweiligen Erfordernissen hinsichtlich des Materials, der angestrebten Genauigkeit und Raschheit der Ausführung und der zur Verfügung stehenden apparativen Ausrüstung angepaßter Analysengang unschwer zusammenstellen (vgl. hierzu auch die zahlreichen speziellen Zitate im Abschnitt „Vorkommen", S. 1006). Wird ein Material untersucht, dessen Tokopherolzusammensetzung nicht oder nur ungenau bekannt ist, so empfiehlt es sich, zuerst eine vollständige Analyse unter Benützung der papierchromatographischen Verfahren auszuführen. Je nach dem Resultat dieser Analyse sind dann bei Serienuntersuchungen mit dem gleichen Material beträchtliche Abkürzungen des Analysenganges möglich. Es sei diesbezüglich auch auf den Abschnitt „Vorkommen" (S. 1006) und „Biogenese der Tokopherole" (S. 1024) hingewiesen.

b) Die eigentlichen chemischen Bestimmungsmethoden.

α) Die Emmerie-Engel-*Methode*[1] *und ihre Modifikationen.*

Das Prinzip der Methode beruht auf der Umsetzung der freien Tokopherole mit Eisen(III)-Ionen bei Gegenwart von α,α'-Dipyridyl. Dabei entstehen aus den Tokopherolen

[1] Emmerie, A., and C. Engel: Rec. Trav. chim. Pays-Bas **57**, 1351 (1938).

Tabelle 15. *Übersicht.*

Methode*	Substrat	Ausgearbeitet für
C EMMERIE-ENGEL und ihre Modifikationen		
C nach EGGITT und WARD . . .	gereinigtes Konzentrat	alle Tokopherole (Gesamtbestimmung)
C nach RAWLING, STERN und BAXTER	gereinigtes Konzentrat	alle Tokopherole (Gesamtbestimmung)
C nach QUAIFE und HARRIS . .	gereinigtes Konzentrat	alle Tokopherole (Gesamtbestimmung)
C weitere Modifikationen	gereinigtes Konzentrat	α-Tokopherol
C bei Gegenwart von Fetten . .		α-Tokopherol (und andere)
C bei Gegenwart von Vitamin A und Carotinoiden		alle Tokopherole
C FURTER-MEYER	Unverseifbares; Molekulardestillat	α-, γ-Tokopherol
C Modifikation nach CHIPAULT et al.	Unverseifbares; Molekulardestillat	α-, γ-Tokopherol
F Modifikation nach KOFLER . .	Unverseifbares; Molekulardestillat	α-, γ-Tokopherol
C Modifikation nach FISHER . .	gereinigtes Konzentrat	γ- neben α-Tokopherol
C NAIR-MAGAR	?	α
T KARRER-KELLER	annähernd Reinstoffe	alle Tokopherole
T KOFLER	annähernd Reinstoffe	alle Tokopherole
C SCUDI und BUHS	via Tokopherylchinone	alle Tokopherole
P KNOBLOCH et al.	via Tokopherylchinone	α, β + γ, δ
C Nitrosierung nach QUAIFE . .	gereinigtes Konzentrat	spricht nur auf β-, γ-, δ-, - und η-Tokopherol an
C Kupplung nach QUAIFE . . .	gereinigtes Konzentrat	spricht nur auf γ-, δ- und η-Tokopherol an

die Tokopherylchinone, und die resultierenden Eisen(II)-Ionen bilden mit α,α'-Dipyridyl ein inneres, rot gefärbtes und stark bei etwa 480—530 mμ[1] absorbierendes Komplexsalz. Die Reaktion läuft rasch und annähernd vollständig nur bei Gegenwart des Komplexbildners für Eisen(II)-Ionen ab. Aus der Absorptionsintensität des Komplexes läßt sich dann die ursprünglich vorgelegene Tokopherolmenge bestimmen.

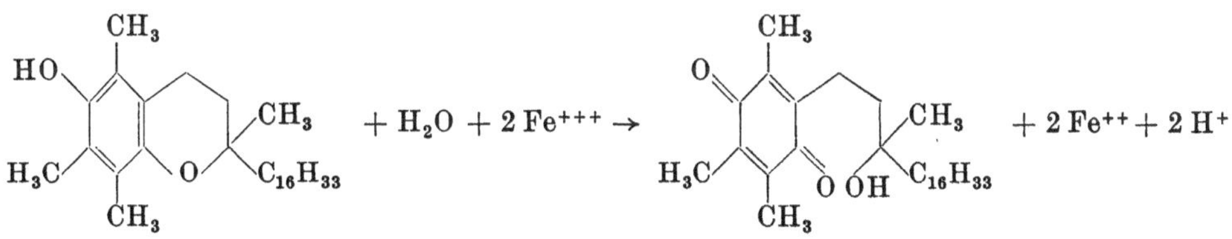

$$2\,Fe^{++} + 6\,C_{10}H_8N_2 \rightarrow 2\,[(C_{10}H_8N_2)_3]Fe^{++}$$

Eisen (II)-tris-α,α'-dipyridylion.

* Alle Operationen sollen unter schwacher künstlicher Beleuchtung ausgeführt werden. Zur Kontrolle sind stets Zusatzexperimente auszuführen.

T: Titrimetrische Verfahren; C: colorimetrische und spektrophotometrische Verfahren; F: fluorometrisches Verfahren. Bei der Absorptionsspektrophotometrie werden folgende Ausdrücke verwendet:

Optische Dichte oder Extinktion $E = \log_{10} Jo/J$

Extinktionskoeffizient . . . . . $K = E/l$ $(l = \text{Schichtdicke in cm})$

E-Wert. . . . . $E_{1\,\text{cm}}^{1\%} = E$ für 1%ige Lösung der Schichtdicke 1 cm

Spez. Extinktionskoeffizient . $K_{\text{spez}} = K/c$ $(c = \text{g/l})$

Molarer Extinktionskoeffizient $\varepsilon = \frac{E}{c \cdot l}$ $(c = \text{Mol/l})$

Entsprechende (scheinbare) Ausdrücke gelten auch für die Colorimetrie unter Verwendung von Filtern. Innerhalb der angegebenen Konzentrationsgrenzen ist bei allen Verfahren das BEERsche Gesetz erfüllt.

[1] KRUMHOLZ, P.: Am. Soc. 71, 3654 (1949).

Die Reaktion verläuft aber keineswegs so glatt, wie es den Anschein hat. Die Tokopherylchinone sind nicht die einzigen Oxydationsprodukte[1], so daß die stöchiometrischen Beziehungen nicht erfüllt sind. Die Farbbildung hängt ferner vom Lösungsmittel, der Konzentration der Reaktionspartner, der Zeit und der Struktur der Tokopherole ab[2-4]. Empirische Eichung ist deshalb notwendig, und die einmal gewählten Reaktionsbedingungen müssen strikte eingehalten werden[5]; dies gilt auch für die Temperatur (20°).

Ein weiterer Nachteil der Methode ist ferner ihre geringe Spezifität: Substanzen, die unter den Bedingungen des Experiments Eisen(III)-Ionen reduzieren oder Eisen(II)-Ionen oxydieren, fälschen die Resultate. Ferner stören alle Stoffe, die bei 520 mμ, bei welcher Wellenlänge der Dipyridylkomplex ausgemessen wird, eine stärkere Absorption besitzen. Gewöhnlich müssen daher vor einer Analyse der Tokopherole die folgenden Begleitsubstanzen entfernt oder eliminiert werden: Vitamin A, Carotinoide, Steroide[6], Peroxyde, Proteine und andere noch unbekannte Faktoren. Trotz dieser Nachteile sind die meisten bisher ausgeführten Tokopherolbestimmungen in Fetten und Ölen, verschiedenen anderen Nahrungsmitteln, wie Milch, Gemüsen, sowie in Blut und Geweben nach der EMMERIE-ENGEL-Methode ausgeführt worden.

Von den zahlreichen für den EMMERIE-ENGEL-Test vorgeschlagenen Modifikationen seien im folgenden nur diejenigen wiedergegeben, die am allgemeinsten anwendbar erscheinen und in der letzten Zeit gebraucht worden sind.

a) Modifikation nach EGGITT *und* WARD[7].

Reagentien:

1. Alkohol, absolut (Feinsprit).
2. Eisen(III)-chlorid (Sesquihydrat) p. a., 0,2%ig in abs. Alkohol (diese Lösung muß frisch bereitet werden).
3. α,α'-Dipyridyl (reinst), 0,5%ig in abs. Alkohol.

Ausführung:

Das z. B. von 1 g Weizenkeimlingsöl bereitete, von störenden Begleitstoffen befreite Tokopherolkonzentrat wird in 40 cm³ abs. Äthanol gelöst. Mehrere 1 cm³-Aliquote dieser Stammlösung werden für den EMMERIE-ENGEL-Test verwendet. Jede dieser 1 cm³-Fraktionen wird in einen Schliff-Erlenmeyer-Kolben pipettiert, dann wird mit 2 cm³ abs. Alkohol verdünnt. Nun werden zu dieser Lösung bei halbdunkler künstlicher Beleuchtung 0,5 cm³ der α,α'-Dipyridyllösung und anschließend 0,5 cm³ der Eisen(III)-chlorid-Lösung mit Hilfe von bakteriologischen Pipetten hinzugefügt. Nach dem Mischen wird die Lösung in eine 1 cm-Spektrophotometerzelle gegossen. Die entstandene rote Farbe wird genau *2 min*, nachdem die Eisen(III)-chlorid-Pipette ausgeblasen worden ist, bei einer Wellenlänge von 520 mμ gegen abs. Alkohol ausgemessen. In genau derselben Weise wird eine Blindprobe ausgeführt. Die Menge des Tokopherols ist aus der mit reinem d,l-α-Tokopherol bestimmten Eichkurve erhältlich. Genauigkeit etwa ± 5%. Die Test- und Blindlösung müssen vor Licht geschützt werden, da dieses eine zusätzliche Färbung verursacht. Der Erlenmeyer-Kolben kann hierzu außen schwarz angestrichen werden. Die Kuvette ist erst möglichst knapp vor Ablauf der 2 min-Periode in den Lichtstrahl des Spektrometers bzw. Colorimeters zu bringen.

---

[1] FRAMPTON, V. L., W. A. SKINNER and P. S. BAILEY: Science, N. Y. **116**, 34 (1952). Am. Soc. **76**, 282 (1954).
[2] STERN, M. H., and J. G. BAXTER: J. industr. engng. Chem., analyt. Ed. **19**, 902 (1947).
[3] HOVE, E. L., and Z. HOVE: J. biol. Ch. **156**, 601 (1944).
[4] GREEN, J., S. MARCINKIEWICZ and P. R. WATT: J. Sci. Food Agric. **6**, 274 (1955).
[5] Ein gründliches Studium der Grundlagen der EMMERIE-ENGEL-Reaktion, namentlich auch in Abhängigkeit vom p_H, wäre sehr wünschenswert; vgl. d).
[6] Reinstes Cholesterin scheint nicht zu stören: EMMERIE, A.: R. **65**, 489 (1946). — KAUNITZ, H., and J. J. BEAVER: J. biol. Ch. **156**, 653 (1944).
[7] EGGITT, P. W. R., and L. D. WARD: J. Sci. Food Agric. **4**, 569 (1953); **6**, 329 (1955).

Berechnung:

Bei Einhaltung der oben angeführten Versuchsbedingungen errechnet sich der α-Tokopherolgehalt wie folgt:

Menge (in γ) an α-Tokopherol in 1 cm³ der Stammlösung $= (K_S - K_B) \cdot 96$, wobei $K_S =$ Extinktionskoeffizient der Testlösung und $K_B =$ Extinktionskoeffizient der Blindlösung bedeuten. Der spektroskopische Faktor 96 basiert auf dem unter denselben Bedingungen empirisch ermittelten $\dot{E}^{1\%}_{1\,\mathrm{cm}}$ 520 mμ Wert $= 417$ des Eisen-dipyridylkomplexes in bezug auf reines d,l-α-Tokopherol. Nebenstehend sind die spektroskopischen Faktoren bzw. die $\dot{E}^{1\%}_{1\,\mathrm{cm}}$-Werte für die Tokopherole angeführt, soweit sie bekannt sind[1].

	$\dot{E}^{1\%}_{1\,\mathrm{cm}}$	Faktor
α-Tokopherol	417	96
β-Tokopherol	417	96
γ-Tokopherol	417	90
δ-Tokopherol	533	75
ζ-Tokopherol	417	96
ε-Tokopherol	417 (?)	96 (?)
η-Tokopherol	?	?

Zur Bestimmung des *Gesamttokopherolgehaltes* eines Materials kann daher der Umrechnungsfaktor 96 (bzw. $\dot{E}^{1\%}_{1\,\mathrm{cm}} = 417$) verwendet werden, falls kein oder nur wenig δ-Tokopherol anwesend ist. Bei größerem δ-Tokopherolgehalt sind aber Korrekturfaktoren zu verwenden, z. B. für ein Tokopherolgemisch mit 30% δ-Tokopherol ist der Faktor $\frac{70 \cdot 96 + 30 \cdot 75}{100} = 89{,}7$, was einem $\dot{E}^{1\%}_{1\,\mathrm{cm}}$ (520) $= 446$ entspricht.

Die Stammlösung soll so eingestellt sein, daß sie etwa 20—100 γ Tokopherol je cm³ enthält, da die Extinktion der Blindlösung allein schon etwa 0,09 beträgt und bei hohen Tokopherolgehalten keine Proportionalität zwischen ihnen und $\dot{E}$ herrscht.

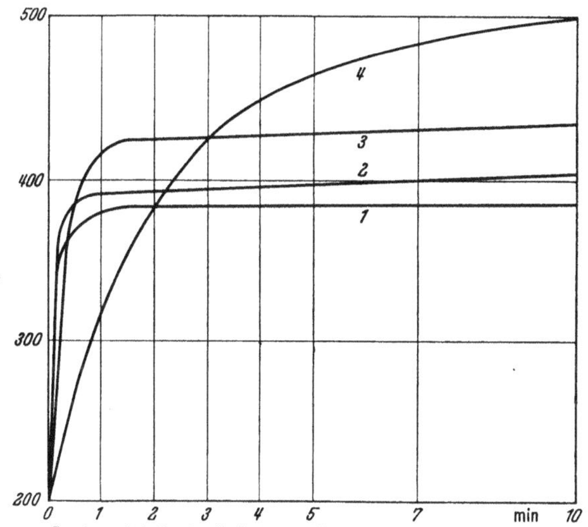

Abb. 7[2]. Zeitkurve für α-, β-, γ- und δ-Tokopherol in der Emmerie-Engel-Reaktion nach b).
1: 106 γ α-Tokopherol in 25 cm³ Alkohol
2: 131 γ β-Tokopherol in 25 cm³ Alkohol
3: 142 γ γ-Tokopherol in 25 cm³ Alkohol
4: 116 γ δ-Tokopherol in 25 cm³ Alkohol

Beispiel. Aus 1 g eines Analysenmaterials, das kein δ-Tokopherol enthält, wurde ein von störenden Begleitstoffen befreiter Extrakt hergestellt und in 40 cm³ Äthanol gelöst. 1 cm³ dieser Stammlösung wurde, wie oben beschrieben, nach Emmerie-Engel analysiert. Mit einer 1 cm-Küvette fand man $K_S(520\ \mathrm{m}\mu) = 0{,}682$ und für die Blindprobe $K_B(250\ \mathrm{m}\mu) = 0{,}090$. 1 cm³ der Stammlösung enthält demnach $(0{,}682 - 0{,}090) \cdot 96 = 56{,}8$ γ Tokopherol und das Analysenmaterial daher 2,27 mg/g.

Beim Zusatzversuch hat man 1 g Analysensubstanz 1,5 mg α-Tokopherol zugesetzt und sonst analog aufgearbeitet. Die Stammlösung wurde nun in 60 cm³ Äthanol bereitet. Man fand $K_S(520\,\mathrm{m}\mu) = 0{,}734$ $K_B(520\,\mathrm{m}\mu) = 0{,}090$, d.h. 3,71 mg Tokopherol je g Analysensubstanz in guter Übereinstimmung mit dem theoretisch zu erwartenden Wert von $2{,}27 + 1{,}50 = 3{,}77$ mg/g.

b) Modifikation nach Rawlings[2] *sowie* Stern *und* Baxter[3].

Nach diesem Verfahren lassen sich die Gesamttokopherole (geprüft wurden α-, β-, γ-, δ- und ζ-Tokopherole[4]) unter Einhaltung einer empirischen Reaktionszeit bestimmen,

[1] Green, J., S. Marcinkiewicz and P. R. Watt: J. Sci. Food Agric. **6**, 274 (1955).
[2] Rawlings, H. W.: Oil & Soap **21**, 257 (1944).
[3] Stern, M. H., and J. G. Baxter: J. industr. engng. Chem., analyt. Ed. **19**, 902 (1947).
[4] Kofler, M.: Helv. **30**, 1053 (1947).

da bei einer bestimmten Ausführung des EMMERIE-ENGEL-Testes alle 4 Tokopherole ungefähr gleich intensive Färbungen geben (Abb. 7)[1].

Reagentien:

1. Alkohol, absolut, gereinigt durch Destillation über Kalilauge und Kaliumpermanganat.
2. Eisen(III)-chlorid (Sesquihydrat), p. a., 0,1%ig in abs. Alkohol.
3. α,α'-Dipyridyl (reinst), 0,25%ig in abs. Alkohol.

Ausführung.

Ein 1 cm³-Aliquot der Stammlösung, der 50—150 γ Tokopherol enthält, wird in einer dunklen Schliffflasche mit 1 cm³ des Dipyridyl-Reagens, 1 cm³ der Eisenchlorid-Lösung und anschließend mit 22 cm³ abs. Alkohol versetzt. Nach genau 2,5 min wird die Extinktion bei 520 mμ gemessen. Eine Blindprobe wird analog behandelt. Der Tokopherolgehalt wird mit Hilfe einer mit reinem α-Tokopherol oder einer 1:1-Mischung aus α- und γ-Tokopherol ermittelten Eichkurve bzw. des daraus errechneten Konversionsfaktors, bestimmt. Im übrigen gilt das unter a) Gesagte.

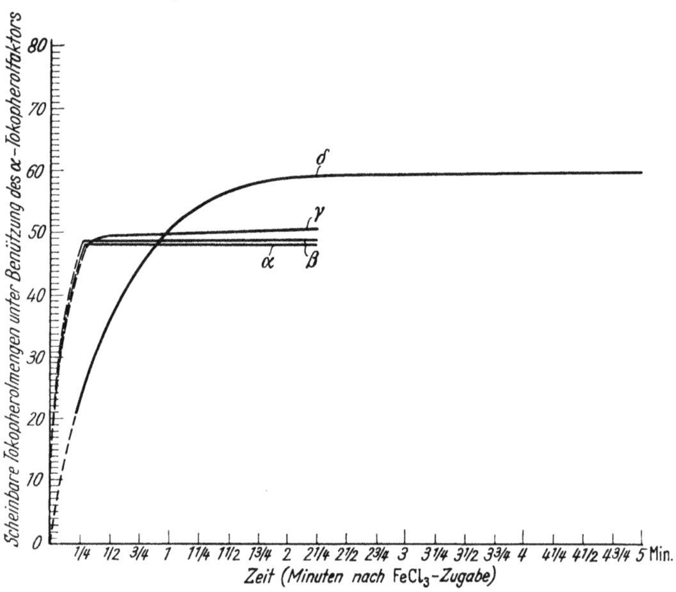

Abb. 8[2]. Zeitkurve für α-, β-, γ- und δ-Tokopherol in der EMMERIE-ENGEL-Reaktion nach c).

c) Modifikation nach QUAIFE *und* HARRIS[3, 4].

Auch diese Ausführungsform der EMMERIE-ENGEL-Methode ist für die Bestimmung des Gesamt-Tokopherolgehaltes geeignet.

Reagentien s. a), S. 1032.

8 cm³ der Stammlösung werden mit 1 cm³ α,α'-Dipyridyl und anschließend rasch mit 1 cm³ Eisen(III)-chlorid-Reagens versetzt (Ausblasepipette!). Die Lösung wird sofort gut gemischt und nach genau 50 sec die Extinktion bestimmt. Bei Einhaltung dieser Bedingungen geben α-, β-, γ- und δ-Tokopherol gleich intensive Färbungen (Abb. 8). Die Eichkurve wird mit reinem α-Tokopherol bestimmt.

d) Modifikation nach DOMART[5].

Der Blindwert beim EMMERIE-ENGEL-Test läßt sich beseitigen und als Folge davon die Methode empfindlicher gestalten, wenn nach beendeter Umsetzung von Tokopherol mit Eisen(III)-chlorid und α,α'-Dipyridyl die überschüssigen Eisen(III)-Ionen durch Zugabe von Kaliumfluorid in einen farblosen Komplex übergeführt werden. Der Stabilitätsbereich des letzteren erstreckt sich von p_H 3,2 bis ins alkalische Gebiet, derjenige des Eisen(III)-dipyridylkomplexes liegt zwischen p_H 3,5—8,5. Zweckmäßig fügt man daher noch einen Puffer vom p_H 4,1 zu.

[1] Es scheint, daß die mit δ- und auch γ-Tokopherol nach langer Reaktionszeit im Vergleich zu α- und β-Tokopherol verstärkt auftretende Farbe auf intermediäre Oxydationsprodukte der beiden erstgenannten Tokopherole, welche die Oxydation des Alkohols durch Eisen(III)-Ionen katalysieren, zurückzuführen ist.

[2] QUAIFE, M. L.: J. biol. Ch. **175**, 605 (1948).

[3] QUAIFE, M. L., and P. L. HARRIS: J. biol. Ch. **156**, 499 (1944).

[4] QUAIFE, M. L.: J. biol. Ch. **175**, 605 (1948).

[5] DOMART, C.: Ann. pharmaceut. franç. **10**, 199 (1952).

Die Ausführung der EMMERIE-ENGEL-Reaktion geschieht nach a) oder b). Nach den angegebenen Zeiten (0,83 bzw. 2 bzw. 2,5 min)[1] werden 1—2 cm^3 einer 0,5%igen Lösung von Kaliumfluorid in Alkohol hinzugefügt und nach 1—2 min 2,5—5 cm^3 Acetatpuffer p_H 4,1. Mit Alkohol wird auf ein bestimmtes Volumen aufgefüllt und bei 520 mμ die Extinktion gemessen. Mit reinem α-Tokopherol wird eine Eichkurve bestimmt.

e) Weitere Ausführungsformen der* EMMERIE-ENGEL-*Reaktion.

Von verschiedenen Autoren wurde vorgeschlagen, die EMMERIE-ENGEL-Reaktion in *Eisessig*[2,3] auszuführen. Dieses Verfahren erwies sich aber aus 2 Gründen, zumindest für die Ermittlung des Gesamttokopherolgehaltes, als ungünstig[4]:

1. Es besteht keine Proportionalität zwischen Intensität der erzeugten Farbe und der Tokopherolkonzentration.

2. Die Oxydationsgeschwindigkeit der einzelnen Tokopherole ist stark voneinander verschieden.

EDISBURY und Mitarbeiter[5] führen den Test für α-Tokopherol mit α,α'-Dipyridyl und Eisen(III)-chlorid in *Chloroformlösung* durch. Der Farbstoff wird dann mit Wasser extrahiert und ausgemessen. Da bisher keine Untersuchungen vorliegen, wie sich die anderen Tokopherole unter diesen Bedingungen verhalten, kann diese Modifikation *nur* zur Bestimmung von α-Tokopherol verwendet werden. Siehe auch Nachtrag, S. 1063.

An Stelle des Eisen(II)-tris-α,α'-dipyridylkomplexes lassen sich die bei der Oxydation der Tokopherole entstehenden Eisen(II)-Ionen auch als *Eisen(II)-tris-o-phenanthrolin-Komplex* abfangen und nachweisen[6,7]. Letzterer zeigt bei 496 mμ (Alkohol) maximale Absorption; sie liegt höher als diejenige des Eisen-dipyridylkomplexes. Der Test wird ausgeführt mit 2 cm^3 der alkoholischen, tokopherolhaltigen Stammlösung, 5 cm^3 einer 0,2% alkoholischen Eisen(III)-chloridlösung, 5 cm^3 einer 0,25% alkoholischen o-Phenanthrolinlösung und abs. Alkohol auf 25 cm^3. Eine eventuell auftretende Trübung wird durch Zugabe einiger Tropfen Benzol behoben. Abgelesen wird nach 5 min bei 496 mμ. Auch dieses Nachweisverfahren ist nur an α-Tokopherol geprüft worden.

Schließlich sei noch erwähnt, daß Tokopherole (wie andere reduzierende Substanzen) durch *Kaliumferricyanid-Eisen(III)-chlorid* oxydiert werden, wobei Turnbulls-Blau $KFe[Fe(CN)_6]$ entsteht. VINET und MEUNIER[8] gründeten auf diese Umsetzung eine quantitative α-Tokopherolbestimmung.

***Ausführung der* EMMERIE-ENGEL-*Methode bei Gegenwart von Fetten und Ölen*[9,10].**

Es ist schon seit längerer Zeit bekannt, daß der EMMERIE-ENGEL-Test bei Gegenwart von Fetten und Ölen häufig versagt, indem zu tiefe Tokopherolwerte gefunden werden. Es scheint, daß die Hemmung in der Bildung des Eisen(II)-dipyridylkomplexes auf einer Wechselwirkung zwischen Fetten und Eisen(II)-Ionen beruht. Die Natur dieser Wechselwirkung ist allerdings noch ganz unklar. Das Ausmaß der Hemmung hängt nicht nur von der Menge des Fettes bzw. Öles ab, sondern auch von seiner Natur. Auch hoch gereinigte Kohlenwasserstoffe wie Mineralöle können hemmen.

In der Regel werden Fette und Öle vor Ausführung des EMMERIE-ENGEL-Testes durch Hydrolyse oder Molekulardestillation entfernt. Bei der Analyse von fett- und ölhaltigen Materialien mit sehr geringen Tokopherolgehalten ist dieses Verfahren umständlich und mit Tokopherolverlusten verbunden. Es ist aber möglich, direkt dieses fetthaltige Toko-

[1] Es wird dabei angenommen, daß nach Zugabe von überschüssigem Kaliumfluorid die Oxydationsreaktionen abgestoppt werden.
[2] DEVLIN, H. B., and H. A. MATTILL: J. biol. Ch. **146**, 123 (1942).
[3] KAUNITZ, H., and J. J. BEAVER: J. biol. Ch. **156**, 653 (1944); **166**, 205 (1946).
[4] STERN, M. H., and J. G. BAXTER: J. industr. engng. Chem., analyt. Ed. **19**, 902 (1947).
[5] EDISBURY, J. R., J. GILLOW and R. J. TAYLOR: Analyst **79**, 617 (1954).
[6] CANBÄCK, T., o. B. WALLENBERG: Svensk farmaceut. T. **50**, 477 (1946) [Chem. Abstr. **40**, 6213[8]].
[7] KIBARDIN, S. A.: Fiziol. Ž. SSSR **35**, 472 (1949) [Chem. Abstr. **44**, 686f].
[8] VINET, A., et M. P. MEUNIER: Bull. Soc. Chim. biol. **23**, 217 (1941); **24**, 365 (1942).
[9] KAUNITZ, H., and J. J. BEAVER: J. biol. Ch. **156**, 653 (1944).
[10] KAUNITZ, H., and J. J. BEAVER: J. biol. Ch. **156**, 661 (1944).

pherolkonzentrat zu analysieren, wenn das von KAUNITZ und BEAVER[1] vorgeschlagene Extrapolationsverfahren verwendet wird. Hierzu wird zuerst die Extinktion des Eisen(II)-dipyridylkomplexes ohne Zugabe (K_1) und dann mit steigenden Zugaben von α-Tokopherol (a) bestimmt (K_2), wobei die Menge der fetthaltigen Testprobe konstant gehalten wird. Man erhält eine lineare Extinktionskurve, aus deren Neigung und der ohne Zugabe von Tokopherol bestimmten Extinktion (K_1) sich der Tokopherolgehalt der Testprobe (X) mit Hilfe der ähnlichen Dreiecke ABC und AB'C' berechnen läßt.

$$K_1 : X = K_2 : (X + a) \quad \text{und} \quad X = \frac{K_1 a}{K_2 - K_1}.$$

Beispiel. Stammlösung 0,1 g Öl in 10 cm³ gereinigtem Petroläther (tiefsiedender Petroläther [Skellysolve B] wird mit konz. Schwefelsäure geschüttelt, mit verdünnter Natronlauge gewaschen und über fester Kalilauge getrocknet und destilliert).

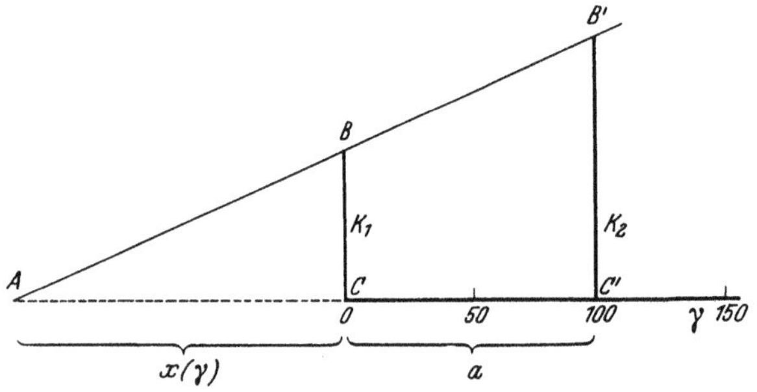

Abb. 9.

3 cm³ der Stammlösung, enthaltend etwa 60 γ Tokopherol, werden eingedampft, in 1 cm³ Petroläther gelöst und nach b) mit 1 cm³ Eisen(III)-chlorid- und 1 cm³ Dipyridylreagens versetzt und anschließend mit abs. Alkohol auf 25 cm³ aufgefüllt. Nach 2,5 min wird gemessen. Scheinbarer Tokopherolgehalt gef. 1,76 mg/g Öl. Ein weiterer 3 cm³-Aliquot der Stammlösung wird mit 60 γ α-Tokopherol ($a = 60$) versetzt und dann analog weiter verfahren. Nach KAUNITZ und BEAVER korr. Tokopherolgehalt: 1,90 mg/g Öl.

Enthält die fetthaltige Substanz neben α-Tokopherol noch andere Tokopherole, so ist zur Ermittlung der Korrektur ein Tokopherolgemisch ähnlicher Zusammensetzung zuzufügen. Siehe auch Nachtrag S. 1063.

Ausführung der* EMMERIE-ENGEL*-Methode bei Gegenwart von Carotinoiden und Vitamin A.

Wie schon in der Einleitung vermerkt, interferieren Pigmente wie Carotinoide und Vitamin A mit dem EMMERIE-ENGEL-Test für Tokopherole, indem sie entweder bei 520 mμ selbst absorbieren oder auf Grund ihrer reduzierenden Eigenschaften zur Bildung des Eisen(II)-Dipyridylkomplexes Anlaß geben. Sie werden deshalb gewöhnlich bei der Aufbereitung der Analysenprobe eliminiert. In den Fällen, wo dies nicht oder nur unvollständig geschehen ist, muß bei der Tokopherolbestimmung nach EMMERIE-ENGEL eine Korrektur[2] angebracht werden. Hierzu wird in einem aliquoten Teil der für die EMMERIE-ENGEL-Reaktion vorbereiteten Stammlösung zunächst nach den Standardmethoden der Carotin- und Vitamin A-Gehalt bestimmt[3].

Mit einem anderen aliquoten Teil der Stammlösung wird nun die Eisen-Dipyridylreaktion ausgeführt, wobei man die Nettoextinktion K_T findet. Einem dritten aliquoten Teil der Stammlösung setzt man nun diejenigen Mengen an reinem Carotin und Vitamin A zu, die man vorher ermittelt hatte. Nun wird wieder der EMMERIE-ENGEL-Test ausgeführt, wobei die höhere Nettoextinktion K_{TC} erhalten wird. Auf diese Weise läßt sich das durch die ursprünglich anwesenden Carotinoide und Vitamin A bedingte Extinktionsinkrement messen und von der Totalextinktion K_T abziehen; die für die Ermittlung des Tokopherolgehaltes maßgebende Extinktion $K_{T\,\text{korr.}} = 2\,K_T - K_{TC}$. Die Bildung des Eisen-Dipyridylkomplexes mit Carotinoiden und Vitamin A erfolgt langsamer als diejenige mit Tokopherolen. Es versteht sich, daß das Pigment-Inkrement keine absolute Größe darstellt, sondern von den Bedingungen des EMMERIE-ENGEL-Testes abhängt. Bei Ein-

[1] KAUNITZ, H., and J. J. BEAVER: J. biol. Ch. **156,** 653 (1944); **166,** 205 (1946).
[2] KAUNITZ, H., and J. J. BEAVER: J. biol. Ch. **156,** 653 (1944).
[3] BIELIG, H. J.: H.-TH., 10. Aufl. Bd. III/2, S. 954.

haltung der Vorschrift b) sind 1 γ β-Carotin bzw. Vitamin A 1,8 bzw. 0,04 γ α-Tokopherol äquivalent[1].

Bei Reihenuntersuchungen z. B. von Blut kann der durch Carotin bedingte Fehler in einfacherer Weise wie folgt eliminiert werden[2-4]. Man bestimmt den Extinktionskoeffizienten einer Lösung von reinem Carotin in Petroläther oder Xylol, die etwa denselben Carotingehalt aufweisen soll wie die dem EMMERIE-ENGEL-Test auf Tokopherole zu unterwerfende Petroläther- oder Xylol-Stammlösung, bei einer Wellenlänge von 440—490 mμ, z. B. $K_C(460)$ (je nach dem zur Verfügung stehenden Gerät). Anschließend wird mit einem aliquoten Teil der reinen Carotinlösung der EMMERIE-ENGEL-Test ausgeführt, wobei man ein $K_C\,520$ erhält und daraus das Verhältnis $\frac{K_C 520}{K_C 460} = F$[5].

Zur Ermittlung des Tokopherolgehaltes der Stammlösung wird zunächst ihr Extinktionskoeffizient bestimmt, d. h. $K_T\,(460)$, und dann wird derselbe aliquote Teil der Stammlösung wie beim Carotinexperiment dem EMMERIE-ENGEL-Test unterworfen, wobei man ein $K_T\,(520)$ erhält. Der der Ermittlung des Tokopherolgehaltes zugrunde zu legende $K_{T\,\text{korr.}}$-Wert $= K_T\,520 - K_T\,460 \cdot F$, unter der Annahme, daß die Absorption bei 460 mμ allein vom Carotin herrührt.

Ein anderes Verfahren zur Eliminierung des Carotinfehlers haben KACHMAR und Mitarbeiter[6] angegeben. Die Carotin enthaltende Tokopherollösung wird in der Hitze mit dem Eisen(III)-chlorid-Dipyridylreagens behandelt, wobei die Tokopherole in die Tokopherylchinone übergeführt werden, während Carotinoide zu farblosen Verbindungen abgebaut werden. Anschließend werden die Tokopherylchinone durch Reduktion und Wasserabspaltung mit $SnCl_2$ und HCl in die Tokopherole zurückverwandelt und diese dann nach EMMERIE-ENGEL in üblicher Weise bestimmt.

Proben mit 0,1—0,2 mg Tokopherol, die bis zu 0,5 mg Carotin enthalten, in 5—10 cm³ Äthanol[7] werden mit je 2,5—3 cm³ einer 0,2 %igen Eisen(III)-chlorid- und einer 0,5 %igen α,α'-Dipyridyllösung in Alkohol 50 min unter Rückfluß auf 65—70° erhitzt. Nachher werden 2—3 cm³ einer 0,5 m $SnCl_2$-Lösung in konz. HCl zugefügt und die Mischung 45 min auf 75—80° erhitzt. Dann wird mit 10 cm³ gereinigtem Petroläther ausgeschüttelt, die organische Phase mit Wasser gewaschen und ein aliquoter Teil (1—3 cm³) zur Ausführung des EMMERIE-ENGEL-Testes verwendet.

β) *Die Methode nach* FURTER *und* MEYER[8] *und ihre Modifikationen nach* CHIPAULT, LUNDBERG *und* BURR[9], KOFLER[10] *und* FISHER[11].

Prinzip der Methode. Die Tokopherole werden in alkoholischer Lösung mit Salpetersäure zu einem roten Farbstoff oxydiert, dessen Menge direkt oder indirekt colorimetrisch bestimmt wird.

Aus α- und γ-Tokopherol entsteht dabei das sog. Tokopherolrot oder Tokorot[12, 13]; ähnliche chinoide Stoffe bilden sich auch aus den anderen Tokopherolen[10, 12, 14].

Die Methode besitzt den Nachteil, daß die Salpetersäureoxydationen nicht einheitlich verlaufen[14]. Aus α- und γ-Tokopherol z. B. bilden sich neben dem Tokopherolrot noch

[1] STERN, M. H., and J. G. BAXTER: Industr. engng. Chem., analyt. Ed. **19**, 902 (1947).
[2] KAUNITZ, H., and J. J. BEAVER: J. biol. Ch. **166**, 205 (1946).
[3] QUAIFE, M. L., N. S. SCRIMSHAW and O. H. LOWRY: J. biol. Ch. **180**, 1229 (1949).
[4] FARBER, M., A. T. MILHORAT and H. ROSENKRANTZ: Fed. Proc. **10**, 294 (1951).
[5] Die Volumenänderungen sind in diesem Faktor eingeschlossen.
[6] KACHMAR, J. F., P. D. BOYER, T. W. GULLICKSON, E. LIEBE and R. M. PORTER: J. Nutrit. **42**, 391 (1950).
[7] Isopropanol ist gegenüber Eisen(III)-chlorid stabiler: SCHULEK, E., u. P. RÓZSA: Z. analyt. Chem. **126**, 253 (1943).
[8] FURTER, M., u. R. E. MEYER: Helv. **22**, 240 (1939).
[9] CHIPAULT, J. R., W. O. LUNDBERG and G. O. BURR: Arch. Biochem. 8, 321 (1945).
[10] KOFLER, M.: Helv. **25**, 1469 (1942); **26**, 2166 (1943); **28**, 26 (1945); **30**, 1053 (1947).
[11] FISHER, G. S.: Industr. engng. Chem., analyt. Ed. **17**, 224 (1945).
[12] SMITH, L. I., W. B. IRWIN and H. E. UNGNADE: Am. Soc. **61**, 2424 (1939).
[13] JOHN, W., u. W. EMTE: H. **268**, 85 (1941).
[14] JOHN, W., u. W. EMTE: H. **261**, 24 (1939).

andere gefärbte Stoffe. Die Geschwindigkeit und der Verlauf der Oxydation hängen vom Lösungsmittel, der Temperatur, der Tokopherol- und Salpetersäurekonzentration und noch anderen Faktoren ab; die gefärbten chinoiden Stoffe unterliegen ihrerseits durch Salpetersäure weiteren Veränderungen[1]. Es handelt sich bei der FURTER-MEYER-Methode und ihren Modifikationen um relative Verfahren mit allen ihren grundsätzlichen Nachteilen. Unerläßlich sind deshalb die sorgfältige Konstanthaltung aller Bedingungen und empirische Eichung.

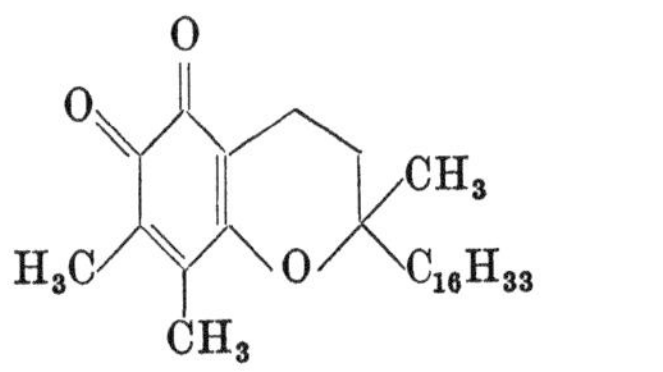

Tokopherolrot

λ_{max} 262, 269 und 490 mμ; Alkohol

Nur α- und γ-Tokopherol sind bisher auf ihr Verhalten Salpetersäure gegenüber näher geprüft worden. Bei den anderen Tokopherolen liegen nur ungenügende Untersuchungen vor, oder sie fehlen ganz. Das Salpetersäure-Verfahren kann daher nur zur quantitativen Untersuchung solcher pflanzlicher oder tierischer Materialien empfohlen werden, die außer α- und (oder) γ-Tokopherol keine weiteren Tokopherole in größeren Mengen enthalten.

Die Salpetersäuremethode besitzt den Vorteil relativ großer Spezifität, da sicher nur wenig lipoidlösliche Stoffe existieren, die mit HNO_3 rote Stoffe geben. Durch Einschalten von chromatographischen Reinigungsprozessen wird die Spezifität noch erhöht. Außer den Tokopherolen liefern auch die Tokopherylchinone rote Oxydationsprodukte. Diese müssen vorher abgetrennt werden. Tokopherolester sind oxydationsbeständig und deshalb zu verseifen.

a) Bestimmung nach FURTER-MEYER[2] mit Verbesserungen von BENCZE[3] (1) sowie QUACKENBUSH und Mitarbeitern[4] (2).

Reagentien:

1. Alkohol (Feinsprit) 96%ig; n-Butanol p. a.
2. Salpetersäure 65%ig; konz. p. a.
3. Chloroform.

Ausführung:

1. 1—5 mg Tokopherolkonzentrat, das mindestens 0,5 mg Tokopherol enthält, werden in ein mit einem Rückflußkühler versehenes Kölbchen eingewogen, in 8 bis 12 cm³ 96%igem Alkohol (Feinsprit) gelöst, mit 1 cm³ 65%iger Salpetersäure rasch vermischt und 10—15 min auf dem Wasserbad zum Sieden erhitzt. Anschließend wird die Reaktionsmischung abgekühlt, mit Hilfe von Alkohol quantitativ in einen 25 cm³-Meßkolben transferiert und nach dem Auffüllen auf 25 cm³ unter Verwendung eines 490 mμ-Filters (bei Verwendung eines Pulfrich-Photometers des Filters S 47) colorimetriert[5].

2. Die Probe, welche 0,05—1 mg Tokopherol enthalten soll, wird in 2 cm³ Chloroform gelöst, mit n-Butanol auf 9 cm³ aufgefüllt und mit 2 cm³ konz. Salpetersäure 10 min auf dem siedenden Wasserbad erhitzt. Nach dem Abkühlen wird mit Butanol auf genau 10 cm³ aufgefüllt und bei 490 mμ colorimetriert.

b) Modifikation nach CHIPAULT, LUNDBERG und BURR[6].

Bei dieser Modifikation des Salpetersäureverfahrens wird die Spezifität durch Chromatographie des o-Chinons an Aluminiumoxyd erhöht[7]. Ferner wird nicht mehr das

---

[1] BENCZE, B.: H. 282, 152 (1947).

[2] FURTER, M., u. R. E. MEYER: Helv. 22, 240 (1939).

[3] BENCZE, B.: H. 282, 152 (1947). — Vgl. auch HURKA, W.: Mikrochim. Acta 32, 210 (1944).

[4] QUACKENBUSH, F. W., H. L. GOTTLIEB and H. STEENBOCK: J. industr. engng. Chem. 33, 1276 (1941).

[5] Die alkoholische Reaktionslösung kann auch mit wäßrigem Ammoniak neutralisiert und der Farbstoff daraus mit Äther extrahiert werden; die Colorimetrie der Farbstoffe geschieht in der Ätherlösung. ANTONIANI, C., L. FEDERICO e M. MISSIROLI: Chim. e Industr. 30, 72 (1948) [Chem. Abstr. 43, 1075d].

[6] CHIPAULT, J. R., W. O. LUNDBERG and G. O. BURR: Arch. Biochem. 8, 321 (1945).

[7] Nach einem Vorschlag von BINNINGTON, D. S., and J. S. ANDREWS: Cereal Chem. 18, 678 (1941).

relativ schwach absorbierende chinoide Oxydationsprodukt direkt gemessen, sondern das nach seiner Reaktion mit Leukomethylenblau gebildete, viel intensiver absorbierende Methylenblau:

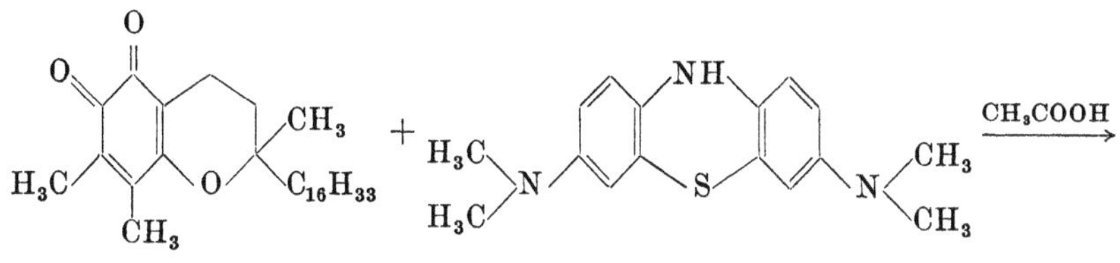

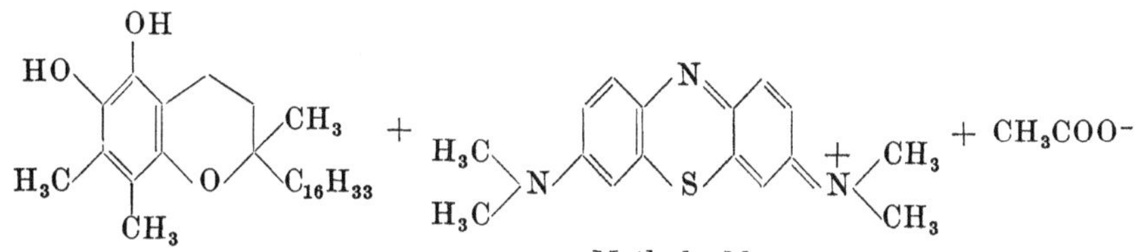

Mit Hilfe dieser Technik sollen sich noch 20 γ Tokopherol mit einer Genauigkeit von $\pm 10\%$ bestimmen lassen. Der apparative und Arbeitsaufwand ist aber wesentlich größer als bei anderen Bestimmungsmethoden.

Reagentien:

1. Salpetersäure, konz. p. a.
2. Petroläther (gereinigt).
3. Äther (peroxydfrei).
4. Benzol (thiophenfrei).
5. Aluminiumoxyd (Merck).

Ausführung:

Der vorgereinigte Tokopherolextrakt aus 8—10,5 g Fett oder Öl wird in 10 cm³ abs. n-Butanol gelöst, in der Kälte mit 2 cm³ konz. Salpetersäure gut vermischt und sofort für genau 2 min (± 5 sec) auf einem kräftig siedenden Wasserbad erhitzt. Dann wird sofort mit Eiswasser gekühlt, die Lösung mit Hilfe von 15 cm³ abs. Alkohol in einen Scheidetrichter transferiert und nach Zugabe von 150 cm³ Wasser und 25 cm³ tiefsiedendem Petroläther kräftig durchgeschüttelt. Nach 1 Std trennt man die Petrolätherphase ab, wäscht zweimal mit je 100 cm³ Wasser nach, trocknet über wenig Natriumsulfat und dampft durch Aufblasen von Stickstoff bei 35° zur Trockne, bis die letzten Spuren von Butylnitrit verschwunden sind. Der Rückstand wird anschließend in 2 cm³ Petroläther gelöst und auf eine Säule von Aluminiumoxyd Merck (3×75 mm), das 12% Wasser enthält, gegossen. Das Chromatogramm wird mit Benzol entwickelt. Sobald das ursprünglich am oberen Ende der Kolonne haftende chinoide Oxydationsprodukt das untere Ende der Säule fast erreicht hat, wird die Säule mit Petroläther gewaschen, zerschnitten und die rote Chinon-Zone mit peroxydfreiem Äther eluiert. (Wenn die ursprüngliche Probe nur etwa 20 γ Tokopherol enthält, ist die rote Chinon-Zone kaum sichtbar, so daß sie leicht übersehen werden kann.)

Falls die Ätherlösung genügende Menge an Chinon enthält, kann die Analyse durch die colorimetrische Bestimmung des Chinons abgeschlossen werden. Hierzu wird die Ätherlösung durch Aufblasen von Stickstoff eingedampft, der Rückstand in einem bestimmten Vol. Alkohol gelöst und unter Verwendung eines 490 mμ-Filters colorimetriert. Anderenfalls wird das Chinon mit Leukomethylenblau umgesetzt.

Man bereitet zunächst eine Lösung von Methylenblau in 80 Vol.-Teilen 95%igem Alkohol, 15 Teilen Wasser und 5 Teilen Eisessig, die bei 650 mμ einen Extinktionskoeffizienten von 2,0—2,5 besitzt. 15 cm³ dieser Stocklösung werden dann mit granuliertem

Zink unter Stickstoff reduziert und 10 cm^3 davon in ein im Hochvakuum evakuiertes Gefäß gesaugt, das in einem kleinen Seitenansatz die eingedampfte Chinonlösung enthält. Man mißt zunächst die Extinktion der Leukomethylenblaulösung bei 650 $m\mu$ und mischt dann diese so lange mit dem Chinon, bis eine konstante Extinktion erreicht ist. Aus der Zunahme der Extinktion bei 650 $m\mu$ läßt sich dann an Hand einer empirischen Eichkurve direkt der Tokopherolgehalt der Substanzprobe ermitteln. Bezüglich der für diese Umsetzung benötigten Apparatur sowie der Erstellung der Eichkurve muß auf die Originalarbeit verwiesen werden.

c) Modifikation nach KOFLER[1, 2].

Das bei der Salpetersäureoxydation gebildete o-Chinon wird in das Phenazinderivat überführt, welches nach chromatographischer Reinigung fluorometrisch bestimmt wird.

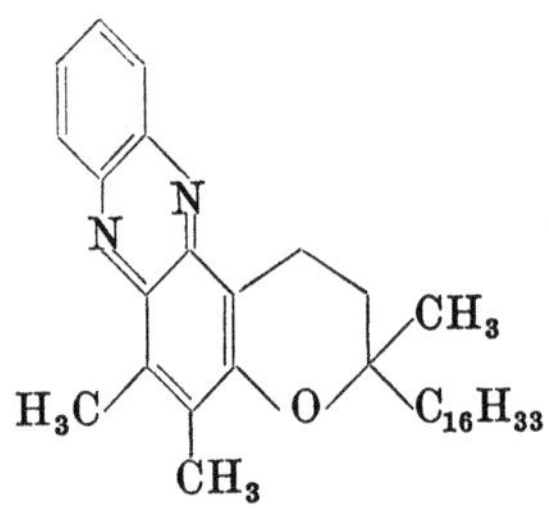

Phenazin aus Tokopherolrot

Reagentien:

1. Alkohol, abs.
2. Petroläther, gereinigter.
3. Benzol, thiophenfrei.
4. o-Phenylendiamin, 1 %ige Lösung in mit Tierkohle gereinigtem Eisessig.
5. Aluminiumoxyd (Merck).

Ausführung:

Die Oxydation des Tokopherolkonzentrates, welches 20—100 γ Tokopherol enthalten soll, kann nach a) oder b) vorgenommen werden. KOFLER löst in 10 cm^3 abs. Alkohol und erhitzt mit 2 cm^3 konz. Salpetersäure 5 min auf dem siedenden Wasserbad. Hierauf wird sofort abgekühlt, mit Hilfe von 2 cm^3 Alkohol und 15 cm^3 Petroläther in einen Scheidetrichter gespült und mit 15 cm^3 Wasser durchgeschüttelt. Die wäßrige Phase wird nochmals mit 15 cm^3 Petroläther durchgeschüttelt und die beiden Petrolätherauszüge nach dem Waschen mit Wasser in einem 50 cm^3-Erlenmeyer-Kölbchen durch Aufblasen von Stickstoff eingedampft. Den Rückstand erhitzt man sofort mit 5 cm^3 einer 1 %igen Lösung von o-Phenylendiamin in Eisessig (p. a., mit Tierkohle gereinigt) 1 Std auf dem siedenden Wasserbad unter Luftzutritt. Dann gießt man die Lösung sofort in einen Scheidetrichter, wäscht mit 5 cm^3 Eisessig nach, setzt 15 cm^3 Petroläther zu und schüttelt mit 15 cm^3 Wasser gründlich durch. Die wäßrige Phase wird nochmals mit Petroläther behandelt, und dann werden die Petrolätherauszüge der Reihe nach mit Wasser, verdünnter Salzsäure, verdünnter Natronlauge und gesättigter Kochsalzlösung gewaschen, wobei jedesmal die untere Phase des ersten Scheidetrichters zum Waschen des Petroläthers des zweiten Scheidetrichters benutzt wird. Die mit wenig Natriumsulfat getrocknete Petrolätherlösung wird nun auf eine mit Petroläther befeuchtete Säule von Aluminiumoxyd (Merck) gegossen und das Chromatogramm mit etwa 50 cm^3 Benzol-Petroläther 1:5-Mischung entwickelt, wobei man vor der Quarzlampe das Wandern der fluorescierenden Zone verfolgt. Anschließend wird das Phenazinderivat mit 30—50 cm^3 Benzol-Petroläther 1:1-Gemisch vollständig eluiert (Kontrolle mit Quarzlampe!), das Eluat im Vakuum eingedampft, der Rückstand in 1 cm^3 Butanol gelöst und mit 9 cm^3 Methanol verdünnt. Diese Lösung vergleicht man entweder visuell vor der Quarzlampe oder besser in einem Fluorometer mit aus bekannten Mengen Tokopherol in gleicher Weise hergestellten Vergleichslösungen.

d) Modifikation nach FISHER[3].

α-Tokopherol gibt in Chloroform-Eisessig mit Salpetersäure in der Kälte eine schwach gelbe Lösung (Tokopherolchinon?), während aus γ-Tokopherol das Tokopherolrot entsteht, das in dieser Lösung $E_{1cm}^{1\%}$ 476 $m\mu$ = 19,5—20 besitzt. Da auch andere Tokopherole unter diesen Bedingungen zwar bedeutend weniger intensiv rote Färbungen ($E_{1cm}^{1\%}$ 476 $m\mu$

[1] KOFLER, M.: Helv. **25**, 1469 (1942); **26**, 2166 (1943); **28**, 26 (1945); **30**, 1053 (1947).
[2] LIECK, H., o. H. WILLSTAEDT: Svensk kem. T. **57**, 134 (1945).
[3] FISHER, G. S.: Industr. engng. Chem., analyt. Ed. **17**, 224 (1945).

etwa 8) geben, eignet sich das Verfahren von FISHER nur zur Bestimmung von γ-Tokopherol bei Anwesenheit von α-, aber Abwesenheit der anderen Tokopherole. Die Auswertung erfolgt mit Hilfe einer differentialspektroskopischen Parallelbestimmung bei 2 Wellenlängen.

Reagentien:

1. Mischung aus 60 Vol. Teilen Eisessig p. a. und 40 Vol. Teilen Chloroform p. a.
2. Salpetersäure konz., durch Kochen von N-Oxyden befreit.

Ausführung:

Die Substanzprobe mit 0,2—2 mg γ-Tokopherol wird in einer Küvette in genau 9,6 cm³ Chloroform-Eisessig 2:3-Gemisch gelöst und mit 0,4 cm³ konz. Salpetersäure versetzt. Nach 30 sec werden bei 420 und 490 mμ die Extinktionskoeffizienten K^{420} und K^{490} bestimmt.

Berechnung:

Es gelten folgende Gleichungen:

$$K^{490} = \overset{*}{K}{}^{490}_{\text{spez.}}(\gamma) \cdot c(\gamma) + \overset{*}{K}{}^{490}_{\text{spez.}}(\alpha) \cdot c(\alpha),$$

$$K^{420} = \overset{*}{K}{}^{420}_{\text{spez.}}(\gamma) \cdot c(\gamma) + \overset{*}{K}{}^{420}_{\text{spez.}}(\alpha) \cdot c(\alpha),$$

($\overset{*}{K}_{\text{spez.}}(\alpha)$ und $\overset{*}{K}_{\text{spez.}}(\gamma)$ = spez. Extinktionskoeffizienten der Chinone, bestimmt an Lösungen von bekanntem Gehalt an reinem γ- bzw. α-Tokopherol; c = g/l.)

woraus sich die Konzentration des γ-Tokopherols ergibt:

$$c(\gamma) = \frac{\overset{*}{K}{}^{490}_{\text{spez.}}(\alpha) \cdot K^{420} - \overset{*}{K}{}^{420}_{\text{spez.}}(\alpha) \cdot K^{490}}{\overset{*}{K}{}^{490}_{\text{spez.}}(\alpha) \cdot \overset{*}{K}{}^{420}_{\text{spez.}}(\gamma) - \overset{*}{K}{}^{490}_{\text{spez.}}(\gamma) \cdot \overset{*}{K}{}^{420}_{\text{spez.}}(\alpha)}.$$

Selbstverständlich ist es möglich, das Tokopherolrot aus γ-Tokopherol allein auch nach b) und c) zu bestimmen.

γ) *Methode nach* NAIR *und* MAGAR[1, 2].

Wie andere Phenole[3] — auch sterisch gehinderte — geben die freien Tokopherole mit Phosphormolybdänsäure eine blaue, sehr intensive Farbreaktion, die sich für eine quantitative Bestimmungsmethode heranziehen läßt. Vitamin A, Carotinoide, die D-Vitamine und Cholesterin stören nicht; hingegen muß die Analysenprobe frei von phenolischen Substanzen sein. Die Empfindlichkeit ist recht groß; sie liegt bei 2—5 γ α-Tokopherol. Das nachfolgend beschriebene Verfahren gilt nur für α-Tokopherol. Das Verhalten der anderen Tokopherole gegenüber Phosphormolybdänsäure ist noch nicht untersucht worden, so daß die Methode vorläufig nicht zur Bestimmung des Gesamttokopherolgehaltes von Präparaten, die außer α-Tokopherol noch dessen Homologe enthalten, verwendet werden kann.

Reagentien:

1. Phosphormolybdänsäure, (p. a.) 0,394 g, in 100 cm³ Eisessig p. a.
2. Äthanol (über $KMnO_4$ und KOH destilliert).

Ausführung:

Die α-Tokopherol-haltige Probe wird in 1 cm³ des Phosphormolybdänsäure-Reagens gelöst, die Lösung nach genau 5 min mit 3 cm³ Alkohol vermischt und K bei 725 mμ im Spektrophotometer gegen eine Blindprobe bestimmt. Der α-Tokopherolgehalt wird an Hand einer Eichkurve ermittelt.

Siehe auch Nachtrag, S. 1063.

δ) *Titration der Tokopherole mit Gold(III)-chlorid nach* KARRER *und* KELLER[4-6].

Die freien Tokopherole lassen sich mit etwa 0,01—0,02 n Gold(III)-chloridlösung in 75—80%igem Alkohol scharf titrieren. 1 cm³ einer 0,01 n Goldlösung entspricht 2,15 mg

[1] NAIR, P. P., and N. G. MAGAR: Ind. J. med. Res. **42**, 577 (1954).
[2] NAIR, P. P., and N. G. MAGAR: J. biol. Ch. **220**, 157 (1956).
[3] PLATKOVSKAYA, V. M., u. S. G. VATKINA: J. appl. Chem. (russ.) **10**, 207 (1937) [Chem. Abstr. **31**, 4232³].
[4] KARRER, P., R. ESCHER, H. FRITZSCHE, H. KELLER, B. H. RINGIER u. H. SALOMON: Helv. **21**, 939 (1938).
[5] KARRER, P., u. H. KELLER: Helv. **21**, 1161 (1938); **22**, 253, 617 (1939).
[6] KARRER, P., W. JAEGER u. H. KELLER: Helv. **23**, 464 (1940).

α-Tokopherol bzw. 2,08 mg Dimethyltokol bzw. 2,01 mg Monomethyltokol. KARRER und KELLER verwendeten das potentiometrische Verfahren und eine Platinelektrode, wobei sich die Potentiale nur sehr langsam einstellen. Bei der amperometrischen Titration mit der tropfenden Quecksilber-Elektrode als Indikatorelektrode fällt dieser Nachteil weg, und die Methode wird viel empfindlicher[1]. Lithiumchloridzugabe bei dem potentiometrischen Verfahren erhöht auch deren Empfindlichkeit[2]. Da reduzierende Begleitsubstanzen, Carotinoide[3] und andere Stoffe[2], wie Fette und Öle, stören, eignet sich die Methode nur zur Analyse von weitgehend reinen Tokopherolpräparaten und weniger gut für Extrakte aus natürlichen Ausgangsmaterialien.

ε) *Titration mit Cer(IV)-sulfat nach* KOFLER[4-6].

Die freien Tokopherole (Ester müssen vorher verseift werden) lassen sich glatt mit Cer(IV)-sulfat titrieren, wobei die Tokopherylchinone entstehen. Unterschiede in der Reaktionsgeschwindigkeit der einzelnen Tokopherole sind nicht nachzuweisen, da die Oxydation praktisch momentan verläuft.

Reagentien:

1. 0,01 n Cer(IV)-sulfat: Man löst 4,8 g $\{Ce(HSO_4)_4\}$ in 200 cm³ Wasser, fügt 28 cm³ konz. Schwefelsäure hinzu und ergänzt mit Wasser auf 1000 cm³. Die Lösung ist täglich gegen 0,01 n Hydrochinonlösung zu standardisieren.
2. 0,01 n Hydrochinonlösung: Man löst 275,2 mg reinstes Hydrochinon in 500 cm³ sauerstoffreiem, destilliertem Wasser. Diese Lösung ist stets frisch zu bereiten.
3. Diphenylamin-Indikator: 0,17 %ige Lösung in konz. Schwefelsäure.
4. Alkohol, absolut; durch Destillation über $KMnO_4$ und KOH gereinigt.

Ausführung:

5—10 mg Tokopherol werden in etwa 10 cm³ Alkohol gelöst, mit 2 Tropfen Diphenylamin-Indikatorlösung versetzt und mit der 0,01 n Cer(IV)-sulfatlösung bis zum Farbumschlag nach Violett titriert. Bei schlechtem Farbumschlag kann der Endpunkt auch mit Leukomalachitgrün als äußerem (irreversiblem) Indikator bestimmt werden. SCHULEK und RÓZSA verwenden 0,005 n Cer(IV)-sulfatlösung und p-Äthoxychrysoidin als Indikator.

1 cm³ 0,01 n Cer(IV)-sulfatlösung entspricht 2,15 mg α-Tokopherol bzw. 2,08 mg β-, γ- oder ζ-Tokopherol bzw. 2,01 mg δ-, ε- oder η-Tokopherol.

Zur Bestimmung von Tokopherolen in pflanzlichen Ölen wurde diese Methode nur selten angewendet (SCHULEK und RÓZSA; CHAPMAN und Mitarbeiter).

ζ) *Bestimmung der Tokopherole (und Tokopherylchinone) durch colorimetrische Oxydations-Reduktionsmethode nach* SCUDI *und* BUHS[7].

Bei diesem, in experimenteller Hinsicht recht anspruchsvollen, schon früher zur Bestimmung von Vitamin K[8] verwendeten Verfahren, werden die Tokopherylchinone in Butanollösung mit Raney-Nickel und Wasserstoff bei Gegenwart von Phenosafranin als Indikator reduziert. Sobald die Chinone vollständig zu den Hydrochinonen reduziert worden sind, verschwindet die Rosafarbe des Indikators, indem dieser zu Leukophenosafranin reduziert wird. Unter peinlichstem Sauerstoffausschluß wird jetzt die Hydrochinonlösung mit 2,6-Dichlorindophenol zurückoxydiert. Die Verminderung der blauen Farbe des 2,6-Dichlorindophenols ist ein Maß für die Menge der ursprünglich vorhandenen Tokopherylchinone.

---

[1] SMITH, L. I., I. M. KOLTHOFF and L. J. SPILLANE: Am. Soc. **64**, 646 (1942).
[2] JÁMBOR, B.: Magyar Chem. Ft. **49**, 153 (1943) [C. **1944 II**, 970].
[3] KARRER, P., u. H. KELLER: Helv. **21**, 1161 (1938); **22**, 253, 617 (1939).
[4] KOFLER, M.: Verh. schweiz. naturforsch. Ges. **1941**, 239. Helv. **30**, 1053 (1947).
[5] SCHULEK, E., u. P. RÓZSA: Z. analyt. Chem. **126**, 253 (1943).
[6] CHAPMAN, D. G., P. LICHON and J. A. CAMPBELL: J. amer. pharmaceut. Ass. **40**, 379 (1951).
[7] SCUDI, J. V., and R. P. BUHS: J. biol. Ch. **146**, 1 (1942).
[8] SCUDI, J. V., and R. P. BUHS: J. biol. Ch. **141**, 451 (1941); **143**, 665 (1942).

Sollen Tokopherole selbst nach diesem Verfahren bestimmt werden, so sind sie vorerst mit Gold(III)-chlorid oder Cer(IV)-sulfat zu den Chinonen zu oxydieren. Hinsichtlich der genauen Ausführung dieser Oxydations-Reduktionsmethode muß auf die Originalarbeiten verwiesen werden. Das Verfahren von SCUDI und BUHS scheint bisher kaum angewendet worden zu sein.

η) Polarographische Bestimmung der Tokopherole.

SMITH, SPILLANE und KOLTHOFF[1] haben gezeigt, daß sich α-Tokopherol und andere Tokopherole polarographisch bestimmen lassen. Es ist innerhalb gewisser Grenzen auch möglich, α-Tokopherol in der Gegenwart von β- und γ-Tokopherol selektiv zu messen. Bei der Analyse von Tokopherolextrakten, die noch erhebliche Mengen Begleitstoffe enthalten, versagt aber das polarographische Verfahren[2].

KNOBLOCH, MÁCHA und MŇOUČEK[3] nützen den Unterschied in den Halbstufenpotentialen der verschiedenen Tokopherylchinone (α: —223 mV; β: —135 mV; γ: —127 mV und δ: —56 mV; 75%iger Alkohol; $p_H = 7$) für eine quantitative Analyse von Tokopherolgemischen aus. Die im unverseifbaren Anteil von Ausgangsmaterialien befindlichen Tokopherole werden mit Cer(IV)-sulfat zu den Tokopherylchinonen oxydiert und diese in 75%igem Alkohol bei Gegenwart eines Acetatpuffers p_H 7 polarographiert, wobei sich direkt der Gehalt an α- und δ-Tokopherol und die Summe des Gehaltes an β- und γ-Tokopherol bestimmen lassen. Die Tokopherylchinone werden bei diesem Analysengang mit erfaßt, wenn nicht vor der Cer(IV)-sulfat-Oxydation für ihre chromatographische Abtrennung gesorgt wird.

ϑ) Die Nitrosierungsmethode für β-, γ-, δ-, ε- und η-Tokopherole.

Die erwähnten Tokopherole, die alle eine freie 5- oder 7-Stellung besitzen, geben mit salpetriger Säure in alkalischer Lösung gelb gefärbte Nitrosoverbindungen, die sich, zum Teil wenigstens, chromatographisch voneinander trennen lassen und zur quantitativen Bestimmung der einzelnen Tokopherole herangezogen werden können. Die Nitrosotokopherole besitzen langwellige Maxima (in Petroläther) bei 415, 410, 410 und 405 mμ und kurzwellige Maxima bei etwa 305, 300, 300 und 303 mμ für γ-, β-, ε- und δ-Tokopherol.

a) Methode nach QUAIFE[4].

Reagentien:

1. Eisessig p. a.
2. Natriumnitrit, 2%ig in Wasser (frisch bereitet).
3. Kalilauge, 20%ige, wäßrige.
4. Natriumsulfat.
5. Petroläther, gereinigt.
6. Hexan oder Isooctan.

Alle Operationen sind bei schwacher künstlicher Beleuchtung auszuführen.

Ausführung:

In einem graduierten, mit Schliffstopfen versehenen 50 cm³-Glaszylinder werden 5 cm³ einer 0,25—1 mg der obenerwähnten, Tokopherole enthaltenden, alkoholischen Lösung mit 0,2 cm³ Eisessig und anschließend mit 3 cm³ Natriumnitritlösung (Ausblasepipette) vermischt. Nach 65 sec werden 2 cm³ Kalilauge zugesetzt, gemischt, dann 10 cm³ Wasser, etwas Natriumsulfat und schließlich ein bestimmtes Volumen (z. B. 12 cm³) Petroläther. Nach kräftigem Schütteln wird die Petrolätherphase abgetrennt und entweder im Colorimeter bei 400 mμ oder im Spektrophotometer bei 410 mμ gegen eine analog ausgeführte Blindprobe ausgemessen.

---

[1] SMITH, L. I., L. J. SPILLANE and I. M. KOLTHOFF: Am. Soc. **64**, 447 (1942).
[2] BEAVER, J. J., and H. KAUNITZ: J. biol. Ch. **152**, 363 (1944).
[3] KNOBLOCH, E., F. MÁCHA u. K. MŇOUČEK: Chem. Listy **46**, 718 (1952) [Chem. Abstr. **47**, 5039g].
[4] QUAIFE, M. L.: J. biol. Ch. **175**, 605 (1948). — EGGITT, P. W. R., and F. W. NORRIS: J. Sci. Food Agric. **7**, 493 (1956).

Berechnung:

Die zur Konzentrationsberechnung nötigen, auf 1 %ige Tokopherollösungen bezogene $\overset{*}{E}{}^{1\%}_{1\,\mathrm{cm}}$ (410 mμ)-Werte sind nachfolgend angeführt:

Tokopherol	$\overset{*}{E}{}^{1\%}_{1\,\mathrm{cm}}$ (410 mμ); (Petroläther)
β	42,2
γ	57,7
δ	58,2
ε	43,6[1]
η	?

***b) Modifikation nach* Hinderer-Polister[2].**

Bei der Ausführung der Nitrosierungsreaktion in Alkohol sollen durch die Bildung von Äthylnitrit Störungen auftreten. Diese lassen sich beheben, wenn an Stelle des Alkohols Äthylenglykoldimethyläther (peroxydfrei!) verwendet wird. Der Test wird analog a) ausgeführt.

Für γ-Tokopherol werden die folgenden E-Werte angegeben:

$$\overset{*}{E}{}^{1\%}_{1\,\mathrm{cm}}(305\ \mathrm{m}\mu) = 116{,}6 \text{ und } \overset{*}{E}{}^{1\%}_{1\,\mathrm{cm}}(415\ \mathrm{m}\mu) = 49{,}9 \text{ (Isooctan).}$$

***Chromatographische Trennung der β-, γ- und δ-Nitroso-tokopherole*[3].**

Die nach a) oder b) erhaltene Petrolätherlösung der Nitrosotokopherole wird mit 10—12 cm³ Wasser gewaschen, über Natriumsulfat getrocknet und auf eine mit Petroläther angefeuchtete Säule (15×1,3 cm) aus Zinkcarbonat-Celite 501 70:30 gegossen. Dann wird mit 5—10 cm³ Petroläther nachgewaschen und das Chromatogramm mit reinem, thiophenfreiem Benzol entwickelt. Zuerst wird das Nitroso-γ-tokopherol, dann das Nitroso-β-tokopherol und mit Äther-Alkohol 1:1 das Nitroso-δ-tokopherol eluiert. Die einzelnen Eluate werden im Vakuum sorgfältig eingedampft und die Rückstände zur colorimetrischen oder spektroskopischen Analyse in 10 cm³ Petroläther gelöst. Reproduzierbarkeit etwa ±10%.

i) Die Kupplungsmethode für γ-, δ- und η-Tokopherol.

Die erwähnten Tokopherole, die alle eine freie 5-Stellung besitzen, lassen sich mit Diazoniumsalzen aus p-Nitranilin[4] oder besser o-Dianisidin[5,6] in alkalischer Lösung zu Azofarbstoffen kuppeln, deren Menge colorimetrisch bestimmt werden kann.

Reagentien:

1. Alkohol, absolut, durch Destillation über $KMnO_4$ und KOH gereinigt.
2. Petroläther, mit Schwefelsäure und Wasser ausgeschüttelt, über KOH destilliert.
3. Kalilauge, 20%ig.
4. o-Dianisidin-dihydrochlorid: 100 g rohes Dianisidin werden in einer siedenden Mischung von 140 cm³ Wasser und 6 cm³ konz. Salzsäure gelöst. Dann wird mit 0,5 g Zinn(II)-chlorid und anschließend mit 2 g Norit je 5 min gekocht. Nach 5 min wird heiß über Celite filtriert und das Filtrat mit 50 cm³ konz. Salzsäure versetzt. Nach dem Abkühlen wird das farblose Dihydrochlorid abgesaugt, mit absol. Alkohol und Äther gewaschen und im Vakuum getrocknet. F 283° (Zers.).
5. Bis-diazotiertes o-Dianisidin: 0,5 g o-Dianisidin-dihydrochlorid werden in 60 cm³ Wasser und 6 cm³ konz. Salzsäure gelöst und mit 12 cm³ einer 5%igen wäßrigen Natriumnitritlösung diazotiert. Nach 5 min werden 12 cm³ einer 5%igen wäßrigen Harnstofflösung hinzugefügt. Das Reagens ist nach 24 Std zur Verwendung bereit. In braunen Flaschen aufbewahrt, hält es sich etwa 10 Tage bei 20°.

---

[1] Eggitt, P. W. R., and F. W. Norris: J. Sci. Food Agric. **6**, 689 (1955).
[2] Hinderer-Polister, B.: J. industr. engng. Chem., analyt. Ed. **26**, 407 (1954).
[3] Quaife, M. L.: J. biol. Ch. **175**, 605 (1948).
[4] Quaife, M. L.: Am. Soc. **66**, 308 (1944).
[5] Weisler, L., C. D. Robeson and J. G. Baxter: J. industr. engng. Chem., analyt. Ed. **19**, 906 (1947).
[6] Quaife, M. L., and P. L. Harris: J. industr. engng. Chem., analyt. Ed. **20**, 1221 (1948).

Ausführung.

10 cm³ der alkoholischen, mindestens 20 γ der kupplungsfähigen Tokopherole enthaltenden Stammlösung werden in einem 50 cm³-Schliffstopfen-Zylinder mit 0,20 cm³ einer 20%igen wäßrigen Kalilauge und dann mit 0,20 cm³ des Diazoreagens versetzt und 30 sec kräftig geschüttelt. Nachher wird mit 10 cm³ dest. Wasser, etwas Natriumsulfat und mit genau gemessenem Volumen, z. B. 12 cm³ tiefsiedendem Petroläther versetzt. Man schüttelt aus, trennt die Petrolätherphase, welche den Farbstoff aufgenommen hat, ab und verwendet sie zur Colorimetrie bzw. Spektroskopie bei 510 mμ. In gleicher Weise wird eine Blindprobe ausgeführt. Der Gehalt an Tokopherol wird an Hand einer Eichkurve bestimmt.

Wie aus der nebenstehenden Abb. 10 hervorgeht, absorbieren die Azofarbstoffe aus γ- und δ-Tokopherol verschieden stark. Die auf Tokopherol bezogenen $\overset{*}{E}{}^{1\%}_{1\,\mathrm{cm}}$ (510 mμ)-Werte betragen für γ-Tokopherol 196[1] und für δ-Tokopherol 129[1]. Der Wert für η-Tokopherol ist noch unbekannt. Bei der Analyse von Gemischen aus γ- und δ-Tokopherol sind für die Berechnung des Gehaltes entsprechend dem Mischungsverhältnis korr. $\overset{*}{E}{}^{1\%}_{1\,\mathrm{cm}}$ (510 mμ)-Werte zu benützen.

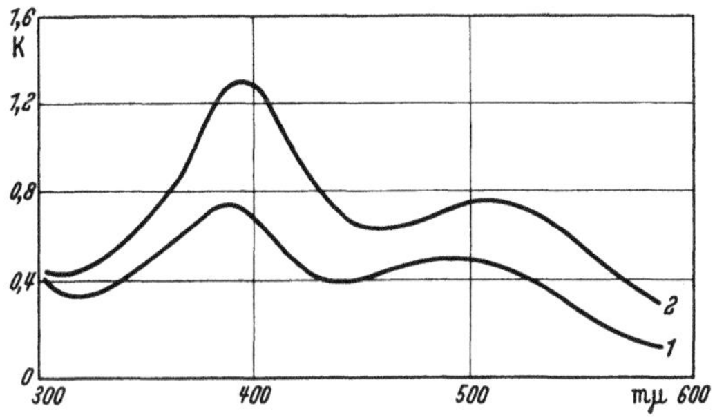

Abb. 10[1]. Absorptionsspektren der Kupplungsprodukte aus δ-Tokopherol (1) und γ-Tokopherol (2) mit bis-diazotiertem o-Dianisidin (in Petroläther) $c = 0{,}5$ mg Tokopherol in 12 cm³.

Getrennte Bestimmung von γ- und δ-Tokopherol[2].

Die getrennte Bestimmung der beiden Tokopherole in Tokopherolgemischen, die kein η-Tokopherol enthalten, stützt sich auf die Beobachtung, daß die Farbintensitäten, die man beim Kuppeln mit bisdiazotiertem o-Dianisidin erhält, stark vom p_H des Kupplungsmilieus abhängen, wie aus der folgenden Zusammenstellung hervorgeht:

		$\overset{*}{E}{}^{1\%}_{1\,\mathrm{cm}}$ (510 mμ)	
Tokopherol	Kupplung in	Na_2CO_3	KOH
γ		180	196
δ		301	129
Verhältnis γ/δ		0,60	1,52

auf Grund der Beziehung

$$K_S = 180\, c(\gamma) + 301\, c(\delta)$$
$$K_L = 196\, c(\gamma) + 129\, c(\delta)$$

K_S, K_L Extinktionskoeffizient der Petrolätherlösung bei Kupplung in Sodalösung bzw. Kalilauge. $c = \mathrm{g}/100\ \mathrm{cm}^3$

erhält man nach einfacher Umformung die Konzentration von γ- und δ-Tokopherol in g/100 cm³ der zum Ausschütteln der Azofarbstoffe verwendeten Petrolätherlösung. Da nicht geprüft wurde, wieweit die oben angeführten E-Werte von den Reaktionsbedingungen abhängig sind, empfiehlt es sich, bei der Durchführung der Analyse die von den amerikanischen Autoren angeführten Arbeitsbedingungen genau einzuhalten.

c) Analyse von pflanzlichen und tierischen Materialien sowie Tokopherolestern* (Herstellung und Reinigung der Extrakte).

Übersicht**:

Analyse von Ölen und Fetten (A).

Analyse von Getreideprodukten und Samen (B).

---

* Alle Operationen sollen unter schwacher künstlicher Beleuchtung ausgeführt werden. Zur Kontrolle sind stets Zusatzexperimente auszuführen.

** Vgl. das Schema auf S. 1030.

[1] Quaife, M. L., and P. L. Harris: J. industr. engng. Chem., analyt. Ed. **20**, 1221 (1948).
[2] Weisler, L., C. D. Robeson and J. G. Baxter: J. industr. engng. Chem., analyt. Ed. **19**, 906 (1947).

Analyse von wasserhaltigen Pflanzenteilen (C).
Analyse von tierischen Geweben und Organen (D).
Analyse von Blut und Plasma (E).
Analyse von Milch und Milchprodukten (F).
Analyse von Tokopherolestern (G).
Entfernung von Begleitstoffen durch starke Schwefelsäure (H).

α) Analyse von Ölen und Fetten[1] *(A).*

1. Mit Verseifung.

a) Verseifung.

Reagentien:

1. Kalilauge, 40 g KOH p. a. in 27 cm^3 destilliertem, sauerstofffreiem Wasser.
2. Pyrogallol, 5%ige Lösung eines reinen Präparates in absolutem Feinsprit (über Kalilauge und $KMnO_4$ destilliert).
3. Diäthyläther, peroxydfrei.
4. KOH, 0,5%ig.
5. NaCl, gesättigte Lösung.

Ausführung[2].

1 g des Öles oder Fettes wird in einen 150 cm^3-Schliffkolben mit Rückflußkühler eingewogen, mit 5 cm^3 Pyrogallollösung[3] versetzt und zur siedenden Mischung 1 cm^3 der konz. Kalilauge zugefügt. Man hält unter Schütteln 5 min bei Siedetemperatur. Nach dem Abkühlen wird mit 25 cm^3 peroxydfreiem Äther ausgeschüttelt und mit der wäßrigen Phase dieser Prozeß mit je 25 cm^3 Äther noch zweimal wiederholt. Die vereinigten Ätherextrakte werden zweimal mit je 20 cm^3 0,5%iger wäßriger Kalilauge und anschließend 3—4mal mit je 20 cm^3 sauerstofffreiem Wasser und einmal mit gesättigter Kochsalzlösung gewaschen, wobei jede Portion der Waschflüssigkeit in einem zweiten Scheidetrichter mit wenig peroxydfreiem Äther zurückgeschüttelt wird. Die beiden Ätherphasen werden vereinigt und unter Stickstoff eingedampft. Der Rückstand wird im Vakuum bei Raumtemperatur getrocknet. Das Ausschütteln ist zur Vermeidung von Emulsionen sorgfältig vorzunehmen.

Bei Verwendung der angegebenen Mengen des Antioxydans Pyrogallol soll das Arbeiten unter Stickstoff nicht notwendig sein. Falls Stickstoff verwendet wird, so ist das Gas erst durch Überleiten über erhitztes Kupfer oder mit Hilfe der Fieserschen[4] Lösung von Sauerstoff zu befreien. Am besten wird im geschlossenen System gearbeitet[5].

Andere Autoren verwenden an Stelle von Pyrogallol p-Acetylaminophenol[6], Gallussäure[7] oder Natriumascorbinat[8] als Antioxydantien. Die Zusätze der Antioxydantien lassen sich vermeiden, wenn unter Stickstoff bei rigorosem Luftausschluß gearbeitet wird[9]. An Stelle der alkoholischen Lauge wird auch methanolische Kalilauge[8] zum Verseifen verwendet.

b) Entfernung der Steroide[10].

Der nach a) erhaltene unverseifbare Anteil aus 1 g Fett oder Öl wird unter Erwärmen in 10 cm^3 redestilliertem Methanol gelöst und bis zur vollständigen Kristallisation bei —12 bis —15° aufbewahrt. Anschließend wird zentrifugiert, die überstehende Flüssigkeit

[1] Tierische Fette sind nach 1. aufzuarbeiten, da sie auch Tokopherolester enthalten können.
[2] EGGITT, P. W. R., and L. D. WARD: J. Sci. Food Agric. 4, 569 (1953); 6, 329 (1955).
[3] TOŠIĆ, J., and T. MOORE: Biochem. J. 39, 498 (1945).
[4] FIESER, L. F.: Am. Soc. 46, 2639 (1924).
[5] KLATSKIN, G., and D. W. MOLANDER: J. Lab. clin. Med. 39, 802 (1952).
[6] SWICK, R. W., and C. A. BAUMANN: J. industr. engng. Chem., analyt. Ed. 24, 758 (1952).
[7] EDISBURY, J. R., J. GILLOW and R. J. TAYLOR: Analyst 79, 617 (1954).
[8] NOBILE, S., u. H. MOOR: Mitt. Lebensm.-Unters. Hyg. 44, 396 (1953).
[9] CHIPAULT, J. R., W. O. LUNDBERG and G. O. BURR: Arch. Biochem. 8, 321 (1945).
[10] EGGITT, P. W. R., and L. D. WARD: J. Sci. Food Agric. 4, 569 (1953).

abgetrennt und der Rückstand aus 5 cm^3 Methanol umgelöst. Der Vorgang wird noch zwei weitere Male wiederholt. Die von der Hauptmenge der Steroide befreite tokopherolhaltige Lösung wird zuletzt unter Stickstoff im Vakuum eingedampft.

c) Entfernung von Pigmenten (Carotinoiden), Vitamin A und anderen Begleitstoffen.

α) Durch Chromatographie an Floridin[1].

Reagentien:

1. Floridin XS[2]: Zur Reinigung wird es in Wasser aufgeschlämmt, vom grobkörnigen Bodensatz abgetrennt und nach 24 Std abgesaugt. Dieser Prozeß wird noch zweimal wiederholt. Das getrocknete Adsorptionsmittel wird dann in wenig konz. Salzsäure aufgenommen, 5 min gekocht und durch eine Glasfilternutsche abgesaugt. Der Rückstand wird mehrmals mit Alkohol angerührt und abgesaugt, zuletzt mit absolutem Alkohol. Das so gereinigte und aktivierte Floridin wird bei 50° getrocknet.
2. Alkohol, absolut (über $KMnO_4$ und KOH destilliert).
3. Salzsäure p. a., konz.
4. Benzol (thiophenfrei) p. a.
5. Zinn(II)-chlorid krist. p. a.

Ausführung[2, 3].

Vorbereitung von Floridin XS: Das aktivierte Floridin (30 g) wird mit 3 g Zinn(II)-chlorid und 100 cm^3 konz. Salzsäure 3 min zum Sieden erhitzt, die Mischung mit 100 cm^3 Alkohol verdünnt, gut aufgerührt und dann zentrifugiert. Dieses reduzierende Floridin wird zur Chromatographie verwendet. Hierzu wird ein Chromatographierohr $16 \times 0{,}9$ cm bis zu einer Höhe von 8 cm mit dem in absolutem Alkohol aufgeschlämmten Floridin gefüllt und die Säule 5mal mit je 5 cm^3 abs. Alkohol nachgewaschen unter Stickstoffüberdruck oder unter Vakuum. Anschließend wird 5mal mit je 5 cm^3 Benzol nachgewaschen. Auf diese Säule wird nun der in 5 cm^3 Benzol aufgelöste, von der Hauptmenge der Steroide befreite, unverseifbare Rückstand aufgetragen und das Chromatogramm durch Waschen mit 3×5 cm^3 Benzol entwickelt. Die Tropfgeschwindigkeit soll etwa 10 cm^3 je 30—40 min betragen. Das die Tokopherole enthaltende Eluat wird im Vakuum bei 40° zur Trockne gebracht. Der erhaltene Rückstand kann entweder durch Papierchromatographie weiter aufgetrennt oder direkt nach EMMERIE-ENGEL, FURTER-MEYER usw. analysiert werden.

Bei geringen Steroidgehalten kann auf die Methanolbehandlung verzichtet und der unverseifbare Anteil direkt chromatographiert werden. An Stelle des Floridins XS läßt sich auch Floridin XXS[4] oder XXF[5] verwenden. Mit dem speziellen Floridin XS „Specially prepared for use in EMMERIE test for tocopherols" der British Drug Houses genügt die Behandlung mit $SnCl_2$-HCl. Floridinerden, die keine reduzierende Vorbehandlung erfahren, adsorbieren einen Teil der Tokopherole irreversibel.

Siehe auch Nachtrag, S. 1063.

β) Durch Chromatographie an Aluminiumoxyd.

Verschiedene Autoren verwenden auch Aluminiumoxyd (Merck) zur Abtrennung von störenden Begleitstoffen. Nur neutral-saures Aluminiumoxyd ist geeignet. An basischem Aluminiumoxyd werden die polaren Tokopherole irreversibel festgehalten.

Reagens[6]*:*

1 kg Aluminiumoxyd (Merck) wird mit 0,5 Liter konz. Salzsäure, die 50 g Zinn(II)-chlorid enthält, und 0,5 Liter Wasser unter gelegentlichem Aufrühren 3 Tage stehengelassen. An-

---

[1] EMMERIE, A., and C. ENGEL: Rec. Trav. chim. Pays-Bas 58, 283 (1939).
[2] KJØLHEDE, K. T.: Z. Vit.-Forsch. **12**, 138 (1942).
[3] EGGITT, P. W. R., and L. D. WARD: J. Sci. Food Agric. **4**, 569 (1953).
[4] SWICK, R. W., and C. A. BAUMANN: J. industr. engng. Chem., analyt. Ed. **24**, 758 (1952).
[5] WANNTORP, H., o. G. NORDLUND: Ark. Kemi, Mineral. Geol. **25**A, No. 6, S. 1 (1947).
[6] KOFLER, M.: Helv. **30**, 1053 (1947).

schließend wird abgesaugt und mit Wasser so lange nachgewaschen, bis das Filtrat neutral reagiert. Nach dem Waschen mit Aceton wird bei etwa 60—80° getrocknet. Die Aktivität des Aluminiumoxyds muß so eingestellt sein, daß sich das 8-Methyltokol mit Methanol quantitativ eluieren läßt.

Ausführung[1].

Das Unverseifbare aus 1 g Öl wird in wenig gereinigtem, tiefsiedendem Petroläther gelöst und auf eine Säule aus 3—4 g Aluminiumoxyd aufgetragen. Zuerst wird mit 20 cm³ Petroläther, dann mit 7 cm³ Benzol und anschließend mit 6 cm³ Methanol nachgewaschen. Im Benzoleluat befindet sich zur Hauptsache nur α-Tokopherol. Die vereinigten Benzol-Methanoleluate werden im Vakuum eingedampft und der Rückstand direkt analysiert.

Die Haftfestigkeit der Tokopherole steigt in der Reihenfolge α-, ζ-, β-, γ-, δ-Tokopherol. Die von anderen Autoren[2, 3] vorgeschlagenen alkalischen Aluminiumoxyde gestatten nur die verlustlose Ablösung des α-Tokopherols; die anderen Tokopherole bleiben, wie aus der Haftfestigkeitsreihe zu erwarten ist, zu einem mehr oder weniger großen Ausmaß an der Säule irreversibel hängen. Alkalisches Aluminiumoxyd eignet sich daher *nicht* für die Bestimmung von Gesamttokopherol.

Siehe auch Nachtrag, S. 1064.

2. Ohne Verseifung.

a) Molekulardestillation.

Durch Molekulardestillation in einem einfachen Laboratoriumsgerät lassen sich die Tokopherole in Ölen und Fetten im Destillat so weit anreichern, daß sie sich direkt bestimmen lassen. Aus 1 g Öl oder Fett erhält man etwa 15—20 mg Destillat, die die gesamten Tokopherole enthalten. Im Rückstand bleiben aus den Lipiden das gesamte Chlorophyll und ein großer Teil der Carotinoide, Vitamin A hingegen destilliert über. Das Molekulardestillationsverfahren eignet sich besonders zur Analyse von Fetten und Ölen mit geringen Tokopherolgehalten[4, 5].

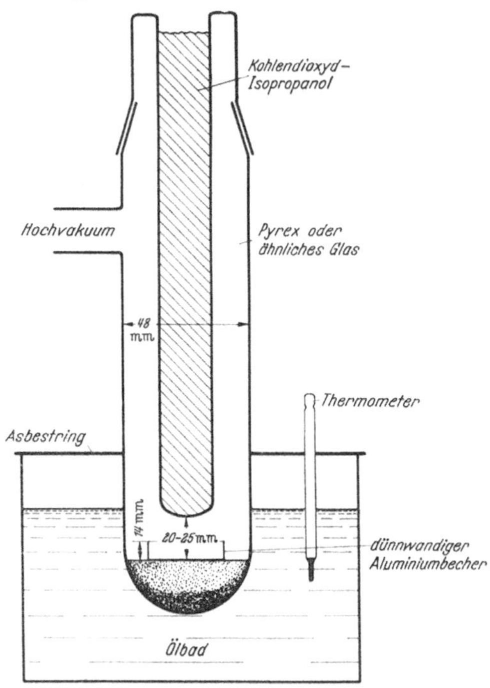

Abb. 11. Einfache Apparatur zur Molekulardestillation (schematisch)[9].

Ausführung[6–8]. Die Destillation wird in der angegebenen Apparatur unter einem Druck $>10^{-3}$ mm Hg bei einer Badtemperatur von 215—220° während 30 min ausgeführt. Das eventuell mit 1%iger Kalilauge, die 5% (1 g) Natriumsulfit enthält, gewaschene[7] Öl bzw. geschmolzene Fett wird hierzu in einem kleinen Aluminiumbecher eingewogen. Das am Stempel haftende Destillat wird in Petroläther oder Alkohol aufgenommen und entweder direkt analysiert oder einer weiteren Reinigungsoperation unterzogen (Entfernung von Vitamin A mit 60%iger Schwefelsäure: s. S. 1053).

[1] Kofler, M.: Helv. **30**, 1053 (1947).
[2] Nobile, S., u. H. Moor: Mitt. Lebensm.-Unters. Hyg. **44**, 396 (1953).
[3] Edisbury, J. R., J. Gillow and R. J. Taylor: Analyst **79**, 617 (1954).
[4] Dam, H., J. Glavind, I. Prange o J. Ottesen: Kgl. danske Vid. Selsk. biol. Medd. **16**, No. 7 (1941).
[5] Glavind, J., H. Heslet o I. Prange: Z. Vit.-Forsch. **13**, 266 (1943).
[6] Quaife, M. L., and P. L. Harris: J. industr. engng. Chem., analyt. Ed. **20**, 1221 (1948); **18**, 707 (1946).
[7] Deacon, B. D., and A. C. Wamble: J. amer. Oil Chem. Soc. **31**, 284 (1954).
[8] Klatskin, G., and D. W. Molander: J. Lab. clin. Med. **39**, 802 (1952).
[9] Deacon, B. D., and A. C. Wamble: J. amer. Oil Chem. Soc. **31**, 284 (1954). — Vgl. auch Quaife, M. L., and P. L. Harris: J. industr. engng. Chem., analyt. Ed. **18**, 707 (1946).

Selbstverständlich ist es möglich, auch den unverseifbaren Anteil aus tierischen und pflanzlichen Materialien einer Molekulardestillation zu unterwerfen.

b) Katalytische Hydrierung[1, 2, 3].

Häufig wird der Molekulardestillation noch eine katalytische Hydrierung des Destillates angeschlossen, wobei Carotinoide, Vitamin A und andere reduzierend wirkende Begleitstoffe in ihre Hydroderivate übergeführt werden, die bei den auf milder Oxydation der Tokopherole basierenden Analysenverfahren nicht mehr stören.

Die katalytische Hydrierung kann in jeder beliebigen Semimikrohydrierapparatur ausgeführt werden. Lösungsmittel ist Feinsprit (10 cm³). Als Katalysator wird 5%iges Palladium-Calciumcarbonat verwendet (0,1—0,2 g). Am besten wird unter etwas Überdruck gearbeitet. Hydrierungsdauer etwa 20 min bei 20°. Nach beendeter Hydrierung wird vom Katalysator abzentrifugiert, mit wenig Alkohol nachgewaschen, auf ein bestimmtes Volumen aufgefüllt und direkt, z. B. nach EMMERIE-ENGEL, analysiert.

3. Andere Methoden.

a) Acetylierungsmethode.

Um den durch Carotinoide und Vitamin A bedingten Fehler bei den titrimetrischen oder colorimetrischen Analysenverfahren für Tokopherole auszuschalten, wurde früher folgendes Verfahren vorgeschlagen[4, 5, 6]: Im unverseifbaren Anteil wird zunächst nach EMMERIE-ENGEL oder KARRER und KELLER usw. der scheinbare Tokopherolgehalt bestimmt. Ein aliquoter Teil des Unverseifbaren wird mit Pyridin und Essigsäureanhydrid acetyliert, wobei aus den Tokopherolen die nicht mehr reduzierend wirkenden Acetyltokopherole entstehen, während die Reduktionskraft von Carotinoiden und Vitamin A unverändert bleibt. Aus der Differenz der Reduktionskraft vor und nach der Acetylierung läßt sich dann der wahre Tokopherolgehalt ermitteln. Diese Methode scheint aber in den letzten Jahren nicht mehr angewendet worden zu sein.

b) Direkte Analyse von Fetten und Ölen.

Manche Fette und Öle lassen sich auch direkt nach EMMERIE-ENGEL analysieren, wobei aber die erhaltenen Tokopherolwerte nicht als sicher angesehen werden können. Auf jeden Fall ist für den Fettfehler und den Carotinfehler zu korrigieren (s. S. 1035, 1036).

β) Analyse von Getreideprodukten (Mehlen) und Samen (B).

Extraktion des Materials[7–9].

Lösungsmittel. Als Lösungsmittel haben sich Diäthyläther (peroxydfrei!), Petroläther, Hexan[10] oder Heptan[10] bewährt. Die Kohlenwasserstoffe sind durch Ausschütteln mit konz. Schwefelsäure und Destillation über Kalilauge zu reinigen. Sie dürfen keine nennenswerte Reduktionsfähigkeit beim EMMERIE-ENGEL-Test besitzen.

Ausführung. Fettarmes Analysenmaterial wird fein zermahlen. Stark ölhaltige Produkte können im Turmix unter einem der angegebenen Lösungsmittel zerkleinert werden. Dann wird abgenutscht, der Rückstand quantitativ in eine Filterhülse transferiert bzw. direkt durch die Filterhülse filtriert und im Soxleth-Apparat mit dem zum Zerkleinern des

---

[1] QUAIFE, M. L., and P. L. HARRIS: J. biol. Ch. **156**, 499 (1944).
[2] QUAIFE, M. L., and R. BIEHLER: J. biol. Ch. **159**, 663 (1945).
[3] QUAIFE, M. L., and P. L. HARRIS: J. industr. engng. Chem., analyt. Ed. **20**, 1221 (1948).
[4] KARRER, P., u. H. KELLER: Helv. **22**, 253, 617 (1939).
[5] KARRER, P., W. JAEGER u. H. KELLER: Helv. **23**, 464 (1940).
[6] EMMERIE, A.: Rec. Trav. chim. Pays-Bas **61**, 305 (1942).
[7] EGGITT, P. W. R., and L. D. WARD: J. Sci. Food Agric. **4**, 569 (1953).
[8] WALL, M. E., and E. G. KELLEY: J. industr. engng. Chem., analyt. Ed. **18**, 198 (1946).
[9] DEACON, B. D., and A. C. WAMBLE: J. amer. Oil Chem. Soc. **31**, 284 (1954).
[10] SHANKMAN, S.: J. industr. engng. Chem., analyt. Ed. **20**, 492 (1948).

Materials verwendeten Lösungsmittel während etwa 4—6 Std erschöpfend extrahiert. Analog wird mit dem zermahlenen Material verfahren. Die Extraktion wird wegen der Licht- und Sauerstoffempfindlichkeit der Tokopherole am besten unter Stickstoff und möglichst im Dunkeln ausgeführt. Der Extrakt wird, wenn nötig, auf 50 cm³ verdünnt und mit 40 cm³ einer 0,5%igen Natronlauge und Kochsalzlösung gewaschen und ein aliquoter Teil nach dem sorgfältigen Eindampfen zur Ausführung der Analyse nach A 1a→b→cα bzw. A 2a→b weiter aufgearbeitet.

Man überzeuge sich von der Vollständigkeit der Extraktion, indem das Analysengut mit frischem Lösungsmittel nachextrahiert wird. Der eingedampfte Extrakt soll nach EMMERIE-ENGEL praktisch tokopherolfrei sein.

γ) Analyse von wasserhaltigen Pflanzenteilen (Gemüsen, Früchten usw.) (C).

Extraktion des Materials[1]. Das Material wird, wenn nötig, mit destilliertem Wasser gewaschen, mit Filtrierpapier abgetupft, in kleine Stücke zerschnitten, bei —22° ausgefroren und das gefrorene Material im Vakuum bei 1—2 mm Druck zur Konstanz getrocknet[2]. Anschließend wird fein zermahlen; bei stark fetthaltigem Material wird eine Fleischmühle zum Homogenisieren verwendet. Die homogenisierte Analysenprobe, in der Regel 10 g, wird in eine Soxleth-Hülse eingewogen und unter Beobachtung der in B beschriebenen Vorsichtsmaßnahmen während 2 Std mit siedendem, absolutem Alkohol[3] extrahiert. Der Extrakt (etwa 60 cm³) wird mit 60 cm³ Wasser verdünnt und nach Zugabe von etwas Natriumsulfat zweimal mit gereinigtem Petroläther oder Hexan gründlich ausgeschüttelt. Die vereinigten Petrolätherauszüge werden, wie üblich, nach A 1a→b→cα oder A 2a→b weiter analysiert. Es ist auch möglich, das Pflanzenmaterial im Turmix mit absolutem Alkohol zu homogenisieren und dann gemäß B zu verfahren, wobei mit absolutem Alkohol extrahiert wird.

Es ist auch möglich, das feuchte Pflanzenmaterial direkt zu extrahieren[4]: Das mechanisch zerkleinerte Pflanzenmaterial (etwa 2—3 g) wird im Soxleth-Apparat zunächst mit absolutem Alkohol (15—30 cm³) extrahiert. Daran schließt sich eine Extraktion mit reinem, thiophenfreiem Benzol (15—30 cm³) an. Die beiden Extrakte werden vereinigt, mit Wasser verdünnt und mit Petroläther ausgezogen. Die organische Phase wird unter Stickstoff im Vakuum eingedampft und weiter analysiert. Zur Umrechnung der Resultate auf das Trockengewicht werden die Pflanzen etwa 12 Std im Vakuum bei 80° getrocknet[5].

Ein anderer Autor[5] kombiniert Extraktion und Verseifung: 10 g des zerkleinerten Pflanzenmaterials werden mit 50 cm³ alkoholischer, sauerstofffreier 2 n Kalilauge unter Stickstoff 1 Std im Sieden gehalten[6]. Nach dem Erkalten (Eiswasser) wird durch eine grobporige Glassinternutsche filtriert, mit etwa 50 cm³ tiefsiedendem Petroläther nachgewaschen, das Filtrat mit 50 cm³ Petroläther in einen Scheidetrichter übergeführt, mit 50 cm³ Wasser verdünnt und kräftig durchgeschüttelt. Die wäßrige Phase wird nochmals mit 100 cm³ Petroläther ausgeschüttelt. Die vereinigten Petrolätherauszüge werden mit etwa 20 cm³ 50%igem Alkohol, verdünnter Salzsäure und Wasser gewaschen. Nach dem Abdampfen des Petroläthers wird in der gewohnten Weise weiter verarbeitet.

Siehe auch Nachtrag, S. 1064.

δ) Analyse von tierischen Geweben und Organen (D).

1.[7] Das frische Gewebe wird in kleine Stücke zerschnitten und in einem Drahtnetz mit flüssigem Stickstoff ausgefroren. Das gefrorene Material wird mit einem außen in Kohlendioxyd-Isopropanol gekühlten Eisenmörser fein zerstoßen, wobei man das Pistill durch

[1] QUAIFE, M. L., and P. L. HARRIS: J. industr. engng. Chem., analyt. Ed. **20**, 1221 (1948).
[2] Trocknen im nichtgefrorenen Zustand führt zu Tokopherolverlusten.
[3] EMMERIE, A., u. C. ENGEL: Z. Vit.-Forsch. **13**, 259 (1943).
[4] SAVINOV, B. G., u. G. M. LUSHCHEVSKAYA: Ukrain. khim. Ž. **16**, 370 (1950) [Chem. Abstr. **48**, 3434c].
[5] KOFLER, M.: Helv. **26**, 2166 (1943); **28**, 26 (1945).
[6] Zusatz eines Antioxydans dürfte sich auch hier empfehlen.
[7] QUAIFE, M. L., and M. Y. DJU: J. biol. Ch. **180**, 263 (1949).

Eintauchen in flüssigen Stickstoff vorgekühlt hat. Nach dem Homogenisieren werden individuelle Proben in eine Soxleth-Hülse eingefüllt und mit absolutem Alkohol während mindestens 24 Std im Soxleth-Apparat extrahiert. Weiter wird wie unter C aufgearbeitet. Es ist auch möglich, Muskeln und andere Gewebe durch eine Fleischmühle zu treiben, im gefrorenen Zustand im Hochvakuum zu trocknen und anschließend zu extrahieren[1]. Im allgemeinen werden die Tokopherolmengen auf nicht getrocknetes Material bezogen.

2.[2, 3] 8—10 g Muskeln oder Leber werden mit einer Mischung aus 70 cm³ gereinigtem Petroläther und 70 cm³ gereinigtem absolutem Alkohol (dem sog. schäumenden Lösungsmittel) in einem gekühlten Turmix während 5 min homogenisiert. Dann wird abzentrifugiert und der Rückstand noch 3 weiteren analogen Extraktionen unterzogen. Die vereinigten Extrakte werden mit 600 cm³ Wasser im Scheidetrichter vorsichtig durchgeschüttelt, wobei auftretende Emulsionen durch Zugabe von Alkohol (und Natriumsulfat) gebrochen werden.

Die wäßrig-alkoholische Phase wird noch dreimal mit Petroläther ausgeschüttelt und die vereinigten Petrolätherauszüge werden unter Stickstoff im Vakuum eingedampft. Der Extrakt wird wie üblich weiter verarbeitet.

3. Besser scheint eine Aceton-Petroläther-Extraktion zu sein[4]: Etwa 30 g Muskel werden im Turmix mit 100 cm³ Aceton 6 min lang homogenisiert. Nach 24 Std wird mit Hilfe von 350 cm³ Aceton in ein Zentrifugenglas transferiert, zentrifugiert und der Rückstand nochmals mit Aceton, Aceton-Petroläther 1:1 und 1:2-Gemisch extrahiert. Den vereinigten Extrakten wird so viel Wasser hinzugefügt, bis eine Phasentrennung eintritt; die weitere Behandlung geschieht, wie oben beschrieben.

4.[5] 10 g des in feine Stücke zerschnittenen Gewebes werden im Turmix mit 40—50 cm³ absolutem Alkohol homogenisiert. Das Homogenat wird durch eine Soxleth-Hülse filtriert, mit Alkohol nachgewaschen und das Filtrat zum Extrahieren im Soxleth-Apparat verwendet.

Auch Faeces lassen sich in ähnlicher Weise extrahieren[6].

ε) Analyse von Blut und Plasma (E).

Für die Analyse von Serum ist eine große Anzahl von mehr oder weniger verwandten Methoden angegeben worden[7-14]. Im folgenden wird zunächst eine Arbeitsvorschrift zur Herstellung von Tokopherolextrakten gegeben, die sich auch zur papierchromatographischen Trennung eignen sollten.

1. 2—5 cm³ Serum werden unter Stickstoff mit 15 cm³ der 5%igen alkoholischen Pyrogallol-Lösung (s. S. 1046) während 2 min zum Sieden erhitzt. Anschließend werden 2,5 cm³ 60%ige wäßrige Kalilauge hinzugefügt und unter Schütteln 5 min zum Sieden erhitzt. Dann wird wie S. 1046 (A 1 a) beschrieben mit peroxydfreiem Äther oder gereinigtem Petroläther extrahiert. Der Ätherextrakt wird mit Lauge und dann zweimal mit je 15 cm³ 1%iger Schwefelsäure, die 1% Cadmiumsulfat enthält, und anschließend mit gesättigter

[1] Bouman, J., and E. C. Slater: Nature **177**, 1181 (1956).
[2] Hines, L. R., and H. A. Mattill: J. biol. Ch. **149**, 549 (1943).
[3] Devlin, H. B., and H. A. Mattill: J. biol. Ch. **146**, 123 (1942).
[4] Kaunitz, H., and J. J. Beaver: J. biol. Ch. **166**, 205 (1946).
[5] Swick, R. W., and C. A. Baumann: J. industr. engng. Chem., analyt. Ed. **24**, 758 (1952).
[6] Klatskin, G., and D. W. Molander: J. Lab. clin. Med. **39**, 802 (1952).
[7] Emmerie, A., and C. Engel: Rev. Trav. chim. Pays-Bas **58**, 895 (1939).
[8] Vinet, A., et P. Meunier: Cr. **213**, 709 (1941). — Jelinek, V., u. K. Jiři: Biol. Listy **28**, 26 (1948); Excerpta med., Sect. II, **1**, 320 (1948) [Chem. Abstr. **47**, 1221h].
[9] Kofler, M.: Helv. **26**, 2166 (1943). — Schulz, H.-G.: H. **288**, 31 (1951).
[10] Mayer, G. G., and H. Sobotka: J. biol. Ch. **143**, 695 (1942).
[11] Quaife, M. L., and P. L. Harris: J. biol. Ch. **156**, 499 (1944).
[12] Minot, A. S.: J. Lab. clin. Med. **29**, 772 (1944).
[13] Bisaz, S.: Schweiz. med. Wschr. **82**, 1025 (1952).
[14] Beckmann, R.: Z. Vit.-Forsch. **24**, 393 (1953).

Natriumsulfatlösung gewaschen. Die weitere Verarbeitung der unter Stickstoff eingedampften Lösung geschieht nach dem S. 1046 beschriebenen Verfahren (A 1 a→(b)—c).

2. Mikromethode nach QUAIFE[1, 2]: Zu 0,6 cm³ Serum oder Plasma in einem kleinen Reagensglas (60×6 mm) werden 0,6 cm³ absoluter Alkohol hinzugefügt; das Röhrchen wird mittels eines Gummibandes am Rührschaft eines Vibromischers befestigt und kurz vibriert, dann werden 0,6 cm³ reinstes Xylol zugesetzt und für etwa 30 sec vibriert. Das Röhrchen wird zentrifugiert und mit einem aliquoten Teil (0,4 cm³) der überstehenden Xylollösung der EMMERIE-ENGEL-Test bei Anwesenheit von Carotinoiden ausgeführt (S. 1036).

Schließlich sei noch auf die Phosphormolybdänsäuremethode[3], bei welcher allerdings niedrigere Werte als sonst angegeben erhalten werden, und das papierchromatographische Verfahren von DELMAS[4] hingewiesen. Beide Methoden benötigen nur 0,1—1 cm³ Serum oder Plasma. Siehe auch Nachtrag, S. 1064.

ζ) Analyse von Milch und Milchprodukten (F).

In Milch und Milchprodukten sind die E-Vitamine stark an Milcheiweiß gebunden, so daß sie durch Extraktion mit Fettlösungsmitteln oder durch direkte Verseifung nicht quantitativ herausgeholt werden können. Nach dem nachstehend beschriebenen Extraktionsverfahren[5] sollen das Milcheiweiß aufgelöst und die Tokopherole mit Äther-Petroläther daraus quantitativ extrahiert werden:

40 cm³ Frischmilch bzw. 40 cm³ eines im physiologischen Verhältnis in dest. Wasser aufgelösten Milchproduktes werden im 250 cm³-Schüttelzylinder (graduiert) nacheinander mit folgenden Reagentien versetzt, wobei nach jeder Zugabe kräftig zu schütteln ist.

10 cm³ 25%ige Ammoniaklösung
10 cm³ reiner abs. Alkohol
80 cm³ peroxydfreier Äther
80 cm³ reiner Petroläther

Zur vollständigen Schichtentrennung läßt man 15—20 min im Dunkeln stehen, mißt das Volumen der oberen Phase und entnimmt einen aliquoten, mindestens 50 γ Vitamin E enthaltenden Teil davon in einen Verseifungskolben. Nach dem Eindampfen im Vakuum wird wie S. 1046 usw. beschrieben verfahren.

Bei Frauenmilch genügen in Anbetracht des hohen Tokopherolgehaltes 5—20 cm³ zur Analyse.

Andere Autoren verwenden zur Milchanalyse ähnliche Verfahren wie zur Untersuchung von Blut und Plasma[6-9].

Butter läßt sich nach den für Fette angegebenen Verfahren analysieren (vgl. auch[6, 10, 11]). Infolge ihres niedrigen Tokopherolgehaltes sollen etwa 2,5 g verwendet werden. Die Verseifungsprozedur ist dieser größeren Einwaage anzupassen.

η) Analyse von Tokopherolestern (G).

Von den Tokopherolen, namentlich dem α-Tokopherol, ist synthetisch eine große Zahl von Estern hergestellt worden. Tokopherolester lassen sich mit den chemischen Verfahren, die ja alle die Anwesenheit der freien phenolischen Hydroxylgruppe zur Voraussetzung

---

[1] QUAIFE, M. L., N. S. SCRIMSHAW and O. H. LOWRY: J. biol. Ch. **180**, 1229 (1949).
[2] FARBER, M., A. T. MILHORAT and H. ROSENKRANTZ: Proc. Soc. exp. Biol. Med. **79**, 225 (1952).
[3] NAIR, P. P., and N. G. MAGAR: J. biol. Ch. **220**, 157 (1956).
[4] DELMAS, L.: Cr. **242**, 2595 (1956).
[5] NOBILE, S., u. H. MOOR: Mitt. Lebensm.-Unters. Hyg. **44**, 396 (1953).
[6] KOFLER, M.: Helv. **26**, 2167 (1943).
[7] QUAIFE, M. L.: J. biol. Ch. **169**, 513 (1947).
[8] ABDERHALDEN, R.: B. Z. **318**, 47 (1947).
[9] NEUWEILER, W.: Int. Z. Vit.-Forsch. **20**, 108 (1948).
[10] BIRD, E. W., D. J. PATEL and R. L. HANDWERK: J. Dairy Sci. **34**, 484 (1951).
[11] MAHON, J. H., and R. A. CHAPMAN: J. industr. engng. Chem., analyt. Ed. **26**, 1195 (1954).

haben, nicht bestimmen. Sie müssen hierzu erst verseift werden, wobei man zweckmäßig das alkalische Verfahren wählt. Die Hydrolyse mit Säuren[1, 2] (4—5 n alkoholische Schwefelsäure) soll nicht quantitativ[2] verlaufen. Phosphorsäureester lassen sich weder in Säuren noch in alkalisch-alkoholischem Milieu spalten. Die Hydrolyse gelingt aber schon in der Kälte mit schwefelsaurer Cer(IV)-sulfatlösung[1], wobei das freiwerdende Tokopherol sofort zum Chinon oxydiert wird. Letzteres wird nach FURTER-MEYER als Tokopherolrot oder fluorometrisch als Phenazinderivat bestimmt. Auch die Rückumwandlung in Tokopherole mittels $SnCl_2$ und HCl ist möglich[3].

ϑ) Entfernung von Begleitstoffen durch starke Schwefelsäure (H).

PARKER und MCFARLANE[4] haben angegeben, daß beim Schütteln einer tokopherolhaltigen Petrolätherlösung mit 85%iger Schwefelsäure, gefolgt von einer Behandlung mit 1%iger Kalilauge, Pigmente wie Carotinoide sowie Vitamin A, Steroide[5] und reduzierend wirkende Begleitstoffe eliminiert werden, während die Tokopherole unangegriffen bleiben sollen. Die Tokopherylchinone hingegen gehen in die Schwefelsäure. Dieses Reinigungsverfahren wurde in der Folge einige Male auch verwendet. HOVE und HOVE[6] sowie CHAPMAN, LICHON und CAMPELL[7] haben aber gezeigt, daß besonders bei Anwesenheit von Ölen alle Nicht-α-Tokopherole ebenfalls von der Schwefelsäure zu einem mehr oder weniger großen Teil aufgenommen werden, *so daß bei einer Analyse auf Gesamttokopherole die Parker-McFarlane-Methode nicht angewendet werden kann*[8]. Nach CHAPMAN u. Mitarb. läßt sich auf dieses Verhalten der Tokopherole eine spezielle Nachweismethode für α-Tokopherol gründen: 10 cm^3 der tokopherolhaltigen Petrolätherlösung (mit Schwefelsäure geschüttelt, über Kalilauge destilliert) werden in einem mit Glasstopfen versehenen 30 cm^3-Zentrifugenglas mit genau 0,15 cm^3 Sesamöl vermischt, dann werden 2 cm^3 einer Schwefelsäure vom spezifischen Gewicht 1,767 hinzugefügt, genau 3 min geschüttelt und anschließend zentrifugiert. Die Petrolätherphase wird möglichst quantitativ abgetrennt und in einem anderen Zentrifugenglas mit 1%iger wäßriger Kalilauge gewaschen, im Stickstoffstrom eingedampft und nach FURTER-MEYER oder EMMERIE-ENGEL analysiert. Diese Bedingungen für die spezifische α-Tokopherolbestimmung sind aber recht kritisch. Die Schwefelsäurebehandlung kann allgemein bei der Analyse von pflanzlichen[8, 9] und tierischen[10, 11] Materialien verwendet werden, solange diese *nur* α-Tokopherol enthalten. Die Zugabe von Sesamöl erübrigt sich dann. Wird mit Sesamöl gearbeitet oder wird bei der Analyse von Ölen mit niedrigem Tokopherolgehalt auf die Verseifung verzichtet, so ist beim anschließenden EMMERIE-ENGEL-Test für den Fettfehler nach KAUNITZ und BEAVER (s. S. 1035) zu korrigieren.

Ein Teil der oben erwähnten Begleitstoffe wie Vitamin A und viele Pigmente (aber nicht die Carotinoide!) wird auch durch Ausschütteln mit 60%iger Schwefelsäure entfernt[12]. Diese Konzentration scheint die Nicht-α-Tokopherole unangegriffen zu lassen. Die Frage, ob die Vorbehandlung eines tokopherolhaltigen Extraktes mit 60%iger Schwefelsäure eine für die Tokopherolanalyse[13] nach EMMERIE-ENGEL genügende Eliminierung der Begleitstoffe bewirkt, so daß sie andere Reinigungsoperationen wie die Chromatographie ersetzen kann, ist nicht abgeklärt.

[1] KOFLER, M.: Helv. **30**, 1053 (1947).
[2] DUNFORD, R. A.: Canad. Chem. Process Industr. **35**, 47 (1951).
[3] KACHMAR, J. F., P. D. BOYER, T. W. GULLICKSON, E. LIEBE and R. M. PORTER: J. Nutrit. **42**, 391 (1950).
[4] PARKER, W. E., and W. D. MCFARLANE: Canad. J. Res. (B) **18**, 405 (1940).
[5] Nach DEVLIN, H. B., and H. A. MATTILL: J. biol. Ch. **146**, 123 (1942) wird Cholesterin nicht entfernt, sondern bildet einen Stoff, der im EMMERIE-ENGEL-Test reduzierend wirkt.
[6] HOVE, E. L., and Z. HOVE: J. biol. Ch. **156**, 601 (1944).
[7] CHAPMAN, D. G., P. LICHON and J. A. CAMPBELL: J. amer. pharmaceut. Ass. **40**, 379 (1951).
[8] Vgl. aber STERN, M. H., and J. G. BAXTER: J. industr. engng. Chem., analyt. Ed. **19**, 902 (1947).
[9] WALL, M. E., and E. G. KELLEY: J. industr. engng. Chem., analyt. Ed. **18**, 198 (1946).
[10] DEVLIN, H. B., and H. A. MATTILL: J. biol. Ch. **146**, 123 (1942).
[11] MINOT, A. S.: J. Lab. clin. Med. **29**, 772 (1944).
[12] MAHON, J. H., and R. A. CHAPMAN: J. industr. engng. Chem., analyt. Ed. **26**, 1195 (1954).
[13] Für den Carotin-Fehler ist gesondert zu korrigieren (s. S. 1036).

d) Papierchromatographie der Tokopherole.

α) *Übersicht*

Gemisch sämtlicher Vitamin E-Komponenten $\xrightarrow[\text{Papier (oder Säule)}]{\text{paraffinölimprägniertes}}$ α- + β-, γ-, ζ- + δ-, ε-, η-Tokopherole.

Gemisch sämtlicher Vitamin E-Komponenten $\xrightarrow[\text{imprägniertes Papier}]{\text{zinkcarbonat-}}$ α-, ζ- + β-, γ-, ε-, η- + δ-Tokopherole.

Gemisch sämtlicher Vitamin E-Komponenten $\xrightarrow[\text{zweidimensionalen Chromatogramm}]{\text{Kombination im}}$ α- + ζ- + β-, γ- + ε-, η- + δ-Tokopherole.

Die Erkenntnis, daß die verschiedenen Tokopherole unterschiedliche biologische Aktivitäten aufweisen, und daß viele wichtige Nahrungsmittel sich qualitativ hinsichtlich ihres Tokopherolgehaltes stark unterscheiden, sowie die den bisher bekannten Tokopherolbestimmungsmethoden anhaftenden Mängel veranlaßten in der letzten Zeit verschiedene Arbeitsgruppen zur Entwicklung papierchromatographischer Methoden zur Analyse von Vitamin E. Diese neuen Methoden erlauben nicht nur eine qualitative Analyse des Vitamin-Komplexes, sondern stellen die besten, bisher entwickelten Verfahren zur quantitativen Bestimmung einzelner Tokopherole dar.

Als erster hat F. Brown[1] die Papierchromatographie der Tokopherole mit Erfolg verwendet, indem er nach dem reversen Verfahren mit Vaselin imprägniertes Filtrierpapier und 75%igen Alkohol als mobile Phase verwendete. Die Technik von F. Brown führt aber zu Tokopherolverlusten. Eggitt und Ward[2] benützten flüssiges Paraffin als Imprägnierungsmittel und führten die Chromatogramme in inertem Milieu aus. Dabei ließen sich die eingesetzten Tokopherole zu mehr als 95% wieder zurückgewinnen. J. A. Brown[3] trennte an siliconbehandeltem Papier α-Tokopherol aus bestimmten Mischungen ab.

Green, Marcinkiewicz und Watt verfeinerten die papierchromatographischen Analysenverfahren für Tokopherole, indem sie die Adsorptionspapierchromatographie mit Zinkcarbonat als Adsorbens einführten[4, 5]. Die Kombination beider Verfahren gestattet heute, den Tokopherolgehalt eines beliebigen Ausgangsmaterials in qualitativer und quantitativer Beziehung mit großer Sicherheit zu analysieren. Die Leistungsfähigkeit der papierchromatographischen Methode erhellt daraus, daß es mit ihrer Hilfe gelang, die 3 neuen natürlichen Vitamin E-Faktoren ζ-, ε- und η-Tokopherol zu isolieren.

Ausführung der Papierchromatographie. *a) Reinigung der Probe.* Das zu untersuchende Material muß zumindest verseift oder molekulardestilliert werden. Zur Papierchromatographie gelangen der unverseifbare Anteil bzw. das Destillat. Wird, was häufig der Fall ist, eine schlechte Trennung erzielt, dann müssen die Steroide abgetrennt und das Material durch Chromatographie über Floridin weiter gereinigt werden. Man verfährt also wie folgt: Extraktion je nach Material (S. 1045—6, A—F), Verseifung nach S. 1046 bzw. Molekulardestillation nach S. 1048 und weiter nach S. 1046—7b und c.

b) Eindimensionales Chromatogramm an mit Paraffin imprägniertem Papier und 75%igem Alkohol als mobiler Phase[6].

Mit solchen Papierchromatogrammen lassen sich Trimethyltokol (α-Tokopherol) von den 3 Dimethyltokolen (β-, γ- und ζ-Tokopherol) und den 3 Monomethyltokolen (ε-, η- und δ-Tokopherol) trennen. Erwartungsgemäß wandert das Tokol mit der größten Anzahl

[1] Brown, F.: Biochem. J. **51**, 237 (1952); **52**, 523 (1952).
[2] Eggitt, P. W. R., and L. D. Ward: J. Sci. Food Agric. **4**, 176, 569 (1953); **6**, 329, 689 (1955).
[3] Brown, J. A.: J. industr. engng. Chem., analyt. Ed. **25**, 774 (1953).
[4] Green, J., S. Marcinkiewicz and P. R. Watt: J. Sci. Food Agric. **6**, 274 (1955).
[5] Green, J., and S. Marcinkiewicz: Nature **177**, 86 (1956).
[6] Eggitt, P. W. R., and L. D. Ward: J. Sci. Food Agric. **4**, 176, 569 (1953); **6**, 329 (1955).

der Methylgruppen und der am stärksten abgeschirmten phenolischen Hydroxylgruppe, nämlich das α-Tokopherol, am langsamsten. Typische R_F-Werte sind α-Tokopherol 0,24; β-, γ- und ζ-Tokopherol 0,48; ε-, η- und δ-Tokopherol 0,65. Die 3 Dimethyltokole und die 3 Monomethyltokole lassen sich auf diese Weise also nicht trennen. Eine weitere Separierung ist in Kombination mit dem Zinkcarbonat-Papierchromatogramm möglich. Im eindimensionalen Chromatogramm läßt sich eine weitgehende qualitative Identifizierung und auch quantitative Bestimmung der Dimethyl- und Monomethyltokolflecken durch das Nitrosierungsreagens und das Diazoniumreagens erreichen (s. S. 1043, 1044).

Reagentien:

1. Feinsprit (über $KMnO_4$ und KOH destilliert).
2. Paraffinöl, p. a.
3. Petroläther (Kp 40—60°), mit konz. Schwefelsäure und verdünnter Lauge gewaschen und über Kalilauge destilliert.
4. Whatman-Papier No. 1 oder ein adäquates anderer Herkunft.

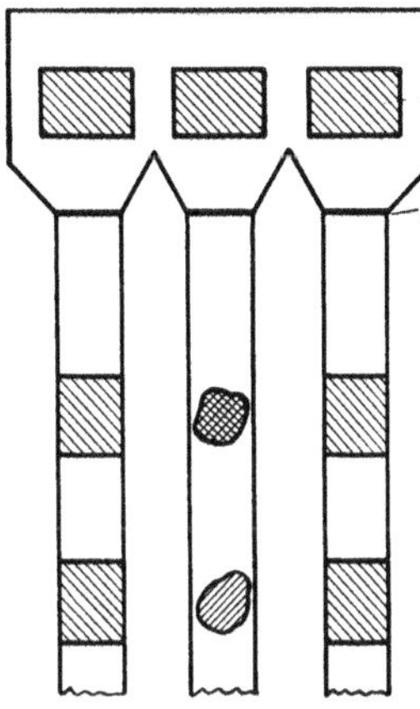

Abb. 12.

Ausführung.

Zur Imprägnierung werden die einzelnen Papierstreifen durch eine 3 %ige Lösung des Paraffins in Petroläther gezogen und an der Luft hängend getrocknet. Die Hängerichtung soll markiert werden, damit die Streifen für das Chromatogramm stets in derselben Richtung in den Glaszylinder gehängt werden. Ein aliquoter Teil der tokopherolhaltigen Lösung (0,5 cm³) wird nun mit Hilfe einer Präzisionsmikropipette, die 5—10 λ Flüssigkeit liefert, wie üblich auf 3 Papierstreifen aufgetragen. Von jedem Tokopherol sollen 5—40 γ auf dem Papier vorhanden sein. Anschließend werden die Chromatogramme in Stickstoffatmosphäre mit 75 %igem Alkohol als mobiler Phase 16—20 Std entwickelt; vorangehendes Klimatisieren ist vorteilhaft. Die Chromatographie kann auf- oder absteigend ausgeführt werden. Nach Beendigung des Entwickelns wird der mittlere Streifen zur Lokalisierung der einzelnen Tokopherolflecken mit dem EMMERIE-ENGEL-Reagens (gelöst in Eisessig) oder Eisen(III)-chlorid-Kaliumhexacyanoferrat(III)[1] angespritzt. Zur Identifizierung der Flecken ist ein Kontrollchromatogramm auszuführen, indem — um die Veränderung der R_F-Werte durch Begleitsubstanzen auszuschalten — die *Testlösung* mit je 10 γ α-, γ- und δ-Tokopherol versetzt und chromatographiert wird. Die R_F-Werte sind nicht sehr konstant und können von Versuch zu Versuch beträchtlich variieren.

Zur quantitativen Analyse nach EMMERIE-ENGEL werden nun entsprechend dem angespritzten Streifen die Tokopherolflecke der beiden anderen (nicht angespritzten) Streifen herausgeschnitten und in konischen Kölbchen mit genau 3 cm³ abs. Alkohol unter Umschwenken $^1/_2$—1 Std im Dunkeln eluiert. Ohne das Filtrierpapier zu entfernen, wird nun mit 0,5 cm³ Dipyridyllösung und 0,5 cm³ Eisenchlorid-Reagens versetzt, gut vermischt, in eine Küvette abdekantiert und nach genau 2 min bei 520 mμ die rote Farbe gemessen (S. 1032).

Gleichzeitig werden Blindwerte gemessen, indem von den beiden nicht angespritzten Streifen aus dem zwischen Startpunkt und Papierende liegenden Teil gleichgroße Segmente herausgeschnitten und, wie oben angeführt, nach EMMERIE-ENGEL analysiert werden.

Bei Papierchromatogrammen, zumindest von Tokopherolextrakten aus Ölen und Getreideprodukten, wird stets ein mit dem EMMERIE-ENGEL-Reagens anspritzbarer Flecken mit $R_F = 0{,}00$—0,1 beobachtet. Die Herkunft dieses „origin spot" ist noch unklar. Möglicherweise wird er von Zersetzungsprodukten der Tokopherole bedingt.

Beispiel. 1 g eines pflanzlichen Öles wurde nach A 1 a → b aufgearbeitet und mit der abs. alkoholischen Stammlösung des gereinigten Extraktes nach EMMERIE-ENGEL der Gesamt-

[1] VINET, A., et M. P. MEUNIER: Bull. Soc. Chim. biol. **23**, 217 (1941); **24**, 365 (1942).

tokopherolgehalt bestimmt. Gesamttokopherolgehalt des Öles: 2,99 mg/g (Mittelwert). Beim Zusatzversuch wurden 1,5 mg α-Tokopherol hinzugefügt. Ausbeute an hinzugefügtem Tokopherol: 97 %.

Ein aliquoter Teil der Stammlösung wurde im Vakuum auf etwa 0,5 cm³ eingedampft. 20 λ-Portionen dieser Lösung hat man dem EMMERIE-ENGEL-Test unterworfen und für die quantitativen Papierchromatogramme verwendet.

K-Werte von 20 λ dieser Lösung		*K*-Werte der Blindproben	
0,775	Mittel: 0,774	0,086	Mittel: 0,086
0,772		0,085	
0,780		0,087	
0,769		0,086	

Auf einen Papierstreifen wurde daher aufgetragen (als *K*): 0,774—0,086 = 0,688.

Tabelle 16. *Papierchromatogramme.*

Segment	*K* Streifen 1	*K* Streifen 2	*K* Streifen 3	*K* Mittel	*K* Netto
Blindwert	0,099	0,105	0,104	0,103	—
„Origin spot" . . .	0,201	0,205	0,196	0,201	0,098
α-Tokopherol . . .	0,438	0,442	0,440	0,440	0,337
γ-Tokopherol* . .	0,294	0,298	0,298	0,297	0,194
ε-Tokopherol** . .	0,173	0,161	0,160	0,165	0,062

* Der „Fleck" läßt sich mit dem Diazoreagens anspritzen.
** Der „Fleck" läßt sich mit dem Diazoreagens *nicht* anspritzen.

Mittel des Gesamtmaterials eluiert vom Papier 0,691
Auf das Papier aufgetragen 0,688
Zurückgewonnen aus Chromatogramm in % . . 100,5
Mittel der Gesamtmenge der 3 Tokopherolflecke (0,691—0,098) = 0,593.

Zusammensetzung der Tokopherolgemische in %

$$\alpha\text{-Tokopherol}\ \left(\frac{100\times 0{,}337}{0{,}593}\right) = 56{,}8$$

$$\gamma\text{-Tokopherol}\ \left(\frac{100\times 0{,}194}{0{,}593}\right) = 32{,}7$$

$$\varepsilon\text{-Tokopherol}\ \left(\frac{100\times 0{,}062}{0{,}593}\right) = 10{,}5$$

c) Eindimensionales Papierchromatogramm an mit Zinkcarbonat imprägniertem Papier und Cyclohexan als mobiler Phase[1].

Zinkcarbonat in konventionellen Kolonnen wurde schon früher zur Trennung von Tokopherolen und ihren Derivaten verwendet[2, 3]. Die Haftfestigkeit der einzelnen Tokopherole an diesem Adsorbens hängt in erster Linie von dem Ausmaß der Abschirmung der 6-OH-Gruppe durch o-ständige Methylgruppen ab. Am leichtesten werden deshalb α- und ζ-Tokopherol (2 o-ständige Methylgruppen) eluiert. Es folgen β-, γ-, ε- und η-Tokopherol (1 o-ständige Methylgruppe); δ-Tokopherol ohne o-ständige Methylgruppe haftet am festesten.

Bei der Adsorptionschromatographie an mit Zinkcarbonat imprägniertem Papier wurden in Übereinstimmung mit dieser Reihe die folgenden R_F-Werte beobachtet: α- und ζ-Tokopherol: 0,66; β-, γ-, ε- und η-Tokopherol: 0,43; δ-Tokopherol: 0,13. Die Sequenz ist im wesentlichen die reverse der an paraffinimprägniertem Papier auftretenden.

[1] GREEN, J., S. MARCINKIEWICZ and P. R. WATT: J. Sci. Food Agric. **6**, 274 (1955).
[2] QUAIFE, M. L.: J. biol. Ch. **175**, 605 (1948).
[3] STERN, M. H., C. D. ROBESON, L. WEISLER and J. G. BAXTER: Am. Soc. **69**, 869 (1947).

β-Carotin, Vitamin A-Acetat und Vitamin A-Alkohol geben an Zinkcarbonat-Papier R_F-Werte von 0,71, 0,77 und 0,35. Sauerstoffhaltige Carotinoide und Steroide (in kleinen Mengen) bleiben in der Nähe des Startpunktes haften.

Reagentien.

1. Ammoniumcarbonat p. a.
2. Zinkcarbonat p. a.
3. Ammoniak, D = 0,88.
4. Cyclohexan (über KOH destilliert).

Ausführung.

Zur Imprägnierung fügt man zu einer Lösung von 20 g Ammoniumcarbonat in 600 cm³ Wasser unter Rühren 25 g Zinkcarbonat und dann 150 cm³ Ammoniak zu. Die Diamin-zinkcarbonatlösung wird filtriert. Filtrierpapier (Whatman No. 1) wird nun für 3 min mit dieser Lösung behandelt und dann vertikal während 1 Std an der Luft hängen gelassen, wobei die Hängerichtung durch einen abwärts gerichteten Pfeil markiert wird. Überschüssige Flüssigkeit am unteren Ende des Papierstreifens wird weggetupft. Die Papiere werden dann über Nacht bei 95—100° getrocknet, in Streifen von 4 × 25 cm zerschnitten und in einer geschlossenen Flasche aufbewahrt.

Auf die so vorbehandelten Papierstreifen werden nun in einem engen Streifen entlang der Startlinie 20 λ (genau abgemessen) der alkoholischen Tokopherollösung aufgetragen, die je 20 λ 5—40 γ jeder Komponente enthalten sollte. Die Papiere werden nun in die Kammer gehängt (aufsteigende Technik; Pfeilrichtung nach unten), 10—15 min klimatisiert und mit Cyclohexan im Dunkeln entwickelt. Manchmal ist es notwendig, dem Cyclohexan zur Vergrößerung der R_F-Werte etwas Benzol oder 0,5 % Alkohol hinzuzufügen. Für jede Analyse werden mindestens 3 Streifen benötigt. Sobald die Lösungsmittelfront etwa 22—24 cm gewandert ist (etwa nach 45—60 min), werden die Streifen herausgenommen und durch Aufblasen von Stickstoff getrocknet. Der mittlere Kontrollstreifen wird zur Lokalisierung der Tokopherolflecken *kräftig* mit dem Eisen-Dipyridylreagens angesprüht. (Es lassen sich noch sehr kleine Tokopherolmengen auf dem Papier nachweisen, aber es ist reichlich anzusprühen, da α,α'-Dipyridyl mit den Zinksalzen einen Komplex bildet.) Die beiden äußeren Streifen werden, wie unter b) angegeben, weiter verarbeitet.

Zur Identifizierung der Flecken wird ein Vergleichschromatogramm ausgeführt, indem die 20 λ der Analysenlösung mit je 10 γ α-, γ- und δ-Tokopherol versetzt werden.

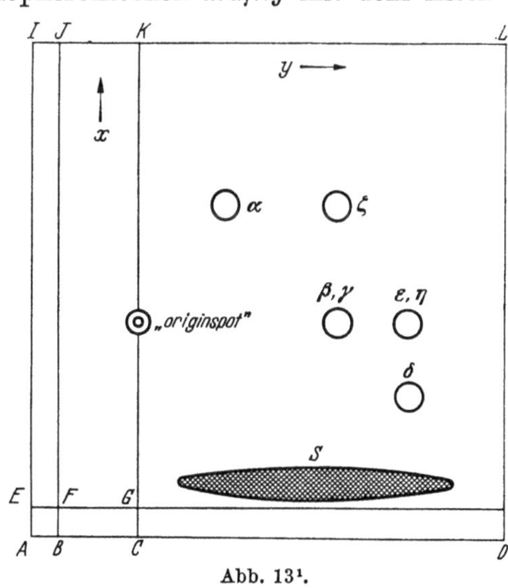

Abb. 13[1].

d) Zweidimensionales Chromatogramm[1, 2].

Man bereitet sich mit Zinkcarbonat imprägnierte Filtrierpapiere von der Größe etwa 22 × 22 cm, auf denen die Linien BJ, CK und EH mit Bleistift leicht markiert werden (Abstand AB etwa 2 cm; BC 4 cm) (s. Abb. 13).

Die alkoholische Tokopherollösung wird wie vorher als dünne Linie entlang FG aufgetragen. Das Chromatogramm wird nach kurzem Klimatisieren in der Richtung X entwickelt, indem man die Kante AD in Cyclohexan taucht. Nachdem die Lösungsmittelfront eine genügende Laufstrecke erreicht hat, wird das Papier im Stickstoffstrom getrocknet und anschließend das Rechteck CKLD, wie unter b) beschrieben, durch Eintauchen in eine 3 %ige Paraffinlösung in Petroläther imprägniert. Das Blatt wird wie-

[1] Green, J., S. Marcinkiewicz and P. R. Watt: J. Sci. Food Agric. 6, 274 (1955).
[2] Eggitt, P. W. R., and F. W. Norris: J. Sci. Food Agric. 7, 493 (1956).

derum mit Stickstoff getrocknet und anschließend das Chromatogramm durch Eintauchen der Kante AI in 75%igen Alkohol entwickelt. Nach 2—3 Std wird das Papier herausgenommen, mit Stickstoff getrocknet und fest mit dem Eisen-Dipyridylreagens angesprüht. Aus parallelen Testchromatogrammen werden dann die Tokopherolflecken herausgeschnitten und analysiert. Die Blindflecken entnimmt man zweckmäßigerweise dem Gebiet ADHFJI.

Aus den Chromatogrammen lassen sich die Tokopherole praktisch verlustlos (98—100% Ausbeute) zurückgewinnen. Der Gesamttokopherolgehalt wird auch aus der Summe der Tokopherolmengen der einzelnen Flecken erhalten.

Der „origin spot" findet sich z. T. an dem bezeichneten Ort und z. T. in der großen Sektion S, die außerdem Carotinoide, Sterine und andere Begleitstoffe enthält.

Referenzchromatogramme werden, wie vorher, durch Zugabe von je $10\,\gamma$ α-, γ- und δ-Tokopherol zur Testlösung bereitet.

Man erkennt aus Abb. 13, daß auch im zweidimensionalen Chromatogramm β- + γ-Tokopherol und ε- + η-Tokopherol nicht getrennt werden, d. h. jeweils nur einen Fleck geben. Reagieren beide Flecke beim Spritzen mit dem bisdiazotierten p-Anisidinreagens nicht, so liegt nur β- bzw. ε-Tokopherol vor. Reagieren sie, so kann entweder nur γ- bzw. η-Tokopherol allein oder eine Mischung aus β- + γ- bzw. ε- + η-Tokopherol vorliegen. Im letzteren Fall wird zunächst nach EMMERIE-ENGEL die Summe $\beta+\gamma$ bzw. $\varepsilon+\eta$ bestimmt. Aus einem Parallelchromatogramm erhält man nach der Kupplungsmethode (S. 1044) den γ- bzw. η-Gehalt. Die Differenz (falls eine solche vorhanden) ergibt dann die Menge an β- bzw. ε-Tokopherol.

Das zweidimensionale Papierchromatogramm gestattet die getrennte qualitative und quantitative Bestimmung aller bisher in der Natur gefundenen E-Faktoren.

***Kolonnen-Verteilungschromatographie für analytische und präparative Zwecke*[1].**

Das papierchromatographische Verfahren an mit Paraffin imprägniertem Papier läßt sich zur quantitativen Trennung größerer Mengen von α-Tokopherol, den Dimethyl- und Monomethyltokolen auswerten, wenn als stationäre Phase eine Kolonne aus mit Paraffin getränkten, durch Behandeln mit Dimethyldichlorsilan wasserabstoßend gemachtem Kieselgur und als mobile Phase 70—80%iger Alkohol verwendet wird. Solche Kolonnen lassen sich einfach herstellen, können mehrmals verwendet werden und geben gut reproduzierbare Werte. Die Tokopherole werden nicht zurückgehalten, da man mit bekannten Mischungen im Eluat 96—100% wieder findet.

Reagentien:

1. Hyflo-Supercel (falls das Material zu fein ist und Kolonnen mit zu kleiner Tropfgeschwindigkeit liefert, sind die feinsten Partikel durch Flotation in Wasser zu entfernen)[2].
2. Dimethyldichlorsilan.
3. Paraffinöl p. a. (spez. Gewicht 0,880—0,895).
4. Alkohol, abs. (über Ätzkali und Kaliumpermanganat redestilliert).

Ausführung.

Als Chromatographierohre werden solche der Größe $310\times14{,}5$ mm mit einem Reservoir von 140×28 mm und einer Capillare (30×1 mm) verwendet. An die Auslaufcapillare wird eine weitere mittels eines mit einer Klemmschraube versehenen Polyvinylschlauches angebracht. Das Hyflo-Supercel wird bei 105—110° getrocknet und in einem partiell evakuierten Exsiccator für 3 Std den Dämpfen von Dimethyldichlorsilan ausgesetzt. Anschließend werden 20 g des wasserabstoßenden Kieselgurs mit 14 g Paraffinöl fein vermischt, zum Schluß unter Zusatz der zuerst zu verwendenden mobilen Phase. Die Kolonne wird nun sorgfältig mit dieser Aufschlämmung gefüllt.

[1] EGGITT, P. W. R., and F. W. NORRIS: J. Sci. Food Agric. **6**, 689 (1955).
[2] SILK, M. H., and H. H. HAHN: Biochem. J. **56**, 406 (1954).

Anschließend wird die vorgereinigte Tokopherolmischung, die von jeder Tokopherolgruppe bis zu 5 mg Substanz enthalten kann (s. Papierchromatographie, S. 1054), gelöst in 1—5 cm³ 70- oder 75%igem Alkohol (70 bzw. 75 cm³ abs. Alkohol + 30 bzw. 25 cm³ dest. Wasser mit Paraffinöl äquilibriert) aufgetragen und das Chromatogramm mit demselben Lösungsmittel entwickelt. Mit Hilfe eines Fraktionensammlers werden Fraktionen zu 3 cm³ aufgefangen. Die Tropfgeschwindigkeit soll 30—35 cm³/Std betragen. Sobald die Hauptmenge der Dimethyltokole die Säule passiert hat, wird mit 80%igem Alkohol das α-Tokopherol eluiert. Mit jeder der 3 cm³-Fraktionen wird auf die früher beschriebene Weise der EMMERIE-ENGEL-Test ausgeführt. (Die Substitution des abs. Alkohols gegen die 3 cm³ 70—80%igen Alkohol hat auf die Farbentwicklung praktisch keinen Einfluß.) Man bekommt dann die typischen Diagramme a und b in Abb. 14. Durch Integration der Kurven erhält man die Mengen an α-Tokopherol, Dimethyl- und Trimethyltokolen.

Soll mit Hilfe des Verteilungschromatogramms eine Gesamtanalyse ausgeführt werden, dann bestimmt man die Diagramme, indem entweder nur ein aliquoter Teil jeder Eluat-Fraktion oder nur jedes zweite Eluat für die EMMERIE-ENGEL-Bestimmung verwendet wird. Mit dem Rest der Fraktionen lassen sich dann die Di- und Monomethyltokole durch Kombination des Kupplungsverfahrens und des Nitrosoverfahrens differentiell in quantitativer Weise bestimmen.

Siehe auch Nachtrag, S. 1064.

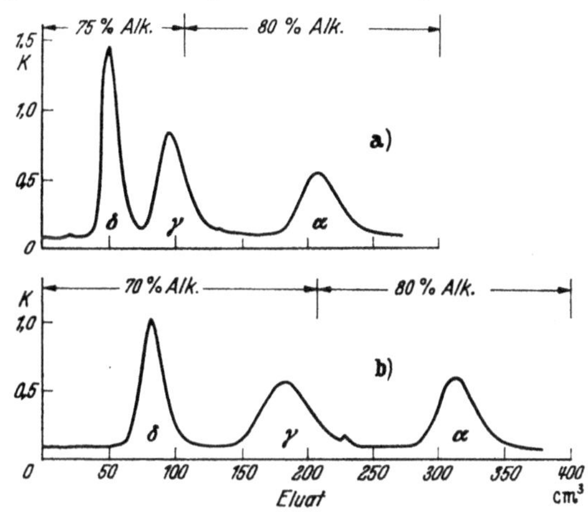

Abb. 14[1].

e) Spektrophotometrische Methoden.

Die spektroskopische Bestimmung kommt wegen der relativ kurzwelligen und wenig intensiven UV-Absorption der Tokopherole nur für einzelne reine Tokopherole oder ihre Ester in Frage[2], wobei die im Abschnitt „Eigenschaften" angeführten E-Werte zu verwenden sind[3].

Es wurde auch vorgeschlagen[4], die spektroskopische Bestimmung des α-Tokopherols auf derjenigen des α-Tokopherylchinons aufzubauen. Letzteres läßt sich mit z. B. Cer(IV)-sulfat erhalten und besitzt bei 260 bzw. 269 mμ einen maximalen $E^{1\%}_{1\,\mathrm{cm}}$-Wert von 425, der etwa viermal höher ist als der E-Wert (bei etwa 290 mμ) der Tokopherole selbst. Man bestimmt dann, d. h. im unverseifbaren Anteil des Extraktes aus einem biologischen Material, den Extinktionskoeffizienten bei 269 mμ vor und nach der Oxydation. Aus der Differenz läßt sich die Menge des Chinons und damit diejenige des α-Tokopherols bestimmen. Wahrscheinlich werden aber mit dem Oxydationsmittel auch Begleitstoffe angegriffen, deren Oxydationsprodukte in dem relativ kurzwelligen Bereich absorbieren, so daß die gefundenen Tokopherolwerte zu hoch ausfallen. Vgl. [4].

f) Biologische Bestimmungsmethoden[5, 6].

Von den verschiedenen, für die Bestimmung von Vitamin E vorgeschlagenen biologischen Verfahren ist der „Ratten-Antisterilitäts-Test" das wohl am meisten gebrauchte und auch zuverlässigste, wenn genau standardisierte Bedingungen eingehalten werden.

[1] EGGIT, P. W. R., and F. W. NORRIS: J. Sci. Food Agric. **6**, 689 (1955).
[2] CUTHBERTSON, W. F. J., R. R. RIDGEWAY and J. C. DRUMMOND: Biochem. J. **34**, 34 (1940).
[3] Vgl. auch MOORE, T., and K. R. RAJAGOPAL: Biochem. J. **34**, 335 (1940).
[4] KOFLER, M.: Helv. **30**, 1053 (1947).
[5] MATTILL, H. A.; in: SEBRELL, W. H. and R. S. HARRIS: The Vitamines. Vol. III, S. 509. New York
[6] 1945.
LEHMANN, R. W.; in: GLICK, D.: Methods of Biochemical Analysis. Vol. II, S. 153. New York 1955.

Der Test beruht darauf, daß mit Vitamin E-freiem Nahrungsgemisch ernährte Rattenweibchen steril bleiben, solange der Nahrung keine genügende Menge an Vitamin E zugesetzt wird. Reduzierende Substanzen interferieren — im Gegensatz zu den chemischen Bestimmungsmethoden — nicht. Der Ratten-Test spricht allerdings nicht spezifisch auf α-Tokopherol an, wenn auch die Homologen nicht bzw. bedeutend weniger wirksam sind (vgl. S. 1028).

Die Ausführung eines Antisterilitäts-Testes gestaltet sich wie folgt[1, 2]:

1. Ein aus 8—9 Tieren bestehender frischer Wurf von Laboratoriums-Ratten wird nach 14 Tagen zusammen mit dem Muttertier auf ein Vitamin E-freies Futter[1] gesetzt. Am 21. Tag werden die weiblichen, mindestens 35 g wiegenden Jungtiere von der Mutter getrennt und weiter mit der Vitamin E-freien Nahrung aufgezogen. Sobald die Tiere 150 g wiegen, werden sie nach vorangehender Kontrolle des regelmäßigen 4—5 Tage-Cyclus durch Vaginalabstriche mit fertilen Böcken gepaart. Normale Einbettung der befruchteten Eier im Uterus wird bei den befruchteten Weibchen (Kontrolle durch: Auffinden von Spermien in der Vagina oder eines Vaginalpfropfens, Aufhören des Cyclus) durch das Auftreten von Blut in der Vagina nachgewiesen. Derartige Tiere sind resorptionssteril. Von der früheren Praxis, für den Test erst Tiere zu verwenden, die schon eine Resorptionsschwangerschaft durchgemacht haben, ist man aus verschiedenen Gründen abgekommen[3].

2. Um eine statistische Auswertung der Resultate zu ermöglichen, muß eine genügend große Zahl von Tieren verwendet werden. Etwa 10 Ratten dienen als Kontrolle; je 4 Gruppen zu 10 Tieren werden für das zu analysierende Präparat und für die Referenzsubstanz, z. B. d-α-Tokopherol, gebraucht. Die erste Gruppe der Referenzstandards erhält je Tier insgesamt 0,125 mg, die zweite Gruppe 0,25 mg, die dritte 0,5 mg und die vierte Gruppe 1,0 mg d-α-Tokopherol. Diese Dosen werden nicht auf einmal, sondern in 5 Portionen am 4., 5., 6., 7. und 8. Tag nach der Besamung zugelegt, indem eine entsprechende Anzahl Tropfen einer Lösung von 1,0 mg d-α-Tokopherol in 1 g reinem Olivenöl jedem Tier mit Hilfe eines Medizinaltropfers oral verabreicht wird. Die Testsubstanz, z. B. ein Tokopherolkonzentrat oder ein Extrakt (s. S. 1045: Herstellung der Extrakte), wird ebenfalls in Olivenöl gelöst und in gleicher Weise appliziert. Die Konzentration der Olivenöllösung soll hinsichtlich des Vitamin E-Gehaltes derjenigen der Referenzlösung weitgehend entsprechen; muß eine verdünntere Lösung verwendet werden, so ist die Referenzlösung ebenfalls zu verdünnen und entsprechend mehr Lösung zu verabreichen. Vitamin E-arme Präparate lassen sich ferner durch Molekulardestillation anreichern (s. S. 1048).

3. Am 16.[4] bzw. 20.[5] Tag nach der Paarung werden sämtliche Versuchstiere getötet und durch Laparotomie der Uterus auf die Anwesenheit von lebenden, toten und resorbierten Feten untersucht. Ratten, die weniger als 4 Implantationsstellen zeigen, werden ausgeschieden, gleichgültig, ob diese zu lebenden Feten geführt haben oder nicht. Positiv angesprochen auf eine bestimmte Tokopheroldosis haben alle jene Tiere, die lebende Junge haben, je nach Standardisierung des Testes, mindestens 1 oder 2, negativ die Tiere mit 4 Implantationsstellen aber ohne lebende Junge. Die Reaktion auf eine bestimmte Vitamin E-Dosis wird also nach dem „Alles-oder-Nichts"-Prinzip gewertet, wobei allerdings Tiere mit weniger als 4 Implantationsstellen nicht gezählt werden. Statistische Auswertung der Resultate, entweder graphisch[5, 6] oder durch Rechnung[2], führt dann zu einer Beziehung zwischen Dosis Vitamin E und Reproduktionsfähigkeit der Ratten, die

---

[1] Lehmann, R. W.; in: Glick, D.: Methods of Biochemical Analysis. Vol. II, S. 153. New York 1955.
[2] Mason, K. E., and P. L. Harris: Biol. Symp. **12**, 459 (1947).
[3] Mason, K. E., and W. L. Bryan: Biochem. J. **32**, 1785 (1938).
[4] Mason, K. E.: J. Nutrit. **23**, 59 (1942).
[5] Lehmann, R. W.; in: Glick, D.: Methods of Biochemical Analysis. Vol. II. S. 184. New York 1955.
[6] Bacharach, A. L.: Biochem. J. **32**, 2017 (1938).

am besten als „mittlere Fertilitätsdosis" (M.F.D.) ausgedrückt wird. Die M.F.D. ist diejenige minimale Menge an Testsubstanz bzw. d-α-Tokopherol oder eines anderen Referenzstandards, auf die die Hälfte der Rattenweibchen im Sinne der oben gegebenen Definition für den 16 bzw. 20 Tage-Test positiv ansprechen. Die Wirksamkeit eines Präparates läßt sich dann wie folgt ausdrücken:

$$\frac{\text{M.F.D. des Standards (mg)}}{\text{M.F.D. des Testpräparates (g)}} = \text{Wirksamkeit des Testpräparates, ausgedrückt in mg Standard je g.}$$

Grundsätzlich sollte als Standard dieselbe chemische Form des Vitamin E gewählt werden, wie sie im Testpräparat vorliegt. Wird als Standard z. B. Tokopherylacetat verwendet, so läßt sich die Aktivität des z. B. d-α-tokopherolhaltigen Testpräparates zuverlässig nur in internationalen Einheiten (I.E.) (S. 1027) ausdrücken, da das biologische Aktivitätsverhältnis von d,l-α-Tokopherylacetat, dem internationalen Standard, und d-α-Tokopherol von verschiedenen Faktoren abhängt und umstritten ist. Die bis 1955 akzeptierten und die neuerdings in den USA in Vorschlag gebrachten, in I.E. ausgedrückten Aktivitäten von 1 mg der verschiedenen Formen von α-Tokopherol sind nachfolgend zusammengestellt[1].

Form des α-Tokopherols	I.E. 1949—1955	I.E. neuer Vorschlag
1 mg d,l-α-Tokopherylacetat	1,0	1,0
1 mg d,l-α-Tokopherol	0,68	1,1
1 mg d-α-Tokopherylacetat	1,36	1,36
1 mg d-α-Tokopherol	0,92	1,49
1 mg d-α-Tokopheryl-succinat	1,21	1,21

Aus der voranstehenden Beschreibung — hinsichtlich mancher Details muß auf die zitierten Arbeiten verwiesen werden — läßt sich erkennen, daß der Ratten-Antisterilitäts-Test einen beträchtlichen Aufwand erfordert, wenn verläßliche Resultate erhalten werden sollen. Andere Ausführungsformen dieses Testes, die als Basis für die quantitative Bestimmung von Vitamin E dienen können und Kriterien wie: Zunahme des Gewichtes der trächtigen Ratten[2], Anzahl der lebend geborenen Jungen[3] u. a. m.[4] benützen, werden heute nicht mehr verwendet.

Eine andere biologische Bestimmungsmethode für Tokopherole könnte wahrscheinlich auf die Beobachtung aufgebaut werden, daß Dialursäure und andere Substanzen, wie Wasserstoffperoxyd, in vitro rasche Auflösung der Erythrocyten aus dem Blut von Vitamin E-Mangelratten bewirken[5, 6]. Hämolyse tritt auch ohne Zusätze ein, wenn eine Suspension der roten Blutzellen von Mangelratten in isotonischer Kochsalzlösung bei 42—47° aufbewahrt wird[7, 8]. Zusatz von α-Tokopherol verhindert durch seine Eigenschaft als Antioxydans die Hämolyse.

Schließlich wurden noch als mögliche biologische Bestimmungsmethoden das Verschwinden der Symptome der exsudativen Diathese bei Hühnchen[9], die Verminderung

---

1 LEHMAN, R. W.; in: GLICK, D.: Methods of Biochemical Analysis. Vol. II, S. 161. New York 1955.

2 GOTTLIEB, H., F. W. QUACKENBUSH and H. STEENBOCK: J. Nutrit. **25**, 433 (1943).

3 BACHARACH, A. L., and E. ALLCHORNE: Biochem. J. **32**, 1298 (1938).

4 PALMER, L. S.: J. industr. engng. Chem., analyt. Ed. **9**, 427 (1937).

5 GYÖRGY, P., and C. S. ROSE: Ann. N. Y. Acad. Sci. **52**, 231 (1949).

6 ROSE, C. S., and P. GYÖRGY: Amer. J. Physiol. **168**, 414 (1952).

7 CHRISTENSEN, F., H. DAM, R. A. GORTNER and E. SØNDERGAARD: Acta physiol. scand. **35**, 215 (1956).

8 COWLISHAW, B., and I. PRANGE: Biochim. biophysica Acta, N. Y. **23**, 663 (1957).

9 DAM, H., J. GLAVIND, I. PRANGE and J. OTTESEN: Kgl. danske Vid. Selsk. biol. Med. **16**, No. 7 (1941).

der Kreatinurie bei Erkrankungen der Skeletmuskulatur von Kaninchen und die Verhinderung der Keimdrüsen-Atrophie bei männlichen Ratten[1] durch Vitamin E vorgeschlagen.

J. Nachträge bei der Korrektur*.

B. Vorkommen (zu S. 1006).

Material	Gesamt mg/100 g	% $\alpha + \zeta$	% $\beta + \gamma + \varepsilon$	% δ	Methode
Weizenkeimlinge	33,2	66	34		Chromatographie an $MgHPO_4$ und E.E.[2]
Weizenkeimlingsöl	230	91	9		
Weizenkleie	8,3	15	85		
Sojabohnenöl	83,5	13	51,5	35,5	
Rapsöl	69,1	32,5	68		
Baumwollsamenöl	88,8	36	64		
Senföl	52,5	16	84		
Paprikafrüchte[3]	0,25—1,0				

D. 2. Synthese von Tokopherolen[4-7] (zu S. 1015).

E. Eigenschaften der Tokopherole (zu S. 1016).

ζ-Tokopherol

d,l: F —4°; $\lambda_{max} = 292$ mμ, $\lambda_{min} = 255$ mμ, $E^{1\%}_{1cm}$ 292 mμ = 83,0 (Alkohol)[5].
3,5-Dinitrophenyl-urethan ($C_{35}H_{51}O_7N_3$): F 65°[5].

η-Tokopherol

d,l: $\lambda_{max} = 298$ mμ, $\lambda_{min} = 255$ mμ, $E^{1\%}_{1cm}$ 298 mμ = 103 (Alkohol)[5].
4-Nitrophenylurethan ($C_{39}H_{50}O_5N_2$): F 86—87°[4].
3,5-Dinitrophenylurethan ($C_{34}H_{49}O_7N_3$): F 115—117°[5].
Allophanat ($C_{29}H_{48}O_4N_2$): F 148—149°[4].

Tokol

d,l: $\lambda_{max} = 298{,}5$ mμ, $\lambda_{min} = 255$ mμ, $E^{1\%}_{1cm}$ 298,5 mμ = 97 (Alkohol)[7].
4-Nitrophenylurethan ($C_{33}H_{48}O_5N_2$): F 94—95°[6].
3,5-Dinitrophenylurethan ($C_{33}H_{47}O_7N_3$): F 97°[7].
Allophanat ($C_{28}H_{46}O_4N_2$): F 150°[6].

Dem von BOYER aus α-*Tokopherol* mit $FeCl_3$-α,α'-Dipyridyl in alkoholischer Lösung erhaltenen „Tokopheroxyd“ ist nicht eine Epoxydformel (IIIa, b), sondern, wie MARTIUS[8, 9] gezeigt hat, die unter Beteiligung des als Lösungsmittel verwendeten Alkohols zustande gekommene Struktur IIIc eines Chinon-monoketals zuzuschreiben. Mit Säure entsteht aus IIIc das resonanzstabilisierte Kation IIId (α-Tokopherkation) als Zwischenprodukt, das mit Wasser in α-Tokopherylchinon (IV) und mit Reduktionsmitteln (Ascorbinsäure) in α-Tokopherol (I) umgewandelt wird[9, 10]. Es ist möglich, daß bei den

* Literatur berücksichtigt bis November 1958.

1 HERRAIZ, M. L., and J. C. RADICE: Ann. N. Y. Acad. Sci. **52**, 88 (1949).
2 BRO-RASMUSSEN, F., and W. HJARDE: Acta chem. scand. **11**, 44 (1957).
3 FELDHEIM, W.: Z. Lebensm.-Unters. Forsch. **106**, 116 (1957).
4 η-Tokopherol: PENDSE, H. K., u. P. KARRER: Helv. **41**, 396 (1958).
5 η-Tokopherol: MCHALE, D., P. MAMALIS, J. GREEN and S. MARCINKIEWICZ: Soc. **1958**, 1600.
6 Tokol: PENDSE, H. K., u. P. KARRER: Helv. **40**, 1837 (1957).
7 Tokol: MAMALIS, P., D. MCHALE, J. GREEN and S. MARCINKIEWICZ: Soc. **1958**, 1850.
8 MARTIUS, C., u. H. EILINGSFELD: B. Z. **328**, 507 (1957).
9 MARTIUS, C., u. H. EILINGSFELD: A. **607**, 159 (1957).
10 HARRISON, W. H., J. E. GANDER, E. R. BLAKLEY and P. D. BOYER: Biochim. biophysica Acta, N. Y. **21**, 150 (1956).

biologischen Reaktionen des Vitamin E dem α-Tokopherkation (IIId) eine Rolle als reversiblem Oxydationsprodukt des Tokopherols zukommt[1].

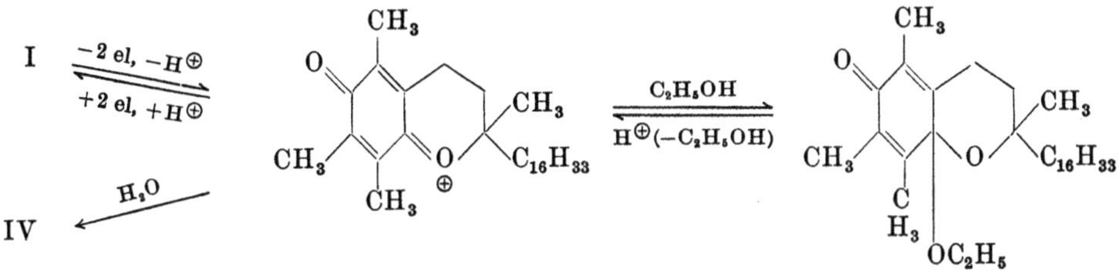

IIId IIIc

H. 2. b) α) e) Weitere Ausführungsformen der Emmerie-Engel-Reaktion (zu S. 1035).

Bro-Rasmussen und Hjarde[2] führen die Emmerie-Engel-Reaktion in einem Gemisch aus gleichen Volumteilen abs. Alkohol und Petroläther durch, wobei mit α-Tokopherol die Reaktion nach 2 min bereits beendet ist, während die anderen Tokopherole langsamer reagieren. Diese Ausführungsform kann daher gleichzeitig als qualitativer Nachweis auf α-Tokopherol dienen. Die Reagentien sind dieselben wie unter H. 2. b) α) a) aufgeführt, nur sind die Eisen(III)-chlorid- und α,α'-Dipyridyllösung halb so konzentriert (0,1% bzw. 0,25%ig). Zu 5 cm³ Testlösung (Alkohol-Petroläther 1:1) werden je 0,25 cm³ Eisen(III)-chlorid- und α,α'-Dipyridyllösung hinzugefügt und nach 2 min bei 520 mμ gemessen. $E_{1\,\mathrm{cm}}^{1\%} \sim 400$.

H. 2. b) α) e) Ausführung der Emmerie-Engel-Methode bei Gegenwart von Fetten und Ölen (zu S. 1035).

Das Verfahren von Kaunitz und Beaver soll bei autoxydierten Fetten versagen[3]; mit solchen Fetten soll sich der Emmerie-Engel-Test aber direkt ausführen lassen, wenn vorher zur Zerstörung der Peroxyde 10—15 min im Vakuum (besser als 1 mm) auf 210° erhitzt worden ist[4].

H. 2. b) γ) Methode nach Nair und Magar (zu S. 1041).

Die ursprüngliche Phosphormolybdänsäure-Methode wurde im Sinne eines Mikroverfahrens wie folgt abgeändert[5]: 25 γ oder weniger Testsubstanz in 0,5 cm³ abs. Alkohol werden mit 0,5 cm³ einer 1,6%igen Phosphormolybdänsäurelösung in Eisessig 2 min im siedenden Wasserbad erhitzt. Anschließend wird bei 700 oder 725 mμ colorimetriert. Neben α-Tokopherol reagieren auch die Homologen, wenn auch langsamer. Vitamin A-Substanzen stören — im Gegensatz zu den Angaben von Nair und Magar. Ohne Entfernung interferierender Substanzen lassen sich daher nach dieser Methode in Geweben und Blut nur ungefähre Tokopherolgehaltsbestimmungen ausführen.

H. 2. c) α) c) α) Entfernung von Pigmenten, Vitamin A und anderen Begleitstoffen (zu S. 1047).

Hierzu läßt sich auch aktiviertes sek. Magnesiumphosphat verwenden[6]. Vgl. Kapitel H. 2. d).

---

[1] Martius, C., und H. Eilingsfeld: B. Z. **328**, 507 (1957).
[2] Bro-Rasmussen, F., and W. Hjarde: Acta chem. scand. **11**, 34 (1957).
[3] Gupta, M. L. S., and U. P. Basu: J. Ind. chem. Soc., industr. & News Ed. **17**, 171 (1954).
[4] Frankel, E. N., C. D. Evans and J. C. Cowan: J. amer. Oil Chem. Soc. **34**, 544 (1957).
[5] Rosenkrantz, H.: J. biol. Ch. **224**, 165 (1957).
[6] Bro-Rasmussen, F., and W. Hjarde: Acta chem. scand. **11**, 44 (1957).

H. 2. c) α) c) β) Entfernung von Pigmenten durch Chromatographie an Aluminiumoxyd (zu S. 1047).

Zur Entfernung von Chlorophyll, Xantophyll und Carotin empfiehlt WORKER[1] Filtration der tokopherolhaltigen Petrolätherlösung zuerst über Magnesiumoxyd, das die beiden erstgenannten Stoffe zurückhält, gefolgt von Filtration des Eluates über Aluminiumoxyd (BROCKMANN; Aktivität III), das Carotin passieren läßt, Tokopherol aber adsorbiert; letzteres wird mit einem Alkohol-Petroläthergemisch eluiert und schließlich nach EMMERIE-ENGEL bestimmt. Bezüglich der Einzelheiten muß auf die Originalarbeit verwiesen werden. Zusatzversuche wurden nur mit α-Tokopherol ausgeführt.

H. 2. c) γ) Analyse von wasserhaltigen Pflanzenteilen (zu S. 1050).

Extraktion und Tokopherolbestimmung[2].

H. 2. c) ε) Analyse von Blut und Plasma (zu S. 1051).

Eine Schnellmethode zur Ermittlung des Tokopherols — und zugleich Vitamin A- und Carotingehaltes — im Blutserum schlägt FELDHEIM[3] vor. Im die fettlöslichen Substanzen enthaltenden Extrakt werden zunächst Carotin und Vitamin A colorimetrisch und anschließend Vitamin E nach EMMERIE-ENGEL bestimmt, wobei für den Vitamin A- und Carotinfehler empirisch korrigiert wird. Zusatzversuche fehlen.

H. 2. d) Kolonnen-Adsorptionschromatographie für analytische Zwecke (zu S. 1058).

Eine partielle Trennung der verschiedenen Tokopherole läßt sich auch durch Chromatographie an aktiviertem sek. Magnesiumphosphat erreichen. α- und ζ-Tokopherol werden durch Petroläther, der 2% Äther enthält, β-, γ- und ε-Tokopherol mit einem 4% Äther enthaltenden und δ-Tokopherol mit einem 6—7% Äther enthaltenden Petroläthergemisch eluiert[4]. Die Trennung entspricht derjenigen, die mit zinkcarbonat-imprägniertem Papier erreicht wird.

Reagentien:

1. Sek. Magnesiumphosphat (Merck): 200 g des bei 176° getrockneten Salzes werden 15 min mit einer Lösung von 20 g sek. Natriumphosphat ($Na_2HPO_4 \cdot 2\,H_2O$) in 1,6 *l* dest. Wasser gekocht. Anschließend wird noch warm abgesaugt und das sek. Magnesiumphosphat 48 Std bei 180° getrocknet, verrieben, durch ein 120-Maschensieb gesiebt und trocken aufbewahrt.
2. Wasserfreier Petroläther (Kp $< 70°$) und Äther (peroxydfrei) werden vor Gebrauch frisch destilliert.

Ausführung:

Die effektive Säulengröße beträgt 200×12 mm. Nach dem Vorwaschen mit Petroläther wird die vorgereinigte Tokopherolmischung in Petroläther aufgetragen. Im übrigen wird sinngemäß wie beim Kieselgurchromatogramm (S. 1058) vorgegangen: Zuerst wird mit 100 cm³ reinem Petroläther gewaschen, der noch keine Tokopherole eluieren soll. Anschließend werden mit Petroläther 2% Äther α- und ζ-Tokopherol eluiert; sobald die Hauptmenge dieser Tokopherole die Säule passiert hat, wird mit einem 4% Äther enthaltenden Petroläther eluiert usf. Die Auswertung erfolgt, wie auf S. 1058 angegeben. Im Filtrat kann die EMMERIE-ENGEL-Reaktion direkt nach Zusatz des gleichen Volumens abs. Alkohols ausgeführt werden (Nachtrag, S. 1063).

---

[1] WORKER, N. A.: J. Sci. Food Agric. **9**, 122 (1958); cf. ibid **8**, 442 (1957).
[2] WORKER, N. A.: J. Sci. Food Agric. **8**, 442 (1957); **9**, 122 (1958).
[3] FELDHEIM, W.: Int. Z. Vit.-Forsch. **27**, 8 (1956).
[4] BRO-RASMUSSEN, F., and W. HJARDE: Acta chem. scand. **11**, 34, 44 (1957).

Nucleoside, Nucleotide, Nucleinsäuren und Nucleoproteide*.

Von

F. G. Fischer und H. Dörfel.

Mit 36 Abbildungen.

A. Zur Einführung.

Die Chemie der Nucleinsäuren und der Nucleoproteide ist in den Anfängen und schreitet daher sehr rasch fort. Die neueren analytischen Methoden, die Chromatographie in der Säule und auf dem Papierblatt, die Anwendung von Ionenaustauschern, die Ionophorese, im Verein mit den bequem gewordenen spektralphotometrischen Messungen, sind den Untersuchungen der Bestandteile dieser Stoffklassen besonders förderlich. Synthetische Verfahren haben in den letzten Jahren die künstliche Gewinnung der einfachen Nucleinsäuren-Spaltstücke nahezu vollständig ermöglicht und die Kenntnis ihrer Struktur gesichert. Die präparative Methodik zur Gewinnung der Proteide und der Säuren nutzt die Erfahrungen der Proteinchemie, insbesondere der Enzymisolierung, und erstrebt immer

* **Zusammenfassende Darstellungen über Nucleoproteide, Nucleinsäuren, Nucleotide und Nucleoside.**

Monographien:

MIESCHER, FRIEDRICH: Die histochemischen und physiologischen Arbeiten. Leipzig 1897. — JONES, W.: Nucleic Acids — Their Chemical Properties and Physiological Conduct. London 1920. — FEULGEN, R.: Chemie und Physiologie der Nukleinstoffe. Berlin 1923. — LEVENE, P. A., and L. W. BASS: Nucleic Acids. New York 1931. — EGAMI, F.: Nucleic Acids and Nucleoproteins, Physics, Chemistry, Biology, and Medicine. Tokio 1951. — DAVIDSON, J. N.: The Biochemistry of the Nucleic Acids. London 1953. — CHARGAFF, E., and J. N. DAVIDSON: The Nucleic Acids, Chemistry and Biology. 2 Bde. New York 1955.

In Handbüchern:

ROLLETT, A.: Nucleoproteide. Biochem. Handlex. **4**, 986—1013 (1911). — HIRSCH, P.: Nucleoproteide und Nucleinsäuren. Biochem. Handlex. **9**, 237—261 (1915). — THANNHAUSER, S. J.: Nucleoproteide und Nucleinsäuren. Biochem. Handlex. **10**, 96—112 (1923). — LEVENE, P. A., u. L. W. BASS: Nucleinsäuren, Nucleotide, Nucleoside. Biochem. Handlex. **14**, 860—903 (1933). — BRAHM, C.: Nucleinsäuren. Handb. Biochem. **1**, 324—350 (1924). — STRAUSS, E., u. W. A. COLLIER: Proteide. Handb. Biochem. **1**, 655—669 (1924). — STEUDEL, H., u. O. FLÖSSNER: Abbau der Nucleinsäuren. Handb. Biochem. Erg.-W. Bd. 3, 623—640 (1936). — STEUDEL, H., u. E. PEISER: Nukleinkörper. Handb. Pfl.-Analyse (KLEIN) Bd. 4/1, 411—475 (1933). — LEVENE, P. A.: Nucleoproteide, Nucleinsäuren, Nucleinbasen. OPPENHEIMER, Fermente Bd. 3, S. 360—389 (1929). — SAMUELY, A., u. H. STEUDEL: Nucleoproteide. Handb. biol. Arb.-Meth., Abt. I, Teil 8, S. 1—62 (1922). — THANNHAUSER, S. J.: Abbau von Nucleinsäuren. Handb. biol. Arb.-Meth., Abt. I, Teil 8, S. 63—100 (1922). — THANNHAUSER, S. J.: Synthese von Nucleosiden und einfachen Nucleotiden. Handb. biol. Arb.-Meth., Abt. I, Teil 8, S. 170 bis 184 (1922). — KLEIN, W.: Nucleinsäuren und ihre Spaltprodukte; in: BAMANN-MYRBÄCK Bd. 1, S. 313—348. — MARKHAM, R., and J. D. SMITH: Nucleoproteins and Viruses; in: NEURATH-BAILEY, Proteins Bd. II/A, S. 3—123. New York 1955. — SCHRAMM, G.: Die Biochemie der Viren. Berlin, Göttingen, Heidelberg 1954.

COLOWICK, S. P., and N. O. KAPLAN: Methods in Enzymology. New York 1955, Vol. II, Section II, Enzymes of Nucleic Acid Metabolism; Section III, Enzymes in Phosphate Metabolism; Section IV. Coenzyme and Vitamin Metabolism. Vol. III, Section V, Nucleic Acids and Derivatives.

Fortschrittsberichte:

In Ann. Rev.: Chemistry and metabolism of the nucleic acids, purines and pyrimidines. CERECEDO, L. R.: **2**, 109 (1933); **4**, 169 (1935). — CHROMETZKA, F.: **6**, 211 (1937). — The biochemistry of nucleic acids, purines and pyrimidines. ALLEN, F. W.: **10**, 221 (1941). — LORING, H. S.: **13**, 295 (1944). — GULLAND, J. M., G. R. BARKER and D. O. JORDAN: The chemistry of the nucleic acids and nucleoproteins. **14**, 175 (1945). — CHARGAFF, E., and E. VISCHER: Nucleoproteins, nucleic acids and related substances. **17**, 201 (1948). — DAVIDSON, J. N.: Nucleoproteins, nucleic acids and derived substances. **18**, 155 (1949). — SCHMIDT, G.: Nucleic acids, purines and pyrimidines. **19**, 149 (1950). — BADDILEY, J.: **20**, 149 (1951). — JORDAN, D. O.: **21**, 207 (1952). — BROWN, G. B.: **22**, 141 (1953). — ALLEN, F. W.: Nucleic acids. **23**, 99 (1954). — BROWN, D. M., and A. R. TODD: **24**, 311 (1955). — CARTER, C. E.: **25**, 123 (1956). — COHN, W. E., and E. VOLKIN: **26**, 491 (1957). — BREDERECK, H.: Nucleinsäuren. Fortschr. Chem. org. Naturstoffe **1**, 121 (1938). — BREDERECK, H.: Ergebn. Enzymforsch. **7**, 105 (1938). — FISCHER, F. G.: Naturwiss. **30**, 377 (1942). — TIPSON, R. S.: The chemistry of the nucleic acids. Adv.

schonendere Darstellungsweisen. Die Anwendung der radioaktiven Isotopen des Phosphors, des Stickstoffs und des Kohlenstoffs gestattet es, die Reaktionsfolgen des Auf- und Abbaues der Nucleinsäuren und ihre Funktionen im Stoffwechsel zu verfolgen.

Viele schon erkennbare Zusammenhänge mit fundamentalen biologischen Phänomenen werden ohne Zweifel auch weiterhin zu einer intensiven Bearbeitung des großen Gebietes reizen.

1. Nomenklatur.

Nucleoproteide[1] sind, der Definition nach, Verbindungen von Nucleinsäuren mit Proteinen. Die *Nucleinsäuren*[2] selbst sind ebenfalls hochmolekulare Verbindungen, die, wie sich bei ihrem vollständigen hydrolytischen Abbau zeigt, bestimmte Purine und Pyrimidine (die „Basen"), eine Zuckerkomponente und Phosphorsäure enthalten.

Die einfachsten Stoffe, die diese 3 Bestandteile noch verbunden haben, werden *Mononucleotide*[3] genannt: sie sind Phosphorsäureester von N-Glykosiden der Purine oder Pyrimidine.

Die nach Abspaltung der Phosphorsäure verbleibenden N-Glykoside heißen *Nucleoside*[4].

Die Nucleinsäuren sind also als Polynucleotide aufzufassen, in welchen die Bindungen zwischen den einzelnen Nucleotideinheiten durch zweifach veresterte Phosphorsäure gebildet werden.

Analytisch charakteristisch für Nucleinsäuren sind nach dem Gesagten 1. ihr Gehalt an organisch gebundener Phosphorsäure, 2. gewisse Kohlenhydratreaktionen und 3. ihr Gehalt an Purin- und Pyrimidinkörpern.

Die präparativen Verfahren zur Abtrennung und Reinigung der Säuren werden bestimmt 1. durch ihre hochmolekulare Natur, und 2. durch ihre Empfindlichkeit gegen gewisse Fermente, gegen Säuren und (zum Teil) auch gegen Alkalien.

Man unterscheidet 2 Typen von Nucleinsäuren (NS), je nach der Kohlenhydratkomponente, die sie enthalten: Die *Pentose-Nucleinsäuren* (PNS, englisch PNA) und die *Desoxypentose-Nucleinsäuren*[1] (DNS, englisch DNA).

Da die Pentose in den Säuren der ersten Gruppe, sofern sie bisher isoliert wurde, als D-*Ribose* erkannt ist, bezeichnet man diese Nucleinsäuren (vielleicht etwas voreilig verallgemeinernd) auch als *Ribonucleinsäuren* (RNS, englisch RNA). Der Desoxyzucker der

[1] Das Nucleoproteid aus Eiterzellen wurde von F. MIESCHER „Nuclein" genannt (1869), jenes aus Lachsspermien „nucleinsaures Protamin" (1874).

[2] Zuerst von ALTMANN, R. (Arch. Anat. Physiol. [B] **1889**, 524) so genannt.

[3] Nach LEVENE, P. A., u. J. A. MANDEL: B. **41**, 1905 (1908).

[4] Nach LEVENE, P. A., u. W. A. JACOBS: B. **42**, 2474 (1909).

Literatur: Fortsetzung von Seite 1065.

Carbohydrate Chem. **1**, 193 (1945). — HEVESY, G. v.: Adv. Enzymol. **7**, 111 (1947). — DANIELLI, J. F., and R. BROWN: Nucleic Acids. Symp. Soc. exp. Biol. **1**, 35 (1946). — Nucleic acids and nucleoproteins. Cold Spring Harbor Symp. quant. Biol. **12** (1947). — SCHLENK, F.: Chemistry and enzymology of nucleic acids. Adv. Enzymol. **9**, 455 (1949). — Symposium on biochemistry of nucleic acids, sponsored by the Biology Division Oak Ridge National Laboratory. J. cellul. comp. Physiol. **38**, Suppl. (1951). — The chemistry and physiology of the nucleins. Exp. Cell Res. Suppl. **2** (1952). — MIRSKY, A. E.: Sci. Amer. **188**, 47 (1953). — The chemistry and metabolism of nucleic acids; in: Phosphorus Metabolism (MCELROY, W. D., and B. GLASS, Hrsg.) Bd. 2, S. 301—439 (1952). — Symposium on nucleoproteins. Canad. J. med. Sci. **31**, 222—302 (1953). — HEVESY, G. v.: Adv. biol. med. Physics **1**, 409 (1948). — GULLAND, J. M.: Soc. **1938**, 1722; **1944**, 208.

LYTHGOE, B.: Chemistry of nucleosides and nucleotides. Nucleotides related to nucleic acids. Ann. Rep. Progr. Chem. **41**, 200 (1944). Chemistry of adenine nucleotide coenzymes. Ann. Rep. Progr. Chem. **42**, 175 (1945).

TODD, A. R.: Synthesis in the study of nucleotides. Soc. **1946**, 647.

KENNER, G. W.: The Chemistry of Nucleotides. Fortschr. Chem. org. Naturstoffe **8**, 96 (1951). — KALCKAR, H. M.: The enzymes of nucleoside metabolism. Fortschr. Chem. org. Naturstoffe **9**, 363 (1952). — MCNUTT, W. S.: Nucleosides and nucleotides as growth substances for microorganisms. Fortschr. Chem. org. Naturstoffe **9**, 401 (1952). — BEADLE, G. W.: Gene structure and gene action. Fortschr. Chem. org. Naturstoffe **12**, 466 (1955). — BARKER, G. R.: Nucleic Acids. Adv. Carbohydrate Chem. **11**, 285 (1956).

zweiten Gruppe von Nucleinsäuren ist in den bisher näher untersuchten Beispielen als *2-Desoxy-D-ribose* identifiziert worden (auch D-Ribodesose und Thyminose genannt). Man bezeichnet die Säuren dieser Gruppe daher auch als *Desoxyribonucleinsäuren* (was ebenfalls die Abkürzung DNS ergibt).

Die 2 Typen von Nucleinsäuren unterscheiden sich nicht nur durch ihre Lokalisation in der pflanzlichen und tierischen Zelle und durch ihre Stoffwechselfunktionen (soweit diese bisher bekannt sind), sondern auch durch manche physikalische Eigenschaft, durch ihr chemisches und fermentchemisches Verhalten und durch eine der in ihnen gebundenen *stickstoffhaltigen Hauptkomponenten.* Als Purine sind in beiden Typen *Adenin* und *Guanin* enthalten; ebenso kommt das Pyrimidin *Cytosin* in beiden vor. In der RNS ist aber als zweites Pyrimidin *Uracil*, in der DNS *Thymin* vorhanden. Außerdem ist als Pyrimidinkomponente einiger DNS *5-Methylcytosin* bekannt.

Als Hauptbestandteile der RNS lassen sich also nach vollständiger Hydrolyse der verknüpfenden Phosphorsäure 4 Ribonucleoside gewinnen, die Adenin bzw. Guanin, Cytosin und Uracil als Base enthalten. Aus DNS werden als Hauptbestandteile ebenfalls 4 Nucleoside erhalten, die Desoxyribose mit Adenin bzw. Guanin, Cytosin und Thymin glykosidisch verbunden haben. (Namen s. S. 1072, rationelle Nomenklatur und Struktur s. S. 1088ff.)

In den ersten Jahrzehnten der Nucleinsäurenforschung wurden am häufigsten und eingehendsten die RNS aus Hefe untersucht; daher wurden auch andere Ribose enthaltende NS pflanzlicher Herkunft als *Hefe-Nucleinsäuren* bezeichnet. Die bestuntersuchte DNS war die aus Kalbsthymus hergestellte; Säuren dieses Typus nannte man *Thymonucleinsäuren.* Da die meisten bis etwa 1930 aus Pflanzen gewonnenen NS-Präparate RNS waren und die meisten aus tierischen Organen gewonnenen DNS, wurden für die beiden Gruppen, in unrichtiger Verallgemeinerung, die Bezeichnungen *Phytonucleinsäuren* und *Zoonucleinsäuren* vorgeschlagen[1]. Die Erkenntnis, daß sowohl pflanzliche als auch tierische Zellen beide Arten von NS enthalten, hat diese Benennung beseitigt.

Der auffälligste biologische Unterschied zwischen den beiden NS-Typen besteht darin, daß die PNS hauptsächlich im Cytoplasma (aber auch im Nucleus) verteilt, die DNS ausschließlich, oder fast ausschließlich, im Chromatin des Zellkerns enthalten sind. Man hat daher auch die Namen „*Plasmonucleinsäuren*" und „*Chromonucleinsäuren*" vorgeschlagen[2]. Sie sind aus mehreren Gründen unzweckmäßig, z. B. weil sie den Verhältnissen in Bakterien, Viren und Phagen nicht gerecht werden können.

Die unterscheidende Benennung RNS (bzw. PNS) und DNS, die auf der leicht nachzuweisenden Natur der Zuckerkomponente beruht, ist die zweckmäßigste und jetzt allgemein verwendete. Sie sollte stets ergänzt werden durch die möglichst genaue *Angabe der Herkunft* des betreffenden NS-Präparates (z. B. Kalbsthymus-DNS, Schweinepankreas-RNS usw.).

2. Übersicht historischer Daten.

Tabelle 1.

Purine, Pyrimidine und Nucleoside.		
Xanthin aus einem Blasenstein	MARCET	1817
Elementarzusammensetzung	F. WÖHLER u. J. LIEBIG	1838
Guanin aus Guano	B. UNGER	1845
Hypoxanthin aus menschlicher und tierischer Milz	J. J. SCHERER	1850
Guanin und Hypoxanthin aus Lachssperma	J. PICCARD	1874
Hypoxanthin, Xanthin und Guanin aus Hefe-NS	A. KOSSEL	1880
Xanthinstoffe sind Derivate der Nucleine	A. KOSSEL	1882
Xanthin aus Guanin und salpetriger Säure	E. FISCHER	1882

[1] LEVENE, P. A., and L. W. BASS: Nucleic Acids. New York 1931.
[2] POLLISTER, A. W., and A. E. MIRSKY: Nature **152**, 692 (1943).

Tabelle 1. (Fortsetzung.)

Hypoxanthin, Xanthin, Guanin in Pflanzen	E. SCHULZE u. E. BOSSHARD	1885
Vernin (= Guanosin) aus Pflanzen	E. SCHULZE u. E. BOSSHARD	1885
Adenin aus Pankreas und aus Hefe-NS	A. KOSSEL	1885
Thymin und Cytosin aus Thymus-NS	A. KOSSEL u. A. NEUMANN	1894
Synthese von Hypoxanthin, Xanthin, Adenin und Guanin	E. FISCHER	1897
Uracil aus Hefe-NS	A. ASCOLI	1900
Konstitution von Uracil und Thymin	H. STEUDEL	1900
Synthese von Uracil und Thymin	E. FISCHER u. G. ROEDER	1901
Darstellung von Thymin, Cytosin und Uracil aus Hefe-NS	P. A. LEVENE	1903
Konstitution von Cytosin	A. KOSSEL u. H. STEUDEL	1903
Synthese von Cytosin	L. H. WHEELER u. T. B. JOHNSON	1903
Erste quantitative Versuche der Spaltung von Hefe-NS, Darstellung von Guanin- und Adenin-nitrat	H. STEUDEL	1906
Xanthin und Hypoxanthin sind Kunstprodukte, Thymin fehlt in Hefe-NS	H. STEUDEL	1907
Inosin aus Fleischextrakt	F. HAISER u. F. WENZEL	1908
Bezeichnung „Nucleosid“	P. A. LEVENE	1909
Guanosin aus Hefe-NS	P. A. LEVENE u. W. A. JACOBS	1909
Adenosin aus Hefe-NS	P. A. LEVENE u. W. A. JACOBS	1909
Inosin aus Adenosin	P. A. LEVENE u. W. A. JACOBS	1909
Xanthosin aus Guanosin	P. A. LEVENE u. W. A. JACOBS	1910
Uridin aus Hefe-NS	P. A. LEVENE u. F. B. LA FORGE	1911
Cytidin aus Hefe-NS	P. A. LEVENE u. F. B. LA FORGE	1911
Adenin-thiomethylribosid aus Hefe	J. A. MANDEL u. E. K. DUNHAM	1912
Erste Synthese von Purin- und Pyrimidin-Nucleosiden	E. FISCHER u. B. HELFERICH	1914
Harnsäureribosid aus Rinderblut	S. R. BENEDICT, A. R. DAVIS u. E. B. NEWTON	1922
5-Methylcytosin in den NS der Tuberkelbacillen ?	T. B. JOHNSON u. R. D. COGHILL	1925
Pyrimidinriboside sind 3-Glykoside	P. A. LEVENE u. R. S. TIPSON	1925
Darstellung von Desoxyribonucleosiden aus Thymus-NS durch enzymatische Hydrolyse	P. A. LEVENE u. E. S. LONDON	1929—1932
Guanin- und Hypoxanthin-desoxyribosid, Thymin- und Cytosin-desoxyribosid	S. J. THANNHAUSER u. Mitarb.	1929—1932
Crotonosid aus Croton-Samen	E. CHERBULIEZ u. K. BERNHARD	1932
Isoguanin in den NS des Schweineblutes	M. V. BUELL u. M. E. PERKINS	1933
Ribofuranosid-Ring in Adenosin, Guanosin, Cytidin und Uridin	P. A. LEVENE u. R. S. TIPSON	1932—1933
Adenindesoxyribosid aus Thymus-NS	W. KLEIN	1934
Purin-nucleoside sind 9-Glykoside	J. M. GULLAND u. Mitarb.	1934—1938
Nebularin, Auffindung	L. EHRENBERG u. Mitarb.	1946
Papierchromatographische Trennung der Nucleoside	E. VISCHER u. E. CHARGAFF	1947
Synthese von Cytidin und Uridin	A. R. TODD u. Mitarb.	1947—1948
Synthese von Adenosin und Guanosin	A. R. TODD u. Mitarb.	1948
Synthese von Crotonosid	J. DAVOLL	1951
Auffindung von Orotidin	A. M. MICHELSON	1951
Methylcytosindesoxyribosid aus Weizenkeimen-DNS	C. A. DEKKER u. D. T. ELMORE	1951
Synthese von Adeninthiomethylribosid	F. WEYGAND u. O. TRAUTH	1951
Auffindung von Spongothymidin und Spongouridin	W. BERGMANN u. R. J. FEENEY	1951

Nucleotide.

Inosinsäure in Fleischextrakt	J. LIEBIG	1847
Guanylsäure aus Pankreas-Nucleoproteid	O. HAMMARSTEN I. BANG	1893 1898
Inosinsäure, Phosphorsäure-Gehalt und struktuelle Beziehung zum Inosin	F. HAISER	1895
Co-Zymase (Co-Dehydrogenase I, DPN), Entdeckung der Wirkung	A. HARDEN u. W. J. YOUNG	1906
Inosinsäure, Aufklärung der Struktur	P. A. LEVENE u. W. A. JACOBS	1909

Tabelle 1. (Fortsetzung.)

Bezeichnung „Nucleotid"	P. A. Levene	1909
Thymidylsäure und Desoxycytidylsäure, Isolierung aus Säurehydrolysaten von DNS	P. A. Levene, H. Mandel, W. A. Jacobs	1908—1912
Cytidylsäure und Uridylsäure, Isolierung aus Säurehydrolysaten von Hefe-NS	P. A. Levene u. W. A. Jacobs	1909—1911
	S. J. Thannhauser u. G. Dorfmüller	1917
Cytidin-3′,5′-diphosphat und Thymidin-3′,5′-diphosphat, Isolierung aus Säurehydrolysaten von DNS	P. A. Levene, W. A. Jacobs, J .A. Mandel	1908—1912
	S. J. Thannhauser u. Mitarb.	1921—1926
	A. R. Todd u. Mitarb.	1953
Synthetisches Theophyllinglucosidphosphat (erste Synthese eines Nucleotids)	E. Fischer	1914
Hefe-Adenylsäure aus Hefe-NS	W. Jones u. A. E. Richards	1914
	S. J. Thannhauser u. G. Dorfmüller	1915
	P. A. Levene	1918
	S. J. Thannhauser	1919
Adenylsäure, Guanylsäure, Cytidylsäure aus Pankreas-NS	W. Jones u. M. E. Perkins	1924
Muskel-Adenylsäure, Auffindung	G. Embden u. M. Zimmermann	1927
Muskel-Adenylsäure ist Adenosin-5′-phosphat	G. Schmidt	1928
Adenosin-5′-triphosphorsäure im Muskelextrakt	K. Lohmann	1928
	C. H. Fiske u. Y. Subbarow	1929
Co-Dehydrogenase I (Co-Zymase, DPN) als Adenylsäure-Komplex 1928 Isolierung aus Hefe und aus roten Blutzellen	H. v. Euler u. Mitarb.	1923—1936
Co-Dehydrogenasen I und II (DPN und TPN), Aufklärung der Struktur	H. v. Euler u. K. Myrbäck, H. Albers u. F. Schlenk	1931—1936
	O. Warburg u. W. Christian	1935
Co-Dehydrogenase II (TPN), Isolierung aus Pferdeblut-Erythrocyten	O. Warburg u. W. Christian	1932
Desoxy-adenylsäure, Desoxy-guanylsäure, Desoxycytidylsäure, Thymidylsäure: Isolierung nach enzymatischer Hydrolyse von Thymus-NS	W. Klein u. S. J. Thannhauser	1934—1935
Cytidylsäure, Synthese	H. Bredereck	1934
Inosinsäure, Synthese	P. A. Levene	1935
Adenosin-diphosphorsäure aus Adenosintriphosphorsäure	K. Lohmann	1935
Co-Dehydrogenase I (DPN), Isolierung aus Muskeln	O. Warburg u. W. Christian	1936
Hefe-Adenylsäure, Synthese	P. A. Levene u. R. S. Tipson	1937
	H. Bredereck u. Mitarb.	1940
	J. Baddiley u. A. R. Todd	1947
Muskel-Adenylsäure, enzymatische Synthese	P. Ostern u. Mitarb.	1938
Flavin-adenin-dinucleotid (FAD), Isolierung aus Pferdenieren	O. Warburg u. W. Christian	1938
Guanylsäure, Synthese	J. M. Gulland u. G. I. Hobday	1940
Uridylsäure, Synthese	H. Bredereck	1940
Papierchromatographische Trennung der Nucleotide	E. Vischer u. E. Chargaff	1947
	R. D. Hotchkiss	1948
	R. Markham u. J. D. Smith	1949
Adenosin-5′-diphosphorsäure, Synthese	J. Baddiley u. A. R. Todd	1947
Adenosin-5′-triphosphorsäure, Synthese	J. Baddiley, A. M. Michelson u. A. R. Todd	1949
Coenzym A (Co A), Nachweis der Wirkung, Isolierung, Struktur	F. Lipmann u. Mitarb.	1945—1953
	W. L. Williams u. Mitarb.	
	J. Baddiley u. Mitarb.	
	F. Lynen u. Mitarb.	
Trennung der a- und b-Ribonucleotide durch Anionenaustauscher	C. E. Carter u. W. E. Cohn; H. S. Loring u. N. G. Luthy	1949
5-Methylcytosin-desoxyribosid-5′-phosphat, Isolierung aus DNS	W. E. Cohn	1951

Tabelle 1. (Fortsetzung.)

Guanosin-5'-phosphat, Cytidin-5'-phosphat, Uridin-5'-phosphat durch enzymatische Hydrolyse von Ribo-NS	W. E. COHN u. E. VOLKIN	1951
Ribonucleosid-2',3'-monophosphate (cyclische Phosphate)	A. R. TODD u. Mitarb. R. MARKHAM u. J. D. SMITH	1952
Flavin-adenin-dinucleotid, Synthese	S. M. H. CHRISTIE, G. W. KENNER u. A. R. TODD	1952
Uridin-5'-diphosphat, Synthese	A. R. TODD u. Mitarb.	1952
Uridin-5'-diphosphat-galaktose und -glucose, Isolierung, „Galaktowaldenase"-Wirkung	L. F. LELOIR u. Mitarb.	1950—1954
Uridin-5'-diphosphat-acetyl-glucosamin und -acetyl-galaktosamin, Isolierung aus Hefe und Leber	L. F. LELOIR u. Mitarb.	1953
Guanosin-5'-diphosphat-mannose, Isolierung aus Hefe	E. CABIB u. L. F. LELOIR	1954
Uridin-5'-diphosphat-glucuronsäure, Isolierung, Wirkung als Glucuronsäure-Donator	G. J. DUTTON u. I. D. E. STOREY	1953—1955
Nachweis von Guanosin-5'-, Cytidin-5'- und Uridin-5'-diphosphaten und -triphosphaten in Hefe und tierischen Geweben	R. B. HURLBERT, V. R. POTTER u. H. SCHMITZ	1953—1954
5-Oxymethyl-cytosin-desoxyribosid-diphosphat, Isolierung aus Bakteriophagen-DNS	L. L. WEED u. T. A. COURTENAY	1954
Die Monosaccharide der Nucleinsäuren.		
„Pentose" in Hefe-NS	A. KOSSEL	1891
„Pentose" in Pankreas-NS	O. HAMMARSTEN	1893
Das Kohlenhydrat „tierischer NS" wird durch Säure zu Lävulinsäure und Ameisensäure zersetzt	A. KOSSEL u. A. NEUMANN	1894
D-Ribose als Kohlenhydrat der Hefe-NS	P. A. LEVENE u. W. A. JACOBS	1909
2-Desoxy-D-ribose als Kohlenhydrat der Thymus-NS	P. A. LEVENE, E. S. LONDON, L. A. MIKESKA, T. MORI	1929—1930
D-Ribose in den NS der Schafleber	J. N. DAVIDSON u. C. WAYMOUTH	1944
Nucleinsäuren.		
„Nucleinsaures Protamin" aus den Köpfen von Lachsspermatozoen	F. MIESCHER	1872
Bezeichnung „Nucleinsäure"	R. ALTMANN	1889
Hefe-Nucleinsäure und eiweißfreies „Nuclein" aus Nucleoproteiden	R. ALTMANN	1889
Thymus-Nucleinsäure nach	W. KOSSEL u. A. NEUMANN A. NEUMANN	1894 1898
Thyminsäure (purinfreie, abgebaute NS)	W. KOSSEL u. A. NEUMANN	1896
Pentose-Nucleinsäure in der Milchdrüse	R. ODENIUS, A. NEUMANN	1898
Tritico-Nucleinsäure aus Weizenembryonen	R. ODENIUS T. B. OSBORNE u. I. F. HARRIS	1900 1902
Ribonucleinsäuren im tierischen Cytoplasma?	S. P. BEEBE u. B. SHAFFER	1905
Ribonucleinsäure aus Pankreas-Nucleoproteid	R. FEULGEN; E. HAMMARSTEN; E. JORPES	1919—1924
Ribonucleinsäure aus Milz und Leber	W. JONES u. M. E. PERKINS; P. THOMAS u. C. BERARIU	1924
Nuclealreaktion mit fuchsinschwefliger Säure	R. FEULGEN u. H. ROSSENBECK	1924
Desoxyribonucleinsäure in Pflanzen	R. FEULGEN u. H. ROSSENBECK A. KIESEL u. A. N. BELOZERSKI M. BEHRENS	1924 1934 1938
und in Hefe	E. CHARGAFF u. S. ZAMENHOF	1948
Ribonucleinsäure aus Hühnerembryonen	H. O. CALVERY	1928
Ribonuclease zum cytochemischen Nachweis von Ribonucleinsäuren	J. BRACHET	1940
UV-Spektrophotometrische Bestimmungen von Nucleinsäuren in Zellkern und -plasma	T. CASPERSSON u. Mitarb.	1936—1941
Hohe Ribonucleinsäuren-Konzentrationen in sezernierenden Drüsen und in wachsenden Geweben	T. CASPERSSON	1941

Tabelle 1. (Fortsetzung.)

Notwendigkeit der Nucleinsäuren für die Eiweißsynthese	T. CASPERSSON u. Mitarb.	1940—1950
Teilchengewichtsbestimmungen von ribonucleinsauren Salzen	H. S. LORING	1939
	F. G. FISCHER u. Mitarb.	1941
	J. M. GULLAND u. Mitarb.	1944
Hohe Ribonucleinsäuren-Konzentration in Schafembryonen und in Schafleber	J. N. DAVIDSON	1943—1944
Schonende Darstellungen von Ribonucleinsäuren aus Viren, Hefe, tierischen Geweben	S. S. COHEN u. W. M. STANLEY	1942
	J. N. DAVIDSON u. C. WAYMOUTH	1944
	A. E. MIRSKY u. A. W. POLLISTER	1946
	E. VOLKIN u. C. E. CARTER	1951
Schonende Darstellung von Desoxyribonucleinsäuren	E. A. MIRSKY u. A. W. POLLISTER	1946
	J. M. GULLAND u. Mitarb.	1947
Teilchengewichtsbestimmungen von desoxyribonucleinsaurem Natrium	R. SIGNER, T. CASPERSSON u. E. HAMMARSTEN	1938
„Umwandlung" von Pneumokokken durch Fraktionen von Desoxyribonucleinsäuren	O. T. AVERY, C. M. MACLEOD u. M. MCCARTY	1944
	J. M. GULLAND u. Mitarb.	1947
	P. DOTY u. B. BUNCE	1947—1952
Bestimmung des PNS- und DNS-Gehaltes von Geweben nach	G. SCHMIDT u. S. J. THANNHAUSER	1945
	und W. C. SCHNEIDER	1945
Annahme einer konstanten Durchschnittsmenge von DNS im Kern aller diploiden somatischen Zellen der gleichen Tierart	A. BOIVIN, R. u. C. VENDRELY	1948
Kennzeichnung von Nucleinsäuren durch Bestimmung der Basenverhältnisse	E. CHARGAFF	1950
Gestalt der Desoxyribonucleinsäuren-Moleküle	W. T. ASTBURY	1945
	S. FURBERG	1950
	L. PAULING u. R. B. COREY	1953
Annahme der Desoxyribonucleinsäuren-Moleküle als schraubenförmig gewundene Doppelfäden	J. D. WATSON u. F. H. C. CRICK	1953
Enzymatische Synthese von Polynucleotiden	S. OCHOA u. Mitarb.	1955

Nucleoproteide.

Phosphorsäurereiches „Nuclein" aus den Kernen von Eiterzellen	F. MIESCHER	1869
Nucleoproteid aus den Kernen der Vogel- und Schlangenblutkörperchen	P. PLÓSZ	1871
Nucleoproteid aus Lachsspermatozoen (1872) und aus Stierspermatozoen (1874)	F. MIESCHER	1872
Nucleoproteid aus Rinderpankreas	O. HAMMARSTEN	1893
Nucleoproteid aus Kalbsthymus	L. LILIENFELD	1893
Nucleoproteid aus Magensaft und aus Muskeln	C. A. PEKELHARING	1896
Nucleoproteid aus Heringspermatozoen und Seeigelspermatozoen	A. MATHEWS	1897
Nucleoproteid aus der Schilddrüse	A. OSWALD	1899
Nucleoproteid aus Weizenembryonen	T. B. OSBORNE u. I. F. HARRIS	1902
Nucleoproteide aus Lymphdrüsen, Knochenmark, Milz und Leukocyten	I. BANG	1903
Kristallisiertes Tabakmosaikvirus enthält ein Ribonucleoproteid	W. M. STANLEY	1935
Schonende Isolierung von Zellkernen	M. BEHRENS	1933
	G. GROSSMAN	1937
	C. A. STONEBURG	1939
	A. MARSHAK	1941
	A. L. DOUNCE	1943
	A. E. MIRSKY u. A. W. POLLISTER	1946
Struktur und Nucleoproteid-Bestandteile der Chromosomen	T. CASPERSSON u. J. SCHULTZ	1938—1940
	J. BRACHET	1941
	A. E. MIRSKY u. H. RIS	1947
Darstellung von Nucleoproteiden nach	A. E. MIRSKY u. A. W. POLLISTER	1946

B. Nucleoside und Nucleotide.

1. Allgemeines.

a) Definition und Nomenklatur.

Mit der von LEVENE[1] vorgeschlagenen Bezeichnung „Nucleoside" sollten zunächst nur die phosphorsäurefreien, glykosidischen Spaltstücke der Nucleinsäuren benannt werden; dieser Name würde also nur den Ribosiden und den später isolierten Desoxyribosiden der Purine und Pyrimidine zukommen, die Bestandteile der NS sind (Ribonucleoside bzw. Desoxyribonucleoside). Durch die Synthese zahlreicher Purin- und Pyrimidinglykoside mit anderen Zuckerkomponenten und durch die Kenntnis weiterer, natürlich vorkommender N-Glykoside und ihrer Phosphorsäureester hat sich jedoch die Anwendung der Bezeichnung wesentlich erweitert. In „Beilsteins Handbuch", Bd. 31, werden alle N-Glykoside von Purin- und Pyrimidinderivaten Nucleoside benannt, gleichgültig, ob sie in Naturprodukten vorkommen oder synthetisch dargestellt wurden, und ohne Rücksicht auf die Art des Kohlenhydrats.

Ein anderer Vorschlag[2] möchte alle N-Glykoside natürlich vorkommender Basen als Nucleoside bezeichnen, sofern die Zuckerkomponente Ribose, Desoxyribose oder ein „nahverwandter Zucker" ist. Pyrimidinarabinoside, Riboflavin, das Ribosid von Nicotinsäureamid und auch das Thiomethylribosid von Adenin würden umfaßt werden, nicht aber die natürlichen Glykoside der Glucose, wie Vicin und Convicin.

Im folgenden werden vor allem die nucleosidischen Spaltstücke der Nucleinsäuren behandelt, aber auch einige weitere, natürliche N-Glykoside angeführt (Namen und Strukturformeln in der Tabelle 8, s. S. 1092).

Die 4 *Ribonucleoside* aus Nucleinsäuren heißen:

Adenin-ribosid = Adenosin
Guanin-ribosid = Guanosin
Cytosin-ribosid = Cytidin
Uracil-ribosid = Uridin

Die DNS enthalten, durch Phosphorsäure verbunden, als Hauptbestandteile die 4 *Desoxyribonucleoside:*

Adenin-desoxyribosid = Desoxy-adenosin
Guanin-desoxyribosid = Desoxy-guanosin
Cytosin-desoxyribosid = Desoxy-cytidin
Thymin-desoxyribosid = Thymidin

Außerdem, in kleiner Menge in einigen Fällen nachgewiesen:

5-Methylcytosin-desoxyribosid

und in Phagen-DNS

5-Oxymethylcytosin-desoxyribosid.

Die rationellen Bezeichnungen der genannten Nucleoside und ihre Struktur sind in den Tabellen 6 u. 7, S. 1088 u. 1090 angegeben.

Nucleotide sind die Phosphorsäureester der Nucleoside. Je nach der Definition, die den Nucleosiden gegeben wird, ändert sich auch die Umgrenzung des Begriffes „Nucleotide". Indessen wird diese Nomenklaturfrage dadurch vereinfacht, daß alle bisher dargestellten, natürlichen Nucleotide Derivate der D-Ribose oder der 2-Desoxy-D-ribose sind (Ribonucleotide bzw. Desoxyribonucleotide). Als Stickstoff-Heterocyclen sind bisher außer Purinen und Pyrimidinen nur der Isoalloxazin-Ring und Nicotinsäureamid zu betrachten.

Verbindungen der Phosphorsäure mit einem Nucleosidrest werden *Mononucleotide*[3] genannt, wobei sie einen Phosphatrest oder mehrere enthalten können. Von jedem

[1] LEVENE, P. A., and L. W. BASS: Nucleic Acids. S. 126. New York 1931.
[2] SCHLENK, F.: Adv. Enzymol. 9, 455 (1949).
[3] LEVENE, P. A., and L. W. BASS: Nucleic Acids. S. 186. New York 1931.

Nucleosid können sich, je nach der Haftstelle des Phosphatrestes und je nachdem, ob der Phosphatrest nur einmal oder mehrmals vorkommt, verschiedene Mononucleotide ableiten.

Die historischen Namen der obengenannten, einfach phosphorylierten Ribonucleoside, der *Ribonucleotide aus NS* lauten:

Adenosinphosphat = Adenylsäure
Guanosinphosphat = Guanylsäure
Cytidinphosphat = Cytidylsäure (Cytosylsäure)
Uridinphosphat = Uridylsäure (Uracylsäure)

Dazu ist noch, als das am längsten bekannte, aus Muskelgewebe isolierte Nucleotid, die *Inosinsäure* zu nennen, welche dem Nucleosid *Inosin* (Hypoxanthinribosid) entspricht.

Statt der Bezeichnungen „Adenosinphosphat" usw. werden oft auch die Namen „Adenosinphosphorsäure" usw. gebraucht (rationelle Namen und Struktur s. Tabelle 9, S. 1094).

Die *Desoxyribonucleotide* haben bei ihren ersten Isolierungen keine Trivialnamen erhalten (mit Ausnahme der Thymidylsäure); die ersten rationellen Bezeichnungen trafen nicht zu, da die Struktur des Zuckers damals noch unbekannt war (er wurde als Hexose angesehen). Spätere Benennungen, wie „Desoxyriboadenylsäure" usw. sind an die der entsprechenden Ribonucleotide angelehnt. Am häufigsten gebraucht wurden in den letzten Jahren die zwar ungenauen, aber kurzen Namen „Desoxy-adenylsäure" usw. (analog den Bezeichnungen „Desoxyadenosin" usw. für Adenin-desoxyribosid usw.).

Die 4 hauptsächlichsten *Mononucleotide der DNS* sind daher zu nennen:

Adenin-desoxyribosid-phosphat = Desoxy-adenylsäure
(Desoxy-adenosinphosphat)
Guanin-desoxyribosid-phosphat = Desoxy-guanylsäure
(Desoxy-guanosinphosphat)
Cytosin-desoxyribosid-phosphat = Desoxy-cytidylsäure
(Desoxy-cytidinphosphat)
Thymin-desoxyribosid-phosphat = Thymidylsäure
(Thymidinphosphat)

Rationelle Namen und Struktur s. Tabelle 10, S. 1103.

Alle diese Trivialbenennungen sind nicht eindeutig, da der Phosphorsäurerest an zwei verschiedenen Stellen der Desoxyribose (in 3 oder 5) und an drei verschiedenen Stellen der D-Ribose (in 2, 3 oder 5) verestert sein kann und tatsächlich verschiedene Monophosphate der einzelnen Nucleoside bekannt sind. Die „Muskel-Adenylsäure" z. B. ist Adenosin-5'-phosphat, die durch alkalische Hydrolyse der Hefe-NS freiwerdende „Hefe-Adenylsäure" ein Gemisch von Adenosin-3'-phosphat und Adenosin-2'-phosphat. Außerdem sind „cyclische" Phosphate der Ribonucleoside bekannt, d. h. solche, die mit einem Phosphatrest sowohl in 2'- wie in 3'-Stellung verestert sind.

Mononucleotide mit mehr als einem Phosphatrest können die Phosphorsäure enthalten an verschiedenen Hydroxylen des Zuckers (wie z. B. Cytidin-3',5'-diphosphat), oder aber Monoester sein, die Pyrophosphatbindungen enthalten, wie die besonders wichtigen Nucleosid-5'-phosphate: Adenosin-5'-diphosphat und Adenosin-5'-triphosphat, Uridin-5'-diphosphat usw.

Dinucleotide enthalten 2 Nucleosidreste und mindestens 2 Phosphorsäuregruppen. In den Dinucleotiden aus NS dient die eine, zweifach verestert, zur Verknüpfung der Nucleosid-Einheiten.

Im „Diphosphopyridinnucleotid" (Coenzym I), im „Triphosphopyridinnucleotid" (Coenzym II) und im „Flavinadenindinucleotid" ist die Brücke von der einen Molekülhälfte zur anderen eine Pyrophosphatbindung. Diese Coenzyme sind, im strengen Sinne der Bezeichnung, keine Dinucleotide.

Zwei Nucleosid-Einheiten, die durch einen Phosphatrest verbunden sind, werden als *Nucleosid-nucleotide* oder *Dinucleosid-monophosphate* bezeichnet. Nucleotide, die aus einigen miteinander verbundenen Mononucleotid-Einheiten bestehen, heißen *Oligonucleotide*[1]. Es wird zweckmäßig sein, diese Bezeichnung auf Verbindungen mit höchstens 10—12 Mononucleotid-Einheiten zu beschränken und bei größeren Nucleotiden von *niedermolekularen Polynucleotiden* zu sprechen (im Gegensatz zu den *hochmolekularen Nucleinsäuren*).

b) Vorkommen.

In freiem Zustand sind *Nucleoside* relativ selten in höheren Konzentrationen nachgewiesen worden; nur Guanosin wurde schon früh in zahlreichen grünen Pflanzen, in Blättern, Samen und Pollenstaub, außerdem in der Pankreasdrüse aufgefunden (weitere Angaben s. bei den einzelnen Nucleosiden). Die meisten früheren Nachweise von Nucleosiden sind jedoch mit Vorbehalt aufzunehmen, da eine postmortale enzymatische Bildung (aus Nucleotiden im untersuchten Objekt selten sicher ausgeschlossen wurde. Es ist jedoch wahrscheinlich, daß eine systematische Prüfung mit verbesserten Nachweismethoden eine viel häufigere Anwesenheit der freien Purin- und Pyrimidin-Nucleoside in pflanzlichen und tierischen Geweben zeigen würde, wenn auch in sehr kleinen Konzentrationen. Durch Extraktion von frischen Geweben mit Dimethylformamid, anschließende papierchromatographische Trennung und spektralphotometrische Bestimmung ist z. B. in Herz, Niere und Lunge der Maus die Anwesenheit von freiem Adenosin, Inosin und Uridin nachgewiesen worden (neben Nucleotiden, Purinen und Pyrimidinen und anderen Nucleosiden)[2].

Viel häufiger sind *Nucleotide* aufgefunden worden. Die nähere Untersuchung hat bekanntlich bei mehreren von ihnen, wie den Adenosin-5'-phosphaten, den Nicotinsäureamid-adenin-ribosidphosphaten, dem Flavin-adenin-dinucleotid, dem Coenzym A, den Uridin-5'-diphosphaten, Coenzymfunktionen von fundamentaler Bedeutung erkennen lassen und ihr ubiquitäres Vorkommen verständlich gemacht. Die neueren Untersuchungen[2-4] lassen erkennen, daß umfassendere Prüfungen mit den verfeinerten Methoden des Ionenaustauschs, der Papierchromatographie, der UV-Photometrie und der Markierung mit radioaktiven Isotopen das gegenwärtige Bild wesentlich erweitern und weitere, bisher unbekannte Funktionen der Nucleotide im Stoffwechsel nachweisen werden. Besonderes Interesse bietet die Rolle der energiereichen Nucleosidphosphate bei der Synthese von Polynucleotiden und Nucleinsäuren[4]. Wenig ist bisher bekannt über die Konzentration der niedermolekularen Spaltstücke der DNS und RNS in Zellplasma und -kern, z. B. während der Vorgänge der Mitose.

In der Hauptmenge sind ohne Zweifel sowohl die Ribonucleotide wie die Desoxyribonucleotide (mit Ausnahme der Adenylsäuren) in lebenden Geweben als hochmolekulare RNS und DNS enthalten.

c) Nachweisreaktionen.

Spezifische Farb- oder Fällungsreaktionen für die einzelnen Nucleoside und Nucleotide fehlen fast ganz. Die bekannten Nucleosidnachweise gründen sich auf die Reaktionen der in diesen Stoffen enthaltenen Base und der Ribose- oder Desoxyribose-Komponente. Bei den Nucleotiden ist zudem selbstverständlich der Nachweis der gebundenen Phosphorsäure von Bedeutung (s. daher in den Kapiteln über Pyrimidine und Purine Bd. III/2, S. 1217 und 1245, über Kohlenhydrate Bd. III/1, S. 646 und über Phosphorsäure-Verbindungen Bd. III/1, S. 457). Nur wenige Nucleoside und Nucleotide geben Salze oder sonstige Derivate, die als charakteristisch gelten können (s. bei den einzelnen Verbindungen). Daher war bis etwa 1940 zur sicheren Identifizierung eine Reindarstellung des Nucleosids

[1] FISCHER, F. G., H. LEHMANN-ECHTERNACHT u. I. BÖTTGER: J. prakt. Chem. (N. F.) **158**, 79 (1941).
[2] DOROUGH, G. D., and D. L. SEATON: Am. Soc. **76**, 2873 (1954).
[3] z. B. SCHMITZ, H., R. B. HURLBERT and V. R. POTTER: J. biol. Ch. **209**, 41 (1953).
[4] z. B. POTTER, R. L., and S. SCHLESINGER: Am. Soc. **77**, 6714 (1955).

oder Nucleotids erforderlich, der meistens die Elementaranalyse, die Bestimmung der optischen Drehung, zuweilen des Schmelzpunktes, und eine Charakterisierung der Spaltstücke folgte. Papierchromatographie (s. S. 1150), Ionenaustausch (s. S. 1136) und UV-Photometrie (s. S. 1110) gestatten nun mit weniger als 1 mg Substanz Trennungen und Identifizierungen der Nucleoside, der Nucleotide und ihrer Spaltstücke auszuführen, die bei Beachtung der nötigen Kautelen und Anstellung der erforderlichen Vergleiche, als durchaus sicher gelten können. Sehr zu berücksichtigen beim Arbeiten mit Purindesoxyribosiden ist die große Empfindlichkeit ihrer Glykosidbindung gegen Säuren. Weniger empfindlich, aber immer noch leicht hydrolysierbar, sind die Purinriboside. Die Pyrimidindesoxyriboside und die Pyrimidinriboside lassen sich hingegen nur sehr langsam durch Säuren hydrolysieren; die Desoxyribose wird dabei vollständig, die Ribose zum Teil zerstört und zum anderen Teil in Furfurol verwandelt.

Daher geben Purindesoxyriboside schon nach milder saurer Behandlung die SCHIFFsche Aldehydreaktion mit Fuchsin-schwefliger Säure (als Nachweisreaktion der DNS nach FEULGEN benannt) und reagieren mit dem Diphenylamin-Reagens von DISCHE. Pyrimidindesoxyriboside reagieren unter gleichen Bedingungen kaum.

Die Purinriboside geben die BIALsche Pentosereaktion mit Orcin und andere Pentosen-Farbnachweise, während die Pyrimidinriboside sie nicht oder viel langsamer geben.

d) Physikalische Eigenschaften.

Die *Nucleoside* sind durchweg kristallisierte, farblose Verbindungen, die erst bei höherer Temperatur (<160°) schmelzen oder, ohne zu schmelzen, sich zersetzen. Da die Schmelz- und Zersetzungspunkte stark von der Geschwindigkeit des Erhitzens abhängen, weichen die Angaben verschiedener Autoren zuweilen stark voneinander ab. Eine ausgewählte Zusammenstellung ist in Tabelle 2 wiedergegeben. Als Zuckerderivate sind die Nucleoside

Tabelle 2. *Schmelzpunkte der Nucleoside (° C).*
(Weitere Angaben mit Literaturnachweis finden sich bei den einzelnen Nucleosiden.)

D-Riboside		2-Desoxy-D-riboside		Weitere Nucleoside	
Adenosin	235—236	Desoxyadenosin	190	Adeninthio-methylribosid	212—213
Guanosin	237—240	Desoxyguanosin	undefiniert	Spongothymidin	246—247
Cytidin	230—235	Desoxycytidin	213—215	Spongouridin	226—228
Uridin	166—167	Thymidin	188	Vicin	243—244
Inosin	218	Desoxyuridin	163	Cordycepin	225—226
Xanthosin	Verkohlung			Puromycin	176—177
Harnsäureribosid	kein F bis 300				
Crotonosid	237—252				
Nebularin	181—182				

in Wasser leichter löslich als die in ihnen enthaltenen Purine oder Pyrimidine. Am wenigsten in Wasser löslich sind Guanosin (0,1 % bei 20°) und Desoxyguanosin. Adenosin und Desoxyadenosin sind etwa 10mal leichter löslich, die Pyrimidinriboside und -desoxyriboside noch viel mehr; sie lösen sich auch in Methanol und wasserhaltigem Äthanol beträchtlich, welche die Purinnucleoside fast gar nicht aufnehmen. Exakte Angaben über die Löslichkeiten der Nucleoside sind in der Literatur leider sehr spärlich. Die Nucleoside sind amphotere Stoffe, die nahezu die gleichen Ionisationsverhältnisse zeigen wie die in ihnen enthaltenen Purine und Pyrimidine. Daher tritt bei jenen, die Oxygruppen am N-Heteroring enthalten (Xanthosin, Inosin, Uridin), der saure Charakter in Erscheinung, bei den anderen, die Aminogruppen am Ring tragen (Adenosin, Cytidin), der basische (Angaben der pK-Werte Tabelle 4, S. 1076).

Die *Mononucleotide* sind Säuren, deren Dissoziation jener eines Zuckerphosphats entspricht (pK-Werte Tabelle 5, S. 1077; s. auch Abb. 28). Sie sind ebenfalls farblose, feste Verbindungen. Die meisten sind auch als freie Säuren kristallisiert erhalten worden und haben hohe Schmelz- oder Zersetzungspunkte (> 180°), die stark von der Geschwindigkeit des Erhitzens abhängen (ausgewählte Angaben in Tabelle 3). Die Nucleotide sind in Wasser ziemlich leicht bis sehr leicht löslich, schwer löslich in den niederen Alkoholen, unlöslich in den nichtpolaren organischen Lösungsmitteln. Exakte Löslichkeitsangaben fehlen auch bei den Nucleotiden fast ganz. Zur Charakterisierung geeignet sind in einigen

Tabelle 3. *Schmelzpunkte der Mononucleotide (° C).*

Adenosin-5′-phosphat	192	Desoxy-adenylsäure (amorph)	142—143
Guanosin-5′-phosphat	190—200	Desoxy-cytidylsäure	183—187
Cytidin-5′-phosphat	233		
Adenosin-2′-phosphat	187		
Adenosin-3′-phosphat	197		
„Guanylsäure“	208 Zers.		
Cytidin-2′-phosphat	238—239		
Cytidin-3′-phosphat	233—234		
„Cytidylsäure“	230 Zers.		
Uridin-3′-phosphat	195		
„Uridylsäure“	202		

Tabelle 4. *pK-Werte von Basen und Nucleosiden.*

	Kationisch	Anionisch (OH)		Kationisch	Anionisch (OH)
Adenin	4,15[1]; 4,1[2,3]; 4,22[4]	9,80[1,3]	Adenosin	3,5[2,4,5]; 3,6[7]	12,5[5]; 13[6]
Guanin	3,3[1]; 3,2[2]	9,2[1]; 9,6[2]; 9,36[8]; 12,3[1]	Guanosin	1,6[6]; 2,2[2]	9,16[6]; 9,5[2]; 12,3[5]
Hypoxanthin	~2[2]; 1,98[4]	8,8[9]; 8,7[7]; 8,9[2,4]; 12,0[9]	Inosin	1,2[2]; 1,5[4]	8,7—8,8[2,4,7]
Xanthin	~0,8[2]	7,7[2,7]; 12,2[2]	Xanthosin	* < 2,5[3]	6,0[7]; 5,7[2,4]
Cytosin	4,6[5]; 4,5[2,10]	12,16[5]; 12,2[10]	Cytidin	4,22[6]; 4,1[2,10]	12,3[5]
			Desoxycytidin	4,25[11]	13[2]
Uracil	~0,5[2]	9,45[6,9]; 9,5[10]	Uridin	*	9,17[6]; 9,2[2,10]; 12,5[12]
Thymin	~0[2]	9,82[5]; 9,94[6]; 9,9[10]	Thymidin	*	9,8[10]
5-Methylcytosin	4,8[2]; 4,6[10]	12,4[10]	Desoxy-5-methyl-cytidin	*	—

* Nicht gemessen, aber wahrscheinlich ähnliche Werte wie die entsprechende Base.

1 Taylor, H. W. F.: Soc. **1948**, 765.
2 Cohn, W. E.; in: Chargaff-Davidson, Nucleic Acids. Bd. I, S. 217.
3 Alberty, R. A., R. M. Smith and R. M. Bock: J. biol. Ch. **193**, 425 (1951).
4 Albert, A.: Biochem. J. **54**, 646 (1953).
5 Levene, P. A., and H. S. Simms: J. biol. Ch. **65**, 519 (1925). — Levene, P. A., H. S. Simms and L. W. Bass: J. biol. Ch. **70**, 229; 243 (1926).
6 Levene, P. A., and L. W. Bass: Nucleic Acids. New York 1931.
7 Ogston, A. G.: Soc. **1935**, 1376.
8 Cavalieri, L. F., S. E. Kerr and A. Angelos: Am. Soc. **73**, 2567 (1951).
9 Taylor, H. F. W.: Acid Base Properties of Nucleic Acids. Thesis, London, 1946.
10 Shugar, D., and J. J. Fox: Biochim. biophysica Acta, N. Y. **9**, 199 (1952).
11 Fox, J. J., L. F. Cavalieri and N. Chang: Am. Soc. **75**, 4315 (1953).
12 Fletcher, W. E.: On the Structur of Nucleic Acids. Thesis, London, 1948.

Tabelle 5. *pK-Werte von Nucleotiden.*

	Primäres Phosphat	Kationisch	Sekundäres Phosphat	Anionisch
Hefeadenylsäure	0,89[1]	3,7[1]	6,01[1]	*
Adenosin-2′-phosphat	3,8	3,80[2]; 3,79[3]	6,15[2]; 6,21[3]	—
Adenosin-3 -phosphat	—	3,65[2]; 3,56[3]	5,88[2]; 6,06[3]	—
Adenosin-5′-phosphat	—	3,74[2]; 3,89[3]; 3,8[1]	6,05[2]; 6,48[3]; 6,2[1]	—
Desoxyadenylsäure	—	4,4[4]	6,4[4]	—
Guanylsäure	0,7[1]	2,3[1]	5,92[1]	9,36[1]
Desoxyguanylsäure	—	—	6,4[4]	9,7[4]
Inosinsäure	1,54[1]	*	6,04[1]	8,88[1]
Cytidylsäure	0,80[1]	4,2[5]	5,97[1]	13,2[1]
Cytidin-2′-phosphat	—	4,30[6, 7]; 4,36[8]	6,2[7]	—
Cytidin-3′-phosphat	—	4,3[7]; 4,28[5, 8]	6,0[7]	—
Cytidin-5′-phosphat	—	4,44[6]	—	—
Desoxycytidin-5′-phosphat . .	—	4,6[4]; 4,45[5]	6,6[4]	—
Uridylsäure	1,02[1]	—	5,88[1]	9,43[1]
Thymidylsäure	1,6[4]	—	6,5[4]	10,0[4]
Desoxy-5-methylcytidylsäure .	—	4,4[5]	—	—

Fällen Calciumsalze, Bariumsalze oder Salze des Cyclohexylamins, des Acridins, des Brucins. Allgemeiner brauchbar und viel sicherer und empfindlicher sind jedoch die Nachweise durch Messung der UV-Absorption, nach Trennung durch Ionenaustausch, Papierchromatographie oder Elektrophorese. Näheres darüber in den entsprechenden Abschnitten S. 1110ff. u. 1136ff.

e) Gewinnung aus Organextrakten und aus Nucleinsäuren-Hydrolysaten.

Zur Abscheidung von Nucleotiden und Nucleosiden wurde früher sehr häufig ihre Fällung als Metallsalze ausgeführt. Die Fällung der Bleisalze und deren Zerlegung mit Schwefelwasserstoff war der gewöhnliche Weg zu ihrer präparativen Gewinnung und zur Abtrennung von Alkalisalzen, Aminosäuren, Kohlenhydraten und anderen Begleitstoffen[9]. Da die Nucleotide schon in schwach saurer Lösung durch Bleiacetat hinreichend vollständig gefällt werden, die Nucleoside erst im schwach Alkalischen (Zugabe von Ammoniak), läßt sich derart eine meistens scharfe Trennung von Nucleotiden und Nucleosiden erzielen (Beispiele der Fällung als Bleisalz s. bei Inosin, Crotonosid, Orotidin, Hefe-Adenylsäure).

Die Quecksilbersalze der Nucleotide, die auch schon im Sauren schwerlöslich sind, werden ebenfalls in manchen Fällen mit Vorteil zu ihrer Fällung benützt; ebenso die von einigen Nucleosiden (s. bei Muskeladenylsäure, Adenosin-5′-triphosphat, den Uridin-5′-diphosphat-monosacchariden und auch bei Harnsäureribosid, Vicin, Convicin). Schwerlöslich sind auch die Silber- und die Kupfer(I)-Salze der Nucleotide. Durch Fällung mit

* Wahrscheinlich die gleichen Werte wie die Riboside.

[1] LEVENE, P. A., and L. W. BASS: Nucleic Acids. New York 1931.
[2] ALBERTY, R. A., R. M. SMITH and R. M. BOCK: J. biol. Ch. **193**, 425 (1951).
[3] KUNA, M.: U.S. Atomic Energy Comm. Rept. ORNL-318 (1949).
[4] HURST, R. O., A. M. MARKO and G. C. BUTLER: J. biol. Ch. **204**, 847 (1953).
[5] COHN, W. E.; in: Chargaff-Davidson, Nucleic Acids. Bd. I, S. 217.
[6] FOX, J. J., L. F. CAVALIERI and N. CHANG: Am. Soc. **75**, 4315 (1953).
[7] LORING, H. S., H. W. BORTNER, L. W. LEVY and M. L. HAMMELL: J. biol. Ch. **196**, 807 (1952).
[8] CAVALIERI, L. F.: Am. Soc. **74**, 5804 (1952); **75**, 5268 (1953).
[9] Fällungsmethoden zur Fraktionierung und Bestimmung der wichtigsten Komponenten der säurelöslichen Phosphorsäureverbindungen in Extrakten von tierischen und pflanzlichen Organen sind im entsprechenden Abschnitt von H. WEIL-MALHERBE Bd. III/1, S. 457ff., angegeben.

Uranylacetat (in essigsaurer Lösung) werden Nucleotide ebenfalls vollständig abgeschieden und derart von den in Lösung bleibenden Nucleosiden und Purinen getrennt[1]. Eine Analyse der beiden Stoffgruppen, z. B. in Organextrakten, läßt sich darauf gründen[1]. Die getrennte Bestimmung der Purinnucleoside und der freien Purine (Adenin, Guanin, Hypoxanthin) kann dann in der nucleotidfreien Lösung durch Fällung der Purine mit Silbernitrat in schwach (0,02—0,05 n) schwefelsaurem Medium erreicht werden. Aus verdünnten, sauren Lösungen werden die Nucleoside nicht mitgefällt; sie scheiden sich als Silbersalze erst aus, wenn die Lösung schwach alkalisch gemacht wird.

Eine vollständige Ausfällung der Nucleotide ohne Mitabscheidung der Nucleoside wird auch erreicht durch Zinkacetat und Zugabe von Bariumhydroxyd bis zur alkalischen Reaktion[2].

Schwerlösliche Bariumsalze geben vor allem die Nucleosid-pyrophosphate (siehe z. B. Adenosin-5'-triphosphat und Inosin-5'-triphosphat), die zweckmäßig derart abgeschieden werden[3].

Die Calciumsalze der Monophosphate sind leichter löslich; sie dienen (ebenso wie die Bariumsalze) öfter, um Mononucleotide als gut kristallisierende Derivate zu gewinnen (siehe z. B. die klassische Darstellung von inosinsaurem Barium). Die Magnesiumsalze der Mononucleotide sind zu leicht in Wasser löslich, um zu deren Abscheidung dienen zu können. Doch ist die Darstellung von Magnesiumsalzen der NS und der Oligonucleotide sehr zweckmäßig, um Lösungen zu erhalten, die frei von Alkalisalzen sind und nach Hydrolyse der Phosphorsäure die vollständige Entfernung der anorganischen Ionen (als $MgNH_4$-Phosphat) leicht ermöglichen (s. S. 1130).

In einigen Fällen gestatten stärkere Löslichkeitsunterschiede und Kristallisationsvermögen der freien Nucleotide oder Nucleoside ihre Abtrennung. Hefe-Adenylsäure und Muskel-Adenylsäure z. B. sind relativ schwer in Wasser löslich und kristallisieren gut. Von den Nucleosiden sind Guanosin und auch Desoxyguanosin am wenigsten in Wasser löslich und daher am leichtesten zu gewinnen; hingegen erschwert die große Löslichkeit der Pyrimidinnucleoside ihre Abtrennung und Reindarstellung.

Außer den Calcium- und Bariumsalzen haben oft Brucinsalze (siehe z. B. die Isolierung von Desoxyadenylsäure und von Desoxyguanylsäure), Strychninsalze und Acridinsalze (z. B. von Adenosin-5'-phosphat und Adenosin-5'-triphosphat) zur Isolierung und Charakterisierung einzelner Nucleotide gedient. Die Cyclohexylaminsalze sind z. B. sehr geeignet, um Adenosin-2'-phosphat von Adenosin-3'-phosphat zu trennen.

Basische Nucleoside, wie Adenosin und Cytidin, lassen sich als Pikrate (siehe z. B. bei Adenosin und Desoxycytidin), Pikrolonate, oder als schwerlösliche Salze anderer Säuren fällen (s. auch die Isolierung von Cytidylsäure als Phosphorwolframat). Zuweilen sind zur Abtrennung oder Reinigung einzelner Nucleoside ihre Acetyl- oder Benzoylderivate von Nutzen (siehe z. B. die Gewinnung von Dibenzoylthymidin).

Die erwähnten Abscheidungen und Fällungen der Nucleotide und Nucleoside als Salze oder sonstige Derivate haben in vielen Beispielen ihre Bedeutung behalten zur präparativen Gewinnung der einzelnen Individuen. Zu deren analytischer Trennung und Charakterisierung sind sie jedoch als überholt zu betrachten durch die in den folgenden Abschnitten (7a—d, S. 1136—1175) geschilderten Verfahren des Ionenaustauschs, der Papierchromatographie, der Papierelektrophorese und der Gegenstromverteilung. Diese bewirken vollständigere und schärfere Trennungen und gestatten Versuche mit Mengen von wenigen Milligramm bis zu wenigen Gamma. Auch für präparative Zwecke sind die Fällungsverfahren bei manchen Gemischen von Nucleosiden und Nucleotiden durch Adsorptionsmethoden (z. B. an Aktivkohle, s. bei Cordycepin, Guanosin-5'-diphosphat-mannose, den Uridin-5'-diphosphat-monosacchariden, den 4 Ribonucleosid-5'-phosphaten aus Hefe-

[1] Kerr, S. E., and K. Seraidarian: J. biol. Ch. **159**, 211 (1945).

[2] Fällung nach Somogyi, M.: J. biol. Ch. **160**, 61 (1945); s. Caputto, R.: J. biol. Ch. **189**, 801 (1951).

[3] Siehe die Methode zur fraktionierten Fällung der säurelöslichen Phosphorsäureverbindungen in Leberextrakten als Barium- und Calciumsalze. Sacks, J.: J. biol. Ch. **181**, 655 (1949).

RNS) und vor allem durch die Verwendung von Ionenaustausch-Harzen übertroffen worden (siehe z. B. die Trennung der 4 Desoxyriboside, die Trennung der a- und b-Isomeren der 4 Ribonucleotide, die Trennung der Di- und Oligonucleotide aus RNS und aus DNS, die Isolierung von Desoxy-5-methylcytidin, die Trennung von Spongothymidin und Spongouridin).

Die letztgenannte Methode ist besonders geeignet zur Trennung von Gemischen mit mehreren Bestandteilen, auch wenn diese sich in ihren Ionen- und Löslichkeitseigenschaften nur wenig unterscheiden. Doch ist die Verarbeitung von Ansätzen mit mehr als einigen Gramm Stoffgemisch im Laboratoriumsmaßstab unbequem und langwierig, da die Anwendung großer Lösungsmittelmengen notwendig ist. Handliche Verfahren zur vollständigen und scharfen Trennung größerer Mengen von Nucleosiden und Nucleotiden harren noch der Ausarbeitung.

Die Darstellung der in Geweben nicht frei, sondern nur als Bestandteile der RNS und DNS vorkommenden Nucleotide und Nucleoside setzt meistens die Isolierung der NS voraus (s. S. 1314). Doch ist es z. B. möglich, die DNS aus tierischen Organen enzymatisch als Gemisch von Oligonucleotiden herauszulösen, diese als Magnesiumsalz zu isolieren und als Ausgangsprodukt zu verwenden (s. S. 1315).

Für die Darstellung der Desoxyribonucleotide ist allgemein die enzymatische Hydrolyse der DNS der beste bisher bekannte Weg, da diese NS nur sehr langsam und unter starker Zersetzung der gewünschten Endprodukte sich alkalisch (oder mit Bleihydroxyd) aufspalten lassen. Spezifisch wirkende Enzyme, die Desoxyribonucleasen, sind sowohl in tierischen Geweben als auch in höheren Pflanzen und Mikroorganismen nachgewiesen worden. Aus Rinderpankreas, dessen hydrolytische Wirksamkeit lange bekannt war, ist eine Desoxyribonuclease kristallisiert dargestellt worden[1]. Sie spaltet DNS bis zu einem Gemisch von Di- und Oligonucleotiden. Durch die weitere Einwirkung von Phosphodiesterasen (z. B. von Darmschleimhaut-Phosphatase in Anwesenheit von Arsenat) werden schließlich die Mono-desoxynucleotide frei, die bemerkenswerterweise durchweg 5'-Phosphate sind[2]. Durch vorsichtige saure Hydrolyse von DNS werden nur Pyrimidinnucleotide erhalten, da ihre Glykosidbindung gegen Säuren viel unempfindlicher ist als jene der Purinderivate, und zwar die 3',5'-Diphosphate, möglicherweise auch Pyrimidinnucleosidmonophosphate. Die enzymatische Hydrolyse von RNS (eine Ribonuclease aus Rinderpankreas ist ebenfalls in kristallisiertem Zustand bekannt[3]) liefert Nucleotidgemische, die aus den 4 Nucleosid-3'-phosphaten und den 4 Nucleosid-5'-phosphaten bestehen[4]. Die Pyrimidinriboside werden zum Teil als 3',5'- bzw. 2',5'-Diphosphate erhalten.

Die lange bekannte alkalische Spaltung, die bei RNS schnell und schon bei geringer Alkalität zu den Mononucleotiden führt, liefert hingegen Gemische der Ribonucleosid-2'- und 3'-phosphate. Zur präparativen Darstellung der Ribonucleotide ist Jahrzehnte hindurch die bequeme Methode der alkalischen Hydrolyse angewandt worden, in der Annahme, daß sie einheitliche Stoffe liefert. Erst die Chromatographie mit Ionenaustausch-Harzen hat die Trennung der a- und b-Isomeren (2'- bzw. 3'-Phosphaten) ermöglicht[4]. Die Bildung der (in den RNS nicht präformierten) 2'-Phosphate wird verständlich durch das intermediäre Entstehen von „cyclischen" 2',3'-Monophosphaten[5].

Auch aus RNS bleiben nach saurer Hydrolyse die Pyrimidinnucleotide zum Teil erhalten, und zwar sowohl als Pyrimidinribosid-2'- wie als 3'-phosphate.

Spezifische Nucleotid-Phosphatasen, die Nucleotidasen, und auch andere Phosphoesterasen von geringerer Spezifität hydrolysieren die Ribonucleotide und die Desoxyribonucleotide zu den entsprechenden Nucleosiden. Für die Darstellung der Purin-desoxy-

[1] KUNITZ, M.: J. gen. Physiol. **33**, 349 (1950).
[2] CARTER, C. E.: Am. Soc. **73**, 1537 (1951). — SMITH, J. D., and R. MARKHAM: Biochim. biophysica Acta, N. Y. 8, 350 (1952).
[3] KUNITZ, M.: J. gen. Physiol. **24**, 15 (1940).
[4] COHN, W. E., and E. VOLKIN: Nature **167**, 483 (1951).
[5] BROWN, D. M., D. I. MAGRATH and A. R. TODD: Soc. **1952**, 2708.

ribonucleoside ist der enzymatische Weg bisher der präparativ einzig brauchbare. Die Pyrimidin-desoxyribonucleoside hingegen können auch durch saure Hydrolyse direkt aus DNS erhalten werden, unter Verlust der anderen Komponenten.

Die Darstellung der Ribonucleoside kann ebenfalls vorteilhaft durch enzymatische Hydrolyse der Nucleotide erfolgen. Doch lassen sich die Ribonucleotide ohne allzu starke Zersetzung der Endprodukte auch durch Erhitzen in schwach alkalischer Lösung (mit Ammoniak, mit wäßrigem Pyridin, mit Bleioxyd, mit Magnesiumoxyd, mit Lanthanoxyd) dephosphorylieren.

f) Prinzipien der Strukturbestimmung.

Die vollständige Ermittlung der Struktur eines *Nucleosids* verlangt die Klärung folgender Punkte:

1. der Natur der stickstoffhaltigen Komponente und jener des Zuckers,
2. der Stelle der glykosidischen Bindung des Zuckers am Heteroring,
3. der α- oder β-Konfiguration dieser Bindung,
4. der Furanose- oder Pyranosestruktur des Saccharids.

Die Strukturbestimmung eines *Mononucleotids* fordert zudem

5. die Kenntnis der Haftstelle oder der Haftstellen des Phosphatrestes bzw. der Phosphatreste.

Bei einem *Nucleosid-nucleotid* oder einem *Dinucleotid* wird die Aufgabe entsprechend komplexer. Bei *Oligonucleotiden* treten die Fragen nach den „Endgruppen" und nach der Reihenfolge der einzelnen Nucleotid-Einheiten hinzu.

Zu 1. Die Identifizierung des in einem Nucleosid oder Nucleotid enthaltenen Purins oder Pyrimidins ist bei den bisher untersuchten Verbindungen meistens die erste Feststellung gewesen und dürfte auch in künftigen Fällen die geringsten Schwierigkeiten bereiten. Sie erfolgt nach der Hydrolyse durch Säuren, die zur Spaltung der Pyrimidinglykoside sehr kräftig sein muß (s. S. 1151). Identifizierung und Bestimmung des Purins oder Pyrimidins durch Messung der UV-Absorption, nach seiner papierchromatographischen Abtrennung, ist das am häufigsten angewandte, auch mit Mengen von weniger als 1 mg brauchbare Verfahren (s. S. 1110ff.).

Der Nachweis der Kohlenhydrat-Komponente wird bei den Abbauprodukten der NS häufig auf die Farbreaktion der Pentose bzw. der Desoxypentose beschränkt (nähere Angaben s. Bd. III/1, S. 646). Dabei ist zu beachten, daß nur die Purinnucleoside durch Säuren leicht hydrolysiert werden, die Pyrimidinnucleoside hingegen erst unter Bedingungen, welche die Ribose zum Teil zerstören und nur zum Teil in Furfurol verwandeln, die Desoxyribose vollständig zerstören. Nach Reduktion des Pyrimidinringes zum Dihydropyrimidin (durch katalytische Hydrierung[1] oder mit Natrium und Äthanol in flüssigem Ammoniak[2]) findet die Hydrolyse des Nucleosids jedoch so leicht statt, daß die Zuckerkomponente erhalten werden kann. Bei unbekannten Nucleosiden ist eine Isolierung des Zuckers die Voraussetzung zu seiner sicheren Identifizierung; man wird mindestens eine genaue Untersuchung seines papierchromatographischen Verhaltens erstreben.

Die Hydrolyse von Purindesoxyribosiden wird zweckmäßig durch Behandlung mit einem sauren Austauschharz ausgeführt[3]. Es sei daran erinnert, daß vom ersten Nachweis einer Pentose in RNS bis zu ihrer Identifizierung als D-Ribose 15 Jahre verstrichen, mehr als 30 Jahre vom ersten Nachweis eines Zuckers mit „Hexose-Reaktionen" in den DNS bis zu seiner Identifizierung als Desoxyribose. Die Identität der Zuckerkomponenten der RNS ist bisher nur in wenigen Fällen sichergestellt worden.

[1] LEVENE, P. A., u. F. B. LA FORGE: B. **45**, 608 (1912). — COHN, W. E., and D. G. DOHERTY: Am. Soc. **78**, 2863 (1956).
[2] BURKE, D. C.: J. org. Chem. **20**, 643 (1955).
[3] LALAND, S. G., and W. G. OVEREND: Acta chem. scand. **8**, 192 (1954).

Zu 2. Die Haftstelle der Pyrimidinriboside in 3 wurde schon von LEVENE und TIPSON[1] nachgewiesen: Durch Methylierung von 2',3'-Diacetyl-5'-trityl-uridin und Hydrolyse des Reaktionsproduktes wurde 1-Methyluracil erhalten. Die 1-Stelle des Nucleosids mußte daher frei, die 3-Stelle vom Zuckerrest besetzt sein. Da Cytidin durch Desaminierung Uridin ergibt, muß es auch ein N(3)-Ribosid sein. Es ist weiterhin gesichert, daß auch die bisher bekannten Desoxyriboside N(3)-Glykoside sind[1,2].

Bei den Purinribosiden ist die Haftstelle von Zucker und Base zuerst durch Vergleich der UV-Spektren der Nucleoside mit den Spektren entsprechender Basen mit Substituenten an bekannter Stelle erkannt worden[3]. Diese spektroskopischen Vergleiche brachten den Nachweis, daß die Riboside am N(9) den Zucker tragen und nicht am N(7), wie vordem angenommen worden war. Auch alle bisher bekannten Purindesoxyriboside sind N(9)-Glykoside. Das UV-Spektrum von Desoxyadenosin stimmt nahezu mit demjenigen von 9-Methyladenin und von Adenosin überein, jenes von Desoxyguanosin mit dem von 9-Methylguanin und Guanosin[4].

Im übrigen ist auch durch Perjodat-Oxydation bewiesen worden, daß im Adenosin (und im Guanosin) der Zucker in 9-Stellung haftet. Denn durch Einwirkung von Perjodat auf Adenosin und auf synthetisches Adenin-(9)-D-mannopyranosid und Adenin-(9)-glucopyranosid, in denen der Zucker sicherlich in 9 am Purinring haftet, wird derselbe Dialdehyd gebildet[5].

Synthetische Methoden (s. S. 1083) bestätigen die N(3)-Bindung des Zuckerrestes in den Pyrimidinnucleosiden und jene in N(9) in den Purinnucleosiden.

Zu 3. In allen bisher näher untersuchten Nucleosiden ist die Konfiguration des glykosidischen Zentrums eine β-Konfiguration; es ist daher wahrscheinlich, daß auch in den noch nicht eingehend geprüften Nucleosiden die Bindung zwischen Zucker und Base β-glykosidisch ist.

Diese Schlußfolgerung wurde zunächst durch Vergleich der optischen Drehung und der enzymatischen Hydrolyse der Nucleoside mit jenen von bekannten β-Glykosiden gezogen.

Synthetische Glucopyranoside, die von α-Acetobromglucose ausgehend dargestellt wurden, haben höchstwahrscheinlich alle β-Konfiguration. Durch Perjodat-Oxydation liefern sie einen Dialdehyd, in dem die gleiche β-glykosidische Konfiguration vorliegt wie in den entsprechenden Oxydationsprodukten der natürlichen Nucleoside[5].

Eine weitere Beweisführung gründet auf der leichten Bildung von cyclo-Nucleosiden aus den 5'-O-Tosylnucleosiden. Sie wurde mit den Derivaten von Adenosin und Cytidin[6] und auch von Desoxyadenosin und Desoxycytidin[7] ausgeführt.

Die Richtigkeit der Annahme einer β-glykosidischen Konfiguration wird im übrigen auch durch vollständige Röntgenanalysen von Cytidin[8] und Uridin, Adenosin und Guanosin[9] bestätigt.

Zu 4. Die Furanosestruktur der Zuckerkomponente ist in allen bisher daraufhin untersuchten Ribonucleosiden und Desoxyribonucleosiden aus Nucleinsäuren nachgewiesen

---

[1] LEVENE, P. A., and R. S. TIPSON: J. biol. Ch. **104**, 385 (1935).

[2] BREDERECK, H., G. MÜLLER u. E. BERGER: B. **73**, 1058 (1940). — DEKKER, C. A., and D. T. ELMORE: Soc. **1951**, 2864.

[3] GULLAND, J. M., and E. R. HOLIDAY: Soc. **1936**, 765. — GULLAND, J. M., and L. F. STORY: Soc. **1938**, 692.

[4] GULLAND, J. M., and L. F. STORY: Soc. **1938**, 259, 692.

[5] LYTHGOE, B., H. SMITH and A. R. TODD: Soc. **1947**, 355. — DAVOLL, J., B. LYTHGOE and A. R. TODD: Soc. **1946**, 833; **1948**, 1685.

[6] CLARK, V. M., A. R. TODD and J. ZUSSMAN: Soc. **1951**, 2952.

[7] ANDERSEN, W., D. H. HAYES, A. M. MICHELSON and A. R. TODD: Soc. **1954**, 1882.

[8] FURBERG, S.: Nature **164**, 22 (1949). Acta crystallogr., London **3**, 325 (1950).

[9] FURBERG, S.: Acta chem. scand. **4**, 751 (1950).

worden. Schon LEVENE und TIPSON[1] hatten durch die Methode der Methylierung mit folgender Oxydation das Vorliegen eines Furanoseringes im Adenosin und im Guanosin gezeigt. In analoger Weise war der Furanosering auch in den Pyrimidin-Nucleosiden Uridin und Cytidin nachgewiesen worden[2]. Die Furanosestruktur läßt sich jedoch viel einfacher durch Perjodat-Oxydation feststellen (s. S. 1109, 1163): Die beiden Pyrimidinriboside und auch die beiden Purinriboside aus Hefe-NS verbrauchen nur 1 Mol Perjodat (unter Bildung eines Dialdehyds, jedoch nicht von Ameisensäure) in Übereinstimmung mit dem Vorliegen von nur zwei benachbarten freien Hydroxylen[3]. Die Desoxyribonucleoside werden von Perjodat nicht angegriffen, da der Desoxyribosidrest in der Furanosestruktur keine benachbarten freien Hydroxyle hat[4].

Zu 5. Die Prüfung der Einwirkung von Perjodat ist auch ein sehr geeignetes Mittel, um die Haftstelle der mit dem Zuckerrest veresterten Phosphorsäure in Nucleotiden festzustellen: Ribonucleotide reduzieren nur dann 1 Mol Perjodsäure, wenn sowohl die 2'- wie die 3'-Stellung unverestert sind. Es sind also nur die 5'-Phosphate der Ribonucleoside, die Perjodat verbrauchen. Die Desoxyribonucleotide werden verständlicherweise von diesem Oxydationsmittel ebenso wenig angegriffen wie die entsprechenden Nucleoside.

Eine weitere Möglichkeit zum Nachweis der benachbarten freien Hydroxyle in den Ribonucleosid-5'-phosphaten, die ebenfalls auf der Anwesenheit der cis-1,2-Diolgruppe beruht, besteht in der Bildung von Kupferkomplexen[5]; von 2'-Phosphaten oder 3'-Phosphaten werden diese nicht gebildet (s. S. 1108). Gleiche Voraussetzung (Anwesenheit einer cis-1,2-Diolgruppe) hat die Entstehung eines Borsäurekomplexes[6], die sich am papierelektrophoretischen Verhalten der Verbindung leicht erkennen läßt.

Häufig wird zur Unterscheidung der verschiedenen isomeren Phosphate der Ribonucleoside und der Desoxyribonucleoside die Wirkung spezifischer Phosphatasen geprüft[7]: Alle Nucleotide, mit Ausnahme der cyclischen Ribosid-2',3'-phosphate, werden von Prostataphosphatase zu Nucleosiden und anorganischem Phosphat hydrolysiert. Eine spezifische 5'-Phosphatase aus Schlangengift (Klapperschlange oder Russell-Viper) dephosphoryliert die Nucleosid-5'-phosphate, aber nur diese.

Derart gelingt es also, die Ribosid-2'- und -3'-phosphate von den 5'-Phosphaten und von den cyclischen 2',3'-Phosphaten zu unterscheiden, ebenso die Desoxyribosid-3'-phosphate von den 5'-Phosphaten.

Die Differenzierung der Ribonucleosid-2'-phosphate von den -3'-phosphaten war schwieriger und gelang erst mit Sicherheit durch Vergleich mit eindeutig synthetisierten Nucleotiden. Nun ist bekannt, daß eine Phosphatase aus Gerste die 3'-Phosphate angreift, die 2'-Isomeren jedoch nicht.

g) Prinzipien der Synthese.

Purinnucleoside sind zuerst (1914) von EMIL FISCHER und B. HELFERICH durch Umsetzung von Purin-Silbersalzen mit Acetohalogenzucker synthetisiert worden. Durch mannigfache Abwandlung der Methode und der Ausgangsstoffe sind in der Folge zahlreiche N-Glykoside von Heterocyclen dargestellt worden. Auch die ersten Versuche zur Phosphorylierung von Nucleosiden (mit Phosphoroxychlorid in Pyridin) wurden von EMIL FISCHER ausgeführt[8].

---

[1] LEVENE, P. A., and R. S. TIPSON: J. biol. Ch. **94**, 809 (1932); **97**, 491 (1932).
[2] LEVENE, P. A., and R. S. TIPSON: J. biol. Ch. **101**, 529 (1933).
[3] LYTHGOE, B., and A. R. TODD: Soc. **1944**, 592.
[4] BROWN, D. M., and B. LYTHGOE: Soc. **1950**, 1990.
[5] KLIMEK, R., u. J. K. PARNAS: B. Z. **252**, 392 (1932).
[6] JACHIMOWICZ, T.: B. Z. **292**, 356 (1937).
[7] CARTER, C. E.: Am. Soc. **73**, 1537 (1951).
[8] Über die Synthesen von Ribonucleosiden: JEANLOZ, R. W., and H. G. FLETCHER: Adv. Carbohydrate Chem. **6**, 135 (1951).

α) *Synthese von Purinribosiden.*

Zur Synthese der natürlichen *Purinriboside* ist zunächst die Darstellung einer Acetohalogenribofuranose notwendig. Diese kann von 5-Trityl-D-ribose aus gewonnen werden[1] oder auch unmittelbar aus D-Ribose nach Acetylierung bei höheren Temperaturen[2]. Die Umsetzung vom Silbersalz des 2,8-Dichloradenins mit Acetochlor-D-ribofuranose führte über das acetylierte 9-Ribofuranosid nach Entfernung der Acetylgruppen und Ersatz der Chloratome durch Wasserstoff zu Adenosin[3] bzw. nach Einführung der C(6)-Hydroxyl- und der C(2)-Aminogruppe zu Guanosin[4]. Adenin selbst läßt sich als Silbersalz nicht mit Acetobromsacchariden umsetzen, da seine Basizität eine Abspaltung von Halogenwasserstoff aus dem substituierten Zucker bewirkt. Nach Acetylierung der Aminogruppe kann jedoch (über das Quecksilberchlorid-Salz) mit Acetochlorribofuranose das entsprechende 9-Ribofuranosid erhalten werden und daraus Adenosin[5]. Aus dem entsprechend hergestellten 2,6-Diaminopurin-(9)-ribofuranosid sind sowohl Guanosin[6] wie Crotonosid[5] synthetisiert worden.

Ein sicherer Beweis der 9-Stellung des Saccharidrestes ergibt sich aus Synthesen nach einem anderen Prinzip: 2,6-Diaminopyrimidine, die an der Aminogruppe in 6 schon den Zuckerrest tragen, sind die Ausgangsstoffe; der Imidazolring wird erst nachträglich geschlossen. Durch diese Reaktionsfolgen wurden mehrere Pentopyranoside und Hexopyranoside synthetisiert[7], aber auch Adenosin[8].

Schließlich kann mit Imidazolglykosiden als Ausgangsstoffen der Pyrimidinring von Xanthinglykosiden nachträglich gebildet werden. Xanthosin selbst ist durch eine derartige Reaktionsfolge (aus dem Silbersalz des 4,5-Dicarbomethoxyimidazols und Acetochlorribofuranose) synthetisiert worden[9].

β) *Synthese von Pyrimidinribosiden.*

Pyrimidinnucleoside lassen sich durch Reaktion von Acetohalogenzucker mit entsprechend substituierten Pyrimidinen herstellen[10]. Die natürlichen Riboside Uridin und Cytidin sind aus Acetobromribofuranose und 2,6-Diäthoxypyrimidin synthetisiert worden[1], ebenso Thymin-Nucleoside aus 2,6-Diäthoxy-5-methylpyrimidin[11].

Weitere synthetische Möglichkeiten ergeben sich aus der Umsetzung von Acetohalogenzucker mit den Quecksilberchlorid-Salzen entsprechender Pyrimidine[12].

γ) *Synthese von Nucleotiden.*

Im folgenden wird nur eine Übersicht der in vitro-Synthesen von Nucleotiden gegeben[13]; die enzymatischen Phosphorylierungen von Nucleosiden zu Nucleosid-5′-phosphaten und von diesen zu Nucleosid-5′-polyphosphaten sind in den Abschnitten über die einzelnen Nucleotide erwähnt.

---

[1] Howard, G. A., B. Lythgoe and A. R. Todd: Soc. **1947**, 1052.
[2] Zinner, H.: B. **83**, 153 (1950).
[3] Davoll, J., B. Lythgoe and A. R. Todd: Soc. **1948**, 967.
[4] Davoll, J., B. Lythgoe and A. R. Todd: Soc. **1948**, 1685.
[5] Davoll, J.: Am. Soc. **73**, 3174 (1951).
[6] Davoll, J., and B. A. Lowy: Am. Soc. **73**, 1650 (1951).
[7] Kenner, G. W., B. Lythgoe and A. R. Todd: Soc. **1944**, 652. — Baddiley, J., G. W. Kenner, B. Lythgoe and A. R. Todd: Soc. **1944**, 657. — Howard, G. A., B. Lythgoe and A. R. Todd: Soc. **1945**, 556. — Holland, A., B. Lythgoe and A. R. Todd: Soc. **1948**, 965. — Andrews, K. J. M., N. Anand, A. R. Todd and A. Topham: Soc. **1949**, 2490.
[8] Kenner, G. W., C. W. Taylor and A. R. Todd: Soc. **1949**, 1620.
[9] Howard, G. A., A. C. McLean, G. T. Newbold, F. S. Spring and A. R. Todd: Soc. **1949**, 232.
[10] Hilbert, G. E., and T. B. Johnson: Am. Soc. **52**, 4489 (1930). — Hilbert, G. E., and E. F. Jansen: Am. Soc. **58**, 60 (1936). — Hilbert, G. E.: J. biol. Ch. **117**, 331 (1937). — Hilbert, G. E., and C. E. Rist: J. biol. Ch. **117**, 371 (1937).
[11] Visser, D. W., I. Goodman and K. Dittmer: Am. Soc. **70**, 1926 (1948).
[12] Fox, J. J., N. Chang and J. Davoll: Fed. Proc. **13**, 211 (1954).
[13] Eingehende Vorschriften bei: Todd, A. R.; in: Colowick-Kaplan, Meth. Enzymol. Bd. III, S. 811.

Damit die Synthese von Nucleotiden aus Nucleosiden zu Verbindungen mit eindeutig bekannter Haftstelle des Phosphatrestes führt, ist es notwendig, vor der Phosphorylierung die nicht zur Veresterung bestimmten Hydroxyle der Zuckerkomponente zu schützen; die schützenden Reste müssen nachher wieder entfernt werden können, ohne daß Hydrolyse der Phosphatgruppe eintritt.

Nach diesem Prinzip ist es möglich gewesen, Ribonucleosid-5'-phosphate, Ribonucleosid-2'- und -3'-phosphate und daraus „cyclische Phosphate" (2',3'-Phosphate), weiterhin Desoxyribonucleosid-mono- und -diphosphate genau bekannter Struktur darzustellen. Unter den synthetisierten 5'-Phosphaten befinden sich auch Adenosin-5'-diphosphat (ADP), Adenosin-5'-triphosphat (ATP) und Uridin-5'-diphosphat (UDP). Auch die Synthese eines Thymidin-dinucleotids mit 3',5'-Bindung zwischen den Nucleosidresten und die Synthese eines Dinucleotids mit Pyrophosphatbindungen und Coenzymfunktion, des „Flavin-adenin-dinucleotids" (FAD), sind bereits gelungen.

1. Synthesen von Ribonucleosid-5'-phosphaten. Zum Schutze der 2',3'-Hydroxyle eines Ribosids eignet sich am besten die 2',3'-Isopropyliden-Verbindung, welche durch Kondensation des Nucleosids mit Aceton leicht zu erhalten ist. Inosinsäure z. B. ist durch Phosphorylierung dieses Derivats des Inosins mit Phosphoroxychlorid in Pyridin und folgende vorsichtige, saure Abspaltung des Isopropylidenrestes hergestellt worden[1]. In analoger Weise wurden aus Adenosin Muskel-Adenylsäure[2] (Adenosin-5'-phosphat), aus Uridin Uridin-5'-phosphat[3] gewonnen. Die Ausbeuten werden stark verbessert, wenn die Phosphorylierung mit Dibenzylchlorphosphat [$(C_6H_5 \cdot CH_2O)_2POCl$], ebenfalls in Pyridin, vorgenommen wird. Die Benzylgruppen lassen sich aus dem Kondensationsprodukt durch katalytische Hydrierung entfernen, der Isopropylidenrest wird durch milde saure Hydrolyse abgespalten. Derart ist sowohl Inosin-5'-phosphat[4] wie Adenosin-5'-phosphat[5] mit guter Ausbeute synthetisiert worden, ebenso Cytidin-5'-phosphat[4] und Uridin-5'-phosphat[4]. Guanosin-5'-phosphat entsteht jedoch auf diesem Wege nicht, sondern nur durch Phosphorylierung von Isopropyliden-guanosin mit Phosphoroxychlorid[4]. Außerdem ist eine wirksame Methode der Phosphorylierung von 2',3'-Isopropylidenguanosin mit Tetra-p-nitrophenylpyrophosphat (in Dioxan) ausgearbeitet worden[6].

2. Synthese von Ribonucleosid-2'- und -3'-phosphaten. Frühere Versuche zur Darstellung von 3'-Phosphaten gingen von Ribonucleosid-benzyliden-Verbindungen aus, weil angenommen wurde, daß durch den Benzylidenrest die 2'- und 5'-Hydroxyle blockiert seien und die Phosphorylierung daher in 3' erfolge[7]. Benzaldehyd reagiert jedoch mit den 2'- und 3'-Hydroxylen eines Ribosids; die Veresterung der Benzyliden-Derivate mit Phosphorsäure findet daher in 5' statt, und alle derart synthetisierten Nucleotide sind Nucleosid-5'-phosphate[8].

Die direkte Phosphorylierung von Adenosin, Guanosin und Uridin führt nicht, wie ursprünglich angenommen wurde[9], zu reinen 3'-Phosphaten, sondern zu Gemischen der entsprechenden 2'- und 3'-Phosphate, wie die Trennung der aus Adenosin (über den

[1] Levene, P. A., and E. T. Stiller: J. biol. Ch. **104**, 299 (1934). — Levene, P. A., and R. S. Tipson: J biol. Ch. **111**, 313 (1935).
[2] Levene, P. A., and R. S. Tipson: J. biol. Ch. **121**, 131 (1937). — Bredereck, H., E. Berger u. J. Ehrenberg: B. **73**, 269 (1940).
[3] Levene, P. A., and R. S. Tipson: J. biol. Ch. **106**, 113 (1934).
[4] Michelson, A. M., and A. R. Todd: Soc. **1949**, 2476.
[5] Baddiley, J., and A. R. Todd: Soc. **1947**, 648.
[6] Chambers, R. W., J. G. Moffatt and H. G. Khorana: Am. Soc. **77**, 3416 (1955).
[7] Bredereck, H., u. E. Berger: B. **73**, 1124 (1940). — Gulland, J. M., and W. G. Overend: Soc. **1948**, 1380. — Michelson, A. M., and A. R. Todd: Soc. **1949**, 2476. — Gulland, J. M., and H. Smith: Soc. **1947**, 338; **1948**, 1527, 1532.
[8] Brown, D. M., L. J. Haynes and A. R. Todd: Soc. **1950**, 408.
[9] Barker, G. R., and J. M. Gulland: Soc. **1942**, 231; Gulland, J. M., and G. I. Hobday: Soc. **1940**, 746.

5'-Tritylläther) entstandenen Nucleotide durch Ionenaustausch gezeigt hat[1]. Ebensolche Gemische bilden sich auch bei der Phosphorylierung der 5'-Tritylläther von Uridin und Cytidin[2].

Zur zweifelsfreien Zuordnung der Adenylsäuren a und b (aus RNS-Hydrolysaten) wurde eine eindeutige Synthese von Adenosin-2'-phosphat in folgender Weise ausgeführt[3]:

Die partielle Acetylierung von 5'-Acetyladenosin liefert ein einheitliches Diacetylderivat, das über ein Monobenzylphosphit in Diacetyl-adenosinphosphat verwandelt wird. Dieses gibt durch milde alkalische Hydrolyse reine Adenylsäure a, frei von dem b-Isomeren. Da eine Wanderung des Phosphatrestes bei dieser Reaktionsfolge nicht stattgefunden haben kann, muß die einheitliche Diacetylverbindung 3',5'-Diacetyladenosin sein. Seine Identität mit 3',5'-Diacetyladenosin geht hervor aus der Bildung von 3,5-Dimethylribose nach Behandlung mit p-Toluolsulfochlorid, Methanolyse zu einem Methyltosyl-ribofuranosid, Methylierung dieses Produktes und anschließender Hydrolyse. Damit war die Adenosin-2'-phosphat-Struktur der Adenylsäure a erwiesen.

3. Synthese von Ribonucleosid-2',3'-phosphaten (cyclischen Phosphaten)[4]. Die vier cyclischen Phosphate der Ribonucleoside können durch Behandlung der entsprechenden 4 Nucleotide, die durch alkalische Hydrolyse von RNS entstehen und jeweils Gemische des Nucleosid-2'-phosphats mit dem Nucleosid-3'-phosphat darstellen, mittels Trifluoracetanhydrid erhalten werden[5]. Beide Isomere führen verständlicherweise zum gleichen cyclischen Phosphat, wobei es wahrscheinlich ist, daß ein gemischtes Anhydrid der Trifluoressigsäure mit dem entsprechenden Nucleotid (2'- und 3'-Phosphat) Zwischenprodukt ist; unter Abspaltung der fluorierten Essigsäure findet die „innere Phosphorylierung" statt, d. h. der Ringschluß der Phosphatgruppe.

Darstellung der cyclischen Phosphate durch Einwirkung von Carbodiimiden auf 3'(2')-Phosphate[6].

4. Synthesen von Desoxyribosid-mono- und -diphosphaten. Die Umsetzung von 5'-Tritylthymidin mit Dibenzylchlorphosphat führt nach Abspaltung des Tritylrestes mit Essigsäure und Hydrogenolyse der Benzylgruppen zu Thymidin-3'-phosphat[7]. Wird 5'-Tritylthymidin acetyliert zu 3'-Acetyl-5'-tritylthymidin, der Tritylrest hydrolytisch entfernt und das verbleibende 3'-Acetylthymidin mit Dibenzylchlorphosphat behandelt, so erhält man nach Abspaltung der Benzylgruppen durch katalytisch erregten Wasserstoff Thymidin-5'-phosphat[7].

Ebenso sind auch die 3'- und 5'-Phosphate des Desoxycytidins synthetisiert worden[8]. Die 5'-Phosphate beider Pyrimidindesoxyriboside sind identisch mit den entsprechenden Nucleotiden, die durch enzymatische Hydrolyse von DNS erhalten werden.

Zu den 3',5'-Diphosphaten von Thymidin und Uridin gelangt man durch direkte Phosphorylierung der Nucleoside mit Dibenzylchlorphosphat im Überschuß und Hydrogenolyse der Benzylreste[9]. In ähnlicher Weise wie die obengenannten Pyrimidin-desoxyribosid-3'- und -5'-phosphate haben sich auch die 3'- und 5'-Phosphate der natürlichen Purin-desoxyriboside Desoxyadenosin und Desoxyguanosin synthetisieren lassen[10]; einige Abänderungen wurden durch die leichte Hydrolysierbarkeit der Glykosidbindung in diesen Purinderivaten bedingt.

[1] Brown, D. M., and A. R. Todd: Soc. **1952**, 44.
[2] Bredereck, H.: H. **224**, 79 (1934). — Bredereck, H., u. E. Berger: B. **73**, 1124 (1940).
[3] Brown, D. M., G. D. Fasman, D. I. Magrath, A. R. Todd, W. Cochran and M. M. Woolfson: Nature **172**, 1184 (1953).
[4] Baddiley, J., and A. R. Todd: Soc. **1947**, 648.
[5] Brown, D. M., D. I. Magrath and A. R. Todd: Soc. **1952**, 2708.
[6] Dekker, C. A., and H. G. Khorana: Am. Soc. **76**, 3522 (1954).
[7] Michelson, A. M., and A. R. Todd: Soc. **1953**, 951.
[8] Michelson, A. M., and A. R. Todd: Soc. **1954**, 34.
[9] Dekker, C. A., A. M. Michelson and A. R. Todd: Soc. **1953**, 947.
[10] Hayes, D. H., A. M. Michelson and A. R. Todd: Soc. **1955**, 808.

Die Einwirkung von Dibenzylchlorphosphat auf 3'-Acetyldesoxyadenosin führt zum entsprechenden 5'-Dibenzylphosphat, aus dem durch ammoniakalisches Methanol der Acetylrest, durch katalytische Hydrierung bei p_H 7 die Benzylgruppen entfernt werden. Das entstandene Desoxyadenosin-5'-phosphat läßt sich durch Ionenaustausch-Chromatographie reinigen und als Calciumsalz isolieren. Die Phosphorylierung des isomeren 5'-Acetyldesoxyadenosins gelingt mit dem gemischten Anhydrid des O-Benzylphosphits und des O,O-Diphenylphosphats (in Methylcyanid-Lösung mit 2,6-Lutidin). Nach Chlorierung des gebildeten Nucleosid-3'-benzylphosphits mit N-Chlorsuccinimid, Hydrolyse mit wäßrigem Pyridin, Entacetylierung und Hydrogenolyse des Benzylrestes entsteht Desoxyadenosin-3'-phosphat, das wie das 5'-Isomere gereinigt wird.

Die Desoxy-adenylsäure aus DNS ist mit Desoxyadenosin-5'-phosphat identisch.

Zur Synthese der beiden Desoxyguanosin-phosphate werden 3'-Acetyldesoxyguanosin bzw. 5'-Acetyldesoxyguanosin ebenfalls mit O-Benzylphosphit-O,O-diphenylphosphat-anhydrid phosphoryliert usw. behandelt, wie oben bei der Darstellung von Desoxyadenosin-5'-phosphat angegeben ist. Die Identität des synthetischen Desoxyguanosin-5'-phosphats mit der aus DNS zu erhaltenden Desoxyguanylsäure geht aus seiner Dephosphorylierung durch Klapperschlangengift hervor.

5. Synthese von Ribonucleosid-5'-di- und -tri-phosphaten. Der wesentliche Schritt bei der synthetischen Darstellung dieser Phosphate ist die Bildung von einer bzw. von zwei Pyrophosphatbindungen: Er kann ausgeführt werden z. B. durch Umsetzung des Silbersalzes eines Nucleotids mit Dibenzylchlorphosphat.

Zur Synthese von Adenosin-5'-diphosphat (ADP)[1] wird zunächst aus 2',3'-Isopropylidenadenosin-5'-dibenzylphosphat in einer Operation durch Säuren der Isopropylidenrest und eine Benzylgruppe hydrolytisch entfernt; das Silbersalz des so entstandenen Adenosin-monobenzylphosphats reagiert mit Dibenzylchlorphosphat zu Adenosin-5'-tribenzylpyrophosphat. Durch katalytische Hydrogenolyse der Benzylgruppen entsteht ADP.

Wird Adenosin-5'-tribenzylpyrophosphat mit einer tertiären Base erhitzt[2], so spaltet sich eine Benzylgruppe ab. Das Silbersalz des entstandenen Dibenzylesters läßt sich mit Dibenzylchlorphosphat zu einem Tetrabenzylester des Adenosin-5'-triphosphats (ATP) phosphorylieren, aus dem durch Hydrogenolyse der Benzylgruppen ATP entsteht[3].

Die Reaktionsfolge zur ATP-Synthese läßt sich wesentlich vereinfachen durch direkte Phosphorylierung des Disilbersalzes von Adenosin-5'-phosphat mittels Dibenzylchlorphosphat im Überschuß, der die übliche Entfernung der Benzylgruppen folgt[4].

Auch Uridin-5'-diphosphat (UDP) ist synthetisiert worden, und zwar schon in mehrfacher Weise: Durch Umsetzung des in 5' jodierten 2',3'-Isopropyliden-uridins mit dem Silbersalz von Tribenzylpyrophosphat entsteht der Tribenzylester des UDP, nach Entfernung der schützenden Gruppen UDP selbst[5]. Ein Tribenzylester des substituierten Pyrophosphats (und daraus UDP) bildet sich auch aus 2',3'-Isopropylidenuridin-5'-benzylchlorphosphat und dem Silbersalz von Dibenzylphosphat[6].

Besonders einfach ist die Behandlung des Uridin-monophosphats mit Phosphorsäure in Gegenwart von Carbodiimid[6]; sie gibt eine gute Ausbeute an Uridin-5'-diphosphat und Uridin-5'-triphosphat. Möglicherweise läßt sich diese Methode auch zur Darstellung anderer Nucleosid-5'-polyphosphate anwenden.

---

[1] Baddiley, J., and A. R. Todd: Soc. **1947**, 648.
[2] Baddiley, J., V. M. Clark, J. J. Michalski and A. R. Todd: Soc. **1949**, 815.
[3] Baddiley, J., A. M. Michelson and A. R. Todd: Soc. **1949**, 582.
[4] Michelson, A. M., and A. R. Todd: Soc. **1949**, 2487.
[5] Anand, N., V. M. Clark, R. H. Hall and A. R. Todd: Soc. **1952**, 3665.
[6] Corby, N. S., G. W. Kenner and A. R. Todd: Soc. **1952**, 3669. — Hall, R. H., and H. G. Khorana: Abstr. amer. chem. Soc. Meeting Kansas City, March 1954, S. 23.

6. Synthese von „Dinucleotiden" mit Pyrophosphatbindung. Zu dieser Gruppe gehören Coenzym I (Diphosphopyridin-nucleotid, DPN), Coenzym II (Triphosphopyridinnucleotid, TPN), das gelbe Coenzym „Flavinadenindinucleotid" (FAD) und Coenzym A (CoA).

Die Synthese von „Flavinadenindinucleotid", die als erste Totalsynthese eines Dinucleotids mit Pyrophosphatbindung besonders hervorzuheben ist, wurde auf folgendem Wege ausgeführt[1]: Durch Umsetzung eines gemischten Anhydrids von Diphenylphosphat und Benzylhydrogenphosphit mit 2',3'-Isopropylidenadenosin entsteht dessen 5'-Benzylphosphit. Nach Chlorierung (mit Chlorsuccinimid) zum Chlorphosphat wird das Monosilbersalz des Riboflavin-5'-phosphats zur Einwirkung gebracht und dadurch die Pyrophosphatbindung erzeugt. Dabei spaltet sich die Benzylgruppe ab. Nach Hydrolyse des Isopropylidenrestes läßt sich aus der Reaktionsmischung reines FAD isolieren.

Über eine Möglichkeit zur Synthese derartiger „Dinucleotide" durch Umesterungen mit Hilfe von Carbodiimidderivaten[2].

7. Synthesen von Dinucleotiden mit 3',5'-internucleotidischer Bindung. Mehrere Gründe sprechen für die Struktur der Nucleinsäuren als 3',5'-verknüpfte Polynucleotide. Die Synthese von Dinucleotiden, in welchen der Phosphorsäurerest des einen Nucleosid-5'-phosphats mit der 3'-Stelle des zweiten Nucleosid-5'-phosphats verestert ist, beansprucht besonderes Interesse, da sie Substanzen liefert, die mit den Dinucleotiden aus Nucleinsäuren vergleichbar sind. Ein derartiges Dithymidindinucleotid ist bisher als erstes, echtes Dinucleotid synthetisiert worden[3]. Die Kondensation von 3'-O-Acetylthymidin mit Thymidin-3'-benzylchlorphosphat-5'-dibenzylphosphat erfolgt in Anwesenheit von 2,6-Lutidin, die Entfernung der schützenden Benzylgruppen in üblicher Weise. Zur Kennzeichnung der Struktur des Dithymidin-dinucleotids wird die Abkürzung T5'-P-3'T5'-P vorgeschlagen. Diese Art der Abkürzung erscheint sehr geeignet, um allgemein die Struktur von Dinucleotiden und Polynucleotiden eindeutig anzugeben[4]. Als Nebenprodukte der Synthese entstehen Thymidin-3',5'-diphosphat und ein Dinucleotid-pyrophosphat.

Durch analoge Reaktionsfolgen wird wahrscheinlich auch die Synthese von anderen Dinucleotiden mit 3',5'-Phosphatbrücken und von Tri- und Oligonucleotiden bestimmter Struktur möglich sein.

Eine Synthese von Adenosin-2'-uridin-5'-phosphat[5].

2. Tabellarische Übersicht der Nucleoside.

Numerierung im Ring und im Glykosidrest der Pyrimidin- und Purinnucleoside.

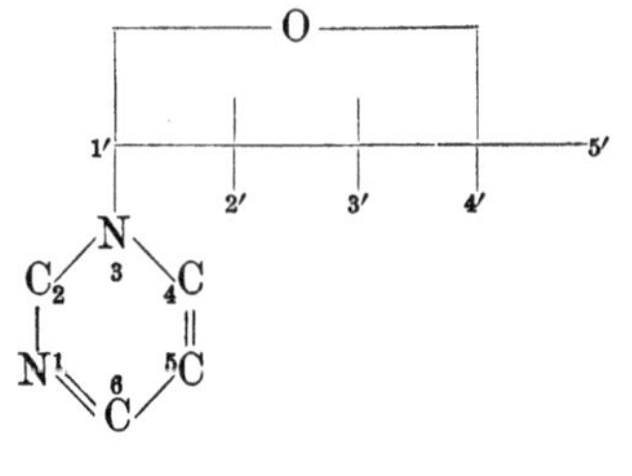

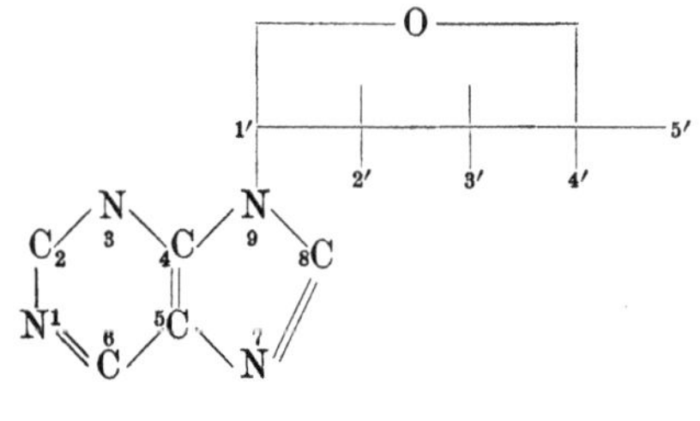

[1] CHRISTIE, S. M. H., G. W. KENNER and A. R. TODD: Nature **170**, 924 (1952); Soc. **1954**, 46.
[2] DEKKER, C. A., and H. G. KHORANA: Am. Soc. **76**, 3522 (1954).
[3] MICHELSON, A. M., and A. R. TODD: Soc. **1955**, 2632.
[4] Siehe auch die Symbolisierung S. 1266.
[5] MICHELSON, A. M., L. SZABO and A. R. TODD: Soc. **1956**, 1546.

Tabelle 6. *Übersicht der Ribonucleoside.*

Lfd. Nr.	Trivialnamen, rationelle Namen, Summenformel	Strukturformel	Seite
1	Adenosin, Adeninribosid; Adenin-(9)-β-D-ribofuranosid, 9-β-D-Ribofuranosyl-adenin, 9-β-D-Ribofuranosyl-6-amino-purin $C_{10}H_{13}O_4N_5$	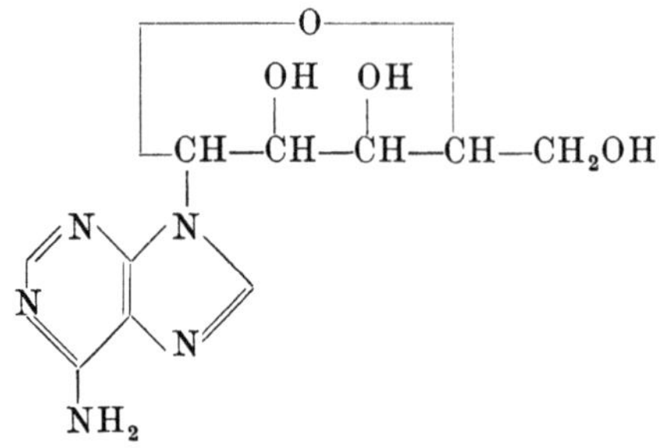	1175
2	Guanosin, Guaninribosid; Guanin-(9)-β-D-ribofuranosid, 9-β-D-Ribofuranosyl-guanin, 9-β-D-Ribofuranosyl-2-amino-6-oxy-purin $C_{10}H_{13}O_5N_5$	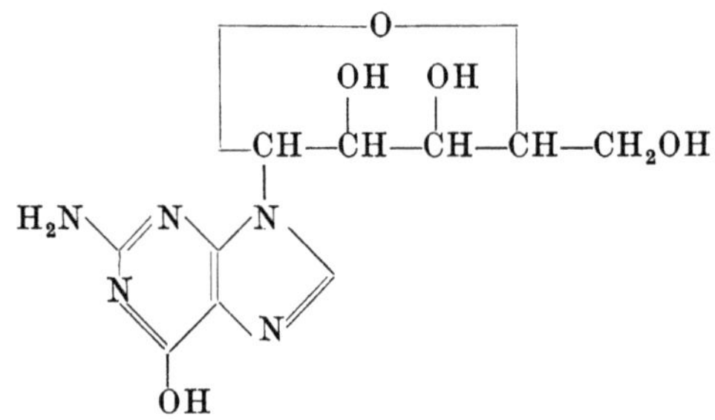	1180
3	Cytidin, Cytosinribosid; Cytosin-(3)-β-D-ribofuranosid, 3-β-D-Ribofuranosyl-cytosin, 3-β-D-Ribofuranosyl-2-oxy-6-amino-pyrimidin $C_9H_{13}O_5N_3$	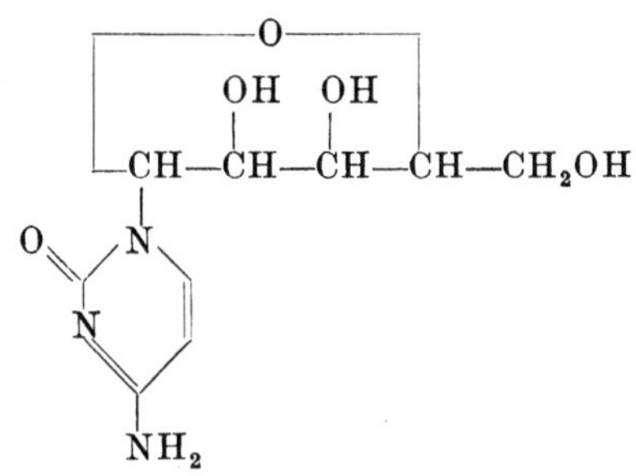	1182
4	Uridin, Uracilribosid; Uracil-(3)-β-D-ribofuranosid, 3-β-D-Ribofuranosyl-uracil, 3-β-D-Ribofuranosyl-2,6-dioxy-pyrimidin $C_9H_{12}O_6N_2$	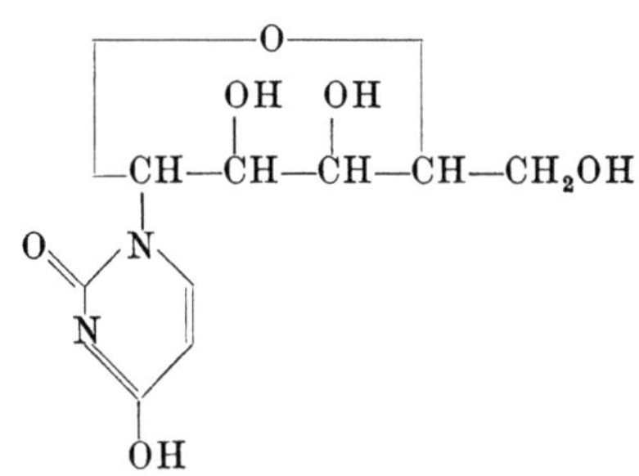	1184
5	Inosin, Hypoxanthinribosid; 6-Oxypurin-(9)-β-D-ribofuranosid, 9-β-D-Ribofuranosyl-6-oxy-purin $C_{10}H_{12}O_5N_4$	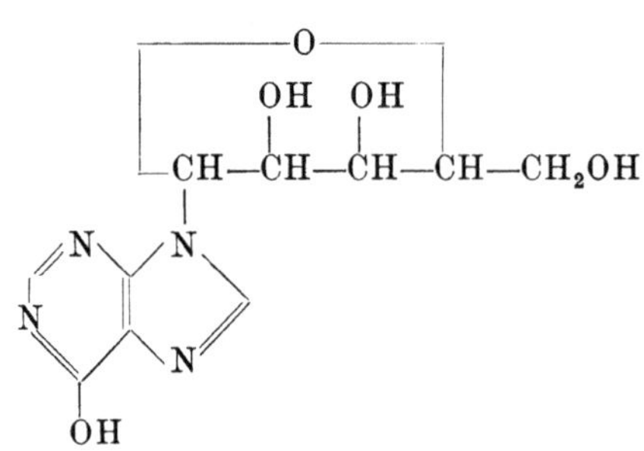	1186

Tabelle 6. (Fortsetzung.)

Lfd. Nr.	Trivialnamen, rationelle Namen, Summenformel	Strukturformel	Seite
6	Xanthosin, Xanthinribosid; 2,6-Dioxypurin-(9)-β-D-ribofuranosid, 9-β-D-Ribofuranosyl-2,6-dioxy-purin $C_{10}H_{12}O_6N_4$	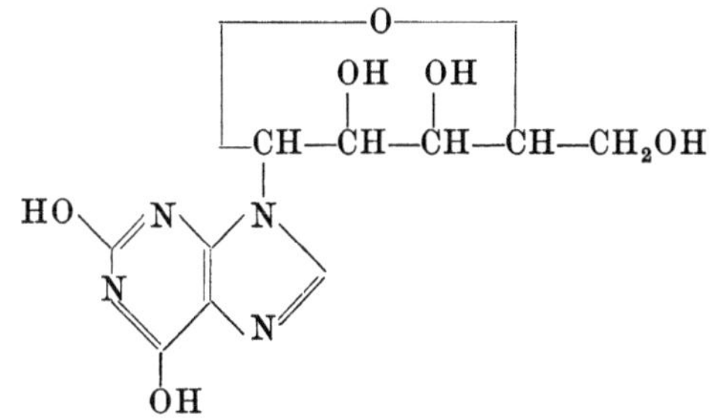	1187
7	Harnsäureribosid; 2,6,8-Trioxypurin-(9)-β-D-ribofuranosid, 9-β-D-Ribofuranosyl-2,6,8-trioxy-purin $C_{10}H_{12}O_7N_4$	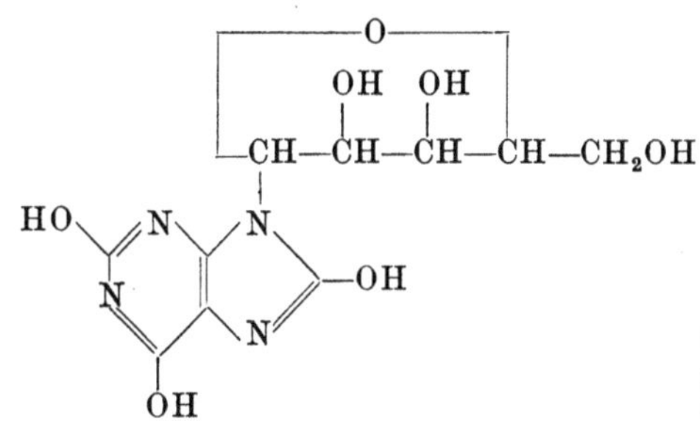	1188
8	Crotonosid, Isoguaninribosid; 2-Oxy-6-amino-purin-(9)-β-D-ribofuranosid, 9-β-D-Ribofuranosyl-2-oxy-6-amino-purin $C_{10}H_{13}O_5N_5$	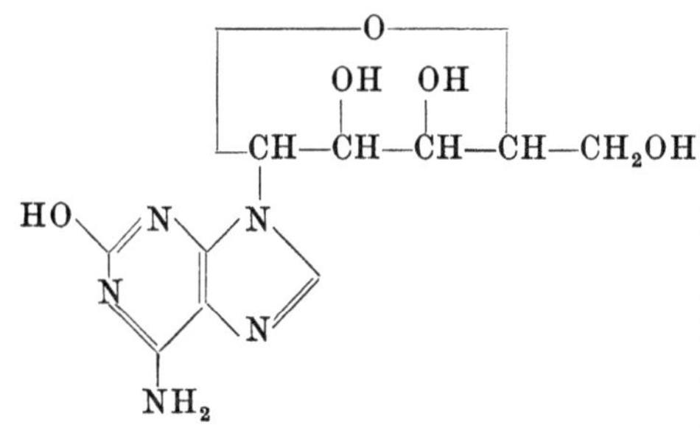	1189
9	Spongosin, 2-Methoxyadenosin; 2-Methoxy-adenin-(9)-β-D-ribofuranosid, 9-D-Ribofuranosyl-2-methoxyadenin $C_{11}H_{15}O_5N_5$	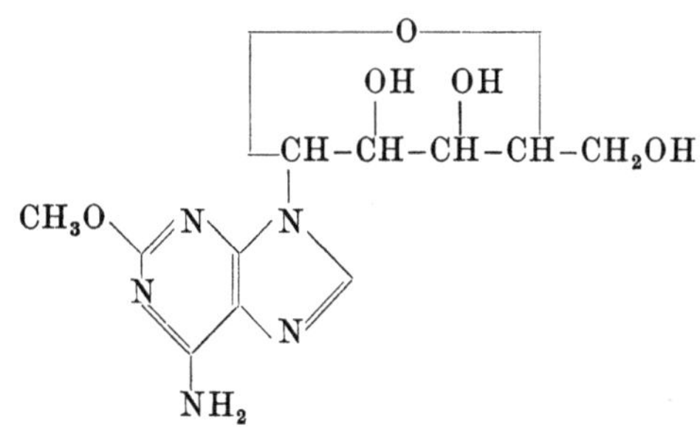	1190
10	Nebularin; Purin-(9)-β-D-ribofuranosid, 9-β-D-Ribofuranosyl-purin $C_{10}H_{12}O_4N_4$	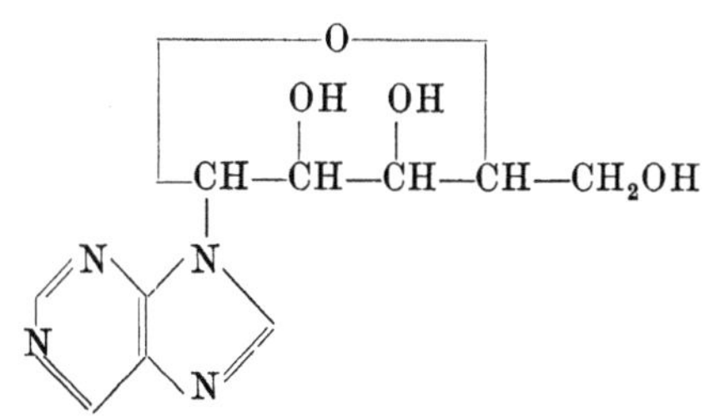	1191

Tabelle 6. (Fortsetzung.)

Lfd. Nr.	Trivialnamen, rationelle Namen, Summenformel	Strukturformel	Seite
11	Orotidin, Orotsäureribosid; 2,6-Dioxy-4-carboxy-pyrimidin-(3 ?)-ribosid $C_{10}H_{12}O_8N_2$	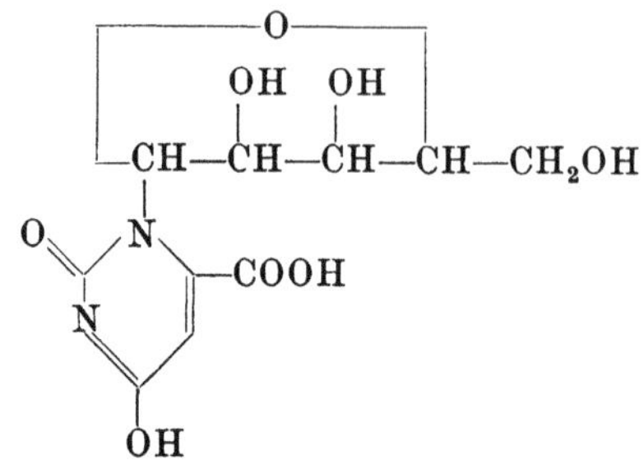	1191
12a	Synth. Thymin-(1)-ribosid $C_{10}H_{14}O_6N_2$		1191
12b	Synth. Thymin-(3)-ribosid $C_{10}H_{14}O_6N_2$		
12c	Synth. 5-Methyl-cytidin $C_{10}H_{15}O_5N_3$		

Tabelle 7. *Übersicht der Desoxyribonucleoside.*

Lfd. Nr.	Trivialnamen, rationelle Namen, Summenformel	Strukturformel	Seite
13	Desoxyadenosin, Adenindesoxyribosid; Adenin-(9)-2′-desoxy-β-D-ribofuranosid 9-(2′-Desoxy-β-D-ribofuranosyl)-6-amino-purin $C_{10}H_{13}O_3N_5$	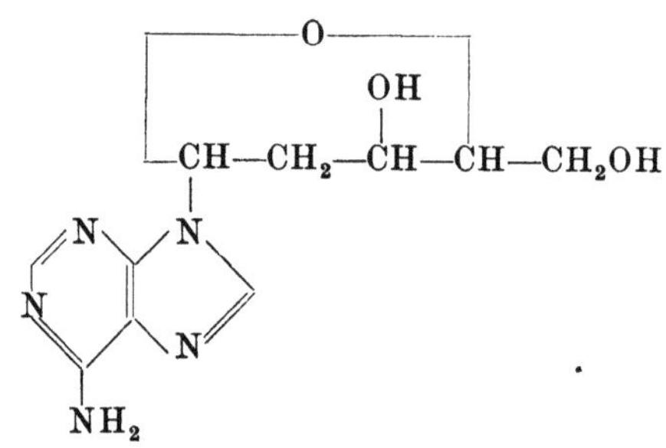	1192
14	Desoxyguanosin, Guanindesoxyribosid; Guanin-(9)-2′-desoxy-β-D-ribofuranosid, 9-(2′-Desoxy-β-D-ribofuranosyl)-2-amino-6-oxy-purin $C_{10}H_{13}O_4N_5$	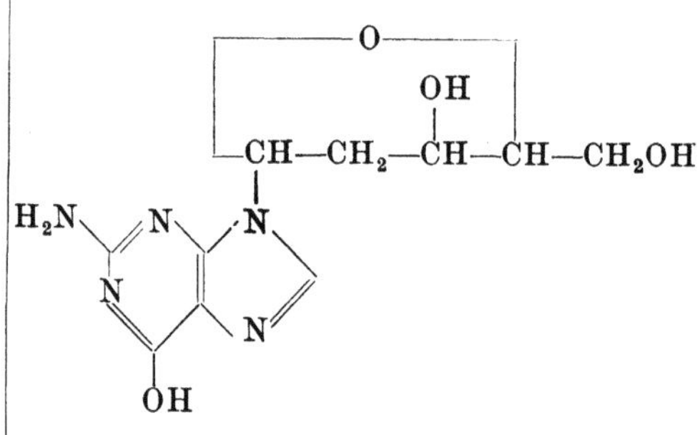	1193
15	Desoxycytidin, Cytosindesoxyribosid; Cytosin-(3)-2′-desoxy-β-D-ribofuranosid, 3-(2′-Desoxy-β-D-ribofuranosyl)-2-oxy-6-amino-pyrimidin $C_9H_{13}O_4N_3$	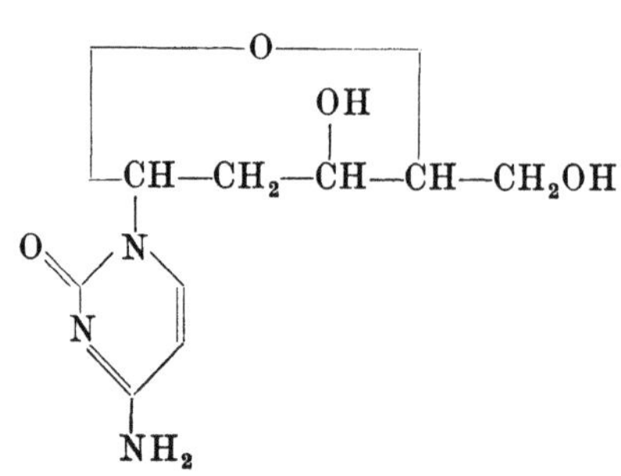	1194

Tabelle 7. (Fortsetzung.)

Lfd. Nr.	Trivialnamen, rationelle Namen, Summenformel	Strukturformel	Seite
16	Thymidin, Thymindesoxyribosid; Thymin-(3)-2′-desoxy-β-D-ribofuranosid, 3-(2′-Desoxy-β-D-ribofuranosyl)-5-methyl-2,6-dioxy-pyrimidin $C_{10}H_{14}O_5N_2$	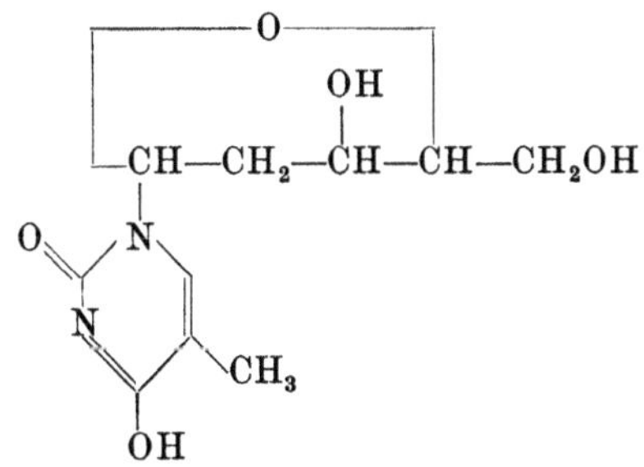	1194
17	Desoxy-5-methylcytidin, 5-Methylcytosin-desoxyribosid; 5-Methylcytosin-(3)-2′-desoxy-β-D-ribofuranosid, 3-(2′-Desoxy-β-D-ribofuranosyl)-5-methyl-2-oxy-6-amino-pyrimidin $C_{10}H_{15}O_4N_3$	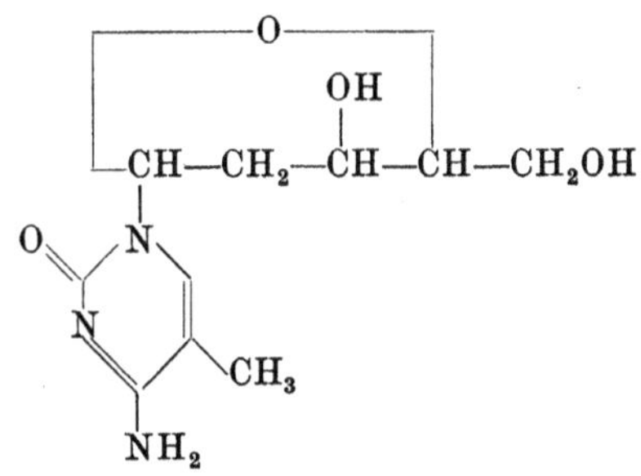	1197
18	5-Oxymethylcytosindesoxyribosid; 5-Oxymethylcytosin-(3)-2′-desoxy-β-D-ribofuranosid, 3-(2′-Desoxy-β-D-ribofuranosyl)-5-oxymethyl-2-oxy-6-amino-pyrimidin $C_{10}H_{15}O_5N_3$	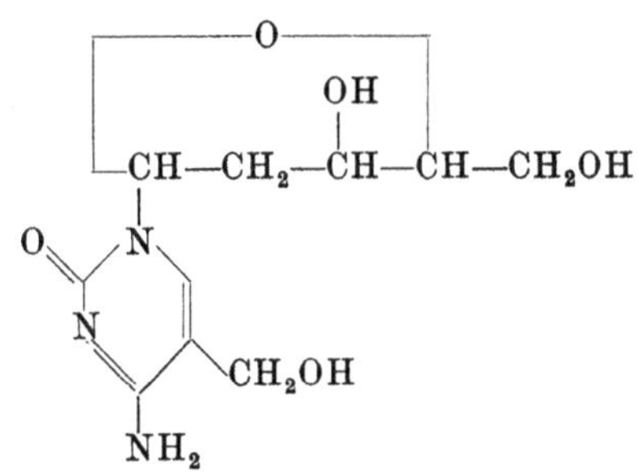	1199
19	Desoxy-hypoxanthosin, Hypoxanthin-desoxyribosid; Hypoxanthin-(9)-2′-desoxy-β-D-ribofuranosid $C_{10}H_{12}O_4N_4$	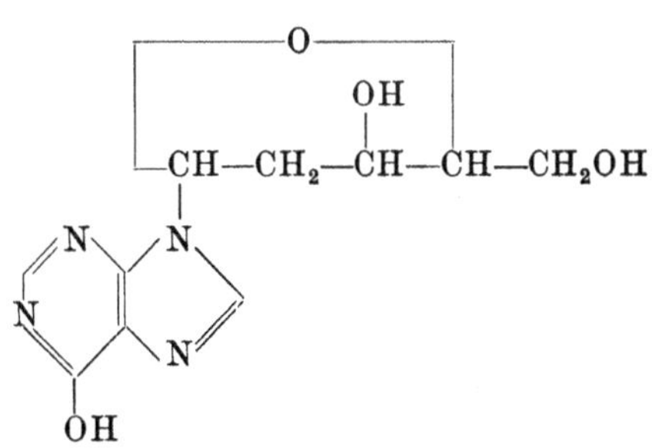	1199
20	Desoxyxanthosin, Xanthindesoxyribosid; Xanthin-(9)-2′-desoxy-D-ribosid $C_{10}H_{12}O_5N_4$	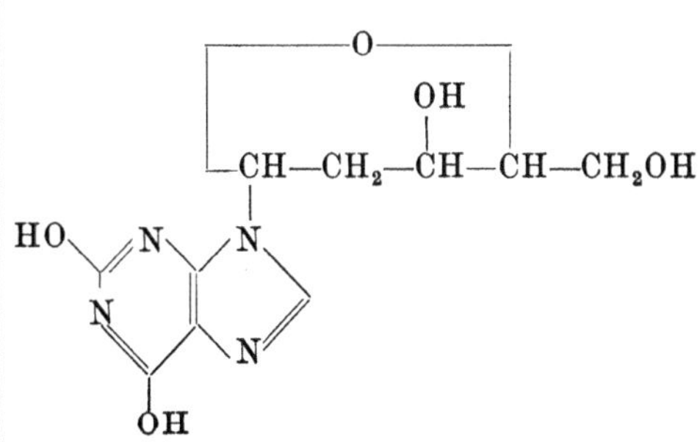	1200

Tabelle 7. (Fortsetzung.)

Lfd. Nr.	Trivialnamen, rationelle Namen, Summenformel	Strukturformel	Seite
21	Desoxyuridin, Uracildesoxyribosid; Uracil-(3)-2′-desoxy-β-D-ribofuranosid $C_9H_{12}O_5N_2$	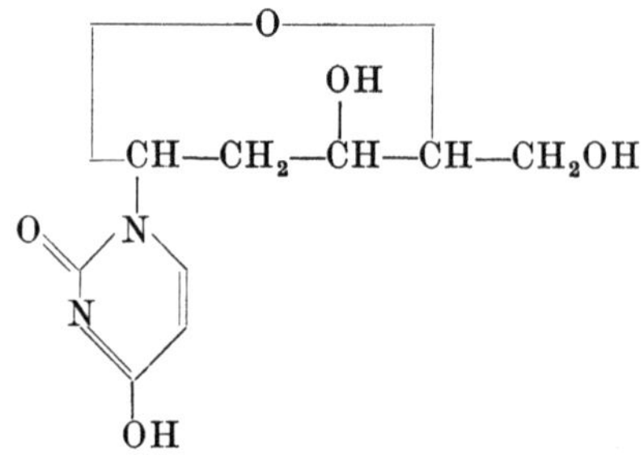	1200

Tabelle 8. *Übersicht der Nucleoside mit anderem Glykosidrest.*

Lfd. Nr.	Trivialnamen, rationelle Namen, Summenformel	Strukturformel	Seite
22	Adeninthiomethylpentosid; Adenin-(9)-5′-methylthio-5′-desoxy-β-D-ribofuranosid $C_{11}H_{15}O_3N_5S$	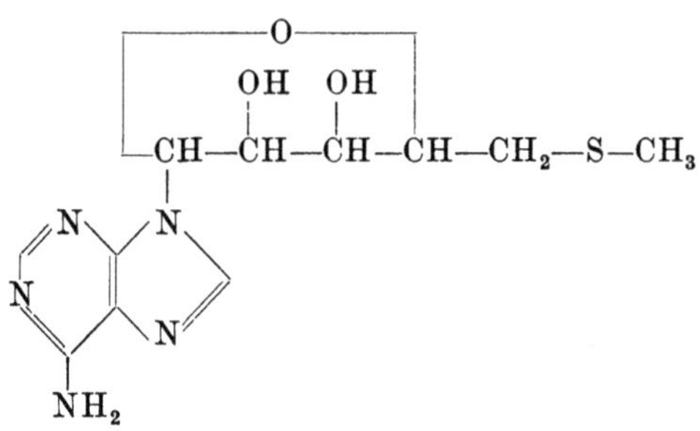	1201
23	Hypoxanthinthiomethylpentosid; Hypoxanthin-(9)-5′-methylthio-5′-desoxy-β-D-ribofuranosid $C_{11}H_{14}O_4N_4S$	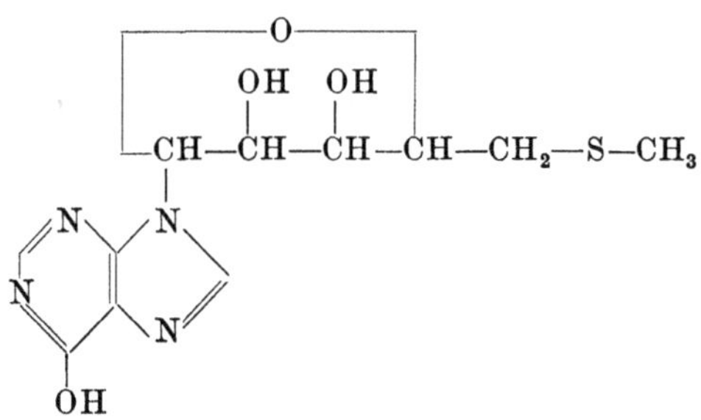	1203
24	Vicin, Divicinglucosid; 2,4-Diamino-5,6-dioxy-pyrimidin-(5)-glucosid, 5-O-β-D-Glucopyranosyl-2,4-diamino-5,6-dioxy-pyrimidin $C_{10}H_{16}O_7N_4$	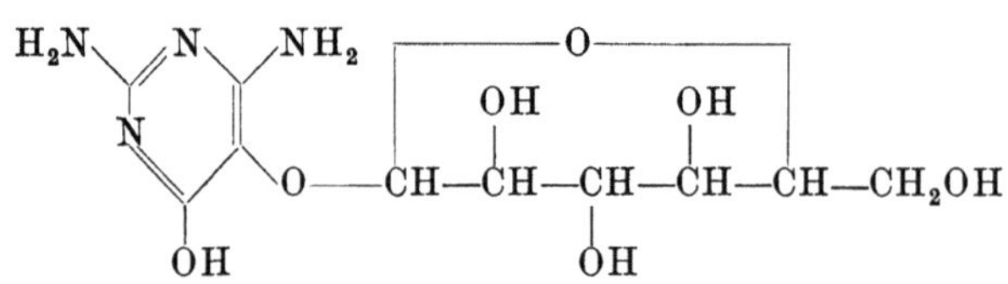	1203
25	Convicin; 4-Imino-dialursäure-D-glucosid $C_{10}H_{15}O_8N_3$	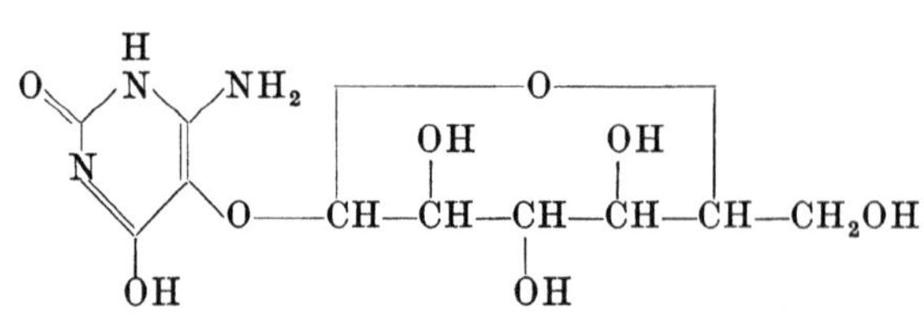	1204

Tabelle 8. (Fortsetzung.)

Lfd. Nr.	Trivialnamen, rationelle Namen, Summenformel	Strukturformel	Seite
26	Cordycepin, Adenincordyceposid $C_{10}H_{13}O_3N_5$	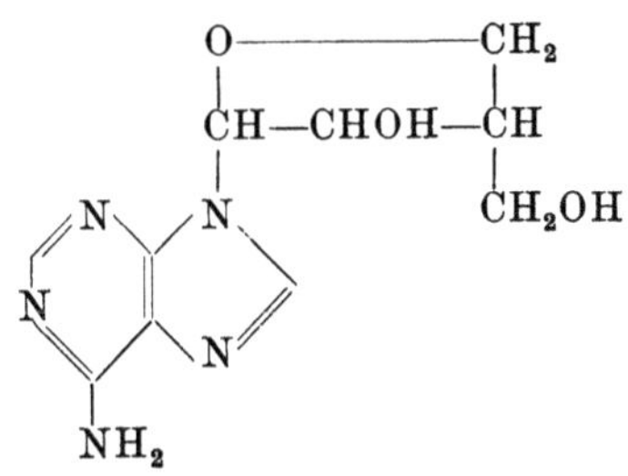	1205
27	Puromycin; 6-Dimethylamino-9-(3′-p-methoxy-L-phenylalanyl-amino-3′-desoxy-β-D-ribofuranosyl)-purin $C_{22}H_{29}O_5N_7$	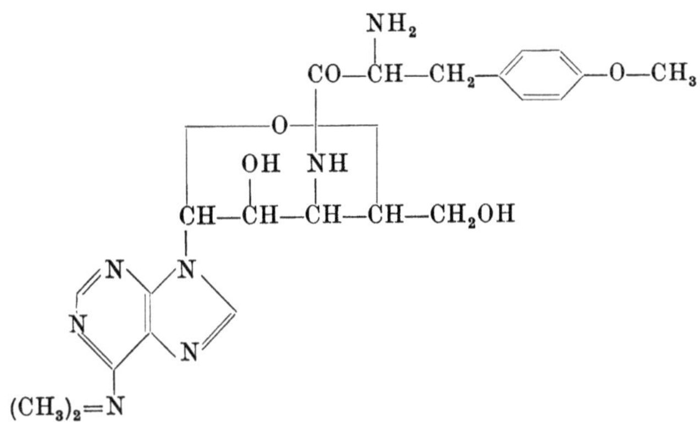	1205
28	Spongothymidin; 3-β-D-Arabofuranosyl-thymin $C_{10}H_{14}O_6N_2$	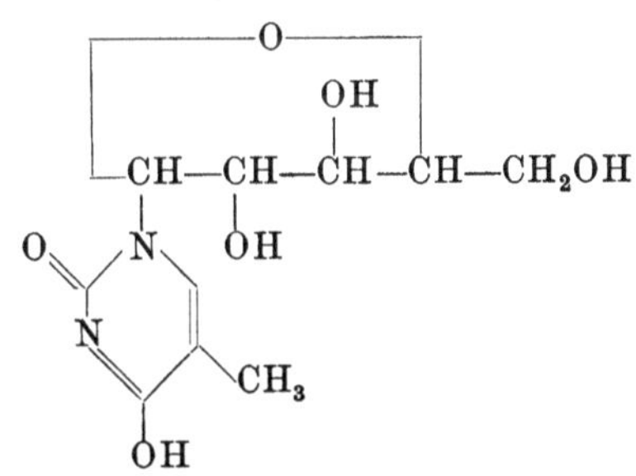	1205
29	Spongouridin; 3-β-D-Arabofuranosyl-uracil $C_9H_{12}O_6N_2$	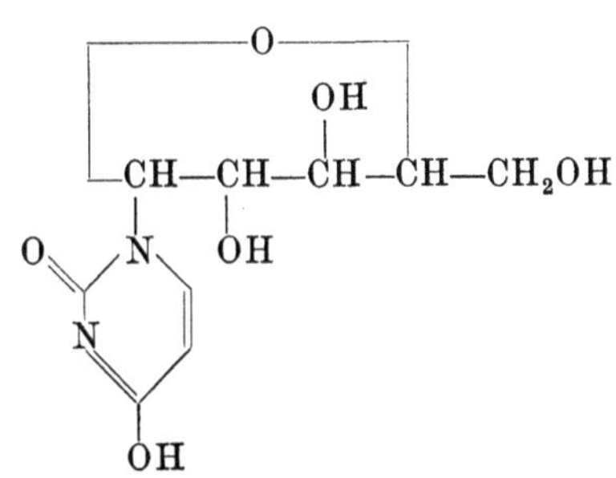	1206

3. Tabellarische Übersicht der Nucleotide.

Tabelle 9. *Übersicht der Ribo-mononucleotide.*

Lfd. Nr.	Trivialnamen, rationelle Namen, Summenformel	Strukturformel	Seite
		α) Die 5'-Phosphate.	
1	Adenosin-5'-phosphat Muskel-adenylsäure AMP $C_{10}H_{14}O_7N_5P$	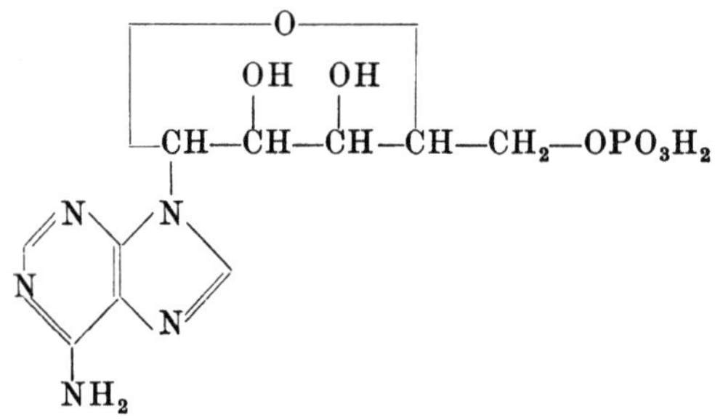	1208
2	Adenosin-5'-diphosphat ADP $C_{10}H_{15}O_{10}N_5P_2$	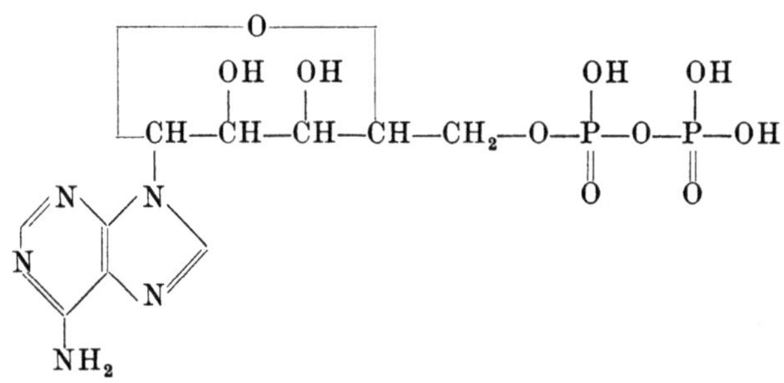	1213
3	Adenosin-5'-triphosphat ATP $C_{10}H_{16}O_{13}N_5P_3$	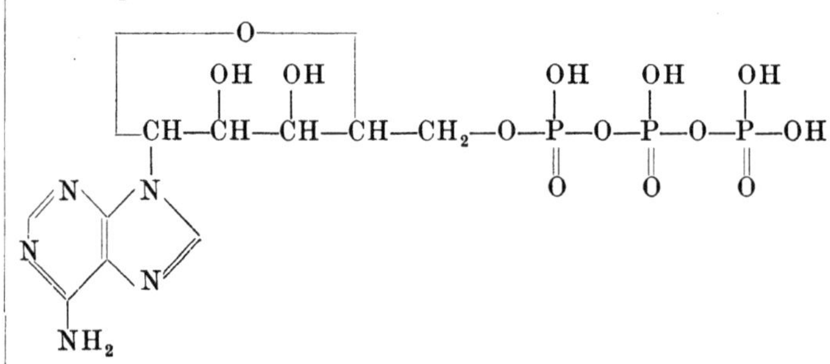	1214
4	Adenosin-5'-tetraphosphat ATaP $C_{10}H_{17}O_{16}N_5P_4$	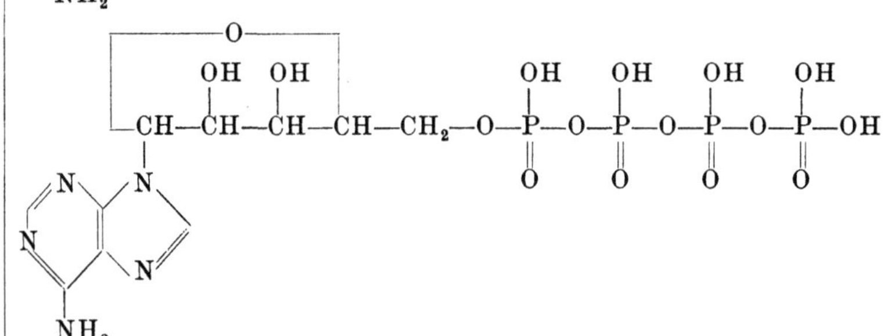	1225
5	Inosin-5'-phosphat Inosinsäure IMP $C_{10}H_{13}O_8N_4P$	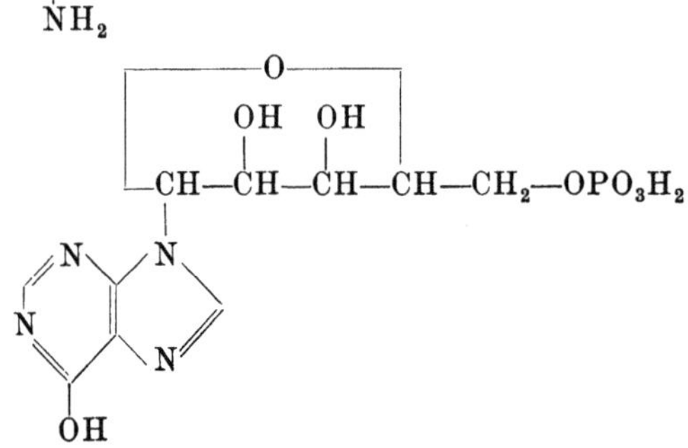	1225

Tabelle 9. (Fortsetzung.)

Lfd. Nr.	Trivialnamen, rationelle Namen, Summenformel	Strukturformel	Seite
6	Inosin-5′-di-phosphat IDP $C_{10}H_{14}O_{11}N_4P_2$	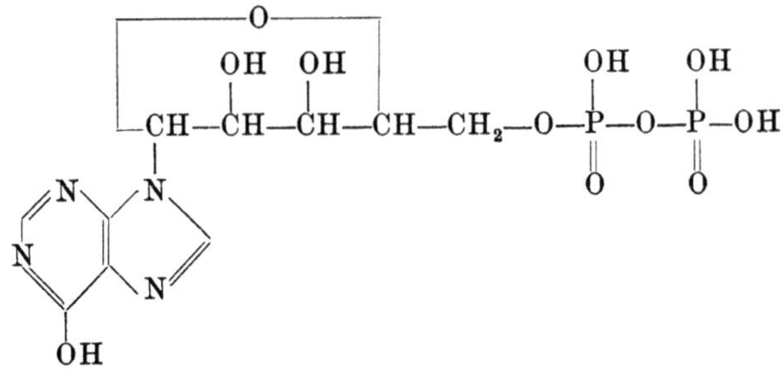	1228
7	Inosin-5′-tri-phosphat ITP $C_{10}H_{15}O_{14}N_4P_3$	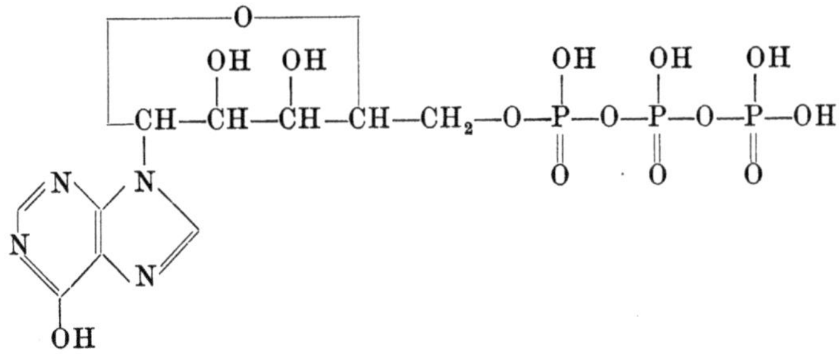	1228
8	Guanosin-5′-phosphat GMP $C_{10}H_{14}O_8N_5P$	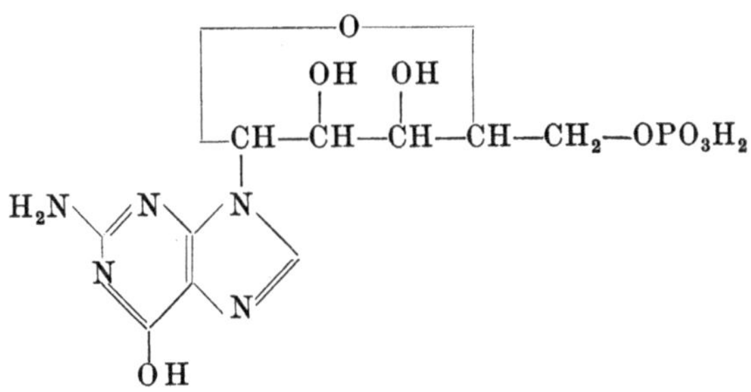	1228
9	Guanosin-5′-di-phosphat GDP $C_{10}H_{15}O_{11}N_5P_2$	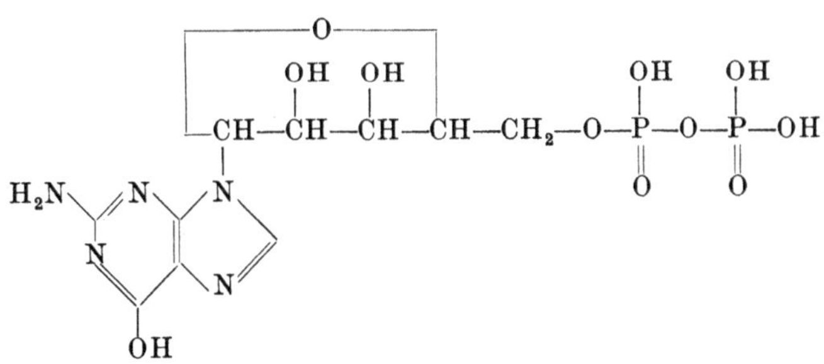	1229
10	Guanosin-5′-tri-phosphat GTP $C_{10}H_{16}O_{14}N_5P_3$	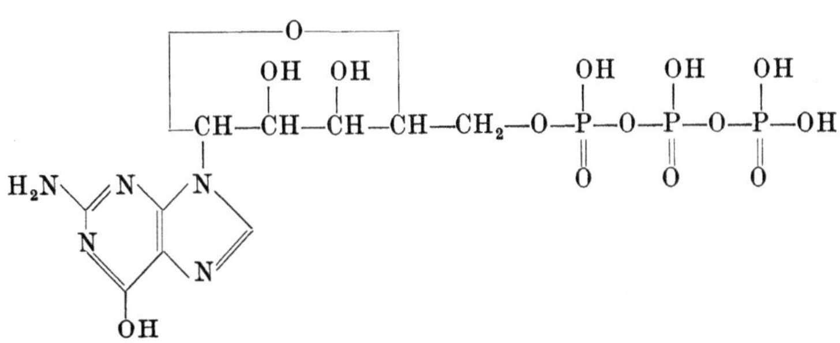	1229

Tabelle 9. (Fortsetzung.)

Lfd. Nr.	Trivialnamen, rationelle Namen, Summenformel	Strukturformel	Seite
11	Guanosin-5'-diphosphat-mannose GDPM $C_{16}H_{25}O_{16}N_5P_2$	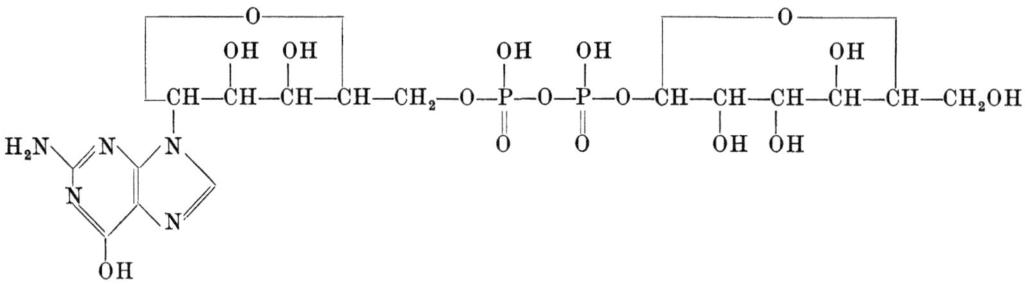	1230
12	Cytidin-5'-phosphat CMP $C_9H_{14}O_8N_3P$	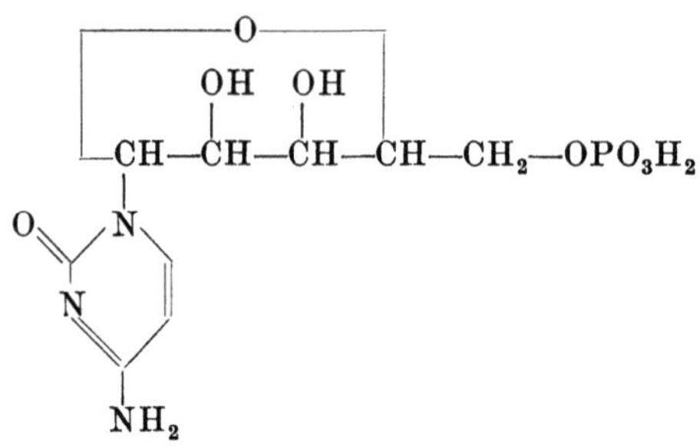	1231
13	Cytidin-5'-diphosphat CDP $C_9H_{15}O_{11}N_3P_2$	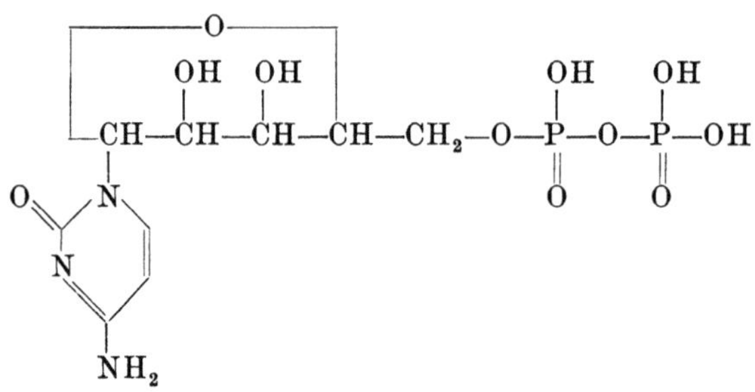	1231
14	Cytidin-5'-triphosphat CTP $C_9H_{16}O_{14}N_3P_3$	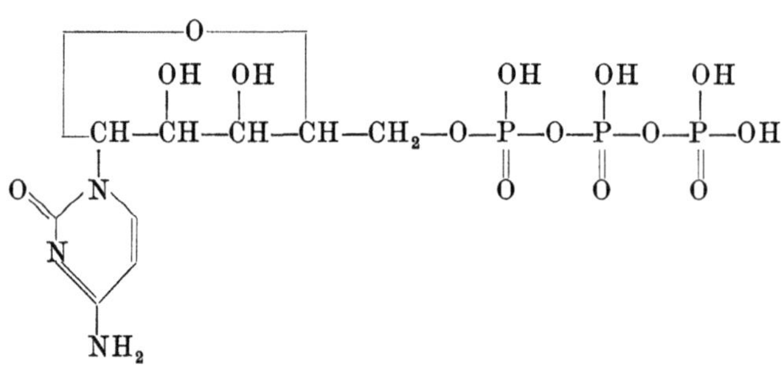	1231

Tabelle 9. (Fortsetzung.)

Lfd. Nr.	Trivialnamen, rationelle Namen, Summenformel	Strukturformel	Seite
15	Uridin-5'-phosphat UMP $C_9H_{13}O_9N_2P$	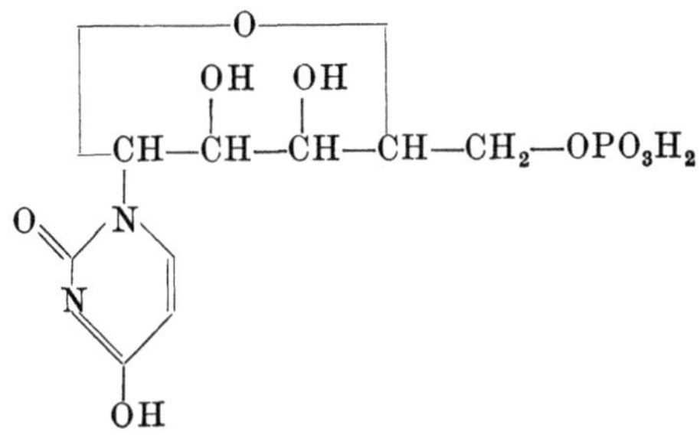	1232
16	Uridin-5'-di-phosphat UDP $C_9H_{14}O_{12}N_2P_2$	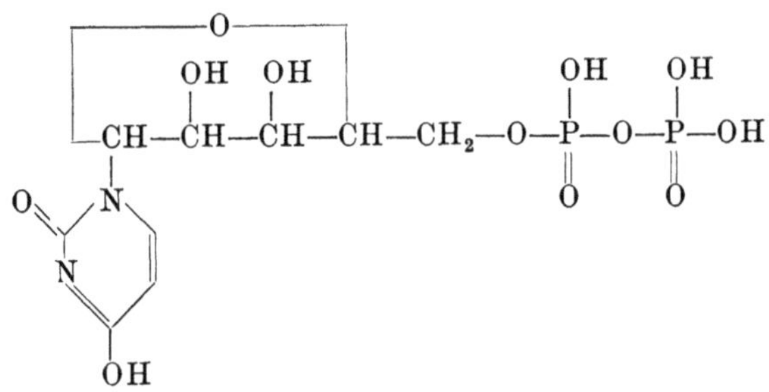	1233
17	Uridin-5'-tri-phosphat UTP $C_9H_{15}O_{15}N_2P_3$	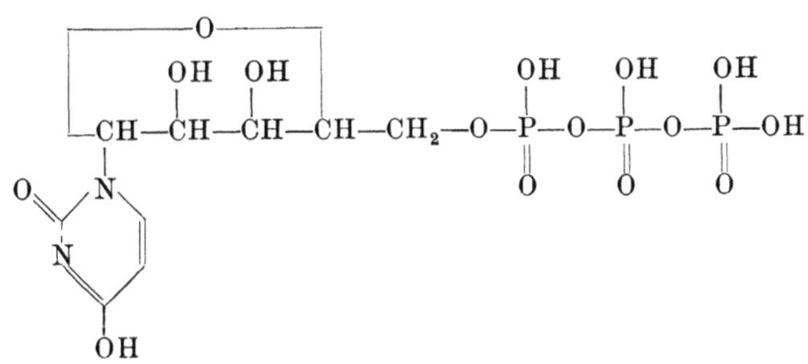	1234
18	Uridin-5'-di-phosphat-glucose UDPG		1236

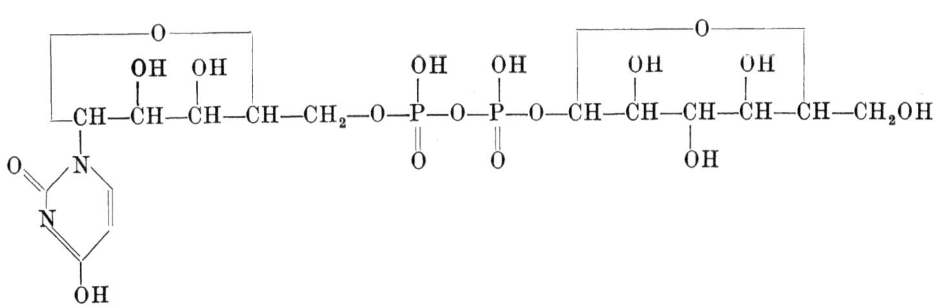

Tabelle 9. (Fortsetzung.)

Lfd. Nr.	Trivialnamen, rationelle Namen, Summenformel	Strukturformel	Seite
19	Uridin-5′-di-phosphat-galaktose UDPGa	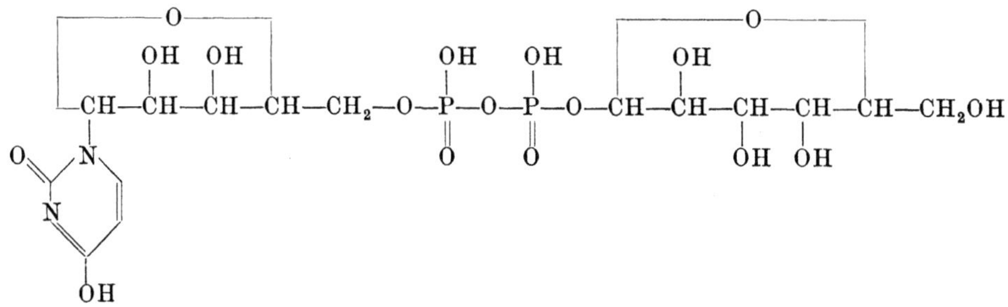	1238
20	Uridin-5′-di-phosphat-acetylglucos-amin UDPAGA	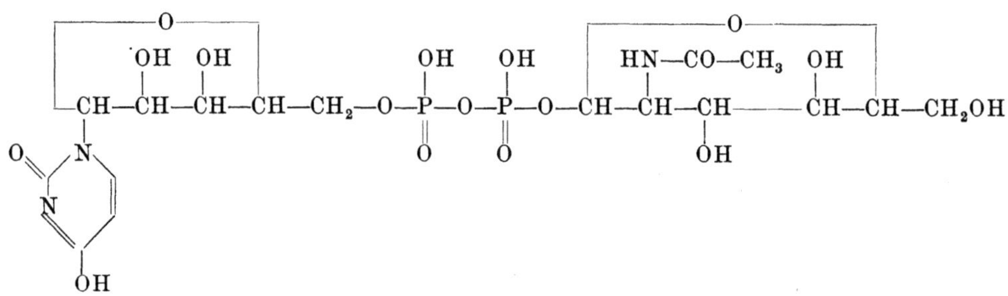	1238
21	Uridin-5′-di-phosphat-acetyl-galaktosamin UDPAGaA	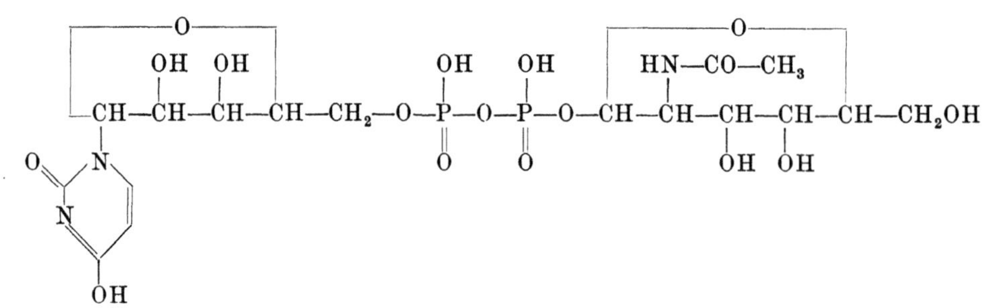	1238

Tabelle 9. (Fortsetzung.)

Lfd. Nr.	Trivialnamen, rationelle Namen, Summenformel	Strukturformel	Seite
22	Uridin-5′-di-phosphat-glucuron-säure	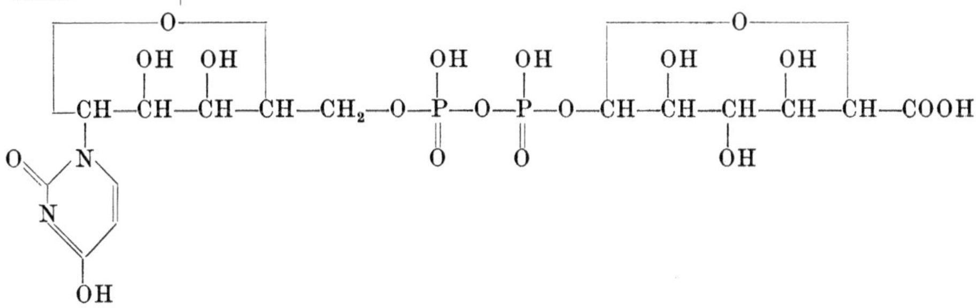	1240

β) Die 2′-Phosphate, die 3′-Phosphate, die 2′,3′-Phosphate und die 3′,5′-Diphosphate.

Lfd. Nr.	Trivialnamen, rationelle Namen, Summenformel	Strukturformel	Seite
23	Hefe-adenyl-säure Gemisch von Adenosin-2′- und -3′-phos-phat		1241
24	Adenosin-2′-phosphat $C_{10}H_{14}O_7N_5P$	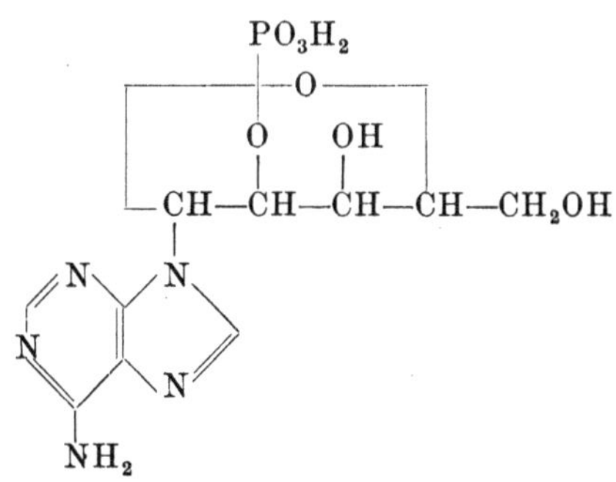	1243
25	Adenosin-3′-phosphat $C_{10}H_{14}O_7N_5P$	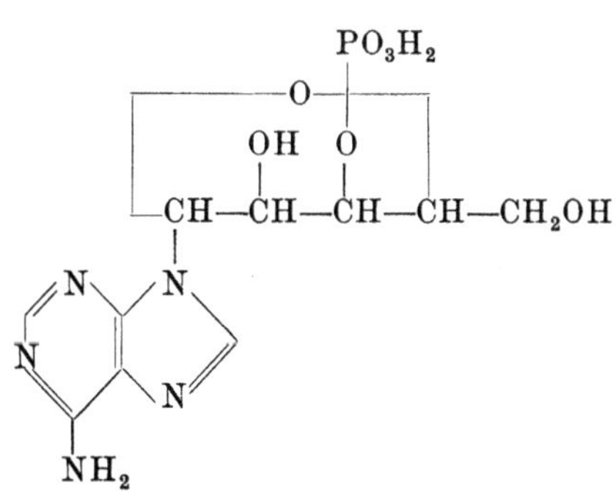	1243
26	Guanylsäure Gemisch von Guanosin-2′- und -3′-phos-phat		1245

Tabelle 9. (Fortsetzung.)

Lfd. Nr.	Trivialnamen, rationelle Namen, Summenformel	Strukturformel	Seite
27	Guanosin-2′-phosphat $C_{10}H_{14}O_8N_5P$	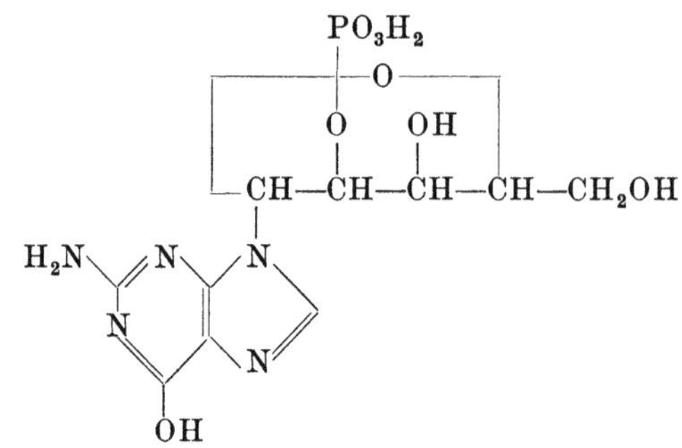	1248
28	Guanosin-3′-phosphat $C_{10}H_{14}O_8N_5P$	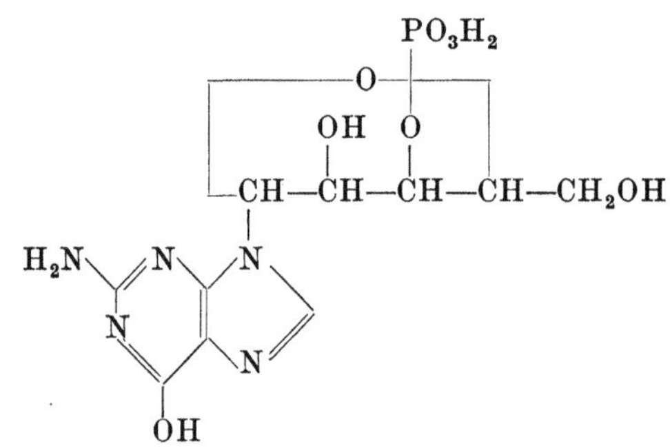	1248
29	Xanthylsäure Gemisch von Xanthosin-2′- und -3′-phosphat	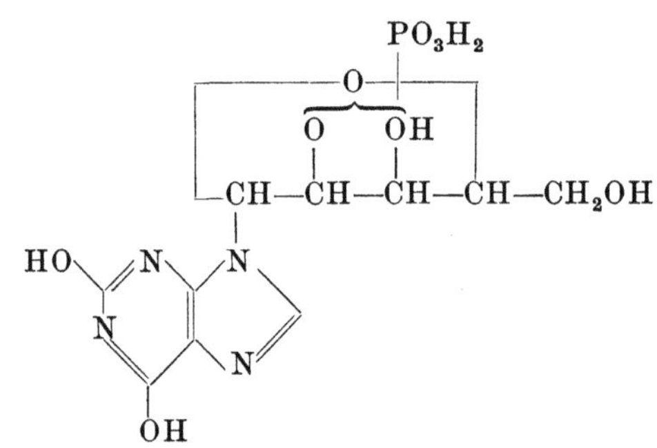	1248
30	Cytidylsäure Gemisch von Cytidin-2′- und -3′-phosphat		1249
31	Cytidin-2′-phosphat $C_9H_{14}O_8N_3P$	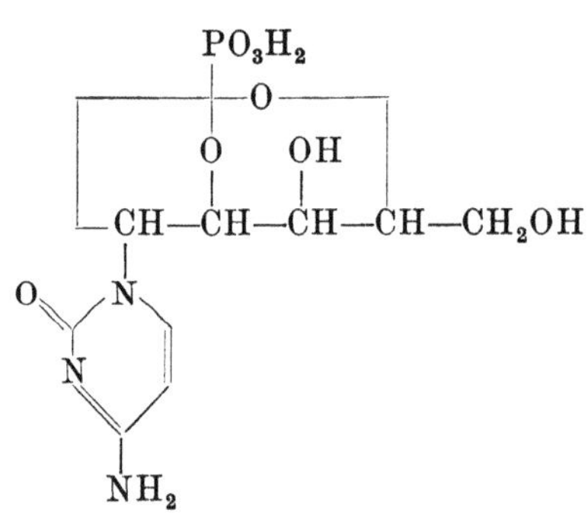	1251

Tabelle 9. (Fortsetzung.)

Lfd. Nr.	Trivialnamen, rationelle Namen, Summenformel	Strukturformel	Seite
32	Cytidin-3′-phosphat $C_9H_{14}O_8N_3P$	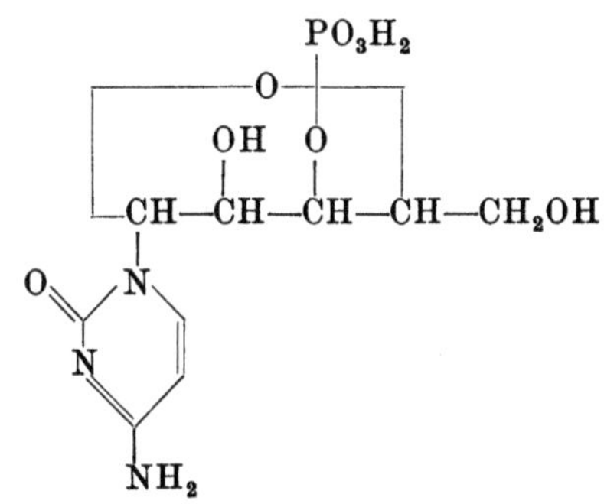	1251
33	Uridylsäure Gemisch von Uridin-2′- und -3′-phosphat		1253
34	Uridin-2′-phosphat $C_9H_{13}O_9N_2P$	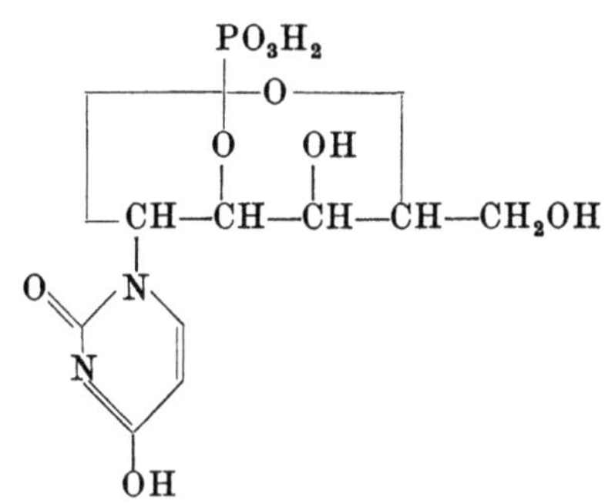	1254
35	Uridin-3′-phosphat $C_9H_{13}O_9N_2P$	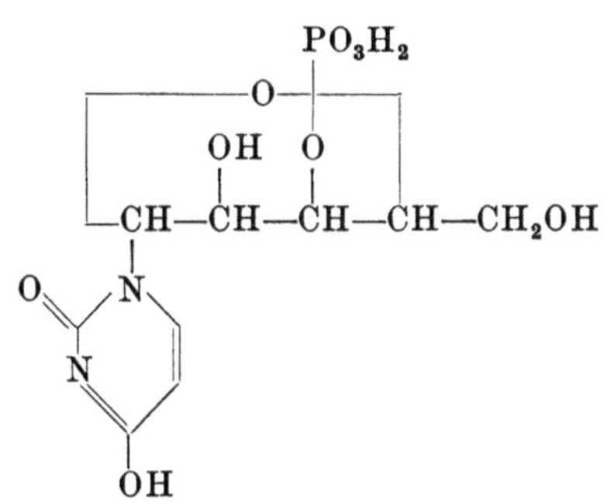	1254
36	Adenosin-2′,3′-phosphat $C_{10}H_{12}O_6N_5P$	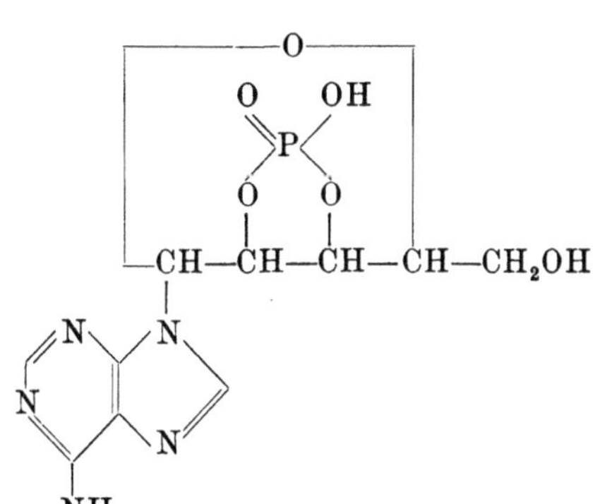	1255

Tabelle 9. (Fortsetzung.)

Lfd. Nr.	Trivialnamen, rationelle Namen, Summenformel	Strukturformel	Seite
37	Guanosin-2′,3′-phosphat $C_{10}H_{12}O_7N_5P$	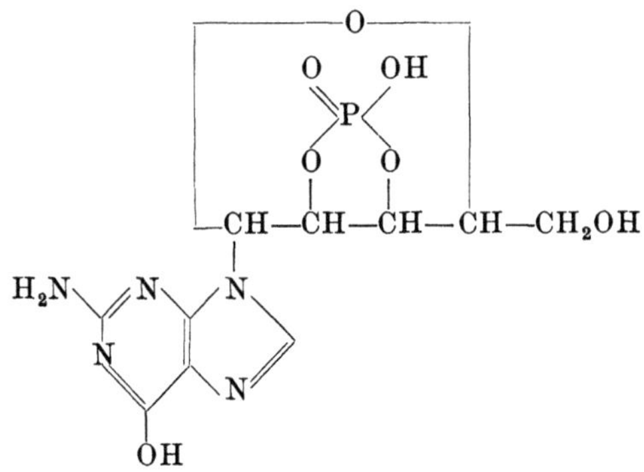	1255
38	Cytidin-2′,3′-phosphat $C_9H_{12}O_7N_3P$	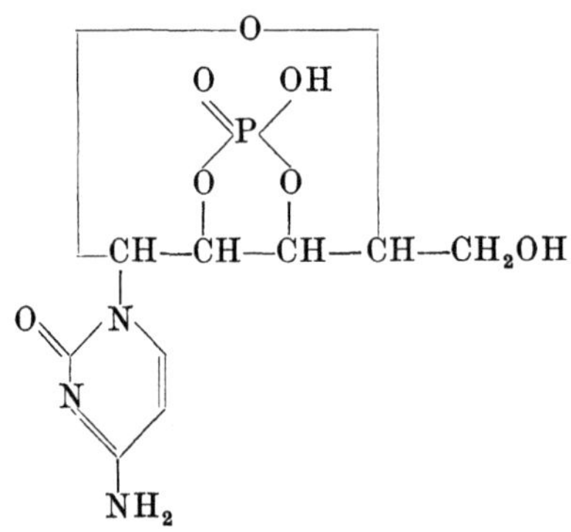	1255
39	Uridin-2′,3′-phosphat $C_9H_{11}O_8N_2P$	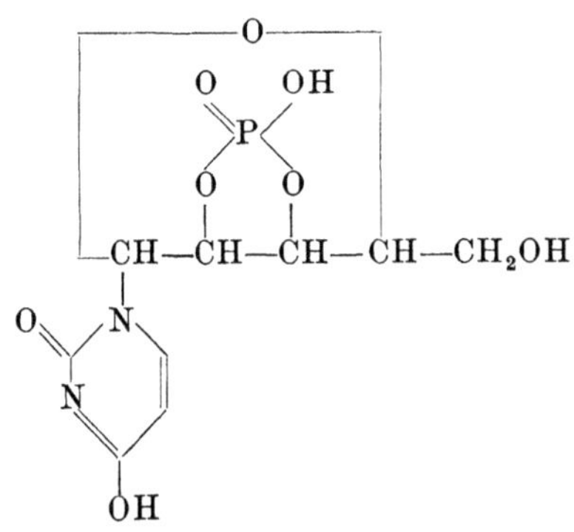	1255
40	Cytidin-3′,5′-diphosphat $C_9H_{15}O_{11}N_3P_2$	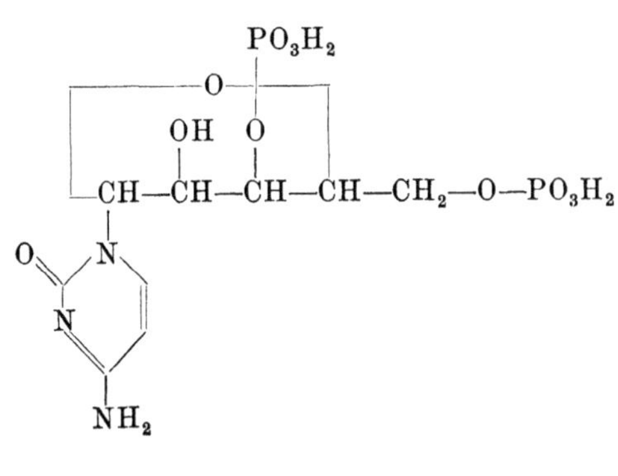	1257

Tabelle 9. (Fortsetzung.)

Lfd. Nr.	Trivialnamen, rationelle Namen, Summenformel	Strukturformel	Seite
41	Uridin-3′,5′-di-phosphat $C_9H_{14}O_{12}N_2P_2$	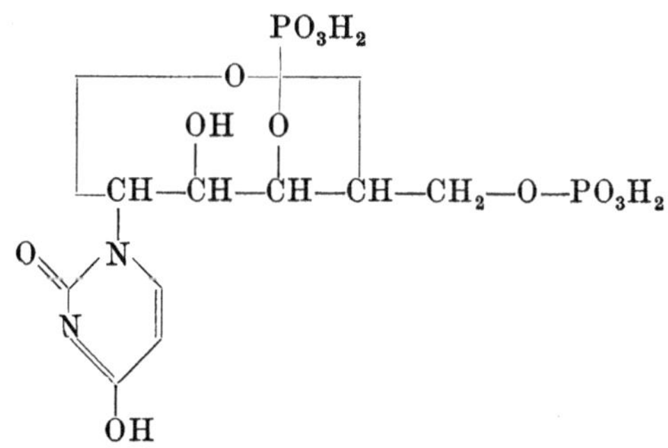	1257

Tabelle 10. *Übersicht der Desoxyribo-mononucleotide.*

Lfd. Nr.	Trivialnamen, rationelle Namen, Summenformel	Strukturformel	Seite
42	Desoxyadenosin-5′-phosphat Desoxy-adenylsäure $C_{10}H_{14}O_6N_5P$	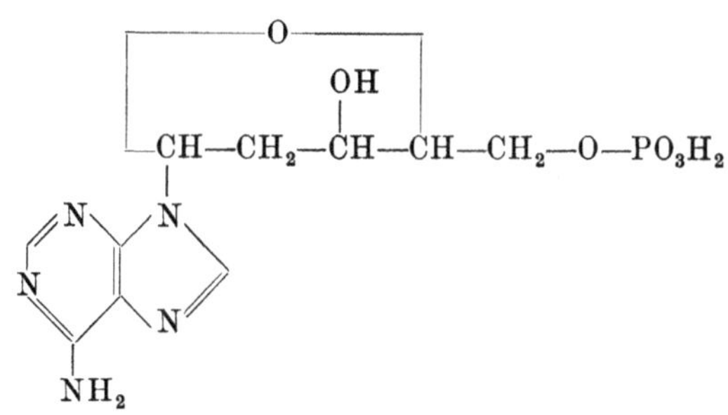	1257
43	Desoxyguanosin-5′-phosphat Desoxy-guanylsäure $C_{10}H_{14}O_7N_5P$	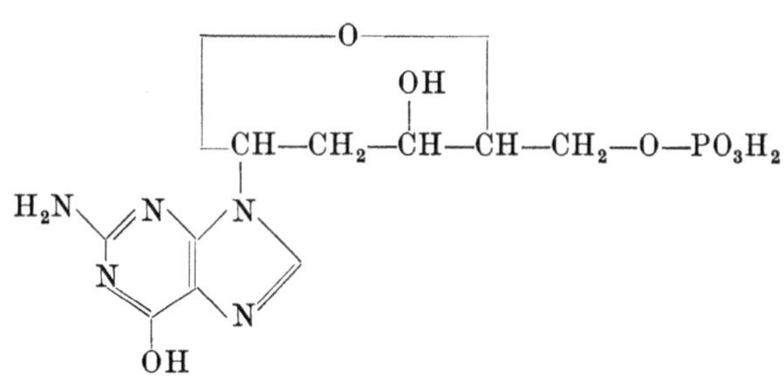	1260
44	Desoxycytidin-5′-phosphat Desoxy-cytidylsäure $C_9H_{14}O_7N_3P$	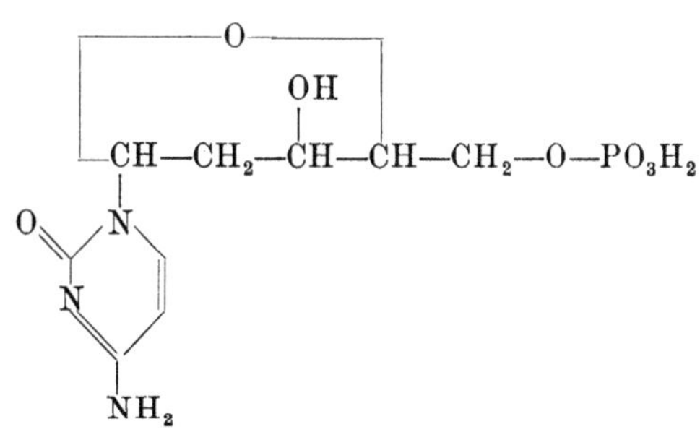	1262

Tabelle 10. (Fortsetzung.)

Lfd. Nr.	Trivialnamen, rationelle Namen, Summenformel	Strukturformel	Seite
45	Thymidin-5'-phosphat Thymidylsäure $C_{10}H_{15}O_8N_2P$	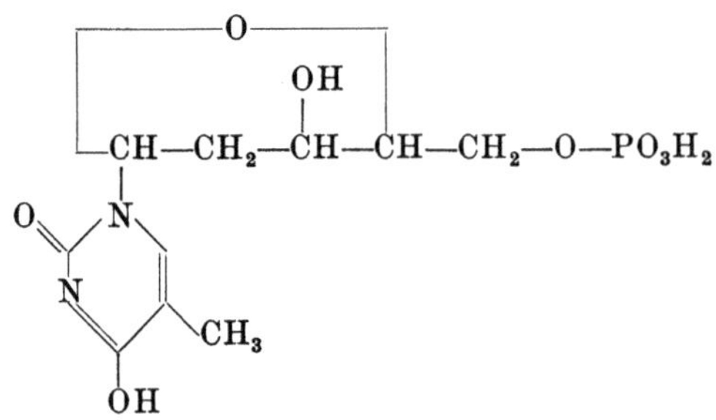	1262
46	Desoxycytidin-3',5'-diphosphat $C_9H_{15}O_{10}N_3P_2$	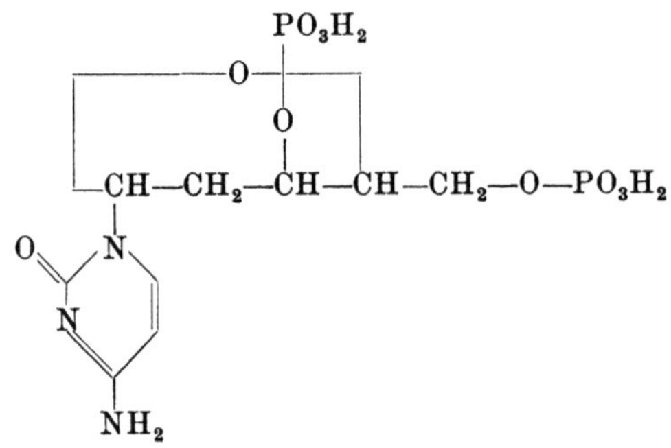	1264
47	Thymidin-3',5'-diphosphat $C_{10}H_{16}O_{11}N_2P_2$	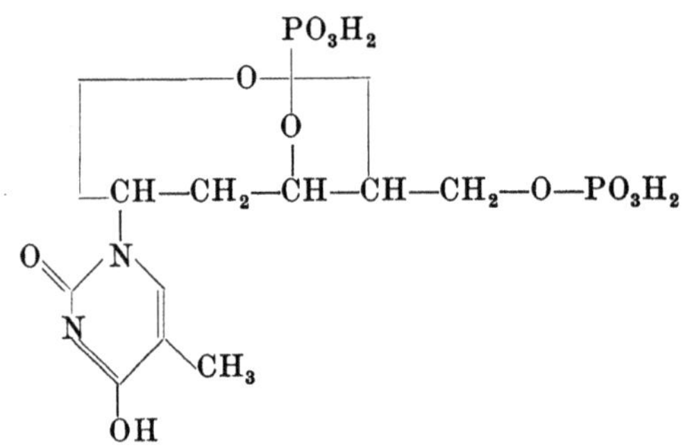	1264
48	5-Methylcytosin-desoxyribosid-5'-phosphat $C_{10}H_{16}O_7N_3P$	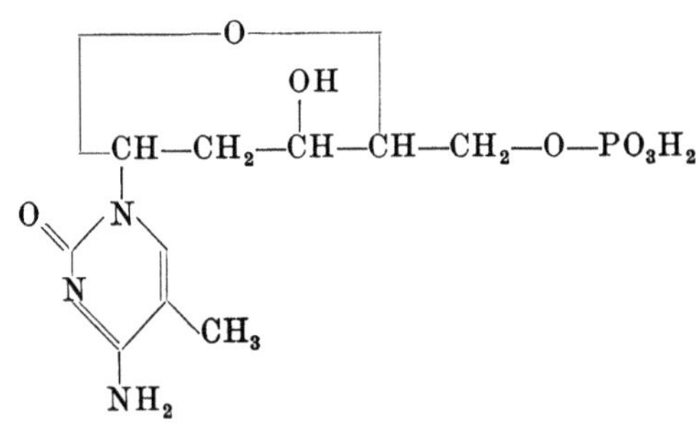	1265
49	5-Oxymethylcytosin-desoxyribosid-5'-phosphat $C_{10}H_{16}O_8N_3P$	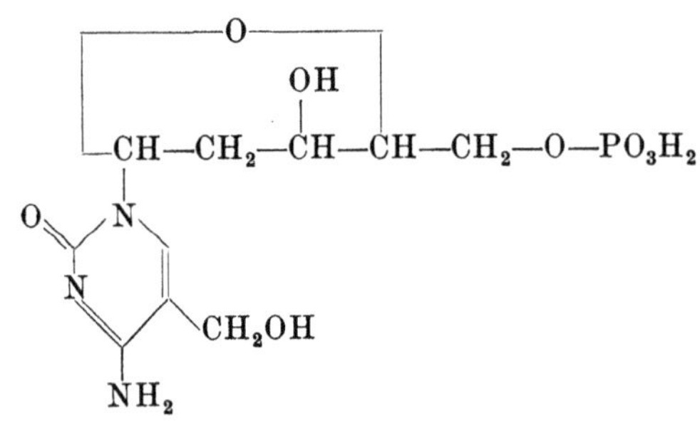	1265

Tabelle 11. *Übersicht der Dinucleotide mit Pyrophosphatbindung.*

Lfd. Nr.	Trivialnamen, rationelle Namen, Summenformel	Strukturformel	Seite
50	„Flavin-adenin-dinucleotid", FAD P^1-Adenosin-5'-P^2-riboflavin-5'-pyrophosphat $C_{27}H_{33}O_{15}N_9P_2$	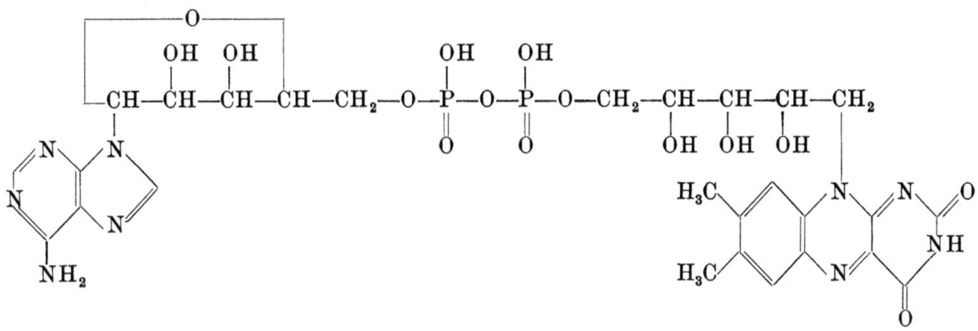	1274
51	„Diphosphopyridinnucleotid", DPN Co-Dehydrogenase I, Co-Zymase $C_{21}H_{27}O_{14}N_7P_2$	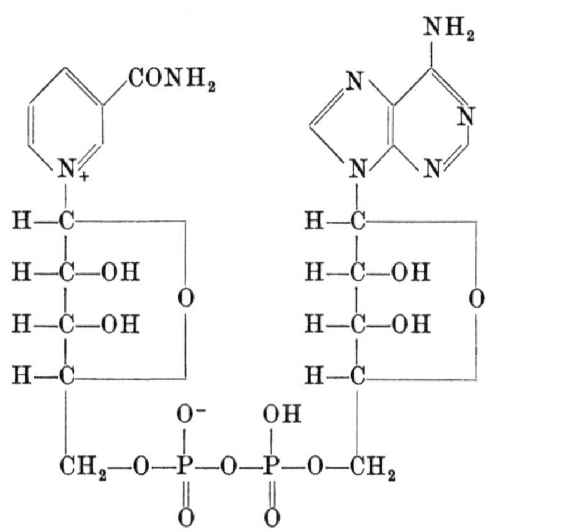	1280
52	„Triphosphopyridinnucleotid", TPN Co-Dehydrogenase II, $C_{21}H_{28}O_{17}N_7P_3$	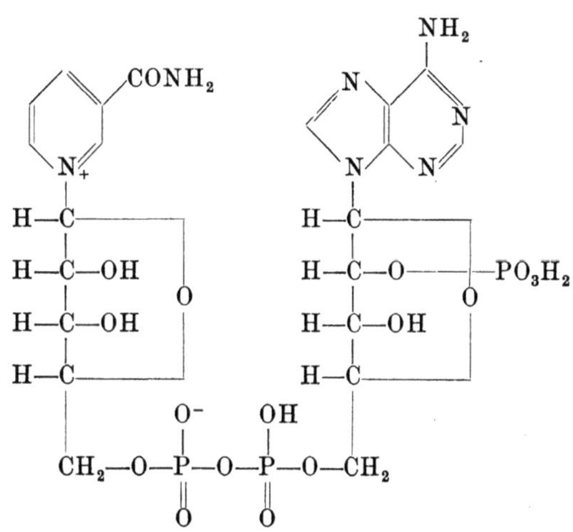	1280

Tabelle 11. (Fortsetzung.)

Lfd. Nr.	Trivialnamen, rationelle Namen, Summenformel	Strukturformel	Seite
53	Coenzym A, CoA $C_{21}H_{36}O_{16}N_7P_3S$	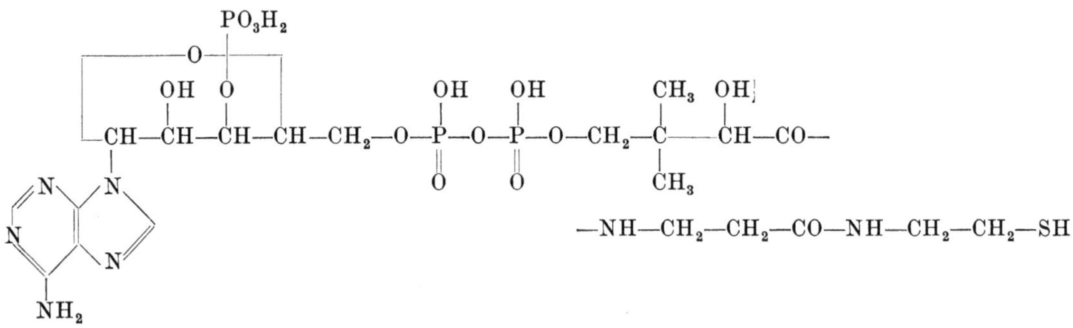	1280

4. Nachweis und Bestimmung der Nucleoside und Nucleotide.

a) Einige analytische Reaktionen.

Weitere Angaben zum Nachweis und zur quantitativen Bestimmung von RNS und DNS sind in den entsprechenden Abschnitten über Nucleinsäuren zu finden (s. S. 1297ff.).

α) Bestimmung von Phosphat.

Die Verfahren zur Phosphatbestimmung sind Bd. III/1, S. 159ff. und 457ff. beschrieben. Hier werden nur einige Hinweise für die zweckmäßige Ausführung mit Mikromengen von Nucleotiden (0,1—10 γ P) angegeben. Empfohlen seien die Vorschriften von TSCHOPP und TSCHOPP[1] und von BERENBLUM und CHAIN[2].

1. Bestimmung von anorganischem Phosphat[3]. 2,5 cm³ der zu analysierenden Lösung werden mit 0,10 cm³ 18 n Schwefelsäure, 0,30 cm³ 2,5%iger Ammoniummolybdat-Lösung und 0,10 cm³ Reduktionslösung (nach FISKE und SUBBAROW) auf 3,0 cm³ gebracht. Die Messung der Farbintensität findet im Spektrophotometer 10 min und 20 min nach Mischung der Lösungen statt, mit Licht der Wellenlänge 660 mμ.

2. Bestimmung von „labilem" Phosphat. 0,40 cm³ der Analysenflüssigkeit werden mit Wasser auf 1,9 cm³ verdünnt, mit 0,1 cm³ 18 n Schwefelsäure versetzt und 15 min auf 100° erhitzt. Nach dem Erkalten wird mit Molybdatlösung und Reduktionslösung gemischt und, wie oben angegeben, das freie Phosphat bestimmt. Die „labilen" Phosphatreste von Nucleosidpyrophosphaten werden durchweg in 1 n H_2SO_4 oder HCl bei 100° in 10—15 min zu anorganischem Phosphat hydrolysiert (z. B. UDP und UTP zu UMP und 1 bzw. 2 Phosphat[3]).

3. Bestimmung des Gesamtphosphats. 0,20 cm³ Analysenflüssigkeit werden mit 0,1 cm³ 18 n Schwefelsäure und einem Tropfen konz. Salpetersäure versetzt und bei 130—160° mineralisiert. Dann erfolgt die Phosphatbestimmung.

Zur Analyse des Phosphats papierchromatographisch getrennter Nucleotide muß nach Lokalisation der Flecken mit Hilfe des Photoprint-Verfahrens eine Veraschung der möglichst flächengleichen Papierstücke erfolgen.

[1] TSCHOPP, E., u. E. TSCHOPP: Helv. **15**, 793 (1932).
[2] BERENBLUM, I., and E. CHAIN: Biochem. J. **32**, 295 (1938).
[3] HURLBERT, R. B., H. SCHMITZ, A. F. BRUMM and V. R. POTTER: J. biol. Ch. **209**, 23 (1954).

β) *Bestimmung kleiner Pentosemengen.*

Es sind mehrere Ausführungen der BIALschen Farbreaktion für die Bestimmung kleiner Pentosemengen (1—50 γ) ausgearbeitet worden. Unter den angegebenen Bedingungen erfaßt die Farbreaktion nur die Ribose von Purin-nucleosiden und -nucleotiden, nicht die von Pyrimidin-nucleosiden und -nucleotiden.

1. Pentosebestimmung nach MEJBAUM[1]:

Reagens:

Das Reagens wird durch Mischen einer gesättigten Eisentrichloridlösung mit konz. Salzsäure bereitet, so daß eine 0,1%ige $FeCl_3$-Lösung vorliegt (Flasche mit Glasstöpsel). Kurz vor der Bestimmung wird der zu verwendenden Lösung Orcin zugegeben, 10 mg je cm^3. Reagensgläser von 10 mm Durchmesser, mit einer Marke bei 2, 4 und 6 cm^3.

Ausführung:

0,5 cm^3 der Reagenslösung werden mit 0,5 cm^3 Analysenlösung gemischt und in siedendem Wasser 30 min (nicht 20!, s. S. 1109) unverschlossen erhitzt. Die Lösung wird auf 2 cm^3 (bei 1—3 γ Pentose) bzw. auf 4 oder 6 cm^3 aufgefüllt und colorimetriert mit Filter S 61 (oder einem anderen Rotfilter).

2. Pentosebestimmung nach MILITZER[2]:

Zuverlässiger ist folgende Ausführung:

Reagentien:

1. Orcin, 1%ige Lösung in Wasser. Sie läßt sich viele Wochen im Kühlschrank aufbewahren.
2. Salzsäure, konz.
3. $FeCl_3 \cdot 6\,H_2O$, 10%ige wäßrige Lösung. Kurz vor der Bestimmung wird das Reagens aus 10 cm^3 (*1*), 40 cm^3 (*2*) und 1 cm^3 (*3*) gemischt. Als Vergleichslösung dient eine Lösung von 50 mg Xylose in 100 cm^3 Wasser oder die einer entsprechenden Menge Hefeadenylsäure.

Ausführung:

Man mischt in einem Reagensglas 0,2 cm^3 der Analysenlösung (mit 5—50 γ Pentose) mit 2,0 cm^3 Reagenslösung und erhitzt dieses, mit Gummistopfen verschlossen, 8 min in siedendem Wasserbad. Die Vergleichslösung wird gleichzeitig erhitzt. Nach dem sofortigen Kühlen werden die Lösungen photometriert (mit Rotfilter oder mit Licht von 600 mμ). Wenn erforderlich, wird mit n-Butanol auf ein bestimmtes Volumen verdünnt. Die Eichlinie ist nahezu eine Gerade. Pyrimidinriboside reagieren unter diesen Bedingungen nicht.

3. Siehe auch die ***Bestimmung von Pentosen*** nach BARRENSCHEEN und PEHAM[3], Bd. V, S. 83.

γ) *Bestimmung von Desoxypentosen nach* DISCHE[4].

2-Desoxypentosen und ihre Glykoside geben beim Erhitzen mit Diphenylamin in Eisessig-Schwefelsäurelösung eine Blaufärbung. Die Messung ihrer Intensität im Vergleich zu jener von Vergleichslösungen ermöglicht die Bestimmung von 2-Desoxyribosiden, Desoxynucleotiden und DNS.

Reagens:

1 g Diphenylamin (zweimal umkristallisiert aus 70%igem Äthanol oder Petroläther) wird in 100 cm^3 reinstem Eisessig gelöst. Dazu werden 2,75 cm^3 reine konz. Schwefelsäure gefügt.

Ausführung:

1 cm^3 der Analysenlösung (mit 50—500 γ Nucleosid, Nucleotid oder DNS je cm^3) wird mit 2 cm^3 der Reagenslösung versetzt und 10 min auf 100° erhitzt, gleichzeitig mit Vergleichslösungen bekannten Gehaltes und einer Lösung, der Wasser statt der Analysen-

[1] MEJBAUM, W.: H. **258**, 117 (1939).
[2] ALBAUM, H. G., and W. W. UMBREIT: J. biol. Ch. **167**, **369** (1947).
[3] BARRENSCHEEN, H. K., u. A. PEHAM: H. **272**, 81 (1942).
[4] DISCHE, Z.: Mikrochemie **8**, 4 (1930). — SEIBERT, F. B.: J. biol. Ch. **133**, 593 (1940).

flüssigkeit zugesetzt war. Die Photometrierung erfolgt bei 595 mμ, dem Absorptionsmaximum der blauen Farbe. Für qualitative Nachweise ist ein Erhitzen der Mischung auf 100° für 3 min zureichend.

Die Farbreaktion erfaßt im wesentlichen nur die Desoxyribose der Purin-Derivate, nicht jene der Pyrimidin-nucleoside und -nucleotide, da Thymidylsäure nur $^1/_6$ der Farbintensität von DNS erzeugt und Desoxy-cytidylsäure keine Färbung hervorruft. Nach Bromierung der Pyrimidin-Derivate läßt sich jedoch auch ihre Desoxyribose bestimmen, da die glykosidische Bindung leichter spaltbar wird[1].

δ) Identifizierung der Kohlenhydrat-Komponente in Pyrimidinnucleosiden[2].

Pyrimidinnucleoside werden durch Säuren nur unter Bedingungen hydrolysiert, die eine Zerstörung der Zuckerkomponente herbeiführen. Nach Hydrierung des Pyrimidinringes erfolgt jedoch die Hydrolyse sehr leicht. Einfacher als die katalytische Hydrierung[3] ist die Reduktion mit Natrium und Äthanol in flüssigem Ammoniak: Das Nucleosid (10—20 mg) wird in trockenem, flüssigem Ammoniak (50 cm^3) und wasserfreiem Äthanol (1 cm^3) gelöst. Dann wird Natrium (30—50 mg) zu der Lösung gegeben, nach weiterem 3stündigem Rühren (Methanol-Trockeneis-Kältemischung von —70°) vorsichtig Wasser (20 cm^3). Zur Entfernung des Ammoniaks wird die Lösung bei 20° und 20 Torr eingeengt. Sie zeigt keine UV-Absorption mehr. Sie wird dann durch eine Dowex 50-Säule (10 cm · 0,75 cm^2, Säureform) getropft, mit 1 cm^3 0,88 n Ammoniaklösung versetzt und bei 40—50° und 20 Torr eingedampft. Der Rückstand wird auf Papier chromatographiert. Eine Isomerisierung der Pentosen findet unter diesen Bedingungen nicht statt. Mit dem zehnfachen Ansatz Uridin ließ sich Ribose auch als Phenylosazon identifizieren.

Auch die Spaltung der Pyrimidin-desoxyriboside und der Nachweis der 2-Desoxy-D-ribose gelingen in dieser Weise.

Nucleotide und Nucleinsäuren werden infolge ihrer Schwerlöslichkeit in flüssigem Ammoniak nicht reduziert.

ε) Unterscheidung der Ribonucleosid-3'- und -2'-phosphate von den Ribonucleosid-5'-phosphaten.

1. Durch Bildung von Kupferkomplexen. Wenn im Riboserest 2 benachbarte Hydroxyle frei sind (wie in den 5'-Phosphaten), dann ist die Bildung eines Kupferkomplexes möglich, wie Klimek und Parnas[4] gezeigt haben.

a) Ausführung mit Mengen von 10—100 mg Nucleotid[5].

20 mg Adenylsäure werden in 1 cm^3 Wasser unter Zusatz von 0,1 cm^3 10%iger NaOH gelöst. Dazu werden 0,1 cm^3 einer 2%igen Lösung von $CuSO_4 \cdot 5\,H_2O$ gefügt. a) Die Lösung bleibt klar und färbt sich blau: Es liegt Adenosin-5'-phosphat vor. b) Es tritt ein blauer Niederschlag auf, die Flüssigkeit ist nach dem Zentrifugieren farblos: Es liegt Adenosin-3'(2')-phosphat vor.

b) Abänderung für Mikromengen[6].

Zu 0,5 cm^3 der zu untersuchenden Lösung werden etwa 3 mg Kupferphosphat und 0,5 cm^3 einer 20%igen Trinatriumphosphat-Lösung hinzugefügt und gut gemischt. Nach 1,5 Std, unter gelegentlichem Umrühren, wird die Mischung zentrifugiert, die Lösung mit 1 cm^3 0,5%igem Diäthyldithiocarbamat versetzt und dann mit 6 cm^3 Amylalkohol extrahiert. Nach Zentrifugation wird der Extrakt colorimetriert.

---

[1] Brady, T. G., and E. McEvoy-Bowe: Nature **168**, 299 (1951).
[2] Burke, D. C.: J. org. Chem. **20**, 643 (1955).
[3] Levene, P. A., u. F. B. La Forge: B. **45**, 608 (1912). — Bergmann, W., and R. J. Feeney: J. org. Chem. **16**, 981 (1951). — Cohn, W. E., and D. G. Doherty: Am. Soc. **78**, 2863 (1956).
[4] Klimek, R., u. J. K. Parnas: B. Z. **252**, 392 (1932). — Parnas, J. K., u. R. Klimek: H. **217**, 75 (1933).
[5] Berlin, H., u. J. Westerberg: H. **281**, 98 (1944).
[6] Caputto, R., L. F. Leloir, C. E. Cardini and A. C. Paladini: J. biol. Ch. **184**, 333 (1950).

2. Durch Bildung eines Boratkomplexes[1]. 0,1—0,5 mMol Nucleotid werden in wenig Wasser mit 0,1 n NaOH titriert, bis zugesetztes Phenolphthalein gerade gerötet wird. Eine etwa 0,2 %ige Borsäurelösung wird ebenfalls mit NaOH bis zur Rötung von Phenolphthalein versetzt. Wenn bei Zugabe von 1 cm³ Boratlösung zu der alkalischen Nucleotidlösung saure Reaktion auftritt, dann ist im Nucleotid eine freie Diolgruppe vorhanden. Es bedarf der Zugabe weiterer NaOH zur Wiederherstellung der Phenolphthaleinrötung.

Die Bildung von Boratkomplexen ist papierchromatographisch und papierelektrophoretisch sehr gut nachzuweisen. Im Boratpuffer gelingt die papierelektrophoretische Trennung von 2′(3′)-Ribosidphosphaten und 5′-Phosphaten leicht (s. S. 1172).

3. Durch die Orcinreaktion nach Bial[2]. Die Reaktion ist geeignet, Ribose-3(2)-phosphat von Ribose-5-phosphat zu unterscheiden und auch Purinribosid-3′(2′)-phosphate von den 5′-Phosphaten, nicht jedoch um Pyrimidinnucleotide zu untersuchen. Sie gibt eindeutige Ergebnisse nur bei reinen Präparaten, nicht bei rohen Extrakten von Pflanzen oder tierischen Geweben, die Kohlenhydrate enthalten.

Die Geschwindigkeit der Farbreaktion mit Orcin ist bei 5′-Phosphaten viel größer; die Dephosphorylierung hingegen ist schneller bei den 3′-Phosphaten.

Ausführung:

Proben mit 10—30 γ Pentose in 3 cm³ Wasser werden mit 3 cm³ des Salzsäure-$FeCl_3$-Orcin-Reagens Nr. 2 (s. S. 1107) gemischt und im siedenden Wasserbad erhitzt. Nach 8 min werden die Lösungen gekühlt und colorimetriert, ebenso nach 15, 25, 35 und 45 min. Nach 8 min haben die 3′-Phosphate nur 24—26 % der maximalen Färbung entwickelt, die 5′-Phosphate 62—67 %; nach 15 min sind die Farbwerte 61—63 % bzw. 88—91 %; nach 35 min haben beide isomere Phosphate den Endwert nahezu erreicht oder erreicht (97—100 %). Die nach 45 min erhaltenen Extinktionen werden als 100 % angenommen. Die Geschwindigkeit der Farbbildung der 5′-Phosphate entspricht fast jener der freien Ribose.

ζ) Einwirkung von Natriummetaperjodat auf Glykoside[3, 4].

1. Titrimetrische Bestimmung. Das Glykosid (0,1—0,7 mMol) wird in dem passenden Volumen heißen Wassers in einem Meßkölbchen aufgelöst. Die Lösung wird schnell auf 25° gekühlt, mit genau eingestellter, etwa 0,25 m Natriummetaperjodat-Lösung (5 cm³) versetzt, mit Wasser bis zu einem bestimmten Volumen aufgefüllt und bei 20° stehen gelassen. In passenden Zeitintervallen wird in aliquoten Teilen die Konzentration des unveränderten Perjodats jodometrisch bestimmt (mit 0,1 n Natriumarsenit), bis keine Änderung mehr stattfindet. Die Ameisensäure wird dann in einem aliquoten Teil nach Verdünnung mit Wasser durch Titration mit 0,01 n NaOH bestimmt (Methylrot).

Die Oxydation von Guanosin (179 mg in 250 cm³ Wasser) z. B. ist in 26 Std vollendet.

Die Bestimmung läßt sich in gleicher Weise mit Nucleotiden ausführen, z. B. mit Muskel- und Hefeadenylsäure. Die Nucleotide werden gelöst durch Zugabe von genau 1 Äquivalent NaOH.

2. Polarimetrische Bestimmung. Der Fortgang der Perjodatoxydation läßt sich auch polarimetrisch verfolgen, wenn sich eine genügend konzentrierte Glykosidlösung herstellen läßt.

η) Enzymatische Unterscheidungsreaktionen.

1. Desaminierung von Adenosin-5′-phosphat. Adenosin-5′-phosphat wird desaminiert durch ein aus Muskulatur leicht zu gewinnendes Enzym[5]. Die Wirkung dieser Desaminase ist sehr spezifisch, da weder die Adenosin-5′-polyphosphate noch die 2′- und 3′-Adenosinphosphate angegriffen werden. Die Reaktion läßt sich verfolgen durch Bestimmung

---

[1] Klimek, R., u. J. K. Parnas: B. Z. **252**, 392 (1932).
[2] Albaum, H. G., and W. W. Umbreit: J. biol. Ch. **167**, 369 (1947).
[3] Lythgoe, B., and A. R. Todd: Soc. **1944**, 592.
[4] Halsall, T. G., E. L. Hirst and J. K. N. Jones: Soc. **1947**, 1427.
[5] Schmidt, G.: H. **179**, 243 (1928); **208**, 185 (1932); **219**, 191 (1933).

des abgespaltenen Ammoniaks[1], einfacher durch Messung der Änderung der Absorption der Lösungen bei 265 mμ[2]; durch die Bildung des Hypoxanthinrestes aus dem Adeninrest nimmt sie um 60% ab.

Eine Lösung der Desaminase ist leicht zu erhalten durch vierfache Extraktion von frischer, zerkleinerter Muskulatur (Kaninchen, Ratte) mit 0,85%iger Natriumchloridlösung (zur Entfernung löslicher Proteine), dann mit 2%iger Natriumhydrogencarbonat-Lösung (1 Std Extraktionsdauer). Die Desaminase ist in der schwach alkalischen Lösung; sie wirkt optimal bei p_H 5,9.

Eine weitgehende Reinigung ist[3] beschrieben.

2. Dephosphorylierung von Nucleosid-5'-phosphaten. Die Unterscheidung der Nucleosid-5'-phosphate (mit Ribose oder Desoxyribose) von den 2'- und 3'-Phosphaten ist möglich durch die Einwirkung spezifischer 5'-Nucleotidasen. Stark wirksame, lösliche Nucleotidasen mit dieser Spezifität sind in den Giften verschiedener Klapperschlangenarten (Crotalus adamanteus, C. viridis, C. atrox, C. horridus) und Vipernarten (Vipera Russellii) enthalten (s. S. 1135). Die Gifte lassen sich meistens ohne vorhergehende Reinigung anwenden, da sie kaum 3'(2')-Phosphatase-Aktivität zeigen. Bei der Prüfung von Oligonucleotiden ist jedoch zu beachten, daß sie eine Phosphodiesterase enthalten. Diese läßt sich durch Papierchromatographie entfernen (s. S. 1135). Das p_H-Optimum der 5'-Nucleotidasewirkung ist bei 8,5—9. Die Hydrolysen werden verfolgt durch Bestimmung des abgespaltenen Phosphats. Sie lassen sich sehr zweckmäßig auch papierchromatographisch prüfen (Nachweis der entstandenen Nucleoside und des anorganischen Phosphats, s. S. 1163 u. 1168). Spezifisch wirkende Präparate von 5'-Nucleotidasen können außerdem aus Kartoffeln[4], Stiersperma[5] und anderen tierischen Geweben gewonnen werden (s. S. 1135).

3. Dephosphorylierung von Nucleosid-3'-phosphaten. Aus keimender Gerste (und aus anderen Pflanzen) kann eine Nucleotidase extrahiert werden, die spezifisch auf Purin- und Pyrimidinribosid-3'-phosphate wirkt[6] (s. S. 1135). Damit ist die enzymatische Unterscheidung der *Nucleosid-3'-phosphate* von den isomeren 2'- und 5'-Phosphaten möglich. Das Eintreten oder Ausbleiben auch dieser Dephosphorylierungen läßt sich papierchromatographisch leicht verfolgen.

b) Die UV-Absorption der Nucleinsäuren-Spaltstücke.

Purin- und Pyrimidinbasen enthaltende Nucleinsäuren-Spaltstücke besitzen eine charakteristische Absorption im UV, welche wertvolle Hinweise zur Konstitutionsaufklärung gibt und sich vor allem zur Identifizierung und quantitativen Bestimmung der Verbindungen ausnutzen läßt. So konnte z. B. durch Vergleich der UV-Spektren der Purinnucleoside mit Spektren von Methylpurinen bekannter Konstitution geschlossen werden, daß der Riboserest in den natürlichen Purinnucleosiden mit der 9-Stellung der Purinbase verknüpft ist (s. S. 1081). Auch bei der Zuordnung der Struktur der Pyrimidinnucleotid-Isomeren a und b dienten die UV-Spektren (s. S. 1119).

Besonders nützlich ist die Messung der UV-Absorption zur Identifizierung und Bestimmung von sehr kleinen Mengen Basen, Nucleosiden, Nucleotiden und Oligonucleotiden, wie sie durch Chromatographie mit Anionenaustauschern und Papier sowie durch Elektrophorese und Gegenstromverteilung aus den Hydrolysaten von RNS und DNS oder aus Organextrakten abgetrennt werden (s. S. 1136).

---

[1] LYTHGOE, B., and A. R. TODD: Soc. **1944**, 592.
[2] KALCKAR, H. M.: Science, N. Y. **99**, 131 (1944). J. biol. Ch. **167**, 429, 461 (1947).
[3] NIKIFORUK, G., and S. P. COLOWICK; in: COLOWICK-KAPLAN, Meth. Enzymol. Bd. II, S. 469ff.
[4] KORNBERG, A., and W. E. PRICER: J. biol. Ch. **186**, 557 (1951).
[5] HEPPEL, L. A., and R. J. HILMOE: J. biol. Ch. **188**, 665 (1951).
[6] SHUSTER, L., and N. O. KAPLAN: J. biol. Ch. **201**, 535 (1953).

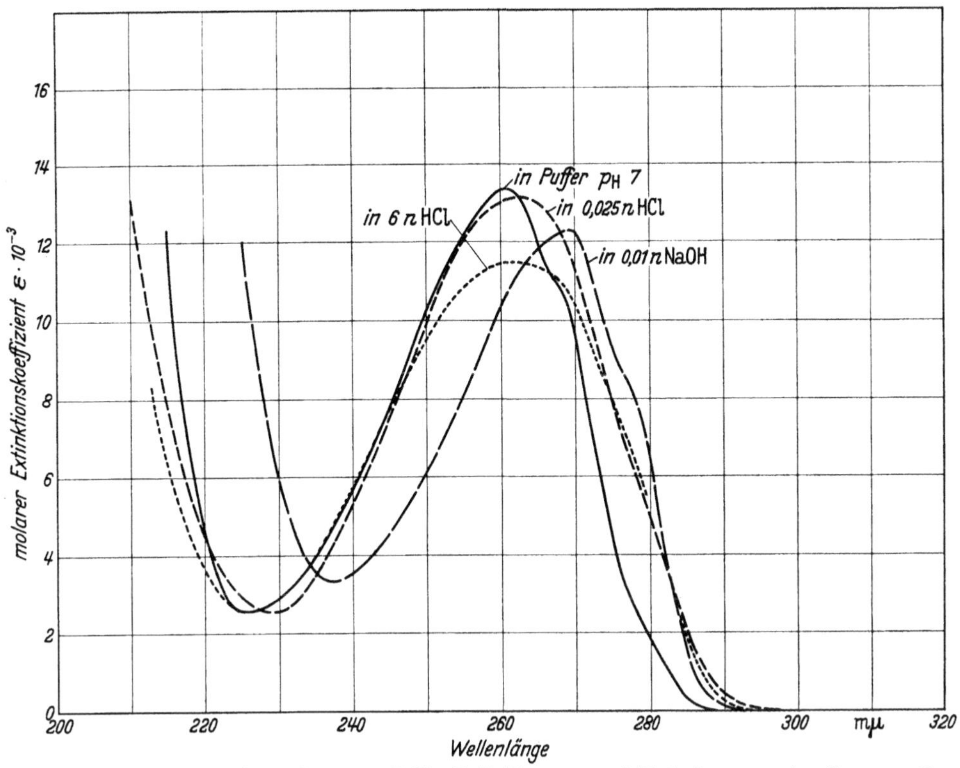

Abb. 1*. UV-Spektrum von Adenin (BEAVEN, G. H., E. R. HOLIDAY and E. A. JOHNSON; in: CHARGAFF-DAVIDSON, Nucleic Acids, Bd. I, S. 493).

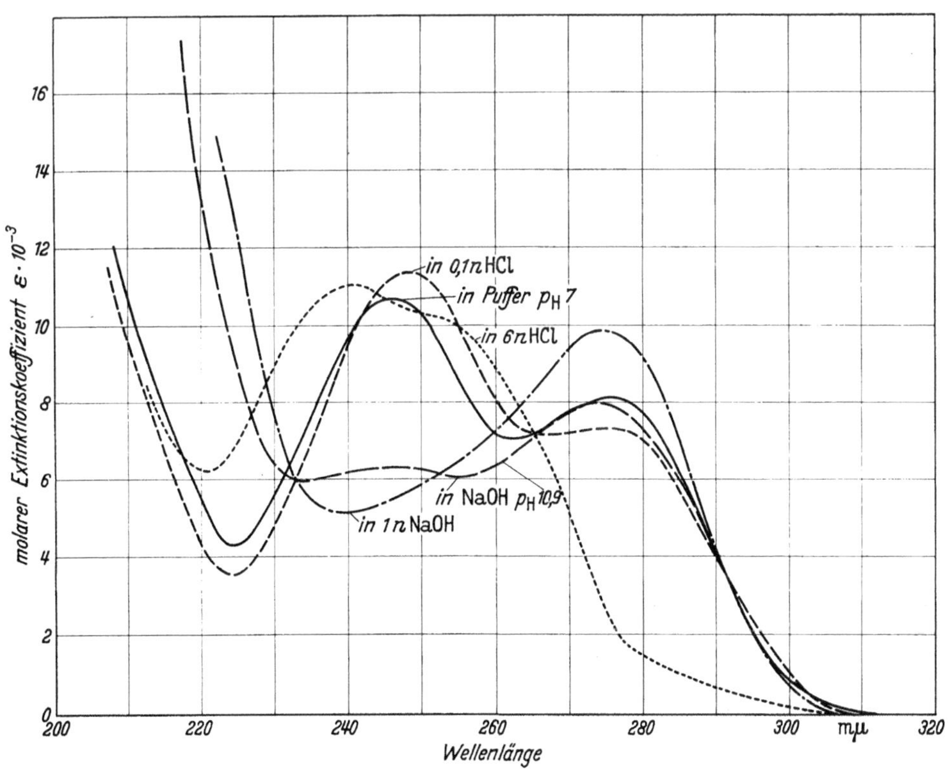

Abb. 2. UV-Spektrum von Guanin (BEAVEN, G. H., E. R. HOLIDAY and E. A. JOHNSON; in: CHARGAFF-DAVIDSON, Nucleic Acids, Bd. I, S. 493).

* Die Wiedergabe der Spektren Abb. 1—16 im metrischen Maßstab gestattet den genauen Vergleich mit einem gemessenen und auf Millimeterpapier gezeichneten Spektrum durch Auflegen.

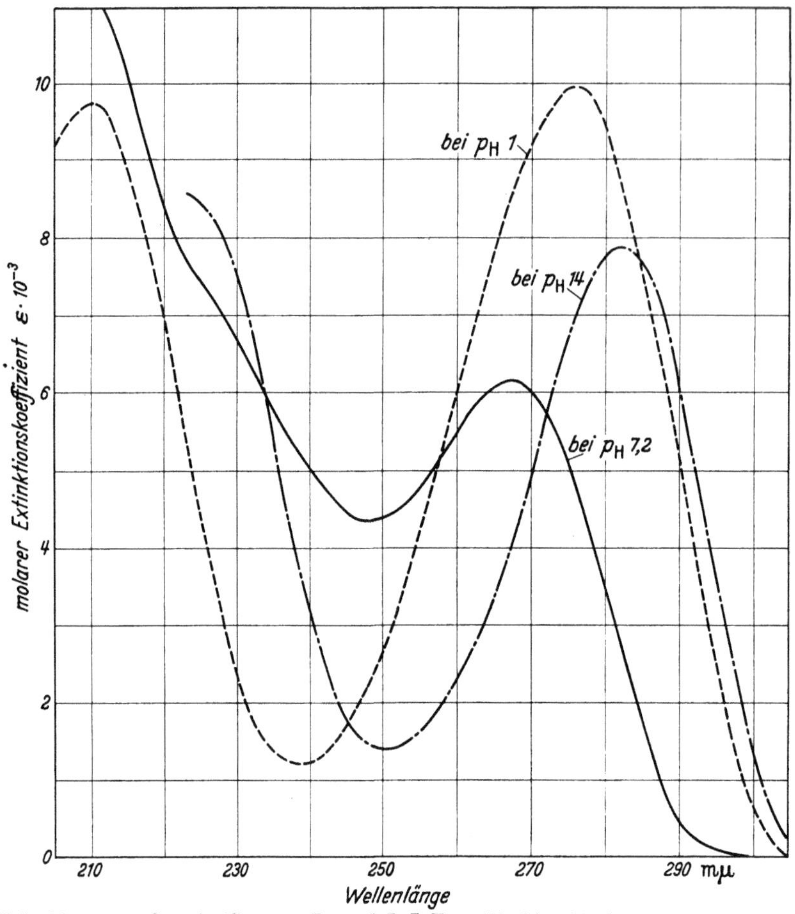

Abb. 3. UV-Spektrum von Cytosin [SHUGAR, D., and J. J. FOX: Biochim. biophysica Acta, N. Y. 9, 199 (1952)].

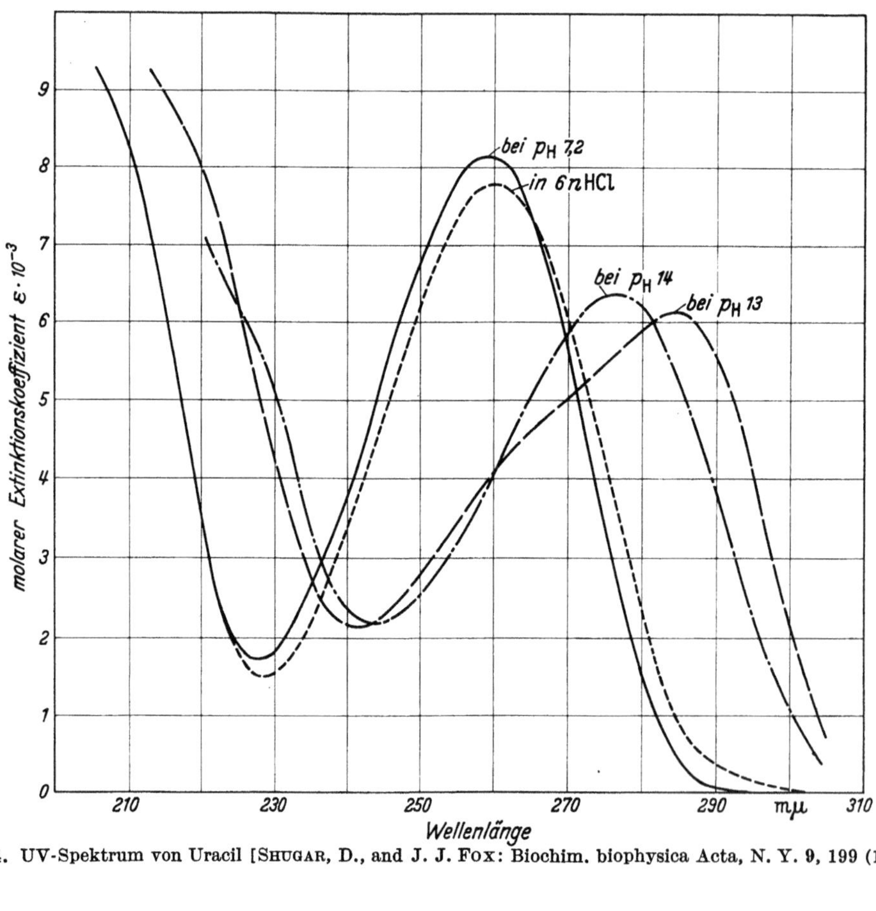

Abb. 4. UV-Spektrum von Uracil [SHUGAR, D., and J. J. FOX: Biochim. biophysica Acta, N. Y. 9, 199 (1952)].

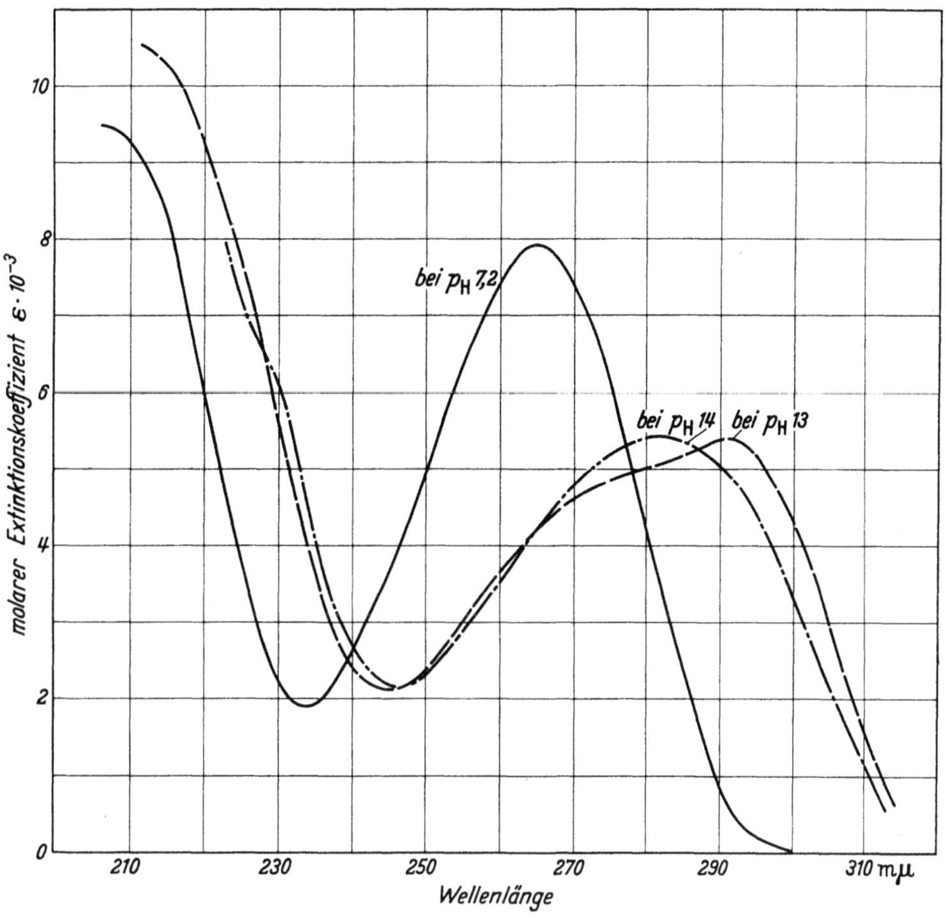

Abb. 5. UV-Spektrum von Thymin [SHUGAR, D., and J. J. FOX: Biochim. biophysica Acta, N. Y. 9, 199 (1952)].

Die UV-Absorption von Nucleinsäuren-Spaltstücken ist abhängig vom p_H-Wert ihrer Lösungen, denn je nach deren Acidität sind die Basen, Nucleoside und Nucleotide verschieden stark dissoziiert, bilden Kationen oder Anionen und unterscheiden sich in der Lichtabsorption. Reproduzierbare Absorptionswerte können demnach nur in solchen Lösungen gemessen werden, in denen nur eine Ionenart der betreffenden Substanz vorliegt. Dies trifft für die p_H-Bereiche zu, welche mindestens 2 Einheiten von den pK-Werten der betrachteten Substanz entfernt liegen. Die Aciditäten der Lösungsmittel zur quantitativen Bestimmung von Nucleinsäuren-Spaltstücken durch Photometrierung in Lösung sind nach diesen Gesichtspunkten auszuwählen.

Die UV-Absorption der Nucleoside unterscheidet sich zum Teil recht erheblich von derjenigen der ihnen zugrunde liegenden Basen. Weniger groß sind dagegen die Unterschiede in den Absorptionen der Nucleoside und der davon abgeleiteten Nucleosidphosphate, weil die Phosphatgruppe nicht in den Heteroring, sondern in den die UV-Absorption wenig beeinflussenden Riboserest eingreift.

Die molaren Extinktionskoeffizienten im Absorptionsmaximum der Nucleinsäuren-Spaltstücke liegen durchweg in der Größenordnung von 10^4 und erlauben eine exakte Messung der UV-Absorption in sehr verdünnten Lösungen (10^{-4} m). Zur Messung sind die Konzentrationen der Lösungen so zu halten, daß am Spektrophotometer Extinktionswerte von etwa 0,1—1,5 abgelesen werden. Abgesehen von wenigen Ausnahmefällen wird die UV-Absorption von Nucleinsäuren-Spaltstücken in wäßriger Lösung bestimmt, und zwar in Pufferlösungen, verdünnter Salzsäure, NaOH (0,1 m, 0,01 m) usw.

Zur Identifizierung einer unbekannten Substanz wird man die ganze Absorptionskurve messen. Für die quantitative Bestimmung eines vorher identifizierten Stoffes genügt die

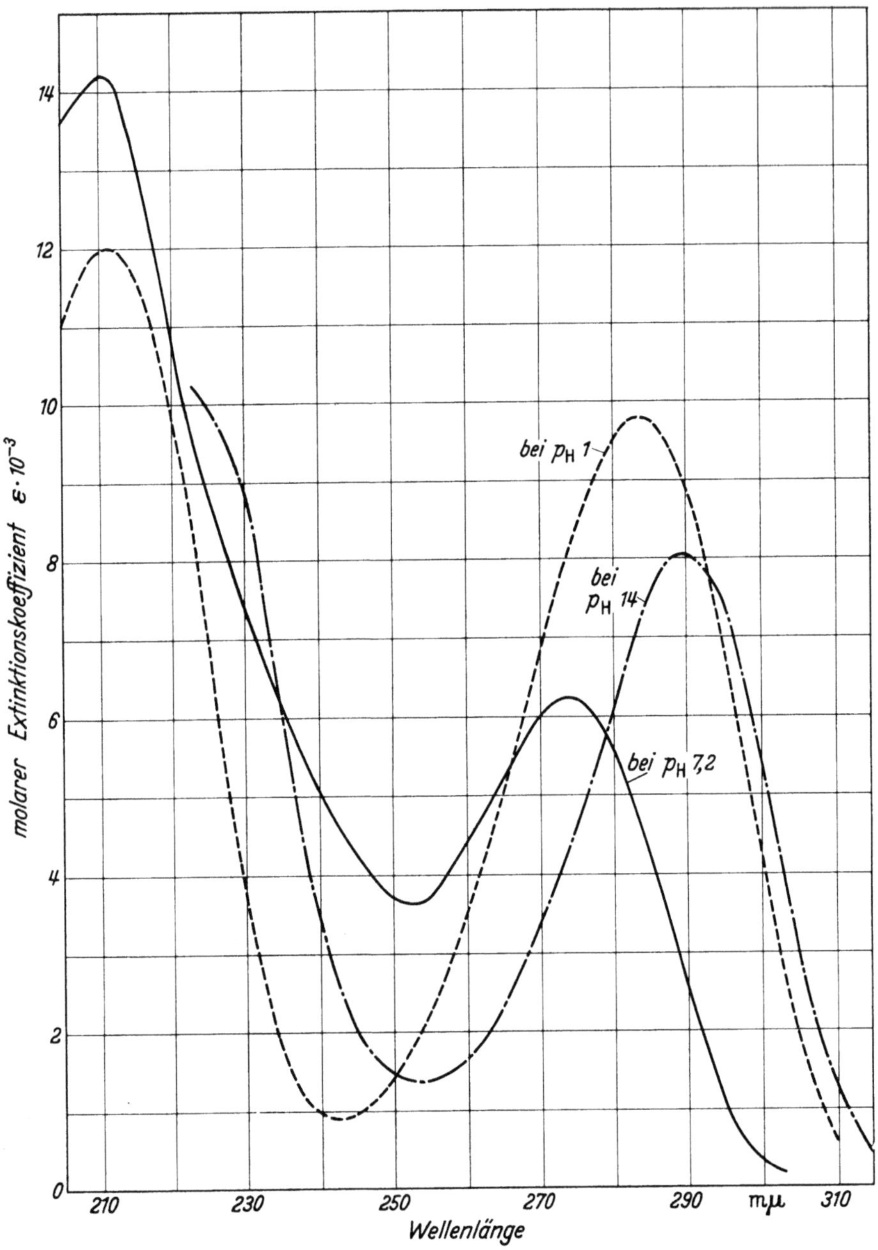

Abb. 6. UV-Spektrum von 5-Methylcytosin
[SHUGAR, D., and J. J. FOX: Biochim. biophysica Acta, N. Y. 9, 199 (1952)].

Messung der Extinktion bei der Wellenlänge maximaler Absorption. Sollten irgendwelche Zweifel an der Reinheit eines Stoffes bestehen (unvollständige Trennung, Leerwerte bei der Papierchromatographie und Papierelektrophorese usw.), so ist es angezeigt, die UV-Absorption bei 2 oder mehreren Wellenlängen zu messen. Die Verhältniszahlen aus 2 bestimmten Extinktionswerten $\left(\text{z. B. } \frac{E_{280}}{E_{260}}, \frac{E_{250}}{E_{260}}\right)$ sind für jede Substanz charakteristisch und erlauben es, Schlüsse auf ihre Reinheit zu ziehen. Außerdem ermöglichen sie meist eine genügende Identifizierung des betreffenden Stoffes, so daß sich die Ermittlung der gesamten Absorptionskurve oft erübrigt. Zur Überwachung von Ionenaustauscher-Trennungen wird gewöhnlich im Eluat die Absorption bei 260 mμ gemessen, wo alle Nucleinsäuren-Spaltstücke genügend absorbieren (s. S. 1139).

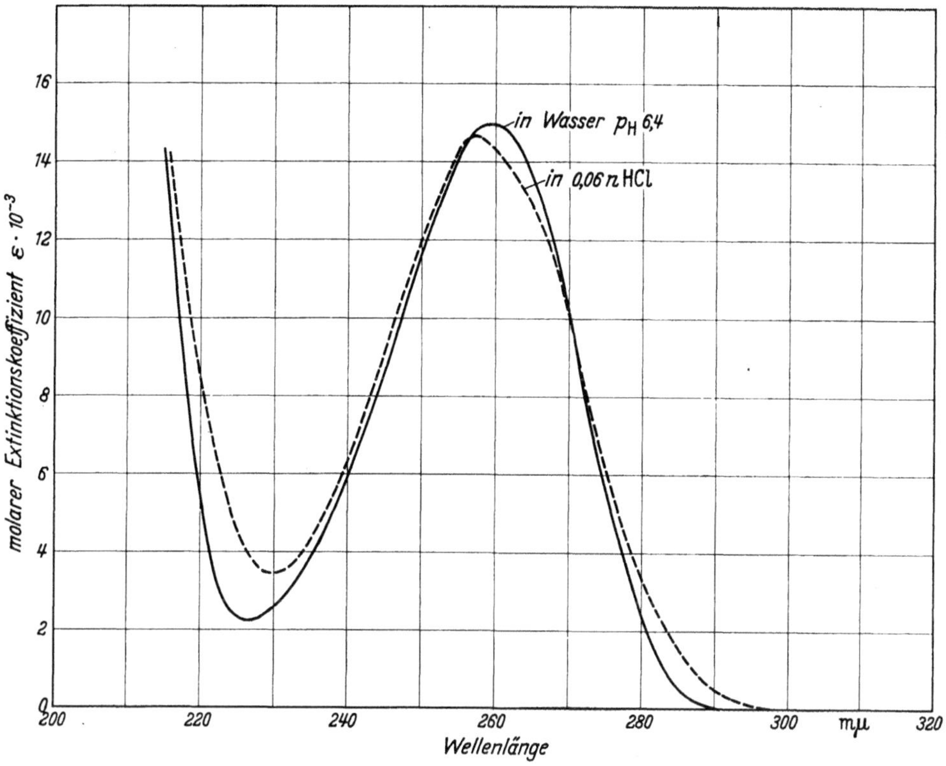

Abb. 7. UV-Spektrum von Adenosin (BEAVEN, G. H., E. R. HOLIDAY and E. A. JOHNSON; in: CHARGAFF-DAVIDSON, Nucleic Acids Bd. I, S. 493).

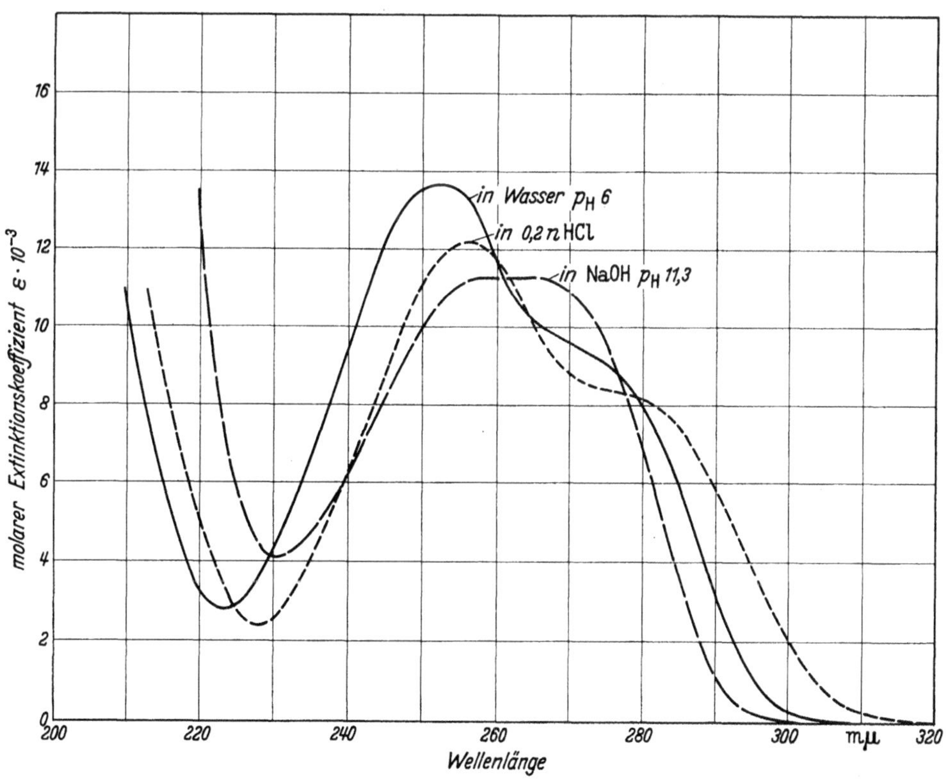

Abb. 8. UV-Spektrum von Guanosin (BEAVEN, G. H., E. R. HOLIDAY and E. A. JOHNSON; in: CHARGAFF-DAVIDSON, Nucleic Acids, Bd. I, S. 493).

Abb. 9. UV-Spektrum von Cytidin [Fox, J. J., and D. Shugar: Biochim. biophysica Acta, N. Y. 9, 369 (1952)].

Abb. 10. UV-Spektrum von Uridin [Fox, J. J., and D. Shugar: Biochim. biophysica Acta, N. Y. 9, 369 (1952)].

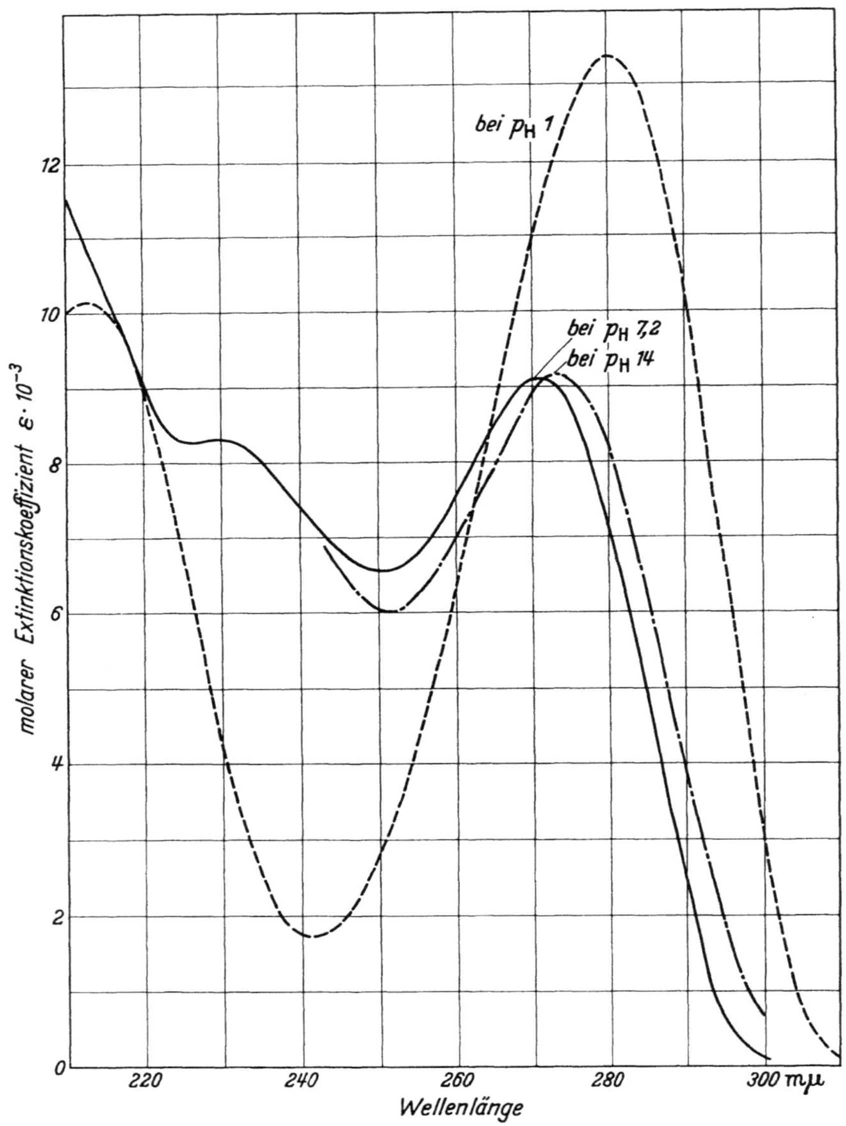

Abb. 9

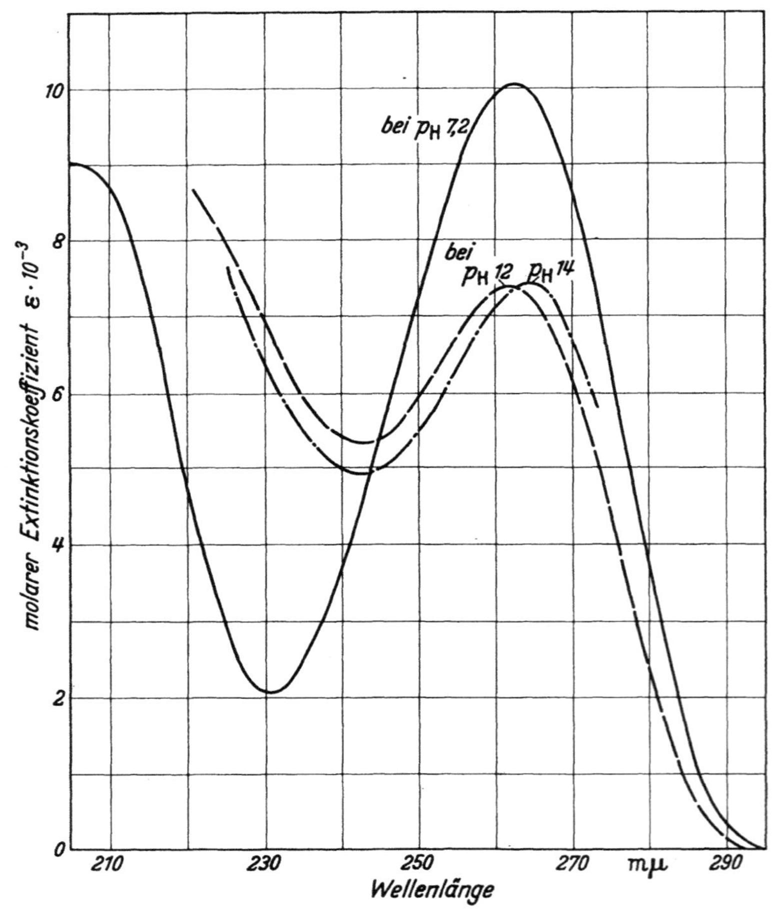

Abb. 10

Abb. 11. UV-Spektrum von Inosin (BEAVEN, G. H., E. R. HOLIDAY and E. A. JOHNSON; in: CHARGAFF-DAVIDSON, Nucleic Acids, Bd. I, S. 493).

Abb. 12. UV-Spektrum von Desoxycytidin [FOX, J. J., and D. SHUGAR: Biochim. biophysica Acta, N. Y. 9, 369 (1952)].

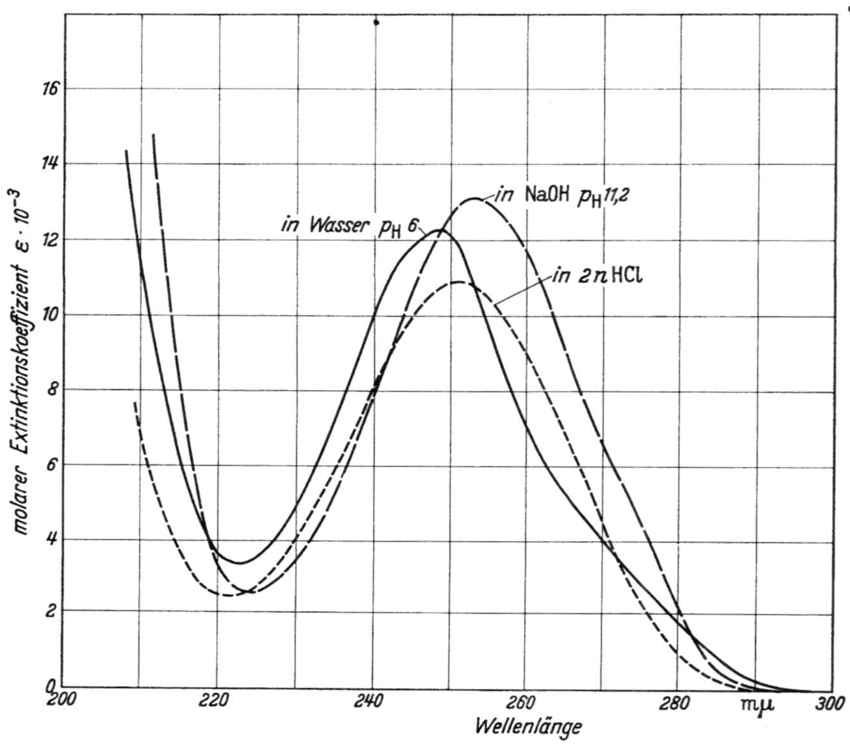

Abb. 11

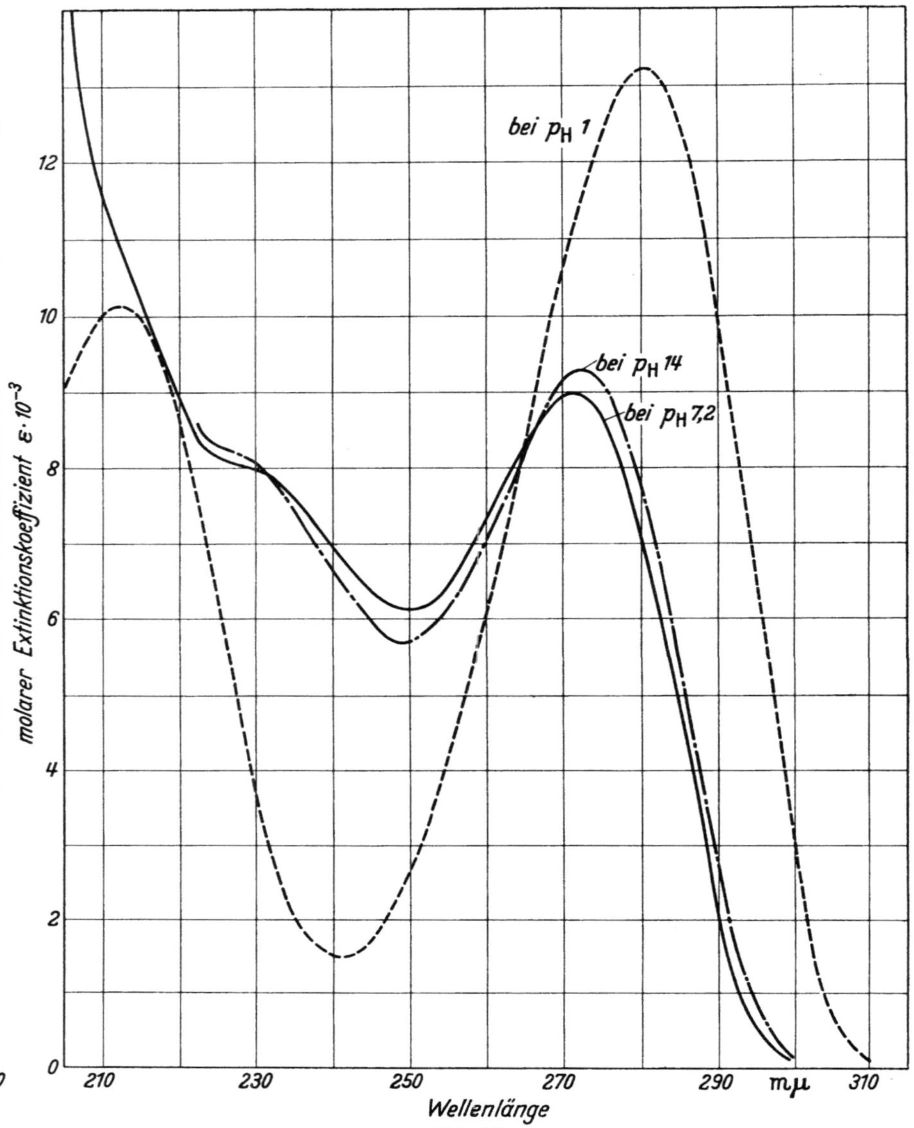

Abb. 12

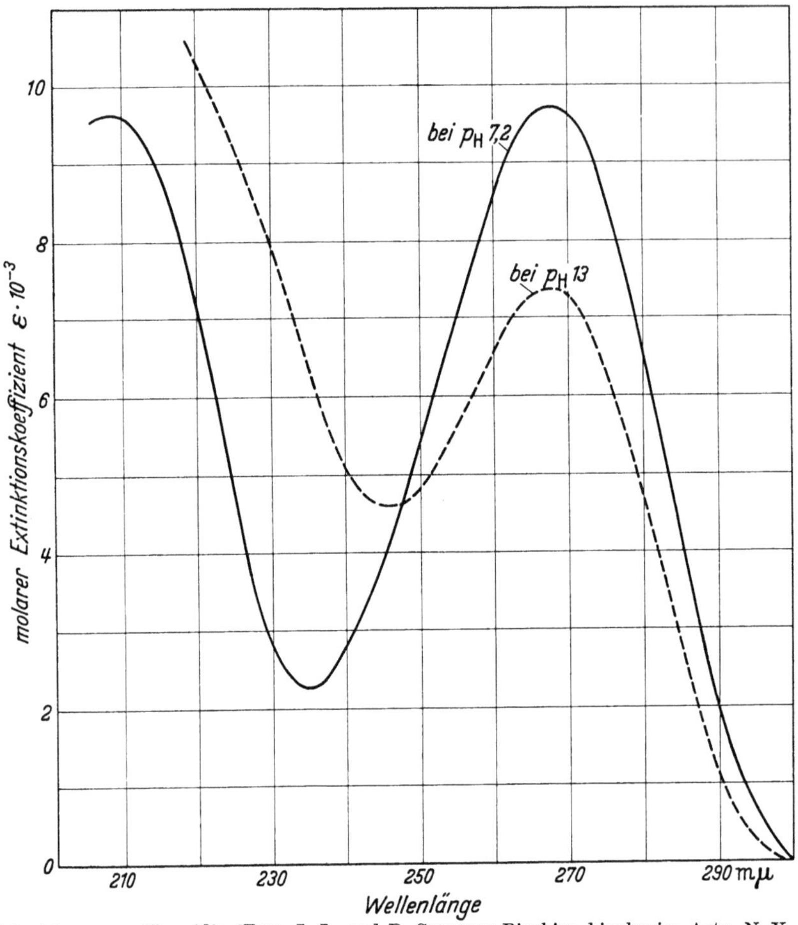

Abb. 13. UV-Spektrum von Thymidin [Fox, J. J., and D. Shugar: Biochim. biophysica Acta, N. Y. 9, 369 (1952)].

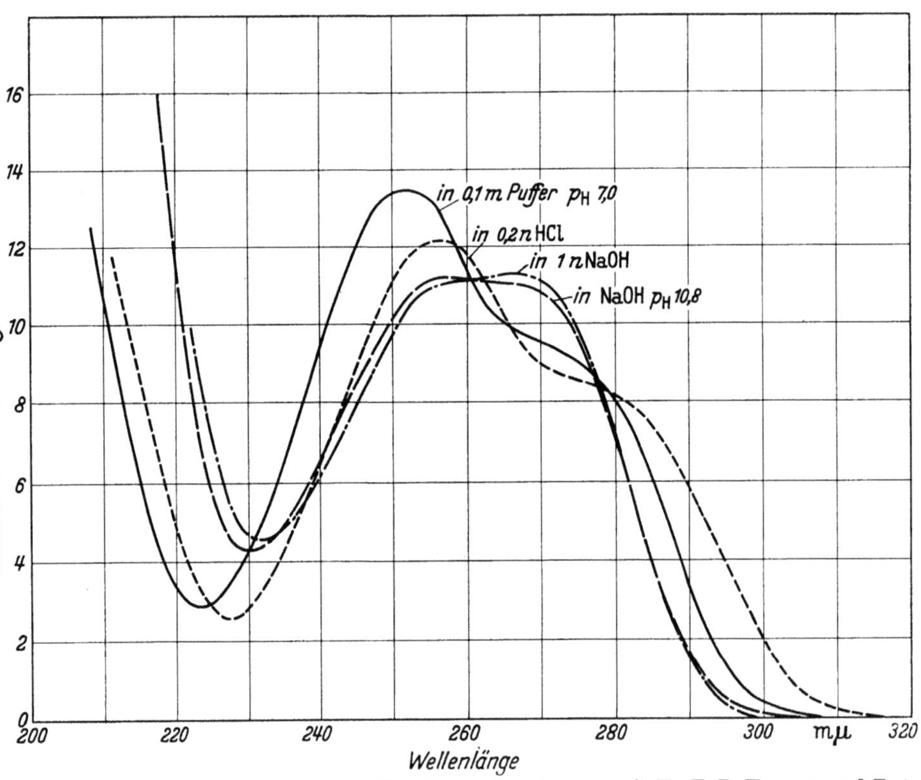

Abb. 14. UV-Spektrum von Guanylsäure (hauptsächlich 3'-Isomeres) (Beaven, G. H., E. R. Holiday and E. A. Johnson; in: Chargaff-Davidson, Nucleic Acids, Bd. I, S. 493).

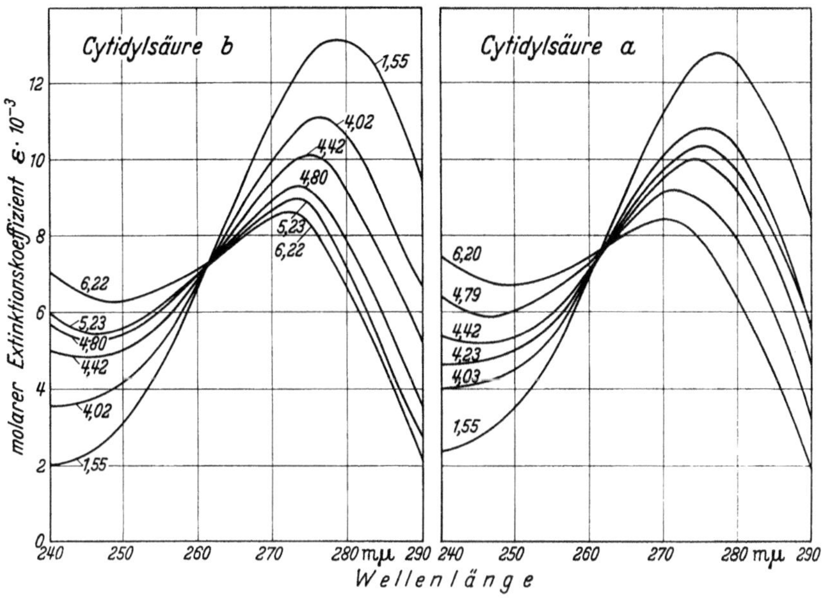

Abb. 15. UV-Spektren von Cytidylsäure a und b. Gemessen in wäßrigen Pufferlösungen von p_H 1,55—6,22 (die Zahlen im Diagramm geben die verschiedenen p_H-Werte an) [Fox, J. J., L. F. Cavalieri and N. Chang: Am. Soc. 75, 4315 (1953)].

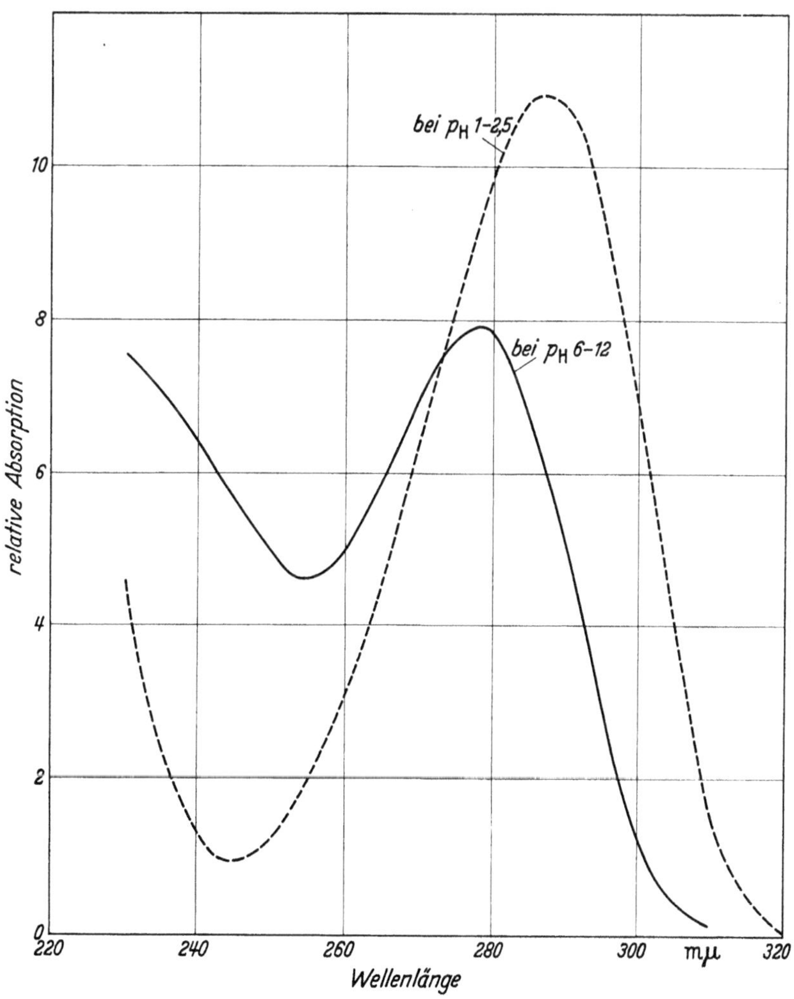

Abb. 16. UV-Spektrum von Desoxy-5-methyl-cytidylsäure [Cohn, W. E.: Am. Soc. 73, 1539 (1951)].

„Binäre Analyse". Liegen in einem Gemisch 2 Substanzen vor, die sich genügend in ihren Lichtabsorptionen unterscheiden, so können diese durch Absorptionsmessung des Gemisches bei verschiedenen Wellenlängen quantitativ bestimmt werden. Bei der Auswertung wird die Annahme gemacht, daß sich die Absorption des Gemisches additiv aus den einzelnen Absorptionen der Komponenten zusammensetzt. Dieses Verfahren wird auch zur Analyse von Nucleinsäuren-Spaltstücken angewendet, wenn die Trennung von

α) *Basen.*

Tabelle 12. *Die UV-Absorption der Pyrimidin- und Purinbasen.*

Verbindung	Lösungsmittel	λ max [mμ]	ε max $\cdot 10^{-3}$	λ min [mμ]	ε min $\cdot 10^{-3}$	$\varepsilon_{260} \cdot 10^{-3}$	$\frac{E_{280}}{E_{260}}$	$\frac{E_{250}}{E_{260}}$	pK	Literatur
Adenin	0,025 n HCl	262,5	13,15	229	2,55	13,0	0,375	0,76	0	1
	Puffer p_H 7	260,5	13,35	226	2,55	13,3	0,125	0,76	4,1	
	0,01 n NaOH	269	12,3	237	3,35	10,45	0,60	0,57	9,8	
Hypoxanthin	1,2 n HCl	248	10,8	215	1,7	7,35	0,04	1,45	2	1
	Wasser p_H 6	249,5	10,7	221,5	2,55	7,9	0,092	1,32	9	
	NaOH p_H 10,8	258,5	11,05	232	3,75	10,95	0,124	0,84	12	
	1 n NaOH	262,5	11,45	233,5	3,5	11,3	0,19	0,705		
Xanthin	6 n HCl	260	9,15	242	5,2	9,15	0,15	0,765	0,8	1
		230,5	6,35	219,5	5,2					
	HCl p_H 2,8	267	10,25	239,5	2,7	8,85	0,61	0,565	7,8	
	NaOH p_H 10	277,5	9,3	257,5	5,0	5,2	1,71	1,29	12	
		240,5	8,9	222	5,0					
	1 n NaOH	284	9,4	257	3,6	3,75	2,39	1,11		
Guanin	0,1 n HCl	275,5	7,35	267	7,15	8,0	0,84	1,37	3,2	1
		248,5	11,4	224	3,55					
	Puffer p_H 7	275,5	8,15	262	7,05	7,2	1,04	1,42	9,6	
		246	10,7	224,5	4,3					
	NaOH p_H 10,9	273,5	8,0	255	6,05	6,4	1,135	0,985	12,5	
		246	6,3	234	6,0					
	1 n NaOH	274	9,9	239,5	5,15	7,3	1,24	0,805		
Cytosin	p_H 1	276	10,0	128,5	1,2	6,0	1,53	0,48	4,5	2
		210	9,7							
	p_H 7,2	267	6,13	247	4,3	5,55	0,58	0,78	12,2	
	p_H 14	282	7,86	250,5	1,4	2,35	3,28	0,595		
5-Methyl-cytosin	p_H 1	283,5	9,79	242	0,9	3,6	2,66	0,41	4,8	2
		210,5	12,0							
	p_H 7,2	273,5	6,23	251,5	3,6	4,45	1,20	0,81	12,4	
		210,5	14,2							
	p_H 14	289,5	8,05	253,5	1,35	1,7	3,75	0,85		
5-Oxymethyl-cytosin	0,1 n HCl	279								3
	Puffer p_H 7,4	269,5								
	0,1 n NaOH	283,5								
Thymin	p_H 7,2	264,5	7,89	233,5	1,9	7,4	0,53	0,67	9,9	2
		207	9,5							
	p_H 13	291	5,44	244	2,2	3,7	1,31	0,65	13	
Uracil	6 n HCl	260	7,80	228,5	1,52	7,8	0,30	0,795	0,5	2
	p_H 7,2	259,5	8,20	227,5	1,8	8,2	0,175	0,84	9,5	
	p_H 13	284	6,15	241,5	2,15	4,1	1,40	0,71	13	

[1] BEAVEN, G. H., E. R. HOLIDAY and E. A. JOHNSON; in: CHARGAFF-DAVIDSON, Nucleic Acids, Bd. I, S. 493.

[2] SHUGAR, D., and J. J. FOX: Biochim. biophysica Acta, N. Y. 9, 199 (1952).

[3] WYATT, G. R., and S. S. COHEN: Nature 170, 1072 (1952).

β) *Nucleoside.*

Tabelle 13. *Die UV-Absorption der Nucleoside.*

Verbindung	Lösungsmittel p_H	λ max [mμ]	ε max $\cdot 10^{-3}$	λ min [mμ]	ε min $\cdot 10^{-3}$	$\varepsilon_{260} \cdot 10^{-3}$	$\frac{E_{280}}{E_{260}}$	$\frac{E_{250}}{E_{260}}$	pK	Literatur
Adenosin	0,06 n HCl	257	14,6	230	3,5	14,3	0,215	0,84	3,4	1
	Wasser p_H 6,4	259,5	16,9	227	2,25	14,9	0,144	0,78	13	
Guanosin	0,2 n HCl	256,5	12,2	228	2,4	11,75	0,695	0,94	2,2	1
	Wasser p_H 6	252,5	13,65	223,5	2,85	11,7	0,67	1,15	9,5	
	NaOH p_H 11,3	258 bis 266	11,3	231	4,1	11,3	0,61	0,89		
Cytidin	p_H 1	280	13,4	241,5	1,7	6,4	2,10	0,45	4,1	2
		212,5	10,1							
	p_H 7,2	271	9,1	250,5	6,5	7,55	0,93	0,86	13	
		229,5	8,3	226	8,2					
	p_H 14	273	9,2	251,5	6,03	7,0	1,17	0,865		
Uridin	p_H 7,2	262	10,1	230,5	2,05	9,95	0,35	0,74	9,25	2
	p_H 12	262	8,5	236,5	4,48	7,35	0,29	0,83	13	
Inosin	2 n HCl	251	10,9	221	2,45	9,0	0,11	1,21	1,2	1
	Wasser p_H 6	248,5	12,25	223	3,4	7,1	0,25	1,68	8,7	
	NaOH p_H 11,2	253	13,1	224,5	2,55	11,7	0,18	1,05		
Xanthosin	0,001 n HCl	263	8,95	248	6,4	8,7	0,28	0,75	5,5	1
		235	8,4	217	3,9					
	Puffer p_H 8,1	278	8,9	264,5	7,05	7,65	1,13	1,30	13	
		248,5	10,2	222,5	2,75					
	1 n NaOH	276	9,3	262	7,5	7,65	1,16	1,12		
		251,5	8,6	230	4,5					
Thyminribosid	Wasser	268	10,8							3
Adeninthio-methylpentosid	Wasser	260	15,3							4
Desoxycytidin	p_H 1	280	13,2	241	1,5	6,15	2,15	0,42	4,3	2
		212,5	10,2							
	p_H 7,2	271	9,0	250	6,13	7,35	0,965	0,83	13	
	p_H 14	272,5	9,28	248,5	5,70	7,05	1,09	0,81		
Thymidin	p_H 7,2	267	9,65	235	2,25	8,75	0,72	0,65	9,8	2
		207,5	9,55							
	p_H 13	267	7,38	240,5	4,58	6,65	0,67	0,75	13	
Desoxy-5-methylcytidin	0,01 n HCl	286,0	11,61	245,0	10,5	3,2	3,4	0,45	4,5	5
		209,0	9,78							
	0,01 n NaOH	277,0	8,81	255	5,43	6,0	1,45	0,95	13	
		206,0	13,38							
Hypoxanthin-desoxyribosid	0,05 m Phosphatpuffer p_H 7,0	249	12,8							6
Desoxy-xanthosin	p_H 4—5	234	8,34							7
		263	9,10							
	p_H 7,5	248	10,23							
		278	8,87							
	p_H 10—12	248	10,05							
		278	9,09							

[1] BEAVEN, G. H., E. R. HOLIDAY and E. A. JOHNSON; in: CHARGAFF-DAVIDSON, Nucleic Acids, Bd. I, S. 493.
[2] FOX, J. J., and D. SHUGAR: Biochim. biophysica Acta, N. Y. **9**, 369 (1952).
[3] ROBERTS, M., and D. W. VISSER: Am. Soc. **74**, 668 (1952).
[4] HEYROTH, F. F., and J. R. LOOFBOUROW: Am. Soc. **56**, 1728 (1934).
[5] DEKKER, C. A., and D. T. ELMORE: Soc. **1951**, 2864.
[6] MANSON, L. A., and J. O. LAMPEN: J. biol. Ch. **191**, 87 (1951).
[7] FRIEDKIN, M.: Am. Soc. **74**, 112 (1952).

Fortsetzung Tabelle 13.

Verbindung	Lösungsmittel p_H	λ max [mμ]	ε max $\cdot 10^{-3}$	λ min [mμ]	ε min $\cdot 10^{-3}$	$\varepsilon_{260} \cdot 10^{-3}$	$\frac{E_{280}}{E_{260}}$	$\frac{E_{250}}{E_{260}}$	pK	Literatur
Uracil-		262	10,2	231	2,2	10,1	0,375	0,72	9,3	1
desoxyribosid		262	7,63	242	5,35	7,55	0,31	0,81	13	
Vicin	0,1 n HCl	274	16,4							2
	0,1 m Phos-	275	13,22	250	3,65					
	phatpuffer	236	4,43	231	4,29					
	p_H 6,8									
	0,1 n NaOH	269	9,52	248	4,36					
		235	5,18	230	5,09					
Cordycepin	Äthanol	260,0	14,6							3
	0,1 n HCl	267,5	19,5							
Puromycin	0,1 n NaOH	275	20,3							4
Spongo-	nicht abhängig	269								5
thymidin	vom p_H									

γ) *Nucleotide.*

Tabelle 14. *Die UV-Absorption von Nucleotiden*[6].

	$\frac{E_{250}}{E_{260}}$			$\frac{E_{280}}{E_{260}}$			$\frac{E_{290}}{E_{260}}$		
	p_H 2	p_H 7	p_H 12	p_H 2	p_H 7	p_H 12	p_H 2	p_H 7	p_H 12
Adenosin-2'-phosphat . . .	0,85	0,80	0,80	0,23					
Adenosin-3'-phosphat . . .	0,85	0,80	0,80	0,22	0,15	0,15	0,038	0,009	—
Adenosin-5'-phosphat . . .	0,84	0,79	0,79	0,22					
Guanosin-2'-phosphat . . .	0,90*			0,68*			0,48*		
Guanosin-3'-phosphat . . .	0,93*	1,15	0,89	0,69*	0,68	0,60	0,49*	0,285	0,11
Guanosin-5'-phosphat . . .	0,99*			0,70*			0,51*		
Cytidin-2'-phosphat	0,48	0,90	0,90	1,80	0,85	0,85	1,22	0,26	0,26
Cytidin-3'-phosphat	0,45	0,86	0,86	2,00	0,93	0,93	1,43	0,30	0,30
Cytidin-5'-phosphat	0,46	0,84	0,84	2,10	0,99	0,99	1,55	0,33	0,33
Desoxycytidylsäure	0,43	0,82	0,82	2,12	0,99	0,99	1,55	0,30	0,30
Cytidin-diphosphat	0,46	0,88	—	2,00	0,93	—	1,48	0,32	—
Uridin-2'-phosphat.	0,80	0,78	0,85	0,28	0,30	0,25			
Uridin-3'-phosphat.	0,76	0,73	0,83	0,32	0,35	0,28	0,03	0,03	0,02
Uridin-5'-phosphat.	0,74	0,73	0,82	0,38	0,40	0,33			
Uridin-5'-diphosphat	0,80	—	—	0,34	—	—	0,04	—	—
Thymidylsäure	0,64	0,65	0,74	0,72	0,73	0,67	0,23	0,24	0,17
Thymidin-diphosphat . . .	0,65	—	—	0,70	—	—	0,20	—	—
Desoxy-5-methylcytidylsäure	0,36	0,96	0,96	3,15	1,52	1,52	3,4	1,02	1,02

2 Komponenten nur unvollständig oder überhaupt nicht gelingt. So gelten z. B. für ein Gemisch von Adenin und Guanin folgende Beziehungen[7]:

$$c_{\text{Adenin}} = \frac{6{,}66 \cdot E_{262} - 7{,}65 \cdot E_{280}}{5{,}11 \cdot 10^4}\,; \quad c_{\text{Guanin}} = \frac{13{,}1 \cdot E_{280} - 4{,}72 \cdot E_{262}}{5{,}11 \cdot 10^4}\,; \quad c_{\text{Gesamtpurin}} = \frac{E_{252}}{10 \cdot 950}\,.$$

Die Formeln gelten für Lösungen in 0,1 n Salzsäure.

* bei p_H 1 gemessen.

[1] Fox, J. J., and D. Shugar: Biochim. biophysica Acta, N. Y. **9**, 369 (1952).
[2] Bendich, A., and G. C. Clements: Biochim. biophysica Acta, N. Y. **12**, 462 (1953).
[3] Cunningham, K. G., S. A. Hutchinson, W. Manson and F. S. Spring: Soc. **1951**, 2299.
[4] Waller, C. W., P. W. Fryth, B. L. Hutchings and J. H. Williams: Am. Soc. **75**, 2025 (1953).
[5] Bergmann, W., and R. J. Feeney: J. org. Chem. **16**, 981 (1951).
[6] Beaven, G.H., E.R.Holiday and E.A.Johnson; in: Chargaff-Davidson, Nucleic Acids, Bd.I, S.493.
[7] Loring, H. S.; in: Chargaff-Davidson, Nucleic Acids. Bd. I, S. 201.

δ) *Ribonucleosid-5'-phosphate.*

Tabelle 15. *Die UV-Absorption von Ribonucleosid-5'-phosphaten*[1].

Verbindung	Lösungsmittel*	Wellenlängen [mμ]		Verhältnis aus den Extinktionskoeffizienten bei einer bestimmten Wellenlänge zur maximalen Extinktion in saurer Lösung $\frac{E}{E_{max}}$						
		Maximum	Minimum	Maximum	Minimum	230 mμ	245 mμ	260 mμ	275 mμ	290 mμ
AMP	sauer	258	228	1,00	0,21	0,24	0,63	0,98	0,40	0,03
	alkalisch	260	230	1,04		0,24	0,60	1,04	0,38	0,02
ADP	sauer	258	228	1,00	0,21	0,24	0,63	0,97	0,40	0,04
ATP	sauer	258	228	1,00	0,21	0,24	0,64	0,98	0,41	0,03
GMP	sauer	256	228	1,00	0,22	0,24	0,73	0,96	0,69	0,47
	alkalisch	265	231	0,93	0,35	0,36	0,65	0,93	0,80	0,11
GDP	sauer	256	228	1,00	0,23	0,24	0,74	0,95	0,68	0,45
GTP	sauer	256	228	1,00	0,22	0,24	0,74	0,96	0,69	0,46
CMP	sauer	280	241	1,00	0,12	0,26	0,13	0,50	0,97	0,74
	alkalisch	273	251	0,70	0,48	0,62	0,50	0,56	0,67	0,21
CDP	sauer	280	241	1,00	0,12	0,26	0,13	0,50	0,97	0,75
CTP	sauer	280	241	1,00	0,12	0,27	0,14	0,50	0,97	0,74
UMP	sauer	261	230	1,00	0,22	0,22	0,56	0,99	0,61	0,03
	alkalisch	261	242	0,78	0,55	0,74	0,57	0,77	0,45	0,03
UDP	sauer	261	231	1,00	0,23	0,23	0,55	0,99	0,60	0,04
UTP	sauer	261	231	1,00	0,23	0,23	0,56	0,99	0,62	0,03

Tabelle 16. *Molare Extinktionskoeffizienten für die Ribonucleosid-5'-phosphate.*

	5'-Phosphate von[1]				AMP[2] ADP, ATP	IMP, IDP[3] ITP	ITP[4]	UDP[5]
	Adenosin	Guanosin	Cytidin	Uridin				
Lösungsmittel	p_H 1—2	p_H 1—2	p_H 1—2	p_H 1—2	p_H 2	0,01 n HCl	neutral	0,01 n HCl
max [mμ]	258	256	278	260	260	250	249	262—263
ε max	14100	13300	13700	9000	14200	13200	13800	9070

ε) *Ribonucleosid-2'- und -3'-phosphate.*

Tabelle 17. *UV-Absorption der 2'- und 3'-Phosphate der Ribonucleoside.*

Verbindung	Lösungsmittel p_H	λ max [mμ]	ε max $\cdot 10^{-3}$	λ min [mμ]	ε min $\cdot 10^{-3}$	$\varepsilon_{260} \cdot 10^{-3}$	Literatur
Hefeadenylsäure	wäßriges Aceton	257	14,4	—	—	—	6
	Puffer p_H 7	—	—	—	—	15,0	7
Guanylsäure	wäßriges Äthanol	257	12,4	—	—	—	6
		250	12,2	—	—	—	
	0,2 n HCl	256,5	12,2	228	2,6	11,8	7
	0,1 m Puffer p_H 7	252	13,5	223,5	2,9	11,5	7
	NaOH p_H 10,8	256—258	11,2	230,5	4,3	11,2	7
	1 n NaOH	266—267	11,3	234	4,6	11,2	7

* Saure Lösung: in 0,1 n HCl, p_H 1—2; alkalische Lösung: Zugabe von NaOH zur sauren Lösung, bis mindestens p_H 11 erreicht war.

[1] SCHMITZ, H., R. B. HURLBERT and V. R. POTTER: J. biol. Ch. **209**, 41 (1954).
[2] COHN, W. E., and C. E. CARTER: Am. Soc. **72**, 4273 (1950).
[3] DEUTSCH, A., and R. NILSSON: Acta chem. scand. **7**, 1288 (1953).
[4] KAPLAN, N. O., S. P. COLOWICK and M. M. CIOTTI: J. biol. Ch. **194**, 579 (1952).
[5] KENNER, G. W., A. R. TODD and F. J. WEYMOUTH: Soc. **1952**, 3675.
[6] DEUTSCH, A., R. ZUCKERMAN and M. S. DUNN: Analyt. Chem., Washington **24**, 1769 (1952).
[7] BEAVEN, G. H., E. R. HOLIDAY and E. A. JOHNSON; in: CHARGAFF-DAVIDSON, Nucleic Acids, Bd. I, S. 493.

Tabelle 17. (Fortsetzung.)

Verbindung	Lösungsmittel pH	λ max [mμ]	ε max · 10^{-3}	λ min [mμ]	ε min · 10^{-3}	$\varepsilon_{260} \cdot 10^{-3}$	Literatur
Cytidylsäure a	0,1 n HCl	278	12,7	240	1,9	—	1
	0,01, 0,1 und 1 n NaOH	269,5	8,6	250	6,7	—	1
Cytidylsäure b	0,1 n HCl	279	13,1	240	1,7	—	1
	0,01 und 0,1 n NaOH	270,5	8,95	250,5	6,6	—	1
	1 n NaOH	272,5	9,0	251	6,4	—	1
Uridylsäure	0,01 n H_2SO_4	262	9,69	—	—	—	2
	wäßriges Aceton	261	9,63	—	—	—	3
Adenosin-2′,3′-phosphat	Wasser	260	13,15	225	1,83	—	4
Guanosin-2′,3′-phosphat	Wasser	251—253	12,15	—	—	—	4
Cytidin-2′,3′-phosphat	Wasser	268	8,40	250	6,90	—	4
		232	8,15	223	7,75	—	
Uridin-2′,3′-phosphat	Wasser	258—259	9,57	228—229	2,29	—	4

ζ) *Desoxyribonucleotide.*

Tabelle 18. *Die UV-Absorption der Desoxyribonucleotide.*

Verbindung	Lösungsmittel	λ max [mμ]	ε max · 10^{-3}	λ min [mμ]	$\varepsilon_{min} \cdot 10^{-3}$	$\frac{E_{280}}{E_{260}}$	$\frac{E_{250}}{E_{260}}$	Literatur
Desoxyadenosin-5′-phosphat	HCl p_H 2	—	—	—	—	0,24	0,81	5
	0,01 n HCl	257,5	13,58	227,5	2,71	0,23	0,84	6
	Wasser	260	13,60	227	1,85	0,16	0,78	6
	0,01 n NaOH	260	14,14	227,5	2,55	0,18	0,79	6
Desoxyadenosin-3′-phosphat	0,01 n HCl	257—258	14,65	229	3,39	0,23	0,83	6
	Wasser	259—260	14,45	226	1,91	0,16	0,77	6
	0,01 n NaOH	259—260	15,09	227	2,05	0,16	0,76	6
Desoxyguanosin-5′-phosphat	0,01 n HCl	254—256	13,65	227	3,97	0,69	1,01	6
	Wasser	252—255	15,68	225	5,17	0,68	1,09	6
	0,01 n NaOH	263—264	12,87	230—231	5,44	0,66	0,88	6
	HCl p_H 2	—	—	—	—	0,70	1,02	5
Desoxyguanosin-3′-phosphat	0,01 n HCl	254—256	11,61	227—228	3,75	0,72	1,01	6
	Wasser	252—253	12,15	225	4,09	0,72	1,15	6
	0,01 n NaOH	262—265	11,24	231	5,38	0,67	0,90	6
Desoxycytidin-5′-phosphat	HCl p_H 2	—	—	—	—	2,12	0,43	5
	0,01 n NaOH	271	9,3	250	6,15	—	—	7
	1 n NaOH	272	9,3	250	5,8	—	—	7
Thymidylsäure	HCl p_H 2	—	—	—	—	0,72	0,65	5
	0,01 n HCl	—	—	—	—	0,71		8
Thymidin-3′-phosphat	0,01 n HCl	—	—	—	—	0,69		8
Desoxy-5-methyl-cytidin-5′-phosphat	p_H 1—2,5	287	11,0	244	1,0	—	—	9
	p_H 6—13	278,5	7,9	254	4,7	—	—	9
Desoxycytidin-3′,5′-diphosphat	0,05 n HCl	280		240—241		2,05		10
	0,05 n NaOH	271—272		250—251		0,995		10
Thymidin-3′,5′-diphosphat	0,05 n HCl	266		232—233		0,65		10
	0,05 n NaOH	266		244		0,63		10

[1] LORING, H. S., H. W. BORTNER, L. W. LEVY and M. L. HAMMELL: J. biol. Ch. **196**, 807 (1952).
[2] KERR, S. E., K. SERAIDARIAN and M. WARGON: J. biol. Ch. **181**, 761 (1949).
[3] DEUTSCH, A., R. ZUCKERMAN and M. S. DUNN: Analyt. Chem., Washington **24**, 1769 (1952).
[4] BROWN, D. M., D. I. MAGRATH and A. R. TODD: Soc. **1952**, 2708.
[5] VOLKIN, E., J. X. KHYM and W. E. COHN: Am. Soc. **73**, 1533 (1951).
[6] HAYES, D. H., A. M. MICHELSON and A. R. TODD: Soc. **1955**, 808.
[7] FOX, J. J., L. F. CAVALIERI and N. CHANG: Am. Soc. **75**, 4315 (1953).
[8] MICHELSON, A. M., and A. R. TODD: Soc. **1953**, 951.
[9] COHN, W. E.: Am. Soc. **73**, 1539 (1951).
[10] DEKKER, C. A., A. M. MICHELSON and A. R. TODD: Soc. **1953**, 947.

c) UR-Spektren und Röntgenspektren.

Die UR-Absorption von Nucleinsäuren-Spaltstücken ist bisher nur in wenigen Fällen gemessen worden, ist jedoch zu ihrer Charakterisierung, Identifizierung und Konstitutionsaufklärung durchaus nützlich. So haben z. B. Desoxycytidin und Desoxy-5-methylcytidin, die sich sonst sehr ähnlich verhalten und selbst durch Ionenaustausch nur schwer voneinander getrennt werden können, verschiedene UR-Spektren und können auf diesem Wege nebeneinander nachgewiesen werden[1]. Auch die isomeren Adenylsäuren a und b zeigen charakteristische Unterschiede in der UR-Absorption[2]. Ebenso wurde zur Unterscheidung der Cytidylsäuren a und b die UR-Absorption herangezogen[3].

Die Identität der natürlichen Desoxyribonucleotide, Desoxyadenylsäure[4] und Desoxycytidylsäure[5], mit den synthetisch hergestellten Nucleosid-5'-phosphaten wird unter anderem auch durch die Übereinstimmung der UR-Spektren bewiesen. Die ebenfalls synthetisierten Desoxyribonucleosid-3'-phosphate zeigen deutlich verschiedene Spektren. Auch die Identität von synthetischem und natürlichem Desoxycytidin-3',5'-diphosphat sowie Thymidin-3',5'-diphosphat läßt sich mit Hilfe der UR-Spektren demonstrieren[6].

Zur Charakterisierung wurde die UR-Absorption gemessen von Crotonosid[7], Cordycepin[8], Hefeadenylsäure, Guanylsäure, Cytidylsäure, Adenosin, Guanosin und Xanthosin[9].

In einigen Beispielen wurde zur Identifizierung von Nucleinsäuren-Spaltstücken die *Röntgenanalyse* herangezogen. So sind die Röntgendiagramme von synthetischer und natürlicher Desoxycytidylsäure[5], Desoxycytidin-3',5'-diphosphat, Thymidin-3',5'-diphosphat[6], Xanthosin[10] usw. identisch. Röntgendiagramme wurden weiter von Adenosin, Guanosin, Cytidin, Uridin[11, 12], Muskeladenylsäure und Guanylsäure[13] gemessen. Das Röntgendiagramm von Cytidin wurde vollständig ausgewertet und zeigt[12], daß Pyrimidinring und Furanosering senkrecht aufeinander stehen, der Zuckerrest durch β-glykosidische Bindung mit dem N(3) des Pyrimidins verknüpft ist und daß diese Bindung in der Ebene des Pyrimidinringes liegt. Für Uridin ergibt sich aus den Röntgeninterferenzen ein dem Cytidin sehr ähnlicher räumlicher Aufbau. Die Röntgenanalyse des Adenosins[11] bestätigt, daß der Riboserest durch β-glykosidische Bindung in 9-Stellung mit dem Purinring verknüpft ist und daß diese Bindung wahrscheinlich in der Ebene des Purinringes liegt.

5. Die präparative Gewinnung der Nucleoside und Nucleotide.

Vorschriften zur Gewinnung von frei vorkommenden Nucleosiden und Nucleotiden sind in den entsprechenden Abschnitten bei den folgenden Verbindungen angegeben:

a) *Nucleoside.* Harnsäureribosid, Crotonosid, Orotidin, Adeninthiomethylribosid, Vicin, Convicin, Spongothymidin.

b) *Nucleotide.* Inosinsäure, Guanosin-5'-diphosphat-mannose, Uridin-5'-diphosphat-glucose bzw. -galaktose, Uridin-5'-diphosphat-acetyl-glucosamin bzw. -galaktosamin, Uridin-5'-diphosphat-glucuronsäure.

Durch Ionenaustausch lassen sich am besten isolieren alle 5'-Mono-, 5'-Di- und 5'-Triphosphate von Adenosin, Guanosin, Cytidin und Uridin.

[1] DEKKER, C. A., and D. T. ELMORE: Soc. **1951**, 2864.
[2] BROWN, D. M., and A. R. TODD: Soc. **1952**, 44.
[3] HARRIS, R. J. C., S. F. D. ORR, E. M. F. ROE and J. F. THOMAS: Soc. **1953**, 489.
[4] HAYES, D. H., A. M. MICHELSON and A. R. TODD: Soc. **1955**, 808.
[5] MICHELSON, A. M., and A. R. TODD: Soc. **1954**, 34.
[6] DEKKER, C. A., A. M. MICHELSON and A. R. TODD: Soc. **1953**, 947.
[7] DAVOLL, J.: Am. Soc. **73**, 3174 (1951).
[8] CUNNINGHAM, K. G., S. A. HUTCHINSON, W. MANSON and F. S. SPRING: Soc. **1951**, 2299.
[9] BLOUT, E. R., and M. FIELDS: J. biol. Ch. **178**, 335 (1949).
[10] HOWARD, G. A., A. C. MCLEAN, G. T. NEWBOLD, F. S. SPRING and A. R. TODD: Soc. **1949**, 232.
[11] FURBERG, S.: Acta chem. scand. **4**, 751 (1950).
[12] FURBERG, S.: Acta crystallogr., London **3**, 325 (1950). Nature **164**, 22 (1949).
[13] CLARK, C. C.: Arch. Biochem. **31**, 18 (1951).

Für die Darstellung von Adenosin-5'-phosphat (AMP), Adenosin-5'-diphosphat (ADP) und Adenosin-5'-triphosphat (ATP) stehen besonders sorgfältig ausgearbeitete Fällungsreaktionen zur Verfügung (s. S. 1209, 1215).

Im folgenden werden Vorschriften angegeben zur Isolierung der Nucleotide und Nucleoside, die durch Hydrolyse von RNS und von DNS entstehen. Diese Verbindungen sind größtenteils auch im Handel erhältlich. Die älteren Angaben zu ihrer Gewinnung müssen als überholt betrachtet werden. Doch sind nur wenige sorgfältig durchgearbeitete, präparative Vorschriften zur Darstellung nach neueren Methoden bekanntgegeben worden.

a) Gewinnung aus Hydrolysaten von Hefe-RNS.

α) Nucleotide.

RNS werden schnell und vollständig durch Einwirkung von Alkalien zum Gemisch der Ribonucleotide hydrolysiert. Zahlreiche Vorschriften sind hierfür im Laufe der Zeit angegeben worden.

1. Hydrolyse mit Ammoniumhydroxyd-Lösung[1]. 100 g Hefe-RNS werden in 500 cm³ Wasser durch Zugabe von 50 cm³ 25%igem Ammoniak gelöst und 1 Std im Druckgefäß auf 115° (Außentemperatur) erhitzt. Nach dem Erkalten und Filtrieren der Lösung wird das Filtrat mit dem gleichen Volumen 98%igem Äthanol versetzt. Der entstehende Niederschlag wird abgetrennt, das Filtrat im Vakuum auf ein Drittel seines ursprünglichen Volumens eingeengt und abermals mit dem gleichen Volumen Äthanol versetzt. Der zweite entstehende Niederschlag wird mit dem ersten vereinigt; beide enthalten guanylsaures Ammonium, das mit etwas Ammoniumuridylat verunreinigt ist. Die Lösung enthält Adenylsäure und die beiden Pyrimidinnucleotide. Die in der ursprünglichen Vorschrift angegebenen Methoden zur Abtrennung der Pyrimidinnucleotide sind als überholt zu betrachten. Eine scharfe Trennung der 4 Ribonucleotide läßt sich zweckmäßig erreichen durch 1. Ionenaustausch (s. S. 1141), 2. durch Elektrophorese auf Trägern (s. S. 1172).

2. Hydrolyse mit Natriumhydroxyd oder Kaliumhydroxyd. Vollständige Hydrolyse zu den Nucleotiden wird erreicht durch Einwirkung von 1 n NaOH bei 20° (12 Std)[2] oder 37° (15 Std)[3] bzw. 0,1 n NaOH in der Hitze (2%ige Lösung von Natriumnucleat in 0,1 n NaOH 150 min bei 100°)[4]. Auch 0,6 n Bariumhydroxyd bewirkt eine glatte Spaltung[5] (50 g Hefe-RNS in 500 cm³ 0,6 n Baryt 2 Std unter Rückfluß erhitzt; die Bariumsalze der Nucleotide befinden sich im Niederschlag).

Nach Hydrolyse mit Natriumhydroxyd läßt sich die Guanylsäure mit Äthanol als tertiäres Natriumsalz ausfällen (s. S. 1246)[2]. Die Adenylsäure wird über das Bleisalz abgetrennt (s. S. 1241)[2].

3. Gewinnung von Cytidylsäure und Uridylsäure. Die Abtrennung der beiden Pyrimidinnucleotide aus einem sauren Hydrolysat von Hefe-RNS durch Ionenaustausch[6] ist S. 1142 angegeben.

Nach alkalischer Hydrolyse und Fällung der Purin-nucleotide als Phosphorwolframate lassen sich die Pyrimidin-nucleotide auf folgende Weise abtrennen[5]:

50 g Hefe-RNS werden unter Rühren zu einer kochenden 0,6 n Lösung von Bariumhydroxyd in Wasser gegeben und 2 Std zum Sieden erhitzt (Ölbad). Nach dem Abkühlen der Lösung mit Eis wird der Niederschlag der Bariumsalze der Nucleotide abgesaugt und mit wenig kalter Barytlösung nachgewaschen. Dann suspendiert man den Niederschlag

---

[1] Jones, W., and H. C. Germann: J. biol. Ch. **25**, 93 (1916). — Levene, P. A.: J. biol. Ch. **33**, 425 (1918); **40**, 415 (1919).
[2] Steudel, H., u. E. Peiser: H. **120**, 292 (1922).
[3] Schmidt, G., and S. J. Thannhauser: J. biol. Ch. **161**, 83 (1945).
[4] Loring, H. S., H. W. Bortner, L. W. Levy and M. L. Hammell: J. biol. Ch. **196**, 807 (1952).
[5] Loring, H. S., P. M. Roll and J. G. Pierce: J. biol. Ch. **174**, 729 (1948).
[6] Carter, C. E., and W. E. Cohn: Am. Soc. **72**, 2606 (1950).

in 200 cm³ heißem Wasser, säuert mit 6 n Schwefelsäure im geringen Überschuß an (Bläuung von Kongopapier) und saugt die gelösten Nucleotide vom Bariumsulfatniederschlag ab (zweimal mit heißem Wasser nachgewaschen). Filtrat und Waschwasser werden vereinigt, mit Eis gekühlt und durch Filtration von einer geringen Menge unlöslichem Material befreit; zu der warmen Lösung wird langsam so viel Phosphorwolframsäure gegeben (20 g 12-Phosphorwolframsäure in möglichst wenig Wasser gelöst), bis kein Niederschlag mehr ausfällt. Man kühlt mit Eis, saugt den schweren Niederschlag ab, dampft das Filtrat im Vakuum auf 200 cm³ ein und gibt dazu 7,5 cm³ konz. Schwefelsäure, so daß die Lösung etwa 1 n in bezug auf Mineralsäure ist. Zu der heißen Lösung werden weitere 45 g 12-Phosphorwolframsäure gegeben. Dabei fallen die letzten Reste der Phosphorwolframate der Purinnucleotide aus, die sofort abgetrennt werden. Nun läßt man die Lösung einige Stunden bei Raumtemperatur und weiter 14 Std bei 0° stehen und zentrifugiert (bei 0°) das Phosphorwolframat der Cytidylsäure ab, welches sich als gelatinöser Niederschlag abgeschieden hat. Der Niederschlag wird einmal mit wenig eiskalter 1 n Schwefelsäure gewaschen und zu freier Cytidylsäure weiterverarbeitet.

Die überstehende Flüssigkeit und die Waschwässer werden vereinigt, auf 70—80° erwärmt und langsam mit einer 1%igen Ammoniumsulfatlösung versetzt, um den Überschuß an Phosphorwolframsäure quantitativ als Ammoniumsalz auszufällen. Man entfernt die Sulfationen mit Baryt, macht Filtrat und Waschwässer (600 cm³) durch Zugabe einer Lösung von 20 g Brucin in Alkohol leicht alkalisch, läßt Brucin-uridylat über Nacht im Kühlschrank auskristallisieren und saugt es ab. Das Brucinsalz wird durch Zugabe einer wäßrigen konz. Ammoniaklösung zu seiner Lösung in 35%igem Äthanol in das Ammoniumsalz übergeführt. Dieses läßt sich durch Auflösung in möglichst wenig heißem Wasser, Zugabe von heißem Methanol bis zur Opalescenz und Stehenlassen über Nacht umkristallisieren. Durch Impfen kann man sofortige Kristallisation erreichen. Es werden 2—3 Kristallisationen mit 1,8—2,6 g Diammonium-uridylat erhalten (mittlere Ausbeute 4,6%, bezogen auf eingesetzte RNS).

Zur Reinigung wird das Diammonium-uridylat in wenig Wasser gelöst, die Lösung mit Tierkohle entfärbt und in einem Luftstrom zum Sirup eingedampft. Durch Zugabe von einigen Tropfen konz. Ammoniak und von Methanol wird die Kristallisation eingeleitet. Aus 15,3 g Rohprodukt wurden 2 Kristallisationen (zusammen 11,8 g) reine Substanz erhalten. Das Cytidylsäure-phosphorwolframat wird in 400 cm³ heißem Wasser suspendiert. Man entfernt die Phosphorwolframsäure und anschließend die Schwefelsäure genauso, wie oben zur Gewinnung der Uridylsäure beschrieben wurde. Das Filtrat wird im Vakuum auf 20 cm³ eingedampft, mit Aktivkohle entfärbt und durch Zugabe von Äthanol zum Kristallisieren gebracht. Die Kristalle werden mit verdünntem Alkohol, absolutem Alkohol und Äther gewaschen. Ausbeute 2—2,5 g (4,4%, bezogen auf eingesetzte RNS). Zur Reinigung wird eine 2%ige wäßrige Lösung mit etwas mehr als dem gleichen Volumen Äthanol versetzt; es erfolgt dann Kristallisation.

Eine andere Darstellung von Cytidylsäure und Uridylsäure aus sauren RNS-Hydrolysaten s. [1].

4. Die Trennung der isomeren Ribonucleotide a und b gelingt am besten durch Ionenaustausch (s. S. 1141). Die Trennung von Adenosin-2'-phosphat und Adenosin-3'-phosphat kann auch durch fraktionierte Kristallisation der freien Säuren ausgeführt werden (s. S. 1244)[2], diejenige der isomeren Cytidylsäuren durch fraktionierte Kristallisation der Ammoniumsalze (s. S. 1252)[3]. Die Uridylsäuren a und b können durch Desaminierung der Cytidylsäuren a und b erhalten werden (s. S. 1255)[4].

---

[1] BARKER, G. R., J. M. GULLAND, H. SMITH and J. F. THOMAS: Soc. **1949**, 904.
[2] KHYM, J. X., D. G. DOHERTY and W. E. COHN: Am. Soc. **76**, 5523 (1954).
[3] LORING, H. S., H. W. BORTNER, L. W. LEVY and M. L. HAMMELL: J. biol. Ch. **196**, 807 (1952).
[4] LORING, H. S., and N. G. LUTHY: Am. Soc. **73**, 4215 (1951). — SHUSTER, L., and N. O. KAPLAN: J. biol. Ch. **201**, 535 (1953).

5. Die Trennung der 4 Ribonucleosid-5'-phosphate, die durch enzymatische Hydrolyse von RNS entstehen, wird am zweckmäßigsten durch Ionenaustausch-Chromatographie in Boratlösung ausgeführt[1].

β) Nucleoside.

Durch Erhitzen der RNS in schwach alkalischem oder neutralem Medium lassen sich mit 50—70%iger Ausbeute die in ihnen enthaltenen Nucleoside gewinnen. Die Hydrolyse ist mit Ammoniumhydroxydlösung[2], mit wäßrigem Pyridin[3, 4], mit Bleihydroxyd[5], auch mit Magnesiumhydroxyd, Lanthanhydroxyd[6] usw. ausgeführt worden.

1. Hydrolyse mit Ammoniumhydroxyd-Lösung[2]. 100 g Hefe-NS werden in 500 cm³ wäßrigem Ammoniak gelöst (mit 80 cm³ 25%igem Ammoniak, d 0,90, hergestellt) und 3,5 Std im Autoklaven auf 135—140° erhitzt (Innentemperatur!). Es treten Drucke von 5—7 Atmosphären auf. Nach dem Erkalten der Lösung scheidet sich Guanosin praktisch vollständig aus. Es ist jedoch erst nach Umkristallisation aus heißem Wasser (Tierkohle) rein.

Die Angaben der ursprünglichen Vorschrift zur Gewinnung von Adenosin, Cytidin und Uridin aus der Restlösung werden zweckmäßig durch die im folgenden Abschnitt gegebenen ersetzt (zwecks Isolierung von Adenosin und Cytidin). Das Erhitzen mit Ammoniak ist jedoch eine durchaus brauchbare Methode zur Darstellung der Ribonucleoside aus RNS.

2. Hydrolyse von Hefe-NS mit wäßrigem Pyridin[3, 4]. Die Lösung von 100 g Hefe-NS in einer Mischung von 300 cm³ Wasser und 300 cm³ Pyridin wird $4^1/_2$ Tage unter Rückfluß gekocht (Ölbad) und dann im Vakuum bei 30—40° bis fast zur Trockne eingedampft. Aus der Lösung des Rückstandes in 150 cm³ Wasser scheidet sich beim Stehen über Nacht im Eisschrank Guanosin aus, das zentrifugiert und mit Wasser nachgewaschen wird (20—25 g). Die Restlösung wird mit Baryt im kleinen Überschuß phosphatfrei gefällt und im Vakuum zur Trockne eingedampft. Aus dem Rückstand werden nach Aufnahme in 80 cm³ Wasser durch Zugießen von 300 cm³ Äthanol alle Verunreinigungen gefällt. Der Niederschlag wird in 40 cm³ Wasser gelöst und erneut mit 250 cm³ Äthanol gefällt. Die vereinigten alkoholischen Lösungen werden im Vakuum auf 70 cm³ eingeengt und nach dem Impfen mit Adenosinkristallen im Kühlschrank aufbewahrt. Nach einigen Tagen wird das auskristallisierte Adenosin abgesaugt (10—14 g). Das Ribosid ist meistens genügend rein; es kann aus wenig Wasser umkristallisiert werden.

Das Filtrat wird im Vakuum auf die Hälfte eingeengt, mit 400—600 cm³ Äthanol versetzt und zur Vervollständigung der entstandenen Fällung über Nacht im Kühlschrank aufbewahrt. Nach dem Absaugen des Niederschlags in Gegenwart von etwas Tierkohle, Zugabe von 0,5 cm³ konz. Schwefelsäure, Abtrennung der entstandenen Fällung (die verworfen wird), wird die Lösung fast zum Sieden erhitzt und vorsichtig mit 2 cm³ konz. Schwefelsäure versetzt. Das in wenigen Minuten auskristallisierte Cytidinsulfat wird heiß abgesaugt (8—10 g). Umkristallisation aus wäßrigem Äthanol. Zur Darstellung des freien Cytidins wird die Lösung des Sulfats in wenig Wasser mit der berechneten Menge Baryt versetzt, sorgfältig sowohl von Sulfat- wie von Barium-Ionen befreit, dann im Vakuum eingeengt. Die Abscheidung von Cytidin wird durch Zugabe von Äthanol vervollständigt oder nach Eindunsten der Lösung im Exsiccator durch Impfen und Verreiben mit Äthanol erreicht (Ausbeute 4 g). Umkristallisiert wird Cytidin aus 90%igem Äthanol.

3. Isolierung von Uridin und Cytidin[7]. 100 g Hefe-NS werden mit 50%igem wäßrigem Pyridin, wie oben angegeben, hydrolysiert, Guanosin und Adenosin in der beschriebenen Weise entfernt.

Erhalten: Guanosin 10—14 g, Adenosin 6—11 g.

---

[1] KHYM, J. X., and W. E. COHN: Biochim biophysica Acta, N. Y. **15**, 139 (1954).
[2] LEVENE, P. A., and L. W. BASS: Nucleic Acids. S. 163ff. New York 1931.
[3] BREDERECK, H., A. MARTINI u. F. RICHTER: B. **74**, 694 (1941).
[4] HARRIS, R. J. C., and J. F. THOMAS: Nature **161**, 931 (1948).
[5] DIMROTH, K., L. JAENICKE u. D. HEINZEL: A. **566**, 206 (1949).
[6] ALLEN, F. W., and J. E. BACHER: J. biol. Ch. **188**, 59 (1951).
[7] ELMORE, D. T.: Soc. **1950**, 2084.

Nachdem die Mutterlauge auf 1500 cm³ verdünnt ist, wird sie durch eine Säule (28,5 · 3,0 cm) mit 90 g „Zeo Carb 215" (Säureform, Korngröße 30—40 Maschen) geschickt (1,2 cm³/min). Man wäscht dann die Kolonne mit 700 cm³ Wasser und dampft die durchgelaufene Lösung im Vakuum zum Sirup ein. Nach nochmaligem Abdampfen und Verreiben mit Äthanol erhält man 16—17 g rohes Uridin als feste, braune Masse. Umkristallisation aus 95%igem Äthanol: 11—12 g, F 163—166° · $[\alpha]_D^{16} + 9,6°$ (c = 2,0, in Wasser).

Die Kolonne wird mit 5 *l* 0,1 n Ammoniak eluiert, das Eluat im Vakuum auf 200 cm³ eingedampft, mit 2,2 cm³ konz. Schwefelsäure versetzt und 1,5 Std unter Rückfluß gekocht. Nach Fällung der Purine durch Zugabe einer heißen Lösung von Silbersulfat, Absaugen und Waschen des Niederschlags, wird das Filtrat im Vakuum auf 500 cm³ eingeengt. Die Silber-Ionen werden mit Schwefelwasserstoff gefällt; nach Vertreiben des Schwefelwasserstoffs wird die Lösung mit Bariumhydroxyd-Lösung versetzt, bis ein p_H-Wert von 2,2—2,4 erreicht ist. Das Bariumsulfat wird abgetrennt, das Filtrat im Vakuum auf 60 cm³ eingedampft und siedendheißes Äthanol zur warmen Lösung gegeben, bis Kristallisation einsetzt. Man erhält 3—4 g Cytidinsulfat. F 224—225° (Zers.) $[\alpha]_D^{17}$: + 37,5° (c = 1,5 in 1%iger Schwefelsäure).

Nach Überführung des Sulfats in das freie Nucleosid (Versetzen mit Baryt in kleinem Überschuß, Fällung des Überschusses mit Kohlendioxyd) wird Cytidin durch Eindunsten der Lösung im Exsiccator erhalten. F 212—215°. $[\alpha]_D^{17}$: + 34,2°.

Statt „ZeoCarb" können auch andere Kationen-Austauscherharze Verwendung finden.

4. Hydrolyse von Hefe-NS mit Bleihydroxyd[1]. 100 g rohe Hefenucleinsäure in wäßriger Aufschlämmung werden mit Bleihydroxyd (aus 135 g Bleiacetat mit einem kleinen Überschuß von Natronlauge frisch gefällt und mit dest. Wasser gut ausgewaschen) 70 Std unter Rühren zum Sieden erhitzt (p_H 7,0—7,5). Das Reaktionsgemisch wird heiß abgesaugt, der Rückstand zweimal mit dest. Wasser ausgekocht. Aus Filtrat und Waschwässern kristallisiert beim Abkühlen Guanosin in seidenglänzenden Nadeln aus. Nach dem Umkristallisieren aus Wasser erhält man 11,8 g reines Guanosin vom F 237—237,5°. Pikrat: gelbe Nadeln, F 189—190°.

Das gelbe Filtrat wird im Vakuum bei 40° zum Sirup eingeengt, dann mit Methanol versetzt, bis kein Niederschlag mehr entsteht. Der weiße, flockige Niederschlag wird abzentrifugiert und verworfen, die Lösung im Vakuum eingeengt und der zurückbleibende sirupöse Rückstand mit Adenosin angeimpft und im Eisschrank der Kristallisation überlassen. Nach einigen Tagen wäscht man die Kristalle mit eiskaltem Methanol und kristallisiert unter Zusatz von Noritkohle aus Wasser um. Ausbeute 6,2 g farblose Nadeln. F 227°. Pikrat: gelbe Nadeln, F 182—183°.

Nach längerem Stehen scheidet sich aus der Mutterlauge noch eine weitere kleine Menge Adenosin aus. Aus den Mutterlaugen, die keine Phosphorsäure mehr enthalten, konnten Cytidin und Uridin isoliert werden.

5. Enzymatische Dephosphorylierung. Die Dephosphorylierung des Nucleotidgemisches gelingt durch Einwirkung von Phosphatasen aus Süßmandeln[2], Kartoffeln[3] oder Darmschleimhaut[4-7]. Die Enzympräparate pflanzlicher Herkunft haben den Vorzug, daß sie frei von Desaminase sind. Die viel wirksameren ungereinigten Phosphatasepräparate aus Darmschleimhaut enthalten eine Desaminase, welche Adenosin in Inosin und Adenindesoxyribosid in Hypoxanthin-desoxyribosid verwandelt. Ihre Wirkung läßt sich jedoch fast ganz durch Zugabe von Silbersalzen hemmen[6]. Die Gewinnung der Nucleoside ist

[1] DIMROTH, K., L. JAENICKE u. D. HEINZEL: A. **566**, 206 (1949).
[2] BREDERECK, H.: B. **71**, 408 (1938). — BREDERECK, H., A. MARTINI u. F. RICHTER: B. **74**, 694 (1941).
[3] HARTMANN, M., u. W. BOSSHARD: Helv. **21**, 1554 (1938).
[4] KLEIN, W.: H. **207**, 125 (1932).
[5] LEHMANN-ECHTERNACHT, H.: H. **269**, 169 (1941).
[6] KLEIN, W.: H. **224**, 244 (1934).
[7] MORTON, R. K.: Biochem. J. **57**, 595 (1954). — HEPPEL, L. A.; in: COLOWICK-KAPLAN, Meth. Enzymol. Bd. II, S. 530ff.

besonders einfach und vollständig, wenn die Nucleotide als Magnesiumsalze eingesetzt werden und die Lösung außer Ammoniumcarbonat keine weitere Salze enthält[1].

100 g RNS (frei von Alkalisalzen) werden in 600 cm³ Wasser nach Zusatz von 11 g reinstem MgO und 10 cm³ konz. Ammoniak durch 4stündiges Kochen am Rückfluß zu Nucleotiden hydrolysiert. Durch Einleiten von Kohlendioxyd und Zugabe von 65 cm³ 2 n Ammoniumcarbonat-Ammoniak-Puffer wird dann ein p_H von 8,8 eingestellt. 2 g eines Nucleotidase-Präparates aus Kälberdarm-Schleimhaut (oder von Mucosa-Trockenpulver s. S. 1134) in 50 cm³ Wasser werden nach Zusatz von 1 g Silbersulfat in ammoniakalischer Lösung zur Nucleotidlösung gegeben. Nach 12 Std bei 38° beträgt die Abspaltung der Phosphorsäure mindestens 95%. Das abgeschiedene $MgNH_4$-phosphat läßt sich zusammen mit dem durch Aufkochen geflockten Fermenteiweiß durch Absaugen oder Zentrifugieren vollständig entfernen.

Nun wird die Lösung zur Entfernung der Carbonat- und Ammonium-Ionen im Vakuum weitgehend eingeengt, mit 100 cm³ Wasser verdünnt und mit wenig Schwefelsäure auf p_H 7,0 gebracht. Die Hauptmenge des Guanosins ist schon ausgeschieden, der Rest kristallisiert bei 10stündigem Stehenlassen der Lösung im Kühlschrank. Nach Abtrennung und einmaliger Umscheidung aus heißem Wasser ist das Guanosin schon kristallisiert (20—25 g).

Die Restlösung wird mit heißer Barytlauge in kleinem Überschuß versetzt, zur Entfernung von Ammoniak auf das halbe Volumen im Vakuum eingedampft, von den ausgefällten Salzen (Bariumsulfat, Magnesiumhydroxyd, Silberoxyd) abgetrennt und durch Einleiten von Kohlendioxyd von Barium-Ionen gesäubert.

Nach dem Einengen der Lösung auf 75 cm³ und Zugabe von Äthanol wird die Hauptmenge von Adenosin gefällt (eine zuweilen auftretende Vorfällung ist zu verwerfen). Aus der eingedampften Restlösung werden Cytidin und Uridin durch Ionenaustausch oder durch Fällung des Cytidins als Sulfat gewonnen.

b) Gewinnung aus Hydrolysaten von DNS.

Die Hydrolyse von DNS zu Nucleotiden und weiter zu Nucleosiden kann nur enzymatisch mit guter Ausbeute erfolgen. Nichtenzymatische Spaltungen (z. B. mit Bleihydroxyd[2]) haben sich nicht bewährt. Zur enzymatischen Hydrolyse ist zunächst die Wirkung einer Desoxyribonuclease erforderlich, die bis zu Oligonucleotiden spaltet. Die weitere Hydrolyse zu Mononucleotiden erfolgt durch Oligonucleotidasen (Phosphodiesterasen). Durch die Wirkung von 5'-Nucleotidasen oder von weniger spezifischen Phosphatasen findet schließlich die vollständige Dephosphorylierung bis zu den Nucleosiden statt.

α) *Nucleotide.*

Die Trennung der Desoxyribonucleotide erfolgt am besten durch Ionenaustausch (s. S. 1143)[3]. Zur Gewinnung von Desoxyadenylsäure und Desoxyguanylsäure s. auch S. 1258 und S. 1260. Als Ausgangsstoff kann das Natriumsalz der Kalbsthymus-DNS dienen; zur Hydrolyse wird kristallisierte Desoxyribonuclease verwendet, dann Darmschleimhautphosphatase in Gegenwart von Arsenat. Sehr zweckmäßig ist die Verwendung von Magnesiumsalzen der Oligonucleotide als Ausgangsmaterial (die nach [4] dargestellt werden können; s. im folgenden die Darstellung der Desoxyribonucleoside). Desoxycytidin-3',5'-diphosphat und Thymidin-3',5'-diphosphat werden durch Ionenaustausch aus sauren Hydrolysaten von DNS abgetrennt (s. S. 1145).

---

[1] Fischer, F. G., u. H. Lehmann-Echternacht: Unveröffentlicht. D.R.P. Anmeldung F 88711, IVc/122.

[2] Weygand, F., A. Wacker u. H. Dellweg: Z. Naturforsch. **6**b, 130 (1951).

[3] Volkin, E., J. X. Khym and W. E. Cohn: Am. Soc. **73**, 1533 (1951).

[4] Fischer, F. G., u. H. Lehmann-Echternacht: H. **278**, 143 (1943).

β) Nucleoside.

1. Eine genaue Vorschrift zur Gewinnung der Nucleoside aus DNS nach Hydrolyse mit Desoxyribonuclease und Dephosphorylierung mit Darmphosphatase durch Ionenaustausch-Trennung[1] sei hier wiedergegeben:

Enzymatische Hydrolyse von Heringssperma-Desoxyribonucleinsäure. 180 g käufliche Heringssperma-Desoxyribonucleinsäure (mit 7,3% P) werden in 1400 cm³ warmem Wasser gelöst. Man gibt 54 g $MgSO_4 \cdot 7\,H_2O$ sowie 250 mg Desoxyribonuclease zu, stellt die Lösung mit 4 n Ammoniak auf p_H 6,5—7,0, füllt auf 1650 cm³ auf und hält 44 Std bei 37°.

Zur weiteren Hydrolyse wird die Lösung in zwei gleiche Teile geteilt. Zu jeder Portion gibt man 2,15 g Silbersulfat (gelöst in Wasser durch tropfenweise Zugabe von konz. Ammoniak), 720 cm³ Pufferlösung aus gleichen Volumina 1 n Ammoniak und 1 n Ammoniumsulfat und 200 cm³ der unten beschriebenen Aufschlämmung von Darmschleimhaut-Phosphatase. Die Lösung wird auf 1900 cm³ verdünnt und 24 Std bei 37° bebrütet. Anschließend gibt man weitere 200 cm³ Phosphatase-Aufschlämmung hinzu, stellt mit Ammoniak auf p_H 9 ein und hält nochmals 24 Std auf 37°. Auf diese Weise werden 80% des ursprünglich organisch gebundenen Phosphats als anorganisches Phosphat frei. Magnesium-ammoniumphosphat und unlösliches Protein werden abzentrifugiert. Man dampft die klare Lösung im Vakuum zum Sirup ein, extrahiert diesen einmal mit 1000 cm³ 99%igem Äthanol und zweimal mit 85%igem Äthanol (500 bzw. 250 cm³). Die Extraktionen sind durch 4stündiges mechanisches Schütteln auszuführen. Die vereinigten Äthanolextrakte werden im Vakuum zu einem dicken Sirup eingedampft, mit Wasser auf 400 cm³ verdünnt und durch eine dünne Schicht von Aktivkohle filtriert. Das Filtrat wird mit Wasser auf 550 cm³ aufgefüllt.

Trennung der Desoxy-ribonucleoside. Die Chloridform von Dowex-2-Harz (250 bis 500 Maschen) wird in einer Kolonne (32 · 3,3 cm) in die Formiatform übergeführt. 110 cm³ der Nucleosidlösung (entsprechend 36 g Desoxy-ribonucleinsäure) bringt man mit 4 n Ammoniak auf p_H 10,5 und läßt durch die Säule fließen (270 cm³ in der Stunde; Fraktionen von je 200 cm³ werden aufgefangen). Zunächst eluiert man mit 0,01 m Ammoniumformiat-Puffer von p_H 9,8 und fängt 8 Fraktionen zu 200 cm³ auf, in denen gemeinsam die Desoxyriboside von Cytosin und Adenin vorliegen. Dann wird mit 0,1 m neutralem Ammoniumformiat-Puffer vom p_H 7,4 weiter eluiert und insgesamt 28 Fraktionen aufgefangen. Der Verlauf der Trennung wird durch die Messung der UV-Absorption (bei 280 und 260 mμ) der einzelnen Fraktionen verfolgt. Das Verhältnis der Absorptionen ($E_{280} : E_{260}$) für die 5 Komponenten ist verschieden, nämlich für die Desoxyriboside von Adenin 0,13, Cytosin 0,95, Thymin 0,74, Uracil 0,38 und Guanin 0,61. Im vorliegenden Versuch waren die Desoxyriboside von Adenin und Cytosin in den Fraktionen 1—8, das von Thymin in den Fraktionen 12—17, von Uracil in den Fraktionen 18 und 19 sowie von Guanin in den Fraktionen 20—28 enthalten.

Thymin-desoxyribosid. Die Fraktionen 9, 10 und 11 werden verworfen. Die Fraktionen 12—17 (1200 cm³) werden im Vakuum auf 50 cm³ eingedampft und im Eisschrank stehengelassen. 2,7 g Thymidin kristallisierten aus. Die Mutterlauge wird zur Trockne eingedampft. Das Ammoniumformiat wird durch Sublimation bei 45° und 0,5 Torr aus dem Rückstand entfernt. Man nimmt den Rückstand in 50 cm³ Methanol auf, läßt in der Kälte auskristallisieren und erhält eine weitere Menge von Thymidin. Gesamtausbeute 4,2 g. F 182—183° (aus Methanol).

Uracil-desoxyribosid. Die Fraktionen 18 und 19, welche Uracil-desoxyribosid, verunreinigt mit einer kleinen Menge des Thymin-Derivats, enthalten, werden zur Trockne eingedampft. Man sublimiert das Ammoniumformiat im Vakuum ab, löst den Rückstand in 35 cm³ Wasser, bringt mit 4 n Ammoniak auf p_H 10—11 und läßt die Lösung durch eine Säule (9 · 2,4 cm) mit Dowex-2-Harz in der Formiatform fließen. Die Elution erfolgt

[1] ANDERSEN, W., C. A. DEKKER and A. R. TODD: Soc. **1952**, 2721.

mit 0,1 n Ammoniumformiat von p_H 7,4, wobei Fraktionen von je 60 cm³ aufgefangen werden. Aliquote Teile jeder Fraktion werden entsprechend verdünnt und darin die UV-Absorption bei 260 und 280 mμ gemessen. In den Fraktionen 7 und 8 ist das Verhältnis der Absorptionen ($E_{280} : E_{260}$) 0,35—0,38. Sie werden zusammen zur Trockne eingedampft und durch Sublimation vom Ammoniumformiat befreit. Der Rückstand wird in 10 cm³ Methanol gelöst und im Eisschrank aufbewahrt; Uracil-desoxyribosid kristallisiert aus. Ausbeute 0,42 g. F 161—162° (2mal aus Methanol umkristallisiert).

Guanin-desoxyribosid. Die Fraktionen 20—28 (1800 cm³) werden im Vakuum auf 300 cm³ eingedampft und im Eisschrank aufbewahrt. Guanin-desoxyribosid (1,90 g) kristallisiert aus. Wenn man zu weit einengt, fällt die Substanz unter Umständen amorph an. Die Mutterlauge wird zur Trockne eingedampft und durch Vakuumsublimation vom Ammoniumformiat befreit. Den Rückstand kristallisiert man aus 35 cm³ Wasser um und erhält weitere 0,35 g Guanin-desoxyribosid. Das nochmals aus Wasser umkristallisierte Produkt hat keinen definierten Schmelzpunkt.

Trennung der Desoxyriboside von Adenin und Cytosin. Die Fraktionen 1—8 (1600 cm³) werden vereinigt und im Vakuum auf 50 cm³ eingedampft. Im Eisschrank kristallisieren über Nacht 3,16 g Adenin-desoxyribosid-monohydrat aus. Nach Umkristallisation aus Wasser und Trocknung bei 80° und 0,5 mm: F 189—190°.

Eine Kolonne (10 · 3,3 cm) mit IRC-50-Austauscherharz (Teilchengröße unter „150 Maschen") wird nacheinander mit 1 n NaOH, Wasser, 1 n Ammoniumformiat-Puffer p_H 3,4 und schließlich mit Wasser bis zur neutralen Reaktion des Eluats gewaschen. Die Mutterlauge des Adenin-desoxyribosids wird zur Trockne eingedampft, durch Vakuumsublimation von Ammoniumformiat befreit, in 50 cm³ Wasser aufgenommen und durch die Säule geschickt. Die Elution erfolgt mit Wasser (250 cm³ in der Stunde). Es werden Fraktionen von je 120 cm³ aufgefangen, in welchen das Verhältnis der Absorption bei 280 und 260 mμ bestimmt wird. Daraus erkennt man, daß die Fraktionen 3—10 Cytosin-desoxyribosid enthalten. Sie werden gemeinsam im Vakuum zur Trockne eingedampft, in 10 cm³ Methanol aufgenommen und wieder zur Trockne eingedampft. Der Rückstand wird in 30 cm³ Methanol aufgenommen. Man filtriert von unlöslichen Anteilen ab und versetzt die Lösung mit 5 cm³ 3 n methanolischer Salzsäure. In der Kälte kristallisieren 1,59 g Cytosin-desoxyribosid-hydrochlorid aus. F 161—164° (Zers.).

Die Fraktionen 12—20 enthalten Adenin-desoxyribosid und werden i.V. auf 15 cm³ eingedampft. Aus der Lösung kristallisieren noch 0,11 g dieser Substanz aus. Gesamtausbeute 3,27 g.

2. Durch Verwendung der *Magnesiumsalze der DNS* zur enzymatischen Hydrolyse mit Nuclease-Präparaten und Dephosphorylierung mit Darmschleimhaut-Phosphatasen läßt sich erreichen, daß die Nucleosidlösung fast frei von anorganischen Salzen wird, da Magnesiumammoniumphosphat ausfällt (s. die Darstellung der Ribonucleoside S. 1130). Sehr zweckmäßig ist die Verwendung der Magnesiumsalze der Oligonucleotide als Ausgangsstoff. Die Oligonucleotide lassen sich auch unmittelbar aus dem Gewebe (z. B. Thymus) durch Behandlung mit Pankreaspräparaten herauslösen und werden aus der eingeengten Lösung nach Zugabe von Magnesiumacetat durch Methanol gefällt[1]. Natriumsalze der DNS oder ihrer Oligonucleotide können in die Magnesiumsalze übergeführt werden durch Zugabe einer gesättigten Lösung von 2 Mol Magnesiumacetat zu ihrer sirupösen Lösung, Zugabe des gleichen Volumens Methanol und Eingießen der so dünnflüssig gemachten Lösung in das doppelte Volumen eiskalten Methanols.

3. Ein einfaches Verfahren zur Darstellung von *Thymidin* (unter Verzicht auf die anderen Nucleoside) aus DNS ist S. 1195 angegeben[2].

4. Zur Isolierung von *Desoxy-5-methylcytidin* aus der Desoxycytidin-Fraktion enzymatischer DNS-Hydrolysate s. S. 1197[3].

---

[1] FISCHER, F. G., u. H. LEHMANN-ECHTERNACHT: H. **278**, 143 (1943).
[2] WEYGAND, F., u. W. SIGMUND: Z. Naturforsch. **9**b, 800 (1954).
[3] DEKKER, C. A., and D. T. ELMORE: Soc. **1951**, 2864.

6. Einige Angaben über Nucleasen und Nucleotidasen* [1, 2].

a) Ribonuclease und Desoxyribonuclease.

Ribonuclease-Präparate aus Pankreas sind käuflich. Die Darstellung des kristallisierten Enzyms kann nach KUNITZ[3] erfolgen. Die Nuclease ist hitzeunempfindlich und wirkt optimal in neutralem Medium bei 50—55°. 0,1 mg Nuclease je cm^3 ist eine für die meisten Versuche brauchbare Konzentration. Ribonuclease hydrolysiert nicht alle Phosphatbindungen zwischen den Nucleotideinheiten von RNS, sondern nur jene zwischen den 3'-Stellungen der Pyrimidinnucleoside und den 5'-Stellungen benachbarter Purin- und Pyrimidinnucleoside. Die Bindungen zwischen benachbarten Purinnucleosiden werden also ebensowenig gelöst wie solche zwischen der 5'-Stellung eines Pyrimidinnucleosids und dem 3'-Hydroxyl eines Purin- oder Pyrimidinnucleosids. Nach Ribonuclease-Einwirkung verbleiben daher Oligonucleotide[4]. Über ihre Trennung[5].

Auch *Desoxyribonuclease*-Präparate sind im Handel erhältlich. Gereinigte Präparate nach McCARTY[6]. Darstellung des kristallisierten Enzyms nach KUNITZ[7]. Das Wirkungsoptimum ist bei p_H 6—7. Die Anwesenheit von Magnesiumionen ist erforderlich (0,01 m $MgSO_4$). Eine Enzymkonzentration von 0,1 mg/cm^3 ist in den meisten Fällen zureichend. Desoxyribonuclease hydrolysiert DNS bis zu Oligonucleotiden, zu etwa $^1/_5$ bis zu Dinucleotiden[8]. Deren Trennung und Charakterisierung ist von verschiedenen Autoren ausgeführt worden[9].

Für manche Zwecke wird die Hydrolyse von RNS und DNS mit weniger gereinigten Präparaten oder auch mit Pankreas-Trockenpulver ausgeführt werden können.

Pankreas-Trockenpulver. Vom Schlachthof frisch bezogene Rinder-Pankreasdrüsen werden von Fett und Häuten befreit, mit wenig Wasser in einem Mischgerät zerkleinert und homogenisiert und mit dem dreifachen Volumen kalten Acetons verrieben. Nach einigen Stunden wird die krümelige Masse abgenutscht und noch zweimal in gleicher Weise mit Aceton ausgezogen. Nach Entfernung des Lösungsmittels im Vakuum wird das trockene Gewebe 1 Std in einer Kugelmühle gemahlen. Es lassen sich dann mit Hilfe eines feinmaschigen Siebes faserige Gewebsbestandteile von der staubfeinen Drüsensubstanz abtrennen, welches die Nuclease enthält. Ausbeute 220—250 g aus 1 kg Pankreas.

Die Wirksamkeit von Pankreas-Handelspräparaten ist sehr schwankend; diese enthalten häufig auch größere Mengen von wasserlöslichen, in der Hitze nicht ausflockenden abgebauten Proteinen.

---

* Siehe auch „Nucleasen" in Bd. IV dieses Handbuchs.

[1] SCHMIDT, G.: „Enzymes attacking nucleic acids"; in: CHARGAFF-DAVIDSON, Nucleic acids. Bd. I, S. 555—626.

[2] „Enzymes of nucleic acid metabolism"; in: COLOWICK-KAPLAN, Meth. Enzymol. Bd. II, S. 427 bis 520.

[3] KUNITZ, M.: J. gen. Physiol. **24**, 15 (1940). — McDONALD, M. R.: „Ribonucleases"; in: COLOWICK-KAPLAN, Meth. Enzymol. Bd. 2, S. 427ff.

[4] SCHMIDT, G., R. CUBILES, N. ZÖLLNER, L. HECHT, N. STRICKLER, K. SERAIDARIAN, M. SERAIDARIAN and S. J. THANNHAUSER: J. biol. Ch. **192**, 715 (1951). — LORING, H. S., F. H. CARPENTER and P. M. ROLL: J. biol. Ch. **169**, 601 (1947).

[5] MARKHAM, R., and J. D. SMITH: Biochem. J. **52**, 565 (1952). — VOLKIN, E., and W. E. COHN: J. biol. Ch. **205**, 767 (1953).

[6] McCARTY, M.: J. gen. Physiol. **32**, 39 (1948).

[7] KUNITZ, M.: J. gen. Physiol. **33**, 349 (1950).

[8] FISCHER, F. G., I. BÖTTGER u. H. LEHMANN-ECHTERNACHT: H. **271**, 246 (1941). — LITTLE, J. A., and G. C. BUTLER: J. biol. Ch. **188**, 695 (1951).

[9] ZAMENHOF, S., and E. CHARGAFF: J. biol. Ch. **187**, 1 (1950). — GORDON, A. H., and P. REICHARD: Biochem. J. **48**, 569 (1951). — SINSHEIMER, R. L., and J. F. KOERNER: Am. Soc. **74**, 283 (1952). — SMITH, J. D., and R. MARKHAM: Biochim. biophysica Acta, N. Y. **8**, 350 (1952). — POTTER, J. L., K. D. BROWN and M. LASKOWSKI: Biochim. biophysica Acta, N. Y. **9**, 150 (1952). — SINSHEIMER, R. L.: J. biol. Ch. **208**, 445 (1954).

Gewinnung gereinigter Präparate von Desoxyribonuclease durch Ausziehen der frischen Drüsen mit eiskalter 0,25 n Schwefelsäure und fraktionierte Fällung mit Ammoniumsulfat[1].

b) Phosphatasepräparate aus Darmschleimhaut.

Die Mucosa des Dünndarms enthält sehr wirksame Phosphatasen: Phosphodiesterasen, welche sowohl RNS und Ribo-oligonucleotide als auch Desoxyribo-oligonucleotide (nicht aber höhermolekulare DNS) zu 5'-Nucleotiden hydrolysieren, und Phosphomonoesterasen, welche die entstandenen Mononucleotide schnell dephosphorylieren. RNS werden daher, besonders schnell nach Vorspaltung mit Alkali oder Pankreasnuclease, durch Präparate aus Darmschleimhaut in das Gemisch der Nucleoside verwandelt. Bei DNS ist eine Vorhydrolyse durch Pankreasnuclease unerläßlich, damit die Darmenzyme die Dephosphorylierung zu den Nucleosiden vollbringen. Da die Phosphomonoesterasen durch Arsenat stärker gehemmt werden als die Diesterasen[2], ist es möglich, durch Mucosaextrakte in Gegenwart von Arsenat die Hydrolyse von DNS mit brauchbarer Ausbeute nur bis zu den Nucleotiden vor sich gehen zu lassen.

Die Desaminierung von Adenosin und Desoxyadenosin durch die in Darmschleimhaut-Präparaten stets enthaltene Desaminase läßt sich durch Zusatz von Silberionen weitgehend ausschalten[3].

Mucosabrei aus dem Dünndarm von Kälbern[4]. Von etwa 20 Tieren wird jeweils das erste Meter des Darmes vom Magen weg schon im Schlachthof mit Wasser durchgespült. Möglichst bald danach schabt man mit einem Spatel die Schleimhaut von der Darmwand weg und erhält etwa 500 g Mucosabrei.

Phosphatase-Trockenpulver[5]. Frischer Mucosabrei aus Kalbsdünndarm wird mit dem vierfachen Volumen kaltem Aceton (5°) verrührt. Die abgenutschte faserige Masse wird noch zweimal mit 300 cm³ Aceton, dann mit dem gleichen Volumen Aceton-Äther, schließlich mit Äther gewaschen. Ausbeute aus 500 g etwa 80 g. Nach $^3/_4$stündigem Mahlen in einer Kugelmühle können 60 g leicht staubendes, hellbräunliches Pulver von nucleotidatisch unwirksamen Gewebsfetzen abgesiebt werden. Das Pulver ist monatelang haltbar ohne Schwächung seiner Wirksamkeit.

Darstellung eines Glycerinextraktes aus Darmschleimhaut. 500 g Schleimhautbrei werden mit 2500 cm³ 87%igem Glycerin geschüttelt und mit 25 cm³ 10%iger Natronlauge versetzt. Nach 2 Tagen Stehen bei 20° wird die Suspension durch ein Sieb gegossen. Nach Zugabe von 25 cm³ Toluol ist die Lösung bei 0° mehrere Wochen ohne Verlust der Wirksamkeit haltbar. Bei Bedarf wird durch Zugabe des doppelten Volumen Äthanols die Phosphatase ausgefällt. Das Enzym kann auch gefällt werden durch Eingießen des Glycerinextraktes in das doppelte Volumen einer 0,2 m Acetatpufferlösung vom p_H 4,7, der vorher $^1/_{1000}$ ihres Volumens an Eisessig zugefügt war[3]. Darstellung gereinigter Phosphatase-Präparate durch Autolyse von Dünndarmmucosa in 50%igem Äthanol[5]. Darstellung hochwirksamer Präparate von Phosphomonoesterase aus Kalbsdarmschleimhaut[6]. Darstellung von Phosphodiesterase-Präparaten, die frei von Monoesterase-Aktivität sind[7]. Die Phosphomonoesterase aus Darmmucosa ist nicht spezifisch für Mononucleotide; sie dephosphoryliert auch andere Orthophosphorsäure-monoester, Phosphoamide usw.; Pyrophosphate, wie ATP und ADP, werden nicht hydrolysiert. Auch RNS wird nicht abgebaut. Das Wirkungsoptimum liegt bei p_H 9—9,5. Magnesiumionen fördern (0,05 m $MgSO_4$), Phosphat hemmt. Die Phosphodiesterase hat ein breites p_H-Optimum um 7.

---

[1] FISCHER, F. G., I. BÖTTGER u. H. LEHMANN-ECHTERNACHT: H. **271**, 246 (1941).

[2] KLEIN, W.: H. **218**, 164 (1933).

[3] KLEIN, W.: H. **255**, 82 (1938). — BRADY, T. G.: Biochem. J. **35**, 855 (1941).

[4] KLEIN, W.: H. **207**, 125 (1932).

[5] LEHMANN-ECHTERNACHT, H.: H. **269**, 169 (1941).

[6] MORTON, R. K.: Biochem. J. **57**, 595 (1954). — HEPPEL, L. A.; in: COLOWICK-KAPLAN, Meth. Enzymol. Bd. II, S. 530ff.

[7] HEPPEL, L. A., and R. J. HILMOE: In: COLOWICK-KAPLAN, Meth. Enzymol. Bd. II, S. 565ff.

Über die Dephosphorylierung von Nucleotiden durch Phosphatasen aus Süßmandeln[1] und aus Kartoffeln[2]. Gewinnung der sauren Phosphatase aus Prostata[3].

c) 5'-Nucleotidase und Phosphodiesterase aus Schlangengiften[4].

Stark wirksame, lösliche 5'-Nucleotidasen sind neben Phosphodiesterasen in den Giften verschiedener Klapperschlangenarten und Viperarten enthalten. Zur Unterscheidung von 3'-Nucleotiden und 5'-Nucleotiden können Lösungen der Gifte von Crotalus-Arten (C. adamanteus, C. viridis, C. atrox, C. horridus) ohne vorhergehende Reinigung verwendet werden, da sie auf 3'-Nucleotide keine Wirkung zeigen.

Zur Trennung der 5'-Nucleotidase von der Diesterase dient eine Chromatographie der Giftbestandteile mit Cellulose[5]. Die Lösung von 5 mg Crotalus-Gift in 1 cm^3 Wasser wird strichförmig auf Whatman-Papier No. 3 aufgetragen. Bei der chromatographischen Entwicklung der Enzymmischung auf dem Papierstreifen mit reinem Wasser als Verteilungsflüssigkeit wandert die Diesterase schneller und kann in 2—4 cm Entfernung von der Wasserfront nachgewiesen und aus dem dort ausgeschnittenen Papier eluiert werden. Die 5'-Nucleotidase verschiebt sich nur wenig von der Startlinie weg.

Für größere Mengen (20—30 mg Gift in 20 cm^3 Wasser) wird die Chromatographie in einer Cellulosesäule (10 cm $\times$ 0,8 cm) ausgeführt. Die Elution erfolgt mit 50—70 cm^3 Wasser, 80—100 cm^3 0,1% NaCl und 30—50 cm^3 1,0% NaCl. 10 cm^3-Fraktionen werden aufgefangen und ihre Extinktion bei 260 mμ gemessen. Sie ist am stärksten in dem Eluat mit 1%iger NaCl, in dem sich auch die Hauptmenge der 5'-Nucleotidase befindet.

Die 5'-Nucleotidase wirkt optimal bei p_H 9,5—10 (am besten durch Ammoniak einzustellen). 3'-Nucleosidphosphate, 3',5'-Nucleosiddiphosphate und 2',5'-Diphosphate werden nicht angegriffen. Die Phosphodiesterase aus Crotalus-Gift und aus dem Gift der Russel-Viper[6] verwandelt Oligonucleotide (aus RNS und DNS) in Mononucleotide, ohne jedoch anorganisches Phosphat zu bilden. Die Oligonucleotide werden zweckmäßig als Magnesiumsalze eingesetzt. p_H-Optimum bei 9—9,5. Die Enzymwirkung kann verfolgt werden durch Fällung von Proben der Reaktionsmischung mit Uranylacetat, da die Oligonucleotide schwerlösliche, die Mononucleotide leichtlösliche Uranylsalze geben.

Spezifisch wirkende Präparate von 5'-Nucleotidasen können außerdem aus Kartoffeln[7], Stiersperma[8], tierischen Geweben[9] gewonnen werden. Das p_H-Optimum ihrer Wirksamkeit ist 8,5. Die Reaktionen werden verfolgt durch Bestimmung des hydrolysierten Phosphats. Für qualitative Unterscheidungen ist die Papierchromatographie sehr geeignet (Nachweis der entstandenen Nucleoside und des anorganischen Phosphats).

d) 3'-Nucleotidase aus Gerste.

In den keimenden Samen und in den Blättern verschiedener Pflanzen ist eine Phosphatase nachgewiesen worden[10], die spezifisch die Nucleosid-3'-phosphatbindung hydrolysiert.

Man läßt 500 g Gerste 2 Tage bei 20° mit Wasser quellen, fügt 2 *l* Wasser hinzu und homogenisiert portionsweise mit einem Mischgerät. Nach einigen Stunden saugt man das Ungelöste mit Hilfe eines Filtertuches ab, zentrifugiert die Lösung frei von kleineren

---

[1] Bredereck, H.: B. **71**, 408 (1938). — Bredereck, H., A. Martini u. F. Richter: B. **74**, 694 (1941).
[2] Hartmann, M., u. W. Bosshard: Helv. **21**, 1554 (1938).
[3] Schmidt, G.: In: Colowick-Kaplan, Meth. Enzymol. Bd. II, S. 523ff.
[4] Heppel, L. A., and R. J. Hilmoe: "5'-Nucleotidases"; in: Colowick-Kaplan, Meth. Enzymol. Bd. II, S. 546ff.
[5] Hurst, R. O., and G. C. Butler: J. biol. Ch. **193**, 91 (1951).
[6] Gulland, J. M., and E. M. Jackson: Biochem. J. **32**, 597 (1938).
[7] Kornberg, A., and W. E. Pricer: J. biol. Ch. **186**, 557 (1950).
[8] Heppel, L. A., and R. J. Hilmoe: J. biol. Ch. **188**, 665 (1951).
[9] Reis, J.: Enzymologia **2**, 183 (1937); **5**, 25 (1938).
[10] Shuster, L., and N. O. Kaplan: J. biol. Ch. **201**, 535 (1953).

Partikeln und setzt portionsweise festes Ammoniumsulfat zu. Das Enzym ist in dem Niederschlag, der sich von 65—90%iger Sättigung bildet. Die weitere Reinigung kann durch Adsorption an einem Gel von Aluminiumhydroxyd $C\gamma$ und Elution mit 15 cm^3 m $NaHCO_3$ erfolgen.

Samen von Ryegras (in Samenhandlungen käuflich) sind ein noch besseres Ausgangsmaterial. Die weitgehende Reinigung des daraus darzustellenden Enzyms ist[1] beschrieben.

Die gereinigte Nucleotidase spaltet nur Nucleosid-3'-phosphate, nicht die 2'- und die 5'-Phosphate und auch nicht andere Phosphorsäureester. Ribonucleotide werden hydrolysiert, vermutlich an den 3'-Phosphodiester-Bindungen. Die Nucleotidase wirkt optimal bei p_H 7,5. Die Dephosphorylierung wird verfolgt durch Bestimmung des freiwerdenden anorganischen Phosphats. Qualitative Prüfungen können zweckmäßig auch papierchromatographisch ausgeführt werden.

7. Trennung, Erkennung und Darstellung der Nucleoside und Nucleotide.

a) Durch Ionenaustausch.

Der Ionenaustausch hat sich seit den grundlegenden Arbeiten von W. E. Cohn[2-4] als wertvolles Hilfsmittel zur Trennung von Nucleosiden und Nucleotiden erwiesen und wird als erfolgreiche Methode zur Isolierung und Bestimmung der zahlreichen Komponenten herangezogen, die in den komplexen Gemischen von Gewebsextrakten und in den partiellen Hydrolysaten von RNS und DNS vorliegen (s. S. 1267 und 1271).

Da in den Ionenaustauschersäulen von Laboratoriums-Dimensionen nur relativ kleine Substanzmengen getrennt werden können, liegt die Bedeutung dieser Methodik zu einem beträchtlichen Teil auf analytischem Gebiet. In vielen Fällen gelang jedoch erst durch ihre Anwendung die Abtrennung von neuen Nucleinsäure-Spaltstücken oder von frei vorkommenden Nucleosiden und Nucleotiden aus komplizierten Gemischen und die Isolierung im mg-Maßstab. Schließlich wurden überall dort, wo die klassischen Trennungsverfahren versagten oder nur auf sehr umständlichen und zeitraubenden Wegen zum Ziele führten, Ionenaustauscher-Trennungen auch im g-Maßstab ausgeführt.

α) Allgemeines.

Die Purin- und Pyrimidinbasen der natürlichen Nucleoside und Nucleotide enthalten im Molekül wenigstens eine, meist jedoch mehrere ionisierbare Gruppen, welche das Verhalten der Verbindungen beim Ionenaustausch bestimmen. Trennungen an Kationenaustauschern, welche die verschiedene Basizität der Basen und der Nucleoside ausnützen, wurden bisher nur in Einzelfällen beschrieben[2, 5] und haben bei weitem nicht die allgemeine Bedeutung erlangt, welche der Anionenaustausch für die Isolierung von Nucleinsäuren-Spaltstücken hat.

Basen und Nucleoside enthalten mit Ausnahme von Adenin und Adenosin sauer reagierende Gruppen, die unter geeigneten Bedingungen (von p_H 10 ab) salzbildend mit Anionenaustauschern reagieren. Der Ribosylrest verändert die Ioneneigenschaften der Basen nicht wesentlich, so daß sich die Nucleoside beim Anionenaustausch ähnlich wie die Basen verhalten. Basen und Nucleoside werden von p_H 10—12 an Anionenaustauschern adsorbiert und durch verdünnte Pufferlösungen (z. B. 0,01—0,1 m) im Bereich von p_H 10—7 eluiert. Unter diesen Bedingungen sind auch die glucosidischen Bindungen der Purinnucleoside vollkommen stabil, während sie im stark sauren Medium der Kationenaustauscher-Trennungen angegriffen werden[2, 4, 6].

---

[1] Shuster, L., and N. O. Kaplan; in: Colowick-Kaplan, Meth. Enzymol. Bd. II, S. 551ff.
[2] Cohn, W. E.: Science, N. Y. **109**, 377 (1949).
[3] Cohn, W. E.: Am. Soc. **71**, 2275 (1949).
[4] Cohn, W. E.: Am. Soc. **72**, 1471 (1950).
[5] Elmore, D. T.: Nature **161**, 931 (1948). Soc. **1950**, 2084. — Harris, R. J. C., and J. F. Thomas: Nature **161**, 931 (1948). Soc. **1948**, 1936. — Reichard, P., and B. Estborn: Acta chem. scand. **4**, 1047 (1950).
[6] Andersen, W., C. A. Dekker and A. R. Todd: Soc. **1952**, 2721.

Anders als die Basen und Nucleoside verhalten sich die Nucleotide gegen Anionenaustauscher; sie werden als starke Säuren (pK 1 und 6) viel fester an das Harz gebunden und lassen sich erst im Bereich von p_H 3—1 daraus eluieren.

Bei der praktischen Ausführung der Ionenaustauscher-Trennungen von Nucleosiden und Nucleotiden zeigt sich, daß die Reihenfolge in der Elution der Verbindungen nicht immer mit der Reihenfolge übereinstimmt, die theoretisch auf Grund der pK-Werte der Komponenten zu erwarten wäre. Diese Erscheinung ist so zu erklären, daß der reine Ionenaustauschvorgang durch einen Adsorptionsvorgang am Austauscherharz überlagert wird. Ganz allgemein werden dabei die Purine stärker zurückgehalten als die Pyrimidine.

Im folgenden wird wegen der größeren Bedeutung des Anionenaustausches auch zur Trennung von Basen und Nucleosiden nur auf diesen eingegangen.

1. Austauscherharze. In der Mehrzahl der bisherigen Untersuchungen werden die stark basischen Anionenaustauscherharze Dowex 1 und Dowex 2 (Dow Chemical Company, Midland, Michigan), in einigen Fällen auch Amberlite IRA 400, verwendet. Zur Teilchengröße wird gewöhnlich die Angabe „200—400 Maschen“ bzw. „250—500 Maschen“ gemacht (Teilchen, die durch ein Sieb gefallen sind mit 200—400 bzw. 250—500 Maschen auf die Länge eines englischen Zolls). In neueren Arbeiten wird meist ein Harz mit 8—10%, in einigen Spezialfällen auch ein solches mit 2% Quervernetzung vorgeschrieben.

2. Apparatur. Vorrichtungen zur Ausführung von Ionenaustauscher-Trennungen sind im Band I, S. 126—136 dieses Handbuchs näher beschrieben. Die Abmessungen der Ionenaustauschersäulen können je nach Verwendungszweck sehr verschieden sein und sind im Einzelfalle aus den entsprechenden Vorschriften zu entnehmen. Wenn die Zusammensetzung des Elutionsmittels im Verlauf der Trennung kontinuierlich geändert werden muß, wie es bei der Untersuchung von komplizierten Gemischen manchmal notwendig ist (s. S. 1147)[1-3], ist zwischen Säule und Vorratsgefäß ein Rührgefäß zu schalten, in welchem eine bestimmte Menge Elutionsmittel mit der gewünschten Anfangskonzentration sich befindet. In dem Maße, in dem das Lösungsmittel vom Rührgefäß in die Säule abfließt, tropft vom Vorratsgefäß Elutionsmittel mit der gewünschten Endkonzentration in das Rührgefäß. Dadurch wird eine stufenlose Änderung der Elutionsmittel-Konzentration bewerkstelligt. Zum Auffangen des aus der Säule abfließenden Eluats ist in den meisten Fällen die Verwendung eines automatischen Fraktionssammlers unerläßlich.

3. Vorbehandlung des Austauscherharzes. Käufliches Austauscherharz ist durch mehrmaliges Aufschlämmen und Dekantieren mit Wasser von den feinsten Partikeln zu befreien und dann als wäßrige Suspension in eine größere Säule einzufüllen. Dort wird es abwechselnd so lange mit 2 n Salzsäure und 2 n Natronlauge gewaschen, bis keine gefärbten oder im UV absorbierenden Verunreinigungen mehr extrahiert werden. Anschließend wäscht man das Harz mit Wasser, bis das Eluat neutral abfließt, und bringt einen Teil seiner wäßrigen Aufschlämmung in die Säule mit den gewünschten Abmessungen.

Zur Überführung in die Chloridform wird dort der Anionenaustauscher so lange mit 1 n HCl gewaschen, bis Eluat und Elutionsmittel denselben p_H und dieselbe Absorption im Bereich von 240—280 mμ haben. Danach wird wieder Wasser durch die Säule getropft, bis das Eluat neutral abfließt.

Eine Säule, die zur Trennung von Nucleosiden oder Nucleotiden verwendet wurde, kann unbedenklich mehrere Male für denselben Zweck gebraucht werden. Bevor ein neues Substanzgemisch adsorbiert werden kann, muß jedoch der Austauscher mit einem Elutionsmittel behandelt werden, das mit Sicherheit alle Komponenten von der vorhergehenden Trennung entfernt (z. B. 1 n HCl)[4]. Anschließend daran ist mit Wasser bis zur neutralen Reaktion des Eluats nachzuwaschen.

---
[1] HURLBERT, R. B.: Fed. Proc. **11**, 234 (1952).
[2] TISELIUS, A.: Endeavour **11**, 5 (1952).
[3] HURLBERT, R. B., H. SCHMITZ, A. F. BRUMM and V. R. POTTER: J. biol. Ch. **209**, 23 (1954).
[4] COHN, W. E.: Am. Soc. **72**, 1471 (1950).

Die Chloridform der Anionenaustauscher wird bei Bedarf in die Formiatform übergeführt, indem man das 5—10fache Säulenvolumen eines Gemisches von 6 n Ameisensäure und 1 m Natriumformiat durchschickt, dann mit mehreren Säulenvolumina 88%iger Ameisensäure und schließlich mit so viel Wasser nachwäscht, bis das Eluat neutral reagiert[1]. Die Behandlung mit 88%iger Ameisensäure entfernt noch einen beträchtlichen Teil gefärbter Verunreinigungen aus dem Harz und setzt den Leerwert der UV-Absorption im Eluat herab. Kolonnen, die zur Trennung von bekannten Substanzen verwendet werden, können nach dieser Waschprozedur unbedenklich wieder gebraucht werden.

4. Elution. Eine typische Vorschrift zur Trennung von Nucleosiden durch Anionenaustausch ist am Beispiel der Desoxynucleoside auf S. 1131 gegeben[2]. Die wäßrige Lösung des Nucleosidgemisches wird durch Zugabe von Ammoniak auf p_H 10 gebracht und an der Formiatform von Dowex-2-Harz adsorbiert. Mit 0,01 m Ammoniumformiatpuffer von p_H 9,8 werden Desoxycytidin und Desoxyadenosin, mit 0,1 m Ammoniumformiatpuffer von p_H 7,4 Thymidin, Desoxyuridin und Desoxyguanosin eluiert.

Das grundlegende Verfahren zur Trennung der Ribonucleotide nach COHN[3,4] bedient sich der Elution mit verdünnter Salzsäure *(Chlorid-System)*. Die wäßrige Lösung des Nucleotidgemisches, die weniger als 0,01 m anorganische Anionen enthalten soll, wird durch Zugabe von Ammoniak auf p_H 8—10 gebracht und an der Chloridform eines stark basischen Anionenaustauscherharzes adsorbiert. Anschließend wird die Säule mit 0,01 n Ammoniumchloridlösung von p_H 7 gewaschen, bis das Eluat neutral abläuft. Dieser Schritt dient zur Entfernung eventuell vorhandener Bicarbonatspuren im Austauscherharz, welche beim Übergang zur sauren Elution eine störende CO_2-Entwicklung in der Säule hervorrufen würden. Er ist stets beim Übergang von alkalischer zu saurer Elution im Chloridsystem zwischenzuschalten[5]. Nun folgt die eigentliche Elution der Nucleotide mit sehr verdünnter Salzsäure (0,002—0,01 n HCl; siehe z. B. die Abb. 17). Ähnlich wie durch Erhöhung der Acidität kann die Elution der Nucleotide im Chloridsystem auch durch Erhöhung der Chlorionenkonzentration bewirkt werden (z. B. 0,005—0,01 n HCl allein und anschließend im Gemisch mit Kochsalz, dessen Konzentration in 6 Stufen von 0,0125 bis 1 n ansteigt)[6].

Das *Formiat-System* hat gegenüber dem Chloridsystem gewisse Vorteile und wird vor allem zur Trennung komplizierter Gemische herangezogen. Die unvollständig dissoziierte Ameisensäure gewährleistet nämlich eine bessere Regulierung der Acidität und erlaubt es, die Elution mit höheren Säurekonzentrationen zu betreiben, als es im Chloridsystem möglich ist[4]. Dadurch werden die meist als divalente Anionen am Austauscher haftenden Nucleotide schneller neutralisiert, was zur Verkleinerung der „toten" Elutionsvolumina beiträgt.

Im übrigen wird das zu trennende Nucleotidgemisch in wäßriger Lösung bei p_H 8—10 an der Formiatform eines stark basischen Anionenaustauschers genauso adsorbiert, wie es für das Chloridsystem oben beschrieben ist. Nach dem Waschen der Säule mit 0,01 m neutraler Ammoniumformiatlösung beginnt die Elution mit Ameisensäure, deren Konzentration im Verlauf der Trennung stufenweise oder kontinuierlich erhöht wird und je nach dem zu trennenden Nucleotidgemisch Werte von 0,01—4 n annehmen kann (s. Abb. 23, 24). In vielen Fällen wird auch ein Gemisch von Ameisensäure und Ammoniumformiat zur Elution von Nucleotiden verwendet[1,4].

Sehr leistungsfähig zur Trennung von komplizierten Gemischen, wie sie z. B. in Organextrakten vorliegen, hat sich ein Verfahren erwiesen, das durch eine kontinuierliche Änderung der Konzentration des Elutionsmittels vom Beginn bis zum Ende der Ver-

[1] HURLBERT, R. B., H. SCHMITZ, A. F. BRUMM and V. R. POTTER: J. biol. Ch. **209**, 23 (1954).
[2] ANDERSEN, W., C. A. DEKKER and A. R. TODD: Soc. **1952**, 2721.
[3] COHN, W. E.: Am. Soc. **71**, 2275 (1949).
[4] COHN, W. E.: Am. Soc. **72**, 1471 (1950).
[5] COHN, W. E.; in: CHARGAFF-DAVIDSON, Nucleic acids. Bd. I, S. 223.
[6] VOLKIN, E., and W. E. COHN: J. biol. Ch. **205**, 767 (1953).

teilung charakterisiert ist[1-4]. So können z. B. in einem einzigen Arbeitsgang die 5'-Mono-, 5'-Di- und 5'-Tri-phosphate der 4 wichtigsten Ribonucleotide sowie einige andere Nucleotide durch Anionenaustausch an Dowex-1-Formiat getrennt werden, wenn zur Elution folgendes Medium angewendet wird: Wasser, das kontinuierlich mit Ameisensäure angereichert wird bis zu 4 n Ameisensäure, dann Zusatz von Ammoniumformiat zur 4 n Ameisensäure, bis eine Endkonzentration von 4 n Ameisensäure + 1 n Ammoniumformiat erreicht ist (s. Abb. 23, 24)[3,4]. Die Komponenten in Gewebsextrakten wurden durch 2 verschiedene hintereinandergeschaltete Anionenaustauscher-Systeme getrennt. Und zwar erfolgte die Vortrennung der Nucleotide durch das oben erwähnte Ameisensäuresystem und die erneute Chromatographie der so erhaltenen 11 Fraktionen an einem Ammoniumformiat-System (s. Abb. 23, 25)[3].

Das Hintereinanderschalten von 2 verschiedenen Anionenaustauscher-Systemen wurde auch mit Erfolg zur Trennung der Mono-, Di- und einiger höherer Nucleotide angewendet, wie sie in den partiellen Hydrolysaten von RNS und DNS vorliegen[5,6].

Die Trennung der 4 Ribonucleosid-5'-phosphate, die durch enzymatische Hydrolyse von RNS entstehen, gelingt durch Ionenaustausch in Gegenwart von Borat[7].

β) Analyse der Fraktionen.

1. Ionenaustauschdiagramm. Das aus der Säule abtropfende Eluat wird mit Hilfe eines automatischen Fraktionssammlers aufgefangen, der die Vorlagen entweder in konstanten Zeitabständen oder nach Durchfluß einer bestimmten Tropfenzahl wechselt. In den einzelnen aufgefangenen Fraktionen werden die Nucleoside und Nucleotide durch Messung der UV-Absorption dieser Lösungen gewöhnlich bei 260 mμ nachgewiesen. Aus diesen Daten wird der Verlauf der Trennung zweckmäßig als Diagramm dargestellt, in welchem die bei 260 mμ gemessene UV-Absorption der einzelnen Fraktionen als Funktion des durch die Säule geflossenen Volumens des Elutionsmittels bzw. als Funktion der Anzahl der aufgefangenen Fraktionen (Röhrchen) aufgetragen wird (s. Abb. 17). In dieses Schaubild wird außerdem die Zusammensetzung des Elutionsmittels eingetragen sowie eventuell die Phasen des Ionenaustausches, in denen die Elutionsmittelzusammensetzung geändert wird.

2. Identifizierung der Komponenten. Da durch Ionenaustausch meistens nur relativ geringe Substanzmengen getrennt werden, müssen zur Identifizierung der Komponenten in den einzelnen Fraktionen Verfahren angewendet werden, die ohne Substanzverbrauch oder mit einem sehr geringen Substanzverbrauch arbeiten. Die Komponenten können nur in seltenen Fällen als feste kristallisierte Verbindungen isoliert werden.

Bei der Trennung einfacherer Gemische, wie sie z. B. in den Nucleotidgemischen der RNS- und DNS-Hydrolysate vorliegen, genügt in der Regel die Messung der UV-Absorption zur Identifizierung der Verbindungen. Hierbei ist es nicht notwendig, die gesamten UV-Spektren der einzelnen Fraktionen durchzumessen; meist genügt die Bestimmung einiger Extinktionswerte, deren Quotienten für die Verbindung charakteristische Verhältniszahlen ergeben (z. B. $\frac{E_{280}}{E_{260}}$, $\frac{E_{250}}{E_{260}}$, $\frac{E_{275}}{E_{260}}$ usw.; s. S. 1110ff.).

Im Verlauf der Ionenaustauscher-Trennungen von Gemischen, die eine große Zahl von Komponenten enthalten, die zum Teil unbekannt sein mögen, wird man die einzelnen Fraktionen nicht nur durch ihre physikalischen Eigenschaften, sondern auch durch ihr chemisches und physiologisches Verhalten kennzeichnen. In diesen Fällen ist es auch angezeigt, die Einheitlichkeit primär erhaltener Fraktionen durch erneute Chromatographie an einem oder mehreren Ionenaustauscher-Systemen zu prüfen (siehe z. B. S. 1143ff.).

---

[1] HURLBERT, R. B.: Fed. Proc. **11**, 234 (1952).
[2] TISELIUS, A.: Endeavour **11**, 5 (1952).
[3] HURLBERT, R. B., H. SCHMITZ, A. F. BRUMM and V. R. POTTER: J. biol. Ch. **209**, 23 (1954).
[4] SCHMITZ, H.: Naturwiss. **41**, 120 (1954).
[5] MERRIFIELD, R. B., and D. W. WOOLLEY: J. biol. Ch. **197**, 521 (1952).
[6] SINSHEIMER, R. L., J. F. KOERNER, J. VADLA and K. LUNAN: J. biol. Ch. **208**, 445 (1954).
[7] KHYM, J. X., and W. E. COHN: Biochim. biophysica Acta, N. Y. **15**, 139 (1954).

Gewöhnlich stützt sich die Identifizierung von Nucleinsäuren-Spaltstücken auf die mit sehr kleinen Substanzmengen ausführbaren colorimetrischen Bestimmungen des Ribose- bzw. Desoxyribosegehalts (s. S. 1107), auf die colorimetrischen Bestimmungen von Gesamtphosphat, anorganischem Phosphat (nach Dephosphorylierungen) und säurelabilem Phosphat (s. S. 1106)[1]. Vielfach wird man zu eindeutigeren Schlüssen gelangen durch chemische oder fermentative Hydrolyse bzw. Dephosphorylierung der entsprechenden Verbindung mit nachfolgender Identifizierung und eventuell quantitativer Bestimmung der entstehenden Spaltstücke mit Hilfe von Papierchromatographie, Ionenaustausch, Elektrophorese, sowie UV-Absorptionsmessungen. Wesentlich sind die Molverhältnisse von Ribose oder Desoxyribose zu Base, zu Gesamtphosphat, zu säurelabilem Phosphat, zu Phosphat, das durch spezifische Nucleotidasen abspaltbar ist. Weitere Möglichkeiten zur Identifizierung von einzelnen Nucleinsäuren-Spaltstücken, die auf deren besonderer chemischer Reaktionsfähigkeit bzw. spezifischer physiologischer Wirksamkeit (z. B. als Wachstumsfaktoren) beruhen, sind in den speziellen Abschnitten über die einzelnen Nucleoside und Nucleotide angegeben.

3. Bestimmung. In manchen Fällen ist es durchaus wünschenswert, die Anionenaustauscher-Trennung von Nucleinsäuren-Spaltstücken zu verbinden mit einer Bestimmung der Komponenten, sei es, um optimale Hydrolysenbedingungen für RNS und DNS aufzufinden, synthetische Versuche zu kontrollieren oder die Reinheit von Präparaten zu überprüfen[2, 3]. Für solche Zwecke ist es notwendig, nicht nur die UV-Absorption bei 260 mμ, sondern auch das Volumen der einzelnen Fraktionen zu messen. Aus diesen Daten und der molaren Extinktion des betreffenden Stoffes kann dann dessen Gewichtsmenge in jeder einzelnen Fraktion berechnet werden. (Gewichtsmenge mg = Molekulargewicht g $\cdot \frac{E_{260}\,\text{gemessen}}{E_{260}\,\text{molar}} \cdot$ Volumen cm^3.) Durch Summierung der Einzelmengen ergibt sich leicht das Gesamtgewicht im Ausgangsgemisch. Wesentlich einfacher und ohne umständliche Summation kommt man zum Ziel, wenn man alle Fraktionen, die ein und denselben Stoff enthalten, zusammengießt und diese Lösung auf ein bekanntes Volumen auffüllt. In einem aliquoten Teil wird dann die UV-Absorption bei 260 mμ bzw. besser bei der Wellenlänge der maximalen Absorption des betreffenden Stoffes gemessen. Daraus sowie aus dem Volumen der Lösung, dem Molekulargewicht und der molaren Extinktion der fraglichen Verbindung kann deren Gewichtsmenge berechnet werden.

4. Die präparative Aufarbeitung der durch Ionenaustausch getrennten Fraktionen hängt ganz von den individuellen Eigenschaften der isolierten Verbindung ab und wird im konkreten Einzelfall recht verschieden anzugehen sein. Einige spezielle Beispiele sind im nächsten Abschnitt über die präparative Isolierung von Nucleosiden und Nucleotiden durch Ionenaustausch näher ausgeführt.

In allen Fällen wird man zunächst einmal die sehr verdünnten Eluate konzentrieren müssen. Dies geschieht meist durch Vakuumdestillation bei niedriger Temperatur und durch Gefriertrocknung. Die Anwendung der letzteren Methode ist vor allem dann anzuraten, wenn das Eluat relativ große Mengen Ammoniumformiat enthält oder wenn die zu isolierenden Verbindungen sehr leicht durch Säuren gespalten werden[1].

Die Elution von Nucleotiden aus Anionenaustauschern mit Hilfe von verdünnter Salzsäure hat gegenüber der Arbeitsweise im Formiatsystem den präparativen Vorteil, daß die Eluate leicht durch Anionenaustausch konzentriert werden können, weil sie in der Regel weniger als 0,01 m Anionen enthalten. So bringt man z. B. ein salzsaures Eluat (2 Liter), das etwa 150 mg Adenylsäure und weniger als 0,01 m Chloridionen enthält, durch Zugabe von Ammoniak auf p_H 8—10 und läßt langsam durch eine kleine Säule mit 2 cm^3 der Chloridform eines stark basischen Anionenaustauschers fließen, wobei die Adenylsäure quantitativ zurückgehalten wird. Anschließend eluiert man mit wenig 0,1 n Salz-

---

[1] Hurlbert, R. B., H. Schmitz, A. F. Brumm and V. R. Potter: J. biol. Ch. **209**, 23 (1954).
[2] Cohn, W. E.: Am. Soc. **72**, 1471 (1950).
[3] Deutsch, A., R. Zuckerman and M. S. Dunn: Analyt. Chem., Washington **24**, 1769 (1952).

säure und gewinnt so Lösungen, die im Kubikzentimeter 5—10 mg Substanz enthalten[1].

Nach dem Konzentrieren der Lösungen werden die Nucleoside und Nucleotide, je nach ihren Löslichkeits- und Kristallisationseigenschaften, als neutrale Verbindungen, freie Säuren, freie Basen oder als Ammonium-, Alkali- und Erdalkalisalze bzw. Hydrochloride abgetrennt. Schlecht kristallisierende Substanzen werden wegen der erheblichen Verluste oft nicht kristallin isoliert, sondern aus konzentriert wäßriger Lösung durch Zugabe von Äthanol und Äther in amorpher Form ausgefällt[2]. Die Reinheit solcher Präparate kann leicht durch Messung der UV-Absorption oder durch Chromatographie usw. überprüft werden.

γ) Spezielle Beispiele.

1. Ribonucleotide.

a) In der Abb. 17 ist der typische Verlauf einer *Trennung der 4 Ribonucleotide* eines RNS-Hydrolysates durch Anionenaustausch wiedergegeben[1]. Eine Auftrennung in die a- und b-Isomeren erfolgt unter diesen Bedingungen noch nicht.

Die Unterscheidung der Adenylsäuren a und b sowie der Guanylsäuren a und b durch Anionenaustausch an einem Chloridsystem ist im Diagramm der Abb. 18 dargestellt[1]. Als Ausgangsmaterial dienten 14 mg eines Nucleotidgemisches, das durch alkalische Hydrolyse von Rattenleber-RNS mit Bariumhydroxyd erhalten war. Überträgt man die wiedergegebenen Verhältnisse auf *Trennung entsprechend größerer Nucleotidmengen* mit Hilfe einer größeren Säule (z. B. mit einem Querschnitt von 33 cm²), so können auf

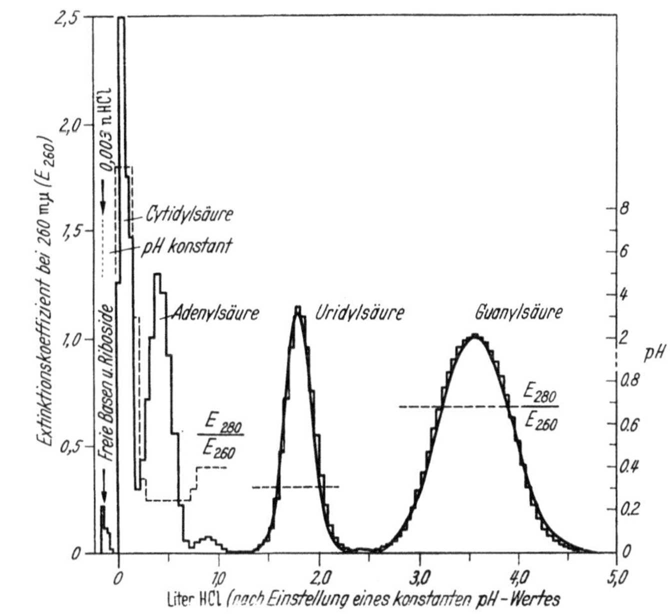

Abb. 17. Trennung der Ribonucleotide durch Ionenaustausch[1]. Austauscher: Dowex-2-Chlorid, 2,5 cm × 0,94 cm². Elutionsmittel: 0,003 n HCl, 0,8 cm³/min. Ausgangsmaterial: Gemisch gereinigter Nucleotide.

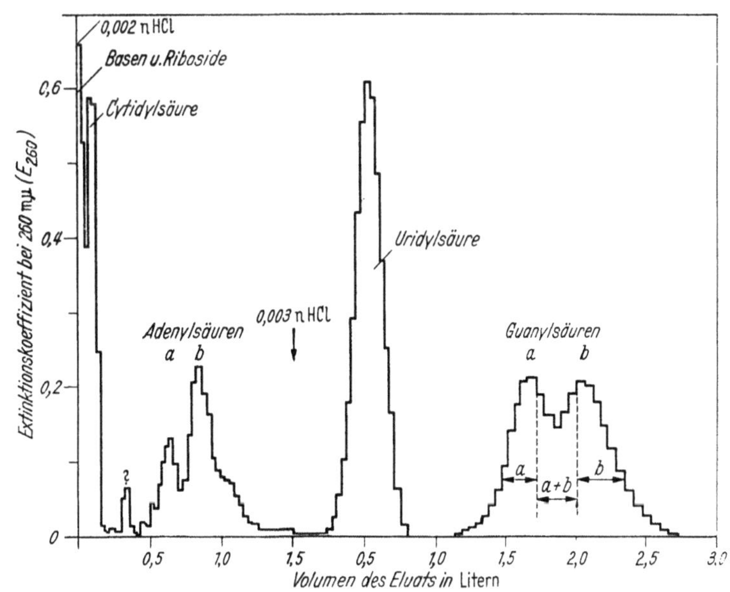

Abb. 18. Trennung der isomeren Purinribonucleotide durch Ionenaustausch[1]. Ionenaustauscher: Dowex-1-Chlorid, 12,5 cm × 0,74 cm². Elutionsmittel: 0,002 n HCl und 0,003 n HCl, 0,5 cm³/min. Ausgangsmaterial: Nucleotidgemisch eines alkalischen Hydrolysats von Rattenleber-RNS.

[1] Cohn, W. E.: Am. Soc. **72**, 1471 (1950). — Cohn, W. E., and J. X. Khym: Biochem. Prep., Bd. 5, S. 40.
[2] Volkin, E., J. X. Khym and W. E. Cohn: Am. Soc. **73**, 1533 (1951).

diesem Wege die a- und b-Isomeren von Adenylsäure und Guanylsäure im Grammaßstab gewonnen werden[1].

b) Abb. 19 zeigt die weitgehende *Trennung der 2'-, 3'- und 5'-Phosphate der 4 Ribonucleoside* durch Anionenaustausch an einem Formiatsystem[2]. Die als Ausgangsmaterial dienenden Hydrolysate von Kalbsleber-RNS wurden auf folgende Weise hergestellt:

I. 100 mg RNS werden in 20 cm^3 Wasser gelöst und 5 Std mit 7 mg Ribonuclease verdaut, wobei die Alkalität der Lösung durch Titration mit 0,05 n NaOH (insgesamt 112 μMol) auf p_H 7,2 zu halten ist. Man verdünnt auf 25 cm^3, mischt 12 cm^3 dieser Lösung mit 0,8 cm^3 0,1 m Arsenatlösung und 6 cm^3 (20 mg) Darmphosphatase. Anschließend wird 90 min auf 37° gehalten, wobei durch Titration mit 1,5 cm^3 0,05 n NaOH das p_H der Lösung auf 8,5 zu halten ist. Die auf 25 cm^3 aufgefüllte Lösung wird mit Ameisensäure angesäuert, bis p_H 2 erreicht ist. Man zentrifugiert vom Niederschlag ab, bringt die überstehende Lösung durch Zugabe von Ammoniak auf p_H 8—10 und läßt sie durch die in der Legende der Abb. 19 bezeichnete Säule fließen, wobei die Nucleotide an der Formiatform des Dowex-1-Harzes absorbiert werden.

II. 20 mg RNS werden in 4 cm^3 0,5 n NaOH (2 mMol) gelöst und 15 Std bei 37° gehalten. Anschließend fügt man 2 mMol Ammoniumformiat und 2 mMol Ammoniak als wäßrige Lösungen hinzu und füllt mit Wasser auf 25 cm^3 auf. Diese Lösung wird an Dowex-1-Formiat adsorbiert.

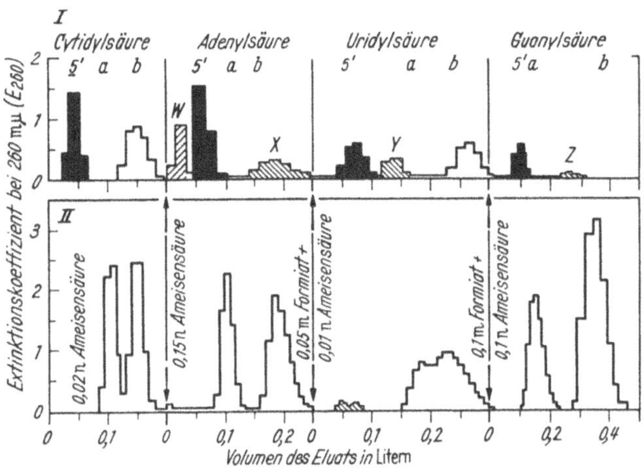

Abb. 19. Analyse eines enzymatischen (I) und eines alkalischen Hydrolysats (II) von Kalbsleber-Ribonucleinsäuren durch Ionenaustausch[3]. Ionenaustauscher: Dowex-1-Formiat, 200—400 Maschen, 7 cm × 0,88 cm^2. Elutionsmittel: Ameisensäure und Natriumformiatlösung, 0,6 cm^3/min. Ausgangsmaterial: s. Text. Die Fraktionen W, X, Y, Z enthalten unbekannte Komponenten. Abkürzungen: *A* Adenosin, *C* Cytidin, *G* Guanosin, *U* Uridin, *P* Phosphat.

In einer ausführlichen *Vorschrift zur quantitativen Bestimmung der Ribonucleotide in RNS-Hydrolysaten* wird eine Vorrichtung angegeben, welche die *automatische Messung und Registrierung* der UV-Absorption der einzelnen Fraktionen eventuell auch bei verschiedenen Wellenlängen ermöglicht[4].

c) Als Beispiel einer *präparativen Darstellung von Ribonucleotiden* durch Ionenaustausch sei die *Abtrennung von Cytidylsäure und Uridylsäure* aus sauren RNS-Hydrolysaten angeführt[5].

100 g Hefe-RNS werden in 700 cm^3 1 n Schwefelsäure eingerührt. Die Suspension wird auf 95° erhitzt, wobei die RNS in Lösung geht. Man hält 2 Std auf 95° (Dampfbad) und kühlt anschließend auf Raumtemperatur ab. Das Hydrolysat wird durch Zugabe von Bariumhydroxyd auf p_H 2 gebracht und vom ausgefallenen Bariumsulfat abgesaugt. Zu dem Filtrat gibt man gesättigte Barytlösung, bis p_H 7,5 erreicht ist. Der durch Zentrifugation abgetrennte Niederschlag enthält, wie sich durch Extraktion mit heißem Wasser und nachfolgende Papierchromatographie (s. S. 1150) zeigen läßt, Adenin, Guanin, anorganisches Phosphat und etwa 4 g Pyrimidinnucleotide. Er wird jedoch nicht weiterverarbeitet.

Der Anionenaustausch wird in einer Kolonne 13 cm × 33 cm^2 mit der Formiatform des Harzes Amberlite IRA-400 ausgeführt, die durch Behandlung des Harzes mit einem Gemisch von Natriumformiat und Ameisensäure und Waschen mit Wasser, bis das Eluat

---

[1] Cohn, W. E.: Am. Soc. **42**, 1471 (1950).
[2] Cohn, W. E., and E. Volkin: Nature **167**, 483 (1951).
[3] Cohn, W. E.: Am. Soc. **71**, 2275 (1949).
[4] Deutsch, A., R. Zuckerman and M. S. Dunn: Analyt. Chem., Washington **24**, 1769 (1952).
[5] Cohn, W. E., and C. E. Carter: Am. Soc. **72**, 2606 (1950).

mit p_H 3 abfließt, hergestellt war. Nach Durchfluß des auf p_H 7,5 neutralisierten und klarzentrifugierten Hydrolysats wird die Säule mit etwa 2 *l* Wasser nachgewaschen. Das Waschwasser enthält bei einem p_H von 5,1 lediglich Adenin, Spuren Guanin und keine Pyrimidinnucleotide.

Nun wird mit 1 n Ameisensäure eluiert. Die einzelnen Fraktionen werden durch Messung der UV-Absorption und durch Papierchromatographie analysiert. Fraktion 1: 0—750 cm^3 (0,25 g Cytidylsäure), Fraktion 2: 750—1700 cm^3 (8 g Cytidylsäure), Fraktion 3: 1700—2150 cm^3 (1,7 g Cytidylsäure und 0,3 g Uridylsäure); aus der Fraktion 2 wurde Cytidylsäure gewonnen, die Fraktionen 1 und 3 wurden nicht weiterverarbeitet. Die Elution wird nun mit 2,4 n Ameisensäure fortgesetzt. Dabei werden folgende Fraktionen aufgefangen: 1. 0—4 *l* (0,75 g Cytidylsäure + Uridylsäure), 2. 4—11 *l* (11,7 g Uridylsäure), 3. 11—12 *l* (0,5 g Uridylsäure). Aus der 2. Fraktion wurde Uridylsäure gewonnen.

Die ameisensaure Cytidylsäurelösung wurde durch Vakuumdestillation auf 150 cm^3 eingeengt, zur Entfärbung mit Tierkohle behandelt und schließlich mit dem gleichen Volumen Äthanol versetzt. Man läßt über Nacht bei —10° stehen, saugt die Kristalle ab, wäscht sie mit Alkohol und Äther und trocknet sie im Vakuum über Calciumchlorid; Ausbeute 6,1 g. F 235°.

Zur Aufarbeitung der Uridylsäure s. S. 1254.

2. **Desoxyribo-nucleotide.** *a)* Die *Isolierung der Desoxyribonucleotide aus enzymatischen Hydrolysaten* von DNS erfolgt auch im präparativen Maßstab zweckmäßigerweise durch Anionenaustausch[1].

Enzymatische Hydrolyse[2]. Die Lösung von 10 g Natriumsalz der Kalbsthymus-DNS in 2 *l* Wasser wird mit 70 cm^3 0,1 m Magnesiumchlorid versetzt und auf p_H 7,2 eingestellt. Dazu fügt man unter intensivem Rühren eine Lösung von 25 mg Desoxyribonuclease in Wasser (p_H 7,2). Beim Fortschreiten der Hydrolyse wird der p_H durch Titration mit 0,5 n NaOH auf dem Wert 7,2 gehalten. Die Reaktion ist nach etwa 7—8 Std beendet und verbraucht insgesamt 13 cm^3 0,5 n NaOH. Das Hydrolysat wird durch Zugabe von 20 cm^3 0,5 m Natriumarsenatlösung 0,005 m in bezug auf Arsenat gemacht und auf p_H 8,4 eingestellt. Man fügt eine Lösung von 4 g Darmphosphatase (s. S. 1134) in 50 cm^3 Wasser von p_H 8,4 hinzu und hält die Alkalität im Verlauf der Dephosphorylierung durch Titration mit 0,5 n NaOH auf diesem Wert. Dieser Schritt der Hydrolyse dauert etwa 9—10 Std und verbraucht insgesamt 45 cm^3 0,5 n NaOH.

Anschließend wird so viel konz. Ammoniak zum Hydrolysat zugegeben, bis es etwa 1 m ist (p_H 10). Die Lösung wird nun zur Adsorption der Nucleotide durch eine Säule 6 cm × 33 cm^2 mit der Chloridform eines stark basischen Anionenaustauschers geschickt. Der Austauscher wird mit Wasser nachgewaschen, um das Ammoniak daraus zu entfernen, dann mit etwa 12—15 *l* 0,01 m Ammoniumchlorid, bis das Eluat p_H 7 hat; durch diese Operation werden Basen und Nucleoside herausgelöst. Mit 15—20 *l* 0,01 n HCl eluiert man schließlich alle Mononucleotide. Polynucleotide und unverdaute DNS werden in der Säule zurückgehalten; dies ist auch der Hauptzweck dieser groben Vorfraktionierung.

Die salzsaure Lösung der Nucleotide wird durch Zugabe von Ammoniak auf p_H 8—10 gebracht und in einer Kolonne 12 cm × 33 cm^2 adsorbiert, welche ebenfalls die Chloridform eines stark basischen Anionenaustauschers enthält. Die Elution erfolgt mit folgenden Lösungsmitteln: 0,01 m Ammoniumchlorid, bis der p_H des Eluats auf 6 fällt, 0,001 n HCl zur Entfernung von Desoxycytidylsäure und Desoxy-5-methylcytidylsäure, 0,002 n HCl zur Elution der Desoxyadenylsäure, 0,003 n HCl zur Elution von Thymidylsäure und 0,005 n HCl zur Elution der Desoxyguanylsäure. Der genaue Verlauf der Trennung ist in Abb. 20 wiedergegeben.

Das von der Kolonne abfließende Eluat wird zweckmäßig durch eine besonders angefertigte Zelle aus Quarzglas geleitet, welche sich im Strahlengang eines Spektrophoto-

[1] Volkin, E., J. X. Khym and W. E. Cohn: Am. Soc. **73**, 1533 (1951). — Cohn, W. E., E. Volkin and J. X. Khym: Biochem. Prep., Bd. 5, S. 49.

[2] Zittle, C. A., L. A. Wells and W. G. Batt: Arch. Biochem. **13**, 395 (1954).

meters befindet und die kontinuierliche Messung der UV-Absorption gestattet. Weiterhin ist es nützlich, den p_H-Wert des Eluats fortlaufend zu kontrollieren. Die Substanzen in den abgetrennten Fraktionen werden durch Messung der UV-Absorption, Analyse des Stickstoffs, Phosphors und Desoxyzuckers sowie Nachweis der zugrundeliegenden Base identifiziert.

Die einzelnen Nucleotide sind in je 12—20 *l* verdünnter Salzsäure gelöst und werden durch Adsorption und Elution in getrennten kleineren Anionenaustauscher-Säulen konzentriert. Die Lösungen werden durch Zugabe von Ammoniak auf p_H 8—10 gebracht und in getrennten Säulen mit der Chloridform eines stark basischen Anionenaustauschers adsorbiert, wie bei der eigentlichen Trennung. Die Säulen enthalten pro 130 mg des zu adsorbierenden Nucleotids 1 cm³ Austauscher. Nach dem Waschen der Kolonnen mit Wasser lassen sich die Nucleotide mit relativ kleinen Volumina 0,01 n HCl quantitativ aus

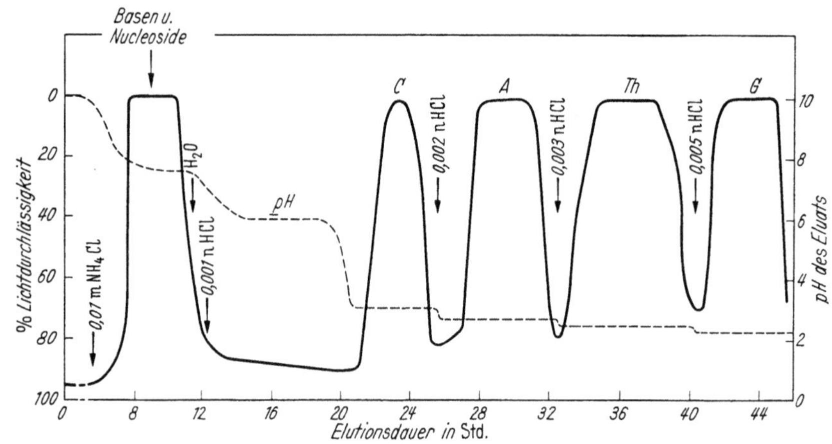

Abb. 20. Trennung der Desoxyribonucleotide durch Ionenaustausch[1]. Ionenaustauscher: Dowex-1-Chlorid, 250 bis 500 Maschen, 12 cm × 33 cm². Elutionsmittel: verdünnte Salzsäure, 1 cm³/cm²-Säulenquerschnitt je min. Ausgangsmaterial: enzymatisches Hydrolysat von 10 g Kalbsthymus-DNS. Abkürzungen: *C* Desoxycytidylsäure, *A* Desoxyadenylsäure, *Th* Thymidylsäure, *G* Desoxyguanylsäure.

dem Harz eluieren. Die Lösungen der Purinnucleotide werden durch Ammoniak sofort neutralisiert, um eine Hydrolyse zu vermeiden. Die Fraktionen werden manchmal durch Vakuumdestillation weiter konzentriert, um die Nucleotide durch Fällung mit Alkohol und Äther bzw. mit Ammoniak oder Bariumhydroxyd in fester Form zu isolieren. Vielfach wird auf eine Gewinnung von kristallisierten Nucleotiden verzichtet, weil die Kristallisation meist mit erheblichen Substanzverlusten verbunden ist. Die Reinheit der durch Fällung erhaltenen Präparate ist durch UV-Absorption und Analyse des Stickstoffs, Phosphors, des Desoxyzuckers usw. zu überprüfen.

b) In der Desoxycytidylsäure-Fraktion sind etwa 3% *Desoxy-5-methyl-cytidylsäure* enthalten, welche ebenfalls durch Anionenaustausch daraus isoliert werden können[2]. Die Trennung wird an einer Säule 12 cm × 33 cm² ausgeführt, die mit der Formiatform eines stark basischen Anionenaustauschers gefüllt ist (200—500 Maschen).

Zu diesem Zwecke wird die Desoxycytidylsäure-Fraktion im Vakuum eingeengt, mit Ammoniak auf p_H 8 gebracht, an der Säule adsorbiert und mit 0,003 n Ameisensäure eluiert. Die dabei abgetrennte Desoxy-5-methylcytidylsäure-Fraktion ist durch Wiederholung der Operation mit einer kleineren Säule zu fraktionieren, um die letzten Spuren Desoxycytidylsäure zu entfernen. Nun werden die Fraktionen, welche nur Desoxy-5-methylcytidylsäure enthalten, vereinigt, mit Ammoniak auf p_H 8—10 gebracht, in einer kleinen Säule mit der Formiatform eines stark basischen Anionenaustauschers (1 cm³ Austauscher je 130 mg Nucleotid) adsorbiert und mit wenig 0,1 n Ameisensäure eluiert. Man erhält Lösungen mit 2 mg Nucleotid im cm³.

[1] Bredereck, H.: B. **71**, 408 (1938). — Bredereck, H., A. Martini u. F. Richter: B. **74**, 694 (1941).
[2] Cohn, W. E.: Am. Soc. **73**, 1539 (1951).

c) Isolierung von Desoxycytidin-3',5'-diphosphat und Thymidin-3',5'-diphosphat aus sauren DNS-Hydrolysaten[1]. 30 g DNS aus Rindermilz werden mit der zehnfachen Gewichtsmenge 2 %iger H_2SO_4 2 Std unter Rückfluß gekocht[2]. Nach dem Absaugen des aus der dunkelbraunen Lösung in der Kälte abgeschiedenen Niederschlags wird das Filtrat mit gesättigtem Barytwasser in kleinem Überschuß versetzt. Die Fällung wird abgetrennt, der Bariumüberschuß mit H_2SO_4 gefällt, das Bariumsulfat entfernt und das Filtrat auf 150 cm³ eingeengt. Nach dem Absaugen brauner Flocken wird das Filtrat mit 25 %iger neutraler Bleiacetatlösung versetzt, der Bleisalzniederschlag mit Schwefelwasserstoff zerlegt und das Filtrat nach der Abtrennung des Bleisulfids auf 100 cm³ im Vakuum eingedampft. Man neutralisiert es mit Barytwasser, zentrifugiert vom ausgefallenen Bariumphosphat ab und erhitzt die klare Lösung, wobei sich 0,7 g Bariumsalze abscheiden. Das Filtrat wird im Vakuum auf das halbe Volumen eingeengt und wieder zum Sieden erhitzt. Dabei fallen nochmals 0,45 g Bariumsalze aus. Aus der Mutterlauge können durch Alkoholfällung weitere 2,1 g Bariumsalze gewonnen werden.

1,3 g der durch Hitzefällung abgeschiedenen Bariumsalze werden in Wasser gelöst und in einer Säule 10 cm × 5 cm² mit Dowex-1-chlorid adsorbiert. Anschließend wäscht man die Säule, bis im Eluat keine Bariumionen mehr nachweisbar sind, eluiert mit 0,008 n HCl (etwa 2 cm³/min) und fängt Fraktionen von je 20 cm³ mit einem automatischen Fraktionssammler auf. Der Verlauf der Trennung wird durch Messung der UV-Absorption des Eluats bei 260 und 280 mμ verfolgt. Nachdem die erste Hauptkomponente, Desoxycytidin-3',5'-diphosphat $\left(\frac{E_{280}}{E_{260}} = 2{,}05\right)$, eluiert ist, wird Thymidin-3',5'-diphosphat mit 0,075 n HCl aus der Säule entfernt $\left(\frac{E_{280}}{E_{260}} = 0{,}65\right)$.

Die Fraktionen, welche Desoxycytidin-diphosphat enthalten, werden vereinigt, im Vakuum bei 20—30° auf 50 cm³ eingeengt und durch Gefriertrocknung entwässert. Der Rückstand wird in wenig Wasser gelöst und mit einem Überschuß einer methanolischen Lösung von Brucin versetzt. Man dampft im Vakuum zur Trockne ein, kristallisiert den Rückstand zweimal aus 80 %igem und einmal aus 35 %igem Äthanol um und erhält schließlich 325 mg Brucinsalz des Desoxycytidin-3',5'-diphosphats. Große Nadeln, welche Kristallwasser enthalten, bei 180° sintern und bei 185° schmelzen.

Die Thymidin-diphosphat enthaltenden Fraktionen werden mit gesättigter Barytlösung neutralisiert. Nach Zugabe einer Bleiacetatlösung (20 % Überschuß) wird das ausgefallene Bleisalz zentrifugiert, mehrere Male mit Wasser gewaschen und mit Schwefelwasserstoff zersetzt. Nach dem Abtrennen des Bleisulfids und dem Entfernen des Schwefelwasserstoffs aus der Lösung wird diese mit einem kleinen Überschuß von Barytwasser versetzt und durch Einleiten von CO_2 neutralisiert (das Volumen soll nun etwa 500 cm³ betragen). Man zentrifugiert die anorganischen Salze ab, engt die überstehende Lösung im Vakuum auf 15 cm³ ein und erhitzt sie anschließend mehrere Minuten auf 100°, wobei sich ein weißer Niederschlag abscheidet, der abgetrennt und getrocknet wird (570 mg Ausbeute). Zur Reinigung wird dieser in möglichst wenig Wasser gelöst, die Lösung klar zentrifugiert und im Vakuum wieder auf ein kleines Volumen eingeengt. Durch Erhitzen der Lösung wird das Bariumsalz des Thymidin-3',5'-diphosphats erneut ausgeschieden. Diese Operation ist einige Male zu wiederholen. Das gereinigte Produkt bildet kleine, farblose Kügelchen.

3. Ribonucleosid-5'-phosphate. *a) Die Trennung der 5'-Mono-, 5'-Di- und 5'-Triphosphate von Adenosin und Inosin*[3].

Die Trennung der Adenosin- und Inosinphosphate sowie von anorganischem Orthophosphat und Pyrophosphat gelingt (außer durch Papierchromatographie, s. S. 1150) durch Ionenaustausch an Dowex-2-chlorid. Als Elutionsmittel wird verdünnte Salzsäure bzw.

---

[1] DEKKER, C. A., A. M. MICHELSON and A. R. TODD: Soc. **1953**, 947.
[2] LEVENE, P. A., u. J. A. MANDEL: B. **41**, 1905 (1908). — LEVENE, P. A., and W. A. JACOBS: J. biol. Ch. **12**, 411 (1912).
[3] DEUTSCH, A., and R. NILSSON: Acta chem. scand. **7**, 1288 (1953).

ein Gemisch von verdünnter Salzsäure und Natriumchloridlösung verwendet. Der Ionenaustausch wird bei 0° ausgeführt.

Für analytische Zwecke werden Säulen mit den Abmessungen 2,5 cm × 0,3 cm² (für Gesamtphosphatmengen bis zu 1 mg) und 5 cm × 0,8 cm² (für Gesamtphosphatmengen von 1—5 mg) bei einer Durchflußgeschwindigkeit von 0,5—1 cm³/min verwendet. Präparative Trennungen werden in Säulen von 15 cm × 4 cm² (50—100 mg Gesamtphosphat) bzw. 30 cm × 8 cm² (200—400 mg Gesamtphosphat) ausgeführt, wobei die Durchflußgeschwindigkeit 3 cm³/min beträgt.

Die wäßrigen Lösungen der Phosphatgemische bringt man mit Ammoniak auf p_H 8,5 und läßt zur Adsorption der Nucleotide durch die entsprechenden Säulen mit der Chloridform von Dowex-2-Harz fließen. Anschließend wird mit Wasser gewaschen, bis das Eluat neutral abläuft. Die Elution erfolgt mit verdünnter Salzsäure bzw. mit Salzsäure-Natriumchloridgemischen, deren Konzentrationen aus der Abb. 21 zu entnehmen sind.

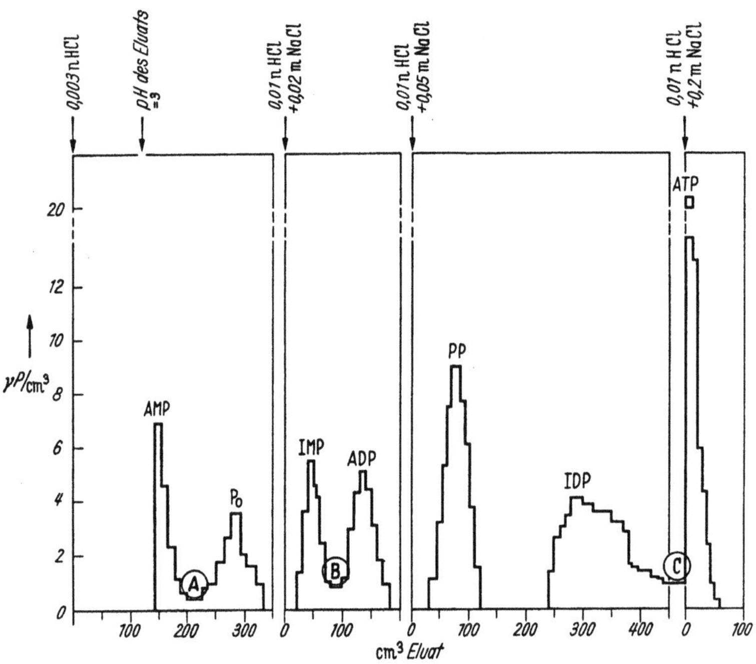

Abb. 21. Trennung der Adenosin- und Inosin-5'-phosphate sowie von anorganischem Orthophosphat und Pyrophosphat durch Ionenaustausch[2]. Ionenaustauscher: Dowex-2-Chlorid, 250—500 Maschen, 5 cm × 0,8 cm². Elutionsmittel: verdünnte HCl- und NaCl-Lösungen, 0,5 cm³/min. Ausgangsmaterial: Gemisch der gereinigten Nucleotide sowie Orthophosphat und Pyrophosphat. Abkürzungen: *AMP* Adenosin-5'-phosphat, *ADP* Adenosin-5'-diphosphat, *ATP* Adenosin-5'-triphosphat, *IMP* Inosin-5'-phosphat, *IDP* Inosin-5'-diphosphat, *ITP* Inosin-5'-triphosphat, P_0 Orthophosphat, *PP* Pyrophosphat.

Bei analytischen Versuchen werden Fraktionen von je 10 cm³, bei präparativen Trennungen Fraktionen von 50—100 cm³ aufgefangen. In jeder einzeln aufgefangenen Lösungsmenge wird das Gesamtphosphat colorimetrisch bestimmt[1]. Die einzelnen Nucleotide werden außerdem durch Bestimmung des säurelabilen Phosphats (10 min Erhitzen in 1 n HCl auf 100°), durch Messung der UV-Absorption und durch Papierchromatographie (s. S. 1150) identifiziert. Überschneidungen zweier Komponenten lassen sich durch Bestimmung des Verhältnisses Gesamtphosphat : säurelabiles Phosphat, des Verhältnisses der UV-Absorptionswerte bei 280 und 260 mμ sowie durch Papierchromatographie feststellen.

Die folgende Vorschrift bedient sich des Ionenaustausches zur Reinigung von Präparaten der Adenosin- und Inosinpolyphosphate. Sie wurde in der gegebenen Form z. B. auf die Reinigung von Adenosindiphosphat, Adenosintriphosphat, Inosindiphosphat und Inosintriphosphat angewendet[2].

Das Bariumsalz des Nucleotids (0,5—2 g) wird in Wasser gelöst (5—20 cm³), unter Eiskühlung mit 5—20 cm³ Dowex-50-Harz in der Säureform versetzt und 5—10 min bei 0° heftig gerührt. Die Lösung der freien Säure wird vom Harz abfiltriert (Nachwaschen mit 5—20 cm³ Eiswasser), durch Zugabe von Ammoniak auf p_H 8,5 gebracht und durch eine Säule mit der Chloridform von Dowex-2-Austauscher gegeben. Der Ionenaustausch

[1] Allen, R. J. L.: Biochem. J. **34**, 858 (1940).

[2] Deutsch, A., and R. Nilsson: Acta chem. scand. **7**, 1288 (1953).

erfolgt genauso wie oben beschrieben (s. Abb. 21). Die entsprechenden Fraktionen werden vereinigt, mit Ammoniak neutralisiert und bei 0° mit einem geringen Überschuß einer Bariumacetatlösung sowie im Falle von ADP und IDP mit dem 1—2fachen Volumen Äthanol versetzt. Die Bariumsalze werden abzentrifugiert, mit wäßrigem Äthanol gewaschen und getrocknet. Daraus kann bei Bedarf durch Behandlung mit Dowex-50-Harz die freie Säure hergestellt werden.

b) Die Trennung der 5'-Phosphate der Ribonucleoside sowie der 3',5'- bzw. 2',5'-Diphosphate von Cytidin und Uridin[1]. RNS werden durch Schlangengift-Diesterase, aus der die 5'-Nucleotidase-Aktivität entfernt wurde, in der Hauptsache in die 5'-Phosphate der

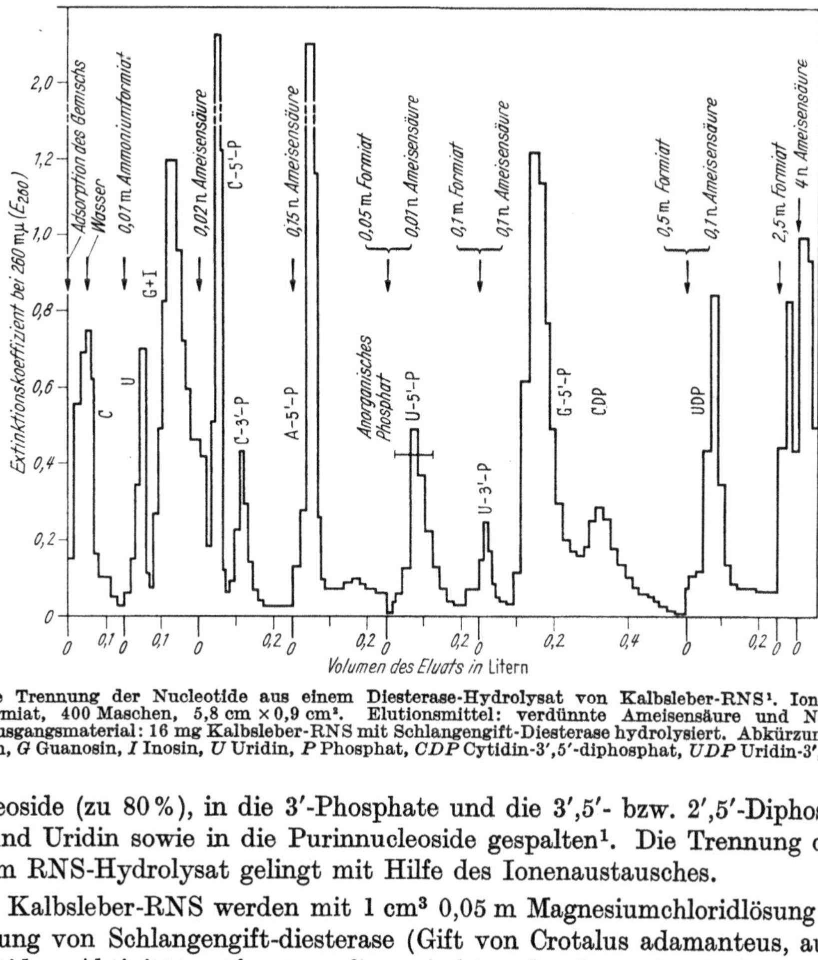

Abb. 22. Die Trennung der Nucleotide aus einem Diesterase-Hydrolysat von Kalbsleber-RNS[1]. Ionenaustauscher: Dowex-1-Formiat, 400 Maschen, 5,8 cm × 0,9 cm². Elutionsmittel: verdünnte Ameisensäure und Natriumformiat-Lösungen. Ausgangsmaterial: 16 mg Kalbsleber-RNS mit Schlangengift-Diesterase hydrolysiert. Abkürzungen: *A* Adenosin, *C* Cytidin, *G* Guanosin, *I* Inosin, *U* Uridin, *P* Phosphat, *CDP* Cytidin-3',5'-diphosphat, *UDP* Uridin-3',5'-diphosphat.

Ribonucleoside (zu 80%), in die 3'-Phosphate und die 3',5'- bzw. 2',5'-Diphosphate von Cytidin und Uridin sowie in die Purinnucleoside gespalten[1]. Die Trennung dieser Substanzen im RNS-Hydrolysat gelingt mit Hilfe des Ionenaustausches.

16 mg Kalbsleber-RNS werden mit 1 cm³ 0,05 m Magnesiumchloridlösung und 1 cm³ einer Lösung von Schlangengift-diesterase (Gift von Crotalus adamanteus, aus dem die 5'-Nucleotidase-Aktivität entfernt war[2]) gemischt und auf 5 cm³ aufgefüllt. Die Lösung wird auf p_H 8,6 gebracht, 7 Std auf 25° gehalten und während dieser Zeit mit 0,02 n NaOH auf p_H 8,6 eingestellt. Anschließend wird die Hydrolyse durch Zugabe von 1 n Ammoniak unterbrochen. Das Hydrolysat wird in einer Kolonne 5,8 cm × 0,9 cm² mit Dowex-1-Formiat (400 Maschen) adsorbiert und daraus mit Ammoniumformiat-Ameisensäuregemischen eluiert (0,5 cm³/min) (s. Abb. 22).

c) Die Trennung der Nucleotide in Organextrakten[3]. In sauren Organextrakten liegen Nucleotidgemische mit vielen Komponenten vor, die durch Ionenaustausch in der üblichen Ausführung nur unvollständig getrennt werden können. Eine weitgehende Trennung der Einzelbestandteile wurde jedoch durch sog. „Gradienten-Elution" erzielt, d. h. durch

[1] Cohn, W. E., and E. Volkin: J. biol. Ch. **203**, 319 (1953).
[2] Hurst, R. O., and G. C. Butler: J. biol. Ch. **193**, 91 (1951).
[3] Hurlbert, R. B., H. Schmitz, A. F. Brumm and V. R. Potter: J. biol. Ch. **209**, 23 (1954).

kontinuierliche Änderung der Konzentration des Elutionsmittels im Verlaufe des Austauschvorgangs.

Darstellung der sauren Organextrakte. Rattenorgane werden sofort nach dem Tode der Tiere herauspräpariert, mit flüssiger Luft gefroren, in einem Stahlmörser gepulvert, in einem Homogenisator mit 2 Vol. kalter 0,6 n Perchlorsäure gemischt und zerkleinert. Die unlöslichen Anteile werden abzentrifugiert und ein zweites Mal mit 2 Vol. 0,2 n Perchlorsäure extrahiert. Die überstehenden Lösungen werden vereinigt und unter Eiskühlung durch Zugabe von 5 n KOH mit Phenolrot als Indikator auf p_H 6—7 gebracht. Zur Ausfällung des Kaliumperchlorats kühlt man die Lösung ab, bis sie schon fast gefroren ist,

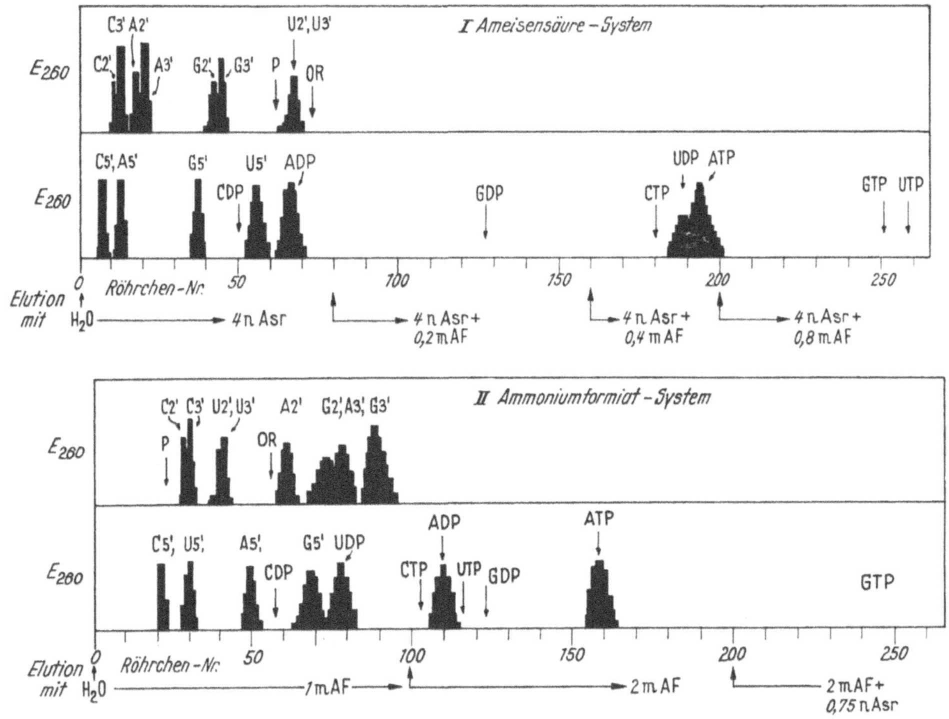

Abb. 23. Ionenaustausch der 2'-, 3'- und 5'-Monophosphate sowie der 5'-Diphosphate und der 5'-Triphosphate der Ribonucleoside[1]. Ionenaustauscher: Dowex-1-Formiat, 200—400 Maschen, 10 % Quervernetzung, *I:* 12 cm × 1 cm (9,4 cm³ Inhalt); *II:* 20 cm × 1 cm. Elutionsmittel: Ameisensäure und Ammoniumformiat s. Text; 0,6 cm³/cm²/min. Ausgangsmaterial: künstliches Nucleotidgemisch. Abkürzungen: *Asr* Ameisensäure, *AF* Ammoniumformiatpuffer p_H 4,9—5,1, *A* Adenosinphosphat, *C* Cytidinphosphat, *G* Guanosinphosphat, *U* Uridinphosphat; die Zahlen 2', 3' und 5' hinter den 4 Buchstaben bezeichnen die Stellung der Phosphorsäure im Riboserest. *P* Phosphat, *OR* Orotsäure, *ADP* Adenosin-5'-diphosphat, *ATP* Adenosin-5'-triphosphat, *CDP* Cytidin-5'-diphosphat, *CTP* Cytidin-5'-triphosphat, *GDP* Guanosin-5'-diphosphat, *GTP* Guanosin-5'-triphosphat, *UDP* Uridin-5'-diphosphat und *UTP* Uridin-5'-triphosphat.

entfernt den Niederschlag durch Zentrifugieren in der Kälte und filtriert die überstehende Flüssigkeit. Diese Lösung oder ein aliquoter Teil derselben wird zur Ionenaustausch-Trennung in einer Kolonne mit der Formiatform von Dowex-1 (10% Quervernetzung, 200—400 Maschen) adsorbiert (0,6 cm³/min und 1 cm² Säulenquerschnitt). Vor der Elution ist die Kolonne mit einigen Volumina Wasser nachzuwaschen, um die nur wenig haftenden Komponenten aus dem Austauscher herauszuwaschen. Das Eluat ist gegebenenfalls aufzufangen und getrennt zu untersuchen.

Um eine kontinuierliche Änderung der Konzentration des Elutionsgemisches zu erzielen, wird das direkt über der Säule angebrachte Rührgefäß mit einer bestimmten Wassermenge gefüllt. Aus dem Rührgefäß tropft die Flüssigkeit in dem Maße in die Säule ab, wie das Elutionsgemisch mit der gewünschten Endkonzentration aus einem Vorratsgefäß zuläuft. Zur Trennung der komplizierten Nucleotidgemische in Organextrakten werden 2 verschiedene „Elutions-Systeme" hintereinandergeschaltet. Dabei sind folgende Bedingungen einzuhalten:

[1] Hurlbert, R. B., H. Schmitz, A. F. Brumm and V. R. Potter: J. biol. Ch. **209**, 23 (1954).

1. Das „Ameisensäure-System“. Die Säule für analytische Versuche hat die Abmessungen 12 cm × 1 cm und enthält 9,4 cm^3 Dowex-1-Formiat. In das Mischgefäß werden 250 cm^3 Wasser eingefüllt. Eine Elution, welche kontinuierlich von Wasser auf 4 n Ameisensäure, 0,2 m Ammoniumformiatpuffer in 4 n Ameisensäure, 0,4 m Ammoniumformiatpuffer in 4 n Ameisensäure und schließlich 0,8 m Ammoniumformiatpuffer in 4 n Ameisensäure übergeht, wird durch Wechseln der Vorratsgefäße mit den 4 genannten Lösungen nach dem Auffangen der 0., 80., 160. und 200. Fraktion ausgeführt. Und zwar werden in einer Fraktion 100 Tropfen Flüssigkeit aufgefangen, was am Anfang etwa 5 cm^3, nach Anwachsen der Ameisensäurekonzentration jedoch nur noch 4 cm^3 Lösung entspricht. Die Durchflußgeschwindigkeit beträgt 0,4 cm^3/min. Eine Kolonne dieser Größe ist ausreichend zur Trennung der Nucleotide in 70 cm^3 Perchlorsäureextrakt aus 15 g Rattenleber.

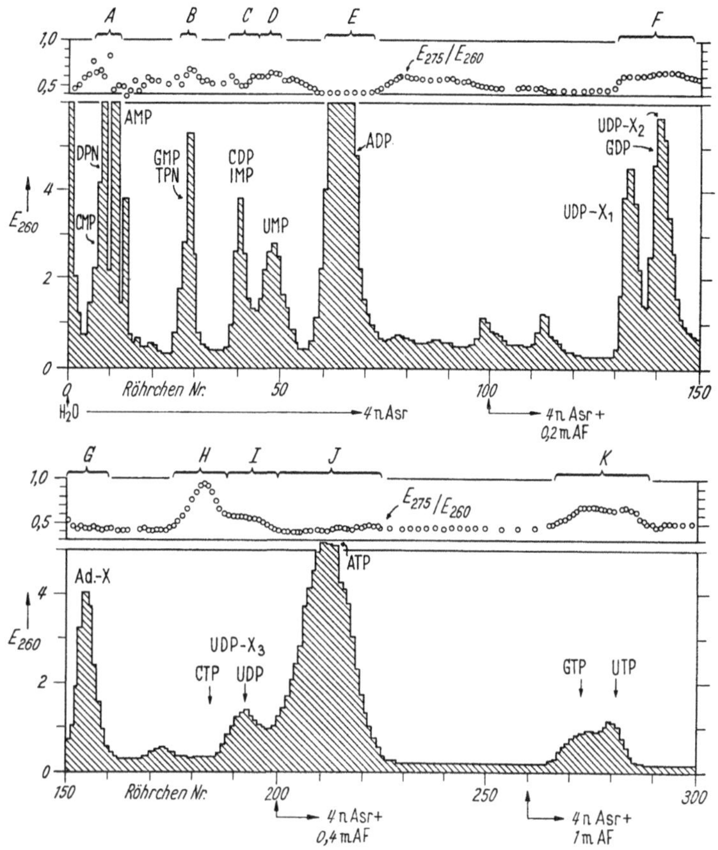

Abb. 24. Vortrennung der Nucleotide aus saurem Leberextrakt durch Ionenaustausch[1]. Ionenaustauscher: Dowex-1-Formiat, 200—400 Maschen, 10 % Quervernetzungen, 15 cm × 1,8 cm. Elutionsmittel: Ameisensäure und Ammoniumformiatpuffer p_H 5 s. Text. Ausgangsmaterial: 260 cm^3 Perchlorsäureextrakt aus 75 g Rattenleber. Die punktierte Linie drückt das Verhältnis $\frac{E_{275}}{E_{260}}$ aus. Zu hohe Extinktionswerte werden nachfolgend in Zahlen angegeben für DPN 27, AMP 31, 33, ADP 6, 9, 12, 15, 13, 9. Mit den großen Buchstaben *A* bis *K* sind die Fraktionen bezeichnet, welche einzeln durch nochmaligen Ionenaustausch getrennt werden (s. Abb. 25). Abkürzungen: *Asr* Ameisensäure, *AF* Ammoniumformiatpuffer p_H 5, *AMP* Adenosin-5'-phosphat, *ADP* Adenosin-5'-diphosphat, *ATP* Adenosin-5'-triphosphat, *IMP* Inosin-5'-phosphat, *GMP* Guanosin-5'-phosphat, *GDP* Guanosin-5'-diphosphat, *GTP* Guanosin-5'-triphosphat, *CMP* Cytidin-5'-phosphat, *CDP* Cytidin-5'-diphosphat, *CTP* Cytidin-5'-triphosphat, *UMP* Uridin-5'-phosphat, *UDP* Uridin-5'-diphosphat, *UTP* Uridin-5'-triphosphat, *DPN* Coenzym I, *TPN* Coenzym II; *UDP-X*-Verbindungen sind Kohlenhydratderivate des UDP, *Ad-X* Gemisch nichtidentifizierter Adenosin-Polyphosphate.

2. Das „Ammoniumformiat-System“. Der Ionenaustausch erfolgt in einer Dowex-1-Formiat-Kolonne 20 cm × 1 cm. Im Mischgefäß werden 500 cm^3 Wasser vorgelegt. Im Verlauf der Elution sind folgende Konzentrationsstufen nacheinander zu erreichen: 1 m Ammoniumformiat, 2 m Ammoniumformiat, 2 m Ammoniumformiat in 0,75 m Ameisensäure. Die Vorratsgefäße mit den 3 Lösungen werden gewechselt nach Durchlauf der Fraktionen 0, 100 und 200. Der Ammoniumformiatpuffer, der auch für das „Ameisensäure-System“ verwendet wird, besteht aus einem fast äquimolaren Gemisch von Ameisensäure und Ammoniak vom p_H 4,9—5,1. Das Gemisch Ammoniumformiat-Ameisensäure hat etwa p_H 4. 100 Tropfen werden als eine Fraktion aufgefangen (etwa 5 cm^3). Die Durchflußgeschwindigkeit beträgt 0,4 cm^3/min.

In der Abb. 23 ist das Verhalten der 2'-, 3'- und 5'-Phosphate der Ribonucleoside sowie der 5'-Diphosphate und 5'-Triphosphate dieser Verbindungen beim Ionenaustausch in den beiden vorher erläuterten „Elutions-Systemen“ dargestellt.

[1] Hurlbert, R. B., H. Schmitz, A. F. Brumm and V. R. Potter: J. biol. Ch. **209**, 23 (1954).

Die Abb. 24, 25 zeigen die Trennung der Nucleotide in 260 cm³ Perchlorsäureextrakt aus 75 g Rattenleber. Der Ionenaustausch erfolgt zunächst in einer Dowex-1-Formiat-Kolonne 15 cm × 1,8 cm (38 cm³ Harz). Im Rührgefäß sind 500 cm³ Wasser vorgelegt. Die Elution wird nach dem „Ameisensäure-System" ausgeführt. Es werden Fraktionen von je 300 Tropfen aufgefangen (12—15 cm³). Die Vorratsgefäße mit den 4 verschiedenen Elutionsmitteln werden nach Durchlauf der Fraktionen 0, 100, 200 und 260 gewechselt (Abb. 24). Anschließend werden die mit A—K bezeichneten Hauptfraktionen der Vortrennung (Abb. 24) in verschiedenen Kolonnen 10 cm × 1 cm (Dowex-1-Formiat) erneut dem Ionenaustausch nach dem „Formiatsystem" unterworfen (s. Abb. 25).

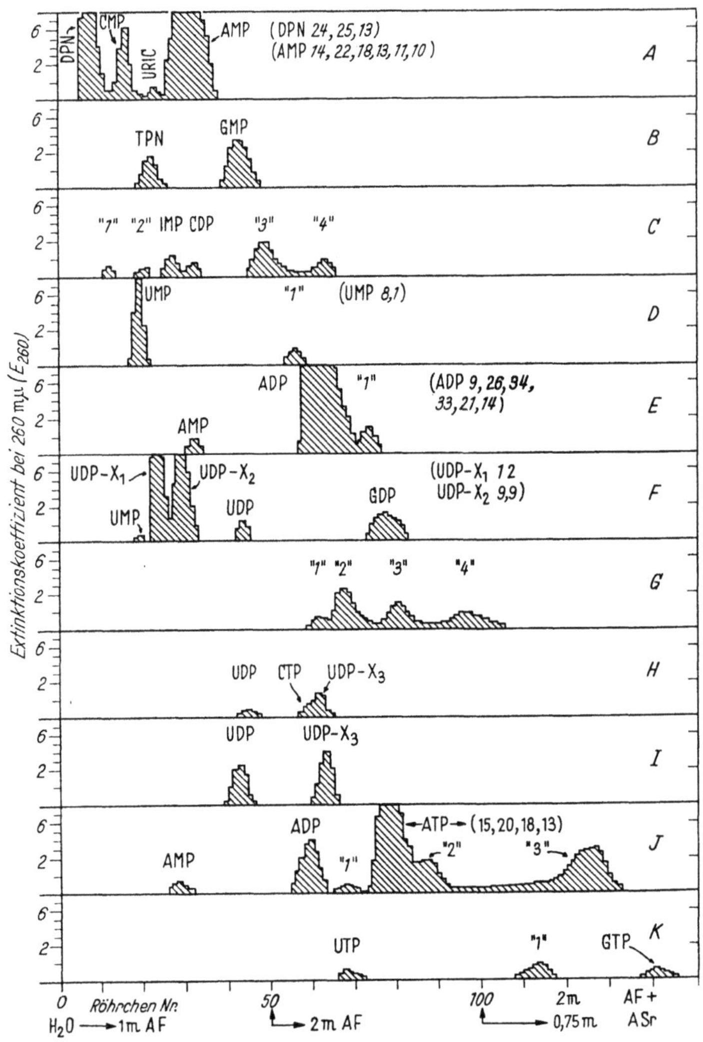

Abb. 25. Ionenaustausch-Trennung der durch die Vorfraktionierung von Leberextrakt erhaltenen Gemische A—K[1]. Ionenaustauscher: Dowex-1-Formiat, 200—400 Maschen, 10 % Quervernetzung, 10 cm × 1 cm. Elutionsmittel: Ammoniumformiatpuffer pH 5 und Ameisensäure (s. Text). Ausgangsmaterial: die Nucleotid-Fraktionen A—K, welche durch Vorfraktionierung aus saurem Leberextrakt gewonnen wurden (s. Abb. 24). Zu hohe Extinktionswerte einzelner Fraktionen sind als Zahlenwerte angegeben, z. B.: DPN 24, 25, 13. Abkürzungen: Wie in der Abb. 24 verwendet. Außerdem noch *URIC* Harnsäure; Fraktionen, die nicht identifiziert wurden, sind mit „1", „2" usw. bezeichnet.

b) Trennung und Erkennung der Basen, Nucleoside und Nucleotide durch Papierchromatographie.

Neben dem Ionenaustausch hat sich vor allem die Papierchromatographie als leistungsfähiges Verfahren zur Trennung von Nucleinsäuren-Spaltstücken bewährt. Sie wurde zunächst in vielen Beispielen zur Bestimmung des Basenverhältnisses von RNS und DNS angewendet, später aber auch zum Nachweis und zur Bestimmung von Nucleosiden und Nucleotiden in NS-Hydrolysaten bzw. von frei vorkommenden Nucleinsäuren-Spaltstücken in Gewebsextrakten herangezogen. In vielen Fällen gelang es, Substanzen, die nur in sehr kleinen Mengen isoliert werden konnten, durch ihr papierchromatographisches Verhalten zu charakterisieren und durch die papierchromatographische Analyse ihrer Spaltstücke zu identifizieren. Endlich leistet die Papierchromatographie auch für die Kontrolle von Versuchen zur Synthese von Nucleosiden und Nucleotiden wertvolle Dienste.

α) Die Analysenlösung.

1. Extraktion von Nucleinsäuren-Spaltstücken aus tierischen Geweben. Die Extraktion von frei in Geweben vorkommenden Nucleinsäuren-Spaltstücken soll unter Bedingungen

[1] HURLBERT, R. B., H. SCHMITZ, A. F. BRUMM and V. R. POTTER: J. biol. Ch. 209, 23 (1954).

erfolgen, welche einmal ein möglichst vollständiges Ausziehen gewährleisten, andererseits aber keinen Abbau von polymeren Nucleinsäuren zur Folge haben, der die Analysenergebnisse verfälschen würde. Als geeignetes Verfahren hat sich die Extraktion mit Dimethylformamid erwiesen[1].

Die zu untersuchenden Gewebe werden möglichst schnell nach dem Tode des Tieres herauspräpariert und sofort unter Eiskühlung extrahiert bzw. mit flüssigem Stickstoff eingefroren und im tiefgekühlten Zustand bis zur Extraktion aufbewahrt. 1—5 g Gewebe werden in einem Homogenisator nach Zusatz von 25 cm^3 Dimethylformamid 20 min unter Eiskühlung zerkleinert. Der unlösliche Rückstand wird abzentrifugiert und erneut mit 15 cm^3 Dimethylformamid extrahiert. Die überstehenden Flüssigkeiten werden vereinigt und im Vakuum zur Trockne eingedampft. Der Rückstand ist anschließend noch 1 Std bei 0,01 Torr zu trocknen. Er wird in 1 n Ammoniak (15 cm^3/g Gewebe) gelöst und zur Entfernung von Fettanteilen dreimal mit Chloroform ausgeschüttelt (auf 3 Volumina ammoniakalische Lösung je 1 Volumen Chloroform). Hierbei bildet sich zwischen wäßriger und Chloroformschicht ein Harz, das jedoch keine bei 260 mμ absorbierenden Substanzen enthält. Die ammoniakalische Lösung enthält die NS-Spaltstücke und wird zur Papierchromatographie verwendet.

Die Extraktion von NS-Spaltstücken aus tierischen Geweben mit Hilfe von Perchlorsäure ist S. 1148 näher ausgeführt[2]. Nach der Entfernung der Perchlorsäure durch Fällung als Kaliumsalz wird die Lösung auf das Papier gebracht.

Herstellung von Muskelextrakten. 100—200 mg Muskel werden in flüssigem Stickstoff eingefroren und in einem tiefgekühlten kleinen Eisenmörser pulverisiert. Das Muskelpulver wird 3 min mit 2 cm^3 5%iger Trichloressigsäure bei 0° extrahiert. Nach dem Abzentrifugieren der unlöslichen Bestandteile wird die überstehende Lösung bei —18° in einer Tiefkühltruhe aufbewahrt, soll jedoch möglichst bald nach der Herstellung, höchstens aber nach 1 Std analysiert werden.

2. Hydrolyse von RNS. *a) Hydrolyse zu Purin- und Pyrimidinbasen.* Eine nahezu quantitative Ausbeute an Basen wird durch die Spaltung von RNS mittels 70%iger Perchlorsäure bei 100° erhalten[3, 4]. Bei der Anwendung dieser Hydrolyse ist es nicht in jedem Falle notwendig, die zu untersuchenden RNS vorher in reiner Form aus den entsprechenden Organen zu isolieren; es können auch Gesamtanalysen von Gewebsteilen gemacht werden, weil die Perchlorsäure die übrigen Gewebsbestandteile, wie Eiweißstoffe, Kohlenhydrate usw., zu Produkten abbaut, welche die Chromatographie der Basen nicht stören. Da auch die DNS unter diesen Hydrolysenbedingungen zu Basen abgebaut werden, kann in RNS-DNS-Gemischen die Summe der Basen bestimmt werden.

Die RNS werden in der 20fachen Gewichtsmenge 70—72%iger (11—12 n) Perchlorsäure gelöst und im zugeschmolzenen Röhrchen 1 Std auf 100° erhitzt. Nach dem Abkühlen wird das Hydrolysat mit dem gleichen Volumen Wasser verdünnt. Man zentrifugiert von kohligen Rückständen ab und trägt die überstehende Lösung zur Chromatographie auf[3].

Ebenso wie die DNS werden auch die RNS durch Erhitzen mit konzentrierter Ameisensäure (2 Std auf 175°) in die Purin- und Pyrimidinbasen gespalten[5]. Diese Methode ist für quantitative Untersuchungen jedoch weniger geeignet, weil die Purinbasen unter diesen Bedingungen bereits angegriffen, vor allem stets zu niedrige Uracilwerte gefunden werden[6].

---

[1] Dorough, G. D., and D. L. Seaton: Am. Soc. **76**, 2873 (1954).
[2] Hurlbert, R. B., H. Schmitz, A. F. Brumm and V. R. Potter: J. biol. Ch. **209**, 23 (1954).
[3] Marshak, A., and H. J. Vogel: J. biol. Ch. **189**, 597 (1951). Fed. Proc. **9**, 85 (1950).
[4] Wyatt, G. R.: Biochem. J. **48**, 584 (1951).
[5] Vischer, E., and E. Chargaff: J. biol. Ch. **176**, 715 (1948).
[6] Chargaff, E., B. Magasanik, E. Vischer, C. Green, R. Doniger and D. Elson: J. biol. Ch. **186**, 51 (1950).

b) Hydrolyse zu Purinbasen und Pyrimidinnucleotiden. Die RNS werden durch Erhitzen mit verdünnten Mineralsäuren (1 n HCl) in Purinbasen und Pyrimidinnucleotide gespalten[1, 2]. Man erhitzt 10—20 mg RNS in 1 cm^3 1 n HCl 1 Std auf 100° und trägt das Hydrolysat nach dem Abkühlen zur Chromatographie auf. Bei der quantitativen Bestimmung der Purinbasen sind etwa 7 % Verluste[3], bei derjenigen der Pyrimidinnucleotide 5 % Verluste (durch Abbau in die Nucleoside) einzukalkulieren[1].

c) Hydrolyse zu Nucleotiden. Im Gegensatz zu DNS können RNS bei Raumtemperatur durch Alkalien zu Mononucleotiden hydrolysiert werden. Dabei sind folgende Bedingungen einzuhalten: p_H 13—14, bei 30° über Nacht[4]; 0,5 n NaOH 18 Std bei 20—22°[5]. Besonders vollständige Spaltung gibt die 18stündige Hydrolyse von RNS mit 0,3 n KOH bei 37°[6]. Die Kaliumionen werden durch Fällung mit Perchlorsäure aus dem Hydrolysat entfernt. Nach dieser Spaltungsmethode wurden in mehreren RNS-Präparaten höhere Werte für Uracil und Cytosin bestimmt als nach der sauren Hydrolyse derselben Präparate mit Perchlorsäure oder 1 n HCl[7].

3. Hydrolyse von DNS. Die Hydrolyse von DNS zu Nucleosiden oder Nucleotiden liefert keine guten Ausbeuten, so daß zur Bestimmung des Basenverhältnisses die Aufspaltung bis zu den Purin- und Pyrimidinbasen angewendet wird.

Maximale Werte der Basen liefert die Hydrolyse der DNS mit konzentrierter Ameisensäure bei 175°[8-10]. 5 mg DNS werden mit 0,6 cm^3 reiner Ameisensäure in einem starkwandigen zugeschmolzenen Glasröhrchen 50 min auf 175—180° erhitzt. Wegen der teilweisen Zersetzung der Ameisensäure herrscht auch nach dem Abkühlen noch ein beträchtlicher Überdruck im Röhrchen, so daß beim Öffnen Vorsicht geboten ist. Das Hydrolysat wird im Vakuum zur Trockne eingedampft, in 1 n HCl aufgenommen und zur Chromatographie aufgetragen[8].

Bakteriophagen-DNS wird besser mit 88 %iger Ameisensäure 30 min bei 175° hydrolysiert. Die Verluste an Guanin und 5-Oxymethylcytosin sind geringer, wenn man je Milligramm Phagen-DNS nur 0,5 cm^3 Säure verwendet[11].

Auch die Hydrolyse mit Perchlorsäure ist zur Spaltung von DNS in die Basen geeignet[12]. Ihre Anwendung empfiehlt sich besonders dann, wenn ungereinigte DNS-Präparate vorliegen oder gar Gesamtanalysen von Organen gemacht werden sollen. 100 mg DNS werden in 2 cm^3 7,5 n Perchlorsäure gelöst und 40 min auf 100° erhitzt. Die gleichen Ergebnisse werden bei Verwendung von 12 n Perchlorsäure und einer Hydrolysenzeit von 1 Std erhalten. Nach dem Abkühlen wird das Hydrolysat mit 10 cm^3 Wasser verdünnt und durch Zentrifugieren von kohligen Rückständen befreit. Die Lösung wird zur Chromatographie verwendet[12]. Unter den Hydrolysenbedingungen wird ein geringer Prozentsatz an Thymin zerstört. Große Verluste an 5-Oxymethylcytosin treten bei der Spaltung von Phagen-DNS auf[11, 13].

β) Die chromatographischen Trennungen.

1. Vorbereitung des Papiers. Die Trennung von Nucleinsäure-Spaltstücken wurde meistens auf Whatman-Papier Nr. 1 ausgeführt, in einigen Fällen auch auf Whatman-Papier Nr. 4, Schleicher & Schüll-Papier Nr. 597 (amerikanisch), Munktell-Papier Nr. OB usw.

---

1 MARKHAM, R., and J. D. SMITH: Biochem. J. **49**, 401 (1951).
2 SMITH, J. D., and R. MARKHAM: Biochem. J. **46**, 509 (1950).
3 ABRAMS, R.: Arch. Biochem. **30**, 44 (1951).
4 CHARGAFF, E., B. MAGASANIK, E. VISCHER, C. GREEN, R. DONIGER and D. ELSON: J. biol. Ch. **186**, 51 (1950).
5 BOULANGER, P., and J. MONTREUIL: Bull. Soc. Chim. biol. **33**, 784, 791 (1951).
6 DAVIDSON, J. N., and R. M. S. SMELLIE: Biochem. J. **52**, 594 (1952).
7 CROSBIE, G. W., R. M. S. SMELLIE and J. N. DAVIDSON: Biochem. J. **54**, 287 (1953).
8 WYATT, G. R.: Biochem. J. **48**, 584 (1951).
9 VISCHER, E., and E. CHARGAFF: J. biol. Ch. **176**, 715 (1948).
10 LALAND, S. G., W. G. OVEREND and M. WEBB: Soc. **1952**, 3224.
11 WYATT, G. R., and S. S. COHEN: Biochem. J. **55**, 774 (1953).
12 MARSHAK, A., and H. J. VOGEL: J. biol. Ch. **189**, 597 (1951). Fed. Proc. **9**, 85 (1950).
13 HERSHEY, A. D., J. DIXON and M. CHASE: J. gen. Physiol. **36**, 777 (1953).

Es ist zu empfehlen, das Papier vor der Chromatographie mit verdünnten Säuren zu waschen, um bessere chromatographische Trennungen zu erhalten. Wesentlich ist diese Maßnahme, wenn die getrennten Nucleotide auf dem Papier durch Phosphatanalyse quantitativ bestimmt werden sollen. Das Waschen des Papiers mit 2 n HCl bzw. mit einem Gemisch von 2 n HCl und 1 n Flußsäure setzt nämlich die Phosphatleerwerte des Papiers erheblich herab und ermöglicht so genauere Bestimmungen[1]. Durch Waschen des Papiers mit Komplexbildnern, wie Äthylendiamintetraessigsäure[2] und Oxychinolin[1] (Entfernung von Schwermetallspuren), werden kompaktere Flecken und geringere Schwanzbildungen bei der Chromatographie erzielt.

Zum Waschen von Whatman-Papier Nr. 1 werden z. B. folgende Vorschriften gegeben: 10 halbe Whatman-Papierbogen werden in einem passenden Trog 30 min mit 2 *l* 0,2 %iger Äthylendiamintetraessigsäure-Lösung behandelt, welche durch Zugabe von NaOH auf p_H 8,5 gebracht worden war. Anschließend werden die Bogen 6mal je 10 min in 2 *l* destilliertem Wasser gespült[2].

Whatman-Papier wird mit einem Gemisch von 2 n HCl und 1 n HF gewaschen, dann mit einer alkoholischen Lösung von 8-Oxychinolin behandelt und schließlich mehrere Male mit wäßrigem Äthanol nachgespült[1].

Vorrichtungen zur Papierchromatographie mit aufsteigenden und absteigenden Lösungsmitteln sind in Bd. I, S. 227—260 beschrieben. Zur Erzielung von reproduzierbaren R_F-Werten ist es notwendig, daß die Atmosphäre des Chromatographiergefäßes vor allem mit den Dämpfen der leichtflüchtigen Anteile der Verteilungsgemische gesättigt ist. Man gießt deshalb vor Inbetriebnahme eines Kastens 0,5—1 *l* Verteilungsgemisch bzw. von dessen leicht flüchtigen Komponenten auf den Boden der Kammer. Ihre Innenwände sind zur schnelleren Dampfsättigung mit Filterpapier zu bekleben.

2. Verteilungsmedien. Zur Trennung von Nucleinsäure-Spaltstücken ist schon eine große Zahl von Verteilungsmedien vorgeschlagen worden; es sollen im folgenden nur die wichtigeren beschrieben werden.

Falls die Substanzen nach der Chromatographie auf dem Papier mit Hilfe des Photoprintverfahrens lokalisiert oder gar durch Messung der UV-Absorption quantitativ bestimmt werden sollen, können nur solche Verteilungsgemische verwendet werden, welche keine im UV absorbierenden Bestandteile enthalten.

1. Wassergesättigtes n-Butanol = n-Butanol : Wasser 86 : 14 v/v[3-5].
2. n-Butanol : Aceton : Wasser 10 : 80 : 10 v/v[6].
3. n-Butanol : Morpholin : Glykol : Wasser 90 : 30 : 20 : 40 v/v („Morpholingemisch")[4].
4. n-Butanol, bei 23° mit 0,15 n NH_3-Lösung gesättigt[3, 7].
5. n-Butanol : Ameisensäure : Wasser 77 : 10 : 13 v/v[8].
6. n-Butanol : Isobuttersäure : Wasser : 25 %iges NH_3 75 : 37,5 : 25 : 2,5 v/v[9].
7. n-Butanol : Eisessig : Wasser 80 : 20 : 20 v/v[6].
8. n-Butanol : Eisessig : Wasser 50 : 20 : 30 v/v[10] bzw. 60 : 20 : 30 v/v[11].
9. Wassergesättigtes sec. Butanol : Eisessig 98 : 2 v/v[12].
10. Tert. Butanol : Eisessig : Wasser 5 : 4 : 1 v/v[13].

---

[1] HANES, C. S., and F. A. ISHERWOOD: Nature **164**, 1107 (1949).
[2] EGGLESTON, L. V., and R. HEMS: Biochem. J. **52**, 156 (1952).
[3] HOTCHKISS, R. D.: J. biol. Ch. **175**, 315 (1948).
[4] VISCHER, E., and E. CHARGAFF: J. biol. Ch. **176**, 703 (1948).
[5] MARKHAM, R., and J. D. SMITH: Biochem. J. **45**, 294 (1949).
[6] DOROUGH, G. D., and D. L. SEATON: Am. Soc. **76**, 2873 (1954).
[7] MACNUTT, W. S.: Biochem. J. **50**, 384 (1952).
[8] MARKHAM, R., and J. D. SMITH: Biochem. J. **49**, 401 (1951).
[9] LÖFGREN, N.: Acta chem. scand. **6**, 1030 (1952).
[10] KENNER, G. W., A. R. TODD and F. J. WEYMOUTH: Soc. **1952**, 3675.
[11] KENNER, G. W., A. R. TODD, R. F. WEBB and F. J. WEYMOUTH: Soc. **1954**, 2288.
[12] MARKHAM, R., and J. D. SMITH: Biochem. J. **52**, 552 (1952).
[13] HAYES, D. H., A. M. MICHELSON and A. R. TODD: Soc. **1955**, 808.

11. Tert. Butanol (700 cm^3), gemischt mit 132 cm^3 konstant siedender HCl, mit Wasser auf 1 Liter aufgefüllt[1, 2].

12. n-Propanol : Ammoniak (Dichte 0,88) : 0,002 m Äthylendiamintetraessigsäure 6 : 3 : 1[3] bzw. n-Propanol : Ammoniak (Dichte 0,88) : Wasser 6 : 3 : 1 v/v[4].

13. n-Propanol : 2 n HCl 3 : 1[5].

14. n-Propanol : Tetrahydrofurfurylalkohol : 0,08 m Kaliumcitratpuffer p_H 5,66 2 : 1 : 1 v/v[6].

15. n-Propanol : 1%ige Ammoniumsulfatlösung : Eisessig 45 : 35 : 20 v/v[7].

16. Isopropanol : konz. Ammoniak : Wasser 7 : 1 : 2 v/v[8].

17. Isopropanol : 28%iges Ammoniak : Wasser 85 : 1,3 : 15 v/v[9].

18. 70%iges wäßriges Isopropanol (mit NH_3-Zusatz)[10].

19. Isopropanol : 2 n HCl 65 : 35 v/v. Gemisch aus 170 cm^3 Isopropanol und 41 cm^3 konz. Salzsäure (Dichte 1,19), mit Wasser auf 250 cm^3 aufgefüllt[11].

20. Isopropanol : 1%iges Ammoniumsulfat 60 : 40 v/v[7].

21. Gesättigte wäßrige Ammoniumsulfatlösung : 0,5 m Natriumacetat : Isopropanol 80 : 18 : 2 v/v[10].

22. Gesättigte wäßrige Ammoniumsulfatlösung : 0,1 m Puffer p_H 6 : Isopropanol 79 : 19 : 2 v/v[12] bzw. statt 0,1 m Puffer Wasser[4].

23. 60%iges Ammoniumsulfat in 0,1 m Phosphatpuffer p_H 6,5 mit 2% n-Propanol[13].

24. 95%iges Äthanol : 1 m Ammoniumacetatpuffer p_H 7 5 : 2 v/v[14].

25. Äthanol : 1 m Ammoniumacetatpuffer p_H 7,5 (bzw. p_H 3,8) 7,5 : 3[13].

26. Methanol : Ameisensäure : 1%iges Ammoniumsulfat 80 : 10 : 10 v/v[7].

27. Isoamylalkohol mit dem doppelten Volumen 5%iger Na_2HPO_4-Lösung geschüttelt; beide Phasen werden in den Lösungsmitteltrog des Chromatographiergefäßes gebracht[15].

28. Isoamylalkohol, geschüttelt mit dem doppelten Volumen 5%iger Citronensäurelösung, welche durch Zugabe von konz. Ammoniak auf p_H 9,6 gebracht worden war[15]. Beide Phasen werden als Verteilungsgemisch verwendet.

29. Isoamylalkohol : Tetrahydrofurfurylalkohol : 0,08 m Kaliumcitratpuffer p_H 3,02[6]. 1:1:1 v/v.

30. Hexylalkohol, geschüttelt mit 5%iger Na_2HPO_4-Lösung; beide Phasen werden als Verteilungsgemisch verwendet[13].

31. Isobuttersäure : Wasser : 25%iges Ammoniak 400 : 208 : 0,4 v/v[16].

32. Isopropyläther : 90%ige Ameisensäure 3 : 2 v/v[3, 17].

33. Aceton : 25%ige Trichloressigsäure 3 : 1 v/v[18].

---

[1] SMITH, J. D., and R. MARKHAM: Biochem. J. **46**, 509 (1950).
[2] BOULANGER, P., and J. MONTREUIL: Bull. Soc. Chim. biol. **33**, 784, 791 (1951).
[3] EGGLESTON, L. V., and R. HEMS: Biochem. J. **52**, 156 (1952).
[4] DEUTSCH, A., and R. NILSSON: Acta chem. scand. **7**, 858 (1953).
[5] MICHELSON, A. M., and A. R. TODD: Soc. **1953**, 951.
[6] CARPENTER, D. C.: Analyt. Chem., Washington **24**, 1203 (1952).
[7] KENNER, G. W., A. R. TODD and F. J. WEYMOUTH: Soc. **1952**, 3675.
[8] HAYES, D. H., A. M. MICHELSON and A. R. Todd: Soc. **1955**, 808.
[9] HERSHEY, A. D., J. DIXON and M. CHASE: J. gen. Physiol. **36**, 777 (1953).
[10] MARKHAM, R., and J. D. SMITH: Biochem. J. **52**, 552 (1952).
[11] WYATT, G. R.: Biochem. J. **48**, 584 (1951).
[12] MARKHAM, R., and J. D. SMITH: Biochem. J. **49**, 401 (1951).
[13] LIPTON, S. H., S. A. MORELL, A. FRIEDEN and R. M. BOCK: Am. Soc. **75**, 5449 (1953).
[14] KENNER, G. W., A. R. TODD, R. F. WEBB and F. J. WEYMOUTH: Soc. **1954**, 2288.
[15] CARTER, C. E.: Am. Soc. **72**, 1466 (1950). — COHN, W. E., and C. E. CARTER: Am. Soc. **72**, 4273 (1950).
[16] LÖFGREN, N.: Acta chem. scand. **6**, 1030 (1952).
[17] HANES, C. S., and F. A. ISHERWOOD: Nature **164**, 1107 (1949).
[18] BURROWS, S., F. S. M. GRYLIS and J. S. HARRISON: Nature **170**, 800 (1952).

34. Aceton : 15%ige Trichloressigsäure 65 : 35 v/v[1].
35. Aceton : 35%ige Ameisensäure 3 : 2 v/v[1].
36. Aceton : 30%ige Essigsäure 1 : 1 v/v[1].

3. Ausführung der chromatographischen Trennungen. Die Technik des papierchromatographischen Nachweises von Nucleinsäuren-Spaltstücken wird weitgehend davon bestimmt, wie groß die Zahl und wie ähnlich das chromatographische Verhalten der in dem zu untersuchenden Gemisch enthaltenen Komponenten ist. So wird z. B. die Trennung der 4 Basen in einem RNS-Hydrolysat durch eine einfache aufsteigende eindimensionale Verteilung zu erreichen sein, während die Scheidung eines Teiles der zahlreichen, in Organextrakten vorliegenden Verbindungen nur mit Hilfe der zweidimensionalen Technik gelingt. Durch die absteigende Papierchromatographie werden größere Laufstrecken und damit auch schärfere Trennungen erzielt, so daß sie der aufsteigenden Verteilung meistens vorzuziehen ist.

a) Eindimensionale Trennungen. Die zu chromatographierende Lösung wird punkt- oder strichförmig auf die Startlinie des für die jeweils verwendete Chromatographierkammer passend zugeschnittenen (und eventuell vorgewaschenen und wieder getrockneten) Papierbogens mit Hilfe einer Mikropipette aufgetragen. Und zwar sollen die Lösungsmengen so gewählt werden, daß auf dem Startfleck je Substanz 5—50 γ enthalten sind. Die Nachweisgrenze dürfte bei dem normalen papierchromatographischen Verfahren bei 0,5 γ und darunter liegen. In manchen Verteilungsgemischen werden noch 100—200 γ je Substanz ohne störende Schwanzbildung transportiert[2]. Die Verteilung von Guaninderivaten erfolgt allerdings schon von 10—20 γ ab in vielen Verteilungsmedien unter Schwanzbildung.

Die Startpunkte bzw. die Startstreifen sollen voneinander und vom Papierrand etwa 2 cm entfernt sein. Zur Erzielung von kleinen Substanzflecken auf dem Startpunkt ist es erforderlich, stets nur 2 mm^3 Lösung auf einmal aus der Pipette fließen zu lassen und dazwischen mit Warmluft (Fön) einzutrocknen. Da die absoluten R_F-Werte nur bei peinlichster Einhaltung der Versuchsbedingungen exakt reproduzierbar sind, wird die Identifizierung der Komponenten des unbekannten Gemisches wesentlich durch das Mitlaufenlassen von Vergleichssubstanzen erleichtert. Ihre Lösungen sind auf demselben Papierbogen neben den Analysenlösungen aufzutupfen.

Die Konzentrationen von Analysen- und Vergleichslösungen sind möglichst so zu wählen, daß für qualitative Versuche 1—5 mm^3, für quantitative Bestimmungen 2 bis 10 mm^3 Lösung je Startpunkt auf das Papier gebracht werden. Schonend gewonnene Organextrakte, die ohne vorheriges Einengen auf das Papier aufgetragen werden sollen, sind meist viel verdünnter; von ihnen müssen oft 100 mm^3 und mehr auf jeden Startplatz aufgetragen werden.

Nach dem Auftragen der zu trennenden Substanzen werden die Papierbogen 1—2 Std in die beschickten Chromatographierkammern zur Dampfsättigung eingehängt. Dann erst füllt man durch eine Bohrung in der Deckplatte des Kastens Lösungsmittel in den Trog oder leitet die Verteilung in anderer Weise ein. Die Chromatographierbehälter sollen in einem Raum mit möglichst wenig Temperaturschwankungen ($\pm$ 1—2°) aufgestellt sein. Die mittlere Arbeitstemperatur kann jedoch meistens im Bereich von + 15 bis + 25° frei gewählt werden (einige Ausnahmen s. S. 1159). Sobald die Verteilung beendet ist, werden die Chromatogramme im Luftstrom von 20—50° getrocknet. Gewöhnlich dürfte man mit Trockenzeiten von 1—3 Std auskommen.

b) Zweidimensionale Trennungen. Oft genügt es, nur in der ersten Verteilungsrichtung absteigend, der Einfachheit halber in der zweiten Richtung aufsteigend zu chromatographieren. Die Trennungen können dann auf halben Bogen ausgeführt werden

[1] Burrows, S., F. S. M. Grylis and J. S. Harrison: Nature **170**, 800 (1952).
[2] Carter, C. E.: Am. Soc. **72**, 1466 (1950). — Cohn, W. E., and C. E. Carter: Am. Soc. **72**, 4273 (1950).

(30 × 60 cm). Soll die zweidimensionale Chromatographie in beiden Wanderungsrichtungen absteigend erfolgen, so sind ganze Bogen (60 × 60 cm) zu verwenden. Für die allerdings selten angewendete zweimalige aufsteigende Entwicklung genügen Viertelbogen (30 × 30 cm).

Die Analysenlösung wird punktförmig 3 cm vom linken Papierrand entfernt auf die Startlinie des Bogens aufgetragen. Zur leichteren Identifizierung der Nucleinsäure-Spaltstücke auf dem entwickelten Chromatogramm können auch beim zweidimensionalen Verfahren Vergleichssubstanzen mitchromatographiert werden. Die Vergleichslösung wird am anderen Ende der Startlinie, 3 cm vom rechten Papierrand entfernt, ebenfalls punktförmig aufgetragen und bei dieser Anordnung praktisch nur vom Lösungsmittel der 1. Verteilungsrichtung transportiert.

Nach der meist absteigend ausgeführten Chromatographie mit dem ersten Lösungsmittel wird der Papierbogen getrocknet, längs der Startlinie und entlang der Lösungsmittelfront abgeschnitten und in der 2. Richtung entweder aufsteigend oder absteigend entwickelt. Schließlich wird auch das 2. Lösungsmittel im Luftstrom aus dem Papier entfernt.

Zur Trennung der in Organextrakten enthaltenen Basen, Nucleoside und Nucleotide, die sich von den RNS ableiten, werden nacheinander 3 Lösungsmittel angewendet[1]. Und zwar wird nach dem Entfernen des 1. Lösungsmittels mit dem 2. Lösungsmittel noch einmal in derselben Richtung entwickelt. Erst das 3. Lösungsmittel läßt man senkrecht zur Verteilungsrichtung der ersten beiden laufen.

Eine besondere Technik wird auch zum Nachweis der 5'-Phosphate von Adenosin in Organextrakten vorgeschlagen[2]. Ein halber Whatman-Papierbogen, welcher mit Äthylendiamintetraessigsäure-Lösung und destilliertem Wasser vorgewaschen und wieder getrocknet worden war (s. S. 1153), wird durch einmaliges Falten mit einem Knick versehen, welcher der kürzeren Seite des Bogens parallel läuft und letzteren halbiert. Auf einer Hälfte des Bogens wird parallel zu dem Knick und 5 cm davon entfernt die Startlinie eingezeichnet. Darauf werden die zu trennenden Substanzgemische aufgetragen. Der so vorbereitete Bogen wird nun in einem Chromatographierkasten an den beiden kürzeren Seiten in gleicher Höhe aufgehängt, so daß er ein schmales V mit dem Knick als Spitze bildet. Der Knick taucht in seiner ganzen Länge etwa 1 cm in das Verteilungsgemisch ein, so daß eine aufsteigende Chromatographie erfolgt. Nach 8stündiger Entwicklung mit dem Lösungsmittelgemisch Isopropyläther : 90%ige Ameisensäure 90 : 60 v/v wird das Chromatogramm getrocknet. Durch diese Verteilung wandern anorganisches Orthophosphat, Pyrophosphat, Hexosephosphate und Phosphoglycerinsäure von der Startlinie weg, während AMP, ADP und ATP kaum von der Stelle bewegt werden. Der Bogen wird in einer Entfernung von 4 cm von der Startlinie parallel zu dieser zerschnitten (9 cm vom Knick entfernt). Orthophosphat, Pyrophosphat, Phosphoglycerinsäure usw. befinden sich auf dem abgeschnittenen Teil des Bogens und können die nachfolgende Chromatographie der Adenosinphosphate nicht mehr stören. Diese werden durch absteigende Verteilung mit dem Gemisch n-Propanol : Ammoniak (Dichte 0,88) : 0,002 m Äthylendiamintetraessigsäure 6 : 3 : 1 v/v in 24 Std bei 25—28°, und zwar in entgegengesetzter Richtung zur Laufrichtung des ersten Lösungsmittels, getrennt.

γ) Beispiele der papierchromatographischen Trennung von NS-Spaltstücken.

Zur Trennung der verschiedenen Gruppen von Nucleinsäuren-Spaltstücken, die als Gemische in den Hydrolysaten von RNS und DNS bzw. in Organextrakten vorliegen,

[1] DOROUGH, G. D., and D. L. SEATON: Am. Soc. **76**, 2873 (1954).

[2] FLECKENSTEIN, A., u. E. GERLACH: A. e. P. P. **219**, 531 (1953). — FLECKENSTEIN, A., u. J. JANKE: Pflügers Arch. **258**, 177 (1953).

wurde eine große Zahl von Verteilungssystemen vorgeschlagen. Die wichtigeren davon sind in den nachstehenden Tabellen (19—22) aufgeführt:

Tabelle 19. *Papierchromatographische Trennung von Basen und Nucleosiden, die sich von RNS und DNS ableiten.*

Zu trennendes Substanzgemisch	Verteilungsmedium Nr. s. S. 1153, 1154	Papier	Bedingungen bei der Chromatographie	Literatur
Basen in sauren RNS-Hydrolysaten: Adenin, Guanin, Cytosin, Uracil (Hypoxanthin, Xanthin)	1	Whm. 1	24 Std absteigend 20—25°	1, 2, 3
	4	Whm. 4	24 Std absteigend 25°	1, 4
	5	—	20—24 Std absteigend 20—25°	5
	6	Whm. 4	absteigend, bis Lösungsmittelfront 50 cm gewandert ist; 22°	6
	19 (1)	Whm. 1	absteigend, bis Lösungsmittelfront 35 cm gewandert ist	7
Basen in sauren DNS-Hydrolysaten: Adenin, Guanin, Cytosin, Thymin, 5-Methylcytosin (5-Oxymethylcytosin)	1	Whm. 1	24 Std absteigend, 20—25°	1, 2, 3
	3	SS. 597	20 Std absteigend 20°	2
	4	Whm. 4	24 Std absteigend 25°	1, 4
	17 (2)	Whm. 1	absteigend 20—23°	8
	19 (3)	Whm. 1	absteigend, bis Lösungsmittelfront 35 cm gewandert ist	7
Ribonucleoside in alkalischen oder enzymatischen RNS-Hydrolysaten: Adenosin, Guanosin, Cytidin, Uridin (Inosin)	3	SS. 597	20 Std absteigend, 22°	2
	6	Whm. 4	absteigend, bis Lösungsmittelfront 50 cm gewandert ist, 22°	6
	19 (4)	Whm. 1	absteigend, bis Lösungsmittelfront 35 cm gewandert ist	7
	28	Whm. 1	aufsteigend	9
Die von den RNS abgeleiteten Basen und Nucleoside	3	Whm. 4	absteigend, bis Lösungsmittelfront 50 cm gewandert ist; bei 22°	6
	6	Whm. 4		
	31	Whm. 4		
Desoxyribonucleoside in enzymatischen (und alkalischen) DNS-Hydrolysaten: Desoxyadenosin, Desoxyguanosin, Desoxycytidin, Thymidin, Desoxy-5-methylcytidin	1	—	—	10
	4	Whm. 4	aufsteigend	4
	19 (5)	—	—	11
	31	Whm. 4	absteigend, bis Lösungsmittelfront 50 cm gewandert ist; 22°	6

Whm. = Whatman-Papier, SS. = Schleicher & Schüll-Papier.

(1) Xanthin wandert mit Guanin zusammen.
(2) 5-Methylcytosin wandert mit Adenin zusammen; 5-Oxymethylcytosin wird von den übrigen Basen gut getrennt.
(3) 5-Oxymethylcytosin fällt mit Cytosin zusammen.
(4) Inosin wandert mit Guanosin.
(5) Besonders geeignet zur Abtrennung von Desoxy-5-methylcytidin.

[1] Hotchkiss, R. D.: J. biol. Ch. **175**, 315 (1948).
[2] Vischer, E., and E. Chargaff: J. biol. Ch. **176**, 703 (1948).
[3] Markham, R., and J. D. Smith: Biochem. J. **45**, 294 (1949).
[4] MacNutt, W. S.: Biochem. J. **50**, 384 (1952).
[5] Markham, R., and J. D. Smith: Biochem. J. **49**, 401 (1951).
[6] Löfgren, N.: Acta chem. scand. **6**, 1030 (1952).
[7] Wyatt, G. R.: Biochem. J. **48**, 584 (1951).
[8] Hershey, A. D., J. Dixon and M. Chase: J. gen. Physiol. **36**, 777 (1953).
[9] Carter, C. E.: Am. Soc. **72**, 1466 (1950). — Cohn, W. E., and C. E. Carter: Am. Soc. **72**, 4273 (1950).
[10] Fleckenstein, A., u. E. Gerlach: A. e. P. P. **219**, 531 (1953). — Fleckenstein, A., u. J. Janke: Pflügers Arch. **258**, 177 (1953).
[11] Brown, D. M., D. I. Magrath and A. R. Todd: Soc. **1952**, 2708.

Tabelle 20. *Trennung der Ribonucleotide, der cyclischen 2',3'-Phosphate sowie der Desoxyribonucleotide durch Papierchromatographie.*

Zu trennendes Substanzgemisch	Verteilungs-medium Nr. s. S. 1153, 1154	Papier	Bedingungen bei der Chromatographie	Literatur
Ribonucleotide in alkalischen RNS-Hydrolysaten: Adenylsäure, Guanylsäure, Cytidylsäure, Uridylsäure	11 19 29	Whm. 1 Whm. 1 Whm. 1	48 Std absteigend, 18—20° absteigend, Lösungsmittelfront soll 35 cm wandern; 20—23° absteigend, 20—25°	1, 2 3 4
Adenylsäure a und b, Guanylsäure a und b sowie die Summe der beiden Pyrimidinnucleotide (in alkalischen RNS-Hydrolysaten)	22 27	Whm. 1 Whm. 1	6 Std absteigend aufsteigend	5 6, 7
Die 4 cyclischen 2',3'-Phosphate der Ribonucleoside	27	—	aufsteigend	7
Die 4 Ribonucleotide und die 4 cyclischen Phosphate in alkalischen und enzymatischen RNS-Hydrolysaten	16 21 9	— — —	aufsteigend — —	7, 8 8 8
Die 4 Desoxyribonucleotide in enzymatischen DNS-Hydrolysaten: Desoxyadenylsäure, Desoxyguanylsäure, Desoxycytidylsäure, Thymidylsäure	16	Whm. 1	absteigend	9, 10, 11
Desoxyadenylsäure und Desoxyguanylsäure	27	—	aufsteigend	9
Desoxycytidylsäure und Thymidylsäure	19	Whm. 1	absteigend, bis Lösungsmittelfront 35 cm gewandert ist	
Desoxycytidylsäure, Thymidylsäure, Desoxycytidin-3',5'-diphosphat und Thymidin-3',5'-diphosphat in sauren DNS-Hydrolysaten	13	Whm. 1	absteigend	10, 11
Die von den RNS abgeleiteten Basen, Nucleoside und Nucleotide (in Organextrakten)	7 2 22	Whm. 1 Whm. 1 Whm. 1	zweidimensional mit 3 Verteilungsmedien; nähere Angaben s. S. 1156	12

δ) *Nachweis von Nucleinsäuren-Spaltstücken auf Papierchromatogrammen.*

1. Lokalisierung von Nucleinsäuren-Spaltstücken durch ihre UV-Absorption. Basen, Nucleoside und Nucleotide sind bei Betrachtung der getrockneten Chromatogramme unter der UV-Lampe als dunkle Flecke auf hellfluorescierendem Hintergrund zu erkennen. Die Flecke sind nur dann gut sichtbar, wenn die verwendete UV-Lichtquelle hauptsächlich Strahlung um 260 mμ herum emittiert. Empfohlen werden folgende Lichtquellen: Quecksilberdampflampe PL 334, Bestrahlungseinheit S 81 HP „Hanau“[13]; Quecksilber-

[1] Smith, J. D., and R. Markham: Biochem. J. **46**, 509 (1950).
[2] Boulanger, P., and J. Montreuil: Bull. Soc. Chim. biol. **33**, 784, 791 (1951).
[3] Wyatt, G. R.: Biochem. J. **48**, 584 (1951).
[4] Carpenter, D. C.: Analyt. Chem., Washington **24**, 1203 (1952).
[5] Markham, R., and J. D. Smith: Biochem. J. **49**, 401 (1951).
[6] Carter, C. E.: Am. Soc. **72**, 1466 (1950). — Cohn, W. E., and C. E. Carter: Am. Soc. **72**, 4273 (1950).
[7] Brown, D. M., D. I. Magrath and A. R. Todd: Soc. **1952**, 2708.
[8] Markham, R., and J. D. Smith: Biochem. J. **52**, 552 (1952).
[9] Hayes, D. H., A. M. Michelson and A. R. Todd: Soc. **1955**, 808.
[10] Michelson, A. M., and A. R. Todd: Soc. **1953**, 951.
[11] Michelson, A. M., and A. R. Todd: Soc. **1954**, 34.
[12] Dorough, G. D., and D. L. Seaton: Am. Soc. **76**, 2873 (1954).
[13] Fleckenstein, A.: Der Kalium-Natrium-Austausch als Energieprinzip in Muskel und Nerv. S. 105. Berlin, Göttingen, Heidelberg 1955.

dampflampe Hanovia „Homesun“ (450 Watt, 200 Volt)[1]; Quecksilberdampflampe der General Electric Co. Nr. G8T5 in Verbindung mit einem Corning-Filter Nr. 9863; damit werden unter günstigen Bedingungen noch 0,2 γ Adenin auf einer Fläche von 1—2 cm^2 nachgewiesen[2].

Eine noch bessere Lokalisierung der Flecke kann nach dem *Photoprintverfahren* erzielt werden[1]. Dabei werden die Chromatogramme mit Hilfe von UV-Licht auf Photopapier kopiert. Als Lichtquelle wird eine der oben angeführten Quecksilberdampflampen verwendet, mit folgendem vorgeschaltetem Filtersystem: Ein Flüssigkeitsfilter von 30 mm Schichtdicke, welches mit einer wäßrigen Lösung von 350 g $NiSO_4 \cdot 7\,H_2O$ und 100 g $CoSO_4 \cdot 7\,H_2O$ je Liter gefüllt ist. Das Filter ist mit Quarzfenstern versehen, die mit einem Kunststoffzement einzukitten sind. Anschließend liegt ein Chlorgasfilter von 35 mm Schichtdicke im Strahlengang. Es enthält über $CaCl_2$ getrocknetes Chlor von Atmosphärendruck. Zum Einkitten von dessen Quarzglasfenstern genügt Vaseline mit etwas Picein. Beide Filter haben eine Apertur von 22 mm.

Tabelle 21. *Papierchromatographische Trennung von Ribonucleosid-5′-phosphaten, deren Derivaten und von anorganischem Phosphat.*

Zu trennendes Substanzgemisch	Verteilungsmedium Nr. s. S. 1153, 1154	Papier	Bedingungen bei der Chromatographie	Literatur
AMP, ADP und ATP	27	Whm. 1	aufsteigend	3
AMP, ADP, ATP, einige Zuckerphosphate, anorganisches Orthophosphat sowie Pyrophosphat in Organextrakten	33 34 35	Whm. 1 Whm. 1 Whm. 1	Papier mit 2 n HCl und destilliertem Wasser gewaschen und getrocknet; aufsteigende Chromatographie bei 4°	4
AMP, ADP und ATP in Muskelextrakten	32 12	Whm. 1 Whm. 1	zweidimensional nach einem besonderen Verfahren s. S. 1156 1. 4—8 Std aufsteigend 22°, 2. 24—30 Std absteigend 25—28°	4—6
AMP, ADP, ATP, IMP, IDP und ITP in Muskelextrakten	12 22	Whm. 1 Whm. 1	zweidimensional: 1. 40 Std absteigend, 2. 6—8 Std absteigend	7
UMP, UDP und UTP	8 20 24	Whm. 1 Whm. 1 Whm. 1	absteigend 20 Std absteigend 52 Std absteigend	8
Uracil, Uridin, UMP, UDP und UTP	23 25 30*	Whm. 1 Whm. 1 Whm. 1	— — —	9
Uridin-3′-phosphat, UMP, UDP, UDPG, UDPAGA (Nucleotide im Hefeextrakt)	25a 25b	Whm. 1 Whm. 1	— —	10, 11

* UDP und UTP wandern zusammen.

[1] Markham, R., and J. D. Smith: Biochem. J. **45**, 294 (1949).
[2] Marshak, A., and H. J. Vogel: J. biol. Ch. **189**, 597 (1951).
[3] Carter, C. E.: Am. Soc. **72**, 1466 (1950). — Cohn, W. E., and C. E. Carter: Am. Soc. **72**, 4273 (1950).
[4] Burrows, S., F. S. M. Grylis and J. S. Harrison: Nature **170**, 800 (1952).
[5] Hanes, C. S., and F. A. Isherwood: Nature **164**, 1107 (1949).
[6] Eggleston, L. V., and R. Hems: Biochem. J. **52**, 156 (1952).
[7] Deutsch, A., and R. Nilsson: Acta chem. scand. **7**, 858 (1953).
[8] Kenner, G. W., A. R. Todd, R. F. Webb and F. J. Weymouth: Soc. **1954**, 2288.
[9] Lipton, S. H., S. A. Morell, A. Frieden and R. M. Bock: Am. Soc. **75**, 5449 (1953).
[10] Cabib, E., L. F. Leloir and C. E. Cardini: J. biol. Ch. **203**, 1055 (1953).
[11] Paladini, A. C., and L. F. Leloir: Biochem. J. **51**, 426 (1952).

Tabelle 22. *R_F-Werte von Basen und Nucleosiden, die sich von RNS und DNS ableiten.*

Verteilungsmedium	Wassergesättigtes n-Butanol	n-Butanol-Morpholin-Glycol-Wasser	n-Butanol-NH_3-Wasser	n-Butanol-Ameisensäure-Wasser	n-Butanol-Isobuttersäure-Wasser-NH_3	Isopropanol-NH_3-Wasser	Isopropanol-2 n-Salzsäure	Isoamylalkohol-5%iges Na_2HPO_4	Isoamylalkohol-5%iges Ammoniumcitrat	Isobuttersäure-Wasser-NH_3
Nr.	1	3	4	5	6	17	19	27	28	31
Literatur	1, 2	3	4, 5	1	6	7	7	8	8	6
Adenin	0,38	0,64	0,40	0,33	0,56	0,37	0,32	0,44	0,37	0,83
Guanin	0,15	0,36	0,15	0,13	0,39	0,16	0,22	0,02	0,37	0,70
Cytosin	0,22	0,57	0,28	0,26	0,60	0,32	0,44	0,73	0,72	0,80
Uracil	0,31	0,62	0,33	0,39	0,50	0,38	0,66	0,73	0,72	0,67
Thymin	0,52	0,81	0,50	0,56	0,63	0,52	0,76	0,73	0,72	0,78
5-Methylcytosin	0,29	—	0,36	—	—	0,37	0,52	—	—	—
5-Oxymethylcytosin	0,13	—	—	—	—	0,25	0,44	—	—	—
Hypoxanthin	0,26	0,46	0,19	0,30	0,45	0,16	0,29	0,57	0,49	0,69
Xanthin	0,18	0,34	0,01	0,24	0,34	0,11	0,21	0,49	0,45	0,60
Adenosin	0,20	0,57	0,33	0,12	0,72	0,31	0,34	0,54	0,52	0,91
Guanosin	0,15	0,42	0,10	0,17	0,27	0,13	0,30	0,62	0,59	0,59
Cytidin	0,12	0,61	0,15	0,18	0,39	0,28	0,45	0,76	0,77	0,73
Uridin	0,17	0,65	—	0,25	0,34	0,31	0,64	0,79	0,80	0,60
Inosin	—	—	0,08	—	—	0,14	0,30	—	—	—
Desoxyadenosin	0,35	—	0,41	—	—	—	0,43	0,55	—	0,91
Desoxyguanosin	0,21	—	0,18	—	—	—	0,28	0,62	—	0,67
Desoxycytidin	0,23	—	0,26	—	—	—	0,60	0,77	—	0,83
Thymidin	0,51	0,86	0,48	—	0,60	0,57	0,87	0,78	—	0,75
5-Methylcytosin-desoxyribosid	0,25	—	—	—	—	—	0,67	0,76	—	—
Hypoxanthin-desoxyribosid	0,23	—	0,17	—	—	—	0,39	0,70	—	0,70
Desoxyuridin	0,38	—	0,34	—	—	—	0,82	0,79	—	0,67

Das getrocknete Chromatogramm wird über das auf einem konvex gebogenen Holzbrett befestigte Kopierpapier gespannt (Agfa-Copex-Papier[9], Ilford Reflex Document Paper Nr. 50[1]) und in 1,2 m Abstand von der Lichtquelle belichtet. Bei dieser Anordnung wird eine Fläche von 15 × 40 cm genügend ausgeleuchtet. Belichtungsdauer etwa 90 sec[1]. Größere Chromatogramme sind in größerem Abstand von der Lichtquelle entsprechend länger zu belichten.

Auf der entwickelten Kopie sind die Flecke der Nucleinsäuren-Spaltstücke als weiße oder helle Flecke auf schwarzem Hintergrund sichtbar.

2. Farbreaktionen der Basen auf dem Papier. Purin- und Pyrimidinbasen können auf dem Papier durch Behandlung mit einer Quecksilbersalzlösung in ihre Quecksilberkomplexe übergeführt werden. Nach dem Auswaschen des Quecksilberüberschusses wird das von den Basen gebundene Metall durch Schwefelwasserstoff in das Sulfid übergeführt, dessen schwarze Flecke die Lage der Basen auf dem Chromatogramm anzeigen. Hierzu ist folgende Vorschrift anzuwenden[10]:

[1] Markham, R., and J. D. Smith: Biochem. J. **45**, 294 (1949).
[2] Buchanan, J. G.: Nature **168**, 1091 (1951).
[3] Eggleston, L. V., and R. Hems: Biochem. J. **52**, 156 (1952).
[4] Hotchkiss, R. D.: J. biol. Ch. **175**, 315 (1948).
[5] MacNutt, W. S.: Biochem. J. **50**, 384 (1952).
[6] Löfgren, N.: Acta chem. scand. **6**, 1030 (1952).
[7] Wyatt, G. R.; in: Chargaff-Davidson, Nucleic Acids. Bd. I, S. 252.
[8] Carter, C. E.: Am. Soc. **72**, 1466 (1950). — Cohn, W. E., and C. E. Carter: Am. Soc. **72**, 4273 (1950).
[9] Fleckenstein, A.: Der Kalium-Natrium-Austausch als Energieprinzip in Muskel und Nerv. S. 105. Berlin, Göttingen, Heidelberg 1955.
[10] Vischer, E., and E. Chargaff: J. biol. Ch. **176**, 703 (1948).

Tabelle 23. *R_F-Werte der Ribonucleotide, der Ribonucleosid-2′,3′-phosphate und der Desoxyribonucleotide.*

Verteilungsmedium	Isopropanol-NH_3-Wasser	Isoamylalkohol-5%iges Na_2HPO_4	n-Propanol-2 n HCl	Ges. Ammonium-sulfat-Wasser-Isopropanol	Tert. Butanol-Salzsäure	Isopropanol-2 n HCl	Isoamylalkohol-Tetrahydro-furfurylalkohol pH 3,02
Nr.	16	27	13	22	11	19	29
Literatur	1, 2, 3, 4	1, 3	2, 4	5	6	7	8
Adenosin-2′-phosphat	0,12	0,71	—	0,26	0,50	0,48	0,35
Adenosin-3′-phosphat	0,12	0,63		0,16			
Guanosin-2′-phosphat	0,03	0,74	—	0,50	0,46	0,43	0,67
Guanosin-3′-phosphat				0,40			
Cytidylsäure	0,10	0,85	—	0,73	0,56	0,58	0,26
Uridylsäure	0,09	0,85	—	0,73	0,80	0,77	0,43
Adenosin-2′,3′-phosphat . . .	0,43	0,57	—	—	—	—	—
Guanosin-2′,3′-phosphat . . .	0,23	0,67	—	—	—	—	—
Cytidin-2′,3′-phosphat. . . .	0,36	0,81	—	—	—	—	—
Uridin-2′,3′-phosphat	0,30	0,82	—	—	—	—	—
Desoxyadenylsäure	0,08	0,70	—	—	—	—	—
Desoxyguanylsäure	0,03	0,78	—	—	—	—	—
Desoxycytidylsäure	0,09	—	0,33	—	—	0,64	—
Thymidylsäure	0,068	—	0,69	—	—	0,81	—
Desoxycytidin-3′,5′-diphosphat	0	—	0,36	—	—	—	—
Thymidin-3′,5′-diphosphat . .	0	—	0,75	—	—	—	—

Tabelle 24. *R_F-Werte und $R_{\text{Orthophosphat}}$-Werte der Adenosin-5′-phosphate, von anorganischem Orthophosphat und Pyrophosphat sowie von DPN, Phosphoglycerinsäure und einigen Zuckerphosphaten.*

Verteilungsmedium	Aceton-Trichlor-essigsäure 3:1	Aceton-Trichlor-essigsäure 65:35	Aceton-Ameisen-säure	Aceton-Essigsäure	Isoamyl-alkohol-5%iges Na_2HPO_4	n-Propa-nol-NH_3
Nr.	33	34	35	36	27	12*
Literatur	9	9	9	9	10	11
AMP	0,37	0,58	0,24	0,31	0,69	0,78
ADP	0,10	0,27	0,11	0,28	0,77	0,57
ATP	0,04	0,15	0,04	0,13	0,83	0,44
Orthophosphat	0,61	0,75	0,70	0,73	—	1,00
Pyrophosphat	0,40	0,51	0,40	0,46	—	0,44
DPN	—	0,08	0,02	0,10	—	—
Glucose-1-phosphat	0,22	0,48	0,30	0,41	—	0,57
Ribose-5-phosphat	—	—	—	0,41	—	—
Fructose-6-phosphat.	0,31	—	0,40	—	—	—
Fructose-1,6-diphosphat . . .	0,39	0,67	0,42	—	—	0,97
3-Phosphoglycerinsäure . . .	—	—	—	—	—	0,71

* In der Kolonne sind relative Wanderungsstrecken bezogen auf Orthophosphat = 1 angegeben

[1] Hayes, D. H., A. M. Michelson and A. R. Todd: Soc. **1955**, 808.
[2] Michelson, A. M., and A. R. Todd: Soc. **1953**, 951.
[3] Brown, D. M., D. I. Magrath and A. R. Todd: Soc. **1952**, 2708.
[4] Michelson, A. M., and A. R. Todd: Soc. **1954**, 34.
[5] Markham, R., and J. D. Smith: Biochem. J. **52**, 552 (1952).
[6] Boulanger, P., and J. Montreuil: Bull. Soc. Chim. biol. **33**, 784, 791 (1951).
[7] Wyatt, G. R.: Biochem. J. **48**, 584 (1951).
[8] Carpenter, D. C.: Analyt. Chem., Washington **24**, 1203 (1952).
[9] Burrows, S., F. S. M. Grylis and J. S. Harrison: Nature **170**, 800 (1952).
[10] Carter, C. E.: Am. Soc. **72**, 1466 (1950). — Cohn, W. E., and C. E. Carter: Am. Soc. **72**, 4273 (1950).
[11] Eggleston, L. V., and R. Hems: Biochem. J. **52**, 156 (1952).

Tabelle 25. *Die R_F-Werte bzw. Wanderungsstrecken von Uracil, Uridin, Uridin-3'-phosphat, Uridin-5'-phosphaten und ihren Kohlenhydratderivaten.*

	R_F-Werte				$R_{Adenosin}$-Werte		Wanderungsstrecke in cm	
Verteilungsmedium	Ammonium-sulfat-Wasser-n-Propanol pH 6,5	Äthanol-1 m Ammonium-acetat pH 7,5	Hexylalkohol-5%iges Na_2HPO_4	n-Butanol-Essigsäure	Äthanol-1 m Ammonium-acetat pH 7,5	Äthanol-1 m Ammonium-acetat pH 3,8	Äthanol-1 m Ammonium-acetat pH 7	Isopropanol-1%iges Ammonium-sulfat
Nr.	23	25	30	8	25a	25b	24	20
Literatur	1	1	1	2	3	3	2	2
Uracil	0,37	0,65	0,66					
Uridin	0,52	0,60	0,70					
Uridin-3'-phosphat	—	—	—	—	0,40	0,88		
UMP	0,57	0,12	0,74	0,20	0,30	0,76	8,0	20,0
UDP	0,69	0,08	0,86	0,16	0,14	0,40	3,3	16,5
UTP	0,71	0,03	0,86	0,1	—	—	1,8	14,8
UDPG					0,43	0,45		
UDPAGA					0,58	0,60		

Purine. Die getrockneten Chromatogramme werden mit Äther gewaschen, mit einer Lösung von 0,25 m $Hg(NO_3)_2$ in 0,5 n HNO_3 besprüht, mit 0,5 n HNO_3 und Wasser gewaschen, bis die überschüssigen Quecksilberionen aus dem Papier entfernt sind, und anschließend in eine wäßrige Ammoniumsulfidlösung getaucht. Kompakte schwarze Flecke zeigen die Lage der Purine an.

Pyrimidine. Das getrocknete Chromatogramm wird 30 sec in eine 0,01 m Quecksilberacetatlösung eingelegt, welche auf p_H 6,2 gepuffert ist. Diese wird stets frisch bereitet aus 1 Vol. 0,1 m Quecksilberacetat, 3 Vol. 1 m Natriumacetatlösung und 6 Vol. Wasser. Anschließend wird das Papier genau 20 sec in langsam fließendes Wasser gehalten, dann durch eine Ammoniumsulfidlösung gezogen. Die Pyrimidinbasen erscheinen als schwarze Flecke.

Die Quecksilberkomplexe der Purinbasen können auf dem Papier durch Anfärben mit Eosin oder Bromphenolblau sichtbar gemacht werden[4]. Purinbasen lassen sich auch durch Bildung von Silbersalzen auf dem Chromatogramm lokalisieren[5], außerdem auf Grund ihrer charakteristischen Fluorescenz nach der Behandlung mit Chlor[4].

3. Farbreaktionen der Zuckerkomponenten von Nucleosiden und Nucleotiden. *Empfindlichkeit der Nachweise.* Die Perjodatoxydation läßt 20—50 γ Ribonucleoside oder -nucleotide erkennen. Die Bleitetraacetat-Oxydation hat etwa die gleiche Nachweisgrenze. Die Reaktion nach Dische braucht 10 γ der Purindesoxyriboside, jedoch 50—100 γ der Pyrimidindesoxyriboside. Die Feulgen-Reaktion ist erkennbar schon mit 10 γ eines Purindesoxyribosids.

Farbreaktion mit dem Schiffschen Reagens nach Oxydation mit Perjodat oder mit Bleitetraacetat.

Reagentien:

1. Natriummetaperjodat, 1%ige wäßrige Lösung.
2. Schiffs Reagens, zubereitet durch Lösen von 1 g Rosanilin in 50 cm^3 Wasser, Entfärben mit SO_2, Behandlung mit Tierkohle und Auffüllen auf 1 *l*.

[1] Lipton, S. H., S. A. Morell, A. Frieden and R. M. Bock: Am. Soc. **75**, 5449 (1953).
[2] Kenner, G. W., A. R. Todd, R. F. Webb and F. J. Weymouth: Soc. **1954**, 2288.
[3] Cabib, E., L. F. Leloir and C. E. Cardini: J. biol. Ch. **203**, 1055 (1953).
[4] Michl, H.: Naturwiss. **40**, 390 (1953).
[5] Reguera, R. M., and I. Asimov: Am. Soc. **72**, 5781 (1950).

Ausführung:

Nach dem Trocknen des Papierchromatogramms für 5 min bei 80° wird mit Lösung (*1*) dünn besprüht und die Oxydation 10 min bei Raumtemperatur ausgeführt (Papierstreifen so aufgehängt, daß die Lösungsmittelfront senkrecht ist; es kann nur seitliche Verschiebung der Flecke erfolgen). Nach Bespülen des Bogens mit SO_2 bis zum Verschwinden des freigewordenen Jods wird schließlich mit Lösung (*2*) besprüht. Die Farbflecke erscheinen bei Raumtemperatur meistens vor 3 Std, jedenfalls vor 12 Std. Am besten wird die Entwicklung durch Erhitzen des Papierstreifens auf 85—90° für 10 min ausgeführt. Ein Besprühen der getrockneten Chromatogramme mit Bleitetraacetat (1 g in 100 cm^3 Benzol, mit Aktivkohle entfärbt, filtriert) läßt die Flächen, auf welchen sich die Glykoside befinden, als weiße Flecke auf braunem Grund erscheinen. Der Papierbogen wird vor dem Besprühen mit dem Oxydationsmittel mit Xylol besprüht; man läßt die Lösungsmittel bei Raumtemperatur verdampfen.

Die Purin- und Pyrimidinriboside werden vom Perjodat oxydiert und geben daher eine positive, blaue SCHIFFsche Reaktion, ebenso die Ribonucleosid-5'-phosphate. Keine Oxydation erleiden hingegen die Ribonucleosid-3'(2')-phosphate und die Desoxyribonucleoside und -nucleotide.

Die Nucleoside und Nucleotide mit Desoxyribose lassen sich auf dem Papierbogen mit Hilfe der Farbreaktionen nach DISCHE und nach FEULGEN nachweisen.

DISCHE-*Reaktion zum Nachweis von Desoxyribonucleosiden.*

Eine 1%ige Lösung von Diphenylamin in Eisessig, zu der 2,75 Vol.-% konz. Schwefelsäure hinzugefügt sind, wird mit dem halben Volumen Wasser verdünnt. Das getrocknete Papierchromatogramm wird mit dieser Lösung besprüht, zwischen 2 Glasplatten geklemmt und auf 90° erwärmt. Die Purindesoxyriboside geben purpurblaue Flecke in 5—10 min, die Pyrimidindesoxyriboside blaue Flecke in 25—30 min.

FEULGEN-*Reaktion zum Nachweis der Purindesoxyriboside.*

Die Lösung von SCHIFFs Reagens (wie oben angegeben zubereitet) wird durch Zugabe von n Schwefelsäure 0,1 n in bezug auf Schwefelsäure gemacht. Das vom Lösungsmittel befreite Papierchromatogramm wird mit dem Reagens besprüht. Die Purindesoxyriboside geben Purpurflecke nach 6 min bei 60° und Stehenlassen bei Raumtemperatur für 24 Std. Die säurebeständigen Pyrimidindesoxyriboside geben nur sehr schwache Flecke nach 10—15 Tagen.

4. Nachweis von Nucleotiden durch Farbreaktionen des Phosphats. Nucleotide und andere Phosphorsäureester können nach saurer Spaltung durch die Molybdatreaktion auf dem Chromatogramm nachgewiesen werden[1, 2].

Vorschrift. Die getrockneten Chromatogramme werden durch ein Reagens gezogen, welches folgendermaßen hergestellt wird: 1 g Ammoniummolybdat wird in einem Gemisch aus 8 cm^3 Wasser und 3 cm^3 konz. Salzsäure gelöst, mit 3 cm^3 70%iger Perchlorsäure versetzt und mit Aceton auf 100 cm^3 aufgefüllt. (Dieses acetonhaltige Molybdatreagens hat vor einer wäßrigen Lösung den Vorteil, daß die Chromatogramme ohne Gefahr einer Elution der Nucleotide eingetaucht werden können.) Anschließend wird der feuchte Bogen 7 min zur Spaltung der säurelabilen Phosphorsäureester in einen Trockenschrank von 85° eingehängt. Nach kurzer Behandlung mit Wasserdampf erscheinen die P-haltigen Stellen des Papiers in einer Schwefelwasserstoffatmosphäre (5—10 min) als blaue Flecke. Die blauen Flecke kommen auch ohne Wasserdampf- und Schwefelwasserstoff-Behandlung durch einfache Bestrahlung mit einer UV-Quarzlampe (10 min) zum Vorschein[3]. Beim Aufbewahren des Papiers können die blauen Flecke, besonders in feuchter Luft, verblassen oder durch Bläuung des ganzen Bogens undeutlich werden.

---

[1] HANES, C. S., and F. A. ISHERWOOD: Nature **164**, 1107 (1949).

[2] BURROWS, S., F. S. M. GRYLIS and J. S. HARRISON: Nature **170**, 800 (1952).

[3] FLECKENSTEIN, A.: Der Kalium-Natrium-Austausch als Energieprinzip in Muskel und Nerv. S. 105. Berlin, Göttingen, Heidelberg 1955.

Bei der Umsetzung der Phosphat enthaltenden Substanzen mit Molybdatreagens geben auch die schwer hydrolysierbaren Phosphorsäureester wie Muskeladenylsäure, Inosinsäure, Zuckerphosphate usw. eine Blaufärbung auf dem Papier. Diese verschwindet jedoch sofort, wenn man sie Ammoniakdämpfen aussetzt. Im Gegensatz hierzu gibt das anorganische Phosphat, welches aus den labilen Phosphaten, wie ATP, ADP usw., bereits in 7 min bei 85° abgespalten wird, eine in Ammoniakdampf beständige Blaufärbung. Diese nachträgliche Ammoniakbehandlung kann die Identifizierung unbekannter Substanzen erleichtern, da sie einen Schluß auf deren Hydrolysierbarkeit zuläßt[1, 2].

Statt durch Erhitzen der Phosphorsäureester in saurem Medium kann ihre Spaltung auch durch UV-Bestrahlung[3] und durch die Einwirkung einer Phosphatase[4] auf dem Papier erreicht werden.

Ein anderes Nachweisverfahren gründet sich auf die Komplexbildung von Nucleotiden und anderen Phosphorsäureestern mit Eisen(III)-ionen[5]. Die phosphatfreien Flächen des Papiers, welche freie Eisen(III)-ionen enthalten, färben sich bei der Behandlung mit Salicylsulfosäure blaßviolett, während die Phosphatflecke weiß bleiben. Eine hydrolytische Spaltung der Phosphorsäureester auf dem Papier braucht dem Nachweis nicht vorauszugehen.

ε) Die Bestimmung der Nucleinsäuren-Spaltstücke nach papierchromatographischer Trennung.

Allgemein anwendbar auf die Bestimmung der Basen, Nucleoside und Nucleotide sind die Methoden, welche auf der Messung der UV-Absorption beruhen. Diese erfolgt bequemer nach Elution der Substanzen aus dem Papier in Lösung, kann aber auch als direkte Photometrierung der Papierstreifen ausgeführt werden.

Papierchromatographisch getrennte 5'-Mono- und -Polyphosphate der Ribonucleoside (AMP, ADP, ATP usw.) werden nach Lokalisierung der Flecken mit Hilfe des Photoprintverfahrens durch Phosphatanalyse bestimmt.

Sollen Papierchromatogramme von Nucleinsäuren-Spaltstücken quantitativ durch Messung der UV-Absorption ausgewertet werden, so dürfen zur Trennung auf keinen Fall im UV absorbierende Verteilungsmedien verwendet werden. Erfolgt die quantitative Bestimmung von Nucleotiden durch Phosphatanalyse, so ist selbstverständlich die Verwendung von Phosphatpuffer enthaltenden Lösungsmitteln zu vermeiden. Zur Herabsetzung der UV- und der Phosphat-Leerwerte des Papiers ist es angezeigt, dieses vor der Chromatographie mit Säuren und Wasser zu waschen (s. S. 1153).

Die zu analysierenden Lösungen müssen in genau abgemessenen Mengen auf das Papier aufgetragen werden. Hierzu eignen sich geeichte Mikropipetten von 2—10 mm³ Inhalt, welche eine möglichst kleine Ausflußöffnung besitzen, damit sich der Flüssigkeitsfaden in der Pipette beim Hantieren nicht verschiebt. Die aufzutragenden Lösungsmengen sind so zu wählen, daß nach der Chromatographie jeder einzelne Substanzfleck möglichst 10—50 γ Base enthält. Liegen in einem Gemisch die Substanzen in extremen Mengenverhältnissen vor, so sind die Lösungsmengen in mehrfacher Abstufung zur Chromatographie aufzutragen.

1. Quantitative Bestimmung durch Messung der UV-Absorption. Die Mehrzahl der Autoren berechnet die Konzentration der Nucleinsäuren-Spaltstücke in den einzelnen Substanzflecken aus der gemessenen UV-Absorption unter Bezugnahme auf die molare Extinktion der betreffenden Substanz (z. B.[6, 7]). Dieser Art der Auswertung haften verschiedene, für die papierchromatographische Analyse typische Fehlermöglichkeiten an,

---

[1] FLECKENSTEIN, A.: Der Kalium-Natrium-Austausch als Energieprinzip in Muskel und Nerv. S. 105. Berlin, Göttingen, Heidelberg 1955.
[2] FLECKENSTEIN, A., E. GERLACH u. J. JANKE: Naturwiss. **40**, 462 (1953).
[3] BANDURSKI, R. S., and B. AXELROD: J. biol. Ch. **193**, 405 (1951).
[4] FLETCHER, E., and F. H. MALPRESS: Nature **171**, 838 (1953).
[5] WADE, H. E., and D. M. MORGAN: Nature **171**, 529 (1953).
[6] HOTCHKISS, R. D.: J. biol. Ch. **175**, 315 (1948).
[7] VISCHER, E., and E. CHARGAFF: J. biol. Ch. **176**, 703 (1948).

welche am Beispiel der Aminosäurenbestimmung näher untersucht wurden. Fehler können auftreten durch die Verwendung nicht exakt geeichter Mikropipetten, durch die unvollständige papierchromatographische Trennung zweier Stoffe, durch die partielle Zersetzung von Komponenten beim Entfernen von hochsiedenden Verteilungsmedien, durch nicht vollständige Extraktion der Substanzen aus dem Papier zum Zwecke der Messung der UV-Absorption in Lösung, durch die Papierleerwerte usw. Die letztere Fehlerquelle wird allerdings bei den meisten Auswertungsmethoden gebührend berücksichtigt. Legt man Wert darauf, möglichst genaue Analysenwerte zu erhalten, so können die aufgeführten Fehlermöglichkeiten vermieden oder weitgehend verkleinert werden durch das Mitchromatographieren von Vergleichsgemischen bekannter Zusammensetzung, welche als Bezugswerte für die Analysengemische dienen.

Das wird so ausgeführt, daß man zur eindimensionalen Verteilung auf die Startlinie desselben Bogens in abwechselnder Reihenfolge Analysenlösung und Vergleichslösung aufträgt. Die Zusammensetzung des Vergleichsgemisches und die aufzutragenden Lösungsmengen sind so zu wählen, daß die Substanzmengen in einem Flecken des Analysengemisches und dem dazugehörigen Bezugsflecken des Vergleichsgemisches um nicht mehr als 100% voneinander abweichen. Zur Herabsetzung der Fehlerbreite ist es notwendig, 2—4 Parallelbestimmungen auf demselben Chromatogramm auszuführen (4 bzw. 8 Trennungsbahnen). Die aufzutragenden Lösungsmengen werden dabei für Analysen- und Vergleichsgemisch zweckmäßig im Verhältnis 1 : 2 abgestuft, damit die Papierleerwerte auch graphisch bzw. rechnerisch ermittelt werden können.

a) Messung der UV-Absorption in Lösung. Auf den gut getrockneten Chromatogrammen werden die Flecke der Nucleinsäuren-Spaltstücke mit Hilfe des Photoprintverfahrens lokalisiert. Dann schneidet man die entsprechenden Papierstücke flächengleich aus den Chromatogrammen, bringt sie einzeln in Reagensgläser und übergießt sie dort mit einem genau abgemessenen Volumen Extraktionsmittel. Während der Extraktion sind die Reagensgläser gut verschlossen zu halten. Falls die Messung der UV-Absorption in den 1 cm-Küvetten des Beckman-Spektrophotometers erfolgt, sind 5 cm^3 Extraktionsmittel je Röhrchen zu verwenden. In den meisten Fällen wird für diesen Zweck 0,1 n HCl vorgeschlagen[1], weil sich die Mehrzahl der Nucleinsäuren-Spaltstücke darin gut löst. Zur Extraktion von Guanin und seinen Derivaten dürfte 1 n HCl besser geeignet sein. Oft wird destilliertes Wasser genügen. Es ist jedoch stets zu beachten, daß das Extraktionsmittel nicht nur die Substanzen gut lösen, sondern auch eine bekannte Acidität der resultierenden Lösung herstellen soll, welche die Messung reproduzierbarer UV-Absorptionen gestattet (s. S. 1113).

Zur Extraktion läßt man die Reagensgläser mehrere Stunden stehen und schüttelt während dieser Zeit öfter um. Die Flüssigkeit kann dann vom Papier einfach in die Küvette abdekantiert werden. Die Messung der UV-Absorption erfolgt vor allem bei der Wellenlänge des Maximums, jedoch zur Reinheitsprüfung der abgetrennten Substanz sowie zur Bestimmung von Papierleerwerten noch zusätzlich bei anderen Wellenlängen. Falls 2 Substanzen mit verschiedener UV-Absorption papierchromatographisch nur unvollständig oder überhaupt nicht getrennt werden, kann durch Messung der Absorption des Gemisches bei verschiedenen Wellenlängen eine genaue quantitative Bestimmung der beiden Komponenten ausgeführt werden (s. S. 1114). Um Papierleerwerte auszuschalten[1], wird z. B. zur Bestimmung von Adenin die Absorption beim Maximum 262,5 mμ sowie bei 290 mμ gemessen, wo reines Adenin nicht mehr nennenswert absorbiert. Die Konzentration wird dann nicht aus dem Extinktionswert des Maximums, sondern aus der Differenz der Extinktionen von 262,5 mμ und 290 mμ berechnet.

Eine andere Möglichkeit zur direkten Bestimmung von Papierleerwerten besteht darin, die UV-Absorption in den Extrakten von gleich großen, leeren Papierstücken zu messen,

[1] Vischer, E., and E. Chargaff: J. biol. Ch. **176**, 703 (1948).

welche in der Nähe des auszuwertenden Substanzfleckens aus dem Chromatogramm geschnitten werden.

Wenn mindestens 2 Parallelbestimmungen mit abgestuften Lösungsmengen ausgeführt werden, so ist eine graphische oder rechnerische Ermittlung der Papierleerwerte möglich: Die gemessenen Extinktionswerte werden als Funktion der Kubikmillimeter aufgetragener Analysen- bzw. Vergleichslösung auf Millimeterpapier eingetragen. Die im einfachsten Fall durch 2 Punkte festgelegte Gerade der Eichkurve schneidet beim Volumen Null den positiven Teil der Ordinate. Die Höhe des Schnittpunktes zeigt den Papierleerwert an.

Berechnung der Konzentrationen. Aus den gemessenen Extinktionswerten werden von der Mehrzahl der Autoren die Substanzmengen in den einzelnen Flecken unter Bezugnahme auf die absoluten molaren Extinktionskoeffizienten der entsprechenden Stoffe berechnet. Von den Meßwerten sind die durch irgendeine der angeführten Methoden ermittelten Leerwerte abzuziehen.

Geringere Analysenfehler erhält man, wenn die gemessenen Extinktionswerte des Analysengemisches auf diejenigen eines mitchromatographierten bekannten Vergleichsgemisches bezogen werden. Auch in diesem Falle sind selbstverständlich vorher die

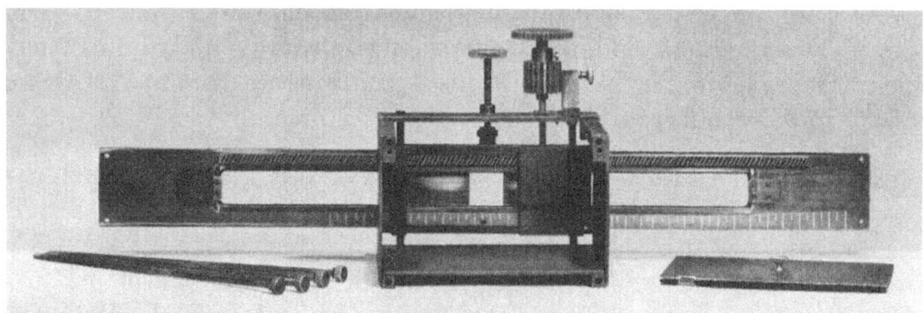

Abb. 26. Vorrichtung zur direkten Photometrierung von Papierstreifen im BECKMAN-Spektrophotometer Modell DU.

Papierleerwerte abzuziehen. Die korrigierte Extinktion eines Fleckens des Analysengemisches verhält sich zu derjenigen seines Bezugsfleckens wie die gesuchte Konzentration der betreffenden Komponente zu der bekannten Konzentration im Vergleichsgemisch.

b) Direkte Photometrierung auf dem Papier. Es sind einige Zusatzvorrichtungen zu handelsüblichen Spektrophotometern beschrieben, welche die direkte Photometrierung von Papierstreifen mit monochromatischem Licht gestatten: einfache Vorrichtungen, welche in den Küvettenkasten des Beckman-Spektrophotometers[1] und des Cary-Spektrophotometers[2] eingebaut werden sowie selbstregistrierende Geräte als Zusatz für das Beckman-Spektrophotometer[3], die entsprechend kostspieliger sind. In unserem Laboratorium hat sich eine einfache Vorrichtung bewährt, welche an Stelle des 10 cm-Küvettenkastens in das Beckman-Spektrophotometer DU eingesetzt wird (Abb. 26, 27). Das Gerät ermöglicht es, die Papierstreifen auf genau reproduzierbarem Weg horizontal durch den Strahlengang des Monochromators zu transportieren und auch vertikal, also quer zur Chromatographierrichtung zu bewegen. Auf diese Weise gelingt es, die Photometrierung eines Fleckens in jedem Falle mitten durch dessen Maximum vorzunehmen, auch wenn durch Unregelmäßigkeiten der chromatographischen Trennung die Lage der Flecken etwas verschoben sein sollte. Die von anderen Autoren[1-3] bisher beschriebenen Vorrichtungen haben den (besonders für unsichtbare Flecke) sehr wesentlichen Vorteil der Vertikalverschiebung des Papierstreifens nicht.

[1] TENNENT, D. M., K. FLOREY and J. B. WHITLA: Analyt. Chem., Washington **23**, 1748 (1951). — PALADINI, A. C., and L. F. LELOIR: Analyt. Chem., Washington **24**, 1024 (1952). — TREIBER, E., u. H. KOREN: Mh. Chem. **84**, 478 (1953). — EGER, C.: Exper. **12**, 37 (1956).

[2] PARKE, T. V., and W. W. DAVIS: Analyt. Chem., Washington **24**, 2019 (1952).

[3] BROWN, J. A., and M. M. MARSH: Analyt. Chem., Washington **24**, 1952 (1952). — BROWN, J. A.: Analyt. Chem., Washington **25**, 774 (1953). — HASHIMOTO, Y., and I. MORI: Nature **170**, 1024 (1952).

Der Metallkasten (Abb. 27, I, II und III) gleicht in seinen Abmessungen dem 10 cm-Küvettengehäuse des Beckman-Spektralphotometers. Die beiden Seitenwände sind durch eine fest aufgeschraubte Brücke A verbunden, die gemeinsam mit dem auflegbaren Deckel den Kasten nach oben dichtet. Der Schlitten B (I und III) kann mittels der Gewinde-

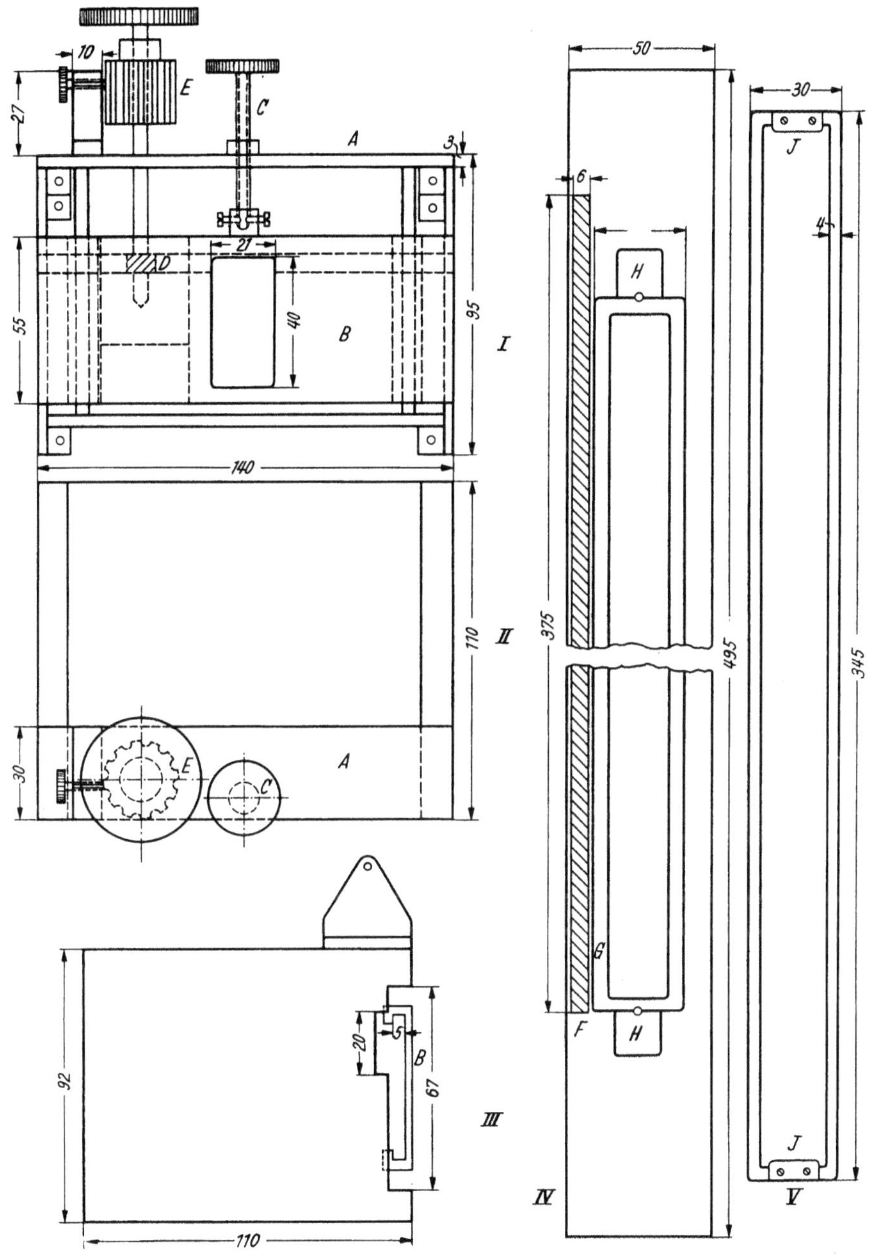

Abb. 27. Schematische Zeichnung einer Vorrichtung zur direkten Photometrierung von Papierstreifen im BECKMAN-Spektrophotometer Modell DU.

spindel C je 5 mm nach oben und unten verschoben und in jeder Höhenlage fixiert werden. Die Transportschiene IV mit dem Papierstreifen gleitet horizontal in der eingefrästen Führung des höhenverstellbaren Schlittens B. Die Verschiebung wird mit Hilfe des Handrads E (mit Vorrichtung zum Rasten nach jedem Millimeter) und den in die Zahnstange F eingreifenden Zahntrieb D bewirkt. Die genau zugeschnittenen Papierstreifen werden in das Fenster mit vertieftem Saum G der Transportschiene IV eingelegt und mit dem Spannrahmen V festgehalten. Zwei Kugelschnapper H pressen Rahmen und Papier an die Schiene; die aufgeschraubten Blättchen I erleichtern die Herausnahme des Rahmens.

Die getrockneten Chromatogramme werden zur Auswertung in (3 cm breite) Streifen geschnitten, so daß in die Mitte eines jeden solchen Streifens die Flecke einer Trennungsbahn zu liegen kommen. Dann werden sie 2 Std in Paraffinöl (DAB 6) oder in Siliconöl oder in eine andere geeignete Flüssigkeit eingelegt, um lichtdurchlässiger gemacht zu werden, und 1 Std zum Abtropfen aufgehängt.

Photometriert wird mit dem Licht der Wellenlänge, das die auszumessende Substanz maximal absorbiert, also meistens mit UV-Licht in der Nähe von 260 mμ. Zunächst bringt man eine leere Stelle des Papierstreifens in den Strahlengang des Photometers und stellt dieses so ein (Spalteinstellung), daß die Extinktionen der Papierleerwerte um den Wert Null (Durchlässigkeit 100%) herum liegen. Dann wird das Maximum des auszumessenden Substanzfleckens durch horizontales und vertikales Verschieben des Papierstreifens in den Strahlengang gebracht. Nun läßt man die Vertikaleinstellung stehen und mißt die Absorption des Papierstreifens von der nächsten leeren Zone kommend über das Maximum des Substanzflecks, bis wieder eine leere Papierzone erreicht ist. Der Streifen wird dabei horizontal durch den Strahlengang transportiert. Die Messungen erfolgen alle 2 mm auf diesem Wege. Die gemessenen Extinktionswerte werden zur Auswertung als Funktion des Weges des Streifens beim Meßvorgang auf Millimeterpapier aufgezeichnet. Man erhält so eine Kurve, deren Maximum die Lage des Fleckenzentrums anzeigt. Ihre Basislinie wird von der Extinktion der Papierleerwerte bestimmt. Die von Kurve und Basislinie eingeschlossene Fläche ist innerhalb des günstigen Meßbereiches der Substanzmenge im ausgemessenen Fleck proportional. Die Flächengröße wird mit Hilfe eines Planimeters bestimmt. Die Berechnung der Konzentrationen erfolgt unter Bezugnahme auf die Flächenwerte des mitchromatographierten Vergleichsgemisches.

2. Bestimmung von Nucleotiden durch Phosphatanalyse. Die quantitative Auswertung von Nucleotidchromatogrammen kann auch durch eine colorimetrische Phosphatbestimmung erfolgen. Dieses Verfahren ist vor allem zur Analyse von AMP, ADP und ATP sowie den anderen 5'-Mono- und -Polyphosphaten der Nucleoside geeignet und in diesen Fällen der Messung der UV-Absorption vorzuziehen. Die Nucleotide werden durch das Photoprintverfahren auf dem entwickelten Chromatogramm lokalisiert. Man schneidet die entsprechenden Papierstücke flächengleich aus, verascht sie und bestimmt das anorganische Orthophosphat nach einer colorimetrischen Methode. Genaue Vorschriften hierfür werden in Bd. III/1, S. 459—470 gegeben. Die Leerwerte des (zweckmäßig vorbehandelten, s. S. 1153) Papiers müssen berücksichtigt werden.

c) Trennung und Erkennung der Nucleoside und Nucleotide durch Papierelektrophorese[1-7].

Da sowohl die Nucleotide als auch die Nucleoside verschiedene ionisierbare Gruppen enthalten, ist ihre Trennung durch Elektrophorese möglich. Insbesondere die Elektrophorese auf (genauer: in) dem Papierbogen (Papierelektrophorese) ist schon so eingehend

Zusammenfassende Literatur über Papierelektrophorese (s. auch ds. Bd., S. 136ff.):

[1] TISELIUS, A., and P. FLODIN: Adv. Protein Chem. 8, 461 (1953).

[2] KUNKEL, H. G.: Meth. biochem. Analysis. Bd. 1, S. 141.

[3] WUNDERLY, C.: Chimia, Zürich 7, 145 (1953).

[4] LEDERER, M.: Paper Electrophoresis. Amsterdam 1955.

Papierelektrophorese von Nucleosiden und Nucleotiden:

[5] BLOCK, R., E. L. DURRUM and G. ZWEIG: A Manual of Paper Chromatography and Paper Electrophoresis. New York 1955.

[6] MARKHAM, R.: The Separation of Nucleic Acids Derivatives by Electrophoresis on Paper; in: Moderne Meth. Pfl.-Analyse (PAECH-TRACEY). Bd. IV, S. 278.

[7] SMITH, J. D.: The electrophoretic separation of nucleic acid components; in: CHARGAFF-DAVIDSON, Nucleic Acids. Bd. I, S. 267ff.

untersucht worden, daß sie als bequeme Methode zur Trennung und Charakterisierung der Individuen dieser beiden Stoffklassen dienen kann. Die erforderlichen Substanzmengen sind ebenso klein wie bei der Papierchromatographie; dabei vermag die Elektrophorese in bestimmten Fällen (besonders bei den Nucleotiden) auch Trennungen zu ermöglichen, die papierchromatographisch nicht oder nur schlecht erfolgen. Sie hat zudem, besonders bei Anwendung hoher Spannungen, den Vorteil der kürzeren Versuchsdauer. Dadurch zeichnet sie sich aus auch im Vergleich zur sehr leistungsfähigen Chromatographie durch Ionenaustausch. Ein weiterer Vorteil der Elektrophorese ist, daß die relativen Beweglichkeiten der verschiedenen Nucleosid- und Nucleotidionen bei verschiedenen Aciditäten vorausgesehen werden können; dadurch wird sowohl die Wahl einer Elektrolytlösung mit zweckmäßigem p_H wie die Erkennung unbekannter Komponenten erleichtert.

α) *Die theoretischen Grundlagen der Elektrophorese.*

Zur Theorie der Wanderung und Trennung von geladenen Teilchen in Lösungen s. den Beitrag von E. WIEDEMANN, Bd. I, S. 54ff. Ein geladenes Teilchen wird in einem Spannungsabfall E (Volt/cm) durch die Kraft EQ bewegt, wobei Q die Netto-Gesamtladung des Ions ist. Diese entspricht der algebraischen Summe der Produkte der Anzahl der dissoziierenden Gruppen mit ihren Dissoziationsprozentsätzen. Dieser Kraft wirkt der Reibungswiderstand entgegen, welcher der Wanderungsgeschwindigkeit v des Ions proportional ist und gleich Kv, wobei K von der Größe und Form des Ions abhängt und vom Einfluß anderer Ionen in der Lösung. Das Ion wandert daher mit einer konstanten Geschwindigkeit, die EQ/K gleich ist. Ein Ansatz der Berechnung der wirklichen Ionenbeweglichkeiten aus den Strecken der Wanderung auf Filtrierpapier ist von KUNKEL und TISELIUS angegeben worden[1]. Siehe hierzu auch den Beitrag „Papierelektrophorese in der Eiweißchemie", S. 136ff.

Aus den Dissoziationskonstanten der dissoziierenden Gruppen in Nucleosiden und Nucleotiden und aus ihren angenähert zu ermittelnden Reibungswiderständen lassen sich die relativen Wanderungsgeschwindigkeiten berechnen. Die pK-Werte der primären und der sekundären Dissoziation der Phosphatgruppen der verschiedenen Ribonucleotide und der dissoziierenden Gruppen der Basen der Nucleotide und Nucleoside (Aminogruppe von Adenin, Guanin und Cytosin, Enolgruppe von Guanin, Cytosin, Uracil und Thymin) sind in Tabelle 5, S. 1077, angegeben.

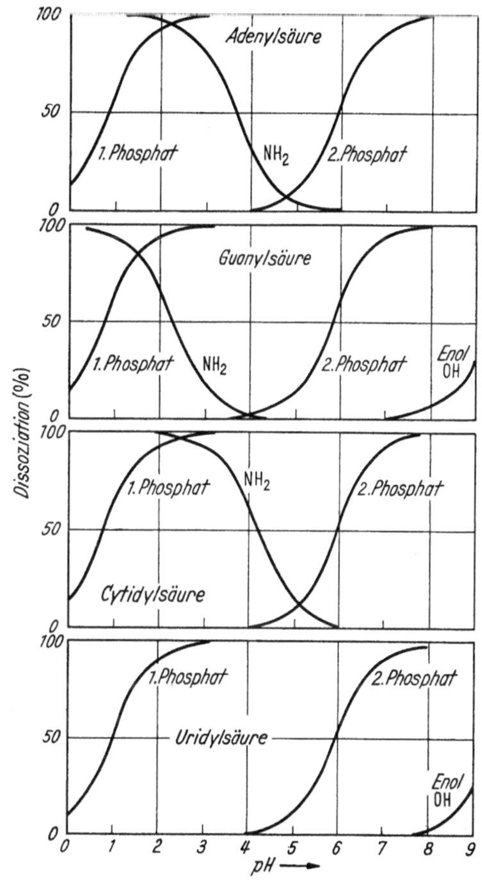

Abb. 28. Dissoziationskurven der ionisierenden Gruppen in den 4 Ribonucleotiden[3] (nach Daten von LEVENE und SIMMS).

Die Dissoziationskurven dieser ionisierenden Gruppen sind in Abb. 28 dargestellt[2, 3]. Ihnen liegen die Bestimmungen von LEVENE und SIMMS zugrunde, die lange vor der

[1] KUNKEL, H. G., and A. TISELIUS: J. gen. Physiol. **35**, 89 (1951).

[2] MARKHAM, R.: The Separation of Nucleic Acids Derivatives by Electrophoresis on Paper; in: Moderne Meth. Pfl.-Analyse (PAECH-TRACEY). Bd. IV, S. 278.

[3] SMITH, J. D.: The electrophoretic separation of nucleic acid components; in: CHARGAFF-DAVIDSON, Nucleic Acids. Bd. I, S. 267ff.

Erkennung und Trennung der isomeren 2'- und 3'-Phosphate, also vermutlich mit ihren Gemischen, ausgeführt wurden. Doch sind die Unterschiede der Dissoziationskonstanten der Ribonucleosid-2'- und 3'-phosphate sehr klein[1]. Die Dissoziationskonstanten der Desoxyribonucleotide sind jenen der entsprechenden Ribonucleotide sehr nahe (s. Tabelle 5, S. 1077).

β) Methodisches zur Elektrophorese.

1. Apparate. Es sind schon recht viele und verschiedenartige Elektrophorese-Apparate beschrieben worden, einfache, die leicht selbst zusammengestellt werden können, und leistungsfähigere, die entsprechend komplizierter sind. Die Wahl wird sich nach dem Zweck der Versuche richten, d. h. nach den Anforderungen, die an Genauigkeit und Schnelligkeit der zu erzielenden Trennungen gestellt werden müssen. Zu erstreben ist eine völlig gleichmäßige Durchfeuchtung des Papierbogens mit der Elektrolytlösung während der ganzen Versuchsdauer, damit ein gleichmäßiger Spannungsabfall auf seiner ganzen Länge stattfindet und in allen seinen Querschnitten gleichmäßige Wanderungsgeschwindigkeiten möglich sind. Besonders bei Verwendung hoher Spannungen ist eine wirksame Kühlung des Papierbogens unerläßlich, um Verdampfung der Elektrolytlösung zu verhindern. Sie kann durch Eintauchen des Papierstreifens in eine Kühlflüssigkeit oder besser durch Auflegen auf eine gekühlte Unterlage erreicht werden. Die Verzerrung und Ausweitung der Substanzflecken durch Diffusion bei der Wanderung und bei der nachträglichen Lokalisation muß in Grenzen bleiben. Es ist nützlich, wenn die Lage der Flecke auch während des Versuches verfolgt werden kann (durch Betrachtung im monochromatischen UV-Licht)[2]. Ausführliche Angaben zur Papierelektrophorese s. S. 1200ff.

Einfache Apparate, die selbst herzustellen oder im Handel erhältlich sind, werden beschrieben von[3-19].

Apparate, in denen der Papierstreifen durch eine mit Kältesole durchströmte Unterlage wirksam gekühlt wird, sind angegeben bei[20, 21]. Sie gestatten die Anwendung höherer Spannungen (3000—10000 V, so daß 30—100 V/cm mit Streifen bis zu 100 cm erreicht werden), verkürzen daher die Laufzeiten und ermöglichen derart auch Trennungen auf längeren Laufstrecken.

---

1 Alberty, R. A., R. M. Smith and R. M. Bock: J. biol. Ch. **193**, 425 (1951).
2 Holiday, E. R., and E. A. Johnson: Nature **163**, 216 (1949).
3 Kunkel, H. G., and A. Tiselius: J. gen. Physiol. **35**, 89 (1951).
4 Markham, R.: The Separation of Nucleic Acids Derivatives by Electrophoresis on Paper; in: Moderne Meth. Pfl.-Analyse (Paech-Tracey). Bd. IV, S. 278.
5 Smith, J. D.: The electrophoretic separation of nucleic acid components; in: Chargaff-Davidson, Nucleic Acids Bd. I, S. 267ff.
6 Tiselius, A., and P. Flodin: Adv. Protein Chem. **8**, 461 (1953).
7 Kunkel, H. G.: Meth. biochem. Analysis. Bd. 1, S. 141.
8 Wunderly, C.: Chimia, Zürich **7**, 145 (1953).
9 Lederer, M.: Paper Electrophoresis. Amsterdam 1955.
10 Block, R., E. L. Durrum and G. Zweig: A Manual of Paper Chromatography and Paper Electrophoresis. New York 1955.
11 Wieland, T., u. F. Fischer: Naturwiss. **35**, 29 (1948). — Wieland, T., u. L. Bauer: Angew. Chem. **63**, 511 (1951).
12 Durrum, E. L.: Am. Soc. **72**, 2943 (1950).
13 Cremer, H. D., u. A. Tiselius: B. Z. **320**, 273 (1950).
14 Grassmann, W., u. K. Hannig: Naturwiss. **37**, 469 (1950) (Elphor H-Gerät).
15 Markham, R., and J. D. Smith: Nature **163**, 250 (1949); **168**, 406 (1951).
16 Markham, R., and J. D. Smith: Biochem. J. **49**, 401 (1951); **52**, 552, 558, 565 (1952). — Markham, R., R. E. F. Matthews and J. D. Smith: Nature **173**, 537 (1954).
17 Michl, H.: Mh. Chem. **82**, 489 (1951); **83**, 737 (1952).
18 Crestfield, A. M., and F. W. Allen: Analyt. Chem., Washington **27**, 422 (1955).
19 Werkheiser, W. C., and R. J. Winzler: J. biol. Ch. **204**, 971 (1953).
20 Wieland, T., u. G. Pfleiderer: Angew. Ch. **67**, 257 (1955).
21 Werner, G., u. O. Westphal: Angew. Ch. **67**, 251 (1955).

Auch präparative elektrophoretische Trennungen von Substanzgemischen (bis zu 200 mg-Mengen) sind mit einigen der beschriebenen Geräte möglich[1–5].

Apparate für kontinuierliche Elektrophoresen und einige ihrer Anwendungen[6–10].

Die Bedingungen der Elektrophorese sind so zu wählen, daß die Unterschiede der Ladungen der zu trennenden Stoffe möglichst groß sind (Wahl eines geeigneten p_H der Elektrolytlösung). Auch die Bildung von Boratkomplexen verhilft in einigen Fällen zu Trennungen. In anderen Fällen wirken sich, bei gleicher Ladung der wandernden Teilchen, die Unterschiede ihrer Masse und Form aus.

2. Papiere und Pufferlösungen. Die für papierchromatographische Trennungen geeigneten Papiersorten können auch für elektrophoretische Trennungen dienen. Öfter werden dickere Papiere verwendet (z. B. Whatman Nr. 3 MM, Schleicher und Schüll 2071, Munktell No. 20/350), vor allem für Trennungen größerer Mengen. Quantitative Bestimmungen der gewanderten Verbindungen durch Messung der UV-Absorption und durch Phosphatanalysen verlangen eine Vorbehandlung des Papiers (s. S. 1153).

Die verwendeten Pufferstoffe müssen UV-lichtdurchlässig sein. Salze mit einwertigen Ionen sind vorzuziehen, ebenso solche, die aus flüchtigen Teilen bestehen. Phosphate sind selbstverständlich zu vermeiden, wenn Phosphatnachweise auf dem Papierstreifen ausgeführt werden sollen. Einige Pufferlösungen:

a) p_H 1,9: 150 cm^3 Eisessig, 50 cm^3 Ameisensäure, 800 cm^3 Wasser.
b) p_H 3,5: 0,05 m Formiat (20 Vol. m Ammoniumformiat + 30 Vol. n Ameisensäure, auf 1 Liter aufgefüllt).
c) p_H 4,6: 0,05 m Acetat (25 Vol. m Ammoniumacetat + 25 Vol. n Essigsäure, auf 1 Liter aufgefüllt).
d) p_H 5,8, 6,2, 7,4: 0,05 m Phosphatpuffer.
e) p_H 6,5: 100 cm^3 Pyridin, 10 cm^3 Eisessig, 890 cm^3 Wasser.
f) p_H 8,0: 0,05 m Natriumhydrogencarbonat.
g) p_H 9,2: 0,05 m Boratpuffer (m/20 Borax).

3. Herstellung der Analysenlösungen. Die Papierelektrophorese der Nucleotidgemische ist angewandt worden für die quantitative Analyse von RNS[11]. Die Nucleinsäuren wurden in Konzentrationen von etwa 5 mg/cm^3 in 0,3 n KOH bei 37° für 18 Std hydrolysiert. Die Hydrolysate wurden mit 60 gew.-%iger $HClO_4$ auf p_H 1 gebracht, die $KClO_4$-Niederschläge durch Zentrifugation abgetrennt und mit wenig Wasser gewaschen, die vereinten Lösungen auf p_H 4 gebracht und aufgefüllt. Elektrophorese in Pufferlösung von p_H 3,5. Die Herstellung von DNS-Hydrolysaten kann nur enzymatisch erfolgen: Einwirkung von Desoxyribonuclease bei p_H 7,0, dann von Schlangengift-Diesterase bei p_H 10,0, zur vollständigen Freilegung der 5'-Mononucleotide. Das Gift muß vorher sorgfältig von der 5'-Phosphatase befreit werden, da sonst ein Teil der Nucleotide dephosphoryliert wird.

Das Auftragen der Analysenlösung auf den Papierbogen (z. B. Streifen 56 × 8 cm) geschieht in gleicher Weise wie vor einer chromatographischen Trennung (s. S. 1155). Wenn quantitative Bestimmungen beabsichtigt sind, so sind die gleichen Kautelen zu

[1] WIELAND, T., u. G. PFLEIDERER: Angew. Chem. **67**, 257 (1955).
[2] WERNER, G., u. O. WESTPHAL: Angew. Chem. **67**, 251 (1955).
[3] KUNKEL, H. G., and A. TISELIUS: J. gen. Physiol. **35**, 89 (1951).
[4] CANNON, J. R., and A. R. GILSON: Chem. & Industr. **1954**, 120.
[5] ARMITAGE, J. B., J. R. CANNON, A. W. JOHNSON, L. F. J. PARKER, E. LESTER-SMITH, W. H. STAFFORD and A. R. TODD: Soc. **1953**, 3849.
[6] SVENSSON, H., and I. BRATTSTEN: Ark. Kemi **1949**, 401.
[7] GRASSMANN, W., u. K. HANNIG: H. **292**, 32 (1953).
[8] PFEIL, E., u. W. KANNGIESSER: H. **296**, 79 (1954).
[9] SATO, T. R., W. P. NORRIS and H. H. STRAIN: Analyt. Chem., Washington **24**, 776 (1952).
[10] HOLDSWORTH, E. S.: Biochem. J. **55**, XIV (1953).
[11] DAVIDSON, J. N., and R. M. S. SMELLIE: Biochem. J. **52**, 599 (1952). — CROSBIE, G. W., R. M. S. SMELLIE and J. N. DAVIDSON: Biochem. J. **54**, 287 (1953).

beachten. Aufgetragen werden 10—100 mm^3, Tupfen oder Streifen, 3—5 cm von der Eintauchstelle entfernt. Wenn sowohl kathodisch wie anodisch wandernde Stoffe zu erwarten sind, ist ein Auftragen auf die Mitte der Papierstreifen zweckmäßig.

Auch bei der Elektrophorese ist das Mitwandernlassen von bekannten Vergleichssubstanzen sehr nützlich.

4. Erkennung der Substanzen nach der Elektrophorese. Die Lokalisation der Flecken nach dem Versuch kann nach den gleichen Verfahren erfolgen wie nach papierchromatographischer Trennung (s. S. 1158): Durch direkte Beobachtung der Fluorescenz im monochromatischen UV-Licht, durch Photographie (Photoprint-Methode), durch Messung der UV-Absorption den ganzen Papierstreifen entlang, durch Reaktionen auf dem Papier. Auch hier ist die FEULGEN-Reaktion für Purin-Desoxyribo-Nucleoside und -Nucleotide brauchbar, die Perjodat-Oxydation mit folgender Färbung mit dem SCHIFFschen Reagens für Ribo-nucleoside und -nucleotide (sofern die letzteren eine freie 1,2-Diolgruppe haben).

Zur quantitativen Bestimmung werden die lokalisierten Nucleotide aus den ausgeschnittenen Papierstückchen eluiert und im UV-Licht photometriert (s. S. 1165).

γ) Beispiele der Ausführung.

1. Die Elektrophorese von Nucleosiden, Purinen und Pyrimidinen. In den Nucleosiden kommen, da kein Phosphat darin gebunden ist, die Aminogruppen und die Hydroxylgruppen der Basen als ionisierbare Gruppen in Betracht; aus Abb. 28 geht hervor, daß die Aminogruppen das Verhalten dieser Ampholyte am stärksten bestimmen. Gleiches gilt für das Verhalten der Purine und Pyrimidine. Eine Trennung des Basengemisches kann zur Analyse eines Nucleinsäuren-Hydrolysats nützlich sein, in dem außer Adenin und Guanin Uridylsäure und Cytidylsäure enthalten sind. Bei p_H 3,5 bleibt Guanin fast unbewegt, Adenin wandert kathodisch, die beiden Nucleotide anodisch. Die Beweglichkeit der Purine und Pyrimidine beträgt rund 15 cm/Std bei 20 Volt/cm bei vollständiger Dissoziation einer ionogenen Gruppe.

Ähnlich wie die Basen verhalten sich die Nucleoside: Uridin läßt sich von Guanosin nicht trennen bei p_H-Werten über 2. Adenosin und Cytidin werden von dem anderen Stoffpaar und voneinander am besten bei p_H 3,3 getrennt; Cytidin wandert dann doppelt so schnell wie Adenosin. Eine Trennung der Ribonucleoside von den Basen wird im Boratpuffer erreicht, da die Riboside Komplexe geben[1].

2. Die Elektrophorese von Nucleotiden. Aus Abb. 29 und ihrer Legende geht hervor, unter welchen Bedingungen eine Trennung der 4 Ribonucleosid-3'-phosphate voneinander und die Trennung der 2'-, 3'- und 5'-Phosphate ein und desselben Nucleosids voneinander am besten gelingt[2]. Bei p_H 3,5 unterscheiden sich die Dissoziationsgrade der 4 Nucleotide mit verschiedener Base derart voneinander, daß eine rasche Trennung erfolgt (Abb. 29, A). Die 2'- und die 3'-Phosphate enthalten im Gegensatz zu den 5'-Phosphaten keine 1,2-cis-Diolgruppe. Nur die letzteren geben daher Boratkomplexe. Im Boratpuffer wandern daher die stärker dissoziierten Komplexe der 4 verschiedenen 5'-Phosphate schneller als die entsprechenden 3'- bzw. 2'-Phosphate[1, 2] (C—F). Die Trennung des 2'- von dem 3'-Phosphat des Cytidins bzw. des Uridins erfolgt am besten bei einer Acidität, bei der diese Nucleotide hälftig dissoziiert sind (p_H 6) (I, J). Die isomeren Adenosin-2'- und -3'-phosphate hingegen werden bei p_H 6 nicht getrennt, wohl aber bei p_H 8 (sterischer Effekt). Die cyclischen Phosphate (2',3'-Phosphate) werden von den nichtcyclischen Isomeren zweckmäßig bei p_H 7 getrennt; bei diesem p_H wirkt sich schon die zweite Dissoziation bei den nichtcyclischen Estern aus, während die cyclischen ja nur eine haben können.

Sehr scharf und schnell gelingt die Trennung von Adenosin-5'-triphosphat (ATP) von seinen Dephosphorylierungsprodukten Adenosin-5'-diphosphat (ADP) und -monophosphat

---

[1] JAENICKE, L., u. I. VOLLBRECHTSHAUSEN: Naturwiss. **39**, 86 (1952). — FOSTER, A. B.: Chem. & Industr. **1952**, 828. — BURKE, D. C.: Chem. & Industr. **1954**, 1510.

[2] CRESTFIELD, A. M., and F. W. ALLEN: Analyt. Chem., Washington **27**, 424 (1955).

(AMP), infolge der verschieden großen Ladungen[1-3]: AMP wandert am langsamsten, ATP am schnellsten (Acetatpuffer 3,5—4,0; $\mu = 0{,}1$). Adenin und Adenosin verschieben sich bei diesen p_H-Werten kathodenwärts, letzteres langsamer.

Die elektrophoretische Trennung ist durchaus geeignet für quantitative Bestimmungen von ATP neben ADP, AMP, Orthophosphat und Pyrophosphat (Arbeitsvorschrift[2]).

Die Trennung der 8-Azaguanylsäure von Guanylsäure und den anderen Nucleotiden aus den PNS von Tabakmosaik-Virus, die aus azaguaninbehandelten Pflanzen isoliert waren, gelingt bei p_H 9[4].

In dem nach SCHMIDT und THANNHAUSER (s. S. 1305) erhaltenen Nucleotidgemisch aus Rattenleber ließen sich nach elektrophoretischer Trennung außer den bekannten Nucleotiden auch sechs andere Phosphat enthaltende Verbindungen nachweisen (durch Autoradiographie nach ^{32}P-Gaben[5]). Nur 75 % des Phosphats der nach diesem Verfahren gewonnenen organischen Phosphorsäure-Verbindungen sind Nucleotid-P.

Eine elektrophoretische Mikromethode ist angegeben worden[6], die 100—1000 pg (1 pg = 10^{-12} g) Nucleotidgemisch (was etwa dem Gehalt einer einzigen Nervenzelle entspricht) zu analysieren gestattet. Als Träger der Elektrolytlösung dient ein puffergetränkter Cellulosefaden (Kupferseide). Nach dem Versuch werden die Nucleotide durch Photographie des Fadens mit Licht von 257 und 275 mμ lokalisiert und bestimmt. Die elektrophoretische Trennung der Adenosin-5'-phosphate *in Lösung* ist genau untersucht worden. Angabe der graphischen Auswertung der nach der Schlieren-Methode erzielten Ergebnisse[7].

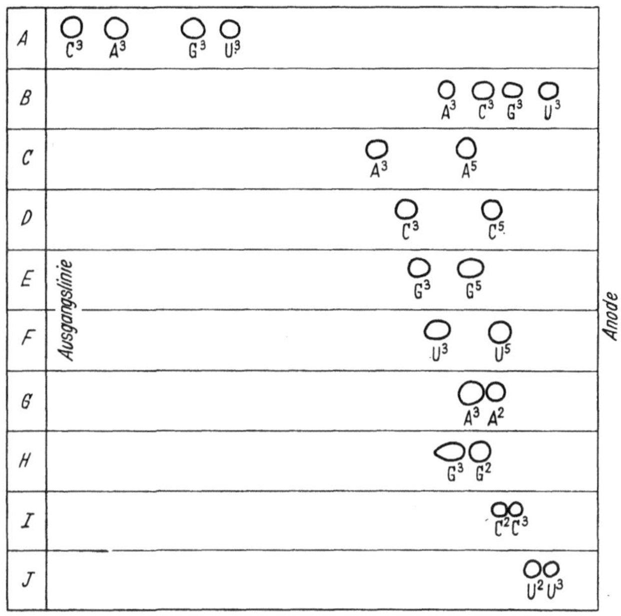

Abb. 29. Trennung der Ribonucleotide durch Elektrophorese[11]. *A*, *G*, *C* und *U* bedeuten Adenylsäure, Guanylsäure, Cytidylsäure und Uridylsäure. Die hochgestellten Zahlen geben die Haftstellen des Phosphat-Restes an. Länge des Papierstreifens 28 cm. *A*. Formiatpuffer; p_H 3,5; Ionenstärke 0,1; Spannungsabfall 30 V/cm; Versuchsdauer 60 min. *B*. 0,1 m Natriumtetraborat; p_H 9,2; 30 V/cm; 93 min. *C*—*F*. 0,1 m Natriumtetraborat; p_H 9,2; 37 V/cm; 90 min. *G*. 0,1 m Natriumhydrogencarbonat; p_H 8,0; 40 V/cm; 120 min. *H*. Formiatpuffer; p_H 3,8; Ionenstärke 0,1; 38 V/cm; 240 min. *I*. Phosphatpuffer; p_H 6,2; Ionenstärke 0,1; 32 V/cm; 125 min. *J*. Phosphatpuffer; p_H 5,8; Ionenstärke 0,1;37 V/cm; 148 min.

3. Auftrennung von enzymatischen NS-Hydrolysaten, die Oligonucleotide enthalten[8-10]. Wenn komplizierte Gemische von Oligonucleotiden vorliegen, wie z. B. in einem durch Ribonuclease hergestelltem Hydrolysat, dann gelingt die elektrophoretische Trennung von diesen 20—30 Nucleotiden nicht. Es empfiehlt sich in solchen Fällen eine papierchromatographische

[1] TURBA, F., u. H. J. ENENKEL: Naturwiss. **38**, 189 (1951). — TURBA, F., H. PELZER u. H. SCHUSTER: H. **296**, 97 (1954).
[2] WADE, H. E., and D. M. MORGAN: Biochem. J. **56**, 41 (1954).
[3] WOLLENBERGER, A.: Nature **173**, 205 (1954).
[4] MATTHEWS, R. E. F.: Nature **171**, 1065 (1953). J. gen. Microbiol. **10**, 521 (1954).
[5] DAVIDSON, J. N., and R. M. S. SMELLIE: Biochem. J. **52**, 599 (1952). — CROSBIE, G. W., R. M. S. SMELLIE and J. N. DAVIDSON: Biochem. J. **54**, 287 (1953).
[6] EDSTRÖM, J. E.: Nature **172**, 809 (1953).
[7] BOCK, R. M., and R. A. ALBERTY: J. biol. Ch. **193**, 435 (1951).
[8] MARKHAM, R., and J. D. SMITH: Biochem. J. **49**, 401 (1951); **52**, 552, 558, 565 (1952). — MARKHAM, R., R. E. F. MATTHEWS and J. D. SMITH: Nature **173**, 537 (1954).
[9] SMITH, J. D., and R. MARKHAM: Nature **170**, 120 (1952).
[10] SMITH, J. D., and R. MARKHAM: Biochim. biophysica Acta, N. Y. **8**, 350 (1952).
[11] CRESTFIELD, A. M., and F. W. ALLEN: Analyt. Chem., Washington **27**, 424 (1955).

Vortrennung auszuführen (Whatman-Papier Nr. 3, Isopropanol : Wasser 7 : 3 v/v; NH_3 im Dampfraum), die etwa 6 verschiedene Gruppen erscheinen läßt (s. S. 1151). Die Trennung der Einzelbestandteile von jeder dieser Gruppen gelingt dann meistens elektrophoretisch, in einem Gang oder höchstens in zwei Gängen.

Da in den Di- und Oligonucleotiden die Phosphorsäure-Reste die gegenseitige Verknüpfung bewirken, ist das Verhältnis der sekundär dissoziierenden Phosphationen zu den primär dissoziierenden immer kleiner als in den Mononucleotiden (<1). Bei p_H-Werten unter 5 kann jedoch die Dissoziation der sekundären Gruppen ohnehin vernachlässigt werden. Bei solchen Aciditäten ist das Verhältnis der Ladungen von Mono-, Di- und Trinucleotiden wie 1 : 2 : 3. Der Reibungswiderstand dieser Ionen in der Flüssigkeit steht jedoch nicht im gleichen Verhältnis, sondern wie 1 : 1,43 : 2. Die Beweglichkeiten werden daher wie 1 : 1,4 : 1,5 zunehmen[1]. Diese Größen konvergieren, so daß bei höheren Nucleotiden die Beweglichkeiten nicht größer als 1,5 mal jene eines Mononucleotids werden. Falls Aminogruppen in der Base enthalten sind, wird bei p_H 3,5 diese Beweglichkeit gemindert. Als allgemeine Regel kann man die Ladungen des ganzen Moleküls algebraisch addieren und die Summe bei Dinucleotiden durch 1,43, bei Trinucleotiden durch 2 teilen. Es ergibt sich so das Verhältnis der Beweglichkeiten zu einem Bezugsstoff mit der Ladung 1 und der angenommenen Reibung 1, z. B. zu Uridylsäure. (Eine Tabelle der derart berechneten Beweglichkeiten verschiedener Oligonucleotide bei[2].)

Dinucleotide mit cyclischem Phosphatrest werden, so wie cyclische Mononucleotide, von nichtcyclischen Nucleotiden durch Elektrophorese bei p_H 7,4 getrennt. Ihre Trennung ist im übrigen auch durch Papierchromatographie möglich.

Dinucleosidmonophosphate können ebenfalls nur primär dissoziieren; sie haben einen geringeren Reibungswiderstand als Dinucleotide.

Mononucleosiddiphosphate (2′,5′- und 3′,5′-Diphosphate) haben hohe Beweglichkeiten, da ihr Reibungswiderstand nicht viel größer ist als jener von Nucleosidmonophosphaten. Bei p_H-Werten über 7 sind sie die schnellsten Nucleinsäure-Spaltstücke; auch bei p_H 3,5 werden sie leicht voneinander und von den Nucleosidmonophosphaten getrennt.

Isomere Oligonucleotide, wie etwa AGU, GAU, GUA usw., werden elektrophoretisch nicht getrennt.

Eine elektrophoretische Unterscheidung von RNS und DNS ist[3] beschrieben.

d) Trennung und Gewinnung der Nucleoside und Nucleotide durch Gegenstromverteilung.

Eine Reihe von Lösungsmittel-Systemen zur Reinigung und Trennung von Nucleosiden und Nucleotiden durch Gegenstromverteilung ist schon untersucht worden. Es läßt sich jedoch noch nicht beurteilen, in welchen Fällen diese Verfahren der Ionenaustausch-Chromatographie überlegen sind. Zur Reindarstellung eines Hauptbestandteils aus nicht zu komplizierten Gemischen mögen sie geeignet sein. Wirksame Trennungen werden erzielt, wenn der Verteilungskoeffizient des betreffenden Stoffes in der Nähe von 1 ist und sich von dem der Begleitstoffe stark unterscheidet. Zur Methodik im allgemeinen s. den Abschnitt über Gegenstromverteilung Bd. I, S. 260ff.

Nucleoside lassen sich mit einer Anzahl von Lösungsmitteln aus wäßriger Phase extrahieren und verteilen.

Guanosindesoxyribosid wird durch ein Chloroform-Äthanolgemisch (2 : 1) aus einem enzymatischen DNS-Hydrolysat ausgezogen und dadurch bis zur Kristallisation gereinigt[4]. Die Trennung der Desoxyriboside von Adenin, Guanin, Cytosin und Uracil aus einem durch Erhitzen von DNS mit Bleihydroxyd gewonnenen Hydrolysat gelingt erst durch

[1] Markham, R., and J. D. Smith: Biochem. J. **49**, 401 (1951); **52**, 552, 558, 565 (1952). — Markham, R., R. E. F. Matthews and J. D. Smith: Nature **173**, 537 (1954).
[2] Markham, R., and J. D. Smith: Biochem. J. **49**, 401 (1951); **52**, 552, 558, 565 (1952). — Markham, R., R. E. F. Matthews and J. D. Smith: Nature **173**, 537 (1954).
[3] Deimel, M., u. W. Maurer: Naturwiss. **39**, 489 (1952).
[4] Schindler, O.: Helv. **32**, 979 (1949).

4tägige fortgesetzte Verteilung zwischen Butanol und Wasser[1]. Ausbeuten von 60 bis 500 mg aus 25 g DNS.

Adeninthiomethylribosid kann aus Hefekochsaft durch n-Butanol extrahiert, durch wenige Verteilungsschritte von Begleitstoffen getrennt und derart kristallisiert erhalten werden[2].

Die *Verteilungskoeffizienten der Purine, Pyrimidine, Ribonucleoside und Ribonucleotide* im System: n-Butanol—1 m Phosphatpuffer vom p_H 6,5 sind bestimmt worden[3]:

Ribonucleoside		*Ribonucleotide*	
Adenosin . . .	0,76	Adenylsäure . . .	0,02
Guanosin . . .	0,12	Guanylsäure . . .	0,02
Inosin	0,12	Uridylsäure . . .	0,01
Xanthosin . .	0,05	Cytidylsäure . . .	0,01
Uridin	0,12		
Cytidin. . . .	0,08		

Zur Trennung der Nucleoside ist dieses System brauchbar, nicht jedoch, wie aus den Angaben ersichtlich, zur Trennung der Nucleotide.

Eine sehr wirksame Reinigung von *Diphosphopyridinnucleotid* vom Rohprodukt mit 60% bis auf ein Präparat von mindestens 96—98 %iger Reinheit läßt sich mit 70—80 %iger Ausbeute durch nur 24 Verteilungsschritte mit dem System Phenol—Wasser erreichen (200 cm³ Wasser mit 20 mg KCl, 70 cm³ Phenol, 30 cm³ Chloroform). Dieses Verfahren ist sehr geeignet zur Reinigung auch größerer Mengen von DPN[4].

Einfache *Nucleotide und andere Phosphorsäureester* lösen sich zu wenig in organischen Lösungsmitteln, um durch Verteilung gereinigt werden zu können. Indessen läßt sich diese Schwierigkeit überwinden durch Zugabe von Basen, die bevorzugt in der organischen Phase löslich sind, so z. B. von langkettigen aliphatischen Aminen[5]. Dann haben die sich bildenden substituierten Ammoniumsalze brauchbare Verteilungskoeffizienten. Derart wurde eine wirksame Gegenstromverteilung verschiedener biologisch wichtiger Phosphate erreicht (z. B. von Mononucleotiden, DPN, TPN). Untersucht wurden verschiedene Systeme mit 1 %iger NaCl-Lösung als wäßriger Phase und n-Butanol, n-Pentanol, n-Hexanol und n-Octanol als organischer Phase, der 5% Hexadecylamin bzw. Octadecylamin zugegeben waren. Im System n-Octanol—Octadecylamin (p_H 7,1) z. B. kann eine gute Trennung von Adenosin-3'-phosphat, Adenosin-5'-phosphat, Adenosin-5'-diphosphat, Adenosin-5'-triphosphat erzielt werden (Verteilungskoeffizienten: 0,6; 1,6—2,2; 7,8; 43,2).

8. Die einzelnen Nucleoside.

a) Ribonucleoside.

α) Nucleoside aus Ribonucleinsäuren.

1. Adenosin = Adenin-(9)-ribosid $C_{10}H_{13}O_4N_5$.

Vorkommen. Adenosin wurde 1909 von LEVENE und JACOBS[6] aus einem alkalischen Hydrolysat von Hefe-RNS erhalten und als Adeninribosid erkannt. Der Nachweis der Furanoseringstruktur der Pentose wurde 1932 geführt[7]. Durch Vergleich des Adenosin-UV-Spektrums mit jenem von 9-Methyladenin und 7-Methyladenin wurde wahrscheinlich gemacht, daß der Zucker am N-Atom (9) von Adenin haftet[8]. Synthesen von Adenosin[9-11]

[1] WEYGAND, F., A. WACKER u. H. DELLWEG: Z. Naturforsch. **6**b, 130 (1951).
[2] WEYGAND, F., R. JUNK u. D. LEBER: H. **291**, 191 (1952).
[3] TINKER, J. F., and G. B. BROWN: J. biol. Ch. **173**, 585 (1948).
[4] HOGEBOOM, G. H., and G. T. BARRY: J. biol. Ch. **176**, 935 (1948).
[5] PLAUT, G. W. E., S. A. KUBY and H. A. LARDY: J. biol. Ch. **184**, 243 (1950).
[6] LEVENE, P. A., u. W. A. JACOBS: B. **42**, 2703 (1909).
[7] LEVENE, P. A., and R. S. TIPSON: J. biol. Ch. **97**, 491 (1932).
[8] GULLAND, J. M., and E. R. HOLIDAY: Soc. **1936**, 765.
[9] DAVOLL, J., B. LYTHGOE and A. R. TODD: Soc. **1948**, 967.
[10] DAVOLL, J., and B. A. LOWY: Am. Soc. **73**, 1650 (1953).
[11] KENNER, G. W., C. W. TAYLOR and A. R. TODD: Soc. **1949**, 1620.

und oxydative Abbaureaktionen erhärteten diese Annahme und sicherten auch die β-glykosidische Konfiguration. Adenosin ist daher als Adenin-(9)-β-D-ribofuranosid zu formulieren[1, 2].

Adenosin ist auch als Spaltstück der Pankreas-RNS, der Tritico-RNS, der Hefeadenylsäure, der Muskeladenylsäure, des Adenosindiphosphats und Adenosintriphosphats, der Co-Dehydrogenasen I und II, des Flavinadenindinucleotids und des Coenzyms A nachgewiesen worden. Es ist Bestandteil aller bisher näher untersuchten RNS.

Das Vorkommen von freiem Adenosin in größeren Konzentrationen ist nur in wenigen Fällen angegeben; da nicht immer eine Bildung aus seinen Phosphorsäureestern durch postmortale Hydrolyse oder bei der Isolierung ausgeschlossen wurde, wäre eine Nachprüfung der Befunde mit neueren Methoden nützlich. Die Anwesenheit des freien Nucleosids ist angegeben worden (wobei jedoch das Nucleotid nicht ausgeschlossen wurde): in Extrakten des Herzmuskels[3]; in solchen des Skeletmuskels[4]; im menschlichen Harn, jedoch nicht regelmäßig und nur in sehr geringen Mengen[5, 6]; in der Milch und im Blut[5, 7]; im Pankreas[8]; im embryonalen Gewebe[6]; im Giftsekret der Puffotter Bitis arietans (zu 12%, wobei das freie Nucleosid sicher als solches ausgeschieden wird) und in jenem der „grünen Mamba“ Dendraspis viridis (zu 2,6%)[9]. Über das Vorkommen im Gift einiger australischer Schlangen[10]. Ein Verfahren zur Extraktion der in tierischen Geweben frei vorkommenden Nucleotide, Nucleoside, Purine und Pyrimidine (mit Dimethylformamid), zu ihrer papierchromatographischen Trennung und spektrophotometrischen Bestimmung ist von Dorough und Seaton[11] ausgearbeitet worden. Freies Adenosin wurde vor allem in Herz und Niere (der Maus) in größeren Konzentrationen (24 bzw. 35 γ/g des frischen Organs) gefunden.

7-(D-Ribofuranosido)-adenin entsteht als Abbauprodukt des Pseudovitamins B_{12}[12].

Darstellung. Die 4 Ribonucleoside Adenosin, Guanosin, Cytidin und Uridin werden durch alkalische Hydrolyse von RNS mit wäßrigem Ammoniak[13], Bleioxyd, Zinkoxyd[14], Pyridin[15, 16] (s. S. 1128) sowie durch enzymatische Dephosphorylierung der RNS erhalten[15, 17, 18]. Einzelne Ribonucleoside sind auch durch enzymatische Dephosphorylierung des entsprechenden Ribonucleotids dargestellt[19, 20] worden (s. S. 1129). Die präparative Trennung des Nucleosidgemisches in den RNS-Hydrolysaten kann durch Fällung, Kristallisation (s. S. 1128), Chromatographie an Stärke[21] und Ionenaustausch[22] (s. S. 1136) erfolgen.

Zur Darstellung von Adenosin und Guanosin, die in 8-Stellung mit ^{14}C markiert sind, wurde zu Hefekulturen Adenin-^{14}C gegeben. Die Nucleoside ließen sich über die Nucleotide

[1] Lythgoe, B., H. Smith and A. R. Todd: Soc. **1947**, 355.
[2] Davoll, J., B. Lythgoe and A. R. Todd: Soc. **1946**, 833.
[3] Szent-Györgyi, A., and A. N. Drury: J. Physiol., London **68**, 213 (1929).
[4] Embden, G., u. M. Zimmermann: H. **167**, 114 (1927).
[5] Kay, H. D., and P. G. Marshall: Biochem. J. **22**, 416 (1928).
[6] Calvery, H. O.: J. biol. Ch. **77**, 489 (1928); **86**, 263 (1930).
[7] Hoffman, W. S.: J. biol. Ch. **63**, 675 (1925).
[8] Jones, W., and M. E. Perkins: J. biol. Ch. **62**, 291 (1924/25).
[9] Fischer, F. G., u. H. Dörfel: H. **296**, 232 (1954).
[10] Doery, H. M.: Nature **177**, 381 (1956).
[11] Dorough, G. D., and D. L. Seaton: Am. Soc. **76**, 2873 (1954).
[12] Friedrich, W., u. K. Bernhauer: Angew. Chem. **68**, 580 (1956).
[13] Levene, P. A., u. W. A. Jacobs: B. **43**, 3154 (1910). — Levene, P. A., u. F. B. la Forge: B. **45**, 608 (1912).
[14] Dimroth, K., L. Jaenicke u. D. Heinzel: A. **566**, 206 (1950).
[15] Bredereck, H., A. Martini u. F. Richter: B. **74**, 694 (1941).
[16] Harris, R. J. C., and J. F. Thomas: Nature **161**, 931 (1948).
[17] Bredereck, H.: B. **71**, 408 (1938).
[18] Hartmann, M., u. W. Bosshard: Helv. **21**, 1554 (1938).
[19] Reichard, P., Y. Takenaka and H. S. Loring: J. biol. Ch. **198**, 599 (1952).
[20] Kerr, S. E., K. Seraidarian and G. B. Brown: J. biol. Ch. **188**, 207 (1951).
[21] Reichard, P.: Nature **162**, 662 (1948).
[22] Cohn, W. E.: Am. Soc. **72**, 1471 (1950). — Jaenicke, L., u. K. von Dahl: Naturwiss. **39**, 87 (1952).

aus den entstandenen RNS gewinnen[1]. Alle 4 Tritium enthaltenden Ribonucleoside wurden über RNS aus Hefe gewonnen, in deren Kulturflüssigkeit tritiumhaltiges Natriumacetat und Wasser sich befanden[2].

Das Adenosin aus dem Giftsekret von Bitis arietans ließ sich durch Ultrafiltration des wäßrigen Giftextraktes von den Eiweißstoffen abtrennen und kristallin erhalten[3].

Die erste Synthese von Adenosin erfolgte durch Umsetzung von 2,8-Dichlor-adenin mit Triacetylchlor-D-ribofuranose, hydrolytische Abspaltung der Acetylreste und hydrierende Eliminierung der beiden Chloratome[4]. Spätere Synthesen bedienten sich der Umsetzung von 4,6-Diamino-2-methylthiopyrimidin mit 2,3,4-Triacetyl-5-benzyl-D-ribose[5] bzw. von Chlormercuri-6-acetaminopurin mit Triacetylchlor-D-ribofuranose[6].

Physikalische Eigenschaften. Adenosin kristallisiert aus wäßriger Lösung in langen, feinen Nadeln (monoklin)[7], welche $1^1/_2$ Mol Kristallwasser enthalten. Dieses wird erst bei 110° im Vakuum abgegeben. F 229° (bei raschem Erhitzen)[8]; F 234—235°[4]; F 236°[6]. Wenig löslich in kaltem, leicht in heißem Wasser; die Löslichkeit wird durch Salze und andere Begleitstoffe stark erhöht. Sehr wenig löslich in Äthanol. $[\alpha]_D^{20}$: —63,3°, in Wasser[8]; $[\alpha]_D^{9}$: —58,2° (c = 0,658, in Wasser); $[\alpha]_D^{11}$: —61,7° (c = 0,706, in Wasser)[4]. UV-Absorption[9, 10] und Dissoziationskonstanten[10] sind S. 1115, 1121 bzw. 1076 angegeben. Kristallstruktur von Adenosin und anderen Nucleosiden[7, 11].

Nachweis und Bestimmung. Adenosin wird aus Gemischen zweckmäßig durch Papierchromatographie (s. S. 1150)[12], oder Ionenaustausch[13] oder Elektrophorese (s. S. 1168)[14] abgetrennt und durch Messung der UV-Absorption identifiziert und bestimmt (s. S. 1110, 1164). Beschrieben wurden auch eine polarographische Bestimmung[15] sowie ein pharmakologischer Nachweis[16].

Zur Fällung und Charakterisierung von mg-Mengen eignet sich das schwerlösliche *Pikrat* $C_{10}H_{13}O_4N_5 \cdot C_6H_2(NO_2)_3OH$, das in glänzenden Blättchen auskristallisiert. F 185° (nach Sintern von 180° an)[8]. Zerlegung des Pikrats[6]: Die Lösung von 0,4 g Adenosinpikrat in 80 cm³ heißem Wasser wird mit wenig Anionenaustauscherharz (Dowex-1) in der Chloridform geschüttelt. Nach der Filtration erfolgt eine erneute Behandlung mit Austauscher und Filtration. Zu der Lösung gibt man eine äquivalente Menge Natronlauge zu, engt die farblose Lösung im Vakuum auf 4 cm³ ein und erhält beim Stehenlassen 0,176 g kristallisiertes Adenosin (82% der Theorie) vom F 236°.

Pentabenzoyl-adenosin[17]. Aus Äthanol in Nadeln, F 187°. Darstellung: Man löst 0,5 g Adenosin in 25 cm³ siedendem trockenem Pyridin, kühlt auf Zimmertemperatur ab, gibt

---

1 KERR, S. E., K. SERAIDARIAN and G. B. BROWN: J. biol. Ch. **188**, 207 (1951).
2 EIDINOFF, M. L., H. C. REILLY, J. E. KNOLL and D. H. MARRIAN: J. biol. Ch. **199**, 511 (1952).
3 FISCHER, F. G., u. H. DÖRFEL: H. **296**, 232 (1954).
4 DAVOLL, J., B. LYTHGOE and A. R. TODD: Soc. **1948**, 967.
5 KENNER, G. W., C. W. TAYLOR and A. R. TODD: Soc. **1949**, 1620.
6 DAVOLL, J., and B. A. LOWY: Am. Soc. **73**, 1650 (1953).
7 FURBERG, S.: Acta chem. scand. **4**, 751 (1950).
8 LEVENE, P. A., u. W. A. JACOBS: B. **42**, 2703 (1909).
9 GULLAND, J. M., and E. R. HOLIDAY: Soc. **1936**, 765.
10 BEAVEN, G. H., E. R. HOLIDAY and E. A. JOHNSON; in: CHARGAFF-DAVIDSON, Nucleic Acids. Bd. I, S. 510. — HOTCHKISS, R. D.: J. biol. Ch. **175**, 315 (1948). — KALCKAR, H. M.: J. biol. Ch. **167**, 429, 445 (1947).
11 CLARK, C. C.: Arch. Biochem. **31**, 18 (1951). — BILES, J. A., N. F. WITT and C. F. POE: J. amer. pharmaceut. Ass., sci. Ed. **42**, 53 (1953).
12 CARTER, C. E.: Am. Soc. **72**, 1466 (1950). — CARPENTER, D. C.: Analyt. Chem., Washington **24**, 1203 (1952). — LÖFGREN, N.: Acta chem. scand. **6**, 1030 (1952).
13 COHN, W. E.: Am. Soc. **72**, 1471 (1950). — JAENICKE, L., u. K. v. DAHL: Naturwiss. **39**, 87 (1952).
14 DIMROTH, K., L. JAENICKE u. I. VOLLBRECHTSHAUSEN: H. **289**, 71 (1952). — JAENICKE, L., u. I. VOLLBRECHTSHAUSEN: Naturwiss. **39**, 86 (1952).
15 HEATH, J. C.: Nature **158**, 23 (1946).
16 GADDUM, J. H., W. S. PEART and M. VOGT: J. Physiol., London **108**, 467 (1949).
17 WEYGAND, F., u. F. WIRTH: B. **85**, 1000 (1952).

zu der Lösung 1,3 cm³ Benzoylchlorid, läßt 1 Tag stehen (38°) und gießt anschließend in Wasser ein. Das Benzoylierungsprodukt scheidet sich zunächst ölig ab, erstarrt aber nach dem Anreiben im Laufe von mehreren Stunden. Die amorphe Substanz wird mit Wasser gewaschen und aus Äthanol umkristallisiert, F 187°.

Weitere Adenosinderivate: *2',3'-Isopropyliden-adenosin* (aus Aceton), F 216° [1]; *2'-Acetyl-adenosin:* farblose irreguläre Platten, F 67—70° [2]; *Triacetyl-adenosin:* aus absolutem Äthanol, F 174°, $[\alpha]_D^{20}$: —27,9° (in Chloroform)[3]; *5'-Trityl-adenosin*, F 259—260°, $[\alpha]_D^{20}$: —8,8° (in Chloroform)[4].

Chemisches Verhalten. Adenosin wird durch 2stündiges Erhitzen mit 0,01 n Schwefelsäure auf 100° vollständig in Adenin und D-Ribose gespalten[5]. Durch 3stündiges Erhitzen in 20%iger Salzsäure wird die theoretische Menge Furfurol gebildet[6]. Salpetrige Säure desaminiert zu Inosin[7]. Die Darstellung von Phosphaten des Adenosins erfolgt durch Umsetzung von entsprechend geschützten Adenosinderivaten mit Dibenzylchlorphosphat und anschließende Abspaltung der schützenden Gruppen[2, 8]. Unter geeigneten Bedingungen liefert auch die direkte Phosphorylierung von Adenosin mit Phosphoroxychlorid ein einheitliches Produkt[9]. Adenosin wird von Perjodsäure (1 Mol) zu einem Dialdehyd oxydiert, welcher auch aus Adenin-(9)-β-D-glucopyranosid und Adenin-(9)-β-D-mannopyranosid durch Perjodatoxydation entsteht[10, 11]. Adenosin gibt die Farbreaktionen der Pentosen. Die Reaktion mit Orcin und diejenige mit Anthron wurden unter anderem zur quantitativen Bestimmung des Nucleosids ausgenutzt[12, 13].

Durch Methylierung von Adenosin mit Dimethylsulfat entstehen in stark alkalischer Lösung N(6)-Methyladenosin, bei p_H 8—10 1,N(6)-Dimethyladenosin, bei p_H 6—7 1-Methyladenosin[14].

Physiologisches Verhalten. *Enzymatische Umwandlungen.* Adenosin wird unter der Einwirkung einer „Adenosin-Kinase" aus Hefe (bei p_H 7) bzw. aus Leber (bei p_H 5) durch Adenosintriphosphat zu Muskeladenylsäure phosphoryliert; das Ferment ist streng spezifisch und katalysiert die Phosphorylierung der übrigen Ribonucleoside nicht[15]. In Gegenwart von Phosphatasen wird Adenosin auch von Phosphorsäureestern ohne energiereiche Bindung phosphoryliert. So entstehen unter der Einwirkung von Gerstenphosphatase mit Nucleosid-5'-phosphaten als Phosphatdonatoren aus Ribonucleosiden die dazugehörigen 5'-Phosphate. Mit Prostata-Phosphatase und Phenylphosphat werden aus den Ribonucleosiden die entsprechenden 2'-, 3'- und 5'-Phosphate gebildet[16].

Nucleosid-Hydrolase aus Hefe spaltet Adenosin, Guanosin, Inosin, Xanthosin und einige synthetische Purinnucleoside in Base und D-Ribose, ohne daß die Gegenwart von Phosphat (oder Arsenat) notwendig wäre[17]. Nucleosid-Phosphorylase aus Leber katalysiert die Spaltung der Riboside und Desoxyriboside von Guanin und Hypoxanthin in

---

[1] WEYGAND, F., u. O. TRAUTH: B. **84**, 633 (1951).
[2] MICHELSON, A. M., and A. R. TODD: Soc. **1949**, 2476.
[3] BREDERECK, H., u. A. MARTINI: B. **80**, 401 (1947).
[4] BREDERECK, H.: B. **66**, 198 (1933).
[5] LEVENE, P. A., u. W. A. JACOBS: B. **42**, 2703 (1909).
[6] HOFFMAN, W. S.: J. biol. Ch. **73**, 15 (1927).
[7] LEVENE, P. A., u. W. A. JACOBS: B. **43**, 3154 (1910). — LEVENE, P. A., u. F. B. LA FORGE: B. **45**, 608 (1912).
[8] LEVENE, P. A., and R. S. TIPSON: J. biol. Ch. **121**, 131 (1937).
[9] BARKER, G. R., and J. M. GULLAND: Soc. **1942**, 231.
[10] LYTHGOE, B., H. SMITH and A. R. TODD: Soc. **1947**, 355.
[11] DAVOLL, J., B. LYTHGOE and A. R. TODD: Soc. **1946**, 833.
[12] MOKRASCH, L. C.: J. biol. Ch. **208**, 55 (1954).
[13] BARRENSCHEEN, H. K., u. T. v. VALYI-NAGY: Z. Naturforsch. **4b**, 203 (1949).
[14] BREDERECK, H., H. HAAS u. A. MARTINI: B. **81**, 307 (1948).
[15] OSTERN, P., T. BARANOWSKI u. J. TERSZAKOWEĆ: H. **251**, 258 (1938). — CAPUTTO, R.: J. biol. Ch. **189**, 801 (1951). — KORNBERG, A., and W. E. PRICER: J. biol. Ch. **193**, 481 (1951).
[16] BRAWERMAN, G., and E. CHARGAFF: Am. Soc. **75**, 4113 (1953).
[17] HEPPEL, L. A., and R. J. HILMOE: J. biol. Ch. **198**, 683 (1952).

Purinbase und Ribose-1-phosphat bzw. die umgekehrte Reaktion; die analoge Spaltung von Adenosin durch dasselbe Enzym ist hingegen nicht gesichert[1]. Auch eine aus Hefe isolierte Nucleosid-Phosphorylase spaltet Adenosin und Xanthosin nicht, wohl aber Guanosin und Inosin[2]. Die Abspaltung der Ribose aus Adenosin, Guanosin und den entsprechenden Nucleotiden erfolgt durch die Einwirkung der Enzymgemische, welche in den Homogenaten der verschiedensten tierischen Gewebe, wie Leber, Niere, Milz usw., enthalten sind[3].

Adenosin wird durch eine spezifische, in den meisten Geweben höherer Tiere vorkommende Desaminase in Inosin verwandelt. Dieses Enzym desaminiert auch Desoxyadenosin, nicht aber Adenin. Nachweis dieser Fermentwirkung[4], Spezifität[5], Verbreitung[5], Prüfung von Fermentgiften[6], Reinigung der Desaminase aus Darmschleimhaut[1, 7].

Adenosin inhibiert die Wirkung der Glucose-Dehydrogenase[8] sowie die Wirkung der Codehydrogenase I benötigenden Enzyme[9].

Adenosin, Guanosin, 2,6-Diaminopurinribosid und Crotonosid werden viel langsamer als die entsprechenden Basen in die RNS der Ratten eingebaut, und zwar gehen Adenosin und 2,6-Diaminopurinribosid in die Adenin- und Guaninanteile der RNS über, während Guanosin und Crotonosid lediglich zum Aufbau der Guaninanteile der RNS verwendet werden[10]. Dieses Verhalten ging aus Versuchen mit Nucleosiden hervor, die in 8-Stellung durch ^{14}C markiert waren.

Wirkungen auf Zellteilung und Wachstum. Im Rattenversuch wird die carcinostatische Wirkung von 8-Azaguanin durch Gaben von Adenin, Adenosin, Guanosin sowie den beiden Purinnucleotiden aufgehoben, durch Guanin jedoch verstärkt[11]. Zur Wirkung von Adenosin, anderen Nucleosiden, Nucleotiden sowie den entsprechenden Purin- und Pyrimidinbasen auf die Mitose von Zellen in Kückengeweben s. [12]. Die Hemmung des Wachstums von Seeigeleiern durch Dinitrophenol wird durch Purinbasen, -nucleoside und -nucleotide zum Teil aufgehoben, durch AMP, ATP und anorganisches Pyrophosphat jedoch verstärkt[13]. Purinnucleoside, Purinnucleotide und DNP heben die Toxicität von 6-Mercaptopurin in Mäusen auf, während die Pyrimidinverbindungen keine Wirkung zeigen[14]. Auf die Epidermis von jungen erkrankten Mäusen gebrachtes Adenosin inhibiert ebenso wie Adrenalin und Cortison die Mitose der Hautzellen[15]. Die Hemmung der Mitose von Pflanzenzellen durch 2,6-Diaminopurin wird durch Adenosin und Adenylsäure teilweise, durch Adenin vollständig beseitigt[16]. Die hemmende Wirkung von Benzimidazol auf das Wachstum und die Zellteilung von Bohnen-Epikotylen wird durch Adenosin, Guanosin sowie die entsprechenden Basen und Nucleotide aufgehoben[17].

Wirkungen auf Mikroorganismen. Die Veränderungen von Adenosin, Guanosin, Inosin und 2,6-Diaminopurinribosid in der Kulturflüssigkeit von Lactobacillus casei sind in

[1] Kalckar, H. M.: J. biol. Ch. **167**, 461 (1947). — Korn, E. D., F. C. Charalampous and J. M. Buchanan: Am. Soc. **75**, 3610 (1953).
[2] Heppel, L. A., and R. J. Hilmoe: J. biol. Ch. **198**, 683 (1952).
[3] Schlenk, F., and M. J. Waldvogel: Arch. Biochem. **12**, 181 (1947).
[4] György, P., u. H. Röthler: B. Z. **187**, 194 (1927).
[5] Schmidt, G.: H. **179**, 243 (1928).
[6] Conway, E. J., and R. Cooke: Biochem. J. **33**, 479 (1939).
[7] Brady, T.: Biochem. J. **36**, 478 (1942).
[8] Brink, N. G.: Acta chem. scand. **7**, 1081 (1953).
[9] Williams, J. N.: J. biol. Ch. **195**, 629 (1952).
[10] Lowy, B. A., J. Davoll and G. B. Brown: J. biol. Ch. **197**, 591 (1952).
[11] Gellhorn, A., E. Hirschberg and A. Kells: J. nat. Cancer Inst. **14**, 935 (1953/54).
[12] Hughes, A.: Exp. Cell Res. **3**, 108 (1952).
[13] Kriszat, G.: Exp. Cell Res. **3**, 584 (1952); **6**, 425 (1954).
[14] Goldin, A.: J. nat. Cancer Inst. **14**, 1247 (1953/54).
[15] Green, H. N., and F. N. Ghadially: Brit. med. J. **1951 I**, 496.
[16] Miller, C.: Proc. Soc. exp. Biol. Med. **83**, 561 (1951).
[17] Galston, A. W., R. S. Baker and J. W. King: Physiol. Plant., København **6**, 859 (1953).

Versuchen mit markierten Nucleosiden näher verfolgt worden[1]. Verbrauch von Adenosin durch Coli-Bakterien[2], Mutanten von Aerobacter aerogenes[3], Clostridium sporogenes[4], Neurospora[5] usw. Zellfreie Extrakte von Coli-Bakterien katalysieren die Desaminierung von Adenosin[6]. Aus Lactobacillus pentosus wurde eine Nucleosid-Hydrolase isoliert, welche Purin- und Pyrimidinriboside spaltet[7]. Die Hemmung des Wachstums von Tabakmosaikvirus durch 2-Aza- und 8-Aza-Derivate von Adenosin und Guanosin wird durch Adenin, Adenosin und Adenylsäure aufgehoben[8].

Aus erhitzten DNS-Präparaten ist ein Adeninderivat isoliert worden, das noch in Konzentrationen von 1 γ/l die Zellteilung in Gewebekulturen verschiedener Pflanzen fördert. Es ist *Kinetin* genannt, als 6-Furfuryladenin erkannt und synthetisiert worden[9]. Auch 6-Furfuryladenosin (9-β-D-Ribofuranosyl-6-furfurylaminopurin) und weitere in der 6-Aminogruppe substituierte Adenosine wurden synthetisiert; sie beschleunigen ebenfalls die Zellteilung[10].

Pharmakologische Effekte. Während Adenin selbst in großen Dosen keine nennenswerte pharmakologische Wirkung zeigt, beeinflußt Adenosin die Herzaktion, die peripheren Blutgefäße, glatte Muskeln, wie Darm und Uterus usw.[11] (s. auch die Adenosin-5'-phosphate S. 1207). In entsprechenden Dosen bewirkt es ebenso wie Adenylsäure den Stillstand des Froschherzens, während gleiche Dosen ATP die Herztätigkeit verbessern[11]. Es verringert die Schlagfrequenz des Herzens; ADP und ATP erhöhen sie[12]. In großer Verdünnung ruft Adenosin ebenso wie AMP, ADP und ATP charakteristische Änderungen der Schlagamplitude des Froschherzens hervor[13]. Adenosin und seine Phosphorsäureester erhöhen die Durchblutung der Coronargefäße[11, 14]. Die Wirkung auf die peripheren Blutgefäße macht sich in einer starken Blutdrucksenkung bemerkbar. Adenosin setzt wie 2-Oxy-, 2-Amino-, 2-Methyl- und 2-Chlor-adenosin den Tonus des isolierten Rattendarmes herab[15]; desgleichen reduziert es den Tonus des Uterus[11]. Adenosin, 2-Chloradenosin und 2-Oxyadenosin rufen nach oraler Aufnahme Magengeschwüre hervor[16].

2. Guanosin = Guanin-(9)-ribosid $C_{10}H_{13}O_5N_5 \cdot 2\,H_2O$.

Vorkommen. Aus einem wäßrigen Extrakt von Rotklee (Trifolium pratense L.) wurde erstmals 1885 von SCHULZE und BOSSHARD[17] ein Guaninpentosid isoliert und Vernin genannt. Das aus Hefenucleinsäure und Pankreasnucleinsäure später gewonnene, seines Guaningehaltes wegen Guanosin genannte Nucleosid war damit identisch[18].

Nachweis der Furanosering-Struktur der D-Ribose[19], ihrer Haftstelle am Guanin (in 9)[20], der β-glykosidischen Konfiguration[21]. Eine erste Synthese ist 1948 ausgeführt

[1] BALIS, M. E., D. H. LEVIN, G. B. BROWN, G. B. ELION, H. VAN DER WERFF and G. H. HITCHINGS: J. biol. Ch. **199**, 227 (1952).
[2] FRIEDMAN, S., and J. S. GOTS: J. biol. Ch. **201**, 125 (1953).
[3] DEVI, P., G. PONTECORVO and C. HIGGINBOTTOM: J. gen. Microbiol. **5**, 781 (1951).
[4] SHULL, G. M., and W. H. PETERSON: Arch. Biochem. **18**, 69 (1948).
[5] PIERCE, J. G., and H. S. LORING: Fed. Proc. **6**, 506 (1947).
[6] OTT, J. L., and C. H. WERKMAN: Arch. Biochem. **48**, 483 (1954).
[7] LAMPEN, J. O., and T. P. WANG: J. biol. Ch. **198**, 385 (1952).
[8] SCHNEIDER, I. R.: Phytopathology **44**, 243 (1954).
[9] MILLER, C. O., F. SKOOG, F. S. OKUMURA, M. H. v. SALTZA and F. M. STRONG: Am. Soc. **78**, 1375 (1956).
[10] KISSMAN, H. M., and M. J. WEISS: J. org. Chem. **21**, 1053 (1956).
[11] ROBERTSON, I., and F. H. SHAW: Austral. J. exp. Biol. med. Sci. **19**, 207 (1941).
[12] SEKIYA, A.: Folia pharmacol. jap. **49**, 268 (1953).
[13] SHEIKHON, F. D.: Bjull. èksper. Biol. Med. URSS **21**, No. 5, 40 (1946).
[14] WINBURG, M. M., D. H. PAPIERSKI, M. L. HEMMER and W. E. HAMBOURGER: J. Pharmacol. exp. Therap. **109**, 255 (1953).
[15] MIHICH, E., D. A. CLARKE and F. S. PHILIPS: J. Pharmacol. exp. Therap. **111**, 335 (1954).
[16] CLARKE, D. A., F. S. PHILIPS and B. WHEELOCK: Cancer, N. Y. **7**, 291 (1954).
[17] SCHULZE, E., u. E. BOSSHARD: H. **9**, 420 (1885); **10**, 80 (1886).
[18] LEVENE, P. A., u. W. A. JACOBS: B. **42**, 2469 (1909).
[19] LEVENE, P. A., and R. S. TIPSON: J. biol. Ch. **97**, 491 (1932).
[20] LYTHGOE, B., H. SMITH and A. R. TODD: Soc. **1947**, 355.
[21] GULLAND, J. M., and L. F. STORY: Soc. **1938**, 692.

worden[1]. Guanosin ist in jungen Teilen zahlreicher grüner Pflanzen nachgewiesen worden, in Blättern, in Beeren, in Samen, im Pollenstaub[2, 3]. Es kommt im Diffusionssaft der Zuckerrüben, in Malzauszügen und im Bier vor. Auch in Pilzen, wie im Mutterkorn (Secale cornutum, dem Sclerotium von Claviceps purpurea), wurde es nachgewiesen. Im Rinderpankreas soll das Nucleosid neben der RNS frei vorkommen[4]. Auch in wäßrigen Extrakten von Kaninchenhaaren ist Guanosin enthalten[5]. Weitere Angaben über das Vorkommen[2, 3].

Nur bei wenigen Auffindungen des freien Guanosins ist ausgeschlossen worden, daß es nicht als Produkt postmortaler Hydrolysen oder bei den Operationen der Gewinnung selbst entstanden wäre. In Organen der Maus ist es weder unmittelbar nach dem Tode noch nach 4 Std nachzuweisen (mit Ausnahme der Nieren, die 4 γ/g enthalten)[6].

Darstellung. Guanosin läßt sich, seiner Schwerlöslichkeit in Wasser wegen, am leichtesten und vollständigsten von allen 4 Ribonucleosiden darstellen. Gewinnung aus Hefe-RNS s. S. 1128, aus Pankreas-RNS s. S. 1353, aus jungen Wicken- oder Kleepflanzen[7], aus Melasseschlempe[8]. Darstellung aus Guanylsäure S. 1247, Darstellung von ^{14}C-markiertem Guanosin[9], Tritium enthaltenden Guanosin[10], mit ^{15}N indiziertem Guanosin[11] (s. S. 1339). Synthesen[12, 13].

Physikalische Eigenschaften. Guanosin scheidet sich aus heißen, wäßrigen Lösungen beim Erkalten oft als gelatinöse Masse aus, die nur bei mikroskopischer Betrachtung feine, verfilzte Nadeln erkennen läßt. Bei langsamer Abkühlung von reinen Lösungen bilden sich größere tyrosinartige Nadeln oder flache Prismen (monoklin), die nach dem Absaugen eine seidenglänzende Masse geben. Sie enthalten 2 Mol Kristallwasser, das erst bei 110° im Vakuum vollständig abgegeben wird[14]. 1 Teil Guanosin löst sich in 1320 Teilen Wasser von 18°, in 33 Teilen siedendem Wasser. In Äthanol, Aceton und Äther unlöslich, schwer löslich in kaltem, löslich in heißem Eisessig. Leicht löslich in verdünnten Mineralsäuren und Alkalien. Aus alkalischen Lösungen fällt Essigsäure eine Gallerte, aus der sich jedoch mit der Zeit schöne Kristalle bilden. F 237°—240° (bei raschem Erhitzen)[14]. Kristallographische Eigenschaften[15]. $[\alpha]_D^{20}$: $-60{,}5°$ (in 0,1 n NaOH gelöst[14]); $[\alpha]_D^{16}$: $-72°$ (synthetisches Guanosin; c = 1,4, in 0,1 n NaOH); $[\alpha]_D^{13}$: $-54°$ (c = 0,19, in 0,1 n NaOH).

UV-Absorption[16] S. 1115; Dissoziationskonstanten S. 1076.

Nachweis und Bestimmung. Aus Gemischen wird Guanosin durch Papierchromatographie (s. S. 1156), Papierelektrophorese (s. S. 1172)[17] und Ionenaustausch abgetrennt. Quantitative Bestimmung durch Messung der UV-Absorption. Durch saure Hydrolyse entsteht das in Wasser schwer lösliche Guanin. Bleiessiglösung fällt Guanosin nicht, wohl

---

1 Davoll, J., B. Lythgoe and A. R. Todd: Soc. **1948**, 967.
2 Lit.-Angaben s. Beilstein Bd. 31, S. 28.
3 Steudel, H., u. E. Peiser: Handb. Pfl.-Analyse (Klein) Bd. 4, S. 448.
4 Levene, P. A., u. W. A. Jacobs: B. Z. **28**, 127 (1910).
5 Bolliger, A., and R. Gross: Austral. J. Sci. **14**, 24 (1951).
6 Dorough, G. D., and D. L. Seaton: Am. Soc. **76**, 2873 (1954).
7 Schulze, E., u. E. Bosshard: H. **9**, 420 (1885); **10**, 80 (1886).
8 Ehrlich, F.: Handb. biol. Arb.-Meth. Abt. I, Teil 7, S. 565 (1923).
9 Kerr, S. E., K. Seraidarian and G. B. Brown: J. biol. Ch. **188**, 207 (1951).
10 Eidinoff, M. L., H. C. Reilly, J. E. Knoll and D. H. Marrian: J. biol. Ch. **199**, 511 (1952).
11 Hammarsten, E., and P. Reichard: Acta chem. scand. **4**, 711 (1950).
12 Davoll, J., B. Lythgoe and A. R. Todd: Soc. **1948**, 1685.
13 Davoll, J., and B. A. Lowy: Am. Soc. **73**, 1650 (1951).
14 Levene, P. A., u. W. A. Jacobs: B. **42**, 2469 (1909).
15 Biles, J. A., N. F. Witt and C. F. Poe: J. amer. pharmaceut. Ass., sci. Ed. **42**, 53 (1953). — Clark, C. C.: Arch. Biochem. **31**, 18 (1951). — Furberg, S.: Acta chem. scand. **4**, 751 (1950).
16 Beaven, G. H., E. R. Holiday and E. A. Johnson; in: Chargaff-Davidson, Nucleic Acids. Bd. I, S. 500. — Gulland, J. M., and L. F. Story: Soc. **1938**, 692. — Falconer, R., J. M. Gulland and L. F. Story: Soc. **1939**, 1784. — Hotchkiss, R. D.: J. biol. Ch. **175**, 315 (1948). — Kalckar, H. M.: J. biol. Ch. **167**, 429, 455 (1947).
17 Jaenicke, L., u. K. von Dahl: Naturwiss. **39**, 87 (1952).

aber nach Zugabe von Ammoniak. Silbernitrat fällt aus wäßriger Lösung eine durchscheinende Gallerte, die von verdünnten Säuren und Alkalien gelöst wird.

Pikrat, gelbe Nadeln, F etwa 190° (aus Wasser).

2',3',5'-Triacetyl-guanosin. 2 g Guanosin werden in 40 g Essigsäureanhydrid nach Zugabe eines Körnchens Natriumacetat gelöst. Abdestillation im Vakuum, Aufnahme des Rückstandes in heißem Chloroform, Umkristallisation aus Äthanol; glasglänzende, prismatische Nadeln, F 226° (unkorr.). $[\alpha]_D^{15}$: +2,3° (in Äthanol)[1].

2',3',5'-Tribenzoyl-guanosin durch Erhitzen von Guanosin und Benzoylchlorid in Pyridin; Nadeln, F 259—261°. $[\alpha]_D^{22}$: −51° (c = 1,01, in Pyridin)[2].

2',3'-Isopropyliden-guanosin, farblose Nadeln, F 299° (Zers.)[3].

1-Methyl-guanosin, F 163° (aus Methanol)[4].

Chemisches Verhalten. Die Hydrolyse zu Guanin und D-Ribose ist in 0,1 n Schwefelsäure bei 100° nach 1 Std vollständig. Desaminierung zu Xanthosin durch Behandlung mit Natriumnitrat und Essigsäure S. 1188[5]. Durch Methylierung mit Dimethylsulfat entsteht in stark alkalischem Medium N(2)-Methylguanosin, bei p_H 6—9 1,N(2)-Dimethylguanosin, bei p_H 4 1-Methylguanosin[6]. Phosphorylierung von Guanosinderivaten[3]. Guanosin verbraucht 1 Mol Perjodat.

Physiologisches Verhalten. Siehe auch den entsprechenden Abschnitt bei Adenosin S. 1178. Eine enzymatische Phosphorylierung findet statt in Gegenwart von Prostatabzw. Kartoffel-Phosphotransferasen mit 5'-Nucleotiden und Phenylphosphat als Phosphatquelle[7]. Nucleosid-Phosphorylasen aus Leber und Hefe spalten Guanosin und Inosin, nicht dagegen Adenosin und Xanthosin[8, 9]. Über die enzymatische Hydrolyse durch Purinnucleosid-Hydrolasen aus Hefe[9], aus Lactobacillus pentosus[10].

In den Geweben höherer Tiere sind für die Guaninverbindungen spezifische Desaminasen enthalten, welche Guanin, Guanosin und Guanylsäure desaminieren[11]. Im Leberhomogenat werden Guanosin, Xanthosin, Guanin, Xanthin und Hypoxanthin enzymatisch oxydiert. Auch Adenosin wird oxydiert, jedoch viel langsamer[12]. Die Oxydation von Guanosin, Guanylsäure und Uridylsäure in der Kulturflüssigkeit bzw. den zellfreien Extrakten von Staphylococcus aureus wird durch Penicillin inhibiert[13].

Mit ^{15}N markiertes Guanosin wurde nach subcutaner Injektion in Ratten nicht in nennenswertem Prozentsatz in die Ratten-RNS eingebaut[14]. Über den Einbau von ^{14}C-markiertem Guanosin in RNS der Ratte[15]. Die Acceleratoren der Blutkoagulation in Rückenmarkextrakt und Milzextrakt wurden als ein Gemisch von Guanosin, Inosin und Hypoxanthin erkannt[16].

3. Cytidin = Cytosin-(3)-ribosid $C_9H_{13}O_5N_3$.

Vorkommen. Cytidin wurde 1912 von LEVENE und LA FORGE[17, 18] als Produkt der alkalischen Spaltung von Hefe-NS isoliert und ist seitdem als regelmäßige Komponente

[1] STEUDEL, H., u. R. FREISE: H. **120**, 126 (1922).
[2] WEYGAND, F., u. W. SIGMUND: B. **86**, 160 (1953).
[3] MICHELSON, A. M., and A. R. TODD: Soc. **1949**, 2476.
[4] BREDERECK, H., u. A. MARTINI: B. **80**, 401 (1947).
[5] LEVENE, P. A., u. W. A. JACOBS: B. **43**, 3150 (1910).
[6] BREDERECK, H., H. HAAS u. A. MARTINI: B. **81**, 307 (1948).
[7] BRAWERMAN, G., and E. CHARGAFF: Am. Soc. **75**, 2020, 4113 (1953).
[8] KALCKAR, H. M.: J. biol. Ch. **167**, 461 (1947). — FRIEDKIN, M.: Am. Soc. **74**, 112 (1952).
[9] HEPPEL, L. A., and R. J. HILMOE: J. biol. Ch. **188**, 665 (1951).
[10] LAMPEN, J. O., and T. P. WANG: J. biol. Ch. **198**, 385 (1952).
[11] Literaturübersicht bei SCHMIDT, G.; in: CHARGAFF-DAVIDSON, Nucleic Acids. Bd. I, S. 598.
[12] RICHERT, D. A., and W. W. WESTERFELD: J. biol. Ch. **184**, 203 (1950).
[13] GROS, F., M. BELJANSKI et M. MACHEBOEUF: Cr. **231**, 184 (1950).
[14] HAMMARSTEN, E., and P. REICHARD: Acta chem. scand. **4**, 711 (1950).
[15] LOWY, B. A., J. DAVOLL and G. B. BROWN: J. biol. Ch. **197**, 591 (1952).
[16] HONG, R.: J. Biochem. **40**, 493 (1953).
[17] LEVENE, P. A., u. W. A. JACOBS: B. **43**, 3150 (1910); **44**, 1027 (1911).
[18] LEVENE, P. A., u. F. B. LA FORGE: B. **45**, 608 (1912).

aller RNS nachgewiesen worden. In frischen Geweben (der Maus) wurde Cytidin nur in Pankreas und Milz nachgewiesen. Nach 4 Std sind in Lunge und Pankreas größere Mengen freies Cytidin nachweisbar (120 γ/g bzw. 1350 γ/g)[1]. Die Struktur ergibt sich aus der Hydrolyse zu Cytosin, Hydrolyse mit Bromwasserstoff und Brom zu Bromuracil und D-Ribonsäure und aus der Desaminierung zu Uridin[2]. Zur Struktur dieses Nucleosids s. S. 1184f. Beweis der Glykosidbindung in 3, s. [2]. Die Furanose-Ringstruktur ergibt sich auch aus der Oxydation mit Perjodat[3], ebenso die β-glykosidische Konfiguration[3, 4]. Eine Bestätigung dieser Struktur wurde durch eine vollständige Röntgenanalyse des Cytidins erbracht[5]. Die Synthese erfolgte 1947, ausgehend von Acetobromribofuranose und 2,6-Diäthoxypyrimidin[6].

Darstellung. Isolierung aus den Hydrolysaten von Hefe-NS, zusammen mit den anderen Nucleosiden[7] s. S. 1128, Abtrennung von Cytidin (und Uridin) mit Hilfe von Kationenaustauscher-Harzen[8] s. S. 1136, in der Stärkesäule[9]. Bildung aus Cytidylsäure durch neutrale Hydrolyse[10]; durch Erhitzen mit wäßrigem Pyridin[11]. Darstellung durch enzymatische Hydrolyse von Cytidylsäure[12].

Darstellung von ^{15}N-markiertem Cytidin[13]; von Tritium enthaltendem Cytidin[14].

Physikalische Eigenschaften. Cytidin kristallisiert aus Wasser, in dem es sehr leicht löslich ist, in langen Nadeln (orthorhombisch)[15], ebenso aus 90%igem Äthanol. In wasserfreiem Äthanol ist es ziemlich schwer löslich; F 230°; 230°—233° (Sintern ab 220°)[16]; $[\alpha]_D^{21}$: +29,6° (c etwa 10, in Wasser)[16]; $[\alpha]_D^{21}$: +37,5° (c = 1,5, in 1%iger H_2SO_4); $[\alpha]_D^{20}$:: +19,4° (in 0,1 n Barytlösung).

Kristallographische Röntgenanalyse[15]. UV-Absorption s. S. 1116; Dissoziationskonstanten s. S. 1076.

Nachweis und Bestimmung. Die papierchromatographische Abtrennung von anderen Nucleosiden und Nucleotiden ist S. 1156 angegeben, die Charakterisierung durch Aufnahme des UV-Spektrums S. 1110ff. Trennung durch Ionophorese[17].

Nach Hydrolyse kann die Farbreaktion von WHEELER und JOHNSON[18] zur Identifizierung von Cytosin dienen[19] (sie wird jedoch auch von Uracil gegeben). Zur Kennzeichnung geeignete Salze[10, 16]:

Sulfat (2 Cytidin · H_2SO_4), lange prismatische Nadeln, F 233° (aus Wasser), $[\alpha]_D^{30}$: +29,7° (c etwa 10 in 1%iger H_2SO_4).

Hydrochlorid (Cytidin · HCl), F 218° (unkorr. aus Wasser).

Nitrat (Cytidin · HNO_3), F 197° (unkorr. aus Wasser).

Pikrat (Cytidin · Pikrinsäure), F 185°—187° (aus Äthanol).

---

1 DOROUGH, G. D., and D. L. SEATON: Am. Soc. **76**, 2873 (1954).
2 LEVENE, P. A., and R. S. TIPSON: J. biol. Ch. **104**, 385 (1935).
3 DAVOLL, J., B. LYTHGOE and A. R. TODD: Soc. **1946**, 833.
4 CLARK, V. M., A. R. TODD and J. ZUSSMAN: Soc. **1951**, 2952.
5 FURBERG, S.: Acta chem. scand. **4**, 751 (1950). Acta crystallogr., London **3**, 325 (1950).
6 HOWARD, G. A., B. LYTHGOE and A. R. TODD: Soc. **1947**, 1052.
7 HARRIS, J. C., and J. F. THOMAS: Soc. **1948**, 1936.
8 ELMORE, D. T.: Soc. **1950**, 2084.
9 PAEGE, L. M., and F. SCHLENK: Arch. Biochem. **40**, 57 (1952).
10 LEVENE, P. A., u. W. A. JACOBS: B. **43**, 3154 (1910); **44**, 1027 (1911).
11 GULLAND, J. M., and H. SMITH: Soc. **1948**, 1527.
12 LORING, H. S., M. L. HAMMELL, L. W. LEVY and H. W. BORTNER: J. biol. Ch. **196**, 821 (1952).
13 HAMMARSTEN, E., P. REICHARD and E. SALUSTE: Acta chem. scand. **3**, 432 (1949). — BERGSTRÖM, S., H. ARVIDSON, E. HAMMARSTEN, N. A. ELIASSON, P. REICHARD and H. v. UBISCH: J. biol. Ch. **177**, 495; **179**, 169 (1949).
14 EIDINOFF, M. L., H. C. REILLY, J. E. KNOLL and D. H. MARRIAN: J. biol. Ch. **199**, 511 (1952).
15 FURBERG, S.: Acta chem. scand. **4**, 751 (1950). Acta crystallogr., London **3**, 325 (1950).
16 LEVENE, P. A., u. F. B. LA FORGE: B. **45**, 611 (1912).
17 DIMROTH, K., L. JAENICKE u. I. VOLLBRECHTSHAUSEN: H. **289**, 71 (1952). — JAENICKE, L., u. I. VOLLBRECHTSHAUSEN: Naturwiss. **39**, 86 (1952).
18 WHEELER, H. L., and T. B. JOHNSON: J. biol. Ch. **3**, 187 (1907).
19 SOODAK, M., A. PIRCIO and L. R. CERECEDO: J. biol. Ch. **181**, 713 (1949).

Alle diese Salze mit Ausnahme des Pikrats sind in Wasser ziemlich leicht löslich.

Cytidin gibt kein kristallinisches Acetylderivat; ein Benzoylderivat mit 3 Benzoylresten kristallisiert leicht aus Äthanol; F 205° (unkorr.)[1].

Chemisches Verhalten. Cytidin wird durch Erhitzen mit 10%iger Schwefelsäure nur langsam hydrolysiert (4 Std bei 125°). Dabei wird das Pyrimidin zum Teil zu Uracil desaminiert, die D-Ribose zerstört[1]. Bei Destillation mit Salzsäure (d 1,06) ist längere Zeit (36 Std) erforderlich, damit sich fast 1 Mol Furfurol bildet[2]. Bei 7stündigem Kochen mit Brom und 10%iger Bromwasserstoffsäure entstehen 5-Bromuracil und D-Ribonsäure[2].

Cytidin wird durch Nitrit und Essigsäure zu Uridin desaminiert[2], s. S. 1185. Auch beim Erhitzen in 0,4 n Schwefelsäure, 48 Std, entsteht im wesentlichen Uridin, nur wenig Uracil und Cytosin[3]. Durch katalytische Hydrierung von Cytidin oder Reduktion mit Natrium und Äthanol in wasserfreiem Ammoniak[4] entsteht Dihydrocytidin, das durch Säuren leicht hydrolysiert wird. Dadurch läßt sich die Zuckerkomponente eindeutig nachweisen.

Einwirkung von Perjodat[5].

5-Methyl-cytidin, F 238—240° (aus Äthanol)[6]. *5'-Trityl-cytidin,* F 234—235°[7].

Physiologisches Verhalten. Cytidin soll durch Magen-, Pankreas- oder Darmsaft nicht angegriffen werden[8]. Eine Desaminierung unter Bildung von Uridin durch Lebergewebe, Blut, Hefe und E. coli ist beobachtet worden[9]. Eine enzymatische Hydrolyse des Nucleosids unter Phosphorylierung der D-Ribose, wie sie bei Uridin erfolgt, konnte noch nicht beobachtet werden[10]. Hydrolyse durch wäßrige Extrakte von Lactobacillus pentosus[11]. Einbau von ^{15}N-markiertem Cytidin in die RNS der Ratte[12]. Cytidin wird schneller als Uridin aufgenommen.

Pyrimidindefekte Neurospora-Mutanten wachsen nach Zugabe von Cytidin; eine mikrobiologische Bestimmung läßt sich darauf gründen[13].

Cytidin senkt im Gegensatz zu Uridin durch Wirkung auf die peripheren Blutgefäße den Blutdruck[14].

4. Uridin = Uracil-(3)-ribosid $C_9H_{12}O_6N_2$.

Vorkommen. Uridin ist zuerst von LEVENE und JACOBS[15] als Spaltstück der Hefe-NS isoliert worden. Es wurde später auch aus Pankreas-NS und anderen Ribo-NS dargestellt.

Sehr bemerkenswert ist das Vorkommen als Uridindiphosphat und seinen Derivaten (s. S. 1243).

Das freie Nucleosid ist in verschiedenen Organen der Maus nachgewiesen worden, in geringen Konzentrationen (2—11 γ/g) gleich nach dem Tode des Tieres, in größeren (bis 380 γ/g) 4 Std danach[16]. Uridin sammelt sich in der Kulturflüssigkeit von bestimmten

1 LEVENE, P. A., u. W. A. JACOBS: B. **43**, 3154 (1910); **44**, 1027 (1911).
2 LEVENE, P. A., u. F. B. LA FORGE: B. **45**, 611 (1912).
3 REICHARD, P.: Acta chem. scand. **3**, 422 (1949). — LORING, H. S., and J. M. PLOESER: J. biol. Ch. **178**, 439 (1949).
4 BURKE, D. C.: J. org. Chem. **20**, 643 (1955).
5 DAVOLL, J., B. LYTHGOE and A. R. TODD: Soc. **1946**, 833.
6 ROBERTS, M., and D. W. VISSER: Am. Soc. **74**, 668 (1952).
7 BREDERECK, H.: B. **66**, 198 (1933). H. **223**, 61 (1934).
8 LEVENE, P. A., and F. MEDIGRECEANU: J. biol. Ch. **9**, 375 (1911).
9 KREAM, J., and E. CHARGAFF: Am. Soc. **74**, 4274, 5157 (1952). — WANG, T. P., H. Z. SABLE and J. O. LAMPEN: J. biol. Ch. **184**, 17 (1952).
10 PAEGE, L. M., and F. SCHLENK: Arch. Biochem. **28**, 348 (1950).
11 LAMPEN, J. O., and T. P. WANG: J. biol. Ch. **198**, 385 (1952).
12 HAMMARSTEN, E., P. REICHARD and E. SALUSTE: Acta chem. scand. **3**, 432 (1949). — BERGSTRÖM, S., H. ARVIDSON, E. HAMMARSTEN, N. A. ELIASSON, P. REICHARD and H. v. UBISCH: J. biol. Ch. **177**, 495; **179**, 169 (1949).
13 LORING, H. S., G. L. ORDWAY and J. G. PIERCE: J. biol. Ch. **176**, 1123 (1948).
14 JONO, Y.: J. orient. Med., Dairen **24**, 1185 (1936) [Ber. Physiol. **95**, 379].
15 LEVENE, P. A., u. W. A. JACOBS: B. **43**, 3150 (1910); **44**, 1027 (1911).
16 DOROUGH, G. D., and D. L. SEATON: Am. Soc. **76**, 2873 (1954).

defekten Neurospora crassa-Mutanten an[1]. Nachweis der Verknüpfung in 3-Stellung des Uracils[2, 3]; Nachweis der β-glykosidischen Bindung und Synthese von Uridin aus Acetobromribofuranose und 2,6-Diäthoxy-pyrimidin[3, 4].

Darstellung. Die Abtrennung von Cytidin und Uridin aus RNS-Hydrolysaten durch Fällungs- und Kristallisationsmethoden ist zeitraubend und kompliziert, gelingt jedoch leicht durch Kationenaustausch[5] (s. S. 1136). In kleinem Maßstab können die 4 Ribonucleoside durch Chromatographie an Stärkesäulen getrennt werden[6]. Zur Gewinnung von Uridin aus Hefe-NS nach Zerstörung der Purinnucleoside und Desaminierung von Cytidin durch Säurebehandlung[5, 7]. Aus einem Hefe-NS-Hydrolysat läßt sich nach Abtrennung von Guanosin und Desaminierung von Adenosin und Cytidin das Uridin durch Kristallisation gewinnen, da seine Löslichkeit sich hinreichend von der des Inosins unterscheidet[8]. Darstellung von Uridin durch Desaminierung von Cytidin mit salpetriger Säure[9]; die Aufarbeitung dürfte mit den neueren Methoden wesentlich zu vereinfachen sein. Darstellung von Tritium enthaltendem Uridin[10], ^{15}N enthaltendem Uridin[11].

Physikalische Eigenschaften. Uridin ist in Wasser, auch von Raumtemperatur, leicht löslich; in wasserfreiem Äthanol ist es schwer löslich. Am besten wird es aus 90%igem Äthanol umkristallisiert (8 Teile). Es bildet dann lange, prismatische Nadeln (monoklin); F 165° (unkorr.)[12]; F 166—167°[13]; $[\alpha]_D^{16}$: +9,6° (c = 2,0, in Wasser)[5]; $[\alpha]_D^{20}$: +5,0° (in 10%iger Salzsäure)[14]; $[\alpha]_D^{20}$: −6,0° (in 5%iger NaOH)[14].

Röntgenanalyse der Kristalle[15]. UV-Absorption S. 1116; Dissoziationskonstanten S. 1076.

Nachweis und Bestimmung. Die papierchromatographische Trennung ist S. 1157 angegeben, die Bestimmung durch Messung der UV-Absorption S. 1164. Trennung von anderen Ribonucleosiden durch Elektrophorese[16]. Die Farbreaktion nach WHEELER und JOHNSON (s. auch S. 1304) wird sowohl von Uracil wie von Cytosin gegeben.

Uridin gibt mit Diazobenzolsulfosäure oder mit Brom und Bariumhydroxyd-Lösung keine Färbung. Zur Charakterisierung kann die Bromierung zu Bromuridin und dessen Umwandlung zu Oxyuridin dienen.

5-Brom-uridin[17]. 2 g Uridin werden mit Bromwasser versetzt, bis die braune Farbe kurze Zeit bestehen bleibt. Nach dem Eindampfen der Lösung im Vakuum wird der Rückstand in abs. Äthanol aufgenommen. Die sich abscheidenden Kristalle werden aus 5 Teilen 95%igem Äthanol umkristallisiert; F 181—184° (unkorr.).

5-Oxy-uridin[17]. Eine wäßrige Lösung von 5-Bromuridin wird mit Bleioxyd 1 Std am Rückfluß erhitzt. Nach Filtration, Einengen, Fällung der Bleiionen mit Schwefelsäure und Eindunsten der schwach schwefelsauren Lösung im Exsiccator scheidet sich Oxyuridin aus. Nach Umkristallisation aus Äthanol F 222—223° (unkorr.)[17]; F 242—245°[18].

---

1 HOULAHAN, M. B., and H. K. MITCHELL: Proc. nat. Acad. Sci. USA **34**, No. 10, 465 (1948).
2 LEVENE, P. A.: J. biol. Ch. **63**, 653 (1925). — LEVENE, P. A., and R. S. TIPSON: J. biol. Ch. **104**, 385 (1935).
3 KENNER, G. W., H. J. RODDA and A. R. TODD: Soc. **1949**, 1613.
4 KENNER, G. W., B. LYTHGOE and A. R. TODD: Soc. **1948**, 957.
5 ELMORE, D. T.: Soc. **1950**, 2084. — HARRIS, J. C., and J. F. THOMAS: Soc. **1948**, 1936.
6 REICHARD, P.: Nature **162**, 662 (1948). Acta chem. scand. **3**, 422 (1949).
7 LORING, H. S.: Am. Soc. **72**, 2811 (1950).
8 GULLAND, J. M., and G. I. HOBDAY: Soc. **1940**, 746.
9 LEVENE, P. A., u. W. A. JACOBS: B. **43**, 3150 (1910).
10 EIDINOFF, M. L., H. C. REILLY, J. E. KNOLL and D. H. MARRIAN: J. biol. Ch. **199**, 511 (1952).
11 HAMMARSTEN, E., P. REICHARD and E. SALUSTE: Acta chem. scand. **3**, 432 (1949). — BERGSTRÖM, S., H. ARVIDSON, E. HAMMARSTEN, N. A. ELIASSON, P. REICHARD and H. v. UBISCH: J. biol. Ch. **177**, 495 (1949).
12 LEVENE, P. A., u. W. A. JACOBS: B. **43**, 3159 (1910); **44**, 1031 (1911).
13 LORING, H. S., and J. M. PLOESER: J. biol. Ch. **178**, 439 (1949).
14 LEVENE, P. A.: J. biol. Ch. **41**, 492 (1920).
15 FURBERG, S.: Acta chem. scand. **4**, 751 (1950). Acta crystallogr., London **3**, 325 (1950).
16 DIMROTH, K., L. JAENICKE u. I. VOLLBRECHTSHAUSEN: H. **289**, 71 (1952). — JAENICKE, L., u. I. VOLLBRECHTSHAUSEN: Naturwiss. **39**, 86 (1952).
17 LEVENE, P. A., u. F. B. LA FORGE: B. **45**, 608 (1912).
18 ROBERTS, M., and D. W. VISSER: Am. Soc. **74**, 668 (1952).

Chemisches Verhalten. Durch Einwirkung von Brom und Bromwasserstoff entstehen 5-Bromuracil und D-Ribonsäure[1]. Durch katalytisch erregten Wasserstoff[1] und durch Natrium und Äthanol in flüssigem Ammoniak[2] wird Uridin zu Dihydrouridin reduziert, das sich durch Säuren leicht hydrolysieren läßt. Über die Perjodatoxydation[3]. *3-Methyl-uridin*, F 122—123°; *3-Methyl-5-brom-uridin*, F 164°[4]; *5-Amino-uridin*, F 214—216°; *5-Methyl-uridin*, F 175—177°; *5-Diazo-uridin*, F 178—182°[5].

2'-Acetyl-uridin, amorph, $[\alpha]_D^{16}$: + 9,1° (c = 1,98, in Wasser)[6].

Physiologisches Verhalten. Siehe die entsprechenden Abschnitte bei Adenosin und Cytidin. Außer als Bestandteil der RNS tritt Uridin als Diphosphat mit verschiedenen Monosacchariden verknüpft auf (s. S. 1243). Über den Einbau von radioaktiver Orotsäure (Uracil-6-carbonsäure-4-^{14}C) in die RNS der Ratte und über die Bildung von Uridin-5'-phosphaten s. [7]. Zugabe von Uracil und Uridin bewirkt den Bruch eines bestimmten Chromosoms in der Metaphase von Zwiebelzellen[8]. Wirkung auf das Wachstum von Streptococcus faecalis[9].

β) Sonstige Ribonucleoside.

5. Inosin = Hypoxanthin-(9)-ribosid $C_{10}H_{12}O_5N_4 \cdot 2\,H_2O$.

Vorkommen. Im Muskel bildet sich postmortal aus den Adenosin-5'-phosphaten Inosinsäure, aus dieser wiederum durch Dephosphorylierung Inosin. Aus Fleischextrakt ist (außer dem Nucleotid) das Nucleosid zuerst von HAISER und WENZEL dargestellt worden[10]. Diese Autoren erkannten, daß das „Carnin" von H. WEIDEL mehrere Stoffe, hauptsächlich Hypoxanthin und sein Ribosid, als Mischung enthielt. Inosin ist auch einige Male im menschlichen Harn, im Fleisch von Süßwasserfischen, im Muskelextrakt von Hummern (0,05%)[11] und im Saft der Zuckerrübe[12] nachgewiesen worden. In tierischen Geweben läßt sich Inosin auch sofort (1 min) nach dem Tode nachweisen (5—30 γ/g frisches Gewebe); nach 4 Std hat seine Menge meistens beträchtlich zugenommen[13]. Die Haftstelle der Ribose und die β-glykosidische Konfiguration gehen aus der Bildung von Inosin aus Adenosin (durch Desaminierung) hervor. Zur Konstitution[14-16].

Darstellung. 1. Durch Dephosphorylierung von Inosinsäure[5]: 5,0 g inosinsaures Barium werden in 200 cm³ Wasser 6 Std im Einschlußrohr auf 125—130° erhitzt. Nach dem Erkalten wird vom Niederschlag abfiltriert, die Lösung auf 50 cm³ eingeengt und nach 25stündigem Stehenlassen im Kühlschrank von der entstandenen Fällung befreit. Man neutralisiert die schwach saure Lösung genau mit Ammoniak, fällt mit Bleiacetat Reste des Nucleotids und schließlich aus der Lösung durch Zugabe von Ammoniak und Bleiessig das Nucleosid.

Der Niederschlag wird gewaschen und mit Schwefelwasserstoff zerlegt; die Lösung enthält das reine Inosin.

2. Aus Adenosin durch Desaminierung mit Nitrit: Die von LEVENE und JACOBS[14] gegebene Vorschrift dürfte sich durch Anwendung von Kationenaustauschern erheblich vereinfachen lassen.

---

[1] LEVENE, P. A., u. F. B. LA FORGE: B. **45**, 608 (1912).
[2] BURKE, D. C.: J. org. Chem. **20**, 643 (1955).
[3] DAVOLL, J., B. LYTHGOE and A. R. TODD: Soc. **1946**, 833.
[4] VISSER, D. W., G. BARRON and R. BELTZ: Am. Soc. **75**, 2017 (1953).
[5] ROBERTS, M., and D. W. VISSER: Am. Soc. **74**, 668 (1952).
[6] MICHELSON, A. M., and A. R. TODD: Soc. **1949**, 2476.
[7] HURLBERT, R. B., and V. R. POTTER: J. biol. Ch. **209**, 1 (1954).
[8] DEYSSON, M.: Cr. **238**, 378 (1954).
[9] HOFFMANN, H. A., and P. L. PAVCEK: Am. Soc. **74**, 344 (1952).
[10] HAISER, F., u. F. WENZEL: Mh. Chem. **29**, 157 (1907); **30**, 147 (1909).
[11] MII, S.: J. chem. Soc. Jap. **63**, 753 (1942).
[12] LIPPMANN, E. v.: B. **29**, 2645 (1896). — BRESLER, H. W.: H. **41**, 541 (1904).
[13] DOROUGH, G. D., and D. L. SEATON: Am. Soc. **76**, 2873 (1954).
[14] LEVENE, P. A., u. W. A. JACOBS: B. **42**, 335 (1909); **43**, 3150 (1910).
[15] BREDERECK, H.: B. **66**, 198 (1933). H. **223**, 61 (1934).
[16] GULLAND, J. M., and E. R. HOLIDAY: Soc. **1936**, 765.

3. Aus Adenosin durch enzymatische Desaminierung[1].
4. Isolierung aus Hydrolysaten von Hefe-NS s. S. 1128.
5. Die Isolierung aus käuflichem Fleischextrakt ist sehr unsicher geworden durch die problematische Beschaffenheit solcher Handelspräparate. Frühere Angaben s. [2]. Eine Vorschrift zur Darstellung aus selbsthergestellten Extrakten von Pferdefleisch[3].

Physikalische Eigenschaften. Aus 80%igem Äthanol umkristallisiert, bildet Inosin feine, seidenglänzende Nadeln, die kristallwasserfrei sind; F 218° (rasch erhitzt). Aus Wasser, z. B. auf dem Objektträger, scheidet sich Inosin häufig in langen, rechtwinkeligen Tafeln aus. Diese Kristalle mit 2 Mol Wasser sintern schon von 85° an und schmelzen bei 89—90°. Das Kristallwasser wird schon bei Raumtemperatur im Exsiccator abgegeben. Löslichkeit in Wasser von 20°: 1,615 g/100 cm³. $[\alpha]_D^{18}$: —49,2° (c = 9, in Wasser); $[\alpha]_D^{20}$: —72,45° (in alkalischer Lösung). UV-Absorption[1, 4, 5] S. 1117; Dissoziationskonstanten S. 1076[5].

Nachweis und Bestimmung. Die papierchromatographische Abtrennung von anderen Nucleosiden (S. 1157) und die Messung der UV-Absorption (S. 1164) eignen sich am besten zur Bestimmung kleiner Mengen Inosin.

Chemisches Verhalten. Inosin wird durch Mineralsäuren leicht hydrolysiert. Es bildet ein in Wasser ziemlich schwerlösliches, gut kristallisierendes Natriumsalz, das sich in einiger Zeit in schönen, oft zentimeterlangen Prismen ausscheidet (FEULGEN). Die anderen Nucleoside geben kein derartiges Natriumsalz. Das Silbersalz bildet eine durchsichtige Gallerte, die sich in Ammoniak löst. *2',3',5'-Triacetyl-inosin* (nach HAISER und WENZEL) bildet seidenglänzende Nadeln F 236° (aus Äthanol). Löslich in etwa 50 Teilen heißem Äthanol; in Chloroform leicht löslich. *5'-Trityl-inosin*, F 231—232°[6]. *Isopropyliden-inosin*, F 240—245°; $[\alpha]_D^{24}$: —69,2° (in Methanol); $[\alpha]_D^{26}$: —88,0° (in Pyridin)[7].

Physiologisches Verhalten. Siehe auch die Angaben in dem entsprechenden Abschnitt über Adenosin S. 1178. Inosin bildet sich aus Adenosin durch enzymatische Desaminierung unter der Einwirkung von Adenosin-Desaminasen, die in den meisten Geweben höherer Tiere vorkommen[1, 8-10]. Eine Phosphorylase aus Ratten- und Kalbsleber spaltet Inosin unter Phosphorylierung, wobei außer dem Oxypurin D-Ribose-1-phosphorsäure entsteht[1]. Eine Hydrolase aus Bäckerhefe oder aus Kartoffeln spaltet auch in Abwesenheit von Phosphat und Arsenat[11]. Bildung von Adenosin aus Inosin und Adenin durch zellfreie Extrakte von Coli-Bakterien[12]. Verfolgung des Einbaus von Inosin in RNS in der Ratte durch Versuche mit markiertem Inosin[13]. Wirkt als Accelerator der Blutkoagulation[14].

6. Xanthosin = Xanthin-(9)-ribosid $C_{10}H_{12}O_6N_4 \cdot 2\,H_2O$.

Vorkommen. Die Desaminierung von Guanosin zu Xanthosin wurde zuerst von LEVENE und JACOBS[15] ausgeführt. In Extrakten aus tierischen Organen ist Xanthosin bisher nicht nachgewiesen worden[16]. Durch guaninlose Mutanten von Aerobacter aerogenes

---

1 KALCKAR, H. M.: J. biol. Ch. **158**, 723 (1945); **167**, 429, 477 (1947).
2 HAISER, F., u. F. WENZEL: Mh. Chem. **29**, 157 (1907); **30**, 147 (1909).
3 OSTERN, P.: B. Z. **254**, 65 (1932). — EMBDEN, G.: H. **210**, 194 (1932).
4 GULLAND, J. M., and E. R. HOLIDAY: Soc. **1936**, 765.
5 BEAVEN, C. H., E. R. HOLIDAY and E. A. JOHNSON; in: CHARGAFF-DAVIDSON, Nucleic Acids. Bd. I, S. 508, 510.
6 BREDERECK, H.: B. **66**, 198 (1933). H. **223**, 61 (1934).
7 LEVENE, P. A., and R. S. TIPSON: J. biol. Ch. **111**, 313 (1935).
8 GYÖRGY, P., u. H. RÖTHLER: B. Z. **187**, 194 (1927).
9 BRADY, T.: Biochem. J. **36**, 478 (1942).
10 CONWAY, E. J., and R. COOKE: Biochem. J. **33**, 479 (1939).
11 HEPPEL, L. A., and R. J. HILMOE: J. biol. Ch. **198**, 683 (1952).
12 OTT, J. L., and C. H. WERKMAN: Arch. Biochem. **48**, 483 (1954).
13 LOWY, B. A., J. DAVOLL and G. B. BROWN: J. biol. Ch. **197**, 591 (1952).
14 HONG, R.: J. Biochem. **40**, 493 (1953).
15 LEVENE, P. A., u. W. A. JACOBS: B. **42**, 2703 (1909); **43**, 3150 (1910).
16 DOROUGH, G. D., and D. L. SEATON: Am. Soc. **76**, 2873 (1954).

wird jedoch Xanthosin gebildet und sammelt sich in deren Kulturflüssigkeit an[1]. Zur Konstitution[2, 3]. Eine Synthese aus 4,5-Dicarbomethoxyimidazol und Acetochlorribofuranose wurde 1949 ausgeführt[4].

Darstellung. Da Xanthosin in Wasser ziemlich schwer löslich ist, läßt es sich durch Desaminierung von Guanosin leicht gewinnen[5, 6]: 10 g Guanosin werden in einer heißen Lösung von 25 g Natriumnitrit in 75 cm³ Wasser gelöst. Man läßt abkühlen, fügt zu der entstandenen Gallerte 25 cm³ Eisessig hinzu und schüttelt, bis nach etwa 5 min das gesamte Guanosin gelöst und die Gasentwicklung beendet ist. Nach Zugabe der gleichen Menge Wasser und Kühlung beginnt Xanthosin auszukristallisieren (Reiben mit einem Glasstab!). Nach 24stündigem Stehenlassen im Kühlschrank erhält man 6 g. Durch Umkristallisation aus Wasser (Tierkohle) entstehen große Prismen. Eine völlige Entfärbung der heißen Lösung erreicht man durch Zugabe von 2 Tropfen Bleiacetat und Fällung von Bleisulfid mit Schwefelwasserstoff.

Physikalische Eigenschaften[3–5]. Kristallisiert aus heißem Wasser in farblosen, glänzenden, oft zentimeterlangen Prismen (mit 2 Mol Wasser). Beim Erhitzen verkohlt es, ohne zu schmelzen. In kaltem Wasser nur wenig löslich, bedeutend leichter in heißem. Löst sich auch in siedendem wasserhaltigem Äthanol und scheidet sich daraus in kristallwasserfreien, harten Warzen ab. $[\alpha]_D^{20}$: $-51{,}2°$ (in 0,3 n Natronlauge)[3, 5]. Dissoziationskonstanten S. 1076; UV-Absorption S. 1121[4, 7]. Röntgenanalyse[4].

Nachweis und Bestimmung. Papierchromatographische Abtrennung (S. 1155) und Messung der UV-Absorption (S. 1164)[4, 7]. Wird von Säuren leicht hydrolysiert und gibt dann die Pentose-Reaktionen und alle Reaktionen von Xanthin.

Chemisches Verhalten. Durch Methylierung werden Theophyllin-ribosid erhalten, außerdem Coffein und Tetramethylharnsäure[6].

Oxydation mit Perjodat[4].

Physiologisches Verhalten. Durch eine Hydrolase aus Bäckerhefe wird Xanthosin gespalten[8]. Eine Phosphorolyse zu Xanthin und Ribose-1-phosphat durch ein Enzym aus Kalbsleber ist ebenfalls nachgewiesen worden[9].

7. Harnsäure-(9)-ribosid $C_{10}H_{12}O_7N_4$.

Vorkommen. Dieses Ribosid findet sich im Blut (und zwar in den roten Blutkörperchen) des Rindes[10], in geringerer Menge auch im Menschenblut und spurenweise im Blut der anderen untersuchten Tiere (Pferd, Schaf, Schwein, Hund, Huhn)[11]. Es wurde auch aus Leber isoliert[12]. Doch ist die UV-Absorption des aus Erythrocyten isolierten Präparates nicht identisch mit jener des Leber-Ribosids[13].

Darstellung. Frisches, defibriniertes Rinderblut wird langsam in 5 Volumenteile kochende 0,01 n Essigsäure gegossen und die Mischung nach 1 min dauerndem Kochen filtriert. Das strohgelbe Filtrat wird bis zu dem ursprünglichen Blutvolumen eingedampft (am besten im Vakuum nach Zugabe von n-Octanol) und nach dem Abkühlen vollends

[1] MAGASANIK, B., and M. S. BROOKE: J. biol. Ch. **206**, 83 (1954).
[2] GULLAND, J. M., E. R. HOLIDAY and T. F. MACRAE: Soc. **1934**, 1639.
[3] FALCONER, R., J. M. GULLAND and L. F. STORY: Soc. **1939**, 1784.
[4] HOWARD, G. A., A. C. MCLEAN, G. T. NEWBOLD, F. S. SPRING and A. R. TODD: Soc. **1949**, 232.
[5] LEVENE, P. A., u. W. A. JACOBS: B. **42**, 2703 (1909); **43**, 3154 (1910).
[6] LEVENE, P. A.: J. biol. Ch. **55**, 437 (1923).
[7] GULLAND, J. M., E. R. HOLIDAY and T. F. MACRAE: Soc. **1934**, 1639. — CAVALIERI, L. F., J. J. FOX, A. STONE and N. CHANG: Am. Soc. **76**, 1119 (1954). — BEAVEN, G. H., E. R. HOLIDAY and E. A. JOHNSON; in: CHARGAFF-DAVIDSON, Nucleic Acids. Bd. I, S. 512.
[8] HEPPEL, L. A., and R. J. HILMOE: J. biol. Ch. **198**, 683 (1952).
[9] FRIEDKIN, M.: Am. Soc. **74**, 112 (1952).
[10] DAVIS, A. R., E. B. NEWTON and S. R. BENEDICT: J. biol. Ch. **54**, 595 (1922)
[11] NEWTON, E. B., and A. R. DAVIS: J. biol. Ch. **54**, 601, 603 (1922).
[12] FALCONER, R., and J. M. GULLAND: Soc. **1939**, 1369.
[13] CARTER, C. E., and I. L. POTTER: Fed. Proc. **11**, 195 (1952).

enteiweißt (z. B. mit $^1/_{10}$ Vol. kolloidalem Eisenhydroxyd). Das klare Filtrat wird mit dem gleichen Volumen einer 0,5%igen Quecksilberacetatlösung versetzt. Nach 24stündigem Stehenlassen hat sich ein flockiger Niederschlag abgeschieden, der die im Blut vorhanden gewesene freie Harnsäure enthält. Durch Einrühren von Natriumacetat in das klare Filtrat, bis es daran 10%ig ist, und 48stündiges Stehenlassen wird das Quecksilbersalz des Harnsäureribosids gefällt. Der abgetrennte Niederschlag wird in heißem Wasser suspendiert und mit Schwefelwasserstoff zerlegt. Das Filtrat wird im Vakuum stark eingeengt, bis Kristallausscheidung beginnt, und über Nacht stehengelassen. Aus 15 *l* Blut werden ungefähr 0,6 g reines Ribosid erhalten. Umkristallisation aus wenig heißem Wasser.

Physikalische Eigenschaften. Scheidet sich aus wäßriger Lösung in farblosen, quadratischen Platten, bei schneller Abkühlung zuweilen auch in flachen Nadeln ab. Schmilzt nicht bis 300°. Ist in kaltem Wasser schwer löslich und auch in heißem Wasser wenig löslich. Unlöslich in Äthanol. Das Ribosid reagiert sauer und löst sich leicht in Alkalien. $[\alpha]_D^{20}$: —40,8° (c = 1,25, in Wasser); + 20,42° (als Natriumsalz in Wasser).

Nachweis und Bestimmung. Angaben über das UV-Spektrum[1, 2]. Harnsäureribosid wird durch Silber-Magnesia-Mixtur nicht gefällt; FEHLINGsche Lösung wird nicht reduziert. Über das Verhalten gegen FOLINS Reagens s. Bd. III, S. 1321. Gibt die üblichen Farbreaktionen eines Ribosids.

Angaben über R_F-Werte in verschiedenen Lösungsmittel-Gemischen zur papierchromatographischen Abtrennung und Identifizierung[3].

Chemisches Verhalten. Das Ribosid verhält sich wie eine einbasige Säure. Nach 7stündigem Kochen am Rückfluß in 0,1 n Schwefelsäure ist die Hydrolyse vollständig. Die Harnsäure kann nahezu quantitativ abgetrennt und auch die D-Ribose gewonnen werden (Phenylosazon F 149°, unkorr.).

Physiologisches Verhalten. Die Nucleosidase aus Lactobacillus pentosus, die sowohl Purin- wie Pyrimidinnucleoside hydrolysiert, vermag auch Harnsäureribosid zu spalten[4].

8. Crotonosid = 2-Oxy-6-amino-purin-(9)-β-D-ribosid $C_{10}H_{13}O_5N_5$.

Vorkommen. Aus dem Samen von Croton tiglium L. wurde von CHERBULIEZ und BERNHARD durch Extraktion mit Methanol ein Ribosid isoliert, welches Crotonosid genannt wurde. Durch Hydrolyse entstehen Isoguanin (2-Oxy-6-amino-purin) und D-Ribose[5]. Die glykosidische Verknüpfung ist in 9-Stellung[6].

Darstellung[5]. 1 kg von nicht geschälten, maschinell zerkleinerten Crotonsamen werden in einem Extraktor 3 Tage mit heißem Methanol ausgezogen. Der Auszug enthält neben Öl das Glykosid als flockige Fällung. Man saugt ab und wäscht den Niederschlag bis zur völligen Entfernung der öligen Anteile mit Alkohol und Äther. Zur weiteren Reinigung wird das Rohprodukt (20—30 g) in heißem Wasser gelöst, die Lösung mit Kupfer- oder Bleiacetat im Überschuß gefällt und heiß filtriert. Die Schwermetallionen im Filtrat werden mit Schwefelwasserstoff entfernt. Nach dem Einengen der Restlösung im Vakuum scheidet sich das Glykosid in farblosen, schon kristallinen Körnern aus. Die weitere Reinigung erfolgt durch Umkristallisation aus heißem Wasser (35 Teile) unter Zugabe von Aktivkohle. Ausbeute 0,07—0,26% der Samen.

Folgende Arbeitsweise gestattet ebenfalls eine einfache Gewinnung[6]: 500 g feingemahlene, nichtgeschälte Crotonsamen werden zweimal bei 80° für 20 min mit heißem Wasser extrahiert (3 *l* und 2 *l*) und heiß abgenutscht. Zu den vereinigten Filtraten wird eine 20%ige Lösung von neutralem Bleiacetat zugegeben, bis keine Fällung mehr erfolgt.

---

[1] FALCONER, R., and J. M. GULLAND: Soc. **1939**, 1369.
[2] CARTER, C. E., and I. L. POTTER: Fed. Proc. **11**, 195 (1952).
[3] LEONE, E., e D. GUERRITORE: Boll. Soc. ital. Biol. sperim. **26**, 609 (1950).
[4] LAMPEN, J. O., and T. P. WANG: J. biol. Ch. **198**, 385 (1952).
[5] CHERBULIEZ, E., u. K. BERNHARD: Helv. **15**, 464 (1932).
[6] FALCONER, R., J. M. GULLAND and L. F. STORY: Soc. **1939**, 1784.

Der Niederschlag wird verworfen, das Filtrat mit Bleiacetat und 5 n Ammoniaklösung versetzt bis zur vollständigen Fällung. Nach dem Absetzen wird dekantiert, der Niederschlag zentrifugiert und mehrfach mit Wasser gewaschen. Er wird in 1 *l* heißen Wasser suspendiert und mit Schwefelwasserstoff zersetzt. Nach der Abtrennung des Bleisulfids wird das Filtrat im Vakuum auf 50 cm^3 eingeengt und 24 Std im Kühlschrank aufbewahrt. Der ausgefallene Niederschlag wird zweimal aus heißem Wasser unter Zugabe von Tierkohle umkristallisiert. Ausbeute 0,53 g.

Eine *Synthese* des Crotonosids, ausgehend vom 2,6-Diamino-9-(β-D-ribofuranosyl)-purin ist beschrieben[1].

Physikalische Eigenschaften. Farblose Nadeln, F 237—252° (Zers.) je nach der Geschwindigkeit des Erhitzens[1]. Kristallstruktur[1]. Schwer löslich in kaltem, leicht löslich in heißem Wasser, unlöslich in den üblichen organischen Lösungsmitteln. Löslich in verdünnten Alkalien und Mineralsäuren[2]. $[\alpha]_D^{26}$: —71° (c = 1,06%, in 0,1 n NaOH)[1]; $[\alpha]_D^{25}$: —60,37° (c = 2,6%, in 0,1 n NaOH)[2].

Nachweis und Bestimmung. UV-Spektrum s. S. 1110[1]. IR-Spektrum[1]. Papierchromatographie s. S. 1152[1].

Pikrat (aus Wasser). Nadeln, F 212—225° (Zers.).

Chemisches Verhalten. Durch 4stündige Hydrolyse mit 0,1 n Schwefelsäure bei 100° wird Crotonosid quantitativ in D-Ribose und Isoguanin gespalten[2]. Letzteres kann z. B. durch Kuppeln mit diazotiertem 2,4-Dichloranilin zu einem roten, wasserunlöslichen Farbstoff nachgewiesen werden[2].

Physiologisches Verhalten. Wie andere 2-Substitutionsprodukte von Adenosin (—Cl, —NH_2, —CH_3) und wie dieses selbst bewirkt Crotonosid eine vorübergehende Reduzierung des Tonus des isolierten Kaninchendarmes[3]. Gaben von 50—100 mg/kg/Tag rufen nach 2—4 Tagen bei der Ratte Magengeschwüre und Pankreatitis hervor[4].

9. Spongosin = 2-Methoxyadenosin = 2-Methoxy-6-amino-purin-(9)-β-D-ribosid $C_{11}H_{15}N_5O_5$.

Vorkommen. Spongosin wurde neben Spongothymidin und Spongouridin aus Extrakten von Schwämmen des Karibischen Meeres (Cryptotethia crypta) durch Chromatographie an Ionenaustauschern isoliert[5, 6].

Das Nucleosid wird durch Säuren leicht in eine Base der Zusammensetzung $C_6H_7N_5O$ und in D-Ribose gespalten. Die Identifizierung des Zuckers erfolgte durch Papierchromatographie, Papierelektrophorese und Darstellung des Phenylosazons. Das basische Spaltstück enthält 1 C-Atom mehr als die Purinkörper. Die UV-Absorption und deren p_H-Abhängigkeit sprechen dagegen, daß dieses zusätzliche C Ringglied ist; sie weisen vielmehr auf eine nahe Verwandtschaft des Spongosins mit den Adenin-ribosiden hin. Tatsächlich wird Spongosin durch spezifische Adenosin-Desaminase desaminiert, ein Beweis für die Stellung der Aminogruppe in 6. Durch ZEISEL-Bestimmung kann ein Methoxyl nachgewiesen werden. Seine Stellung in 2 am Purinring wurde endlich durch Synthese der Base aus 2-Chloradenin und Natriummethylat bewiesen. Spongosin ist demnach als D-Ribofuranosyl-2-methoxy-6-aminopurin oder 2-Methoxyadenosin bzw. 2-O-Methylcrotonosid aufzufassen.

Physikalische Eigenschaften. F 193° (aus Wasser)[5], $[\alpha]_D^{250}$—42,5° (in 8%iger NaOH)[5] Die Kurve der UV-Absorption in Wasser und 0,1 n NaOH hat nur 1 Maximum, in 0,1 n Salzsäure 2 Maxima[5, 6].

[1] DAVOLL, J.: Am. Soc. 73, 3174 (1951).
[2] CHERBULIEZ, E., u. K. BERNHARD: Helv. 15, 464 (1932).
[3] MIHICH, E., D. A. CLARKE and F. S. PHILIPS: J. Pharmacol. exp. Therap. 111, 335—342 (1954).
[4] STERNBERG, S. S., D. A. CLARKE, F. S. PHILIPS and B. WHEELOCK: Cancer, N. Y. 7, 291 (1954).
[5] BERGMANN, W., and R. J. FEENEY: J. org. Chem. 16, 981 (1951).
[6] BERGMANN, W., and D. C. BURKE: J. org. Chem. 20, 1501 (1955); 21, 226 (1956).

Chemisches Verhalten. Durch Kochen mit 0,1 n H_2SO_4 tritt Spaltung in Ribose und 2-Methoxyadenin ein. Durch Einwirkung von salpetriger Säure erfolgt Desaminierung. Bei der Oxydation mit Perjodat wird ein Mol des Reagens verbraucht.

10. Nebularin = Purin-(9)-β-D-ribofuranosid $C_{10}H_{12}O_4N_4$.

Vorkommen. Nebularin wurde als antibiotisch wirksames Prinzip im Preßsaft von Agaricus (Clitocype) nebularis Batsch aufgefunden[1]. Die Hydrolyse der Verbindung ergibt Purin und D-Ribose[2]. Die Haftstelle in 9 geht aus der Identität des Naturproduktes mit dem synthetisch erhaltenen 9-β-D-Ribofuranosyl-purin hervor[3].

Physikalische Eigenschaften. Lange Prismen, F 181—182°[2, 3]. Löslichkeit bei 25° 8,9% in Wasser, 0,5% in Äthanol. $[\alpha]_D^{25}$: —48,6° (c = 1, in Wasser); $[\alpha]_D^{25}$: —61° (c = 0,8, in 0,1 n NaOH) und $[\alpha]_D^{25}$: —22° (c = 0,8, in 0,1 n HCl). Die UV-Absorption in Wasser, 0,1 n HCl und 0,1 n NaOH wurde gemessen; pK 2,05[3].

Physiologisches Verhalten. Große Toxicität des Nucleosids bei Mäusen, während Purin selbst auch nach 200fachen Gaben keine Giftwirkung zeigte[3]. Nebularin ist in vitro wirksam gegen verschiedene Stämme von M. tuberculosis, gegen M. phlei und M. avium sowie Brucella abortus[1]. Eine Untersuchung seines Stoffwechsels s. [4].

11. Orotidin = Orotsäure-ribosid $C_{10}H_{12}O_8N_2$.

Vorkommen. Michelson, Drell und Mitchell[5] isolierten Orotidin aus dem Mycel der Mutante Neurospora crassa 3660.

Darstellung. 200 g nasses Mycel werden mit heißem, wäßrigem Äthanol extrahiert. Der Extrakt wird mit Bariumacetat versetzt und auf p_H 8,5 gebracht. Man saugt vom Niederschlag ab, dampft das Filtrat im Vakuum auf 500 cm³ ein, behandelt es mit Bleiacetat, wäscht den sich bildenden Niederschlag mit Wasser und zersetzt ihn mit Schwefelwasserstoff. Das Filtrat vom Bleisulfid enthält etwa 1,05 g Orotidin und wird in einer Chromatopile aus Filterpapier durch Entwicklung mit n-Propanol-Wasser (3 : 1 v/v) gereinigt.

Nach der Extraktion des Orotidins aus dem Papier werden zu einem aliquoten Teil der Lösung mit etwa 200 mg Orotidin 500 mg Cyclohexylamin gegeben. Man dampft die Lösung im Vakuum ein bis zur kristallinen Ausscheidung des Cyclohexylaminsalzes von Orotidin.

Physikalische Eigenschaften. Aus Äthanol-Benzol umkristallisiert, schmilzt es bei 183—184°. Es enthält 38,7% Pentose. Die Absorptionsspektren in 0,1 n NaOH und 0,1 n HCl wurden gemessen.

Chemisches Verhalten. Orotidin wird durch verdünnte Mineralsäure leicht in Orotsäure und eine Pentose gespalten, welche sich chromatographisch wie D-Ribose verhält.

12. Synthetische Pyrimidin-riboside.

Zur Gewinnung von Vergleichssubstanzen, besonders im Hinblick auf die Strukturaufklärung des aus Meeresschwämmen isolierten Spongothymidins wurden einige Pyrimidin-riboside synthetisiert.

Thymin-(1)-ribosid[6]. $C_{10}H_{14}O_6N_2$. D-Acetobromribose wird 4 Tage bei 50° und 3 bis 4 Torr mit 2,4-Diäthoxy-5-methylpyrimidin umgesetzt. Die Abspaltung der Äthoxy- und Acetylgruppen erfolgt unter der Einwirkung von methanolischer Salzsäure. Kristalle aus absolutem Alkohol, F 252°; $[\alpha]_D^{25}$: —110° (c = 2, in Wasser).

---

[1] Ehrenberg, L., H. Hedström, N. Löfgren and B. Takman: Svensk kem. Tid. **58**, 269 (1946).
[2] Löfgren, N., and B. Lüning: Acta chem. scand. **7**, 225 (1953).
[3] Brown, G. B., and V. S. Weliky: J. biol. Ch. **204**, 1019 (1953).
[4] Gordon, M. P., and G. B. Brown: J. biol. Ch. **220**, 927 (1956).
[5] Michelson, A. M., W. Drell and H. K. Mitchell: Proc. nat. Acad. Sci. USA **37**, 396 (1951).
[6] Visser, D. W., I. Goodman and K. Dittmer: Am. Soc. **70**, 1926 (1948).

Thymin-(3)-ribosid = 5-Methyluridin[1] $C_{10}H_{14}O_6N_2$. Wurde ebenfalls aus D-Acetobromribose und 2,4-Diäthoxy-5-methylpyrimidin hergestellt. F 175—177° (aus Äthanol).

5-Methylcytidin $C_{10}H_{15}O_5N_3$ wird aus den gleichen Ausgangsstoffen dargestellt; vor Abspaltung der Acetylreste wird jedoch das Zwischenprodukt mit Ammoniak behandelt. Kristalle aus 95%igem Äthanol, F 238—240°.

b) Desoxyribonucleoside.

α) *Desoxyribonucleoside aus DNS.*

13. Desoxy-adenosin = Adenin-(9)-desoxyribosid $C_{10}H_{13}O_3N_5$.

Vorkommen. Desoxyadenosin wurde zuerst von KLEIN aus einem enzymatischen Hydrolysat von Thymus-DNS isoliert[2]. Es ist ebenso wie die Desoxyriboside von Guanin, Cytosin und Thymin einer der 4 Hauptbestandteile der DNS. Das freie Nucleosid wurde mit großer Wahrscheinlichkeit neben Vitamin B_{12b}, den Folsäure-Wachstumsfaktoren und den Desoxyribosiden von Hypoxanthin und Thymin papierchromatographisch in den wäßrigen Auszügen von Rot- und Braunalgen nachgewiesen; untersucht wurden unter anderen Laminaria saccharina, Rhodomela subfusca und Polysiphonia nigrescens[3].

Die Konstitution eines Adenin-(9)-2′-desoxy-β-D-ribofuranosids ergibt sich zunächst aus der leichten hydrolytischen Spaltung in Adenin und 2-Desoxy-D-ribose[2]. Das UV-Spektrum des Desoxyadenosins stimmt fast mit demjenigen des 9-Methyladenins überein, unterscheidet sich jedoch charakteristisch vom Spektrum des 7-Methyladenins, woraus auf die Haftstelle des Zuckers in 9-Stellung geschlossen wird[4]. Die Desoxyribose liegt in der Furanoseform vor, denn das Nucleosid wird von Perjodsäure nicht angegriffen[5]. Die β-Konfiguration des glykosidischen Zentrums geht aus der leichten Überführbarkeit von 3-Acetyl-2′-desoxy-5′-p-toluolsulfonyl-adenosin durch Erhitzen in Aceton in ein Cyclo-Nucleosidsalz hervor[6].

Darstellung. Die Isolierung von Desoxyadenosin aus den enzymatischen Hydrolysaten von DNS bereitet Schwierigkeiten, weil die meistens verwendeten Fermentlösungen aus Darmschleimhaut stets auch eine Desaminase enthalten, welche Desoxyadenosin in das Desoxyribosid von Hypoxanthin überführt. Die Desaminierung kann jedoch durch Zugabe von Silberionen gehemmt werden[2, 7]. Die Abtrennung des Desoxyadenosins aus den enzymatischen DNS-Hydrolysaten erfolgt durch Fällungsmethoden[2] und durch Ionenaustausch (s. S. 1131)[7]. Sehr geringe Ausbeuten ergibt die Spaltung von Heringssperma-DNS durch Erhitzen mit Bleihydroxyd und Isolierung von Desoxyadenosin und den übrigen Desoxyribosiden durch Gegenstromverteilung[8].

Eine enzymatische Bildung von Desoxyadenosin aus Adenin und Desoxyinosin erfolgt unter der Einwirkung eines Fermentes (Transglykosidase) aus Lactobacillus helveticus[9].

Physikalische Eigenschaften. Desoxyadenosin kristallisiert mit 1 Mol Kristallwasser in großen, blockartigen Prismen aus Wasser, in welchem es sich bei 20° zu 1,1% löst[2]. In heißem Wasser ist es leicht löslich. F 189—190°[7] bzw. 190°[8]. $[\alpha]_D^{21}$: −26° (c = 1, in Wasser)[2]; $[\alpha]_D^{20}$: −26,9° (in Wasser)[10]. Die UV-Absorption wurde gemessen[4, 11].

---

[1] ROBERTS, M., and D. W. VISSER: Am. Soc. **74**, 668 (1952).
[2] KLEIN, W.: H. **224**, 244 (1934); **255**, 82 (1938).
[3] BÁNHIDI, Z. G., and L. E. ERICSON: Acta chem. scand. **7**, 713 (1953).
[4] GULLAND, J. M., and L. F. STORY: Soc. **1938**, 259.
[5] BROWN, D. M., and B. LYTHGOE: Soc. **1950**, 1990.
[6] ANDERSEN, W., D. H. HAYES, A. M. MICHELSON and A. R. TODD: Soc. **1954**, 1882.
[7] ANDERSEN, W., C. A. DEKKER and A. R. TODD: Soc. **1952**, 2721.
[8] WEYGAND, F., A. WACKER u. H. DELLWEG: Z. Naturforsch. **6** b, 130 (1951).
[9] KALCKAR, H. M., W. S. MACNUTT and E. HOFF-JØRGENSEN: Biochem. J. **50**, 397 (1952).
[10] BRADY, T. G.: Biochem. J. **35**, 855 (1941).
[11] HOTCHKISS, R. D.: J. biol. Ch. **175**, 315 (1948).

Nachweis und Bestimmung von Desoxyadenosin und den übrigen Desoxynucleosiden in den Hydrolysaten von DNS erfolgen am besten durch eine Kombination von Ionenaustauscher-Trennung oder papierchromatographischer Trennung mit der Messung der UV-Absorption, s. S. 1157.

Chemisches Verhalten. 0,01 n Salzsäure spaltet bei 100° bereits in wenigen Minuten in Adenin und Desoxyribose[1].

Physiologisches Verhalten. Bemerkenswert ist die schnelle Desaminierung durch die Desaminase aus Darmschleimhaut und anderen tierischen Geweben, welche spezifisch auf Adenosin und Desoxyadenosin wirkt[1–3].

14. Desoxy-guanosin = Guanin-(9)-desoxyribosid $C_{10}H_{13}O_4N_5$.

Vorkommen. Desoxyguanosin wurde 1929 erstmalig von LEVENE und LONDON als Spaltstück der Thymus-DNS isoliert[4] und später in den Hydrolysaten der DNS verschiedenster Herkunft aufgefunden.

Durch saure Hydrolyse wird es in Guanin und Desoxyribose gespalten[4, 5]. Ein Vergleich der UV-Spektren von Desoxyguanosin, Guanosin, 9-Methylguanin und 7-Methylguanin zeigt, daß sich die Haftstelle der Zuckerkomponente in 9-Stellung am Purin befindet[6]. Die Desoxypentose liegt wegen der Beständigkeit des Nucleosids gegen Perjodat in der Furanoseform vor[7]. Die β-Konfiguration der glykosidischen Bindung wurde beim Desoxyguanosin aus der Röntgenanalyse von DNS abgeleitet, welche zeigt, daß die glykosidische Bindung aller 4 Basen die gleiche Konfiguration hat[8, 9]. Die β-glykosidische Bindung der 3 anderen betreffenden Desoxyriboside ist aber inzwischen bewiesen worden[8, 10]. Die Formulierung des Desoxyguanosins als Guanin-(9)-2′-desoxy-β-D-ribofuranosid erscheint daher genügend gestützt.

Darstellung. Die Isolierung der Verbindung aus den enzymatischen Hydrolysaten von Thymus-DNS und Heringssperma-DNS gelingt bei deren Schwerlöslichkeit verhältnismäßig einfach[4, 11, 12]. Zur Abtrennung des Nucleosids aus DNS-Hydrolysaten durch Ionenaustausch s. S. 1131[13].

Physikalische Eigenschaften. Desoxy-guanosin kristallisiert mit 1 Mol Kristallwasser in langen Nadeln oder Platten aus Wasser[4]. Es hat keinen definierten Schmelzpunkt. $[\alpha]_D^{25}$: $-36{,}0°$ (c = 2, in 1 n NaOH)[4]; $[\alpha]_D^{19}$: $-47{,}7°$ (c = 0,86, in 1 n NaOH)[14]. Schwer löslich in kaltem, gut in heißem Wasser. UV-Absorption s. S. 1110[6, 14, 15].

Chemisches Verhalten. 0,025 n H_2SO_4 spaltet bei 100° in 10 min zu Guanin und Desoxyribose[4]. Mit KILIANIs Reagens gibt das Nucleosid ebenso wie die freie Desoxyribose eine blaugrüne Färbung[4].

Physiologisches Verhalten. Die Geschwindigkeit der enzymatischen Hydrolyse durch gereinigte Nucleosidase wurde gemessen[16]. Die enzymatische Phosphorolyse führt zur Base und zu 2-Desoxyribose-1-phosphat[17].

---

1 KLEIN, W.: H. **224**, 244 (1934); **255**, 82 (1938).
2 SCHMIDT, G.: H. **179**, 243 (1928).
3 CONWAY, E. J., and R. COOKE: Biochem. J. **33**, 479 (1939).
4 LEVENE, P. A., and E. S. LONDON: J. biol. Ch. **81**, 711; **83**, 793 (1929).
5 LEVENE, P. A., and T. MORI: J. biol. Ch. **83**, 803 (1929). — LEVENE, P. A., L. A. MIKESKA and T. MORI: J. biol. Ch. **85**, 785 (1930).
6 GULLAND, J. M., and L. F. STORY: Soc. **1938**, 692.
7 BROWN, D. M., and B. LYTHGOE: Soc. **1950**, 1990.
8 ANDERSEN, W., D. H. HAYES, A. M. MICHELSON and A. R. TODD: Soc. **1954**, 1882.
9 ASTBURY, W. T.: Symp. Soc. exp. Biol. **1**, 66 (1947).
10 TODD, A. R., and A. M. MICHELSON: Soc. **1955**, 816.
11 KLEIN, W.: H. **255**, 82 (1938).
12 SCHINDLER, O.: Helv. **32**, 979 (1949).
13 ANDERSEN, W., C. A. DEKKER and A. R. TODD: Soc. **1952**, 2721.
14 HOTCHKISS, R. D.: J. biol. Ch. **175**, 315 (1948).
15 MACNUTT, W. S.: Biochem. J. **50**, 384 (1952).
16 KLEIN, W.: H. **231**, 125 (1935).
17 FRIEDKIN, M., and H. M. KALCKAR: J. biol. Ch. **184**, 437 (1950). — FRIEDKIN, M.: J. biol. Ch. **184**, 449 (1950).

15. Desoxy-cytidin = Cytosin-(3)-desoxyribosid $C_9H_{13}O_4N_3$.

Vorkommen. Desoxycytidin wurde zuerst von LEVENE und LONDON aus enzymatisch gespaltener Thymus-DNS isoliert[1].

Starke Säuren zerstören in der Hitze die Zuckerkomponente und machen Cytosin frei. Die Desoxyribose ist in 3-Stellung mit dem Pyrimidinring verknüpft, denn aus dem Hydrolysat von methylierter Thymus-DNS konnte dasselbe Dimethyl-cytosin isoliert werden, welches auch bei der Methylierung von Cytidin entsteht. Für Cytidin ist aber die Verknüpfung der Ribose in 3-Stellung bewiesen[2]. Die Furanosid-Struktur der Zuckerkomponente geht aus der Beständigkeit von Desoxycytidin gegen Perjodat hervor[3]. 2'-Desoxy-5'-p-toluolsulfonyl-cytidin bildet beim Erhitzen in Aceton leicht ein Cyclonucleosid, was auf die β-Konfiguration des glykosidischen Zentrums hinweist[4]. Desoxycytidin wird daher als Cytosin-(3)-β-2'-desoxy-D-ribofuranosid formuliert.

Darstellung. Die Isolierung von Desoxycytidin aus DNS-Hydrolysaten durch Ionenaustausch ist S. 1131 beschrieben[5]. Zur Darstellung der ^{15}N-Desoxyriboside von Cytosin, Thymin und Hypoxanthin läßt man Coli-Bakterien auf einem Nährboden wachsen, welcher $^{15}NH_4$-Ionen enthält, hydrolysiert die entstandene ^{15}N-DNS und isoliert aus dem Hydrolysat die Desoxynucleoside[6].

Die Isolierung von Desoxycytidin erfolgt meistens über das schwerlösliche *Pikrat*[1, 7, 8], das aus 80%igem Äthanol umkristallisiert, bei 210—212° unter Zersetzung schmilzt. Zu dessen Zerlegung wird folgende Vorschrift angegeben[7]: 860 mg Desoxycytidinpikrat werden durch Erwärmen in 200 cm³ Wasser gelöst, rasch auf 30° abgekühlt und bei dieser Temperatur mit 1 cm³ 2 n Schwefelsäure versetzt. Die Lösung reagiert dann deutlich kongosauer und wird zur Entfernung der Pikrinsäure mit Äther extrahiert. Die ätherische Lösung ist mit wenig Wasser zu waschen. Aus den wäßrigen Anteilen werden die Sulfationen durch Zugabe einer Bariumhydroxyd-Lösung entfernt. Nach der Abtrennung des Bariumsulfats fällt man die überschüssigen Bariumionen mit CO_2 aus, saugt vom Niederschlag ab und dampft das neutrale Filtrat im Vakuum zur Trockne ein. Der Rückstand wird in Methanol aufgenommen. Diese Lösung versetzt man bis zur beginnenden Trübung mit Äther, läßt auskristallisieren und kristallisiert noch ein zweites Mal mit Methanol-Äther um. Der Schmp. von Desoxycytidin steigt dabei auf 213—215°.

Erfolgt die Zerlegung des Nucleosidgemisches der DNS-Hydrolysate auf chromatographischem Wege[11], so kann Desoxycytidin als Hydrochlorid isoliert werden. F 161—162° (Zers.)[5].

Physikalische Eigenschaften. Desoxycytidin kristallisiert aus Methanol-Äther in Prismen. F 206—208°[9], 210°[3], 212°[8], 213—215°[7]. $[\alpha]_D^{19}$: + 82,40° (c = 1,31, in 1 n NaOH)[7]. UV-Absorption s. S. 1117[10].

16. Thymidin = Thymin-(3)-desoxyribosid $C_{10}H_{14}O_5N_2$.

Vorkommen. Thymidin wurde zuerst von LEVENE und LONDON aus einem enzymatischen Hydrolysat von Thymus-DNS isoliert[1]. Die Base ist ein regelmäßiger Bestandteil aller bisher untersuchten DNS. Das freie Nucleosid ist papierchromatographisch in

---

[1] LEVENE, P. A., and E. S. LONDON: J. biol. Ch. **83**, 793 (1929).
[2] LEVENE, P. A., and R. S. TIPSON: J. biol. Ch. **104**, 385 (1934).
[3] BROWN, D. M., and B. LYTHGOE: Soc. **1950**, 1990.
[4] ANDERSEN, W., D. H. HAYES, A. M. MICHELSON and A. R. TODD: Soc. **1954**, 1882.
[5] ANDERSEN, W., C. A. DEKKER and A. R. TODD: Soc. **1952**, 2721.
[6] REICHARD, P., and B. ESTBORN: J. biol. Ch. **188**, 839 (1951).
[7] SCHINDLER, O.: Helv. **32**, 979 (1949).
[8] WEYGAND, F., A. WACKER u. H. DELLWEG: Z. Naturforsch. **6**b, 130 (1951).
[9] MANSON, L. A., and J. O. LAMPEN: J. biol. Ch. **191**, 87 (1951).
[10] FOX, J. J., L. F. CAVALIERI and N. CHANG: Am. Soc. **75**, 4315 (1953). — FOX, J. J., and D. SHUGAR: Biochim. biophysica Acta, N. Y. **9**, 369 (1952).
[11] HOTCHKISS, R. D.: J. biol. Ch. **175**, 315 (1948).

den wäßrigen Extrakten von Braunalgen (z. B. Laminaria saccharina, Fucus vesiculosus) nachgewiesen worden[1].

Durch energische Behandlung mit starken Säuren wird Thymidin in Thymin und Lävulinsäure, das Abbauprodukt der Desoxyribose, gespalten[2]. Die zunächst aus Analogiegründen gemachte Annahme, daß der Zucker in 3-Stellung an den Pyrimidinring gebunden ist, wurde durch die Isolierung von 1-Methylthymin aus dem Hydrolysat von methylierter Thymus-DNS bestätigt[3]. Thymidin gibt bei der Einwirkung von Tritylchlorid ein Monotrityl-Derivat, was auf die Anwesenheit einer primären Alkoholgruppe im Molekül schließen läßt[4]. Die Beständigkeit gegen Perjodsäure[5] deutet ebenso auf das Fehlen einer cis-1,2-Glykol-Gruppierung hin wie die Beobachtung, daß Thymidin die Acidität einer Borsäurelösung nicht erhöht[6]. Alle 3 Befunde beweisen die Furanosestruktur der Zuckerkomponente. Auf Grund der Röntgenanalyse von 5'-Brom-3',5'-didesoxy-thymidin und wegen der leichten Cyclisierung von 3'-Desoxy-3'-jod-thymidin bzw. 5'-Desoxy-5'-jod-thymidin zu O^2-3'-Cyclothymidin bzw. O^2-5'-Cyclothymidin, sowie aus dem Verhalten der letzteren Verbindung gegen Alkali, wird auf eine β-glykosidische Verknüpfung des Zuckerrestes geschlossen[7]. Thymidin ist deshalb als Thymin-(3)-β-2'-desoxy-D-ribofuranosid zu formulieren.

Darstellung. Zur Isolierung von Thymidin aus enzymatischen Hydrolysaten von Thymus-DNS und Heringssperma-DNS durch Ionenaustausch s. S. 1131.

Eine speziell zur Isolierung von Thymidin aus dem Hydrolysat von Heringssperma-DNS ausgearbeitete Methode bedient sich der Butanol-Extraktion und der Reinigung in einer Säule aus Papier-Rundfiltern[8].

40 g Heringssperma-DNS werden nach der Methode von KLEIN[9] 16 Std mit 240 cm^3 Glycerinextrakt aus Kalbsdarmschleimhaut verdaut. Der anorganische Niederschlag, welcher sich dabei bildet, wird abfiltriert und gewogen. Sein Gewicht zeigt an, daß die Hydrolyse 50% des organisch gebundenen Phosphats freigemacht hat. Das Filtrat wird auf 2000 cm^3 verdünnt und erschöpfend mit wassergesättigtem n-Butanol extrahiert. Die zurückbleibende wäßrige Phase enthält keine Riboside mehr, wie durch Papierchromatographie gezeigt werden kann.

Die vereinigten Butanolextrakte werden im Vakuum auf 200 cm^3 eingedampft, über Nacht im Kühlschrank aufbewahrt und filtriert. Das Filtrat wird im Vakuum auf 35 cm^3 eingeengt und an Whatman-Papier Nr. 1-Rundfiltern von 12,5 cm Durchmesser adsorbiert. Die Filter läßt man 3,5 Std an der Luft teilweise trocknen, bringt sie dann in eine Chromatopile aus 500 gleichen Rundfiltern und entwickelt 35 Std bei 0° mit einem Gemisch aus 3 Vol. n-Propanol und 1 Vol. 0,1 n Schwefelsäure. Die Thymidinfraktion befindet sich in den Blättern 250—375 und wird daraus mit Wasser eluiert. Man bringt das Eluat durch Zugabe von heißgesättigter Barytlösung auf p_H 6,5 und dampft es im Vakuum auf ein möglichst kleines Volumen ein. Aus der Lösung scheiden sich auch bei 3monatigem Stehen keine Kristalle ab. Durch Impfen mit kristallisiertem Thymidin kann jedoch die Kristallisation in wenigen Minuten herbeigeführt werden. Die feuchten Kristalle werden zweimal aus Wasser umkristallisiert und mit Äthanol und Äther gewaschen. Ausbeute 0,9 g Thymidin. F 185—186°.

Eine einfache Darstellung von Thymidin aus dem enzymatisch erhaltenen Nucleosidgemisch von DNS beruht auf der Benzoylierung dieses Gemisches: Das entstehende 3',5'-Dibenzoylthymidin übersteht das Erhitzen mit Schwefelsäure und läßt sich aus

[1] ERICSON, L. E., E. WIDOFF and Z. G. BÁNHIDI: Acta chem. scand. 7, 974 (1953).
[2] LEVENE, P. A., and E. S. LONDON: J. biol. Ch. **83**, 793 (1929).
[3] BREDERECK, H., G. MÜLLER u. E. BERGER: B. **73**, 1058 (1940).
[4] LEVENE, P. A., and R. S. TIPSON: J. biol. Ch. **109**, 623 (1935).
[5] BROWN, D. M., and B. LYTHGOE: Soc. **1950**, 1990.
[6] LEVENE, P. A., u. R. S. TIPSON: H. **234**, V (1935).
[7] MICHELSON, A. M., and A. R. TODD: Soc. **1955**, 816.
[8] DRELL, W.: Am. Soc. **75**, 2506 (1953).
[9] KLEIN, W.: H. **207**, 125 (1932).

saurer Lösung mit Dipropyläther extrahieren. Seine Hydrolyse zum sofort kristallisierenden Nucleosid wird nach ZEMPLÉN mit Bariummethylat ausgeführt[1].

Thymidin entsteht aus 5-Methyl-desoxycytidin durch Desaminierung mit salpetriger Säure[2]. In Gegenwart von Thymidin-Phosphorylase aus Pferdeleber erhält man aus Thymin und Desoxyribose-1-phosphat ein Produkt, das in allen Eigenschaften mit aus DNS isoliertem Thymidin übereinstimmt. Auf demselben Wege kann auch ^{14}C-Thymidin ausgehend von ^{14}C-Thymin dargestellt werden[3]. Zur Darstellung von ^{15}N-Thymidin s. Desoxycytidin[4]. Verwertung von Thymidin-^{14}C durch Knochenmarkzellen und isolierte Thymuszellkerne[5]. Umwandlung von Uracildesoxyribosid in Thymidin von DNS[6]. Synthese von Thyminnucleosiden[7].

Physikalische Eigenschaften. Thymidin kristallisiert in Platten aus Wasser[8] bzw. in langen Nadeln aus Methanol-Äther[9, 10]. F 185°[8], 187°[11], 188°[10]. $[\alpha]_D^{25}$: $+32{,}5°$ (c = 2, in 1 n NaOH)[8]; $[\alpha]_D^{16}$: $+32{,}8°$ (c = 1,04, in 1 n NaOH)[11]. UV-Absorption s. S. 1118[12-14].

Nachweis und Bestimmung. Außer der üblichen Identifizierung durch Papierchromatographie[15, 16] und Messung der UV-Absorption kann Thymidin auch mikrobiologisch auf Grund seiner spezifischen wachstumsfördernden Wirkung auf Streptococcus faecalis nachgewiesen werden[17]. Die Methode gestattet es, Substanzmengen von 0,5—5 γ zu erfassen. Ebenso wie Desoxyhypoxanthosin, Desoxyguanosin, jedoch im Gegensatz zu Desoxycytidin, gibt Thymidin eine positive Reaktion mit Cystein[13]. Die für Desoxyzucker spezifische Diphenylamin-Reaktion nach DISCHE läßt sich auf die Bestimmung von Thymidin und Desoxycytidin übertragen, wenn man die Nucleoside vorher mit Brom behandelt. Ohne Vorbehandlung fällt die Farbentwicklung bei den Pyrimidin-Desoxyribosiden zu schwach aus[18].

Chemisches Verhalten. Thymidin liefert nach 4stündiger Hydrolyse mit 10%iger Schwefelsäure bei 100° Thymin und Lävulinsäure[8].

Physiologisches Verhalten. Thymidin wirkt als Wachstumsfaktor auf verschiedene Mikroorganismen und vermag bei höheren Tieren Folsäure zum Teil zu ersetzen bzw. deren Wirkung zu unterstützen. Die Besserung der perniziösen Anämie (allerdings nur in wenigen Fällen) durch intramuskuläre Gaben von Thymidin (2—2,8 g/Tag) ist angegeben worden[19]. Thymidin wirkt im Gegensatz zu Folsäure und Vitamin B_{12} nicht gegen experimentell hervorgerufene Anämie (Phenylhydrazingaben) bei Mäusen[20]. Es hebt beim Wachstum von Hühner-Embryonen die hemmende Wirkung von Aminopterin auf[21], welches Folsäure und deren Derivate blockiert. Wie schon erwähnt, gründet sich die mikrobiologische Prüfung von Thymidin auf die spezifische Wachstumsförderung von

[1] WEYGAND, F., u. W. SIGMUND: Z. Naturforsch. **9**b, 800 (1954).
[2] DEKKER, C. A., and D. T. ELMORE: Soc. **1951**, 2864.
[3] FRIEDKIN, M., and D. W. ROBERTS: J. biol. Ch. **207**, 245 (1954).
[4] REICHARD, P., and B. ESTBORN: J. biol. Ch. **188**, 839 (1951).
[5] FRIEDKIN, M., D. L. MORRIS and H. WOOD: J. biol. Ch. **220**, 639 (1956).
[6] FRIEDKIN, M., D. L. MORRIS and D. W. ROBERTS: J. biol. Ch. **220**, 653 (1956).
[7] FOX, J. J., N. YOUNG, J. DAVOLL and G. B. BROWN: Am. Soc. **78**, 2117 (1956).
[8] LEVENE, P. A., and E. S. LONDON: J. biol. Ch. **83**, 793 (1929).
[9] BROWN, D. M., and B. LYTHGOE: Soc. **1950**, 1990.
[10] WEYGAND, F., A. WACKER u. H. DELLWEG: Z. Naturforsch. **6**b, 130 (1951).
[11] SCHINDLER, O.: Helv. **32**, 979 (1949).
[12] DRELL, WM.: Am. Soc. **75**, 2506 (1953).
[13] MANSON, L. A., and J. O. LAMPEN: J. biol. Ch. **191**, 87 (1951).
[14] HOTCHKISS, R. D.: J. biol. Ch. **175**, 315 (1948).
[15] ERICSON, L. E., E. WIDOFF and Z. G. BÁNHIDI: Acta chem. scand. **7**, 974 (1953).
[16] LÖFGREN, N. M.: Acta chem. scand. **6**, 1030 (1952).
[17] HOLMES, W. L., and A. D. WELCH: Proc. Soc. exp. Biol. Med. **86**, 564 (1954).
[18] BRADY, T. G., and E. MCEVOY-BOWE: Nature **168**, 299 (1951).
[19] HAUSMANN, K.: Lancet **257**, 962 (1949); **260**, 329 (1951).
[20] VIJAYARAGHAVAN, P. K., and M. S. DUNN: Arch. Biochem. **36**, 299 (1952).
[21] NABER, E. C., E. E. SNELL and W. W. CRAVENS: Proc. Soc. exp. Biol. Med. **81**, 20 (1952).

Streptococcus faecalis-Kulturen, denen zur Ausschaltung der Folsäurewirkung Aminopterin zugesetzt wurde[1]. Außerdem wirkt Thymidin zusammen mit Folsäure wachstumsfördernd auf Lactobacillus arabinosus[2] und Tetrahymena pyriformis[3].

17. Desoxy-5-methylcytidin = 5-Methylcytosin-(3)-desoxyribosid $C_{10}H_{15}O_4N_3$.

Vorkommen. Die Isolierung von 5-Methylcytosin-desoxyribosid aus einem enzymatischen Hydrolysat von Weizenkeimlings-DNS gelang DEKKER und ELMORE[4]. Das Vorkommen der entsprechenden Pyrimidinbase, des 5-Methylcytosins, in Hydrolysaten von Tuberkel-DNS wurde bereits 1925 von JOHNSON und COGHILL[5] angenommen. Die Autoren kamen zu dieser Annahme jedoch lediglich durch Vergleich der optischen Eigenschaften der isolierten Pikrate mit jenen von synthetischem 5-Methylcytosin-pikrat, weshalb die Befunde in neuerer Zeit angezweifelt werden. So konnte bei der Analyse von DNS aus Rinder-, Menschen- und Vogel-Tuberkelbacillen mit Hilfe der Papierchromatographie kein 5-Methylcytosin nachgewiesen werden[6, 7]. Ebensowenig konnte die Base aufgefunden werden in den DNS aus Escherichia coli, Escherichia coli-Bakteriophagen (T_2 und T_5), Hefe, einigen Viren usw.[7]. Dagegen ist sie enthalten in DNS aus tierischen Geweben, wie Rindermilz, Kalbsthymus, Heringssperma[7], in den DNS aus Geweben des menschlichen Organismus, wie Milz, Knochenmark, Sperma[8], und in den DNS aus höheren Pflanzen. Besonders reich an 5-Methylcytosin ist die DNS in Weizenkeimlingen[7] (bis zu einem Drittel des Gehalts an Cytosin).

Die Konstitution des Nucleosids ergibt sich im wesentlichen aus der Desaminierung mit Natriumnitrit-Eisessig zu Thymidin und aus der Elementaranalyse des reinen kristallisierten Hydrochlorids[4]. Ein Vergleich der UV-Spektren von Desoxycytidin und Desoxy-5-methylcytidin spricht gleichfalls dafür, daß die Zuckerkomponente in 3-Stellung an den Pyrimidinring gebunden ist[4]. Das Nucleosid gibt die für Desoxyzucker spezifische Reaktion nach DISCHE[4].

Darstellung. Desoxy-5-methylcytidin wird aus Weizenkeimlings-DNS gewonnen, welche verhältnismäßig reich an diesem Bestandteil ist. Nach der enzymatischen Hydrolyse und Trennung des Nucleosidgemisches durch chromatographische Operationen erhält man schließlich eine Fraktion, welche in der Hauptsache aus Desoxycytidin und Desoxy-5-methylcytidin besteht. Dieses Gemisch wird durch Chromatographie an Cellulosepulver mit wassergesättigtem n-Butanol getrennt[4]. *Enzymatische Hydrolyse:* 9,8 g Weizenkeimlings-DNS werden in 1 *l* destilliertem Wasser gelöst und mit verdünntem Ammoniak auf p_H 7 gebracht. Die Lösung ist während aller folgenden Operationen mit einer Toluolschicht bedeckt zu halten. Zur Lösung werden 2,27 g Magnesiumsulfat und 50 mg rohe Desoxyribonuclease[9] aus Rinderpankreas gegeben. Sie wird 22 Std bei 37—38° gehalten und mit 1 n Ammoniak (9 cm^3) auf p_H 8 gebracht. Man gibt nun 100 cm^3 Pufferlösung aus gleichen Volumina 1 n Ammoniak und 1 n Ammoniumsulfat und 100 cm^3 nach den Vorschriften von KLEIN[10, 11] hergestellten Glycerinextrakt aus Kalbsdarmschleimhaut hinzu, hält die Lösung über Nacht auf 37—38°, versetzt mit weiteren 4 g Magnesiumsulfat, bringt mit verdünntem Ammoniak auf p_H 9 und bebrütet weiter, so daß die Gesamtzeit 47 Std beträgt. Anschließend wird das Magnesiumammoniumphosphat abgesaugt und

---

[1] HOLMES, W. L., and A. D. WELCH: Proc. Soc. exp. Biol. Med. **86**, 564 (1954).
[2] WEAVER, J. M., and W. SHIVE: Am. Soc. **75**, 1628 (1953).
[3] DEWEY, V. C., and G. W. KIDDER: J. gen. Microbiol. **9**, 445 (1953).
[4] DEKKER, C. A., and D. T. ELMORE: Soc. **1951**, 2864.
[5] JOHNSON, T. B., and R. D. COGHILL: Am. Soc. **47**, 2838 (1925).
[6] VISCHER, E., S. ZAMENHOF and E. CHARGAFF: J. biol. Ch. **177**, 429 (1949).
[7] WYATT, G. R.: Nature **166**, 237 (1950).
[8] ELMES, P. C., J. D. SMITH and J. C. WHITE: 2. Int. Congr. Biochem. Paris 1952. S. 7.
[9] McCARTY, M.: J. gen. Physiol. **29**, 123 (1946).
[10] BIELSCHOWSKY, F., u. W. KLEIN: H. **207**, 202 (1932).
[11] KLEIN, W.: H. **255**, 82 (1938).

das Sulfat quantitativ mit Baryt gefällt. Die Analyse des Filtrats[1] zeigt, daß etwa 98% des organisch gebundenen Phosphors abgespalten wurden. Das Filtrat wird im Vakuum auf 100 cm³ eingedampft und der Gefriertrocknung unterworfen.

Isolierung der Pyrimidin-desoxyriboside. Der trockene Rückstand wird 8mal mit je 100 cm³ 95%igem Äthanol extrahiert. Die filtrierten, vereinigten Extrakte werden durch Verteilung mit dem Lösungsmittelgemisch Isopropanol: 2 n HCl (65 : 35 v/v) papierchromatographisch analysiert. Die Purin-desoxyriboside werden auf dem Papier zu den Purinbasen hydrolysiert. Folgende Substanzen wurden nachgewiesen: Guanin (R_F 0,26 bis 0,31), Hypoxanthin (R_F 0,36—0,42), Adenin (R_F 0,40—0,47), Cytosin-desoxyribosid (R_F 0,58—0,63), 5-Methylcytosin-desoxyribosid (R_F 0,65—0,70) und Thymidin (R_F 0,86 bis 0,89).

Die äthanolische Lösung wird zur Trockne eingedampft, der Rückstand in 250 cm³ Wasser gelöst und durch eine Kolonne (11,4 × 1,7 cm) mit Zeo-Karb 215 (12 g, 30 bis 40 Maschen) geschickt. Die Kolonne wird mit 800 cm³ Wasser gewaschen. Die vereinigten Filtrate und Waschwässer werden eingeengt und mit Äthanol versetzt, worauf Thymidin (0,8 g) auskristallisiert. Nach einer Umkristallisation F 184—186°.

Die Kolonne wird mit 3,6 *l* 0,5 n wäßrigem Ammoniak eluiert und das Eluat auf 75 cm³ im Vakuum eingeengt. Papierchromatographie mit Isopropanol : 2 n HCl (65:35 v/v) zeigt, daß der größte Teil des Thymidins entfernt ist. Die Lösung wird mit 150 cm³ Äthanol versetzt und über Nacht im Kühlschrank aufbewahrt. Man saugt die ausgefallenen Purine ab, wäscht mit 66%igem Äthanol nach, dampft die vereinigten Filtrate und Waschwässer auf 30 cm³ ein und fällt ein zweites Mal mit 170 cm³ Äthanol eine weitere kleine Menge Purine. Die papierchromatographische Analyse mit Isopropanol: Wasser (65 : 35 v/v) zeigt, daß der Purinniederschlag Guanin und Hypoxanthin enthält und daß im äthanolischen Filtrat die Desoxyriboside von Cytosin und 5-Methylcytosin beträchtlich angereichert sind.

Die äthanolische Lösung wird im Vakuum zur Trockne eingedampft und der Gefriertrocknung unterworfen. Der Rückstand von 1,88 g wird in Isopropanol-Salzsäure (65: 35 v/v) gelöst und mit demselben Lösungsmittel an einer Säule (34 × 6 cm) mit Cellulosepulver (350 g) chromatographiert (automatischer Fraktionssammler). Die papierchromatographische Analyse der Fraktionen zeigt, daß die Trennung der Desoxyriboside von Cytosin und 5-Methylcytosin nur unvollständig ist, daß jedoch die Purine vollkommen entfernt wurden. Alle Fraktionen, welche 5-Methylcytosin-desoxyribosid enthalten, werden vereinigt, mit NaOH neutralisiert und im Vakuum zur Trockne eingedampft. Der Rückstand wird mit 6 Portionen von je 30 cm³ Isopropanol extrahiert. Man dampft die Extrakte im Vakuum zur Trockne ein, löst den Rückstand von 1,43 g in 70 cm³ wassergesättigtem Butanol und chromatographiert in einer Säule (32,3 × 6 cm) von Cellulosepulver (350 g) mit demselben Lösungsmittel (Fraktionssammler).

Fraktionen, die nur 5-Methylcytosin-desoxyribosid enthalten, werden vereinigt, auf ein kleines Volumen eingedampft, mit 5 cm³ Äthanol und 7 cm³ wäßriger Pikrinsäure versetzt und im Kühlschrank aufbewahrt. 5-Methylcytosin-desoxyribosid-pikrat kristallisiert in feinen Nadeln und wird aus Äthanol umkristallisiert. Ausbeute 3,0 mg. F 175 bis 177° (Zers.). Eine weitere Menge von 4,8 mg kristallisiert nach mehreren Tagen aus der Mutterlauge aus.

Die Mutterlauge wird nun zur Trockne eingedampft und der Rückstand aus Äthanol umkristallisiert. Das Produkt (33,0 mg) wird in 5 cm³ Wasser gelöst und durch eine Kolonne (2,0 × 0,6 cm) mit Amberlite IRA-400 geschickt. Die Kolonne wird erschöpfend mit Wasser gewaschen. Man dampft die Filtrate im Vakuum zur Trockne ein und unterwirft sie der Gefriertrocknung. Der Rückstand wird aus Äthanol-Äther umkristallisiert. Man erhält 8,2 mg freies Nucleosid als hygroskopische Nadeln. Die Mutterlauge wird eingeengt und mit trockenem HCl-Gas gesättigt. 5-Methyl-cytosin-desoxyribosid-hydrochlorid (8,0 mg) kristallisiert in derben Prismen. F 156°.

[1] ALLEN, R. J. L.: Biochem. J. **34**, 858 (1940).

Alle Fraktionen, welche ein Gemisch von Cytosin-desoxyribosid und 5-Methyl-cytosin-desoxyribosid enthalten, werden vereinigt, durch Chromatographie an Cellulose mit wassergesättigtem n-Butanol getrennt und auf ähnliche Weise aufgearbeitet, wie oben angegeben.

Physikalische Eigenschaften. Freies 5-Methyl-cytosindesoxyribosid kristallisiert aus Äthanol-Äther in hygroskopischen Nadeln[1]. Besser charakterisiert ist das *Hydrochlorid.* Aus Äthanol-Äther derbe Prismen, sehr leicht in Wasser löslich, F 156°[1]. $[\alpha]_D^{14}$: +65° (c = 0,461, in 1 n NaOH)[1]. UV-Absorption s. S. 1121. Die IR-Absorption unterscheidet sich charakteristisch von derjenigen des Desoxycytidins[1].

Nachweis und Bestimmung. 5-Methylcytosin-desoxyribosid als Bestandteil von DNS wird papierchromatographisch in deren sauren Hydrolysaten als 5-Methylcytosin nachgewiesen (s. S. 1160). Die präparative Isolierung des Nucleosids erfolgt über das schwerlösliche *Pikrat.* Feine Nadeln aus Äthanol vom Schmelzpunkt 175—177° (Zers.)[1].

Chemisches Verhalten. 5-Methyl-cytosindesoxyribosid wird durch Essigsäure-Natriumnitrit zu Thymidin desaminiert. Nach mehrstündigem Stehen der Lösung bei Raumtemperatur dampft man zur Trockne ein, extrahiert den Rückstand mit Äthanol und weist im Äthanolextrakt Thymidin papierchromatographisch nach[1].

18. 5-Oxymethylcytosin-(3)-desoxyribosid $C_{10}H_{15}O_5N_3$.

Vorkommen. Das Nucleosid wurde aus Coli-Phagen-DNS erhalten[2], nachdem die entsprechende Pyrimidinbase, das 5-Oxymethylcytosin, von WYATT und COHEN ebenfalls in Phagen-DNS aufgefunden worden war[3, 4]. Und zwar ist die Base an Stelle des Cytosins in den DNS aus Escherichia coli-Bakteriophagen T_2, T_4 und T_6 (in r- und r+-Stämmen) enthalten. Diese Befunde sind von Bedeutung, weil man damit in der Lage ist, Phagen-DNS von derjenigen der Wirtszelle zu unterscheiden[5-7].

Der enzymatische Abbau der Phagen-DNS, welche 5-Oxymethylcytosin enthalten, geht viel langsamer vor sich als derjenige von gewöhnlichen DNS[8, 9]. Es wurde festgestellt, daß sich im Hydrolysat der Phagen-DNS eine zu 5-Oxymethylcytosin äquimolare Menge Glucose nachweisen läßt. Aus verschiedenen Gründen nimmt man an, daß die D-Glucose glucosidisch mit der Hydroxylgruppe des Oxymethylrestes verknüpft ist[8]. So konnte z. B. aus Phagen-DNS ein Nucleotid isoliert werden, welches sehr leicht unter Abspaltung von Glucose in ein zweites, ebenfalls im Hydrolysat aufgefundenes Nucleotid übergeht, das wahrscheinlich identisch ist mit 5-Oxymethylcytosin-desoxyribosyl-phosphat[9]. Von anderen Autoren wurde aus Phagen-DNS 5-Oxymethylcytosin-desoxyribosylphosphat tatsächlich erhalten[10].

β) Sonstige Desoxyribonucleoside.

19. Desoxy-hypoxanthosin = Hypoxanthin-(9)-desoxyribosid $C_{10}H_{12}O_4N_4$.

Vorkommen. Desoxyhypoxanthosin wurde neben den Desoxyribosiden von Guanin, Cytosin und Thymin zuerst von LEVENE und LONDON aus einem enzymatischen Hydrolysat von Thymus-DNS isoliert[11]. Das Nucleosid ist jedoch nicht ursprünglich in den DNS enthalten, wie man durch die Analyse des Basengemisches zeigen kann, das durch saure Hydrolyse von DNS entsteht, sondern es bildet sich durch enzymatische Desaminierung aus Desoxy-adenosin. Im Fermentgemisch des Kalbsdarmextraktes, welcher zur

[1] DEKKER, C. A., and D. T. ELMORE: Soc. **1951**, 2864.
[2] COHEN, S. S.: Cold Spring Harbor Symp. quant. Biol. **18**, 221 (1953).
[3] WYATT, G. R., and S. S. COHEN: Nature **170**, 1072 (1952).
[4] WYATT, G. R., and S. S. COHEN: Biochem. J. **55**, 774 (1953).
[5] HERSHEY, A. D.: J. gen. Physiol. **37**, 1 (1953).
[6] COHEN, S. S.: Pediatrics **11**, 89 (1953).
[7] COHEN, S. S., and L. L. WEED: J. biol. Ch. **209**, 789 (1954).
[8] VOLKIN, E.: Am. Soc. **76**, 5892 (1954).
[9] SINSHEIMER, R. L.: Science, N. Y. **120**, 551 (1954).
[10] WEED, L. L., and T. A. COURTENAY: J. biol. Ch. **206**, 735 (1954).
[11] LEVENE, P. A., and E. S. LONDON: J. biol. Ch. **83**, 793 (1929).

Hydrolyse verwendet wird, ist auch eine Desaminase enthalten. Sie kann zum Teil durch Zugabe von Silberionen vergiftet werden[1, 2]. Ebenso wie beim Desoxyadenosin wird über ein freies Vorkommen in Braun- und Rotalgen berichtet[3]. Die Konstitution der Verbindung ergibt sich aus der leichten Hydrolyse in Hypoxanthin und Desoxyribose[4], der Bildung aus Desoxyadenosin durch Desaminierung, der Stabilität gegen Perjodat (Furanose)[5] und dem UV-Spektrum[5]. Desoxyhypoxanthosin ist demnach als Hypoxanthin-(9)-2'-desoxy-β-D-ribofuranosid zu formulieren.

Darstellung. Sobald der Enzymlösung zur Spaltung von DNS keine Silberionen zugegeben werden, wird statt des Desoxyadenosins stets Desoxy-hypoxanthosin isoliert[4–6]. Vorschriften hierfür s. S. 1131. Das Nucleosid entsteht durch enzymatische Synthese aus Hypoxanthin und Desoxyribose-1-phosphat in Gegenwart von Nucleosid-Phosphorylase aus Rattenleber, Kalbsleber[7] bzw. von teilweise gereinigter Purinnucleosid-Phosphorylase aus Gehirn[8].

Physikalische Eigenschaften. Nadeln aus Wasser sintern bei 202°, ohne zu schmelzen[4], schmelzen bei 219°, erstarren danach und zersetzen sich beim weiteren Erhitzen[6]. $[\alpha]_D^{25}$: —21° (c = 2, in verdünntem NaOH)[4]; $[\alpha]_D^{19}$: —22,9 (c = 1,74, in 1 n NaOH)[6]. UV-Absorption s. S. 1121[5].

Chemisches Verhalten. Desoxyhypoxanthosin wird wie die anderen Purindesoxyriboside durch verdünnte Mineralsäuren in der Hitze sehr leicht hydrolysiert (0,01 n HCl, 10 min bei 100°)[4].

Physiologisches Verhalten. Mit Hilfe von ^{15}N-Desoxyhypoxanthosin konnte gezeigt werden, daß dieses, in Ratten injiziert, weder zum Aufbau von Purinen noch von Pyrimidinen, welche in den DNS der Tiere enthalten sind, verwendet wird[9].

20. Desoxy-xanthosin = Xanthin-(9)-desoxyribosid $C_{10}H_{12}O_5N_4$.

Desoxyxanthosin wurde bisher nicht in der Natur aufgefunden. Es bildet sich nach FRIEDKIN[10] aus Xanthosin und Desoxyribose-1-phosphat unter der Einwirkung von Xanthosin-Phosphorylase aus Rattenleber. Das Nucleosid wurde als *Cyclohexylaminsalz* isoliert und charakterisiert. Dieses kristallisiert aus wassergesättigtem n-Butanol in „dicken, stummelförmigen Kristallen", welche bei 140—145° sintern und sich bei 145 bis 151° zersetzen. Desoxyxanthosin wird durch Säuren schon unter Bedingungen hydrolysiert, bei denen Xanthosin stabil ist (0,06 n HCl 40 min bei 22°). Das Cyclohexylaminsalz von Desoxyxanthosin zeigt folgende charakteristische Absorptionswerte im UV[10]:

p_H 10—12 Maxima bei 248 und 278 mμ (E = 10050 und 9090)
p_H 7,5 Maxima bei 248 und 278 mμ (E = 10230 und 8870)
p_H 4—5 Maxima bei 234 und 263 mμ (E = 8340 und 9100).

Die Analyse des Salzes zeigt, daß es Xanthin, Desoxyribose und Cyclohexylamin im Molverhältnis 1 : 1 : 1 enthält.

21. Desoxy-uridin = Uracil-(3)-desoxyribosid $C_9H_{12}O_5N_2$.

Vorkommen. Desoxyuridin wurde erstmalig von DEKKER und TODD[11] in einem enzymatischen Hydrolysat eines Handelsproduktes von Heringssperma-DNS aufgefunden.

[1] KLEIN, W.: H. **224**, 244 (1934).
[2] ANDERSEN, W., C. A. DEKKER and A. R. TODD: Soc. **1952**, 2721.
[3] BÁNHIDI, Z. G., and L. E. ERICSON: Acta chem. scand. **7**, 713 (1953).
[4] LEVENE, P. A., and E. S. LONDON: J. biol. Ch. **83**, 793 (1929).
[5] MANSON, L. A., and J. O. LAMPEN: J. biol. Ch. **191**, 87 (1951).
[6] SCHINDLER, O.: Helv. **32**, 979 (1949).
[7] FRIEDKIN, M., and H. M. KALCKAR: J. biol. Ch. **184**, 437 (1950).
[8] ROBINS, E., D. E. SMITH and R. E. MCCAMAN: J. biol. Ch. **204**, 927 (1953).
[9] REICHARD, P., and B. ESTBORN: J. biol. Ch. **188**, 839 (1951).
[10] FRIEDKIN, M.: Am. Soc. **74**, 112 (1952).
[11] DEKKER, C. A., and A. R. TODD: Nature **166**, 557 (1950).

Da jedoch im sauren Hydrolysat desselben DNS-Präparates kein Uracil nachgewiesen werden konnte und in anderen untersuchten Fällen ein höherer Gehalt an Desoxyuridin gekoppelt war mit einem geringeren Gehalt an Desoxycytidin, wird angenommen, daß Desoxyuridin ein Kunstprodukt ist, welches sich aus Desoxycytidin durch Desaminierung entweder während der Darstellung oder der enzymatischen Spaltung der Handels-DNS bildet[1, 2]. Eine für Desoxycytidin und Cytidin spezifische Desaminase wurde aus einem bestimmten Stamm von Escherichia coli (9723 nach der amerikanischen Typenregistrierung) isoliert[3].

Die Konstitution von Desoxyuridin ergibt sich aus der Elementaranalyse der reinen kristallisierten Substanz, der positiven Reaktion nach DISCHE[1], der Hydrolyse zu Uracil unter Zerstörung der Zuckerkomponente[1] und der Bildung aus Desoxycytidin durch enzymatische Desaminierung[3].

Darstellung. Zur Isolierung des Nucleosids aus einem enzymatischen Hydrolysat von Heringssperma-DNS-Handelsprodukt s. S. 1131[1, 2]. Uracil-desoxyribosid bildet sich aus Desoxycytidin unter der Einwirkung einer Desaminase, welche in Coli-Bakterien enthalten ist[3].

Physikalische Eigenschaften. Uracil-desoxyribosid kristallisiert in Nadeln aus 95%igem Äthanol, F 163°[1], 161—162°[2]. $[\alpha]_D^{22}$: +50° (c = 1,1, in 1 n NaOH)[1]. Die Löslichkeit in Wasser und Äthanol ähnelt stark jener des Thymidins[1].

Nachweis und Bestimmung erfolgen papierchromatographisch[1].

Chemisches Verhalten. Desoxyuridin wird durch 1 n Schwefelsäure bei 100° in 1 Std nicht hydrolysiert. Unter schärferen Bedingungen (z. B. konz. Ameisensäure 1 Std bei 175°) wird Uracil abgespalten[1].

c) Nucleoside mit anderem Glykosidrest.

22. Adenin-thiomethylribosid = Adenin-(9)-5'-methylthio-5'-desoxy-β-D-ribofuranosid $C_{11}H_{15}O_3N_5S$[4].

Vorkommen. Dieses schwefelhaltige Nucleosid wurde zuerst aus einem Hefeextrakt isoliert[4] und auch in späteren Untersuchungen immer wieder aus Bierhefe dargestellt[5-9]. Es war in Bäckerhefen des Handels, in Brennereihefen und in Torula utilis (auf Sulfitablaugen gezüchtet) nur spurenweise nachzuweisen[9]. Über sein Vorkommen in tierischen Organen ist noch nichts bekannt.

Die Struktur der Aldopentose ist durch die Reduktion zum Pentit, durch die Perjodattitration und durch Vergleich mit synthetischen Derivaten der 5-Desoxy-5-methylthiopentose zweifelsfrei erwiesen[6, 10-12]. Die glykosidische Verknüpfung in 9 wurde aus dem UV-Spektrum geschlossen[13]; sie ist ebenso wie die β-Konfiguration durch Synthese gesichert[14].

Darstellung[9]. 1 kg frische, abgepreßte Bierhefe wird mit 1 *l* kochendem Wasser übergossen und 3 Std auf dem siedenden Wasserbad gehalten. Zentrifugieren, Einengen der Lösung im Vakuum auf die Hälfte (n-Octanol-Zusatz!), Zugabe von 3 *l* Aceton, Zentrifugieren der Eiweißfällung, Eindampfen der Lösung im Vakuum auf 200 cm³. Diese

[1] DEKKER, C. A., and A. R. TODD: Nature **166**, 557 (1950).
[2] ANDERSEN, W., C. A. DEKKER and A. R. TODD: Soc. **1952**, 2721.
[3] WANG, T. P., H. Z. SABLE and J. O. LAMPEN: J. biol. Ch. **184**, 17 (1950).
[4] MANDEL, J. A., and E. K. DUNHAM: J. biol. Ch. **11**, 85 (1912).
[5] SUZUKI, U., S. ODAKE u. T. MORI: B. Z. **154**, 278 (1924).
[6] LEVENE, P. A.: J. biol. Ch. **59**, 465 (1924).
[7] SUZUKI, U., u. T. MORI: B. Z. **162**, 413 (1925).
[8] LEVENE, P. A., and H. SOBOTKA: J. biol. Ch. **65**, 551 (1925).
[9] WEYGAND, F., R. JUNK u. D. LEBER: H. **291**, 191 (1952).
[10] WENDT, G.: H. **272**, 152 (1942).
[11] WEYGAND, F., O. TRAUTH u. R. LÖWENFELD: B. **83**, 563 (1950).
[12] SATOH, K., and K. MAKINO: Nature **165**, 769 (1950); **167**, 238 (1951).
[13] FALCONER, R., and J. M. GULLAND: Soc. **1937**, 1912.
[14] WEYGAND, F., u. O. TRAUTH: B. **84**, 633 (1951).

Lösung wird einer Gegenstromverteilung in 12 Scheidetrichtern unterworfen (je 75 cm^3 wassergesättigtes Butanol und 225 cm^3 butanolgesättigtes Wasser). Das Adenin-thiomethylribosid befindet sich dann in den Scheidetrichtern 8 und 9, weniger rein in 4—7; drei im UV absorbierende Begleitsubstanzen sind in 1—3. Die Inhalte der Trichter 4—7 werden erneut in 12 Stufen verteilt, so daß sie als Nr. 1—4 dienen. Das Ribosid findet sich dann gereinigt in 5—9. Nach dem Eindampfen der Lösung im Vakuum und Aufnehmen des Rückstandes in wenig heißem Wasser kristallisiert das Nucleosid über Nacht aus. Nach Umkristallisation aus Wasser (mit Aktivkohle) erhält man 180 mg, F 212°.

Bildung aus „aktivem Methionin“[1]. Ein Konzentrat von S-Adenosylmethionin (0,5 cm^3) bildet nach 48stündigem Erhitzen auf 100° im zugeschmolzenen Röhrchen und Abkühlen Adenin-thiomethylribosid-Kristalle, die nach zweimaliger Umkristallisation aus Wasser bei 205° schmelzen. Identifizierung durch Misch-F und Chromatographie.

Adenin-thiomethylribosid und das durch Einwirkung salpetriger Säure aus ihm entstehende Hypoxanthin-thiomethylribosid sind auch synthetisch erhalten worden[2-4]. Zur Darstellung ist jedoch die Gewinnung aus Hefe der gegebene Weg.

Physikalische Eigenschaften. Adenin-thiomethylribosid bildet feine, farblose Nädelchen von schwachem Perlmutterglanz. Es ist in kaltem Wasser schwer löslich, leicht in heißem Wasser, Mineralsäuren und Alkalien. Wie andere Purinnucleoside ist es unlöslich in Äthanol und Äther. Wäßrige Lösungen reagieren fast neutral; F 212° (aus Wasser)[5, 6], F 212—213° (synthetisches Produkt)[3], 213—214° (natürliches Produkt)[3]. $[\alpha]_D^{20}$: $-23,7 \pm 0,5°$ (c = 0,02068, in Pyridin)[3]. UV-Spektrum s. S. 1121[7-9]. R_F-Wert in Butanol-Wasser 0,57—0,59[3].

Nachweis und Bestimmung. In Hefeextrakten wird das Thiomethylribosid nach papierchromatographischer Trennung (mit Butanol-Wasser), Lokalisierung auf dem Papier nach dem Photoprintverfahren im UV-Licht, Elution und Photometrierung bei 260 mμ identifiziert und bestimmt[6]. Es läßt sich auch nach Fällung mit Phosphorwolframsäure durch Reaktion mit Nitroprussid bestimmen[10]. Das *Hydrochlorid* ist leicht wasserlöslich, F 161—162° (aus Äthanol)[5]. Das *Pikrat* (gefällt in Eisessig-Lösung) bildet feine Nadeln, F 183°.

Alle Reaktionen auf Schwefel fallen positiv aus.

Chemisches Verhalten. Die Hydrolyse mit 3%iger Salzsäure (2 g Substanz in 20 cm^3, 1 Std bei 80°) spaltet vollständig in Adenin und Methylthioribose[11]. Der freie Zucker läßt sich durch das Phenylosazon vom F 159—160°[11, 12], durch das Triacetylderivat oder die Dibenzoylverbindung[13] charakterisieren.

Desaminierung zu Hypoxanthin-thiomethylpentosid, dessen Eigenschaften und Derivate[5].

Die Oxydation mit Salpetersäure bildet Hypoxanthin, Xanthin und Oxalsäure[11].

Physiologisches Verhalten. Das Thiomethylpentosid entsteht aus S-Adenosylmethionin, dem als Zwischenprodukt der Transmethylierung auftretenden „aktiven Methionin“[1, 14] (s. Bd. III/2, S. 1652, 1668). Es senkt die Körpertemperatur[5].

---

[1] Baddiley, J., G. L. Cantoni and G. A. Jamieson: Soc. **1953**, 2662.
[2] Satoh, K., and K. Makino: Nature **165**, 769 (1950); **167**, 238 (1951).
[3] Weygand, F., u. O. Trauth: B. **84**, 633 (1951).
[4] Baddiley, J.: Soc. **1951**, 1348.
[5] Kuhn, R., u. K. Henkel: H. **269**, 41 (1941).
[6] Weygand, F., R. Junk u. D. Leber: H. **291**, 191 (1952).
[7] Loofbourow, J. R.: Am. Soc. **56**, 1728 (1934).
[8] Falconer, R., and J. M. Gulland: Soc. **1937**, 1912.
[9] Schaedel, M. L., M. J. Waldvogel and F. Schlenk: J. biol. Ch. **171**, 135 (1947).
[10] Smith, R. L., and F. Schlenk: Arch. Biochem. **38**, 159 (1952).
[11] Suzuki, U., S. Odake u. T. Mori: B. Z. **154**, 278 (1924).
[12] Weygand, F., O. Trauth u. R. Löwenfeld: B. **83**, 563 (1950).
[13] Suzuki, U., u. T. Mori: B. Z. **162**, 413 (1925).
[14] Cantoni, G. L.: Am. Soc. **74**, 2942 (1952).

23. Hypoxanthin-thiomethylribosid $C_{11}H_{14}O_4N_4S$.

Hypoxanthin-thiomethylpentosid wurde synthetisch durch Desaminierung von Adenin-thiomethylpentosid erhalten[1].

5 g Adenin-thiomethylpentosid werden in 150 cm³ Wasser suspendiert, mit 3 g Natriumnitrit versetzt und auf 80° erhitzt. Auf Zugabe von 10 cm³ Eisessig geht die Substanz unter Stickstoffentwicklung beim Umschwenken in Lösung. Nach etwa 15 min ist die Stickstoffentwicklung beendet. Hierauf dampft man im Vakuum zur Trockne ein, trocknet den Rückstand (13 g) scharf bei 60° und schüttelt das salzhaltige Rohprodukt mit 20 cm³ Pyridin und 3 cm³ Essigsäureanhydrid 12 Std. Nach dem Verdampfen im Vakuum wird noch 2mal unter Zusatz von je 20 cm³ absolutem Alkohol zur Trockne gebracht, zur Trennung der Salze mit etwa 70 cm³ Wasser übergossen und die milchig trübe Lösung 3mal mit Chloroform ausgeschüttelt. Die vereinigten dunklen Chloroformauszüge werden kurz mit Aktivkohle aufgekocht. Das hellbraune Filtrat liefert nach dem Trocknen über Natriumsulfat die Acetylverbindung des Hypoxanthin-thiomethylpentosids als kristallin erstarrenden Sirup (7,5 g).

Die Acetylverbindung wird in 20 cm³ absolutem Methanol, das in der Kälte mit NH_3 gesättigt worden war, gelöst. Nach wenigen Minuten beginnt die Abscheidung der Hypoxanthyl-Verbindung. Nach 24stündiger Kristallisation im Kühlschrank scheiden sich 4,5 g reines Produkt (90% Ausbeute) ab. Farblose Blättchen aus siedendem Butanol. Kristallbüschel aus Wasser, F 220,5—221,5°. In Wasser ist die Substanz erheblich leichter löslich als Adenin-thiomethylpentosid.

24. Vicin = 2,4-Diamino-5,6-dioxy-pyrimidyl-(5)-glucosid $C_{10}H_{16}O_7N_4$.

Vorkommen. Vicin wurde bereits 1870 von RITTHAUSEN[2-4] aus Wicken (Vicia sativa) und später aus anderen Arten von Vicia isoliert. Außerdem wurde es in Rübensaft[5] und in Erbsen[6] aufgefunden. Die endgültige Konstitution, nämlich die eines 5-O-β-D-Glucopyranosyl-2,4-diamino-5,6-dioxy-pyrimidins, wurde erst 1953 aufgestellt[7], nachdem unter anderem auch ein 3-N-Glucosid des 2,5-Diamino-4,6-dioxy-pyrimidins diskutiert worden war[8].

Darstellung. Zur Isolierung aus Wicken wird folgende Vorschrift gegeben[7]: 2 kg feingemahlene Wickensamen (Vicia sativa) werden in 10 *l* 2%iger Schwefelsäure suspendiert und 12 Std bei Raumtemperatur gerührt. Man versetzt den sauren Extrakt mit einer warmen gesättigten Bariumhydroxyd-Lösung, bis p_H 7 erreicht ist, zentrifugiert vom Bariumsulfat ab und gibt zum Zentrifugat eine 10%ige Lösung von Quecksilbersulfat in 5%iger Schwefelsäure (200 cm³ je Liter Filtrat). Anschließend wird mit warmer Bariumhydroxyd-Lösung alkalisiert, nach 1 Std der Niederschlag durch Zentrifugieren gesammelt und das Quecksilbersalz zusammen mit einem Überschuß Calciumcarbonat in 2 *l* Wasser suspendiert. Man sättigt mit Schwefelwasserstoff, trennt das Quecksilbersulfid ab und dampft Filtrat und Waschwässer im Vakuum zur Trockne ein. Der Rückstand wird in 400 cm³ Wasser aufgenommen, von unlöslichen Anteilen abfiltriert, mit 4 Vol. Äthanol versetzt und im Vakuum bis zur beginnenden Kristallisation eingeengt. Das Rohprodukt wird aus möglichst wenig Wasser unter Zusatz von Aktivkohle umkristallisiert. Ausbeute 2,75 g reines Vicin, F 243—244°.

Eine Synthese des Glucosids wurde bisher nicht angegeben.

Physikalische Eigenschaften. Farblose, glänzende Nadeln, F 243—244°[7]. $[\alpha]_D^{26}$: —11,7 (c = 3,9, in 0,2 n NaOH)[7]. Messung der UV-Absorption[7].

[1] KUHN, R., u. K. HENKEL: H. **269**, 41 (1941).
[2] RITTHAUSEN, H., u. U. KREUSLER: J. prakt. Chem. (2) **2**, 333 (1870).
[3] RITTHAUSEN, H.: J. prakt. Chem. (2) **7**, 374 (1873).
[4] RITTHAUSEN, H.: B. **29**, 2108 (1896).
[5] LIPPMANN, E. O. v.: B. **29**, 2645 (1896).
[6] SCHULZE, E.: H. **15**, 140 (1891); **17**, 193 (1893).
[7] BENDICH, A., and G. C. CLEMENTS: Biochim. biophysica Acta, N. Y. **12**, 462 (1953).
[8] LEVENE, P. A., and J. K. SENIOR: J. biol. Ch. **25**, 607 (1916).

Chemisches Verhalten. Durch Hydrolyse mit verdünnten Mineralsäuren in der Hitze und durch Spaltung mit Emulsin entstehen D-Glucose[1] und das Aglykon Divicin (2,4-Diamino-5,6-dioxy-pyrimidin). Letzteres gibt mit Eisenchlorid eine Blaufärbung und ist im Gegensatz zum Vicin in neutraler und alkalischer Lösung instabil.

Physiologisches Verhalten. Die Wirkung auf Blutdruck, isolierten Darm, Uterus, Froschherz wurde untersucht[2]. Vicin als wahrscheinliche Ursache des Lathyrismus[3].

25. Convicin = 4-Imino-dialursäure-D-glucosid $C_{10}H_{15}O_8N_3$.

Vorkommen. Convicin wurde 1881 von RITTHAUSEN als Begleitsubstanz des Vicins aus Wicken isoliert (Vicia sativa)[4, 5]. Außerdem wurde das Glucosid in anderen Vicia-Arten aufgefunden, wie Saubohnen (Vicia faba)[6] und Pferdebohnen (Vicia faba minor).

Durch energische Säurehydrolyse wird die Verbindung in Alloxanthin, Ammoniak[4, 6] und D-Glucose gespalten. Das Alloxanthin hat sich durch Oxydation und Kondensation aus 2 Molekülen Dialursäure gebildet, welche intermediär bei der Hydrolyse frei wird. Von den 3 für das Aglykon in Frage kommenden Strukturen, nämlich der des Uramils sowie der 2-Imino- bzw. der 4-Imino-dialursäure, scheidet die erste aus, weil Convicin nicht wie Uramil mit Cyanat zu einem Derivat der Pseudoharnsäure reagiert. Außerdem dürfte aus einem 5-Amino-pyrimidin-derivat die Aminogruppe nicht so leicht abgespalten werden wie aus dem Convicin. Das Aglucon kann auch nicht als 2-Imino-dialursäure vorliegen, denn bei der Oxydation mit Kaliumchlorat erhält man Harnstoff und kein Guanidin. Damit erscheint die Formulierung eines Glucosids der 4-Iminodialursäure als gesichert[6]. Wegen der verhältnismäßig großen Beständigkeit gegen verdünnte Säuren und aus Analogiegründen wird angenommen, daß Convicin wie die natürlich vorkommenden Pyrimidin-nucleoside aus RNS und DNS als N-Glucosid vorliegt.

Darstellung. Aus Saubohnen werden etwa 0,05 % ihres Gewichtes an Convicin erhalten[6].

5 kg feingepulverte Saubohnen werden über Nacht in 10 *l* 3 %iger Schwefelsäure suspendiert. Die Mischung wird durch Zugabe von 20 %igem Baryt neutralisiert, durch Einbringen von Filterpapierschnitzeln zu einem dicken Brei gemacht und in einer hydraulischen Presse abgepreßt. Das trübe Filtrat wird mit Schwefelsäure ganz schwach angesäuert und noch einmal durch Papierbrei abgesaugt. Man behandelt das klare gelbe Filtrat mit einem Überschuß einer 10 %igen Lösung von Quecksilbersulfat in verdünnter Schwefelsäure, macht mit Baryt alkalisch, trennt den Niederschlag ab, wäscht ihn mit Wasser, suspendiert ihn in Wasser und sättigt dieses mit Schwefelwasserstoff. Das Filtrat wird auf 400 cm³ eingedampft, mit Schwefelsäure eben angesäuert und mit 1600 cm³ 95 %igem Äthanol gemischt. Der dabei auftretende Niederschlag wird entfernt. Das Filtrat wird im Vakuum bis zur beginnenden Kristallisation eingedampft und anschließend im Schwefelsäureexsiccator aufbewahrt. Dabei kristallisiert Convicin beinahe farblos aus. Es wird mit wenig Wasser gewaschen und aus 100 Teilen kochendem Wasser umkristallisiert. Beim Einengen der Mutterlaugen fällt eine weitere Menge an weniger reinem Produkt an. Ausbeute aus 5 kg Bohnen 2,3 g rohes Convicin.

Physikalische Eigenschaften. Convicin kristallisiert in dünnen, rombischen, farblosen Blättchen aus Wasser. Es zersetzt sich beim Erhitzen bei 287° ohne zu schmelzen[3, 6].

Chemisches Verhalten. Hydrolyse mit 6 n Schwefelsäure spaltet in 10 min bei 100° in Alloxanthin, Ammoniak und Glucose[6], welche als Osazon nachgewiesen wurde. Convicin gibt eine positive Murexidreaktion und eine positive Reaktion nach MOLISCH. Convicin kuppelt mit Diazobenzolsulfosäure zu einem roten Farbstoff, verhält sich also in dieser Beziehung nicht so wie ein Pyrimidin-(3)-glucosid[6].

[1] HERISSEY, H., et J. CHEYMOL: Cr. **191**, 387 (1930).
[2] FLÖSSNER, O.: A. e. P. P. **174**, 245 (1934).
[3] ANDERSON, L. A. P., A. HOWARD and I. L. SIMONSEN: Nature **116**, 260 (1925).
[4] RITTHAUSEN, H.: J. prakt. Chem. **24**, 202 (1881); **59**, 480, 482, 487 (1899).
[5] RITTHAUSEN, H.: B. **29**, 894, 2108 (1896).
[6] FISHER, H. J., and T. B. JOHNSON: Am. Soc. **54**, 2038 (1932).

26. Cordycepin = Adenin-9-cordyceposid $C_{10}H_{13}O_3N_5$.

Vorkommen. Aus der Kulturlösung von Cordyceps militaris (Linn.) Link wurde durch Adsorption an Aktivkohle ein Nucleosid isoliert[1], welches bei der sauren Hydrolyse Adenin und eine verzweigte Desoxypentose, die Cordycepose, gibt[2]. Die Haftstelle in 9 geht aus dem UV-Spektrum des Nucleosids hervor[1, 2]. Cordycepose ist eine 3-Desoxy-aldopentose, strukturverwandt mit Apiose.

Darstellung. Aus 45 *l* der Kulturflüssigkeit von Cordyceps militaris wurde nach 28tägigem Wachstum des Pilzes das Nucleosid mit 500 g Aktivkohle adsorbiert und durch Extraktion der Kohle mit Aceton wieder eluiert. Durch Umkristallisieren des eingedampften Eluats aus Butanol ließen sich 1,1 g Cordycepin erhalten[1].

Physikalische Eigenschaften. Farblose Nadeln, F 225—226° (aus Äthanol). $[\alpha]_D^{20}$: —47° (in Wasser).

Nachweis und Bestimmung. Zur Charakterisierung wurde das UV- sowie das IR-Spektrum der Verbindung aufgenommen[1].

Derivate: Cordycepin-tetrabenzoat F 179—180° (glänzende Nadeln aus Äthanol), Cordycepin-pikrat F 195° (Zers.), Cordycepin-pikrolonat, Nadeln, F 240° (Zers.)[1].

Chemisches Verhalten. 2 n Salzsäure hydrolysiert das Nucleosid bei 100° bereits in 30 min vollständig zu Adenin und Cordycepose[2]. Mit Essigsäure-Natriumnitrit (30 min bei 70°) erfolgt Desaminierung des Cordycepins (zu Hypoxanthin-cordyceposid)[2].

Physiologisches Verhalten. In wäßriger Lösung ist Cordycepin wirksam gegen verschiedene Bakterienstämme[1].

27. Puromycin (Achromycin) $C_{22}H_{29}O_5N_7$.

Vorkommen. Puromycin wurde aus Kulturen von Streptomyces alboniger isoliert[3]. Die Konstitution eines 6-Dimethylamino-9-(3′-p-methoxy-L-phenylalanylamino-3′-desoxy-β-D-ribofuranosyl)-purins ergab sich aus Abbaureaktionen[4] und wurde durch die Totalsynthese bestätigt[5].

Physikalische Eigenschaften. F 175,5—177°[4]; $[\alpha]_D^{25}$: —11° (in Äthanol)[4]; UV-Absorption[4].

Chemisches Verhalten. Puromycin ist eine zweisäurige Base und bildet ein Dihydrochlorid und ein Sulfat. Durch die Einwirkung von äthanolischer Salzsäure in der Hitze wird es in 6-Dimethyl-aminopurin, O-Methyl-tyrosin und in 3-Amino-D-ribose gespalten[4].

Physiologisches Verhalten. Puromycin wirkt antibiotisch gegen gram-positive und gram-negative Bakterien sowie gegen Trypanosoma equiperdum bei Mäusen. LD_{50} für Mäuse beträgt 350 mg/kg (intravenös)[3].

28. Spongothymidin $C_{10}H_{14}O_6N_2$.

Vorkommen. Bergmann und Feeney[6] isolierten aus Meeresschwämmen (Cryptotethia crypta) ein Gemisch von Nucleosiden, dessen Hauptbestandteil die Zusammensetzung eines Thyminpentosids hatte und Spongothymidin benannt wurde. Außerdem wurden Spongosin und Spongouridin isoliert[7]. Die schwierig erfolgende saure Spaltung des ersten Nucleosids liefert Thymin unter Zerstörung der Kohlenhydratkomponente[6]. Die Zuckerkomponente ist D-Arabinose[7]; sie liegt in der Furanoseform vor, denn bei der Titration mit Perjodat wird 1 Mol des Reagens verbraucht[6, 7]. Aus dem Vergleich der

---

[1] Cunningham, K. G., S. A. Hutchinson, W. Manson and F. S. Spring: Soc. **1951**, 2299.
[2] Bentley, H. R., K. G. Cunningham and F. S. Spring: Soc. **1951**, 2301.
[3] Porter, J. N., R. I. Hewitt, C. W. Hesseltine, G. Krupka, J. A. Lowery, W. S. Wallace, N. Bohonos and J. H. Williams: Antibiotics & Chemotherap. **2**, 409 (1952).
[4] Waller, C. W., P. W. Fryth, B. L. Hutchings and J. H. Williams: Am. Soc. **75**, 2025 (1953).
[5] Baker, B. R., R. E. Schaub, J. P. Joseph and J. H. Williams: Am. Soc. **77**, 12 (1955).
[6] Bergmann, W., and R. J. Feeney: J. org. Chem. **16**, 981 (1951).
[7] Bergmann, W., and D. C. Burke: J. org. Chem. **20**, 1501 (1955).

Drehwerte des Nucleosids und seines Perjodat-Oxydationsproduktes mit jenen von Thymin und seinem Oxydationsprodukt folgt, daß Spongothymidin 3-β-D-Arabofuranosylthymin ist.

Darstellung. Die Isolierung von Spongothymidin erfolgt durch Extraktion der in Formalin konservierten und im Vakuum getrockneten Schwämme mit Aceton[1].

600 g getrocknete Grundschwämme (mit etwa 40% Asche und 360 g organischem Material) werden in einem Soxhlet-Apparat 2 Tage mit Aceton extrahiert. Dabei scheiden sich schöne Kristalle aus dem kochenden Lösungsmittel ab. Der aus dem Extrakt resultierende Rückstand von etwa 9 g wird mit 400 cm^3 Äthanol behandelt. Die zurückbleibenden 1,5 g werden in heißem Wasser gelöst (20 cm^3). Man behandelt die Lösung mit Aktivkohle, filtriert und läßt langsam abkühlen, wobei sich Prismen (F 246°) ausscheiden. Beim Abkühlen des Alkoholextraktes und Einengen der Mutterlaugen erhält man weitere 2,4 g Spongothymidin, F 244°.

Physikalische Eigenschaften. Prismen aus Wasser, F 246—247°. $[\alpha]_D$: + 80,0° (c = 1, in 8%iger NaOH); $[\alpha]_D$: + 92,0° (c = 1, in Pyridin). Messung der UV-Absorption zeigt ein vom p_H unabhängiges Maximum bei 269 mμ[1, 2].

Chemisches Verhalten. Dreistündiges Erhitzen des Nucleosids in 10%iger Schwefelsäure auf 130—140° zerstört die Pentose und macht Thymin frei, welches beim Abkühlen der schwefelsauren Lösung auskristallisiert und auf Grund des Schmelzpunktes und Mischschmelzpunktes identifiziert wird[1].

Fünfstündiges Erhitzen in 10%iger Schwefelsäure am Rückfluß hydrolysiert nicht. Nach Reduktion mit Hilfe der Methode von BURKE[3] wird das Nucleosid schon beim Durchlaufen durch einen sauren Ionenaustauscher hydrolysiert[4]. 467 mg Spongothymidin in trockenem flüssigem Ammoniak (100 cm^3) und abs. Äthanol (5 cm^3) werden mit Natrium (0,4 g) versetzt und unter Umrühren reduziert (3 Std, Methanol-Trockeneis-Kältemischung). Nach vorsichtiger Zugabe von Wasser (50 cm^3) wird das Ammoniak bei 25°, 20 Torr, vertrieben, die Restlösung mit Wasser verdünnt. Sie zeigt keine selektive UV-Absorption mehr.

Nun wird die Lösung durch eine Dowex-50-Säule (H^+-Form, 25 cm × 3 cm^2) getropft. Nach Eindampfen (400 mg eines hellgelben Harzes) ergibt die Papierchromatographie (n-Butanol-Äthanol-Wasser) und die Ionophorese in Borat-Pufferlösung, daß nur Arabinose vorliegt. Phenylosazon F 154—155° (wäßriges Methanol), gleich dem Osazon aus D-Ribose.

Spongothymidin verbraucht 1 Mol Perjodat, jedoch viel langsamer als die Purin- und Pyrimidin-riboside, infolge der trans-Stellung der C(2)-C(3)-Hydroxyle der Arabinose. Aus dem gleichen Grunde wird auch die Wanderungsgeschwindigkeit von Spongothymidin bei der Ionophorese durch Borat-Zusatz nicht beschleunigt, im Gegensatz zu den Ribosiden.

Spongothymidintribenzoat. 150 mg Nucleosid werden in 2 cm^3 4%igem Natriumhydroxyd gelöst und unter Schütteln tropfenweise mit einem Überschuß an Benzoylchlorid versetzt. Das Tribenzoat wird abzentrifugiert, mit Wasser gewaschen und aus Methanol umkristallisiert, F 190—191°[1].

29. Spongouridin $C_9H_{12}O_6N_2$.

Vorkommen. Dieses Nucleosid wurde neben Spongothymidin aus dem Caribischen Schwamm Cryptotethia crypta isoliert und durch Ionenaustausch rein dargestellt. Es ist 3-β-D-Arabofuranosyluracil und ist identisch mit einem von TODD und Mitarbeitern aus Uridylsäure a erhaltenen Produkt, für das ebenfalls die Struktur eines 3-β-D-Arabofuranosyluracils feststeht[4].

[1] BERGMANN, W., and R. J. FEENEY: J. org. Chem. **16**, 981 (1951).
[2] BERGMANN, W.: Angew. Chem. **67**, 127 (1955).
[3] BURKE, D. C.: J. org. Chem. **20**, 643 (1955).
[4] BERGMANN, W., and D. C. BURKE: J. org. Chem. **20**, 1501 (1955). — BROWN, D. M., A. R. TODD and S. VARADARAJAN: Soc. **1956**, 2388.

Darstellung. Durch Elution aus einer mit Dowex-1-Harz (OH^--Form) gefüllten Säule mit Ammoniumhydroxyd-Formiat-Puffer (p_H 8,3) läßt sich Spongouridin von Spongothymidin, Thymin und Uracil trennen[1].

Physikalische Eigenschaften. Sehr leicht wasserlöslich, kann aus Methanol umkristallisiert werden, F 226—228°. $[\alpha]_D$: +126° (in Wasser); +97° (in 8%iger NaOH); p_H 9,3. UV-Absorption[1].

Chemisches Verhalten. Hydrolyse mit 90%iger Ameisensäure (2 Std bei 150°) macht Uracil frei. Nach Reduktion des Pyrimidinringes mit Natrium und Äthanol in flüssigem Ammoniak (s. Spongothymidin) wird das Nucleosid schon beim Durchlaufen durch eine Dowex-Säule (H^+-Form) hydrolysiert. Die freigewordene D-Arabinose läßt sich papierchromatographisch identifizieren.

Das Nucleosid verbraucht 1 Mol Perjodat, jedoch viel langsamer als Riboside.

9. Die einzelnen Nucleotide.

a) Ribomononucleotide.

α) Die 5'-Phosphate.

Die Adenosin-5'-phosphate, Adenosintriphosphat (ATP), Adenosindiphosphat (ADP) und Adenosinmonophosphat (AMP) sind in allen bisher daraufhin näher untersuchten Zellen und Geweben nachzuweisen gewesen. Darüber hinaus konnten in neuerer Zeit die 5'-Diphosphate und 5'-Triphosphate auch der anderen Nucleoside, z. B. von Guanosin, Uridin und Cytidin, nachgewiesen werden.

Die Aufklärung der strukturellen Beziehungen der 3 Adenosinphosphate zueinander ist im wesentlichen von K. LOHMANN 1935 ausgeführt worden. Die früher ausgearbeiteten analytischen Bestimmungen des Gehaltes an ATP, ADP und AMP in biologischem Material nutzten die verschiedenen Löslichkeiten der Bariumsalze und die Fällung der Quecksilbersalze (s. Angaben in Abschnitt über „Organische Phosphorsäureverbindungen", Bd. III/1, S. 457ff.). Sie sind recht umständlich und dürften durch die neueren Trennungen und Bestimmungen mit Hilfe der Papierchromatographie, des Ionenaustausches und der Elektrophorese allgemein verdrängt sein.

Für die Darstellung der 3 Adenosinphosphate sind mehrere genau ausgearbeitete Vorschriften angegeben worden: ATP wird immer noch am besten aus Muskulatur hergestellt, ADP durch enzymatische Dephosphorylierung von ATP, AMP ebenso oder durch enzymatische Phosphorylierung von Adenosin. Die Nucleotide sind auch im Handel erhältlich.

Die Adenosin-5'-phosphate haben als bestbekannte Phosphatüberträger im energieübertragenden Stoffwechsel fundamentale Bedeutung. Durch die energieliefernden Reaktionsfolgen der Atmung und Glykolyse wird die Phosphorylierung von AMP und ADP zu ATP, vielleicht auch zu höheren Phosphaten, immer wieder von neuem bewirkt. Als Phosphatdonator ermöglicht ATP andererseits viele Transphosphorylierungen, welche die Voraussetzung für die weiteren Umwandlungen der phosphorylierten Substrate bilden. Am Beispiel von ATP und ADP ist der Begriff der „energiereichen Phosphate" geprägt worden. Nach neueren Messungen ist indessen die durch die Hydrolyse von ATP zu ADP freiwerdende Energie in früheren Untersuchungen überschätzt worden (s. bei ATP). Die zentrale Stellung des Nucleotidpaares ATP-ADP im Geflecht der energieübertragenden Transphosphorylierungen bleibt hiervon unberührt.

Über die Darstellung von ^{32}P-markierten Adenosinpolyphosphaten[2]. Über den Stoffwechsel von ^{32}P-markierten Ribonucleotiden in Gewebeschnitten und Zellsuspensionen[3].

[1] BERGMANN, W., and D. C. BURKE: J. org. Chem. **20**, 1501 (1955).
[2] LOVENSTEIN, J. M.: Biochem. J. **65**, 197 (1957).
[3] LEIBMAN, K. C., and C. HEIDELBERGER: J. biol. Ch. **216**, 823 (1955).

Darstellung von 3fach markierten Purinnucleotiden[1]. Stoffwechsel von Pyrimidinnucleotiden[2].

Die 5'-Phosphate der anderen Nucleoside.

Die Inosinsäure, Inosin-5'-phosphat (IMP), ist bekanntlich das erste Nucleotid, das aus Muskelsaft isoliert wurde. Die 5'-Monophosphate von Guanosin (GMP), Cytidin (CMP) und Uridin (UMP) sind leicht zugänglich geworden durch die Hydrolyse von Hefe-RNS mit Klapperschlangengift. Der Auffindung dieser Nucleotide, zusammen mit den 5'-Diphosphaten (IDP, GDP, CDP und UDP) und den 5'-Triphosphaten (ITP, GDP, CTP und UTP) in tierischen Geweben[3], Hefe[4] und Bakterien[5], folgte alsbald der Nachweis ihrer Funktionen in wichtigen Stoffwechselvorgängen. Sie wirken als Coenzyme[6], als Vorläufer von Coenzymen[7], als Vorstufen bei der Bildung von Polynucleotiden[8] (s. bei den einzelnen Verbindungen).

Durch die Wirkung von Nucleosid-diphosphokinasen treten Transphosphorylierungen zwischen ATP und den genannten Nucleosiddiphosphaten ein. Ihre Konzentration in den Geweben ist allerdings viel kleiner als jene der 5'-Adenosinphosphate[9].

Über ihre Darstellung s. auch[10].

1. Adenosin-5'-phosphat = Muskel-Adenylsäure = AMP $C_{10}H_{14}O_7N_5P$.

Vorkommen. EMBDEN und ZIMMERMANN[11] isolierten 1927 diese Adenylsäure aus Kaninchenmuskeln, nachdem die Anwesenheit eines Adeninnucleotids in Skeletmuskelextrakten schon 1914 von EMBDEN und LAQUER[11] festgestellt worden war. Ihr Vorkommen wurde alsbald noch nachgewiesen in Herzmuskel[12], Gehirn[12] und Niere[13]. Im Blut war ein Adeninnucleotid von JACKSON[14] aufgefunden worden (s. auch [15] und [16]), in der Milch von KAY und MARSHALL[17].

Die Bedeutung des Adenosinphosphats als Grundsubstanz des Di- und Triphosphats im energietransferierenden Phosphatstoffwechsel und sein ubiquitäres Vorkommen neben

[1] ROLL, P. M., H. WEINFELD, E. CAROLL and G. BROWN: J. biol. Ch. **220**, 439 (1956).
[2] ROLL, P. M., H. WEINFELD and E. CAROLL: J. biol. Ch. **220**, 455 (1956).
[3] SCHMITZ, H., V. R. POTTER, R. B. HURLBERT and D. M. WHITE: Cancer Res. **14**, 66 (1957). — SCHMITZ, H., R. B. HURLBERT and V. R. POTTER: J. biol. Ch. **209**, 41 (1954). — HURLBERT, R. B., H. SCHMITZ, A. F. BRUMM and V. R. POTTER: J. biol. Ch. **209**, 23 (1954). — SCHMITZ, H., W. HART u. H. RIED: Z. Krebsforsch. **60**, 301 (1955). — SCHMITZ, H., V. R. POTTER u. R. B. HURLBERT: Z. Krebsforsch. **60**, 419 (1955). — BERGKVIST, R., and A. DEUTSCH: Acta chem. scand. **8**, 1889 (1954. — SMITH, E. E. B., and G. T. MILLS: Biochim. biophysica Acta, N. Y. **13**, 587 (1954).
[4] LIPTON, S. H., S. A. MORELL and A. FRIEDEN: Am. Soc. **75**, 5449 (1953). — SCHMITZ, H.: B. Z. **325**, 555 (1954).
[5] BADDILEY, J., and A. P. MATHIAS: Soc. **1954**, 2723.
[6] SANADI, D. R., D. M. GIBSON, P. AYENGAR and M. JACOB: J. biol. Ch. **218**, 505 (1956). — AYENGAR, P., D. M. GIBSON, C. H. LEE PENG and D. R. SANADI: J. biol. Ch. **218**, 521 (1956).
[7] KENNEDY, E. P., and S. B. WEISS: Am. Soc. **77**, 250 (1955). — CARDINI, C. E., L. F. LELOIR and J. CHIRIBOGA: J. biol. Ch. **214**, 149 (1954). — STOREY, I. D. E., and G. J. DUTTON: Biochem. J. **59**, 279 (1955). — SMITH, E. E. B., and G. T. MILLS: Biochim. biophysica Acta, N. Y. **13**, 386 (1954). — MUNCH-PETERSEN, A.: Arch. Biochem. **55**, 592 (1955).
[8] HURLBERT, R. B., and V. R. POTTER: J. biol. Ch. **209**, 1 (1954). — BENNETT, E. L., and B. J. KREUCKEL: Biochim. biophysica Acta, N. Y. **17**, 503, 515 (1955). — GRUNBERG-MANAGO, M., and S. OCHOA: Am. Soc. **77**, 3165 (1955). — GRUNBERG-MANAGO, M., P. J. ORTIZ and S. OCHOA: Science, N. Y. **122**, 907 (1955).
[9] SCHMITZ, H., R. B. HURLBERT and V. R. POTTER: J. biol. Ch. **209**, 23, 41 (1954). — BERGKVIST, R., and A. DEUTSCH: Acta chem. scand. **8**, 1880 (1954). — SCHMITZ, H.: B. Z. **325**, 555 (1954).
[10] HURLBERT, R. B.; in: COLOWICK-KAPLAN, Meth. Enzymol. Bd. III, S. 785.
[11] EMBDEN, G., u. M. ZIMMERMANN: H. **167**, 137 (1927). — EMBDEN, G., u. F. LAQUER: H. **93**, 94 (1914).
[12] POHLE, K.: H. **184**, 261 (1929); **185**, 281 (1929).
[13] EMBDEN, G., u. H. J. DEUTICKE: H. **190**, 62 (1930).
[14] JACKSON, H.: J. biol. Ch. **57**, 121 (1923); **59**, 529 (1924).
[15] HOFFMAN, W. S.: J. biol. Ch. **63**, 675 (1925).
[16] BUELL, M. V., and M. E. PERKINS: J. biol. Ch. **76**, 95 (1928).
[17] KAY, H. D., and P. G. MARSHALL: Biochem. J. **22**, 416 (1928).

den phosphorsäurereicheren Nucleotiden ist seitdem durch zahlreiche Arbeiten erwiesen worden. Muskel-Adenylsäure ist ein struktureller Bestandteil der Codehydrogenasen I[1] und II[2], der prosthetischen Gruppe der Flavinenzyme[3] und des Coenzyms A[4]. Als Nucleotid-Einheit der RNS kann sie durch enzymatische Hydrolyse mit Schlangengift-Diphosphatase daraus gewonnen werden[5].

In den Organen der Maus wurden sofort nach dem Tode (erste Zahl) und 4 Std bei 20° danach (zweite Zahl) folgende Mengen Adenylsäure bzw. Adenosin-triphosphat + Adenosin-diphosphat (dritte und vierte Zahl) gefunden (γ/g Frischgewicht)[6]:

Herz 170; 0; 22; 0. Niere 470; 20; 100; 0. Leber 51; 0; 14; 0. Lunge 130; 4; 21; 0. Muskel 47; 0; 123; 0. Pankreas 100; 270; —; —. Milz 170; 19; 0; 0.

Weitere Angaben über die AMP-, ADP- und ATP-Konzentrationen in tierischen Geweben s. Bd. III/1, S. 488.

Muskel-Adenylsäure ist Adenosin-5'-phosphat, da aus ihr durch Desaminierung Inosinsäure entsteht[7, 8]. Von der Hefe-Adenylsäure (Adenosin-3'(2')-phosphat) unterscheidet sie sich wesentlich durch die etwa 5mal langsamer erfolgende Abspaltung der Phosphorsäure bei saurer Hydrolyse[9]. Die Anwesenheit von 2 unveresterten cis-ständigen OH-Gruppen im Ribosidrest geht aus der Bildung eines komplexen Kupfersalzes und einer Komplexverbindung mit Borsäure[10] hervor. Zudem wird bei Einwirkung von Perjodat 1 Mol dieses Oxydationsmittels verbraucht[11].

Adenosin-5'-phosphat ist von mehreren Autoren synthetisiert worden: Durch direkte Phosphorylierung von Adenosin[12], durch Einwirkung von Phosphoroxychlorid auf 2',3'-Isopropylidenadenosin[13] oder 2',3'-Diacetyladenosin[14] in Pyridin, schließlich mit besserer Ausbeute durch Reaktion von Dibenzylchlorphosphat auf 2',3'-Isopropyliden-adenosin[15] oder Benzyliden-adenosin[16].

Die enzymatische Synthese aus Adenosin durch Einwirkung von frischer Hefe oder Aceton-Trockenhefe in Anwesenheit von Phosphat oder Phosphat-Donatoren ist zuerst von OSTERN und Mitarbeitern[17] beobachtet worden.

Darstellung. Muskeladenylsäure ist als Handelspräparat zu erwerben. Die Darstellung aus der Muskulatur von Kaninchen oder anderen Versuchstieren gelingt nur, wenn die Verarbeitung sofort nach dem Tode des Tieres vorgenommen wird. Die ursprüngliche Vorschrift[7] ist mehrfach abgeändert und vereinfacht worden[18]. Aus den Trichloressigsäure-Auszügen der Organe kann Adenylsäure als Quecksilber(II)-salz gefällt werden und durch Wiederholung der Fällung dann über das Bleisalz oder das ziemlich leicht in Wasser lösliche Bariumsalz bis zur Kristallisation gereinigt werden.

---

1 MYRBÄCK, K.: H. **233**, 95 (1935). — EULER, H. v., u. R. VESTIN: H. **237**, 1 (1935).
2 WARBURG, O., u. W. CHRISTIAN: B. Z. **254**, 438 (1932); **282**, 157 (1935). — KORNBERG, A., and W. E. PRICER: J. biol. Ch. **186**, 557 (1950).
3 WARBURG, O., u. W. CHRISTIAN: B. Z. **298**, 150 (1938).
4 BADDILEY, J., and E. M. THAIN: Soc. **1951**, 2253.
5 COHN, W. E., and E. VOLKIN: J. biol. Ch. **203**, 319 (1953).
6 DOROUGH, G. D., and D. L. SEATON: Am. Soc. **76**, 2873 (1953).
7 EMBDEN, G., u. M. ZIMMERMANN: H. **167**, 137 (1927). — EMBDEN, G., u. F. LAQUER: H. **93**, 94 (1914).
8 SCHMIDT, G.: H. **179**, 243 (1928).
9 EMBDEN, G., u. G. SCHMIDT: H. **181**, 130 (1929).
10 KLIMEK, R., u. J. K. PARNAS: B. Z. **252**, 392 (1932).
11 LYTHGOE, B., and A. R. TODD: Soc. **1944**, 592.
12 JACHIMOWICZ, T.: B. Z. **292**, 356 (1937). — BARKER, G. R., and J. M. GULLAND: Soc. **1942**, 231.
13 LEVENE, P. A., and R. S. TIPSON: J. biol. Ch. **121**, 131 (1937).
14 BREDERECK, H., E. BERGER u. J. EHRENBERG: B. **73**, 269 (1940).
15 BADDILEY, J., and A. R. TODD: Soc. **1947**, 648.
16 BROWN, D. M., L. J. HAYNES and A. R. TODD: Soc. **1950**, 3299.
17 OSTERN, P., u. J. TERSZAKOWEĆ: H. **250**, 155 (1937). — OSTERN, P., T. BARANOWSKI u. J. TERSZAKOWEĆ: H. **251**, 258 (1938).
18 HAHN, A., E. FISCHBACH u. W. HAARMANN: Z. Biol. **91**, 315 (1930/31). — BARRENSCHEEN, H. K., u. S. LANG: B. Z. **253**, 395 (1932). — OSTERN, P.: B. Z. **254**, 65 (1932).

Auch die Phosphorylierung von Adenosin mit lebender Hefe oder mit Hefe-Trockenpräparaten führt in präparativ gut brauchbarer Weise zu AMP[1]. In ganz frischer Muskulatur ist jedoch mehr ATP als AMP vorhanden; auch die Phosphorylierung mit Hefe führt in der Hauptmenge zu ATP. Das Triphosphat ist zudem leichter zu isolieren, da sein Bariumsalz in Wasser schwer löslich ist, im Gegensatz zu jenem von AMP. Es empfiehlt sich daher meistens, ATP zu isolieren (s. S. 1215) und das Monophosphat durch partielle Dephosphorylierung daraus herzustellen. Eine genaue Vorschrift zur alkalischen Hydrolyse des Barium-ATP und zur Reinigung des AMP (70%ige Ausbeute) bei [2].

Die Darstellung von ^{32}P-markiertem Adenosin-5'-phosphat läßt sich durch Einwirkung von Lebedew-Saft aus Brauereihefe auf ATP in Gegenwart von anorganischem ^{32}P-Phosphat ausführen[3].

Physikalische Eigenschaften. Muskel-Adenylsäure kristallisiert aus Wasser als Dihydrat in feinen Nadeln. (Das Kristallwasser wird bei 110° abgegeben.) Sie ist bei 20° zu 1,0% in Wasser löslich, in der Hitze viel leichter. F 194°[4]; 197—198°[5]; 197—200° (Zers.)[6,7]; 193°[8]; 190°[7,9]. $[\alpha]_D^{20}$: —46,4° (c = 0,56, in Wasser); —47,5° (in 2%iger NaOH); —26,0° (in 10%iger HCl)[6]; $[\alpha]_D^{25}$: —50,0° (in wasserfreiem Formamid)[10]. UV-Absorption s. S. 1122. Dissoziationskonstanten s. S. 1077[11]. Röntgenanalyse[12].

Nachweis und Bestimmung. Muskel-Adenylsäure wird in Organextrakten neben den übrigen 5'-Nucleotiden, vor allem neben ATP und ADP, am zweckmäßigsten durch Papierchromatographie[13], durch Ionenaustausch-Trennung[14] oder durch Papierelektrophorese[15] nachgewiesen.

Nach dem optischen Verfahren von KALCKAR[16] wird die Veränderung der UV-Absorption gemessen, welche bei der Desaminierung von Adenosin- zu Inosinderivaten auftritt. Verwendet man zur Desaminierung streng spezifische Desaminasen, so können auch verschiedene Adenosinphosphate, wie Muskel-Adenylsäure, ATP und Hefe-Adenylsäure, nebeneinander bestimmt werden. Angaben dazu s. Bd. III/1, S. 497.

Die Prüfung der Reinheit von AMP-Präparaten oder von ihren Salzen kann durch Messung der Extinktionswerte von Lösungen bekannter Konzentration, durch Stickstoff- und Phosphorsäure-Analyse und durch Bestimmung des Ribosegehaltes (Orcin-Reaktion) vorgenommen werden (s. S. 1106).

---

1 OSTERN, P., u. J. TERSZAKOWEĆ: H. **250**, 155 (1937). — OSTERN, P., T. BARANOWSKI u. J. TERSZAKOWEĆ: H. **251**, 258 1938).

2 KERR, S. E.: J. biol. Ch. **139**, 131 (1941).

3 EGGLESTON, L. V.: Biochem. J. **58**, 503 (1954).

4 EMBDEN, G., u. M. ZIMMERMANN: H. **167**, 137 (1927). — EMBDEN, G., u. F. LAQUER: H. **93**, 94 (1914).

5 LOHMANN, K.: B. Z. **233**, 460 (1931); **254**, 381 (1932).

6 EMBDEN, G., u. G. SCHMIDT: H. **181**, 130 (1929).

7 BERLIN, H., u. J. WESTERBERG: H. **281**, 98 (1944).

8 HAHN, A., E. FISCHBACH u. W. HAARMANN: Z. Biol. **91**, 315 (1930/31). — BARRENSCHEEN, H. K., u. S. LANG: B. Z. **253**, 395 (1932). — OSTERN, P.: B. Z. **254**, 65 (1932).

9 BADDILEY, J., and A. R. TODD: Soc. **1947**, 648.

10 LIPKIN, D., and G. C. MCELHENY: Am. Soc. **72**, 2287 (1950).

11 ALBERTY, R. A., R. M. SMITH and R. M. BOCK: J. biol. Ch. **193**, 425 (1951).

12 CLARK, C. C.: Arch. Biochem. **31**, 18 (1951). — MAZZA, F. P., e G. TAPPI: Arch. Sci. biol., Bologna **24**, 526 (1938).

13 EGGLESTON, L. V., and R. HEMS: Biochem. J. **52**, 156 (1952). — TURBA, F., and M. TURBA: Naturwiss. **38**, 188 (1951). — FLECKENSTEIN, A., u. J. JANKE: Pflügers Arch. **258**, 177 (1953). — FLECKENSTEIN, A., J. JANKE, R. E. DAVIES and H. A. KREBS: Nature **174**, 1081 (1954). — KREBS, H. A., and R. HEMS: Biochem. J. **61**, 435 (1955). — DEUTSCH, A., and R. NILSSON: Acta chem. scand. **7**, 858 (1953).

14 DEUTSCH, A., and R. NILSSON: Acta chem. scand. **7**, 1288 (1953). — COHN, W. E., and E. VOLKIN: J. biol. Ch. **203**, 319 (1953). — HURLBERT, R. B., H. SCHMITZ, A. F. BRUMM and V. R. POTTER: J. biol. Ch. **209**, 23 (1954).

15 JAENICKE, L., u. I. VOLLBRECHTSHAUSEN: Naturwiss. **39**, 86 (1952). — TURBA, F., u. H. J. ENENKEL: Naturwiss. **38**, 189 (1951). — CRESTFIELD, A. M., and F. W. ALLEN: Analyt. Chem., Washington, **27**, 424 (1955).

16 KALCKAR, H. M., and A. N. BESSMANN: J. biol. Ch. **167**, 445 (1947). — KALCKAR, H. M.: Science, N. Y. **99**, 131 (1944).

Zur Unterscheidung von Muskel-Adenylsäure und Hefe-Adenylsäure s. die im nächsten Abschnitt angegebenen Reaktionen.

Chemisches Verhalten. Salpetrige Säure desaminiert Muskel-Adenylsäure zu Inosinsäure, die sich als charakteristisches Bariumsalz isolieren läßt[1]. Die saure Dephosphorylierung von AMP verläuft mit gleicher Geschwindigkeit wie bei Inosinsäure, doch etwa 5mal langsamer als bei Hefe-Adenylsäure (0,1 n H_2SO_4 bei 100°).

Zur Gewinnung der Spaltstücke (Adenin und Ribose-5-phosphat) wird die Hydrolyse zweckmäßig durch Erhitzen einer konzentrierten AMP-Lösung mit einem Ionenaustauscher-Harz (Säureform, z. B. Dowex-50, Erhitzen auf 100° für 4 min)[2] ausgeführt. Adenin und wenig Adenosin scheiden sich aus und können durch Filtration abgetrennt werden. Ribose-5-phosphat läßt sich als Bariumsalz isolieren.

Die Anwesenheit von 2 unveresterten benachbarten Hydroxylen im Ribosidrest wird durch die Bildung eines Kupfer-Komplexsalzes und die eines Komplexes mit Borsäure angezeigt[3]. Hefe-Adenylsäure bildet diese Komplexe nicht (Ausführung s. S. 1108). Perjodat oxydiert AMP, wobei 1 Mol des Oxydationsmittels verbraucht wird, jedoch nicht Hefe-Adenylsäure[4] (Ausführung s. S. 1109). Weitere Unterschiede zwischen Adenosin-5'-phosphat (I) und Adenosin-3'(2')-phosphat (II) seien zusammengefaßt hier angegeben[5]: Löslichkeit in Wasser bei I größer als bei II; Furfurolbildung in kurzer Zeit nur bei II. $[\alpha]_D^{20}$: I —47,5°, II —56,0° (in 2%iger NaOH); nur I wird durch Muskel-Desaminase desaminiert (Nachweis und Bestimmung des entstandenen Ammoniaks); F unter Zers. fast gleich (I 200°, II 197°), doch starke Misch-F-Depression.

Das *Acridinsalz* des Adenosin-5'-phosphats $C_{10}H_{14}O_7N_5P \cdot C_{13}H_9N \cdot H_2O$ (50 mg Nucleotid in 3 cm³ Wasser + 25 mg Acridin in 1 cm³ Äthanol) bildet gelbe Nädelchen, die häufig bündelweise verwachsen sind. F 208° (Zers.)[5]. Das Acridinsalz des Adenosin-3'(2')-phosphats scheidet sich in kleinen runden Klumpen aus. F unbestimmbar, bei 175° Zers. nach vorheriger Dunkelfärbung.

Das *Bariumsalz* ist (im Gegensatz zu jenem von ATP) in Wasser leicht löslich. Schwer löslich sind das *Bleisalz* (Fällung mit neutralem Bleiacetat) und das *Quecksilber(II)-Salz* (Fällung durch Quecksilberacetat in essigsaurer Lösung). Auch das *Uranylsalz* eignet sich zur Abscheidung von AMP. Durch Pikrinsäure in Gegenwart von Al^{3+}-Ionen wird AMP (und Hefe-Adenylsäure) als *Al-Pikrat-Komplex* gefällt[6]. Die Fällung soll spezifisch für Adeninnucleotid sein und die Pyrimidinnucleotide nicht erfassen. Das Reagens wird durch Lösen von Aluminiumacetat in einer heißen Pikrinsäure-Lösung zubereitet. Die AMP-Al-pikrat-Fällung wird zerlegt durch Lösen in Morpholin und Abscheidung des Aluminiumadenylats mit Aceton.

Physiologisches Verhalten. Die bisher am eingehendsten untersuchten enzymatischen Umwandlungen von AMP sind die Phosphorylierungen zu ATP, ADP (und vice versa), die Dephosphorylierung zu Adenosin und die Desaminierung zu Inosinsäure. Die Einbaureaktionen des Adenylsäure-Restes, die zur Bildung von Co-Dehydrogenase I, Co-Dehydrogenase II, Flavinadenindinucleotid und Coenzym A führen, dürften durchweg von ATP aus erfolgen.

Die enzymatische Bildung von AMP kann offenbar auf verschiedenen Wegen erfolgen[7]:

1. Der Riboserest und der Phosphatrest werden schon mit einem Vorläufer des Adenin-Doppelringes verknüpft. Versuche mit radioaktivem 5-Amino-4-imidazolcarbonsäureamid[8]

[1] EMBDEN, G., u. G. SCHMIDT: H. **181**, 130 (1929).
[2] Nach KHYM u. Mitarb.; in: CHARGAFF-DAVIDSON, Nucleic Acids. Bd. I, S. 63.
[3] KLIMEK, R., u. J. K. PARNAS: B. Z. **252**, 392 (1932).
[4] LYTHGOE, B., and A. R. TODD: Soc. **1944**, 592. — BROWN, D. M., M. FRIED and A. R. TODD: Chem. & Industr. **1953**, 352.
[5] BERLIN, H., u. J. WESTERBERG: H. **281**, 98 (1944).
[6] BUELL, M. V.: J. biol. Ch. **150**, 389 (1943).
[7] KORN, E. D., C. N. REMY, H. C. WASILEJKO and J. M. BUCHANAN: J. biol. Ch. **217**, 875 (1955).
[8] SCHULMAN, M. P., and J. M. BUCHANAN: J. biol. Ch. **196**, 513 (1952).

und mit Inosinsäure und radioaktivem Formiat[1] haben diese Möglichkeit aufgezeigt. Das Carbonsäureamid wird enzymatisch zum Ribosid verknüpft, dieses zum Ribotid phosphoryliert[2]. Eine enzymatische Formylierung schließt dann den Pyrimidin-Ring des Purinrestes und bildet Inosinsäure[3] (aus der AMP entstehen kann).

2. Die Bildung von AMP geht von Adenosin aus. Diese Phosphorylierung von Adenosin zu AMP wird durch ATP mit Hilfe von Adenosin-Phosphokinasen herbeigeführt: Adenosin + ATP = AMP + ADP[4].

Die Reaktion findet statt z. B. bei der Bildung von AMP aus Adenosin und Phosphat oder Phosphatdonatoren durch Hefe oder Hefeextrakte nach Ostern[5]. Die Hefe-Phosphokinase ist spezifisch für Adenosin und 2,6-Diaminopurinribosid, sie wirkt nicht auf andere Nucleoside[5]. Eine davon verschiedene Adenosin-Phosphokinase ist in tierischen Organen nachgewiesen[4, 5].

3. Eine weitere enzymatische Synthese von AMP erfolgt aus Adenin und einem Ribosepyrophosphat, dem die Struktur eines 1-Pyrophosphatribose-5-phosphats zukommt[6], durch Einwirkung der Nucleotid-1'-pyrophosphorylase. Die Reaktion ist umkehrbar, so daß das gleiche Enzym die Phosphorolyse von AMP zu Adenosin und der Ribose mit 3 Phosphatresten bewirkt.

Die Dephosphorylierung von AMP durch unspezifische Prostata-Phosphatase erfolgt langsamer als die von Adenosin-3'- und -2'-phosphat[7]. Auch eine Knochenmark-Phosphatase hydrolysiert beide Adenylsäuren[8]. Die enzymatische Hydrolyse von AMP und Adenosin-3'-phosphat in Gegenwart von $H_2{}^{18}O$ läßt den markierten Sauerstoff nur in die Phosphorsäure eintreten[9].

Nicht nur physiologische, sondern auch analytische Bedeutung haben die *spezifischen 5'-Nucleotidasen*, die nur AMP und andere Nucleosid-5'-phosphate hydrolysieren, nicht jedoch Hefe-Adenylsäure und sonstige 2'- oder 3'-Phosphate. Sie sind allgemein in Säugetierorganen nachzuweisen, besonders reichlich im Muskel, im Nervengewebe, in Stiertestikeln[10]. Nachweis im Cytoplasma und in den Zellkernen[11]. Untersuchung der Spezifität und der sonstigen Eigenschaften der Nucleotidase aus Bullensperma[12].

Stark wirksame spezifische 5'-Nucleotidasen sind auch in Schlangengiften nachgewiesen. Über Dephosphorylierung von AMP (und ATP) durch Kobragift s. [13].

Die Desaminierung von AMP zu Inosinsäure wird durch eine spezifische Desaminase bewirkt, die in quergestreiften Muskeln, Nervengewebe und Erythrocyten vorkommt[14], im Herzmuskel, Leber, Niere jedoch nicht[15]. Diese 5'-Adenylsäure-Desaminase greift außerdem die 5'-Desoxyadenylsäure langsam an, nicht aber die andere Aminogruppen ent-

---

[1] Buchanan, J. M., and M. P. Schulman: J. biol. Ch. **202**, 241 (1953).
[2] Korn, E. D., and J. M. Buchanan: J. biol. Ch. **217**, 183 (1955).
[3] Greenberg, G. R.: Fed. Proc. **12**, 211 (1953).
[4] Ostern, P., T. Baranowski and J. Terszakoweć: H. **251**, 258 (1938). — Caputto, R.: J. biol. Ch. **189**, 801 (1951).
[5] Kornberg, A., and W. E. Pricer: J. biol. Ch. **193**, 481 (1952).
[6] Williams, W. J., and J. M. Buchanan: J. biol. Ch. **203**, 583 (1953). — Saffran, M., and E. Scarano: Nature **172**, 949 (1953). — Kornberg, A., I. Lieberman and E. S. Simms: Am. Soc. **76**, 2027 (1954). — Remy, C. N., W. T. Remy and J. M. Buchanan: J. biol. Ch. **217**, 885 (1955). — Korn, E. D., C. N. Remy, H. C. Wasilejko and J. M. Buchanan: J. biol. Ch. **217**, 875 (1955).
[7] Wang, T. P., L. Shuster and N. O. Kaplan: J. biol. Ch. **206**, 299 (1954).
[8] Di Bella, S.: Boll. Soc. ital. Biol. sperim. **28**, 699 (1952).
[9] Stein, S. S., and D. E. Koshland: Arch. Biochem. **39**, 229 (1952).
[10] Reis, J.: Enzymologia **2**, 183 (1937); **5**, 251 (1938). — Mann, T.: Biochem. J. **39**, 451 (1945).
[11] Wachstein, M., and E. Meisel: Science, N. Y. **115**, 652 (1952).
[12] Heppel, L. A., and R. J. Hilmoe: J. biol. Ch. **188**, 665 (1951).
[13] Johnson, M., M. A. G. Kaye, R. Hems and H. A. Krebs: Biochem. J. **54**, 625 (1953).
[14] Schmidt, G.: H. **179**, 243 (1928).
[15] Conway, E. J., and R. Cooke: Biochem. J. **33**, 479 (1939). — Kutscher, W., u. W. Sarreither: Kli. Wo. **1948**, 605.

haltenden Nucleotide[1]. Insbesondere werden weder ADP und ATP noch die Adenosin-3'- und -2'-phosphate desaminiert. Die Wirkung des leicht aus Muskeln darzustellenden Enzyms[2, 3] hat daher auch analytische Bedeutung. Sie kann durch Bestimmung des abgespaltenen Ammoniaks verfolgt werden oder durch Messung der veränderten Lichtabsorption des Nucleotids bei 265 mμ[3]. Durch Taka-Diastase wird sowohl AMP als auch Adenosin-3'-phosphat desaminiert, nicht jedoch Adenosin-2'-phosphat[4]. Nach Dephosphorylierung unterliegt AMP der Desaminierung durch die in tierischen Geweben allgemein vorhandene, spezifische Adenosindesaminase[5]. Auch in Kulturen von Neurospora[6] und von Coli-Bakterien[7] wird AMP dephosphoryliert und dann desaminiert. Über den Einbau von AMP in RNS s. [8] (AMP mit ^{14}C in Adenin-6-Stellung und in anderen Versuchen mit ^{32}P markiert).

Zahlreiche Angaben über die Wirkung von AMP auf die Herzarbeit, auf die Blutgefäße, den Blutdruck und über sonstige pharmakologische Wirkungen s. [9].

Durch die Wirkung eines Enzyms aus Hefe addiert sich Adenosin-5'-phosphat an die Äthylenbindung von Fumarsäure unter Bildung von *Adenylo-bernsteinsäure* (6-Succinoaminopurin-ribosyl-5'-phosphat). Es ist möglich, daß diese Verbindung auch Zwischenstufe der Aminierung von Purinnucleosiden ist (Umsetzung mit Asparaginsäure)[10]. Sie ist, zusammen mit dem entsprechenden Nucleosid, auch aus dem Mycel von Penicillum chrysogenum isoliert worden[11]. Isolierung aus Dorschleber[12].

2. Adenosin-5'-diphosphat = Adenosin-5'-pyrophosphat = ADP $C_{10}H_{15}O_{10}N_5P_2$.

Vorkommen. Die Bildung von Adenosin-5'-diphosphat (ADP) geht einher mit den energieübertragenden Phosphorylierungen durch Adenosin-5'-triphosphat (ATP). ADP kommt darum ebenso ubiquitär vor wie ATP und AMP. Durch die Einwirkung der Adenosintriphosphatase wird aus ATP 1 Mol anorganisches Phosphat und ADP gebildet. Derart ist ADP mit gewaschenem Krebsmuskelbrei aus ATP zum ersten Mal 1935 von K. Lohmann[13] gewonnen worden. Zwei Jahre später wurde es auch als hydrolytisches Spaltstück der Cozymase durch H. v. Euler und Mitarbeiter[14] erhalten.

Die Struktur von ADP als Adenosin-5'-pyrophosphat[15] geht hervor aus dem Titrationsergebnis (2 primäre und eine sekundäre Phosphatacidität) und aus der alkalischen Hydrolyse des labilen Phosphats, die 1 Mol Phosphorsäure und AMP gibt. Die Aminogruppe des Adeninrestes ist frei, da die Desaminierung ohne Phosphatabspaltung verläuft. ADP gibt ein komplexes Kupfersalz und einen Komplex mit Borsäure, hat also im Riboserest 2 freie benachbarte OH-Gruppen.

Durch Umsetzung des Silbersalzes von Adenosin-5'-benzylphosphat mit Dibenzylchlorphosphat und hydrierende Abspaltung der Benzylgruppen ist ADP synthetisiert worden[16].

---

[1] Carter, C. E.: Am. Soc. **73**, 1537 (1951).
[2] Schmidt, G.: H. **179**, 243 (1928).
[3] Kalckar, H. M.: J. biol. Ch. **167**, 461, 429 (1947). — Kalckar, H. M., and A. N. Bessmann: J. biol. Ch. **167**, 445 (1947). — Nikiforuk, G., and S. P. Colowick: J. biol. Ch. **219**, 119 (1956).
[4] Kaplan, N. O., S. P. Colowick and M. M. Ciotti: J. biol. Ch. **194**, 579 (1951).
[5] György, P., u. H. Röthler: B. Z. **187**, 194 (1927). — Schmidt, G.: H. **179**, 243 (1928). — Conway, E. J., and R. Cooke: Biochem. J. **33**, 479 (1939). — Brady, T.: Biochem. J. **36**, 478 (1942).
[6] Mitchell, K., and W. D. McElroy: Fed. Proc. **5**, 376 (1946).
[7] Lutwak-Mann, C.: Biochem. J. **30**, 1405 (1936).
[8] Goldwasser, E.: Am. Soc. **77**, 6083 (1955).
[9] Herbrand, W., u. K. H. Jäger: Das Adenylsäure-System. Aulendorf/Württ. 1952.
[10] Carter, C. E., and L. H. Cohen: Am. Soc. **77**, 499 (1955).
[11] Ballio, A., and G. Serlupi-Crescenzi: Nature **179**, 154 (1957).
[12] Storey, I. D. E., and D. N. Love: Biochem. J. **64**, 53 P (1957).
[13] Lohmann, K.: B. Z. **282**, 109 (1935).
[14] Vestin, R., F. Schlenk u. H. v. Euler: B. **70**, 1369 (1937).
[15] Lohmann, K.: B. Z. **282**, 120 (1935).
[16] Baddiley, J., and A. R. Todd: Soc. **1947**, 648. — Baddiley, J., A. M. Michelson and A. R. Todd: Nature **161**, 761 (1948). Soc. **1949**, 582.

Darstellung. Die enzymatische Hydrolyse von ATP ist immer noch die beste Methode zur Gewinnung von ADP. Sie kann mit Hilfe von gewaschenem Muskelbrei von Krebsen[1] oder Hummern, entsprechend der ersten Darstellung von LOHMANN, oder durch Einwirkung eines Extraktes aus Kaninchenmuskulatur[2] ausgeführt werden. ADP wird aus der Lösung als Bariumsalz gefällt, dann in das Quecksilber(II)-Salz übergeführt (Fällung mit Quecksilbernitrat in salpetersaurer Lösung) und schließlich in das Bariumsalz, das mit Äthanol abgeschieden wird (Ausbeute 40% d. Th.). Eine genau ausgearbeitete Vorschrift ist angegeben[3].

Physikalische Eigenschaften. pK-Werte (in 0,15 m NaCl) bei 25°: 3,95 und 6,26; bei 38°: 3,92 und 6,27[4]. UR-Spektrum[5]. $[\alpha]_D^{25}$: $-25{,}7°$[1].

Nachweis und Bestimmung. Zur Unterscheidung und Trennung von AMP und ATP eignen sich sowohl die Papierchromatographie (s. S. 1159)[6] als auch die Papierelektrophorese (s. S. 1172)[7] und die Chromatographie mit Ionenaustauschern (s. S. 1145). Indirekte spektralphotometrische Bestimmung durch spezifische Enzymwirkungen[8].

Chemisches Verhalten. Die Hydrolyse des „säurelabilen" Phosphats ist in 1 n Schwefelsäure bei 100° in 15 min vollendet. Durch Einwirkung salpetriger Säure entsteht Inosindiphosphat.

Das *Bariumsalz* $C_{10}H_{13}O_{10}N_5P_2Ba$ ist in 50%igem Äthanol schwer löslich. Das *Acridinsalz* kristallisiert aus Wasser in gelben prismatischen Nadeln, F 215° (Zers.)[9, 10]. Siehe auch unter ATP (S. 1218).

Physiologisches Verhalten. ADP wird durch Actomyosin direkt zu Inosindiphosphat desaminiert[11]. ADP ist Hauptacceptor der oxydativen Transphosphorylierungen und derjenigen durch Myokinase und geht dabei in ATP über[12]. Adenosintriphosphatase aus Muskel dephosphoryliert auch ADP, wenn auch langsamer als ATP, ITP und IDP, ist also nicht streng spezifisch[13]. In einer Suspension von Rattenleber-Mitochondrien in isotonischer Saccharoselösung stellt sich ein Gleichgewicht zwischen ATP, ADP und AMP ein[14]. Die Phosphatase des Cobra-Giftes hydrolysiert im Gegensatz zur Muskel-ATPase am schnellsten die α,β-Bindung von ATP, bildet also nicht ADP, sondern im wesentlichen AMP[15]. Siehe im übrigen die Angaben über ATP.

Über die enzymatische Synthese eines Polynucleotids aus ADP[16].

3. Adenosin-5′-triphosphat = Adenylpyrophosphorsäure = ATP $C_{10}H_{16}O_{13}N_5P_3$.

Vorkommen. Der Beobachtung von LOHMANN[17], daß in frischer Muskulatur eine durch heiße Säure leicht hydrolysierbare Phosphatfraktion vorhanden ist, die 15—20% des gesamten säurelöslichen Phosphats ausmacht, folgte der Nachweis, daß diese Fraktion durch Pyrophosphatbindung mit der 2 Jahre vorher aufgefundenen Muskeladenylsäure

[1] LOHMANN, K.: B. Z. **282**, 109 (1935).
[2] BAILEY, K.: Biochem. J. **36**, 121 (1942).
[3] Biochem. Prep. Bd. I, S. 1.
[4] ALBERTY, R. A., R. M. SMITH and R. M. BOCK: J. biol. Ch. **193**, 425 (1951).
[5] MORALES, M. F., and L. F. CECCHINI: J. cellul. comp. Physiol. **37**, 107 (1951).
[6] HANES, C. S., and F. A. ISHERWOOD: Nature **164**, 1107 (1949). — EGGLESTON, L. V., and R. HEMS: Biochem. J. **52**, 156 (1952). — FLECKENSTEIN, A., u. J. JANKE: Pflügers Arch. **258**, 177 (1953).
[7] TURBA, F., u. H. J. ENENKEL: Naturwiss. **38**, 189 (1951). — TURBA, F., H. PELZER u. H. SCHUSTER: H. **296**, 97 (1954). — WADE, H. E., and D. M. MORGAN: Biochem. J. **56**, 41 (1954).
[8] SLATER, E. C.: Biochem. J. **53**, 157 (1953).
[9] BADDILEY, J., and A. R. TODD: Soc. **1947**, 648. — BADDILEY, J., A. M. MICHELSON and A. R. TODD: Nature **161**, 761 (1948). Soc. **1949**, 582.
[10] WAGNER-JAUREGG, T.: H. **239**, 188 (1936).
[11] DEUTSCH, A., and R. NILSSON: Chem. & Industr. **1953**, 1149.
[12] BARKULIS, S. S., and A. L. LEHNINGER: J. biol. Ch. **190**, 339 (1951).
[13] GOLDBERG, M., and D. GILMOUR: Arch. Biochem. **51**, 411 (1954).
[14] POTTER, V. R., P. SIEKEVITZ and H. C. SIMONSON: J. biol. Ch. **205**, 893 (1953).
[15] JOHNSON, M., M. A. G. KAYE, R. HEMS and H. A. KREBS: Biochem. J. **54**, 625 (1953).
[16] BEERS, R. F. jr.: Nature **177**, 790 (1956).
[17] LOHMANN, K.: B. Z. **202**, 466; **203**, 164 (1928).

verbunden ist. Er wurde durch LOHMANN[1] geführt und gleichzeitig und unabhängig auch von FISKE und SUBBAROW[2]. Das phosphorsäurereiche Adeninnucleotid ließ sich als Calciumsalz oder als Bariumsalz rein isolieren. Die neutrale Hydrolyse des Bariumsalzes liefert Adenylsäure und Pyrophosphat, die kurze saure Hydrolyse (7 min in 1 n HCl bei 100°) läßt 2 Mol Phosphat frei werden; nach längerer saurer Hydrolyse sind Adenin Ribosephosphat und 2 Mol anorganisches Phosphat entstanden[3]. Die Titration der Adenosintriphosphorsäure zeigt 3 primäre und 1 sekundäre Phosphatacidität an, entsprechend einem linearen Triphosphat[4].

ATP bildet ein komplexes Kupfersalz, erhöht die Leitfähigkeit von Borat[5] und verbraucht 1 Mol Perjodat[6], hat also die 2'- und 3'-Hydroxyle unverestert.

Die Synthese gelang durch Umsetzung des Monosilbersalzes von Adenosin-5'-dibenzylpyrophosphat mit Dibenzylchlorphosphat und Hydrogenolyse des gebildeten Tetrabenzylesters von ATP[7]. Einfacher ließ sich die Synthese ausführen durch direkte Phosphorylierung des Disilbersalzes von Adenosin-5'-phosphat mit 2 Mol Dibenzylchlorphosphat[8]. Das synthetische Nucleotid wurde über das Bariumsalz und das Quecksilbersalz als Triacridiniumsalz rein isoliert.

ATP ist in allen daraufhin untersuchten tierischen Geweben gefunden worden. In höchster Konzentration kommt es im quergestreiften Muskel vor (15—25% des säurelöslichen Gesamtphosphors). Es sind die isotropen Muskelsegmente, welche hauptsächlich die Adeninderivate enthalten[9]. Weitere Angaben über die ATP-Konzentration in verschiedenen tierischen Organen s. Bd. III/1, S. 488. ATP ist auch aus Hefe isoliert worden. Über das Vorkommen in Hafersamen und in anderen höheren Pflanzen[10]. Über die Isolierung eines isomeren ATP (Adenosin-3'-triphosphat ?) aus Thiobacillus thiooxidans[11].

Darstellung. ATP muß aus Muskulatur möglichst schnell nach dem Tode des Tieres isoliert werden, da postmortal die Dephosphorylierung einsetzt. Für kleine Mengen ATP eignet sich die Aufarbeitung von Froschmuskulatur, für größere die von Kaninchen- oder Hundemuskulatur. Die Isolierung unter Abtrennung der anderen Phosphate nützt die Schwerlöslichkeit des Bariumsalzes und die des Quecksilbersalzes von ATP. Die ursprüngliche Arbeitsweise von LOHMANN[3] hat zahlreiche Abänderungen erfahren[12]. Wesentliche Verbesserungen der Ausbeute werden erreicht, wenn das Versuchstier vor dem Tode durch intraperitoneale Injektion von Magnesiumsulfat paralysiert und anaesthesiert wird. Die Magnesium-Ionen hemmen die Dephosphorylierung von ATP zu ADP durch die ATPase[13]. Die Trichloressigsäure-Auszüge der zerkleinerten Kaninchenmuskulatur werden nach Neutralisation durch Bariumacetat gefällt, die Fällung, welche außer ATP-Barium noch Bariumphosphat und die Bariumsalze anderer Phosphate enthält, wird in 0,2 n Salpetersäure gelöst, die Lösung mit Quecksilbernitrat gefällt. Nach

[1] LOHMANN, K.: Naturwiss. **17**, 624 (1929).
[2] FISKE, C. H., and Y. SUBBAROW: Science, N. Y. **70**, 381 (1929).
[3] LOHMANN, K.: B. Z. **233**, 460 (1931).
[4] LOHMANN, K.: B. Z. **254**, 381 (1932).
[5] LOHMANN, K.: B. Z. **282**, 120 (1935).
[6] LYTHGOE, B., and A. R. TODD: Nature **155**, 695 (1945).
[7] BADDILEY, J., A. M. MICHELSON and A. R. TODD: Soc. **1949**, 582.
[8] MICHELSON, A. M., and A. R. TODD: Soc. **1949**, 2487. — Eine weitere Synthese: CHASE, B. H., G. W. KENNER, A. R. TODD and R. F. WEBB: Soc. **1956**, 1371.
[9] CASPERSSON, T., and B. THORELL: Acta physiol. scand. **4**, 97 (1942).
[10] ALBAUM, H. G., M. OGUR and A. HIRSHFELD: Arch. Biochem. **27**, 130 (1950). — ALBAUM, H. G.; in: Moderne Meth. Pfl.-Analyse (PAECH-TRACEY) Bd. IV, S. 305.
[11] LE PAGE, G. A., and W. W. UMBREIT: J. biol. Ch. **148**, 255 (1943).
[12] BARRENSCHEEN, H. K., u. W. FILZ: B. Z. **250**, 281 (1932). — KERR, S. E.: J. biol. Ch. **139**, 121 (1941). — NEEDHAM, D M.: Biochem. J. **36**, 113 (1942). — BAILEY, K.: Biochem. J. **36**, 121 (1942). — DOUNCE, A. L., A. ROTHSTEIN, G. T. BEYER, R. MEIER and R. M. FREER: J. biol. Ch. **174**, 361 (1948). — KRISHNAN, P. S., and W. L. NELSON: Arch. Biochem. **19**, 65 (1948). — GREEN, I., J. R. C. BROWN and W. F. H. M. MOMMAERTS: J. biol. Ch. **205**, 493 (1953).
[13] DU BOIS, K. P., H. G. ALBAUM and V. R. POTTER: J. biol. Ch. **147**, 699 (1943).

Zerlegung des Quecksilbersalzes mit Schwefelwasserstoff wird ATP abermals als Bariumsalz abgeschieden. Aus 1 kg Kaninchenmuskulatur (mit 3,5—4,0 g ATP) werden etwa 3,5 g Ba-ATP erhalten. Eine genau ausgearbeitete Vorschrift wird von LE PAGE[1] angegeben. In Hundemuskulatur sind maximal 59 mg ATP-Phosphor je 100 g enthalten[2]. Die Isolierung von ATP, ADP und AMP aus Trichloressigsäure-Extrakten von Kaninchen- und Hundeleber wird [3] beschrieben. ATP wird mit guten Ausbeuten auch durch Phosphorylierung von Adenosin mittels lebender Hefe oder Aceton-Trockenhefe dargestellt[4].

Zum Gebrauch wird das Bariumsalz von ATP in das Natrium- oder Kaliumsalz übergeführt (durch Umsetzung mit Natrium- oder Kaliumsulfat oder durch Behandlung mit einem Ionenaustauscher). Die Reinheit der Präparate kann geprüft werden durch Bestimmung des Stickstoffs, der Ribose, des Gesamtphosphors und des leicht hydrolysierbaren Phosphors (in 7 min bei 100° in 1 n HCl abgespalten). In reinem ATP ist das Verhältnis von Gesamt-P zu leicht hydrolysierbarem P wie 3 : 2. Der Adeningehalt der Präparate wird spektralphotometrisch bestimmt (bei 260 mμ), s. S. 1111.

Eine genaue Prüfung auf Beimengungen von AMP, ADP und Adenosintetraphosphat läßt sich papierchromatographisch (s. S. 1159), papierelektrophoretisch (s. S. 1172) oder durch Ionenaustausch-Chromatographie (s. S. 1145) vornehmen.

Eine Prüfung auf Reinheit verschiedener Handelspräparate von ATP durch Ionenaustausch ist [5] angegeben. Die Herstellung von ^{32}P-markiertem ATP ist durch enzymatische Synthese aus radioaktivem Orthophosphat möglich. Frische, atmende Herzmuskulatur des Hammels[6] oder auch Rattenmuskulatur[7] baut das markierte, anorganische Phosphat rasch in ATP ein. Größere Mengen werden erhalten durch Aufarbeitung der Muskulatur (nach LE PAGE) von Kaninchen, denen radioaktives Phosphat intravenös[8] oder besser intraperitoneal[9] injiziert worden war.

Nachweis und Bestimmung. Einige Verfahren zur Erkennung und quantitativen Bestimmung von ATP neben ADP, AMP und anderen säurelöslichen Phosphorsäureestern sind Bd. III/1, S. 497ff. angegeben. Eine einfache Methode, um ATP und ADP nebeneinander zu bestimmen[10].

Mehrere Untersuchungen haben die Eignung der Papierchromatographie zum Nachweis von ATP und zu seiner Trennung von anderen Phosphaten erwiesen (s. S. 1159). Trennung von ATP, ADP und AMP[11]; Trennung von AMP, ADP, ATP, IMP, IDP und ITP[12]. Beide Verfahren können als quantitative Bestimmungen ausgeführt werden.

Auch die Papierelektrophorese ist sehr geeignet, um ATP von anderen Adenosinphosphaten und den übrigen Phosphorsäureestern zu trennen (s. S. 1172)[13].

Trennung von ATP und anderen Nucleotiden durch Gegenstromverteilung s. S. 1174[14].

---

1 LE PAGE, G. A.: Biochem. Prep. Bd. 1, S. 5.
2 KERR, S. E.: J. biol. Ch. **139**, 121 (1941).
3 RAPOPORT, S., and N. NELSON: J. biol. Ch. **161**, 421 (1945).
4 OSTERN, P., T. BARANOWSKI u. J. TERSZAKOWEĆ: H. **251**, 258 (1938).
5 SCHMITZ, H.: Angew. Chem. **66**, 327 (1954).
6 HEMS, R., and W. BARTLEY: Biochem. J. **55**, 434 (1953).
7 TURBA, F., H. PELZER u. H. SCHUSTER: H. **296**, 97 (1954).
8 DOUNCE, A.L., A. ROTHSTEIN, G.T. BEYER, R. MEIER and R.M. FREER: J. biol. Ch. **174**, 361 (1948).
9 GABRIEL, O., A. KLIMA u. O. HOFFMANN-OSTENHOF: Mh. Chem. **87**, 239 (1955).
10 BOWEN, W. J., and T. D. KERWIN: J. biol. Ch. **220**, 9 (1956).
11 EGGLESTON, L. V., and R. HEMS: Biochem. J. **52**, 156 (1952). — CALDWELL, P. C.: Biochem. J. **55**, 458 (1953). — FLECKENSTEIN, A., u. E. GERLACH: A. e. P. P. **219**, 531 (1953). — FLECKENSTEIN, A., u. J. JANKE: Pflügers Arch. **258**, 177 (1953). — FLECKENSTEIN, A., J. JANKE, R. E. DAVIES u. H. A. KREBS: Nature **174**, 1081 (1954). — FLECKENSTEIN, A.: Der Kalium-Natrium-Austausch als Energieprinzip in Muskel und Nerv. S. 103ff. Berlin, Göttingen, Heidelberg 1955.
12 DEUTSCH, A., and R. NILSSON: Acta chem. scand. **7**, 858 (1953). — TURBA, F., u. H. J. ENENKEL: Naturwiss. **38**, 189 (1951).
13 WADE, H. E., and D. M. MORGAN: Biochem. J. **56**, 41 (1954).
14 PLAUT, G. W. E., S. A. KUBY and H. A. LARDY: J. biol. Ch. **184**, 243 (1950).

Zur Trennung von Adenosin- und Inosin-phosphaten und von anderen Nucleotiden aus Muskelextrakten[1] oder aus Extrakten anderer Organe[2] durch Ionenaustausch s. weitere Angaben S. 1147. Einige Methoden der Bestimmung beruhen auf der Verfolgung enzymatischer Reaktionen, deren Geschwindigkeiten proportional der ATP-Konzentration sind. So lassen sich ATP und ADP in kleinsten Mengen (0,5—5 γ) bestimmen durch Untersuchung des Kreatinphosphokinase-Hexokinase-Systems[3]. In Anwesenheit der Adenosinpolyphosphate findet die Phosphatübertragung statt und Kreatin wird frei. In Anwesenheit der betreffenden, spezifisch wirkenden Fermente, von Hexosemonophosphaten und von ATP oder ADP werden Pyridinnucleotide reduziert, was sich spektralphotometrisch verfolgen läßt. Auch diese Reaktionsfolge eignet sich zur Bestimmung der Adenosin-polyphosphate[4].

Ein weiteres, äußerst empfindliches Verfahren[5] zur ATP-Bestimmung gründet sich auf die Unentbehrlichkeit von ATP für die Luminescenz von Extrakten von Leuchtkäfern (Photinus pyralis). Es besteht eine lineare Beziehung zwischen der ATP-Konzentration und der Lichtemission. Diese wird mit einem empfindlichen Instrument photometriert (Nachweis bis zu 10^{-10} g von labilem ATP-Phosphor mit 5%iger Genauigkeit); nur ATP wirkt, nicht jedoch ADP. Nähere Angaben über die verschiedenen Bestimmungsverfahren und Diskussion ihrer Anwendungsfähigkeit[5].

Verfahren zur ATP-Bestimmung bei Versuchen zur oxydativen Phosphorylierung s. Bd. VI.

Physikalische Eigenschaften. Die pK-Werte von ATP in 0,15 m NaCl-Lösung betragen bei 20°: 4,00 und 6,48; bei 38°: 4,00 und 6,50[6]. UV-Absorption s. S. 1123. UR-Spektrum von ATP-Natrium und von den anderen Adenosinphosphaten[7]. Elektrophorese in Lösung[8].

Die ersten Berechnungen der Änderung der freien Energie bei der Hydrolyse von ATP zu ADP und anorganischem Phosphat hatten vorwiegend zu Werten um —12 kcal geführt (p_H 7,5, Normalbedingungen; Literaturangaben bei [9, 10]). Eine erneute Berechnung[10] ergab einen ΔF-Wert von —9,4 kcal (p_H 7,5, Normalbedingungen). Daraus würden sich für Bedingungen, die annähernd jenen in tierischen Geweben gleichen (p_H 7,0—7,4; 0,005 m anorganisches Phosphat; ATP/ADP = 10), Werte von —13 bis —16 kcal ergeben.

Neuere calorimetrische Bestimmungen[11] der Enthalpieänderung bei der Hydrolyse von ATP zu ADP und P (p_H 8,0; 20°; 0,6 m KCl) führen nach Abzug der direkt gemessenen Neutralisationswärme zu einem ΔH-Wert von —4,7 kcal. Die Größe dieser Enthalpieänderung stimmt mit den Werten überein, die bei der Hydrolyse anderer Polyphosphate ermittelt wurden (Pyrophosphat in Orthophosphatpuffer bei p_H 7,3 und 25°, Ionenstärke 0,6 und 1,0 m: —5,8 kcal[12]; Trimetaphosphat bei p_H 6,95 und 33°: —6,2 kcal je Mol P)[13]

[1] DEUTSCH, A., and R. NILSSON: Acta chem. scand. **7**, 1288 (1953).
[2] HURLBERT, R. B., H. SCHMITZ, A. F. BRUMM and V. R. POTTER: J. biol. Ch. **209**, 23 (1954).
[3] CHAPPEL, J. B., and S. V. BERRY: Biochem. J. **57**, 421 (1954).
[4] SLATER, E. C.: Biochem. J. **53**, 157 (1953).
[5] STREHLER, B. L.: Arch. Biochem. **34**, 239 (1951); **43**, 67 (1953). — STREHLER, B. L., and J. R. TOTTER: Arch. Biochem. **40**, 28 (1952). Meth. biochem. Analysis Bd. **1**, S. 341.
[6] ALBERTY, R. A., R. M. SMITH and R. M. BOCK: J. biol. Ch. **193**, 425 (1951).
[7] MORALES, M. F., and L. F. CECCHINI: J. cellul. comp. Physiol. **37**, 107 (1951).
[8] BOCK, R. M., and R. A. ALBERTY: J. biol. Ch. **193**, 435 (1951).
[9] HUNTER, F. E. jr.; in: Phosphorus Metabolism. (MCELROY, W. D., and B. GLASS, Hrsg.) Bd. 1, S. 297. Baltimore 1951. — OESPER, P.; in: Phosphorus Metabolism. (MCELROY, W. D., and B. GLASS, Hrsg.) Bd. 1, S. 523. Baltimore 1951. — SLATER, E. C.: Biochem. J. **53**, 521 (1953). — SLATER, E. C., and F. A. HOLTON: Biochem. J. **55**, 530 (1953).
[10] BURTON, K., and H. A. KREBS: Biochem. J. **54**, 94 (1953). — BURTON, K.: Biochem. J. **59**, 44 (1955).
[11] PODOLSKY, R. J., and J. M. STURTEVANT: J. biol. Ch. **217**, 603 (1955). — PODOLSKY, R. J., and M. F. MORALES: J. biol. Ch. **218**, 945 (1956). — BERNHARD, S. A.: J. biol. Ch. **218**, 961 (1956). — KITZINGER, C., u. T. BENZINGER: Z. Naturforsch. **10b**, 375 (1955).
[12] GING, N. S., and J. M. STURTEVANT: Am. Soc. **76**, 2087 (1954).
[13] MEYERHOF, O., R. SHATAS and A. KAPLAN: Biochim. biophysica Acta, N. Y. **12**, 121 (1953).

Die Wärmetönung der Dephosphorylierung von ATP in vivo wird abhängen vom p_H des Gewebes und von der Natur des Gewebepuffers. Die bisher angenommenen Werte von —12 kcal je Mol sind durchaus unsicher, wahrscheinlich zu hoch.

Chemisches Verhalten. In neutraler, enzymfreier Lösung sind die Salze von ATP bei Raumtemperatur einige Tage, bei 0° für etwa 1 Woche unverändert haltbar. Auch in 10%iger Trichloressigsäure tritt bei 0° im Laufe einiger Stunden keine merkbare Spaltung ein. In 1 n NaOH bei 20° wird im Laufe von 24 Std Pyrophosphat, aber kein Orthophosphat frei[1]. Auch beim Aufbewahren des festen Calcium- oder Bariumsalzes findet im Laufe einiger Wochen Zersetzung statt[2]. Vorschrift zur Hydrolyse von ATP zur Gewinnung von Ribose-5-phosphat mit 63—70%iger Ausbeute[3].

Aus essigsaurer und auch aus 0,1 n salzsaurer Lösung fällt mit Bariumacetat das *Dibariumsalz* $C_{10}H_{12}O_{13}N_5P_3Ba_2 \cdot 6\,H_2O$. In Wasser ziemlich schwer löslich; zur Fällung ist Zugabe von Äthanol bis 50% zweckmäßig[4-6]. Das *Monocalciumsalz* $C_{10}H_{14}O_{13}N_5P_3Ca$ läßt sich aus schwach salzsaurer Lösung mit Äthanol fällen. Silbernitrat fällt aus 0,1 n salpetersaurer Lösung das *Trisilbersalz* $C_{10}H_{13}O_{13}N_5P_3Ag_3$[6]. Das *Tetrasilbersalz* $C_{10}H_{12}O_{13}N_5P_3Ag_4$ wird durch Fällung mit Silberacetat erhalten. Auch das *Quecksilbersalz* ist in Wasser schwer löslich.

Das *Triacridinsalz* bildet eigelbe Nadeln; F 208—209° (Zers.). $C_{10}H_{16}O_{13}N_5P_3 \cdot 3\,C_{13}H_9N$[5,7], ist hygroskopisch, kristallisiert als Monohydrat aus Wasser. Ein citronengelbes Acridinsalz hat das Verhältnis ATP : Acridin = 2 : 5; F 218°[5].

Physiologisches Verhalten. Die Hauptwege des Energiestoffwechsels münden ineinander durch die Reaktion ATP $\rightleftharpoons$ ADP. Es können im folgenden nur einige Gruppen der am genauesten bekannten Umsetzungen erwähnt werden, wobei die Literaturangaben im wesentlichen nur auf neuere, methodisch aufschlußreiche Untersuchungen hinweisen (s. [8]).

I. Hydrolytische Phosphatabspaltungen.

$$ATP \rightarrow ADP + P \qquad (1)$$
$$ATP \rightarrow AMP + 2\,P \qquad (2)$$
$$ATP \rightarrow AMP + P\text{—}P \qquad (3)$$

Zu (1). Von den enzymatischen Hydrolysen, die aus ATP nur ein Phosphat abspalten, ist die von Myosin bewirkte am genauesten untersucht worden. Sie ist offenbar eine Funktion des Myosins selbst[9]. Elektrometrische Bestimmung der ATPase-Wirkung[10]. Kinetik dieser Wirkung[11]. Anwendung von ^{18}O-markiertem Wasser und Phosphat zur Ermittlung der Bindung, welche der Hydrolyse unterliegt (zwischen O und dem terminalen P)[12]. Auch ITP und UTP werden in gleicher Weise gespalten, und zwar noch

[1] LOHMANN, K.: B. Z. **233**, 460 (1931). — GULLAND, J. M., and O'FARRELL WALSH: Soc. **1945**, 169.
[2] BAILEY, K.: Biochem. J. **45**, 479 (1949).
[3] GROTH, D. P., G. C. MUELLER and G. A. LE PAGE: J. biol. Ch. **199**, 389 (1952).
[4] LOHMANN, K.: B. Z. **233**, 460 (1931).
[5] BADDILEY, J., A. M. MICHELSON and A. R. TODD: Soc. **1949**, 582.
[6] BARRENSCHEEN, H. K., u. W. FILZ: B. Z. **250**, 281 (1932). — KERR, S. E.: J. biol. Ch. **139**, 121 (1941). — NEEDHAM, D. M.: Biochem. J. **36**, 113 (1942). — BAILEY, K.: Biochem. J. **36**, 121 (1942). — DOUNCE, A. L., A. ROTHSTEIN, G. T. BEYER, R. MEIER and R. M. FREER: J. biol. Ch. **174**, 361 (1948). — KRISHNAN, P. S., and W. L. NELSON: Arch. Biochem. **19**, 65 (1948). — GREEN, I., J. R. C. BROWN and W. F. H. M. MOMMAERTS: J. biol. Ch. **205**, 493 (1953).
[7] WAGNER-JAUREGG, T.: H. **239**, 188 (1936).
[8] SLATER, E. C.: Nature **172**, 975 (1953). — KALCKAR, H. M., and H. KLENOW: Ann. Rev. **23**, 527 (1954). — GREEN, D. E., and H. BEINERT: Ann. Rev. **24**, 1 (1955). — WHITTAM, R., W. BARTLEY and G. WEBER: Biochem. J. **59**, 590 (1955). — KREBS, H. A., and H. L. KORNBERG: Ergebn. Physiol. **49**, 212 (1957).
[9] ENGELHARDT, V. A., and M. N. LJUBIMOVA: Nature **144**, 668 (1939). — ENGELHARDT, V. A.: Adv. Enzymol. **6**, 129 (1946). — POLIS, B. D., and O. MEYERHOF: J. biol. Ch. **163**, 339 (1946); **169**, 389 (1947). — MOMMAERTS, W. F. H. M., and I. GREEN: J. biol. Ch. **208**, 833 (1954).
[10] GREEN, I., and W. F. H. M. MOMMAERTS: J. biol. Ch. **202**, 541 (1953).
[11] GERGELY, J.: J. biol. Ch. **200**, 543 (1953).
[12] KOSHLAND, D. E. jr., and E. CLARKE: J. biol. Ch. **205**, 917 (1953).

schneller als ATP[1]. Mögliche Zusammenhänge mit der Muskelkontraktion[2]. Wirkung von Actomyosin[3, 4]. Darstellung und Eigenschaften der Myosin-Adenosintriphosphatase[4]. Andere ATPasen (auch ATP-Monophosphatasen genannt) aus Leber-Mitochondrien[5], Hirngewebe[6], Erythrocyten[7], aus Spermatozoen[8] und aus dem Plasma von Stiersperma[9], aus der Retina, aus Schlangengiften[10] sind untersucht worden. Geschwindigkeit der Dephosphorylierung von ATP, ITP, IDP und ADP durch ATPase aus Muskeln[11].

Zu (2). ATP-Diphosphatasen (Apyrasen) sind wahrscheinlich in tierischen und pflanzlichen Geweben verbreitet. Die bestuntersuchte Apyrase läßt sich aus Kartoffeln darstellen[12].

Zu (3). Enzyme mit derartiger Wirkung (ATP-Pyrophosphatasen) sind bisher aus Knochenmark[13], aus Stier-Samenplasma[9] und aus Schlangengiften[10] dargestellt worden. Durch Cobragift und durch Klapperschlangengift wird die α,β-Bindung in ATP schneller hydrolysiert als die β,γ-Bindung. Es entsteht daher im wesentlichen nicht ADP, sondern AMP[10].

Über die Synthese von anorganischem Triphosphat durch Muskel-Adenylatkinase[14].

II. Bildung von ATP und ADP.

$$\text{ADP} + \text{P} \xrightarrow[\text{Phosphorylierung}]{\text{oxydative}} \text{ATP} \tag{4}$$

$$\text{ADP} + \text{Succinyl-CoA} + \text{P} \rightleftharpoons \text{ATP} + \text{Succinat} + \text{CoA} \tag{5}$$

$$\text{ADP} + \text{Glycerat-1,3-PP} \rightleftharpoons \text{ATP} + \text{Glycerat-3-P} \tag{6}$$

$$\text{ADP} + \text{Pyruvat-P} \rightleftharpoons \text{ATP} + \text{Pyruvat} \tag{7}$$

$$\text{ADP} + \text{Kreatin-P} \rightleftharpoons \text{ATP} + \text{Kreatin} \tag{8}$$

$$\text{ADP} + \text{Arginin-P} \rightleftharpoons \text{ATP} + \text{Arginin} \tag{9}$$

Zu (4). Die mit aeroben Oxydationsvorgängen verknüpfte Veresterung anorganischen Phosphats (oxydative Phosphorylierung) geht, soweit bisher bekannt, zum größten Teil über die Bildung von ATP aus ADP[15]. Sie ist in den Mitochondrien lokalisiert. Als Voraussetzung der ATP-Bildung sind 2 Oxydationsfolgen bisher erkannt worden: a) die Dehydrierung von reduziertem Nicotinsäureamid-adenin-dinucleotid DPNH zu DPN^{+}[16]. b) die Dehydrierung von Succinat zu Fumarat[17]; s. a. den Beitrag „Oxydative Phosphorylierung" in Bd. VI.

[1] KIELLEY, W. W., H. M. KALCKAR and L. B. BRADLEY: J. biol. Ch. **219**, 95 (1956).
[2] SZENT-GYÖRGYI, A.: Chemistry of Muscular Contraction. New York 1951. — MOMMAERTS, W. F. H. M.: Muscular Contraction. New York 1950. — FLECKENSTEIN, A.: Der Kalium-Natrium-Austausch als Energieprinzip in Muskel und Nerv. Berlin, Göttingen, Heidelberg 1955.
[3] WEBER, H. H., u. B. KERÉKJÁRTÓ: Z. Naturforsch. **7b**, 94 (1952).
[4] PERRY, S. V.; in: COLOWICK-KAPLAN, Meth. Enzymol. Bd. II, S. 582.
[5] KIELLEY, W. W., and KIELLEY, R. K.: J. biol. Ch. **200**, 213 (1953). — KIELLEY, W. W.; in: COLOWICK-KAPLAN, Meth. Enzymol. Bd. II, S. 593.
[6] BINKLEY, F., and C. K. OLSON: J. biol. Ch. **186**, 725 (1950).
[7] SZEKELY, M., S. MANYAI u. F. B. STRAUB: Acta physiol. hung. **4**, 31 (1953).
[8] NELSON, L.: Biochim. biophysica Acta, N. Y. **14**, 312 (1954).
[9] HEPPEL, L. A., and R. J. HILMOE: J. biol. Ch. **202**, 217 (1953).
[10] JOHNSON, M., M. A. G. KAYE, R. HEMS and H. A. KREBS: Biochem. J. **54**, 625 (1953). — FELLIG, J.: Am. Soc. **77**, 4419 (1955). — ZELLER, A. E.: Helv. **33**, 821 (1950).
[11] GOLDBERG, M., and D. GILMOUR: Arch. Biochem. **51**, 411 (1954).
[12] KALCKAR, H. M.: J. biol. Ch. **153**, 355 (1944). — MEYERHOF, O.: J. biol. Ch. **157**, 105 (1945). — KRISHNAN, P. S.: Arch. Biochem. **20**, 261 (1949). — KRISHNAN, P. S.; in: COLOWICK-KAPLAN, Meth. Enzymol. Bd. II, S. 591.
[13] HITCHINGS, G. H., and H. S. FULLER: J. biol. Ch. **128**, XIV (1939).
[14] LIEBERMAN, I.: J. biol. Ch. **219**, 307 (1956).
[15] HUNTER, F. E. jr.; in: Phosphorus Metabolism (MCELROY, W. D., and B. GLASS, Hrsg.): Bd. I, S. 297. Baltimore 1951. — POTTER, V. R., E. HERBERT, Y. TAKAGI, P. SIEKEVITZ and A. BRUMM: Fed. Proc. **13**, 276 (1954).
[16] LEHNINGER, A. L., and S. W. SMITH: J. biol. Ch. **181**, 415 (1949). — FRIEDKIN, M., and A. L. LEHNINGER: J. biol. Ch. **177**, 775 (1949). — LEHNINGER, A. L.: J. biol. Ch. **178**, 625 (1949); **190**, 345 (1951).
[17] SLATER, E. C.: Nature **172**, 975 (1953). — KALCKAR, H. M., and H. KLENOW: Ann. Rev. **23**, 527 (1954). — GREEN, D. E., and H. BEINERT: Ann. Rev. **24**, 1 (1955). — WHITTAM, R., W. BARTLEY and G. WEBER: Biochem. J. **59**, 590 (1955).

Die Oxydation von DPNH vermag wahrscheinlich 3 Phosphatreste je Atom verbrauchten Sauerstoff als Pyrophosphat zu binden, die Succinat-Oxydation 2 Phosphatreste je Atom Sauerstoff[1]. Es ist anzunehmen, daß die Energie aller Schritte der Elektronenverschiebung von DPNH bis zum Sauerstoff (über das Flavoproteid und Cytochrom c) zur Phosphatbindung genutzt wird. (Untersuchung der ATP-Bildung durch Markierung von Wasser und von anorganischem Phosphat mit ^{18}O [2].) Die Dehydrierungen aller Substrate, die zur Reduktion von DPN (oder TPN) und im Citronensäurecyclus zur Bildung von Succinat führen, tragen also zur ATP-Bildung bei.

Über die Bildung von ATP im Zusammenhang mit der Photoassimilation[3].

Zu (5). Die Reaktionsfolge der Phosphatbindung, die mit der Oxydation von α-Ketoglutarat zu Succinat einhergeht, ist geklärt[4]:

$$\alpha\text{-Ketoglutarat} + DPN^+ + CoA \rightarrow \text{Succinyl-CoA} + DPNH + H^+ + CO_2$$
$$\text{Succinyl-CoA} + P + GDP(IDP) \rightleftharpoons \text{Succinat} + GTP(ITP) + CoA$$
$$GTP(ITP) + ADP \rightleftharpoons GDP(IDP) + ATP$$

Das anorganische Phosphat wird also zunächst von Guanosindiphosphat (GDP) gebunden und von diesem durch die Wirkung einer Nucleosiddiphosphokinase („Nudiki") auf ADP übertragen[5]. Auch Inosindiphosphat (IDP) vermag als Coferment dieser Phosphorylierung zu wirken.

Zu (6). Die Dehydrierung von 3-Phosphoglycerinaldehyd zur Säure ist mit einer Phosphorylierung zum Acylphosphat gekoppelt. Die entstandene 1,3-Diphosphoglycerinsäure wandelt durch die Wirkung einer Phosphoglycero-Kinase[6] ADP in ATP um. Diese umkehrbare Reaktion[7] bewirkt [mit Reaktion (7)] die Rückbildung von ATP im Ablauf der Glykolyse.

Zu (7). Das phosphorylierte Enolat der Brenztraubensäure (Pyruvat-P) entsteht im Laufe der Glykolyse aus 2-Phosphoglycerat[8], kann sich außerdem bilden aus Oxalacetat + ATP→Pyruvat—P + ADP + CO_2[9]. Durch die Pyruvat-Phosphokinase wird mit ADP die Umphosphorylierung zu ATP und Pyruvat bewirkt[10, 11]. Über den Einfluß von Nucleotiden auf die Bildung von Pyruvat-P[12].

Zu (8) und (9). Kreatinphosphat in den Muskeln der Wirbeltiere bzw. Argininphosphat und andere „Phosphagene" der Invertebraten stehen in schnell eingestellten, reversiblen Gleichgewichten mit ADP-ATP. Sie entstehen nur durch diese von Phosphokinasen katalysierten Reaktionen und wirken, soweit bekannt, nur durch diese Nucleotide als Phosphatspender. Durch ihre im Vergleich zu den Adeninnucleotiden hohen Konzentrationen sind diese Phosphoamidine bedeutende Speicher der „in Phosphaten gebundenen Energie". Der Säugetiermuskel z. B. enthält etwa $2 \cdot 10^{-5}$ Mol Kreatinphosphat je Gramm Frischgewicht, jedoch nur etwa $5 \cdot 10^{-6}$ Mol ATP (3—4 mg) je Gramm, also nur $^1/_4$ bis $^1/_3$ (ausführlichere Angaben s. Bd. III/1, S. 489). Über die Kreatinphosphokinase aus Muskel

[1] COPENHAVER, J. H., and H. A. LARDY: J. biol. Ch. **195**, 225 (1952). — LARDY, H. A., and H. WELLMAN: J. biol. Ch. **195**, 215 (1952).

[2] COHN, M., and G. R. DRYSDALE: J. biol. Ch. **216**, 831 (1955).

[3] OCHOA, S., and W. VISHNIAC: Science, N. Y. **115**, 297 (1952). — VISHNIAC, W., and S. OCHOA: J. biol. Ch. **198**, 501 (1952). — BUCHANAN, J. G., V. H. LYNCH, A. A. BENSON, D. F. BRADLEY and M. CALVIN: J. biol. Ch. **203**, 935 (1953).

[4] MALEY, G. F., and G. W. E. PLAUT: J. biol. Ch. **205**, 297 (1953). — Zur Methodik: HUNTER, F. E.; in: COLOWICK-KAPLAN, Meth. Enzymol. Bd. II, S. 610. — SANADI, D. R., D. M. GIBSON and P. AYENGAR: Biochim. biophysica Acta, N. Y. **14**, 434 (1954).

[5] BERG, P., and W. K. JOKLIK: J. biol. Ch. **210**, 657 (1954).

[6] BÜCHER, T.: Naturwiss. **30**, 756 (1942).

[7] BÜCHER, T.: Biochim. biophysica Acta, N. Y. **1**, 292 (1947).

[8] WARBURG, O., u. W. CHRISTIAN: B. Z. **310**, 384 (1942).

[9] BANDURSKI, R. S., and C. M. GREINER: J. biol. Ch. **204**, 781 (1953). — UTTER, M. F., and K. KURAHASHI: J. biol. Ch. **207**, 821 (1954). — VENNESLAND, B., T. T. TCHEN and F. A. LOEWUS: Am. Soc. **76**, 3358 (1954).

[10] MEYERHOF, O., u. P. OESPER: J. biol. Ch. **179**, 1371 (1949).

[11] LARDY, H. A., and J. A. ZIEGLER: J. biol. Ch. **159**, 343 (1945).

[12] BARTLEY, W.: Biochem. J. **61**, 555 (1955).

und die Lage der Gleichgewichte bei verschiedenen p_H-Werten s.[1]. Methodische Angaben zur Darstellung der Kinase und zur Messung ihrer Wirkung[2].

III. Reversible Phosphorylierungen von Nucleotiden durch ATP.

$$ATP + AMP \rightleftharpoons 2\,ADP \qquad (9)$$

$$ATP + UMP \rightleftharpoons ADP + UDP \qquad (10)$$

$$ATP + IDP \rightleftharpoons ADP + ITP \qquad (11)$$

$$ATP + UDP \rightleftharpoons ADP + UTP \qquad (12)$$

$$ATP + GDP \rightleftharpoons ADP + GTP \qquad (13)$$

Zu (9). Durch die Wirkung von Adenylatkinasen (z. B. Myokinase) findet eine schnelle Einstellung des Gleichgewichtes der Reaktion (9) statt[3]. $(ATP)\cdot(AMP)/(ADP)^2 = 0{,}444$[4]. Die Geschwindigkeit der Reaktion in verschiedenen Organen entspricht der Geschwindigkeit des Wechsels des γ-Phosphats von ATP (mit ^{32}P-Phosphat nachgewiesen)[5]. Sie ist in Nieren und Leber größer als in Muskel. Über die Geschwindigkeit der Reaktion der beiden labilen Phosphatreste des ATP in Homogenaten von Rattenleber und von Taubenbrustmuskel[6]. Adenylatkinase ist für Adeninnucleotide spezifisch; IDP wird nicht verändert[7]. Auch andere Transphosphorylierungen dieses Typus zwischen Nucleosid-triphosphaten und -monophosphaten sind gefunden worden[8] Gl. (10).

Zu (11) und (12). Durch die Wirkung von transphosphorylierenden Nucleosid-diphosphokinasen[9] („Nudiki") wird das gleichzeitige Vorhandensein der Tri- und Diphosphate aller Nucleoside in Gewebeextrakten[10] verständlich. Nur Diphosphate werden phosphoryliert; die 5'-Monophosphate und Kreatin reagieren nicht. Die Phosphorylierung von Glucose oder Kreatin durch ITP und UTP findet nur bei Gegenwart katalytischer Mengen von ADP statt; d. h. daß sie nur durch diese Transphosphorylierungen und über ATP geht[11].

Zu (13). Diese Reaktion ist die Voraussetzung für die Phosphorylierung von ADP zu ATP bei der Hydrolyse von Succinyl-CoA[12] zu CoA und Succinat. Interessanterweise wird angenommen, daß selbst Ribonucleinsäure durch ATP phosphorylierbar sei[13].

IV. Phosphorylierung von Hexosen und Pentosen durch ATP.

Zum Beispiel

$$ATP + \text{Glucose} \rightarrow ADP + \text{Glucose-6-P} \qquad (14)$$

$$ATP + \text{Galaktose} \rightarrow ADP + \text{Galaktose-1-P}$$

$$ATP + \text{Fructose-6-P} \rightarrow ADP + \text{Fructose-1,6-PP}. \qquad (15)$$

(Analoge Phosphorylierungen mit Galaktose, Mannose, Fructose, Glucosamin, Galaktosamin, Xylose, Arabinose, Ribose, Glycerinaldehyd, Dioxyaceton, Gluconsäure, Glycerin.)

Die bekannten Wirkungen der zahlreichen Hexokinasen und anderen Monosaccharid-Phosphokinasen aus tierischen Geweben, Hefe und höheren Pflanzen benötigen alle ATP

[1] Kuby, S. A., L. Noda and H. A. Lardy: J. biol. Ch. **209**, 191, 203 (1954); **210**, 65, 83 (1954). — Ennor, A. H., and H. Rosenberg: Biochem. J. **56**, 308 (1954).
[2] Noda, L., S. A. Kuby and H. A. Lardy; in: Colowick-Kaplan, Meth. Enzymol. Bd. II, S. 605.
[3] Colowick, S. P., and H. M. Kalckar: J. biol. Ch. **148**, 117 (1943). — Kalckar, H. M.: J. biol. Ch. **148**, 127 (1943).
[4] Eggleston, L. V., and R. Hems: Biochem. J. **52**, 156 (1952). — Green, I., J. R. C. Brown and W. F. H. M. Mommaerts: J. biol. Ch. **205**, 493 (1953).
[5] Cobey, F. A., and P. Handler: J. biol. Ch. **204**, 283 (1953).
[6] Krebs, H. A., A. Ruffo, M. Johnson, L. V. Eggleston and R. Hems: Biochem. J. **54**, 107 (1953).
[7] Kleinzeller, A.: Biochem. J. **36**, 729 (1942).
[8] Strominger, J. L., L. A. Heppel and E. S. Maxwell: Arch. Biochem. **52**, 488 (1954). — Lieberman, I., A. Kornberg and E. S. Simms: Am. Soc. **76**, 3608 (1954).
[9] Krebs, H. A., and R. Hems: Biochim. biophysica Acta, N. Y. **12**, 172 (1953). Biochem. J. **61**, 435 (1955). — Berg, P., and W. K. Joklik: Nature **172**, 1008 (1953). J. biol. Ch. **210**, 657 (1954).
[10] Schmitz, H., R. B. Hurlbert and V. R. Potter: J. biol. Ch. **209**, 41 (1954).
[11] Berg, P., and W. K. Joklik: Nature **172**, 1008 (1953). J. biol. Ch. **210**, 657 (1954).
[12] Sanadi, D. R., D. M. Gibson and P. Ayengar: Biochim. biophysica Acta, N. Y. **14**, 434 (1954). — Sanadi, D. R., D. M. Gibson, P. Ayengar and M. Jacob: J. biol. Ch. **218**, 505 (1956). — Ayengar, P., D. M. Gibson, C. H. Lee Peng and D. R. Sanadi: J. biol. Ch. **218**, 521 (1956).
[13] Dounce, A. L., and E. R. M. Kay: Proc. Soc. exp. Biol. Med. **83**, 321 (1953).

als Phosphat-Donator. ITP und UTP sind nur wirksam in Gegenwart von Nucleosiddiphosphokinasen und über ADP-ATP. Bei den meisten Hexokinasen ist die Notwendigkeit von Magnesiumionen nachgewiesen.

Diese Phosphorylierungen leiten bekanntlich Gärung und Glykolyse der Monosaccharide ein[1], aber auch ihren oxydativen Abbau[2] und die Synthese von Di- und Polysacchariden[3].

V. Phosphorylierung von Nucleosiden zu Nucleotiden und Synthese von Nucleotiden.

$$\begin{array}{c}\text{ATP} + \text{Adenosin} \rightarrow \text{ADP} + \text{AMP (Adenosin-5'-P)}\\ \text{ATP} + \text{Riboflavin} \rightarrow \text{ADP} + \text{FMN (Riboflavin-5'-P)}\end{array} \quad (16)$$

$$\text{ATP} + \text{Ribose-5-P} + \text{Adenin} \rightarrow 2\ \text{AMP} + 2\ \text{P}. \quad (17)$$

Zu (16). Adenosinphosphokinasen sind in Hefe nachgewiesen worden, aber auch in tierischen Geweben[4]. Außer Adenosin wird nur 2,6-Diaminopurinribosid phosphoryliert[5] und 4-Amino-5-imidazol-carbonsäureamid-ribosid[6]. Darstellung der gereinigten Adenosinkinase aus Hefe[7].

Eine andere Phosphokinase überträgt den Phosphatrest von ATP und ADP auf Riboflavin[8]. Darstellung dieser Kinase aus Bierhefe[9].

Zu (17). Die Synthese von Nucleotiden aus Ribose-5-phosphat und „Base" (Adenin, Hypoxanthin, Orotsäure) geht über 1-Pyrophosphorylribose-5-phosphat, zu dessen Bildung ATP erforderlich ist[10]. Die Umkehrung der Reaktion bedeutet eine Phosphorolyse der Nucleotide. Methodisches zur Untersuchung der Synthese von Nucleotiden in Gewebeextrakten[11].

VI. Weitere Phosphorylierungen durch ATP.

Es sind mehrere ATP-bedürftige Reaktionen bekannt, die zur Bildung von Coenzymen führen und damit eine Reihe von Stoffwechselvorgängen steuern.

$$\text{ATP} + \text{Thiamin} \rightarrow \text{AMP} + \text{Thiamin-PP} \quad (18)$$

$$\text{ATP} + \text{Pyridoxal} \rightarrow \text{ADP} + \text{Pyridoxal-5'-P} \quad (19)$$

Zu (18). Enzyme, welche diese Reaktion bewirken und damit dieses Coenzym der Pyruvat-Decarboxylase bilden[12], sind in Hefe und Leber nachgewiesen worden. Es ist noch ungeklärt, ob ATP 2 Phosphatreste oder je Mol nur eines abgibt. Darstellung der Thiaminkinase aus Hefe[13].

Zu (19). Durch diese Transphosphorylierung[14] entsteht ein Coenzym mit mannigfachen Funktionen; bekannt sind: Die Decarboxylierung verschiedener Aminosäuren, die Trans-

[1] Siehe z. B. DICKENS, F.; in Sumner-Myrbäck Bd. II/A, S. 624.

[2] COHEN, S. S.; in: GREENBERG, D. M., Chemical Pathways of Metabolism. Bd. I, S. 173. New York 1954.

[3] PUTMAN, E. W., and W. Z. HASSID: J. biol. Ch. **207**, 885 (1954). — CORI, G. T., and C. F. CORI: J. biol. Ch. **135**, 733 (1940); **151**, 57 (1943).

[4] OSTERN, P., T. BARANOWSKI u. J. TERSZAKOWEĆ: H. **251**, 258 (1938). — CAPUTTO, R.: J. biol. Ch. **189**, 801 (1951).

[5] KORNBERG, A., and W. E. PRICER: J. biol. Ch. **193**, 481 (1951).

[6] GREENBERG, G. R.: Fed. Proc. **12**, 211 (1953).

[7] KORNBERG, A.; in: COLOWICK-KAPLAN, Meth. Enzymol. Bd. II, S. 497.

[8] KEARNEY, E. B., and S. ENGLARD: Arch. Biochem. **32**, 222 (1951). J. biol. Ch. **193**, 821 (1951). — KEARNEY, E. B.: J. biol. Ch. **194**, 747 (1952).

[9] KEARNEY, E. B.; in: COLOWICK-KAPLAN, Meth. Enzymol. Bd. II, S. 640.

[10] WILLIAMS, W. J., and J. M. BUCHANAN: J. biol. Ch. **203**, 583 (1953). — SAFFRAN, M., and E. SCARANO: Nature **172**, 949 (1953). — KORNBERG, A., I. LIEBERMAN and E. S. SIMMS: Am. Soc. **76**, 2027 (1954). — HURLBERT, R. B., and P. REICHARD: Acta chem. scand. **8**, 701 (1954). — HARTMAN, S. C., B. LEVENBERG and J. M. BUCHANAN: Am. Soc. **77**, 501 (1955).

[11] SAFFRAN, M.; in: COLOWICK-KAPLAN, Meth. Enzymol. Bd. II, S. 501. — GOLDTHWAIT, D. A., and G. R. GREENBERG; in: COLOWICK-KAPLAN, Meth. Enzymol. Bd. II, S. 504.

[12] LOHMANN, K., u. P. SCHUSTER: B. Z. **294**, 188 (1937). — WEIL-MALHERBE, H.: Biochem. J. **33**, 1997 (1939). — STEYN-PARVÉ, E. P.: Biochim. biophysica Acta, N. Y. **35**, 1196 (1952). — LEUTHARDT, F., u. H. NIELSEN: Helv. **35**, 1196 (1952).

[13] WESTENBRINK, H. G. K.; in: COLOWICK-KAPLAN, Meth. Enzymol. Bd. II, S. 636.

[14] GUNSALUS, I. C., W. D. BELLAMY and W. W. UMBREIT: J. biol. Ch. **155**, 685 (1944); **160**, 461 (1945). — THOAI, NGUYEN-VAN, et L. CHEVILLARD: C. R. Soc. Biol. **145**, 485 (1951).

aminierung, die Entschwefelung von Cystein, der Kynurenin-Abbau u. a. m. Darstellung der Pyridoxalkinase aus Bäckerhefe [1].

$$ATP + CoA + Acylat \rightleftharpoons AMP + Acyl\text{-}CoA + P\text{-}P. \qquad (20)$$

Synthese und Acylierungen von CoA: Die Biosynthese von CoA bedarf mehrfach der ATP-Beteiligung; bekannt ist es bei folgenden Schritten [2]: Bei der Verknüpfung von Pantoylsäure mit β-Alanin zu Pantothensäure, die neben AMP anorganisches Pyrophosphat entstehen läßt [3]; bei der Phosphorylierung der Pantothensäure zu Pantothenyl-4-phosphat und bei ihrer Reaktion mit Cystein zu Pantothenylcystein [4]; bei der Bildung von Pantethein-4-phosphat aus Pantethein [5] (Darstellung der Pantethein-Kinase aus Taubenleber [6]); bei der Adenylierung dieses Phosphats zu Dephospho-CoA [4, 7]; schließlich bei der Phosphorylierung dieses Produktes in 3' des Adenylrestes zu CoA [8] (Darstellung der Kinase aus Taubenleber [9]).

Für den Eintritt der Fettsäuren in die CoA-Schraubenlinie ihres Abbaues und Aufbaues, d. h. für die Acylierung von CoA, ist ATP erforderlich nach Gl. (20) (Literaturangaben bei [2, 10]).

VII. Weitere Synthesen unter Mitwirkung von ATP.

Die Phosphorylierung von Säureresten durch ATP (unter II sind schon Phosphoglycerat und Pyruvat angeführt) kann über die Acylphosphate hinaus zu Acyl-CoA-Verbindungen führen und damit zu weiteren Synthesen, wie die Citratbildung aus Oxalacetat und Acetat [11] oder die von Acetacetat aus Acetat [12], und zu Acylierungen mannigfacher Art, wie die von Cholin zu Acetylcholin [13], von Glucosamin zu Acetylglucosamin [14]. Hierher gehören auch die Acetylierungen von Alkyl- und Arylaminen [15] und die Acylierungen von Ammoniak, d. h. die Bildung von Säureamiden. Beispiele sind die Benzoylierung und p-Aminobenzoylierung von Glykokoll zu Hippursäure bzw. zu p-Aminohippursäure [16], weiterhin die Bildung von Glutamin und von Asparagin [17]. Die Synthese von Arginin aus Ornithin über Citrullin [18] ist Beispiel einer Amidinbildung.

---

[1] GUNSALUS, I. C., and W. E. RAZZELL; in: COLOWICK-KAPLAN, Meth. Enzymol. Bd. II, S. 646.
[2] JOHNSON, B. C.: Ann. Rev. **24**, 442 (1955).
[3] MAAS, W. K., and G. D. NOVELLI: Arch. Biochem. **43**, 236 (1953). — MAAS, W. K.: Fed. Proc. **13**, 256 (1954).
[4] HOAGLAND, M. B., and G. D. NOVELLI: J. biol. Ch. **207**, 767 (1954).
[5] LEVINTOW, L., and G. D. NOVELLI: J. biol. Ch. **207**, 761 (1954).
[6] NOVELLI, G. D.; in: COLOWICK-KAPLAN, Meth. Enzymol. Bd. II, S. 633.
[7] WANG, T. P., and N. O. KAPLAN: J. biol. Ch. **206**, 311 (1954). — NOVELLI, G. D., F. J. SCHMETZ and N. O. KAPLAN: J. biol. Ch. **206**, 533 (1954).
[8] WANG, T. P., L. SHUSTER and N. O. KAPLAN: J. biol. Ch. **206**, 299 (1954).
[9] WANG, T. P.; in: COLOWICK-KAPLAN, Meth. Enzymol. Bd. II, S. 649.
[10] JONES, M. E., F. LIPMANN, H. HILZ and F. LYNEN: Am. Soc. **75**, 3285 (1953).
[11] NOVELLI, G. D., and F. LIPMANN: J. biol. Ch. **171**, 833 (1947). — STERN, J. R., and S. OCHOA: J. biol. Ch. **179**, 491 (1949); **191**, 161 (1951). — OCHOA, S., J. R. STERN and M. C. SCHNEIDER: J. biol. Ch. **193**, 691 (1951).
[12] LYNEN, F., L. WESSELY, O. WIELAND u. L. RUEFF: Angew. Chem. **64**, 687 (1952). — STERN, J. R. M. J. COON and A. DEL CAMPILLO: Am. Soc. **75**, 1517 (1953). — STADTMAN, E. R., M. DOUDOROFF and F. LIPMANN: J. biol. Ch. **191**, 377 (1953).
[13] Übersichtsreferat: NACHMANSOHN, D., and I. B. WILSON: Adv. Enzymol. **12**, 259 (1951).
[14] CHOU, T. C., and M. SOODAK: J. biol. Ch. **196**, 105 (1952).
[15] CHOU, T. C., and F. LIPMANN: J. biol. Ch. **196**, 89 (1952). — KATZ, J., I. LIEBERMAN and H. A. BARKER: J. biol. Ch. **200**, 417 (1953).
[16] BORSOOK, H., and J. W. DUBNOFF: J. biol. Ch. **132**, 307 (1940); **168**, 397 (1947). — MCGILVERY, R. W. and P. P. COHEN: J. biol. Ch. **169**, 119 (1947); **183**, 179 (1950). — CHANTRENNE, H.: J. biol. Ch. **189** 227 (1951). — SCHACHTER, D., and J. V. TAGGART: J. biol. Ch. **203**, 925 (1953).
[17] ELLIOTT, W. H.: Biochem. J. **49**, 106 (1951).
[18] MÜLLER, A. F., u. F. LEUTHARDT: Helv. **32**, 2349 (1949). — COHEN, P. P., and S. GRISOLIA: J. biol. Ch. **174**, 389 (1948).

Über die Bildung von Peptiden aus Aminosäuren, z. B. von Glutathion, unter Mitwirkung von ATP[1] und über ATP-abhängige Transamidierungen durch Transglutaminase und Transaspartase s. [2]. Funktion von ATP bei der Bildung von S-Adenosylmethionin („aktivem Methionin"[3]), bei der Bildung von Kreatin aus Guanidoessigsäure und Methionin[4].

VIII. Adenylierungen durch ATP.

$$ATP + NMN \rightarrow DPN + P\text{-}P \quad (21)$$
$$ATP + FMN \rightarrow FAD + P\text{-}P \quad (22)$$

Zu (21). Den ersten Beobachtungen der Bildung anorganischen Pyrophosphats (P—P) bei Oxydationen in Lebergewebe folgte bald die Klärung der Reaktion: Mit der Pyrophosphat-Entbindung gekoppelt adenyliert ATP Nicotinsäureamid-mononucleotid (NMN) und synthetisiert derart Codehydrogenase I (DPN)[5] (Darstellung der Pyrophosphorylase aus Rattenleber)[6]. Die angegebene Umsetzung ist die einzige bisher bekannte Bildungsweise des Coenzyms. Seine Umwandlung in Codehydrogenase II (TPN) (durch Phosphorylierung in 3' des Adenylatrestes) bedarf ebenfalls der ATP-Wirkung[7] (Darstellung der DPN-Kinase aus Taubenleber)[8]. Enzyme, die eine Übertragung des Adenylsäurerestes bewirken, werden zweckmäßig als Transadenylasen bezeichnet[9].

Zu (22). Eine derartige Transadenylierung findet auch bei der Synthese des gelben Coenzyms FAD statt[10]. Darstellung der FAD-Pyrophosphorylase aus Bierhefe[11]. Die Adenylierung von Pantethein führt zum unmittelbaren Vorläufer von CoA (s. unter VI). Über den schnellen Austausch von Pyrophosphat in ATP als „Adenyltransferierung" (mit ^{32}P nachgewiesen) s. [12]. Analoge Übertragungen (durch Transuridylasen) finden statt bei der Bildung von UDP-Glucose, UDP-Galaktose und der anderen UDP-Monosaccharid-Verbindungen aus UTP, wobei ebenfalls P-P frei wird.

IX. Auf ATP zurückgehende Arbeitsleistungen.

Über die möglichen Zusammenhänge zwischen ATP-Reaktionen und der Kontraktion von Muskelfasern s. [13]. Bildung elektrischer Ströme in tierischen Geweben (Aktionsströme der Nerven, Zitterrochen usw.)[14]. Unentbehrlichkeit von ATP für die Biolumineszenz[15]. Die „Phosphatenergie" von ATP wird auch als Voraussetzung der Bewegung von Zellelementen und der Leistung osmotischer Arbeit betrachtet.

[1] Speck, J. F.: J. biol. Ch. **168**, 403 (1947); **179**, 1387, 1405 (1949). — Elliott, W. H.: Nature **161**, 128 (1948). Biochem. J. **42**, V (1948). — Borsook, H., and J. W. Dubnoff: J. biol. Ch. **168**, 397 (1947). — Cohen, P. P., and R. W. McGilvery: J. biol. Ch. **166**, 261 (1946); **169**, 119 (1947); **171**, 121 (1947). — McGilvery, R. W., and P. P. Cohen: J. biol. Ch. **183**, 179 (1950). — Chantrenne, H.: J. biol. Ch. **189**, 227 (1951). — Snoke, J. E., and K. Bloch: J. biol. Ch. **199**, 407 (1952).
[2] Waelsch, H.: Adv. Enzymol. **13**, 237 (1952) (Übersichtsreferat).
[3] Cantoni, G. L.: Am. Soc. **74**, 2942 (1952); J. biol. Ch. **204**, 403 (1953).
[4] Borsook, H., and J. W. Dubnoff: J. biol. Ch. **171**, 363 (1947).
[5] Stumpf, P. K., and W. D. Loomis: Arch. Biochem. **25**, 451 (1950); **30**, 126; **33**, 333 (1951).
[6] Kornberg, A.; in: Colowick-Kaplan, Meth. Enzymol. Bd. II, S. 652. — Kornberg, A.: J. biol. Ch. **182**, 779 (1950).
[7] Euler, H. von, u. R. Vestin: Ark. Kemi, Mineral. Geol. **12** B, Nr. **44** (1938). — Kornberg, A.: J. biol. Ch. **182**, 805 (1950).
[8] Wang, T. P.; in: Colowick-Kaplan, Meth. Enzymol. Bd. II, S. 652.
[9] Hoffmann-Ostenhof, O.: Adv. Enzymol. **14**, 219 (1953).
[10] Schrecker, A. W., and A. Kornberg: J. biol. Ch. **182**, 795 (1950).
[11] Kornberg, A.; in: Colowick-Kaplan, Meth. Enzymol. Bd. II, S. 652.
[12] Jones, M. E., F. Lipmann, H. Hilz and F. Lynen: Am. Soc. **75**, 3285 (1953).
[13] Szent-Györgyi, A.: Chemistry of Muscular Contraction. New York 1951. Chemical Physiology of Contraction in Body and Heart Muscle. New York 1953. — Needham, D. M.: Adv. Enzymol. **13**, 151 (1952). — Mommaerts, W. F. H. M.: The biochemistry of muscle. Ann. Rev. **23**, 381 (1954). — Fleckenstein, A.: Der Kalium-Natrium-Austausch als Energieprinzip in Muskel und Nerv. Berlin, Göttingen, Heidelberg 1955. — Wajzer, J., R. Weber, J. Lerique and J. Nekhorocheff: Nature **178**, 1287 (1956).
[14] Nachmansohn, D., and I. B. Wilson: Adv. Enzymol. **12**, 259 (1951).
[15] McElroy, W. D.: Proc. nat. Acad. Sci. USA **33**, 342 (1947). — McElroy, W. D., J. W. Hastings, J. Coulombre and V. Sonnenfeld: Science, N. Y. **118**, 385 (1953). Arch. Biochem. **46**, 399 (1953).

4. Adenosin-5'-tetraphosphat $C_{10}H_{17}O_{16}N_5P_4$.

Vorkommen. Ein Derivat des Adenosins mit 4 Phosphatresten, dem sehr wahrscheinlich die Struktur eines 5'-Tetraphosphats zukommt, wurde zuerst in einem aus Rindermuskulatur hergestellten Handelspräparat von ATP-Barium nachgewiesen[1], dann auch von ATP-Präparaten aus Pferdemuskeln abgetrennt[2]. In Trichloressigsäure-Extrakten von Rattenorganen war das Tetraphosphat nicht nachzuweisen[1].

Darstellung. Die Abtrennung von AMP, ADP und ATP gelang durch fraktionierte Elution aus einer Dowex-2-Säule (mit 0,002 n—0,01 n HCl und 0—0,2 m NaCl)[1] bzw. aus einer Dowex-1-chlorid-Säule[2]. Durch anschließende Fällung als Bariumsalz wurde etwa $^1/_3$ des ATP-Rohproduktes als Tetraphosphat isoliert.

Eigenschaften und Strukturaufklärung.

Die UV-Absorption gleicht der von AMP. Die saure Spaltung ergibt Adenin : Pentose : Phosphat im Verhältnis 1 : 1 : 4. Drei Mole Phosphat sind leicht abspaltbar; dabei entsteht Ribose-5'-phosphat. Bei milderen Hydrolysen sind auch AMP, ADP und ATP nachzuweisen (durch Ionenaustausch-Chromatographie). Die Oxydation mit Perjodat deutet auf eine 1,2-Diolgruppe. Durch die 4 Phosphatreste kann also nur das 5'-Hydroxyl verestert sein und Pyrophosphat-Bindungen sind sehr wahrscheinlich.

Physiologisches Verhalten. Das 5'-Tetraphosphat vermag in keiner der geprüften Reaktionen als Phosphat-Donator so wie ATP zu wirken: Mit Hexokinase bildete sich kein Glucose-6-phosphat, mit Adenyl-Kinase wurde AMP nicht phosphoryliert, mit einer Hefe-Phosphotransferase fand kein Austausch zwischen dem Tetraphosphat und dem Pyrophosphat von ATP statt[2].

5. Inosinsäure = Inosin-5'-phosphat $C_{10}H_{13}O_8N_4P$.

Vorkommen. Die Inosinsäure ist das am längsten bekannte Nucleotid; LIEBIG[3] isolierte sie 1847 als Bariumsalz aus einem mit kaltem Wasser hergestellten Muskelfleisch-Extrakt, untersuchte jedoch ihre Zusammensetzung nicht und erkannte auch nicht die Anwesenheit der Phosphorsäure. HAISER[4] identifizierte Hypoxanthin und Phosphorsäure als Produkte der sauren Hydrolyse; NEUBERG und BRAHM[5] untersuchten die Hydrolyse quantitativ und wiesen auch die Pentose nach. Von HAISER und WENZEL[6] wurde aus dem WEIDELschen „Karnin" das Inosin dargestellt, als Pentosid von Hypoxanthin erkannt und seine Beziehung zur Inosinsäure richtig vermutet. Die Untersuchungen von LEVENE und JACOBS[7] klärten die Verknüpfung der 3 Komponenten der Inosinsäure auf. Nach partieller saurer Hydrolyse isolierten diese Autoren neben Hypoxanthin eine reduzierende Pentosephosphorsäure als Bariumsalz. Durch neutrale oder alkalische Hydrolyse des inosinsauren Bariums wurde nur Phosphat abgespalten und ein glykosidischer Hypoxanthin-Pentose-Komplex erhalten, der identisch mit dem HAISERschen Inosin war. Aus Inosin und Guanosin wurde auch zuerst die NS-Pentose kristallisiert dargestellt und als D-Ribose erkannt[8].

An der Inosinsäure sind also die grundlegenden Reaktionen zuerst ausgeführt worden, die zur Kenntnis der Struktur von Nucleotiden und Nucleosiden geführt haben.

Das durch saure Hydrolyse aus Inosinsäure entstehende Ribosephosphat ist Ribose-5-phosphat, da es zu Ribonsäure-phosphat oxydiert werden kann[7, 9, 10]. Die Furanose-

[1] MARRIAN, D. H.: Biochim. biophysica Acta, N. Y. **12**, 492; **13**, 278 (1953).
[2] LIEBERMAN, I.: Am. Soc. **77**, 3373 (1955).
[3] LIEBIG, J.: A. **62**, 317 (1847).
[4] HAISER, F.: Mh. Chem. **16**, 190 (1895).
[5] NEUBERG, C., u. B. BRAHN: B. Z. **5**, 438 (1907).
[6] HAISER, F., u. F. WENZEL: Mh. Chem. **29**, 157 (1907); **30**, 147 (1909); **31**, 357 (1910).
[7] LEVENE, P. A., u. W. A. JACOBS: B. **41**, 2703 (1908); **42**, 335, 1198 (1909); **44**, 746 (1911).
[8] LEVENE, P. A., u. W. A. JACOBS: B. **42**, 3247 (1909).
[9] LEVENE, P. A., S. A. HARRIS and E. T. STILLER: J. biol. Ch. **105**, 153 (1934).
[10] LEVENE, P. A., and E. T. STILLER: J. biol. Ch. **104**, 299 (1934).

struktur des Zuckerrestes ist durch verschiedene Reaktionen[1, 2, 3] und durch Synthese nachgewiesen[4].

Die Phosphorylierung von 2',3'-Isopropyliden-inosin mit Phosphoroxychlorid in Pyridin führt zu Inosinsäure[5].

Inosinsäure entsteht im Muskel in der Hauptmenge postmortal durch Desaminierung von Muskel-Adenylsäure[6]. Sie bildet sich jedoch auch im lebenden Muskel bei seiner Kontraktion[7]. Nachgewiesen wurde Inosinsäure unter anderem im Muskelextrakt des Kabliaus[8] und im Herzmuskel von Säugetieren[9].

Angaben über ihre Konzentration in Organen der Maus[10], unmittelbar nach dem Tode (erste Zahl) und 4 Std danach (zweite Zahl): Herz 16 γ/g feuchtes Gewebe bzw. 0; Niere 58 bzw. 0; Pankreas 0 bzw. 0; Leber 5 bzw. 20; Muskel 36 bzw. 300.

Darstellung. Die Gewinnung des Bariumsalzes der Inosinsäure aus käuflichem Fleischextrakt (nach der von HAISER[11, 12] ausgearbeiteten LIEBIGschen Methode) gibt infolge der sehr wechselnden Qualität der Extrakte unsichere Ausbeuten. Besser ist die Gewinnung aus selbsthergestelltem Fleischkochsaft[13]:

1 kg Muskulatur (vom Pferd, so rasch wie möglich nach der Schlachtung, oder von frischgetöteten Kaninchen) wird maschinell fein zerkleinert, in 2 *l* dest. Wasser eingerührt, 3 Std bei Raumtemperatur belassen, dann zum Sieden erhitzt. Die Koagulation der Proteine wird durch Zugabe von 2 cm³ Eisessig zur siedenden Lösung vervollständigt. Nach dem Abtrennen und gründlichen Auspressen der Fleischmasse wird aus der Lösung das anorganische Phosphat durch heißgesättigte Barytlauge im Überschuß gefällt, der Niederschlag nach einigen Stunden abgetrennt und mit wenig heißem Wasser nachgewaschen. Die vereinigten Lösungen werden dann mit Eisessig neutralisiert (Bromthymolblau) und mit gesättigter Bleiessiglösung (basisches Bleiacetat) versetzt, bis keine weitere Fällung eintritt. Ein Überschuß des Fällungsmittels ist zu vermeiden. Der Niederschlag wird nach einigen Stunden abgesaugt oder abzentrifugiert, zweimal mit je 100 cm³ Wasser nachgewaschen, mit etwa 5 g frischgefälltem Bariumcarbonat versetzt, in 500 cm³ Wasser fein aufgeschlämmt und mit Schwefelwasserstoff zerlegt. Die Umsetzung des Bleisalzes zum Sulfid muß vollständig sein, da sonst starke Verluste an Inosinsäure eintreten. Der Bleisulfidniederschlag wird aus der auf 60° erwärmten Suspension abgetrennt und mit warmem, schwefelwasserstoffhaltigem Wasser nachgewaschen. Die vereinigten Lösungen (die neutral reagieren sollen), werden im Vakuum bei etwa 40° Badtemperatur auf 300 cm³ eingeengt, falls ein Niederschlag entstanden ist, nach Erwärmen auf 60° von diesem klar filtriert, dann weiter auf 10 cm³ im Vakuum eingedampft. Beim Stehenlassen der Lösung im Eisschrank kristallisiert das inosinsaure Barium aus (besonders schnell nach Impfung). 0,4—0,6 g. Umkristallisation aus 10—15 cm³ Wasser.

Eine genaue Vorschrift zur Gewinnung von Inosinsäure aus Muskulatur ist[14] angegeben.

Inosinsäure ist auch durch Desaminierung von Muskel-Adenylsäure mit salpetriger Säure[15] und unter der Einwirkung der spezifischen Desaminase[16] dargestellt worden.

[1] LEVENE, P. A., S. A. HARRIS and E. T STILLER: J. biol. Ch. **105**, 153, (1934).
[2] LEVENE, P. A., and H. S. SIMMS: J. biol. Ch. **65**, 31 (1925).
[3] LEVENE, P. A., and T. MORI: J. biol. Ch. **81**, 215 (1929).
[4] MICHELSON, A. M., and A. R. TODD: Soc. **1949**, 2476.
[5] LEVENE, P. A., and R. S. TIPSON: J. biol. Ch. **111**, 313 (1935).
[6] EMBDEN, G., u. M. ZIMMERMANN: H. **167**, 137 (1927).
[7] WAJZER, J., et J. NEKHOROCHEFF: C. R. Soc. Biol. **144**, 807 (1950).
[8] STEUDEL, H.: H. **211**, 253 (1932).
[9] KHAIRALLA, P. A., and W. F. H. M. MOMMAERTS: Circulation Res. **1**, 8 (1953).
[10] DOROUGH, G. D., and D. L. SEATON: Am. Soc. **76**, 2873 (1954).
[11] HAISER, F.: Mh. Chem. **16**, 190 (1895).
[12] HAISER, F., u. F. WENZEL: Mh. Chem. **29**, 157 (1907); **30**, 147 (1909); **31**, 357 (1910).
[13] OSTERN, P.: B. Z. **254**, 65 (1932). — EMBDEN, G.: H. **210**, 194 (1932).
[14] MARMUR, J., F. SCHLENK and R. N. OVERLAND: Arch. Biochem. **34**, 209 (1951).
[15] EMBDEN, G., u. G. SCHMIDT: H. **181**, 130 (1929). — STEUDEL, H., u. E. PEISER: Handb. Pfl.-Analyse (KLEIN) Bd. 4/1, S. 416.
[16] SCHMIDT, G.: H. **179**, 243 (1928).

Physikalische Eigenschaften. Inosinsäure ist in Wasser und auch in wasserfreier Ameisensäure leicht löslich. Durch Äthanol wird sie flockig ausgefällt; in Äther ist sie unlöslich. Bisher ist Inosinsäure nicht kristallin erhalten worden, sondern nur als glasiger Sirup. Dissoziationskonstanten[1, 2] s. S. 1077; UV-Spektrum von Inosin s. S. 1121; optische Drehungen bei verschiedenen Aciditäten[1].

Nachweis und Bestimmung. Die Mono-, Di- und Triphosphate von Inosin können neben jenen von Adenosin durch zweidimensionale Papierchromatographie[3], durch eindimensionale Papierchromatographie[4] bzw. durch Ionenaustausch[5] getrennt und bestimmt werden (s. S. 1145). Bestimmung durch Messung der UV-Absorption s. S. 1110.

Chemisches Verhalten. Inosinsäure wird durch Säuren leicht zu Ribose-5-phosphat und Hypoxanthin hydrolysiert, durch Alkalien zu Inosin und Phosphat[6]. Inosin entsteht auch beim Erhitzen einer wäßrigen Lösung des Bariumsalzes auf 130°[6]. Die Geschwindigkeit der sauren Hydrolyse von Phosphat ist eingehend gemessen und mit jener anderer Nucleotide verglichen worden[7, 8]: Sie ist etwa fünfmal langsamer als die der Hefe-Adenylsäure (Vergleich der 5'-Phosphate mit den 3'- und 2'-Phosphaten).

Die *Alkalisalze* der Inosinsäure kristallisieren in Prismen, sind jedoch hygroskopisch. *Blei-*, *Kupfer-* und *Silbersalze* sind in Wasser schwer löslich und amorph. Am besten kristallisiert das neutrale *Bariumsalz* $(C_{10}H_{11}O_8N_4P)_2Ba$, das perlmutterglänzende Blättchen bildet. Lufttrocken enthalten diese $7^1/_2$ Mol Kristallwasser; $6^1/_2$ werden bei 100° abgegeben, das letzte Mol erst bei 100° im Vakuum. Löslichkeit in Wasser von 16°: 2,5%; in der Hitze leicht löslich. $[\alpha]_D^{20}$: $-18{,}5°$ (c = 3,06, in 2,5%iger Salzsäure). Das *Calciumsalz* $(C_{10}H_{11}O_8N_4P)_2Ca$ (monokline Prismen) hat lufttrocken $7^1/_2\,H_2O$ und gibt beim Trocknen wie das Bariumsalz das letzte Mol erst im Vakuum bei 100° ab. Ist in kaltem Wasser ziemlich schwer, in heißem leicht löslich. *Brucin-* und *Strychnin*-Salz[9].

Physiologisches Verhalten. Inosinsäure entsteht als Zwischenprodukt bei der de novo-Synthese von Purinen unter der Einwirkung der Enzyme von Leberhomogenat[10, 11] und Hefekulturen[12, 13] aus CO_2, Glycin und Formiat bzw. in zellfreiem Hefepreßsaft aus Formiat und 4-Amino-5-imidazolcarbonsäureamid[12]. Gereinigte 5'-Phosphatase aus Stiersperma spaltet aus Inosinsäure[14] ebenso wie eine ATP-Phosphatase aus Gehirn[15] oder die Enzyme von Coli-Kulturen[16] Orthophosphat ab. Die Reaminierung von Inosinsäure im Muskel (im isolierten Froschmuskel und auch unter der Einwirkung von Muskelextrakt) führt direkt zu ATP, wobei Phosphokreatin als $-NH_2$ und Phosphat-Donator fungiert[17].

Über die enzymatische Synthese von AMP aus IMP[18]; über die Bildung von AMP und GMP aus IMP in einem löslichen Enzymsystem[19]; über die enzymatische Bildung von Xanthosin-5'-phosphat aus IMP[20].

[1] Levene, P. A., H. S. Simms and L. W. Bass: J. biol. Ch. **70**, 243 (1926).
[2] Wassermeyer, H.: H. **179**, 238 (1928).
[3] Deutsch, A., and K. Nilsson: Acta chem. scand. **7**, 858 (1953).
[4] Krebs, H. A., and R. Hems: Biochim. biophysica Acta, N. Y. **12**, 172 (1953).
[5] Deutsch, A., and K. Nilsson: Acta chem. scand. **7**, 1288 (1953).
[6] Levene, P. A., u. W. A. Jacobs: B. **41**, 2703 (1908); **42**, 335, 1198 (1909); **44**, 746 (1911).
[7] Embden, G., u. G. Schmidt: H. **181**, 130 (1929). — Steudel, H., u. E. Peiser: Handb. Pfl.-Analyse (Klein) Bd. 4/1, S. 416.
[8] Yamagawa, M.: J. biol. Ch. **43**, 339 (1920). — Levene, P. A., and E. Jorpes: J. biol. Ch. **81**, 575 (1929).
[9] Peiser, E.: B. **58**, 2051 (1925).
[10] Schulman, M. P., I. C. Sonne and J. M. Buchanan: J. biol. Ch. **196**, 499 (1952).
[11] Greenberg, G. R.: J. biol. Ch. **190**, 611 (1951).
[12] Williams, W. J., and J. M. Buchanan: J. biol. Ch. **202**, 253 (1953).
[13] Buchanan, J. M., and M. P. Schulman: J. biol. Ch. **202**, 241 (1953).
[14] Heppel, L. A., and R. J. Hilmoe: J. biol. Ch. **188**, 665 (1951).
[15] Shtutman, T. M.: Ukrain. biochem. Ž. **20**, 311 (1948).
[16] Friedman, S., and J. S. Gots: J. biol. Ch. **201**, 125 (1953).
[17] Wajzer, J., and J. Nekhorocheff: Arch. Sci. physiol. **6**, 233, 275 (1952).
[18] Lieberman, I.: J. biol. Ch. **223**, 327 (1956).
[19] Abrams, R., and M. Bentley: Am. Soc. **77**, 4179 (1955).
[20] Gehring, L. B., and B. Magasanik: Am. Soc. **77**, 4685 (1955).

6. und 7. Inosin-5'-diphosphat (IDP) $C_{10}H_{14}O_{11}N_4P_2$ **und Inosin-5'-triphosphat (ITP)** $C_{10}H_{15}O_{14}N_4P_3$.

Wegen der engen Beziehungen zum Adenylsäuresystem wurden auch Inosin-5'-diphosphat und Inosin-5'-triphosphat dargestellt und auf ihr Verhalten bei enzymatischen Reaktionen untersucht.

Darstellung. *Inosin-5'-diphosphat* (IDP) entsteht z. B. bei der Einwirkung von Actomyosin-Gel aus Rattenmuskel auf ATP oder ADP[1]. Optimale Ausbeuten an IDP werden in 3—4stündiger Reaktionszeit bei 20° und p_H 6,8—7 aus ATP erhalten. Die direkte enzymatische Desaminierung von ADP läuft unter sonst gleichen Bedingungen besser bei p_H 6 ab. In dem enteiweißten Reaktionsgemisch werden die Nucleotide durch zweidimensionale Papierchromatographie nachgewiesen und anschließend durch Chromatographie an Dowex-2-Anionenaustauscher quantitativ getrennt (s. S. 1145). Aus den vereinigten Fraktionen von IDP kann dessen Bariumsalz isoliert werden, welches durch Elementaranalyse, Phosphorbestimmung und UV-Absorption näher charakterisiert wurde.

Inosin-5'-triphosphat (ITP) wird durch Desaminierung von ATP mit salpetriger Säure erhalten[2]. 100 mg ATP (freie Säure) werden in 5 cm³ 2 n Essigsäure gelöst und tropfenweise mit einer Lösung von 800 mg $NaNO_2$ in 3 cm³ Wasser versetzt. Die Mischung läßt man 3 Std bei Raumtemperatur stehen und neutralisiert anschließend mit 5 n NaOH gegen Phenolrot als Indikator. Nach der Zugabe von 0,5 cm³ Bariumacetatlösung und 1 Volumen Äthanol scheidet sich das Bariumsalz des Inosin-5'-triphosphats ab. Es wird abzentrifugiert, gewaschen und über Phosphorpentoxyd getrocknet. Ausbeute 119 mg.

Physiologisches Verhalten. Durch Versuche mit radioaktivem Phosphat konnte gezeigt werden, daß im tierischen Gewebe eine spezifische Phosphokinase enthalten ist, welche die Reaktion ATP + IDP = ADP + ITP katalysiert. Gereinigte Myokinase, Myosin-ATPase und lösliche ATPase übertragen kein Phosphat von ATP auf ITP und umgekehrt[3]. Dieselbe Transphosphorylierung bewirkt auch eine sog. Nucleosid-diphosphokinase, welche in Hefe-Hexokinase bzw. in Präparaten von Glucose-6-phosphat-dehydrogenase enthalten ist[4].

Ähnlich wie Guanosindiphosphat (GDP) vermag IDP als Coenzym zusammen mit einem Fermentprotein den Abbau von Succinyl-Coenzym A zu Succinat + Coenzym A zu katalysieren. IDP geht hierbei unter Einbau von anorganischem Phosphat in ITP über[5].

Durch Magnesiumionen aktivierte ATPase aus Muskel spaltet aus ITP ebenso 2 Phosphatgruppen ab wie aus ATP[6]. ITP bewirkt unter gleichen physiologischen Bedingungen eine annähernd gleich große Kontraktion von Zellen und Muskelfibrillen wie ATP[7].

Darstellung einer Inosindiphosphatase aus Säugetierleber[8].

8. Guanosin-5'-phosphat (GMP) $C_{10}H_{14}O_8N_5P$.

Vorkommen. In säurelöslichen Extrakten aus tierischen Geweben, wie Leber, Gehirn, Muskeln, Jobling-Carcinom der Ratte, Mäuseascites-Tumor usw., konnten neben AMP, ADP und ATP auch die analogen Phosphate von Guanosin, Cytidin und Uridin nachgewiesen werden (s. S. 1147)[9–15]. Weiterhin wurde Guanosin-5'-phosphat neben ADP, ATP

[1] Deutsch, A., and K. Nilsson: Chem. & Industr. **1953**, 1149.
[2] Kaplan, N. O., S. P. Colowick and M. M. Ciotti: J. biol. Ch. **194**, 579 (1952).
[3] Krebs, H. A., and R. Hems: Biochim. biophysica Acta, N. Y. **12**, 172 (1953).
[4] Berg, P., and W. K. Joklik: Nature **172**, 1008 (1953).
[5] Sanadi, D. R., D. M. Gibson and P. Ayengar: Biochim. biophysica Acta, N. Y. **14**, 434 (1954).
[6] Goldberg, M., and D. Gilmour: Arch. Biochem. **51**, 411 (1954).
[7] Portzehl, H.: Biochim. biophysica Acta, N. Y. **14**, 195 (1954).
[8] Plaut, G. W. E.: J. biol. Ch. **217**, 235 (1955).
[9] Hurlbert, R. B.: Fed. Proc. **11**, 234 (1952); **12**, 222 (1953).
[10] Schmitz, H., V. R. Potter and R. B. Hurlbert: Proc. amer. Ass. Cancer Res. **1**, 47 (1953).
[11] Schmitz, H., R. B. Hurlbert and V. R. Potter: J. biol. Ch. **209**, 41 (1953).
[12] Hurlbert, R. B., H. Schmitz, A. F. Brumm and V. R. Potter: J. biol. Ch. **209**, 23 (1953).
[13] Schmitz, H., V. R. Potter, R. B. Hurlbert and D. White: Cancer Res. **14**, 66 (1954).
[14] Hurlbert, R. B., and V. R. Potter: J. biol. Ch. **209**, 1 (1953).
[15] Schmitz, H.: Naturwiss. **41**, 120 (1954).

und den übrigen 5'-Phosphaten der Hauptnucleoside der RNS im Extrakt von Meerschweinchen-Keimzellen aufgefunden[1].

Die Haftstelle des Phosphats in 5' an der Ribose ist eindeutig durch eine Synthese bewiesen worden, in deren Verlauf eine Wanderung von Phosphatgruppen ausgeschlossen ist[2].

Darstellung. Die Isolierung von Guanosin-5'-phosphat aus tierischen Geweben erfolgt durch Trennung der komplexen Nucleotidgemische an Ionenaustauscher-Säulen und liefert naturgemäß nur sehr kleine Substanzmengen (s. S. 1147)[3, 4]. Das Nucleotid kann jedoch ebenso wie die 5'-Phosphate von Adenosin, Cytidin und Uridin in guter Ausbeute (50 bis 70%) durch enzymatische Hydrolyse von Hefe-RNS mit Hilfe von Klapperschlangengift (Crotalus adamanteus), aus welchem die spezifische 5'-Nucleotidase entfernt wurde, erhalten werden. Die Trennung des Nucleotidgemisches erfolgt ebenfalls durch Ionenaustausch (s. S. 1147)[5]. Die Synthese von Guanosin-5'-phosphat gelingt durch eine besondere Phosphorylierungsmethode[6].

Physikalische Eigenschaften. Guanosin-5'-phosphat kristallisiert aus Aceton-Wasser in Mikrokristallen, welche hartnäckig Wasser zurückhalten (nach 24stündigem Trocknen bei 1 Torr sind noch 0,5 Mol Kristallwasser gebunden[2]). F 190—200° (Zers.)[2].

Nachweis und Bestimmung. Die Trennung und quantitative Bestimmung der Nucleotidgemische, die in den sauren Extrakten aus Geweben vorliegen, gelingt nur durch Säulenchromatographie an 2 verschiedenen hintereinandergeschalteten Anionenaustauscher-Systemen[3, 4, 7]. In einfacheren Fällen dürfte auch die Papierchromatographie genügen[8].

Chemisches Verhalten. Hydrolyse mit 0,1 n H_2SO_4 bei 100° spaltet in 30 Std über 70% des gebundenen Phosphats ab[2]. Durch 1%ige NaOH wird Guanosin-5'-phosphat in der Kälte kaum angegriffen[2]. Bei der Titration mit Perjodat wird 1 Mol des Reagens verbraucht, da im Riboserest 2 cis-ständige Hydroxylgruppen vorliegen.

Guanosin-5'-phosphat gibt ein aus Wasser in kleinen Nadeln kristallisierendes *Dibrucinsalz*, welches beim Erhitzen braun wird. F 210—220° (Zers.)[2]. Das Acridinsalz ist amorph. Das Bariumsalz fällt aus Wasser als weißes Pulver ohne charakteristische Kristallform an[2].

Physiologisches Verhalten. Gift von Crotalus adamanteus, welches eine 5'-Nucleotidase enthält, spaltet bei 38° in 15 min 85% des gebundenen Phosphats ab[3].

9. und 10. Guanosin-5'-diphosphat (GDP) $C_{10}H_{15}O_{11}N_5P_2$ und Guanosin-5'-triphosphat (GTP) $C_{10}H_{16}O_{14}N_5P_3$.

Vorkommen. Zum Nachweis von Guanosin-5'-diphosphat und -triphosphat in den Perchlorsäure-Extrakten von tierischen Geweben s. Guanosin-5'-monophosphat (siehe S. 1228)[9, 10]. In einem Handelspräparat von ATP aus Muskel wurden 1—2% GTP und UTP gefunden[11]. Isolierung von GDP und GTP aus Hefe[12].

Eigenschaften. Die UV-Spektren von Guanosin-5'-diphosphat und -triphosphat aus tierischen Geweben stimmen mit dem Spektrum von Guanosin-5'-monophosphat überein[10] (s. S. 1123). Die chemische Analyse derselben Präparate der beiden Nucleotide bestätigte die zunächst aus chromatographischen Gründen und aus den Werten der UV-Absorption angenommene Struktur durchaus. Je Mol Base wurden jeweils 1 Mol D-Ribose, 2 bzw. 3 Mol Gesamtphosphat und 1 bzw. 2 Mol säurelabiles Phosphat (15 min hydrolysiert) bestimmt[10].

[1] SMITH, E. E. B., and G. T. MILLS: Biochim. biophysica Acta, N. Y. **13**, 587 (1954).
[2] MICHELSON, A. M., and A. R. TODD: Soc. **1949**, 2476.
[3] SCHMITZ, H., R. B. HURLBERT and V. R. POTTER: J. biol. Ch. **209**, 41 (1953).
[4] SCHMITZ, H.: Naturwiss. **41**, 120 (1954).
[5] COHN, W. E., and E. VOLKIN: Arch. Biochem. **35**, 465 (1952).
[6] CHAMBERS, R. W., J. G. MOFFATT and H. G. KHORANA: Am. Soc. **77**, 3416 (1955).
[7] HURLBERT, R. B., H. SCHMITZ, A. F. BRUMM and V. R. POTTER: J. biol. Ch. **209**, 23 (1953).
[8] SMITH, E. E. B., and G. T. MILLS: Biochim. biophysica Acta, N. Y. **13**, 587 (1954).
[9] SCHMITZ, H.: Naturwiss. **41**, 120 (1954).
[10] SCHMITZ, H., R. B. HURLBERT and V. R. POTTER: J. biol. Ch. **209**, 41 (1954).
[11] BERGKVIST, R., and A. DEUTSCH: Acta chem. scand. **7**, 1307 (1953).
[12] AYENGAR, P., D. M. GIBSON, C. H. LEE PENG and D. R. SANADI: J. biol. Ch. **218**, 521 (1956).

Physiologisches Verhalten. Vor kurzem wurde erkannt, daß dem Guanosin-5'-diphosphat eine Cofermentfunktion zukommt[1]. Das Enzymsystem, welches die mit dem Abbau von Succinylcoenzym A gekoppelte Phosphorylierung von ADP zu ATP katalysiert, besteht aus 2 Proteinkomponenten A und B sowie einem Coenzym. Das letztere wurde aus Hefe durch Adsorption an Tierkohle, Fällung als Schwermetallsalz und Chromatographie an Dowex-1-formiat isoliert. Sein UV-Spektrum ist identisch mit dem Spektrum von Guanosin-5'-phosphat. Die Hydrolyse des Coferments liefert Guanosin bzw. Guanin; Guanin, Ribose und Phosphat sind im Molverhältnis 1 : 1 : 2 enthalten; durch Nucleotid-Pyrophosphatase entsteht sehr schnell Guanosin-5'-phosphat und anorganisches Phosphat. Die Verbindung darf daher als Guanosin-5'-diphosphat (GDP) formuliert werden.

GDP greift in folgender Weise in den fermentativen Abbau von Succinylcoenzym A ein: Succinyl-Co A + GDP + P $\xrightleftharpoons{\text{Mg, Enzym A}}$ Succinat + CoA + GTP. Diese Reaktion kann dazu benutzt werden, um GDP in GTP und umgekehrt zu überführen.

Über die Beteiligung von GTP an der Synthese von Adenylobernsteinsäure aus Inosin-5'-phosphat [2].

Darstellung von GTP. α-Ketoglutarat (15 μMol), Phosphat (36 μMol), $MgCl_2$ (40 μMol), Co A (0,13 μMol), Cystein (8 μMol), DPN (12 μMol), GDP (2,2 μMol), Ketoglutaratdehydrogenase und Enzym A werden in 12 cm³ Wasser gelöst und 16 min bei 25° gehalten. Das GTP wird durch Adsorption an Tierkohle und durch Fällung als Bariumsalz aus der Lösung isoliert und durch Papierchromatographie mit Isobuttersäure-Ammoniak (s. S. 1154) von den begleitenden Nucleotiden abgetrennt (die R_F-Werte von ATP und GTP verhalten sich in dem genannten Verteilungssystem wie 2 : 1). Von verschiedenen geprüften Nucleotiden konnte GDP bei dieser Reaktion nur noch durch IDP ersetzt werden.

Darstellung von GDP. GTP (0,7 μMol), $MgCl_2$ (2 μMol), THAM-Puffer (Tris-oxymethylaminomethan-Puffer) (5 μMol), ADP (0,9 μMol) und Enzym B werden in 0,4 cm³ Wasser gelöst und bei p_H 7,2 5 min auf 30° gehalten. Der Nachweis der Nucleotide erfolgt papierchromatographisch.

11. Guanosin-5'-diphosphat-mannose (GDPM) $C_{16}H_{25}O_{16}N_5P_2$.

Vorkommen. Guanosin-5'-diphosphat-mannose wurde von Cabib und Leloir aus Hefe isoliert[3]. Das Verhalten des Nucleotids bei der sauren Hydrolyse (Bildung von Guanosin-5'-monophosphat, 1 Mol Mannose und 1 Mol Phosphorsäure), der enzymatische Abbau durch Phosphatasen und das UV-Spektrum sprechen für die Konstitution eines Guanosin-5'-diphosphats, welches an der terminalen Phosphatgruppe das glykosidische Hydroxyl der Mannose gebunden hat

Darstellung. 10 kg Bäckerhefe werden so aufgearbeitet, wie es zur Darstellung von Uridin-5'-diphosphat-glucose angegeben ist (s. S. 1236). Der Niederschlag der Nucleotid-Quecksilbersalze (Schritt 2) wird mit 1200 cm³ 1 m Ammoniumacetat-Lösung extrahiert. Der unlösliche Rückstand wird in 1 *l* Wasser aufgeschlämmt und bei Zimmertemperatur durch Einleiten von Schwefelwasserstoff zersetzt. Das Filtrat wird entgast und neutralisiert. Durch saure Hydrolyse einer kleinen Probe mit anschließender Papierchromatographie kann gezeigt werden, daß diese Fraktion den Hauptteil der säurelabilen Mannoseverbindung enthält. Der Inhalt der Lösung (960 cm³ mit etwa 8 mMol Substanz) wird in einer Dowex-1-Kolonne (50 cm × 4,5 cm ⌀) adsorbiert und mit 0,03 n NaCl in 0,01 n Salzsäure eluiert (s. Abb. 30).

Die Substanzen in den verschiedenen Fraktionen werden auf Grund ihrer UV-Spektren, des Phosphatgehaltes und des chromatographischen Verhaltens identifiziert. Die GDPM-Fraktion (X) enthält etwa 340 μMol Substanz und ist durch eine geringe Menge UDP-Acetyl-galaktosamin verunreinigt. Durch Adsorption an Tierkohle isoliert man das Gemisch

[1] Sanadi, D. R., D. M. Gibson and P. Ayengar: Biochim. biophysica Acta, N. Y. **14**, 434 (1954). — Sanadi, D. R., D. M. Gibson, P. Ayengar and M. Jacob: J. biol. Ch. **218**, 503 (1956). — Ayengar, P., D. M. Gibson, C. H. Lee Peng and D. R. Sanadi: J. biol. Ch. **218**, 521 (1956).

[2] Lieberman, I.: Am. Soc. **78**, 251 (1956).

[3] Cabib, E., and L. F. Leloir: J. biol. Ch. **206**, 779 (1954).

der 2 Nucleotide aus den verhältnismäßig großen Flüssigkeitsmengen, eluiert und fällt durch portionsweise Zugabe von Äthanol zur wäßrigen Lösung in Gegenwart von Calciumchlorid. Das Calciumsalz von GDPM ist schwerer löslich und ist hauptsächlich in den ersten Fraktionen enthalten, die praktisch frei von UDP-Acetylgalaktosamin sind.

Die ersten Fraktionen des Calciumsalzes der GDPM werden vereinigt (etwa 42 mg). Wie durch Papierchromatographie gezeigt werden kann, enthalten sie noch Guanosin-5'-phosphat als Verunreinigung und werden zu dessen Abtrennung der Ionophorese unterworfen. Diese erfolgt an einem Stärkestreifen 45×5×0,5 cm mit 750 V und dauert 6 Std. Das Calciumsalz der GDPM wird in Wasser gelöst, aus der Lösung das Calcium mit Ammoniumoxalat gefällt und das Filtrat auf 0,7 cm³ eingeengt. Die Stärke ist mit 0,05 m Ammoniumacetat-Puffer von p_H 3,8 durchfeuchtet. Man bringt die Substanz 4,5 cm vom kathodischen Ende auf den Stärkestreifen, lokalisiert nach 6stündiger Elektrophorese die GDPM mit Hilfe einer UV-Lampe, schneidet den betreffenden Stärkeabschnitt heraus und extrahiert ihn zweimal mit je 75 cm³ Wasser. Die vereinigten Extrakte werden im Vakuum zur Trockne eingedampft, im Vakuum über Kaliumhydroxyd und konz. Schwefelsäure möglichst weitgehend von Ammoniumacetat befreit (3 Tage), wieder in Wasser gelöst und in Gegenwart von Calciumchlorid mit wäßrigem Äthanol gefällt. Es werden 21 mg des Calciumsalzes der Guanosin-5'-diphosphat-mannose erhalten.

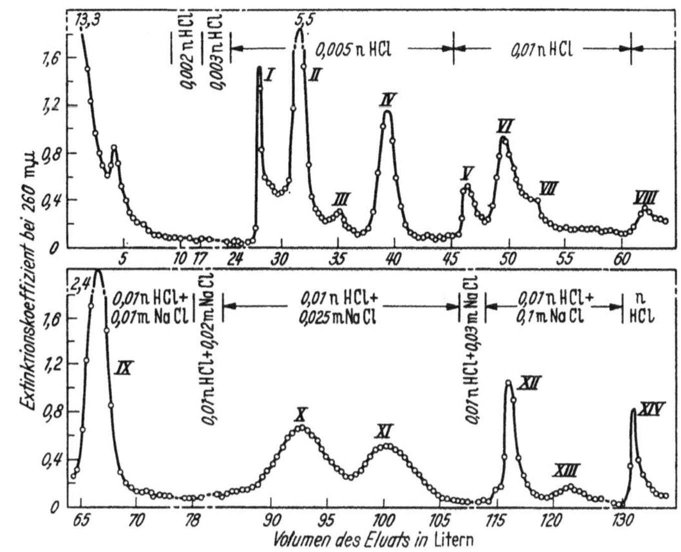

Abb. 30. Die Trennung der Nucleotide aus Hefeextrakt durch Ionenaustausch[1]. Ionenaustauscher: Dowex-1-Chlorid, 50 × 4,5 cm. Elutionsmittel: wäßrige Lösungen von NaCl und HCl. Ausgangsmaterial: Nucleotidgemisch aus Hefeextrakt (10 kg Bäckerhefe). Die Zahlen vor HCl und NaCl bedeuten die Molarität ihrer wäßrigen Lösungen. In den Fraktionen *I* bis *XIV* sind folgende Substanzen enthalten: *II* Muskeladenylsäure, *IV* Uridin-5'-phosphat, *VI* Guanosin-5'-phosphat, *VII* Inosinsäure, *IX* Adenosin-5'-diphosphat, *X* Guanosin-5'-diphosphatmannose + Uridin-5'-diphosphat-acetylgalaktosamin, *XI* Uridin-5'-diphosphatglucose, *XII* Uridin-5'-diphosphat + nichtidentifizierte Komponenten; *I, III, V, VIII, XIII, XIV* enthalten nichtidentifizierte Komponenten.

Physikalische Eigenschaften. Das UV-Spektrum ist in neutraler, saurer und alkalischer Lösung fast identisch mit jenem von Guanosin.

Chemisches Verhalten. Durch Erhitzen der Guanosin-5'-diphosphat-mannose in 0,01 n Mineralsäure auf 100° wird in 15 min 1 Mol Mannose abgespalten. Dasselbe geschieht auch beim Erhitzen der wäßrigen Lösung infolge der eigenen Acidität der Verbindung. Mannose und Guanosin-5'-diphosphat können papierchromatographisch identifiziert werden. Beim 2stündigen Erhitzen mit 0,1 n Mineralsäure auf 100° wird außer Mannose noch etwa 1 Mol Phosphat frei; in der Lösung sind Guanin und Guanosin-5'-phosphat nachweisbar.

12, 13 und 14. Cytidin-5'-monophosphat $C_9H_{14}O_8N_3P$, Cytidin-5'-diphosphat $C_9H_{15}O_{11}N_3P_2$ und Cytidin-5'-triphosphat $C_9H_{16}O_{14}N_3P_3$.

Vorkommen. Cytidin-5'-mono-, -di- und -triphosphat finden sich neben den analogen Nucleotiden der übrigen 3 wichtigsten Ribonucleoside in den Säureextrakten von tierischen Geweben (s. S. 1148)[2-4].

[1] Cabib, E., and L. F. Leloir: J. biol. Ch. **206**, 779 (1954).
[2] Schmitz, H.: Naturwiss. **41**, 120 (1954).
[3] Schmitz, H., R. B. Hurlbert and V. R. Potter: J. biol. Ch. **209**, 41 (1954).
[4] Hall, R. H., and H. G. Khorana: Am. Soc. **77**, 187 (1955).

Cytidin-5'-monophosphat wurde außerdem in Extrakten aus Keimzellen von weiblichen Meerschweinchen[1] und in Kulturen von Lactobacillus arabinosus nachgewiesen[2]. Aus der säurelöslichen Fraktion von Rattenleber ist 5,6-Dihydrocytidylsäure isoliert worden[3]. Die Konstitution des Nucleotids wird eindeutig durch die Synthese bewiesen, welche von 2',3'-Isopropylidencytidin und Dibenzyl-chlorphosphat ausgeht[4].

Darstellung. Die chromatographische Isolierung der 3 Cytidin-5'-phosphate aus tierischen Gewebsextrakten ist zu deren präparativen Gewinnung wenig geeignet. Cytidin-5'-monophosphat kann jedoch in guten Ausbeuten (bis zu 80% der ursprünglich vorhandenen Cytidinmenge) durch enzymatische Hydrolyse von RNS mittels gereinigten Klapperschlangengiftes (Crotalus adamanteus) gewonnen werden[5-7]. Das Monophosphat entsteht auch durch Abspaltung des „labilen Phosphats" aus dem Di- und Triphosphat[8].

Physikalische Eigenschaften. Cytidin-5'-phosphat kristallisiert in farblosen Platten aus verdünntem Äthanol, F 233° (Zers.); $[\alpha]_D^{14}$: + 27,1° (c = 0,54, in Wasser)[4]. Die Absorption im UV zeigt in saurer Lösung einen Maximalwert bei 280 mμ und ein Minimum bei 241 mμ. Die Spektren des Di- und des Triphosphats stimmen mit jenen des Monophosphats weitgehend überein (s. S. 1123)[8].

Nachweis und Bestimmung erfolgen durch Chromatographie, UV-Messung und Phosphatanalyse (s. S. 1158)[8, 9].

Chemisches Verhalten. Cytidin-5'-phosphat wird durch Erhitzen mit Lanthanhydroxyd bzw. Cerhydroxyd langsamer dephosphoryliert als beispielsweise Cytidin-2'- und Cytidin-3'-phosphat[10]. 0,1 n Schwefelsäure spaltet in 30 Std bei 100° 40% der gebundenen Phosphorsäure ab[4]. Cytidin-5'-phosphat wird vorteilhaft als *Bariumsalz* isoliert, das aus wäßrigem Alkohol als Pulver ausfällt; $[\alpha]_D^{16}$: + 11,4° (c = 0,33, in Wasser)[4]. Durch Zerlegung mit Schwefelsäure in der Kälte wird daraus die freie Säure gewonnen[4]. Das *Dibrucinsalz* des Cytidin-5'-phosphats läßt sich aus Wasser umkristallisieren und enthält 12 Mol Kristallwasser. Es erweicht beim Erhitzen bei 185° und zersetzt sich bei 215°[4].

Physiologisches Verhalten. Cytidin-5'-phosphat wird durch Knochenmarkphosphatase[11] sowie durch ungereinigtes Schlangengift (Crotalus adamanteus) dephosphoryliert[8]. Cytidin-5'-diphosphat ist ein Zwischenstoff in der Biosynthese von Lecithinen[12]. Über die Synthese von Cytidindiphosphat-cholin, -äthanolamin und verwandten Verbindungen s.[13]. Zur physiologischen Bedeutung von Cytidin-5'-diphosphat und -triphosphat s. weiterhin S. 1208.

15. Uridin-5'-phosphat (UMP) $C_9H_{13}O_9N_2P$.

Vorkommen. Die Uridin-5'-phosphate (UMP, UDP und UTP) wurden neben den analogen Phosphorsäureestern von Adenosin, Guanosin und Cytidin in den Perchlorsäure-Extrakten von Rattenleber sowie Gehirn, Muskeln und Jobling-Carcinom der Ratte, Mäuseascites-Tumor und anderen tierischen Gewebsextrakten nachgewiesen[8, 9, 14]. Uridin-5'-phosphat wurde ferner in den Extrakten der Keimzellen weiblicher Meerschweinchen[1] und in der Kulturflüssigkeit von Lactobacillus arabinosus aufgefunden[2].

[1] Smith, E. E. B., and G. T. Mills: Biochim. biophysica Acta, N. Y. **13**, 587 (1954).
[2] Baddiley, J., and A. P. Mathias: Chem. & Industr. **1954**, 277.
[3] Grossmann, L., and D. W. Visser: J. biol. Ch. **216**, 775 (1955).
[4] Michelson, A. M., and A. R. Todd: Soc. **1949**, 2476.
[5] Cohn, W. E., and E. Volkin: J. biol. Ch. **203**, 319 (1953).
[6] Cohn, W. E., and E. Volkin: Arch. Biochem. **35**, 465 (1952).
[7] Cohn, W. E., and E. Volkin: Nature **167**, 483 (1951).
[8] Schmitz, H., R. B. Hurlbert and V. R. Potter: J. biol. Ch. **209**, 41 (1954).
[9] Schmitz, H.: Naturwiss. **41**, 120 (1954).
[10] Shimomura, M., and F. Egami: Bull. chem. Soc. Jap. **26**, 263 (1953).
[11] Di Bella, S.: Boll. Soc. ital. Biol. sperim. **28**, 699 (1952).
[12] Kennedy, E. P., and S. B. Weiss: Am. Soc. **77**, 249 (1955). J. biol. Ch. **222**, 193 (1956).
[13] Kennedy, E. P.: J. biol. Ch. **222**, 185 (1956).
[14] Hurlbert, R. B., H. Schmitz, A. Brumm and V. R. Potter: J. biol. Ch. **209**, 23 (1954).

Der Konstitutionsbeweis wird durch die Synthese aus 2',3'-Isopropyliden-uridin und Dibenzylchlorphosphat erbracht[1].

Darstellung. Uridin-5'-phosphat wird aus dem enzymatischen Hydrolysat von RNS (mit Gift von Crotalus adamanteus, aus dem die 5'-Nucleotidase entfernt wurde) durch Chromatographie an Anionenaustauschern isoliert (s. S. 1141)[2,3]. Das Nucleotid bildet sich durch saure bzw. enzymatische Hydrolyse von UDP, UTP und den als Coenzyme wirkenden Kohlenhydrat-Derivaten des UDP (s. S. 1235).

Nachweis und Bestimmung. Die Trennung und Identifizierung der Uridin-5'-phosphate in den Nucleotidgemischen der sauren Gewebsextrakte erfolgt durch Säulenchromatographie, UV-Messung, Phosphatanalyse, Prüfung des Verhaltens bei saurer und enzymatischer Hydrolyse usw. [4-6].

Uridin-5'-phosphat wird meistens als Bariumsalz oder als Dibrucinsalz isoliert und charakterisiert. Das *Bariumsalz* $C_9H_{11}O_9N_2PBa$ (1 Mol Kristallwasser) kristallisiert aus Wasser oder aus wäßrigem Äthanol in feinen, farblosen Nadeln, welche bei längerer Berührung mit der Mutterlauge in große, hexagonale Platten übergehen[1]. Das *Dibrucinsalz* $C_9H_{13}O_9N_2 \cdot 2\,C_{23}H_{26}O_4N_2$ kristallisiert in farblosen Nadeln aus wäßrigem Methanol, welche bei 165° erweichen, bei 202° schmelzen und sich bei 220—225° zersetzen[1,7]. Nach anderen Angaben schmilzt die Substanz bereits bei 163—164° und zersetzt sich bei 198 bis 200°[8]. $[\alpha]_D^{18}$: —70,4° (c = 1,2, in Pyridin)[1]; $[\alpha]_D^{24}$: —68,8° (in Pyridin)[7]; $[\alpha]_D^{20}$: —69,7° (in Pyridin)[8]. UV-Spektrum s. S. 1123[4].

Chemisches Verhalten. Durch Erhitzen mit 0,1 n Schwefelsäure werden bei 100° in 30 Std 25% des gebundenen Phosphats frei[1].

Physiologisches Verhalten. Unter der Einwirkung von 5'-Nucleotidasen aus Schlangengift[4], Stiersamenplasma[9], Knochenmark[10] usw. wird aus Uridin-5'-phosphat anorganisches Phosphat abgespalten (z. B. 15 min bei 38°[4]).

Mit Hilfe von radioaktiver ^{14}C-Orotsäure konnte gezeigt werden, daß diese 2 Std nach der Injektion in lebende Ratten nicht mehr als solche im Organismus vorhanden ist und zu 35% in Form von Stoffwechselfolgeprodukten, wie Uridin-5'-phosphat, UDP, UTP und den Kohlenhydratderivaten von UDP im Perchlorsäure-Extrakt der Rattenleber, nachgewiesen werden kann. Uridin-5'-phosphat und dessen höher phosphorylierte „Derivate" werden deshalb als direkte Vorläufer von Uracil in den Zellkern-RNS und als hauptsächliche, wenn auch vielleicht indirekte Vorläufer der Pyrimidine der Cytoplasma-RNS betrachtet[11]. Auch der Orotsäureverbrauch von Lactobacillus bulgaricus führt beinahe quantitativ zur Bildung von freiem und in Polynucleotide eingebautem Uridin-5'-phosphat[12].

16. Uridin-5'-diphosphat (UDP) $C_9H_{14}O_{12}N_2P_2$.

Vorkommen. Zum freien Vorkommen des Nucleotids in tierischen Geweben s. S. 1148[4,5].

Die Konstitution wird durch die Synthese aus 2',3'-Isopropyliden-5'-jod-5'-desoxy-uridin und dem Silbersalz von Tribenzylpyrophosphat bewiesen[13] und durch chemische sowie fermentative Abbaureaktionen bestätigt.

---

1 Michelson, A. M., and A. R. Todd: Soc. **1949**, 2476.
2 Cohn, W. E., and E. Volkin: J. biol. Ch. **203**, 319 (1953).
3 Cohn, W. E., and E. Volkin: Arch. Biochem. **35**, 465 (1952).
4 Schmitz, H., R. B. Hurlbert and V. R. Potter: J. biol. Ch. **209**, 41 (1954).
5 Schmitz, H.: Naturwiss. **41**, 120 (1954).
6 Hurlbert, R. B., H. Schmitz, A. Brumm and V. R. Potter: J. biol. Ch. **209**, 23 (1954).
7 Levene, P. A., and R. S. Tipson: J. biol. Ch. **106**, 113 (1934).
8 Gulland, J. M., and G. I. Hobday: Soc. **1940**, 747.
9 Heppel, L. A., and R. J. Hilmoe: J. biol. Ch. **188**, 665 (1951).
10 Di Bella, S.: Boll. Soc. ital. Biol. sperim. **28**, 699 (1952).
11 Hurlbert, R. B., and V. R. Potter: J. biol. Ch. **209**, 1 (1954).
12 Rose, I. A., and C. E. Carter: J. biol. Ch. **207**, 701 (1954).
13 Anand, N., V. M. Clark, R. H. Hall and A. R. Todd: Soc. **1952**, 3665.

Darstellung. UDP wird durch milde saure Hydrolyse von Uridin-5'-diphosphat-glucose[1] und den anderen Kohlenhydratderivaten des UDP erhalten[2] oder aus dem Nucleotidanteil von Gewebsextrakten isoliert[3, 4]. Außer der oben genannten Synthese ist noch eine weitere angegeben worden[5, 6], ausgehend von 2',3'-Isopropyliden-uridin-5'-benzylphosphit, welches mit N-Chlorsuccinimid chloriert und darauf mit dem Triäthylammoniumsalz des Dibenzyl-hydrogenphosphats umgesetzt wird.

Physikalische Eigenschaften. UDP wurde bisher nicht als freie Säure, sondern als *Bariumsalz* isoliert, das als feines farbloses Pulver aus der Lösung in möglichst wenig 0,1 n HCl durch Zugabe von 3 Volumina Äthanol ausfällt[5]. Es hat die Zusammensetzung $C_9H_{12}O_{12}N_2P_2Ba$ und enthält 3—4 Kristallwasser[5, 7]. Die UV-Absorption (in 0,01 n HCl) hat bei 260—263 mμ ein Maximum (E 9070) und bei 231 mμ ein Minimum (E 1910)[5]. Die IR-Spektren des synthetischen Produktes stimmen mit dem Spektrum des durch Hydrolyse von UDPG erhaltenen „natürlichen" Präparates überein[7].

Nachweis und Bestimmung erfolgen durch Papierchromatographie[5, 7], Chromatographie an Anionenaustauschern, Messung der UV-Absorption, Phosphatanalyse, Prüfung des enzymatischen Verhaltens usw.[3, 4] (s. S. 1136ff.).

Chemisches Verhalten. Durch Erhitzen mit 70%iger Perchlorsäure auf 100° wird in 90 min 1 Mol Uracil gebildet. Die saure Hydrolyse mit 1 n Mineralsäure bei 100° spaltet in 15 min etwa 1 Mol Phosphat, das „säurelabile" Phosphat, ab[3].

Physiologisches Verhalten. Zur physiologischen Bedeutung von Uridin-5'-diphosphat im Zusammenhang mit seinen als Cofermente fungierenden Kohlenhydratverbindungen s. S. 1235. Zur Beziehung mit dem Orotsäureverbrauch in Mikroorganismen und im tierischen Organismus vgl. S. 1233[8, 9].

17. Uridin-5'-triphosphat (UTP) $C_9H_{15}O_{15}N_2P_3$.

Vorkommen. Uridin-5'-triphosphat wurde in tierischen Gewebsextrakten (s. S. 1147)[3, 4], im Nucleotidgemisch aus Hefe[10] und in ATP-Handelspräparaten[11, 12] nachgewiesen.

Der Konstitutionsbeweis wird durch die Synthese, ausgehend von 2',3'-O-Isopropyliden-uridin-5'-benzyl-chlorphosphat und einem Salz des Tribenzyl-pyrophosphats, erbracht[6]. Für die Formulierung als Uridin-5'-triphosphat sprechen weiterhin das Molverhältnis von säurelabilem Phosphat zum Gesamtphosphat (2 : 3)[3, 10], das Verhalten gegen Phosphatasen[3] und der Nachweis von Uracil, Uridin und Uridin-5'-monophosphat in den sauren Hydrolysaten des Nucleotids[10].

Darstellung. Uridin-5'-triphosphat wurde in Gramm-Mengen durch chromatographische Trennung des Nucleotidgemisches aus Hefeextrakt mit Hilfe von Anionenaustauschern dargestellt[10]. Kleinere Mengen wurden durch dieselbe Methodik aus den Extrakten von tierischen Geweben und Tumoren[3, 4] sowie aus Handelspräparaten von Adenosin-5'-triphosphat erhalten[12]. Unter der Einwirkung von Pyruvatphosphokinase bildet sich aus Uridin-5'-diphosphat und Phosphopyruvat Uridin-5'-triphosphat[13].

Physikalische Eigenschaften. Uridin-5'-triphosphat wurde nicht als freie Säure in Substanz isoliert, sondern in Form eines *Bariumsalzes* der Zusammensetzung

[1] Caputto, R., L. F. Leloir, C. E. Cardini and A. C. Paladini: J. biol. Ch. **184**, 333 (1950).
[2] Cabib, E., L. F. Leloir and C. E. Cardini: J. biol. Ch. **203**, 1055 (1953).
[3] Schmitz, H., R. B. Hurlbert and V. R. Potter: J. biol. Ch. **209**, 41 (1954).
[4] Schmitz, H.: Naturwiss. **41**, 120 (1954).
[5] Kenner, G. W., A. R. Todd and F. J. Weymouth: Soc. **1952**, 3675.
[6] Kenner, G. W., A. R. Todd, R. F. Webb and F. J. Weymouth: Soc. **1954**, 2288.
[7] Anand, N., V. M. Clark, R. H. Hall and A. R. Todd: Soc. **1952**, 3665.
[8] Hurlbert, R. B., and V. R. Potter: J. biol. Ch. **209**, 1 (1954).
[9] Rose, I. A., and C. E. Carter: J. biol. Ch. **207**, 701 (1954).
[10] Lipton, S. H., S. A. Morell, A. Frieden and R. M. Bock: Am. Soc. **75**, 5449 (1953).
[11] Bock, R. M., and R. A. Alberty: J. biol. Ch. **193**, 435 (1951).
[12] Bergkvist, R., and A. Deutsch: Acta chem. scand. **7**, 1307 (1953).
[13] Kornberg, A.; in: Phosphorus Metabolism (McElroy, W. D., and B. Glass, Hrsg.): Bd. I, S. 410, Baltimore 1951.

$(C_9H_{12}O_{15}N_2P_3)_2Ba_3 \cdot 4\,H_2O$, das nach dem Trocknen über Phosphorpentoxyd als feines, farbloses Pulver anfällt[1]. Bekannt ist weiterhin das Tetrahydrat des *Mononatriumsalzes* $C_9H_{22}O_{19}N_2P_3Na$[2]. Das UV-Spektrum unterscheidet sich kaum von demjenigen des Uridin-5'-monophosphats (s. S. 1123)[2, 3].

Nachweis und Bestimmung. Die Identifizierung des Nucleotids gelingt durch papierchromatographische oder elektrophoretische Trennung mit nachfolgender UV-Messung und Phosphatanalyse[1, 2, 4]. Die säulenchromatographische Trennung von den begleitenden Nucleotiden kann gleichzeitig als quantitative Bestimmung ausgeführt werden[3, 5].

Chemisches Verhalten. Durch Erhitzen in 1 n Schwefelsäure auf 100° werden in 15 min 2 Mol Phosphat abgespalten. In 10 min wird beim Erhitzen in 1 n Schwefelsäure auf 120° hauptsächlich Uridin-5'-monophosphat gebildet. Die 2stündige Einwirkung von 2 n Schwefelsäure bei 120° spaltet in Uridin-5'-phosphat und Uridin, diejenige von 90%iger Ameisensäure bei 175° in Uridin und Uracil[2].

Physiologisches Verhalten. Eine enzymatische Phosphatübertragung von Uridin-5'-triphosphat (bzw. Inosin-5'-triphosphat) auf Adenosin-5'-diphosphat erfolgt unter der Einwirkung einer „Nucleosid-diphosphokinase“ aus Brauereihefe und Bäckerhefe. Die Reaktion läßt sich spektrophotometrisch verfolgen und kann zur quantitativen Bestimmung von 5'-Triphosphaten erweitert werden[6]. Uridin-5'-triphosphat entsteht ebenso wie die anderen beiden Uridin-5'-phosphate bei der Umwandlung von Orotsäure im Organismus[7, 8]. Zur weiteren physiologischen Bedeutung des Nucleosids s. S. 1208.

18—22. Die Monosaccharid-Verbindungen von Uridin-5'-diphosphat.

Es sind Verbindungen von Uridin-5'-diphosphat (UDP) mit verschiedenen Monosacchariden bekannt geworden, die durch ihre nachgewiesene Funktion als Coenzym bei sterischen Umwandlungen des Monosaccharids und bei Übertragungen des Saccharidrestes besondere Aufmerksamkeit verdienen. Die zuerst isolierte Uridindiphosphatglucose (UDPG)[9] ist das Coenzym der „Galaktowaldenase“, die Galaktose-1-phosphat in Glucose-1-phosphat und vice versa umwandelt und daher mit dem analogen Galaktose-Ester vergesellschaftet nachzuweisen ist[7, 10]. Uridindiphosphat-glucose wirkt als Glucose-Donator bei der Synthese von Trehalosephosphat[11], Saccharosephosphat[12] und Saccharose[13].

Eine analoge Verbindung des UDP mit Glucuronsäure[14] ist beschrieben worden, die in Gegenwart von Leberhomogenat den Glucuronidrest auf Hydroxylverbindungen überträgt und so Glucuronide bildet.

Aus Hefe[15], Rattenleber[7, 16] und Rinderleber[17] wurde Uridindiphosphat-acetylglucosamin (UDPAGA) isoliert, in dem Produkt aus Rinderleber zudem die Anwesenheit von Uridin-5'-diphosphat-acetyl-galaktosamin (UDPAGaA) nachgewiesen[17]. Auch ein weiteres UDP-Derivat mit einem Aminozucker plus Aminosäuren ist beschrieben worden[18].

[1] Kenner, G. W., A. R. Todd, R. F. Webb and F. J. Weymouth: Soc. **1954**, 2288.
[2] Lipton, S. H., S. A. Morell, A. Frieden and R. M. Bock: Am. Soc. **75**, 5449 (1953).
[3] Schmitz, H., R. B. Hurlbert and V. R. Potter: J. biol. Ch. **209**, 41 (1954).
[4] Bock, R. M., and R. A. Alberty: J. biol. Ch. **193**, 435 (1951).
[5] Schmitz, H.: Naturwiss. **41**, 120 (1954).
[6] Berg, P., and W. K. Joklik: Nature **172**, 1008 (1953).
[7] Hurlbert, R. B., and V. R. Potter: J. biol. Ch. **209**, 1 (1954).
[8] Rose, I. A., and C. E. Carter: J. biol. Ch. **207**, 701 (1954).
[9] Caputto, R., L. F. Leloir, C. E. Cardini and A. C. Paladini: J. biol. Ch. **184**, 333 (1950).
[10] Leloir, L. F.: Arch. Biochem. **33**, 186 (1951).
[11] Leloir, L. F., and E. Cabib: Am. Soc. **75**, 5445 (1953).
[12] Leloir, L. F., and C. E. Cardini: J. biol. Ch. **214**, 157 (1955).
[13] Leloir, L.F., and C. E. Cardini: Am. Soc. **75**, 6084 (1953). — Cardini, C. E., L. F. Leloir and J. Chiriboga: J. biol. Ch. **214**, 149 (1955).
[14] Dutton, G. J., and I. D. E. Storey: Biochem. J. **53**, XXXVII (1953); **57**, 275 (1954); **59**, 279 (1955).
[15] Cabib, E., L. F. Leloir and C. E. Cardini: J. biol. Ch. **203**, 1055 (1953).
[16] Smith, E. E. B., and G. T. Mills: Biochim. biophysica Acta, N. Y. **13**, 386 (1954).
[17] Pontis, H. G.: J. biol. Ch. **216**, 195 (1955).
[18] Park, J. T.: J. biol. Ch. **194**, 877 (1952).

Das physikalische, chemische und enzymatische Verhalten dieser UDP-Verbindungen spricht dafür, daß die jeweilige Monosaccharid-Komponente durch ihr glykosidisches Hydroxyl (in 1) mit dem 5'-Pyrophosphat von Uridin verestert ist.

18. Uridin-5'-diphosphat-glucose (UDPG).

Vorkommen. Uridin-diphosphat-glucose (UDPG), das Coenzym der „Galaktowaldenase"[1], wurde aus Bäckerhefe dargestellt[2], aus dem es sich am leichtesten gewinnen läßt, kommt aber in etwa gleich großen Konzentrationen auch in tierischen Geweben vor. Mikromole je Gramm des frischen Gewebes: 0,2 bis 0,3 in Rattenniere, -gehirn und muskel; in Rattenleber 0,1 bis 0,2; in Bäckerhefe 0,4 bis 1,0; in Bierhefe 0,5[2].

Weitere Angaben über das Vorkommen von UDPG und der anderen UDP-Verbindungen in Rattenleber, über ihre Bildung aus Orotsäure und ihre Funktion als unmittelbare Vorstufe des Uracils der RNS s. [3]. Eine gut ausgearbeitete Synthese von UDPG[4].

Darstellung[2]. Die Menge UDPG in Bäckerhefe wächst auf das Dreifache durch eine Autolyse von 40 min mit Toluol (z. B. von 0,6 μMol auf 2,1 μMol/g). Die Isolierung des Nucleotids findet statt durch Extraktion mit 50 %igem Äthanol, Fällung als Quecksilbersalz in mineralsaurem Medium, Lösung mit Ammoniumacetat, erneute Fällung des Salzes und Zerlegung mit Schwefelwasserstoff. Die weitere Reinigung erfolgt durch Adsorption an Tierkohle, Elution mit 50%igem Äthanol, Entfernung von Aminosäuren durch ein Kationenaustauscher-Harz und Wiederholung der Adsorption an Tierkohle.

Die Anreicherung von UDPG wird verfolgt durch die Messung der Geschwindigkeit der Reaktion: Galaktose-1-phosphat $\rightarrow$ Glucose-6-phosphat (Zunahme des Reduktionsvermögens) in einem Macerationssaft aus Saccharomyces fragilis nach Zugabe gestaffelter Mengen der UDPG-enthaltenden Lösungen. Zudem wird im Gange der Reinigungsoperationen die UV-Absorption bei 260 mμ gemessen.

Schritt 1. *Extraktion.* 5 kg Bäckerhefe werden in 5 cm hoher Schicht ausgebreitet und im Brutschrank erwärmt. Sobald die Temperatur 35—36° erreicht hat, wird die Hefe innig verrührt mit 500 cm³ warmem Toluol. Nach 40 min bei 35—36° werden 5 *l* 95 %iges Äthanol hinzugefügt und die Mischung im Wasserbad bis zum Sieden erhitzt. Am nächsten Tage wird abgesaugt (Zellstoff auf dem Filter).

Schritt 2. *Fällung als Quecksilbersalz.* Das Filtrat wird mit 5 n Salpetersäure gerade bis zum Kongopapierumschlag angesäuert. Dann werden 30 cm³ Quecksilberacetatlösung je Liter hinzugefügt (13,5 g gelbes Quecksilberoxyd, 9,2 cm³ Eisessig, mit Wasser auf 100 cm³ aufgefüllt). Die umgerührte Mischung wird über Nacht im Eisschrank belassen; der Niederschlag wird dann scharf abgesaugt, mit 600 cm³ 1 n Ammoniumacetatlösung mechanisch gemischt und 2 Std bei Raumtemperatur belassen. Die Aufschlämmung wird filtriert, das Filtrat mit Salpetersäure bis zum Kongopapierumschlag angesäuert, dann mit 30 cm³ Quecksilberacetatlösung und 1 Vol. Äthanol versetzt. Die Mischung wird über Nacht in der Kälte belassen, dann abgesaugt. Der Niederschlag wird mit 600 cm³ Wasser mechanisch vermischt und in der Kälte mit Schwefelwasserstoff zerlegt. Nach dem Abtrennen des Quecksilbersulfid-Niederschlages, Waschen mit 100 cm³ Wasser, werden die vereinigten Filtrate durchlüftet und auf p_H 7 neutralisiert.

Schritt 3. *Reinigung mit Tierkohle.* Zwei der oben geschilderten Versuchsansätze werden vereinigt und daraus das Nucleotid an Tierkohle adsorbiert. Vorversuche mit je 1 cm³ Lösung sind erforderlich, um die Menge Tierkohle zu bestimmen, die 90 %ige Adsorption der bei 260 mμ absorbierenden Substanzen bewirkt (in einem Versuch z. B. 103 g Norit A). Nach 15 min Stehenlassen unter Umrühren bei Raumtemperatur wird die Tierkohle abgetrennt, mit 300 cm³ Wasser gewaschen und dann in 400 cm³ 50 %igem

---

[1] CAPUTTO, R., L. F. LELOIR, R. E. TRUCCO, C. E. CARDINI and A. PALADINI: Arch. Biochem. **18**, 201 (1948). J. biol. Ch. **179**, 497 (1949).

[2] CAPUTTO, R., L. F. LELOIR, C. E. CARDINI and A. C. PALADINI: J. biol. Ch. **184**, 333 (1950).

[3] HURLBERT, R. B., and V. R. POTTER: J. biol. Ch. **209**, 1 (1954).

[4] MICHELSON, A. M., and A. R. TODD: Soc. **1956**, 3459.

Äthanol aufgeschlämmt. Nach 15 min wird die Suspension filtriert und das Filtrat bei 45° im Vakuum zu $^1/_3$ seines ursprünglichen Volumens eingeengt. Ein zweites Eluat enthält ebenfalls etwas Nucleotid, jedoch von geringerer Reinheit.

Schritt 4. *Behandlung mit Kationenaustauscher-Harz.* Der Extrakt aus Schritt 3 wird gekühlt, mit Salzsäure auf p_H 1,2 gebracht und 5mal mit je 15 g feuchtem Austauscherharz geschüttelt (Ionac C-200). Die Temperatur wird auf 4—5° gehalten, jede Behandlung dauert 15 min. Die Flüssigkeit wird dann neutralisiert. Die Austauscherharz-Menge genügte, um die Ninhydrinreaktion um 90% zu reduzieren.

Schritt 5. *Zweite Adsorption mit Tierkohle.* Die Flüssigkeit wird mit 26 g Norit behandelt. Die notwendige Menge wurde in Vorversuchen, wie oben angegeben, ermittelt. Die Suspension wird filtriert und mit 100 cm³ Wasser gewaschen. Sie wird dann eluiert durch Zugabe von 50%igem Äthanol auf der Saugnutsche in Fraktionen von je 10 bis 15 cm³.

Die 2 ersten Auszüge werden verworfen. In dem 3. bis 6. sind die reinsten (etwa 90%) UDPG-Fraktionen enthalten.

Nachweis und Bestimmung[1] erfolgen durch Messung der Coenzym-Wirksamkeit. Die UV-Absorption von UDPG stimmt auch bei verschiedenen Aciditäten mit jener von Uridin überein (Maximum bei 260 mμ). Durch Bestimmung des Verhältnisses der Hydrolysenprodukte im Vergleich zur UV-Absorption läßt sich der Reinheitsgrad beurteilen.

Chemisches Verhalten[1]. Durch vollständige Hydrolyse (40 Std in 0,1 n H_2SO_4 bei 100°) entstehen Uridin, Glucose und 2 Mol Phosphorsäure. Durch vorsichtige Hydrolyse (0,01 n HCl, 5 min bei 100°) wird Uridindiphosphat frei, zusammen mit Glucose; kräftigere Hydrolyse (15 min bei 100°, 1 n H_2SO_4) läßt 1 Mol Phosphorsäure frei werden, außerdem Uridin-5'-phosphat. Das letztere verbraucht 1 Mol Perjodat.

Die Hydrolysenprodukte lassen sich papierchromatographisch nachweisen, Glucose außerdem durch die Vergärung mit Candida monosa, die Galaktose nicht angreift.

Die elektrometrische Titration von UDPG zeigt die Anwesenheit von 2 primären Säuregruppen an. Die Oxydation mit Perjodat liefert 1 Mol Ameisensäure. Die Einwirkung von 0,01 n Alkali in der Hitze zerstört in wenigen Minuten die Coenzym-Wirksamkeit, vermutlich durch Umlagerung, nicht durch Hydrolyse. Durch Bromierung wird die UV-Absorption bei 260 mμ nahezu beseitigt, so wie bei Uridin, und die Coenzym-Wirksamkeit vernichtet. Mit Hydrazinhydrat wird der Uracilkern zerstört; die dann leicht verlaufende Hydrolyse läßt Ribose-5-phosphat isolieren.

Basisches Bleiacetat fällt UDPG auch aus sehr verdünnten Lösungen. Quecksilberacetat fällt erst bei p_H 4; nach Zugabe von 1 Vol. Äthanol ist die Abscheidung vollständig. Das Bariumsalz ist sehr leicht wasserlöslich (in etwa 60%igem Äthanol bei p_H 8 : 1,5 μMol je Kubikzentimeter). Ein kristallines Bariumsalz ließ sich nicht erhalten.

Physiologisches Verhalten. Die erste Stufe der Umwandlung von Galaktose besteht in der durch Galaktokinase katalysierten Phosphorylierung durch Adenosintriphosphat: Galaktose + ATP $\xrightarrow{\text{I}}$ Galaktose-1-phosphat + ADP. Es folgen dann die Umlagerungen: Galaktose-1-phosphat $\xrightarrow{\text{II}}$ Glucose-1-phosphat $\xrightarrow{\text{III}}$ Glucose-6-phosphat. Als Coenzym von Reaktion III wurde Glucose-diphosphat erkannt[1, 2]. Das ebenfalls thermostabile Coenzym von Reaktion II ist UDPG. Da diese Reaktion in einer Walden-Umkehrung am C(4) des Monosaccharids besteht, wurde das Enzym „Galaktowaldenase" benannt.

Als Cofaktor der Galaktowaldenase wurde Diphosphopyridinnucleotid erkannt[3].

In Rattenleber ließ sich nach chromatographischer Trennung der säurelöslichen Nucleotidfraktionen mit Ionenaustauschern sowohl das Vorkommen von UDP-Glucose wie von UDP-Galaktose nachweisen[4].

---

[1] Caputto, R., L. F. Leloir, C. E. Cardini and A. C. Paladini: J. biol. Ch. **184**, 333 (1950).

[2] Caputto, R., L. F. Leloir, R. E. Trucco, C. E. Cardini and A. Paladini: Arch. Biochem. **18**, 201 (1948). J. biol. Ch. **179**, 497 (1949).

[3] Maxwell, E. S.: Am. Soc. **78**, 1074 (1956).

[4] Hurlbert, R. B., and V. R. Potter: J. biol. Ch. **209**, 1 (1954).

Da außerdem UDPG auch in Hefen vorkommt (und isomerisiert wird), die nicht an Galaktose adaptiert wurden und diesen Zucker auch nicht vergären, ist zu vermuten, daß diesem Nucleotidester der Glucose auch weitere Funktionen im Stoffwechsel zufallen, außer der Galaktose-Glucose-Umwandlung.

Über die Bildung der Uridinphosphate aus Orotsäure und ihre Funktion als Vorstufen des Uracils von RNS s. [1].

19. Uridin-5'-diphosphat-galaktose (UDPGa).

Die Behandlung von Uridindiphosphat-glucose mit einer Enzymlösung aus Saccharomyces fragilis erzeugt zu etwa 25% die Galaktose enthaltende Verbindung[2]. Diese wird ebenfalls durch Quecksilbersalz gefällt und zeigt das gleiche papierchromatographische und chemische Verhalten wie UDPG.

Beide Verbindungen werden durch die „Galaktowaldenase" bis zur Einstellung des Gleichgewichts isomerisiert. Über das Vorkommen der UDP-Galaktoseverbindung neben dem Glucosederivat in Rattenleber s. [1].

20 und 21. Uridin-5'-diphosphat-acetylglucosamin (UDPAGA) und Uridin-5'-diphosphat-acetylgalaktosamin (UDPAGaA).

Vorkommen. Die Acetylgalaktosamin-Verbindung des UDP ist aus Rinderleber im Gemisch mit dem Acetylglucosamin-Derivat erhalten worden[3]. Es ist wahrscheinlich, daß auch die aus der Leber anderer Tiere erhaltenen Präparate von UDP-Acetylglucosamin das acetylierte Galaktosamin enthalten. Ein UDPAGA-Präparat aus Hefe enthielt es jedoch nicht[3].

Darstellung[3]. Äthanolische Leberextrakte werden durch eine Säule mit Anionenaustauscher-Harz gegossen, dann durch Lösungen mit steigender Chlorid-Konzentration eluiert. Durch Adsorption an Tierkohle mit folgender Elution mittels wäßrigem Pyridin werden die Uridin-nucleotide angereichert. Ihre weitere Reinigung erfolgt durch Papierchromatographie.

Schritt 1. *Extraktion der Leber:* Zwei Rinderlebern (8 kg) wurden 2 min nach dem Tod der Tiere möglichst schnell in Stücke zerschnitten, mit festem Kohlendioxyd gemischt und dann zur weiteren Verarbeitung in das Laboratorium gebracht. Die Leberstücke wurden kleiner geschnitten und mit 1 Vol. Äthanol (95%) versetzt. Dann wurde das Gemisch durch eine Fleischmaschine getrieben und unter Umrühren bis zum Sieden erhitzt. Nach dem Absaugen der Lösung am folgenden Tage (Zellstoff auf dem Filter) wurde sie mit konz. Ammoniaklösung auf p_H 7,5 gebracht und anschließend chromatographiert.

Schritt 2. *Ionenaustauscher-Chromatographie:* Der alkoholische Extrakt enthielt etwa 30000 μMol Nucleotide (berechnet aus der Extinktion bei 260 mμ, wie wenn nur Uridin vorhanden wäre). Er wurde durch eine mit Dowex-2 · X4 gefüllte Kolonne (4,5 × 25 cm) gegossen (Austauscher in der Chlorid-Form, Korngröße 200—400 Maschen). Nach dem Waschen der Säule mit Wasser (23 *l*) wurde die Elution mit folgenden Lösungen ausgeführt[4]: 0,01 n HCl bis im Ausfluß die Extinktion unter 0,15 gesunken war (36 *l*); schließlich 0,1 n NaCl in 0,01 n HCl (24 *l*). In dieser letzten Fraktion waren 2000 μ Mol Nucleotide (wie Uridin berechnet aus der Extinktion bei 260 mμ). Sie wurden an Tierkohle (Norit A) adsorbiert; diese wurde portionsweise zugegeben, bis die Extinktion der Lösung unter 0,05 gesunken war. Nach dem Absaugen wurde die Kohle durch 400 cm³ einer 15%igen Lösung von Pyridin in kaltem Wasser eluiert. Nach zweimaliger Extraktion mit je 200 cm³ Chloroform wurde das Eluat bei 30—40° im Vakuum auf ein kleines Volumen eingeengt.

---

[1] Hurlbert, R. B., and V. R. Potter: J. biol. Ch. **209**, 1 (1954).
[2] Leloir, L. F.: Arch. Biochem. **33**, 186 (1951).
[3] Pontis, H. G.: J. biol. Ch. **216**, 195 (1955).
[4] Cabib, E., L. F. Leloir and C. E. Cardini: J. biol. Ch. **203**, 1055 (1953).

Schritt 3. *Papierchromatographie der Nucleotide:* Die Papierchromatographie dieser Fraktion zeigte, daß sie UDPG und UDPAGA enthielt, außerdem mehrere gelbe Flecken gab, wahrscheinlich von Flavinnucleotiden.

Die Isolierung der Uridin-diphosphat-hexosamine wurde auf Whatman-Papier Nr. 3 durch Entwicklung mit Äthanol (95%ig)-Ammoniumacetatlösung (1 m), (7,5 : 3 v/v; p_H 7) ausgeführt[1]. Das Papier wurde vor der Verwendung mit Essigsäure und dest. Wasser gewaschen. Die Elution des durch UV-Licht lokalisierten UDPAGA-Fleckes (Vergleich mit einem Präparat aus Hefe) erfolgte nach dem Ausschneiden mit dest. Wasser. Erhalten etwa 150 μ Mol.

Nachweis und Bestimmung. *Identifizierung der Acetylhexosamine*[2]. Zur Bestimmung der Acetylhexosamine wurde UDPAGA mit 0,01 n HCl 30 min bei 100° hydrolysiert; zur Bestimmung der Hexosamine war eine Hydrolyse der UDPAGA durch 3stündiges Erhitzen im verschlossenen Rohr mit 2 n HCl auf 100° erforderlich.

Zur Chromatographie der Acetylhexosamine wurde Papier verwendet, das mit Borat vorbehandelt war, und Butanol-Pyridin-Wasser als Entwicklungsflüssigkeit. Die Farbbildung auf dem Papier erfolgte nach ARONSON[3]; die Extraktion der Farbflecken zur Photometrie wurde mit 3 cm³ eines Gemisches von 40% Trichloressigsäure, Essigsäure und Äthanol (2 : 2 : 6) ausgeführt.

Die Bestimmung der deacetylierten Hexosamine erfolgte nach papierchromatographischer Trennung (ebenfalls mit Butanol-Pyridin-Wasser) nach den Angaben von BLIX[4].

Zur weiteren Identifizierung wurden die papierchromatographisch getrennten Hexosamine mit Ninhydrin zu den entsprechenden Pentosen abgebaut[5], die ebenfalls papierchromatographisch getrennt und identifiziert wurden.

Hydrolyse zu Uridin-5'-diphosphat und zu Uridin-5'-monophosphat[2]. Durch Erhitzen von UDPAGA aus Leber in 0,01 n HCl auf 100° für 15 min entsteht vorwiegend Uridindiphosphat, durch Hydrolyse mit 1 n HCl bei 100° für 30 min Uridin-monophosphat. Nachweis durch Papierchromatographie (Äthanol-Ammoniumacetat-Lösungen von p_H 7,5 und 3,8)[1].

Physikalische Eigenschaften[2]. Die UV-Spektren der UDPAGA-Präparate aus Leber und Hefe sind identisch; sie stimmen mit jenem von Uridin überein und zeigen die gleiche p_H-Abhängigkeit. Eine Trennung des Acetylgalaktosamin-UDP vom Acetylglucosamin-Derivat gelang weder durch Papierchromatographie oder Elektrophorese in Borat-Pufferlösung noch durch fraktionierte Elution von Ionenaustauscher-Säulen.

Chemisches Verhalten. Die Bedingungen der Hydrolyse zu den Spaltstücken sind oben angegeben. Das Verhältnis Uridin : Phosphat : Hexosamin wurde zu 1,02 : 2 : 1 gefunden. Nach milder Hydrolyse geben die Lösungen die Reaktion auf Acetylhexosamine nach MORGAN und ELSON[6], nach stärkerer Hydrolyse jene auf Hexosamine nach ELSON und MORGAN[7]. Die dargestellten Präparate bestanden aus etwa $^2/_3$ Acetylglucosamin-UDP und $^1/_3$ Acetylgalaktosamin-UDP.

Physiologisches Verhalten. Es ist wahrscheinlich, daß die gegenseitige Umwandlung von Acetylglucosamin und Acetylgalaktosamin über die UDP-Verbindungen erfolgt. Nach Behandlung von UDPAGA mit einem rohen Leberextrakt ließ sich die teilweise Bildung von Acetylgalaktosamin nachweisen[2].

---

[1] PALADINI, A. C., and L. F. LELOIR: Biochem. J. **51**, 426 (1952).
[2] PONTIS, H. G.: J. biol. Ch. **216**, 195 (1955).
[3] ARONSON, M.: Arch. Biochem. **39**, 370 (1952).
[4] BLIX, G.: Acta chem. scand. **2**, 467 (1948).
[5] GARDELL, S., F. HEIJKENSKJÖLD and A. ROCHNORLUND: Acta chem. scand. **4**, 970 (1950).
[6] MORGAN, W. T. J., and L. A. ELSON: Biochem. J. **28**, 988 (1934).
[7] Ausgeführt nach: PARTRIDGE, S. M.: Biochem. J. **42**, 238 (1948).

22. Uridin-diphosphat-glucuronsäure (UDP-Glucuronsäure).

Vorkommen. In Auszügen aus Kaninchenleber wurde ein thermostabiler Faktor nachgewiesen, dessen Anwesenheit für die Bildung von o-Aminophenylglucuronid aus o-Aminophenol in Leber-Homogenaten notwendig ist[1]. Er besteht aus gleichmolaren Mengen Uridylsäure, labilem Phosphat und Glucuronsäure. Sehr wahrscheinlich ist in diesem Diphosphat die Uridylsäure durch eine Pyrophosphatbindung mit Glucuronsäure-1-phosphat verbunden[2].

Darstellung. Aus Kochextrakten von Kaninchenleber wurde das Nucleotid als in Äthanol unlösliches Bariumsalz gefällt, durch eine Ionenaustauscher-Säule (Dowex-1) chromatographiert (im Prinzip nach Cohn und Carter) und erneut als Bariumsalz gefällt. Durch Papierchromatographie (mit Äthanol-m Ammoniumacetat, p_H 5,5, 60 : 40 v/v) ließ sich die Glucuronsäure enthaltende Verbindung von einem anderen Uridinphosphat trennen.

Aus den Lebern von 30 Kaninchen (2,5 kg Leber) werden Präparate erhalten, die 8 mg des reinen Nucleosids entsprechen; das sind 15% der ursprünglichen Aktivität der Kochauszüge. Im Lebergewebe ist jedoch die Konzentration an UDP-Glucuronsäure bedeutend größer (20 mg/100 g Leber) (s. [3, 4]).

Nachweis und Bestimmung. Die Reinigungsoperationen wurden verfolgt durch Messung der Aktivität, d. h. der Glucuronidbildung mit o-Aminophenol oder (—)-Menthol in homogenisierten Suspensionen von Lebergewebe[1] und der Extinktion der Lösungen bei 261 mμ. Reinere Präparate werden durch quantitative Bestimmung der Hydrolysenprodukte charakterisiert.

Chemisches Verhalten. Durch 12 min Erhitzen auf 100° in 1 n HCl wird die Hälfte der Phosphorsäure abgespalten. Die Tollenssche Naphthoresorcinreaktion ist positiv. Die UV-Absorption entspricht jener der Uridylsäure. Glucuronsäure, labiles P, gesamtes P und Uridylsäure sind im Molverhältnis 1 : 1 : 2 : 1 nachweisbar.

5stündige Hydrolyse mit 98%iger Ameisensäure bei 175° ist erforderlich, um das Uracil vollständig frei zu machen. Erhitzen auf 100° in 0,1 n HCl für 10 min genügt, um 1 Mol Glucuronsäure zu entbinden. Gleiche Behandlung in 1 n HCl spaltet 1 Mol Phosphat ab, wobei als zweites Spaltstück Uridin-5'-phosphat entsteht. Das zweite Mol Phosphat wird viel langsamer hydrolysiert. Das Uridin-5'-phosphat wird durch Papierchromatographie, durch Dephosphorylierung mit dem Gift der Russel-Viper (Vipera Russellii), das eine spezifische 5'-Phosphatase enthält, und durch Bildung des Kupfer-Komplexes identifiziert. Sowohl das Gift der Russel-Viper wie Kobragift (Naja naja) inaktivieren UDP-Glucuronsäure.

Physiologisches Verhalten. In Leberhomogenaten bildet UDP-Glucuronsäure mit o-Aminophenol oder (—)-Menthol deren Glucuronide, nach der Reaktion UDP-Glucuronsäure + ROH → UDP + RO-Glucuronsäure. Das wirksame Enzymsystem ist unbeständig und an unlösliche Cytoplasmateilchen fixiert. Das entstandene Glucuronid beträgt etwa 50% der theoretisch zu erwartenden Menge, wahrscheinlich weil UDP-Glucuronsäure von Leberhomogenaten schnell bis zu Uridin hydrolysiert wird.

Die Übertragung der Glucuronsäure verläuft auch anaerob und in Gegenwart von Cyanid, im Gegensatz zu der Glucuronidbildung in Dünnschnitten von Lebergewebe.

Es ist sehr wahrscheinlich, daß UDP-Glucuronsäure als Donator des Glucuronyl-Restes wirkt, sowohl bei der Synthese von Estern als auch bei der Bildung von aliphatischen und Steroid-Glucuroniden[5].

---

[1] Dutton, G. J., and I. D. E. Storey: Biochem. J. **53**, XXXVII (1953); **57**, 275 (1954).
[2] Storey, I. D. E., and G. J. Dutton: Biochem. J. **59**, 279 (1955).
[3] Smith, E. E. B., and G. T. Mills: Biochim. biophysica Acta, N. Y. **13**, 386 (1954).
[4] Hurlbert, R. B., and V. R. Potter: J. biol. Ch. **209**, 1 (1954).
[5] Dutton, G. J.: Biochem. J. **64**, 693 (1956).

β) Die 2'-Phosphate, die 3'-Phosphate und die 2',3'-Phosphate.

23. Hefe-Adenylsäure = Gemisch von Adenosin-2'-phosphat und Adenosin-3'-phosphat $C_{10}H_{14}O_7N_5P \cdot H_2O$.

Vorkommen. Als Spaltstück der Hefe-NS wurde Adenylsäure zuerst von JONES und RICHARDS[1] aufgefunden, fast gleichzeitig und unabhängig auch von THANNHAUSER und DORFMÜLLER[2]; durch ammoniakalische Hydrolyse der Hefe-NS, zusammen mit den anderen Nucleotiden, hat sie LEVENE[3] dargestellt. Das freie Nucleotid wurde kristallisiert erhalten von JONES und KENNEDY[4] und von THANNHAUSER[5]. In der Folge wurde Adenylsäure aus den Nucleoproteiden der Pankreasdrüse des Hundshaies[6], des Schweines und des Rindes[7], aus dem Nucleoproteid von Hühnerembryonen[8], aus Teeblättern[9] und aus den Embryonen von Weizen und Gerste[10] isoliert. Alle seitdem daraufhin untersuchten RNS geben durch alkalische Hydrolyse diese Säure. Die Spaltung in Adenosin und Phosphat durch Erhitzen der ammoniakalischen Lösung wurde zuerst von THANNHAUSER[5] ausgeführt; LEVENE nahm an, daß das Nucleotid Adenosin-3'-phosphat sei[11]. Durch CARTER und COHN[12] ist es als Gemisch von 2 Adenosin-phosphaten erkannt worden: Die a-Säure ist Adenosin-2'-phosphat, die b-Säure Adenosin-3'-phosphat. Eine erste Synthese der Adenylsäure[13], d. h. des Gemisches der beiden Isomeren, wurde durch Phosphorylierung von 5'-Trityladenosin mit Dibenzylchlorphosphat mit folgender Hydrogenolyse der schützenden Gruppen ausgeführt.

Darstellung. Nach alkalischer Spaltung von Hefe-NS zum Gemisch der Nucleotide und Entfernung der Guanylsäure (s. S. 1126) läßt sich Adenylsäure, da sie schwerer in Wasser löslich ist als die Pyrimidinnucleotide, über das Bleisalz kristallisiert erhalten[14].

Nach der Fällung von guanylsaurem Natrium (aus 50 g Hefe-NS) mit Äthanol werden die vereinigten Filtrate mit neutralem Bleiacetat versetzt, solange noch ein Niederschlag entsteht. Der Niederschlag wird abgetrennt, gewaschen, in Wasser aufgenommen und nach guter Homogenisierung mit Schwefelwasserstoff zerlegt. Die Lösung wird durch Evakuieren von Schwefelwasserstoff befreit, mit Ammoniak neutralisiert und im Vakuum auf etwa 150 cm³ eingeengt. Die Zugabe des gleichen Volumens Äthanol fällt ein Öl aus, das bei zweimaliger Umfällung fast ganz wieder in Lösung geht. Der flockige Rest besteht aus guanylsaurem Ammonium. Mit den vereinigten Lösungen wird nach Abdestillation des Äthanols die Fällung der Bleisalze durch Bleiacetat wiederholt. Nach ihrer Zersetzung durch Schwefelwasserstoff wird die Lösung der freien Säuren im Vakuum bei 40° Badtemperatur eingeengt. Beim Stehenlassen der Lösung in der Kälte, schneller nach Impfung, kristallisiert Adenylsäure in langen Nadeln aus. Ausbeute 5—6 g. Umkristallisation aus Wasser.

Nach einer anderen brauchbaren Methode[15] unterwirft man die aus Hefe-NS durch alkalische Hydrolyse erhaltene Lösung einer Vorfällung mit Kupfersulfat und fällt dann die Purinnucleotide als Kupfer(I)-Salze (Reduktion mit $NaHSO_3$). Nach Zerlegung dieser

---

[1] JONES, W., and A. E. RICHARDS: J. biol. Ch. **17**, 71 (1914).
[2] THANNHAUSER, S. J., u. G. DORFMÜLLER: H. **95**, 259 (1915).
[3] LEVENE, P. A.: J. biol. Ch. **33**, 425 (1918). — LEVENE, P. A., and S. A. HARRIS: J. biol. Ch. **101**, 419 (1933).
[4] JONES, W., and R. P. KENNEDY: J. Pharmacol. exp. Therap. **12**, 253 (1918); **13**, 45 (1919).
[5] THANNHAUSER, S. J.: H. **107**, 157 (1919).
[6] BERKELEY, C.: J. biol. Ch. **45**, 263 (1920/21).
[7] JONES, W., and M. E. PERKINS: J. biol. Ch. **62**, 291 (1924/25).
[8] CALVERY, H. O.: J. biol. Ch. **68**, 593 (1926).
[9] CALVERY, H. O.: J. biol. Ch. **77**, 489 (1928).
[10] CALVERY, H. O., and D. B. REMSEN: J. biol. Ch. **73**, 593 (1927).
[11] LEVENE, P. A., and S. A. HARRIS: J. biol. Ch. **95**, 755 (1932); **98**, 9 (1932).
[12] CARTER, C. E., and W. E. COHN: Fed. Proc. **8**, 190 (1949).
[13] BROWN, D. M., and A. R. TODD: Soc. **1952**, 44.
[14] STEUDEL, H., u. E. PEISER: H. **127**, 262 (1923).
[15] LAUFER, L., and E. D. STEWART (Schwartz Laboratories): US Pat. Nr. 2549827 (1951) [Chem. Abstr. **45**, 8037 (1951)].

Salze mit Schwefelwasserstoff, Abtrennung der Guanylsäure als sekundäres Natriumsalz (mit Äthanol), Fällung der Adenylsäure als Bleisalz und Zerlegung des Salzes wird das Nucleotid mit 40%iger Ausbeute kristallisiert erhalten.

Die Darstellung von Adenin (8)-^{14}C-ribosid-3'(2')-phosphat geht aus von RNS aus Hefe, die in Adenin (8)-^{14}C enthaltender Nährlösung gewachsen ist[1].

Physikalische Eigenschaften. Hefe-Adenylsäure kristallisiert aus heißem Wasser in langen, farblosen Nadeln. Nach früheren Angaben sollen diese 1 Mol Kristallwasser enthalten, doch kristallisieren die getrennten a- und b-Isomeren mit 1,5 Mol Wasser aus. F 195°[2,3] (im zugeschmolzenen Röhrchen, Zers.); F 193—194°[4]. Das Kristallwasser wird erst bei 100° im Vakuum langsam abgegeben. Löslichkeit in Wasser von 15°: 0,5%[5], 0,26%[4]. Auch in der Hitze nicht sehr leicht löslich. $[\alpha]_D^{50}$: —46,5° (c = 1, in Wasser)[5]; $[\alpha]_D^{20}$: —38°; —35,2° (in 10%iger HCl); —66° (in 5%iger NaOH)[3,5]; $[\alpha]_D^{25}$ —58,7° (in wasserfreiem Formamid[6]). UV-Spektrum s. S. 1123; UR-Spektrum[7]; Dissoziationskonstanten s. S. 1077[8]; Röntgenanalyse[9].

Nachweis und Bestimmung. Trennung von den anderen Nucleotiden und Aufteilung in die a- und b-Säure durch Papierchromatographie s. S. 1158, durch Papierelektrophorese s. S. 1172, durch Chromatographie an Ionenaustauschharzen s. S. 1141. Bestimmung durch Messung der UV-Absorption s. S. 1164. Reaktionen zur Unterscheidung von der Muskel-Adenylsäure s. S. 1108.

Chemisches Verhalten. Durch Erhitzen in ammoniakalischer Lösung entstehen in molaren Mengen Adenosin und Phosphat[10]. Desaminierung mit salpetriger Säure führt verständlicherweise nicht zu Inosinsäure[10], sondern zum Gemisch der Inosin-3'(2')-phosphate.

Die Hydrolyse mit verdünnter Schwefelsäure führt zu Phosphorsäure, Ribose und Adenin, da die Esterbindung etwa gleich schnell wie die Glykosidbindung hydrolysiert wird; nur bei sehr starken Aciditäten ist die Abspaltungsgeschwindigkeit der Base größer[11]. Durch 3stündiges Kochen mit 20%iger HCl wird fast die berechnete Menge Furfurol gebildet (im Gegensatz zur Muskel-Adenylsäure)[2,12]. Vergleich der Säurehydrolyse von Hefe-Adenylsäure und Muskeladenylsäure[2]. Kinetik der sauren und alkalischen Hydrolyse von Hefe-Adenylsäure[13]. Hefe-Adenylsäure bildet kein komplexes Kupfersalz und keinen Borsäurekomplex[14]; Perjodat wirkt auf das Nucleotid nicht ein[15].

Weitere Angaben s. bei Adenosin-2'-phosphat und Adenosin-3'-phosphat S. 1243.

Brucinsalz (1 A.S. · 2 Brucin · 7 H_2O) F 173—174°[16], bei 195° Gasentwicklung, ebenso wieder bei 223° und Dunkelfärbung[17]. Durch Chloroform wird das Alkaloid entzogen. Ebenso aus dem *Strychninsalz*, das aus Wasser umkristallisiert werden kann.

Das *Acridinsalz* $C_{10}H_{14}O_7N_5P \cdot C_{13}H_9N \cdot H_2O$ bildet kleine, runde Klumpen. F unbestimmbar, bei 175° Zers. nach vorheriger Dunkelfärbung[4].

---

[1] Kerr, S. E., K. Seraidarian and G. B. Brown: J. biol. Ch. **188**, 207 (1951).
[2] Embden, G., u. G. Schmidt: H. **181**, 135 (1929).
[3] Levene, P. A.: J. biol. Ch. **41**, 483 (1920).
[4] Berlin, H., u. J. Westerberg: H. **281**, 98 (1944).
[5] Steudel, H., u. E. Peiser: H. **127**, 262 (1923).
[6] Lipkin, D., and G. C. McElheny: Am. Soc. **72**, 2287 (1950).
[7] Blout, E. R., and M. Fields: J. biol. Ch. **178**, 335 (1949).
[8] Alberty, R. A., R. M. Smith and R. M. Bock: J. biol. Ch. **193**, 425 (1951).
[9] Clark, C. C.: Arch. Biochem. **31**, 18 (1951).
[10] Thannhauser, S. J.: H. **107**, 157 (1919).
[11] Levene, P. A., and S. A. Harris: J. biol. Ch. **95**, 755; **98**, 9 (1932).
[12] Hoffman, W. S.: J. biol. Ch. **73**, 15 (1927).
[13] Bacher, J. E., and F. W. Allen: J. biol. Ch. **182**, 701 (1950). — Bacher, J. E., and W. Kauzmann: Am. Soc. **74**, 3779 (1952).
[14] Klimek, R., u. J. K. Parnas: B. Z. **252**, 392 (1932). — Parnas, J. K., u. R. Klimek: H. **217**, 75 (1933).
[15] Brown, D. M., L. J. Haynes and A. R. Todd: Soc. **1950**, 3299.
[16] Jones, W., and R. P. Kennedy: J. Pharmacol. exp. Therap. **12**, 253 (1918); **13**, 45 (1919).
[17] Peiser, E.: B. **58**, 2051 (1925).

Kupfersalz $(C_{10}H_{12}O_7N_5P)_2Cu_3$, aus neutraler Lösung gefällt[1].

Das *Uranylsalz* ist schwer in Wasser löslich. Durch Zinksulfat und Bariumhydroxyd bis zur alkalischen Reaktion (Reagens nach SOMOGYI[2]) wird Hefe-Adenylsäure quantitativ gefällt (wie Muskel-Adenylsäure und die anderen Nucleotide auch), während die Nucleoside in Lösung bleiben.

Physiologisches Verhalten. Siehe die Angaben über Adenosin-2'- und -3'-phosphat. Unspezifische Phosphatasen (z.B. aus Prostata[3], aus Knochenmark[4]) dephosphorylieren Adenosin-2'-, Adenosin-3'- und Adenosin-5'-phosphat, jedoch mit verschiedener Geschwindigkeit. Bei der enzymatischen Dephosphorylierung (in Gegenwart von $H_2{}^{18}O$) geht der Sauerstoff nur in das anorganische Phosphat über[5]. Taka-Diastase desaminiert nur Adenosin-3'-phosphat (und Adenosin-5'-phosphat), nicht dagegen Adenosin-2'-phosphat[6].

Pharmakologische Wirkung von Hefe-Adenylsäure auf Herz, Blutgefäße, Blutdruck, Darm, Uterus usw. s. [7].

24 und 25. Adenylsäuren a und b = Adenosin-2'-phosphat und Adenosin-3'-phosphat $C_{10}H_{14}O_7N_5P$.

Konstitution. COHN und CARTER[8-11] haben erstmalig gezeigt, daß die aus den alkalischen Hydrolysaten von RNS isolierten Präparate von Adenylsäure und Guanylsäure keine einheitlichen Verbindungen darstellen, sondern durch Papierchromatographie und Chromatographie an Ionenaustauschern je 2 Isomere getrennt werden können, welche sie mit a und b bezeichneten. Die Hydrolyse eines solchen Isomerenpaares lieferte ein und dasselbe Nucleosid, so daß die Ursache für die a, b-Isomerie in den verschiedenen Verknüpfungsstellen der Phosphorsäure mit dem Riboserest zu suchen ist[10,12,13]. Da die Nucleosid-5'-phosphate bereits eindeutig dargestellt und charakterisiert worden waren, konnte es sich bei den letzteren nur um die 2'-Phosphate und die 3'-Phosphate der entsprechenden Nucleoside handeln.

Die Zuordnung der richtigen Formeln war jedoch wegen der leicht stattfindenden „Phosphatwanderung" zunächst mit Schwierigkeiten verbunden. Aus den geringeren pK-Werten und den höheren Dichten der Adenylsäure b im Vergleich zur Adenylsäure a schloß man, daß die b-Verbindung das Adenosin-3'-phosphat sei[14]. Eine eindeutige Zuordnung der Isomeren gelang durch partielle Hydrolyse von Adenylsäure a an einem sauren Austauscherharz und nachfolgende chromatographische Isolierung von Ribose-2-phosphat. Aus Adenylsäure b erhält man durch die gleiche Behandlung Ribose-3-phosphat. Die Trennung und Unterscheidung der Ribose-phosphate erfolgte durch Chromatographie ihrer Boratlösungen an Anionenaustauschern[15, 16].

---

[1] IZUMI, S.: H. **140**, 80 (1924).
[2] SOMOGYI, M.: J. biol. Ch. **160**, 61 (1945).
[3] WANG, T. P., L. SHUSTER and N. O. KAPLAN: J. biol. Ch. **206**, 199 (1954).
[4] DI BELLA, S.: Boll. Soc. ital. Biol. sperim. **28**, 699 (1952).
[5] STEIN, S. S., and D. E. KOSHLAND: Arch. Biochem. **39**, 229 (1952).
[6] KAPLAN, N. O., S. P. COLOWICK and M. M. CIOTTI: J. biol. Ch. **194**, 579 (1951).
[7] GARD, S.: H. **196**, 65 (1931). — PARNAS, J. K., u. P. OSTERN: Kli. Wo. **1932 II**, 1551. — ZIPF, K. u. W. GIESE: A. e. P. P. **171**, 111 (1933). — FLÖSSNER, O.: A. e. P. P. **174**, 245 (1934). — HERBRAND, W., u. K. H. JÄGER: Das Adenylsäure-System. Arzneim.-Forsch. Beih. 2. 1952.
[8] CARTER, C. E., and W. E. COHN: Fed. Proc. **8**, 190 (1949).
[9] COHN, W. E.: Am. Soc. **71**, 2275 (1949).
[10] CARTER, C. E.: Am. Soc. **72**, 1466 (1950).
[11] COHN, W. E.: Am. Soc. **72**, 1471 (1950).
[12] SABLE, H. Z.: Biochim. biophysica Acta, N. Y. **12**, 522 (1953).
[13] REICHARD, P., Y. TAKENAKA and H. S. LORING: J. biol. Ch. **198**, 599 (1952).
[14] CAVALIERI, L. F.: Am. Soc. **75**, 5268 (1953).
[15] KHYM, J. X., D. G. DOHERTY, E. VOLKIN and W. E. COHN: Am. Soc. **75**, 1262 (1953).
[16] KHYM, J. X., and W. E. COHN: Am. Soc. **76**, 1818 (1954).

Synthetische Versuche bestätigten das Ergebnis, daß Adenylsäure a identisch ist mit Adenosin-2'-phosphat[1, 2].

Darstellung. Das Isomerengemisch bildet sich durch alkalische Hydrolyse von RNS (s. S. 1128). Die Auftrennung der Hefe-Adenylsäure in die beiden Einzelkomponenten erfolgt mit Hilfe von chromatographischen Methoden[3, 4] sowie durch fraktionierte Kristallisation. Im folgenden sei die letztere Operation kurz beschrieben, weil damit verhältnismäßig einfach größere Mengen der reinen Isomeren hergestellt werden können[5].

50 g Hefeadenylsäure (mit 44% Adenylsäure a und 56% Adenylsäure b) werden in 2250 cm³ Wasser gelöst, bei 20° mit Kristallen von reiner Adenylsäure b geimpft und 24 Std bei dieser Temperatur gerührt. Der Niederschlag besteht aus 26 g 75%iger Adenylsäure b. Die überstehende Lösung wird auf 900 cm³ eingeengt (im Vakuum) und bei 20° mit Adenylsäure a geimpft. In 24 Std kristallisieren 8,2 g des reinen a-Isomeren aus. Die überstehende Lösung wird im Vakuum auf 450 cm³ eingedampft und bei 20° mit Adenylsäure b geimpft, worauf in 24 h 3 g 80%ige Adenylsäure b auskristallisieren. Dampft man die überstehende Lösung auf 200 cm³ ein und impft bei 20° mit dem a-Isomeren, so erhält man 2 g reine Adenylsäure a. Bei der Aufarbeitung der an Adenylsäure b angereicherten Fraktionen werden schließlich aus 40 g 71%iger Adenylsäure b, gelöst in 1800 cm³ Wasser, als 1. Kristallisation 23 g 98%iges Material erhalten.

Synthetisch wird das Isomerengemisch durch Kondensation von 5'-O-Acetyl-adenosin mit Dibenzyl-chlorphosphat erhalten[6]. Zur Darstellung von reiner Adenylsäure a setzt man 5'-O-Acetyladenosin zu 3',5'-Di-O-acetyl-adenosin um, phosphoryliert dieses und entfernt die schützenden Gruppen durch hydrierende Spaltung. Die einzelnen Schritte der Synthese erfolgen unter Bedingungen, welche eine Wanderung von Phosphatgruppen ausschließen. Damit ist ein weiterer Beweis erbracht, daß Adenylsäure a identisch ist mit Adenosin-2'-phosphat[2].

Die radioaktiven Adenylsäuren a und b werden durch Kondensation von 5'-O-Trityl-adenosin mit radioaktivem Phosphoroxychlorid und nachfolgende chromatographische Trennung der Isomeren an Anionenaustauschern erhalten[7].

Physikalische Eigenschaften. *Adenylsäure a.* Kristallisiert mit 1,5 Mol Kristallwasser aus Wasser F 187°[6], 183°[2] (Zers.).

Adenylsäure b kristallisiert in feinen farblosen Nadeln aus verdünnter Ameisensäure. Aus Wasser erhält man prismatische Nadeln, welche 1,5 Mol Kristallwasser enthalten. F 195° (Zers.), 197° (Zers.)[6]. Die IR-Spektren von Adenylsäure a und b unterscheiden sich charakteristisch[6].

Nachweis und Bestimmung. Adenosin-2'-phosphat und Adenosin-3'-phosphat werden durch Chromatographie an Anionenaustauschern[3, 8], durch Papierchromatographie[6, 9] und Elektrophorese[10] getrennt und können auf diese Weise auch in den Nucleotidgemischen der RNS bestimmt werden (durch UV-Messung). Siehe dazu S. 1164.

Chemisches Verhalten. Adenosin-2'-phosphat und Adenosin-3'-phosphat werden durch Perjodat nicht angegriffen. Durch Erhitzen in verdünntem Ammoniak (24 Std auf 100°) und durch Lösen in 0,25 n NaOH (28°) erfolgt keine Umwandlung der beiden Isomeren ineinander[6]. Kocht man eines der Isomeren in 80%iger Essigsäure 10 min unter Rückfluß, so stellt sich ein Gleichgewicht zwischen den Isomeren von 1 : 1 ein[6]. Durch Erhitzen des

---

[1] Brown, D. M., G. D. Fasman, D. I. Magrath, A. R. Todd, W. Cochran and M. M. Woolfson: Nature **172**, 1184 (1953).
[2] Brown, D. M., G. D. Fasman, D. I. Magrath and A. R. Todd: Soc. **1954**, 1448.
[3] Cohn, W. E.: Am. Soc. **72**, 1471 (1950).
[4] Cohn, W. E., and J. X. Khym: Biochem. Prep. Bd. 5, S. 40.
[5] Khym, J. X., D. G. Doherty and W. E. Cohn: Am. Soc. **76**, 5523 (1954).
[6] Brown, D. M., and A. R. Todd: Soc. **1952**, **44**.
[7] Barker, G. R.: Soc. **1954**, 3396.
[8] Cohn, W. E.: Am. Soc. **71**, 2275 (1949).
[9] Carter, C. E.: Am. Soc. **72**, 1466 (1950).
[10] McIndoe, W. M., and J. N. Davidson: Brit. J. Cancer **6**, 200 (1952).

2'-Isomeren in saurer Lösung (p_H 1) erfolgt in 5 min Hydrolyse und teilweise Umlagerung zu 74% Ribose-2-phosphat und 13% Ribose-3-phosphat. Unter denselben Bedingungen werden bei p_H 2 aus Adenosin-3'-phosphat 74% Ribose-3-phosphat und 13% Ribose-2-phosphat gebildet[1].

Physiologisches Verhalten. Einige spezifische Nucleotidasen spalten unter bestimmten Bedingungen aus den 3'-Isomeren der Ribonucleotide Phosphat ab, lassen jedoch die Ribonucleosid-2'-phosphate unangegriffen. So wird eine Kartoffelphosphatase beschrieben, welche bei p_H 5 alle 3 isomeren Adenosinphosphate, bei p_H 9,4 hingegen nur Adenosin-3'-phosphat und Adenosin-5'-phosphat dephosphoryliert[2,3]. Eine spezifische b-Nucleotidase, welche bei p_H 7,5 nur aus den 3'-Phosphaten der Purin- und Pyrimidinnucleoside Phosphat abspaltet, wurde in verschiedenen Pflanzen nachgewiesen und aus keimender Gerste sowie aus keimendem Rye-Gras isoliert[4]. Taka-Diastase-Desaminase wirkt nur auf Muskeladenylsäure und Adenylsäure b, nicht aber auf Adenylsäure a[5].

Die b-Isomeren von Adenylsäure und Guanylsäure fördern ebenso wie die freien Basen Adenin und Guanin das Wachstum von Lactobacillus casei, während die a-Isomeren und die 5'-Phosphate unwirksam sind[6].

26. Guanylsäure = Gemisch von Guanosin-2'-phosphat und Guanosin-3'-phosphat $C_{10}H_{14}O_8N_5P$.

Vorkommen. Die Guanylsäure ist eines der regelmäßig nachgewiesenen 4 Nucleotide aller bisher untersuchten RNS. Sie wurde schon 1893 von O. HAMMARSTEN[7], dann 1898 von I. BANG[8] (der auch den Namen prägte) aus der Pankreasdrüse des Rindes dargestellt (s. auch[9, 10]). Zehn Jahre später wurde sie auch in der Milz[11] und in der Leber aufgefunden[12]. Nach neueren Untersuchungen[13] kommt sie jedoch in diesen Organen nicht frei, sondern als Bestandteil der leicht hydrolysierbaren, an dieser Komponente reichen RNS vor. Aus Hefe-NS ist sie zuerst von JONES[14] durch enzymatische Hydrolyse mit Pankreasextrakt oder Hefepulver erhalten worden. Als Mononucleotid wurde sie noch aus Kaninchenmuskulatur[15] und aus Teeblättern[16] isoliert, zusammen mit den anderen RNS-Nucleotiden.

In kristallinem Zustand ist Guanylsäure zuerst aus Hefe-NS nach mehrfacher Umkristallisation ihres Brucinsalzes erhalten worden[17, 18]. Ihre Struktur wurde durch die gleichen Reaktionen geklärt, die zur Erkenntnis der Inosinsäure-Konstitution geführt hatten: Durch saure Hydrolyse wird Guanin und Ribosephosphat frei, durch neutrale oder schwach alkalische Hydrolyse entstehen Guanosin und Phosphorsäure[19]. Weitere Versuche

---

[1] KHYM, J. X., and W. E. COHN: Am. Soc. **76**, 1818 (1954).
[2] KORNBERG, A., and W. E. PRICER jr.: J. biol. Ch. **186**, 557 (1950).
[3] HEPPEL, L. A., and R. J. HILMOE: J. biol. Ch. **188**, 665 (1951).
[4] SHUSTER, L., and N. O. KAPLAN: J. biol. Ch. **201**, 535 (1953).
[5] KAPLAN, N. O., S. P. COLOWICK and M. M. CIOTTI: J. biol. Ch. **194**, 579 (1952).
[6] BALIS, M. E., D. H. LEVIN, G. B. BROWN, G. B. ELION, H. VAN DER WERFF and G. H. HITCHINGS: J. biol. Ch. **200**, 1 (1953).
[7] HAMMARSTEN, O.: H. **19**, 19 (1893).
[8] BANG, I.: H. **26**, 133 (1898/99); **31**, 411 (1900/01).
[9] LEVENE, P. A.: H. **32**, 542 (1901).
[10] STEUDEL, H.: H. **53**, 539 (1907). — STEUDEL, H., u. P. BRIGL: H. **68**, 40 (1910).
[11] JONES, W., and L. G. ROWNTREE: J. biol. Ch. **4**, 289 (1908).
[12] LEVENE, P. A., u. J. A. MANDEL: B. Z. **10**, 221 (1908).
[13] DOROUGH, G. D., and D. L. SEATON: Am. Soc. **76**, 2873 (1954).
[14] JONES, W.: J. biol. Ch. **12**, 31 (1912). — JONES, W., and A. E. RICHARDS: J. biol. Ch. **17**, 71 (1914).
[15] OSTERN, P.: B. Z. **221**, 64 (1930).
[16] CALVERY, H. O.: J. biol. Ch. **68**, 593 (1926); **72**, 549 (1927).
[17] LEVENE, P. A.: J. biol. Ch. **40**, 171, 415 (1919); **41**, 483 (1920). — LEVENE, P. A., and W. A. JACOBS: J. biol. Ch. **12**, 421 (1912).
[18] BUELL, M. V.: J. biol. Ch. **42**, 21 (1921). — BUELL, M. V., and M. E. PERKINS: J. biol. Ch. **72**, 21 (1927).
[19] LEVENE, P. A., u. W. A. JACOBS: B. **42**, 2469, 2474 (1909). B. Z. **28**, 127 (1910).

wiesen die Stellung des Phosphatrestes in 3 der Ribose nach[1, 2]. Indessen hat eine Zerlegung durch Ionenaustausch auch die Anwesenheit des 2'-Phosphats (in kleinen Mengen) neben dem 3'-Phosphat gezeigt[3].

Darstellung[4]. Am bequemsten wird Guanylsäure als tertiäres Natriumsalz aus Hefe-NS gewonnen: 50 g nucleinsaures Natrium werden in 200 cm^3 warmem Wasser gelöst, auf 0° gekühlt und mit 20 cm^3 33%iger NaOH versetzt. Nach etwa 10 min Stehenlassen in der Kälte zentrifugiert man von einem hauptsächlich aus Calciumphosphat bestehenden Niederschlag ab, versetzt die Lösung mit 20 g Natriumacetat und fällt mit 600 cm^3 Äthanol. Die Fällung wird in 50 cm^3 Wasser gelöst, mit Eisessig neutralisiert und mit 20 g Natriumacetat versetzt. Dabei fällt kein guanylsaures Natrium aus. Wird die Lösung jedoch wieder schwach alkalisiert und 24 Std bei Raumtemperatur (15—17°) stehengelassen, so scheidet sich die abgespaltene Guanylsäure als sekundäres Natriumsalz aus. Der Niederschlag wird abzentrifugiert und zweimal aus je 100 cm^3 heißer 20%iger Natriumacetatlösung umgefällt. Dann wird er in 50 cm^3 2 n NaOH gelöst und durch allmähliche Zugabe von 3—4 Vol. Äthanol wieder ausgeschieden. Das zunächst ausfallende farblose Öl kristallisiert beim Reiben mit einem Glasstab. Ausbeute an lufttrockenem Trinatriumsalz: 8,7 g.

Will man aus diesem Salz die freie Säure darstellen, so neutralisiert man seine wäßrige Lösung mit Eisessig, fällt mit neutralem Bleiacetat das Bleisalz, das nach dem Waschen mit Schwefelwasserstoff zersetzt wird, und dampft die Lösung im Vakuum ein bis zur Kristallisation der Guanylsäure. Noch zweckmäßiger läßt man die Lösung des Natriumsalzes durch die Säule eines geeigneten Kationenaustauschers fließen.

Steudel hat die eigentümliche Beobachtung gemacht, daß alte Hefe-NS-Präparate sich viel schwerer hydrolysieren lassen als frisch hergestellte. Aus einem 10 Jahre alten Präparat z. B. wurde erst nach 1stündigem Erwärmen der alkalischen Lösung auf 100° die Guanylsäure vollständig abgespalten.

Ältere, umständlichere Darstellungsmethoden, die als Ausgangsmaterial Pankreasdrüsen bzw. Pankreasnucleoproteid verwenden, s. bei Bang[5], Levene[6, 7], Feulgen[8]. Darstellung (mit den anderen 3 Mononucleotiden) durch Hydrolyse von Hefe-RNS mit Ribonuclease s. S. 1129.

Physikalische Eigenschaften. Guanylsäure kristallisiert aus wäßriger Lösung in langen prismatischen Nadeln (mit 2 Mol H_2O, die bei 100° im Vakuum nur langsam abgegeben werden)[9]. In Anwesenheit von Salzen scheidet sie sich häufig gallertig aus. In kaltem Wasser ist sie ziemlich schwer löslich (0,3%), in heißem Wasser leicht löslich. Im Gegensatz zu den höhermolekularen RNS ist sie in Essigsäure unlöslich, in Salzsäure löslich.

Lufttrockene Guanylsäure erweicht im geschlossenen Capillarrohr bei 175°, schmilzt bei 180° und zersetzt sich bei 208°; getrocknete Säure bräunt sich bei 208° ohne zu schmelzen. Säure mit 2 H_2O $[\alpha]_D^{25}$: —7,5° bis —8° (c = 2, in Wasser)[9], +15° (c = 2, in 2%iger HCl), —57° (c = 2, in 2%igem NaOH)[10]. Dissoziationskonstanten s. S. 1077, UV-Absorption s. S. 1118. UR-Spektrum[11] und Daten der Röntgenanalyse[12] s. S. 1125.

---

[1] Levene, P. A., and S. A. Harris: J. biol. Ch. **95**, 755 (1932).
[2] Michelson, A. M., and A. R. Todd: Soc. **1949**, 2476.
[3] Cohn, W. E.: Am. Soc. **72**, 1471, 2811 (1950).
[4] Steudel, H., u. E. Peiser: H. **114**, 201 (1921); **120**, 292 (1922). Handb. Pfl.-Analyse (Klein) Bd. IV, S. 419.
[5] Bang, I.: H. **26**, 133 (1898/99); **31**, 411 (1900/01).
[6] Levene, P. A.: H. **32**, 542 (1901).
[7] Dorough, G. D., and D. L. Seaton: Am. Soc. **76**, 2873 (1954).
[8] Feulgen, R.: H. **108**, 147 (1919).
[9] Levene, P. A.: J. biol. Ch. **40**, 171, 415 (1919); **41**, 483 (1920). — Levene, P. A., and W. A. Jacobs: J. biol. Ch. **12**, 421 (1912).
[10] Annau, E.: H. **190**, 222 (1930).
[11] Blout, E. R., and M. Fields: J. biol. Ch. **178**, 335 (1949).
[12] Clark, C. C.: Arch. Biochem. **31**, 18 (1951).

Nachweis und Bestimmung. Zur Abtrennung und Bestimmung der Guanylsäure aus dem Nucleotidgemisch der alkalischen RNS-Hydrolysate durch Papierchromatographie[1,2], Säulenchromatographie an Ionenaustauschern[3] und Permutit[4] sowie durch Elektrophorese[5] vergleiche die Abschnitte auf S. 1136ff. Trennung durch Gegenstromverteilung s. S. 1174.

Zur Identifizierung größerer Mengen eignet sich die Abscheidung als sekundäres Natriumsalz nach der Natriumacetat-Methode und des kristallinen tertiären Salzes mit Äthanol.

Chemisches Verhalten. Beim Kochen mit verdünnten Mineralsäuren tritt Spaltung in Guanin, Ribose und Phosphorsäure ein. Milde saure Hydrolyse führt vorwiegend zu Guanosin und Ribose[6], Erhitzen der wäßrigen Lösungen des Natrium-, Calcium- oder Bariumsalzes (130°) oder von ammoniakalischen Lösungen (135°) spaltet Phosphat ab und bildet Guanosin[7]. Natriumnitrit und Essigsäure desaminieren zu Xanthylsäure[6]. Die Guanylsäure bildet 2 Reihen von Salzen (als zweibasige bzw. als dreibasige Säure), je nachdem, ob diese aus saurer oder aus neutraler Lösung gefällt werden[8].

Mononatriumsalz. $NaC_{10}H_{13}O_8N_5P$. Durch Versetzen einer Lösung des Dinatriumsalzes in heißem Wasser mit Eisessig und Fällen mit Äthanol. Scheidet sich aus wäßrigen Lösungen gallertig ab. Enthält lufttrocken 14,4% Wasser.

Das Monokaliumsalz verhält sich ähnlich.

Dinatriumsalz[8]. $Na_2C_{10}H_{12}O_8N_5P$. Scheidet sich aus neutraler wäßriger Lösung durch Zugabe von Natriumacetat aus. Löslich in heißer 20%iger Natriumacetatlösung, aus der es sich beim Erkalten flockig ausscheidet (0,2% löslich). Löslich in kaltem Wasser (bei 20: 2,9%), leicht löslich in heißem Wasser, mit neutraler Reaktion. Verdünnte Natronlauge und verdünnte Mineralsäuren lösen leicht. Durch Essigsäure bildet sich das gelatinierende Mononatriumsalz.

Trinatriumsalz[9]. $Na_3C_{10}H_{11}O_8N_5P$. Bildet sich als sehr leicht wasserlösliches Salz mit überschüssiger Natronlauge; läßt sich mit Äthanol als anfänglich sirupöse, alsbald kristallinisch erstarrende Fällung ausscheiden. Flache Prismen oder auch Tafeln. $[\alpha]_D^{22}$°: $-38{,}3°$ (in Wasser). Hydrolysiert in wäßriger Lösung zum schwerer löslichen sekundären Salz. Siehe auch[10].

Die *Bariumsalze* sind weiße, amorphe Pulver, die in Wasser schwer löslich sind (0,08%). $BaC_{10}H_{13}O_8N_5P$ und $Ba_3(C_{10}H_{12}O_8N_5P)_2$.

Die *Kupfersalze* sind bläulichgrüne, amorphe Pulver. Auch die *Bleisalze* sind sehr schwer in Wasser löslich.

Das *Brucinsalz*[11] $(C_{23}H_{26}O_4N_2)_2 \cdot C_{10}H_{14}O_8N_5P$ kristallisiert aus verdünntem Äthanol in Platten. Wenig löslich in kaltem Wasser und Äthanol. F 233°, Zers. 240°. $[\alpha]_D^{20}$: $-26{,}0°$ (in 35%igem Äthanol). Siehe auch[10].

Physiologisches Verhalten. Guanylsäure wird durch Phosphatasen aus tierischen Geweben dephosphoryliert[12]. Wäßrige Auszüge aus Kaninchenleber und auch daraus hergestellte Trockenpräparate desaminieren Guanylsäure sowie Guanosin und Guanin[13]. Es

[1] Magasanik, B., and E. Chargaff: Biochim. biophysica Acta, N. Y. **7**, 396 (1951).
[2] Carter, C. E.: Am. Soc. **72**, 1466 (1950).
[3] Deutsch, A., R. Zuckerman and M. S. Dunn: Analyt. Chem., Washington **24**, 1769 (1952).
[4] Montreuil, J., et P. Boulanger: Cr. **231**, 247 (1950).
[5] McIndoe, W. M., and J. N. Davidson: Brit. J. Cancer **6**, 200 (1952).
[6] Knopf, M.: H. **92**, 159 (1914).
[7] Levene, P. A., u. W. A. Jacobs: B. **42**, 2469, 2474 (1909). B. Z. **28**, 127 (1910).
[8] Feulgen, R.: H. **111**, 257 (1920). — Feulgen, R., u. H. Rossenbeck: H. **125**, 284 (1923).
[9] Annau, E.: H. **190**, 222 (1930).
[10] Loring, H. S., and F. H. Carpenter: J. biol. Ch. **150**, 381 (1943).
[11] Levene, P. A.: J. biol. Ch. **40**, 171, 415 (1919); **41**, 483 (1920). — Levene, P. A., and W. A. Jacobs: J. biol. Ch. **12**, 421 (1912).
[12] Gulland, I. M., and T. F. Macrae: Soc. **1933**, 662.
[13] Schmidt, G.: H. **208**, 185 (1932).

ist ungeklärt, ob vor Desaminierung des Nucleotids und des Nucleosids eine Hydrolyse der glykosidischen Bindung eintritt oder nicht. Die Guanin-Desaminase ist weitgehend spezifisch[1].

Die Mitose im Keimzellenepithel der Ovarien von jungen Albinoratten wird durch Guanylsäure ebenso inhibiert wie durch Adenylsäure und Cytidylsäure, während Uridylsäure keinen Einfluß ausübt[2]. Von einer großen Zahl geprüfter NS-Spaltstücke zeigen nur Guanylsäure, Adenosin-3'-phosphat und Adenosin-5'-phosphat einen positiven kardiovasculären Effekt. Dabei ist die Anwesenheit des Riboserestes im Molekül notwendig, aber nicht hinreichend; notwendig ist auch die Anwesenheit einer Aminogruppe im Purinkern[3]. Die Wirkung von Guanylsäure und den anderen 3 wichtigsten Ribonucleotiden auf das Tumorwachstum wurde untersucht[4].

27 und 28. Guanylsäuren a und b = Guanosin-2'-phosphat und Guanosin-3'-phosphat $C_{10}H_{14}O_8N_5P$.

Vorkommen. Bald nachdem erkannt worden war, daß die Hefeadenylsäure in den Hydrolysaten von RNS aus 2 Isomeren besteht, gelang es, auch die Guanylsäure durch Chromatographie an Anionenaustauschern in 2 Komponenten a und b zu trennen[5].

Zur Konstitution vergleiche den Abschnitt über Adenylsäure a und b S. 1243. Ausschlaggebend für die Zuordnung der Formeln waren die Versuche von KHYM und COHN[6], nach denen Guanylsäure a (bzw. Guanylsäure b) durch Erhitzen in wäßriger Lösung in Anwesenheit eines stark sauren Kationenaustauscher-Harzes zu Guanin und Ribose-2-phosphat (bzw. Ribose-3-phosphat) hydrolysiert wurde. Damit war der Beweis erbracht, daß Guanylsäure a identisch ist mit dem Guanosin-2'-phosphat und Guanylsäure b mit dem Guanosin-3'-phosphat.

Darstellung. Das Gemisch der beiden Isomeren, wie es als Guanylsäure in den Hydrolysaten von RNS vorliegt, wird auch zur präparativen Gewinnung der Einzelkomponenten durch Säulenchromatographie an Anionenaustauschern getrennt[7].

Chemisches Verhalten. Durch Erhitzen in einer wäßrigen Aufschlämmung der Säureform von Dowex-50-Harz auf 100° wird Guanylsäure a in 30 sec zu Guanin, 45 % Ribose-2-phosphat und 12 % Ribose-3-phosphat hydrolysiert. Unter denselben Bedingungen wird Guanylsäure b in Guanin, 4 % Ribose-2-phosphat und 68 % Ribose-3-phosphat gespalten[6].

Physiologisches Verhalten. Unspezifische Phosphatasen spalten aus beiden Isomeren Phosphat ab. Spezifische b-Nucleotidasen, die in verschiedenen Pflanzen nachgewiesen und aus keimender Gerste und Rye-Gras isoliert wurden, dephosphorylieren nur das Guanosin-3'-phosphat[8] (s. auch S. 1135).

29. Xanthylsäure = Gemisch von Xanthosin-3'-phosphat und Xanthosin-2'-phosphat $C_{10}H_{13}O_9N_4P$.

Vorkommen. Xanthylsäure ist durch Desaminierung von Guanylsäure mit salpetriger Säure hergestellt und über das Bleisalz als Bariumsalz gewonnen worden[9,10]. Die Struktur der Säure ergibt sich aus ihrer Bildung (s. auch [11]). Eine Trennung der a- und b-Isomeren wurde bisher nicht beschrieben.

---

[1] ROUSH, A., and E. R. NORRIS: Arch. Biochem. **29**, 124 (1950).
[2] BERRIAN, J. H., and E. J. DORNFELD: J. exp. Zool. **115**, 513 (1950).
[3] SYDOW, V., and R. P. AHLQUIST: J. amer. pharmaceut. Ass., sci. Ed. **43**, 166 (1954).
[4] BARAKAN, T. H., G. R. BARKER, J. M. GULLAND and L. D. PARSONS: J. Path. Bacteriology **60**, 441 (1948).
[5] COHN, W. E.: Am. Soc. **72**, 1471 (1950).
[6] KHYM, J. X., and W. E. COHN: Am. Soc. **76**, 1818 (1954).
[7] COHN, W. E., and J. X. KHYM: Biochem. Prep. Bd. V, S. 40.
[8] SHUSTER, L., and N. O. KAPLAN: J. biol. Ch. **201**, 535 (1953).
[9] KNOPF, M.: H. **92**, 159 (1914).
[10] LEVENE, P. A., and A. DMOCHOWSKI: J. biol. Ch. **93**, 563 (1931). — LEVENE, P. A., and S. A. HARRIS: J. biol. Ch. **95**, 755; **98**, 9 (1932).
[11] GULLAND, J. M., E. R. HOLIDAY and T. F. MACRAE: Soc. **1934**, 1639.

Darstellung. In die Lösung von 20 g guanylsaurem Natrium in 400 cm³ Wasser und 120 cm³ Eisessig werden unter Rühren langsam 100 cm³ 30%ige Natriumnitrat-Lösung eingetropft. Nach 6stündigem Rühren wird die dünnflüssig gewordene Lösung filtriert und mit 25%iger neutraler Bleiacetat-Lösung gefällt. Nach Zerlegung des Bleisalzes mit Schwefelwasserstoff und Vertreiben des Schwefelwasserstoffs wird die Fällung als Bleisalz und dessen Zerlegung noch zweimal wiederholt. Schließlich wird die im Vakuum stark eingeengte Lösung mit abs. Äthanol versetzt. Die ausgefallene Xanthylsäure wird mit Äthanol und Äther getrocknet.

Die Isolierung kann auch durch Fällung des Quecksilbersalzes erfolgen (mit schwefelsaurer Quecksilbersulfat-Lösung, dem Reagens von HOPKINS)[1].

Physikalische Eigenschaften. Leicht löslich auch in kaltem Wasser, läßt sich mit Äthanol fällen; wurde bisher nur als farbloses, semikristallines Pulver erhalten. $[\alpha]_D^{20}$: $-41{,}7°$ (c = 3, in 5%igem NaOH).

Chemisches Verhalten. In der wäßrigen Lösung der freien Säure bilden sich in 4 Tagen bei 50° Ribosephosphat (50% d. Th.) und Xanthin. Die Ribosephosphorsäure wurde als kristallisiertes Dibrucinsalz isoliert und zu einem optisch inaktiven Ribitylphosphat reduziert[2]. Das Brucinsalz der Xanthylsäure bildet aus 30%igem Äthanol lange Nadeln (1 Xanthylsäure · 2 Brucin); F etwa 200°[1]. Blei-, Quecksilber-, Kupfer- und Silbersalz sind schwer löslich.

Physiologisches Verhalten. Ein natürliches Vorkommen der Xanthylsäure wurde bisher nicht beschrieben. Es ist noch ungeklärt, ob der Desaminierung von Guanylsäure durch spezifische Desaminasen eine Hydrolyse vorangeht oder nicht[3].

30. Cytidylsäure (Cytosylsäure) = Gemisch von Cytidin-2'-phosphat und Cytidin-3'-phosphat $C_9H_{14}O_8N_3P$.

Vorkommen. Die Cytidylsäure wurde zuerst durch saure Hydrolyse von Hefe-NS erhalten[4-7], dann auch als Spaltstück der Tritico-NS, der Pankreas-NS[8], des Nucleoproteids aus Hühnerembryonen[9] und der RNS von Tabak-Mosaikvirus[10]. Ihre Isolierung aus Teeblättern beschrieb CALVERY[11].

Sie ist seitdem als regelmäßiger Bestandteil aller aus RNS erhaltenen Nucleotidgemische nachgewiesen worden.

Daß die Cytidylsäure ein Gemisch ist (a- und b-Säure), wurde von LORING und LUTHY[12] sowie von COHN[13, 14] nachgewiesen. Die a-Säure ist Cytidin-2'-phosphat, die b-Säure Cytidin-3'-phosphat.

Eine Synthese von Cytidylsäure aus 5'-Tritylcytidin und Dibenzylchlorphosphat ist ausgeführt worden[15].

Darstellung. Cytidylsäure und Uridylsäure werden sowohl bei der alkalischen als auch bei der sauren Hydrolyse von RNS gebildet. Die Abtrennung der beiden Pyrimidin-

[1] KNOPF, M.: H. **92**, 159 (1914).
[2] LEVENE, P. A., and A. DMOCHOWSKI: J. biol. Ch. **93**, 563 (1931). — LEVENE, P. A., and S. A. HARRIS: J. biol. Ch. **95**, 755; **98**, 9 (1932).
[3] SCHMIDT, G.: H. **208**, 185 (1932). — ROUSH, A., and E. J. NORRIS: Arch. Biochem. **29**, 124 (1950).
[4] LEVENE, P. A.: B. **42**, 120 (1909). — LEVENE, P. A., u. W. A. JACOBS: B. **44**, 1027 (1911).
[5] THANNHAUSER, S. J., u. G. DORFMÜLLER: H. **104**, 65 (1918); **107**, 157 (1919); **109**, 177 (1920); **112**, 187 (1921).
[6] LEVENE, P. A., and W. A. JACOBS: J. biol. Ch. **12**, 411 (1912).
[7] LEVENE, P. A.: J. biol. Ch. **41**, 483 (1920); **67**, 325 (1926).
[8] JONES, W., and M. E. PERKINS: J. biol. Ch. **62**, 291 (1924/25).
[9] CALVERY, H. O.: J. biol. Ch. **77**, 489 (1928).
[10] SCHWERDT, C. E., and H. S. LORING: J. biol. Ch. **167**, 593 (1947).
[11] CALVERY, H. O.: J. biol. Ch. **72**, 27, 549 (1927).
[12] LORING, H. S., and N. G. LUTHY: Am. Soc. **73**, 4215 (1951).
[13] COHN, W. E.: Am. Soc. **72**, 2811 (1950).
[14] COHN, W. E., and C. E. CARTER: Am. Soc. **72**, 2606 (1950).
[15] BREDERECK, H., E. BERGER u. J. EHRENBERG: B. **73**, 269 (1940).

nucleotide aus den RNS-Hydrolysaten erfolgt durch fraktionierte Kristallisation der Brucinsalze[1], durch Fraktionierung der freien Säuren auf Grund ihrer verschiedenen Löslichkeit in Pyridin[2,3], durch Fraktionierung der Phosphorwolframate[4] sowie durch Ionenaustausch[5]. ^{14}C-enthaltende Nucleotide können aus den RNS von Escherichia coli isoliert werden, welche auf einem Medium mit ^{14}C-Bicarbonat gezüchtet wurden[6].

S. 1126 ist eine verhältnismäßig einfache Vorschrift zur präparativen Isolierung von Cytidylsäure und Uridylsäure gegeben, die sich auf die verschiedene Löslichkeit der Phosphorwolframate der Ribonucleotide gründet[4].

Physikalische Eigenschaften[7,8]. Cytidylsäure kristallisiert aus 50%igem Äthanol in dicken Prismen, aus Wasser (monoklin-sphenoidisch) in Nadeln oder länglichen Tafeln. Ist ziemlich schwer löslich in kaltem, leicht löslich in heißem Wasser. F 225° (korr., Zers.); im geschlossenen Rohr F 230—233°. $[\alpha]_D^{50}$: +48,5° (in Wasser); $[\alpha]_D^{20}$: +26° (in 10%iger HCl); +25,5° (in 2%iger NaOH); +1,0° (in 5%iger NaOH); —21,0° (in 10%iger NaOH). Dissoziationskonstanten s. S. 1077. UV-Absorption s. S. 1119.

Nachweis und Bestimmung. Zum Nachweis von Cytidylsäure und Uridylsäure in den Hydrolysaten von RNS durch Papierchromatographie[9,10], Chromatographie an Anionenaustauschern[11,12] und nachfolgende UV-Messung sowie durch Papierelektrophorese[13] s. S. 1158 bzw. S. 1142 bzw. S. 1172.

Chemisches Verhalten. Die Geschwindigkeit der sauren Hydrolyse ist untersucht worden[14]. Cytidylsäure wird beim Erhitzen mit 10%iger Schwefelsäure oder mit 5%iger Ammoniumhydroxyd-Lösung nicht desaminiert[1]. Die Bildung von Furfurol durch Erhitzen in 20%iger Salzsäure erfolgt sehr langsam; sie ist erst nach 24 Std beendet[15]. Durch Hydrierung mit Platinoxyd in wäßriger Lösung entsteht Dihydrocytidin-phosphat, das sich ebenso leicht wie Adenylsäure oder Guanylsäure hydrolysieren läßt[14]. Salpetrige Säure desaminiert Cytidylsäure zu Uridylsäure[16]. Durch Einwirkung von Perjodat entsteht keine Ameisensäure[17]. Von den anorganischen Salzen ist nur das neutrale *Bariumsalz* ($C_9H_{12}O_8N_3PBa$) kristallisiert erhalten worden[18]. Es ist in Wasser leichter löslich als das entsprechende Salz der Uridylsäure und scheidet sich aus sehr konzentrierten Lösungen in mikroskopischen Körnern aus; nach Umkristallisation bildet es reguläre Platten. $[\alpha]_D^{20}$: +14,0° (in Wasser). Bildet auch mit Brucin und *Strychnin* stabile, kristalline Salze[19]. *Brucinsalz* F 180—182°, leicht löslich in heißem Äthanol. Ein *Quecksilbersalz*, ein *Bleisalz* und ein *Uranylsalz* sind beschrieben[20].

Physiologisches Verhalten. Siehe auch die entsprechenden Abschnitte bei den Adenylsäuren (S. 1211). Extrakte aus den meisten tierischen Geweben dephosphorylieren Cytidyl-

[1] LEVENE, P. A.: J. biol. Ch. **33**, 425 (1918); **40**, 415 (1919).
[2] BREDERECK, H., u. G. RICHTER: B. **71**, 718 (1938).
[3] BARKER, G. R., J. M. GULLAND, H. SMITH and J. F. THOMAS: Soc. **1949**, 904.
[4] COHN, W. E., and C. E. CARTER: Am. Soc. **72**, 2606 (1950).
[5] LORING, H. S., P. M. ROLL and J. G. PIERCE: J. biol. Ch. **174**, 729 (1948). — COHN, W. E., and J. X. KHYM: Biochem. Prep., Bd. V, S. 40.
[6] ABELSON, PH. H., E. T. BOLTON and E. ALDOUS: J. biol. Ch. **198**, 165 (1952).
[7] THANNHAUSER, S. J., u. G. DORFMÜLLER: H. **104**, 65 (1918); **107**, 157 (1919); **109**, 177 (1920); **112**, 187 (1921).
[8] LEVENE, P. A.: J. biol. Ch. **41**, 483 (1920); **67**, 325 (1926).
[9] CARTER, C. E.: Am. Soc. **72**, 1466 (1950).
[10] EDSTRÖM, J. E.: Biochim. biophysica Acta, N. Y. **9**, 528 (1952).
[11] COHN, W. E.: Am. Soc. **72**, 1471 (1950).
[12] DEUTSCH, A., K. ZUCKERMAN and M. S. DUNN: Analyt. Chem., Washington **24**, 1769 (1952).
[13] MCINDOE, W. M., and J. N. DAVIDSON: Brit. J. Cancer **6**, 200 (1952).
[14] LEVENE, P. A., and E. JORPES: J. biol. Ch. **81**, 575 (1929); **82**, 389 (1930).
[15] HOFFMAN, W. S.: J. biol. Ch. **73**, 15 (1927).
[16] BREDERECK, H.: H. **224**, 79 (1934).
[17] EULER, H. v., P. KARRER u. B. BECKER: Helv. **19**, 1060 (1936).
[18] LEVENE, P. A.: J. biol. Ch. **39**, 80 (1919).
[19] PEISER, E.: B. **58**, 2051 (1925).
[20] HAGENGUTH, K.: H. **239**, 127 (1934).

säure sowie die 3 anderen Ribonucleotide; Adenylsäure und Guanylsäure werden desaminiert. Extrakte aus Mäusenieren desaminieren auch Cytidylsäure[1]. Über die Dephosphorylierung von 3'-Nucleotiden durch Pflanzennucleotidasen s. [2].

Normal wachsende Kulturen von Escherichia coli desaminieren, dephosphorylieren und hydrolysieren Cytidylsäure, ebenso wie die übrigen Ribonucleotide. Mit Phagen befallene Coli-Kulturen haben die gleichen Fähigkeiten, allerdings zum Teil abgeschwächt[3].

Bestimmte „pyrimidindefekte" Mutanten von Neurospora bedürfen der Pyrimidinnucleoside oder der Pyrimidinnucleotide zum Wachsen[4]. Der Verbrauch von Cytidin, Cytidylsäure, Uridin und Uridylsäure durch pyrimidindefekte Mutanten von Neurospora (Nr. 1298) kann durch Zusatz von Adenosin und Hefeadenylsäure vollständig inhibiert werden[5].

Versuche mit ^{14}C-Orotsäure haben gezeigt, daß diese beim Bebrüten mit Rattenleberschnitten oder Schnitten von Walker-Carcinom in die Pyrimidin-nucleotidanteile von RNS eingebaut wird, jedoch nicht in die Purinnucleotide[6, 7]. Während der (durch 2-Acetylamino-fluoren ausgelösten) Lebercarcinogenese wird zugesetztes 2-^{14}C-Uracil in RNS aufgenommen; in normalen Ratten geht dieser Einbau nicht vor sich[8].

Ebenso wie Hefeadenylsäure und Guanylsäure inhibiert Cytidylsäure die Mitose im Keimzellenepithel der Ovarien von jungen Albinoratten. Uridylsäure hat keinen Einfluß auf die Mitose[9]. Über den Einfluß von Cytidylsäure und Uridylsäure auf das Wachstum von Mäusetumoren s. [10].

Die bakteriostatische Wirkung von 2,4-Diaminochinazolin wird durch Cytidylsäure und Adenylsäure aufgehoben. Ribonucleoside sind unwirksam[11].

Vorbehandlung von isolierten Froschherzen mit sehr verdünnten Lösungen von Cytidylsäure, Hefeadenylsäure, Muskeladenylsäure und ATP beschleunigte die Induktion des systolischen Stillstandes durch Convallariatoxin[12]. Die Toxicität von 6-Mercaptopurin kann bei Mäusen durch Gaben von Ribonucleosiden und Ribonucleotiden gemindert werden. Weniger wirksam sind die freien Purin- und Pyrimidinbasen[13].

31 und 32. Cytidylsäuren a und b = Cytidin-2'-phosphat und Cytidin-3'-phosphat

$C_9H_{14}O_8N_3P$.

Konstitution. Auf der Suche nach einer Erklärung für die Unterschiede in den physikalischen Eigenschaften verschiedener Cytidylsäurepräparate aus RNS-Hydrolysaten (z.B. $[\alpha]_D$-Werte von $+23°$ bis $+49°$) isolierten LORING und Mitarbeiter[14, 15] durch fraktionierte Kristallisation der Dibrucinsalze und der Phosphorwolframate sowie durch Chromatographie an Dowex-1-formiat 2 Isomeren der Cytidylsäure und charakterisierten sie durch Schmelzpunkt und optische Drehung. Gleichzeitig und unabhängig davon gelang es COHN[16], Cytidylsäure und Uridylsäure durch Ionenaustausch in Isomerenpaare zu trennen, die in Analogie zu den Purinnucleotiden mit a und b bezeichnet wurden.

---

1 GREENSTEIN, J. P., C. E. CARTER, H. W. CHALKLEY and F. M. LEUTHARDT: J. nat. Cancer Inst. **7**, 9 (1946/47).
2 SHUSTER, L., and N. O. KAPLAN: J. biol. Ch. **201**, 535 (1953).
3 FRIEDMAN, S., and J. S. GOTS: J. biol. Ch. **201**, 125 (1953).
4 LORING, H. S., and J. G. PIERCE: J. biol. Ch. **153**, 61 (1944).
5 PIERCE, J. G., and H. S. LORING: Fed. Proc. **6**, 514 (1947).
6 WEED, L. L., M. EDMONDS and D. W. WILSON: Proc. Soc. exp. Biol. Med. **75**, 192 (1950).
7 WEED, L. L., and D. M. WILSON: J. biol. Ch. **189**, 435 (1951).
8 RUTMAN, R. J., A. CANTAROW and K. E. PASCHKIS: Cancer Res. **14**, 111, 119 (1954).
9 BERRIAN, J. H., and E. J. DORNFELD: J. exp. Zool. **115**, 513 (1950).
10 BARAKAN, T. H., G. R. BARKER, J. M. GULLAND and L. D. PARSONS: J. Path. Bacteriology **60**, 441 (1948).
11 HEIN, H., u. T. DIMMLING: Arzneim.-Forsch. **3**, 75 (1953).
12 FISCHER, H., u. H. LANGEMANN: Helv. physiol. Acta **9**, 406 (1951).
13 GOLDIN, A.: J. nat. Cancer Inst. **14**, 1247 (1953/54).
14 LORING, H. S., N. G. LUTHY, H. W. BORTNER and L. W. LEVY: Am. Soc. **72**, 2811 (1951).
15 LORING, H. S., and N. G. LUTHY: Am. Soc. **73**, 4215 (1951).
16 COHN, W. E.: Am. Soc. **72**, 2811 (1951).

Da Cytidin-5'-phosphat bereits bekannt war und enzymatische Dephosphorylierung der beiden neuen Isomeren zu ein und demselben Cytidin führte[1, 2], wurden diese als Cytidin-2'-phosphat und als Cytidin-3'-phosphat formuliert. Aus dem Vergleich der UV-Spektren und der pK-Werte der Cytidylsäuren a und b wurde geschlossen, daß Cytidylsäure a mit Cytidin-2'-phosphat und Cytidylsäure b mit Cytidin-3'-phosphat identisch ist[3–5]. Zu demselben Ergebnis führte ein Vergleich der IR-Spektren und optischen Drehungen der Phosphate von Cytidin und Desoxycytidin. So ist z. B. das IR-Spektrum des synthetischen Desoxycytidin-3'-phosphats fast identisch mit jenem von einer der beiden isomorphen Modifikationen der Cytidylsäure b, jedoch verschieden von den IR-Spektren der beiden isomorphen Modifikationen der Cytidylsäure a[6].

Diese indirekten Konstitutionsbeweise wurden später bestätigt durch die Spaltung der beiden Isomeren in die entsprechenden Ribose-phosphate[7, 8].

Darstellung. Durch fraktionierte Kristallisation der Phosphorwolframate der Cytidylsäure aus Pyridin gelingt es, reine Cytidylsäure a zu isolieren. Die fraktionierte Kristallisation der Dibrucinsalze führt zur Isolierung von reiner Cytidylsäure b[9, 10]. Die Trennung des Isomerengemisches läßt sich auch im präparativen Maßstab durch Chromatographie an Dowex-1-Harz ausführen, wobei mit Salzsäure oder Ameisensäure eluiert wird[9, 11, 12].

Größere Mengen von reinen Isomeren der Cytidylsäure können relativ einfach durch fraktionierte Kristallisation der Ammoniumsalze gewonnen werden[12]:

10 g Cytidylsäure (Isomerengemisch aus RNS-Hydrolysat) werden in möglichst wenig heißem Wasser gelöst unter Zugabe von konz. Ammoniak bis zu einem p_H der Lösung von 5—6. Nach Zusatz von 2 Vol. Äthanol wird die Lösung über Nacht im Kühlschrank aufbewahrt. Hierbei kristallisieren 4,1 g Ammoniumsalz der Cytidylsäure a aus ($[\alpha]_D$: $-6,3°$). Die Mutterlauge wird im Luftstrom auf 20 cm^3 eingeengt und mit 40 cm^3 Äthanol versetzt, worauf nochmals 1,3 g desselben Salzes ($[\alpha]_D$: $-6,0°$) auskristallisieren. Die Mutterlauge wird auf 20 cm^3 eingeengt und auf p_H 3 gebracht; sie scheidet beim Aufbewahren im Kühlschrank über Nacht 6,3 g eines Produktes aus, das hauptsächlich aus freier Cytidylsäure b besteht ($[\alpha]_D$: $+41°$). Nach zweimaliger Umkristallisation aus Wasser steigt die optische Drehung auf $[\alpha]_D$: $+44,8°$ an (4,9 g Ausbeute).

Das Ammoniumsalz der Cytidylsäure a wird durch Umkristallisation aus Wasser und Alkohol gereinigt und weist schließlich eine optische Drehung von $[\alpha]_D$: $-7,1°$ auf. Die freie kristallisierte Cytidylsäure a erhält man aus der wäßrigen Lösung des Ammoniumsalzes durch Ansäuern bis p_H 2,8—3,0.

Physikalische Eigenschaften. *Cytidylsäure a.* Kristallisiert aus Wasser oder verdünntem Äthanol. F 238—239° (Zers.)[9, 10]. Beim raschen Eintrocknen einer wäßrigen Lösung im Vakuum über Phosphorpentoxyd wird ein amorphes Produkt erhalten[13]. Läßt man Cytidylsäure a aus einer 1%igen wäßrigen Lösung langsam auskristallisieren, so scheidet sich an der Glaswand eine andere Kristallform ab als in der Lösung. Diese beiden Modifikationen unterscheiden sich in ihren IR-Spektren. Die physikalischen und chemischen Eigenschaften ihrer Lösungen sind jedoch vollkommen gleich, so daß es sich um Polymorphie handelt[13]. $[\alpha]_D^{20}$: $+20,7°$ (c = 0,5 in Wasser)[9, 10]; $[\alpha]_D$: $+18°$ (bei p_H 3,2)[12].

[1] Loring, H. S., M. L. Hammell, L. W. Levy and H. W. Bortner: J. biol. Ch. **196**, 821 (1952).
[2] Sable, H. Z.: Biochim. biophysica Acta, N. Y. **12**, 522 (1953).
[3] Cavalieri, L. F.: Am. Soc. **74**, 5804 (1952).
[4] Fox, J. J., L. F. Cavalieri and N. Chang: Am. Soc. **75**, 4315 (1953).
[5] Cavalieri, L. F.: Am. Soc. **75**, 5268 (1953).
[6] Michelson, A. M., and A. R. Todd: Soc. **1954**, 34.
[7] Baron, F., and D. M. Brown: Soc. **1955**, 2855.
[8] Brown, D. M., and A. R. Todd: Ann. Rev. **24**, 311 (1955).
[9] Loring, H. S., N. G. Luthy, H. W. Bortner and L. W. Levy: Am. Soc. **72**, 2811 (1951).
[10] Loring, H. S., and N. G. Luthy: Am. Soc. **73**, 4215 (1951).
[11] Cohn, W. E.: Am. Soc. **72**, 2811 (1951). — Cohn, W. E., and J. X. Khym: Biochem. Prep., Bd. V, S. 40.
[12] Loring, H. S., H. W. Bortner, L. W. Levy and M. L. Hammell: J. biol. Ch. **196**, 807 (1952).
[13] Harris, R. J. C., S. F. D. Orr, E. M. F. Roe and J. F. Thomas: Soc. **1953**, 489.

Die UV-Spektren der beiden Isomeren a und b sowie deren pK-Werte wurden sehr genau gemessen und unterscheiden sich nur wenig voneinander[1-4] (s. S. 1119 und 1077).

Cytidylsäure b kristallisiert aus Wasser oder Äthanol ebenfalls in 2 polymorphen Modifikationen und kann durch schnelles Eintrocknen einer wäßrigen Lösung im Vakuum auch in amorpher Form erhalten werden[5]. Die beiden kristallisierten Modifikationen unterscheiden sich in ihren UR-Spektren[5]. F 233—234° (Zers.)[6, 7]. $[\alpha]_D^{20}$: + 49,4°[6, 7] (c = 0,5, in Wasser); $[\alpha]_D$: + 50° bei p_H 3,2[1]. UV-Spektren und pK-Werte bei[1-4] (s. S. 1119 und 1077).

Spezifische Drehung der Cytidylsäuren a und b bei verschiedenen p_H-Werten[1]:

Die Drehung wurde bei p_H 3,2 in 0,5%iger Lösung, in allen anderen Fällen in 1%iger Lösung bestimmt. p_H 0 wurde in 1 n HCl und p_H 14 in 1 n NaOH gemessen.

Präparat	pH 0	pH 5,2	pH 9	pH 11	pH 14
Säure b $[\alpha]_D$=50°, p_H 3,2	+ 29°	+ 37°	+ 46°	+ 46°	+ 17°
Säure a $[\alpha]_D$=18°, p_H 3,2	+ 32°	+ 2°	— 8°	— 8°	— 2°

Nachweis und Bestimmung. Trennung und Bestimmung der Cytidylsäuren a und b erfolgen durch Chromatographie an Anionenaustauschern (Dowex-1) und Messung der UV-Absorption der einzelnen Fraktionen[1, 6, 8]. Rückschlüsse auf das Mengenverhältnis der Isomeren in Gemischen können aus dem Wert der optischen Drehung z. B. in wäßriger Lösung oder in Pufferlösung von p_H 3,2 gezogen werden.

Chemisches Verhalten. Durch 1stündiges Erhitzen der reinen Isomeren in 1 n Schwefelsäure auf 100° stellt sich von beiden Seiten etwa dasselbe Gleichgewicht ein (43 % a- und 57 % b-Komponente). Mehrstündiges Erhitzen in wäßriger Lösung (p_H 3,2) bewirkt Dephosphorylierung und Desaminierung beider Isomeren. Wenig verändert werden die Säuren dagegen beim Erhitzen in wäßriger Lösung von p_H 11—12 (2,5 Std) und beim Stehenlassen der Lösungen in 1 n NaOH bei Raumtemperatur. Beide Isomeren sind beständig gegen Perjodat[1].

Physiologisches Verhalten. Prostata-Phosphatase spaltet aus beiden Isomeren Phosphat ab[9], während spezifische, aus Pflanzen isolierte b-Nucleotidasen lediglich die b-Formen der Purin- und Pyrimidinnucleotide dephosphorylieren[10].

Unter der Einwirkung von Prostata-Phosphatase entstehen aus Cytidin und Phenylphosphat als Phosphatquelle die Cytidylsäuren a und b sowie Cytidin-5'-phosphat[11].

Beide Isomeren werden in gleichem Maße zum Aufbau der Pyrimidine in RNS verbraucht, wenn man sie Ratten subcutan injiziert[12].

Purin- und Pyrimidin-nucleotide aus RNS-Hydrolysaten werden im Gegensatz zu den entsprechenden Nucleosiden nicht von defekten Neurospora-Stämmen verbraucht[9].

33. Uridylsäure (Uracylsäure) = Gemisch von Uridin-2'-phosphat und Uridin-3'-phosphat $C_9H_{13}O_9N_2P$.

Vorkommen. Die Uridylsäure wurde zusammen mit der Cytidylsäure zuerst als Produkt der sauren Hydrolyse von Hefe-NS gewonnen[13-16], dann auch aus dem β-Nucleo-

[1] LORING, H. S., H. W. BORTNER, L. W. LEVY and M. L. HAMMELL: J. biol. Ch. **196**, 807 (1952).
[2] CAVALIERI, L. F.: Am. Soc. **74**, 5804 (1952).
[3] FOX, J. J., L. F. CAVALIERI and N. CHANG: Am. Soc. **75**, 4315 (1953).
[4] CAVALIERI, L. F.: Am. Soc. **75**, 5268 (1953).
[5] HARRIS, R. J. C., S. F. D. ORR, E. M. F. ROE and J. F. THOMAS: Soc. **1953**, 489.
[6] LORING, H. S., N. G. LUTHY, H. W. BORTNER and L. W. LEVY: Am. Soc. **72**, 2811 (1951).
[7] LORING, H. S., and N. G. LUTHY: Am. Soc. **73**, 4215 (1951).
[8] COHN, W. E.: Am. Soc. **72**, 2811 (1951).
[9] LORING, H. S., M. L. HAMMELL, L. W. LEVY and H. W. BORTNER: J. biol. Ch. **196**, 821 (1952).
[10] SHUSTER, L., and N. O. KAPLAN: J. biol. Ch. **201**, 535 (1953).
[11] BRAWERMAN, G., and E. CHARGAFF: Am. Soc. **75**, 4113 (1953).
[12] REICHARD, P.: Acta chem. scand. **7**, 862 (1953).
[13] LEVENE, P. A.: B. Z. **17**, 120 (1909).
[14] LEVENE, P. A., u. W. A. JACOBS: B. **44**, 1027 (1911).
[15] THANNHAUSER, S. J., u. G. DORFMÜLLER: H. **100**, 121, 143 (1917).
[16] LEVENE, P. A.: J. biol. Ch. **41**, 1, 483 (1920).

proteid aus Hühnerembryonen[1]. Sie ist seitdem als nucleotidisches Spaltstück aller daraufhin untersuchten RNS erhalten worden. Aus dem Coenzym einer Nierenphosphatase wird durch Baryteinwirkung Uridylsäure abgespalten. Radioaktive Phosphatase enthält alle Aktivität in der durch alkalische Hydrolyse abspaltbaren Uridylsäure[2]. Vier Jahrzehnte lang wurde Uridylsäure als einheitliche Substanz betrachtet, bis COHN sie in die beiden Komponenten a und b (Uridin-2'-phosphat bzw. -3'-phosphat) trennte[3]. Synthese aus 5'-Trityluridin und Dibenzylchlorphosphat[4].

Darstellung. Die Säure wurde ursprünglich als Brucinsalz von der Cytidylsäure abgetrennt, durch mehrfache Umkristallisation gereinigt, dann als Ammoniumsalz vom Alkaloid befreit und in das Bleisalz übergeführt. Nach dessen Zersetzung mit Schwefelwasserstoff ließ sich nach dem Eindampfen der Lösung durch Aufnahme in Methanol das Nucleotid kristallisiert erhalten. Aus dem Ammoniumsalz konnte auch das kristalline Bariumsalz gewonnen werden[5].

Neuere Angaben zur Isolierung von Uridylsäure aus sauren und alkalischen Hydrolysaten von RNS durch Fällungsmethoden s. S. 1126, durch Ionenaustausch s. S. 1142.

^{14}C-Uridylsäure wurde aus RNS von Coli-Bakterien isoliert, welche auf einem Nährboden mit ^{14}C-Hydrogencarbonat gezüchtet worden waren[6].

Physikalische Eigenschaften. Kristallisiert aus Methanol in langen Prismen mit zugespitzten Enden. F 198,5°; 202° (korr.)[7]. Sehr leicht wasserlöslich. $[\alpha]_D^{10}$: +10,5° (c = 2, in Wasser); +6,5° (in 2%iger NaOH); −15,0° (in 5%iger NaOH)[7]. $[\alpha]_D^{20}$: +11,1° (in Wasser). Dissoziationskonstanten s. S. 1077. UV-Absorption s. S. 1123.

Chemisches Verhalten. Die Geschwindigkeit der Phosphatabspaltung durch Säuren ist von der gleichen Größenordnung wie jene von Inosinsäure. Ammoniakalische Hydrolyse führt zu Uridin[8]. Die Bildung von Furfurol beim Erhitzen mit 20%iger Salzsäure ist sehr langsam (s. Angaben bei Cytidylsäure). Uridylsäure läßt sich in 5'-Stellung mit Tritylchlorid umsetzen[9].

Das *Diammoniumsalz* $C_9H_{11}O_9N_2P(NH_4)_2 \cdot 0{,}5\ H_2O$ kristallisiert in schweren, länglichen Prismen, zersetzt sich bei 185° (Zers.); $[\alpha]_D^{20}$: +21,0°[5, 7].

Das *Monoammoniumsalz* $C_9H_{12}O_9N_2PNH_4$ kristallisiert in Ballen von langen Nadeln, sintert bei 210°, zersetzt sich bei 240°: $[\alpha]_D^{20}$: +10,5; +13,0°[5, 7].

Brucinsalz $(C_9H_{13}O_9N_2P(C_{23}H_{16}O_4N_2)_2 \cdot 7\ H_2O$. F 195° (korr.); F 185—195°; $[\alpha]_D^{20}$: −20,0°. Wird von Chloroform nicht zerlegt.

Das *Bleisalz* (lange Nadeln) ist auch in heißem Wasser sehr wenig löslich (0,3% bei 20°)[10], löst sich jedoch in Natriumacetat-Lösung.

Das *Bariumsalz* $C_9H_{11}O_9N_2PBa$ kristallisiert in langen prismatischen Nadeln; $[\alpha]_D^{20}$: +3,5° (in 2,5%iger HCl).

Physiologisches Verhalten. Siehe die entsprechenden Abschnitte bei Adenylsäure und Cytidylsäure.

34 und 35. Uridylsäuren a und b = Uridin-2'-phosphat und Uridin-3'-phosphat $C_9H_{13}O_9N_2P$.

Konstitution. COHN zeigte erstmalig, daß die Uridylsäure in den Hydrolysaten von RNS ebenso wie die übrigen Nucleotide als Gemisch zweier Isomeren vorliegt, welche

---

[1] CALVERY, H. O.: J. biol. Ch. **77**, 489 (1928).
[2] TÁMAYO, M. L., and E. F. ALVAREZ: Nature **173**, 548 (1954).
[3] COHN, W. E., and C. E. CARTER: Am. Soc. **72**, 2606 (1950).
[4] BREDERECK, H., u. E. BERGER: B. **73**, 1124 (1940).
[5] LEVENE, P. A.: J. biol. Ch. **33**, 425 (1918); **40**, 415 (1919).
[6] ABELSON, P. H., E. T. BOLTON and T. ALDOUS: J. biol. Ch. **198**, 165 (1952).
[7] LEVENE, P. A.: J. biol. Ch. **41**, 1, 483 (1920).
[8] LEVENE, P. A., u. W. A. JACOBS: B. **44**, 1027 (1911).
[9] BREDERECK, H.: H. **224**, 79 (1934).
[10] HAGENGUTH, K.: H. **239**, 127 (1936).

durch Chromatographie an Anionenaustauschern getrennt werden können[1]. Die Konstitution geht aus der Bildung von Uridylsäure a und b durch Desaminierung von Cytidylsäure a und b hervor[2-5]. Eine eindeutige Synthese von Uridin-2'-phosphat[6].

Darstellung. Die chromatographische Trennung des Isomerengemisches erfolgte durch Adsorption an Dowex-1-Harz und Elution mit sehr verdünnter Salzsäure[1, 3, 4] (s. S. 1142).

Eine weitere Möglichkeit zur Darstellung der Uridylsäuren a und b ist die Desaminierung der Cytidylsäuren a und b unter Bedingungen, welche eine Wanderung des Phosphatrestes ausschließen[2, 5].

1) Bariumsalze der Uridylsäuren a und b[5]. Eine Lösung von 800 mg $NaNO_2$ in 3 cm³ Wasser wird tropfenweise einer solchen von 25 mg Cytidylsäure a (bzw. Cytidylsäure b) in 8,3 cm³ 2 n Essigsäure hinzugefügt. Nach 4stündigem Stehen bei 23° ist die Reaktion beendet, wie durch Messung der UV-Absorption der Lösung gezeigt werden kann. Nun gibt man 2 Tropfen Phenolrot-Indikator und soviel 5 n KOH (etwa 3,5 cm³) zu der Lösung, bis eine schwache Rosafärbung stehenbleibt. Anschließend wird mit 1 cm³ 25%iger Bariumacetatlösung und 30 cm³ 95%igem Äthanol versetzt. Der Niederschlag wird abzentrifugiert, mit je 30 cm³ 66%igem Äthanol, absolutem Äthanol und Äther gewaschen und im Vakuum über Phosphorpentoxyd getrocknet. Ausbeute 35—45 mg des Bariumsalzes der Uridylsäure a (bzw. der Uridylsäure b).

2) Dibrucinsalz der Uridylsäure b[2]. 100 mg kristallisierte Cytidylsäure b werden in 1,5 cm³ Wasser suspendiert, in dem 0,41 g Natriumnitrit gelöst sind. Nach tropfenweiser Zugabe von 0,41 cm³ Eisessig erfolgt Gasentwicklung an den Cytidylsäure b-Kristallen, die nach 2 Std vollständig aufgelöst sind. Die Lösung wird weitere 15 Std bei 5° gehalten, dann zweimal im Vakuum zur Trockne eingedampft. Der Rückstand wird mit einer Lösung von 0,245 g Brucin (2 Mol je Mol Uridylsäure) in 4 cm³ warmem Äthanol aufgenommen. Beim Aufbewahren der Lösung im Kühlschrank scheiden sich farblose Kristalle ab, die abgesaugt, mehrere Male mit wenig 95%igem Äthanol gewaschen und getrocknet werden. Ausbeute 0,32 g (87% der Theorie). Nach dem Umkristallisieren $[\alpha]_D$: —58,9° (c = 1,0 in Pyridin).

Die auf dieselbe Weise hergestellte Uridylsäure a gibt kein schwerlösliches Dibrucinsalz. Es ist deshalb anzunehmen, daß das oben beschriebene Dibrucinsalz identisch ist mit dem aus dem Isomerengemisch isolierten Dibrucinsalz $[\alpha]_D$: —55—57,7°.

Physikalische Eigenschaften. Uridylsäure b bildet beim Anreiben konzentrierter wäßriger Lösungen mit Methanol Kristalle, F 195°[4].

Chemisches Verhalten. Durch Erhitzen der reinen Isomeren in 0,1 n HCl stellt sich in kurzer Zeit durch Wanderung der Phosphatgruppen von beiden Seiten dasselbe Gleichgewicht zwischen Uridylsäure a und b ein[1, 2, 4].

Physiologisches Verhalten. Durch spezifische b-Nucleotidasen aus Pflanzen wird Uridylsäure b dephosphoryliert, Uridylsäure a jedoch nicht angegriffen[5].

36, 37, 38, 39. Die cyclischen Phosphate von Adenosin, Guanosin, Cytidin und Uridin = Adenosin-2',3'-phosphat $C_{10}H_{12}O_6N_5P$, Guanosin-2',3'-phosphat $C_{10}H_{12}O_7N_5P$, Cytidin-2',3'-phosphat $C_9H_{12}O_7N_3P$ und Uridin-2',3'-phosphat $C_9H_{11}O_8N_2P$.

Vorkommen. Zur Erklärung der auch im alkalischen Medium stattfindenden Wanderung der Phosphatgruppe in den Ribonucleotiden von 2'-Stellung in 3'-Stellung und umgekehrt nahm TODD an, daß als Zwischenprodukte cyclische 2',3'-Phosphate der Nucleoside gebildet werden[7]. Damit wird auch verständlich, warum die RNS im Gegensatz zu den in 2'-Stellung kein Hydroxyl tragenden DNS bereits im schwach alkalischen

[1] COHN, W. E.: Am. Soc. **72**, 2811 (1950). — COHN, W. E., and J. X. KHYM: Biochem. Prep., Bd. V, S. 40.
[2] LORING, H. S., and N. G. LUTHY: Am. Soc. **73**, 4215 (1951).
[3] BROWN, D. M., C. A. DEKKER and A. R. TODD: Soc. **1952**, 2715.
[4] BROWN, D. M., D. I. MAGRATH and A. R. TODD: Soc. **1954**, 1442.
[5] SHUSTER, L., and N. O. KAPLAN: J. biol. Ch. **201**, 535 (1953).
[6] BROWN, D, M., A. R. TODD and S. VARADARAJAN: Soc. **1956**, 2388.
[7] BROWN, D. M., and A. R. TODD: Soc. **1952**, 52.

Medium leicht zu Nucleotiden abgebaut werden können. Bestätigt wurde diese Annahme durch die Versuche von MARKHAM und SMITH[1, 2], welche in alkalischen und enzymatischen Hydrolysaten von RNS diese cyclischen Phosphate der Ribonucleoside papierchromatographisch und papierelektrophoretisch nachweisen konnten.

Für die Formulierung als cyclisches 2′,3′-Phosphat sprechen die Synthese (Wasserentzug aus den entsprechenden Ribonucleotiden)[3], die Ergebnisse der elektrometrischen Titration sowie die Hydrolyse durch Säuren und Alkalien zu den Isomerenpaaren a und b der entsprechenden Nucleotide[3].

Darstellung. Aus Adenosin-2′-phosphat, Adenosin-3′-phosphat und dem Isomerengemisch der Hefeadenylsäure wird durch Wasserentzug mit Trifluoressigsäure-anhydrid stets ein und dasselbe cyclische Phosphat, nämlich Adenosin-2′,3′-phosphat, erhalten. Ebenso wurde aus Cytidin-2′-phosphat, Cytidin-3′-phosphat und „Cytidylsäure" das Cytidin-2′,3′-phosphat dargestellt. Bei der Darstellung von Guanosin-2′,3′-phosphat und Uridin-2′,3′-phosphat wurden der Einfachheit halber die Isomerengemische Guanylsäure und Uridylsäure als Ausgangsmaterial verwendet. Der Wasserentzug erfolgte in allen Fällen durch die Einwirkung von Trifluoressigsäure-anhydrid[3].

Die cyclischen Phosphate der Ribonucleotide können auch aus den Hydrolysaten von RNS isoliert werden, wenn bei der Hydrolyse bestimmte Bedingungen eingehalten werden[1, 2].

1) Alkalische Hydrolyse: Handelsübliche RNS wird umgefällt und enteiweißt. Das gereinigte Produkt wird in Wasser aufgeschlämmt und in Gegenwart einer kleinen Menge Bariumcarbonat 1 Std unter Rückfluß gekocht. Die Ausbeute an cyclischen Phosphaten ist bei diesem Verfahren nur gering[1].

2) Enzymatische Hydrolyse: 5 g RNS werden in einer Lösung von 1 mg kristallisierter Ribonuclease in 100 cm^3 Wasser aufgeschlämmt. Der p_H ist auf 7,5 einzustellen. Die Suspension wird in einem Dialysierschlauch mechanisch gerührt. Das Dialysat wird von Zeit zu Zeit gesammelt und im Vakuum eingedampft. Es enthält erhebliche Mengen an cyclischen Pyrimidin-nucleotiden, aber nur Spuren von cyclischen Purin-nucleotiden.

Zur Trennung werden 10—20 mg Hydrolysat-Rückstand in 0,5 cm^3 Wasser gelöst, in einer Frontbreite von 25 cm auf Whatman-Papier Nr. 3 aufgetragen und mit dem Lösungsmittelgemisch: wassergesättigtes sek. Butanol-Eisessig (98 : 2, v/v) entwickelt. Die cyclischen Pyrimidinnucleotide wandern schneller als die übrigen Komponenten des Hydrolysates und werden auf diese Weise auch voneinander getrennt. Und zwar hat Uridin-2′,3′-phosphat einen höheren R_F-Wert als die analoge Cytidinverbindung[1].

Physikalische Eigenschaften. Die cyclischen Phosphate wurden nicht als freie Säuren, sondern in Form ihrer Barium- und Ammoniumsalze isoliert.

Die *Ammoniumsalze* von Adenosin-, Cytidin- und Uridin-2′,3′-phosphat sind als sehr hygroskopische farblose Substanzen beschrieben, welche durch Lösen in Methanol und Ausfällen mit Äther gereinigt werden können[3].

Bariumsalze. Das Bariumsalz von Adenosin-2′,3′-phosphat hat die Zusammensetzung $(C_{10}H_{11}O_6N_5P)_2Ba$, ist mikrokristallin und sehr hygroskopisch. Es enthält je nach Trocknungsgrad wechselnde Mengen Kristallwasser (bis 4 Mol). Die Reinigung erfolgt durch Fällen mit Methanol aus konzentrierter wäßriger Lösung[3].

Das Bariumsalz des Guanosin-2′,3′-phosphats mit der Zusammensetzung $(C_{10}H_{11}O_7N_5P)_2Ba$ ist amorph und wird durch Ausfällen mit Aceton aus wäßriger Lösung gereinigt[3].

Die Bariumsalze von Cytidin-2′,3′-phosphat $(C_9H_{11}O_7N_3P)_2Ba$ und Uridin-2′,3′-phosphat $(C_9H_{10}O_8N_2P)_2Ba$ sind gleichfalls amorph und können durch Umfällen mit Methanol aus wäßriger Lösung rein erhalten werden. Die Substanzen sind hygroskopisch[3].

---

[1] MARKHAM, R., and J. D. SMITH: Biochem. J. **52**, 552 (1952).
[2] MARKHAM, R., and J. D. SMITH: Nature **168**, 406 (1951).
[3] BROWN, D. M., D. I. MAGRATH and A. R. TODD: Soc. **1952**, 2708.

Die *elektrometrische Titration* bestätigt die Abwesenheit einer sekundären Phosphatgruppe in allen 4 Verbindungen[1].

Die *UV-Absorption* ist S. 1124 angegeben[1, 2].

Nachweis und Bestimmung. Die cyclischen Phosphate können voneinander und von den a- und b-Isomeren der Ribonucleotide durch Papierchromatographie und Papierelektrophorese getrennt werden[2]. Die Identifizierung der Substanzen auf den Papierchromatogrammen erfolgt durch Messung der UV-Absorption, Vergleich der R_F-Werte mit jenen der synthetischen cyclischen Phosphate und durch Hydrolyse zum Gemisch der a- und b-Isomeren des entsprechenden Nucleotids (s. S. 1150)[1, 2].

Chemisches Verhalten. Die cyclischen Phosphate werden bei Raumtemperatur in Phosphat-Citrat-Pufferlösungen von p_H 4—9 in 18 Std nicht hydrolysiert. 0,1 n Salzsäure hydrolysiert in 1 Std bei 18° und in 15 min bei 100° quantitativ zum Gemisch des entsprechenden Nucleosid-2'-phosphat und Nucleosid-3'-phosphat. Dasselbe geschieht unter der Einwirkung von 0,5 n NaOH bei 37° in 12 Std. Bei p_H 2 erfolgt in 18 Std bei Raumtemperatur nur eine 5—10%ige Hydrolyse[1].

Physiologisches Verhalten. Kristallisierte Ribonuclease hydrolysiert bei p_H 7,5 und 37° in 20 Std die cyclischen Phosphate von Cytidin und Uridin zu Cytidylsäure b bzw. zu Uridylsäure b, greift jedoch die Purinverbindungen nicht an[2, 3]. Lactobacillus bulgaricus verbraucht statt Orotsäure ebensogut Uridin-2',3'-phosphat. Aus den Versuchsergebnissen wird geschlossen, daß Uridin-2',3'-phosphat und Guanosin-2',3'-phosphat im Gleichgewicht mit anorganischem Phosphat stehen[4].

40 und 41. Die 3',5'- bzw. 2',5'-Diphosphate von Cytidin und Uridin $C_9H_{15}O_{11}N_3P_2$ **und** $C_9H_{14}O_{12}N_2P_2$ [5].

Die enzymatische Hydrolyse von RNS mit Schlangengift-Diesterase (Gift von Crotalus adamanteus, aus dem die 5'-Nucleotidase entfernt wurde[6]) spaltet die Pyrimidinnucleotide zum Teil als 3',5'- bzw. 2',5'-Diphosphate von Cytidin und Uridin ab. Die Abtrennung der Pyrimidinnucleosiddiphosphate aus diesen Hydrolysaten erfolgt durch Ionenaustausch (s. S. 1147).

Die Diphosphate werden durch die Messung der UV-Absorption und durch Phosphat- und Kohlenhydratanalysen identifiziert (das Molverhältnis von Base : Phosphat : Ribose beträgt 1 : 2 : 1). Beim 1stündigen Kochen mit 1 n Schwefelsäure werden nur 15% des Gesamtphosphats als anorganisches Phosphat abgespalten, so daß es sich bei den betreffenden Substanzen nicht um Pyrophosphate handeln kann.

Auch die enzymatischen Reaktionen sprechen dafür, daß ein Gemisch von 3',5'- und 2',5'-Diphosphat des Cytidins bzw. des Uridins vorliegt. So wird unter der Einwirkung von Kartoffelphosphatase, welche die 3'- und 5'-Phosphate des Cytidins, nicht aber dessen 2'-Phosphat dephosphoryliert, etwas mehr als die Hälfte des Gesamtphosphats unter Bildung von Cytidin und Cytidylsäure a abgespalten. Gersten-Phosphatase, welche Cytidylsäure b schnell, Cytidylsäure a langsam und Cytidin-5'-phosphat sehr langsam dephosphoryliert, baut Cytidin-diphosphat zu einem Gemisch von Cytidin-2'-phosphat und Cytidin-5'-phosphat ab.

b) Die Desoxyribo-mononucleotide.

42. Desoxy-adenylsäure = Desoxyadenosin-5'-phosphat $C_{10}H_{14}O_6N_5P \cdot H_2O$.

Vorkommen. Desoxyadenosin-5'-phosphat wurde zuerst von Klein und Thannhauser aus einem enzymatischen Hydrolysat von Thymus-DNS isoliert[7]. Es ist ebenso

[1] Brown, D. M., D. I. Magrath and A. R. Todd: Soc. **1952**, 2708.
[2] Markham, R., and J. D. Smith: Biochem. J. **52**, 552 (1952).
[3] Brown, D. M., C. A. Dekker and A. R. Todd: Soc. **1952**, 2715.
[4] Rose, I. A., and C. E. Carter: J. biol. Ch. **207**, 701 (1954).
[5] Cohn, W. E., and E. Volkin: J. biol. Ch. **203**, 319 (1953).
[6] Hurst, R. O., and G. C. Butler: J. biol. Ch. **193**, 91 (1951).
[7] Klein, W., u. S. J. Thannhauser: H. **224**, 252 (1934).

wie die 5'-Phosphate von Desoxyguanosin, Desoxycytidin und Thymidin ein Hauptbestandteil aller bisher untersuchten DNS.

Die Konstitution ergibt sich aus der enzymatischen Hydrolyse durch 5'-Nucleotidasen zu Desoxyadenosin und anorganischem Phosphat[1, 2]. Wegen der Angreifbarkeit durch spezifische 5'-Nucleotidasen wurde angenommen, daß der Desoxyriboserest in 5'-Stellung mit Phosphorsäure verestert ist[2]; der endgültige Beweis für das Vorliegen einer 5'-Verknüpfung wurde jedoch erst in jüngster Zeit erbracht durch die Synthese von Desoxyadenosin-5'-phosphat und von Desoxyadenosin-3'-phosphat. Es konnte gezeigt werden, daß die natürliche Desoxyadenylsäure aus den Hydrolysaten von DNS identisch ist mit dem 5'-Phosphat des Desoxyadenosins[3].

Darstellung. Die vier wichtigsten Desoxyribonucleotide der DNS entstehen in guter Ausbeute durch enzymatische Hydrolyse von DNS verschiedensten Ursprungs. Sowohl die alkalische Hydrolyse wie die saure Hydrolyse der DNS sind zur Gewinnung der Desoxyribonucleotide unbrauchbar.

Die ersten Darsteller der Desoxyribonucleotide ließen einen Extrakt aus Kalbsdarmschleimhaut auf Thymus-DNS bei p_H 8,5 einwirken, in dem die 5'-Nucleotidase-Aktivität durch Zusatz von Arsenat gehemmt worden war[1, 4]. Spätere Autoren konnten die Ausbeuten an Nucleotiden verbessern, indem sie auf Oligonucleotidgemische aus DNS[5] oder auf nicht vorverdaute DNS gereinigte Phosphodiesterasen aus Schlangengift, Duodenalextrakt, Nierenextrakt usw. einwirken ließen[6], aus denen die 5'-Nucleotidase-Aktivität durch chromatographische Operationen[7] oder, besonders weitgehend und einfach, durch Acetonfällung beseitigt worden war. So konnte mit Hilfe einer durch Acetonfällung gereinigten Phosphodiesterase Kalbsthymus-DNS fast quantitativ in Mononucleotide gespalten werden; nur 1% des Hydrolysats bestand aus Desoxyribonucleosiden[8].

In neueren Arbeiten wird die Trennung des enzymatisch hergestellten Nucleotidgemisches durch Chromatographie an Anionenaustauschern beschrieben[5, 6, 8] (s. S. 1147). Die früheren Methoden bedienen sich der Fraktionierung der Ammonium-, Brucin- und Bariumsalze der Desoxyribonucleotide mit Äthanol-Wasser-Gemischen und sind besonders im Falle der Desoxypyrimidinnucleotide sehr langwierig. Verhältnismäßig einfach ist eine Vorschrift zur Isolierung von Desoxyadenylsäure, die im folgenden kurz wiedergegeben werden soll[1, 4].

100 g thymonucleinsaures Natrium werden in Wasser gelöst und auf p_H 8,5 gebracht. 600 cm³ Glycerinextrakt aus Kalbsdarmschleimhaut (s. S. 1134) werden ebenfalls auf p_H 8,5 eingestellt, mit 10 cm³ einer 1 m Natriumarsenatlösung versetzt, geschüttelt, mit der Substratlösung gemischt und auf 5 *l* aufgefüllt. Diese Lösung ist 0,002 m in bezug auf Arsenat. Man läßt die Mischung 8 Std bei 37° stehen und hält während dieser Zeit durch Zugabe von Ammoniak deren p_H stets auf 8,5. Anschließend wird auf Zimmertemperatur abgekühlt und mit Eisessig zur Enteiweißung auf p_H 5,0 gebracht. Das klare Filtrat wird neutralisiert und im Vakuum auf etwa 1500 cm³ eingeengt. Zur Ausfällung des Arsenats und geringer Mengen Phosphats werden 50 cm³ 1 m Magnesiumacetat und Ammoniak bis zur stark alkalischen Reaktion hinzugesetzt. Man läßt über Nacht im Kühlschrank stehen, filtriert, engt auf etwa 1 *l* ein und fällt die phosphorhaltigen Substanzen mit 500 cm³ einer Lösung von basischem Bleiacetat aus. Der Niederschlag wird abzentrifugiert, ausgewaschen und mit H_2S zersetzt, wobei gut zu kühlen ist. Nach der Entfernung des H_2S wird die Lösung sofort mit Ammoniak neutralisiert, im Vakuum auf 100 cm³ eingeengt

---

[1] KLEIN, W., u. S. J. THANNHAUSER: H. **224**, 252 (1934).
[2] CARTER, C. E.: Am. Soc. **73**, 1537 (1951).
[3] HAYES, D. H., A. M. MICHELSON and A. R. TODD: Soc. **1955**, 808.
[4] KLEIN, W.: H. **218**, 164 (1933).
[5] LITTLE, J. A., and G. C. BUTLER: J. biol. Ch. **188**, 695 (1951).
[6] VOLKIN, E., J. X. KHYM and W. E. COHN: Am. Soc. **73**, 1533 (1951). — COHN, W. E., E. VOLKIN and J. X. KHYM: Biochem. Prep., Bd. V, S. 49.
[7] HURST, R. O., and G. C. BUTLER: J. biol. Ch. **193**, 91 (1951).
[8] SINSHEIMER, R. L., and J. F. KOERNER: J. biol. Ch. **198**, 293 (1952).

und in absolutes Äthanol eingegossen. Es fällt ein Niederschlag aus, der aus unverdauter Thymus-DNS, Oligonucleotiden und Desoxyguanosin-5'-phosphat besteht. In der alkoholischen Lösung befinden sich Desoxyadenosin-5'-phosphat sowie die beiden Desoxypyrimidin-nucleotide. Sie wird im Vakuum eingedampft und reagiert wegen des zunehmenden Wassergehaltes bald sauer, was durch wiederholten Zusatz von Alkohol tunlichst zu vermeiden ist. Dadurch wird der größte Teil der Substanz ausgefällt. Der Rest der Lösung wird im Vakuumexsiccator zur Trockne gebracht. Ausbeute 10—15 g Rohnucleotid aus 100 g Natriumsalz der Thymus-DNS.

10 g Trockensubstanz werden in 30 cm³ Wasser gelöst und in der Wärme mit einer Lösung von 30 g Brucin in 120 cm³ Äthanol versetzt. Beim Abkühlen bleibt die Lösung klar. Man dampft sie im Vakuum zur Trockne ein, trocknet im Exsiccator scharf nach und entfernt das überschüssige Brucin durch Digerieren des Rückstandes mit Chloroform. Das zurückbleibende Pulver wird fraktioniert aus Wasser umkristallisiert, wobei eine Erwärmung über 60° zu vermeiden ist. Nach 5maliger Umkristallisation werden die am schwersten löslichen Fraktionen vereinigt (etwa 8 g); sie bestehen im wesentlichen aus dem in großen derben Prismen kristallisierenden Dibrucinsalz (Dihydrat) von Desoxyadenosin-5'-phosphat.

Das Dibrucinsalz wird zur Zerlegung pulverisiert, in Wasser suspendiert und mit konz. Ammoniak (bis zu einer etwa 2%igen Lösung) versetzt. Im ersten Augenblick tritt beinahe vollständige Lösung auf, dann fällt Brucin als dicker Kristallbrei aus. Die Lösung wird nach einigen Stunden Stehenlassen bei 0° vom Brucin abgesaugt, vom überschüssigen Ammoniak im Vakuum befreit unter gleichzeitigem Zutropfen von Kalkwasser (bis eine schwache Rötung von zugesetztem Phenolphthalein bestehen bleibt). Beim weiteren Einengen fällt das Calciumsalz als weißer, mikrokristalliner Niederschlag aus. Es wird bei Zimmertemperatur in möglichst wenig Wasser gelöst und durch Zugabe des gleichen Volumens absoluten Äthanols wieder ausgefällt. Diese Operation, die vor allem zur Entfernung der letzten Reste von Brucinsalz dient, wird wiederholt. Zur weiteren Reinigung verreibt man das Calciumsalz bei Raumtemperatur mit Wasser, bis der größte Teil davon in Lösung geht, zentrifugiert von den unlöslichen grauen Anteilen ab, dampft im Vakuum bis zur beginnenden Trübung ein, filtriert und stellt zur Kristallisation in den Eisschrank ein. Nach 6maliger Wiederholung dieser Operation betrug die Ausbeute an reinem Calciumsalz der Desoxyadenosin-5'-phosphorsäure 1,5 g aus 100 g thymusnucleinsaurem Natrium.

Desoxyadenosin-5'-phosphat entsteht auch bei der Einwirkung von gereinigter Phosphodiesterase auf Desoxyadenosin-5'-desoxycytidin-5'-phosphat[1].

Das Nucleotid wurde durch Phosphorylierung von 3'-Acetyl-desoxyadenosin mit Dibenzylchlorphosphat und nachfolgende hydrolytische sowie hydrierende Abspaltung der Benzylreste synthetisiert[2].

Physikalische Eigenschaften. Wegen der leichten Hydrolysierbarkeit der glykosidischen Bindung wird gewöhnlich auf eine Isolierung der freien Desoxyadenosin-5'-phosphorsäure verzichtet und das Nucleotid meistens als sekundäres Calciumsalz abgeschieden. In einer Untersuchung ist jedoch die Darstellung der freien Säure nach chromatographischer Abtrennung beschrieben. Amorphes Pulver (aus wäßriger Lösung durch Fällung mit Alkohol und Äther). F 142,5°[3].

Nachweis und Bestimmung. *Das Calciumsalz* hat die Zusammensetzung $C_{10}H_{14}N_5O_7PCa$ und kristallisiert aus Wasser in mikrokristallinen Platten als Dihydrat, welches bei 20° über P_2O_5 beständig ist. Es löst sich in Wasser bei 0° zu 0,40% und bei 20° zu 0,47%. $[\alpha]_D^{19}$: —38° (c = 0,23, in Wasser)[4]. Nach anderen Angaben fällt aus wäßriger Lösung durch Zugabe von Äthanol ein amorphes Dihydrat aus $[\alpha]_D^{19}$: —26° (c = 0,38, in Wasser)[2].

[1] SMITH, J. D., and R. MARKHAM: Nature **170**, 120 (1952).
[2] HAYES, D. H., A. M. MICHELSON and A. R. TODD: Soc. **1955**, 808.
[3] VOLKIN, E., J. X. KHYM and W. E. COHN: Am. Soc. **73**, 1533 (1951).
[4] KLEIN, W., u. S. J. THANNHAUSER: H. **224**, 252 (1934).

Das *Dibrucinsalz* hat die Zusammensetzung $C_{10}H_{14}O_6N_5P$ $(C_{23}H_{26}N_2O_4)_2$ und kristallisiert als Dihydrat in großen derben Prismen aus Wasser[1].

Die IR-Spektren des synthetisch erhaltenen und des aus DNS-Hydrolysaten isolierten Produktes sind identisch[2]. Angaben über die UV-Absorption[2, 3] s. S. 1124. Über das Verhalten bei der Chromatographie an Anionenaustauschern[3–5] und an Papier[2] s. S. 1143 und 1158.

Die quantitative Bestimmung der Desoxyribonucleotide in den enzymatischen Hydrolysaten von DNS erfolgt durch chromatographische Trennung an Anionenaustauschern mit nachfolgender Messung der UV-Absorption[3–5].

Chemisches Verhalten. Die freie Säure spaltet sich in wäßriger Lösung beim Erhitzen unter der Wirkung ihrer eigenen Acidität leicht in Adenin und Desoxyribose-5-phosphat[1].

Physiologisches Verhalten. Desoxyadenosin-5'-phosphat wird wie die übrigen 3 Desoxyribonucleotide aus DNS und die 5'-Phosphate der Ribonucleoside durch Fermentgemische, welche 5'-Nucleotidasen enthalten, in anorganisches Phosphat und Desoxyadenosin bzw. Nucleosid gespalten[1, 2, 6]. Gereinigte Phosphodiesterasen, welche Di- und Trinucleotide hydrolysieren, sind unwirksam[6]. Näher untersucht wurde die Dephosphorylierung der Desoxyribonucleotide durch gereinigte 5'-Nucleotidase aus Bullensperma, welche auch die 5'-Phosphate der Ribonucleoside, nicht aber deren 2'- und 3'-Phosphate angreift[6].

Desoxyadenosin-5'-phosphat ist in bestimmten Fällen ein ebenso guter Phosphatacceptor wie Adenosin-5'-phosphat und kann wie dieses fermentativ zu Desoxyadenosin-5'-diphosphat und -triphosphat phosphoryliert werden[7].

Desoxyadenosin-5'-phosphat und die anderen 3 Desoxyribonucleotide aus DNS-Hydrolysaten dienen für Lactobacillus leichmannii, Lactobacillus lactis und Lactobacillus bifidus außer DNS, Vitamin B_{12} und Thymidin als Wuchsstoffe[8, 9].

43. Desoxy-guanylsäure = Desoxyguanosin-5'-phosphat $C_{10}H_{14}O_7N_5P$.

Vorkommen. Desoxyguanosin-5'-phosphat wurde als erstes Desoxyribonucleotid von Klein und Thannhauser aus einem enzymatischen Hydrolysat von Thymus-DNS isoliert und charakterisiert[10, 11]. Es ist einer der 4 Hauptbestandteile aller DNS.

Für die Formulierung als Desoxyguanosin-5'-phosphat sprechen die enzymatische Dephosphorylierung zu Desoxyguanosin durch spezifische 5'-Nucleotidasen[2, 6, 10] sowie die Übereinstimmung der Eigenschaften des natürlichen Nucleotids mit denen von synthetisch erhaltenem Desoxyguanosin-5'-phosphat. Das ebenfalls synthetisierte Desoxyguanosin-3'-phosphat unterscheidet sich von der natürlichen Desoxyguanylsäure[2].

Darstellung. Desoxyguanosin-5'-phosphat wird mit den anderen 3 wichtigsten Desoxyribonucleotiden durch enzymatische Hydrolyse von DNS erhalten[3–5, 10–12]. Die Abtrennung aus dem Nucleotidgemisch durch chromatographische Methoden ist auf S. 1158 beschrieben[8], durch Ionenaustausch S. 1143. Wegen seiner relativ geringen Löslichkeit kann das Nucleotid auch durch nicht allzu umständliche Fällungs- und Kristallisationsmethoden isoliert werden. Dazu wird folgende Vorschrift gegeben[10]:

---

1 Klein, W., u. S. J. Thannhauser: H. **224**, 252 (1934).
2 Hayes, D. H., A. M. Michelson and A. R. Todd: Soc. **1955**, 808.
3 Volkin, E., J. X. Khym and W. E. Cohn: Am. Soc. **73**, 1533 (1951).
4 Little, J. A., and G. C. Butler: J. biol. Ch. **188**, 695 (1951).
5 Sinsheimer, R. L., and J. F. Koerner: J. biol. Ch. **198**, 293 (1952).
6 Carter, C. E.: Am. Soc. **73**, 1537 (1951).
7 Sable, H. Z., P. B. Wilber, A. E. Cohen and M. R. Kane: Biochim. biophysica Acta, N. Y. **13**, 156 (1954).
8 Shive, W., M. E. Sibley and L. L. Rogers: Am. Soc. **73**, 867 (1951).
9 Skeggs, H. R., H. M. Nepple, J. Spizizen and L. D. Wright: J. Bacteriology **61**, 41 (1951).
10 Klein, W., u. S. J. Thannhauser: H. **218**, 173 (1933).
11 Klein, W.: H. **218**, 164 (1933).
12 Hurst, R. O., and G. C. Butler: J. biol. Ch. **193**, 91 (1951).

Die auf 100 cm³ eingeengte Lösung der Ammoniumsalze des Nucleotidgemisches, welches durch enzymatische Hydrolyse von 100 g thymonucleinsaurem Natrium erhalten wurde (s. S. 1258), wird in absolutes Äthanol eingegossen. Dabei fällt ein Niederschlag aus, der beim Kneten unter Alkohol pulvrig wird. Dieser wird abgesaugt und in etwa der zehnfachen Gewichtsmenge Wasser gelöst. Im gleichen Volumen 96%igen Alkohols ist in der Hitze Brucin zu lösen (die doppelte Gewichtsmenge des Nucleotidgemisches). Nach dem Mischen beider Lösungen, Abkühlen und längerem Stehenlassen scheidet sich ein geringer flockiger Niederschlag aus, der abgetrennt und verworfen wird. Das Filtrat wird bis zur Trockne eingedampft, der Rückstand durch Behandlung mit Chloroform von überschüssigem Brucin befreit und fraktioniert aus 20%igem wäßrigem Alkohol umkristallisiert, wobei eine Temperatur von 50° nicht überschritten werden soll. Die am schwersten löslichen Fraktionen haben den höchsten Stickstoffgehalt. Die Umkristallisation wird bis zur N-Konstanz fortgesetzt. Aus 100 g DNS erhält man schließlich als schwerstlösliche Fraktion 15 g Dibrucinsalz des Desoxyguanosin-5'-phosphats, welches in farblosen, langgestreckten, sechsseitigen Prismen kristallisiert.

10 g des gut pulverisierten Brucinsalzes werden in der gleichen Weise, wie für die Überführung des Brucinsalzes der Desoxyadenylsäure in das sekundäre Calciumsalz beschrieben ist, in das sekundäre Bariumsalz der Desoxyguanylsäure übergeführt. Dabei ist lediglich statt Kalkwasser Barytlösung zur Neutralisation zu verwenden. Auch die Alkoholbehandlung zur Entfernung der Brucinsalzreste sowie das Umkristallisieren sind genau so auszuführen, wie dort beschrieben. Das sekundäre Bariumsalz der Desoxyguanylsäure kristallisiert aus Wasser meist mikrokristallin, bisweilen auch in kleinen, oft radiär angeordneten Nädelchen aus. Ausbeute etwa 2 g reine Substanz.

Zur Darstellung der freien Säure wird 1 g Bariumsalz in Wasser gelöst und durch Zusatz der berechneten Menge Ammoniumsulfat in das Ammoniumsalz der Desoxyguanylsäure übergeführt. Nach Abzentrifugierung des Bariumsulfats versetzt man die Lösung mit basischem Bleiacetat, wäscht das ausgefallene Bleisalz mit Wasser, suspendiert es schließlich in Wasser und zersetzt bei 0° mit Schwefelwasserstoff. Nach Abtrennung des Bleisulfids wird die wäßrige Lösung in einer Kältemischung unter starkem Rühren zum größten Teil ausgefroren. Der Rest wird mit Äther und Alkohol gefällt. Die Lösung des amorphen Niederschlags in möglichst wenig Eiswasser wird nach dem Anreiben mit einem Glasstab im Vakuum über P_2O_5 und konz. H_2SO_4 eingedampft, wobei ihre Temperatur nicht über + 5° steigt. Ein erster ausfallender Niederschlag wird abgetrennt. Ein zweiter kristallisierter Niederschlag besteht aus langgestreckten Prismen, die meist in Büscheln zusammengelagert sind, und stellt nach den Daten der Elementaranalyse die freie Desoxyguanylsäure dar (negative Reaktion mit Fuchsin-schwefliger Säure).

Physikalische Eigenschaften. Aus Wasser langgestreckte, meist zu Büscheln vereinigte Prismen[1]. Wegen der leichten Hydrolysierbarkeit der glykosidischen Bindung durch die eigene Acidität wird das Nucleotid meistens als Salz isoliert und charakterisiert.

Nachweis und Bestimmung. Desoxyguanosin-5'-phosphat gibt ein charakteristisches sekundäres *Bariumsalz.* Mikrokristalliner Niederschlag oder kleine Nädelchen aus Wasser. $C_{10}H_{12}O_7N_5PBa$. Das Salz bräunt sich beim Erhitzen über 200°, schmilzt jedoch bis 360° nicht. Die Löslichkeit in Wasser beträgt bei 0° 0,49% und bei 20° 0,83%. In organischen Lösungsmitteln ist das Salz unlöslich. Aus wäßriger Lösung fällt schon mit wenig Äthanol ein amorpher Niederschlag aus; $[\alpha]_D^{19}$: —31,1° (c = 0,42, in Wasser)[1]. Nach anderen Angaben fällt das synthetisch erhaltene Bariumsalz des Desoxyguanosin-5'-phosphats aus wäßriger Lösung durch Alkoholzusatz amorph als Tetrahydrat aus. $[\alpha]_D^{19,5}$: —18,6° (c = 0,366, in Wasser)[2].

Das *Dibrucinsalz* $C_{10}H_{14}O_7N_5P\ (C_{23}H_{26}N_2O_4)_2$ kristallisiert in langgestreckten, regelmäßigen sechsseitigen Prismen aus 20—40%igem wäßrigem Äthanol[1].

---

[1] Klein, W., u. S. J. Thannhauser: H. **218**, 173 (1933).

[2] Hayes, D. H., A. M. Michelson and A. R. Todd: Soc. **1955**, 808.

Angaben über die UV-Absorption s. S. 1124[1, 2]; über die Chromatographie an Anionenaustauschern und die quantitative Bestimmung s. S. 1143[2–4]; über den papierchromatographischen Nachweis s. S. 1158[1].

Das chemische und physiologische Verhalten des Desoxyguanosin-5'-phosphats entspricht weitgehend demjenigen des Desoxyadenosin-5'-phosphats und ist dort näher ausgeführt.

44 und 45. Die Pyrimidin-desoxyribo-nucleotide: Desoxy-cytidylsäure = Desoxycytidin-5'-phosphat $C_9H_{14}O_7N_3P$ **und Thymidylsäure = Thymidin-5'-phosphat** $C_{10}H_{15}O_8N_2P$.

Vorkommen. Desoxycytidin-5'-phosphat und Thymidin-5'-phosphat wurden 1935 von KLEIN und THANNHAUSER[5] aus einem enzymatischen Hydrolysat von Thymus-DNS erhalten, nachdem THANNHAUSER und OTTENSTEIN[6] schon 1921 aus einem Pikrinsäurehydrolysat von DNS Brucinsalze isoliert hatten, deren Zusammensetzung das Vorliegen von Mono- und Diphosphaten der beiden Pyrimidin-desoxyriboside wahrscheinlich machte. Die letzteren Befunde konnten durch spätere Autoren nicht bestätigt werden und waren „nicht geeignet, die Identität eines Ribodesosenucleotids mit Sicherheit nachzuweisen“[7]. Ähnliches gilt von den Angaben von LEVENE und JACOBS[8], die bereits 1912 von der Isolierung der Barium- und Brucinsalze der Pyrimidindesoxyribosid-diphosphate aus einem schwefelsauren Hydrolysat von Thymus-DNS berichtet hatten. Desoxycytidylsäure und Thymidylsäure sind zusammen mit den beiden wichtigsten Purindesoxyribonucleotiden die Hauptbestandteile aller bisher untersuchten DNS mit Ausnahme von Bakteriophagen-DNS, in welchen das Cytosin zum Teil durch 5-Oxymethylcytosin ersetzt ist (s. S. 1199).

Die Konstitution von Desoxycytidylsäure und Thymidylsäure ergibt sich aus der enzymatischen Dephosphorylierung der beiden Nucleotide zu Desoxycytidin bzw. Thymidin[5]. Auf die Verknüpfung der Phosphorsäure mit der 5'-Stellung am Desoxyriboserest weist der Befund hin, daß die Pyrimidin-desoxyribonucleotide ebenso wie die beiden Purinverbindungen durch gereinigte spezifische 5'-Nucleotidasen hydrolysiert werden, welche 2'- und 3'-Phosphate von Nucleosiden nicht spalten[4, 9–11]. Bewiesen wurde die Struktur weiterhin durch die Synthese der beiden Nucleotide[10, 11].

Darstellung. Die Isolierung von Desoxycytidylsäure und Thymidylsäure aus enzymatischen Hydrolysaten von DNS mit Hilfe der früheren Methoden (fraktionierte Kristallisation der Brucinsalze) ist schwierig und zeitraubend[1]. Leichter zugänglich wurden diese Substanzen durch die chromatographischen Trennungsverfahren an Ionenaustauschern[2, 12]. Eine ausführliche Vorschrift hierzu ist auf S. 1143 gegeben[2].

Die Synthese von Thymidylsäure geht aus von 5'-Tritylthymidin und führt über 5'-Trityl-3'-acetyl-thymidin sowie 3'-Acetylthymidin, welches mit Dibenzyl-chlorphosphat phosphoryliert wird. Anschließend werden die schützenden Gruppen durch hydrierende Spaltung und milde alkalische Hydrolyse entfernt[10]. Desoxycytidin-5'-phosphat wird dazu analog, ausgehend von 5'-Trityldesoxycytidin, hergestellt[11].

Enzymatisch wurde Thymidylsäure durch Phosphorylierung von Thymidin unter der Einwirkung von Prostataphosphatase mit Phenylphosphat als Phosphatdonator dargestellt[13].

---

[1] HAYES, D. H., A. M. MICHELSON and A. R. TODD: Soc. **1955**, 808.
[2] VOLKIN, E., J. X. KHYM and W. E. COHN: Am. Soc. **73**, 1533 (1951). — COHN, W. E., E. VOLKIN and J. X. KHYM: Biochem. Prep. Bd. V, S. 49.
[3] LITTLE, J. A., and G. C. BUTLER: J. biol. Ch. **188**, 695 (1951).
[4] SINSHEIMER, R. L., and J. F. KOERNER: J. biol. Ch. **198**, 293 (1952).
[5] KLEIN, W., u. J. S. THANNHAUSER: H. **231**, 96 (1935).
[6] THANNHAUSER, S. J., u. B. OTTENSTEIN: H. **114**, 39 (1921).
[7] KLEIN, W., u. S. J. THANNHAUSER: H. **218**, 173 (1933).
[8] LEVENE, P. A., and W. A. JACOBS: J. biol. Ch. **12**, 411 (1912).
[9] CARTER, C. E.: Am. Soc. **73**, 1537 (1951).
[10] MICHELSON, A. M., and A. R. TODD: Soc. **1953**, 951.
[11] MICHELSON, A. M., and A. R. TODD: Soc. **1954**, 34.
[12] LITTLE, J. A., and G. C. BUTLER: J. biol. Ch. **188**, 705 (1951).
[13] BRAWERMAN, G., and E. CHARGAFF: Am. Soc. **75**, 4113 (1953).

Physikalische Eigenschaften. *Desoxycytidin-5'-phosphat* kristallisiert aus wäßrigem Äthanol (70%ig) in langen, gestreckten Plättchen mit ziemlich unregelmäßigen Konturen[1], nach anderen Angaben in kleinen Nadeln aus[2]. Beim Eindunsten der wäßrigen Lösung kommt das Nucleotid in schönen langen Prismen heraus, die oft fächerartig von einem Zentrum ausstrahlen[1]. F 183—187°[1] bzw. 183—184°[2]. Desoxycytidylsäure ist sehr leicht in Wasser, schwer in Äthanol löslich[1]. $[\alpha]_D^{21}$: $+35°$ (c = 0,2, in Wasser)[1], $[\alpha]_D^{17}$: $+38,5°$ (c = 1,2, in Wasser[2]). Die UR-Spektren und die Röntgendiagramme des natürlichen und des synthetischen Präparates sind identisch[2]. Dissoziationskonstanten[3].

Thymidin-5'-phosphat ist als freie Säure sehr leicht löslich in Wasser sowie in verdünntem Äthanol. Aus konzentriert wäßrigen Lösungen fällt es durch Alkoholzusatz amorph aus. Beim Eindunsten der wäßrigen Lösungen scheidet sich die Thymidylsäure mikrokristallin ab[1]. Sie wird gewöhnlich in Form des kristallisierten Bariumsalzes isoliert.

Nachweis und Bestimmung. Das *Bariumsalz der Thymidylsäure* ist, besonders in nicht ganz reinem Zustand, sehr leicht löslich in Wasser, neigt zur Bildung übersättigter Lösungen und kristallisiert daraus in langen, dünnen Prismen[1]. Das Salz fällt aus wäßriger Lösung durch Zugabe von 2 Vol. Äthanol amorph an[4]. In beiden Fällen hat es die Zusammensetzung $C_{10}H_{13}O_8N_2PBa$ und enthält kein Kristallwasser. Es sintert bei 225—230° unter Braunfärbung und verkohlt beim weiteren Erhitzen, ohne zu schmelzen. $[\alpha]_D^{21}$: $-4,4°$ (c = 0,4, in Wasser)[1]; $[\alpha]_D^{17}$: $-3,0°$ (c = 2,0, in Wasser)[4].

Das *Brucinsalz der Thymidylsäure* kristallisiert aus 60%igem wäßrigem Äthanol in Nadeln, die oft zu Rosetten vereinigt sind, und hat die Zusammensetzung $C_{10}H_{15}O_8N_2P \cdot (C_{23}H_{26}O_4N_2) \cdot 7\,H_2O$; es erweicht bei 140°, bildet farblose Kugeln bei 155° und schmilzt klar bei 175°[4].

Zur Chromatographie der beiden Pyrimidin-desoxyribonucleotide an Anionenaustauschern s. S. 1143[5-7], UV-Absorption sowie quantitative Bestimmung nach chromatographischer Trennung S. 1164[5,6], Papierchromatographie S. 1158[2,4].

Chemisches Verhalten. Im Gegensatz zu den Purin-desoxyribonucleotiden werden die Pyrimidin-desoxyribonucleotide durch Säuren nicht leicht in Pyrimidin und Desoxyribose-phosphat hydrolysiert. Die Spaltung erfolgt erst unter Bedingungen, bei denen die Desoxyribose zerstört wird. Desoxycytidin-5'-phosphat wird durch Kochen mit einer wäßrigen Aufschlämmung von Lanthanhydroxyd bzw. Cerhydroxyd bei p_H 8—9 langsam dephosphoryliert[8].

Physiologisches Verhalten. Desoxycytidylsäure und Thymidylsäure werden wie die Purindesoxyribonucleotide durch Fermente mit 5'-Nucleotidase-Aktivität in Nucleosid und anorganisches Phosphat gespalten (s. den Abschnitt über Desoxyadenosin-5'-phosphat S. 1260)[1,2,4,5,9] und dienen als Wuchsstoffe für Lactobacillen[10,11].

Thymidylsäure sammelt sich in anomalen Mengen in Coli-Bakterien an, welche mit UV-Licht bestrahlt und dann im Dunkeln wachsen gelassen wurden. Nach der Bestrahlung fand keine Synthese von DNS statt. Die Biosynthese von DNS-Vorläufern wie Thymidylsäure scheint jedoch durch die Bestrahlung nicht blockiert zu werden[12].

---

[1] Klein, W., u. J. S. Thannhauser: H. **231**, 96 (1935).
[2] Michelson, A. M., and A. R. Todd: Soc. **1954**, 34.
[3] Rollett, J. A.: Acta crystallogr., London **7**, 463 (1954).
[4] Michelson, A. M., and A. R. Todd: Soc. **1953**, 951.
[5] Sinsheimer, R. L., and J. F. Koerner: J. biol. Ch. **198**, 293 (1952).
[6] Volkin, E., J. X. Khym and W. E. Cohn: Am. Soc. **73**, 1533 (1951).
[7] Little, J. A., and G. C. Butler: J. biol. Ch. **188**, 705 (1951).
[8] Shimomura, M., and F. Egami: Bull. chem. Soc. Jap. **26**, 263 (1953).
[9] Carter, C. E.: Am. Soc. **73**, 1537 (1951).
[10] Shive, W., M. E. Sibley and L. L. Rogers: Am. Soc. **73**, 867 (1951).
[11] Skeggs, H. R., H. M. Nepple, J. Spizizen and L. D. Wright: J. Bacteriology **61**, 41 (1951).
[12] Kanazir, D.: Biochim. biophysica Acta, N. Y. **13**, 589 (1954).

46 und 47. Die Pyrimidin-desoxyribosid-diphosphate: Desoxycytidin-3',5'-diphosphat $C_9H_{15}O_{10}N_3P_2$ und Thymidin-3',5'-diphosphat $C_{10}H_{16}O_{11}N_2P_2$.

Vorkommen. Die Darstellung eines amorphen Bariumsalzes von Thymidindiphosphat aus einem schwefelsauren Hydrolysat von Thymus-DNS wurde bereits 1908 von LEVENE und MANDEL[1] beschrieben. Später isolierten LEVENE und JACOBS[2] ebenfalls aus einem sauren DNS-Hydrolysat die Barium- und die Brucinsalze von Desoxycytidin-diphosphat und Thymidin-diphosphat. Diese Befunde wurden in der darauffolgenden Zeit zum Teil bestätigt[3,4], zum Teil aber auch angezweifelt[5], bis DEKKER, MICHELSON und TODD[6] aus einem schwefelsauren Hydrolysat von Heringssperma-DNS durch Chromatographie an Anionenaustauschern Desoxycytidin-diphosphat und Thymidin-diphosphat isolieren und mit synthetisch dargestellten Desoxycytidin-3',5'-diphosphat sowie Thymidin-3',5'-diphosphat identifizieren konnten. Damit war auch gleichzeitig die Konstitution der beiden Pyrimidin-desoxyribosid-diphosphate festgelegt. In den Hydrolysaten wurde nur sehr wenig Desoxycytidin-5'-monophosphat im Vergleich zum -3',5'-diphosphat gefunden.

Darstellung. Durch 2stündiges Kochen von Thymus-DNS, Heringssperma-DNS usw. mit 2%iger Schwefelsäure[1,2,6] bzw. mit einer gesättigten wäßrigen Lösung von Pikrinsäure[3] werden vor allem die Diphosphate und nur geringe Mengen an Monophosphaten der beiden Pyrimidin-desoxyriboside erhalten[6]. Die Isolierung der 2 Diphosphate aus den sauren Hydrolysaten durch fraktionierte Kristallisation der Brucinsalze, Fällung der Bariumsalze, Bleisalzfällungen usw., wie sie in den ersten Arbeiten beschrieben wird, erfordert einen erheblichen Zeitaufwand und gibt keine guten Ausbeuten[2,3]. Einfach dagegen können die Nucleotide durch Chromatographie an Dowex-2 und Elution mit verdünnter Salzsäure abgetrennt werden (s. S. 1145)[6].

Thymidin-3',5'-diphosphat wird durch Phosphorylierung von Thymidin mittels Dibenzyl-chlorphosphat, hydrierende Abspaltung der Benzylreste und chromatographische Trennung des resultierenden Gemisches von Thymidinmonophosphaten und Thymidin-diphosphat synthetisiert. Ganz analog erfolgt die Darstellung des Desoxycytidin-3',5'-diphosphats[6].

Physikalische Eigenschaften. Die beiden Pyrimidinnucleotide wurden nicht als freie Säuren, sondern in Form ihrer Barium- und Brucinsalze isoliert und charakterisiert.

Das *Bariumsalz des Desoxycytidin-3',5'-diphosphats* fällt aus wäßriger Lösung durch Zusatz von Äthanol als amorphes Pulver aus[2]. Charakteristischer ist das *Brucinsalz* von der Zusammensetzung $C_9H_{15}O_{10}N_3P_2 \cdot 4\ C_{23}H_{26}O_4O_2$, welches aus wäßrigem Äthanol in langen Nadeln oder Prismen kristallisiert und 8—23 Mol Kristallwasser enthält[2,6].

Das Bariumsalz des *Thymidin-3',5'-diphosphats* von der Zusammensetzung $C_{10}H_{12}O_{11} \cdot N_2P_2Ba_2$ scheidet sich durch Erhitzen einer konzentrierten wäßrigen Lösung in kleinen farblosen, gerieften Kügelchen ab[6]. Das *Brucinsalz* des Thymidin-3',5'-diphosphats ($C_{10}H_{16}O_{11}N_2P_2 \cdot 4\ C_{23}H_{26}O_4N_2$) kristallisiert mit 7—18 Mol Kristallwasser in kleinen Nadeln aus 35%igem wäßrigem Äthanol, erweicht bei 176° und schmilzt bei 182—184°[6]. Nach anderen Angaben schmilzt es bei etwa 172°, ist unlöslich in kaltem Wasser und kaltem Äthanol und ziemlich leicht löslich in verdünntem heißem Äthanol[2].

Synthetisch erhaltene und aus DNS-Hydrolysaten isolierte Präparate des Bariumsalzes des Thymidin-3',5'-diphosphats geben identische UR-Spektren, entsprechende Brucinsalzpräparate identische Röntgendiagramme. Das gleiche gilt für synthetische und natürliche Brucinsalzpräparate von Desoxycytidin-3',5'-diphosphat[6]. Chromatographisches Verhalten und UV-Absorption der Diphosphate s. S. 1145[6].

---

[1] LEVENE, P. A., u. J. A. MANDEL: B. **41**, 1905 (1908).
[2] LEVENE, P. A., and W. A. JACOBS: J. biol. Ch. **12**, 411 (1912).
[3] THANNHAUSER, J. S., u. B. OTTENSTEIN: H. **114**, 39 (1921).
[4] THANNHAUSER, J. S., u. G. BLANCO: H. **161**, 116 (1926).
[5] BREDERECK, H., u. G. CARO: H. **253**, 170 (1938).
[6] DEKKER, C. A., A. M. MICHELSON and A. R. TODD: Soc. **1953**, 947.

Chemisches Verhalten. Durch Erhitzen in 10%iger Schwefelsäure auf 125° wird Thymidin-3',5'-diphosphat in Thymin und Lävulinsäure, Desoxycytidin-3',5'-diphosphat in Cytosin und Lävulinsäure gespalten[1]. Hydrierung von Thymidin-3',5'-diphosphat und nachfolgende milde saure Hydrolyse ergeben Dihydrothymin und ein reduzierendes Zuckerphosphat[2].

Physiologisches Verhalten. Thymidin-3',5'-diphosphat wird ebenso wie Adenosin-2',(3',)5'-diphosphat durch Phosphatase aus Stiersperma nicht angegriffen, welche z. B. Adenosin-5'-phosphat gut dephosphoryliert[3].

48. Desoxy-5-methylcytidylsäure = 5-Methylcytosin-desoxyribosid-5'-phosphat $C_{10}H_{16}O_7N_3P$.

5-Methylcytosin, die der Desoxy-5-methylcytidylsäure entsprechende Pyrimidinbase, wurde als 5. basischer Bestandteil in den Hydrolysaten von DNS aus tierischen Geweben, wie Kalbsthymus, Rindermilz, Knochenmark, Sperma, sowie in den DNS aus höheren Pflanzen nachgewiesen. Besonders reich an diesem Bestandteil ist Weizenkeimlings-DNS[4-6] (weitere Einzelheiten zum Vorkommen s. S. 1197). Cohn konnte aus einem Desoxycytidylsäure-Präparat, welches durch chromatographische Trennung von Kalbsthymus-DNS-Hydrolysat gewonnen worden war, ebenfalls chromatographisch etwa 3% Desoxy-5-methylcytidylsäure isolieren[7]. Die geringe Menge an gewonnenem Nucleotid (20 mg) erlaubte allerdings nicht die Herstellung eines festen kristallisierten Produktes. Identifizierung und Charakterisierung der Desoxy-5-methylcytidylsäure erfolgten durch saure Hydrolyse unter Bildung von 5-Methylcytosin, durch saure Hydrolyse und Desaminierung unter Bildung von Thymin, durch das chromatographische Verhalten an Anionenaustauschern, durch das papierchromatographische Verhalten sowie durch den Vergleich der UV-Spektren mit jenen von 5-Methylcytosin und Desoxycytidylsäure (s. S. 1124)[7].

49. Monophosphat und Diphosphat des 5-Oxymethylcytosin-desoxyribosids $C_{10}H_{16}O_8N_3P$ bzw. $C_{10}H_{17}O_{11}N_3P_2$.

Die DNS aus einigen *Coli*-Phagen unterscheiden sich dadurch von den übrigen bisher untersuchten DNS, daß sie als Hauptbestandteil 5-Oxymethylcytosin an Stelle von Cytosin enthalten (s. S. 1199)[8, 9]. Ein dieser Base entsprechendes Nucleotid, nämlich 5-Oxymethylcytosin-desoxyribosid-diphosphat, wurde von Weed und Courtenay[10] aus einem sauren Hydrolysat von Phagen-DNS durch Chromatographie an Anionenaustauschern sowie Papierelektrophorese isoliert und durch die Hydrolyse zu 5-Oxymethylcytosin, Messung der UV-Absorption, chromatographisches und elektrophoretisches Verhalten sowie Stickstoff- und Phosphoranalyse charakterisiert und identifiziert.

Sinsheimer[11] erhielt ebenfalls durch chromatographische Methoden aus einem enzymatischen Hydrolysat von *Coli*-Phagen-DNS 2 neue Mononucleotide H_1 und H_2, die beide 5'-Phosphate sind. Bei der milden sauren Hydrolyse gibt H_1 unter Abspaltung von Glucose das Nucleotid H_2. Unter anderen Bedingungen wird durch Hydrolyse von H_1 5-Oxymethylcytosin bzw. Glucosyl-5-oxymethylcytosin gebildet[11]. Diese Befunde sprechen dafür, daß in den Phagen-DNS Glucose an die Oxymethylgruppe von 5-Oxymethylcytosin gebunden ist.

---

[1] Levene, P. A., and W. A. Jacobs: J. biol. Ch. **12**, 411 (1912).
[2] Levene, P. A.: J. biol. Ch. **48**, 119 (1921).
[3] Dekker, C. A., A. M. Michelson and A. R. Todd: Soc. **1953**, 947.
[4] Wyatt, G. R.: Nature **166**, 237 (1950).
[5] Vischer, E., S. Zamenhof and E. Chargaff: J. biol. Ch. **177**, 429 (1949).
[6] Elmes, P. C., J. D. Smith and J. C. White: 2. Int. Congr. Biochem. Paris 1952. S. 7.
[7] Cohn, W. E.: Am. Soc. **73**, 1539 (1951).
[8] Wyatt, G. R., and S. S. Cohen: Nature **170**, 1072 (1952).
[9] Wyatt, G. R., and S. S. Cohen: Biochem. J. **55**, 774 (1953).
[10] Weed, L. L., and T. A. Courtenay: J. biol. Ch. **206**, 735 (1954).
[11] Sinsheimer, R. L.: Science, N. Y. **120**, 551 (1954).

c) Dinucleotide und Oligonucleotide aus Nucleinsäuren.

Die bisher aufgefundenen frei vorkommenden „Dinucleotide“ sind Verbindungen von hervorragender Bedeutung, die sich durch ihre Cofermentfunktionen auszeichnen: Diphosphopyridinnucleotid (DPN), Triphosphopyridinnucleotid (TPN), Flavinadenindinucleotid (FAD) und Coenzym A. Diese Verbindungen leiten sich von der Pyrophosphorsäure ab, welche durch Veresterung der Ribosereste in 5'-Stellung die im Molekül enthaltenen Nucleoside zusammenhält (s. S. 1073). Sie sind nicht in den NS präformiert. In einem Falle wird von der Isolierung eines Adenin-dinucleotid-pentaphosphats berichtet, das bei der Einwirkung von ATP auf Myosin neben ADP und anorganischem Phosphat entsteht[1].

Zahlreiche Di- und Oligonucleotide werden durch enzymatische und chemische Hydrolyse von RNS und DNS beim Einhalten geeigneter Bedingungen erhalten; sie setzen sich aus den 2', 3'- und 5'-Phosphaten von Adenosin, Guanosin, Uridin und Cytidin bzw. aus den 3'- und 5'-Phosphaten von Desoxyadenosin, Desoxyguanosin, Desoxycytidin, Desoxy-5-methylcytidin sowie Thymidin zusammen.

Die Struktur eines Dinucleosidmonophosphats ist geklärt, wenn außer der Identifizierung der Basen die Haftstellen der Phosphatbrücke an jedem der beiden Nucleosidreste bekannt ist. Bei einem Dinucleotid muß außerdem ermittelt werden, an welchem Nucleosidrest die terminale Phosphatgruppe haftet und wo (3' oder 5' bzw. 2',3' bei cyclischen Phosphatgruppen). Bei einem Trinucleotid, Tetranucleotid usw. ist zusätzlich die Kenntnis der Reihenfolge der Nucleosidreste erforderlich. Voraussetzung für die Strukturaufklärung eines Di- oder Oligonucleotids ist eine Abtrennung, die seine Einheitlichkeit gewährt.

Symbole zur Angabe der Struktur von Nucleotiden.

Um die Struktur von hydrolytischen Abbauprodukten der NS in gedrängter Weise anzugeben, sind folgende Symbole vorgeschlagen worden[2]: Die Nucleosid-Gruppen werden durch die Anfangsbuchstaben ihrer Namen bezeichnet (A für Adenosin, C für Cytidin, G für Guanosin, U für Uridin). Freiwerdende Basen selbst können durch die Anfangsbuchstaben in eckigen Klammern angegeben werden (z. B. [A] für Adenin, [U] für Uracil). Phosphatreste werden durch den Buchstaben p bezeichnet. Die Stellen der Phosphorsäure-Esterbindungen werden durch die Zahlen der phosphorylierten Kohlenhydratgruppen (jedoch ohne Strich!) angegeben, geschrieben zwischen p und dem Buchstaben des Nucleosidrestes. Cyclische 2',3'-Diphosphatgruppen werden mit p! symbolisiert. Falls die Haftstellen der Phosphatreste unbekannt sind, werden die Zahlenangaben fortgelassen.

Eine Unterscheidung zwischen Ribonucleotiden und Desoxyribonucleotiden ist nicht vorgesehen, da die Herkunft der Hydrolysenprodukte aus RNS oder DNS sich aus den sonstigen Angaben ergeben muß.

Beispiele: G3p5A3p5C3p steht für Guanin-Adenin-Cytosin-trinucleotid mit einer 3'-Phosphomonoester-Gruppe an der endständigen Cytidingruppe; G3p5A3p5C3p! steht für ein analoges Trinucleotid mit einer endständigen cyclischen 2',3'-Phosphodiester-Gruppe; G3p5A3p5C steht für ein Trinucleosidphosphat mit gleicher Reihenfolge der Nucleosidbestandteile.

α) Di- und Oligonucleotide aus RNS.

Darstellung. Durch enzymatische sowie durch milde saure und alkalische Hydrolyse von RNS entstehen neben den Mononucleotiden Di- und Oligonucleotide, welche mit Hilfe der Chromatographie an Anionenaustauschern, der Papierchromatographie, der Papier-

---

[1] Banga, I., and G. Josepovits: Hung. Acta physiol. 1, 67 (1947).

[2] Heppel, L. A., P. J. Ortiz and S. Ochoa: Science, N. Y. 123, 415 (1956). — Heppel, L. A., P. R. Whitfeld and R. Markham: Biochem. J. 60, 8 (1955).

elektrophorese (auch als Hochspannungselektrophorese) aus den Hydrolysaten abgetrennt werden können[1–4].

Die enzymatische Hydrolyse mit Pankreas-Ribonuclease liefert nicht alle möglichen Dinucleotidkombinationen[5]; das ist jedoch eine Folge der Spezifität des Enzyms und seiner „transferierenden", d. h. umesternden Wirkung. Nach kurzer Säurehydrolyse[3] lassen sich hingegen neben Mono- und Oligonucleotiden auch Dinucleotide in etwa gleichen Mengen isolieren, die alle 16 möglichen Kombinationen der Nucleosidreste enthalten[6]. Ebenso können nach Hydrolyse mit Wismuthydroxyd alle 16 möglichen Dinucleosidphosphate nachgewiesen werden[7]. In den analysierten Hefe-RNS kommen also alle möglichen Basenkombinationen vor.

Für die Hydrolyse werden folgende Vorschriften gegeben:

1. 20 g Hefe-RNS[3] werden in 300 cm³ 6 n Salzsäure gelöst und 3 min bei 25° gehalten. Dann wird die Lösung sofort in 2 *l* Eiswasser gegossen, mit Dimethylamin neutralisiert und im Vakuum zum Sirup eingedampft. Nach Zugabe des zehnfachen Volumens Äthanol stellt man auf p_H 3 ein und wäscht den ausgefallenen Niederschlag nach dem Absaugen mit Äthanol.

9,2 g des lufttrockenen Rückstandes werden in 500 cm³ Wasser gelöst und bei p_H 8—10 in einer Säule (2×40 cm) von Dowex-1-chlorid (200—400 Maschen) adsorbiert. Durch Elution mit verdünnter Salzsäure werden verschiedene Fraktionen erhalten (s. Abb. 31).

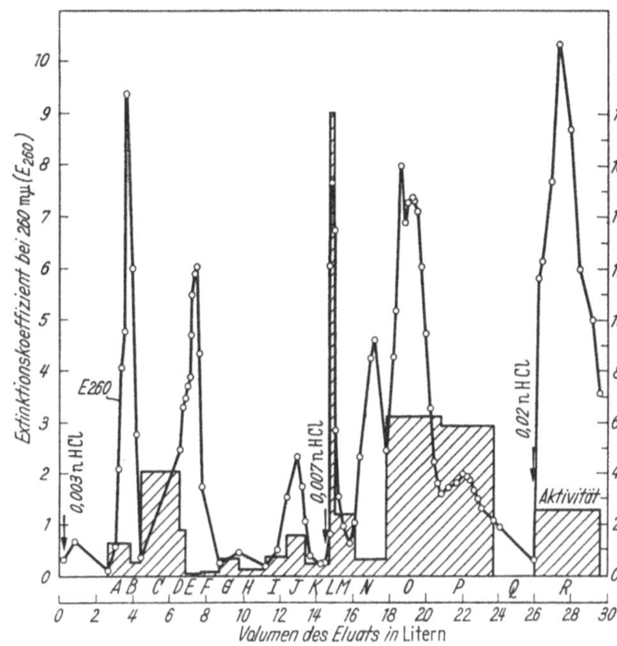

Abb. 31. Die Trennung von Mono- und Dinucleotiden aus einem partiellen Hydrolysat von RNS durch Ionenaustausch[3]. Ionenaustauscher: Dowex-1-Chlorid, 200—400 Maschen, 40 cm × 2 cm. Elutionsmittel: verdünnte HCl (s. Abbildung). Ausgangsmaterial: partielles saures Hydrolysat von Hefe-RNS (s. Text). Als Ordinate sind die Extinktionskoeffizienten der einzelnen Fraktionen bei 260 mμ und die Wuchsstoffwirkung gegen Lactobacillus helveticus 335 angegeben. Die Fraktionen A—R wurden anschließend einzeln durch Ionenaustausch getrennt.

Die in Abb. 31 aufgeführten Fraktionen A—R bestehen zum Teil aus Gemischen und werden durch Ionenaustausch in getrennten Säulen ein zweites Mal gereinigt. So wird z. B. Fraktion P in einer Säule (1×30 cm) von Dowex-1-chlorid adsorbiert und daraus mit 0,005 n HCl eluiert. Der Hauptteil der in der Fraktion P enthaltenen 5'-(b- oder a-Guanyl)-cytidylsäure b wird nach Durchlauf von 3200 cm³ Elutionsmittel aus dem Austauscherharz entfernt. Die Anteile des Eluats, welche die Guanyl-cytidylsäure enthalten (1823 cm³), bringt man mit Ammoniak auf p_H 8—10 und läßt durch eine kleine Säule (1×3 cm) von Dowex-1-chlorid fließen, wobei das Dinucleotid quantitativ zurückgehalten wird. Man eluiert es mit wenig 0,1 n HCl aus dem Harz, neutralisiert die Lösung mit Dimethylamin, dampft sie im Vakuum zur Trockne ein, nimmt den Rückstand in

[1] Schramm, G., W. Albrecht u. K. Munk: Z. Naturforsch. **7**b, 10 (1952).
[2] Smith, K. C., and F. W. Allen: Am. Soc. **75**, 2131 (1953).
[3] Merrifield, R. B., and D. W. Woolley: J. biol. Ch. **197**, 521 (1952).
[4] Dimroth, K., H. Witzel, G. Neubauer u. D. Matheka: Angew. Chem. **67**, 518 (1955). — Dimroth, K., u. H. Witzel: Angew. Chem. **68**, 579 (1956).
[5] Markham, R., and J. D. Smith: Biochem. J. **52**, 552, 558, 565 (1952). — Volkin, E., and W. E. Cohn: J. biol. Ch. **197**, 521 (1953).
[6] Cohn, W. E., and R. Markham: Biochem. J. **62**, 17 P (1956).
[7] Dimroth, K., u. H. Witzel: Angew. Chem. **68**, 579 (1956).

20 cm³ Äthanol auf und bringt mit Salzsäure auf p_H 3. Die dabei ausflockende weiße Substanz wird abgesaugt, zur vollständigen Entfernung von Dimethylaminhydrochlorid mehrere Male mit Äthanol und Äther gewaschen und bei 60° über Phosphorpentoxyd getrocknet. Ausbeute: 45,8 mg 5'-(b- oder a-Guanyl)-cytidylsäure b.

Ganz ähnlich wird aus der Fraktion L 5'-(b- oder a-Adenyl)-cytidylsäure erhalten (48 mg Ausbeute). 5'-(b- oder a-Cytidyl)-adenylsäure b wird durch Ionenaustausch (1×11 cm Kolonne, Dowex-1-chlorid) aus der Fraktion J isoliert. Das Maximum der Elution ist nach Durchlauf von 756 cm³ 0,003 n HCl erreicht. 5'-(b- oder a-Cytidyl)-cytidylsäure a und b werden durch Ionenaustausch aus Fraktion C dargestellt und voneinander getrennt. Die maximale Elution des a-Isomeren (Kolonne 1×10 cm, Dowex-1-chlorid, 0,0015 n HCl) erfolgt nach Durchlauf von 1180 cm³, diejenige des b-Isomeren nach Durchlauf von 1800 cm³. Adenylsäure-diguanylsäure-trinucleotid wird ebenfalls durch Ionenaustausch aus der Fraktion R gewonnen (Kolonne 1×27 cm, Dowex-1-chlorid, Elution mit 0,010 n HCl bzw. 0,015 n HCl).

2. Nach einer anderen Vorschrift[1] werden 200 mg Natrium-ribonucleat (gereinigtes Präparat von Hefe-RNS der Fa. Schwarz) in 5 cm³ 1 n NaOH gelöst und 24 Std bei Raumtemperatur darin belassen. Anschließend wird das Hydrolysat mit 5 cm³ 1 n Essigsäure neutralisiert. Die Isolierung der Oligonucleotide erfolgt durch Papierchromatographie (Whatman-Papier Nr. 1)[1].

Zur Trennung werden 400 mm³ Hydrolysat punktförmig aufgetragen und zweidimensional mit ammoniakgepufferter Isobuttersäure in der ersten Dimension (12 Std aufsteigend) und dem Gemisch Isopropanol-Essigsäure-Wasser in der zweiten Dimension (12 Std aufsteigend) verteilt. Unter der UV-Lampe sind auf dem entwickelten und getrockneten Chromatogramm außer den 4 Mononucleotiden noch 6 Flecken nachzuweisen, welche durch das zweite Lösungsmittel überhaupt nicht von der Stelle transportiert wurden. Die den 6 unbekannten Flecken entsprechenden Papierstücke werden ausgeschnitten und mit Wasser extrahiert. Dann dampft man die 6 Extrakte im Vakuum zur Trockne ein, nimmt sie mit 2 Tropfen 1 n Salzsäure auf, erhitzt 1 Std auf 100° im Capillarrohr und weist im Hydrolysat papierchromatographisch (s. S. 1157) die Purinbasen und die Pyrimidinnucleotide quantitativ nach. Es ergeben sich folgende Molverhältnisse der Mononucleotide in den 6 Oligonucleotiden der verschiedenen Flecken: (Die Oligonucleotide wurden nach steigenden R_F-Werten durchnumeriert[1].)

Oligonucleotid	1	2	3	4	5	6
Guanylsäure	3	7	10	1	—	—
Adenylsäure	—	—	2	4	19	1
Cytidylsäure	—	1	1	3	1	—
Uridylsäure	1	2	1	—	—	—

3. Durch Kochen von Hefe-RNS mit einer wäßrigen Aufschlämmung von Wismuthydroxyd bei p_H 7 erhält man ein Hydrolysat, welches in der Hauptsache aus Dinucleosidmonophosphaten, Di- und Oligonucleotiden besteht. Die Trennung der einzelnen Bestandteile erfolgt durch Fällung mit organischen Lösungsmitteln, Chromatographie an Anionenaustauschern, anschließende „Feintrennungen" an zweiten Ionenaustauschersäulen, durch Papierchromatographie sowie durch Hochspannungselektrophorese. Es gelang auf diese Weise die nach der Theorie möglichen Dinucleosid-monophosphate analysenrein zu erhalten und deren Konstitution aufzuklären[2].

4. Zur Isolierung der Oligonucleotide aus einem enzymatischen Hydrolysat von Kalbsleber-RNS (Verdauung mit Ribonuclease aus Pankreas über Nacht bei p_H 7,2 und Raumtemperatur) durch Ionenaustausch s. [3].

Physikalische Eigenschaften. Die aus einem salzsauren Hydrolysat von RNS isolierten Di- und Oligonucleotide fallen aus äthanolischer Lösung bei p_H 3 als weißer flockiger

[1] SMITH, K. C., and F. W. ALLEN: Am. Soc. **75**, 2131 (1953).
[2] DIMROTH, K., H. WITZEL, G. NEUBAUER u. D. MATHEKA: Angew. Chem. **67**, 518 (1955). — DIMROTH, K., u. H. WITZEL: Angew. Chem. **68**, 579 (1956).
[3] VOLKIN, E., and W. E. COHN: J. biol. Ch. **205**, 767 (1953). — WHITFELD, P. R.: Biochem. J. **58**, 390 (1956).

Niederschlag aus. Die Werte der Stickstoff- und Phosphoranalysen stimmen gut mit den theoretisch zu erwartenden überein. Die UV-Absorption der einzelnen Verbindungen (in 0,010 n HCl) ist in Tabelle 14 angegeben (s. S. 1122). Zur Prüfung der Einheitlichkeit wurden die Nucleotide wiederholt an Dowex-1-Harz sowie mit 3 verschiedenen Verteilungsmedien an Papier chromatographiert (s. S. 1157). Für die Einheitlichkeit der Di- und Oligonucleotide spricht weiter der Vergleich ihrer UV-Spektren mit denjenigen der Mononucleotide, aus welchen sie aufgebaut sind[1].

UV-Daten von 6 Oligonucleotiden, welche aus einem alkalischen Hydrolysat von Hefe-RNS erhalten wurden, s. [2].

Ermittlung der Konstitution. Als Beispiel der Strukturermittlung von Dinucleotiden sei diejenige von 5'-(b- oder a-Guanyl)-cytidylsäure b näher ausgeführt[1].

1. Durch alkalische Hydrolyse des Dinucleotids wird dieses in die beiden Mononucleotide Guanylsäure und Cytidylsäure aufgespalten, welche durch Chromatographie an Dowex-1-Harz getrennt und quantitativ bestimmt werden: Dazu löst man 3 mg der Substanz in 0,5 cm^3 0,5 n NaOH und läßt die Lösung 18 Std bei 30° stehen (vollständige Spaltung in die beiden Komponenten, ohne weiteren Abbau). Durch chromatographische Trennung mit nachfolgender UV-Messung wurde festgestellt, daß je Mol Dinucleotid 1 Mol Guanylsäure und 1 Mol Cytidylsäure gebildet werden.

2. Das Vorliegen einer 5'-Phosphatbindung im Dinucleotid läßt sich durch fermentative Hydrolyse mit alkalischer Phosphatase zeigen. Die Reaktion wird ausgeführt bei p_H 8 in 2,5 cm^3 einer Lösung, welche 0,00213 m in bezug auf Na_2HAsO_4 und 0,025 m in bezug auf $NaHCO_3$-Puffer ist und 5 mg Dinucleotid sowie 0,5 mg Phosphatase (Armour)[3] enthält. Nach 10stündigem Bebrüten bei 37° wird das Hydrolysat direkt in eine Dowex-1-Kolonne (1 × 5 cm) gegossen und fraktioniert mit verdünnter Salzsäure eluiert. Auf diese Weise konnten folgende Substanzen isoliert werden: 1,08 mg Guanosin, 0,22 mg Cytidin, 0,30 mg Cytidylsäure b, 0,50 mg Cytidin-5'-phosphat und 1,2 mg Ausgangsmaterial. Cytidin-5'-phosphat wurde durch sein Verhalten bei der Säulenchromatographie, bei der Papierchromatographie sowie durch enzymatische Dephosphorylierung mit spezifischer 5'-Nucleotidase identifiziert. Da ein zweifach verestertes 5'-Phosphat unter diesen Bedingungen ebensowenig dephosphoryliert wird wie das intakte Dinucleotid, muß das Cytidin-5'-phosphat durch die Diesterasewirkung der alkalischen Phosphatase entstanden sein.

3. Die Substrate der Ribonuclease enthalten Nucleotid-Gruppierungen, in denen ein Pyrimidin-3'(oder 2')-nucleotid mit einem Purin- oder Pyrimidin-nucleosid verestert ist. 5'-(b- oder a-Guanyl)-cytidylsäure enthält diese Gruppierung nicht und wird auch tatsächlich nicht von kristallisierter Ribonuclease angegriffen (18 Std bei 37° und p_H 7).

4. Die Konstitution des Dinucleotids wird weiter gestützt durch die Einwirkung von gereinigter saurer Prostataphosphatase. Dieses Ferment dephosphoryliert lediglich primäre Phosphorsäureester[4] und führt das Dinucleotid unter Abspaltung von anorganischem Phosphat in 5'-(b- oder a-Guanyl)-cytidin über, das aus dem Hydrolysat durch Chromatographie an einer Dowex-1-Kolonne (1 × 4,5 cm) und Elution mit 0,001 n HCl abgetrennt werden kann. Die alkalische Spaltung des so erhaltenen Dinucleosid-monophosphats ergibt Guanylsäure und Cytidin, wodurch nochmals bekräftigt wird, daß im intakten Dinucleotid die terminale Phosphatgruppe an den Cytidinrest gebunden ist.

Analoge Kombinationen von chemischen und enzymatischen Abbaureaktionen mit nachfolgender Trennung und Bestimmung der Spaltstücke durch Chromatographie an Ionenaustauschern und Papier, durch Elektrophorese und UV-Messung können zur Konstitutionsermittlung von anderen Di- und Oligonucleotiden sowie von Dinucleosid-monophosphaten angewendet werden.

---

[1] MERRIFIELD, R. B., and D. W. WOOLLEY: J. biol. Ch. **197**, 521 (1952).
[2] VOLKIN, E., and W. E. COHN: J. biol. Ch. **205**, 767 (1953). — WHITFELD, P. R.: Biochem. J. **58**, 390 (1956).
[3] ZITTLE, C. A.: Fed. Proc. **6**, 500 (1947).
[4] SCHMIDT, G., R. CUBILES, N. ZÖLLNER, L. HECHT, N. STRICKLER, K. SERAIDARIAN, M. SERAIDARIAN and S. J. THANNHAUSER: J. biol. Ch. **192**, 715 (1951).

Eine *Methode zur Bestimmung der Reihenfolge der Nucleotidreste*[1] in Oligoribonucleotiden beruht auf der Alkaliempfindlichkeit der Ester von 3-Oxoalkoholen. Der endständige Nucleotidrest eines Oligonucleotids wird zunächst durch Phosphomonoesterase dephosphoryliert. Der dadurch entstehende Nucleosidrest ist nunmehr der Perjodatoxydation zum Dialdehyd zugänglich. Der oxydierte Nucleosidrest wird schon durch milde Alkalieinwirkung (p_H 10, 20°) abgespalten und kann identifiziert werden. Das um den endständigen Nucleotidrest ärmer gewordene Oligonucleotid kann der gleichen Folge von Reaktionen unterworfen werden und so fort.

Durch dieses Verfahren ist also die selektive, schrittweise Abspaltung endständiger Nucleotidreste möglich.

Beispiel: 0,2 g RNS aus dem gelben Mosaikvirus der Steckrübe (turnip yellow mosaic-Virus) in 10 cm^3 Wasser werden 24 Std bei p_H 7 und 55° mit 1,7 mg krist. Pankreasribonuclease hydrolysiert. Die Lösung wird gegen 3 × 100 cm^3 Wasser dialysiert, das Dialysat im Vakuum eingedampft und papierchromatographiert[2]. Die Dinucleotid-Flecken werden eluiert und bei p_H 3,5 papierelektrophoretisch getrennt. Erhalten 2—4 mg: A3p5U3p, G3p5C3p, G3p5U3p (s. S. 1266). Mit Ionenaustauschern lassen sich größere Mengen der Dinucleotide und auch Trinucleotide erhalten, deren Reinheit papierchromatographisch kontrolliert wird. Die Dinucleotide werden einzeln 90 min bei 37° mit 0,2 cm^3 Prostata-Phosphomonoesterase bebrütet, die dephosphorylierten Produkte papierchromatographisch isoliert. Nach Oxydation mit 0,1 m Natriumperjodat (30 min bei 20°) wird wieder chromatographiert, das Oxydationsprodukt eluiert, das Eluat auf p_H 10 gebracht und 18 Std bei 37° belassen. Durch erneute Chromatographie werden jeweils zwei Produkte isoliert, welche als Spaltstücke des entsprechenden Dinucleotids identifiziert werden können.

β) Di-ribonucleosid-monophosphate (Nucleosid-nucleotide).

Darstellung. Durch Kochen von Hefe-RNS mit einer wäßrigen Aufschlämmung von Wismuthydroxyd in schwach saurer Lösung werden die terminalen Phosphatgruppen der entstehenden Dinucleotide abgespalten und vorwiegend Dinucleosidmonophosphate gebildet. Diese lassen sich durch Chromatographie an Anionenaustauschern und Papier sowie durch Hochspannungselektrophorese aus dem Hydrolysat abtrennen und rein isolieren. Aus einem solchen Hydrolysat wurden alle 16 möglichen Dinucleosid-3′,5′-monophosphate isoliert, die sich von den 4 Ribonucleosiden ableiten[3].

Durch Hydrolyse der terminalen Phosphatgruppe von definierten, aus RNS-Hydrolysaten isolierten Dinucleotiden mit saurer Prostataphosphatase sind ebenfalls Dinucleosidmonophosphate gewonnen worden[4].

So wurde z. B. aus 5′-(Guanyl)-cytidylsäure in 0,05 n Natriumacetatpuffer von p_H 5,5 durch saure Prostataphosphatase[5] bei 37° in 18 Std die Hälfte des gesamten Phosphates abgespalten und 5′-(Guanyl)-cytidin gebildet. Das Hydrolysat wird in eine Dowex-1-Kolonne (1×4,5 cm) aufgenommen und daraus mit 0,001 n HCl fraktioniert eluiert. Das Dinucleosidmonophosphat wird vom Anionenaustauscher viel weniger stark adsorbiert als das Ausgangs-Dinucleotid und kann auf diese Weise leicht aus dem Reaktionsgemisch abgetrennt werden. Die weitere Aufarbeitung des Eluats entspricht den Vorschriften, welche für die Isolierung von Dinucleotiden gegeben wurden (s. S. 1266). Aus 2 mg 5′-(Guanyl)-cytidylsäure wurden 0,81 mg 5′-(Guanyl)-cytidin erhalten; mit Hilfe der gleichen Methodik wurden 5′-(Cytidyl)-adenylsäure in 5′-(Cytidyl)-adenosin und 5′-(Adenyl)-cytidylsäure in 5′-(Adenyl)-cytidin übergeführt[4].

[1] Brown, D. M., M. Fried and A. R. Todd: Chem. & Industr. **1953**, 352. Soc. **1955**, 2206. — Whitfeld, P. R., and R. Markham: Nature **171**, 1151 (1953). — Whitfeld, P. R.: Biochem. J. **58**, 390 (1954).
[2] Markham, R., and J. D. Smith: Biochem. J. **52**, 558 (1952).
[3] Dimroth, K., H. Witzel, G. Neubauer u. D. Matheka: Angew. Chem. **67**, 518 (1955). — Dimroth, K., u. H. Witzel: Angew. Chem. **68**, 579 (1956).
[4] Merrifield, R. B., and D. W. Woolley: J. biol. Ch. **197**, 521 (1952).
[5] Schmidt, G., R. Cubiles, N. Zöllner, L. Hecht, N. Strickler, K. Seraidarian, M. Seraidarian and S. J. Thannhauser: J. biol. Ch. **192**, 715 (1951).

Eigenschaften. Die Dinucleosid-monophosphate werden bei der Chromatographie an Anionenaustauschern und an Papier viel schneller transportiert als die Dinucleotide, aus denen sie durch Dephosphorylierung entstehen. Die quantitative Bestimmung erfolgt durch Messung der UV-Absorption ihrer wäßrigen Lösungen[1].

Strukturermittlung. Durch saure Hydrolyse von Guanyl-cytidin wird das gesamte Phosphat der Verbindung als anorganisches Phosphat abgespalten. Die alkalische Hydrolyse bildet Guanylsäure und Cytidin. Analog wird z. B. Adenyl-cytidin in Hefe-Adenylsäure und Cytidin gespalten[1].

Die S. 1269 angegebene Abbaumethode ist zur genaueren Strukturermittlung der Dinucleosidphosphate geeignet[2].

γ) Di- und Oligonucleotide aus DNS.

Darstellung. Die Darstellung von Oligonucleotiden aus DNS wurde zuerst durch enzymatische Hydrolyse von Thymus-DNS mittels „Polynucleotidase" aus Rinderpankreas ausgeführt und diente vor allem dem Zweck, die Nucleinsäuren aus dem Gewebe zu lösen, sie von Proteinen zu befreien und durch schonenden, stufenweisen Abbau mit guter Ausbeute schließlich in Mononucleotide überzuführen[3–5]. Später wurden auch Heringssperma-DNS, Weizenkeimlings-DNS usw. mit ähnlichen Fermentpräparaten aus Rinderpankreas partiell hydrolysiert[6–8]. Mit Hilfe der Fällungsmethoden war es nicht möglich, aus den komplizierten Gemischen von Mono-, Di- und höheren Nucleotiden die einzelnen Komponenten rein zu isolieren. Dies gelang erst teilweise durch mehrfache Chromatographie der Hydrolysate an Anionenaustauscher-Harzen[9, 10] sowie durch Papierchromatographie und Papierelektrophorese[11, 12].

Für die Darstellung von Oligonucleotiden aus Kalbsthymus-DNS und Weizenkeimlings-DNS werden z. B. folgende Vorschriften gegeben[10]: 200 mg Thymus-DNS (mit $48{,}8 \cdot 10^{-5}$ Mol P) werden in 30 cm³ 0,015 m Magnesiumacetatpuffer mit 700 γ zweimal umkristallisierter Pankreas-Desoxyribonuclease (Worthington Biochemical Sales Company) verdaut. Die enzymatische Hydrolyse wird ständig zur Ermittlung der gelösten sekundären Phosphatbindungen durch p_H-Messung kontrolliert. Sobald $11{,}0 \cdot 10^{-5}$ Äquivalente sekundäres Phosphat hydrolysiert sind, wird auch durch Zugabe von mehr Desoxyribonuclease und Magnesiumionen zum Hydrolysat keine weitere Säure mehr frei gemacht. Der Zuwachs der UV-Absorption bei 260 mμ beträgt in dieser Phase des Abbaus 27%, bezogen auf unverdaute Thymus-DNS. Auf genau dieselbe Weise werden 200 mg Weizenkeimlings-DNS (mit $47{,}8 \cdot 10^{-5}$ Mol P) hydrolysiert, bis $11{,}6 \cdot 10^{-5}$ Äquivalente sekundäre Phosphatbindungen gelöst sind.

Anschließend wird das Hydrolysat mit Ammoniak auf p_H 10,0—10,5 gebracht und in einer Kolonne 9×1 cm an der Acetatform von Dowex-1-Harz (2% Quervernetzungen!) adsorbiert. Es gelingt nicht, durch einen einzigen Elutionsvorgang beispielsweise alle im Hydrolysat enthaltenen Mono- und Dinucleotide voneinander und von den höheren Oligonucleotiden zu trennen; es sind dazu mehrere, zum Teil hintereinandergeschaltete Chromatographien erforderlich.

---

1 Merrifield, R. B., and D. W. Woolley: J. biol. Ch. **197**, 521 (1952).
2 Dimroth, K., H. Witzel, G. Neubauer u. D. Matheka: Angew. Chem. **67**, 518 (1955). — Dimroth, K., u. H. Witzel: Angew. Chem. **68**, 579 (1956).
3 Fischer, F. G., H. Lehmann-Echternacht u. I. Böttger: J. prakt. Chem. **266**, 79 (1941).
4 Fischer, F. G., I. Böttger u. H. Lehmann-Echternacht: H. **271**, 246 (1941).
5 Fischer, F. G., u. H. Lehmann-Echternacht: H. **278**, 143 (1943).
6 McCarty, M.: J. gen. Physiol. **29**, 127 (1945).
7 Little, J. A., and G. C. Butler: J. biol. Ch. **188**, 695 (1951).
8 Hurst, R. O., J. A. Little and G. C. Butler: J. biol. Ch. **188**, 705 (1951).
9 Sinsheimer, R. L., and J. F. Koerner: Am. Soc. **74**, 283 (1952).
10 Sinsheimer, R. L., J. F. Koerner, J. Vadla and K. Lunan: J. biol. Ch. **208**, 445 (1954).
11 Smith, J. D., and R. Markham: Biochim. biophysica Acta, N. Y. **8**, 350 (1952).
12 Smith, J. D., and R. Markham: Nature **170**, 120 (1952).

Zur ersten Vortrennung wird mit Acetatpuffer von p_H 5,5 eluiert, wobei Mono- und Dinucleotide in bestimmte Gruppen M, D-1, D-2 und D-3 aufgetrennt werden (s. Abb. 32).

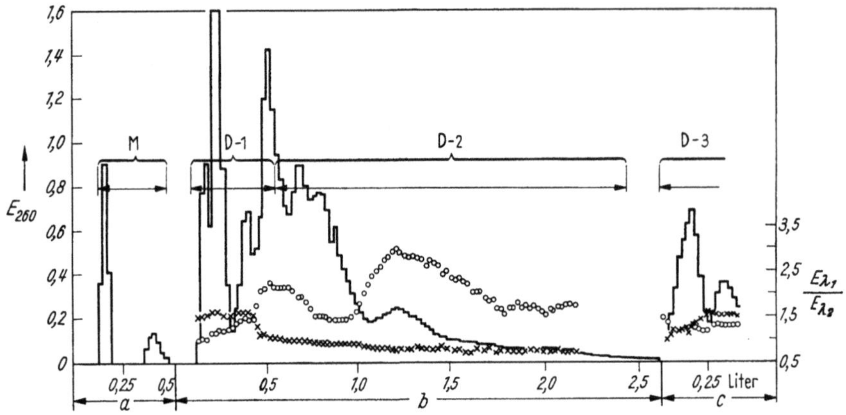

Abb. 32. Die Vorfraktionierung von Mono- und Oligonucleotiden aus einem partiellen Hydrolysat von Kalbsthymus-DNS durch Ionenaustausch[1]. Ionenaustauscher: Dowex-1-Acetat, 2 % Quervernetzung, 9 cm × 1 cm. Elution: 23 cm³/Std; *a* 0,1m Acetatpuffer p_H 5,5; *b* 0,24 m Acetatpuffer p_H 5,5; *c* 0,45 m Acetatpuffer p_H 5,5. *L* Liter. Als Funktion sind aufgetragen: ——— Extinktionskoeffizient bei 260 mμ (E_{260}), ooooo $\frac{E_{260}}{E_{280}}$, ×××× $\frac{E_{270}}{E_{250}}$. Die Fraktionen M (Mononucleotide), D-1, D-2, D-3 werden in einzelnen Ionenaustauschersäulen getrennt (s. Abb. 33, 34, 35). Ausgangsmaterial: Partielles enzymatisches Hydrolysat von Kalbsthymus-DNS.

Allerdings läßt sich ein teilweises Überlappen einiger Trinucleotide mit dem am langsamsten wandernden Dinucleotid Di-desoxyguanylsäure nicht vermeiden. Zur Kontrolle des Verlaufs der Elution sowie zur Charakterisierung und Identifizierung der Komponenten in den einzelnen Fraktionen wird im Eluat laufend die UV-Absorption bei 260 und 280 mμ gemessen. Nach dem Durchlauf der Dinucleotide kann durch weitere Elution mit 2 m Acetatpuffer der größte Teil der höheren Oligonucleotide (95 % des DNS-Hydrolysates) aus der Säule gewaschen werden. Die Extrapolation von den R_F-Werten der Di- und Trinucleotide auf diejenigen der höheren Oligonucleotide läßt den Schluß zu, daß die stärksten Fraktionen im Thymus-DNS-Hydrolysat aus Hepta- oder Octanucleotiden bestehen. Über die weitere chromatographische Trennung dieser höheren Verbindungen werden keine Angaben gemacht.

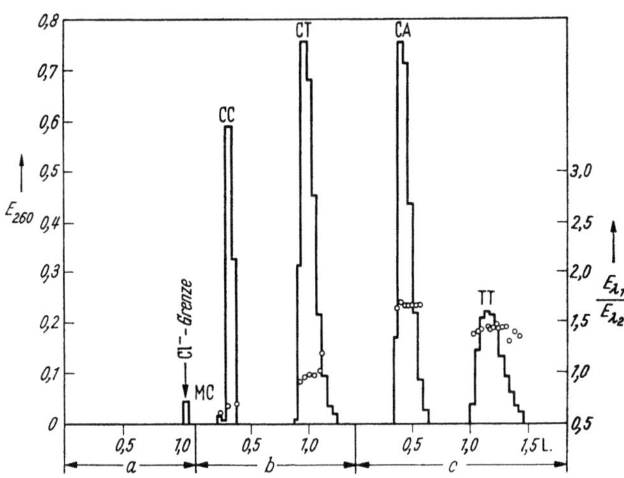

Abb. 33. Fraktionierung des Dinucleotidgemisches D-1 aus einem enzymatischen DNS-Hydrolysat durch Ionenaustausch[1]. Ionenaustauscher: Dowex-1-Acetat, 8 % Quervernetzung, 20 cm × 1 cm. Elution: 21 cm³/Std. *a* 0,05 m Acetatpuffer p_H 4,3 + 0,015 m Chlorid; *b* 0,05 m Acetatpuffer p_H 4,3 + 0,04 m Chlorid; *c* 0,05 m Acetatpuffer p_H 4,3 + 0,055 m Chlorid. ——— E_{260}; oooo $\frac{E_{260}}{E_{280}}$. Abkürzungen: *A* Desoxyadenylsäure, *C* Desoxycytidylsäure, *M* Desoxy-5-methylcytidylsäure, *T* Thymidylsäure; daher *MC* Dinucleotid aus Desoxy-5-methylcytidylsäure und Desoxycytidylsäure usw.

Alle folgenden chromatographischen Operationen werden an der Acetatform von Dowex-1-Harz mit 8 % Quervernetzungen vorgenommen. Für die Trennung der Dinucleotide sind Kolonnen mit den Abmessungen 20 × 1 cm erforderlich, für die der Mononucleotide genügen solche von 10 × 1 cm.

Zur Wiederadsorption werden die Lösungen der Fraktionen D-1, D-2 und D-3 durch Zugabe von Ammoniak alkalisch gemacht und in getrennte Kolonnen gegeben. Die

[1] Sinsheimer, R. L., J. F. Koerner, J. Vadla, and K. Lunan: J. biol. Ch. 208, 445 (1954).

Elution erfolgt unter Bedingungen, die in den Abb. 33, 34, 35 angegeben sind. „Cl-Grenze" bezeichnet die Phase in der Chromatographie, in welcher das Dowex-1-acetat vollständig in das Dowex-1-chlorid umgewandelt ist. Bei gemischten Dinucleotiden wird mit Hilfe dieser Methodik stets ein Gemisch der beiden möglichen Isomeren isoliert, falls diese im

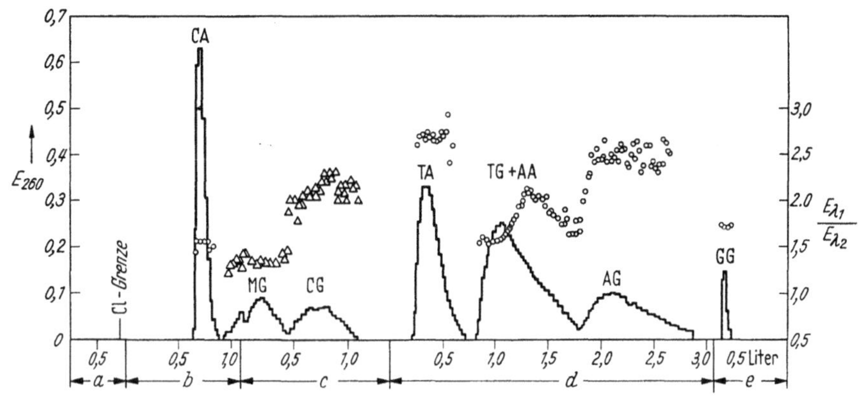

Abb. 34. Fraktionierung des Dinucleotidgemisches D-2 aus einem enzymatischen DNS-Hydrolysat durch Ionenaustausch[1]. Ionenaustauscher: Dowex-1-Acetat, 8 % Quervernetzung, 20 cm × 1 cm. Elution: 21 cm³/Std; *a* 0,10 m Acetatpuffer pH 4,0 + 0,02 m Chlorid; *b* 0,10 m Acetatpuffer pH 4,0 + 0,045 m Chlorid; *c* 0,05 m Acetatpuffer pH 4,4 + 0,06 m Chlorid; *d* 0,05 m Acetatpuffer pH 4,4 + 0,08 m Chlorid; *e* 0,05 m Acetatpuffer pH 4,4 + 0,20 m Chlorid. ——— E_{260}; oooo $\frac{E_{260}}{E_{280}}$; ΔΔΔ $\frac{E_{260}}{E_{280}}$. Abkürzungen: *A* Desoxyadenylsäure, *C* Desoxycytidylsäure, *G* Desoxyguanylsäure, *M* Desoxy-5-methylcytidylsäure, *T* Thymidylsäure, daher *CA* Dinucleotid aus Desoxycytidylsäure und Desoxyadenylsäure usw.

Hydrolysat enthalten sind. So kann z. B. die Fraktion CA aus 5'-(Desoxycytidyl)-desoxyadenylsäure oder aus 5'-(Desoxyadenyl)-desoxycytidylsäure oder aus einem Gemisch dieser beiden Verbindungen bestehen, die sich chromatographisch unter diesen Bedingungen nicht unterscheiden.

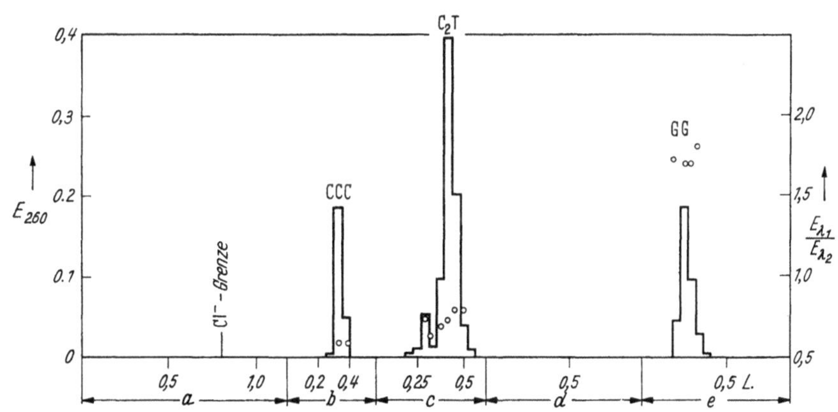

Abb. 35. Trennung des Di- und Trinucleotid-Gemisches D-3 aus einem enzymatischenDNS-Hydrolysat durch Ionenaustausch[1]. Ionenaustauscher: Dowex-1-Acetat, 8 % Quervernetzung, 20 cm × 1 cm. Elution: 24 cm³/Std; *a* 0,10 m Acetatpuffer pH 4,0 + 0,02 m Chlorid; *b* 0,10 m Acetatpuffer pH 4,0 + 0,06 m Chlorid; *c* 0,10 m Acetatpuffer pH 4,0 + 0,08 m Chlorid; *d* 0,10 m Acetatpuffer pH 4,0 + 0,13 m Chlorid; *e* 0,10 m Acetatpuffer pH 4,0 + 0,20 m Chlorid. ——— E_{260}; oooo $\frac{E_{260}}{E_{280}}$. Abkürzungen: *L* Liter, *CCC* Trinucleotid aus 3 Mol Desoxycytidylsäure, C_2T Trinucleotid aus 2 Mol Desoxycytidylsäure und 1 Mol Thymidylsäure, *GG* Dinucleotid aus 2 Mol Desoxyguanylsäure.

Identifizierung und Strukturermittlung der Di- und Oligonucleotide der DNS erfolgen nach den Prinzipien, die am Beispiel der RNS-Dinucleotide näher erläutert wurden (s. S. 1269). Zunächst erfolgt die Hydrolyse der Verbindungen bis zur Stufe der Mononucleotide[2] und deren quantitative Bestimmung durch Chromatographie und Messung der UV-Absorption (s. S. 1136ff.[3]). Einen näheren Einblick in die Bindungsverhältnisse gibt die

[1] SINSHEIMER, R. L., J. F. KOERNER, J. VADLA and K. LUNAN: J. biol. Ch. **208**, 445 (1954).
[2] SINSHEIMER, R. L., and J. F. KOERNER: J. biol. Ch. **198**, 293 (1952).
[3] SINSHEIMER, R. L., and J. F. KOERNER: Science, N. Y. **114**, 42 (1951).

enzymatische Abspaltung der terminalen Phosphatgruppe, verbunden mit der Bestimmung des Verhältnisses primäres Phosphat zu Gesamtphosphat[1], sowie der Abbau des entstandenen Dinucleosid-monophosphats und die Analyse von dessen Spaltstücken (Nucleotide und Nucleoside).

δ) Di-desoxyribonucleosid-monophosphate (Nucleosid-nucleotide).

Darstellung. Das nach der Einwirkung von Desoxyribonuclease auf Weizenkeimlings-DNS erhaltende Hydrolysat wird mit Phosphomonoesterase weiter verdaut, wobei die terminalen Phosphatgruppen der Oligonucleotide abgespalten werden[2, 3]. Aus den Dinucleotiden entstehen so Dinucleosid-monophosphate. Durch die Papierchromatographie (Isopropanol-Wasser 7 : 3 v/v) und Papierelektrophorese (Ammoniumformiatpuffer p_H 3,5) werden aus dem Hydrolysat folgende Verbindungen isoliert: ApC, ApT, GpT, CpT, CpC, TpT[2] sowie ApA, ApG, GpC und GpMC[3] (A = Desoxyadenosin, G = Desoxyguanosin, C = Desoxycytidin, T = Thymidin, p = Phosphat).

Aus analog hergestellten Hydrolysaten von Heringssperma-DNS wurde unter anderem eine Substanz isoliert, die äquimolare Mengen an Desoxyadenosin, Desoxycytidin und Thymidin enthält. Sie wird als CpApT, CpTpA oder ApCpT formuliert[3].

In vielen Fällen wurden Di-desoxynucleosid-monophosphate auch durch Einwirkung von Phosphomonoesterase auf definierte einzelne Di-desoxynucleotide hergestellt[3, 4].

Strukturermittlung. ApC wird beispielsweise durch die Einwirkung von gereinigter Schlangengift-Phosphodiesterase[5] in Desoxycytidin und Desoxyadenylsäure gespalten, wäre also als Desoxycytidin-3'-desoxyadenosin-5'-phosphat zu formulieren[3]. Die Identifizierung der Spaltstücke erfolgt durch Chromatographie sowie durch fermentativen Abbau (z. B. mit spezifischer 5'-Nucleotidase aus Schlangengift usw.) (s. auch S. 1135).

d) „Dinucleotide“ mit Pyrophosphatbindung.

50. Flavin-adenin-dinucleotid = P¹-Adenosin-5'-P²-riboflavin-5'-pyrophosphat (FAD)* $C_{27}H_{33}O_{15}N_9P_2$.

Vorkommen. Der Isolierung von Riboflavin (Lactoflavin) aus Molke, Harn, Hefe und tierischen Geweben folgte bald die Bestimmung seiner Struktur als 6,7-Dimethyl-9-(D-1'-ribityl)-isoalloxazin und die Synthese[6], ferner die Identifizierung der prosthetischen Gruppe des aus Hefe isolierten „alten“ gelben Ferments von WARBURG und CHRISTIAN[7] als Riboflavin-5'-phosphat und auch die Synthese dieses Phosphorsäureesters. Die weitere Untersuchung der Flavine und der Flavoproteide, insbesondere der D-Aminosäureoxydase, führte WARBURG und CHRISTIAN[8] zur Isolierung des Dinucleotids, in welchem Adenylsäure und Riboflavinphosphat durch Pyrophosphatbindung verknüpft sind (P^1-Adenosin-5'-P^2-riboflavin-5'-pyrophosphat). Das Dinucleotid wurde zunächst aus Pferdenieren, Pferdeleber und aus Hefe als Bariumsalz isoliert[9]; es ist in allen später daraufhin untersuchten tierischen und pflanzlichen Organen nachgewiesen und als Coferment zahlreicher enzymatischer Prozesse erkannt worden.

---

* Siehe auch die Abschnitte „Isoalloxazine“ in Bd. III/2, S. 1339ff., sowie „Flavinenzyme“ in Bd. VI.

1 SINSHEIMER, R. L., and J. F. KOERNER: Am. Soc. **74**, 283 (1952).
2 SMITH, J. D., and R. MARKHAM: Biochim. biophysica Acta, N. Y. **8**, 350 (1952).
3 SMITH, J. D., and R. MARKHAM: Nature **170**, 120 (1952).
4 SINSHEIMER, R. L., J. F. KOERNER, J. VADLA and K. LUNAN: J. biol. Ch. **208**, 445 (1954).
5 HURST, R. O., J. A. LITTLE and G. C. BUTLER: J. biol. Ch. **188**, 705 (1951).
6 KUHN, R., P. GYÖRGY u. T. WAGNER-JAUREGG: B. **66**, 317 (1933). — ELLINGER, P., u. W. KOSCHARA: B. **66**, 315 (1933). — KUHN, R., K. REINEMUND, H. KALTSCHMITT, R. STRÖBELE u. H. TRISCHMANN: Naturwiss. **23**, 260 (1935). — KARRER, P., K. SCHÖPP u. F. BENZ: Helv. **18**, 426 (1935).
7 WARBURG, O., u. W. CHRISTIAN: Naturwiss. **20**, 688, 980 (1932). B. Z. **254**, 438 (1932); **257**, 492 (1933).
8 WARBURG, O., u. W. CHRISTIAN: B. Z. **295**, 261; **296**, 294; **297**, 417; **298**, 150 (1938).
9 WARBURG, O., u. W. CHRISTIAN: B. Z. **298**, 150 (1938).

Einige Angaben über den Gehalt tierischer Organe an FAD finden sich in Bd. III/2, S. 134 (bestimmt im D-Aminosäure-oxydase-System). Die Werte von Tabelle 26 sind nach einer Differentialmethode fluorometrisch bestimmt[1].

Tabelle 26. *Gehalt verschiedener Organe der Ratte (normal ernährt) an Riboflavin (F), Riboflavinphosphat (FMN) und FAD.*
(Die Werte sind als Riboflavin berechnet und bezogen auf Gewebe-Frischgewicht.)

	Gesamt-F γ/g	FAD γ/g	FMN γ/g	Freies F γ/g	FAD % der Gesamt-F
Leber	37,1	30,5	6,2	0,76	79
Niere	34,8	23,6	11,9	0,92	68
Herz	21,7	18,2	2,0	0,15	84
Gehirn	3,34	2,47	0,71	0,12	74
Skeletmuskel	3,84	3,41	0,40	0,04	89
			FMN + freies F		
Lunge	4,27	3,64	0,63		85
Thymus	2,59	2,01	0,58		78
Submaxillar-Drüse	5,77	4,65	1,12		80
Nebenniere	22,3	18,3	4,0		82
Leber	34,7	31,8	2,9		92
Magenschleimhaut	10,9	9,3	1,6		86
Pankreas	8,14	6,82	1,32		84
Ovar	7,52	5,95	1,57		79
Schilddrüse	4,56	2,90	1,66		64
Milz	3,90	3,38	0,52		87
Hypophyse	3,68	2,62	1,06		68
Hoden	3,37	2,45	0,92		73
Lymphknoten	2,86	2,18	0,68		76
Uterus	2,34	1,82	0,52		78
Blase	2,31	1,59	0,72		69
Cornea	1,12	1,00	0,12		89
Haut	1,00	0,76	0,24		76

In den verschiedenen Organen sind also 65—90% der Gesamtmenge der Flavine als FAD vorhanden. Nur in der Retina verschiedener Tiere, besonders der Fische, finden sich größere Mengen freies Riboflavin[2].

Die Struktur von FAD ergibt sich aus seiner Hydrolyse zu Adenosin-5′-phosphat und Riboflavin-5′-phosphat[3]. Die Perjodatoxydation bildet keinen Formaldehyd[4]. FAD ist synthetisiert worden (als erstes Dinucleotid mit Pyrophosphatbindung) durch Kondensation des Monosilbersalzes von Riboflavin-phosphat mit 2′,3′-Isopropyliden-adenosin-5′-benzylchlorphosphat, folgende Hydrolyse des Isopropylidenrestes und Hydrogenolyse der Benzylgruppen[5]. Eine weitere Synthese vereinigt direkt Riboflavin-phosphat mit Adenosin-5′-phosphat unter der Einwirkung von Di-p-tolyl-carbodiimid[6].

Darstellung. Warburg und Christian haben FAD aus Pferdenieren, Pferdeleber und Bäckerhefe isoliert[7]. Zur Darstellung aus den zerkleinerten tierischen Organen werden diese zunächst mit Aceton und Methanol ausgezogen, dann mit Wasser extrahiert. Nach der Enteiweißung der wäßrigen Lösung mit Trichloressigsäure wird das Dinucleotid aus schwefelsaurer Lösung mit Quecksilbersulfat gefällt. Der Zerlegung des Quecksilbersalzes

[1] Bessey, O. A., O. H. Lowry and R. H. Love: J. biol. Ch. **180**, 755 (1949).
[2] Euler, H. v., u. E. Adler: Z. vgl. Physiol. **21**, 739 (1935).
[3] Abraham, E. P.: Biochem. J. **33**, 543 (1939).
[4] Karrer, P., u. H. Frank: Helv. **23**, 948 (1940).
[5] Christie, S. M. H., G. W. Kenner and A. R. Todd: Nature **170**, 924 (1952). Soc. **1954**, 46.
[6] Kilgour, G. L., and F. M. Huennekens: Fed. Proc. **14**, 236 (1955).
[7] Warburg, O., u. W. Christian: B. Z. **298**, 150 (1938).

mit Schwefelwasserstoff folgt eine Fällung als Silbersalz und eine Fällung als Bariumsalz. Ein wichtiger Schritt zur weiteren Reinigung ist die Extraktion mit p-Kresol aus einer Lösung, die mit Ammoniumsulfat zu $^2/_3$ gesättigt ist. Die Umkristallisation des Bariumsalzes führt zum reinen Produkt (aus 50 kg Pferdeniere oder -leber 65 mg FAD).

Die Darstellung aus Bäckerhefe ist etwas einfacher und führt zu einer besseren Ausbeute. Hefekochsaft wird nach Zugabe von Ammoniumsulfat mit Phenol extrahiert; nach Versetzen der phenolischen Lösung mit Äther läßt sich das Dinucleotid in eine kleine Menge Wasser überführen. Zur weiteren Reinigung wird FAD als Silbersalz, dann als Bariumsalz gefällt. Nach der Extraktion der wäßrigen Lösung mit p-Kresol wird noch einmal das Bariumsalz dargestellt (rotbraune, traubenförmig miteinander verwachsene

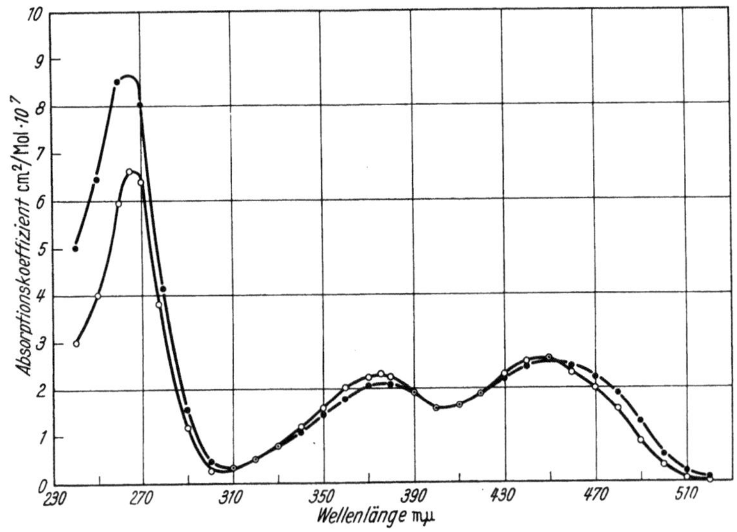

Abb. 36. Die Lichtabsorption von Flavin-adenin-dinucleotid[1], FAD. o—oAbsorptionsspektrum von Lactoflavin; •—• Absorptionsspektrum von Flavin-adenin-dinucleotid.

Kügelchen). Ausbeute 2,5 mg FAD aus 1 kg Bäckerhefe (12—25% der Ausgangsmenge. Bäckerhefe enthält 10—20 γ/g Frischgewicht).

Später entwickelte Methoden[2] bedienen sich der Adsorptionschromatographie an einem Magnesiumsilicat (Florisil) und der chromatographischen Trennung an einer Cellulosesäule (Phenol-n-Butanol-Wasser). Die weitere Reinigung erfolgt durch wiederholte Extraktion der wäßrigen Lösung mit Phenol. Es lassen sich derart 40—50% des in den Geweben enthaltenen FAD mit einem Reinheitsgrad von 0,4—0,6 gewinnen.

Ein weiteres Verfahren für die Isolierung von FAD[3] benützt die Extraktion mit Phenol, eine Verteilungschromatographie mit n-Butanol-n-Propanol-Wasser in der Cellulosesäule, schließlich die Umkristallisation des Dinucleotids aus Wasser (2 : 2 : 1 v/v). Die weitere Reinigung von Präparaten mit 50—75% FAD kann erfolgen 1. durch Verteilungschromatographie mit Phenol-n-Butanol-Wasser, 2. durch Ionenaustausch mit IRA 400 oder Dowex-1, 3. durch präparative Papierchromatographie mit t-Butanol-Wasser als Lösungsmittel[4].

Eine Synthese in größerem Maßstab und Reinigungsverfahren sind beschrieben[5].

Physikalische Eigenschaften. Im kurzwelligen UV absorbiert FAD stärker als FMN (Riboflavin-5′-phosphat) oder Riboflavin, da hier zur Alloxazin-Absorption die Adenin-Absorption hinzukommt (Abb. 36). Auch zwischen 450 und 510 mμ absorbiert das

[1] WARBURG, O., u. W. CHRISTIAN: B. Z. **298**, 150 (1938).
[2] DIMANT, E., D. R. SANADI and F. M. HUENNEKENS: Am. Soc. **74**, 5440 (1952).
[3] WHITBY, L. G.: Biochem. J. **54**, 437 (1953). Biochim. biophysica Acta, N. Y. **15**, 148 (1954).
[4] HUENNEKENS, F. M.: Exper. **12**, 1 (1956).
[5] DE LUCA, C., and N. O. KAPLAN: J. biol. Ch. **223**, 569 (1956).

Dinucleotid stärker als Riboflavin; daher sind seine Lösungen rötlichgelb, jene von F oder FMN grüngelb[1].

Eine erneute Bestimmung der molekularen Extinktionskoeffizienten von FAD, FMN und Riboflavin hat die Werte der Tabelle 27 ergeben[2].

Das Redoxpotential von FAD ist in seiner Abhängigkeit vom p_H bestimmt worden[3]; es unterscheidet sich nicht sehr von jenem des Riboflavins. Die Redoxpotentiale von Riboflavin (E_0^1: −0,185 V, p_H 7), FMN und anderen Flavinen waren früher gemessen worden[4].

Tabelle 27. *Molare Extinktionskoeffizienten* ($\varepsilon \cdot 10^{-3}$) (0,1 m Phosphat-Puffer p_H 7,0).

	510 mμ	450 mμ	375 mμ	260 mμ
Riboflavin.	0,4	12,2	10,6	27,7
FMN . . .	0,4	12,2	10,4	27,1
FAD . . .	0,8	11,3	9,3	27,0

Nachweis und Bestimmung. Die mikrobiologische Riboflavin-Bestimmung mit Lactobacillus casei[5] erfaßt außer FAD auch FMN und Riboflavin[5]. Eine spezifische enzymatische Bestimmung von FAD beruht auf seiner Eigenschaft als Coenzym der D-Aminosäureoxydase[1]. Es wird die Geschwindigkeit der Reaktion in einer Apoenzym und Substrat im Überschuß enthaltenden Lösung nach Zugabe gestaffelter Mengen FAD manometrisch gemessen. Es können derart Mengen $>1\ \gamma$ bestimmt werden. FAD läßt sich auch durch seine Wirkung als Coenzym der Cytochrom c-Reduktase quantitativ ermitteln[6].

Über die Bestimmung von Riboflavin und seinen Derivaten in biologischem Material durch Fluorescenzmessungen s. Bd. III, S. 1339, ferner die Literaturangaben bei [2]. Angaben über den Gehalt von Riboflavin und seinen Derivaten in Mikroorganismen[7].

Eine fluorometrische Differentialmethode gestattet die gesonderte Bestimmung von FAD, FMN und Riboflavin und ist zur quantitativen Bestimmung dieser Flavinderivate in Gewebsextrakten am besten geeignet[8]. Sie beruht darauf, daß FAD nur 10% der Fluorescenz von FMN und Riboflavin hat und daß es leicht zu FMN hydrolysiert werden kann. Riboflavin kann von seinen Phosphorsäure-Derivaten durch seinen viel größeren Koeffizienten der Verteilung zwischen Benzylalkohol und Wasser unterschieden werden.

Abspaltung von Lumiflavin durch Belichtung von FAD[1].

FAD-Bestimmung durch Messung der Lichtabsorption[2, 9]. Trennung von FAD von anderen Flavinnucleotiden und anderen Phosphaten durch Papierchromatographie[10].

Eine spezifische spektralphotometrische Bestimmung[11].

Trennung durch Ionenaustausch (Adsorption aus schwach alkalischer Lösung an IRA 400, Elution von Riboflavin mit Wasser, von FMN mit 0,1 n Essigsäure-Acetat-Puffer und von FAD mit 0,1 n Puffer[12]. Auch Dowex-1 ist zur Chromatographie durch Ionenaustausch geeignet.

Durch Elektrophorese auf dem Papier läßt sich FAD trennen von Riboflavin, FMN, Nicotinsäureamid, DPN und TPN[13].

1 WARBURG, O., u. W. CHRISTIAN: B. Z. **298**, 150 (1938).
2 WHITBY, L. G.: Biochem. J. **54**, 437 (1953). Biochim. biophysica Acta, N. Y. **15**, 148 (1954).
3 LOWE, H. J., and W. M. CLARK: Abstr. amer. chem. Soc. 121 st. Meeting. New York 1952. J. biol. Ch. **221**, 983 (1956).
4 KUHN, R., u. P. BOULANGER: B. **69**, 1557 (1936).
5 SNELL, E. E., and F. M. STRONG: Industr. engng. Chem., analyt. Ed. **11**, 346 (1939).
6 HAAS, E., B. L. HORECKER and T. HOGNESS: J. biol. Ch. **136**, 747 (1940).
7 LANEN, J. M. VAN, and F. W. TANNER: Vitamins & Hormones **6**, 173ff. (1948).
8 BESSEY, O. A., O. H. LOWRY and R. H. LOVE: J. biol. Ch. **180**, 755 (1949).
9 WEBER, G.: Biochem. J. **47**, 114 (1950).
10 EGGLESTON, L. V., and D. H. WILLIAMSON: Biochem. J. **56**, 250 (1954). — CRAMMER, J. L.: Nature **161**, 349 (1948). — HUMMEL, J. P., and O. LINDBERG: J. biol. Ch. **180**, 1 (1949). — WHITBY, L. G.: Biochem. J. **50**, 433 (1952). — DIMANT, E., D. R. SANADI and F. M. HUENNEKENS: Am. Soc. **74**, 5440 (1952). — HUENNEKENS, F. M., D. R. SANADI, E. DIMANT and A. I. SCHEPARTZ: Am. Soc. **75**, 3611 (1953). — FORTER, W., u. P. KARRER: Helv. **36**, 1530 (1953).
11 DE LUCA, C., M. M. WEBER and N. O. KAPLAN: J. biol. Ch. **223**, 559 (1956).
12 HUENNEKENS, F. M.: Exper. **12**, 1 (1956).
13 SILIPRANDI, N., D. SILIPRANDI and H. LIS: Biochim. biophysica Acta, N. Y. **14**, 212 (1954).

Chemisches Verhalten. In alkalischer Lösung wird durch Belichtung aus FAD (wie auch aus FMN und Riboflavin) Lumiflavin $C_{13}H_{12}N_4O_2$ gebildet (72%)[2]. In neutraler Lösung ist FAD viel weniger lichtempfindlich.

In neutraler Lösung bei 0° im Dunkeln ist FAD unbegrenzt haltbar. Durch 1 n HCl wird in 5 min bei 100° die Cofermentwirkung von FAD (im D-Aminosäure-Oxydase-System) vollständig zerstört, ebenso durch 0,5 n NaOH bei 20° in 2 Std[2]. Geschwindigkeit der Hydrolyse durch 10%ige Trichloressigsäure[1].

Durch salpetrige Säure (van Slyke-Bestimmung) wird 1 Mol Stickstoff gebildet und die Coenzymwirksamkeit zerstört[2]. Quecksilber(II)-sulfat sowie Silbernitrat fällen FAD aus kongosaurer Lösung als rotes, in Wasser sehr schwer lösliches *Quecksilber(II)-salz* bzw. *Silbersalz* (FMN ist aus mineralsaurer Lösung durch Silberionen nicht fällbar). Auch das *Bleisalz* ist sehr schwer in Wasser löslich. Das zur Isolierung geeignete *Bariumsalz* (mit Bariumacetat aus Ammoniumacetat enthaltender Lösung gefällt) ist tief braunrot. Löslichkeit in Wasser bei 20°: 2,5 mg/cm³, bei 60°: 5 mg/cm³ (s. [2]).

Physiologisches Verhalten. Die Bildung von FAD aus Riboflavin ist nachgewiesen worden in menschlichen Blutzellen[3] und in Schnitten von Rattengeweben[4]. Aus Hefe ist ein Enzym gereinigt dargestellt worden, das die Umsetzung FMN + ATP ⇌ FAD + PP (anorganisches Pyrophosphat) katalysiert[5]. Magnesiumionen sind für die FAD-Bildung erforderlich. Eine Nucleotid-Pyrophosphatase aus Kartoffeln hydrolysiert FAD zu FMN und AMP[6].

Die Flavinnucleotide spielen wahrscheinlich keine direkte Rolle bei den Reaktionen der oxydativen Phosphorylierung, denn Phosphat wird dabei schnell in ATP aufgenommen, jedoch fast nicht in FAD und FAM (mit ^{32}P-Phosphat nachgewiesen)[7].

FAD ist das Coenzym der meisten „gelben Fermente"; nur bei einigen wenigen scheint es gesichert zu sein, daß FMN als prosthetische Gruppe wirkt.

Die bisher bekannten Wirkungen der FAD-Enzyme bestehen in der Wasserstoffübertragung auf Hämin-Enzyme (Cytochrom c) und auf molekularen Sauerstoff oder auf andere Verbindungen. Die folgende Tabelle 28 (nach HUENNEKENS[8]) gibt eine Übersicht der Flavoenzyme.

Bei der Isolierung von FAD aus verschiedenen Geweben ist auch ein anderes Riboflavin-Dinucleotid FAD · X beobachtet und isoliert worden[9], dem die Struktur eines „cyclischen" Phosphats zukommt, da es durch enzymatische Hydrolyse mit Pyrophosphatase das cyclische Riboflavin-4′,5′-monophosphat und Adenosin-5′-phosphat gibt[10]. Es ist indessen durchaus möglich, daß dieses Dinucleotid als Kunstprodukt bei den Isolierungsoperationen entsteht; im D-Aminosäure-Apooxydase-System hat es keine Wirkung.

Besondere Bedeutung hat die Feststellung der Anwesenheit von komplex gebundenen Metallionen (Cu^{2+}, Fe^{3+}, Mo^{6+}) in manchen Flavoproteiden (Zusammenfassung[11]). Wenn das Metallion bei den Operationen der Reinigung des Enzyms entfernt oder wenn dieses durch Cyanid „vergiftet" wird, so ist die Dehydrierung des Substrats noch gekoppelt mit molekularem Sauerstoff oder mit Redox-Farbstoffen, wie 2,6-Dichlorphenolindophenol, jedoch nicht mehr mit der Reduktion von Cytochrom c oder Nitrat. Da die zuerst genannten Acceptoren 2e aufnehmen, das Cytochrom 1e, muß die Wirkung des

[1] BESSEY, O. A., O. H. LOWRY and R. H. LOVE: J. biol. Ch. **180**, 755 (1949).
[2] WARBURG, O., u. W. CHRISTIAN: B. Z. **298**, 150 (1938).
[3] KLEIN, J. R., and H. I. KOHN: J. biol. Ch. **136**, 177 (1940).
[4] TRUFANOV, A. V.: Biochimija, Moskva **6**, 301 (1941) [Chem. Abstr. **35**, 7499]; **7**, 188 (1942) [Chem. Abstr. **38**, 131].
[5] SCHRECKER, A. W., and A. KORNBERG: J. biol. Ch. **182**, 795 (1950).
[6] KORNBERG, A., and W. E. PRICER: J. biol. Ch. **182**, 763 (1950).
[7] EGGLESTON, L. V., and D. H. WILLIAMSON: Biochem. J. **56**, 250 (1954).
[8] HUENNEKENS, F. M.: Exper. **12**, 1 (1956).
[9] DIMANT, E., D. R. SANADI and F. M. HUENNEKENS: Am. Soc. **74**, 5440 (1952).
[10] HUENNEKENS, F. M., D. R. SANADI, E. DIMANT and A. I. SCHEPARTZ: Am. Soc. **75**, 3611 (1953).
[11] MAHLER, H. R., and D. E. GREEN: Science, N. Y. **120**, 7 (1954). — MAHLER, H. R.: Adv. Enzymol. **17**, 233 (1956).

Tabelle 28. *Flavoproteid-Enzyme.*

Enzym	Gewonnen aus	Prosthetische Gruppe		Literatur
		Flavin	andere	
„Altes gelbes Enzym"	Hefe	FMN	—	1
„Neues gelbes Enzym"	Hefe	FAD	—	2
Diaphorase	Schweineherz	FAD	—	3
TPNH-Oxydase	Bierhefe	FAD	400*	4, 5, 6
Kristallisiertes Flavoprotein	Hefe	FR**	360	7, 8, 5
DPNH-Cytochrom c-Reduktase	Schweineherz	FR	Fe^{+++}	9, 10
DPNH-Cytochrom c-Reduktase	E. coli	FAD	—	11
DPNH-Peroxydase	S. faecalis	FAD	—	12
DPNH-Menadion-Reduktase	S. faecalis	FMN, FAD	—	13
DPNH-Nitrit-Reduktase	Neurospora crassa	FAD	—	14
DPNH, TPNH-Nitrit-Reduktase	Sojabohnenblätter	FAD, FMN	Mn^{++}	14
TPNH-Cytochrom c-Reduktase	Schweineleber	FAD, FMN	—	15
TPNH-Cytochrom c-Reduktase	Bierhefe	FMN	—	16
TPNH-Nitrat-Reduktase	Neurospora crassa	FAD	Molybdän	17
TPNH-Hydroxylamin-Reduktase	Neurospora crassa	FAD	—	18
Xanthin-Oxydase	Milch	FAD	Molybdän, 410	19, 20, 21
Aldehyd-Oxydase	Schweineleber	FAD	Molybdän, Eisen-Protoporphyrin	22, 23, 24
D-Aminosäure-Oxydase	Schafsniere	FAD		25
L-Aminosäure-Oxydase	Schlangengift	FAD	—	26
L-Aminosäure-Oxydase	Rattenniere	FMN	410	27, 28
L-Aminosäure-Oxydase	Neurospora crassa	FAD	—	29
Glykokoll-, D-Serin-Oxydase	Schweineniere	FAD	410	30, 5
D-Asparaginsäure-Oxydase	Kaninchenniere u. -leber	FAD	—	31
L-α-Oxysäuren-Oxydase	Schweineniere	FMN	—	32
L-Milchsäure-Oxydase	Mycobacterium phlei	FAD	—	33
Glykolsäure-Oxydase	Spinat	FMN	—	34
Glykolsäure-Oxydase	Rattenleber	FAD, FMN	—	35
Milchsäure-Oxydase	Bäckerhefe	FMN	Cytochrom b_2	36
Diamin-Oxydase	Schweineniere	FAD	—	37
4-Aminoazobenzol-Reduktase	Rattenleber	FAD	—	38
Acyl-Co A-Dehydrogenase (grün)	Rindsleber	FAD	Cu^{++}	39
Acyl-Co A-Dehydrogenase (gelb)	Rindsleber	FAD	Fe^{+++}	40
Acyl-Co A-Dehydrogenase-Cytochrom c-Reduktase	Rindsleber	FAD	—	41
Fumarat-Hydrogenase	Hefe	FAD	Fe^{+++}	42
Glucose-Dehydrogenase	P. notatum	FAD	—	43
Hydrogenase	Clostridium pasteurianum	FAD	Molybdän	44, 45

* Wellenlänge des Absorptionsmaximums anderer Gruppen.
** Reduktase-Flavin.

[1] WARBURG, O., u. W. CHRISTIAN: B. Z. **266**, 377 (1933).
[2] HAAS, E.: B. Z. **298**, 378 (1938).
[3] CORRAN, H. S., D. E. GREEN and F. B. STRAUB: Biochem. J. **33**, 793 (1933).
[4] GREEN, D. E., W. E. KNOX and P. K. STUMPF: J. biol. Ch. **138**, 775 (1941).
[5] Nach unveröffentlichten Versuchen von F. M. HUENNEKENS.
[6] GREEN, D. E.: Private Mitteilung.
[7] KUNITZ, M., and M. R. MCDONALD: J. gen. Physiol. **29**, 393 (1946).
[8] BALL, E.: J. gen. Physiol. **29**, 413 (1946).
[9] MAHLER, H. R., N. K. SARKAR, L. P. VERNON and R. A. ALBERTY: J. biol. Ch. **199**, 585 (1952).
[10] MAHLER, H. R., and D. G. ELOWE: Am. Soc. **75**, 5769 (1953). J. biol. Ch. **210**, 165 (1954).
[11] BRODIE, A. F., and J. F. GOTS: Fed. Proc. **11**, 191 (1952). — BRODIE, A. F.: J. biol. Ch. **199**, 835 (1952).
[12] DOLIN, M. I.: Arch. Biochem. **46**, 483 (1953).
[13] DOLIN, M. I.: Biochim. biophysica Acta, N. Y. **15**, 153 (1954).
[14] NASON, A., R. G. ABRAHAM and B. C. AUERBACH: Biochim. biophysica Acta, N. Y. **15**, 159 (1954).
[15] HORECKER, B. L.: J. biol. Ch. **183**, 593 (1950).
[16] HAAS, E., B. L. HORECKER and T. HOGNESS: J. biol. Ch. **136**, 747 (1940).
[17] NICHOLAS, D. J. D., A. NASON and W. D. MCELROY: Nature **172**, 34 (1953). — NASON, A. and H. J. EVANS: J. biol. Ch. **202**, 655 (1953).
[18] ZUCKER, M., and A. NASON: Fed. Proc. **13**, 328 (1954).

Metallions aufgefaßt werden als Vermittlung zwischen den Oxydoreduktionen mit 2 Elektronen und jenen mit 1 Elektron.

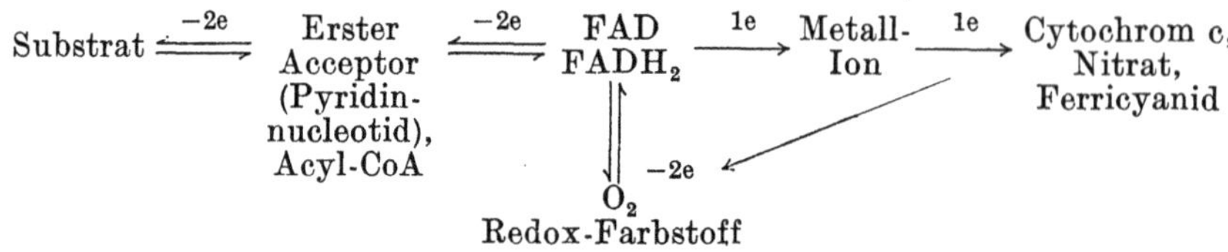

Als Metallo-flavoproteide sind bisher nachgewiesen worden: Xanthinoxydase (Mo:F = 1:1)[1], Aldehydoxydase (Mo)[2], DPNH-Nitrat-Reduktase (Mo)[3], Hydrogenase (Mo)[4], DPNH-Cytochrom c-Reduktase (Fe:F = 4:1)[5], Acyl-CoA-Dehydrogenase, gelbes Enzym (Fe)[6], Fumarathydrogenase (Fe)[7], Acyl-CoA-Dehydrogenase, grünes Enzym (Cu:F = 2:1)[8], (F = Flavin).

51. „Diphosphopyridinnucleotid" = DPN = Co-Dehydrogenase I = Co-Zymase s. Bd. III/2, S. 214, ferner bei „Pyridinenzymen", Bd. VI.

52. „Triphosphopyridinnucleotid" = TPN = Co-Dehydrogenase II s. Bd. III/2, S. 215, ferner bei „Pyridinenzymen", Bd. VI.

53. „Coenzym A" s. unter den entsprechenden Enzymen, Bd. VI.

[1] MACKLER, B., H. R. MAHLER and D. E. GREEN: J. biol. Ch. **210**, 149 (1954).
[2] MAHLER, H. R., B. MACKLER, D. E. GREEN and R. M. BOCK: J. biol. Ch. **210**, 465 (1954).
[3] NICHOLAS, D. J. D., A. NASON and W. D. MCELROY: Nature **172**, 34 (1953). — NASON, A., and H. J. EVANS: J. biol. Ch. **202**, 655 (1953). — NICHOLAS, D. J. D., and A. NASON: Arch. Biochem. **51**, 310 (1954).
[4] SHUG, A. L., P. W. WILSON, D. E. GREEN and H. R. MAHLER: Am. Soc. **76**, 3355 (1954).
[5] MAHLER, H. R., and D. G. ELOWE: Am. Soc. **75**, 5769 (1953). J. biol. Ch. **210**, 165 (1954).
[6] BEINERT, H., and F. L. CRANE: Fed. Proc. **13**, 181 (1954).
[7] HARRISON, K.: Nature **172**, 509 (1953).
[8] HUENNEKENS, F. M., R. E. BASFORD and B. W. GABRIO: J. biol. Ch. **213**, 951 (1955).

Literatur zu Tabelle 28 (Fortsetzung).

[19] MACKLER, B., H. R. MAHLER and D. E. GREEN: J. biol. Ch. **210**, 149 (1954).
[20] BALL, E. G.: J. biol. Ch. **128**, 51 (1939).
[21] CORRAN, H. S., J. G. DEWAN, A. H. GORDON and D. E. GREEN: Biochem. J. **33**, 1694 (1939).
[22] MAHLER, H. R., B. MACKLER, D. E. GREEN and R. M. BOCK: J. biol. Ch. **210**, 465 (1954).
[23] GORDON, A. H., D. E. GREEN and V. SUBRAHMANYAN: Biochem. J. **34**, 764 (1940).
[24] KNOX, W. E.: J. biol. Ch. **163**, 699 (1946).
[25] NEGELEIN, E., u. H. BRÖMEL: B. Z. **300**, 225 (1939).
[26] SINGER, T. P., and E. B. KEARNEY: Arch. Biochem. **27**, 348 (1950).
[27] BLANCHARD, M., D. E. GREEN, V. NOCITO and S. RATNER: J. biol. Ch. **161**, 583 (1945).
[28] BLANCHARD, M., D. E. GREEN, V. NOCITO and S. RATNER: J. biol. Ch. **155**, 421 (1944).
[29] BURTON, K.: Biochem. J. **50**, 258 (1951).
[30] RATNER, S., V. NOCITO and D. E. GREEN: J. biol. Ch. **152**, 119 (1944).
[31] STILL, J. L., and E. SPERLING: J. biol. Ch. **182**, 585 (1950).
[32] BAKER, C. C.: Arch. Biochem. **41**, 325 (1952).
[33] EDSON, N. L.: Biochem. J. **41**, 145 (1947). — SUTTON, W. B.: J. biol. Ch. **210**, 309 (1954).
[34] ZELITCH, I., and S. OCHOA: J. biol. Ch. **201**, 707 (1953).
[35] KUN, E., J. M. DECHARY and H. C. PITOT: J. biol. Ch. **210**, 269 (1954).
[36] APPLEBY, C. A., and R. K. MORTON: Nature **173**, 749 (1954).
[37] KAPELLER-ADLER, R.: Biochem. J. **44**, 70 (1949).
[38] MUELLER, G. C., and J. A. MILLER: J. biol. Ch. **185**, 145 (1950).
[39] MAHLER, H. R.: J. biol. Ch. **206**, 13 (1954).
[40] BEINERT, H., and F. L. CRANE: Fed. Proc. **13**, 181 (1954).
[41] CRANE, F. L., and H. BEINERT: Am. Soc. **76**, 4491 (1954).
[42] FISCHER, F. G., A. ROEDIG u. K. RAUCH: A. **530**, 99 (1937); **552**, 203 (1942). Naturwiss. **27**, 197 (1939).
[43] COULTHARD, C. E., R. MICHAELIS, W. F. SHORT, G. SYKES, G. E. H. SHRINSHIRE, A. F. B. STANDFAST, J. H. BIRKINSHAW and H. RAISTRICK: Nature **150**, 634 (1952). Biochem. J. **39**, 24 (1945).
[44] SHUG, A. L., P. W. WILSON, D. E. GREEN and H. R. MAHLER: Am. Soc. **76**, 3355 (1954).
[45] MAHLER, H. R., and D. E. GREEN: Science, N. Y. **120**, 7 (1954).

C. Nucleinsäuren.

1. Die Struktur der Nucleinsäuren[1].

Nucleinsäuren sind Polynucleotide, d. h. durchweg hochmolekulare Verbindungen, die aus Mononucleotiden zusammengesetzt sind. Die Aufgaben ihrer Isolierung, Charakterisierung und Strukturermittlung haben daher manches gemeinsam mit den entsprechenden Aufgaben der Proteinchemie oder der Chemie der Polysaccharide. Die Problematik der Individualisierung großer Moleküle gilt auch für die Nucleinsäuren (NS). Allen Anzeichen nach gibt es zahlreiche voneinander verschiedene Nucleinsäuren, sowohl in der Gruppe der Ribonucleinsäuren (RNS) wie in jener der Desoxyribonucleinsäuren (DNS).

Unterschiede sind möglich in der Durchschnittsgröße der Moleküle, im Verhältnis der verschiedenen Nucleotid-Bausteine, in der Reihenfolge dieser Nucleotide, in den internucleotidischen Bindungen, in den „Endgruppen", vermutlich auch in anderen, bisher nicht näher zu definierenden, strukturellen und sterischen Merkmalen.

Der am leichtesten nachzuweisende und daher am häufigsten untersuchte Unterschied ist das verschiedene Verhältnis der Basen. Da jedoch die nach den bisherigen Methoden erhältlichen NS-Präparate durchweg Gemische von Polynucleotiden sind, können die Analysenergebnisse nur als Durchschnittswerte betrachtet werden.

Die Struktur der verschiedenen, aus NS bisher gewonnenen Mononucleotide ist in allen Punkten bekannt; die erste Frage nach dem Bau der NS selbst betrifft daher die internucleotidischen Bindungen.

Schon Levene und Simms[2] hatten (1925) aus den Ergebnissen der elektrometrischen Titration von Monoribonucleotiden einerseits und von RNS und DNS andererseits den Schluß gezogen, daß in den NS die Nucleosid-Einheiten durch Phosphorsäurediester-Bindungen verknüpft sind nach dem Schema I:

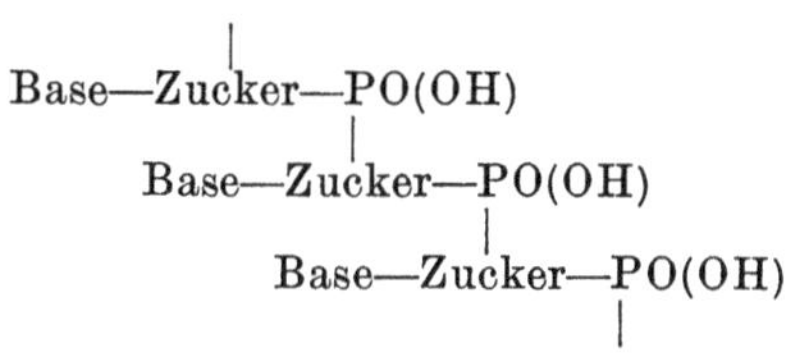

I

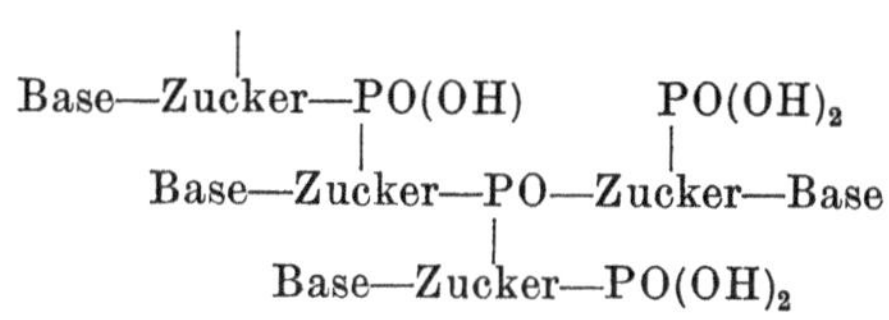

II

Spätere Untersuchungen haben diesen Schluß bekräftigt, auf die inzwischen deutlich erkannte hochmolekulare Struktur der NS erweitert und die Haftstellen der Phosphatbrücken zwischen den Nucleosid-Einheiten festgelegt. Ätherbindungen zwischen den Zucker-Einheiten sind sicher auszuschließen. Pyrophosphatbindungen und Phosphorsäuretriester-Bindungen können, wenn überhaupt, nur in relativ sehr kleiner Zahl vorhanden sein. Gleiches gilt auch für die öfters diskutierten Bindungen zwischen Phosphatresten und Amino- oder Hydroxylgruppen der Basen.

Nach Schema I ist eine lineare, unverzweigte Struktur des Polynucleotids angenommen. Je Phosphatgruppe ist eine Acidität frei. Nur an einem Ende (oder an beiden Enden) der Polynucleotidkette könnten auch sekundäre Phosphat-Aciditäten entfaltet werden: Bei hohem Kondensationsgrad wäre daher das Verhältnis der sekundären zu den primären Phosphat-Aciditäten sehr klein. Durch Hydrolyse des Polynucleotids bis zu den Mononucleotiden wird je Phosphatrest eine sekundäre Acidität frei. Phosphorsäuretriester-Bindungen oder direkte Phosphorsäure-Basen-Bindungen würden Verzweigungen der Polynucleotidkette bedeuten (Schema II) und Bindungen darstellen mit besonderem chemischem und enzymchemischem Verhalten. Tertiäre Phosphatester würden zudem das Verhältnis der sekundären Aciditäten zu den primären vergrößern, da dann auch (bei

[1] Weitere Literaturangaben bei: Brown, D. M., and A. R. Todd; in: Chargaff-Davidson, Nucleic Acids Bd. I, S. 409. — Cohn, W. E., and E. Volkin: Ann. Rev. **26**, 491 (1957).

[2] Levene, P. A., and H. S. Simms: J. biol. Ch. **65**, 519 (1925); **70**, 327 (1926).

einem Basen-P-Verhältnis 1:1) einfach veresterte Phosphatreste auftreten müßten (Schema II).

Solche Phosphotriester-Bindungen und Phosphat-Basen-Bindungen sind zwar öfters als in NS vorhanden angenommen worden; ihre Anwesenheit ist jedoch nach neueren Befunden sehr unwahrscheinlich geworden.

a) Die Struktur der RNS.

Wie schon lange bekannt ist[1], werden RNS schon durch milde alkalische Behandlung zum Gemisch der Mononucleotide hydrolysiert. LEVENE[2] hatte sie als 3'-Phosphate der 4 Nucleoside betrachtet. Neuere Untersuchungen[3, 4] haben die 4 Mononucleotide jeweils als Gemisch der Nucleosid-2'- und 3'-phosphate identifiziert (meistens im Verhältnis von etwa 4:6) und den nahezu quantitativen Verlauf der Hydrolyse gesichert[5].

Die enzymatische Aufspaltung der RNS durch Ribonuclease und dann durch Darmschleimhaut-Diphosphatase[6] oder durch Schlangengift-Diphosphatase[7] führt mit mehr als 60%iger Ausbeute zu Nucleosid-5'-phosphaten. Damit ist nachgewiesen, daß die Phosphatgruppen, wenigstens zum größten Teil, einerseits am 5'-Hydroxyl der Ribosereste haften[8]. Das Fehlen von Nucleosid-5'-phosphaten in alkalischen Hydrolysaten ist dadurch zu erklären, daß die alkalische Hydrolyse zunächst unter Bildung von cyclischen Nucleosid-2',3'-phosphaten die 5'-Phosphatbindung löst, dann diese cyclischen Phosphate öffnet zum Gemisch der 2'-Phosphate und 3'-Phosphate[8]. Die leichte Bildung der cyclischen Phosphate ist geradezu die Voraussetzung für die schnelle Hydrolyse der RNS durch Hydroxylionen[8].

Die Entscheidung zwischen 2' und 3' als zweiter Haftstelle der Phosphorsäure ließ sich herbeiführen durch Untersuchung der Einwirkung von verschiedenen Nucleasen und anderen Phosphodiesterasen auf einfache Ester der Mononucleotide[9]. Pankreas-Ribonuclease hydrolysiert nur die Ester der Pyrimidinnucleosid-3'-phosphate, jedoch nicht die entsprechenden Ester der 2'-Phosphate[10] (und auch nicht die Purinnucleosid-2'- oder 3'-phosphate). Milz-Nuclease spaltet RNS unter Bildung der Pyrimidin- und Purin-Nucleosid-3'-phosphate, die frei von den 2'-Isomeren sind[9]. Das gleiche Enzym und auch Phosphodiesterasen anderer Herkunft wirken nur auf Nucleosid-3'-phosphoester, nicht jedoch auf Nucleosid-2'-phosphoester[11].

Alle diese Beobachtungen weisen darauf hin, daß in RNS die internucleotidische Phosphatbrücke, außer in 5', in 3' und nicht in 2' haftet.

---

[1] STEUDEL, H., u. E. PEISER: H. **120**, 292 (1922). — LEVENE, P. A.: J. biol. Ch. **40**, 415 (1919); **55**, 9 (1923). — JONES, W., and M. E. PERKINS: J. biol. Ch. **62**, 557 (1925). — CALVERY, H. O.: J. biol. Ch. **62**, 557 (1925).

[2] LEVENE, P. A., and S. A. HARRIS: J. biol. Ch. **98**, 9 (1932); **101**, 419 (1933).

[3] CARTER, C. E., and W. E. COHN: Fed. Proc. **8**, 190 (1949). — COHN, W. E.: Am. Soc. **72**, 1471, 2811 (1950).

[4] BROWN, D. M., and A. R. TODD: Soc. **1952**, 44. — LORING, H. S., M. L. HAMMELL, L. W. LEVY and H. W. BORTNER: J. biol. Ch. **196**, 821 (1952). — CAVALIERI, L. F.: Am. Soc. **74**, 5804 (1952); **75**, 5268 (1953). — FOX, J. J., L. F. CAVALIERI and N. CHANG: Am. Soc. **75**, 4315 (1953). — KHYM, J. X., D. G. DOHERTY, E. VOLKIN and W. E. COHN: Am. Soc. **75**, 1262 (1953). — BROWN, D. M., G. D. FASMAN, D. I. MAGRATH, A. R. TODD, W. COCHRAN and M. M. WOOLFSON: Nature **172**, 1184 (1953). — BROWN, D. M., G. D. FASMAN, D. I. MAGRATH and A. R. TODD: Soc. **1954**, 1448. — KHYM, J. X., and W. E. COHN: Am. Soc. **76**, 1818 (1954).

[5] COHN, W. E.: J. cellul. comp. Physiol. **38**, Suppl. **1**, 21 (1951). — VOLKIN, E., and C. E. CARTER: Am. Soc. **73**, 1516 (1951).

[6] COHN, W. E., and E. VOLKIN: Nature **167**, 483 (1951).

[7] COHN, W. E., and E. VOLKIN: Arch. Biochem. **35**, 465 (1952).

[8] BROWN, D. M., and A. R. TODD: Soc. **1952**, 52.

[9] VOLKIN, E., and W. E. COHN: Fed. Proc. **11**, 303 (1952). — HEPPEL, L. A., and R. J. HILMOE: Fed. Proc. **12**, 217 (1953). — HEPPEL, L. A., R. MARKHAM and R. J. HILMOE: Nature **171**, 1152 (1953).

[10] BROWN, D. M., and A. R. TODD: Soc. **1953**, 2040.

[11] BROWN, D. M., L. A. HEPPEL and R. J. HILMOE: Soc. **1954**, 40.

Die Hauptzahl der Phosphatbindungen in den RNS ist also mit Sicherheit zwischen der 5'-Stellung eines Nucleosids und der 3'-Stellung des Nachbarnucleosids anzunehmen (Schema III).

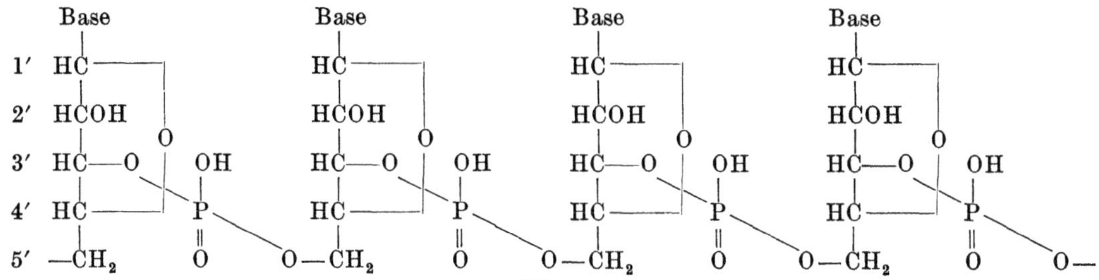

III

Nach diesem Schema würden die RNS die Struktur linearer, unverzweigter Polynucleotide haben. Von mehreren Autoren waren jedoch auch experimentelle Ergebnisse gewonnen worden, die Verzweigungen der RNS-Kette vermuten ließen. Solche Verzweigungen würden durch Phosphatbindungen zwischen 2'-Stellungen der Hauptkette und 3'-(oder 2'-)Stellungen der ersten Glieder der Seitenketten ermöglicht werden. Die weiteren Nucleosid-Einheiten der Abzweigungen wären wiederum durch 3',5'-Phosphatbrücken verbunden. Phosphotriester als Verzweigungsstellen sind sehr unwahrscheinlich, da solche Ester im ganzen p_H-Bereich sehr schnell hydrolysiert werden.

Nach dem gegenwärtigen Stand der Versuche erscheint es als kaum möglich, daß außer wenig oder nicht verzweigten RNS auch solche vorkommen, die stark verzweigt sind[1]. In schonend dargestellten RNS-Präparaten sind weniger als 10% der Phosphatgruppen nur einfach verestert[2].

Zur näheren Kenntnis der Struktur eines Oligo- oder Polynucleotids ist auch die Ermittlung der Reihenfolge der verschiedenen Nucleotid-Einheiten notwendig. Eine solche Ermittlung hat indessen zur Voraussetzung, daß das untersuchte Präparat aus durchaus einheitlichen Molekülen besteht. Liegt eine Mischung verschiedener Molekülarten vor, wie es höchstwahrscheinlich bei allen bisher untersuchten RNS und ihren höhermolekularen Abbauprodukten der Fall ist, so sind Bemühungen zur Feststellung der Nucleotid-Reihenfolge zwecklos. Die Reihenfolge der Nucleotid-Einheiten läßt sich nur in kleineren Bruchstücken feststellen, in Oligonucleotiden, deren Isolierung eine Gewähr für die Einheitlichkeit gibt (Näheres s. S. 1266). Wenig aufschlußreich sind jedoch die Analysen der Di- und Trinucleotide, die durch Ribonuclease-Einwirkung entstehen[3], da durch das Enzym Oligonucleotid-Resynthesen stattfinden[4], so daß es nicht sicher ist, ob die gefundenen Kombinationen den ursprünglich im Polynucleotid vorhandenen entsprechen. In sauren RNS-Hydrolysaten werden alle Kombinationen gefunden, die möglich sind[5].

Ein Verfahren zur Bestimmung der Nucleotidfolge in Oligonucleotiden durch stufenweise Hydrolyse des jeweils endständigen Nucleotids (nach selektiver Dephosphorylierung und Oxydation mit Perjodat) ist schon erprobt worden[6] (s. S. 1270).

[1] Volkin, E., and W. E. Cohn: J. biol. Ch. **203**, 319 (1953). — Schramm, G., u. B. v. Kerékjártó: Z. Naturforsch. 7b, 589 (1952). — Crestfield, A. M., K. C. Smith and F. W. Allen: J. biol. Ch. **216**, 185 (1955). — Crestfield, A. M., and F. W. Allen: J. biol. Ch. **219**, 103 (1956). — Lipkin, D., and J. S. Dixon: Science, N. Y. **116**, 525 (1952).

[2] Volkin, E., and W. E. Cohn: J. biol. Ch. **203**, 319 (1953). — Schmidt, G., M. Seradarian, K. Seradarian and S. J. Thannhauser: Fed. Proc. **11**, 283 (1952). — Cox, R. A., A. S. Jones, G. E. Marsh and A. R. Peacocke: Biochim. biophysica Acta, N. Y. **21**, 576 (1956).

[3] Volkin, E., and W. E. Cohn: J. biol. Ch. **205**, 767 (1953).

[4] Heppel, L. A., and P. R. Whitfeld: Biochem. J. **56**, 2 P (1954). — Heppel, L. A., P. R. Whitfeld and R. Markham: Biochem. J. **56**, 3 P (1954).

[5] Cohn, W. E., and R. Markham: Biochem. J. **62**, 17 P (1956).

[6] Brown, D. M., M. Fried and A. R. Todd: Chem. & Industr. **1953**, 352. Soc. **1955**, 2206. — Whitfeld, P. R., and R. Markham: Nature **171**, 1151 (1953). — Whitfeld, P. R.: Biochem. J. **58**, 390 (1954).

Im ganzen gesehen, erlauben die bisher ausgeführten Versuche zur Ermittlung der Nucleotid-Reihenfolge in RNS nur die Annahme einer statistischen Verteilung der 4 Glieder in den Polynucleotid-Ketten.

Über das Molverhältnis der Basen in RNS verschiedener Herkunft und Darstellung s. S. 1334.

b) Die Struktur der DNS.

Aus den physikalischen Eigenschaften und dem chemischen und fermentchemischen Verhalten der DNS ist gefolgert worden, daß sie sehr hochmolekulare Polynucleotide sind mit unverzweigter Kette[1]. Die Titration zeigt nur eine primäre Acidität je Phosphatgruppe an[2]; die Phosphatreste liegen daher durchweg, mit Ausnahme vielleicht vorhandener, prozentual zurücktretender „Endgruppen", als Phosphodiester vor.

Da die Zuckerkomponente der DNS, die 2-Desoxy-D-ribose, in 2 kein Hydroxyl enthält, kommen bei Annahme einer Verknüpfung der Nucleosid-Einheiten durch Zucker-Phosphat-Esterbindungen nur die Stellungen 3′ und 5′ für diese Bindungen in Frage[3] (Schema IV).

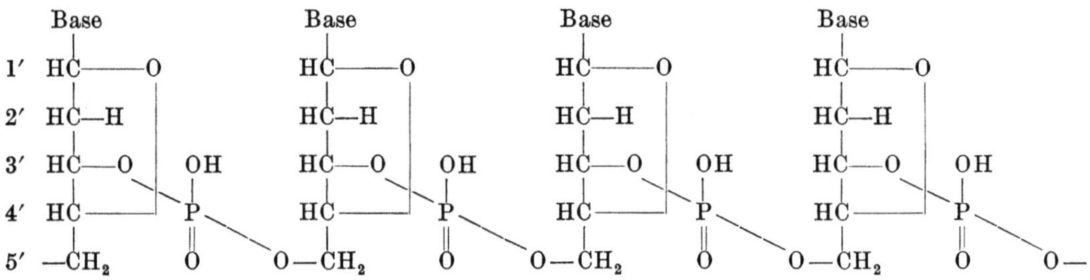

IV

Die Hydrolyse durch Alkalien oder Säuren ist nicht geeignet, DNS in Nucleotide aufzuspalten: Säuren hydrolysieren die Glykosidbindungen zwischen Desoxypentose und Purinen (nicht aber Pyrimidinen) viel schneller als die internucleotidischen Phosphatbindungen, Alkalien wirken gegen DNS nur sehr langsam ein, da die intermediäre Bildung cyclischer Phosphate nicht möglich ist, im Gegensatz zu den RNS[4]. Seit den ersten wegweisenden Versuchen[5] ist jedoch die enzymatische Hydrolyse von DNS zu Mononucleotiden so weit fortentwickelt worden, daß diese zu 92 % der Theorie erhalten werden können (mit gereinigter Schlangengift-Diesterase nach Vorbehandlung mit Desoxyribonuclease[6]). Diese sind durchweg Nucleosid-5′-phosphate. Die internucleotidischen Phosphatbrücken haften also tatsächlich einerseits in 5′ des Desoxyriboserestes.

Nach kräftiger Säurebehandlung der DNS finden sich in den Hydrolysaten die Pyrimidinreste z. T. als Nucleosiddiphosphate vor[7], und zwar, wie durch Vergleich mit synthetischen Präparaten gesichert wurde, als 3′,5′-Diphosphate[8]. Es ist also nachgewiesen,

[1] Zum Beispiel: JORDAN, D. O.: Progr. Biophysics **2**, 51 (1951). — DOTY, P., and G. ZUBAY: Am. Soc. **78**, 6207 (1956).

[2] LEVENE, P. A., and H. S. SIMMS: J. biol. Ch. **65**, 519 (1925); **70**, 327 (1926). — GULLAND, J. M., D. O. JORDAN and H. F. W. TAYLOR: Soc. **1947**, 1131. — SIGNER, R., and H. SCHWANDER: Trans. Faraday Soc. **46**, 790 (1950).

[3] LEVENE, P. A., and H. S. SIMMS: J. biol. Ch. **65**, 519 (1925); **70**, 327 (1926). — BROWN, D. M., and A. R. TODD: Soc. **1952**, 52.

[4] KOSSEL, A., u. A. NEUMANN: B. **26**, 2753 (1893). — KOSSEL, A.: H. **22**, 74 (1896). — STEUDEL, H., u. P. BRIGL: H. **70**, 398 (1911). — FEULGEN, R.: H. **101**, 296 (1918). — STEUDEL, H., u. E. PEISER: H. **111**, 297 (1921). — TAMM, C., M. E. HODES and E. CHARGAFF: J. biol. Ch. **195**, 49 (1952). — THOMAS jr., C. A., and P. DOTY: Am. Soc. **78**, 1854 (1956).

[5] KLEIN, W., u. S. J. THANNHAUSER: H. **218**, 173 (1933); **224**, 252 (1934); **231**, 96 (1935).

[6] SINSHEIMER, R. L., and J. F. KOERNER: J. biol. Ch. **198**, 293 (1952). — HURST, R. O., J. A. LITTLE and G. C. BUTLER: J. biol. Ch. **188**, 705 (1951).

[7] LEVENE, P. A., and W. A. JACOBS: J. biol. Ch. **12**, 411 (1912). — LEVENE, P. A.: J. biol. Ch. **48**, 119 (1921); **126**, 63 (1938). — THANNHAUSER, S. J., u. B. OTTENSTEIN: H. **114**, 39 (1921). — THANNHAUSER, S. J., u. G. BLANCO: H. **161**, 116 (1926).

BROWN, D. M., and A. R. TODD: Soc. **1952**, 52.

daß die internucleotidischen Bindungen Phosphatbrücken sind, welche die 5'-Stellung des einen Nucleosids mit der 3'-Stellung des nächsten verknüpfen. Hinweise auf andere Verknüpfungsarten oder auf Verzweigungen der langen Ketten sind nicht begründet.

Über die Reihenfolge der Nucleotideinheiten in DNS ist bisher so wenig bekannt, daß nicht einmal gesagt werden kann, ob überhaupt bestimmte Reihenfolgen herrschen oder ob die Purin- und Pyrimidin-Nucleotidreste statistisch verteilt sind. Die Uneinheitlichkeit der DNS-Moleküle[1] würde die Ergebnisse eines schrittweisen Abbaus, falls ein solcher bekannt wäre, ohnehin fragwürdig machen. Doch läßt sich durch die Untersuchung oligonucleotidischer Spaltstücke feststellen, welche Verknüpfungen von Purin- und Pyrimidinnucleotiden überhaupt auftreten. Die enzymatische Hydrolyse von DNS durch Desoxyribonuclease ist mehrfach untersucht worden[2]; die Ergebnisse sind in Anbetracht der unvollständigen Kenntnis der Enzymspezifität und der möglichen „Austauschreaktionen" nicht sehr beweiskräftig. Durch milde Säureeinwirkung entsteht aus DNS unter Abspaltung der Purine die noch hochmolekulare Thyminsäure (Apurinsäure), die bereits durch schwache Alkalien hydrolysiert wird[3]. Aus dem Nachweis von Pyrimidin-di- und -trinucleotiden in den Hydrolysaten[4] kann geschlossen werden, daß in den Thymus-DNS-Ketten Stellen vorhanden sind mit mindestens 3 benachbarten Pyrimidinnucleotid-Resten. Eine regelmäßige Wechselfolge von Purin und Pyrimidin-Einheiten scheidet daher aus. Eine Methode, die es erlauben würde, die Einheiten eines Oligonucleotids vom Ende her schrittweise abzuspalten, ist noch nicht mitgeteilt worden.

2. Allgemeine Eigenschaften und Fällungsreaktionen der Nucleinsäuren.

Nach den neueren Verfahren, die eine Gewinnung der NS in möglichst wenig verändertem Zustand erstreben, werden sowohl bei der Extraktion als auch bei den weiteren Arbeitsgängen höhere Temperaturen und die Einwirkungen von Säuren, Alkalien und konzentrierten Salzlösungen vermieden. Dadurch lassen sich hochmolekulare NS erhalten, deren Alkalisalze schon in 0,1%iger Lösung merkbare Viscosität verursachen. Veränderungen dieser Lösungen werden am ehesten vermieden, wenn sie neutral gepuffert sind, physiologische Ionenstärke haben und bei Temperaturen unter 0° aufbewahrt werden. Die Darstellung von Trockenpräparaten, selbst durch Fällung mit organischen Lösungsmitteln oder durch Gefriertrocknung, führt zu „denaturierten" Produkten. Ein Erhitzen der Lösungen (über 75° bei DNS-Na) ändert ihre Eigenschaften sehr schnell. Die Viscosität sinkt ab, die Sedimentationskonstante fällt, die UV-Absorption steigt, neue UR-Banden treten auf, die Titrationskurven verschieben sich.

Bei *Behandlung mit Säuren und Alkalien* lassen sich hydrolytische Vorgänge nicht vollständig ausschließen, selbst wenn schnell und in der Kälte gearbeitet wird. Gegen Alkalien besonders empfindlich sind die RNS, die schnell zu niedermolekularen Oligonucleotiden hydrolysiert werden (vollständig zu Mononucleotiden z. B. in 0,3 n KOH bei 30° in 12 Std). Säuren hydrolysieren die glykosidische Bindung der Purine, am schnellsten jene der DNS (vollständig z. B. bei p_H 1,6 in 24 Std bei 37°), und öffnen in langsamerer Reaktion auch Phosphatbrücken.

Trotz dieser „Schädigungen" der höchstmolekularen NS werden für viele Zwecke Arbeitsgänge nützlich oder unvermeidbar sein, die höhere Temperaturen, die Einwirkung von Säuren oder Alkalien und Fällungen z. B. mit Äthanol verwenden. Zur präparativen

[1] Chargaff, E., C. F. Crampton and R. Lipshitz: Nature **172**, 289 (1953). — Brown, G. L., and M. Watson: Nature **172**, 339 (1953). — Lucy, J. A., and J. A. V. Butler: Nature **174**, 32 (1954). — Bendich, A.: Abstr. amer. chem. Soc. **126**, 52 C (1954).

[2] Smith, J. D., and R. Markham: Nature **170**, 120 (1952). Biochim. biophysica Acta, N. Y. 8, 350 (1952). — Zamenhof, S., E. Chargaff and G. Brawerman: J. biol. Ch. **187**, 1 (1950). — Overend, W. G., and M. Webb: Soc. **1950**, 2746.

[3] Tamm, C., H. S. Shapiro, R. Lipshitz and E. Chargaff: J. biol. Ch. **203**, 673 (1953).

[4] Jones, A. S., and D. S. Letham: Biochim. biophysica Acta, N. Y. **14**, 438 (1954). Soc. **1956**, 2573. — Jones, A. S., D. S. Letham and M. Stacey: Soc. **1956**, 2573.

Darstellung größerer Mengen von NS oder zur Abtrennung von Beimengungen haben Fällungsmethoden ihre Bedeutung behalten[1].

Die *Alkalisalze der DNS* werden auch aus verdünnten Lösungen (0,1—1 %ig) durch Äthanol gefällt, vollständig bei 50 vol.-%iger Konzentration. Sie scheiden sich als zähe, fadenziehende Masse aus, die leicht abgetrennt werden kann. Sie wird, je nach dem Zweck, in einem Gefäß mit konstanter Luftfeuchtigkeit aufbewahrt oder mit Äthanol und Aceton vollständig entwässert. Das Na-Salz nicht abgebauter RNS wird auch aus verdünnten Lösungen durch Zugabe von 3 Vol. Äthanol vollständig ausgeschieden. Wesentlich für die Äthanolfällungen ist die Anwesenheit von Salzen in der Lösung (NaCl, Natriumacetat, Ammoniumsulfat, Magnesiumacetat oder Magnesiumsulfat). Bei Umfällungen genügt die Zugabe eines Tropfens der gesättigten, wäßrigen Lösung eines dieser Salze zu 100 cm^3 Nucleinat-Lösung. Durch Mineralsäuren werden *NS als freie Säuren* aus den Lösungen ihrer Salze vollständig gefällt. Sie scheiden sich als Flocken aus, die leicht zusammenballen, dann Fäden ziehen und sich leicht z. B. mit einem Glasstab aufwickeln lassen. Die DNS zeigen dabei einen charakteristischen Seidenglanz und Längsstreifung. Bei den RNS sind es nur die höchstmolekularen Präparate, die faserig werden und auch negativ doppelbrechend sind. Als freie Säuren können NS nicht aufbewahrt werden, ohne daß durch die Eigenacidität hydrolytische Veränderungen eintreten. Verschiedene RNS-Handelspräparate werden jedoch als freie Säuren hergestellt. Die Säurefällungen werden meistens mit HCl oder H_2SO_4 oder $HClO_4$ ausgeführt, bis zu einer 0,5 n Endkonzentration dieser Säuren und zwar, mit Rücksicht auf die Hydrolysierbarkeit der Purin-Zuckerbindungen, mit gutgekühlten Lösungen. Nucleinat-Lösungen von 0,5 % werden vollständig, solche von 0,1 % zu über 90 % gefällt. Zur Reinigung kann man die fadenziehenden Abscheidungen nochmals in Natriumhydrogencarbonat- oder anderen nahezu neutralen Pufferlösungen aufnehmen und erneut fällen. Dadurch werden NS von Polysacchariden, Proteinen, Oligonucleotiden und anderen niedermolekularen Beimengungen getrennt. Trichloressigsäure fällt Proteine mit.

Schwermetallsalze der RNS und DNS sind alle nahezu wasserunlöslich. Zur Reinigung der NS eignen sie sich jedoch nicht, da diese aus den Niederschlägen kaum unverändert zurückzugewinnen sind. Eine Reinigung von DNS-Oligonucleotiden über die *Bleisalze* s. [2]. Eine Trennung der NS und der höhermolekularen Polynucleotide von Oligo- und Mononucleotiden wird erreicht durch Fällung ihrer Lösungen mit dem gleichen Volumen einer 0,25 %igen *Uranylacetat*-Lösung in 2,5 %iger Perchlorsäure (abgeändertes McFadyen-Reagens, das ursprünglich Trichloressigsäure enthielt[3]). Die flockigen Niederschläge lassen sich meistens von der klaren Lösung gut abtrennen. Das *Lanthansalz* eignet sich zur Fällung von RNS auch aus verdünnten Lösungen[4]. Aus neutralen oder schwach alkalischen, verdünnten Lösungen der Alkalinucleinate fallen die *Barium-*, *Calcium-* und *Magnesiumsalze* nahezu vollständig aus, während die entsprechenden Salze von niedermolekularen Oligonucleotiden oder Mononucleotiden viel leichter löslich sind. Die Fällung der *Magnesiumsalze* von DNS-Oligonucleotiden aus konzentrierten wäßrigen Lösungen durch Methanol eignet sich zu ihrer direkten Gewinnung aus Gewebshydrolysaten und zu ihrer Reinigung[2] (s. S. 1132). Aus konzentrierten (10 %igen) wäßrigen Lösungen ihrer Natriumsalze werden sowohl RNS wie DNS durch Zugabe von 5—10 Vol. Eisessig gefällt und dadurch von niedermolekularen Anteilen befreit[5]. Eine Reinigung der RNS von DNS-Beimengungen wird jedoch entgegen früheren Angaben[5] nicht erreicht.

Bei der Ausführung von NS-Fällungen sind die Fällungseigenschaften der Oligo- und Mononucleotide zu berücksichtigen (s. S. 1126ff.).

---

[1] Siehe z. B. Sanadi, D. R., D. M. Gibson, P. Ayengar and M. Jacob: J. biol. Ch. **218**, 505 (1956).
[2] Fischer, F. G., u. H. Lehmann-Echternacht: H. **278**, 143 (1943).
[3] McFadyen, D. A.: J. biol. Ch. **107**, 297 (1934).
[4] Hammarsten, E.: Acta med. scand. **128**, 634 (1947).
[5] Levene, P. A., and L. W. Bass: Nucleic acids. S. 301 u. 307. New York 1931.

3. Physikalische Eigenschaften der Nucleinsäuren.

a) Die Messung optischer Eigenschaften.

α) Die UV-Absorption von Nucleinsäuren.

Nucleinsäuren absorbieren UV-Licht stark, mit einem Maximum bei 260 mμ, einem Minimum bei 230—240 mμ und dem Ende der Absorption bei 310 mμ. Diese Absorption wird durch die Anwesenheit der Purin- und Pyrimidinreste verursacht (s. S. 1110ff.), ist jedoch niedriger als der Summe ihrer Absorptionen entspricht. Die Absorptionsmessung ist sehr geeignet, die Anwesenheit von NS in Gewebsextrakten und anderen Lösungen zu erkennen und ihre Mengen zu bestimmen. Als Mikro-UV-Photometrie dient sie zum Nachweis und zur Bestimmung der NS in Zellen und Geweben (s. S. 1308).

Die Extinktionskoeffizienten von NS (mit Licht von 260 mμ) werden wegen des wechselnden Wassergehaltes der Salze und den Schwierigkeiten vergleichbarer Trockengewichtsbestimmungen zweckmäßig nicht auf das Gewicht bezogen. Meistens erfolgt die Bezugnahme auf g-Atom P/l: $\varepsilon(P) = E/C \cdot d$ (E = Extinktionskoeffizient, C = g-Atom P/l, d = Schichtdicke)[1]. Zuweilen wird auch $E^{1\%}_{1\,\text{cm}}$ bei 260 mμ angegeben, d. h. die Extinktion einer 1%igen Lösung in der 1 cm-Küvette.

Die $\varepsilon(P)_{260}$-Werte können bei verschiedenen Präparaten recht verschieden sein; um sie bei dem gleichen Präparat zu reproduzieren, müssen die Bedingungen genau eingehalten werden. Sie liegen in neutralen Lösungen für DNS zwischen 6000—8000 und für RNS zwischen 7000—10000[2]. Am niedrigsten sind diese $\varepsilon(P)_{260}$-Werte bei den höchstmolekularen Säuren und in wenig veränderten Nucleoproteiden. Durch Denaturierungen und durch andere hydrolytische Vorgänge nehmen sie zu. Daher kann man durch Extinktionsmessungen an DNS-Präparaten, vor und nach ihrer alkalischen Behandlung, diese charakterisieren. Allgemein gilt, daß die Absorption bei 260 mμ durch Hydrolyse der NS um 20—33% zunimmt. Ein noch „natives", d. h. bei der Gewinnung nicht durch Salzlösungen oder sonstwie verändertes DNS-Präparat vermehrt seine Absorption um 33%. Diese Erhöhung der Absorption kommt nach den Vorstellungen des DNS-Moleküls als Doppelspirale (s. S. 1288) und des Bestehens von Wasserstoffbindungen zwischen den Basen der beiden Polynucleotidketten durch die Auflösung dieser Bindungen zustande.

Unterscheidung von nativen und denaturierten DNS und RNS nach Hotchkiss[3]. Genau 2,5 oder 3,0 cm³ der Nucleinatlösung geeigneter Konzentration (10—50 γ/cm³ in 0,1 m NaCl) werden in eine 1 cm-Quarzküvette gebracht. Gemessen wird bei 320 mμ (um Streuung oder Absorption durch Fremdbestandteile zu erkennen) und bei 260 mμ. NaCl-Lösung in der Kontrollküvette. Nun werden zu jeder Küvette 0,05 cm³ 6n NaOH hinzugefügt. Die Absorption der alkalischen Lösung, umgerechnet auf das Volumen vor Verdünnung mit der Lauge und vermindert um die ursprüngliche Absorption bei 260 mμ, ergibt das „Absorptionsinkrement". Dieses Inkrement, mit 3 multipliziert (1/0,33), wird als Wert der 260 mμ-Absorption der ursprünglich vorhandenen DNS oder RNS betrachtet. Eine E_{260} von 1,0 bei 1 cm Schichtdicke entspricht ungefähr 45 γ DNS oder RNS je Kubikzentimeter.

Die Extinktionswerte sind vom p_H-Wert der Lösungen abhängig. Die bekannten, charakteristischen elektrometrischen Titrationskurven von DNS (s. S. 1295) werden auch spektralphotometrisch erhalten[4]. Daraus läßt sich schließen, daß auch für die Erhöhung der Absorption im sauren bzw. im alkalischen Gebiet die Ionisation der basischen und sauren Gruppen der Purine und Pyrimidine und die Lösung der Wasserstoffbindungen

[1] Chargaff, E., and S. Zamenhof: J. biol. Ch. **173**, 327 (1948).
[2] Chargaff, E.; in: Chargaff-Davidson, Nucleic Acids. Bd. I, S. 336.
[3] Hotchkiss, R. D.; in: Colowick-Kaplan, Meth. Enzymol. Bd. III, S. 708.
[4] Shack, J., R. J. Jenkins and R. J. M. Thompsett: J. biol. Ch. **198**, 65 (1952); **203**, 373 (1953). — Lawley, P. D.: Biochim. biophysica Acta, N. Y. **19**, 160, 328 (1956).

verantwortlich sind (s. S. 1296). Zur Abhängigkeit der Extinktionswerte von der Anwesenheit von Salzen und anderen Substanzen in der Lösung s. [1].

β) Die UR-Absorption von DNS und RNS.

UR-Spektren sind aufgenommen worden von dünnen, eingetrockneten Filmen von DNS-Natrium[2], von Lösungen der Nucleinate in H_2O und D_2O (in dünnen Schichten)[3] und von Suspensionen in gepreßten KBr-Scheibchen[4]. Die Absorptionen von RNS und DNS unterscheiden sich charakteristisch[5]. Außer den Frequenzen der verschiedenen strukturellen Atomgruppen der NS tritt bei hochmolekularen DNS-Präparaten auch eine Schwingung auf (3,1 μ), die den Wasserstoffbindungen zwischen den NH-Gruppen der Basen und den anderen Basengruppen (im Sinne der Vorstellungen von CRICK und WATSON, s. weiter unten) zugesprochen wird[6]. Weitere Angaben zur Methodik und weitere Literatur[7, 8].

γ) Die Beugung von Röntgenstrahlen durch Nucleinsäuren.

Die *strukturanalytischen Untersuchungen von DNS* mit Röntgenstrahlen[9] haben schon zu recht genauen Vorstellungen über die räumliche Anordnung der Nucleotidfolgen im Molekül geführt. Von WATSON und CRICK[10] ist das Bild einer Struktur der Nucleinatfäden vorgeschlagen worden, welches den röntgenographischen Befunden gerecht wird und zur Deutung des physikalisch-chemischen Verhaltens und vielleicht auch der physiologischen Funktionen[11] der DNS geeignet erscheint.

Nach dieser Vorstellung bestehen die DNS-Moleküle aus je 2 Polynucleotidketten, die sich schraubenförmig mit gleichem Abstand um eine gemeinsame Achse winden[12]. Die nach außen gerichteten Phosphatreste und die von ihnen verknüpften Zuckerringe bilden das Rückgrat jeder Polynucleotid-Schraubenlinie. Die Purin- und Pyrimidin-Ringe stehen im Inneren, und zwar senkrecht zur Schraubenachse und damit nahezu senkrecht zu den Zuckerringen. Der Durchmesser der Doppelschraube beträgt 20 Å, ihre Länge das 300fache und mehr. Die Höhe eines jeden Schraubenganges ist 34 Å; da jedes Nucleotid in Richtung der Längsachse 3,4 Å beansprucht, sind in jeder der beiden Polynucleotid-

[1] BEAVEN, G. H., E. R. HOLIDAY and E. A. JOHNSON; in: CHARGAFF-DAVIDSON, Nucleic Acids. Bd. I, S. 525. — CAVALIERI, L. F., M. ROSOFF and B. H. ROSENBERG: Am. Soc. **78**, 5239 (1956).

[2] ROWEN, J. W.: Biochim. biophysica Acta, N. Y. **10**, 391 (1953).

[3] BLOUT, E. R., and H. LENORMANT: J. opt. Soc. Amer. **43**, 1093 (1953).

[4] STIMSON, M. N.: Soc. **74**, 1805 (1952). — SCHIEDT, U., u. H. REINWEIN: Z. Naturforsch. **7b**, 270 (1952). — FRICK, G., and A. ROSENBERG: Biochim. biophysica Acta, N. Y. **13**, 455 (1954).

[5] BLOUT, E. R., and M. FIELDS: J. biol. Ch. **178**, 335 (1949).

[6] FRICK, G., and A. ROSENBERG: Biochim. biophysica Acta, N. Y. **13**, 455 (1954).

[7] BARER, R., E. R. HOLIDAY and E. M. JOPE: Biochim. biophysica Acta, N. Y. **6**, 127 (1950). — FRASER, R. D. B., and J. CHAYEN: Exp. Cell Res. **3**, 492 (1952). — FRASER, R. D. B.: The infra-red spectra of biologically important molecules. Progr. Biophysics **3**, 47 (1953).

[8] BEAVEN, G. H., E. R. HOLIDAY and E. A. JOHNSON; in: CHARGAFF-DAVIDSON, Nucleic Acids. Bd. I, S. 514ff.

[9] Frühere Arbeiten: ASTBURY, W. T., and F. O. BELL: Nature **141**, 747 (1938). — ASTBURY, W. T.: Symp. Soc. exp. Biol. **1**, 66 (1947). — FURBERG, S.: Acta chem. scand. **6**, 634 (1952). — PAULING, L., and R. B. COREY: Nature **171**, 346 (1953). Proc. nat. Acad. Sci. USA **39**, 84 (1953).

[10] WATSON, J. D., F. H. C. CRICK, M. H. F. WILKINS, A. R. STOKES, H. R. WILSON, R. E. FRANKLIN and R. G. GOSLING: Nature **171**, 737 (1953). — CRICK, F. H. C., and J. D. WATSON: Proc. R. Soc. London (A) **223**, 80 (1954). — CRICK, F. H. C.: Proc. nat. Acad. Sci. USA **40**, 756 (1954).

[11] WATSON, J. D., and F. H. C. CRICK: Nature **171**, 964 (1953). — DELBRÜCK, M.: Proc. nat. Acad. Sci. USA **40**, 783 (1954). — GAMOW, G.: Nature **173**, 318 (1954). — DOUNCE, A. L.: Nature **172**, 541 (1953). — ARLEY, N.: Nature **176**, 465 (1955).

[12] Siehe auch: JACOBSON, B.: Nature **172**, 666 (1953). — SEEDS, W. E., A. R. STOKES and H. R. WILSON: Nature **172**, 759 (1953). — ARNDT, U. W., and D. P. RILEY: Nature **172**, 803 (1953). — RILEY, D. P., and G. OSTER: Biochim. biophysica Acta, N. Y. **7**, 526 (1951). — FEUGHELMAN, M., R. LANGRIDGE, W. E. SEEDS, A. R. STOKES, H. R. WILSON, C. W. HOOPER, M. H. F. WILKINS, R. K. BARCLAY and L. D. HAMILTON: Nature **175**, 834 (1955). — CAVALIERI, L. F., and A. STONE: Am. Soc. **78**, 353 (1956). — PEACOCKE, A. R.: Proc. int. Symp. macromol. Chem. 1954. Ric. sci. **25**, 812 (1955). — COX, R. A., W. G. OVEREND, A. R. PEACOCKE and S. WILSON: Nature **176**, 919 (1955).

ketten 10 Nucleotid-Reste je Gang enthalten. Der Winkel zwischen 2 anliegenden Nucleotid-Resten beträgt somit 36°.

Es wird angenommen, daß im Inneren der Doppelschraube jede Base der einen Polynucleotidkette mit einer Base der anderen Kette Seite an Seite liege und mit ihr durch Wasserstoffbindungen verknüpft sei. Dadurch wird der feste Halt dieses „Marks" der Doppelschraube gedeutet und die geringe Biegsamkeit der langen DNS-Moleküle. Doch muß jeweils die eine der Basen ein Purin, die andere ein Pyrimidin sein, damit das Paar in die Struktur paßt. Zwei Pyrimidin-Ringe würden als zu klein die Wasserstoffbrücken nicht schließen, 2 Purin-Ringe hätten keinen Platz. Da es wahrscheinlich ist, daß immer eine „Amino-Base" mit einer „Oxo-Base" sich verknüpft (6-NH_2-Gruppen mit —NH · CO-Gruppen), werden als Paare angenommen: Adenin-Thymin, Guanin-Cytosin (und Methylcytosin).

Die Annahme einer Paarung der Basen in dieser Art wird unterstützt durch die Ergebnisse der Basenanalysen von DNS (s. S. 1334). Je nach dem Wassergehalt sind 2 ineinander überführbare DNS-Modifikationen zu unterscheiden: eine kristalline Struktur bei 75% relativer Feuchtigkeit und eine parakristalline bei 92% und darüber. Die letztere Struktur ist offenbar auch in DNS-Lösungen vorhanden und entspricht dem WATSON-CRICK-Schraubenmodell mit 10 Nucleotiden je Gang von 34 Å[1].

Auch die Röntgenanalyse von DNS-Na-Fasern führt zur Annahme der Doppelfaden-Schraubenstruktur[1]. Wesentlich ist, daß eine größere Zahl von DNS-Präparaten verschiedener Herkunft gleiche Röntgendiagramme gibt[2].

Alle physikalisch-chemischen Erscheinungen, die von DNS-Lösungen gegeben werden, lassen sich gegenwärtig am besten durch die Vorstellung der Doppelschraubenstruktur der Moleküle und der Anziehung der beiden Schraubenfäden durch die Wasserstoffbindungen zwischen ihren Basenfolgen deuten, ebenso die irreversiblen Vorgänge der Denaturierung und der Hydrolyse durch Ultraschall, Erhitzen, Aciditätsänderungen, Salzeinwirkungen[3]. Die Veränderungen der elektrometrischen Titrationskurven, der UV-Absorption, des UR-Spektrums, der Viscosität werden mit einer Lösung der Wasserstoffbindungen zwischen den Nucleotidketten in Verbindung gebracht, der die Lösung der internucleotidischen Phosphatbindungen folgt oder vorangeht.

Die *Röntgenstrahlen-Untersuchung von RNS-Präparaten* verschiedener Herkunft[4] zeigt, daß alle diese RNS eine gemeinsame Struktur haben und langgestreckte, asymmetrische Moleküle bilden; diese sind jedoch nicht so hochgradig orientiert wie jene der DNS. Einige Präparate können durch Ausziehen mit einer faserigen Struktur erhalten werden. Sie zeigen dann negative Doppelbrechung wie die DNS.

Wenn Lösungen von Polyadenylsäure und Polyuridylsäure gemischt werden in äquivalenten Mengen, so vereinigen sich diese Polysäuren unter Viscositätssteigerung zu Molekülen mit der Struktur einer doppelfädigen Schraube[5].

δ) *Die Lichtstreuung durch Nucleinsäuren.*

Die Bestimmung der Lichtstreuung von Nucleinatlösungen bietet eine sehr gute Möglichkeit, um Größe, Form und gegenseitige Beeinflussung der gelösten Makromoleküle

[1] FRANKLIN, R. E., and R. G. GOSLING: Nature **172**, 156 (1953). Acta crystallogr., London **6**, 673 (1953).

[2] WILKINS, M. H. F., A. R. STOKES and H. R. WILSON: Nature **171**, 738 (1953).

[3] LALAND, S. G., W. A. LEE, W. G. OVEREND and A. R. PEACOCKE: Biochim. biophysica Acta, N. Y. **14**, 356 (1954). — PEACOCKE, A. R.: Biochim. biophysica Acta, N. Y. **14**, 157 (1954). — BLOUT, E. R., and H. LENORMANT: Biochim. biophysica Acta, N. Y. **15**, 303 (1954). — FRICK, G., and A. ROSENBERG: Biochim. biophysica Acta, N. Y. **13**, 455 (1954). — THOMAS, R.: Biochim. biophysica Acta, N. Y. **14**, 231 (1954). — CAVALIERI, L. F., and A. L. STONE: Fed. Proc. **13**, 190 (1954). Am. Soc. **77**, 6499 (1955); **78**, 353 (1956). — BLOUT, E. R., and A. ASADOURIAN: Biochim. biophysica Acta, N. Y. **13**, 161 (1954). — KURNICK, N. B.: Am. Soc. **76**, 417 (1954). — PAULING, L., and R. B. COREY: Arch. Biochem. **65**, 164 (1956).

[4] RICH, A., and J. D. WATSON: Nature **173**, 995 (1954).

[5] RICH, A., and D. R. DAVIES: Am. Soc. **78**, 3548 (1956). — Siehe auch: BEERS, R. F., and R. F. STEINER: Nature **181**, 30 (1958).

zu ermitteln[1]. Nach dieser Methode sind die zuverlässigsten Werte für die Molekulargewichte von DNS-Präparaten erhalten worden. Zur Methode im allgemeinen s. [2] und Bd. II/2, S. 115. Genaue Angaben über Apparatur und Ausführung der Messungen an DNS-Lösungen[3]. Der Abbau von DNS durch milde Säureeinwirkung[4] und durch Nuclease[5] läßt sich mit Hilfe von Messungen der Lichtstreuung sehr genau verfolgen.

ε) Die Strömungsdoppelbrechung von Nucleinsäuren.

Zur Theorie dieser Erscheinung, die zur Berechnung des Achsenverhältnisses langgestreckter Moleküle dienen kann, s. Bd. II/2, S. 83, und[6]. Die Messungen mit NS sind meistens mit hochmolekularen DNS ausgeführt worden. Sie sind nur dann reproduzierbar, wenn die Lösungen Elektrolyte enthalten[7]. Mit steigender Ionenstärke nimmt die Strömungsdoppelbrechung ab[8]. Zur Methodik der Messungen[9]. Über die Gradientenabhängigkeit des Orientierungswinkels und der Intensität der Doppelbrechung[8]. Auch Tabakmosaikvirus und andere langgestreckte Viren sind untersucht worden.

b) Die Messung weiterer physikalischer Eigenschaften.

α) Sedimentationsmessungen.

Zur Methodik der Bestimmung von Sedimentationsgeschwindigkeiten kolloidaler Teilchen in einem Zentrifugalfeld s. Bd. I, S. 95ff., und die Literatur von Tabelle 29. Die Sedimentationskonstanten S sind abhängig von der Nucleinatkonzentration und von der Ionenstärke[10]. Um diese Konzentrationsabhängigkeit zu verringern, mißt man mit Nucleinatlösungen, die eine zureichende Konzentration an einem anderen Neutralsalz enthalten (meistens 0,2 m NaCl). Die Messungen bei verschiedenen Nucleinatkonzentrationen werden auf unendliche Verdünnung extrapoliert (Grenzwert der Sedimentationskonstante für unendliche Verdünnung $S°$, s. Tabelle 29). Eine Heterogenität der Nucleinatpräparate äußert sich im Auftreten mehrerer Banden.

β) Diffusionsmessungen.

Zur Messung der Diffusionsgeschwindigkeit kann entweder die Diffusion durch eine poröse Wand oder die freie Diffusion in Lösung verfolgt werden. Die letztere Methode ist vorzuziehen. Eine Diffusionseinrichtung mit Schieberzelle ist[10] beschrieben, eine sehr geeignete kleinere Kammer nach dem gleichen Prinzip bei[11]. Exakte Messungen lassen sich auch ausführen in den Zellen einer TISELIUS-Elektrophoreseapparatur (etwa in der Ausführung nach WIEDEMANN, Bd. I, S. 54ff.).

Die Diffusionskoeffizienten hängen wiederum von der Konzentration der Nucleinationen ab[12]; die Messungen müssen daher in Salzlösungen genügender Ionenstärke (etwa 0,2 m NaCl) und mit verschiedenen Nucleinatkonzentrationen ausgeführt werden. Die Meßergebnisse werden extrapoliert auf unendliche Nucleinatverdünnung. Aus den Abweichungen der Diffusionswerte von der idealen Normalkurve kann geschlossen werden auf die mehr oder weniger große Heterogenität der Teilchengrößen der Präparate (s. auch[13]).

---

[1] OSTER, G.: Trans. Faraday Soc. **46**, 794 (1950). — DOTY, P., and B. BUNCE: Am. Soc. **74**, 5029 (1952).
[2] EDSALL, J. T., and W. B. DANDLIKER: Fortschr. chem. Forsch. **2**, 1 (1951).
[3] REICHMANN, M. E., S. A. RICE, C. A. THOMAS and P. DOTY: Am. Soc. **76**, 3047 (1954).
[4] THOMAS, C. A. jr., and P. DOTY: Am. Soc. **78**, 1854 (1956).
[5] THOMAS, C. A. jr.: Am. Soc. **78**, 1861 (1956).
[6] PETERLIN, A., u. H. A. STUART: Z. Physik **112**, 1 (1939). — PETERLIN, A., O. SNELLMANN u. Y. BJÖRNSTAHL: Kolloid-Beih. **52**, 403 (1941).
[7] SADRON, C.: Prog. Biophysics **3**, 237 (1953).
[8] SCHWANDER, H., u. R. CERF: Helv. **32**, 2356 (1950).
[9] SCHWANDER, H.: J. Chim. physique **47**, 718 (1950). — SCHWANDER, H., u. R. CERF: Helv. **34**, 436 (1951). — SCHWANDER, H., u. R. SIGNER: Helv. **34**, 1344 (1951).
[10] LAMM, O.: BAMANN-MYRBÄCK, Bd. 1, S. 659.
[11] BERGOLD, G.: Z. Naturforsch. **1**, 100 (1946).
[12] CECIL, R., and A. G. OGSTON: Soc. **1948**, 1382.
[13] BUTLER, J. A. V., and D. W. F. JAMES: Nature **167**, 844 (1951).

Tabelle 29. *Molekulargewichte von DNS-Präparaten, bestimmt durch Messung der Sedimentation und Diffusion.*

DNS-Präparat		Meßmethode	Konzentration des Nucleinats (in Gew.-%)	Lösungsmittel		Molekulargewicht $\cdot 10^{-6}$	Literatur
aus	dargestellt nach						
Kalbsthymus	GULLAND et al.[1]	Sedimentation	0,2	0,1 m $NaHCO_3$	$S_{20} \cdot 10^{13} = 4{,}8$		2
Kalbsthymus	GULLAND et al.[1]	Sedimentation	0,1	0,1 m $NaHCO_3$	$= 6{,}0$		
Kalbsthymus	GULLAND et al.[1]	Sedimentation	0,05	0,1 m $NaHCO_3$	$= 8{,}2$		
Kalbsthymus	GULLAND et al.[1]	Sedimentation	0,025	0,1 m $NaHCO_3$	$= 10{,}4$		
Kalbsthymus	GULLAND et al.	Sedimentation	0,025 bis 0,2	0,1 m $NaHCO_3$	$S^{\circ}_{20} \cdot 10^{13} = 13{,}5$	1,35 bis 1,5	2
Kalbsthymus	GULLAND et al.[1]	Diffusion	0,025 bis 0,1	0,1 m $NaHCO_3$	$D^{\circ}_{20} \cdot 10^{8} = 5{,}5$		
Kalbsthymus	GULLAND et al.[1]	Sedimentation	0,03 bis 0,49	0,2 m NaCl	$S^{\circ}_{20} \cdot 10^{13} = 12{,}6$	0,82	3
Kalbsthymus	GULLAND et al.[1]	Diffusion	0,044 bis 0,187	0,2 m NaCl	$D^{\circ}_{20} \cdot 10^{8} = 8{,}1$		
Kalbsthymus	SIGNER-SCHWANDER V[5]	Sedimentation	0,029 bis 0,46	0,2 m NaCl	$S^{\circ}_{20} \cdot 10^{13} = 13{,}6$		4
Kalbsthymus	GULLAND et al. T-5/1[1]	Sedimentation	0,09	0,2 m NaCl	$S_{20} \cdot 10^{13} = 10{,}5$		
Kalbsthymus	GREENSTEIN G-1[6]	Sedimentation	0,04	0,2 m NaCl	$= 13{,}0$		
Kalbsthymus	HAMMARSTEN H-1[7]	Sedimentation	0,27	0,11 m NaCl	$= 7{,}7$		
Heringsperma	STERN-ATLAS HES 1 a[4]	Sedimentation	0,06	0,2 m NaCl	$= 7{,}5$		
E. coli	STERN-ATLAS BC-2[4]	Sedimentation	0,067	0,2 m NaCl	$= 11{,}4$		
E. coli	STERN-ATLAS BC-(3 + 4)[4]	Sedimentation	0,055	0,1 m Phosphat p_H 7,1	$= 11{,}6$		
Thymus	KAHLER[8]	Sedimentation	0,025 bis 0,45	Phosphat p_H 7,4	$S^{\circ}_{0} \cdot 10^{13} = 12{,}5$	1,5	8
Thymus	KAHLER[8]	Diffusion		Phosphat p_H 7,4	$D^{\circ} \cdot 10^{8} \sim 10$		

γ) *Viscositätsmessungen.*

Zur Methodik der Messung von Viscositäten im allgemeinen s. Bd. II/2, S. 12. Die *Viscosität von DNS-Lösungen* und ihre Abhängigkeit von verschiedenen Faktoren ist sehr eingehend untersucht, sowohl um damit bestimmte DNS-Präparate zu charakterisieren, als auch um Schlüsse zu ziehen auf Größe und Gestalt der Nucleinat-Teilchen in Lösung.

Je nach der Herkunft und der Herstellung der DNS-Präparate kann die Viscosität ihrer Lösungen sehr verschieden sein. Selbst die Schnelligkeit der mechanischen Zerkleinerung des Gewebes (bei Extraktionen mit 1 m NaCl) beeinflußt die Viscosität des isolierten Präparates.

Die spezifische Viscosität $\left(\eta_{sp} = \frac{\eta \text{ Lösung} - \eta \text{ Lösungsmittel}}{\eta \text{ Lösungsmittel}}\right)$ eines gegebenen DNS-Präparates ist abhängig: 1. Von der Konzentration der Lösung, wenn Fremdelektrolyte fehlen. Mit steigender Konzentration des Nucleinats findet ein starker Abfall der η_{sp}-Werte

[1] GULLAND, J. M., D. O. JORDAN and C. J. THRELFALL: Soc. **1947**, 1129.
[2] CONWAY, B. E., L. GILBERT and J. A. V. BUTLER: Soc. **1950**, 3421.
[3] CECIL, R., and A. G. OGSTON: Soc. **1948**, 1382. — OGSTON, A. G.: Trans. Faraday Soc. **46**, 791 (1950).
[4] STERN, K. G., and S. M. ATLAS: J. biol. Ch. **203**, 795 (1953).
[5] SIGNER, R., u. H. SCHWANDER: Helv. **32**, 853 (1949).
[6] TAYLOR, B., J. P. GREENSTEIN and A. HOLLAENDER: Cold Spring Harbor Symp. quant. Biol. **12**, 237 (1947).
[7] HAMMARSTEN, E.: Acta med. scand. **128**, Suppl. **196**, 634 (1947).
[8] KAHLER, H.: J. physic. Colloid Chem. **52**, 676 (1948).

statt[1]. 2. Von der Ionenstärke der zugesetzten Elektrolyte. Die Viscosität fällt stark ab mit steigender Ionenstärke[1,2]. 3. Vom p_H-Wert der Lösung. Die Viscosität ändert sich nur wenig zwischen p_H 5,5 und 11, fällt aber bei tieferen und höheren Werten steil ab. Bei p_H 2 und 13 ist sie äußerst gering geworden[3]. 4. Vom Strömungsgradienten. Mit zunehmendem Gradient fallen die η_{sp}-Werte stark ab[4].

Durch diese Viscositätsabhängigkeiten zeigen die DNS ein ähnliches Verhalten wie andere kettenförmige Polyelektrolyte.

Um Schlüsse zu ziehen auf die Eigenschaften der Nucleinat-Teilchen, werden die Messungen auf unendliche Verdünnung und Strömungsgradient = 0 extrapoliert. Die Eigenviscosität (intrinsic viscosity) wird definiert als $[\eta] = \lim_{c \to 0} (\eta_{sp}/c)$. Meistens wird c in g/100 cm³ ausgedrückt. Messungen von sehr verdünnten Lösungen bei niedrigen Strömungsgradienten sind erforderlich, die manche experimentelle Schwierigkeit bieten. Verwendet werden z. B. Viscosimeter nach OSTWALD oder nach UBBELOHDE. Die Lösungen enthalten z. B. 0,001—0,1% DNS und meistens 0,1—1 m NaCl. Mit hochmolekularen Präparaten sind $[\eta]$-Werte von 40—70 ermittelt worden[5,6]. Die Konstanz der η_{sp}-Werte von DNS-Lösungen beim Stehenlassen (8 Std bei 23°) und beim Erhitzen (1 Std auf 76°) soll ein Kriterium ihres „unbeschädigten" Zustandes sein[7]. Lösungen von abgebauten DNS-Präparaten sind thixotropisch und erleiden eine Vergrößerung oder Verkleinerung ihrer Viscosität bei Raumtemperatur, eine Verkleinerung beim Erhitzen.

Die *Viscosität der Lösungen von RNS-Präparaten* ist meistens viel geringer als jene der DNS-Lösungen. Doch sind auch Präparate beschrieben mit einer Eigenviscosität $[\eta] = 70$[8]. Beim Altern der RNS-Lösungen nimmt die Viscosität schnell ab; sie ist auch abhängig von der mechanischen Zerkleinerung der Trockenpräparate.

Viscositätsmessungen sind im Verein mit Molekulargewichtsbestimmungen durch Messung der Lichtstreuung sehr geeignet, um die Vorgänge der Denaturierung und der Hydrolyse von DNS zu verfolgen[9,10]. Methodische Angaben[6]; eine Apparatur, die fortlaufende Messungen gestattet[9]. Die Abnahmen der Viscosität bei extremen p_H-Werten werden durch Abnahme der Steifheit der Moleküle verständlich, die als Folge der Trennung des Polynucleotid-Kettenpaares (nach WATSON-CRICK) gedeutet wird. Ebenso wird die Viscositätsabnahme durch Erhitzen der Lösungen auf die Trennung der Wasserstoffbindungen zwischen den Doppelketten zurückgeführt.

c) Bestimmung der Molekulargewichte.

Zur Bestimmung des Molekulargewichts (Teilchengewichts) und der Teilchengröße und Gestalt der Nucleinationen in Lösung werden verschiedene Methoden herangezogen*: Die Messung der Sedimentationsgeschwindigkeit in der Ultrazentrifuge[11], die Messung der Diffusionsgeschwindigkeit[12], die Messung der Lichtstreuung[13], weiterhin die Bestimmungen

* Übersichtsreferat: SADRON, C.: Progr. Biophysics **3**, 237 (1953).

[1] BASU, S.: Nature **168**, 341 (1951).

[2] CONWAY, B. E., and J. A. V. BUTLER: J. polymer Sci. **12**, 199 (1954).

[3] ZAMENHOF, S., and E. CHARGAFF: J. biol. Ch. **186**, 209 (1950).

[4] SCHWANDER, H., u. R. SIGNER: Helv. **33**, 1525 (1950).

[5] POUYET, J.: Cr. **234**, 152 (1952). — CONWAY, B. E., and J. A. V. BUTLER: J. polymer Sci. **12**, 199 (1954). — SIGNER, R., u. K. BERNEIS: Makromol. Chem. **8**, 268 (1952).

[6] REICHMANN, W. E., S. A. RICE, C. A. THOMAS and P. DOTY: Am. Soc. **76**, 3047 (1954).

[7] ZAMENHOF, S., G. GRIBOFF and N. MARULLO: Biochim. biophysica Acta, N. Y. **13**, 459 (1954). — ZAMENHOF, S., H. E. ALEXANDER and G. LEIDY: J. exp. Med. **98**, 373 (1953). — DOTY, P., and S. A. RICE: Biochim. biophysica Acta, N. Y. **16**, 446 (1955).

[8] CRESTFIELD, A. M., K. C. SMITH and F. W. ALLEN: J. biol. Ch. **216**, 185 (1955).

[9] THOMAS, C. A. jr., and P. DOTY: Am. Soc. **78**, 1854 (1956).

[10] THOMAS, C. A. jr.: Am. Soc. **78**, 1861 (1956). — SCHUMAKER, V. N., E. G. RICHARDS and H. K. SCHACHMAN: Am. Soc. **78**, 4230 (1956).

[11] STERN, K. G.: Bull. Soc. Chim. biol. **34**, 650 (1952).

[12] CECIL, R., and A. G. OGSTON: Soc. **1948**, 1382. — OGSTON, A. G.: Trans. Faraday Soc. **46**, 791 (1950).

[13] DOTY, P., and B. BUNCE: Am. Soc. **74**, 5029 (1952).

der Viscosität[1–3], der Strömungsdoppelbrechung[4], der dielektrischen Dispersion[5], des Kerr-Effektes[6], schließlich die Beobachtung im Elektronenmikroskop[1].

Bei diesen Messungen zeigen sich Erscheinungen, die auch für die Lösungen anderer Polyelektrolyte charakteristisch sind: Die erhaltenen Meßwerte sind abhängig nicht nur von der Vorgeschichte der Präparate, sondern auch von der Konzentration der Nucleinationen, von der Ionenstärke anderer in der Lösung vorhandenen Elektrolyte und vom p_H der Lösungen.

α) *Molekulargewichte von Desoxyribonucleinsäuren.*

Zur Messung dieser Molekulargewichte, die in der Größenordnung von 10^6 bis 10^7 liegen, wird häufig die Kombination der Bestimmung von Sedimentationsgeschwindigkeit und Diffusionsgeschwindigkeit herangezogen. Mit Hilfe dieser Methode wurden Molekulargewichte von 1—2 · 10^6 bestimmt. Bei diesem Verfahren ist insofern mit Fehlern zu rechnen, als die Messung der Diffusionsgeschwindigkeit bei kleinen Konzentrationen schwierig ist und daher die Extrapolation der Diffusionskonstanten auf unendliche Verdünnung der Nucleinatlösung ungenau ist. Der Molekulargewichtsbestimmung durch Messung der Lichtstreuung haften diese Mängel nicht an. Damit wurden für schonend hergestellte Kalbsthymus-DNS-Präparate Werte von 6—8 · 10^6 erhalten. Auch die Messung der Sedimentationsgeschwindigkeit in Verbindung mit Viscositätsmessungen läßt Molekulargewichte von 6—10 · 10^6 errechnen. Zur Berechnung des Molekulargewichts aus der Eigenviscosität und dem mittleren Sedimentationskoeffizienten s. [7]. Bei wirksam (in 0,04%-igen

Tabelle 30. *Molekulargewichte von DNS-Präparaten, bestimmt durch Messung der Lichtstreuung.*

DNS-Präparat		Molekulargewicht	Literatur
dargestellt aus	nach		
Kalbsthymus	SCHWANDER und SIGNER[8]	5,90 · 10^6	9
Kalbsthymus	VARIN[10]	6,85	9
Kalbsthymus	SIMMONS (B)[9]	5,85	9
Kalbsthymus	GULLAND et al.[11]	3,50	9
Kalbsthymus	DOUNCE[12]	4,70	9
Kalbsthymus	CHARGAFF[13]	4,65	9
Kalbsthymus	SCHWANDER und SIGNER[8]	8,06	14
Kalbsthymus	BUTLER und Mitarbeiter	3,0—4,0	15
Heringsperma	LALAND, LEE, OVEREND und PEACOCKE[16]	6,3	17
Arbacia lixula	CHARGAFF[18], ZAMENHOF[19]	2,3	20
Kalbsthymus	SCHWANDER und SIGNER[8]	6,0	20
E. coli	CHARGAFF[18], ZAMENHOF[19]	9,1	20
Vogeltuberkeln	CHARGAFF[18], ZAMENHOF[19]	14,4	20

[1] REICHMANN, M. E., S. A. RICE, C. A. THOMAS and P. DOTY: Am. Soc. **76**, 3047 (1954). — BAYLEY, S. T.: Nature **168**, 470 (1951).
[2] ANDERSON, N. G.: Nature **172**, 807 (1953). — SHOOTER, K. V.: Nature **173**, 824 (1954).
[3] CRESTFIELD, A. M., K. C. SMITH and F. W. ALLEN: J. biol. Ch. **216**, 185 (1955).
[4] SIGNER, R., T. CASPERSSON and E. HAMMARSTEN: Nature **141**, 122 (1938). — SCHWANDER, H., u. R. CERF: Helv. **34**, 436 (1951). — SCHWANDER, H., u. R. SIGNER: Helv. **34**, 1344 (1951).
[5] JUNGNER, G., I. JUNGNER and L. G. ALLGÉN: Nature **163**, 849 (1949). — JUNGNER, I.: Acta physiol. scand. **20**, Suppl. **69**, 1 (1950). — JUNGNER, G., and I. JUNGNER: Acta chem. scand. **6**, 1405 (1952).
[6] BENOIT, H.: J. Chim. physique **47**, 720 (1950).
[7] MANDELKERN, L., W. R. KRIEGBAUM, H. A. SCHERAGA and P. J. FLOREY: J. chem. Physics **20**, 1392 (1952).
[8] SCHWANDER, H., u. R. SIGNER: Helv. **33**, 1521 (1950).
[9] REICHMANN, M. E., S. A. RICE, C. A. THOMAS and P. DOTY: Am. Soc. **76**, 3047 (1954).
[10] DOTY, P., and B. H. BUNCE: Am. Soc. **74**, 5029 (1952).
[11] GULLAND, J. M., D. O. JORDAN and C. J. THRELFALL: Soc. **1947**, 1129.
[12] KAY, E. R. M., N. S. SIMMONS and A. L. DOUNCE: Am. Soc. **74**, 1724 (1952).
[13] TAMM, C., M. E. HODES and E. CHARGAFF: J. biol. Ch. **195**, 49 (1952). — CHARGAFF, E., and S. ZAMENHOF: J. biol. Ch. **173**, 327 (1948).
[14] KATZ, S.: Am. Soc. **74**, 2238 (1952).
[15] BUTLER, J. A. V., D. J. R. LAURENCE, A. B. ROBINS and K. V. SHOOTER: Nature **180**, 1340 (1957).
[16] LALAND, S. G., W. A. LEE, W. G. OVEREND and A. R. PEACOCKE: Biochim. biophysica Acta, N. Y. **14**, 356 (1954).
[17] COX, R. A., and A. R. PEACOCKE: Soc. **1956**, 2646.
[18] CHARGAFF, E., R. LIPSHITZ and C. GREEN: J. biol. Ch. **195**, 155 (1952).
[19] ZAMENHOF, S., G. BRAWERMAN and E. CHARGAFF: Biochim. biophysica Acta, N. Y. **9**, 402 (1952).
[20] BROWN, G. L., M. B. M'EWEN and M. I. PRATT: Nature **176**, 161 (1955).

Lösungen) zentrifugierten Präparaten sind derart ermittelte Werte etwa 3mal größer ($8{,}5$—$10{,}8 \cdot 10^6$) als die durch Messung der Lichtstreuung erhaltenen ($3{,}0$—$4{,}0 \cdot 10^6$)[1]. Die Molekulargewichtsbestimmung eines schonend dargestellten DNS-Präparates durch Beobachtung im Elektronenmikroskop ergab den Wert $4{,}6 \cdot 10^6$. Durch Messung der dielektrischen Dispersion wurden um eine Zehnerpotenz niedrigere Molekulargewichte von DNS-Präparaten ermittelt.

β) *Molekulargewichte von Ribonucleinsäuren.*

Die Empfindlichkeit der RNS gegen Alkalien und auch gegen Ribonucleasen macht es verständlich, daß die durchschnittlichen Teilchengewichte der Präparate außerordentlich abhängig sind von den zu ihrer Darstellung angewandten Methoden. Die schwerer löslichen Bestandteile von ungefällten Handelspräparaten zeigen oft Werte von 10^4, während Präparate, deren Darstellung am wenigsten einen hydrolytischen Abbau vermuten läßt, Werte von 10^5 bis 10^6 ergeben.

Tabelle 31. *Molekulargewichte von RNS-Präparaten.*

RNS-Präparate dargestellt aus	Meßmethode		Molekulargewicht	Literatur
Hefe	Diffusion		$1{,}03 \cdot 10^4$	2
Hefe	Diffusion		$1{,}03$—$2{,}33 \cdot 10^4$	3
Hefe	Diffusion		$1{,}7$—$3{,}5 \cdot 10^4$	4
Hefe	Dielektrische Dispersion		6—$7 \cdot 10^4$	5
Hefe	Sedimentation	$S_{20,w} = 2{,}8$—$4{,}0$; $7{,}0$—$9{,}5$		6
Leber	Diffusion und Sedimentation		$0{,}5$—$2{,}39 \cdot 10^4$	7
Rattenleber	Sedimentation	$S^0_{20,w} = 10{,}4$	$2{,}64 \cdot 10^5$	8
Rattenleber	Sedimentation	$S_{20,w} = 2{,}31$; $5{,}50$		9
Kalbsleber	Sedimentation	$= 2{,}23$		9
Kalbsmilz	Sedimentation	$= 2{,}09$		9
Kalbsthymus	Sedimentation	$= 2{,}17$		9
Kalbspankreas	Sedimentation	$= 2{,}68$		9
Pankreas	Diffusion und Sedimentation		$1{,}15 \cdot 10^4$	7
Malz	Diffusion und Sedimentation		$3{,}45$—$6{,}97 \cdot 10^4$	7
WALKER-Carcinom	Sedimentation	$S_{20,w} = 2{,}77$		10
Tabakmosaikvirus	Diffusion und Sedimentation		$3{,}7 \cdot 10^4$	11
Tabakmosaikvirus	Diffusion und Sedimentation		$5{,}9 \cdot 10^4$—$2{,}9 \cdot 10^5$	12
Tabakmosaikvirus	Diffusion und Sedimentation		$2{,}0$—$2{,}2 \cdot 10^6$	13

[1] BUTLER, J. A. V., D. J. R. LAURENCE, A. B. ROBINS and K. V. SHOOTER: Nature **180**, 1340 (1957).
[2] FISCHER, F. G., I. BÖTTGER u. H. LEHMANN-ECHTERNACHT: H. **271**, 246 (1941).
[3] FLETCHER, W. E., J. M. GULLAND, D. O. JORDAN and H. E. DIBBEN: Soc. **1944**, 30.
[4] WATANABE, I., and K. ISO: Am. Soc. **72**, 4836 (1950). J. chem. Soc. Jap. **71**, 280 (1950).
[5] JUNGNER, G., and L. G. ALLGÉN: Acta chem. scand. **4**, 1300 (1950).
[6] CRESTFIELD, A. M., K. C. SMITH and F. W. ALLEN: J. biol. Ch. **216**, 185 (1955).
[7] DELCAMBE, L., et V. DESREUX: Bull. Soc. chim. Belg. **59**, 521 (1950).
[8] GRINNAN, E. L., and W. A. MOSHER: J. biol. Ch. **191**, 719 (1951).
[9] VOLKIN, E., and C. E. CARTER: Am. Soc. **73**, 1516 (1951).
[10] KAY, E. R. M., and A. L. DOUNCE: Am. Soc. **75**, 4041 (1953).
[11] LORING, H. S.: J. biol. Ch. **128**, LXI (1939).
[12] COHEN, S. S., and W. M. STANLEY: J. biol. Ch. **144**, 589 (1942).
[13] NORTHROP, T. G., and R. L. SINSHEIMER: J. chem. Physics **22**, 703 (1954).

d) Die Gestalt der Nucleinationen in Lösung.

Die Ergebnisse der Untersuchung von Nucleinatlösungen mit den Methoden, die in den voranstehenden Abschnitten erwähnt sind, führen zur Annahme, daß die *DNS-Moleküle* in Lösung stark asymmetrisch sind und wenig biegsame Stäbchen oder statistisch wenig geknäuelte Spiralen darstellen. Ihr Durchmesser beträgt 18—20 Å, ihre durchschnittliche Länge 5000—6000 Å. Der durchschnittliche Abstand zwischen den Molekülenden nimmt stark ab mit steigendem Elektrolytgehalt der Lösung und in stark sauren oder alkalischen Lösungen.

RNS-Moleküle stellen ebenfalls sehr asymmetrische, langgestreckte Gebilde dar, auch wenn die Molekülgröße nicht jene von DNS erreicht.

Bei allen diesen Schlußfolgerungen ist zu beachten, daß die Eigenschaften der NS-Präparate wesentlich von den Verfahren ihrer Isolierung abhängen und daß über ihren ursprünglichen Zustand in der Zelle wenig ausgesagt werden kann. Richtiger ist es wohl, von Zuständen und nicht von einem Zustand zu sprechen. Die Feststellung, daß DNS, je nach der Isolierungsmethode, auch in nichtfibrillärer Form gewonnen werden können, mahnt zur Vorsicht. Ohne Zweifel sind die meisten bisher untersuchten RNS-Präparate stark abgebaut gewesen. Andererseits ist es nicht sicher, daß die NS-Präparate mit den höchsten Molekulargewichten das richtige Bild zeigen. Proteinbestandteile von 1% und weniger können schon Vernetzungen bewirken, welche die physikalischen Eigenschaften der betreffenden Präparate stark verändern[1].

e) Die Säuren-Basen-Eigenschaften.

α) *Die Titrationskurven von DNS und RNS.*

Aus dem Verlauf der Titrationskurven von DNS und RNS kann auf die Natur der titrierbaren Gruppen und damit auf die Verknüpfung der Nucleotidreste im Molekül und auf die Struktur der Makromoleküle geschlossen werden.

Titration von DNS. Die ersten Messungen[2] führten infolge der verwendeten, teilweise abgebauten Präparate oder infolge unzureichender Methoden zu unrichtigen Folgerungen. Schonend hergestellte DNS-Präparate zeigen auf 4 P-Atome 4 primäre Phosphat-Aciditäten (pK-Werte von 2,4, 3,7, 4,3 und 5,2)[3]. Im p_H-Bereich von 6,0—9,0 ist keine Pufferwirkung des Nucleinats festzustellen. Daraus läßt sich auf die Abwesenheit sekundärer Phosphatdissoziationen schließen[4]. In den DNS sind daher die Nucleosideinheiten durchweg durch Phosphatgruppen verbunden; etwaige einfach veresterte Phosphatendgruppen treten infolge der Größe der fadenförmigen Moleküle nicht in Erscheinung.

Die Titrationskurve, welche gemessen wird durch Zugabe von Säure zum neutralen Nucleinat bis p_H 2,2 bzw. von Lauge bis p_H 12 („Vorwärtstitration"), ist nicht identisch mit jener, welche durch Rücktitration vom stark sauren bzw. vom stark alkalischen Gebiet zum Neutralpunkt erhalten wird („Rückwärtstitration")[5]. Die Vorwärtstitration ist irreversibel, die Rückwärtstitration ist reversibel (bei Ionenstärken von 0,02—0,50)[6].

[1] SHOOTER, K. V.: Nature **178**, 1320 (1956).
[2] STEUDEL, H.: H. **77**, 497 (1912). — FEULGEN, R.: H. **104**, 189 (1919). — LEVENE, P. A., and H. S. SIMMS: J. biol. Ch. **65**, 519 (1925); **70**, 327 (1926). — MAKINO, K.: H. **232**, 229 (1935). — BREDERECK, H., M. KÖTHNIG u. G. LEHMANN: B. **71**, 2613 (1938); **72**, 121 (1939). — TENNENT, H. G., and C. F. VILBRANDT: Am. Soc. **65**, 424 (1943). — SCHMIDT, G., E. G. PICKELS and P. A. LEVENE: J. biol. Ch. **127**, 251 (1939). — COHEN, S. S.: J. biol. Ch. **146**, 471 (1942).
[3] HAMMARSTEN, E.: B. Z. **144**, 383 (1924).
[4] JORPES, E.: Biochem. J. **28**, 2102 (1934). — STENHAGEN, E., and T. TEORELL: Trans. Faraday Soc. **35**, 743 (1939).
[5] GULLAND, J. M., D. O. JORDAN and H. F. W. TAYLOR: Soc. **1947**, 1131. — SIGNER, R., u. H. SCHWANDER: Helv. **32**, 853 (1949). — COSGROVE, D. J., and D. O. JORDAN: Soc. **1949**, 1413. — LEE, W. A., and A. R. PEACOCKE: Soc. **1951**, 3361.
[6] COX, R. A., and A. R. PEACOCKE: Soc. **1956**, 2499. — CAVALIERI, L. F., and A. L. STONE: Am. Soc. **77**, 6499 (1956). — JORDAN, D. O., A. R. MATHIESON and S. MATTY: Soc. **1956**, 158. — CAVALIERI, L. F., and B. H. ROSENBERG: Biochim. biophysica Acta, N. Y. **21**, 202 (1956).

Die Vorwärtstitration mit Säuren erfaßt die 1,6—N=C—NH_2-Gruppen der „Aminobasen" (Adenin und Cytosin), jene mit Alkali die 1,6—NH—CO-Gruppen der „Oxobasen" (Guanin und Thymin). Die Unterschiede zwischen Vorwärts- und Rückwärtstitration sind zu deuten durch die Ionisierung dieser Gruppen (und nur dieser), die zu einer Lösung der gegenseitigen Wasserstoffbindungen führt. Dieser Vorgang ist irreversibel, sobald er einen bestimmten Grad erreicht hat. Im Sinne des WATSON-CRICK-Modells würde die Lösung eines bestimmten Prozentsatzes der Wasserstoffbindungen zu einer irreversiblen Trennung der 2 Polynucleotidketten der Doppelspirale führen[1].

Derart wäre auch die starke Abnahme der Viscosität und Strömungsdoppelbrechung von Nucleinatlösungen im p_H-Bereich von 3,5—4,5 und bei p_H 11 zu deuten (s. auch [2, 3]).

1 Eine parallele Verschiebung der Titrationskurven von Natriumnucleinat findet statt mit steigender NaCl-Konzentration, als Zeichen des Austausches von Wasserstoffionen durch Natriumionen am Nucleination[1]. Aus Verschiebungen der Kurve der Vorwärtstitration von p_H 7—3 läßt sich quantitativ auf den Grad der „Denaturierung" der DNS-Präparate schließen, gleichgültig, ob diese durch Erhitzen oder durch andere Ursachen verursacht ist[4]. Genaue Angaben zur Methodik[1, 4].

Titration von RNS. Die Ergebnisse früherer Elektrotitrationen der RNS sind mit noch größerer Skepsis zu betrachten als die ersten Versuche mit DNS, da die Verwendung hochmolekularer RNS-Präparate nicht genügend berücksichtigt wurde[5]. In schonend dargestellten RNS werden je 4 P 4 primäre Phosphatgruppen titriert und nur etwa 6% des gesamten Phosphats als sekundäre Aciditäten[6]. Rücktitrationen aus dem alkalischen Gebiet sind nicht möglich, da die Säuren zu schnell hydrolysiert werden.

Frühere Schlußfolgerungen auf 3fach veresterte Phosphatgruppen, die auf verzweigte Struktur der RNS hinweisen würden, sind nicht wahrscheinlich. Neuere Titrationen sprechen dagegen und eher für unverzweigte Ketten, die durch Wasserstoffbindungen (wie bei den DNS) gepaart sind[7]. Die Titration der RNS ist einer weiteren Nachprüfung mit hochmolekularen Präparaten und verbesserter Methodik bedürftig.

β) Die elektrophoretischen Beweglichkeiten von DNS und RNS.

Die Elektrophorese von DNS und RNS ist sowohl in freier Lösung als auch im Papierbogen vielfach untersucht worden. Zur Methodik s. Bd. I, S. 54ff., und die Angaben über Papierelektrophorese von Mononucleotiden und Oligonucleotiden S. 1172.

Unter gleichen Bedingungen wandern die DNS schneller als die RNS; eine Trennung der beiden NS-Gruppen ist daher möglich. Doch hat dieses Verfahren nicht die Bedeutung erlangt, die der Papierelektrophorese zur Trennung von einfachen Nucleotiden zukommt. Es wird zuweilen angewendet, um RNS-Beimengungen von DNS-Präparaten zu entfernen[8] oder um NS von Polysacchariden zu trennen[9]. Zur Untersuchung der Umsetzungen von

---

1 COX, R. A., and A. R. PEACOCKE: Soc. **1956**, 2499. — CAVALIERI, L. F., and A. L. STONE: Am. Soc. **77**, 6499 (1956). — JORDAN, D. O., A. R. MATHIESON and S. MATTY: Soc. **1956**, 158. — CAVALIERI, L. F., and B. H. ROSENBERG: Biochim. biophysica Acta, N. Y. **21**, 202 (1956).

2 CREETH, J. M., J. M. GULLAND and D. O. JORDAN: Soc. **1947**, 1141. — VILBRANDT, C. F., and H. G. TENNENT: Am. Soc. **65**, 1806 (1943).

3 JORDAN, D. O.; in: CHARGAFF-DAVIDSON, Nucleic Acids Bd. I, S. 479ff.

4 COX, R. A., and A. R. PEACOCKE: Soc. **1956**, 2646.

5 LEVENE, P. A., and H. S. SIMMS: J. biol. Ch. **70**, 327 (1926). — ALLEN, F. W., and J. J. EILER: J. biol. Ch. **137**, 757 (1941). — FLETCHER, W. E., J. M. GULLAND and D. O. JORDAN: Soc. **1944**, 33.

6 ZITTLE, C. A.: J. biol. Ch. **166**, 491 (1946). — CHANTRENNE, H., K. LINDERSTRØM-LANG and L. VANDENDRIESSCHE: Nature **159**, 877 (1947). — WIENER, G., E. L. DUGGAN and F. W. ALLEN: J. biol. Ch. **185**, 163 (1950). — VANDENDRIESSCHE, L.: C. R. Lab. Carlsberg **27**, 34 (1951). — CAVALIERI, L. F., S. E. KERR and A. ANGELOS: Am. Soc. **73**, 2567 (1951).

7 COX, R. A., A. S. JONES, G. E. MARSH and A. R. PEACOCKE: Biochim. biophysica Acta, N. Y. **21**, 576 (1956).

8 CHARGAFF, E., and H. F. SAIDEL: J. biol. Ch. **177**, 417 (1949). — CHARGAFF, E., and S. ZAMENHOF: J. biol. Ch. **173**, 327 (1948). — DEIMEL, M.: B. Z. **325**, 358 (1953/54).

9 ZAMENHOF, S., G. LEIDY, H. E. ALEXANDER, P. L. FITZGERALD and E. CHARGAFF: Arch. Biochem. **40**, 50 (1952).

NS mit Proteinen oder anderen Elektrolyten kann die Elektrophorese gute Dienste leisten[1].

Über die Beweglichkeiten von DNS-Ionen[2]. Über die Papierelektrophorese von NS[3]. Für ein DNS-Präparat (Na-Salz) aus Kalbsthymus ist z. B. eine Beweglichkeit von 21,0 $cm^2 sec^{-1} Volt^{-1} \cdot 10^{-5}$ ($p_H = 7, \mu = 0{,}02$, Temperatur 0,7°) angegeben worden (HALL[1]), für RNS-Präparate aus Hefe, E. coli, Rinderpankreas[4] Beweglichkeiten von 14 bis 15 $cm^2 sec^{-1} Volt^{-1} \cdot 10^{-5}$ ($p_H = 7, \mu = 0{,}16$, Temperatur 4°).

4. Die Nachweisreaktionen der Nucleinsäuren.

a) Die Lokalisation der Nucleinsäuren in der Zelle.

Die hochmolekularen DNS sind ausschließlich im Zellkern vorhanden. Die RNS kommen hauptsächlich im Cytoplasma verteilt vor, sind jedoch in geringer Menge auch Bestandteile des Kerns[5] (Angaben über die Mengenverhältnisse s. S. 1311). Beide Arten von NS sind schon aus verschiedenen Fraktionen der Zellen des gleichen Gewebes isoliert worden[6]. Die cytoplasmatische RNS ist in den Mitochondrien, in den Mikrosomen und auch im nicht sedimentierbaren Zellsaft vorhanden[7]. Der im Kern vorhandene Anteil dieser Säuren ist in den Chromosomen und im Nucleolus enthalten[8]. Funktionelle Unterschiede zwischen den RNS verschiedener Lokalisation sind offenbar vorhanden, da sie mit verschiedenen Geschwindigkeiten ^{32}P einbauen[9]. Verschiedene Zusammensetzung der RNS aus Kern und Plasma von Leberzellen ist nachgewiesen worden[10]. RNS-Präparate, die aus der gesamten Zelle gewonnen werden, sind also immer als Gemische zu betrachten.

Verschiedene Anzeichen deuten auf die chemische Heterogenität auch der DNS hin[11]. Kommt diesen Chromosomen-Bestandteilen, wie schon vielfach und aus mehreren Gründen angenommen, spezifische genetische Wirksamkeit zu[12], dann wäre auch chemische Mannigfalt der großen Moleküle einleuchtend.

Mit dem Fortschritt der Methoden zur Erkennung der molekularen Struktur der NS werden auch die Verfahren zur NS-Isolierung aus lokalisierten Zellelementen sich verfeinern müssen.

α) Die Erkennung von NS durch mikroskopische Verfahren.

Die Verfahren zur Lokalisation von NS in den Zellbestandteilen und zu ihrer quantitativen Bestimmung durch Mikrophotographie und Mikrophotometrie im UV-Licht können hier nicht geschildert werden. Die Technik ist aufs höchste entwickelt worden von CASPERSSON[13]. Zusammenfassende Darstellungen[14, 15]. Gewebeschnitte oder Abstrichpräparate werden mit Licht von 260 mμ photographiert (Mikroskope mit Quarzoptik bzw.

[1] LONGSWORTH, L. G., and D. A. MACINNES: J. gen. Physiol. **25**, 507 (1942). — SEIBERT, F. B.: J. biol. Ch. **133**, 593 (1940). — HALL, J. L.: Am. Soc. **63**, 794 (1941).
[2] COHEN, S. S.: J. biol. Ch. **146**, 471 (1942). — CREETH, J. M., D. O. JORDAN and J. M. GULLAND: Soc. **1949**, 1406. — CREETH, J. M., and D. O. JORDAN: Soc. **1949**, 1409.
[3] KANNGIESSER, W.: Naturwiss. **38**, 503 (1951). — SCHÜMMELFEDER, N., u. W. HEYER: Naturwiss. **41**, 164 (1954).
[4] DELCAMBE, L.: Bull. Soc. chim. belg. **59**, 516 (1950).
[5] Übersichtsreferate bei: LANG, K., u. G. SIEBERT: H.-Th. Bd. II, S. 537ff., sowie in FLASCHENTRÄGER-LEHNARTZ Bd. II/1b, S. 1064ff. — CASPERSSON, T.: Symp. Soc. exp. Biol. **1**, 127 (1947). — VENDRELY, R.: Bull. Soc. Chim. biol. **32**, 427 (1950).
[6] TSUBOI, K. K., and R. E. STOWELL: Biochim. biophysica Acta, N. Y. **6**, 192 (1950).
[7] Literaturübersicht bei CHANTRENNE, H.: Biochim. biophysica Acta, N. Y. **1**, 437 (1947).
[8] Literaturübersicht: McINDOE, W. M., and J. N. DAVIDSON: Brit. J. Cancer **6**, 200 (1952).
[9] SMELLIE, R. M. S., W. M. McINDOE, R. LOGAN, J. N. DAVIDSON and I. M. DAWSON: Biochem. J. **54**, 287 (1953).
[10] CROSBIE, G. W., R. M. S. SMELLIE and J. N. DAVIDSON: Biochem. J. **54**, 287 (1953).
[11] BROWN, G. L., and M. WATSON: Nature **172**, 339 (1953).
[12] Literatur bei HOTCHKISS, R. D.; in: CHARGAFF-DAVIDSON, Nucleic Acids Bd. I, S. 435.
[13] CASPERSSON, T.: Skand. Arch. Physiol. **73**, Suppl. (1936). — CASPERSSON, T.: J. R. microscop. Soc. **60**, 8 (1940).
[14] CASPERSSON, T.: Cell Growth and Cell Function. New York 1950.
[15] SWIFT, H.; in: CHARGAFF-DAVIDSON, Nucleic Acids Bd. II, S. 82.

Spiegelreflexen). Die Photometrierung der Photographien führt zu NS-Bestimmungen in den verschiedenen Zellelementen. Auch die mikrophotometrische Auswertung von Gewebeschnitten, die vorher gefärbt werden (z. B. nach FEULGEN), wird vielfach zur Untersuchung der NS-Verteilung angewandt[1].

Eine histochemische Lokalisation der NS wird durch die verschiedensten *Färbemethoden* ermöglicht[1]. Beide Gruppen von Säuren binden als stark saure Polyelektrolyte basische Farbstoffe. Die stärkere Bindung durch die DNS des Kernes im Vergleich zu den RNS des Plasmas ist wahrscheinlich auf den höheren Kondensationsgrad der ersteren zurückzuführen. Am meisten verwendet werden Methylgrün und Pyronin. Aber auch Toluidinblau, Azur II und viele andere Farbstoffe werden verwendet. Eine fluorescenzmikroskopische Methode nach Anfärbung mit Acridinorange[2]. Die Färbungen nach FEULGEN und nach TURCHINI beruhen auf Reaktionen mit den Kohlenhydratresten der DNS.

Über das färberische Verhalten von Oligonucleotiden und von niedermolekularen NS-Spaltstücken ist nichts Sicheres bekannt.

1. Zur Fixierung der Gewebeschnitte werden unter anderem verwendet:

a) Alkohol-Eisessig 100:20 v/v, frisch hergestellt. Die Stücke bleiben 1—10 Std in der Mischung, werden dann mit 96%igem Äthanol säurefrei gewaschen.

b) Carnoys Flüssigkeit. Äthanol-Chloroform-Eisessig 6:3:1 v/v. Gleiche Behandlung wie mit Äthanol-Eisessig.

c) Neutrale Formaldehyd-Lösung. Wasser-Formalin (40%ig) 9:1 v/v. Etwas pulvriges $CaCO_3$ wird hinzugefügt. Fixierung 1—12 Std, Nachwaschen mit Wasser oder physiologischer Salzlösung 5—12 Std.

2. Zur Anfärbung der Schnitte oder Abstrichpräparate:

a) Methylgrün färbt nach PAPPENHEIM nur das Chromatin. 1 g Methylgrün 00 cryst. in 100 cm³ dest. Wasser + 25 cm³ Äthanol; Färbung 10 min. Abspülen mit Wasser, Differenzieren mit 70%igem Äthanol 1—2 min, dann abs. Äthanol 1 min, Xylol, Kanadabalsam.

b) Methylgrün-Pyronin färbt Chromatin grün; RNS enthaltende Elemente sollen in verschiedener Abstufung rot werden. Methylgrün 00 cryst. 0,15 g, Pyronin 0,25 g, Äthanol 2,5 cm³, Glycerin 20 cm³, mit 0,5%iger wäßriger Phenollösung auf 100 cm³ aufgefüllt. Färbedauer 20 min. Abspülen in Wasser, Differenzieren und Entwässern mit Äthanol, dann Xylol, Balsam.

c) Mit dem *Chromlack des Gallocyanins* werden bei Paraffinschnitten und Gefrierschnitten ausgezeichnete Kernfärbungen erzielt. Lösung: 0,15 g Gallocyanin werden in 100 cm³ einer 5%igen Chromalaunlösung aufgekocht, bis sie sich mit tiefblauer Färbung gelöst haben. Nach dem Abkühlen wird filtriert. Der p_H-Wert soll 1,64 sein. Die Lösung ist 4 Wochen haltbar. Färbung: Die Schnitte kommen aus dest. Wasser für 24—48 Std in die Farblösung. Auswaschen mit Wasser, dann Alkoholreihe, Xylol, Balsam. Das Chromatin ist tiefblau bis schwarz (Absorptionsmaximum bei 500 mμ). Weitere Kernfärbungen bei[3].

Bei manchen cytochemischen Untersuchungen ist es zu Vergleichszwecken nützlich. die eine der NS-Arten oder beide herauszulösen[4]. Sowohl Trichloressigsäure wie Perchlorsäure extrahieren zuerst die RNS, wobei jedoch auch größere DNS-Mengen hydrolysiert werden. Eine selektive Hydrolyse und damit eine Differenzierung von RNS und DNS in neutraler Lösung wird durch Einwirkung der beiden spezifischen Nucleasen ermöglicht[5],

---

[1] LESSLER, M. A.: Int. Rev. Cytol. **2**, 231 (1953). Übersichtsreferat. — LISON, L.: Acta histochem. Jena **2**, 47 (1955).

[2] ARMSTRONG, J. A.: Exp. Cell Res. **11**, 640 (1956). — ARMSTRONG, J. A., and J. S. F. NIVEN: Nature **180**, 1335 (1957). — ANDERSON, E. S.: Nature **180**, 1336 (1957).

[3] ROMEIS, B.: Mikroskopische Technik. München 1948.

[4] SWIFT, H.; in: CHARGAFF-DAVIDSON, Nucleic Acids Bd. II, S. 79.

[5] BRACHET, J.: C. R. Soc. Biol. **133**, 88 (1940). Arch. Biol. **53**, 207 (1941). Quart. J. microscop. Sci. **94**, 1 (1953).

3. Hydrolysen mit Trichloressigsäure[1] werden z. B. mit 5%iger Säure 5—15 min bei 90° ausgeführt. Mit Chromsäure fixierte Gewebeschnitte werden viel langsamer NS-frei. *Perchlorsäure*[2] 10%ig löst in 6 min bei 25° in vielen Fällen die RNS des Plasmas, aber auch 30—40% der Kern-NS (die vielleicht auch RNS sind).

4. Kristallisierte Pankreas-Ribonuclease (im Handel erhältlich oder nach[3] hergestellt) läßt man in Lösungen, die 0,1—2 mg/cm³ enthalten, 1—2 Std bei 37° auf die Gewebeschnitte einwirken. Einstellung der Lösung auf p_H 6—6,5 mit 0,01 n NaOH. Zur sicheren Ausschaltung proteolytischer Wirksamkeit wird das Enzym in 0,2 gesättigter Ammoniumsulfatlösung 5 min im siedenden Wasserbad erhitzt. Mit Chromsäure fixierte Präparate sind der Nuclease gegenüber sehr resistent.

5. Kristallisierte Desoxyribonuclease (Handelspräparat oder nach[4] hergestellt) verwendet man in Lösungen von p_H 6,5, die 0,1—1 mg/cm³ enthalten. Einwirkungsdauer 0,5—2 Std bei 37°.

6. Die Nuclealfärbung nach FEULGEN[5].

Wesen und Zuverlässigkeit der FEULGEN-Reaktion sind sehr umstritten worden. Sie beruht höchstwahrscheinlich einfach darauf, daß schon durch milde Säurewirkung die Purine der DNS hydrolytisch abgespalten werden und die frei gewordenen Aldehydgruppen der Desoxyribose-Einheiten in den noch hochmolekularen Säuren mit dem Reagens nach SCHIFF die Aldehydreaktion geben, d. h. Rotfärbung. Auch andere Aldehyde würden Rotfärbung geben, doch werden diese (die „Plasmalogene") als lipoidlösliche Stoffe durch die Fixierung und Entwässerung der Gewebestücke entfernt.

Viele pflanzliche Gewebe sind nach FEULGEN schlecht anzufärben, weil die Hydrolyse infolge der großen Vacuolen und kleinen Plasmamengen Unordnung schafft[6].

Ausführung der Feulgen-Reaktion[7].

Reagens. Die Lösung von 0,5 g basischem Fuchsin (Pararosanilin) in 100 cm³ Wasser wird bei Raumtemperatur mit 1 g wasserfreiem $KHSO_3$ (oder $NaHSO_3$ oder $Na_2S_2O_5$) und 10 cm³ 1 n HCl versetzt. Nach etwa 3 Std ist die Lösung nur noch strohgelb; durch Zugabe von 0,5 g Aktivkohle und Schütteln wird sie entfärbt. Die Lösung wird nach Filtration in einem dicht verschlossenen Gefäß im Kühlschrank aufbewahrt. Wenn sie nicht wasserklar, sondern noch gelblich ist, muß die Behandlung mit Tierkohle wiederholt werden.

Spüllösung. 10 cm³ 1 n HCl, 10 cm³ 5%ige $Na_2S_2O_5$-Lösung, 180 cm³ Wasser.

Arbeitsweise. Die Schnitte werden in 1 n HCl bei 60° hydrolysiert. Die optimale Zeit beträgt bei den meisten mit Äthanol-Essigsäure fixierten Geweben 12 min, bei formalinfixierten Geweben 14 min. Die Behandlung mit FEULGENS Reagens soll 1 Std dauern; es folgen 3 Nachspülungen, die je 10 min dauern, Waschen mit Wasser für 5 min, Entwässerung und Aufziehen. Schnitte, die durch die Hydrolyse von der Unterlage gelockert werden, können durch dünne Celloidin-Filme festgehalten werden. Man zieht die Unterlagen durch absoluten Alkohol, taucht sie kurz in 0,5%ige Lösung von wasserfreiem Alkohol-Äther (1:1), trocknet an der Luft 15—20 sec und taucht dann die Schnitte in Wasser für die Hydrolyse. Zellkerne oder andere DNS enthaltende Strukturen werden purpurrot. Kontrollen mit nichthydrolysierten Schnitten sind zweckmäßig.

Es sind zahlreiche Versuche unternommen worden, um die FEULGENsche Nuclealfärbung quantitativ zu gestalten[8].

[1] POLLISTER, A. W., and H. RIS: Cold Spring Harbor Symp. quant. Biol. **10**, 147 (1947). — BRACHET, J., and J. R. SHAVER: Stain Technol. **23**, 177 (1948).
[2] OGUR, M., and G. ROSEN: Arch. Biochem. **25**, 262 (1949). — STEFANO, H. S. DI: Science, N. Y. **115**, 316 (1952).
[3] KUNITZ, M.: J. gen. Physiol. **24**, 15 (1948). — MCDONALD, M.: J. gen. Physiol. **32**, 39 (1948).
[4] MCCARTY, M.: Bact. Rev. **10**, 63 (1946). — OVEREND, W. G., and M. WEBB: Soc. **1950**, 2746.
[5] FEULGEN, R.: H. **92**, 154 (1914). — FEULGEN, R., u. H. ROSSENBECK: H. **135**, 203 (1924).
[6] CHAYEN, J., and J. P. NORRIS: Nature **171**, 472 (1953).
[7] SWIFT, H.; in: CHARGAFF-DAVIDSON, Nucleic Acids Bd. II, S. 91.
[8] CASPERSSON, T.: B. Z. **253**, 97 (1932). — LESSLER, M. A.: Arch. Biochem. **32**, 42 (1951). — RIS, H., and A. E. MIRSKY: J. gen. Physiol. **33**, 125 (1949). — Literaturübersicht bei SWIFT, A.: Int. Rev. Cytol. **2**, 1 (1953). — SIBATANI, A., e H. NAORA: Exper. **8**, 268 (1952).

7. Die Färbungen nach Turchini[1] mit 9-Phenyl-2,3,7-trihydroxy-6-fluoron (oder mit dem entsprechend substituierten Xanthon) lassen die RNS gelb bis hellrot, die DNS purpurrot bis blau hervortreten. Sie beruhen auf Reaktionen mit den Zuckerkomponenten der NS.

8. Die Färbung nach Gram.

Eine der am häufigsten angewandten Differentialfärbungen der Bakteriologie, die nach Gram, ist nach Tracey[2] auf die Anwesenheit eines Mg-Ribonucleoproteid-Komplexes in den grampositiven Mikroorganismen zurückzuführen. Es nehmen jedoch nicht die ganzen RNS an der Bildung dieses Komplexes teil. Die für die Färbung verantwortliche Substanz wird von oberflächenaktiven Stoffen herausgelöst, ebenso von Ribonuclease. In pflanzlichen und tierischen Zellen wird mit dem Gram-Reagens nur eine Kernfärbung erzielt.

Reagentien. 10 cm³ einer gesättigten äthanolischen Lösung von Gentianaviolett werden mit der Lösung von 2,5 g Phenol in 10 cm³ dest. Wasser gemischt.

Lugolsche Jod-Kaliumjodid-Lösung: 2 g KJ in 5 cm³ Wasser, dazu 1 g Jod; nach erfolgter Lösung Auffüllung mit Wasser auf 300 cm³.

Färbedauer 3—5 min, Abspülen mit Wasser, Aufgießen der Jodlösung für 2—3 min, Abgießen, Differenzieren mit Äthanol oder Aceton oder Anilin-Xylol. Bei positivem Ausfall: intensiv violettschwarze Anfärbung.

b) Farbreaktionen in Lösung.

Die zuverlässigsten Methoden zum Nachweis und zur Bestimmung von NS beruhen auf der Messung ihrer UV-Absorption (s. S. 1308). Die Anwesenheit niederer Spaltstücke muß ausgeschlossen sein; eine unmittelbare Unterscheidung zwischen beiden NS-Arten ist dadurch nicht möglich.

Die Farbreaktionen, die mit NS-Lösungen ausgeführt werden können, gehen zurück auf die Anwesenheit 1. von verestertem Phosphat, 2. von Ribose bzw. Desoxyribose, 3. von den Basen. Alle diese Reaktionen gestatten keine Unterscheidung zwischen hochmolekularen NS und ihren Abbauprodukten. Die Farbreaktionen der Phosphorsäure und der beiden Pentosen können in Mikroverfahren derart empfindlich ausgeführt werden, daß 1—10 γ RNS oder DNS zureichen. Auch die Nachweise der Purine und Pyrimidine können mit je 5—10 γ ausgeführt werden. Bequemer wird man die Reaktionen mit einigen Milligramm der NS ausführen. Die Umsetzungen sind durchweg auch zu quantitativen Bestimmungsmethoden ausgearbeitet worden.

α) Nachweise und Bestimmungen von Phosphat.

Es sei auf Bd. III/1, S. 159ff., und Bd. III/1, S. 457ff., „Organische Phosphorsäureverbindungen“ verwiesen. Weitere Angaben zur Bestimmung von anorganischem, „labilem“ und Gesamtphosphat auf S. 1106 unseres Beitrags. Nachweis von Phosphat auf Papierchromatogrammen s. S. 1168

NS-Mengen mit 0,1—10 γ P genügen zur Ausführung von Mikrobestimmungen.

β) Nachweise und Bestimmungen von Ribose.

Durch die kurze Hydrolyse von RNS werden nur die Ribose-Einheiten frei, die mit den Purinen glykosidisch verbunden sind, also rund nur die Hälfte der insgesamt vorhandenen. Es sind früher mehrere Ausführungen der Bestimmung von Ribose als Furfurol ausgearbeitet worden (s. Bd. III/1, S. 708), insbesondere auch für RNS-Mikroanalysen[3]. Sie

[1] Turchini, J., P. Castel et K. Kien: Trav. Soc. Chim. biol. **35**, 1329 (1943). Bull. Histol. appl. **21**, 124 (1944). — Turchini, J.: Exp. Cell Res., Suppl. **1**, 105 (1949). — Backler, B. S., and W. F. Alexander: Stain Technol. **27**, 147 (1952).

[2] Henry, H., and M. Stacey: Nature **151**, 671 (1943). Proc. R. Soc. London (B) **133**, 391 (1946). — Jones, A. S., P. W. Muggleton and M. Stacey: Nature **166**, 650 (1950). — Bartholomew, J. W., and W. W. Umbreit: J. Bacteriology **48**, 567 (1944). — Bartholomew, J. W., and T. Mittwer: Bact. Rev. **16**, 1 (1952). — Stacey, M.: Nature **176**, 1145 (1955).

[3] Bergold, G., u. L. Pister: Z. Naturforsch. **3b**, 406 (1948).

dürften durch die spektralphotometrischen Verfahren ihre Bedeutung eingebüßt haben. Die Farbreaktionen in Lösung beruhen selbstverständlich durchweg auf der intermediären Bildung von Furfurol aus der Pentose.

1. *Farbreaktion mit Orcin.*

Pentosen geben mit Orcin beim Erhitzen auf 100° in etwa halbkonz. HCl (mit einer Spur $FeCl_3$) nach 2—5 min eine grüne bis blaugrüne Färbung, die mit Amylalkohol ausgeschüttelt werden kann. Angaben über die Ausführung dieser BIALschen Farbreaktion, auch mit kleinen Pentosemengen (1—50 γ), nach MEJBAUM[1] und nach MILITZER[2] stehen auf S. 1107. Orcin-Reaktion in der Ausführung von BIAL Bd. III/1, S. 705. Siehe auch die Pentosen-Bestimmung nach BARRENSCHEEN und PEHAM Bd. V, S. 83. Die Orcin-Farbreaktion ist die am häufigsten ausgeführte und empfindlichste. Sie wird ausgeführt auch zur quantitativen Bestimmung von RNS in Geweben (s. S. 1308).

2. *Farbreaktion mit Phloroglucin.*

Pentosen geben mit Phloroglucin in halbkonz. HCl auf 100° erhitzt in wenigen Minuten eine violettrote Färbung, die mit Amylalkohol ausgeschüttelt werden kann. Diese Färbung ist noch mit 20 γ Ribose je cm^3 zu erkennen. Zur Ausführung s. Bd. III/1, S. 705.

In der Ausführung nach EULER und HAHN[3] wird 1 cm^3 Analysenlösung (mit etwa 2 mg RNS) mit 8 cm^3 einer Lösung aus 1 Vol. konz. HCl und 8 Vol. Eisessig (mit 0,1% $FeCl_3$) gemischt und 50 min im siedenden Wasserbad erhitzt. Nach dem Abkühlen auf Raumtemperatur wird 1 cm^3 einer 25%igen Lösung von Phloroglucin in einer aus 1 Vol. konz. HCl, 1 Vol. H_2O und 2 Vol. Eisessig gebildeten Mischung hinzugefügt. Nach 20 min bei Raumtemperatur werden die Reagensgläser für genau 4 min im siedenden Wasserbad gehalten, dann auf Raumtemperatur gekühlt. Nach 10 Std ist die violettrote Färbung maximal und kann bei 680 mμ photometriert werden.

Diese Ausführung hat den Vorteil, daß DNS keine Färbung geben, weil die Desoxyribose vor Zugabe des Phloroglucins schon zerstört ist. Die Arbeitsweise eignet sich daher z. B. zur Erkennung von RNS-Beimengungen in DNS-Präparaten.

3. *Farbreaktion mit Cystein*[4].

Ribose reagiert ebenso wie Desoxyribose in 75%iger H_2SO_4 mit Cystein; das Absorptionsmaximum der entstehenden gelben Färbung liegt jedoch bei 390 mμ, während es in der Färbung mit Desoxyribose bei 490 mμ liegt. Die Reaktion mit RNS wird in gleicher Weise ausgeführt wie mit DNS (s. S. 1302).

Durch Messung der Extinktionen bei 390 und 490 mμ lassen sich Gemische von RNS und DNS analysieren. Näheres [5].

γ) *Nachweise und Bestimmungen von Desoxyribose.*

Die saure Hydrolyse der Purine in DNS geht sehr schnell vor sich; die mit den Pyrimidinen verbundenen Zuckerreste werden jedoch erst frei unter Bedingungen, die Desoxyribose vollständig zersetzen. Die DNS-Farbreaktionen erfassen daher nur etwa die Hälfte der Kohlenhydratreste[6]. Nach Bromierung der DNS (und damit der Pyrimidin-Komponenten) werden jedoch auch die Desoxyribosereste der Pyrimidinnucleotide mitbestimmt[7]. Für quantitative Bestimmungen sind Vergleichslösungen mit möglichst reinen, analytisch definierten DNS-Präparaten herzustellen.

1. *Farbreaktion mit Diphenylamin nach* DISCHE[8].

Die allgemeine Reaktion von Kohlenhydraten mit Diphenylamin wird derart ausgeführt, daß sie zum Nachweis und zur Bestimmung von 2-Desoxyribose geeignet ist.

---

[1] MEJBAUM, W.: H. **258**, 117 (1939).
[2] ALBAUM, H. G., and W. W. UMBREIT: J. biol. Ch. **167**, 369 (1947).
[3] EULER, v. H., u. L. HAHN: Svensk kem. T. **58**, 251 (1946).
[4] DISCHE, Z.: Proc. Soc. exp. Biol. Med. **55**, 217 (1944).
[5] DISCHE, Z.; in: CHARGAFF-DAVIDSON, Nucleic Acids Bd. I, S. 303.
[6] SCHNEIDER, W. C.: J. biol. Ch. **161**, 293 (1944).
[7] BRADY, T. G., and E. MCEVOY-BOWE: Nature **168**, 299 (1951).
[8] DISCHE, Z.: Mikrochem. **8**, 4 (1930). — SEIBERT, F. B.: J. biol. Ch. **133**, 593 (1940).

Das Reagens wird durch Mischen von 3 cm³ konz. H_2SO_4 mit 100 cm³ einer 1%igen Lösung von Diphenylamin in Eisessig hergestellt. Es wird 3 min auf 100° erhitzt. Die entstehende Blaufärbung wird auch von anderen 2-Desoxyzuckern gegeben. Der Farbstoff (Absorptionsmaximum bei 595 mμ) wird erzeugt durch den intermediär entstehenden ω-Methoxylävulinaldehyd.

Zur Ausführung s. S. 1107 unseres Beitrags und Bd. III/1, S. 720.

Noch 20 γ/cm³ Desoxyribose sind nachweisbar.

Anwendung der Farbreaktion zur Analyse von Apurinsäure[1], zur Analyse von DNS aus Fischspermatozoen[2]. Eine kritische Untersuchung der für colorimetrische Bestimmungen optimalen Reaktionsbedingungen[3].

2. Farbreaktion mit Cystein nach DISCHE[4].

In konz. H_2SO_4 reagieren alle Zucker mit Cystein unter Bildung farbiger Lösungen mit charakteristischen Absorptionen im Ultravioletten und im Blauen. In 65—75 vol.-%iger H_2SO_4 ist die Reaktion spezifischer und kann zur Erkennung und Bestimmung von 2-Desoxyribose verwendet werden.

Ausführung[5]. 0,5 cm³ einer wäßrigen DNS-Lösung (mit 25 γ oder mehr je cm³) werden mit 0,05 cm³ einer 3%igen Cysteinhydrochlorid-Lösung und (ohne zu kühlen!) mit 5 cm³ 75 vol.-%iger H_2SO_4 gemischt. Man läßt auf Raumtemperatur abkühlen; die auftretende hellrote Farbe (Absorptionsmaximum bei 490 mμ) hat nach 15 min maximale Intensität erreicht und ist stundenlang beständig.

Die pyrimidingebundenen Zuckerreste nehmen auch an dieser Farbreaktion nicht teil. Nur freie Thymidylsäure und freies Thymidin (nicht aber Desoxycytidylsäure und Desoxycytidin) reagieren[6].

Die Umsetzung ist auch für spektralphotometrische Bestimmungen geeignet. Sie ist zu empfehlen zum Nachweis von DNS in RNS-Präparaten.

3. Farbreaktion mit Tryptophan.

Tryptophan reagiert allgemein beim Erhitzen mit Kohlenhydraten in stark saurer Lösung[7]. Die Umsetzung mit 2-Desoxyribose (und anderen 2-Desoxyzuckern) läßt sich spezifisch gestalten[8] (s. Bd. III/1, S. 721):

1 cm³ DNS-Lösung (mit 100—500 γ DNS) wird mit 0,2 cm³ einer 1%igen Tryptophanlösung und mit 1,2 cm³ einer 60%igen Perchlorsäure-Lösung gemischt und 10 min im siedenden Wasserbad erwärmt, dann mit Leitungswasser gekühlt. Die entstehende purpurrote Farbe wird 5 min später photometriert (Absorptionsmaximum bei 500 mμ). Weitere Angaben Bd. III/1, S. 721.

Diese Farbreaktion ist nur $^1/_3$ so empfindlich wie die mit Diphenylamin.

4. Farbreaktion mit Indol[9,10].

Zu 2 cm³ DNS-Lösung (3—15 γ DNS je cm³) werden 1 cm³ einer wäßrigen 0,04%igen Indol-Lösung und 1 cm³ konz. HCl hinzugefügt. Man erhitzt 10 min auf 100°, kühlt ab auf 20° und schüttelt die rotbraune Lösung 3mal mit je 4 cm³ reinstem Chloroform aus. Die wäßrige Phase bleibt gelbbraun (Absorptionsmaximum 490 mμ).

Ausführung der Farbreaktion zu quantitativen Zwecken[11], s. S. 1307.

---

[1] TAMM, C., M. E. HODES and E. CHARGAFF: J. biol. Ch. **195**, 49 (1952).
[2] DERIAZ, R. E., M. STACEY, E. G. TEECE and L. F. WIGGINS: Soc. **1949**, 1222.
[3] BURTON, K.: Biochem. J. **62**, 315 (1956).
[4] DISCHE, Z.: Proc. Soc. exp. Biol. Med. **55**, 217 (1944).
[5] STUMPF, P.: J. biol. Ch. **169**, 367 (1947).
[6] MANSON, L. A., and J. O. LAMPEN: J. biol. Ch. **191**, 87 (1951). — MANSON, L. A.: Nature **174**, 967 (1954).
[7] THOMAS, P.: H. **199**, 10 (1931).
[8] COHEN, S. S.: J. biol. Ch. **156**, 691 (1944).
[9] DISCHE, Z.: B. Z. **204**, 431 (1929).
[10] CERIOTTI, G.: J. biol. Ch. **198**, 297 (1952).
[11] CERIOTTI, G.: J. biol. Ch. **214**, 59 (1955).

5. Farbreaktionen mit Carbazol und Anthron.

Mit Desoxyribose entsteht durch die Reaktion mit Carbazol eine Purpurfarbe[1] (Absorptionsmaximum bei 530 mμ). Jedoch geben auch andere Pentosen Färbungen mit Maxima bei 420 und 530 mμ; ihre Intensitätsverhältnisse sind charakteristisch für die einzelnen Pentosen[2] (s. Bd. III/1, S. 692 und 715).

Auch die Farbreaktion mit Anthron ist keineswegs für Desoxyribose oder Ribose spezifisch, da diese Substanz mit sämtlichen Kohlenhydraten in stark schwefelsaurer Lösung eine Blaufärbung gibt[3]. Quantitative Ausführung nach MORRIS[4] s. Bd. III/1, S. 694.

Bestimmung von Ribose, Desoxyribose und NS[5].

6. Farbreaktion mit SCHIFF*schem Reagens.*

In sauer hydrolysierten DNS („Thyminsäure“, „Apurinsäure“) liegen die frei gewordenen Glykosid-Gruppen der 2-Desoxyribose als Aldehydgruppen vor und geben daher die allgemeine Aldehydreaktion mit fuchsinschwefliger Säure[6].

1 cm³ der DNS-Lösung (mit 1—5 mg DNS) wird zur Hydrolyse mit 1 cm³ 2 n HCl oder H_2SO_4 vermischt und 10 min auf 60° erwärmt. Nach dem Abkühlen wird 1 cm³ fuchsinschweflige Säurelösung hinzugefügt. Die violettrote Färbung tritt nach 5—20 min auf. Kontrolle mit Lösungen ohne DNS. Darstellung des Reagens s. S. 1299 und S. 1162. Ausführung des Nachweises auf Papierchromatogrammen s. S. 1163. Ausführung zu quantitativen Bestimmungen[7].

7. Reaktion mit p-Nitrophenylhydrazin[8].

Durch Hydrolyse der Purine freigelegte 2-Desoxyribose reagiert als Aldehyd auch mit p-Nitrophenylhydrazin. Das Nitrophenylhydrazon wird, im Gegensatz zum nichtumgesetzten Hydrazin, von Butylacetat aus der sauren, wäßrigen Reaktionslösung nicht ausgezogen und gibt beim Alkalisieren eine rotbraune Färbung.

Ausführung: 4 cm³ DNS-Lösung (mit 10—300 γ DNS) in 5%iger Trichloressigsäure werden mit 0,2 cm³ einer frisch bereiteten 0,5%igen äthanolischen Lösung von p-Nitrophenylhydrazin vermischt und 20 min auf 100° erhitzt. Nach dem Abkühlen wird das nicht umgesetzte Hydrazin durch Ausschütteln mit 10 cm³ n-Butylacetat entfernt (Zentrifugieren). Ein Teil der wäßrigen Schicht wird abpipettiert und mit 2 n NaOH alkalisiert. Die braunrote Färbung absorbiert maximal bei 560 mμ. Die Farbreaktion ist empfindlicher und spezifischer als jene mit Diphenylamin. Ausführung zum Zwecke spektralphotometrischer DNS-Bestimmungen, auch in Geweben, s. S. 1306.

δ) Farbreaktionen der Basen.

Vor Ausführung der Reaktionen müssen die Basen durch eine der S. 1334 angegebenen Hydrolysenmethoden aus dem NS-Verband vollständig befreit sein. Die NS sollen weitgehend gereinigt sein, da die Hydrolysenlösungen nicht Aminosäuren oder andere Begleitstoffe in größeren Konzentrationen enthalten dürfen. Falls genügend Substanz zur Verfügung steht (mindestens 1 mg Purine in 5 cm³), empfiehlt sich eine den Farbreaktionen vorhergehende Trennung der Purine und Pyrimidine durch Fällung als Ag- oder Pd-Komplexe (s. Bd. III/3, S. 1217ff., „Pyrimidine“ und „Purine“). Papierchromatographische Trennungen der Basen vor dem Nachweis durch Farbreaktionen sind ebenfalls sehr geeignet. Eingehende Vorschriften zur Ausführung der Farbreaktionen außerdem bei[9].

---

[1] DISCHE, Z.: Mikrochem. 8, 4 (1930).
[2] GURIN, S., and D. B. HOOD: J. biol. Ch. **139**, 775 (1941).
[3] DREYWOOD, R.: Industr. engng. Chem., analyt. Ed. **18**, 499 (1946).
[4] MORRIS, D. L.: Science, N. Y. **107**, 254 (1948).
[5] GARY, N. D., and R. E. KLAUSMEIER: Analyt. Chem., Washington **26**, 1958 (1954).
[6] FEULGEN, R., u. H. ROSSENBECK: H. **135**, 203 (1926). — TOBIE, W. C.: Industr. engng. Chem., analyt. Ed. **15**, 405 (1942).
[7] WIDSTRÖM, G.: B. Z. **199**, 298 (1928).
[8] WEBB, J. M., and H. B. LEVY: J. biol. Ch. **213**, 107 (1955).
[9] SCHMIDT, G.; in: COLOWICK-KAPLAN, Meth. Enzymol. Bd. III, S. 775.

1. Colorimetrische Bestimmung von Adenin nach GLAZKO *und* WOLF[1].

Nach Reduktion mit Zinkstaub in mineralsaurer Lösung und Diazotierung gibt Adenin durch Umsetzung mit 1-Naphthyläthylendiamin · HCl eine intensive Rotfärbung. Ausführung s. Bd. III/2, S. 1271.

5 γ Adenin/cm³ geben eine noch sichtbare Färbung.

2. Colorimetrische Bestimmung von Guanin, Xanthin und 2-Oxyadenin nach HITCHINGS[2].

Nach Entfernung aller anderen reduzierenden Stoffe wird durch diese Basen das Phenolreagens nach FOLIN reduziert. Ausführung s. Bd. III/2, S. 1282.

3. Colorimetrische Bestimmung von Thymin nach HUNTER[3].

Thymin kuppelt mit diazotierter Sulfanilsäure in sodaalkalischer Lösung und gibt eine intensive, aber unbeständige Rotfärbung; diese wird bei stärkerer Alkalität durch Hydroxylamin reduziert und dadurch intensiver und haltbarer. Ausführung s. Bd. III/2, S. 1232.

10 γ Thymin je cm³ geben eine noch sichtbare Rotfärbung.

4. Colorimetrische Bestimmung von Uracil und Cytosin nach SOODAK[4].

Die beiden Pyrimidine reduzieren nach ihrer Bromierung Arsenowolframat (Harnsäure-Reagens von NEWTON). Ausführung s. Bd. III/2, S. 1225.

5 γ Cytosin je cm³ lassen sich noch nachweisen.

5. Die Bestimmung von RNS und DNS in Geweben[5].

Alle Methoden, die bisher zur Bestimmung von RNS und DNS in Geweben vorgeschlagen wurden, sind mit mehr oder minder großen Mängeln behaftet. Um die Bestimmungsfehler zu erkennen und auszuschalten, ist es angezeigt, die Analysen nach verschiedenen, voneinander unabhängigen Methoden auszuführen und nur bei Übereinstimmung der Werte Schlüsse aus den Ergebnissen zu ziehen.

Die Bestimmung von DNS und RNS gründet sich auf die durch den Gehalt an Purin- und Pyrimidinbasen bedingte UV-Absorption der Säuren, auf Farbreaktionen der in RNS und DNS enthaltenen Phosphorsäure sowie auf Farbreaktionen der Ribose in den RNS (Orcinreaktion[6], Reaktion mit Phloroglucin[7]) und auf solche der Desoxyribose in den DNS (Reaktion mit Diphenylamin[8], Cystein[9], Carbazol[10], Indol[11], p-Nitrophenylhydrazin[12]).

Besonders in solchen Fällen, in denen die Nucleinsäuren durch Messung ihrer UV-Absorption bzw. durch Phosphatanalyse bestimmt werden sollen, ist das Gewebe vor dem Herauslösen der Nucleinsäuren mit verdünnten Säuren in der Kälte zur Entfernung von störenden niedermolekularen Nucleotiden und anderen Phosphaten sowie mit Alkohol und Äther zur Entfernung von Phospholipoiden zu extrahieren.

---

[1] WOODHOUSE, D. L.: Arch. Biochem. **25**, 347 (1950).
[2] HITCHINGS, G. H.: J. biol. Ch. **139**, 843 (1941).
[3] HUNTER, G.: Biochem. J. **30**, 745 (1936).
[4] SOODAK, M., A. PIRCIO and L. R. CERECEDO: J. biol. Ch. **181**, 713 (1949).
[5] Siehe auch: WEIL-MALHERBE, Organische Phosphorsäureverbindungen. Die Nucleinsäurefraktion. ds. Handb. Bd. III/1, S. 522. — SCHMIDT, G.: Determination of nucleic acids by phosphorous analysis; in: COLOWICK-KAPLAN, Meth. Enzymol. Bd. III, S. 671. — SCHNEIDER, W. C.: Determination of nucleic acids in tissues by pentose analysis. COLOWICK-KAPLAN, Meth. Enzymol. Bd. III, S. 680.
[6] BIAL, M.: D. m. W. **1903**, 253, 477. — BARRENSCHEEN, H., u. A. PEHAM: H. **272**, 81 (1942). — MASSART, L., and J. HOSTE: Biochim. biophysica Acta, N. Y. **1**, 83 (1947). — DISCHE, Z., and K. SCHWARZ: Mikrochim. Acta **2**, 13 (1937). — MILLER, G. L., R. H. GOLDER and E. E. MILLER: Analyt. Chem., Washington **23**, 903 (1951). — MEJBAUM, W.: H. **258**, 117 (1939). — ALBAUM, H. G., and W. W. UMBREIT: J. biol. Ch. **167**, 369 (1947).
[7] EULER, H. V., and L. HAHN: Svensk kem. T. **58**, 251 (1946) [Chem. Abstr. **41**, 2108].
[8] DISCHE, Z.: Mikrochem. 8, 4 (1930). — SEIBERT, F. B.: J. biol. Ch. **133**, 593 (1940).
[9] DISCHE, Z.: Proc. Soc. exp. Biol. Med. **55**, 217 (1944). — STUMPF, P.: J. biol. Ch. **169**, 367 (1947). — DISCHE, Z.: J. biol. Ch. **181**, 379 (1949); **204**, 983 (1953).
[10] DISCHE, Z.: Mikrochem. **8**, 4 (1930). — GURIN, S., and D. B. HOOD: J. biol. Ch. **139**, 775 (1941).
[11] DISCHE, Z.: B. Z. **204**, 431 (1929). — CERIOTTI, G.: J. biol. Ch. **198**, 297 (1952).
[12] WEBB, J. M., and H. B. LEVY: J. biol. Ch. **213**, 107 (1955).

a) Verfahren nach SCHMIDT und THANNHAUSER[1].

RNS und DNS werden bei 37° durch verdünnte Lauge (1 n KOH) aus dem säureextrahierten, lipoidfreien Gewebe herausgelöst. Nach 20 Std sind die RNS durch die Lauge soweit verändert, daß sie nicht mehr mit Säure gefällt werden können. Die DNS bleiben unter diesen Bedingungen dagegen säurefällbar. Nach dem Ansäuern des alkalischen Extraktes werden die RNS in Lösung und die DNS im Rückstand durch Phosphatanalyse (s. Bd. III/1, S. 524) bestimmt. Die hauptsächliche Fehlerquelle dieser Methode dürfte in der unvollständigen Extraktion und Trennung der RNS und DNS zu suchen sein.

b) Verfahren nach SCHNEIDER[2].

Die Extraktion von säureextrahiertem, fettfreiem Gewebe erfolgt mit heißer 5%iger Trichloressigsäure (15 min bei 90°). RNS und DNS gehen in Lösung und werden hydrolysiert. Die Bestimmung der DNS neben den RNS erfolgt durch die Diphenylamin- bzw. die Carbazolreaktion (s. Bd. III/1, S. 509, 720): Die RNS werden durch eine Modifikation der Orcinreaktion bestimmt (s. Bd. III/1, S. 509, 714). Analysenfehler resultieren hier aus der ungenügenden Spezifität der Farbreaktionen. Beide Methoden versagen vor allem bei der Bestimmung von DNS und RNS in Lebergewebe oder in Nervengewebe[3].

Zur Ausschaltung der verschiedenen Fehlermöglichkeiten der Phosphatbestimmung bzw. der colorimetrischen Zuckerbestimmungen wurden zahlreiche Abänderungen vorgeschlagen (ausführliche Vorschriften s. Bd. III/1, S. 525ff.). So wird bei Verwendung der Methode nach SCHMIDT und THANNHAUSER empfohlen, die abgetrennten DNS außer durch Phosphatanalyse auch durch die Diphenylaminreaktion zu bestimmen[4].

c) Verfahren nach DAVIDSON und SMELLIE[5].

Dieses relativ einfache Verfahren zur RNS- und DNS-Bestimmung ist besonders geeignet zum Studium des Einbaues von ^{32}P in Gewebsbestandteile.

Das Gewebepulver (500 mg und mehr) wird nach Extraktion mit 10%iger Trichloressigsäure (9mal mit je 10 Vol.) und Lipoidlösungsmitteln (2mal mit 10 Vol. Äthanol, 4mal mit 10 Vol. Äthanol-Äther-Mischung) 3mal für je 1 Std bei 100° mit einer 10%igen NaCl-Lösung ausgezogen. Die vereinigten Auszüge werden mit 2 Vol. Äthanol gefällt, der Niederschlag wird mit Äthanol und Äther gewaschen und entwässert.

Die Trennung von RNS und DNS wird nach SCHMIDT und THANNHAUSER ausgeführt Der NS-Niederschlag wird in 0,3 n KOH gelöst (1 cm³ je 5 mg NS). Die alkalische Lösung wird 16 Std bei 30° gehalten. Dadurch werden die RNS vollständig zu Mononucleotiden hydrolysiert, während die DNS noch in säurefällbarer Form bleiben. Eine nachweisbare Desaminierung oder sonstige Zersetzung der Basen tritt bei dieser Temperatur nicht ein. Die Hauptmenge der Kaliumionen wird durch tropfenweise Zugabe von 10%iger Perchlorsäure bis zu einem p_H von 7—8 gefällt. Die Suspension wird einige Stunden im Kühlschrank gekühlt, dann zu einem bestimmten Volumen mit möglichst wenig Wasser aufgefüllt und zentrifugiert. Die klare Lösung wird durch ein gemessenes Volumen 1%iger Perchlorsäure auf p_H 1 gebracht. Dadurch werden die DNS gefällt, die nach wenigen Minuten abzentrifugiert werden können.

Zur *Bestimmung der DNS* wird der Niederschlag in ein kleines Volumen NaOH gelöst und mit Perchlorsäure wieder gefällt. Zur Bestimmung von ^{32}P empfiehlt es sich, den Niederschlag mit Lösungen von nichtmarkierten Ribonucleotiden und anorganischem Phosphat zu lösen und wiederholt zu fällen. Mit der zuletzt erhaltenen DNS-Lösung werden P- und

---

1 SCHMIDT, G., and S. J. THANNHAUSER: J. biol. Ch. **161**, 83 (1945).
2 SCHNEIDER, W. C.: J. biol. Ch. **161**, 293 (1945).
3 LOGAN, J. E., W. A. MANNELL and R. J. ROSSITER: Biochem. J. **51**, 470 (1952). — DAVIDSON, J. N., and R. M. S. SMELLIE: Biochem. J. **52**, 599 (1952).
4 SCHNEIDER, W. C.: J. biol. Ch. **164**, 747 (1946).
5 DAVIDSON, J. N., and R. M. S. SMELLIE: Biochem. J. **52**, 594, 599 (1952).

Radioaktivitätsbestimmungen ausgeführt. Darin kann die Abwesenheit von verunreinigenden Ribonucleotiden durch Elektrophorese und Radioautographie nachgeprüft werden.

Der erzielte Reinigungsgrad der DNS hängt von RNS/DNS-Verhältnis in der extrahierten NS-Fraktion ab. Die Reinigung ist leicht auszuführen mit kernreichen Geweben (Thymus, Spermatozoen), schwierig mit RNS-reichen Geweben (Leber, Pankreas, Darmschleimhaut). Die Wirksamkeit der Trennungsoperationen muß daher von Fall zu Fall nachgeprüft werden.

Zur *Bestimmung der RNS* wird die Restlösung der DNS-Fällung zunächst von anorganischem Phosphat befreit. Das erfolgt nach Neutralisation der Lösung durch Zugabe von MgO und (zur Vervollständigung der Fällung) von nicht markiertem Phosphat (mit 5—10 mg P). Die Reinheit der Ribonucleotide läßt sich durch Elektrophorese und Radioautographie nachprüfen.

d) Umsetzung mit p-Nitrophenylhydrazin.

DNS können neben RNS auch durch die Umsetzung mit p-Nitrophenylhydrazin bestimmt werden; diese Farbreaktion soll nach Angabe der Autoren spezifischer und empfindlicher als beispielsweise die Diphenylaminreaktion sein[1]. Hierbei wird das säureextrahierte und lipoidfreie Gewebe 30 min mit 5%iger Trichloressigsäure bei 100° ausgezogen und die DNS in der sauren Lösung mit p-Nitrophenylhydrazin kondensiert. Nach Extraktion des Reaktionsgemisches mit Butylacetat wird die wäßrige Phase alkalisch gemacht und der aus dem p-Nitrophenylhydrazon gebildete Farbstoff bei 560 mμ photometriert. Zur Bezugnahme dienen die mit Hilfe eines Standard-DNS-Präparates erhaltenen Eichwerte.

Reagentien:

1. p-Nitrophenylhydrazin, 0,5%ige Lösung in Äthanol, die täglich frisch bereitet werden soll.
2. n-Butylacetat.
3. Trichloressigsäure, 5%ig.
4. Natriumdesoxyribonucleinat als Eichsubstanz, aus Kalbsthymus hergestellt, mit bekanntem P- und N-Gehalt.

Analysenobjekte:

Tierische Organe werden sofort nach dem Tode des Tieres mit fester Kohlensäure eingefroren und derart aufbewahrt. Mikroorganismen werden nach dem Waschen mit dest. Wasser und Absaugen im Vakuum getrocknet. Die Vorbehandlung des Materials wird nach SCHNEIDER[2] (s. Bd. III/1 S. 524) ausgeführt. Es folgt eine Entwässerung und Entfettung mit Äther und Trocknen im Vakuum.

Ausführung der Bestimmungen:

Hydrolyse. Das zu analysierende Material wird in 3 cm^3 Trichloressigsäure suspendiert und 30 min im siedenden Wasserbad erwärmt. 1—20 mg Gewebetrockenpulver mit 5 bis 150 γ DNS werden je Kubikzentimeter Trichloressigsäure-Extrakt verwendet (entsprechend 6—120 mg des frischen Gewebes). Die Hydrolyse wird zweckmäßig in Zentrifugengläsern von 15 cm^3 Inhalt ausgeführt. In deren Öffnung hängt man eine zugeschmolzene umgekehrte Ampulle ein, um die Verdampfungsverluste zu verringern (in 30 min verdampfen aus 3 cm^3 weniger als 0,1 cm^3). Nach der Hydrolyse wird gekühlt, das Hydrolysat mit dem gleichen Volumen 5%iger Trichloressigsäure versetzt, dann zentrifugiert. Eine Vergleichslösung wird z. B. durch Hydrolyse von 25 mg DNS in 25 cm^3 Trichloressigsäure hergestellt (ebenfalls 30 min bei 100°).

Farbentwicklung. Je 2 cm^3 des Hydrolysats (mit 10—300 γ DNS) werden in 15 cm^3-Zentrifugengläser einpipettiert, desgleichen je 2 cm^3 Vergleichslösung. Nach Verdünnung jeder Probe mit 2 cm^3 5%iger Trichloressigsäure werden jeweils 0,2 cm^3 p-Nitrophenyl-

[1] WEBB, J. M., and H. B. LEVY: J. biol. Ch. **213**, 107 (1955).

[2] Siehe Bd. III/1, S. 524. — SCHNEIDER, W. C.: J. biol. Ch. **161**, 293 (1945).

hydrazinlösung hinzugefügt. Zur Bestimmung der Leerwerte werden zu der gleichen Menge des Reagens 4 cm^3 5%ige Trichloressigsäure hinzugegeben und sonst wie mit den DNS-Hydrolysaten verfahren.

Die Gläser werden 20 min im siedenden Wasserbad erhitzt und dabei bedeckt gehalten, um größere Verdampfungsverluste zu vermeiden. Nach dem Abkühlen wird jedes Glas mit 10 cm^3 n-Butylacetat versetzt, mit einem sauberen Gummistopfen verschlossen und 5 min geschüttelt. Zur Trennung der Schichten wird zentrifugiert und der größte Teil der organischen Phase abgegossen. Von der wäßrigen Phase werden jeweils 3 cm^3 abpipettiert und in ein 5 cm^3-Meßkölbchen übergeführt. Nach Zugabe von 2 cm^3 2 n NaOH wird die nun blau gefärbte Lösung mit Wasser aufgefüllt. Die Photometrierung erfolgt bei 560 mμ. Die Bestimmungen werden zur Steigerung der Genauigkeit mindestens doppelt ausgeführt.

e) Perchlorsäure-Extraktion.

Nach einem anderen Verfahren werden die Nucleinsäuren mit Perchlorsäure aus dem Gewebe extrahiert. Die Bestimmung von DNS neben den RNS erfolgt durch die Indolreaktion sowie durch die Diphenylaminreaktion, diejenige der RNS durch eine modifizierte Orcinreaktion. Die Summe von RNS und DNS im Perchlorsäureextrakt wird durch Phosphatanalyse bzw. durch UV-Messung ermittelt und mit der Summe verglichen[1], die sich aus den Farbreaktionen errechnet. Es folgt die genaue Vorschrift:

Darstellung der Organextrakte. Sofort nach dem Tode des Tieres werden die Organe entnommen, zerkleinert, gewogen und je 2mal mit wasserfreiem Äthanol und Äther ausgezogen. Nach dem Trocknen im Vakuumexsiccator werden die Rückstände 20 min mit 2%iger kalter Perchlorsäure im Kälteraum extrahiert und dann in der Kälte abzentrifugiert. Die Extraktion wird wiederholt. Die überstehenden Flüssigkeiten werden verworfen, der Rückstand 20 min mit 10%iger Perchlorsäure bei 70° ausgezogen und zentrifugiert. Nach nochmaliger Extraktion des Rückstandes werden die Lösungen vereinigt und so verdünnt, daß die DNS-Konzentration 10—15 γ/cm^3 und die RNS-Konzentration 25—35 γ/cm^3 beträgt.

Zur Herstellung von Dauerpräparaten werden die Präparate einige Stunden in Äthanol eingelegt und nach dem Wechseln des Äthanols darin belassen. Sie sind so haltbar und können später vollständig entwässert und entfettet werden.

Zu jeder Analyse werden gewöhnlich 3—4 mg Leber und Niere, 1,5—2 mg Milz, Lunge, Pankreas und 0,5 mg Thymus in 1 cm^3 10%iger Perchlorsäure verwendet.

Die Reaktion mit Indol[1, 2]. Zur Ausführung der Indolreaktion werden die Perchlorsäureextrakte mit dest. Wasser auf das 6—12fache Volumen verdünnt. Die Eichkurven werden mit DNS-Präparaten aus Kalbsthymus von bekannter Reinheit bestimmt.

Reagentien:

1. Indol, 0,04%ige wäßrige Lösung (das Indol ist vor Gebrauch durch Vakuumdestillation zu reinigen).
2. Salzsäure, konz. (Dichte 1,19).
3. DNS-Lösung mit 2,5—15 γ DNS im cm^3.

Ausführung der Bestimmung:

Je 2 cm^3 des Extraktes bzw. der DNS-Vergleichslösung werden in Reagensgläser pipettiert. Nun fügt man je 1 cm^3 Indollösung und 1 cm^3 HCl hinzu, schüttelt gut um, bedeckt die Gläser mit Aluminiumkappen und erhitzt sie 10 min im siedenden Wasserbad. Nach dem Abkühlen werden die Lösungen je 3mal mit je 4 cm^3 besonders gereinigtem Chloroform extrahiert (das Chloroform wird mehrfach mit konz. Schwefelsäure, dann mit Wasser ausgeschüttelt, 48 Std über Calciumchlorid getrocknet und destilliert; Kp 61°). Anschließend wird zur vollständigen Trennung der Schichten zentrifugiert. Manchmal wird durch das Ausschütteln mit Chloroform eine geringe Menge eines rosa Farbstoffs aus der wäßrigen Phase entfernt. Die gelbe wäßrige Phase wird bei 490 mμ photometriert.

[1] CERIOTTI, G.: J. biol. Ch. **214**, 59 (1955).

[2] DISCHE, Z.: B. Z. **204**, 431 (1929). — CERIOTTI, G.: J. biol. Ch. **198**, 297 (1952).

Von den gemessenen Extinktionen werden diejenigen einer gleichbehandelten Lösung abgezogen, die an Stelle des DNS-haltigen Extraktes nur reine Perchlorsäure enthält. Trichloressigsäure-Extrakte können zur Bestimmung der DNS mit Hilfe der Indolreaktion nicht verwendet werden, weil die Säure mit DNS eine starke Rosafärbung gibt.

Die Orcinreaktion auf Pentosen zur Bestimmung der RNS[1] (vgl. Fußnote [2], S. 1109, und Bd. III/1, S. 509, 714).

Reagentien:

1. 0,004 m $CuCl_2 \cdot H_2O$ in konz. HCl (D 1,19).
2. Orcin, frisch umkristallisiert.
3. Ribose, wäßrige Lösungen mit 2—20 γ im cm^3.
4. Isoamylalkohol, frisch destilliert (Kp 128,5°), mit Tierkohle geschüttelt und filtriert.

Ausführung der Bestimmung:

200 mg Orcin werden in konz. reiner HCl gelöst. Dazu gibt man 10 cm^3 der $CuCl_2$-Lösung und füllt mit konz. HCl auf 100 cm^3 auf. Zu 5 cm^3 der zu bestimmenden Lösung, die 2—20 γ Ribose bzw. eine dementsprechende Menge RNS enthalten soll, werden 5 cm^3 des Reagens gegeben. Die Lösungen werden gut gemischt und 40 min im Wasserbad auf 100° erhitzt. Dabei färben sie sich zunächst blau und nach den ersten 10 min grün. Bei Einhaltung der angegebenen Konzentrationen tritt keine Niederschlagsbildung des Farbstoffes ein. Die Färbung wird mit 5 cm^3 Isoamylalkohol extrahiert und bei 675 mμ photometriert. Zur Bestimmung der Leerwerte werden die Reagentien ohne RNS bzw. Ribose wie die Analysenmischungen behandelt. Das LAMBERT-BEERsche Gesetz wird befolgt im Konzentrationsbereich von 2—15 γ Ribose je cm^3. Die optische Dichte für 1 γ Ribose im Kubikzentimeter beträgt 0,0715 (675 mμ). Die Farbwerte werden auf die einer Vergleichslösung mit RNS bekannter Zusammensetzung bezogen. In einem Beispiel gaben 3,76 γ RNS gleiche Extinktionswerte wie 1 γ Ribose. Durch die Orcinreaktion wird praktisch nur der an Purinbasen gebundene Riboseanteil der RNS erfaßt. Bei der Bestimmung von verschieden zusammengesetzten RNS kann man also nicht ohne Fehler auf eine einzige Vergleichs-RNS beziehen.

f) Photometrische NS-Bestimmung.

Besonders einfach können RNS und DNS auf Grund ihrer Absorption im UV bestimmt werden[2, 3]. In Trichloressigsäure-Extrakten bereitet die UV-Messung jedoch Schwierigkeiten, weil diese Säure unterhalb 270 mμ selbst erheblich absorbiert. Perchlorsäure hat diesen Nachteil nicht, löst jedoch auch andere bei 275 mμ absorbierende stickstoffhaltige Bestandteile (wahrscheinlich Proteine) aus dem Gewebe heraus. In einigen Fällen ist die Bestimmung von DNS beschrieben, die nach SCHMIDT und THANNHAUSER[4] abgetrennt waren. Meistens dient die UV-Photometrierung jedoch zur Bestimmung der Summe von DNS und RNS in Gewebsextrakten. Und zwar wird in saurer Lösung die Extinktion bei 268,5 mμ gemessen, weil die $\varepsilon(P)$-Werte von RNS und DNS bei dieser Wellenlänge gleich groß sind (etwa 9850). Empfehlenswert ist eine Kombination von UV-Messung zur Bestimmung der Summe von DNS und RNS mit den für DNS bzw. RNS spezifischen Farbreaktionen.

Durch die Extraktion der Nucleinsäuren aus dem Gewebe mit Trichloressigsäure und Perchlorsäure in der Hitze erfolgt ein Abbau, der ein Ansteigen der $\varepsilon(P)$-Werte zur Folge hat und sich günstig auf die Reproduzierbarkeit dieser Werte auswirkt. So beträgt der $\varepsilon(P)$-Wert für Hefe-RNS verschiedener Herkunft in 1 n Perchlorsäure 10800 mit Abweichungen bis zu 1,3 %. Derjenige für DNS liegt bei 8780 und zeigt Schwankungen um 2,3 %[3].

[1] CERIOTTI, G.: J. biol. Ch. **214**, 59 (1955).

[2] LOGAN, I. E., W. A. MANNELL and R. J. ROSSITER: Biochem. J. **51**, 470 (1952). — DAVIDSON, J. N., and R. M. S. SMELLIE: Biochem. J. **52**, 594, 599 (1952).

[3] OGUR, M., and G. ROSEN: Arch. Biochem. **25**, 262 (1950). — TSUBOI, K. K.: Biochim. biophysica Acta, N. Y. **6**, 202 (1950).

[4] SCHMIDT, G., and S. J. THANNHAUSER: J. biol. Ch. **161**, 83 (1945). — Vgl.: FRANZ, F., J. v. WERDER u. J. MEYER-ARENDT: Naturwiss. **41**, 165 (1954).

6. Die Nucleinsäuren-Konzentration in Geweben und Zellelementen.

Es liegen zahlreiche Bestimmungen der NS-Konzentration in Geweben und in einzelnen Zellelementen vor. Sie sind unter den verschiedensten Gesichtspunkten ausgeführt worden und weichen z. T. stark voneinander ab. Diese Abweichungen sind verständlich, da die Analysen verschiedener Autoren häufig mit verschiedenen Methoden ausgeführt wurden. Die Fehlerquellen dieser Methoden sind ungenügend bekannt und können sich je nach dem Objekt mehr oder weniger auswirken[1].

Die Analysenergebnisse werden in verschiedener Weise angegeben: Als NS-Menge im ganzen Organ (Gehalt), als NS-Menge je Gramm Gewebe-Frischgewicht (Konzentration), als NS-Menge je Einheit Protein-N, als NS-Menge je Zelle oder Zellkern, schließlich als RNS/DNS-Verhältnis. Da die Bezugnahme der NS-Konzentration auf die Protein-Konzentration besonders aufschlußreich ist, empfiehlt es sich, auch die letztere zu bestimmen. Häufig werden statt NS-Mengen oder NS-Konzentrationen die den NS entsprechenden P-Mengen oder Konzentrationen angegeben. Die letzteren ergeben mit 10 multipliziert die ersteren, da NS angenähert 10% P enthalten.

a) Die Nucleinsäuren-Konzentration in Geweben.

Viele Organe erwachsener Tiere sind analysiert worden, sowie embryonale, regenerierende und neoplastische Gewebe. Der Einfluß der Ernährung ist untersucht worden, jener von Bestrahlungen, von Hormonen, von cancerogenen und mitosehemmenden Stoffen. Die NS-Konzentration in verschiedenen Hefen und Bakterien, in Phagen und in fast allen isolierten Viren ist ermittelt. Weniger untersucht sind die Verhältnisse in grünen Pflanzen.

Einige Angaben über die relativen Mengen der *RNS- und DNS-Fraktionen in tierischen Geweben* s. Bd. III/1, S. 526. Zusammenfassung der Literaturstellen bis 1947 s. [9]. Eine ausführliche Darstellung mit vielen Zahlenangaben und Literaturhinweisen bis 1954 s. [10].

Tabelle 32. *Mengen von RNS-Phosphor (RNS-P) und DNS-Phosphor (DNS-P) in Geweben der erwachsenen Ratte.*

Gewebe	γ/100 mg Frischgewebe		γ/mg Protein-N		pg* je Zelle		Verhältnis RNS-P/DNS-P	Literatur
	RNS-P	DNS-P	RNS-P	DNS-P	RNS-P	DNS-P		
Leber	93,4	21,6	36,9	8,6	4,0	0,913	4,38	2
Pankreas . . .	198	48				0,712	4,1	2, 3
Dünndarm . .	73,2	129,2				0,738	0,57	2, 4
Lunge	52,0	92,1				0,651	0,57	2, 4
Niere	65,7	26,7	27,3	11,3		0,652	2,46	2, 5
Herz	31,4	30,6				0,627	1,03	2, 6
Skeletmuskel .	6,7	5,7					1,17	7
Thymus . . .	53	276				0,718	0,19	2, 3
Milz	49,9	140				0,633	0,36	2, 3
Knochenmark	87	153				0,670	0,57	2, 8

* 1 Picogramm (pg) = 10^{-12} g.

Die Tabelle 32 bringt nur einen kleinen Bruchteil der untersuchten Beispiele.

Wie zu erwarten, enthalten die zellreichen Organe, wie Leber, Milz, Pankreas und Thymus, viel NS, während z. B. Gehirn und Muskel daran arm sind. Gewebe, die schon histologisch ein großes Kern/Cytoplasma-Verhältnis zeigen, haben hohe DNS-Konzentrationen, solche mit großem und körnchenreichem Cytoplasma hohe

[1] Zum Beispiel: Drasher, M. L.: Science, N. Y. **118**, 181 (1953).
[2] Thomson, R. Y., F. C. Heagy, W. C. Hutchinson and J. N. Davidson: Biochem. J. **53**, 460 (1953).
[3] Schneider, W. C.: J. biol. Ch. **164**, 747 (1946).
[4] Euler, H. v., o. L. Hahn: Svensk kem. T. **58**, 251 (1946).
[5] Mandel, P., M. Jacob et L. Mandel: Bull. Soc. Chim. biol. **32**, 80 (1950).
[6] Euler, H. v., and L. Hahn: Arch. Biochem. **17**, 285 (1948).
[7] Schneider, W. C., and H. L. Klug: Cancer Res. **6**, 691 (1946).
[8] Lutwak-Mann, C.: Biochem. J. **49**, 300 (1951).
[9] Davidson, J. N.: Symp. Soc. exp. Biol. **1**, 77 (1947). Cold Spring Harbor Symp. quant. Biol. **12**, 50 (1947). The Biochemistry of the Nucleic Acids. London 1953.
[10] Leslie, I.; in: Chargaff-Davidson, Nucleic Acids Bd. II, S. 1ff.

RNS-Konzentrationen. Die Basophilie des Cytoplasma stimmt meistens gut überein mit seinem RNS-Gehalt.

Da die Durchschnittsmenge DNS, die in den Zellkernen somatischer (diploider) Zellen aller Gewebe einer bestimmten Tierart enthalten ist, nahezu konstant ist, können DNS-Bestimmungen zum Nachweis von Änderungen der Zellenzahl oder -Zusammensetzung dienen[1].

Zusammenfassend kann aus den NS-Analysen geschlossen werden, daß Veränderungen der DNS-Menge stets verbunden sind mit Veränderungen der Zellenzahl; Veränderungen der DNS-Konzentration zeigen Änderungen des Kern/Plasma-Verhältnisses an. Der RNS-Gehalt eines Gewebes hängt stark von seinem physiologischen Zustand ab; hohe Konzentrationen gehen mit lebhafter Zellteilung oder lebhafter Proteinsynthese einher. Höhere RNS-Protein-Verhältnisse werden daher gefunden in embryonalen, regenerierenden und neoplastischen Geweben, außerdem in schnell sich vermehrenden Bakterienkulturen und in manchen Viren.

Aus den genannten Gründen können die Werte des RNS/DNS-Verhältnisses in verschiedenen Organen (der zahlreichen untersuchten Tiere und des Menschen) stark voneinander abweichen. Pankreas 2,3—15,4; Leber 1,5—4,4; Niere 0,5—1,3; Milz 0,3—0,8; Thymus 0,2—0,4; Knochenmark 0,4—0,8; Leukocyten 0,2—0,4; Gehirn 0,7—2,0; Muskel 0,5—3,0.

Über die NS-Konzentrationen in embryonalen Geweben und während des Wachstums nach der Geburt[2, 3]. NS während der Entwicklung des Seeigeleis[4]. Über die NS-Konzentrationen in regenerierenden Geweben[2, 5], in Gewebe-Explantaten[2], in neoplastischen Geweben[2, 6]. Über den Einfluß des Geschlechts[2], der Ernährung[2], von Hormonen[2], von Pharmaka[2], von Strahleneinwirkungen[2, 7].

In *Pflanzenzellen* ist das RNS/DNS-Verhältnis viel größer als in tierischen Geweben. Im Meristem der Wurzelspitze von Weizen z. B. 6,2[8]. Die RNS- und DNS-Konzentration ist in kleinen Tabakblättern bis zu 4mal höher als in großen, da die Blätter nicht durch Zellteilung, sondern durch Zellvergrößerung wachsen[9]. Vom Gesamt-P sind etwa 30% RNS-P und 7% DNS-P[9]. Der NS-P-Gehalt von Blättern verschiedener Laubbäume beträgt 0,12—0,78 mg/g[10] (Trockengewicht).

Der NS-Gehalt von *Bakterien*[11, 12], *Hefen und anderen Mikroorganismen* ändert sich stark mit dem physiologischen Zustand der Kulturen; er wird maximal bei schneller Zellteilung (Literatur bei[13]). Die NS-Konzentration von Mikrokokken, Staphylokokken, E. coli liegt zwischen 10—22%[12], von Hefe und anderen Pilzen unter 10%[14]. Das RNS/DNS-Verhältnis kann von 2 bei E. coli bis 20 bei Bäckerhefe gehen[15]. Die RNS- und DNS-Fraktionen von Mycobacterium tuberculosis enthalten 29,8% bzw. 6,0% des Gesamt-P[16].

---

[1] Zum Beispiel: DRASHER, M.L.: Proc. Soc. exp. Biol. Med. **84**, 596 (1953). — NOWINSKI, W.W., and W. D. YUSHOK: Biochim. biophysica Acta, N. Y. **11**, 497 (1953). — DAOUST, R., C. P. LEBLOND, N. J. NADLER and M. ENESCO: J. biol. Ch. **221**, 727 (1956).

[2] LESLIE, I.; in: CHARGAFF-DAVIDSON, Nucleic Acids Bd. II, S. 15ff.

[3] BRACHET, J.: Le rôle des acides nucléiques dans la vie de la cellule et de l'embryon. Lüttich 1952.

[4] ELSON, D., T. GUSTAFSON and E. CHARGAFF: J. biol. Ch. **209**, 285 (1954). — AGRELL, I., and H. PERSSON: Nature **178**, 1398 (1956).

[5] TSUBOI, K. K., H. O. YOKOYAMA, R. E. STOWELL and M. E. WILSON: Arch. Biochem. **48**, 275 (1954).

[6] LAIRD, A. K.: Exp. Cell Res. **6**, 30 (1954). — ALBERT, S., and R. M. JOHNSON: Cancer Res. **14**, 271 (1954). — KLEIN, G., and A. FORSSBERG: Exp. Cell Res. **6**, 211 (1954).

[7] GROS, C. M., P. MANDEL et J. RODESCH: C. R. Soc. Biol. **147**, 1279 (1953).

[8] EULER, H. v., and L. HAHN: Ark. Kemi, Mineral. Geol. **25** B, 1 (1947).

[9] HOLDEN, C.: Biochem. J. **51**, 441 (1952).

[10] FRIES, N.: Plant & Soil, den Haag **4**, 29 (1952).

[11] DAVIDSON, J. N.: The Biochemistry of the Nucleic Acids. London 1953.

[12] BELOZERSKY, A. N.: Cold Spring Harbor Symp. quant. Biol. **12**, 1 (1947).

[13] LESLIE, I.; in: CHARGAFF-DAVIDSON, Nucleic Acids Bd. II, S. 41.

[14] MITCHELL, P., and L. MOYLE: Nature **166**, 218 (1950).

[15] VENDRELY, R.: Un symposium sur les proteines. Paris 1946.

[16] WINDER, F., and J. M. DENNENY: Nature **174**, 353 (1954).

Pflanzen-Viren enthalten nur RNS, *Tier-Viren* und *Phagen* DNS und in einigen Fällen auch RNS (Tabelle 33)[1].

Über die Absolutmengen von RNS in Viren[2].

b) Die Nucleinsäuren-Konzentration in Zellelementen.

Aus allen bisherigen Nachweisen geht hervor, daß das Vorkommen von DNS auf den Zellkern beschränkt ist und daß alle Kerne DNS enthalten. Die Hauptmenge der RNS ist im Cytoplasma verteilt[3]; doch sind auch im Kern RNS vorhanden[4].

Verfahren zur Trennung und Isolierung der Zellelemente tierischer Gewebe sind Bd. II/2, S. 537ff., angegeben.

Die Ergebnisse der Analyse abgetrennter Zellfraktionen können stark von den Isolierungsmethoden beeinflußt werden. Die Verwendung von 5%iger Citronensäure bei der Gewinnung von Kernen läßt z. B. zu hohe DNS-Werte erhalten, da Proteine herausgelöst werden.

α) *Die RNS-Konzentration in isolierten Zellfraktionen.*

Die Hälfte der RNS von Leberzellen ist in den *Mikrosomen* enthalten[5]. Die Hypothese, daß diese Zellelemente als Zentren der Proteinsynthese wirken würden[6], ist trotz der

Tabelle 33. *Nucleinsäuren-Gehalt einiger Viren und Phagen* (% des Trockengewichtes).

	RNS	DNS	Lipoide	Literatur
Tabakmosaik	5,6	—	—	7
Tabaknekrose	18	—	—	8
Tabakringfleck	40	—	—	9
Kartoffel X	6	—	—	10
Luzernemosaik	15	—	—	11
Bushy stunt	17	—	—	12
Turnip yellow mosaic	34	—	—	12
Southern bean mosaic	21	—	—	13
Broad bean mottle	15	—	—	14
Kaninchen-Papillom	+	8,7	1,5	15
Pferde-Encephalitis	10?	—	54	16
Vaccine	?	5,6	5,7	17
Influenza A	3	> 2,6	23	18
Influenza B	+	> 3,7		18
Polyederviren, Borrelina	—	9		19, 20
Smithia	6,7	—		
$T_{2,4,6}$-Phagen	—	40—50	1—2	21
$T_{5,7}$-Phagen	—	38		22

[1] MARKHAM, R., and J. D. SMITH; in: NEURATH-BAILEY, Proteins Bd. II A, S. 1ff. — SCHRAMM, G.: Die Biochemie der Viren. Berlin, Göttingen, Heidelberg 1954.
[2] FRISCH-NIGGEMEYER, W.: Nature **178**, 307 (1956).
[3] BEHRENS, M.: H. **253**, 185 (1938).
[4] Literaturübersichten: DAVIDSON, J. N.: The Biochemistry of the Nucleic Acids. S. 98ff. London 1953. — In: CHARGAFF-DAVIDSON, Nucleic Acids Bd. II: DOUNCE, A. L.: The isolation and composition of cell nuclei and nucleoli. — VENDRELY, R.: The deoxyribonucleic acid content of the nucleus. — HOGEBOOM, G. H., and W. C. SCHNEIDER: The cytoplasm.
[5] CLAUDE, A.: J. exp. Med. **84**, 61 (1946). — SCHNEIDER, W. C.: J. biol. Ch. **165**, 585 (1946); **176**, 259 (1948). — HOGEBOOM, G. H., W. C. SCHNEIDER and G. E. PALLADE: J. biol. Ch. **172**, 619 (1948). — SCHNEIDER, W. C., and V. R. POTTER: J. biol. Ch. **177**, 893 (1949). — JEENER, R.: Nature **163**, 837 (1949).
[6] SIEKEVITZ, P.: J. biol. Ch. **195**, 549 (1952).
[7] MARKHAM, R., and J. D. SMITH: Biochem. J. **46**, 513 (1950). — NORTHROP, T. G., and R. L. SINSHEIMER: J. chem. Physics **22**, 703 (1954).
[8] BAWDEN, F. C., and N. W. PIRIE: J. exp. Path. **23**, 314 (1942).
[9] STANLEY, W. N.: J. biol. Ch. **129**, 405 (1939).
[10] BAWDEN, F. C., and A. W. PIRIE: Brit. J. exp. Path. **19**, 66 (1938).
[11] ROSS, A. F.: Phytopathology **31**, 394 (1941).
[12] MARKHAM, R., and J. D. SMITH: Biochem. J. **49**, 401 (1952).
[13] MILLER, G. L., and W. C. PRICE: Arch. Biochem. **11**, 337 (1946).
[14] BAWDEN, F. C., R. P. CHAUDHURI and B. KASSANIS: Ann. appl. Biol. **38**, 774 (1951).
[15] TAYLOR, A. R., D. BEARD, D. G. SHARP and J. W. BEARD: J. infect. Dis. **71**, 110 (1942).
[16] TAYLOR, A. R., D. G. SHARP, D. BEARD, H. FINKELSTEIN and J. W. BEARD: J. infect. Dis. **69**, 224 (1941).
[17] HOAGLAND, C. L., G. I. LAVIN, J. E. SMADEL and T. M. RIVERS: J. exp. Med. **72**, 139 (1940).
[18] KNIGHT, C. A.: J. exp. Med. **85**, 99 (1947).
[19] BERGOLD, G., u. L. PISTER: Z. Naturforsch. **3**b, 332, 406 (1948).
[20] KRIEG, A.: Naturwiss. **43**, 537 (1956).
[21] COHEN, S. S., and R. ARBOGAST: J. exp. Med. **91**, 607 (1950).
[22] SMITH, J. D., and G. R. WYATT: Biochem. J. **49**, 144 (1951).

Feststellungen, daß in anderen Geweben (Niere, Milz, Embryonalgewebe) die RNS-Hauptmenge nicht an Mikrosomen gebunden ist[1] und daß die Mikrosomen-RNS sich relativ sehr langsam erneuern, heute gut experimentell gestützt.

Bei weitem am schnellsten ist der Austausch in den *Kern-RNS*, dann in der nicht zentrifugierbaren RNS-Fraktion[2]. Kern-RNS und Plasma-RNS unterscheiden sich auch in den Basenverhältnissen[3], während die verschiedenen Fraktionen der letzteren keine nennenswerten Abweichungen zeigen. Die *Mitochondrien* enthalten relativ wenig RNS[4]; die Schnelligkeit ihrer Erneuerung ist ebenso klein wie jene der Mikrosomen-RNS. Die *RNS-Konzentration in Zellkernen* ist nicht konstant, sondern von Gewebe zu Gewebe verschieden[5] und durch die Ernährung und andere Faktoren beeinflußbar. In den Zellkernen von Rattenleber sind 2,5% RNS gefunden worden[5-8], was etwa $^1/_4$ des DNS-Gehaltes entspricht. In den Zellkernen aus Kaninchenleber ist ein RNS:DNS-Verhältnis wie 1:6 gefunden worden, in den Kernen aus Leber von tumorkranken Hühnern 1:5, aus Hühner-Erythrocyten 1:10, aus Kalbsthymus 1:17[5]. In den Kernen aus Pflanzenzellen soll das Verhältnis etwa 1:1 sein[7].

Tabelle 34. *Konzentration der RNS in Mäuseleber-Fraktionen*[9].

(RNS-Phosphor in 100 g Gewebe bzw. in den entsprechenden Mengen jeder Fraktion.)

Fraktion	Insgesamt γ	Wieder-gewonnen %	Konzen-tration γ je mg N
Homogenat . . .	92,9	100	28,1
Kerne	10,2	11,0	19,2
Mitochondrien. .	15,7	16,8	18,4
Mikrosomen. . .	48,7	52,4	64,2
Lösliche Fraktion	15,3	16,5	12,0

Im *Nucleolus* ist in einigen Fällen (Zea mais)[10] RNS nachgewiesen worden, in anderen (Leber[11]) jedoch auch DNS. Die Nucleolen sind keinesfalls so reich an RNS, daß die gesamte im Kern vorhandene Menge dort lokalisiert sein könnte[11]; auch die Chromosomen-Substanz enthält RNS.

Über quantitative Auswertungen der färberischen Darstellung von RNS in Gewebeschnitten[12]. Über die Lokalisation von RNS im Plasma von Pflanzenzellen[13]. Über die Verteilung von RNS in Tumorzellen während der Mitose[14].

β) *Die DNS-Konzentration in Zellkernen.*

Sehr wesentlich für das Ergebnis der Bestimmungen ist, daß eine Isolierungsmethode gewählt wird, welche die Zusammensetzung der Kerne nicht ändert, z. B. durch Verlust von Proteinen.

Der Prozentsatz der DNS in Zellkernen kann in verschiedenen Geweben verschieden sein[15] und auch im gleichen Gewebe Schwankungen unterworfen sein. So wird durch Hunger die DNS-Konzentration in den Zellkernen der Pferdeleber erhöht[15]; ihre absolute

[1] SCHNEIDER, W. C., and V. R. POTTER: J. biol. Ch. **177**, 893 (1949). — PETERMANN, M. L., and E. J. MASON: Proc. Soc. exp. Biol. Med. **69**, 542 (1948). — BRACHET, J., et R. JEENER: Enzymologia **11**, 196 (1944).
[2] MARSHAK, A., and F. CALVET: J. cellul. comp. Physiol. **34**, 451 (1949). — SMELLIE, R. M. S., W. M. McINDOE, R. LOGAN, J. N. DAVIDSON and I. M. DAVIDSON: Biochem. J. **54**, 280 (1953).
[3] CROSBIE, G. W., R. M. S. SMELLIE and J. N. DAVIDSON: Biochem. J. **54**, 287 (1953).
[4] KUFF, E. L., and W. C. SCHNEIDER: J. biol. Ch. **206**, 677 (1954).
[5] McINDOE, W. M., and J. N. DAVIDSON: Brit. J. Cancer **6**, 200 (1952).
[6] KAY, E. R. N., and A. L. DOUNCE: Am. Soc. **75**, 4041 (1953).
[7] ALLFREY, V. G., H. STERN, A. E. MIRSKY and H. SAETREN: J. gen. Physiol. **35**, 529 (1952).
[8] HOGEBOOM, G. H., W. C. SCHNEIDER and M. J. STRIEBICH: J. biol. Ch. **196**, 111 (1952).
[9] SCHNEIDER, W. C., G. H. HOGEBOOM and H. E. ROSS: J. nat. Cancer Inst. **10**, 977 (1949/50).
[10] POLLISTER, A. W., and C. LEUCHTENBERGER: Nature **163**, 360 (1949).
[11] DOUNCE, A. L.; in: CHARGAFF-DAVIDSON, Nucleic Acids Bd. II, S. 148.
[12] HARBERS, E., u. K. NEUMANN: Z. Naturforsch. **10**b, 357 (1955).
[13] BEHRENS, M.: H. **253**, 185 (1938). — CHAYEN, I., and K. P. NORRIS: Nature **171**, 472 (1953).
[14] LOVE, R.: Nature **180**, 1338 (1957).
[15] STERN, H., V. G. ALLFREY, A. E. MIRSKY and H. SAETREN: J. gen. Physiol. **35**, 559 (1952).

Menge bleibt jedoch konstant[1, 2]. In den Zellkernen der Leber gut ernährter Ratten wurden 11% DNS gefunden[3], in solchen aus Kalbs- und Pferdeleber 12% DNS[4]. Die Kerne von Kalbsthymus-Zellen enthalten 26% DNS[4]. Die Werte für die Kerne der Zellen anderer tierischer Gewebe liegen zwischen diesen Zahlen[4].

Die in jedem Kern enthaltenen DNS-Mengen aller diploiden somatischen Zellen einer bestimmten Tierart sind im Durchschnitt konstant, ändern sich also nicht von Gewebe zu Gewebe[5, 6]. Die Hälfte dieser Mengen wird in den (haploiden) Spermatozoen gefunden[5, 6] (Tabelle 35; s. auch Tabelle 32, 6. Spalte). Diese Feststellung der konstanten DNS-Mengen in den Ruhekernen der Gewebe einer bestimmten Art ist vielfach bestätigt worden[7]. Die DNS-Menge je Zellkern von verschiedenen Tierarten kann jedoch sehr verschieden sein (Tabelle 36). Die Lokalisation der DNS in den Chromosomen ist durch

Tabelle 35. *DNS-Gehalt verschiedener Zellen desselben Tieres* (pg* DNS je Zellkern).

Rind[8]			*Huhn*[9]			*Karpfen*[9]		
Thymus. . .	6,6		Erythrocyten	2,6		Erythrocyten	3,49	
Leber. . . .	6,4		Leber. . . .	2,6		Leber. . . .	3,33	
Pankreas . .	6,9		Niere	2,4		Spermien . .		1,64
Niere	5,9		Milz	2,6				
Spermien . .		3,3	Herz	2,6				
			Pankreas . .	2,6				
			Spermien . .		1,26			

* 1 Picogramm (pg) = 10^{-12} g.

Tabelle 36. *DNS-Gehalt somatischer Zellen verschiedener Vertebraten* (pg DNS je Zellkern).

Art	DNS	Literatur	Art	DNS	Literatur
Fische			*Säuger*		
Haifisch.	6,7	10	Maus	5,0	11
Regenbogenforelle	4,9	11	Ratte.	5,7	11
Amphibien			Meerschweinchen .	5,9	11
Frosch	15,0	10	Kaninchen. . . .	5,3	11
Kröte.	7,3	10	Schaf	5,7	11
Reptilien			Schwein.	5,1	11
Schildkröte . . .	5,3	10	Hund.	5,3	11
Alligator	5,0	10	Rind	6,4	11
Schlange	5,0	10	Pferd	5,8	11
Vögel			Mensch	6,0	11
Huhn.	2,3	10			
Gans	2,9	10			
Ente	2,6	10			
Taube.	2,9	11			
Spatz.	1,9	11			

[1] Kosterlitz, H. W.: J. gen. Physiol. **106**, 194 (1947). — Campbell, R. M., and H. W. Kosterlitz: J. biol. Ch. **175**, 989 (1948).
[2] Thomson, R. Y., F. C. Heagy, W. C. Hutchinson and J. N. Davidson: Biochem. J. **53**, 460 (1953).
[3] Dounce, A. L.: J. cellul. comp. Physiol. **39**, Suppl. 2, 43 (1952).
[4] Stern, H., V. G. Allfrey, A. E. Mirsky and H. Saetren: J. gen. Physiol. **35**, 559 (1952).
[5] Boivin, A., R. Vendrely et C. Vendrely: Cr. **226**, 1061 (1948). — Vendrely, R., et C. Vendrely: Exper. **4**, 434 (1948); **5**, 327 (1949).
[6] Mirsky, A. E., and H. Ris: Nature **163**, 666 (1949). — Ris, H., and A. E. Mirsky: J. gen. Physiol. **32**, 489 (1949). — Mirsky, A. E., and H. Ris: J. gen. Physiol. **34**, 451 (1951).
[7] Davidson, J. N., and L. Leslie: Nature **165**, 49 (1950). — Thomson, R. Y., and S. C. Frazer: Exp. Cell Res. **6**, 367 (1954). — Daskalides, J.: C. R. Soc. Biol. **150**, 1008 (1956).
[8] Boivin, A., R. Vendrely et C. Vendrely: Cr. **226**, 1061 (1948). — Vendrely, R., et C. Vendrely: Exper. **4**, 434 (1948).
[9] Mirsky, A. E., and H. Ris: Nature **163**, 666 (1949).
[10] Mirsky, A. E., and H. Ris: J. gen. Physiol. **34**, 451 (1951).
[11] Vendrely, R., et C. Vendrely: Exper. **5**, 327 (1949). — Vendrely, C.: Bull. biol. France Belg. **86**, 1 (1952) [Biol. Abstr. **28**, 1731 (1954)].

unmittelbare Analyse[1] und durch die verschiedensten cytochemischen Reaktionen gesichert[2]. Die erwähnte Feststellung macht den unmittelbaren Zusammenhang zwischen dem Chromosomensatz einer Zelle und ihrem DNS-Gehalt deutlich.

Isolierte Lymphocyten-Chromosomen enthalten ungefähr 45% DNS, 3% RNS und an die 50% Eiweiß vom Histon-Typus.

Zur Frage des Zeitpunktes der Verdoppelung der DNS-Menge während des Mitosecyclus s. [3]. Über die Beziehungen zwischen dem DNS-Gehalt des Zellkerns und seinem Volumen s. [4]. Über den DNS-Gehalt von Tumorzellen s. [5].

7. Die Darstellung von Nucleinsäuren.

Die Wahl der Methode zur Gewinnung von DNS- oder RNS-Präparaten wird sich vor allem nach dem Verwendungszweck dieser Präparate richten, dann auch nach den Eigenarten der Ausgangsstoffe. Wenn die NS-Präparate z. B. zur Darstellung von hydrolytischen Spaltstücken (Basen, Pentose, Nucleoside oder Nucleotide) gebraucht werden, dann sind die älteren Verfahren vorzuziehen. Diese liefern zwar mehr oder weniger „abgebaute" Präparate, weil sie die Einwirkung von Hitze und Alkalien nicht scheuen. jedoch meistens mit guter Ausbeute und frei von Proteinen und anderen Begleitstoffen; sie fordern vor allem einen viel geringeren Zeit- und Arbeitsaufwand und gestatten auch die Aufarbeitung größerer Mengen. Werden jedoch möglichst hochmolekulare NS gewünscht, z. B. zur Prüfung ihrer physikalischen Eigenschaften, ihrer biologischen Wirkungen oder sonstiger spezifischen Besonderheiten, dann sind die schonenderen Extraktionsmethoden vorzuziehen. Es ist jedoch gut, sich vor Augen zu halten, daß auch diese fermentativen Hydrolysen sonstige Veränderungen nicht ausschließen und daß die Isolierung möglichst „nativer" NS aus Geweben und Zellen nach wie vor problematisch bleibt. Die Empfindlichkeit der hochmolekularen DNS gegen die verschiedensten Agentien und die Schwierigkeiten ihrer Isolierung sind schon MIESCHER bewußt gewesen. Die Kennzeichnung der erhaltenen Präparate durch möglichst viele, exakte Kriterien ist eine unerläßliche Aufgabe.

Sowohl DNS- wie RNS-Präparate sind im Handel erhältlich. Die ersten sind meistens aus Heringsmilch, die zweiten aus Hefe dargestellt. Eine dem beabsichtigten Verwendungszweck der Präparate entsprechende Prüfung ihrer Eigenschaften ist zu empfehlen.

a) Die Darstellung von Desoxyribonucleinsäuren.

Die Gewinnung von DNS durch alkalische Hydrolyse des Gewebes geht auf die Beobachtung von KOSSEL[6] zurück, daß DNS auch in der Siedehitze relativ unempfindlich gegen Alkalien sind. Das von NEUMANN[7] beschriebene Verfahren ist Ausgang zahlreicher Abänderungen gewesen[8]. Wird z. B. zerkleinerte Kalbsthymus in etwa 1—3%iger Natronlauge 30 min auf 90—95° erhitzt, so läßt sich aus dem Hydrolysat ein Natriumsalz von noch hochmolekularen DNS isolieren, das in 1—2%igen Lösungen Gallerten bildet (a-Nucleinsäure nach KOSSEL). Wird die Erhitzung jedoch 1—2 Std fortgesetzt, dann entstehen stark abgebaute DNS, d. h. Oligonucleotide (b-Nucleinsäure nach KOSSEL).

---

[1] MIRSKY, A. E., and H. RIS: J. gen. Physiol. **31**, 1 (1947); **34**, 475 (1951).

[2] BRACHET, J.: Exper. **2**, 142 (1946).

[3] VENDRELY, R.; in: CHARGAFF-DAVIDSON, Nucleic Acids Bd. II, S. 155ff. — ROELS, H.: Nature **173**, 1039 (1954). — DALCQ, A. M., and J. PASTEELS: Exp. Cell Res., Suppl. **3**, 72 (1955). — FAUTREZ, J., E. PISI and G. CAVALLI: Exp. Cell Res. **9**, 189 (1955). — HARKIN, J. C.: Arch. Path., Chicago **61**, 24 (1956).

[4] FAUTREZ, J., E. PISI and G. CAVALLI: Nature **176**, 311 (1955). — FAUTREZ, J.: Nature **178**, 548 (1956).

[5] RICHARDS, B. M.: Nature **175**, 259 (1955). — MELLORS, R. C.: Ann. N. Y. Acad. Sci. **63**, 1177 (1956).

[6] KOSSEL, A.: Arch. Anat. Physiol. (B) **1894**, 195.

[7] NEUMANN, A.: Arch. Anat. Physiol. (B) **1898**, 374; **1899**, Suppl. Bd. 552.

[8] Zum Beispiel: SCHMIEDEBERG, O.: A. e. P. P. **57**, 321 (1907). — LEVENE, P. A.: H. **45**, 370 (1905); **46**, 155; **50**, 1 (1906). J. biol. Ch. **48**, 177 (1921); **53**, 441 (1922). — FEULGEN, R.: H. **90**, 261 (1914); **84**, 326 (1913); **91**, 165 (1914); **111**, 257 (1920).

Die neueren Isolierungen von „wenig veränderten", „funktionell intakten", sehr hochmolekularen Präparaten von DNS gehen über die Extraktion von Nucleoproteiden aus den Geweben mit Wasser oder neutralen Salzlösungen, wie sie durch die Untersuchungen von BANG; HAMMARSTEN; MIRSKY und POLLISTER[1] ermöglicht worden sind. Diese Verfahren haben sich, mit leichten Abänderungen, bei sehr verschiedenen Geweben bewährt. Zur Extraktion von Bakterien ist häufig eine mechanische Zerkleinerung oder eine enzymatische Auflösung ihrer Hülle erforderlich. Nach Extraktion des Nucleoproteids bzw. des NS-Eiweiß-Gemisches, wird die Trennung von DNS und Proteinen durch starke Salzlösungen bewirkt[2] oder durch Enteiweißungen mit oberflächenaktiven Stoffen (nach SEVAG[3] oder nach PIRIE[4]). MIESCHER hatte (1869) aus Lachssperma das Protamin durch verdünnte Salzsäure ausgezogen und dann die DNS in Natronlauge aufgenommen.

Die Isolierung solcher Präparate „wenig veränderter" DNS geht in den meisten Fällen über folgende Schritte:

1. Gewinnung des lebendfrischen Gewebes, möglichst sofortige Kühlung oder Aufarbeitung. 2. Zerkleinerung und Waschung, z. B. mit 0,1 m NaCl unter Zugabe eines Nuclease-Giftes (z. B. Citrat). Nicht alle Nucleasen bedürfen, wie die Pankreas-Nuclease, Mg-Ionen zu ihrer Wirkung. Mg-bindende „Nucleasegifte" sind daher häufig wirkungslos. 3. Extraktion des Nucleoproteids (mit Wasser, mit 1—2 m NaCl), ebenfalls in Anwesenheit eines Nuclease-Giftes. 4. Fällung zur Reinigung des Nucleoproteids, z. B. durch Zugabe von NaCl zur wäßrigen Lösung bis 0,1 m oder Verdünnen der stärkeren Salzlösung auf diese Konzentration. 5. Aufspaltung des Nucleoproteids in DNS und Proteinkomponenten (durch Sättigung mit NaCl oder durch Eiweißdenaturierung mit oberflächenaktiven Stoffen). 6. Abtrennung des Natriumnucleinats (z. B. durch Äthanolfällung). 7. Eventuell weitere Reinigung des Nucleinats (Umfällungen, Dialyse, Elektrophorese, fraktionierte Adsorption, Behandlung mit Proteinasen oder Ribonuclease). 8. Herstellung haltbarer Präparate (Einfrieren der Lösungen, Gefriertrocknung, Entwässerungen mit organischen Lösungsmitteln). 9. Charakterisierung der Präparate (P- und N-Analyse, Prüfung auf Beimengungen, Messung physikalischer Eigenschaften).

Die Darstellung eines Präparats hochmolekularer DNS (als Na-Salz) kann als befriedigend gelten, wenn: 1. Proteine, Polysaccharide, Lipoide; 2. Ribonucleotide und 3. anorganische Salze oder andere dialysierende Verunreinigungen nicht mehr nachweisbar sind; 4. der P-Gehalt in der Nähe von 9% liegt (im Vakuum getrocknete Probe); 5. die Extinktion ε(P) etwa 6600 beträgt (bei 257—261 mμ); 6. die Präparate hohe Viscosität und Strömungsdoppelbrechung zeigen. (Genaues über diese und weitere Prüfungskriterien S. 1328.) Einige Angaben zum Vergleich der verschiedenen Darstellungsverfahren (Ausbeute, Reinheit der erhaltenen Präparate) bei[5].

α) Darstellung aus tierischen Geweben.

1. Darstellung von DNS-Oligonucleotiden aus Kalbsthymus als Magnesiumsalz[6]. Die schlachtfrischen Thymusdrüsen werden ohne zu rühren in kochendes Wasser mit 0,2 Vol.-% Essigsäure eingetragen und einige Minuten, bis das Wasser wieder zum Sieden erhitzt ist, darin belassen. Dadurch wird die Wirkung der Gewebsfermente unterbunden und eine Härtung der Drüsen erreicht, die das Entfernen von Fett, Häuten und groben Blutgefäßen erleichtert. Die gereinigten Drüsen werden 3mal durch einen wirksamen Fleischwolf getrieben, bis sie eine homogene, gelbgraue Paste bilden. Diese läßt sich bei

[1] BANG, F.: Hofmeisters Beitr. **4**, 331; **5**, 317 (1904). — HAMMARSTEN, E.: B. Z. **144**, 383 (1924). — MIRSKY, A. E., and A. W. POLLISTER: Proc. nat. Acad. Sci. USA **28**, 344 (1942).

[2] HAMMARSTEN, E.: B. Z. **144**, 383 (1924).

[3] SEVAG, M. G.: B. Z. **273**, 419 (1934). — SEVAG, M. G., D. B. LACKMAN and J. SMOLENS: J. biol. Ch. **124**, 425 (1938).

[4] BAWDEN, F. C., and N. W. PIRIE: Biochem. J. **34**, 1278 (1940).

[5] FRICK, G.: Biochim. biophysica Acta, N. Y. **13**, 374 (1954). — SCHWANDER, H., u. R. SIGNER: Helv. **33**, 1521 (1950).

[6] FISCHER, F. G., u. H. LEHMANN-ECHTERNACHT: H. **278**, 143 (1943).

—15° oder mit dem gleichen Volumen Methanol versetzt monatelang unverändert aufbewahren.

Zur Hydrolyse werden 2 kg der feingemahlenen Paste (mit insgesamt 12,9 g P) langsam in 1,5 *l* heiße 10%ige Natronlauge eingerührt und nach ihrer nahezu völligen Auflösung (15—20 min) noch 60 min im siedenden Wasserbad auf 90—95° gehalten. Die braune Lösung wird anschließend durch Zugabe von Eisessig (250 cm^3) angesäuert, zur Verringerung der Viscosität mit 1,5 *l* Methanol verdünnt und noch heiß durch eine große, mit Kieselgurschicht versehene Nutsche abgesaugt. Neben ungelösten Drüsenbestandteilen bleiben durch Eisenverbindungen braungrüngefärbte Fettsäuren zurück, die sich beim Ansäuern ausgeschieden hatten. Die Kieselgurschicht wird mit 100 cm^3 warmem Wasser nachgewaschen. Das klare gelbbraune Filtrat wird mit einer warmen Lösung von 250 g Magnesiumacetat · 4 H_2O in 150 cm^3 Wasser vermischt und unter Umrühren mit 3,5 *l* Methanol versetzt. Nach 3—4 Std wird das ausgeschiedene, fest zusammenhängende Magnesiumnucleinat durch Dekantieren der Hauptmenge der Flüssigkeit, schließlich durch Absaugen auf einer Nutsche abgetrennt. Zur Umfällung wird das Nucleinat in 500 cm^3 heißem Wasser gelöst, von einer grauen Trübung warm abgeschleudert und durch Eingießen der nur noch hellgelbgefärbten Lösung unter lebhafter Rührung in 1,2 *l* eiskaltes Methanol, in dem 25 g Magnesiumacetat · 4 H_2O gelöst sind, wieder ausgeschieden. Nach dem Verreiben des Niederschlags mit wasserfreiem Methanol und Trocknen im Exsiccator erhält man 100—105 g Magnesiumnucleinat mit 6,8—7,2% P. Das entspricht 55—60% des gesamten P der hydrolysierten Drüsenmenge. Proben des Salzes verlieren im Hochvakuum bei 80° noch 10—12% Feuchtigkeit und enthalten dann 7,5—8% P. Das derart gewonnene Magnesiumsalz ist rein weiß und pulvrig, seine 10%ige wäßrige Lösung nur ganz schwach gelbstichig, wenig viscös und gibt eine nur eben erkennbare Biuret-Reaktion. Anorganisches Phosphat ist nur zu etwa 1,5% des P-Gehaltes darin enthalten. Aus Diffusionsmessungen läßt sich schätzen, daß die Teilchengrößen der Oligonucleotide etwa 10 Nucleotideinheiten entsprechen. Ribonucleotide sind nicht nachweisbar.

2. Darstellung von DNS-Natrium aus Kalbsthymus durch alkalischen Aufschluß[1]. 2 kg feingemahlene Thymuspaste wird in der oben angegebenen Weise dargestellt und hydrolysiert, jedoch nach dem Eintragen in die heiße Lauge nur 30 min auf 90—95° gehalten. Nach dem Ansäuern mit Eisessig wird das Hydrolysat mit 150 cm^3 einer Lösung von kolloidalem Eisenhydroxyd (5%iges Fe_2O_3) verrührt und noch möglichst heiß abgeschleudert (vorteilhaft durch eine Trommelzentrifuge). Durch langsame Zugabe von 1 Vol. 96%igem Äthanol zum viscösen, auf 40° abgekühlten Zentrifugat wird das Natriumnucleinat ausgefällt. Die Reinigung erfolgt durch Auflösen in etwa 1 *l* warmem Wasser, erneute Zentrifugation, falls die Lösung trüb ist, und Fällung mit dem gleichen Volumen Äthanol. Die Entwässerung des Salzes wird durch Verreiben mit Äthanol, dann mit Aceton vorgenommen. Erhalten werden 60—70 g eines weißen, stäubenden Pulvers (exsiccatortrocken). Das Natriumsalz bildet noch in 1,5—2%igen Lösungen bei 20° steife Gallerten. Bei 100° im Vakuum getrocknete Proben (10—15% Gewichtsverlust) enthalten 7—8% P. Die Biuret-Reaktion ist noch positiv, doch meistens schwach. Ribonucleotide sind nicht nachweisbar. Falls weitere Umfällungen vorgenommen werden, ist dem Äthanol Natriumacetat zuzusetzen (5 g/*l*). Eine Umwandlung in das Magnesiumsalz erfolgt durch Einrühren der Natriumsalz-Lösung (60 g in etwa 1 *l* Wasser) in das doppelte Volumen Methanol, das 25 g Magnesiumacetat · 4 H_2O enthält, und Wiederholung dieser Umfällung.

3. Darstellung von hochmolekularen DNS aus Kalbsthymus[2]. Die Drüsen werden spätestens 30 min nach dem Schlachten des Tieres mit festem Kohlendioxyd (Trockeneis) eingefroren. Sie können dann bei —30° ohne Schaden einige Tage bis zur Aufarbeitung aufbewahrt werden. Wenn die Drüsen jedoch erst nach 2 Std eingefroren werden, so zeigt die daraus gewonnene DNS bereits Veränderungen (Hitzelabilität). Alle Operationen zur DNS-Gewinnung werden bei 0—4° ausgeführt und mit Glas-, Gummi- oder Kunststoff-

[1] Fischer, F. G., u. H. Lehmann-Echternacht: Unveröffentlicht. Siehe auch: H. **278**, 143 (1943).
[2] Zamenhof, S., G. Griboff and N. Marullo: Biochim. biophysica Acta, N. Y. **13**, 459 (1954).

Gefäßen und -Werkzeugen. Insbesondere Eisenrost verursacht schnell einen Abbau; daher sind auch Homogenisiergeräte mit Teilen aus „rostfreiem“ Stahl zu vermeiden. Die Aufarbeitung der Drüsen muß bis zur ersten Alkoholfällung möglichst schnell erfolgen, da sonst ein Abbau durch die Thymus-Desoxyribonuclease merkbar wird. Die angegebenen Vorsichtsmaßnahmen gelten für die DNS-Gewinnung aus allen bisher untersuchten Ausgangsmaterialen.

50 g der gefrorenen Drüsen werden aufgetaut, von Fett befreit, in kleine Stücke geschnitten und 5mal mit je 100 cm³ einer eiskalten 0,1 m Lösung von Natriumcitrat (p_H 7,4) oder 0,1 m Äthylendiamintetraacetat (p_H 7,35) gewaschen. Nach Zugabe von 250 cm³ einer dieser eiskalten Lösungen wird die Mischung in einem gekühlten Glashomogenisator (nach Potter-Elvehjem) zerrieben. Das Homogenat wird 30 min bei $1800 \times g$ zentrifugiert und die Lösung verworfen. Der Niederschlag wird mit 250 cm³ Citrat- oder Äthylendiamintetraacetat-Lösung verrührt und abermals zentrifugiert. Diese Operation wird noch 2mal wiederholt. Der Rückstand wird dann mit 1000 cm³ 2 m NaCl ausgezogen, am besten derart, daß kleine Mengen in wenig Lösung suspendiert für 3 min im gekühlten Glashomogenisator zerrieben werden und nach und nach mehr Lösung bis zur entsprechenden Verdünnung hinzugefügt wird. Nachdem die Mischung 1 Tag bei 4° gestanden hat, wird sie 1 Std mit $1900 \times g$ zentrifugiert. Die abgetrennte opalisierende Flüssigkeit wird mit 2 Vol. absolutem Äthanol versetzt, und zwar so, daß 150 cm³ je Std in die stetig langsam gerührte Flüssigkeit eintropfen. Die ausgefällten Fasern werden abgetrennt, mit 75 %igem Äthanol gewaschen und in der oben beschriebenen Weise mit Hilfe des gekühlten Glashomogenisators in 1000 cm³ einer 0,14 m NaCl-Lösung, die außerdem Natriumcitrat in 0,015 m Konzentration enthält (p_H 7,1; „Standard-Puffer“) in Lösung gebracht. Zu dieser Lösung wird $^1/_9$ ihres Volumens einer 5 %igen Lösung von Natriumdodecylsulfat in 45 %igem Äthanol hinzugefügt. Die Mischung wird 1 Std bei Raumtemperatur gerührt, mit festem NaCl bis zu einer 5 %igen Konzentration versetzt, eine weitere $^1/_2$ Std bei Raumtemperatur gerührt, dann über Nacht bei 4° belassen. Die Mischung, die ausgeschiedenes Dodecylsulfat enthält, wird 1 Std mit $31000 \times g$ zentrifugiert. Zur klaren Lösung werden in der oben angegebenen Weise langsam 2 Vol. Äthanol getropft. Die ausgefällten Fasern werden abgetrennt, mit 75 %igem Äthanol gewaschen, in 1000 cm³ Standard-Puffer gelöst; die Lösung wird mit $^1/_9$ Vol. Dodecylsulfat-Lösung gemischt, 1 Std gerührt, mit festem NaCl bis zu 5 % versetzt, gerührt, bei 4° belassen und zentrifugiert, wie oben beschrieben. Die schließlich erhaltene klare Lösung wird langsam in der schon angegebenen Weise mit 2 Vol. Äthanol vermischt. Die abgeschiedenen Fasern werden nach dem Waschen mit 75 %igem Äthanol in Standard-Puffer gelöst. Die Lösung ist klar, sehr viscös und enthält 1—1,5 mg DNS je cm³. Die Ausbeute beträgt 600—950 mg. Das Produkt läßt sich in gefrorenem Zustand bei —15° ohne erkennbare Veränderung mindestens 1 Jahr aufbewahren. Aufbewahrung in nicht gepufferten Lösungen oder solchen von geringerer Ionen-Konzentration führt unweigerlich zu abgebauten Produkten, ebenso wie Trocknung, auch Gefriertrocknung. Besonders schädlich ist eine Trocknung mit Äthanol und Äther.

***4. Darstellung von DNS aus Kalbsmilz*[1].** 100 g Kalbsmilz werden in gleicher Weise aufgearbeitet, wie bei Kalbsthymus beschrieben, jedoch mit nur 250 cm³ Lösung zur Extraktion und Enteiweißung, mit Rücksicht auf den geringen Gehalt an DNS in der Milz. Das proteinfreie Produkt gibt, in Pufferlösung aufgenommen, eine klare, sehr viscöse Lösung mit 1—1,5 mg/cm³. Ausbeute 100—300 mg.

***5. Darstellung von DNS aus Hühnerblut*[2].** 100 cm³ frisches Hühnerblut (aus 3 Hühnern) werden mit 24 cm³ 0,1 m Natriumcitrat gemischt und 30 min bei $1800 \times g$ zentrifugiert. Das Plasma wird verworfen, die Blutkörperchen werden eingefroren (12 Std bei —15°), dann bei 23° aufgetaut. Die dadurch aufgeschlossenen Zellen werden mit 60 cm³ der Citratlösung verrührt, dann 30 min bei $1800 \times g$ zentrifugiert. Die Lösung wird

[1] Zamenhof, S., G. Griboff and N. Marullo: Biochim. biophysica Acta, N. Y. **13**, 459 (1954).
[2] Zamenhof, S.; in: Colowick-Caplan, Meth. Enzymol. Bd. III, S. 698.

verworfen, der Niederschlag noch 3mal in gleicher Weise behandelt. Die derart gewaschenen Zellkerne werden mit dem gleichen Volumen der Citratlösung versetzt und in einem gekühlten Glashomogenisator (nach POTTER-ELVEHJEM) einige Minuten vermahlen. Nach Zentrifugation des Homogenats (60 min bei 1800 $\times g$) wird die Lösung verworfen, der Niederschlag mit dem gleichen Volumen Citratlösung gemischt und abermals zentrifugiert. Die Extraktion wird mit 400 cm^3 2 m NaCl ausgeführt, die weitere Behandlung erfolgt wie oben bei der Thymusdrüse angegeben, jedoch mit 400 cm^3 Standard-Pufferlösung zur Entfernung von Eiweiß[1]. Ausbeute 300—340 mg.

6. Darstellung hochmolekularer DNS aus Heringsperma. Eine gute Vorschrift zur Darstellung findet sich bei[2]. Alle Arbeitsgänge werden bei 0—4° ausgeführt. Nach Extraktion der Nucleoproteide nach MIRSKY und POLLISTER[3] werden die Proteine durch Zugabe von NaCl im Überschuß gefällt und abzentrifugiert. Die Beseitigung der letzten Reste Eiweiß aus dem Natriumnucleinat erfolgt mit Chloroform-Octanol[4]. Dann wird das Natriumsalz mit Äthanol gefällt, mit Äthanol und Äther gewaschen, in gefrorenem Zustand getrocknet, jedoch als feuchte, feste Substanz bei Raumtemperatur aufbewahrt (im Exsiccator über gesättigter NaCl-Lösung).

P-Gehalt: 9,22%. Na/P (Atomverhältnis): 0,95. Verhältnis der Basen (auf 4 g-Atome P bezogen): Guanin 0,88; Adenin 1,09; Cytosin 0,81; Methylcytosin 0,07; Thymin 1,08. λ_{max} 259 mμ (ε 259 P 7200). Durch Messung der Lichtstreuung bestimmtes Molekulargewicht: $6,3 \cdot 10^6$.

7. Weitere Vorschriften zur Darstellung von DNS aus tierischen Geweben. Aus Kalbsthymus: Extraktion mit 10%iger NaCl-Lösung, Enteiweißung mit Chloroform (ausführliche Angaben über die Verarbeitung großer Mengen und Reinigung der DNS)[5]; Extraktion mit 1 m NaCl, Eiweißfällung durch Sättigung mit NaCl[6]; Extraktion mit 1 m NaCl und Natriumdodecylsulfat[7].

In der frischen, gereinigten Kalbsthymus sind etwa 2,5% DNS; 0,9—1,9% werden gewonnen, je nach dem Extraktionsverfahren. Nach[7] sollen 2,6—2,8% erhalten werden.

Die angegebenen Isolierungsverfahren können auf andere Gewebe übertragen werden; Thymus von Schaf, Schwein, Mensch[8], Milz[9], Nieren[10], Schilddrüse[11]. Pankreas- und Lebergewebe[11, 12] müssen vor der Extraktion besonders sorgfältig zur Entfernung von RNS mit 0,14 m NaCl gewaschen werden.

Isolierung von DNS aus malignen Geweben[13]; Darstellung aus kernhaltigen Erythrocyten[14]; aus Hühnereiweiß[15].

---

[1] Siehe auch die ältere Vorschrift zur Darstellung des Nucleoproteids: ACKERMANN, D.: H. **43**, 299 (1904).
[2] LALAND, S. G., W. A. LEE, W. G. OVEREND and A. R. PEACOCKE: Biochim. biophysica Acta, N. Y. **14**, 356 (1954).
[3] MIRSKY, A. E., and A. W. POLLISTER: J. gen. Physiol. **30**, 101 (1946).
[4] SEVAG, M. G., D. B. LACKMAN and J. SMOLENS: J. biol. Ch. **124**, 425 (1938).
[5] GULLAND, J. M., D. O. JORDAN and C. J. THRELFALL: Soc. **1947**, 1129.
[6] SIGNER, R., u. H. SCHWANDER: Helv. **32**, 853 (1949). — SCHWANDER, H., u. R. SIGNER: Helv. **33**, 1521 (1950). — SIGNER, R., R. BÜTLER u. P. REIST: Makromol. Chem. **13**, 5 (1954).
[7] KAY, E. R. M., N. S. SIMMONS and A. L. DOUNCE: Am. Soc. **74**, 1724 (1952). — MARKO, A. M., and G. C. BUTLER: J. biol. Ch. **190**, 165 (1951).
[8] CHARGAFF, E., and R. LIPSHITZ: Am. Soc. **75**, 3658 (1953).
[9] CHARGAFF, E., E. VISCHER, R. DONIGER, C. GREEN and F. MISANI: J. biol. Ch. **177**, 405 (1949).
[10] DALY, M. M., V. G. ALLFREY and A. E. MIRSKY: J. gen. Physiol. **33**, 497 (1950).
[11] CHARGAFF, E., and R. LIPSHITZ: Am. Soc. **75**, 3658 (1953).
[12] CHARGAFF, E., B. MAGASANIK, E. VISCHER, C. GREEN, R. DONIGER and D. ELSON: J. biol. Ch. **186**, 51 (1950).
[13] CHARGAFF, E., and R. LIPSHITZ: Am. Soc. **75**, 3658 (1953). — CHARGAFF, E., B. MAGASANIK, E. VISCHER, C. GREEN, R. DONIGER and D. ELSON: J. biol. Ch. **186**, 51 (1950). — LALAND, S. G., W. G. OVEREND and M. WEBB: Soc. **1952**, 3224. — ASIMOV, I., and R. R. SIMON: Fed. Proc. **12**, 172 (1953). — WOODHOUSE, D. L.: Biochem. J. **56**, 349 (1954).
[14] DALY, M. M., V. G. ALLFREY and A. E. MIRSKY: J. gen. Physiol. **33**, 497 (1953).
[15] FRAENKEL-CONRAT, H. L., W. H. WARD, N. S. SNELL and E. D. DUCAY: Am. Soc. **72**, 3826 (1950). — FRAENKEL-CONRAT, H. L., and E. D. DUCAY: Biochem. J. **49**, P 39 (1951).

Die Gewinnung von DNS aus Fischspermatozoen und -Testikeln bereitet keine besonderen Schwierigkeiten; in einigen Fällen muß 2 oder 3 m NaCl zur Extraktion des Nucleoproteids verwendet werden. Darstellung von DNS-Natrium aus großen Mengen reifen Lachs-Testikeln[1] und anderen Fisch-Testikeln[2]; aus Fischspermatozoen[3]; aus Seeigelspermatozoen[3-5].

Die Darstellung unversehrter DNS aus Säugetier-Spermatozoen bereitet hingegen häufig Schwierigkeiten. Selbst starke Salzlösungen extrahieren die Nucleoproteide nicht[6]; es ist erforderlich, die entfetteten und vorgewaschenen Spermatozoen mit kristallisiertem Trypsin (frei von Desoxyribonuclease) anzudauen. Derart wurde DNS aus menschlichem Sperma gewonnen[7].

β) Darstellungen aus höheren Pflanzen.

Da die Kerne pflanzlicher Zellen nur einen sehr geringen Bruchteil der Pflanzengewebe ausmachen, ist die DNS-Konzentration meistens außerordentlich gering, und die Darstellungsweisen sind entsprechend unergiebig. Genauere Untersuchungen liegen bisher nur in der grundlegenden Arbeit von FEULGEN[8] über die DNS in Getreideembryonen vor. Diese sind relativ reich an Zellkernen.

1. Darstellung von DNS aus Weizenkeimen[9]. Aus feingemahlenen, mit Petroläther entfetteten Weizenkeimen werden DNS durch 1 m NaCl ausgezogen. Vorher muß das Mehl, dessen Proteine nicht denaturiert sein dürfen, mehrfach mit 0,14 m NaCl behandelt werden, um niedermolekulare Anteile und die reichlich vorhandenen RNS in Lösung zu bringen. Die Aufschlämmung in 1 m NaCl wird beim Stehenlassen in der Kälte (18 Std bei 0°) sehr viscös und muß zur Abtrennung des Rückstandes mit einer hochtourigen Zentrifuge geklärt werden. Bei ihrem Verdünnen mit dem 10fachen Volumen Wasser bildet sich ein Nucleoproteid-Niederschlag, der abzentrifugiert oder durch Aufwickeln mit einem Glasstab in der Hauptmenge gesammelt werden kann. Zur Enteiweißung nach SEVAG wird der Niederschlag in möglichst wenig 1 m NaCl gelöst, mit dem gleichen Volumen einer Chloroform-Octanol-Mischung (8:1 v/v) versetzt und in einem schnelllaufenden Mischgerät 20 min lang emulgiert. Nach Zentrifugation der Emulsion wird die obere Schicht abgehoben, die untere mit der Eiweißzwischenschicht verworfen. Die Behandlung der Lösung mit dem organischen Gemisch wird in gleicher Weise wiederholt, bis sich kein Eiweiß mehr abtrennt. Durch Verdünnen auf 0,5 m NaCl und Zugabe von 1—2 Vol. Äthanol wird das Nucleinat ausgefällt. Waschen und Trocknen mit Alkohol und Äther.

Die vollständige Entfernung von RNS aus DNS-Präparaten pflanzlicher Herkunft macht oft Schwierigkeiten; sie kann durch milde Einwirkung von Alkalien erreicht werden[10] oder in einer der anderen S. 1328 angegebenen Weisen.

Weitere Darstellungen von DNS aus Weizen- und Roggenkeimen[11]. Über die fraktionierte Extraktion von DNS (mit abnehmenden Methylcytosin-Cytosin-Verhältnissen) aus

[1] EMANUEL, C. F., and I. L. CHAIKOFF: J. biol. Ch. **203**, 167 (1953).
[2] DALY, M. M., V. G. ALLFREY and A. E. MIRSKY: J. gen. Physiol. **33**, 497 (1950). — LALAND, S. G., W. G. OVEREND and M. WEBB: Soc. **1952**, 3224.
[3] CHARGAFF, E., R. LIPSHITZ, C. GREEN and M. E. HODES: J. biol. Ch. **192**, 223 (1951). — WYATT, G. R.: Biochem. J. **48**, 584 (1951). — FELIX, K., I. JILKE u. R. K. ZAHN: H. **303**, 140 (1956).
[4] DALY, M. M., V. G. ALLFREY and A. E. MIRSKY: J. gen. Physiol. **33**, 497 (1953).
[5] CHARGAFF, E., R. LIPSHITZ and C. GREEN: J. biol. Ch. **195**, 155 (1952).
[6] THOMAS, L. E., and D. T. MAYER: Science, N. Y. **110**, 393 (1949).
[7] ZAMENHOF, S., L. B. SHETTLES and E. CHARGAFF: Nature **165**, 756 (1950).
[8] FEULGEN, R., M. BEHRENS u. S. MAHDIHASSAN: H. **246**, 203 (1937). — KIESEL, A., u. A. N. BELOZERSKY: H. **229**, 160 (1934).
[9] Nach MARKHAM, R.; in: PAECH-TRACEY: Moderne Methoden der Pflanzen-Analyse. Bd. IV, S. 298. Berlin, Göttingen, Heidelberg 1955.
[10] WYATT, G. R.: Biochem. J. **48**, 584 (1951).
[11] DALY, M. M., V. G. ALLFREY and A. E. MIRSKY: J. gen. Physiol. **33**, 497 (1950). — LALAND, S. G., W. G. OVEREND and M. WEBB: Soc. **1952**, 3224. — BRAWERMAN, G., and E. CHARGAFF: Am. Soc. **73**, 4052 (1951).

Weizenkeimen mit Salzlösungen steigender Konzentration[1]. Extraktion von DNS und RNS aus Blättern von 5 Pflanzenarten und Bestimmung ihrer Basenverhältnisse[2]. Über die NS der Cotyledonen von Leguminosen[3]. Über die NS der Cyanophyceen[4].

γ) Darstellungen aus Hefen, Bakterien, Viren und Phagen.

Die Extraktion von NS aus einzelligen Organismen (vor allem aus Bakterien) unter Vermeidung eines Abbaues, bereitet sehr häufig Schwierigkeiten infolge der widerstandsfähigen Hüllen, die einen Austritt der großen Moleküle aus dem Zellinneren verhindern.

Aufschlüsse mit starken Salzlösungen und mit oberflächenaktiven Stoffen sind untersucht worden, ebenso wie verschiedenartige mechanische Zertrümmerungen. Eine Autolyse der Mikroorganismen führt unweigerlich zu abgebauten NS[5]; bessere Erfolge werden erzielt durch enzymatische Auflösung der Hüllsubstanzen mit spezifischen Enzymen. Zertrümmerung durch Ultraschall[6].

Auch durch Extraktion mit Phenol werden hochmolekulare Präparate erhalten[7].

Die Darstellung von DNS aus Hefe ist infolge der Abtrennung der in viel höherer Konzentration vorhandenen RNS schwierig. Eine sehr eingehende Vorschrift zur Gewinnung hochmolekularer, reiner Präparate aus Bäckerhefe[8].

Die ersten DNS, die möglichst schonend und rein isoliert wurden und dann „umwandelnde" Fähigkeiten zeigten (s. Bd. II/2, S. 476), waren die aus Pneumokokken[9]. Die Kokken werden in 0,1 m Natriumcitrat-Suspension durch Zugabe einer 5%igen Natriumdesoxycholat-Lösung (1 cm³ auf 25 cm³) 5 min bei 20° aufgeschlossen, dann mit Chloroform-Isoamylalkohol (40:1 v/v) zur Eiweißdenaturierung geschüttelt. Aus der wäßrigen Schicht wird mit Äthanol das Natriumnucleinat gefällt. Dieses kann weiteren Reinigungsoperationen zur vollständigen Entfernung von Proteinen und RNS (mit Ribonuclease) unterworfen werden. Eine ausführliche Vorschrift[10].

Die biologische Wirkung der DNS wird nicht gemindert durch Fällung mit Äthanol, Enteiweißung mit oberflächenaktiven Stoffen, Erhitzen bis auf 80°, p_H-Änderungen von 4,5—10.

In anderen Fällen kann es nützlich sein, die Behandlung mit dem oberflächenaktiven Stoff längere Zeit vorzunehmen oder bei Temperaturen von 37—55°. „Umwandelnde" DNS aus Haemophilus influenzae wurden mit Hilfe von Natriumdodecylsulfat gewonnen, die RNS und Polysaccharide durch Elektrophorese entfernt[11]. Aus Staphylokokken wurden DNS erhalten durch Fraktionierung mit einem quartären Ammoniumsalz; sie übten eine stimulierende Wirkung auf die Proteinsynthese aus[12].

Bei diesen und bei anderen Bakterien wurde der Aufschluß der Zellen auch durch Zermahlen mit Glaspulver und durch andere Verfahren der mechanischen Zerkleinerung erreicht (Bacillen der Vogeltuberkulose[13], Haemophilus pertussis[14], Escherichia coli[15]).

---

[1] LIPSHITZ, R., and E. CHARGAFF: Biochim. biophysica Acta, N. Y. **19**, 256 (1956).
[2] THOMAS, A. J., and H. S. A. SHERRATT: Biochem. J. **62**, 1 (1956).
[3] MARTOS, L.: Naturwiss. **43**, 399 (1956).
[4] BISWAS, B. B.: Nature **177**, 95 (1956).
[5] VENDRELY, R.: Exper. **3**, 195 (1947).
[6] SEVAG, M. G., D. B. LACKMAN and J. SMOLENS: J. biol. Ch. **124**, 425 (1938).
[7] BRAUN, W., J. W. BURROUS and J. H. PHILLIPS: Nature **180**, 1356 (1957).
[8] CHARGAFF, E., and S. ZAMENHOF: Am. Soc. **69**, 975 (1947). J. biol. Ch. **173**, 327 (1948).
[9] AVERY, O. T., C. M. MACLEOD and M. MCCARTY: J. exp. Med. **79**, 137 (1944). — MCCARTY, M., and O. T. AVERY: J. exp. Med. **83**, 89, 97 (1946).
[10] HOTCHKISS, R. D.; in: COLOWICK-KAPLAN, Meth. Enzymol. Bd. III, S. 692.
[11] ZAMENHOF, S., G. LEIDY, H. E. ALEXANDER, P. L. FITZGERALD and E. CHARGAFF: Arch. Biochem. **40**, 50 (1952). — ZAMENHOF, S., H. E. ALEXANDER and G. LEIDY: J. exp. Med. **98**, 373 (1953).
[12] GALE, E. F., and J. P. FOLKES: Biochem. J. **59**, 661 (1955).
[13] CHARGAFF, E., and H. F. SAIDEL: J. biol. Ch. **177**, 417 (1949). — CHARGAFF, E.; in: CHARGAFF-DAVIDSON, Nucleic acids Bd. I, S. 314.
[14] OVEREND, W. G., M. STACEY, M. WEBB and J. UNGAR: J. gen. Microbiol. **5**, 268 (1951).
[15] GANDELMAN, B., S. ZAMENHOF and E. CHARGAFF: Biochim. biophysica Acta, N. Y. **9**, 399 (1952).

Andere Verfahren zur DNS-Gewinnung benützen eine Extraktion mit elektrolytarmem Wasser[1], mit starken Lösungen von Salzen[2], mit Salzen und Harnstoff[3], mit Alkali[4]. DNS aus Sarcina lutea[5] und aus den beiden Rickettsien R. provaceki und R. burneti[6].

Einige Beispiele der DNS-Gewinnung aus Pflanzenviren[7] und aus Bakteriophagen[8] durch Extraktion mit Harnstofflösungen oder durch Zermahlung der Bakteriophagen in einer Kolloidmühle[9]. Eine weitere Isolierung aus Bakteriophagen[10].

Über die DNS und RNS in den Hyphen höherer Pilze[11].

Als Beispiel einer DNS-Isolierung aus Bakterien sei ein Verfahren angegeben, welches die spezifische Auflösung der Bakterienhüllen verwendet.

1. Gewinnung von DNS aus Bakterien nach Aufschluß mit Lysozym[12]. Nachdem die Bakterien 12 Std (B. megatherium) oder 24 Std (Proteus, E. coli, Staphylococcus) gewachsen sind, werden sie abzentrifugiert, 2mal mit physiologischer Kochsalzlösung gewaschen und in wenig Wasser suspendiert, das mit Chloroform gesättigt ist. Die Suspension steht 30 min in der Kälte. Die abgetöteten Bakterien werden dann bei 4° zentrifugiert und in einer 0,4%igen NaCl-Lösung (p_H 7,0) aufgenommen, im Verhältnis von 100 cm³ Lösung zu 10 g der feuchten Bakterien. Kristallisiertes Lysozym wird der Suspension hinzugefügt (0,5 mg je 1 cm³ der Suspension) und diese dann bei 20° 3—15 min gehalten. Die Zeitdauer ist von der Bakterienart abhängig: 6 min für E. coli, 10 min für Proteus, 6—10 min für Megatherium, 3 min für Staphylococcus. Nach dieser Mindestzeit bleibt die NS-Ausbeute längere Zeit unverändert.

Die Wirkung von Lysozym wird durch Abkühlen der Mischung auf 2° unterbrochen. Die Bakterien werden dann in der Kälte abzentrifugiert, 2mal zur Entfernung des Enzyms und der abgebauten Polysaccharide mit dest. Wasser nachgewaschen und über Nacht bei —30° eingefroren. Durch Aufnahme des gefrorenen Rückstandes in 10 Vol. dest. Wasser, Mischung mit dem doppelten Gewicht des Rückstandes an Glaspulver und Schütteln im Kälteraum für 30 min werden die DNS extrahiert. Der Rückstand wird durch Zentrifugation bei 4° abgetrennt; er muß noch 3—4mal mit Wasser ausgezogen werden.

Die DNS-enthaltenden Lösungen sind wenig gefärbt und sehr viscös. Das Nucleinat wird gefällt durch Zugabe von 3 Vol. 96%igem Äthanol. Wiederholte Umfällungen ermöglichen eine gute Reinigung. 60—90% der ursprünglich in den Bakterien vorhandenen DNS werden erhalten, und zwar in hochmolekularer, faseriger Form. Wesentlich für den Erfolg der Extraktion ist sowohl die Behandlung der Bakterien mit Chloroform als auch ihre „Auflockerung" durch Einfrieren; entscheidend ist jedoch die Auflösung der Polysaccharid-Hülle durch Lysozym.

---

[1] CHARGAFF, E., and H. F. SAIDEL: J. biol. Ch. **177**, 417 (1949).
[2] CHARGAFF, E., S. ZAMENHOF, G. BRAWERMAN and L. KERIN: Am. Soc. **72**, 3825 (1950). — ZAMENHOF, S., G. BRAWERMAN and E. CHARGAFF: Biochim. biophysica Acta, N. Y. **9**, 402 (1952).
[3] JONES, A. S.: Biochim. biophysica Acta, N. Y. **10**, 607 (1953).
[4] SMITH, J. D., and G. R. WYATT: Biochem. J. **49**, 144 (1951).
[5] DUTTA, S. K., A. S. JONES and M. STACEY: Biochim. biophysica Acta, N. Y. **10**, 613 (1953).
[6] WYATT, G. R., and S. S. COHEN: Nature **170**, 846 (1952).
[7] BAWDEN, F. C., and N. W. PIRIE: Biochem. J. **34**, 1258 (1940).
[8] WYATT, G. R., and S. S. COHEN: Biochem. J. **55**, 774 (1953).
[9] SIEGEL, A., and S. J. SINGER: Biochim. biophysica Acta, N. Y. **10**, 311 (1953).
[10] MAYERS, V. L., and J. SPIZIZEN: J. biol. Ch. **210**, 877 (1954).
[11] BOSE, S. R.: Nature **175**, 735 (1955).
[12] VENDRELY, R., C. PALMADE and C. VENDRELY: Nature **178**, 1044 (1956). — PALMADE, C., et C. VENDRELY: Cr. **242**, 2870 (1956). — s. a. BEERS, R. F. jr.: Nature **178**, 595 (1956).

b) Die Darstellung von Ribonucleinsäuren.

Die ersten RNS-Präparate sind aus Hefe dargestellt worden[1]; auch heute noch ist Hefe das geeignetste Material zur Gewinnung größerer Mengen pflanzlicher RNS. Handelspräparate sind durchweg daraus hergestellt.

Im Prinzip geht auch die Isolierung der RNS über die Stufen: 1. des Aufschlusses der Gewebe oder Zellen, 2. der Abtrennung der Ribonucleoproteide von den anderen Zellbestandteilen, 3. der Zerlegung der Nucleoproteide und Entfernung ihrer Proteinkomponenten und schließlich 4. der Fällung der RNS.

Sehr häufig wird jedoch die zweite Stufe übersprungen und in einem Arbeitsgang mit der 1. oder der 3. erledigt.

Nach den früheren Methoden werden die RNS herausgelöst durch Behandlung der Hefezellen oder der anderen Ausgangsmaterialien mit Natronlauge. Ein Abbau der Säuren ist infolge ihrer Alkaliempfindlichkeit kaum zu vermeiden, auch wenn nur schwache Alkalität verwendet und in der Kälte gearbeitet wird[2]. Durch kurze Extraktion mit 5%iger NaOH bei 0° lassen sich immerhin noch hochmolekulare RNS aus Hefe erhalten[3]. Nach diesen Verfahren wird die Isolierung von Nucleoproteiden übersprungen, und die RNS werden meistens direkt als Natriumsalze[1], als Calciumsalze[4], am häufigsten als freie Säuren isoliert[1].

Nach einem neueren Verfahren werden sie bei p_H 3—2 durch Sättigung mit NaCl ausgefällt[5].

Weitere Verfahren gründen sich auf die Verwendung von verdünnten Salzlösungen zur Extraktion der Ribonucleoproteide[6], die dann als solche isoliert werden oder gleich durch stärkere Salzlösungen[7] dissoziiert oder durch andere Mittel proteinfrei gemacht werden.

Physiologische NaCl-Lösung (0,9%ig oder 0,14 m) extrahiert aus tierischen Geweben meistens nur die RN-Proteide und läßt die DN-Proteide der Zellkerne ungelöst[6].

Auch durch Aufkochen wäßriger Suspensionen der Gewebe lassen sich RN-Proteide extrahieren; so ist das Rinderpankreas-RN-Proteid zu erhalten[8], aus dem die Pankreas-RNS durch Salzfällung[9] oder durch Äthanolfällung nach vorhergehender Verdauung mit Trypsin[10] isoliert werden können.

Die RNS aus diesem Nucleoproteid lassen sich auch durch Halbsättigung mit NaCl und Fällung mit Äthanol unmittelbar erhalten[9].

Aus Hefe sind RN-Proteide in verschiedenen Fraktionen isoliert worden[11]; die daraus hergestellten RNS unterschieden sich in ihrer Zusammensetzung. Eine Abtrennung von RN-Proteiden gründet sich auf ihre Komplexbildung mit Cetyltrimethylammoniumbromid[12].

Die Abtrennung der Proteine von den RNS aus extrahierten Nucleoproteiden ist durch starke Salzlösungen, zuweilen durch Erhitzen[13], durch Verdauung mit Trypsin[10], durch

---

[1] ALTMANN, R.: Arch. Anat. Physiol. (B) **1889**, 524. — KOSSEL, A.: H. **3**, 284 (1879); **4**, 290 (1881). — LEVENE, P. A.: H. **39**, 4 (1903). — FEULGEN, R.: Chemie und Physiologie der Nukleinstoffe. S. 251. Berlin 1923. — STEUDEL, H.: Nucleinsäuren; in: H.-Th. 9. Aufl. S. 385. — STEUDEL, H., u. E. PEISER: H. **114**, 201 (1921); **120**, 292 (1922). — STEUDEL, H.: H. **188**, 203 (1930).

[2] JOHNSON, T. B., and H. H. HARKINS: Am. Soc. **51**, 1779 (1929). — DIEMAIR, W., u. G. SCHWINDLING-MANDERSCHEID: Z. analyt. Chem. **132**, 104 (1951). — U.S. Pat. Nr. 2387040, vom 1. 3. 1944. — HOLDEN, M., and N. W. PIRIE: Biochem. J. **60**, 46 (1955).

[3] JUNGNER, G., and L. G. ALLGÉN: Acta chem. scand. **4**, 1300 (1950).

[4] U.S. Pat. Nr. 2387040, vom 1. 3. 1944.

[5] HOLDEN, M., and N. W. PIRIE: Biochem. J. **60**, 46 (1955).

[6] KAY, E. R. M., and A. L. DOUNCE: Am. Soc. **75**, 4041 (1953).

[7] CLARKE, G., and S. B. SCHRYVER: Biochem. J. **11**, 319 (1917).

[8] STEUDEL, H., u. P. BRIGL: H. **68**, 40 (1910).

[9] KERR, S. E., and K. SERAIDARIAN: J. biol. Ch. **180**, 1203 (1949).

[10] FEULGEN, R.: H. **108**, 147 (1920). — BEALE, R. N., R. J. C. HARRIS and E. M. F. ROE: Soc. **1950**, 1397.

[11] KHOUVINE, Y., et H. DE ROBICHON-SZULMAJSTER: Bull. Soc. Chim. biol. **33**, 1508 (1951); **34**, 1050, 1056 (1952).

[12] JONES, A. S.: Biochim. biophysica Acta, N. Y. **10**, 607 (1953).

[13] COHEN, S. S., and W. M. STANLEY: J. biol. Ch. **144**, 589 (1942).

Behandlung mit Chloroform[1] oder oberflächenaktiven Stoffen[2] möglich. Einige Virusproteide werden schon durch Behandlung mit Äthanol zerlegt[3]. Auch die RN-Proteide aus Leber werden durch Äthanol so verändert, daß eine anschließende Extraktion des Gewebes mit 10%iger NaCl-Lösung die RNS als Natriumsalze gewinnen läßt[4]. Die DN-Proteide sollen dadurch nicht gelöst werden.

Da außer dem Abbau durch Hitze oder durch die Extraktionslösungen auch die enzymatische Hydrolyse der RNS vor und während ihrer Isolierung zu befürchten ist, sind auch Extraktionsmittel versucht worden, die Eiweiß stark denaturieren wie Guanidinhydrochlorid[5].

In neuerer Zeit hat sich die Anwendung oberflächenaktiver Stoffe, wie Natriumdodecylsulfat[2], bei verschiedenen Objekten (tierischen Organen, Hefe, Pflanzen-Viren) gut bewährt. Ihre Wirkung wird, wenn erforderlich, mit einer kurzen Erhitzung kombiniert.

Auch die Extraktion mit Phenol hat sich sowohl bei der Abtrennung der RNS aus Tabakmosaikvirus[6] als auch der RNS aus Säugetiergeweben[7] bewährt.

Kritische Betrachtungen zu einigen der verschiedenen RNS-Gewinnungsmethoden bei[1].

α) Darstellung von RNS aus tierischen Geweben[8].

1. Prinzip. RN-Proteide werden im Gegensatz zu DN-Proteiden schon durch 0,9%ige NaCl-Lösung aus tierischen Geweben extrahiert. Die Zerlegung der gelösten Proteide erfolgt mit Dodecylsulfat, die Fällung der RNS als Natriumsalz mit Äthanol.

2. Extraktion der RNS. Das Gewebe wird so bald wie möglich nach dem Tode des Tieres auf Eisstücke gelegt. Nach der Überführung in das Laboratorium wird es eingefroren und bei —15° gehalten bis zur Aufarbeitung.

50 g gefrorene Leber werden schnell in schmale Stücke geschnitten und in einem mechanischen Homogenisator mit 200 cm³ eiskalter Salz-Citrat-Lösung zerkleinert (0,9%iges NaCl in einer 0,01 m Natriumcitrat-Lösung). Die Mischung wird 5 min bei 0—3° homogenisiert, das Homogenat in ein gekühltes Zentrifugenglas (0—3°) übergeführt und mit 2500 U/min 30 min lang (bei 0—3°) zentrifugiert zur Entfernung der unlöslichen DN-Proteide. Die Lösung wird dekantiert und erneut in der Kälte mit 2500 U/min zur Abtrennung von Resten der DN-Proteide zentrifugiert. Zur Lösung wird in der Kälte unter Umrühren 1 n HCl getropft, bis p_H 4,5 erreicht ist. Der schwere Niederschlag wird mit 2500 U/min 15 min zentrifugiert. Die rote Lösung wird verworfen, der Niederschlag mit 0,9%iger Kochsalzlösung bis zu einem Volumen von 100 cm³ versetzt. Nach Zugabe von 9 cm³ einer Stammlösung von Natriumdodecylsulfat (5% gereinigtes Natriumdodecylsulfat in 45%igem Äthanol) zu der gerührten Lösung wird 10%ige Natronlauge sorgfältig bis zu einem p_H von 7 hinzugefügt. Die Mischung wird weitere 3 Std bei Raumtemperatur gerührt, dann mit so viel NaCl versetzt, daß die Lösung daran 1 m ist. Die schwach viscöse Flüssigkeit wird 30 min mit 40000 U/min zentrifugiert. Der Niederschlag wird von der klaren Lösung abgetrennt.

Die in der Lösung vorhandenen RNS werden hierauf durch Zugabe von 2 Vol. 95%igem Äthanol gefällt. Der weiße flockige Niederschlag wird abzentrifugiert, mit Äthanol und Aceton entwässert und schließlich an der Luft getrocknet.

Zur weiteren Reinigung wird das getrocknete Präparat in 100 cm³ Wasser gelöst, die Lösung unter Umrühren mit 9 cm³ der Natriumdodecylsulfat-Lösung versetzt und 2 Std

[1] Holden, M., and N. W. Pirie: Biochem. J. **60**, 46 (1955).
[2] Kay, E. R. M., and A. L. Dounce: Am. Soc. **75**, 4041 (1953). Dorner, R. W., and C. A. Knight: J. biol. Ch. **205**, 959 (1953).
[3] Markham, R., and J. D. Smith: Biochem. J. **49**, 401 (1951).
[4] Davidson, J. N., and C. Waymouth: Biochem. J. **38**, 375 (1944).
[5] Volkin, E., and C. E. Carter: Am. Soc. **73**, 1516 (1951). — Grinnan, E. L., and W. A. Mosher: J. biol. Ch. **191**, 719 (1951).
[6] Schuster, H., G. Schramm u. W. Zillig: Z. Naturforsch. **11b**, 339 (1956).
[7] Kirby, K. S.: Biochem. J. **64**, 405 (1956). — Colter, J. S., and R. A. Brown: Science, N. Y., **124**, 1077 (1956).
[8] Kay, E. R. M., and A. L. Dounce: Am. Soc. **75**, 4041 (1953).

bei Raumtemperatur weitergerührt. Nach Zugabe von NaCl bis zur Molarität wird die Lösung 30 min mit 14000 U/min zentrifugiert. Aus der klaren Lösung werden die RNS in derselben Weise wie oben angegeben gefällt, entwässert und getrocknet.

3. Reinigung der RNS. Das erhaltene weiße Pulver wird in 30 cm³ Wasser gelöst, die Lösung auf 0° gekühlt. Nach Zugabe von NaCl, bis die Lösung daran 0,9%ig ist, wird vorsichtig 0,1 n HCl bis zu p_H 4,5 hinzugefügt; dann wird in der Kälte 1 Std mit 14000 U je min zentrifugiert.

Die Lösung wird in ein Gefäß gegossen, in dem sich genügend NaCl befindet, um die Konzentration 1 m zu machen. Nach vollständiger Lösung des Salzes wird durch vorsichtige Zugabe von 0,1 n NaOH zu der kalten Lösung der p_H-Wert auf 7,0 gebracht. Durch Zugabe von 2 Vol. 95%igem Äthanol werden die RNS als Natriumsalz gefällt. Die flockige Fällung wird zentrifugiert, mit Äthanol und Aceton entwässert und an der Luft getrocknet. Das erhaltene Präparat ist ein weißes Pulver, das sich in Wasser leicht und ohne Trübung löst. Erhalten 200 mg (Trockengewicht) aus 50 g Rattenleber (Naßgewicht). Die Ausbeute beträgt etwa 50% der im Gewebe vorhandenen RNS.

Das Präparat gibt keine Biuret-Reaktion und keine Reaktionen nach Sakaguchi. Nach saurer Hydrolyse sind papierchromatographisch keine Aminosäuren nachzuweisen. Die Diphenylaminreaktion ist negativ, so daß die Abwesenheit von DNS anzunehmen ist. P-Gehalt 7,5%. Extinktion bei 260 mμ: $E^{1\%}_{1cm} = 191$. Die relative Viscosität einer 3%igen Lösung bei 30° ist 2,25.

4. Weitere Angaben zur Isolierung von RNS aus tierischen Organen. Ein allgemein anwendbares Darstellungsverfahren beruht auf der Fällung der RNS aus einer kalten 2 m Guanidinhydrochlorid-Lösung, in der die Proteine gelöst bleiben[1]. Darstellung hochmolekularer Präparate aus Kaninchen- und Rattenleber mit Hilfe von Guanidinhydrochlorid[2]. Darstellung aus der Leber verschiedener Tiere durch Extraktion mit 10%iger NaCl-Lösung in der Hitze[3]. Weitere Darstellungen der Leber-RNS[4]. Zusammensetzung der NS aus Zellfraktionen der menschlichen Leber[5]. Darstellung aus Cytoplasmafraktionen der Leber[6]. Verteilung der NS in Knochenmarkzellen[7].

Darstellung aus Rinderpankreas durch Extraktion des Nucleoproteids, Isolierung durch isoelektrische Fällung und Zerlegung mit halbgesättigter NaCl-Lösung[8]. Darstellung durch Behandlung von gefrorenen, zerkleinerten Pankreasdrüsen mit Trichloressigsäure und anschließende Extraktion der RNS. Solche Präparate sind noch hochmolekular, da auch die Nuclease gleich zu Beginn der Aufarbeitung denaturiert wird, enthalten jedoch 10—20% DNS[9].

β) Darstellung von RNS aus Pflanzenorganen.

Pflanzliche Gewebe enthalten meistens weniger NS als tierische. In 1 kg frischen Blättern sind etwa 100 mg NS. In virusinfizierten Blättern kann diese Menge 10fach gesteigert sein. In Weizenkeimen sind insgesamt 3,6% NS enthalten[10].

Seit den ersten aufschlußreichen Untersuchungen über diese „Triticonucleinsäure" sind RNS aus höheren Pflanzen kaum eingehend untersucht worden. Die ursprüngliche Vorschrift von Osborne[10] ist wenig geeignet, auf andere Objekte übertragen zu werden,

[1] Volkin, E., and C. E. Carter: Am. Soc. **73**, 1516 (1951). — Magasanik, B.; in: Chargaff-Davidson, Nucleic Acids, Bd. I, S. 388.
[2] Grinnan, E. L., and W. A. Mosher: J. biol. Ch. **191**, 719 (1951).
[3] Chargaff, E., B. Magasanik, E. Vischer, C. Green, R. Doniger and D. Elson: J. biol. Ch. **186**, 51 (1950). — Tsuboi, K. K., and R. E. Stowell: Biochim. biophysica Acta, N. Y. **6**, 192 (1950).
[4] Davidson, J. N., and C. Waymouth: Nature **154**, 207 (1944). Biochem. J. **38**, 375, 379 (1944).
[5] Olmsted, P. S., and C. A. Villee: J. biol. Ch. **212**, 179 (1955).
[6] Davidson, J. N., and R. M. S. Smellie: Biochem. J. **52**, 600 (1952).
[7] Davidson, J. N., L. Leslie and I. C. White: Biochem. J. **41**, 32 P (1947).
[8] Kerr, S. E., and K. Seraidarian: J. biol. Ch. **180**, 1203 (1949).
[9] Bacher, J. E., and F. W. Allen: J. biol. Ch. **183**, 641 (1950).
[10] Osborne, T. B., and G. F. Campbell: Am. Soc. **22**, 379 (1899). — Osborne, T. B., u. I. F. Harris: H. **36**, 85 (1902). — Osborne, T. B., and F. W. Weyl: Amer. J. Physiol. **21**, 157 (1908). — Levene, P. A., u. F. B. La Forge: B. **43**, 3165 (1910).

und liefert abgebaute RNS: Die Nucleoproteide werden aus dem Mehl von Weizenkeimen mit Wasser extrahiert (10fache Menge, 24 Std), die Lösung wird nach dem Ansäuern mit HCl mit Pepsin behandelt (2mal je 24 Std), aus dem ungelösten „Nuclein" werden nach Aufnahme in KOH durch Fällung mit Pikrinsäure die Proteinbeimengung entfernt, die RNS schließlich aus salzsaurer Lösung mit Äthanol ausgeschieden (325 g aus 23 kg Mehl).

Eine neuere Vorschrift[1] verwendet Natriumdodecylsulfat zur Extraktion.

Vor dem Ausziehen der RNS aus Blättern und aus anderen pflanzlichen Organen erscheint es in jedem Falle wichtig, die Nucleasewirkung zu verhindern, z. B. durch kurzes Erhitzen (1—2 min) der Pflanzenteile in siedendem Wasser oder in siedendem Äthanol. Die Extraktion kann mit 0,1—0,5 m NaCl erfolgen, noch besser wahrscheinlich mit Hilfe von Netzmitteln. Falls starke Beimengungen von Proteinen die RNS verunreinigen, ist ihre Denaturierung mit Chloroform-Octanol zu empfehlen (s. S. 1319).

Es folgt ein einfaches Verfahren, das jedoch nicht zu vollkommen proteinfreien RNS führt.

Darstellung von RNS aus Blättern[2]. 100 g frische Blätter werden mit 400 cm³ Methanol in einem schnellaufenden Zerkleinerungsgerät etwa 5 min zerschnitten. Die Mischung wird auf der Nutsche abgesaugt und mit kleinen Mengen Methanol nachgewaschen, bis das Blattpulver farblos ist. Nach der Aufschlämmung in 300 cm³ 0,5 m NaCl wird die Suspension auf Neutralität gegen Bromthymolblau geprüft, langsam zum Sieden gebracht, noch 5 min im Sieden gehalten, dann abgesaugt (wenn nötig mit etwas Zellstoffbrei als Filterhilfe). Zum Filtrat wird 0,5 Vol. Äthanol hinzugefügt und so viel Essigsäure, daß es gegen Methylrot sauer reagiert. Der RNS enthaltende Niederschlag wird abzentrifugiert und, da er meistens noch Polysaccharide enthält, durch Aufnehmen in wenig Wasser und tropfenweise Zugabe von 1 n NH_4OH bis zur Bromthymolblau-Neutralität gelöst. Die Lösung wird zentrifugiert, auf 0° gekühlt und tropfenweise mit 1 n HCl bis zur vollständigen Fällung versetzt. Eine Spur $MgSO_4$ erleichtert die Fällung. Der Niederschlag wird mit Äthanol und Aceton entwässert. Man erhält 5—10 mg. Die Biuret-Probe ist meistens noch schwach positiv.

Weitere Vorschläge und Leitsätze zur Extraktion und Charakterisierung von RNS auf Pflanzen[2].

γ) Darstellungen aus Mikroorganismen.

1. Darstellung von RNS aus Hefe[3].

Prinzip. Die Extraktion wird durch kurzes Erhitzen der Hefezellen in einer Natriumdodecylsulfat-Lösung bewirkt. Nach Fällung des Ribonucleats mit Äthanol läßt sich eine weitere Reinigung durch Abscheidung aus wäßrigem 1 m NaCl bei 0° erreichen.

Materialien und Reagentien. Die Bäckerhefe (Saccharomyces cerevisiae) soll möglichst frisch von der Filterpresse verwendet werden. Das Na-Dodecylsulfat wird, falls es nicht rein erhältlich ist, durch Extraktion von 100 g Handelsprodukt mit 2 *l* kochendem Äthanol hergestellt. Der Extrakt wird heiß durch eine Zellstoff-Schicht abgesaugt. Aus dem Filtrat scheiden sich bei 0° etwa 60 g des gereinigten Produktes aus (mit Äther getrocknet). S-Gehalt 9,8% (ber. 11,1%). Bei Verwendung ungereinigter Handelsprodukte, die als Natriumdodecylsulfat verkauft werden, treten häufig Schwierigkeiten auf.

Extraktion der NS. 500 cm³ einer Lösung, die 2% Na-Dodecylsulfat, 4,5% Äthanol, 0,0125 m Na_2HPO_4 und 0,0125 m NaH_2PO_4 enthält, werden in ein Gefäß (z. B. Becherglas) von 4 *l* Inhalt (mit mechanischer Rührung, Thermometer und Deckplatte) eingefüllt. Nachdem die Lösung mit einem starken Brenner zum Sieden erhitzt ist, werden unter fortwährendem Rühren 150 g fein zerstückelte Hefe auf einmal eingetragen. Die Temperatur der Lösung ist nun auf 83—87° gesunken. Die Lösung wird 1 min lang unter Rühren erhitzt und das Gefäß dann, um ein Überschäumen zu vermeiden, für weitere

[1] KAY, E. R. M., and A. L. DOUNCE: Am. Soc. **75**, 4041 (1953).
[2] Abgeändert nach MARKHAM, R.; in: PAECH-TRACEY, Moderne Methoden der Pflanzenanalyse. Bd. IV, S. 299. Berlin, Göttingen, Heidelberg 1955.
[3] CRESTFIELD, A. M., K. C. SMITH and F. W. ALLEN: J. biol. Ch. **216**, 185 (1955).

2 min in ein kochendes Wasserbad gebracht (Innentemperatur 92—94°). Anschließend wird das Gemisch möglichst schnell mit einer Kältemischung auf 4° gekühlt und zentrifugiert (möglichst bei 0°).

Darstellung der rohen RNS. Die überstehende Lösung wird unter Rühren in 2 Vol. kalten Äthanols gegossen. Der Niederschlag wird zentrifugiert und 2mal mit je 150 cm^3 kaltem 67%igen Äthanol gewaschen. Der Waschflüssigkeit werden jeweils 5—10 Tropfen 2 n NaCl zugesetzt, um eine sichere Flockung zu erreichen. Die RNS wird in 80%igem Äthanol aufgeschlämmt und über Nacht in der Kälte aufbewahrt.

Reinigung der RNS. Die rohe RNS wird abzentrifugiert und in 130—180 cm^3 Wasser gelöst. Die trübe Lösung hat angenähert p_H 8; sie wird sofort unter Zugabe von 1 n Essigsäure auf p_H 7 gebracht. Die Trübung ist möglichst weitgehend durch Zentrifugieren in einer hochtourigen Zentrifuge (20000 U/min) zu entfernen; ein kleiner Anteil läßt sich jedoch in dieser Stufe nicht beseitigen. Nun wird zur Lösung NaCl gegeben, bis diese 1 m ist. Nach dem Abkühlen auf 0° vermehrt sich die Trübung, und die Viscosität steigt. Nach etwa 30 min hat sich ein Gel abgeschieden. Die gelbe, überstehende Lösung enthält eine geringe Menge Schwebestoffe und wird vom Gel durch Zentrifugieren abgetrennt (2000 U/min, 1 Std). Die Flüssigkeit wird verworfen, das Gel 2mal mit je 150 cm^3 7%igem Äthanol, dem 1 cm^3 2 m NaCl zugefügt ist, gewaschen. Der gewaschene Niederschlag wird durch langsame Zugabe von Wasser unter Umrühren gelöst. Die Lösung hat p_H 7 und wird 36 Std bei 4° gegen häufig erneuertes destilliertes Wasser dialysiert. Die Trübung ist durch Filtration durch Zellstoff und eine Asbest-Schicht zu beseitigen. Aus der klaren, farblosen Lösung wird nun durch Gefriertrocknung ein farbloses, festes Präparat erhalten. Ausbeute 1,4 g (60—70% der in der Hefe vorhanden gewesenen RNS).

Weitere Darstellungsmethoden. Trocknung und Entfettung der Hefe mit Äthanol oder Aceton, Extraktion der RN-Proteide mit 1%iger NaCl-Lösung, Zerlegung mit 10%iger NaCl-Lösung[1].

Zermahlung der entfetteten Hefe in einer Bakterienmühle und RNS-Extraktion mit 10%iger NaCl-Lösung[2]. Behandlung der Hefe mit verdünntem Alkali in der Kälte[3].

Über den Nachweis von Thymin und von drei weiteren Purin-Basen in RNS aus Hefe und anderer Herkunft s. [4].

2. Darstellung von RNS aus Bakterien. Bakterien enthalten bis zu 15% ihres Trockengewichts an NS, von welchen 60—75% RNS sind[5]. Deren Gewinnung ist jedoch meistens nicht einfach, weil der Aufschluß der Bakterienzellen ohne weitgehenden Abbau ihrer Bausteine besondere Verfahren erfordert, weil sehr häufig stark wirksame Nucleasen vorhanden sind und schließlich weil in Bakterien auch die DNS im Plasma verteilt und nicht in Zellkernen gesammelt vorliegen. Daher ist die Beseitigung von DNS aus Bakterien-RNS-Präparaten eine besondere Aufgabe.

Aufschluß von Bakterienzellen durch Ultraschallwellen[6]. Aufschluß von Clostridium perfringens durch Gefriertrocknung[7]. Trennung der DNS und RNS von Mycobacterium tuberculosis, M. phlei und Sarcina lutea durch fraktionierte Zerlegung der Cetyltrimethylammoniumbromid-Fällung mit 0,5 m NaCl bei 0°[8]. Trennung durch Adsorption der RNS aus 0,14 m NaCl an Aktivkohle und Elution mit 15%iger Phenollösung bei p_H 7—7,5[8, 9].

[1] Khouvine, Y., et H. de Robichon-Szulmajster: Bull. Soc. Chim. biol. **33**, 1508 (1951); **34**, 1056 (1952).

[2] Chargaff, E., B. Magasanik, E. Vischer, C. Green, R. Doniger and D. Elson: J. biol. Ch. **186**, 51 (1950).

[3] Loring, H. S., J. L. Fairley and H. L. Seagran: J. biol. Ch. **197**, 823 (1952).

[4] Davis, F. F., and F. W. Allen: J. biol. Ch. **227**, 907 (1957). — Littlefield, J. W., and D. B. Dunn: Nature **181**, 254 (1958).

[5] Stacey, M.: Symp. Soc. exp. Biol. Bd. 1, Nucleic acid. S. 86. 1947 (Übersichtsreferat).

[6] Sevag, M. G., D. B. Lackman and J. Smolens: J. biol. Ch. **124**, 425 (1938); **134**, 523 (1940).

[7] Parsons, C. H. jr.: Arch. Biochem. **47**, 76 (1953).

[8] Jones, A. S.: Biochim. biophysica Acta, N. Y. **10**, 607 (1953). — Dutta, S. K., A. S. Jones and M. Stacey: Biochim. biophysica Acta, N. Y. **10**, 613 (1953).

[9] Zamenhof, S., and E. Chargaff: Nature **168**, 604 (1951).

Extraktion der RNS aus Mycobacterium phlei mit 5%iger NaCl-Lösung und Fällung mit Säure[1].

3. Darstellung von RNS aus Pflanzen-Viren. Von den verschiedenen, bisher angegebenen Verfahren zur Gewinnung der RNS-Bestandteile pflanzlicher Viren sind jene, die oberflächenaktive Stoffe zur Abtrennung von den Proteinen verwenden, am allgemeinsten verwendbar. Doch führen auch die Hitze-Denaturierung oder die Proteinfällung durch Zugabe von Äthanol in einigen Fällen zum Ziel.

a) Methode der Hitzedenaturierung. Diese Arbeitsweise ist verwendet worden mit verschiedenen Stämmen von Tabakmosaikvirus[2] und Gurkenvirus[3].

6 cm³ einer 0,3 m NaCl-Lösung werden in einem 15 cm³-Zentrifugenspitzglas im siedenden Wasserbad erhitzt. Dazu läßt man 2 cm³ einer wäßrigen, hochgereinigten Virus-Lösung (mit 30—80 mg/cm³) tropfen, mischt mit Hilfe der Pipette in 15 sec, beläßt weitere 60 sec auf 100° und kühlt dann die Mischung auf 0°. Bei Verarbeitung größerer Mengen ist eine Teilung zweckmäßig, um Erhitzung und Abkühlung in den angegebenen Zeiten zu erreichen. Nach dem Zentrifugieren der koagulierten Proteine (7000 U/min) wird die Lösung 12 Std bei 4° gegen fließendes dest. Wasser (etwa 20 *l*) dialysiert, dann auf $^1/_{20}$ ihres Volumens eingeengt (z. B. durch Blasen eines Luftstromes gegen den Dialysierschlauch) und von einer leichten Trübung durch Zentrifugation befreit (7000 U/min für 10 min, besser jedoch mit 40000 U/min, entspr. $100000 \times g$, für 1 Std, da dann auch kleine Mengen löslicher Virus-Fragmente sedimentieren). Die klare viscöse Nucleinatlösung gibt keine Eiweißreaktionen. Ihr Extinktionskoeffizient je Mol P beträgt etwa 9000 (260 mμ). Die Gefriertrocknung führt zu einem farblosen, sehr leicht wasserlöslichen Rückstand.

b) Trennung durch Äthanol-Fällung. Dieses Verfahren ist bisher nur zur Zerlegung vom gelben Mosaikvirus der Steckrübe (Turnip yellow mosaic-Virus) verwendet worden[4], das 35% RNS enthält.

Eine Viruslösung mit etwa 10 mg/cm³ wird, falls erforderlich, genau gegen Bromthymolblau neutralisiert. Die Anwesenheit einer kleinen Menge Salz in der Lösung ist für die folgende Trennung erforderlich; sie ist meistens schon durch die vorangehende Fällung des Virus mit Ammoniumsulfat vorhanden. 2 min nach Zugabe vom gleichen Volumen Äthanol (säurefrei!) werden die ausgefällten Proteine abzentrifugiert (15 min bei 10000 U/min). Das Nucleinat läßt sich aus der klaren Lösung durch Zugabe eines weiteren Volumens Äthanol fällen.

c) Trennung mit Hilfe eines Netzmittels. Dieses Verfahren ist mit Erfolg bei einer größeren Zahl von Viren angewandt worden, wie Tomaten-bushy-stunt-Virus, Kartoffel-X-Virus, Bohnen-Mosaik-Virus[5], Südstamm (Southern bean mosaic-Virus). Es gibt gute Ausbeuten, hat nur den Nachteil der größeren Zahl von Arbeitsgängen und der Schwierigkeit der Abtrennung des Netzmittels von den Proteinbestandteilen, falls auch diese erwünscht sind. Es ist zweckmäßig, die optimalen Konzentrationen an Virus und Netzmittel von Fall zu Fall zu ermitteln, da sie je nach dem Virus verschieden sein können.

4 cm³ einer wäßrigen Virus-Lösung (etwa 10 mg/cm³) werden mit 1 cm³ einer 10%igen Lösung von Natriumdodecylsulfat vermischt, 4 min in siedendem Wasserbad erhitzt, mit Eis gekühlt und dann einige Stunden gegen dest. Wasser dialysiert zur Entfernung der Hauptmenge des Netzmittels. Die Lösung wird mit 5 n NaCl bis zur 1 Normalität versetzt und 3 min auf 100° erhitzt. Nach dem Abkühlen auf 0° wird der Proteinniederschlag abzentrifugiert und noch 2mal mit wenig heißer 1 n NaCl nachgewaschen. Die vereinigten

[1] Khouvine, Y., M. Barbier et L. Wyssmann: Cr. **236**, 2118 (1953).
[2] Cohen, S. S., and W. M. Stanley: J. biol. Ch. **144**, 589 (1942).
[3] Knight, C. A.: J. biol. Ch. **197**, 241 (1952).
[4] Markham, R., and K. M. Smith: Parasitology **39**, 330 (1949).
[5] Bawden, F. C., and N. W. Pirie: Biochem. J. **34**, 1278 (1940). — Dorner, R. W., and C. A. Knight: J. biol. Ch. **205**, 959 (1953).

Lösungen werden gegen dest. Wasser gründlich dialysiert, auf $^1/_{20}$ des Volumens bei Raumtemperatur eingeengt, schließlich klar zentrifugiert (7000 U/min, besser 40000 U/min). Durch Gefriertrocknung erhält man farblose, leicht wasserlösliche Nucleinat-Präparate, die (je nach dem Virus) 0—5% Protein enthalten. Die Ausbeuten an RNS betragen 35—80% (bezogen auf das im Virus enthalten gewesene Gesamt-P).

Folgende Abänderung des Verfahrens vermeidet die Hitzedenaturierung zur Abtrennung der Proteine; sie ist angewandt worden bei Versuchen zur Rekombination von RNS und Protein-Komponenten des Tabakmosaikvirus[1].

Gleiche Volumina 2%iger Lösungen von Virus und Natriumdodecylsulfat, auf p_H 8,5 gebracht, werden gemischt und 16—20 Std bei 4° belassen. 60—90% der NS fallen aus und werden abzentrifugiert. Die weitere Reinigung erfolgt durch 2maliges Lösen in eiskaltem Wasser und Fällen mit dem doppelten Volumen kalten Äthanols. Falls erforderlich, werden einige Tropfen 3 m Acetatpuffer von p_H 5 hinzugefügt. Schließlich wird die RNS-Lösung zur völligen Klärung 2 Std mit 40000 U/min in der Kälte zentrifugiert. Die Spektralphotometrie der Lösung ergibt eine Kurve, die charakterisiert wird durch ein Minimum bei 230 mμ, ein Maximum bei 258 mμ und ein Verhältnis dieser beiden Extinktionen von 3,0.

c) Reinheitsprüfungen und Charakterisierungen von NS-Präparaten.

Die Verfahren zur Analyse und Kennzeichnung eines bestimmten NS-Präparates richten sich weitgehend nach der beabsichtigten Verwendung. Hochmolekulare NS, die nicht aus ihren Lösungen abgeschieden werden sollen, können geprüft werden durch UV-Photometrie, durch Bestimmung des P/N-Verhältnisses, durch Ribose- und Desoxyribose-Analysen (wozu reine Vergleichspräparate benötigt werden), durch Bestimmung der Proteinbeimengungen, durch (photometrische oder elektrometrische) Bestimmung der Titrationskurven. Gefällte Nucleinat-Präparate, die zur Prüfung physikalischer Eigenschaften dargestellt wurden, sollen nicht mit wasserfreien organischen Lösungsmitteln entwässert oder sonstwie getrocknet werden. Man bewahrt sie am besten im Exsiccator über einer gesättigten NaCl-Lösung auf (75% relative Feuchtigkeit). Na-DNS aus Thymus enthält dann etwa 30% Wasser. Zu Elementaranalysen (P und N) werden Proben im Hochvakuum bei 100° getrocknet und die Gewichtsverluste bestimmt.

Ein Nucleinatpräparat ist befriedigend rein, wenn es 15% N und 9—10% P enthält (auf trockene Substanz und freie Säure umgerechnet). Handelspräparate enthalten häufig 6—7% P.

Es folgen einige Angaben über die *Abtrennung der häufigsten NS-Beimengungen*[2].

1. *Trennung von DNS und RNS.* Eine der häufigsten Verunreinigungen in DNS-Präparaten sind RNS und umgekehrt. Zur Trennung der beiden NS-Arten ist versucht worden: a) Die Elektrophorese, da die DNS schneller wandern. Dieses Verfahren schont die NS, ist jedoch langwierig und praktisch nur mit kleinen Mengen ausführbar (s. S. 1296). b) Die Fraktionierung der Calciumsalze. Diese Trennung ist jedoch sehr unvollständig[3,4]. c) Die Hydrolyse der DNS bzw. RNS durch die entsprechenden, kristallisierten Pankreasnucleasen[3,4]. Durch diese Methode wird meistens eine sehr weitgehende Reinigung der unangegriffen bleibenden Säure erreicht. d) Die Behandlung mit 0,1—0,3 n NaOH (8 Std bei 30°), welche die RNS zu Nucleotiden hydrolysiert. Völlig unversehrt bleiben jedoch die DNS nicht[5,6]. e) Die bevorzugte Adsorption der RNS mit Aktivkohle. Wenn die Lösungen (die etwa 0,5%ig zu verwenden sind) frei von Proteinen sind und die RNS-Beimengung 1% nicht überschreitet, gelingt die Reinigung der DNS gut (1 Std schütteln

---

[1] FRAENKEL-CONRAT, H., and R. C. WILLIAMS: Proc. nat. Acad. Sci. USA **41**, 690 (1955).
[2] Siehe auch ZAMENHOF, S.; in: COLOWICK-KAPLAN, Meth. Enzymol., Bd. III, S. 700ff.
[3] CHARGAFF, E., and S. ZAMENHOF: J. biol. Ch. **173**, 327 (1948).
[4] MCCARTY, M., and O. T. AVERY: J. exp. Med. **83**, 97 (1946).
[5] ZAMENHOF, S., G. BRAWERMAN and E. CHARGAFF: Biochim. biophysica Acta, N. Y. **9**, 402 (1952).
[6] SMITH, J. D., and G. R. WYATT: Biochem. J. **49**, 144 (1951).

der Lösung mit $^1/_{20}$ Vol. Kohlebrei bei 4°, zentrifugieren)[1]. Aus der Aktivkohle können die RNS mit 15%igem Phenol wieder eluiert werden.

2. *Beimengungen von Salzen, Aminosäuren, Nucleotiden und anderen niedermolekularen Stoffen* werden meistens durch wiederholte Umfällungen beseitigt. Auflösen der Nucleinate in Wasser, Fällen durch Zugabe von Äthanol bis zu 50—60 Vol.-% oder Methanol bis zu 75 Vol.-%. Dialysen gegen Wasser oder 0,1 m NaCl führen ebenfalls zum Ziele.

3. Die *Abtrennung von Polysacchariden* macht häufig die größten Schwierigkeiten. Falls nicht eine enzymatische Hydrolyse ausgeführt werden kann, ist mit DNS eine Fällung als Calciumsalz und die mechanische Trennung des faserigen Niederschlags vom Polysaccharid zu empfehlen. Auch eine schnelle Fällung der NS mit 1 n HCl (bei 0°) und sofortige Wiederauflösung des abgetrennten Niederschlags in kalter $NaHCO_3$-Lösung führt meistens zur Reinigung, ist allerdings mit der Gefahr hydrolytischer Reaktionen verknüpft.

4. Die *Entfernung der Proteine* gelingt der Hauptmenge nach durch ihre Denaturierung mittels oberflächenaktiver Stoffe (Beispiele s. S. 1317 und S. 1319) oder durch Fällung des Na-Nucleinats mit Äthanol (Beispiele s. S. 1316, 1321).

Die *Biuret-Reaktion* kann in folgender Weise empfindlich ausgeführt werden: 2 cm³ der Nucleinat-Lösung werden mit 1 cm³ Äthanol und 1 Tropfen einer 1%igen $CuSO_4$-Lösung versetzt. Die Zugabe von einigen KOH-Plätzchen salzt das Äthanol mit der Biuret-Färbung aus der Mischung aus. Die Reaktion ist noch deutlich mit 50 γ Eiweiß[2].

Zur quantitativen Protein-Bestimmung wird die Biuret-Färbung bei 310 und 390 mμ photometriert und nach Abzug der entsprechenden Blindwerte mit Färbungen einer Eichlösung von bekanntem Proteingehalt ausgewertet[3]. Weitere Methoden s. unter „Proteinen", S. 1070ff. und 1316ff.

Die *Prüfung des hochmolekularen Zustandes* von DNS-Präparaten kann durch Viscositäts-Messungen (s. S. 1291) und durch Bestimmung der Gestalt der Titrationskurven erfolgen. Die Konstanz der η_{sp}-Werte von DNS-Lösungen bei Raumtemperatur und beim Erhitzen auf 76° ist ein Kriterium ihres nichtabgebauten Zustandes. Partiell abgebaute DNS ändern unter solchen Bedingungen ihre Viscosität.

Prüfung auf Konstanz der Viscosität von DNS-Lösungen[3, 4].

1. Die 0,1—0,15%ige DNS-Lösung in 0,14 m NaCl (mit 0,015 m Natriumcitrat vom p_H 7,1) wird 8 Std bei 23° gehalten. Der η_{sp}-Wert soll ± 2% konstant bleiben.

2. Eine 0,04—0,05%ige DNS-Lösung in der oben angegebenen NaCl-Citrat-Lösung wird nach Bestimmung ihres η_{sp}-Wertes im geschlossenen Rohr 1 Std auf 76° $\pm$0,3° erhitzt. Nach Abkühlung auf 23° und sorgfältiger Mischung mit den Kondenswassertropfen wird die Viscosität der Lösung abermals gemessen. Unabgebaute DNS haben den gleichen η_{sp}-Wert (± 2%); abgebaute Präparate zeigen mehr oder weniger große Viscositätsverminderungen.

Über die *Verschiebung der Titrationskurven* von DNS durch Hitze-Denaturierung[5].

Zur Unterscheidung von nativen und denaturierten DNS durch Messung der UV-Absorption s. S. 1287.

d) Methoden der Fraktionierung von Nucleinsäuren.

Die Heterogenität von NS-Präparaten in bezug auf ihre Molekülgröße geht hervor aus Ultrazentrifugationsversuchen[6] und auch aus fraktionierten Fällungen[7]. Doch läßt

[1] ZAMENHOF, S., and E. CHARGAFF: Nature **168**, 604 (1951).
[2] MARKHAM, R.; in: PAECH-TRACEY, Moderne Methoden der Pflanzenanalyse. Bd. IV, S. 290. Berlin, Göttingen, Heidelberg 1955.
[3] Siehe auch ZAMENHOF, S.; in: COLOWICK-KAPLAN, Meth. Enzymol. Bd. III, S. 700ff.
[4] ZAMENHOF, S., G. GRIBOFF and N. MARULLO: Biochim. biophysica Acta, N. Y. **13**, 459 (1954).
[5] COX, R. A., and A. R. PEACOCKE: Soc. **1956**, 2646.
[6] WYATT, G. R.: Nature **166**, 237 (1950). — STERN, K. G., and S. M. ATLAS: J. biol. Ch. **203**, 795 (1953).
[7] MATHIESON, A. R., and M. R. PORTER: Nature **173**, 1190 (1954). — BENDICH, A., P. J. RUSSEL jr. and G. B. BROWN: J. biol. Ch. **203**, 305 (1953).

sich dadurch keine präparative Trennung erreichen. Durch Messung der Sedimentationskonstanten von DNS ist jedoch nachgewiesen worden, daß die Hauptveränderungen, die zur Streuung der Molekülgrößen führen, vor oder während der Extraktion der Nucleoproteide aus den Geweben stattfinden[1]. Die weiteren Operationen zur Trennung der Säuren von den Proteinkomponenten bewirken nur geringe Veränderungen.

Trennungen der DNS in Fraktionen mit verschiedenen Basenverhältnissen werden erzielt durch Ionenaustausch[2] und durch fraktionierte Dissoziation ihrer Komplexe mit basischen Proteinen oder künstlichen hochmolekularen basischen Stoffen[3-5]. Siehe die Angaben über die Fraktionierung von Nucleoproteiden S. 1354.

Die fraktionierte Extraktion von Thymus-Nucleohiston trennt DNS-Fraktionen mit zunehmenden Werten für Adenin/Thymin, abnehmenden für Guanin/Cytosin[5]. Analoge Auftrennungen in Fraktionen mit verschiedenen Basenverhältnissen treten ein bei DNS aus verschiedenen Geweben von Mensch, Rind, Schwein, aus Seeigelspermien, aus Weizenkeimen usw.[5]. So werden z. B. die DNS aus T2r-Bakteriophagen durch Elution mit NaCl-Lösungen steigender Konzentration (bei p_H 6,8) aus einer Histon-Cellulose-Säule in 2 Fraktionen getrennt. Die erste hat ein Verhältnis (Adenin + Thymin)/(Guanin + Oxymethylcytosin) von 1,9, die zweite von 2,15[4].

Vermutlich bestehen die DNS einer bestimmten Zellenart aus sehr verschieden zusammengesetzten Molekülen, in welchen jedoch die Regelmäßigkeiten der Basenverhältnisse des Gemisches gewahrt sind (s. S. 1335).

8. Einige Methoden zur Ermittlung der Zusammensetzung und Struktur der NS.

Die wahrscheinlichsten Schlußfolgerungen aus den bisherigen Versuchen zur Strukturermittlung der NS sind im 1. Abschnitt S. 1281ff. erwähnt, die physikalischen Methoden zur Kennzeichnung der NS im 3. Abschnitt S. 1287ff. Weitere Charakterisierungen von NS verschiedener Herkunft werden erzielt durch Untersuchung ihrer hydrolytischen Spaltungen und der Produkte partieller Hydrolysen, dann durch Bestimmung der Mengenverhältnisse der in den Säuren enthaltenen Basen.

a) Hydrolytische Spaltungen von Nucleinsäuren.

α) Hydrolysen durch Säuren und Alkalien.

Die *saure Hydrolyse von DNS* ist schon früh und vielfach untersucht worden[6, 7]. Sie hat wesentliche Beiträge zur Erkenntnis der Struktur der NS geliefert. Die glykosidischen Bindungen zwischen Purin und Desoxyribose werden viel schneller gelöst als die Phosphorsäure-Esterbindungen. Die Säurewirkung führt daher zunächst zu purinfreien hochmolekularen Produkten. Bei 80—100°, mit 0,1 n HCl dargestellt, werden diese „Thyminsäure"[6] genannt; durch mildere Hydrolyse werden höhermolekulare „Apurinsäuren"[8] erhalten. (Bedeutung dieser Produkte für die FEULGENsche Nuclealfärbung.)

---

[1] SHOOTER, K. V., and J. A. V. BUTLER: Nature **177**, 1033 (1956).
[2] BENDICH, A.: Am. Soc. **77**, 367 (1955).
[3] BROWN, G. L., and M. WATSON: Nature **172**, 339 (1953).
[4] BROWN, G. L., and A. V. MARTIN: Nature **176**, 971 (1955).
[5] CHARGAFF, E., C. F. CRAMPTON and R. LIPSHITZ: Nature **172**, 289 (1953). — CRAMPTON, C. F., R. LIPSHITZ and E. CHARGAFF: J. biol. Ch. **211**, 125 (1954). — LIPSHITZ, R., and E. CHARGAFF: Biochim. biophysica Acta, N. Y. **19**, 256 (1956). — FRIEDKIN, M., and H. WOOD: J. biol. Ch. **220** 639 (1956). — LUCY, J. A., et J. A. V. BUTLER: Bull. Soc. chim. Belges **65**, 133 (1956).
[6] KOSSEL, A., u. A. NEUMANN: B. **26**, 2753 (1893). H. **22**, 74 (1896/97).
[7] STEUDEL, H., u. P. BRIGL: H. **70**, 398 (1910/11). — FEULGEN, R.: H. **101**, 296 (1917/18). — STEUDEL, H., u. E. PEISER: H. **111**, 297 (1920). — THANNHAUSER, S. J., u. B. OTTENSTEIN: H. **114**, 39 (1921). — BREDERECK, H., u. G. MÜLLER: B. **72**, 115 (1939).
[8] TAMM, C., M. E. HODES and E. CHARGAFF: J. biol. Ch. **195**, 49 (1952). — TAMM, C., H. S. SHAPIRO and E. CHARGAFF: J. biol. Ch. **199**, 313 (1952). — TAMM, C., H. S. SHAPIRO, R. LIPSHITZ and E. CHARGAFF: J. biol. Ch. **203**, 673 (1953).

Darstellung von Apurinsäure[1]. Eine 0,2%ige Lösung von hochpolymerem Natrium-desoxyribonucleinat wird mit 0,27 Vol. 0,1 n HCl versetzt, so daß ein p_H von 1,6 hergestellt wird. Ein Niederschlag fällt zunächst aus. Nun wird die Lösung 26 Std auf 37° gehalten, bis p_H 7,3 neutralisiert und durch Cellophan gegen 0,2 m Boratpuffer von gleichem p_H 22 Std bei 4° dialysiert, dann 22 Std gegen Leitungswasser bei 12° und weitere 24 Std gegen häufig gewechseltes dest. Wasser bei 4°. Der Inhalt des Dialysierschlauchs wird gefroren eingetrocknet und gibt eine weiße, hygroskopische, in Wasser leicht lösliche Masse. Die Ausbeute ist nahezu quantitativ, unter Berücksichtigung der abgespaltenen Purine, die 20% des DNS-Gewichtes betragen.

Saure Hydrolyse in der Hitze, z. B. in 0,01 n HCl bei 100° für 1—2 Std, liefert größere Mengen der Pyrimidin-desoxyribonucleotid-3',5'-diphosphate und Pyrimidin-desoxyribonucleoside[2] (s. S. 1264).

Die *Spaltung von DNS* (aus Kalbsthymus) durch milde Einwirkung von Säuren kann verfolgt werden durch Bestimmung der sich bildenden dialysierbaren Bruchstücke und laufende Ermittlung von Molekular-Gewicht und -Gestalt durch Messung der Lichtstreuung und der Eigenviscosität. Bei p_H 2,6 erfolgt eine starke Kontraktion der Moleküle, die als Folge der Lösung von Wasserstoffbindungen zwischen den beiden Polynucleotidketten des WATSON-CRICK-Modells und der dadurch möglich werdenden größeren Rotationsfreiheit der Ketten gedeutet wird. Bei diesem p_H setzen 3 Arten von Hydrolysen ein: die der Phosphorsäure-Esterbindungen, die 200mal schnellere der Glykosidbindungen der Purinbasen, schließlich die von restlichen Bindungen zwischen den beiden Ketten. Zur Methodik und Analyse der Kinetik[3].

Aus *RNS* können durch *partielle saure Hydrolyse* Oligonucleotide erhalten werden, ohne daß allzuviel Phosphat gebildet wird und alle Purine abgespalten werden (s. S. 1266)[4].

Auch die alkalische Hydrolyse liefert, rechtzeitig unterbrochen, Oligonucleotide (s. S. 1268). Über die Bildung von Dinucleosidphosphaten und von Mononucleotiden mit cyclischen Phosphatgruppen[5] s. S. 1270 und S. 1255. Die alkalische Hydrolyse der RNS kann zweckmäßig auch durch Erwärmen ihrer Lösungen mit Anionenaustauschern vorgenommen werden[6].

β) Enzymatische Hydrolysen.

Enzymatische Hydrolysen von RNS und DNS dienen ebenfalls der Aufklärung ihrer Struktur und der Gewinnung niedermolekularer Spaltstücke. Seit der Darstellung der beiden spezifisch wirkenden Nucleasen aus Pankreas in kristallisiertem Zustand sind sie besonders häufig untersucht worden. Einige Angaben über Nucleasen s. S. 1133; weitere Angaben im Abschnitt „Nucleasen", Bd. VI dieses Handbuchs und[7, 8].

Die *Pankreas-Desoxyribonuclease* ist eine höchst spezifische Phosphodiesterase, welche DNS verschiedenen Kondensationsgrades gleich schnell hydrolysiert[9], Apurinsäuren viel langsamer, RNS oder Ribooligonucleotide überhaupt nicht. Zu ihrer Wirkung bedarf sie zweiwertiger Kationen[10] (Mg^{++}, Mn^{++}, Fe^{++}, Co^{++}). Wirkungsoptimum bei p_H 6—7.

[1] TAMM, C., M. E. HODES and E. CHARGAFF: J. biol. Ch. **195**, 49 (1952).
[2] DEKKER, C. A., A. M. MICHELSON and A. R. TODD: Soc. **1953**, 947. — SHAPIRO, H. S., and E. CHARGAFF: Fed. Proc. **15**, 352 (1956).
[3] THOMAS, C. A. jr., and P. DOTY: Am. Soc. **78**, 1854 (1956).
[4] MERRIFIELD, R. B., and D. W. WOOLLEY: J. biol. Ch. **197**, 521 (1952). — COHN, W. E., and R. MARKHAM: Biochem. J. **62**, 17 P (1956).
[5] MARKHAM, R., and J. D. SMITH: Biochem. J. **52**, 552 (1952). — BROWN, D. M., D. I. MAGRATH and A. R. TODD: Soc. **1952**, 2708.
[6] DIMROTH, K., u. W. MATTHAEUS: Angew. Chem. **68**, 579 (1956).
[7] Enzymes of nucleic acid metabolism; in: Colowick-Kaplan, Meth. Enzymol. Bd. II, S. 427—520.
[8] SCHMIDT, G.; in: Chargaff-Davidson, Nucleic Acids, Bd. I, S. 555—626, und in: Colowick-Kaplan, Meth. Enzymol. Bd. III, S. 747—775.
[9] TAMM, C., H. S. SHAPIRO and E. CHARGAFF: J. biol. Ch. **199**, 313 (1952).
[10] FISCHER, F. G., H. LEHMANN-ECHTERNACHT u. I. BÖTTGER: J. prakt. Chem. **158**, 79 (1941). — LASKOWSKI, M., and M. K. SEIDEL: Arch. Biochem. **7**, 465 (1945). — LASKOWSKI, M.: Arch. Biochem. **11**, 41 (1946). — KUNITZ, M.: J. gen. Physiol. **33**, 349 (1950). — MIYAJI, T., and J. P. GREENSTEIN: Arch. Biochem. **32**, 414 (1951).

Auch bei langausgedehnten Hydrolysen wird nur $^1/_4$ der sekundären Phosphataciditäten frei[1]. Doch sind die Hydrolysenprodukte nicht einheitlicher Größe und etwa Tetranucleotide, sondern Gemische von Dinucleotiden (15—18%) und Trinucleotiden mit Oligonucleotiden. Die höhermolekularen Oligonucleotide sind reicher an Purinen als die DNS[2]. Einige der niederen Spaltstücke sind nach Trennung durch Papierchromatographie oder Ionenaustausch identifiziert worden (s. S. 1271 und S. 1274)[3]. Alle End-Phosphatgruppen haften in 5'[4]. Anorganisches Phosphat wird nicht gebildet. Mononucleotide entstehen nur zu 1% des Gesamt-P[5].

Die Hydrolysen können verfolgt werden: 1. Durch Bestimmung der säurelöslich werdenden Spaltstücke nach Abtrennung von den säureunlöslichen (UV-Absorptionsmessung, P-Analysen oder Desoxyribose-Bestimmungen nach DISCHE)[6]. 2. Durch Titration der freiwerdenden sekundären Phosphataciditäten[7]. 3. Durch manometrische Messung der freiwerdenden Aciditäten[8]. 4. Durch Messung der UV-Absorption. Die Absorption bei 260 mμ wird durch die Hydrolyse maximal um 30% erhöht. Die Anfangsgeschwindigkeit dieser Zunahme ist der Nuclease-Konzentration proportional[9]. 5. Durch Messung der Viscositäts-Abnahme der Nucleinat-Lösung[10]. 6. Durch Messung des Bindungsvermögens für Methylgrün[11] oder Methylenblau[12].

Eine genaue Verfolgung der Kinetik der enzymatischen Hydrolyse ist möglich durch Messung der Lichtstreuung und Viscosität, vereint mit kontinuierlichen Titrationen. Methodische Angaben[13].

Aus der Thymusdrüse ist eine Desoxyribonuclease angereichert worden, deren Eigenschaften z. T. verschieden sind von jenen des Pankreas-Enzyms[14]. p_H-Optimum. 5. Auch die Desoxyribonucleasen aus Leber, Milz[15] und anderen Geweben wirken optimal im schwachsauren Gebiet; sie sind hauptsächlich im Cytoplasma vorhanden, und zwar in den Mitochondrien. In den Kernen ist, wenn überhaupt, nur sehr schwache Nucleasewirkung nachzuweisen. Die Nucleasen der Pankreaszellen sind mit den Zymogengranula verknüpft und im Cytoplasma gelöst, jedoch weder in den Mitochondrien noch im Kern[16].

Über Desoxyribonucleasen in Pflanzen[17], Pflanzensamen[18], Mikroorganismen[19].

---

[1] FISCHER, F. G., I. BÖTTGER u. H. LEHMANN-ECHTERNACHT: H. **271**, 246 (1941). — LITTLE, J. A., and G. C. BUTLER: J. biol. Ch. **188**, 695 (1951).

[2] ZAMENHOF, S., and E. CHARGAFF: J. biol. Ch. **187**, 1 (1950).

[3] SINSHEIMER, R. L.: J. biol. Ch. **215**, 579 (1955).

[4] SMITH, J. D., and R. MARKHAM: Biochim. biophysica Acta, N. Y. **8**, 350 (1952).

[5] SINSHEIMER, R. L.: J. biol. Ch. **208**, 445 (1954).

[6] LASKOWSKI, M.: Arch. Biochem. **11**, 41 (1946). — KURNICK, N. B.: Arch. Biochem. **29**, 41 (1950). — ALLFREY, V. G., and A. E. MIRSKY: J. gen. Physiol. **36**, 227 (1952).

[7] FISCHER, F. G., I. BÖTTGER u. H. LEHMANN-ECHTERNACHT: H. **271**, 246 (1941). — THOMAS, C. A. jr.: Am. Soc. **78**, 1861 (1956).

[8] BAIN, J. A., and H. P. RUSCH: J. biol. Ch. **153**, 659 (1944). — ZITTLE, C. A.: J. biol. Ch. **163**, 119 (1946).

[9] KUNITZ, M.: J. gen. Physiol. **33**, 349 (1950).

[10] SCHMIDT, G.: Enzymologia **1**, 135 (1936). — THOMAS, C. A. jr.: Am. Soc. **78**, 1861 (1956).

[11] KURNICK, N. B.: Arch. Biochem. **29**, 41 (1950). Arch. Biochem. **43**, 97 (1953).

[12] VERCAUTEREN, R.: Nature **165**, 603 (1950). Enzymologia **14**, 134 (1950).

[13] THOMAS, C. A. jr.: Am. Soc. **78**, 1861 (1956).

[14] BROWN, K. G., G. JACOBS and M. LASKOWSKI: J. biol. Ch. **194**, 445 (1952). — PRIVAT DE GARILHE, M., and M. LASKOWSKI: Biochim. biophysica Acta, N. Y. **18**, 370 (1954). — WEBB, M.: Exp. Cell Res. **5**, 16, 27 (1953).

[15] SIEBERT, G., K. LANG u. A. CORBET: B. Z. **320**, 418 (1950). — SIEBERT, G., K. LANG, S. LUCIUS-LANG, L. HERERT, G. STARK, G. ROSSMÜLLER u. H. JÖCKEL: H. **295**, 229 (1953). — ALLFREY, V. G., and A. E. MIRSKY: J. gen. Physiol. **36**, 227 (1953). — PRIVAT DE GARILHE, M., and M. LASKOWSKI: J. biol. Ch. **215**, 269 (1955).

[16] MARSHALL, J. M.: Exp. Cell Res. **6**, 240 (1954).

[17] BRAWERMAN, G., and E. CHARGAFF: J. biol. Ch. **210**, 445 (1954).

[18] GREENSTEIN, J. P.: Fed. Proc. **1**, 113 (1942). — ZAMENHOF, S., and E. CHARGAFF: J. biol. Ch. **180**, 727 (1949).

[19] PLENGE, H.: H. **39**, 190 (1903). — ZAMENHOF, S., and E. CHARGAFF: J. biol. Ch. **180**, 727 (1949). — COHEN, S. S.: J. biol. Ch. **168**, 511 (1947). — SCHNEIDER, W. C., and G. H. HOGEBOOM: J. biol. Ch. **198**, 155 (1952).

Die *Pankreas-Ribonuclease* wirkt durch Transphosphorylierung, der eine Hydrolyse folgt. Cyclische 2',3'-Nucleosidphosphate sind Zwischenprodukte, die dann zu 3'-Nucleotiden aufgespalten werden[1]. Als Endprodukte treten hauptsächlich 3'-Pyrimidinmononucleotide auf und niedermolekulare Oligonucleotide[2] mit endständigen Pyrimidinnucleosid-3'-phosphat-Gruppen[3]. Zur Isolierung und Strukturermittlung dieser Spaltstücke s. S. 1266.

Optimal wirkt die Pankreas-Ribonuclease bei p_H 7,7 und bei einer Alkalisalz-Ionenstärke von 0,1[4].

Die Wirkung der Ribonuclease kann verfolgt werden: 1. Durch Abtrennung der säurelöslich gewordenen Spaltstücke von den säureunlöslichen[5]. Als Fällungsmittel eignet sich besonders eine 1,5%ige Lösung von Uranylchlorid in 10%iger Trichloressigsäure[6] oder 2,5%iger Perchlorsäure. 2. Durch Titration der freiwerdenden Phosphatacididitäten[4, 7]; ihre Messung kann auch durch manometrische Methoden erfolgen[8]. 3. Durch Bestimmung der entstehenden sekundären Phosphatgruppen nach ihrer enzymatischen Hydrolyse zu anorganischem Phosphat mit Prostata-Phosphatase[2]. 4. Durch Spektralphotometrie[9].

Methodische Angaben zur Untersuchung der Kinetik der RNS-Hydrolyse[8, 10-11]. Über die enzymatische Bildung von Diphosphonucleosiden aus RNS[12]. Eine Ribonuclease aus Milz unterscheidet sich in ihren Eigenschaften vom Pankreas-Enzym[13].

Über die Anwendung der Ribonuclease zur Hydrolyse von RNS in Gewebeschnitten und damit zu ihrem Nachweis s. S. 1299.

Über die Wirkung der Ribonuclease auf lebende Zellen (Gewebekulturen, Ascites-Tumor, Amphibieneier, Amöben) und zur Frage der Synthese von DNS[14]. Über die Wirkung auf synthetische Substrate[15].

Phosphodiesterasen aus Schlangengiften (s. S. 1135) sind nicht spezifisch auf RNS oder DNS wirksam, sondern auch auf andere, einfache Diester der Phosphorsäure. Nach Entfernung der 5'-Nucleotidase bilden sie kein anorganisches Phosphat und sind ausgezeichnet geeignet, um 5'-Mononucleotide aus RNS und aus DNS freizumachen[16]. Aus RNS entstehen außerdem Nucleosid-3',5'-diphosphate. Die Ausbeute der 5'-Nucleotide aus DNS ist nahezu quantitativ[17]. Nur die DNS aus T2r-Bakteriophagen werden nicht

---

[1] HEPPEL, L. A., P. R. WHITFELD and R. MARKHAM: Biochem. J. **56**, P 3 (1954). — MCDONALD, M. C.: Biochim. biophysica Acta, N. Y. **18**, 138 (1955).

[2] LORING, H. S., F. H. CARPENTER and P. M. ROLL: J. biol. Ch. **169**, 601 (1947). — SCHMIDT, G., R. CUBILES, N. ZÖLLNER, L. HECHT, N. STRICKLER, K. SERAIDARIAN, M. SERAIDARIAN and S. J. THANNHAUSER: J. biol. Ch. **192**, 715 (1951).

[3] MARKHAM, R., and J. D. SMITH: Biochem. J. **52**, 565 (1952). — VOLKIN, E., and W. E. COHN: J. biol. Ch. **205**, 767 (1953).

[4] KUNITZ, M.: J. gen. Physiol. **24**, 15 (1940).

[5] CANTERO, A., R. DAOUST and G. DE LAMIRANDE: Science, N. Y. **112**, 221 (1950). — ROTH, J. S., and S. W. MILSTEIN: J. biol. Ch. **196**, 489 (1952).

[6] MACFADYEN, D. A.: J. biol. Ch. **107**, 297 (1934).

[7] ALLEN, F. W., and J. J. EILER: J. biol. Ch. **137**, 757 (1941).

[8] BAIN, J. A., and H. P. RUSCH: J. biol. Ch. **153**, 659 (1944).

[9] RICHARDS, F. M.: C. R. Trav. Lab. Carlsberg, Sér. chim. **29**, 315 (1955).

[10] ZITTLE, C. A.: J. biol. Ch. **160**, 527 (1945).

[11] EDELHOCH, H., and J. COLEMAN: J. biol. Ch. **219**, 351 (1956).

[12] CRESTFIELD, A. M., and A. F. WORTHINGTON: J. biol. Ch. **219**, 103 (1956).

[13] KAPLAN, H. S., and L. A. HEPPEL: J. biol. Ch. **222**, 907 (1956).

[14] BRACHET, J.: Nature **175**, 851 (1955). — FIRKET, H., S. CHÈVREMONT-COMHAIRE and M. CHÈVREMONT: Nature **176**, 1075 (1955). — BRACHET, J., and L. LEDOUX: Exp. Cell Res., Suppl. **3**, 27 (1955). — BRACHET, J.: Exp. Cell. Res. **10**, 255 (1956). — LEDOUX, L.: Arch. int. Physiol. **64**, 537 (1956).

[15] DAVIS, F. F., and F. W. ALLEN: J. biol. Ch. **217**, 13 (1955).

[16] GULLAND, J. M., and E. M. JACKSON: Biochem. J. **32**, 597 (1938). — COHN, W. E., and E. VOLKIN: J. biol. Ch. **203**, 319 (1953).

[17] SINSHEIMER, R. L., and J. F. KOERNER: J. biol. Ch. **198**, 293 (1952). — SINSHEIMER, R. L.: Science, N. Y. **120**, 551 (1954).

mehr als zu 60% hydrolysiert, wahrscheinlich infolge der Anwesenheit von Glykosyl-hydroxymethyl-cytidylsäure-Gruppen[1].

Die Phosphodiesterasen wirken optimal bei p_H 9,2 und werden durch 0,003 m Mg-Salzlösungen aktiviert.

Zur Trennung der niedermolekularen Hydrolysenprodukte der DNS und RNS und zur Ermittlung ihrer Struktur s. S. 1266ff.

b) Das Verhältnis der Basen in verschiedenen NS.

Die früheren Untersuchungen der Hydrolysenprodukte von Hefe-RNS, Weizenkeimen-RNS und Thymus-DNS hatten die Anwesenheit von je 4 Basen in den „pflanzlichen" und den „tierischen" NS in nahezu molaren Verhältnissen aufgezeigt[2]. Dadurch entstand die Annahme der „Tetranucleotid-Struktur" der NS, auch in dem Sinne, daß ihre Moleküle lediglich aus 4 verschiedenen Nucleotidresten bestünden, also niedermolekular seien. Als die hochmolekularen Eigenschaften der Säuren richtig gewürdigt wurden, entstand die Frage, ob „Tetranucleotid-Einheiten", d. h. regelmäßige Folgen der 4 Nucleotidreste in den großen Molekülen vorhanden wären und bei chemischen oder enzymatischen Hydrolysen zum Vorschein kämen[3]. Das angenähert molare Verhältnis fand seinen Ausdruck in der Bezeichnung der NS als „statistische Tetranucleotide"[4].

Genauere Analysen der Mengenverhältnisse der Basen haben indessen unzweideutig gezeigt, daß diese nicht in molaren Verhältnissen vorhanden sind[5] und daß sowohl RNS wie DNS verschiedener Herkunft verschiedene Basenverhältnisse haben können. Zudem ist in den DNS die Anwesenheit weiterer Basen (Methylcytosin, Oxymethylcytosin) nachgewiesen und auch die Möglichkeit des Einbaus zellfremder Basen aufgezeigt worden.

Die Analyse der Basenverhältnisse wird an Bedeutung gewinnen, sobald die NS-Präparate nicht aus einem gesamten Organ oder einer Zellart, sondern aus isolierten Zellbestandteilen (Kerne, Nucleoli, Mikrosomen usw.) gewonnen werden und außerdem ihre physikalisch-chemische Einheitlichkeit gesichert erscheint. Die bisher bekanntgewordenen Analysen beziehen sich auf RNS- oder DNS-Gemische; sie sind zudem häufig mit verschiedenen Methoden und von verschiedenen Autoren ausgeführt worden. Trotzdem haben sich schon einige allgemeinere Erkenntnisse herausgeschält.

Methodische Voraussetzungen waren die Verbesserung der hydrolytischen Spaltung der NS (s. S. 1151), die papierchromatographische Trennung der Spaltstücke (s. S. 1152) und die spektralphotometrische Bestimmung der einzelnen Basen (s. S. 1164)[6].

Folgende Verfahren sind am häufigsten angewandt worden:

1. Vollständige hydrolytische Freilegung der Basen durch Erhitzen der DNS oder RNS in $HClO_4$-[7], Trifluoressigsäure-[8] oder Ameisensäure-Lösung, gefolgt von ihrer UV-photometrischen Bestimmung nach papierchromatographischer Trennung.

2. Hydrolyse der DNS oder RNS durch Erhitzen in 1 n HCl zu Purinen und Pyrimidin-mononucleotiden, papierchromatographische Trennung und Photometrierung[9].

3. Alkalische Hydrolyse von RNS zu Mononucleotiden, dann papierchromatographische[10] oder papierelektrophoretische Trennung[11] und photometrische Bestimmung.

---

[1] PRIVAT DE GARILHE, M., and M. LASKOWSKI: Biochim. biophysica Acta, N. Y. **18**, 370 (1954).
[2] LEVENE, P. A., u. J. A. MANDEL: B. Z. **10**, 215 (1908). — STEUDEL, H.: H. **49**, 406 (1906).
[3] Zum Beispiel FISCHER, F. G.: Naturwiss. **30**, 377 (1942).
[4] GULLAND, J. M., G. R. BARKER and D. O. JORDAN: Ann. Rev. **14**, 175 (1945).
[5] CHARGAFF, E.: Exper. **6**, 201 (1950).
[6] LORING, H. S.; in: Chargaff-Davidson, Nucleic Acids Bd. I, S. 191. — WYATT, G. R., ebenda, S. 243. — BENDICH, A.; in: Colowick-Kaplan, Meth. Enzymol. Bd. III, S. 715.
[7] MARSHAK, A., and H. J. VOGEL: J. biol. Ch. **189**, 597 (1951).
[8] DUTTA, S. K., A. S. JONES and M. STACEY: J. gen. Microbiol. **14**, 160 (1956).
[9] MARKHAM, R., and J. D. SMITH: Biochem. J. **45**, 294 (1949); **46**, 509 (1950).
[10] VISCHER, E., and E. CHARGAFF: J. biol. Ch. **176**, 703 (1948). — WYATT, G. R.: Biochem. J. **48**, 584 (1951).
[11] DAVIDSON, J. N., and R. M. S. SMELLIE: Biochem. J. **52**, 594 (1952). — CROSBIE, G. W., R. M. S. SMELLIE and J. N. DAVIDSON: Biochem. J. **54**, 287 (1953). — CRESTFIELD, A. M., and F. W. ALLEN: Analyt. Chem., Washington **27**, 424 (1955).

In einzelnen Fällen ist auch die enzymatische Hydrolyse von DNS zu Mononucleotiden und ihre Trennung mit Anionen-Austauschern verwendet worden[1].

Die erste Methode ist die am häufigsten angewandte und ohne Zweifel einfachste und zuverlässigste. Nach $HClO_4$-Hydrolyse werden die Basen zu 93—96 % der im NS-Präparat vorhandenen Menge ermittelt. In größeren Prozentsätzen wird nur 5-Oxymethylcytosin zerstört (Bestandteil der DNS bestimmter Phagen). Ist in den zu analysierenden DNS diese Base vorhanden, dann empfiehlt sich eine Hydrolyse mit Ameisensäure (s. S. 1152). Vor jeder Analyse ist die Reinheit des betreffenden NS-Präparates zu prüfen (P-Gehalt über 8 %). Besonders störend sind in DNS-Präparaten RNS-Beimengungen und umgekehrt. Nachweise s. S. 1106, Reinigungsoperationen s. S. 1328.

Zur *Ausführung der Hydrolysen mit* $HClO_4$ s. S. 1151. Empfehlenswert ist z. B. das Erhitzen von 5 mg NS in 0,10 cm^3 $HClO_4$ (70 %ig) für 60 min auf genau 100°, Auffüllen mit Wasser auf 0,50 cm^3, Zentrifugieren und Auftragen der klaren Lösung auf den Papierbogen zur Chromatographie. Die Lösung dient auch zu P- und N-Bestimmungen. Sehr geeignet zur Trennung der Basen ist das Gemisch Isopropanol-Salzsäure Nr. 19 (s. S. 1154). Aufgetragen werden 10—20 mm^3 Hydrolysat je Fleck, entsprechend 5—30 γ einer jeden Base, und entsprechende Mengen von Vergleichslösungen bekannter Konzentration. Laufzeit etwa 15 Std, R_F-Werte s. S. 1160. Lokalisierung als dunkle Flecke unter der UV-Lampe. Elution der ausgeschnittenen Papierstücke mit je 5,0 cm^3 0,1 n HCl (s. S. 1165). Photometrierung von 230—310 mμ, mit je 5 mμ Abstand. ε-Werte S. 1120, Auswertung S. 1164.

α) Die Basenverhältnisse in DNS.

Schon die bisherigen Fraktionierungen der DNS haben ergeben, daß ihre Moleküle sich nicht nur in der Größe unterscheiden, sondern auch in den Mengenverhältnissen der Purine und Pyrimidine (s. S. 1329). Die ermittelten Werte sind daher Durchschnittswerte und geben nicht die Zusammensetzung einzelner Moleküle wieder.

Die bisherigen Analysen haben ergeben:

1. Es lassen sich 2 Haupttypen unterscheiden:

a) der AT-Typ, mit einem überwiegenden Gehalt an Adenin und Thymin gegenüber dem an Guanin und Cytosin: b) der GC-Typ, für den das Umgekehrte gilt; dieser Typ findet sich in einigen Mikroorganismen.

2. Die Summe der Purinnucleotide gleicht jener der Pyrimidinnucleotide.

3. Das Molverhältnis von Adenin zu Thymin und von Guanin zu Cytosin (gegebenenfalls plus Methylcytosin oder Oxymethylcytosin) ist angenähert 1.

4. Die Anzahl der Basen mit 6-Aminogruppen gleicht der Anzahl der Basen mit 6-Ketogruppen.

Auf die Bedeutung dieser Verhältnisse für die molekulare Struktur der DNS (nach Watson und Crick) ist S. 1289 hingewiesen.

Eine ausführliche Diskussion der experimentellen Ergebnisse und der daraus zu ziehenden Folgerungen bei Chargaff[2]. Die Tabellen 37—39 sind dieser Darstellung entnommen, jedoch stark gekürzt und umgestellt wiedergegeben.

Soweit sich aus den bisherigen Analysen schließen läßt, zeigen die DNS verschiedener Organe derselben Tierart keine sicheren Unterschiede (Tabelle 37). Zwischen den DNS verschiedener Säugetierarten und des Menschen sind signifikante Unterschiede wahrscheinlich (Tabelle 38). Über die Basenverhältnisse der DNS der Spermatozoen von 7 Fischarten s.[3]. Alle diese DNS gehören dem AT-Typ an, ebenso, soweit bekannt, auch jene der höheren Pflanzen[4]. Die DNS aus Weizenkeimen hat folgende Basenverhältnisse (Mol-%, auf 100 %ige Wiedergewinnung korrigiert): A 26,8; G 23,2; C 16,7;

[1] Hurst, R. O., A. M. Marko and G. C. Butler: J. biol. Ch. **204**, 847 (1953).
[2] Chargaff, E.; in: Chargaff-Davidson, Nucleic Acids, Bd. I, S. 350ff.
[3] Felix, K., I. Jilke u. R. K. Zahn: H. **303**, 140 (1956).
[4] Thomas, A. J., and H. S. A. Sherratt: Biochem. J. **62**, 1 (1956).

5-Methyl-C 5,3; T 28,0. (A+T)/(G+C+MC)=1,21[1]. Unter den DNS aus Mikroorganismen (Tabelle 39)[2] finden sich jedoch auch solche, in denen das (A+T)/(G+C)-Verhältnis kleiner als 1 ist (GC-Typ). Bei den untersuchten Metazoen (Säugetiere, Vögel, Insekten, Echinodermen, Fische) liegt das Verhältnis zwischen 1,2 und 2,2[3].

Tabelle 37. *Verhältnis der Purine und Pyrimidine in den DNS verschiedener Organe des Rindes*[1]. (Mole der Basen je 100 g-Atome P im Hydrolysat, korrigiert auf 100%ige Wiedergewinnung.)

Gewebe	Adenin	Guanin	Cytosin	Thymin	Tatsächlich wieder-gewonnen, insgesamt	$\frac{A+T}{G+C}$
Thymus .	27,1	23,2	21,8	27,9	96,5	1,22
Milz. . .	27,7	22,1	21,8	28,4	98,0	1,28
Leber . .	27,4	22,5	21,9	28,2	95,6	1,25
Pankreas	27,8	21,9	21,7	28,5	97,8	1,29
Testes . .	27,0	22,9	22,3	27,8	96,0	1,21

In DNS aus verschiedenen Tumoren wurden folgende Basenverhältnisse gefunden: A 1,00; G 0,85; C 0,73; T 0,99 (auf 4 P bezogen)[4]. Die Zusammensetzung der DNS aus dem EHRLICHschen Mäuse-Ascites-Carcinom[5].

Über die Unterschiede in der Zusammensetzung der Phagen-NS s.[6].

Tabelle 38. *Verhältnis der Purine und Pyrimidine in den DNS verschiedener Organe von Säugern*[7]. (Mole der Basen je 100 g-Atome P im Hydrolysat, korrigiert auf 100%ige Wiedergewinnung.)

Art	Organ	Adenin	Guanin	Cytosin	Thymin	Tatsächlich wieder-gewonnen, insgesamt	$\frac{A+T}{G+C}$
Rind . .	Thymus	29,0	21,2	21,2	28,5	93,3	1,36
	Leber	28,8	21,0	21,1	29,0	94,1	1,37
Schaf .	Thymus	29,3	21,4	21,0	28,3	94,3	1,36
	Leber	29,3	20,7	20,8	29,2	89,9	1,41
Schwein	Thymus	30,0	20,4	20,7	28,9	93,9	1,43
	Leber	29,4	20,5	20,5	29,7	95,3	1,44
	Milz	29,6	20,4	20,8	29,2	96,0	1,43
	Schilddrüse	30,0	20,8	20,7	28,5	97,4	1,41
Mensch	Thymus	30,9	19,9	19,8	29,4	94,6	1,52
	Leber	30,3	19,5	19,9	30,3	95,4	1,54

β) Die Basen-Verhältnisse in RNS[8].

Die Schwierigkeiten der Isolierung unveränderter RNS mahnen zur Vorsicht bei Schlußfolgerungen aus den Ergebnissen der Basen-Analysen dieser Säuren[9]. Zudem ist auch bei ihnen die Uneinheitlichkeit der meisten bisher untersuchten Präparate zu bedenken. Zur Analyse sind am häufigsten die Methoden 2 und 3 (S. 1334) angewandt

[1] HURST, R. O., A. M. MARKO and G. C. BUTLER: J. biol. Ch. **204**, 847 (1953).
[2] Siehe auch: LEE, K. Y., R. WAHL et E. BARBU: Ann. Inst. Pasteur **91**, 212 (1956).
[3] LEE, K. Y., et E. BARBU: C. R. Soc. Biol. **150**, 865 (1956).
[4] WOODHOUSE, D. L.: Biochem. J. **56**, 349 (1954).
[5] SCHNEIDER, W., u. H. EBNER: Exper. **11**, 491 (1955).
[6] JESAITIS, M. A.: Nature **178**, 637 (1956). — COHEN, S. S.: Science, N. Y. **123**, 653 (1956). — LUNAN, K. D., and R. L. SINSHEIMER: Virology **2**, 455 (1956). — BROWN, G. L., and A. V. MARTIN: Nature **176**, 972 (1955).
[7] CHARGAFF, E., and R. LIPSHITZ: Am. Soc. **75**, 3658 (1953).
[8] MAGASANIK, B.; in: Chargaff-Davidson, Nucleic Acids, Bd. I, S. 394 ff. — DORNER, R. W., and C. A. KNIGHT: J. biol. Ch. **205**, 959 (1953). — RICH, A., and J. D. WATSON: Proc. nat. Acad. Sci. USA **40**, 759 (1954).
[9] WEILL, J. D., M. LEDIG et P. MANDEL: Bull. Soc. Chim. biol. **38**, 81 (1956). — BEERS, R. F.: Nature **178**, 595 (1956).

Tabelle 39. *Verhältnis der Purine und Pyrimidine in den DNS von Mikroorganismen.* (Mole der Basen je 100 g-Atome P im Hydrolysat, korrigiert auf 100 %ige Wiedergewinnung.)

Organismus	Adenin	Guanin	Cytosin	Thymin	Tatsächlich wieder-gewonnen, insgesamt	$\frac{A+T}{G+C}$	Lite-ratur
Hefe	31,3	18,7	17,1	32,9	92,0	1,79	1
Pneumococcus Typ III .	29,8	20,5	18,0	31,6	92,5	1,59	2
Haemophilus influenzae .	31,9	18,2	19,6	30,2	92,7	1,64	3
Escherichia coli.	25,4	24,1	25,7	24,8	89,2	1,01	4
Serratia marcescens . . .	20,7	27,2	31,9	20,1	87,0	0,69	3
Mb. tuberculosis (Mensch)	19,3	28,2	34,9	17,5	67,6	0,58	5
Mb. tuberculosis (Vogel) .	15,1	34,9	35,4	14,6	76,3	0,42	6
Mb. phlei	18,0	31,6	34,8	15,5	79,0	0,50	5
Rickettsia prowazeki . .	35,7	17,1	15,4	31,8	96	2,08	7
E. coli-Phage T5	30,3	19,5	19,5	30,8	93	1,57	8
Vaccine	29,5	20,6	20,0	29,9	100	1,46	8

worden. Um Verluste und Verhältnisverschiebungen bei der Isolierung zu vermeiden, sind auch ganze Zellen und Zellelemente analysiert worden[9] (Tabelle 40).

Tabelle 40. *Die Zusammensetzung einiger RNS*[10].

RNS aus	Basenverhältnisse		
	A/U	G/C	Pu/Py
Vertebraten-Cytoplasma			
Rattenleber	0,90	1,05	0,98
Rattenniere	0,90	1,06	1,00
Kaninchenleber	0,98	1,01	1,00
Froschleber	0,98	0,81	0,87
Froschniere	1,02	1,06	1,05
Echinodermen			
Seeigeleier und Embryonen	1,09	1,09	1,09
Sternfisch-Oocyte	0,91	1,07	1,00
Mikroorganismen			
Hefe, ganze Zellen	0,93	1,09	1,00
Hefe, nicht zentrifugierbare Fraktion .	0,98	1,04	1,01
Serratia marcescens	1,2	1,2	1,2
Escherichia coli	1,2	1,2	1,2
Isolierte Nucleoproteide			
Nucleotropomyosin vom Karpfen . .	0,93	1,11	1,04
Nucleus			
Rattenleber	0,85	0,88	0,86
Ochsenleber	0,81	0,87	0,83
Ochsenniere	0,99	0,88	0,93
Nucleolus			
Sternfisch-Oocyte	1,47	1,34	1,38

[1] ZAMENHOF, S., and E. CHARGAFF: J. biol. Ch. **187**, 1 (1950).
[2] DALY, M. M., V. G. ALLFREY and A. E. MIRSKY: J. gen. Physiol. **33**, 497 (1950).
[3] ZAMENHOF, S.: Biochim. biophysica Acta, N. Y. **9**, 402 (1952).
[4] GANDELMAN, B., S. ZAMENHOF and E. CHARGAFF: Biochim. biophysica Acta, N. Y. **9**, 399 (1952).
[5] SMITH, J. D., and G. R. WYATT: Biochem. J. **49**, 144 (1951).
[6] VISCHER, E., S. ZAMENHOF and E. CHARGAFF: J. biol. Ch. **177**, 429 (1948).
[7] WYATT, G. R., and S. S. COHEN: Nature **170**, 846 (1952).
[8] WYATT, G. R., and S. S. COHEN: Biochem. J. **55**, 774 (1953).
[9] ELSON, D., and E. CHARGAFF: Nature **173**, 1037 (1954). Biochim. biophysica Acta, N. Y. **21**, 576 (1956).
[10] Nach ELSON, D., and E. CHARGAFF: Nature **173**, 1037 (1954). Biochim. biophysica Acta, N. Y. **17**, 367 (1955).

Folgende Aussagen können als wahrscheinlich betrachtet werden:

1. In den meisten RNS ist die Anzahl der 6-Aminobasen angenähert gleich jener der 6-Ketobasen (jedoch nicht in den Virus-RNS).

2. In einer Reihe von RNS, jedoch bei weitem nicht in allen, ist das Mol-Verhältnis der Purinnucleotide zu den Pyrimidinnucleotiden angenähert 1. Dazu gehören plasmatische RNS aus tierischen Zellen, jedoch nicht jene aus Zellkernen und Nucleoli und auch nicht jene aus Viren und aus manchen Bakterien (Tabelle 40 und Tabelle 41). Die Zellkern-RNS unterscheiden sich also von den entsprechenden plasmatischen RNS[1].

3. In einer Anzahl von RNS ist zudem das Mol-Verhältnis Adenin zu Uracil und Guanin zu Cytosin nahezu 1.

Es ist wahrscheinlich, daß die RNS-Basenverhältnisse artspezifisch sind; eine Organspezifität hat sich bisher nicht erkennen lassen. Gesichert ist die Artspezifität der RNS

Tabelle 41. *Die Zusammensetzung einiger RNS aus Pflanzenviren.*

Virus	Adenylsäure	Guanylsäure	Cytidylsäure	Uridylsäure	Pu/Py	Literatur
Tabakmosaik . . .	10	8,5	6,2	8,8	1,24	2
Gurken	10	9,9	7,1	11,9	1,05	2
Tomaten bushy stunt	10	10	7,4	8,9	1,23	3
Southern bean mosaic	10	10	8,9	9,8	1,07	3
Kartoffel X	10	6,2	6,6	6,2	1,27	3
Turnip yellow mosaic	10	7,6	16,8	9,8	0,66	4

einiger Pflanzenviren. Die Zusammensetzung der Säuren aus 16 verschiedenen Stämmen von Tabakmosaikvirus ist gleich[2]; ebenso jene aus 2 Stämmen Gurkenvirus[5]. Die Unterschiede zwischen diesen RNS der beiden Arten sind jedoch groß (Tabelle 41). Über die Zusammensetzung der RNS der Reticulocyten s.[6].

9. Einige Angaben zur Untersuchung des Stoffwechsels und der physiologischen Funktionen der Nucleinsäuren.

Die Arbeitsverfahren zur Untersuchung der bisher bekannten oder vermuteten physiologischen Funktionen der NS umfassen, außer den in den vorstehenden Abschnitten angegebenen, vor allem noch die Methoden der Verwendung radioaktiver Isotopen, histochemische Methoden und enzymatische und bakteriologische Methoden (s. die entsprechenden Kapitel in Bd. II). Die Größe des Gebietes und die Differenziertheit der entwickelten Verfahren zwingt dazu, im folgenden Abschnitt die Angaben auf Literaturhinweise zu beschränken. Es werden vor allem neuere zusammenfassende Darstellungen zitiert, die auf weitere Literatur hinweisen, und Originalarbeiten, die methodisch Wesentliches enthalten.

a) Biosynthese und Abbau der Nucleinsäuren.

Mit Ausnahme von einigen Mikroorganismen sind alle Lebewesen befähigt, die NS ihrer Zellen aus einfachen Stoffwechselprodukten zu synthetisieren. Eine Aufnahme exogener Purine, Pyrimidine oder der beiden Pentosen ist daher für die allermeisten Organismen entbehrlich.

---

1 Crosbie, G. W., R. M. S. Smellie and J. N. Davidson: Biochem. J. **54**, 287 (1953).
2 Knight, C. A.: J. biol. Ch. **197**, 241 (1952).
3 Black, L. F., and C. A. Knight: J. biol. Ch. **202**, 51 (1953).
4 Markham, R., and J. D. Smith: Biochem. J. **49**, 401 (1951).
5 Knight, C. A.: J. biol. Ch. **197**, 241 (1952). — Black, F. L., and C. A. Knight: J. biol. Ch. **202**, 51 (1953).
6 Rost, G.: Naturwiss. **43**, 499 (1956).

α) *Nucleinsäurebausteine.*

Die natürliche Bildung der NS-Bausteine ist mehrfach zusammenfassend dargestellt worden, und zwar sowohl die der Pentosen[1], der Purine und Pyrimidine[2,3] als auch der Nucleoside und Nucleotide[4,5]. Die wesentlichsten Fortschritte sind erzielt worden durch Untersuchung der Umwandlung „markierter" Verbindungen, wobei die Isotopen ^{14}N, ^{13}C, noch häufiger ^{15}N und ^{14}C angewendet wurden. Die Markierung der Phosphatreste erfolgt mit ^{32}P.

Ammoniak, Glykokoll, Serin, Hydrogencarbonat und Formiat werden in die Biosynthese der Purine einbezogen; die Bildung des Pyrimidinringes nutzt nur Hydrogencarbonat aus; Formiat wird nur in die Methylgruppe von Thymin eingeführt.

Über die Bildung des Purinringes (Hypoxanthin) aus dem Ribosid von 4-Amino-imidazol-5-carbonsäureamid durch Ringschluß mit Formiat[4–6]. Über Orotsäure (Uracil-4-carbonsäure) als Vorstufe der NS-Pyrimidine[2,7].

β) *Biosynthese von RNS und DNS.*

Die bisher erkannten Wege der Biosynthese von DNS und RNS sind ebenfalls durch die Anwendung von markiertem Phosphat, von markierten einfachen Verbindungen, wie Formiat, und von markierten Purinen und Pyrimidinen, Nucleosiden und Nucleotiden gewonnen worden[8–10]. Durch Markierung der Nucleoside sowohl im Heterocyclus (mit ^{15}N und ^{14}C) als auch im Zuckerrest (mit ^{14}C), der Nucleotide zusätzlich mit ^{32}P-Phosphat, wird es möglich, zu erkennen, ob sie als Einheiten oder als Teilstücke in die Polynucleotid-Ketten eingefügt werden[8–10].

In Versuchen mit Organen der Ratte z. B. ist gezeigt worden, daß von den Basen Adenin leicht in das Polynucleotid-Gefüge aufgenommen wird[11], Uracil und Guanin nur sehr wenig. Ebensowenig wird Thymin in die DNS aufgenommen; Cytosin überhaupt nicht.

Die Pyrimidinnucleoside hingegen werden einverleibt, und zwar als Ganzes; ebenso Adenosin, dieses jedoch schlechter als Adenin. Guanosin wird ebensowenig wie die freie Base aufgenommen. Doch ist auffälligerweise eine Aufnahme von Guanosin und, zu einem höheren Prozentsatz, von Guanin festzustellen, wenn Guanylsäure angeboten wird. Die Verabreichung der anderen Nucleotide (2'- und 3'-Phosphate) führt ebenfalls zum Einbau der entsprechenden Nucleoside, und zwar als ganze Einheiten; der Phosphatrest tritt nicht mit ein und wird hauptsächlich im anorganischen „Sammelbecken" und sonstwo in statistischer Verteilung wiedergefunden.

---

[1] GLOCK, G. E.: Biosynthesis of pentoses; in: Chargaff-Davidson, Nucleic Acids, Bd. II, S. 247.

[2] REICHARD, P.: Biosynthesis of purines and pyrimidines; in: Chargaff-Davidson, Nucleic Acids, Bd. II, S. 277.

[3] SCHULMAN, M. P.: Purines and pyrimidines; in: GREENBERG, D. M. (Hrsg.): Chemical Pathways of Metabolism, Bd. II, S. 223. New York 1954.

[4] SCHLENK, F.: Biosynthesis of nucleosides and nucleotides; in: Chargaff-Davidson, Nucleic Acids, Bd. II, S. 309.

[5] HEPPEL, L. A.: Nucleotides and nucleosides; in: GREENBERG, D. M. (Hrsgb.): Chemical Pathways of Metabolism. Bd. II, S. 263. New York 1954.

[6] GREENBERG, G. R.: J. biol. Ch. **190**, 611 (1951). — SCHULMAN, M. P., and J. M. BUCHANAN: J. biol. Ch. **196**, 513 (1952).

[7] ARVIDSON, H., N. A. ELIASSON, E. HAMMARSTEN, P. REICHARD, H. v. UBISCH and S. BERGSTRÖM: J. biol. Ch. **179**, 169 (1949). — WEED, L. L., and S. S. COHEN: J. biol. Ch. **192**, 693 (1951). — REICHARD, P.: J. biol. Ch. **197**, 391 (1952).

[8] BROWN, G. B., and P. N. ROLL: Biosynthesis of nucleic acids; in: Chargaff-Davidson, Nucleic Acids Bd. II, S. 341.

[9] BROWN, G. B.: Pathways of Biosynthesis of Nucleic acids; in: Peaceful Uses of Atomic Energy. Bd. XII, S. 485. New York 1956.

[10] SMELLIE, R. M. S., and J. M. DAVIDSON: Studies on the Incorporation of radioactive Precursors into the Nucleic acids and related compounds in living cells; in: Peaceful Uses of Atomic Energy. Bd. XII, S. 510.

[11] BENNETT, E. L.: Nucleotide and nucleic acid metabolism studied with adenine-C^{14}, in: Peaceful Uses of Atomic Energy. Bd. XII, S. 490.

Die Einbaureaktionen weisen auf Vorgänge der Transphosphorylierung hin, die zwischen NS und Mononucleosidphosphaten erfolgen muß[1], außerdem auf Vorgänge einer Transpurinierung, d. h. eines Austausches von Puringruppen als Ganzes, die als Sonderfälle einer Transglykosidierung aufzufassen sind.

Die Versuchsergebnisse machen außerdem eine Umwandlung von Ribonucleosiden in Desoxyribonucleoside ohne Lösung der glykosidischen Bindung, d. h. durch Reduktion am Zucker-C(2), wahrscheinlich[2].

Über den Transport von markiertem NS-Phosphat vom Cytoplasma in den Kern von Rattenleberzellen[3].

Über die gegenseitige Umwandlung der Purine bei der Biosynthese von NS-Adenin und -Guanin[4]. Über die Aufnahme von Adenin und Uracil in RNS ruhender Hefe[5]. Über die Einverleibung von ^{14}C-Formiat in NS des Ehrlichschen Ascites-Carcinoms der Maus[6]. Über den ^{14}C-Thymin-Eintritt in DNS embryonaler Gewebe[7] und Rattenleber-Homogenaten[8].

γ) Die Erneuerungsgeschwindigkeiten von DNS und RNS[9, 2].

Unter verschiedenen physiologischen Verhältnissen sind sowohl mit markiertem Phosphat[10] als auch mit markierten Basen-Vorstufen (Hydrogencarbonat, Formiat, Glykokoll, Serin) und markiertem Adenin[4] Untersuchungen der Erneuerungsgeschwindigkeit vorgenommen worden.

Die Erneuerungsgeschwindigkeit (oder „Wechselzahl", „turnover") der DNS ist sehr klein in Zellen, die sich nicht teilen. Sie ist groß bei schnell sich vermehrenden Mikroorganismen und in schnell wachsenden Geweben, z. B. in embryonalen oder regenerierenden Geweben[11]. Es ist (mit regenerierendem Rattenlebergewebe) nachgewiesen, daß bei der als Voraussetzung der Zellteilung stattfindenden Verdoppelung der Zellkernsubstanz nicht die ganze DNS-Menge erneuert wird, sondern nur die hinzukommende eine Hälfte[12]. Die Erneuerungsgeschwindigkeit der RNS ist auch in Zellen, die sich nicht teilen, groß, am größten in der Zellkern-Fraktion, etwa gleich groß in den verschiedenen cytoplasmatischen Fraktionen[11].

Die DNS-Neubildung ist also ein Maß für die stattfindende Zellvermehrung; zwischen der RNS-Erneuerung und der „Aktivität" des entsprechenden Gewebes bestehen Beziehungen[11].

Die bisherigen Versuchsergebnisse weisen darauf hin, daß bei der schnellen Vermehrung sowohl der DNS wie der RNS außer einer de novo-Bildung auch die Aufnahme exogener Basen, vor allem des Adenins, durch Transpurinierung stattfindet.

---

[1] Grunberg-Manago, M., P. J. Ortiz and S. Ochoa: Science, N. Y. **122**, 907 (1955). Biochim. biophysica Acta, N. Y. **20**, 269 (1956).
[2] Brown, G. B.: Pathways of Biosynthesis of Nucleic acids; in: Peaceful Uses of Atomic Energy. Bd. XII, S. 485. New York 1956.
[3] Logan, R., and R. M. S. Smellie: Biochim. biophysica Acta, N. Y. **21**, 92 (1956).
[4] Magasanik, B., H. S. Moyed and D. Karibian: Am. Soc. **78**, 1510 (1956).
[5] Chantrenne, H.: Nature **177**, 579 (1956).
[6] Thomson, R. Y., R. M. S. Smellie, R. Goutier and J. N. Davidson: Biochem. J. **64**, 7 P (1956).
[7] Friedkin, M., D. Tilson and W. Roberts: J. biol. Ch. **220**, 627 (1956).
[8] Bollum, F. J., and V. R. Potter: Am. Soc. **79**, 3603 (1957).
[9] Brown, G. B., and P. N. Roll: Biosynthesis of nucleic acids; in: Chargaff-Davidson, Nucleic Acids, Bd. II, S. 341.
[10] Bennett, E. L.: Nucleotide and nucleic acid metabolism studied with adenine-C^{14}; in: Peaceful Uses of Atomic Energy. Bd. XII, S. 490.
[11] Smellie, R. M. S., and J. N. Davidson: Studies on the Incorporation of radioactive Precursors into the Nucleic acids and related compounds in living cells; in: Peaceful Uses of Atomic Energy. Bd. XII, S. 510. — Swick, R. W., A. L. Koch and D. T. Hands: Arch. Biochem. **63**, 226 (1956).
[12] Daoust, R., C. P. Leblond, N. J. Nadler and M. Enesco: J. biol. Ch. **221**, 727 (1956). — Jardetsky. C. D., C. P. Barnum and H. Vermund: J. biol. Ch. **222**, 421 (1956).

δ) Antimetabolite.

Verschiedene zellfremde Purine und Pyrimidine werden in DNS und RNS von Mikroorganismen und tierischen Organen physiologisch eingebaut: 8-Azaguanin[1-3], 6-Azathymin[4], 5-Bromuracil[5, 6], Thiouracil[7]. Ihr Einbau in NS ist vielfach untersucht worden in Zusammenhang mit der wachstumshemmenden Wirkung dieser Stoffe auf Bakterien, Pilze, Algen, Pflanzen- und Tierviren, Protozoen, tierische Tumoren.

ε) Bildung säureunlöslicher Polyribonucleotide.

Aus Nucleosiddiphosphaten findet durch Polynucleotid-Phosphorylasen der Aufbau von Polyribonucleotiden statt; diese enzymatische Reaktion ist die einzige bisher bekannte, die zur Entstehung von Polyribonucleotiden führt. Sie ist zuerst mit Enzympräparaten aus Azotobacter vinelandii beobachtet worden[8, 9]; gleichwirkende Phosphorylasen sind auch aus Micrococcus lysodeikticus[11] und aus Escherichia coli[11] dargestellt worden. Durch die Wirkung dieser Enzyme entstehen in umkehrbarer Reaktion hochmolekulare Polymere der Adenosin-, Uridin- und Cytidin-monophosphate aus den entsprechenden Diphosphaten. Diese Phosphorylasen hydrolysieren (außer den synthetisierten Polynucleotiden) auch hochmolekulare RNS aus Tabakmosaikvirus, aus dem gelben Rübenvirus und aus Hefe. Niedermolekulare Hefe-RNS werden nur langsam angegriffen, Oligonucleotide überhaupt nicht[10]. Eine derart enzymatisch synthetisierte Polyadenylsäure enthält zweierlei Molekülarten[12]: eine molekulardisperse, mit biegsamen, statistisch gefalteten Molekülen, und eine zweite mit starren Molekülen, die wahrscheinlich schraubenförmig verlaufende Doppelfäden enthält (wie bei den DNS).

b) Physiologische Funktionen der Nucleinsäuren.

Eine Reihe von Beobachtungen deutet auf genetische Funktionen der NS hin und auf die Mitwirkung der NS überhaupt bei der „identischen Vermehrung" von Zellsubstanz. Insbesondere wird die Proteinsynthese in Zusammenhang mit RNS-Wirkungen gebracht.

α) Nucleinsäuren und Zellteilung.

Zusammenfassende Darstellungen über die NS als Bestandteile der Chromosomen und über die mitotische Zellteilung sowie über die Vermehrung der NS während des Zellteilungscyclus[13-15].

Die Verdoppelung der DNS der Chromosomen findet nach Ansicht der meisten Autoren während der späten Interphase statt. Zum Mechanismus dieser Verdoppelung s. z. B. [16].

Die in den Zellkernen (von Amoeba proteus) in der späten Interphase reichlich vorhandenen RNS sind nach der Teilung verschwunden und bilden sich in den jungen Kernen

[1] MATTHEWS, R. E. F.: Nature **171**, 1065 (1953). J. gen. Microbiol. **10**, 521 (1954). Virology **1**, 165 (1955).
[2] LASNITZKI, I., R. E. F. MATTHEWS and J. D. SMITH: Nature **173**, 346 (1954).
[3] MATTHEWS, R. E. F., and J. D. SMITH: Nature **177**, 271 (1956). Adv. Virus Res. **3**, 49 (1955).
[4] PRUSOFF, W. H.: J. biol. Ch. **226**, 901 (1957).
[5] PRICE, T. D., P. B. HUDSON, H. H. HINDS, R. A. DARMSTADT and S. ZAMENHOF: Nature **178**, 686 (1956). — ZAMENHOF, S., B. REINER, R. DE GIOVANNI and K. RICH: J. biol. Ch. **219**, 165 (1956).
[6] WEYGAND, F., A. WACKER u. K. M. PATIL: B. **89**, 475 (1956).
[7] HAMERS, R.: Biochim. biophysica Acta, N. Y. **21**, 170 (1956).
[8] GRUNBERG-MANAGO, M., and S. OCHOA: Am. Soc. **77**, 3165 (1955). — GRUNBERG-MANAGO, M., P. J. ORTIZ and S. OCHOA: Science, N. Y. **122**, 909 (1955). Biochim. biophysica Acta, N. Y. **20**, 269 (1956).
[9] BRUMMOND, D. O., and S. OCHOA: Fed. Proc. **15**, 225 (1956).
[10] BEERS, R. F. jr.: Nature **177**, 790 (1956).
[11] LITTAUER, U. Z., and A. KORNBERG: J. biol. Ch. **226**, 1077 (1957).
[12] FRESCO, J. R., and P. DOTY: Am. Soc. **79**, 3928 (1957).
[13] THORELL, B.: Nucleic acids in chromosomes and mitotic division; in: Chargaff-Davidson, Nucleic Acids, Bd. II, S. 181.
[14] VENDRELY, R.: The Deoxyribonucleic acid content of the nucleus; in: Chargaff-Davidson, Nucleic Acids, Bd. II, S. 155.
[15] MAZIA, D.: Biochemistry and Biophysics of Cell division; in: Adv. biol. med. Physics **4**, 69 (1956).
[16] ARLEY, N.: Nature **176**, 465 (1955).

während der ersten Stunden ihres Wachstums wieder[1]. Die RNS des Kernes dringen also während der Teilung in das Cytoplasma ein.

β) Die Proteinsynthese durch Nucleinsäuren.

Ausführliche Darstellungen der Beziehungen zwischen Proteinbildung und NS und der sehr umfangreichen experimentellen Arbeit, die zur Prüfung dieser Beziehungen geleistet worden ist, s. bei[2-10].

Die zuerst von LIPMANN ausgesprochene Vermutung, daß energiereiche Phosphate an der Proteinsynthese teilnehmen, ist untersucht worden durch Prüfung der Mitwirkung von ATP, von Di- und Trinucleotiden und von RNS bei der Bildung von Polypeptiden aus Aminosäuren[11-17]. Über die Beziehungen zwischen DNS und Proteinsynthese in der Bakteriophagen-Vermehrung[18].

Da die Proteinsynthese in der entkernten einzelligen Alge Acetabularia mediterranea weitergeht[19], sind DNS für die cytoplasmatische Proteinsynthese entbehrlich. Die Synthese von Hämoglobin geht im Reticulocyten-Stadium der Erythrocyten-Bildung vor sich, obwohl in diesem Stadium die Zellen keine DNS enthalten[20]. In isolierten Zellkernen der Thymusdrüse, in welchen sowohl DNS wie RNS vorhanden sind, erfolgt Proteinbildung[21]. Isolierte Mikrosomen, die zu 50% aus RNS bestehen, sind zur Eiweißsynthese fähig[22].

Wird die Unentbehrlichkeit der NS für die Proteinsynthese angenommen, so betrifft die wichtigste Frage das Zustandekommen bestimmter Aminosäuren-Reihenfolgen in der Polypeptidkette durch die Wirkung der Polynucleotidkette. Verschiedenartige Hypothesen sind schon über diese Wirkung der NS als „Matrize“ oder „Prägestock“ („template“) entwickelt worden[23]. Eine kritische Darstellung der Voraussetzungen, die für solche Übertragungen bestimmter Ordnungen notwendig erscheinen, finden sich bei[24]. Das Problem des „Information transfer“ hat Analogien zu dem der Entzifferung eines Code.

---

[1] MAZIA, D.: Biochemistry and biophysics of cell division; in: Adv. biol. med. Physics **4**, 69 (1956).
[2] CASPERSSON, T.: Cell Growth and Cell Function. New York 1950.
[3] BRACHET, J.: Embryologie Chimique. Paris 1947.
[4] CHANTRENNE, H.: Symposium sur la biogenèse des proteins. 2. Int. Congr. Biochem. Paris 1952.
[5] BRACHET, J.: The biological role of the pentose nucleic acids; in: Chargaff-Davidson, Nucleic Acids, Bd. II, S. 475.
[6] HOTCHKISS, R. D.: The biological role of the deoxypentose nucleic acids; in: Chargaff-Davidson Nucleic Acids, Bd. II, S. 435.
[7] Referat: Nature **177**, 602 (1956). — COHN, W. E., and E. VOLKIN: Ann. Rev. **26**, 507 (1957).
[8] RAPAPORT, S., H. G. SCHWEIGER u. W. STRASSNER: Naturwiss. **43**, 18 (1956).
[9] COHN, W. E., and E. VOLKIN: Ann. Rev. **26**, 507 (1957).
[10] BORSOOK, H.: J. cellul. comp. Physiol. **47**, Suppl. 1, 35 (1956).
[11] ZAMECNIK, P. C., E. B. KELLER, J. W. LITTLEFIELD, M. B. HOAGLAND and R. B. LOFTFIELD: Mechanism of incorporation of labeled amino acids into protein; in: Peaceful Uses of Atomic Energy, Bd. XII, S. 501.
[12] ZAMECNIK, P. C., E. B. KELLER, J. W. LITTLEFIELD, M. B. HOAGLAND and R. B. LOFTFIELD: J. cellul. comp. Physiol. **47**, Suppl. 1, 81 (1956).
[13] GALE, E. F., and J. P. FOLKES: Nature **175**, 592 (1955).
[14] GALE, E. F.: Biochem. J. **62**, 40 P (1956).
[15] DOUNCE, A. L., M. MORRISON and K. J. MONTY: Nature **176**, 597 (1955).
[16] AKSONS, B. A., J. L. SIMKIN and T. S. WORK: Biochem. J. **62**, 40 P (1956).
[17] WILKINS, M. H. F.: Biochem. J. **62**, 40 P (1956).
[18] BURTON, K.: Biochem. J. **61**, 473 (1955); **62**, 41 P (1956).
[19] BRACHET, J., and H. CHANTRENNE: Nature **168**, 950 (1951). — BRACHET, J., H. CHANTRENNE and F. VANDERHAEGHE: Biochim. biophysica Acta, N.Y. **18**, 544 (1955).
[20] BORSOOK, H., C. L. DEASY, A. J. HAAGEN-SMIT, G. KEIGHLEY and P. H. LOWY: J. biol. Ch. **196**, 669 (1952).
[21] ALLFREY, V. G.: Proc. nat. Acad. Sci. USA **40**, 881 (1954).
[22] HULTIN, T.: Exp. Cell Res. **1**, 376 (1950); Suppl. **3**, 210 (1955).
[23] DOUNCE, A. L.: Nature **172**, 541 (1953).
[24] GAMOW, G., A. RICH and M. YČAS: Information transfer from nucleic acids to protein. Adv. biol. med. Physics **4**, 23 (1956).

γ) *Genetische Wirkungen der NS.*

Bisher gehen die genetischen Wirkungen von DNS aus 2 Gruppen von Erscheinungen am deutlichsten hervor: Aus der Vermehrung von Bakteriophagen und aus der bei bestimmten Bakterienstämmen beobachteten, merkmalsändernden Wirkung von DNS.

Die *T-Coli-Phagen* bestehen zu 60% aus Protein und zu 40% aus DNS. Mit Hilfe radioaktiver Isotopen ist nachgewiesen worden, daß bei der Infektion der Bakterienzelle nur die Phagen-DNS eintritt, während die Proteinkomponenten außerhalb bleiben[1, 2]. Die Vermehrung der Phagen in der infizierten Zelle führt aber sowohl zur Bildung ihrer spezifischen NS wie ihrer Proteinkomponenten. Die gleichen Phagen entstehen auch mit verschiedenen Bakterien-Wirtszellen[3]. Daraus geht die genetische Wirkung der DNS deutlich hervor (s. auch [4]).

Die Bedeutung der RNS bei der *Vermehrung von Virusstoffen* ist ausführlich dargestellt worden[5–7]. Verschiedene Beobachtungen hatten eine Steuerung der Vermehrung vom gelben Rübenmosaikvirus und vom Tabakmosaikvirus durch RNS wahrscheinlich gemacht[8]. In einem entscheidenden Versuch ist gezeigt worden, daß auch nach völliger Entfernung der Proteinkomponenten die restierenden RNS aus Tabakmosaikvirus noch infizierend wirken[9]. Durch Rekombination der RNS- und Proteinbestandteile läßt sich aktives Tabakmosaikvirus rückbilden[10]. Damit ist der Nachweis geführt, daß es die RNS sind, welche die spezifische Verdoppelung der Virussubstanz im Plasma des Wirtes zu bewirken vermögen.

Über die Endgruppen von Tabakmosaikvirus[11]; über die Struktur der RNS aus diesem Virus[12]; über die durch Ribonuclease aus den RNS verschiedener Stämme dieses Virus entstehenden Restnucleotide[13].

Die *transformierende Wirkung von DNS* wurde zuerst bei Pneumokokken nachgewiesen (s. Emerson, S., Biochemical Genetics, Bd. II, S. 476). DNS-Präparate eines kapselbildenden Stammes S bewirkten, der Kultur eines nicht kapselbildenden Stammes R zugesetzt, auch bei diesem die Bildung von Kapseln[14]. Die den Spender-Bakterien eigenen, im Empfängerstamm hervorgerufenen Merkmale sind erblich. Die nahezu 20 bisher nachgewiesenen Umwandlungen sind durchweg auf die Wirkung von DNS zurückgeführt worden[15, 16]. Über die Darstellung von derart aktiven DNS-Präparaten s. S. 1320.

D. Nucleoproteide*.

1. Nomenklatur und Klassifikation.

In wäßrigen Auszügen aus tierischen und pflanzlichen Organen und auch aus Mikroorganismen entstehen häufig beim schwachen Ansäuern Niederschläge, die Proteine und

* Mit Ausschluß der Viren und Phagen.

1 Hershey, A. D., and M. Chase: J. gen. Physiol. **36**, 39 (1952).
2 Gale, E. F., and J. P. Folkes: Nature **173**, 1223 (1954).
3 Gaw, H. Z., and W. M. Stanley: J. biol. Ch. **167**, 765 (1947).
4 Burton, K.: Biochem. J. **61**, 473 (1955); **62**, 41 P (1956). — Levinthal, C.: Proc. nat. Acad. Sci. USA **42**, 394 (1956). — Stent, G. S., and N. K. Jerne: Proc. nat. Acad. Sci. USA **42**, 704 (1956).
5 Schramm, G.: Die Biochemie der Viren. Berlin, Göttingen, Heidelberg 1954.
6 Markham, R., and J. D. Smith: Nucleoproteins and viruses; in: Neurath-Bailey, Proteins, Bd. II A, S. 1.
7 Jeener, R.: Ribonucleic acids and virus multiplication. Adv. Enzymol. **17**, 477 (1956).
8 Markham, R.: Progr. Biophysics **3**, 61 (1953).
9 Gierer, A., and G. Schramm: Nature **177**, 702 (1956). Z. Naturforsch. **11b**, 138 (1956).
10 Fraenkel-Conrat, H.: Am. Soc. **78**, 882 (1956).
11 Schramm, G., G. Braunitzer and I. W. Schneider: Nature **176**, 456 (1955).
12 Schuster, H., G. Schramm u. W. Zillig: Z. Naturforsch. **11b**, 339 (1956).
13 Reddi, K. K., and C. A. Knight: J. biol. Ch. **221**, 629 (1956).
14 Avery, O. T., C. M. MacLeod and M. McCarty: J. exp. Med. **79**, 137 (1944).
15 Hotchkiss, R. D.: Exp. Cell Res. Suppl. **2**, 383 (1952).
16 Zamenhof, S.: Progr. Biophysics **6**, 85 (1956).

Nucleinsäuren enthalten. Solche Fällungen, deren Untersuchung zur Entdeckung der NS führte[1], sind mit dem Namen „*Nucleoproteide*"[2] (NP) bezeichnet worden. Er besagt nur etwas über die Anwesenheit der beiden Körperklassen als Komponenten und läßt die Frage offen, ob sie salzartig, d. h. nur durch Elektrovalenzen verbunden oder auch durch Covalenzen und Wasserstoffbindungen verknüpft sind. Diese Frage ist außerordentlich schwierig zu entscheiden, da die NS als hochmolekulare Polysäuren und die Proteine als ebenfalls hochmolekulare Polyelektrolyte außer der zwangsläufigen Salzbildung noch viele Möglichkeiten einer Verknüpfung durch Wasserstoffbindungen und Covalenzen haben. Es ist wahrscheinlich, daß in den Nucleoproteiden im natürlichen Zustande auch covalente Bindungen und Wasserstoffbindungen vorkommen und daß sie in den NP-Gemischen der Extrakte nicht durchweg gelöst sind. Weitere Kriterien müssen erarbeitet werden zur Unterscheidung zwischen den Nucleoproteiden, die echte konjugierte Proteide sind, und den bloßen Gemischen aus den Komponenten, weiterhin zur Feststellung der Veränderungen, die bei der Extraktion aus den Zellen und der Isolierung vor sich gehen[3]. Ein „echtes, einheitliches" Nucleoproteid wäre aufzufassen als eine Verbindung einheitlicher NS-Moleküle mit einheitlichen Protein-Molekülen. Wobei, wie bei allen hochmolekularen Stoffen, noch festzustellen wäre, welchen Spielraum die „Einheitlichkeit" gewährt, z. B. in bezug auf die Durchschnittsgröße der Moleküle und auf ihre strukturellen und sterischen Merkmale. Es ist offenbar, daß die bisher aus Extrakten gefällten Nucleoproteide Gemische sind und daß die Frage offen ist, inwiefern sie als solche überhaupt in den extrahierten Zellen vorhanden waren. In Anbetracht dessen ist die Behandlung der Nucleoproteide als besondere Stoffklasse eine fragwürdige und nur durch die Klärung der gegenseitigen Beziehungen der Komponenten gerechtfertigt. Sobald die Untersuchung sich auf weitere individuelle Merkmale erstreckt, dringt sie in das Gebiet der Komponenten ein, also der NS und der Proteine.

Andererseits geht aus cytochemischen Reaktionen zweifelsfrei hervor, daß sowohl die DNS im Zellkern wie die RNS im Plasma und Kern mit Proteinen verbunden vorliegen. Die Untersuchung der Köpfe reifer Fischspermatozoen, in neuerer Zeit die der Virusstoffe, haben besonders drastische Beispiele geliefert. Durch Extraktion isolierter Kerne oder isolierter Chromatinsubstanzen sind schon DNP-Präparate erhalten worden, die sich z. B. durch ihre Löslichkeit in elektrolytarmem Wasser und durch andere wesentliche Merkmale von Nucleinsäuren-Protein-Gemischen unterscheiden.

Die Methodik zur Isolierung von NP bedarf offenbar einer Überprüfung und Weiterentwicklung, mit dem Ziele, die NP der einzelnen Zellelemente in möglichst wenig verändertem Zustand zu gewinnen. Es müssen Verfahren gefunden werden, die eine intermediäre Auflösung der Bindungen zwischen NS und Proteinkomponente, auch der Wasserstoffbindungen, vermeiden. Es ist sehr fraglich, ob die gegenwärtig meistens angewandten Extraktionen und Fällungen mit Salzlösungen verschiedener Konzentration diese Bedingung erfüllen und ob die bisher beschriebenen Aufarbeitungsmethoden enzymatische Hydrolysen genügend ausschließen. Bei manchen sind im Gegenteil sicherlich Nucleasewirkungen im Spiel bei der Isolierung der entsprechenden NP-Präparate.

Es ist die Vorstellung entwickelt worden, daß in nativen DNP die Proteinkomponente als dritte spiralig gewundene Kette in der Doppelfadenschraube des DNS-Moleküls nach Watson und Crick eingelagert sei. Ohne Zweifel sind sterische Voraussetzungen für die NP-Bildung und die NP-Eigenschaften von größter Bedeutung, wie schon der Unterschied im Verhalten von denaturierten und nichtdenaturierten Proteinen gegen NS zeigt. Die fibrilläre Struktur der meisten bisher isolierten, hochviscösen und gelbildenden DNP-

[1] Miescher, F.: „Nuclein" aus Eiterzellen 1869; „Nucleinsaures Protamin" aus Lachsspermien 1872.

[2] Übersichtsreferate: Greenstein, J. P.: Adv. Protein Chem. **1**, 209 (1944). — Mirsky, A. E.: Adv. Enzymol. **3**, 1 (1943). — Markham, R., and J. D. Smith; in: Neurath-Bailey, Proteins, Bd. IIA, S. 34ff. — Siehe auch die Literaturangaben S. 1065. Das große Gebiet der Viren und der Phagen wird im folgenden nur durch einige Literaturangaben berührt.

[3] Crampton, C. F., R. Lipshitz and E. Chargaff: J. biol. Ch. **206**, 499 (1954).

Präparate entspricht sicherlich nicht dem Zustand im Zellkern, wie die Isolierung nichtfaseriger DNP-Präparate aus Leber (s. S. 1350) und aus Thymus[1] zeigt.

Die Vergesellschaftung und die Reaktivität von NS und Proteinen in den Elementen des Zellgefüges und in anderen biologischen Einheiten bieten Probleme von größter Bedeutung. Die Vermehrung der Eiweißsubstanz, die Vorgänge der Zellteilung, jene der Vererbung, kurz gesagt, alle Phänomene der „identischen Reproduktion", sind offenbar Reaktionsfolgen, die von Nucleoproteiden ihren Ausgang nehmen.

Die *Klassifikation der Nucleoproteide* geschieht nach den Komponenten, die sie enthalten. Was die NS betrifft, so läßt sich bisher nur die Gruppe der *Desoxyribonucleoproteide* (DNP) von jener der *Ribonucleoproteide* (RNP) unterscheiden. Was die Proteine betrifft, so treten einstweilen 3 Hauptgruppen hervor: Jene der *Nucleoprotamine*, die von MIESCHER in den Spermatozoenköpfen des Lachses aufgefunden und seither aus vielen reifen Fischspermien isoliert wurden. Die *Nucleohistone*, zuerst von KOSSEL in Vögelerythrocyten beobachtet, dann aus Thymus am häufigsten und aus anderen tierischen Organen isoliert. Viele Übergänge zwischen diesen beiden Gruppen mit den stark basischen Protaminen bzw. den weniger basischen Histonen sind bekannt[2]. Die dritte Gruppe umfaßt *Nucleoproteide mit nichtbasischen Protein-Komponenten*, die wahrscheinlich covalent an die Säuren gebunden sind. Sie sind im Gegensatz zu jenen der beiden ersten Gruppen in isotonischen Salzlösungen löslich und bisher nur aus Mikroorganismen dargestellt. Als besondere Klassen wird man zweckmäßigerweise die *Nucleoproteide der Viren* betrachten und die der *Phagen*. Die NP der tierischen Viren und der Bakteriophagen enthalten fast immer DNS, jene der einfachen pflanzlichen Viren RNS. Die Konzentration der Nucleoproteide in Viren und Phagen ist sehr groß, wie in allen anderen zur Selbstvermehrung fähigen Einheiten.

Zuweilen sind in NP auch Lipoidkomponenten nachgewiesen worden, wie in Lebernucleoproteiden und in einer Anzahl von Virusarten. Es ist die Frage, ob es sich um echte *Nucleolipoproteide* handelt oder ob die Lipoidanteile akzessorische Begleiter sind.

Die als Enzyme mit bekannter Wirkung höchst bedeutsamen Proteide, die einfache Nucleotide als prosthetische Gruppe haben, werden nicht zu den Nucleoproteiden gerechnet. Für sie hat sich bisher eine gemeinsame Bezeichnung nicht eingebürgert. Man könnte sie „*Nucleotidproteide*" nennen.

2. Allgemeine Eigenschaften.

In isoliertem Zustand sind die NP durchweg weiße, amorphe, nicht hygroskopische Pulver, die sich sowohl durch ihren Gehalt an Phosphor (0,5—6,5%), an Purin- und Pyrimidinbasen (maximale UV-Absorption bei 260 mμ) und an Ribose bzw. Desoxyribose (Nachweise S. 1300) charakterisieren lassen, als auch durch die allgemeinen Proteinreaktionen. In schwach alkalischen Lösungen sind die NP durchweg löslich; beim Ansäuern mit Essigsäure fallen sie meistens aus. Von verdünnten Mineralsäuren werden sie gelöst; dabei tritt alsbald die Zersetzung der NS-Komponenten ein.

Die bisher am häufigsten untersuchten DNP-Präparate geben viscöse Lösungen, die jedoch nicht so zähflüssig sind wie die des entsprechenden Na-Nucleinats. Nach dem Abscheiden aus ihren Lösungen sind die DNP meistens faserig. Doch sind auch nichtfaserige DNP isoliert worden, die sich durch die viel geringere Viscosität ihrer Lösungen von den faserigen unterscheiden. RNP-Präparate sind nur sehr selten faserig und verursachen eine relativ geringe Viscosität ihrer Lösungen.

Wesentliche Unterschiede zwischen RNP und DNP bestehen in der Löslichkeit in Salzlösungen (s. S. 1347). Die ersten sind meistens in physiologischer Salzlösung (0,14 m oder 0,9% NaCl) gut löslich, die letzteren fallen bei dieser Salzkonzentration aus und

[1] SHOOTER, K. V.: Nature **178**, 1320 (1956) (Referat; Versuche von R. A. WELSH).
[2] MIRSKY, A. E., and H. RIS: J. gen. Physiol. **31**, 1, 7 (1947).

lösen sich besser entweder in viel verdünnteren Lösungen (Extraktionen mit reinem Wasser) oder in stärker konzentrierten (1 m NaCl und darüber).

Durch Hitze werden die Proteinkomponenten der meisten NP denaturiert und koaguliert.

Durch starke Erhöhung der Salzkonzentration in Lösungen der NP werden diese dissoziiert (doppelte Umsetzung z. B. mit gesättigter NaCl-Lösung); die Proteine werden ausgefällt und die Nucleinate können nach Entfernung des Eiweißes z. B. mit Äthanol in proteinarmem oder nahezu proteinfreiem Zustand abgeschieden werden. Das gilt für die NP, die in der Hauptmenge Salzeigenschaften haben.

Die Bildung wenig dissoziierter Verbindungen aus Nucleinaten und Proteinen äußert sich beim Mischen ihrer Lösungen an den Änderungen vieler physikalisch-chemischer Eigenschaften: Der osmotische Druck der Lösungen vermindert sich, ebenso die Viscosität und die Strömungsdoppelbrechung. Aus dem elektrophoretischen Verhalten geht besonders deutlich hervor, daß saure und basische Komponenten nunmehr verbunden sind. Denaturiertes Eiweiß verbindet sich mit Nucleinaten nicht. Die Denaturierung von NP z. B. durch Erhitzen gibt daher die Säure frei, wie sich an der Zunahme von Viscosität und Strömungsdoppelbrechung erkennen läßt. Diese Vereinigung mit NS zu schwer löslichen Niederschlägen tritt mit allen nichtdenaturierten Proteinen ein, auch mit Albuminen, und zwar in dem p_H-Gebiet, in dem die Säure sehr weitgehend als Anion, das Protein als Kation vorliegt. Von solchen Fällungen im isoelektrischen Gebiet wird zur Abtrennung und Reinigung der NP oder auch bestimmter Proteine Gebrauch gemacht. Von den salzartigen NS-Protein-Gemischen unterscheiden sich z. B. die aus Zellkernen schonend isolierten DNP durch ihre Löslichkeit in elektrolytarmem Wasser.

Die neutralen Lösungen der meisten NP drehen die Ebene des polarisierten Lichtes nach rechts. Sie absorbieren UV-Licht von 260 mμ nicht schwächer als die in ihnen enthaltenen, hochmolekularen NS (auf P-Gehalt bezogen).

Die speziellen chemischen und physikalischen Eigenschaften von RNP- und DNP-Präparaten sind so stark abhängig von ihrer Darstellungsweise und vom Zustand der Zellen oder Gewebe, aus denen sie gewonnen werden, daß ihre zahlenmäßige Angabe bei den meisten bisher dargestellten NP-Präparaten wenig Sinn hat. Einige Beispiele der Charakterisierung einzelner NP-Präparate sind den Angaben über ihre Darstellung angefügt.

3. Physikalische Charakterisierung.

a) Teilchengröße und -gestalt von Nucleoproteiden.

Zur Ermittlung der Teilchengröße und -gestalt von NP werden dieselben Methoden herangezogen, welche schon in den entsprechenden Abschnitten über NS angeführt wurden:

Molekulargewichtsbestimmungen aus Sedimentation und Diffusion, Bestimmungen der Viscosität, der Strömungsdoppelbrechung, der Lichtstreuung[1].

Am eingehendsten sind diese Verfahren zur Untersuchung von Viren verwendet worden.

Bei DNP haben die Messungen an mehreren Beispielen gezeigt, daß die Proteidteilchen nicht so stark asymmetrisch sind, wie die der aus ihnen dargestellten Säuren[1]. Daher zeigen viele DNP-Präparate keine so starke Strömungsdoppelbrechung wie die entsprechenden DNS. Siehe z. B. die Angaben S. 1351. Auch die Viscosität ist geringer.

Es muß daher gefolgert werden, daß die DNS-Teilchen bei der Abtrennung vom Protein eine Streckung erfahren oder daß Aggregationen in der Längsrichtung erfolgen. Langgestreckte DNS-Moleküle von 0,6—2,0 μ fänden z. B. ohne Aufwickelung oder Faltung keinen Platz in den Feulgen-positiven Körperchen von Escherichia coli, die nur 0,6 μ Durchmesser haben[2]. Über die Annahme der DNS-Doppelspirale in den Nucleo-

[1] Carter, R. O., and J. L. Hall: Am. Soc. **62**, 1194 (1940). — Hall, J. L.: Am. Soc. **63**, 794 (1941). Carter, R. O.: Am. Soc. **63**, 1960 (1941).

[2] Rowen, J. W., and A. Norman: Arch. Biochem. **51**, 524 (1954).

proteiden der Fischspermatozoen[1]. Die Proteine sind in DNP in der gestreckten β-Form enthalten, so daß die Abstände zwischen den Aminosäuren-Einheiten (3,4 Å) den Abständen zwischen den Nucleotid-Einheiten der NS-Kette gleichen[1].

Nach Röntgen-Untersuchungen windet sich in Nucleoprotaminen die völlig gestreckte Polyargininkette um die flachere der beiden Furchen der DNS-Doppelspirale[2]. Im Tabakmosaikvirus ist das Phosphat-Ribose-Rückgrat der RNS tief eingebettet im Virus-Protein. Untereinheiten mit spiralförmiger Anordnung können erkannt werden[3].

b) Das elektrophoretische Verhalten von Nucleoproteiden.

Durch Elektrophorese ist eine Kennzeichnung der NP und, mit kleinen Mengen, auch eine Reinigung möglich. Gemische aus DNS und Proteinen geben (im aufsteigenden Ast) 3 Banden[4]. Über das elektrophoretische Verhalten von NP und die Methodik der Elektrophorese[5]. Über das elektrophoretische Verhalten von RNS in Cytoplasma-Lösungen[6]. Siehe auch S. 1296.

4. Methoden zur Isolierung von Nucleoproteiden.

Die in neuerer Zeit meistens angewandten Verfahren der Extraktion gehen z. T. auf solche zurück, die schon MIESCHER[7] gebrauchte. Durch die Untersuchungen von E. HAMMARSTEN[8], dann von MIRSKY und POLLISTER[9] sind die Bedingungen der Extraktion und der Fällung genauer definiert worden; damit hat die schon von 1890—1930 sehr eifrig betriebene Gewinnung von NP-Präparaten breitere Grundlagen erhalten. Starke Anregungen gingen aus von der Erkenntnis der NP-Natur der Viren und vom Beginn vollständiger cytochemischer Analysen.

Auf die Verfahren zur Isolierung einzelner Zellelemente (Zellkerne, Nucleoli, Mitochondrien, Mikrosomen) vor ihrer Untersuchung wird hier nicht eingegangen (s. Bd. II/2, S. 537). Daher werden auch die Trennungen plasmatischer RNP von den Kern-DNP und die Isolierung von Viren durch Fällungsreaktionen oder durch fraktionierte Zentrifugation nicht erläutert[10].

Eine Trennung der RNP von den DNP läßt sich in vielen Fällen erreichen durch fraktionierte Extraktion: Die RNP werden aus aufgeschlossenen Zellen oder Zellverbänden z. B. durch physiologische Salzlösung extrahiert, die DNP erst durch konzentriertere Salzlösungen. In reinem Wasser, d. h. in Wasser, das auch nach Auflösung der im Gewebe vorhandenen Salze noch sehr arm an Elektrolyten ist, quellen meistens die Zellkerne auf

---

[1] AMBROSE, E. J.: Progr. Biophysics **6**, 25 (1956).
[2] FEUGHELMAN, M.: Nature **175**, 834 (1955).
[3] FRANKLIN, R. E.: Nature **177**, 928 (1956).
[4] GILBERT, G. A. (Referat von K. V. SHOOTER): Nature **178**, 1321 (1956).
[5] FRICK, G.: Biochim. biophysica Acta, N. Y. **3**, 103 (1949). — GAJDUSEK, D. C.: Biochim. biophysica Acta, N. Y. **5**, 397 (1950).
[6] SZAFARZ, D.: Biochim. biophysica Acta, N. Y. **6**, 562 (1951).
[7] MIESCHER, F.: Die histochemischen und physiologischen Arbeiten. Leipzig 1897.
[8] HAMMARSTEN, E.: B. Z. **144**, 383 (1924).
[9] MIRSKY, A. E., and A. W. POLLISTER: J. gen. Physiol. **30**, 117 (1946).
[10] Die besten Beispiele für die Isolierung von Nucleoproteiden sind durch die Reindarstellung von Viren ausgearbeitet worden. Zur näheren Kenntnisnahme der auf diesem weiten Felde entwickelten Methoden sei auf folgende Literatur verwiesen:
SCHRAMM, G.: Die Biochemie der Viren. Berlin, Göttingen, Heidelberg 1954. — MARKHAM, R., and J. D. SMITH: Nucleoproteins and viruses; in: Neurath-Bailey, Proteins. Bd. II A, S. 34ff. — DOERR, R., u. C. HALLAUER: Handbuch der Virusforschung. Wien 1938, 1939, 1944, 1950. — LURIA, S. E.: General Virology. New York, London 1953. — MARKHAM, R.: Adv. Virus Res. **1**, (1953). — BAWDEN, F. C.: The Dynamics of Virus and Rickettsial Infections. Int. Symp. New York 1954. — HERSHEY, A. D.: Chemistry and viral growth; in GREEN, D.E. (Hrsg.): Currents in Biochemical Research 1956. S. 1. New York 1956. — PUTNAM, F. W.: Biochemistry of viruses. Ann. Rev. **25**, 147 (1956).

und lösen sich nach mehreren Stunden, so daß auch damit DNP herausgelöst werden können.

Sofern die Verfahren zur Gewinnung von NS eine Extraktion der Gewebe mit Wasser oder mit neutralen Salzlösungen verwenden, führen sie zunächst zu Lösungen der NP und sind daher auch zu Darstellungen der Proteide geeignet (s. die Gewinnung hochmolekularer DNS-Präparate aus Kalbsthymus, Kalbsmilz, Hühnererythrocyten S. 1316, Darstellung von DNS aus Weizenkeimen S. 1319, Darstellung von RNS aus Leber S. 1323).

Durch Extraktion von Zellen und Geweben zuerst mit verdünnter NaCl-Lösung (0,14 m), dann mit stärkerer (1 m), kann man zunächst die RNP, dann die DNP erhalten. Es sei jedoch betont, daß bei weitem nicht immer eine scharfe Trennung der beiden NP-Gruppen bewirkt wird. Es ist verständlich, daß die Schärfe der Trennung von der ursprünglichen, unbekannten Bindung beider NS-Arten und von den Eigenschaften der mit herausgelösten Proteine abhängt.

Bakterielle NP mit neutralen Proteinkomponenten, die offenbar eine Gruppe mit besonderen Eigenschaften darstellen, werden meistens mit verdünnten, schwach alkalischen Pufferlösungen extrahiert und durch fraktionierte Fällungen gereinigt.

a) Darstellung von Desoxyribonucleoproteiden.

Die Nucleoprotamine der reifen Fischspermatozoen sind die Proteide, welche Gegenstand der klassischen ersten Untersuchungen von MIESCHER[1] und der späteren von KOSSEL[2] waren. Der voreilig verallgemeinerte Begriff der Nucleoproteide als Salze von Nucleinsäuren und Protein ist aus der Analyse dieser Stoffgruppe mit stark basischem Protein entstanden. Immer wieder treibt das Erstaunen darüber, daß die Kerne der reifen Fischspermatozoen nichts anderes zu enthalten scheinen als Protamin-desoxyribonucleinat[3], die Forscher zu ihrer Analyse. Ältere Literatur[4].

In der Gruppe der Nucleohistone ist es das Proteid aus Kalbsthymus, das am meisten nach den ersten Beobachtungen von MIESCHER[5] und den Versuchen von KOSSEL[6] und LILIENFELD[7] mit immer weiter verbesserten Verfahren untersucht wurde[8]. Ältere Literatur[9].

Die Zerlegung des Nucleohistons mit NaCl in Natriumnucleinat und Histonhydrochlorid ist an diesem Beispiel am häufigsten geübt worden[10].

Außerordentlich zahlreich sind auch die Beschreibungen von Desoxyribonucleohiston-Präparaten aus anderen Organen; den älteren kommt nur noch eine historische Bedeutung zu. Proteide von Nucleohiston-Charakter sind offenbar in den meisten Zellkernen vorhanden. Ältere Literatur[11].

---

1 MIESCHER, F.: Die histochemischen und physiologischen Arbeiten von FRIEDRICH MIESCHER. S. 359. Leipzig 1897. — MIESCHER, F.: B. **7**, 376 (1874).

2 KOSSEL, A.: H. **25**, 165 (1898). — KOSSEL, A.: Die Protamine und Histone. Leipzig, Wien 1929. — FELIX, K.; in: Flaschenträger-Lehnartz Bd. I, S. 709.

3 Nach POLLISTER, A. W., and A. E. MIRSKY: J. gen. Physiol. **30**, 101 (1946), bildet Nucleoprotamin 91% des lipoidfreien Kernes der Forellenspermatozoen.

4 FEULGEN, R.: Chemie und Physiologie der Nukleinstoffe. S. 316ff. Berlin 1923. — MARKHAM, R., and J. D. SMITH; in: NEURATH-BAILEY, Proteins. Bd. IIA, S. 34ff.

5 MIESCHER, F.: Die histochemischen und physiologischen Arbeiten von FRIEDRICH MIESCHER, S. 359. Leipzig 1897. — MIESCHER, F.: B. **7**, 376 (1874).

6 KOSSEL, A.: H. **8**, 511 (1884).

7 LILIENFELD, L.: H. **18**, 473 (1893).

8 SHOOTER, K. V., P. F. DAVISON and J. A. V. BUTLER: Biochim. biophysica Acta, N. Y. **13**, 192 (1954). — BUTLER, J. A. V., P. F. DAVISON, D. W. F. JAMES and K. V. SHOOTER: Biochim. biophysica Acta, N. Y. **13**, 224 (1954). — VOLKIN, E.: Fed. Proc. **13**, 315 (1954).

9 FEULGEN, R.: Chemie und Physiologie der Nukleinstoffe. S. 316ff. Berlin 1923. — Literatur S. 1065.

10 BANG, I.: H. **30**, 508 (1900). — HAMMARSTEN, E.: B. Z. **144**, 383 (1924). — SIGNER, R., u. H. SCHWANDER: Helv. **32**, 853 (1949). — COOK, H.: [LUCK, J. M.: Cold Spring Harbor Symp. quant. Biol. **14**, 135 (1949)]. — PETERMANN, M. L., and C. M. LAMB: J. biol. Ch. **176**, 685 (1948). — FLEMING, M., and D. O. JORDAN: Discuss. Faraday Soc. **13**, 217 (1953). — JONES, A. S., and G. E. MARSH: Biochim. biophysica Acta, N. Y. **14**, 559 (1954).

11 Literatur S. 1065. — STEUDEL, H.: H.-Th., 9. Aufl., S. 533ff.

α) *Darstellung von Nucleoprotaminen.*

1. Darstellung von Nucleoprotamin aus Forellensperma[1]. Die von etwa 200 Zuchtforellen (Salmo irideus) sauber abgestreifte Milch (180 cm³) wurde nach 18 Std bei 2° (noch vollbewegliche Spermien) in mehreren Litern eiskalten dest. Wassers 20 min plasmolysiert und anschließend 15 min bei 3000 U/min zentrifugiert. Im gefärbten Ausstrich des lockeren, weißen Sediments waren nur reine Kerne zu sehen. Nach Aufnahme in 500 cm³ Wasser und Kolieren durch mehrfache Lagen Mull wurde die Suspension in kleinen Portionen 3 min lang homogenisiert. Die vereinigten Homogenate wurden wieder mit 3000 U/min zentrifugiert. Der weißliche Überstand über dem lockeren Kernsediment wurde mit dem Überstand der ersten Zentrifugierung vereinigt. Das Sediment wurde nun in 0,005 %iger Citronensäure suspendiert, in der Konzentration, bei der die Kerne eben zu flocken beginnen. Nach 2 min Zentrifugieren hatten sie sich als rein weißer Niederschlag abgesetzt. Sie wurden hierauf in der Zentrifuge noch 2mal mit Wasser gewaschen. Etwa die Hälfte des Sediments wurde mit Äthanol und Äther getrocknet und stellte ein schneeweißes, staubfeines, schweres Pulver dar. Erhalten 5,0 g: N 19,7 %, P 5,9 %.

Zur *Darstellung von Nucleoprotamin* wurde die andere Hälfte des Kernsediments in 150 cm³ Wasser suspendiert und mit 250 cm³ 10 %iger NaCl-Lösung kurz homogenisiert, wobei die Kerne in eine gallertige, hochviscöse Masse übergingen. Sie wurde nach Zugabe der 10 %igen NaCl-Lösung bis auf 1100 cm³ unter Eiskühlung 12 Std gerührt. 1000 cm³ wurden in das 9fache Volumen Wasser eingerührt, wobei das Nucleoprotamin in langen Fäden ausfiel. Diese wurden mit einem Glasstab aufgewickelt, mit dest. Wasser, Äthanol, Äther gewaschen und getrocknet. Ausbeute 4,95 g: N 19,5 %, P 5,6 %, Arginin 30,6 %. N/P: 3,43. P/Arginin: 1:0,96.

Zur *Darstellung der DNS* wurden 40 cm³ der Lösung von Nucleoprotamin in 10 %iger NaCl-Lösung mit NaCl übersättigt und 10 Tage im Kühlschrank stehen gelassen. Nach der Zentrifugation des größten Teils des Protaminniederschlages wurde die trübe Lösung durch eine mehrere Zentimeter dicke Schicht von feinstpulverisierter Cellulose gesaugt. Die klare und hochviscöse Lösung wurde dann in das 3fache Volumen Äthanol eingegossen. Das Na-Nucleinat fiel als weißes, faseriges Produkt aus. Trocknen mit Äthanol und Äther und bei 100° im Hochvakuum über P_2O_5. Ausbeute 100 mg: N 14,9 %, P 8,8 %. N/P: 1,69. Negative Biuret-Reaktion.

Zur *Darstellung von Protamin (Iridin)* wurde 1,5 g des trockenen NP im Mörser mit Quarzsand fein zerrieben und mit kleinen Portionen eisgekühlter 0,2 %iger HCl durch Verreiben ausgezogen. Die vereinigten, nach der Zentrifugation wasserklaren Extrakte (150 cm³) wurden mit dem 20fachen Volumen Aceton versetzt. Nach 12stündigem Stehenlassen bei 4° wurde der glashelle dünne Überzug an den Gefäßwandungen (nach dem Abgießen von Aceton) in möglichst wenig Wasser gelöst. Nach nochmaliger Fällung mit Aceton und Zentrifugation wurden 200 mg farbloses Iridin-hydrochlorid erhalten. N 24,1 %, Arginin 68,5 %. P negativ. Aminosäurenanalyse (Molverhältnisse): Arginin 50, Lysin 2, Glykokoll 2, Alanin 2, Serin 3, Valin 4, Isoleucin 1, Prolin 5. Histidin, Asparaginsäure und Glutaminsäure 0.

Analog wurde das *Nucleoprotamin der Seeforelle* (Salmo lacustris) gewonnen und *Lacustrin* dargestellt. Aus Heringsmilch (mit Essigsäure gefällt, Trockenpräparat) wurde *Nucleoclupein*[2], daraus *Clupein* und DNS dargestellt.

Gewinnung und Eigenschaften der *Nucleoprotamine der Bachforelle* (Salmo trutta, nach neuerer Nomenklatur Trutta fário L.) *und des kanadischen Bachsaiblings* (Salmo fontinalis Mitch.)[3].

Die durch Plasmolyse gewonnenen Kerne der Spermien beider Fischarten bestehen ebenfalls nur aus Nucleoprotamin. Das Molverhältnis P:Arginin ist auch in diesen NP 1:1. Die NS sind ausschließlich DNS. Die Analyse der Protamine zeigt bei den NP der beiden

[1] Felix, K., H. Fischer, A. Krekels u. R. Mohr: H. **287**, 224 (1951).
[2] Siehe auch Steudel, H.: H. **72**, 305; **73**, 471 (1911); **83**, 72 (1913).
[3] Felix, K., H. Fischer, A. Krekels u. R. Mohr: H. **289**, 10 (1952).

Fischarten die gleiche Aminosäuren-Zusammensetzung auf. Molverhältnisse: Arginin 50, Prolin 5, Valin 5, Serin 3, Alanin 2, Glykokoll 2. In der Cytoplasmafraktion befinden sich keine DNS, sondern nur RNS (9,5%). Die gesamte Phosphatase-Wirkung ist im Cytoplasma. Ein Kern der Saiblingsspermatozoen enthält im Mittel $8{,}6 \cdot 10^{-9}$ mg Nucleoprotamin bzw. $5{,}5 \cdot 10^{-9}$ mg Nucleinsäure.

β) Darstellung von Nucleohistonen.

1. Darstellung von Kalbsthymus-DNS-Proteid[1]. Thymusdrüsen vom Kalb werden sofort nach dem Schlachten des Tieres mit Eis oder festem Kohlendioxyd abgekühlt, von Häuten und Fett sorgfältig befreit und in Portionen von 50—200 g nach Zugabe der 3fachen Menge eiskalten Wassers in einem Homogenisiergerät zerkleinert. Man läßt die Suspension 24 Std bei 2° stehen und zentrifugiert sie dann mit $1400 \times g$. Die überstehende Lösung wird zur Klärung durch ein doppeltes feinmaschiges Gewebe („Käsetuch") gegossen, mit dem gleichen Volumen eiskalten Wassers verdünnt und mit 5 m NaCl bis zur 0,14 m Konzentration versetzt. Der sofort ausfallende Niederschlag wird nach 1 bis 2 Std zentrifugiert, in dem gleichen Volumen eiskalten Wassers gelöst und in der oben angegebenen Weise durch Zugabe von 5 m NaCl bis zur 0,14 Molarität noch 2mal umgefällt. Der letzte Niederschlag wird möglichst fest zentrifugiert und durch Gefriertrocknung stabilisiert. Durchschnittsausbeute: 6,1% der Frischdrüse. P-Gehalt 3,86%, S-Gehalt 0,29% des getrockneten Nucleoproteids. Das Präparat enthält etwa 5% NaCl und 3% lipoidartige, mit Petroläther extrahierbare Bestandteile. Bei Berücksichtigung dieser Fremdstoffe ergibt sich in den Präparaten im Durchschnitt ein Gehalt von 4,2% P und 0,31% S. Weitere Umfällungen können ausgeführt werden sowohl durch Lösen in Wasser und Zugabe von 5 m NaCl bis zu 0,14 m als auch durch Lösen in 1 m NaCl und Verdünnen mit Wasser bis zur genannten Konzentration.

Die Elektrophorese der Nucleotid-Präparate (4 mg/cm³; Phosphatpuffer von p_H 7,14 und 0,02 Ionenstärke) zeigt nur eine Hauptfraktion mit 93—97% des Ganzen und Beweglichkeiten (10^{-5} cm/sec/v/cm) von 1,40 (aufsteigend) bzw. 1,27 (absteigend). Die Ultrazentrifugation (in einer Lösung mit gleichem p_H und gleicher Ionenstärke) läßt jedoch mindestens 5 verschiedene Fraktionen erkennen, die in allen Präparaten vorhanden sind, aber in wechselnden Mengenverhältnissen.

Über die Darstellung von Thymus-NP-Präparaten mit konstantem Lysin/Arginin/P-Verhältnis (0,47:0,30:1)[2].

2. Darstellung eines völlig dispergierten DNP aus Thymus[3]. Diese Darstellung weicht wesentlich von den früheren ab; sie ergibt vollständig dispergiertes DNP, in dem DNS und Protein mit nahezu gleichem Gewicht enthalten sind.

Die bei anderen Verfahren übliche Gelbildung des DNP tritt ein, wenn 1. die NP-Konzentration 0,08 g/100 cm³ übersteigt, 2. das NP mit 0,15 m NaCl oder Äthanol gefällt wird, 3. der mit Salzlösung gewaschene Rückstand zu lange vor seiner Homogenisation stehenbleibt und diese Homogenisation zu langsam ausgeführt wird.

Die Erkenntnis dieser Umstände führte zu folgender Arbeitsweise: Alle Arbeitsgänge werden im Kälteraum ausgeführt. 20 g frische, gefrorene Thymusdrüse werden zerschnitten und in einem schnellaufenden Zerkleinerungsgerät mit 200 cm³ Salz-Versen-Lösung homogenisiert (0,075 m NaCl und 0,024 m Äthylendiamintetraacetat, p_H 8, einige Tropfen n-Octanol). Das Gerät soll 1 min mit der halben Tourenzahl laufen, dann 3 min ganz langsam, so daß die Mischung gerade bewegt wird. Nach dem Passieren des Homogenats durch Mull („Käsetuch") wird es 10 min bei 2000 U/min zentrifugiert. Der Niederschlag wird erneut im Homogenisator 3 min bei langsamem Lauf mit der gleichen Lösung gemischt, dann zentrifugiert. Diese Waschoperationen werden noch 6mal ausgeführt. Die Lösungen werden verworfen. Der gewaschene Rückstand wird bei schnellem Lauf des

[1] Bakay, B., J. J. Kolb and G. Toennies: Arch. Biochem. 58, 144 (1955).
[2] Davison, P. F., and J. A. V. Butler: Biochim. biophysica Acta, N. Y. 21, 568 (1956).
[3] Doty, P., and G. Zubay: Am. Soc. 78, 6207 (1956).

Homogenisators durch Zugabe von Wasser gelöst (zu Beginn 50 cm³, in wenigen Sekunden bis zu 1 *l*). Die Mischung wird gleich in ein Becherglas überführt und 1 Std gerührt, dann gegen 0,0007 m Kaliumphosphat-Puffer vom p_H 6,8 dialysiert. Diese Pufferlösung wurde auch bei allen physikalischen Messungen verwendet.

Aus den Daten der Tabelle 42 geht hervor, daß die DNP-Teilchen unregelmäßige Stäbchen bilden, die etwas kürzer als die DNS-Teilchen sind, da die durchschnittliche Entfernung von Ende zu Ende 4200 Å beträgt, bei DNS jedoch 7100 Å. Die DNS-Präparate, deren Eigenschaften in der Tabelle 42 angegeben sind, wurden aus DNP-Präparaten hergestellt, die in der beschriebenen Weise gewonnen waren.

Tabelle 42. *Eigenschaften der DNP und DNS aus Thymus.*

Messung	DNP	DNS
Molekulargewicht (Lichtstreuung)	$(19 \pm 4) \cdot 10^6$	$(8 \pm 2) \cdot 10^6$
Rotationsradius, Å (Lichtstreuung)	1700 ± 200	2900 ± 300
Spezifische Viscosität (100 cm³/g)	35 ± 2	70 ± 10
Sedimentationskonstante, S_{20}^{w} . .	50 ± 5	22 ± 2
Strömungsdoppelbrechung, Å . .	4800—3000	14000—9000

Die Konzentration der gemessenen Lösungen wurde optisch bestimmt, wobei $E_{259}^{1\%} = 106 \pm 5$ zugrunde gelegt wurde. Die Menge DNS im DNP wurde zu 49 ± 2 % bestimmt. $N/P = 3{,}7 \pm 0{,}3$. Spezifischer Brechungsindex bei $\lambda = 436$ mμ: $0{,}193 \pm 0{,}004$. Spezifisches Teilvolumen $0{,}68 \pm 0{,}01$. Die DNP-Ausbeute entspricht fast der ganzen DNS-Menge in der Thymusdrüse; es ist daher wahrscheinlich, daß die isolierten DNP-Teilchen die strukturellen Hauptbestandteile der Chromosomen sind.

***3. Darstellung eines nichtfaserigen Desoxyribonucleohistons (DNH) aus Rattenleber*[1].** Das Verfahren ist verwendet worden für die Verarbeitung von Zellkernen und von abgetrennter Chromatinsubstanz aus Rattenleber. Es wurde mit gleichem Erfolg auch mit Zellkernen aus Kalbsleber, Rattenmilz und Rattenniere ausgeführt.

Die Zellkerne werden isoliert nach Homogenisation des Gewebes in 0,002 m Citronensäure. Sie werden mit 0,02 m Natriumacetat bei p_H 6,1 gewaschen und zur Entfernung der RNP und anderer plasmatischer Beimengungen noch mit 0,14 m NaCl extrahiert, in dem 0,02 m Natriumcitrat-Citronensäure-Puffer vom p_H 6,5 enthalten ist. Dann wird das DNH extrahiert mit 1 m NaCl, in dem auch 0,02 m Natriumcitrat vom p_H 8,3 enthalten ist. Der Extrakt wird durch Zentrifugation (18000 U/min) geklärt, der Niederschlag erneut extrahiert. Aus den vereinigten Extrakten fällt beim Verdünnen mit Wasser bis zu 0,14 m NaCl sofort das DNH als farbloser, nichtfaseriger Niederschlag aus; dieser wird nach 1 Std abzentrifugiert. Zur Reinigung wird er nochmals in 1 m NaCl gelöst, die Lösung durch hochtourige Zentrifugation geklärt, das Proteid wieder gefällt. Durch 3fache Wiederholung der Dialyse, Klärung der Lösung durch Zentrifugation und Gefriertrocknung werden Lipoidanteile entfernt, die sonst am DNH haften, zusammen mit Verunreinigungen mit geringem N- und P-Gehalt. Man erhält etwa 1 mg DNH aus 1 g Leber. Wenn als Ausgangsstoff die aus den Kernen hergestellte Chromatinsubstanz verwendet wird, so gewinnt man ein Präparat mit identischen Eigenschaften.

Das nichtfaserige DNH wird auch durch 2 m NaCl nicht in Histonhydrochlorid und Natriumnucleinat dissoziiert (im Gegensatz zum faserigen DNH). Faserige und nichtfaserige Präparate sind in der chemischen Zusammensetzung fast gleich und werden mit ähnlichen Ausbeuten aus den Leberproben erhalten.

Die Lösungen des nichtfaserigen Produkts sind relativ wenig viscös. (η_{sp}/c bei 25,4° einer 1%igen Lösung in 0,005 m NaCl = 38; ein faseriges Präparat hatte in 0,2%iger Lösung in 0,002 m Citrat $\eta_{sp} = 500$.)

N-Gehalt 16,4—16,8%, P 4,1—4,2%, DNS 41—42%. Adenin 0,25, Guanin 0,25, Thymin 0,23, Cytosin 0,19 (Mol je 1 Mol P).

[1] Luck, J. M., D. W. Kupke, A. Rhein and M. Hurd: J. biol. Ch. **205**, 235 (1953).

Das nichtfaserige Präparat behält seine niedere Viscosität auch in 1 m NaCl und wird in der Ultrazentrifuge in eine Hauptfraktion und 2 kleinere Fraktionen zerlegt. Die Elektrophorese trennt in Pufferlösungen der Ionenstärke 0,02 in eine Hauptfraktion und einige kleinere Fraktionen; in Lösungen der Ionenstärke 0,8 zeigt sich jedoch starke Heterogenität[1].

Die Analyse der Aminosäuren ergibt, daß die Zusammensetzung der Proteinkomponente sich nicht merklich unterscheidet von jener anderer Histonpräparate aus Leber.

Wenn schon bei der Isolierung der Kerne 0,14 m NaCl verwendet wird, dann liefert die weitere Aufarbeitung das bekannte faserige Präparat. Ebenso, wenn Homogenate des ganzen Gewebes verarbeitet werden.

γ) Darstellung von Desoxyribonucleoproteiden aus Mikroorganismen.

Durch Behandlung mit schwach alkalischen Lösungen lassen sich aus vielen Mikroorganismen NP extrahieren, die sowohl DNS als auch RNS enthalten[2]. Genauer charakterisiert sind DNP aus Streptokokken[3], aus Pneumokokken (Typ III)[4] und aus Bakterien der Vogeltuberkulose[5] (Extraktion der mit Glaspulver zerriebenen Bakterien mit 0,1 m Boratpuffer vom p_H 8,3). Aus Bakteriophagen ist ein NP isoliert worden, das in der Ultrazentrifuge einheitlich sedimentiert und 25% des Phagen-Proteins ausmacht[6].

b) Darstellung von Ribonucleoproteiden.

Die Hauptmengen der RNS-Proteinverbindungen in tierischen und pflanzlichen Zellen findet sich im Plasma und da im wesentlichen in den Mikrosomen und diffus verteilt; nur etwa $^1/_{15}$ ist im Kern enthalten[7]. Sowohl die Kerne als auch die Mikrosomen, die Mitochondrien und auch die in tierischen Zellen vorkommenden RNS-Lipoidverbindungen können durch fraktionierte Zentrifugation von Gewebehomogenaten abgetrennt werden. Besondere Bedeutung hat bekanntlich diese physikalische Trennungsmethode zur Isolierung der Pflanzenviren und vieler tierischer Viren. Als zweite Methode wird die Extraktion der RNP mit isotonischen Salzlösungen und ihre Fällung durch Einstellung des isoelektrischen Bereichs (p_H 4—5) verwendet[8]. Dadurch werden sowohl die im Plasma gelösten RNP gewonnen wie jene der Mikrosomen und der Mitochondrien. Derart werden häufig die RNP aus tierischen Organen, aus Hefe und auch aus Pflanzenviren dargestellt. Als dritte Methode schließlich kann die fraktionierte Fällung durch Salze [$(NH_4)_2SO_4$, Na_2SO_4] betrachtet werden, die mehrfach zur Isolierung von RNP aus Extrakten tierischer[9] und pflanzlicher Organe und verschiedener Pflanzenviren gedient hat. Sie wird meistens ebenfalls als isoelektrische Fällung ausgeführt.

Bei allen Isolierungen von RNP ist außer der Nucleasewirkung die Alkaliempfindlichkeit der RNS-Komponente zu beachten. Die Bindungen zwischen RNS und Protein in nativen RNP sind wahrscheinlich nicht nur Ionenbindungen, sondern darüber hinaus Wasserstoffbindungen, vielleicht auch Covalenzen. Wenn RNS, wie angenommen, an der Proteinsynthese mitwirken, ist eine derartige festere Bindung sowie die Bedeutung sterischer Faktoren plausibel.

Die nichtzentrifugierbaren Anteile von RNS im Cytoplasma haben zwischen p_H 5,7 und 8,2 nicht die elektrophoretische Beweglichkeit freier RNS[10]. Das aus Karpfenmuskeln isolierte, kristallisierte Nucleotropomyosin mit 15% RNS[2] verhält sich elektrophoretisch

[1] KUPKE, D. W., N. T. ELDREDGE and J. M. LUCK: J. biol. Ch. **210**, 295 (1954).
[2] BELOZERSKY, A. N.: Cold Spring Harbor Symp. quant. Biol. **12**, 1 (1947).
[3] SEVAG, M. G., and F. SMOLENS: J. biol. Ch. **140**, 833 (1941).
[4] MIRSKY, A. E., and A. W. POLLISTER: J. gen. Physiol. **30**, 117 (1946).
[5] CHARGAFF, E., and H. F. SAIDEL: J. biol. Ch. **177**, 417 (1949).
[6] VOLKIN, E.: Fed. Proc. **13**, 315 (1954).
[7] SCHNEIDER, W. C.: J. biol. Ch. **165**, 585 (1946).
[8] MIRSKY, A. E., and A. W. POLLISTER: J. gen. Physiol. **30**, 101 (1946). — KERR, S. E., and K. SERAIDARIAN: J. biol. Ch. **180**, 1203 (1949).
[9] HAMOIR, G.: Biochem. J. **48**, 146 (1951).
[10] SZAFARZ, D.: Biochim. biophysica Acta, N. Y. **6**, 562 (1951).

genauso wie das NS-freie Tropomyosin[1]. Dieses Protein kann in weiten Grenzen (10 bis 20%) mit NS beladen werden, ohne daß die physikalischen Eigenschaften sich wesentlich ändern[2]. Aus Steckrübenblättern, die mit gelben Mosaikvirus (turnip yellow mosaic virus) infiziert sind, läßt sich außer dem RNS-enthaltenden Virus auch eine säurefreie Proteinkomponente von gleicher Größe, Gestalt und Kristallstruktur und gleichen elektrophoretischen Eigenschaften isolieren[3].

Die NP-Zusammensetzung der einzelnen Virusarten ist jedoch nicht wechselnd, sondern konstant, unabhängig von der Wirtspflanze, der Erntezeit, der Isolierungsmethode und von anderen Umständen.

α) Darstellung von Nucleoproteiden aus Rinderpankreas.

Als einziges Beispiel eines älteren, oft bearbeiteten Darstellungsverfahrens sei die Gewinnung von NP aus Pankreas mit physiologischer Salzlösung in der Kälte[4] und mit Wasser in der Siedehitze[4] angegeben. Nach dem ersten Verfahren wird ein proteinreicheres NP erhalten („α-Nucleoproteid" nach HAMMARSTEN), nach dem zweiten ein proteinärmeres („β-Nucleoproteid"). Die im Pankreas enthaltene, sehr wirksame Ribonuclease ist kochbeständig; auch die Extraktion bei 100° bietet daher keine Sicherheit gegen eine enzymatische Hydrolyse der RNS bei der Aufarbeitung. Die aus Pankreas dargestellten RNS sind infolge dieser Hydrolyse meistens sehr niedermolekular und reich an Guanin (2—3 Mol je Mol Adenin und Pyrimidinbasen). Man nahm daher früher eine besondere „Pankreas-NS" an.

1. Extraktion mit 0,14 m NaCl in der Kälte[5]. Alle Operationen werden im Kälteraum ausgeführt. Rinderpankreas, schon im Schlachthaus mit Eis gekühlt, wird gereinigt, durch einen Fleischwolf getrieben, dann gewogen und mit dem 1,5fachen Volumen der eiskalten Salzlösung 1 Std mechanisch gerührt. Nach Zentrifugation wird der Rückstand ein zweites Mal in gleicher Weise extrahiert. Die vereinigten Extrakte werden durch Zugabe von ungefähr 0,02 Vol 1 n HCl auf p_H 4,2 gebracht. Der Niederschlag enthält die gesamten NP des Extraktes; er wird scharf abzentrifugiert, dann mit Äthanol, Aceton, Äther entwässert. Zur Darstellung der RNS wird er in 0,14 m NaCl wieder aufgelöst (800 cm³ je kg Pankreas) und mit 1 n NaOH genau neutralisiert. Die Lösung wird mit 18 g NaCl je 100 cm³ versetzt, 36 Std in der Kälte belassen, mit 1 n HCl auf p_H 4,2 gebracht, dann zentrifugiert. Der Proteinniederschlag kann verworfen werden, die klare Lösung wird zur Fällung des Natriumnucleinats mit 3 Vol. Äthanol versetzt. Reinigung durch Wiederholung der Auflösung und Fällung.

2. Extraktion mit Wasser in der Hitze[6]. 5 kg rein präparierte, frische Pankreasdrüse vom Rind werden mit der Fleischmaschine zerkleinert. Der Organbrei wird in einem Kochkessel mit 3,5 *l* siedendem Wasser übergossen, unter Umrühren 10 min aufgekocht und sofort mit Eis gekühlt, bis die an der Wasseroberfläche angesammelte Fettschicht hart geworden ist und sich abheben läßt. Das Gemenge wird dann zentrifugiert, die Extraktion des Rückstandes noch einmal mit 1 *l* Wasser in der Hitze wiederholt. Die vereinigten hellgelben Zentrifugate werden mit Eisessig (30 cm³) und mit dem gleichen Volumen Äthanol (96%ig, auch denaturiert) versetzt. Der Niederschlag wird nach dem Abhebern der Hauptmenge Flüssigkeit zentrifugiert und mit Äthanol, dann Aceton und Äther getrocknet. Ausbeute: 40 g NP (1,3% der gereinigten Drüsen).

β) Ribonucleoproteide aus Pflanzen und Mikroorganismen.

Die Darstellung erfolgt im Prinzip nach den gleichen Methoden wie bei tierischen Organen. Die Schwierigkeiten des Aufschlusses der Zellwand von Mikroorganismen

[1] BAILEY, K.: Biochem. J. **43**, 271 (1948).
[2] HAMOIR, G.: Biochem. J. **50**, 140 (1952).
[3] MARKHAM, R., and K. M. SMITH: J. Parasitology **39**, 330 (1949).
[4] HAMMARSTEN, O.: H. **19**, 19 (1894). — UMBER, F.: Z. klin. Med. **40**, 464 (1900).
[5] KERR, S. E., and K. SERAIDARIAN: J. biol. Ch. **180**, 1203 (1949).
[6] Nach STEUDEL, H., u. P. BRIGL: H. **68**, 40 (1910).

werden überwunden durch mehrfaches Einfrieren und Auftauen oder durch mechanische Zerreibung mit Quarzpulver oder in einer Kolloidmühle. Am sorgfältigsten sind die Methoden ausgearbeitet worden zur Isolierung von Virusstoffen (s. S. 1347).

Zum Vergleich mit Tabakmosaikvirus ist ein RNP aus dem Saft junger, gesunder Tabakblätter isoliert worden[1]. In infizierten Blättern nimmt zunächst die Menge eines unlöslichen NP stärker zu als in gesunden; am Ende der Infektion ist sie jedoch in den gesunden und den kranken Blättern gleich[2]. RNP aus Spinat- und Tabakblättern[3]. NP aus Birkenpollen[4]. RNP aus Hefe[5]. Ein RNP aus Clostridium perfringens[6]. NP aus verschiedenen Bakterien[7].

5. Fraktionierung von Nucleoproteiden.

Eine Fraktionierung von Nucleoproteid-Präparaten wird durch verschiedene Verfahren erreicht; damit werden auch die in ihnen enthaltenen NS fraktioniert (s. S. 1329).

Durch fraktionierte Extraktion von Nucleohiston[8] oder eines künstlichen Histonnucleats[9] mit Salzlösungen steigender Konzentration in Anwesenheit einer Chloroformphase findet man in den NS der aufeinanderfolgenden Fraktionen ein fallendes Verhältnis Guanin:Cytosin, ein steigendes Verhältnis Adenin:Thymin.

Eine Fraktionierung wird erreicht auch durch sukzessive Extraktion mit Salzlösungen konstanter Konzentration[10].

Trennung durch Gradientenelution aus einer Histon-Kieselgur-Säule[11]. Eine weitere chromatographische Fraktionierung von Thymus-Nucleohiston[12]. Siehe auch die Fraktionierungsmethoden für NS (S. 1329).

6. Analyse der Proteine und der Nucleinsäuren in Nucleoproteiden.

Es sei hier auf die entsprechenden Abschnitte über NS-Analyse (s. S. 1287ff.) und über Protamine und Histone (s. Bd. IV, S. 566ff.) hingewiesen. In den zitierten folgenden Arbeiten sind methodisch wesentliche Angaben enthalten.

Über die Zusammensetzung des Histons aus Thymus-DNP[13]; Histon aus Rattenleber-DNP[14]. Zusammensetzung der Nucleoprotamine der Spermien einiger Fischarten[15-17]. In diesen Nucleoprotaminen ist das P:Arginin-Verhältnis 1:1.

Durch Bestimmung dieses Verhältnisses (DNS:Arginin) werden auch andere Nucleoproteide charakterisiert[18]. Über die stöchiometrischen Beziehungen zwischen den Amino-

---

1 Pirie, N. W.: Biochem. J. 47, 614 (1950).
2 Basler, E. jr., and B. Commoner: Virology 2, 13 (1956).
3 Eggman, N., L. S. J. Singer and S. G. Wildman: J. biol. Ch. 205, 969 (1953).
4 Euler, H. v., L. Heller u. K. Högberg: Ark. Kemi, Mineral. Geol. 26 A, Nr. 27 (1948).
5 Vendrely, R., et R. Sarciron: Ann. Inst. Pasteur 71, 327 (1945). — Khouvine, Y., et H. de Robichon-Szulmajster: Bull. Soc. Chim. biol. 33, 1508 (1951). — Bonar, R. A., and E. L. Duggan: J. biol. Ch. 212, 697 (1955).
6 Parsons, C. H.: Arch. Biochem. 47, 76 (1953).
7 Belozersky, A. N.: Cold Spring Harbor Symp. quant. Biol. 12, 1 (1947).
8 Chargaff, E., C. F. Crampton and R. Lipshitz: Nature 172, 289 (1953). — Crampton, C. F., R. Lipshitz and E. Chargaff: J. biol. Ch. 211, 125 (1954).
9 Spitnik, P., R. Lipshitz and E. Chargaff: J. biol. Ch. 215, 765 (1955).
10 Lucy, J. A., and J. A. V. Butler: Nature 174, 32 (1954).
11 Brown, G. L., and M. Watson: Nature 172, 339 (1953).
12 Crampton, C. F., S. Moore and W. H. Stein: J. biol. Ch. 215, 787 (1955).
13 Euler, H. v., u. L. Hahn: Ark. Kemi, Mineral. Geol. 22 A, Nr. 17 (1946). — Toennies, G., and B. Bakay: Nature 176, 696 (1955). — Bakay, B., J. J. Kolb and G. Toennies: Arch. Biochem. 58, 144 (1955).
14 Brunish, R., L. Fairley and J. M. Luck: Nature 168, 82 (1951).
15 Felix, K., H. Fischer, A. Krekels u. R. Mohr: H. 287, 224; 289, 10 (1951).
16 Pollister, A. W., and A. E. Mirsky: J. gen. Physiol. 30, 101 (1946).
17 Vendrely, R., et C. Vendrely: Exper. 4, 434 (1949).
18 Knobloch, A., and R. Vendrely: Nature 178, 261 (1956).

säuren- und Nucleotid-Resten in einem Ribonucleoproteid[1]. Bausteinanalyse eines kristallinen Nucleoproteids aus Pankreas[2].

Kritische Untersuchung der üblichen Methoden zur Enteiweißung von Nucleoproteiden[3].

7. Produkte aus Proteinen und Nucleinsäuren.

Seit der ersten Beobachtung MIESCHERs, daß die Mischung eines Protaminsalzes mit Nucleinat in neutraler Lösung zur Ausfällung eines Niederschlages mit NP-Eigenschaften führt, sind zahlreiche Untersuchungen über die Eigenschaften der aus solchen Umsetzungen hervorgehenden Verbindungen ausgeführt worden. Die Salze mit den stark basischen Protaminen zeigen offenbar nur geringe Unterschiede vom NP aus den Kernen[4]. Die Umsetzungen mit anderen Proteinen führen jedoch zu Produkten, die sich von echten NP in vielerlei Beziehungen unterscheiden.

Angaben zur Methodik sind in den hier zitierten Arbeiten zu finden. Bestimmung des Gebietes der isoelektrischen Fällungen mit verschiedenen Proteinkomponenten[5, 6]. Elektrophoretisches Verhalten der „künstlichen" NP[7]. Viscosität solcher Gemische und ihre Beeinflussung durch Salze und Nichtelektrolyte[4, 8, 9]. Strömungsdoppelbrechung[4, 8, 9]. Osmotischer Druck von DNS und Protein-DNS-Mischungen[4, 9–11].

Über Komplexe von DNS mit synthetischen, basischen Polyelektrolyten und über ihre fraktionierte Extraktion[12]. UV-Mikrospektrographische Untersuchung[13] und Untersuchung mit Röntgenstrahlen[14]. Die letztere zeigt kaum Unterschiede zwischen dem Nucleohiston aus Thymus und Nucleoclupein einerseits und den Salzen aus DNS und den entsprechenden Proteinen andererseits.

α-Liponsäure (Thioctansäure)[15].

Von

W. Grab*.

Mit 1 Abbildung.

Geschichte und Namen. Die Entdeckung des Lipothiamids, bei dem Liponsäure und Thiamin amidartig miteinander verbunden sind, gründet sich auf die Beobachtung, daß in Tier- und Pflanzenwelt eine Gruppe noch unbekannter Substanzen vorkommt, die als

* Bei der Ordnung und Verwertung der Literatur für die folgenden Abschnitte S. 1355—1547 hat mir Fräulein A. CORLEIS, Farbenfabriken Bayer, wertvolle Hilfe geleistet, für die ich auch an dieser Stelle verbindlichst danke.

1 CHARGAFF, E., D. ELSON and H. T. SHIGEURA: Nature 178, 682 (1956).
2 BOSER, H.: Naturwiss. 40, 462 (1953).
3 FRICK, G.: Biochim. biophysica Acta, N. Y. 13, 41 (1954).
4 STEUDEL, H.: H. 83, 72 (1913). — STEUDEL, H., u. E. PEISER: H. 122, 298 (1922).
5 HAMMARSTEN, E.: B. Z. 144, 383 (1924). — HAMMARSTEN, E., u. G. HAMMARSTEN: Acta med. scand. 68, 199 (1928).
6 PRZYLECKI, S. J. v., u. M. Z. GRYNBERG: B. Z. 251, 248 (1932).
7 STENHAGEN, E., and T. TEORELL: Trans. Faraday Soc. 35, 743 (1939). — BJÖRNESJÖ, K. B., and T. TEORELL: Ark. Kemi, Mineral. Geol. 19 A, Nr. 34 (1945). — LONGSWORTH, L. G., and D. A. MAC INNES: J. gen. Physiol. 25, 507 (1942). — SEIBERT, F. B.: J. biol. Ch. 133, 593 (1940). — HALL, J. L.: Am. Soc. 63, 794 (1941).
8 GREENSTEIN, J. P., and W. V. JENRETTE: Cold Spring Harbor Symp. quant. Biol. 9, 236 (1941).
9 GREENSTEIN, J. B.: J. biol. Ch. 150, 107 (1943).
10 KERN, W.: Z. physik. Chem. (A) 184, 197 (1939).
11 JEENER, R.: C. R. Soc. Biol. 140, 689 (1946).
12 SPITNIK, P., R. LIPSHITZ and E. CHARGAFF: J. biol. Ch. 215, 765 (1955).
13 SEEDS, W. E., and M. H. F. WILKINS: Discuss. Faraday Soc. 1950, 417.
14 RILEY, D. P., and U. W. ARNDT: Nature 172, 294 (1953).
15 *Zusammenfassende Darstellungen:* STOKSTAD, E. L. R., G. R. SEAMAN, R. J. DAVIS and S. H. HUTNER; in: Meth. biochem. Analysis 3, 23 (1956). — RAUSCH, F.: Arzneim.-Forschung 5, 32 (1955).

Wuchsstoffe für gewisse Mikroorganismen notwendig sind. Die Protozoenart Tetrahymena benötigt einen Stoff aus tierischen Zellen und Hefe, den man zunächst als Protogen bezeichnet hatte[1, 2]. Wenig später zeigte sich, daß Bakterien einen besonderen Wuchsstoff brauchen, der für die oxydative Bildung von Essigsäure aus Pyruvat notwendig war, also Acetat in der Nährlösung ersetzen konnte.

Daher war dieser Stoff als „Acetat-Ersatz-Faktor" oder auch als „Pyruvat-Oxydations-Faktor" (POF) bezeichnet worden[3, 4]. In ihrer biologischen Wirksamkeit stimmten beide Faktoren miteinander überein, sie erwiesen sich bei weiterer Reinigung als identisch.

Der neue Faktor wurde durch Hydrolyse aus Leber freigesetzt, in reiner Form isoliert und seine Struktur durch Synthese bestätigt. Er wird heute bezeichnet als α-Liponsäure (α-lipoic acid) oder Thioctansäure und entspricht dem früheren „Protogen A". β-Liponsäure ist seine oxydierte Form (= Thioctansulfoxyd), die dem „Protogen B" entspricht.

Vorkommen. Thioctansäure findet sich in Hefe und Leber mit Thiamin gebunden als Lipothiamid, wahrscheinlich aber in jeder Zelle der höheren Tiere, gebunden an Proteine; daher ist Lipothiamid mit heißem Wasser nicht extrahierbar, sondern muß durch Hydrolyse mit Säuren, Alkalien oder Fermenten erst freigesetzt werden. Es gibt auch einen wasserlöslichen, nicht dialysierbaren Komplex aus Protein und Lipothiamid. Hefe-Extrakt enthält sogar 5 verschieden wirksame Bindungsformen von Thioctansäure, ja sogar solche, deren Wirksamkeit durch Hydrolyse verstärkt wird. Im Harn findet sich ein Thioctansäure-Konjugat, das für Corynebakterium bovis wirksam, für Streptococcus faecalis dagegen unwirksam ist.

Gebundene Thioctansäure kommt auch in höheren Pflanzen vor, wahrscheinlich wiederum in Form des Lipothiamid-pyrophosphats oder sogar als noch komplexere Form. Bisher ist aber Lipothiamid aus Pflanzengewebe noch nicht isoliert worden. Durch enzymatische Hydrolyse hat man bisher nur thioctansäurehaltige Komplexe gefunden, deren Zusammensetzung noch nicht geklärt ist.

Biologische Bedeutung. Lipothiamid-pyrophosphat wird als die wirksame Form der Thioctansäure und als Co-Ferment der oxydativen Decarboxylierung vermutet. Die biologische Bedeutung des Lipothiamids und der Thioctansäure wird S. 1365 bei Thiamin besprochen. Eine besondere Bedeutung hat die Lipothiamid-pyrophosphorsäure offenbar auch bei der Photosynthese in der grünen Pflanze[5, 6]. Die von Chlorophyll absorbierten Photonen spalten den Disulfid-Ring und bilden so ein Radikal mit potentieller chemischer Energie.

Formel, Darstellung und Synthese. $C_8H_{14}O_2S_2$ ist das intra-molekulare Disulfid einer Dimercapto-n-octansäure: = 6,8-Dithio-n-octansäure.

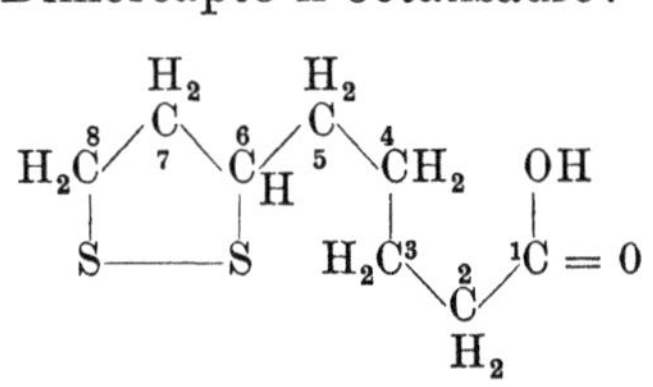

Thioctansäure kann durch verschiedene Hydrolyse-Verfahren aus ihren Bindungsformen freigesetzt werden[7]; dabei zeigt sich, daß durch Autolyse der Leber wenig Thioctansäure freigesetzt wird, durch Trypsin oder durch Takadiastase + Papain zwar wesentlich mehr, aber immer noch nicht die gesamte Menge[7].

Aus trockenen Leberrückständen gewinnt man durch 1 Std Hydrolyse mit 6 n H_2SO_4 die Höchstmenge von 3,9 γ Thioctansäure je g Trockengewicht. Längere Hydrolyse mit 6 n H_2SO_4 führt zu Verlusten.

Man kann auch getrocknete Leberrückstände (Leberrückstände nach Wasser- oder Alkoholextraktion) nach vorheriger Verdauung mit Papain mit 3,3 n NaOH unter Druck

[1] KIDDER, G. W., and V. C. DEWEY: Arch. Biochem. **8**, 293 (1945).

[2] STOKSTAD, E. L. R., C. E. HOFFMANN, M. A. REGAN, D. FORDHAM and T. H. JUKES: Arch. Biochem.
[3] **20**, 75 (1949).

[4] GUIRARD, B. M., E. E. SNELL and R. J. WILLIAMS: Arch. Biochem. **9**, 361 (1946).

[5] O'KANE, D. J., and I. C. GUNSALUS: J. Bacteriology **56**, 499 (1948).

[6] CALVIN, M., and J. A. BARLTROP: Am. Soc. **74**, 6152 (1952).

[7] REED, L. J.: Physiol. Rev. **33**, 544 (1953).
REED, L. J., B. G. DE BUSK, P. M. JOHNSTON and M. E. GETZENDANER: J. biol. Ch. **192**, 851 (1951).

erhitzen und die dadurch freigesetzte Thioctansäure der Lösung mit Chloroform entziehen. Bei Gegenstromverteilung läßt sich dann der Chloroformextrakt in mehrere Fraktionen zerlegen, von denen eine Thioctansäure ist.

Durch Adsorption einer Cocarboxylase (aus einem gegeißelten Protozoon stammend) an Tonerde kann man Thioctansäure gewinnen, wobei eine thiamidspaltende Fermentaktivität mitwirkt, so daß dann Thioctansäure allein an der Tonerde adsorbiert bleibt. Sie kann von der Tonerde wieder abgelöst werden mit einer Mischung aus 89 % Benzol, 5 % Chloroform, 5 % Äthanol und 1 % Butanol. Aus diesem Gemisch organischer Lösungsmittel läßt sich Thioctansäure wieder extrahieren durch Schütteln mit $^1/_3$ Vol. 5 % wäßriger $NaHCO_3$-Lösung[1].

Thioctansäure kann synthetisiert werden[2, 3] aus 4-(α)-Tetrahydrofuryl-buttersäure oder 3-α-(α'-Methyltetrahydrofuryl)-propionsäure.

Physikalische, chemische und physiologische Eigenschaften. Thioctansäure ist sehr leicht löslich in allen organischen Lösungsmitteln, aber nur sehr wenig in Wasser; in ihrer Bindungsform als Lipothiamid dagegen ist sie wasserlöslich. $(\alpha)_D = +96{,}7°$ bei 25° in 1,88 %iger Lösung in Benzol. F = 47,5—48,5° der natürlichen D-Thioctansäure[4-10]; kristallisiert in schwach gelbgefärbten Plättchen.

Synthetisch hergestellte D,L-Thioctansäure, F = 59—60°, als isomeres Gemisch optisch inaktiv. Da die L-Form unwirksam ist, hat das synthetische Produkt nur die halbe Wirksamkeit des natürlichen. Natürliches und synthetisches Produkt stimmen in Spektren und R_F-Werten überein[2, 3].

Das Infrarot-Spektrum der Thioctansäure (= α-Liponsäure) wird auf S. 1473 wiedergegeben. Das breite flache Band zwischen Wellenzahl 3500 (2,86 μ) und 3000 cm^{-1} (3,33 μ) weist auf die Wasserstoffbrücke der Hydroxylgruppe einer Carbonsäure hin. Die saure Carbonylgruppe verursacht die Absorption bei 1693 cm^{-1} (5,90 μ). Absorptionsbande bei 1308 cm^{-1} (7,65 μ) und 1201 cm^{-1} (8,32 μ) sind für Thioctansäure charakteristisch[11].

Im Hefe-Extrakt Difco finden sich 5 verschiedene Bindungsformen von Thioctansäure mit folgenden R_F-Werten (in n-Butanol): 0,08; 0,25; 0,4; 0,6; 0,9; sie sind alle für Streptococcus lactis wirksam.

Thioctansäure ist stabil gegenüber saurer oder alkalischer Hydrolyse. In reiner Form oder in Konzentraten wird sie durch milde Oxydationsmittel rasch oxydiert, ja schon durch Peroxyde, die sich in organischen Lösungsmitteln gebildet haben. Die oxydierte Form der Thioctansäure ist ihr Sulfoxyd, das stärker hydrophil ist als Thioctansäure.

Thioctansäuresulfoxyd (= β-Liponsäure) ist biologisch wirksam, wird aber durch alkalische Hydrolyse zerstört.

Bei Oxydation kann man ein charakteristisches Benzylthiuroniumsalz gewinnen. F = 143—144°. Aus freier Thioctansäure kann man mit NaOH eine SH-Gruppe freisetzen, bei Reduktion mit Natriumborhydrid ($NaBH_4$) beide SH-Gruppen, die dann durch milde Oxydation in ein Disulfid übergeführt werden können.

[1] SEAMAN, G. R., u. M. DELL NASCHKE: J. biol. Ch. **213**, 705 (1955).
[2] HORNBERGER, C. S. jr., R. F. HEITMILLER, I. C. GUNSALUS, G. H. F. SCHNAKENBERG and L. J. REED: Am. Soc. **74**, 2382 (1952).
[3] BROCKMAN, J. A. jr., E. L. R. STOKSTAD, E. L. PATTERSON, J. V. PIERCE, M. MACCHI and P. P. DAY: Am. Soc. **74**, 1868 (1952).
[4] REED, L. J.: Physiol. Rev. **33**, 544 (1953).
[5] BULLOCK, M. W., J. A. BROCKMAN jr., E. L. PATTERSON, J. V. PIERCE and E. L. R. STOKSTAD: Am. Soc. **74**, 3455 (1952).
[6] REED, L. J., and B. G. DEBUSK: Am. Soc. **74**, 3457 (1952).
[7] REED, L. J., and B. G. DEBUSK: Am. Soc. **75**, 1261 (1953).
[8] REED, L. J., I. C. GUNSALUS, G. H. F. SCHNAKENBERG, Q. F. SOPER, H. E. BOAZ, S. F. KERN and T. V. PARKE: Am. Soc. **75**, 1267 (1953).
[9] REED, L. J., B. G. DEBUSK, C. S. HORNBERGER jr. and I. C. GUNSALUS: Am. Soc. **75**, 1271 (1953).
[10] HORNBERGER, C. S. jr., R. F. HEITMILLER, I. C. GUNSALUS, G. H. F. SCHNAKENBERG and L. J. REED: Am. Soc. **75**, 1273 (1953).
[11] ROSENKRANTZ, H.: Meth. biochem. Analysis **5**, 407 (1957).

Thioctansäure hat keinen Vitamincharakter und ist in der Kost von Küken und Ratten völlig entbehrlich. Auch bei experimenteller Verfütterung ließen sich spezifische Wirkungen von Thioctansäure nicht erkennen[1].

Thioctansäure ist sehr wenig giftig. Dosen bis 4,4 mg i.v. wurden auch vom Menschen vertragen[2]. Bei Leberkrankheiten übte Thioctansäure klinisch günstige Wirkungen aus.

Von Lipothiamid lassen sich Mono- und Pyrophosphorsäure-ester gewinnen. Diese Verbindungen zeigen negative Thiochromreaktion und positiven Azo-Test, wodurch die amidartige Verknüpfung zwischen Thioctansäure und der Aminogruppe des Thiamin bewiesen ist.

Der Monophosphorsäure-ester ist enzymatisch unwirksam; durch Darmphosphatase werden die Phosphorsäure-Reste wieder abgespalten. Die meisten Bakterien können aus Thioctansäure und Thiamin selbst Lipothiamid bilden, so daß sich also Thioctansäure als Wuchsstoff erweist. Nur eine Mutante von Escherichia coli ist auf die Zufuhr von vollständigem Lipothiamid angewiesen.

Bestimmung. Obwohl Thioctansäure sehr gut lipoidlöslich ist, kann sie aus tierischem Gewebe mit organischen Lösungsmitteln nicht extrahiert werden, sondern muß durch eine wirksame Hydrolyse freigesetzt werden. Organproben werden für die Analyse nach folgender Vorschrift vorbereitet:

5 g fein zerkleinertes Gewebe werden zu 10 cm³ 9 n H_2SO_4 gegeben und die Lösung 3 Std auf 120° erhitzt. Dann kühlt man ab, neutralisiert mit 5 n NaOH, füllt die Endlösung auf 50 cm³ auf und schleudert das Unlösliche ab. Trockene Organpulver werden mit der 10fachen Gewichtsmenge 6 n H_2SO_4 3 Std lang erhitzt; lassen sich die Organe schwer zerkleinern, so läßt man die Säure auf das Organstückchen im Autoklaven 30 min einwirken, unterbricht dann die Hydrolyse und kann die Organe nun meist vollkommen zerkleinern.

Bei Geweben mit geringer Wirksamkeit wird das saure Hydrolysat mit Butanol oder Chloroform extrahiert, das Lösungsmittel abgedampft und so die großen Mengen Neutralsalze ausgeschaltet. Thioctansäure verteilt sich bei p_H 3 zwischen Chloroform und Wasser wie 100:1; zwischen Butanol und Wasser wie 18:1. Für Thioctansulfoxyd sind die entsprechenden Verteilungs-Koeffizienten nur 3 bzw. 4,5.

Der Gehalt dieser Extrakte an Thioctansäure wird nun mikrobiologisch ausgewertet, und zwar im mikrobiologischen Wachstumstest bzw. im Fermentversuch.

Wachstumstest. Als Testorganismen für den Wachstumsversuch sind geeignet: *Tetrahymena pyriformis.*

Dieser Organismus kann auch gebundene Formen von Thioctansäure verwerten, so daß er sich besonders zur Auswertung von Naturstoffen mit mehreren Formen gebundener Thioctansäure eignet; bevorzugt werden Stamm „S"* oder Stamm „E"*. Genaue Beschreibung der Verfahren[3-5].

Das Verfahren ist hoch empfindlich, erlaubt den Nachweis von 0,2—1 mγ D,L-Thioctansäure je cm³ Testlösung. Nur wenn der p_H alkalischer ist als 6,5, erhält man verläßliche Werte, da dadurch kein Acetat entsteht, das Thioctansäure ersetzen kann.

Streptococcus faecalis.

Versandt wird eine Stichkultur, aus der zunächst eine Vorkultur anzulegen ist, mit der nach 1000facher Verdünnung die Einzelansätze in 2,5 oder 10 cm³ Lösung beimpft werden. Eichkurve mit abgestuften Dosen D,L-Thioctansäure zwischen 0,1 und 2 mγ/cm³.

* Zu beziehen von ATCC = American Type Culture Collection oder in England von der Culture Collection of Algea and Protozoa, Downing Street, Cambridge.

[1] SUPPLEE, W. C., G. F. COMBS and G. L. ROMOSER: Arch. Biochem. **61**, 140 (1956).
[2] RAUSCH: Zusammenfassende Darstellungen.
[3] JUKES, T. H.: Meth. biochem. Analysis **2**, 121 (1955).
[4] KIDDER, G.W., and V.C. DEWEY; in: LWOFF, A. (Hrsgb.): Biochemistry and Physiology of Protozoa. Bd. I, S. 323. New York 1951.
[5] STOKSTAD, E. L. R., G. R. SEAMAN, R. J. DAVIS and S. H. HUTNER: Meth. biochem. Analysis **3**, 24 (1956).

Mit dem gleichen Erreger kann man auch den Plattenversuch ausführen, wobei der Durchmesser der Wachstumszone linear mit der Konzentration von Thioctansäure ansteigt im Bereich von 50—5000 mγ/cm^3 (s.[1]).

Corynebacterium bovis.

Dieser Organismus reagiert auf Thioctansäure, ihr Sulfoxyd und auf einfache Thioctansäure-Konjugate, wie sie beim fermentativen Abbau der Leber entstehen. Daher erhält man bei der Auswertung mit diesem Erreger gelegentlich höhere Werte als mit Streptococcus faecalis. Empfindlichkeit und Technik des Versuches ebenso wie bei Streptococcus faecalis.

Fermentative Bestimmung. Zur fermentativen Auswertung von Thioctansäure benutzt man Streptococcus faecalis 10 C 1. Genaue Beschreibung (nach STOKSTAD)[1]. Das Kulturmedium ist einfacher als für den Wachstumsversuch, der Sauerstoffverbrauch wird im Warburg-Apparat (Gasphase = Luft) bei 37° manometrisch gemessen. Nach dem Zukippen der Pyruvatlösung macht man 9 Ablesungen im Abstand von 10 min. Der Sauerstoffverbrauch steigt nicht linear im Bereich zwischen 0,1 und 0,5 γ Thioctansäure je cm^3. Die höchsten Werte erhält man nach Säureaufschluß und bei der Auswertung mit Tetrahymena. 1 mg Thioctansäure entspricht bei dieser manometrischen Methode[2] der Wirksamkeit von 125000 Einheiten[3].

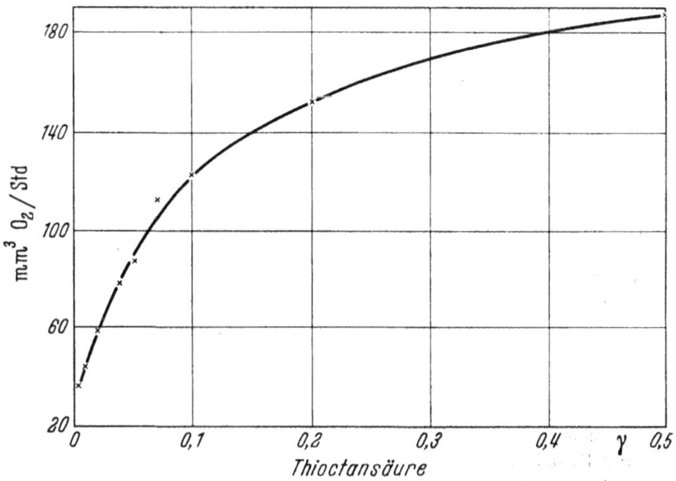

Abb. 1. Eichkurve für die enzymatische Wirksamkeit von Thioctansäure. Abszisse 0,1—0,5 γ zugesetzte Thioctansäure. Ordinate mm^3 Sauerstoffverbrauch je Std bei 37°. Test-Organismus, ruhende Zellen von Streptococcus faecalis 10 C 1[1].

Thiamin[4-11].

Von

W. Grab.

Mit 7 Abbildungen.

Geschichte. Bei der Polyneuritis der Hühner[12], die mit geschältem Reis ernährt waren, erkannte man zuerst den Zusammenhang zwischen fehlendem Nahrungsfaktor und Mangelkrankheit (Beriberi-Polyneuritis). Erst 1926 gelang JANSEN und DONATH[13] die Isolierung

[1] STOKSTAD, E. L. R., G. R. SEAMAN, R. J. DAVIS and S. H. HUTNER: Meth. biochem. Analysis **3**, 24 (1956).

[2] GUNSALUS, I. C., M. I. DOLIN and L. STRUGLIA: J. biol. Ch. **194**, 849 (1952).

[3] REED, L. J., B. G. DE BUSK, C. S. HORNBERGER and I. C. GUNSALUS: Am. Soc. **75**, 1271 (1953).

Zusammenfassende Darstellungen:

[4] VOGEL, H., u. H. KNOBLOCH: Chemie und Technik der Vitamine. 3. Aufl., Bd. II, S. 1ff. Stuttgart 1953.

[5] GYÖRGY, P.: Vitamin Methods. Bd. I, S. 87, 217, 490, 529. New York 1950; Bd. II, S. 179, 288, 624. New York 1951.

[6] SEBRELL, W. H. jr., and R. S. HARRIS: The Vitamins. Chemistry, Physiology, Pathology. Bd. III, S. 404. New York 1954.

[7] LANG, K.: Biochemie der Ernährung. (Beiträge zur Ernährungswissenschaft, Bd. I) S. 259ff. Darmstadt 1957.

des kristallisierten Vitamin B_1, 1936 ANDERSAG und WESTPHAL[1] die Aufklärung seiner chemischen Struktur und die Synthese, unabhängig davon WILLIAMS und CLINE[2]. Ausführliche Mitteilungen[3-5].

JANSEN bezeichnete das kristallisierte Vitamin B_1 als „Aneurin"; die international übliche Bezeichnung ist heute „Thiamin". Frühere Namen: Oryzanin, Torulin, Polyneuramin, antineuritisches bzw. Anti-Beriberi-Vitamin, Vitamin B_1 (Torula = Hefe, Oryza = Reis).

Vorkommen. Thiamin kommt im Tier- und Pflanzenreich sehr weit verbreitet vor, es findet sich praktisch in jeder lebenden Zelle, aber immer nur in sehr geringen Mengen.

Tabelle 1. *Thiamingehalt in menschlichen Organen und Körperflüssigkeiten* (in γ/100 g Frischgewicht).

Organ	Männlich	Weiblich	Organ	Gehalt an Thiamin	Gehalt an Thiaminpyrophosphat
Skeletmuskel[6]	130	84	Muskeln[7]	7—22	32—143
Glatte Muskeln[6]		120			
Leber[6]	250	200	Leber[7]	45—80	250—630
Herz[6]	450	300			
Niere[6]	240	360	Niere[7]	280—400	
Milz[6]	130	110	Milz[7]	110	
Lunge[6]	60	150	Lunge[7]	150	
			Magen, Darm[7]	50—100	
Keimdrüsen[7]	80	61			
Graue Substanz[8]	200		Gehirn[7]	110—130	200—400
Periphere Nerven	50—100				
			Nebennieren[7]	160	
			Haut[7]	52	
			Schweiß[7]	1,5—4,5	
			Harn[7]	1—20	0—18
Vollblut[9]	6,1—10,7	6,2—9,0			
Vollblut[10,11]	7,5				
Blutplasma[10,11]	1,7				
Blutplasma[9]	1—9				
Blutplättchen[10,11]	72				
Leukocyten[10,11]	47				
Erythrocyten[10,11]	11,1				

[1] ANDERSAG, H., u. K. WESTPHAL: DRP vom 28. 1. 1936, Nr. 685032.
[2] WILLIAMS, R. R., and J. K. CLINE: Am. Soc. **58**, 1504 (1936).
[3] GREWE, R.: H. **242**, 89 (1936).
[4] ANDERSAG, H., u. K. WESTPHAL: B. **70**, 2035 (1937).
[5] TODD, A. R., and F. BERGEL: Soc. **1937**, 364.
[6] WILLIAMS, R. J.: Vitamins & Hormones **1**, 237 (1943).
[7] CREMER, H. D.; in: RAUEN, Biochem. Taschenb. S. 822.
[8] VILLELA, G., G. v. DIAS and L. T. QUAIRTROGA: Arch. Biochem. **23**, 81 (1949).
[9] ALBRITTON, E. M.: Standard Values in Nutrition and Metabolism. Philadelphia, London 1954.
[10] FUJITA, A., and M. YAMADORI: Arch. Biochem. **28**, 94 (1950).
[11] BURCH, H. B., O. A. BESSEY, R. H. LOVE and O. H. LOWRY: J. biol. Ch. **198**, 477 (1952).

Literatur von S. 1359. (Fortsetzung.)

[8] FLASCHENTRÄGER, B., u. E. LEHNARTZ: Physiologische Chemie. Bd. II/2b, S. 709ff. Berlin, Göttingen, Heidelberg 1957.
[9] MICKELSEN, O., and R. S. YAMAMOTO: Meth. biochem. Analysis. **6**, 191 (1958).
[10] Methods of Vitamin Assay, herausgegeben von der Ass. of Vitamin Chemists Inc., S. 69ff. New York 1947.
[11] GSTIRNER, F.: Chemisch-physikalische Vitamin-Bestimmungsmethoden. 4. Aufl. S. 72ff. Stuttgart 1951.
[12] EIJKMAN, C.: Virchows Arch. **148**, 523; **149**, 187 (1897).
[13] JANSEN, B. C. P., and W. F. DONATH: Proc. Kon. Akad. Wet. Amsterdam **29**, 1390 (1926).

Thiaminfrei sind eigentlich nur Öle, Fette und Kristallzucker. Tägliche Zufuhr von Thiamin ist notwendig, da es nicht nennenswert gespeichert werden kann; bei Tagesdosen über 5 mg steigt sofort die Ausscheidung von unausgenütztem Thiamin im Kot an.

Thiamin kommt in der Natur in verschiedenen Formen vor, in Pflanzen meist in freier, nichtveresterter Form, in tierischen Zellen überwiegend als Pyrophosphat oder vielleicht auch als Lipothiamid an Protein gebunden. Bei der Versorgung von Tier und Mensch mit Thiamin kann jede dieser verschiedenen Bindungsformen verwertet werden, da freies Thiamin im Tierkörper leicht durch ATP phosphoryliert und Pyrophosphat durch wirksame Phosphatasen wieder abgespalten werden kann. Brot aus mittelstark ausgemahlenen Mehlen, Gemüse (Erbsen, Bohnen), Kartoffeln, Fleisch und Fisch sind die Hauptthiaminquellen der Bevölkerung Europas. Wenig ausgemahlene Mehle werden in manchen Ländern mit Thiamin angereichert.

Tabelle 2. *Thiamingehalt in tierischen Organen* (in γ/100 g Frischgewicht).

	Rind	Kalb	Schwein	Schaf	Ratte
Muskel .	170[1] 100[2]	150[2]	700—800[1, 2]	180[1] 150[2]	
Niere .	316[1] 350[2]	350[2]	515[1]	570[1]	
Leber .	160—460[1] 250[2]	200[2]	470[1] 400[2]	414[1]	
Hirn . .	250[2]	250[2]	180[1]		
Lunge .	200[1] 300[2]	300[2]			
Herz . .	675[1] 600[2]	600[2]			
Blut . .	4,5—11[3]		17—30[3]	3—15[3]	17,85[4] 10—25[3]
Milch .	90[4] 20—50[7] 50[2] 20—40[6]		30—80[5, 6]	50[2]	
Harn .	133—1000[8]				

Weitere Mittelwerte:

Muskel: Kaninchen 501; Wild 150; Geflügel 110; Seefische 50—100, Süßwasserfische 100—200, Aal 300[2].

Blut: Pferd 1,1—1,7[3]; Hund 5—9; Kaninchen 3—30; Huhn 5,6—11; Taube 21—40; Meerschweinchen 45—80[3, 9].

Der Gesamtbestand des menschlichen Körpers an Thiamin beträgt 25 mg, darüber hinaus gibt es keine Speicherung. Die höchste Konzentration von Thiamin findet sich im Herzmuskel (bis 350 γ in 100 g), in Leber, Niere, Gehirn 150—250 γ, Skeletmuskel 120 γ, im Blut 6—12 γ je 100 cm^3, davon 90 % in den Blutzellen, 10 % im Plasma[10]. In Erythrocyten finden sich 1,5 γ Thiamin-pyrophosphat, in Leukocyten 290 γ, immer in je 10^{11} Zellen (rund 10 g)[11, 12], also etwa 20000 Moleküle im einzelnen Erythrocyten! Die Werte bei Frauen liegen um 5—15 % darunter.

Bei Ratten findet man fast den gleichen Gehalt an Cocarboxylase in den Blutzellen; schon nach 5 Tagen Thiaminmangel sinken aber die Werte in den Erythrocyten um 50 %, in den Leukocyten um 30 %, in Leber, Niere und Muskeln um 70—50 %, im Gehirn um 18 %[12].

---

[1] DROESE, W., u. H. BRAMSEL: Vitamin-Tabellen. 2. Aufl. Leipzig 1943.
[2] KRAUT, H., H. BRAMSEL u. W. WIRTHS; in: RAUEN, Biochem. Taschenb. S. 749ff.
[3] ALBRITTON, E. M.: Standard Values in Nutrition and Metabolism. Philadelphia-London 1954.
[4] VOGEL, H., u. H. KNOBLOCH: Chemie und Technik der Vitamine. 3. Aufl. Bd. II, S. 2. Stuttgart 1953.
[5] DAVIS, V. E., A. A. HEIDEBRECHT, R. MACVICAR, O. B. ROSS and C. K. WHITEHAIR: J. Nutrit. **44**, 17 (1951).
[6] CREMER, H. D.; in: RAUEN, Biochem. Taschenb. S. 842.
[7] MÜLLER, E.: Milchwiss. **5**, 304 (1950).
[8] ŠLEZIC, M., u. T. ASHER: Arch. Tierheilkde. **77**, 156 (1941).
[9] EDWARDS, M. A., M. L. KAUFMAN and C. A. STORVICK: Amer. J. clin. Nutrit. **5**, 51 (1957).
[10] LANG, K.: Biochemie der Ernährung. S. 267. Darmstadt 1957.
[11] SMITS, G., and E. FLORIJN: Biochim. biophysica Acta, N. Y. **3**, 44 (1941).
[12] WESTENBRINK, H. G., and J. GOUDSMIT: Arch. néerl. Physiol. **23**, 79 (1938).

Die Blutplättchen enthalten etwa 70 γ Thiamin je 100 cm^3, also etwas mehr als die Leukocyten. Bei Pferd, Rind, Schwein, Ziege finden sich ganz ähnliche Thiaminwerte in den Blutbestandteilen[1].

Spritzt man Thiamin i.m., so verteilt es sich sofort und wird in allen Organen wiedergefunden, die Zellen nehmen freies Thiamin auf und verestern es mit Hilfe einer Thiaminkinase zum Pyrophosphat, dessen Phosphorsäurereste aus ATP stammen. Plasma und Liquor enthalten nur freies Thiamin, etwa 1 γ-%. In Frauenmilch finden sich 9—18 γ-% Gesamt-Thiamin, davon 45% in freier Form. Kuhmilch enthält fast alles Thiamin in freier Form[2], in der Ziegenmilch überwiegend als Monophosphat, das auch die gebundene Form in Frauenmilch darstellt. In allen Organen des Körpers wurde Thiamin-disulfid gefunden[3], daneben kleine Mengen von Thiamin-monophosphat und Thiamin-triphosphat.

Tabelle 3. *Thiaminbedarf.*

	In mg/Tag männlich	In mg/Tag weiblich	Literatur Nr.		In γ/kg Körpergewicht/Tag	Literatur Nr.
I. Für Menschen				*II. Für Laboratoriumstiere*		
Säuglinge, 3—12 Monate	0,3—0,5		4	Ratten	200	5
Kinder, 1—10 Jahre . .	0,7—1,3		4	Baumwollratte . . .	400	5
Kinder, 10—14 Jahre . .	1,7	1,4	4	Mäuse.	1400	5
Kinder, 15—18 Jahre . .	2,0	1,7	4	Goldhamster	1300	5
Erwachsene	1,7	1,5	4	Hunde	20—40	5
bei Schwangerschaft und		2,1		Hühner	200	5
körperlicher Arbeit steigt	2,5					
der Thiaminbedarf bis	2,9		4			

Um von dem oft unbekannten Thiamingehalt von Futtermitteln unabhängig zu sein, benutzt man für künstliche Kostformen Mischungen mit bekannten Dosen aus synthetischen Vitaminen.

In Körnerfutter aus Weizen, Roggen, Hafer, Gerste finden sich immer 500 γ Thiamin je 100 g. Haferflocken enthalten 800 γ, Reis 200 γ; Kartoffeln nur 100 γ.

III. Für niedere Tiere und Mikroorganismen[6]

Käfer, Schaben, Motten, Mehlwürmer, Fliegen	benötigen Thiamin
Brucellen (abort., melitens., suis)	benötigen Thiamin
Lactobacillus (hetero-, homo-ferment)	benötigen Thiamin
Leuconostoc (citrovor., dextran., mesenter.)	benötigen Thiamin
Staphylococcus (alb., aur.)	benötigen Thiamin
Die meisten Salmonellen	benötigen Thiamin

Einige Pasteurellen benötigen Thiamindiphosphat, andere nicht.

Kein Thiamin dagegen benötigen Bact. aerogenes, Esch. coli, Haemophilus influenzae, Shigella.

Im Harn findet sich neben freiem Thiamin auch Pyramin[7] (s. S. 1408) als Metabolit von Thiamin, dagegen keine Thiamincarbonsäure[8]. Harn von Neugeborenen enthält 13 γ Thiamin je 100 cm^3 am 3. Lebenstag, die Werte sinken bis zum 7. Tage ab[9].

In Pflanzen findet sich meist freies Thiamin, z. B. in Getreidekörnern, Reis, und nur ein geringer Bruchteil, z. B. in Samen, Kartoffeln, liegt als Pyrophosphat vor. Der höchste Gehalt an Thiamin findet sich in den jüngsten Blättern[10].

[1] Fujita, A., M. Yamadori: Arch. Biochem. **28**, 94 (1950).
[2] Jong, S. de: Enzymologia **10**, 253 (1942).
[3] Marten, G.: Naturwiss. **42**, 443 (1955).
[4] Empfehlungen des Ausschusses für Nahrungsbedarf der deutschen Gesellschaft für Ernährung. 1. Mitt. Frankfurt 1956.
[5] Cremer, H. D.; in: Rauen, Biochem. Taschenb. S. 790ff.
[6] Albritton, E. C.: Handbook of Biological Data. Bd. II. Philadelphia 1954.
[7] Caster, W. O., O. Mickelsen and A. Keys: J. Lab. clin. Med. **43**, 469 (1954).
[8] Kraut, H., u. L. Wildemann: B. Z. **321**, 368 (1951). Int. Z. Vit.-Forsch. **27**, 122 (1956).
[9] Hamil, B. M., M. Coryell, C. Rodebruck, M. Kaucher, E. Z. Moyer, M. E. Harris and H. H. Williams: Amer. J. Dis. Children **74**, 434 (1947).
[10] Bonner, J.: Amer. J. Bot. **29**, 136 (1942).

Nur in Bierhefe finden sich etwa 40 % des gesamten Thiamingehalts als Cocarboxylase, Preßhefe enthält überwiegend die Disulfidform der Cocarboxylase[1]. In Hefe kann durch Darreichung von Thiamin-Bruchstücken der Thiamingehalt bis auf 1 mg je g Trockengewicht angereichert werden[2], ähnlich auch wie durch Spezialnährböden für besondere Heferassen[3].

In allen Lebensmitteln nimmt bei der Lagerung der Thiamingehalt ab, besonders rasch bei den proteinreichen[4].

Biologische Bedeutung. Thiamin hat weittragende biologische Bedeutung, da es mit seinen verschiedenen Wirkformen in fundamentale Lebensvorgänge eingreift. Von diesen physiologischen Reaktionen werden hier nur jene besprochen, die für die chemische und biologische Bestimmung von Thiamin wichtig sind.

Thiamin übt alle seine biochemischen Wirkungen nicht in freier, sondern nur in gebundener Form aus: als Pyrophosphorsäure-Ester in Gestalt der Cocarboxylase und evtl. des Lipothiamids.

Das Thiaminpyrophosphat wird in den Leberzellen aus Thiamin und ATP gebildet, wobei durch Thiaminkinase ein Pyrophosphatrest übertragen wird; Thiamin-mono-phosphat, das nur in Spuren entsteht, ist enzymatisch unwirksam; Thiamintriphosphat wird nur in dem Maße wirksam, wie durch ATPase ein Molekül Phosphorsäure abgespalten wird und es dadurch in Pyrophosphat übergeht.

Tabelle 4. *Thiamingehalt in Nahrungsmitteln für den Menschen* (in γ/100 g).

Weizenmehl, 94 % Ausmahlung	360[5]
Weizenmehl, Type 810, 83 % Ausmahlung	250[6]
Weizenmehl, Type 550, 78 % Ausmahlung	100[6]
Weizenmehl, 60 % Ausmahlung	60[5]
Roggenmehl, 94 % Ausmahlung	300[6, 7]
Roggenmehl, Type 1150, 80 % Ausmahlung	150[6]
Roggenmehl, 40 % Ausmahlung	72[7]
Vollkornbrot	300[6]
Weizenmischbrot	200[6]
Roggenbrot	150[6]
Brötchen	50[6]
Haferflocken	800[6]
Reis	200[6, 7]
Polierter Reis	0[7]
Hühnereier	100[6]
Eigelb	420[5]
Fleisch	vgl. Tabelle 2
Milch	vgl. Tabelle 2 u. 5
Obst	30—150[6, 7]
Nüsse	(300)—540[6, 7]
Kartoffeln	100—150[6, 8]
Hülsenfrüchte, frische	550—750[6]
Hülsenfrüchte, getrocknete	175—510[7]
Gemüse	50—350[5-7]
Gemüsekonserven	50[6]
Sojamehl, entfettet	1100[6]
Pilze	50—100[6, 7]
Sonstiges: Fruchtsäfte	bis 50[6]
Frische Preßhefe	450[6]
Zucker und Fette enthalten kein Thiamin.	

Cocarboxylase wurde von AUHAGEN[9] 1931 entdeckt, als es ihm gelang, die durch alkalische Waschung inaktivierte Carboxylase der Hefe durch Zusatz von Hefe-Kochsaft wieder zu reaktivieren. Hefekochsaft mußte also das Coferment, die Cocarboxylase, enthalten. LOHMANN gelang dann die Isolierung und Identifizierung der Cocarboxylase aus Hefe als Thiaminpyrophosphat[10].

[1] WACHTMEISTER, C. A., u. K. MYRBÄCK: Ark. Kemi **24 A**, 8, 1 (1947).
[2] FINK, H., F. JUST u. A. HOCK: B. **75**, 2101 (1942).
[3] AGARWAL, P. N., K. SINGH, P. S. KING and W. H. PETERSON: Arch. Biochem. **14**, 105 (1947).
[4] FARRER, K. T. H.: Austral. J. exp. Biol. med. Sci. **28**, 245 (1950) [Ber. Physiol. **153**, 61].
[5] VOGEL, H., u. H. KNOBLOCH: Chemie und Technik der Vitamine. **3.** Aufl. Bd. II, S. 2. Stuttgart 1953.
[6] KRAUT, H., H. BRAMSEL u. W. WIRTHS; in: RAUEN, Biochem. Taschenb. S. 749ff.
[7] DROESE, W., u. H. BRAMSEL: Vitamintabellen. 2. Aufl. Leipzig 1943.
[8] MEIKLEJOHN, J.: Biochem. J. **37**, 340 (1943).
[9] AUHAGEN, E.: H. **204**, 149 (1932). B. Z. **258**, 330 (1933).
[10] LOHMANN, K., u. P. SCHUSTER: Naturwiss. **25**, 26 (1937). B. Z. **294**, 188 (1937).

Cocarboxylase ist beteiligt an 2 wichtigen Gruppen von enzymatischen Reaktionen:
1. an der Decarboxylierung von α-Ketosäuren,
2. an der Übertragung von α-Ketol-Gruppen als Coenzym der Transketolase.

Die Rolle der Cocarboxylase bei diesen Reaktionen stellt man sich so vor, daß sich zunächst das Substrat (= Pyruvat) an eine bestimmte Stelle der Cocarboxylase anlagert, so daß dann die Spaltung des Substrat-Moleküls eintreten kann, wobei ein „aktiviertes" Zwischenprodukt auftritt, das auf der Oxydationsstufe eines Aldehyds steht. Dieses Zwischenprodukt kann dann je nach Art des Ferments in verschiedener Weise weiterreagieren.

Über die Art der Bindung des Substrats (Pyruvat, andere α-Ketosäuren, Ketole) an das Molekül der Thiamin-pyrophosphorsäure kann man noch nicht genaues angeben: man diskutiert die Möglichkeit, daß ein negatives Carbanion in Gestalt von $CH_3—\bar{C}═O$ sich an das positiv geladene, quaternäre N^+ des Thiamins anlagert[9]; oder auch, daß Pyruvat sich an jene SH-Gruppe anlagert[10], die bei der aktiven Thiolform des Thiamins zur Verfügung steht[11].

Tabelle 5. *Thiamingehalt in Milch und Milchprodukten*[1].

	γ/100 g		γ/100 g
Milch		Milchprodukte	
Frau	5—25[2]	Magermilch . . .	50[4]
	10—20[3]	Buttermilch . . .	50[4]
	50[4]	Kondensmilch . .	50[4]
Kuh.	20—50[2]	Vollmilchpulver .	300[4]
	50[4]	Magermilchpulver	300[4]
	90[5]		
	20—40[6]		
Schaf	50[4]		
Meerschweinchen	50[7]		
Ziege	50[4]		

Aus Leberzellen männlicher thiaminfrei ernährter Ratten wurden die Zellbestandteile durch fraktioniertes Schleudern gewonnen und auf ihren Gehalt an Cocarboxylase untersucht[8].

Cocarboxylase in	
Mitochondrien } Plasma gelöst }	etwa 70%
Mikrosomen (vielleicht nur gelöste Fraktion anhaftend)	wenig
Kernen	wenig
unzerstörten Zellen	fast 30%

Daraus schließt man, daß in Mitochondrien + Plasma > 80 bis > 90% der Cocarboxylase der Zellen enthalten ist. Es besteht wahrscheinlich ein Gleichgewicht des Thiamingehalts zwischen Mitochondrien und der im Plasma gelösten Fraktion.

Zu 1. Die Decarboxylierung von α-Ketosäuren erfolgt bei Hefe durch andere Fermente und auch über andere Mechanismen als beim Tier. Bei allen diesen Fermentreaktionen sind die thiaminhaltigen Coenzyme aber immer die gleichen, nämlich Thiaminpyrophosphat und evtl. Lipothiamid.

In Hefe erfolgt die Decarboxylierung von Pyruvat durch Abspaltung von CO_2 und Bildung von Acetaldehyd.

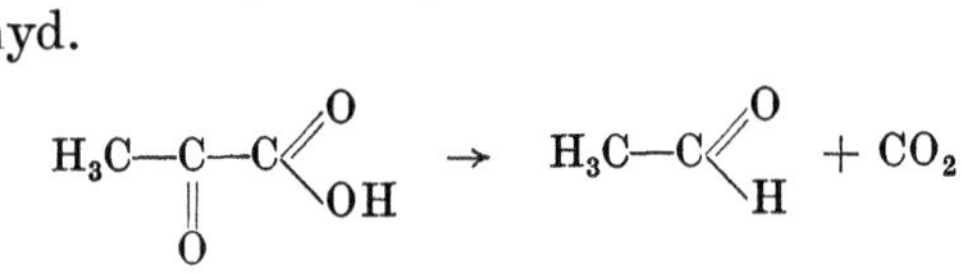

[1] Droese, W., u. H. Bramsel: Vitamintabellen. 2. Aufl. Leipzig 1943.
[2] Müller, E.: Milchwiss. 5, 304 (1950).
[3] Knott, E. M., S. C. Kleiger and F. Torres-Bracamonte: J. Nutrit. 25, 49 (1943).
[4] Kraut, H., H. Bramsel u. W. Wirths; in: Rauen, Biochem. Taschenb. S. 749ff.
[5] Vogel, H., u. H. Knobloch: Chemie und Technik der Vitamine. 3. Aufl. Bd. II, S. 2. Stuttgart 1953.
[6] Cremer, H. D.; in: Rauen, Biochem. Taschenb. S. 842.
[7] Nelson, W. L., A. Kaye, M. Moore, H. H. Williams and B. L. Herrington: J. Nutrit. 44, 585 (1951).
[8] Goethart, G.: Biochim. biophysica Acta, N. Y. 8, 479 (1952).
[9] Reed, L. J.: Physiol. Rev. 33, 544 (1953).
[10] Johnson, B. C.: Ann. Rev. 24, 425 (1955).
[11] Karrer, P., u. M. Viscontini: Helv. 29, 711 (1946).

In Mikroorganismen werden 2 Mol CO_2 aus 2 Mol Pyruvat abgespalten, die beiden restlichen Acetaldehyd-Gruppen kondensieren sich zu Acetoin = 2-Keto-3-butanol.

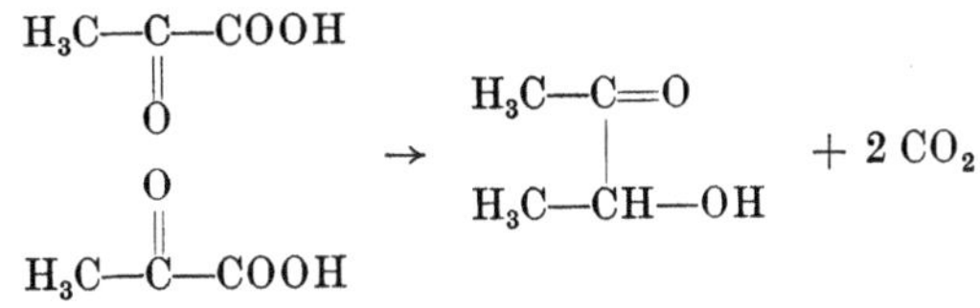

Bei Mikroorganismen kennt man auch noch die phosphoroklastische Decarboxylierung, bei der aus Pyruvat und Phosphat Acetyl-phosphat und Formiat entstehen, das dann CO_2 liefert.

Beim tierischen Organismus ist die Decarboxylierung immer mit einer Oxydation verkoppelt, man bezeichnet daher das wirksame Fermentsystem auch als Pyruvatoxydase.

Diese oxydative Decarboxylierung der Brenztraubensäure wird in 3 Stufen formuliert:

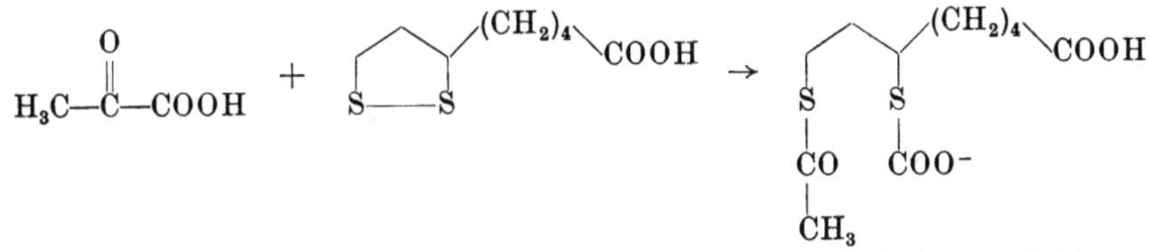

1. Pyruvat + Thioctansäure → Zwischenprodukt

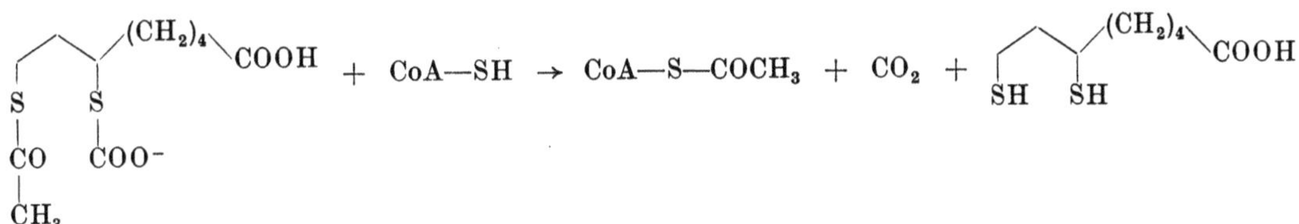

2. Zwischenprodukt + Coenzym A → Acetyl-CoA + CO_2 + reduzierte Thioctansäure
3. reduzierte Thioctansäure + DPN^+ → Thioctansäure + DPNH + H^+

Pyruvat soll in Form seiner beiden Bruchstücke von den beiden S-Atomen der Thioctansäure des Lipothiamids gebunden werden. Das entstandene Zwischenprodukt gibt dann seine Acetylgruppe an Coenzym A weiter unter Bildung von Acetyl-CoA; CO_2 wird freigesetzt und reduzierte Thioctansäure verbleibt; diese wird dann in einer dritten Reaktionsstufe durch DPN^+ zu Thioctansäure dehydriert.

In ganz entsprechender Weise wirken Thioctansäure und Cocarboxylase auch bei der oxydativen Decarboxylierung von α-Ketoglutarsäure zu Succinyl-CoA mit, einer wichtigen Reaktion, die Zwischenglied im Citronensäure-Cyclus ist.

Die Bestimmung von Thiamin durch fermentative und biologische Verfahren gründet sich auf die Wirksamkeit der Cocarboxylase.

Je Mol Thiamin-pyrophosphat enthalten Carboxylasen 1 g-Atom Mg + etwa 75000 g Protein (wahrscheinlich 1 Mol) und bewirken bei 30° die Aufnahme von 1500 Mol O_2 je min bzw. bei 30° die Abspaltung von 900 (—700) Mol CO_2 (bzw. bei 20°) bei Hefen aus der Pyruvat-Spaltung.

Zu 2. Nicht weniger wichtig für alle biologischen Wirkungen der Cocarboxylase ist ihre Beteiligung als Co-Faktor bei der Umwandlung von Pentose zu Sedoheptulose. Die Transketolase überträgt die Atomgruppe —CO—CH_2OH (= Ketol-Gruppierung) von Ketose-phosphaten auf Oxy-aldehyde. Sie bewirkt damit die Spaltung der Pentosen in Bruchstücke mit 2 bzw. 3 C-Atomen. Die Spaltung gewisser Ketozucker, z. B. Xylulose-5-phosphat und die Übertragung der Ketolgruppe durch die Ketolase erfolgt derart, daß sich $H{-}C({=}O){-}CH_2OH$ (= Glykolaldehyd) mit Co-Ferment (= Thiaminpyrophosphat) verbindet. Dieser dadurch „aktivierte“ Glykolaldehyd reagiert dann mit einem Acceptor-Aldehyd (z. B. Ribose) weiter, gemäß einer Acyloin-Kondensation. Auf diese Weise greift Cocarboxylase auch in den Abbau der Pentosen (auch Hexosen) ein; sie ermöglicht auf diese Weise über den Glucose-6-phosphat-Cyclus die Oxydation von einem Mol Glucose-6-phosphat zu einem Mol Triose und 3 Mol CO_2.

Dieser Abbauweg der Hexosen umgeht also die an die Glykolyse sich anschließende Kette von Reaktionen und wird daher auch „glucose phosphate shunt" genannt[1-3].

Auf dem teilweisen Ausfall[4] dieser beiden durch Cocarboxylase und Transketolase katalysierten Reaktionen beruhen die bei Thiaminmangel beobachteten Störungen des Kohlenhydrat-Stoffwechsels.

Außer dieser Schlüsselstellung bei fundamentalen Lebensvorgängen hat Thiamin aber auch noch eine besondere Bedeutung für das Nervensystem, die von seiner Funktion als Cocarboxylase unabhängig ist. Bei Vergiftung mit Oxythiamin (Antagonist des Thiamins) wird die Cocarboxylase-Funktion blockiert, aber das Nervensystem der behandelten Tiere bleibt intakt. Bei Vergiftung mit Neopyrithiamin (= anderer Thiamin-Antagonist) kommt es dagegen zu den von der Beri-Beri her bekannten Lähmungen[5].

Thiamin ist also notwendig für die ungestörte Funktion der motorischen und sensiblen Nervenbahnen, für die der peripheren Receptoren[6] und für den Hirnstamm[7]. Die Großhirnfunktion bleibt lange erhalten. Die Rolle des Thiamins im Nervensystem ist noch nicht aufgeklärt; man weiß nur, daß bei der Erregung des Nerven 1—2 γ Thiamin je g Nerv freigesetzt werden[8]; das ist die 10—20fache Gewichtsmenge verglichen mit Acetylcholin. Bei Degeneration durchschnittener Nerven nimmt ihr Thiamingehalt rasch ab[9].

Viele der sehr charakteristischen Erscheinungen des Thiaminmangels bei Mensch und Tier beruhen auf Ausfällen im Nerven- und Muskelsystem: Streckkrämpfe (Opisthotonus), Drehkrämpfe, Lähmungen und Störungen der Koordination. Histologisch zeigen die Nerven dabei keine neuritischen, sondern nur degenerative Erscheinungen. Am Herzen beobachtet man gestörte Reizleitung, Myokardschädigung und Bradykardie (die vom Vagus unabhängig ist). Die physiologischen Leistungen aller übrigen Organe sind vermindert, besonders bei Skeletmuskeln und Verdauungstrakt. Auffällig sind noch völlige Appetitlosigkeit, Gewichtsstürze, Ödeme.

Der Frühnachweis von latentem Thiaminmangel ist schwierig. Bei manifestem Thiaminmangel ist der Cocarboxylase-Gehalt im Blut auf $< 3\ \gamma$-% gesunken, der Gehalt an Pyruvat von 0,7—1,3 mg/100 cm^3 auf das Doppelte gestiegen[10]. Der Gehalt an Methylglyoxal im Harn ist erhöht[11, 12].

Zur frühzeitigen Erkennung eines Thiaminmangels aus analytischen Daten wurde eine besondere Technik entwickelt:

Die zu untersuchende Person erhält 1,8 g Glucose je kg Körpergewicht in 20%iger Lösung zu trinken und muß genau 60 min später eine Treppe mit 40 Stufen innerhalb 1 min auf- und absteigen. Nach weiteren genau 5 min wird eine Blutprobe entnommen und darin Glucose (G), Pyruvat (P) und Milchsäure (M) in mg/100 cm^3 Blut bestimmt. Der Index für den Kohlenhydrat-Umsatz ist:

$$J = \frac{M}{2} - 0{,}1\,G + 7{,}5\,P.$$

Bei genügender Thiaminversorgung ist $J < 10$, bei ungenügender > 15[12].

---

1 HABA, G. DE LA, J. G. LEDER and E. RACKER: J. biol. Ch. **214**, 409 (1955).
2 RACKER, E.: Am. Soc. **75**, 1010, 2021 (1953).
3 RACKER, E.: Adv. Enzymol. **15**, 165 (1954).
4 WOLFE, S. J.: J. biol. Ch. **229**, 801 (1957).
5 CARO, L. DE, G. RINDI and E. GRANA: Exper. **10**, 140 (1954).
6 MURALT, A. v., u. V. ZOTTERMANN: Helv. physiol. Acta **10**, 279 (1952).
7 LUCKNER, H., u. R. MAGUN: D. m. W. **1952**, 225.
8 MURALT, A. v.: Mitt. naturforsch. Ges. Bern (N. F.) **14**, 97 (1957).
9 MURALT, A. v.: Vitamins & Hormones **5**, 93 (1947).
10 KIRK, E., and M. CHIEFFI: J. Nutrit. **38**, 353 (1949).
11 SALEM, H. M.: Arch. Biochem. **57**, 20 (1955).
12 HORWITT, M. K., and O. KREISLER: J. Nutrit. **37**, 411 (1949).

Für die Thiamin-tri- und -polyphosphorsäuren nimmt man eine Funktion im Phosphattransport an[1,2]. Myosin spaltet aus Thiamintriphosphat die endständige γ-Phosphorsäure ab[3].

Der Thiaminbedarf von Mensch und Tier (vgl. Tabelle 3) wird mit steigendem Umsatz an Kohlenhydraten (Kohlenhydrate in der Kost, Muskelarbeit, Kälte, Fieber, Hyperthyreose) immer größer. Die tägliche Aufnahme an Thiamin soll größer sein als das 0,3fache der Nicht-Fett-Calorien der Tageskost[4]. Erhöhter Fettgehalt der Kost verringert den Bedarf an Thiamin, da Thiamin an keiner Fermentreaktion des Fett-Stoffwechsels beteiligt ist.

Der Glucose-Umsatz von Erythrocyten ist bei Thiaminmangel gestört; dies kann als Test für die Vitaminversorgung des Organismus herangezogen werden[5].

Struktur und Formeln*. Thiamin-Cl · HCl, $C_{12}H_{17}ON_4SCl \cdot HCl$, Mol.-Gewicht 337,3, kristallisiert als Hemihydrat mit $^1/_2$ H_2O.

Chemische Bezeichnung: 3-(2'-Methyl-4'-aminopyrimidyl-5'-methyl)-4-methyl-5-β-oxäthyl-thiazoliumchlorid-hydrochlorid.

Die Wirkformen von Thiamin sind: Thiaminpyrophosphat (Tabelle 9b), Thiamin-disulfid (Tabelle 10a), Lipothiamid (Tabelle 10d).

Die Konstitutionsformeln dieser Stoffe sind hier gezeigt:

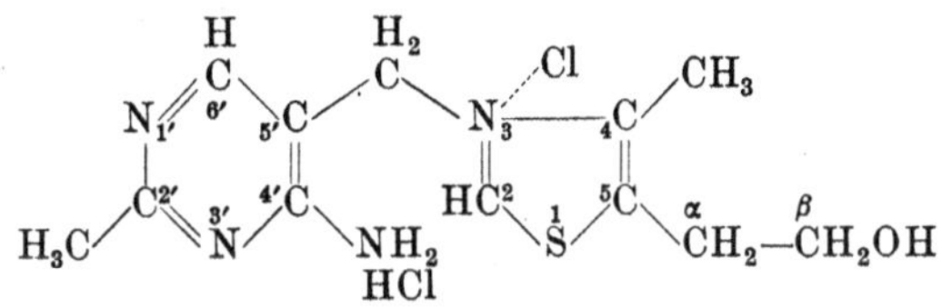

A. Thiamin-chlorid-hydrochlorid

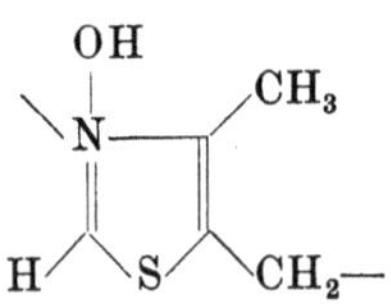

B. Ammonium-Form

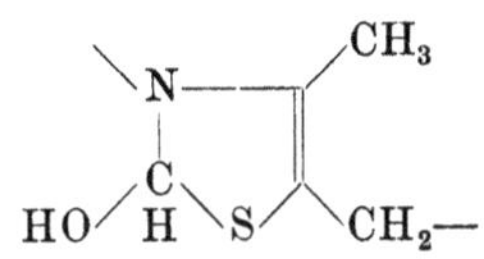

C. Carbinol-Form

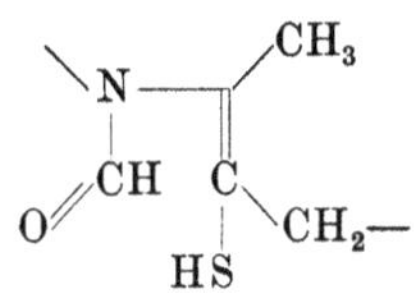

D. Thiol-Form

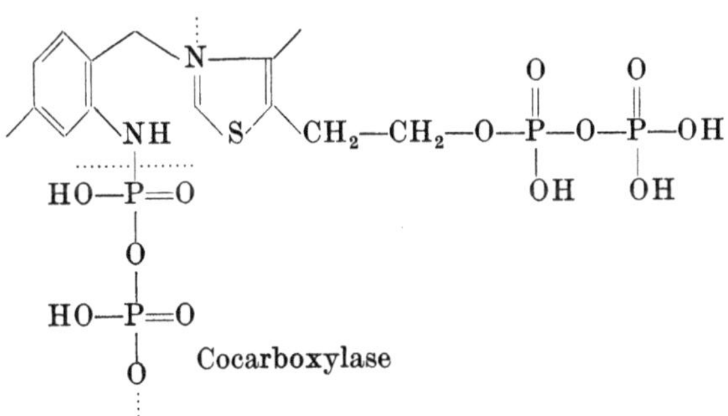

E. Thiamin-pyrophosphorsäure-Ester

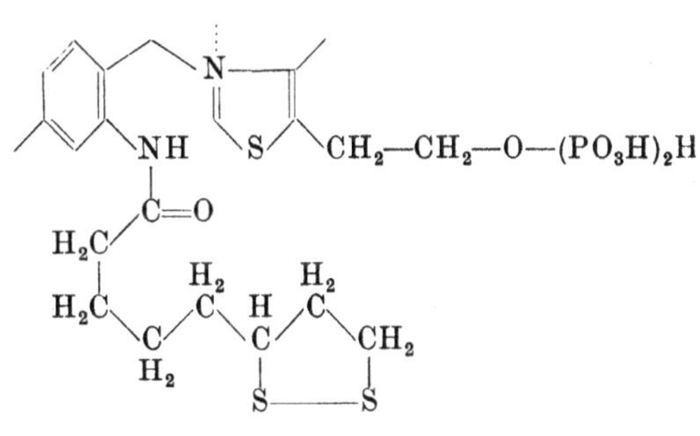

F. Lipothiamid

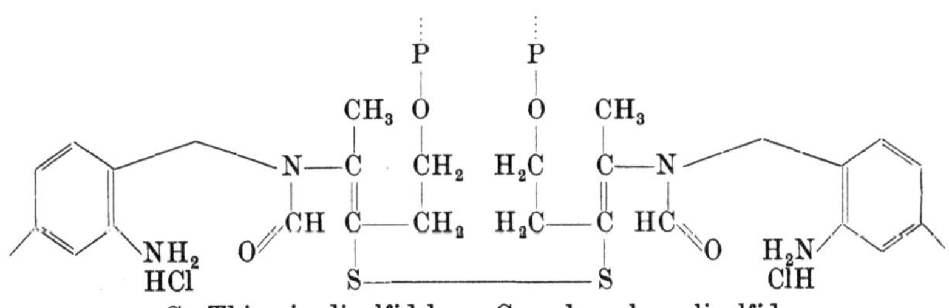

G. Thiamin-disulfid bzw. Cocarboxylase-disulfid

* Beilstein [XXVII] S. 60.

[1] Kiessling, K. H.: Acta chem. scand. **10**, 831 (1956).

[2] Plotka, C., R. Jequier et L. Velluz: C. R. Soc. Biol. **144**, 29 (1950).

[3] Greiling, H., u. L. Kiesow: Z. Naturforsch. **12b**, 672 (1957).

[4] Williams, R. D., H. L. Mason and R. M. Wilder: J. Nutrit. **25**, 71 (1943).

[5] Brin, M., S. S. Shohet and C. S. Davidson: J. biol. Ch. **230**, 319 (1958).

Die Umwandlungsprodukte des Thiamins durch Änderung des p_H-Wertes, durch Oxydation, Reduktion, Spaltung und Kombination werden auf S. 1403—1409 besprochen und die Konstitutionsformeln auf S. 1367 u. 1371 wiedergegeben.

Die Metaboliten von Thiamin im Intermediär-Stoffwechsel werden auf S. 1407—1409 besprochen und die Konstitutionsformeln auf S. 1371 gezeigt.

In wäßriger Lösung liegt Thiamin in mehreren tautomeren Formen vor, zwischen denen sich jeweils ein Gleichgewicht einstellt. In den Formelbildern B, C, D sind 3 dieser tautomeren Formen als Ammonium- (B), Carbinol- (C) und Thiol-Form (D) gezeichnet. Man erkennt, daß diese 3 verschiedenen Formen ineinander übergehen können. Die sich einstellende Gleichgewichtslage ist vom p_H und mehr noch vom r_H (Redoxpotential) der Lösung abhängig.

Im tierischen Gewebe dürfte wegen des niedrigen r_H-Wertes die Thiolform überwiegen, die auch KARRER als die eigentliche Wirkform des Thiamins ansieht[1]. In dieser Form ist auch die Kombination mit Cystein zu Thiamin-Cystein möglich (vgl. Tabelle 10d). Die katalytische Wirkung des Thiamins beruht wahrscheinlich auf seiner dehydrierenden Fähigkeit gegenüber gewissen Substraten, wenn Thiamin-Cystein sich in seine Ursprungsstoffe spaltet[2].

Darstellung aus Naturstoffen und Synthese. Die Darstellung aus Naturstoffen wird heute kaum mehr durchgeführt, da synthetisches Thiamin in reichlicher Menge und sehr preiswert zur Verfügung steht.

Auf den Philippinen und in Japan waren seit 1910 zur Behandlung der Beri-Beri Extrakte aus Reiskleie üblich, tiki-tiki genannt.

Aus Reiskleie, Hefe, Getreideabfällen konnten nur schwach wirksame Extrakte gewonnen werden; erst aus Reiskeimlingen konnten konzentriertere Präparate hergestellt werden. Die Wirksamkeit wurde an avitaminotischen Tauben geprüft; als Einheit galt die Wirksamkeit von 10 mg eines Standard-Präparates von acid clay, die etwa 3 γ Thiamin entspricht. Acid clay war eine Tonerde, an die ein wäßriger thiaminhaltiger Extrakt adsorbiert und dadurch sehr haltbar gemacht worden war. Der Extrakt wurde in Batavia (heute Djacarta) aus den Abfällen gewonnen, die beim Polieren von Reis entstanden.

Die Anreicherung von Thiamin aus pflanzlichem Ausgangsmaterial ist langwierig, verlustreich und kostspielig: Thiaminreiche Naturstoffe werden mit wäßrigem Alkohol (bis zu 70%) bei p_H 4 extrahiert, die Extrakte eingeengt und enteiweißt; aus den Rohextrakten wird Thiamin dann an Fuller-Erde adsorbiert und daraus mit Barytwasser oder Chininbisulfat eluiert; aus den Eluaten werden unwirksame Begleitstoffe mit Quecksilbersalzen ausgefällt und aus der Restlösung das Thiamin mit Pikrolonsäure oder Pikrinsäure gefällt, in das Goldsalz überführt und daraus kristallisiertes Thiaminhydrochlorid gewonnen[3, 4]. Die Verfahren wurden später zwar wesentlich verbessert[5-7], zur großtechnischen Herstellung von Thiamin aber nie verwendet.

Die chemische Konstitution des Thiamins wurde durch die Schulen von JANSEN[8], WINDAUS[9], WILLIAMS[10], KUHN[11] und BARGER[12, 13] sowie MAKINO[14] aufgeklärt und durch die

---

[1] KARRER, P., u. M. VISCONTINI: Helv. **29**, 711 (1946).
[2] MATSUKAWA, T., and S. YURUGI: Science, N. Y. **118**, 109 (1953).
[3] SHERMAN, H. C., and S. L. SMITH: The Vitamins. S. 187—196. New York 1931.
[4] WINDAUS, A., R. TSCHESCHE, H. RUHKOPF, F. LAQUER u. F. SCHULTZ: H. **204**, 123 (1932).
[5] SEIDELL, A.: J. biol. Ch. **82**, 633 (1929).
[6] KINNERSLEY, H. W., J. R. P. O'BRIEN and R. A. PETERS: Biochem. J. **27**, 232 (1933).
[7] CERECEDO, L. R., and D. J. HENNESSY: Am. Soc. **59**, 1617 (1937). — CERECEDO, L. R., and F. J. KASZUBA: Am. Soc. **59**, 1619 (1937). — CERECEDO, L. R., and J. J. THORNTON: Am. Soc. **59**, 1621 (1937).
[8] JANSEN, B. C. P., u. W. F. DONATH: Proc. Kon. Akad. Wet. Amsterdam **29**, 1390 (1926).
[9] WINDAUS, A., R. TSCHESCHE u. R. GREWE: H. **228**, 27 (1934); **237**, 98 (1935).
[10] WILLIAMS, R. R.: Am. Soc. **57**, 229 (1935).
[11] KUHN, R., T. WAGNER-JAUREGG, F. W. VAN KLAVEREN u. H. VETTER: H. **234**, 1196 (1935).
[12] BARGER, G. G., F. BERGEL and A. R. TODD: Nature **136**, 259 (1935).
[13] TODD, A. R., and F. BERGEL: Soc. **1937**, 364.
[14] MAKINO, K., u. T. IMAI: H. **239**, 1 (1936).

Synthese von ANDERSAG und WESTPHAL[1] bewiesen. Die erste Mitteilung über die Synthese stammt von WILLIAMS[2], später folgten TODD[3] und ANDERSAG und WESTPHAL[4].

Seit dieser Zeit sind zahlreiche Synthesen für Thiamin beschrieben und auch technisch durchgeführt worden; eine übersichtliche und vollständige Darstellung gibt WUEST[5].

Die Synthese eines am C(2) des Thiazolrings mit ^{14}C markierten Thiamins beschreiben WILLIAMS und Mitarbeiter[6]. Thiamin mit ^{35}S wurde synthetisiert von McCARTHY[7]. Die Synthese von Cocarboxylase beschreibt WEIL-MALHERBE[8]. Synthese von Cocarboxylase-disulfid[9, 10].

Die Frage nach der Biosynthese von Thiamin in Mikroorganismen ergab den überraschenden Befund[11]: Es gibt Organismen, die den Pyrimidin-Anteil benötigen; andere, die den Thiazol-Anteil brauchen; dritte, die beide Anteile, und vierte, die das ganze Thiaminmolekül benötigen, und endlich solche, die Thiamin vollkommen selbst bilden können. Licht begünstigt die Synthese von Thiamin in grünen Pflanzen[12]. Bei Hefe kann man durch Zusatz von Bruchstücken des Thiaminmoleküls die Biosynthese bis auf das 30—40fache steigern[13].

Physikalische und chemische Eigenschaften. Von den Eigenschaften des Thiamins und seiner Verwandten werden hier nur jene besprochen, die bei den Verfahren zur Bestimmung von Thiamin wichtig sind.

Thiamin-Cl-HCl verliert sein Kristallwasser beim Trocknen während 2 Std bei 105°. Wasserfreies Thiamin ist hygroskopisch und bildet beim Stehen an der Luft ein Monohydrat mit etwa 4% Wasser. Kristalle schmecken nach Nuß, etwas bitter und riechen charakteristisch nach Hefe, frischgebackenem Brot.

Thiamin ist sehr leicht löslich in Wasser (1 g löst sich in 1 cm³), weniger leicht (1 g in 100 cm³) in 95%igem wäßrigem Alkohol, aber nur zu 0,3 g in 100 cm³ 100%igem Alkohol; es ist löslich in Methanol, Eisessig, unlöslich dagegen in Äther, Benzol, Hexan, Chloroform. Thiamin ist optisch inaktiv. Die Absorptionsmaxima sind bei verschiedenen p_H-Werten verschieden, in 0,005 n HCl ist $\lambda_{max} = 247$ mμ, $E^{1\%}_{1\,cm} = 425$—450; bei $p_H = 7$, 2 Maxima bei $\lambda = 235$ und 267 mμ.

Die Abb. 1 und 2 zeigen die Absorptionskurven im UV-Bereich von Thiamin bei p_H 2,90 bis 10,60. Die Kurvenschar zeigt 2 isosbestische Punkte[14, 15] mit den Koordinaten 2363 Å und 2739 Å und den Extinktionswerten $E^{1\%}_{1\,cm}$ 320 bzw. 236[15]. In diesen isosbestischen Punkten schneiden sich die Absorptionskurven, was man für die spektrophotometrische Bestimmung von Thiamin (auch in teilweise zerstörten Thiaminlösungen) ausnutzen kann. Die zwischen p_H 1 und p_H 7 eintretenden reversiblen Veränderungen der Absorptionskurven sind unabhängig von der Zeit. Erst bei stärker alkalischen Thiaminlösungen als p_H 8 verändern sich die Absorptionskurven mit der Zeit, wie Abb. 3 zeigt.

Auch bei der Spaltung des Thiaminmoleküls durch Einwirkung von Sulfit kann man an den mit der Zeit sich verändernden Absorptionskurven den Verlauf der Reaktion verfolgen. Abb. 4 zeigt diese Kurvenschar, die ebenfalls 2 isosbestische Punkte erkennen

[1] ANDERSAG, H., u. K. WESTPHAL: DRP v. 29. 1. 1936, Nr. 685032.
[2] WILLIAMS, R. R., and J. K. CLINE: Am. Soc. 58, 1504 (1936).
[3] TODD, A. R., and F. BERGEL: Soc. **1937**, 364.
[3] ANDERSAG, H., u. K. WESTPHAL: B. **70**, 2035 (1937).
[5] WUEST, H. M.; in: SEBRELL-HARRIS, Vitamins. Bd. III, S. 409.
[6] WILLIAMS, D. L., and A. R. RONZIO: Am. Soc. **74**, 2409 (1952).
[7] McCARTHY, P. T., L. R. CERECEDO and E. V. BROWN: J. biol. Ch. **209**, 611 (1954).
[8] WEIL-MALHERBE, H.: Biochem. J. **34**, 980 (1940).
[9] KARRER, P., u. M. VISCONTINI: Helv. **29**, 711 (1946).
[10] WACHTMEISTER, C. A., u. K. MYRBÄCK: Ark. Kemi, Mineral. Geol. **24**A, H. 2, 8, 1—9 (1947).
[11] SCHOPFER, W. H.: Plants and Vitamins. S. 110, 114. Waltham, Mass. 1949.
[12] BONNER and J. GREENE: Bot. Gaz. **100**, 226 (1938).
[13] FINK, H., u. F. JUST: B. Z. **313**, 39 (1942).
[14] SOMOGYI, J. C.: Bull. schweiz. Akad. med. Wiss. **10**, 446 (1954).
[15] LHOEST, W.: J. Pharmacie Belg. (N. S.) **11**, 495 (1956).

läßt bei den Wellenlängen 235 mμ bzw. 263 und 266 mμ, also ganz ähnliche Wellenlängen wie bei ungespaltenem Thiamin. Da die Absorptionskurven der bei Sulfitspaltung entstehenden Thiazolhälfte sich mit dem p_H kaum verändern, ist zu schließen, daß es die

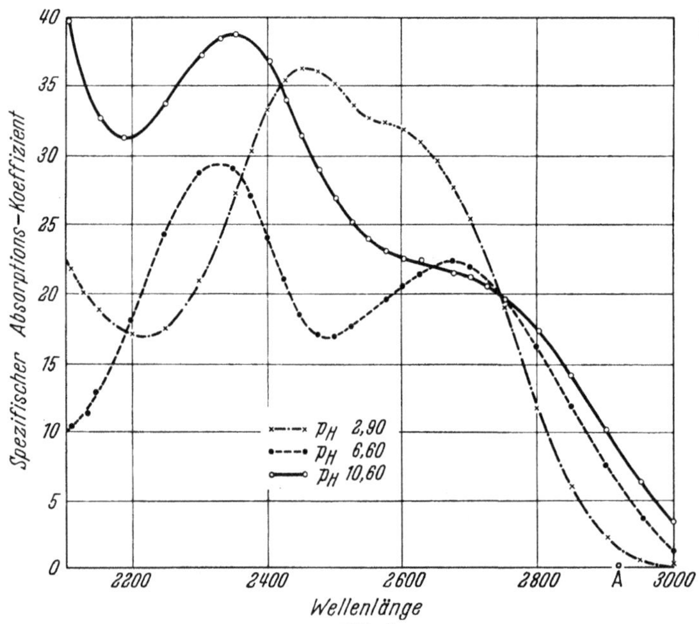

Abb. 1.

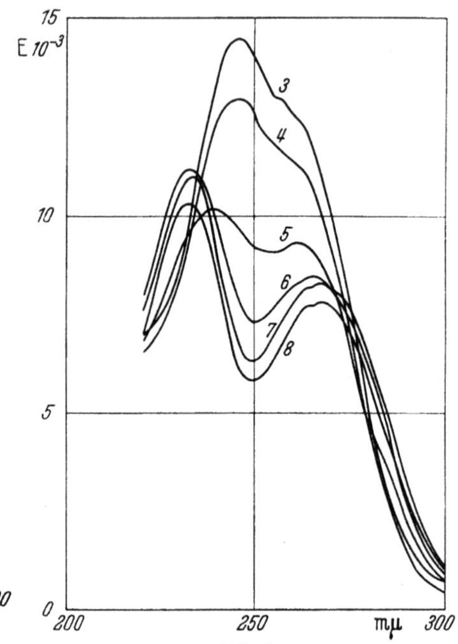

Abb. 2.

Abb. 1. Kurven der Ultraviolett-Absorption von Thiamin in wäßrigen Lösungen bei verschiedenen p_H-Werten[1]. Abszisse: Wellenlänge in Å. Ordinate: Spezifischer Absorptions-Koeffizient.

Abb. 2. Die p_H-Abhängigkeit des UV-Spektrums von Thiamin. Die Zahlen bei den Kurven geben den p_H an, bei welchem das Spektrum aufgenommen wurde[2].

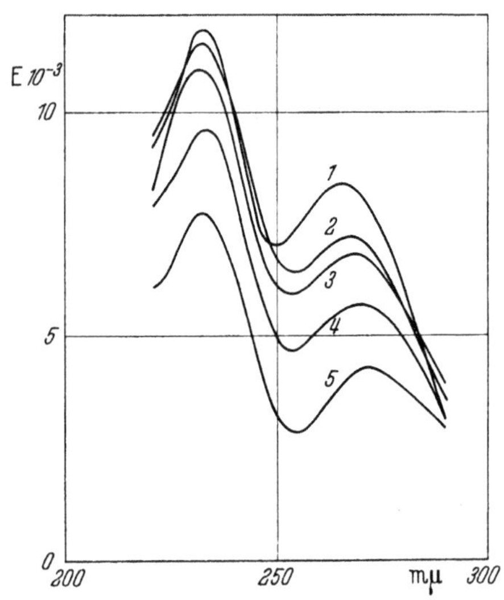

Abb. 3.

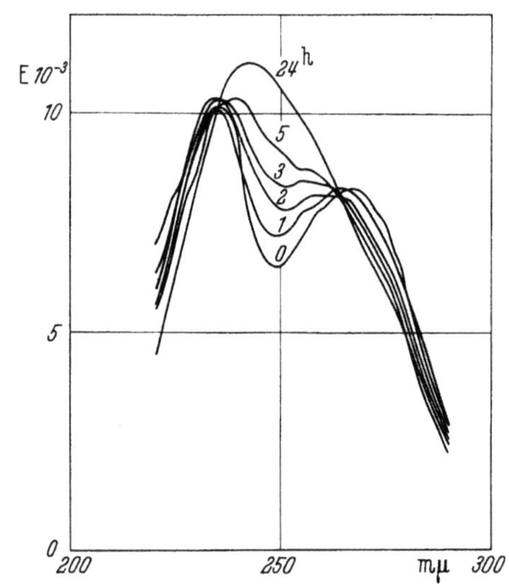

Abb. 4.

Abb. 3. Die Zerstörung von Thiamin in alkalischer Lösung (p_H 9)[2]. Die Änderungen der Vitamin B_1-Konzentration (γ/20 cm^3) in der Versuchslösung im Lauf des Versuches: 1. Beginn: 97 γ, 2. 24 Std: 55 γ, 3. 48 Std: 35 γ, 4. 72 Std: 25 γ, 5. 144 Std: 8 γ. Die Spektra wurden bei p_H 9 aufgenommen.

Abb. 4. Zeitlicher Verlauf der Änderungen des UV-Absorptionsspektrums von Thiamin während der Sulfitspaltung[2].

molekularen Umwandlungen in der Pyrimidinhälfte des Thiamins sind, die zu den Veränderungen der UV-Absorption bei verschiedenem p_H führen.

[1] Methods of Vitamin Assay. Ass. Vitamin Chemists. S. 70. New York 1947.

[2] Somogyi, J. C.: Bull. schweiz. Akad. med. Wiss. **10**, 446 (1954).

Thiamin ist in trockenem Zustand oder in angesäuerter Lösung völlig beständig; in neutralen oder alkalischen Lösungen geht seine Wirksamkeit rasch verloren, besonders wenn diese Lösungen erhitzt oder der Luft ausgesetzt sind.

Die Zerstörung von Thiamin in Lösung hängt nicht nur vom p_H-Wert, sondern auch von der Art und der Menge der Begleitstoffe ab. Salzlösungen[1] und Zusatz von Fetten beschleunigen die Zerstörungen Zusätze von Ascorbinsäure und Hydrochinon schützen das Thiamin. Von Pufferlösungen sind die Phosphate noch am besten brauchbar.

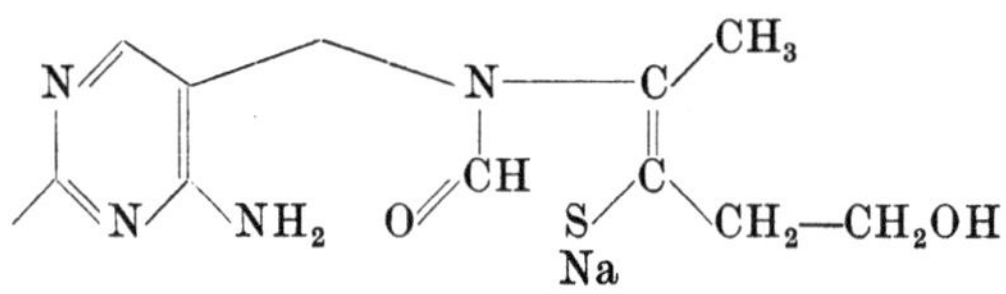

H. Thiamin, weißes Natriumsalz

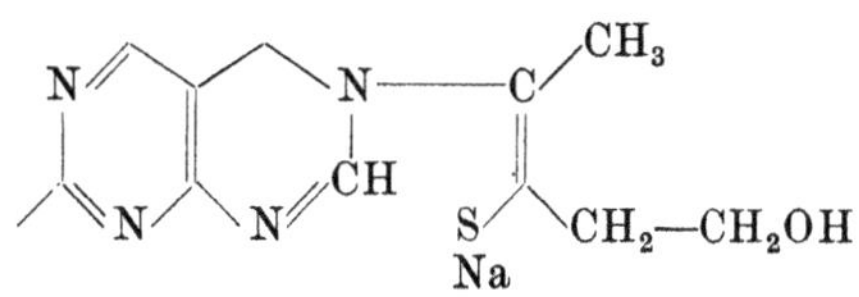

J. Thiamin, gelbes Natriumsalz

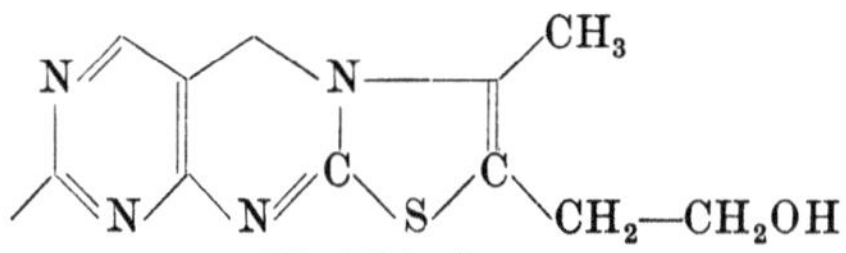

K. Thiochrom

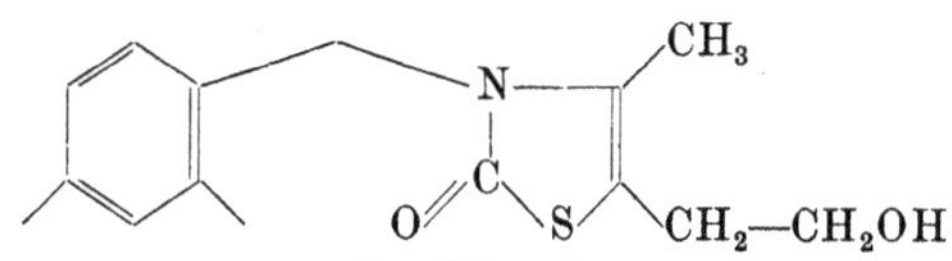

L. Thiazolon

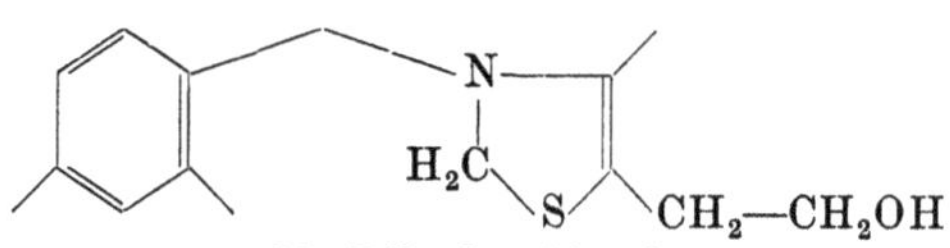

M. Dihydrothiamin

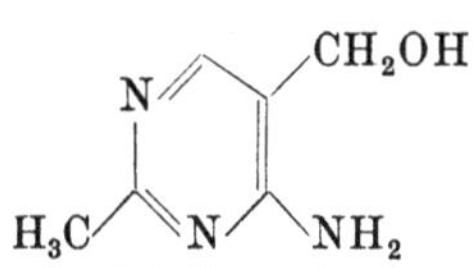

N. Pyramin

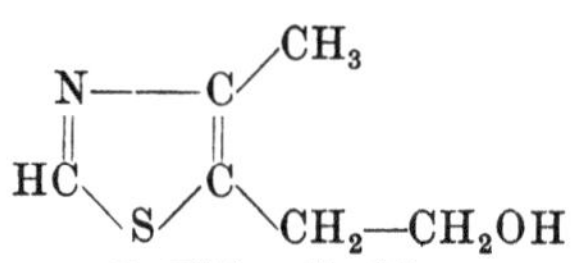

O. Thiazolhälfte

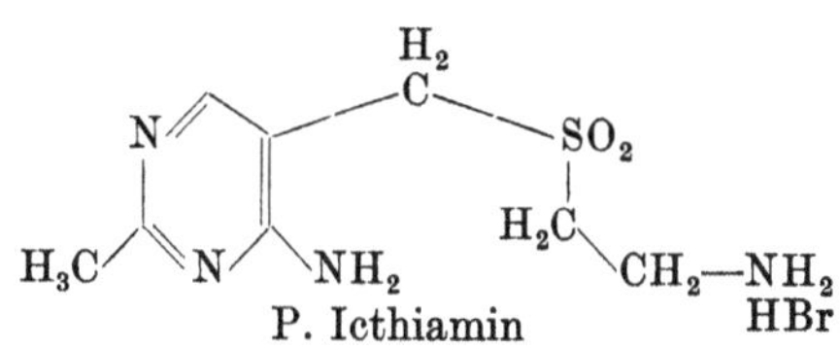

P. Icthiamin

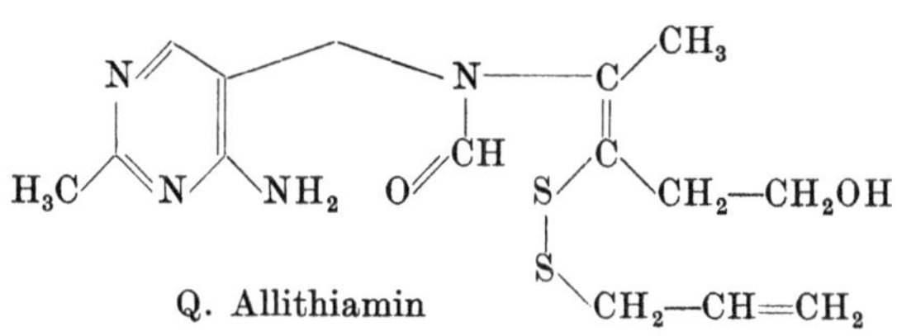

Q. Allithiamin

Physikalische Eigenschaften. Die mit dem p_H-Wert sich ändernden Kurven der UV-Absorption beruhen auf veränderter Resonanz des Pyrimidinringes durch veränderte Ladung seiner NH_2-Gruppe, die zwischen p_H 4,5 und p_H 7,5 neutralisiert wird. Der Thiazolanteil des Thiaminmoleküls hat zwischen p_H 5 und p_H 12 immer das gleiche UV-Spektrum und auch bei p_H 2,3 ein ganz ähnliches Spektrum, nur mit geringer Verschiebung nach der langwelligen Seite[2].

Das Infrarotspektrum von Thiamin-HCl zeigt Abb. 5. In jenem Bereich des IR-Spektrums, in dem sich die —OH- und —NH-Bindungen abzeichnen, erkennt man 2 Absorptionsbanden bei Wellenzahl 3350 cm^{-1} (2,98 μ) und 3250 (3,08 μ), sie entsprechen der Aminogruppe und der primären Hydroxylgruppe. Die Banden bei 2800 cm^{-1} (3,58 μ) und 2600 (3,85 μ) entsprechen dem HCl. Die Bande bei 1655 cm^{-1} (6,04 μ) ist den konjugierten —C=N-Bindungen zuzuordnen, die Bande 1595 cm^{-1} (6,27 μ) den konjugierten —C=C-Bindungen des Thiazolrings. Der Thiazolring führt auch noch zu Vibrationen bei

[1] ROMBOUTS, J. E.: J. Nutrit. **50**, 255 (1953).

[2] LHOEST, W., C. A. BAUMANN et L. W. BUSSE: J. Pharmacie Belg. (N. S.) **12**, 519 (1957).

1520 cm^{-1} (6,57 μ), während der Pyrimidinring jene bei 1537 cm^{-1} und 1500 cm^{-1} (6,52 μ und 6,66 μ) verursacht. Gerade die Thiazolbanden sind für Thiamin sehr charakteristisch. Zur Unterscheidung von anderen wasserlöslichen Vitaminen zieht man auch noch die Absorptionen bei 1055 cm^{-1} (9,48 μ), 830 cm^{-1} (12,04 μ) und 755 cm^{-1} (13,24 μ) heran[1, 2].

In neutraler Lösung wird Thiamin beim Kochen zerstört, geht aber auch schon bei Zimmertemperatur langsam zugrunde. An Zersetzungsprodukten des Thiamins sind isoliert worden: Ameisensäure, γ-Thiol-γ-acetyl-propanol als Abbauprodukte der Thiazolhälfte; weiterhin wurden gefunden: 4-Methyl-5-β-hydroxy-äthyl-thiazol als intakt

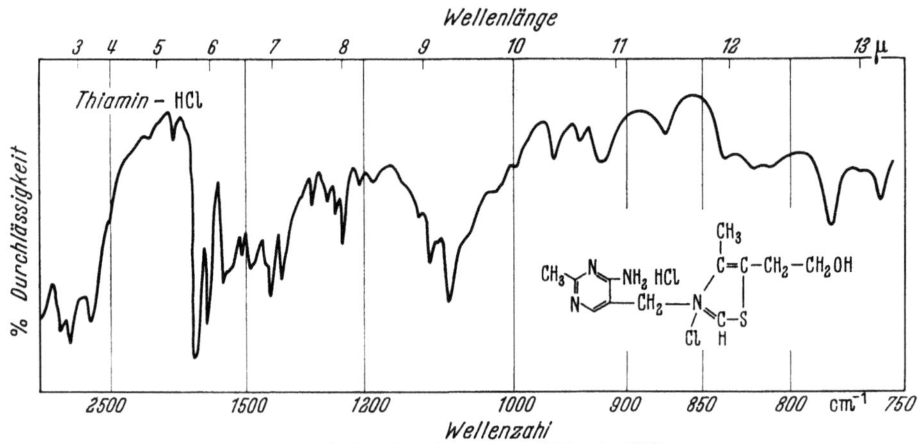

Abb. 5. Infrarot-Spektrum von Thiamin-HCl[1].

gebliebene Hälfte und außerdem 2-Methyl-4-amino-5-hydroxy-methyl-pyrimidin, sowie 2-Methyl-4-amino-5-amino-methyl-pyrimidin als Bruchstücke der Pyrimidinhälfte des Thiamin.

Thiamin ist gegenüber Luft-Sauerstoff beständig, wird aber durch Oxydationsmittel zerstört. Die Haltbarkeit von Thiaminsalzen hat ein Optimum bei $p_H = 2{,}4$. Tabelle 9d und 9e geben eine Übersicht über die Haltbarkeit verschiedener Thiaminsalze in trockener Form und in Lösung. Durch starke Säuren und Alkalien wird Thiamin zerstört; der Thiazolring wird geöffnet, NH_4 und H_2S werden abgespalten; konz. HCl bildet Chloroxythiamin. Durch 2 Mol NaOH und Luftsauerstoff wird Thiamin zum Thiazolonderivat oxydiert.

Lösungen von Thiamin können durch Kochen sterilisiert werden. Durch lebendes Gewebe wird Thiamin leicht mit Pyrophosphorsäure zur Cocarboxylase verestert[3, 4]. Die Bindung zwischen diesem Coferment und seinem Apoferment ist in neutraler oder schwach saurer Lösung ziemlich fest. Bei $p_H > 8$ und $< 4{,}6$ ist die Dissoziation vollständig[5]. Durch Cer-Salze wird aus Cocarboxylase ein Phosphorsäurerest abgespalten, durch Lanthansalze beide, aber nur zu 50% der Gesamtmenge[6].

Thiamin wird durch verschiedene Stoffe in ganz spezifischer Weise angegriffen: durch Sulfit und Na-dithionit (bei p_H 5) wird es reduktiv vollständig gespalten gemäß der Gleichung:

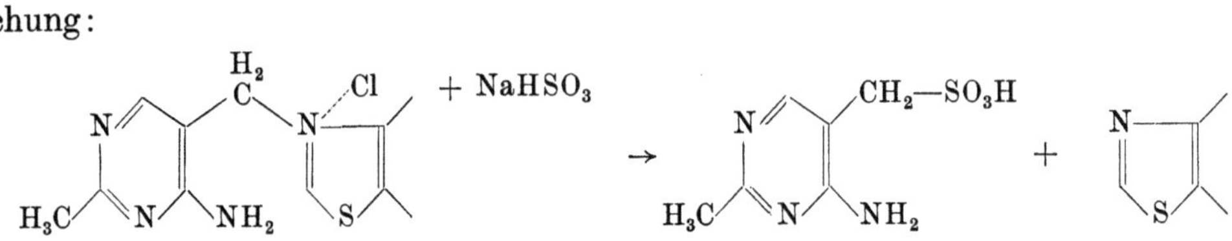

[1] Rosenkrantz, H.: Meth. biochem. Analysis **5**, 407 (1957).
[2] Otting, W.; in: Rauen, Biochem. Taschenb. S. 533.
[3] Goodhart, R. S., and H. M. Sinclair: Biochem. J. **33**, 1099 (1939).
[4] Weil-Malherbe, H.: Biochem. J. **33**, 1997 (1939).
[5] Auhagen, E.: H. **204**, 149 (1932).
[6] Bamann, E., u. A. Schuegraf: B. Z. **326**, 507 (1955).

Die entstandene Sulfosäure ist in Wasser praktisch unlöslich[1]. Durch Thiosulfat wird Thiamin rasch zerstört.

Außerdem wird Thiamin noch durch Thiaminasen aus Fischen, Muscheln, Säugetieren, höheren Pflanzen und Bakterien durch Abbau seines Moleküls inaktiviert (vgl. Thiaminasen: dieses Handb., Bd. VI).

Durch Einwirkung bestimmter Oxydationsmittel entsteht aus Thiamin das Thiochrom[2].

Thiochrom (Formel K) ist eine gelbe Substanz, in Lösung mit intensiv blauer Fluorescenz; es wurde von KUHN und Mitarbeitern aus Hefe isoliert[3] und seine Konstitution durch BERGEL und TODD aufgeklärt[4].

Kaliumpermanganat, MnO_2, Kaliumferricyanid, Quecksilberoxyd bewirken in schwach alkalischer Lösung die Bildung von Thiochrom, in neutraler Lösung auch schon Oxydation mit H_2O_2, SeO_2 und Cer(IV)-sulfat[5]. Thiochrom hat ein Absorptionsmaximum bei $\lambda = 358$—375 mμ. Als erste Oxydationsprodukte bilden sich wohl Thiamindisulfid und farbloses Thiamindiazolon; in einer zweiten Stufe erfolgt dann Cyclisierung mit der 4-Aminogruppe, Spaltung des Disulfids in 2 Thiol-Radikale und intramolekulare Umlagerung zu Dihydrothiochrom, das rasch durch Luftsauerstoff zu Thiochrom oxydiert wird[6].

Das Oxydationsmittel ist so zu wählen, daß Thiamin zu Thiochrom und nicht zu Thiazolon oxydiert wird (d. h. „ein"-Elektron—Oxydantien). In alkalischer Lösung ist Thiochrom empfindlich gegen Licht und wird durch direktes Sonnenlicht und besonders durch UV schon in kurzer Zeit völlig zerstört. Daher soll die Thiaminbestimmung mit der Thiochrom-Methode im gedeckten Tageslicht oder im Dunkeln erfolgen.

Auch Thiamin wird durch UV-Bestrahlung ($\lambda = 255$ mμ) bei p_H 7 rasch vollständig zerstört. In Glasampullen ist Thiamin aber beständig.

In trockenen Futtergemischen, namentlich solchen mit großer Oberfläche, geht die Wirksamkeit von Thiamin rasch zurück, Kupfer- und Eisen-Ionen beschleunigen die Inaktivierung; Acetat, Phosphat, α-Aminosäuren und Cystin verzögern sie. Chloride, Jodide und Zucker sind ohne Einfluß.

Die für die Thiamin-Analytik wichtigen Eigenschaften weiterer Umwandlungsprodukte des Thiamins und einiger Metaboliten sind in den Anmerkungen zu den Tabellen 10a—d (S. 1406—1409) aufgeführt.

Physiologische und pharmakologische Eigenschaften. Das freie Thiamin pflanzlicher Nahrungsmittel wird im Verdauungstrakt rasch resorbiert, Phosphorsäureester tierischer Herkunft bei der Verdauung hydrolysiert. Im Blutplasma und Liquor zirkuliert nur freies Thiamin, in den Zellen liegt überwiegend gebundenes Thiamin vor (als Cocarboxylase und evtl. als Lipothiamid).

Nach Injektion von markiertem Thiamin fand man im Harn 16 verschiedene markierte Verbindungen, von denen 8 noch mikrobiologische Wirksamkeit besaßen. Mit der Atemluft und den Faeces wird kein Thiamin-Abbauprodukt ausgeschieden.

Als Endprodukte des Thiamin-Stoffwechsels werden im Harn ausgeschieden: freies Thiamin zu etwa 50—60% der zugeführten Thiamindosis[7], Pyramin[8] und nicht identifizierte Verbindungen; Thiamin-pyrophosphorsäure und Thiamin-carbonsäure haben sich nicht nachweisen lassen[9]. Setzt man Thiamin in vitro dem Blutplasma zu, so bleibt es unverändert, ist also haltbar[10]. Cocarboxylase wird durch Oxydation im Körper leicht in

[1] KARRER, P., W. GRAF, J. SCHUKRI: Helv. **28**, 1523 (1945).
[2] KINNERSLEY, H. W., J. R. P. O'BRIEN and R. A. PETERS: Biochem. J. **29**, 701, 2369 (1935).
[3] KUHN, R., T. WAGNER-JAUREGG, F. W. VAN KLAVEREN u. H. VETTER: H. **234**, 196 (1935).
[4] BERGEL, F., and A. R. TODD: Nature **138**, 406 (1936).
[5] BARGER, G., F. BERGEL u. A. R. TODD: B. **68**, 2257 (1935). — PETERS, R. A.: Nature **135**, 107 (1935).
[6] PETERS, R. A., and J. R. P. O'BRIEN: Moderne Meth. Pfl.-Analyse (PAECH-TRACEY) Bd. IV. S. **345**.
[7] KRAUT, H., u. L. WILDEMANN: Int. Z. Vit.-Forsch. **27**, 122 (1956).
[8] MICKELSEN, O., W. O. CASTER and A. KEYS: J. biol. Ch. **168**, 415 (1947).
[9] WESTENBRINK, H. G. K.: Der Aneurinstoffwechsel. Ned. T. Geneeskde. **1943**, 597 (Holländisch).
[10] SAVIANO, M.: Boll. Soc. ital. Biol. sperim. **17**, 24 (1942).

ihre Disulfidform überführt, die in gewissen Testen ebenso, in anderen aber wesentlich weniger wirksam ist. Nur 2 % des Thiamin-Schwefels werden zu Sulfat oxydiert[1]. Thiamin hat keine Wirkungen auf isolierte Organe (Froschherz, Darmpräparate von Ratte, Meerschweinchen und Kaninchen sowie Uterus). In hohen Dosen unterdrückt Thiamin die Übertragung nervöser Impulse auf den Muskel; diese curareartige Wirkung ist aber nicht Todesursache bei Thiaminvergiftung. Weitere pharmakologische Wirkungen beschreibt UNNA[2]. Über ausführliche Vergleichsversuche bezüglich der pharmakologischen Wirkungen von Thiamin, Cocarboxylase und ihren Disulfiden berichten ZIMA und Mitarbeiter[3].

Thiamin wirkt bei i.v. Gabe in hohen Dosen tödlich. Seine Giftigkeit beruht, wie Vergleichsversuche mit Stoffen ähnlicher Konstitution gezeigt hatten, wahrscheinlich auf dem Pyrimidinanteil, und zwar auf der Atomgruppierung:

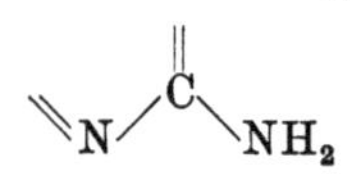

Letale Dosen: DL_{50} (in mg/kg) bei intravenöser Darreichung für Mäuse 125, für Ratten 250, für Kaninchen 300, für Hunde 300.

Bei Affen machten erst Dosen über 600 mg/kg i.v. toxische Erscheinungen, tägliche i.v.-Injektionen von 50 mg/kg während 4 Wochen wurden symptomlos vertragen. Ratten, die täglich 1 mg Thiamin (also das 100fache ihres Bedarfs) während 3 Generationen erhalten hatten, entwickelten sich völlig normal. Beim Menschen sind bei oralen Gaben von Thiamin keine toxischen Wirkungen beschrieben. Bei Injektion wurden Dosen bis 500 mg symptomlos vertragen. In relativ seltenen Fällen (200 in der Weltliteratur) verursachte Thiamin einen Schockzustand unbekannter Genese.

Wirksamkeit und Toxicität von Salzen des Thiamins entsprechen immer jenem Thiaminanteil, der unter den Bedingungen des Organismus freigesetzt wird. Die Thiaminphosphorsäure-ester dagegen weichen von dieser Regel ab, vgl. Tabelle 9b, Anmerkungen. Thiamin-disulfid ist auffallend wenig giftig und wirkt stärker und länger analgetisch und antiphlogistisch als Thiamin. Der Disulfidform wird eine besondere physiologische Bedeutung zugeschrieben[4].

a) Bestimmung von Thiamin und seinen wichtigsten Derivaten*.

Allgemeines. *Wahl des Verfahrens.* Beim Vergleich der chemischen Methoden mit den biologischen Auswertungen zeigt es sich, daß die Ergebnisse der beiden Bestimmungsverfahren gut übereinstimmen[5-7], selbst wenn der Thiamingehalt der Untersuchungsproben um das 8000fache variiert hatte. Diese gute Übereinstimmung wird aber nur bei geeigneter Aufarbeitung des Materials und größter Sorgfalt in der Versuchsführung erreicht.

Die biologischen Verfahren müssen mit einer größeren Streuung ihrer Ergebnisse rechnen wegen der biologischen Variation ihrer Testobjekte; dafür aber erfassen sie immer alle als Thiamin wirksamen Faktoren, ohne Rücksicht auf deren chemische Konstitution; überdies erfaßt der Tierversuch die Wirksamkeit streng spezifisch.

Die chemischen Methoden arbeiten mit weit geringerer Fehlerbreite als die biologischen Versuche, aber die Spezifität ihrer Reaktionen kann durch Interferenz von störenden Stoffen in Frage gestellt werden.

* Allgemeine Gesichtspunkte zur Bestimmung von Vitaminen s. S. 1452.

[1] BORSOOK, H., E. R. BUCHMAN, J. B. HATCHER, D. M. JOST and E. MCMILLAN: Proc. nat. Acad. Sci. USA **26**, 412 (1940).

[2] UNNA, K. R.; in: SEBRELL-HARRIS, Vitamins. Bd. III, S. 466.

[3] ZIMA, O., G. GÖTTMANN, A. HOFFMANN, L. HEPDING u. R. HOTOVY: Merck's Jber. **1953**, S. 3.

[4] ZIMA, O., u. R. HOTOVY: Arzneim.-Forsch. **6**, 623 (1956).

[5] HARRIS, L. J., and Y. L. WANG: Biochem. J. **35**, 1050 (1941).

[6] BROWN, R. A., E. HARTZLER, G. PEACOCK and A. D. EMMETT: Industr. engng. Chem., analyt. Ed. **15**, 494 (1943).

[7] EPPRIGHT, M. A., and R. J. WILLAMS: Industr. engng. Chem., analyt. Ed. **16**, 576 (1944).

Im Lauf der letzten 30 Jahre sind sehr viele Verfahren zur Bestimmung von Thiamin entwickelt worden, die auf verschiedene Eigenschaften des Thiamins gegründet sind. Für jedes der in ihrem Prinzip verschiedenen Verfahren beschreiben wir als Beispiel jene Ausführungsform, die sich als beste bewährt hat.

Die Thiochrom-Methode hat sich von jeher bewährt und wird heute öfter ausgeführt als früher. Für eine Thiaminbestimmung nach diesem Verfahren braucht man eine Probe mit mindestens 1—20 γ Thiamingehalt.

Die fluorometrische Bestimmung liefert die besten Ergebnisse im Bereich zwischen 0,1 und 1,5 γ/15 cm^3 Lösung. Für die colorimetrische Bestimmung mit diazotiertem p-Aminoacetophenon sollte die Probe 10—200 γ Thiamin enthalten.

Die genannten chemischen Methoden erfordern wenig apparativen Aufwand und liefern die Ergebnisse schon innerhalb weniger Stunden.

Die mikrobiologischen Methoden werden zur Bestimmung sehr kleiner Mengen Thiamin herangezogen. Ihre Empfindlichkeit erreicht bei Escherichia coli $10^{-6}\,\gamma$, im äußersten Fall sogar $10^{-7}\,\gamma$. Die Standardkurve umfaßt Werte zwischen $10^{-3}\,\gamma$ bis $10^{-5}\,\gamma$ in 4 cm^3 Lösung.

Die Ferment-Methoden erfordern eine Probe, die etwa 1 γ Thiamin enthält. Die besten Ergebnisse liefern $10^{-2}\,\gamma$ Thiamin in einigen Kubikzentimetern Lösung. Die mikrobiologischen und Ferment-Methoden arbeiten mit einer Genauigkeit von $\pm 5\,\%$ und liefern ihre Ergebnisse im Laufe von 24 Std. Der apparative Aufwand für diese Methoden ist beträchtlich größer als für die einfachen chemischen Verfahren.

Die biologische Auswertung an Ratten und Tauben wird heute nur mehr für besondere, meist medizinische Fragestellungen ausgeführt. Sie erfordert den größten Aufwand an Untersuchungsmaterial, Zeit und Kosten. Die Versuchsdauer, Vorbereitungszeit eingerechnet, umfaßt mehrere Wochen, selbst wenn man die Avitaminose mit Thiamin-Antagonisten herbeiführt.

Die spektrographischen Methoden sind nur für Sonderfälle anwendbar; die papierchromatographische Bestimmung ist am einfachsten, raschesten und billigsten und liefert gut reproduzierbare Werte. An Genauigkeit bzw. Empfindlichkeit steht sie gegenüber chemischen bzw. mikrobiologischen Verfahren zurück. Ihre Spezifität ist größer als die der chemischen und physikalischen Methoden, aber geringer als die der biologischen.

Die *Wirksamkeit historischer Einheiten* für Vitamin B_1 kann in γ vom Thiamin-Standard-Präparat ausgedrückt werden[1].

1 Einheit nach CHICK und ROSCOE entspricht 7,5 γ Thiamin; 1 Einheit nach SMITH entspricht 5,0 γ Thiamin; 1 Einheit nach SHERMAN-CHASE entspricht 2,5 γ Thiamin; 1 United States Pharmacopoe (USP)-Einheit entspricht 3,0 γ Thiamin; 1 Internationale Einheit entspricht 3,0 γ Thiamin.

Zur *Herstellung einer Standard-Lösung* von Thiamin wird das kristallisierte Standard-Präparat über P_2O_5 bis zur Gewichtskonstanz getrocknet, Wägung im verschlossenen Mikro-Wägeglas, da getrocknetes Thiamin sehr hygroskopisch ist.

Da neutrale und alkalische Lösungen des Standards nicht haltbar sind und leicht saure, wäßrige Lösungen rasch schimmeln (wodurch Thiamin unwirksam wird), wird empfohlen, die Stammlösung wie folgt herzustellen:

50 mg Thiamin-Cl · HCl werden gelöst in 26 cm^3 96 %igem Äthanol, versetzt mit 2 cm^3 0,1 n HCl und das Ganze auf 100 cm^3 mit dest. Wasser aufgefüllt. Diese Lösung wird bei 4° aufbewahrt. Für den Tierversuch müssen die Lösungen mindestens 2mal je Woche erneuert werden. Verschimmelte Lösungen sind unbrauchbar.

Probenentnahme. In den mit Thiamin angereicherten Lebensmitteln ist Thiamin ungleichmäßig verteilt, so daß eine einzelne Probe von etwa 2—5 g nicht repräsentativ ist. Wird aber das zugesetzte Thiamin gründlich genug mit den anderen Bestandteilen

[1] WATERMAN, R. E., and M. AMMERMANN: J. Nutrit. 10, 35 (1935).

gemischt, so dürfen die Ergebnisse im Thiamingehalt bei mehreren Proben der gleichen Ware nur um $< \pm 5\%$ voneinander abweichen[1].

Bei der Thiaminbestimmung im Harn ist die Art der Sammlung und Aufbewahrung des Urins entscheidend; entweder muß jede Harnprobe sofort nach Entleerung untersucht werden oder, wenn man die gesamte Harnmenge während 24 Std sammelt, muß ein Konservierungsmittel zugesetzt werden: Der ersten Harnmenge setzt man 5 cm^3 Eisessig und 5 cm^3 Toluol zu oder 10 cm^3 Eisessig allein. Diese Zusatzmengen reichen dann für den gesamten Harn der 24 Std-Periode. Bei p_H 4—5 hält sich Thiamin im Harn dann 48 Tage lang, bei 5° sogar 120 Tage lang[2].

Blutproben werden mit einer Spur Oxalsäure in Substanz versetzt, dann bei 0° aufbewahrt und innerhalb der nächsten Stunden untersucht. Selbst bei Kühlhaltung nimmt der Thiamingehalt im Blut langsam immer mehr ab. Bei Untersuchungen von Blut, Blutzellen oder Harn von Ratte, Maus müssen natürlich Mikromethoden verwendet werden.

Organproben untersucht man möglichst sofort nach dem Tod des Tieres; ist dies nicht möglich, so wird die fein zerkleinerte Organprobe mit 0,1 n HCl oder 0,1 n H_2SO_4 10 min lang im Wasserbad bei 100° gehalten.

Pflanzliches Material sollte nach Möglichkeit in frischem Zustand untersucht werden, der Wassergehalt wird in einer Parallelprobe bestimmt.

In Mehlproben („Prämix" bei mit Thiamin angereicherten Mehlen) ist gelegentlich Fe^{2+} vorhanden, das Thiamin zerstört, so daß es mit den chemischen Methoden nicht mehr erfaßt werden kann. Die schädliche Wirkung dieses Eisens kann man ausschalten durch Extraktion der Mehle bei Zimmertemperatur mit Acetatpuffer von p_H 6 oder durch Zusatz von Cystin zur Lösung, wenn heiße Extraktion notwendig ist[3].

In manchen Untersuchungsproben (Fischen, Muscheln, manchen Pflanzen, gewissen Getreidearten und Ölsamen) muß man auch Thiaminase fürchten, die Thiamin durch Spaltung zerstört. Sie ist aber bei der sauren Extraktion wenig wirksam, und daher sollte die Säurebehandlung der Untersuchungsprobe so früh als möglich einsetzen.

Vorbereitung der Probe und Aufarbeitung. Obwohl Thiamin sehr gut wasserlöslich ist, kann man das gesamte Thiamin aus tierischen und pflanzlichen Geweben nicht einfach mit Wasser extrahieren. Thiamin ist nur in Getreidekörnern immer in freier Form vorhanden, in Hefe, den meisten Pflanzenteilen und tierischen Organen ist Thiamin gebunden: an das Apoenzym der Carboxylase und an andere Proteine, wobei Phosphorsäuren bzw. Thioctansäure die Brücke zwischen Thiamin und seinem Träger bilden. Da man noch nicht alle Formen von Thiamin kennt, sind die Verfahren zu seiner Extraktion empirisch entwickelt worden.

Die Vorbereitung der Probe besteht in: Extraktion mit verdünnter Säure oder fermentativem Aufschluß oder Kombination dieser beiden Verfahren. Extraktion mit 0,1 n HCl oder H_2SO_4 während 10 min im kochenden Wasserbad ist z. Z. das beste Verfahren zur Gewinnung von Thiamin und Cocarboxylase aus tierischem und pflanzlichem Gewebe. Hydrolyse mit n HCl während 15 min bei 100° bildet aus Cocarboxylase das Monophosphat[4]. Zur völligen Hydrolyse von Cocarboxylase muß man Phosphatasen bei p_H 4—5 anwenden, z. B. Takadiastase, Nierenphosphatase, Hefephosphatasen*.

Es ist vorteilhaft, diesen fermentativen Aufschluß mit Phosphatasen noch zu kombinieren mit dem durch Papain, das in sauren Extrakten Proteine abbaut, die die völlige Spaltung von Cocarboxylase verhindern können.

---

* Diese Phosphatasepräparate sind käuflich:
Takadiastase (benannt nach Takamine) bei Parke, Davis & Co., Detroit, Mich., U.S.A.
Clarase bei Takamine Laboratories, Clifton, N. J., U.S.A.
Polidase S bei Schwarz Laboratories, Inc., Mt. Vernon, N. Y., U.S.A.
Mylase P bei Wallerstein Laboratories, New York City, N. Y., U.S.A.

[1] MICKELSEN, O., and R. S. YAMAMOTO: Meth. biochem. Analysis **6**, 191 (1958).
[2] EGANA, E., and A. P. MEIKLEJOHN: J. biol. Ch. **141**, 859 (1941).
[3] RITTER, E. DE, and S. H. RUBIN: Industr. engng. Chem., analyt. Ed. **19**, 243 (1947).
[4] LOHMANN, K., u. P. SCHUSTER: B. Z. **294**, 188 (1937).

Manche Hefen enthalten bereits Phosphatasen, die bei p_H 5,2—5,4 wirksam sind und bei einer Bestimmung der Cocarboxylase sehr störend sind. Ihre Wirkung kann man wenigstens teilweise ausschalten durch Zugabe von Fluorid oder Thiamin[1] (vgl. Bestimmung von Cocarboxylase, Bd. VI).

Physikalisch-chemische Bestimmungsverfahren. *a) Spektrophotometrische Verfahren.* Das UV-Spektrum von Thiamin ist sehr charakteristisch und kann zur Auswertung dienen, wenn Thiamin in relativ reiner Lösung (Ampullen), gelösten Vitamin-Mischungen usw. vorliegt. Es ist besonders geeignet zur Feststellung des Reinheitsgrades von Thiamin und zum Nachweis begleitender Verunreinigungen. Thiamin hat (Abb. 1 und 2) einen einzigen Absorptionsgipfel bei $\lambda = 245$ mμ in wäßriger Lösung bei p_H 1—3; wenn sich der p_H-Wert p_H 5 nähert, erscheinen 2 Gipfel bei $\lambda = 236$ mμ und 265 mμ, beide mit wesentlich geringeren Extinktionswerten, namentlich der Extinktionswert bei 245 mμ hat sehr abgenommen. Der isosbestische Punkt liegt bei 274 mμ, so daß bei dieser Wellenlänge zweckmäßig die spektrophotometrische Bestimmung durchzuführen wäre[2].

Für die spektrophotometrische Bestimmung benötigt man 6 γ Thiamin in 1 cm³. Genauigkeit $\pm 0{,}12\ \gamma$[3]. Fehlerkritische Analysen der photometrischen Technik stammen von Holiday[4]. Die spektrophotometrische Messung ist aber unspezifisch und erlaubt keinen Schluß auf die Wirksamkeit des untersuchten Präparates; denn trotz Zerstörung von Thiamin durch Thiaminase[5] oder durch Reduktion bei p_H 7[6] war das Absorptionsspektrum im UV unverändert dasselbe wie bei intaktem Thiamin. Sjostrand[7] benutzte eine Spektrophotometrie in den mikroskopischen Dimensionen von Gewebeschnitten zur Lokalisierung von Thiamin in den Zellen. Hält man die Schnitte eine Weile bei 60—70° an der Luft, so verwandelt sich Thiamin spontan in Thiochrom, dessen Fluorescenz sich im Mikrophotogramm abbilden läßt.

b) Polarographische Bestimmung. Die bei der Polarographie sich aufzeichnenden Potentialstufen beruhen auf den verschiedenen, sich ineinander umlagernden Formen von Thiamin[8]. Die Polarographie setzt reine wäßrige Lösungen voraus, Extrakte, die Stärke oder Zucker enthalten, sind nicht auszuwerten. Thiamin kann auf folgende Weise quantitativ bestimmt werden[9]:

***Bestimmung von Thiamin nach* Pleticha[9].**

Reagentien:

1. 0,5 g $Bi(NO_3)_3 \cdot 5\,H_2O$ werden mit 10 cm³ 0,1 n H_2SO_4 verrieben, bis sich ein weißer Niederschlag von basischem Wismutsulfat gebildet hat, der dann durch langsamen Zusatz von 20—25 cm³ 0,5 m KJ-Lösung wieder aufgelöst wird.
2. Äthanol, 95%ig.
3. Kalium-natrium-tartrat, 10%ig, p_H 6,7, 0,05% Gelatine enthaltend.

Ausführung:

Man stellt mehrere Lösungen her, die abgestufte Mengen zwischen 0,2 mg und 1 mg Thiamin je cm³ enthalten. Zu je 1 cm³ dieser Lösungen gibt man 4 cm³ des Wismutreagens, sammelt den ausgefallenen Niederschlag auf einer Glasfritte und wäscht ihn rasch mit 10 cm³ 95%igem Äthanol. Dann löst man den Niederschlag in 10 cm³ K-Na-Tartratlösung und mißt die ganze Verdünnungsreihe durch. Auf diese Weise erhält man polarographische Standard-Kurven. Ein unbekanntes Präparat wird durch Vergleich mit diesen Standard-Kurven ausgewertet. Bei sorgfältiger Reinigung der Extrakte aus

[1] Westenbrink, H. G. K., D. A. van Dorp, M. Gruber and H. Veldman: Enzymologia **9**, 73 (1940).
[2] Lhoest, W., C. A. Baumann et L. W. Busse: J. Pharmacie Belg. N. S. **12**, 519 (1957).
[3] Loofbourow, J. R.: Vitamins & Hormones **1**, 109 (1943).
[4] Holiday, E. R., and J. O. Irwin: Quart. J. Pharmacy **19**, 155 (1946).
[5] Somogyi, J. C.: Bull. schweiz. Akad. med. Wiss. **10**, 446 (1954).
[6] Ogston, A. G., and R. A. Peters: Biochem. J. **30**, 736 (1936).
[7] Sjostrand, F.: Acta physiol. scand. **12**, 42 (1946).
[8] Pleticha, R.: Pharmaz. Zentr.-Halle **92**, 435 (1953).
[9] Pleticha, R.: Pharmazie **8**, 987 (1953).

biologischem Material durch Adsorption kann Thiamin auch in Naturstoffen bestimmt werden[1].

c) Papierchromatographische Bestimmungen. Die Papierchromatographie eignet sich zum Nachweis von begleitenden Verunreinigungen in Thiaminpräparaten, die für pharmazeutische und analytische Zwecke verwendet werden. Ihre Empfindlichkeit reicht bis zu 0,1 γ, die Genauigkeit beträgt ± 1—5%. Ihre Anwendung ist allerdings beschränkt auf Thiaminlösungen mit wenig Begleitstoffen. Extrakte aus Hefe, Leber, Urin und Blut können wegen des hohen Gehalts an Salzen, Proteinen, Harnstoff usw. nur nach vorheriger Entfernung dieser störenden Stoffe und Anreicherung des Thiamins mit Erfolg chromatographiert werden. Nur bei der Untersuchung von Speichel oder Liquor ist die vorherige Reinigung entbehrlich. Die Beimengung von Salzen verändert die Lage der Flecken auf dem Papier, so daß die Zuordnung unbekannter Flecke zu bekannten Standard-Präparaten schwierig wird.

Mehrere Verfahren zur quantitativen Bestimmung von Thiamin durch Papierchromatographie sind ausgearbeitet worden; sie sind bequem, hochempfindlich und erfassen das Thiamin spezifisch.

Nachweis-Reaktionen. Um die Flecken von Thiamin auf dem Papier sichtbar zu machen, dienen folgende Reaktionen:

1. *Rot-orange Färbung nach Besprühen mit* DRAGENDORFFs *Reagens*[2].

Reagens. Lösung *a:* 0,85 g Bismutum subnitricum (= Gemisch verschiedener basischer Nitrate) werden in 10 cm³ Eisessig und 40 cm³ Wasser gelöst. Lösung *b:* 8 g KJ in 20 cm³ Wasser gelöst. Lösung *a* und *b* werden zusammengegeben. Die Mischung (= Stammlösung) ist in brauner Flasche unbegrenzt haltbar. Kurz vor dem Aufsprühen mischt man 1 cm³ Stammlösung mit 2 cm³ Eisessig und 10 cm³ Wasser.

Die Thiaminflecke färben sich intensiv rot-purpur auf blaßgelbem Grund. Die Flecken sind nicht lange haltbar, viele Alkaloide und Sulfonamide färben sich ebenfalls.

2. *Farbreaktion mit diazotierter Sulfanilsäure* (PAULYs *Reagens*)[2].

Reagens. 4,5 g Sulfanilsäure werden in 45 cm³ konz. HCl unter Erwärmen gelöst und dann mit Wasser auf 500 cm³ aufgefüllt. 10 cm³ dieser Lösung werden auf 0° abgekühlt und gemischt mit 10 cm³ 4,5%iger $NaNO_2$-Lösung (= Stammlösung). Kurz vor dem Besprühen mischt man 10 cm³ dieser Stammlösung und 10 cm³ 10%ige Na_2CO_3-Lösung.

Für manche Zwecke praktischer ist folgendes *Reagens:*

50 g Sulfanilsäure werden in 250 cm³ 10%iger KOH gelöst, auf 0° abgekühlt und dann mit 200 cm³ 10%iger $NaNO_2$-Lösung von 0° gemischt. Aus einem Tropftrichter läßt man diese Mischung in eisgekühlte Salzsäure eintropfen (80 cm³ konz. HCl und 40 cm³ Wasser). Das ausfallende Diazoniumsalz saugt man ab, wäscht mit Eiswasser, Alkohol und Äther und läßt das Salz vorsichtig an der Luft trocknen; Aufbewahrung bei 0°. Kurz vor dem Besprühen löst man 100 mg dieses Diazoniumsalzes in 20 cm³ 10%iger Na_2CO_3-Lösung, für besondere Zwecke auch mit 50%igem Äthanol.

3. Besprühen mit einer *Lösung des Essigesters von p-Aminophenol*[3].

4. Besprühen mit *Dipikrylamin in ammoniakalischer Lösung*[4].

Reagens. 0,2 cm³ Dipikrylamin-Lösung p.A. (Merck)* werden gemischt mit 50 cm³ Methanol, 49 cm³ dest. Wasser + 1 cm³ konz. Ammoniak. Nach dem Trocknen bei Raumtemperatur erscheinen die Thiaminflecken rot auf gelbem Grund (Reaktion quartärer Ammoniumbasen).

---

* Etwa 0,5 m.

[1] SPANYÀR, P., M. KISZEL u. E. KEVEI: Acta chim., Budapest **9**, 295 (1956).

[2] GRÜNE, A.: Chimia, Zürich **11**, 173, 213 (1957). — CRAMER, F.: Papierchromatographie. Weinheim 1958.

[3] MIYAKI, K., and H. MOMIYAMA: J. pharmaceut. Soc. Japan **71**, 249 (1951). — MIYAKI, K., H. MOMIYAMA and M. HAYASHI: J. pharmaceut. Soc. Japan **72**, 688, 1061 (1952) [Chem. Abstr. **46**, 9147, 11296].

[4] MALYOTH, G., u. H. W. STEIN: B. Z. **323**, 265 (1952).

5. *Thiamin-Nachweis als Thiochrom.* Durch Besprühen mit einer alkalischen Ferricyanid-Lösung[1] wird Thiamin zu Thiochrom oxydiert. Man betrachtet die stark blaue Fluorescenz direkt im UV-Licht. Zur quantitativen Bestimmung schneidet man ein Blättchen Papier im Bereich des Fleckens aus, extrahiert das Thiochrom mit Isobutanol und kann den Thiochromgehalt im Fluorometer quantitativ auswerten. Kurz vor dem Besprühen mischt man 10 cm^3 einer 0,1 %igen Kaliumferricyanid-Lösung mit 10 cm^3 2,2 %iger Na_2CO_3-Lösung.

6. Ohne alle zusätzliche Behandlung kann man die Thiaminflecken auf dem Papier auch dadurch nachweisen, daß man die starke *Absorption des Thiamins bei* 254 *mμ* ausnutzt. Die Thiaminflecken sind im durchscheinenden UV-Licht dunkel und können vor der Lampe mit Bleistift umrandet werden. Das Licht der UV-Lampe muß gefiltert werden, damit es monochromatisch wird[2].

Man kann das Chromatogramm auch auf die Schichtseite eines gleich großen Bogens Photopapier aufpressen und kurze Zeit mit einer UV-Lampe belichten. Belichtungszeit und Abstand richten sich nach der Lampe. Geeignet ist Agfa-Dokumentenpapier, um ein haltbares Chromatogramm zu erhalten.

Man kann endlich den ganzen Papierstreifen mit einem systematisch arbeitenden Spektrophotometer zeilenförmig abtasten lassen. Das Instrument registriert automatisch jene Stellen des Papiers, in deren Bereich der Gipfelwert der Thiamin-Absorption nachweisbar ist.

7. *Mikrobiologischer Nachweis.* Man sät auf einer Agarplatte in der Größe des Papierstreifens eine Kultur von Lb. fermenti aus und legt den thiaminhaltigen Papierstreifen 5 min auf die Agaroberfläche; Thiamin diffundiert dann aus dem Papier in den Agar und beim Bebrüten wächst an der Stelle des Vitamins die Bakterienkultur. Dies kann man entweder an der Trübung des sonst durchsichtigen Agars sehen; man kann auch die Agarplatte photokopieren. Die Kultur, d. h. der Thiaminfleck, erscheint im Negativ hell; man kann auch die Agarplatte mit einer 5 %igen Glucoselösung besprühen, die 1 % Triphenyltetrazoliumchlorid enthält, und dann die Platte noch 2 Std bebrüten; die an den Thiaminstellen gewachsenen Bakterien haben dann aus dem Tetrazolium rotes Formazan gebildet. Man erhält an der Stelle des Thiamins rote Flecken auf der Kultur auf farblosem Grund.

8. Mit der gleichen Technik kann man den Thiaminfleck im eindimensionalen Chromatogramm nachweisen, indem man längs der Fließrichtung einen 3 mm schmalen Streifen von dem Papier abschneidet und auf diesem Streifen an der Agarkultur den Thiaminfleck feststellt. Dann markiert man die Stelle des Fleckens auf dem breiten Streifen, schneidet die entsprechende Stelle aus, wäscht das Thiamin heraus und kann seine Menge mikrobiologisch quantitativ bestimmen.

Papierchromatographie der Thiamin-phosphorsäureester.

Trennung und quantitativer Nachweis von Thiamin und seinen verschiedenen Phosphorsäure-estern sind auf mehrere Weisen möglich. Als Fließmittel werden verwendet:

PARTRIDGE-Gemisch (dieses Handb. Bd. I, S. 223ff.). Thiamin rein oder in Mischung wird in 50 %igem Eisessig gelöst, dann mit Wasser 5fach verdünnt und Whatman-Papier Nr. 1 oder Schleicher & Schüll 2043 M.gl. aufgetragen. 15 Std lang mit PARTRIDGE-Gemisch chromatographieren und photometrisch beim Absorptionsmaximum von 240 mμ auswerten[3].

Mit dem gleichen Gemisch kann auch bei der Rundfilter-Chromatographie gearbeitet werden[4]. Der noch feuchte Fleck wird durch Behandeln mit BrCN-Dampf in einer NH_3-Atmosphäre (20 min) in Thiochrom übergeführt. Nach dem Trocknen wird chromatographiert (Butanol-Eisessig-Wasser 4:1:5), luftgetrocknet, die im UV-Blau fluorescierende

[1] KRAUT, H., u. L. WILDEMANN: Int. Z. Vit.-Forsch. **27**, 122 (1956).
[2] VISCONTINI, M., G. BONETTI, C. EBNÖTHER u. P. KARRER: Helv. **34**, 1384 (1951).
[3] BROWN, R. A., and R. L. MARSH: Analyt. Chem., Washington **24**, 1952 (1952).
[4] GIRI, K. V., and S. BALAKRISHNAN: Analyt. Chem., Washington **27**, 1178 (1955).

Thiochromzone mit dem Bleistift markiert, die Zone ausgeschnitten und mit 6 cm³ Wasser eluiert. Dann wird die Fluorescenz im Fluorometer mit dem für Thiamin üblichen Filter gemessen. Ebenso wird die Fluorescenz der Blindlösung (Wasser) gemessen und an Hand einer Eichkurve Thiamin ermittelt. Mengen von 0,56—2,24 γ Thiamin lassen sich hinreichend genau bestimmen, da in diesem Bereich die Eichkurve linear verläuft. Genauigkeit $\pm 10\,\%$.

Tabelle 6. *R_F-Werte von Vitaminen der B-Gruppe.*

	I	II	III	IV
Thiamin	0,25*[1]	0,36*[1]	0,93*[1]	0,32*[1]
Thiochrom		0,70	0,94[1]	0,60[1]
Riboflavin	0,83	0,26		
Pyridoxin	0,32	0,73		
Pantothensäure		0,81		
Pantoin	0,83	0,43		
Nicotinsäure	0,95	0,79		
Nicotinsäureamid		0,77		
p-Aminobenzoesäure	0,84	0,86		

I Phenol/Natriumcitrat/Phosphat:
Phenol, gesättigt mit einer wäßrigen Lösung von 6,3 %igem Na-citrat und 3,7 %igem NaH_2PO_4[2].

II Butanol/Essigsäure/Wasser wie 40:10:50 (v/v/v), nur einige Wochen haltbar[3].

III Phenol reinst, wassergesättigt.

IV Butanol/Pyridin/Wasser:
50 cm³ n-Butanol + 50 cm³ Pyridin + 20 cm³ Wasser.

Weitere Chromatographier-Verfahren:
JONES, A., and S. MORRIS: Analyst **74**, 37, 333 (1949); **75**, 608, 613 (1950).
MACRAE, F.: Biochem. J. **41**, XI (1947).
WINEGARD, H. M., G. TOENIS u. R. J. BLOCK; in: BLOCK, R. J., E. L. DURRUM and G. ZWEIG: A Manual of Paper Chromatography and Paper Electrophoresis. New York 1955.

10 cm³ 0,066 Mol KJ + 10 cm³ 0,0033 Mol Chloroplatinwasserstoffsäure + 120 cm³ Wasser. Frisch herzustellen; Thiaminfleck graublau.

Empfindlichkeit mit Fließmittel Nr.:
I 1 γ Thiamin.
II—IV 2—5 γ Thiamin.

* Thiamin-Cl-HCl.

Weitere Fließmittel für Thiamin:
Essigester/Pyridin/Wasser 50/30/20; $R_F = 0{,}22$ nach 15 Std[4].

BrCN-Lösung: eine 10 %ige KCN-Lösung wird tropfenweise zu gesättigtem Bromwasser gegeben, bis dieses gerade entfärbt wird (Abzug!). Jedesmal frisch herstellen.

Weitere Fließmittel sind:

Isopropanol : Wasser : Trichloressigsäure (20 %ig) : Ammoniak (25 %ig): 35,5:4,5:10:0,15; Trennungseffekt nicht genügend, muß durch Papierelektrophorese gesteigert werden[5].

Pyridin-Wasser-Isobutanol: 2:5:3. Um die Flecken sichtbar zu machen, wird folgende Mischung verwendet: 50 cm³ Äthanol 55 %ig, 50 cm³ NaOH 10 %ig, 1 cm³ Kaliumferricyanid 2,5 %ig[6].

Verwendet wird Papier Whatman Nr. 1 oder Schleicher & Schüll Nr. 2043 M.gl. Um störende Metall-Ionen zu entfernen, legt man das Papier 1 Std lang in eine 0,5 %ige Lösung eines Komplexbildners wie Äthylendiamin-tetraacetat bei p_H 8,5. Dann wäscht man kurz mit 25 %iger Ameisensäure und anschließend sehr gründlich mit dest. Wasser. Verwendet werden die in Tabelle 7 angeführten Lösungsgemische. Durch nochmalige Chromatographie mit dem gleichen Gemisch V ohne Oxychinolin wäscht man dieses wieder aus, so daß man bestimmte Flecken auch im UV nach dem Photoprint-Verfahren erkennen kann.

Die Flecken werden sichtbar gemacht durch Nachweis von Phosphat (dieses Handb. Bd. I, S. 243).

Abwandlung des Reagens von HANES und ISHERWOOD durch BURROWS[7]: 1 g Ammoniummolybdat wird in 8 cm³ Wasser gelöst, dann werden 3 cm³ konz. HCl + 3 cm³ 70 %ige Perchlorsäure sowie Aceton ad 100 cm³ zugefügt. Das Papier wird mit dieser Lösung nicht bespritzt, sondern darin eingetaucht.

[1] CACIOPPO, F., e G. LA GRUTTA: Boll. Soc. ital. Biol. sperim. **26**, 1347 (1950).
[2] CRAMER, F.: Papierchromatographie. S. 44. Weinheim 1958.
[3] CRAMER, F.: Papierchromatographie. S. 171. Weinheim 1958.
[4] MALYOTH, G., u. H. W. STEIN: B. Z. **323**, 265 (1952).
[5] GREILING, H., u. L. KIESOW: Z. Naturforsch. **12**b, 605, 672 (1957); **13**b, 152, 251 (1958).
[6] ROSSI-FANELLI, A., N. SILIPRANDI and P. FASELLA: Science, N. Y. **116** (1952).
[7] BURROWS, S. F., S. M. GRYLLS and J. S. HARRISON: Nature **170**, 800 (1952).

Tabelle 7. *R_F-Werte von Thiamin-phosphorsäure-estern.*

	I*	II**	III**	IV**	V**	VI***
1. Thiamin-monophosphat	0,2	0,11	0,09	0,66	—	0,77
2. Thiamin-diphosphat . .	0,1	0,02	0,02	0,33	0,58	0,68
3. Thiamin-triphosphat . .	0,05					0,55
4. Thiamin-tetraphosphat .						0,46
5. Thiamin-pentaphosphat						0,36
6. Thiamin-polyphosphat .						0,24
(höhere Phosphate) . .						0,16
($>$ Penta)[1]						0,21
7. Thiamin	0,4					0,87
						0,79

I 80 %iges Äthanol.

II 30 cm^3 Di-isopropyl-äther + 30 cm^3 n-Butanol + 20 cm^3 98 %ige Ameisensäure. Mischung ist jeweils frisch anzusetzen.

III 45 cm^3 Methyl-äthyl-keton + 25 cm^3 wassergesättigtes n-Butanol + 5 cm^3 n-Propanol + 20 cm^3 98 %ige Ameisensäure. Immer frisch ansetzen.

IV 40 cm^3 n-Butanol + 20 cm^3 n-Propanol + 25 cm^3 Aceton + 25 cm^3 80 %ige Ameisensäure + 15 cm^3 30 %ige Trichloressigsäure.

V 35 cm^3 n-Butanol + 25 cm^3 n-Propanol + 35 cm^3 Ammoniak 25 %ig + 10 cm^3 Wasser + 15 mg 8-Oxychinolin.

VI 100 cm^3 Buttersäure + 60 cm^3 Ammoniak + 1,6 cm^3 0,1 m Äthylendiamin-tetraessigsäure.

* Viscontini, M., G. Bonetti, C. Ebnöther u. P. Karrer: Helv. **34**, 1384 (1951).

** Gerlach, E., E. Weber, H. J. Döring: A. e. P. P. **226**, 9 (1955).

*** Kiessling, K. H.: Acta chem. scand. **10**, 1356 (1956).

Die beiden R_F-Werte bei Thiamin beruhen auf 2 verschiedenen Formen, die voneinander getrennt werden konnten: Gaudiano, A., M. A. Spadoni e G. Tecce: Boll. Soc. ital. Biol. sperim. **28**, 701 (1952).

Weiteres Verfahren zur Trennung der Phosphorsäure-ester im Papierchromatogramm[1]: Lösung aus n-Butylalkohol, gesättigt mit 18 %iger wäßriger Ameisensäure. Absteigende Chromatographie mit Whatman-Papier Nr. 1, gewaschen mit 4 n HCl und Oxin (= 8-Oxychinolin). Gute Trennung der Flecken bei synthetischem Material. Sichtbarmachen durch Besprühen mit Kalium-ferricyanid in alkalischer Lösung.

Weitere Verbesserung der Phosphat-Trennung durch [2].

Quantitative Bestimmung von Thiamin durch Papierchromatographie nach **Kraut *und* Wildemann**[3].

Dieses Verfahren wird zur Bestimmung von Thiamin im Harn für klinische Zwecke häufig verwendet. Empfindlichkeit bis 0,02 γ, Streuung der Werte ± 16 % bei Thiamingehalt $< 0{,}1\ \gamma$; Streuung ± 8 % zwischen 0,1 und 1 γ[3].

Prinzip:

Der Harn muß vorgereinigt werden, da besonders im Sommer und Herbst viele fluorescierende Stoffe aus der Nahrung in den Harn übergehen. Zur Vorreinigung dient Amylalkohol, in dem viele fluorescierende Substanzen löslich sind, während Thiamin darin unlöslich ist. Salze und andere Begleitstoffe werden durch ihre Unlöslichkeit in Methanol ausgeschaltet.

Reagentien:

1. Essigsäure, verdünnt.
2. Amylalkohol.
3. Methanol.
4. Methanol, 80 %ig.
5. Gemisch *I*: Isopropanol: $H_2O = 4:1$; H_2O mit Reagens *1* auf p_H 3 eingestellt.
6. Gemisch *II*: Isopropanol: $H_2O = 4:1$; H_2O mit verd. NaOH auf p_H 9 eingestellt.

[1] Kiessling, K. H., and G. Lindahl: Ark. Kemi **6**, 271 (1953).

[2] Gerlach, E., E. Weber u. H. J. Döring: A. e. P. P. **226**, 9 (1955).

[3] Kraut, H., u. L. Wildemann: Int. Z. Vit.-Forsch. **27**, 122 (1956).

7. Ferricyanidlösung, alkalische: 10 cm^3 0,1 %iges Kaliumferricyanid + 10 cm^3 2,2 %iges Na_2CO_3.
8. Gemisch *III*: Dioxan : $H_2O = 3:7$; H_2O mit verd. NaOH auf p_H 9 eingestellt.

Ausführung:

10 cm^3 Harn werden mit Essigsäure auf p_H 3 eingestellt, 1 min im Wasserbad auf 50° erhitzt und dann je 1 min lang mit 20 cm^3 und 10 cm^3 Amylalkohol ausgeschüttelt. Nach Abtrennung des Pentanols fügt man zu den 10 cm^3 Harn 10 cm^3 reines Methanol und destilliert im Vakuum unter Zugabe einer Spur Octylalkohol bis fast zur Trockne, wobei man durch die Siedecapillare luftfreien Stickstoff einströmen läßt. Dann füllt man den Rückstand mit 80 %igem Methanol auf 2 cm^3 auf, wobei sich ein dicker Niederschlag bildet, der sich nach 20 min bei 0° gut absetzt und dann leicht abschleudern läßt. Ganze Bogen von Whatman-Papier Nr. 1, 60 × 60 cm werden mit Gemisch *I* gewaschen, indem man sie 50 Std lang mit diesem Gemisch absteigend durchströmt, das Papier dann bei 60° trocknet und an den Rändern beschneidet.

Zur Analyse tropft man nun 0,2 cm^3 der methanolischen Lösung (entsprechend 1 cm^3 Ausgangsharn) in die linke untere Ecke des wie oben vorbehandelten Papiers und trocknet

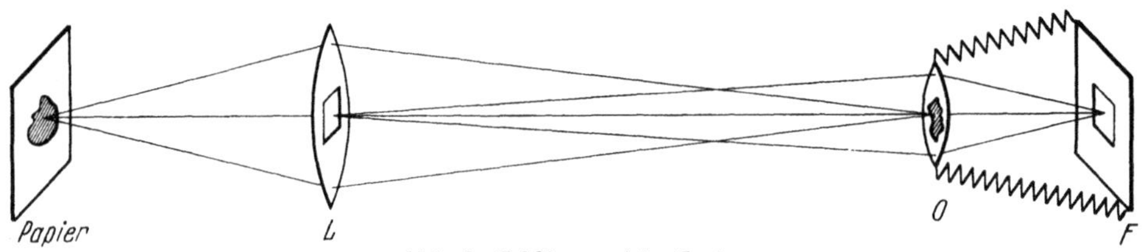

Abb. 6. Erklärung siehe Text.

mit einem heißen Stickstoffstrom. Der Fleck soll < 1 cm Durchmesser haben. Dann chromatographiert man mit Gemisch *I*. Die Papiere werden 40 Std absteigend bei 18° chromatographiert, bei 60° getrocknet und in der Fließrichtung in einer 20 cm breiten Bahn auf der linken Seite des Bogens mit alkalischer Ferricyanidlösung besprüht. Beim Besprühen entsteht aus Thiamin Thiochrom, das nun nach dem Trocknen des Bogens in der Querrichtung aus dem besprühten Bereich herauswandert. Man dreht den Bogen um 90° und entwickelt das Chromatogramm mit Lösungsmittel *II*. Nach 40 Std dauernder absteigender Chromatographie hat sich das entstandene Thiochrom gut abgesetzt in Form eines sichelförmigen Streifens von 5—15 cm Länge quer zur Fließrichtung. Das Auffinden des Thiochromflecks wird erleichtert, wenn man in einer Parallelbestimmung dem Harn 0,6 γ Thiamin zusetzt und wie die Analysenprobe behandelt. Am Ende der Entwicklung wird der Streifen bei 60° getrocknet und ein Papierblatt aus dem Bogen ausgeschnitten, das in jeder Richtung um 1 cm größer ist als der Thiochromfleck, und dieses Blättchen in Lösungsmittel *III* gehängt. Nach 1—3 Std hat sich das Thiochrom auf einem für die photographische Aufnahme passenden Papierbereich angesammelt, das fertige Chromatogramm wird nun nochmals getrocknet, der Thiochromfleck umrandet und ausgeschnitten und mit einem gleich großen Fleck des gleichen Papierbogens ohne Substanz verglichen. Nach 2—3 Std wird der Fleck im gefilterten UV-Licht photographiert[1]. Vgl. Abb. 6.

Als Beleuchtung verwendet man den Hanauer-Quarz-Brenner „Soliput S 81" mit vorgeschaltetem UV-Filter UG 1 für die Hg-Linie 3660 Å. Der helle Thiochromfleck (<4 cm Durchmesser) wird durch eine Linse *L* in das Objektiv *O* einer Kamera projiziert, durch das die zwischen Kamera und Papierfleck stehende Linse *L* auf dem Film *F* abgebildet wird. Die Öffnung dieser Linse leuchtet strukturlos, und zwar proportional der Intensität des Fluorescenzlichtes; vor der Kamera befindet sich noch ein Sperrfilter *Sp*, das nur den blau-violetten Spektralbereich durchläßt und das andere UV-Licht ausschaltet. Das Sperrfilter besteht aus je 2 mm dicken Filtergläsern GG 3 und BG 12 von Schott. Links

[1] Kaiser, H., u. L. Wildemann: Int. Z. Vit.-Forsch. **27**, 131 (1956).

und rechts auf dem Papierstück mit dem Thiochromfleck befestigt man noch 2 genau gleich große Papierstücke desselben Filterbogens, die ebenfalls mit Chromatographier-Gemischen und Ferricyankalium behandelt worden waren bzw. den Thiochromfleck des Thiaminstandards tragen.

Die *Auswertung des Photogramms* verläuft in 6 Schritten:

Messung der Schwärzung:

Der fertige Film trägt 3 Schwärzungsbildchen: links das der Harn-Analyse S_H, in der Mitte das des Thiaminstandards S_T und rechts das der leeren Papierkontrolle S_L. Der Fleck der Analysenprobe ist durch Graufilter in 2 schwarze Streifen S_{H1} und S_{H2} geteilt.

Transformation der Schwärzung:

Diese im Photometer erhaltenen Schwärzungswerte müssen nun transformiert werden zu P-Werten.

$$P = S - kD \tag{1}$$

$$D = \log \frac{S}{S-1} \tag{2}$$

Die Transformationskonstante k wird aus 2 Paaren von Schwärzungsmessungen ermittelt, wobei man von einem schwachen und einem starken Thiochromfleck Aufnahmen macht und jedes Bildchen durch das gleiche Graufilter halb abdeckt. Man erhält 4 verschiedene Schwärzungsfelder: Sa und Sb von dem starken, Sc und Sd von dem schwachen Thiochromfleck.

Aus diesen Schwärzungen S berechnet man wieder die zugehörigen Werte von D, gemäß obiger Formel nach (2) und erhält dann Da, Db, Dc, Dd.

$$k = \frac{Sa - Sb - Sc + Sd}{Da - Db - Dc + Dd} \tag{3}$$

Der Wert von k ergibt sich für den verwendeten Film meist etwa um 0,5. Mit Hilfe von k kann man nun aus (1) die 4 Werte für P errechnen. Pa, Pb, Pc, Pd. P_1 gilt für den starken, P_2 für den schwachen Thiochromfleck.

$$P_1 = Pa - Pb \tag{4}$$

$$P_2 = Pc - Pd \tag{5}$$

Festlegung der Neigung γ der Schwärzungskurve:

$$\gamma = \frac{P_1 - P_2}{Y_1 - Y_2} \tag{7}$$

Differenz der beiden Y im Nenner = Extinktion des verwendeten Graufilters, z. B. 0,383.

γ ergibt sich in einem Zahlenbeispiel zu 1,05 und daraus $Y = \frac{P}{\gamma}$. (8)

Berechnung der Intensitäten:

Ein Zahlenbeispiel macht die Berechnung am raschesten klar.

Gemessen seien die Schwärzungen S	für den Thiochromfleck der Harnprobe . .	H = 0,375
	für das leere Papier	L = 0,047
	für den Thiaminstandard	T = 0,311

	H	L	T
S . .	0,375	0,047	0,311
D . .	0,238	0,989	0,291
kD .	0,119	0,495	0,146
P . .	0,256	—0,448	0,165
Y . .	0,244	—0,426	0,157

Korrektur für die Papier-Fluorescenz:

Von dem Wert Y_H des Thiochroms muß man die Fluorescenz des leeren Papiers D_L abziehen.

D_L errechnet sich aus dem Y_L des Papiers nach:

$$D_L = \log \frac{Y_L}{Y_L - 1}.$$

Berechnung und Eichkurve:

Weiterhin muß auch noch der Fluorescenzwert $Y_{T'}$ des Standards abgezogen werden, so daß man schließlich das gesuchte ΔY findet.

$$\Delta Y = Y_H - D_L - Y_T.$$

Aus der nebenstehenden Eichkurve kann man aus der Fluorescenz-Intensität ΔY auf der Abszisse die Thiaminmenge in γ auf der Ordinate ablesen.

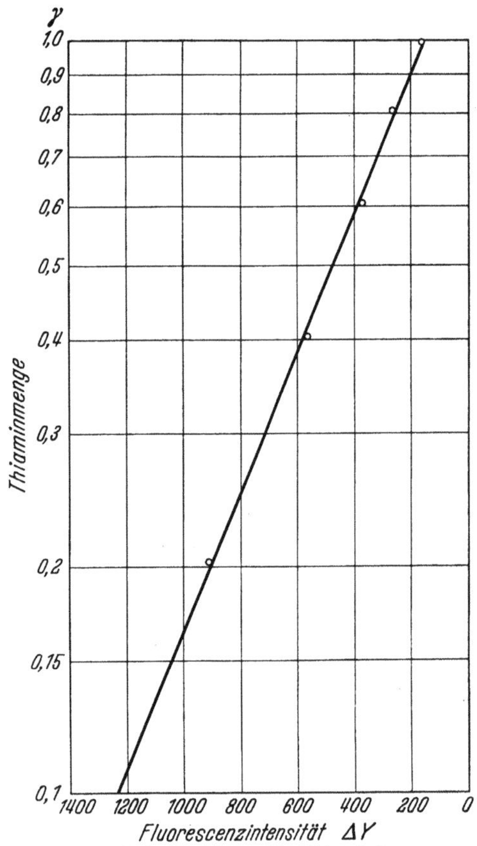

Abb. 7. Eichkurve für Thiamin[1].

d) Elektrophoretische Trennung der Thiamin-phosphorsäureester.

Da die papierchromatographische Trennung der Phosphorsäure-ester manchmal schwierig ist, wird der Trennungseffekt durch Anlegen einer Gleichspannung von 5 V/cm verstärkt.

Ausführung:

Auf Streifen von Filterpapier Schleicher & Schüll 2043b, 30×8,5 cm werden bekannte Dosen Thiamin-ester aufgetragen, die in 0,01 n HCl gelöst sind.

Die Papierstreifen werden mit folgender Elektrolytlösung getränkt: 5,85 g NaCl + 3,5 cm³ Eisessig werden mit Wasser von 0° auf 1000 cm³ aufgefüllt. Der Anfangsteil des Papierstreifens mit dem angetrockneten Substanzfleck wird mit der Elektrolytlösung erst besprüht, wenn das Papier in den Apparat eingespannt ist. Man läßt die Elektrophorese bei 0° 3 Std laufen und macht die Lage der gewanderten Tüpfel im Fluorescenzlicht sichtbar. Am weitesten wandert zur Anode das Triphosphat, dann folgen absteigend Diphosphat und Monophosphat und zuletzt freies Thiamin[2]. Auch eine Trennung von Thiamin und Oxythiamin und ihren Phosphorsäure-estern läßt sich nach dem gleichen Verfahren bei 7 V/cm durchführen[3].

Das bei der Synthese von Thiamin-phosphorsäure-estern entstandene Gemisch läßt sich durch eine präparative Elektrophorese trennen: 0,05 m Acetatpuffer von p_H 5,4 dient als Medium, Spannung 10 V/cm. Dauer der Elektrophorese 6 Std. Die Substanzflecke werden identifiziert als Thiamin-mono-, -di-, -tri- und höhere -Phosphorsäure-ester und ihre Zusammensetzung durch Analyse bestätigt.

e) Elektrophoretische Abtrennung von Thiamin[4].

Von Stoffen, die bei verschiedenen Thiaminbestimmungen stören, läßt sich Thiamin durch eine Papier-Elektrophorese bei p_H 5,4 (45 min, 220 V, 28 cm-Streifen Whatman-Papier I) abtrennen. Thiamin wandert zur Kathode, Arbeitsbereich 0—2,5 γ Thiamin in 0,01 cm³, Fehler ±3%. Lineare Eichkurve bei Fluorescenzmessung.

Chemische Bestimmung. *a) Allgemeines.* Über die chemischen Bestimmungsmethoden von Thiamin existiert bereits eine umfangreiche Spezialliteratur. Die vielen bekannt-

[1] Kaiser, H., u. L. Wildemann: Int. Z. Vit.-Forsch. **27**, 131 (1956).
[2] Rossi-Fanelli, A., B. Nondovi e V. Boffi: Boll. Soc. ital. Biol. sperim. **29**, 1330 (1953).
[3] Fioretti, P., e A. Mascolo: Acta vitaminol., Milano **10**, 97 (1956). — Greiling, H., u. L. Kiesow: Z. Naturforsch. **12b**, 605 (1957). — Siliprandi, D., and N. Siliprandi: Biochim. biophysica Acta, N. Y. **14**, 52 (1954).
[4] Fried, R.: H. **291**, 57 (1952).

gewordenen Verfahren sind in zusammenfassenden Darstellungen beschrieben und ihren Anwendungsbereichen zugeordnet. An solchen Zusammenfassungen wäre zu nennen:

Methods of Vitamin Assay, herausgegeben von der Association of Vitamin Chemists. Inc. S. 69. New York 1947.

GSTIRNER, F.: Chemisch-physikalische Vitamin-Bestimmungs-Methoden. Stuttgart 1950.

Thiaminbestimmungen in R. A. PETERS und J. R. P. O'BRIEN in: PAECH-TRACEY, Moderne Methoden der Pflanzenanalyse. Bd. IV, S. 358. Berlin, Göttingen, Heidelberg 1955.

Das Thiochromverfahren zur Bestimmung von Thiamin ist auch von den Pharmacopoen übernommen worden, z. B.: Pharmacop. Brit. (1953). Pharmacop. USA XV. Ausgabe, S. 734ff. u. 914ff. (1955). Pharmacop. Int. Bd. I, S. 266ff. u. 394ff. (1955).

b) Identitäts-Reaktionen. Die qualitativen Reaktionen lassen sich gliedern in Fällungsreaktionen (Nr. 1—6) und Farbreaktionen (Nr. 7—12).

Eine etwa 1%ige Lösung von Thiamin gibt:

1. einen weißen Niederschlag nach Zusatz von 1—2 Tropfen 0,5 n $HgCl_2$-Lösung;

2. einen rotbraunen Niederschlag nach Zusatz von 0,2 n Jodlösung;

3. einen weißen Niederschlag nach Zusatz von Kalium-quecksilber(II)-jodid [1,35% (g/v) $HgCl_2$ und 5% (g/v) KJ];

4. einen gelben Niederschlag nach Zusatz von 0,66%iger (g/v) wäßriger Lösung von 2,4,6-Trinitro-phenol;

5. Der gesammelte und getrocknete Niederschlag dieser Reaktion schmilzt bei F = 206—208°, nach Sintern, Dunkelfärbung und Zersetzung bei etwa 200°;

6. eine orange Fällung nach Zusatz von Kalium-wismut-jodid-Lösung, $KJBiJ_3$ (DRAGENDORFFs Reagens[1];

7. eine orange Färbung nach Zusatz von 2,6-Dibromchinon-chlorimid[2], die Farbe ist mit Chloroform extrahierbar; viele Amine, Phenole und deren Derivate stören;

8. eine grüngelbe Färbung nach Reduktion mit Hydrosulfit[3];

9. eine ziegelrote Färbung nach Zusatz von p-Dimethylamino-benzaldehyd[4]; Protein und Aminosäuren stören; die ziegelrote Färbung bildet sich besonders schön aus bei Zusatz von einigen Tropfen Eisessig zu einer erhitzten Mischung von Thiaminlösung und einer 0,5%igen wäßrigen Lösung von p-Dimethyl-aminobenzaldehyd; die Farbreaktion beruht wahrscheinlich auf Bildung einer Schiffschen Base;

10. eine blaue Färbung nach Zusatz von Ammonium-molybdat-Lösung; Extinktionswert mal 0,375 = mg Thiamin; die Asche des zu prüfenden Präparates muß ebenso geprüft werden und ihr Extinktionswert ist vor der Berechnung des Thiamingehaltes abzuziehen[5];

11. eine rosa Färbung nach Reaktion mit diazotierter Sulfanilsäure[6] (Formaldehyd-Azo-Test). 0,5 cm^3 diazotierte Sulfanilsäure [bei 0° eine Woche haltbar; Herstellung nach KOESSLER u. HANKE: J. Biol. Ch. 39, 505 (1919)] wird zu 1,25 cm^3 des Reagens (Mischung gleicher Teile n NaOH + 0,7 n $NaHCO_3$) gegeben und nach 1 min außerdem 0,03 cm^3 40%iger Formaldehyd zugefügt und schließlich sofort 0,1—0,3 cm^3 Thiamin-Lösung (saurer als p_H 4). Im Laufe von 30 min entwickelt sich eine rosa Färbung, die konstant bleibt. Empfindlichkeitsgrenze 2 γ Thiamin;

12. eine rote Färbung mit 2,4-Dichlorbenzol-diazoniumchlorid[7].

Die Reaktionen 6, 11, 12 können dazu verwendet werden, Flecken von Thiamin im Papierchromatogramm sichtbar zu machen. Siehe dazu auch S. 1378.

[1] NAIMAN, B.: Science, N. Y. **85**, 290 (1937).
[2] RAYBIN, H. W.: Science, N. Y. **88**, 35 (1938).
[3] LIPMANN, F.: Nature **138**, 1097 (1936); **140**, 849 (1937).
[4] TAUBER, H.: Science, N. Y. **86**, 594 (1937).
[5] VILLELA, G. G., and M. A. LEAL: Science, N. Y. **90**, 179 (1939).
[6] KINNERSLEY, H. W., and R. A. PETERS: Biochem. J. **28**, 667 (1934). — JANSEN, B. C. P., u. W. F. DONATH: Proc. Kon. Acad. Wet. Amsterdam **29**, 1390 (1926).
[7] WILLSTAEDT, H., u. F. BÁRÁNY: Enzymologia **2**, 316 (1938).

Die qualitativen Verfahren Nr. 10, 11 und 12 können auch zu quantitativen Bestimmungen benutzt werden. Als Beispiel diene Reaktion Nr. 12, S. 1389.

Auf der Bildung von gefärbten Produkten aus Thiamin und Diazo-Reagentien beruhen noch brauchbare Verfahren zur quantitativen Bestimmung (vgl. S. 1390).

c) Quantitative chemische Bestimmungen. Sie gliedern sich in 4 Gruppen:

A. Fällungsreaktionen,

B. maßanalytische Bestimmungen,

C. colorimetrische Bestimmungen (Bildung von Aryl-Diazonium-Verbindungen),

D. fluorometrische Analyse, Thiochrom-Verfahren.

Fällungsreaktionen. Heterocyclische Amine und quaternäre Ammoniumbasen bilden mit bestimmten Säuren charakteristische Fällungen, die wegen ihrer Schwerlöslichkeit zur quantitativen Bestimmung benutzt werden können. Das Verfahren eignet sich auch zur Thiaminbestimmung in pharmazeutischen Produkten, z. B. Tabletten, die thiaminreich sind und deren Zusammensetzung bekannt ist.

Zur Fällung mit *Reineckesäure** s. unten.

***Gravimetrische Bestimmung von Thiamin nach* Bandelin *und* Tuschhoff[1].**

Reagentien:

1. Reineckesalz-Lösung, 4%ig (g/v).
2. Äthanol, abs.
3. Äther, abs.
4. Aceton.

Die Untersuchungslösung (33%iges wäßriges Methanol) soll etwa 0,5—1 mg Thiamin in 1 cm^3 enthalten, sie wird mit einer 4%igen wäßrigen Lösung käuflicher Reineckesäure gefällt. Der erhaltene Niederschlag des Reineckesalzes wird mit Eiswasser, dann mit absolutem Alkohol gewaschen und jedesmal abgeschleudert, Reste des Waschalkohols werden aus dem Niederschlag mit absolutem Äther ausgewaschen, der völlig farblos bleiben muß. Dann wird der Niederschlag auf einer Glasfritte gesammelt, in wenig Aceton gelöst und die rote Farbe bei 525 mμ im Colorimeter gemessen. Vergleich mit ebenso behandeltem Standardpräparat. Rückgewinnung vorgegebener Mengen innerhalb $\pm 2\%$. Führt man die Fällung bei p_H 4 aus, so kann eine Störung durch Niacin, Niacinamid und Pyridoxin vermieden werden. Eisenionen, die beim Thiochrom-Verfahren die Ergebnisse verfälschen, stören nicht. Diese bequeme Methode eignet sich zur Routineuntersuchung pharmazeutischer Produkte[1].

Bestimmung von Thiamin nach* Bessot[2,3] *durch Fällung mit Silico-wolframsäure.

Prinzip:

2 Mol Thiamin werden gefällt durch 1 Mol Silico-wolframsäure $SiO_2 \cdot 12WO_3 + xH_2O$ (Mol-Gewicht 2843,13), wodurch das Gewicht der Fällung sich auf das etwa 5fache erhöht.

Reagentien:

1. HCl, 5%ig.
2. Silico-wolframsäure, 5%ig.
3. Aceton.

Ausführung:

5—10 mg Thiamin in 1 cm^3 Lösung werden im Zentrifugenglas mit 2 cm^3 5%iger HCl versetzt, 2 min auf dem kochenden Wasserbad erhitzt und dann 0,5—1 cm^3 5%ige Silicowolframsäure zugegeben. Der sich bildende Niederschlag wird abgeschleudert, 2mal mit reinem Aceton gewaschen, das Aceton durch langsames Erwärmen während 30 min auf

* Reineckesalz = Ammonium-tetra-rhodanatodiamin-chromat(III) purum, zu beziehen von Fluka AG, Buchs, Schweiz, und Dr. Th. Schuchardt, München 13, Ainmillerstr. 25.

[1] Bandelin, F. J., and J. V. Tuschhoff: Analyt. Chem., Washington **25**, 1198 (1953).

[2] Empfohlen in der Pharmacopoea Brit. **1953**, S. 43.

[3] Bessot, M. L.: J. Pharmacie Chim. (9) **1**, 281 (1940).

110° verdampft und der trockene Niederschlag gewogen. Gewicht des Niederschlags mal 0,1938 = Gewicht des Thiamins (als Chlorid-hydrochlorid). Die Ergebnisse sind überraschend genau[1].

Dieses Verfahren wurde verkürzt und verbessert[2]:

Thiaminhaltige Lösungen werden mit 4%iger HCl verdünnt auf 0,5—1 mg Thiamin je cm^3, diese Lösung zum Kochen erhitzt und mit 10%iger wäßriger Silicowolframsäure versetzt (1 cm^3 für je 20 mg erwartetes Thiamin). Zuletzt werden 1,5 cm^3 *2* als Überschuß zugegeben. Unter Rühren wird 3 min weiter gekocht, die Fällung in einer feinporigen Glasfritte gesammelt, mit 50 cm^3 einer kochenden Mischung von 4%iger HCl und 1 cm^3 Lösung *2* gewaschen, und zwar in Portionen von 5 cm^3. Schließlich wird der Niederschlag 3mal mit 4%iger HCl, 2mal mit 5 cm^3 Aceton gewaschen und dann samt Trichter bei 80° 3 Std getrocknet. Das Verfahren wird nicht gestört durch die üblichen Begleitstoffe pharmazeutischer Zubereitungen.

Störende Stoffe kann man durch spezifische Adsorption an Amberlite IRC 50 abtrennen.

Reagentien:

1. HCl, 4%ig.
2. Silicowolframsäure, 10%ige wäßrige.
3. Aceton.
4. Amberlite IRC 50*.
5. Acetatpuffer p_H 4,5.
6. 0,2 n H_2SO_4.
7. Aceton, 30%ig.
8. Aceton, 60%ig.
9. HCl, 5%ig.

Ausführung:

10 g feuchtes Amberlite IRC 50, p. a., werden mit 40 cm^3 10%iger NaOH 30 min geschüttelt, der Überschuß an Alkali abgegossen und das Harz mit 2—3 Portionen Wasser gewaschen. 25 cm^3 der jetzt vorliegenden Natrium-Form des Harzes werden nun mit 50 cm^3 einer 15%igen Natriumacetatlösung versetzt und unter dauerndem Rühren so viel Eisessig tropfenweise zugesetzt, bis der p_H von 5,6 etwa 30 min in der Lösung konstant bleibt. Dann läßt man das Harz über Nacht in diesem Acetatpuffer stehen und füllt es in eine 50 cm^3-Bürette, wo es mit Wasser luftblasenfrei gewaschen wird.

Flüssige thiaminhaltige Proben werden mit Wasser verdünnt und mit Acetatpuffer von p_H 4,5 aufgefüllt (bis etwa 0,5 mg Thiamin je 1 cm^3). Etwaiger Gehalt der Probe an Alkohol darf 5% nicht übersteigen. Gelatinekapseln und Dragées werden nach Zerkleinern mit 0,2 n H_2SO_4 ausgeschüttelt, die Schwefelsäure mit Natronlauge abgestumpft und mit Pufferlösung von p_H 4,5 gemischt. Dann wird diese Mischung an gepuffertes Amberlite adsorbiert. Man läßt die thiaminhaltige Lösung mit einer Geschwindigkeit von 2—3 cm^3 je min durch die Säule mit gepuffertem Amberlite laufen. Dann wird die Säule mit Wasser gewaschen (4 cm^3/min), anschließend mit 30-, 60- und 30%igem wäßrigem Aceton und schließlich wieder mit Wasser. Die Elution erfolgt mit 5%iger HCl (1 cm^3/min, insgesamt 60 cm^3). Das Eluat kann unmittelbar zur Fällung mit Silicowolframsäure verwendet werden.

***Titrimetrische Bestimmung von Thiamin nach* GRAF *und* FIEDLER[3].**

Prinzip:

Silicowolframsäure, $SiO_2 \cdot 12WO_3$, kristallisiert mit 22 H_2O (Mol.-Gewicht 3239,5) und bildet mit Alkaloiden Fällungen, in denen sie als 4basische Säure reagiert. Für die 0,05 n Silicowolframsäure sind also 40,5 g zu 1 *l* zu lösen**.

* Zu beziehen von Röhm u. Haas, Philadelphia/Pa., oder Darmstadt, vgl. dieses Handb. I, S. 187.

** Silicowolframsäure = Wolframatokieselsäure, zu beziehen von E. Merck, Darmstadt. Das Handelspräparat Merck Nr. 659 hat einen Wassergehalt zwischen 11,5 und 13%; theoretisch 12,24%.

[1] BESSOT, M. L.: J. Pharmacie Chim. (9) 1, 281 (1940).

[2] VANNATTA, E. E., and L. E. HARRIS: J. Amer. pharmaceut. Ass., sci. Ed. 48, 30 (1959).

[3] GRAF, E., u. E. FIEDLER: Arzneim.-Forsch. 3, 489 (1953).

Reagentien:

1. 0,05 n Silicowolframsäure (4,05 g in H_2O zu 100 cm³ gelöst).
   Zur Titerstellung der Silicowolframsäure benutzt man Strychninnitrat (Arzneibuchware, trocken), Mol.-Gewicht 397,2. Man wägt etwa 50 mg Strychninnitrat genau ab, löst sie in 20 cm³ Wasser, gibt dazu 5 Tropfen 0,2%ige Lösung von Metanilgelb* und titriert mit einer Feinbürette (in 0,01 cm³ geteilt) bis zum Farbumschlag. Faktor der Normallösung = *mg eingewogenes Strychninnitrat* 19,86 mal cm³ verbrauchter Silicowolframsäure.
2. Metanilgelb, 0,2%ige wäßrige Lösung.

Ausführung:

Eine Lösung von 5 cm³ Thiamin wird mit 0,05 n Silico-wolframsäure titriert, wobei der Indikator Metanilgelb von gelbrot nach rotviolett umschlägt, sobald freie Silico-wolframsäure auftritt. Der Indikator wird von dem anfallenden Niederschlag adsorbiert bzw. eingeschlossen und im Äquivalenzpunkt umgefärbt. Der unlösliche Komplex besteht aus 2 Mol Thiamin (Mol.-Gewicht 2mal 337,27) und 1 Mol Silico-wolframsäure[4] (Mol.-Gewicht der wasserfreien Säure 2843,13). Andere Basen, die unlösliche Fällungen geben, dürfen in der Untersuchungsprobe nicht enthalten sein.

Berechnung:

1 cm³ 0,05 n Silicowolframsäure entspricht 8,45 mg Thiaminchlorid · HCl. Die Titration erfaßt 98,5% des theoretischen Wertes. Ein Kochsalzgehalt < 0,2% in der zu titrierenden Lösung stört nicht. Isotonische Ampullenlösungen sind also mindestens 5fach zu verdünnen. Dabei darf der Thiamingehalt nicht unter 0,1% in der Titrierlösung absinken.

Thiaminpyrophosphat ergibt besonders schwerlösliche Fällungen mit Scandium- und Zirkonsalzen[1].

Maßanalytische Bestimmungen. Von mehreren vorgeschlagenen Verfahren hat sich bisher keines eingebürgert, da die Reaktionen durch zu viele Substanzen gestört werden; zudem sind die Verfahren meist nicht spezifisch genug und unterscheiden nicht zwischen intaktem und unwirksam gewordenem Thiamin.

Die Titration von Thiamin-acetat mit Perchlorsäure in Eisessig[2] bzw. wasserfreiem Aceton benötigt viel Untersuchungsmaterial. Thiamin-Cl · HCl muß dabei auch erst durch Hg(II)-acetat in Thiaminacetat überführt werden; es wird potentiometrisch oder mit Kristallviolett als Indikator titriert; Salze von Alkalien, Erdalkalien sowie Wasser stören.

Bei anderen Verfahren wird Thiamin reduziert und H_2S freigesetzt, das jodometrisch bestimmt wird, oder mit Hilfe der Chloridreaktion das Anion im Thiamin bestimmt; oder Thiamin wird mit Ferricyanid zu Thiochrom oxydiert, wobei das entstandene Ferrocyanid mit Cer(IV)-sulfat titriert wird, wobei 1,10-Phenanthrolin als Indikator dient. Empfindlichkeit bis 10 γ[3]. Bei den 3 eben genannten Verfahren können Begleitstoffe die Ergebnisse sehr fälschen.

Am einfachsten ist die maßanalytische Bestimmung nach SLOTTA[4], die aber ebenfalls nur in weitgehend gereinigten Thiaminlösungen gelingt.

***Titrimetrische Bestimmung von Thiamin nach* SLOTTA[4].**

Prinzip:

Thiamin reagiert mit Hypojodit in konstantem Mol-Verhältnis 1:6 und lagert sich bei dieser Oxydation zum Thiaminthiazolon (vgl. Formel L, S. 1371) um. Nur wenn die

* Metanilgelb puriss. Indikatorbereich p_H 1,2—2,8, zu beziehen von Fluka AG, Chem. Fabrik, Buchs, Schweiz.

[1] BECK, G.: Analyt. chim. Acta, N. Y. 4, 21 (1950).

[2] PIFER, C. W., and E. G. WOLLISH: J. amer. pharmaceut. Ass. 40, 609 (1951). Analyt. Chem., Washington 24, 300 (1952).

[3] PAYVA CARBAJAL, C. A.: Bol. Soc. quím. Peru 11, 72 (1945) [Chem. Abstr. 40, 104].

[4] SLOTTA, K. H., u. K. NEISSER: B. 71, 1984 (1938).

Reaktionstemperatur dabei immer auf 0° gehalten wird, reagiert die Hydroxyäthyl-Gruppe des Thiazolrings nicht mit. 337,2 mg Thiamin verbrauchen 6mal 127 mg Jod.

Reagentien:

1. 0,05 n Jodlösung.
2. 2 n NaOH.
3. 2 n H_2SO_4.
4. 0,05 n Thiosulfat.

Ausführung:

Saure oder neutrale Lösungen (z. B. aus Ampullen) mit 0,8—4 mg Thiamin · HCl werden mit 10 cm³ 0,05 n Jodlösung versetzt (= vorgelegtes Jod). Dann wird der eisgekühlten Lösung langsam so viel 2 n NaOH zugegeben, bis die Lösung sich völlig entfärbt hat, und dann noch 2 Tropfen NaOH im Überschuß. Nach 2 Std Stehen im Eisschrank wird mit 2 n H_2SO_4 angesäuert und freigesetztes Jod mit 0,05 n Thiosulfat zurücktitriert.

Berechnung:

cm³ vorgelegte Jodlösung — cm³ rücktitrierte = cm³ verbrauchte 0,05 n Jodlösung.
1 cm³ 0,05 n Jodlösung entspricht 2,81 mg Thiamin-Cl · HCl.

Colorimetrische Bestimmungen. Sie beruhen auf Farbreaktionen des Thiazolrings. Gut reproduzierbare Ergebnisse erhält man nur, wenn Thiamin ziemlich rein und konzentriert ist. Zur Reinigung und Anreicherung von Thiamin haben sich Adsorptionsverfahren bestens bewährt; sie sind auf S. 1387, 1395 ausführlich beschrieben.

Prinzip der Methoden. Aromatische Amine werden diazotiert und bilden als Diazonium-Verbindungen in alkalischer Lösung mit dem Thiazolring des Thiamins gefärbte Verbindungen. Diese schon sehr früh verwendete Reaktion[1] wurde wesentlich verbessert[2] und in der nachstehend beschriebenen Ausführungsform häufig angewandt. Der Reaktionsmechanismus ist noch nicht völlig aufgeklärt[3].

Von den vielen untersuchten Aminen eignen sich zur Thiaminbestimmung nur

2,4-Dichloranilin[4],	p-Amino-acetophenon,
p-Aminobenzoesäure-äthylester,	6-Amino-thymol.

Wir beschreiben je einen Arbeitsgang für die Reaktion mit jedem der 4 Stoffe.

Bestimmung von Thiamin mit 2,4-Dichloranilin nach Willstaedt ***und*** Bárány[4].

Reagentien:

1. Diazolösung A: 0,8 g 2,4-Dichloranilin + 10 cm³ konz. HCl zum Sieden erhitzen, dann heißes Wasser zufügen, wodurch Lösung eintritt. Auf 500 cm³ auffüllen.
2. Lösung B: 0,5 g $NaNO_2$ in 500 cm³ Wasser.
3. Diazo-Reagens: 10 cm³ Lösung A + 20 cm³ Lösung B, 20 min bei Zimmertemperatur stehenlassen.
4. Na_2CO_3, 20%ig.
5. HCl, konz.
6. Äther.
7. KOH, 3%ig.
8. Na_2SO_4 in Substanz.

Ausführung:

20—70 cm³ farbloser eiweißfreier Extrakt mit etwa 40—100 γ Thiamin werden mit 2 cm³ 20%igem Na_2CO_3 und 5 cm³ Diazolösung versetzt. Nach genau 20 min gibt man 1 cm³ konz. HCl zu, mischt gut und schüttelt 3mal mit je 10 cm³ Äther aus. Die vereinigten Ätherextrakte werden mit 20 cm³ 3%iger KOH gewaschen, mit Na_2SO_4 getrocknet, auf 20 cm³ eingeengt. Auswertung am Stufenphotometer. Filter S 50. Vergleich mit Eichkurve, die mit reinem Thiamin hergestellt worden ist.

[1] Jansen, B. C. P., u. W. F. Donath: Proc. Kon. Acad. Wet. Amsterdam 29, 1390 (1926).
[2] Kinnersley, H. W., and R. A. Peters: Biochem. J. 28, 667 (1934).
[3] Peters, R. A., and J. R. P. O'Brien: Mod. Meth. Pfl.-Analyse (Paech-Tracey) Bd. IV, S. 349ff.
[4] Willstaedt, H., and F. Bárány: Enzymologia 2, 316 (1938).

***Bestimmung von Thiamin mit p-Aminobenzoesäure-äthylester nach* Kirch *und* Bergeim[1].**

Reagentien:

1. p-Aminobenzoesäure-äthylester als Salz der Trichloressigsäure 0,5%ig (g/v) in 95%igem Äthanol, mindestens 2 Monate haltbar.
2. 0,5 g $NaNO_2$ in 10 cm^3 Wasser lösen und mit 90 cm^3 95%igem Äthanol auffüllen.
3. Diazo-Reagens: gleiche Volumenteile der Lösungen *1* und *2* mischen.
4. Essigsäure, verdünnt.
5. Isoamylalkohol.
6. Na_2SO_4 in Substanz.
7. H_2SO_4, verdünnt.
8. Isobutanol.
9. $KMnO_4$, 1%ig.
10. $NaHSO_3$, 1%ig, frisch bereitet.

Ausführung:

Zu 25 cm^3 Untersuchungsprobe (mit 3—10 γ Thiamin) gibt man Essigsäure bis p_H 5 und fügt 5 cm^3 Lösung *3* zu, läßt 2 min stehen, bis sich die Farbe vollkommen entwickelt hat. Dann schüttelt man mit 5 cm^3 Isoamylalkohol aus und trocknet diese abgehobene Alkoholschicht über wasserfreiem Natriumsulfat. Ablesung im Stufenphotometer bei Filter S 50. Eichkurve mit reinem Thiamin, das durch den gleichen Arbeitsgang geführt war. Die Farbe verblaßt nach 12 Std. Die Reaktion ist recht spezifisch, erfaßt aber nur freies Thiamin, nicht Cocarboxylase. Adrenalin und Ascorbinsäure stören, können aber durch $KMnO_4$ (s. unten) ausgeschaltet werden.

Ausführungsform im Harn. Harn (unter Toluol gesammelt) wird mit H_2SO_4 auf p_H 3 eingestellt, eine 100 cm^3-Probe davon wird im Vakuum auf 10 cm^3 eingeengt, Kristallausscheidungen abfiltriert und das Filtrat mit Isobutanol ausgeschüttelt. Dann wird die Lösung auf p_H 5,7 eingestellt, mit 1%igem $KMnO_4$ versetzt bis zur Schwachrosa-Färbung, um anwesende Ascorbinsäure zu oxydieren. Nun wird die Lösung mit dest. Wasser auf 20 cm^3 aufgefüllt, dann 2 cm^3 1%ige Natriumhydrogensulfitlösung und 5 cm^3 des Diazo-Reagens *3* zugefügt und weiter wie oben verfahren. Vor Abtrennung des Isoamylalkohols läßt man die Reaktionsmischung 8 Std stehen; um Zeit zu sparen, genügt es auch, den Isoamylalkohol nach der Abtrennung mit Wasser auszuschütteln.

***Bestimmung von Thiamin mit p-Amino-acetophenon nach* Prebluda *und* McCollum[2] *bzw.* Melnick *und* Field[3].**

Prinzip:

Das Verfahren erfaßt nur freies Thiamin; die Phosphorsäure-ester müssen durch Phosphatasen (s. S. 1376) vorher gespalten werden. Empfindlichkeit 20—100 γ. Die Substanzprobe sollte $>150\ \gamma$ Thiamin enthalten. Der aus Thiamin und Diazoniumverbindungen gebildete Farbstoff ist unlöslich in Wasser, konz. Alkali, verdünnten Säuren und Petroläther, gut löslich in Chloroform, Aceton, Butanol, Benzol und Xylol. Zugabe von Äthanol oder Phenol verstärkt die Farbe. Das Verfahren wird durch viele Stoffe schon in kleinen Mengen gestört, z. B. Schwermetalle, Harnsäure, H_2S, Cystein, Adrenalin, Ferricyanid, ja sogar Inosit. Störende Stoffe können meist durch Adsorption/Elution ausgeschaltet werden. Auch die Extraktion des Farbstoffes mit Xylol gestaltet die Reaktion spezifischer.

Aspirin, Morphin und Sulfanilamid bilden zwar ebenfalls gefärbte Verbindungen mit Diazo-Reagens, die aber in Xylol unlöslich sind.

Eichkurve mit Thiamin in abgestuften Dosen zwischen 0,6 und 2 γ/cm^3.

---

[1] Kirch, E. R., and O. Bergeim: J. biol. Ch. **143**, 575 (1942).
[2] Prebluda, H. J., and E. V. McCollum: J. biol. Ch. **127**, 495 (1939).
[3] Melnick, D., and H. Field jr.: J. biol. Ch. **127**, 505, 515, 531 (1939).

Die Untersuchungsprobe wird bei p_H 4,5 während 30 min in N_2-Atmosphäre mit 70° heißem Wasser extrahiert. Danach werden die Extrakte durch Bebrüten mit Takadiastase hydrolysiert (vgl. Hydrolyse beim Thiochrom, S. 1393). Nach der Filtration werden die Extrakte an Zeolit adsorbiert und eluiert (s. unten). Das Eluat wird mit einem gleichen Volumen 95%igen Alkohols gemischt, dem 5 mg Phenol je cm^3 beigemischt waren.

Reagentien:

1. Lösung *a*: 3,18 g p-Aminoacetophenon, gelöst in 45 cm^3 konz. HCl und auf 500 cm^3 mit dest. Wasser aufgefüllt. Dunkel stellen. Hält sich mindestens 6 Monate.
2. Lösung *b*: 22,5 g $NaNO_2$ gelöst in dest. Wasser, auf 500 cm^3 aufgefüllt. Hält sich nur etwa 1 Monat.
3. Lösung *c*: 20 g NaOH gelöst in 600 cm^3 dest. Wasser. Dann 28,8 g $NaHCO_3$ zugeben und endgültig auf 1 *l* mit dest. Wasser auffüllen.
4. Lösung *d*: Diazotierung: Im Eisbad werden gemischt: Je 5 cm^3 Lösung *a* und *b*, 10 min lang rühren. Dann werden noch weitere 20 cm^3 Lösung *b* zugefügt und weitere 20 min gerührt. Die diazotierte Lösung hält sich im Eisschrank mindestens 12 Std.
5. Lösung *e*: 20 cm^3 der frisch bereiteten Lösung *d* werden zu 275 cm^3 Lösung *c* gegeben. Dabei entsteht Rotfärbung, die nach 5—10 min langem Rühren verschwindet.
6. Xylol.

Ausführung:

Der zu untersuchende angereicherte und möglichst salzarme Extrakt (Eluate aus Adsorbaten) wird unmittelbar vor der Untersuchung auf p_H 5—6 angesäuert. Man gibt 2 cm^3 Lösung *e* zu 1 cm^3 thiaminhaltigem Extrakt. Es bildet sich innerhalb 20 min eine purpurrote Farbe, die mit der Zeit zu einer dunkelroten Fällung führt (bei kleinen Mengen mit Lupe beobachten, bis zu 24 Std). Bei Lösungen mit weniger als 5 γ Thiamin je cm^3 braucht man mehr Lösung *e*. Die Fällung mit 0,1 γ Thiamin kann noch im hängenden Tropfen unter dem Mikroskop gesehen werden.

Man läßt am besten über Nacht stehen und extrahiert am nächsten Morgen die Farbe mit Xylol. Auswertung am Stufenphotometer bei Filter S 50 oder im Elektrophotometer. Die Lösung des Niederschlags in aliphatischen und aromatischen Lösungsmitteln gehorcht dem Beerschen Gesetz. Die Reaktion ist recht spezifisch, nur das Thiamin-Analoge mit 6'-Amino- und 4'-Äthylgruppe gibt ähnliche Farbreaktionen, aber viel langsamer.

Harn verlangt eine besondere Ausführungsform:

Urin wird auf $^1/_{10}$ seines Volumens eingeengt und aus dem Konzentrat das Thiamin mit Benzylalkohol extrahiert, um einige Salze auszuschalten. Ascorbinsäure kann man durch Zugabe von $KMnO_4$ zum Harnkonzentrat ausschalten[1].

Bei der Untersuchung von Pflanzenproben, Getreide usw., die nur freies Thiamin enthalten, kann man die Hydrolyse weglassen und meist auch die Adsorption/Elution. Letztere kann auch bei thiaminreichen Extrakten entbehrt werden; störende Stoffe können dabei durch Verdünnung ausgeschaltet werden.

Das Verfahren eignet sich für klinische Bestimmungen im Harn[2, 3], da es rascher und einfacher ist als die Thiochrom-Methode, die aber dafür empfindlicher und spezifischer ist.

Bestimmung von Thiamin mit 6-Amino-thymol nach Hayden[4].

Prinzip:

Das Verfahren eignet sich für Lösungen mit >0,1 mg Thiamin je g Untersuchungslösung. Da der entstehende gelbe Farbstoff in Alkali löslich ist, wird er in seiner Auswertung

[1] Melnick, D., and H. Field jr.: J. biol. Ch. **130**, 97 (1939).

[2] Hochberg, M., D. Melnick and B. L. Oser; in: György, P. (Hrsgb.): Vitamin Methods. Bd. I, S. 219. New York 1950.

[3] Hochberg, M., and D. Melnick: J. biol. Ch. **156**, 53 (1944).

[4] Hayden, K. J.: Analyst **82**, 61 (1957); **83**, 480 (1958).

durch Verunreinigungen wenig gestört. Die Methode gilt daher als Schnellverfahren für die Reihenuntersuchung von Getreideproben, Arzneimitteln usw.[1].

Der gelbe Komplex bildet sich auch aus Thiamin ohne Diazotierung.

Reagentien:

1. Lösung *a*: 50 mg 6-Amino-thymol · HCl werden in 100 cm³ 0,05 n HCl gelöst.
2. NaOH, 10%ig.

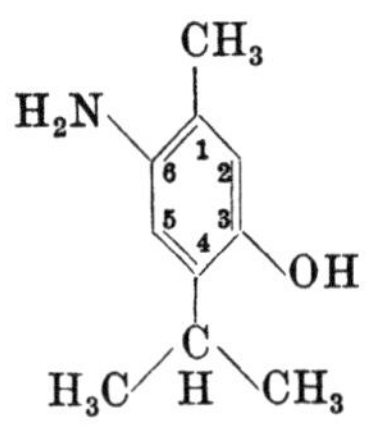

Ausführung:

5 cm³ Lösung *a* und 5 cm³ NaOH werden mit H_2O auf 20 cm³ aufgefüllt. Gleiche Teile dieser Mischung und Thiaminlösung ergeben Gelbfärbung, die sich nach dem Thiamingehalt abstuft. Bei Anreicherung des Thiamins aus metallhaltigen Proben muß durch Zusatz von $CaCO_3$ verhindert werden, daß Schwermetallspuren während der Extraktion das Thiamin zerstören[2].

Fluorometrische Bestimmung. Thiochrom-Verfahren. Dieses Verfahren hat sich in der modernen Ausführungsform gut bewährt. Seine Ergebnisse stimmen mit biologischen Prüfungen weitgehend überein[3, 4].

Die Arzneibücher U.S.P. XV, S. 914, 1950, die Britische Pharmacopöe (1948) und Internationale Pharmacopöe (1955) enthalten bereits Arbeitsvorschriften nach diesem Verfahren. Die im Analysengang nötigen Vorgänge führen zu einem relativen Fehler von $\pm 1{,}5\%$ bei der amerikanischen, um 1% bei den anderen Pharmacopöen[5]. Das Verfahren beruht auf der Oxydation des Thiamin duch Kaliumferricyanid in alkalischer Lösung zu dem stark blau fluorescierenden Thiochrom[6–8].

Das Verfahren erfordert große Sorgfalt zur Erzielung reproduzierbarer Ergebnisse. Man kann 12 Harnproben in einem Arbeitstag untersuchen. Üblicher Arbeitsbereich 0,5—2,5 γ in 15 cm³ Isobutanol, im Extremfall ist noch 0,1 γ zu erfassen. Mikromethoden mit Spezialapparatur erfassen noch 1—5 mγ[9]. Man kann die Fluorescenz direkt mit dem Auge mit einer Standardprobe vergleichen, namentlich dann, wenn die Fluorescenzfarbe vom Blau des Standards etwas abweicht. Moderne Photofluorometer liefern lineare reproduzierbare Eichkurven im Bereich von 0,1—1,5 γ mit einer Genauigkeit von 0,1 bis 2 mγ. Spezialinstrumente mit 1000fach größerer Empfindlichkeit wurden gebaut[10]. Geeignete Instrumente mit 2—0,2 cm³-Kuvetten werden in allen Ländern hergestellt und kosten etwa DM 1800,00 bis DM 5500,00*. Ein Thiamin-Standard-Präparat soll im Arbeitsgang immer mitlaufen, die Glasstandards sind tauglich für die Ausschaltung von Temperatureinflüssen.

Seit der Einführung des Thiochromverfahrens 1935 sind mehr als 100 Abwandlungen des Verfahrens beschrieben worden, und dies zeigt, daß Störungen und Versagen beim Thiochrom-Verfahren gelegentlich immer wieder auftreten können.

Enthält ein Harn Salicylate oder andere Arzneimittel, die mit der Fluorescenzablesung interferieren, so kann dies durch vorheriges Ausschütteln des angesäuerten Harns mit

* Mikrofluorimeter von Farrand Optical Comp. Inc., Bronx Boulevard und East 238th Street, New York, mit Spezialeinrichtungen und Capillarküvetten.

Andere Instrumente nach A. Pfaltz und Bauer, New York City, mit Spezialeinrichtungen.

Spekkerfluorimeter Coleman Nr. 12C für 8 cm³ Lösung, Nr. 14 für 10 oder 20 cm³.

[1] Hayden, K. J.: Analyst **82**, 61 (1957); **83**, 480 (1958).

[2] Hayden, K. J., and R. H. Elkington: Analyst **82**, 650 (1957).

[3] Jansen, W. C. P.: Recu. Trav. chim. Pays-Bas **55**, 1046 (1936).

[4] Jansen, W. C. P.: Z. Vit.-Forsch. **7**, 239 (1938).

[5] Courteix, J.: Ann. pharmaceut. franç. **11**, 279 (1953).

[6] Kuhn, R., T. Wagner-Jauregg, F. W. van Klaveren u. H. Vetter: H. **234**, 196 (1935).

[7] Harris, L. J., and Y. L. Wang: Biochem. J. **33**, 1050, 1356 (1939).

[8] Booth, R. G., J. R. Nicholls, D. W. Kent-Jones, A. J. Amos and H. H. Ward: Analyst **67**, 15 (1942).

[9] Hinton, J. J. C.: Biochem. J. **37**, 585 (1943).

[10] Lowry, O. H.: J. biol. Ch. **173**, 699 (1948). — Burch, H. B., O. A. Bessey, R. H. Love and O. H. Lowry: J. biol. Ch. **198**, 477 (1952).

Isobutanol ausgeschaltet werden; bei großen Mengen von Salicylaten muß man mehrfach ausschütteln[1]. Chinin und Atebrin werden nach Zugabe einer Spur Norit aus dem Harn mit Isobutanol extrahiert.

Nachteile des Verfahrens. Es mißt die nach Oxydation auftretende Fluorescenz in Extrakten, die nicht frei von Fremdstoffen sind, die ebenfalls fluorescieren können. Fremdfluorescenzen können sich sowohl verstärken als auch schwächen[2]. Zur Ausschaltung dieser Fremdfluorescenzen dient die Adsorptionsbehandlung der Extrakte, die zwar in thiaminarmen Auszügen zu einer beträchtlichen Anreicherung, aber auch zu Verlusten[3] führt; daher vermeidet man sie in allen Fällen, wo sie entbehrlich ist.

Der größte Nachteil des Verfahrens besteht darin, daß es teure Apparate und Spezialeinrichtungen erfordert. Das ursprüngliche Verfahren von JANSEN[4, 5] wurde von HARRIS[6] und BOOTH[7] verbessert. Moderne Ausführungen nach offizieller Vorschrift[8].

Reagentien:

Alle Reagentien müssen von höchstem Reinheitsgrad sein. Methanol, Äthanol und Isobutanol müssen frei von jeder Fluorescenz sein und sind in jedem Fall daraufhin zu prüfen. Eigen-Fluorescenz muß durch geeignete Destillation der Lösungsmittel beseitigt werden.

Isobutanol wird in einer Ganz-Glasapparatur destilliert, zusammen mit etwas Wasser, wobei nur sein Destillat zwischen 103—106° verwertet wird; man trennt die Wasserschicht im Scheidetrichter ab und verwendet das Isobutanol wassergesättigt.

1. Enzymlösung: Die auf S. 1376 genannten Enzyme sind alle brauchbar, auch jede andere Phosphatase. Am Tag der Analyse suspendiert man 6 g des Enzympulvers in 100 cm³ 2,5 m Na-acetat-Lösung. Der Thiamingehalt jeder Fermentlieferung muß einmal bestimmt werden und ist zu berücksichtigen.

2. Aktiviertes Adsorptionsmittel*: Als Adsorbentien verwendet man: Frankonit, Permutit, Zeolit oder Decalso, als Mischung aus gleichen Teilen eines grob- und eines feinkörnigen Pulvers. Das grobkörnige ist die Fraktion zwischen dem 30- und 50-Maschensieb**, das feinkörnige zwischen dem 60- und 80-Maschensieb; bei thiaminreichen Proben verwendet man das feiner körnige. Das Adsorptionsmittel muß aktiviert werden, am besten im Büchner-Trichter: Zu 100 g Decalso gibt man 250 cm³ 3%ige heiße Essigsäure, läßt 15 min stehen und saugt dann ab. Diese saure Waschung wird 2mal wiederholt; dann wird mit 250 cm³ heißer 25%iger KCl-Lösung gewaschen und zum Schluß noch einmal mit 3%iger Essigsäure. Das restliche KCl wird durch Waschen mit dest. Wasser in mehreren 500 cm³-Portionen entfernt, bis in der Waschflüssigkeit die Chloridreaktion negativ ist. Dann wird das Decalso bei einer Temperatur von 100° getrocknet und in verschlossener Pulverflasche aufbewahrt.

3. Saure KCl-Lösung: 250 g KCl werden in 800 cm³ Wasser gelöst und 8,5 cm³ konz. HCl zugefügt, das Ganze auf 1000 cm³ aufgefüllt.

4. Ferricyanidlösung: 1 g $K_3[Fe(CN)_6]$ wird in wenig Wasser gelöst und auf 100 cm³ aufgefüllt; es hält sich in brauner Flasche unbegrenzt, wenn kühl und dunkel aufbewahrt.

5. Alkalische Ferricyanidlösung: 3 cm³ Lösung *4* werden mit 15%iger NaOH auf 100 cm³ aufgefüllt. Täglich frisch zubereiten und vor Sonnenlicht schützen.

---

* Zu beziehen von Permutit Company, New York City, N. Y., U.S.A.

** Vgl. FISCHER, E.: Maße amerikanischer Siebe, in: RAUEN, Biochem. Taschenb. S. 1180.

[1] CLELAND, J. B.: Austral. J. exp. Biol. med. Sci. **21**, 153 (1943) [MICKELSEN, O.; Zusammenfassende Darstellung, S. 1360].

[2] VASTAGH, G.: Pharmaz. Zentr.-Halle **81**, 113, 124 (1940).

[3] OTTO, H., u. F. RÜHMEKORB: Kli. Wo. **1938 II**, 1246. D. m. W. **1938 II**, 1511.

[4] JANSEN, W. C. P.: Recu. Trav. chim. Pays-Bas **55**, 1046 (1936).

[5] JANSEN, W. C. P.: Z. Vit.-Forsch. **7**, 239 (1938).

[6] HARRIS, L. J., and Y. L. WANG: Biochem. J. **33**, 1050, 1356 (1939).

[7] BOOTH, R. G., J. R. NICHOLLS, D. W. KENT-JONES, A. J. AMOS and H. H. WARD: Analyst **67**, 15 (1942).

[8] Methods of Vitamin Assay, ed. by Association Vitamin Chemists, Inc. New York 1955.

6. HCl-Phosphorsäure-Mischung: Gleiche Volumenteile konz. HCl und 85%ige H_3PO_4 werden gemischt.

7. Thiamin-Arbeits-Standard: Die Stammlösung Thiamin-Standard (s. S. 1375) enthält 0,5 mg Thiamin-Cl · HCl je cm^3. An jedem Analysentag werden 4 cm^3 dieser Stammlösung mit H_2O auf 100 cm^3 aufgefüllt. Von dieser gut gemischten Lösung fügt man 10 cm^3 zu 187,5 cm^3 0,1 n H_2SO_4 und 12,5 cm^3 Na-acetat und füllt mit dest. Wasser auf 1000 cm^3 auf. Endkonzentration an Thiamin beträgt jetzt 0,2 γ/cm^3.

8. Stammlösung von Chininsulfat: 100 mg Chininsulfat (Arzneibuchware) werden mit 0,1 n H_2SO_4 gelöst und auf 100 cm^3 aufgefüllt, in dunkelbrauner Flasche unbegrenzt haltbar.

9. Chinin-Arbeits-Standard: 3 cm^3 der Stammlösung 8 werden mit 0,1 n H_2SO_4 auf 1000 cm^3 verdünnt, Endkonzentration 0,3 γ Chininsulfat in 1 cm^3.

Extraktion von Thiamin:

Trockenes Ausgangsmaterial muß fein gepulvert, feuchtes zerrieben werden. Eine Probe davon, die etwa 10—30 γ Thiamin enthält, gibt man in 100 cm^3-Meßkolben. Wenn möglich, macht man von jeder Probe 2 Ansätze in verschiedenen Mengen. Von Harn verwendet man Proben zwischen 10 und 50 cm^3 aus der gemischten Tagesausscheidung. Von der gemischten Normalkost nimmt man Proben von 5—20 g.

Die Untersuchungsprobe wird in etwa 80 cm^3 0,1 n HCl 30 min im kochenden Wasserbad erhitzt unter gelegentlichem Umschwenken. Dann werden die Extrakte auf $< 50°$ abgekühlt und 5 cm^3 Reagens *1* zugefügt. Dadurch erhält die Lösung p_H 4—4,5; wenn nicht, muß sie mit Bromkresolgrün auf diesen Wert eingestellt werden. Dann wird die Lösung mit dem Enzym für >2 Std bei 45—50° bebrütet oder bei 37° über Nacht, wobei schwefelfreies Toluol als Schutz überschichtet wird.

Danach kühlt man die Extrakte auf Zimmertemperatur ab, verdünnt sie mit Wasser auf 100 cm^3 und mischt gut durch. Die festen Teilchen läßt man absitzen und gießt die überstehende Flüssigkeit durch ein Filter, das Thiamin nicht adsorbiert, z. B. Whatman-Papier Nr. 1.

Extrakte aus Blut werden wie folgt hergestellt:

1 cm^3 Blut wird sofort durch Zusatz von 10 cm^3 H_2O hämolysiert, dann auf 30 cm^3 weiter aufgefüllt und unter Rühren auf 80—90° erhitzt. Dann werden 0,5 cm^3 25%ige HCl zugegeben und sofort in kleinen Portionen 12 g trockenes Na_2SO_4. Protein fällt dabei langsam in feinen Flocken, aber leicht abtrennbar aus. Die untere Flüssigkeitsschicht muß wasserklar sein. Die 90° heiße Lösung wird abgenutscht, die Fällung mit 5 cm^3 heißgesättigter Na_2SO_4-Lösung nachgewaschen. Das Gesamtfiltrat ist nun fertig für die Oxydation mit Kaliumferricyanid[1].

Das gleiche Verfahren eignet sich auch für Serum, Erythrocyten und Leukocyten. Für solche Untersuchungen, für die gewöhnlich nur kleine Substanzproben zur Verfügung stehen, wurde ein besonders empfindliches Verfahren ausgearbeitet[2], das Phosphatase aus frischem menschlichem Plasma verwendet. Mit diesem empfindlichen Verfahren ist es noch möglich, Tripel-Analysen durchzuführen in 0,15 cm^3 Gesamtblut, 0,3 cm^3 Serum, Erythrocyten aus 0,06 cm^3 und Leukocyten aus 3,0 cm^3 Blut.

Extrakte aus tierischem Gewebe:

1 g des Organs wird mit der Schere zerschnitten, rasch mit 0,1 n HCl fein zerrieben und dann die Mischung für 5 min in ein kochendes Wasserbad gestellt. Nach Abkühlen wird auf p_H 6,2 eingestellt, wobei fast das gesamte Eiweiß ausfällt, mit Phosphatpuffer auf 10 cm^3 aufgefüllt, abgeschleudert und dann mit Phosphatasen wie oben das Thiamin freigesetzt[3-5]. Nach anderer Vorschrift werden einige Gramm Organbrei mit 150 cm^3

---

[1] Ritsert, K.: Kli. Wo. **1939 I**, 852.

[2] Burch, H. B., O. A. Bessey, R. H. Love and O. H. Lowry: J. biol. Ch. **198**, 477 (1952).

[3] Kinnersley, H. W., and R. A. Peters: Biochem. J. **32**, 697, 1516 (1938).

[4] Ritsert, K.: Kli. Wo. **1939 II**, 1370.

[5] Westenbrink, H. G. K., E. P. S. Parvé, A. V. van der Linden u. W. A. van den Broek: Z. Vit.-Forsch. **13**, 218 (1943).

0,1 n H_2SO_4 45 min lang gekocht und nach dem Abkühlen mit 2,5 m Natriumacetatlösung auf p_H 4,5 eingestellt. Dann versetzt man die Mischung mit $^1/_{30}$ des Gewichts der Probe an Clarase oder Diastase Merck und bebrütet länger als 3 Std meist über Nacht bei 45°. Dann wird der Extrakt mit Wasser auf 250 cm^3 aufgefüllt, und Unlösliches wird abgeschleudert.

Auch die Extraktion der Probe mit 5—20 Teilen 2%iger Essigsäure unter Kochen wird empfohlen[1].

Volle und feine Mehle, Getreide und Kleie werden in Proben von 5, 10, 20 bzw. 3 g untersucht; man extrahiert sie mit 50 cm^3 0,2 n HCl über Nacht und klärt die Extrakte durch Schleudern, Kochen ist meist überflüssig[2].

Reinigung durch Adsorption:

2 g Reagens *2* werden in die Adsorptionssäule (6—8 mm Durchmesser, 15 cm hoch) gefüllt und durch Aufschwemmen mit Wasser so gut verteilt, daß kein Adsorbens an der Glaswand hängt. Der Durchfluß soll in 20 sec etwa 1 cm^3 betragen, d. h. je sec 1 Tropfen. Harnproben erfordern 3 g Reagens *2*.

Alle zur Adsorption kommenden Extrakte müssen genau den gleichen p_H von 4—4,5 haben. 10 und 25 cm^3 des filtrierten Extraktes werden auf 2 Säulen gegossen, auf 3 weitere Säulen, 10, 20 und 30 cm^3 der Thiamin-Arbeitsverdünnung. Dann werden die Säulen nacheinander mit 3 10 cm^3-Proben kochenden Wassers gewaschen; Adsorptionssäulen in Form eines kurzen Liebig-Kühlers sind praktisch, da deren Glasmantel mit Dampf durchströmt werden kann und dadurch als Heizmantel für das Adsorbens dient.

Elution:

Auf jede der Säulen gibt man nun 10 cm^3 Lösung *3* und sammelt das Eluat in einem Erlenmeyer-Kolben $>$50 cm^3. Sobald der Überstand an Flüssigkeit über dem Adsorbens abgeflossen ist, gibt man nochmals 10 cm^3 und später nochmals 5 cm^3 Lösung *3* hinzu. Waschung in 3 kleinen Portionen ergibt vollständigere Elution als mit einer einzigen größeren. Das gesamte Eluat wird bei richtiger Ausführung 24,9—25,1 cm^3 betragen.

Oxydation zu Thiochrom:

Von jetzt an dürfen die Extrakte weder dem Sonnenlicht noch UV-Licht ausgesetzt sein, halbdunkler Raum ist zweckmäßig. Jedes der Eluate wird gut gemischt, und je 5 cm^3 von jedem werden in 2 Reaktionsgefäße *A* und *B* gegeben. Zweckmäßig sind dazu Scheidetrichter, die man zentrifugieren kann.

Zu *A* fügt man 3 cm^3 Lösung *5*, mischt gut durch und fügt 15 cm^3 Isobutanol, jedesmal mit Kolben-Pipetten, zu. Dann wird 90 sec lang heftig geschüttelt oder ebenso lange ein Stickstoffstrom durchgeblasen.

Zu Gefäß *B* fügt man 3 cm^3 15%ige NaOH und 15 cm^3 Isobutanol zu; weiter wie bei *A*.

Bei Urinproben fügt man zu Gefäß *A* 3 cm^3 Lösung *5* und 0,5 cm^3 Lösung *6*, dann 15 cm^3 Isobutanol und verfährt wie oben. Die HCl-Phosphorsäurelösung soll ein p_H von 8—9,5 erzeugen, was man am weißen Niederschlag erkennt.

Zu Gefäß *B* fügt man 0,5 cm^3 der Lösung *6* und verfährt wie oben. Durch die alkalische Ferricyanidlösung wird Thiamin zu Thiochrom oxydiert, das sich elektiv im Isobutanol löst.

Abtrennung der Thiochromlösung:

Man läßt die Reaktionsgefäße *A* und *B* einige Minuten stehen, bis sich die beiden Flüssigkeitsschichten getrennt haben; durch Schleudern kann man raschere Trennung herbeiführen. Die untere, wäßrige Schicht wird durch ein Capillarröhrchen abgesogen, dann wasserfreies (und fluorescenzfreies!) Natriumsulfat zugegeben, um Isobutanol zu entwässern und dadurch völlig zu klären.

Messung von Thiochrom:

Die klare, farblose Isobutanollösung wird nun in 2 geometrisch völlig gleiche Küvetten gegeben, für die üblichen Fluorometer benötigt man 2 cm^3 (bei anderen 12—0,2 cm^3).

---

[1] Hennessy, D. J., and L. R. Cerecedo: Am. Soc. **61**, 179 (1939).

[2] Ridyard, H. N.: Analyst **74**, 18 (1949).

Die Fluorescenz des Isobutanols wird in Teilstrichen des Galvanometer-Ausschlags angegeben. Zwischen den einzelnen Messungen wird das Fluorometer mit der Arbeitsverdünnung Chininsulfat geprüft oder mit einem Glasstandard. Es ist ratsam, das Fluorometer mit dem Chininstandard an jedem Analysentag zu überprüfen. Änderungen der Standardkurve werden so am ehesten erkannt.

Berechnung:

Die Galvanometer-Ablesungen der Röhrchen *B* werden von derjenigen der Röhrchen *A* abgezogen. Die so korrigierten Galvanometer-Ablesungen der 3 Thiamin-Standard-Konzentrationen müssen eine gerade Linie geben, die durch den Nullpunkt geht. Die Neigung dieser Kurve variiert täglich, aber geringfügig; daher sollen Standardpräparate stets mitlaufen. Die Thiamin-Konzentrationen der einzelnen Proben können aus der Standardkurve leicht errechnet werden, indem man die entsprechenden Verdünnungsfaktoren einsetzt.

Mit Hilfe des S. 1392 erwähnten Mikrofluorometers kann die Thiochrom-Methode so hochempfindlich gestaltet werden, daß schon in 0,1 cm^3 Vollblut[1] eine Doppelanalyse möglich ist. Im menschlichen Blut findet sich fast kein freies Thiamin im Gegensatz zum Rattenblut.

Bestimmt man mit der Thiochrom-Methode den Thiamingehalt in der Milch, so findet man doppelt so hohe Werte wie mikrobiologisch mit dem Wachstumsversuch bei Phykomyces. Wurde dagegen der Extrakt aus Milch nach der Hydrolyse durch Takadiastase mit Frankonit KL geschüttelt, dann dieser abgeschleudert und mit Methanol eluiert und in diesem Eluat der Thiochromgehalt ermittelt, so stimmen die so erhaltenen Werte mit den mikrobiologischen gut überein.

Kuhmilch enthält also Stoffe, die beim Thiochrom-Verfahren zu fluorescierenden Stoffen oxydiert werden und keine Thiaminwirksamkeit haben[2].

Zu einer ähnlichen Störung kann die Anwesenheit von Riboflavin führen, das bei UV-Bestrahlung in neutraler oder schwach saurer Lösung gelbgrün fluoresciert. Da aber das Fluorescenz-Spektrum von Thiochrom sein Maximum bei 450 mμ hat, während das von Riboflavin bei 530 liegt, kann man durch Messung der Fluorescenz-Intensität bei diesen definierten Wellenlängen Thiochrom und Riboflavin in Mischungen getrennt nebeneinander bestimmen[3].

Im Harn von Menschen und verschiedenen Tieren findet man regelmäßig Nicotinsäureamidmethochlorid, das durch die bei der Thiochrom-Methode übliche Oxydation zu einem fluorescierenden Komplex umgewandelt wird, der die Thiochrom-Fluorescenz verfälscht. Da man aber die Fluorescenz des Thiochroms durch Zusatz von Säuren zum Isobutanolextrakt auslöschen kann, während die unspezifische Fluorescenz dabei erhalten bleibt, kann man durch Differenzmessungen vor und nach Säurezusatz die eigentliche Thiochromfluorescenz ermitteln[4].

Mit Hilfe der Thiochrom-Methode kann man Thiamin auch von seinen chemisch sehr ähnlichen Analogen unterscheiden: Oxythiamin und Chloroxythiamin oder Bromoxythiamin geben keine positive Thiochromreaktion; Oxythiamin dagegen färbt sich rot im Diazoniumtest nach PREBLUDA und McCOLLUM, vgl. S. 1411; Chloroxythiamin und Bromoxythiamin geben auch keine Diazoniumreaktion.

Aus Heteropyrithiamin entsteht bei der Oxydation durch alkalische Ferricyanidlösung eine fluorescierende Verbindung, nämlich 2-Methyl-pyri-chromin[5]. In alkalischer Lösung liegt das Fluorescenzmaximum von Thiochrom bei 368 mμ, das von Methyl-pyri-chromin bei 386 mμ. Diese Differenz ist zu einer getrennten Bestimmung ausreichend, zumal Thiamin durch starkes Alkali zerstörbar ist. Die Untersuchungsprobe wird daher geteilt:

[1] BURCH, H. B., O. A. BESSEY, R. H. LOVE and O. H. LOWRY: J. biol. Ch. **198**, 477 (1952).
[2] BOUMAN, J.: Acta physiol. pharmacol. neerl. **2**, 94 (1951).
[3] OHNESORGE, W. E., u. L. B. ROGERS: Analyt. Chem., Washington **28**, 1017 (1956).
[4] MAWSON, E. H., and S. Y. THOMPSON: Biochem. J. **43**, 2 (1948).
[5] FUJITA, A., Y. NOSE, K. UEDA u. E. HASEGAWA: J. biol. Ch. **196**, 296 (1952).

in der einen Probe wird nach einer 1stündigen Einwirkung von 3 n NaOH bei 37° mit 1 %igem Ferricyankali oxydiert, in der anderen Probe dagegen ohne die Alkalibehandlung. Dann wird in beiden Proben die Fluorescenz-Intensität bei 386 mμ gemessen. Die Differenz der Fluorescenz-Intensitäten zwischen den beiden Proben entspricht dem Thiamingehalt, die durch Alkali nicht zerstörbare Fluorescenz-Intensität entspricht der des Pyrichromins[1].

Fermentchemische Bestimmungen von Thiamin. Der *Katatorulin-Test* beruht darauf, daß der Sauerstoffverbrauch eines Gemisches aus Pyruvatlösung und Gehirnbrei (Lob. optic.) von Thiamin-Mangel-Tauben gesteigert wird durch Zusatz abgestufter Dosen Thiamin[2]. Zwischen der Zunahme des Sauerstoffverbrauchs und der Thiamindosis besteht lineare Beziehung zwischen 0 und 0,5 γ, die Streuung beträgt nur $\pm 5\%$. Der Test wird selten verwandt, da man nicht zu jeder Zeit Thiamin-Mangel-Tauben zur Verfügung hat.

Häufiger wird Thiamin dadurch bestimmt, daß man die Wirkung jener spezifischen Apocarboxylase ausnutzt, die in Hefe vorkommt und die aus Brenztraubensäure CO_2 abspaltet[3].

Dieser „*Gärungsversuch*" gibt schon in 30 min Ergebnisse und ist brauchbar für den Bereich von 0—15 γ Thiamin bzw. 1,5 γ Cocarboxylase.

Das Verfahren beruht darauf, daß man Hefe mit Phosphatpuffer p_H 8 vollkommen frei von Thiamin und Cocarboxylase waschen kann. Hefe enthält Apoenzym im Überschuß, so daß die gebildete CO_2-Menge streng proportional die Menge zugesetzten Thiamins anzeigt. Der Test wird meist im Warburg-Apparat ausgeführt[4]. Diesen Test kann man auch zu einer Ultramikromethode ausbauen, die es erlaubt, 0,5 mγ Thiamin und 0,05 mγ Cocarboxylase in Mischungen getrennt nebeneinander zu bestimmen[5]. Man verwendet dabei die Methode des Cartesianischen Tauchers und kann den Thiamin- und Cocarboxylase-Gehalt in 0,01 cm³ Blut oder in wenigen Milligramm eines Organs bestimmen. Einzelheiten des Verfahrens[6] vgl. dieses Handbuch, Bd. VI. Zum Nachweis der Fermentwirksamkeit von Thiamin-Heterologen wurde dieser „Warburg-Test" häufig angewandt.

Diese Methode der Thiaminbestimmung mit Hilfe der Hefegärung ist ausgebaut worden und erfreut sich großer Beliebtheit wegen ihrer Einfachheit und Übersichtlichkeit: Verfahren nach SCHULTZ und Mitarbeitern[7]: Behandelt man Thiamin mit Sulfit bei p_H 5—6 bei 100° 30 min lang, so wird seine Gärungswirksamkeit völlig zerstört.

Der Thiamingehalt ist proportional der Gärungswirksamkeit vor und nach einer solchen Sulfitbehandlung. Ein Fermentier-Apparat wird für Routineversuche empfohlen.

Gärungsmethode nach GRATZL[8]: Das Verfahren benutzt thiaminfrei gezüchtete Hefe-Reinkulturen. Empfindlichkeit 0,01 γ Thiamin je cm³. Genauigkeit bis zu 1 γ/cm³ $\pm 3\%$. Erfaßt wird Gesamtthiamin. In 8 Std können 64 Bestimmungen durchgeführt werden.

Bei der Bestimmung von Thiamin in Extrakten aus Blut wird der Zusatz von m/1000 Jodacetat zu den Reagentien empfohlen, um auf diese Weise die Synthese von Di-phospho-thiamin aus dem zugesetzten Thiamin zu verhindern. Hefe ist ja gegenüber Di-phospho-thiamin 10mal empfindlicher als gegenüber Thiamin[9].

Die Nährlösung für die Ultramikrobestimmung von Thiamin durch die Ferment-Methode setzt sich wie folgt zusammen:

Zucker-Salzlösung bestehend aus:

200 g Glucose + 2,2 g KH_2PO_4 + 1,7 g $CaCl_2 \cdot 2H_2O$ + 10 g $MgSO_4 \cdot 7H_2O$ + 0,067 g Nicotinsäure + 0,01 g $FeCl_3$ + 0,01 g $MnSO_4$ in Wasser zu insgesamt 1 *l* gelöst.

---

[1] KENTEN, R. H.: Biochem. J. **67**, 25 (1957).
[2] PETERS, R. A.: Biochem. J. **32**, 2031 (1938).
[3] OCHOA, S., and R. A. PETERS: Biochem. J. **32**, 1501 (1938).
[4] KAY, W. W., and K. C. MURFITT: Biochem. J. **62**, 601 (1956).
[5] WESTENBRINK, H. G. K., E. P. S. STEYN-PARVÉ, A. C. VAN DER LINDEN u. W. A. VAN DEN BROEK: Z. Vit.-Forsch. **13**, 218 (1943); **21**, 461 (1950).
[6] GLICK, D.: Techniques of Histo- and Cytochemistry. S. 394—396. New York, London 1949.
[7] SCHULTZ, A. S., L. ATKIN and C. N. FREY: Industr. engng. Chem., analyt. Ed. **14**, 35 (1942).
[8] GRATZL, K., u. E. GRATZL-CZERMAK: Mikrochemie **33**, 253 (1947). Z. analyt. Chem. **130**, 287 (1950).
[9] BLANCHAER, M. C., and L. H. COHEN: Canad. J. Res. (E) **27**, 275 (1949) [Ber. Physiol. **147**, 253].

5 mg Bäckerhefe erzeugen etwa 0,4 cm^3 CO_2 je Stunde, nach Zugabe von 0,08 γ Thiamin dagegen 0,95 cm^3 CO_2[1].

Bäckerhefe eignet sich für das Verfahren besser als Torula utilis, die unregelmäßiger reagiert[2].

Mikrobiologische Bestimmung von Thiamin. Bei Mikroorganismen wird im allgemeinen das Wachstum als Test herangezogen zur Bestimmung von Thiamin. Die vielen verschiedenen Verfahren werden hier nur aufgeführt und kurz gewürdigt und auf die genauere Beschreibung der Versuchsanordnung in anderen Werken hingewiesen, zumal genügend physikalische und chemische Verfahren zur Bestimmung von Thiamin zur Verfügung stehen[3, 4].

Ein ungewöhnlich breiter Bereich der wirksamen Thiamindosen zeigt sich am Versuch mit dem Pilz Tuberculina persicina. Dieser bildet bei Thiamindosen von $10^{-7}\,\gamma$ bis 10 γ je cm^3 Substrat einen Farbstoff, dessen Extinktion bei 370 mμ proportional der Thiaminmenge ist[5].

Für den *Wachstumstest mit Thiamin* eignen sich folgende Testorganismen:

a) Lactobacillus fermenti 36 ATCC 9338* nach FITZGERALD[6]. Ergebnisse gut reproduzierbar, stimmen mit chemischen Messungen überein. Empfindlichkeit: 0,03 γ Thiamin je Röhrchen. Der Versuch dauert 32—64 Std. Sulfitbehandelte Extrakte als Kontrollen.

Platten-Methode nach JONES[7]. Testorganismus ist Lactobacillus fermentum P 36[8]. Am empfindlichsten zwischen 0,2 und 4 γ Thiamin. Gut reproduzierbar. Weitere Verfahren[9, 10].

b) Saccharomyces cerevisiae. Der Hefe-Wachstumsversuch entspricht in allen wesentlichen Punkten der bei Pantothensäure (S. 1433) beschriebenen Auswertung. Man erhält gut reproduzierbare Werte, Empfindlichkeit etwa 0,0005 γ Thiamin, Ablesung nach 15 Std Bebrütung durch lichtelektrische Trübungsmessung. Testorganismus ist Saccharomyces cerevisiae O.P. ATCC 7753*.

c) Phycomyces blakesleeanus. Test nach SCHOPFER und JUNG[11, 12] mit Schimmelpilz. Empfindlichkeit bis 2 γ%. Wägen von getrocknetem Pilzmycel, das bei kleinsten Mengen Thiamin während 8—10 Tagen gewachsen ist. Verfahren ziemlich spezifisch, aber umständlich. Genauigkeit ± 8%.

d) Streptococcus salivarius. NIVEN und SMILEY[13].

e) Staphylococcus aureus. WEST und WILLSON[14].

f) Endomyces vernalis.

g) Euglena gracilis var. bacillaris.

Auswertung von Thiamin im Versuch an höheren Tieren. Spezifische Ausfallserscheinungen durch Mangel an Thiamin kann man bei Ratte, Maus, Taube, Huhn herbei-

---

* Zu beziehen durch American Type Culture Collection, 2029 M. Street N. W., Washington 6, D. C., U.S.A.

1 ATKIN, L., A. S. SCHULTZ and C. N. FREY: J. biol. Ch. **129**, 471 (1939).

2 LASER, H.: Biochem. J. **35**, 488 (1941).

3 SNELL, E.: Microbiological Methods; in: GYÖRGY, P. (Hrsgb.): Vitamin-Methods. Bd. I, S. 327. New York 1950.

4 Mikrobiolog. Nachweis der Society for Analytical Chemistry, Analytical Methods Committee. Analyst **79**, 118—121 (1954).

5 VILLANUEVA, J. R.: Nature **176**, 465 (1955).

6 FITZGERALD, E. E., and E. B. HUGHES: Analyst **74**, 340 (1949).

7 JONES, A., and S. MORRIS: Analyst **74**, 333 (1949).

8 BACHARACH, A. L., and W. F. J. CUTHBERTSON: Analyst **73**, 334 (1948).

9 SARETT, H. P., and V. H. CHELDELIN: J. biol. Ch. **155**, 153 (1944).

10 CHELDELIN, V. H., M. J. BENNET and H. A. KORNBERG: J. biol. Ch. **166**, 779 (1946).

11 SCHOPFER, W. H., et A. JUNG: Cr. **204**, 1500 (1937); **205**, 445 (1937).

12 SCHOPFER, W. H.: Z. Vit.-Forsch. **4**, 67 (1935).

13 NIVEN, C. F., and K. L. SMILEY: J. biol. Ch. **150**, 1 (1943).

14 WEST, P. M., and P. W. WILSON: Science, N. Y. **88**, 334 (1938).

führen, die durch alleinige Zugabe von Thiamin wieder heilbar sein müssen[1]. Die Ausfallserscheinungen bestehen in Nervenlähmungen[2], Wachstumsstillstand[3] und Bradykardie[4].

Alle diese biologischen Verfahren erfordern eine größere Anzahl von Tieren und deren wochenlange Vorbereitung, bis sich die Ausfallserscheinungen zeigen, selbst bei Verwendung von Antimetaboliten des Thiamin (vgl. S. 1400ff.). Versuche an höheren Tieren gelten als spezifisch, eine Anreicherung von Thiamin ist meist überflüssig, Begleitstoffe des Thiamins stören nicht.

Die Versorgung des menschlichen Organismus mit Thiamin muß klinisch bestimmt werden durch Ermittlung des Kohlenhydrat-Index (vgl. S. 1366) oder durch Belastung des Organismus mit Thiamin und Messung der Thiaminausscheidung[5,6]. Der Wert der Belastungsproben ist umstritten, da nur mit Dosen etwa der normalen Ausscheidung belastet werden darf und da es bis zu 6 Wochen dauern kann, bis sich die Ausscheidungswerte den neuen Dosen anpassen[7].

b) Thiamin, seine Derivate, Analogen, Heterologen und Antagonisten.

In den folgenden Tabellen geben wir eine Übersicht über die wichtigsten Stoffe, die chemisch oder biologisch mit Thiamin in Beziehung stehen. Eine solche tabellarische Darstellung soll den Vergleich von Stoffen erleichtern, die in ihrer chemischen Konstitution oder Wirksamkeit zur Thiamingruppe gehören.

Tabelle 9 enthält die einfachen *Derivate* von Thiamin. Diese Stoffe enthalten das unveränderte Thiaminmolekül, das nur in Form von verschiedenen Salzen oder Estern vorliegt.

a) Thiamin-Salze, wissenschaftlich oder technisch wichtige,
b) Thiamin-Ester von biochemischer oder pharmakologischer Bedeutung,
c) Thiamin-Derivate, die zur Charakterisierung oder Fällung dienen,
d) Thiamin-Salze und ihre Stabilität in trockener Form,
e) Thiamin-Salze und ihre Stabilität in Lösung.

Tabelle 10 verzeichnet die wichtigsten *Umwandlungsprodukte* von Thiamin, die im Intermediär-Stoffwechsel entstehen oder die künstlich hergestellt werden können. Die Liste umfaßt jene Stoffe, die aus Thiamin durch

a) Oxydation,
b) Reduktion,
c) Spaltung,
d) Kombination mit anderen tierischen oder pflanzlichen Stoffen entstehen. Manche dieser Stoffe haben besondere biochemische Bedeutung und Wirksamkeit.

Tabelle 11 verzeichnet die wichtigsten *Analogen* von Thiamin: beide Ringsysteme des Thiaminmoleküls sind erhalten geblieben, nur die Substituenten wechseln; bei diesen Stoffen ist die chemische Struktur im wesentlichen erhalten, nur die Wirksamkeit ist verändert, sie werden daher als Analoge bezeichnet.

Tabelle 12 enthält die *Heterologen* von Thiamin, bei denen einer oder beide Ringsysteme des Thiaminmoleküls durch andere Ringe ersetzt wurden. Die chemische Konstitution ist also im Wesen verändert.

Tabelle 13 endlich enthält die wichtigsten *Antagonisten* gegenüber Thiamin bei Bakterien, anderen Mikroorganismen und höheren Tieren.

Aus den Tabellen mit ihren Anmerkungen ist alles Wesentliche über die verschiedenen Gruppen der mit Thiamin verwandten Verbindungen zu entnehmen. In Tabelle 10 sind

---

[1] GYÖRGY, P: (Hrsgb.): Vitamin Methods. Bd. II, S. 45, 179, 448. New York 1951.
[2] LAQUER, F., u. F. SCHULTZ: H. **219**, 158 (1933).
[3] CHICK, H., and M. H. ROSCOE: Biochem. J. **23**, 504 (1929); **24**, 1744 (1930).
[4] BIRCH, T. W., and L. J. HARRIS: Biochem. J. **28**, 602 (1934); **31**, 672 (1937).
[5] HARRIS, L. J., and P. C. LEONG: Lancet **1936 I**, 1373.
[6] MELNICK, D., and H. FIELD: J. Nutrit. **24**, 131 (1942).
[7] MICKELSEN, O., W. O. CASTER and A. KEYS: J. biol. Ch. **168**, 415 (1947).

wichtige Umwandlungsprodukte des Thiamins aufgeführt, die im Stoffwechsel entstehen. Diese Liste enthält nur die bekannten und identifizierten Verbindungen; es gibt sicherlich aber noch mehr Abbauprodukte von Thiamin, wie aus Versuchen mit dem am Kohlenstoff oder Schwefel markierten Thiamin folgt[1].

Bei Studien über die Notwendigkeit bestimmter Atomgruppierungen für die Thiaminwirkung wurden viele Derivate hergestellt, aus denen sich ergibt, daß die Hydroxylgruppe der Seitenkette und die Aminogruppe des Pyrimidinrings unentbehrlich sind. Stoffe mit veränderter Substitution, ja sogar mit anderen Ringsystemen, zeigen noch Thiaminwirkung verschiedenen Grades (vgl. Tabelle 11a—c).

Schon durch einfache Substitution an den Ringen des Thiaminmoleküls kann man zu wirksamen Thiamin-Antagonisten kommen; ersetzt man allerdings den ganzen Thiazolring durch den Pyridinring, so gelangt man zu besonders wirksamen Stoffen, die bei allen Testobjekten Anti-Thiaminwirkung haben.

Für Tiere sind die wirksamsten Antagonisten geordnet nach ihrem Hemmindex:

	Maus	Ratte	Küken	Literatur
Neopyrithiamin .	1[2]		4[6]	8
Oxythiamin . .	< 50[3]	2[4]	hemmt[7]	9
Butylthiamin . .		20[5]	200	9

Der Hemmindex gibt an, wieviel Mol des Antagonisten notwendig sind, um 1 Mol Thiamin zu verdrängen. Bei Maus, Ratte und Kücken konnten typische Erscheinungen von Thiaminmangel ausgelöst bzw. kleine Dosen von Thiamin unwirksam gemacht werden. Oxythiamin wirkt auch antagonistisch bei Hefe[10], Chloroxythiamin und Bromoxythiamin haben sehr großen Hemmindex[2].

Mit Pyrithiamin bezeichnet man eine Verbindung, die 1940[11] hergestellt wurde mit der Absicht, den Thiazolring durch einen Pyridinring zu ersetzen; durch spätere Untersuchungen 1950[12] ergab sich, daß dieses Pyrithiamin uneinheitlich zusammengesetzt war und nur 20—25% des gewünschten Pyridin-Heterologen enthielt, während das 1949[13, 14] nach verbesserter Methode gewonnene Präparat (= Neopyrithiamin) das reine Pyridin-Heterologe darstellt.

Die Änderung gewisser Atomgruppen im Thiaminmolekül beeinflußt also nicht nur den Grad seiner Wirksamkeit, sondern sogar die Art der Wirkung. Auffällig ist nun, daß die Kombination mehrerer solcher abwegiger Atomgruppen durchaus nicht etwa zu besonders wirksamen Antagonisten führt, sondern daß solche Stoffe sogar wieder schwachpositive Thiaminwirkungen zeigen, wie Tabelle 13 erkennen läßt.

Bei höheren Tieren kann man durch verschiedene Antagonisten ganz verschiedene Partialsyndrome des Thiaminmangels erzielen, z. B. durch Oxythiamin eine Hemmung der Decarboxylierung, durch Neo-pyrithiamin schwere Nervenschädigung. Dies zeigt, daß

[1] Johnson, B. C.: Ann. Rev. **24**, 419 (1955).
[2] Cerecedo, L. R., M. Soodak and A. J. Eusebi: J. biol. Ch. **189**, 293 (1951).
[3] Eusebi, A. J., u. L. R. Cerecedo: Science, N. Y. **110**, 162 (1949).
[4] Frohman, C. E., and H. C. Day: J. biol. Ch. **180**, 93 (1949).
[5] Emerson, G. A., and P. D. Southwick: J. biol. Ch. **160**, 169 (1945).
[6] Naber, E. G., W. W. Cravens, C. A. Baumann and H. R. Bird: J. Nutrit. **54**, 579 (1954).
[7] Daniel, L. J., and L. C. Norris: Proc. Soc. exp. Biol. Med. **72**, 165 (1949).
[8] Woolley, D. W., and A. G. C. White: J. biol. Ch. **149**, 285 (1943).
[9] Jaenicke, L.; in: Rauen, Biochem. Taschenb. S. 452.
[10] Fukui, S., K. Mohara and T. Kishibi: J. Ferment. Technol., Osaka **28**, 465 (1950).
[11] Tracy, A. H., and R. C. Elderfield: J. org. Chem. **6**, 54 (1941).
[12] Raffauf, R. F.: Helv. **33**, 101 (1950).
[13] Dornow, A., u. H. Machens: B. **80**, 502 (1947). — Dornow, A., u. W. Schacht: B. **80**, 505 (1947); **82**, 117 (1949).
[14] Wilson, A. N., and S. A. Harris: Am. Soc. **71**, 2231 (1949).

die einzelnen Antagonisten an verschiedenen Organen und verschiedenen biochemischen Systemen angreifen. Dies kann man in Versuchen mit isolierten Fermentsystemen unmittelbar erkennen, wie folgende Tabelle 8 zeigt[1].

Tabelle 8. *Wirkung von Thiamin-Antagonisten auf isolierte Enzymsysteme* (+ Hemmung, — keine Hemmung).

Enzymsystem	I	II	III	IV
Neopyrithiamin	—	+	—	+
Neopyrithiamin-pyrophosphat .		+	+	
Oxythiamin	—	—		—
Oxythiamin-pyrophosphat . .	+			

I Decarboxylierung von α-Ketosäuren.
II Phosphorylierung von Thiamin.
III Bindung von Cocarboxylase an Apoenzym.
IV Hemmung der Thiaminase.

Die Antagonisten von Thiamin kann man dazu verwenden, um einen Thiaminmangel experimentell hervorzurufen: bei täglicher i. p.-Injektion von 5 mg Neopyrithiamin je Ratte bekommt man schon in 5—6 Tagen Erscheinungen von Thiaminmangel. Bei täglichen Gaben von 1 mg Oxythiamin neben 0,1 mg Thiamin nimmt nach 15 Tagen die Cocarboxylase in Leber, Muskeln und Gehirn ab[2].

Liste der Thiaminabkömmlinge bei[3].

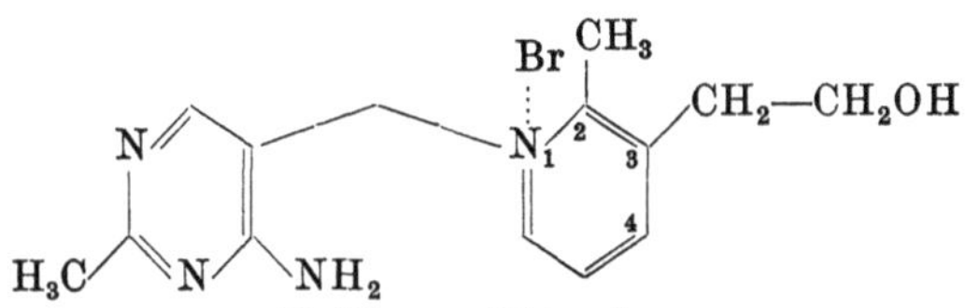

R. Neopyrithiamin

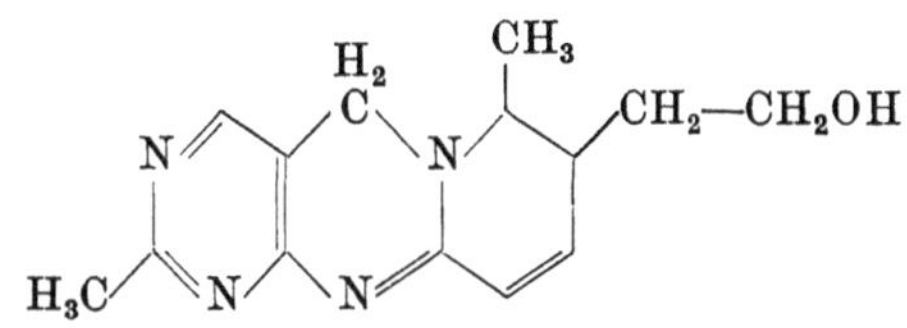

S. Pyrichrom

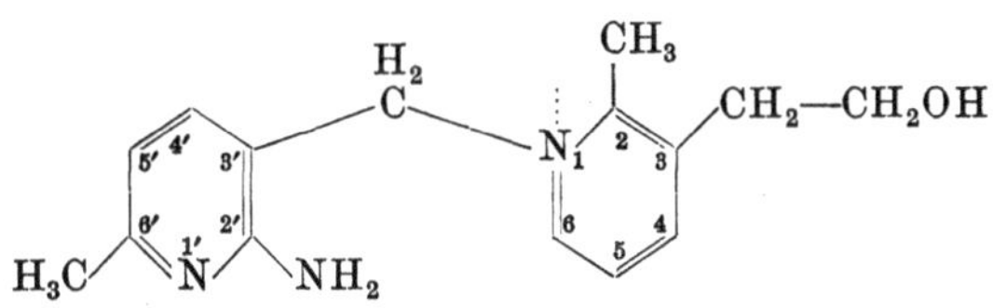

T. Pyridyl-Pyridyl-Heterologes

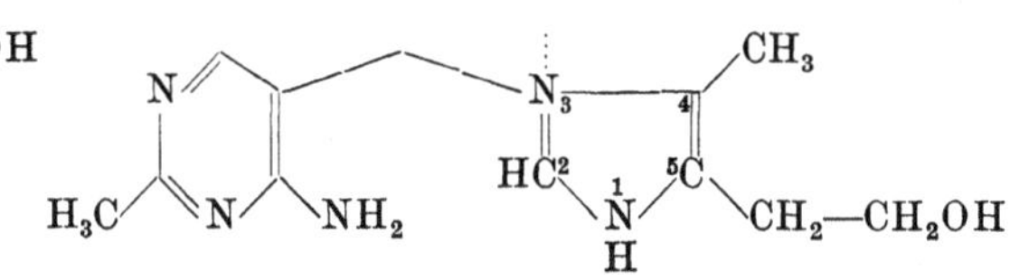

U. Imidazol-Isosteres

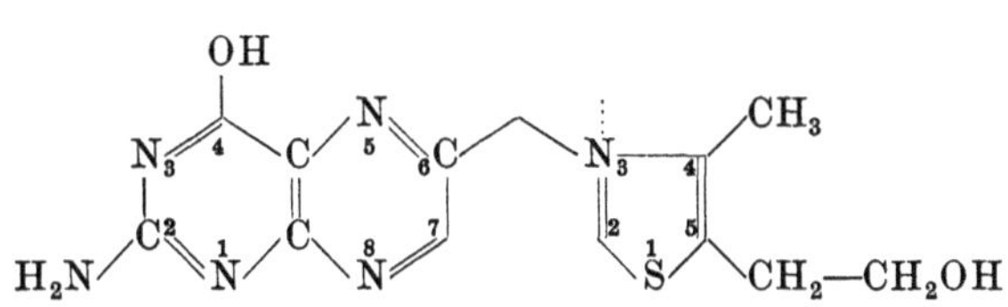

V. Pterithiamin

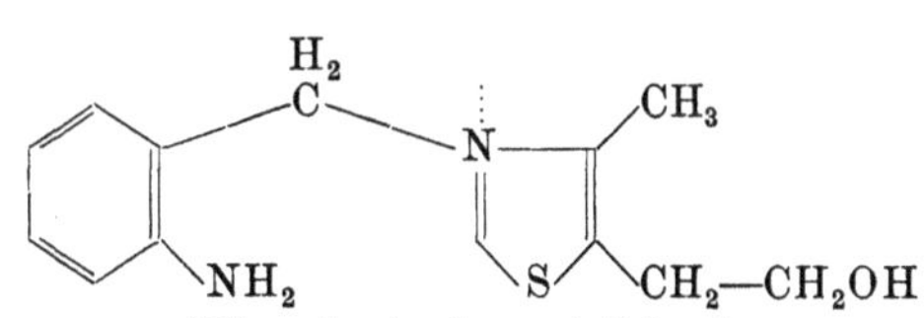

W. o-Aminobenzyl-thiamin

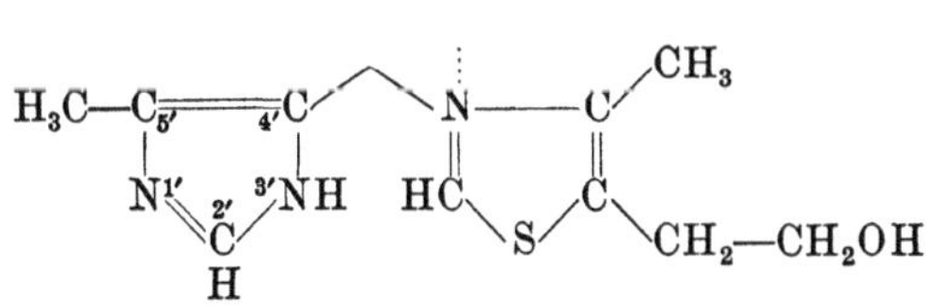

X. Imidazol-Heterologes

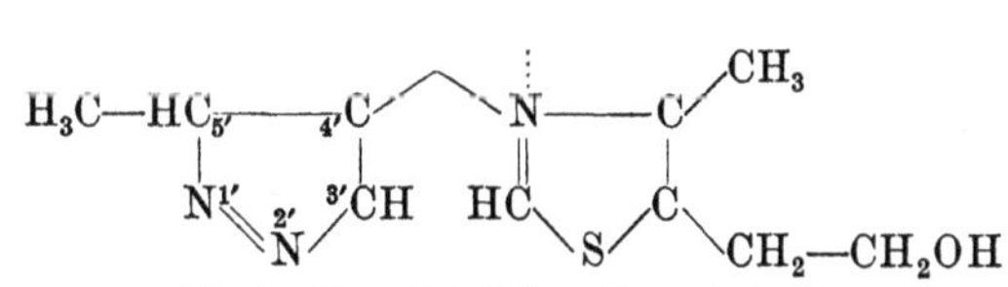

Z. Imidazolyl-thiazoliumchlorid (5′-methyl-pyrazolyl-)

[1] LANG, K.: Biochemie der Ernährung. S. 262. Darmstadt 1957.
[2] CARO, L. DE, G. RINDI, E. GRANA: Exper. **10**, 140 (1954).
[3] HARGESHEIMER, A.: Dipl.-Arb. Techn. Hochsch. Hannover 1952.

Tabelle 9a. *Thiamin — seine Salze.*

Nr.	Name	Struktur-formel	Summenformel	F	Kristall-Form
1	Thiamin-Cl-HCl . . .	A	$C_{12}H_{17}ON_4SCl \cdot HCl$	245—248°[1] 242°[2]	farblose monokline Nadeln
2	Thiamin-Br-HBr . . .		$C_{12}H_{17}ON_4SBr \cdot HBr$	229—231°[3] 218—221°[4]	Nadeln
3	Thiamin-hydrojodid. .			220—221°[4]	
4	Thiamin-sulfat		$C_{12}H_{17}ON_4S \cdot HSO_4$	203°[5] 276—278°[5] 205°[2]	
5	Thiamin-mono-nitrat .		$C_{12}H_{17}ON_4S \cdot NO_3$	196—200° Zers.[6] 195—198°[2]	
6	Thiamin-mono-phosphat		$C_{12}H_{17}ON_4S \cdot H_2PO_4$	103—105°[7]	
7	Thiamin-di-phosphat .		$C_{12}H_{17}ON_4S \cdot H_2PO_4 \cdot H_3PO_4$	122—123° Zers.[7]	
8	Thiamin-tri-phosphat .		$C_{12}H_{17}ON_4S \cdot H_2PO_4 \cdot 2\,H_3PO_4$	147—149°[7] 141—142°[8]	farblose Nadeln
9	Tiefgelbes Na-Salz von 1	J	$C_{12}H_{15}ON_4SNa \cdot 3\,H_2O$		
10	Weißes Na-Salz von 1 .	H	$C_{12}H_{17}O_2N_4SNa \cdot 4\,H_2O$		
11	Cupro-thiamin[9]. . . .				

Anmerkungen zu Tabelle 9a.

Zu Nr. 1—11: Die Wirksamkeit dieser Salze entspricht jeweils dem im Körper gelösten Thiaminanteil.

Zu Nr. 1: 1 %ige wäßrige Lösung hat $p_H = 3{,}13$, 0,1 %ige wäßrige Lösung $p_H = 3{,}58$.

Zu Nr. 5: Thiamin-mono-nitrat ist in trockenen Vitaminmischungen stabiler als Thiamin[6], nicht dagegen in flüssigen[10]. Es ist auch stabiler gegen Eisen[11]. In angereicherten Mehlen verliert es während 4 Monaten bei 38° und 15 % Feuchtigkeit nur 5 %, während das Hydrochlorid 40 % seiner Wirksamkeit verliert[12].

Zu Nr. 6—8: Thiamin-mono-, di- und tri-phosphat: Synthese nach ZIMA und Mitarbeitern[7], für das Triphosphat ausgehend vom Thiamin, für die andern beiden ausgehend vom Triphosphat. Die p_H-Werte 5 %iger wäßriger Lösungen sind für das Mono-phosphat 5,8, für das Diphosphat 3,7 und für das Triphosphat 2,3[7].

Thiamin-triphosphat entsteht aus Thiaminbase durch Zugabe überschüssiger Phosphorsäure. Durch Behandlung des isolierten Thiamin-triphosphats mit der berechneten Menge Ammoniak in alkoholischer Lösung enthält man das diphosphorsaure Thiamin und ganz entsprechend auch ein monophosphorsaures. Jede dieser 3 Verbindungen kann in kristallisierter Form isoliert werden. Alle Salze sind in Wasser sehr leicht löslich.

Durch Behandlung mit überschüssiger Phosphorsäure gehen Nr. 6 und 7 wieder in Nr. 8 über. Die erste Phosphorsäure wird gebunden am N-Atom des Thiazolringes, die 2 von der Aminogruppe des Pyrimidinanteils und die 3. Phosphorsäure von einem der N-Atome des Pyrimidinringes ganz entsprechend wie beim HBr-Salz. In ihrer physiologischen Wirkung entsprechen die Salze 6—8 etwa ihrem Thiaminanteil. Bei i.v. Darreichung an Mäuse gilt dies genau für die DL_{50}; bei s.c. Gabe dagegen und vor allem bei der per os-Gabe nimmt die Giftigkeit mit steigendem Phosphatgehalt von Nr. 6 nach 8 zu, bei der Gabe per os sogar auf das Doppelte[7].

Thiamin-diphosphat ist im mikrobiologischen Versuch mit Lb. fermenti 36 fast ebenso wirksam wie Thiamin[7]. Die DL 50 beträgt bei i.v.-Injektion an Mäusen für das Monophosphat 105 mg/kg Körpergewicht, für Diphosphat 108 mg/kg und für Triphosphat 127 mg/kg. Zum Vergleich Thiamin-chlorid-hydrochlorid: 83 mg/kg[7].

[1] JAENICKE, L.; in: RAUEN, Biochem. Taschenb. S. 452.
[2] YAMAMOTO, R., T. TAKAHASHI and M. HARADA: J. pharmaceut. Soc. Jap. **76**, 853 (1956).
[3] VOGEL, H., u. H. KNOBLOCH: Chemie und Technik der Vitamine. Bd. II/1, S. 1ff. Stuttgart 1953.
[4] TOLPIN, J. G., J. R. FOY and L. R. CERECEDO: Am. Soc. **63**, 2848 (1941).
[5] KINNERSLEY, H. W., J. R. P. O'BRIEN and R. A. PETERS: Biochem. J. **29**, 701 (1935).
[6] MACEK, T. J., B. A. FELLER and E. J. HANUS: J. amer. pharmaceut. Ass. **39**, 365 (1950).
[7] ZIMA, O., G. GÖTTMANN, A. HOFFMANN, L. HEPDING u. R. HOTOVY: Mercks Jber. **1953**, 3.
[8] VELLUZ, L., et J. BARTOS: Bull. Soc. chim. France **1951**, 118.
[9] GÉRO, E.: Bull. Soc. Chim. biol. **36**, 1003, 1335 (1954). Cr. **235**, 397 (1952).
[10] BIRD, J. C., and R. S. SHELTON: J. amer. pharmaceut. Ass. **39**, 500 (1950).
[11] ESH, G. C.: Ind. J. Pharmacy **13**, 222 (1951).
[12] HOLLENBECK, C. M., and H. G. OBERMEYER: Cereal Chem. **29**, 82 (1952).

Zu Nr. 9: Tiefgelbes Na-Salz von Thiamin: entsteht aus Thiamin und Na-äthylat in absolutem Alkohol, ist leicht zersetzlich und geht beim Umkristallisieren in das weiße Na-Salz über[1].

Zu Nr. 10: Weißes Na-Salz entsteht, wenn man starke Natronlauge auf Thiamin einwirken läßt und dann mit Aceton behandelt[1]. Durch Jodlösung wird das Na-Salz zum Disulfid oxydiert[2]. Man erhält aus dem Na-Salz auch Schwefeläther, wie z. B. S-Methyläther aus Aceton (F = 133°), Schwefel-2,4-dinitrophenyläther (F = 235°) und Schwefel-p-nitrobenzyläther (F = 203°)[3].

Zu Nr. 11: Cuprothiamin ist ein Additionskomplex von Thiamin und Kupfer(I)-chlorid, der unlöslich ist. Er bildet sich nur, wenn Thiamin und Kupfer in äquimolaren Mengen und in hoher Konzentration vorliegen. Frisch gefälltes Cuprothiamin enthält auf 1 Mol Thiamin 2 Atome Cu^{I}. Chlorionen sind zur Bildung zwar notwendig, überschüssige Chlor-ionen dagegen lösen Cuprothiamin wieder auf unter Bildung von Cu^{I}-Chlorwasserstoff-Ionen. Bei geringerer Konzentration von Kupfer bildet sich noch eine andere Verbindung mit Thiamin, in der das Kupfer im Thiazolring gebunden ist. Konstitution noch unbekannt[4].

Tabelle 9b. *Thiamin — seine Ester.*

Nr.	Name	Struktur-formel	Summenformel	F	Kristall-Form
21	Monophosphorsäure-ester als HCl		$C_{12}H_{18}O_4N_4SP \cdot Cl \cdot HCl$	225—228°[5]	Lamellen
	Monophosphorsäure-ester als Phosphat		$C_{12}H_{18}O_4N_4SP \cdot H_2PO_4$	195—197°[6] 228—230° Zers.[7] 200—202°[8]	feine farblose Nadeln
22	Pyrophosphorsäure-ester = Cocarboxylase	E	$C_{12}H_{19}O_7N_4SP_2Cl$	242—244°[9] 240°[1]	Nadeln
23	Triphosphorsäure-ester		$C_{12}H_{19}O_{10}N_4SP_3$	228—232° Zers.[5]	farblose Mikrokristalle
24	Tetraphosphorsäure-ester[10]				
25	Pentaphosphorsäure-ester[10]				
26	Polyphosphorsäure-ester	(E)			
27	Schwefelsäure-ester			258—259° Zers.[8]	
	Chaulmoograt[11]				
	Salicylat				
28	Acetat als HCl-Salz			231—233° Zers.[12]	
	als HBr-Salz			245°[13]	
	als Pikrat			174—177° Zers.[12]	
29	Propionat als HCl-Salz			209°[1]	
	als HBr-Salz			238°[13]	
	als Pikrat			168—169° Zers.[12]	
30	Butyrat als HCl-Salz			213—214°[1]	
31	Benzoat als HCl-Salz			228°[1]	
	als HBr-Salz			213°[13]	

[1] Vogel, H., u. H. Knobloch: Chemie und Technik der Vitamine. Bd. II/1, S. 1ff. Stuttgart 1953.
[2] Zima, O., u. R. R. Williams: B. **73**, 941 (1940).
[3] Sykes, P., and A. R. Todd: Soc. **1951**, 534.
[4] Géro, E.: Bull. Soc. Chim. biol. **36**, 1003, 1335 (1954). Cr. **235**, 397 (1952).
[5] Velluz, L., G. Amiard et J. Bartos: Bull. Soc. chim. France **1948**, 871.
[6] Zima, O., G. Göttmann, A. Hoffmann, L. Hepding u. R. Hotovy: Mercks Jber. **1953**, 3.
[7] Lohmann, K., u. P. Schuster: B. Z. **294**, 188 (1937).
[8] Weijlard, J.: Am. Soc. **64**, 2279 (1942).
[9] Jaenicke, L.; in: Rauen, Biochem. Taschenb. S. 452.
[10] Greiling, H., u. L. Kiesow: Z. Naturforsch. **12**b, 605, 672 (1957); **13**b, 152 (1958).
[11] Schultz, F.: H. **265**, 113 (1940); **272**, 29 (1941).
[12] Bretschneider, H., u. K. Biemann: Mh. Chem. **81**, 647 (1950).
[13] Sano, T.: Bull. chem. Soc. Jap. **19**, 185 (1944) [Chem. Abstr. **42**, 573].

Anmerkungen zu Tabelle 9b.

Zu Nr. 21—23: Bildung, Synthese, Wirkung und biologische Bedeutung sind genau beschrieben bei ZIMA und Mitarbeitern[1]. Synthese und abgestufte Hydrolyse der Ester 21, 22, 23 beschreiben [2]. Bei p_H 1,0 ist 23 am beständigsten, 21 am wenigsten stabil; bei p_H 7,2 verläuft die Hydrolyse bei 21, 22, 23 etwa gleich schnell. Bei p_H 8,7 ist 23 am wenigsten stabil und 21 am beständigsten.

Zu Nr. 21: Synthese nach LOHMANN und SCHUSTER[3]. DL_{50} für Mäuse i.v. 640 mg/kg. Das Disulfid, F = 183—185° (zers.)[1], ist ein farbloses kristallines Pulver, Summenformel $C_{24}H_{36}O_{10}N_8S_2P_2$, Mol.-Gewicht 722,61 (Base).

Zu Nr. 22: Diphosphorsäure-ester, lange Nadeln aus Aceton, hellgelbe Nadeln aus HCl-Alkohol, leicht löslich in kaltem Wasser, beständig gegen Säuren; alkalische Lösung gelb. Synthese nach LOHMANN[1, 4]. Ist Coenzym der Cocarboxylase. DL_{50} für Mäuse i.v. 360 mg/kg. Kann synthetisiert werden durch Einwirkung von Phosphoroxychlorid auf Thiamin oder als Silbersalz[5, 6]. KARRER[7, 8] erhielt 55% Ausbeute. Das Bariumsalz ist in Wasser löslich, das Scandium- und Zirkonsalz selbst in Mineralsäuren unlöslich. Disulfid von 22: $C_{24}H_{38}O_{16}N_8S_2P_4 \cdot 2\,HCl$.

Zu Nr. 23: Triphosphorsäure-ester. DL_{50} für Mäuse i.v. 130 mg/kg. Synthese nach [8, 9]. Es ist löslich in Wasser, unlöslich in organischen Lösungsmitteln, zerfällt in den Mono-ester und Pyrophosphorsäure[10].

Myosin spaltet aus Triphosphat eine Phosphorsäure-Gruppe ab. Die Reaktion wird durch Calcium-Ionen aktiviert, durch Mg-Ionen gehemmt und hat Optima bei p_H 6,5 und 9,0. Neue Synthese von 23 mit der Carbo-diimid-Methode.

Zu Nr. 24—26: Diese Stoffe fallen bei der Synthese von Thiamin-phosphorsäure-ester an und können papierchromatographisch mit Isopropanol — Wasser — 20%ige Trichloressigsäure — 25%iges Ammoniak getrennt und identifiziert werden.

Zu Nr. 26: Synthese nach ROUX[1, 11–14]. Sie geben keinen Azo-Test, können durch Sulfit gespalten werden, wodurch eine in kochendem Wasser unlösliche Sulfosäure entsteht. Je Mol Thiamin werden 4—12 Phosphorsäure-Reste an der Hydroxylgruppe und an der Aminogruppe gebunden[11, 12]. Es gibt also 2 Reihen von Polyphosphorsäure-Estern des Thiamins. Beim Neutralisieren dieser Polyphosphorsäuren konnte man durch Chromatographie die Natriumsalze von Orthophosphat, Pyrophosphat, Triphosphat, Tetrametaphosphat, Polyphosphat und das Grahamsalz identifizieren[13]. Diese Polyphosphorsäuren sind als Cocarboxylase unwirksam, durch Acetonfällung läßt sich daraus aber eine wirksame Fraktion darstellen[14].

Zu Nr. 27: Schwefelsäure-ester: Synthese nach [4].

Weitere Ester sind:

Isovalerianat . . . F = 213—214°[15]
Capronat . . . . . F = 204—205°[15]
Oenanthat . . . . F = 204—205°[15]

Nicotinat bildet hygroskopische Kristalle[16].

Während die Ester mit Essigsäure, Propionsäure, Buttersäure und Benzoesäure etwa gleiche Wirkung wie Thiamin haben, sind die hier aufgeführten Ester schwächer wirksam.

Zu Nr. 28 und 31: Acetate und Benzoate: Essigsäureester, Benzoesäureester und Phosphorsäureester des Thiamins, hergestellt von WIELAND[17]. Die Thiaminester werden durch Cholinesterase verseift. Keiner von den Estern sensibilisiert für Acetylcholin[18]. Weitere pharmakologische Wirkungen[19].

[1] ZIMA, O., G. GÖTTMANN, A. HOFFMANN, L. HEPDING u. R. HOTOVY: Mercks Jber. **1953**, 3.
[2] GREILING, H., u. L. KIESOW: Z. Naturforsch. **12**b, 605, 672 (1957); **13**b, 152 (1958).
[3] LOHMANN, K., u. P. SCHUSTER: B. Z. **294**, 188 (1937).
[4] WEIJLARD, J.: Am. Soc. **64**, 2279 (1942).
[5] STERN, K. G., and J. W. HOFER: Science, N. Y. **85**, 483 (1937).
[6] WEIL-MALHERBE, H.: Biochem. J. **34**, 980 (1940).
[7] KARRER, P., u. M. VISCONTINI: Helv. **29**, 711 (1946).
[8] KARRER, P., M. VISCONTINI u. G. BONETTI: Helv. **32**, 1479 (1949).
[9] VELLUZ, L., G. AMIARD et J. BARTOS: Bull. Soc. chim. France **1948**, 871.
[10] VELLUZ, L., et M. PESEZ: Bull. Soc. chim. France **1950**, 868.
[11] ROUX, H.: Bull. Soc. Chim. biol. **30**, 592 (1948).
[12] ROUX, H., Y. TEYSSEIRE et G. DUCHESNE: Bull. Soc. Chim. biol. **31**, 235 (1949).
[13] ROUX, H., u. A. COUZINIE: Exper. **10**, 168 (1954).
[14] ROUX, H., Y. TEYSSEIRE et G. RICHER: C. R. Soc. Biol. **143**, 524 (1949).
[15] VOGEL, H., u. H. KNOBLOCH: Chemie und Technik der Vitamine. Bd. II/1, S. 1ff. Stuttgart 1953.
[16] SANO, T.: Bull. chem. Soc. Jap. **19**, 185 (1944) [Chem. Abstr. **42**, 573].
[17] WIELAND, T., R. KUHN u. H. HÜBSCHMANN: H. **259**, 48 (1939).
[18] RIECHERT, W., u. H. HÜBSCHMANN: A. e. P. P. **194**, 539 (1940).
[19] RIECHERT, W.: A. e. P. P. **194**, 546 (1940).

Tabelle 9c. *Thiamin — Derivate zur Charakterisierung.*

Nr.	Name	F
41	Thiamin-pikrat	208° [1]
42	Thiamin-chloraurat. . .	198° [2]
43	Thiamin-rufianat. . . .	291° [2]
44	Thiamin-pikrolonat. . .	165° [2]
45	Thiamin-platinsalz . . .	229° [2]
46	Thiamin-silicowolframat	
47	Thiamin-reineckat . . .	
48	Thiamin-tannat	

Anmerkungen zu Tabelle 9c.

Zu Nr. 41—44: Schwer lösliche Komplexsalze.

Weitere schwer lösliche Salze sind: Thiamin-2-äthyl-hexylsulfat, das aus heißem Wasser in glitzernden rektangulären Platten von F = 148—149° kristallisiert. Seine Löslichkeit in Wasser von 25° beträgt 2,46 % [1].

Thiamin-methan-1,1-bis-(2-oxy-3-naphthoat) ergibt aus wäßrigem Dioxan schwachgelbe feine Nadeln von F = 202—205° Zers. [1].

Thiamin-choleston-6-sulfonat kristallisiert in schmalen weißen Nadeln von F = 209—212° Zers. [1].

Zu Nr. 45: Blau gefärbtes Platinjodid-komplexsalz dient zur Identifizierung bei Papierchromatographie. Vgl. S. 1380.

Zu Nr. 46: Tauglich zur gravimetrischen Bestimmung. Vgl. S. 1386.

Zu Nr. 47: Tauglich zur colorimetrischen Bestimmung des ausgefällten und wieder gelösten Thiamin-komplexsalzes. Vgl. S. 1386.

Zu Nr. 48: Schwer lösliches Salz, aus dem im Magen-Darmtrakt wieder Thiamin freigesetzt wird. Dient zur künstlichen Anreicherung von Thiamin in Mehl- und Backwaren, gemäß Amerik. Pat. 2540302.

Tabelle 9d. *Thiamin. Über die Stabilität von Trockenpräparaten; Haltbarkeit von verschiedenen Thiaminsalzen* [3].

Thiaminsalz	Form	F	1.	2.	3.
Sulfat	HSO_4	205°	1,95	96,7	79,9
Hydrochlorid	$Cl \cdot HCl$	242°	3,35	66,8	86,0
Monochlorid.	Cl	131°	6,95	60,2	83,0
Nitrat	$NO_3 \cdot HNO_3$	167—169°	3,30	56,6	90,5
Fumarat	$C_4H_3O_4 \cdot C_4H_4O_4$	192°	4,15	31,2	93,2
Saccharinsalz	$C_7H_4O_3NS \cdot C_7H_5O_3NS \cdot 4\,H_2O$	75°	3,50	21,4	96,9
Monobromid	Br	180°	7,05	18,3	98,0
Laurylsulfat.	$C_{12}H_{25}SO_4 \cdot C_{12}H_{25}SO_4H \cdot H_2O$	80—82°	3,88	16,2	
Monosaccharinsalz . .	$C_7H_4O_3NS \cdot 2\,H_2O$	125°	6,25	5,8	
Mononitrat	NO_3	195—198°	6,80	4,7	
β-Naphthalin-sulfonat	$C_{10}H_7SO_3 \cdot C_{10}H_7SO_3H$	224°	3,60	3,5	
Tartrazinsalz	$(B_1)_3 \cdot C_{16}H_{10}O_9N_4S_2 \cdot C_{16}H_{11}O_9N_4S_2 \cdot 14\,H_2O$	223—225°	4,26	1,8	
Sulfisoxazol-Salz. . .	$C_{11}H_{12}O_3N_3S$	193—195°	7,42	0,95	
Rhodanid	$SCN \cdot H_2O$	188°	7,30	0,90	
Flavianat	$HOC_{10}H_4(NO_2)_2SO_3$	245—248°	5,72	0,55	
Phenolphthalein-Salz .	$C_{20}H_{15}O_4 \cdot 3\,H_2O$	135°	6,22	0,50	
Naphthalin-1,5-disulfonat.	$HSO_3C_{10}H_{16}SO_3 \cdot H_2O$	291—293°	3,72	0,33	
Methan-1,1 bis (2 oxy-3-naphthoat) . . .	$C_{23}H_{15}O_6 \cdot 2\,H_2O$	173—175°	6,14	0,10	

1. = p_H der wäßrigen Lösung bei 25° (0,0148 m).
2. = Löslichkeit in Wasser bei 37° in % g/v.
3. = Kritische relative Feuchtigkeit in %.

[1] VOGEL, H., u. H. KNOBLOCH: Chemie und Technik der Vitamine. Bd. II/1, S. 1ff. Stuttgart 1953.
[2] WILLIAMS, R. R.: Ergebn. Vit.- u. Hormonforsch. 1, 217 (1938).
[3] YAMAMOTO, R., T. TAKAHASHI and M. HARADA: J. pharmaceut. Soc. Jap. 76, 853 (1956).

Tabelle 9e. *Thiamin. Stabilität der Thiaminsalze in wäßriger Lösung* (0,003 m).

Thiamin-Salz	Anfangs-pH (16°)	Thiamin nach 2 Monaten Lagerung bei Zimmertemperatur	
		in Ampullen mit N_2-Gas (%)	im offenen Gefäß (%)
Sulfat	2,40	98,3	96,8
Nitrat	3,68	98,2	97,0
Hydrochlorid	3,70	97,8	96,2
Saccharinsalz	3,70	96,8	94,0
β-Naphthalin-sulfonat	3,75	95,8	88,3
Naphthalin-1,5-disulfonat	3,78	96,0	88,5
Tartrazinsalz	3,85	95,4	86,7
Fumarat	4,00	95,3	86,9
Mono-nitrat	6,38	94,6	78,3
Mono-saccharinsalz	6,40	94,2	80,2
Phenolphthaleinsalz	6,45	93,8	77,2
Mono-bromid	6,50	93,8	76,5
Mono-chlorid	6,52	93,6	62,3
Rhodanid	6,52	93,0	60,6
Sulfisoxazolsalz	6,55	93,3	61,6

Tabelle 10a u. b. *Thiamin. Umwandlungsprodukte durch Oxydation Nr. 1—7, durch Reduktion Nr. 11.*

Nr.	Name	Struktur-formel	Summenformel	F	Kristall-Form
	a)				
1	Thiamin-disulfid-HCl	G, S. 1367	$C_{24}H_{34}O_4N_8S_2 \cdot 2HCl$	231°[1] Base: 177°[2]	große Kristalle
2	sein Phosphorsäure-ester		$C_{24}H_{36}O_{10}N_8S_2P_2 \cdot 2HCl$	Base: 183—185° Zers.[3]	Hydrochlorid: amorph; Base: farbloses kristallines Pulver
3	sein Pyrophosphorsäure-ester		$C_{24}H_{38}O_{16}N_8S_2P_4 \cdot 2HCl$		gelblich gefärbtes amorphes Pulver
4	Thiochrom	K, S. 1371	$C_{12}H_{14}N_4OS$	229—230°[1] 277—278°[4]	gelbe Nadeln gelbe Prismen
5	Thiamin-thiazolon	L, S. 1371	$C_{12}H_{16}O_2N_4S$	239—240°[2]	farblose Nadeln
6	Thiamin-thiazolthion		$C_{12}H_{16}ON_4S_2 \cdot HCl$	243°[3]	farblose Nadeln
7	Thiamin-carbonsäure Br · HBr $^1/_2 H_2O$		$C_{12}H_{15}O_2N_4S \cdot Cl \cdot HCl$	270°[6]	

Oxydationsprodukte von Thiamin in weiterem Sinne sind auch noch:
Oxy-thiamin-Cl-HCl (vgl. Tabelle 11a, Nr. 10)
Cystein-thiamin (vgl. Tabelle 10d, Nr. 32)
Alli-thiamin (vgl. Tabelle 10d, Nr. 33)
Propyl-allithiamin[5] (vgl. Tabelle 10d, Nr. 34)

Nr.	Name	Struktur-formel	Summenformel	F	Kristall-Form
	b)				
11	Dihydro-thiamin	M, S. 1371	$C_{12}H_{18}ON_4S$	138°[1]	farblose Kristalle

[1] Vogel, H., u. H. Knobloch: Chemie und Technik der Vitamine. Bd. II/1, S. 1ff. Stuttgart 1953.
[2] Matsukawa, T., and T. Iwatsu: J. pharmaceut. Soc. Jap. **69**, 550 (1949).
[3] Zima, O., G. Göttmann, A. Hoffmann, L. Hepding u. R. Hotovy: Mercks Jber. **1953**, 3.
[4] Jaenicke, L.; in: Rauen, Biochem. Taschenb. S. 452.
[5] Suzuoki-Ziro and Suzuoki-Tuneko: J. Biochem. **40**, 11 (1953) [Ber. Physiol. **164**, 181].
[6] Andersag, H.: Persönl. Mitteilung.

Anmerkungen zu Tabelle 10a.

Zu Nr. 1: Thiamin-disulfid-HCl[1], wasserfrei, ist in Wasser schwer löslich, das acetonenthaltende dagegen nicht. Durch Cystein oder reduziertes Glutathion wird es zu Thiamin reduziert, auch im Tierkörper[2]. Es entsteht bei Oxydation durch Brenzcatechin und Hydrochinon. 4 g Brenzcatechin verwandeln 12,5 g Thiamin bei p_H 7 und Zimmertemperatur schon innerhalb 9 Std, 4 g Hydrochinon verwandeln 8 g Thiamin bei p_H 7 innerhalb 9 Std bei 70°. Brenzcatechin und Hydrochinon müssen dabei vorher zu den entsprechenden Chinonen oxydiert werden, die ihrerseits Thiamin zum Disulfid oxydieren[3].

Es entsteht bei der Oxydation von Thiamin mit Jod in Gegenwart von 3 Mol NaOH[4]. Sein Diacetat hat F = 155° Zers.[5].

Thiamin-disulfid wurde in allen tierischen Organen sowie in keimenden Pflanzensamen gefunden. Auch im Harn ist es nachweisbar[6].

Es wirkt fast ebenso stark wie Vitamin B_1[2, 7].

Zu Nr. 2: Thiamin-phosphorsäureester-disulfid: Synthese nach Zima[7, 8], ausgehend vom Thiamin-phosphorsäure-ester. Während Thiamin-monophosphorsäure-ester im Warburg-Test nur wenig wirksam ist, ist durch die Oxydation zum Disulfid seine Wirksamkeit wesentlich gesteigert worden[7].

Zu Nr. 3: Thiamin-pyrophosphorsäureester-disulfid[7]: Es entsteht wie unter Nr. 1 angegeben, ausgehend von der Cocarboxylase. Es ist als Cocarboxylase für Hefe unwirksam[9] und wird durch Cystein zur Cocarboxylase reduziert. Das Disulfid der Cocarboxylase ist im Warburg-Test etwas weniger wirksam als Cocarboxylase[7].

Zu Nr. 4: Thiochrom: gelbe Prismen aus Chloroform, blaue Fluorescenz, wenig löslich in Wasser, Alkohol, Aceton und Chloroform. Gut löslich dagegen in Methanol, Isobutanol[10]. Thiochrom ist unwirksam.

Derivate:	9-Äthyl-thiochrom,	F = 192°, gelbe Platten
	9-Benzyl-thiochrom,	F = 157 bzw. 198°, gelbe Nadeln[2]
	9-Oxymethyl-thiochrom,	F = 212—215°, gelbe Platten[2]
	Thiochrom-acetat,	F = 52°, gelbe Nadeln
	Acetyl-thiochrom,	F = 118°, hellgelbe Prismen, Synthese nach Matsukawa[11].

Zu Nr. 5: Thiamin-thiazolon entsteht durch Einwirkung von Luftsauerstoff bei Anwesenheit von 2 Mol NaOH[12]. Es kann durch $LiAlH_4$ zu Dihydro-thiamin reduziert werden. Es geht bei der Behandlung mit Natriumhydrogencarbonat oder $HgCl_2$ in Thiochrom über, wird durch Sulfit nicht gespalten und gibt keinen Formaldehyd-Azo-Test[2].

Derivate:	Acetat	F = 174°[2]	Disulfid	F = 176°[2]
	Hydrochlorid	F = 243°[2]	2′-Äthyl-Analoges	F = 225°[13]
	Pikrat	F = 185°[2]	2′-Phenyl-Analoges	F = 224°[13]

Zu Nr. 6: Thiamin-thiazolthion[8] wurde von Zima erhalten, wenn man alkalische Thiaminlösung mit Schwefelwasserstoff sättigt. Luftsauerstoff ist zu seiner Bildung nicht nötig[11]. Reduziert man Thiamin-disulfid mit Cystein und trennt das Cystein ab, so erhält man eine Lösung der Thiolform des Thiamins vom p_H etwa 7. Sie zersetzt sich beim Stehen unter Gelbfärbung, wobei sich der p_H ins Alkalische verschiebt. Dabei kristallisiert Thiamin-thiazolon aus. Einleiten von Schwefelwasserstoff steigert die Ausbeute. Thiamin-thiazolon trägt am C_2 des Thiazolringes eine S=C-Gruppierung.

Zu Nr. 7: Die Vermutung[14, 15], daß Thiamin-carbonsäure eine Ausscheidungsform von Thiamin im Harn darstelle, hat sich nicht bestätigt[16]. Im Papierchromatogramm wandert Nr. 6 mit den Systemen Äthylenglykol/Wasser wie 4:1 oder Äthylenglykol/Methanol (1:1) weiter als Cocarboxylase, aber weniger weit als Thiamin und Thiochrom. Durch Oxydation mit Ferricyankalium entsteht das

[1] Zima, O., u. R. Hotovy: Arzneim.-Forsch. **6**, 623 (1956).
[2] Vogel, H., u. H. Knobloch: Chemie und Technik der Vitamine. Bd. II/1, S. 1ff. Stuttgart 1953.
[3] Hosada, S., E. Hasegawa and A. Fujita: J. Vitaminol. **4**, 251 (1958).
[4] Zima, O., u. R. R. Williams: B. **73**, 941 (1940).
[5] Matsukawa, T., and T. Iwatsu: J. pharmaceut. Soc. Jap. **69**, 550 (1949).
[6] Marten, G.: Naturwiss. **42**, 443 (1955).
[7] Zima, O., u. G. Göttmann: Naturwiss. **41**, 214 (1954).
[8] Zima, O., G. Göttmann, A. Hoffmann, L. Hepding u. R. Hotovy: Mercks Jber. **1953**, 3.
[9] Karrer, P., u. M. Viscontini: Helv. **29**, 711 (1946).
[10] Jaenicke, L.; in: Rauen, Biochem. Taschenb. S. 452.
[11] Matsukawa, T., and Y. Morita: J. pharmaceut. Soc. Jap. **69**, 119 (1949).
[12] Soodak, M., and L. R. Cerecedo: Am. Soc. **71**, 3566 (1949).
[13] Matsukawa, T., and T. Iwatsu: J. pharmaceut. Soc. Jap. **70**, 28, 32 (1950).
[14] Kofler, M., u. L. Sternbach: Helv. **24**, 1014 (1941).
[15] Kraut, H., u. L. Wildemann: B. Z. **321**, 368 (1951).
[16] Kraut, H., u. L. Wildemann: Int. Z. Vit.-Forsch. **27**, 122 (1956).

entsprechende Thiochrom, das aber nur $^1/_3$ der Fluorescenz zeigt wie äquimolare Mengen Thiamin. Nr. 7 hat keine Thiaminwirkung. In 7 trägt das C(5) des Thiazolringes die $-CH_2-COOH$-Gruppe.

Anmerkung zu Tabelle 10b.

Zu Nr. 11: Dihydrothiamin: entsteht aus Thiamin durch Einwirkung von $LiAlH_4$[1]. Es ist fast unlöslich in Wasser, wenig löslich in Äther, gut in heißem Alkohol. Reduziert Silbernitratlösung beim Erhitzen, ist säureempfindlich und wird schon beim Stehen in verdünnter Salzsäure zerstört.

Im Bradykardie-Test zeigt es nur etwa $^1/_{15}$ der Wirkung von Thiamin. Dihydrothiamin hat ein sehr charakteristisches UV-Spektrum[2].

Tabelle 10c. *Thiamin, Umwandlungsprodukte infolge Spaltung durch Thiaminase, Sulfit.*

Nr.	Name		Summenformel	F
21	Icthiamin	P, S. 1371	$C_8H_{14}N_4O_2S \cdot 2HCl$	237—240°[3]
22	Pyramin (= 2-Methyl-4-amino-5-hydroxy-methyl-pyrimidin) s. S. 1362	N, S. 1371	$C_6H_9N_3O$	
23	Pyrimidinhälfte, ihre Sulfosäure		$C_6H_9N_3O_3S$	
24	Thiazolhälfte (= 4-Methyl-5β-oxyäthyl-thiazol)	O, S. 1371	C_6H_9NOS	172—175°

Anmerkungen zu Tabelle 10c.

Zu Nr. 21: Icthiamin [= 2-Methyl-4-amino-5-(2-amino-äthan-sulfonyl)-methyl-pyrimidin] entsteht aus Thiamin durch Einwirkung einer Thiaminase aus den Eingeweiden von Karpfen und Muscheln[3, 4], dabei wird Thiamin gespalten in einen Thiazol- und Pyrimidin-Anteil. Der Pyrimidin-Anteil bildet dann Konjugate mit anderen Aminen, die aus Thiazol entstehen.

Konstitution von Icthiamin ist durch gelungene Synthese bestätigt. Synthese besteht in Kondensation aus 4-Amino-5-brommethyl-2-methylpyrimidin-hydrobromid mit 2-Phthalimido-äthansulfinsäure und letzliche Abspaltung der Phthaloylgruppe mit Hilfe von Hydrazin. R_F-Werte in gepuffertem Phenol auf p_H 12 $R_F = 0{,}83$, in Äthanol/Wasser 4:1 $R_F = 0{,}41$. Icthiamin-dipikrat F = 176—178°[5], gelbe Nadeln, Dihydrobromid F = 245—248° Zers. weiße Kristalle[3].

Thiaminase bewirkt nicht nur eine Spaltung des Thiaminmoleküls am quartären Stickstoff, sondern führt auch zu einer Übertragungsreaktion, wenn gewisse Amine zur Verfügung stehen (gruppenübertragendes Ferment). Bezeichnet man mit P den Pyrimidin- und mit T den Thiazolanteil und mit R ein organisches Radikal, so kann man die Thiaminasewirkung formulieren:

$$P-CH_2-T^+ + R-NH_2 \rightarrow P-CH_2-NH-R + T + H^+.$$

Nach dieser Gleichung erweist sich die Thiaminasewirkung als eine Basen-Austauschreaktion.

Lebende Hefe bildet aus Icthiamin und der Thiazolhälfte des Thiamins wieder Thiamin. Bei Einwirkung von Natriumhydrogensulfit bei p_H 5,5 entsteht das gleiche Thiazol-Spaltprodukt wie nach der Sulfitspaltung von Thiamin[3].

Zu Nr. 22: Pyramin (= 2-Methyl-4-amino-5-hydroxymethylpyrimidin) erscheint als Abbauprodukt von Thiamin im Harn von Mensch und Tier. Pyramin hat keinerlei Thiaminwirksamkeit und verhält sich auch chemisch ganz abweichend; es kann aber mikrobiologisch bestimmt werden, da es ganz spezifisch die Gärung von Hefe beschleunigt. Suspensionen von Bäckerhefe läßt man nach Zusatz einer Nährlösung gären und mißt die entstandene CO_2. Setzt man dann gestufte Dosen Pyramin zu, steigt auch die CO_2-Bildung proportional an. Aus der Eichkurve eines Pyramin-Standardpräparates kann man den unbekannten Gehalt von Pyramin im Harn ermitteln. Pyramin ist kompetitiver Antagonist gegenüber Pyridoxal, Pyridoxin, Pyridoxamin für einige heterotrophe Mikroorganismen; fördernd bzw. hemmend wirken bei Lb. casei und Streptomyces faecalis bereits $10^{-6}\,\gamma$ bis $10^{-9}\,\gamma$[6]. Pyramin ist für manche Mikroorganismen eine Pyrimidinquelle. Thiopyramin [Ulbricht, T. L. V., and J. S. Gots: Nature **178**, 913 (1956)] wirkt als Antagonist gegenüber dem Pyrimidin-Anteil des Thiamins. Wurde dieses Thiopyramin in Thiamin eingebaut, so ergab sich ein Hemmindex von 100 bei Esch. coli.

---

[1] Macek, T. J., B. A. Feller and E. J. Hanus: J. amer. pharmaceut. Ass. **39**, 365 (1950).
[2] Karrer, P., u. H. Krishna: Helv. **33**, 1482 (1950).
[3] Vogel, H., u. H. Knobloch: Chemie und Technik der Vitamine. Bd. II/1, S. 1ff. Stuttgart 1953.
[4] Barnhurst, J. D., and D. J. Hennessy: Am. Soc. **74**, 353 (1952).
[5] Zima, O., G. Göttmann, A. Hoffmann, L. Hepding u. R. Hotovy: Mercks Jber. **1953**, 3.
[6] Scheunert, A., H. Haenel u. D. Meyer: Int. Z. Vit.-Forsch. **27**, 464 (1957).

Pyramin ist auch Endprodukt der hydrolytischen Spaltung von Thiamin durch den Bacillus thiaminolyticus gemäß der Gleichung[1]

$$P\text{—}CH_2\text{—}T^+ + H_2O \rightarrow P\text{—}CH_2OH + T + H^+ \text{ (vgl. Nr. 21).}$$

Zu Nr. 23: 2-Methyl-4-aminopyrimidin-5-methylsulfosäure entsteht durch Einwirkung von Natriumhydrogensulfit, ist auch in kochendem Wasser praktisch unlöslich.

Zu Nr. 24: Die Thiazolhälfte ist das andere Spaltstück, das aus Thiamin bei Einwirkung von Natriumhydrogensulfit entsteht.

Tabelle 10d. *Thiamin. Umwandlungsprodukte durch Kombination.*

Nr.	Name	Summenformel	F	Strukturformel
31	Lipothiamid-pyrophosphat	$C_{20}H_{31}O_{6}S_{3}N_{4}P_{2}Cl$		F, S. 1367
32	Thiamin-cystein			
33	Allithiamin		132—133° Zers.[2]	Q, S. 1371
34	Thiamin-alkyldisulfide (z. B. propyldisulfide)			
35	Rutino-thiamin		130°[3]	Rhomben

Anmerkungen zu Tabelle 10d.

Zu Nr. 31: Lipothiamid und seine mögliche physiologische Bedeutung sind auf S. 1365 besprochen[4, 5].

Zu Nr. 32: Thiamin-cystein: Darstellung nach MATSUKAWA und YURUGI[6]: Es bildet sich aus Thiamin und einer äquivalenten Menge Cystein in Phosphatpuffer von p_H 7,5 und bei 37° innerhalb von 20 min; es entsteht auch unter den gleichen Bedingungen aus Thiamin-disulfid und der äquivalenten Menge Cystein. Für den lebenden Organismus ist die erste Bildungsweise anzunehmen.

Zu Nr. 33: Allithiamin: Bildungsweise nach FUJIWARA und Mitarbeitern[2, 7]: Allyl-thiol reagiert mit dem Thiazolring des Thiamins unter Bildung eines Allyl-disulfids. Der Thiazolring wird zwischen den Atomen 1 und 2 geöffnet; C-Atom 2 bekommt eine Aldehydgruppierung. Es ist leicht löslich in abs. Äthanol und Methanol, wenig in Wasser. Es gibt keine Thiochromreaktion, verhält sich wie maskiertes Thiamin, da es in vitro durch Cystein, im Organismus durch Leber und andere Organe zu Thiamin reduziert wird. Es ist unempfindlich gegen Thiaminase. Ist bei i.v.-Gabe 3mal weniger toxisch als Thiamin, wird bei oraler Darreichung besser resorbiert, da lipoidlöslich. Thiamingehalt im Blut nach Allithiamin höher und länger anhaltend als nach äquimolaren Dosen Thiamin. Wird leicht phosphoryliert. In äquimolaren Dosen mindestens ebenso wirksam wie Thiamin.

Zu Nr. 34: Propyl-allithiamin: Thiamin-alkyl-disulfide entstehen, wenn man die Allylgruppe des Allithiamins durch Methyl-, Äthyl-, n-Propyl-, n-Butyl-, Isobutyl-, Isoamyl-, n-Octyl-, Benzyl-ersetzt. Durch Erwärmen mit Cystein-HCl auf 70° wird aus allen diesen Alkyl-disulfiden wieder Thiamin freigesetzt. Daher sind sie ebenso wirksam wie Thiamin. Im Gegensatz dazu sind sie aber in Lipoid-Lösungsmitteln leicht löslich und durchdringen daher viele tierische Membranen[8].

Bei frisch geworfenen Ratten und Eintagsküken war Propyl-allithiamin prophylaktisch und kurativ ebenso wirksam wie Allithiamin und Thiamin[9]. Auch der Hemmindex von Oxythiamin war bei diesen 3 Verbindungen ebenso groß wie der von Thiamin.

Zu Nr. 35: Rutino-thiamin[3] F = 130°, farblose Nadeln. Synthese nach HASEGAWA und Mitarbeitern[3]: 20 g reines Rutin werden bei p_H 7,7 in sehr verdünnter wäßriger Lösung mit 3 g Thiamin bei 70° in Kontakt gehalten und die Lösung einige Stunden später eingeengt und auf p_H 2 eingestellt. Fällung mit Kalium-wismutjodid, die mit n-Butanol extrahiert wird. Der Rückstand wird mit Chloroform ausgezogen, aus dem Rutino-thiamin kristallisiert. In neutraler Lösung Absorptionsmaxima bei 233 und 275 mμ, in saurer Lösung bei 242 mμ. IR-Spektrum ist ähnlich dem von Nr. 33 oder Thiamin-disulfid. 35 wird durch Cystein zu Thiamin reduziert, ist im Tierversuch ebenso wirksam wie Thiamin[3]. R_F-Werte mit n-Butanol/Eisessig/Wasser = 4:1:2 = 0,51, zum Vergleich Thiamin R_F = 0,43. Rutinothiamin erwies sich als identisch mit Thiamindisulfid[10], s. S. 1544.

1 KENTEN, R. H.: Biochem J. **67**, 25 (1957).
2 FUJIWARA, M., H. WATANABE and K. MATSUI: J. Biochem. **40**, 29 (1954).
3 HASEGAWA, E., T. TAMAKI, T. TANAKA and A. FUJITA: J. Vitaminol. **3**, 30 (1957).
4 VOGEL, H., u. H. KNOBLOCH: Chemie und Technik der Vitamine. Bd. II/1, S. 1ff. Stuttgart 1953.
5 REED, L. J., and B. G. DEBUSK: Am. Soc. **74**, 3964 (1952).
6 MATSUKAWA, T., and S. YURUGI: Science, N. Y. **118**, 109 (1953).
7 FUJIWARA, M., H. NEMJO, T. ARAI and SUZUOKI-ZIRO: J. Biochem. **41**, 273 (1954).
8 SUZUOKI-ZIRO and SUZUOKI-TUNEKO: J. Biochem. **40**, 11 (1953) [Ber. Physiol. **164**, 181].
9 RENZO, E. C. DE, J. J. OLESON, B. L. HUTCHINGS and J. H. WILLIAMS: J. Nutrit. **54**, 133 (1954).
10 HOSADA, S., E. HASEGAWA and A. FUJITA: J. Vitaminol. **4**, 251 (1958).

Tabelle 11a. *Analoge von Thiamin mit veränderten Substituenten am Pyrimidinring.*

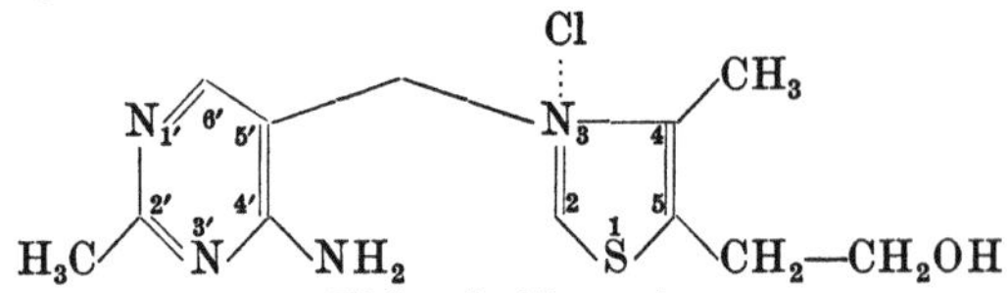

Thiamin-Formel

Nr.	Substituenten an den mit Ziffern bezeichneten C-Atomen des Pyrimidinrings 2'	4'	5'	6'	F	Wirksamkeit*	Literatur-Nr.	
	CH_3	NH_2	$-CH_2-$	H	245°	100		Thiamin
1	C_2H_5	NH_2	$-CH_2-$	H	233° Zers. 243—244° Zers.	119,0	1, 2; 3, 4	
2	CH_2OH . . .	NH_2	$-CH_2-$	H	200°		5	
3	C_3H_7	NH_2	$-CH_2-$	H	245°	32,0	4	
4	iso-C_3H_7 . .	NH_2	$-CH_2-$	H	243°	30,0	4	
5	Butyl. . . .	NH_2	$-CH_2-$	H	225—229°		6	Butylthiamin
6	Phenyl . . .	NH_2	$-CH_2-$	H	228°	0	4	
7	Phenylmethyl	NH_2	$-CH_2-$	H	222°		5	
8	CH_3	CH_2NH_2	$-CH_2-$	H	253°	0,5	4	
9	CH_3	$NH-CH_3$	$-CH_2-$	H	253°	0,5	4, 7	N-Methylthiamin
10	CH_3	OH	$-CH_2-$	H	195,7°			Oxythiamin
11	CH_3	NH_2	$-CH_2-CH_2-$	H	238°	1,2	4	
12	H	NH_2	$-CH_2-$	H	170° braun 250°	4,6	4	Desmethylthiamin
13	CH_3	NH_2	H	$-CH_2-$			1	
14	H	NH_2	CH_3	$-CH_2-$	233—234°		1	
15	H	NH_2	$-CH_2-$	CH_3	242°	0	4, 8	
16	CH_3	NH_2	$-CH_2-$	CH_3	242°	0,1	4, 8	
17	NH_2	CH_3	$-CH_2-$	H	190—192° Zers.		9	
18	NH_2	NH_2	$-CH_2-$	H	214—216° Zers.		10	
19	Cl	NH_2	$-CH_2-$	H			11, 12	
20	Cl	NH_2	$-CH_2-$	CH_3			1, 11	
21	Cl	Cl	$-CH_2-$	CH_3	202,5°		13	
22	CH_3	Cl	$-CH_2-$	H			14	

* Angabe in % der Wirksamkeit von Thiamin, berechnet nach [4].

Anmerkungen zu Tabelle 11a.

Von den Analogen der Tabelle 11a ist nur das Äthylderivat im Versuch an Tauben vielleicht wirksamer als Thiamin selbst, alle anderen Stoffe sind weniger oder gar nicht wirksam.

Zu Nr. 5: Butylthiamin-bromid-hydrobromid leicht löslich in Wasser, wenig in Alkohol, unlöslich in Aceton, p_H 3,3 der 1% wäßrigen Lösung. Absorptionsmax. in 0,1 n HCl 247 mμ, $E^{1\,\%}_{1\,cm} = 303$. Butylthiamin ist hochwirksamer Thiaminantagonist[6] (Mercks Index 6. Aufl. 1952; persönl. Mitteilung von Merck u. Co., Res. Lab. Rahway/N.J., USA).

[1] Stein, G. A., W. L. Sampson, J. K. Cline and J. R. Stevens: Am. Soc. **63**, 2059 (1941).
[2] Matsukawa, T., u. S. Yurugi: J. pharmaceut. Soc. Jap. **70**, 331 (1950) [Chem. Abstr. **45**, 2952].
[3] Karrer, P., R. Schwyzer u. K. Kostič: Helv. **33**, 1482 (1950).
[4] Schultz, F.: H. **265**, 113 (1940).
[5] Matsukawa, T.: J. pharmaceut. Soc. Jap. **62**, 417 (1942) [Chem. Abstr. **45**, 4723].
[6] Emerson, G. A., and P. D. Southwick: J. biol. Ch. **160**, 169 (1945).
[7] Nesbitt, P., and P. Sykes: Soc. **1954**, 3057.
[8] Andersag, H., u. K. Westphal: B. **70**, 2035 (1937).
[9] Price, C. C., N. J. Leonard and R. H. Reitsema: Am. Soc. **68**, 766 (1946).
[10] Huber, W.: Am. Soc. **65**, 2222 (1943).
[11] Knight, B. C. J. G., and H. McIlwain: Biochem. J. **32**, 1241 (1938).
[12] Dornow, A., u. A. Hargesheimer: B. **86**, 461 (1953).
[13] Bowman, A.: Soc. **1937**, 494.
[14] Dornow, A., u. G. Petsch: Arzneim.-Forsch. **5**, 305 (1955).

Zu Nr. 5: Wirkt auch als Antithiamin bei Tauben[1].

Zu Nr. 10: Oxythiamin: Synthese nach BUCHMAN[2], TODD[3] bzw. RYDON[4].

Oxythiamin gibt keine Thiochromreaktion, wohl aber kann man es im Azo-Test bestimmen.

Die Absorptionsmaxima von Oxythiamin liegen bei

alkalische Lösung: 268, 260, 228 und 221 mμ

saure Lösung: 265, 258, 228 und 223 mμ.

Von Oxythiamin gibt es folgende Derivate:

Oxythiamin-diphosphat F = 127—129°[5]

Oxythiamin-dipikrat F = 119—120°, Prismen, hergestellt nach VELLUZ und Mitarbeitern[6]

Oxythiamin-dipikrolonat F = 130—133°[5]

Brom-oxythiamin-Br-HBr F = 206—208°[5]

Oxythiamin-orthophosphorsäureester, hygroskopisches Pulver, hergestellt durch Desaminierung des Thiamin-orthophosphorsäureesters, F = 172—174° Z[4] bzw. 185—196°

Oxythiamin-triphosphorsäure-ester, hergestellt durch Phosphorylierung von Oxythiamin[5]. Es ist ein mikrokristallines farbloses Pulver von F = 215° Z[5] bzw. 245—255° Z[7].

Oxythiamin entsteht durch Einwirkung von salpetriger Säure oder beim Kochen mit etwa 15%iger Salzsäure am Rückfluß[4].

Durch Sulfiteinwirkung entsteht wieder die entsprechende Sulfosäure wie beim Thiamin.

Hemmindex bei Staph. aureus, Lb. fermenti 50, Mucor ramannians 100, Neurospora crassa 10000. Wirkt auch bei Mäusen als Antithiamin[8]. Sein Triphosphat hemmt das Carboxylasesystem[9, 10].

Zu Nr. 14: Wird auch bezeichnet als „umgekehrtes Makino-Vitamin".

Zu Nr. 15: Wird als „Makino-Vitamin" bezeichnet.

Zu Nr. 19—22: Als Chlorthiamine werden 3 verschiedene Typen bezeichnet: Chlor an 2', an 4' des Pyrimidinkerns und anstatt der Hydroxylgruppe an Thiazol-Seitenkette.

Zu Nr. 19—21: 3 verschiedene 2'-Chlorthiamine. Methylgruppen durch Chlor gut ersetzbar, da gleiche Raumerfüllung. Diese Chlorthiamine wirken nicht antagonistisch, sondern haben schwach positive Thiaminwirkung.

Zu Nr. 22: 4'-Chlorthiamin bei erhaltenem 2'-Methyl. Diese Chlorthiamine sind keine B_1-Antagonisten[11].

Tabelle 11b. *Analoge von Thiamin mit veränderten Substituenten am Thiazolring.*

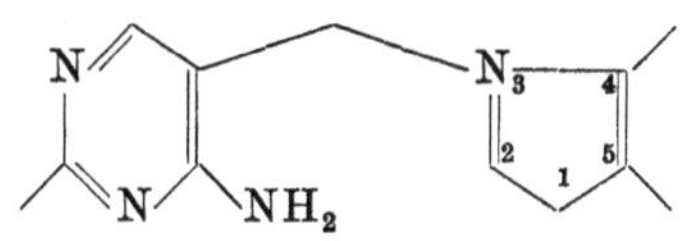

Nr.		Substituenten an den mit Ziffern bezeichneten C-Atomen des Thiazolrings			F	Wirksamkeit*	Literatur-Nr.
		2	4	5			
1	Thiamin . . .	H	CH_3	$—CH_2—CH_2—OH$	245°	100	
2	3-(Pyrimidyl)-	H	C_2H_5	—β-oxyäthyl	217°	50	12
3	3-(Pyrimidyl)-	H	C_3H_7	—β-oxyäthyl	223°	2,7	12
4	3-(Pyrimidyl)-	H	C_2H_5	$—CH_3$	256°	0	12
5	3-(Pyrimidyl)-	H	H	—β-oxyäthyl	223°	1,25	12
6	3-(Pyrimidyl)-	H	CH_3	$—CH_2—CH_2Cl$	223°	0,32	12
7	3-(Pyrimidyl)-	H	CH_3	$—CH_2—CH_2Br$	211°	0,02	12
8	3-(Pyrimidyl)-	H	CH_3	—β,γ-dioxypropyl	205—207°	Homo-thiamin-glykol-Br-HBr	

* Angabe in % der Wirksamkeit von Thiamin, berechnet nach [12].

[1] SCHEUNERT, A., u. H. HAENEL: Vitamine u. Hormone **6**, 327 (1954).
[2] BUCHMAN, E. R., and R. R. WILLIAMS: Am. Soc. **57**, 1751 (1935).
[3] TODD, A. R., and F. BERGEL: Soc. **1937**, 1504.
[4] RYDON, H. N.: Biochem. J. **48**, 383 (1951).
[5] VOGEL, H., u. H. KNOBLOCH: Chemie und Technik der Vitamine. Bd. II/1, S. 1ff. Stuttgart 1953.
[6] VELLUZ, L., J. BARTOS et G. AMIARD: Bull. Soc. chim. France **1950**, 297.
[7] CERECEDO, L. R., and A. J. EUSEBI: Am. Soc. **72**, 5749 (1950).
[8] CERECEDO, L. R., M. SOODAK and A. J. EUSEBI: J. biol. Ch. **189**, 293 (1951).
[9] EUSEBI, A. J., u. L. R. CERECEDO: Science, N. Y. **110**, 162 (1949).
[10] EICH, S., and L. R. CERECEDO: J. biol. Ch. **207**, 295 (1954).
[11] DORNOW, A., u. G. PETSCH: Arzneim.-Forsch. **5**, 305 (1955).
[12] SCHULTZ, F.: H. **265**, 113 (1940).

Tabelle 11b. (Fortsetzung.)

Nr.		Substituenten an den mit Ziffern bezeichneten C-Atomen des Thiazolrings			F	Wirksamkeit*	Literatur-Nr.
		2	4	5			
9	3-(Pyrimidyl)-	H	CH_3	$-allyl-CH_2-CH{=}CH_2$	228,5°	0	1
10	3-(Pyrimidyl)-	H	CH_3	$-CHOH-CH_3$	231°	4	2, 3
11	3-(Pyrimidyl)-	H	CH_3	-β-äthoxyäthyl	238°	0,25	4
12	3-(Pyrimidyl)-	H	CH_3	-δ-oxybutyl	233°	0,8	4
13	3-(Pyrimidyl)-	H	CH_2OH	-H	226°	0	4, 5
14	3-(Pyrimidyl)-	CH_3	H	$-CH_3$	306°	0	4

Weitere 17 Verbindungen mit folgender Substitution am C(5) des Thiazolrings waren unwirksam: $-CH_3$, -vinyl, -acetyl, -β-aminoäthyl, -oxymethyl, -β-mercaptoäthyl, -butyl, -ω-oxyhexyl[4], -äthyl, -vinyl, α-oxyäthyl, -β-aminoäthyl[6], -α-oxyäthyl, -β-oxypropyl[2], -phenyl, -carbäthoxy[7], -Wasserstoff[5].

Unwirksam waren Verbindungen mit Substitution an C(2) mit CH_3[5], mit C_2H_5[8] und mit Wasserstoff an C(4)[4].

* Angabe in % der Wirksamkeit von Thiamin, berechnet nach [4].

Anmerkungen zu Tabelle 11b.

Ganz entsprechend wie in Tabelle 11a ist wiederum das Äthylhomologe noch das bestwirksame, erreicht aber nur die halbe Wirkung von Thiamin. Die Seitenkette ist für die Wirkung von Thiamin sehr wichtig.

Schwache Antagonisten sind **6**, **7**, **8**.

Zu Nr. 6: Chlorthiaminchlorid-HCl: Ist in Wasser und Methanol löslich, in Alkohol nur in der Hitze. Die Verbindung gibt Thiochromreaktion[9].

Das Distyphnat kristallisiert in hexagonalen gelben Blättchen, ist leicht löslich in Aceton, wenig in Methanol und gar nicht in Wasser. F = 150 bzw. 180°[1].

Das Dipikrat kristallisiert in gelben Prismen und ist in Aceton wenig löslich. F = 200—201°[1].

Tabelle 11c. *Analoge von Thiamin mit veränderten Substituenten an beiden Ringen.*

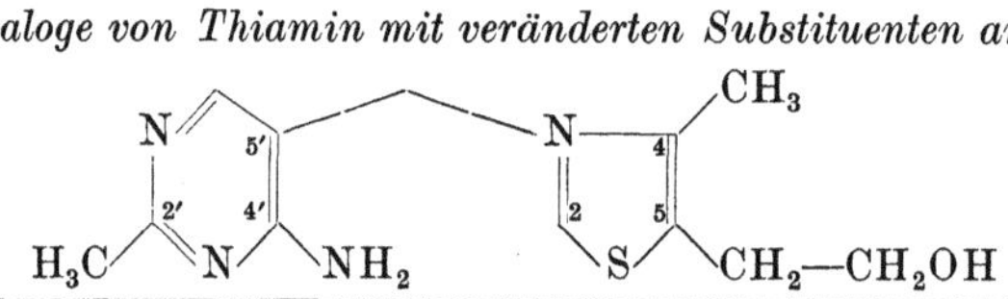

Nr.	Substituenten an den mit Ziffern bezeichneten C-Atomen						Wirksamkeit*	Literatur-Nr.	F
	Pyrimidinring			Thiazolring					
	2'	4'	5'	2	4	5			
1	äthyl	NH_2	$-CH_2-$	H	äthyl	β-oxyäthyl	50	4	220°
2	äthyl	NH_2	$-CH_2-$	H	propyl	β-oxyäthyl	1,4	4	216°
3	äthyl	NH_2	$-CH_2-$	H	H	H	<0,01	4	251°
4	CH_3	NH_2	$-CH_2-$	H	CH_3	H	0	10, 11	>300° Zers.
5	CH_3	OH	$-CH_2-$	H	CH_3	H	0	10, 11	220°
6	CH_3	NH_2	$-CH_2-$	CH_3	CH_3	β-oxyäthyl	0	10, 11	193,5°
			Trivial-Name						
7	CH_3	OH	Chloroxythiamin			β-chloräthyl	Antagonisten		
8	CH_3	OH	Bromoxythiamin			β-bromäthyl	Antagonisten		
9	butyl	OH	Butyloxythiamin			β-oxyäthyl			
10	butyl	NH_2	Butylhomothiaminglykol			β,γ-dioxypropyl			
11	butyl	OH	Butyloxyhomothiaminglykol			β,γ-dioxypropyl			

* Angabe in % der Wirksamkeit von Thiamin, berechnet nach [4].

[1] Vogel, H., u. H. Knobloch: Chemie und Technik der Vitamine. Bd. II/1, S. 1ff. Stuttgart 1953.
[2] Bonner, J., and H. Bonner: Vitamins & Hormones **6**, 225 (1948).
[3] Baumgarten, P., A. Dornow, K.-H. Gutschmidt u. H. Krehl: B. **75**, 442 (1942).
[4] Schultz, F.: H. **265**, 113 (1940).
[5] Knight, B. C. J. G., and H. McIlwain: Biochem. J. **32**, 1241 (1938).
[6] Buchman, E. R., and E. M. Richardson: Am. Soc. **67**, 395, 496 (1945).
[7] Matsukawa, T.: J. pharmaceut. Soc. Jap. **62**, 417 (1942) [Chem. Abstr. **45**, 4723].
[8] Matsukawa, T., u. S. Yurugi: J. pharmaceut. Soc. Jap. **70**, 331 (1950) [Chem. Abstr. **45**, 2952].
[9] Velluz, L., G. Amiard et J. Bartos: Bull. Soc. chim. France **1948**, 871.
[10] Todd, A. R., and F. Bergel: Soc. **1937**, 1504.
[11] Roux, H., u. A. Couzinie: Exper. **10**, 168 (1954).

Anmerkungen zu Tabelle 11c.

Wie in Tabelle 11a und b ist wiederum jenes Präparat am wirksamsten, bei dem beide Methylgruppen durch Äthyl ersetzt sind.

Zu Nr. 7: Synthese nach VELLUZ und Mitarbeitern[1] aus Chlor-thiamin (Nr. 30) durch Desaminierung. Sein Dipikrat bildet rektanguläre gelbe Prismen von F = 111—112°[2].

Zu Nr. 5: Diazonium- und Thiochromreaktion negativ.

Tabelle 12. *Heterologe von Thiamin.*

a) Pyrimidinring durch anderen Ring ersetzt
1 Pteridin-Heterologes = Pterithiamin
2 Imidazol-Heterologes
3 Pyrazol-Heterologes
4 Pyridin-Heterologes
5 o-Aminobenzyl-Heterologes

b) Thiazolring durch anderen Ring ersetzt

11 Pyrithiamin	Pyrithiamin-Derivate:
12 Neopyrithiamin	18 Pyrichrom
13 Anilinthiamin	19 Oxypyrithiamin
14 Imidazol-Isosteres	20 Oxyneopyrithiamin
15 Chinolinium-Heterologes	21 Butyl-pyrithiamin
16 Selenazol-Isosteres	22 Butyloxy-pyrithiamin
	23 Weitere 11 Derivate von 12 mit Substituenten am Pyridinkern
	24—30 Weitere 6 Derivate des Anilin-Heterologen von 13

c) Beide Ringe durch andere Ringe ersetzt
31 Pyridinring anstelle von Pyrimidin- und Thiazolring
32 Methylpyridinring anstelle des Pyrimidinringes von 31

Anmerkungen zu Tabelle 12.

Zu Nr. 1—4: Diese Verbindungen sind Thiazoliumsalze und wirken ähnlich wie Thiamin, aber schwächer. Geprüft an Lb. fermenti[3] und an Tauben[4, 5].

Zu Nr. 1: Pterithiamin = 3-(2'-Amino-4'-oxy-6'-pteridyl-methyl-(4-methyl-5-oxyäthyl))-thiazoliumbromid[6, 7]. Strukturformel V, S. 1401.

Zu Nr. 2: Imidazol-Heterologes = 3-(4'-(5'-Methyl-imidazolyl)-4-methyl-5-β-oxyäthyl)-thiazoliumchlorid[3]. Strukturformel X, S. 1401.

Zu Nr. 3: Pyrazol-Heterologes = 4-Methyl-5-β-oxyäthyl-N-(5'-methyl-4'-pyrazolyl)-thiazoliumchlorid. Strukturformel Z, S. 1401.

Zu Nr. 4: Pyridin-Heterologes[4] = 4-Methyl-5-β-oxyäthyl-N-(2'-amino-6'-methyl-pyridyl-3'-methyl)-thiazoliumchlorid. Synthese nach [4, 8]. Wirkt bei Lb. fermenti in 5000facher Dosis wie Thiamin. Sein 4'-Methyl-Derivat wirkt erst in 47000facher Dosis wie Thiamin. An Tauben war eine schwache, aber positive Thiaminwirkung zu beobachten[5]. Sitzt an 6' eine Phenylgruppe (statt Methyl), so wirkt erst die 16000fache Dosis wie bei Thiamin.

Zu Nr. 5: 3-o-Amino-benzyl-4-methyl-thiazoliumchlorid. F = 204—212°, Strukturformel W, S. 1401. Antagonist gegenüber Thiamin (Fisch-Thiaminase).

Zu Nr. 11—30: Von diesen Verbindungen wirken die Pyridiniumsalze als Antagonisten. Geprüft an Lb. fermenti[3] und an Tauben[4, 5, 9].

Zu Nr. 11: Pyrithiamin[10] = Gemisch verschiedener Pyridin-Heterologen von Thiamin[11, 12], das nur zu $^1/_4$—$^1/_5$ reines 12 enthält[13]. Von 1940—1950 wurden viele biologischen Versuche mit diesem uneinheitlichen Pyrithiamin gemacht. 11 wirkt im wesentlichen wie 12, nur etwas schwächer, es ist sehr empfindlich und zersetzt sich rasch[13], keine charakteristischen Absorptionsmaxima. Hemmindex

[1] VELLUZ, L., J. BARTOS et G. AMIARD: Bull. Soc. chim. France **1950**, 297.
[2] VOGEL, H., u. H. KNOBLOCH: Chemie und Technik der Vitamine. Bd. II/1, S. 1ff. Stuttgart 1953.
[3] SCHOPFER, W. H.: Arch. Sci. physiques natur. **23**, Suppl. 64 (1941).
[4] DORNOW, A., u. A. HARGESHEIMER: B. **86**, 461 (1953).
[5] SCHEUNERT, A., u. H. HAENEL: H. **295**, 354 (1953).
[6] DORNOW, A., u. G. PETSCH: Arzneim.-Forsch. **5**, 305 (1955).
[7] GREEN, A., et R. DELABY: Bull. Soc. chim. France, **1955**, 700.
[8] MATSUKAWA, T., and T. MATSUNO: J. pharmaceut. Soc. Jap. **64**, 165 (1944).
[9] SCHEUNERT, A., u. H. HAENEL: Vitamine u. Hormone **6**, 327 (1954).
[10] TRACY, A. H., and R. C. ELDERFIELD: J. org. Chem. **6**, 54 (1941).
[11] WILSON, A. N., and S. A. HARRIS: Am. Soc. **71**, 2231 (1949).
[12] EUSEBI, A. J., u. L. R. CERECEDO: Science, N. Y. **110**, 162 (1949).
[13] RAFFAUF, R. F.: Helv. **33**, 101 (1950).

bei Staph. aur. 666, bei Esch. coli 20000—25000[1]. Bei Wirkung des Pyrithiamins kommt es zu schweren Nerven-Degenerationen, wie sie für chronischen Thiaminmangel typisch sind. Gehalt an Cocarboxylase in Leber bleibt dagegen normal, und daher ist auch der Gehalt an Pyruvat im Blut nicht erhöht[2, 3]. Da die Antithiaminwirkung von 11 nicht durch Thiamingaben sofort zu beheben ist, wird bezweifelt, ob 11 ein echtes Antivitamin ist, das durch Verdrängung wirksam wird[4].

Zu Nr. 12: Neopyrithiamin. Strukturformel R, S. 1401. Synthesen nach DORNOW (= Hetero-Vitamin B_1)[5] bzw. WILSON[6] und RAFFAUF[7]. Isomere und weitere verwandte Verbindungen[5, 8]. Absorptionsmaxima des Hydrochlorids in Wasser bei 235 und 273 mμ[9]. F des Pikrats = 186—188°[9]. Hydrobromid kristallisiert in Prismen, die sich zu Drusen vereinigen, F aus Aceton = 218—220°[6] Zers., aus Isopropanol F = 205—210° Zers. Die Absorptionsmaxima liegen bei 238 und 270—271 mμ[9]. Ist unbeständig. Beim Trocknen und Umkristallisieren geht HBr verloren. In wäßrigen Lösungen zersetzt es sich schon bei Zimmertemperatur in wenigen Tagen, in neutralen oder alkalischen Lösungen und beim Erhitzen noch schneller[7]. Hemmindex bei manchen Bakterien 1[10], bei Mäusen <50[2], bei Staph. aureus und Lb. ferm. 1300[11]. Hemmung beruht auf Aminogruppe[12]. Neopyrithiamin ist sehr empfindlich und zersetzt sich schon in wäßriger Lösung relativ rasch[7].

Zu Nr. 13: Thiazolring durch Anilin ersetzt, ohne die für Thiamin weiteren Substitutionen. Vgl. 24—30, keine Thiaminwirkung.

Zu Nr. 14: Imidazol-Isosteres. Aus Vitimidazol[13] (= 4-Methyl-5-β-oxyäthyl-imidazol)[14], als Ersatz für Thiazolring[15]. Synthese nach [16]. Hat sehr geringe positive Thiaminwirkung. Strukturformel U, S. 1401. Bei Lb. fermenti Hemmindex 100[16]. F = 196—200°. Das 5-Oxymethylderivat von 14 zeigt keine Thiaminwirkung, F = 206—208°.

Zu Nr. 15: Chinothiamin = (2'-Methyl-4'-amino-5'-pyrimidylmethyl)-N-chinolinium-bromid-HBr. Gelbliche Nadeln, F = 263° Zers.[9]. Thiazolring durch Chinolin ersetzt, ohne die für Thiamin typischen Substitutionen.

Zu Nr. 16: Selenazol-Isosteres: Im Thiazolkern ist das S-Atom durch Selen ersetzt, das übrige Molekül wie bei Thiamin. F = 203°, Synthese nach [17]. Die positive Thiaminwirkung bei 100facher Dosis, aber nur bei einzelnen Tauben. Pseudoheilung?

Zu Nr. 17: Amino-benzoyl-Heterologes: Thiazolring durch Anilin ersetzt, ohne die für Thiamin typischen Substitutionen.

Zu Nr. 18: Pyrichrom: Strukturformel S, S. 1401. Das dem Thiochrom analoge Derivat des Neopyrithiamin.

Zu Nr. 19—20: Synthese nach [12], F = 193—195°. Hemmt nicht die Thiamin-phosphokinase bei Mäusen. Keine Antithiaminwirkung. Auch die Antithiaminwirkung beruht demnach auf der Gruppierung

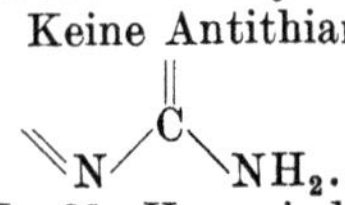

Zu Nr. 21: Hemmindex 25[18], hat auch bei Tauben Antithiaminwirkung[19].

Zu Nr. 22: Keine Antithiaminwirkung.

Zu Nr. 31: Verbindung wurde von DORNOW hergestellt[20, 21], Strukturformel T, S. 1401. Bei Lb. fermenti zeigte sie Antithiaminwirkung, die 300mal schwächer war als die von 12 (Formel R).

Zu Nr. 32: Von DORNOW hergestellt[20, 21], geprüft von [14] und [22]. Entspricht der Strukturformel von 31 (Formel T), trägt aber noch an 4' zusätzlich eine Methylgruppe. Die Antithiaminwirkung war dadurch auf $^1/_{370}$ von 12 abgesunken. An Tauben war bei den verwendeten Dosen keine Wirkung mehr festzustellen.

[1] WYSS, O.: J. Bacteriology **46**, 483 (1943).
[2] EUSEBI, A. J., u. L. R. CERECEDO: Science, N. Y. **110**, 162 (1949).
[3] WOOLLEY, D. W., and R. B. MERRIFIELD: Bull. Soc. Chim. biol. **36**, 1207 (1954).
[4] BLAIZOT, J., et A. M. ANDRAL: C. R. Soc. Biol. **150**, 1759 (1957).
[5] DORNOW, A., u. H. MACHENS: B. **80**, 502 (1947). — DORNOW, A., u. W. SCHACHT: B. **80**, 505 (1947); **82**, 117 (1949).
[6] WILSON, A. N., and S. A. HARRIS: Am. Soc. **71**, 2231 (1949).
[7] RAFFAUF, R. F.: Helv. **33**, 101 (1950).
[8] BAUMGARTEN, P., u. A. DORNOW: B. **73**, 44, 353 (1940). — DORNOW, A.: B. **73**, 156 (1940).
[9] VOGEL, H., u. H. KNOBLOCH: Chemie und Technik der Vitamine. Bd. II/1, S. 1ff. Stuttgart 1953.
[10] CERECEDO, L. R., M. SOODAK and A. J. EUSEBI: J. biol. Ch. **189**, 293 (1951).
[11] CERECEDO, L. R., A. J. EUSEBI u. M. SOODAK: B. **85**, 892 (1952).
[12] CERECEDO, L. R., and S. EICH: J. biol. Ch. **213**, 893 (1955).
[13] FOX, S. W., H. SARGENT and E. R. BUCHMAN: Am. Soc. **67**, 496 (1945).
[14] SCHOPFER, W. H.: Arch. Sci. physiques natur. **23**, Suppl. 64 (1941).
[15] BUCHMAN, E. R., and E. M. RICHARDSON: Am. Soc. **67**, 395, 496 (1945).
[16] ERLENMEYER, H., D. WALDI u. E. SORKIN: Helv. **31**, 32 (1948).
[17] SCHULTZ, F.: H. **265**, 113 (1940).
[18] DORNOW, A., u. A. HARGESHEIMER: B. **88**, 1478 (1955).
[19] SCHEUNERT, A., u. H. HAENEL: Vitamine u. Hormone **6**, 327 (1954).
[20] DORNOW, A., u. A. HARGESHEIMER: B. **86**, 461 (1953).
[21] MATSUKAWA, T., and T. MATSUNO: J. pharmaceut. Soc. Jap. **64**, 165 (1944).
[22] SCHEUNERT, A., u. H. HAENEL: H. **295**, 354 (1953).

Tabelle 13. *Antagonisten gegenüber Thiamin mit zum Teil synergistischer Thiaminwirkung.*

Nr.	Name	Vgl. Tabelle	A	B	C	D	E	F	G
1	Pyrithiamin[1, 2]	12b 11			+[3]	–[3]			–[3]
2	Neo-pyrithiamin[1, 2]	12b 12					–[4]		–[5]
3	Oxythiamin[2]	11a 10							–[1]
4	Butylthiamin[2]	11a 5							–[1, 6]
5	Homo-thiaminglykol[2]	11b 8	–[7]			–[7]			
6	Imidazol-Heterologes	12a 2				–[8]			
7	Imidazol-Isosteres[9]	12b 14							
8	Oxy-pyrithiamin	12b 19	–[10]	–[10]					
9	Oxy-neo-pyrithiamin	12b 20				–[9]	+[4]		+[4]
10	Chlor-oxythiamin	11c 7							
11	Brom-oxythiamin	11c 8							
12	Butyl-oxythiamin	11c 9	+[10]	+[10]				Ø[10]	
13	Butyl-pyrithiamin[2]	12b 21	–[10]	–[10]				–[10]	
14	Butyl-oxy-pyrithiamin	12b 22	+[10]	+[10]				Ø[10]	
15	Butyl-homo-thiaminglykol	11c 10		+[10]	+[10]			Ø[10]	
16	Butyl-oxy-homo-thiaminglykol . .	11c 11		+[10]	+[10]			+[10]	
17	Pyramin	10c 22							
18	Toxo-pyrimidin = Isomeres von Pyramin[7]								–?

+ Thiaminwirkung, – Anti-Thiaminwirkung, Ø ohne Wirkung.
A = Neurospora crassa; B = Phykomyces; C = thiamin-autotrophe Mikroorganismen; D = thiamin-heterotrophe Mikroorganismen; E = Rattenleber; F = Taube; G = Säugetiere.

Pantothensäure[11–15].

Von

W. Grab.

Mit 1 Abbildung.

Geschichte und Namen. Der Name „Pantothensäure" wurde von WILLIAMS[16] geprägt und von dem griechischen Wort „pantothen" = „von überall her" abgeleitet. Er hatte zuerst erkannt, daß das Wachstum gewisser Hefen durch eine saure Substanz spezifisch gefördert wird, die weit verbreitet in den allerverschiedensten pflanzlichen und tierischen

[1] JAENICKE, L.; in: RAUEN, Biochem. Taschenb. S. 452.
[2] SOMOGYI, J. C.: Metaboliten and Antimetaboliten; in: Ergebn. med. Grundl.-Forsch. S. 140ff. Stuttgart 1956.
[3] WOOLLEY, D. W., and A. G. C. WHITE: J. biol. Ch. **149**, 285 (1943).
[4] CERECEDO, L. R., and S. EICH: J. biol. Ch. **213**, 893 (1955).
[5] CERECEDO, L. R., M. SOODAK and A. J. EUSEBI: J. biol. Ch. **189**, 293 (1951).
[6] EMERSON, G. A., and P. D. SOUTHWICK: J. biol. Ch. **160**, 169 (1945).
[7] VOGEL, H., u. H. KNOBLOCH: Chemie und Technik der Vitamine. Bd. II/1, S. 1ff. Stuttgart 1953.
[8] WOOLLEY, D. W., and R. B. MERRIFIELD: Bull. Soc. Chim. biol. **36**, 1207 (1954).
[9] ERLENMEYER, H., D. WALDI u. E. SORKIN: Helv. **31**, 32 (1948).
[10] DORNOW, A., u. A. HARGESHEIMER: B. 88, 1478 (1955).

Zusammenfassende Darstellungen:
[11] SEBRELL-HARRIS, Vitamins. Bd. II, S. 589.
[12] NOVELLI, G. D.: Meth. biochem. Analysis. Bd. II, S. 189 (1955).
[13] GYÖRGY, P. (Hrsgb.): Vitamin Methods. Bd. I, S. 490. New York 1950; Bd. II, S. 223, 662, 703. New York 1951.
[14] LANG, K.: Biochemie der Ernährung. (Beiträge zur Ernährungswissenschaft. Bd. I.) S. 309—316. Darmstadt 1957.
[15] SCHREIER, K.: FLASCHENTRÄGER-LEHNARTZ, Bd. II/2b, S. 757.
[16] WILLIAMS, R. J., C. M. LYMAN, G. H. GOODYEAR, J. H. TRUESDAIL and D. HOLADAY: Am. Soc. **55**, 2912 (1933).

Zellen und Geweben vorkommt. Daraus schon ergibt sich, daß Pantothensäure eine grundlegende biologische Bedeutung hat.

Die anderen Namen der Pantothensäure erklären sich aus der geschichtlichen Entwicklung der Forschung: Die Bezeichnung „bios IIa"[1] unterschied die Pantothensäure von bios IIb = Biotin; beide waren wirksam als thermostabile Wuchsstoffe für Hefe. Gleichzeitig mit den mikrobiologischen Forschungen von WILLIAMS[1] untersuchten andere Arbeitskreise die Schutz- und Heilstoffe für „Pellagra" bei Küken und für spezifische ernährungsbedingte Ausfallserscheinungen bei Ratten. Den Wirkstoff, der später mit Pantothensäure identifiziert werden konnte, bezeichneten sie als „Küken-Antipellagra-(A.P.-) Faktor"[2], „Küken-Antidermatitis-Faktor"[3]. Bei Ratten kommt es bei Mangel an Pantothensäure zu Wachstumsstillstand, Haarausfall und silbergrauer Verfärbung des Felles am Kopf, die durch einen Faktor aus dem Filtrat eines Fullererde-Adsorbates von Leber- oder Hefeextrakt geheilt werden konnten. Dementsprechend hatte er den Namen „Filtratfaktor" bekommen[4, 5], der sich ebenfalls als mit Pantothensäure identisch erwies[6, 7]. Bei der Aufarbeitung eines wäßrigen, alle B-Vitamine enthaltenden Extraktes aus Leber oder Hefe wurde nämlich zuerst das thermolabile Thiamin abgeschleudert; das thermostabile „Vitamin B_2" erwies sich als ein Gemisch mehrerer Wirkstoffe, von denen Nicotinsäureamid, Riboflavin und Pyridoxin von Fullererde adsorbiert waren (Adsorbatfaktoren), während Pantothensäure sich im Filtrat dieses Adsorbates fand. Alle 4 zuletzt genannten Stoffe waren bei den durch Mangelkost entstehenden Hauterkrankungen wirksam*. Eine weitere Bezeichnung für Pantothensäure ist „Leberfaktor 2"[8].

Pantothensäure ist für den Intermediärstoffwechsel jeder Zelle grundsätzlich wichtig.

Vorkommen. Pantothensäure findet sich in allen Zellen und dementsprechend in allen natürlichen Nahrungsmitteln und Futterstoffen. Im tierischen Organismus kommt sie sowohl in freier als auch in gebundener Form vor. Die gebundene Form macht meist 85—95% der gesamten Pantothensäure aus[9]. Genauere Angaben sind noch nicht verfügbar, da es erst in den letzten Jahren gelungen ist, die Pantothensäure aus ihren verschiedenen Bindungsformen so freizusetzen, daß sie für Mikroorganismen verwertbar wird. Die wichtigste und häufigste (aber nicht die einzige) Bindungsform der Pantothensäure ist das Coenzym A[10, 11], das in jeder lebenden Zelle vorkommt.

Leber, Niere, Eidotter, Hefe und Frischgemüse enthalten reichlich Pantothensäure; Milch, Fleisch, Samen und Früchte sind gute Quellen; Eiweiß, Rüben, Reis und Mais sind relativ arm an Pantothensäure, bezogen auf Trockengewicht. In neuerer Zeit wurden umfangreiche Untersuchungen über den Pantothensäure-Gehalt von Nahrungs- und

* Mit dem Ausdruck „Pellagra" wurden in der Vitaminforschung etwas zu voreilig Hauterkrankungen bei mehreren Tierarten bezeichnet, die bei Mangel an Nahrungsfaktoren auftraten, ohne Rücksicht auf die pathologischen und klinischen Erscheinungen an der Haut. Daher ergab sich, daß es heute mehrere Anti-Pellagra-Vitamine gibt: Nicotinsäureamid verhütet die menschliche Pellagra; Riboflavin verhütet die Cheilosis (Hautkrankheit beim Menschen); Pyridoxin (Vitamin B_6) verhütet Ratten-Pellagra, Pantothensäure Küken-Pellagra; p-Aminobenzoesäure verhütet Haarausfall und ist Anti-Graue-Haare-Faktor. Auch Mangel an Biotin und Inosit führt im Tierversuch zu Krankheitserscheinungen an Haut und Haarkleid.

1 WILLIAMS, R. J., C. M. LYMAN, G. H. GOODYEAR, J. H. TRUESDAIL and D. HOLADAY: Am. Soc. **55**, 2912 (1933).
2 KOEHN, C. J. jr., and C. A. ELVEHJEM: J. biol. Ch. **118**, 693 (1937).
3 BAUERNFEIND, J. C., A. E. SCHUMACHER, A. Z. HODSON, L. C. NORRIS and G. F. HEUSER: Proc. Soc. exp. Biol. Med. **39**, 108 (1938).
4 JUKES, T. H., and S. LEPKOVSKY: J. biol. Ch. **111**, 119 (1935).
5 EDGAR, C. E., and T. F. MACRAE: Biochem. J. **31**, 886, 893 (1937).
6 JUKES, T. H.: J. biol. Ch. **129**, 225 (1939).
7 WOOLLEY, D. W., H. A. WAISMAN and C. A. ELVEHJEM: Am. Soc. **61**, 977 (1939).
8 LEPKOVSKY, S., T. H. JUKES and M. E. KRAUSE: J. biol. Ch. **115**, 557 (1936).
9 NISHI, H., T. E. KING and V. H. CHELDELIN: J. Nutrit. **41**, 279 (1950).
10 LIPMANN, F., N. O. KAPLAN and G. D. NOVELLI: Fed. Proc. **6**, 272 (1947).
11 LIPMANN, F., N. O. KAPLAN, G. D. NOVELLI, L. C. TUTTLE and B. M. GUIRARD: J. biol. Ch. **167**, 869 (1947).

Futtermitteln, Getreidearten, Bestandteilen synthetischer Kostformen, niederen Tieren und Pflanzen durchgeführt; die Werte sind in großen Tabellen zusammengefaßt[1]. Auffällig ist der beträchtliche Unterschied im Pantothensäure-Gehalt verschiedener Sorten, die Abhängigkeit von Standort, Erntejahren und bei Tieren von Haltung und Fütterung. Man kann also den Pantothensäure-Gehalt eines Futtergemisches nur in erster Annäherung mit Hilfe von Tabellen errechnen; verläßliche Werte erhält man nur durch die unmittelbare Bestimmung.

Über die Verteilung von Coenzym A in pflanzlichen und tierischen Geweben gibt nachstehende Tabelle 6 Auskunft. Weitere Einzelheiten vgl. [2].

Tabelle 1. *Pantothensäure-Gehalt in menschlichen Organen und Körperflüssigkeiten* (in mg/100 g Frisch- bzw. Trockengewicht).

Organ	frisch	trocken[3]	Organ	frisch	trocken[3]
Leber	4,0—10,8[4]	13,6	Nebenniere	0,5[5]	2,0
Niere	3,0—4,5[5,8]	9,9		0,8[4]	
Herz	2,0[8]	7,8	Ovar	0,4[4]	1,8
Gehirn. . . .	1,5—3,1[4]	6,8	Mamma	0,4[4]	
Muskeln . . .	1,2—1,6[4]	5,6	Testes	0,5[4]—2,0[8]	3,2
Milz	0,5—1,5[4]	2,5	Samenstrang . . .	0,2[4]	
	2,0[5]		Vollblut	0,015—0,035[6]	
Pankreas. . .	0,7[5]		Schweiß	2,0—5,0[4]	
Magen, Darm .	0,5[4]	2,4	Harn *	3—5/Tag	
Lunge	0,5—1,2[4]	2,6	Frauenmilch . . .	0,22 **[7]	
Nerven . . .	0,3[5]		Speichel	0,008[4]	
Haut	0,3[6]	0,75	Speichel, Bodensatz	0,00048—0,013[9]	
			Speichel, Überstand	etwa die Hälfte davon[9]	

* Harn: FITZPATRICK[10] gibt als Ausscheidung im Harn an: 5,7 $\pm$ 2,1 mg/Tag. Bei Stoffwechselkranken werden täglich 2,6—8,6 mg ausgeschieden[11], bei Neugeborenen 0,2 mg/100 cm³ am 3. Lebenstag. Dieser Wert sinkt später ab[12].

** Frauenmilch: Die Ausscheidung entspricht 3 mg Pantothensäure je 1000 kcal[7].

Ältere Werte für den Pantothensäure-Gehalt menschlicher Organe vgl. [13].

Tabelle 2. *Pantothensäure-Gehalt in tierischen Organen* (in mg/100 g Frisch- bzw. Trockengewicht).

Organ	Bezogen auf Frischgewicht					Bezogen auf Trockengewicht	
	Schaf[14]	Schwein[14]	Schwein	Ochse	Rind[14]	Rind[3]	Ratte[3]
Leber. . .	8,14	5,88—7,3	1,6[15] 4,9[17]	4,0[16] 7,6[1]	5,66—8,18	15,0	37,0
Niere . . .	4,33	3,12—3,14	3,0[1]	3,5[1]	3,31—3,51	7,3	19,0

[1] BRIGGS, G. M., and F. S. DAFT: SEBRELL-HARRIS, Vitamins. Bd. II, S. 638.
[2] Dieses Handbuch, Bd. VI.
[3] BRIGGS, G. M., and F. S. DAFT: SEBRELL-HARRIS, Vitamins Bd. II, S. 647.
[4] CREMER, H. D.: RAUEN, Biochem. Taschenb., S. 822/23.
[5] NIELSEN, N., u. V. HARTELIUS: B. Z. **309**, 304 (1941).
[6] STANBURY, S. R., E. E. SNELL and T. D. SPIES: J. biol. Ch. **135**, 353 (1940).
[7] SCHMIDT, V.: Int. Z. Vit.-Forsch. **22**, 21 (1950).
[8] LANG, K.: Biochemie der Ernährung. (Beiträge zur Ernährungswissenschaft Bd. 1.) S. 313. Darmstadt 1957.
[9] DREIZEN, S., E. J. GILLEY, J. J. MOSNY and T. D. SPIES: Int. Z. Vit.-Forsch. **26**, 257 (1955).
[10] FITZPATRICK, J., and S. L. TOMPSETT: J. clin. Path. **3**, 69 (1950).
[11] GERSHBERG, H., S. H. RUBIN and E. P. RALLI: J. Nutrit. **39**, 107 (1949).
[12] HAMIL, B. M., M. CORYELL, C. RODEBRUCK, M. KAUCHER, E. Z. MOYER, M. E. HARRIS and H. H. WILLIAMS: Amer. J. Dis. Childr. **74**, 434 (1947).
[13] WILLIAMS, R. J.: Vitamins & Hormones **1**, 237 (1943).
[14] SCHWEIGERT, B. S., and B. T. GUTHNECK: J. Nutrit. **51**, 283 (1953).
[15] NEAL, A. L., and F. M. STRONG: Industr. engng. Chem., analyt. Ed. **15**, 654 (1943).
[16] ABDERHALDEN, R.: Vitamine, Hormone, Fermente. 3. Aufl. Basel 1946.
[17] WAISMAN, H. A., and C. A. ELVEHJEM: Vitamin Content of Meat. Minneapolis 1941 (s. [4]).

Tabelle 2. (Fortsetzung.)

Organ	Bezogen auf Frischgewicht					Bezogen auf Trockengewicht	
	Schaf[1]	Schwein[1]	Schwein	Ochse	Rind[1]	Rind[2]	Ratte[2]
Pankreas	3,47	4,43—4,68			3,38—4,22	4,4	5,2
Herz	3,00	2,39—2,64	2,1[3]	2,0[3]	2,10—2,47	6,3	20,0
Gehirn	2,64	2,46—3,14		1,8[3]	2,14—2,86	6,6	7,1*
Milz	1,49	9,40—11,7			1,11—1,35	3,1	5,9
Lunge	1,20	9,0			0,88—1,03	3,6	5,8
Muskel	0,43[4]		1,3[5]		0,65[5]	2,8	3,2
Ovar						7,8	4,0
Testes						7,0	15,0
Thymus						2,5	15,0
Schilddrüse						0,7	8,0

* Das Gehirn des 12 Tage alten Ratten-Embryos enthält 24 mg Pantothensäure je 100 g Trockengewicht.

Tabelle 3. *Pantothensäure-Gehalt in Milch* (in mg/100 cm³).

Milchart	mg/100 cm³	Milchart	mg/100 cm³
Frauenmilch	0,22[6]	Stute	0,29[11]
	0,25[7]	Ziege	0,24[11]
	0,16[8]	Hund	0,49[11]
Kuhmilch	0,28[8, 9]	Albinomaus	2,3[11]
	0,37[7, 9]		
Meerschweinchen	0,48[7]		
Schwein	0,04—0,56[10]		

Tabelle 4. *Pantothensäure-Gehalt in Nahrungsmitteln für den Menschen* (in mg/100 g Frischgewicht).

Fleisch vgl. Tabelle 2		Milch vgl. Tabelle 3	
Schweizer Käse	0,26[12]	Kartoffeln	0,43—0,94[13]
	0,35[13]	Kohl	0,1—0,3[13, 14]
Limburger Käse	0,58[12]	Erbsen	0,38—1,0[14]
Camembert-Käse	0,85[12]	Brot	0,52[15]
Äpfel	0,05—0,2[14]	Weizenmehl	2,9[16]
Orangen	0,34[4]	Getreide	0,96[15]
Erdbeeren	0,26[4]	Reis	0,8[13]
Tomaten	0,23—0,38[4]	Eier	5,54[17]
		Hefe, trocken	20,0[13, 17]

[1] SCHWEIGERT, B. S., and B. T. GUTHNECK: J. Nutrit. **51**, 283 (1953).
[2] BRIGGS, G. M., and F. S. DAFT: SEBRELL-HARRIS, Vitamins Bd. II, S. 647f.
[3] BRIGGS, G. M., and F. S. DAFT: SEBRELL-HARRIS, Vitamins Bd. II, S. 638ff.
[4] CHELDELIN, V. H., and R. J. WILLIAMS: Univ. Texas Publ. **4237**, 105 (1942).
[5] PETERSON, W. H., J. T. SKINNER and F. M. STRONG: Elements of Food Biochemistry. S. 272. New York (s. [4]).
[6] SCHMIDT, V.: Int. Z. Vit.-Forsch. **22**, 21 (1950).
[7] CREMER, H. D.: RAUEN, Biochem. Taschenb. S. 842.
[8] Chemisches Institut der Bundes-Versuchs- und Forschungs-Anstalt für Milchwirtschaft, Kiel: Milchwiss. H. 8/9 (1951)
[9] MÜLLER, E.: Milchwiss. **5**, 304 (1950).
[10] DAVIS, V. E., A. A. HEIDEBRECHT, R. MACVICAR, O. B. ROSS and C. K. WHITEHAIR: J. Nutrit. **44**, 17 (1951).
[11] BRIGGS, G. M., and F. S. DAFT: SEBRELL-HARRIS, Vitamins Bd. II, S. 638ff., 647.
[12] SULLIVAN, R. A., E. BLOOM and J. JARMOL: J. Nutrit. **25**, 463 (1943).
[13] PETERSON, W. H., J. T. SKINNER and F. M. STRONG: Elements of Food Biochemistry. S. 272. New York 1943.
[14] LANG, K., u. O. F. RANKE: Stoffwechsel und Ernährung. S. 207. Berlin, Göttingen, Heidelberg 1950.
[15] SEALOCK, R. R., and A. H. LIVERMORE: J. Nutrit. **25**, 265 (1943).
[16] ABDERHALDEN, R.: Vitamine, Hormone, Fermente. 3. Aufl. Basel 1946.
[17] NEILANDS, J. B., and F. M. STRONG: Arch. Biochem. **19**, 287 (1948).

Tabelle 5. *Pantothensäure-Gehalt im Blut des Menschen und verschiedener Tierarten* (in γ/100 cm³ [1,2]).

Tierart	Zellen %	Pantothensäure in γ/100 cm³		
		Vollblut	Plasma	Zellen
Mensch . .	47,8	19,4	17,0	23,6
Hund. . .	46,7	26,3	31,8	22,4
Pferd. . .	32,9	44,8	37,4	51,9
Schwein. .	42,8	33,5	34,7	29,6
Schaf. . .	33,2	26,6	24,1	29,0
Kaninchen	32,3	71,7	57,8	84,6
Küken . .	27,3	43,6	51,6	21,9

Tabelle 6. *Verteilung von Coenzym A in pflanzlichen und tierischen Organen* (Coenzym A-Einheiten/g Frischgewicht [3]).

Erbsen, gefroren . . .	4,5	Ratte: Gehirn . . .	28
Weizenkeime	30	Herz. . . .	42
		Niere . . .	74
E. coli, getrocknet. . .	320	Nebenniere .	91
		Leber . . .	132
Trockenextrakt aus Clostridium butylicum	2000	Mensch: Erythrocyten	3—4

1 Coenzym A-Einheit enthält 0,7 γ gebundene Pantothensäure.

Physiologische Bedeutung. Pantothensäure ist für alle höheren Tiere absolut lebensnotwendig und muß daher in jeder vollständigen Kostform enthalten sein. Bei Mensch und Tier wird der normale Bedarf durch die übliche gemischte Kost praktisch immer gedeckt. Bei Laboratoriumstieren konnte durch synthetische Futterformen, in denen nur Pantothensäure fehlte, der genaue Pantothensäure-Bedarf zahlenmäßig ermittelt werden, der in Tabelle 7 gezeigt ist.

Tabelle 7. *Pantothensäure-Bedarf (Calcium-pantothenat).*

Tierart	mg/100 g Kost	mg/kg Körpergewicht je Tag	mg/Tag
Ratten, normal . . .			0,04—0,1 [4]
Ratten, bis 10 Wochen			0,025 [5]
Ratten, trächtig . . .	2,0 [6]		
Mäuse		1,0 [3]	0,023—0,029 [1]
Küken	0,9 [7]		
Hennen.	0,15 [8]		
Hennen, brütend. . .	1,0 [8]		
Hunde		0,1 [9]	
Schweine	1,0—2,0 [4]	0,17—0,26 [4]	

Weiterhin benötigen noch Pantothensäure: alle Wirbeltiere, die meisten Insekten und Protozoen, viele Pilze, Hefen, Algen und Bakterien [10]. Eine Auswahl der Pantothensäure

[1] PEARSON, P. B.: J. biol. Ch. **140**, 423 (1941).
[2] PEARSON, P. B., V. H. MELASS and R. M. SHERWOOD: J. Nutrit. **32**, 187 (1946).
[3] KAPLAN, N. O., and F. LIPMANN: J. biol. Ch. **174**, 37 (1948).
[4] BRIGGS, G. M., and F. S. DAFT: SEBRELL-HARRIS, Vitamins Bd. II, S. 682.
[5] UNNA, K., and G. V. RICHARDS: J. Nutrit. **23**, 545 (1942).
[6] HENDERSON, L. M., J. M. MCINTIRE, H. A. WAISMAN and C. A. ELVEHJEM: J. Nutrit. **23**, 47 (1942).
[7] HEGSTED, D. M., and T. R. RIGGS: J. Nutrit. **37**, 361 (1949).
[8] GILLIS, M. B., G. F. HEUSER and L. C. NORRIS: J. Nutrit. **35**, 351 (1949).
[9] SCHAEFER, A. E., J. M. MCKIBBIN and C. A. ELVEHJEM: J. biol. Ch. **143**, 321 (1942).
[10] ALBRITTON, E. C.: Handbook of Biological Data. Bd. I, S. 10/11. Philadelphia, London 1953.

benötigenden Bakterien gibt nachstehende Tabelle 8. Alle diese Organismen sind für die biochemische Untersuchung über die Bedeutung der Pantothensäure in ihren verschiedenen Bindungsformen geeignet.

Die Erscheinungen des experimentell erzwungenen Mangels an Pantothensäure wechseln je nach der Tierart und dem Grad des Defizits. Bei allen Tieren kommt es zum Wachstumsstillstand; bei Ratten und besonders bei Küken entwickeln sich dermatitische Erscheinungen. Bei Ratten sind die Augenlider verkrustet, es kommt zu Haarausfall, silbergrauer Verfärbung des dunklen Fells an symmetrischen Stellen (Achromotrichie)[1-3], Verdickung und Trübung der Cornea[4, 5], Atrophie und Nekrose der Nebennierenrinde[6]. Im Rückenmark findet sich bei Küken und Mäusen meist ein Abbau der Myelinscheiben der Nervenstränge, bei andern Tierarten ähnliche Veränderungen auch an peripheren Nerven. Atypische Haltung und ataktische Bewegungen sind daher häufige Erscheinungen bei Pantothensäure-Mangel. Erbrechen bei Hunden, Geschwürsbildungen am Darm bei Schweinen und Ratten führen zu rascher Erschöpfung und zu charakteristischen plötzlichen Todesfällen. Bei trächtigen Ratten werden unter Pantothensäure-Mangel mißbildete Feten geboren[11].

Tabelle 8. *Mikroorganismen, die Pantothensäure benötigen*

Brucella abortus[7]	Lactobacillus arabinosus[10]
Brucella melitensis[7]	Lactobacillus casei[10]
Brucella suis[7]	Leuconostoc citrovorum[7]
Pasteurella multocida[7]	Leuconostoc mesenteroides[7]
Proteus morganii[7]	Shigella paradysenteriae[8] *
Staphylococcus albus[8] *	Shigella sonnei[7] *
Staphylococcus aureus[8] *	Saccharomyces carlsbergensis[10]
Propionsäure-Bakterien[9]	Saccharomyces cerevisiae[10]

* Nicht alle untersuchten Stämme.

Klinische Beobachtungen weisen darauf hin, daß auch beim Menschen bei chronischer schwerer Unterernährung der Mangel an Pantothensäure Ursache besonderer Symptome ist, z. B. „burning feet syndrom"[12].

Bei Mangel an Pantothensäure sinken die Werte für gebundene Pantothensäure in den Organen auf 75—50% der in Tabelle 1 und 2 angegebenen Normalwerte, wobei $^9/_{10}$ der freien und etwa die Hälfte der gebundenen Pantothensäure eingebüßt werden[13, 14].

Coenzym A. Die biochemische Bedeutung der Pantothensäure für höhere Tiere und Pflanzen besteht darin, daß sie wesentlicher Bestandteil des Coenzym A ist[15]. Im Coenzym A (CoA) bildet Pantothensäure das Bindeglied zwischen dem reaktionsfähigen Cysteamin und Pyrophosphorsäure, die dann mit phosphorylierter Ribose und Adenin verknüpft ist (vgl. Formel S. 1435).

Pantothensäure liegt auch noch in 2 weiteren Formen gebunden vor, nämlich im Pantethein[16, 17] und im Pantothensäure-Konjugat. Diese beiden Formen erwiesen sich als Wuchsstoffe für bestimmte Mikroorganismen (vgl. Tabelle 8), so daß Pantethein früher als Lactobacillus bulgaricus-Faktor (LBF) bezeichnet wurde und Pantothenic Acid

[1] Auhagen, E.: Med. u. Chem. **4**, 385 (1942).
[2] Lunde, G., u. H. Kringstad: H. **257**, 201 (1939).
[3] György, P., and C. E. Poling: Science, N. Y. **92**, 202 (1940).
[4] Bowles, L. L., W. K. Hall, V. P. Sydenstricker and C. W. Hock: J. Nutrit. **37**, 9 (1949).
[5] Ziskin, D. E., M. Karshan, G. Stein and D. A. Dragiff: J. Nutrit. **37**, 457 (1949).
[6] Ram, T.: Nutrit. Abstr. Rev. **19**, 335 (1949).
[7] Albritton, E. C.: Handbook of Biological Data. Bd. I, S. 46/47. Philadelphia, London 1953.
[8] Briggs, G. M., and F. S. Daft: Sebrell-Harris, Vitamins Bd. II, S. 682.
[9] Krauskopf, E. J., E. E. Snell and E. McCoy: Enzymologia **7**, 327 (1939).
[10] Snell, E. E.; in: György, P. (Hrsgb.): Vitamin Methods. Bd. I, S. 490. New York 1950.
[11] Boisselot, J.: C. R. Soc. Biol. **142**, 928 (1948).
[12] Hibbs, R. E.: Ann. internal Med. **25**, 270 (1946).
[13] Wright, L. D.: J. biol. Ch. **141**, 261 (1943).
[14] King, T. E., I. G. Fels and V. H. Cheldelin: Am. Soc. **71**, 131 (1949).
[15] Lipmann, F., N. O. Kaplan, G. D. Novelli, L. C. Tuttle and B. M. Guirard: J. biol. Ch. **167**, 869 (1947); **186**, 235 (1950).
[16] Snell, E. E., G. M. Brown, V. J. Peters, J. A. Craig, E. L. Wittle, J. A. Moore, V. M. McGlohon and O. D. Bird: Am. Soc. **72**, 5349 (1950).
[17] Brown, G. M., J. A. Craig and E. E. Snell: Arch. Biochem. **27**, 473 (1950).

Conjugat als PAC-Faktor für Aerobacter suboxydans[1]. Es ist unbekannt, welche physiologische Bedeutung die freie Pantothensäure hat, die nicht in CoA gebunden ist und die sich in Muskeln und Testes in beträchtlicher Menge findet (vgl. Tabelle 9).

Es fällt auf, daß sich CoA in gesunden Zellen in reichlichen Mengen findet, z. B. in der Leber bis zu 40 mg/100 g oder 0,04% des Frischgewichtes als Zeichen für seine vielfältige biochemische Bedeutung.

Über Vorkommen, Gewinnung, Eigenschaften und biologische Bedeutung findet man ausführliche Angaben[2-5].

Hier sei nur erwähnt, daß CoA mitwirken muß bei der Übertragung von Acetyl-Resten, z. B. bei der Synthese von Acetylcholin[6], Acetylphosphat[7], Acetessigsäure[8] und Acetylsulfonamiden[9]. Daher ist auch CoA immer nötig bei allen Synthesen aus Zweier-Kohlenstoffgliedern (Cholesterin und Steroide, Citronensäure und Fettsäuren, Prolin und Pyrrole, Latex bzw. Isopren). CoA wirkt ganz allgemein mit bei allen Übertragungen von Acyl-Resten (z. B. auch Succinyl, Stearyl), da durch die intermediäre Bindung des Acyls an CoA „aktivierte" (d. h. energiereiche) Verbindungen entstehen. CoA hat damit eine Schlüsselstellung im Intermediärstoffwechsel der Kohlenhydrate und der Fette.

Tabelle 9. *Beziehung zwischen Gehalt an Coenzym A und Gehalt an Pantothensäure in Organen von Kaninchen*[10].

	Coenzym A-Einheiten	Pantothensäure in γ/g Frischgewicht			
		frei	gesamt	gebunden	
				gefunden	berechnet*
Leber	112	1,2	75	74	73
Herz	26,4	3,3	20,7	17	17
Niere	49,5	2,7	45	42	32
Hirn	40,5	3,0	18	15	26
Testes	25,6	6,0	20,4	14	17
Skeletmuskel	6,0	5,1	9,9	5,0	4,0

* Aus der Zahl der Einheiten errechnet, da eine Einheit Coenzym A im Mittel 0,70 γ Pantothensäure enthält.

Bei Mangel an Pantothensäure tritt bei Ratten schon nach Wochen eine auffällige Abnahme des Gehaltes an Properdin im Serum ein. Gibt man außerdem noch Pantothensäure-Antagonisten, so sinkt das Properdin noch tiefer. Bei Mangel an andern Vitaminen konnte dies bisher nicht beobachtet werden[11].

Struktur und Konstitutionsformel.

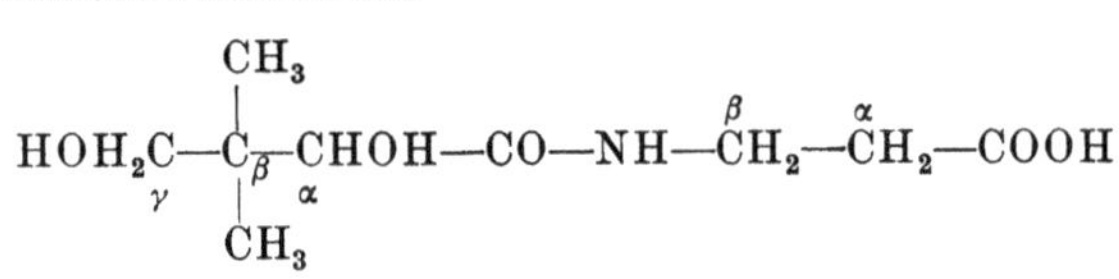

Pantothensäure: $C_9H_{17}O_5N$; Mol.-Gewicht 219,24.

Chemische Bezeichnung: N-(α,γ-Dioxy-β,β-dimethyl-butyryl)-β-alanin. Sie ist also ein Dipeptid aus β-Alanin und einer 4fach substituierten Buttersäure.

Standardsubstanz ist das krist. Calciumsalz der Pantothensäure $(C_9H_{16}O_5N)_2Ca$; Mol.-Gewicht 476,53.

Eine Einheit im Hühnchen-Versuch entspricht 14 γ Pantothensäure.

Coenzym A (Formel vgl. S. 1435), Mol.-Gewicht 751,47.

[1] KING, T. E., I. G. FELS and V. H. CHELDELIN: Am. Soc. **71**, 131 (1949).
[2] Dieses Handbuch, **Bd. VI**.
[3] NOVELLI, G. D.: Meth. biochem. Analysis Bd. II, S. 189—213.
[4] LIPMANN, F.: SEBRELL-HARRIS, Vitamins Bd. II, S. 598—625.
[5] LANG, K.: Biochemie der Ernährung (Beiträge zur Ernährungswissenschaft, Bd. I). S. 310ff. Darmstadt 1957.
[6] LIPMANN, F., and N. O. KAPLAN: J. biol. Ch. **162**, 743 (1946).
[7] KAPLAN, N. O., and F. LIPMANN: Fed. Proc. **6**, 266 (1947).
[8] SOODAK, M., and F. LIPMANN: J. biol. Ch. **175**, 999 (1948).
[9] LIPMANN, F.: J. biol. Ch. **160**, 173 (1945).
[10] NOVELLI, G. D., N. O. KAPLAN and F. LIPMANN: J. biol. Ch. **177**, 97 (1949).
[11] WISS, O., F. WEBER u. H. ISLIKER: Schweiz. med. Wschr. **87**, 1430 (1957).

1 mg Coenzym A enthält 413 Einheiten. Eine Coenzym A-Einheit = 2,42 γ Reinsubstanz, die 0,7 γ Pantothensäure enthält[1]. Eine LIPMANN-Einheit von Coenzym A ist jene Menge, die in einem Acetylierungssystem aus Sulfanilamid und Extrakt aus Taubenleber halbmaximale Aktivierung bewirkt[2].

Eine Einheit nach MALMSTRÖM[3] enthält 1,4mal mehr gebundene Pantothensäure.

Isolierung aus Naturstoffen und Synthese. Die Isolierung von Pantothensäure aus Naturstoffen ist verlustreich, langwierig, umständlich und überholt, da brauchbare Synthesen für Pantothensäure bekannt sind.

Bei der Isolierung von Pantothensäure aus Leber verwendete WILLIAMS[4] folgende Technik, wobei die Wirksamkeit der Faktoren an Hefe als Testorganismus geprüft werden konnte[5]: Autolyse der Leber, um ein klares Filtrat zu erhalten, Adsorption an Fullererde und später an Tierkohle mit nachfolgender Elution, Herstellung von Brucin-Derivaten, deren Anreicherung durch Chloroform-Extraktion, Verteilung zwischen Wasser und Chloroform und Überführung in das Calciumsalz. Bei andern Naturstoffen, z. B. Bäckerhefe, erhält man nach Autolyse, Ausfällung unwirksamer Begleitstoffe mit Aceton und Extraktion der angesäuerten Lösung mit Äther ein rund 1000fach angereichertes Präparat[6]. Über die Anreicherung gebundener Pantothensäure s. [7]. Die gebundene Form der Pantothensäure extrahiert man aus frischen zerkleinerten Schweineherzen durch kontinuierliche Behandlung mit Wasserdampf. Die wäßrige Lösung wird dann mit Aceton oder Baryt gefällt, die Fällung zerlegt, erneut durch Wolframsäure-Fällung gereinigt und durch Adsorption an Lloyds Reagens sowie nachträgliche Dialyse weiter angereichert[8]. Aus der gebundenen Form, also aus Coenzym A, wird die freie Pantothensäure durch ein Enzym aus Kükenleber oder Taubenmuskel freigesetzt[9].

Die Beobachtung, daß β-Alanin ein Wuchsstoff für Hefe ist[10], führte zu der Vermutung, daß β-Alanin ein Bestandteil der Pantothensäure sein müsse, das als Spaltprodukt dann tatsächlich gefunden wurde[11]. WILLIAMS[12] beschrieb eine Synthese der Pantothensäure aus β-Alanin und der aus krist. Pantothensäure gewonnenen Lactonhälfte des Moleküls, die er Pantoinsäure-lacton nannte. Die wahre Konstitution dieses Pantoinsäure-lactons wurde erst später erkannt.

Die Identität von Küken-Antidermatitis-Faktor und von Leberfaktor 2 mit Pantothensäure konnte durch Vergleich mit dem synthetischen Präparat bewiesen werden.

Eine Partialsynthese der Pantothensäure wurde bereits durchgeführt, bevor ihre Konstitution erkannt war[12]. Bei der Totalsynthese muß auch Pantoinsäure oder ihr Lacton dargestellt werden, und zwar auf folgendem Weg[13]: Isobuttersäure-aldehyd wird mit Formaldehyd kondensiert, um den α,α-Dimethyl-β-oxy-propion-aldehyd zu erhalten. Diese Verbindung wird dann kondensiert mit Kaliumcyanid in Gegenwert von Calciumchlorid, wodurch sich racemisches α-Oxy-β,β-dimethyl-γ-butyrolacton bildet. Dieses letztere Pantoinsäure-lacton wird dann durch verschiedene Methoden mit β-Alanin kondensiert mit fast theoretischer Ausbeute.

---

[1] NISHI, H., T. E. KING and V. H. CHELDELIN: J. Nutrit. **41**, 279 (1950).
[2] KAPLAN, N. O., and F. LIPMANN: J. biol. Ch. **174**, 37 (1948).
[3] MALMSTRÖM, B. G., and D. GLICK: J. biol. Ch. **211**, 677 (1954).
[4] WILLIAMS, R. J., J. H. TRUESDAIL, H. H. WEINSTOCK jr., E. ROHRMAN, C. M. LYMAN and C. H. MCBURNEY: Am. Soc. **60**, 2719 (1938).
[5] WILLIAMS, R. J., C. H. LYMAN, G. H. GOODYEAR, J. H. TRUESDAIL and D. HOLADAY: Am. Soc. **55**, 2912 (1933).
[6] AUHAGEN, E.: Med. u. Chem. **4**, 385 (1942).
[7] NEILANDS, J. B., H. HIGGINS, T. E. KING, R. E. HANDSCHUMACHER and F. M. STRONG: J. biol. Ch. **185**, 335 (1950).
[8] KING, T. E., I. G. FELS and V. H. CHELDELIN: Am. Soc. **71**, 131 (1949).
[9] NEILANDS, J. B., and F. M. STRONG: Arch. Biochem. **19**, 287 (1948).
[10] WILLIAMS, R. J., and E. J. ROHRMAN: Am. Soc. **58**, 695 (1936).
[11] WEINSTOCK, H. H. jr., H. K. MITCHELL, E. F. PRATT and R. J. WILLIAMS: Am. Soc. **61**, 1421 (1939).
[12] WILLIAMS, R. J., and R. T. MAJOR: Science, N. Y. **91**, 246 (1940).
[13] ROSENBERG, H. R.: Chemistry and Physiology of the Vitamins. New York 1945.

Manche Mikroorganismen aus dem Rumen von Rind und Schaf und aus dem Coecum von Ratten sind zur Totalsynthese von Pantothensäure befähigt[1]. Bei andern Erregern gelingt die Synthese nur, wenn der Pantoinsäure-Anteil als Ganzes zur Verfügung gestellt wird[2]. Bei einer 3. Gruppe von Mikroorganismen gelingt sie nur, wenn der β-Alanin-Anteil zur Verfügung steht[3], und eine 4. Gruppe benötigt die Pantothensäure als vollständiges Molekül[2, 4] (vgl. Tabelle 8). β-Alanin entsteht durch Decarboxylierung von Asparaginsäure; die Biosynthese von Pantoinsäure ist unbekannt.

Aus Hefe Rasse M konnte ein Präparat gewonnen werden, das β-Alanin und Pantoinsäure-lacton zur Pantothensäure verknüpft[5].

Die Synthese von radioaktiv markierter Pantothensäure ist möglich, da Synthesen für β-Alanin bekannt sind, bei denen jedes der 3 einzelnen C-Atome markiert werden kann[6].

Physikalische und chemische Eigenschaften (vgl. Tabelle 10). Pantothensäure ist ein schwach-gelbes Öl, aus dem die letzten Spuren Lösungsmittel schwer zu entfernen sind und das daher nicht kristallisiert. Mol.-Gewicht 219,24. Die Natrium-, Kalium- und Calcium-Salze kristallisieren dagegen leicht. Pantothensäure ist leicht löslich in Wasser, Äthanol, Dioxan, Eisessig und Mischungen daraus. Sie ist noch etwas löslich in Äther, Aceton und Amylalkohol, aber praktisch unlöslich in Benzol, Chloroform und Kohlenwasserstoffen. Sie verhält sich hydrophil und wird an Tierkohle adsorbiert, aber nicht an Fullererde. Sie ist leicht zu verestern.

Pantothensäure ist in neutraler Lösung haltbar; durch heiße saure oder alkalische Lösungen wird ihre Wirksamkeit zerstört, da dadurch die Peptidbindung zwischen den beiden Molekülteilen gelöst wird.

Pantothensäure ist optisch aktiv wegen des asymmetrischen Kohlenstoffs im Pantoinsäureteil. Die Ionisationskonstante ist $3{,}9 \cdot 10^{-5}$.

Pantothensäure hat kein charakteristisches Absorptionsspektrum; das Infrarotspektrum zeigt Abb. 1. Die verschmolzenen Absorptionen der OH- und NH-Bindung zeigen sich bei 2,82 μ; die durch die CO—NH-Bindung verursachten Vibrationen zeigen sich bei Wellenzahl 1660 (6,03 μ), während die CH_2—NH-Gruppe nahe 1555 cm^{-1} (6,44 μ) absorbiert. Die Absorption bei Wellenzahl 1595 (6,27 μ) entspricht dem Carboxylat-Ion. In der Gegend der „Fingerabdrücke" eignen sich die starken Absorptionen in der Nähe von 1045 (9,66) und ein Doublett bei 993 und 990 cm^{-1} (entsprechend 10,07 und 10,10 μ) zur Kennzeichnung der Pantothensäure.

Die magnetische Susceptibilität von Calcium-pantothenat wurde gefunden: spezifische Susceptibilität theoretisch: $0{,}559 \cdot 10^{-6}$ (gefunden $0{,}555 \cdot 10^{-6}$), die molare theoretisch: $266{,}26 \cdot 10^{-6}$ (gefunden $262{,}1 \cdot 10^{-6}$)[7].

Physiologische und pharmakologische Eigenschaften. Von Pantothensäure wurden bisher keine auffälligen pharmakologischen Wirkungen beobachtet. Die DL_{50} in g/kg Körpergewicht beträgt bei subcutaner Injektion bei Maus (bzw. Ratte) 2,7 (3,4); nach intraperitonealer Gabe 0,92 (0,82) und nach intravenöser Gabe 0,91 (0,83)[8]. Die DL_{50} nach oraler Gabe bei Mäusen ist 10 g/kg; Ratten zeigten bei derselben Dosis keinerlei Vergiftungserscheinungen[9]. Bei Hunden und Affen wurden nach oraler Gabe von 1 g

[1] McElroy, L. W., and H. Goss: J. Nutrit. **21**, 405 (1941).
[2] Woolley, D. W.: J. biol. Ch. **130**, 417 (1939). — Deschiens, R., et F. Pick: C. R. Soc. Biol. **143**, 662 (1949).
[3] Müller, J. H., and A. W. Klotz: Am. Soc. **60**, 3086 (1938). — Nielsen, N., and V. Hartelius: B. Z. **295**, 211 (1938).
[4] Möller, E.: Angew. Chem. **53**, 204 (1940).
[5] Wieland, T., u. E. F. Möller: H. **272**, 232 (1942).
[6] Fritzson, P., och L. Eldjarn: Scand. J. clin. Lab. Invest. **4**, 375 (1952) [Chem. Abstr. **47**, 9917].
[7] Woernley, D. L.: Arch. Biochem. **54**, 378 (1955).
[8] Unna, K., and J. G. Greslin: J. Pharmacol. exp. Ther. **73**, 85 (1941).
[9] Knott, R. P., D. P. N. Tsao, R. S. McCutcheon, V. H. Cheldelin and T. E. King: Proc. Soc. exp. Biol. Med. **95**, 340 (1957).

Calcium-pantothenat je kg Körpergewicht keine krankhaften Erscheinungen gesehen; weder Kreislauf, Atmung, Stoffwechsel noch die glatten Muskeln überlebender Organe wurden durch Pantothensäure beeinflußt. Beim Menschen wurden nach intravenöser Gabe von 100 mg Pantothensäure weder subjektiv noch objektiv krankhafte Erscheinungen beobachtet[1].

Tägliche Dosen von 50 bzw. 200 mg bewirkten bei Ratten während 190 Tagen keine Störung der Entwicklung, der Lebensvorgänge und der Fortpflanzung. Hunde erhielten

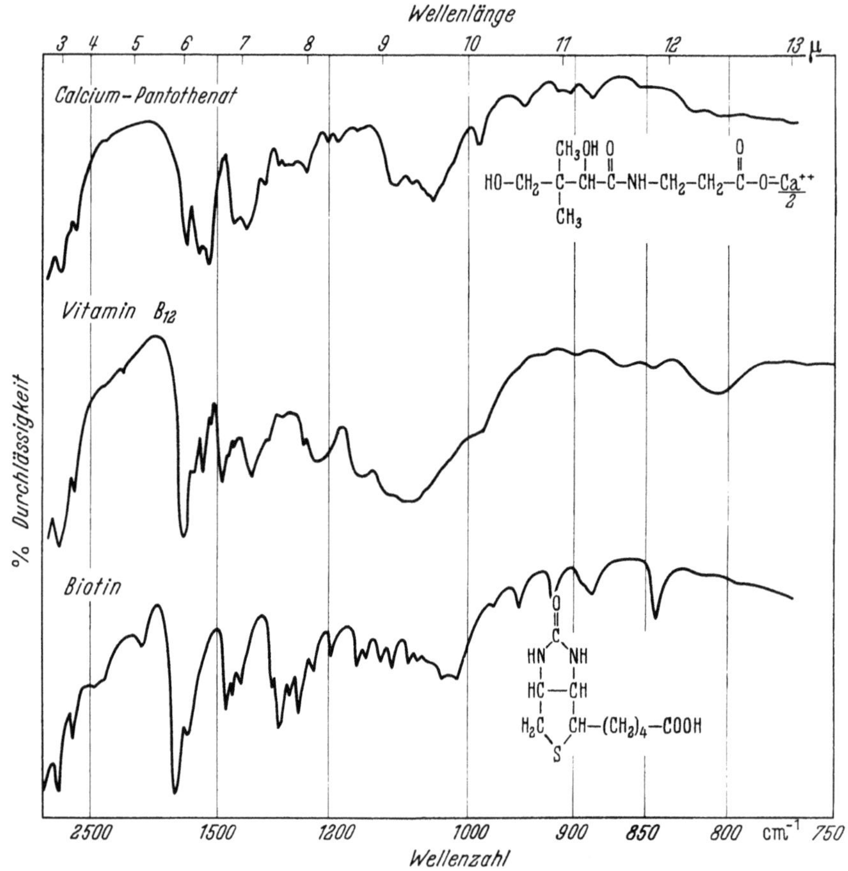

Abb. 1. Infrarotspektrum von Calcium-pantothenat, Vitamin B_{12} und Biotin[2].

50 mg Calciumpantothenat je kg und Affen 1 g/kg täglich während 6 Monaten ohne krankhafte Erscheinungen. Gibt man 1 g Ca-pantothenat per os, so werden 5 % während der ersten 2 Std und 10 % während der nächsten 24 Std mit dem Harn wieder ausgeschieden[3].

Bei experimentellem Pantothensäure-Mangel ist die oral und parenteral gegebene Pantothensäure gleich wirksam; Coenzym A dagegen wird bei oraler Gabe nur etwa zur Hälfte ausgenutzt, da das ungespaltene CoA nicht resorbiert wird[4]. Bei üblicher Ernährung scheidet der Mensch täglich 2,5—9,6, im Mittel 5,7 mg Pantothensäure mit dem Harn aus[5]; bei Stoffwechselkrankheiten ist dieser Wert unverändert[6]. Bei Pantothensäure-Mangel gehen diese Werte stark zurück. Im Blut findet sich 0,1 γ Pantothensäure je cm^3. Steigt diese Konzentration über 0,12 γ an, so wird Pantothensäure im Harn aus-

[1] Spies, T. D., D. P. Hightower and L. H. Hubbard: J. amer. med. Ass. **115**, 292 (1940).
[2] Rosenkrantz, H.: The infrared analysis of vitamins, hormones, and coenzymes. Meth. biochem. Analysis Bd. V, S. **407** (1957).
[3] Pearson, P. B.: Amer. J. Physiol. **135**, 69 (1941).
[4] Hegsted, D. M., and F. Lipmann: J. biol. Ch. **174**, 89 (1948).
[5] Chini, V.: Bull. schweiz. Akad. med. Wiss. **6**, Suppl. **1**, 20 (1950).
[6] Gershberg, H., S. H. Rubin and E. P. Ralli: J. Nutrit. **39**, 107 (1949).

geschieden[1]. Eine Aufspaltung der Pantothensäure in Pantoinsäure und β-Alanin ist im Tier bisher nicht nachgewiesen.

Der Bedarf des Menschen an Pantothensäure wird durch die übliche Kost immer gedeckt. Dazu kommt, daß die Darmbakterien auch beim Menschen ebenso wie bei der Ratte Pantothensäure bilden können und damit zur Versorgung beitragen. Zahlenmäßige Angaben über die für den Menschen täglich benötigte Menge Pantothensäure lassen sich daher nur schätzen: Rechnet man die im Tierversuch gefundenen Werte für den Menschen um, so ergibt sich ein Normalbedarf von 0,1 mg Pantothensäure je kg Körpergewicht. Bei erhöhtem Stoffwechsel wie bei Kälte, Hyperthyreose, Gravidität und Wachstum ist der Bedarf etwa doppelt bis 3mal so hoch, bei rasch wachsenden Kindern noch höher.

Daß auch der Mensch einen echten Bedarf an Pantothensäure hat, haben Versuche mit experimentellem Pantothensäure-Mangel durch Darreichung der antagonistisch wirkenden ω-Methylpantothensäure ergeben[2], wobei man die klinischen und biochemischen Ausfallserscheinungen ebenfalls beobachten konnte.

Pantothensäure bzw. Pantothenol werden als Arzneistoffe bei vielen chronischen Erkrankungen[3], Epithelschäden, Hauterkrankungen, zur Wundheilung und zur Milderung entzündlicher Erscheinungen angewandt.

Pantothenol ist im Tierversuch und beim Menschen ebenso wirksam wie Pantothensäure[4]. Es wird langsamer, aber vollständiger verwertet und weniger im Harn ausgeschieden[5]. Alle Pantothensäure-ester, insbesondere die mit langen Fettsäureketten, werden schlechter ausgenutzt als freie Pantothensäure[6]. Methyl- und Äthyl-ester sind im Tierversuch wirksam, bei Mikroorganismen dagegen wenig. Der Vitamin-Charakter geht aber völlig verloren, wenn die γ-Hydroxylgruppe im Pantoinsäure-Anteil des Moleküls verestert ist. Panthethin ist bei oraler und intraperitonealer Gabe in äquimolaren Dosen fast ebenso wirksam wie Ca-pantothenat[7].

a) Bestimmung.

Allgemeines. Da Pantothensäure ziemlich beständig ist, ist es nicht schwierig, den im Untersuchungsmaterial vorhandenen Pantothensäure-Gehalt bis zur Durchführung der eigentlichen Messung zu erhalten. Bei größeren Untersuchungsreihen wird die Aufbewahrung der Probe bei —20° oder die Gefriertrocknung von Lösungen empfohlen[8]. Dadurch kann vermieden werden, daß auf dem Untersuchungsgut Mikroorganismen wachsen, die Pantothensäure verbrauchen oder neu bilden (Coli, Proteus). Durch Erhitzen der Proben während 10 min auf 100° werden die Proben nicht nur sterilisiert[9], sondern es wird auch verhindert, daß biochemische Vorgänge, die Pantothensäure verbrauchen, weiterlaufen. So vorbereitet, können die Proben aufbewahrt oder nach Zerkleinerung weiterverarbeitet werden.

Die gebundene Pantothensäure darf nicht durch starke Mineralsäuren oder Alkalien freigesetzt werden, da Pantothensäure dann zerstört würde. Die Freisetzung aus Leber oder Hefe erfolgt am besten durch Autolyse während 16 Std bei 37°[10] oder bei andern Organproben durch zugesetzte Fermente, wie z. B. Darmphosphatase + Extrakt aus

[1] SCHMIDT, V.: Int. Z. Vit.-Forsch. **22**, 257 (1950). J. Gerontol. **6**, 132 (1951).
[2] BEAN, W. B., R. E. HODGES and K. DAUM: J. clin. Invest. **34**, 1073 (1955). — BEAN, W. B., and R. E. HODGES: Proc. Soc. exp. Biol. Med. **86**, 693 (1954). — THORNTON, G. H. M., W. B. BEAN and R. E. HODGES: J. clin. Invest. **34**, 1085 (1955).
[3] VOELKEL, A.: Arch. int. Pharmacodyn. Thérap. **107**, 271 (1956).
[4] PFALTZ, H.: Z. Vit.-Forsch. **13**, 236 (1943). — LUDOVICI, P. P., and A. E. AXELROD: Proc. Soc. exp. Biol. Med. **77**, 530 (1951).
[5] BRAEKKAN, O. R.: Acta pharmacol. toxicol., København **11**, 215 (1955).
[6] SAKURAGI, T., and F. A. KUMMEROW: J. Nutrit. **59**, 327 (1956).
[7] THOMPSON, R. Q., O. D. BIRD and F. E. PETERSON: J. Nutrit. **53**, 341 (1954).
[8] LÉVY, G., et A. GIROUD: Bull. Soc. Chim. biol. **35**, 507 (1953).
[9] METZGER, W. J.: J. Bacteriology **54**, 135 (1947).
[10] MARNAY, C.: Bull. Soc. Chim. biol. **35**, 220 (1953).

Vogelleber (Schweineniere). Der früher übliche Aufschluß mit Mylase P* + Papain setzt nach neueren Untersuchungen[1] nicht alle gebundene Pantothensäure frei. Die Darmphosphatase löst die Bindung zwischen Phosphorsäure und Pantoinsäure, der Taubenleberextrakt die Peptidbindung zwischen Cysteamin und β-Alanin.

Physikalische, chemische und mikrobiologische Bestimmungen erfassen nur die freie, der Wachstumsversuch an Küken und Ratten dagegen die gesamte (freie + gebundene) Pantothensäure. Daß der fermentative Aufschluß der gebundenen Pantothensäure vollständig ist, erkennt man daran, daß die Ergebnisse des mikrobiologischen Versuchs und des Kükenversuchs übereinstimmen[2]. Fermentaufschluß s. unten.

Aufarbeitung von Analysenmaterial. Der fermentative Aufschluß der gebundenen Pantothensäure in tierischen Organen wurde von Ives und Mitarbeitern[3] genau untersucht und schließlich[3] nachstehende Vorschriften empfohlen:

Eine gewogene Probe von 1—40 mg zerkleinertem (homogenisiertem) Untersuchungsgut, die etwa 0,1—0,5 γ Pantothensäure enthält, wird in 0,5 cm³ Wasser aufgeschwemmt, dann 0,05 cm³ Leberenzym-Lösung, 0,2 cm³ Darmphosphatase-Lösung sowie 0,05 cm³ 0,1 m $NaHCO_3$-Lösung zugegeben und mit destilliertem Wasser auf 1 cm³ aufgefüllt. Die verschlossenen Röhrchen werden 4 Std lang bei 37° bebrütet. Dann werden die Ansätze für den mikrobiologischen Versuch verdünnt. Zur Entfernung störender Fettsubstanzen säuert man auf p_H 4,6 an und filtert die Lösung durch ein hartes Filter. Eine Blindprobe mit den gleichen Enzymmengen soll man bei den Ansätzen mitlaufen lassen und deren Pantothensäuregehalt von dem der untersuchten Proben abziehen.

Die für den Fermentaufschluß benötigte Darmphosphatase und Peptidase kann man von Armour & Co., Chicago, fertig beziehen oder auf einfache Weise selbst herstellen gemäß nachstehender Vorschrift:

Herstellung der alkalischen Darmphosphatase aus Dünndarm nach Schmidt *und* Thannhauser[4]: Bei Kälbern werden die obersten 2 m Dünndarm unmittelbar hinter dem Ausgang des Magens abgetrennt, sauber gespült und der Länge nach aufgeschnitten; die Mucosa wird vorsichtig abgeschabt, in Wasser bei p_H 9 suspendiert und nach Zusatz einiger Tropfen Trypsinlösung bei 37° etwa 10 Tage lang verdaut. Überschichtung des Ansatzes mit Toluol schützt vor zusätzlicher Infektion. Die entstandene trübe Flüssigkeit wird nun mit $(NH_4)_2SO_4$ bis zu 90% Sättigung versetzt, der entstandene Niederschlag abgeschleudert und der Bodensatz wieder in Wasser gelöst. Die Phosphatase in dieser Lösung wird nun nochmals durch Ammoniumsulfat bei 80% Sättigung ausgefällt, der Niederschlag wieder in Wasser aufgenommen und die Lösung dann gegen Ammoniumacetatpuffer p_H 8,8 dialysiert. Durch Adsorption an Aluminium-hydroxyd werden weitere Verunreinigungen abgetrennt, restliches Trypsin wird durch Adsorption an Kaolin entfernt. Dann wird das Ferment aus der wäßrigen Lösung mit Aceton bei 0° gefällt, der abgeschleuderte Niederschlag in Wasser aufgenommen und erneut mit Aceton gefällt. Nun wird das Ferment wieder in Wasser gelöst und gegen Ammoniumacetatpuffer dialysiert. Danach ist die Lösung bei 0° monatelang haltbar. Die Aktivität des Ferments soll etwa 1000 Phosphataseeinheiten/mg N betragen.

Herstellung des Peptidase-Präparates aus Leber nach Kaplan *und* Lipmann[5]: Von frisch getöteten jungen Küken oder Tauben nimmt man die Leber und zerreibt sie bei 0° mit der 20fachen Menge Aceton. Die entstandene Fällung wird dann mit Aceton und peroxydfreiem Äther gewaschen, getrocknet und als Trockenpulver aufbewahrt. Zum Gebrauch wird ein Teil dieses Pulvers mit seinem 10fachen Gewicht eiskalter 0,02 m $NaHCO_3$-Lösung extrahiert und vom Ungelösten abgeschleudert. Bei Zimmertemperatur

---

* Mylase P zu beziehen von Wallerstein Laboratories, New York.

[1] Neilands, J. B., and F. M. Strong: Arch. Biochem. **19**, 287 (1948).

[2] Hegsted, D. M., and F. Lipmann: J. biol. Ch. **174**, 89 (1948).

[3] Ives, M., and F. M. Strong: Arch. Biochem. **9**, 251 (1946).

[4] Schmidt, G., and S. J. Thannhauser: J. biol. Ch. **149**, 369 (1943).

[5] Kaplan, N. O., and F. Lipmann: J. biol. Ch. **174**, 37 (1948).

ist das Enzym in Lösung nicht haltbar, sondern nur als Trockenpulver, am besten in abgeschmolzenen Ampullen.

Physikalische Bestimmung. Die Bestimmung der Pantothensäure mit physikalischen Methoden ist nur für Lösungen der Reinsubstanz brauchbar; sie eignen sich daher vorzüglich zur Feststellung des Reinheitsgrades. Zum Nachweis von Pantothensäure neben vielen Begleitstoffen, z. B. in Naturprodukten, sind die bekannten physikalischen Verfahren aber zu unspezifisch und daher nicht brauchbar.

Das Absorptionsspektrum im sichtbaren Licht ist wenig charakteristisch. Das Infrarotspektrum bietet einige Absorptionsbanden, die sich zur Charakterisierung von Pantothensäure eignen (vgl. Abb. 1 und S. 1423).

Auf die Messung der magnetischen Susceptibilität des Calciumpantothenats zur Bestimmung des Reinheitsgrades sei hingewiesen.

Außerdem kann Pantothensäure noch durch die tropfende Quecksilber-Elektrode reduziert und daher polarographisch ausgewertet werden[1].

Pantothensäure läßt sich auch *papierchromatographisch* nachweisen, wobei die Flecken durch Besprühen mit 0,2%iger Ninhydrinlösung in wassergesättigtem n-Butanol sichtbar gemacht werden können. Als Fließmittel dient wassergesättigtes Phenol, R_F-Wert 0,73. Die Phosphate der Pantothensäure können papierchromatographisch voneinander abgetrennt werden. Zum Nachweis der Flecken dient das Phosphatreagens*, als Fließmittel für die Trennung der Phosphate dient *I.* Propanol/Ammoniak/Wasser 6:3:1 oder *II.* Isobuttersäure/0,5 m Ammonium-isobutyrat 10:6. Die R_F-Werte sind:

Ester	I	II
Pantothensäure-2-phosphat . .	0,45	0,40
Pantothensäure-4-phosphat . .	0,33	0,37
Pantothensäure-2,4-di-phosphat	0,13	0,18

Der mikrobiologische Nachweis der Pantothensäure-Verbindungen auf dem Papierchromatogramm erfolgt analog wie bei Biotin beschrieben (vgl. S. 1453). Als Testorganismus nimmt man dabei am besten Lb. arabinosus 17/5. Geeignet sind aber auch noch Lb. helveticus, Lb. casei und Saccharomyces carlsbergensis 4228. Als Nährmedium dient Bacto Pantothenat Assay Medium B 323 dehydrated DIFCO (Bezugsquelle S. 1433)[2,3].

Eine *chromatographische Bestimmung* von Pantothensäure im Harn beschreiben CROKAERT und Mitarbeiter[4]: 25 cm³ Harn werden durch eine 30 cm hohe Adsorptionssäule mit saurem Dowex-Harz und Nachwaschen mit 100 cm³ H_2O von Begleitstoffen befreit. Die Pantothensäure in 75 cm³ des letzten Filtrats wird mit wenig Salzsäure bei 100° 60 min lang hydrolysiert, die wäßrige Lösung zur Trockne eingedampft, der Überstand bei p_H 5 in 2 cm³ gelöst und in einer zweiten Adsorptionssäule, gefüllt mit Natriumharz von Dowex, das Chromatogramm durch einen Citratpuffer von p_H 4,92 und 1% Netzmittel entwickelt. Jeder Kubikzentimeter des Filtrats wird mit Ninhydrin auf seinen Gehalt an β-Alanin colorimetrisch untersucht[5].

Um die Flecken der Pantothensäure auf dem Papier sichtbar zu machen, kann man auch die Farbreaktion von Pantoinsäure mit FOLINs Reagens (s. S. 1428) heranziehen. Zu diesem Zweck muß die Pantothensäure auf dem Papier durch Besprühen mit 10%iger Na_2CO_3-Lösung und kurzes Erhitzen hydrolysiert werden; beim Besprühen mit einer

* 5 cm³ 60%ige Perchlorsäure, 10 cm³ n HCl und 25 cm³ 4%ige Ammoniummolybdatlösung werden gemischt und mit Wasser auf 100 cm³ aufgefüllt. Nach dem Besprühen wird das Chromatogramm mit heißer Luft getrocknet und noch 7 min bei 85° gehalten. Zur völligen Hydrolyse der Phosphorsäureester muß das Papier mit Wasserdampf gesättigt sein. Nach Einwirkung von H_2S erscheinen dann die Flecken als blaue Molybdän-phosphorsäure-Komplexverbindungen.

[1] LINGANE, J. J., and O. L. DAVIS: J. biol. Ch. **137**, 567 (1941). — FROST, D. V.: Industr. engng. Chem., analyt. Ed. **15**, 306 (1943).

[2] CRAMER, F.: Papierchromatographie. S. 169, Weinheim/Bergstr. 1957.

[3] WACKER, A.: Rauen, Biochem. Taschenb. S. 1139.

[4] CROKAERT, R., S. MOORE et E. J. BIGWOOD: Bull. Soc. Chim. biol. **33**, 1209 (1951).

[5] MOORE, S., and W. H. STEIN: J. biol. Ch. **176**, 367 (1948).

0,5 %igen Lösung von β-Naphthochinon-4-sulfonat-natrium und nochmaligen kurzen Erwärmen erhält man einen gelben Fleck.

Chemische Bestimmung. Die chemischen Bestimmungen der Pantothensäure sind unspezifisch, wenig empfindlich und daher nur zur Untersuchung von relativ reinen Lösungen geeignet, z. B. von Arzneipräparaten, Vitaminmischungen usw. Zur Untersuchung von biologischem Material (Harn, Pflanzenextrakten usw.) kann man die chemischen Verfahren nur nach Anreicherung der Pantothensäure und vorheriger umständlicher Entfernung der vielen, ähnlich reagierenden Begleitstoffe verwenden.

Eine chemische Nachweisreaktion, die spezifisch das ganze Pantothensäuremolekül erfaßt, ist noch nicht bekannt. Mit FOLINs Reagens (β-Naphtho-chinon-4-sulfonat)[1] geben > 2 mg Pantothensäure je cm^3 eine Gelbfärbung; viele α-Aminosäuren stören, da sie eine rotorange Färbung geben. Mit Ninhydrin gibt Pantothensäure keine zum Nachweis geeignete Farbreaktion.

Die gebräuchlichen chemischen Bestimmungen beruhen alle auf Farbreaktionen mit einem der beiden Spaltprodukte der Pantothensäure, nämlich:

A. β-Alanin und

B. Pantoinsäure bzw. Pantoinsäurelacton,

die sich zu colorimetrischen Bestimmungen verwerten lassen.

2 mg Pantothensäure werden durch Erhitzen mit 5 cm^3 0,1 n Sodalösung bei 100° in 15 min vollständig in beide Bruchstücke A und B gespalten. Das bei der Hydrolyse gebildete β-Alanin ist in dieser Sodalösung mindestens 2 Std haltbar. Beim Erhitzen mit 0,1 n HCl benötigt man zur vollständigen Spaltung > 1 Std. Die beim Erhitzen erhaltenen Hydrolysate werden nach dem Abkühlen in jedem Fall genau neutralisiert (Phenolphthalein soll schwach rosa bleiben).

A. Bestimmung von β-Alanin.

***1. Bestimmung von β-Alanin aus Pantothensäure nach* CROKAERT, MOORE *und* BIGWOOD[2,3].**

Prinzip:

β-Alanin gibt eine braungelbe Farbe bei der Reaktion mit β-Naphthochinon-sulfonat-natrium[2,3]. Die Reaktion gelingt gleich gut bei vorausgegangener saurer oder alkalischer Hydrolyse.

Reagentien:

1. Natriumborat, 1 %ig.
2. β-Naphthochinon-4-sulfonat-Na, 0,5 %ig.
3. 0,1 n Hyposulfit.
4. Natriumsulfat, 1 %ig.

Ausführung:

Zu 5 cm^3 neutralisierter Hydrolyselösung gibt man 1 cm^3 Natriumboratlösung, um den p_H auf 9,2—9,4 einzustellen, dann 1 cm^3 β-Naphthochinon-4-sulfonatnatrium und hält genau 10 min im Wasserbad von 100°. Nach Abkühlung fügt man 1 cm^3 Hyposulfitlösung zu, um den Überschuß des verwendeten Reagens zu zerstören.

Nach 5 min füllt man auf 25 cm^3 auf und liest am Photometer 10 min später im Vergleich zu einer ebenso behandelten Lösung ab, die statt der Hydrolyselösung 5 cm^3 Na_2SO_4 enthält. Filter 420 mμ. Die Farbtiefe ist 30 min konstant. Die Vergleichslösung ist leicht hellbraun wegen unvollständiger Zerstörung des Überschusses an verwendetem Reagens, mehr Hyposulfit würde jedoch wegen Ausscheidung von Schwefel stören.

Berechnung:

Aus einer Standardkurve läßt sich der Gehalt an β-Alanin entnehmen. Standardkurve mit β-Alanin mit 10—250 γ N, entsprechend 0,156—3,91 mg Pantothensäure in der meist

[1] FOLIN, O.: J. biol. Ch. **51**, 377 (1922).
[2] CROKAERT, R.: Bull. Soc. Chim. biol. **31**, 903 (1949); **32**, 541 (1950).
[3] CROKAERT, R., S. MOORE et E. J. BIGWOOD: Bull. Soc. Chim. biol. **33**, 1209 (1951).

verwendeten 5 cm³ Lösung. Lambert-Beer-Gesetz ist gültig. 1 mg β-Alanin entspricht 2,46 mg Pantothensäure.

2. β-Alanin bildet nach Oxydation mit $KMnO_4$-Lösung in Anwesenheit von KBr durch Reaktion mit 2,4-Dinitro-phenylhydrazin eine in Wasser unlösliche Verbindung. Diese wird in Pyridin gelöst und gibt nach Zusatz von NaOH eine beständige Blaufärbung, die bei 570 mμ colorimetrisch gemessen werden kann. Das in Vitaminpräparaten oder -konzentraten vorhandene Calciumpantothenat muß durch Chromatographieren über eine Al_2O_3-Säule erst von etwa begleitendem Niacin, Niacinamid, Thiamin und Pyridoxin befreit werden, Elution mit 50% H_2SO_4. Ascorbinsäure stört die Bestimmung. Das Eluat wird wie oben beschrieben hydrolysiert[1].

3. Die Bestimmung von β-Alanin mit Ninhydrin[2] ist unempfindlich und gelingt nur in Lösungen, die frei sind von α-Aminosäuren oder anderen Stoffen mit ähnlichen Atomgruppierungen.

4. Kleine Mengen β-Alanin kann man noch gut erfassen, wenn man ihre Wuchsstoffwirkung bei Hefe ausnutzt. Genauigkeit ±25%. Carlsberg-Hefe ist empfindlich bis zu 0,13 γ β-Alanin je cm³. Harn und Milch enthalten viel β-Alanin, Eidotter, Blutserum nur wenig[3].

B. Bestimmung von Pantoinsäure. Spaltet man Pantothensäure oder Panthenol in stärker saurer Lösung als p_H 4,7, so bildet sich statt Pantoinsäure das entsprechende Pantoinsäure-lacton (Strukturformel S. 1435), das sich nach Reaktion mit Hydroxylamin als purpurrot gefärbtes Fe^{III}-Salz der entstandenen Pantoyl-hydroxamsäure colorimetrieren läßt. Diese Reaktion geben Ester und Lactone[4]. 1 mg Pantoinsäure-lacton entspricht 1,685 mg Pantothensäure. Die Ergebnisse dieser Untersuchung stimmen mit denen des Rattenversuchs gut überein. Genauigkeit ±3,2%. Das Verfahren unterscheidet natürlich nicht zwischen d- und l-Form der Pantothensäure[5].

Thiamin, Riboflavin, Niacinamid, Biotin und Folsäure geben keine solchen Farbreaktionen. Pyridoxin ergibt bräunliche Farbe, die man (ebenso wie präformiertes Pantoinsäure-lacton) ausschalten kann, wenn man Kontrollmessungen vor und nach der sauren Hydrolyse durchführt. Ascorbinsäure dagegen stört beträchtlich. Liegt Panthenol vor, so kann man Ascorbinsäure durch Adsorption an Amberlite IRA-400-OH ausschalten; Panthenol kann nämlich durch große Mengen Wasser vom Amberlite wieder ausgewaschen werden; wieviel vom Panthenol dabei wiedergewonnen wird, kann man durch Zulage von notorischem Panthenol in einer Parallelprobe ermitteln. Calciumpantothenat wird dagegen von Amberlite festgehalten.

***Bestimmung von Pantoinsäure aus Pantothensäure nach* WOLLISH *und* SCHMALL[5].**

Reagentien:

1. d-Calciumpantothenat, wäßrige Lösung, 0,6 mg/cm³.
2. Hydroxylamin-NaOH-Reagens: 7,5 g Hydroxylamin · HCl, gelöst in 100 cm³ n NaOH, stets frisch zubereiten.
3. 2,4-Dinitrophenol, 1%ig in 95%igem Äthanol.
4. $FeCl_3$, 2%ige wäßrige Lösung.
5. Amberlite IRA-400-OH für analytische Zwecke (Röhm und Haas).
6. d-Panthenol, wäßrige Lösung, 2 mg/cm³.
7. Acetatpuffer: 25 cm³ von 2,5 m Na-acetat und 40 cm³ 1 n H_2SO_4, p_H etwa 4,2.

Ausführung:

Calciumpantothenat oder Pantothenol in Lösung werden in Wasser verdünnt, Tabletten werden fein zerrieben, mit Wasser versetzt und von der Stärke abfiltriert. Multi-Vitamin-Kapseln mit > 25 mg Pantothensäure werden halbiert, Schere oder Rasierklingen

[1] SZALKOWSKI, C. R., W. J. MADER and H. A. FREDIANI: Cereal Chem. **28**, 218 (1951).
[2] Siehe Bd. III, S. 1718ff.
[3] NIELSEN, N., u. V. HARTELIUS: B. Z. **309**, 304 (1941).
[4] FEIGL, F., V. ANGER u. O. FREHDEN: Mikrochem. **15**, 9 (1934).
[5] WOLLISH, E. G., and M. SCHMALL: Analyt. Chem., Washington **22**, 1033 (1950).

mit Papier abgewischt, alles zusammen in einen trockenen 250 cm^3-Becher gegeben und die Kapseln mit 50 cm^3 Petroläther sowie genau 25 cm^3 Wasser extrahiert. Die abgehobene wäßrige Schicht wird nun im Zentrifugenbecher zentrifugiert und 10—15 cm^3 außerdem filtriert. Enthält die Probe nur Pantothensäure oder Panthenol (ohne Pantoyllacton!), so wird die Lösung verdünnt auf 0,6 mg/cm^3 und direkt untersucht; enthält sie aber auch Pantoinsäure oder Ascorbinsäure, so muß sie erst durch einen Ionenaustauscher gereinigt werden und wird daher auf 1 mg Panthenol je cm^3 verdünnt.

2 Chromatographierohre (1,4 cm ∅, 20 cm lang, Glashahn am unteren Ende) werden wie folgt vorbereitet:

Auf einen Pfropf von Glaswolle füllt man eine 4 cm hohe Schicht von Amberlite IRA-400-OH, das mit mehreren Portionen von zusammen 50 cm^3 2 n HCl behandelt wird und dann mit 25 cm^3 Wasser gewaschen wird; das Harz wird dann beladen mit 50 cm^3 10%igem NaOH, dessen Überschuß sorgfältig entfernt wird durch nachfolgendes Waschen mit Wasser, insgesamt 50 cm^3. Unter einem Überstand von 10 cm^3 Wasser wird der Austauscher durch Umrühren mit Glasstab von allen Luftblasen befreit. Dann wird der ganze Überschuß an Wasser bis auf eine 5 mm hohe Schicht entfernt. Vor Beginn des Versuches wird auch dieses Wasser unten abgelassen, dann werden von der zu untersuchenden Probe etwa 2 mg Panthenol auf *jede* der beiden Säulen gegeben. Bei relativ reinen Panthenollösungen ist es zweckmäßig, vor der Behandlung mit dem Austauscher die Lösungen zu verdünnen mit Acetat-Puffer von p_H 4,2, da man so Verluste an Panthenol vollkommen vermeiden kann. Zu einem gibt man dann 1 cm^3 Wasser, zum anderen 1 cm^3 Pantothensäure-Standard, der genau 2 mg Panthenol enthält. Die Lösungen fließen durch die Säulen, so daß 0,5 cm^3/min unten abfließen, bis keine Flüssigkeit mehr über dem Austauscher steht. Dann wird jede Kolonne eluiert mit ungefähr 80 cm^3 Wasser, wobei die ersten 3—4 cm^3 sehr langsam fließen, der Rest mit etwa 3 cm^3/min. Die Eluate werden gesammelt in 250 cm^3-Erlenmeyer-Kolben und auf dem Wasserbad unter Luftstrom bis zur Trockne eingedampft. In den Kolben gibt man dann 5 cm^3 Wasser und 3 cm^3 1 n HCl und spült die Kolbenwandung herunter; die Lösungen sind fertig zur Hydrolyse.

Zur Hydrolyse der salzsauren Lösung von Pantothensäure oder Panthenol erhitzt man sie 3 Std auf 80° oder 1,5 Std auf 100°. Für die Lösungen von Pantothensäure und Panthenol, die keine Störsubstanz enthalten, wird ein aliquoter Anteil von etwa 5 cm^3 (mit etwa 3 mg Pantothensäure oder Panthenol) in 50 cm^3-Meßkolben pipetiert, 3 cm^3 1 n HCl zugefügt und dann erhitzt. Die durch den Ionenaustauscher gelaufenen Lösungen von Pantothensäure und Panthenol können unmittelbar hydrolysiert werden. Nach der Hydrolyse kühlt man die Meßkölbchen auf Zimmertemperatur ab und fügt zu:

2 cm^3 Hydroxylamin-NaOH-Reagens und weitere 5 cm^3 1 n NaOH.

Nach 5 min werden 3 Tropfen von der gelben 2,4-Dinitrophenol-Lösung zugegeben und die Lösung sorgfältig bis zum Endpunkt völliger Farblosigkeit titriert. Dann wird das Volumen mit Wasser auf 50 cm^3 aufgefüllt. 5 cm^3 dieser Testlösung und 1 cm^3 2%iger $FeCl_3$-Lösung werden nun gemischt und im Colorimeter mit Filter 500 mμ in der Zeit zwischen der 45.—60. sec nach Zugabe der Eisenlösung (am besten licht-elektrisch) gemessen. Blindproben erhält man aus den gleichen Mengen der Untersuchungslösung unter Weglassung der Hydrolyse. Zur Eichkurve für die Absorption benutzt man 3 mg des Calciumpantothenat-Standard-Präparates.

Berechnung:

T = Absorption der hydrolysierten Testlösung.
T_b = Absorption der nichthydrolysierten Testlösung (Blindprobe).
S = Absorption der hydrolysierten Standardlösung.
S_b = Absorption der nichthydrolysierten Standardlösung.
D = Etwaiger Verdünnungsfaktor, d. h. welcher aliquote Anteil der Gesamtprobe zur Hydrolyse angesetzt wurde.

C = mg Pantothensäure oder Panthenol in 5 cm³ aliquotem Anteil der Standardlösung.

$\frac{T - T_b}{S - S_b} \frac{C}{D}$ = mg Pantothensäure oder Panthenol.

1 mg pantothensaures Calcium entspricht 0,8613 mg Panthenol.

Bemerkungen:

Statt Amberlite IRA-400-OH kann man auch einen anderen, stark basischen Austauscher nehmen; Merck-Austauscher oder Levatit MI.

Die Geschwindigkeit, mit der die Lösung durch den Austauscher fließt, muß genau eingehalten werden. Fließt die Lösung zu rasch, so ist die Adsorption nicht vollständig; fließt sie zu langsam, so wird Pantothensäure hydrolysiert und als Pantoinsäure adsorbiert. Die Hydroxylaminlösung muß *vor* der NaOH zugesetzt werden und nicht umgekehrt, da auch sonst Pantoinsäure aus dem Pantoyl-lacton gebildet wird. Die Intensität der Farbe ist bei 8° größer als bei 20°.

Enzymatische Bestimmung. Pantothensäure liegt in vielen Organen überwiegend in gebundener Form vor als Coenzym A und kann daher durch dessen enzymatische Wirksamkeit bestimmt werden. Gebräuchlich sind 3 Verfahren:

a) Acetylierung von Sulfanilamid durch Taubenleber-Extrakte[1].

b) Arsenolyse von Acetylphosphat (Phospho-trans-acetylase)[2].

c) Oxydation von α-Ketoglutarsäure[3], spektrophotometrisch[3], bei 340 mμ rasch und spezifisch.

Diese Verfahren sind genau beschrieben[4-6].

Ein sehr reines Standardpräparat ist käuflich*, man kann es auch selbst herstellen, z. B. aus Hefe[7] oder ein besonders reines Präparat nach [8].

Die Spezifität aller enzymatischen Verfahren ist sehr groß, ihre Empfindlichkeit zum Nachweis von 1 Einheit CoA gut geeignet. 1 Einheit CoA entspricht 0,7 γ gebundener Pantothensäure.

1 Einheit CoA ist jene Menge, die das unter [1] beschriebene Enzymsystem bis zur Hälfte seiner maximalen Leistungsfähigkeit aktiviert.

Mikrobiologische Bestimmung. Diese Verfahren beruhen auf der Tatsache, daß Lb. casei und arabinosus[9] oder die pantothensäurefreie Mutante von E. coli ihren Vitaminbedarf nicht mit Coenzym A decken können[10]. Um Pantothenat aus dieser Coenzym A-Bindung freizusetzen, benötigt man 2 Enzyme, eine Phosphatase und eine bestimmte Peptidase. Beide Enzyme sind käuflich**. Daher ist das Verfahren besonders einfach und kann selbst in einfachen Laboratorien durchgeführt werden. Das Verfahren wird durch Begleitstoffe in den Gewebsextrakten wenig gestört und ist hochempfindlich, da 0,03 E Coenzym A (entsprechend 0,02 γ Pantothensäure) noch erfaßt werden können.

Andere Mikroorganismen wie Acetobacter suboxydans verwerten das gesamte Molekül Coenzym A und den PAC-Faktor (=Phospho-4-pantethin[11]), während Lb. bulgaricus nur

---

* Zu beziehen bei Firma Pabst und Co., Pabst Laboratories, 1037 McKinley Ave., Milwaukee 3, Wisconsin. U.S.A.

** Zu beziehen bei: Armour & Co., Chicago, Ill., U.S.A.

[1] KAPLAN, N. O., and F. LIPMANN: J. biol. Ch. **174**, 37 (1948).

[2] STADTMAN, E. R., G. D. NOVELLI and F. LIPMANN: J. biol. Ch. **191**, 365 (1951).

[3] KORFF, R. W. v.: J. biol. Ch. **200**, 401 (1953).

[4] NOVELLI, G. D.: Meth. biochem. Analysis Bd. II, S. 189ff.

[5] Siehe Bd. VI.

[6] WERLE, E.: Moderne Methoden der Pflanzenanalyse (PAECH, K., u. M. V. TRACEY, Hrsgb.) Bd. IV. S. 624. Berlin, Göttingen, Heidelberg 1955.

[7] JONES, M. E., S. BLACK, R. M. FLYNN and F. LIPMANN: Biochim. biophysica Acta, N. Y. **12**, 1941 (1953).

[8] BEINERT, H., R. W. v. KORFF, D. E. BUYSKE, D. A. HANDSCHUHMACHER, R. E. HIGGINS and F. M. STRONG: Am. Soc. **74**, 854 (1953).

[9] MARNAY, C.: Bull. Soc. Chim. biol. **35**, 1171 (1953).

[10] SKEGGS, H. R., and L. D. WRIGHT: J. biol. Ch. **156**, 21 (1944).

[11] KING, T. E., I. G. FELS and V. H. CHELDELIN: Am. Soc. **71**, 131 (1949).

Pantethin verwerten kann[1]. Acetobacter wird häufig zum Nachweis gebundener Pantothensäure verwendet. Gewisse Bakterien, Lb. arabinosus und Proteus morganii, können Coenzym A aus Pantothensäure[2] aufbauen. Im Routineversuch nimmt man zur Auswertung der Pantothensäure Lb. casei oder arabinosus, Proteus morganii, Saccharomyces carlsbergensis oder cerevisiae.

Der mikrobiologische Versuch unter Verwendung von Hefe ist nachstehend ausführlich beschrieben. Er entspricht dem analogen Verfahren wie beim Biotin.

Bewährte *Test-Organismen* zur Bestimmung der Pantothensäure sind*:
Lactobacillus arabinosus 17-5 ATCC Nr. 8014,
Saccharomyces Carlsbergensis 4228, ATCC Nr. 9080.

***Mikrobiologische Pantothensäurebestimmung nach* Novelli[3].**

Reagentien:

1. Extrakt aus acetongetrockneter Taubenleber**. Auch Acetonpulver von Hühnerleber oder Schweinenieren kann verwendet werden. Eine 10%ige Suspension des Aceton-Trockenpulvers wird sorgfältig mit eiskalter 0,02 m $KHCO_3$-Lösung im Homogenisator zerrieben, der am besten im Eisbad gehalten wird. Die überstehende Lösung wird abgegossen und über Nacht eingefroren. Das im Extrakt enthaltene Coenzym A wird entfernt durch Behandlung mit Dowex 1. Die Lösung wird dann bei 5000 Touren $1^1/_2$ Std geschleudert oder in der präparativen Spinco-Zentrifuge 30 min bei 30000 Touren. Dann wird die fertige Enzymlösung zu je 5 cm³ in Kunststoffröhrchen gefüllt und tiefgekühlt aufbewahrt.
2. Alkalische Darmphosphatase** wird hergestellt nach Schmidt[4]. Sie ist verwendbar nach Dialyse gegen 0,02 m Ammoniumacetat von p_H 9,0.
3. 1 m Tris-Puffer, p_H 8,0 [121,5 g Tris-(oxymethyl)-aminomethan/Liter + HCl].
4. Coenzym A-Standard***.
5. Einrichtung zur mikrobiologischen Bestimmung der Pantothensäure nach Skeggs[3].

Vorversuch:

Die Wirksamkeit des Taubenleberenzyms muß bei jedem Präparat besonders bestimmt werden: Man füllt je 20 Einheiten Coenzym A in eine Reihe von Reagensgläsern, gibt 2—4 Einheiten Darmphosphatase zu, ferner 0,1 m Tris-Puffer p_H 8,5 und dann steigende Mengen von 0,05—0,3 cm³ Taubenleberextrakt. Das Volumen wird auf 1 cm³ aufgefüllt und die Röhrchen werden 3 Std bei 37° gehalten. Danach werden die Proben geeignet verdünnt und das Pantothenat mikrobiologisch bestimmt. Aus den 20 Einheiten Coenzym A müssen also insgesamt 12—14 γ Pantothensäure freigesetzt werden. Die Mindestmenge Taubenleberextrakt, die dies bewirkt, wird für den Versuch dann in doppelter Menge eingesetzt.

Ausführung der Bestimmung:

Möglichst früh nach dem Tod des Tieres wird die Probe entnommen, gewogen, mit Scheren zerschnitten und in die doppelte Menge kochenden Wassers geworfen. Es wird 3—5 min weitergekocht, bis das Eiweiß coaguliert ist, und dann das Ganze filtriert. Aliquote Anteile des gekochten Extraktes dienen zur sofortigen Bestimmung der freien Pantothensäure, die bei genaueren Berechnungen von der später ermittelten gesamten Pantothensäure abzuziehen ist. Wenn der Coenzym A-Gehalt der Probe nicht ungefähr bekannt ist, muß man mehrere aliquote Mengen des Kochextraktes ansetzen und die entsprechenden Mengen Taubenleberenzym und Darmphosphatase zusetzen. Immer wird

* Bezugsquelle für Test-Organismen: American Type Culture Collection (ATCC) 2029 M-Street N. W., Washington 6, D. C. U.S.A.

** Zu beziehen bei: Armour & Co., Chicago, Ill., U.S.A.

*** Zu beziehen bei: Pabst und Co., Milwaukee, Wisc., U.S.A.

[1] Williams, W. L., E. Hoff-Jørgensen and E. E. Snell: J. biol. Ch. **177**, 933 (1949).

[2] Novelli, G. D., and F. Lipmann: Arch. Biochem. **14**, 23 (1947).

[3] Novelli, G. D.: Meth. biochem. Analysis Bd. II, S. 209ff.

[4] Schmidt, G., and S. J. Thannhauser: J. biol. Ch. **149**, 369 (1943).

Tris-Puffer von p_H 8 verwendet in Endkonzentrationen von 0,1—0,2 m. Kontrollröhrchen, die die Enzyme ohne Testsubstanz enthalten, werden ebenfalls durch den Arbeitsgang geführt. Die Röhrchen werden dann 3 Std bei 37° gehalten, gekocht, verdünnt und der Pantothenatgehalt mikrobiologisch bestimmt. Der Verdünnungsgrad richtet sich nach dem zu erwartenden Pantothensäuregehalt und der Empfindlichkeit des mikrobiologischen Testorganismus.

Der mikrobiologische Versuch mit Lactobacillus arabinosus gilt als besonders einfach, seine Ergebnisse sind verläßlich. Das Nährmedium ist leicht zu beschaffen, und das Ergebnis kann bei Trübungsmessung schon nach 18 Std, bei Säuretitration nach 3 Tagen abgelesen werden. Die Dosen werden abgestuft von 0,01, 0,02 γ usw. mit Zwischenwerten bis 0,15 γ Calcium-pantothenat und die bei jeder Dosis beobachteten Ergebnisse (cm^3 0,1 n NaOH oder Skalenteile des Colorimeters oder Mycel-Gewicht) in ein Diagramm eingetragen. Die erhaltene Eichkurve verläuft in der Regel geradlinig oder schwach gekrümmt. Eichkurve und Präparatkurve werden im Bereich des geradlinigen Verlaufs verglichen, indem also scharfe Schnittpunkte mit der Ordinate zu erreichen sind.

Noch bequemer ist die Auswertung mit Saccharomyces carlsbergensis 4228, da an diesem Testorganismus auch Biotin und Inosit ausgewertet werden können.

***Mikrobiologische Bestimmung mit Hefe Saccharomyces carlsbergensis 4228 ATCC Nr. 9080 nach* Atkin, Williams, Schultz *und* Frey[1].**

Prinzip:

Bei dieser Bestimmung hat β-Alanin auch einen wachstumsfördernden Einfluß, der bei Mangel an Asparagin noch verstärkt wird, durch Zugabe von größeren Mengen Asparagin jedoch völlig ausgeschaltet werden kann. Die Reproduzierbarkeit der Werte ist sehr gut, die Standardabweichung beträgt $\pm 3{,}8\%$. Der Versuch ist schon nach 18 Std beendet, die Dosen des Standardpräparates werden abgestuft von 0,05 mit Zwischenwerten bis 0,4 γ.

Hefe:

Die Hefe wird in Kulturen von Schräg-Agar auf Difco*-Malznährboden vorrätig gehalten und monatlich weiter überimpft. Nach dem Überimpfen wird die Kultur 24 Std bei 30° gehalten und dann in den Kühlschrank überführt. Einen Tag vor einem neuen Ansatz wird die Hefe vom Schräg-Agar in sterile Salzlösung überimpft, bis die Trübungsmessung einen Gehalt von 3 mg Hefe je cm^3 anzeigt.

(Man wägt 30 mg feuchte Bierhefe ab, suspendiert diese fein in 10 cm^3 Wasser und mißt deren optische Dichte, die Konzentration der Versuchshefe wird dann auf die gleiche optische Dichte eingestellt.) 10 cm^3 der Suspension der Testhefe in Salzlösung werden nun mit weiteren 90 cm^3 steriler Salzlösung verdünnt und sind damit für den Versuch fertig. Das Grund-Nährmedium[1, 2] für die Pantothensäure-Bestimmung mit Hefe wird hergestellt durch Mischung von 8 Stammlösungen (I—VIII) der nachstehenden Zusammensetzung.

Stammlösungen:

I.	200,0 g	reine Glucose	
	2,2 g	KH_2PO_4	werden in 800 cm^3 dest. Wasser gelöst.
	1,7 g	KCl	
	0,5 g	$MgSO_4 \cdot 7\,H_2O$	
	0,5 g	$CaCl \cdot 2\,H_2O$	werden in 100 cm^3 dest. Wasser gelöst.
	0,01 g	$MnSO_4$	
	0,01 g	$FeCl_3$	

Beide Teillösungen werden gemischt und mit dest. Wasser auf 1000 cm^3 aufgefüllt.

* Difco Laboratorius Inc., Detroit, Mich., U.S.A.

[1] Atkin, L., W. L. Williams, A. S. Schultz and C. N. Frey: Industr. engng. Chem., analyt. Ed. **16**, 67 (1944).

[2] Snell, E. E.; in: György, P. (Hrsgb.): Vitamin Methods. Bd. I, S. 430. New York 1950.

II. 100 g Calciumcitrat (Monohydrat), 20 g Citronensäure (Monohydrat) werden in dest. Wasser gelöst und auf 1000 cm³ aufgefüllt.

III. Wäßrige Lösung von 100 mg reinem myo-Inosit auf 100 cm³ auffüllen. 1 cm³ enthält also 1 mg myo-Inosit.

IV. Wäßrige Lösung von 15 g $(NH_4)_2SO_4$ auf 100 cm³ auffüllen.

V. Wäßrige Lösung von 10 mg reinem Thiamin-Cl-HCl auf 1000 cm³ auffüllen. 1 cm³ enthält also 10 γ Thiamin.

VI. Wäßrige Lösung von 10 mg reinem Pyridoxin-HCl auf 1000 cm³ Wasser auffüllen. 1 cm³ enthält also 10 γ Pyridoxin.

VII. Wäßrige Lösung von 8 mg reinem d(+)-Biotin auf 100 cm³ auffüllen. 1 cm³ davon mit dest. Wasser wiederum auf 100 cm³ auffüllen, so daß 1 cm³ 0,8 γ Biotin enthält.

VIII. 3 g Asparagin in 90 cm³ heißem Wasser auflösen und auf 100 cm³ auffüllen.

Diese 8 Lösungen werden an 3 aufeinanderfolgenden Tagen je ½ Std. im strömenden Dampf sterilisiert und können dann im Dunkeln bei Zimmertemperatur aufbewahrt werden.

Zur Herstellung von 100 cm³ Nährmedium mischt man die Stammlösungen in folgender Reihenfolge:

I	50 cm³	V	5 cm³
II	10 cm³	VI	5 cm³
III	5 cm³	VII	5 cm³
IV	5 cm³	VIII	12,5 cm³

und füllt die Mischung auf 100 cm³ auf. Die Mischung kann bei —2° 3 Monate lang aufbewahrt werden.

Messung des Hefewachstums:

In eine Reihe von 20 Reagensröhrchen mit 25 mm ∅ füllt man 5 cm³ des Grundnährmediums, gibt dazu 1—4 cm³ der auf ihren Pantothensäure-Gehalt zu prüfenden Lösung (bzw. 1—4 cm³ der Verdünnungsreihe des Pantothensäure-Standards) und füllt diese Mischung auf 9,0 cm³ auf. Die Verdünnungsreihe des Standards wird mit dest. Wasser hergestellt und sollte 6—7 Werte zwischen 0,0—0,4 γ Pantothensäure enthalten. Die Gläser werden mit Wattepfropfen verschlossen, 10 min in strömendem Dampf erhitzt, abgekühlt und dann mit 1 cm³ Hefesuspension beimpft (Herstellung wie oben beschrieben), danach werden die Gläser bei 30° 16—18 Std lang vorsichtig geschüttelt. Das Hefewachstum wird dann an der zunehmenden Trübung der Lösung (turbidimetrisch) photo-elektrisch gemessen. Die Wuchsstoff-Antagonisten für Pantothensäure s. Tabelle 13.

Biologische Bestimmung an höheren Tieren. a) *Rattenversuche.* Wachsende Ratten erhalten eine pantothensäurefreie Kost und Zulagen bekannter Gewichtsmengen der Testsubstanz. Durch Vergleich mit reiner Pantothensäure als Standard kann man die Wirksamkeit der Prüfsubstanz auf ihren Pantothensäure-Gehalt berechnen. Empfehlenswert sind die jüngst beschriebenen Versuchsanordnungen[1], da bei früheren Versuchen die interferierende Wirksamkeit anderer wachstumsfördernder Vitamine noch nicht berücksichtigt war.

b) *Kükenversuche.* Auch diese Versuchsanordnung stellt einen Wachstumstest dar[2]. Man arbeitet mit 4 Tage alten Küken. Auf eine Vorperiode zur Erschöpfung der Vitaminreserven folgt die Versuchsperiode von 8—10 Tagen.

Bei Ratten und Küken sind Coenzym A, Pantethin und Lb. bulgaricus-Faktor entsprechend ihrem Gehalt an Pantothensäure wirksam, ebenso wie auch Panthenol, das bei höheren Tieren keinen Antivitamincharakter hat. Viele bei Mikroorganismen hemmend wirkenden Vitaminheterologe haben bei höheren Tieren keine antagonistischen Wirkungen[3].

[1] Lih, H., T. E. King, H. Higgins, C. A. Baumann and F. M. Strong: J. Nutrit. **44**, 361 (1951).
[2] Hegsted, D. M., and F. Lipmann: J. biol. Ch. **174**, 89 (1948).
[3] Weir, D. R.: J. Nutrit. **49**, 425 (1953).

Pantothensäure und ihre Verwandten.

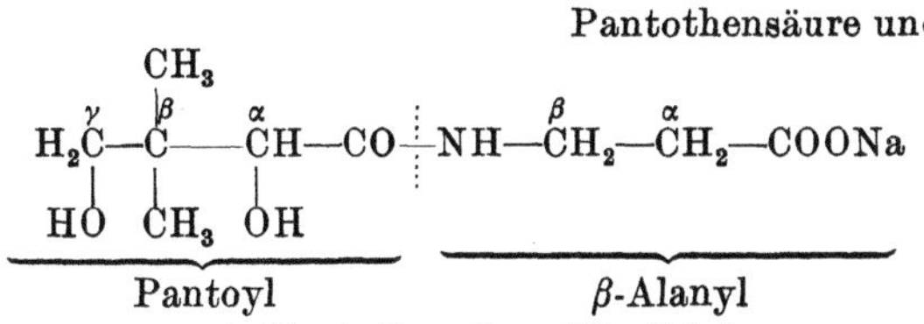

A. Pantothensäure (Na-Salz)

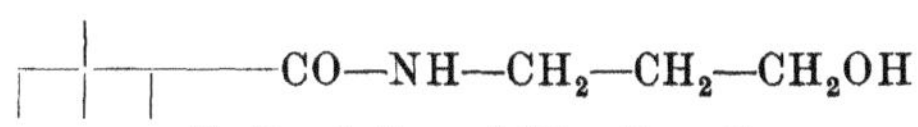

B. Pantothenol (Panthenol)

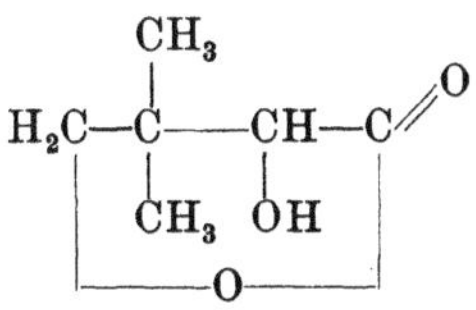

C. Pantoinsäurelacton

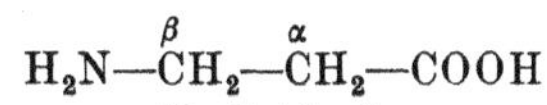

D. β-Alanin

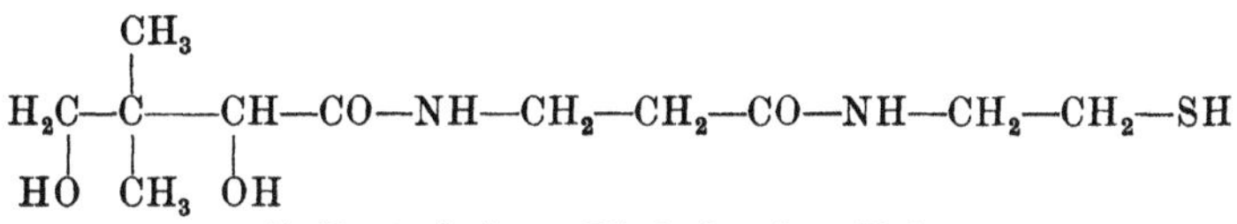

E. Pantethein = Lb. bulgaricus-Faktor

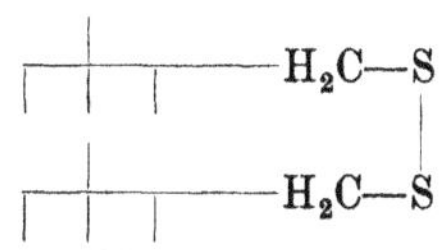

Pantethin = Disulfidform des Pantetheins

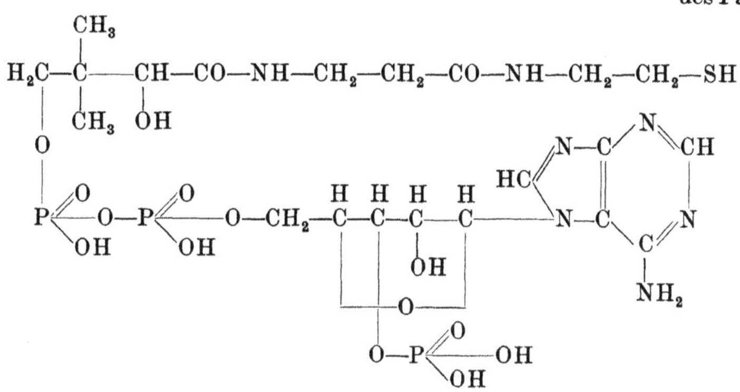

F. Coenzym A

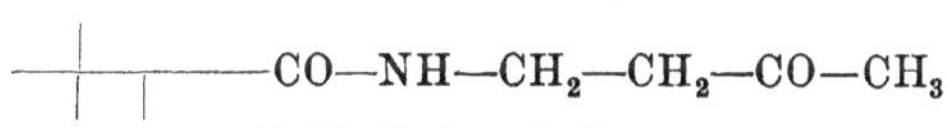

G. Methylpantothenon

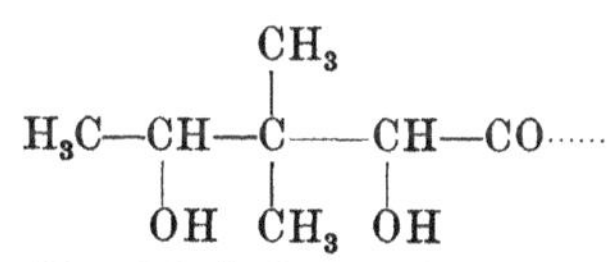

H. ω-Methylpantothensäure (γ-Methylpantothensäure)

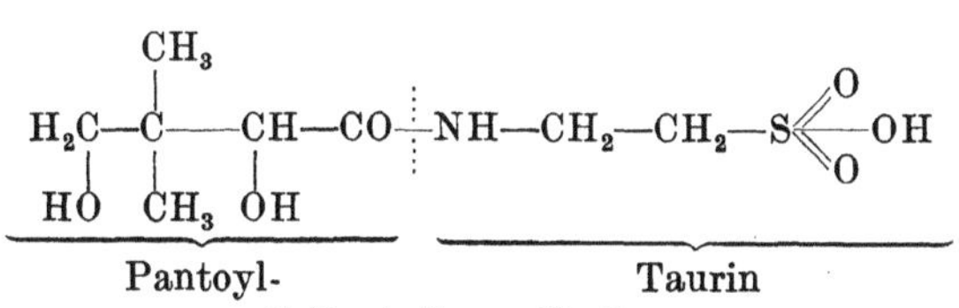

J. Pantothensulfosäure

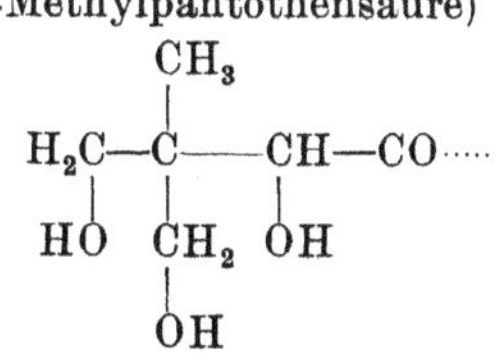

K. Oxypantothensäure

b) Derivate, Heterologen und Antagonisten.

In den folgenden Tabellen geben wir eine Übersicht über die wichtigsten Stoffe, die chemisch oder biologisch zu Pantothensäure Beziehung haben.

Tabelle 10 zeigt die injizierbaren Salze, die zur Charakterisierung geeigneten oder für besondere Zwecke verwandten Salze, sowie einige biochemisch wichtige Ester.

Tabelle 11 verzeichnet die Umwandlungsprodukte von Pantothensäure, die im Intermediär-Stoffwechsel entstehen oder künstlich hergestellt werden können. Die Liste umfaßt jene Stoffe, die aus Pantothensäure durch Oxydation, Reduktion, Spaltung oder Kombination mit anderen körpereigenen Stoffen entstehen.

Tabelle 12: Übersicht über einige Heterologe, nach ihrer chemischen Konstitution in Gruppen geordnet. Alle diese Stoffe haben eine gewisse Strukturanalogie zu Pantothensäure, wobei entweder der Pantoinsäureanteil oder der Alaninteil des Pantothensäure-Moleküls verändert ist. Nur wenige dieser Analogen haben noch abgeschwächte Pantothensäurewirkung, andere sind unwirksam, die meisten Heterologen aber sind Antagonisten gegenüber Pantothensäure bei gewissen Mikroorganismen.

Tabelle 10. *Pantothensäure, ihre Salze und Ester.*

Nr.	Name	F	Kristall-Form	$[\alpha]_D$	Konstitutions-Formel
	a) Ihre Salze.				
1	Pantothensäure.		gelbes viscöses Öl	+ 37,5 (26°)[1]	
2	Natrium-Salz $C_9H_{16}NO_5Na$ . . .	122—124°[2]	hygroskopische Kristalle	+ 27 (25°)[2]	A
3	Calcium-Salz $C_{18}H_{32}N_2O_{10}Ca$ . .	170—172°[2] 195—196°	weißes kristallines Pulver	+ 24,3 (26°)[1]	
	b) Ihre Ester.				
11	Methyl-ester		farbloses Öl[3]	+ 36,8 (19°) [c = 4,68 (Äthanol)]	
12	Äthyl-ester.		farbloses Öl[3]		
13	Palmitinsäure-ester		vgl. Anmerkung		
14	Phosphorsäure-ester.		nicht kristallin		
15	Ester mit langkettigen Fettsäuren				
	c) Verbindungen zur Charakterisierung.				
21	Barium-Salz	—			
22	Silber-Salz.	—			
23	Gold-Salz	—			
24	Cinchonidin-Salz	178—179°[4]	feine weiße Nadeln		
25	Chinin-Salz von d-Pantothensäure	136° korr.[5]	farblose Nadeln	—95 (in Wasser)[5]	

Anmerkungen zu Tabelle 10:

Zu Nr. 1: Pantothensäure: Chemische und physikalische Daten vgl. S. 1423.

Nur die d-Form ist biologisch wirksam. Im Handel ist meist das Calcium-Salz Nr. 3, gelegentlich auch das Natrium-Salz. Biologische Synthese[6].

Biologische Synthese aus β-Alanin und Pantoinsäure-lacton mit Hilfe eines Ferment-Präparates aus Hefe Rasse M[7] wird aktiviert durch NH_4-Ionen[6]. Pantoinsäure-amid ist kein Zwischenprodukt bei dieser Synthese.

Bildet sich fermentativ auch aus Pantoinsäure und β-Alanin[8, 9].

Phosphorylierung[10].

Zu Nr. 2: Natrium-Salz: Hygroskopisch[5]. Synthese nach Gätzi-Fichter[11].

Zu Nr. 3: Calcium-Salz: Schmeckt süß, leicht löslich in Wasser[12]. Hat für Proteus morgagnii Pantothensäure-Wirkung[13].

Zu Nr. 11 und 12: Methylester und Äthylester sind bei Ratten fast ebenso wirksam wie Pantothensäure selbst, zeigen aber bei Mikroorganismen nur noch wenig Vitaminwirkung[14].

Zu Nr. 12: Wurde in 2 optisch aktiven Formen hergestellt, l-Form $[\alpha]_D^{19}$ 37,3°; $c = 3,56$ (Äthanol).

[1] Lepkovsky, S.: Sebrell-Harris, Vitamins Bd. II, S. 591ff.
[2] Schreier, K.: Flaschenträger-Lehnartz Bd. II/2b, S. 757.
[3] Reichstein, T., u. A. Grüssner: Helv. **23**, 650 (1940).
[4] Kuhn, R., u. T. Wieland: B. **74**, 218 (1941).
[5] Grüssner, A., M. Gätzi-Fichter u. T. Reichstein: Helv. **23**, 1276 (1940).
[6] Wieland, T., u. E. F. Möller: H. **272**, 232 (1942).
[7] Wieland, T., u. E. F. Möller: H. **269**, 227 (1941).
[8] Ginoza, H. S., and R. A. Altenbern: Arch. Biochem. **56**, 537 (1955).
[9] Maas, W. K.: J. biol. Ch. **198**, 23 (1952).
[10] Ward, G. B., G. M. Brown and E. E. Snell: J. biol. Ch. **213**, 869 (1955).
[11] Gätzi-Fichter, M., H. Reich u. T. Reichstein: Helv. **24**, 185 (1941).
[12] Jaenicke, L.: Rauen, Biochem. Taschenb. S. 191.
[13] Pelezar, M. J. jr., and J. R. Porter: J. biol. Ch. **139**, 111 (1941).
[14] Snell, E. E., and W. Shive: J. biol. Ch. **158**, 551 (1945).

Zu Nr. 13: Palmitinsäure-ester[1]: Mit Hydroxyl der Pantoinsäure verestert.

Zu Nr. 14: α-Mono-phosphorsäureester, gewonnen aus Pantoinsäure-lacton-α-monophosphat (vgl. Nr. 15, Tabelle 11). Synthese[2, 3]. Wäßrige Lösungen aller Phosphorsäureester sind sehr sauer; die der Na- und K-Salze reagieren alkalisch. Ba- und Ca-Salz wasserlöslich. Nicht kristallisiert erhalten. Bei Ratten wirksam, α,γ-Diphosphorsäureester und γ-Phosphorsäureester[2]. Synthese von Pantothensäure-4'-phosphat (= γ-Phosphorsäureester)[4].

Zu Nr. 15: Ester mit langkettigen Fettsäuren: Synthese[1].

Zu Nr. 21: Wird von KUHN[5] als Ausgangsmaterial für das Cinchonidin-Salz (Nr. 24) genommen.

Zu Nr. 24: Cinchonidin-Salz: Entsteht durch Überführen von Barium-d,l-pantothenat durch Umsetzung mit Cinchonidin-sulfat in Methanol-Lösung, Verdampfen des Methanols und Umkristallisieren aus Methyl-äthyl-keton.

Seine Aktivität ist für Streptobacterium doppelt so groß wie die der d,l-Pantothensäure[5].

Zu Nr. 25: Chinin-Salz: Kristallisiert aus Aceton-Methanol und kann zur Reinigung der Pantothensäure und zur Spaltung in die optischen Isomeren verwandt werden[6]. Leicht löslich in Aceton, enthält 1 Mol Kristallwasser, $[\alpha]_D$ in Wasser von 19° = 95°[7].

Zu Nr. 13: Dipalmitoxypantoinsäure, F = 62—63°. Dipalmitoxypantothenylpalmitat, F = 49 bis 53°. Dipalmitoxypantothenat, amorphes, fettiges Pulver, F = 57—58,5°. Monopalmitat, F = 36°. Äthylmonopalmitoxypantothensäure, F = 36°.

Tabelle 11. *Umwandlungsprodukte von Pantothensäure.*

Nr.	Name	F	Konstitutions-Formel	
	a) Durch Reduktion oder Oxydation.			
1	Pantothenol = Panthenol		B	
2	Pantothenal = Pantoyl-β-aminopropionaldehyd			
6	Keto-pantothensäure	68—70°		
	b) Durch Spaltung.			
11	β-Alanin	206—207° Zers.	D	isoelektrischer Punkt p_H 6,9
12	β-Alethein = β-Alanyl-cysteamin			
13	Pantoinsäure	unbeständig		
14	Kalium-pantoat = K-Salz der Pantoinsäure	beständig		
15	Pantoinsäure-lacton	91—92°	C	$[\alpha]_D$ = —49,8° (20°)
16	Pantoin = α-Amino-β,β-dimethyl-γ-hydroxybuttersäure			
17	Pantamid = Pantoinsäureamid (= α,γ-Dihydroxy-β,β-dimethyl-butyramid)	129—130°		
	c) Durch Kombination.			
21	Pantethein = Pantothenyl-cysteamin		E	
22	Pantethein-phosphorsäure-ester			
23	Pantethin = Dipantothenyl-cystin			
24	Pantothensäure-amid	keine Schmelzpunkte, da Stoffe nicht rein isoliert		
25	Peptid aus Pantothensäure und α-Alanin[4]			
26	Peptid aus Pantothensäure und β-Alanin[4]			
27	Peptid aus Pantothensäure und Serin[4]			
28	Peptid aus Pantothensäure und Glutaminsäure[4]			
29	Peptid aus Pantothensäure und Glycin[8]			
30	Peptid aus Pantothensäure und Leucin[8]			
31	Peptid aus Pantothensäure und Histidin[8]			
32	PAC = 4-Phospho-pantethin[9]			
34	Coenzym A		F	

[1] SAKURAGI, T., and F. A. KUMMEROW: J. Nutrit. **59**, 327 (1956). Am. Soc. **78**, 838 (1956).
[2] LIH, H., T. E. KING, H. HIGGINS, C. A. BAUMANN and F. M. STRONG: J. Nutrit. **44**, 361 (1951).
[3] KING, T. E., and F. M. STRONG: Science, N. Y. **112**, 562 (1950).
[4] PIERPOINT, W. S., D. E. HUGHES, J. BADDILEY and A. P. MATHIAS: Biochem. J. **61**, 190 (1955).
[5] KUHN, R., u. T. WIELAND: B. **74**, 218 (1941).
[6] KUHN, R., u. T. WIELAND: B. **73**, 971 (1940).
[7] GRÜSSNER, A., M. GÄTZI-FICHTER u. T. REICHSTEIN: Helv. **23**, 1276 (1940).
[8] BROWN, G. M., M. IKAWA and E. E. SNELL: J. biol. Ch. **213**, 855 (1955).
[9] BADDILEY, J., E. M. THAIN, G. D. NOVELLI and F. LIPMANN: Nature **171**, 76 (1953).

Anmerkungen zu Tabelle 11:

Zu Nr. 1: Pantothenol ist beim Warmblüter ebenso wirksam wie Pantothensäure[1, 2]. Pantothenol wird dabei zu Säure oxydiert und als solche verwertet[3]. Bei Milchsäure-Bakterien hat Pantothenol keine Pantothensäure-Wirkung[4], sondern hemmt sogar deren Verwertung[5].

DL_{50} i.v. bei der Maus: 7 g Pantothenol je kg Körpergewicht[6].

Pantothenol wird vom Menschen sogar besser verwertet als Pantothensäure. Es ist bei p_H 3—5 stabiler als Pantothensäure.

Zu Nr. 2: Pantothenal entsteht aus Pantoinsäure-lacton und β-Amino-propionaldehyd[7].

Di-pantothenal = intermolekulares Doppel-Acetat.

Zu Nr. 6: Keto-pantothensäure entsteht aus α-Keto-β,β-dimethyl-γ-butyro-lacton (aus Pantothensäure-lacton durch Oxydation mit Pb-tetraacetat erhalten). Keto-pantothensäure entsteht nur, wenn äquimolare Mengen dieses Lactons und das Na-Salz von β-Alanin verschmolzen werden bei 100°. Keto-pantothensäure hat keine Pantothensäure-Wirkung[8].

Zu Nr. 11: β-Alanin: entsteht aus Pantothensäure, die beim Erhitzen in saurer oder alkalischer Lösung in β-Alanin und Pantoinsäure bzw. ihr Lacton gespalten wird[3]. Dinitrophenylderivat, F = 145—146°, λ_{max} = 360—365 mμ, $E_{max} 10^4$ = 1,58 in 1n NaOH, unspezifisch[9].

Zu Nr. 12: β-Alethein: Synthese nach STEWART[10].

Zu Nr. 13: Pantoinsäure dient zur Synthese der Pantothensäure, vgl. S. 1422[11]. Pantoinsäure bildet beim Erwärmen in saurer Lösung leicht ihr Lacton, das zum Nachweis dient, vgl. S. 1429.

Zu Nr. 15: Pantoinsäure-lacton, das zum Nachweis der Pantothensäure dient, vgl. S. 1429.

Pantoinsäure-lacton-α-mono-phosphorsäureester F = 188—189°[12].

Zu Nr. 16: d,l-Pantoin ist das α-Amino-Analoge der Pantoinsäure[13].

Zu Nr. 21: Pantethein-Tripeptid aus Pantoinsäure + β-Alanin + Cysteamin = Lb. bulgaricus-Faktor. Synthese[14, 15], nicht schmelzpunktrein erhalten; trotz Reinigung durch Gegenstromverteilung blieb beim Eindampfen ein Harz. $[\alpha]_D^{20} = +12{,}9°$. Untersuchtes Präparat enthielt noch Spuren von Flüssigkeit, da stark hygroskopisch. In Wasser leicht löslich, in Alkoholen gut löslich, amorph. $[\alpha]_D^{22} = +17{,}7° \pm 0{,}3°$ in Wasser[16]. Weitere Synthesen[16–19]. Synthesen von S-Methylpantethein, S-Äthylpantethein und S-Phenylpantethein nach[20]. Synthese von S-Acetylpantethein[16, 21]. λ_{max} = 230 mμ, $\alpha_D = +40° \pm 4°$ (c = 0,8 in Äthanol von 26°). Synthese vom S-Benzoylderivat[16, 21]. F = 116°. Farblose Nadeln. $\alpha_D = +31° \pm 4°$ (c = 1 in Wasser von 26°), λ_{max} = 230—266 mμ[16].

Zu Nr. 22: Panthetein-phosphorsäureester, Synthese nach[15].

Zu Nr. 23: Pantethin = Disulfid des Pantetheins = oxydierte Form des Lb. bulgaricus-Faktor, ist Zwischenprodukt bei der CoA-Synthese[22], jedoch zum Aufbau von CoA ist auch eine Pantethein-Kinase nötig. Pantethin kommt in Hefe und Leber vor und ist Wachstumsfaktor für Lb. bulgaricus[23]. Viele Mikroorganismen können Pantethin synthetisieren[24], andere benötigen seine exogene Zufuhr[25]. Für Tiere hat es Pantothensäure-Wirkung. Hefewachstum wird nicht beeinflußt.

---

[1] PFALTZ, H.: Z. Vit.-Forsch. **13**, 236 (1943).
[2] LUDOVICI, P. P., and A. E. AXELROD: Proc. Soc. exp. Biol. Med. **77**, 530 (1951).
[3] LANG, K.: Biochemie der Ernährung. S. 309. Darmstadt 1957.
[4] LIH, H., T. E. KING, H. HIGGINS, C. A. BAUMANN and F. M. STRONG: J. Nutrit. **44**, 361 (1951).
[5] SNELL, E. E., and W. SHIVE: J. biol. Ch. **158**, 551 (1945).
[6] WEISS, M., E. DE RITTER, S. H. RUBIN and L. O. RANDALL: Proc. Soc. exp. Biol. Med. **73**, 292 (1950).
[7] BERGEL, F., N. C. HINDLEY, A. L. MORRISON u. A. R. MOSS: C. **85**, 711 (1952).
[8] LIPTON, S. H., and F. M. STRONG: Am. Soc. **71**, 2364 (1949).
[9] RAO, K. R., and H. A. SOBER: Am. Soc. **76**, 1328 (1954).
[10] STEWART, C. J., V. H. CHELDELIN and T. E. KING: J. biol. Ch. **215**, 319 (1955).
[11] BARNETT, J. N., and F. A. ROBINSON: Biochem. J. **36**, 357 (1942).
[12] KING, T. E., and F. M. STRONG: Science, N. Y. **112**, 562 (1950).
[13] ACKERMANN, W. W., and W. SHIVE: J. biol. Ch. **175**, 867 (1948).
[14] BADDILEY, J., and E. M. THAIN: Soc. **1951**, 3425; **1952**, 800.
[15] BADDILEY, J., E. M. THAIN, G. D. NOVELLI and F. LIPMANN: Nature **171**, 76 (1953).
[16] SCHWYZER, R.: Helv. **35**, 1903 (1952).
[17] VISCONTINI, M., K. ADANK, N. MERKLING, K. EHRHARDT u. P. KARRER: Helv. **36**, 835 (1953).
[18] WITTLE, E. L., J. A. MOORE, R. W. STIPEK, F. E. PETERSON, V. M. MCGLOHON, O. D. BIRD, G. M. BROWN and E. E. SNELL: Am. Soc. **75**, 1694 (1953).
[19] BROWN, G. M., M. IKAWA and E. E. SNELL: J. biol. Ch. **213**, 855 (1955).
[20] WIELAND, T., E. F. MÖLLER u. G. DIECKELMANN: C. **85**, 1035 (1952).
[21] SCHWYZER, R.: Exper. **10**, 61 (1954).
[22] GOVIER, W. M., and A. J. GIBBONS: Arch. Biochem. **32**, 347 (1951).
[23] WILLIAMS, W. L., E. HOFF-JØRGENSEN and E. E. SNELL: J. biol. Ch. **177**, 933 (1949).
[24] RASMUSSEN, R. A., K. L. SMILEY, J. G. ANDERSON, J. M. VAN LANEN, W. L. WILLIAMS and E. E. SNELL: Proc. Soc. exp. Biol. Med. **73**, 658 (1950).
[25] KITAY, E., and E. E. SNELL: J. Bacteriology **60**, 49 (1950).

Pantethin ist bei der Acetylierung von Sulfonamiden wirksam[1]. Chemische Synthesen beschreiben: [2-6]. 9 Derivate, die teils wachstumsfördernd, teils wachstumshindernd oder unwirksam waren, beschreiben: [7].

Zu Nr. 24: Pantothensäure-amid: Synthese aus Methylpantothenat und konz. NH_4OH [5]. Hat für Aerobacter suboxydans Pantothensäure-Wirkung.

Zu Nr. 25—31: Peptide aus Pantothensäure und Aminosäuren haben verschieden starke Pantothensäure-Wirkung[5], jedoch ist nach [5] keine der Verbindungen ein Antagonist zur Pantothensäure. Synthese dieser Stoffe[8].

Zu Nr. 25—28: Diese Substanzen können in Gegenwart von Cystin Pantothenat für Lb. arabinosus nicht ersetzen[8]. Für Proteus morganii hat Nr. 26 etwa 20—30% der Pantothensäure-Wirkung[8].

Zu Nr. 29—31: Haben verschieden starke Pantothensäure-Wirkung[5]. Keines ist nach [5] Antagonist zu Pantothensäure. Das Pantothenylglycin ist wahrscheinlich Zwischenprodukt bei der Synthese von Coenzym A[8].

Zu Nr. 32: PAC = Pantothenic acid conjugate[9], synthetisiert durch [5, 10]. Wirkt nicht als CoA, fördert aber Wachstum bei Ratten und ebenso auch die Citratbildung[3]. PAC beeinflußt Acetylierungen nicht[11]. Es entsteht durch teilweisen Abbau von CoA durch eine Dinucleotidase aus Kartoffel oder durch milde Säurehydrolyse oder durch ein Enzym aus Schlangengift. Darmphosphatase baut CoA soweit ab, daß es für Acetobacter suboxydans nur mehr wenig wirksam ist.

Zu Nr. 33: Pantothenylcystein ist Vorstufe von Pantethin bei Lb. helveticus[12]. Ist Naturstoff[13].

Zu Nr. 34: Coenzym A: Gewisse Bakterien können es aus Pantothensäure aufbauen[5, 14].

Tabelle 12. *Heterologe von Pantothensäure.*

Nr.	Name	Konstitutions-Formel	F	Kristall-Form
	a) Mit verändertem β-Alanin-Anteil.			
1	α-Methyl-pantothensäure, Na-Salz			hygroskopische Nadeln[15]
2	Pantothensäure-hydrazid		104—105°[15]	kleine Prismen
3	Pantothenon			
4	Methyl-pantothenon	G		
5	Phenyl-pantothenon		126°[15]	weiße Kristalle
6	(+)-p-Chlorphenyl-pantothenon			orange Öl[15]
7	d,l-N-Pantoyl-n-butylamin[16]		51,6—53,4°[15]	farblose Kristalle
8	d,l-N-Pantoyl-n-heptylamin[16]		Kp 123—128° 10^{-6} mm[15]	farbloses Öl
9	d,l-N-Pantoyl-β-phenyläthylamin[16]		89,6—91°[15]	Kristalle
10	Pantoyl-taurin[15]	J		
11	Pantoyl-taurinanilid		108—109°[15]	farblose Kristalle
12	d,l-β-(N-Pantoyl-aminoäthyl)-p-aminophenylsulfon			farblose kristalline Masse[15]
13	Homo-pantothensäure			
14	N-Methyl-pantothensäure			
15	Pantoyl-cysteamin = Pantoyl-aminoäthanthiol			
	b) Mit verändertem Pantoinsäure-Anteil.			
21	γ-(oder ω-)-Methyl-pantothensäure, Na-Salz	H		farblose Kristalle[15]
22	α,α-Dimethyl-Analoges der Pantothensäure		94,5—96°[17]	glänzende Platten

[1] Govier, W. M., and A. J. Gibbons: Arch. Biochem. **32**, 347 (1951).
[2] Baddiley, J., and E. M. Thain: Soc. **1951**, 3425; **1952**, 800.
[3] Viscontini, M., K. Adank, N. Merkling, K. Ehrhardt u. P. Karrer: Helv. **36**, 835 (1953).
[4] Wittle, E. L., J. A. Moore, R. W. Stipek, F. E. Peterson, V. M. McGlohon, O. D. Bird, G. M. Brown and E. E. Snell: Am. Soc. **75**, 1694 (1953).
[5] Brown, G. M., M. Ikawa and E. E. Snell: J. biol. Ch. **213**, 855 (1955).
[6] Wieland, T., and E. Bokelmann: Helv. **36**, 835 (1953).
[7] Stewart, C. J., V. H. Cheldelin and T. E. King: J. biol. Ch. **215**, 319 (1955).
[8] Pierpoint, W. S., D. E. Hughes, J. Baddiley and A. P. Mathias: Biochem. J. **61**, 190 (1955).
[9] King, T. E., L. M. Locher and V. H. Cheldelin: Arch. Biochem. **17**, 483 (1948).
[10] Baddiley, J., E. M. Thain, G. D. Novelli and F. Lipmann: Nature **171**, 76 (1953).
[11] Nishi, H., T. E. King and V. H. Cheldelin: J. Nutrit. **41**, 279 (1950).
[12] Brown, G. M.: J. biol. Ch. **226**, 651 (1957).
[13] Cummins, J. T., V. H. Cheldelin and T. E. King: Proc. Soc. exp. Biol. Med. **90**, 658 (1955).
[14] Novelli, G. D., and F. Lipmann: Arch. Biochem. **14**, 23 (1947).
[15] Jaenicke, L.: Rauen, Biochem. Taschenb. S. 191.
[16] Shive, W., and E. E. Snell: J. biol. Ch. **160**, 287 (1945).
[17] Jönsson, A.: Acta chem. scand. **8**, 1491 (1954).

Tabelle 12. (Fortsetzung.)

Nr.	Name	Konstitutions-Formel	F	Kristall-Form
23	N-(β,β-Diäthyl-(+d)-α,γ-dioxybutyryl)-β-alanin[1] .			
24	β,β-Diäthyl-Analoges			
25	Salicylyl-β-alanin			
26	α-Amino-β,β-dimethyl-γ-oxybutyryl-(β-amino)-propionsäure	K		
27	Oxy-pantothensäure			

Anmerkungen zu Tabelle 12a:

Zu Nr. 1: Natriumsalz der (N-α,γ-Dioxy-β,β-dimethyl-butyryl-β-amino-iso-buttersäure). Ist für Bakterien ein Antagonist der Pantothensäure[2].

Zu Nr. 2: Pantothensäure-hydrazid: leicht löslich in Wasser und Alkohol. Ist für Bakterien und Hefen ein Antagonist der Pantothensäure[2].

Zu Nr. 3: Pantothenon: Pantothensäure mit Keto-Gruppierung. Hemmt die Verwertung von Pantothensäure teils kompetitiv, teils auf andere Weise[3].

Zu Nr. 4: vgl. [4].

Zu Nr. 5: Phenylpantothenon: Ist wenig löslich in Wasser, dagegen leicht in Alkohol. Ist für Mikroorganismen ein Antagonist der Pantothensäure[2].

Das p-Nitrophenyl-hydrazon hat F = 118° [2].

Zu Nr. 6: (+)-p-Chlorphenyl-pantothenon: α_D bei 20° = +25,7°. Ist löslich in Äthanol und Methanol. Ist für Bakterien Antagonist der Pantothensäure[2].

Zu Nr. 7: Ist wenig löslich in Äther und Petroläther (kalt), leicht in Alkohol und sehr leicht in heißem Äther. Ist für Bakterien Antagonist der Pantothensäure[2].

Zu Nr. 8: Ist für Mikroorganismen Antagonist[2].

Zu Nr. 9: Ist wenig löslich in kaltem Äther, besser in heißem sowie in Alkohol. Antagonist für Bakterien[2].

Zu Nr. 10: Thiopansäure = (α,γ-Dioxy-β,β-dimethyl-butyryl)-taurin. Antagonist für Bakterien.

Das Chininsalz der d-Form kristallisiert in farblosen Nadeln, F = 160—162°, α_D bei 22° = —76,2°.

Das Chininsalz der l-Form kristallisiert ebenfalls in farblosen Nadeln, F = 179—179,5°, α_D bei 22° = —99,4° [2].

SNELL[5] synthetisierte verschiedene Derivate, z. B. das Sulfon, Sulfoxyd, Sulfid, Tauramid usw. Verschiedene dieser Verbindungen waren wirksam gegen Plasmodien und Trichomonaden[6]. Besonders die Amide unter diesen Derivaten übertreffen die Wirksamkeit von Pantoyltaurin gegen virulente Streptokokken, da die Umwandlung von Pantothensäure in CoA verhindert wird[7, 8].

Zu Nr. 11: $[\alpha]_D$ bei 25° = +40° (in Alkohol). Die d-Form ist für Bakterien Antagonist[2].

Zu Nr. 12: Sehr leicht löslich in Wasser, leicht in Alkohol und Aceton, wenig in Benzol. Antagonist für Bakterien[2, 9].

Zu Nr. 14: Ist für Lb. arabinosus und Hefe unwirksam und hat nur 0,05—0,2fache Wirksamkeit für Acetobacter suboxydans. Die Amidgruppe der Pantothensäure ist also für die Anlagerung an die Zellenzyme wichtig.

Zu Nr. 22: α,α-Dimethyl-Analoges der Pantothensäure. Am α-Kohlenstoffatom des β-Alanins wurden die beiden Wasserstoff-Atome durch 2 Methylgruppen ersetzt. Das Pikrat dieser Dimethylpantothensäure kristallisiert in gelben Nadeln. F = 147—148°; das Calciumsalz kristallisiert mit 1 Mol Wasser und hat ein α_D von +27,2°, bei Untersuchung einer 0,44% wäßrigen Lösung. Dieses Dimethyl-Analoge hemmt das Wachstum von Lb. arabinosus 17—5 durch Verdrängung. Zugabe von (+)-Pantothensäure hebt diese Hemmung wieder auf. Hemmungsindex etwa 10000.

Zu Nr. 26: Amino-Analoges der Pantothensäure[10], ist für Ratten und Lb. arabinosus unwirksam.

[1] WIELAND, T., u. W. MAUL: B. Z. **326**, 18 (1954).
[2] JAENICKE, L.: RAUEN, Biochem. Taschenb. S. 191.
[3] WOOLLEY, D. W., and R. A. BROWN: J. biol. Ch. **163**, 481 (1946).
[4] LANG, K.: Biochemie der Ernährung. S. 309. Darmstadt 1957.
[5] SNELL, E. E.: J. biol. Ch. **139**, 975 (1941).
[6] JOHNSON, G., and A. B. KUPFERBERG: Proc. Soc. exp. Biol. Med. **67**, 390 (1948).
[7] MCILWAIN, H.: Biochem. J. **39**, 279, 329 (1945).
[8] WINTERBOTTOM, R., J. W. CLAPP, W. H. MILLER, J. P. ENGLISH and R. O. ROBLIN jr.: Am. Soc. **69**, 1393 (1947).
[9] KUHN, R., T. WIELAND u. E. F. MÖLLER: B. **74**, 1605 (1941).
[10] HOLLY, F. W., R. A. BARNES, F. R. KONIUSZY and K. FOLKERS: Am. Soc. **70**, 3088 (1948).

Tabelle 13 verzeichnet die Antagonisten, die geordnet sind nach ihrer Antagonistenwirkung gegenüber bestimmten Teilen des Pantothensäuremoleküls oder gegenüber der Fähigkeit mancher Bakterien, Pantothensäure aus Baugliedern zu synthetisieren.

Tabelle 13. *Antagonisten von Pantothensäure.*

Nr.	Name	Anstelle von	steht	Hemmungs-Index Lb. arabinosus	Hemmungs-Index Lb. casei	Vgl. Tab./Nr.
	a) Struktur-Analoge mit verändertem β-Alanin-Anteil.					
1	α-Methylpantothensäure	$-\overset{\alpha}{C}H_2-$	$-\overset{\overset{CH_3}{\vert}}{C}H-$		1000	12/1
2	β-Methylpantothensäure	$-\overset{\beta}{C}H_2-$	$-\overset{\overset{CH_3}{\vert}}{C}H-$	750	250	
3	α-Oxy-methylpantothensäure	$-\overset{\alpha}{C}H_2-$	$-\overset{\overset{OH}{\vert}}{C}H-$	2500	2500	
4	Pantothenol	$-COOH$	$-CH_2OH$	10000	20000	11/1
5	Methylpantothenol	$-COOH$	$-\overset{\overset{CH_3}{\vert}}{C}H-OH$	50000	100000	
6	d,l-Pantothenolnitril	$-COOH$	$-CO-CN$			
7	d,l-N-Pantoyläthylamin	$-COOH$	$-H$			
8	Pantoyläthanolamin	$-COOH$	$-OH$			
9	Pantoylpropylamin	$-COOH$	$-CH_3$	7500	10000	
10	Pantoyl-β-methoxyäthylamin	$-COOH$	$-OCH_3$			
11	Pantoylbutylamin	$-COOH$	$-C_2H_5$	7500	15000	
12	Pantoylphenyläthylamin	$-COOH$	$-C_6H_5$	40000	10000	12/9
13	Pantoylallylamin	$-CH_2-COOH$	$-CH=CH_2$			
14	Pantoylheptylamin	$-COOH$	$-(CH_2)_4CH_3$	4500	4250	
15	Pantoyltaurin	$-COOH$	$-SO_3H$	1000	24000	12/10
16	Homopantoyltaurin	$-COOH$	$-CH_2-SO_3H$			
17	Pantoyltaurinamid	$-COOH$	$-SO_2-NH_2$		6400	12/11
18	Pantoyltaurinanilid	$-COOH$	$-SO_2-NH-C_6H_5$			
19	Pantoylglycin	$-CH_2-COOH$	$-COOH$			
20	Pantoylaminoäthyltolylsulfon	$-COOH$	$-SO_2-C_6H_4-CH_3$		6400	
21	Pantoylaminoäthylanisylsulfon	$-COOH$	$-SO_2-C_6H_4-OCH_3$		1600	
22	Phenylpantothenon *	$-COOH$	$-CO-C_6H_5$	4500	700	12/5
23	Tolylpantothenon	$-COOH$	$-CO-C_6H_4CH_3$		100	
24	Chlorphenylpantothenon	$-COOH$	$-CO-C_6H_4Cl$		230	
25	Pantoinsäurehydrazid	$-CH_2-CH_2-COOH$	$-NH_2$		240	
26	Pantoyl-β-amino-α,α-dimethyl-propionsäure	$-\overset{\alpha}{C}H_2-$	$-\overset{\overset{CH_3}{\vert}}{\underset{\underset{CH_3}{\vert}}{C}}-$			
27	Pantoylaminoäthanthiol[1]	$-COOH$	$-SH$			12/15
	b) Mit verändertem Pantoinsäure-Anteil.					
28	γ-Oxybutyryl-β-alanin	$-C(CH_3)_2-\underset{\underset{OH}{\vert}}{C}H-$	$-CH_2-CH_2-$			
29	γ,γ-Dimethyl-δ-oxy-valeryl-β-alanin	$-\overset{\alpha}{C}HOH$	$-CH_2-CH_2-$			

* Hemmt auch Hefewachstum.

[1] Boxer, G. E., C. E. Shonk, H. C. Stoerk, T. C. Bielinski and T. V. Budzilovick: J. biol. Ch. **217**, 541 (1955).

Tabelle 13. (Fortsetzung.)

Nr.	Name	Anstelle von	steht	Hemmungs-Index		Vgl. Tab./Nr.
				Lb. arabinosus	Lb. casei	
30	γ-Methylpantothensäure	—H	—CH_3	5000	300	12/14
31	Salicylyl-β-alanin* . . .	Pantoyl-	Oxybenzoyl-		12500	12/25
32	Bis-nor-desoxypantothensäure					
33	Iso-nor-desoxypantothensäure					
34	5-Phenyl-pantethein . .					
35	Mandeloyl-β-alanin . . .					
36	Acetyl-β-alanin					
37	p-Aminosalicylsäure . .					
	c) Mit Veränderungen an Teilen des Pantothensäure-Moleküls.					
41	β,δ-Dioxy-γ,γ-dimethyl-valeryltaurin					
42	γ-Methyl-pantoyl-taurin					
43	N-(α,γ-Dioxy-β-methyl-β-äthyl-butyryl)-taurin .			und Ratte		12/15
	d) Hemmstoffe der Synthese.					
45	Propionsäure[1]					
46	Serin[1]					
47	Taurin[1]					
48	Cysteinsäure[1]	$\overset{\alpha}{—CH_2—}$ und NH-Pantoyl-	—CH— | NH_2 —HSO_3			
49	Oxyasparaginsäure[1] . .					
50	β-Aminobuttersäure[2]* .					
51	Salicylsäure[3]			E. coli		
52	2-Chlor-4-aminobenzoesäure[1]					
53	Streptomycin[4]			Saccharomyces		

* Hemmt auch Hefewachstum.

Der Hemmungs-Index gibt an, wie viele Mole des Antagonisten notwendig sind, um 1 Mol Pantothensäure zu verdrängen. Je niedriger dieser Hemmungs-Index ist, um so wirksamer ist der Antagonist.

Literatur: Zahlen angegeben von WOOLLEY, D. W.: Study of Antimetabolites. New York 1952 [SOMOGYI, J. C.: Ergebn. med. Grundl.-Forsch. S. 168ff. Stuttgart 1956].

Weitere Antagonisten werden angegeben von:
BIRD, O. D., E. L. WITTLE, R. Q. THOMPSON and V. M. MCGLOHON: Amer. J. clin. Nutrit. **3**, 298 (1955) [SOMOGYI]. SHIVE, W., and E. E. SNELL: J. biol. Ch. **160**, 287 (1945).

Anmerkungen zu Tabelle 13:

Die Nr. 1 bis einschließlich Nr. 43 wirken ihrem Wesen nach nur bei jenen Mikroorganismen, die auf Zufuhr exogener Pantothensäure angewiesen sind. Bei pantothensäure-autotroph wachsenden Organismen, die das Pantothensäure-Molekül selbst aufbauen können, sind auch die Antagonisten Nr. 45—53 wirksam. Pantoyltaurin (Nr. 10, Tabelle 12) wurde als erster Antimetabolit der Pantothensäure entdeckt[5, 6].

Die Pantothenone wirken antagonistisch bei vielen Bakterien und Hefen, verursachen dagegen bei höheren Tieren keine Mangelerscheinungen. Nur Pantoyltaurin macht bei jungen Mäusen Ausfall-Erscheinungen. Da die Pantothensäure-Antagonisten also bei höheren Tieren keine spezifischen Hemmwirkungen haben, während sie bei Bakterien stark wirken, können sie für die Chemotherapie bakterieller Infektionen in Betracht gezogen werden.

[1] KORTE, F., u. J. KORTE: RAUEN, Biochem. Taschenb. S. 1093.
[2] NIELSEN, N.: Naturwiss. **31**, 146 (1943); **32**, 80 (1944).
[3] ACKERMANN, W. W., and W. SHIVE: J. biol. Ch. **175**, 867 (1948).
[4] LICHSTEIN, H. C., and R. F. GILFILLAN: Proc. Soc. exp. Biol. Med. **77**, 459 (1951).
[5] KUHN, R., F. WEYGAND u. E. F. MÖLLER: B. **76**, 1044 (1943).
[6] SNELL, E. E.: J. biol. Ch. **141**, 121 (1941).

Batch number: 10621778

Printed by Printforce, the Netherlands

HOPPE-SEYLER/THIERFELDER

HANDBUCH DER PHYSIOLOGISCH- UND PATHOLOGISCH-CHEMISCHEN ANALYSE

FÜR ÄRZTE, BIOLOGEN UND CHEMIKER

ZEHNTE AUFLAGE

HERAUSGEGEBEN VON

KONRAD LANG
MAINZ

EMIL LEHNARTZ
MÜNSTER

UNTER MITARBEIT VON

GÜNTHER SIEBERT
MAINZ

VIERTER BAND / VIERTER BANDTEIL

SPRINGER-VERLAG BERLIN HEIDELBERG GMBH 1960

BAUSTEINE DES TIERKÖRPERS

II

BEARBEITET VON

E. BAYER · H.-J. BIELIG · G. BLIX · H. DÖRFEL · K. FELIX · F. G. FISCHER
S. GARDELL · W. GRAB · R. G. HABER · E. HABERMANN · K. HANNIG
F. HAUROWITZ · W. E. VAN HEYNINGEN · J. KIMMIG · J. MEIENHOFER
R. MICHEL · W. NEUMANN · I. PENDL · J. ROCHE · H. SCHMID
G. SCHMIDT · W. SIEDEL · R. WEHRMANN · H. ZAHN

VIERTER BANDTEIL

MIT 96 ABBILDUNGEN

SPRINGER-VERLAG BERLIN HEIDELBERG GMBH 1960

ISBN 978-3-642-85730-0 ISBN 978-3-642-85729-4 (eBook)
DOI 10.1007/978-3-642-85729-4

Ursprünglich erschienen bei Springer-Verlag OHG / Berlin · Göttingen · Heidelberg 1960
Softcover reprint of the hardcover 10th edition 1960

Inhaltsverzeichnis.

Pyrrolfarbstoffe.

Der erste Teil des IV. Bandes enthält die Beiträge:

Verzeichnis der in diesem Band über die in DIN 1052 und DIN 1502, Beiblatt, hinaus besonders stark abgekürzten Buch- und Zeitschriftentitel.

Bücher.

d'Ans-Lax: Taschenbuch für Chemiker und Physiker. Hrsg. D'ANS, J., u. E. LAX. 2. Aufl. Berlin, Göttingen, Heidelberg 1949. 3. Aufl. in Vorbereitung.

A.O.A.C., Meth. Analysis: Association of Official Agricultural Chemists. Official and Tentative Methods of Analysis. Washington. 5. Aufl. 1940. 6. Aufl. 1945/46.

Gattermann-Wieland: Die Praxis des Organischen Chemikers von GATTERMANN, L., bearbeitet von WIELAND, H. 34. Aufl. Berlin 1952. 38. Aufl. Berlin 1956.

Hinsberg-Lang: HINSBERG, K., u. K. LANG: Medizinische Chemie für den klinischen und theoretischen Gebrauch. 2. Aufl. München, Berlin 1951.

Org. Syntheses: Organic Syntheses. New York, London 1921. — Außerdem Sammelbände.

Pregl-Roth: ROTH, H.: Die quantitative organische Mikroanalyse von FR. PREGL. 4. Aufl. Berlin 1935. 6. Aufl. Wien 1949. 7. Aufl. in Vorbereitung.

Pigman-Goepp, Carbohydrates: PIGMAN, W. W., and R. M. GOEPP jr.: Chemistry of Carbohydrates. New York 1948. — PIGMAN, WARD: The Carbohydrates. Chemistry, Biochemistry, Physiology. New York 1957.

Stepp-Kühnau-Schröder, Vitamine: STEPP, W., J. KÜHNAU u. H. SCHRÖDER: Die Vitamine und ihre klinische Anwendung. 6. Aufl. 1944. 7. Aufl.: Bd. 1. 1952. Bd. 2. 1957.

Tollens-Elsner: TOLLENS, B., u. H. ELSNER: Kurzes Handbuch der Kohlenhydrate. 4. Aufl. von ELSNER, H. Leipzig 1935.

Zeitschriften.

A.	Justus Liebigs Annalen der Chemie.
A. e. P. P.	Naunyn-Schmiedebergs Archiv für experimentelle Pathologie und Pharmakologie.
Am. Soc.	Journal of the American Chemical Society.
B.	Berichte der Deutschen Chemischen Gesellschaft. Ab Bd. 80, 1947: Chemische Berichte.
B. Z.	Biochemische Zeitschrift.
C.	Chemisches Zentralblatt.
Cr.	Comptes Rendus hebdomadaires des Séances de l'Académie des Sciences.
D. m. W.	Deutsche Medizinische Wochenschrift.
H.	Hoppe-Seylers Zeitschrift für Physiologische Chemie.
Helv.	Helvetica Chimica Acta.
J. biol. Ch.	Journal of Biological Chemistry.
Kli. Wo.	Klinische Wochenschrift.
M. m. W.	Münchener medizinische Wochenschrift.
Soc.	Journal of the Chemical Society, London.

Biotin[1-6].

Von

W. Grab.

Geschichte und Namen. Die grundlegende Beobachtung von WILDIERS[7], daß Hefen auf Nährböden aus gereinigten Nährstoffen nur dann wachsen, wenn eine Spur Hefeextrakt zugesetzt wurde, führte zur Annahme von Hefewuchsstoffen, die er „bios" nannte. Im Laufe der nächsten 40 Jahre gelang es dann, diese bios-Faktoren in mehrere selbständige Wirkstoffe aufzugliedern: bios I erwies sich als myo-Inosit[8], bios IIa als Pantothensäure[9]; bios IIb wurde von KÖGL[10] Biotin genannt. Weitere bios-Faktoren erwiesen sich als Thiamin[11], Pyridoxin[12] und Nicotinsäure[13].

Biotin zeigte sich als identisch mit Faktoren, die bei früheren Untersuchungen anders bezeichnet worden waren: Faktor X[14] nannte man jenen Wirkstoff, der Ratten vor der Erkrankung schützt, die bei Überfütterung mit rohem Hühnereiweiß auftritt. Daher wurde er später auch als „anti eggwhite injury factor"[15] bezeichnet, der den Charakter eines Vitamins haben mußte. Wegen der auffälligen Erscheinungen an der Haut der Ratten, die bei dieser Überfütterung mit Hühnereiweiß auftraten, hat dann GYÖRGY[16] den schützenden oder heilenden Faktor Haut-Vitamin oder Vitamin H genannt, amerikanische Forscher[17] skin factor. Auch Coenzym R, das die Mikrobiologen[18] als wichtig für Respiration und Wachstum von Knötchenbakterien (Rhizobium trifolii) gefunden hatten, hatte sich später als Biotin identifizieren lassen[19]. Die Bezeichnung „Faktor W" für Biotin[20] weist darauf hin, daß es sich um das aktive Prinzip des sog. Vitamin B_w handeln sollte.

KÖGL[21] konnte Biotin 1936 in kristallisierter Form erhalten. Um die Aufklärung der Struktur haben sich KÖGL[22-25] sowie vor allem DU VIGNEAUD[26-31] erfolgreich bemüht. DU VIGNEAUD und Mitarbeitern ist der endgültige Konstitutionsbeweis gelungen.

Zusammenfassende Darstellungen:

1 SEBRELL-HARRIS, Vitamins Bd. I, S. 525.
2 VOGEL, H., u. H. KNOBLOCH: Chemie und Technik der Vitamine. 3. Aufl. Bd. II/2, S. 1. Stuttgart 1955.
3 GSTIRNER, F.: Chemisch-physikalische Vitamin-Bestimmungsmethoden. 4. Aufl. Stuttgart 1951.
4 GYÖRGY, P. (Hrsgb.): Vitamin Methods. Bd. I, S. 490; Bd. II, S. 228. New York 1950 bzw. 1951.
5 LANG, K.: Biochemie der Ernährung. (Beiträge zur Ernährungswissenschaft, Bd. I.) S. 328ff. Darmstadt 1957.
6 FLASCHENTRÄGER-LEHNARTZ, Bd. 2/2b, S. 797ff. (Abschnitt K. SCHREIER).
7 WILDIERS, E.: Cellule **18**, 313 (1901).
8 EASTCOTT, E. V.: J. physic. Chem. **32**, 1094 (1928).
9 WILLIAMS, R. J., C. M. LYMAN, G. H. GOODYEAR, J. H. TRUESDAIL and D. HOLADAY: Am. Soc. **55**, 2912 (1933).
10 KÖGL, F.: B. **68**, 16 (1935).
11 WILLIAMS, R. J., and R. R. ROEHM: J. biol. Ch. **87**, 581 (1930).
12 SCHULTZ, A., L. ATKIN and C. N. FREY: Am. Soc. **61**, 1931 (1939).
13 KOSER, S. A., and M. H. WRIGHT: Proc. Soc. exp. Biol. Med. **53**, 249 (1943).
14 BOAS, M. A.: Biochem. J. **21**, 712 (1927).
15 LEASE, J. G., and H. T. PARSONS: Biochem. J. **28**, 2109 (1934).
16 GYÖRGY, P.: Z. ärztl. Fortbildg. **28**, 377, 417 (1931).
17 MARSHALL, W.: J. invest. Derm. **2**, 205 (1939).
18 ALLISON, F. E., S. R. HOOVER and D. BURK: Science, N. Y. **78**, 217 (1933).
19 NILSSON, R., G. BJÄLFVE u. D. BURSTRÖM: Naturwiss. **27**, 389 (1939).
20 ELVEHJEM, C. A., C. J. KOEHN and J. J. OLESON: J. biol. Ch. **115**, 707 (1936).
21 KÖGL, F., u. B. TÖNNIS: H. **242**, 43 (1936).
22 KÖGL, F., H. ERXLEBEN u. J. H. VERBEEK: H. **276**, 63 (1942).
23 KÖGL, F., u. E. J. TEN HAM: H. **279**, 140 (1943).
24 KÖGL, F., J. H. VERBEEK, H. ERXLEBEN u. W. A. J. BORG: H. **279**, 121 (1943).
25 KÖGL, F., u. W. A. J. BORG: H. **281**, 65 (1944).
26 VIGNEAUD, V. DU, K. HOFMANN and D. B. MELVILLE: Am. Soc. **64**, 188 (1942).
27 HOFMANN, K., D. B. MELVILLE and V. DU VIGNEAUD: J. biol. Ch. **144**, 513 (1942).

Vorkommen. Biotin findet sich weit verbreitet in der Natur und kommt in kleinsten Mengen wohl in jeder lebenden Zelle vor. Biotin liegt selten in freier, meist chemisch gebunden in löslicher oder unlöslicher Form vor.

Biotinhaltige Naturstoffe sind Biocytin (ε-N-Biotinyl-lysin) und Biotoproteine (vgl. Tabelle 8c). Biocytin findet sich in wasserlöslicher Form in vielen Naturstoffen; es wurde entdeckt bei der überwachten Autolyse von Hefe und aus Hefe isoliert[1]. Im menschlichen Harn finden sich 0,14—0,29 γ/cm^3 an Biotinderivaten teils frei, teils gebunden, unter denen sich Biocytinsulfoxyd hat feststellen lassen[2]. Im Blut findet sich die Biocytinase, die Biocytin hydrolytisch spaltet[3].

Biotoproteine wurden gefunden in Rinderleber[13], Eidotter und anderen Geweben. Solche Biotoproteine können gewonnen werden durch alkalische Extraktion der Leber[13], durch enzymatische Hydrolyse mit gereinigtem Pepsin[14], durch Extraktion von Eidotter mit konz. Salzlösungen[15]. Aus löslichen Biotoproteinen kann durch ein Enzym aus Schweineleber, Schweinenieren oder Hühnerpankreas Biotin abgespalten werden[16] (Biotinidase).

Im Harn wurden Verbindungen gefunden, die mikrobiologisch als Biotin wirksam sind, dagegen

Tabelle 1. *Biotingehalt in menschlichen und einigen tierischen Organen* (in γ/100 g Frischgewebe).

Organ	männlich	weiblich	tierisch
Leber . . .	77[4]	62[4]	96 Rind[5]
			150—200 Rind[6]
Niere . . .	67[4]	58[4]	
Nebennieren	23[4]	35[4]	
Herz	19[4]	17[4]	8,1 Rind[5]
Skeletmuskel	4[4]	2[4]	7,4 Schweineschinken[5]
Milz	6[7]		
Magen, Darm	9—19[7]		
Lunge . . .	1[4]	2[4]	
Gehirn . . .	8[4]	3[4]	7,4 Rind[5]
Ovar. . . .		2,5[7]	
Mamma . .		4[7]	
Testis . . .	9[7]		
Samenstrang	1,5[7]		
Haut. . . .	2,2[7]		
Vollblut . .	0,24[8]		1,5—3,5 Ratte[9]
	0,8—1,7[9]		
Blutplasma .	1,0—1,7[9]		
Frauenmilch	0,16[10]		
Speichel . .	0,005—0,04[11]		
Harn. . . .	2—4[9, 12]		

[1] WRIGHT, L. D., E. L. CRESSON, H. R. SKEGGS, T. R. WOOD, R. L. PECK, D. E. WOLF and K. FOLKERS: Am. Soc. **74**, 1996 (1952).
[2] WRIGHT, L. D., E. L. CRESSON and C. DRISCOLL: Proc. Soc. exp. Biol. Med. **91**, 248 (1956).
[3] WRIGHT, L. D., C. DRISCOLL and W. P. BOGER: Proc. Soc. exp. Biol. Med. **86**, 335 (1954).
[4] WILLIAMS, R. J.: Vitamins & Hormones **1**, 237 (1943).
[5] SEBRELL-HARRIS, Vitamins Bd. I. S. 596.
[6] LANG-RANKE, Stoffwechsel und Ernährung. S. 206.
[7] RAUEN, Biochem. Taschenb. S. 822 u. 842.
[8] KÖGL, F., u. W. VAN HASSELT: H. **243**, 189 (1936).
[9] ALBRITTON, E. C.: Handbook of Biological Data. Bd. I, S. 109. Philadelphia 1953.
[10] NEUWEILER, W., u. W. RITTER: Z. Vit.-Forsch. **21**, 239 (1949).
[11] DREIZEN, S., E. J. GILLEY, J. J. MOSNY and T. D. SPIES: Int. Z. Vit.-Forsch. **26**, 257 (1955).
[12] SYDENSTRICKER, V. P., S. A. SINGAL, A. P. BRIGGS, N. M. DE VAUGH and H. ISBELL: Science, N. Y. **95**, 176 (1942).
[13] HOFMANN, K., D. F. DICKEL and A. E. AXELROD: J. biol. Ch. **183**, 481 (1950).
[14] BOWDEN, J. P., and W. H. PETERSON: J. biol. Ch. **178**, 533 (1949).
[15] GYÖRGY, P., and C. S. ROSE: Proc. Soc. exp. Biol. Med. **49**, 294 (1942).
[16] THOMA, R. W., and W. H. PETERSON: J. biol. Ch. **210**, 569 (1954).

Literatur zu S. 1443. (Fortsetzung.)

[28] HOFMANN, K., G. W. KILMER, D. B. MELVILLE, V. DU VIGNEAUD and H. H. DARBY: J. biol. Ch. **145**, 503 (1942).
[29] KILMER, G. W., M. D. ARMSTRONG, G. B. BROWN and V. DU VIGNEAUD: J. biol. Ch. **145**, 495 (1942).
[30] VIGNEAUD, V. DU, D. B. MELVILLE, K. FOLKERS, D. E. WOLF, R. MOZINGO, J. C. KERESZTESY and S. A. HARRIS: J. biol. Ch. **146**, 475 (1942).
[31] MELVILLE, D. B., A. W. MOYER, K. HOFMANN and V. DU VIGNEAUD: J. biol. Ch. **146**, 487 (1942).

nicht an Avidin gebunden werden können. Sie wurden als Miotin, Tiotin und Rhiotin bezeichnet; über ihre chemische Natur ist noch nichts bekannt[1,2].

Der in den nebenstehenden Tabellen 1—4 angeführte Biotingehalt ist immer mikrobiologisch bestimmt worden. Da viele Mikroorganismen gebundenes Biotin nicht verwerten können, muß das gesamte Biotin erst freigesetzt werden, und zwar entweder durch Autolyse der Organe oder durch Verdauung mit proteolytischen Enzymen oder durch Auskochen mit Wasser unter hohem Druck oder durch Hydrolyse mit Mineralsäuren (2 Std lang mit 2 n H_2SO_4 oder 1 Std lang mit 6 n H_2SO_4, jeweils bei 120°). Alkalische Hydrolyse zerstört Biotin.

Die mikrobiologisch erhaltenen Biotinwerte sind nur begrenzt verläßlich, da in Naturstoffen auch andere Substanzen mit unspezifischer Biotinwirkung vorkommen und da nicht immer alles vorhandene Biotin ohne Verlust vollständig aus der gebundenen Form freigesetzt oder vom Testorganismus verwertet werden kann.

Leber, Niere und Hefe haben hohen Biotingehalt, andere zellreiche Organe wie Hirn, Milz, Thymus und Muskeln dagegen geringen. Zellreiche Tumoren von Haut und Bindegewebe enthalten zuweilen auffallend hohe Biotinmengen[17,18]. Auf Trockengewicht bezogen, sind Eier, die meisten Frischgemüse, einzelne Früchte und die meisten Samen gute Biotinquellen, während die üblichen Getreidesorten biotinarm sind. Im

Tabelle 2. *Biotingehalt in Milch* (in γ/100 cm^3).

Tierart	γ/100 cm^3			
Kuh	2,0[3]	1,0—3,0[4]	3,5[5]	5,0[6]
Ziege	6,3[3]			
Meerschweinchen		4,5[7]		
Hund		12[6]		
Maus		32[6]		
Frauenmilch		0,1[6]	0,16[8]	0,4[5]

Tabelle 3. *Biotingehalt in einigen Nahrungsmitteln für den Menschen* (in γ/100 g Frischgewicht bzw. in γ/100 g Trockengewicht).

Nahrungsmittel	γ/100 g frisch	γ/100 g trocken	Literatur
(Rind)fleisch	2,0	7,7	9, 10
(Rind)leber	150—200, 96	260,0	9–11
(Rind)herz	8,1		11
(Rind)gehirn	7,4		11
Niere	etwa 70—90		11
Schweineschinken	7,4	12,0	10, 11
Hühnerfleisch		21—44	10
Dorsch, Lachs	5,3—8,7	19—30	10, 12
Kuhmilch	1—5	41,0	9, 10
Eier	100; 9,0	22,5—31,5; 35,0	9, 12, 13
Käse	1,1—7,6	35,0	11, 14
Blumenkohl		150	10
Andere Kohlsorten	2,4	29,0	10, 12
Spinat	7,0	67,0	9, 10
Tomaten	4,0	67,0	9, 10
Weizen	5,2	5,8—21,6	15
Weißbrot	19,0	1,6; 29,0	10, 12
Sojabohnen	54—61	75,0	9, 15
Kartoffeln	0,6—4,3	2,7—14,0	12
Honig	170	540	12
Hefe		23—760	16

[1] OPPEL, T. W.: Amer. J. med. Sci. **204**, 886 (1942).
[2] BURK, D., and R. J. WINZLER: Science, N. Y. **97**, 57 (1943).
[3] MÜLLER, E.: Milchwiss. **5**, 304 (1950).
[4] Chemisches Institut der Bundes-Versuchs- und Forschungsanstalt für Milchwirtschaft, Kiel: Milchwiss. **6**, H. 8/9 (1951).
[5] SCHREIER, K.; in: FLASCHENTRÄGER-LEHNARTZ Bd. II/2b, S. 797.
[6] SEBRELL-HARRIS, Vitamins Bd. I. S. 596.
[7] RAUEN, Biochem. Taschenb. S. 822 u. 842.
[8] NEUWEILER, W., u. W. RITTER: Z. Vit.-Forsch. **21**, 239 (1949).
[9] LANG-RANKE, Stoffwechsel und Ernährung. S. 206.
[10] VOGEL, H., u. H. KNOBLOCH: Chemie und Technik der Vitamine. 3. Aufl. Bd. II/2, S. 1. Stuttgart 1955.
[11] HARRIS-SEBRELL, Vitamins. Bd. I, S. 597.
[12] GYÖRGY, P.; in: SEBRELL-HARRIS, Vitamins Bd. I, S. 535ff.
[13] EVANS, R. J., J. A. DAVIDSON, D. BAUER and H. A. BUTTS: Poultry Sci. **32**, 680 (1953).
[14] SULLIVAN, R. A., E. BLOOM and J. JARMOL: J. Nutrit. **25**, 463 (1943).
[15] FILIPPOV, V., and M. IL'INA: Doklady Akad. Nauk SSSR. **95**, 1267 (1954) [Chem. Abstr. **48**, 10136].
[16] CHANG, W. S., and W. H. PETERSON: Nutrit. Abstr. Rev. **19**, 595 (1949).
[17] KÖGL, F., u. W. VAN HASSELT: H. **243**, 189 (1936).
[18] BURK, D., and R. J. WINZLER: Vitamins & Hormones **2**, 305 (1944).

Samen vieler Pflanzen findet sich Biotin in auffallend hoher Konzentration, die bei der Keimung sogar noch zunimmt[1].

Die Biotinverluste beim normalen Kochen sind im allgemeinen gering[2]. Dagegen kann Biotin von Avidin, einem im Eiklar des Hühnereies vorkommenden Nucleoproteid, so fest gebunden werden, daß es im Magen-Darmtrakt der Ratte nicht mehr verwertet werden kann[3]. Über den Biotin-Avidin-Komplex s. S. 1451, Näheres über Avidin S. 439ff.

Tabelle 4. *Biotingehalt in mg/g Trockengewicht bei erwachsenen, embryonalen und tumorkranken Organen*[4].

	Leber			Lunge			Haut			Bindegewebe		
	erwachsen	embryonal	tumorkrank	erwachsen	embryonal	tumorkrank	erwachsen	embryonal	tumorkrank	erwachsen	embryonal	tumorkrank
Ratte. . .	4480	1280	2030	—	—	—	—	—	—	2460	1280	544
Maus . . .	3613	2909	1170	2280	1330	1177	—	—	—	1280	312	556
Kaninchen	—	—	—	—	—	—	89	531	360[a] 369[b]	134	1330	813

[a] Papillom; [b] Carcinom.

Zahlreiche Mikroorganismen, die im Magen-Darmtrakt der höheren Tiere und des Menschen vorkommen, bilden Biotin. Daher wird im Kot mehr Biotin ausgeschieden, als mit der Nahrung aufgenommen wird. Solche Mikroorganismen sind biotin-autotroph. Dazu gehören Aerobacter aerogenes, Pseudomonas fluorescens, Proteus vulgaris, Phycomyces blakesleeanus[5, 6].

Physiologische Bedeutung. Eine vollständige Kost für Tiere und Menschen muß Biotin enthalten, da ein Mangel an Biotin zum Tode führt. Zu einem solchen Biotinmangel kann es kommen, wenn die Biotinsynthese der Darmbakterien — etwa durch Sulfonamide oder Antibiotica — unterdrückt wird oder wenn das oral gegebene Biotin durch hohe Dosen Avidin aus rohem Eiereiweiß unverwertbar gemacht worden ist.

Tabelle 5. *Biotinbedarf in γ pro Tag.*

Mensch.	150—300[7]
Ratten.	0,5 —3,0[8]
Küken.	0,65—1,0[9]
Affen.	20[9]
Mäuse.	8/100 g Futter[10]

Biotinmangel zeigt sich bei Ratten (ähnlich auch beim Menschen) an fast völligem Ausfall der Körperhaare, seborrhoischer Dermatitis, anomaler Haltung und Gang der Tiere, die auf Nervendegeneration beruhen. Nur wenn der Bedarf des Tieres an Biotin vollständig gedeckt ist, können Fortpflanzung, Lactation und natürliche Resistenz gegenüber verschiedenen Infektionen (Trypanosomen, Salmonellen) zustande kommen.

Der Bedarf an Biotin ist zahlenmäßig schwer anzugeben, da das von den Darmbakterien synthetisierte Biotin vom Wirtstier in wechselndem Umfang ausgenutzt wird. Die zu empfehlenden Tagesdosen zeigt die nebenstehende Tabelle 5.

Weiterhin benötigen noch Biotin: praktisch alle Wirbeltiere, Insekten und deren Larven, Protozoen, Pilze, Hefen, Algen[11] sowie die in Tabelle 6 aufgeführten Mikroorganismen (Auswahl), die also für Untersuchungen über die biochemische Funktion des Biotins geeignet sind.

[1] BURKHOLDER, P. R., and I. McVEIGH: Proc. nat. Acad. Sci. USA **28**, 440 (1942).
[2] SCHWEIGERT, B. S., E. NIELSEN, J. M. McINTIRE and C. A. ELVEHJEM: J. Nutrit. **26**, 65 (1943).
[3] WOOLLEY, D. W., and L. G. LONGSWORTH: J. biol. Ch. **142**, 285 (1942).
[4] WEST, P. M., and W. H. WOGLON: Cancer Res. **2**, 324 (1942).
[5] McILWAIN, H.: Nature **158**, 898 (1946).
[6] SCHOPFER, W. H.: Z. Vit.-Forsch. **14**, 42 (1944).
[7] WILLIAMS, R. J.: J. amer. med. Ass. **119**, 1 (1942).
[8] NIELSEN, E., and C. A. ELVEHJEM: Proc. Soc. exp. Biol. Med. **48**, 349 (1941).
[9] JUKES, T. H., and F. H. BIRD: Proc. Soc. exp. Biol. Med. **49**, 231 (1942).
[10] NIELSEN, E., and A. BLACK: J. Nutrit. **28**, 203 (1944).
[11] ALBRITTON, E. C.: Handbook of Biological Data. Bd. II, S. 46. Philadelphia, London 1954.

Die Gesamtmenge Biotin im Harn des Menschen entspricht etwa der Biotinzufuhr. Bei ungenügender Zufuhr sinkt die Biotinausscheidung im Harn rasch ab bis auf $^1/_{10}$ der Normalwerte.

Biotin ist oftensichtlich an einem fundamentalen Prozeß der Lebensvorgänge beteiligt, denn der Biotingehalt eines Organs ist immer proportional der Intensität seines Stoff-

Tabelle 6. *Mikroorganismen, die Biotin benötigen.*

Lactobacillus arabinosus[1, 2]	Clostridium[8]
Lactobacillus helveticus[3]	Streptococcus plantarum[9]
Rhizobium trifolii[4]	Streptococcus α-hämolytische[10]
Saccharomyces cerevisiae[5]	Micrococcus pyogenes[11]
Saccharomyces, andere Arten[6]	Neurospora crassa[12]
Bacterium macerans[7]	Brucella abortus[1]
Bacterium polymyxa[7]	Brucella melitensis[1]
Leuconostoc citrovorum[1]	Brucella suis[1]
Leuconostoc dextranicum[1]	Staphylococcus albus[1]
Leuconostoc mesenteroides[1]	Staphylococcus aureus[1, 13]
Pasteurella multocida[1]	

wechsels[14]. Aber ein biotinenthaltendes Coenzym konnte bisher noch bei keiner biochemischen Reaktion entdeckt werden. Es ist also unbekannt, in welcher Form Biotin sich an Fermentreaktionen spezifisch beteiligt. Einen ersten Hinweis auf die vermutete Rolle des Biotins bietet die Angabe, daß gereinigte Oxalessigsäure-carboxylase gebundenes Biotin enthält[15]. Es ist aber bekannt, daß Biotin bei einer Reihe von biochemischen Reaktionen mitwirkt, da deren Ausmaß bei Biotinmangel stark vermindert ist und durch Zugabe von Biotin wieder vergrößert werden kann. Bei solchen Reaktionen wird immer CO_2 übertragen[16] (reversible Fixierung von CO_2). Es handelt sich dabei z. B. um Decarboxylierung von Oxalessigsäure, Oxalbernsteinsäure, Bernsteinsäure, Äpfelsäure oder um Carboxylierung von Brenztraubensäure[17], α-Ketoglutarsäure, Propionsäure, Isovaleriansäure[18].

Neuere Versuche haben gezeigt, daß schon kleine Mengen Biotin die Vergärung von Glucose und Fructose durch biotinarm gezüchtete Hefe verdoppeln können; auch die Aktivität von Hexokinase wird dabei durch freies Biotin wesentlich gesteigert[19].

Bei der enzymatischen Synthese von langkettigen Fettsäuren ist ein Biotin enthaltendes Ferment aus Vogelleber wesentlich beteiligt. Die weitgehend gereinigte wirksame Enzymfraktion enthielt 250 γ Biotin je 1 g Protein, d. i. das bisher biotinreichste Protein[20].

[1] ALBRITTON, E. C.: Handbook of Biological Data. Bd. II, S. 46. Philadelphia, London 1954.
[2] WRIGHT, L. D., and H. R. SKEGGS: Proc. Soc. exp. Biol. Med. **56**, 95 (1944).
[3] SHULL, G. M., B. L. HUTCHINGS and W. H. PETERSON: J. biol. Ch. **142**, 913 (1942).
[4] PORTER, J. R., and M. J. PELEZAR jr.: J. Bacteriology **41**, 173 (1941).
[5] WILLIAMS, R. J., R. E. EAKIN and E. E. SNELL: Am. Soc. **62**, 1204 (1940).
[6] BURKHOLDER, P. R., I. MCVEIGH and D. MOYER: J. Bacteriology **48**, 385 (1944).
[7] KATZNELSON, H.: J. Bacteriology **48**, 495 (1944).
[8] BORNSTEIN, B. T., and H. A. BARKER: J. Bacteriology **55**, 222 (1948).
[9] KUHN, R., u. K. SCHWARZ: B. **74**, 1617 (1941).
[10] NEVIN, T. A.: J. Bacteriology **62**, 217 (1954).
[11] ENGLISH, A. R., and E. MCCOY: J. Bacteriology **62**, 19 (1951).
[12] HODSON, A. Z.: J. biol. Ch. **157**, 383 (1945).
[13] ROGOSA, M., R. P. TITTSLER and D. S. GEIB: J. Bacteriology **54**, 13 (1947).
[14] WILLIAMS, R. J.: Vitamins & Hormones **1**, 239 (1943).
[15] LICHSTEIN, H. C.: J. biol. Ch. **212**, 217 (1955).
[16] WESSMAN, G. E., and C. H. WERKMAN: Arch. Biochem. **26**, 214 (1950).
[17] LICHSTEIN, H. C., and W. W. UMBREIT: J. biol. Ch. **170**, 329, 423 (1947).
[18] LARDY, H. A., and R. PEANASKY: Physiol. Rev. **33**, 560 (1953).
[19] STRAUSS, R. R., and A. G. MOAT: J. biol. Ch. **233**, 765 (1958).
[20] WAKIL, S. J., E. B. TITCHENER and D. M. GIBSON: Biochim. biophysica Acta, N. Y. **29**, 225 (1958).

Biotin ist weiterhin beteiligt bei der Biosynthese des Purinringes[1], bei der Bildung von Citrullin aus Ornithin, bei der Desaminierung von Asparaginsäure, Serin und Threonin. Bei den Carboxylierungs-Vorgängen wird aber der Ureido-Ring des Biotins nicht geöffnet, wie man das früher angenommen hatte. Durch radioaktive Markierung des Kohlenstoffs der Ureido-Gruppe ließ sich zeigen, daß bei den Carboxylierungen dieses Kohlenstoffatom nicht übertragen wird. Dagegen können an diesem Ureido-Kohlenstoffatom intermediär 2 Wasserstoffatome sich anlagern und wieder abgegeben werden, die beim intramolekularen Wasserstofftransport eine Rolle spielen, der sich bei allen Reaktionen zeigen läßt, an denen Biotin beteiligt ist[2].

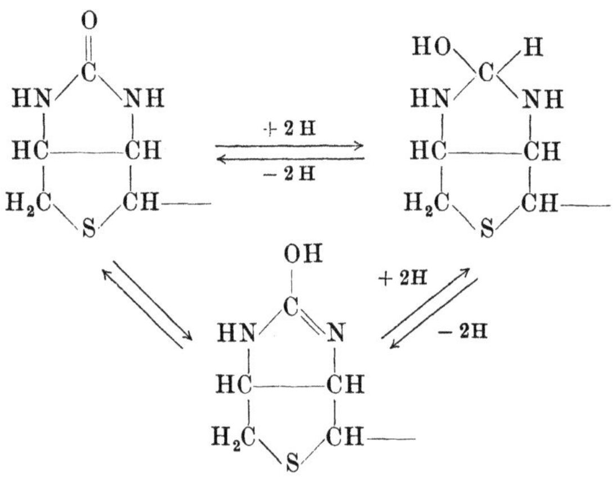

Bei manchen Mikroorganismen und auch Hefen kann Biotin durch ungesättigte Fettsäuren[3], Vaccensäure[4] sowie Ölsäure ersetzt werden. Der Mechanismus dieser Biotin vortäuschenden Reaktion ist unbekannt. Bei höheren Tieren kann das Auftreten des Biotinmangels lange herausgezögert werden, wenn man den Tieren Methylenblau oder Ascorbinsäure gibt.

Zusammensetzung und Konstitutionsformel.

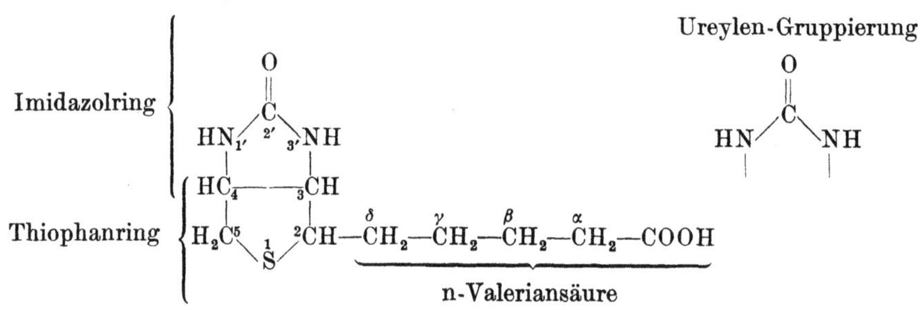

d-(+)-Biotin

$C_{10}H_{16}O_3N_2S$, Mol.-Gewicht 244,30.

Chemische Bezeichnung: cis-Hexahydro-2′-oxo-l-thieno-3,4-imidazo-2-n-valeriansäure oder auch 2′-Keto-3,4-imidazolido-tetrahydro-thiophen-2-n-valeriansäure.

Wie die Strukturformel zeigt, ist Biotin zusammengesetzt aus 3 Baugliedern, dem Imidazolidinring (mit seiner charakteristischen Ureylen-Gruppierung), einem Thiophanring und der n-Valeriansäure. Die Unterscheidung von α-Biotin (Kögl) aus Eidotter und β-Biotin (du Vigneaud) aus Leber ist hinfällig, beide Stoffe haben sich als identisch erwiesen.

Standardsubstanz ist kristallisiertes (+)-Biotin. 1 mg Biotin hat 25 Millionen Saccharomyces-Einheiten[5]. 1 Avidin-Einheit ist jene Menge, die das durch 1 γ Biotin geförderte Hefewachstum vollständig unterdrückt[6].

Isolierung aus Naturstoffen und Synthese. Die Verfahren zur Isolierung von Biotin sind schwierig, weil im Ausgangsmaterial nur sehr geringe Konzentrationen vorhanden sind, Biotin also mehrtausendfach angereichert werden muß. Die gelungene Synthese macht die Darstellung des Biotins aus Naturstoffen überflüssig.

[1] Moat, A. G., C. N. Wilkins jr. and H. Friedman: J. biol. Ch. **223**, 985 (1956).
[2] Lichstein, H. C.: Vitamins & Hormones **9**, 27 (1951).
[3] Potter, R. L., and C. A. Elvehjem: J. biol. Ch. **172**, 531 (1948).
[4] Axelrod, A. E., K. Hofmann and B. F. Daubert: J. biol. Ch. **169**, 761 (1947).
[5] Kögl, F., u. W. van Hasselt: H. **243**, 189 (1936).
[6] Dhyse, F. G.: Proc. Soc. exp. Biol. Med. **85**, 515 (1954).

Bei der historischen Darstellung von kristallisiertem Biotin aus 250 kg getrocknetem Eidotter[1] wurden nur 1,1 mg Biotinkristalle gewonnen, entsprechend 1,8% des im Ausgangsmaterial vorhandenen Biotins. Das verlustreiche und umständliche Verfahren bestand aus 17 Schritten: Extraktion mit organischen Lösungsmitteln und Fällung nacheinander mit Alkohol, Bleiacetat, Phosphorwolframsäure, Adsorption an Tierkohle, Elution und erneute Fällung nacheinander mit Phosphorwolframsäure, Quecksilberchlorid, Pikrolonsäure, Rufiansäure, Reineckesäure. Ausgangsmaterial waren zuerst frische Eier, später getrocknete Eidotter. Das Reinigungsverfahren wurde durch Einführung der Molekular-Destillation verkürzt und die Ausbeuten auf 10—20% des vorhandenen Biotins gesteigert[2]. Die Isolierung von kristallisiertem Biotin-methylester aus Leberkonzentraten lieferte bereits 38% Ausbeute[3]. Bei der Isolierung aus Milchkonzentrat[4] wurde Biotin schon in den Rohkonzentraten in den Methylester überführt und dieser dann angereichert. Aus dem Methylester wird Biotin durch Verseifen mit verdünntem Alkali bei Zimmertemperatur freigesetzt, die Lösung mit verdünnter Salzsäure angesäuert und dann konzentriert[5].

Die Synthese von Biotin gelang zuerst HARRIS[6] (vgl. [7]). Abwandlungen dieser Synthese stammen von GRÜSSNER[8] und BAKER[9]. Bei der Synthese von GOLDBERG[10] wird im Gegensatz zu den bisherigen Synthesen zuerst der Harnstoffring aufgebaut und dann erst der Thiophanring, wodurch man unmittelbar die für Biotin notwendige cis-Struktur erhält[10]. Nach diesem Verfahren wird auch die technische Synthese durchgeführt[10].

Die Synthese eines am Ureido-Kohlenstoff mit ^{14}C markierten Biotins beschreibt MELVILLE[11]; ein an der Carboxylgruppe markiertes Biotin kann nach BAXTER[12] erhalten werden.

Die Biosynthese von Biotin in Bakterien ist noch nicht völlig aufgeklärt. Pimelinsäure und Cystein wurden als Vorstufen von Biotin bei Bakterien und Schimmelpilzen nachgewiesen. Durch Zusatz von Pimelinsäure zu Bakterienkulturen kann man die Bildungsrate von Biotin erhöhen[13]. Auch Desthio-biotin wird bei der Biosynthese verwertet[14]. Aus Cystein, Pimelinsäure, CO_2 und Ammoniak kann man sich nach nachstehendem Formelbild vorstellen, wie Biotin aufgebaut werden könnte.

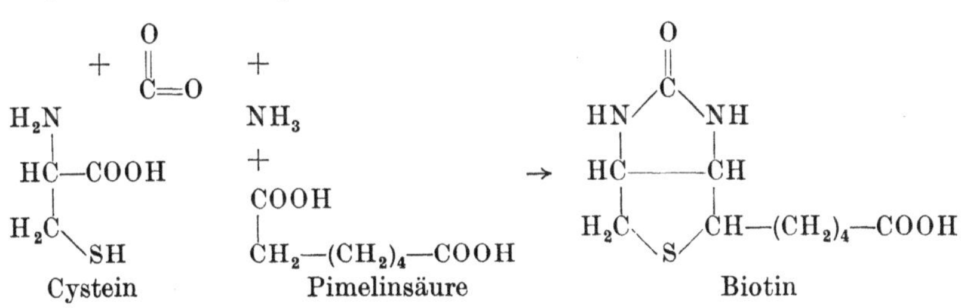

[1] KÖGL, F., u. B. TÖNNIS: H. **242**, 43 (1936).
[2] KÖGL, F., u. L. PONS: H. **269**, 61 (1941).
[3] VIGNEAUD, V. DU, K. HOFMANN, D. B. MELVILLE and P. GYÖRGY: J. biol. Ch. **140**, 643 (1941).
[4] MELVILLE, D. B., K. HOFMANN, E. HAGUE and V. DU VIGNEAUD: J. biol. Ch. **142**, 615 (1942).
[5] VIGNEAUD, V. DU, K. HOFMANN, D. B. MELVILLE and J. R. RACHELE: J. biol. Ch. **140**, 763 (1941).
[6] HARRIS, S. A., D. E. WOLF, R. MOZINGO and K. FOLKERS: Science, N. Y. **97**, 447 (1943). — HARRIS, S. A., D. E. WOLF, R. MOZINGO, G. E. ARTH, R. C. ANDERSEN, N. R. EASTON and K. FOLKERS: Am. Soc. **67**, 2096 (1945).
[7] VOGEL, H., u. H. KNOBLOCH: Chemie und Technik der Vitamine. 3. Aufl., Bd. II/2, S. 13—22. Stuttgart 1955.
[8] GRÜSSNER, A., J. P. BOURQUIN u. O. SCHNIDER: Helv. **28**, 517 (1945).
[9] BAKER, B. R., W. L. MCEWEN and W. N. KINLEY: J. org. Chem. **12**, 322 (1947).
[10] GOLDBERG, M. W., and L. H. STERNBACH: US Pat. 2489232 bis 2489238 vom 22. Nov. 1949.
[11] MELVILLE, D. B., J. G. PIERCE and C. W. H. PARTRIDGE: J. biol. Ch. **180**, 299 (1949).
[12] BAXTER, R. M., and J. H. QUASTEL: J. biol. Ch. **201**, 751 (1953).
[13] WRIGHT, L. D., and E. L. CRESSON: Am. Soc. **76**, 4156 (1954).
[14] WRIGHT, L. D., and C. A. DRISCOLL: Am. Soc. **76**, 4999 (1954).

Die Synthese der Isomeren von d,l-epi- und d,l-allo-Biotin vgl. [1, 2].

Physikalische und chemische Eigenschaften. d(+)-Biotin = weiße lange Nadeln, F = 230—232° unkorr.; D 1,41. = Hexahydro-2-oxo-1-thieno-3,4-imidazo-valeriansäure. Löslich in heißem Wasser, wenig löslich in kaltem Wasser und Alkohol, praktisch unlöslich in Äther, Chloroform und anderen organischen Lösungsmitteln, löslich in verdünnten Säuren und Alkalien. $[\alpha]_D$ bei 21° in 0,1 n NaOH = +91° bzw. als 0,3%ige Lösung in 0,1 n NaOH bei 22° = +92°[3]. Isoelektrischer Punkt bei p_H 3,5. Eine 0,01%ige Lösung hat p_H 4,5.

In wäßriger Lösung verliert es beim Aufbewahren während 6½ Monaten seine Wirksamkeit; in 0,001 n Salzsäurelösung dagegen blieb Biotin während 18 Monaten bei 4° völlig stabil[4]. Im übrigen ist Biotin bemerkenswert stabil: Es ist beständig beim Kochen seiner Lösungen in Wasser und verdünnten Alkalien und Säuren. Durch Kochen mit starker Salzsäure (2 n HCl) für 90 min wird es oxydiert. Es bilden sich Gemische aus d- und l-Biotin, -sulfoxyde und -sulfone. Schwefelsäure hat keine schädliche Wirkung[5]. Durch längeres Erhitzen mit starken Mineralsäuren oder Alkalien dagegen wird Biotin ebenfalls zerstört. Durch Einwirkung von Peroxyden (H_2O_2, ranzige Öle) wird Biotin oxydiert und dadurch unwirksam.

Ein charakteristisches Absorptionsspektrum haben weder Biotin noch seine Derivate oder Biocytin. Das Infrarotspektrum zeigt Abb. 1, S. 1424[6]: Abszisse in Wellenzahl/cm (Reziprokwerte der Wellenlänge). Die saure Hydroxylgruppe absorbiert bei etwa 3425 (entsprechend 2,92 μ), während die saure Carboxylgruppe der Bande bei etwa 1715 cm^{-1} (entsprechend 5,85 μ) entspricht. Die Banden bei 1695 (5,90), 1660 (6,02) und 1640 (6,10) weisen auf die Gruppierung —CO—NH— im heterocyclischen Ring hin. Die —C—S-Bindung (C mit zwei freien Valenzen) zeichnet sich durch die schwache Absorption bei 700 ab, die in der Abbildung fehlt. Zur Unterscheidung von andern wasserlöslichen Vitaminen sind für Biotin folgende Absorptionen charakteristisch: Bei 1332 (7,50); 1295 (7,73); 1275 (7,85); 1157 (8,65) und 1100 cm^{-1} (9,09 μ).

Die Zahlenwerte für die magnetische Suszeptibilität sind: spezifische Suszeptibilität theoretisch: $-0{,}570 \cdot 10^{-6}$ (gefunden $-0{,}58 \cdot 10^{-6}$), molare theoretisch: $-139{,}21 \cdot 10^{-6}$ (gefunden $-140{,}5 \cdot 10^{-6}$)[7] für reines Biotin.

Die Oxydation von Biotin mit H_2O_2 führt zu Biotin-sulfoxyd in 2 diastereoisomeren Formen des d-Biotin-d-sulfoxyd und des d-Biotin-l-sulfoxyd. In einem Konzentrat aus Milchrückständen konnte eine kristallisierte Substanz gewonnen werden, die sich als d-Biotin-d-sulfoxyd-methylester erwiesen hatte[8].

Physiologische und pharmakologische Eigenschaften. Biotin ist sowohl bei großer Einzelgabe als auch bei wiederholten Gaben in hohen Dosen ohne auffällige pharmakologische Wirkungen. 1 g d,l-Biotin je kg Körpergewicht intravenös bei Hunden oder per os bei Mäusen war völlig ungiftig und bewirkte auch bei Katzen oder Ratten keine Änderungen in Blutdruck, Atmung und Stoffwechsel[9]. Am überlebenden Uterus, Dünndarm von Ratte, Kaninchen, Meerschweinchen oder am isolierten Froschherzen waren hohe Konzentrationen von Biotin wirkungslos. Bei lokaler Anwendung an der Cornea

---

[1] BAKER, B. R., M. V. QUERRY, W. L. MCEWEN, S. BERNSTEIN, S. R. SAFIR, L. DORFMAN and Y. SUBBAROW: J. org. Chem. **12**, 186 (1947). — BAKER, B. R., W. L. MCEWEN and W. N. KINLEY: J. org. Chem. **12**, 322 (1947).

[2] GROB, C. A., u. H. v. SPRECHER: Helv. **35**, 885 (1952).

[3] VIGNEAUD, V. DU, K. HOFMANN, D. B. MELVILLE and J. R. RACHELE: J. biol. Ch. **140**, 763 (1941).

[4] GALLANT, D. L., and G. TOENNIES: Nutrit. Abstr. Rev. **19**, 874 (1950).

[5] AXELROD, A. E., and K. HOFMANN: J. biol. Ch. **187**, 23 (1950).

[6] ROSENKRANTZ, H.: Meth. biochem. Analysis **5**, 407, 423ff. (1957).

[7] WOERNLEY, D. L.: Arch. Biochem. **54**, 378 (1955).

[8] MELVILLE, D. B.: J. biol. Ch. **208**, 503 (1954).

[9] CRITTENDEN, P. J., A. DICKINSON, J. FERNANDEZ, J. GLASER and M. GUNDEL: Arch. int. Pharmacodyn. Thérap. **76**, 417 (1948).

von Kaninchen oder bei intradermaler Injektion erwies sich Biotin als völlig reizlos. Leber- und Nierenfunktion, Körpertemperatur und Empfindlichkeit von Hautnerven wurden durch wiederholte orale Gaben bei normalen Ratten nicht verändert. Der isolierte Uterus oder Darm von Ratten im Biotinmangel macht kleinere Kontraktionen; Zugabe von Biotin in vitro läßt dies unbeeinflußt.

Auch bei Biotinmangel-Tieren ist die intravenöse Zugabe hoher Dosen Biotin ohne Wirkung auf Blutdruck, Pulszahl, Atmung, Stoffwechsel und Nierenfunktion.

Tödliche Dosen von Biotin sind bisher nicht bekannt.

Bei Biotinmangel wird nicht nur Biotin, sondern auch Biotinol von Mensch und Tier verwertet. Überschüssig gegebenes Biotin wird mit dem Harn ausgeschieden[1], injiziertes Biotin zu 40% schon innerhalb 24 Std[1]. Ist die Carboxylgruppe des Biotins markiert, so erscheint markierte CO_2 in der Ausatmungsluft als Zeichen, daß die Seitenkette des Biotins abgebaut wurde[2].

Bei Biotinmangel wurden Ausfallserscheinungen beobachtet bei Ratten und Mäusen, Küken, Affen und Menschen sowie bei Hühnern, Truthühnern und Fischen. Die wesentlichen Ausfallserscheinungen bei Biotinmangel und ihre Beziehungen zu Tierart, Geschlecht, Sexualhormonen, Ernährung, Leberpathologie, Krebs und Infektionen sind von György[3] ausführlich beschrieben. Therapeutische Wirkungen von Biotin bei seborrhoischer Dermatitis, Leinerscher und anderen Krankheiten wurden mehrfach berichtet, konnten aber bei umfangreichen Nachuntersuchungen nicht bestätigt werden. Biotin hat sich — außer bei Biotinmangel — noch bei keiner andern Erkrankung als spezifisch wirksam erwiesen.

Die frühere Angabe, daß Biotin eine Verfettung der Leber mit hohem Gehalt an Cholesterin bewirkt, die durch Cholin nicht beeinflußbar ist, wird heute dahin gedeutet, daß Biotin die Veresterung von Cholesterin vermindert und Bildung und Ablagerung von Fettsäuren verstärkt. Bei Biotinmangel kann die Leber Cholesterin nicht speichern[4]. Die Beziehungen zwischen Biotin und der Entwicklung von Tumoren ist noch unklar (vgl. Tabelle 4). Bei Biotinmangel ist die Resistenz gegenüber Infektionen vermindert; Infektionskrankheiten verlaufen schwerer und dauern länger als bei biotingesättigten Tieren.

Biotin ist in den Arzneipräparaten, die den sog. Vitamin B-Komplex enthalten, immer vorhanden. Auch den Polyvitaminpräparaten aus synthetischen Vitaminen wird es häufig zugesetzt.

Die Beziehungen von Biotin zu Avidin. Wenn die Kost von Ratten 20% Eieralbumin von Hühnereiern enthält, kommt es nach 6—8 Wochen[5] zu Krankheitserscheinungen, die auf Biotinmangel beruhen. Eakin[6] fand bei Aufarbeitung von Eiklar eine Fraktion, die Biotin bindet und die er „Avidin" nannte. Nach neueren Untersuchungen von Fraenkel-Conrat[7] besteht dieses Avidin aus 3 verschiedenen Anteilen, bezeichnet mit NA, A und XA, die chemisch charakterisiert sind und die alle 3 Biotin binden. Über Darstellung und Eigenschaften des Avidin vgl. [8].

1 g Avidin bindet etwa 7—9 mg Biotin. Das würde bei einem mittleren Molekulargewicht der Avidine von etwa 60000 der Bindung von 2 Molekülen Biotin durch ein Molekül der Avidine entsprechen[7]. Aus Versuchen mit ^{14}C-markiertem Biotin entnimmt man, daß Biotin durch Avidin fast vollständig gebunden wird; die Bindung ist sehr fest, aber reversibel. Die Dissoziationskonstante des Komplexes beträgt $0{,}6 \cdot 10^{-21}$ bei 25°[9].

[1] Fraenkel-Conrat, J. and H.: Biochim. biophysica Acta, N. Y. 8, 66 (1952).
[2] Baxter, R. M., and J. H. Quastel: J. biol. Ch. **201**, 751 (1953).
[3] György, P.; in: Sebrell-Harris, Vitamins Bd. I, S. 600—614.
[4] Okey, R., R. Pencharz, S. Lepkovsky and E. R. Vernon: J. Nutrit. **44**, 83 (1951).
[5] Schultz, F.: Med. u. Chem. **3**, 143 (1936).
[6] Eakin, R. E., E. E. Snell and R. J. Williams: J. biol. Ch. **136**, 801 (1940); **140**, 535 (1941).
[7] Fraenkel-Conrat, H., N. S. Snell and E. D. Ducay: Arch. Biochem. **39**, 80, 97 (1952).
[8] Pendl, I., u. K. Felix: H.-S. 10. Aufl. Bd. IV, S. **439**ff.
[9] Launer, H. F., and H. Fraenkel-Conrat: J. biol. Ch. **193**, 125 (1951).

Diese spezifische, reversible Bindung des Biotins an Avidin kann man zur Anreicherung von Biotin ausnutzen[1].

Im Magen-Darmtrakt wird das an Avidin gebundene Biotin praktisch nicht abgespalten und daher nicht ausgenutzt. Da Avidin gegen Verdauungsfermente weitgehend resistent ist, wird es als solches zusammen mit dem gebundenen Biotin nach 3—5 Tagen wieder ausgeschieden[2].

Avidin bindet außer dem d-Biotin auch noch Biocytin[3], Biotinsulfoxyd[4], Oxybiotin, Oxybiotin-methylester und einige Analoge[5], Substanzen aus der Reihe der Ureylencyclohexyl-butter- bzw. -valeriansäure[6]. l-Biotin und d,l-allo-Biotin werden dagegen von Biotin nicht gebunden[7]. Man kann daher durch Avidinzugabe die optischen Isomeren trennen. Wenig gebunden werden epi-allo-Biotin, Desthiobiotin und einige Analoge[7].

Das an Avidin gebundene Biotin verhindert die Denaturierung des Avidins oder seine Verdauung durch Pepsin. Biotin wird also an dem hydrolytisch leicht angreifbaren Teil des Avidinmoleküls gebunden. Für die Bindung des Biotinmoleküls sind dessen Schwefelatom und die Carboxylgruppe unwesentlich; wahrscheinlich wird Biotin durch seine Ureidogruppe an Avidin gebunden[7].

Im Eidotter liegt Biotin in hochmolekularer (nicht dialysierbarer), aber doch mikrobiologisch verwertbarer Bindung vor. Daraus wird verständlich, daß Biotin im Eidotter trotz des großen Überschusses von Avidin im umgebenden Eiklar für sich selbständig und daher auch wirksam bleiben kann.

a) Bestimmung.

Allgemeines. Bei allen Vitaminbestimmungen ist es entscheidend wichtig, das Untersuchungsmaterial überlegt auszuwählen und die Proben richtig zu entnehmen.

Bei pflanzlichem Material schwankt der Vitamingehalt, wie viele Untersuchungen gezeigt haben, nach Sorte, Standort, Jahreszeit, Erntejahr, Sonnen- oder Schattenseite usw., bei Tieren nach Tierstamm, Konstitution, Pflege, Ernährung, Geschlecht, Lebensalter und Erkrankungen. Gelegentlich empfiehlt es sich, mehrere Proben aus dem gleichen oder aus verschiedenem Untersuchungsmaterial zu entnehmen, um verwertbare Ergebnisse zu erhalten. Zur Frage, welchen Einfluß eine bestimmte Behandlung des Untersuchungsmaterials (Kochen, Aufbewahren usw.) hat, vergleicht man mit Vorteil symmetrisch sich entsprechende Teile eines gesunden Organismus (Blatt, Zweig, Schote, Muskel usw.).

Untersuchungsmaterial aus pflanzlichen oder tierischen Geweben muß für Vitaminbestimmungen zerkleinert und aufgeschlossen werden, wobei auf die Empfindlichkeit des zu untersuchenden Vitamins Rücksicht zu nehmen ist. Das einfache Zerreiben mit gereinigtem Quarzsand ist der mechanischen Zerkleinerung durch rotierende Stahlmesser vorzuziehen, da das letztere Verfahren bei weitem unübersichtlicher ist und mancherlei Möglichkeiten bietet, daß sich Fehler, Verunreinigungen usw. unbemerkt einschleichen.

Für die Probenentnahme und Aufarbeitung tierischer und pflanzlicher Produkte sowie pharmazeutischer Präparate (Tabletten, Kapseln) wurden Spezialvorschriften entwickelt[8]. Blutproben sollten steril entnommen und aufbewahrt werden; bei Harn- und Milchuntersuchungen entnimmt man einen aliquoten Teil der Tagesmenge.

Da Biotin relativ beständig ist, ist es nicht schwierig, den im Untersuchungsmaterial vorhandenen Biotingehalt bis zur Durchführung der eigentlichen Messung zu erhalten.

[1] Chang, W.-S., and W. H. Peterson: J. biol. Ch. **193**, 587 (1951).
[2] Fraenkel-Conrat, J. and H.: Biochim. biophysica Acta, N. Y. **8**, 66 (1952).
[3] Wright, L. D., K. A. Valentik, H. M. Nepple, E. L. Cresson and H. R. Skeggs: Proc. Soc. exp. Biol. Med. **74**, 273 (1950).
[4] Melville, D. B., D. S. Genghof and J. M. Lee: J. biol. Ch. **208**, 503 (1954).
[5] Winnick, T., K. Hofmann, F. J. Pilgrim and A. E. Axelrod: J. biol. Ch. **161**, 405 (1945).
[6] Wright, L. D., H. R. Skeggs and E. L. Cresson: Proc. Soc. exp. Biol. Med. **64**, 150 (1947).
[7] Wright, L. D., and H. R. Skeggs: Arch. Biochem. **12**, 27 (1947).
[8] Methods of Vitamin Assay. Ass. Vitamin Chemists Inc. (Hrsgb.). S. 11ff. New York 1947.

Man muß dafür Sorge tragen, daß Oxydationsmittel wie H_2O_2, ranzige Fette und Öle nicht auf das Biotin der Untersuchungsprobe einwirken, daß auf dem Untersuchungsmaterial wachsende Mikroorganismen weder Biotin verbrauchen noch neu bilden und daß durch biochemische Umsetzungen die vorhandene Biotinmenge nicht vermindert wird. Es genügt daher, die Untersuchungsprobe in etwa 0,1 n Salzsäure zu halten.

Physikalische und chemische Bestimmung. Die physikalische Bestimmung nach BOROTA[1] ist unspezifisch. Biotin und seine Ester haben kein zur Bestimmung brauchbares Absorptions-Maximum.

Papierchromatographisch läßt sich Biotin dagegen ganz gut von andern Wirkstoffen abtrennen. Die Untersuchungslösungen werden, wenn nötig, in üblicher Weise durch Ionenaustauscher entsalzt, wobei bei Biotinestern geringe Verluste zustande kommen. Die R_F-Werte für Biotin sind 0,23 (Butanol, wassergesättigt) und 0,95 (Phenol, wassergesättigt). Zum Nachweis des Biotins verwendet man Testorganismen, z. B. Lb. arabinosus 17/5 ATCC 8014. Ebenfalls geeignet sind noch Lb. helveticus ATCC 7469 oder Streptococcus faecalis ATCC 8043. Zum mikrobiologischen Nachweis des Biotins verwendet man ein eindimensionales Papierchromatogramm: Nach dem Trocknen des Papiers wird ein schmaler Streifen abgeschnitten und auf eine Agarplatte mit dem entsprechenden Nährmedium für den gewählten Testorganismus aufgelegt. Aus einem ringförmigen Papierchromatogramm entnimmt man 4 mm breite Streifen. Das Nährmedium war vorher mit dem Testorganismus beimpft worden. Nach 5—10 min ist das Vitamin aus dem Papier in den Agar hinüberdiffundiert. Der Papierstreifen wird wieder abgehoben, die Agarplatte über Nacht bebrütet, und man sieht dann deutlich den Ort der Wachstumsförderung, der also den Biotinfleck anzeigt. Aus dem übriggebliebenen Papierchromatogramm kann man dann den Fleck mit dem Biotin ausschneiden, auswaschen und den Biotingehalt mikrobiologisch quantitativ bestimmen[2].

Als Nährmedium für den Biotinnachweis kann man verwenden: Bacto Biotin Assay Medium B 419 dehydrated DIFCO*.

Zum Nachweis von Biotinderivaten durch Papierchromatographie überimpft man die Papiereluate mit Neurospora crassa in geeignete Nährmedien[3].

Enzymatische und biologische Bestimmung. Eine enzymatische Reaktion zur Bestimmung von Biotin ist bisher noch nicht bekannt.

Eine *Biotinbestimmung* kann *mit* höheren Tieren wie *Ratten und Küken* durchgeführt werden, deren Ergebnisse für die Verhältnisse bei Menschen und Haustieren unmittelbar verwertet werden können. Die Durchführung der Versuche an Ratten beschreibt SCHULTZ[4]: Die synthetische Kost muß neben 50 % Weizenstärke und 15 % Olivenöl 20 % getrocknetes Eieralbumin enthalten und außerdem Hefeextrakt, Lebertran, Salzmischung und Citronensaft. Bei Verfütterung an 40 g schwere männliche Albinoratten treten innerhalb 6—8 Wochen die typischen Erscheinungen an der Haut mit Haarausfall, schwerer Dermatitis, Schuppen- und Borkenbildung, Känguruhstellung auf[5]. Die Biotinzulage zur Heilung wird wegen des Avidin in der Kost subcutan gegeben. Die Gewichtszunahme der Tiere nach Biotinzulagen ist proportional dem Logarithmus der Tagesdosen an Biotin zwischen 0,1 und 1 γ[6]. Selbst 100fache Dosen von Biotinsulfoxyd heilen bei Ratten die Erscheinungen des Biotinmangels nicht[7].

Bei der Auswertung von Biotin an Küken genügt eine biotinarme Kost. Die gleichzeitige Gabe von Avidin ist überflüssig, da die Biotinsynthese im Darm der Küken

* Bezugsquelle: Serva Entwicklungslabor Heidelberg oder DIFCO Laboratories, Detroit, Mich., U.S.A.

[1] BOROTA, A., u. B. BUGYI: Z. Vit.-Forsch. **17**, 310 (1946).
[2] CRAMER, F.: Papierchromatographie. 4. Aufl. S. 169—172. Weinheim/Bergstr. 1958.
[3] WRIGHT, L. D., E. L. CRESSON and C. A. DRISCOLL: Proc. Soc. exp. Biol. Med. **86**, 480 (1954).
[4] SCHULTZ, F.: Med. u. Chem. **3**, 143 (1936).
[5] GYÖRGY, P.: Z. ärztl. Fortbildg. **28**, 377, 417 (1931). J. biol. Ch. **131**, 733 (1939).
[6] GYÖRGY, P. (Hrsgb.): Vitamin Methods Bd. II, S. 228ff. New York 1951.
[7] MELVILLE, D. B., D. S. GENGHOF and J. M. LEE: J. biol. Ch. **208**, 503 (1954).

minimal ist. Biotinmangel zeigt sich in abfallender Gewichtskurve und Hautschäden[1]. Die Heilwirkung von subcutan gegebenen Extrakten wird verglichen mit der von kristallisiertem Biotin an der Gewichtskurve.

Der *mikrobiologische Nachweis von Biotin* wurde häufig beschrieben, z. B. an Hefe Rasse M[2, 3], mit Lb. arabinosus[4], Lb. casei[5] und Rhizobium trifolii[6]. Außerdem eignen sich zum mikrobiologischen Nachweis noch Clostridium butylicum, Neurospora crassa, Saccharomyces cerevisiae.

Bei der Vorbereitung des Untersuchungsmaterials zur mikrobiologischen Prüfung muß in den meisten Fällen das Biotin aus seiner Bindungsform freigesetzt werden, Lb. casei und arabinosus können diese Freisetzung selbst bewirken[7]. In den meisten andern Fällen wird das Biotin aus seiner peptidartigen Bindung an Protein freigesetzt durch Autolyse, durch Verdauung mit Proteasen[8] oder durch Erhitzen mit Wasser im Autoklaven oder schließlich durch Hydrolyse mit Mineralsäuren.

Die Wirksamkeit der verschiedenen Analogen von Biotin ist bei den betreffenden Stoffen in den nachstehenden Tabellen vermerkt. Die Bestimmung von Oxybiotin wird beschrieben[9], die von Biotin in kleinsten Mengen[10]. Im mikrobiologischen Versuch ist Biotinsulfoxyd bei bestimmten Erregern ebenso wirksam wie Biotin, da sie es zu Biotin reduzieren können. Bei andern dagegen ist es unwirksam[11].

Mikrobiologische Bestimmung. Für den mikrobiologischen Nachweis von Biotin stehen mehrere *Testorganismen* zur Verfügung. Bewährt haben sich Lb. arabinosus und vor allem verschiedene Hefearten:

Saccharomyces cerevisiae F. B. (= Fleischmann Baker's) ATCC Nr. 7754* oder Saccharomyces cerevisiae Nr. 188** und Saccharomyces carlsbergensis ATCC Nr. 4228*.

Da auch für die Bestimmung von Pantothensäure und Inosit Saccharomyces carlsbergensis benutzt werden kann, wird die mikrobiologische Auswertung mit diesen Testorganismen besonders empfohlen.

Die Auswertung von Biotin mit dieser Hefe gründet sich auf das Verfahren von Atkin[12], sie ist einfach, rasch und liefert gut reproduzierbare Werte. Empfindlichkeit etwa 0,0003 γ Biotin.

Die Durchführung der Bestimmung ist bei Pantothensäure (s. S. 1433) genau beschrieben. Man mißt die Zunahme des Hefewachstums an der Trübung der Lösung photoelektrisch nach 18 Std langer Bebrütung bei 30°. Als Standardsubstanz dient reines d(+)-Biotin, für dessen Eichkurve 8 abgestufte Dosen zwischen 0 und 0,001 γ vorzusehen sind.

Das Grundnährmedium für den Biotinversuch ist fast das gleiche wie bei Pantothensäure (s. S. 1433) beschrieben. Die Stammlösungen I, II, III, IV, V und VI können in der gleichen Zusammensetzung verwendet werden wie bei Pantothensäure. Stammlösung VII muß beim Biotinversuch 10 mg reines Calcium-pantothenat in 100 cm³ wäßriger Lösung enthalten.

* Zu beziehen durch: American Type Culture Collection (ATCC) 2029 Street N. W., Washington 6, D. C./U.S.A.

** Fleischmann Labs., 810 Grand Concourse, New York, N. Y./U.S.A.

1 Ansbacher, S., and M. Landy: Proc. Soc. exp. Biol. Med. **48**, 3 (1941).
2 Kögl, F., u. B. Tönnis: H. **242**, 43 (1936).
3 Snell, E. E., R. E. Eakin and R. J. Williams: Am. Soc. **62**, 175 (1940).
4 Snell, E. E., and L. D. Wright: J. biol. Ch. **139**, 675 (1941).
5 Shull, G. M., B. L. Hutchings and W. H. Peterson: J. biol. Ch. **142**, 913 (1942).
6 West, P. M., and P. W. Wilson: Enzymologia **8**, 152 (1940).
7 Bowden, J. P., and W. H. Peterson: J. biol. Ch. **178**, 533 (1949).
8 Thoma, R. W., and W. H. Peterson: J. biol. Ch. **210**, 569 (1954).
9 Hofmann, K., T. Winnick and A. E. Axelrod: J. biol. Ch. **169**, 195 (1947).
10 Nielsen, N., u. V. Hartelius: B. Z. **311**, 317 (1942).
11 Melville, D. B., D. S. Genghof and J. M. Lee: J. biol. Ch. **208**, 503 (1954).
12 Atkin, L., W. L. Williams, A. S. Schultz and C. N. Frey, nicht publ. [Snell, E. E.; in: György, P. (Hrsgb.): Vitamin Methods Bd. I, S. 428. New York 1950].

Stammlösung VIII enthält das Hydrolysat von 80 g Casein, mit dest. Wasser auf 1000 cm³ aufgefüllt.

Zur Herstellung von 100 cm³ des *Grundnährmediums* für den Biotinversuch werden dann gemischt: 50 cm³ I, 10 cm³ II, 5 cm³ III, 5 cm³ IV, 5 cm³ V, 5 cm³ VI, 5 cm³ VII (Calcium-pantothenatlösung) und 12,5 cm³ VIII (Casein-Hydrolysat), und das Ganze wird auf 100 cm³ mit dest Wasser aufgefüllt.

Für jedes von 20 Reagensgläsern mischt man 5 cm³ dieses Grundnährmediums mit 1—4 cm³ der zu prüfenden Lösung (bzw. mit den verschiedenen Dosen Biotin-Standard) sowie mit 1 cm³ Hefe-Suspension und füllt mit Wasser auf 10 cm³ auf. Bebrüten, Schütteln, Ablesen erfolgen wie bei Pantothensäure.

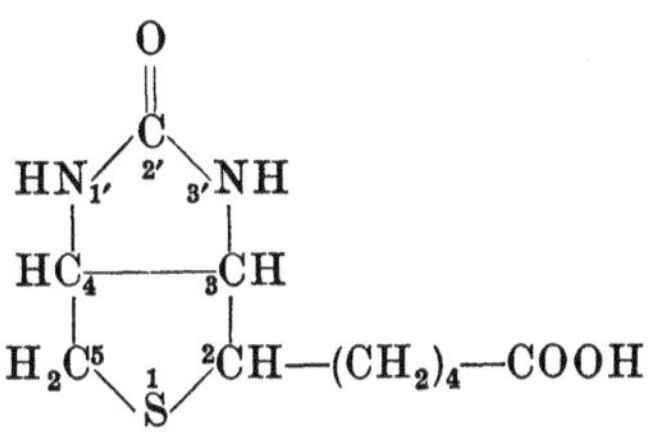

A. d(+)-Biotin vgl. S. 1448

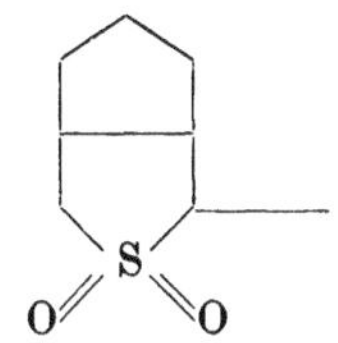
B. Biotinsulfon

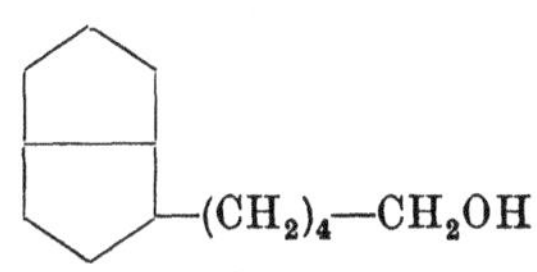

C. Biotinol

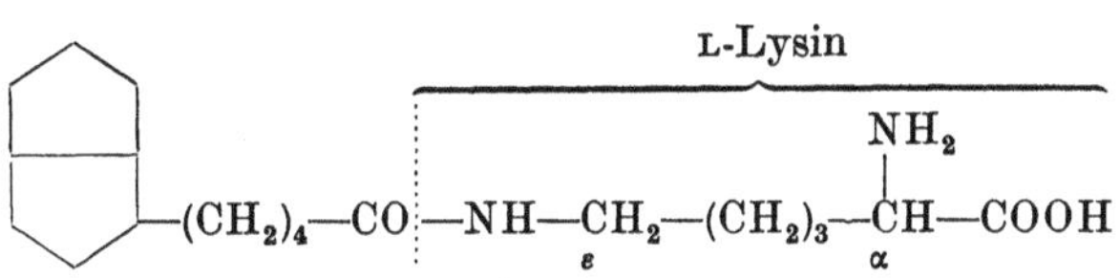

D. Biocytin

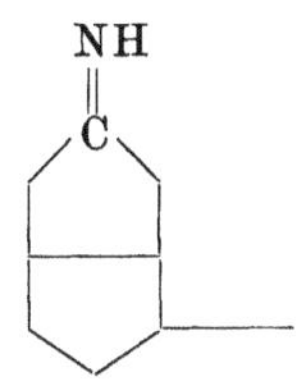
E. Guanidino-Analoges

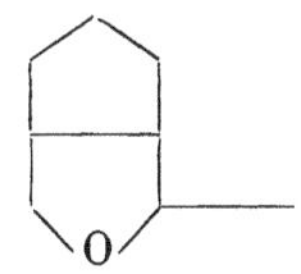
F. Oxybiotin

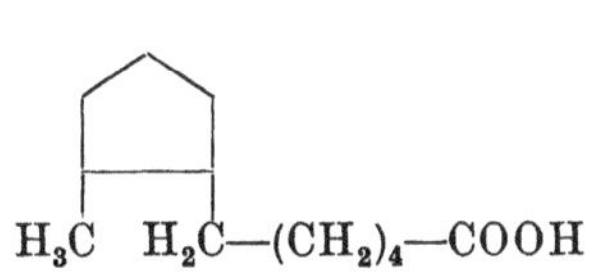

G. Desthiobiotin

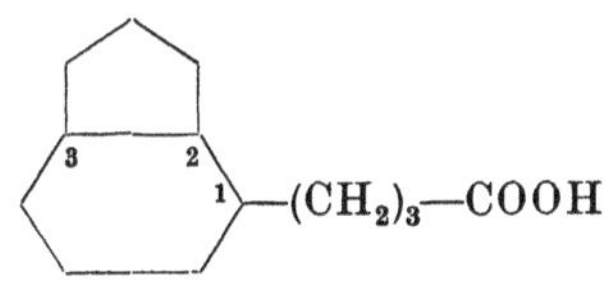

H. γ-Ureylen-2,3-cyclohexyl-n-buttersäure

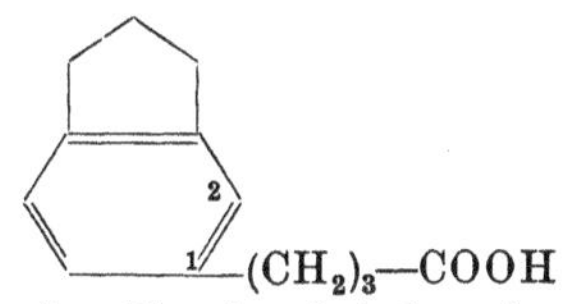

J. γ-Ureylen-3,4-phenyl-n-buttersäure

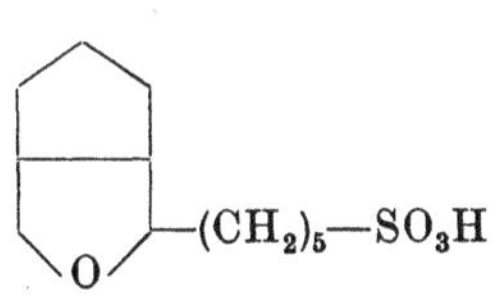

K. Homo-oxybiotin-sulfosäure

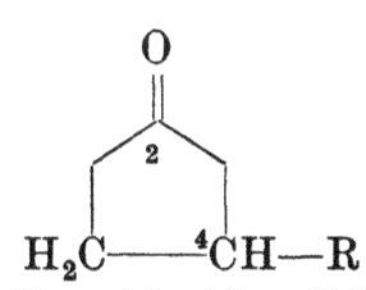

L. 2-Oxo-4-imidazolidin-R
R = Säure

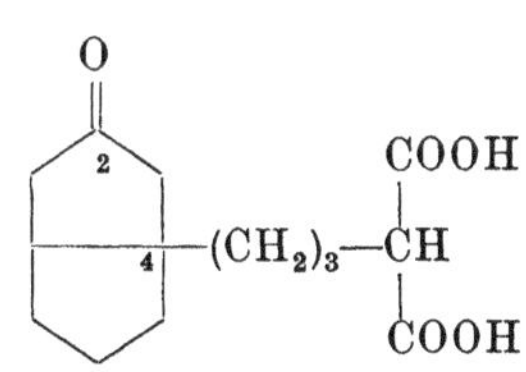

M. Hexahydro-2-oxo-4-(4,4-dicarboxy-butyl)-l-furo-3,4-imidazol

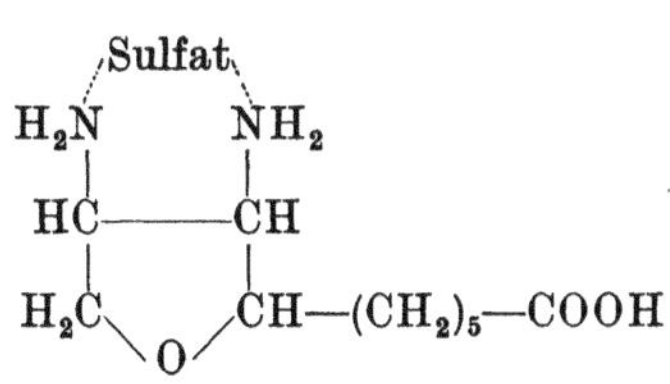

N. cis-3,4-Diamino-tetrahydrofuran-2-capronsäuresulfat

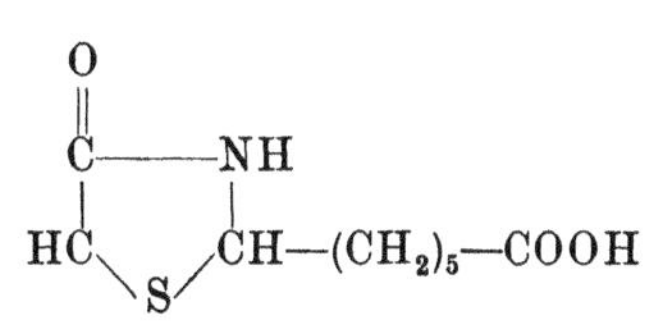

O. 4-Thiazolidon-2-capronsäure

b) Isomere, Derivate, Heterologe und Antagonisten.

In den folgenden Tabellen geben wir eine Übersicht über die wichtigsten Stoffe, die chemisch oder biologisch zu Biotin in Beziehung stehen.

Tabelle 7 zeigt die Isomeren von Biotin und ihre sterische Konfiguration sowie die beiden zur Charakterisierung von d-Biotin bzw. l-Biotin geeigneten Salze und 2 einfache Biotinester.

Tabelle 7. *Biotin, seine Isomeren, Salze und Ester.* (Biotin: $C_{10}H_{16}O_3N_2S$; Mol.-Gewicht: 244,30.)

Nr.	Name	Schmelzpunkt F =	α_D	Relative Wirksamkeit			Optische Form	Struktur-Formel s. S. 1455	Räumliche Konfiguration
				Ratte	Küken	Lb. casei			
1	d(+)-Biotin[1–4] . . = Hexahydro-2-oxo-1-thieno-3,4-imidazo-valeriansäure	230—232° Zers.[5] 232—233°[1]	21°: + 91° 0,1 n NaOH[1] 22°: + 92° 0,3 % in 0,1 n NaOH[5]	100	100	100		A	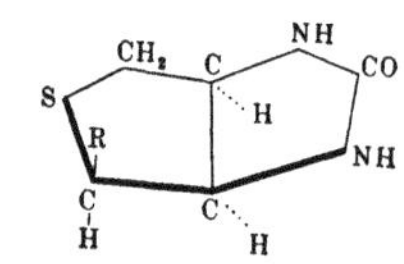
2	d,l-epi-Biotin	190—191°[3]		0	0	0	2-trans-3-cis-4-cis		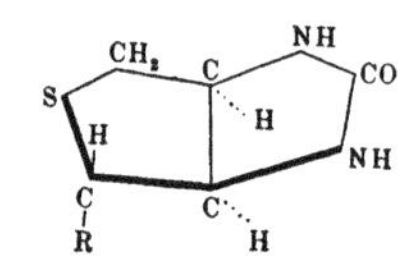
3	d,l-allo-Biotin	194—196°[3]		0	0	0,003	2-cis-3-cis-4-trans		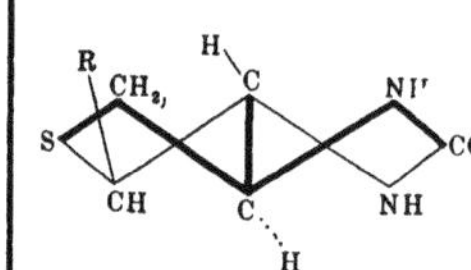
4	d,l-epi-allo-Biotin . .	> 195° Zers.[3]		0	0	0	2-cis-3-trans-4-cis		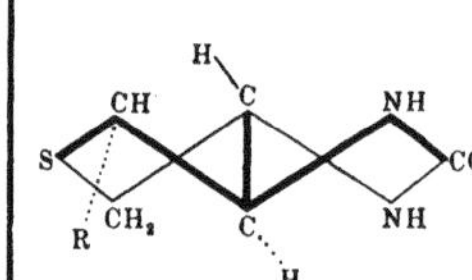
11	L-Argininsalz von d-Biotin[3].	228—230°	25°: + 59,9° H_2O[6]						
12	Chinidium-metho-Salz von l-Biotin[3]		25°: + 122,7° H_2O[6]						
21	Methylester von (+)-Biotin[2, 3, 7] . .	166—167°	22°: + 57° 1 %ig in Chloroform[8] 15°: + 82° 7,5 mg in 1,28 g Methanol[4]						
22	D-(—)-Mandelsäure-Ester von d-Biotin[3] .	188—189°[6]							

Besondere Verbindungen zur Charakterisierung sind nicht beschrieben.

[1] KÖGL, F., u. R. J. TEN HAM: H. **279**, 140 (1943). Naturwiss. **31**, 208 (1943).
[2] VIGNEAUD, V. DU, K. HOFMANN, D. B. MELVILLE and P. GYÖRGY: J. biol. Ch. **140**, 643 (1941).
[3] VOGEL, H., u. H. KNOBLOCH: Chemie und Technik der Vitamine. 3. Aufl. Bd. II/2, S. 1. Stuttgart 1955.
[4] JAENICKE, L.; in: RAUEN, Biochem. Taschenb. S. 454.
[5] VIGNEAUD, V. DU, K. HOFMANN, D. B. MELVILLE and J. R. RACHELE: J. biol. Ch. **140**, 763 (1941).
[6] WOLF, D. E., R. MOZINGO, S. A. HARRIS, R. C. ANDERSON and K. FOLKERS: Am. Soc. **67**, 2100 (1945).
[7] KÖGL, F.: Naturwiss. **25**, 465 (1937).
[8] GYÖRGY, P.: SEBRELL-HARRIS, Vitamins Bd. I, S. 527ff.

Anmerkungen zu Tabelle 7:

Zu Nr. 1: d(+)-Biotin, aus Leber bzw. Eigelb oder Milch hergestellt, ist der einzige Stoff mit der spezifischen Biotinwirkung. α- und β-Biotin erwiesen sich als identisch. l-Biotin hat keine Biotinwirkung[1]. d,l-Biotin ist entsprechend seinem d-Anteil für Küken, Ratten und Mikroorganismen wirksam[2, 3]. d,l-Biotin fällt nach HARRIS[4] bei der Synthese von allo-Biotin an. Seine Trennung in die optischen Isomeren gelingt durch Veresterung mit l-Mandelsäure oder L-Argininsalz[5]. d-Biotin kristallisiert in weißen, langen Nadeln[6]. Es ist wenig löslich in kaltem Wasser und Äthanol, dagegen leicht löslich in heißem Wasser, unlöslich in organischen Lösungsmitteln. In verdünnten Säuren und Basen ist es leicht löslich (vgl. S. 1450).

Zu Nr. 2: d,l-epi-Biotin hat keine Biotinwirkung. Der Methylester, aus Äther und wenig Methanol umkristallisiert, hat F = 119—120°[7]. Synthese nach GROB[8]. Löslich in heißem Wasser.

Zu Nr. 3.: d,l-allo-Biotin hat keine Biotinwirkung[1, 9]. Synthese nach BAKER[10].

Zu Nr. 4: d,l-epi-allo-Biotin hat keine Biotinwirkung[1, 9]. Methylester: F = 150—152°[7]. Synthese nach GROB[8].

Zu Nr. 21: Methylester von Biotin hat für Saccharomyces cerevisiae volle Biotinwirkung, dagegen keine für Lactobacillus casei[11]. Formel: $C_{11}H_{18}N_2O_3S$. Praktisch unlöslich in Wasser und Äther, schlecht löslich in Äthylacetat, löslich in Chloroform, Aceton, Methanol, Äthanol. Chloroform, Benzol, Cyclohexan. Kein charakteristisches Absorptions-Spektrum zwischen 2200 und 6000 Å[12]. Sublimiert im Hochvakuum von 10^{-5} mm.

Tabelle 8 verzeichnet die Umwandlungsprodukte von Biotin, die im Intermediärstoffwechsel entstehen oder künstlich hergestellt werden können. Die Liste umfaßt jene Stoffe, die aus Biotin durch Oxydation, Reduktion, Spaltung oder Kombination mit anderen körpereigenen Stoffen oder Arzneimitteln entstehen können.

Tabelle 8. *Umwandlungsprodukte von Biotin mit erhaltenem Ringsystem.*

Nr.	Name	F	α_D	Konstitutions-Formel	Relative Wirksamkeit			Hemmung der Biotin-Wirkung* bei	
					Ratte	Küken	Lb. casei	Lb. casei	E. coli und Neurospora crassa
			a) Durch Oxydation.						
1	d-Biotin-l-sulfoxyd[7]	238—241° Zers.[7]	20°: −39,5° 0,1 n NaOH						
2	d-Biotin-d-sulfoxyd[7]	200—203°[7]	20°: +130° 0,1 n NaOH						
3	Biotin-sulfon[7] . . .	273—276° Zers.[7] 214—215° Zers.[7]		B	0,1		0	0,28[13]	etwa 1[14]
			b) Durch Reduktion.						
11	d,l-Biotinol[7] . . .	160—161°[7]		C	100	100	100		
12	N-Benzyl-biotinol[7].	162—163°[7]							

* Die antagonistische Wirkung der Stoffe ist angegeben als $^1/_{100}$ des „molaren Hemm-Index". Hemm-Index = Zahl der Moleküle Antagonist, die die Wirkung von 1 Mol Biotin aufheben. Je kleiner die Zahl des Hemm-Index, um so größer die antagonistische Wirkung.

[1] SCHREIER, K.; in: FLASCHENTRÄGER-LEHNARTZ, Bd. II/2b, S. 797.
[2] EMERSON, G. A.: J. biol. Ch. **157**, 127 (1945).
[3] STOKES, J. L., and M. J. GUNNESS: J. biol. Ch. **157**, 121 (1945).
[4] HARRIS, S. A., R. MOZINGO, D. E. WOLF, A. N. WILSON and K. FOLKERS: Am. Soc. **67**, 2102 (1945).
[5] WOLF, D. E., R. MOZINGO, S. A. HARRIS, R. C. ANDERSON and K. FOLKERS: Am. Soc. **67**, 2100 (1945).
[6] VIGNEAUD, V. DU, K. HOFMANN, D. B. MELVILLE and J. R. RACHELE: J. biol. Ch. **140**, 763 (1941).
[7] VOGEL, H., u. H. KNOBLOCH: Chemie und Technik der Vitamine. 3. Aufl. Bd. II/2, S. 1. Stuttgart 1955.
[8] GROB, C. A., u. H. v. SPRECHER: Helv. **35**, 885 (1952).
[9] LANG, K.: Biochemie der Ernährung. S. 328. Darmstadt 1957.
[10] BAKER, B. R., M. V. QUERRY, W. L. MCEWEN, S. BERNSTEIN, S. R. SAFIR, L. DORFMAN and Y. SUBBAROW: J. org. Chem. **12**, 167, 186 (1947).
[11] SHULL, G. M., B. L. HUTCHINGS and W. H. PETERSON: J. biol. Ch. **142**, 913 (1942).
[12] KÖGL, F., u. L. PONS: H. **269**, 61 (1941).
[13] DITTMER, K., and V. DU VIGNEAUD: Science, N. Y. **100**, 129 (1944).
[14] TATUM, E. L.: J. biol. Ch. **160**, 455 (1945).

Tabelle 8. (Fortsetzung.)

Nr.	Name	Schmelzpunkt F =	α_D	Struktur-Formel
		c) Durch Kombination.		
21	Biotinyl-amid	243—244°[1]		
	d-Form[1].	265—267[1]	23°: + 80° 0,25% Äthanol	
	d,l-Form[1]			
22	Biotinyl-glycin[1]	213,5—214,5°[1]	25°: + 83,3° 0,1 n NaOH	
23	Biotinyl-β-alanin[1].	229—232°[1]	23°: + 69° 0,1 n NaOH	
24	Biotinyl-amino-benzoesäure[1] . .	295—300° Zers.[1]	23°: + 56,5° 0,1 n NaOH	
25	Biotinyl-anilid[1].	206—210°[1]	25°: + 71,5° 0,52% Äthanol	
26	Biotinyl-sulfanil-amid[1]	276—278°[1]	25°: + 56° 0,1 n NaOH	
29	Biocytin[1]	228—229° Zers.[1]	25°: + 53° 0,1 n NaOH	D
	= ε-N-Biotinyl-L-lysin . . .	245—252° Zers.[1]		
30	Biotoprotein[1]			

Anmerkungen zu Tabelle 8a:

Zu Nr. 1: d-Biotin-l-sulfoxyd wird auch AN-Faktor genannt[1], da er in Kulturlösungen von Aspergillus niger bzw. Penicillium-Stämmen bei Gegenwart von Pimelinsäure gebildet wird. Seine Stabilität gegen Säuren und Laugen ist geringer als die von Biotin[1]. Synthese nach MELVILLE[2]. Kristallisiert in Plättchen. Methylester: F = 196—199°[1].

Zu Nr. 2: d-Biotin-d-sulfoxyd wird schwerer zu Biotin reduziert als die l-Form[1].

Synthese nach MELVILLE[2]. Kristallisiert in Prismen.

Zu Nr. 1 u. 2: Beide haben bei Ratten keine Biotinwirkung[3]. Sie verlängern zwar das Leben von Mangelratten, verstärken aber die Symptome der Avitaminose[1].

Für Saccharomyces cerevisiae und Lb. arabinosus ist die d-Form voll wirksam, die l-Form unwirksam. Für Lb. casei ist dagegen auch die d-Form unwirksam. Für Neurospora crassa sind beide Formen voll wirksam[1].

Die d-Form kann durch Hefe zum Teil in Biotin überführt werden[3], wahrscheinlich mit Hilfe einer spezifischen d-Sulfoxy-Reductase.

Aspergillus niger kann Biotin in die l-Form überführen.

Zu Nr. 3: Biotin-sulfon ist bei Ratten erst in der 1000fachen Biotindosis wirksam[4], für Mikroorganismen hat es Anti-Vitaminwirkung, die durch Zugabe von Asparaginsäure zum Nährboden abgeschwächt werden kann[1] (für Sacch. cerevisiae). Verlängerung der Seitenkette im Biotinsulfon schwächt ebenfalls die Anti-Vitaminwirkung ab.

Biotin-sulfon-Synthese nach HOFMANN[5] bzw. KÖGL[6]. Leicht löslich in heißem Wasser, schlecht löslich in kaltem Wasser und Alkohol. Sein Methylester mit F = 239—241° ist löslich in Alkohol, wenig löslich dagegen in Äther. Biotin-sulfon bildet farblose Kristalle.

Hemmung der Biotinwirkung zeigen d,l-Homo-biotinsulfon ($^1/_{1000}$ des „molaren Hemm-Index": 0,4 bei Lb. casei und 40 bei Sacch. cerevisiae), d,l-Bis-homo-biotinsulfon (8 bei Lb. casei und 60 bei Sacch. cerevisiae) und d,l-Tris-homo-biotinsulfon (6 bei Lb. casei und 60 bei Sacch. cerevisiae)[7].

d,l-Norbiotinsulfon[8] hemmt Biotinwirkung.

Zu Nr. 11: Nach oraler Gabe wird Biotinol von Ratten und Mensch zu Biotin oxydiert[1].

Die d-Form ist für Ratten und Küken voll wirksam[4]. Bei Lb. arabinosus, Lb. casei, Sacch. cerevisiae wirkt Biotinol nicht[9], nach [4] bei bestimmten Stämmen von Lb. casei doch wirksam.

In Biotinol ist die Carboxylgruppe der Seitenkette zur Alkoholgruppe —CH_2OH reduziert.

Zu Nr. 12: Fällt bei der Biotinol-Synthese nach GOLDBERG und Mitarbeitern[10] als Zwischenprodukt an.

---

[1] VOGEL, H., u. H. KNOBLOCH: Chemie und Technik der Vitamine. 3. Aufl. Bd. II/2, S. 1. Stuttgart 1955.
[2] MELVILLE, D. B.: J. biol. Ch. **208**, 495 (1954).
[3] MELVILLE, D. B., D. S. GENGHOF and J. M. LEE: J. biol. Ch. **208**, 503 (1954).
[4] LANG, K.: Biochemie der Ernährung. S. 328. Darmstadt 1957.
[5] HOFMANN, K., D. B. MELVILLE and V. DU VIGNEAUD: J. biol. Ch. **141**, 207 (1941).
[6] KÖGL, F., u. T. F. DE MAN: H. **269**, 81 (1941).
[7] GOLDBERG, M. W., L. H. STERNBACH, S. KAISER, S. D. MEINEMANN, J. SCHEINER and S. H. RUBIN: Arch. Biochem. **14**, 480 (1947).
[8] KORTE, F., u. J. KORTE; in: RAUEN, Biochem. Taschenb. S. 1093.
[9] DREKTER, L., J. SCHEINER, E. DE RITTER and S. H. RUBIN: Proc. Soc. exp. Biol. Med. **78**, 381 (1951).
[10] GOLDBERG, M. W., and L. H. STERNBACH: US-Patent Nr. 2489237.

Zu Nr. 21: Synthese nach WOLF[1].

Zu Nr. 21—29: Alle diese Verbindungen wirken im mikrobiologischen Versuch ähnlich: Mit Ausnahme des Biotinyl-glycins sind sie für Lb. arabinosus ohne Biotinwirkung[2]. Lb. casei kann Nr. 21 bis 24 und Nr. 27 verwerten. Kombinationen mit anderen Aminosäuren, wie Asparaginsäure, Glutaminsäure und Leucin sind sowohl für Lb. casei als auch Lb. arabinosus unwirksam, während die Diäthylester der ersten beiden für Lb. casei eine schwache Biotinwirkung zeigen[3].

Zu Nr. 29: Isolierung aus Hefe[4]. Biocytin kann wie Biotin verwertet werden von Lb. casei, Lb. delbrückii LD 5, Lb. acidophilus, Streptococcus faecalis R, Neurospora crassa und Sacch. carlsbergensis, während Lb. pentosus, Lb. arabinosus und Leuconostoc mesenteroides P 60 es nicht verwerten. Drastische Hydrolyse des Biocytins (>3 n Säure bei 120° während 1 Std.) setzt das beim Hefewachstum wirksame Biotin frei[5]. Bisher hat sich kein biochemisches System nachweisen lassen, in dem Biocytin wirksamer wäre, als seinem Biotinanteil entspricht. Biocytin ist wasserlöslich und leicht dialysierbar im Gegensatz zu wasserlöslichen Biotoproteinen (vgl. Nr. 30). Die Konstitution von Biocytin ist in allen Punkten aufgeklärt und durch die Synthese bestätigt.

Synthese nach KUHN und Mitarbeitern[6], NEUBERGER und Mitarbeiter[7] bzw. WRIGHT[4]. Farblose Kristalle aus Wasser und Aceton. F = 245—252° unter Zersetzung. Der R_F-Wert von Biocytin ist 0,4 in Butanol-Wasser-Essigsäure 4:2:1.

Biocytin-sulfoxyd kommt im menschlichen Harn vor[8].

Zu Nr. 30: Biotoproteine: Unter dieser Bezeichnung werden die im Gewebe vorkommenden Biotin-Eiweiß-Verbindungen zusammengefaßt[9]. In Eidotter fanden GYÖRGY und Mitarbeiter[10] eine in Salzlösungen lösliche, hochmolekulare, nicht dialysierbare Biotin-Verbindung, ebenso BOWDEN und Mitarbeiter[11]. auch in Leber, die vielleicht mit Biocytin identisch ist (vgl. Nr. 26).

Biotoproteine verbinden sich auch mit Avidin. Diese Reaktionsgemische kann man durch Adsorption an Celite bei der Hydrolyse mit Pepsin abtrennen. Sie werden dann mit Wasser gekocht und dadurch gespalten, wodurch die Biotoproteine 3000fach angereichert werden. Wenn man durch Verteilungschromatographie weiter reinigt, sieht man, daß im Biotoprotein etwa 50 N-Atome auf ein Biotinmolekül kommen[12].

Tabelle 9a. *Heterologe von Biotin; Seitenkette verändert und/oder an Ringen substituiert.*

Nr.	Name	Konstitutions-Formel	F	Hemmung der Biotin-Wirkung* bei: Lb. casei	Hemmung der Biotin-Wirkung* bei: Sacch. cerev.
0	d,l-Bis-norbiotin				
1	d,l-Norbiotin[3]		230—233°[3]	13[13]	1[13]
2	d,l-Homobiotin[3]		218—220°	0,13[13]	0,7[13]
3	d,l-Bis-homobiotin[3]		200,5—205,5°[3]	7[13]	30[13]
4	d,l-Tris-homobiotin[3]		216°[3]	3[13]	50[13]
5	N-Benzyl-d,l-biotin[3]		175—176°[3] d: 181—182°[3]		
6	Guanidino-Analoges von Biotin[3,14]	E	>260° Zers.		
7	2,3,4,5-Tetrahydro-biotin[3,15]		254—255° Zers.[3]		

* Die antagonistische Wirkung der Stoffe ist angegeben als $^1/_{1000}$ des „molaren Hemm-Index". Hemm-Index = Zahl der Moleküle Antagonist, die die Wirkung von 1 Molekül Biotin aufheben. Je kleiner die Zahl des Hemm-Index, um so größer die antagonistische Wirkung.

[1] WOLF, D. E., J. VALIANT and K. FOLKERS: Am. Soc. 73, 4142 (1951).
[2] WRIGHT, L. D., H. R. SKEGGS and E. L. CRESSON: Am. Soc. 73, 4144 (1951).
[3] VOGEL, H., u. H. KNOBLOCH: Chemie und Technik der Vitamine. 3. Aufl. Bd. II/2, S. 1. Stuttgart 1955.
[4] WRIGHT, L. D., E. L. CRESSON, H. R. SKEGGS, R. L. PECK, D. E. WOLF, T. R. WOOD, J. VALIANT and K. FOLKERS: Science, N. Y. 114, 635 (1951).
[5] GYÖRGY, P.: SEBRELL-HARRIS, Vitamins Bd. I, S. 527ff.
[6] KUHN, R., u. K. SCHWARZ: B. 74, 1617 (1941).
[7] NEUBERGER, A., and F. SANGER: Biochem. J. 37, 515 (1943).
[8] WRIGHT, L. D., E. L. CRESSON and C. DRISCOLL: Proc. Soc. exp. Biol. Med. 91, 248 (1956).
[9] HOFMANN, K., D. F. DICKEL and A. E. AXELROD: J. biol. Ch. 183, 481 (1950).
[10] GYÖRGY, P., and C. S. ROSE: Proc. Soc. exp. Biol. Med. 49, 294 (1942).
[11] BOWDEN, J. P., and W. H. PETERSON: J. biol. Ch. 178, 533 (1949).
[12] WEI-SHEN-CHANG and W. H. PETERSON: J. Bacteriology 58, 33 (1949).
[13] GOLDBERG, M. W., L. H. STERNBACH, S. KAISER, S. D. MEINEMANN, J. SCHEINER and S. H. RUBIN: Arch. Biochem. 14, 480 (1947).
[14] HOFMANN, K., A. BRIDGWATTER and A. E. AXELROD: Am. Soc. 69, 1550 (1947).
[15] DUSCHINSKY, R., and L. A. DOLAN: Am. Soc. 67, 2079 (1945).

Tabelle 9 gibt eine Übersicht über die Heterologen von Biotin, die nach ihrer chemischen Konstitution in Gruppen geordnet sind. Alle diese Stoffe haben eine gewisse Strukturanalogie zu Biotin, wobei Substituenten, Seitenketten und Ringe des Biotinmoleküls verändert sein können. Einige der Biotinanalogen wirken abgeschwächt ähnlich wie Biotin, andere sind unwirksam; die meisten Heterologen aber sind mehr oder weniger wirksame Antagonisten für die Biotinwirkung bei Bakterien, manchmal auch bei höheren Tieren. Die biologische Wirksamkeit bzw. der Hemmindex (bei den Antagonisten) sind als Vergleichsmaß immer beigefügt. Die Anmerkungen zu den Tabellen enthalten noch zusätzlich chemisch oder biologisch wichtige Befunde.

Anmerkungen zu Tabelle 9a:

Zu Nr. 1—4: Diese Stoffe sind Antagonisten für die Biotinwirkung. Die Vorsilben bezeichnen die Zahl n der $—CH_2$-Gruppen in der Seitenkette des Biotins.

Bis-nor	$n = 2$	Homo	$n = 5$
Nor	$= 3$	Bis-homo	$= 6$
ohne (= Biotin)	$= 4$	Tris-homo	$= 7$

Homobiotin ist der bei weitem stärkste Biotin-Antagonist[1, 2].

Auch die Sulfone der Substanzen Nr. 1, 2, 3 und 4 sind als Biotin-Antagonisten wirksam, das Homobiotin-sulfon aber viel schwächer als Homobiotin, während die Sulfone von Nr. 3 und 4 nur wenig schwächere Antagonisten sind als 3 und 4 selbst[1].

Benzyl-d,l-norbiotin: F = 207—208°[3]

Dibenzyl-d,l-norbiotin: F = 118—120°[3]

Zu Nr. 2: Bei Lb. arabinosus beträgt $^1/_{1000}$ des molaren Hemm-Index = 43[1].

Benzyl-d,l-homobiotin: F = 193—194°[3].

Zu Nr. 3: Benzyl-d,l-bis-homobiotin: F = 174—176°[3].

Zu Nr. 4: Benzyl-d,l-tris-homobiotin: F = 192—194°[3].

Zu Nr. 5: N-Benzyl-d-biotin: F = 181—182° $\alpha_D = +108{,}1°$ bei 25°.

Dibenzyl-d,l-biotin ist Ausgangsprodukt für die Biotinol-Synthese nach GOLDBERG[4]. Als Zwischenprodukte fallen an: sein Säurechlorid F = 122—123°, sein Äthylester F = 163—164° und das N-Benzyl-biotinol F = 162—163°.

Der Methylester von Nr. 5 hat F 169,5—170,5°[3].

Zu Nr. 6: Guanidino-Analoges von Biotin: Hexahydro-2'-imino-1-thieno-(3,4)-imidazol-4-valeriansäure. Sein Hydrobromid F = 235—236°[3].

Tabelle 9b. *Heterologe von Biotin; Ringe verändert. Oxybiotin und Verwandte.*

Nr.	Name	Konstitutions-Formel	F	Hemmung der Biotin-Wirkung bei	
				Lb. arabinosus	Sacch. cerev.
21	d,l-Oxy-biotin	F	203—204°[3] 206—208°[3]	keine	keine
22	Bis-nor-oxybiotin		219—220°[3]	> 500[5]	> 500[5]
23	Nor-oxybiotin		219—220°[3]	> 500[5]	> 500[5]
24	Homo-oxybiotin		207—208°[3]	> 500[5]	445[5]
25	Bis-homo-oxybiotin		184—185°[3]	> 500[5]	> 500[5]
26	Guanidino-Analoges von Oxybiotin		295—300° Zers.[3]		
27	d,l-Oxybiotin-sulfosäure		154—155°[3]		1460[6]
28	d,l-Homo-oxybiotin-sulfosäure .	K	66—68°[7]		
29	epi-Oxybiotin		185—186°[3]		
30	d,l-Oxybiotinol				
31	Bis-nor-oxybiotinol.				
32	epi-Oxybiotinol				
33	Homo-oxybiotinol				

[1] GOLDBERG, M. W., L. H. STERNBACH, S. KAISER, S. D. MEINEMANN, J. SCHEINER and S. H. RUBIN: Arch. Biochem. **14**, 480 (1947).
[2] DITTMER, K., and V. DU VIGNEAUD: Science, N. Y. **100**, 129 (1944).
[3] VOGEL, H., u. H. KNOBLOCH: Chemie und Technik der Vitamine. 3. Aufl. Bd. II/2, S. 1. Stuttgart 1955.
[4] GOLDBERG, M. W., and L. H. STERNBACH: US Pat. Nr. 2489237.
[5] DUSCHINSKY, R., L. A. DOLAN, D. FLOWER and S. H. RUBIN: Arch. Biochem. **6**, 480 (1945).
[6] HOFMANN, K., A. BRIDGWATTER and A. E. AXELROD: Am. Soc. **71**, 1253 (1949).
[7] HOFMANN, K., A. BRIDGWATTER and A. E. AXELROD: Am. Soc. **69**, 1550 (1947).

Weitere Oxybiotin-Verwandte mit anderen Ringen.

Konstitutions-Formel	
	d,l-Hexahydro-2-oxo-4-(4-benzylthiobutyl)-1 H-furo-(3,4)-imidazol[1]
	d,l-Hexahydro-2-oxo-4-(6,6-dicarboxyl-hexyl)-1-furo-(3,4)-imidazol[1]
	d,l-Hexahydro-2-oxo-4-(4-mercaptobutyl)-1-furo-(3,4)-imidazol[1]
	d,l-Hexahydro-2-oxo-4-(4-oxybutyl)-1-furo-(3,4)-imidazol[1]
	d,l-Hexahydro-2-oxo-4-(5-mercaptopentyl)-1-furo-(3,4)-imidazol[1]
	d,l-Hexahydro-2-oxo-4-(4-benzylmercaptobutyl)-1-furo-(3,4)-imidazol und -sulfon[1]
	d,l-Hexahydro-2-oxo-4-(5-benzylmercaptopentyl)-1-furo-(3,4)-imidazol und -sulfon[1]
M	d,l-Hexahydro-2-oxo-4-(4,4-dicarboxybutyl)-1-furo-(3,4)-imidazol[1]
	d,l-Hexahydro-2-oxo-4-1 H-furo-(3,4)-imidazol-4-(4-butansulfosäure)[1]

Tabelle 9b. *Heterologe von Biotin; Ringe verändert. Desthiobiotin und Verwandte.*

Nr.	Name	Konstitutions-Formel	F	Hemmung der Biotinwirkung bei	
				Lb. casei	Sacch. cerev.
34	(+)-Desthio-biotin	G		9[2]	
35	d,l-Desthio-biotin		162,5—163°[3]	17[4]	
			136—137°[5]		
36	Desthio-allobiotin		138—140°[3]		
37	Homo-desthiobiotin		140—150°[3]		
38	d,l-2-Oxo-4-imidazolidin-valeriansäure	L		52000	> 37000[6]
39	d,l-2-Oxo-4-imidazolidin-capronsäure			100	850[6]
40	d,l-2-Oxo-4-imidazolidin-önanthsäure			1600	1700[6]
41	d,l-2-Oxo-4-imidazolidin-caprylsäure			10000	2000[6]
42	d,l-5-Methyl-2-oxo-4-imidazolidin-önanthsäure			1100	3300[7]
43	d,l-5-Methyl-2-oxo-4-imidazolidin-pelargonsäure			1000	200[4]
44	d,l-5-Methyl-2-oxo-4-imidazolidin-capronsäure			450[8]	
45	d,l-5-Methyl-2-oxo-4-imidazolidin-pentasulfosäure			keine	300[9]
46	d,l-5-Methyl-2-thiono-imidazolidin-capronsäure			450[8]	
47	d,l-4-Butyl-5-methyl-2-imidazolidin			1000	1300[7]
48	d,l-4-Hexahydrobenzyl-5-methyl-2-imidazolidin			keine	370[4]

Anmerkungen zu Tabelle 9b:

Zu Nr. 21: Oxybiotin: 2'-Keto-3,4-imidazolido-tetrahydrofuran-(2)-n-valeriansäure, wird auch O-Hetero-biotin genannt. Synthesen nach DUSCHINSKY[10] bzw. HOFMANN[11] bzw. GROB[12, 13].

Oxybiotin aus 95%igem Alkohol hat F = 203—204°, aus Wasser 206—208°; sein Methylester aus Dioxan + Äther 114—116°. Der Ester hat für Saccharomyces cerevisiae schwache Biotinwirkung[14].

Nur die d-Form des Oxybiotins hat für Saccharomyces cerevisiae und Lb. casei etwa 50% der Biotinwirkung, die l-Form ist wirkungslos. Ähnliche Werte gelten für Clostridium sporogenes[15] und Rhizobium trifolii, während d-Oxybiotin für Lb. pentosus genau so stark wirkt wie Biotin[16]. Bei Ratten hat d,l-Oxybiotin etwa 2—6% der Wirksamkeit von d-Biotin, bei Küken 2—20% und bei

[1] KORTE, F., u. J. KORTE; in RAUEN, Biochem. Taschenb. S. 1093.
[2] DITTMER, K., D. B. MELVILLE and V. DU VIGNEAUD: Science, N. Y. **99**, 203 (1944).
[3] VOGEL, H., u. H. KNOBLOCH: Chemie und Technik der Vitamine. 3. Aufl. Bd. II/2, S. 1. Stuttgart 1955.
[4] DUSCHINSKY, R., and L. A. DOLAN: Am. Soc. **67**, 2079 (1945).
[5] JAENICKE, L.: in RAUEN, Biochem. Taschenb. S. 454.
[6] DITTMER, K., and V. DU VIGNEAUD: J. biol. Ch. **169**, 63 (1947).
[7] DUSCHINSKY, R., and L. A. DOLAN: Am. Soc. **68**, 2350 (1946).
[8] BROWN, G. B., and V. DU VIGNEAUD: J. biol. Ch. **163**, 761 (1946).
[9] DUSCHINSKY, R., and S. H. RUBIN: Am. Soc. **70**, 2546 (1948).
[10] DUSCHINSKY, R., and A. L. DOLAN: Jubilee Vol. Emil Barell 1946. S. 164.
[11] HOFMANN, K.: Am. Soc. **67**, 1459 (1945).
[12] GROB, C. A., u. F. REBER: Helv. **33**, 1776 (1950).
[13] GROB, C. A., u. W. v. TSCHARNER: Helv. **33**, 1070 (1950).
[14] WINNICK, T., K. HOFMANN, F. J. PILGRIM and A. E. AXELROD: J. biol. Ch. **161**, 405 (1945).
[15] SHULL, G. M., and W. H. PETERSON: Arch. Biochem. **18**, 69 (1948).
[16] KRUEGER, K. K., and W. H. PETERSON: J. Bacteriology **55**, 693 (1948).

Lb. casei sogar 40%[1-3]. Die Biotinwirkung des Oxybiotins ist stark p_H-abhängig; das Optimum liegt bei p_H 7,5[4].

Zu Nr. 22—33: Synthesen nach [5].

Zu Nr. 26: Guanidino-Analoges von Oxybiotin: Synthese nach HOFMANN und Mitarbeitern[6]. Es kristallisiert aus verdünntem Alkohol in Nadeln. Hydrobromid aus Aceton-Äthylacetat F = 174—185°[1]. Unwirksam für die meisten Erreger[7].

Zu Nr. 27: Oxybiotin-sulfosäure: Synthese nach HOFMANN uud Mitarbeitern[8]. Antagonist für Mikroorganismen[9].

Zu Nr. 28: Homo-oxybiotin-sulfosäure: Synthese nach HOFMANN und Mitarbeitern[8].

Zu Nr. 29: epi-Oxybiotin: Die optische Konfiguration ist für Oxybiotine genau so wichtig wie für Biotin; es hat daher für Lb. arabinosus praktisch keine Vitaminwirkung.

Es kristallisiert in Prismen, Methylester aus Äthylacetat F = 104—106°[1].

Synthese nach HOFMANN[10].

Zu Nr. 32: epi-Oxybiotinol: unwirksam.

Zu Nr. 35: Desthio-biotin: Synthese nach DUSCHINSKY und Mitarbeitern[11]. Andere Synthesen nach WOOD und Mitarbeitern[12] bzw. BOURQUIN und Mitarbeitern[13] bzw. MCKENNIS und Mitarbeitern[14] bzw. MELVILLE[15] bzw. DU VIGNEAUD und Mitarbeitern[16].

Desthiobiotin kristallisiert in farblosen Kristallen; es ist leicht löslich in heißem Wasser, weniger in kaltem, wenig löslich in Alkohol. α-Form F = 151—154°, β-Form F = 138—140°[6], andere Werte: α-Form F = 162,5—163°, β-Form F = 136—137°.

Bei Ratten hat d,l-Desthio-biotin $^1/_{1000}$ der Wirkung von d-Biotin[17]. Für Neurospora crassa, Saccharomyces cerevisiae, Escherichia coli und Penicillium notatum hat es volle Biotinwirkung, für Lb. casei[18] dagegen ist es ein Biotin-Antagonist[19]. Wahrscheinlich wird es von den Mikroorganismen, die es verwerten können, in Biotin überführt[20]. Die Biosynthese des Biotins verläuft wahrscheinlich über Desthio-biotin, denn Penicillium chrysogenum häuft Desthio-biotin an[21]. Für Saccharomyces cerevisiae ist es unwirksam[22]. Nur die d-Form des Desthio-biotins ist wirksam[1].

Zu Nr. 36: Desthio-allo-biotin: Es ist seiner Konfiguration nach ohne Biotin-Wirkung[22].

Tabelle 9b. *Heterologe von Biotin; Ringe verändert. Ureylen-Derivate.*

Nr.	Name	F	Hemmung der Biotin-Wirkung		Konstitutions-Formel
			bei Lb. casei	Saccharomyces cerevisiae	
51	Ureylen-tetrahydrofuryl-pentylsulfosäure				
52	γ-(2,3-Ureylen-cyclohexyl)-n-buttersäure	218—220°[9]	12500	1,5[23]	H
		192—194°[9]			

[1] VOGEL, H., u. H. KNOBLOCH: Chemie und Technik der Vitamine. 3. Aufl. Bd. II/2, S. 1. Stuttgart 1955.
[2] AXELROD, A. E., E. J. PILGRIM and K. HOFMANN: J. biol. Ch. **163**, 191 (1946).
[3] RUBIN, S. H., D. FLOWER, F. ROSEN and L. DREKTER: Arch. Biochem. **8**, 79 (1945).
[4] POTTER, R. L., and C. A. ELVEHJEM: J. biol. Ch. **183**, 587 (1950).
[5] HOFMANN, K., C. CHEN, A. BRIDGWATTER and A. E. AXELROD: Am. Soc. **69**, 191 (1947).
[6] HOFMANN, K., and A. E. AXELROD: J. biol. Ch. **187**, 29 (1950).
[7] HOFMANN, K., and A. E. AXELROD: J. biol. Ch. **187**, 29 (1950).
[8] HOFMANN, K., A. BRIDGWATTER and A. E. AXELROD: Am. Soc. **71**, 1253 (1949).
[9] JAENICKE, L.: in RAUEN, Biochem. Taschenb. S. 454.
[10] HOFMANN, K.: Am. Soc. **71**, 164 (1949).
[11] DUSCHINSKY, R. and A. L. DOLAN: Am. Soc. **67**, 2079 (1945).
[12] WOOD, J. L., and V. DU VIGNEAUD: Am. Soc. **67**, 210 (1945).
[13] BOURQUIN, J. P., O. SCHINDER u. A. GRÜSSNER: Helv. **28**, 528 (1945).
[14] MCKENNIS, H. jr., and V. DU VIGNEAUD: Am. Soc. **68**, 832 (1946).
[15] MELVILLE, D. B.: J. biol. Ch. **208**, 495 (1954).
[16] VIGNEAUD, V. DU, D. B. MELVILLE, K. FOLKERS, D. E. WOLF, R. MOZINGO, J. C. KERESZTESY and S. A. HARRIS: J. biol. Ch. **146**, 475 (1942).
[17] EMERSON, G. A.: J. biol. Ch. **157**, 127 (1945).
[18] AUHAGEN, E.: Naturwiss. **33**, 221 (1956).
[19] DITTMER, K., D. B. MELVILLE and V. DU VIGNEAUD: Science, N. Y. **99**, 203 (1944).
[20] HOFMANN, K., and T. WINNICK: J. biol. Ch. **160**, 449 (1945).
[21] TATUM, E. L.: J. biol. Ch. **160**, 455 (1945).
[22] HARRIS, S. A., R. MOZINGO, D. E. WOLF, A. N. WILSON, G. E. ROTH and K. FOLKERS: Am. Soc. **66**, 1800 (1954).
[23] ENGLISH, J. P., R. C. CLAPP, Q. P. COLE, J. F. HALVERSTADT, J. O. LAMPEN and R. O. ROBLIN jr.: Am. Soc. **67**, 295 (1945).

Tabelle 9b. (Fortsetzung.)

Nr.	Name	F	Hemmung der Biotin-Wirkung bei Lb. casei	Hemmung der Biotin-Wirkung Saccharomyces cerevisiae	Konstitutions-Formel
53	γ-(3,4-Ureylen-cyclohexyl)-n-buttersäure	137—139° [1]	4	156 [2]	
54	γ-(2,3-Ureylen-phenyl)-n-buttersäure . .	299—300° [1]	25000	310 [2]	
55	γ-(3,4-Ureylen-phenyl)-n-buttersäure . .		1500	6250 [2]	J
56	β-(3,4-Ureylen-cyclohexyl)-n-valeriansäure	212—214° [1]			
57	δ-(2,3-Ureylen-cyclohexyl)-n-valeriansäure	183—184° [3] 222—226° [1]	31	3 [2]	
58	δ-(3,4-Ureylen-cyclohexyl)-n-valeriansäure		31	156 [2]	
59	β-(2,3-Ureylen-phenyl)-n-valeriansäure. .	263—265° [1]			
60	δ-(2,3-Ureylen-phenyl)-n-valeriansäure. .		6250	2500 [2]	
61	δ-(3,4-Ureylen-phenyl)-n-valeriansäure. .		750	1560 [2]	

Tabelle 9c. *Heterologe von Biotin; Ringe verändert.*
Sonstige Heterologe mit biotinersetzender bzw. biotinhemmender Wirksamkeit.

Nr.	Name	Konstitutions-Formel
71	cis-3,4-Diamino-2-tetrahydro-thiophen-valeriansäure	
72	d,l-cis-3,4-Diamino-2-tetra-hydro-furan-valeriansäure [4]	
73	cis-3,4-Diamino-2-tetra-hydro-furan-capronsäuresulfat [5]	
74	cis-3,4-Diamino-tetrahydro-furan-2-capronsäuresulfat [5]	N
75	4-Thiazolidon-2-capronsäure [5]	O
76	4-Amino-4-desoxy-10-methyl-3′,5′-dichlor-pteroylglutaminsäure . . .	
77	4-Amino-4-desoxy-9,10-dimethyl-3′,5′-dichlor-pteroylglutaminsäure. .	
78	Avidin vgl. S. 439ff.	

Anmerkungen zu Tabelle 9b und 9c:

Zu Nr. 51: Es ist für Mikroorganismen ein Biotin-Antagonist[1]. Sein Barium-Salz bildet Kristalle[1].

Zu Nr. 52: Es liegen 2 Formen mit verschiedenem Schmelzpunkt vor[1]. Form A, F = 213—220°, kristallisiert in Rosetten, Form B mit F = 192—194° in wetzsteinförmigen Kristallen. Sie sind für Hefe Biotin-Antagonisten[1]

Zu Nr. 53: Weißes Kristallpulver[1].

Zu Nr. 54: Löslich in Laugen, unlöslich in Säuren. Für Hefe ist es ein Biotin-Antagonist.

Zu Nr. 56: Es bildet feine Kristalle und ist für Mikroorganismen ein Antagonist[1].

Zu Nr. 59: λ_{max} = bei 285 mμ. Für Mikroorganismen hat es Anti-biotin-Wirkung[1].

Durch fraktioniertes Ansäuern gelingt die Trennung in die Stereoisomeren[1].

Zu Nr. 71: Hat für Saccharomyces cerevisiae etwa 10% der Biotinwirkung[6]; für Lb. casei und arabinosus liegt sie zwischen 1,8 und 3,6%[7]. Im Rattenversuch zeigt die Verbindung keine Biotinwirkung mehr[8].

Zu Nr. 72: Die Verbindung wird zusammen mit Bromcyan als Ausgangsprodukt zur Synthese des Guanidino-Analogen von Oxybiotin genommen[9]. Für Lb. arabinosus hat es 0,01%, für Lb. casei 0,5% der Biotinwirkung[10].

Zu Nr. 73: Antagonist für Biotin[5].

Zu Nr. 78: Wichtigster in der Natur vorkommender Biotin-Antagonist.

[1] Jaenicke, L.: in Rauen, Biochem. Taschenb. S. 454.

[2] English, J. P., R. C. Clapp, Q. P. Cole, J. F. Halverstadt, J. O. Lampen and R. O. Roblin jr.: Am. Soc. **67**, 295 (1945).

[3] György, P.: Sebrell-Harris, Vitamins Bd. I, S. 527ff.

[4] Vogel, H., u. H. Knobloch: Chemie und Technik der Vitamine. 3. Aufl. Bd. II/2, S. 1. Stuttgart 1955.

[5] Korte, F., u. I. Korte; in Rauen, Biochem. Taschenb. S. 1093.

[6] Vigneaud, V. du, K. Hofmann, D. B. Melville and J. R. Rachele: J. biol. Ch. **140**, 763 (1941).

[7] Stokes, J. L., and M. J. Gunness: J. biol. Ch. **157**, 121 (1945).

[8] Emerson, G. A.: J. biol. Ch. **157**, 127 (1945).

[9] Hofmann, K., and A. E. Axelrod: J. biol. Ch. **187**, 29 (1950).

[10] Winnick, T., K. Hofmann, F. J. Pilgrim and A. E. Axelrod: J. biol. Ch. **161**, 405 (1945).

Inosit[1].

Von

W. Grab.

Mit 4 Abbildungen.

Namen und Geschichte. Inosit (engl., franz.: Inositol) ist schon 1850 von SCHERER[2] aus Fleischextrakt isoliert worden und „Inosit", von „is, inos" „Muskelkraft", benannt worden. Bereits in den nächsten Jahrzehnten wurde Inosit als Fleischzucker nachgewiesen in den meisten menschlichen und tierischen Organen sowie weit verbreitet im Pflanzenreich in Früchten, Blättern, Samen. Je nach dem Ausgangsmaterial erhielt Inosit dann weitere Namen, wie „Nucit" aus den Blättern des Nußbaums (1877), „Phaseomannit" aus Hülsenfrüchten (Phaseolus = grüne Bohnen) (1856), „Dambose" aus Kautschuk (1868). Da er optisch inaktiv ist und nicht in racemische Isomere aufgespalten werden kann, wurde er auch „i-Inosit" oder „meso-Inosit" genannt. Die in Hefeextrakten vorhandenen Wuchsstoffe für Hefe, die WILDIERS[3] „bios" genannt hatte, wurden von LUCAS[4] durch Barytfällung in „I" und „II" getrennt, von denen I sich als Inosit erwies[5] (vgl. auch Biotin und Pantothensäure, S. 1416 und 1443). Wegen seiner Wuchsstoffnatur vermutete WOOLLEY[6], daß Inosit auch Vitamincharakter haben müsse, was sich durch Versuche mit Inositmangel bei Mäusen bestätigen ließ. Wegen des dabei beobachteten Haarausfalls bei den Mangeltieren, der durch Inosit geheilt oder verhütet werden konnte, wurde er „Mäuse-Antialopecie-Faktor" genannt[7]. Da analog der Haarausfall bei Ratten unter Inositmangel um die Augen herum einsetzt, nannte man Inosit auch „Antibrillenaugen-Faktor"[8].

Wegen seiner einzigartigen Stellung als biologisch wirksamer Faktor unter den 9 verschiedenen Inositen verdient m-Inosit einen eigenen Namen; der heute meist verwendete ist „myo-Inosit" (internationale Nomenklatur) wegen seiner Herkunft aus dem Muskel[9].

Vorkommen. Inosit ist in der belebten Natur weit verbreitet und findet sich in freier Form oder chemisch gebunden meist als Ester, seltener als Äther.

Bei den höheren Pflanzen kommen neben myo-Inosit auch noch manche seiner Isomeren (vgl. Tabelle 7a) vor; in tierischen Organen und in Mikroorganismen dagegen findet sich praktisch nur myo-Inosit, dem allein Vitamincharakter und Wuchsstoffwirkung für Mikroorganismen zukommt. In den Tabellen 1—4 sind daher bei den höheren

[1] *Zusammenfassende Darstellungen:*
Biochem. Handlex. **2**, 555 (1911); **8**, 285 (1914); **13**, 849 (1931). — H.-Th., 9. Aufl. S. 284. 1924. — SEBRELL, W. H. jr., and R. S. HARRIS: The Vitamins. Chemistry, Physiology, Pathology. Bd. II, S. 321. New York 1954. — VOGEL, H., u. H. KNOBLOCH: Chemie und Technik der Vitamine. 3. Aufl. Bd. II/2. Stuttgart. — THIERS, H.: Les Vitamines. Biochimie, biologie, emploi thérapeutique. Paris 1956. — BONNER, J. and H.: Die B-Vitamine als Pflanzenhormone. Vitamins & Hormones **6**, 225 (1948). — LANG, K.: Biochemie der Ernährung. (Beiträge zur Ernährungswissenschaft Bd. I.) S. 316. Darmstadt 1957. — SCHREIER, K.; in: FLASCHENTRÄGER-LEHNARTZ, Physiologische Chemie. Bd. II/2b, S. 804. — GYÖRGY, P.: The Vitamins Bd. I, S. 490, 251. New York 1950. — GRAEFE, G.: Chemische Konstitution und biologische Bedeutung der Inosite. Arzneim.-Forsch. **3**, 304 (1953). — LANG, K., u. O. F. RANKE: Stoffwechsel und Ernährung. S. 230. Berlin, Göttingen, Heidelberg 1950. — BECKMANN, A.: m-Inosit. Chemische, physiologische und klinische Bedeutung. Aulendorf (Württ.) 1953.

[2] SCHERER, J.: A. **73**, 322 (1850).

[3] WILDIERS, E.: Cellule **18**, 313 (1901).

[4] LUCAS, G. H. W.: J. physic. Chem. **28**, 1180 (1924).

[5] EASTCOTT, E. V.: J. physic. Chem. **32**, 1094 (1928).

[6] WOOLLEY, D. W.: Science, N. Y. **92**, 384 (1940).

[7] WOOLLEY, D. W.: J. biol. Ch. **136**, 113 (1940).

[8] PAVCEK, P. L., and H. M. BAUM: Science, N. Y. **93**, 502 (1941).

[9] FLETCHER, H. G. jr., L. ANDERSON and H. A. LARDY: J. org. Ch. **16**, 1238 (1951).

Pflanzen nur die mikrobiologisch bestimmten Inositwerte berücksichtigt worden; die historischen, chemisch bestimmten Inositwerte konnten nur bei tierischen Organen berücksichtigt werden, die ja nur myo-Inosit enthalten.

Inosit ist offensichtlich ein Stoff von grundlegender biochemischer Bedeutung, denn er findet sich in allen Zellen und Körperflüssigkeiten sowohl in freier als auch gebundener Form in auffallend großen Mengen (vgl. Tabelle 1—3). Freier Inosit findet sich in höchster Konzentration im Cytoplasma der Hirnzellen[1] (170—190 γ/mg N; vgl. Tabelle 3). Liquor enthält 3mal soviel Inosit wie Blutplasma. Auffällig ist der hohe Gehalt von freiem Inosit in der Augenlinse (Schaf, Mensch) von 5 mg/g Frischgewicht; Glaskörper enthält dagegen nur weniger als den 100. Teil[8]. Besonders viel freier Inosit findet sich auch noch in der Schilddrüse[2] und in der Samenflüssigkeit vom Eber[3] (vgl. Tabelle 2). Die Bedeutung dieses hohen Inositgehaltes in all diesen Organen ist unbekannt.

Mono- oder Diphosphorsäure-ester finden sich in vielen Phospholipoiden[4], in Phosphoproteiden[5] und hochpolymeren Substanzen, aus denen sich fermentativ manchmal schon im Laufe der Aufarbeitung freier Inosit abspalten kann. Inosithaltige Phosphatide finden sich z. B. in den Mikrosomen der Leber und anderer Zellen, in Gehirn[6] und andern lipoidreichen Geweben, im Mantel von Tuberkelbacillen[7], in Pflanzen und vielen Mikroorganismen. Alle Zellfraktionen aus Gehirn und Leber enthalten Inosit, die Leber jedoch keinen freien Inosit.

Im Muskel nimmt mit der Autolyse der freie Inosit immer zu, da er aus einer inositogenen Substanz freigesetzt wird[14]. In üblicher gemischter Kost von 2500 kcal ist gewöhnlich mindestens 1 g Gesamt-Inosit enthalten, der in der Ernährung verwertet werden kann[15].

Tabelle 1. *Inositgehalt menschlicher Organe* (in mg/g Frischgewebe).

Organ	männlich	mg myo-Inosit je g	weiblich	Literatur
Augenlinse .		5,0		8
Glaskörper .		0,02—0,05		8
Gehirn . . .	1,42		1,58	9, 10
Niere . . .	1,2		0,86	9
Milz	1,11		0,34	9
		1,0		10
Leber . . .	0,68		0,3	9
		1,0		11
Herz	0,5		0,45	9
Lunge . . .		0,4		10
Magen-Darm		0,75—0,8		10
Nebennieren	0,25		0,68	9
		0,69		10
Testes . . .	1,6			10
Ovar . . .			0,58	9, 10
Mamma . .			0,27	9, 10
Frauenmilch			0,33	12
Skeletmuskel	0,2—0,9		0,45	9, 10
Haut. . . .		0,20		10
Schweiß . .		0,12—0,27		10
Harn. . . .		15 mg/Tag		10
Liquor . . .		0,03		13
Blutplasma .		0,005—0,018		9

[1] MAIBAUER, D., u. H. HERKEN: A. e. P. P. **227**, 456 (1956).
[2] TAMBACH, R.: Pharmaz. Zentr.-Halle **37**, 167 (1896). — MEYER, A. E.: Proc. Soc. exp. Biol. Med. **62**, 111 (1946).
[3] MANN, T.: Proc. R. Soc. London (B) **142**, 21 (1954). — HARTREE, E. F.: Biochem. J. **66**, 131 (1957).
[4] FOLCH, J., and D. W. WOOLLEY: J. biol. Ch. **142**, 963 (1942).
[5] HUTCHISON, W. C., G. W. CROSBIE, C. B. MENDES, W. M. MCINDOE, M. CHILDS and J. N. DAVIDSON: Biochim. biophysica Acta, N. Y. **21**, 44 (1956).
[6] KLENK, E., u. R. SAKAI: H. **258**, 33 (1933).
[7] ANDERSON, R. J., and J. CASON: J. biol. Ch. **126**, 527 (1938).
[8] HEYNINGEN, R. VAN: Biochem. J. **65**, 24 (1957).
[9] WILLIAMS, R. J.: Vitamins & Hormones **1**, 229 (1943).
[10] CREMER, H. D.; in: RAUEN, Biochem. Taschenb. S. 822.
[11] LANG, K., u. O. F. RANKE: Stoffwechsel und Ernährung. S. 207. Berlin, Göttingen, Heidelberg 1950.
[12] CHELDELIN, V. H., and R. J. WILLIAMS: Univ. Texas Publ. **4237**, 105 (1942).
[13] HERKEN, H., D. MAIBAUER u. F. WEYGAND: A. e. P. P. **233**, 301 (1958).
[14] ROSENBERG, F.: H. **56**, 373 (1908); **57**, 464 (1908).
[15] WILLIAMS, R. J.: J. amer. med. Ass. **119**, 1 (1942).

Der Hexaphosphorsäure-ester von Inosit wird als *Phytinsäure* bezeichnet und kommt in Samen, Blättern und Knollen aller höheren Pflanzen vor, außerdem in Hefe. Je nach Art der Pflanzen kann ihr Phytinsäure-Gehalt sehr verschieden sein. Getreidearten enthalten 0,2% und mehr Phytin-phosphor; dieser stellt damit die Hauptmenge des gesamten Phosphorsäure-Gehaltes von Cerealien dar. Schließlich kommt Inosit noch als Monomethyläther oder Dimethyläther in tropischen Pflanzen vor[1] (Bornesit und Dambonit). Nicht vergessen sei, daß in höheren Pflanzen auch Isomere des Inosit vorkommen, die keinen Vitamincharakter haben, wie z. B. Scyllit, Pinit, Quebrachit und Mytilit.

epi-, allo- und muco-Inosit kommen in der Natur nicht vor.

Physiologische Bedeutung. Die grundlegende biologische Bedeutung des Inosit ergibt sich daraus, daß er in praktisch allen Zellen des menschlichen und tierischen Körpers vorkommt. Seine Gesamtmenge im menschlichen Organismus beträgt etwa 40 g (Extremwerte 20—80 g). Der Inositgehalt der Organe wird in engen Grenzen konstant gehalten (vgl. Tabelle 1 und 2). Veränderungen im Inositgehalt unter physiologischer Belastung oder in Krankheitsfällen sind bisher selten untersucht. Gewebskulturen der meisten tierischen Organe wachsen nur dann, wenn ihr Nährmedium Inosit enthält, optimal etwa 10^{-5} bis 10^{-6} m. Für Kulturen normaler und maligner menschlicher Zellen erwies sich myo-Inosit als wesentlicher Faktor für Erhaltung und Vermehrung der Zellen. 10^{-6} molare Konzentration wirkte bereits maximal, myo-Inosit-ester nur in dem Ausmaß, in dem die Zellen daraus Inosit freisetzen konnten. Alle 7 geprüften Isomeren von Inosit waren dagegen unwirksam[11].

Tabelle 2. *Inositgehalt tierischer Organe* (in mg/g Frischgewicht).

Rind		Organ	Tierart	
Muskel	0,115[2]	Muskel	Kaninchen	0,16—0,27[4]
	2,600[3]		Schwein .	0,36—0,45[2]
	< 0,05[4]		Kalb . . .	0,32—0,35[2]
Herz .	2,6[2]	Herz	Schaf . .	1,40—1,70[4]
	16,0[3]		Hund . .	1,56—1,74[4]
Gehirn	2,0[2]	Gehirn	Schaf . .	1,72—1,76[4]
	6,0[3]	Augenlinse	Schaf . .	5,0[5]
	1,11—149[4]			
Leber.	0,51[2]			
	3,4[3]			

Samenflüssigkeit[6]	Gesamtinosit	Freier Inosit
Eber . . .	6,05—7,25	6,07—6,25 (bis 24,0 extrem)[7]
Stier . . .	0,45—0,88	0,25—0,46
Mann* . .	0,54—0,63	0,50—0,57 (bis 2,01 extrem)[8]
Widder . .	0,37—0,45	0,07—0,16
Hengst . .	0,24—0,51	0,19—0,47
Kaninchen	0,28	0,21

* Die Werte gehen mit dem Gehalt an Fructose parallel und steigen nach Testosteron-Behandlung an[8].

Tabelle 3. *Inositgehalt in Zellfraktionen bei Ratten*[9].

	γ myo-Inosit je mg N der Zellfraktion	
	Leber	Gehirn
Kerne	4	37
Mitochondrien	15*	18
Mikrosomen .	42*	35
Zellplasma . .	9	137

* Mitochondrien und Mikrosomen der Leberzellen enthalten 2% ihres Trockengewichtes an Inosit, gebunden an die 22fache Menge an Lipoiden[10].

Weiterhin ist myo-Inosit unentbehrlicher Wachstumsfaktor für Hefen (Saccharomyces carlsbergensis und cerevisiae). Eine Mutante von Neurospora crassa und einzelne Stämme

[1] EVERS, F.: Handb. Pfl.-Analyse (KLEIN) Bd. III/1, S. 675.
[2] CHELDELIN, V. H., and R. J. WILLIAMS: Univ. Texas Publ. **4237**, 105 (1942).
[3] WOOLLEY, D. W.: Biol. Symp. **12**, 279 (1947).
[4] YOUNG, L.: Biochem. J. **28**, 1435 (1934).
[5] HEYNINGEN, R. VAN: Biochem. J. **65**, 24 (1957).
[6] HARTREE, E. F.: Biochem. J. **66**, 131 (1957).
[7] MANN, T.: Proc. R. Soc. London (B) **142**, 21 (1954).
[8] KIMMIG, J., u. C. SCHIRREN: Hautarzt **7**, 198 (1956).
[9] HERKEN, H., D. MAIBAUER u. F. WEYGAND: A. e. P. P. **233**, 301 (1958).
[10] CLAUDE, A.: J. exp. Med. **84**, 61 (1946).
[11] EAGLE, H., V. I. OYAMA, M. LEVY and A. E. FREEMAN: J. biol. Ch. **226**, 191 (1957).

Tabelle 4. *Inositgehalt in einigen Nahrungsmitteln für den Menschen* (in mg/g Frischgewicht).

Nahrungsmittel	mg myo-Inosit je g	Nahrungsmittel	mg myo-Inosit je g
Weizenkörner.	1,7—1,9[1]	Tomaten	0,46[1]
Weizenmehl .	1,105[2]	Orangen	2,1[1]
Weißbrot . .	0,644[2]	Orangensaft	
Haferflocken .	1,0—3,16[3]	frisch	1,28—1,7[5]
Kuhmilch . .	0,18—0,5[1,3]	eingedost.	1,04—1,78[5]
Käse	0,25[1]	Grapefruit	1,5[1]
Eier.	0,22[3,4]	Grapefruitsaft	
Fisch	0,17[1]	frisch	0,88—1,12[5]
Kartoffeln . .	0,29—0,66[1]	eingedost.	0,92—1,12[5]
Kohl	0,95[1]	Äpfel	0,24[1]
Andere Gemüse	0,25—0,5[1]	Hefe.	0,8—1,6[2]
		Hefe (Torulopsis utilis)	2,7[6]

Anmerkung: Die Werte von KREHL[5] wurden mikrobiologisch mit Saccharomyces cerevisiae bestimmt [Verfahren nach ATKIN, L., A. S. SCHULTZ, W. L. WILLIAMS and C. N. FREY: Industr. engng. Chem., analyt. Ed. **15**, 141 (1943)].

von Mottenlarven benötigen Inosit[7]. Wegen dieser Wirkung wurde myo-Inosit auch als Bios I bezeichnet (vgl. Pantothensäure und Biotin, S. 1416 und 1443). Daher sind diese 3 genannten Mikroorganismen auch zur Bestimmung von Inosit geeignet (vgl. S. 1483).

Viele weitere Mikroorganismen (Brucellen, Escherichia coli, Pasteurellen, Salmonellen, Shigellen, Erwinia, Bact. aerogenes, Haemophilus influenzae, Serratia marcescens) benötigen keinen Inosit[7]. Ebensowenig wird Inosit benötigt von Protozoen, Algen, grünen Phytoflagellaten, Pilzen und höheren grünen Pflanzen. Von niederen Tieren benötigen keinen Inosit: Insekten und ihre Larven (Schaben, Mehlwürmer, die meisten Käfer-, Fliegen- und Mottenlarven)[7].

Viele Mikroorganismen können Inosit synthetisieren. Bewiesen ist das für einzelne Heferassen, die aus ^{14}C-markierter Glucose Inosit bilden können, nicht durch einfache Cyclisierung, sondern durch Aufbau aus einer Tetrose und einem Zweier-Kohlenstoffglied[8].

Mikroorganismen, die im Darm von Maus, Ratte, Schwein oder Menschen leben, können ebenfalls Inosit synthetisieren. Dies ist nachgewiesen für Aerobacter aerogenes, Serratia marcescens, Pseudomonas fluorescens, Proteus vulgaris und Clostridium butylicum[9]. Daß diese Synthese zur Deckung des Inositbedarfs der höheren Tiere beiträgt, ergibt sich daraus, daß antibiotische Behandlung bei Ratten und Mäusen typische Erscheinungen von Inositmangel hervorruft[10] (Alopecie, Wachstumsstillstand). Da das Ausmaß der Inositsynthese im Darm schwer zu übersehen ist, gibt es bisher keine zahlenmäßigen Angaben über den Gesamtbedarf der höheren Tiere an Inosit. Nur wenn die Darmsynthese an Inosit nicht ausreicht, haben solche Tiere einen Bedarf an Inosit in ihrer Nahrung. Für den Menschen ist die Notwendigkeit einer alimentären Inositzufuhr nicht bewiesen. Krankheitserscheinungen durch Inositmangel sind beim Menschen bisher nicht bekannt. Trotzdem muß Inosit auch bei den höheren Tieren als unentbehrlicher

[1] CHELDELIN, V. H., and R. J. WILLIAMS: Univ. Texas Publ. **4237**, 105 (1942) [LIVERMORE, A. H.; in: SEBRELL-HARRIS, Vitamins Bd. II, S. 363.
[2] SEALOCK, R. R., and A. H. LIVERMORE: J. Nutrit. **25**, 265 (1943).
[3] WOOLLEY, D. W.: Biol. Symp. **12**, 279 (1947) [LIVERMORE, A. H.; in: SEBRELL-HARRIS, Vitamins Bd. II, S. 363.
[4] DILS, R. R., and J. N. HAWTHORNE: Biochem. J. **64**, 49 P (1956).
[5] KREHL, W. A., and G. R. COWGILL: Food Res. **15**, 179 (1950).
[6] STUBBS, J. J., W. M. NOBLE and J. C. LEWIS: Food Industr. **16**, 9, 68, 125 (1944) [LIVERMORE, A. H.; in: SEBRELL-HARRIS, Vitamins Bd. II, S. 363.
[7] ALBRITTON, E. C.: Handbook of Biological Data. Bd. II, S. 46. Philadelphia, London 1954.
[8] CHARALAMPOUS, F. C.: J. biol. Ch. **225**, 595 (1957).
[9] THOMSON, R. C.: Univ. Texas Publ. **4237**, 87 (1942).
[10] NIELSEN, E., and A. BLACK: Proc. Soc. exp. Biol. Med. **55**, 14 (1944).

Tabelle 5. *Bindungsformen von Inosit in Lipoiden.*

Ausgangs-material	daraus isoliert	Behandlung	Zusammensetzung	Konstitution	Literatur
Sojabohnen	Lecithin	erschöpfend methyliert und hydrolysiert	Myristinsäure, Ölsäure, Glycerin, Phosphorsäure, *Pentamethyl-inosit*	Glycero-phospho-inositid ohne N-haltige Base	1
Sojabohnen	Phospholipoide	mit Suspensionen von Gehirngewebe aller Tierarten. Auch Suspensionen von Leber, Milz, Niere	*Inosit-monophosphate*		2
Sojabohnen	„Lipositol"		Ölsäure, Galaktose, Cerebronsäure, Palmitinsäure, Stearinsäure, Phosphorsäure, l(+)-Weinsäure, Äthanolamin, *Inosit*		3
Sojabohnen	gereinigtes Phosphatid		1 Mol enthält: 3 Fettsäuren, 2 Glycerin, 2 Phosphorsäure, 1 Amin, 1 Galaktose, *2 Inosit*		4
Schellfisch, Dorsch	inosithaltige Lipoide mindestens 2 verschiedener Typen	Gegenstromverteilung oder Chromatographie ($CHCl_3$; $CH_3OH:H_2O$/ 80:20:2,5 Vol.) Cellulose-Säule	2 streng verschiedene *inosithaltige Lipoide*		5
Gehirn	Phospholipoide	mit Suspensionen von Gehirngewebe aller Tierarten. Auch Suspensionen von Leber, Milz, Niere	*Inosit-diphosphate*		6
Leber	Mono-phosphat-inositid				7
Gummi-Latex	Lipoide	Säulen-Chromatographie	*Lipoid-Inosit*		8

Faktor angesehen werden, der vom tierischen Organismus nicht gebildet werden kann. Wenn der Inositgehalt scheinbar zunimmt, z. B. im bebrüteten Hühnerei oder bei inositfrei ernährten Mäusen, so beruht dies auf Freisetzung von Inosit aus einer Bindungsform bzw. auf Synthese durch Darmbakterien bei der Maus, aber nicht auf echter Synthese durch die tierischen Zellen.

[1] OKUHARA, E., and T. NAKAYAMA: J. biol. Ch. **215**, 295 (1955).
[2] FOLCH, J.: J. biol. Ch. **146**, 35 (1942). — WOOLLEY, D. W.: J. biol. Ch. **147**, 581 (1943). — FOLCH, J.: J. biol. Ch. **177**, 497, 505 (1949). — RODNIGHT, R.: Biochem. J. **63**, 223 (1956).
[3] WOOLLEY, D. W.: J. biol. Ch. **147**, 581 (1943).
[4] FOLCH, J.: Fed. Proc. **6**, 252 (1947). — HAWTHORNE, J. N., and E. CHARGAFF: J. biol. Ch. **206**, 27 (1954).
[5] GARCIA, M. D., J. A. LOVERN and J. OLLEY: Biochem. J. **62**, 99 (1956).
[6] FOLCH, J.: J. biol. Ch. **146**, 35 (1942). — FOLCH, J.: J. biol. Ch. **177**, 497, 505 (1949). — KLENK, E., u. R. SAKAI: H. **258**, 33 (1939). — RODNIGHT, R.: Biochem. J. **63**, 223 (1956).
[7] MCKIBBIN, J. M.: J. biol. Ch. **220**, 537 (1956).
[8] SMITH, R. H.: Biochem. J. **58**, 140 (1954).

Über die biochemische Rolle des Inosits ist bisher wenig bekannt. Man kennt kein Enzymsystem, an dem Inosit beteiligt ist.

Auch mit der Hemmung der Inositwirkung durch die stereoisomeren Hexachlorcyclohexane kann man die biochemische Funktion von Inosit nicht erklären, da diese Hemmung nur bei gewissen Mikroorganismen auftritt, nicht aber bei höheren Tieren.

Beim menschlichen Diabetes, auch bei experimentellem Alloxan-Diabetes, wird im Harn weit mehr Inosit ausgeschieden als bei Gesunden, da weniger Inosit tubulär rückresorbiert wird[1]. Im Blutserum ist dagegen der Inositgehalt immer normal. Auch dieser interessante Befund, der wohl auf einer Sonderfunktion der Niere im Inosit-Stoffwechsel beruht, läßt sich für die Deutung der Rolle des Inosits nicht verwerten.

In Ganglienzellen ist Inosit an den biochemischen Vorgängen bei der Erregung beteiligt. Inosit ist dabei aber nicht Energie-Lieferant, sondern wahrscheinlich nur eine Art Gerüstsubstanz, an der verschiedenste Stoffe angeknüpft und dadurch zueinander in Beziehung treten können. Inosit wird bei solchen Umsetzungen nicht verbraucht.

Der 100fach höhere Gehalt der Ganglienzellen an Inosit gegenüber Blutserum muß durch den Stoffwechsel hergestellt und aufrechterhalten werden. Nach dem Tod tritt Inosit rasch aus den Hirnzellen in den Liquor über, und der Inositgehalt des Liquors steigt von 3 mg-% auf 72 mg-%.

Für den wachsenden Organismus muß Inosit besonders wertvoll sein, denn im Fetalblut und im Fruchtwasser ist der Inositgehalt bei allen Tierarten höher als im mütterlichen Blut; die Placenta bildet aber keinen Inosit. Der Fetus reichert also Inosit an und hält ihn fest[2].

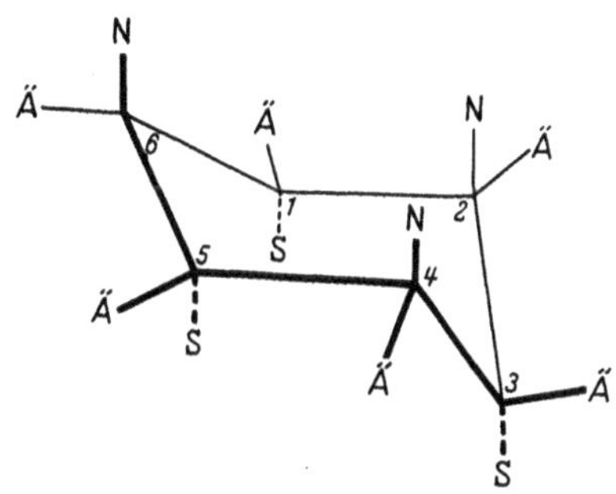

Abb. 1. Perspektivische Zeichnung der räumlichen Konfiguration von Cycliten. Näheres s. Text.

Über die lipotrope Wirkung des Inosits bei experimenteller Leberverfettung vgl. S. 1474.

Im Hautcarcinom der Maus ist der Inositgehalt doppelt so hoch wie in normaler Haut[3].

Vieles weist darauf hin, daß Inosit für höhere Tiere besonders wichtig ist. Sicherlich muß man Inosit zu den Struktur-„Kohlenhydraten" rechnen; welche grundsätzliche Bedeutung Inosit im Lebensvorgang hat, ist noch unbekannt.

Zusammensetzung, Konstitution und Spezifität der Wirkung.

myo-Inosit: $C_6H_6(OH)_6$.

Mol.-Gewicht 180,15.

Beilstein: VI, 1194.

Inosit gehört zu den Cyclo-alkoholen, die kurz auch als Cyclite (Cyclitole) bezeichnet werden. Es handelt sich um ringförmig gebaute Polyalkohole, die sich chemisch und physiologisch von den Kohlenhydraten unterscheiden. myo-Inosit wurde früher auch meso-Inosit genannt.

Chemische Bezeichnung: Cyclohexan-hexol, kurz Cyclohexit.

Unter den 9 möglichen stereoisomeren Cyclohexan-hexolen hat ausschließlich myo-Inosit spezifische Wirksamkeit als Vitamin für höhere Tiere oder als Wuchsstoff für Hefe.

Inosit liegt gewöhnlich in der „Sesselform" vor wie andere Cyclohexan-hexole. Für die räumliche Konfiguration wurde von MAGASANIK[4] eine eindeutige Orientierung und Bezeichnung vorgeschlagen, die obenstehende Zeichnung zeigt. Man erkennt die Äquatorial-Ebene mit den Kohlenstoffen 1, 2, 4 und 5. Mit „Ä" bezeichnet ist die Stellung der Substituenten in der Äquator-Ebene, mit „N" und „S" die Stellung der Substituenten in den „Pol-Regionen", d. h. ihre Valenz steht quer zur Äquator-Ebene.

[1] DAUGHADAY, W. H., and J. LARNER: J. clin. Invest. **33**, 326, 1075 (1954).
[2] CAMPLING, J. D., and D. A. NIXON: J. Physiol., London **126**, 71 (1954).
[3] RITCHEY, M. G., L. F. WICKS and E. L. TATUM: J. biol. Ch. **171**, 51 (1947).
[4] MAGASANIK, B., and E. CHARGAFF: J. biol. Ch. **174**, 173 (1948).

Nach dieser räumlichen Orientierung ist also myo-Inosit zu bezeichnen als Cyclohexan-1,2,3,5-cis-hexol. Dabei stehen die Hydroxyle an den C-Atomen 1, 3, 4, 5 und 6 äquatorial und nur das an 2 nördlichpolar. Die Bezeichnung „cis“ wird gewählt, wenn die Hydroxylgruppe in gleicher Richtung steht wie an C_1. Die Bezeichnung der übrigen Isomeren vgl. Tabelle 7a.

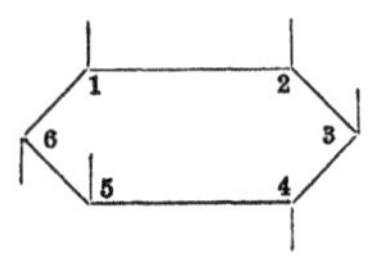

Abb. 2. Planarprojektion der räumlichen Anordnung der Atome bei den Cycliten. Näheres s. Text.

Eine einfachere und mindestens ebenso anschauliche Orientierung gibt die Planar-Projektion der Cyclo-hexite, die von FLETCHER und Mitarbeitern[1] vorgeschlagen wurde. Die Numerierung der C-Atome ist aus der nebenstehenden Zeichnung der Planar-Projektion zu entnehmen. Für die Struktur der Isomeren ist die Darstellung dieser Planar-Projektion in Tabelle 7a eingetragen.

Die Wirksamkeit von myo-Inosit ist ganz streng an seine räumliche Konfiguration gebunden, aus der wir aber noch kein Verständnis für seine physiologischen Wirkungen ableiten können.

Strukturformeln zu Inosit.

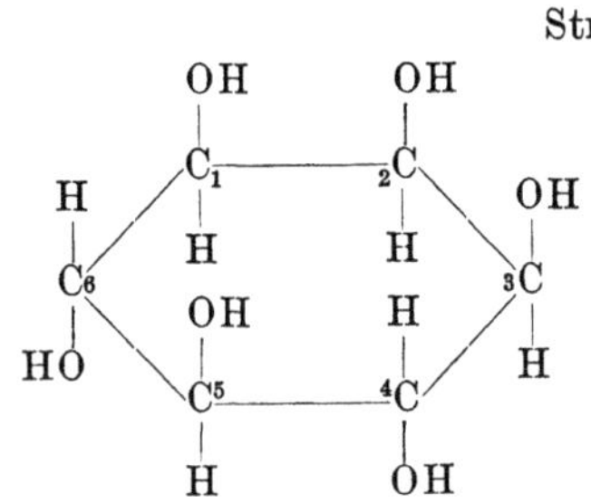

myo-Inosit
C-Atome beziffert nach LARDY, H. A.; in: SEBRELL-HARRIS, Vitamins, Bd. II. 323.

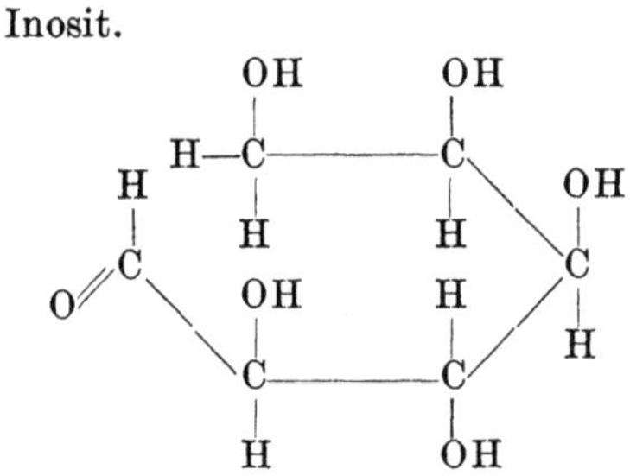

Lineare Form der Glucose zum Vergleich in Halbring-Form geschrieben. Konfigurative Verwandtschaft von myo-Inosit mit Glucose nach FISCHER[2].

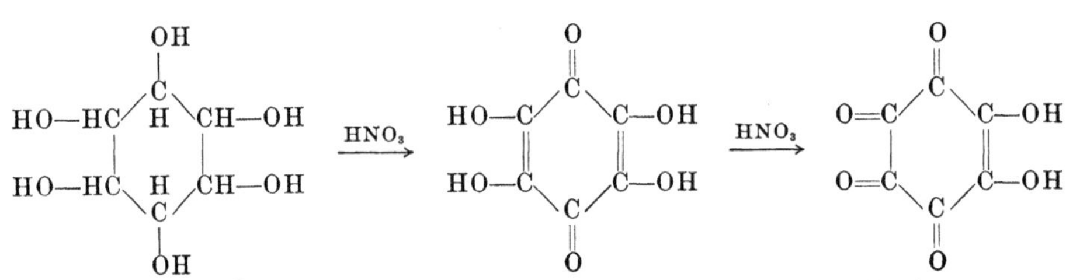

myo-Inosit — Tetra-oxychinon — Rhodizonsäure

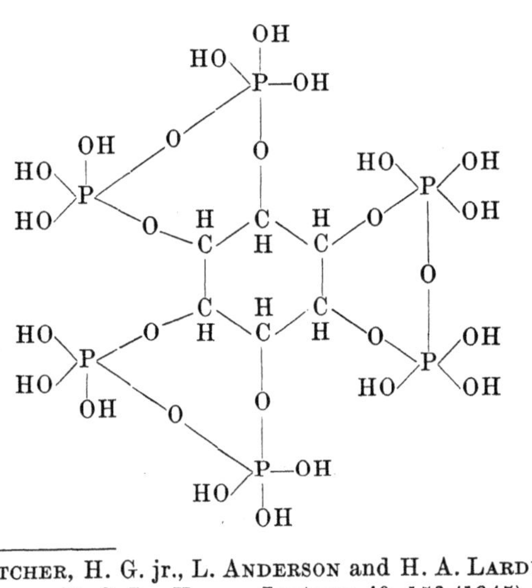

Phytinsäure
$C_6H_6(OH_2PO_3)_6 + 3H_2O$
Mol.-Gewicht 660,04 + $3H_2O$
Beilstein VI, 1197, (590), [1160]

[1] FLETCHER, H. G. jr., L. ANDERSON and H. A. LARDY: J. org. Chem. 16, 1238 (1951).
[2] FISCHER, H. O. L.: Harvey Lectures 40, 156 (1945).

Isolierung aus Naturstoffen und Synthese. Da die bisher bekanntgewordenen Synthesen für myo-Inosit kostspielig sind, wird auch heute noch Inosit aus Naturstoffen technisch dargestellt. Brauchbares Ausgangsmaterial sind phytinreiche Samen (z. B. Getreidekörner, Sojabohnen, Baumwollsamen). Im technischen Betrieb wird Inosit aus Maisquellwasser isoliert[1].

Zur Extraktion von Phytinsäure aus ganzen Körnern verwendet man meist die 5—6fache Menge verdünnter Schwefelsäure oder Salzsäure, weil dann die Hydrolyse des Phytats leicht angeschlossen werden kann.

Ein gutes technisches Ausgangsmaterial stellt Maisquellwasser (corn steep water) dar. Es fällt an bei der gewerblichen Naßmüllerei von Mais. Man weicht den geschälten Mais in verdünnter wäßriger SO_2-Lösung ein, was den späteren Müllereivorgang erleichtert. Dabei verhindert das SO_2 die Entwicklung von Mikroorganismen, und das warme Wasser löst alle wasser- und säurelöslichen Substanzen aus dem Maiskorn einschließlich der Phytate. 2% der Trockensubstanz von Maisquellwasser sind Phytate. Freie Phytinsäure fehlt im Maisquellwasser, das nur die löslichen Partialsalze von Calcium, Magnesium, Eisen, Natrium und Kalium der Phytinsäure enthält. Durch Zusatz von Kalkmilch erhält man daher kein reines Calcium-phytat, sondern ein gemischtes Salz, das auch noch Proteine enthält. Man setzt gewöhnlich Kalk zu, bis das Maisquellwasser auf p_H 5—7 gebracht ist. Der ausgefällte Niederschlag wird abfiltriert und der Filterkuchen gründlich mit Wasser gewaschen. Das Rohprodukt besteht im wesentlichen aus einem gemischten Calcium-Magnesium-Salz der Phytinsäure, häufig als Phytin bezeichnet. Es kann getrocknet oder direkt zur Hydrolyse für die Gewinnung von Inosit verwendet werden.

Zur Hydrolyse des Phytats aus dem sauren Extrakt von Getreidekörnern oder aus technischem Phytin aus dem Maisquellwasser sind alle p_H-Werte zwischen 25%igem $Ca(OH)_2$ und bis zu 60%iger Schwefelsäure vorgeschlagen worden, gewöhnliche oder Druckerhitzung von 100—200°. Die Hydrolyse erfordert meist mehrere Stunden. Die Qualität des Ausgangs-Phytats und seine Verunreinigungen sind für die Ausbeute an Inosit entscheidender als die technischen Bedingungen der Hydrolyse. Im allgemeinen ist nur die Hälfte des im Phytat des Maisquellwassers vorhandenen Inosit rein zu isolieren.

Bei der Hydrolyse von Phytat entwickeln sich je Mol Inosit 6 Mol Phosphorsäure, die abfiltriert werden können, wenn das Hydrolysat zunächst auf leicht alkalischen p_H eingestellt wird. Der Filterkuchen des ausgefallenen Phytats wird mit heißem Wasser gewaschen, um anhängenden Inosit wiederzugewinnen. Dieses Waschwasser wird mit dem ursprünglichen Filtrat vereinigt. Diese rohe wäßrige Lösung von Inosit wird nun mit Tierkohle entfärbt und im Vakuum bis zur Sirupdicke eingeengt. Noch verbleibende Verunreinigungen zerstört man mit konz. HNO_3, deren Überschuß vorsichtig abgeraucht wird. Bei Abkühlung des Sirups kommt es zur Kristallisation, die man durch Fällung mit 4—5 Teilen Alkohol + 1 Teil Äther beschleunigen kann. Da Zucker bei der Fällung stören können, ist es zweckmäßig, sie durch vorherige Vergärung mit inositfreier Hefe zu beseitigen.

Zur Isolierung möglichst reinen Inosits aus tierischem Gewebe[2] extrahiert man das feinzerkleinerte Ausgangsmaterial einen Tag lang mit Aceton, engt das abfiltrierte Aceton im Vakuum ein und fällt mit basischem Bleiacetat und Ammoniak. Der erhaltene Niederschlag wird mit H_2S zersetzt und vom ausgefallenen PbS abfiltriert. Ein Teil des eingeengten Filtrats wird mit je 3—4 Teilen Alkohol + 1 Teil Äther heiß gefällt. Aus der Fällung kristallisiert langsam Inosit.

Zur verlustlosen Gewinnung von Inosit sind bei den verschiedenen Ausgangsmaterialien Spezialvorschriften notwendig, die bei den Bestimmungsverfahren besprochen werden.

Die Synthese von myo-Inosit geht aus vom Hexaoxybenzol, das katalytisch hydriert werden kann. Als einzige kristallisierende Substanz wurde dabei myo-Inosit in 50%

[1] WEIDLEIN, E. R. jr.; in: SEBRELL-HARRIS, Vitamins Bd. II, S. 339.

[2] MOMOSE, G.: Biochem. J. 10, 120 (1916). — NEEDHAM, J.: Biochem. J. 17, 422 (1923).

Ausbeute erhalten. Dadurch war die Ringstruktur des Inosits bewiesen worden[1]. Eine neue Synthese beschreibt POSTERNAK[2]. Die meisten Stereoisomeren sind ebenfalls synthetisch zugänglich nach verschiedenen Verfahren[3].

Die Synthese von ^{14}C-markiertem Inosit beschreibt WEYGAND[4].

Inosit kann von vielen Mikroorganismen und allen höheren Pflanzen gebildet werden, nachgewiesen für 2 Stämme von Tuberkelbacillen[5] und viele andere Erreger. Clostridium butylicum bildet auf inositfreiem Medium in 24 Std 0,8 mg, Pseudomonas fluorescens 1,7 mg Inosit je g trockene Zellen[6]. Hefe kann durch schrittweise Änderung des Nährmediums an inositfreie Medien gewöhnt werden, so daß sie inosit-autotroph wird[7]. Als Vorstufen für die Inositbildung bei Bakterien nimmt man Pyruvat, Acetat und Ketoinosite an.

Bei höheren Pflanzen gibt es viele Hinweise, daß Inosit aus Glucose gebildet werden kann. Nach Zugabe von Glucosiden oder Glucose-1-phosphat wurde besonders rasch und viel Inosit in den Blättern gebildet. Es wird vermutet, daß Inosit bei höheren Pflanzen eine Rolle spielt bei der Umwandlung von einer Hexose in die andere, bei der Bildung von aromatischen Substanzen aus Kohlenhydraten und bei der Bildung von Ascorbinsäure[8].

Höhere Tiere bilden in eigenen Zellen praktisch kein Inosit. Sie können aber ihren Inositbedarf zuweilen aus der Synthese ihrer Darmbakterien decken. Gibt man markierte Glucose, so findet man bei Ratten $^1/_{10\,000}$ davon als Inosit wieder, wobei die Mitwirkung von Mikroorganismen nicht auszuschließen ist[9].

Physikalische und chemische Eigenschaften. myo-Inosit = Cyclo-hexan-(1,2,3,5)-cis-hexol kristallisiert aus Wasser und Alkohol unter 50° mit 2 Mol Wasser in monoklin prismatischen, 6seitigen, farblosen Nadeln, verliert bei 100° sein Kristallwasser; F = 225°, Kp = 15: 319°, D bei 15°: 1,752; mit Kristallwasser bei 15°: 1,524. Inosit ist optisch inaktiv; 100 Gewichtsteile Wasser von 19° lösen 16,3 Teile Inosit, 7 des Äthanols 0,04 Teile, 7 des Methanols 0,09 Teile, 7 der Essigsäure 0,53 Teile. Inosit ist in Äther, Benzol und Petroläther unlöslich.

Inosit hat kein charakteristisches Absorptionsspektrum im sichtbaren Licht oder im UV-Bereich. Das Infrarotspektrum zeigt sehr charakteristische Absorptionsbanden bei Wellenzahl 1004 cm^{-1} (9,96 μ), 899 cm^{-1} (11,12 μ), 894 cm^{-1} (11,20 μ), vgl. Abb. 3.

Die Banden bei 3500 cm^{-1} (2,86 μ) und 3375 cm^{-1} (2,96 μ) entsprechen Wasserstoffbindungen zwischen den Hydroxylgruppen[10]. Inosit wirkt nicht reduzierend z. B. auf Kupfer(II)-hydroxyd, verbindet sich nicht mit Phenylhydrazin und wird durch Bleiacetat gefällt, besonders wenn Ammoniak und Cadmiumnitrat zugegeben werden.

Enthält die Lösung gleichzeitig Zucker, so bleibt die Inositfällung unvollständig[11]. Wäßrige Lösungen von Inosit lösen Cu(II)-hydroxyd.

Drastische Einwirkung von Salpetersäure auf Inosit führt zur Aromatisierung und gibt mehrere 5—6gliedrige Polycarbonyl-Verbindungen, z. B. Tetraoxychinon, Rhodizonsäure (Nr. 33, Tabelle 8), Croconsäure und Leuconsäure; bei milder Oxydation entsteht d,l-2-Keto-epi-inosit (Nr. 32, Tabelle 8). Reaktion mit Perjodsäure (vgl. S. 1481).

---

[1] WIELAND, H., u. R. S. WISHART: B. **47**, 2082 (1914).
[2] POSTERNAK, T.: Helv. **33**, 1597 (1950).
[3] DANGSCHAT, G.: Naturwiss. **30**, 146 (1942). — POSTERNAK, T.: Helv. **25**, 746 (1942).
[4] WEYGAND, F., u. E. SCHULZE: Z. Naturforsch. **11**b, 370 (1956).
[5] POPE, H., and D. T. SMITH: Amer. Rev. Tuberc. **54**, 559 (1946).
[6] THOMPSON, R. C.: Univ. Texas Publ. **4237**, 87 (1942) zit. nach [8].
[7] LEONIAN, L. H., and V. G. LILLY: Science, N. Y. **95**, 658 (1942).
[8] LIVERMORE, A. H.; in: SEBRELL-HARRIS, Vitamins Bd. II, S. 354.
[9] DAUGHADAY, W. H., J. LARNER and C. HARTNETT: J. biol. Ch. **212**, 869 (1955).
[10] ROSENKRANTZ, H.: Meth. biochem. Analysis. Bd. V, S. 427. 1957.
[11] H.-Th., 9. Aufl., S. 285 (1924).

myo-Inosit wird in seine Isomere über die Ketoderivate umgewandelt. Auf diese Weise kann myo-Inosit übergehen in epi-Inosit[1] und in Scyllit[2]. Beim Erhitzen mit konzentrierter Salzsäure entsteht aus myo-Inosit ein Gemisch aus d,l-Inosit[3].

Inosit ist chemisch auffallend stabil. Selbst beim Kochen mit verdünnter HCl, H_2SO_4 oder verdünnten Alkalien wird Inosit nicht verändert. Sogar 8stündiges Kochen mit 60 %iger H_2SO_4 bei 118° läßt Inosit unverändert, selbst konzentrierte H_2SO_4 zersetzt ihn bei 100° erst allmählich[4]. Bei Erhitzen mit HJ auf 170° bilden sich Benzol und Trijodphenol.

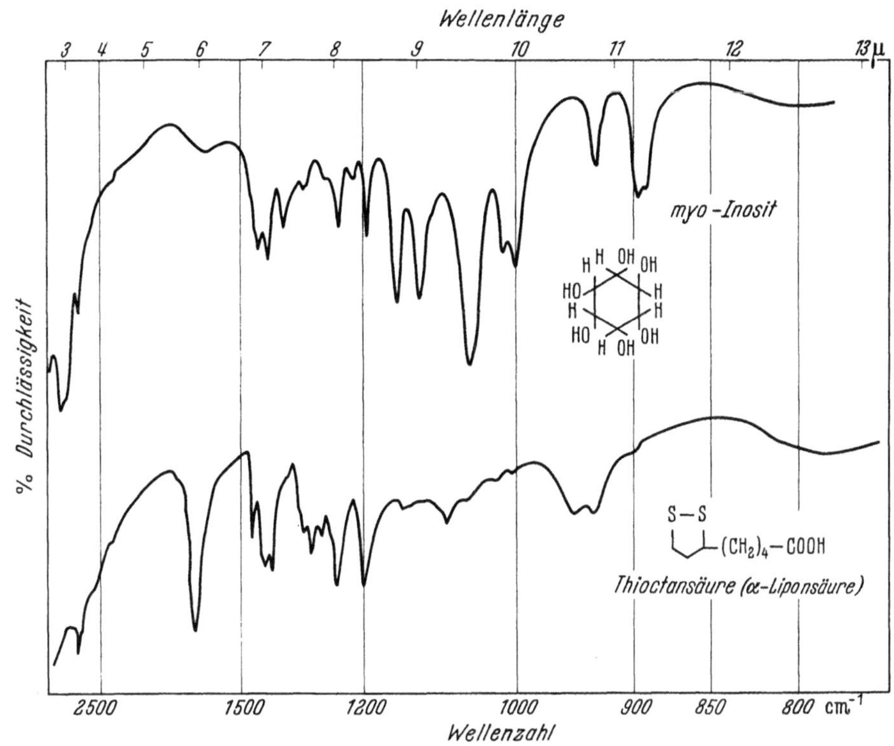

Abb. 3. Infrarotspektrum von myo-Inosit, entnommen aus [5]. Infrarotspektrum von α-Liponsäure, entnommen aus [5]. (Vgl. Abschnitt α-Liponsäure, dieses Handb. S. 1355.)

Physiologische und pharmakologische Eigenschaften. Inosit schmeckt süß, wird aber von Hefe nicht vergoren; Bacillus lactis aerogenes baut Inosit ab, wobei Alkohol, Kohlensäure, Wasserstoff und Säuren entstehen (Ameisensäure, Essigsäure, Milchsäure und Bernsteinsäure)[6].

Inosit ist für alle höheren Tiere praktisch ungiftig, toxische und tödliche Dosen sind nicht bekannt. Inositlösungen machen keine lokalen Reizerscheinungen, wenn die Abweichung von der Isotonie nicht allzu groß ist. Orale Gaben von konzentrierten Inositlösungen wirken diarrhoisch. Aus dem Darm (Hund[7], Ratte[8]) wird Inosit langsamer resorbiert als Glucose, aber ebenso vollständig; Inosit-mono-phosphat wird aber rascher resorbiert als freier Inosit. Ratten resorbieren bei oralen Gaben von 200 mg innerhalb von

[1] Posternak, T.: Helv. **19**, 1333 (1936).
[2] Posternak, T.: Helv. **24**, 1045 (1941).
[3] Posternak, T.: Helv. **31**, 2242 (1948). — Fletcher, H. G. jr., and G. R. Findlay: Am. Soc. **70**, 4050 (1948).
[4] Graefe, G.: Arzneim.-Forsch. **3**, 304 (1953).
[5] Rosenkrantz, H.: Meth. biochem. Analysis. Bd. V, S. 427. 1957.
[6] Kumagawa, H.: B. Z. **131**, 148, 157 (1922). — Hess, H., u. C. Tropp: Zbl. Bakteriol. (I) **100**, 273 (1926).
[7] Anderson, R. J.: J. biol. Ch. **25**, 391 (1916).
[8] Wiebelhaus, V. D., J. J. Betheil and H. A. Lardy: Arch. Biochem. **13**, 379 (1947).

2 Std etwa 150 mg. Phytinsäure kann als solche nicht resorbiert werden, sondern nur nach Aufspaltung bis zu den Inosit-mono- oder -di-phosphorsäureestern, wie sie Phytasen im Darmextrakt mancher Säugetiere vollziehen. Diese Phytasen stammen aus Verdauungssekreten und gewissen Darmbakterien. Hund, Katze und Kaninchen bilden keine Phytase, Mensch und Ratte verfügen über Phytasen; daher können sie mindestens einen Teil des Inositgehaltes von Phytinsäure verwerten.

Aus Versuchen mit ^{14}C-markiertem Inosit ergab sich, daß Inosit im Stoffwechsel der höheren Tiere zum großen Teil verbrannt[1], zum kleineren Teil deponiert wird.

Nach i.v.-Injektion von 4 g Inosit (bei Menschen)[2] sinkt der Grundumsatz um 15 bis 25%, Tiefpunkt nach 70 min, R.Q. um 0,07 gesenkt. 7% der Inositdosis sind schon nach einem Tag in Glucose umgewandelt, von der sich im Muskelglykogen 3mal mehr als im Leberglykogen wiederfindet[3]. Der Inositgehalt der Organe wird physiologisch ungefähr konstant gehalten, die gesunde Niere kann Inosit in den Tubuli rückresorbieren. Bei Belastung mit steigenden i.v.-Gaben von Inosit wird immer mehr davon in den Harn ausgeschieden. Die Niere zeigt einige Besonderheiten im Inositstoffwechsel, sie baut als einziges Organ markierten Inosit in ihre Zellen ein[4] und kann durch ein Fermentsystem Inosit zu Glucuronsäure oxydieren[5].

Im Harn gesunder Versuchspersonen wird immer Inosit ausgeschieden, und zwar in sehr verschiedenen Mengen von 8—144 mg je Tag, Durchschnittswert: 37 mg[6]. Die Inositausscheidung im menschlichen Harn ist unabhängig von der Ernährung und bei beiden Geschlechtern etwa gleich groß; im Durchschnitt: 35—85 mg/*l* Harn, meist in Form von freiem Inosit[7], regelmäßig finden sich auch 20—30 mg Scyllit im Harn. Die Mengen schwanken noch stärker als die von Inosit[7]. Selbst bei Zulage von 4 g Inosit in der Kost bleibt die Inositausscheidung beim Menschen etwa konstant, während die von Scyllit ansteigt. Wahrscheinlich wird myo-Inosit zu scyllo-meso-Inosose dehydriert und in Scyllit umgewandelt[8]. Gelegentlich wird über sehr viel größere Mengen Inosit im menschlichen Harn berichtet[9] (bei Menschen 200—400 mg/*l* Harn, bei Schwein und Rind sogar noch mehr). Sogar durchschnittlich 521 mg Inosit (206—1007 je Tag) führen COURTOIS und Mitarbeiter an[10].

Beim menschlichen Diabetes wird beträchtlich mehr Inosit im Harn ausgeschieden (280—850 mg/*l* Harn)[6], da wegen Zuckerausscheidung im Harn die Rückresorption von Inosit in den Nierentubuli behindert ist[6]. Auch beim Alloxandiabetes der Ratte wird mehr Inosit ausgeschieden[6], im Blutserum dagegen ist beim Diabetiker oder bei Alloxanratten der Inositgehalt normal. Phlorrhizinvergiftete Ratten scheiden sogar 6% des Inosits als Glucose aus[11]. Bei Belastung mit Inosit wird weniger als 1% der oralen Dosis im Harn ausgeschieden. I.p. oder s.c. injiziertes Inosit wird gut resorbiert. Die lipotrope Wirkung von Inosit, die man bei Versuchstieren[12] und auch beim Menschen[13] beobachtete, tritt auch noch bei ausreichender Versorgung mit Methylgruppen-Donatoren zutage. Sie beruht wohl darauf, daß Inosit Bauglied von Phospholipoiden ist, die eine Transportform der Fette darstellen. Inosit mobilisiert Cholesterin auch bei der Atherosklerose.

---

[1] HALLIDAY, J. W., and L. ANDERSON: J. biol. Ch. **217**, 797 (1955).
[2] MAURER, H., u. H. SECKFORT: Kli. Wo. **1953**, 911.
[3] DAUGHADAY, W. H., J. LARNER and C. HARNETT: J. biol. Ch. **212**, 869 (1955).
[4] CHARALAMPOUS, F. C.: J. biol. Ch. **225**, 595 (1957).
[5] CHARALAMPOUS, F. C., and C. LYRAS: J. biol. Ch. **228**, 1 (1957). Am. Soc. **79**, 2970 (1957).
[6] DAUGHADAY, W. H., J. LARNER and E. HOUGHTON: J. clin. Invest. **33**, 326, 1075 (1954).
[7] MALANGEAU, P.: Bull. Soc. Chim. biol. **38**, 729 (1956).
[8] HELLEU, C.: Bull. Soc. Chim. biol. **39**, 633 (1957).
[9] FLEURY, P., J. E. COURTOIS et A. L. JOUANNET: Bull. Soc. Chim. biol. **33**, 1885 (1951).
[10] COURTOIS, J. E., C.L. HELLEU, P. MALANGEAU et R. PERLÈS: Bull. Soc. Chim. biol. **38**, 1017 (1956).
[11] POSTERNAK, W., H. SCHOPFER et D. REYMOND: Helv. **38**, 1283 (1955).
[12] BEST, C. H., C. C. LUCAS, J. M. PATTERSON and J. H. RIDOUT: Biochem. J. **40**, 368 (1946).
[13] ARIEL, I. M., J. C. ABELS, H. T. MURPHY, G. T. PACK and C. P. RHOADS: Ann. internal Med. **20**, 570, 580 (1944).

Bei Diabetikern wird durch täglich 3 g Inosit der Gehalt an Gesamtcholesterin und Phospholipoiden im Plasma im Laufe von 8 Wochen gesenkt[1]. Hexa-acetylinosit hat eine noch stärkere lipotrope Wirksamkeit als Inosit[2].

a) Bestimmung.

Probenentnahme[3] und Aufarbeitung. Soll Inosit in einzelnen Organen, Zellen und ihren Fraktionen oder in Körperflüssigkeiten bestimmt werden, so sind die Untersuchungsproben aus dem lebenden Tier oder unmittelbar nach dem Tod zu entnehmen. Zur Aufbewahrung der Proben ist Tiefkühlung zu empfehlen, zum Versand Gefriertrocknung. Sofort nach dem Tod diffundiert Inosit aus den Zellen mit hohen Konzentrationen in Serum, Liquor usw. und verfälscht damit die Werte der lebenden Organe.

Soll die Gesamtmenge an Inosit in einem Organ oder im ganzen Tier bestimmt werden, so überführt man die frische Probe sofort in heiße 6 n Salzsäure. Dadurch werden accidentelle Veränderungen im Inositgehalt ausgeschlossen.

Zur Bestimmung von freiem Inosit genügt es, die beim Tod des Tieres sofort entnommenen Organe im etwa 10fachen Gewicht Wasser 30 min bei p_H 6 auszukochen. Das Kochwasser wird eingeengt und kann für (mikro-)biologische und manchmal auch papierchromatographische Bestimmungen sofort und für chemische nach der Beseitigung von Störsubstanzen verwendet werden.

Die Aufarbeitung der Untersuchungsproben richtet sich in erster Linie danach, ob die Bindungsformen des Inosits differenziert werden sollen (freier, phosphatidgebundener Inosit, Phytinsäure, Inositäther). Außerdem ist die Aufarbeitung verschieden je nach der Art der Untersuchungsprobe und dem anzuwendenden Bestimmungsverfahren für Inosit. Wir skizzieren daher die verschiedenen für den betreffenden Fall geeigneten Aufarbeitungsverfahren getrennt.

Allgemein gilt, daß mikrobiologische und papierchromatographische Verfahren schon auf sehr geringe Mengen Inosit ansprechen, streng spezifisch sind und recht unempfindlich gegenüber Begleitsubstanzen des Inosits. Daher erfordern sie wenig Arbeitsaufwand zur Vorbereitung des Materials. Umgekehrt sind die chemischen Verfahren, besonders die älteren, umständlich, wenig spezifisch und zeitraubend, da sie nur bei angereicherten Inositpräparaten funktionieren.

Zur *Bestimmung von freiem Inosit* genügt es meist, eiweiß-, salz- und fettarme Körperflüssigkeiten (Liquor, Speichel) für den mikrobiologischen Versuch zu verdünnen und den Kulturen zuzusetzen. Tierische Organe (frisch, gefroren oder getrocknet), Harn, Blut und Milch werden 3mal nacheinander mit je der 20fachen Menge Wasser (auf Trockengewicht bezogen) je 10 min ausgekocht, heiß abfiltriert und der wäßrige Extrakt im Vakuum auf $^1/_4$ seines Volumens eingeengt. Zu diesem Extrakt wird Aceton gegeben bis zur Endkonzentration 70%; der sich bildende Niederschlag wird abfiltriert und das Aceton im Vakuum abdestilliert. Der wäßrige Rückstand wird nun auf die Hälfte eingeengt, dann mit dem gleichen Volumen Äther ausgeschüttelt, der Ätherextrakt mit dem gleichen Volumen Wasser gewaschen und die Waschflüssigkeit dem wäßrigen Extrakt wieder zugefügt, der dann erneut eingeengt und auf ein leicht meßbares Volumen aufgefüllt wird. In diesem Extrakt lassen sich freier Inosit sofort, in einem anderen Teil nach Hydrolyse auch wasserlösliche gebundene Inositformen bestimmen.

Zur *chemischen Bestimmung des Inosits* müssen aus diesen wäßrigen Extrakten auch noch Zucker durch Hefevergärung sowie saure und basische Substanzen durch einen gemischten Ionenaustauscher entfernt werden (s. S. 1476)[4]. Vorbereitung zur Papierchromatographie s. S. 1476.

[1] FELCH, W. C., and L. B. DOTTI: Proc. Soc. exp. Biol. Med. **72**, 376 (1949).
[2] BALATRE, P. H., et F. J. MERLEN: C. R. Soc. Biol. **145**, 579 (1951).
[3] Siehe S. 1452ff.
[4] Vgl. auch H.-Th., 10. Aufl. Bd. I, S. 232. — PARTRIDGE, S. M.: Biochem. J. **42**, 238 (1948).

Zur Bestimmung von gebundenem Inosit ist immer die Hydrolyse der Organe notwendig. Da Inosit gegenüber Säuren stabil ist, kann man sie leicht mit Salzsäure durchführen:

Organe und zerkleinerte Pflanzenteile werden mit der 10fachen Menge 12%iger Salzsäure 5—6 Std am Rückfluß gekocht, die Salzsäure im Vakuum vollständig abdestilliert, der Rückstand in wenig Wasser aufgenommen und nochmals abdestilliert, um letzte Spuren Säure zu entfernen. Die so erhaltenen Extrakte können nach entsprechender Verdünnung für den mikrobiologischen Versuch direkt verwendet werden. Für die Papierchromatographie ist es zweckmäßig, diese Extrakte noch durch Ionenaustauscher zu entsalzen (vgl. S. 1476 und 1480).

Ein *enzymatischer Aufschluß* von Organen durch Proteasen, Esterasen, Phytasen usw. dauert viele Tage und ist nicht so vollständig wie bei der oben beschriebenen Hydrolyse mit Salzsäure, die zudem durch Abdampfen wieder beseitigt werden kann. Einfaches Neutralisieren der Säure führt zu hohen Salzkonzentrationen, die den mikrobiologischen Versuch und die Papierchromatographie stören.

Alkalische Hydrolyse mit Natronlauge führt zu Inositverlusten.

Sehr empfohlen wird der *Aufschluß der Organe durch Druckerhitzung.* 0,2 g frische oder getrocknete Proben werden mit 2 cm³ 1 n HCl im zugeschmolzenen Pyrex-Rohr bei 123° im Elektroofen 48 Std erhitzt[1] (Inosit selbst wird unter diesen Bedingungen auch nach 88 Std noch nicht angegriffen). Verwendet man konzentriertere Salzsäure, so kann man zwar die Hydrolysezeit abkürzen, muß aber dann die HCl abdampfen. Bei 1 n HCl wird die Hydrolyseflüssigkeit in Meßkolben überspült, mit NaOH auf p_H 4,8 eingestellt, auf 100 cm³ aufgefüllt, kurz auf 90° erhitzt und dann im Eisschrank aufbewahrt.

Körperflüssigkeiten erfordern wegen ihres relativ geringen Inositgehaltes und der Menge der Begleitstoffe besondere Aufschlußverfahren. Magermilch und Schweiß können wie oben bei den Organen beschrieben aufgearbeitet werden. Blut, Harn und Liquor enthalten 10mal weniger Inosit, und daher ist folgendes Verfahren zu empfehlen: 10 cm³ Oxalatplasma (Harn, Liquor) werden mit 100 cm³ 5 n HCl 6 Std am Rückfluß gekocht, das Hydrolysat filtriert und im Vakuum sorgfältig abgedampft. Der Rückstand wird in 30 cm³ Wasser gelöst, mit kleinen Mengen Tierkohle entfärbt, das Kohlefiltrat auf p_H 5,5 eingestellt und auf 50 cm³ aufgefüllt. 2—5 cm³ dieser Lösung können im mikrobiologischen Versuch direkt geprüft werden[2].

Für die *Bestimmung von Inosit im Harn* entnimmt man eine 100 cm³-Probe des gesamten Tagesharns, läßt sie 20 min über einem Kationen-Austauscher stehen (z. B. Lewatit S 100) und filtriert dann langsam ab. Dann wird die Säule mit 250 cm³ Wasser nachgewaschen; Eluat und Filtrat werden vereinigt, auf 100 cm³ eingeengt und mit verdünntem Ammoniak neutralisiert. Danach wird die Lösung über einen Anionen-Austauscher (z. B. Lewatit MN) gereinigt und dieser dann mit 500 cm³ Wasser nachgewaschen, Filtrat und Waschflüssigkeit vereinigt, im Vakuum eingedampft und im Exsiccator getrocknet. Der Rückstand, in wenig Nährflüssigkeit gelöst, dient zur mikrobiologischen Bestimmung. Erfassungsgrenze 1 γ myo-Inosit[3].

Zur *Papierchromatographie* können die neutralen Hydrolyse-Extrakte manchmal sofort, meist erst nach dem Entsalzen verwendet werden. Für die chemische Bestimmung müssen die Hydrolyse-Extrakte noch entzuckert und entsalzt werden (vgl. S. 1476, 1480).

Untersuchungen über den *Inositgehalt in Lipoiden* machen es notwendig, erst diese Lipoide anzureichern oder sogar zu isolieren und dann nach nachstehendem Verfahren aufzuschließen: Die Lipoide werden mit Bloorscher Lösung (Äthanol/Äther 3:1) oder mit Petroläther (Kp 40—60°) aus den Organen usw. extrahiert. Die Extrakte werden von den organischen Lösungsmitteln befreit und dann im zugeschmolzenen Pyrex-Rohr mit der 10fachen Menge 4 n HCl bei 123° 40 Std lang erhitzt. Das Hydrolysat wird dann im 50 cm³-Scheidetrichter 3mal mit je 15 cm³ Chloroform ausgeschüttelt, um Fettsäuren zu

[1] Norris, F. W., and A. Darbre: Biochem. J. **64**, 441 (1956).
[2] Sonne, S., and H. Sobotka: Arch. Biochem. **14**, 93 (1947).
[3] Courtois, J. E., C. L. Helleu, P. Malangeau et R. Perlès: Bull. Soc. Chim. biol. **38**, 1017 (1956).

entfernen, da manche Testorganismen durch Fettsäuren beeinträchtigt werden. Die wäßrige Schicht wird wieder eingedampft, der Rückstand in Wasser aufgenommen, auf p_H 4 eingestellt und auf 100 cm³ aufgefüllt[1].

Zur *Isolierung von Mono-phospho-inositiden* aus der Kephalin-Fraktion der Leber ist folgendes Verfahren beschrieben[2]: 17 g Lipide, gelöst in 25 cm³ Chloroform, werden mit 180 cm³ 95%igem Äthanol gemischt, 12 Std bei —30° gehalten und dann geschleudert; der Überstand wird abgegossen. Mit dem Rückstand wird durch Extraktion mit 80 und 40 cm³ Äthanol die obige Waschung nach langfristiger Kühlung wiederholt, und zum Schluß wird der Niederschlag in 40 cm³ Chloroform gelöst und von nichtlipoiden Begleitstoffen durch Auswaschen mit 40 cm³ 0,25 m wäßriger $MgCl_2$-Lösung befreit. Durch Auswaschen mit Alkohol wird die Trennung der Emulsionen sehr erleichtert. Alle Inositide der Leber waren im Niederschlag nach Alkoholzusatz. Diese Inositide zeigten ein Mol-Verhältnis Inosit/Phosphorsäure/Glycerin/Fettsäuren 1:1:1:2 und waren bei Saccharomyces überraschend gut wirksam.

Die *Isolierung von Inosit-monophosphat aus Leber* beschreibt HÜBSCHER[3]. Inosithaltige Phosphatide finden sich in vielen tierischen Geweben, z. B. Rinderhirn[4], Rinderherz[5], Leber[6] und Eidotter[7]. Sofort nach dem Tod werden die Organe zerschnitten und im 10fachen Volumen 5%iger (g/v) Trichloressigsäure homogenisiert. Das eiweißfreie Filtrat wird versetzt mit $^1/_{10}$ seines Volumens an 20%igem (g/v) Bleiacetat und auf p_H 8,5 gebracht. Der weiße Bleiniederschlag wird abgeschleudert, in Wasser aufgeschwemmt, mit H_2S zersetzt und durch Belüften vom überschüssigen H_2S befreit. Dann werden auf je 1 cm³ Extrakt 25 cm³ 2 m Bariumacetat zugefügt, auf p_H 8 eingestellt und 2 Std bei 0° gehalten. Nach Abtrennen der dabei ausgefällten anorganischen Phosphate wird das Filtrat erneut mit Bleiacetat behandelt, vom Blei und nachher vom H_2S befreit und dann auf p_H 7 eingestellt. Das Filtrat wird mit 2 g Tierkohle von Peptiden befreit und durch Ionenaustauscher gereinigt (meist Säulenform, langsamer Durchfluß. Die Säulen: 1×10 cm mit Deacidite FF, 2×30 cm mit Zeokarb und 1×12 cm mit Nalcite SAT, zum Nachspülen ionenfreies Wasser). Zur Elution dienen Mischungen von Ameisensäure und Ammoniumformiat und danach Natriumborat und Ammoniumformiat.

Inosit-monophosphat kann hergestellt werden aus Phytat[8].

Papierchromatographische Bestimmung von myo-Inosit und seinen Verwandten[9–13]. Inosit und andere Cyclite eignen sich gut zur Papierchromatographie. Durch Papierchromatographie kann man myo-Inosit schon in rohen Extrakten sicher erkennen, auch wenn noch begleitende Verunreinigungen anwesend sind. Extrakte aus Zellen oder Organen sollten möglichst salzfrei sein, am einfachsten zu erreichen durch Ionen-Austauscher. Gelegentliche geringe Verluste an Inosit an basischen Austauschern können dabei in Kauf genommen werden[11].

Um die Flecken sichtbar zu machen, benutzt man ammoniakalische Silberlösung: Gleiche Teile 0,1 n $AgNO_3$-Lösung + 5 n NH_4OH werden gemischt, das Papier wird damit besprüht und dann 10 min lang bei 105° entwickelt. Inosit und Zucker werden als braune Flecken sichtbar. Raschere Reaktion und schärfere Flecken erhält man, wenn man dem Silber-Reagens noch das gleiche Volumen 2 n NaOH zusetzt und das Papier über

[1] TAYLOR, W. E., and J. M. MCKIBBIN: J. biol. Ch. **201**, 609 (1953).
[2] MCKIBBIN, J. M.: J. biol. Ch. **220**, 53 (1956).
[3] HÜBSCHER, G., and J. N. HAWTHORNE: Biochem. J. **67**, 523 (1953).
[4] FOLCH, J.: J. biol. Ch. **177**, 505 (1949).
[5] FAURE, M., et M. NORELEC-COULON: Cr. **238**, 411 (1954).
[6] MACPHERSON, L. B., and C. C. LUCAS: Fed. Proc. **6**, 273 (1947).
[7] MALANGEAU, P. M.: Bull. Soc. Chim. biol. **37**, 756 (1955).
[8] MCCORMICK, M. H., and H. E. CARTER: Biochem. Prep. **2**, 65 (1952).
[9] CRAMER, F.: Papier-Chromatographie. 4. Aufl. Weinheim 1958.
[10] HOUGH, L.: Nature **165**, 400 (1950).
[11] PARTRIDGE, S. M., and R. G. WESTALL: Biochem. J. **42**, 238 (1948). — Siehe H.-Th. 10. Aufl. **1**, 233.
[12] FLEURY, P., J. E. COURTOIS et P. MALANGEAU: Bull. Soc. Chim. biol. **35**, 537 (1953).
[13] BALLOU, C. E., and A. B. ANDERSON: Am. Soc. **75**, 648 (1953).

dem Dampftopf entwickelt. Die Mischungen aus den möglichst reinen Lösungsmitteln sind immer frisch anzusetzen, sonst wird das ganze Papier dunkel, besonders bei phenolhaltigen Fließmitteln. Nach Fixierung mit Thiosulfat-Lösung werden die dunklen Flecken recht beständig.

Als Lösungsmittel-Gemische werden benutzt:
Aceton/Wasser = 4:1.
Phenol/Wasser = 4:1.
Butanol/Eisessig/Wasser = 4:1:1.
Äthanol/Wasser/konz. Ammoniak = 20:4:1.

Bei wäßrigem Aceton als Fließmittel lassen sich die Chromatogramme absteigend oder auch manchmal aufsteigend in 3—4 Std durchführen.

Die R_F-Werte von Inosit, seinen Isomeren, Äthern und Estern werden mitgeteilt[1].

Tabelle 6. *R_F-Werte von myo-Inosit, seinen Derivaten und einigen Zuckern*[2, 3].

Stoff	Fließmittel I	II	III	IV
Inosit	0,09	0,13	0,23	0,26
l-Inosit	0,12	0,17	0,20	0,33
Scyllit	0,09	0,13	0,18	0,26
epi-meso-Inosose	0,11	0,20	0,30	0,34
scyllo-meso-Inosose	0,09	0,15	0,20	0,28
Mytilit	0,11	0,14	—	—
Pinit	—	—	0,39	0,49
Quebrachit	0,18	—	0,43	0,45
Inosamin-HCl	0,08	0,14	—	—
Glucose	0,19			
K-Glucose-1-phosphat	0,03			

Fließmittel: I: Butanol-Essigsäure-Wasser 4:1:5
II: Collidin-Wasser
III: Phenol-Wasser
IV: Aceton-Wasser 85:15

Eine genaue Arbeitsvorschrift zur papierchromatographischen Trennung und Charakterisierung der 6 Inosit-phosphorsäureester nebeneinander geben FLEURY[4] sowie SCHORMÜLLER[5]. Vgl. Tabelle 7b.

Um die Inosit-phosphorsäureester sichtbar zu machen, besprüht man nach HANES[5, 6] das getrocknete Papier (Rundfilter-Chromatogramm) mit einer Mischung aus 5 cm³ 60%iger $HClO_4$ + 10 cm³ 1 n HCl + 25 cm³ 4%iger Ammoniummolybdatlösung + 60 cm³ Wasser. Nach 8 min Erwärmen auf 85° wird das Papier 2—4 min mit UV-Licht bestrahlt, bis die blauen Flecken der Ester sichtbar geworden sind. Orthophosphorsäure gibt gelbe Flecken.

Der *Nachweis der Flecken von myo-Inosit und Scyllit* auf dem Papier gelingt auch mit einer abgewandelten Reaktion nach SCHERER (S. 1479): Man besprüht das Papier mit einer Lösung von 1 g HgO in 1 g HNO_3 (mit Wasser auf 60 cm³ aufgefüllt) trocknet bei 100° und wiederholt dieses noch einmal; dann besprüht man mit einer Mischung aus 15 cm³ 10%iger Ba-acetat-Lösung und 85 cm³ Eisessig, trocknet 2 min und wiederholt diesen Vorgang mehrmals. Man erhält dann gelbe bis lachsrosa Flecken für Inosit und Scyllit. Nachweisgrenze 5—10 γ Inosit oder Scyllit je Kubikzentimeter.

Für die *Untersuchung von Harn* ist die Trennung dieser beiden Isomeren wichtig; als Fließmittel eignet sich dazu eine Mischung aus 10 cm³ Wasser und 90 cm³ Methanol 95%, Nachentwickeln mit 75% Methanol. Inosit wandert dabei, Scyllit bleibt an der Startlinie[7].

Genaue Arbeitsvorschriften für die *Papier-Ionophorese* von Inosit-phosphaten gibt ARNOLD[8]. Die mit Säure gewaschenen Streifen von Whatman-Papier Nr. 3 werden mit Acetatpuffer von p_H 3,65 getränkt, Substanzmenge etwa 100 γ Phosphorgehalt. Nach Anlegen einer Spannung von 200 V erreicht man nach 16 Std die in Tabelle 7b angegebenen

[1] ANGYAL, S. J., D. J. MCHUGH and P. T. GILHAM: Soc. **1957**, 1432.
[2] POSTERNAK, T., D. REYMOND u. W. HAERDI: Helv. **38**, 191 (1955).
[3] BUCHANAN, J. G., C. DECKER and A. LONG: Soc. **1950**, 3162.
[4] FLEURY, P., A. DESJOBERT et J. LECOCQ: Bull. Soc. Chim. biol. **36**, 1301 (1954).
[5] SCHORMÜLLER, J., u. G. WÜRDIG: Z. Lebensm.-Unters. u. -Forsch. **105**, 397 (1957).
[6] HANES, C. S., and F. A. ISHERWOOD: Nature **164**, 1107 (1949).
[7] FLEURY, P., J. E. COURTOIS et P. MALANGEAU: Bull. Soc. Chim. biol. **35**, 537 (1953).
[8] ARNOLD, P. W.: Biochim. biophysica Acta, N. Y. **19**, 552 (1956).

Laufstrecken, die eine gute Trennung der Phosphorsäureester von Inosit ermöglichen. Die Flecken werden mit Molybdat-Reagens[1] sichtbar gemacht.

Eine quantitative *Bestimmung von Inosit*, der *durch Papierchromatographie* gereinigt worden ist, beschreibt Böhm[2]:

2—10 mg Lipoid, das 50—400 γ Inosit enthält, werden mit 0,05—0,15 cm^3 6 n HCl bei 110° während 6 Std hydrolysiert. 0,025 cm^3 des Hydrolysats werden 5 cm vom unteren Papierrand aufgetragen; die gleiche Menge HCl zur Kontrolle auf Papierstreifen für Leerwert-Bestimmung; 5 cm breite und $>$40 cm lange Papierstreifen von Schleicher und Schüll Nr. 2043b. 0,025 cm^3 1%ige Inositlösung ist Bezugssubstanz. Tropfen im kalten Luftstrom trocknen, das Fließmittel bei aufsteigender Technik ist Isopropanol/Eisessig/Wasser = 3:1:1, 12—14 Std Laufzeit. Der Streifen mit reinem Inosit wird herausgeschnitten und besprüht mit einer Mischung aus 25 cm^3 1 n $AgNO_3$ + 40 cm^3 25%igem Ammoniak + 185 cm^3 Wasser. Entwickeln der Flecken 15 min bei 110°, trocknen, und 2 min bei 100° im Dampftopf. 2 cm über- und unterhalb der Mitte des Fleckes werden Trennlinien gezogen und diese übertragen auf die entsprechende Stelle des Streifens mit der Hydrolyse-Lösung. Von diesem Streifen wird nun das inosithaltige Blättchen 4 × 5 cm herausgeschnitten, mit 5 cm^3 Aqua dest. eluiert und 4mal mit je 2 cm^3 Wasser nachgewaschen. Der fast reine Inosit in diesem wäßrigen Eluat wird mit einem Überschuß von Perjodsäure oxydiert und das unverbrauchte HJO_4 in Phosphatpuffer von p_H 7,4 mit Thiosulfat zurücktitriert. Vgl. chemische Bestimmung.

Chemische Bestimmungen von Inosit. *a) Qualitative Nachweise.*

Folgende Proben dienen als Identitäts-Reaktionen für Inosit, der vorher möglichst rein isoliert sein soll. Bei der Papierchromatographie ist zur Identifizierung die Rein-Isolierung meist nicht nötig.

1. Scherersche Probe[3]. Eine Spur Inosit wird in einer Porzellanschale in 0,1 cm^3 HNO_3 ($d = 1{,}2$) gelöst und 0,1 cm^3 10%ige $CaCl_2$-Lösung sowie 0,1 cm^3 1%ige $PtCl_2$-Lösung zugegeben. Beim vorsichtigen Eindampfen erhält man eine ziegelrote Färbung durch entstehende Rhodizonsäure (Tabelle 7, Nr. 33). Die Probe ist sehr empfindlich. Konz. HNO_3 führt zu Aromatisierung des Inositringes, verdünnte HNO_3 oxydiert Inosit zu d,l-2-Keto-epi-inosit (Tabelle 7, Nr. 32).

2. Seidelsche Probe[3]. Ersetzt man in der obigen Probe das $CaCl_2$ durch Strontiumacetat, so erhält man Grünfärbung mit violettem Niederschlag. Empfindlichkeit: 0,3 mg Inosit[3].

3. Galloissche Probe[4]. Inosit + 1 Tropfen von gelöstem $Hg(NO_3)_2$ werden durch Erhitzen langsam zur Trockne gebracht. Man erhält einen gelbweißen Rückstand, der bei vorsichtigem Erwärmen dunkelrot wird. Färbung verschwindet beim Erkalten und tritt nach Erwärmen wieder auf[3].

4. Verreibt man Inosit mit $^1/_4$ seines Gewichtes an BaO_2, fügt wenig Wasser bis zu einem dicken Brei zu, trocknet über der Flamme, fügt nach dem Erkalten die gleiche Menge Na_2O_2 zu und erwärmt nochmals, so färbt sich die Masse gelboliv. Setzt man nach dem Erkalten einige Tropfen konz. H_2SO_4 zu, so entsteht tiefrote Färbung durch Rhodizonsäure. Empfindlichkeit: 1 mg[5].

Alle Isomeren und Verwandte von Inosit verhalten sich chemisch sehr ähnlich.

b) Quantitative Bestimmung.

α) Gravimetrische Bestimmung[6]. Inosit wird aus dem Tierkörper isoliert und gewogen. Die historischen Verfahren erfordern relativ viel Ausgangsmaterial, sind aber einfach:

[1] Hanes, C. S., and F. A. Isherwood: Nature **164**, 1107 (1949).
[2] Böhm, P., u. G. Richarz: H. **298**, 110 (1954).
[3] Salkowski, E.: H. **69**, 479 (1910).
[4] Gallois, N.: Z. analyt. Chem. **4**, 264 (1865).
[5] Fischler, F., u. F. H. Kürten: B. Z. **254**, 138 (1932).
[6] Young, L.: Biochem. J. **28**, 1428, 1435 (1934).

Die fein zerkleinerte frische Probe wird einen Tag lang mit mindestens der 10fachen Menge Aceton bei 20° extrahiert und das abfiltrierte Aceton im Vakuum eingeengt. Die wäßrige Restlösung wird mit basischem Bleiacetat und Ammoniak gefällt. Der Niederschlag wird abfiltriert, wieder mit Wasser aufgeschwemmt, mit H_2S zersetzt und das ausgeschiedene PbS abfiltriert. Das Filtrat wird dann eingeengt, mit Tierkohle entfärbt, weiter eingeengt und mit 3—4 Teilen Alkohol und 1 Teil Äther heiß filtriert. Aus der Fällung kristallisiert langsam Inosit.

Eine moderne Ausführungsform beschreibt HALLIDAY[1].

Gravimetrische Bestimmung von Inosit nach **HALLIDAY**[1].

Reagentien:

1. H_2SO_4, konz.
2. $CaCO_3$ in Substanz.
3. Tierkohle.
4. Dowex 50.
5. Amberlite IRA-400.
6. Äthanol.

Ausführung:

Organe oder das ganze Tier werden zerkleinert und mit soviel konz. Schwefelsäure zersetzt, bis die Suspension 6 n H_2SO_4 entspricht. Dann wird über Nacht unter Druck bei 125° erhitzt. Die erhaltene dunkelbraune Lösung wird mit $CaCO_3$ auf p_H 5 abgestumpft und der entstandene weiße Niederschlag abfiltriert und ausgewaschen. Das Filtrat wird zunächst mit Spezialkohle entfärbt und dann durch Dowex 50 und anschließend mit Amberlite IRA 400 entsalzt. Die neutrale, salzfreie Lösung wird nun auf etwa 0,7 cm^3 konzentriert, wenn nötig entfärbt und abfiltriert. Auf Zusatz von Äthanol entwickeln sich sofort weiße Kristalle. Aus der Mutterlauge kann man durch erneute Konzentration und Zugabe von Alkohol weitere Kristalle erhalten. Aus den gesamten 300 g Rattenkadaver wurden fast verlustlos 80—85 mg reiner Inosit gewonnen.

β) Titrimetrische Bestimmung. Historische Verfahren[2] sind mühsam, langwierig und erfordern vorherige Isolierung des Inosits, begleitende Glucose muß durch Hefevergärung entfernt sein, wobei nicht neue Störsubstanzen eingeschleppt werden dürfen[3].

1. In alkoholischer Lösung wird *Kalium-tetra-jod-mercurat* $K_2[HgJ_4]$[2] durch Inosit und Zucker zu Hg reduziert, dieses dann in vorgelegtem Überschuß von 0,1 n Jodlösung gelöst und unverbrauchtes Jod mit Thiosulfat zurücktitriert. 7,34 cm^3 0,1 n Jodlösung, die vom Hg verbraucht worden sind, entsprechen 10 mg wasserfreiem Inosit.

2. Inosit kann ähnlich *wie Blutzucker* nach HAGEDORN-JENSEN bestimmt werden[4]. Rascharbeitendes Mikroverfahren, das sich auch zur Bestimmung von Sorbit, Mannit, Dulcit im Blut und Harn eignet.

3. Bestimmung durch *Oxydation mit Perjodsäure*, wobei der Überschuß des Oxydationsmittels jodometrisch titriert wird[5, 6]. Obwohl der Verlauf der Oxydationsreaktion nicht völlig geklärt ist, erhält man mit diesem Verfahren gut reproduzierbare Werte, die mit den Ergebnissen anderer Verfahren übereinstimmen.

Das häufig verwendete Verfahren von PLATT und GLOCK[5] verlangt die Entfernung der Glucose und die Reinigung der Reaktionslösung durch Ionen-Austauscher.

---

[1] HALLIDAY, J. W., and L. ANDERSON: J. biol. Ch. **217**, 797 (1955). — Vgl. auch BANDELIN, F. J., H. E. DEANE and R. E. PANKRATZ: J. amer. pharmaceut. Ass., sci. Ed. **43**, 577 (1954). — CHARALAMPOUS, F. C., and P. ABRAHAMS: J. biol. Ch. **225**, 575 (1957).

[2] YOUNG, L.: Biochem. J. **28**, 1435 (1934).

[3] SOMOGYI, J. C.: J. biol. Ch. **75**, 33 (1927).

[4] TODD, W. R., J. VREELAND, J. MYERS and E. S. WEST: J. biol. Ch. **127**, 269 (1939).

[5] PLATT, B. S., u. G. E. GLOCK: Biochem. J. **37**, 709 (1943).

[6] GYÖRGY, P., and S. H. RUBIN; in: GYÖRGY, P. (Hrsgb.): Vitamin Methods. Bd. I, S. 251. New York 1950.

***Bestimmung von Inosit nach* Platt *und* Glock**[1].

Reagentien:

1. Hefesuspension.
2. Gemischte Kationen-Anionen-Austauscher.

Ausführung:

30 cm³ wäßriger Extrakt, mit etwa 1 mg Inosit, aus 1—2 g tierischem Gewebe (s. S. 1475) werden mit 2 cm³ Hefe-Suspension 10 min lang bei 37° bebrütet, dann durch Zentrifugieren geklärt und die überstehende Flüssigkeit aufbewahrt. Die abgeschleuderte Hefe wird dann noch 2mal mit je 10 cm³ Wasser gewaschen, wiederum zentrifugiert und die Waschflüssigkeit dem ersten Überstand beigefügt. Die Hefesuspension wird dann geschleudert und der Bodensatz erneut mit dest. Wasser gewaschen und der ganze Vorgang 4mal wiederholt, bis die Hefe inositfrei gewaschen ist.

Der durch Hefegärung von Glucose befreite Gewebsextrakt muß nun durch einen gemischten Kationen-Anionen-Austauscher gereinigt werden. Die Waschflüssigkeit dieser Ionen-Austauscher darf mit Perjodsäure keinen Blindwert geben. Als Austauscher wählt man Lewatite, PN oder C als Kationen-Austauscher und Lewatit M als Anionen-Austauscher[2].

In dem jetzt von Glucose befreiten und durch Ionen-Austauscher gereinigten Extrakt wird Inosit durch Zusatz von etwa 10 cm³ 0,01 m Perjodsäure oxydiert; vgl. nächstes Verfahren 4.

4. Das Verfahren von Böhm[2] erspart die umständliche Reinigung mit Ionen-Austauschern und die Vergärung des Zuckers, da die inosithaltigen Extrakte durch Papierchromatographie schon von allen störenden Begleitstoffen befreit worden sind. Vgl. S. 1479.

Die nach den Verfahren nach Platt und Glock bzw. von Böhm und Richarz nach vorausgegangener Reinigung anfallenden inosithaltigen Extrakte können auf die gleiche Weise zur jodometrischen Inositbestimmung verarbeitet werden.

***Inositbestimmung nach* Böhm *und* Richarz**[3].

Reagentien:

1. 0,01 m Perjodsäure oder 0,01 m Trinatriumperjodat [2,94 g des käuflichen Natriumperjodats (Perjodsäuregehalt 65%) in 30 cm³ 1 n H_2SO_4 lösen, mit Wasser auf 1000 cm³ auffüllen].
2. Phosphat-Puffer (12 g krist. Dinatriumphosphat + 20 cm³ 1 n H_2SO_4 mit Wasser auf 100 cm³ verdünnen).
3. Kaliumjodid-Lösung (5 g Kaliumjodid + 100 cm³ halbgesättigte Kochsalzlösung).
4. 0,004 n Natriumthiosulfat-Lösung.
5. 0,004 n Kaliumjodatlösung zur Titerstellung (aus Fixanal herstellen; ist in brauner Flasche lange stabil).
6. Stärkelösung (1 g lösliche Stärke + 100 cm³ gesättigte Kochsalzlösung).

Ausführung:

Die Vorbereitung der zu untersuchenden Lösung ist auf S. 1476 bzw. S. 1479 beschrieben.

Oxydation und Titration:

Liegen $< 400\,\gamma$ Inosit vor, so läßt man zu 12—13 cm³ Gewebe-Extrakt „E" 2 cm³ Perjodsäure-Lösung zufließen. Für je 200 γ Inosit mehr braucht man 1 cm³ Perjodsäure-Lösung mehr. Eine Blindprobe „B" ohne Gewebe-Extrakt läßt man zweckmäßig ebenfalls durch den ganzen Arbeitsgang laufen. Alle Kölbchen werden nun genau 150 min in den auf genau 50° eingestellten Trockenschrank gestellt. Bei mehreren Proben stellt man die Kölbchen einzeln im Abstand von je 3 min in den Ofen, damit man für jedes Kölbchen Zeit zur Titration hat und die Oxydation in allen Kölbchen genau gleich lange erfolgen kann.

---

[1] Platt, B. S., u. G. E. Glock: Biochem. J. **37**, 709 (1943).
[2] Rauen, H. M.; in: H.-Th. 10. Aufl. Bd. I, S. 187.
[3] Böhm, P., u. G. Richarz: H. **298**, 110 (1954).

Nach Beendigung der Oxydation fügt man zur Reaktions-Lösung 2 cm³ Phosphat-Puffer, schüttelt um, gibt dann 2 cm³ Kalium-jodid-Lösung zu und titriert sofort das freigesetzte Jod mit Thiosulfat-Lösung aus einer 5 cm³-Mikrobürette; Stärkelösung als Indikator; tägliche Titerstellung der Thiosulfat-Lösung.

Berechnung:

1 mg Inosit entspricht 13,33 cm³ 0,004 n Thiosulfat-Lösung. E = Verbrauch an cm³ Thiosulfat für den Extrakt-Ansatz. B = Verbrauch an cm³ Thiosulfat für den Blindversuch.

$$\text{mg Inosit im Extrakt} = \frac{B-E}{13,33}.$$

Das Verfahren verlangt große Sorgfalt und Genauigkeit, liefert aber dann sehr gut reproduzierbare Werte. Der theoretische Verbrauch von 6 Mol Perjodsäure für 1 Mol Inosit wird unter den gegebenen Versuchsbedingungen zu 98% erreicht. Zugesetzter Inosit in physiologischen Dosen wird quantitativ wiedergefunden.

Enzymatische Bestimmung von Inosit. Inosit-dehydrogenase reduziert in Gegenwart von Inosit das blaue 2,6-Dichlorphenol-indophenol. Das Verschwinden der Farbe kann mit einem Colorimeter in Thunberg-Röhrchen verfolgt werden. Gebundener Inosit wird aber von dieser Dehydrogenase nicht dehydriert, sondern muß erst durch Hydrolyse mit Salzsäure freigesetzt werden. Dadurch werden auch Störsubstanzen beseitigt[1]. Das Verfahren erfordert die Kombination von Inosit-dehydrogenase, Diaphorase aus Schweineherz[2] und Farbstoff unter streng anaeroben Bedingungen. Sauerstoff stört. Einfacher ist das Verfahren nach WEISSBACH[3].

***Bestimmung von Inosit nach* WEISSBACH[3].**

Prinzip:

Inosit-dehydrogenase reduziert DPN zu DPNH, dessen Zunahme durch Ansteigen der Lichtabsorption bei 340 mμ gemessen wird. Nach Zugabe der Fermentlösung zu den kleinen Mengen Inosit der Ansätze ist das Maximum an DPNH schon nach 3—4 min erreicht.

Die maximale Reduktion von DPN ist proportional der Konzentration von Inosit bis 10^{-4} m. Darüber besteht keine Proportionalität mehr, weil dann die DPNH-Oxydase, die im rohen Bakterien-Extrakt vorhanden ist, das gebildete DPNH wieder oxydiert.

Herstellung der Dehydrogenase. Ein Stamm Aerobacter aerogenes 41124 (New York State Department of Health) wurde auf Inosit als einziger Kohlenstoffquelle gezüchtet[4]. Nach 18 Std Wachstum bei 37° unter starker Belüftung werden die Bakterienleiber bei 0° abgeschleudert und mit Eiswasser gewaschen. Dann wird ein zellfreier Extrakt hergestellt durch heftiges Schütteln von 3 g feuchtem Zellsediment mit 10 cm³ 0,1 m Tris-Puffer von p_H 7,5 und 7 g Glaspulver in einem Gerät nach NOSSAL bei 0°. Die erhaltene Suspension wird bei 20000 g während 30 min bei 0° abgeschleudert und die überstehende Lösung direkt im Versuch verwendet. Fehlt der Schüttelapparat, so kann man 3 g Zellsediment mit 9 g Tonerde A 301 während 15 min bei 0° zerreiben und dann 15 cm³ 0,1 m Tris-Puffer von p_H 7,5 zusetzen. Die Suspension wird geschleudert wie oben beschrieben und der Überstand zum Versuch verwendet. Der zellfreie Extrakt hält sich bei —20° mindestens 4 Monate.

Ausführung:

Die Inkubationsmischung enthält: 50 μMol Carbonat-Puffer p_H 9,5, 2 μMol DPN, zellfreien Bakterien-Extrakt mit 1,4 mg Protein und Inosit in steigenden Mengen von 0,02 μMol bis 0,12 μMol, alles zusammen gelöst in 1 cm³. Ablesung mit dem Beckman DU-Spektrophotometer. Verwertet werden nur die maximalen Ablesungen, die man

---

[1] CHARALAMPOUS, F. C., and P. ABRAHAMS: J. biol. Ch. **225**, 575 (1957).
[2] STRAUB, F. B.: Biochem. J. **33**, 787 (1939).
[3] WEISSBACH, A.: Biochim. biophysica Acta, N. Y. **27**, 608 (1958).
[4] MAGASANIK, B.: J. biol. Ch. **205**, 1007 (1953).

3—4 min nach Zusatz der Ferment-Lösung erhält. Die Substrat-Spezifität ist ziemlich groß. d-Inosit, Scyllit und neo-Inosit reagieren nur langsam; Glucose, Ribose, Galaktose, Inosit-monophosphat, epi-Inosit, allo-Inosit, l-Inosit, Dambonit und Quebrachit sind unwirksam.

Abb. 4 zeigt die Eichkurve.

Mikrobiologische Bestimmung von Inosit. Wegen ihrer hohen Spezifität, großen Empfindlichkeit (erfaßt 1 γ) und einfachen Technik hat die mikrobiologische Bestimmung von Inosit alle chemisch-analytischen Verfahren in den Hintergrund gedrängt.

Test-Organismen zum Nachweis von Inosit sind:

1. Neurospora crassa, Mutante „inositfrei Nr. 37401 oder ATCC (American Type Culture Collection) Nr. 9683"[1]. Ergebnisse stimmen mit anderen Verfahren gut überein; zugesetzter Inosit wird befriedigend wiedergefunden.

2. Saccharomyces cerevisiae Hansen Nr. 1[2]. Das Grundmedium ist unnötig kompliziert und schwer herzustellen. Phytin und Lipoide mit gebundenem Inosit werden nicht erfaßt. d,l-Inosit, Quercit, Quebrachit, Pinit und Inosose sind unwirksam[3]. Einige Bestandteile des Nährmediums sind schwer inositfrei zu bekommen, sie enthalten fördernde und hemmende Substanzen für das Hefewachstum, die die Ergebnisse beeinträchtigen.

3. Saccharomyces carlsbergensis 4228 ATCC Nr. 9080[4]. Dieses Verfahren wird empfohlen.

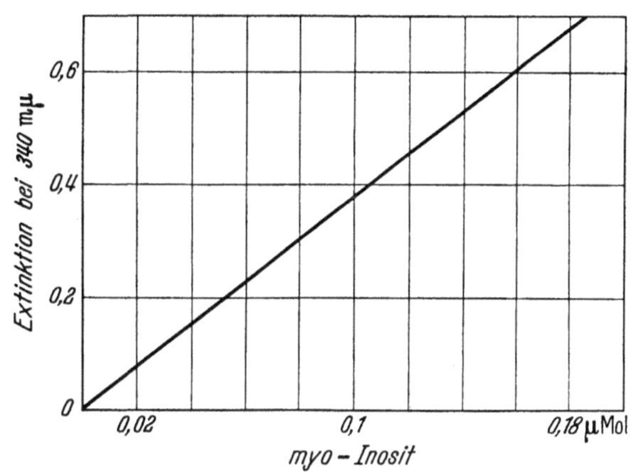

Abb. 4. Eichkurve zur enzymatischen Bestimmung von Inosit nach WEISSBACH[5].

Das Untersuchungsmaterial muß für den mikrobiologischen Versuch aufgeschlossen werden, da für das Hefewachstum die gebundenen Formen von Inosit unverwertbar sind. Daher sind die Untersuchungsproben aufzuschließen nach dem Verfahren S. 1475. Die dabei entstehenden Begleitstoffe stören die Inositbestimmung mit Hefe nicht. Bei der Extraktion von Samenbohnen z. B. ergab die Extraktion mit 0,02 n HCl höhere Werte als mit 0,04 n HCl, da die niedrigere Säurekonzentration die fermentative Freisetzung von Inosit nicht verhinderte. Gesamtgehalt an Inosit erhält man nach Hydrolyse der Bohnen mit 1 n HCl während 48 Std bei 123° im zugeschmolzenen Röhrchen. Hoher Salzgehalt der Extrakte ist zu vermeiden (Ionenaustauscher bzw. Verdünnung). Die Extrakte sind auf den p_H des Nährmediums einzustellen.

Nährboden. Vgl. mikrobiologische Bestimmung von *Biotin*, S. 1454. Der Nährboden wird durch 10 min langes Erhitzen im Dampf bei Atmosphärendruck sterilisiert. 24 Std vor dem Versuch wird aus dem im Eisschrank gehaltenen Test-Organismus eine frische Kultur angelegt auf Agar-Platte und bei 30° bebrütet. Sind die Versuchsansätze bereit, so wird mit einer sterilen Drahtöse Hefe aus dieser Kultur in 10 cm³ sterile Kochsalzlösung überführt, deren optische Dichte so eingestellt wird, daß sie 1 mg Hefe je cm³ enthält. 5 cm³ dieser Suspension werden dann zu 45 cm³ Kochsalzlösung in Erlenmeyer-Kolben gegeben, und 1 cm³ dieser Suspension wird in jedes Versuchsröhrchen als Inokulat gegeben. Das Verfahren ist das gleiche wie bei Pantothensäure, S. 1433, beschrieben; das Grundnährmedium muß aber in entsprechender Weise abgeändert werden.

[1] BEADLE, G. W.: J. biol. Ch. **146**, 109 (1942).
[2] WOOLLEY, D. W.: J. biol. Ch. **140**, 461, 453 (1941).
[3] SNELL, E. E.; in: GYÖRGY, P. (Hrsgb.): Vitamin Methods. Bd. I, S. 444. New York 1950.
[4] ATKIN: aus SNELL, E. E.; in: GYÖRGY, P.: Vitamin Methods. Bd. I, S. 445. New York 1950.
[5] WEISSBACH, A.: Biochim. biophysica Acta, N. Y. **27**, 608 (1958).

Die *Stammlösungen* I, II, IV, V, VI bleiben genau die gleichen wie bei Pantothensäure beschrieben.

VII = wäßrige Lösung von 10 mg reinem d(+)-Biotin werden auf 100 cm^3 aufgefüllt und 1 cm^3 davon nochmal 1:100 verdünnt. 1 cm^3 enthält jetzt 1 γ Biotin.

Stammlösung III muß beim Inositversuch (statt myo-Inosit) enthalten: eine wäßrige Lösung von 10 mg Ca-pantothenat in 100 cm^3.

Stammlösung VIII muß beim Inositversuch (statt Asparagin) enthalten: das Hydrolysat von 80 g Casein mit dest. Wasser auf 1000 cm^3 aufgefüllt.

Zur Herstellung von 100 cm^3 Grund-Nährmedium für den Inositversuch werden dann gemischt:

50 cm^3 I	5 cm^3 V
10 cm^3 II	5 cm^3 VI
5 cm^3 III (Pantothenat)	5 cm^3 VII (Biotin)
5 cm^3 IV	12,5 cm^3 VIII (Casein-hydrolysat)

und auf 100 cm^3 mit Wasser aufgefüllt.

Messung des Hefewachstums:

In eine Reihe von 20 Reagensröhrchen mit 25 mm ⌀ füllt man 5 cm^3 des Grund-Nährmediums und gibt dazu 1—4 cm^3 der auf ihren Inositgehalt zu prüfenden Lösung (bzw. 1—4 cm^3 der Verdünnungsreihe des Inosit-Standards) und füllt diese Mischung auf 9,0 cm^3 auf. Die Verdünnungsreihe des Standards sollte 6—7 Werte zwischen 0 und 10 γ Inosit in 1—4 cm^3 dest. Wasser gelöst enthalten. Dann werden die Gläser mit Wattepfropfen verschlossen, 10 min in strömendem Dampf erhitzt, abgekühlt und mit 1 cm^3 Hefe-Suspension beimpft (Herstellung wie oben beschrieben); danach werden die Gläser bei 30° 16—18 Std lang vorsichtig geschüttelt. Das Hefewachstum wird an der zunehmenden Trübung der Lösung (turbidimetrisch) photo-elektrisch gemessen.

Die Wuchsstoff-Antagonisten für Inosit s. S. 1486.

Weitere Verfahren nach [1-3].

Tierversuch am Warmblüter. Auswertung an Mäusen. WOOLLEY[4] zeigte, daß Mäuse auf Inosit-Mangelkost Alopecie entwickeln, was man zum qualitativen Nachweis von Inosit verwerten kann. Eine Versuchsanordnung zur quantitativen Auswertung an Warmblütern wurde nicht ausgearbeitet.

b) myo-Inosit und seine chemisch oder biologisch verwandten Stoffe.

Die wichtigsten dieser Stoffe haben wir in den nachstehenden Tabellen gruppenweise zusammengefaßt.

Die Tabellen enthalten auch Stoffe, die bisher in der Natur nicht gefunden wurden, deren chemische Konfiguration aber einigen neueren natürlichen Stoffen zugrunde liegt. Die chemischen Daten der in der Pflanzenwelt vorkommenden Inosítäther und Inositester sind zum Vergleich mit entsprechenden Verbindungen im Tierkörper wichtig.

Viele der Verwandten von myo-Inosit haben noch dessen spezifische Wirksamkeit, und zwar insofern, als der Organismus daraus myo-Inosit freisetzen kann: von den Estern haben z. B. Phytin nur $^1/_{100}$, Tetraphosphat $^1/_{50}$, Monophosphat $^1/_{20}$ der Inositwirkung bei Hefe, Mytilit sogar noch $^1/_{10}$. Phytin und Inosit-hexaacetat, Inosit-mono- und -diphosphorsäureester und Mytilit wirken auch bei Mäusen.

Zur Unterscheidung von Stoffen der Inositgruppe benutzt man meist ihre Acetate, die durch Vakuumdestillation einfach gereinigt werden können. Papierchromatographie erlaubt den einfachen Nachweis mehrerer Stoffe der Inositgruppe nebeneinander, vgl. S. 1478.

[1] SLOANE-STANLEY, G. H.: Biochem. J. **53**, 613 (1953).
[2] NORRIS, F. W., and A. DARBRE: Analyst **81**, 394 (1956) mit Schiziosaccharomyces pombe.
[3] DARBRE, A., and F. W. NORRIS: Biochem. J. **66**, 404 (1957).
[4] WOOLLEY, D. W.: J. biol. Ch. **140**, 453, 461 (1941).

myo-Inosit kann man über entsprechende Keto-derivate als Zwischenprodukte in Isomere überführen oder umgekehrt. So kann man myo-Inosit überführen in epi-Inosit[1] oder Scyllit[2]; umgekehrt entsteht myo-Inosit aus d-Inosit[3]. Wirkt konzentrierte Salzsäure bei erhöhter Temperatur auf myo-Inosit ein, so wird er umgewandelt in d,l-Inosit[4].

Tabelle 7a. *Inosit und seine Isomeren* (Bezifferung der C-Atome zur Raumkonfiguration nach MAGASANIK[5]. Planar-Projektion nach LARDY[6]). $C_6H_6(OH)_6$; Mol.-Gewicht 180,15.

Nr.	Trivial-Name	Synonyme Bezeichnung	Chemische Bezeichnung nach Raum-Konfiguration	Konventionelle* Planar-Projektion	Beilstein-Zitat	Schmelzpunkt F =	Konstellation der Cyclite**
1	myo-Inosit	meso-Inosit, Bios I, meso-Inositol	Cyclohexan-(1,2,3,5)-cis-hexol	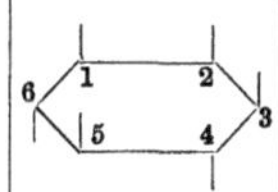	VI 1194 1. Erg. 588 2. Erg. 1158	225—227°	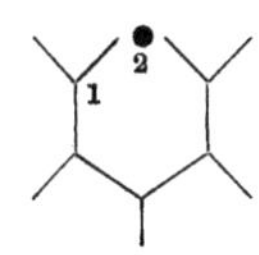
2	d-Inosit	β-Inosit, Matezo-Dambose	Cyclohexan-(1,2,5)-cis-hexol	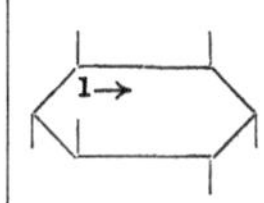	VI 1192	249—250°	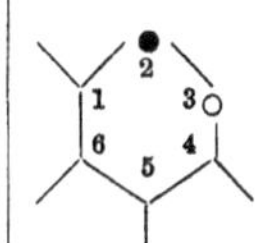
3	l-Inosit	l-Inositol	Cyclohexan-(1,2,4)-cis-hexol	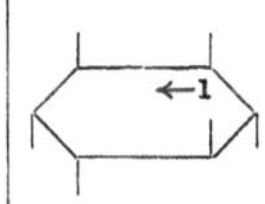	VI 1192	249—250°	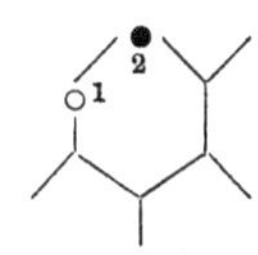
4	d,l-Inosit		racemische Mischung aus d- und l-Inosit		VI 1192	253°	
5	Scyllit	Quercinit, Scyllitol, Cocosit	Cyclohexan-(1,3,5)-cis-hexol	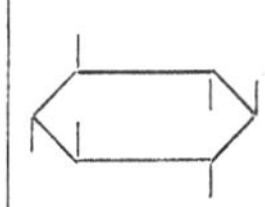	VI 1197	349°, 353°	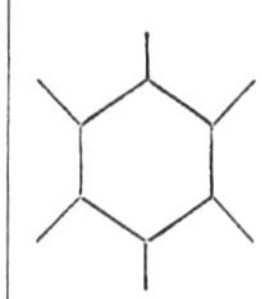
6	epi-Inosit		Cyclohexan-(1,2,3,4,5)-cis-hexol	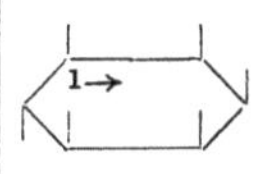	erst 1946	285° Zers.	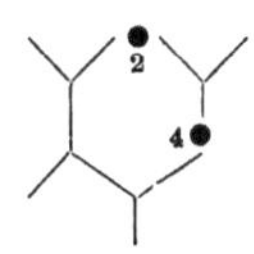
7	allo-Inosit		Cyclohexan-(1,2,3,4)-cis-hexol	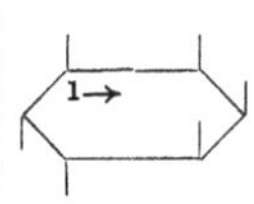	1939	270—275°	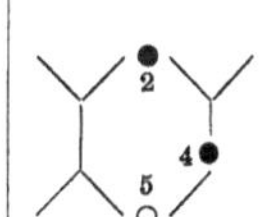
8	muco-Inosit		Cyclohexan-(1,2,4,5)-cis-hexol	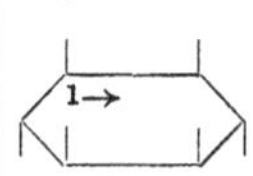	1945	285—290° Zers.	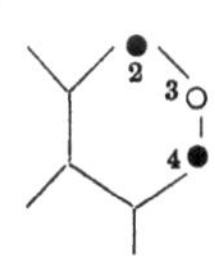
9	neo-Inosit		Cyclohexan-(1,2,3)-cis-hexol	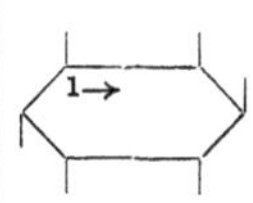	1953 beschrieben		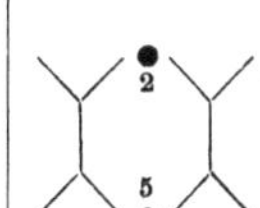
10	Unbekannt		Cyclohexan-(1,2,3,4,5,6)-cis-hexol	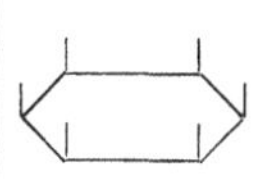			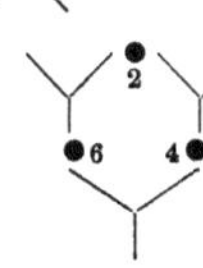

* Die nach oben gerichteten Striche bedeuten die Stellung der OH-Gruppen. Die H-Atome sind weggelassen. Bezifferung nach LARDY[6], noch nicht allgemein anerkannt.

** Konstellation der Cyclite nach MAGASANIK [MAGASANIK, B., R. F. FRANZL and E. CHARGAFF: Am Soc. **74**, 2618 (1952)]. Zugrunde gelegt: Sessel-Konfiguration vgl. S. 1469.

OH nordpolar gerichtet •; OH südpolar gerichtet ○; OH äquatorial gerichtet –; H nicht geschrieben.

[1] POSTERNAK, T.: Helv. **19**, 1333 (1936).

[2] POSTERNAK, T.: Helv. **24**, 1045 (1941).

[3] MAGASANIK, B., and E. CHARGAFF: J. biol. Ch. **175**, 929 (1948).

[4] POSTERNAK, T.: Helv. **31**, 2242 (1948).

[5] MAGASANIK, B., and E. CHARGAFF: J. biol. Ch. **174**, 173 (1948).

[6] LARDY, H. A.; in: SEBRELL-HARRIS, Vitamins Bd. II, S. 323.

Keines der Isomeren von Inosit enthält ein asymmetrisches Zentral-Atom, daher sind alle Inosite optisch inaktiv, mit einziger Ausnahme des d- und l-Inosits. Diese sind nur optisch aktiv, da die freie Drehbarkeit behindert ist, infolge völliger Molekül-Asymmetrie.

Als *Antagonisten* gegen die Wirkung von Inosit bei Warmblütern gelten Cholin sowie Dimethyl-aminoäthanol[1], deren lipotrope Wirkung mit der von Inosit interferiert.

Die Wuchsstoffwirkung des Inosits für Mikroorganismen wird durch natürliche und synthetische Antimetaboliten[1] gehemmt. Streptamin (Nr. 49) ist ein Bauglied des Streptomycin-Moleküls, und die Wirkung von Streptomycin auf Staphylokokken[2], nicht aber auf Escherichia coli[3], wird durch die inosithaltigen Hirnlipoide gehemmt[2]. Auch ein an Inosit adaptierter Stamm von Torula utilis wird durch Streptomycin im Wachstum gehemmt, während glucoseadaptierte Stämme unempfindlich bleiben. Streptamin ist also ein natürlicher Antagonist von myo-Inosit. In seiner Struktur ist Streptamin ein Analoges zu Scyllit und erst in zweiter Linie auch zu myo-Inosit. Andere natürliche Antagonisten für myo-Inosit kennt man bisher noch nicht.

Synthetische Antagonisten sind Isomere von Hexachlor-cyclohexan. In ihrer sterischen Struktur entsprechen:

α-Hexachlor-cyclohexan dem d,l-Inosit.

β-Hexachlor-cyclohexan dem Scyllit.

Tabelle 7b. *myo-Inosit und seine Ester.*

Nr.	Inosit-Phosphorsäure-Ester	P_k*	Ionenwanderung Weg cm	Formel	F	Kristalle	Beilstein-Zitat	Literatur Nr.
11	Monophosphorsäureester	45	2,1		195 bis 197°			
12	Diphosphorsäureester. .	54	32,0					
13	Triphosphorsäureester .	63	42,0					
14	Tetraphosphorsäureester	70	47,5					
15	Pentaphosphorsäureester	75	50,0					
16	Hexaphosphorsäureester = Phytinsäure	80	50,0	$C_6H_6(OH_2PO_3)_6 \cdot 3\,H_2O$			VI 1197 (590) [1160]	
	Orthophosphorsäure. .	100	32,0					

Tabelle 7c. *Inosit-Verbindungen zur Charakterisierung.*

Nr.	Inosit-Phosphorsäure-Ester	P_k*	Ionenwanderung Weg cm	Formel	F	Kristalle	Beilstein-Zitat	Literatur-Nr.
21	Hexa-acetat.			$C_6H_6(OCOCH_3)_6$	212° 216 bis 217°	Tafeln aus Toluol		4–6
22	Hexa-benzoat			$C_6H_6(OCOC_6H_5)_6$	258°	Nadeln aus Alkohol		7
23	Hexa-p-brombenzoat .				264°	kurze Prismen aus Chloroform + Alkohol		8
24	Hexa-nitro-Verbindung							7

$$\text{* Positionskonstante } P_k = 100 \cdot \frac{\text{Laufstrecke des zu identifizierenden Stoffes}}{\text{Laufstrecke des Vergleichsstoffes (z. B. Orthophosphorsäure)}}.$$

[1] Korte, F., u. I. Korte; in: Rauen, Biochem. Taschenb. S. 1094.
[2] Rhymer, I., G. I. Wallace, L. W. Byers and H. E. Carter: J. biol. Ch. **169**, 457 (1947).
[3] Paine, T. F. jr., and F. Lipmann: J. Bacteriology **58**, 547 (1949).
[4] Posternak, T.: Helv. **19**, 1333 (1936).
[5] Bandelin, F. J., H. E. Deane and R. E. Pankratz: J. amer. pharmaceut. Ass., sci. Ed. **43**, 577 (1954).
[6] Kobel, M., u. C. Neuberg; in: Handb. Pfl.-Analyse (Klein) Bd. II/1, S. 569ff.
[7] Maquenne, M.: Cr. **104**, 225, 297, 1719 (1887).
[8] Odén, S.: Arkiv f. Kemi, Mineral. Geol. **7**, Nr. 15 (1918) [C. **1919 III**, 538].

γ-Hexachlor-cyclohexan dem muco-Inosit.
δ-Hexachlor-cyclohexan dem myo-Inosit.
ε-Hexachlor-cyclohexan dem neo-Inosit.

Das γ-Isomere = Gammexan wird als Insekticid verwendet. Es hemmt das Hefewachstum am stärksten, δ-, α- und β-Isomere in absteigender Reihenfolge immer weniger[1]. Da Gammexan aber nicht wie myo-Inosit konfiguriert ist, kann die gegenseitige Verdrängung kaum als kompetitiver Antagonismus gedeutet werden. Die Hexachlor-cyclohexane sind weit mehr in Fett löslich als in Wasser und treten daher eher in Beziehung zu myo-Inosit enthaltenden Phospholipoiden in Mitochondrien usw. Bei höheren Tieren kann die Giftwirkung von Gammexan durch myo-Inosit nicht aufgehoben werden[2].

Anmerkungen zu den Tabellen 7a, b, c:

Zu Nr. 1: Inosit kristallisiert mit 2 H_2O aus wäßrigem Alkohol $<50°$, ist optisch inaktiv; zur Charakterisierung dienen Derivate der Tabelle 7c; räumliche Struktur aufgeklärt[3, 4].

Zu Nr. 2: d-Inosit $[\alpha]_D = +68{,}4°$[5], $[\alpha]_D = +65°$[6], löslich in Wasser, wenig in Alkohol, unlöslich in Äther. Pentaacetat F = 98°.

Zu Nr. 3: l-Inosit $[\alpha]_D = -64{,}1°$[5]; $[\alpha]_D = -63{,}8°$[7]; $[\alpha]_D = -65°$[6]; Struktur aufgeklärt[8].

Zu Nr. 4: d,l-Inosit findet sich in frischen Mistelbeeren, ist optisch inaktiv, racemische Mischung aus 2 und 3.

Zu Nr. 5: Scyllit findet sich in vielen Pflanzen, Organen von Fischen[9], Säugetieren (Augenlinse) und regelmäßig im Harn, auch beim Menschen (Scylla = Haifisch).

Monokline Prismen ohne Kristallwasser; optisch inaktiv, räumliche Struktur aufgeklärt[4].

F = $> 340°$; in 10 Teilen Wasser löslich, in Alkohol unlöslich. Basisches Bleiacetat fällt Scyllit gallertig; Kochen mit NaOH oder verdünnter HNO_3 läßt Scyllit unverändert; reduziert Fehlingsche Lösung nicht; schmeckt süß. Hexaacetat F = 296—297°.

Zu Nr. 6—8: Kommen in der Natur nicht vor; Namen wurden von FLETCHER vorgeschlagen[10]; optisch inaktiv.

Zu Nr. 6: epi-Inosit-räumliche Struktur aufgeklärt und synthetisiert[5, 11]; Hexaacetat F = 188°.

Zu Nr. 7: allo-, Nr. 8: muco-Inosit, räumliche Struktur aufgeklärt und synthetisiert[3, 12]; werden aus Condurit $C_6H_6(OH)_4$ (Tetrahydroxy-cyclohexen) aus der Rinde des Condurangobaumes synthetisch gewonnen[6].

Zu Nr. 9: neo-Inosit ist optisch inaktiv; synthetisiert[13].

Zu Nr. 11, 12, 13: In Getreidekörnern gefunden[6].

Zu Nr. 11—16: Die verschiedenen Phosphorsäureester von myo-Inosit lassen sich papierchromatographisch trennen (S. 1478).

Zu Nr. 11: Mono-phosphorsäureester findet sich in vielen Phospholipoiden und Phosphoproteiden; vgl. S. 1468[14], Tabelle 5; meist 2-Phosphat, aber auch Verknüpfung mit anderen C-Atomen bekannt; werden fermentativ gespalten[15].

Zu Nr. 11: Von den 6 möglichen Isomeren müssen 2 inaktiv und 4 optisch aktiv sein; 2-Monophosphat läßt sich synthetisieren [ISELIN, B. M..: Am. Soc. **71**, 3822 (1949)]. $R_F = 0{,}17$ (Isopropanol/Ammoniak/Wasser = 70:7,7:22,3). Optisch inaktiv.

Zu Nr. 12: In Natur weit verbreitet, vgl. Tabelle 5, S. 1468; werden durch begleitende Phytase in Inosit und Phosphorsäure gespalten, bildet bei Pflanzen wahrscheinlich Speicherform für Phosphate, da bei Keimung der Samen deren Gehalt an freiem Inosit zunimmt; bildet schwer lösliches Eisen(II)-salz. K-Salz von 12 wird durch Suspensionen aus Gehirn, Leber, Milz und Niere gespalten[16].

[1] KIRKWOOD, S., and P. H. PHILLIPS: J. biol. Ch. **163**, 251 (1946).
[2] DOISY, E. A. jr., and B. C. BOCKLAGE: Proc. Soc. exp. Biol. Med. **74**, 613 (1950).
[3] DANGSCHAT, G.: Naturwiss. **30**, 146 (1942).
[4] POSTERNAK, T.: Helv. **25**, 746 (1942).
[5] POSTERNAK, T.: Helv. **19**, 1333 (1936).
[6] GRAEFE, G.: Arzneim.-Forsch. **3**, 304 (1953).
[7] CHARGAFF, E.; in: SEBRELL-HARRIS, Vitamins Bd. II, S. 329.
[8] POSTERNAK, T.: Helv. **19**, 1007 (1936).
[9] STAEDELER, G., u. F. FRERICHS: J. prakt. Chem. **73**, 48 (1858).
[10] FLETCHER, H. G. jr., L. ANDERSON and H. A. LARDY: J. org. Chem. **16**, 1238 (1951).
[11] POSTERNAK, T.: Helv. **29**, 1991 (1946).
[12] DANGSCHAT, G., u. H. O. L. FISCHER: Naturwiss. **27**, 756 (1939).
[13] ANGYAL, S. J., and N. K. MATHESON: Abstr. amer. chem. Soc. **123**nd Meet. S. 120 (1953).
[14] WOOLLEY, D. W.: J. biol. Ch. **147**, 581 (1943).
[15] FLEURY, P., A. DESJOBERT et J. LECOCQ: Bull. Soc. Chim. biol. **36**, 1301 (1954).
[16] RODNIGHT, R.: Biochem. J. **63**, 223 (1956).

Anmerkungen zu den Tabellen 7b, c:

Zu Nr. 12: Die beiden Phosphorsäuren stehen in meta-Stellung, es ist aber noch unbekannt, an welchem C-Atom des Inositrings[1].

Zu Nr. 13: Aus Getreidekörnern, Baumwollsamen und Weizenkleie dargestellt[2, 3].

Zu Nr. 14: Die freie Säure ist ein Sirup; ihre Alkali-, Erdalkali- und Schwermetallsalze sind in Wasser unlöslich.

$C_6H_6(OH)_2(OH_2PO_3)_4$.

Ist optisch aktiv, die Asymmetriezentren werden durch Anordnung der Phosphorsäuregruppen geschaffen. $[\alpha]_D$ der freien Säure —3,92°, des Na-Salzes $[\alpha]_D$ = —7,94°. 6stündiges Erhitzen mit HCl auf 130° setzt Inosit vollständig frei.

Zu Nr. 15: $C_6H_6(OH)(OH_2PO_3)_5$ Penta-phosphorsäure-ester aus Ahornsamen[4] und Baumwollsamen[3].

Zu Nr. 16: Beilstein: VI, 1197 (590) [1160]; $C_6H_6(OH_2PO_3)_6 \cdot 3\,H_2O$; Konstitutionsformel s. S. 1470.

Das Ca-Mg-Salz der Phytinsäure wechselnder Zusammensetzung wird manchmal als Phytin bezeichnet; es kommt in Pflanzen sehr häufig vor[4, 5].

Vgl.: Vorkommen von Phytinsäure S. 1466, Gewinnung von Inosit daraus S. 1471, ernährungsphysiologische Bedeutung S. 1474.

Die chemische Spaltung der Phytinsäure erfordert ziemlich drastische Verfahren; fermentative Spaltung durch Phytasen, die in gewissen Pflanzen, einigen Bakterien, z. B. auch des Darmes, und in Verdauungssäften von Mensch und Ratte vorkommen. Charakteristische Derivate der Phytinsäure sind ihre Brucin- und Strychninsalze.

Zu Nr. 16: Na-Salz der Phytinsäure = $C_6H_6(PO_3ONa_2)_6 + 44\,H_2O$[6]. Leicht löslich in warmem Wasser, kristallisiert gut, in kaltem Wasser wenig löslich, unlöslich in Alkohol, wäßrige Lösung leicht alkalisch, Salz verwittert; Ausgangsmaterial für alle Erdalkali- und Schwermetallsalze. Reines Na-Salz der Phytinsäure erhält man aus irgendeinem unreinen oder gemischten Salz der Phytinsäure, das man in verdünnter Salzsäure löst und mit Fe(III)-chlorid bis zur bleibenden Gelbfärbung versetzt, wodurch das Eisensalz der Phytinsäure ausfällt. Dieses wird abfiltriert, der Niederschlag sorgfältig mit Wasser gewaschen und dann zu dem aufgeschwemmten Niederschlag NaOH gegeben, so lange, bis alles Eisen als Hydroxyd gefällt ist (farbloser Rand des Tüpfels auf dem Filtrierpapier). Zur filtrierten Lösung gibt man die Hälfte ihres Volumens an Alkohol zu, der sich bildende Sirup erstarrt rasch zur Kristallmasse; umkristallisieren aus heißem Wasser.

Kristallisierendes Ca-Mg-Salz $C_6H_6(OPO_3)_6Ca_5Mg + H_2O$[4, 7].

Nach ANDERSON[2] Hepta-Ba-Salz[4]: $(C_6H_6(OPO_3)_6)_2\,H_{10}Ba_7$.

Nach LEVENE[4] Tetra-Ba-Salz[8]: $C_6H_6(OPO_3)_6\,H_4Ba_4\,3\,H_2O$ läßt sich frei von Kohlenhydraten darstellen.

Zu Nr. 21—24: Diese Stoffe dienen zur Charakterisierung von myo-Inosit, da sie gut kristallisieren.

Zu Nr. 21: Hexa-acetat unlöslich in Wasser, löslich in heißem Alkohol; entsteht beim Erhitzen von wasserfreiem Inosit mit Acetylchlorid auf 50°[4, 9, 10].

Vakuumdestillation von einander ähnlichen Hexa-derivaten der Verwandten von Inosit führt zur weiteren Reinigung.

Anmerkungen zu Tabelle 8:

Zu Nr. 31: myo-Inosose-2 entsteht aus myo-Inosit bei Oxydation durch Acetobacter suboxydans oder auch durch katalytische Oxydation[11]; wenig löslich in Wasser, unlöslich in Alkohol und Äther; Penta-acetat F = 147°; Phenylhydrazon F = 184°. Struktur aufgeklärt[1, 12].

Zu Nr. 32: epi-Inosose-2; das racemische Gemisch der d,l-Formen entsteht bei Oxydation durch HNO_3; Struktur geklärt[13], gut löslich in heißem Wasser, aber wenig in kaltem, unlöslich in Alkohol und Äther. Penta-acetat F = 106—108°.

---

1 CHARGAFF, E.; in: SEBRELL-HARRIS, Vitamins Bd. II, S. 329.
2 ANDERSON, R. J.: J. biol. Ch. **20**, 463, 493 (1915).
3 RATHER, Y. B.: Am. Soc. **39**, 777 (1917).
4 KOBEL, M., u. C. NEUBERG: Handb. Pfl.-Analyse (KLEIN) Bd. II/1, S. 569ff.
5 NEUBERG, C.: B. Z. **9**, 551 (1908).
6 POSTERNAK, S.: Cr. **168**, 1216 (1919).
7 CLARKE, G.: Soc. **105**, 535 (1914).
8 LEVENE, P. A., and A. L. RAYMOND: J. biol. Ch. **80**, 633 (1928); **81**, 279 (1929).
9 POSTERNAK, T.: Helv. **19**, 1333 (1936).
10 BANDELIN, F. J., H. E. DEANE and R. E. PANKRATZ: J. amer. pharmaceut. Ass., sci. Ed. **43**, 577 (1954).
11 HEYNS, K., u. H. PAULSEN: B. **86**, 833 (1953).
12 POSTERNAK, T.: Helv. **25**, 746 (1942).
13 POSTERNAK, T.: Helv. **29**, 1991 (1946).

Tabelle 8. *Umwandlungsprodukte von myo-Inosit (durch Oxydation, Reduktion, Substitution).*

Nr.	Trivial-Name	Synonyme Bezeichnung	Chemische Bezeichnung	Formel	Konventionelle Planar-Projektion, Bezifferung nach LARDY	Beilstein-Zitat	F
31	myo-Inosose-2	bio-Inosose scyllo-meso-inosose	2-Keto-myo-inosit, Cyclo-hexan-(1,3,5)-cis-pentol-2-on	$C_6H_{10}O_6$	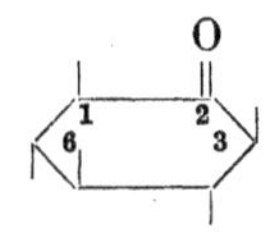		200°
32	d,l-epi-Inosose-2	d,l-epi-meso-Inosose	2-Keto-epi-inosit	$C_6H_{10}O_6$	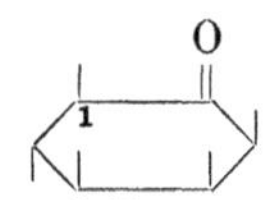 d-Form 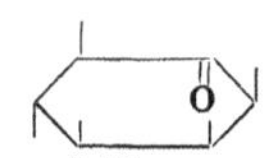 l-Form		198 bis 200°
33	Rhodizonsäure			$C_6H_2O_6$		VIII 535, [572]	
34	2-Desoxy-inosit		Cyclohexan-(1,3,5)-cis-4,6-pentol	$C_6H_7(OH)_5$	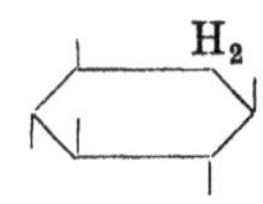		
35	d-Quercit. . .	dextro-Quercitol	Cyclohexan-1,2,3,4,5-pen-tanol, 6-Desoxy-inosit	$C_6H_7(OH)_5$	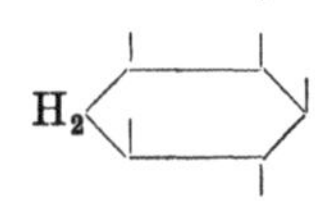	VI 1186, (584), [1151]	235 bis 237°
36	Condurit . . .		Tetrahydroxy-cyclo-hexen	$C_6H_6(OH)_4$	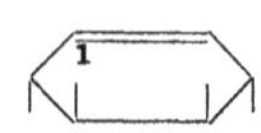	VI 1153	
37	Shikimisäure .		Cyclohexen(1)-triol-(3,4,5)-carbonsäure	$C_6H_6(OH)_3 \cdot COOH$	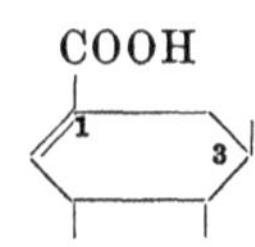	X 458, [326]	
38	l-Chinasäure .			$C_6H_7(OH)_4 \cdot COOH$	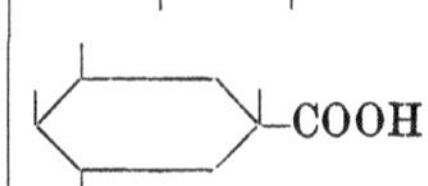	X 535, (270), [377]	
39	d,l-epi-Inos-amin-2 . . .						
40	d,l-4-Amino-4-desoxy-myo-inosit . . .						

Zu Nr. 33: Rhodizonsäure entsteht durch Oxydation von myo-Inosit mit HNO_3, wobei Ketone und Tetra-oxychinon $C_6H_4O_6$ als Zwischenprodukte auftreten; vgl. Formulierung S. 1470[1]. Bildet gefärbte Metallsalze, z. B. rote mit Ca und Ba. SCHERER-Probe (S. 1479) beruht auf Bildung von Rhodizonsäure.

Zu Nr. 34: Desoxy-inosit entsteht durch Reduktion von myo-Inosit.

Zu Nr. 35: d-Quercit[2] (Beilsteinzitat: IV, 1186) kommt vor in allen Teilen der Eiche, besonders in Eicheln. Dichte: 1,5845; kristallisiert aus Wasser in Prismen; löslich in Wasser, wenig löslich in heißem Alkohol, unlöslich in Äther und kaltem Alkohol. Pentabenzoat F = 155°.

Quercinit $C_6H_{12}O_6$, süß schmeckende Kristalle F = 342°[3]. SCHERER-Probe positiv.

Zu Nr. 36: Condurit $C_6H_6(OH)_4$ aus der Rinde des Condurangobaumes; Beilstein: IV, 1153. F = 142—143°; Prismen aus heißem Alkohol, leicht löslich in Wasser und Aceton, wenig löslich in Alkohol[2, 4].

Zu Nr. 37: Shikimisäure[2, 5] $C_6H_6(OH)_3COOH$ Beilstein: X, 458, F = 183—184°, Dichte: 1,599. Kristallnädelchen, löslich in Wasser, wenig löslich in Alkohol, unlöslich in Äther, Chloroform, Benzol, Petroläther; kommt in vielen Pflanzen Ostasiens vor.

Zu Nr. 38: l-Chinasäure, Beilsteinzitat X, 535[2]. F = 183—184°, Dichte: 1,637.

Prismen aus Wasser, 100 Teile kaltes Wasser lösen 40 Teile. Vorkommen in Chinarinde und vielen anderen Pflanzen.

[1] FEIGL, F., and V. GENTIL: Mikrochim. Acta 1004. Wien 1955.
[2] WALTER, W.; in: RAUEN, Biochem. Taschenb. S. 112ff.
[3] NEUBERG, C.: Handb. Biochem. Bd. I/2, S. 159, 223 (1909).
[4] DANGSCHAT, G., u. H. O. L. FISCHER: Naturwiss. **27**, 756 (1939).
[5] POSTERNAK, T.: Helv. **19**, 1333 (1936).

Tabelle 8. (Fortsetzung.)

Nr.	Trivial-Name	Synonyme Bezeichnung	Chemische Bezeichnung	Formel	Konventionelle Planar-Projektion, Bezifferung nach LARDY	Beil-stein-Zitat	F	α_D
41	Bornesit . . .	Bornesitol	1-Methyläther von myo-Inosit	$C_6H_6(OH)_5OCH_3$		VI 1196	199 bis 203°	+31,6°
42	Sequoyit . . .	Sequoitol	5-Methyläther von myo-Inosit	$C_6H_6(OH)_5OCH_3$		VI [1159]	234 bis 235°	inaktiv
43	Dambonit . .	Dambonitol	1,3-Dimethyläther von myo-Inosit	$C_6H_6(OH)_4(OCH_3)_2$		VI 1196	195 bis 196°	inaktiv
44	Pinit.	Sennit Matezit Pinitol	3-Methyläther von (+)-Inosit	$C_6H_6(OH)_5OCH_3$		VI 1193, (587), [1157]	186°	+ 68,4°
45	Quebrachit . .	Quebrachitol	2-Methyläther von (—)-Inosit	$C_6H_6(OH)_5OCH_3$		VI 1193, (587), [1157]	190 bis 192°	—64,1°
46	Mytilit		1-Methyl-cyclohexanol (1,2,3,4,5,6)	$C_6H_5(OH)_6 \cdot CH_3$	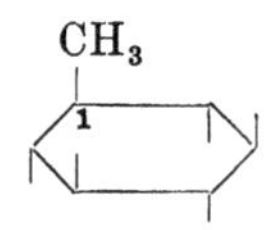	VI (592), [1161]	268°	
47	myo-Inosamin-2	meso-Inosamin Inosamin SA	2-Amino-2-desoxy-myo-inosit	$C_6H_6(OH)_5NH_2$	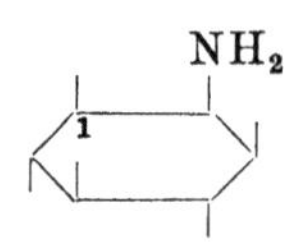			
48	scyllo-Inosamin	Inosamin SB		$C_6H_6(OH)_5NH_2$	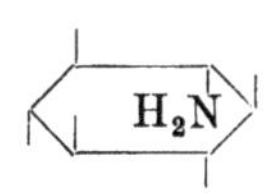		> 300°	
49	Streptamin	aus Streptomycin	1,3-Diamino-1,3-didesoxy-scyllit	$C_6H_6(OH)_4(NH_2)_2$	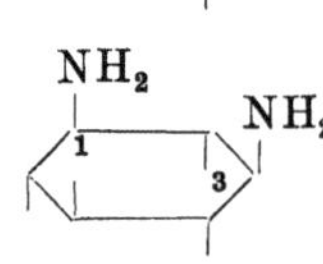			

Zu Nr. 39: d,l-epi-Inosamin-2-Struktur[1]

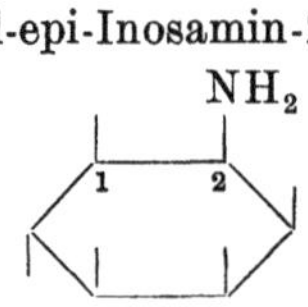

d-Form

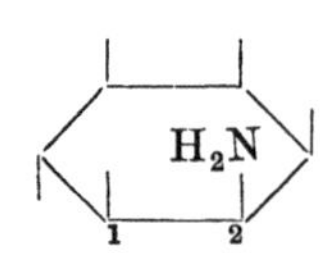

l-Form

Zu Nr. 40: d,l-4-Amino-4-desoxy-myo-inosit Struktur[1]

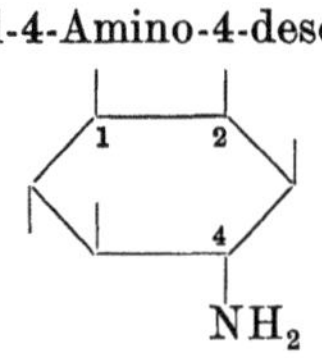

d-Form

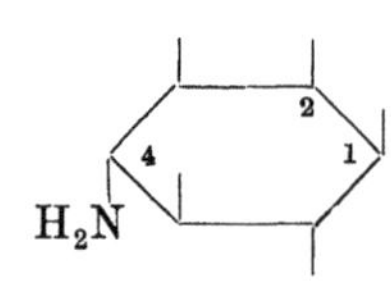

l-Form

Zu Nr. 41: Bornesit aus Borneo- und Madagaskar-Kautschuk, leicht löslich in Wasser, wenig in Alkohol.

$[\alpha]_D = +31,6°$; wird durch HJ in CH_3J und myo-Inosit gespalten[2–5].

Zu Nr. 42: Sequoyit, leicht löslich in Wasser, wenig in heißem Äthanol, unlöslich in Äther, schmeckt süß[4].

[1] LARDY, H. A.; in: SEBRELL-HARRIS, Vitamins Bd. II, S. 323.

[2] POSTERNAK, T.: Helv. **19**, 1333 (1936).

[3] ANDERSON, L., E. S. DELUCA, A. BIEDER and G. G. POST: Amer. Soc. **79**, 1171 (1957).

[4] ANGYAL, S. J., P. T. GILHAM and C. G. MACDONALD: Am. Soc. **79**, 1417 (1957).

[5] ANGYAL, S. J., and D. J. MCHUGH: Soc. **1957**, 1423.

Zu Nr. 43: Dambonit aus Gambon-Kautschuk, sowie Latex aus Sumatra, leicht löslich in Wasser, schwer in Alkohol; wird durch HJ demethyliert, schmeckt süß[1, 2].

Zu Nr. 44: Pinit ist in der Pflanzenwelt weit verbreitet; im Saft von Pinus lambertiana. Sehr leicht löslich in Wasser, wenig in heißem Alkohol, unlöslich in Chloroform und Äther. F = 186°. Pinit gibt SCHERERsche Probe positiv, schmeckt süß. Durch HJ demethyliert zu d-Inosit[1, 3]. Penta-acetat F = 98°[4]. $[\alpha]_D = -9{,}67$[5].

Zu Nr. 45: Quebrachit isoliert[6] aus der Quebracho-Rinde, kommt auch vor im Latex von Hevea brasiliensis, dem Gummibaum. Sehr leicht löslich in Wasser, leicht in siedendem Äthanol, unlöslich in Äther[1].

Schmeckt süß, dient als Süßungsmittel für Diabetiker, wirkt aber ungünstig auf Verdauung[7].

Penta-acetat F = 98°[4]

Zu Nr. 46: Mytilit, gewonnen aus Schließmuskel der Miesmuschel (Mytilus edulis)[8, 9]. Methylgruppe inseriert an C(5) des Inosit-Ringes; kristallisiert mit 2 H_2O, löst sich wenig in kaltem, aber sehr leicht in kochendem Wasser, nicht in organischen Lösungsmitteln, außer kochender Essigsäure[10]. Mytilit ist das Mono-methyl-derivat von Scyllit. SCHERERsche Probe schwach positiv, Gallois-Probe negativ. Schmeckt wenig süß. F = 259°, optisch inaktiv.

Mytilit wird durch HJ demethyliert zu l-Inosit in fast quantitativer Ausbeute.

Hexa-acetat F = 180—181°.

Zu Nr. 47, 48: myo-Inosamin-2 wurde synthetisch hergestellt[11, 12] aus 2-Keto-myo-inosit (Nr. 31) und dabei ein Gemisch von Nr. 47 und 48 erhalten.

Die Reduktion der Stickstoff-Derivate von d,l-Inosit, Keto-epi-inosit (Nr. 32) gibt 2 enantimorphe Paare von Inosaminen, das d,l-epi-Inosamin-2 (Nr. 39) und das d,l-4-Amino-4-desoxy-myoinosit (Nr. 40). Beide Verbindungen wurden hergestellt[11, 12].

Hexa-acetat F = 255°.

N-Acetylverbindung F = 246—248°.

Zu Nr. 48: scyllo-Inosamin gut löslich in heißem Wasser. N-Acetylverbindung F = 288—290°.

Zu Nr. 49: Streptamin-sulfat kristallisiert, Hexa-acetat F = 345—348°. Ist Abbauprodukt des Streptidins, einem Bauglied des Streptomycins.

Desaminierung eines Streptamin-Derivates mit salpetriger Säure war identisch mit synthetisch hergestelltem Stoff Nr. 40 und beweist so all-trans-Struktur des Streptamins. Vgl. S. 1624f.

Cobalamine[13-18].

Von

W. Grab.

Mit 7 Abbildungen.

1. B_{12}-Vitamine.

Geschichte und Name. Die Entdeckung der Vitamine der B_{12}-Gruppe geht zurück auf die entscheidende Beobachtung von MINOT[19], daß rohe Leber bei der perniziösen Anämie des Menschen heilend wirkt. Die sofort einsetzenden Versuche der Biochemiker,

1 ANGYAL, S. J., P. T. GILHAM and C. G. MACDONALD: Am. Soc. **79**, 1417 (1957).
2 GIRARD, A.: Cr. **67**, 820 (1866).
3 CHARGAFF, E.; in: SEBRELL-HARRIS, Vitamins Bd. II, S. 329.
4 POSTERNAK, T.: Helv. **19**, 1333 (1936).
5 FALKENHAUSEN, F. v., u. C. NEUBERG: Handb. Pfl.-Analyse (KLEIN) Bd. II/1, S. 240ff.
6 TANRET, C.: Cr. **109**, 908 (1889).
7 MCCANCE, R. A., and R. D. LAWRENCE: Biochem. J. **27**, 986 (1933).
8 JANSEN, B. C. P.: H. **85**, 231 (1913).
9 ACKERMANN, D.: B. **54**, 1938 (1921).
10 DANIEL, R. I., and W. DORAN: Biochem. J. **20**, 676 (1927).
11 GROSHEINTZ, J., and H. O. L. FISCHER: Am. Soc. **70**, 1479 (1948).
12 CARTER, H. E., R. K. CLARK jr., B. LYTLE and G. E. MCCASLAND: J. biol. Ch. **175**, 683 (1948).

Zusammenfassende Darstellungen:
13 BLIESS, C. J., P. GYÖRGY, L. D. WRIGHT, H. R. SKEGGS, S. H. RUBIN and E. DE RITTER; in: GYÖRGY, P. (Hrsgb.): Vitamin Methods. Bd. II, S. 239, 683. New York 1950.
14 VOGEL, H., u. H. KNOBLOCH: Chemie und Technik der Vitamine. 3. Aufl. Bd. II, S. 226. Stuttgart 1953.
15 HOFF-JØRGENSEN, E.: Microbiological assay of vitamin B_{12}. Meth. biochem. Analysis **1**, 81 (1954).
16 HEINRICH, H. C. (Hrsgb.): Symposion über Vitamin B_{12} und Intrinsic Factor. Stuttgart 1957.
17 SCHREIER, K.; in: FLASCHENTRÄGER-LEHNARTZ, Bd. II/2b, S. 778.
18 LANG, K.: Biochemie der Ernährung. S. 350. Darmstadt 1957.
19 MINOT, G. R., and W. P. MURPHY: J. amer. med. Ass. **87**, 470 (1926).

den spezifischen Wirkstoff anzureichern, stießen auf unerwartet große Schwierigkeiten, da es trotz aller Bemühungen nicht gelang, eine tierexperimentelle Anordnung zu finden, mit der diese spezifische Wirksamkeit der Leberextrakte hätte geprüft werden können. Da nur die Auswertung an Kranken mit echter Perniciosa verläßliche Ergebnisse lieferte, mußte die Prüfung auf Wirksamkeit immer nur auf ganz wenige besondere Extrakte beschränkt bleiben. Erst seitdem SHORB[1] 1947 erkannt hatte, daß mit der klinischen Wirksamkeit auch eine mikrobiologische Wachstumswirkung auf bestimmte Organismen parallel geht, konnte man rationelle Extraktionsverfahren entwickeln. Schon nach kurzer Zeit berichteten mehrere Forschergruppen über die erfolgreiche Isolierung von kristallisiertem Vitamin B_{12} aus Leber[2-5]. Über die mikrobiologische[6] und klinische Wirksamkeit[7] der Vitamin B_{12}-Kristalle wurde anschließend berichtet.

Tabelle 1. *Vitamin B_{12}-Gehalt in menschlichen Organen* (in γ/100 g Frischgewicht).

Herz	5[9]
Muskeln	1,3—7,4[9]—8,4[10]
Leber	5—20[9, 10]—74[11]
Niere	9—15[9, 10]—37[11]
Milz	8—15[9, 10]—39[11]
Lunge	4—5,1[10, 11]
Gehirn	3—15[9, 10]—22[11]
Haut	1,3—1,5[10, 11]
Nebennieren	50—170[9]
Magen	6,2—30[11]
Darmschleimhaut	15—28[11]
Speichel	0,24[9]
Harn	Spur[9]
Vollblut	0,06—0,42 (bis 0,72)[9, 12, 13]
Serum (gesund)	360 (100—900)[11]
Serum (Vegetarier)	111 (45—193)[14]

Die Konstitution des Vitamin B_{12} wurde schon 1956 auf Grund der genialen Ausdeutung der Röntgen-Analyse durch HODGKIN aufgeklärt[8]. Seit dieser Zeit bemüht man sich, Zusammensetzung und Wirkungsweise der anderen, zur Vitamin B_{12}-Gruppe gehörenden Substanzen aufzuklären.

Weitere Namen von Faktoren, deren Wirksamkeit ganz oder zum Teil einem Stoff aus der Vitamin B_{12}-Gruppe zugeschrieben wird, sind:

extrinsic factor
Antiperniciosa-Faktor
animal protein factor (APF)
Lactobacillus lactis Dorner-Faktor (LLD)
Schlupffähigkeits-Faktor (hatchability-factor)
Zoopherin
Kuhmist-Faktor (manure-factor)
Erythrotin
Physin

Die heute gültigen Namen sind: Vitamin B_{12} = Cyanocobalamin (B_{12}), Hydroxocobalamin (B_{12a} und B_{12b}). Rationelle Nomenklatur weiterer Stoffe aus der B_{12}-Gruppe ist in Vorbereitung[15]: Als *Corrin* wird bezeichnet das dem Vitamin B_{12} zugrunde liegende Ringsystem. *Corphyrin* ist der Gattungsname (generic name) für jede Verbindung, die den Corrin-Ring enthält.

Corphyrinsäure enthält das Kobalt-Atom und alle Seitenketten wie in B_{12}, nur enden sie alle an C_2 oder C_3 mit der COOH-Gruppe.

1 SHORB, M. S.: J. biol. Ch. **169**, 455 (1947). J. Bacteriology **53**, 669 (1947).
2 RICKES, E. L., N. G. BRINK, F. R. KONIUSZY, T. R. WOOD and K. FOLKERS: Science, N. Y. **107**, 396; **108**, 134 (1948).
3 SMITH, E. L.: Nature **161**, 638 (1948).
4 SMITH, E. L., and L. F. J. PARKER: Biochem. J. **43**, VIII (1948).
5 HODGKIN, D., M. W. PORTER and R. C. SPILLER: Proc. R. Soc. London (B) **136**, 609 (1949). — FANTES, K. H., J. E. PAGE, L. F. J. PARKER and E. L. SMITH: Proc. R. Soc. London (B) **136**, 592 (1949).
6 SHORB, M. S.: Science, N. Y. **107**, 397 (1948).
7 WEST, R.: Science, N. Y. **107**, 398 (1948).
8 CROWFOOT-HODGKIN, D., J. KAMPER, M. MACKAY, J. PICKWORTH, K. N. TRUEBLOOD and J. G. WHITE: Nature **178**, 64 (1956).
9 WILLIAMS, R. J., R. E. EAKIN, E. BEERSTECHER jr. and W. SHIVE: Biochemistry of B-Vitamins. New York 1950.
10 VOGEL, H., u. H. KNOBLOCH: Chemie u. Technik der Vitamine. 3. Aufl., Bd. II, S. 278. Stuttgart 1953.
11 GIRDWOOD, R. H.: Biochem. J. **52**, 58 (1952).
12 ROSENTHAL, H. L., and H. P. SARETT: J. biol. Ch. **199**, 433 (1952).
13 MOLLIN, D. L., and G. J. M. ROSS: J. clin. Path. **5**, 129 (1952).
14 Aus LANG, K.: Biochemie der Ernährung. S. 356. Darmstadt 1957.
15 SMITH, E. L.; zusammenfassende Darstellung in: HEINRICH, H. C. (Hrsgb.): Symposion über Vitamin B_{12} und Intrinsic Factor. S. 554. Stuttgart 1957. — Committee für Nomenklatur-Fragen der International Union of Pure and Applied Chemistry (IUPAC).

Corphinsäure soll bezeichnen Corphyrinsäure mit der amidartigen Verbindung von Isopropanolamin an der Seitenkette von Ring D. *Corphinamid* soll bezeichnen das Hexa-amid der Corphinsäure.

Cobamsäure (cobamic acid) soll bezeichnen den Ribose-3'-phosphat-ester der Corphinsäure. *Cobamid* soll bezeichnen das Hexa-amid der Cobamsäure.

Vorkommen. Vitamine B_{12} werden nur von Mikroorganismen gebildet, und ihre Verteilung auf verschiedene Naturstoffe hängt direkt oder indirekt immer von ihrer mikrobiellen Bildungsstätte ab. In Blättern, Blattgemüsen, Getreidemehlen, Kleie, Samen fehlt Vitamin B_{12} völlig[1]. Bei höheren Pflanzen findet man nur in den Wurzeln Vitamin B_{12}, das von Bodenbakterien stammt. Relativ reich sind Meeresalgen, die das von Fremdbakterien gebildete Vitamin B_{12} aufnehmen.

Im Tierkörper findet sich Vitamin B_{12} in allen Organen. Seine Menge steigt mit der Umsatzgeschwindigkeit an Nucleinsäuren, d. h. mit der Mitoserate. In Körperflüssigkeiten wechselt die Vitamin B_{12}-Menge mit der Versorgungslage des Organismus. Die höchsten Konzentrationen von Vitamin B_{12} finden sich an Brutstätten Vitamin B_{12} bildender Mikroorganismen, im Darminhalt, im Faulschlamm von Klärgruben, in Faeces von Mensch und Tier (Kuhmist).

Tabelle 2a. *Vitamin-B_{12}-Gehalt in tierischen Geweben* (in γ/100 g *Trocken*gewicht).

Milz (Rind)	93[2, 3]
Thymus (Rind)	24[2, 3]
Niere (Rind)	17—50[2, 4]
Fleischmehl	10
Fischmehl	25
Fisch-Rückstände	15—40[4]—150
Harn	Spur[4]
Faeces	2—80[4]

Vitamin B_{12} kommt in der Natur fast nur in gebundener Form vor, da es von zahlreichen Proteinen und Proteiden, ja sogar von Peptiden leicht gebunden wird. Einzelne Proteine, wie z. B. intrinsic factor aus der Magenschleimhaut, binden Vitamin B_{12} ganz spezifisch in stöchiometrischem Verhältnis. Ähnlich bindet auch ein Protein des Mundspeichels.

In der Leber gesunder Menschen findet sich Vitamin B_{12} gebunden an ein spezifisches Protein, das dem β-Globulin des Serums ähnlich ist. Für Euglena ist dieses in der Leber gebundene Vitamin B_{12} aber genauso verwertbar wie freies Vitamin B_{12}. Im menschlichen

Tabelle 2b. *Vitamin B_{12}-Gehalt in Vollblut und Serum verschiedener Tierarten* (in γ/100 cm³).

Tierart	Vollblut	Serum
Rind	0,096 (0,072—0,119)[2, 5]	0,034 (0,012—0,048)[7]
Pferd	0,24 (0,12—0,34)[6]	0,32 (0,23—0,45)[7]
Schwein	0,11 (0,08—0,14)[2, 6]	0,03 (0,016—0,046)[7]
Hammel		0,45 (0,28—0,76)[7]
Schaf	0,075 (0,06—0,09)[6]	
Ziege	0,075 (0,06—0,09)[6]	0,14 (0,034—0,28)[7]
Huhn	0,52 (0,38—0,66)[6]	
Hund	0,08 (0,05—0,11)[6]	
Kaninchen	1,07 (0,64—1,5)[6]	4,3 (0,87—9,4)[7]
Meerschweinchen		0,14 (0,05—0,3)[7]
Albino-Ratte	0,09 (0,05—0,12)[6]	
Weiße Maus	0,16 (0,09—0,23)[6]	

Vitamin B_{12} in Blutplasma (Rind) 0,02[4].

[1] LEWIS, U. J., U. D. REGISTER, H. T. THOMPSON and C. A. ELVEHJEM: Proc. soc. exp. Biol. Med. **72**, 479 (1949).
[2] VOGEL, H., u. H. KNOBLOCH: Chemie u. Technik der Vitamine. 3. Aufl. Bd. II, S. 228, 278. Stuttgart 1953.
[3] ZUCKER, L. M., u. T. F. ZUCKER: Arch. Biochem. **16**, 115 (1948). Vitamins & Hormones 8, 24 (1950).
[4] PORTER, J.W. G.; in: HEINRICH, H. C. (Hrsgb.): Symposion über Vitamin B_{12} und Intrinsic Factor. S. 43. Stuttgart 1957.
[5] ANTHONY, W. B., J. W. RUPEL and J. R. COUCH: J. Dairy Sci. **34**, 295 (1951).
[6] ALBRITTON, E. C.: Handbook of Biological Data. Bd. II, S. 109. Philadelphia 1953.
[7] KARLIN, R., et R. WOLFF: C. R. Soc. Biol. **147**, 1387 (1953).

Blut-Serum dagegen ist Vitamin B_{12} gebunden als labiler Komplex mit Serum-Proteinen und ist für Euglena nicht verwertbar. Im Serum findet sich nur sehr wenig freies Vitamin B_{12}. Werden die Serumproteine durch Hitze denaturiert und dann Vitamin B_{12} ausgewertet, so findet man viel mehr Vitamin B_{12}[1]. Die Differenz zwischen erhitztem und nichterhitztem Präparat ergibt die Menge an gebundenem Vitamin B_{12}.

Biologische Bedeutung. Vitamin B_{12} spielt im Stoffwechsel der tierischen Zellen eine vielseitige Rolle. Wir kennen allerdings bisher nur die biochemischen Ausfallserscheinungen, die durch Mangel an Vitamin B_{12} zutage treten. Bis heute nämlich ist noch kein Enzymsystem bekanntgeworden, bei dem Vitamin B_{12} als wirksamer Faktor beteiligt wäre. Durch welche Mechanismen also die Wirkungen des Vitamin B_{12} zustande kommen, ist noch unbekannt.

Aus der pathologischen Physiologie des Vitamin B_{12}-Mangels wissen wir, daß Vitamin B_{12} unentbehrlich ist bei der Neubildung labiler Methylgruppen und ihrer Verwertung zum Aufbau von Methionin. Vorstufen für diese übertragbaren Methylgruppen sind Metaboliten mit nur einem C-Atom, wie z. B. Formiat, die Atomgruppierung am β-Kohlenstoff-Atom von Serin und am α-Kohlenstoffatom von Glycin[2]. Diese Vor-

Tabelle 3. *Vitamin B_{12}-Gehalt in Lebensmitteln* (in γ/100 g, meist auf Trockengewicht berechnet).

Muskel von		Leber von	
Rind	18[3]	Rind	50[5]—130[7]
Rind, gekocht . .	3—8[4]	Schwein . . .	180[3]
Rind, Herz . . .	25[5]	Kalb	240[3]
Schwein, gekocht.	0,1—5[4]	Heilbutt. . .	52[8]
Kalb	3,0—3,6[5]	Dorsch . . .	43—88[8]
Hammel, gekocht.	2—8[4]		
Geflügel.	5,2—5,3[5]	Niere von	
Lachs.	8,5[5]	Rind	50[5]
Muscheln	2,8—7,1*[6]	Eigelb.	1,4**[9]
Muscheln, gekocht		Käse	1,4**[9]
mit 0,1 n HCl .	13,8—18[6]	Gemüse, Blätter	0*
Austern	20—46*[6] bis 280[3]	Gemüse, Wurzeln	0,4—1,0*[6]

* Berechnet auf Frischgewicht.
** Nicht angegeben, ob Frisch- oder Trockengewicht.

Zusammenfassung[10]:

Höchster Vitamin B_{12}-Gehalt (50 γ oder mehr je 100 g Trockensubstanz) in folgenden Nahrungsmitteln: Warmblüter-Leber und -Nieren, Austern, Muscheln.

Mittlerer Vitamin B_{12}-Gehalt (5—50 γ/100 g Trockensubstanz) in: magerem Rindfleisch, Lammfleisch, Kalbfleisch, Geflügel, Milch, Salzwasser-Fische.

Geringer Vitamin B_{12}-Gehalt (in vielen Fällen negatives Ergebnis im Testversuch): Getreide, Hülsenfrüchte, grüne Blätter, Gemüse, Hefe.

Bemerkenswert hohen Gehalt an Vitamin B_{12} haben: Wurzelknötchen von Luzerne 31 γ/100 g Frischsubstanz[7] und Fisch-Bandwurm (Bothriocephalus latus) 130—300 γ/100 g Trockensubstanz[11].

[1] PITNEY, W. R., M. F. BEARD and E. J. VAN LOON: J. biol. Ch. **212**, 117 (1955).
[2] VOHRA, P., F. H. LANTZ and F. H. KRATZER: J. biol. Ch. **221**, 501 (1956).
[3] ZUCKER, T. F., and L. M. ZUCKER: Vitamins & Hormons 8, 1, 24 (1950).
[4] THOMPSON, H. T., L. S. DIETRICH and C. A. ELVEHJEM: J. biol. Ch. **184**, 175 (1950).
[5] ELVEHJEM, C. A.: Proc. 2nd Conf. Res., Amer. Meat Inst., Univ. Chicago, S. 1. 1950.
[6] ROBBINS, W. J., A. HERVEY and M. E. STEBBINS: Bull. Torey bot. Club **77**, 423 (1950); **78**, 363 (1951).
[7] PORTER, J. W. G.; in: HEINRICH, H. C. (Hrsgb.): Symposion über Vitamin B_{12} und Intrinsic Factor. S. 43. Stuttgart 1957.
[8] TARR, H. L. A., B. A. SOUTHCOTT and P. W. NEY: Food Technol. **4**, 354 (1950).
[9] LEWIS, U. J., U. D. REGISTER and C. A. ELVEHJEM: Proc. Soc. exp. Biol. Med. **71**, 509 (1949).
[10] JUKES, T. H., and W. L. WILLIAMS; in: SEBRELL-HARRIS, Vitamins. Bd. I, S. 480.
[11] NYBERG, W.: Acta med. scand. **144**, Suppl. **271**, 68 (1952).

stufen (Formyl und Hydroxymethyl) werden unter dem Einfluß von B_{12} reduziert und als Methylgruppen auf Methionin und andere Methylacceptoren[1] übertragen. Da bei Mitwirkung von Vitamin B_{12} mehr Methionin gebildet werden kann, kommt auch dessen lipotrope Wirkung zur Geltung.

Da Vitamin B_{12} die Methioninbildung fördert, gewinnt es auch Einfluß auf den Proteinstoffwechsel im ganzen, da Methionin in vielen Nahrungsproteinen die limitierende Aminosäure darstellt. Pflanzliche Proteine, die nur wenig Methionin enthalten, werden durch die Vitamin B_{12}-Wirkung so günstig ergänzt, daß sie für den tierischen Organismus zu biologisch höherwertigem Eiweiß werden. Vitamin B_{12} schreibt man daher auch die Wirkung des ,,tierischen Eiweiß-Faktors“ zu[2-5]. Dessen chemische Natur ist noch nicht bekannt, er gehört zur großen Vitamin B_{12}-Gruppe.

Vitamin B_{12} wirkt auch als Redox-System und kann beim rH der tierischen Gewebe —SH-Gruppen in der reduzierten Form erhalten; durch diesen Mechanismus kann Vitamin B_{12} die Aktivität vieler Enzym-Systeme steuern, da es deren Gleichgewichtslage beeinflußt.

Am wichtigsten aber ist die Rolle von B_{12} bei der Bildung von Desoxyribonucleinsäure für den Umbau von Nucleinsäuren. Vitamin B_{12} steigert die Verwertung von Aminosäuren für die Proteinsynthese[6] und ist daher unentbehrlich für die Neubildung von Zellen, für Wachstum und Regeneration[7-11]. Da von allen Organen das Blut sich am raschesten regenerieren muß, macht sich der Mangel an Vitamin B_{12} bei der Neubildung von Erythrocyten am frühesten bemerkbar; es kommt daher zur perniziösen Anämie. Auch beim thyreogen gesteigerten Stoffwechsel macht sich ein Defizit an Vitamin B_{12} besonders früh bemerkbar[12] und erschwert das Krankheitsbild.

Tabelle 4. *Vitamin B_{12}-Gehalt in Milch.*

	In γ/100 cm³
Frauen . .	1,01—0,15[13]
Kuh . . .	0,75[13]
	0,1—2,5[14-16]
Schweine .	0,003—0,27[15]
Ziegen . .	0,007—0,018[15]
Schaf . . .	0,1—0,2[13, 15]
Hund . . .	0,07—1,3[15]
Ratten . .	1,1[15]
Stuten . .	0,002[13]

Vitamin B_{12} erweist sich bei jugendlichen Tieren als Wachstumsfaktor, bei Küken als Schlupffähigkeits-Faktor (hatchability-factor)[5], bei Hyperthyreose als antithyreoidaler Faktor, immer natürlich wegen seines Einflusses auf die Neubildung lebenswichtiger Proteine. Das Defizit von Vitamin B_{12} bei perniziöser Anämie kann durch Gabe von 4—10 γ Vitamin B_{12} je Tag ausgeglichen werden. Der Tagesbedarf des gesunden Menschen wird auf 1 γ geschätzt.

Struktur und Formel. Allen Wirkstoffen der Vitamin B_{12}-Gruppe liegt ein gemeinsames Gerüst zugrunde, nämlich das Corrin-Ring-System.

[1] WAGLE, S. R., D. A. VAUGHAN, S. P. MISTRY and B. C. JOHNSON: J. biol. Ch. **230**, 917 (1958).
[2] SHIVE, W., J. M. RAVEL and W. M. HARDING: J. biol. Ch. **176**, 991 (1948).
[3] HARTMANN, A. M., L. P. DRYDEN and C. A. CARY: Arch. Biochem. **23**, 165 (1949).
[4] BURNSIDE, J. E., T. J. CUNHA, H. M. EDWARDS, G. B. MEADOWS, G. A. LA MAR, A. M. PEARSON and R. S. GLASSCOOK: Proc. Soc. exp. Biol. Med. **74**, 173 (1950).
[5] LINDSTRØM, R. G., P. R. MOORE, C. F. PETERSON and A. C. WIESE: Poultry Sci. **28**, 464 (1949).
[6] WAGLE, S. R., R. METHA and B. C. JOHNSON: J. biol. Ch. **230**, 137 (1958).
[7] EMERSON, G. A., E. WURTZ and M. E. ZANETTI: Fed. Proc. **8**, 381 (1949).
[8] HOGAN, A. G., and G. C. ANDERSON: Fed. Proc. **8**, 385 (1949).
[9] JOHNSON, B. C., and A. L. NEUMANN: J. biol. Ch. **178**, 1001 (1949).
[10] NICHOL, C. A., L. S. DIETRICH, W. W. CRAVENS and C. A. ELVEHJEM: Proc. Soc. exp. Biol. Med. **70**, 40 (1949).
[11] OTT, W. H., E. L. RICKES and T. R. WOOD: J. biol. Ch. **174**, 1047 (1948).
[12] EMERSON, G. A.: Proc. Soc. exp. Biol. Med. **70**, 392 (1949).
[13] COLLINS, R. A., E. A. HARPER, M. SCHREIBER and C. A. ELVEHJEM: J. Nutrit. **43**, 313 (1951).
[14] WILLIAMS, R. J., R. E. EAKIN, E. BEERSTECHER jr. and W. SHIVE: Biochemistry of B-Vitamins. New York 1950.
[15] VOGEL, H., u. H. KNOBLOCH: Chemie u. Technik der Vitamine. 3. Aufl., Bd. II, S. 228. Stuttgart 1953.
[16] PORTER, J. W. G.; in: HEINRICH, H. C. (Hrsgb.): Symposion über Vitamin B_{12} und Intrinsic Factor. S. 43. Stuttgart 1957.

Es besteht aus 4 Pyrrol-Kernen, A, B, C, D, die selbst wieder ringförmig angeordnet sind mit 3 Kohlenstoff-Brücken-Atomen und 6 konjugierten Doppelbindungen, wie Formel unten zeigt.

Die Kohlenstoff-Atome sind numeriert, die Stickstoff-Atome werden gekennzeichnet durch den Ring A usw., dem sie angehören. An allen Rand-Kohlenstoffen 2, 3, 7, 8, 12, 13, 17, 18 sind ein oder beide Wasserstoff-Atome substituiert: an den Kohlenstoffen 2, 7 und 18 mit Essigsäureamid (Seitenkette a, c, g) an C 3, 8, 13 und 17 mit Propionsäureamid (Seitenkette b, d, e, f) und an Kohlenstoffen 1, 2, 5, 7, 12, 12, 15 und 17 mit Methylgruppen M. Das Propionsäureamid an C_{17} trägt noch am Amid-Wasserstoff die Gruppe $-CH_2-CHOH-CH_3$ (Seitenkette f). Dieses Gerüst bezeichnet man als *Corphinamid*, das zusammen mit Co^{II} und 2 CN-Gruppen die Konstitution des Faktors B darstellt. Wird nun die Hydroxyl-Gruppe der Seitenkette f mit Ribose-3′-phosphat verestert, so erhält man das *Cobamid*. Dieses verknüpft sich dann durch Kondensation von seinem C(1) mit N(1) des 5,6-Dimethyl-benzimidazols. Von den Stickstoff-Atomen an den Ringen führen Neben-Valenzen zum zentralen Kobalt(II)-Atom, das noch eine C≡N-Gruppe trägt.

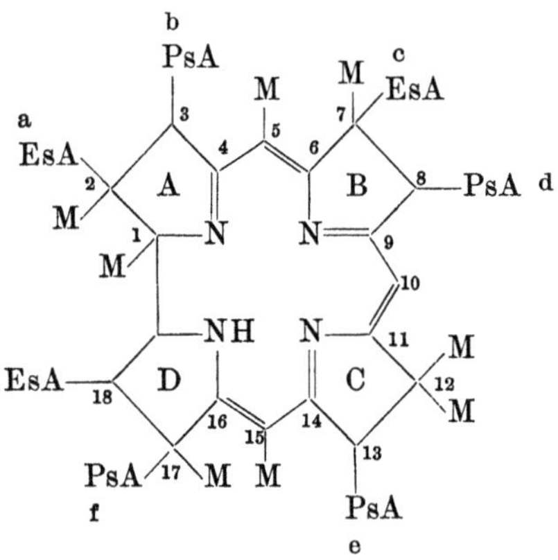

EsA = Essigsäureamid
PsA = Propionsäureamid
M = Methyl

Bauplan des Moleküls von Vitamin B_{12}.

Vitamin B_{12}: Summen-Formel $C_{63}H_{90}O_{14}N_{14}PCo$; Mol.-Gewicht = 1357,5.

Aus Röntgen-Untersuchungen von Vitamin B_{12}-Kristallen entnimmt man, daß das Gesamt-Molekül ungefähr kugelige Gestalt hat. Das Formelbild zeigt die durch englische Forschergruppe aufgeklärte Konstitution des Vitamin B_{12} (Cyanocobalamin)[1].

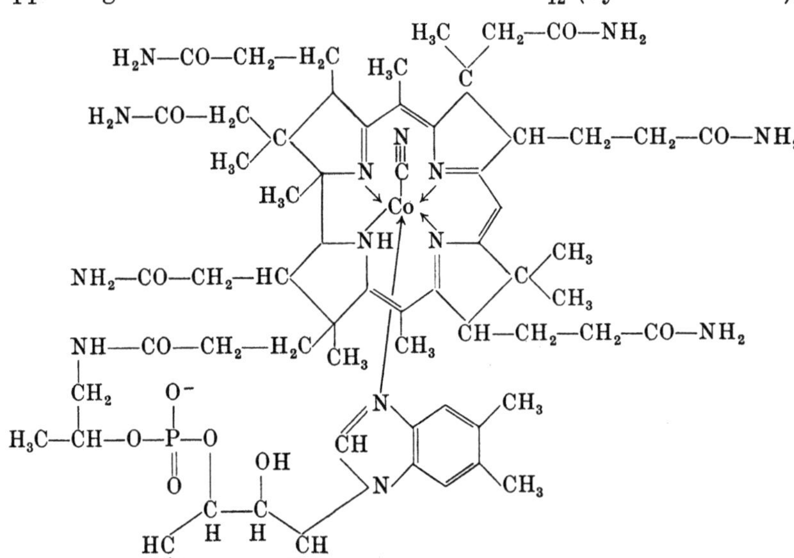

Alle vorwiegend chemisch reagierenden Atom-Gruppen liegen an der Oberfläche. Die Ebene des Benzimidazol-Ringes steht fast senkrecht zur Ebene des Porphyrin-Systems, in dessen Zentrum das Co-Atom sitzt. Benzimidazol-Ring, Ribose-Ring, Phosphorsäurepropanolamin und Propionsäure-Rest bilden eine Kette zu Ring D. Diese Kette erinnert an den Handgriff des Bügeleisens, dessen Grundfläche durch das Porphyrin-System gebildet wird[1].

[1] Crowfoot-Hodgkin, D., J. Kamper, M. Mackay, J. Pickworth, K. N. Trueblood and J. G. White: Nature **178**, 64 (1956).

Darstellung und Isolierung. Biosynthese. Da Vitamin B_{12} in der Natur zwar weit verbreitet, aber nur in sehr geringer Konzentration vorkommt, muß man von großen Mengen Ausgangsmaterial ausgehen oder von bereits angereicherten Extrakten, z. B. den Leberextrakten des Handels.

Aus 1000 kg frischer Leber erhält man nur 15—28 mg kristallisiertes Vitamin B_{12}[1, 2]. In Leberextrakten des Handels sind 0,00055—0,014 % des Trockengewichtes Vitamin B_{12}[3].

Die Anreicherung des Vitamin B_{12} beginnt mit Extraktion der Leber mit 75 %igem Alkohol, Einengen, Ausfällen von Eiweißkörpern bei p_H 4—6, mehrfache Adsorption an Tierkohle und Kieselgur, Elution mit wäßrigem Alkohol und Chromatographie. Auf diese Weise erhält man Präparate von etwa 0,5—2 %iger Reinheit. Weitere Reinigung besteht in Trypsin-Verdauung, Verteilungschromatographie und fraktionierter Fällung. Kristalle aus wäßrigem Aceton. Einzelheiten in Originalvorschrift[2]. Diese umständliche Darstellung aus Leber wird heute kaum mehr durchgeführt, da alles Vitamin B_{12} mikrobiologisch gewonnen wird.

Auch aus Milchpulver, Fleischextrakt und Kulturbrühen von Mycobacterium smegmatis, Bacillus megatherium und Corynebacterium, Lb. arabinosus, Bacillus subtilis und insbesondere Streptomyces griseus, Strept. Roseo chromagenus und Strept. antibioticus konnten Extrakte mit hoher Vitamin B_{12}-Wirksamkeit gewonnen werden. Aus Kultur brühen von Streptomyces griseus wurde kristallisiertes Vitamin B_{12} isoliert, das mit dem aus der Leber identisch war[4].

Die Bakterien im Dickdarm von Mensch und anderen Tieren bilden reichlich Vitamin B_{12}[5], ebenso wie die Bakterien im Rumen[6] von Schaf oder Mikroorganismen in der Schleimhaut des Magens beim Schwein[7]. Aus dem Kot von Geflügel wurden 14 verschiedene Stämme Vitamin B_{12} bildender Bakterien gewonnen.

Auch im technischen Maßstab kann Vitamin B_{12} mikrobiologisch dargestellt werden, z. B. aus Kulturen von Streptomyces griseus, aus Faulschlamm oder aus „fish-solubles" (lösliche Fischabfälle). Zugabe von 1—2 ppm Co bewirkt maximale Biogenese[8]; Zugabe von ^{60}Co mit 1,8 mC/mg ergibt bei dieser Biogenese ein Vitamin B_{12}-Präparat mit 67 μC/mg[9].

Isolierung von 41 mg kristallisiertem Vitamin B_{12} aus 500 kg eines 2 Monate lang ausgegorenen Kuhmists durch Extraktion mit Phenolen hohen Schmelzpunkts (α-Naphthol, α-Naphthoxyessigsäure) beschreibt KLOSA[10].

Durch Zugabe von radioaktiv markiertem Kobalt zu den Kulturbrühen Vitamin B_{12} bildender Mikroorganismen kann man radioaktiv markiertes Vitamin B_{12} gewinnen. In den meisten Fällen benutzt man dazu ^{60}Co mit einer HWZ von 5,3 Jahren. Für besondere Fälle wurden auch schon B_{12}-Präparate hergestellt mit ^{56}Co, HWZ 72 Tage und ^{57}Co mit einer HWZ von 270 Tagen und ^{58}Co, HWZ 70 Tage. Selten verwendet wird ^{55}Co mit 18,2 Std HWZ.

^{56}Co, ^{57}Co und ^{58}Co haben Vorteile gegenüber ^{60}Co, da sie fast trägerfrei hergestellt werden können. Es gelang mit ^{56}Co, die spezifische Aktivität ungewöhnlich hoch

[1] FOSTER, J. C., J. A. LALLY and H. B. WOODRUFF: Science, N. Y. **110**, 507 (1949).
[2] FANTES, K. H., J. E. PAGE, L. F. J. PARKER and E. L. SMITH: Proc. R. Soc. London (B) **136**, 592 (1950).
[3] RICKES, E. L., N. G. BRINK, F. R. KONIUSZY, T. R. WOOD and K. FOLKERS: Science, N. Y. **107**, 396; **108**, 134 (1948).
[4] RICKES, E. L., N. G. BRINK, F. R. KONIUSZY, T. R. WOOD and K. FOLKERS: Science, N. Y. **108**, 634 (1948).
[5] DYKE, W. J. C., H. G. HIND, D. RIDING and G. E. SHAW: Lancet **1950 II**, 486.
[6] LEWIS, U. J., U. D. REGISTER, H. T. THOMPSON and C. A. ELVEHJEM: Proc. Soc. exp. Biol. Med. **72**, 479 (1949).
[7] NOER, B.: Lancet **1950 II**, 706.
[8] HENDLIN, D., and M. L. RUGER: Science, N. Y. **111**, 541 (1950).
[9] ROSENBLUM, C., and D. T. WOODBURY: Science, N. Y. **113**, 215 (1951). — CHAIET, L., C. ROSENBLUM and D. T. WOODBURY: Science, N. Y. **111**, 601 (1950).
[10] KLOSA, J.: Pharmazie **10**, 102 (1955).

anzureichern, bis zu 15 mC/mg B_{12}. Wegen seiner kurzen HWZ ist ^{56}Co für diagnostische Zwecke brauchbar.

Über die Extraktion von Vitamin B_{12} aus biologischem Material zur Analyse vgl. S. 1500.

Physikalische und chemische Eigenschaften. Weinrote, kurze Prismen aus wäßrigem Aceton[1]. Brechungsindices: 1,616; 1,652 und 1,6645 in x-, y- und z-Achse[1]. Werden beim Erhitzen dunkler bis schwarz bei etwa 212° und schmelzen nicht bis 320°[2].

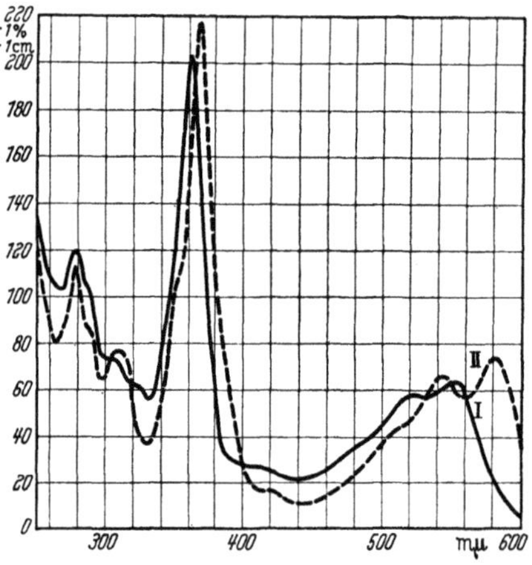

Abb. 1.

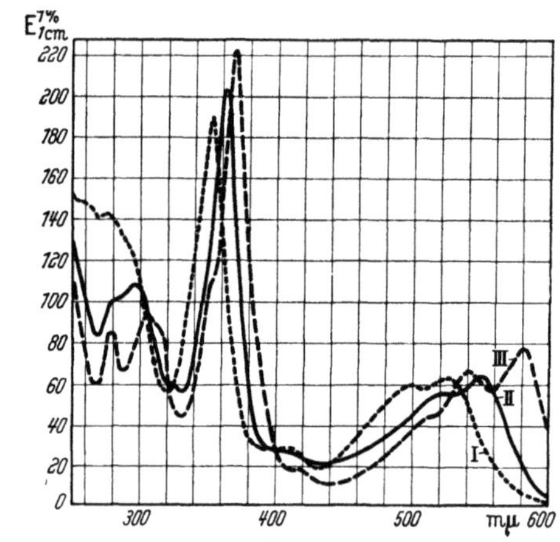

Abb. 2.

Abb. 1. Absorptionsspektrum des Vitamins B_{12} in Wasser: I. Monocyano-Form, p_H 6—7; II. Dicyano-Form, p_H 10 (FRIEDRICH, W., u. K. BERNHAUER, persönliche Mitteilung).

Abb. 2. Absorptionsspektrum des Vitamin B_{12}-Faktor III in Wasser: I. Hydroxo-(Aquo)-Form, p_H 6—7; II. Monocyano-Form, p_H 6—7; III. Dicyano-Form, p_H 10 (FRIEDRICH, W., u. K. BERNHAUER, persönliche Mitteilung).

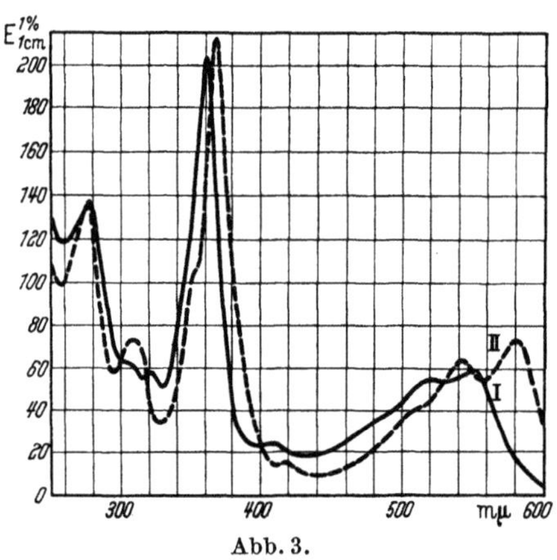

Abb. 3.

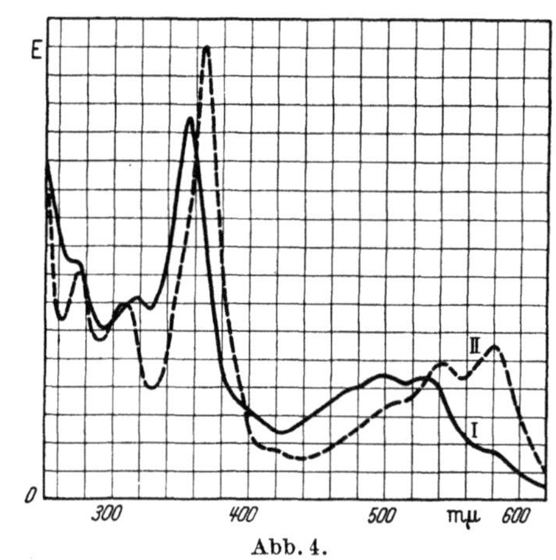

Abb. 4.

Abb. 3. Absorptionsspektrum des ψ-Vitamins B_{12} in Wasser: I. Monocyano-Form, p_H 6—7; II. Dicyano-Form, p_H 10 (FRIEDRICH, W., u. K. BERNHAUER, persönliche Mitteilung).

Abb. 4. Absorptionsspektrum des Faktors B in Wasser: I. Monocyano-Form, p_H 6—7; II. Dicyano-Form, p_H 6—7 (FRIEDRICH, W., u. K. BERNHAUER, persönliche Mitteilung). Aus: RAUEN, H. M.: Biochem. Taschenb., S. 511 u. 512. 1956.

Spezifische Drehung α bei 656,3 mμ: —59° ± 9°; Temperatur 23°[3,4], bei 643,8 mμ: —110° ± 10%; Temperatur 20°[5,6]. Absorptionsspektrum in wäßriger Lösung zeigt

[1] HODGKIN, D., M. W. PORTER and R. C. SPILLER: Proc. R. Soc. London (B) **136**, 609 (1950).

[2] RICKES, E. L., N. G. BRINK, F. R. KONIUSZY, T. R. WOOD and K. FOLKERS: Science, N. Y. **107**, 396 (1948); **108**, 134 (1948).

[3] BRINK, N. G., D. E. WOLF, E. KACZKA, E. L. RICKES, F. R. KONIUSZY, T. R. WOOD and K. FOLKERS: Am. Soc. **71**, 1514, 1854 (1949).

[4] ZUCKER, T. F., and L. M. ZUCKER: Vitamins & Hormones **8**, 5 (1950).

[5] HODGKIN, D., M. W. PORTER and R. C. SPILLER: Proc. R. Soc. London (B) **136**, 609 (1950).

[6] FANTES, K. H., J. E. PAGE, L. F. J. PARKER and E. L. SMITH: Proc. R. Soc. London (B) **136**, 592 (1950).

3 charakteristische Gipfel: bei 278 mμ, bei 361 mμ und bei 550 mμ; $E_{1\,\mathrm{cm}}^{1\,\%}$ 115, 207 und 63[1, 2]. Kleine Änderungen im p_H ändern das Absorptionsspektrum kaum. Vitamin B_{12} ist diamagnetisch. Löslichkeit: 1,7 mg in 1 cm³ Wasser. In neutraler Lösung polarographisch gut definierte Stufe bei —1,53 V gegen Kalomel-Elektrode, zur Bestimmung aber nicht geeignet[2]. Vitamin B_{12} wandert im elektrischen Feld bei 300 V langsam zur Kathode[2].

Vitamin B_{12} fällt unlöslich als Salz mit 6 Mol Perchlorsäure. Lufttrockene Kristalle erwiesen sich als hydratisiert und verlieren ihr Wasser bei Trocknen im Vakuum bei 100°. Vitamin B_{12} ist bei Zimmertemperatur am stabilsten bei p_H 4—7. Wäßrige Lösungen mit 0,5% Phenolzusatz sind haltbar[3]. Bei p_H 1,9 und p_H 11,7 dagegen wird Vitamin B_{12} in 4 Tagen zerstört[3-5], ebenso durch Licht, Oxydation (H_2O_2) oder Reduktion[6] (Ascorbinsäure). Bei Tageslicht wird die rosa gefärbte Lösung von Vitamin B_{12} langsam orange bis gelb; nach 12 Tagen ist es völlig zerstört. Bei Reduktion durch Hydrosulfit wird rote Lösung orange, Schütteln mit Luft führt zu Re-oxydation. Erhitzen auf 90° während 21 Std bei neutralem p_H macht Vitamin B_{12} unwirksam, ohne die Farbe wesentlich zu ändern[2]. Erhitzen im Autoklaven dagegen während 15 min auf 121° zerstört kaum[7].

Physikalische und chemische Eigenschaften weiterer Substanzen der Vitamin B_{12}-Gruppe zeigt der Abschnitt S. 1511 in übersichtlicher Form.

Das Infrarot-Spektrum von Vitamin B_{12} ist in Abb. 1, S. 1424 gezeigt[2, 4]. Das Infrarot-Spektrum[8] läßt die komplexe Zusammensetzung des Vitamin B_{12} nicht ohne weiteres erkennen, wahrscheinlich, weil das porphyrinartige Ring-System weitgehend symmetrisch ist. Das intensive Band bei Wellenzahl 3500 cm^{-1} (2,96 μ) entspricht den summierten Vibrationen aller —O—H- und —N—H-Bindungen. Die NH_2-Gruppen werden repräsentiert durch die Absorption bei 1405 (7,12 μ). Substituierte Amino-Gruppen zeichnen sich ab durch das Band bei 1540 cm^{-1} (6,50 μ). Konjugierte —C=N—-Bindungen und Amid-Bindung zeigen sich an dem intensiven Band bei 1670 (5,99 μ), den konjugierten Ring-Systemen entsprechen die Banden 1615 (6,19 μ), 1570 (6,36 μ) und 1498 (6,68 μ), der —C≡N-Bindung entspricht das schwache Band bei 2120 (4,72 μ). Die P=O-Vibration zeigt sich sehr charakteristisch bei 1235 (8,10 μ). Schließlich das Band bei 1050 cm^{-1} (9,53 μ) spiegelt die Gruppe P—O—C (aliphatisch) wieder. Wegen des breiten Bandes im Bereich der „finger print"-Region ergeben sich keine für Vitamin B_{12} charakteristischen Absorptionslinien.

Physiologische und pharmakologische Eigenschaften. Tiere müssen das von Bakterien synthetisierte Vitamin B_{12} resorbieren: Pflanzenfresser nehmen das durch ihre Darmbakterien gebildete Vitamin B_{12} auf; für sie ist daher Kobalt ein lebenswichtiges Spurenelement; andere Pflanzenfresser versorgen sich durch Koprophagie. Der Mensch entnimmt das benötigte Vitamin B_{12} ausschließlich Lebensmitteln tierischer Herkunft. Eine Durchschnittskost des Menschen enthält 0,2—3,5 γ B_{12} je Tag. Der Bedarf an Vitamin B_{12} ist nicht bekannt, man schätzt ihn auf $\leqq 1\,\gamma$ je Tag, da auch bei Perniciosa-Kranken mit dieser Dosis ein normales Blutbild aufrechterhalten werden kann. Die Ausscheidung von Vitamin B_{12} in den Faeces beträgt beim Menschen 5—60 γ. Von dem im Dickdarm gebildeten Vitamin B_{12} nimmt der Mensch praktisch nichts mehr auf.

---

[1] Brink, N. G., D. E. Wolf, E. Kaczka, E. L. Rickes, F. R. Koniuszy, T. R. Wood and K. Folkers: Am. Soc. **71**, 1514, 1854 (1949).

[2] Fantes, K. H., J. E. Page, L. F. J. Parker and E. L. Smith: Proc. R. Soc. London (B) **136**, 592 (1950).

[3] Hartley, F., P. Stross and R. E. Stuckey: J. Pharmacy Pharmacol. **2**, 648 (1950).

[4] Hodgkin, D., M. W. Porter and R. C. Spiller: Proc. R. Soc. London (B) **136**, 609 (1950).

[5] Lang, C. A., and B. F. Chow: Proc. Soc. exp. Biol. Med. **75**, 39 (1950).

[6] Trenner, N. R., R. P. Buhs, F. A. Bacher and W. C. Gakenheimer: J. amer. pharmaceut. Ass. **39**, 361 (1950).

[7] Rickes, E. L., N. G. Brink, F. R. Koniuszy, T. R. Wood and K. Folkers: Science, N. Y. **107**, 396 (1948); **108**, 134 (1948).

[8] Rosenkrantz, H.: Methods biochem. Analysis **5**, 424 (1957).

Das Vitamin B_{12} der Nahrung wird nach seiner Freisetzung bei der Verdauung zum kleinen Teil in freier Form resorbiert, im Blutserum aber rasch an α- und β-Globuline gebunden. Ist die Bindungsfähigkeit dieser Blutproteine überschritten, so wird Vitamin B_{12} rasch im Harn ausgeschieden, z. B. nach i.v.-Injektion von >20—$50\ \gamma$. Der größte Teil des Vitamin B_{12} in der Nahrung wird aber nach seiner Freisetzung bei der Verdauung an den intrinsic factor der Magenschleimhaut (s. S. 1520) gebunden und praktisch nur in dieser Form resorbiert. Nach Zugabe von Sorbit in der Kost wird mehr Vitamin B_{12} resorbiert[1]. Wie diese Wirkung zustande kommt, ist noch völlig ungeklärt. Die Leukocyten enthalten mehr Vitamin B_{12} als das Serum.

Gibt man sehr große Dosen, etwa 3 mg, per os, so steigt die Vitamin B_{12}-Konzentration im Serum nur langsam, daher kann alles Vitamin B_{12} von Serum-Proteinen gebunden werden, und die Ausscheidung im Harn bleibt gering. Der gesunde Mensch scheidet mit dem Harn täglich $<0{,}15\ \gamma$ aus. Erst nach Injektion von mehr als $1\ \gamma$ steigt die Vitamin B_{12}-Ausscheidung im Harn an.

Vitamin B_{12} wird durch die Muttermilch auch auf den Säugling übertragen. Der Vitamin B_{12}-Gehalt in der Milch ist in Tabelle 4 angegeben.

Kranke mit perniziöser Anämie resorbieren sehr wenig Vitamin B_{12}; erst wenn sie den intrinsic factor gleichzeitig per os erhalten, resorbieren sie Vitamin B_{12} ebenso wie Gesunde.

Vitamin B_{12} ist ungiftig; 1,6 g/kg i.p. oder i.v. führten bei Mäusen zu keinerlei erkennbaren Schädigungen. Das ist das Hundertmillionenfache des menschlichen Tagesbedarfs[2].

a) Bestimmung von Vitamin B_{12}.

Probenentnahme und Aufarbeitung. In tierischen Organen und Körperflüssigkeiten kommen je nach Art der mikrobiellen Herkunft verschiedene chemische Formen von Vitamin B_{12}-Faktoren vor. Allgemeines s. S. 1452.

Um die labileren Formen von Vitamin B_{12} in Naturstoffen alle in Cyano-Cobalamin überzuführen, hat es sich eingebürgert, das Rohmaterial bei 60° während 30 min mit KCN-Lösung zu extrahieren. Am wirksamsten wird dabei eine 0,01%ige KCN-Lösung (1 mg KCN/γ zu erwartendes Vitamin B_{12}). Um gebundene Formen von Vitamin B_{12} zu erfassen, muß man gelegentlich höhere Temperaturen wählen, dabei aber die Lösung mit Acetat-Puffer auf p_H 4,6 einstellen, um Vitamin B_{12} zu schonen.

Die mikrobiologischen Teste sind so empfindlich (bis $10^{-6}\ \gamma/cm^3$), daß eine Anreicherung von Vitamin B_{12} meist überflüssig ist. Dagegen ist es auch für den mikrobiologischen Versuch notwendig, begleitende Hemmstoffe auszuschalten, die als Vitamin B_{12}-Vorstufe (precursor) oder Zersetzungsprodukte vorkommen können. Sehr störend sind bei Vitamin B_{12}-Auswertungen im Darminhalt oder Faeces beigemischte Antibiotica wie Aureomycin. Ihre Abtrennung erfordert eine Anreicherung von Vitamin B_{12}, die unten beschrieben ist.

Die Behandlung mit 20 cm³ 0,1%igem $NaHSO_3$ je g Analysenmaterial stabilisiert Vitamin B_{12} beim länger dauernden Bechertest auf Agarplatten. Eine Schädigung von Vitamin B_{12} oder des Testorganismus Lactobacillus leichmannii ist erst bei mehr als millionenfachem Überschuß von Hydrogensulfit über Vitamin B_{12} zu befürchten.

Vitamin B_{12}-Standard. Die Sachverständigen-Kommission der WHO ist dabei, ein internationales Standard-Präparat für Vitamin B_{12} festzulegen. Bis dahin wird kristallisiertes Cobalamin als Hilfs-Standard empfohlen.

Für eine Standard-Lösung wägt man etwa 2 mg der Kristalle auf einer Mikrowaage genau ab, spült sie mit 15—20 cm³ Wasser in einen Meßkolben über und füllt auf genau 50 cm³ auf. Die genaue Konzentration wird dann durch Spektrophotometrie bei $\lambda = 361\ m\mu$ festgelegt, wobei auch der Reinheitsgrad des Vitamin B_{12} erkannt werden kann (vgl. S. 1499). Die Stammlösung für mikrobiologische Versuche sollte $10\ \gamma\ B_{12}$ und 10 mg KCN

[1] RICE, E. G., J. F. HERNDON and S. M. GREENBERG: Amer. J. Physiol. **193**, 513 (1958).
[2] WINTER, C. A., and C. W. MUSHETT: J. amer. pharmaceut. Ass., sci. Ed. **39**, 360 (1950).

in 1 cm^3 eines 0,1 m Acetat-Puffers vom p_H 4,6 enthalten. Die Lösung wird in 1 cm^3-Ampullen abgefüllt und 20 min bei 100° sterilisiert. Sie sind bei +2° höchstens 1 Jahr haltbar. Für jede neue Versuchsreihe soll eine neue Ampulle verwendet werden.

Anreicherung von Vitamin B_{12} in Analysenproben[1].

Für spektroskopische Messungen, die auch bei Isotopen-Methoden notwendig sind, ist bei Proben mit sehr geringem Vitamin B_{12}-Gehalt eine Anreicherung erforderlich; auch zur Abtrennung von antibiotischen Mitteln, die dem Untersuchungsgut beigemischt sind und die bei der mikrobiologischen Technik sehr stören, ist eine Anreicherung des Vitamin B_{12} nötig.

Reagentien:

1. Natrium-meta-bisulfit-Phosphatlösung: 1—3 m NaH_2PO_4 mit Zusatz von 1% $Na_2S_2O_5$.
2. Kresol-Tetrachlorkohlenstoff-Lösung: Mischung gleicher Volumenteile.
3. 5 n H_2SO_4.
4. Phosphat-Cyanid-Lösung: Fast gesättigte Lösung von Na_2HPO_4 in wäßriger 0,001 m KCN-Lösung.
5. Butanol-Benzalkoniumchlorid-Lösung: 1 Vol. 12,8%ige wäßrige Zephirol-Lösung wird gelöst in 9 Vol. n-Butanol.

Extraktion der Proben. 1 g bzw. 1—3 cm^3 der Probe werden 15 min lang im Autoklaven bei 121—123° mit 20 cm^3 der Lösung *1* in einem 40 cm^3-Kolben gekocht, dann abgekühlt und 1 min geschleudert. Der Überstand wird quantitativ in einen zweiten 40 cm^3-Kolben überführt, der Rückstand mit 5 cm^3 dest. Wasser nachgewaschen.

Anreicherungsverfahren. Das Verfahren der Anreicherung entspricht dem der USP, wurde aber vereinfacht: Zur Extraktionsprobe werden 5 cm^3 Reagens *2* gefügt und die Mischung 1 min vorsichtig geschüttelt, damit sich kein Gel bilden kann. Dann wird 2 min bei mindestens 3000 Touren/min geschleudert. Mit einer Spritze wird die obere wäßrige Phase abgenommen unter vorsichtigster Schonung der Lage fester Stoffe an der Grenzfläche der beiden Lösungsmittel. Dann wird die organische Phase mit 5 cm^3 5 n H_2SO_4 gewaschen, die Flasche leicht geschüttelt und 2 min zentrifugiert. Die obere wäßrige Phase wird wiederum abgeschüttet und der Waschvorgang mit Schwefelsäure ein zweites Mal wiederholt. Dann werden 5 cm^3 Reagens *4* zugefügt zur organischen Phase, vorsichtig geschüttelt, 2 min geschleudert und die überstehende wäßrige Phase abgegossen. Zur gewaschenen organischen Phase werden 15 cm^3 einer 2:1-Mischung von Reagens *5* und *2* gegeben sowie 5 cm^3 dest. Wasser. Die Mischung wird vorsichtig 1 min geschüttelt, dann 2 min geschleudert und die überstehende wäßrige Phase abgetrennt, aber aufbewahrt. Die restliche organische Phase wird ein zweites Mal mit 5 cm^3 dest. Wasser gewaschen, die Waschflüssigkeit mit dem vorherigen wäßrigen Extrakt vereinigt. Die vereinigten wäßrigen Extrakte werden mit dest. Wasser aufgefüllt, so daß eine Endlösung entsteht, deren Wirksamkeit etwa 0,02 mγ Cyanocobalamin je cm^3 entspricht. Mikrobiologischer Versuch mit Lb. leichmannii 313.

Bei sehr Vitamin B_{12}-armen Proben werden die vereinigten wäßrigen Extrakte mit 5 cm^3 Äther gewaschen zur Entfernung von restlichen Spuren organischer Lösungsmittel, die das Wachstum der Test-Organismen beeinträchtigen können. Bei Vitamin B_{12}-reicheren wird diese Störung durch Verdünnung beseitigt.

Die vorstehenden Waschvorgänge beseitigen begleitendes Pseudovitamin B_{12} zu 90%, Faktor A zu 75% und Vitamin $B_{12\,III}$ zu etwa 25%. Für den Verlust an Vitamin B_{12} während der Reinigung muß ein Korrektionsfaktor benutzt werden, der sich dadurch ergibt, daß 93% des zugesetzten markierten Vitamin B_{12} wiedergefunden werden. Er beträgt im Mittel 1,07 aus 114 Untersuchungen an 9 einzelnen Naturstoffen mit sehr verschiedenem Vitamin B_{12}-Gehalt. Durch eine Varianz-Analyse wurde die Gültigkeit dieses Korrektionsfaktors in 2 besonderen Versuchsanordnungen erwiesen.

[1] BACHER, F. A., A. E. BOLEY and C. E. SHONK: Analyt. Chem., Washington **26**, 1146 (1954).

Die Reinigung der Extrakte veränderte bei Milch, Blutplasma, Fischmehl und Geflügel den gefundenen Vitamin B_{12}-Gehalt nicht, da bei diesen Proben außer Cobalamin keine anderen mikrobiologisch wirksamen Begleitstoffe vorhanden waren. Dagegen zeigten sich große Mengen wachstumsfördernder Stoffe in getrocknetem Rinderkot (etwa 50 % seiner Wirksamkeit) und Hefe (mehr als 90 % seiner Wirksamkeit).

Physikalische Bestimmung von Vitamin B_{12}.

a) Spektrophotometrisch.

***Bestimmung von Vitamin B_{12} nach* RUDKIN *und* TAYLOR[1].**

Prinzip:

Vitamin B_{12} kann in reinen Lösungen auch durch seine UV-Absorption bestimmt werden. $E^{1\%}_{1\,cm} = 63$ bei 551 mμ; besser ist die Messung von Vitamin B_{12} als Dicyan-Komplex bei 582 mμ[2, 3]. Obwohl dieses Verfahren störende Absorptionen durch Fremdstoffe automatisch korrigiert, ist es doch zweckmäßig, Vitamin B_{12} durch eine hochselektive Extraktion mit Benzylalkohol anzureichern. Dadurch werden mehr als 90 % der Fremdabsorptionen im Rot ausgeschaltet, und das Vitamin B_{12} wird etwa 8fach angereichert.

Reagentien:

1. NaCN in Substanz.
2. NaOH, verdünnt.
3. Na_2SO_4 in Substanz.
4. Benzylalkohol.
5. Chloroform.
6. NaCN, 1 %ig.
7. KH_2PO_4, 12,5 %ig.

Ausführung:

Unter dem Abzug gibt man soviel Natriumcyanid in Substanz zur Untersuchungsprobe von etwa 200 γ Vitamin B_{12}, daß die Endkonzentration etwa 1 % an Cyanid beträgt. Nach Auflösen des Natriumcyanids stellt man den p_H mit NaOH auf 9,5 ein und läßt dann 5 Std bei Zimmertemperatur stehen, damit alle Vitamin B_{12}-Homologen den Dicyanid-Komplex bilden können. Nun gibt man Natriumsulfat zu bis 20 g auf 100 cm³ und stellt mit NaOH auf p_H 11—11,5 ein. Dann extrahiert man die wäßrige Lösung 3mal mit je 0,1 Vol. Benzylalkohol. Zu den vereinigten Benzylalkohol-Extrakten wird die Hälfte des Volumens Chloroform gefügt und das Ganze 3mal mit 0,1 Vol. Wasser ausgeschüttelt, die wäßrigen Phasen vereinigt und auf 25 cm³ aufgefüllt. Zu einer 10 cm³-Probe (a) dieses Wasserextraktes gibt man 2 cm³ 10 %ige Natriumcyanid-Lösung, zu einer andern 10 cm³-Probe (b) des Wasserextraktes 2 cm³ einer 12,5 %igen KH_2PO_4-Lösung zur Einstellung auf p_H 5—6. In einer 2 cm-Zelle mißt man die Absorption bei 582 mμ und bestimmt die Differenz der Absorptionen bei 582 mμ für die beiden zu untersuchenden 10 cm³-Proben a und b.

Berechnung:

Da für kristallisiertes Vitamin B_{12} $E^{1\%}_{1\,cm} = 54$ beträgt, ergeben sich in der ganzen Analysenprobe

$$\gamma \text{ Vitamin } B_{12} = \frac{\text{Differenz der E-Werte mal 1,2 mal 25 mal 1,03}}{\text{0,0054 mal 2*}}$$

1,03 ist der Extraktionsfaktor. Zugesetztes Vitamin B_{12} wird zu 96—103 % wiedergefunden. Genauigkeit ± 5 %. Das Spektrophotometer muß mit dem Dicyanid-Komplex von kristallisiertem Vitamin B_{12} geeicht werden, damit man dessen Maximum, das bei 582 mμ liegen soll, sicher erfaßt.

* Lichtweg in der Küvette in Zentimetern.

[1] RUDKIN, G. O. jr., and R. J. TAYLOR: Analyt. Chem., Washington 24, 1155 (1952).

[2] COOLEY, G., B. ELLIS, V. PETROW, G. H. BEAVEN, E. R. HOLIDAY and F. A. JOHNSON: J. Pharmacy Pharmacol. 3, 271 (1951).

[3] CONN, J. B., S. L. NORMAN and T. G. WARTMAN: Science, N. Y. 113, 658 (1951).

Bestimmung des Reinheitsgrades beim Vitamin B_{12}-Standard:

Man mißt bei $\lambda = 5510$ Å die Extinktion ε der Standardlösung und berechnet daraus ihren Vitamin B_{12}-Gehalt:

$$\gamma\ B_{12}/\mathrm{cm}^3 = \frac{\varepsilon \text{ mal } 10^4}{E} \quad (E^{1\,\%}_{1\,\mathrm{cm}} = 63).$$

Auf diese Weise bestimmt man die Konzentration des Standards exakter als durch eine Mikrowägung.

Nach der amerikanischen Pharmacopoe[1] wird der Reinheitsgrad wie folgt bestimmt: Man mißt die Absorption d in einer 1 cm-Quarz-Küvette bei $\lambda = 278$ (da), 361 (db) und 548 mμ (dc) mit Wasser als Blindwert. Die Quotienten db/da sollen zwischen 1,62 und 1,88 liegen, db/dc zwischen 2,83 und 3,45. Der Reinheitsgrad des verwendeten kristallisierten Standards ergibt sich dann aus der Formel:

$$\frac{db}{0{,}0207^*} \text{ mal } \frac{1}{\text{mg Probe}/10\ \mathrm{cm}^3} \text{ mal } \frac{100}{100 - \%\ \text{Wasserverlust beim Trocknen}}.$$

Zur Bestimmung von Vitamin B_{12} in Vitamin-Mischungen muß man die begleitenden Vitamine durch Adsorption abtrennen. Fettlösliche Vitamine werden durch Extraktion mit einer Mischung von gleichen Raumteilen Tetrahydrofuran und Chloroform aus dem Vitamin-Gemisch extrahiert. Die restliche Wasserphase wird durch folgende Kombination von Austauschern gereinigt:

Man füllt abgekürzte 50 cm³-Büretten 8 cm hoch mit Amberlite IRA 400 (bzw. Lewatit MN), behandelt mit 10%iger NaOH; darauf gibt man 7 cm hoch eine Mischung aus gleichen Teilen IRA 400 und IRA 120 (bzw. Lewatit S 100), behandelt mit 2,5% H_2SO_4. Einen aliquoten Teil der Analysenprobe läßt man langsam durch die Säulen fließen. Man eluiert mit 25 cm³ Wasser, das man im Auffanggefäß auf p_H 5,4 puffert. Im Eluat mißt man die Absorption wie oben; Vitamin B_{12}-Verluste durch die Adsorption an der Säule werden mit einer bekannten Testlösung empirisch bestimmt.

b) Polarographische Bestimmung. Die polarographische Bestimmung von Vitamin B_{12} beruht auf einer gut definierten Potentialstufe bei —1,53 V, die reines Vitamin B_{12} in frisch bereiteter 0,1 m KCN-Lösung gegenüber einer Normal-Elektrode mit Kalomel ergibt[2]. Verläßliche Ergebnisse erzielt man nur mit ziemlich reinen Vitamin B_{12}-Lösungen.

c) Magneto-chemische Bestimmung. Sie gilt als besonders geeignete Technik zur Bestimmung von Vitamin B_{12}, insbesondere seines Reinheitsgrades, weil die theoretisch berechnete Susceptibilität mit der experimentell gemessenen verglichen werden kann[3].

d) Elektrophoretische Bestimmung. Dieses Verfahren verwendet man zur einfachen Abtrennung des Cobalamins von Stoffen, die bei der mikrobiologischen Bestimmung stören. Die Papier-Elektrophorese macht man auf Streifen von Whatman-Papier Nr. 1, wobei man die Vitamin B_{12}-Lösung nahe der Anode aufträgt. Als Elektrolyt wirkt ein Gemisch von 0,05 m Borat und m/15 KH_2PO_4 von p_H 8,6. Die Spannung steigt während der ersten Stunde auf 145 V und wird stündlich um 30 V gesteigert bis auf schließlich 310 V. Nach 5 Std ist die Elektrophorese beendet. Bei Betrachtung im UV erkennt man mehrere fluorescierende Zonen. Man kann sie aus dem Papier herausschneiden und mit 10 cm³ warmem Phosphatpuffer von p_H 7 eluieren[4]. Als Elektrolyt ist besser geeignet 2 n Essigsäure bzw. 0,5 m Borsäure. Mit einem Spannungsgefälle von 8 V/cm und einer Elektrophoresedauer von 16 Std erhält man die Lage der Flecken durch Bioautographie[5].

e) Isotopen-Methode. Besondere Vorzüge bei der Bestimmung von Vitamin B_{12} hat das Verfahren, bei dem man radioaktiv markiertes B_{12} einer Analysenprobe zusetzt. Man kann auf diese Weise bei den chemischen Vorgängen der Extraktion, Reinigung usw.

* $E^{1\,\%}_{1\,\mathrm{cm}}$ bei 361 mμ = 207.

[1] United States Pharmacopoe XV, S. 187. 1955.
[2] ZUMAN, P.: Acta chim., Budapest **9**, 279 (1956).
[3] WOERNLEY, D. L.: Arch. Biochem. **54**, 378 (1955).
[4] GRASSMANN, W., u. K. HANNIG: Naturwiss. **37**, 496 (1950).
[5] HOLDSWORTH, E. S.: Nature **171**, 140 (1953).

leichter erkennen, an welcher Stelle Verluste auftreten. Am Ende des Arbeitsganges zur Anreicherung wird dann Vitamin B_{12} spektrophotometrisch bestimmt. Das Verfahren eignet sich für Proben von 0,1—100 γ Vitamin B_{12} je cm^3, Streuung $\pm 4{,}3\,\%$ [1, 2]. Das Verfahren ist aber nicht ohne weiteres brauchbar für Präparate mit geringer Vitamin B_{12}-Wirksamkeit; in diesen Fällen muß eine Anreicherung stattfinden entsprechend der oben gegebenen Vorschrift.

f) Papierchromatographische Bestimmung. Die Papierchromatographie eignet sich zu Untersuchungen über Vitamin B_{12} sehr gut. Als Fließmittel verwendet man n-Butanol, wassergesättigt, oder Isopropanol/Wasser, 70/30.

Weitere Fließmittel und zugehörige R_F-Werte S. 1511, Tabelle 6.

Zum Nachweis der Vitamin B_{12}-Flecken auf dem Chromatographie-Papier benutzt man praktisch immer den mikrobiologischen Test (Beschreibung bei Pantothensäure, S. 1427, bzw. Biotin, S. 1453). Testorganismus Lactobacillus leichmannii lactis LLD Nr. ATCC 4797 *, auch die Nährböden zur Haltung dieser Erreger können fertig bezogen werden: Bacto B_{12} Assay Medium USP B 457 dehydrated DIFCO ** [3].

Das beschriebene Verfahren der Bioautographie kann man auch zur Herstellung von Fotoprinten verwenden oder nach Aufsprühen einer verdünnten Lösung von Glucose und Triphenyl-tetrazolium-chlorid auch zu einer farbigen Darstellung umgestalten, die sich einfach photographieren läßt.

Eine besondere Art, die Substanz-Flecken im Papierchromatogramm zu kennzeichnen, wurde 1953 beschrieben [4]. Die phosphorhaltigen Verbindungen, also auch Vitamin B_{12}, wurden durch Bestrahlung mit Neutronen aktiviert und die so entstandene Radioaktivität gemessen oder im Autoradiogramm ausgewertet. Bei Vitamin B_{12} erlaubt dieses elegante Verfahren noch den Nachweis bis etwa 1 γ B_{12} je cm^2 Papierfläche. Die gleichzeitige Aktivierung des Co-Atoms stört die exakte Zuordnung bei der kurzen Bestrahlungsdauer nicht. Bei kleinen Substanzmengen kann die Papier-Aktivität störend sein, die man aber durch Verwendung von aschefreiem Filterpapier ausschalten kann.

Aufsteigende Papierchromatographie mit wassergesättigtem Butanol beschreiben [5]. Die fertigen Chromatogramme werden mit dem Platten-Test mit Lb. leichmannii ausgewertet, bei einem Nährboden, dem 2% Agar und 10% frischer Tomatensaft beigefügt waren. Die Flecken werden innerhalb 24 Std sichtbar. Weitere Verfahren [6].

Auf die Möglichkeit von Pannen bei der Papierchromatographie des Vitamin B_{12} weist [7] nachträglich hin. Eine einzelne Substanz kann schon zur Bildung von doppelten Zonen oder lästigen Schwänzen führen durch Änderung im Wassergehalt des Fließmediums. Dies kommt bei wassergesättigten Lösungsmitteln zustande, z. B. durch Temperaturerhöhung, wobei sich relative Untersättigung mit Wasser bemerkbar macht. Ganz ähnlich wirken Spuren von Feuchtigkeit auf dem Filterpapier oder der Salzgehalt der Lösungsmittel, da eintrocknende Salzlösungen Wasser anziehen.

Chemische Bestimmung. Da die physikalischen Methoden (UV- oder IR-Spektren, Papierchromatographie) nicht genügend spezifisch sind und auch mikrobiologische Verfahren häufig durch Begleitstoffe gestört oder in ihren Ergebnissen verfälscht werden, sind chemische Verfahren zur Bestimmung von Vitamin B_{12} zur Sicherung anderer Analysenergebnisse gelegentlich notwendig.

---

* Bestellnummer der American Type Culture Collection, 2029, M. Street, Washington, D. C.

** Zu beziehen von: DIFCO Laboratories, Detroit, Michigan, USA. In Deutschland bei Serva Entwicklungs-Laboratorium, Heidelberg.

[1] BACHER, F. A., A. E. BOLEY and C. E. SHONK: Analyt. Chem., Washington **26**, 1146 (1954).
[2] US Pharmacopoe XV, 1. Suppl. 1956.
[3] CRAMER, F.: Papierchromatographie. 4. Aufl. S. 171. Weinheim 1958.
[4] SCHMEISSER, K., u. D. JERCHEL: Angew. Chemie **65**, 490 (1953).
[5] KOCHER, V., R. KARRER u. H. R. MÜLLER: Int. Z. Vit.-Forsch. **21**, 403 (1950).
[6] WOODRUFF, H. B., and J. C. FOSTER: J. biol. Ch. **183**, 569 (1950).
[7] SMITH, E. L.: Nature **169**, 60 (1952).

Chemische Verfahren sind seit 1950 ausgearbeitet und spielten bei den Forschungen über Isolierung und Konstitutionsaufklärung eine wesentliche Rolle.

Drei Verfahren, die auf verschiedenen Grundlagen beruhen, stehen zur Verfügung:

a) Colorimetrische *Bestimmung von 5,6-Dimethyl-benzimidazol*, das durch HCl-Hydrolyse aus Vitamin B_{12} freigesetzt wird (1950). Empfindlichkeit 10 γ Spaltprodukt entsprechend 93 γ Vitamin B_{12}. Dieses Verfahren unterscheidet das wirksame Vitamin B_{12} nicht von unwirksamen Zersetzungsprodukten, die noch 5,6-Dimethyl-benzimidazol enthalten.

Auf der gleichen Grundlage wurde auch ein fluorometrisches Verfahren entwickelt, das 1000mal empfindlicher ist[1].

b) Colorimetrische *Bestimmung von HCN*, das durch Photolyse mit monochromatischem Licht bei p_H 4 schon bei Zimmertemperatur aus Vitamin B_{12} freigesetzt wird (1950)[1,2]. Empfindlichkeit 0,005 γ CN, entsprechend 0,26 γ Vitamin B_{12}. Anderes Verfahren [3].

c) Colorimetrische *Bestimmung der roten „Säure"*, die sich durch Hydrolyse mit HCl aus Vitamin B_{12} abspaltet[4] und die der kobalthaltigen chromophoren Gruppe des Vitamin B_{12} entspricht. Empfindlichkeit: bei Auswertung im sichtbaren Licht 0,1 γ, bei Auswertung im UV-Bereich 0,05 γ.

Alle 3 chemischen Verfahren sind für rohe, Vitamin B_{12}-haltige Extrakte die viele Begleitstoffe enthalten, nur in Sonderfällen geeignet. Die Verfahren a und b erfordern komplizierte Apparaturen und seltene Reagentien, Verfahren c ist relativ einfach[5] und zur Vitamin B_{12}-Bestimmung in pharmazeutischen Präparaten meist ausreichend.

Wir geben im Nachstehenden eine ausführliche Beschreibung der Verfahren b und c, während Verfahren a nur in den Grundzügen geschildert wird, da es nur mehr selten durchgeführt wird.

Zu a): Aus Konzentraten von Vitamin B_{12} wurde durch Hydrolyse mit 6 n HCl bei 150° während 18 Std 5,6-Dimethyl-benzimidazol abgespalten, das dann mit Benzoylchlorid zum 4,5-Dimethyldibenzoyl-o-phenylen-diamin benzoyliert wurde. Überschuß an Benzoylchlorid wurde durch Alkalibehandlung entfernt. Das entstandene Diamin wurde dann mit Chloroform extrahiert, Chloroform abgedampft und der Rückstand mit konz. H_2SO_4 bei 150° behandelt, um 4,5-Dimethyl-o-phenylen-diamin zu erhalten. Dann wurde die schwefelsaure Lösung dieses Diamins fast neutralisiert und mit Acetylaceton behandelt, um 2,4,7,8-Tetramethyl-1,5-benzyl-diazepin zu erhalten, dessen rote Farbe für die Bestimmung von 10 γ ursprünglichem Benzimidazol ausreicht.

Empfindlicher ist die fluorometrische Bestimmung von 6,7-Dimethyl-alloxazin, das man durch Kondensation mit Alloxan erhält und der Lösung mit Chloroform entziehen kann. Fluorescenzmessung in wäßrig-alkalischer Lösung im Bereich zwischen 0,01—0,1 γ Benzimidazol.

Zu b) Das Verfahren ist hoch empfindlich und ziemlich genau.

***Bestimmung von Vitamin B_{12} nach* Boxer *und* Rickards.**

Prinzip:

Das durch Photolyse abgespaltene HCN wird durch einen Luftstrom abgetrennt und entwickelt mit Chloramin T-Phosphat-Reagens und einem Pyrazolon-Pyridin-Reagens eine intensiv blaue Farbe[6]. Die Entwicklung dieser Farbe beruht auf folgender Reaktionskette: Cyanid wird durch Chloramin T-Lösung in Cyanogen-chlorid überführt. Dieses letztere reagiert mit Pyridin und bildet Cyanpyridinium-chlorid, das mit Wasser zu Glutaconsäurealdehyd aufgespalten wird. Glutaconsäurealdehyd reagiert dann mit 2 Molekülen

[1] Boxer, G. E., and J. C. Rickards: Arch. Biochem. **29**, 75 (1950).
[2] Boxer, G. E., and J. C. Rickards: Arch. Biochem. **30**, 372, 382, 392 (1951).
[3] Veer, W. L. C., J. H. Edelhausen, H. G. Wijmenga and J. Lens: Biochim. biophysica Acta, N. Y. **6**, 225, 229 (1950).
[4] Fantes, K. H., D. M. Ireland and N. Green: Biochem. J. **46**, XXXIV (1950).
[5] Heinrich, H. C.: Z. analyt. Chem. **135**, 251 (1952).
[6] Epstein, J.: Analyt. Chem., Washington **19**, 272 (1947).

1-Phenyl-3-methyl-5-pyrazolon und bildet einen stabilen Farbstoff. Empfindlichkeit 0,005 γ HCN je cm³, Genauigkeit $\pm 1{,}5\,\%$. Das Verfahren erlaubt den Nachweis von 1 γ Cyanid in $10^{11}\gamma$-Lösung, d. h. in 100 *l* Wasser.

Reagentien:

1. 0,1 n NaOH.
2. 1 m NaH_2PO_4.
3. 0 05 n Cer(IV)-sulfat in n H_2SO_4.
4. Ag_2SO_4, gesättigte Lösung in 20%iger H_2SO_4 mit Bodensatz an überschüssigem Ag-sulfat.
5. Chloramin T, umkristallisiert, 0,25% wäßrige Lösung; hält sich im Kühlschrank unbegrenzt.
6. 1-Phenyl-3-methyl-5-pyrazolon, umkristallisiert, gesättigte wäßrige Lösung. Eine Stammlösung mit Bodenkörper wird vorrätig gehalten, sie hält sich unbegrenzt. Die jeweils benötigte Menge wird davon abfiltriert.
7. Bis-(1-phenyl-3-methyl-5-pyrazolon), in Pyridin p. a. gelöst. Bis-(1-phenyl-3-methyl-5-pyrazolon) wird hergestellt nach dem Verfahren von KNORR[1]:
   0,1 Mol von umkristallisiertem 1-Phenyl-3-methyl-5-pyrazolon werden in 100 cm³ 95%igem Äthanol gelöst und 0,25 Mol frisch destilliertes Phenylhydrazin zugefügt. Die Mischung wird 4 Std am Rückfluß gekocht, der unlöslich bleibende Anteil ist das gewünschte Bis-(1-phenyl-3-methyl-5-pyrazolon). Die Reaktionsmischung wird heiß filtriert und der Niederschlag mehrfach mit heißem 95%igem Äthanol gewaschen. F = >320°. Von dem erhaltenen Bis-(1-phenyl-3-methyl-5-pyrazolon) werden 0,1 g in 100 cm³ Pyridin p. a. gelöst. Die Lösung dient zur Stabilisierung des Farbstoffes. Diese Lösung muß jeden 2. Tag frisch gemacht und in der Kühltruhe aufbewahrt werden. Sobald sie sich färbt, ist sie unbrauchbar geworden.
8. Chloramin T-Phosphat-Reagens. Man mischt 1 cm³ Lösung *5* mit 3 cm³ Lösung *2*. Die Mischung ist nur 15—30 min lang brauchbar, nämlich solange Chloramin T kolloidal suspendiert bleibt. Sobald es sich in gröberen Teilchen absetzt, ist die Lösung unbrauchbar.
9. Pyrazolon-Pyridin-Reagens. 40 cm³ Lösung *6* werden gemischt mit 8 cm³ Lösung *7*. Die Mischung muß vor direktem Sonnenlicht geschützt bleiben und ist verdorben, wenn sie sich rosa zu färben beginnt, gewöhnlich nach 60—90 min.

Belüftungsapparatur:

Sie besteht aus mehreren hintereinandergeschalteten Gas-Waschflaschen, die mit einem doppelt durchbohrten Gummistopfen und zu- und abführenden Glasröhrchen versehen sind, von denen das Einlaßröhrchen bis ganz auf den Boden des Gefäßes reichen muß.

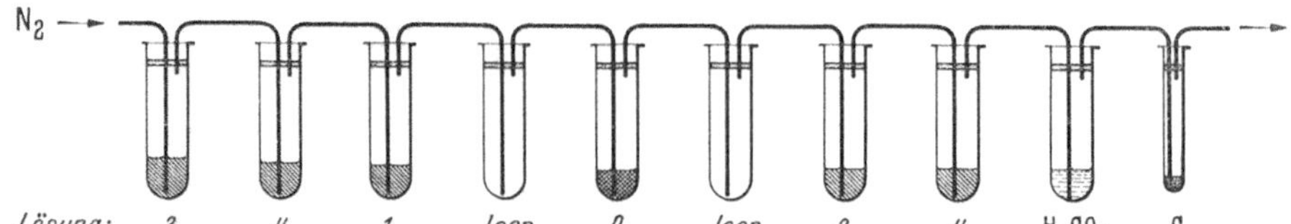

Abb. 5. Schema der Apparatur.

Als Gas-Waschflaschen genügen Reagensgläser, die über dem Flüssigkeitsspiegel noch 15 cm hoch sind. Als Sammelgefäß dient ein Reagensglas 1,8×15 cm. Die Sammelröhrchen sind innen überzogen mit Siliconfilm (Vorschrift nach [2]), um zu vermeiden, daß sich ein Alkalifilm am Glas bildet und die Lösung durch den Auslaß verlorengeht, wenn der Stickstoffstrom sehr rasch fließt.

[1] KNORR, L.: B. **17**, 2044 (1884).

[2] DOYLE, W. L., and J. H. OMOTO: Analyt. Chem., Washington **22**, 603 (1950).

Alle (bis zu 8) Waschflaschen werden durch festsitzenden Gummischlauch miteinander verbunden und durch einen konstanten Strom von Stickstoff durchspült. Bevor dieser Stickstoffstrom in das erste Reaktionsgefäß eintritt, passiert er 4 vorgeschaltete Waschflaschen, die gefüllt sind:

die erste mit 20 cm^3 Lösung *3*,
die zweite mit 20 cm^3 Lösung *4*,
die dritte mit 20 cm^3 Lösung *1*.
Die vierte bleibt leer.

Abtrennung des HCN von Rhodanid:

Die Lösung im Reaktionsgefäß *R* enthält unabhängig vom verwendeten Volumen 5—400 mγ Cyanid. Die Lösung wird auf p_H 5 eingestellt, Gas-Durchspülung bei diesem p_H trennt HCN quantitativ sogar vom 10000fachen Überschuß an Rhodanid, wenn oxydierende Stoffe in der Lösung ausgeschlossen sind. Ist man dessen nicht sicher, so kann man die Oxydation durch Zugabe von wenig Hypophosphit zur Lösung verhindern.

Sammlung von HCN in Alkali:

Das aus dem Reaktionsgefäß *R* durch den Stickstoffstrom ausgespülte HCN wird immer gesammelt in 1 cm^3 Lösung *1* im Sammelröhrchen *S*. Viele Analysenproben enthalten flüchtige Störstoffe, die mit dem HCN mitgerissen werden. Damit sie vom Reaktionsgefäß nicht in das Sammelgefäß gelangen, schaltet man weitere Waschflaschen dazwischen:

1 leere Waschflasche,
1 Waschflasche mit 20 cm^3 Lösung *3*,
1 Waschflasche mit 20 cm^3 Lösung *4*,
1 Waschflasche mit 20 cm^3 0,1 n H_2SO_4.

Werden solche zwischengeschalteten Gas-Waschflaschen benutzt, so muß man die Gasdurchspülung 15 min länger laufenlassen. Die Lösungen in den Waschflaschen müssen alle erneuert werden, wenn Lösung *3* deutlich blasser geworden ist oder Lösung *4* sich schwarzbraun verfärbt hat.

Photolyse bei Raumtemperatur:

Die Probe (Volumen bis zu 100 cm^3) wird mit Phosphatpuffer oder verdünnter Schwefelsäure auf p_H 4—5 gebracht, das Reaktionsgefäß an die Waschflasche angeschlossen und die Belichtungsapparatur (s. im Original) eingeschaltet. Nach 30 min ist in den meisten Fällen die HCN-Abspaltung beendet[1], die Belüftung wird bis zur vollständigen Austreibung von HCN fortgesetzt.

Colorimetrische Bestimmung:

Das Sammelröhrchen, das 5—500 mγ HCN in 1 cm^3 Lösung *1* enthält, wird auf 0° gekühlt und dann 0,2 cm^3 Lösung *8* zugefügt, gut gemischt und nach 2 min 3 cm^3 Lösung *9* zugefügt. Bei Zimmertemperatur entwickelt sich nun eine blaue Färbung, die für $\geqq 2$ Std stabil bleibt. Die Farbintensität wird mit einem Spektrophotometer bei 620 mμ gemessen. Das BEERsche Gesetz gilt von 5—400 mγ Cyanid. Geeignet sind rechteckige Küvetten mit 10 mm Schichtdicke für den Bereich von 20—400 mγ und röhrenförmige Küvetten mit 50 mm Schichtdicke (3,5 cm^3 Inhalt für < 100 mγ). Die Blindproben ergeben die gleiche Colorimeterablesung wie dest. Wasser.

Das Verfahren ist anwendbar auf die Bestimmung aller Cobalamine, da diese durch Behandlung mit Cyanid in Cyanocobalamin überführt werden können. Dies kann erreicht werden, indem man den 3—5fachen molaren Überschuß einer frischbereiteten wäßrigen Lösung von KCN zufügt und die Lösung 3 Std im Dunkeln bei $p_H \leqq 5$ hält.

Überschüssiges HCN wird durch Belüftung im Dunkeln entfernt. Dann wird die Probe belichtet und das von den Cobalaminen gebundene HCN durch Photolyse abgespalten. Die Differenz zwischen den Vitamin B_{12}-Werten vor und nach der Cyanidbehandlung beruhte auf anderen Cobalaminen.

[1] BOXER, G. E., and J. C. RICKARDS: Arch. Biochem. **30**, 392 (1951).

Zu c): Dieses einfache Verfahren ist nicht geeignet zur Bestimmung von Vitamin B_{12} in Organen, sondern nur in Arzneimitteln, gereinigten Konzentraten aus Leber usw. und erspart die umständlichen mikrobiologischen Verfahren.

Bestimmung von Vitamin B_{12} nach **Heinrich**[1].

Reagentien:

1. Vitamin B_{12}-Standard: 0,9—1,1 mg krist. Vitamin B_{12} (Cyanocobalamin) werden mit genau 20 cm³ reinsten Wassers gelöst und der genaue Gehalt der Lösung spektrophotometrisch ausgewertet (vgl. S. 1500). Diese Standard-Lösung wird bei $+2°$ unter Stickstoff im Dunkeln aufbewahrt. Sie ändert ihre Extinktion in 4 Monaten nur um 5%.
2. Salzsäure p. a. $D = 1,16$, also etwa 10 n, zur Hydrolyse.
3. Aliphatische Alkohole zur Veresterung. Octyl-alkohol (oder den preiswerteren Heptylalkohol), primär, normal.
4. Na_2SO_4 p. a., wasserfrei.
5. Methanol p. a.

Ausführung:

Zur *Abspaltung der roten Säure* muß Vitamin B_{12} 2 Std bei 100° mit 5 n HCl hydrolysiert werden. Bei Mengen unter 1 γ B_{12} genügt schon 1 Std. Man pipettiert 0,1—2 cm³ Testlösung in ein Reagensglas, füllt mit dest. Wasser auf 2 cm³ auf, gibt 2 cm³ Salzsäure (Reagens *2*) zu, verschließt mit durchbohrtem Glasstopfen und stellt für 2 Std in kochendes Wasserbad.

Zur *Veresterung der roten Säure* werden zum Hydrolysat der B_{12}-Vitamine 5 cm³ Reagens *3* zugegeben und anschließend 1—2 Std kräftig geschüttelt. Lösungen von reinem Vitamin B_{12} sind schon nach 30 min vollständig verestert; bei Leberextrakten ist längeres Schütteln bis zu 2 Std empfehlenswert. Der beim Mischen der beiden Flüssigkeits-Phasen sich bildende Ester aus Heptylalkohol und roter Säure löst sich in der alkoholischen Phase. Er ist bei saurem bis schwach alkalischem p_H stabil und wird erst bei p_H 11 gespalten. Amylalkohol, Butylalkohol und Isobutylalkohol sind zur Veresterung weniger geeignet als Octylalkohol und Heptylalkohol, da die Phasentrennung schwieriger ist und anorganisches Kobalt störend wirken kann. Die abgetrennte obere alkoholische Phase wird in ein Zentrifugenglas übergeführt und mit wasserfreiem Na_2SO_4 getrocknet. Das suspendierte Na-sulfat wird abgeschleudert, wobei sich keine wäßrige Phase über den Na_2SO_4-Kristallen absetzen darf. Sollte dies doch der Fall sein, muß nochmal Na-sulfat zugegeben werden. Das Volumen der vollständig entwässerten Alkoholphase wird nun im Meßglas gemessen (etwa 4,6—4,9 cm³).

Die *rote Säure* zeigt im Beckmanschen Spektralphotometer 2 Maxima bei 5520 Å und bei 3410 Å, die beide zum Vergleich geeignet sind, z. B. auch mit den Filtergläsern 546 mμ bzw. 334 mμ. Zur Anlegung der Eichkurve benutzt man abgestufte Dosen des Standard-Präparates zwischen 0,3 und 10 γ Vitamin B_{12} und macht von jeder eine Doppelbestimmung.

Fehlermöglichkeiten. Diese Vitamin B_{12}-Bestimmung wird durch organisch gebundenes Kobalt z. B. bei Leberextrakten nur gestört, wenn ungewöhnlich viel anorganisches Kobalt vorliegt oder zur Veresterung niedere aliphatische Alkohole benutzt werden. Kobaltionen absorbieren bei 5120 Å. Bei sorgfältiger Beseitigung der wäßrigen Phase stört dies nicht. Die in käuflichen Leberextrakten enthaltenen Leber-Farbstoffe müssen vor der spektrophotometrischen Bestimmung durch mehrfaches Ausschütteln mit einem Salzsäure-Alkoholgemisch abgetrennt werden.

Cyano-cobalamine und Hydroxo-cobalamine verhalten sich bei der vorstehend beschriebenen Bestimmung gleich. Ein nach Oxydation von Vitamin B_{12} mit H_2O_2 auftretendes Abbauprodukt, das sich bei Lb. leichmannii als Antagonist von Vitamin B_{12} erwies, stört nicht.

Eine enzym-chemische Bestimmung für Vitamin B_{12} ist bisher unbekannt.

[1] Heinrich, H. C.: Z. analyt. Chem. **135**, 251 (1952).

Mikrobiologische Bestimmung von Vitaminen der B_{12}-Gruppe[1-3]. Mikrobiologische Verfahren bildeten den Schlüssel zur Entdeckung des Vitamin B_{12} und werden heute am häufigsten ausgeführt, da sie bei höchster Empfindlichkeit auch weit größere Spezifität bieten als physikalische und chemische Bestimmungen.

Als *Testorganismen* stehen zur Verfügung:

	ATCC*	I	II	
1. Lactobacillus lactis Dorner	8000	0,02	Desoxyriboside	0,5
2. Lactobacillus leichmannii 313	7830	0,01	Desoxyriboside	0,5
3. Lactobacillus leichmannii	4797	0,1	Desoxyriboside	0,5
			intakte DNS 40	
4. Euglena gracilis var. bacillaris		0,01	noch unbekannt	
5. Escherichia coli Mutante 113—3				
Papierblättchen-Verfahren		5,0	Methionin 500	
Röhrchen-Verfahren		0,5	Methionin 500	
6. Ochromonas malhamensis				

I = Empfindlichkeit: ausgedrückt in γ Vitamin B_{12} je cm^3 Probe, die für den Test nötig sind.
II = Störende Substanzen. Die Zahl gibt an, wieviel γ an störenden Stoffen je cm^3 maximal toleriert werden.

Mit jedem Mikroorganismus kann man den B_{12}-Nachweis in verschiedener Form ausführen: mit der Röhrchen-Methode, mit der Becher-Methode, mit der Papierblättchen-Methode[1-3] (FPD = Filter Paper Disc-Methode)**.

Wie die Tabelle zeigt, erreicht man mit den Verfahren ganz verschiedene Empfindlichkeit. Bei Nr. 2 können ohne Schwierigkeiten noch 10^{-6} γ B_{12} je cm^3 Testflüssigkeit erfaßt werden.

Nr. 6 spricht streng spezifisch nur auf Cyanocobalamin an und nicht auf die Faktoren A, B, C und Pseudo-Vitamin B_{12}, die Cyanocobalamin häufig begleiten, namentlich in Extrakten aus Mist und Faulschlamm und anderem Material, das fermentativen Einwirkungen unterlag. Der Test mit Nr. 6 erfordert 72 Std dauernde Bebrütung und besondere Versuchstechnik. Es handelt sich um ein gegeißeltes Protozoon, das phagotrophisch und durch Photosynthese lebt.

Der Test mit Nr. 2 ist von der amerikanischen Pharmacopoe vorgeschrieben. Er arbeitet weniger spezifisch als der mit 1. Am häufigsten wird der Test mit Nr. 4 ausgeführt. Genaue Einzelvorschriften für den mikrobiologischen B_{12}-Nachweis finden sich bei[1-4].

Biologische Einheiten. 1 γ Cyanocobalamin entspricht der Wirksamkeit von 11000 LLD-Einheiten (Lactobacillus lactis-Dorner-Einheiten).

Eine USP-Einheit entspricht in der klinischen Wirksamkeit beim Perniciosa-Kranken 1 γ Vitamin B_{12}, die in etwa 11 cm^3 eines gut wirksamen Leberextraktes enthalten sind.

Weitere mikrobiologische Nachweise: mit Lactobacillus ATCC 7830 mit Titration nach 72 Std Bebrütung[5]; mit Escherichia coli ATCC 11105 beschreiben JOHANSSEN[6] und HARRISON[7] sowie JOHNSON[8].

* Zu beziehen von: American Type Culture Collection, 2029 M. Street, Washington, D. C.
** Filterblättchen 13 mm bzw. 6,5 mm Durchmesser; zu beziehen bei Schleicher & Schüll, Nr. 740.

[1] HOFF-JØRGENSEN, E.: Meth. biochem. Analysis **1**, 81 (1954).
[2] JUKES, T. H., and W. L. WILLIAMS: SEBRELL-HARRIS, Vitamins. Bd. I, S. 455.
[3] WRIGHT, L. D., H. R. SKEGGS, S. H. RUBIN and E. DE RITTER: GYÖRGY, P. (Hrsgb.): Vitamin Methods. Bd. II, S. 683. New York 1950.
[4] FORD, J. E.: Brit. J. Nutrit. **7**, 299 (1953).
[5] MOINUDDIN, M., and O. G. BENTLEY: J. Nutrit. **56**, 335 (1955).
[6] JOHANSSEN, K. R.: Proc. Soc. exp. Biol. Med. **83**, 448 (1953).
[7] HARRISON, E., K. A. LEES and F. WOOD: Analyst **76**, 696 (1951).
[8] Weitere Angaben über die mikrobiologische B_{12}-Auswertung: JOHNSON, R. R., O. G. BENTLEY and A. L. MOXON: J. biol. Ch. **218**, 379 (1956).

Bestimmung im Tierversuch. Vitamin B_{12} kann auch an Ratten und Küken ausgewertet werden, die nur mit pflanzlicher Kost ernährt werden, also Vitamin B_{12}-frei. Die Küken[1] sollen aus Eiern gebrütet werden, die bereits von vitamin B_{12}-arm ernährten Hennen stammen, da Vitamin B_{12} in Eidotter übertragen wird. Die Küken sind auf Drahtsieben zu halten, so daß ihnen Hühnermist nicht zugänglich ist. Nach einer Vorperiode mit Mangelkost während 6 Monaten folgt dann eine 25 Tage dauernde Versuchsperiode; als Maß der Wirkung dient die Wachstumskurve, Vergleich mit der bei Zulagen von Vitamin B_{12}-Standard.

Der Versuch bei Ratten wird ganz entsprechend durchgeführt mit Vitamin B_{12}-armer Ernährung während 7—14 Tagen. Die Gewichtszunahme während der folgenden 2 Wochenperiode gilt als Maß für die Vitamin B_{12}-Wirkung, Vergleich mit Standard-Präparat[2, 3].

Tabelle 5. *Natürliche B_{12}-Vitamine und deren Basen.*

Kurzbezeichnung	Vorläufige Bezeichnung *	Base
FB	Faktor B[4-7]	Nucleotid fehlt
Ib	Faktor Ib[8]	Base fehlt
V_1	Faktor V_1[5, 6]	Nucleotid fehlt
ψ-B_{12}	ψ-Vitamin B_{12}[9-11]	Adenin
FA	Faktor A[4, 12-16]	2-Methyladenin
S-Fakt.	2-Methylmercaptoadenin-cobalamin-Analogon[17]	2-Methylmercaptoadenin
B_{12}	Vitamin B_{12}[18, 19]	5,6-Dimethylbenzimidazol
5-MeBIA	5-Methylbenzimidazol-cobalamin-Analogon[6, 20-24]	5-Methylbenzimidazol
BIA	Benzimidazol-cobalamin-Analogon[6, 20, 21, 23-26]	Benzimidazol
FIII	Faktor III[5, 27]	5-Oxybenzimidazol

* Vgl. S. 1492.

[1] Rubin, M., and H. R. Bird: J. Nutrit. **34**, 233 (1947).
[2] Lewis, U. J., U. D. Register and C. A. Elvehjem: Proc. Soc. exp. Biol. Med. **71**, 509 (1949).
[3] Frost, D. V., H. H. Fricke and H. C. Spruth: Proc. Soc. exp. Biol. Med. **72**, 102 (1949).
[4] Ford, J. E., and J. W. G. Porter: Biochem. J. **51**, V, VI (1952).
[5] Friedrich, W., u. K. Bernhauer: Angew. Chem. **65**, 627 (1953).
[6] Bernhauer, K., u. W. Friedrich: Angew. Chem. **66**, 776 (1954).
[7] Armitage, J. B., J. R. Cannon, A. W. Johnson, L. F. J. Parker, E. L. Smith, W. H. Stafford and A. R. Todd: Soc. **1953**, 3849.
[8] Dellweg, H., and K. Bernhauer: Arch. Biochem. **69**, 74 (1957).
[9] Pfiffner, J. J., D. G. Calkins, R. C. Peterson, O. D. Bird, V. McGlohon and R. W. Stipek: Abstr. 120th Meeting amer. chem. Soc., New York, 23 C (1951).
[10] Dion, H. W., D. G. Calkins and J. J. Pfiffner: Am. Soc. **74**, 1108 (1952).
[11] Friedrich, W., u. K. Bernhauer: B. **89**, 2507 (1956).
[12] Ford, J. E., and J. W. G. Porter: Brit. J. Nutrit. **7**, 326 (1953).
[13] Dion, H. W., D. G. Calkins and J. J. Pfiffner: Am. Soc. **76**, 948 (1954).
[14] Brown, F. B., and E. L. Smith: Biochem. J. **56**, XXXIV (1954).
[15] Friedrich, W., u. K. Bernhauer: B. **90**, 465 (1957).
[16] Brown, F. B., J. C. Cain, D. E. Gant, L. F. J. Parker and E. L. Smith: Biochem. J. **59**, 82 (1955).
[17] Friedrich, W., u. K. Bernhauer: Angew. Chem. **69**, 478 (1957). B. **90**, 1966 (1957).
[18] Rickes, E. L., N. G. Brink, F. R. Koniuszy, T. R. Wood and K. Folkers: Science, N. Y. **107**, 396 (1948).
[19] Smith, E. L., and L. F. J. Parker: Biochem. J. **43**, VII (1948).
[20] Ford, J. E., E. S. Holdsworth and S. K. Kon: Biochem. J. **58**, XXIV (1954); **59**, 86 (1955).
[21] Dellweg, Hw., E. Becher u. K. Bernhauer: B. Z. **327**, 422 (1956).
[22] Pawełkiewicz, J.: Acta biochim. pol. **1**, 313 (1954).
[23] Friedrich, W., u. K. Bernhauer: B. **91**, 2061 (1958).
[24] Friedrich, W., u. K. Bernhauer: Angew. Chem **71**, 284 (1959).
[25] Pawełkiewicz, J., u. K. Nowakowska: Acta biochim. pol. **2**, 259 (1955).
[26] Fantes, K. H., and C. H. O'Callaghan: Biochem. J. **58**, XXI (1954); **59**, 79 (1955).
[27] Friedrich, W., u. K. Bernhauer: Z. Naturforsch. **11b**, 68 (1956). Angew. Chem. **68**, 439 (1956). B. **89**, 2030 (1956); **90**, 154 (1957).

b) Verwandte des Vitamin B_{12} mit ähnlichen chemischen oder biologischen Eigenschaften.

Die Verwandten des Vitamin B_{12} kann man in Gruppen einteilen:

1. Die eigentlichen Cobalamine mit ihren Eigenschaften zeigt die Tabelle 5. Die Konstitution dieser Verbindung ergibt sich aus der Koordinationszahl 6 des Kobalt-Atoms im Molekül. Die Absorptions-Maxima weichen bei diesen Derivaten von denen des Cobalamins etwas ab, da durch die mit dem Kobalt assoziierten Ionen der p_H-Wert der Lösung sich ändert[1], vgl. auch Nr. 1—4 der Tabelle 10.

2. Purinhaltige Cobalamine, die statt des Benzimidazols Purine (Adenin, Hypoxanthin) enthalten. Nr. 5, 6, 7, 8, 9 der Tabelle 10.

3. Stoffe, bei denen die Base überhaupt fehlt, Nr. 10 der Tabelle 10.

4. Stoffe, bei denen das Nucleotid fehlt, Nr. 11 und 12 der Tabelle 10.

5. Eine Anzahl von Stoffen, bei denen viele nähere und weitere Verwandte von Benzimidazol und Purinen durch Biosynthese in Vitamin B_{12} eingebaut worden sind.

Von allen diesen Derivaten ist nur die erste Gruppe bei Mensch und höheren Tieren wirksam, andere Gruppen sind nur bei niedrigen Organismen aktiv, wie Tabelle 10 zeigt.

Chemische und physikalische Eigenschaften natürlicher B_{12}-Vitamine*. Die nucleotidhaltigen B_{12}-Vitamine (die üblicherweise als Cyanokomplexe gewonnen werden) unterscheiden sich chemisch voneinander nur durch die Art der Purin- bzw. Benzimidazolbase und — bei einer asymmetrischen Benzimidazolbase — durch die Stellung des 5(6)-Benzimidazol-Substituenten im Nucleotidanteil. Die Tabellen 5—7 umfassen nur die in der Natur mit Sicherheit aufgefundenen und strukturchemisch bereits genügend bearbeiteten Vitamin B_{12}-Arten. Alle diese wurden im Faulschlamm bzw. im Belebtschlamm aufgefunden, manche auch in Faeces und Panseninhalt (Faktor B, Pseudovitamin B_{12}, Faktor A) sowie in Reinkulturen von Bakterien (Faktor B, Pseudovitamin B_{12},

Tabelle 6. *R_F-Werte (I) und papierelektrophoretisches Verhalten (II).*

I. Entwickelt 24 Std, aufsteigend. Papier Nr. 2043 A der Fa. Schleicher & Schüll.
Entwickler (in cm^3):
1. Wassergesättigtes sekundäres Butanol 100, Eisessig 1, 10%ige HCN-Lösung 0,1.
2. Sekundäres Butanol 50, H_2O 18, 25%ige NH_3-Lösung 7, 10%ige HCN-Lösung 0,1.
3. Wassergesättigtes sekundäres Butanol 100, 10%ige HCN-Lösung 0,02.
4. Wassergesättigtes sekundäres Butanol 100, 10%ige HCN-Lösung 0,1, Na-Tetraphenylborat 1,0g.

II. Puffer: p_H 2,7, 0,5 m Essigsäure; p_H 6,5, 0,02 m Phosphat; p_H 10,6, 0,1 m Na_2CO_3—$NaHCO_3$. Die Puffer enthalten 0,5 cm^3 10%ige HCN-Lösung je *l*.

n = neutral, s = sauer, b = basisch.

B_{12}-Art	Entwickler, R_F-Werte				Elektrophoretisches Verhalten		
	1	2	3	4	p_H 2,7	p_H 6,5	p_H 10,6
FB . .	0,37	0,39	0,36	0,42	b	n	n
Ib . . .	0,36	0,39	0,35	0,32	n	s	s
V_1 . . .	0,36	0,24	0,185	0,113	b	s	s
					$R_{FB} = 1$		
ψ-B_{12} . .	0,205	0,235	0,17	0,087	b	n	n
					$R_{FB} = 0{,}42$		
FA . .	0,21	0,255	0,185	0,114	b	n	n
					$R_{FB} = 0{,}76$		
S-Fakt.	0,296	0,32	0,27	0,176	n	n	n
B_{12} . .	0,305	0,39	0,287	0,35	n	n	n
5-MeBIA	0,27	0,38	0,25	0,326	n	n	n
BIA . .	0,245	0,36	0,228	0,268	n	n	n
FIII . .	0,23	0,255	0,216	0,24	n	n	s

* Den folgenden Abschnitt (S. 1511—1513, Tabellen 5—9) verfaßten Herr Prof. Dr. K. BERNHAUER und Herr Dr. FRIEDRICH. Für die Überlassung dieses Abschnittes bin ich den beiden Herren zu großem Dank verpflichtet.

[1] KACZKA, E., D. E. WOLF, F. A. KUEHL and K. FOLKERS: Science, N. Y. **112**, 354 (1950).

Vitamin B_{12}). Alle Daten der Tabellen 5—7 beziehen sich auf die Cyanoformen. Tabelle 8 enthält die UV-Absorptionsmaxima der Nucleoside und Nucleotide der natürlichen Vitamin B_{12}-Arten. Bei allen Vitamin B_{12}-Arten können an Stelle der Cyanogruppe verschiedene andere Gruppen am Co-Atom gebunden sein, also z. B. —OH, —SCN, —OCN usw. Die Bindung kann hier rein koordinativ sein (wie im Falle der Cyanokomplexe) oder z. T. Ionencharakter haben (was für alle anderen Formen zutreffen dürfte). Die anderen Formen wurden bisher nur am Vitamin B_{12} genauer studiert (s. Tabelle 9). Ihre biologischen Eigenschaften unterscheiden sich, soweit bisher bekannt, nicht signifikant von denen des Cyanocobalamins (Vitamin B_{12}).

Tabelle 7. *Absorptionsmaxima in Wasser* (vgl. Abb. 1—4, S. 1498).

B_{12}-Art	Monocyanoform		Dicyanoform, p_H etwa 11	
	λ (mμ)	$E^{1\%}_{1\,cm}$	λ (mμ)	$E^{1\%}_{1\,cm}$
ψ-B_{12} . .	276	134	276	134
			306—313	71
FA . .	277	128	277	130
			306—313	69
S-Fakt.	303	92	277	109
B_{12} . .	278	118	278	
	361	207	288	
			306—313	
5-MeBIA	278	108	278	103
			288	75
			306—313	72
BIA . .	274	108	275	103
			280	100
			306—313	75
FIII . .	295	103	277	79
			313	103

Tabelle 8. *UV-Absorption der Nucleoside bzw. Nucleotide natürlicher B_{12}-Arten in Wasser* (λ in mμ).

Substanz	p_H 1,0		p_H 12,0	
	Absorptionsmaximum	$\varepsilon \cdot 10^{-3}$	Absorptionsmaximum	$\varepsilon \cdot 10^{-3}$
Nucleosid aus ψ-B_{12} .	273	13,6	271	9,8
Nucleosid aus FA . .	273	13,2	244	5,7
			276	9,1
Nucleosid aus S-Fakt.	247	21,1	238	21,4
	289,5	10,3	287,5	6,1
Nucleotid aus B_{12} . .	277		249	
	285		280	
			288	
Nucleotid aus 5-MeBIA	275		247,5	
	282		280	
			288	
Nucleotid aus BIA . .	268		245	
	274,8		272,5	
			279,8	
Nucleotid aus FIII .	289,5		316	

Die Spektren *nucleotidhaltiger* B_{12}-Arten sind im Bereich von 340—600 mμ einander gleich und besitzen Maxima in der Monocyanoform bei 361 mμ ($E^{1\%}_{1\,cm} = 204 \pm 4$) und 550 mμ ($E^{1\%}_{1\,cm} = 65 \pm 1$), in der Dicyanoform bei 368, 540 und 580 mμ. Die zwischen 250 und 340 mμ liegenden Maxima enthält die obige Tabelle 7.

Die Spektren *nucleotidfreier* B_{12}-Arten (FB, Ib, V_1) besitzen Maxima in der cyanidfreien Form in schwach saurem p_H-Bereich bei 273, 350, 495 und 518 mμ, in der Dicyanoform bei 276, 308, 368, 540 und 580 mμ.

Zur Unterscheidung von Hydroxo-Cobalamin (B_{12b}) und Cyano-Cobalamin (B_{12}) wird folgendes Verfahren empfohlen[1]:

Man läßt 150 mg Ascorbinsäure frisch gelöst in 2 cm^3 1 m Acetat-Puffer von p_H 5 einwirken auf 10—50 γ B_{12}, die in 2 cm^3 Wasser gelöst sind. Nach 30 min bei 70° kann die Lösung für den mikrobiologischen Test verdünnt werden; das Verfahren eignet sich auch, die Anteile der beiden B_{12}-Vitamine in Kulturbrühen zu erkennen. Das Verfahren beruht darauf, daß Hydroxocobalamin rasch, Cyanocobalamin dagegen erst nach 2—5 Std durch Ascorbinsäure mindestens zur Hälfte zerstört wird. Diese Inaktivierung erfolgt auch in Stickstoffatmosphäre und durch Dehydroascorbinsäure bei p_H 4,7, sie wird durch Cu^{2+} wesentlich beschleunigt. Das Zersetzungsprodukt des Vitamin B_{12} wurde isoliert und nach seinem Absorptionsspektrum charakterisiert[2].

Aus Faulschlamm wurden durch Druckkochung weitere Faktoren gewonnen, die zur B_{12}-Gruppe gehören und die teils nucleotidhaltig, teils nucleotidfrei sind, orange im sauren und violett im neutralen Medium sind, aber keine Wuchsstoffwirkung mehr auf Esch. coli

[1] CAMPBELL, J. A., J. M. MCLAUGHLAN and D. G. CHAPMAN: J. amer. pharmaceut. Ass., sci. Ed. **41**, 479 (1952).

[2] ROSENBERG, A. I.: J. biol. Ch. **219**, 951 (1956).

haben. Man erhält sie durch Druckkochung bei p_H 3, Adsorption an Kohle, Elution mit verdünntem Alkohol, fraktionierte Fällung sowie Reinigung und Anreicherung durch Chromatographie[1].

Eine Übersicht über die verschiedenen Verwandten des Vitamin B_{12} findet sich bei [2].

Faktor A wird bei der Desaminierung übergeführt in Faktor H, Faktor ψ geht bei der Aufarbeitung leicht über in Faktor G.

Tabelle 9. *Einige Eigenschaften mancher Formen des Vitamin B_{12}.*

Am Co-Atom gebundene Gruppe	Bezeichnung der B_{12}-Form	Absorptionsmaxima* in Wasser bei p_H 7: λ (mμ)	$E^{1\%}_{1\,cm}$	Verteilungskoeffizient: $\frac{\text{BzOH**}}{H_2O,\ p_H\ 7}$	$\frac{H_2O}{CCl_4\text{-PhOH***}}$
—CN	Cyano-cobalamin	278	116	0,8	0,03
		361	207		
		550	65		
$—OH \rightleftarrows H_2O$	Hydroxo⇄Aquo-cobalamin	274	133	etwa 0,1	
		351	167		
		526	58		
—SCN	Thiocyanato-cobalamin	274		0,7	
		352			
		520—530			
—OCN	Cyanato-cobalamin	272—278	139		0,8
		353	140		
		520—530	54		
—OS(=O)O—	Sulfito-cobalamin	275	328	sehr niedrig	
		365	130		
		418	49		
		516	61		
—ON=O	Nitrito-cobalamin	354	185		0,15
		530	75		
—Cl	Chloro-cobalamin	275	142		2,0
		352	174		
		525—530	59		
—Br	Bromo-cobalamin	275	140		2,0
		352	168		
		520—530	59		
Weitere:	Sulfato-cobalamin				
	Acetato-cobalamin				

* In manchen Fällen gibt das IR-Spektrum die sicherste Identifizierungsmöglichkeit.

** Benzylalkohol.

*** 73 cm^3 CCl_4 + 11,2 g Phenol.

Die Tabelle zeigt die eigentlichen Cobalamine: Das wichtigste Glied dieser Reihe ist das Cyano-cobalamin; die anderen tragen am Co-Atom die unterscheidende Atom-Gruppierung koordinativ gebunden. Durch Behandlung mit Cyanid können sie leicht in das Cyano-cobalamin umgewandelt werden.

Eine Übersicht über die relative Wirksamkeit (bezogen auf Cobalamin = 100) der einzelnen Vitamin B_{12}-Faktoren bei den 7 wichtigsten Testobjekten und bei der klinischen Prüfung gibt die Tabelle 10. Die natürlich vorkommenden Faktoren der B_{12}-Gruppe verteilen sich recht verschieden auf die Ausgangsmaterialien[3]: Faktor B_{12} findet sich überwiegend in tierischen Organen, nur wenig in Faeces und Wurzelknötchen von Luzerne; Faktor A findet sich vorwiegend in den Faeces von Rind, Geflügel, Ratte, etwas weniger

[1] RABEK, V. T., D. KASIK, O. SICHOVA and H. STEDRA: Biochim. biophysica Acta, N.Y. **19**, 191 (1956).
[2] BERNHAUER, K., u. W. FRIEDRICH: Angew. Chem. **66**, 776 (1954).
[3] PORTER, J. W. G.; in: HEINRICH, H. C. (Hrsgb.): Symposion über Vitamin B_{12} und Intrinsic Factor. S. 43. Stuttgart 1957.

in Silage und im Harn von Rindern, wenig in tierischen Organen; die Faktoren B, C, D, E, F, G, H, III und Pseudo-B_{12} finden sich im Rumen der Wiederkäuer, im Coecum beim Geflügel und in den Faeces aller Tierarten und an den Pflanzenteilen, die Mikroorganismen tragen[1].

Tabelle 10. *Biologische und chemische Verwandte von Vitamin B_{12}* (nach COATES[2], durch weitere Angaben ergänzt).

Nr.	Kurz-bezeichnung	Vorläufige Bezeichnung	Base	Andere Namen	Biologische Aktivität* E. coli-Mutante	Lb. Leichmannii	Euglena gracilis	Küken	Ratte	Perniciosa
1	B_{12} . . .	Vitamin B_{12}	5,6-Dimethyl-benzimidazol	Cyano-cobala-min B_{12}-Faktor II α-Cobalamin	100 (100)	100	100	100	100	100
2	5-MeBIA	5-Methyl-benzimidazol-cobalamin-Analogon	5-Methyl-benzimidazol							+
3	BIA	Benzimidazol-cobalamin-Analogon	Benzimidazol							+
4	F III	Faktor III	5-Oxy-benzimidazol	B_{12} III Faktor I	100 (50)	35		4		+
5	ψ-B_{12}	ψ-Vitamin B_{12} Pseudo-Vitamin B_{12}	Adenin	Faktor IV β-Cobalamin B_{12}f Mischung aus Faktor A und ψ-B_{12}	100 (10)	50	100	0 —	0	0
6	FA	Faktor A	2-Methyladenin	Vitamin B_{12}m (m von Methyl) ψ B_{12}d ω-Cobalamin	100 (50)	40	60	<1 0		(+) 0
7	S-Faktor	2-Methyl-mercapto-adenin-cobalamin-Analogon	2-Methyl-mercapto-adenin	Faktor S						
8	Faktor G (24)		Hypoxanthin		160	20—100				
9	Faktor H (24)		2-Methyl-hypoxanthin		280 (40)	15—40				
10	Ib	Faktor Ib	Base fehlt							
11	FB	Faktor B	Nucleotid fehlt	Faktor I Ätio-cobalamin B_{12}-Faktor I	100 (20)	0	0	0 —	0	0
12	V_1	Faktor V_1	Nucleotid fehlt	Faktoren V = Ätio-cobalamin-carbonsäuren	← Platten-Test ← (Röhrchen-Test)					

+ aktiv; (+) schwach aktiv; 0 inaktiv; — Antagonist.

* Die biologische Aktivität ist in Prozenten von der des Vitamins B_{12} ausgedrückt.

[1] PORTER, J. W. G.; in: HEINRICH, H. C. (Hrsgb.): Symposion über Vitamin B_{12} und Intrinsic Factor. S. 43. Stuttgart 1957.

[2] COATES, M. E., and S. K. KON; in: HEINRICH, H. C. (Hrsgb.): Vitamin B_{12} und Intrinsic Factor. S. 75. Stuttgart 1957.

Außer diesen natürlichen B_{12}-Faktoren lassen sich auch noch unnatürliche Faktoren künstlich herstellen, und zwar dadurch, daß man der Kulturbrühe von B_{12}-bildenden Mikroorganismen den Fremdstoff an Stelle von 5,6-Dimethyl-benzimidazol beimischt.

Tabelle 11. *Basen, die durch Biosynthese in Analoge von Vitamin B_{12} eingebaut werden können**.

	Biologische Aktivität **			
	E. coli (Platte)	Lb. Leichmannii (Röhrchen)	Ochromonas (Röhrchen)	Küken (Injekt.)
Benzimidazol[1–4]	100	100	100	100
5,6-Dimethyl-benzimidazol[1–3, 5] 5(oder 6)-Monomethyl-benzimidazol[1–3, 5]	100	92	50	41
4,6-Dimethyl-benzimidazol[1, 6]				
5,6-Diäthyl-benzimidazol[1]		130	52	
5,6-Dichlor-benzimidazol[2, 6, 7]	100	100	>100	116
5-Amino-benzimidazol[2, 6]				
6-Amino-benzimidazol[2, 6]				
6-Nitro-benzimidazol[2, 4, 6]				
5-Oxy-benzimidazol[8]				
6-Oxy-benzimidazol[8]				
5-Methoxy-benzimidazol[6]				
5,6-Dimethoxy-benzimidazol[6]				
5-Äthoxy-benzimidazol[4]	>100			
6-Äthoxy-benzimidazol[4]				
5-Nitro-6-methyl-benzimidazol[4]				
6-Nitro-5-methyl-benzimidazol[4]	100		+	
5,6-Dinitro-benzimidazol[4]	100			
2-Mercapto-benzimidazol[4]				
2,3-Naphth-imidazol[7]				97
Benzimidazol-5-carbonsäureamid[1]				
5-Chlor-6-methyl-benzimidazol[1, 6]				
6-Chlor-5-methyl-benzimidazol[1, 6]				
Benztriazol[4]				
4-Chlor-1,2-benztriazol[2]			+?	
Benzthiazol[2]				
1-Amino-3,4-dimethyl-6-D-ribityl-aminobenzol[2]				
4,5-Dichlor-1,2-diaminobenzol[2, 6]				
o-Phenylen-diamin[1]				
3,4-Diamino-toluol[1]				
2,3-Dimethyl-pyrazino-imidazol[9]	+		+	
Adenin[1, 2]				
2-Methyl-adenin[2]				
2,8-Dichlor-adenin[2]			+	
2-Methyl-thio-adenin[2]			0	
6-Methyl-thio-adenin[9]				
8-Aza-adenin[2]				
2,6-Diamino-purin[2]			0	0 oder Antagon.

* Aus COATES, M. E., u. S. K. KON; in: HEINRICH, H. C.: Symposion über Vitamin B_{12} und Intrinsic Factor. S. 76. Stuttgart 1957.

** Die biologische Aktivität ist in Prozenten von der des Vitamins B_{12} ausgedrückt.

[1] BERNHAUER, K., u. W. FRIEDRICH: Angew. Chem. **66**, 776 (1954).

[2] FORD, J. E., E. S. HOLDSWORTH and S. K. KON: Biochem. J. **59**, 86 (1955).

[3] FANTES, K. H., and C. H. O'CALLAGHAN: Biochem. J. **59**, 79 (1955).

[4] PAWELKIEWICZ, J., u. K. NOWAKOWSKA: Acta biochim. pol. **2**, 259 (1955).

[5] PAWELKIEWICZ, J.: Acta biochim. pol. **1**, 313 (1954).

[6] DELLWEG, H., E. BECHER u. K. BERNHAUER: B. Z. **327**, 422 (1954).

[7] FANTES, K. H., and C. H. O'CALLAGHAN: Biochem. J. **63**, 10 P (1956).

[8] ROBINSON, F. M., I. M. MILLER, J. F. MCPHERSON and K. J. FOLKERS: Am. Soc. **77**, 5192 (1955).

[9] PORTER, J. W. G.: HEINRICH, H. C. (Hrsgb.): Symposion über Vitamin B_{12} und Intrinsic-Faktor. S. 43. Stuttgart 1957.

Die betreffenden Mikroorganismen verwerten nun Fremdstoffe zur Biosynthese gemäß Liste der Tabelle 11, und die dabei entstehenden künstlichen B_{12}-Analogen sind z. T. hoch wirksam. Bemerkenswert ist, daß der Austausch der beiden Methylgruppen im Dimethyl-

Tabelle 12. *Basen, die durch Biosynthese* nicht *in Analoge von Vitamin* B_{12} *eingebaut werden konnten.*

Benzimidazol-Derivate	Purin-Derivate
2-Methyl-benzimidazol[1]	Guanin[1, 4]
2,5-Dimethyl-benzimidazol[1]	8-Aza-guanin[4]
2,5,6-Trimethyl-benzimidazol[1]	Xanthin[4]
4-Methyl-benzimidazol[1]	Hypoxanthin[1, 4]
4,5-Dimethyl-benzimidazol[1, 2]	2-Methyl-hypoxanthin[4]
4,7-Dimethyl-benzimidazol[3]	8-Aza-hypoxanthin[4]
4,5,6,7-Tetramethyl-benzimidazol[1, 2]	6-Methyl-aminopurin[5]
2-Propyl-4,7-dimethyl-benzimidazol[3]	6-Dimethyl-aminopurin[5]
2-Phenyl-benzimidazol[1]	6-Mercapto-purin[5]
Benzimidazol-5-carbonsäure[1]	6-Acetamido-purin[5]
Benzimidazolon[1]	
3,4-Diamino-benzoesäure[1]	

Tabelle 13. *Antimetaboliten des Vitamins* B_{12}.

Nr.	Name der Base	Strept. aur. 50 % Hemmung γ/cm^3	Bact. megatherium	
			γ/cm^3	γ B_{12} je cm^3
1	1,2-Dimethyl-4,5-diamino-benzol[6]			
2	1,2-Dimethyl-4-amino-5-oxy-benzol . . .	30[7] fast kompetitiv	30	0,13 [7]
3	1,2-Dimethyl-4-amino-5-methoxy-benzol .	> 300[7]		
4	1,2-Dimethyl-4-amino-5-nitro-benzol. . .	100[7]		
5	1-Methyl-2-chlor-4,5-diamino-benzol-2 HCl	inaktiv bei 50[7]		
6	1-Methyl-2-chlor-4-amino-5-oxybenzol-HCl	24[7] nicht kompetitiv		
7	1-Methyl-2-chlor-4-nitro-5-oxybenzol. . .	36[7]	5	0,10 [7]
8	1-Methyl-2-chlor-4-amino-5-oxybenzol . .		30	0,04 [7]
9	1,2-Dichlor-4,5-diamino-benzol-2 HCl[6] . .	6[7] kompetitiv		
10	1,2-Dichlor-4-amino-5-oxybenzol	40[7]		
11	1,2-Dichlor-4-amino-5-methoxy-benzol . .	inaktiv bei 100[2]		
12	1,2-Dichlor-4-nitro-5-oxybenzol	4[7]		
13	1,2-Dibrom-4,5-diamino-benzol	10[7]		
14	Bis-(2-chlor-4,5-diamino-phenyl)-äthan . .	20[7]		
15	o-Phenylen-diamin	30[7]		
16	4-Amino-5-methyl-2-thiouracil[6]			

Bemerkungen: Aus Monocarbonsäuren, Dicarbonsäuren und Tricarbonsäuren aus Säurehydrolysaten von B_{12} wurden mit einfachen Aminen, Diaminen und Aminosäuren Säureamide hergestellt. Die meisten dieser Stoffe zeigten bei E. coli eine Anti-B_{12}-Wirkung. Unwirksam waren die Amide mit Amylamin, Octylamin und β-Naphthylamin sowie die Amide mit Glycin, Alanin, p-Aminobenzoesäure und Anilin[8].

[1] Bernhauer, K., u. W. Friedrich: Angew. Chem. **66**, 776 (1954).
[2] Dellweg, H., E. Becher u. K. Bernhauer: B. Z. **327**, 422 (1954).
[3] Pawelkiewicz, J.: Acta biochim. pol. **1**, 313 (1954).
[4] Ford, J. E., E. S. Holdsworth and S. K. Kon: Biochem. J. **59**, 86 (1955).
[5] Porter, J. W. G.: Heinrich, H. C. (Hrsgb.): Symposion über Vitamin B_{12} und Intrinsic-Faktor. S. 43. Stuttgart 1957.
[6] Korte, F., u. I. Korte; in: Rauen, Biochem. Taschenb. S. 1094.
[7] Vogel, H., u. H. Knobloch: Chemie und Technik der Vitamine. 3. Aufl. Bd. II/2, S. 226ff. Stuttgart 1953.
[8] Smith, E. L., L. F. J. Parker and D. E. Gant: Biochem. J. **62**, 14 (1956).

benzimidazol durch Chlor sogar zu Stoffen führt, die bei Ochromonas und Küken besser wirksam sind als Cyanocobalamin. Die Mehrzahl der Analogen ist noch nicht auf ihre Wirksamkeit geprüft. Tabelle 12 gibt eine Liste jener Basen, die bei der Biosynthese durch Mikroorganismen nicht verwertet worden sind; aus dieser Liste mag man die Regeln entnehmen, nach denen die Biosynthese erfolgt.

Da in der Literatur viele B_{12}-Faktoren unter verschiedener Bezeichnung beschrieben sind, ist es wertvoll, Listen aller Vitamin B_{12}-Faktoren zusammenzustellen[1]. Weitere Bezeichnungen neuer Faktoren finden sich bei [2, 3].

2. Benzimidazol und seine Verwandten[4-6].

Andere Namen: Benzglyoxalin, Methenyl-o-phenylendiamin $C_7N_2H_6$; Mol.-Gewicht 118,13; F 170°; Kp >360.

Benzimidazol hat wegen seiner Imidazol-Gruppierung strukturelle Beziehungen zu Histidin und Histamin. Im Tierkörper bildet Benzimidazol, verschieden substituiert, ein wesentliches Bauglied des Vitamin B_{12}. In jenen Mikroorganismen, die Vitamin B_{12} selbständig bilden können, muß auch Benzimidazol aufgebaut werden, vermutlich aus Histidin. Sicheres ist noch nicht bekannt.

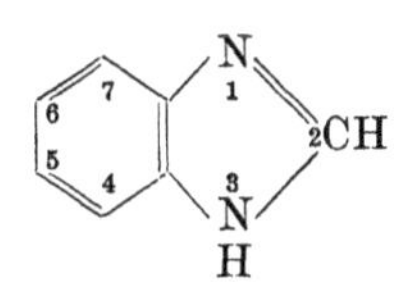

Im Molekül der B_{12}-Vitamine hat die Benzimidazolgruppe wesentliche Bedeutung für Grad und Art der Wirkung: Ersetzt man das 5,6-Dimethyl-benzimidazol des Cyanocobalamin durch andere Benzimidazole oder Purine oder läßt man diese Gruppen ganz weg, so fällt die spezifische Wirksamkeit ab und kann sogar in eine antagonistische Wirkung umschlagen (vgl. Tabelle 10). Ersetzt man die Benzimidazol-Gruppe durch körperfremde Basen, so erhält man Stoffe mit antagonistischer Wirkung gegen B_{12} (vgl. Tabelle 13). Auch die Biosynthese von Vitamin B_{12} in Mikroorganismen kann durch solche Stoffe blockiert werden.

Tabelle 14 zeigt die wichtigsten Verbindungen: I, II und III sind Benzimidazole, IV und V sind ihre Benzimidazol-Nucleoside, VI ist das Nucleotid.

Alle diese Stoffe können synthetisch gewonnen werden.

Bei der Synthese von 5,6-Dimethyl-benzimidazol geht man aus vom 3,4-Dimethyl-6-nitroanilin, das nach Reduktion zum Diamin mit heißer Ameisensäure behandelt wird. Nach Abfiltrieren der heißen Mischung wird mit Natronlauge auf alkalische Reaktion eingestellt, wobei das 5,6-Dimethyl-benzimidazol kristallisiert.

Synthesen von Benzimidazol-glucosiden sind nach mehreren Verfahren möglich. Das im Vitamin B_{12} vorliegende 5,6-Dimethyl-benzimidazol-α-ribosid (= α-Ribazol) wird gewonnen nach [7], das entsprechende β-Ribazol gewinnt man nach [8-11].

Benzimidazol-pentoside sind auffallend beständig und werden selbst nach 12stündigem Erhitzen mit 6 n HCl bei 100° nicht gespalten.

[1] PORTER, J. W. G.; in: HEINRICH, H. C. (Hrsgb.): Symposion über Vitamin B_{12} und Intrinsic Factor. S. 43. Stuttgart 1957.
[2] NEUJAHR, H. Y.: Acta chem. scand. **10**, 917 (1956).
[3] FRIEDRICH, W., u. K. BERNHAUER; in: HEINRICH, H. C. (Hrsgb.): Symposion über Vitamin B_{12} und Intrinsic Factor. S. 40. Stuttgart 1957.

Zusammenfassende Darstellungen:
[4] Beilstein XXIII, 131 (35), [151].
[5] JAENICKE, L.; in: RAUEN, Biochem. Taschenb. S. 414.
[6] WRIGHT, J. B.: Chem. Reviews **48**, 397 (1951).
[7] BRINK, N. G., F. W. HOLLY, C. H. SHUNK, E. W. PEEL, J. J. CAHILL and K. FOLKERS: Am. Soc. **72**, 1866 (1950).
[8] BRINK, N. G., and K. FOLKERS: Am. Soc. **74**, 2856 (1952).
[9] DAVOLL, J., and G. B. BROWN: Am. Soc. **73**, 5781 (1951).
[10] COOLEY, G., B. ELLIS, P. MAMALIS, V. PETROW and B. STURGEON: J. Pharmacy Pharmacol. **2**, 588 (1950).
[11] JONSSON, S., and W. A. MOSHER: Am. Soc. **72**, 3316 (1950).

Tabelle 14. *Eigenschaften von Benzimidazol und seinen Derivaten, die im Vitamin B_{12}-Molekül vorkommen.*

Nr.		F	α_D	Absorptionsmaxima				R_F-Wert	Charakteristisch
I	Benzimidazol . .	170°							Cu-Salz
II	5-Methyl-benzimidazol. .								
III	5,6-Dimethyl-benzimidazol. .	205—206°		in 95% Äthanol				0,85*	Pikrat F = 273—275°
				pH = 12		pH = 12			
				Å	E_M	Å	E_M		
				2745	7500	2470	3900		
				2840	8100	2775	4900		
						2810	5250		
						2880	5700		
IV	Ribosid von I . .	191°	+ 25,5°						Hydrochlorid F = 201—203° Pikrat F = 184—186° gelbe Nadeln
V	α-Ribosid von III = α-Ribazol (Nucleosid)	198—199°	+ 14°					0,77*	Pikrat F = 219—220° α_D + 9,9° ± 1,6°
VI	3′ (oder 2′)-Phosphat von V (= Nucleotid) .	240—241°	+	pH = 2		pH = 11		0,74**	Dibrucinsalz F = 169—175°
				Å	$E_{1\,cm}^{1\,\%}$	Å	$E_{1\,cm}^{1\,\%}$		
				2770	217	2490	191		
				2850	202	2800	144		
						2880	136		

* Fließmittel: n-Butanol/Eisessig.
** Fließmittel: 5%iges wäßriges Na_2HPO_4/Isoamylalkohol.

Benzimidazol selbst wird durch konz. HCl im Einschlußrohr bei 270° nicht verändert; durch geeignete Verfahren können die H-Atome des Benzimidazols substituiert werden, z. B. durch J, NO_2, Alkyl usw. Eine Alkylierung des Benzimidazols gelingt auch im Verband des Vitamin B_{12}-Moleküls[1].

Die Synthese von α-Ribazol-phosphat geht aus vom α-Ribazol und führt über dessen 5′-Trityl-Verbindung, die mit Dimethylchlorphosphonat phosphoryliert wird, zum Endprodukt, das mit dem natürlichen α-Ribazol identisch ist.

Alle Stoffe der Tabelle 14 sind Spaltprodukte natürlicher Vitamin B_{12}-Faktoren.

I, II und III wurden durch Hydrolyse mit Säuren aus Vitamin B_{12} abgespalten. Auf Grund ihrer Absorptionsspektren und Analysen wurde ihre Konstitution erkannt, die durch Synthese bestätigt wurde[2]. Da auch im Spektrum des Vitamin B_{12} Banden von III erkennbar sind, ist erwiesen, daß III im intakten Vitamin B_{12} vorkommt und nicht erst bei der Hydrolyse entstanden ist[3].

V fand sich im Säure-Hydrolysat von Cobalamin und wurde als kristallisiertes Pikrat isoliert; auf Grund seiner Kohlenhydrat-Reaktion wurde es bei der Perjodsäuretitration und als 1-Pentofuranosido-5,6-dimethyl-benzimidazol erkannt[4]. Die Freisetzung von III aus V gelingt nur im Einschlußrohr beim Erhitzen mit Säure auf 150°[2].

[1] Friedrich, W., u. K. Bernhauer; in: Heinrich, H. C. (Hrsgb.): Symposion über Vitamin B_{12} und Intrinsic Factor. S. 40. Stuttgart 1957.

[2] Beaven, G. H., E. R. Holiday, E. A. Johnson, B. Ellis and V. Petrow: J. Pharmacy Pharmacol. **2**, 733 (1950).

[3] Beaven, G. R., and E. R. Holiday: J. Pharmacy Pharmacol. **4**, 342 (1952).

[4] Cooley, G., B. Ellis, P. Mamalis, V. Petrow and B. Sturgeon: J. Pharmacy Pharmacol. **2**, 579 (1950).

VI fand sich ebenfalls im Hydrolysat von B_{12}, das nach Behandlung mit 6 n HCl bei Zimmertemperatur entstand; es wurde als Bariumsalz isoliert[1]. Beim Erhitzen mit HCl auf 100° wird die Phosphorsäure abgespalten[2], während bei Zimmertemperatur dies selbst mit 6 n Säure in 17 Tagennicht gelingt[3]. Es ist noch nicht bekannt, an welchem C-Atom der Ribose die Phosphorsäure verknüpft ist, wahrscheinlich an C(3)[4] [vielleicht auch an C(2)[5]].

I ist schwer löslich in kaltem, leichter in heißem Wasser, sehr leicht löslich in heißem Alkohol, schwer löslich in Äther, fast unlöslich in Benzol und Ligroin, leicht löslich in Salzsäure. 2 Teile siedendes Xylol lösen 1 Teil Benzimidazol. Aus der sauren Lösung durch Ammoniak fällbar; löslich in wäßrigen Alkalien; wird aus der alkalischen Lösung durch Säuren, sogar durch Kohlensäure abgeschieden. Durch überschüssige Mineralsäuren wird es wieder gelöst.

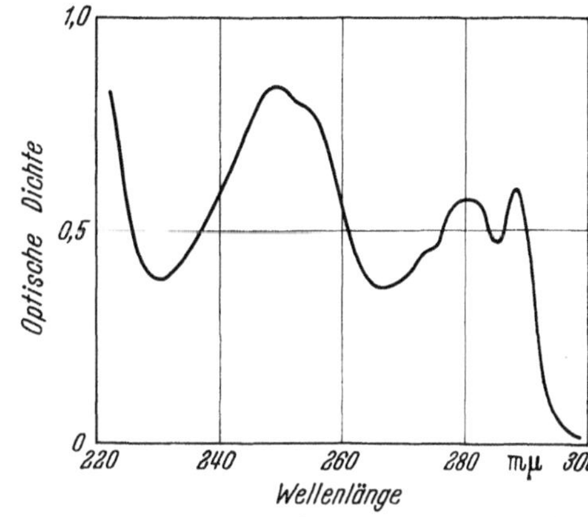

Abb. 6. Absorptionsspektrum von 5,6-Dimethyl-1-(α-D-ribofuranosyl)-benzimidazol (α-Ribazol) und 5,6-Dimethyl-1-(β-D-ribofuranosyl)-benzimidazol (β-Ribazol) (c = 3,0 in Methanol)[6].

III ist löslich in organischen Lösungsmitteln, wenig löslich in Petroläther.

Zum Nachweis der Verbindungen I—VI dienen ihre charakteristischen Absorptionsmaxima, die R_F-Werte, und charakteristische Salze mit Säuren bzw. mit Kupfer, Silber, Gold und Platin.

Der Kupferniederschlag $Cu(C_7H_5N_2)_2$ ist ziegelrot, löslich in verdünnten Säuren, beständig gegen siedende Kalilauge.

Colorimetrischer Nachweis von I, II und III durch Überführen in 4,5-Dimethyl-o-phenylendiamin. Durch Einwirkung von Benzoylchlorid auf I—III wird in sehr charakteristischer Weise der Imidazolring aufgespalten, so daß sich das Di-benzoyl-o-phenylendiamin bildet. Dann werden die beiden Benzoylgruppen mit konz. H_2SO_4 abgespalten und das Reaktionsprodukt mit Acetylaceton $CH_3—CO—CH_2—CO—CH_3$ kondensiert zu einem purpurnen Farbstoff, 2,4,7,8-Tetramethyl-1,5-benzodiazepin.

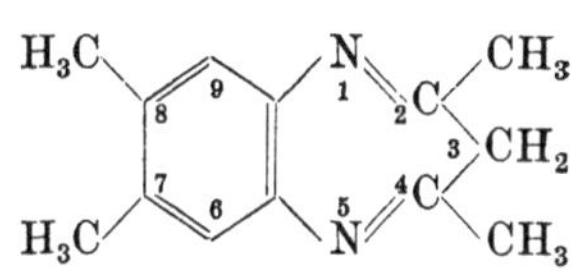

Empfindlichkeit bis 10 γ Benzimidazol[7]. Die Stoffe IV, V, VI können durch Hydrolyse mit HCl bei 150° in Benzimidazole übergeführt werden.

3. Intrinsic Factor[8].

Historisches. Schon bald nach der Beobachtung von MINOT, daß rohe Leber bei perniziöser Anämie heilend wirkt (1926), entwickelte CASTLE[9] auf Grund klinischer

[1] BUCHANAN, J. G., A. W. JOHNSON, J. A. MILLS and A. R. TODD: Soc. **1950**, 2845.
[2] COOLEY, G., B. ELLIS, P. MAMALIS, V. PETROW and B. STURGEON: J. Pharmacy Pharmacol. **2**, 579 (1950).
[3] ELLIS, B., V. PETROW and G. F. SNOOK: J. Pharmacy Pharmacol. **1**, 287 (1949).
[4] BEAVEN, G. R., E. R. HOLIDAY, E. A. JOHNSON, B. ELLIS and V. PETROW: J. Pharmacy Pharmacol. **2**, 944 (1950).
[5] BUCHANAN, J. G., A. W. JOHNSON, J. A. MILLS and A. R. TODD: Chem. & Industr. **1950**, 426.
[6] FOLKERS, K., F. M. ROBINSON and C. H. SHUNK; in: HEINRICH, H. C. (Hrsgb.): Symposion über Vitamin B_{12} und Intrinsic Factor. S. 29. Stuttgart 1957.
[7] BOXER, G. E., and J. C. RICKARDS: Arch. Biochem. **29**, 75 (1950).

Zusammenfassende Darstellungen:

[8] WIJMENGA, H. G.; in: HEINRICH, H. C. (Hrsgb.): Symposion über Vitamin B_{12} und Intrinsic Factor. S. 156. Stuttgart 1957. — HEINRICH, H. C.; in: HEINRICH, H. C. (Hrsgb.): Symposion über Vitamin B_{12} und Intrinsic Factor. S. 213. Stuttgart 1957. — CRESSERI, A.; in: HEINRICH, H. C. (Hrsgb.): Symposion über Vitamin B_{12} und Intrinsic Factor. S. 268. Stuttgart 1957. — CAPRARO, V., A. CRESSERI and A. CANTONE; in: HEINRICH, H. C. (Hrsgb.): Symposion über Vitamin B_{12} und Intrinsic Factor. S. 283. Stuttgart 1957. — HEINRICH, H. C., u. H. LAHANN: Z. Vit.-, Horm.-Ferm.-Forsch. **6**, 126 (1954). — BRIGGS, G. M., and F. S. DAFT: Ann. Rev. **24**, 339 (1955). — UNGLEY, C. C.: Vitamins & Hormones **13**, 137 (1955).
[9] CASTLE, W. B.: Amer. J. med. Sci. **178**, 748 (1929).

Versuche die Vorstellung, daß bei gesunden Personen ein „intrinsic factor" aus dem Magen mit einem „extrinsic factor" aus der Nahrung zusammenwirken muß, damit sich in der Leber der antiperniziös wirkende Faktor bilden könne. Nach unseren heutigen Kenntnissen ist der extrinsic factor identisch mit Vitamin B_{12}, während der intrinsic factor einen Stoff darstellt, der Vitamin B_{12} bindet und für den Tierkörper verwertbar macht.

Andere Namen: Apoerythein, Vitamin B_{12}-bindende Substanz[1].

Vorkommen. Der intrinsic factor wird in der Magenschleimhaut gebildet und findet sich im Magensaft. In Frauenmilch und in Milch von Kühen, Ziegen, Ratten und Schweinen findet sich ein spezifischer Mucoproteid-Komplex, der sich elektrophoretisch zwar ebenso verhält wie der aus Schweinemagen, aber als intrinsic factor unwirksam ist[2]. Im Blutserum wird Vitamin B_{12} von α-Globulin gebunden[3]; in anderen Organen fand man noch weitere Vitamin B_{12} bindende Substanzen[4].

In der Leber ist Vitamin B_{12} an Polypeptide gebunden[5], von denen es leicht ablösbar ist und danach von Mikroorganismen verwertet werden kann. Die Bindung an Plasmaproteine macht Vitamin B_{12} für Mikroorganismen unverwertbar. In Leberextrakten findet man eine Vitamin B_{12} bindende Fraktion, die durch 4 Std Erhitzen auf 100° ihre Bindefähigkeit nicht endgültig verloren hatte, sondern nur für einige Tage[6].

Weitere Vitamin B_{12} bindende Substanzen fand man im Eidotter[7], die sogar stabil sind gegen Druckerhitzung, oder in menschlicher Galle; im Harn fand man ein Vitamin B_{12} bindendes Mucoproteid[8]. Auch in den bekannten Testorganismen für Vitamin B_{12} (z. B. E. coli, Ochromonas malhamensis) wurden Vitamin B_{12} bindende Faktoren gefunden[9].

Lysozym aus Eiereiweiß bindet zwar Vitamin B_{12}, das aber durch Dialyse aus dieser Bindung leicht gelöst werden kann und keine intrinsic factor-Eigenschaften hat[10], ebensowenig wie Vitamin B_{12} bindende Substanzen im menschlichen Speichel[11] oder Heparin, Chondroitinschwefelsäure, Urease.

Die physiologische Funktion[12] des intrinsic factors besteht darin, daß er nicht nur Vitamin B_{12} bindet, sondern es auch für Resorption und Verwertung geeignet macht. Es ist noch nicht entschieden, ob diese beiden Eigenschaften nur einem Stoff oder 2 voneinander trennbaren Faktoren zukommen. Die Beziehung zwischen intrinsic factor und Vitamin B_{12} ist trotz vieler Bemühungen bisher nicht geklärt. Da es vielerlei Stoffe gibt, die Vitamin B_{12} binden können, besteht die wesentliche Aufgabe des intrinsic factors darin, Vitamin B_{12} so spezifisch zu ergänzen, daß es vom Tierkörper resorbiert und verwertet werden kann. Diese letztere Eigenschaft ist schwierig zu prüfen, da nur die Testung an gesunden und kranken Menschen richtigen Aufschluß gibt. Die besten Präparate sind klinisch wirksam in täglichen Dosen von 1—2 mg intrinsic factor zusammen mit 5—10 γ B_{12}.

Zusammensetzung. Die Analyse des hochgereinigten elektrophoretisch einheitlichen Präparats von CRESSERI[13] ergab:

C	44,2%	S	0,3%	Acetyl	2,1%	reduzierende Substanzen	17,2%
H	7,1%	P	fehlt	Uronsäure	0,0%	Kohlenhydrate	25,2%
N	8,7%	Asche	1 %	Hexosamine	21,5%	Methylpentosen	5,4%

Mol.-Gewicht 75000.

[1] TERNBERG, J. L., and R. E. EAKIN: Am. Soc. **71**, 3859 (1949).
[2] UNGLEY, C. C., and G. A. CHILDS: Brit. med. J. **1950 II**, 911.
[3] PITNEY, W. R., M. F. BEARD and E. J. VAN LOON: J. biol. Ch. **207**, 143 (1954).
[4] COATES, M. E., M. F. GREGORY, G. F. GARRISON, K. M. HENRY, E. S. HOLDSWORTH and S. K. KON: Proc. Nutrit. Soc. **14**, XIV (1955).
[5] WIJMENGA, H. G., W. L. C. VEER and J. LENS: Biochim. biophysica Acta, N. Y. **6**, 229 (1950).
[6] ROBINSON, F. A., M. E. H. FITGERALS, K. FEHR and J. J. GRIMSHAW: Nature **174**, 558 (1954).
[7] COUCH, J. R., H. S. ENER and O. OLCESE: Fed. Proc. **13**, 194 (1954).
[8] ANDERSON, A. J., E. LOCKEY and N. F. MACLAGAN: Biochem. J. **60**, XLI (1955).
[9] FORD, J. E., M. F. GREGORY and E. S. HOLDSWORTH: Biochem. J. **61**, XXIII (1955).
[10] BIRD, O. D., and B. HOEVET: J. biol. Ch. **190**, 181 (1951).
[11] BEERSTECHER, E., and E. J. EDMONDS: J. biol. Ch. **195**, 185 (1952).
[12] WIJMENGA, H. G.; in: HEINRICH, H. C. (Hrsgb.): Symposion über Vitamin B_{12} und Intrinsic Factor. S. 156. Stuttgart 1957.
[13] CRESSERI, A.; in: HEINRICH, H. C. (Hrsgb.): Vitamin B_{12} und Intrinsic Factor. S. 268. Stuttgart 1957.

Nach Hydrolyse dieses einheitlichen Präparats mit Salzsäure oder Bariumhydroxyd ergab die papierchromatographische 2-dimensionale Analyse folgende Aminosäuren:

Cystin, Asparaginsäure, Glutaminsäure, Arginin, Lysin, Prolin, Histidin, Serin, Glycin, Threonin, Alanin, Tyrosin, Valin, Methionin, Phenylalanin, Leucin, Isoleucin und Tryptophan. Außerdem sind noch sicher nachgewiesen D-Mannose, D-Galaktose, L-Fucose, Glucosamin und D-Galaktosamin.

Anreicherung und Isolierung. Aus der Magenschleimhaut vom Schwein wird ein wäßriger Extrakt hergestellt, der mit Trichloressigsäure gefällt wird; das eiweißfreie Filtrat wird anschließend mit wasserfreiem Aceton gefällt. Das so erhaltene rohe Mucinpräparat läßt sich elektrophoretisch in mehrere Komponenten aufgliedern. Um den Vitamin B_{12} bindenden Faktor (Binder) in möglichst reiner Form zu erhalten, bewährte sich folgendes Verfahren[1]:

***Reinigung von intrinsic factor nach* CRESSERI[1].**

Ausführung:

10 g des obenerwähnten Mucin-Präparates werden suspendiert in 200 cm³ 90 %iger (g/v) Phenol/Wasser-Lösung unter 48 Std dauerndem Rühren bei Zimmertemperatur. Dann wird >30 min lang geschleudert und die unlösliche Fraktion abgetrennt. Zur überstehenden Phenolflüssigkeit wird langsam zugegeben: eine Mischung 1:1 (v/v) Phenol und Äthanol. Sobald der Äthanolgehalt etwa 20—30 Vol.-% erreicht hat, bildet sich ein Niederschlag, der abgeschleudert und 3mal mit Äthanol gewaschen wird, um überschüssiges Phenol zu entfernen. Schließlich wird der Niederschlag mit Äthanol getrocknet und zeigt jetzt eine Bindungsfähigkeit von 7,35 γ Vitamin B_{12} je mg.

Auf dieser Reinigungsstufe werden die Phenol-Extraktion und die Äthanolfällung wiederholt, und der sich bildende Niederschlag wird wiederum gesammelt und getrocknet; er bindet jetzt je mg 11,5 γ B_{12}.

Dann wird diese Fraktion zu 2 % (g/v) in dest. Wasser von 2° suspendiert und Aceton von 0° langsam zugegeben. Sobald der Acetongehalt 55—65 % (v/v) erreicht hat, bildet sich eine Fällung, die gegen dest. Wasser von 2° dialysiert und dann gefriergetrocknet wird. Die Bindefähigkeit dieser Fraktion beträgt jetzt 15,9 γ B_{12} je mg. Dieser Fraktion wird, zu 2 % (g/v) gelöst in dest. Wasser von 37°, unter dauerndem Umrühren wasserfreies Na_2SO_4 zugefügt. Die bei 25 %iger Sättigung mit Na_2SO_4 ausfallende Fraktion wird gesammelt und dialysiert gegen häufig gewechseltes dest. Wasser von 0°, bis die Außenflüssigkeit kein Sulfat mehr enthält. Nun wird die Innen-Flüssigkeit gefriergetrocknet; der Rückstand zeigt jetzt eine Bindefähigkeit von 22 γ B_{12} je mg. Nach Herstellung einer 2 %igen (g/v) Lösung in dest. Wasser bei 0° wird eiskaltes abs. Äthanol unter konstantem Rühren zugegeben; die bei 55—60 % (v/v) Äthanol ausfallende Fraktion wird abgeschleudert, gegen dest. Wasser bei 0° dialysiert und gefriergetrocknet. Die Bindefähigkeit des Rückstands beträgt jetzt 24,4 γ B_{12} je mg.

Eigenschaften. Es ist noch nicht geklärt, ob der intrinsic factor das Vitamin B_{12} in stöchiometrischem Verhältnis[2] oder abhängig von der Konzentration[3] bindet. Intrinsic factor und Vitamin B_{12}-bindende Substanzen sind spezifisch für die Tierart.

Aus dem Magensaft gesunder Menschen gewinnt man den intrinsic factor nach einer Insulin-Probemahlzeit, möglichst ohne Beimengung von Speichel; bei der Elektrophorese wandert er anodisch und gliedert sich auf: Ein rascher wandernder, größerer Anteil bindet Vitamin B_{12} nur lose und behält seine Bindefähigkeit auch nach dem Erhitzen: Er erwies sich als Kunstprodukt, das infolge der Pepsinverdauung bei p_H 3—4 entsteht. Der langsamer wandernde Anteil bindet Vitamin B_{12} fest und ist labil gegenüber Erhitzen; er

---

[1] CRESSERI, A.; in: HEINRICH, H. C. (Hrsgb.): Vitamin B_{12} und Intrinsic Factor. S. 268. Stuttgart 1957.

[2] ANDRESEN, G.: J. Acta pharmacol. toxicol., Kjøbenhavn **10**, 241 (1954).

[3] RAINE, L.: Nature **175**, 777 (1955).

erwies sich elektrophoretisch als einheitlich und stimmt in den folgenden Eigenschaften mit dem Vitamin B_{12}-Binder aus Schweinemagen gut überein[1, 2]:

Spezifische Drehung $[\alpha]_D = -53° \pm 2°$ bei 25° C	
Elektrophoretische Beweglichkeit (10^{-5} cm² sec⁻¹ · Volt⁻¹)	
in Phosphatpuffer bei p_H 6	—3,0
in Veronalpuffer bei p_H 8,6	—3,2
Sedimentationskonstante ($S \times 10^{13}$) in 1 %iger Lösung (g/v) bei 20°	3,35
Diffusionskonstante $D \times 10^7$ in 1 %iger Lösung	4,5
Spezifisches Partialvolumen	0,75
Mol.-Gewicht	75000

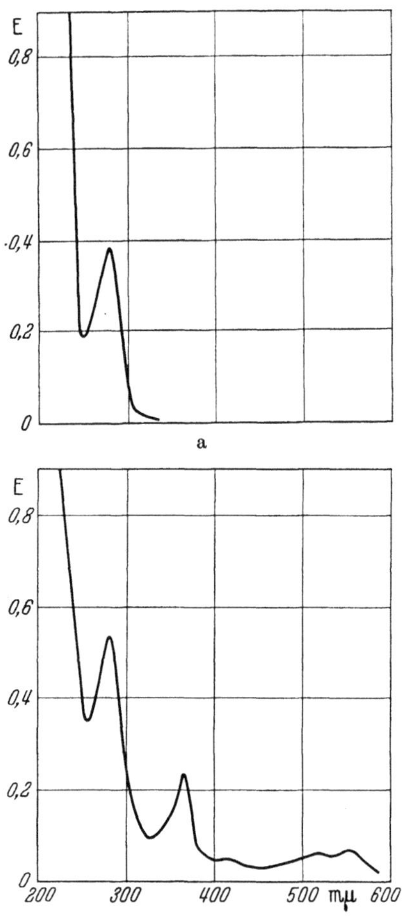

Abb. 7a u. b. Absorptionsspektren (Beckman-DU-Spektrophotometer, 1 cm Zelle) von: a Vitamin B_{12} bindendem Faktor aus Magenmucin vom Schwein (0,5 mg/cm³ Lösung in dest. Wasser). b Vitamin B_{12} bindendem Faktor-Komplex (0,5 mg/cm³ Lösung in dest. Wasser).

Durch klinische Versuche war auch bewiesen, daß dieses hochgereinigte Präparat die Resorption von Vitamin B_{12} fördert, da die Ausscheidung von markiertem Vitamin B_{12} im Harn zugenommen hatte.

Die Bindungsfähigkeit für Vitamin B_{12}, geprüft mit 3 Verfahren, beträgt:

24,3 γ Vitamin B_{12} je mg Binder nach Becher-Methode mit Escherichia coli,

27,7 γ Vitamin B_{12} je mg Binder nach Ultra-Filtration,

23,4 γ Vitamin B_{12} je mg Binder nach direkter Bestimmung nach Sättigung.

Die Affinität von Vitamin B_{12} zu verschiedenen Faktoren hängt von deren Mol.-Gewicht ab. Protein-Abbauprodukte binden Vitamin B_{12} in leicht lösbarer Form; daraus erklärt sich, warum man manchmal stöchiometrische Beziehungen[3] findet, manchmal reziproke[4]. Außerdem zeigt das reine Präparat geringe Wirksamkeit als Blutgruppen-Faktor A und H; es ist noch nicht bekannt, ob diese Eigenschaft wesentlich zum Faktor oder zu einer abtrennbaren Fraktion gehört[5].

Absorptionsspektren des leeren Vitamin B_{12}-Binders und seines Komplexes mit Vitamin B_{12} zeigen Abb. 7a und b: intrinsic factor allein hat ein Maximum bei 278—279 mμ, der Vitamin B_{12}-Komplex das gleiche Maximum und ein zusätzliches bei 362 und 550 mμ, die dem Vitamin B_{12} angehören.

Das Vitamin B_{12} bindende Präparat, gefriergetrocknet, ist weiß, leicht löslich in Wasser, Kochsalzlösung und in 50 %igem (v/v) wäßrigem Äthanol.

Der Komplex aus Vitamin B_{12} und seinem Binder ist rosa und hat die gleichen Löslichkeits-Eigenschaften. Eine 2 %ige (g/v) wäßrige Lösung des Vitamin B_{12}-Binders gibt keinen Niederschlag beim Zusatz gleicher Volumina folgender 2 %-wäßriger Lösungen: Aluminiumsulfat, Alaun, Bleiacetat in verdünnter Essigsäure, Quecksilber-acetat, Uranylacetat, Silbernitrat, Quecksilbersulfat in 5 n Schwefelsäure, Phosphorwolframsäure, neutrales

[1] ANDRESEN, G.: J. Acta pharmacol. toxicol., Kjobenhavn **10**, 241 (1954).

[2] WIJMENGA, H. G., K. G. STER, D. J. O'CONNELL and K. W. THOMPSON: Fed. Proc. **13**, 320 (1954).

[3] BAKER, S. J., and D. L. MOLLIN: Brit. J. Haematol. **1**, 46 (1955).

[4] WALLERSTEIN, R. O., J. W. HARRIS, R. F. SCHILLING and W. B. CASTLE: J. Lab. clin. Med. **41**, 363 (1953).

[5] CRESSERI, A.; in: HEINRICH, H. C. (Hrsgb.): Vitamin B_{12} und Intrinsic Factor. S. 268. Stuttgart 1957.

und saures Kupfersulfat, Pikrinsäure, sowie bei Zusatz von 10% Trichloressigsäure und Sulfosalicylsäure.

Die Biuret- und Xanthoprotein-Reaktionen sind positiv, ebenso die Reaktionen nach MILLON, HOPKINS und SAKAGUCHI. Die Bindung mit Vitamin B_{12} verändert die elektrophoretische Beweglichkeit nicht. Der Binder war elektrophoretisch einheitlich und zeigte auch nach Sättigung mit markiertem Vitamin B_{12} nur einen einheitlichen Bereich maximaler Radioaktivität.

Maß der Wirksamkeit des intrinsic factor:

Eine Apoerythein-Einheit = jene Menge, die 1 γ Cyano-cobalamin so fest bindet, daß es im mikrobiologischen Test unwirksam ist.

Über ein klinisch *wirksames Vitamin B_{12}-Polypeptid* mit wesentlich anderen Eigenschaften als das oben beschriebene Präparat berichten MULLI und SCHMID[1]. Es handelt sich um ein Polypeptid aus „Food-Supplement"* mit einem Vitamin B_{12}-Gehalt von 23% (physikalisch und mikrobiologisch bestimmt) und einem Mol.-Gewicht von etwa 6500 (berechnet unter der Annahme, daß ein Mol Vitamin B_{12} mit einem Mol des Polypeptids verbunden ist).

Es besitzt charakteristische Maxima bei $\lambda = 361$ und $550\,m\mu$. Durch KCN-Zusatz tritt keine Verschiebung der Maxima ein. Der Vitamin B_{12}-Polypeptid-Komplex geht ohne vorherige KCN-Behandlung aus wäßriger Lösung (mit Ammoniumsulfat versetzt) in n-Butanol über. Im Hochspannungspherogramm wandert der Vitamin B_{12}-Polypeptid-Komplex ebenso rasch wie kristallisiertes B_{12}. Das Polypeptid gibt die üblichen Eiweißreaktionen nicht. Es ist gut löslich in Wasser, Eisessig, Benzylalkohol und n-Butanol. Aus wäßrigen Lösungen, denen für je 100 cm^3 37 g Ammoniumsulfat zugesetzt waren, ließ sich der Komplex ohne vorherige KCN- oder Fermentbehandlung extrahieren. Behandelt man ammoniakalische Lösungen des Komplexes mit H_2O_2, so werden sie rasch entfärbt, und Kobalt-Ionen lassen sich nachweisen.

Papierchromatographisch erwies sich der Komplex als einheitlich. Im Gemisch Pyridin/Pentanol/Wasser = 7,5:7:6 betrug der R_F-Wert = 0,21 (kristallisiertes Vitamin B_{12} = 0,24); im System n-Butanol/Eisessig/Wasser = 4:1:1 war R_F-Wert = 0,48 (kristallisiertes Vitamin B_{12} = 0,45).

Bei Hydrolyse mit 6 n HCl bei 110° wurden folgende Aminosäuren gefunden: Lysin, Arginin, Histidin, Asparaginsäure, Glutaminsäure, Serin, Glycin, Threonin, Prolin, Alanin, Oxyprolin, Tyrosin, Valin, Phenylalanin und Leucin.

Bei Kranken mit perniziöser Anämie war dieser Vitamin B_{12}-Komplex entsprechend seinem Vitamin B_{12}-Gehalt wirksam.

Das Vitamin B_{12}-Polypeptid wird aus 1 kg „Food-Supplement" durch Extraktion mit 3mal 3 *l* 70%igem (v/v) Äthanol gewonnen, die Lösung im Vakuum eingeengt und der wäßrige Rückstand von 4 *l* mit 1,1 kg Ammoniumsulfat versetzt. Dann werden diese 4 *l* mit 3mal 300 cm^3 n-Butanol je 2 Std ausgerührt, die Butanolextrakte über Al_2O_3 chromatographiert und mit je 1 *l* 90%igem und dann 80%igem wäßrigem Aceton entwickelt, wodurch eine gelbe Lösung ausgewaschen wird. Anschließend wird mit 250 cm^3 Wasser die rote Zone eluiert, daraus mit Butanol extrahiert und aus diesem mit Phenol ausgeschüttelt. Die rote Phenolschicht wird mit Wasser gewaschen und durch die 9fache Menge Aceton gefällt.

Bestimmung. Bei Prüfung des intrinsic factors muß untersucht werden:

1. seine Fähigkeit zur Bindung von Vitamin B_{12},
2. seine fördernde Wirkung auf die Resorption von Vitamin B_{12}.

Zu 1. Das *Ausmaß der Vitamin B_{12}-Bindung* durch Magensaft oder pharmazeutische Präparate daraus wird gewöhnlich mikrobiologisch bestimmt[2].

---

* Deutsches Handelspräparat.

[1] MULLI, K., u. O. J. SCHMID: Z. Vit.-, Horm.-Ferm.-Forsch. 8, 225 (1957).

[2] HOFF-JØRGENSEN, E.: Meth. biochem. Analysis 1, 110 (1954).

Grundlage des Verfahrens:

Gewisse Bakterien, die Vitamin B_{12} benötigen, wachsen nicht, wenn dem Nährmedium gleichzeitig Extrakte aus Magenschleimhaut zugesetzt waren[1], die bei perniziöser Anämie wirksam sind.

Auch Kulturen wilder Stämme von Escherichia coli reißen Vitamin B_{12} an sich, obwohl sie es für ihr Wachstum nicht benötigen. Diese Anreicherung kann völlig verhindert werden durch kleine Mengen Magensaft oder durch Extrakte aus käuflichen Magenpräparaten. Nur die Extrakte aus jenen Schleimhautzonen sind wirksam, die den intrinsic factor bilden; Extrakte aus anderen Magen-Darmabschnitten sind unwirksam.

Zunächst muß jener Coli-Stamm ausgewählt werden, der genügend B_{12} bindet. Dies wird auf folgende Weise geprüft:

Ausführung:

Die zu prüfenden Coli-Stämme werden in eine Nährlösung folgender Zusammensetzung gegeben:

NaCl	0,5 g	Na_3-citrat · 3 H_2O	0,5 g
K_2HPO_4	10 g	Asparagin	4 g
$MgSO_4 \cdot 7\,H_2O$	0,1 g	H_2O	800 cm³
$(NH_4)_2SO_4$	1 g	p_H	7,2
KCN	0,01 g		

Die Lösung wird in Portionen zu 40 cm³ sterilisiert und dann je 10 cm³ 5%ige sterile Glucoselösung zugefügt. Dann wird die Nährlösung beimpft, 24 Std bei 30° bebrütet und abgeschleudert. Der Überstand wird abgegossen und die Zellen werden in 20 cm³ der zuckerhaltigen Nährlösung suspendiert. Dann wird die Trübung gemessen und aus einer Eichkurve die zugehörige Zahl der Zellen entnommen (Eichkurve für die Beziehungen zwischen Trübung und Zellenzahl). Danach wird die Kultur verdünnt auf 2×10^9 Zellen je cm³ und dann in ein steriles Zentrifugenglas pipettiert:

0,2 cm³ Lösung mit 0,4 γ Vitamin B_{12}

+1 cm³ eingestellte Bakteriensuspension mit 2×10^9 Zellen je cm³

+0,8 cm³ Wasser.

Die Röhrchen werden 2 Std bei 30° geschüttelt, dann geschleudert und der Vitamin B_{12}-Gehalt des zellfreien Überstands mikrobiologisch bestimmt.

Hat man auf diese Weise einen Coli-Stamm gefunden, von dem 10^9 Zellen mindestens 0,1 γ Vitamin B_{12} aufnehmen, so wird die Vitamin B_{12} bindende Fähigkeit von Magensaft und anderen Präparaten auf folgende Weise bestimmt:

Ausführung:

Die Kultur des geeigneten Coli-Stammes wird verdünnt auf 4×10^9 Zellen/cm³. Dann pipettiert man in ein steriles Zentrifugenglas:

0,1 cm³ Lösung mit 0,2 γ Vitamin B_{12},

abgestufte Dosen zwischen 0,1 und 0,9 cm³ des Magensafts oder des zu prüfenden Extraktes

+ 1 cm³ eingestellte Bakteriensuspension

+ soviel Wasser, bis das Gesamt-Volumen 2 cm³ beträgt.

Die Röhrchen werden 2 Std bei 30° geschüttelt und dann abgeschleudert, der zellfreie Überstand bei p_H 4,6 10 min unter Druck bei 120° erhitzt und danach der Vitamin B_{12}-Gehalt mikrobiologisch bestimmt. In jenen Röhrchen, zu denen kein Vitamin B_{12}-Binder zugesetzt worden ist, haben die Bakterienzellen alles Vitamin B_{12} an sich gerissen. Der Überstand ist also leer. In jenen Röhrchen, denen Vitamin B_{12}-Binder zugegeben ist, spiegelt der Vitamin B_{12}-Gehalt des Überstandes jene Menge Vitamin B_{12} wieder, die von der vorhandenen Menge Binder gebunden worden ist.

Zu 2. Die *resorptionsfördernde Wirkung für Vitamin B_{12}* (also als intrinsic factor) wird im biologischen Versuch geprüft an gesunden und kranken Menschen[2]; man gibt radioaktiv

[1] TERNBERG, J. L., and R. E. EAKIN: Am. Soc. **71**, 3858 (1949).

[2] WILLIAMS, W. L., B. F. CHOW, L. ELLENBOGEN and K. OKUDA; in: HEINRICH, H. C. (Hrsgb.): Vitamin B_{12} und Intrinsic Factor. S. 250. Stuttgart 1957.

markiertes Vitamin B_{12} per os und bestimmt, welcher Prozentsatz der gegebenen Dosis mit dem Harn in den nächsten 72 Std wieder ausgeschieden wird. Der Hauptanteil Vitamin B_{12} wird zwischen 24 und 48 Std ausgeschieden. Die im Harn erscheinende Radioaktivität muß ja vorher aus dem Magen-Darmtrakt resorbiert worden sein. Die Resorption von Vitamin B_{12} steigt bis zu einem Gesamtbetrag von 50—60 mg intrinsic factor proportional der gegebenen Dosis und bleibt dann aber bei weiterer Steigerung der Dosis konstant[1].

Ganz entsprechend verhält sich die Ausscheidung im Harn, die mit steigenden Dosen Magensaft zunimmt und daher ein Maß für die Vitamin B_{12}-Resorption darstellt[2]. Daraus entwickelt SCHILLING einen Radio-Urin-Exkretions-Test (UET)[3]. Magenpräparate, die bereits Vitamin B_{12} enthalten, lassen sich schlecht mit dem Radio-Vitamin B_{12}-Test untersuchen und werden daher besser mikrobiologisch an Euglena untersucht.

Die intakte Ratte oder auch isolierte Darmschlingen von Ratten sind für Untersuchungen über die resorptionsfördernde Wirkung von Magenpräparaten nicht geeignet[4, 5]. Für Untersuchungen am Menschen verwendet man zur Vitamin B_{12}-Markierung das kurzlebige ^{56}Co. Geeignet sind Patienten mit perniziöser Anämie in der Remissionsphase.

Biologisch wichtige Flavonoide (Faktor P)[6-14].

Von

W. Grab.

Mit 7 Abbildungen.

Geschichte und Namen. Die spezifische Wirksamkeit des Faktors P kommt nicht einem einzigen Stoff, sondern mehreren Gruppen von Substanzen zu, die 6 verschiedenen Stoffklassen angehören. Die Entwicklung der Forschung hat gezeigt, daß es zweifelhaft ist, ob die als Faktor P wirksamen Stoffe tatsächlich essentielle Nährstoffe darstellen, die für Leben und Gesundheit höherer Tiere grundsätzlich wichtig wären. Man sollte also heute nicht mehr von einem Vitamin P sprechen[15, 16], da weder Unentbehrlichkeit noch Strukturspezifität des Faktor P bewiesen sind.

Die lange üblich gewesene Bezeichnung „Vitamin P" („Permeabilitäts-Vitamin") gründet sich auf die Beobachtung von v. SZENT-GYÖRGYI[17], daß Extrakte aus vielen

[1] BAKER, S. F., and D. L. MOLLIN: Brit. J. Haematol. **1**, 46 (1955).
[2] SCHILLING, R. F., and L. L. SCHLOESSER; in: HEINRICH, H. C. (Hrsgb.): Symposion über Vitamin B_{12} und Intrinsic Faktor. S. 194. Stuttgart 1957.
[3] SCHILLING, R. F.: J. Lab. clin. Med. **42**, 860 (1953).
[4] HOLDSWORTH, E. S., and M. E. COATES; in: HEINRICH, H. C. (Hrsgb.): Symposion über Vitamin B_{12} und Intrinsic Faktor. S. 241. Stuttgart 1957.
[5] LATNER, A. L., and L. RAINE; in: HEINRICH, H. C. (Hrsgb.): Symposion über Vitamin B_{12} und Intrinsic Faktor. S. 243. Stuttgart 1957.

Zusammenfassende Darstellungen:
[6] RUPE, H., u. H. ALTENBURG: Biochem. Handlex. Bd. VI, S. 32ff. 1911.
[7] KÜHNAU, J.: Mercks Jber. S. 8. 1948.
[8] Lang-Ranke, Stoffwechsel und Ernährung. S. 251ff.
[9] DORNOW, A., u. G. PETSCH: Arzneim.-Forsch. **5**, 542ff. (1955).
[10] KÜHNAU, J.: Stepp-Kühnau-Schroeder, Vitamine. 7. Aufl. Bd. II, S. 827. Stuttgart 1957.
[11] WOLF, H.; in: Flaschenträger-Lehnartz Bd. II/2b, S. 805ff.
[12] RUPE, H., u. M. SCHAERER: Handb. Pfl.-Analyse (KLEIN) Bd. III/2, S. 851.
[13] KARRER, P.: Handb. Pfl.-Analyse (KLEIN) Bd. III/2, S. 941.
[14] GEISSMAN, T. A.: Moderne Meth. Pfl.-Analyse (PAECH-TRACEY). Bd. III, S. 450.
[15] VICKERERY, H. B., E. M. NELSON, H. J. ALMQUIST and C. A. ELVEHJEM: Science, N. Y. **112**, 628 (1950).
[16] ZILVA, S. S.: Biochem. J. **31**, 915, 1488 (1937).
[17] ARMENTANO, L., A. BENTSATH, T. BÉRES, S. RUSZNYAK u. A. v. SZENT-GYÖRGYI: D. m. W. **1936 II**, 1325.

Pflanzen die krankhaft erhöhte Durchlässigkeit der Blutcapillaren wieder normalisieren. Da skorbutogene Blutungen durch Faktor P wirksamer verhindert werden als durch reines Vitamin C, bezeichnete man ihn auch als ,,Vitamin C_2"[1-3]. Weitere Namen sind: Citrin, Citrusflavon, Rutin usw., also Trivialnamen einzelner Stoffe mit der Wirksamkeit von Faktor P (vgl. Tabelle 2).

Tabelle 1. *Faktor P in Nahrungsmitteln für den Menschen* (in mg/100 g Frischgewicht).

Rindfleisch . .	3,83[4]	Kartoffeln .	1[1]
Ochsenfleisch .	4,9[4]	Weizenmehl	5,3[4]
Ochsenniere . .	13[4]	Roggenmehl	1,3[4]
Schweinefleisch	4[4]	Reis. . . .	2,4[4]
Schweineleber .	11,8[4]	Faktor P kommt in Milch nicht vor[5]	
Schweineniere .	6,8[4]		
Fisch	1,5—2,9[4]		

Vorkommen. Die wichtigsten Stoffe mit der Wirksamkeit des Faktor P und ihre chemische Zusammensetzung sind S. 1531 aufgeführt. Die ganze Gruppe bezeichnet man kurz als Flavonoidverbindungen[6].

Flavon und Flavonole sind in freier Form oder als Glykoside in jeder grünen Pflanze vorhanden, teils als Begleitstoffe des Chlorophylls, teils in Wurzeln, Knollen und Früchten. Quercetin kann z. B. bis zu 1,5 % der Trockensubstanz ausmachen[7]. Hesperidin findet sich in Früchten vieler Pflanzen, besonders reichlich in den Schalen von Citronen und Orangen[8]. Mit chemischen Verfahren fand man in Citronenschalen 6,3 mg, in Orangenschalen 0,27 mg Flavon je g Trockengewicht[11]. Anthocyanidine und Catechine kommen in den Schalen blauer und schwarzer Früchte vor, z. B. Kirschen, Johannisbeeren, Pflaumen, Trauben sowie in Fruchtsäften daraus und in Rotwein[12, 13]. Alle Teeaufgüsse aus einheimischen oder tropischen Blättern enthalten viele Stoffe mit P-Wirksamkeit. Fast immer liegen die Flavonoidglykoside in der Pflanze an Eiweiß gebunden vor[14].

Tabelle 2. *Vitamin P-Wirksamkeit verschiedener Flavonol-, Flavon- und Flavanonderivate* (nach SÉVIN[9]).

	Anstieg der Capillar-Resistenz in % des Ausgangswertes * 24 Std nach i.p. Injektion von			Wirksamkeit äquimolekularer Dosen, bezogen auf Rutin, nach Injektion von		
	1 mg	0,5 mg	0,1 mg	1 mg	0,5 mg	0,1 mg
Rutin	53	26	18	100	100	100
Rhamnetin-rhamnosid	57	30	22	75	80	85
Quercetin.	56	27	9	54	53	26
Quercitrin	34	12	14	45	32	55
Rhamnetin	40	24	17	36	47	48
Luteolin	31	14	19	25	23	45
Morin	20	12	6	18	22	16
Eriodictin.	20	7	0	28	18	0
Hesperidin	0	0	0	0	0	0

* Methode nach ZACHO bei Meerschweinchen[10].

In der Grünalge Chlamydomonas fand man Rutin, Paeonin, Isorhamnetinglykosid und wahrscheinlich Quercetin als Vorläufer der 3 Glykoside. In anderen Mikroorganismen wurden Flavonoide bisher nicht gefunden[6].

Bei Insekten fand man Quercetin und andere Flavonoide z. B. in Schmetterlingsflügeln oder Larven[15, 16], wahrscheinlich aus der pflanzlichen Nahrung dieser Tiere stam-

[1] LECOQ, R., P. CHAUCHARD et H. MAZOUÉ: C. R. Soc. Biol. **144**, 27 (1950).
[2] GABE, M.: C. R. Soc. Biol. **144**, 90 (1950).
[3] GABE, M., et J. L. PARROT: C. R. Soc. Biol. **144**, 393 (1950).
[4] DROESE, W., u. H. BRAMSEL: Vitamin-Tabellen. 2. Aufl. Leipzig 1943.
[5] Chemisches Institut der Bundes-Versuchs- und Forschungsanstalt für Milchwirtschaft, Kiel. Milchwissenschaft Heft 8/9, August (1951).
[6] GEISSMAN, T. A.: Moderne Meth. Pfl.-Analyse (PAECH-TRACEY) Bd. III, S. 450.
[7] SCARBOROUGH, H., and A. L. BACHARACH: Vitamins & Hormones **7**, 1 (1949).
[8] HIGBY, V.: J. amer. pharmaceut. Ass. **30**, 629 (1941); **32**, 74 (1943).
[9] SÉVIN, A.: Cr. **216**, 505 (1943).
[10] ZACHO, C. E.: Acta path. microbiol. scand. **16**, 144 (1939).
[11] WEATHERBY, L. S., and A. L. S. CHENG: J. biol. Ch. **148**, 707 (1943).
[12] POLLARD: A. E.: Nature **150**, 490 (1942).
[13] BACHARACH, A. L., and M. E. COATES: J. Soc. chem. Industr. **62**, 85 (1943); **63**, 198 (1944).
[14] ROBEZNIEKS, K.: Z. Vit.-Forsch. **8**, 27 (1938).
[15] FORD, E. B.: zit. nach [3].
[16] THOMSON, D. L.: Biochem. J. **20**, 73 (1926).

mend. Im Körper höherer Tiere haben sich bis jetzt nur in Leber und Nebenniere des Rindes Spuren proteingebundener Flavonoide nachweisen lassen.

Die in Tabelle 1 und 3 aufgeführten Angaben über das Vorkommen von P-Faktoren in Nahrungsmitteln beruhen meist auf biologischen Untersuchungen, bei denen die Mitwirkung anderer Faktoren als Flavonoidverbindungen nicht auszuschließen ist.

Tabelle 3. *Gehalt an Stoffen mit der Wirkung des Faktors P in Nahrungsmitteln.*

Die Angaben der Tabelle 3 sind an P-arm ernährten Meerschweinchen gewonnen, bei denen durch gemessenen Unterdruck eine Blutung aus den Hautcapillaren erzielt wird. Der geringste Unterdruck, der zur Blutung führt, wird als kritischer petechialer Druck[1] bezeichnet.

Die Wirksamkeit von 10 mg Hesperidin (= Bezugssubstanz) wird willkürlich = 1 E gesetzt[2]. Steigende Dosen Hesperidin erhöhen die Capillar-Resistenz, so daß man größere Unterdrucke braucht, um eine Capillarblutung hervorzurufen. Trägt man die kleinst wirksamen Dosen und die dabei beobachteten kritischen Unterdrucke in ein Diagramm ein, so erhält man eine Eichkurve, aus der man entnehmen kann, welche Hesperidindosis (= wieviel Einheiten) ebenso wirksam ist wie eine gerade untersuchte Probe eines unbekannt wirksamen Extraktes.

In je 100 g Frischsubstanz sind an Einheiten enthalten bei			
Citronen	450—750	Petersilie	130
Orangen	300—600	Spinat	130
Johannisbeeren, schwarze	300—700	Kopfsalat	80—100
Hagebutten	250—680	Äpfel	60
Weintrauben	> 500	Tomaten	50—70
Pflaumen	50—200	Weißkohl	60
Pflaumen, getrocknet	300—400	Blumenkohl	40
Mirabellen	50—100	Erbsen, frisch	40—80
Kirschen	50—100	Karotten	10—40
Heidelbeeren	100	Kartoffeln, roh	25
Holunderbeeren	100	Hühner-Eier	0
Brombeeren	60—100		
Grapefruit	100		

Mit diesem Verfahren nicht untersucht sind: Getreidesorten, Brot, Milch, Käse, Fleisch, Fisch.

Biologische Bedeutung. Bei höheren Pflanzen bilden manche Flavonoide mit Eiweiß stabile Komplexe, die als Ferment-Proteide aufgefaßt worden sind[3]. Andere Flavonoide sind vom Eiweiß nur adsorptiv gebunden, ohne daß man bis jetzt eine spezifische Wirksamkeit dieses Komplexes beobachtet hat.

Trotz aller Bemühungen ist es bisher nicht gelungen, bei höheren Tieren ein Fermentsystem zu finden, in dem Flavonoide spezifisch beteiligt sind. Im Tierversuch läßt sich eine Kost zusammenstellen, die frei von P-wirksamen Faktoren ist, so daß sich beim Meerschweinchen ein P-Mangel-Syndrom entwickelt, das sich vom Skorbut unterscheiden läßt[4]. Auch beim Menschen kommen Krankheitszustände vor, die als Ausdruck eines P-Mangels gedeutet wurden[5]. Aber auch mit diesen beiden Beobachtungen läßt sich eine physiologische Bedeutung der P-Faktoren für Mensch und Tier nicht rechtfertigen, da die bei P-Mangel auftretende verminderte Capillarresistenz auch völlig erscheinungslos bleiben kann.

In vitro werden durch viele Flavonoide wichtige Fermente gehemmt, wenn auch durch einzelne Stoffe in ganz verschiedenem Ausmaß, z. B. Histidin-Decarboxylase[6],

[1] Bacharach, A. L., u. M. E. Coates: Analyst **67**, 313 (1942). J. Soc. chem. Industr. **62**, 85 (1943) und **63**, 198 (1944).
[2] Kühnau, J.; in: Stepp-Kühnau-Schroeder, Vitamine. 7. Aufl. Bd. II, S. 931ff.
[3] Wawra, C. Z., and J. L. Webb: Science, N. Y. **96**, 302 (1942).
[4] Chauchard, P., H. Mazoué et R. Lecoq: J. Physiol., Paris **41**, 143 A (1949).
[5] Scarborough, H.: Lancet **1940 II**, 644. Edinburgh med. J. **48**, 55 (1941); **51**, 381 (1944).
[6] Martin, G. J., M. Graff, R. Brendel and J. M. Beiler: Arch. Biochem. **21**, 177 (1949).

Hyaluronidase[1-3], Succinoxydase[4], Cholinesterase[5] und Carboxylase[6]. Mit diesen Hemmwirkungen läßt sich der schützende Einfluß der P-Faktoren gegenüber lokal entstandenem Histamin, gegenüber dem Pfötchen-Ödem, der Quaddelbildung, der Chemosis usw. wenigstens zum Teil erklären.

Die P-Faktoren wirken im Tierkörper in zweifacher Weise: Einmal erhöhen sie die Festigkeit und Widerstandskraft der Capillarwände, außerdem setzen sie die Durchlässigkeit tierischer Membranen herab.

Man hat sich bemüht, diese Wirkungen, die durch viele experimentelle und klinische Beobachtungen gesichert sind, aus den chemisch-physiologischen Eigenschaften der P-Faktoren zu erklären.

Die erhöhte Resistenz und verminderte Durchlässigkeit der Capillaren erklärt man als komplexe Folge von 4 gesicherten Einzelwirkungen der Flavonoide:

Manche der P-Faktoren, z. B. Phloretin, hemmen Fermente, die an der Außenseite der Membranen sitzen und den aktiven Transport durch die Membran bewirken. P-Faktoren verhindern so den Durchtritt von Glucose[7] oder Insulin[8].

Alle als P-Faktoren wirksamen Stoffe verlängern und verstärken die Wirkung von Adrenalin[9, 10]; als Folge davon sollen sich die Präcapillaren verengen und dadurch soll die Capillarresistenz erhöht werden.

Alle P-Faktoren bilden mit Metall-Ionen (Ca) Komplexe, so daß die Capillarwand durch Calciumwirkung dichter gemacht wird.

Endlich hemmen die P-Faktoren noch die Hyaluronidase, die unter krankhaften Bedingungen auftritt und zur Auflockerung der Capillarwände führen kann.

Die P-Faktoren steigern außerdem den Ca-Gehalt des Blutserums[11] sowie der Knochen und fördern das Wachstum junger Tiere[11].

Alle als P-Faktor wirkenden Stoffe erweisen sich als Schutzstoffe für Ascorbinsäure Adrenalin, Vitamin A und Eisen(II)-salze, deren rasche Oxydation sie verhindern. Die Wirkung von Ascorbinsäure[12, 13] wird durch gleichzeitige Gaben von P-Faktoren verstärkt, die Ausnutzung von Vitamin A erheblich verbessert[14], die Wirkung von Adrenalin verstärkt und verlängert[15]. Die Resorption von Eisen(II)-salzen und wahrscheinlich auch von Ca-Salzen wird durch gleichzeitige Gaben von P-Faktoren verbessert, da die Salze besser verwertbar gemacht werden[11]. Erwähnt sei, daß einige Stoffe aus der P-Gruppe ganz spezifische Wirksamkeit besitzen: Paeonin wirkt als Androtermon, Isorhamnetin als Gynotermon, noch in Verdünnung $1:10^{10}$ bei einzelligen grünen Algen (Chlamydomonas); Rutin hemmt die Kopulation[16].

Auch für die Befruchtung von Blütenpflanzen sind Flavonoide wichtig; Rutin kann dabei sogar als „Sterilisierungsfaktor" auftreten. Bei der Vermehrung von Mikro-

[1] MARTIN, G. J., M. GRAFF, R. BRENDEL and J. M. BEILER: Arch. Biochem. **21**, 177 (1949).
[2] LEVITAN, S.: Proc. Soc. exp. Biol. Med. **68**, 566, 569 (1948).
[3] PARROT, J. L., et R. FASQUELLE: C. R. Soc. Biol. **143**, 931 (1949).
[4] BARTLETT, G. R.: J. Pharmacol. exp. Therap. **93**, 329 (1948).
[5] BEILER, J. M., and G. J. MARTIN: J. biol. Ch. **171**, 507 (1947); **174**, 31 (1948). Arch. Biochem. **26**, 72 (1950).
[6] KARRER, P., u. M. VISCONTINI: Helv. **30**, 268 (1947).
[7] DICSFALUSY, E., O. FERNÖ, O. F. FEX, B. HÖGBERG, E. T. LINDEROTH and T. ROSENBERG: Acta chem. scand. **7**, 913, 921 (1953).
[8] WEIDMANN, S.: Act. endocrinol., København **18**, 81 (1955).
[9] LAVOLLAY, J.: C. R. Soc. Biol. **135**, 1193 (1941); **138**, 179 (1944).
[10] JAVILLIER, M., et J. LAVOLLAY: Helv. **29**, 1283 (1946).
[11] KÜHNAU, J.: Mercks Jber. **61**, 8 (1948).
[12] CRAMPTON, E. W., and L. E. LLOYD: J. Nutrit. **41**, 487 (1950).
[13] COTEREAU, H., M. GABE, E. GIRO and J. L. PARROT: Nature **161**, 557 (1948).
[14] ERSHOFF, B. H.: Proc. Soc. exp. Biol. Med. **95**, 660 (1957).
[15] CRISMON, J. M., R. R. BEREG, J. D. MADDEN and F. A. FUHRMANN: Amer. J. Physiol. **164**, 391 (1951).
[16] KUHN, R.: Angew. Chem. **61**, 1 (1949).

organismen haben die Flavonoide hemmenden Einfluß. Anthocyan und Chalkone wirken bakteriostatisch[1].

Viele Flavonoide sind in Wasser schwer löslich und stehen durch ihre membrandichtende Wirkung ihrer Resorption selbst im Weg. Durch Bildung von in Wasser löslichen Komplexen mit einigen Schwermetallen, z. B. Eisen, wird die Löslichkeit von Rutin und Verwandten erhöht[2].

Angaben über das Vorkommen von Flavonoiden im Tierkörper sind spärlich. In Leber und Nebennieren des Rindes wurden Spuren eiweißgebundenen Flavonols nachgewiesen[3]. In den übrigen Organen des Tieres konnten keine Flavonoide gefunden werden. Im Thymus erwies sich ein Flavonoid als Bestandteil eines farblosen Proteids in Mengen bis zu 0,1 mg/g Frischgewebe[4]. SZENT-GYÖRGY schreibt diesem flavonoidhaltigen Proteid eine spezifische Bedeutung für das Größenwachstum des Körpers zu.

Zusammensetzung und Formeln. Obwohl die Stoffe, die als P-Faktoren wirksam sind, zu verschiedenen chemischen Gruppen gehören, läßt sich in ihrem Aufbau eine gewisse Einheitlichkeit erkennen. Bei allen gemeinsam bildet ein Pyran-(Pyron-)Ring das Kernstück des Moleküls.

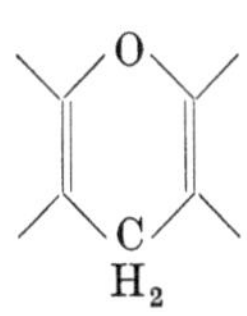

Pyran für Derivate von Flavan, Flavenol, Flavylium (auch als Pseudobase)

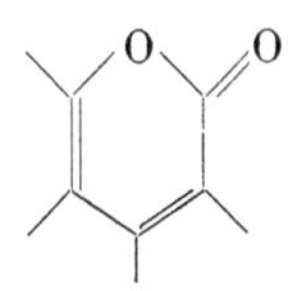

α-Pyron für Derivate von Cumarin

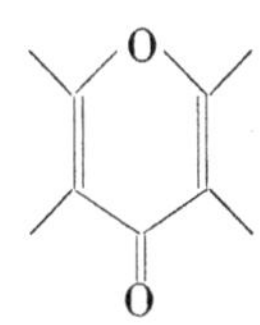

γ-Pyron für Derivate von Flavon, Flavonol, Flavanon

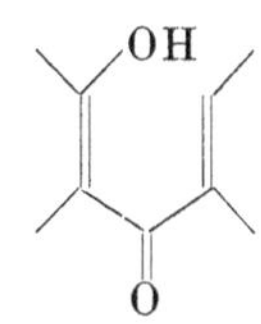

γ-Pyron als Chalkon-Isomer zu Flavanon

Alle P-wirksamen Stoffe können durch Oxydations- bzw. Reduktionsvorgänge ineinander übergeführt werden, wie dies die nachstehende Übersicht zeigt; die chemischen Änderungen spielen sich dabei im wesentlichen nur im Pyranring ab, durch dessen verschiedene Gestaltung sich die einzelnen Gruppen der P-wirksamen Stoffe unterscheiden.

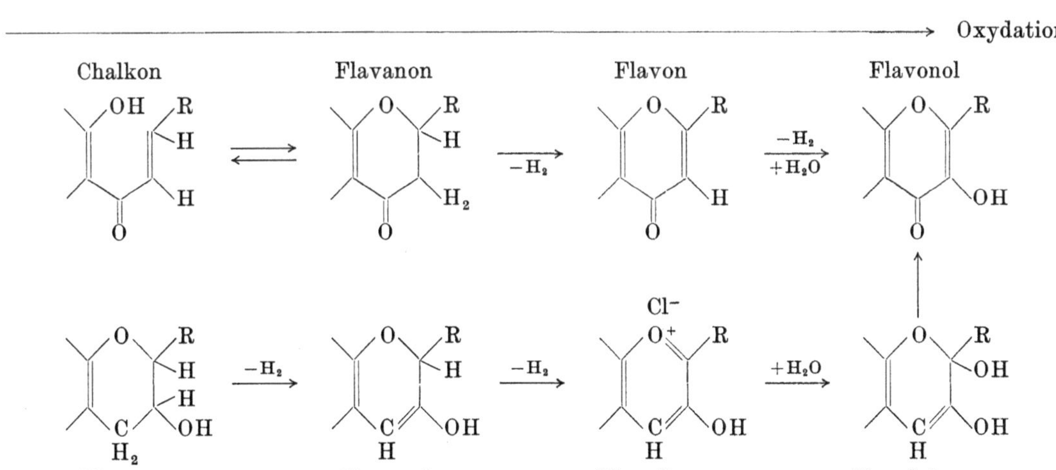

Dieser Pyronring trägt einerseits eine Benzogruppe und wird dadurch zum Benzo-α-pyron bzw. Benzo-γ-pyron bzw. Chalkon; andererseits ist der Pyronring in der 2-Stellung

[1] BLANK, F., u. R. SUTER: Exper. **4**, 72 (1948). — SCHRAUFSTÄTTER, E., u. S. DEUTSCH: Z. Naturforsch. **3**b, 163 (1948); **4**b, 276 (1949).

[2] KREWSON, C. F., and J. F. COUCH: J. amer. pharmaceut. Ass., sci. Ed. **41**, 83 (1952).

[3] ROBEZNIEKS, I.: Z. Vit.-Forsch. **8**, 27 (1938).

[4] SZENT-GYÖRGY, A. v.: Ann. N. Y. Acad. Sci. **61**, 732 (1955).

substituiert mit einem Phenylrest, der seinerseits mit mehreren Hydroxylgruppen substituiert ist (meist mit 2 OH-Gruppen in der 3'- und 4'-Stellung = Brenzcatechin). Auch die Benzogruppe trägt Hydroxyle meist in 5- und 7-Stellung. Das Gerüst der als P-Faktor wirksamen Stoffe ist also wie folgt gebaut:

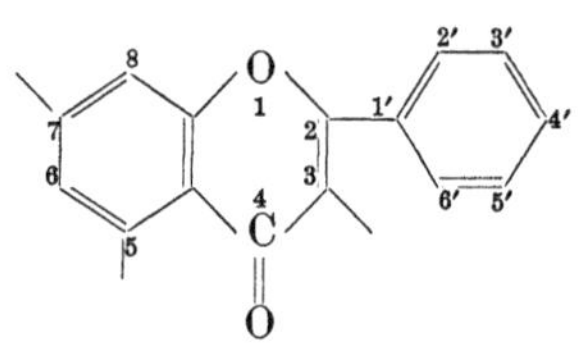

An den Hydroxylen C(7) bzw. C(3) inserieren bei manchen Stoffen die glykosidisch gebundenen Zucker: Rhamnose bzw. Rutinose, so daß — allgemein gesprochen — Heteroside vorliegen.

Bei den Stoffen der Brasilingruppen ist der Brenzcatechinring mit dem C(4) des Pyranrings verknüpft, ebenso auch noch mit einer zweiten Bindung von 6' über eine CH_2-Brücke zu C(3) des Pyranrings.

Als Flavylium-Derivate bezeichnet sind jene Stoffe, die als Oxonium-Verbindungen (Phenopyrylium-Verbindung[1]) Salze, z. B. Chloride, bilden wie die Anthocyanidine.

Rutinose ist ein Disaccharid und besteht aus Glucose und Rhamnose. L-Rhamnose (= iso-Dulcit = 6-Desoxy-L-mannose), Mol.-Gewicht 164,16, Beilstein: XXXI, S. 65, dieses Handbuch Bd. III, S. 727f.

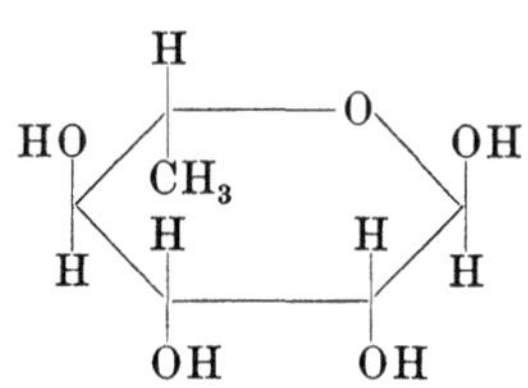

Rhamnose

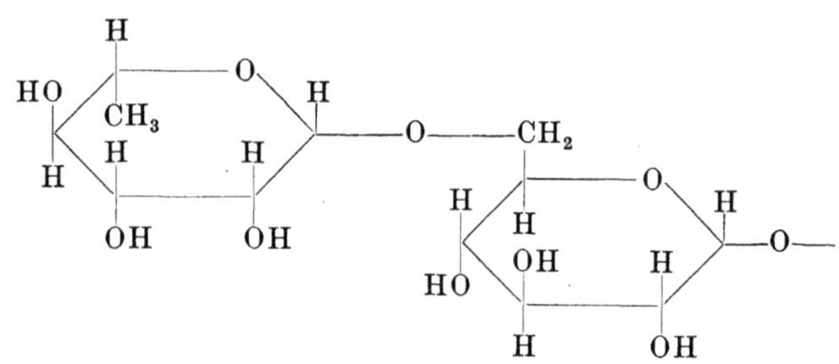

Rutinose (s. dieses Handbuch Bd. III, S. 783).

Darstellung aus Naturstoffen und Synthese. Die als P-Faktor wirksamen Substanzen gehören zu verschiedenen chemischen Gruppen, mit verschiedener Löslichkeit und Haltbarkeit; daher ist es nicht möglich, das Verfahren zur Isolierung und technischen Darstellung dieser Stoffe gemeinsam zu besprechen. Vielmehr geben wir einige Beispiele, in denen die Extraktion der wichtigsten P-wirksamen Stoffe aus Pflanzen gezeigt wird.

Für die Reindarstellung weiterer Stoffe und Einzelheiten bei der Isolierung aus Rinde, Blüten, Wurzel usw. wird auf die Handbücher der Pflanzenanalyse[2,3] verwiesen.

Rutin. Zur Gewinnung von Rutin aus Blättern und Blüten genügt schon das Auskochen mit heißem Wasser; beim Erkalten bilden sich gelbe Kristallnadeln, die aus heißem Wasser umkristallisiert werden können. Auch die Extraktion mit Methanol eignet sich gut, namentlich bei lufttrockenen Pflanzenteilen. Der Methanolextrakt wird eingedampft, der Trockenrückstand mit Äther gewaschen, dann löst man den Trockenrückstand in heißem Wasser und filtriert; beim Erkalten scheidet sich kristallisiertes Rutin ab.

Quercetin. Die mit 2%iger Kochsalzlösung gewaschene Rinde wird mit verdünntem NH_4OH extrahiert, der Extrakt mit H_2SO_4 neutralisiert, die abfiltrierte Lösung nun mit H_2SO_4 angesäuert und gekocht; das ausgeschiedene Quercetin wird noch heiß abfiltriert und aus siedendem Alkohol umkristallisiert.

Quercetin und seine Verwandten gewinnt man bequemer aus lufttrockenen Pflanzen durch Extraktion mit Methanol. Der Trockenrückstand des Methanolextraktes wird dann zur Entfernung von Farbstoffen mehrfach mit Chloroform ausgerührt und der verbleibende Restrückstand in Aceton gelöst.

[1] KARRER, P.: Handb. Pfl.-Analyse (KLEIN) Bd. III/2, S. 941.

[2] RUPE, H., u. M. SCHAERER: Handb. Pfl.-Analyse (KLEIN) Bd. III/2, S. 851. — KARRER, P.: Handb. Pfl.-Analyse (KLEIN) Bd. III/2, S. 941.

[3] GEISSMAN, T. A.: Moderne Meth. Pfl.-Analyse (PAECH-TRACEY) Bd. III, S. 450.

Quercitrin. Pflanzenteile werden 6 Std lang mit der 6fachen Menge 85%igem Alkohol extrahiert, der auf die Hälfte eingeengte Extrakt durch Bleiacetat gefällt und dadurch Verunreinigungen entfernt. Ein Überschuß an Bleiacetat ist zu vermeiden, da sonst

Tabelle 4. *Chemische Konstitution der wichtigsten Flavonoide.*

Nr.	Name	Substituenten an den mit Ziffern bezeichneten C-Atomen (s. Formel S. 1530)										Substitution im offenen Pyranring	
		2	3	4	5	6	7	8	3′	4′	5′		
						a) Derivate von Flavon.							
1	Luteolin. . .			oxo	OH		OH		OH	OH			-flavon
2	Diosmin. . .			oxo	OH		R		OH	OCH_3			-flavon
						b) Derivate von Flavonol.							
3	Quercetin . .			oxo	OH		OH		OH	OH			-flavonol
4	Quercitrin. .		Rh	oxo	OH		OH		OH	OH			-flavonol
5	Rutin. . . .		R	oxo	OH		OH		OH	OH			-flavonol
6	Rhamnetin .		Rh	oxo	OH		OCH_3		OH	OH			-flavonol
						c) Derivate von Flavonon.							
7	Phloretin . .			oxo	OH		OH			OH			-flavonon
8	Eriodictyol .			oxo	OH		OH		OH	OH			-flavonon
9	Eriodictyol-7-rhamnosid.			oxo	OH		Rh		OH	OH			-flavonon
10	Hesperetin .			oxo	OH		OH		OH	OCH_3			-flavonon
11	Hesperidin .			oxo	OH		Rh		OH	OCH_3			-flavonon
						d) Anthocyanidine und Anthocyanine.							
12	Cyanidin . .		OH		OH		OH		OH	OH			-flavylium-chlorid
13	Cyanin . . .		OH		OH		OH		OH	OH			-flavylium-chlorid-diglucosid
14	Keracyanin .		OH		OH		OH		OH	OH			-flavylium-chlorid-rhamno-glucosid
15	Prunicyanin .		OH		OH		OH		OH	OH			-flavylium-chlorid-rhamno-glucosid
16	Paeonin . . .		G		OH		G		OCH_3	OH			-flavylium-chlorid
17	Önin		G		OH		OH		OCH_3	OH	OCH_3		-flavylium-chlorid
						e) Catechine.							
18	d-Epicatechin		OH		OH		OH		OH	OH			-flavan
						f) Derivate von Cumarin.							
19	Äsculetin . .	oxo				OH	OH						-cumarin
20	Äsculin . . .	oxo				G	OH						-cumarin
						g) Derivate von Chalkon.							
21	Hesperetin-chalkon-glucosid . .	OH		G		OH			OH	OCH_3		oxo	-chalkon
22	Hesperidin-methyl-chalkon . .	OH		R		OCH_3			OH	OCH_3		oxo	-chalkon
						h) Brasilingruppe.							
23	Hämatoxylin							OH					-brasilin

Rh = Rhamnosid; R = Rutinosid; G = Glucosid.

Quercitrin mit ausfällt. Das Filtrat wird von Blei befreit, eingedampft, der Trockenrückstand in Alkohol aufgenommen, der Alkohol abgedampft und der Rückstand aus heißem Wasser mehrfach umkristallisiert.

Hesperidin. Getrocknete unreife Orangen werden zunächst mit kaltem Wasser vorextrahiert; dann folgt Extraktion mit 50%igem Alkohol, der 2% NaOH enthält. Setzt man dem Alkoholextrakt HCl zu, so fällt rohes Hesperidin aus, das durch Auskochen mit 90%igem Alkohol weiter gereinigt wird. Der Rückstand wird dann in sehr verdünnter NaOH gelöst, unter Zusatz von wenig Alkohol und durch Einleiten von CO_2 wieder gefällt.

Hesperetin. Hesperetin gewinnt man aus Hesperidin, das man mit der 6fachen Menge 50%igem Alkohol erhitzt, der 2% H_2SO_4 enthält, am besten unter Druck auf 120°. Durch Zusatz von Wasser wird Hesperetin ausgefällt, mit Alkohol gewaschen, eine Verunreinigung durch Bleisalz entfernt; nach Abfiltrieren des Bleiniederschlages setzt man der Lösung Essigsäure zu und fällt mit heißem Wasser reines Hesperetin aus.

Diosmin. Pflanzenteile werden mehrere Tage mit mehrfach gewechselter 2%iger NaOH extrahiert; der auf Zusatz von HCl flockig oder gallertig ausfallende Niederschlag wird gewaschen, wieder in NaOH gelöst, mit CO_2 wieder gefällt, und dieser Vorgang 15—20mal wiederholt. Auswaschen der Niederschläge mit Alkohol und verdünntem Ammoniak sowie anderen organischen Lösungsmitteln. Diosmin ist sehr schlecht löslich in organischen Lösungsmitteln.

Anthocyane. Für ihre Isolierung aus Pflanzen nutzt man die Schwerlöslichkeit ihrer Oxoniumsalze in Wasser oder Alkohol aus. Manche dieser Farbstoffe liefern gute Kristallisate in Alkohol und Wasser; ihre Chloride sind wenig löslich. Manchmal benutzt man auch die Fällung des Bleisalzes.

Bezüglich der Darstellung aus Blüten, Heidelbeeren oder blauen Trauben usw. vgl. [1, 2] (S. 1530). In vitro gelingt es durch Reduktion, Cyanidin aus Quercetin darzustellen[1] und Epicatechin durch Reduktion von Cyanidin[2]. In tierischen Organen kommen normalerweise keine Flavonoide vor; Spuren von Flavonoiden finden sich nur nach medikamentöser Belastung[3] (vgl. S. 1533).

Die Aglykone der Flavonoide können meist nach mehreren Verfahren synthetisiert werden[4-6]. Auch einzelne Glykoside können heute synthetisch dargestellt werden.

Physikalische und chemische Eigenschaften. Die physikalischen und chemischen Eigenschaften der als P-Faktor wirksamen Substanzen sind verschieden, je nach der Stoffklasse, der sie angehören; außerdem ist für ihr Verhalten noch wesentlich, ob sie als Aglykone oder als Glykoside (Heteroside) vorliegen. Man kann also nur wenig gemeinsame Eigentümlichkeiten hier anführen, und daher wurden Löslichkeit, Kristallformen, Schmelzpunkte, Absorptionsmaxima oder etwaige Besonderheiten für die in der Nahrung häufigsten Flavonoide in Tabellen zusammengestellt.

Praktisch wichtig ist, daß manche dieser Stoffe recht unbeständig sind; Epicatechin z. B. wird schon an der Luft oxydiert, während die Stoffe in höheren Oxydationsstufen (vgl. S. 1529) an der Luft haltbar sind. Alle P-Faktoren, die benachbarte Hydroxylgruppen tragen, wie z. B. im Brenzcatechin-Rest, geben mit $FeCl_3$ eine intensive Farbe: grün bei Rutin, blau-violett bei Anthocyanen. Bei schwach alkalischem p_H kann diese Endiol-Gruppierung leicht oxydiert werden.

Gegenüber 0,001 n NaOH ist Rutin etwas stabiler als Quercetin; in 0,001 n HCl dagegen wird Rutin rasch gespalten, das entstandene Quercetin ist in saurer Lösung haltbar[7].

---

1 Willstätter, R. 1914 [Karrer, P.: Handb. Pfl.-Analyse (Klein) Bd. III/2, S. 941 (1931/33)].
2 Freudenberg, K.: A. **444**, 135 (1925).
3 Huszàk, St.: H. **249**, 214 (1937).
4 Kostanecki, S. v., u. J. Tambor: B. **37**, 792 (1904).
5 Allan, J., and R. Robinson: Soc. **1926**, 2334.
6 Simonis, H.: Z. angew. Chem. **39**, 1461 (1926).
7 Dechene, E. B., J. amer. pharmaceut. Ass., sci. Ed. **40**, 495 (1951).

Physiologische und pharmakologische Eigenschaften. Bei der Darlegung der biologischen Bedeutung der Flavonoide für Tier und Pflanze wurden schon einige wichtige physiologische Wirkungen dieser Stoffe erwähnt. Hier seien noch einige pharmakologische Befunde und therapeutische Wirkungen ergänzend angefügt.

Nur bei einzelnen Stoffen, z. B. Quercetin und Rutin, hat man ihr Schicksal im Tierkörper zu verfolgen versucht. Für fast alle übrigen Substanzen fehlen entsprechende Angaben.

Von dem mit der Nahrung zugeführten Rutin wird nur ein Teil resorbiert; Versuchspersonen scheiden bei oralen Gaben von 50 mg Rutin je kg Körpergewicht im Harn nur wenig und mit den Faeces überhaupt kein unverändertes Rutin aus. Ratten scheiden mit dem Harn $< 1\%$ der verfütterten Rutindosis aus. Aus dem oberen Magen-Darmtrakt kann Rutin fast vollständig wiedergewonnen werden, erst im unteren Darmabschnitt wird Rutin zerstört[1, 2]. Setzt man 10 mg Rutin dem Harn zu, so wird es vollständig wiedergefunden[2]. Diese Befunde erlauben aber nicht anzunehmen, daß Flavonoide kaum resorbiert würden.

Bei der Untersuchung tierischer Organe wurde bisher wenig berücksichtigt, daß Flavonoide mit Protein leicht Komplexe bilden können und sich so dem Nachweis entziehen. Als Abbauprodukte des oral gegebenen Rutin und Quercetin wurden die folgenden 3 Stoffe

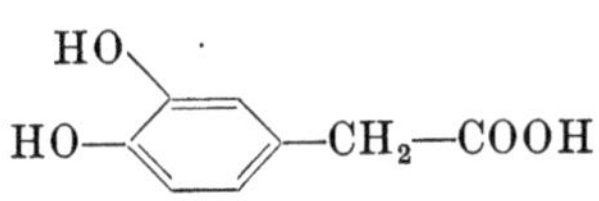

I. 3,4-Dioxyphenyl-essigsäure

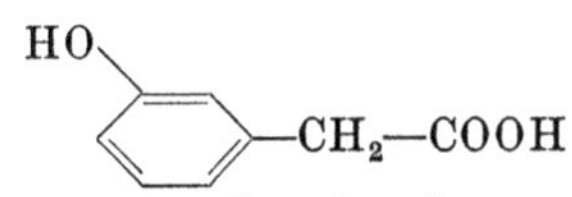

II. 3-Oxyphenyl-essigsäure

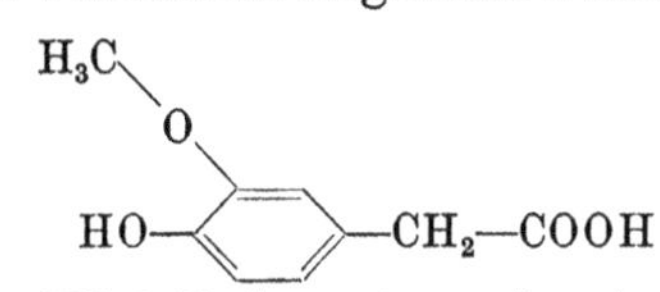

III. 3-Methoxy-4-oxyphenyl-essigsäure

im Harn von Ratten, Meerschweinchen, Kaninchen und Menschen gefunden. Bei Hydrolyse des Harns wurden keine weiteren Abbauprodukte mehr gefunden[3].

Im Tierkörper werden Rutin und Quercetin schon innerhalb von Stunden in andere Stoffe überführt, die keine Flavonoidreaktion mehr geben. Zunächst wird wahrscheinlich in Leber und Niere[4] der Pyronring geöffnet, so daß der Brenzcatechinring mit den 2 angrenzenden C-Atomen des Pyronrings abgespalten wird. Daraus können durch weitere Oxydation dann die obenerwähnten p-Brenzcatechin-Essigsäureverbindungen entstehen und im Harn ausgeschieden werden.

Wurden 2 g Quercetin (die 725 mg Brenzcatechin enthalten) bei Kaninchen per os gegeben, so werden im Harn Brenzcatechin-Metaboliten ausgeschieden, die etwa 30% der oral gegebenen Brenzcatechinmenge entsprechen. Da diese Metaboliten im Darminhalt nicht gefunden wurden, entstehen sie erst nach der Resorption des Quercetins. Beim Kaninchen müssen also mindestens 30% des oral gegebenen Quercetins resorbiert worden sein. Daraus ergibt sich die Frage, ob nicht die so vielen Naturstoffen beigemessene P-Wirksamkeit den Spaltprodukten der Flavonoide zukommt, die dadurch den Charakter von „Provitaminen“ bekämen.

Die als P-Faktoren wirksamen Stoffe haben nun bei pharmakologischer Dosierung eine Reihe von interessanten und auch klinisch wichtigen Wirkungen: Sie erhöhen die durch Lecithin im System Chloroform/Salzlösung erniedrigte Grenzflächenspannung[5], sie inaktivieren also das Lecithin; sie wirken direkt auf die Capillaren ein[6]; sie wirken entzündungshemmend[7], verhindern das Pfötchen-Ödem[8], sie wirken der Strahlenschädigung

[1] Clark, W. G., E. M. MacKay and M. L. Jordan: J. Allergy **21**, 133 (1950).
[2] Porter, W. L., D. F. Dickel and J. F. Couch: Arch. Biochem. **21**, 273 (1949).
[3] Booth, A. N., C. W. Murray, F. T. Jones and F. De Eds: J. biol. Ch. **223**, 251 (1956).
[4] Lang, K., u. H. Weyland: B. Z. **327**, 109 (1955/56).
[5] Hirt, R., u. R. Berchtold: Helv. **34**, 2021 (1951).
[6] Kuschinsky, G.: Kli. Wo. **1949**, 317.
[7] Sokoloff, B., W. H. Eddy and J. B. Redd: J. clin. Invest. **30**, 395 (1951).
[8] Gross, F.: A. e. P. P. **211**, 421 (1950).

entgegen[1], sie mildern die lokale und allgemeine Histaminauswirkung[2-4] und heben die Dicumarol-Wirkung zum Teil auf[5]. Sie wirken auch antithyreotrop[6, 7].

Durch ihre Wirkung auf die Capillardurchlässigkeit verhindern die P-Faktoren nicht nur den Austritt von Blut oder Ödemflüssigkeit aus den Capillaren, sondern auch das Eindringen hochmolekularer Stoffe in die Blutbahn, z. B. Toxine, Typhusvaccine, artfremdes Eiweiß und Entzündungsstoffe.

Weiterhin wirken die P-Faktoren als Schutzsubstanzen gegenüber Oxydation; Adrenalin, Ascorbinsäure, ungesättigte Fettsäuren bleiben unter der Wirkung von P-Faktoren länger in reduzierter Form erhalten.

Es sei noch erwähnt, daß P-Faktoren das Wachstum von keimenden grünen Pflanzen fördern, manchmal auch von Hefen, weil durch P wachstumshemmende Stoffe blockiert werden. Bei Bakterien sind P-Faktoren als Wuchsstoffe unwirksam oder wirken hemmend, auch auf die Entwicklung von Viren und Toxinen[8].

Durch Rutin und seine Verwandten wird die Arbeit des normalen und toxisch geschädigten Herzens verbessert[9, 10], das Minutenvolumen vergrößert, der periphere Widerstand vermindert und dadurch der Blutdruck gesenkt, besonders der krankhaft erhöhte Blutdruck, die Diurese gesteigert. Wie diese auch therapeutisch wichtige Wirkung zustande kommt, ist noch nicht geklärt.

In einer Reihe klinischer Abhandlungen wird der therapeutische Wert von Stoffen mit der Wirkung des P-Faktors besprochen[11-13]. Weitere pharmakologische Wirkungen von Quercitrin, Rutin, Hesperidin und Äsculin sind zusammengestellt[14].

Die Giftigkeit der Flavonoide ist gering, bei Ratte, Maus und Meerschweinchen werden 0,2—0,5 g/kg, beim Menschen 0,1 g/kg, oral gegeben, völlig symptomlos vertragen[2].

Quercetin in konzentrierter wäßriger Lösung als Methylglucamin ist giftig: 50—100 mg i.v. je kg Meerschweinchen bewirken Krämpfe. Quercetin-6'-sulfonat LD_{50} i.v. bei Meerschweinchen = 26,3 mg/kg, i.p. bei Ratten = 125 mg/kg.

a) Bestimmung.

Probenentnahme und Aufarbeitung. Da in Pflanzen vielerlei Flavonoide vorkommen mit verschiedenen chemischen Eigenschaften, muß man zur Extraktion eines bestimmten Stoffes dieser Gruppe dessen Löslichkeit in verschiedenen Lösungsmitteln (vgl. Tabellen 7—12) ausnutzen. Bewährte Vorschriften für die vielen, chemisch schon bekannten Stoffe liefern die Handbücher[15, 16].

Zur *Extraktion unbekannter Flavonoide aus Pflanzen* benutzt man im einfachsten Fall die 5fache Menge heißes Wasser. Bei Rinden und anderen schwer aufzuschließenden Stoffen nimmt man besser verdünnte Ammoniaklösung oder 2%ige Natronlauge und extrahiert tagelang mit mehrfach gewechselter Lösung. Bei lufttrockenen Pflanzen ist es zweckmäßiger, mit 50%igem wäßrigem Methanol oder Aceton zu extrahieren. Um Ver-

[1] PARIS, R., E. VAIREL et J. VAVASSEUR: Ann. pharmaceut. franç. **9**, 68 (1951).
[2] CLARK, W. G., E. M. MACKAY and M. L. JORDAN: J. Allergy **21**, 133 (1950).
[3] WILSON, R. H., A. N. BOOTH and F. DE EDS: Proc. Soc. exp. Biol. Med. **76**, 540 (1951).
[4] HEPDING, L.: D. m. W. **1949**, 1575.
[5] MATIS, P., u. H. HAGER: Z. ges. exp. Med. **118**, 131 (1951).
[6] MOURIQUAND, G., et V. EDEL: Int. Z. Vit.-Forsch. **22**, 129 (1950).
[7] CHAUCHARD, P., H. MAZOUÉ et R. LECOQ: J. Physiol., Paris **41**, 143-A (1949).
[8] KÜHNAU, J.; in: Stepp-Kühnau-Schroeder, Vitamine. 7. Aufl. Bd. II, S. 827.
[9] BENTZ, H.: Pharmazie **6**, 598 (1951).
[10] CZIMMER, A. v., u. S. JENEY: A. e. P. P. **187**, 553 (1937); **190**, 648 (1938); **194**, 718 (1940).
[11] PLICHET, A.: Presse méd. **1947**, 4.
[12] LUDWIG, O.: Med. Welt **1942**, 1181.
[13] KÜCHMEISTER, H.: Kli. Wo. **1949**, 297.
[14] ROTHLIN, E., u. B. BERDE; in: RAUEN, Biochem. Taschenb. S. 1044.
[15] Handb. Pfl.-Analyse (KLEIN) Bd. III/2, S. 851, 941.
[16] Moderne Meth. Pfl.-Analyse (PAECH-TRACEY) Bd. III. S. 450 (1955).

unreinigungen in den Extrakten zu entfernen, kann man nach papierchromatographischen Vorversuchen die Extrakte der Säulenchromatographie unterwerfen. Auch die Ionophorese bei verschiedenen p_H-Werten kann zur Beseitigung von störenden Begleitstoffen ausgenutzt werden.

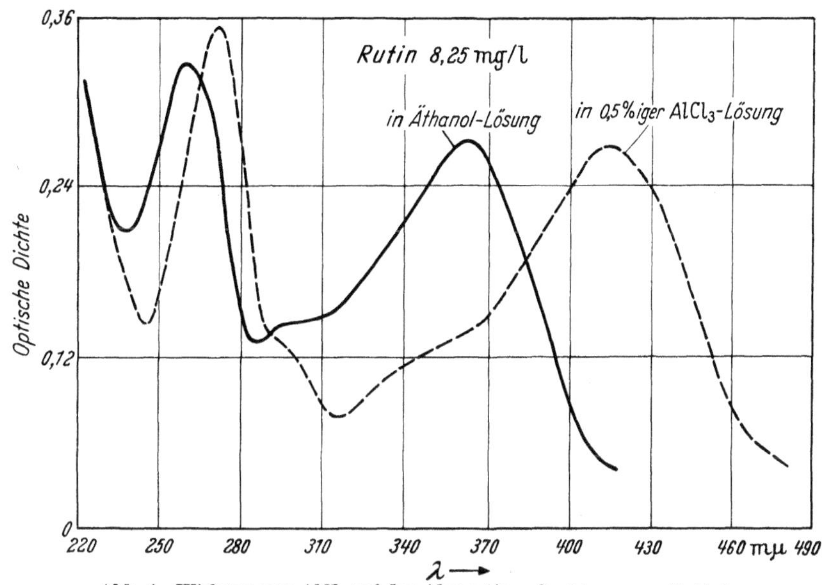

Abb. 1. Wirkung von $AlCl_3$ auf das Absorptions-Spektrum von Rutin[1].

Da die Flavonoide in der lebenden Pflanzenzelle häufig mit Proteinen zusammen Komplexe bilden oder bei der Aufarbeitung an Proteine leicht adsorbiert werden, sollte man eiweißfällende Mittel bei der Extraktion vermeiden und Protein-Niederschläge in schonender Weise wieder zur Lösung bringen.

Für die *Extraktion aus tierischen Organen* gelten dieselben Überlegungen wie für die Extraktion aus Pflanzen. Huszàk[2] extrahiert die zerriebenen Organe durch Kochen mit der 3fachen Menge 90%igen Alkohols 20 min lang. Der Extrakt wird angesäuert, zur Trockne gebracht und der Rückstand dann mit wenig 90%igem Alkohol extrahiert. Zugesetztes Citrin (Gemisch aus Eriodictyol und Hesperidin) wurde selbst nach 6 Std Bebrütung mit Organbrei quantitativ wiedergefunden. Rutin dagegen war bei Bebrütung mit Verdauungsfermenten oder Darmbakterien nicht mehr nachweisbar[3].

Tabelle 5. *Die UV-Absorptions-Spektren von Flavon-Derivaten in Äthanol.*

Name	λ_{max}			log ε		
Flavon . . .	297,5		250	4,20		4,07
Quercetin . .	375		258	4,32		4,32
Quercitrin . .	352		260	4,24		4,35
Rutin	361	310	258	4,28	3,96	4,35
Iso-quercitrin.	360	310	258	4,32	4,01	4,41
Hyperin . . .	362,5	312	258	4,31	3,97	4,38
Quercimeritrin	374		297	4,39		4,42

Stabilität gegenüber Fermenten und Proteinbindung sind bei den einzelnen Stoffen des P-Faktors verschieden.

Harn und andere Körperflüssigkeiten werden wie Organe aufgearbeitet. Werden 10 mg Rutin zu 1 *l* Harn zugesetzt, so kann man sie quantitativ wiederfinden[4].

Physikalische Bestimmung. Liegen Flavonoide in Lösung vor, so können sie durch ihr *Absorptionsspektrum* im sichtbaren und UV-Licht bestimmt werden (vgl. Abb. 1—5, Tabelle 5). In Mischungen kann man auf diese Weise manche Stoffe nebeneinander

[1] Aus: Geissman, T. A.: Moderne Meth. Pfl.-Analyse (Paech-Tracey) Bd. III. S. 489.
[2] Huszàk, S.: H. **249**, 214 (1937).
[3] Clark, W. G., E. M. MacKay and M. Jordan: J. amer. med. Ass. **143**, 1411 (1950).
[4] Porter, W. L., D. F. Dickel and J. F. Couch: Arch. Biochem. **21**, 273 (1949).

bestimmen, z. B. Rutin neben Quercetin: Man bestimmt das Verhältnis $E_{1\,cm}^{1\,\%}$ bei 2 verschiedenen Wellenlängen, von denen die eine das Absorptionsmaximum eines der gemischten Stoffe darstellt, z. B. bei 375 mμ[1]. Eine p_H-Abhängigkeit der Absorptionsspektren ist bisher noch nicht bekannt. Die Absorptionsspektren der Flavonoide sind für die

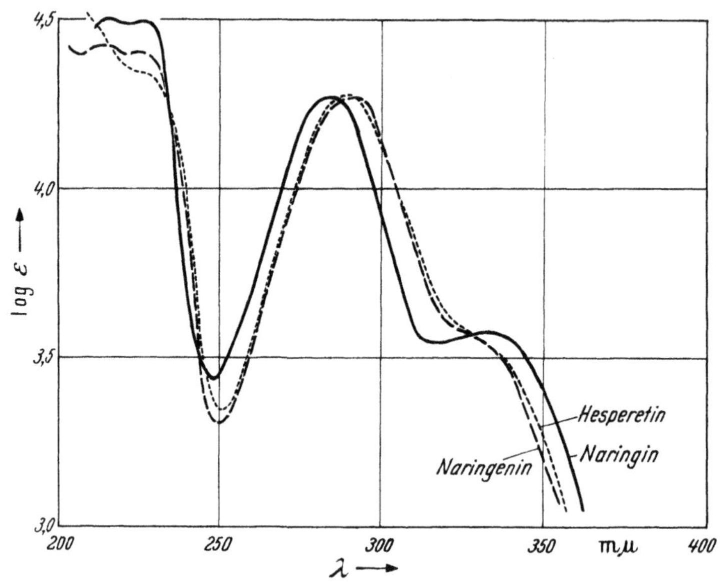

Abb. 2. Absorptions-Spektren von Hesperetin, Naringin und Naringenin[2].

Identifizierung oder die Einordnung der Stoffe in chemische Gruppen wertvoll; zur Aufklärung der chemischen Struktur sind sie dagegen weniger geeignet, da Variationen

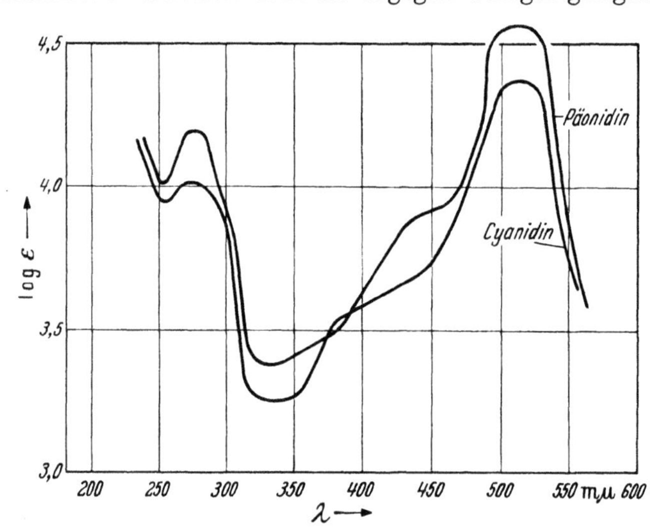

Abb. 3. Absorptions-Spektren von Päonidin und Cyanidin[3].

in der Zahl und Art der Zuckerreste nur geringe Änderungen in den Absorptionsspektren nach sich ziehen.

Die *Papierchromatographie* eignet sich zur Bestimmung von Flavonoiden sehr gut. Die Glykoside haben viel höhere R_F-Werte als die Aglykone. Verwendet man als Fließmittel Wasser, so bleiben die Aglykone praktisch am Startpunkt, während die Glykoside

[1] Swann, V.: J. Pharmacy Pharmacol. 1, 323 (1941).
[2] Aus: Geissman, T. A.: Moderne Meth. Pfl.-Analyse (Paech-Tracey) Bd. III. S. 493.
[3] Aus: Geissman, T. A.: Moderne Meth. Pfl.-Analyse (Paech-Tracey) Bd. III. S. 486.

allein wandern. Die Tabelle 6 gibt Aufschluß über die R_F-Werte der wichtigsten Flavonoide.

Um die Substanz zu identifizieren, genügt manchmal schon die Eigenfarbe ihres Fleckens auf dem Papier im sichtbaren oder UV-Licht. Außerdem kann man die Farb-

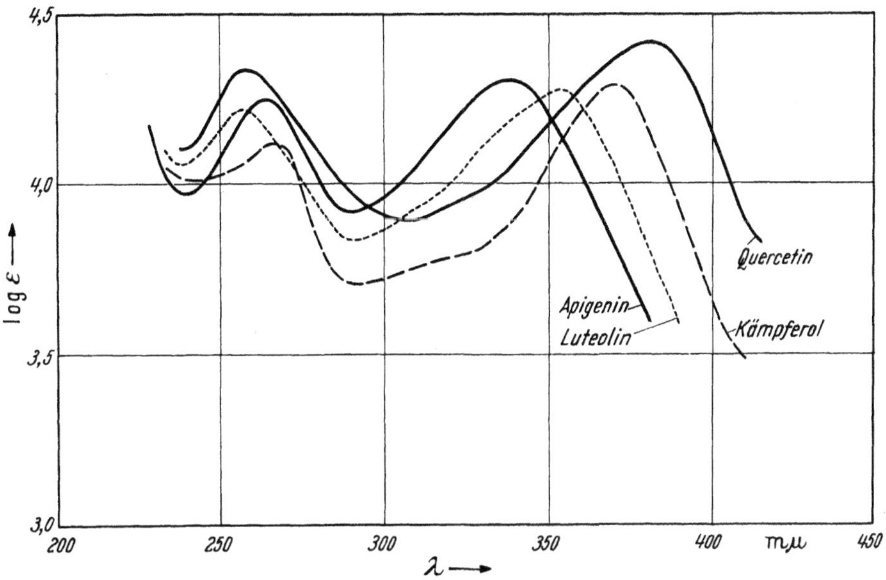

Abb. 4. Absorptions-Spektren von Apigenin, Luteolin, Quercetin und Kämpferol[1].

flecke noch differenzieren durch Behandlung mit NH_3-Dampf, mit alkoholischer $AlCl_3$-Lösung oder mit $FeCl_3$-Lösung. Die dabei sich entwickelnde Färbung, die für die ein-

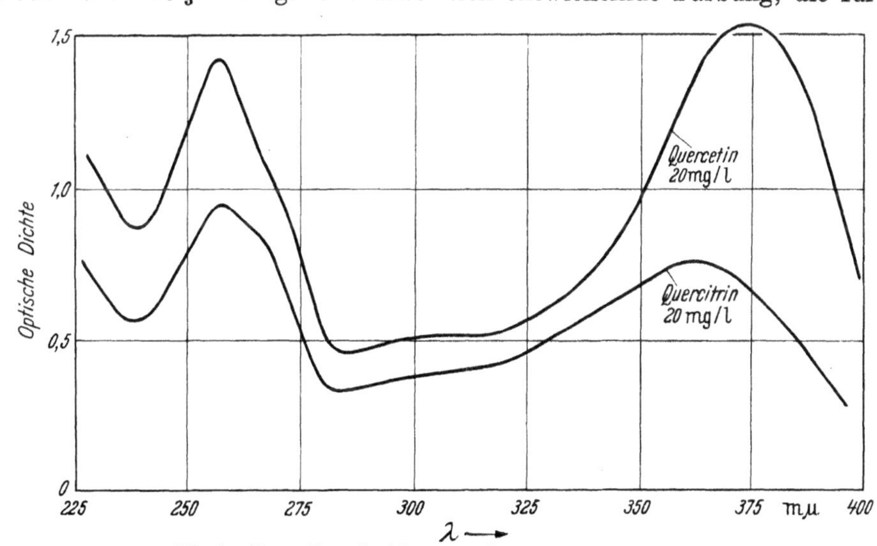

Abb. 5. Absorptions-Spektren von Quercetin und Quercitrin[1].

zelnen Stoffe charakteristisch ist, beruht auf der Bildung gefärbter Metallkomplexe der Flavone, Flavonole und Flavanone mit Eisen, Kupfer und Aluminium[2, 3].

Zur Unterscheidung von Aglykonen und Heterosiden kann auch die Ionophorese herangezogen werden, bei der das zuckerfreie Quercitrin z. B. doppelt so rasch wandert wie Rutin[4].

[1] Aus: GEISSMAN, T. A.: Moderne Meth. Pfl.-Analyse (PAECH-TRACEY) Bd. III. S. 488.
[2] CLARK, W. G., and T. A. GEISSMAN: Nature **163**, 36 (1949). J. Pharmacol. exp. Therap. **95**, 363 (1949).
[3] GAGE, T. B., and S. H. WENDER: Analyt. Chem., Washington **22**, 708 (1950).
[4] SCHOLZ, E., u. P. HAGEDORN: Dtsch. Apoth.-Ztg. **93**, 81 (1953).

Tabelle 6. *R_F-Werte und Farbreaktionen von chromatographierten Flavonoiden und einigen verwandten Verbindungen*[1, 2].

Name	I	II	III	IV	V		VI		VII		VIII
					a	b	a	b	a	b	
Quercetin . .	77	23	36	1	g.	d., g., gr.	g.	h.g., gr.	g.	l.g.	
Quercitrin . .	85	38	66	28	bs., g.	br.	g.	d., gr.	g.	g.	
Rutin	66	18	48	33	bs., g.	br.	g.	d., gr.	g.	g., br.	
Hyperin . . .	70	38	58	14	bs., g.	br.	g.	g., br.	g.	g.	
Rhamnetin. .	87	69	69	1	bs., g.	d., g., gr.	g.	g.	g.	g.	
Eriodictyol. .	61	16	81	14	f.	f.	f.	bs., g.	f.	bs., g., gr.	gr.
Hesperidin . .	58	67	86	49	f.	f.	f.	g.	f.	bs., gr.	
Cumarin . . .	96	—	99	68	f.	f.	f.	f.	—	—	
Äsculetin . .	83	81	83	32	f.	bl.	g.	bl., gr.	—	—	
Äsculin . . .	65	63	80	60	f.	bl.	bs., g.	bl.	—	—	
d-Catechin . .	69	18	41	38	f.	f.	f.	s.	f.	f.	
l-Epicatechin .	64	18	41	29	f.	f.	f.	s.	f.	f.	
Cyanidin. . .	60	39	—	1							
Cyanin . . .	29	12	37	18							

Anmerkung zu Tabelle 6:

R_F-Werte (mit 100 multipliziert) und Farbreaktionen der chromatographierten Flavonoide.

g.	= gelb	I	= n-Butanol:Eisessig:Wasser = 50:13,5:36,5 (v/v/v)
gr.	= grün	II	= m-Kresol:Eisessig:Wasser = 50:2:48 (v/v/v)
bs.	= blaß	III	= Phenol:Wasser = 73:27 (g/g)
br.	= braun	IV	= dest. Wasser
bl.	= blau	V	= a) Farbfleck im sichtbaren Licht
f.	= farblos		b) Farbfleck im langwelligen UV-Licht
s.	= schwarz	VI	= Farbfleck nach Behandlung mit NH_3-Dampf
d.	= dunkel		a) im sichtbaren Licht
h.	= hell		b) im langwelligen UV-Licht
l.	= leuchtend	VII	= Farbfleck nach Behandlung mit 1 %iger alkoholischer $AlCl_3$-Lösung
			a) im sichtbaren Licht
			b) im langwelligen UV-Licht
		VIII	= Farbfleck nach Behandlung mit 1 %iger wäßriger $FeCl_3$-Lösung

Die Papierverteilungs-Chromatographie läßt sich auch zu einer quantitativen Bestimmung einiger Zweistoff- oder Dreistoff-Mischungen heranziehen:

Je 10—40 γ der einzelnen Glykoside wurden auf die Streifen vom Whatman-Papier Nr. 1 aufgetragen; zur Entwicklung diente das Gemisch Butanol:Eisessig:Wasser 4:1:5 während 13—14 Std. Nach dem Trocknen werden die Pigmentzonen im UV-Licht sichtbar, der entsprechende Papierbereich wird ausgeschnitten und anschließend das Papierblättchen mit 2 cm³ 0,5 %iger wäßriger $AlCl_3$-Lösung 30—45 min eluiert. Die Elutionslösung wird auf 5 cm³ aufgefüllt und darin die Extinktion bei λ_{max} jedes Stoffes abgelesen. Der Blindwert eines entsprechend eluierten, leeren Papiers wird abgezogen[3].

Chemische Bestimmung von Flavonoiden.

a) Qualitative Reaktionen.

Zum qualitativen Nachweis vieler Flavonoide kann man charakteristische Farbreaktionen verwenden; da diese nicht streng spezifisch sind, kann man sie nur für Lösungen reiner Stoffe (z. B. Arzneiproben) verwerten und nur mit Vorbehalt bei Untersuchungen von Pflanzenextrakten mit unbekannten Begleitstoffen.

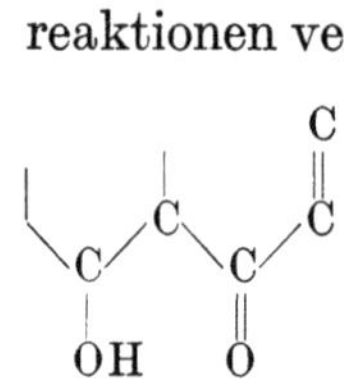
I

α) Alle Stoffe mit der Atomgruppierung I, die bei Flavonoid-Verbindungen häufig ist, reagieren mit vielen Metallsalzen, wobei Vertiefung der Farbe eintritt[4].

[1] GEISSMAN, T. A.: Moderne Meth. Pfl.-Analyse (PAECH-TRACEY) Bd. III, S. 476.
[2] Weitere Werte bei SIEGELMAN, H. W.: J. biol. Ch. **213**, 647 (1955).
[3] GAGE, T. B., and S. H. WENDER: Analyt. Chem., Washington **22**, 708 (1950).
[4] PFEIFFER, P.: A. **398**, 137 (1913).

Selbst Bor reagiert derartig, so daß das Bor-Citronensäure-Reagens nach WILSON[1] (das Reagens besteht aus einer 5%igen Lösung wasserfreier Citronensäure in abs. Aceton, das mit Borsäure gesättigt ist; davon 4 Teile auf 1 Teil Lösung der Prüfsubstanz in wasserfreiem Aceton) zum Nachweis von 2 γ Rutin in 2 cm^3 Lösung dient.

Ebenso empfindlich ist die Reaktion, wenn man die Prüfsubstanz in wasserfreier Ameisensäure löst und mit 4 Teilen einer gesättigten Lösung von Borsäure in Ameisensäure versetzt. Statt Ameisensäure kann man auch Essigsäureanhydrid verwenden. Man beobachtet in jedem dieser Fälle die auftretende Gelbfärbung und außerdem eine intensive gelbgrüne Fluorescenz. Durch Spuren von Wasser wird die Gelbfärbung sofort zerstört. Die Gelbfärbung kann auf übliche Weise colorimetriert werden.

β) Die Beobachtung der *Fluorescenz* der unter *α)* angestellten Reaktion ist ein empfindlicher Nachweis, die Fluorescenzmessung erlaubt sogar eine quantitative Bestimmung (vgl. S. 1540).

γ) Flavanone und ihre Glykoside geben mit konz. Natronlauge eine rote Färbung, Flavone und Flavonole und ihre Heteroside dagegen eine orangegelbe[2]. Mit dieser Methode kann man die Menge der vorliegenden Flavonoide nur grob abschätzen.

δ) Flavanone, Flavone und Flavonole können mit Zn-HCl oder Mg-HCl in alkoholischer Lösung zu Anthocyanidinen reduziert werden (vgl. Reaktion, S. 1532), die rotviolett bis blau gefärbt sind[3]. Auch diese Cyanidin-Reaktion erlaubt eine ungefähre Mengenbestimmung bei jenen P-Faktoren, die eine Brenzcatechingruppe tragen (Bestimmung der Extinktion bei λ_{max} 283 und 526 mμ).

ε) Am häufigsten verwendet werden die *Farbreaktionen der Flavonoide* durch Komplexbildung mit Al, Fe, Zr, Ti: entsprechende Komplexreaktionen mit Cu, Cd und Pb eignen sich nicht. Die Zr-Reaktion liefert eine sehr brauchbare quantitative Bestimmung (s. S. 1541). Anthocyanidine bilden blaue Komplexe mit Ca, Mg und bei Brenzcatechingruppen auch mit Fe.

Rutin und Fe(III)-Ionen ergeben grüne Färbung, sie beruht auf dem Brenzcatechinrest des Rutins. Ti(IV)-Ionen bilden tief orangerot gefärbte Komplexverbindungen, die sehr säurebeständig sind. Die grün gefärbten Ti(III)-Komplexe sind nicht beständig.

ζ) Quercetin bildet Komplexe mit Zirkon(IV)-Salzen, die stabil sind gegenüber Citronensäure, während der Rutinkomplex unter Entfärbung zerfällt. Heteroside reagieren viel rascher mit $ZrOCl_2$ als die Aglykone[4]. Auch Rutin-Cu- bzw. Rutin-Cd-Komplexe zerfallen und entfärben sich nach Zusatz von SeO_2 oder verdünnter Essigsäure, während die entsprechenden Quercetinkomplexe stabil und gefärbt bleiben. Dadurch kann man das Flavon von seinem Heterosid leicht unterscheiden[5].

b) Quantitative chemische Bestimmungen.

Die quantitativ-chemischen Bestimmungen sind noch weniger als die qualitativen Reaktionen für alle Flavonoide verwendbar. Die beschriebenen Verfahren beschränken sich meistens auf die Bestimmung von Rutin, Quercetin, zuweilen auch Quercitrin. Mit entsprechender Abwandlung können aber diese Verfahren auch für die Bestimmung mancher anderen Flavonoide verwendet werden.

α) Gravimetrische Bestimmung[6]. Zur Extraktion des trockenen Pflanzenmaterials im Soxhlet-Apparat wählt man jenes organische Lösungsmittel, in dem sich das zu bestimmende Flavonol optimal löst; in der Regel eignen sich Methanol, Äthanol oder Aceton. Nach dem Abdampfen des Lösungsmittels kristallisieren die Flavonoide aus

---

[1] WILSON, C. W., L. S. WEATHERBY and W. Z. BOCK: Industr. engng. Chem., analyt. Ed. **14**, 425 (1942).
[2] ARMENTANO, L., E. B. HATZ u. S. RUSZNYÁK: Kli. Wo. **1938 I**, 739.
[3] WILLSTÄTTER, R.; in: KARRER, P., Handb. Pfl.-Analyse (KLEIN) Bd. III/2, S. 941 (1931/33).
[4] HAGEDORN, P., u. R. NEU: Arch. Pharmazie **286**, 486 (1953).
[5] NEU, R., u. P. HAGEDORN: Z. analyt. Chem. **139**, 96 (1953).
[6] KING, B. C., and A. E. SCHWARTING: J. amer. pharmaceut Ass., sci. Ed. **39**, 531 (1950).

wäßriger Lösung aus und können nach einmaligem Umkristallisieren aus heißem Wasser gewogen werden. Das Verfahren eignet sich für Pflanzenmaterial, das reichlich zur Verfügung steht und reich an Rutin ist (z. B. Forsythia-Blüten: 4,29% Rutin im Trockengewicht)[1].

β) *Bestimmung von Flavonoiden mit dem Borsäure-Citronensäure-Reagens nach* WILSON[2,3]. Dieses Verfahren beruht auf der bathochromen Wirkung von Bor auf Verbindungen typischer Atomgruppierung (s. S. 1538).

Reagentien:

1. Borsäure, gesättigte Lösung in abs. Aceton.
2. Citronensäure, 10 g in 90 g wasserfreiem Aceton.
3. Rutin-Standard: Verdünnungsreihe von Rutin, gelöst in wasserfreiem Aceton mit Werten von 0,1—10 γ Rutin je cm³.

Ausführung:

Man mischt gleiche Volumenteile von Reagens *1* und *2*. Zu 8 cm³ dieser Mischung fügt man 2 cm³ der Standard-Rutinlösung einer der mittleren Konzentrationen; es entwickelt sich eine gelbe Farbe mit intensiv gelbgrüner Fluorescenz (die von 510—620 mμ reicht).

Die Farbe mißt man mit Blaufilter 420.

Die Fluorescenz wird mit dem Pfaltz-Bauer-Fluorometer Modell B gemessen. Das Licht der Quecksilber-Dampflampe wird durch eine Serie von Filtern geschickt, die ihre Hauptdurchlässigkeit im Violetten bei 430—440 mμ haben. Die Fluorescenz wird gemessen mit einer Photozelle durch ein Gelbfilter, das bei 520 mμ scharf abschneidet.

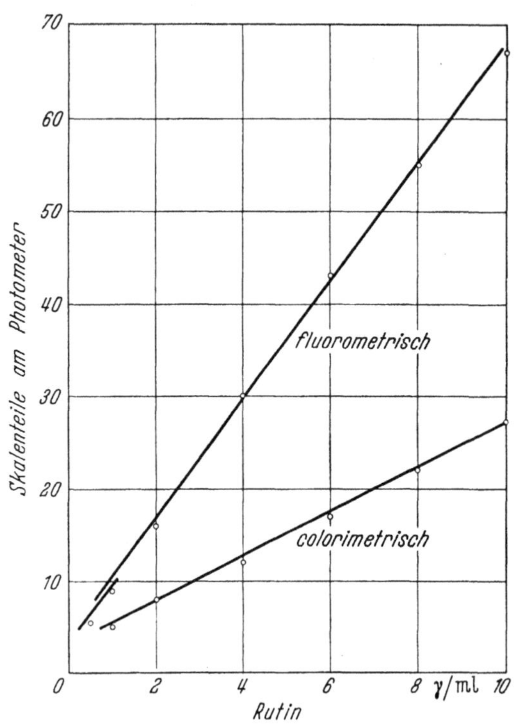

Abb. 6. Eichkurven zur colorimetrischen und fluorometrischen Bestimmung von Rutin mit Borsäure-Citronensäure-Reagens. Diagramm gezeichnet nach den Werten von GLAZKO, A. J., F. ADAIR, E. PAPAGEORGE and G. T. LEWIS: Science, N. Y. 105, 48 (1947).

Berechnung:

Beziehungen zwischen dem Rutingehalt und den Ablesungen am Colorimeter bzw. Fluorometer zeigt die nebenstehende Eichkurve. Die zu prüfende Substanz wird ebenfalls in Aceton gelöst und in geeigneter Verdünnung mit der Rutin- (bzw. Quercetin-)Standardlösung verglichen. Die Fluorescenzwerte einer Blindprobe mit leerem Aceton und den Reagentien muß mitlaufen, da die Mischung aus Reagens *1* und *2* meist eine gewisse Eigenfluorescenz zeigt, die je nach der Lieferung der Reagentien etwas wechselt.

Aus der Eichkurve ist zu ersehen, daß die Ablesung der Fluorescenz-Intensität eine empfindlichere Messung erlaubt als die einfache Colorimetrie[4]. Die fluorometrische Bestimmung kann für alle Flavonoide angewendet werden, die an C(5) des Benzo-γ-pyronringes eine Hydroxylgruppe tragen. Besonders geeignet ist das Verfahren für Flavonoide, die gut in Aceton löslich sind.

[1] NAGHSKI, J., W. L. PORTER and J. F. COUCH: Am. Soc. 69, 572 (1947).

[2] WILSON, C. W., L. S. WEATHERBY and W. Z. BOCK: Industr. engng. Chem., analyt. Ed. 14, 425 (1942).

[3] WEATHERBY, L. S., and A. L. S. CHENG: J. biol. Ch. 148, 707 (1943).

[4] GLAZKO, A. J., F. ADAIR, E. PAPAGEORGE and G. T. LEWIS: Science, N. Y. 105, 48 (1947).

***γ) Bestimmung von Rutin durch Bildung eines gelben, stabilen $AlCl_3$-Komplexes (Ausführungsform für die Bestimmung in Harn) nach* PORTER, DICKEL *und* COUCH[1].**

Reagentien:

1. 0,1 m $AlCl_3$.
2. NH_4OH, 1 Vol. konz. Ammoniak + 3 Vol. H_2O.
3. Eisessig.
4. 1 n Kaliumacetat.

Ausführung:

Zu 2 cm³ des gemischten Harns (von 24 Std) werden 3 cm³ $AlCl_3$-Lösung gegeben, 0,5 cm³ NH_4OH zugefügt, dann wird auf 10 cm³ aufgefüllt und geschleudert. Die überstehende Flüssigkeit wird abgegossen, das $Al(OH)_3$-Gel durch Schütteln aufgerissen, 2 cm³ Wasser zugefügt, gemischt und nach Zusatz von 1 Tropfen Ammoniak auf 10 cm³ aufgefüllt und geschleudert. Der ganze Waschvorgang wird ein drittes Mal wiederholt, dann wird die Flüssigkeit wieder abgegossen, das Gel läßt man abtropfen, gibt 0,1 cm³ Eisessig zu, bricht das Gel durch Schütteln auf und läßt es zur Lösung über Nacht stehen. Dann werden 10 cm³ Kaliumacetatlösung zugegeben und das ganze wird mit Wasser auf 50 cm³ aufgefüllt. Nach 1 Std Stehen kann man die Lösung in einer 5 cm-Küvette gegen einen Blindwert bei 413—416 mμ messen. Eichkurve mit Verdünnungsreihen von Standard-Rutin mit Werten zwischen 20 und 200 γ Rutin je 2 cm³. Dem Harn zugesetztes Rutin wird mit diesem Verfahren mit ±5% wiedergefunden.

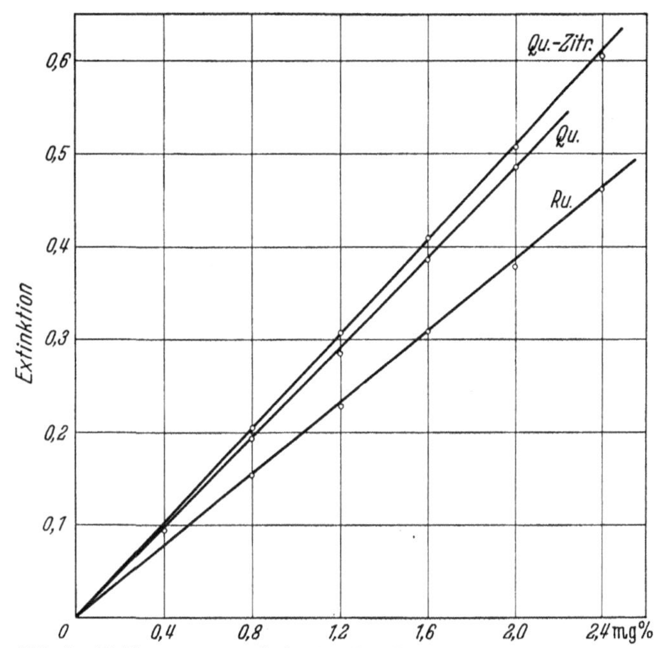

Abb. 7. Eichkurven zur colorimetrischen Bestimmung von Rutin und Quercetin nach der Reaktion mit Zirkonoxychlorid. *Qu.-Citr.* Quercetin-Citronensäure; *Qu.* Quercetin; *Ru.* Rutin. Diagramme gezeichnet nach den Werten von HÖRHAMMER, L., u. R. HAENSEL: Arch. Pharmazie **284/56**, 276 (1951).

***δ) Bestimmung von Quercetin und Rutin nebeneinander mit Zirkonoxychlorid nach* HÖRHAMMER *und* HAENSEL[2].**

Reagentien:

1. Zirkonoxychlorid-Lösung, 2 g $ZrOCl_2 \cdot 8\,H_2O$ gelöst in 100 cm³ Methanol.
2. Citronensäurelösung, 2 g Citronensäure gelöst in 100 cm³ dest. Wasser.
3. Standard-Rutinlösung, 100 mg umkristallisiertes Rutin in 500 cm³ Methanol gelöst.
4. Standard-Quercetinlösung: Handelsübliches Rutin wird mit 5%iger HCl 2 Std am Rückfluß gekocht; der Trockenrückstand wird aus Alkohol und Wasser mehrfach umkristallisiert. Stammlösung von Quercetin: 20 mg in 100 cm³ Methanol.
5. Aceton, wasserfrei.
6. Methanol.

Eichkurve:

Sie wird mit einer Verdünnungsreihe der Standardlösungen in Methanol durchgeführt, deren Einzellösungen in 1 cm³ 8—24 γ Rutin bzw. 4—20 γ Quercetin enthalten. Messung der Extinktionskoeffizienten mit Filter S 43, Schichtdicke 0,5 cm. Die Extinktions-

[1] PORTER, W. L., D. F. DICKEL and J. F. COUCH: Arch. Biochem. **21**, 273 (1949).
[2] HÖRHAMMER, L., u. R. HAENSEL: Arch. Pharmazie **284**, 276 (1951).

koeffizienten bei 1 mg-% Konzentration und 1 cm Schichtdicke ergeben sich aus der Rutin-Eichkurve zu $E = 0{,}384$, für die Quercetin-Eichkurve zu $E' = 0{,}481$.

Man benötigt noch eine dritte Eichkurve von Quercetin in Gegenwart von Citronensäure in 20%iger methanolischer Lösung. Ihre Extinktion bei 1 cm Schichtdicke und 1 mg-% Konzentration beträgt $E'' = 0{,}508$.

Ausführung:

Das zu prüfende Pflanzenmaterial wird bei Zimmertemperatur mit wasserfreiem Aceton extrahiert. Quercetin löst sich dabei und zeigt nach Zugabe von 1 cm³ 2%iger methanolischer $AlCl_3$-Lösung im Tageslicht starke Fluorescenz, die beim Verdünnen mit Methanol sogar noch stärker wird. Beobachtung im Tageslicht ist günstiger, da im UV-Licht der Rutinkomplex gelb fluoresciert und dadurch den Nachweis von Quercetin stört. Man kann so 0,5 mg Quercetin neben 5000 mg Rutin noch sicher nachweisen.

Die zu untersuchende Arzneiprobe wird im Soxhlet-Apparat mit Methanol extrahiert. Gleiche aliquote Volumina des Extraktes werden in 2 Meßkölbchen zu 50 cm³ gegeben; in das eine Kölbchen gibt man 1 cm³ Reagenslösung *1*, füllt mit Methanol auf 50 cm³ auf und mißt 20 min später die Extinktion E_m. In das andere Meßkölbchen füllt man bis 10 cm³ mit Methanol auf, gibt dann 1 cm³ von Reagens *2* zu und anschließend 1 cm³ von Reagens *1*. Die auftretende Trübung verschwindet wieder nach Auffüllen mit dest. Wasser. Nach 20 min mißt man E'_m. Die Eigenfarbe der Lösung kompensiert man durch Messung gegen Blindprobe.

Berechnung:

Nach Anbringung einer Korrektur (= 0,03) erhält man folgende Formeln zur Berechnung der Konzentration C an Rutin und Quercetin aus den gemessenen Extinktionswerten:

$$C_{\text{Qu}} = \frac{E'_m - 0{,}03}{0{,}508},$$

$$C_{\text{R}} = \frac{E_m - C_{\text{Qu}} \cdot 0{,}481}{0{,}384}.$$

Fermenttest. Obwohl Flavonoide im Pflanzenreich weit verbreitet und manchmal in beträchtlichen Konzentrationen vorkommen, ist bisher keine Fermentreaktion bekanntgeworden, die spezifisch von Flavonoiden beeinflußt würde und zu ihrem fermentchemischen Nachweis herangezogen werden könnte.

Mikrobiologische Bestimmung. Die bei Mikroorganismen beobachteten Wirkungen einzelner Flavonoide (s. S. 1528) sind bisher noch nicht zu einem Nachweisverfahren für solche oder verwandte Stoffe aus der Flavonoidgruppe ausgebaut worden.

Tierversuche. Alle Versuche, aus deren Ergebnissen die Existenz eines besonderen „Permeabilitätsfaktors" abgeleitet wurde, sind an höheren Tieren durchgeführt worden; die Versuchstechnik ist seit den historisch ersten Beobachtungen wesentlich verbessert und verfeinert worden, so daß bei sorgfältiger Versuchsführung die Ergebnisse gut reproduzierbar sind und spezifische Wirkungen sicher erkennen lassen.

Manche biologischen Teste unterscheiden nicht immer streng zwischen

a) *Capillardurchlässigkeit*, zu messen in Volumen-Einheiten von Flüssigkeit, die durch die Capillarwände hindurchgetreten ist und

b) *Capillarresistenz*, zu messen als mechanische Festigkeit der Capillarwände gegenüber einem kritischen Druck, bei dem Erythrocyten durch die geborstene Capillarwand hindurchtreten[1].

Diese beiden Erscheinungsformen des Capillarschadens sind in ihrem Wesen verschieden und können unabhängig voneinander auftreten.

Im Tierversuch wird die gesamte Wirksamkeit aller P-Faktoren erfaßt, unabhängig von der chemischen Natur der einzelnen Wirkstoffe.

[1] Scarborough, H., and A. L. Bacharach: Vitamins & Hormones 7, 1 (1949).

Zu a) Die *Capillardurchlässigkeit* wird geprüft durch Messung des Durchtritts von Farbstoffen[1], durch Wägung der durchgetretenen Flüssigkeit am Hinterbein-Präparat des Frosches[2], durch Messung des Farbstoff-Austritts in der Technik von MENKIN[3].

Zu b) Die *Capillarresistenz* wird geprüft bei Mäusen mit der Luftstoß-Methode[4, 5], bei der die Lungencapillaren mechanisch überbeansprucht werden. Am besten hat sich die Methode des kritischen petechialen Drucks bewährt[6]. Die Prüfung kann bei Meerschweinchen als prophylaktischer Test[6] oder als kurativer Test[7] durchgeführt werden. Als Versuchstiere dienen meist Meerschweinchen auf Skorbut-Kost mit Zulage an Ascorbinsäure[1, 6, 7], Ratten[3, 8], Kaninchen[9, 10] und Frösche[2].

Die Wirksamkeit von Flavonoiden auf die Capillaren wurde auch bei kranken Menschen ausgewertet[11, 12].

b) Die häufigsten Flavonoide mit der Wirkung des Faktor P.

In den folgenden Tabellen sind die einzelnen Stoffe, die mit der tierischen und menschlichen Nahrung aufgenommen werden, nach ihrer chemischen Konstitution in Gruppen geordnet mit Angaben über Zusammensetzung, wichtigste Eigenschaften, Löslichkeit und

Tabelle 7. *Derivate von Flavon.*

Nr.	Name	Summen-Formel	F	Kristall-Form	Löslichkeit	Bemerkungen
1	Flavon	$C_{15}H_{10}O_2$	99 bis 100°[13]	Nadeln	leicht löslich in organischen Lösungsmitteln; unlöslich in Wasser	Beilstein XVII. 373 (204) [395]
2	Luteolin[14]	$C_{15}H_{10}O_6$ + 1 (2 ?) H_2O	328 bis 329° 329 bis 330°[13]	gelbe Nadeln	löslich in Alkali und Alkohol; wenig in heißem Wasser	Beilstein XVIII, 211 (412) [212]
3	Diosmin[14]	$C_{34}H_{44}O_{21}$ + 2 H_2O	277 bis 280°	gelbe Kristalle	wenig löslich in Wasser	Rhamnoglucosid
4	Rutin K-Salz . .			hellgelbe Kristalle hygroskopisch	leicht löslich in kaltem Wasser; schwer in kaltem Alkohol	aus alkoholischer Lösung von Rutin und K-acetat (zur Charakterisierung)
5	„Rutin-Thiamin“[15]					
6	Metabolit I von Rutin[16] 3,4-Dioxyphenyl-essigsäure				vgl. S. 1533	papierchromatographisch identifiziert[16]; ihre Wirksamkeit als Faktor P noch nicht geprüft
7	Metabolit II von Rutin[16] 3-Oxyphenyl-essigsäure				vgl. S. 1533	
8	Metabolit III von Rutin[16] 3-Methoxy-4-oxyphenyl-essigsäure (= Homo-vanillinsäure)				vgl. S. 1533	

[1] BOHR, D. F., B. C. MCIVOR and J. F. RINEHART: J. Pharmacol. exp. Therap. **97**, 243 (1949).
[2] KUSCHINSKY, G., W. DUPONT u. R. HENNES: A. e. P. P. **207**, 138 (1949).
[3] SOKOLOFF, B., W. H. EDDY and J. B. REDD: J. clin. Invest. **30**, 395 (1951).
[4] MOURIQUAND, G., et V. EDEL: Int. Z. Vit.-Forsch. **22**, 133 (1950).
[5] RAIMAN, R. J., and H. NECHELES: Proc. Soc. exp. Biol. Med. **66**, 431 (1947).
[6] BACHARACH, A. L., and M. E. COATES: Analyst **67**, 313 (1942).
[7] BOURNE, G.: Nature **152**, 659 (1943).
[8] RUSZNYÁK, S., and A. BENKO: Science, N. Y. **94**, 25 (1941).
[9] THIENES, C. H., G. J. MAJOVSKI and C. SCHUBERT: Fed. Proc. **1**, 169 (1942).
[10] ZACHO, C. E.: Acta path. microbiol. scand. **16**, 144 (1939).
[11] GÖTHLIN, G. F.: Kli. Wo. **1932 II**, 1469.
[12] BORBELY, F. v.: M. m. W. **1930 I**, 886.
[13] BAER, H. H.; in: RAUEN, Biochem. Taschenb. S. 367ff.
[14] STEPP-KÜHNAU-SCHROEDER: Vitamine. 7. Aufl. S. 827ff.
[15] HASEGAWA, E., T. TAMAKI, T. TANAKA and A. FUJITA: J. Vitaminol. (jap.) **3**, 30 (1957) [Ber. ges. Physiol. **195**, 144].
[16] BOOTH, A. N., C. W. MURRAY, F. T. JONES and F. DE EDS: J. biol. Ch. **223**, 251 (1956).

Anmerkungen zu Tabelle 7:

Zu Nr. 1: Flavon: Lösungen von Flavon in Schwefelsäure fluorescieren violett-blau. Es kommt als mehliger Belag auf Primula-Arten vor[1].

Zu Nr. 2: Luteolin: Es ist der Farbstoff von Reseda luteola.

Das 7-Glucosid (F = 258°) kommt in Digitalis vor, das Glykosid Galuteolin (F = 280°) in Samen von Galega officinalis[1].

Zu Nr. 5: Rutinothiamin[2]. F = 130°. Farblose Nadeln.

Die frühere Annahme[2], daß ein Rutinrest über eine Disulfid-Brücke am Thiamin gebunden wäre, analog wie der Allyl-Rest im Allithiamin (S. 1409), hat sich durch neuere Untersuchungen[5] nicht bestätigt. Rutinothiamin erwies sich als identisch mit Thiamindisulfid (S. 1406). F = 177—178°. Im UV-Spektrum einer Lösung von 40 γ Rutinothiamin (Thiamindisulfid) im absoluten Äthanol ergaben λ_{max} bei 223 und 277 mμ mit $E_{1\,cm}^{1\,\%}$ = 410 bzw. 180. Papierchromatographie mit Butanol/Eisessig/Wasser 4:1:2 und Besprühen mit Dragendorffs Reagens KJ · BiJ_3 gibt orangegelbe Flecken. R_F = 0,51; Thiamin R_F = 0,43. IR-Spektrum von Rutinothiamin und Thiamindisulfid sind identisch. Rutinothiamin wird in vitro zu Thiamin reduziert, bei Ratten ebenso wirksam wie Thiamin.

Die Brenzcatechin-Gruppe des Rutins wird zu Chinon oxydiert, das seinerseits Thiamin zum Disulfid oxydiert.

Zu Nr. 6, 7, 8: Chemische, kristallographische und röntgenanalytische Angaben bei BOOTH[3].

Vorkommen im Pflanzenreich. Tabelle 2 gibt einen Vergleich der Wirksamkeit einiger Substanzen aus dieser Reihe.

Da die als Faktor P wirksamen Stoffe keine Wuchsstoff-Wirkung für Mikroorganismen haben, kennt man auch keine Struktur-Analogen kompetitiv hemmenden Antagonisten gegenüber dem P-Faktor. Wenn man annimmt, daß die krankhaft erhöhte Durchlässigkeit und Fragilität der Capillarwand stofflich bedingt ist, so haben die P-Faktoren auch zu diesen schädigenden Stoffen wohl kein einfaches Wirkstoff-Hemmstoff-Verhältnis;

Tabelle 8. *Derivate von Flavonol.*

Nr.	Name	Summen-Formel	F	Kristall-Form	Löslichkeit
11	Morin[4]	$C_{15}H_{10}O_7$ + 1 oder $2\,H_2O$	290°	gelbe Nadeln	leicht löslich in Alkohol, Alkali; wenig löslich in Äther; in H_2SO_4 blau-grüne Fluorescenz[1]
12	Quercetin = Meletin = Sophoretin	$C_{15}H_{10}O_7$ + $2\,H_2O$	313—314°[4] 316—317°[1]	citronengelbe Nadeln	leicht löslich in Eisessig, Aceton, heißem Alkohol; wenig in Wasser; unlöslich in Benzol, Äther, Chloroform[1]
13	Quercitrin[4]	$C_{21}H_{20}O_{11}$ + $2\,H_2O$	182—185°	hellgelbe Nadeln und Blättchen	leicht löslich in heißem Alkohol, Methanol; wenig in Wasser, Eisessig, Aceton[1]
14	Rutin[4]	$C_{27}H_{30}O_{16}$ + $3\,H_2O$	195—198°[4] 190—192°[1]	hellgelbe Nadeln	leicht löslich in Methanol, heißem Alkohol, Alkali, Pyridin, Eisessig; wenig in Äther, Benzol, kaltem Alkohol[1]
15	Rhamnetin[4]	$C_{16}H_{12}O_7$	289—291° > 300°[1]	gelbe Nadeln	leicht löslich in Alkali, heißem Phenol; wenig in Aceton, Alkohol, Eisessig, Wasser[1]
16	Rhamnetin-3-rhamnosid[4]	$C_{22}H_{22}O_{11}$		blaßgelbe Kristalle	wenig löslich in Wasser B. Z. XXXI, 459
17	Iso-quercitrin[1]	$C_{21}H_{20}O_{12}$	217—219°		
18	Quercimeritrin[1]	$C_{21}H_{20}O_{12}$ + $3\,H_2O$	247—249°		
19	Iso-rhamnetin[1]	$C_{16}H_{12}O_7$	305°	gelbe Nadeln	leicht löslich in Alkali; wenig in heißem Alkohol, Eisessig[1]

[1] BAER, H. H.; in: RAUEN, Biochem. Taschenb. S. 367ff.

[2] HASEGAWA, E., T. TAMAKI, T. TANAKA and A. FUJITA: J. Vitaminol. (jap.) **3**, 30 (1957) [Ber. ges. Physiol. **195**, 144].

[3] BOOTH, A. N., C. W. MURRAY, F. T. JONES and F. DE EDS: J. biol. Ch. **223**, 251 (1956).

[4] STEPP-KÜHNAU-SCHROEDER, Vitamine. 7. Aufl. S. 827ff.

[5] HOSADA, S., E. HASEGAWA and A. FUJITA: J. Vitaminol. (Kyoto) **4**, 251 (1958).

Anmerkungen zu Tabelle 8:

Zu Nr. 11: Morin kommt im Holz von Moraceen (Gelbholz) vor, färbt Baumwolle gelb bis oliv[1]. Beilstein XVIII, 239 (423) [235].

Zu Nr. 12: Quercetin wird bei Zugabe von $FeCl_3$ grün, beim Erwärmen rot; färbt Wolle braungelb bis orange. Die Lösung schmeckt bitter.

Es ist in vielen Pflanzen weit verbreitet, teilweise sekundär aus Glykosiden, z. B. Roßkastanie, Tee, Weinlaub, Zwiebelschalen, roten Rosen, Veilchen, Bärentrauben und Färbereiche.

Quercetin wird aus Quercitron-Rinde hergestellt[1]. Beilstein XVIII, 242 (424) [236].

Zu Nr. 13: Quercitrin: Bei der Reduktion entsteht ein roter Farbstoff.

Es kommt in Blättern und Blüten von Roßkastanie, Esche und Wein vor und in der Rinde von Apfelbäumen. Beilstein XXXI, 75.

Seine Darstellung erfolgt aus der Rinde von Quercus tinctoria[1].

Zu Nr. 14: Rutin kommt in der Ruta graveolens, Polygonum-Arten, Viola tricolor, Kapern, Solanaceen und in den Knospen von Sophora japonica vor[1].

Beilstein-Zitat: XXXI, 376.

Zu Nr. 15: Rhamnetin kommt in Früchten von Rhamnusarten vor (Kreuz- und Gelb-Beeren), besonders als Rhamnosid (Xanthorhamnin). Es wird vom 7,3'-Dimethyläther Rhamnazin (F = 214°, löslich in siedendem Toluol) begleitet. Beilstein XVIII, 245 [237].

Es färbt Wolle braunrot[1].

Zu Nr. 17: Iso-quercitrin kommt in Mais und Baumwollblüten vor[1]. Beilstein XXXI, 256.

Zu Nr. 18: Quercimeritrin kommt in Sonnenblumen und Baumwollblüten vor[1]. Beilstein XXXI, 257.

Zu Nr. 19: Iso-rhamnetin kommt in Sennesblättern, Goldlack, Klee und Sumpfdotterblumen vor, das 3,4'-Diglucosid in Pollen von Krokus und Sanddornbeeren[1]. Beilstein XVIII, 246 (425) [237].

denn es gibt vielerlei Noxen (Hydrogensulfit, aromatische Arsen- und Wismut-Verbindungen, artfremde Proteine, Entzündungsstoffe), die über verschiedene Mechanismen zur Capillarschädigung führen und deren Auswirkung dann durch den P-Faktor verhindert oder aufgehoben werden kann. Auslösung der Capillarschädigung wie auch Verhütung oder Heilung dieses Zustandes sind unseres Wissens unspezifisch bedingt.

Tabelle 9. *Derivate von Flavanon.*

Nr.	Name	Summen-Formel	F	Kristall-Form	Löslichkeit
21	Phloretin[2]	$C_{15}H_{14}O_5$	180°		leicht löslich in siedendem Wasser; löslich in Alkohol, Äther; unlöslich in kaltem Wasser[3]
22	Eriodictyol[2]	$C_{15}H_{12}O_6$ $+ 2{,}5\,H_2O$	267°	Nadeln	leicht löslich in Äther; wenig löslich in heißem Alkohol, Eisessig, siedendem Wasser[1]
23	Eriodictyol-7-rhamnosid[2]	$C_{21}H_{22}O_{10}$	184—186°		Beilstein XVIII [204]
24	Hesperetin[2] = Hesperitin . . .	$C_{16}H_{14}O_6$	224—228°	Tafeln	leicht löslich in Alkohol, Äther; wenig löslich in Benzol, Chloroform; unlöslich in Wasser[1]
25	Hesperidin[2]	$C_{28}H_{34}O_{15}$ $(+ H_2O)$	256—258° 261—262°[1]	hygroskopische Nadeln	leicht löslich in Pyridin, Essigsäure, Alkali; wenig löslich in Wasser, Alkohol; unlöslich in Äther, Benzol, Aceton[1, 2]
26	Citrin[4] . . . . (Gemisch aus wenig Eriodictin und viel Hesperidin)				

Anmerkungen zu Tabelle 9:

Zu Nr. 21: Beilstein VIII, 498 (735) [542].

Zu Nr. 22: Eriodictyol: Alkalische Lösungen absorbieren O_2.

Es kommt zusammen mit dem 3'-Methyläther Homoeriodictyol (F = 224—225°) in Eriodictyon glutinosum und E. californicum vor[1].

Beilstein-Zitat: VIII, 543, 544 [204].

[1] BAER, H. H.; in: RAUEN, Biochem. Taschenb. S. 367ff.
[2] STEPP-KÜHNAU-SCHROEDER, Vitamine. 7. Aufl. S. 827ff.
[3] RUPE, H., u. M. SCHAERER: Handb. Pfl.-Analyse (KLEIN) Bd. III/2, S. 851.
[4] KÜHNAU, J.: Mercks Jber. **1947/48**, 8.

Zu Nr. 24: Hesperetin gibt mit $FeCl_3$-Lösung braunrote Farbe. Es schmeckt süß.
Darstellung aus Hesperidin[1].
Beilstein-Zitat: XVIII, 544; XVIII [204].
Zu Nr. 25: Hesperidin wird durch Bleiacetat gefällt[2].
Es kommt in Citrusfrüchten, Umbelliferen, Galium-Arten, Pfefferminze vor. Seine Darstellung erfolgt aus unreifen Orangen[1].

Tabelle 10. *Derivate von Chalkon.*

Nr.	Name	Löslichkeit	Beilstein-Zitat
37	Hesperetin-chalkon-glucosid[2]	gut wasserlöslich	VIII, 544
38	Hesperidin-methyl-chalkon[2].	gut wasserlöslich	VIII, 544

Tabelle 11. *Derivate von Flavylium-Verbindungen. Anthocyanidine und Anthocyanine.*

	Nr.	Name	Summen-Formel	F	Kristall-Form	Löslichkeit
	51	Cyanidin[2] . .	$C_{15}H_{11}O_6(Cl)$	> 300°[1]	braunrote Nadeln	leicht löslich in Alkohol, Amylalkohol (violett-rot), Soda (blau); wenig löslich in verd. HCl; unlöslich in Wasser[1]
Glykoside	52	Cyanin[2]. . .	$C_{27}H_{31}O_{16}(Cl)$	203—204°	blaurote rhombische Blättchen	leicht löslich in heißem, wenig in kaltem Wasser (rot) und Aceton; unlöslich in Benzol[1]
Glykoside	53	Keracyanin[2].	$C_{27}H_{31}O_{15}(Cl)$		gelbe Nadeln[1] Prismen[1]	leicht löslich in Methanol und heißem Wasser
Glykoside	54	Prunicyanin[2]	$C_{27}H_{31}O_{15}(Cl)$			
	55	Päonin[2]. . .	$C_{28}H_{33}O_{16}(Cl)$	165° Zers.[1]	rotviolette Nadeln	leicht löslich in Wasser und Alkohol; unlöslich in Aceton[1]
	56	Önin[2]. . . .	$C_{23}H_{25}O_{12}(Cl)$		rote bis violette Kristalle	leicht löslich in Wasser, Alkohol, Methanol, 2%iger HCl; unlöslich in 20%iger HCl[1]

Anmerkungen zu Tabelle 11.

Zu Nr. 51: Cyanidin reduziert Fehlingsche Lösung, wird mit $FeCl_3$-Lösung blau[1].
Beilstein-Zitat: XVIII (420).
Zu Nr. 52: Cyanin kommt in roten Rosen, Mohn und als Kalium-Salz in blauen Kornblumen vor[1].
Beilstein-Zitat: XXXI, 253.
Zu Nr. 53: Keracyanin ist der Farbstoff der Kirsche[1].
Zu Nr. 55: Paeonin kommt in Sanddornbeeren und Chlamydomonas vor[1].
Beilstein-Zitat: XXXI, 254.
Zu Nr. 56: Önin kommt in blauen Weintrauben, Blüten von Alpenveilchen und Heidelbeeren vor. Sein Pikrat ist wenig löslich in kaltem Wasser.
Beilstein-Zitat: XXXI, 255.

Tabelle 12. *Derivate von Catechin, Cumarin und Brasilin.*

Nr.	Name	Summen-Formel	F	Kristall-Form	Löslichkeit
	a) Derivate von Flavan (Catechine).				
61	(+)-Catechin . .	$C_{15}H_{14}O_6$	175°[1]	Nadeln	leicht löslich in Alkohol, Aceton, Eisessig, heißem Wasser; wenig löslich in Äther; unlöslich in Benzol, Chloroform[1]
62	(—)-Epicatechin .	$C_{15}H_{14}O_6$	245° Zers.[1]	Kristalle $+ 4H_2O$	leicht löslich in Alkohol, Aceton; wenig löslich in Äther, Wasser
	b) Derivate von Cumarin (werden von LAVOLLAY[3] mit „Vitamin P_2" bezeichnet).				
71	Cumarin.	$C_9H_6O_2$	67—68°[4]	farblose Rhomben, Nadeln	leicht löslich in Äther; löslich in Chloroform, Ölen, Alkali; flüchtig in Wasserdampf[4]

[1] BAER, H. H.; in: RAUEN, Biochem. Taschenb. S. 367ff.
[2] STEPP-KÜHNAU-SCHROEDER, Vitamine. 7. Aufl. S. 827ff.
[3] LAVOLLAY, J.: C. R. Soc. Biol. **135**, 1193 (1941). Cr. **214**, 287 (1942).
[4] JAENICKE, L.; in: RAUEN, Biochem. Taschenb. S. 360ff.

Tabelle 12. (Fortsetzung.)

Nr.	Name	Summen-Formel	F	Kristall-Form	Löslichkeit
72	Äsculetin	$C_9H_6O_4$	270°[1]	Nadeln, Prismen	leicht löslich in Alkali, Eisessig, heißem Alkohol; wenig in Wasser[2]
73	Äsculin	$C_{15}H_{16}O_9$ $+ 2H_2O$	205°[1] 160° Zers.[2]	weiße Nadeln	leicht löslich in Chloroform, Eisessig, heißem Alkali, heißem Wasser; wenig in Äther, kaltem Wasser[2]
74	4-Methyl-äsculetin[1]	$C_{10}H_8O_4$	269—270°	gelbliche Nadeln	Beilstein XVIII, 104 (351) [72]
75	4-Methyl-äsculetin-6,7-disulfat[1] . .				
			c) Brasilin-Gruppe.		
81	Brasilin[1]	$C_{16}H_{14}O_5$	> 130°[3]	gelbe Kristalle	löslich in Wasser, Alkohol, Äther[3]
82	Hämatoxylin[1] . .	$C_{16}H_{14}O_6$		Kristalle $+ 3H_2O$	löslich in Alkohol, Äther, Sodalösung, Ammoniak; wenig in kaltem Wasser[3]
83	Brasilein	$C_{16}H_{12}O_5$		rotbraune Tafeln $+ H_2O$	löslich in Alkali, wenig löslich in Wasser[3]
84	Hämatein	$C_{16}H_{12}O_6$	> 200°[3]	rote glänzende Kristalle	leicht löslich in verd. NaOH; wenig in Wasser, Äther, Alkohol; unlöslich in Benzol, Chloroform[3]

Anmerkungen zu Tabelle 12:

Zu Nr. 61: (+)-Catechin: $[\alpha]_D$ in Aceton von 0°: + 18,7°. Es fällt Gelatine; kondensiert zu Gerbstoffen. Beilstein XVII, 209 (125) [254].

Es kommt vor in Uncaria Gambir, chinesischem Rhabarber, Colanuß und Mahagoni-Holz[3].

Zu Nr. 62: (—)-Epicatechin: $[\alpha]_D$ in Alkohol: —69°. Es fällt Gelatine nicht.

Es kommt vor in grünem Tee, Kakaobohnen und Acacia catechu[3]. Beilstein XVII, 209 [254].

Zu Nr. 71: Cumarin kristallisiert aus Äther in Rhomben, aus Alkohol in Nadeln.

Es schmeckt brennend und riecht nach Waldmeister[2].

Beilstein-Zitat: XVII, 328 (170) [357].

Zu Nr. 72: Äsculetin: Die äthanolische Lösung von Äsculetin fluoresciert blau. Die $FeCl_3$-Reaktion ergibt grüne Farbe.

Sein 7-Glucosid (F = 213—215°) kristallisiert in Nadeln mit 2 Mol Kristallwasser. Dessen $[\alpha]_D$ in 50%igem Dioxan von 18°: —105°. Es ist löslich in heißem Wasser, Alkohol, Eisessig, Alkali; unlöslich in Äther und Petroläther[2]

Beilstein-Zitat: XVIII, 98 (348) [68].

Zu Nr. 73: Äsculin kristallisiert mit $^1/_2$ Mol Kristallwasser; F = 205° gilt für das wasserfreie Präparat.

Seine Lösung fluoresciert blau. $[\alpha]_D$ in Methanol von 18°: —14,6°, in Pyridin von 18°: —38°[2].

Beilstein-Zitat: XXXI, 246.

Zu Nr. 81: Brasilin: Eine wäßrige Lösung ist rosa und fluoresciert orange. Beilstein XVIII, 194 (123) [244].

Zu Nr. 82: Hämatoxylin: Die wäßrige Lösung wird an der Luft rot. Die Darstellung erfolgt aus Blauholz-Extrakt[3].

Beilstein-Zitat: XVII, 219 (126) [273].

Zu Nr. 83: Brasilein: Eine wäßrige Lösung ist rosa und fluoresciert orange. Es entsteht durch Oxydation aus Brasilin.

Brasilein kommt vor in Caesalpinia brasiliensis, echinata, crista, sappen[3].

Beilstein-Zitat: XVIII, 194 [179].

Zu Nr. 84: Hämatein: Seine Lösung in Äther ist gelb, in Wasser rot, in verdünnter NaOH hellrot, in konzentrierter NaOH purpur, in konzentrierter HCl rot und in Ammoniak violett. Mit Schwermetall-Salzen gibt es blaue bis violette Farbe.

Hämatein entsteht aus Hämatoxylin durch Oxydation. Es kommt vor in Haematoxylon campechianum[3].

Beilstein-Zitat: XVIII, 227 (416) [221].

---

[1] Stepp-Kühnau-Schroeder, Vitamine. 7. Aufl. S. 827ff.

[2] Jaenicke, L.; in: Rauen, Biochem. Taschenb. S. 360ff.

[3] Baer, H. H.; in: Rauen, Biochem. Taschenb. S. 367ff.

Antibiotica[1].

Von

J. Kimmig und R. Wehrmann.

1. Einleitung.

Der Begriff „Antibiose", schon 1889 von VUILLMIN geprägt, wurde 1945 von WAKSMAN wieder aufgegriffen. WAKSMAN definierte ihn als Wachstumshemmung oder Abtötung von Mikroorganismen durch von anderen Mikroorganismen gebildete Stoffe. In neuerer Zeit werden zunehmend auch aus pflanzlichen oder tierischen Geweben isolierte Stoffe mit einbezogen.

Der antibiotische Effekt an sich ist schon sehr lange bekannt. Die Wirkung vieler Wundmittel des Altertums und des Mittelalters beruhte bereits auf Antibiose. Über die bewußte Anwendung von Mikroorganismen zu therapeutischen Zwecken berichtet erstmalig MOSSE 1852, TYNDALL 1876 über die Beeinflussung des Bakterienwachstums durch Penicilliumarten. PASTEUR und JOUBERT erklärten 1877 das gleiche von ihnen in vitro beobachtete Phänomen richtig als Produktion von chemischen Wirkstoffen durch die Mikroorganismen, und nur 8 Jahre später gibt BABÈS Methoden zur Bestimmung dieser Wirkung in flüssigen und festen Medien an, die in ihren Grundzügen den heute üblichen biologischen Bestimmungsmethoden völlig entsprechen.

Die Erkennung der antibiotischen Wirksamkeit und somit vor allem die Auffindung neuer Antibiotica ist nur mit biologischen Methoden möglich. Zum Nachweis und zur Wertbestimmung schon bekannter antibiotischer Substanzen stehen dagegen teilweise auch chemische und physikalische Methoden zur Verfügung. Der Vorteil dieser Methoden, die ja auf Grund exakt definierbarer chemischer und physikalischer Eigenschaften der verschiedenen Substanzen ausgearbeitet sind, liegt in der genauen Identifizierbarkeit und Differenzierbarkeit der entsprechenden Substanzen, auch wenn sie in Gemischen vorliegen. Trotzdem gibt man im allgemeinen den biologischen Verfahren den Vorrang. Sie sind empfindlicher, einfacher vergleichbar und auch mit nicht völlig rein vorliegenden Substanzen durchführbar.

Wegen der hervorragenden Wichtigkeit der biologischen Methoden sei es gestattet, sie kurz aufzuführen. Einzelheiten sind der Originalliteratur zu entnehmen.

2. Biologische Bestimmungsmethoden.

Man unterscheidet 4 große Gruppen:

a) Diffusionsmethoden.
b) Verdünnungsmethoden.
c) Turbidimetrische Methoden.
d) Verschiedene spezielle Methoden.

---

[1] **Zusammenfassende Literatur:**
FLOREY, H. W., E. CHAIN, N. G. HEATLEY, M. A. JENNINGS, A. G. SANDERS, E. P. ABRAHAM and M. E. FLOREY: Antibiotics. 2 Bde. London 1949.
Antibiotics Annual. Proceedings of the Symposium on Antibiotics. New York 1953/54 —.
FLEMING, A.: Penicillin, its practical application. London 1946.
GROVE, D. C., and W. A. RANDALL: Assay Methods of Antibiotics. New York 1955.
HALLMANN, L.: Bakteriologische Nährböden. Stuttgart 1953.
HENNEBERG, G.: Einführung in die bakteriologische Untersuchungstechnik zur Penicillintherapie. Jena 1949.
HERREL, E., u. E. SCHULZE: Penicillin und andere Antibiotica. Stuttgart 1949.
VOGEL, H.: Die Antibiotica. Nürnberg 1951.
WAKSMAN, S. A., and H. A. LECHEVALIER: A guide to the classification and identification of the actinomycetes and their antibiotics. Baltimore 1953.
WALTER, A. M., u. L. HEILMEYER: Antibiotica-Fibel. Stuttgart 1954.

a) Diffusionsmethoden.

Diffundiert ein Antibioticum von einer Stelle aus in einen mit Testorganismen beimpften Nährboden, so bildet sich um die Diffusionsstelle eine Hemmzone, deren Durchmesser abhängig ist von

1. dem Antibioticum:
   a) Art,
   b) Konzentration der aufgebrachten Testlösung,
   c) Menge der aufgebrachten Testlösung,
   d) p_H-Wert der Testlösung (HENNEBERG[1]; SCHMIDT und MOYER[2]),
   e) Diffusionsvermögen der Testsubstanz (MIYAMURA[3, 4]; WIEDLING[5]; SCHMIDT[2]);
2. dem Testorganismus:
   a) Species,
   b) Dichte des Inoculums,
   c) Bebrütungszeit;
3. dem Nährboden:
   a) Zusammensetzung,
   b) p_H-Wert (HENNEBERG[1]),
   c) Feuchtigkeit,
   d) Dicke.

α) Die Agarstrichmethode.

Weitere Bezeichnungen: „gutter-plate-“, „trench-plate-“, „ditch-plate-Methode“. Mit dieser Methode untersuchte FLEMING[6] 1929 die Empfindlichkeit verschiedener Keime gegen Penicillin. Variationen wurden unter anderen angegeben von MORLEY[7] und MOHS[8].

β) Die Cylindermethode.

Weitere Bezeichnungen: „ring-“, „ring-plate“, „cup-“, „cup-plate“, „agar-cup-Methode“.

a) Sie wurde zuerst von FLEMING[9] und ABRAHAM und CHAIN[10] zum Nachweis von Penicillin in den Kulturflüssigkeiten von Schimmelpilzen angewandt. Testorganismus war Staph. aureus. Man kann so verschiedene Konzentrationen eines Antibioticums oder mehrerer Antibiotica gleichzeitig testen.

b) Statt des Staph. aureus-Stammes als Testorganismus benutzen FOSTER und WOODRUFF[11] und JENSEN[12] einen empfindlichen Stamm von Bac. subtilis. Der Subtilis-Stamm hat den Vorteil, daß Sporenkulturen im Eisschrank aufbewahrt und jederzeit zum Test verwandt werden können.

c) Von der U.S. Food and Drug Administration[13] wurde 1944 die Cylindermethode standardisiert. Nach der von ihr angegebenen Methode wird heute noch vorwiegend gearbeitet.

---

[1] HENNEBERG, G.: Einführung in die bakteriologische Untersuchungstechnik zur Penicillintherapie. Jena 1949.
[2] SCHMIDT, W. H., and A. J. MOYER: J. Bacteriology **47**, 199 (1944).
[3] MIYAMURA, S.: J. Antibiot., Tokyo (A) **6**, 105 (1953).
[4] MIYAMURA, S., u. T. KOYANAGI: J. Antibiot., Tokyo (A) **6**, 106 (1953).
[5] WIEDLING, S.: Bot. Not., Lund **1944**, 433.
[6] FLEMING, A.: Brit. J. exp. Path. **10**, 226 (1929).
[7] MORLEY, D. C.: J. Path. Bacteriology **57**, 379 (1945).
[8] MOHS, F. E.: J. Lab. clin. Med. **30**, 800 (1945).
[9] FLEMING, A.: Proc. R. Soc. Med. **26**, 71 (1932).
[10] ABRAHAM, E. P., E. CHAIN, C. M. FLETCHER, A. D. GARDNER, N. G. HEATLEY, M. A. JENNINGS and H. W. FLOREY: Lancet **1941 II**, 177.
[11] FOSTER, J. W., and H. B. WOODRUFF: J. Bacteriology **47**, 43 (1944).
[12] JENSEN, J.: Zbl. Bakteriol. (I) **155**, 112 (1950).
[13] U.S. Food and Drug Administration: Federal Register, April 4, **12**, F. R. 2215, 2217—26, June 21, **12** F. R. 122 (1947) [FLOREY, H. W., u. Mitarb.: Antibiotics. Bd. I, S. 193. London 1949].

γ) Der Lochtest[1, 2].

Weitere Bezeichnung: „hole-plate-", „cup-Methode". Er entspricht im wesentlichen den Cylindermethoden, nur wird die Testlösung in Löcher gegeben, die in den Nährboden gestanzt werden. Variationen der Methode werden von ANDINA[3], KNÖLL[4] und IRMER[5] angegeben.

δ) Die Papierscheibenmethode.

a) An Stelle von Cylindern oder Stanzlöchern verwenden VINCENT und VINCENT[6], MORLEY[7], BONDI und Mitarbeiter[8], MÜLHENS und DRESCHER[9], KLEIN und SOUS[10], HIGGINS und Mitarbeiter[11], LIND und SWANTON[12], ABBEY[13], HOYT und GOOLDEN[14], DIMMLING[15], MAY und MORLEY[16], STANSLY und SCHLOSSER[17] zur Aufnahme der zu untersuchenden Antibioticalösung sterile, runde Filtrierpapierscheiben von etwa 9 mm Querschnitt, die auf die beimpften Agarplatten aufgelegt werden.

b) **Schnelltest mit Triphenyltetrazoliumchlorid**[18]. Der Schnelltest ist eine Modifikation der Papierscheibenmethode. Er ist zwar nicht so empfindlich wie diejenigen Testmethoden, die nach 18 Std abgelesen werden, bietet aber den Vorteil, daß man nach 40—60 min ein brauchbares Ergebnis erhält.

c) **Schnelltest von HÖHNE und THOMSEN**[19]. Ein anderer Schnelltest zur Bestimmung der Empfindlichkeit pathogener Organismen gegen Antibiotica wurde von HÖHNE und THOMSEN[19] und von WALCH[20] ausgearbeitet. Er beruht auf der Mikrokulturtechnik von POETSCHKE[21].

d) **Schnelltest zur Untersuchung von Bodenproben auf ihre Fähigkeit, Antibiotica zu produzieren**[22]. Die Methode beruht darauf, eine mit einer Bodenprobe dünn beimpfte und bebrütete Platte mit dem Teststamm zu überimpfen.

e) **Methode von RAPER, ALEXANDER und COGHILL**[23] (s. HARRIS und RUGER[24]). Das Verfahren arbeitet umgekehrt wie der Schnelltest nach CARJAVAL. Eine bebrütete Testplatte wird mit ausgestanzten Stückchen einer Pilzplatte belegt.

ε) Methoden zur Bestimmung der Wirksamkeit der Antibiotica gegenüber Mycobact. tuberculosis.

Wegen der Vielzahl der Bestimmungsmethoden und der verwandten Nährmedien sei auf das Schrifttum verwiesen: HALLMANN[25], MEYE-ROHN[26], KIMMIG und MEYER-ROHN[27].

[1] FLEMING, A.: Lancet **1943 II**, 434.
[2] FLEMING, A.: Penicillin, its Practical Application. London 1946.
[3] ANDINA, F., u. O. ALLEMANN: Therap. Umsch., Bern **7**, 95 (1950).
[4] KNÖLL, H.: Pharmazie **2**, 392 (1947).
[5] IRMER, W.: Dtsch. med. Rdsch. **3**, 123 (1949).
[6] VINCENT, J. G., and H. W. VINCENT: Proc. Soc. exp. Biol. Med. **55**, 162 (1944).
[7] MORLEY, D. C.: J. Path. Bacteriology **57**, 379 (1945).
[8] BONDI, A., A. E. SPOULDING, D. E. SMITH and C. C. DIETZ: Amer. J. med. Sci. **213**, 221 (1947).
[9] MÜLHENS, K., u. R. DRESCHER: Z. ges. inn. Med. **5**, 212 (1950).
[10] KLEIN, P., u. H. SOUS: D. m. W. **1953**, 1219.
[11] HIGGINS, C. E., R. C. PITTENGER and J. M. MCGUIRE: Antibiot. & Chemotherap. **3**, 50 (1953).
[12] LIND, H. E., and E. SWANTON: Antibiot. & Chemotherap. **2**, 30 (1952).
[13] ABBEY, A.: Antibiot. & Chemotherap. **2**, 528 (1952).
[14] HOYT, R. E., and E. B. GOOLDEN: Antibiot. & Chemotherap. **2**, 375 (1952).
[15] DIMMLING, T.: Ärztl. Wschr. **1953**, 633.
[16] MAY, J. R., and C. W. MORLEY: Lancet **1952 I**, 636.
[17] STANSLY, P. G., and M. E. SCHLOSSER: J. Bacteriology **54**, 585 (1947).
[18] WALLHÄUSER, K. H.: Naturwiss. **38**, 237 (1951).
[19] HÖHNE, G., u. K. THOMSEN: D. m. W. **1953**, 1771.
[20] WALCH, E.: Kli. Wo. **1951**, 540.
[21] POETSCHKE, G: Zbl. Bakteriol. **156**, 128 (1950).
[22] CARJAVAL, F.: Antibiot. & Chemotherap. **5**, 78 (1955).
[23] RAPER, K. B., D. F. ALEXANDER and R. D. COGHILL: J. Bacteriology **48**, 639 (1944).
[24] HARRIS, D. A., and M. L. RUGER: Antibiot. & Chemotherap. **3**, 265 (1953).
[25] HALLMANN, L.: Bakteriologische Nährböden. Stuttgart 1953.
[26] MEYER-ROHN, J.: Untersuchungen zur Chemotherapie der Hauttuberkulose. Stuttgart 1956, S. 4ff.
[27] KIMMIG, J., u. J. MEYER-ROHN: Hautarzt **4**, 24 (1953).

b) Verdünnungsmethoden.

Die Verdünnungsmethoden werden angewandt, wenn man exakte quantitative Bestimmungen von einem oder mehreren Antibiotica in Kulturflüssigkeiten, Blut und anderen Körperflüssigkeiten vornehmen will.

Sie beruhen auf der Herstellung von Verdünnungsreihen fallender Konzentration des zu untersuchenden Materials in einem flüssigen Nährmedium, das mit dem entsprechenden Testorganismus beimpft wird.

Die Bestimmungen können nur dann exakt sein, wenn bestimmte Forderungen erfüllt sind:

1. Antibiotische Substanz:
   a) Löslichkeit im Nährmedium.
   b) Stabilität unter den Untersuchungsbedingungen.
2. Nährmedium:
   a) Es muß alle für das Wachstum des Testorganismus notwendigen Substanzen enthalten.
   b) Es darf keine Antagonisten des Antibioticums enthalten.
3. Teststamm:
   a) Er muß spezifisch für das zu untersuchende Antibioticum sein.
   b) Er darf durch das Überimpfen von Kultur zu Kultur seine Empfindlichkeit nicht ändern.
4. Untersuchungsmaterial:
   a) Es muß steril sein.
   b) Es darf keine störenden Beimengungen enthalten.

Bei den einzelnen Methoden kann ähnlich wie bei den Diffusionsmethoden eine oder mehrere dieser Forderungen variiert sein. Vergleiche sind also nur möglich bei exakter Einhaltung der Versuchsbedingungen.

α) *Die Reihenverdünnungsmethode nach* RAMMELKAMP[1].

Sie ist noch immer die Standardmethode. Weitere Literaturangaben: [2-7].

β) *Modifikationen des Reihenverdünnungstestes.*

Da Eiweißfällungen in der Bouillon leicht ein Bakterienwachstum vortäuschen, erwies sich der Zusatz einer Indikatorlösung, die die beim Wachstum der Bakterien durch Vergärung des Zuckers frei werdende Säure anzeigt, als vorteilhaft. Als Indikatoren werden vor allem Lackmus[3, 8], Phenolrot[5], Wasserblau[9, 10] und Bromthymolblau in 2%iger Lösung benutzt, deren Umschlagspunkt bei p_H 6,5—7 liegt.

γ) *Reihenverdünnungsmethode für Antibiotica-Kombinationen.*

Um Aussagen über synergistische, antagonistische oder additive Wirkung der Komponenten machen zu können, wurden von FALK[4], POWELL und Mitarbeitern[11] und BLISS u. a.[12] besondere Modifikationen entwickelt.

---

[1] RAMMELKAMP, C. H.: Proc. Soc. exp. Biol. Med. **51**, 95 (1942).
[2] DORNER, G., u. T. LAMMERS: Dtsch. med. Rdsch. **3**, 389 (1949).
[3] DORNER, G., u. T. LAMMERS: Med. Klinik **1951**, 522.
[4] FALK, C. R.: Amer. J. publ. Hlth. **43**, 419 (1953).
[5] IRMER, W.: Dtsch. med. Rdsch. **3**, 123 (1949).
[6] KNÖLL, H.: Pharmazie **2**, 392 (1947).
[7] SCHMIDT, W. H., and A. J. MOYER: J. Bacteriology **47**, 199 (1944).
[8] DIMMLING, T., u. P. WEICKSEL: Arzneim.-Forsch. **2**, 176 (1952).
[9] RAUCH, G.: M. m. W. **1951**, 1131.
[10] VIEHTINGHOFF-SCHEEL, O. Frh. v., u. E. HAGENDORFF: D. m. W. **1951**, 554.
[11] POWELL, H. M., C. G. CULBERTSON, W. S. BONIECE, F. STREIGHTOFF, L. A. BAKER and H. B. METCALF: Antibiot. & Chemotherap. **3**, 701 (1953).
[12] BLISS, E. A., P. T. WARTH and P. H. LONG: Bull. Johns Hopkins Hosp. **90**, 2, 149 (1952).

δ) Schnelltest nach SCHWARZ *und* BROWN[1].

Die fertigen Röhrchen können über längere Zeit im Eisschrank aufbewahrt werden und sind nach Zusatz von 2 cm^3 Tryptose-Phosphatbouillon sofort gebrauchsfertig.

ε) Schnelltest nach RAKE *und* JONES[2].

Der Test ermöglicht eine Ablesung bereits nach 55—90 min und liefert bemerkenswert gute Ergebnisse.

ζ) Die Mikromethode nach JENSEN[3].

Die Auswertung beruht auf den charakteristischen morphologischen Veränderungen, die Milzbrandsporen in Bouillon durch verschiedene Konzentrationen bestimmter Antibiotica erleiden.

c) Turbidimetrische Methoden.

α) Nach FOSTER[4].

Sie beruhen auf dem Vergleich der Trübungskurve einer unbekannten mit derjenigen einer Standardlösung. FOSTER[5] stellte fest, daß das Wachstum eines Mikroorganismus in flüssigen Medien der vorliegenden Antibioticakonzentration direkt proportional ist. Die Ablesung erfolgt mit einem photoelektrischen Trübungsmesser. Weitere Literatur: [6-10].

β) Modifikationen dieser Methode

werden von JOSLYN[11], KERSEY[12], HIGGINS und Mitarbeiter[13], FISHER und CHARNEY[14] und LEE und Mitarbeiter[15] beschrieben.

γ) Schnellmethode von BERRIDGE *und* BARRETT[16].

Infolge Verwendung eines schnell wachsenden Organismus, Strept. agalactiae, ist es möglich, den Test bereits nach 30 min abzulesen.

d) Verschiedene spezielle Methoden.

α) Die manometrische Messung des Gasstoffwechsels in der WARBURG-*Apparatur*[17, 18].

Die Konzentration einer unbekannten Antibioticalösung kann auf Grund der Atmung von Staphylokokken- und Streptokokkenkulturen in der WARBURG-Apparatur bestimmt werden, indem man die logarithmische Zeitkurve des Sauerstoffverbrauches mit der einer Standardlösung vergleicht.

β) Die Plattentropfmethode[19, 20].

Sie stellt praktisch einen Reihenverdünnungstest auf festem Nährmedium dar. Die verschiedenen Verdünnungen werden mit einer Mikropipette auf die Agarplatte aufgetropft.

---

1 SCHWARZ, L. H., and B. A. BROWN: Antibiot. & Chemotherap. **4**, 338 (1954).
2 RAKE, G., and H. JONES: Proc. Soc. exp. Biol. Med. **54**, 189 (1943).
3 JENSEN, J.: Zbl. Bakteriol. (I) **155**, 112 (1950).
4 FOSTER, J. W., and B. L. WILKER: J. Bacteriology **46**, 377 (1943).
5 FOSTER, J. W.: J. biol. Ch. **144**, 285 (1942).
6 WHITLOCK, jr., C. M., and A. D. HUNT jr.: J. Lab. clin. Med. **34**, 1682 (1949).
7 WHITLOCK, jr., C. M., A. D. HUNT jr. and S. G. TASHMAN: J. Lab. clin. Med. **37**, 155 (1951).
8 OSGOOD, E. E., and S. M. GRAHAM: Amer. J. clin. Path. **17**, 93 (1947).
9 OSGOOD, E. E., and B. CAMPBELL: J. clin. Invest. **23**, 948 (1944).
10 OSWALD, E. J., and L. F. KNUDSEN: J. amer. pharmaceut. Ass. **39**, 61 (1950).
11 JOSLYN, D.: Science, N. Y. **99**, 21 (1944).
12 KERSEY, R. C.: J. amer. pharmaceut. Ass. **39**, 252 (1950).
13 HIGGINS, C. E., R. C. PITTENGER and J. M. MCGUIRE: Antibiot. & Chemotherap. **3**, 50 (1953).
14 FISHER, W. P., and J. CHARNEY: Antibiot. & Chemotherap. **2**, 311 (1952).
15 LEE, S. W., E. J. FOLEY, J. A. EPSTEIN and J. H. WALLACE jr.: J. biol. Ch. **152**, 485 (1944).
16 BERRIDGE, N. J., and J. BARRETT: Nature **167**, 448 (1951).
17 SCHULER, W.: Schweiz. med. Wschr. **75**, 34 (1945).
18 LOMMEL, H.: Arzneim.-Forsch. **5**, 176 (1955).
19 WHITE, E. C., and J. H. HILL: J. Bacteriology **45**, 433 (1943).
20 FLOREY, H. W., E. CHAIN, N. G. HEATLEY, M. A. JENNINGS, A. G. SANDERS, E. P. ABRAHAM and M. E. FLOREY: Antibiotics. Bd. 1, S. 151. London 1949.

γ) Die Objektträgermethode (Slide-cell-test)

von FLEMING[1, 2] (HENNEBERG[3]) ist eine Mikromethode, ebenso wie die Capillarmethode, die sich besonders zur Bestimmung von kontinuierlichen Blutwerten (alle 10 min) während einer Antibioticabehandlung eignet. Sie geht auf die WRIGHTsche Objektträgerzellenmethode zurück[4, 5].

δ) Die Capillarmethode von FLEMING[1] ([3, 6, 7])

mit Phenolrot als Indikator. Für den Test werden Capillarröhrchen von 5 cm Länge und 0,8—1 mm Durchmesser verwandt. Es ist darauf zu achten, daß das Glasrohr nicht alkalisch ist, da der empfindliche Farbindikator, Umschlagspunkt p_H 8, bei der geringen Säurebildung beim Bakterienwachstum sonst nicht umschlägt. Als Indikator benutzt man eine gesättigte, wäßrige Lösung von Phenolrot, die steril im Eisschrank aufbewahrt werden muß, da sie bei Unsterilität schnell verdirbt und einen Farbumschlag nach Gelb zeigt.

ε) Standardisierungsmethode mit Gewebskulturen[8].

Es handelt sich ausschließlich um eine Standardisierungsmethode für bestimmte Antibiotica. Für Konzentrationsbestimmungen im Serum usw. ist sie nicht zu verwenden.

3. Chemische und physikalische Bestimmungsmethoden.

Die chemischen und physikalischen Bestimmungsmethoden für Antibiotica sind meist nicht so empfindlich wie die biologischen Methoden. Sie eignen sich daher weniger zur Bestimmung niedriger Konzentrationen, wie sie im Blut und anderen Körperflüssigkeiten vorliegen. Ihr Hauptanwendungsgebiet ist die Trennung, Isolierung und Identifizierung von Antibiotica aus Kulturlösungen und die Aufbereitung von Gemischen. Auf die jeweils angewandten Verfahren ist bei der Behandlung der einzelnen Antibiotica hingewiesen. Wir wollen nur die Methoden kurz anführen, verweisen bezüglich ihrer Durchführung und der Variationsmöglichkeiten auf die speziellen Kapitel.

a) Die Adsorptionschromatographie*.

Das Verfahren gliedert sich in 3 Vorgänge:

1. Die Adsorption,
2. die Entwicklung des Chromatogrammes und
3. die Elution der getrennten Stoffe.

1. Das *Adsorptionsmittel*, Aluminiumoxyd, Aktivkohle, Silicagel u. a. kann entweder trocken oder nach dem Einschlämmverfahren in ein am unteren Ende verengtes Glasrohr eingefüllt werden. Die Länge der Säule beträgt in der Regel 20—40 cm. Sie muß gleichmäßig durchfeuchtet und während der Durchführung der Chromatographie immer feucht gehalten werden. Um bei dem Aufgießen des Lösungsmittels oder der Analysenlösung ein Aufwirbeln der Grenzfläche zu vermeiden, wird sie nach oben durch ein Filterpapier oder einen Wattebausch geschützt. Die Menge der Analysenlösung richtet sich nach der Länge der unentwickelten Bande. Sie soll nicht mehr als $^1/_5$ der Säule ausmachen. Die Filtrationsgeschwindigkeit kann, besonders bei längeren Säulen, durch Anlegen eines Unter- bzw. eines Überdrucks beschleunigt werden. Man muß bei Unterdruck vermeiden, daß die

---

* Siehe hierzu Bd. I, S. 122ff.

[1] FLEMING, A.: Lancet **1942 I**, 732.
[2] FLEMING, A.: Lancet **1943 II**, 434.
[3] HENNEBERG, G.: Einführung in die bakteriologische Untersuchungstechnik zur Penicillintherapie. Jena 1947.
[4] COLEBROOK, L., E. J. STORER and A. E. WRIGHT: Lancet **1923 I**, 365.
[5] HEILMAN, D. H., u. H. E. HERRELL: Lancet **1943 II**, 434.
[6] FIELDING, J.: Brit. med. J. **1947 I**, 136.
[7] IRMER, W.: Dtsch. med. Rdsch. **3**, 123 (1949).
[8] HEILMAN, D. H.: Amer. J. med. Sci. **207**, 477 (1944).

Säule durch das schnellere Verdunsten leicht flüchtiger Lösungsmittel im unteren Teil austrocknet und so unbrauchbar wird.

2. Die *Entwicklung der Chromatogramme* ist der wichtigste Teilvorgang der gesamten Adsorptionschromatographie. Man versteht darunter die durch laufende Zugabe von Waschflüssigkeit — meist das reine Lösungsmittel mit einem geringen Zusatz eines oder mehrerer anderer Lösungsmittel — bewirkte kontinuierliche Überführung der adsorbierten Substanzen in die lösliche Phase und die mehr oder weniger schnelle Rückadsorption in einem tiefer gelegenen Teil der Säule. Zwischen adsorbierter und gelöster Phase besteht immer ein Gleichgewicht, das durch die Adsorptionsisotherme graphisch dargestellt werden kann. Im Idealfall ist die Adsorptionsisotherme eine gerade Linie. Maßgebend für die Adsorbierbarkeit einer Verbindung ist die Struktur ihres Moleküls, das Vorhandensein von funktionellen Gruppen und das Adsorptionsmilieu. Eine geringfügige Änderung des Systems (Lösungsmittel/Adsorbens) kann zur Bevorzugung einer funktionellen Gruppe im Molekül für die Adsorption führen und die Trennung eines vorher nicht zerlegbaren Gemisches ermöglichen.

Bei gefärbten Substanzen kann man die Wanderung in der Säule und die Trennung der Anteile unschwer verfolgen. Viele farblose Substanzen sind durch ihre Fluorescenz im UV-Licht zu erkennen. Ist auch das nicht möglich, so eluiert man entweder die Säule in möglichst vielen Teilabschnitten und untersucht diese auf ihren Gehalt an den in Frage kommenden Substanzen, oder man stellt sich farbige Derivate der Substanzen her und trennt diese adsorptionschromatographisch.

3. Die *Elution der Substanzen* erfolgt im allgemeinen ohne Zerschneiden der Säule in einzelne Zonen, durch fortgesetztes Waschen derselben mit einem oder mehreren Elutionsmitteln und Auffangen der einzelnen Fraktionen („Flüssiges Chromatogramm"). Für das Auffangen der Fraktionen benutzt man zweckmäßig Fraktionssammler, die durch ihre zeit- und arbeitssparende Funktion mehr als eine technische Vervollkommnung des Verfahrens bedeuten[1-3]. Durch Verwendung verschiedener Waschflüssigkeiten mit steigendem Elutionsvermögen geht eine Zone nach der anderen in das Filtrat über und kann fraktioniert aufgefangen werden.

b) Die Gegenstromverteilung*.

Das Verfahren, bereits von JANTZEN[4] 1933 entwickelt, wurde von CRAIG und Mitarbeitern[5-7] zu einer exakten Analysenmethode ausgebaut. Es beruht auf dem NERNSTschen Verteilungssatz: Die Verteilung einer Substanz zwischen 2 Lösungsmitteln — einem Phasensystem — ist bei gegebener Temperatur immer konstant. Sie wird definiert durch den Verteilungskoeffizienten.

Liegen 2 oder mehr Substanzen in einem Gemisch vor, so verteilt sich jede Komponente in den beiden Lösungsmitteln entsprechend ihrem Verteilungskoeffizienten.

Ein Phasensystem besteht für gewöhnlich aus einer wäßrigen und einer organischen Phase, die nicht miteinander mischbar sind und sich leicht in 2 Schichten absetzen. Für die Trennung eines Substanzgemisches wählt man es so, daß die Verteilungskoeffizienten der einzelnen Komponenten möglichst verschieden sind. Je leichter eine Komponente in der oberen Phase löslich ist, um so schneller wandert sie. Je größer die Zahl der Verteilungsstufen und je größer die Differenz der einzelnen Verteilungskoeffizienten, um so schärfer ist die Trennung eines Gemisches in seine Komponenten.

* Siehe hierzu Bd. I, S. 260ff.

[1] MOORE, S., and W. H. STEIN: J. biol. Ch. **176**, 367 (1948).
[2] SCHROEDER, W. A., and R. B. COREY: Analyt. Chem., Washington **23**, 1723 (1951).
[3] FISCHER, E., u. T. WIELAND: Chem.-Ing.-Techn. **1950**, 485.
[4] JANTZEN, W.: Dechema-Monogr. **5**, 48 (1933).
[5] CRAIG, L. C.: J. biol. Ch. **155**, 519 (1944).
[6] CRAIG, L. C., and O. POST: Analyt. Chem., Washington **21**, 500 (1949).
[7] CRAIG, L. C.: Fortschr. chem. Forsch. **1**, 291 (1950).

Über die Ausführung der Verteilungschromatographie muß auf die einschlägige Literatur verwiesen werden: [1-9].

c) Die Papierchromatographie.

Die Papierchromatographie beruht auf denselben theoretischen Grundlagen wie die Adsorptionschromatographie; es stellt sich ein festes Verteilungsverhältnis einer Substanz zwischen einer stationären und einer beweglichen Phase (Wasser/organisches Lösungsmittel) ein. Das wasserfeuchte Papier bildet die stationäre Phase.

Die Methode ist für die Identifizierung aller der Antibiotica wertvoll, die keine funktionellen Gruppen in ihrem Molekül enthalten, auf die sich ein chemischer Nachweis aufbauen läßt (z. B. Bacitracin, Polymyxin B, Neomycin, Tyrothricin und Viomycin). Ferner eignet sie sich zur Erkennung der Antibiotica in der Kulturflüssigkeit, auch während der verschiedenen Stufen der Fermentation. Die Trennung von Rhodomycin A und B in der Kulturflüssigkeit von Streptomyces purpuraceus ist z. B. papierchromatographisch vollständiger als bei einer 55stufigen Gegenstromverteilung (BROCKMANN[10]).

Man arbeitet entweder mit der aufsteigenden Methode, der absteigenden Methode oder Ringpapierchromatographie. Einzelheiten s. Bd. I, S. 217ff.

4. Die einzelnen Antibiotica in alphabetischer Reihenfolge.

Actidion (Cyclohexylimid),

ein hauptsächlich gegen Hefen und Pilze wirksames Antibioticum[11, 12], das von LEACH, FORD und WHIFFEN[13] aus dem Kulturmedium eines Streptomyces griseus-Stammes isoliert wurde; es ist außerdem ein stark wirkendes Repellent gegen Ratten[14].

Chemische Eigenschaften. Actidion ist ein β-2-(3,5-Dimethyl-2-oxocyclohexyl)-2-oxyäthyl-glutarimid mit der Summenformel $C_{15}H_{23}O_4N$. Die Konstitutionsformel wurde von KORNFELD, JONES und PARKE[15] angegeben:

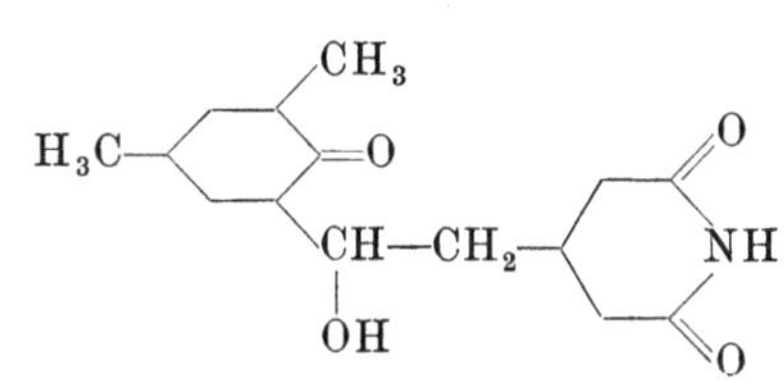

F 119—121°; $[\alpha]_D^{20} = -3{,}3°$ ($c = 9{,}47\,\%$ in Äthanol).

Actinomycin

wurde von WAKSMAN und WOODRUFF[16] aus Streptomyces antibioticus isoliert. Es ist gut wirksam gegen grampositive Bakterien und Actinomyceten[17], nach STOCK[18] auch gegen das Wachstum des experimentellen Mäusetumors (s. auch [19, 20]). Es stellt keine einheitliche

[1] CRAIG, L. C.: J. biol. Ch. **155**, 519 (1944).
[2] CRAIG, L. C., and O. POST: Analyt. Chem., Washington **21**, 500 (1949).
[3] CRAIG, L. C.: Fortschr. chem. Forsch. **1**, 291 (1950).
[4] CRAIG, L. C., J. R. WEISIGER, W. HAUSMANN and E. J. HARFENIST: J. biol. Ch. **199**, 259 (1952).
[5] BROCKMANN, H., u. H. GRÖNE: Naturwiss. **40**, 222 (1953).
[6] BROCKMANN, H., u. N. PFENNIG: Naturwiss. **39**, 429 (1952).
[7] BROCKMANN, H., u. N. GRUBHOFER: Naturwiss. **36**, 376 (1949).
[8] TABER, W. A., L. C. VINING and S. A. WAKSMAN: Antibiot. & Chemotherap. **4**, 445 (1954).
[9] MARTIN, A. J. P., and R. L. M. SYNGE: Biochem. J. **35**, 91 (1940).
[10] BROCKMANN, H., u. K. BAUER: Naturwiss. **37**, 492 (1950).
[11] WHIFFEN, A. J.: Mycologia, Lancaster **42**, 253 (1950).
[12] PHILIPS, G. B., and E. J. HANEL: J. Bacteriology **60**, 104 (1950).
[13] LEACH, B. E., J. H. FORD and A. J. WHIFFEN: Am. Soc. **69**, 474 (1947).
[14] TRAUB, R., J. B. DE WITT, J. F. WELCH and D. NEWMAN: J. amer. pharmaceut. Ass., sci. Ed. **39**, 552 (1950).
[15] KORNFELD, E. C., R. G. JONES and T. V. PARKE: Am. Soc. **71**, 150 (1949).
[16] WAKSMAN, S. A., and H. B. WOODRUFF: Proc. Soc. exp. Biol. Med. **45**, 609 (1940).
[17] WELCH, M.: J. Bacteriology **44**, 571 (1942).
[18] STOCK, C. C.: Amer. J. Med. **8**, 658 (1950).
[19] HACKMANN, C.: Z. Krebsforsch. **58**, 607 (1952).
[20] WAKSMAN, S. A.: Antibiot. & Chemotherap. **4**, 502 (1954).

Substanz dar. Man kann verschiedene Formen, entsprechend dem Gehalt an Aminosäuren, peptidartig mit demselben Chromophor verknüpft[1, 2], voneinander unterscheiden. Gegenwärtig sind folgende Actinomycine bekannt[3-5]:

Actinomycin A (A_I, A_{IV}, A_V);
Actinomycin B (B_I, B_{IV}, B_V);
Actinomycin C (C_I, C_{II}, C_{III});
Actinomycin D (D_{IV});
Actinomycin J_I, J_{II};
Actinomycin X (X_I, X_{II});
Actinomycin I (I_0, I_1).
Actinomycin F_I, F_{III}.

Die Auftrennung der Actinomycine in die einzelnen Komponenten wird durch Gegenstromverteilung[6], Papierchromatographie[7-9] oder Verteilungschromatographie an einer Cellulosesäule[4, 10] durchgeführt. Die Daten der einzelnen Komponenten sind in Tabelle 1 zusammengefaßt.

Tabelle 1. *Eigenschaften der reinen Actinomycine*[4, 11-13].

Actinomycin	F	Spez. Drehung (c = 0,25% in Äthanol)	Spez. Extinktion (440 mμ)	λ_{max} in 95%igem Äthanol mμ	λ_{min} in 95%igem Äthanol mμ
A_I	237—238°	—	18,0	2420 4410	2300 3310
A_{IV}	235°	—261°	19,2	2420 4440	2270 3300
A_V	245°	—323°	19,4	2400 4450	2280 3000
B_I	237—238°	—235°	17,8	2425 4410	2300 3310
B_{IV}	235,5—236,5°	—268°	18,8	2420 4430	2270 3000
B_V	246—246,5°	—320°	19,2	2400 4450	2270—2280 3300
D_{IV}	235,5—236,5°	—262°	19,6	2420 4440	2270 3300
C_I	241—243°	—349°	20,5		
C_{II}	237—239°	—325°	19,9		
C_{III}	232—235°	—321°	18,8		
I_0	242—243°	—314°	20,5		
I_I	240,5—242°	—353°	20,7		
X_I	241—242°	—309°	17,3		
X_{II}	244—246°	—341°	18,6		
$X_{0\beta}$	245—247°	—261°	17,1		

Actinomycin A, 1940 von WAKSMAN und WOODRUFF[14] isoliert, ist eine rotgefärbte kristallinische Substanz; ihre chemischen Daten sind[15, 16]: Summenformel $C_{41}H_{56}O_{11}N_8$, F 250°, Mol.-Gew. 768—1000. Actinomycin A ist leicht löslich in Chloroform, gut löslich in Äthanol, Äther, Benzol, schwach löslich in Wasser und unlöslich in verdünnten Alkalien und Säuren. UV-Absorption bei 230—250 mμ, im sichtbaren Spektrum bei 450 mμ.

DALGIESH und TODD[17] isolierten 1949 aus einem Streptomycesstamm eine farblose Substanz, die sich in ihrem Absorptionsspektrum, Wirkungsspektrum und Toxicität nicht von Actinomy-

[1] JOHNSON, A. W., A. R. TODD and L. C. VINING: Soc. **1952**, 2672.
[2] BROCKMANN, H., u. H. MUXFELD: B. **91**, 1242 (1958).
[3] WAKSMAN, S. A.: Antibiot. & Chemotherap. **4**, 502 (1954).
[4] ROUSSOS, G. G., and L. C. VINING: Soc. **1956**, 2469.
[5] SCHMIDT-KASTNER, G., u. C. HACKMANN: DAS 1021 131 = F 22 014/30 h (1958).
[6] BROCKMANN, H., u. N. PFENNIG: Naturwiss. **39**, 429 (1952).
[7] BROCKMANN, H., u. H. GRÖNE: Naturwiss. **40**, 222 (1953).
[8] BROCKMANN, H., u. P. PATT: Naturwiss. **40**, 221 (1953).
[9] GREGORY, F. J., L. C. VINING and S. A. WAKSMAN: Antibiot. & Chemotherap. **5**, 409 (1955).
[10] VINING, L. C., F. J. GREGORY and S. A. WAKSMAN: Antibiot. & Chemotherap. **5**, 417 (1955).
[11] BROCKMANN, H., u. H. GRÖNE: Naturwiss. **41**, 65 (1954).
[12] BROCKMANN, H., u. H. GRÖNE: B. **87**, 1036 (1954).
[13] BROCKMANN, H., u. G. PAMPUS: Ang. Chem. **67**, 519 (1955).
[14] WAKSMAN, S. A., and H. B. WOODRUFF: Proc. Soc. exp. Biol. Med. **45**, 609 (1940).
[15] WAKSMAN, S. A., and M. TISHLER: J. biol. Ch. **142**, 519 (1942).
[16] DALGIESH, C. E., A. W. JOHNSON, A. R. TODD and L. C. VINING: Soc. **1950**, 2946.
[17] DALGIESH, C. E., and A. R. TODD: Nature **164**, 830 (1949).

cin A unterschied. Die Säurehydrolyse führte neben anderen Produkten zu folgenden Aminosäuren: L-Threonin, Sarkosin, D-Valin, N-Methyl-L-valin und L-Prolin[1]. Sie besitzt als analytische Methode zur Strukturaufklärung aller Antibiotica von polypeptidartigem Charakter besondere Bedeutung und wird wie folgt durchgeführt[2]: etwa 50 mg Actinomycin werden mit 0,5 cm^3 6 n HCl in einem zugeschmolzenen Glasröhrchen 24 Std im Trockenschrank von 110° erhitzt. Nach dem Erkalten spült man den Inhalt mit wenig Wasser in ein Absaugrohr (20×3 cm), und unter Erwärmen im Wasserbad von 100° läßt man Wasser und Salzsäure im Vakuum verdampfen. Wenn alle Flüssigkeit verdampft ist, saugt man noch $1^1/_2$ Std Luft durch das Röhrchen hindurch zum Entfernen der letzten Salzsäurespuren. Der Trockenrückstand wird mit 2,5 cm^3 10%igem Isopropanol oder mit 2,5 cm^3 Wasser aufgenommen und die Lösung mit 0,1 n NaOH auf p_H 7 eingestellt. Anschließend werden 2—10 mm^3 auf Whatman-Papier Nr. 1 für die papierchromatographische Trennung aufgetragen.

Actinomycin B. LEHR und BERGER[3] isolierten 1949 aus der Kulturflüssigkeit eines Streptomycesstammes X 45 ein Actinomycin, das sich in den analytischen Daten, Mol.-Gew., Absorptionsspektrum und optischer Drehung von Actinomycin A unterscheidet[4, 5]. Summenformel: $C_{61}H_{88}O_{16}N_{12}$, Mol.-Gew. 1240, F 252°, $[\alpha]_D^{25} = -332°$ ($c = 0,25$% Äthanol). Bei der Säurehydrolyse erhält man außer einem polymeren Abbauprodukt des Chromophors Ammoniak und folgende Aminosäuren: Sarkosin, D-Valin, L-Threonin, L-Prolin und N-Methyl-L-valin.

Actinomycin C. Aus Streptomyces chrysomallus isolierten BROCKMANN und GRUBHOFER[6] 1949 eine antibiotisch wirkende Substanz, die in ihren biologischen Eigenschaften dem Actinomycin A sehr ähnlich ist, und von ihnen Actinomycin C genannt wurde. In seinen chemischen und physikalischen Eigenschaften unterscheidet es sich aber von Actinomycin A und B[7-9].

Tabelle 2. *Physikalische Konstanten der Actinomycine.*

Substanz	Summenformel	F	Mol-Gew.	$[\alpha]_D^{25}$
Actinomycin A	$C_{41}H_{56}O_{11}N_8$	250°	etwa 840	$-320° \pm 5$ ($c = 0,25$% Alk.)
Actinomycin B	$C_{61}H_{88}O_{16}N_{12}$	252°	etwa 1240	$-332°$ ($c = 0,23$% Alk.)
Actinomycin C	$C_{62}H_{89}O_{17}N_{11}$	254°	etwa 1260	$-310° \pm 3$ ($c = 0,25$% Alk.)
Chromophor	$C_{15-16}H_{11-13}O_{5-8}N$	etwa 300° (Zers.)		

Aus Essigester erhält man alizarinrote, pyramidenförmige Kristalle vom F 254° (u. Zers.); Mol.-Gew. 1200; $[\alpha]_D^{25} = 310°$ ($c = 0,25$% Äthanol); Summenformel: $C_{62}H_{89}O_{17}N_{11}$.

Die energische Säurehydrolyse[8] von Actinomycin C führt — neben dem Chromophor — zu den folgenden Aminosäuren: L-Threonin, L-Prolin, D-Valin, Sarkosin, N-Methyl-L-valin und D-allo-Isoleucin.

Bei der Hydrolyse mit $Ba(OH)_2$ wird der rote Chromophor frei, der aus Nitrobenzol in tiefroten Nadeln kristallisiert und sich, ohne zu schmelzen, bei 300° zersetzt. Nach BROCKMANN und BUDDE[10], BROCKMANN und MURFELD[11] handelt es sich bei dem

[1] DALGIESH, C. E., A. W. JOHNSON, A. R. TODD and C. L. VINING: Soc. 1950, 2946.
[2] ZAHN, H.: Textil-Praxis **1951**, 127.
[3] LEHR, H., and J. BERGER: Arch. Biochem. **23**, 503 (1949).
[4] JOHNSON, A. W., A. R. TODD and L. C. VINNIG: Soc. **1952**, 2672.
[5] SARLET, H.: Biochim. biophys. Acta **13**, 143 (1954).
[6] BROCKMANN, H., u. N. GRUBHOFER: Naturwiss. **36**, 376 (1949).
[7] BROCKMANN, H., u. N. GRUBHOFER: Naturwiss. **37**, 494 (1950).
[8] BROCKMANN, H., N. GRUBHOFER, W. KASS u. H. KALBE: B. **84**, 260 (1951).
[9] WAKSMAN, S. A.: Antibiot. & Chemotherap. **4**, 502 (1954).
[10] BROCKMANN, H., u. G. BUDDE: Naturwiss. **40**, 529 (1953).
[11] BROCKMANN, H., u. H. MUXFELD: B. **91**, 1242 (1958).

Chromophor, auf Grund der Kenntnisse von der Konstitution von Abbauprodukten um einen Körper folgender Struktur mit der Summenformel: $C_{22}H_{22}O_8N_4$.

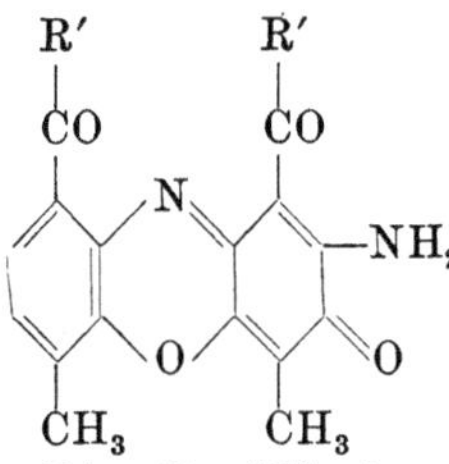

R′ = Peptidlacton

Actinomycin D unterscheidet sich von Actinomycin C_3 nur dadurch, daß die beiden allo-Isoleucingruppen durch Valingruppen ersetzt sind[1].

Papierchromatographische Trennung der Aminosäuren[2]. Von der 4%igen wäßrigen Lösung des Aminosäuregemisches werden je 0,025 cm³ = etwa 10 mg Aminosäuren auf Whatman-Papier Nr. 1 längs der Startlinie aufgetragen. Es wird absteigend chromatographiert. Nach dem Trocknen der aufgetragenen Lösung werden die Bögen in den mit frisch über Zinkstaub destilliertem, wassergesättigtem o-Kresol gefüllten Trog eingehängt und das Chromatogramm bei 2° laufengelassen. Nachdem das Kresol den unteren Rand erreicht hat, wird der Bogen erst bei Zimmertemperatur vor-, dann bei 105° im Trockenschrank vollständig getrocknet. Anschließend werden die Chromatogramme mit einer 0,2%igen Ninhydrinlösung in mit 20%iger Essigsäure gesättigtem n-Butanol besprüht, bis die Flecke deutlich hervortreten. Zum Haltbarmachen der Flecke besprüht man diese nach KAWERAU und WIELAND[3] mit folgender Lösung: 1 cm³ gesättigte $CuNO_3$-Lösung + 0,2 cm³ 10%ige HNO_3 + 95% Methanol ad 100 cm³. Unmittelbar nach dem Besprühen bringt man die Chromatogramme in Ammoniakdämpfe.

Wie durch Papierchromatographie[4] und Gegenstromverteilung[5] gezeigt werden konnte, ist Actinomycin C nicht einheitlich, sondern ein Gemisch mehrerer Komponenten, die sich durch den prozentualen Anteil der einzelnen Aminosäuren im Molekül voneinander unterscheiden.

Trennung von Actinomycin C_1, C_2, C_3 durch Gegenstromverteilung[5]. Das System Methylbutyläther + Dibutyläther (71:29)/30%ige, wäßrige Harnstofflösung zeigt die gleiche Trennwirkung wie das System Äther/HCl, greift die säureempfindlichen Actinomycine aber in keiner Weise an.

Bei einer Verteilung von 220 mg Actinomycin C über 180 Stufen gelingt die Aufteilung in Actinomycin C_1, C_2, C_3.

Trennung von Actinomycin C_1, C_2, C_3 durch Papierchromatographie. BROCKMANN und GRÖNE[4] sowie BROCKMANN und PATT[6] benutzten für ihre Untersuchungen das von RUTTER[7] entwickelte und von ZIMMERMANN und NEHRING[8] modifizierte Verfahren der Ringpapierchromatographie, bei dem der stationären, wäßrigen Phase geeignete Lösungsvermittler — im Falle der Actinomycine Natrium-naphthalin-1,6-disulfonat — zugesetzt werden.

Ausführung. Als Papier wird Schleicher & Schüll 2043a benutzt, das mit einer 10%igen Lösung von Natrium-naphthalin-1,6-disulfonat mattfeucht besprüht wird. Etwa 1 mg der Rohsubstanz, in 0,02 cm³ Aceton gelöst, wird in der Mitte des Rundfilters aufgetragen und anschließend das Chromatogramm mit wassergesättigtem n-Dibutyläther entwickelt. Die Reihenfolge der Actinomycine ist von innen nach außen: C_1, C_2, C_3.

Weitere isolierte Actinomycine:

Actinomycin J_I und I_{II}[9],

Actinomycin X[10],

[1] BULLOCK, E., and A. W. JOHNSON: Soc. **1957**, 3280.
[2] BROCKMANN, H., N. GRUBHOFER, W. KASS u. H. KALBE: B. **84**, 260 (1951).
[3] KAWERAU, E., and T. WIELAND: Nature **168**, 77 (1951).
[4] BROCKMANN, H., u. H. GRÖNE: Naturwiss. **40**, 222 (1953).
[5] BROCKMANN, H., u. N. PFENNIG: Naturwiss. **39**, 429 (1952).
[6] BROCKMANN, H., u. P. PATT: Naturwiss. **40**, 221 (1953).
[7] RUTTER, L.: Analyt. Chem., Washington **23**, 396 (1951).
[8] ZIMMERMANN, G., u. K. NEHRING: Angew. Chem. **63**, 550 (1952).
[9] HIRATA, Y., and K. NAGANISHIT: J. Antibiot., Tokyo **2**, 180 (1948).
[10] BROCKMANN, H., H. LINGE u. H. GRÖNE: Naturwiss. **40**, 224 (1953).

Actinomycin I[1],
Actinomycin D[2] und
Actinomycin F[3].

Amaromycin

wurde von HATA und Mitarbeitern[4] aus dem Kulturfiltrat von Streptomyces flavochromogenes in kristalliner Form isoliert. In seinen Eigenschaften, Stickstoffgehalt und UV-Spektrum ähnelt es dem Erythromycin, Albomycin und Pikromycin.

Sein Wirkungsspektrum erstreckt sich vor allem auf grampositive Keime, aber auch hämophile und Brucellen werden durch Amaromycin in ihrem Wachstum gehemmt.

Antimycin A (Virosin, Antipiricullin).

DUNSHER und Mitarbeiter[5] isolierten dieses Antibioticum aus dem Kulturmedium einer nicht identifizierten Streptomycesart. Es ist hauptsächlich fungistatisch wirksam. Daneben zeigt es insekticide und miticide Eigenschaften[5]. Ferner hat es erhebliche experimentelle Bedeutung als selektive Entkoppelungssubstanz bei der oxydativen Phosphorylierung.

Farblose Kristalle vom F 139—140°; Summenformel: $C_{28}H_{40}C_9N_2$; Mol.-Gew. 506.

Milde alkalische Hydrolyse spaltet Antimycin A in Antimycinsäure $C_{11}H_{14}O_5N_2$ und ein neutrales Teilstück, wahrscheinlich $C_{16}H_{28}O_4$.

Im UV-Licht zeigt Antimycin 2 Maxima bei 235 und 350 mμ[6].

Amicetin (Allomycin, Sacromycin)

ist eine von Streptomyces vinaceus drappus produzierte tuberkulostatische, aber außerordentlich toxische Substanz[7-9]. Chemische Eigenschaften: Es kristallisiert als freie Base in Nadeln vom F 160—165°. Beim Erwärmen auf 50—70° in Methanol oder Wasser geht es in eine körnige Kristallform vom F 243—244° über. Summenformel: $C_{29}H_{44}O_9N_6$; Mol.-Gew. 640. Im Molekül sind 2 N-Methyl-, mindestens 3 C-Methyl-, eine primäre Amino- und keine alkoholische Hydroxylgruppe enthalten. Amicetin hat ein starkes Absorptionsband im UV-Bereich, dessen Maximum allerdings vom p_H-Wert der Lösung abhängig ist. Bei der alkalischen Hydrolyse von Amicetin wird Cytosamin, $C_{18}H_{32}O_6N_4$, abgeschieden, bei der sauren erhält man Cytosin, $C_4H_5ON_3$, F 310—312°. Weitere Abbauprodukte sind Cytimidin, $C_{15}H_{14}O_4N_5$, F 264—266°, und p-Aminobenzoesäure-hydrochlorid.

Amphotericin A und B.

Die Amphotericine A und B wurden von GOLD und Mitarbeitern[10] aus der Kulturflüssigkeit von Streptomyces M 4575 isoliert. Sie besitzen keine antibakterielle Wirksamkeit, sondern hemmen das Wachstum zahlreicher Fungi, wie Aspergillus fumigatus, Aspergillus niger, Candida albicans, Microsporon audouini, Penicillium notatum, Saccharomyces cerevisiae, Trichophyton mentagrophphytes.

Amphotericin A unterscheidet sich von Amphotericin B durch sein breiteres Wirkungsspektrum.

---

1 WAKSMAN, S. A.: Antibiot. & Chemotherap. **4**, 502 (1954).
2 BROCKMANN, H., u. H. GRÖNE: Naturwiss. **41**, 65 (1954).
3 SCHMIDT-KASTNER, G., u. C. HACKMANN: DAS 1021 131/F 22 014/30 h (1958); cit. Chem. Zbl. **129**, 7210 (1958).
4 HATA, T., Y. SANO, H. TATSUTA, R. SUGAWARA, A. MATSUMAE and K. KANAMORY: J. Antibiot., Tokyo (A) **8**, 9 (1955).
5 DUNSHER, B. R., C. LEBEN, G. W. KEITT and F. M. STRONG: Am. Soc. **71**, 2436 (1949).
6 TENER, G. M., F. M. BUMPUS, B. R. DUNSHER and F. M. STRONG: Am. Soc. **75**, 1100 (1953).
7 KIDO, S., and E. SPYHALSKI: Science, N. Y. **112**, 172 (1950).
8 BOER, C. DE, E. L. CARON and J. W. H. HINMAN: Am. Soc. **75**, 5864 (1953).
9 FLYNN, E. H., J. W. HINMAN, E. L. CARON and D. O. WOOLF jr.: Am. Soc. **75**, 5867 (1953).
10 GOLD, W., H. A. STOUT, J. F. PAGANO and R. DONOVICK: Antibiot. Ann. **1955/56**, 579.

Chemische Eigenschaften[1, 2]. Amphotericin A ist in Wasser unlöslich, bildet aber ein wasserlösliches Natriumsalz beim Behandeln mit methanolischer Natronlauge, welches mit Aceton oder Äthylacetat ausgefällt werden kann. Ferner ist Amphotericin A in N,N-Dimethylacetamid löslich; beim Verdünnen mit Wasser erhält man eine kolloide Suspension, die antimykotisch wirkt. Kristallines Amphotericin A hat ein dem Nystatin ähnliches UV-Absorptionsspektrum[3]. In seinen biologischen und chemischen Eigenschaften unterscheidet es sich aber von diesem. F 135°; $[\alpha]_D^{25} = -9{,}9$ (0,1 n methanol. HCl).

Amphotericin B ist ebenfalls in Wasser unlöslich, in allen anderen Lösungsmitteln schwer löslich, auch in N,N-Dimethylacetamid. Diese schwache Lösung übertrifft aber Amphotericin A in seiner Wirksamkeit in vivo.

Die UV-Absorptionskurve von Amphotericin B ähnelt derjenigen von Trichomycin; es unterscheidet sich aber in seinem biologischen und chemischen Verhalten von diesem. F 170°; $[\alpha]_D^{25} = -33{,}6$ (0,1 n methanol. HCl).

Biologischer Nachweis von Amphotericin A und B[3]. Da sowohl Amphotericin A als auch Amphotericin B auf das Wachstum der gleichen Fungi wirken, ist der Nachweis einer einzelnen Komponente schwierig. Da Amphotericin B wirksamer ist als Amphotericin A, erfaßt man mit dem Reihenverdünnungstest die hemmende Wirkung von B. Saccharomyces cerevisiae als Testorganismus (minimale Konzentration 0,5—1,5 γ/cm^3).

Die Papierscheibenmethode hingegen ist nicht so empfindlich und unabhängig von der geringen Konzentration von Amphotericin B in der Testlösung; die Hemmzone ist von dem Gehalt an Amphotericin A abhängig; Testorganismus: Saccharomyces cerevisiae.

Papierchromatographische Trennung von Amphotericin A und B[3]. Whatman I-Papier wird mit 0,3 m Kaliumphosphatpuffer, p_H 3,0, imprägniert und getrocknet. Die Lösung der Antibiotica wird aufgetragen, etwa 30 γ Amphotericin A und 1 γ Amphotericin B, das Chromatogramm 1 Std im Entwicklungsgefäß mit Wasserdampf gesättigt und anschließend mit 80%igem Propanol absteigend chromatographiert. Der Nachweis der Antibiotica erfolgt autobiographisch mit Candida albicans als Testorganismus.

Amphotericin A: R_F 0,7,
Amphotericin B: R_F 0,5.

Aspergillsäure.

Aus Kulturen von Aspergillus flavus isolierten WHITE und HILL[4] Aspergillsäure als gelbe Prismen vom F 97—99°, mit der Summenformel $C_{12}H_{20}O_2N_2$; $[\alpha]_D^{24} = +18{,}5°$[5, 6]. Die Aspergillsäure ist ein Pyrazon mit der Konstitution einer cyclischen Hydroxamsäure, der nach NEWBOLD und Mitarbeitern nebenstehende Formel zukommt[7, 8].

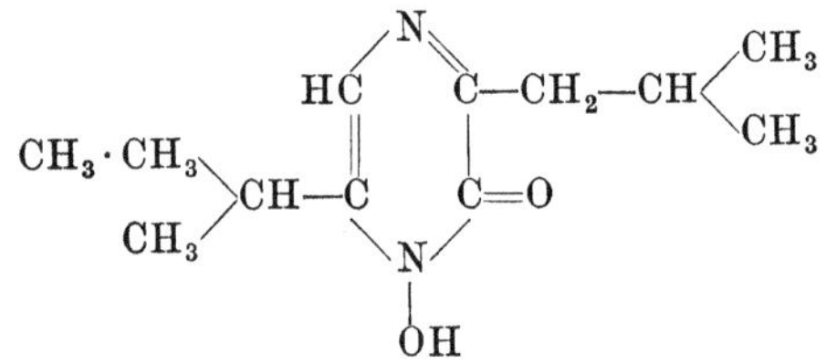

3-Isobutyl-6-sek.-butyl-2-oxypyrazin-1-oxyd

Die Reduktion der Aspergillsäure führt zur Eliminierung des N-gebundenen Sauerstoffes und damit zum Verlust der antibakteriellen Wirksamkeit.

Aureomycin (Chloramphenicol)

wurde von DUGGAR[9] aus der Kulturflüssigkeit von Streptomyces aureofaciens isoliert.

[1] STEINBERG, B. A., W. P. JAMBOR and L. O. SNYDHAM: Antibiot. Ann. **1955/56**, 574.
[2] VANDERPUTTE, J., J. L. WACHTEL and E. T. STILLER: Antibiot. Ann. **1955/56**, 587.
[3] GOLD, W., H. A. STOUT, J. F. PAGANO and R. DONOVICK: Antibiot. Ann. **1955/56**, 579.
[4] WHITE, E. C., and J. H. HILL: J. Bacteriology **45**, 433 (1943).
[5] DUTCHER, J. D.: J. biol. Ch. **171**, 321 (1947).
[6] DUNN, G., G. T. NEWBOLD and F. S. SPRING: Nature **162**, 779 (1948).
[7] NEWBOLD, G. T., W. SHARP and F. S. SPRING: Soc. **1951**, 2679.
[8] GALLAGHER, J. J., G. T. NEWBOLD, W. SHARP and F. S. SPRING: Soc. **1952**, 4870.
[9] DUGGAR, B. M.: Ann. N. Y. Acad. Sci. **51**, 177 (1948).

Gewinnung. Der Pilz wächst in submersen Kulturen in einem Cornsteep-Liquor-Medium. Nach 24 Std Fermentation wird das Mycel abfiltriert und das Antibioticum durch Adsorption an einer Säule aus Florisil, Darco-G-60 oder Super-Filtrol abgetrennt. Die Säule wird mit Wasser und Aceton gewaschen und mit angesäuertem Alkohol eluiert. Im UV-Licht sind 3 verschiedene fluorescierende Zonen — blau, gelb und braun — festzustellen, von denen die gelbfluorescierende Zone die Hauptmenge des Antibioticums enthält. Nach weiterer Reinigung des gelben Eluats erhält man beim Einengen im Vakuum das Rohprodukt; dieses wird in verdünnter Salzsäure bei p_H 2 gelöst und die Lösung der Gefriertrocknung unterworfen.

Biologische Eigenschaften[1-23]. Aureomycin gehört zu den Antibiotica mit einem breiten Wirkungsspektrum. Es erfaßt in erster Linie die gramnegativen Erreger, ist aber auch gut wirksam gegen zahlreiche grampositive Keime, Rickettsien und Viren. Die Standardisierung von Aureomycin erfolgt auf Gewichtsbasis, wobei die Wirksamkeit des Aureomycin-hydrochlorids entsprechend dem Gewichtsverhältnis zur reinen Base angegeben wird.

Chemische Eigenschaften. Goldgelbe Kristalle vom F 168—169°. Aureomycin ist eine schwache Base, die ein schwerlösliches Mangansalz bildet[24]. Das Hydrochlorid ist in Wasser und Methanol leicht, in Äthanol nur wenig löslich; es ist optisch aktiv $[\alpha]_D^{25} = -227{,}9°$ (H_2O), $= -295{,}9°$ (Methanol); Mol.-Gew. 508; Summenformel $C_{22}H_{23}O_8N_2Cl$[25].

Konstitutionsformel[26]:

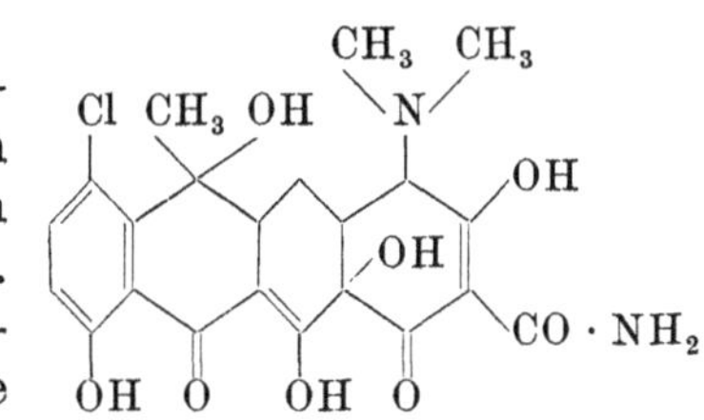

In saurem Milieu ist Aureomycin beständig, in neutralem und alkalischem dagegen verliert es schnell an Wirksamkeit, desgleichen in Anwesenheit von Plasma. In Pulverform kann es mindestens $^1/_2$ Jahr aufbewahrt werden.

Bei der alkalischen Hydrolyse liefert Aureomycin Ammoniak und 5-Chlorsalicylsäure[27, 28]. Weitere Abbauprodukte

1 PAINE jr., T. F., H. S. COLLINS and M. FINLAND: Ann. N. Y. Acad. Sci. **51**, 228 (1948).
2 BALAMUTH, W.: Ann. N. Y. Acad. Sci. **55**, 1093 (1952).
3 BEIGELMANN, P. M.: Proc. Soc. exp. Biol. Med. **72**, 89 (1949).
4 BLISS, E. A., P. T. WARTH and P. H. LONG: Bull. Johns Hopkins Hosp. **90**, 2, 149 (1949).
5 BLISS, E. A., and C. A. CHANDLER: Proc. Soc. exp. Biol. Med. **69**, 467 (1948).
6 CHINN, B. D.: Proc. Soc. exp. Biol. Med. **80**, 35 (1952).
7 DAVIS, D. J., M. PITTMANN, J. E. VOGEL and B. OTTINGER: Antibiot. & Chemotherap. **5**, 363 (1955).
8 FINLAND, M.: Antibiot. Ann. **1954/55**, 53.
9 FINLAND, M., P. F. FRANK and C. WILCOX: Amer. J. clin. Path. **20**, 209, 325 (1950).
10 FINLAND, M., and C. WILCOX: Amer. J. clin. Path. **20**, 335 (1950).
11 FRANK, P. F., C. WILCOX and M. FINLAND: J. Lab. clin. Med. **35**, 188, 205 (1950).
12 GUNNISON, J. B., V. R. COLEMAN and E. JAWETZ: Proc. Soc. exp. Biol. Med. **75**, 549 (1950).
13 HAUSS, W. H., u. W. SIMROCK: Kli. Wo. **1949**, 766.
14 HEWITT, R., W. S. WALLACE and E. WHITE: Science, N. Y. **112**, 144 (1950).
15 HOFFMEISTER, W.: Ärztl. Wschr. **1950**, 657.
16 PELCAK, E. J., W. I. METZGER and A. C. DORNBUSH: Harlem Hosp. Bull. **2**, 47 (1949).
17 PRIGOT, A., L. T. WRIGHT, M. A. LYON and F. R. DE LUCA: N. Y. State J. Med. **49**, 1911 (1949).
18 STOFFEL, E.: Schweiz. med. Wschr. **80**, 1005 (1950).
19 WELCH, H., W. A. RANDALL, R. J. REEDY and J. KRAMER: Antibiot. & Chemotherap. **2**, 693 (1952).
20 WELLS, E. B., C. SHIH-MAN, G. G. JACKSON and M. FINLAND: J. Pediatr. **36**, 752 (1950).
21 WESTPHAL, A.: Z. Tropenmed. Parasitol. **1**, 1 (1950).
22 WONG, S. C., and H. R. COX: Ann. N. Y. Acad. Sci. **51**, 290 (1948).
23 WRIGHT, S. S., G. K. POTEE and M. FINLAND: Amer. J. clin. Path. **24**, 1121 (1954).
24 JUDASSOHN, W., E. C. CHERBULIEZ, P. BOYNOUD u. H. ISLER: Wien. med. Wschr. **1950**, 377.
25 BROSCHARD, R. W., A. C. DORNBUSH, S. GORDON, B. L. HUTCHINGS, A. R. KOHLER, G. KRUPKA, S. KUSHNER, D. V. LEFEMINE and C. DIDACKS: Science, N. Y. **109**, 199 (1949).
26 STEPHENS, C. R., L. H. CONOVER, R. PASTERNACK, F. A. HOCHSTEIN, W. T. MORELAND, P. P. REGNA, F. J. PILGRIM, K. J. BRUNINGS and R. B. WOODWARD: Am. Soc. **76**, 3568 (1954).
27 KUHN, R., u. K. DRURY: Angew. Chem. **63**, 173 (1951).
28 KUHN, R., u. K. DRURY: B. **84**, 563 (1951).

sind 5-Chlor-7-methoxyphthalein[1], Dimethylamin und Gentisinsäure[2], α- oder β-Aureomycinsäure[3, 4], Desdimethylaureomycinsäure[5], 3,4-Dioxy-2,5-diketocyclopentan-1-carbonsäureamid[6, 7].

Das *UV-Absorptionsspektrum* von Aureomycin hat im sauren Milieu 4 scharfe Absorptionsbanden bei 223, 240, 248, 276 mμ[8]. Die vergleichenden Untersuchungen mit Terramycin haben gezeigt, daß die charakteristische UV-Absorption auf dem Polycarbonylsystem beruht, das beiden Molekülen gemeinsam ist.

Biologische Bestimmungsmethoden. Die mikrobiologische Bestimmung von Aureomycin bereitete wegen seiner geringen Stabilität anfangs Schwierigkeiten.

1. Für *Routineuntersuchungen zur Empfindlichkeitsbestimmung* wird am besten die Papierscheibenmethode mit Bac. subtilis oder Bac. cereus als Testorganismus angewandt.

2. Für die *Bestimmung in Körperflüssigkeiten* eignen sich nach HENNEBERG und WATERSTRAAT[9] am besten der Objektträger- bzw. der Capillartest mit Subtilissporen als Testorganismus. Beide Methoden arbeiten mit sehr großer Empfindlichkeit (0,005—0,01 γ/cm^3), benötigen aber eine 10stündige Bebrütungszeit.

3. Der *Schnelltest mit Triphenyltetrazoliumchlorid nach* WALLHÄUSER[10] hat nicht die große Empfindlichkeit (3—4 γ/cm^3), dafür aber den Vorteil, bereits nach 40—60 min ablesbar zu sein. Der Test ist für orientierende Bestimmungen durchaus ausreichend.

4. Die *Methode von* DORNBUSCH und PELCAK[11] arbeitet mit Bac. cereus als Testorganismus und liefert nach 4stündiger Bebrütungszeit ein hinreichendes Ergebnis (Empfindlichkeit 0,05 γ/cm^3).

5. *Schnellbestimmung nach* SCHNEIERSOHN[12]. Die Methode ist eine Modifikation des Reihenverdünnungstestes. Als Testorganismus wird Proteus X 19 benutzt, der bereits nach 4stündigem Bebrüten in einem Harnstoff-Phenolrotmedium infolge Ammoniakbildung einen Farbumschlag bewirkt.

6. Die *Bestimmung von Aureomycin im Harn*[11]. Die Bestimmung wird mit Staph. aureus als Testorganismus durchgeführt. Nach 3stündiger Bebrütung wird durch Formalinzusatz das Wachstum der Staphylokokken unterbrochen und die Trübung der Lösung gemessen.

7. Zum *Nachweis von Aureomycin in Futtermitteln* wird von GRADY und Mitarbeitern[13] eine modifizierte Papierscheibenmethode beschrieben.

Chemische Bestimmungsmethoden. Hauptsächlich für die Bestimmung von Aureomycin in der Kulturflüssigkeit während der verschiedenen Stufen der Fermentation wurde eine Reihe von chemischen Bestimmungsmethoden ausgearbeitet.

---

[1] HUTCHINGS, B. L., C. W. WALLER, R. W. BROSCHARD, C. F. WOLF, P. W. FRYTH and J. H. WILLIAMS: Am. Soc. **74**, 3710 (1952).
[2] KUHN, R., u. K. DRURY: Angew. Chem. **63**, 173 (1951).
[3] HUTCHINGS, B. L., C. W. WALLER, R. W. BROSCHARD, C. F. WOLF, P. W. FRYTH and J. H. WILLIAMS: Am. Soc. **74**, 4980 (1952).
[4] WALLER, C. W., B. L. HUTCHINGS, C. F. WOLF, A. A. GOLDMAN, R. W. BROSCHARD and J. H. WILLIAMS: Am. Soc. **74**, 4981 (1952).
[5] WALLER, C. W., B. L. HUTCHINGS, A. A. GOLDMAN, C. F. WOLF, R. W. BROSCHARD and J. H. WILLIAMS: Am. Soc. **74**, 4979 (1952).
[6] WALLER, C. W., B. L. HUTCHINGS, C. F. WOLF, R. W. BROSCHARD, A. A. GOLDMAN and J. H. WILLIAMS: Am. Soc. **74**, 4978 (1952).
[7] WALLER, C. W., B. L. HUTCHINGS, R. W. BROSCHARD, A. A. GOLDMAN, W. J. STEIN jr., C. F. WOLF and J. H. WILLIAMS: Am. Soc. **74**, 4981 (1952).
[8] STEPHENS, C. R., L. H. CONOVER, F. A. HOCHSTEIN, P. P. REGNA, F. J. PILGRIM, K. J. BRUNINGS and R. B. WOODWARD: Am. Soc. **74**, 4976 (1952).
[9] HENNEBERG, G., u. W. WATERSTRAAT: Zbl. Bakteriol. (I) **156**, 262 (1950).
[10] WALLHÄUSER, K. H.: Naturwiss. **38**, 237 (1951).
[11] DORNBUSCH, A. C., and E. J. PELCAK: Ann. N. Y. Acad. Sci. **51**, 218 (1948).
[12] SCHNEIERSON, S. S., and B. TOHARSKI: J. Bacteriology **57**, 483 (1949).
[13] GRADY, J. E., and W. L. WILLIAMS: Antibiot. & Chemotherap. **3**, 158 (1953).

Qualitative Methode.

Zum qualitativen Nachweis von Aureomycin, auch in Gegenwart von Terramycin, eignet sich der Fluorescenztest: beim Versetzen der wäßrigen Lösung der Tetracycline (etwa 5 cm³) mit 1 cm³ 2 n NaOH färbt sich die Lösung tief gelborange, mit einer starken blauen Fluorescenz im UV-Licht. Erhitzt man die Lösung, so verschwindet die gelbe Färbung, während sich die Fluorescenz vertieft.

Eine Lösung von Terramycin zeigt unter den gleichen Bedingungen eine grüne Fluorescenz im UV-Licht. Beim Erhitzen bleibt die orange Färbung bestehen, während die Fluorescenz von Grün nach Blau umschlägt.

In einer Mischung der beiden Tetracycline verdeckt die blaue Fluorescenz des Aureomycins die grüne des Terramycins.

Quantitative Methoden.

Colorimetrische Bestimmung von Aureomycin nach GARLOCK, LEVINE ***und*** FISHBACH[1].

Prinzip:

Wird Aureomycin in salzsaurer Lösung erhitzt, so erhält man eine stabile gelbe Farbe mit einem Absorptionsmaximum bei 445 mμ, während eine Aureomycinlösung ohne HCl-Zusatz bei dieser Wellenlänge ein Absorptionsminimum zeigt. Die Intensität der Färbung ist der Aureomycinkonzentration proportional und erfüllt das LAMBERT-BEERsche Gesetz.

Reagens:

2 n HCl.

Ausführung:

In zwei 50 cm³-Meßkolben gibt man je 1 cm³ der zu bestimmenden Lösung. Dem einen Kölbchen setzt man 5 cm³ 2 n HCl zu, dem anderen (Blindwert) 5 cm³ Aqua dest., erhitzt beide Proben 5 min im siedenden Wasserbad, kühlt mit fließendem Wasser ab und füllt mit Aqua dest. bis zur Marke auf. Die Farbintensität der Lösung wird in einem photoelektrischen Colorimeter, Filter S 45, gegen den Blindwert gemessen. Der Vergleich mit einer Standardkurve liefert die gesuchten Werte. Die Färbung ist 3 Std hinreichend stabil. Nach DIETZEL[2] ist diese Bestimmung allerdings nur für Lösungen mit mehr als 20 γ/cm³ geeignet.

Aureomycinbestimmung mit der Arsenmolybdatmethode nach NELSON (PERLMAN[3]).

Prinzip:

Das Arsenmolybdatreagens reagiert mit dem Säurehydrolysat von Aureomycin unter Bildung eines Farbkomplexes, dessen Intensität photometrisch gemessen werden kann.

Reagentien:

1. 3 n H_2SO_4.
2. Arsenmolybdatreagens nach NELSON[4]: 25 g Ammoniummolybdat werden in 450 cm³ Aqua dest. gelöst und mit 21 cm³ konz. H_2SO_4 versetzt. Zu dieser Lösung gibt man 3 g $Na_2HAsO_4 \cdot 7\,H_2O$ in 25 cm³ Aqua dest., mischt und läßt die Lösung 24—28 Std im Brutschrank von 37° stehen. Das Reagens ist in brauner Flasche aufzubewahren. Zum Gebrauch wird es im Verhältnis 1:3 mit Aqua dest. verdünnt.

Ausführung:

1 cm³ Aureomycinlösung mit 10—200 γ Aureomycin je cm³ wird mit 2 cm³ 3 n H_2SO_4 versetzt und 1 cm³ verdünntes Arsenmolybdatreagens hinzugefügt. Die Mischung wird 15 min im kochenden Wasserbad erhitzt. Nach dem Abkühlen auf Zimmertemperatur werden 3 cm³ Aqua dest. zugefügt; die Farbintensität wird im photoelektrischen Colori-

[1] LEVINE, J., E. A. GARLOCK and H. J. FISHBACH: J. amer. pharmaceut. Ass. **38**, 473 (1949).
[2] DIETZEL, E.: Dtsch. Apoth.-Ztg. **92**, 425 (1952).
[3] PERLMAN, D.: Science, N. Y. **118**, 628 (1953).
[4] NELSON, N.: J. biol. Ch. **153**, 375 (1944).

meter mit Filter S 66 gegen einen Leerwert aus den Reagentien gemessen. Nach dieser Methode können noch Mengen von 2,5 γ/cm^3 erfaßt werden.

Colorimetrische Bestimmung von Aureomycin mit m-Dinitrobenzol nach ZIMMERMANN (HOLTOROFF ***und*** KOCH[1, 2]).

Reagentien:

1. Äthanol abs., rein.
2. Äthanol, 71 %ig.
3. m-Dinitrobenzol, 2 %ig in 95 %igem Äthanol (im Eisschrank aufzubewahren, 10 Tage haltbar).
4. 2,5 n KOH.

Ausführung:

Die wäßrige Lösung von 100—300 γ Aureomycin je cm^3 wird auf dem Wasserbad unter Durchsaugen von Luft zur Trockne eingedampft. Der feste Rückstand wird in 0,5 cm^3 abs. Alkohol gelöst, 0,5 cm^3 der 2 %igen alkoholischen Lösung von m-Dinitrobenzol und anschließend 0,5 cm^3 2,5 n KOH hinzugefügt. Die Mischung läßt man zugekorkt 30 min im Dunkeln stehen, fügt dann 5 cm^3 71 %igen Alkohol hinzu und liest die Farbintensität im photoelektrischen Colorimeter mit Filter S 54 gegen einen Leerwert aus den Reagentien ab. Es ist zweckmäßig, bei jeder Bestimmung eine Standardlösung mitlaufen zu lassen. Bei jedem neuen Ansatz des ZIMMERMANN-Reagens muß die Eichkurve kontrolliert werden. Die minimale, bestimmbare Konzentration beträgt 110 γ/cm^3 Aureomycinlösung.

Colorimetrische Bestimmung von Aureomycin mit dem Phenolreagens nach FOLIN-CIOCALTEU (PERLMAN[2]).

Prinzip:

Wird Aureomycin in alkalischem Milieu mit Phenolreagens nach FOLIN-CIOCALTEU zusammengebracht, so entsteht eine intensiv blaue Farbe, deren Extinktion im photoelektrischen Colorimeter zu messen ist.

Reagentien:

1. Phenolreagens nach FOLIN-CIOCALTEU[3]. Die Stammlösung (s. S. 1628) (Bezugsquelle Bayer-Leverkusen) ist für den Versuch mit Wasser 1:3 zu verdünnen. (Das Reagens darf nicht grünlich aussehen, da dadurch die Anwesenheit von Reduktionsprodukten angezeigt ist.)
2. Na_2CO_3-Lösung, 20 %ig.

Ausführung:

1 cm^3 Aureomycinlösung mit 10—200 γ/cm^3 wird mit 1 cm^3 Phenolreagens versetzt und der Farbkomplex durch Hinzufügen von 3 cm^3 20 %iger Na_2CO_3-Lösung entwickelt. Nach 10 min wird die Farbintensität in einem photoelektrischen Colorimeter mit Filter S 60 gegen einen Leerwert aus den Reagentien bestimmt. Bei jeder Bestimmung ist ein Vergleichstest mit einer Standardlösung mit anzusetzen. 8 γ Aureomycin je cm^3 sind nach dieser Methode noch bestimmbar.

Colorimetrische Bestimmung von Aureomycin mit Sulfanilsäurediazoniumchlorid[2].

Reagentien:

1. Sulfanilsäure, 1 %ig in 10 % HCl.
2. $NaNO_2$-Lösung, 5 %ig.
3. Na_2CO_3-Lösung, 10 %ig.

Ausführung:

Zu 2 cm^3 einer Lösung von 1—50 γ Aureomycin je cm^3 gibt man bei 5° 2 cm^3 diazotierte Sulfanilsäure (1 cm^3 Sulfanilsäurelösung + 1 cm^3 $NaNO_2$-Lösung), läßt 30 min stehen und

[1] HOLTOROFF, A. F., and F. C. KOCH: J. biol. Ch. **135**, 377 (1940).
[2] PERLMAN, D.: Antibiot. & Chemotherap. **4**, 859 (1954).
[3] FOLIN, O., and V. CIOCALTEU: J. biol. Ch. **73**, 627 (1927).

macht mit 1 cm^3 10%iger Na_2CO_3-Lösung alkalisch. Nach weiteren 30 min Stehen bei Zimmertemperatur wird gegen den Leerwert aus den Reagentien im photoelektrischen Colorimeter mit Filter S 36 gemessen. Da die Intensität des Farbkomplexes schwankt, ist es notwendig, alle Messungen in genau eingehaltenen Zeiten durchzuführen. Die untere bestimmbare Konzentration beträgt 3 γ/cm^3.

Im Vergleich stimmen die Arsenmolybdatmethode und die Bestimmung mit dem Phenolreagens nach FOLIN-CIOCALTEU mit den mikrobiologischen Testen nicht gut überein. Bessere Werte erzielt man mit der colorimetrischen Bestimmung mit m-Dinitrobenzol nach ZIMMERMANN.

***Fluorometrische Bestimmung von Aureomycin nach* LEVINE, GARLOCK *und* FISHBACH**[1].

Prinzip:

Aureomycin zeigt in alkalischer Lösung eine starke Fluorescenz, deren Intensität stark vom p_H-Wert der Lösung abhängig ist. Man muß daher in gut gepufferten Lösungen arbeiten. Die Geschwindigkeit der Fluorescenzbildung kann durch Temperaturerhöhung erheblich beschleunigt werden.

Reagentien:

1. Puffergemisch: 8 Vol. 20%ige K_2HPO_4-Lösung + 1 Vol. 20%ige KH_2PO_4-Lösung, p_H 7,6.
2. Standardfluorescenzlösung: 20 mg Chininsulfat (reinst) in 1000 cm^3 0,1 n H_2SO_4 lösen; von dieser Lösung 4 cm^3 mit 0,1 n H_2SO_4 auf 200 cm^3 verdünnen. Die Lösung ist im Dunkeln aufzubewahren.

Ausführung:

Zur Messung dient ein Photofluorometer (Coleman), das mit dem Filter B 1 für einfallendes Licht und B 2 für die emittierte Fluorescenz ausgestattet ist.

Die Fluorometerskala wird gegen die Chininsulfatlösung auf 35 Skalenteile eingestellt. Zu 10 cm^3 der Versuchslösung, die zwischen 2,5 und 10 γ Aureomycin enthalten soll, werden 2 cm^3 Puffergemisch gegeben. Man mischt gut durch und liest die Fluorescenz sofort ab. Dann erhitzt man 5 min im siedenden Wasserbad, läßt abkühlen und liest innerhalb von 60 min wieder ab. Aus der Differenz der beiden Werte erhält man durch Vergleich mit einer Eichkurve den gesuchten Aureomycingehalt.

Die Empfindlichkeit der Methode erlaubt noch die Bestimmung von 0,25 γ/cm^3.

***Fluorometrische Aureomycinbestimmung in Blut und Harn nach* SALTZMANN**[2].

Prinzip:

Zur Abtrennung von störenden Substanzen wird das Aureomycin an Silicagel adsorbiert, dieses mit Wasser und Äthanol gewaschen, anschließend das Aureomycin mit 5%igem Na_2CO_3 eluiert und die Konzentration fluorometrisch gemessen. Nach SANTI[3] wird das Aureomycin an Fuller-Erde adsorbiert und mit konz. Alkali eluiert.

Reagentien:

1. Silicagel; vor dem Gebrauch 3mal mit 3%iger Essigsäure, anschließend mit Wasser bis zur neutralen Reaktion waschen und auf dem Dampfbad trocknen.
2. Äthanol, abs.
3. Na_2CO_3-Lösung, 5%ig.

Ausführung:

Das Blut muß frisch entnommen werden und darf nicht hämolytisch sein. Das Silicagel wird 7 cm hoch in das Adsorptionsrohr (15 cm lang, 9 mm ⌀) gefüllt. Man nimmt 1 cm^3 Serum oder 0,1 cm^3 Harn, verdünnt mit 5 cm^3 Aqua dest. und gibt die Lösung auf das Silicagel. Nach dem Durchlaufen der Aureomycinlösung wird die Säule zunächst mit 15 cm^3 Aqua dest. ohne Saugen, dann mit 5 cm^3 Aqua dest. unter schwachem Saugen und zum

[1] LEVINE, J., E. A. GARLOCK and H. J. FISHBACH: J. amer. pharmaceut. Ass. **38**, 473 (1949).
[2] SALTZMANN, A.: J. Lab. clin. Med. **35**, 123 (1950).
[3] SANTI, R.: Atti Ist. veneto Sci., Cl. Sci. mat. natur. **108**, 123 (1950).

Schluß mit 35 cm³ abs. Alkohol gewaschen. Ist alle Waschflüssigkeit abgesaugt, wird das Aureomycin mit 5 mal 3 cm³ 5 %iger Na_2CO_3-Lösung, die auf 60° erwärmt ist, ohne Saugen eluiert. Man erhält etwa 13,5 cm³ Eluat, das auf Zimmertemperatur abgekühlt und bis zur Messung innerhalb von 2 Std im Dunkeln aufbewahrt wird.

Man macht zweckmäßig bei jedem Ansatz eine Leerbestimmung mit einem aureomycinfreien Serum bzw. Harn.

Die blaue Fluorescenz der Aureomycinlösung wird im Fluorophotometer (Lumetron) in üblicher Weise gemessen (Filter I 370 mμ, Filter II 460 mμ).

Die Empfindlichkeit der Methode beträgt 0,5 γ/cm³, ihre Genauigkeit ±5%.

SEED und WILSON[1] haben eine *verfeinerte fluorometrische Methode* ausgearbeitet und erreichen damit eine Empfindlichkeit, die unterhalb 0,25 γ/cm³ liegt. Das Antibioticum wird aus dem Serum an Silicagel adsorbiert, mit Alkohol eluiert und die gelbe Fluorescenz gemessen. Bestimmungen mit Standardlösungen müssen mit jedem Test mitlaufen. Nach SEED und WILSON stimmen die Ergebnisse gut mit den bakteriologischen Testen überein.

Polarographische Bestimmung[2]. In Phosphatpuffer von p_H 5,7 zeigt Aureomycin 2 Maxima. Für quantitative Bestimmungen geht man von Konzentrationen von 50 bis 100 γ/cm³ aus; Fehler ±1%. Der Puffer darf kein Borat enthalten.

***Titrimetrische Bestimmung von Aureomycin nach* SIDERI**[3].

Prinzip:

Aureomycin kann sowohl als Base als auch als Hydrochlorid durch Titration in eisessighaltigem Methanol mit Perchlorsäure in Dioxan bestimmt werden.

Reagentien:

1. 0,05 und 0,1 n Perchlorsäure in Dioxan, hergestellt nach KLECKNER und OSOL[4].
2. Kristallviolett, 0,1 %ig in Eisessig.
3. Quecksilber(II)-acetatlösung, 6 %ig in Eisessig.

Ausführung:

Die Aureomycinprobe wird bei 110° getrocknet; etwa 500 mg der wasserfreien Probe werden in 80 cm³ Eisessig unter Erwärmen gelöst. Nach dem Abkühlen wird mit Methanol auf 100 cm³ aufgefüllt und, je nach der zu erwartenden Aureomycinmenge in dem zu untersuchenden Material, mit 0,05 oder 0,1 n Perchlorsäure-Lösung titriert. Der Endpunkt der Titration wird entweder potentiometrisch oder durch den Farbumschlag nach Zugabe von 0,5 cm³ 0,1 %igem Kristallviolett bestimmt.

Liegt das Aureomycin als Hydrochlorid vor, so wird der Lösung in methanolischem Eisessig vor der Titration 10 cm³ 6 %ige Quecksilber(II)-acetat-Lösung zugesetzt.

Papierchromatographische Trennung von Aureomycin, Terramycin und Tetracyclin[5, 6].

Wegen der Ähnlichkeit der chemischen Struktur und der antibiotischen Wirksamkeit der Tetracycline ist die papierchromatographische Trennung zur Differenzierung und Identifizierung dieser Antibiotica allgemein üblich.

Reagentien:

1. Phosphatpuffer, p_H 3,0: 60,0 g KOH + 70 cm³ H_3PO_4 + Aqua dest. ad 1000 cm³.
2. Äthylacetat, wassergesättigt.

Ausführung:

Als stationäre Phase benutzt man mit Phosphatpuffer gesättigtes Whatman I-Papier, das nach dem Sättigen an der Luft getrocknet wird. Die Mischung der Antibiotica wird

[1] SEED, J. C., and E. C. WILSON: Science, N. Y. **110**, 707 (1949).
[2] DOSKOCIL, J., and M. VANDRACEK: Chem. Listy **46**, 564 (1952) [Chem. Abstr. **97**, 4947].
[3] SIDERI, C. N., and A. OSOL: J. amer. pharmaceut. Ass. **42**, 688 (1953).
[4] KLECKNER, L. J., and A. OSOL: J. amer. pharmaceut. Ass. **41**, 573 (1952).
[5] BIRD, H. L. jr., and C. T. PUGH: Antibiot. & Chemotherap. **4**, 750 (1954).
[6] BOHONOS, N., A. C. DORNBUSH, L. I. FELDMANN, J. H. MARTINI, E. PELCAK and J. H. WILLIAMS: Antibiot. Ann. **1953/54**. S. 49.

in der üblichen Weise mit einer Mikropipette aufgetragen (etwa 0,2—0,5 γ Substanz). Das Chromatogramm wird absteigend mit wassergesättigtem Äthylacetat entwickelt. Laufzeit: 20 Std. Danach wird der Streifen zur Neutralisation des sauren Puffers 5—10 sec in ein Gefäß mit einer konz. Ammoniak-Atmosphäre gebracht.

Die Bestimmung der Lage der einzelnen Antibiotica geschieht nach der Methode von PETERSON und REINICKE[1] bzw. GOODALL und LEVY[2] durch biologischen Test:

Das Nährmedium, Bacto-Hefe-Agar, p_H 6, wird mit einer Sporensuspension von Bac. subtilis beimpft. Auf die damit gegossenen Platten wird der feuchte Chromatogrammstreifen etwa 10 min lang zur Diffusion der Antibiotica in den Agar fest aufgelegt; die Auftragstelle der Antibiotica auf dem Streifen muß an der Platte markiert werden. Nach Entfernen des Streifens von der Platte wird diese 16 Std bei 37° bebrütet, dann werden aus der Lage der Hemmzonen die Antibiotica identifiziert. Von den 3 Antibiotica hat Tetracyclin die größte Wanderungsgeschwindigkeit, dann folgen Terramycin und Aureomycin.

Zur Identifizierung von Aureomycin und Terramycin in Papierchromatogrammen wird von SOKOLSKI und Mitarbeitern[3] eine Farbreaktion angegeben: Das Chromatogramm wird mit 2%igem p-Dimethylaminobenzaldehyd in 1,2 n HCl besprüht. Nach 5—8 Std bei Zimmertemperatur werden die schmutziggelben Flecke von Aureomycin und blaugrünen Flecke von Terramycin an den entsprechenden Stellen sichtbar.

Mit dieser Farbreaktion sind 5 γ des betreffenden Antibioticums zu erfassen.

Trennung von Aureomycin, Terramycin und Tetracyclin mittels Gegenstromverteilung[4].

Mit dem Verteilungssystem Chloroform/McILVAIN-Puffer vom p_H 6 wurde eine bessere Trennung erreicht als mit anderen Systemen.

Reagentien:

1. Chloroform, p. A.
2. McILVAIN-Puffer: 4,54 cm³ 0,2 m Na_2HPO_4 + 5,46 cm³ 2,25%ige Citronensäure, p_H 4,5.

Ausführung:

Der Verteilungsapparat (50 Stufen) wird in üblicher Weise zunächst mit Chloroform gefüllt, anschließend gibt man in die ersten 6 Röhrchen McILVAIN-Puffer und in das erste Röhrchen die Antibioticaprobe in Puffer. Der Apparat wird $2^1/_2$ min mit etwa 30 Schüttlungen je min geschüttelt; man läßt absetzen. Nach jeder Weiterführung des Gemisches wird in das erste Röhrchen Puffer nachgefüllt. Nach Durchführung des Versuches haben die einzelnen Antibiotica ihre Maxima in den folgenden Röhrchen:

Aureomycin 27,
Terramycin 42,
Tetracyclin 38.

Aureothricin

aus Streptomyces celluoloflavus[5] ist chemisch und biologisch mit einer 1948 bereits von UMEZAWA[6] aus Streptomyces lipmanii isolierten antibiotischen Substanz identisch.

Biologische Eigenschaften. Aureothricin ist sowohl gegenüber grampositiven und gramnegativen Bakterien als auch gegenüber Mycobact. tuberculosis und einzelnen Fungi wirksam.

Chemische Eigenschaften. Gelbe Kristalle vom F 256—267°; Summenformel $C_9H_{10}N_2O_2S_2$[5]. Es enthält Schwefel, aber kein Halogen, ist leicht löslich in Äthylacetat,

[1] PETERSON, D. H., and L. M. REINEKE: Am. Soc. 72, 3598 (1950).
[2] GOODALL, R. R., and A. A. LEVY: Analyst 72, 277 (1947).
[3] SOKOLSKI, W. T., H. KOFFLER and P. A. TRETAULT: Arch. Biochem. 43, 236 (1953).
[4] MISTRETTA, A. G., and P. P. MINIERI: Antibiot. & Chemotherap. 6, 13 (1956).
[5] NISHIMURA, H., T. KIMURA and M. KUROYA: J. Antibiot., Tokyo (A) 6, 57 (1953).
[6] UMEZAWA, H., K. MAEDA and H. KOSAKA: J. Antibiot., Tokyo (A) 2, 107 (1949).

Butylacetat, Aceton, Benzol, Äther und Alkohol, unlöslich in Wasser. Nach CELMER und Mitarbeitern[1] ist Aureothricin folgende Strukturformel zuzuschreiben:

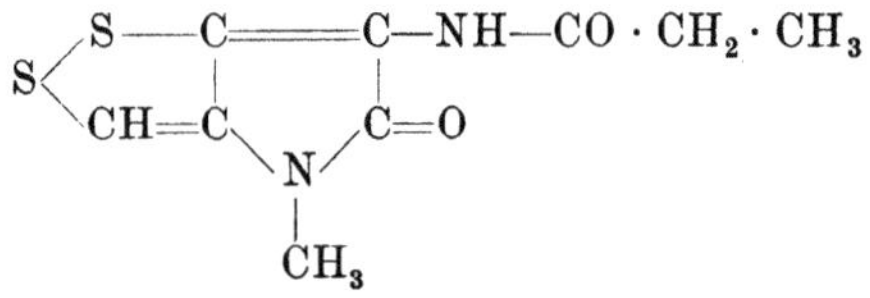

Aureolsäure.

Die Aureolsäure wird aus dem Kulturmedium eines nicht identifizierten Streptomycesstammes gewonnen[2]. Sie ist wirksam gegen grampositive Bakterien und einzelne Protozoenarten. Wegen ihrer Toxicität ist sie therapeutisch nicht verwertbar.

Chemische Eigenschaften. Gelbe Kristalle mit schwach sauren Eigenschaften, F 235°, $[\alpha]_D^{25} = +68°$. Sie enthält weder Stickstoff noch Schwefel oder Halogen; gut löslich in niederen Alkoholen und Aceton, schwach in Wasser, Äthylacetat und Äther. Die Summenformel ihres Magnesiumsalzes ist: $(C_{56-60}H_{96-100}O_{29-31})_2\,Mg$[3].

Bacitracin

wurde von JOHNSON, ANKER und MELENEY[4] aus dem Medium eines Stammes Bacillus subtilis Tracy I dargestellt. Die antibiotische Wirksamkeit ähnelt der von Penicillin[5].

Chemische Eigenschaften[6]. Löslich in H_2O, Methanol, Äthanol, Isopropylalkohol, n-Butanol und Cyclohexanol; weniger in Cyclohexanon, unlöslich in Aceton, Benzol, Chloroform, Äther und Essigester. Nach den Untersuchungen von BARRY, GREGORY und CRAIG[7] ist Bacitracin ein Polypeptid. Aus 100 g Bacitracin gelang es, 11 g Phenylalanin, 9 g Leucin, 22 g Isoleucin, 10 g Glutaminsäure, 17 g Asparaginsäure, 9 g Lysin, 10 g Histidin und 18 g Cystin zu gewinnen[8].

Die Gegenstromverteilung von Rohbacitracin in dem System Butanol/Eisessig über 220 Stufen führte zur Isolierung einer Hauptfraktion, Bacitracin A[9] und geringer Mengen von 4 Nebenfraktionen, Bacitracin B, C, D, E[10].

Das von NEWTON und ABRAHAM[11] isolierte Ayfivin scheint nach CRAIG mit Bacitracin B identisch zu sein.

Die wäßrigen Lösungen von Bacitracin sind nur bei 0°, p_H 5—7 stabil.

Biologische Bestimmungsmethoden. Das Wirkungsspektrum bzw. die Aktivität von Bacitracin in der Kulturflüssigkeit wird entweder nach der Zylindermethode oder mittels der turbidimetrischen Methode bestimmt; Testorganismus ist Micrococcus flavus[12, 13]. Die antibiotische Wirksamkeit von Bacitracin wird in Einheiten angegeben. 1 Einheit entspricht 26 γ Bacitracin.

Chemische Bestimmungsmethoden.

Qualitative Methoden.

Qualitativ kann Bacitracin colorimetrisch mit Ninhydrin oder mittels einer modifizierten Biuretreaktion nachgewiesen werden.

---

[1] CELMER, W. D., and I. A. SALOMONS: Am. Soc. **77**, 2861 (1955).
[2] GRUNDY, W. E., A. W. GOLDSTEIN, C. J. RICKHER, M. E. HANES, H. B. VARREN jr. and J. C. SYLVESTER: Antibiot. & Chemotherap. **3**, 1215 (1953).
[3] PHILIP, J. E., and J. R. SCHENCK: Antibiot. & Chemotherap. **3**, 1218 (1953).
[4] JOHNSON, B. A., H. ANKER and F. L. MELENEY: Science, N. Y. **102**, 623 (1945).
[5] GOCKE, T. H., C. WILCOX and M. FINLAND: Amer. J. Syph. **34**, 265 (1950).
[6] PORATH, J.: Acta chem. Scand. **6**, 1235 (1952).
[7] BARRY, G. T., J. D. GREGORY and L. C. CRAIG: J. biol. Ch. **175**, 485 (1948).
[8] MOORE, S., and W. H. STEIN; in: FLOREY, H. W. u. a.: Antibiotics. Bd. II, S. 1538. London 1949.
[9] CRAIG, L. C., C. LYMAN, W. HAUSMANN and J. R. WEISINGER: J. biol. Ch. **200**, 765 (1953).
[10] CRAIG, L. C., J. R. WEISIGER, W. HAUSMANN and E. J. HARFENIST: J. biol. Ch. **199**, 259 (1952).
[11] NEWTON, G. G. F., and E. P. ABRAHAM: Biochem. J. **47**, 257 (1950).
[12] HADFIELD, A. S.: Antibiot. & Chemotherap. **2**, 590 (1952).
[13] EAGLE, H., M. LEVY and R. FLEISHMAN: Antibiot. & Chemotherap. **2**, 563 (1952).

Ninhydrinreaktion[1]. Beim Versetzen der wäßrigen Lösung von Bacitracin mit 1 cm³ Ninhydrinreagens (0,2 % Ninhydrin in n-Butanol) und 0,5 cm³ Pyridin und anschließenden 5 min langen Erhitzen im Wasserbad färbt sich die Lösung purpurrot.

Die gleiche Reaktion zeigen Polymyxin B, Thyrothricin, Neomycin und Viomycin.

Modifizierte Biuretreaktion[1]. Etwa 20 mg Bacitracin werden in 1 cm³ Methanol gelöst, 2 cm³ 2 n NaOH, 1—5 Tropfen 1 %ige $CuSO_4 \cdot 5\ H_2O$-Lösung hinzugefügt und das Ganze mit 2 cm³ Butanol extrahiert. Im Falle von Bacitracin ist die wäßrige Phase rosagefärbt. Die gleiche Reaktion zeigt Viomycin, während bei Anwesenheit von Chloromycetin die butanolische Phase blau und bei Anwesenheit von Polymyxin B, Gramicidin oder Thyrothricin rosa gefärbt ist.

Papierchromatographische Trennung eines Gemisches von Bacitracin, Polymyxin B und Ephenamin-Penicillin[1].

Reagentien:

1. Methanol, 75 %ig.
2. Lösungsmittelgemisch: 25 cm³ Propanol/Wasser (3:1) + 5 cm³ Benzol + 1,5 cm³ Äthylenglykol + 1 cm³ Eisessig.
3. Ninhydrin, 1 %ig in wassergesättigtem Butanol.

Ausführung:

Man arbeitet aufsteigend mit Whatman I-Papier. Die zu bestimmenden Proben werden in 75 %igem Methanol gelöst, etwa 2 mg/cm³, auf das Papier aufgetragen und mit dem angegebenen Lösungsmittelgemisch das Chromatogramm entwickelt. Anschließend wird das getrocknete Papier mit 1 %iger Ninhydrinlösung besprüht und in einen Trockenschrank von 100° zur Entwicklung der Farbintensität gebracht.

Polymyxin B liegt bei R_F 0,25—0,3, Bacitracin bei R_F 0,5—0,6, Ephenamin-Penicillin bei R_F 0,7—0,8.

Brevin.

Nach Untersuchungen von BARNES und NEWTON[2] wird von verschiedenen Stämmen von Bac. brevis neben Gramicidin und Tyrocidin eine dritte antibiotische Substanz — Brevin — gebildet. Es wirkt hemmend auf das Wachstum grampositiver Stäbchenbakterien, einschließlich Mycobact. tuberculosis.

Chemische Eigenschaften[2]. Brevin ist in Wasser und verdünnten Alkalien löslich, in Äthanol und verdünnten Säuren unlöslich. Die Untersuchungen haben gezeigt, daß es ähnlich wie Tyrothricin ein Polypeptid ist. Bei der Säurehydrolyse mit konz. HCl-Eisessig (1:1) wurde es in eine unbekannte basische Substanz mit positiver Ninhydrinreaktion und mehrere Aminosäuren gespalten. Papierchromatographisch konnten folgende Aminosäuren nachgewiesen werden: Asparaginsäure, Tyrosin, Serin, Glycin. Die basische Substanz konnte später weiter zerlegt werden in: Ornithin, Lysin, Histidin, Arginin, α,γ-Diaminobuttersäure, α,β-Diaminopropionsäure, Glucosamin und Äthanolamin. Das Absorptionsspektrum im UV-Licht unterscheidet sich von demjenigen von Gramicidin und Tyrothricin.

Bryamycin.

Ein kristallines Antibioticum mit Polypeptidstruktur wurde von CRON und Mitarbeitern[3] aus der Kulturflüssigkeit von Streptomyces hawaiiensis isoliert. Es hemmt besonders das Wachstum von grampositiven Bakterien.

Chemische Eigenschaften[3]. Bryamycin ist in Pyridin, Eisessig, 2-Methyl-tetrahydropyran und Tetrahydrofuran gut löslich, weniger in Chloroform, Äthylenglykol-monomethyläther, Dioxan und 2 n HCl. In Wasser, Äthanol, Aceton, Benzol, Äthylacetat und Dimethoxyäthan ist es unlöslich. F 226—235° (Zers.); Mol.-Gew. 1600; im UV-Licht zeigt

[1] FISHBACH, H., and J. LEVINE: Antibiot. & Chemotherap. 3, 1159 (1953).
[2] BARNES, E. M., and G. G. F. NEWTON: Antibiot. & Chemotherap. 3, 866 (1953).
[3] CRON, M. J., D. F. WHITEHEAD, I. R. HOOPER, B. HEINEMANN and J. LENI: Antibiot. & Chemotherap. 6, 63 (1956).

es ein schwaches Maximum bei 310 mμ. Erhitzen mit 20%iger Salzsäure führt zu ninhydrinpositiven Hydrolysaten, in welchen papierchromatographisch Glycin, D-Alanin, Threonin, Cystin, Isoleucin und andere nicht identifizierte, ninhydrinpositive Substanzen nachgewiesen wurden.

Candidin.

Von Streptomyces viridoflavus wird ein gelbes, in wäßriger Lösung sauer reagierendes Antibioticum gebildet, das in vitro hemmend auf das Wachstum von Candida albicans, Blastomyces dermatitides, Sporotrichium Schenckii und verschiedene Dermatophyten wirkt[1]. Die Substanz ähnelt Candicidin[2] und Trichomycin[3-5], unterscheidet sich aber von diesen in seiner biologischen Wirksamkeit, in dem UV-Spektrum und in den Ergebnissen der Gegenstromverteilung.

Chemische Eigenschaften[1]. Candidin ist löslich in Wasser und verdünnten Alkalien, Alkohol, Methanol, Eisessig, Pyridin; es ist unlöslich in Säuren, Äther, Chloroform, Aceton und Benzol. Die Konstitution ist noch nicht bekannt; die Entfärbung von $KMnO_4$- und Bromlösung zeugt von dem ungesättigten Charakter der Verbindung. Mit Semicarbazid und 2,4-Dinitrophenylhydrazin wurde das Vorhandensein von Ketogruppen im Molekül nachgewiesen.

Das *UV-Absorptionsspektrum* zeigt Maxima bei 234, 282, 345, 360, 383 und 405 mμ.

Carbomycin s. Magnamycin.

Cardicin.

Aus der Kulturlösung von 3 verschiedenen Nocardiastämmen wurde Cardicin, ein Antibioticum mit antimikrobiellen und virushemmenden Eigenschaften, von MACHLOWITZ und Mitarbeitern[6] isoliert.

Chemische Eigenschaften. Als freie Säure ist es in Methanol, Äthanol und großen Mengen wasserhaltigen Butanols löslich, in Wasser, Äther und Aceton unlöslich. Das Na-Salz ist in Wasser, Methanol, Äthanol und großen Mengen wasserhaltigen Butanols löslich, in Äther und wasserfreiem Butanol unlöslich. Cardicin ist weitgehend temperatur- und p_H-stabil; bei 5° C ist es unbegrenzt haltbar.

Wegen seiner großen Toxicität kann es therapeutisch nicht angewandt werden.

Chartreusin

wird von Streptomyces chartreusis gebildet und ist gegen grampositive Keime wirksam[7,8].

Chemische Eigenschaften. Chartreusin kristallisiert aus dem konzentrierten Kulturfiltrat in grün-gelben Kristallen aus. Auf Grund der Elementaranalyse und von Molekulargewichtsbestimmungen hat es die folgende Summenformel: $C_{18}H_{18}O_8 \cdot 2\,H_2O$. Bei Zimmertemperatur ist es zwischen p_H 2—10 mehrere Stunden stabil; bei längerem Erhitzen verliert es seine antibiotische Wirksamkeit.

---

[1] TABER, W. A., L. C. VINING and S. A. WAKSMAN: Antibiot. & Chemotherap. **4**, 455 (1954).
[2] LECHEVALIER, H. A., R. F. ACKER, C. T. CORKE, S. A. WAKSMAN and C. M. HAENSELER: Mycologia, Lancaster **45**, 155 (1953).
[3] HOSOYA, S., N. KOMATSU, M. SOEDA, T. YAMAGUCHI and Y. SONODA: J. Antibiot., Tokyo **5**, 564 (1952).
[4] HOSOYA, S., M. SOEDA, N. KOMATSU, K. OKADA and S. WATANABE: J. Antibiot., Tokyo (A) **6**, 92 (1953).
[5] HOSOYA, S., M. SOEDA, K. OKADA, S. WATANABE and N. KOMATSU: J. Antibiot., Tokyo (A) **6**, 98 (1953).
[6] MACHLOWITZ, R. A., J. CHARNEY, O. GIPSON, W. P. FISHER, W. S. ROBERTS and J. N. ASHESHOV: Antibiot. & Chemotherap. **3**, 966 (1953).
[7] LEACH, B. E., K. M. CALHOUN, L. J. JOHNSON, C. M. TEETERS and W. G. JACKSON: Am. Soc. **75**, 4011 (1953).
[8] CALHOUN, K. M., and L. E. JOHNSON: Antibiot. & Chemotherap. **6**, 294 (1956).

Auf Grund des Absorptionsspektrums kann man annehmen, daß es sich um ein substituiertes 1,2-Naphthochinon handelt.

Chloromycetin (Chloramphenicol).

BURGHOLDER isolierte aus einer Bodenprobe Venezuelas einen Streptomycesstamm, aus dessen Kulturmedium eine antibiotisch aktive Substanz, das Chloromycetin, dargestellt werden konnte (EHRLICH, BARTZ, SMITH, JOSLYN und BURGHOLDER[1]).

Gewinnung. Der Pilz wächst in submersen Kulturen[2]. Der Wirkstoff wird aus dem angesäuerten Kulturmedium mit Äthylacetat extrahiert, das Lösungsmittel im Vakuum abdestilliert, der Rückstand in Äther aufgenommen und durch Chromatographieren an Aluminiumoxyd gereinigt. Nach Elution mit Wasser wird bis zur Kristallisation eingeengt (synthetische Darstellung s. unten).

Biologische Eigenschaften. Chloromycetin gehört zu den Antibiotica mit dem breitesten Wirkungsspektrum. Es ist besonders gut wirksam gegen gramnegative Erreger, aber auch gegen grampositive, Rickettsien und einzelne Viren. Seine Toxicität ist relativ gering. 150 mg/kg werden vom Menschen p. o. ohne Schaden vertragen. Als Nebenerscheinungen wichtig sind Schädigungen der Blutbildung bis zur Panmyelophthise[3, 4]. Die Standardisierung von Chloromycetin erfolgt auf Gewichtsbasis.

Chemische Eigenschaften[1, 5, 6]. Chloromycetin ist eine neutrale Verbindung, die sowohl Chlor als auch Stickstoff im Molekül enthält. Es kristallisiert aus Methylenchlorid, Dichloräthylen oder Äther/Petroläther in farblosen Nadeln oder länglichen Platten vom F 149,7—150,7°; $[\alpha]_D^{25} = -25{,}5°$ (Essigester), $= +18°$ (Äthanol).

Es ist leicht löslich in Methanol, Äthanol, Butanol, Propylenglykol und Aceton, wenig löslich in Wasser und unlöslich in Benzol und Petroläther.

Im UV-Licht hat es ein charakteristisches Absorptionsmaximum bei 278 mμ.

Bei Zimmertemperatur ist es in dem Bereich p_H 2—9 mindestens 24 Std stabil.

Bei alkalischer und saurer Hydrolyse zerfällt es in Dichloressigsäure und eine optisch aktive Base $C_9H_{12}O_4N_2$, die beim Behandeln mit Perjodsäure oxydativ in p-Nitrobenzaldehyd, Formaldehyd und Ammoniak aufgespalten wird.

CROOKS und REBSTOCK[5] erforschten seine chemische Struktur als D-(—)-threo-1-(p-Nitrophenyl)-2-dichlor-acetamido-1,3-propandiol und krönten ihre Arbeit mit der Synthese desselben[7, 8].

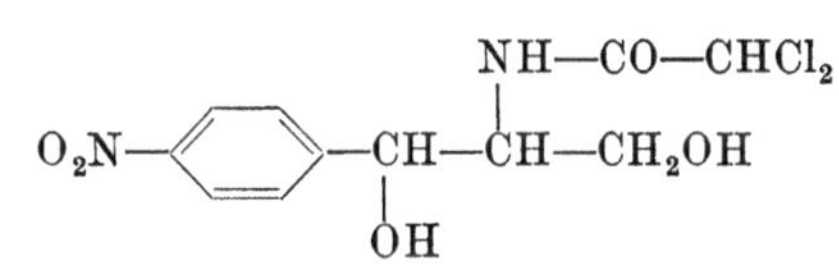

Chloromycetin ist das erste Antibioticum, bei dem die synthetische Darstellung neben der mikrobiellen Gewinnung technische Bedeutung gewonnen hat.

Die technische Synthese geht vom p-Nitrobromacetophenon und Hexamethylentetramin aus und führt über 10 Stufen zur Bildung von Chloromycetin[8–16].

---

[1] EHRLICH, J., Q. R. BARTZ, R. M. SMITH, D. A. JOSLYN and P. R. BURGHOLDER: Science, N. Y. **106**, 417 (1947).
[2] SMITH, R. M., D. A. JOSLYN, O. M. GRUHZIT, L. W. MCLEAN jr., M. A. PENNER and J. EHRLICH: J. Bacteriology **55**, 425 (1948).
[3] PAYNE, E. H., J. A. KNAUDT and S. PALACIOS: J. trop. Med. Hyg. **51**, 68 (1948).
[4] SMADEL, J. E., T. E. WOODWARD, H. L. LEY, C. B. PHILIP, R. TRAUB, R. LEWTHWAITE and S. R. SAVOOR: Science, N. Y. **108**, 160 (1948).
[5] REBSTOCK, M. C., H. M. CROOKS, J. CONTROULIS and Q. R. BARTZ: Am. Soc. **71**, 2458 (1949).
[6] BARTZ, Q. R.: J. biol. Ch. **172**, 445 (1948).
[7] CONTROULIS, J., M. C. REBSTOCK and H. M. CROOKS: Am. Soc. **71**, 2463 (1949).
[8] REBSTOCK, M. C., and E. L. PFEIFFER: Am. Soc. **74**, 3207 (1952).
[9] LONG, L. M., and H. D. TROUTMAN: Am. Soc. **71**, 2473 (1949).
[10] LONG, L. M., and H. D. TROUTMAN: Am. Soc. **71**, 2469 (1949).
[11] LONG, L. M., and H. D. TROUTMAN: Am. Soc. **73**, 542 (1951).
[12] OLIVE, T. R.: Chem. Engng. **56**, 107, 172 (1949).
[13] MOERSCH, G. W., M. C. REBSTOCK, A. C. MOORE and D. P. HYLANDER: Am. Soc. **74**, 565 (1952).
[14] MOERSCH, G. W., and D. P. HYLANDER: Am. Soc. **76**, 1705 (1954).
[15] Farmaceutici Italia: EP 760 933 v. 18. 9. 53/7. 11. 56.
[16] EHRHARDT, G., W. SIEDEL u. H. NAHM: B. **90**, 2088 (1957).

Biologische Bestimmungsmethoden. Der mikrobiologische Chloromycetinnachweis wird nach einem der üblichen Verfahren, Agardiffusionsmethode oder Reihenverdünnungstest, durchgeführt und bietet keine Schwierigkeiten. Nach WHITLOCK und Mitarbeitern[1] bestimmt man den Chloromycetingehalt von Blut, Liquor oder anderen Körperflüssigkeiten turbidimetrisch; Mengen von 1 γ/cm^3 können mit dieser Methode erfaßt werden. Als Testorganismus wird Klebsiella pneumoniae verwandt.

Chemische Bestimmungsmethoden.

Colorimetrische Methoden. Zum quantitativen chemischen Nachweis eignet sich in besonderem Maße die in Parastellung zur Propandiolgruppe am Benzolring stehende Nitrogruppe, die zur Aminogruppe reduziert, diazotiert und zum Azofarbstoff gekuppelt wird.

Nach GLAZKO und Mitarbeitern[2] wird die Nitrogruppe mit Titan(II)-chlorid zur Aminogruppe reduziert. Die Kupplung dieser Aminogruppe mit N-(1-Naphthyl)-äthylendiamin-dihydrochlorid zum Azofarbstoff geschieht in Analogie der zur Bestimmung von Sulfonamiden verwandten Arbeitsweise.

***Bestimmung von Chloromycetin nach* BESSMANN *und* STEPHENS[3].**

Reagentien:

1. 0,3 n $Ba(OH)_2$ zum Einstellen der Zinksulfatlösung.
2. $ZnSO_4$-Lösung, 5%ig (5 cm^3 $ZnSO_4$-Lösung müssen von 4,7—4,8 cm^3 $Ba(OH)_2$-Lösung neutralisiert werden).
3. HCl, verdünnt: 70 cm^3 konz. HCl + 30 cm^3 H_2O.
4. $SnCl_2$-Lösung: 0,8 g $SnCl_2$ je 100 cm^3 verdünnte HCl; (jede Woche frisch ansetzen.)
5. $NaNO_2$-Lösung, 1%ig (jede Woche frisch ansetzen und im Eisschrank aufbewahren).
6. Amidosulfonsäure-Lösung: 0,5 g amidosulfonsaures Ammonium + 27,6 g NaH_2PO_4 je 100 cm^3 H_2O.
7. Kupplungsreagens: 0,2 g N-(1-Naphthyl)-äthylendiamin-dihydrochlorid je 100 cm^3 H_2O (in brauner Flasche im Eisschrank aufbewahren).
8. Chloromycetin-Standardlösung: 100 mg Chloromycetin je 100 cm^3 H_2O.

Ausführung:

1 cm^3 Serum wird mit 5 cm^3 H_2O und 2 cm^3 $Ba(OH)_2$-Lösung versetzt, gut gemischt und darauf 2 cm^3 $ZnSO_4$-Lösung zugesetzt. Nach einigen Minuten wird die Lösung 10 min zentrifugiert.

Je 2 cm^3 des klaren Zentrifugats werden in 2 Reagensgläser (T und L) gegeben. In das Röhrchen mit der Testprobe T gibt man 0,5 cm^3 Zinn(II)-chloridlösung, in das Röhrchen für den Leerwert L statt des Zinn(II)-chlorids 0,5 cm^3 verdünnte HCl. Beide Röhrchen werden 20 min in ein siedendes Wasserbad gestellt und danach schnell auf 5° abgekühlt. Anschließend wird in jedes Röhrchen 0,5 cm^3 $NaNO_2$-Lösung gegeben, 2 min stehen gelassen, dann 2 cm^3 amidosulfonsaures Ammonium zur Zerstörung von überschüssiger salpetriger Säure und 3 min darauf 0,5 cm^3 des Kupplungsreagens. Die Lösungen werden mit Wasser auf 6 cm^3 aufgefüllt und nach 20 min die Farbintensität bei 555 mμ gegen den Leerwert gemessen.

Zur Aufstellung der Eichkurve wird die Standardlösung 1:100 verdünnt, mit dieser verdünnten Lösung eine Verdünnungsreihe aufgestellt und mit je 2 cm^3 jeder Verdünnung die Reaktion durchgeführt.

Die Methode ist dem biologischen Test überlegen. Sie arbeitet innerhalb der Grenze von 5—10 γ Chloromycetin je cm^3 mit einer Genauigkeit von $\pm$ 2,5%; sie ist 4mal so genau wie die Methode von GLAZKO und Mitarbeitern.

[1] WHITLOCK, C. M. jr., A. D. HUNT jr. and S. G. TASHMAN: J. Lab. clin. Med. **37**, 155 (1951).
[2] GLAZKO, A. J., L. N. WOLF and W. A. DILL: Arch. Biochem. **23**, 411 (1949).
[3] BESSMANN, S. P., and S. STEPHENS: J. Lab. clin. Med. **35**, 129 (1950).

***Chloromycetin-Bestimmung mittels des* Tsuda-*Reagens nach* Oda *und* Hirano**[1].

Reagentien:

1. n HCl.
2. $NaNO_2$, 0,2%ig, wäßrige Lösung.
3. Zinkstaub.
4. Harnstoff-Lösung, 25%ig.
5. Tsuda-Reagens, 0,2%ig [1-(β-Diäthylaminoäthylamino)-naphthalin].
6. Chloromycetin-Standardlösung von 150 γ/cm³.

Ausführung:

Zu 1 cm³ Chloromycetin-Lösung von 20—100 γ/cm³ gibt man 4 cm³ n HCl sowie etwa 50 mg Zinkstaub und hält die Lösung 30 min auf 100°. Nach dem Abkühlen entnimmt man der Lösung 4 cm³ und diazotiert diese bei 5° innerhalb von 3 min mit 3 Tropfen $NaNO_2$-Lösung. Den Überschuß an HNO_2 zerstört man nach 5 min mit 6 Tropfen Harnstofflösung und kuppelt mit 3 Tropfen Tsuda-Reagens. Zur Entwicklung der Farbe bringt man die Lösung für 20—30 min in ein Wasserbad von etwa 70° und mißt die Farbintensität in einem photoelektrischen Colorimeter gegen den Leerwert der Reagentien mit Filter 53. Der Fehler der Methode beträgt ±5%.

Mit Standardlösungen von 10, 25, 50, 75, 100 und 150 γ/cm³ wird eine Eichkurve aufgestellt, aus der die Konzentrationen unbekannter Lösungen abgelesen werden können.

***Chloromycetin-Bestimmung mit 3,5-Dinitrosalicylsäure nach* Arora *und* Murti**[2].

Prinzip:

Chloromycetinlösungen geben beim Behandeln mit 3,5-Dinitrosalicylsäure eine charakteristische rotbraune Färbung, deren Intensität photometrisch gemessen werden kann.

Reagens:

1 g 3,5-Dinitrosalicylsäure + 30 g Kalium-natriumtartrat + 20 cm³ 2 n NaOH werden mit dest. Wasser auf 100 cm³ aufgefüllt und unter Erwärmen auf dem Wasserbad gelöst; nach dem Erkalten wird die Lösung filtriert und kann sofort benutzt werden.

Ausführung:

2 cm³ Chloromycetinlösung mit 0,5—30 γ je 2 cm³ werden mit 2 cm³ Reagenslösung 10 min im Wasserbad erwärmt. Nach dem Erkalten wird auf 10 cm³ aufgefüllt und die Farbintensität der Lösung bei 530 mμ gegen einen Leerwert aus dem ebenso behandelten Farbreagens mit Wasser im photoelektrischen Colorimeter abgelesen.

***Chloromycetin-Bestimmung in Gegenwart von Sulfonamiden nach* Robbes *und* Unzueta**[3].

Reagentien:

1. Äthanol.
2. Amylalkohol.
3. Natrium, metallisch.
4. HNO_3.
5. 0,1 n $AgNO_3$-Lösung.

Ausführung:

Etwa 100 mg Testsubstanz werden mit 5 cm³ Äthanol und 15 cm³ Amylalkohol unter Rückfluß zum Sieden erhitzt. Beim Beginn des Siedens fügt man im Laufe von 15 min 1,5—2 g Natrium hinzu und läßt die Lösung 30 min kochen. Nach dem Abkühlen werden durch den Kühler vorsichtig 10 cm³ H_2O in die Lösung gegeben und dieselbe mit 2 mal 5 cm³ HNO_3 (1:1) extrahiert. Die wäßrige Phase wird abdekantiert und der alkoholische Anteil noch zweimal mit je 5 cm³ H_2O extrahiert. Zu den gesammelten wäßrigen Extrakten gibt man einen Überschuß von 0,1 n $AgNO_3$; der Überschuß wird nach Volhard zerstört. Die Extinktion wird bei 276 mμ photometrisch bestimmt.

Nach dieser Methode können Mengen von 10—50 γ/cm³ bestimmt werden.

[1] Oda, M., and M. Hirano: J. pharmaceut. Soc. Japan **71**, 51 (1951).
[2] Arora, K. L., and K. Murti: Curr. Sci., Bangalore **21**, 52 (1952).
[3] Robbes, G. G., u. L. R. Unzueta: Bol. Soc. quím. Peru **18**, 6 (1952).

Nachweis von Chloromycetin mit Sulfanilsäure-diazoniumchlorid in Gegenwart von Procainpenicillin [1].

1. Die wäßrige Lösung der Antibiotica, etwa 2 cm^3, wird mit einigen Tropfen konz. HCl angesäuert und mit etwa 2 Tropfen 5%iger Sulfanilsäurelösung versetzt. Nach dem Umschütteln fügt man eine kleine Menge N-(1-Naphthyl)-äthylendiamin-dihydrochlorid hinzu. Eine tiefrote Farbe zeigt die Gegenwart der Procainsalze an.

2. Zu der wäßrigen Lösung der zu prüfenden Antibiotica (2 cm^3) fügt man 2 Tropfen 2 n NaOH und etwa 25 mg Natriumhydrosulfit. Nach 10 min gibt man zu der Lösung 0,5 cm^3 5%ige Natriumnitritlösung und 5—10 Tropfen konz. HCl und nach kurzem Stehen 1 cm^3 Sulfanilsäurelösung (5%) und wenig N-(1-Naphthyl)-äthylendiamin-dihydrochlorid (tiefrote Farbe).

Bei negativem Ausfall von 1, aber positivem von 2 ist die Anwesenheit von Chloromycetin angezeigt. Bei positivem Ausfall von 1 prüft man auf die Anwesenheit von Chloromycetin neben Procainpenicillin wie folgt: Man führt die Farbreaktion wie bei 1 durch. Anschließend extrahiert man die Farblösung mit 5 cm^3 Essigester. Mit 1 cm^3 dieses Extraktes wird nochmals die Farbreaktion durchgeführt, um festzustellen, ob alles Procainpenicillin entfernt worden ist. Bei negativem Ausfall dieser Probe wird der restliche Äthylacetatextrakt nach 2 auf Chloromycetin geprüft.

Colorimetrische Bestimmung von Chloromycetin in wäßriger Lösung nach DÖLL [2].

Die Methode beruht auf der Bildung des gelb gefärbten Na-Salzes von p-Nitrophenol bei der Behandlung von Chloromycetin mit starker Natronlauge. Die Farbintensität ist von der Chloromycetinkonzentration abhängig und gehorcht dem LAMBERT-BEERschen Gesetz innerhalb der Grenzen von 2—50 γ/cm^3. Diese Mengen entsprechen etwa den therapeutisch im Blut erreichten Konzentrationen.

Reagentien:

1. Chloromycetin-Standardlösung mit 50 γ/cm^3.
2. NaOH, 40%ig.

Ausführung:

1 cm^3 der zu bestimmenden Chloromycetinlösung wird mit 4 cm^3 NaOH versetzt und in der Bunsenflamme bis zum Kochen erhitzt. Dabei entsteht die Gelbfärbung. Eine Vergleichslösung mit Aqua dest. wird genauso behandelt. Nach dem Abkühlen auf Zimmertemperatur wird die Intensität der Färbung in einem photoelektrischen Colorimeter bei 420 mμ abgelesen.

Mit verschiedenen Verdünnungen der Standardlösung von 2—50 γ/cm^3 wird eine Eichkurve aufgestellt, aus der die Konzentration einer unbekannten Lösung abgelesen werden kann.

Spektrophotometrische Bestimmung von Chloromycetin nach GROVE ***und*** RANDALL [3, 4].

Man stellt sich Verdünnungen von 5, 10, 15 und 20 γ/cm^3 von einer Chloromycetin-Stammlösung her und mißt die Absorption der Lösungen im UV-Spektrophotometer bei 278 mμ gegen einen Blindwert aus Aqua dest.

Die Konzentration einer unbekannten Lösung wird aus der mit den Standardlösungen erhaltenen Eichkurve abgelesen.

Trennung von Chloromycetin und seinen Abbauprodukten nach GLAZKO ***und Mitarbeitern*** [5].

Von GLAZKO und Mitarbeitern wurde festgestellt, daß im Urin inaktive Chloromycetin-Stoffwechselprodukte enthalten sind, deren Menge bis zu 10mal größer sein kann als die des aktiven Materials. Da die colorimetrische Bestimmung aber das gesamte ausgeschie-

[1] FISHBACH, H., and J. LEVINE: Antibiot. & Chemotherap. 3, 1159 (1953).
[2] DÖLL, W.: Arzneim.-Forsch. 5, 97 (1955).
[3] GROVE, D. C., and W. A. RANDALL: Assay Methods of Antibiotics. S. 70. New York 1955.
[4] LEVINE, J., and H. FISHBACH: Antibiot. & Chemotherap. 1, 59 (1951).
[5] GLAZKO, A. J., L. N. WOLF and W. A. DILL: Arch. Biochem. 23, 411 (1949).

dene Chloromycetin erfaßt, wurde zur Isolierung des aktiven Materials von GLAZKO und Mitarbeitern eine Extraktionsmethode entwickelt, die den nachfolgenden colorimetrischen Nachweis spezifisch macht.

Reagentien:

1. Äthylacetat.
2. Phosphatpuffer, p_H 6,0.

Ausführung:

1 cm³ Urin wird 10 min mit einem Gemisch von 6 cm³ Äthylacetat und 2 cm³ 0,2 m Phosphatpuffer, p_H 6,0, ausgeschüttelt. Die Äthylacetatphase wird 2mal mit dem gleichen Volumen Pufferlösung, die man zuvor mit Äthylacetat gesättigt hat, gewaschen und anschließend auf dem Wasserbad eingedampft. Der Rückstand wird mit Wasser aufgenommen und der Chloromycetingehalt colorimetrisch bestimmt.

Papierchromatographische Trennung von Chloromycetin nach SMITH ***und*** WORREL[1].

Reagentien:

1. Wassergesättigtes Butanol + 2,5% Essigsäure.
2. Farbreagens: 1 g p-Dimethylaminobenzaldehyd in 30 cm³ Methanol + 30 cm³ konz. HCl + 180 cm³ n-Butanol.

Ausführung:

SMITH und WORELL benutzten sowohl die absteigende als auch die aufsteigende Methode. 0,05 cm³ der Lösung mit etwa 20 γ Substanz werden auf Whatman I-Papier aufgetragen, an der Luft getrocknet und mit wassergesättigtem Butanol + 2,5% Essigsäure das Chromatogramm entwickelt. Nach dem Trocknen der Streifen bei Zimmertemperatur werden Chloromycetin und die Abbauprodukte durch charakteristische Farbreaktionen identifiziert. Zur Erkennung von Chloromycetin wird die Nitrogruppe mit $SnCl_2$-Lösung zur Aminogruppe reduziert. Die lufttrockenen Streifen werden dann mit einer Lösung von Dimethylaminobenzaldehyd (*2*) besprüht. Die Reaktion zwischen dem aromatischen Aldehyd und der freien aromatischen Aminogruppe führt zu einem gelben Farbstoff, der auf dem Papier als gelber Fleck erscheint. In entsprechender Weise können Abbauprodukte von Chloromycetin erkannt werden. Wird z. B. die Dichlor-acetaminogruppe des Chloromycetinmoleküls verseift, so kommt es zu einem aliphatischen Amin, 2-Amino-1-p-nitrophenyl-1,3-butandiol. Bei diesem steht die primäre aliphatische Aminogruppe in Nachbarstellung zu einer primären Carbinolgruppe, und das Molekül verhält sich gegenüber Ninhydrin wie gewisse Aminosäuren. Die wie oben vorbehandelten Streifen werden mit dem Ninhydrinreagens (Herstellung nach MOORE und STEIN[2], s. auch Bd. III, S. 1718), das man 1:1 mit n-Butanol verdünnt hat, besprüht und 3 min in den Brutschrank von 100° gebracht. Man bemerkt an den entsprechenden Stellen blaß- bis blutrote Flecken. Abbauprodukte von Chloromycetin, die eine Carbonylgruppe enthalten, können mit ammoniakalischer Silbernitratlösung erkannt werden. Nach Entfernung des entstandenen AgCl mit Thiosulfat erhält man dunkelbraune Flecken.

Bestimmung von Chloromycetin in Kapseln[3]. Der Inhalt von 10 Kapseln wird mit 20 cm³ Äthylalkohol kräftig geschüttelt; anschließend wird die alkoholische Lösung mit Aqua dest. auf 250 cm³ aufgefüllt. Ein aliquoter Teil dieser Lösung wird mit Aqua dest. soweit verdünnt, daß etwa 20 γ/cm³ vorliegen. Die Konzentration dieser Lösung wird mit einer der zuvor beschriebenen chemischen Methoden bestimmt.

Cinnamycin.

Cinnamycin wird von Streptomyces cinnamoneus Nov. sp. an die Kulturflüssigkeit abgegeben[4]. Die papierchromatographische Trennung der Kulturflüssigkeit zeigte die

[1] SMITH, G. N., and C. S. WORREL: Arch. Biochem. **28**, 1 (1950).
[2] MOORE, S., and W. H. STEIN: J. biol. Ch. **176**, 367 (1948).
[3] GROVE, D. C., and W. A. RANDALL: Assay Methods of Antibiotics. S. 72. New York 1955.
[4] BENEDICT, R. G., W. DVONCH, O. L. SHOTWELL, T. G. PRIDHAM and L. A. LINDENFELSER: Antibiot. & Chemotherap. **2**, 591 (1952).

Anwesenheit von 2 antibiotisch wirksamen Stoffen, von denen die eine Cinnamycin ist; die andere ist in so geringer Konzentration in der Kulturflüssigkeit enthalten, daß sie nicht identifiziert werden konnte.

Cinnamycin ist charakterisiert durch seine Wirkung gegenüber grampositiven Stäbchen und Mycobakterien[1].

Chemische Eigenschaften. Cinnamycin-hydrochlorid ist löslich in Wasser, 80%igem Methanol, Eisessig, unlöslich in Äther. Im UV-Licht hat es ein Absorptionsband bei 250—260 mμ. Die Konstitution ist nicht bekannt. Bei der sauren und alkalischen Hydrolyse werden 8 verschiedene Aminosäuren abgespalten, die papierchromatographisch identifiziert wurden: Asparaginsäure, Arginin, Glutaminsäure, Prolin, Phenylalanin, Valin, Lanthionin und eine Aminosäure mit der Summenformel $C_7H_{14}O_4N_2S$, die auch bei der Hydrolyse von Subtilin auftritt[1,2]. Bei Cinnamycin handelt es sich demnach um ein von Actinomyceten gebildetes Polypeptid.

Circulin

ist ein von Bac. circulans gebildetes Antibioticum, das in seinen Eigenschaften Polymyxin ähnlich, aber nicht mit ihm identisch ist[3]. Wie Polymyxin ist es sowohl gegen grampositive wie gramnegative Bakterien wirksam.

Chemische Eigenschaften. Circulinsulfat ist leicht löslich in Wasser, schwer löslich in niederen Alkoholen, unlöslich in Kohlenwasserstoffen und Äther. F 226—228°; $[\alpha]_D^{25} = -61{,}6°$. Im sauren Bereich ($p_H$ 2,5—4) ist es bei 4° mehrere Monate stabil, oberhalb p_H 7 verliert es seine Aktivität.

Von Pepsin wird es nicht inaktiviert, wohl aber von Trypsin. Nach PETERSON und REINICKE[4] ist Circulin ein Polypeptid, das aus folgenden Aminosäuren aufgebaut ist: D-Leucin, L-Threonin, L-α,γ-Diaminobuttersäure.

Citrinin

wird von Penicillium citrinum gebildet. HETHERINGTON und RAISTRICK[5] beschrieben es bereits 1931, doch erst 1941 stellten RAISTRICK und SMITH[6] seine antibiotische Wirksamkeit gegenüber grampositiven Organismen fest.

Chemische Eigenschaften. Citrinin kristallisiert aus Alkohol in gelben Nadeln vom F 168°; Summenformel $C_{13}H_{14}O_5$. Von BROWN, CARTWRIGHT und Mitarbeitern[7,8] wurde auf Grund von Abbaureaktionen die folgende Strukturformel aufgestellt:

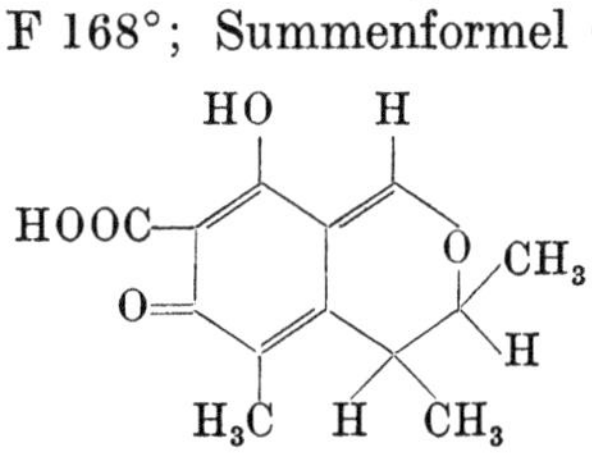

Von den gleichen Autoren sowie von JOHNSON und Mitarbeitern[9] und GORE und Mitarbeitern[10] wurden Partialsynthesen durchgeführt, die zu einem Körper führten, der mit dem natürlichen Citrinin identisch ist.

Collinomycin.

Aus dem Mycel von Streptomyces collinus wurde von BROCKMANN und RENNEBERG[11] neben Rubromycin ein zweites Antibioticum Collinomycin isoliert, das das Wachstum von Staphylokokken noch in einer Verdünnung von 1:2 Millionen hemmt.

[1] DVONCH, W., O. L. SHOTWELL, R. G. BENEDICT, T. G. PRIDHAM and L. A. LINDENFELSER: Antibiot. & Chemotherap. 4, 1135 (1954).
[2] LEWIS, J. C., and N. S. SNELL: Am. Soc. 73, 4812 (1951).
[3] MURRAY, F. J., P. A. TRETAULT, O. W. KAUFMANN and H. KOFFLER: J. Bacteriology 57, 305 (1949).
[4] PETERSON, D. H., and L. M. REINEKE: J. biol. Ch. 181, 95 (1949).
[5] HETHERINGTON, A. C., and H. RAISTRICK: Philos. Trans. R. Soc. London (B) 220, 269 (1931).
[6] RAISTRICK, H., and G. SMITH: Chem. & Industr. 19, 828 (1941).
[7] BROWN, J. P., CARTWRIGHT, N. J., A. ROBERTSON and W. B. WHALLEY: Nature 162, 72 (1948).
[8] BROWN, J. P., A. ROBERTSON, W. B. WHALLEY and N. J. CARTWRIGHT: Chem. Soc. 151, 867 (1949).
[9] JOHNSON, H. D., A. ROBERTSON and W. B. WHALLEY: Soc. 1950, 2971.
[10] GORE, T. S., A. ROBERTSON and K. VENKATARAMAN: Curr. Sci., Bangalore 19, 20 (1950).
[11] BROCKMANN, H., u. K. H. RENNEBERG: Naturwiss. 40, 166 (1953).

Chemische Eigenschaften. Collinomycin bildet, aus Chloroform/Methanol umkristallisiert, orangefarbene Prismen vom F 280—282°. Es ist wenig löslich in Chloroform, Aceton und Dioxan, schwer löslich in Äther und niederen Alkoholen, praktisch unlöslich in Petroläther, Wasser und Na_2CO_3-Lösung. Im UV-Licht zeigt es eine orangefarbene Fluorescenz. Beim Schütteln der ätherischen Lösung mit 2 n Na_2CO_3-Lösung fällt das Na-Salz des Antibioticums aus, das von 2 n NaOH mit rotvioletter Farbe aufgenommen wird, mit den Absorptionsmaxima bei 575 mμ und 535 mμ.

Cycloserin (Oxamycin, Seromycin)

wurde von Harned und Mitarbeitern[1] aus der Kulturflüssigkeit von Streptomyces garyphalus isoliert. Es hemmt das Wachstum von grampositiven wie auch von gramnegativen Bakterien, Rickettsien und gewisser Protozoen in vivo, auch Mycobact. tuberculosis wird in vitro in seinem Wachstum beeinflußt[2-4]. Cycloserin hat ein breites, aber relativ niedriges Wirkungsspektrum im Vergleich zu den anderen Antibiotica. Die Wirkungsintensität ist mit derjenigen der Sulfonamide vergleichbar.

Die Angabe der Wirksamkeit erfolgt auf Gewichtsbasis.

Chemische Eigenschaften[5, 6]. Cycloserin ist eine schwache Säure mit der Summenformel $C_3H_6N_2O_2$; aus Alkohol umkristallisiert, schmilzt es bei 156° (Zers.); $[\alpha]_D^{25} = +137° \pm 2$ ($c = 5\%$ in 2 n NaOH). Zu 10% ist es wasserlöslich. Im sauren Medium ist es relativ unstabil und wird rasch inaktiviert; man wendet es deshalb in $NaHCO_3$-haltigen Lösungen an[7].

Auf Grund chemischer und physikalischer Untersuchungen ist Cycloserin folgende Struktur zuzuschreiben:

Cycloserin erwies sich identisch mit dem aus dem Kulturfiltrat von Streptomyces orchidaceus isolierten Oxamycin. Die Herstellung von Cycloserin war zunächst nur auf mikrobiologischem Weg durch Fermentation möglich, jetzt kann es nach verschiedenen Verfahren synthetisch dargestellt werden[8-11].

Elaiomycin.

Elaiomycin ist ein tuberkulostatisch wirkendes Antibioticum, das aus der Kulturflüssigkeit von Streptomyces hepaticus isoliert wurde[12, 13].

---

[1] Harned, R. L., P. H. Hidy and E. Kropp la Baw: Antibiot. & Chemotherap. **5**, 204 (1955).
[2] Curckler, A. C., B. M. Frost, L. McClelland and L. Solotorowsky: Antibiot. & Chemotherap. **5**, 191 (1955).
[3] Harris, D. A., M. Ruger M. A. Reagan, F. J. Wolf, R. L. Peck, H. Wallick and H. B. Woodruff: Antibiot. & Chemotherap. **5**, 183 (1955).
[4] Welch, H., L. E. Putnam and W. A. Randall: Antibiot. Med. **1**, 72 (1955).
[5] Hidy, P. H., E. B. Hodge, V. V. Young, R. L. Harned, G. A. Brewer, W. F. Philipps, W. F. Runge, H. E. Stavely, A. Pohland, H. Boaz and H. R. Sullivan: Am. Soc. **77**, 2345 (1955).
[6] Spencer, J. N., and H. G. Payne: Antibiot. & Chemotherap. **6**, 708 (1956).
[7] Anderson, R. C., H. M. Worth, J. S. Welles, P. N. Harris and K. K. Chen: Antibiot. & Chemotherap. **6**, 360 (1956).
[8] Ratonis, R., u. R. Behar: Bl. **1957**, 1255.
[9] Runge, W. F.: AP 2 794 022 v. 25. 5. 57.
[10] Kocetkov, N. F. Kucerova, M. Ja. Karpejskij u. V. M. Lolover: Dokl. Akad. Nauk SSSR **109**, 950 (1956).
[11] Smrt, J., J. Beranek, J. Sicha, J. Scoda, V. F. Hess u. F. Sorm: Exper. **13**, 291 (1957).
[12] Haskell, T. H., A. Ryder and Qu. R. Bartz: Antibiot. & Chemotherap. **4**, 141 (1954).
[13] Ehrlich, J., L. E. Anderson, G. L. Coffey, W. H. Feldman, M. W. Fisher, A. B. Hillegas, A. G. Karlson, M. P. Knudsen, J. K. Weston, A. S. Youman and G. P. Youman: Antibiot. & Chemotherap. **4**, 338 (1954).

Das Antibioticum ist insofern beachtlich, als es eine bemerkenswerte Wirksamkeit nur gegen gewisse virulente und avirulente Stämme von humanen Tuberkelbacillen besitzt.

Das Wachstum von M. tuberculosis var. hominis wird in vitro in Konzentrationen von 0,1—0,4 γ/cm^3 gehemmt.

Chemische Eigenschaften. Elaiomycin ist ein hellgelbes Öl, — es kann im Hochvakuum, 10^{-6} mm Hg, bei 60—61° destilliert werden[1] —, das ein Absorptionsmaximum $E^{1\,\%}_{1\,cm} = 428$ bei 237,5 mμ (in Methanol) besitzt. Es ist in allen organischen Lösungsmitteln gut, in Wasser nur mäßig löslich. In neutralen oder schwach sauren, wäßrigen Lösungen ist es stabil, bei Zusatz von 0,1 n NaOH zersetzt es sich. Mol.-Gew. 258; Summenformel $C_{13}H_{26}O_3N_2$; $[\alpha]^{26}_D = +38{,}4°$ (c = 2,8 % Äthanol).

Erythromycin (Ilotycin, Erythrocin),

ein Antibioticum, das von McGuire und Mitarbeitern[2] aus der Kulturflüssigkeit von Streptomyces erythreus isoliert wurde.

Die papierchromatographische Untersuchung der Kulturflüssigkeit mit dem Lösungsmittelsystem Methanol/Aceton/Wasser (19:6:75) ergab 2 antibiotisch wirksame Zonen mit den R_F-Werten 0,7 und 0,6: Erythromycin und Erythromycin B[3]. Die Trennung der beiden Erythromycine gelingt mittels Gegenstromverteilung mit einem Lösungsmittelgemisch aus 20 Teilen Methyl-isobutylketon, 1 Teil Aceton, 20 Teilen 0,1 m Phosphatpuffer, p_H 6,5. Die Reinigung geschieht durch Einengen der Lösungsmittel der entsprechenden Stufen im Vakuum auf $^1/_{10}$ des Volumens und anschließende Extraktion mit Chloroform aus der wäßrigen Phase. Nach Verdunsten des Chloroforms wird Erythromycin bzw. Erythromycin B aus Alkohol umkristallisiert.

Biologische Eigenschaften. In vitro-Teste zeigen eine signifikante Wirkung von Erythromycin auf Streptokokken, Staphylokokken, Pneumokokken, einschließlich vieler Enterokokkenstämme in Konzentrationen von 1 γ/cm^3 und weniger. Auch einige Proteus- und Pseudomonasstämme, die gegenüber allen anderen Antibiotica resistent sind, werden durch Erythromycin gehemmt[4, 5]. Auf gewisse Viren und Rikettsien konnten Higgins und Mitarbeiter[6] einen Effekt beobachten. Das Wirkungsspektrum ähnelt dem von Magnamycin; die Hemmwerte in vitro liegen aber wesentlich niedriger und damit günstiger als diejenigen von Magnamycin.

Die Wirksamkeit von Erythromycin wird in Milligramm Reinsubstanz angegeben.

Erythromycin B hat ein ähnliches Wirkungsspektrum wie Erythromycin, jedoch ist es durchschnittlich nur $^3/_4$ so wirksam wie dieses[7].

Die Toxicität ist sehr niedrig: $DL_{tol.}$ 2000 mg/kg Maus p. o., 1000 mg/kg s. c.

Chemische Eigenschaften. 1. *Erythromycin* ist eine weiße, kristallinische Substanz von basischem Charakter; sie ist gut löslich in Alkohol, Aceton, Chloroform, Acetonitril und Amylacetat, mäßig in Wasser (2 mg/cm³), Äther, Äthylendichlorid und Amylacetat. Mit Säuren bildet es Salze. Die freie Base hat 2 Schmelzpunkte F 135—140°, bei weiterem Erhitzen wird die Schmelze wieder fest und hat einen zweiten Schmelzpunkt bei 190 bis 193°[8]. Mol.-Gew. 738, Summelformel $C_{37}H_{67-69}O_{13}N$; $[\alpha]^{25}_D = 73{,}5°$ (Methanol); das UV-Spektrum ist charakterisiert durch ein einziges Absorptionsmaximum bei 278 mμ. Die

[1] Haskell, T. H., A. Ryder and Qu. R. Bartz: Antibiot. & Chemotherap. 4, 141 (1954).
[2] McGuire, J. M., R. L. Bunch, R. C. Anderson, H. E. Boaz, E. H. Flynn, H. M. Powell and J. W. Smith: Antibiot. & Chemotherap. 2, 281 (1952).
[3] Pattinga, C. W., W. M. Starck and F. R. van Abeele: Am. Soc. 76, 569 (1954).
[4] Powell, H. M., W. S. Boniece, R. C. Pittenger, R. L. Stone and C. G. Gulbertson: Antibiot. & Chemotherap. 3, 165 (1953).
[5] Tunevall, G., and P. Hedenius: Antibiot. & Chemotherap. 4, 678 (1954).
[6] Higgins, C. E., R. C. Pittenger and J. M. McGuire: Antibiot. & Chemotherap. 3, 50 (1953).
[7] Grundy, W. E., E. F. Alford, C. J. Rickher, R. R. Bower, E. J. Razok and J. C. Sylvester: Antibiot. & Chemotherap. 5, 212 (1955).
[8] Flynn, E. H., M. V. Sigal jr., P. F. Wiley and K. Gerzon: Am. Soc. 76, 3121 (1954).

Infrarotabsorption in Chloroform zeigt intensive Maxima bei 578, 591 und 284 μ, die für das Vorhandensein einer Estercarbonylgruppe und von Hydroxylgruppen im Molekül charakteristisch sind.

Zur Konstitutionsermittlung wurden von FLYNN und Mitarbeitern[1] eine Reihe von Abbauprodukten isoliert: Erythalosamin $C_{29}H_{49}O_8N$, Desosamin $C_8H_{17}O_3N$, Cladinose $C_8H_{16}O_4$. Auf Grund dieser Arbeiten wurde eine Partialstruktur für Erythromycin aufstellt, die 1956 endgültig geklärt wurde[2, 3].

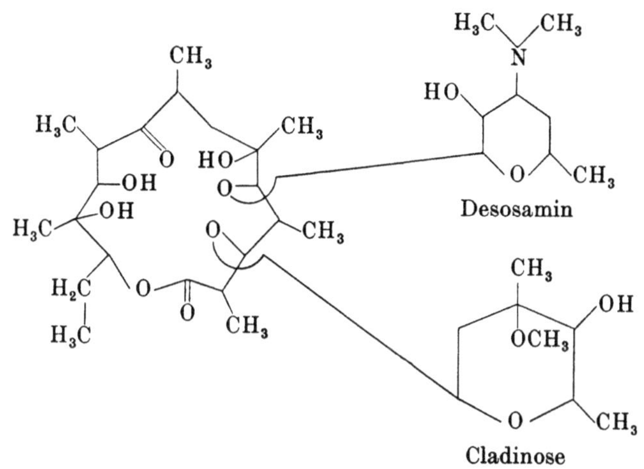

2. *Erythromycin B* ist ebenfalls eine Base, die aber säurestabiler als Erythromycin ist. Mit Säuren bildet es Salze. Der Schmelzpunkt der freien Base ist 202—203°; Mol.-Gew. 720; Summenformel $C_{37}H_{71}O_{12}N$; $[\alpha]_D^{25} = -98° \pm 1°$ [4].

Bei der milden Säurehydrolyse erhält man 2 kristalline Basen, die mit den Abbauprodukten von Erythromycin nicht identisch sind, und Cladinose $C_8H_{16}O_4$. WILEY und Mitarbeiter[5] stellten auf Grund von Analogieschlüssen auf die Struktur des Erythromycins die Strukturformel für Erythromycin B auf.

Aus der Fermentationsbrühe von Streptomyces erythreus isolierten sie ein drittes, dem Erythromycin und Erythromycin B verwandtes Antibioticum, Erythromycin C, für welches auch eine Partialstruktur aufgestellt wurde[6].

Biologische Bestimmungsmethoden. 1. Zur Bestimmung des Wirkungsspektrums wird entweder die Agarstrichmethode oder der Reihenverdünnungstest angewandt[7].

2. Zur mikrobiologischen Bestimmung in der Kulturflüssigkeit, den einzelnen Fermentationsstufen und in Urinproben wenden HIGGINS und Mitarbeiter[8] den Trübungstest an. Testorganismus ist Staph. aureus.

3. Bestimmung mit der Papierscheibenmethode[9]. Der Test wird in der üblichen Weise mit Staph. aureus als Testorganismus durchgeführt. Die Methode arbeitet mit einer Genauigkeit von $\pm 1{,}55$ mm bei 100 Bestimmungen mit demselben Stamm und einem Durchmesser von 32,1 mm je 20 γ.

[1] FLYNN, E. H., M. V. SIGAL jr., P. F. WILEY and K. GERZON: Am. Soc. **76**, 3121 (1954).
[2] FLYNN, E. H., R. MONAHAN, K. GERZON, O. WEAVER, P. F. WILEY, M. V. SIGAL jr. and U. C. QUARCK: Chem. engng. News **34**, 5138 (1956).
[3] WILEY, P. F., K. GERZON, E. H. FLYNN, M. V. SIGAL, O. WEAVER, U. C. QUARCK, R. R. CHAUVETTE and R. MONAHAN: Am. Soc. **79**, 6062 (1957).
[4] CLARK, R. K. jr., and M. TABERKA: Antibiot. & Chemotherap. **5**, 206 (1955).
[5] WILEY, P. F., M. V. SIGAL, O. WEAVER, R. MONAHAN and K. GERZON: Am. Soc. **79**, 6070 (1957).
[6] WILEY, P. F., R. GALE, C. W. PETTINGA and K. GERZON: Am. Soc. **79**, 6074 (1957).
[7] MCGUIRE, J. M., R. L. BUNCH, R. C. ANDERSON, H. E. BOAZ, E. H. FLYNN, H. M. POWELL and J. W. SMITH: Antibiot. & Chemotherap. **2**, 281 (1952).
[8] HIGGINS, C. E., R. C. PITTENGER and J. M. MCGUIRE: Antibiot. & Chemotherap. **3**, 50 (1953).
[9] TUNEVALL, G., and P. HEDENIUS: Antibiot. & Chemotherap. **4**, 678 (1954).

4. Die Bestimmung in Körperflüssigkeiten wird mit einer modifizierten Form des Reihenverdünnungstestes durchgeführt. Es werden sowohl Staph. aureus[1, 2] als auch Strept. haemolyticus[3, 4] als Testorganismus genommen.

Chemische Bestimmungsmethoden.

Qualitative Methoden.

Zum qualitativen Nachweis eignet sich folgende Farbreaktion[5]: 3 mg der zu untersuchenden Substanz werden in 2 cm^3 Aceton gelöst und die gleiche Menge konz. HCl hinzugefügt. Bei Anwesenheit von Erythromycin tritt sofort eine Farbentwicklung von Gelb nach Rot ein, die in Chloroform aufgenommen wird.

Quantitative Methoden.

***Colorimetrische Bestimmung von Erythromycin nach* Ford, Prescott, Hinman *und* Caron[6].**

Prinzip:

Wird eine Erythromycinlösung mit hochkonzentrierter Schwefelsäure versetzt, so wird das Erythromycin hydrolytisch gespalten unter Bildung eines gelben Farbstoffes. Dessen Intensität kann in einem UV-Spektrophotometer bei 485 mμ als Maß für den Erythromycingehalt gemessen werden.

Reagentien:

1. 27 n H_2SO_4 (750 cm^3 konz. H_2SO_4 zu 35 cm^3 H_2O unter Kühlung geben).
2. 0,1 m Carbonatpuffer, p_H 9,5 (7,47 g $KHCO_3$ + 3,5 g K_2CO_3 (wasserfrei) ad 1000 cm^3 H_2O).
3. Amylacetat.
4. 0,1 m Phosphatpuffer (2,72 g KH_2PO_4 + 6,48 g K_2HPO_4 ad 500 cm^3 H_2O; p_H 7,0).
5. Erythromycin-Stammlösung (200 γ/cm^3 Phosphatpuffer).

Ausführung:

5 cm^3 Stammlösung werden mit 5 cm^3 H_2SO_4 versetzt und nach 45 min die optische Dichte der Lösung bei 485 mμ gegen Wasser als Leerwert gemessen. Man soll die Absorption unbedingt im Beckman-Gerät messen und nicht im photoelektrischen Colorimeter, da man mit diesem keine befriedigenden Resultate erhält.

Für die Eichkurve stellt man sich eine Verdünnungsreihe der Stammlösung mit 20 bis 200 γ/cm^3 her und führt mit diesen Lösungen die Messung durch.

Zur Bestimmung in Tabletten löst man diese in Carbonatpuffer, so daß etwa 50 γ/cm^3 enthalten sind, und filtriert die Lösung. 20 cm^3 des Filtrats werden mit 20 cm^3 Amylacetat ausgeschüttelt; die wäßrige Phase wird abgelassen und mit 5 cm^3 davon die Bestimmung durchgeführt.

***Titrimetrische Bestimmung von Erythromycin nach* Sideri[7]** (s. S. 1566).

Bestimmung von Erythromycin auf Grund der Infrarotabsorption bei 10,46 µ[8].

Nach Kuzel und Mitarbeitern[3] erhält man nach dieser Methode keine gute Übereinstimmung mit den mikrobiologischen Testen.

---

[1] Tunevall, G., and P. Hedenius: Antibiot. & Chemotherap. 4, 678 (1954).
[2] Maple, F. M., B. O'Leary and W. M. M. Kirby: Antibiot. & Chemotherap. 3, 836 (1953).
[3] Ziegler, D. W., and J. M. McGuire: Antibiot. & Chemotherap. 3, 67 (1953).
[4] Lee, Ch. Ch., R. C. Anderson and K. E. Chen: Antibiot. & Chemotherap. 4, 926 (1954).
[5] Fishbach, H., and J. Levine: Antibiot. & Chemotherap. 3, 1159 (1953).
[6] Ford, J. H., G. C. Prescott, J. W. Hinman and E. L. Caron: Analyt. Chem., Washington 25, 1195 (1953).
[7] Sideri, C. N., and A. Osol: J. amer. pharmaceut. Ass. 42, 688 (1953).
[8] Washburn, W. H.: J. amer. pharmaceut. Ass. 43, 48 (1953).

***Spektrophotometrische Bestimmung von Erythromycin nach* Kuzel, Woodside, Comer *und* Kennedy[1].**

Die Methode eignet sich für Routineuntersuchungen der Kulturflüssigkeit wie für die Bestimmung in Präparaten. Sie beruht auf der Zunahme der Absorption bei der milden Alkalihydrolyse von Erythromycin.

Reagentien:

1. 42 g Trinatriumphosphat werden in 125 cm³ 0,5 n NaOH + 100 cm³ Aqua dest. in der Wärme gelöst, abgekühlt und mit Aqua dest. auf 250 cm³ aufgefüllt.
2. Erythromycin-Standardlösung: Man löst 35 mg Erythromycin in 50 cm³ Methanol und füllt mit Aqua dest. auf 250 cm³ auf.
3. 0,05 n H_2SO_4.
4. 0,05 n NaOH.

Ausführung:

Zur Herstellung der Eichkurve stellt man 4 verschiedene Verdünnungen der Standardlösung her und gibt in 4 25 cm³-Meßkolben je 10 cm³ einer der Verdünnungen. In 2 Meßkolben gibt man je 1 cm³ 0,05 n H_2SO_4 und läßt die Kolben 1 Std stehen. In die beiden anderen Kolben gibt man je 2 cm³ der Phosphatlösung und erhitzt sie 15 min im Wasserbad von 60°. Danach werden die Kolben auf Zimmertemperatur abgekühlt, mit Aqua dest. bis zur Marke aufgefüllt und die Absorption der Lösungen in 1 cm-Quarzküvetten bei 236 mμ im Beckman-Spektrophotometer gegen einen Leerwert mit Aqua dest. gemessen. Zu den mit 1 cm³ 0,05 n H_2SO_4 versetzten Lösungen fügt man nach 1 Std je 1 cm³ 0,05 n NaOH und verfährt wie oben beschrieben. Die damit erhaltenen Absorptionswerte werden als Standardleerwerte genommen. Aus der Differenz von Verdünnungswert und Leerwert erhält man den Wert für die jeweilige Verdünnung, der in ein Diagramm eingetragen wird. Bei einer Konzentration von 10—75 γ/cm³ ist die Absorptionskurve geradlinig.

Die Bestimmung in der Kulturflüssigkeit wird genauso durchgeführt und der Gehalt der Probe aus der Eichkurve abgelesen. Die Methode ergibt eine gute Übereinstimmung mit den biologischen Testen.

Bestimmung in Tabletten neben Sulfa-Drogen[1]. Liegt das Erythromycin in Tablettenform vor, so ist bei Anwesenheit von „Triple sulfas" (Sulfadiazin, Sulfamethazin, Sulfamerazin) die direkte spektrophotometrische Bestimmung nicht möglich, da die hohe Konzentration des T. S. die Ablesung stört. Aus diesem Grunde muß das Erythromycin durch Behandeln mit 2,5%igem wäßrigem NaOH/Chloroform abgetrennt werden.

Reagentien:

1. Chloroform.
2. NaOH, 10%ig.
3. Na_2SO_4, wasserfrei.
4. Methanol.

Ausführung:

Eine Probe der gepulverten Tablette mit etwa 35 mg Erythromycingehalt wird in einem Scheidetrichter mit gleichen Teilen (je 25 cm³) Chloroform und Wasser 2 min ausgeschüttelt, dann fügt man 10 cm³ 10%ige NaOH hinzu und schüttelt wieder 2 min. Die Chloroformschicht wird abgelassen und die alkalische Phase noch 3mal mit je 20 cm³ Chloroform ausgeschüttelt. Die vereinigten Chloroformextrakte werden mit 10 cm³ Aqua dest. gewaschen und anschließend durch wasserfreies Na_2SO_4 filtriert. Der wäßrige Anteil wird 2mal mit je 10 cm³ Chloroform ausgeschüttelt und das Chloroform mit dem Gesamtextrakt vereinigt. Das Chloroform wird im Luftstrom auf dem Wasserbad abdestilliert und der Rückstand in 10 cm³ Methanol aufgenommen. Mit dieser methanolischen Lösung wird die Bestimmung wie oben beschrieben durchgeführt.

[1] Kuzel, N. R., J. M. Woodside, J. P. Comer and E. E. Kennedy: Antibiot. & Chemotherap. 4, 1234 (1954).

Zur Bestimmung von Erythromycin in Tabletten löst man etwa 10 Stück in 100 cm^3 Methanol (2 min langes Schütteln im Schüttelapparat), fügt 400 cm^3 Phosphatpuffer, p_H 8 hinzu, schüttelt wieder 2 min und benutzt einen aliquoten Teil der filtrierten Lösung mit einem Gehalt von etwa 1 γ Erythromycin je cm^3 für die Bestimmung.

Sulfonamide und andere in den Tabletten enthaltenen Substanzen stören die spektrophotometrische Bestimmung von Erythromycin. Es wird wie folgt von den störenden Substanzen abgetrennt: Eine entsprechende Substanzmenge mit etwa 35 mg Erythromycin wird mit 25 cm^3 Chloroform + 25 cm^3 Wasser ausgeschüttelt, anschließend werden 10 cm^3 10% NaOH hinzugefügt und nochmals kräftig geschüttelt. Die Chloroformschicht wird abgelassen und der Rückstand noch 3mal mit je 20 cm^3 Chloroform extrahiert. Die vereinigten Chloroformanteile werden mit 10 cm^3 Wasser gewaschen, anschließend durch etwa 5 g wasserfreies Natriumsulfat filtriert. Das Waschwasser wird 2mal mit 10 cm^3 Chloroform ausgeschüttelt, die Chloroformanteile filtriert und mit dem ersten Extrakt vereinigt. Das Chloroform wird auf dem Wasserbad unter Luftdurchsaugen auf 1—2 cm^3 eingeengt, zum Schluß nur durch Luftdurchsaugen restlos verdunstet. Der Erythromycinrückstand wird in Methanol aufgenommen, mit Wasser auf ein bestimmtes Volumen verdünnt und mit einem aliquoten Teil dieser Lösung die Bestimmung durchgeführt. Liegt das Erythromycin in Salbenform vor, so wird die wirksame Substanz mit Polyäthylenglykol extrahiert. Nach dem Filtrieren wird die Lösung mit Phosphatpuffer, p_H 8, auf eine Erythromycinkonzentration von etwa 1 γ/cm^3 gebracht und mit dieser Lösung die Bestimmung durchgeführt.

Papierchromatographische Bestimmung und Trennung von Erythromycin von anderen Antibiotica (Magnamycin und Methymycin) nach SOKOLSKI, ULLMANN, KOFFLER ***und*** TRETAULT[1].

Es wird absteigend auf Whatman I-Papier chromatographiert. Erythromycin wird durch Lösungsmittel, die 20—25% Essigsäure enthalten, wahrscheinlich inaktiviert; es gibt daher bei dem anschließenden biologischen Test keine Hemmzonen.

Mit dem System n-Nonyalkohol/CCl_4/Propionsäure (75:75:2) ist es am besten von den anderen Antibiotica zu trennen.

Eulicin.

CHARNEY und Mitarbeiter[2,3] isolierten aus dem Kulturfiltrat eines Streptomyces parvus verwandten Streptomycesstammes ein Antibioticum mit fungistatischen Eigenschaften, welches sie Eulicin nannten. Es hemmt das Wachstum verschiedener Fungi in relativ niedriger Konzentration (1 γ/cm^3).

Die Aktivität von Eulicin wird mit dem Reihenverdünnungstest mit Aspergillus niger als Testorganismus bestimmt.

Framycetin[4] (Soframycin).

Aus der Kulturflüssigkeit von Streptomyces lavendulae wurde von DECARIS[5] ein neues Antibioticum — Framycetin genannt — isoliert. Es hemmt das Wachstum von Staphylokokken, Enterokokken, Proteus, Pyocyaneus, vor allem auch solcher Stämme, die sich den üblichen Antibiotica gegenüber resistent verhalten. Außerdem werden streptomycin- und IHN-resistente Tuberkelbakterien in ihrem Wachstum beeinflußt.

Chemische Eigenschaften. Framycetin ist eine Base, die als Sulfat isoliert wird. Im UV-Licht hat es kein charakteristisches Absorptionsspektrum. Summenformel:

[1] SOKOLSKI, W. T., S. ULLMANN, H. KOFFLER and P. A. TRETAULT: Antibiot. & Chemotherap. 4, 1057 (1954).

[2] CHARNEY, J., R. A. MACHLOWITZ, F. J. MCCARTHY, G. A. RUTKOWSKY, A. A. TYTELL and W. P. FISHER: Antibiot. Ann. **1955/56**, 228.

[3] KING WEST, M., W. F. VERWEY and A. K. MILLER: Antibiot. Ann. **1955/56**, 231.

[4] MASSENAT-DEROCHE, B.: Diss. „La Framycetin". Paris 1954.

[5] DECARIS, L. J.: Ann. pharmaceut. franç. **1953**, 44.

$C_9H_{12}O_5N \cdot SO_4$; $[\alpha]_D^{25} = +50° \pm 3°$ ($c = 1\,\%$ in H_2O). Das Sulfat stellt ein weißes, geruchloses Pulver dar, das in Wasser löslich, in Methanol, Aceton und Äther unlöslich ist.

Die Wirksamkeit von Framycetin wird im Reihenverdünnungstest mit Staph. aureus als Testorganismus festgestellt.

Die Angabe der Wirksamkeit erfolgt auf Gewichtsbasis. 1 mg Framycetinsulfat entspricht 710 γ Framycetinbase.

Fungicidin — s. Nystatin.

Geomycin.

BROCKMANN und MUSSO[1–3] berichten über die Isolierung eines neuen Antibioticums aus der Kulturflüssigkeit von Streptomyces xanthophaeus, das sie Geomycin nannten.

Chemische Eigenschaften. Summenformel $(C_6H_{12}O_2N_2)_{8-10}$; Mol.-Gew. 1650. Die saure Hydrolyse führt zu L-β-Lysin und einer neuen, mit Geamin bezeichneten Aminosäure $C_6H_{12}O_3N_4$.

Gramicidin.

Aus den Kulturen von Bac. brevis isolierte DUBOS[4] das Tyrothricin. Die eingehende Analyse durch HOTCHKISS und DUBOS[5] ergab, daß es aus 2 antibiotisch wirksamen Substanzen besteht: Gramicidin (20—25%) und Tyrocidin (75—80%). Gramicidin ist gut wirksam gegenüber Pneumokokken (1 γ/cm³), Streptokokken (5—10 γ/cm³) und Staphylokokken (100 γ und mehr je cm³). Wegen seiner hämolytischen Wirkung kann es nur lokal in der Klinik angewandt werden.

Chemische Eigenschaften. Es ist ein Polypeptid mit einem Molekulargewicht von etwa 3000 und der Summenformel: $C_{146}H_{202}O_{26}N_{30}$[6]. Nach GREGORY und CRAIG[7] ist Gramicidin nicht einheitlich, sondern besteht aus 4 Komponenten, von denen 2, Gramicidin A und Gramicidin B, in kristalliner Form isoliert werden konnten, mit den Schmelzpunkten F 225—228° und F 258—259°.

Das UV-Absorptionsspektrum von Gramicidin zeigt Maxima bei 281,5, 290,5 und 271 mμ[8]. $[\alpha]_D^{25} = +5°$ ($c = 0{,}4\,\%$ Äthanol)[9].

Die Säurehydrolyse ergab folgende Aminosäuren: D-Leucin, L-Tryptophan, D,L-Valin, L-Alanin, Glycin und außerdem Äthanolamin, die papierchromatographisch nachgewiesen werden konnten[10].

Mikrobiologische Nachweismethode[11]. Mikrobiologisch wird Gramicidin mittels der turbidimetrischen Methode mit Strept. faecalis als Testorganismus bestimmt.

Mit dieser Methode wird der Gehalt von Tabletten, Dragées, Salben usw. an Gramicidin, auch in Kombination mit Polymyxin oder Neomycin, bestimmt.

Chemische Nachweismethoden[12].

1. Farbreaktion. Beim Zufügen von 2 cm³ EHRLICHs Reagens (500 mg p-Dimethylaminobenzaldehyd in 50 cm³ Äthanol/konz. HCl, 1:1) zu 2 cm³ Gramicidinlösung entsteht sofort eine kirschrote Färbung, die auf Zusatz von 2 Tropfen 5%iger $NaNO_2$-Lösung nach Blau umschlägt.

Tyrothricin zeigt dieselbe Farbreaktion.

2. Modifizierte Biuretreaktion, s. S. 1569.

[1] BROCKMANN, H., u. H. MUSSO: Naturwiss. **41**, 451 (1954).
[2] BROCKMANN, H., u. H. MUSSO: B. **87**, 1779 (1954).
[3] BROCKMANN, H., u. H. MUSSO: B. **88**, 648 (1955).
[4] DUBOS, R. J.: J. exp. Med. **70**, 1 (1939).
[5] HOTCHKISS, R. D., and R. DUBOS: J. biol. Ch. **136**, 803 (1940).
[6] GORDON, A. H., A. J. P. MARTIN and R. L. M. SYNGE: Biochem. J. **37**, 86 (1943).
[7] GREGORY, J. D., and L. C. CRAIG: J. biol. Ch. **172**, 839 (1948).
[8] HOTCHKISS, R. D.: Adv. Enzymol. **4**, 153 (1944).
[9] JAMES, A. T., and R. L. SYNGE: Biochem. J. **50**, 109 (1951).
[10] SYNGE, R. L. M.: Biochem. J. **39**, 363 (1945).
[11] GROVE, D. C., and W. A. RANDALL: Assay Methods of Antibiotics. S. 82. New York 1955.
[12] FISHBACH, H., and J. LEVINE: Antibiot. & Chemotherap. **3**, 1159 (1953).

Gramicidin S (Sowjet).

Es wird von einem in Rußland isolierten Bac. brevis bei Oberflächenkulturen an das Medium abgegeben[1]. Die antibiotische Wirksamkeit ist in etwa die gleiche wie die von Gramicidin, nur ist es darüber hinaus auch wirksam gegen die Typhus- und Paratyphusgruppe.

Chemische Eigenschaften. Gramicidin S ist eine kristalline Substanz vom F 268 bis 270°. Es ist leicht löslich in Alkohol und Aceton, unlöslich in Wasser. Nach CONSDEN und Mitarbeitern[2] bzw. ERLANGER und GOODE[3] ist es ein ringförmiges Penta- oder Dekapeptid, mit einer freien NH_2-Gruppe und ohne freie COOH-Gruppe im Molekül. $[\alpha]_D^{25} = -292°$. Folgende Aminosäuren sind in seinem Molekül enthalten: L-Ornithin, L-Prolin, L-Valin, L-Leucin und D-Phenylalanin[4,5]. SCHWYZER und SIEBER[6] gelang die Synthese von Gramicidin. Hinsichtlich der antibiotischen Wirksamkeit ergaben sich keine Unterschiede zu dem fermentativ gewonnenen Produkt.

Grisein

wird von einem Stamm von Streptomyces griseus produziert[7] und ist wirksam gegen gramnegative Bakterien.

Chemische Eigenschaften. Rotes, amorphes Pulver; Summenformel[8]: $C_{40}H_{21}O_{20}N_{10}SFe$. Das Eisen liegt in dreiwertiger Form in dem Molekül vor; es kann leicht durch Behandeln mit 8-Oxychinolin entfernt werden. Die antibiotische Aktivität wird dadurch erheblich vermindert. Durch Hinzufügen der stöchiometrischen Menge $FeCl_3$ zu einer solchen Lösung wird die ursprüngliche Aktivität wieder hergestellt.

Grisein ist eine schwache Säure, die in Wasser und Phenol löslich, in allen anderen gewöhnlichen organischen Lösungsmitteln unlöslich ist.

Bei 265 und 420 mμ hat es charakteristische Absorptionsmaxima. Bei der Säurehydrolyse werden 3-Methyluracil und 2 Aminosäuren frei, die papierchromatographisch im Hydrolysat nachgewiesen werden können und von denen die eine wahrscheinlich Glutaminsäure ist. Die zweite konnte noch nicht identifiziert werden.

Griseoflavin.

WAGA[9] isolierte aus der Kulturflüssigkeit von Streptomyces griseoflavus ein actinomycinähnliches Antibioticum, Griseoflavin, das aber sicher nicht identisch ist mit Actinomycin A oder B.

Es wirkt hemmend auf das Wachstum von grampositiven und säurefesten Bakterien, nicht aber auf dasjenige von gramnegativen Mikroorganismen und verschiedener Hefen und Fungi.

Chemische Eigenschaften. Das schwach gelbgefärbte Antibioticum zeigt nach Umkristallisieren aus trockenem Äthanol einen Schmelzpunkt von 210—215° (u. Z.).

Die Substanz ist leicht löslich in Methanol, Äthanol, Propanol, Äthylacetat und Butylacetat; unlöslich in Äther, Petroläther, Benzol, Trichloräthylen und Chloroform.

Griseomycin.

Es wird von Streptomyces griseolus in das Kulturmedium abgegeben[10]. In seinen chemischen, physikalischen und biologischen Eigenschaften ähnelt es Magnamycin und

[1] GAUSE, G. F., and M. G. BRAZNIKOVA: Lancet **1944 II**, 715.
[2] CONSDEN, R., A. H. GORDON and A. J. P. MARTIN: Biochem. J. **41**, 596 (1947).
[3] ERLANGER, B. F., and L. GOODE: Nature **174**, 840 (1954).
[4] SYNGE, R. L. M.: Biochem. J. **39**, 363 (1945).
[5] BELOZERSKY, A. N., and T. S. PASSHINA: Lancet **247**, 716 (1944).
[6] SCHWYZER, R., u. P. SIEBER: Helv. **40**, 624 (1957).
[7] REYNOLDS, E. S., A. SCHATZ and S. A. WAKSMAN: Proc. Soc. exp. Biol. Med. **55**, 66 (1944).
[8] KUEHL, F. A. jr., M. N. BISHOP, L. CHAIET and K. FOLKERS: Am. Soc. **73**, 1770 (1951).
[9] WAGA, Y.: J. Antibiot., Tokyo (A) **6**, 66 (1953).
[10] DIJCK, P. J. VAN, H. P. VAN DE VOORDE and P. DESALMER: Antibiot. & Chemotherap. **3**, 1243 (1953).

Erythromycin. Ein besonderer Vorteil liegt darin, daß Keime, die gegenüber Penicillin, Streptomycin, Tetracyclin und Neomycin resistent sind, auf Griseomycin ansprechen.

Griseomycin ist eine in Wasser und in den meisten organischen Lösungsmitteln gut lösliche Substanz. Das reine Produkt ist weiß und hat einen bitteren Geschmack; F 76—80° (u. Zers.); Summenformel: $C_{25}H_{46}O_8 \cdot NCl$; $[\alpha]_D^{25} = -32°$ (1% in $CHCl_3$). Das Hydrochlorid vom F 120° ist in Wasser, Methanol, Äthanol und Chloroform löslich. Bei Zimmertemperatur ist die Substanz zwischen p_H 2—9 stabil, bei 100° wird sie schnell inaktiviert.

Hygromycin.

1953 isolierten Pittenger und Mitarbeiter[1] das Hygromycin aus der Kulturflüssigkeit von Streptomyces hygroskopicus. Es hat ein breites Wirkungsspektrum, ist aber nur in relativ hohen Konzentrationen wirksam[2].

Chemische Eigenschaften. Das reine, amorphe Antibioticum mit der Summenformel $C_{23}H_{29}O_{12}N$ hat schwach saure Eigenschaften; es ist gut löslich in Wasser, Alkohol, unlöslich in weniger polaren Lösungsmitteln.

Die Hydrolyse mit 6 n HCl liefert ein teeriges Produkt, aus welchem ein kristallines Hydrochlorid — $C_6H_{14}O_5NCl$ — isoliert wurde. Bei der alkalischen Hydrolyse erhielt man eine Säure mit der empirischen Formel $C_{10}H_{10}O_4$. Nach Mann und Mitarbeitern[3] kommt ihm folgende Strukturformel zu:

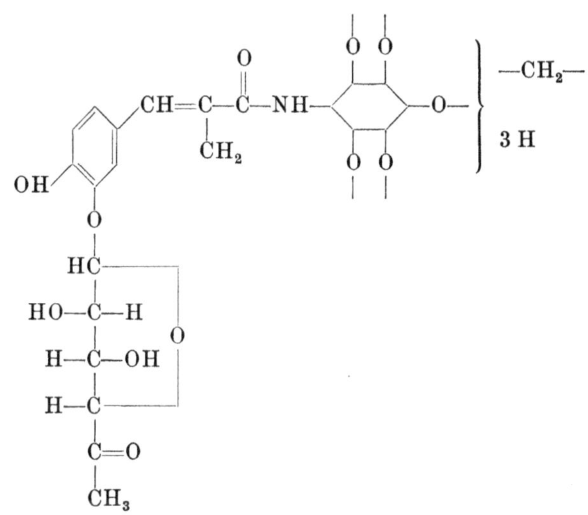

$[\alpha]_D^{25} = -126°$ (1% H_2O); UV-Absorptionsmaxima bei 272 und 214 mμ (verd. HCl); 254, 286 und 323 mμ (verd. Alkali).

Leukomycin.

Von Hata und Mitarbeitern[4] wurde Leukomycin 1953 aus der Kulturflüssigkeit eines neuen Streptomycesstammes — Streptomyces Kitasatoensis Hata — isoliert. Sein Wirkungsbereich umfaßt grampositive Bakterien, einige gramnegative Bakterien, Spirochäten, Rikkettsien und gewisse große Viren.

Chemische Eigenschaften[4, 5]. Leukomycin ist eine Base, die mit organischen Säuren Salze bildet. Die freie Base ist in Wasser, Alkohol, Aceton, Äthylacetat, Butylacetat, Chloroform, Äther und Benzol leicht löslich, in Petroläther unlöslich. Summenformel: $C_{33-38}H_{54-66}O_{11-13}N$; F 126—129° (freie Base); $[\alpha]_D^{25} = -62{,}42°$ ($c = 2$% Äthanol).

Das UV-Spektrum zeigt Maxima bei 230—232 und 285 mμ in Äthanol. Das Infrarotspektrum zeigt Absorptionsbande bei 290, 345, 580, 606, 688, 728, 774, 810, 895, 922, 926, 982, 1008, 1072, 1119, 1168, 1192 μ.

Luteomycin

wurde 1949 von Hata und Mitarbeitern[6] aus einer Streptomycesart isoliert.

Es ist eine gelbe, kristallinische Substanz, die sich chemisch von Aureomycin unterscheidet, deren Wirkungsspektrum mit dem von Aureomycin übereinstimmt.

[1] Pittenger, R. C., R. N. Wolfe, M. M. Hoehn, P. N. Marks, W. A. Daily and J. M. McGuire: Antibiot. & Chemotherap. **3**, 1270 (1953).
[2] Mann, R. L., R. M. Gale and F. R. van Abeele: Antibiot. & Chemotherap. **3**, 1279 (1953).
[3] Mann, R. L., and D. O. Woolf: Am. Soc. **79**, 120 (1957).
[4] Hata, T., Y. Sano, N. Ohki, Y. Yokoyama, A. Matsumae and A. Ito: J. Antibiot., Tokyo (A) **6**, 87 (1953).
[5] Sano, Y.: J. Antibiot., Tokyo (A) **7**, 93 (1954).
[6] Hata, T., T. Higuchi, Y. Sano u. K. Sawachika: Kitasato Arch. exp. Med. **22**, 229 (1949).

Chemische Eigenschaften. Luteomycin bildet ein gelbes Hydrochlorid vom F 199° (u. Zers.), das in Chloroform und Benzalalkohol gut löslich ist, wenig löslich in Wasser, Äthanol, Methanol, Aceton, unlöslich in Äther und Benzol. Summenformel: $C_{26}H_{33}O_{12}N$, Absorptionsmaxima bei 215, 255—257 und 430 mμ[1].

Magnamycin (Carbomycin).

TANNER und Mitarbeiter[2] isolierten aus der Kulturflüssigkeit von Streptomyces halstedii dieses Antibioticum mit einem äußerst breiten Wirkungsspektrum. Es wirkt vor allem gegen grampositive Erreger, weniger gegen gramnegative. Auch Rickettsien und große Viren werden erfaßt (KUTSCHER und Mitarbeiter[3]; WELCH und Mitarbeiter[4]). Die Standardisierung von Magnamycin erfolgt auf Gewichtsbasis. Die Wirksamkeit wurde theoretisch mit 1000 E/mg festgesetzt.

Chemische Eigenschaften. Magnamycin bildet weiße Kristallnadeln vom Schmelzpunkt 210—218° (u. Zers.); Mol.-Gew. 830; Summenformel $[C_{42}H_{69-71}NO_{16}]$; $[\alpha]_D^{25} =$ —58,6° (1% $CHCl_3$). Im UV-Bereich hat es ein starkes Absorptionsmaximum bei 327 mμ. Das Infrarotspektrum zeigt charakteristische Maxima bei folgenden Wellenlängen[5]: 352,1, 288,1, 173,6, 170,0 146,2, 138,5, 130,7, 127,3, 125,6, 124,0, 119,6, 112,1, 110,2, 109,1, 107,0, 105,5, 102,8, 98,3, 94,2, 92,5, 91,0, 98,8, 87,0, 85,9, 84,1, 81,9, 80,2, 78,1, 74,2 μ.

Wie durch Gegenstromverteilung und Papierchromatographie bewiesen wurde, ist es eine einheitliche chemische Substanz[6]. Magnamycin ist eine schwache Base, die ein wasserlösliches Hydrochlorid und Sulfat bildet. In starken Mineralsäuren löst es sich unter Entwicklung einer charakteristischen tiefvioletten Farbe, die langsam nach rotbraun umschlägt, in methanolischer KOH mit intensiv gelber Farbe.

Die alkalische Hydrolyse führt zur Abspaltung von je 1 Mol Essigsäure, Isovaleriansäure und Dimethylamin. Bei milder saurer Hydrolyse zerfällt das Molekül in 2 Komponenten, eine kristalline Base mit der Summenformel $C_{29-30}H_{47-49}O_{12}N$ und eine ölige, neutrale Substanz $C_{13}H_{24}O_5$. Nach REGNA und Mitarbeitern[7] handelt es sich bei der letzteren Substanz um das 4-Isovaleryl-methyl-glucosid eines neuen Zuckers, Mycarose.

Biologische Bestimmung. Die biologische Bestimmung wird mit dem Reihenverdünnungstest durchgeführt, mit Streptomyces pyogenes als Testorganismus[8, 9] oder mit der Zylindermethode mit S. lutea als Teststamm.

Chemische Bestimmungsmethoden.

Qualitative Methoden[10].

a) Farbreaktion mit konz. HCl: Eine 0,5%ige Magnamycinlösung zeigt nach dem Zufügen des gleichen Volumens konz. HCl nach wenigen Minuten eine purpurrote Färbung. 3 cm^3 dieser Farblösung werden mit etwa 10 cm^3 H_2O_2 versetzt und anschließend mit 2 cm^3 n-Butanol extrahiert. Dabei werden beide Phasen farblos. Beim Zufügen von 1 cm^3 konz. HCl zu dem Butanolanteil tritt die rote Farbe wieder auf.

b) Modifizierte Biuret-Reaktion, s. S. 1569.

[1] OSATO, T.: J. Antibiot., Tokyo (A) **6**, 52 (1953).
[2] TANNER, F. W. jr., A. R. ENGLISH, T. M. LEES and J. R. ROUTIEN: Antibiot. & Chemotherap. **2**, 441 (1952).
[3] KUTSCHER, A. H., J. D. PIRO, E. V. ZEGARELLI, S. I. LANE and L. SEGUIN: Antibiot. & Chemotherap. **3**, 1194 (1953).
[4] WELCH, H., W. A. RANDALL, R. J. REEDY and J. KRAMER: Antibiot. & Chemotherap. **2**, 693 (1952).
[5] DUTCHER, J. D., J. VANDEPUTTE, S. FOX and L. J. HEUSER: Antibiot. & Chemotherap. **3**, 910 (1953).
[6] WAGNER, R. L., F. A. HOCHSTEIN, K. MURAI, N. MESSINA and P. P. REGNA: Am. Soc. **75**, 4684 (1953).
[7] REGNA, P. P., F. A. HOCHSTEIN, R. L. WAGNER jr. and R. B. WOODWARD: Am. Soc. **75**, 4625 (1954).
[8] ENGLISH, A. R., M. F. FIELD: Antibiot. & Chemotherap. **2**, 678 (1952).
[9] CHARNEY, J., and M. P. FISHER: Science, N. Y. **114**, 687 (1951).
[10] FISHBACH, H., and J. LEVINE: Antibiot. & Chemotherap. **3**, 1159 (1953).

Quantitative Methoden.

Colorimetrische Bestimmung von Magnamycin mit dem Arsenmolybdatreagens nach NELSON[1].

Reagentien und Durchführung s. S. 1563.

Empfindlichkeit 10—160 γ/cm^3.

Colorimetrische Magnamycin-Bestimmung mit dem Phenolreagens nach FOLIN-CIOCALTAU[2].

Ausführung und Reagentien s. S. 1564.

Empfindlichkeit 40 γ/cm^3.

Colorimetrische Magnamycin-Bestimmung mit Sulfanilsäurediazoniumchlorid[2].

Reagentien und Durchführung s. S. 1564.

Empfindlichkeit 3,5 γ/cm^3.

Titrimetrische Bestimmung von Magnamycin nach SIDERI[3].

Ausführung s. S. 1566.

Papierchromatographische Trennung von Magnamycin, Erythromycin und Methymycin[4].

Methode s. S. 1582.

Folgende Lösungsmittelsysteme ergaben gute Trennungen:

1. Wassergesättigter n-Nonylalkohol.
2. n-Nonylalkohol/Eisessig (1:1).
3. Isoamylalkohol/CCl_4/Propionsäure (75:75:2).
4. n-Nonylalkohol/Isoamylalkohol/Propionsäure (40:40:2).
5. Wassergesättigter 2,6-Dimethyl-4-heptylalkohol.
6. n-Nonylalkohol/2,6-Dimethyl-4-heptylalkohol/Propionsäure (75:75:2).
7. n-Octylalkohol/2,6-Dimethyl-4-heptylalkohol/Propionsäure (75:75:2).
8. Tert. Butylalkohol/CCl_4/Propionsäure (100:100:2).
9. n-Hexylalkohol/2,6-Dimethyl-4-heptylalkohol/Propionsäure (75:75:2).
10. n-Nonylalkohol/CCl_4/Isoamylalkohol/Propionsäure (50:25:50:2).
11. n-Nonylalkohol/CCl_4/Propionsäure (75:75:2)

Die Laufzeit hängt von dem Lösungsmittelsystem ab und beträgt 13—30 Std. Nach dem Entwickeln des Chromatogramms wird der Streifen bei Zimmertemperatur getrocknet und die Lage der Antibiotica bioautographisch mit Bac. subtilis als Testorganismus bestimmt.

Magnamycin B.

Von HOCHSTEIN und Mitarbeitern[5] wurde aus der Kulturflüssigkeit von Streptomyces halstedii als zweites Antibioticum Magnamycin B isoliert. In seinem antibiotischen Spektrum ähnelt es Magnamycin.

Chemische Eigenschaften. Es kristallisiert aus Aceton in farblosen Blättchen vom F 141—144°. Das UV-Spektrum zeigt ein Maximum bei 278 mμ. Spektraluntersuchungen haben gezeigt, daß es ein $\alpha,\beta,\gamma,\delta$-ungesättigtes Carbonylsystem enthält, im Gegensatz zu Magnamycin mit einer α,β-ungesättigten Carbonylgruppe im Molekül[6]. Summenformel $C_{41-42}H_{67-69}O_{15}N$.

Methymycin.

Es wurde 1953 von DONIN, PAGANO, DUTCHER und MCKEE[7] aus der Kulturflüssigkeit eines Nocardia gardneri-Stammes isoliert.

---

[1] PERLMAN, D.: Science, N. Y. **118**, 628 (1953).
[2] PERLMAN, D.: Antibiot. & Chemotherap. **4**, 859 (1954).
[3] SIDERI, C. N., and A. OSOL: J. amer. pharmaceut. Ass. **42**, 688 (1953).
[4] SOKOLSKI, W. T., S. ULLMAN, H. KOFFLER and P. A. TRETAULT: Antibiot. & Chemotherap. **4**, 1057 (1954).
[5] HOCHSTEIN, E. A., and K. MURAI: Am. Soc. **76**, 5080 (1953).
[6] EVANS, L. K., and A. E. GILAM: Am. Soc. **76**, 432 (1953).
[7] DONIN, M. N., J. F. PAGANO, J. D. DUTCHER and C. M. MCKEE: Antibiot. Ann. **1953/54**, 179.

Chemische Eigenschaften[1, 2]. Methymycin wird als Base in farblosen Kristallen isoliert, die nach Umkristallisieren aus abs. Alkohol bei 195,5—197° schmelzen; Mol.-Gew. 469; Summenformel $C_{25}H_{43}O_7N$; $[\alpha]_D^{25} = +61°$ (Methanol); $+74°$ (Chloroform); die Methymycinbase hat 2 Absorptionsmaxima bei 223 und 322 mμ (Methanol). Das IR-Spektrum zeigt tiefe Banden bei 2,93 μ, 5,78 μ, 5,94 μ und 6,16 μ. Die freie Base ist in Methanol, Aceton, Chloroform und verschiedenen Säuren löslich, in Äthanol und Äther mäßig löslich und in Wasser und Hexan unlöslich. Das kristalline Methymycinsulfat ist in Methanol und Wasser leicht löslich.

Die chemische Untersuchung der Substanz zeigte, daß es eine tertiäre Aminogruppe, eine phenolische Hydroxyl- und eine α,β-ungesättigte Ketogruppe enthält. Nach den Untersuchungen von DJERASSI und ZDERIC[3] kommt ihm folgende Strukturformel zu:

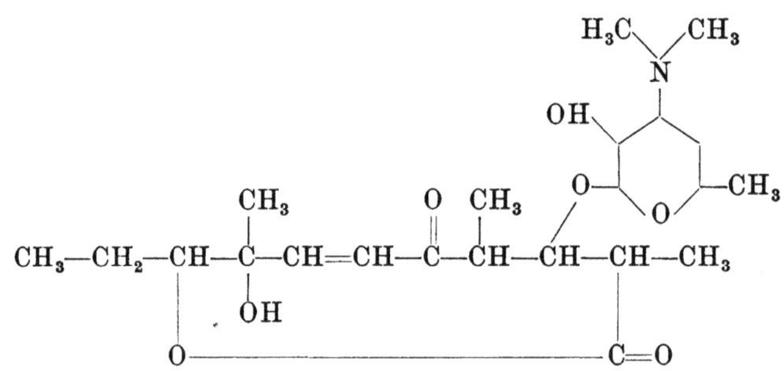

Methymycin hat die gleiche empirische Formel wie das Pikromycin von BROCKMANN, unterscheidet sich aber in seinen physikalischen Eigenschaften weitgehend von diesem.

Biologische Bestimmungsmethoden. Über die Bestimmung von Methymycin im Kulturfiltrat mit biologischen Methoden berichten DONIN und Mitarbeiter[1].

Chemische Bestimmungsmethoden. Sie beruhen alle auf der colorimetrischen Bestimmung eines Farbkomplexes, der durch Reaktion mit einer funktionellen Gruppe entsteht. Dazu müssen zunächst durch Extraktion des Kulturfiltrats mit Amylacetat bei p_H 7,5 die α,β-Ketofettsäuren, die durch den Stoffwechsel entstehen und die Reaktion stören würden, vom Methymycin abgetrennt werden. Die nachfolgenden Bestimmungen werden mit dem Amylacetatextrakt durchgeführt[4].

Arsenmolybdatmethode (s. S. 1563). Die Bestimmung ist innerhalb der Grenze 10 bis 240 γ/cm³ durchführbar.

Bestimmung mit m-Dinitrobenzol nach ZIMMERMANN (s. S. 1564). Die Methode zeigt eine gute Übereinstimmung mit den mikrobiologischen Testen im Gegensatz zu den anderen hier angeführten Farbreaktionen. Die Farbintensität der Lösung folgt innerhalb der Grenzen von 160—3200 γ je 0,5 cm³ dem LAMBERT-BEERschen Gesetz.

Die Spezifität dieser Methode ist groß, da sie nur für Substanzen mit freier Ketogruppe in Frage kommt.

Bestimmung mit dem Phenolreagens nach FOLIN-CIOCALTEU (s. S. 1564). Die Farbintensität folgt innerhalb der Grenzen von 10—200 γ/cm³ dem LAMBERT-BEERschen Gesetz. Die Spezifität der Methode ist nicht groß.

Bestimmung mit Sulfanilsäurediazoniumchlorid (s. S. 1564). Als Ausgangslösung benutzt man eine wäßrige Lösung mit 5—100 γ Methymycin je 2 cm³. Die Intensität des Farbkomplexes ist stark von der Zeit abhängig, so daß alle Bestimmungen in genau einzuhaltenden Zeiten durchgeführt werden müssen.

---

[1] DONIN, M. N., J. F. PAGANO, J. D. DUTCHER and C. M. MCKEE: Antibiot. Ann. **1953/54**, 179.
[2] PERLMAN, D.: Antibiot. & Chemotherap. **4**, 859 (1954).
[3] DJERASSI, C., and J. A. ZDERIC: Am. Soc. **78**, 2907 (1956).
[4] PERLMAN, D.: Antibiot. & Chemotherap. **4**, 859 (1954).

Papierchromatographische Trennung von Methymycin, Erythromycin und Magnamycin[1].

Mit dem Lösungsmittelsystem n-Nonylalkohol/CCl_4/Propionsäure (75:75:2) gelingt die Trennung der 3 Antibiotica.

R_F-Werte: Methymycin 0,56, Erythromycin 0,27, Magnamycin 0,71.

Ausführung der Methode s. S. 1582.

Neomycin (Flavomycin, Mycifradin).

Neomycin wurde von WAKSMAN und Mitarbeitern[2] aus der Kulturflüssigkeit eines Bodenactinomyceten, Streptomyces fradiae, isoliert. Mit Hilfe der Gegenstromverteilung konnten SWART, LECHEVALIER und WAKSMAN[3] zeigen, daß Neomycin keine einheitliche Substanz, sondern ein Komplex aus mindestens 4 antibiotisch wirksamen Substanzen, Neomycin A, B, C und Fracidin ist. PECK, HOFFHINE, GALE und FOLKERS[4] berichten über die Isolierung von Neomycin A. DUTCHER, HOSANSKY, DONIN und WINTERSTEINER[5] trennten aus dem Rohprodukt durch Chromatographie an Aluminiumoxyd 2 weitere antibiotisch wirksame Komponenten ab, von denen die eine mit dem von REGNA und MURPHY[6] beschriebenen Neomycin B identisch ist, während die andere, Neomycin C, sich von Neomycin A wesentlich unterscheidet.

Gewinnung. Der Pilz, Streptomyces fradiae, wächst bei 35° in submersen Kulturen. Nach 90stündiger Fermentation wird die Kulturflüssigkeit mit Schwefelsäure auf p_H 2,7 eingestellt, das Mycel abfiltriert und das Filtrat wieder auf p_H 8,0 gebracht. Durch Aktivkohle wird das Roh-Neomycin adsorbiert, bei p_H 2 mit 10%igem Aceton wieder eluiert und mit Aceton aus der H_2SO_4-haltigen Lösung ausgefällt. Ausbeute an Rohprodukt 15%. Das Rohprodukt wird entweder durch Chromatographie an Aluminiumoxyd oder mit Hilfe der Gegenstromverteilung gereinigt (n-Butanol/wäßrige 2-Äthylbuttersäure, p_H 6,9; 49 Stufen).

Biologische Eigenschaften. Neomycin hat ein sehr breites Wirkungsspektrum; es umfaßt sowohl gramnegative Keime (Coli, Shigellen, Salmonellen, Friedländer-Bakterien und Proteus vulgaris) als auch einzelne grampositive Bakterien (Staphylokokken, Diphtheriebakterien, aber keine Streptokokken) und vor allem Mycobact. tuberculosis. Gegen Pilze und Viren ist es unwirksam. Therapeutisch wichtig ist Neomycin B, welches biologisch aktiver als Neomycin A ist. Die Toxicität ist relativ gering. Bei längerer Verabreichung hoher Dosen können Nierenschädigungen und Störungen des Nervus cochlearis auftreten.

Die Wirksamkeit von Neomycin wird in WAKSMAN-Einheiten (W-E bzw. E) angegeben. 1 W-E $= 3{,}3\,\gamma$ Neomycinbase; $= 5\,\gamma$ Neomycinsulfat.

Chemische Eigenschaften[7]. *Neomycin A* ist eine kristalline Substanz vom F 256° (Zers.). Summenformel[8] $C_{12}H_{26}O_6N_4$. Das amorphe Hydrochlorid ist rechtsdrehend, $[\alpha]_D^{25} = +83°$ ($c = 1\%$, H_2O). Im UV-Licht hat es ein Maximum bei 370 mμ (Phosphatpuffer, p_H 8). Es gibt eine positive Ninhydrinreaktion. Maltose, Glucosamin und Guanidinogruppen konnten nicht nachgewiesen werden[9]. Durch Hydrolyse erhielten KUEHL und Mitarbeiter[10] das 1,3-Diamino-4,5,6-trioxycyclohexan.

---

[1] SOKOLSKI, W. T., S. ULLMANN, H. KOFFLER and P. A. TRETAULT: Antibiot. & Chemotherap. 4, 1057 (1954).
[2] WAKSMAN, S. A., H. A. LECHEVALIER and D. A. HARRIS: J. clin. Invest. 28, 934 (1949).
[3] SWART, E. A., H. A. LECHEVALIER and S. A. WAKSMAN: Am. Soc. 73, 3253 (1951).
[4] PECK, R. L., C. E. HOFFHINE jr., P. GALE and K. FOLKERS: Am. Soc. 71, 2590 (1949); 75, 2025 (1953).
[5] DUTCHER, J. D., N. HOSANSKY, M. N. DONIN and O. WINTERSTEINER: Am. Soc. 73, 1384 (1951).
[6] REGNA, D. D., and F. X. MURPHY: Am. Soc. 72, 1045 (1950).
[7] HAMRE, D. M., F. E. PANSY, D. N. LAPEDES, D. PERLMAN, A. P. BAYAN and R. DONOVICK: Antibiot. & Chemotherap. 2, 135 (1952).
[8] PECK, R. L., C. E. HOFFHINE jr., P. H. GALE and K. FOLKERS: Am. Soc. 75, 1018 (1953).
[9] PECK, R. L., C. E. HOFFHINE jr., P. GALE and K. FOLKERS: Am. Soc. 71, 2590 (1949).
[10] KUEHL, F. A. jr., M. N. BISHOP and K. FOLKERS: Am. Soc. 73, 881 (1951).

Neomycin B. Summenformel[1]: $C_{23}H_{46}N_6O_{12}$; das Sulfat ist optisch aktiv, $[\alpha]_D^{25} = +55°$ ($c = 0{,}5\%$, H_2O). Durch Säurehydrolyse wird es zu Neamin abgebaut[2], das sich als identisch mit Neomycin A erwies[3].

Biologische Bestimmungsmethoden. 1. Die biologische Bestimmung von Neomycin wird entweder mit der Cylindermethode[4] oder mit der Papierscheibenmethode[5] mit Klebsiella pneumoniae als Testorganismus durchgeführt. Die Neomycinproben werden in 0,04 cm³ Phosphatpuffer (p_H 7,5) gelöst.

2. Mit den gewöhnlichen biologischen Bestimmungsmethoden können die 3 Neomycine, A, B und C, nicht voneinander differenziert werden. Zur Bestimmung von Neomycin B, welches handelsmäßig am meisten verabreicht wird, neben Neomycin A und C wird durch Verwendung eines Neomycin C-resistenten Stammes — Bacillus subtilis — die antibiotische Wirkung dieser Komponente ausgeschaltet. Durch Zusatz von 1% KCl zur Testlösung erreicht man eine Vergrößerung der Zonen von Neomycin B, während die Hemmzonen von Neomycin A durch den gleichen Zusatz beachtlich kleiner werden[6].

3. Methoden zur biologischen Bestimmung von Neomycin in Antibioticagemischen haben LEVINE, FISHBACH und ARRET[7], DE NUNZIO, BOWMAN und KIRSHBAUM[8] sowie GROVE und RANDALL[9] ausgearbeitet.

Zur Durchführung der Bestimmungen werden verschiedene Phosphatpuffer benötigt:

I. p_H 8:	K_2HPO_4	16,73 g	III. p_H 6:	K_2HPO_4	20,0 g
	KH_2PO_4	0,523 g		KH_2PO_4	80,0 g
	H_2O	ad 1000,0		H_2O	ad 1000,0
II. p_H 6:	K_2HPO_4	2,0 g	IV. p_H 4,5:	KH_2PO_4	13,6 g
	KH_2PO_4	8,0 g		H_2O	ad 1000,0
	H_2O	ad 1000,0			

4. Nach LEVINE und Mitarbeitern[7] wird in einem Gemisch von *Neomycin und Dihydrostreptomycin* das letztere durch Behandeln mit $Ba(OH)_2$ — 1 cm³ 5% $Ba(OH)_2$/10 cm³ wäßrigem Extrakt — inaktiviert. Nach 3stündigem Erhitzen auf dem Wasserbad wird die Lösung abgekühlt und nach Zusatz von einem Tropfen 1%iger Phenolphthaleinlösung mit 1 n H_2SO_4 auf p_H 7 eingestellt. Ein aliquoter Teil der Lösung wird zur Entfernung von Bariumsulfat zentrifugiert. In dem klaren Zentrifugat wird der Neomycingehalt bestimmt. Für den biologischen Test gibt man zu der Neomycinlösung so viel Phosphatpuffer vom p_H 8 (*I*), daß sie nach weiterer Verdünnung mit Wasser 0,1 m an Kaliumphosphat ist und etwa 10 γ Neomycin je cm³ enthält. Da die Konzentration der Pufferlösung die Größe der Hemmzone im Cylinderplatten-Test beeinflußt, ist es notwendig, die Versuchslösung genau auf die gleiche Molarität der Standardlösung einzustellen.

5. Im Gemisch von *Penicillin, Streptomycin bzw. Dihydrostreptomycin und Neomycin* wird nach DE NUNZIO und Mitarbeitern[8] zunächst der Penicillingehalt der Lösung bestimmt. Anschließend zerstört man das Penicillin durch Zusatz von Penicillinase. Der Gehalt an Streptomycin bzw. Dihydrostreptomycin wird im Plattentest mit Bac. subtilis als Testorganismus bestimmt. Anschließend wird zur Bestimmung von Neomycin wie unter 1 beschrieben verfahren.

---

[1] FORD, J. H., M. E. BERGY, A. A. BROOKS, E. R. GARRETT, J. ALBERTI, J. R. DYER and H. E. CARTER: Am. Soc. **77**, 5311 (1955).
[2] LEACH, B. E., W. H. DE VRIES, H. A. NELSON, W. G. JACKSON and J. S. EVANS: Am. Soc. **73**, 2729 (1951).
[3] LEACH, B. E., and C. M. TEETERS: Am. Soc. **74**, 3187 (1952).
[4] HAMRE, D. M., F. E. PANSY, D. N. LAPEDES, D. PERLMAN, A. P. BAYAN and R. DONOVICK: Antibiot. & Chemotherap. **2**, 135 (1952).
[5] GARRETT, E. R., and G. M. SAVAGE: Antibiot. & Chemotherap. **5**, 273 (1955).
[6] SOKOLSKI, W. T., and O. S. CARPENTER: Antibiot. Ann. **1955/56**, 383.
[7] LEVINE, J., H. FISHBACH and B. ARRET: Antibiot. & Chemotherap. **4**, 266 (1954).
[8] NUNZIO, J. C. DE, F. W. BOWMAN and A. KIRSHBAUM: Antibiot. & Chemotherap. **4**, 300 (1954).
[9] GROVE, D. C., and W. A. RANDALL: Assay Methods of Antibiotics. S. 124ff. New York 1955.

Nach GROVE und RANDALL[1] wird das Streptomycin durch Zusatz von Semicarbazid zu der Phosphatpufferlösung wie folgt inaktiviert: Zur Zerstörung von 125 γ Streptomycin setzt man der Phosphatpufferlösung 1 cm³ 0,5 %ige, frisch angesetzte Semicarbazidlösung zu, läßt 1 Std bei Zimmertemperatur stehen und stellt die penicillin- und streptomycin-inaktivierte Lösung mit Phosphatpuffer, p_H 8 (*I*), auf eine Neomycinkonzentration von etwa 10 γ/cm³ ein. Der Test wird anschließend wie oben beschrieben durchgeführt.

6. Bestimmung eines Gemisches von *Neomycin, Penicillin und Bacitracin* in Salben[1]. Etwa 1 g Salbe wird mit 50 cm³ peroxydfreiem Äther so lange geschüttelt, bis eine homogene Lösung vorliegt. Zur Bestimmung von Penicillin und Bacitracin wird die ätherische Lösung mit 3mal 25 cm³ Phosphatpuffer, p_H 6 (*II*) extrahiert.

a) Zunächst wird der *Penicillingehalt* der Lösung mit einer der biologischen Methoden bestimmt.

b) Die Bestimmung des *Bacitracingehaltes* wird ebenso wie diejenige von Neomycin durch Penicillin gestört. Durch Zusatz von Penicillinase wird dieses inaktiviert und anschließend der mikrobiologische Test auf Bacitracin mit Micrococcus flavus als Testorganismus durchgeführt.

c) Zur Bestimmung des *Neomycingehaltes* wird ein Teil des ätherischen Extraktes mit Phosphatpuffer (*I*), p_H 8, ausgeschüttelt, das Penicillin wiederum durch Penicillinasezusatz zerstört. Anschließend wird Neomycin mit Staph. aureus als Testorganismus mikrobiologisch bestimmt.

Liegen die Antibiotica in öliger Suspension vor, so wird ebenfalls mit Äther extrahiert und anschließend wie oben verfahren.

7. *Bestimmung von Neomycin in Tabletten und Dragées*[2]. Die Tabletten oder Dragees (5 Stück) werden in einem Mörser mit 20 cm³ Phosphatpuffer (*I*), p_H 8, zerrieben, anschließend portionsweise mit Phosphatpuffer in einen 500 cm³-Meßkolben überführt und die Lösung mit Phosphatpuffer bis zur Marke aufgefüllt. Ein aliquoter Teil dieser Lösung wird mit Phosphatpuffer auf einen Gehalt von 10 γ/cm³ verdünnt. Mit dieser verdünnten Lösung wird der biologische Test durchgeführt.

8. *Bestimmung von Neomycin und Bacitracin in Gegenwart eines Vasoconstrictors (Nasentropfen)*[2]. Der Inhalt des Fläschchens wird in physiol. Kochsalzlösung gelöst. Ein Teil dieser Lösung wird mit Phosphatpuffer (*II*), p_H 6, verdünnt, so daß eine Bacitracinkonzentration von 1 E/cm³ vorliegt. Mit dieser verdünnten Lösung wird der Bacitracingehalt mikrobiologisch bestimmt.

Ein anderer Teil der Ausgangslösung wird mit Phosphatpuffer (*I*), p_H 8, auf eine Neomycinkonzentration von etwa 10 γ/cm³ eingestellt und anschließend biologisch geprüft.

9. *Bestimmung eines Gemisches von Neomycin, Bacitracin und Polymyxin in Tabletten oder Dragees*[2].

a) *Bacitracin* kann mikrobiologisch neben Neomycin und Polymyxin bestimmt werden. Zu diesem Zweck löst man 5 Tabletten in 50 cm³ Phosphatpuffer (*III*), p_H 6, und verdünnt diese Lösung bis zu einer Konzentration von 10 E/cm³. Diese Lösung wird 1:10 mit dest. Wasser verdünnt, so daß ungefähr 1 E Bacitracin je cm³ und eine Pufferkonzentration von 1 % vorliegen. Mit dieser Lösung wird der Zylinderplattentest mit Micrococcus flavus als Teststamm durchgeführt.

b) *Neomycin* kann ebenfalls neben Polymyxin und Bacitracin nach Extraktion der zerriebenen Tabletten mit Phosphatpuffer (*I*), p_H 8, bestimmt werden[2].

c) Die Bestimmung von *Polymyxin* wird durch den Neomycingehalt gestört, wenn man die Tabletten in Phosphatpuffer (*II*) löst. Bei Verwendung von Phosphatpuffer (*III*), p_H 6, wird die Empfindlichkeit des mikrobiologischen Testes erhöht. Der störende Einfluß des Neomycingehaltes wird zurückgedrängt. Mit Brucella bronchiseptica als Testorganismus kann der Polymyxingehalt mittels des Cylinderplattentestes neben Neomycin bestimmt werden.

---

[1] GROVE, D. C., and W. A. RANDALL: Assay Methods of Antibiotics. S. 124ff. New York 1955.
[2] GROVE, D. C., and W. A. RANDALL: Assay Methods of Antibiotics. S. 138. New York 1955.

10. Liegen *Bacitracin, Tyrothricin und Neomycin* zusammen in einem Präparat vor, so wird die Bestimmung der einzelnen Antibiotica durch die anderen nicht gestört[1].

11. Liegen *Neomycin und Gramicidin*[1] in einer Salbe vor, so kann jedes Antibioticum für sich nach Extraktion der ätherischen Suspension der Salbe mit Phosphatpuffer, p_H 8 (*I*), für Neomycin bzw. des Petrolätherextraktes der Salbe mit Aqua dest. für Gramicidin geprüft werden.

12. a) Zur Bestimmung von *Neomycin neben Erythromycin*[1] in einer Salbe muß das Erythromycin wegen seines störenden Einflusses auf den Neomycintest inaktiviert werden. 1 g Salbe wird mit 100 cm³ Phosphatpuffer (*I*), p_H 8, kräftig geschüttelt, ein Teil des filtrierten Extraktes mit n HCl auf p_H 2 eingestellt. Man läßt die Lösung zur Inaktivierung von Erythromycin 3 Std bei 37° stehen, stellt sie dann mit n NaOH auf p_H 8 wieder ein, verdünnt mit Phosphatpuffer (*I*) auf einen Gehalt von etwa 10 γ Neomycin je cm³ und führt den Test wie oben beschrieben aus.

b) Zur Bestimmung von *Erythromycin* wird 1 g Salbe mit 100 cm³ Polyäthylenglykol kräftig geschüttelt. Nach dem Filtrieren durch Baumwolle wird die Lösung mit Phosphatpuffer (*I*), p_H 8, auf einen Erythromycingehalt von etwa 1 γ/cm³ eingestellt und der mikrobiologische Test mit Sarcina lutea als Testorganismus durchgeführt.

13. *Bestimmung von Aureomycin bzw. Tetracyclin, Neomycin, Streptomycin und Procainpenicillin nebeneinander in Salben*[1].

a) Zur Entfernung der Salbengrundlage wird 1 g Salbe 5mal mit 10 cm³ warmem Isooctan extrahiert, in welchem die Antibiotica unlöslich sind. Die Isooctananteile werden verworfen, der Rückstand im Scheidetrichter wird zur Entfernung von Procainpenicillin 3mal mit 10 cm³ Chloroform ausgeschüttelt.

b) In den vereinigten Chloroformextrakten wird das *Procainpenicillin* wie folgt bestimmt: Der Chloroformextrakt wird mit abs. Alkohol auf 250 cm³ aufgefüllt. Diese Lösung wird mit Phosphatpuffer (*II*), p_H 6, auf die für den Test notwendige Verdünnung — 10 E/cm³ — gebracht und der Test in der üblichen Weise durchgeführt.

c) Zur Bestimmung von *Aureomycin* bzw. *Tetracyclin* wird der Rückstand im Scheidetrichter 4mal mit 10 cm³ 0,3 %igem Piperidin in Aceton ausgeschüttelt. Die vereinigten Extrakte werden sofort mit Phosphatpuffer (*IV*), p_H 4,5, auf 100 cm³ aufgefüllt. Ein aliquoter Teil dieser Lösung wird mit Phosphatpuffer (*IV*), p_H 4,5, für den mikrobiologischen Test verdünnt: 0,1 γ/cm³.

d) Zur Bestimmung von *Neomycin und Streptomycin* wird der Rückstand im Scheidetrichter 5mal mit je 10 cm³ Phosphatpuffer (*I*), p_H 8, ausgeschüttelt. Die gesammelten Extrakte werden wie unter *1.* beschrieben weiterverarbeitet.

Chemische Bestimmungsmethoden.

Qualitative Methoden.

Glucosamintest für Streptomycin, Dihydrostreptomycin und Neomycin[2].

Eine Probe von 10 mg in 1 cm³ H_2O gelöst, wird mit 2 cm³ n HCl 10 min im Wasserbad von 100° hydrolysiert. Anschließend werden 2 cm³ 2 n NaOH und 1 cm³ 2 %iges wäßriges Acetylaceton zugefügt und die Lösung 5 min im Wasserbad erhitzt. Nach dem Abkühlen wird zu der Lösung 1 cm³ EHRLICHs Reagens gegeben (500 mg p-Dimethylaminobenzaldehyd in 50 cm³ Äthanol/konz. HCl, 1:1). Kirschrote Farbe. Zum Unterschied von Neomycin tritt diese Reaktion bei Streptomycin und Dihydrostreptomycin bereits ohne die Hydrolyse mit HCl beim Versetzen mit Natronlauge ein.

Weitere Angaben zum Hexosamin-Nachweis s. S. 697 ff.

Ninhydrinreaktion[3].

Beim Versetzen der wäßrigen Lösungen mit 1 cm³ Ninhydrinreagens (0,2 % Ninhydrin in n-Butanol) und 0,5 cm³ Pyridin und anschließendem 5 min langem Erhitzen im Wasserbad färbt sich die Lösung purpurrot.

[1] GROVE, D. C., and W. A. RANDALL: Assay Methods of Antibiotics. S. 138. New York 1955.
[2] GROVE, D. C., and W. A. RANDALL: Assay Methods of Antibiotics. S. 146. New York 1955.
[3] O'KEEFFE, E. A., and F. M. RUSSO-ALESI: Am. Soc. 71, 1517 (1943).

Dieselbe Reaktion geben Bacitracin, Polymyxin B, Tyrothricin und Viomycin. Bei langem Erhitzen der Lösung geben auch Streptomycin und Dihydrostreptomycin eine schwache Ninhydrinreaktion.

Quantitative Methoden.

Colorimetrische Bestimmung von Neomycin mit dem Carbazolreagens nach PERLMAN[1].

Beschreibung der Methode und Reagentien s. S. 1632.

Spektrophotometrische Bestimmung von Neomycin nach DUTCHER[2].

Prinzip:

Die Methode beruht auf der Beobachtung, daß Neomycin beim Erhitzen mit starken Mineralsäuren Furfurol als Abbauprodukt bildet. Sie kann nur zur Bestimmung von Neomycinkonzentraten angewandt werden, nicht aber für die Kulturflüssigkeit. Die Ergebnisse folgen dem LAMBERT-BEERschen Gesetz innerhalb der Grenzen 25—500 γ Neomycinbase je 5 cm^3 Hydrolysat.

Reagentien:

1. Neomycin-Standardlösung 1000 γ/cm^3. Neomycinsulfat enthält 665 γ, Neomycinhydrochlorid 730 γ Base/mg.
2. H_2SO_4, 40%ig.

Ausführung:

Man richtet sich doppelte Proben von 0,5 cm^3 und 0,25 cm^3 der Standardlösung und der zu bestimmenden Lösung her. In jedes Röhrchen gibt man entweder 4,5 oder 4,75 cm^3 40%ige H_2SO_4 und erhitzt sie $1^1/_2$ Std im kochenden Wasserbad. Nach dem Abkühlen wird das Volumen mit Wasser wieder auf 5 cm^3 aufgefüllt. Die Absorption der Lösung wird im Beckman-Spektrophotometer bei 280 mμ gegen einen Leerwert aus dest. Wasser oder 40%iger H_2SO_4 abgelesen. Aus der Standardkurve und der optischen Dichte der unbekannten Lösung wird deren Konzentration berechnet.

Papierchromatographische Bestimmung von Neomycin[3].

Das Chromatogramm wird mittels der absteigenden Methode auf Whatman I-Papier entwickelt. Als Entwicklungslösung hat sich wassergesättigtes Butanol + 2% p-Toluolsulfosäure-monohydrat als vorteilhaft erwiesen. Nach 18stündiger Laufzeit ist das Chromatogramm fertig und wird bioautographisch fixiert. Neomycin hat den R_F-Wert 0,3 bis 0,45.

Papierchromatographische Trennung von Neomycin und Viomycin[4].

Die Trennung erfolgt nach der aufsteigenden Methode. Die Proben werden in Wasser gelöst und auf Whatman I-Papier aufgetragen. Nach dem Trocknen wird mit 25 cm^3 n-Propanol/Wasser + 1 cm^3 Eisessig als Lösungsmittelsystem chromatographiert und nach dem Lufttrocknen des Bogens mit 1% Ninhydrin in wassergesättigtem Butanol angefärbt. Die R_F-Werte von Neomycin und Viomycin sind 0,25—0,3 bzw. 0,4. Falls Bacitracin in dem Gemisch der Antibiotica vorhanden ist, so läuft dieses mit der Lösungsmittelfront.

Netropsin.

Netropsin wurde von FINLAY, HOCHSTEIN, SOBIN und MURPHY[5] aus dem Kulturfiltrat von Streptomyces netropsis isoliert.

Es ist wirksam gegen Esch. coli und die Paratyphusgruppe, ferner gegen die Larve der Kleidermotte und den schwarzen Teppichkäfer. Die Toxicität ist gering.

---

[1] PERLMAN, D.: J. biol. Ch. **179**, 1147 (1949).

[2] DUTCHER, J. D., N. HOSANSKY and J. H. SHERMAN: Antibiot. & Chemotherap. **3**, 534 (1953).

[3] LEACH, B. E., W. H. DE VRIES, H. A. NELSON, W. G. JACKSON and J. S. EVANS: Am. Soc. **73**, 2797 (1951).

[4] FISHBACH, H., and J. LEVINE: Antibiot. & Chemotherap. **3**, 1159 (1953).

[5] FINLAY, A. C., F. A. HOCHSTEIN, B. A. SOBIN and F. X. MURPHY: Am. Soc. **73**, 341 (1951).

Chemische Eigenschaften. Netropsin ist eine starke Base mit der Summenformel $C_{32}H_{48}O_4N_{18}$ und dem Schmelzpunkt F 168°.

Das UV-Absorptionsspektrum einer wäßrigen Lösung des Sulfats zeigt Maxima bei 236 und 296 mμ. Im Infrarotspektrum sind keine scharfen Spitzen festzustellen. Breite Maxima, die für große Moleküle charakteristisch sind, liegen bei 332, 167, 155, 141, 126, 121, 114, 109, 106, 96 und 81 μ. Bei der alkalischen Hydrolyse wurden 2 kristalline einbasische Säuren isoliert, $C_{15}H_{20}O_3N_6$ und $C_3H_5ON_3$. Die starke Basicität von Netropsin beruht wahrscheinlich auf dem Vorhandensein eines Guanidinringes im Molekül.

Novobiocin (Cathomycin, Albamycin, Streptonivicin)

wurde von KACZKA und Mitarbeitern[1] aus der Kulturflüssigkeit von Streptomyces niveus isoliert. Zu gleicher Zeit und unabhängig von dieser Forschergruppe wurde von SMITH und Mitarbeiter[2] aus submersen Kulturen von Streptomyces spheroides ein Antibioticum, Streptonivicin genannt, dargestellt. Die biologischen und chemischen Untersuchungen zeigten, daß die beiden Antibiotica miteinander identisch sind[3].

Biologische Eigenschaften[4-7]. Das Wirkungsspektrum umfaßt in vitro viele grampositive Bakterien (Staphylokokken, Streptokokken, Diplokokken, Proteus vulgaris u. a.) und einige gramnegative Kokken. Novobiocin hat aber keine tuberkulostatischen, antimykotischen, rickettsiostatischen oder virulostatischen Eigenschaften. Das Wachstum der Typhus- und Paratyphusgruppe wird ebenfalls nicht beeinflußt. In seinem Wirkungsspektrum entspricht es weitgehend dem Penicillin.

Die Standardisierung von Novobiocin erfolgt auf Gewichtsbasis.

Chemische Eigenschaften. Novobiocin ist eine schwach gelbe Substanz, die in 2 kristallinen Formen auftritt: F 152—156° und F 174—178°; Mol.-Gew. 618; Summenformel: $C_{31}H_{36}O_{11}N_2$[8].

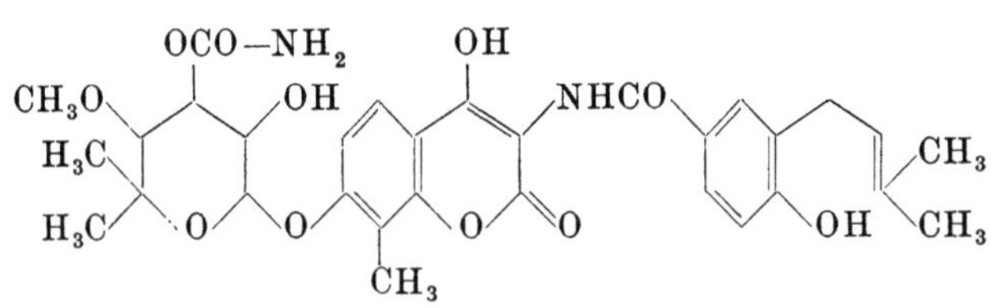

9, 10

$[\alpha]_D^{25} = -63°$ ($c = 1\%$ in Äthanol); $= -27°$ ($c = 1\%$ in n NaOH); $= -44°$ ($c = 1\%$ in Pyridin). Im UV-Licht besitzt es bei 307 mμ ein Absorptionsmaximum.

Novobiocin ist im alkalischen p_H-Bereich leichter löslich als im sauren. In wäßrigen Lösungen ist es bei p_H 2 und Zimmertemperatur stabil, bei p_H 7—10 wird es innerhalb 60 Tagen zur Hälfte inaktiviert[11]. Bei niederen Temperaturen (+ 8°) tritt nach 14 Tagen nur eine 3 %ige Inaktivierung ein.

[1] KACZKA, E. A., F. J. WOLF, F. P. RATHE and K. FOLKERS: Am. Soc. **77**, 6404 (1955).
[2] SMITH, C. G., A. DIETZ, W. T. SOKOLSKI and G. M. SAVAGE: Antibiot. & Chemotherap. **6**, 135 (1956).
[3] FINLAND, M.: Antibiot. Ann. **1955/56**, 929.
[4] ROSS, S.: Antibiot. Ann. **1955/56**, 600.
[5] NOYES, H. E., S. C. NAGLE jr., J. P. SANFORD and M. L. ROBBINS: Antibiot. & Chemotherap. **6**, 450 (1956).
[6] WALLICK, H., D. A. HARRIS, M. A. REAGAN, M. RUGER and H. B. WOODRUFF: Antibiot. Ann. **1955/56**, 909.
[7] FROST, B. M., M. E. VALIANT, L. MCCLELLAND, M. SOLOTOROWSKY and A. C. CUCKLER: Antibiot. Ann. **1955/56**, 918.
[8] HINMAN, J. W., H. HOEKSEMA, E. L. CARON and W. G. JACKSON: Am. Soc. **78**, 1072 (1956).
[9] HINMAN, J. W., E. L. CARON and H. HOEKSEMA: Am. Soc. **79**, 5321 (1957).
[10] STAMMER, C. H., E. WALTON, A. N. WILSON, R. W. WALKER, N. R. TRENNER, F. W. HOLLY and K. FOLKERS: Am. Soc. **80**, 137 (1958).
[11] HOEKSEMA, H., M. E. BERGY, W. G. JACKSON, J. W. SHELL, J. W. HINMAN, A. E. FONKEN, G. A. BOYACK, E. L. CARON, J. H. FORD, M. H. DEVRIES and G. F. CRUM: Antibiot. & Chemotherap. **6**, 143 (1956).

Biologische Bestimmung von Novobiocin. 1. Das Wirkungsspektrum bzw. die Aktivität von Novobiocin wird mit einem der üblichen Verfahren (Diffusionsverfahren oder Reihenverdünnungstest) bestimmt. Als Testorganismus dient Bac. subtilis[1] oder Sarc. lutea[2].

2. Da Novobiocin von Eiweißbestandteilen des Serums gebunden wird, führten TAYLOR und Mitarbeiter[3] zur Bestimmung in Blut, Urin und anderen Körperflüssigkeiten eine Modifikation des Reihenverdünnungstestes ein. Das Antibioticum wird bei niedrigem p_H-Wert, 4,0, mit Äthylacetat aus dem Serum extrahiert, das Äthylacetat bei 50° im Vakuum verdampft. Der Rückstand wird in 0,05 m Phosphatpuffer, p_H 7, aufgenommen. Mit dieser Lösung wird der Test mit Micr. pyogenes var. aureus als Testorganismus durchgeführt. Konzentrationen von 0,5 γ/cm³ können mit diesem Verfahren erfaßt werden.

3. Eine biologische Bestimmung von Novobiocin in pharmazeutischen Präparaten und in Körperflüssigkeiten ohne die zeitraubende Extraktion mit Äthylacetat wurde von KIRSHBAUM und Mitarbeitern[4] ausgearbeitet.

Chemische Bestimmungsmethoden.

***Chemische Bestimmung von Novobiocin nach* BOXER *und* SHONK[5].**

Prinzip:

In alkalischer Lösung reagiert Novobiocin mit N-2,6-Trichlorchinonimin unter Bildung eines blauen Farbstoffes, dessen Absorption nach Extraktion in n-Butanol bei 630 mμ im photoelektrischen Colorimeter gemessen wird.

Reagentien:

1. 0,1 m Natriumboratlösung.
2. n-Butanol.
3. Gesättigte, wäßrige Lösung von N-2,6-Trichlorchinonimin: 25 mg N-2,6-Trichlorchinonimin werden in einer dunklen Flasche in 100 cm³ Wasser suspendiert, kräftig geschüttelt und 2 Std bei Zimmertemperatur unter gelegentlichem Umschütteln stehengelassen (2 Tage bei Zimmertemperatur haltbar).
4. Novobiocin-Standardlösung: 25 mg Novobiocin oder die äquivalente Menge des Natriumsalzes werden in 500 cm³ 0,1 m Natriumboratlösung (*1*) gelöst (bei Zimmertemperatur mindestens 2 Wochen haltbar).
5. 1 n HCl.
6. Benzol (thiophenfrei).
7. Tetrabutylammoniumhydroxyd, 0,4%ig: Tetrabutylammoniumjodid wird in Wasser gelöst und mit Silberoxyd (1 Mol Überschuß) geschüttelt. Man filtriert die Lösung und stellt einen aliquoten Teil des Filtrats mit HCl auf p_H 8,2 ein; Phenolphthalein als Indikator. Das Filtrat wird anschließend mit Wasser auf eine Konzentration von 0,4% Tetrabutylammoniumhydroxyd verdünnt.

1. a) *Bestimmung in wäßriger Lösung.* 1—3 cm³ der Novobiocin-Standardlösung (*4*) mit 5—50 γ Novobiocin je cm³ werden mit 0,5 cm³ gesättigter, wäßriger N-2,6-Trichlorchinoniminlösung (*3*) versetzt. Man mischt und erwärmt 10 min im Wasserbad von 38°. Nach Zufügen von 3 cm³ n-Butanol wird 30 sec kräftig geschüttelt, anschließend 30 sec zentrifugiert zum Trennen der Phasen. Die butanolische Phase wird in eine 1 cm-Küvette gefüllt und die Absorption der Farblösung in Spektrophotometer bei 630 mμ gegen n-Butanol als Leerwert gemessen. Die Färbung ist mindestens 2 Std stabil. Als Leerwert der Reagentien nimmt man 0,1 m Boratlösung (*1*) an Stelle der Novobiocin-Standard-

[1] WALLICK, H., D. A. HARRIS, M. A. REAGAN, M. RUGER and H. B. WOODRUFF: Antibiot. Ann. **1955/56**, 909.

[2] MARTIN, W. J., F. R. HEILMAN, D. R. NICHOLS, W. E. WELLMAN and J. E. GERACI: Proc. Staff. Meet. Mayo Clin. **30**, 540 (1955).

[3] TAYLOR, R. M., W. T. SOKOLSKI, G. M. SAVAGE and M. J. VAN DER BROOK: Antibiot. & Chemotherap. **6**, 157 (1956).

[4] KIRSHBAUM, A., J. KRAMER, B. ARRET and D. M. WINTERMERE: Antibiot. & Chemotherap. **6**, 504 (1956).

[5] BOXER, G. E., and C. E. SHONK: Antibiot. & Chemotherap. **6**, 589 (1956).

lösung. Novobiocin kann in Konzentrationen von 5—50 γ je 1—3 cm^3 Lösung mit einem Fehler von $\pm 2{,}5\%$ bestimmt werden.

b) Geringere Konzentrationen von Novobiocin (1—15 γ je 1—3 cm^3 Lösung) werden erfaßt, wenn man die Lösung mit einem Gemisch aus 60 Teilen Benzol, 40 Teilen n-Butanol unter Zufügen von etwas Tetrabutylammoniumhydroxyd extrahiert. Diese Modifikation eignet sich aber nur für Konzentrationen bis zu 15 γ Novobiocin je 1—3 cm^3 Lösung. Man arbeitet dann wie folgt: Zu 1—3 cm^3 Novobiocin-Lösung mit 1—15 γ Novobiocin in 0,1 m Natriumboratlösung gibt man 0,2 cm^3 Farbreagens (*3*). Nach kräftigem Schütteln wird die Lösung 10 min in ein Wasserbad von 38° gestellt. Anschließend werden 4 cm^3 des Benzol—n-Butanol-Gemisches zugefügt. Nach kräftigem Schütteln wird zentrifugiert und die organische Phase in ein Reagensglas mit 0,2 cm^3 0,4 %igem Tetrabutylammoniumhydroxyd überführt. Man schüttelt wiederum, zentrifugiert und bringt die organische Phase in eine 0,5 cm-Küvette. Die Intensität der Farblösung wird im Spektrophotometer bei 630 mμ gegen das Benzol—n-Butanol-Gemisch abgelesen. Die Absorption der Farblösung wird korrigiert durch diejenige einer 0,1 m Natriumboratlösung, die bei jedem Ansatz als Leerwert der Reagentien mitläuft.

2. *Bestimmung im Serum oder Plasma.* Die beschriebene Methode kann nicht auf Plasma oder Serum übertragen werden, da das Novobiocin fast vollständig an das Plasmaeiweiß gebunden zu sein scheint. Durch Extraktion mit Benzol in saurer Lösung wird Novobiocin vom Plasmaeiweiß abgetrennt. Die Bestimmung verläuft wie folgt: In 2 Zentrifugengläser gibt man je 1 cm^3 Serum oder Plasma. In das eine Glas (A) gibt man 1 cm^3 0,1 m Natriumboratlösung (*1*), in das andere (B) 1 cm^3 Novobiocin-Standardlösung (*4*). Anschließend fügt man in jedes Glas 0,5 cm^3 1 n HCl und 10 cm^3 Benzol hinzu. Die Gläser werden mit einem Polyäthylenstopfen verschlossen, genau 2 min kräftig geschüttelt und anschließend zur Trennung der Schichten 30 sec zentrifugiert. Die Benzolschicht wird in einen Scheidetrichter gegeben, die Extraktion der Ausgangslösungen mit je 10 und 5 cm^3 Benzol wiederholt und die Benzolanteile jedes Glases vereinigt. Die Gesamtextraktion muß hintereinander und so schnell wie möglich erfolgen, da es bei zu langem Kontakt des Serums bzw. Plasmas mit Benzol zu Emulsionsbildung kommt. Die im Scheidetrichter vereinigten Benzolanteile werden mit 4 cm^3 0,1 m Natriumboratlösung 30 sec kräftig geschüttelt. Mit einem aliquoten Teil der wäßrigen Phase wird die colorimetrische Bestimmung wie beschrieben durchgeführt.

Berechnung:

Die Konzentration von Novobiocin im Plasma oder Serum errechnet man nach folgender Gleichung:

$$\gamma/\mathrm{cm}^3 = \frac{A}{B-A} X\ C, \text{ wo}$$

A = Absorption von Lösung A (ohne zugefügtes Novobiocin) gegen n-Butanol abgelesen minus der Absorption der Reagentien gegen n-Butanol.

B = Absorption von Lösung B (mit zugefügtem Novobiocin) gegen n-Butanol abgelesen minus der Absorption der Reagentien gegen n-Butanol.

$C = \gamma$ Novobiocin, die Lösung B zugesetzt wurden.

Die Extraktion von Novobiocin aus Serum oder Plasma gelingt nur zu 60—70%. Um diesen Fehler zu kompensieren, muß eine Standardkurve mit Serumwerten festgelegt werden.

Nystatin (Fungicidin, Mycostatin)

wurde 1951 von HAZEN und BROWN[1] aus der Kulturflüssigkeit verschiedener Streptomycesstämme gewonnen. Es hat vor allem fungicide Eigenschaften. Von den gleichen Forschern wurde festgestellt, daß die Candida albicans-Infektion der weißen Maus durch Nystatin wesentlich beeinflußt wird.

[1] HAZEN, E. L., and R. BROWN: Proc. Soc. exp. Biol. Med. 76, 93 (1951).

Die Wirksamkeit von Nystatin wird in Einheiten angegeben. 1 Einheit entspricht derjenigen Menge Nystatin, die Candida albicans in 1 cm³ Bouillon zu hemmen vermag. Die Handelspräparate enthalten etwa 2000 E/mg.

Chemische Eigenschaften[1]. Obgleich Nystatin von HAZEN und BROWN kristallin isoliert wurde, liegt das Handelsprodukt in amorpher Form vor. Das kristalline Produkt, eine gelbe amphotere Substanz, hat keinen bestimmten Schmelzpunkt, zwischen 160 bis 250° C zersetzt es sich graduell; $[\alpha]_D^{25} = -10°$ (Eisessig); $= +21°$ (Pyridin). Nystatin ist in Wasser, Chloroform, Aceton und Hexan unlöslich, in Methanol, Äthanol, Butanol und Dioxan mäßig löslich. In Pyridin, Formamid und Dimethylformamid ist es löslich, ebenso in Eisessig, 0,05 n methanolischer HCl und NaOH; diese Reagentien inaktivieren es aber schnell. Ebenso wird es durch Fettsäuren und Cystein inaktiviert.

Das kristalline Nystatin hat die empirische Formel $C_{46}H_{83}NO_{18}$ mit dem Mol.-Gew. 938,2. Das Molekül enthält sowohl basische als auch saure Gruppen. Die Absorptionsmaxima im UV-Licht liegen in methanolischer Lösung bei 291, 305 und 319 mμ.

Biologische Bestimmung von Nystatin.

1. Zur Bestimmung der Aktivität von Nystatin in der Kulturflüssigkeit wendet man eine der Diffusionsmethoden mit Candida albicans als Testorganismus an[2].

2. Der Gehalt in Blutproben wird mit dem Reihenverdünnungstest bestimmt; Testorganismus ist Saccharomyces cerevisiae[3]. Der Testbouillon werden bis zu 5 γ/cm³ Streptomycin zugesetzt, um das Wachstum störender, bakterieller Verunreinigungen zu verhindern.

3. In Tabletten. Die Nystatintabletten enthalten 500000 E je Tablette. Für die Bestimmung zerreibt man 3 Tabletten und schüttelt sie mit 150 cm³ Formamid kräftig aus. Einen aliquoten Teil dieser Lösung verdünnt man mit Formamid auf eine Nystatinkonzentration von ungefähr 400 E/cm³. Ein aliquoter Teil dieser Lösung wird mit Phosphatpuffer, p_H 6, auf eine Nystatinkonzentration von etwa 20 E/cm³ gebracht und anschließend der Test mit dieser Verdünnung durchgeführt.

Oligomycin.

Im Kulturmedium eines Streptomyces distatochromogenes-ähnlichen Actinomycetenstammes wurden von SMITH, PETERSON und McCOY[4] 2 antibiotisch wirksame Substanzen festgestellt, von denen die eine Oligomycin genannt wurde; die andere, in geringer Konzentration auftretende Komponente ging während des Reinigungsprozesses verloren und konnte nicht identifiziert werden.

Oligomycin zeigt eine ausgesprochen fungistatische Wirkung.

Chemische Eigenschaften. Es ist wenig löslich in Wasser, gut in organischen Lösungsmitteln. Summenformel: $C_{25}H_{40-47}O_7$; im UV-Licht zeigt es 2 Absorptionsbanden bei 225 und 232 mμ.

Aus dem Infrarotspektrum kann man auf das Vorhandensein von Hydroxyl- und Carbonylgruppen und einigen Doppelbindungen im Molekül schließen.

Penicillin.

Mit der Entdeckung der bakteriostatischen Eigenschaften einer von einem Schimmelpilz, Penicillium notatum, gebildeten Substanz durch FLEMING 1928 — er nannte sie Penicillin — begann die Ära der Antibiotica. Die Untersuchung der Substanz durch den „Londoner Arbeitskreis" CLUTTERBUCK, LOVELL und RAISTRICK[5] führte zu dem Ergebnis, daß das Penicillin nur im Bereich von p_H 5—6 in Abwesenheit von Oxydationsmitteln

[1] DUTCHER, J. D., G. BOYACK and S. FOX: Antibiot. Ann. **1953/54**, 191.
[2] EISENBERG, G. M., W. WEISS and H. F. FLIPPIN: Antibiot. Ann. **1955/56**, 837.
[3] GOLD, W., H. STANDER and F. E. PANSY: Antibiot. Ann. **1953/54**, 195.
[4] SMITH, R. M., W. H. PETERSON and E. McCOY: Antibiot. & Chemotherap. **4**, 962 (1954).
[5] CLUTTERBUCK, P. W., R. LOVELL and H. RAISTRICK: Biochem. J. **26**, 1907 (1932).

einigermaßen beständig ist. Daraufhin wurden die Untersuchungen nicht weiter fortgesetzt. Erst 11 Jahre nach FLEMMINGs ersten Beobachtungen nahmen FLOREY, CHAIN und ABRAHAM (Oxfordkreis) im Verlauf der Untersuchungen über Lysozyme und die antagonistische Beeinflussung von Mikroben auch die systematische Untersuchung von Penicillin wieder auf, die zu einem vollen Erfolg führte.

Gewinnung. Für die Gewinnung von Penicillin kommen 3 Verfahren in Frage:

1. Das Oberflächenverfahren[1, 2],
2. das submerse Verfahren[3, 4],
3. das kontinuierlich oder halbkontinuierlich arbeitende Berieselungsverfahren[5, 6].

In der Fabrikation werden vor allem das Oberflächen- und das Tieftankverfahren angewandt. Über die Penicillingewinnung s. [7].

Die Prüfung der Kulturflüssigkeit des Stammes Q 176 ergab das Vorhandensein von mindestens 8 verschiedenen Penicillinen[8, 9]. In reinem Zustand sind davon folgende gewonnen worden:

			R =
Δ^2-Pentenyl —	I oder F	$C_{14}H_{20}O_4N_2S$	$—CH_2—CH{=}CH—CH_2—CH_3$
Benzyl —	II oder G	$C_{16}H_{18}O_5N_2S$	$—CH_2$— 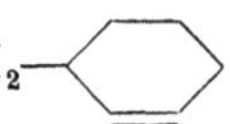
p-Oxybenzyl —	III oder X	$C_{16}H_{18}O_6N_2S$	$—CH_2$—  —OH
n-Heptyl —	IV oder K	$C_{16}H_{18}O_4N_2S$	$—CH_2—(CH_2)_5—CH_3$
n-Amyl —		$C_{14}H_{22}O_4N_2S$	$—CH_2—(CH_2)_3—CH_3$

Durch Zusatz von spezifischen Vorläufern der Seitenketten zu dem Kulturmedium kann die Bildung eines bestimmten Penicillins gefördert bzw. können neue, natürlich nicht vorkommende Penicilline erzeugt werden.

So konnten MOYER und COGHILL zeigen, daß Phenylessigsäure die Ausbeute an Benzylpenicillin wesentlich erhöht (25—100%). Entsprechende Ergebnisse hatte man mit Phenylacetamid und β-Phenyläthylamin[10]. Mit dem biologisch fremden Vorstufen N-(2-Oxyäthyl)-p-fluoracetamid, N-(2-Oxyäthyl)-p-methoxy-phenylacetamid, Allylmercaptoessigsäure und N-Phenylacetyl-D,L-valin gelang es, p-Fluorbenzylpenicillin-, p-Methoxybenzyl-penicillin, Allylmercapto-methylpenicillin und Phenoxy-methylpenicillin in kristalliner Form zu isolieren[11-19]. Allylmercaptopenicillin = Penicillin O ist therapeutisch wichtig, da es bei Patienten angewandt werden kann, die auf Penicillin G allergisch

[1] SMITH, E. L.: J. Soc. chem. Industr. **65**, 308 (1946).
[2] CALAE, C. T., and D. J. P. HOCKENBULL: J. gen. Microbiol. **3**, 19 (1949).
[3] MOYER, A. J., and R. D. COGHILL: J. Bacteriology **51**, 79 (1946).
[4] MOYER, A. J.: AP 2443989 (1948).
[5] LIEBMANN, A., u. G. T. BECZE: DBP 829 936 (1950) (A. Prior 1945).
[6] CLIFTON, C. E.: Science, N. Y. **98**, 69 (1943).
[7] Ullmann, techn. Chem. Bd. III, S. 756.
[8] WINSTEN, W. R., and A. H. SPARK: Science, N. Y. **106**, 192 (1947).
[9] CRAIG, L. C., G. H. HOGEBOOM, F. H. CARPENTER and V. DU VIGNEAUD: J. biol. Ch. **168**, 665 (1947).
[10] HIGUCHI, K., F. G. JARVIS, W. H. PETERSON and M. J. JOHNSON: Am. Soc. **68**, 1669 (1946).
[11] FLOREY, H. W., E. CHAIN, N. G. HEATLEY, M. A. JENNINGS, A. G. SANDERS, E. P. A. ABRAHAM and M. E. FLOREY: Antibiotics. Bd. II, S. 965. London 1949.
[12] FORD, H. J., B. W. CHURCHILL and D. R. COLINGSWORTH: Antibiot. & Chemotherap. **3**, 1194 (1953).
[13] BEHRENS, O. K., J. CORSE, J. P. EDWARDS, L. GARRISON, R. G. JONES, Q. F. SOPER, F. R. VAN ABEELE and C. W. WHITEHEAD: J. biol. Ch. **175**, 803 (1948).
[14] CORSE, J., R. G. JONES, Q. F. SOPER, C. W. WHITEHEAD and K. FOLKERS: Am. Soc. **70**, 2837 (1948).
[15] LOVE, J., and R. WEIR: Antibiot. Ann. **1955/56**, 521.
[16] JONES, R. G., Q. F. SOPER, O. K. BEHRENS and J. W. CORSE: Am. Soc. **70**, 2843 (1948).
[17] SZABO, J. L., C. D. EDWARDS and W. F. BRUCE: Antibiot. & Chemotherap. **1**, 494 (1951).
[18] HALLAS-MOLLER, K., H. O. JUNCHER, C. MOLLER and B. WILLE: Antibiot. & Chemotherap. **2**, 334 (1952).
[19] BRANDL, E., u. H. MARGREITER: Öst. Chem. Ztg. **55**, 11 (1954).

reagieren[1]. Phenoxymethylpenicillin = Penicillin V unterscheidet sich von Benzylpenicillin durch ein zusätzliches Sauerstoffatom im Molekül. Dieses bewirkt eine größere Stabilität des Penicillinmoleküls[2]. Penicillin V verliert seine Aktivität bei niederem p_H-Wert nicht, im Gegensatz zu Benzylpenicillin.

Tabelle 3. *Synthetische Penicilline.*

Penicillin	Seitenkette	Vorstufe
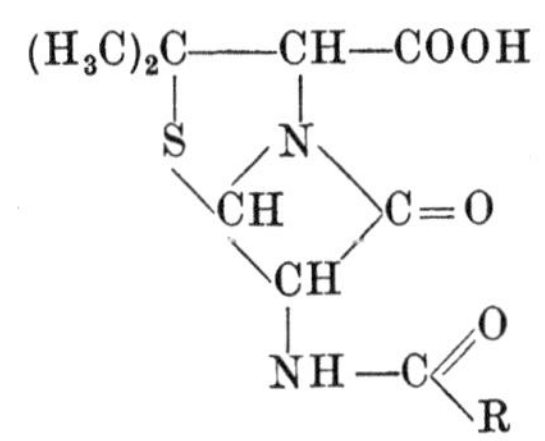		
p-Fluorbenzylpenicillin	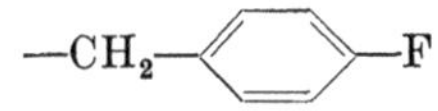	N-(2-Oxyäthyl)-p-fluorphenyl-acetamid
p-Methoxy-benzylpenicillin		N-(2-Oxyäthyl)-p-methoxy-phenyl-acetamid
Penicillin O (Allylmercapto-methylpenicillin)	$—CH_2—S—CH_2—CH{=}CH_2$	Allylmercaptoessigsäure
Penicillin S	$—CH_2—S—CH_2—CH{=}C(CH_3)Cl$	Chlorcrotonylmercapto-essigsäure
Penicillin V (Phenoxy-methylpenicillin)	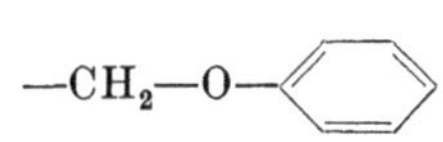	N-Phenylacetyl-D,L-valin
Benzathinpenicillin (Dibenzyl-äthylendiamin-di-penicillin)	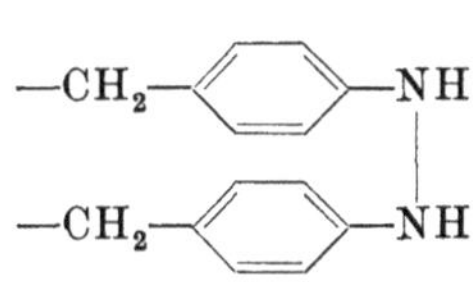	N,N′-Dibenzyläthylendiamin

Biologische Eigenschaften[3-6]. Penicillin ist vorwiegend gegen grampositive Keime wirksam. Von gramnegativen Keimen müssen Neisseria gonorrhoe und meningitides besonders hervorgehoben werden. Auch gegen Spirochaeta pallida ist es so hervorragend wirksam, daß es bei den durch diese Erreger hervorgerufenen Krankheiten, der Syphilis, der Framboesie und dem Pinta, nach wie vor das Mittel der Wahl darstellt. Bei diesen Erregern konnten auch noch keine resistenten Stämme mit Sicherheit nachgewiesen werden. Anders verhält es sich z. B. mit Staphylokokken und Streptokokken. Ihre Resistenz beruht z. T. auf Selektions- und Mutationsvorgängen, z. T. auf der Fähigkeit, Penicillinase, d. h. ein Enzym, welches das Penicillin zerstört, zu bilden. Diese Eigenschaft besitzen leider auch zahlreiche apathogene Keime, die dadurch bei Mischinfektionen eine Resistenz pathogener Keime vortäuschen.

Die Toxicität von Penicillin ist sehr gering. Innerhalb des therapeutischen Bereichs sind direkte Schädigungen nur in Form der seltenen Überempfindlichkeitsreaktionen zu erwarten.

Standardisierung von Penicillin.

1 I.E. Penicillin entspricht 0,6 γ reinstem, kristallinem Penicillin G-Natrium. 1 mg Standardpenicillin enthält 1559 I.E.

[1] EHRLICH, J.: Antibiot. & Chemotherap. **3**, 1149 (1953).
[2] ELIAS, W. F., and H. J. MERRION: Antibiot. Ann. **1955/56**, 510.
[3] MEYER-ROHN, J.: Hautarzt **5**, 264 (1954).
[4] MELENEY, F., B. JOHNSON, E. PULASKI u. F. COLONNA: Klin. Wschr. **1946**, 142.
[5] GILSON, B., and R. PARKER: J. Bacteriology **55**, 801 (1948).
[6] TATSOU, NAGAI: J. Antibiot., Tokyo (A) **4**, 489 (1951).

Chemische Eigenschaften. Alle Penicilline haben die gleichen chemischen, physikalischen und biologischen Eigenschaften; sie unterscheiden sich nur in ihren Seitenketten.

In Form der freien Säuren sind sie nur mäßig in Wasser löslich; in wäßriger Lösung verlieren sie schnell ihre biologische Wirksamkeit. In Alkoholen, Ketonen, Äthern, Estern und Chloroform sind sie leicht löslich, weniger gut in aromatischen und unlöslich in aliphatischen Kohlenwasserstoffen.

Tabelle 4. *Löslichkeit von Penicillinen.*

Penicillin	H_2O	C_2H_5OH	$CHCl_3$	$CH_3COOC_2H_5$
Penicillin G, Na oder K	+	+	—	—
Procainpenicillin G	—	+	+	—
Diäthylaminoäthylester-penicillin-HJ	+	+	+	—
Penicillin O K	+	+	—	—
Chlorprocainpenicillin O	—	+	+	—
Ephenaminpenicillin	—	+	+	—
N,N'-Dibenzyläthylen-diamin-dipenicillin	—	—	—	—

Alle Penicillin G-Salze haben beim Erwärmen mit konz. HCl in wäßrigen Lösungen einen charakteristischen Geruch.

Wichtig sind ihre Alkali- und Erdalkalisalze, die in Wasser leicht löslich, in Äther, Chloroform und Amylacetat praktisch unlöslich sind. Die Alkalisalze sind in unreinem Zustand stark hygroskopisch, nicht aber in kristallisierter Form. Lösungen von Schwermetallsalzen inaktivieren Penicillin, daher ist die Darstellung dieser Metallsalze nicht möglich. Die Inaktivierung beruht auf einer katalytischen Hydrolyse des β-Lactamringes[1].

Tabelle 5. *Eigenschaften der Penicilline.*

Penicillin	F	$[\alpha]_D^{25}$	Mol-Gew.
Penicillin G · K	215°	$+285°$ ($c = 0{,}7$ H_2O)	350
Penicillin F · Na	204—205°	$+305°$	312
Penicillin X · Na	228—235°	$+260°$ ($c = 0{,}525$ H_2O)	366
Penicillin K · Na		$+275°$ ($c = 0{,}43$ H_2O)	334

Schmelzpunkte, Molekulargewichte und optische Drehung der Penicilline sind in Tabelle 5 zusammengefaßt.

Penicilline mit aliphatischen Seitenketten haben keine charakteristischen Absorptionsmaxima im UV-Licht. Anders verhalten sich die Penicilline mit aromatischen Seitenketten; Benzylpenicillin hat 2 Maxima bei 264 und 258 mμ, p-Oxybenzylpenicillin eines bei 278 mμ.

Die Konstitution von Penicillin wurde von 38 Forschergruppen in England und USA aufgeklärt[2] (Antibiotics Bd. I, S. 665).

Bei der sauren Hydrolyse zerfällt Penicillin in die Grundbausteine[3-6]:

1. *Penicillamin* = β-Thio-D-valin, $C_5H_{11}O_2NS$, das allen Penicillinen gemeinsam ist. Nach der elektrometrischen Titration und C-Methylbestimmung durch KUHN und ROTH kommt ihm folgende Strukturformel zu:

```
(H3C)2—C—CH—COOH
       |  |
      HS  NH2
```

wie auch durch die Synthese bewiesen wurde.

2. *Penaldinsäure*

```
R—CO—NH—CH—CHO
        |
        COOH
```

Sie ist instabil und geht unter CO_2-Abspaltung in einen substituierten Aminoacetaldehyd — Penillo-aldehyd — über,

$$R—CO—NH—CH_2—CHO$$

[1] GÜNTHER, G.: Pharmazie 5, 577 (1950).
[2] EHRHARDT, G.: Süddtsch. Apoth.-Ztg. 90, 439 (1950).
[3] ABRAHAM, E. P., E. CHAIN, W. BAKER and R. ROBINSON: Chemistry of Penicillin. Princetown 1949.
[4] COOK, A. H.: Fortschr. chem. org. Naturstoffe 7, 204 (1950).
[5] VOGEL, H.: Die Antibiotica. S. 225ff. Nürnberg 1950.
[6] BRUNNER, R.: Sci. pharmaceut, Wien 20, 163 (1952).

der nach Entfernen von Penicillamin durch Behandeln der hydrolysierten Penicillinlösung mit $HgCl_2$ als 2,4-Dinitrophenylhydrazon erfaßt werden kann.

Am Penillo-aldehyd hängen die oben aufgeführten Seitenketten, die die Penicilline voneinander unterscheiden. Als erster Penillo-aldehyd wurde aus Penicillin F der Δ^2-Pentenylpenillo-aldehyd isoliert.

Die Struktur der Penaldinsäure und der verschiedenen Penillo-aldehyde wurde durch die Synthese bestätigt.

Bei der alkalischen Hydrolyse wird durch Öffnen des β-Lactamringes eine Dicarbonsäure — die *Penicillosäure* —

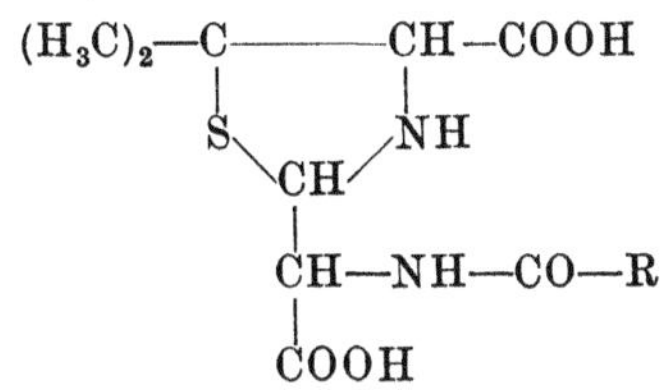

gebildet, die bei Zimmertemperatur schon CO_2 abspaltet und in die *Penillosäure* übergeht.

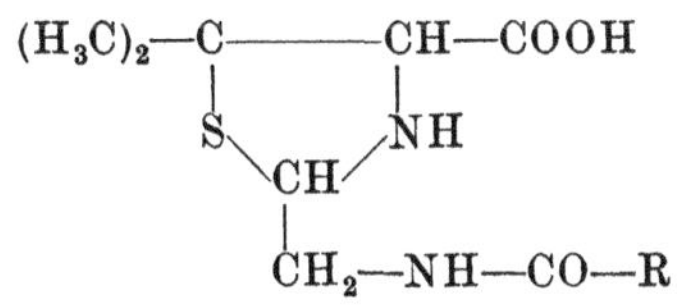

Im sauren Milieu werden die Penicillosäuren auch in Penicillamin und Penaldinsäuren gespalten.

Als Konstitutionsformel für Penicillin kommen auf Grund der erhaltenen Abbauprodukte 2 Strukturformeln in Frage:

1. Die Thiazolidon-oxazolstruktur

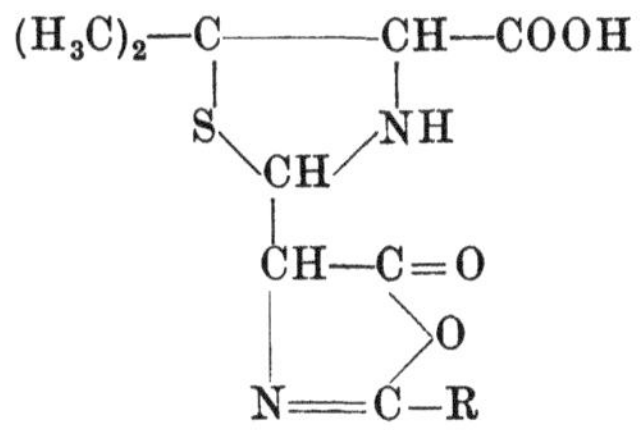

oder

2. die β-Lactamstruktur

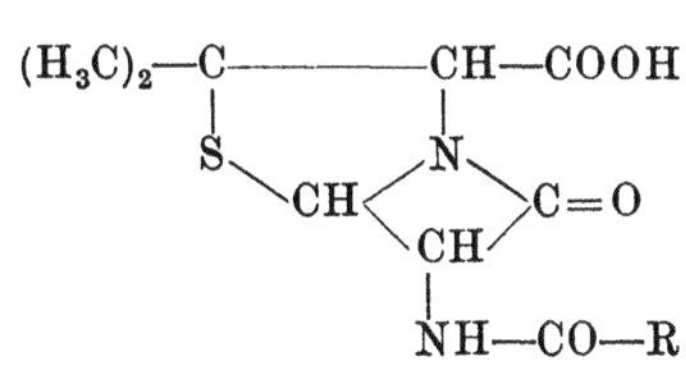

Auf Grund röntgenkristallographischer Messungen wurde die β-Lactamringformel als Strukturformel angenommen.

Vor der endgültigen Aufklärung der Struktur von Penicillin wurde bereits 1944/45 durch die Merck-Gruppe in USA versucht, Penicillin synthetisch darzustellen. Es wurden auch biologisch wirksame Substanzen gewonnen, allerdings mit äußerst geringen Ausbeuten. Du Vigneaud und Mitarbeiter[1] konnten den Beweis erbringen, daß es sich bei

[1] Vigneaud, V. du, F. H. Carpenter, R. W. Holley, A. H. Livermore and J. R. Rachele: Science, N. Y. 104, 431 (1946).

diesem synthetischen Produkt um Benzylpenicillin handelt, das im Schmelzpunkt, UV- und Infrarotspektrum, optischer Drehung und Wirkungsspektrum mit dem biosynthetisch gebildeten vollkommen übereinstimmt. Da die synthetische Darstellung zu teuer ist, zieht man die Gewinnung aus Pilzkulturen vor.

Die Totalsynthese von Penicillin V wurde 1957 von SHEEHAN und Mitarbeitern durchgeführt[1].

Biologische Bestimmungsmethoden. Die biologischen Bestimmungsmethoden, wie sie S. 1548ff. beschrieben sind, wurden praktisch alle für das Penicillin entwickelt, sie sind also alle dafür verwendbar. Als Testorganismus wird allgemein Staph. aureus verwandt.

Chemische Bestimmungsmethoden.

Qualitative Methoden[2].

Colorimetrischer Nachweis als Procainpenicillin-diazoniumsalz. Einige Milligramm des Procainsalzes werden in 2 cm³ H_2O gelöst, 2 Tropfen 5%ige $NaNO_2$-Lösung und einige Tropfen konz. HCl hinzugefügt. Zu dieser Lösung gibt man nach 2 min 5 Tropfen 5%ige Sulfanilsäurelösung, schüttelt um und fügt nach 1 min einige Tropfen N-(1-Naphthyl)-äthylendiamin-dihydrochlorid hinzu. Die kirschrote Farbe zeigt die Anwesenheit eines der Procainsalze an.

Die gleiche Farbreaktion zeigt Chloromycetin.

Nachweis des Penicillin G-Na- oder K-Salzes. Man löst 25 mg Substanz in 2 cm³ Wasser. Schlecht lösliche oder unlösliche Pulver werden in 3 cm³ CCl_4 suspendiert und mit 0,5 cm³ Wasser ausgeschüttelt. Man zentrifugiert und fügt zu dem wäßrigen Anteil 1 Tropfen 1 n HCl. Ein weißer Niederschlag zeigt die Anwesenheit von Na- oder K-Penicillin an. Na und K werden durch die Flammenfärbung bestimmt.

Nachweis des Diäthylaminäthylesters von Penicillin G. Etwa 25 mg Substanz werden in 2 cm³ Wasser gelöst; nach Zugabe von 1 Tropfen NH_4OH fällt der Ester als weißer Niederschlag aus.

Nachweis von N,N'-Dibenzyläthylendiamin-dipenicillin. Es ist das einzige Penicillinsalz, das in 96%igem Äthanol unlöslich ist. Zum Nachweis löst man eine Probe von etwa 10 mg in Methylcellosolve (Äthylenglykolmonomethyläther) und verdünnt mit 5 cm³ H_2O. Nach wenigen Minuten scheiden sich mikroskopisch kleine, plattenförmige Kristalle ab. Der Nachweis wird nicht durch andere Penicillinsalze gestört.

Quantitative Methoden.

Jodometrische Bestimmung von Penicillin[3-6].

Die Methode beruht auf folgendem Prinzip: In neutraler Lösung wird Penicillin nicht von Jod angegriffen. Die bei der alkalischen Hydrolyse von Penicillin durch Aufspaltung des β-Lactamringes entstehende Penicillosäure wird dagegen leicht oxydiert. Aus der Differenz des Jodverbrauches vor und nach der Hydrolyse kann der Gehalt an Penicillin berechnet werden.

Reagentien:

1. n NaOH.
2. Acetatpuffer (Eisessig 6,0 g, Natriumacetat 13,6 g, Aqua dest. ad 250 cm³).
3. n HCl.
4. 0,01 n Jodlösung.
5. 0,01 n Thiosulfatlösung.
6. Stärkelösung, 0,1%ig.

---

[1] SHEEHAN, J. C., and K. R. HENERY-LOGAN: Am. Soc. **79**, 1262 (1957).
[2] FISHBACH, H., and J. LEVINE: Antibiot. & Chemotherap. **3**, 1159 (1953).
[3] ALICINO, J. F.: Industr. engng. Chem., analyt. Ed. **18**, 619 (1948).
[4] ULEX, G. A.: Arzneim.-Forsch. **2**, 178 (1952).
[5] GRENFELL, T. C., J. A. MEANS and E. V. BROWN: J. biol. Ch. **170**, 527 (1947).
[6] GOODEY, R., K. N. REED and J. STEPHENS: J. Pharmacy, Pharmacol. **7**, 904 (1955).

Ausführung:

5 cm^3 Penicillinlösung mit etwa 0,5 mg/cm^3 werden in einem Jodzahlkolben mit 2 cm^3 n NaOH versetzt und bei Zimmertemperatur stehen gelassen. Nach 15 min werden 5 cm^3 Acetatpuffer, 2 cm^3 n HCl und 10 cm^3 0,01 n Jodlösung zugesetzt. Nach weiteren 15 min wird das überschüssige Jod unter Zusatz von $1^0/_{00}$iger Stärkelösung zurücktitriert. Für den Leerwert wird das gleiche Verfahren ohne Zusatz von n NaOH durchgeführt. Die Differenz des Thiosulfatverbrauches der beiden Titrationen, dividiert durch 2,52, gibt den Penicillingehalt in Milligramm an. Der Faktor 2,52 ist mit chemisch reinem Benzylpenicillin ermittelt worden.

Die Methode zeigt eine gute Übereinstimmung mit den Ergebnissen der biologischen Teste für Penicillinkonzentrationen von etwa 100 I.E. je cm^3. Die Fehlerbreite beträgt $\pm 0{,}25\,\%$.

Nach MUNDELL[1] können nach dieser Methode auch Penicillin F, X und K bestimmt werden.

Modifikation der jodometrischen Methode für Procainpenicillin[2, 3].

Da der Procainrest mit Jod reagiert, kann die jodometrische Methode nicht ohne weiteres auf Procain- bzw. Novocainpenicilline angewandt werden. WILD bringt eine Modifikation dieser Methode, indem er das Procain durch Fällung mit Silicowolframsäure abtrennt und dann das freie Penicillin jodometrisch bestimmt.

Reagens:

Silicowolframsäure-Lösung: 2,52 g $H_4SiW_{12}O_{40} \cdot 2\,H_2O$ werden unter Erwärmen in 42,4 cm^3 0,1 n NaOH gelöst und 5,0 g NaCl zugesetzt; die Lösung wird mit Aqua dest. auf 50 cm^3 aufgefüllt.

Ausführung:

Etwa 100 mg Procainpenicillin werden in 45 cm^3 H_2O unter Rühren gelöst. Durch Zusatz von 5 cm^3 Silicowolframsäure-Lösung wird das Procain ausgefällt; man schüttelt die Lösung 3 min lang und filtriert anschließend den Niederschlag ab. Das Filtrat wird mit dem Farbreagens nach BRATTON-MARSHALL[4] (s. Bd. III, S. 1271) auf Procainfreiheit geprüft und anschließend mit 2 cm^3 des Filtrates die jodometrische Bestimmung wie oben beschrieben durchgeführt.

***Oxydimetrische Bestimmung von Penicillin nach* GOTH *und* BUSH**[5].

Nach dieser Methode wird die Oxydation von Penicillin zu Penicillosäure mit H_2O_2 statt mit Jod durchgeführt.

Reagentien:

1. 0,05 n NaOH.
2. 0,05 n HCl.
3. H_2O_2, 10%ig.
4. Phenolphthaleinlösung.

Ausführung:

10 cm^3 Penicillinlösung mit 30—60 mg Penicillin werden nach Zufügen von Phenolphthalein als Indicator auf p_H 7 eingestellt. Dann fügt man 5 cm^3 0,05 n NaOH, 10 cm^3 H_2O und 5 cm^3 10%iges H_2O_2 hinzu Nach kurzem Stehen wird die überschüssige Lauge mit 0,05 n HCl zurücktitriert. Mit 10 cm^3 H_2O und den übrigen Reagentien führt man gleichzeitig eine Leerbestimmung durch.

Die Ergebnisse dieses Verfahrens stimmen gut mit denjenigen der jodometrischen Methode überein.

---

[1] MUNDELL, M., H. FISHBACH and T. E. EBBE: J. amer. pharmaceut. Ass. **35**, 375 (1946).
[2] WILD, A. M.: J. appl. Chem. **1**, 329 (1941).
[3] WILD, A. M.: J. Soc. chem. Industr. **67**, 90 (1948).
[4] BRATTON, A. C., and E. K. MARSHALL: J. biol. Ch. **128**, 537 (1939).
[5] GOTH, A., and M. T. BUSH: Industr. engng. Chem., analyt. Ed. **16**, 451 (1944).

***Titrimetrische Bestimmung von Penicillin nach* Murtaugh *und* Levy**[1, 2].

Reagentien:

1. Penicillinaselösung vom p_H 7,5 (mit Phenolrot als Indicator eingestellt).
2. Farbkontrolle: 1 cm^3 Penicillinaselösung + 10 cm^3 H_2O + 0,2 cm^3 Indicatorlösung.
3. 0,01 n NaOH.

Ausführung:

50 mg Penicillin werden in 10 cm^3 Aqua dest. gelöst, 0,2 cm^3 Indicatorlösung zugefügt, und der p_H-Wert der Lösung wird so eingestellt, daß er mit demjenigen der Farbkontrolle übereinstimmt. Anschließend wird 1 cm^3 Penicillinaselösung zugefügt, 30 min stehengelassen und daraufhin die freigewordene Säure mit 0,01 n NaOH titriert, bis die Färbung der Lösung wieder mit der Farbkontrolle übereinstimmt.

Die Genauigkeit der Methode hängt von der Güte der Penicillinase und der Abwesenheit von Puffersubstanzen in der Lösung ab.

Gravimetrische Bestimmung von Benzylpenicillin[3, 4].

Die NEP-Methode (N-Äthylpiperidin) ist das offizielle Verfahren der Food and Drug Administration zur Bestimmung von Benzylpenicillin in Gegenwart von Penicillin F und K und Abbauprodukten von Penicillin G. Die wäßrige, angesäuerte Lösung eines Penicillinsalzes wird mit Amylacetat extrahiert und als wenig lösliches N-Äthylpiperidinsalz gefällt. Der Gehalt an Penicillin im Niederschlag wird gravimetrisch bestimmt.

Reagentien:

1. Amylacetatlösung: 100 cm^3 Amylacetat werden mit 200 mg N-Äthylpiperidinsalz von Penicillin G geschüttelt und im Kühlschrank bei 0—8° aufbewahrt; Lösung vor Gebrauch schütteln.
2. Phosphorsäurelösung: 2 cm^3 85%ige Phosphorsäure werden mit 8 cm^3 H_2O verdünnt (im Kühlschrank halten).
3. N-Äthylpiperidinlösung: 2 cm^3 N-Äthylpiperidin versetzt man mit 8 cm^3 Amylacetat und sättigt diese Lösung mit N-Äthylpiperidinsalz von Penicillin G bei Zimmertemperatur (etwa 40 mg Salz je 10 cm^3 Lösung); die gesättigte Lösung wird im Kühlschrank aufbewahrt und vor Gebrauch filtriert.
4. Acetonlösung: Aceton wird mit dem NEP-Salz von Penicillin G bei Zimmertemperatur gesättigt (etwa 400 mg Salz je 100 cm^3 Aceton). Die Lösung ist im Kühlschrank aufzubewahren und vor Gebrauch zu filtrieren.
5. Na_2SO_4, wasserfrei.

Ausführung:

Zu 2 cm^3 Penicillinlösung mit 50—75 mg Penicillin fügt man 2 cm^3 kalte Amylacetatlösung (*1*) und 0,5 cm^3 Phosphorsäurelösung (*2*), schüttelt, bis alles gelöst ist, und trennt die Amylacetatschicht ab. Diese wird mit wenig wasserfreiem Na_2SO_4 getrocknet. In ein eingewogenes Gefäß gibt man nun 1 cm^3 kalte Acetonlösung (*4*) und 1 cm^3 Amylacetatextrakt. Das Gefäß wird 2 Std zugedeckt in den Kühlschrank gestellt, der entstandene Niederschlag durch ein gewogenes Mikrofilter abfiltriert und mit 1 cm^3 kalter Acetonlösung (*4*) nachgewaschen. Das erste Gefäß und das Filter mit dem Niederschlag werden bei Zimmertemperatur 1 Std im Vakuum getrocknet und anschließend gewogen.

Berechnung[3]*:*

$$\%\ \text{Na-Penicillin G} = \frac{\text{mg N-Äthylpiperidin-Pe-Niederschlag} \cdot 159{,}5}{\text{mg der Probe}}\,.$$

$$\left[1595 = \frac{\text{Mol-Gew. Penicillin G-Na} \cdot 200}{\text{Mol-Gew. N-Äthylpiperidin-Pe-G}}\right].$$

$$\%\ \text{Penicillin K} = \frac{\text{mg N-Äthylpiperidinpenicillin-Niederschlag} \cdot 166{,}4}{\text{mg der Probe}}\,.$$

[1] Murtaugh, J. J., and G. B. Levy: Am. Soc. **67**, 1042 (1945).
[2] Bowler, R. C., and G. Sykes: J. Pharmacy Pharmacol. **4**, 904 (1952).
[3] Mader, W. J., and R. R. Buck: Analyt. Chem., Washington **20**, 284 (1948).
[4] Sheehan, J. C., W. J. Mader and D. J. Cram: Am. Soc. **68**, 2407 (1946).

$$\% \text{ Ephedrinpenicillin} = \frac{\text{mg N-Äthylpiperidinpenicillin-Niederschlag} \cdot 223{,}2}{\text{mg der Probe}}.$$

Der Penicillingehalt von Procainpenicillin-G, 1-Ephenaminpenicillin und Dibenzylaminpenicillin kann auch mit Hilfe der NEP-Methode bestimmt werden; wegen der geringen Löslichkeit dieser Salze muß das *Extraktionsverfahren* wie folgt *modifiziert* werden:

100 mg des Penicillinsalzes werden mit 2 cm³ H_2O versetzt, auf 0—5° C abgekühlt und 2 cm³ Amylacetatlösung und 0,5 cm³ Phosphorsäurelösung hinzugefügt. Man schüttelt 15 sec kräftig, fügt nochmals 0,5 cm³ Phosphorsäurelösung hinzu und schüttelt wieder. Um eine klare Trennung der Schichten zu erhalten, wird kurz zentrifugiert. Falls etwas Procainpenicillin ungelöst bleibt, wird mit einer 3. Portion Phosphorsäurelösung (0,5 cm³) extrahiert.

Die Bestimmung wird anschließend wie oben beschrieben durchgeführt.

Berechnung:

$$\% \text{ Procainpenicillin} = \frac{\text{mg-N-Äthylpiperidinpenicillin-Niederschlag} \cdot 263{,}1}{\text{mg der Probe}}.$$

$$\% \text{ 1-Ephenaminpenicillin G} = \frac{\text{mg N-Äthylpiperidinpenicillin-Niederschlag} \cdot 251{,}0}{\text{mg der Probe}}.$$

$$\% \text{ Dibenzylaminpenicillin G} = \frac{\text{mg N-Äthylpiperidinpenicillin G-Niederschlag} \cdot 245{,}5}{\text{mg der Probe}}.$$

Obwohl die Methode mit großer Genauigkeit arbeitet ($\pm$ 1,95 %), ist sie für viele Zwecke ungeeignet, da man größere Penicillinmengen (50—75 mg) einsetzen muß.

***Colorimetrische Bestimmung von Penicillin nach* FORD[1].**

Prinzip:

Die von FORD beschriebene Methode geht auf STAAB, RAGAN und BINKLEY zurück und ist für alle Stufen der Penicillinbildung in der Kulturflüssigkeit anwendbar. Sie beruht auf der Bildung von hydroxamsaurem Penicillin und der Messung des gebildeten Farbkomplexes dieser Verbindung mit $FeCl_3$ bei 580 mμ. Die Reaktion von Penicillin mit Hydroxylamin ist nicht spezifisch, da eine Reihe von Estern, Amiden und Anhydriden auch mit Hydroxylamin reagiert. Man setzt deshalb zusätzlich eine Leerbestimmung derselben Probe an, in der das Penicillin durch Penicillinasezusatz zerstört worden ist. Der Farbkomplex mit $FeCl_3$ ist nicht sehr stabil; die Farbintensität nimmt schnell ab.

Eine beträchtlich stabilere Färbung erhält man nach der *Methode von* BOXER *und* EVERETT.

***Bestimmung von Benzylpenicillin in Präparaten, die keine Substanzen mit Phenylacetylgruppen im Molekül enthalten*[2].**

Reagentien:

1. Glycinpuffer Nr. 1, p_H 2,0: 9 g Glycin + 7 g NaCl + 9 cm³ konz. HCl + Aqua dest. ad 1000 cm³.
2. $NaNO_3$, 10%ig in konz. H_2SO_4.
3. Hydroxylamin-hydrochlorid, 15%ige, wäßrige Lösung (wöchentlich erneuern).
4. Chloroform.
5. Na_2SO_4, wasserfrei.
6. Ammoniak, spez. Gewicht 0,9.
7. 2 n NaOH.
8. 0,5 n HCl.

Ausführung:

Zur Herstellung der Eichkurve geht man von Lösungen mit 100—500 γ/cm³ aus.

5 cm³ Glycinpuffer Nr. 1 werden in einem Scheidetrichter mit 25 cm³ Chloroform und 5 cm³ Penicillinlösung geschüttelt. Die Chloroformschicht wird abgelassen und mit

[1] FORD, H. J.: Industr. engng. Chem., analyt. Ed. **19**, 1004 (1947).

[2] BOXER, G. E., and P. M. EVERETT: Analyt. Chem., Washington **21**, 670 (1949).

0,5 g wasserfreiem Na_2SO_4 getrocknet. 20 cm^3 getrocknetes Chloroform werden auf dem Wasserbad zur Trockne eingedampft. Zu dem Rückstand gibt man 1 cm^3 $NaNO_3$-Lösung (*2*), löst ihn durch vorsichtiges Umschwenken und stellt den Kolben zur vollständigen Nitrierung 30 min lang auf ein Wasserbad. Danach wird der Kolbeninhalt in Eiswasser schnell abgekühlt und unter weiterem Kühlen 2 cm^3 Wasser und anschließend tropfenweise 2 cm^3 Ammoniak (*6*) hinzugefügt. Man nimmt den Kolben aus dem Eiswasser heraus, bringt ihn auf Zimmertemperatur, fügt 2 cm^3 Hydroxylaminlösung (*3*) hinzu, mischt die Lösung und gibt nochmals 5 cm^3 Ammoniak (*6*) zu dem Kolbeninhalt. Man läßt die Lösung zur Entwicklung der Farbe 45 min bei Zimmertemperatur stehen. Die optische Dichte wird gegen Wasser als Leerwert bei 580 mμ abgelesen.

Für die Bestimmung einer unbekannten Lösung gibt man in 2 Reagensgläser je 5 cm^3 der zu prüfenden Lösung. Das eine Reagensglas, der Leerwert, wird nach Zugabe von 1 cm^3 2 n NaOH (*7*) 1 min lang in ein siedendes Wasserbad gestellt und nach dem Abkühlen mit 4 cm^3 0,5 n HCl (*8*) angesäuert; das zweite Reagensglas wird mit 5 cm^3 Aqua dest. auf 10 cm^3 aufgefüllt. Mit je 5 cm^3 aus jedem Reagensglas wird die Bestimmung wie oben durchgeführt.

Bestimmung in der Kulturflüssigkeit[1].

Reagentien:

1. Glycinpuffer Nr. 2, p_H 1,5: 45 g Glycin + 35 g NaCl + 45 cm^3 konz. HCl + Aqua dest. ad 1000 cm^3.
2. 0,15 m KH_2PO_4-Lösung.
3. 1,3 n NaOH.
4. 2 n HCl.
5. 0,35 n HCl.
6. Amylacetat.

Ausführung:

Die Kulturflüssigkeit wird so weit verdünnt, bis 25—150 γ Penicillin je cm^3 vorliegen. 60 cm^3 verdünnte Kulturflüssigkeit werden mit 120 cm^3 Amylacetat und 60 cm^3 Glycinpuffer Nr. 2 (*1*) 2 min lang kräftig geschüttelt. Der Amylacetatanteil wird mit etwa 1 g Na_2SO_4 (wasserfrei) getrocknet. 100 cm^3 getrocknete Amylacetatlösung werden mit 15 cm^3 eiskalter 0,15 m Phosphatlösung (*2*) 1 min lang extrahiert. Der wäßrige Anteil wird in Eiswasser gestellt. Zur Bestimmung des Leerwertes werden 6 cm^3 davon mit 3 cm^3 1,3 n NaOH (*3*) 1 min auf dem kochenden Wasserbad erhitzt; nach dem Abkühlen werden 3 cm^3 2 n HCl (*4*) zugesetzt. 10 cm^3 dieser Lösung schüttelt man 2 min lang mit 25 cm^3 Chloroform aus; der Chloroformanteil wird wie unter I beschrieben weiterbehandelt.

Zur Bestimmung der wirksamen Substanz versetzt man 5 cm^3 des Phosphatextraktes mit 5 cm^3 0,35 n HCl und 25 cm^3 eiskaltem Chloroform, schüttelt 2 min lang und arbeitet den Chloroformanteil, wie oben beschrieben, auf.

***Colorimetrische Bestimmung von Penicillin mit N-(1-Naphthyl-4-azobenzol)-äthylendiamin nach* Scudi**[2].

Prinzip:

Die Methode beruht auf der Reaktion von Penicillin mit N-1-(Naphthyl-4-azobenzol)-äthylendiamin unter Bildung eines intensiv gefärbten Amids, dessen Farbintensität im Colorimeter bei 540 mμ gemessen wird.

Reagentien:

1. Glycinpuffer, p_H 2: 60 cm^3 0,2 n Glycin in 0,2 m NaCl-Lösung + 54 cm^3 0,2 m HCl.
2. Chloroform, p. A.
3. Na_2SO_4, wasserfrei.
4. Benzol, p. A.

[1] Boxer, G. E., and P. M. Everett: Analyt. Chem., Washington **21**, 670 (1949).

[2] Scudi, J. V.: J. biol. Ch. **164**, 183 (1946).

5. Farbreagens: N-(1-Naphthyl-4-azobenzol)-äthylendiamin. a) Eine Lösung von 12,5 g Anilinhydrochlorid in 625 cm³ Aqua dest. + 16 cm³ konz. HCl wird bei 0—5° tropfenweise und unter Rühren mit 8 g $NaNO_2$ in 125 cm³ Aqua dest. diazotiert. Nach 15 min langem Stehen bei 0—5° wird der Überschuß an Nitrit durch Zugabe von festem Ammoniumsulfat zerstört. b) Zu einer Lösung von 25 g N-(1-Naphthyl)-äthylendiamin-dihydrochlorid in 1250 cm³ kaltem H_2O + 40 cm³ konz. HCl wird bei Zimmertemperatur und unter Rühren die kalte Diazoniumsalzlösung (a) zugefügt. Nach 10—15 min langem Stehen bei Zimmertemperatur wird das Gemisch anschließend 30 min lang auf 50—60° erwärmt. Nach dem Abkühlen wird der p_H-Wert der Lösung mit festem NaOH auf p_H 9,6 eingestellt (Farbumschlag der Lösung von purpurrot auf orange). Das ausgefallene Rohprodukt (etwa 29 g) wird abfiltriert und 2mal aus Heptan (10 g/1000 cm³) umkristallisiert; F 107—108°; Ausbeute 70%.
6. Eisessig/Benzol-Gemisch: 1 cm³ Eisessig je 200 cm³ Benzol.
7. 0,05 n NaOH.
8. HCl, konz.
9. Butanol/Benzol-Gemisch (1:4).
10. HCl, alkoholische: 5 cm³ konz. HCl + 95 cm³ abs. Äthanol.

Ausführung:

5 cm³ einer Penicillinsalzlösung mit 20—120 γ Penicillin werden mit 5 cm³ Glycinpuffer (*1*) und 25 cm³ Chloroform 2 min kräftig durchgeschüttelt. Die Chloroformschicht wird mit etwa 3 g wasserfreiem Na_2SO_4 getrocknet.

20 cm³ des getrockneten Chloroformextraktes werden zu einer Lösung von 15 mg Farbreagens in 15 cm³ Benzol gegeben und gleich darauf 5 cm³ Eisessig/Benzol-Gemisch (*6*) zugefügt. Das Reaktionsgemisch läßt man 3 Std in verschlossenem Kolben stehen und schüttelt es anschließend mit 25 cm³ 0,05 n NaOH (*7*) aus. Die untere organische Phase wird abgelassen und der alkalische Anteil mit 25 cm³ Chloroform extrahiert. Die Chloroformschicht wird abgelassen und verworfen. Die wäßrige Phase wird mit 1 cm³ konz. HCl angesäuert und anschließend mit 15 cm³ Butanol/Benzol-Gemisch zur Extraktion des roten Kondensationsproduktes kräftig durchgeschüttelt.

Zu 10 cm³ des Butanol/Benzol-Extraktes gibt man 2 cm³ Alkohol/HCl (*10*) und mißt die Intensität der salzsauren Lösung im photoelektrischen Colorimeter bei 540 mμ.

Die Methode ist zur Bestimmung von Penicillin G in Blut, Harn und Kulturflüssigkeit anwendbar. Harn und Kulturflüssigkeit müssen für die Bestimmung entsprechend verdünnt werden. Blut wird nach FOLIN-WU enteiweißt und der proteinfreie Extrakt für die Bestimmung verwandt.

Als Leerwert nimmt man eine Probe, in der das Penicillin durch Zusatz von Penicillinase oder 0,2 n NaOH zerstört worden ist.

***Fluorometrische Bestimmung von Penicillin nach* SCUDI *und* JELLINEK**[1].

Die Methode entspricht in ihren Grundzügen der colorimetrischen Bestimmung von SCUDI, ist aber einmal empfindlicher (0,0625 γ/cm³), zum anderen in kürzerer Zeit durchführbar.

Reagentien:

1. Farbreagens: 2-Methoxy-6-chlor-9-(β-aminoäthyl)-aminoacridin (Darstellung s. Originalarbeit).
2. Chloroform, p. A.
3. Glycinpuffer, p_H 2: 60 cm³ 0,2 n Glycin in 0,2 m NaCl-Lösung + 54 cm³ 0,2 m HCl.
4. Na_2SO_4, wasserfrei.
5. Benzol, p. A.
6. Aceton, p. A.
7. Eisessig/Benzol-Gemisch (1:100).

[1] SCUDI, J. V., and V. C. JELINEK: J. biol. Ch. **164**, 195 (1946).

8. 0,5 n NaOH.
9. Eisessig, p. A.
10. Butanol/Benzol-Gemisch (1:2).
11. Essigsäure, 5%ig.

Ausführung:

Zu 8 cm^3 einer wäßrigen und eiskalten Penicillin G-Lösung mit 0,0625—0,625 γ Pe je cm^3 gibt man 12 cm^3 Chloroform und 2 cm^3 Glycinpuffer. Nach kräftigem Schütteln (30 sec) wird die Chloroformschicht abgelassen und mit etwa 1—2 g wasserfreiem Na_2SO_4 getrocknet.

Zu 5 cm^3 Benzol mit 10 mg Acridin-Reagens gibt man 2 cm^3 Aceton, 10 cm^3 penicillinhaltigen Chloroformextrakt und 5 cm^3 Eisessig/Benzolgemisch. Man läßt das Reaktionsgemisch 1 Std $\pm$5 min im Dunkeln bei Zimmertemperatur stehen. Anschließend wird es schnell mit 10 cm^3 0,5 n NaOH ausgeschüttelt. Die alkalische Schicht wird 2mal mit je 5 cm^3 Chloroform extrahiert und der Chloroformanteil verworfen. Man säuert mit 1 cm^3 Eisessig an und extrahiert das Kondensationsprodukt mit 15 cm^3 Butanol/Benzol. Nach dem Waschen mit 10 cm^3 5%iger Essigsäure werden 50 cm^3 Chloroform zu der organischen Phase gegeben und anschließend 15 cm^3 0,5 n NaOH zugefügt. Durch kräftiges Schütteln wird das Kondensationsprodukt in die wäßrige Phase überführt. Die untere, organische Phase wird verworfen, die alkalische Lösung mit 1 cm^3 konz. HCl angesäuert und anschließend ihre Fluorescenz im Fluorometer gemessen.

Die Methode ist für Penicillin G-Lösungen mit 0,0625—0,625 γ Pe je cm^3 anwendbar und arbeitet mit einer Genauigkeit von $\pm$10%.

Für die Bestimmung im Blut oder Plasma muß man einen proteinfreien Extrakt haben. Zu diesem Zweck enteiweißt man nach FOLIN-WU und stellt den p_H-Wert des Zentrifugats auf p_H 2 durch Zugabe von 2 cm^3 0,1 n HCl, an Stelle des Glycinpuffers von oben, ein.

Da wahrscheinlich ein Teil vom Penicillin beim Enteiweißen durch Adsorption an die Proteine verlorengeht, muß man mit einem Korrekturfaktor rechnen. Durch Reihenversuche wurde festgestellt, daß bei Bestimmungen im Blut nur 77% erfaßt werden, so daß das Endergebnis mit 1,3 zu multiplizieren ist.

Zur Bestimmung im Urin wird dieser filtriert, auf 1:50 verdünnt und 8 cm^3 wie beschrieben verarbeitet.

Spektrophotometrische Bestimmung von Penicillin nach HERRIOT[1].

Werden Penicillin G, F, X oder K in Acetatpuffer vom p_H 4,6 gelöst, so zeigen sie bei 290—300 mμ keinerlei Absorption; erhitzt man die Lösungen kurze Zeit, so haben sie bei 322 mμ ein starkes Absorptionsmaximum. Die Methode beruht auf der Messung des Wechsels der Absorption bei 322 mμ.

Innerhalb der Grenzen von 5—75 γ Penicillin je cm^3 ist das LAMBERT-BEERsche Gesetz erfüllt. Die Fehlerbreite beträgt $\pm$5%.

Reagentien:

1. 0,4 m Acetatpuffer, p_H 4,6.
2. 5 m Acetatpuffer, p_H 4,6.

Ausführung:

I. Für hohe Penicillinkonzentrationen von 20—300 γ/cm^3: Zu 2 cm^3 Penicillinlösung gibt man 6 cm^3 0,4 m Acetatpuffer (1). 3 cm^3 dieser Lösung werden 15 min im siedenden Wasserbad erhitzt und danach schnell abgekühlt. Die Absorption der erhitzten und nicht erhitzten Lösung wird im BECKMAN-Photometer bei 322 mμ bestimmt. Aus einer vorher aufgestellten Eichkurve liest man den Penicillingehalt einer unbekannten Lösung ab.

II. Für niedrige Penicillinkonzentrationen von 5—50 γ/cm^3: 4 cm^3 Penicillinlösung werden mit 0,25 cm^3 5 m Acetatpuffer (2) versetzt und anschließend die Bestimmung wie unter *I* beschrieben durchgeführt.

Die Methode ist nicht mit Blut oder Urin durchführbar.

[1] HERRIOT, R. M.: J. biol. Ch. **164**, 725 (1946).

***Spektrophotometrische Bestimmung von Penicillin nach* Garlock *und* Grove**[1]. Nach diesem Verfahren wird die UV-Absorption der Penicillinsalze in Chloroform bei 264,5 mμ gemessen. Mißt man Penicillinlösungen verschiedener Konzentration bei dieser Wellenlänge, so ergibt sich eine lineare Abhängigkeit der optischen Dichte zur Penicillin-Konzentration.

Reagentien:

1. 2 n NaOH.
2. 3 m H_3PO_4.

Ausführung:

Man stellt sich eine Penicillinlösung von etwa 40—50 mg je 25 cm³ H_2O her und gibt je 5 cm³ davon in zwei 25 cm³-Meßkolben. Die eine Lösung, der Leerwert, wird mit 1 cm³ 2 n NaOH versetzt und 15 min bei Zimmertemperatur zur Zerstörung von Penicillin stehengelassen. Anschließend werden beide Meßkolben in Eiswasser gestellt, je 10 cm³ Chloroform zugefügt und die Lösungen auf p_H 2 eingestellt. Zu diesem Zweck gibt man in den Kolben mit dem Leerwert 1 cm³ 3 m H_3PO_4 und in den Kolben mit der Testprobe 2 cm³ einer Mischung aus gleichen Teilen 2 n NaOH und 3 m H_3PO_4. Die Kolben werden 2 min kräftig geschüttelt, die Lösungen zentrifugiert und die Chloroformschichten abgetrennt. Durch Filtration durch Baumwolle werden diese getrocknet; anschließend wird bei 264,5 mμ die Testprobe gegen den Leerwert im Beckman-Spektrophotometer gemessen. Vergleichende Untersuchungen mit der gravimetrischen Methode zeigten, daß die NEP-Methode anscheinend zu niedere Werte gibt. Die Ergebnisse mit der UV-Absorptionsmethode scheinen den tatsächlichen Werten näherzuliegen.

Die Methode ist für Procainpenicillin und zur Bestimmung des Penicillingehaltes der Kulturflüssigkeit noch nicht anwendbar.

Polarimetrische Methode[2]. Man überführt das Penicillin durch Zusatz von Penicillinase in Penicillinsäure und bestimmt die Differenz der Drehung vor und nach dem Penicillinasezusatz.

Papierchromatographische Trennung von Penicillinen[3].

Die Methode von Kluehner ist eine Modifikation der Methode von Goodall und Levy[4], die auf der Trennung der verschiedenen Penicilline zwischen Äther und Phosphatpuffer beruht und sehr zeitraubend ist (72 Std). Nach Kluehner ist die Trennung schon nach 24stündiger Laufzeit vollständig. Sie ist sowohl für Kulturflüssigkeiten als auch für wäßrige oder organische Lösungen der Penicilline anwendbar.

Reagentien:

1. Phosphatpuffer, p_H 6: Eine 27%ige KH_2PO_4-Lösung wird mit 3 n NaOH auf p_H 6 eingestellt.
2. Äther, p. A.
3. Kaliumphosphatpuffer, 1%ig, p_H 6.

Ausführung:

Die Penicillinsalzlösungen werden absteigend auf Whatman 4-Papier chromatographiert. Die Papierstreifen werden zunächst durch Einlegen in konz. Phosphatpuffer (*1*) (1½ Std) imprägniert und 5 min im Trockenofen von 160° getrocknet. Als Entwicklungsflüssigkeit wird Äther p. a. verwandt. Wasserfreier Äther bewirkt eine schärfere Trennung der Penicilline als feuchter Äther oder Amylacetat. Dies ist besonders wichtig für die Trennung von Penicillin F, Dihydro-F und K.

Die Penicillinproben werden in 1%igem Kaliumphosphatpuffer gelöst. Alle Proben werden so weit verdünnt, daß sie etwa 50 E/cm³ enthalten. Von diesen Lösungen wird 0,01 cm³ auf der Startlinie des Papiers aufgetragen. Nach dem Trocknen werden die

[1] Garlock, E. A., and D. C. Grove: J. amer. pharmaceut. Ass. **39**, 398 (1950).
[2] Kawarnata, J., and T. Hiratani: J. Antibiot., Tokyo **3**, 138 (1950).
[3] Kluehner, R. G.: J. Bacteriology **57**, 101 (1949).
[4] Goodall, R. R., and A. A. Levy: Nature **158**, 675 (1946).

Streifen 4—5 Std in das Chromatographiergefäß eingehängt. Die Lage der Penicilline wird bioautographisch bestimmt. Die Wanderungsgeschwindigkeit der einzelnen Penicilline ist K > Dihydro-F > F > G > X.

Bestimmung von Penicillin G in Benzathinpenicillin. Benzathinpenicillin (N,N-Dibenzyläthylen-diamino-dipenicillin G) kann wegen seiner schlechten Löslichkeit nicht mit einer der bisher beschriebenen Methoden bestimmt werden.

***Phenylessigsäuremethode nach* SELZER *und* WRIGHT**[1].

Prinzip:

Benzathinpenicillin wird beim Erhitzen mit starken Basen in Phenylessigsäure und die N,N-Dibenzyläthylendiaminbase gespalten. Das Penicillin G wird dabei zu Phenylessigsäure abgebaut, während die N,N-Dibenzyläthylendiaminbase nicht angegriffen wird. Die Phenylessigsäure wird mit Chloroform extrahiert und ihr Gehalt spektrophotometrisch bestimmt.

Nach dieser Methode kann auch der Penicillin G-Gehalt von N-Benzyl-β-phenyläthylenaminpenicillin G und — mit Modifikationen — von Na-, K- und Procainpenicillinen bestimmt werden.

Reagentien:

1. 10 n NaOH.
2. Benzol.
3. Chloroform.
4. 18 n H_2SO_4.
5. Mit Chloroform gewaschene und getrocknete Baumwolle zur Adsorption.

Ausführung:

Etwa 65 mg Benzathinpenicillin in 2 cm³ H_2O werden mit 5 cm³ 10 n NaOH 15 min im kochenden Wasserbad unter mehrmaligem Umschütteln erhitzt.

Zu der abgekühlten Lösung gibt man 1 cm³ Aqua dest., schüttelt um, fügt 5 cm³ Benzol hinzu, schüttelt wieder um und stellt das Glas für 15 sec nochmals in das Wasserbad. Darauf wird das Gemisch zentrifugiert und die Benzolschicht abpipettiert. Man fügt noch einmal 5 cm³ Benzol hinzu, mischt und stellt das Gefäß wieder für 15 sec in das Wasserbad. Das Benzol wird wieder durch Zentrifugieren und Abpipettieren von der wäßrigen Phase abgetrennt. Die alkalische Lösung wird dann $1^1/_2$ Std im Wasserbad erhitzt, danach das Volumen mit Aqua dest. auf 5 cm³ aufgefüllt und die Lösung in Eiswasser gekühlt. Unter Umschütteln und weiterem Kühlen werden tropfenweise 3 cm³ 18 n H_2SO_4 zugegeben. Der Inhalt des Gefäßes wird in einen Scheidetrichter gegeben und das Gefäß mit 3 cm³ $H_2SO_4 + 20$ cm³ H_2O ausgewaschen.

Die Extraktion der Säurelösung erfolgt mit 3mal 15 cm³ $CHCl_3$. Jeder Extrakt wird durch vorher mit Chloroform gewaschene Baumwolle filtriert und in einem 50 cm³-Meßkolben gesammelt. Das Volumen wird mit H_2O-gewaschenem Chloroform aufgefüllt. Mit einem photoelektrischen Spektrophotometer wird die Absorption dieser Chloroformlösung bei 253 mμ (max.), 255 mμ (min.), 259 mμ (max.), 263 mμ (min.) und 265 mμ (max.) gegen einen Leerwert von mit H_2O-gewaschenem und durch Baumwolle filtriertem Chloroform gemessen.

Berechnung:

Der %-Gehalt von Penicillin G wird wie folgt berechnet:

$$\% \text{ Pe G} = \frac{A}{\text{mg der Probe} \cdot 2} \cdot \frac{100}{E}.$$

A = beobachtete Absorption bei 253, 259 oder 263 mμ.

(Wenn bei den 3 Wellenlängen verschiedene Absorptionswerte erhalten werden, so entspricht der niedrigste dem größtmöglichen Wert für Penicillin G, da die erhaltenen Werte den maximalen Penicillingehalt repräsentieren.)

E = Theor. $E^{1\%}_{1\,\text{cm}}$-Wert bei 253, 259 oder 263 mμ für Penicillin G.

[1] SELZER, G. B., and W. W. WRIGHT: Antibiot. & Chemotherap. 4, 1196 (1954).

Erhitzt man Benzathinpenicillin mit schwachen Alkalien, so erhält man unerwünscht gefärbte Spaltprodukte. Die Phenylessigsäure erhält man zu 99% zurück.

Spektrophotometrische Bestimmung von Penicillin G in Benzathinpenicillin[1].

50 mg Substanz werden in abs. Methanol gelöst und mit abs. Methanol auf 100 cm^3 aufgefüllt. Die Absorption der Lösung wird bei 263 mμ im UV-Spektrophotometer gegen abs. Methanol als Leerwert gemessen (1 cm-Küvette). Um den Absorptionswert einer 1%igen Lösung zu erhalten, muß man den erhaltenen Wert mit einem bestimmten Faktor multiplizieren. Der Wert $E^{1\%}_{1\,cm}$ der Probe, multipliziert mit 100 und dividiert durch 7, ergibt den Prozentgehalt von Penicillin G in der zu untersuchenden Probe.

Bestimmung von Penicillin G in Diäthylaminoäthylester von Penicillin G[1].

Der Ester wird zunächst hydrolysiert, das Penicillin mit Chloroform extrahiert und der Penicillin G-Gehalt der Probe spektrophotometrisch bestimmt. Penicillin G hat in Chloroform ein Maximum bei 265 mμ und ein Minimum bei 280 mμ.

Tabelle 6. *Extinktionskoeffizienten von Phenylessigsäure und Penicillin G-Salzen.*

Substanz	$E^{1\%}_{1\,cm}$ bei		
	253 mμ	259 mμ	263 mμ
Phenylessigsäure . .	10,80	13,40	10,19
Benzathinpenicillin G	3,00	3,72	2,83
Penicillin G-Na. . .	4,13	5,12	3,89
Penicillin G-K . . .	3,95	4,90	3,72
Procainpenicillin G .	2,50	3,10	2,36

Reagentien:

1. Phosphatpuffer, p_H 8: K_2HPO_4 16,73 g; KH_2PO_4 0,523 g; H_2O ad 1000 cm^3.
2. Chloroform, mit H_2O gewaschen.
3. Phosphorsäure, 1—4%ig.

Ausführung:

50 mg Substanz werden in 25 cm^3 Phosphatpuffer, p_H 8, gelöst und wenigstens $1^1/_2$ Std, aber nicht länger als 2 Std, bei Zimmertemperatur stehengelassen. Danach gibt man 5 cm^3 dieser Lösung in einen 25 cm^3-Meßkolben, kühlt in Eiswasser und fügt 10 cm^3 Chloroform (vorher mit H_2O gewaschen) hinzu. Nach abermaligem Kühlen wird der p_H-Wert der wäßrigen Phase durch Zufügen von 0,5 cm^3 Phosphorsäure auf p_H 2 eingestellt. Der Meßkolben wird 2 min geschüttelt, der Inhalt zur Trennung der Schichten zentrifugiert und die Chloroformschicht mit Hilfe einer Spritze abgezogen. Der Chloroformanteil wird zum Trocknen durch Baumwolle filtriert und die Absorption der gefilterten Chloroformlösung bei 265 und 280 mμ in einem UV-Spektrophotometer gemessen.

In gleicher Weise wird die Absorption einer eingewogenen Menge von etwa 30 mg Penicillin G-Na bestimmt.

Berechnung:

$$\%\ \text{Penicillin G} = \frac{(A \text{ von } X \text{ bei } 265\ \text{m}\mu - A \text{ von } X \text{ bei } 280\ \text{m}\mu)\ (\text{Gew. S})\ (100)}{(A \text{ von } S \text{ bei } 265\ \text{m}\mu - A \text{ von } S \text{ bei } 280\ \text{m}\mu)\ (\text{Gew. } X)\ (0{,}635)}\,.$$

A = Absorption,
X = Diäthylaminoäthylester von Penicillin G.HJ,
S = Penicillin G-Na.

Bestimmung von Penicillin G in Hydrabaminpenicillin G[1].

Reagentien:

1. Pyridin.
2. N-Äthylpiperidin (Kp 129,5—131,0°).
3. Petroläther (Kp 30—60°).

Ausführung:

Man stellt das Leergewicht eines 10 cm^3-Kolbens, der mit einem Rührer verbunden ist, fest, gibt etwa 225 mg der zu untersuchenden Substanz hinein und wiegt nochmals. Darauf werden unter Rühren bis zum völligen Lösen 1,5 cm^3 Pyridin hinzugegeben, anschließend 0,25 cm^3 N-Äthylpiperidin. Man rührt so lange, bis der Niederschlag auszufallen beginnt. Ist alles N-Äthylpiperidinsalz ausgefallen, wird mit 2,5 cm^3 Petroläther

[1] GROVE, D. C., and W. A. RANDALL: Assay Methods of Antibiotics. S. 200ff.. New York 1955.

verdünnt, wiederum gerührt und anschließend der Kolben zum Absetzen des Niederschlages 15 min stehengelassen. Mit einer an eine Wasserstrahlpumpe angeschlossenen Pipette wird das Lösungsmittelgemisch vorsichtig abgezogen. Man fügt nochmals 2,5 cm³ Petroläther zu dem Rückstand, schüttelt um und saugt nach dem Absitzen das Lösungsmittel ab. Dieser Vorgang wird noch 2mal wiederholt. Anschließend wird der Kolben mit dem Rührer zum Trocknen des Niederschlages 30 min in einen Vakuumexsiccator gebracht und darauf das Gewicht desselben festgestellt.

Berechnung:

$$\%\ \text{Hydrabaminpenicillin G} = \frac{\text{mg N-Äthylpiperidinpenicillin-Salz} \cdot 141{,}1}{\text{mg der Probe}}.$$

Oxydationsmethode zur Bestimmung von Penicillin G in Penicillin O-K[1].

Prinzip:

Die Methode beruht auf der Messung der entstandenen Benzoesäure in einer mit Chloroform gesättigten, wäßrigen NH_4OH-Lösung.

Reagentien:

1. KOH, 2,5 %ig.
2. $KMnO_4$-Lösung, 4,5 %ig.
3. Oxalsäurelösung, 10 %ig.
4. 18 n H_2SO_4.
5. NaCl, p. A.
6. Chloroform.
7. 0,1 n NH_4OH-Lösung.

Ausführung:

In einem 250 cm³-Erlenmeyer-Kolben werden ungefähr 300 mg Substanz in 1 cm³ 2,5 %iger KOH gelöst; unter Schwenken gibt man 50 cm³ 4,5 %ige $KMnO_4$-Lösung hinzu und erwärmt die Lösung 2 Std auf dem Wasserbad. Der Kolben wird mit einem Uhrglas zugedeckt. Nach dem Abkühlen auf Zimmertemperatur gibt man 25 cm³ 10 %ige Oxalsäurelösung hinzu. Wenn die Reaktion beendigt ist, werden portionsweise unter Schwenken und Kühlen 15 cm³ 18 n H_2SO_4 hinzugegeben; nach der Zugabe von 30 g NaCl wird so lange geschüttelt, bis die Lösung klar und farblos geworden ist. Die klare Lösung wird 3mal mit Chloroform ausgeschüttelt (30 cm³, 20 cm³, 10 cm³). Die gesammelten Chloroformextrakte werden durch vorher mit reinem Chloroform behandelte Baumwolle filtriert. Anschließend wird das Chloroform mit 50 cm³ 0,1 n NH_4OH 5 min lang geschüttelt. Man läßt 10 min stehen zum Absetzen der Schichten und läßt das Chloroform bis auf wenige Kubikzentimeter ab. Die letzten Kubikzentimeter Chloroform und etwa 15 cm³ der darüberstehenden NH_4OH-Schicht gibt man in ein Zentrifugenglas, zentrifugiert und benutzt die klare wäßrige Schicht zur Messung der entstandenen Benzoesäure im UV-Spektrophotometer. Es wird gegen einen Blindwert aus mit Chloroform gesättigter 0,1 n NH_4OH-Lösung gemessen. Zunächst bestimmt man die Absorption des Blindwertes gegen 0,1 n NH_4OH-Lösung bei 220 und 224 mμ. Anschließend wird die Absorption der Probe gegen den Blindwert bei 220 und 224 mμ bestimmt.

Berechnung:

$$X = \frac{RE_{224} - E_{220}}{RB - A},$$

wo X = Konzentration der Benzoesäure aus der untersuchten Probe in mg/cm³,
A = Absorption von 1 mg Benzoesäure je cm³ 0,1 n NH_4OH bei 220 mμ,
B = Absorption von 1 mg Benzoesäure je cm³ 0,1 n NH_4OH bei 224 mμ,
$R = \frac{\text{Absorption des Blindwertes bei 220 m}\mu}{\text{Absorption des Blindwertes bei 224 m}\mu}$
E_{220} = Absorption der Probe bei 220 mμ,
E_{224} = Absorption der Probe bei 224 mμ.

[1] JOHNSON, J. L., W. A. STRUCK, E. J. SCOTT and J. E. STAFFORD: Analyt. Chem., Washington **25**, 1490 (1953).

Um die Konzentration der Benzoesäure in Penicillin G-K umzurechnen, muß der erhaltene Wert X mit 3,05 und dem Verdünnungsfaktor multipliziert werden.

Der Prozentgehalt von Penicillin G in Penicillin O-K ergibt sich aus folgender Gleichung:

$$\% \text{ Penicillin G} = \frac{X \cdot 3{,}05 \cdot 50 \cdot 100}{\text{mg der Probe}}.$$

***Bromometrische Bestimmung von Penicillin O (Allylmercapto-methyl-penicillin) nach* Weiss *und* Wright**[1].

Reagentien:

1. Phosphatpuffer, p_H 6,0, 1 %ig.
2. Silicowolframsäure-Reagens: Man löst 2,52 g $H_4SiW_{12}O_{40} \cdot 2\,H_2O$ in 42,4 cm³ 0,1 n NaOH unter Erwärmen, fügt 5 g NaCl hinzu und füllt mit Aqua dest. auf 50 cm³ auf. Die Lösung wird vor Gebrauch filtriert.
3. 0,02 n KBr—$KBrO_3$-Lösung.
4. 1,2 n HCl.
5. Etwa 0,1 n KJ-Lösung.
6. 0,01 n $Na_2S_2O_3$-Lösung.
7. Stärkelösung, 1 %ig.

Ausführung:

Für die Bestimmung des K-Salzes von Penicillin O löst man die Probe in 25 cm³ 1 %igem Phosphatpuffer vom p_H 6.

Liegt das Procainsalz von Penicillin O vor, so löst man eine Probe von etwa 100 mg in 15 cm³ H_2O, fällt das Procain mit 5 cm³ Silicowolframsäure-Reagens, filtriert, prüft das Filtrat mit dem Farbreagens nach Bratton-Marshall (100 mg N-(1-Naphthyl)-äthylendiamin-dihydrochlorid je 100 cm³ H_2O; in dunkler Flasche aufzubewahren)[2] auf Procainfreiheit und bestimmt das Penicillin O wie folgt:

2 cm³ der zu prüfenden Lösung werden in einem 250 cm³-Jodzahlkolben mit 10 cm³ 0,02 n KBr—$KBrO_3$-Lösung versetzt und 15 min in den Eisschrank gestellt. Anschließend gibt man 10 cm³ kalte 1,2 n HCl hinzu und stellt die Lösung für 3—4 Std in den Eisschrank. Danach werden 5 cm³ KJ-Lösung vorsichtig zugefügt und anschließend 100 cm³ Aqua dest. Nach 5 min wird mit 0,01 n $Na_2S_2O_3$-Lösung zurücktitriert (Stärke als Indicator). Eine Leerbestimmung mit 10 cm³ KBr—$KBrO_3$-Lösung wird gleichzeitig durchgeführt.

Berechnung:

Die Differenz der verbrauchten Thiosulfatlösung für den Leerwert und die Testprobe ist ein Maß für den Penicillin O-Gehalt der Probe. Jeder Kubikzentimeter der Differenz ist 0,2358 mg Penicillin O-Kalium oder 0,3964 mg Penicillin O-2-chlorprocain äquivalent.

$$I.\ \% \text{ Penicillin O-Kalium} = \frac{\text{cm}^3 \text{ Differenz} \cdot \text{Normalität der Thiosulfatlösung} \cdot 0{,}2358 \cdot 12500}{\text{Gewicht der Probe}}$$

$$II.\ \% \text{ Penicillin O-2-chlorprocain} = \frac{\text{cm}^3 \text{ Differenz} \cdot \text{Normalität der Thiosulfatlösung} \cdot 0{,}3964 \cdot 25000}{\text{Gewicht der Probe}}.$$

Jedes Molekül Penicillin G verbraucht 7 Atome Brom, jedes Molekül Penicillin O 15,6 Atome. Bei Zimmertemperatur ist der Bromverbrauch größer, die Resultate sind dann nicht reproduzierbar.

Ein Vergleich mit der Infrarotbestimmung von Penicillin O hat gezeigt, daß mit der bromometrischen Methode der durchschnittliche Fehler am kleinsten, ±2,6 %, ist. Die Methode hat viele Vorteile: Sie ist hinreichend genau, die Ergebnisse sind leicht reproduzierbar und man braucht keine Standardbestimmungen mitlaufen zu lassen. Dies ist insofern wichtig, da Penicillin O-Standardsubstanz hygroskopisch und unstabil ist.

[1] Weiss, P. J., and W. W. Wright: Antibiot. & Chemotherap. **3**, 1154 (1953).

[2] Bratton, A. C., and E. K. Marshall: J. biol. Ch. **128**, 537 (1939).

Bestimmung von Penicillin O mittels Infrarotmessung nach WRIGHT[1].

Penicillin O-Kalium kann nach GARLOCK und GROVE[2] mittels der Infrarotanalyse bestimmt werden. Liegt das Penicillin O als Procainsalz vor, so geht die Bestimmung nicht, da das 2-Chlorprocain bei der zu messenden Wellenlänge stört.

Die Bestimmung ist aber nach WRIGHT[1] durchführbar, wenn man das Penicillinsalz in die freie Penicillinsäure überführt, die in Chloroform aufgenommen spektrophotometrisch bestimmt werden kann.

Reagentien:

1. Chloroform, mit H_2O gewaschen.
2. H_3PO_4, verd. 1:4.
3. Baumwolle, mit Chloroform gewaschen und getrocknet.

Ausführung:

Etwa 100 mg Penicillin O-Kalium oder 168 mg Penicillin O-2-chlorprocain werden in einem 25 cm³-Meßkolben mit 5 cm³ Chloroform (*1*) und 15 cm³ Aqua dest. versetzt, und der Kolben wird 5 min in ein Eisbad gestellt. Anschließend gibt man 1,5 cm³ verdünnte H_3PO_4 zu. Die Lösung wird 2 min kräftig geschüttelt, zum Absetzen der Schichten zentrifugiert und das Chloroform mit einer Pipette abgezogen. Der Chloroformanteil wird durch Baumwolle filtriert und mit dem Filtrat innerhalb 1 Std die Messung durchgeführt.

Die Lösung wird in die Absorptionszelle gegeben, die aus 2 Steinsalzplatten mit einem 1 mm breiten Polyäthylentaster besteht.

Die Verstärkung des Infrarotspektrophotometers stellt man so ein, daß 1 Mikrovolt die ganze Skala einnimmt und die Schlitzbreite 0,300 mm beträgt. Man mißt das Spektrum von 9,4—10,7 μ, mit einer Nullwertbestimmung am Anfang und Ende der Messung.

Berechnung:

Die erhaltenen Werte werden in ein Diagramm eingetragen. Man zieht eine Grundlinie von der Transmissionsspitze bei 10,3 μ zu der Nullinie. Die optische Dichte der Grundlinie berechnet man mit folgender Formel:

$$D_B = \log_{10} \frac{I_B}{I_P},$$

wo D_B die optische Dichte der Grundlinie ist,

I_B die Entfernung der Nullinie von der Grundlinie bei 10,3 μ,

I_P die Entfernung der Grundlinie zu der maximalen Absorption bei 10,1 μ.

Der Extinktionskoeffizient der Probe ist

$$E = \frac{D_B}{\text{Gewicht der Probe in g}}$$

Benutzt man eine Probe von genau 100 mg Kalium-Penicillin O, so wird zunächst die Extinktion der Probe bestimmt, dann berechnet man den Gehalt der Probe wie folgt:

$$\% \text{ Kalium-Penicillin O} = \frac{E_{\text{Probe}}}{E_{\text{Standard}}} \cdot 100\,.$$

$$\% \text{ 2-Chlorprocainpenicillin O} = \frac{E_{\text{Probe}}}{E_{\text{Standard}}} \cdot 168\,.$$

Bestimmung der Penicilline in Präparaten und Gemischen mit anderen Antibiotica[3].

Penicillinbestimmung in Salben[3]. Etwa 1 g Salbe wird in 50 cm³ peroxydfreiem Äther im Scheidetrichter kräftig geschüttelt, bis eine homogene Suspension vorliegt. Diese wird mit 25 cm³ Phosphatpuffer, p_H 6 (K_2HPO_4 2,0 g; KH_2PO_4 8,0 g; H_2O ad 1000,0), ausgeschüttelt, der wäßrige Anteil abgelassen und das Ausschütteln noch 3mal mit je 25 cm³ Phosphatpuffer wiederholt. Die vereinigten Auszüge werden mit Phosphatpuffer

[1] WRIGHT, W. W.: Antibiot. & Chemotherap. **4**, 71 (1954).

[2] GARLOCK, E. A. jr., and D. C. GROVE: J. amer. pharmaceut. Ass. **37**, 409 (1948).

[3] GROVE, D. C., and W. A. RANDALL: Assay Methods of Antibiotics. S. 22ff. New York 1955.

bis zu einer Penicillinkonzentration von 0,25—1 E/cm³ weiter verdünnt. Mit dieser Verdünnung wird der mikrobiologische Test durchgeführt.

Ein Gehalt an Streptomycin bzw. Dihydrostreptomycin in der Salbe stört den Test nicht.

Bestimmung von Penicillin in Tabletten[1]**.** Penicillintabletten können zusätzlich andere Medikamente, wie Sulfonamide, Antihistaminica oder Aspirin, enthalten. Diese Präparate stören den mikrobiologischen Test nicht.

Man zermörsert 12 Tabletten, verreibt sie mit ungefähr 20 cm³ Phosphatpuffer, p_H 6 (K_2HPO_4 2,0 g; KH_2PO_4 8,0 g; H_2O ad 1000,0) und überführt den Brei portionsweise mit Phosphatpuffer in einen 500 cm³-Meßkolben, der anschließend mit Phosphatpuffer bis zur Marke aufgefüllt wird. Von dieser Lösung werden mit Phosphatpuffer die für den mikrobiologischen Test erforderlichen Verdünnungen hergestellt.

Bestimmung von Penicillin in Tabletten, die Aluminiumpenicillin enthalten[1]**.** Da Aluminiumpenicillin in Wasser oder Phosphatpuffer unlöslich ist, wird zum Lösen der Tabletten Citratpuffer, p_H 6,3 (Citronensäure 13,2 g; NaOH 7,06 g; Na-citrat 97,0 g; H_2O ad 1000,0), verwandt. Im übrigen wird die Bestimmung wie oben beschrieben durchgeführt.

Bestimmung von Penicillin in Pastillen[1]**.** Es gibt 2 Arten von Penicillinpastillen. Die einen zergehen langsam im Munde, die anderen enthalten eine Bindemasse (Paraffin oder Gummi) und müssen gekaut werden.

Den Penicillingehalt der ersteren bestimmt man wie bei Tabletten beschrieben.

Für die Bestimmung des Penicillingehaltes der zweiten Sorte werden, wenn 1. Paraffin als Bindemasse enthalten ist, 5 Stück mit 75 cm³ n-Hexan so lange geschüttelt, bis sie vollkommen gelöst sind; die Lösung wird 4mal mit je 25 cm³ Phosphatpuffer, p_H 6 (K_2HPO_4 2,0 g; KH_2PO_4 8,0 g; H_2O ad 1000,0), ausgeschüttelt; nach weiterer Verdünnung der vereinigten Extrakte mit Phosphatpuffer wird der mikrobiologische Test durchgeführt; 2. wenn Gummi als Bindemasse verwandt wurde, werden die Pastillen fein zerschnitten und unter kräftigem Schütteln mit 2mal 100 cm³ 50%igem Aceton-Wasser extrahiert. Die weiteren Verdünnungen des Extraktes werden mit Phosphatpuffer, p_H 6, hergestellt.

Bestimmung von Penicillin in Futtermitteln[2]**.** Zum Nachweis werden die Futtermittel mit Formamid extrahiert. Der Formamidextrakt wird mit Phosphatpuffer, p_H 6, weiter verdünnt. Der Penicillingehalt der Phosphatpufferlösung wird mit einer der biologischen Methoden bestimmt.

Bestimmung von Benzathinpenicillin in Salben oder Ölen[1]**.** Liegt Benzathinpenicillin in einer Salbe oder einem Öl vor, so wird dieses mit Formamid, das vorher mit konz. H_2SO_4 auf p_H 6 eingestellt worden ist, extrahiert. Ein aliquoter Teil der Formamidlösung wird mit Phosphatpuffer, p_H 6 (K_2HPO_4 2,0 g; KH_2PO_4 8,0 g; H_2O ad 1000,0), bis zu einer Penicillinkonzentration von 1 E/cm³ verdünnt. Der Penicillingehalt dieser Lösung wird mikrobiologisch bestimmt.

Bestimmung von Procainpenicillin neben Streptomycin oder Dihydrostreptomycin in Lösungen[3]**.** *1. Procainpenicillin-Gehalt.* Der Inhalt des Fläschchens wird in der angegebenen Menge Wasser gelöst. 1 cm³ der gut durchgeschüttelten Suspension wird mit Phosphatpuffer, p_H 6 (K_2HPO_4 2,0 g; KH_2PO_4 8,0 g; H_2O ad 1000,0), bis zu einer Konzentration von 1 E/cm³ verdünnt. Der biologische Test mit Staph. aureus als Testorganismus wird durch die Gegenwart von Streptomycin bzw. Dihydrostreptomycin nicht gestört.

Bei Anwendung der jodometrischen Methode muß vor dem Zufügen der 0,01 n Jodlösung 1 Tropfen 1,2 n HCl zu dem Blindwert zugegeben werden. Im übrigen wird die Bestimmung wie auf S. 1603 beschrieben durchgeführt.

2. Die Bestimmung des Streptomycin- bzw. Dihydrostreptomycingehaltes. Siehe S. 1634.

[1] GROVE, D. C., and W. A. RANDALL: Assay Methods of Antibiotics, S. 23ff. New York 1955.
[2] KERSEY, R. C., and F. V. LEGHORN: Appl. Microbiol. 1, 150 (1953).
[3] GROVE, D. C., and W. A. RANDALL: Assay Methods of Antibiotics, S. 125. New York 1955.

Bestimmung von Procainpenicillin, Penicillin G-K oder -Na, Streptomycin und Dihydrostreptomycin[1]. *1. Gesamtpenicillingehalt.* Der Inhalt des Fläschchens wird in der angegebenen Menge Wasser gelöst. Für 1 cm^3 der Suspension bestimmt man den Penicillingehalt wie S. 1615, Bestimmung von Procainpenicillin beschrieben.

2. Gehalt an Penicillin G-K oder -Na. Zu 1 cm^3 der Suspension in einem 10 cm^3-Meßkolben gibt man 20%ige Na_2SO_4-Lösung bis zur Marke, schüttelt gut durch und zentrifugiert, um eine klare Lösung zu erhalten. Nach dem Absetzen füllt man evtl. nochmals mit 20%iger Na_2SO_4-Lösung bis zur Marke auf, zentrifugiert nochmals und benutzt 5 cm^3 der klaren Lösung zur Herstellung der weiteren Verdünnung. Man verdünnt sie mit 45 cm^3 Phosphatpuffer, p_H 6 (K_2HPO_4 2,0 g; KH_2PO_4 8,0 g; H_2O ad 1000,0), und führt mit 2 cm^3 dieser Verdünnung die jodometrische Bestimmung durch.

Die geringe Menge mitgelösten Procainpenicillins in dieser Phosphatpufferlösung wird wie folgt bestimmt: Zu 2 cm^3 Phosphatpufferlösung gibt man 0,5 cm^3 4 n HCl, 1,0 cm^3 $NaNO_2$-Lösung (0,1 g $NaNO_2$ je 100 cm^3 H_2O; jede Woche frisch ansetzen und im Eisschrank aufbewahren), 1 cm^3 sulfaminsaures Ammonium (0,5 g je 100 cm^3 H_2O) und 1 cm^3 N-(1-Naphthyl)-äthylendiamin-Lösung [0,1 g N-(1-Naphthyl)-äthylendiamin-dihydrochlorid je 100 cm^3 H_2O]. Man füllt mit H_2O auf 50 cm^3 auf und mißt die Absorption der gefärbten Lösung bei 550 mμ in einem photoelektrischen Colorimeter (2 cm-Küvette). Den Gehalt an Procainpenicillin liest man aus einer vorher hergestellten Eichkurve mit Standardlösungen ab. Der Gehalt an Penicillin G-K in 1 cm^3 Suspension ist gleich der Differenz zwischen dem Gesamtpenicillin in 2 cm^3 Lösung, jodometrisch bestimmt, und dem Gehalt von 2 cm^3 derselben Lösung an Procainpenicillin, multipliziert mit 50.

3. Der Procainpenicillingehalt ergibt sich aus der Differenz von Gesamtpenicillin minus Penicillin G-K.

4. Streptomycin und Dihydrostreptomycin werden wie auf S. 1634 beschrieben bestimmt.

Bestimmung von Benzathinpenicillin neben Streptomycin bzw. Dihydrostreptomycin[1]. *1. Benzathinpenicillin.* Der Inhalt des Fläschchens wird in der angegebenen Menge Wasser gelöst, kräftig geschüttelt und 1 cm^3 der Suspension in 50 cm^3 Formamid oder Dimethylformamid gelöst. Diese Lösung wird mit Phosphatpuffer, p_H 6 (K_2HPO_4 2,0 g; KH_2PO_4 8,0 g; H_2O ad 1000,0), weiter verdünnt und der Penicillingehalt jodometrisch oder mikrobiologisch bestimmt.

2. Streptomycin bzw. Dihydrostreptomycin werden wie S. 1634 beschrieben bestimmt.

Bestimmung von Procainpenicillin, Benzathinpenicillin, Streptomycin und Dihydrostreptomycin[1]. *1. Gesamtpenicillingehalt.* Der Inhalt des Fläschchens wird in der angegebenen Menge Wasser suspendiert, 1 cm^3 Suspension in 50 cm^3 Formamid oder Dimethylformamid gelöst und mit Phosphatpuffer, p_H 6 (K_2HPO_4 2,0 g; KH_2PO_4 8,0 g; H_2O ad 1000,0), weiter verdünnt, so daß etwa 1 E/cm^3 vorliegt. Mit dieser Verdünnung wird der biologische Test mit Staph. aureus als Testorganismus durchgeführt.

Für die chemische Bestimmung von Penicillin versetzt man 2 cm^3 der Suspension in einem 500 cm^3-Meßkolben mit 40 cm^3 0,5 n NaOH, mischt und läßt 15 min stehen. Anschließend werden 20 cm^3 1,2 n HCl hinzugefügt, wieder gemischt, und das Volumen des Kolbens wird mit dest. Wasser bis zur Marke aufgefüllt. Zu einem aliquoten Teil dieser Lösung, der ungefähr 2000 E Penicillin enthält, gibt man 10 cm^3 0,01 n Jodlösung, läßt 15 min stehen und titriert mit 0,01 n Thiosulfatlösung, wie unter S. 1602 beschrieben.

2. Gehalt an Procainpenicillin. 10 cm^3 der bereits hergestellten Verdünnung der Suspension (500 cm^3-Meßkolben) werden mit dest. Wasser auf 100 cm^3 verdünnt. In dieser Lösung wird der Procainpenicillin-Gehalt mit der colorimetrischen Methode mit N-(1-Naphthyl)-äthylendiamin (S. 1604) bestimmt.

3. Benzathinpenicillin-Gehalt. Die Differenz zwischen Gesamtpenicillin und Procainpenicillin ergibt den Gehalt an Benzathinpenicillin.

---

[1] GROVE, D. C., and W. A. RANDALL: Assay Methods of Antibiotics. S. 126ff. New York 1955.

4. Der Streptomycin- bzw. Dihydrostreptomycin-Gehalt wird wie S. 1634 beschrieben bestimmt.

Bestimmung von Penicillin und Bacitracin[1]. Bacitracin stört die mikrobiologische Bestimmung des Penicillingehaltes nicht. Für die Bestimmung des Bacitracingehaltes muß das Penicillin durch Penicillinasezusatz inaktiviert werden.

1. Penicillingehalt. Der Inhalt eines Fläschchens wird mit Phosphatpuffer, p_H 6, bis zu einer Konzentration von 1 E/cm³ verdünnt. Mit dieser Lösung wird der mikrobiologische Test durchgeführt.

2. Bacitracingehalt. Zu einem aliquoten Teil der wäßrigen Lösung gibt man genügend Penicillinaselösung (1 cm³ konz. Penicillinaselösung je 150000 E Penicillin) und stellt den Kolben 1/2 Std in den Brutschrank von 37°. Die inaktivierte Lösung wird mit Phosphatpuffer, p_H 6 (K_2HPO_4 2,0 g; KH_2PO_4 8,0 g; H_2O ad 1000,0), bis zu einer Konzentration von 1 E/cm³ verdünnt. Mit dieser Lösung wird der mikrobiologische Test durchgeführt.

Liegen die beiden Antibiotica in Salben oder Tabletten vor, so werden diese, wie beim Penicillin beschrieben, extrahiert und anschließend mit den mit Phosphatpuffer hergestellten Verdünnungen die mikrobiologischen Teste durchgeführt.

Bestimmung von Penicillin, Streptomycin bzw. Dihydrostreptomycin und Bacitracin in Salben[1]. Die Bestimmung des Penicillingehaltes wird durch die anderen Antibiotica nicht gestört. Dagegen muß vor der Bestimmung von Streptomycin, Dihydrostreptomycin und Bacitracin das Penicillin durch Penicillinasezusatz zerstört werden. Streptomycin stört auch die Bestimmung von Bacitracin. Es wird mit Semicarbazid inaktiviert. Dihydrostreptomycin stört ebenfalls den mikrobiologischen Test von Bacitracin. Es gibt weder ein Enzym noch eine chemische Substanz, die das Dihydrostreptomycin inaktiviert. Zur Bestimmung von Bacitracin in Gegenwart von Dihydrostreptomycin muß man entweder mit einem dihydrostreptomcinresistenten Stamm von M. flavus arbeiten, oder man setzt der Bacitracinlösung zur Herstellung der Eichkurve Dihydrostreptomycin zu. Im einzelnen wird die Bestimmung wie folgt durchgeführt:

1. Penicillingehalt. Man arbeitet, wie unter S. 1614 beschrieben.

2. Streptomycin und Dihydrostreptomycingehalt. Siehe S. 1634.

3. Bacitracingehalt. Ein aliquoter Teil des für die Penicillinbestimmung hergestellten Phosphatpufferextraktes von p_H 6 wird mit Penicillinase bei 37° (1/2 Std) inaktiviert. Anschließend setzt man der Lösung genügend 0,5%ige, frisch angesetzte Semicarbazidlösung zum Inaktivieren von Streptomycin zu und läßt 1 Std bei Zimmertemperatur stehen. Ein größerer Überschuß an Semicarbazidlösung muß vermieden werden, da größere Mengen davon den Testorganismus beeinflussen. Die penicillin- und streptomycininaktivierte Lösung wird mit Phosphatpuffer, p_H 6, bis zu einer Bacitracinkonzentration von 1 E/cm³ verdünnt. Mit einem dihydrostreptomycinresistenten Stamm von M. flavus wird der mikrobiologische Test durchgeführt.

Bestimmung von Penicillin, Bacitracin und Neomycin in Salben[1]. Die beiden Antibiotica Bacitracin und Neomycin haben keinen Einfluß auf die biologische Penicillinbestimmung. Dagegen muß das Penicillin vor der Bestimmung von Bacitracin und Neomycin durch Penicillinasezusatz zerstört werden. Bacitracin und Neomycin können nebeneinander bestimmt werden.

1. Penicillingehalt s. S. 1614.

2. Bacitracingehalt s. oben.

3. Neomycingehalt s. S. 1591.

Phalamycin.

Phalamycin wird von einem Bodenbakterium, einer Variante von Streptomyces nursei, gebildet[2].

[1] GROVE, D. C., and W. A. RANDALL: Assay Methods of Antibiotics. S. 130/132. New York 1955.
[2] BROWN, R., and E. L. HAZEN: Antibiot. & Chemotherap. 3, 818 (1953).

Chemische Eigenschaften. Es ist ein gelbes amorphes Pulver, das Stickstoff und Schwefel in seinem Molekül enthält. In den niederen aliphatischen Alkoholen und Estern, in Chloroform und Aceton ist es leicht, in Benzol wenig löslich und in Wasser fast unlöslich. Zwischen p_H 2,5—7 ist es relativ stabil. Im UV-Licht hat es keine ausgesprochenen Maxima.

In vitro ist es in sehr geringen Konzentrationen (0,4—6 γ/cm^3) gegenüber grampositiven Bakterien, einschließlich derjenigen, die gegen Penicillin, Streptomycin, Bacitracin resistent sind, gegen Mycobact. tuberculosis und pathogene Species von Nocardia wirksam.

Pikromycin.

Brockmann und Henkel[1] berichteten 1950 über die Isolierung von Pikromycin aus der Kulturflüssigkeit eines noch nicht identifizierten Actinomycesstammes.

Es hemmt das Wachstum von Staph. aureus, von Streptokokken und von Enterokokken in Konzentrationen von 0,3—2,0 γ/cm^3, ist aber sehr toxisch.

Chemische Eigenschaften. Farblose Kristalle vom F 169—170° C aus Methanol; Summenformel $C_{25}H_{43}O_7N$; $[\alpha]_D^{25} = +8{,}4°$ ($c = 3{,}5\%$, Äthanol), $= -50{,}2°$ ($c = 5{,}3\%$, $CHCl_3$). Pikromycin hat basische Eigenschaften. Es ist in verdünnten Säuren, Aceton und Benzol leicht, in Wasser schwer löslich. Auf Grund von Umwandlungs- und Abbaureaktionen konnte Pikromycin die folgende Konstitution zugewiesen werden[2,3]:

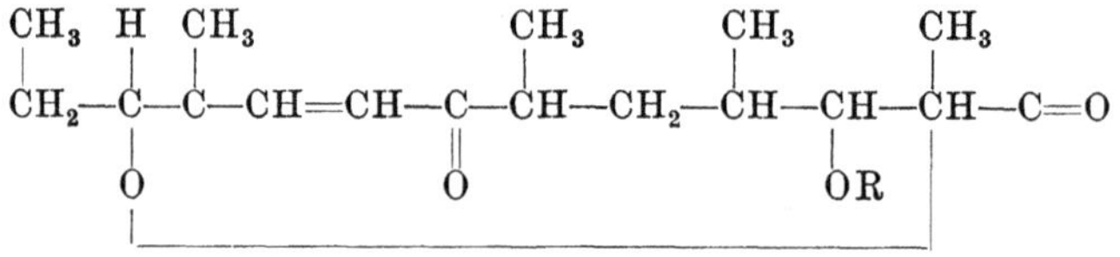

R = Pikrocinrest:

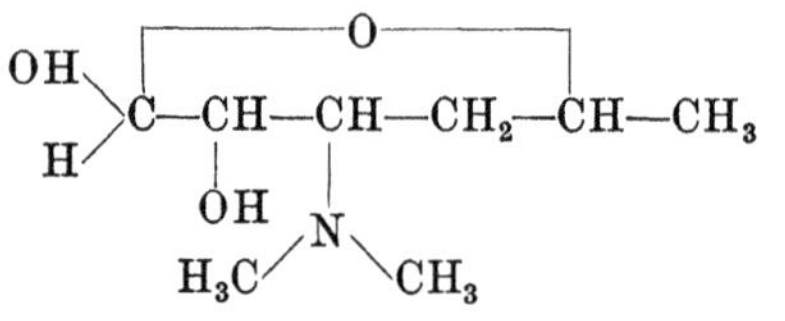

Pleocidin.

Streptomyces lavendulae bildet nach Charney und Mitarbeitern[4] das dem Streptomycin ähnliche Antibioticum, das sich aber in seinem Wirkungsspektrum von jenem unterscheidet.

Die chemischen Daten von Pleocidin sind noch nicht festgelegt. Die Bestimmung von Pleocidin erfolgt nach einer Modifikation der turbidimetrischen Methode von Oswald und Knudsen[5] bzw. von Fisher und Charney[6].

Polymyxin.

Benedict und Langlykke[7] sowie Stansly und Mitarbeiter[8] berichten von einem Antibioticum Polymyxin, das in seiner Wirkung gegen gramnegative Keime einzigartig und anscheinend durch die Fähigkeit ausgezeichnet ist, keine resistenten Mutanten zu bilden[9]. Es wird von verschiedenen Polymyxastämmen gebildet.

---

[1] Brockmann, H., u. W. Henkel: Naturwiss. **37**, 138 (1950).
[2] Brockmann, H., u. R. Oster: B. **90**, 605 (1957).
[3] Anliker, R., and K. Gubler: Helv. **40**, 119 (1957).
[4] Charney, J., W. M. S. Roberts and W. P. Fisher: Antibiot. & Chemotherap. **2**, 307 (1952).
[5] Oswald, E. J., and L. F. Knudsen: J. amer. pharmaceut. Ass. **39**, 61 (1950).
[6] Fisher, W. P., and J. Charney: Antibiot. & Chemotherap. **2**, 311 (1952).
[7] Benedict, R. C., and L. L. Langlykke: J. Bacteriology **54**, 24 (1947).
[8] Stansly, P. G., R. G. Shepherd and H. J. White: Bull. Johns Hopkins Hosp. **81**, 43 (1947).
[9] Rhodes, V. O. A., and J. Ferlauto: Antibiot. & Chemotherap. **3**, 509 (1953).

Die Wirksamkeit von Polymyxin wird in Einheiten angegeben. Man nimmt theoretisch an, daß ein reines Präparat 10000 E/mg enthält. Die bisher dargestellten Polymyxinpräparate haben einen Reinheitsgrad von 75%.

Chemische Eigenschaften. Nach BELL und Mitarbeitern[1] ist es ein basisches Polypeptid mit einer Fettsäurekomponente, der 6-Methylcaprylsäure[2], im Molekül. Die Aminosäureanteile differenzieren Polymyxin in mehrere Typen. Bis jetzt sind Polymyxin A[3], B, C[4], D[5] und E[6] bekannt. HAUSMANN und CRAIG[7] gelang 1954 die Auftrennung von Polymyxin B in die beiden Komponenten B_1 und B_2. Polymyxin B_1 enthält Isopelargonsäure im Molekül, Polymyxin B_2 6-Methyloctansäure.

In kristallisierter Form sind die Polymyxine bei Zimmertemperatur beständig. Die wäßrige Lösung von Polymyxin B ist im Eisschrank eine Woche haltbar.

Alle Polymyxine enthalten L-Threonin, L-Diaminobuttersäure und 6-Methylcaprylsäure. Der Gehalt an D-Leucin, L-Phenylalanin und D-Serin unterscheidet die einzelnen Komponenten.

Von den 5 isolierten Polymyxinen erwies sich Polymyxin B als wirksamste Substanz mit der geringsten Toxicität.

Tabelle 7. *Aminosäuregehalt der Polymyxine*[8].

Polymyxin	Threonin	Diaminobuttersäure	Methylcaprylsäure	Phenylalanin	Leucin	Serin
A	+	+	+	−	+	−
B	+	+	+	+	+	−
C	+	+	+	+	−	−
D	+	+	+	−	+	+
E	+	+	+	−	+	−

Mikrobiologische Bestimmung. Die Konzentration von Polymyxin in der Kulturflüssigkeit wird nach einer Modifikation der Agardiffusionsmethode mit Escherichia coli oder noch besser mit Brucella bronchiseptica, NRRL B 140 als Testorganismus bestimmt[9]. Der Test wird empfindlicher, wenn die Konzentration des Kaliumphosphatpuffers auf 10%, p_H 6, erhöht wird[10].

Chemische Bestimmung. Für den chemischen Nachweis von Polymyxin sind nur qualitative Methoden bekannt:

1. Ninhydrinreaktion.
2. Modifizierte Biuretreaktion (s. S. 1569).
3. Papierchromatographische Trennung von Polymyxin B, Bacitracin und Ephenaminpenicillin. (Beschreibung der Methode S. 1569.)

4. Papierchromatographische Trennung von Polymyxin A, B, C und D[8]. Zur Differenzierung der Polymyxine wird die unbekannte Probe zunächst hydrolysiert (24 Std mit 6 n HCl im Bombenofen von 110°). Das Hydrolysat wird zur Trockne verdampft und der Rückstand in Wasser aufgenommen. 0,01 cm³ werden auf Whatman I-Papier aufgetragen und das Chromatogramm mit einem der folgenden Lösungsmittelsysteme laufen gelassen:

a) n-Butanol/H_2O (80:20).
b) Isopropanol/H_2O (80:20).
c) n-Butanol/Eisessig/H_2O (20:3:20).

---

[1] BELL, P. H., J. F. BONE, J. P. ENGLISH, C. E. FELLOWS, K. S. HOWARD, M. M. ROGERS, R. G. SHEPHERD and R. WINTERBOTTOM: Ann. N. Y. Acad. Sci. **51**, 897 (1949).
[2] WILKINSON, S.: Nature **164**, 622 (1949).
[3] AINSWORTH, G. C., A. M. BROWN and G. BROWNLEE: Nature **160**, 263 (1947).
[4] BROWNLEE, G. S., R. M. BUSHBY and E. L. SHORT: Ann. N. Y. Acad. Sci. **51**, 952 (1949).
[5] STANSLY, P. G., R. G. SHEPHERD and H. J. WHITE: Bull. Johns Hopkins Hosp. **81**, 43 (1947).
[6] JONES, T. S. G.: Ann. N. Y. Acad. Sci. **51**, 952 (1949).
[7] HAUSMANN, W., and L. C. CRAIG: Am. Soc. **76**, 4892 (1954).
[8] MISTRETTA, A. G.: Antibiot. & Chemotherap. **6**, 196 (1956).
[9] BENEDICT, R. G., and F. H. STODOLA: J. Bacteriology **55**, 286 (1948).
[10] ARRET, B., and A. KIRSHBAUM: Antibiot. & Chemotherap. **6**, 95 (1956).

Nach der Entwicklung werden die Chromatogramme getrocknet und die Lage der Aminosäuren durch Anfärben mit 0,25%igem Ninhydrin in wassergesättigtem Butanol und anschließendem 10 min langem Erhitzen bei 110° bestimmt.

Die Trennung eines Polymyxingemisches in Polymyxin B, D und ein Gemisch aus A, C, und E gelingt mit folgendem Lösungsmittelgemisch: Butanol/H_2O/Isopropylamin (125:60:4). Der Nachweis erfolgt mikrobiologisch[1]. Der Streifen wird 30 min lang auf eine mit Brucella bronchiseptica beimpfte Agarplatte gelegt, die anschließend 18 Std bei 37° in feuchter Kammer bebrütet wird. Aus den Hemmzonen ergeben sich die R_F-Werte von Polymyxin B und D.

Polymyxin B $R_F = 0{,}43$.

Polymyxin D $R_F = 0{,}23$.

Bestimmung von Polymyxin in Präparaten.

Bestimmung von Streptomycin, Polymyxin und Bacitracin in Tabletten[2]. Streptomycin und Polymyxin können nebeneinander bestimmt werden. Für die Bestimmung von Bacitracin muß Streptomycin inaktiviert werden. Polymyxin und Bacitracin stören einander bei den Testen nicht.

1. Streptomycingehalt. Man zerkleinert 12 Tabletten, extrahiert sie mit Phosphatpuffer, p_H 6 (K_2HPO_4 2,0 g; KH_2PO_4 8,0 g; H_2O ad 1000,0), und arbeitet, wie auf S. 1634 beschrieben.

2. Polymyxingehalt. 5 Tabletten werden im Mörser zerkleinert, mit 20 cm³ Phosphatpuffer, p_H 6 (K_2HPO_4 2,0 g; KH_2PO_4 8,0 g; H_2O ad 1000,0), verrieben; die erhaltene Suspension wird für den biologischen Test mit Phosphatpuffer, p_H 6, bis zu einer Polymyxinkonzentration von 100 E/cm³ verdünnt.

3. Bacitracingehalt. In einem aliquoten Teil des Phosphatpufferextraktes, p_H 6, von der Polymyxinbestimmung wird Streptomycin durch Zugabe von genügend 0,5%iger Semicarbazidlösung (1 cm³ je 1000 γ Streptomycin) inaktiviert (1 Std bei Zimmertemperatur stehen lassen). Anschließend wird die Lösung mit Phosphatpuffer bis zu einer Bacitracinkonzentration von 1 E/cm³ verdünnt. Mit dieser Lösung wird der biologische Test durchgeführt; s. S. 1617.

Bestimmung von Bacitracin und Polymyxin in Salben[3]. *1. Bacitracingehalt.* Etwa 5 g Salbe werden mit 50 cm³ peroxydfreiem Äther extrahiert. Der Äther wird anschließend 4mal mit je 25 cm³ Phosphatpuffer, p_H 6 (K_2HPO_4 2,0 g; KH_2PO_4 8,0 g; H_2O ad 1000,0), ausgeschüttelt. Ein aliquoter Teil der vereinigten Extrakte wird mit Phosphatpuffer bis zu einer Bacitracinkonzentration von 1 E/cm³ verdünnt und der biologische Test mit dieser Lösung durchgeführt.

2. Polymyxingehalt. Ein anderer aliquoter Teil des Phosphatpufferextraktes wird bis zu einer Polymyxinkonzentration von 10 E/cm³ mit Phosphatpuffer verdünnt. Der Polymyxingehalt dieser Lösung wird mikrobiologisch bestimmt.

Bestimmung von Neomycin, Bacitracin und Polymyxin in Tabletten und Dragees s. S. 1591.

Bestimmung von Polymyxin und Terramycin in Salben[4]. Die Bestimmung von Polymyxin wird durch die Anwesenheit von Terramycin gestört. Durch seine spezifische Löslichkeit in Aceton kann Terramycin von anderen Antibiotica abgetrennt werden.

1. Terramycingehalt. 1—1,5 g Salbe werden auf einer Glasfilternutsche mit 5mal 10 cm³ warmem Benzol gewaschen zur Entfernung der Salbengrundlage. Der Rückstand auf dem Filter wird 5mal mit 10 cm³ Aceton behandelt. Die Acetonextrakte werden vereinigt und mit Aceton auf 100 cm³ aufgefüllt. Ein aliquoter Teil dieser Lösung wird mit Phosphatpuffer, p_H 4,5 (KH_2PO_4 13,6 g; H_2O ad 1000,0), bis zu einer Terramycin-

[1] Benedict, R. G., and F. H. Stodola: J. Bacteriology 55, 286 (1948).
[2] Grove, D. C., and W. A. Randall: Assay Methods of Antibiotics. S. 134. New York 1955.
[3] ibid. S. 137.
[4] ibid. S. 140.

konzentration von 0,24 γ/cm³ verdünnt. Der Terramycingehalt dieser Lösung wird mikrobiologisch bestimmt.

2. *Polymyxingehalt.* Der Polymyxinrückstand auf der Filterplatte wird 5mal mit je 10 cm³ Phosphatpuffer, p_H 6 (K_2HPO_4 20,0 g; KH_2PO_4 80,0 g; H_2O 1000,0), gewaschen. Die Anteile werden vereinigt und mit dem gleichen Phosphatpuffer, p_H 6, auf eine Polymyxinkonzentration von etwa 10 E/cm³ eingestellt. Mit dieser Lösung wird der mikrobiologische Test durchgeführt.

Bestimmung von Tetracyclin und Polymyxin in Salben[1]. Tetracyclin und Polymyxin stören sich gegenseitig im biologischen Test. Tetracyclin ist im Gegensatz zum Terramyxin nur in Aceton, das durch Zusatz von 0,3 % Piperidin alkalisch gemacht ist, löslich, nicht in reinem Aceton. Die Bestimmung wird im übrigen genau wie die Bestimmung von Polymyxin und Terramycin in Salben durchgeführt.

Puromycin.

Dieses Antibioticum mit trypanociden Eigenschaften wurde von PORTER und Mitarbeitern[2,3] aus dem Kulturfiltrat von Streptomyces alboniger isoliert.

Chemische Eigenschaften[4]. Puromycin ist eine zweisäurige Base, die leicht ein Dihydrochlorid oder Monosulfat bildet. F der freien Base 175,5—177°; $[\alpha]_D^{25} = -11°$; Summenformel $C_{22}H_{29}O_5N_7$; das Absorptionsmaximum im UV-Licht liegt bei 275 mμ (0,1 n NaOH) oder 267,5 mμ (0,1 n HCl).

Bei der Hydrolyse mit alkoholischer Salzsäure zerfällt Puromycin in 3 Spaltprodukte:

1. Eine Base, die auf Grund ihres UV- und Infrarotspektrums und der chemischen Daten von BAKER und SCHAUB[5] als 6-Dimethyl-aminopurin, $C_7H_9O_5$, identifiziert wurde.

2. Das zweite Hydrolyseprodukt wurde als O-Methyl-L-tyrosin identifiziert[4,6].

3. Das dritte Hydrolyseprodukt ist auf Grund seiner chemischen Daten und des Fehlens einer Carbonylbande im Infrarotspektrum eine 3-Aminopentose in der Halbacetalform[5,6]. F des Hydrochlorids 158°; $[\alpha]_D^{25} = -24,6°$ (H_2O).

Für Puromycin wurde von BAKER und Mitarbeitern[7] folgende Strukturformel aufgestellt:

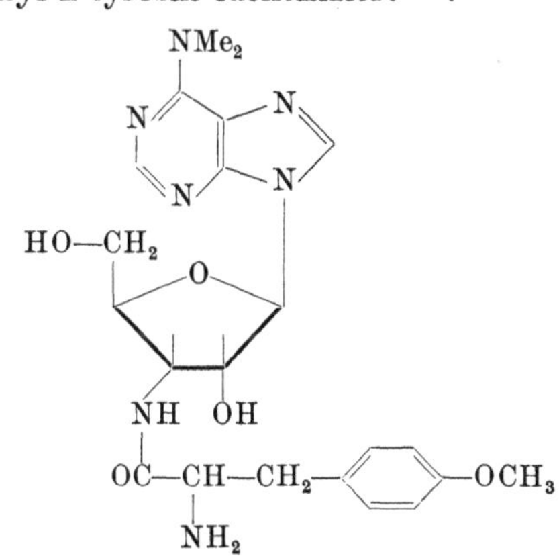

Resistomycin.

LINDENBEIN und OLFERMANN isolierten aus einer Bodenprobe eine bisher unbekannte Streptomycesart, die Streptomyces resistomyficus genannt wurde. Aus dem Kulturfiltrat dieses Pilzes isolierten BROCKMANN und SCHMIDT-KASTNER[8] ein gegen Staph. aureus, Bac. subtilis und Mycobact. tuberculosis wirksames Antibioticum, Resistomycin, das in seiner tuberkulostatischen Wirkung (1:500000 bis 1:1 Million) dem Streptomycin (1:1,2 Millionen) sehr nahekommt.

Chemische Eigenschaften. Resistomycin ist sehr beständig gegen Alkalien, Säuren und Temperaturerhöhung. Nach 1stündigem Erhitzen auf 250° zeigt es keinen merklichen Verlust seiner antibiotischen Wirkung. Beim Erhitzen auf 315° zersetzt sich die Substanz, ohne zu schmelzen. Summenformel $C_{23}H_{18}O_6$. Es ist in Wasser schwer, in Äther, Benzol, Äthanol, Aceton und Eisessig mäßig löslich.

---

[1] ibid. S. 142.
[2] PORTER, J. N., R. I. HEWITT and C. W. HESSELTINE: Antibiot. & Chemotherap. 2, 409 (1952).
[3] EYLES, D. E., and N. COLEMAN: Antibiot. & Chemotherap. 4, 649 (1954).
[4] WALLER, C. W., P. W. FRYTH, B. L. HUTCHINGS and J. H. WILLIAMS: Am. Soc. 75, 2025 (1953).
[5] BAKER, B. R., and R. E. SCHAUB: Am. Soc. 75, 3864 (1953).
[6] BEHR, L., and H. T. CLARK: Am. Soc. 54, 1630 (1932).
[7] BAKER, B. R., R. E. SCHAUB, J. P. JOSEPH and J. H. WILLIAMS: Am. Soc. 77, 12 (1955).
[8] BROCKMANN, H., u. G. SCHMIDT-KASTNER: Naturwiss. 38, 479 (1951).

Wegen seiner geringen Löslichkeit ist eine exakte Bestimmung des Molekulargewichtes nicht möglich. Charakteristisch für Resistomycin ist die Fluorescenz seiner Lösungen im UV-Licht. Die Bestimmung der Aktivität wird biologisch durchgeführt. Chemische Bestimmungsmethoden sind nicht bekannt.

Rhodocidin.

Rhodocidin wurde von CHARNEY und Mitarbeitern[1] aus dem Kulturmedium von Streptomyces phoenix isoliert. Es wirkt hemmend auf das Wachstum von grampositiven und gramnegativen Bakterien in Konzentrationen von 0,02—9,0 E/cm³ (bestimmt mit dem Reihenverdünnungstest). Die Standardisierung von Rhodocidin erfolgt zunächst mit einem bei der Isolierung erhaltenen Rohprodukt. Eine Einheit entspricht der Wirksamkeit von 1 mg Rohprodukt gegenüber Bac. subtilis in 1 cm³ Bouillon. Die LD_{50} beträgt bei i.v.-Verabreichung 15000 E/kg Maus.

Rhodocidin ist in Wasser, Butanol und Chloroform gut löslich. Beim Behandeln mit verdünnten Säuren und Alkalien wird es schnell inaktiviert. Die gereinigte Substanz zeigt ein breites Absorptionsmaximum im sichtbaren Licht bei 500—530 mμ.

Rhodomycin

wurde von BROCKMANN und BAUER[2] aus dem Kulturfiltrat eines nicht näher beschriebenen Streptomycesstammes als gelbrotes Pikrat isoliert. Behandelt man das Filtrat mit HCl bzw. Phosphorsäure, so erhält man das wasserlösliche Chlorid bzw. Phosphat. Das kristalline Perchlorat vom Schmelzpunkt F 198° (Zers.) hat die Summenformel $C_{22}H_{30}O_{11}NCl$. Daraus ergibt sich für das freie Rhodomycin die Summenformel $C_{22}H_{30}O_7N$. Papierchromatographisch läßt es sich in die 2 Komponenten Rhodomycin und Rhodomycin A auftrennen[3, 4]. Die Lösungen von Rhodomycin (Benzol) zeigen Absorptionsmaxima bei 575, 542, 535 und 504 mμ.

Rhodomycin bildet sowohl mit Säuren als auch mit Basen Salze. In saurer wie alkalischer Lösung ist es sehr unbeständig und verliert seine antibiotische Wirksamkeit.

Bei der Säurehydrolyse zerfällt es in eine farblose, wasserlösliche, inaktive, stickstoffhaltige, basische Komponente und ein rotes, wasserlösliches, antibiotisch wirksames, stickstofffreies Abbauprodukt vom Schmelzpunkt F 224° und der Summenformel $C_{15}H_{14}O_6$. Nach den Untersuchungen von BROCKMANN und BAUER handelt es sich hierbei um ein Oxynaphthochinon.

Romicil (Oleandomycin, Matromycin, PA 105).

1954 wurde von SOBIN und Mitarbeitern[5] aus dem Kulturfiltrat von Streptomyces antibioticus ein dem Erythromycin ähnliches Antibioticum, Romicil, isoliert. Es ist ein Antibioticum mit dem Wirkungsspektrum von Erythromycin, Penicillin und Streptomycin, beeinflußt aber nicht die lebenswichtige gramnegative Darmflora. Der Wirkungsbereich umfaßt vor allem grampositive Bakterien, vor allem Kokken.

Chemische Eigenschaften[6]. Romicil wird als Phosphat mit der wahrscheinlichen Summenformel $C_{35}H_{63}NO_{12} \cdot H_3PO_4$ dargestellt; F 125—128°. Beim Erhitzen der Substanz bleibt die antibiotische Wirksamkeit erhalten. Im sauren und alkalischen Milieu, p_H 2—9, ist Romicil über 24 Std stabil, im Gegensatz zu Erythromycin, das im sauren Bereich inaktiviert wird. $[\alpha]_D^{25} = -54°$ (Meth.).

Die Standardisierung von Romicil erfolgt auf Gewichtsbasis.

---

[1] CHARNEY, J., R. A. MACHLOWITZ, W. S. ROBERTS and W. P. FISHER: Antibiot. & Chemotherap. **3**, 788 (1953).
[2] BROCKMANN, H., u. K. BAUER: Naturwiss. **37**, 492 (1950).
[3] BROCKMANN, H., u. P. PATT: Naturwiss. **40**, 221 (1953).
[4] BROCKMANN, H., u. P. PATT: B. **88**, 1455 (1955).
[5] SOBIN, B. A., A. R. ENGLISH and W. D. CELMER: Antibiot. Ann. **1954/55**, 827.
[6] BUNGER, P., u. G. SCHÜTZE: Medizinische **51**, 1811 (1956).

Mikrobiologische Bestimmung. Die Aktivität von Romicil wird mit dem Reihenverdünnungstest mit Staph. aureus als Testorganismus bestimmt.

Konzentrationsbestimmungen in Körperflüssigkeiten werden nach einer leicht modifizierten, von WHITLOCK, HUNT und TASHMAN[1] für Aureomycin beschriebenen, turbidimetrischen Methode durchgeführt[2]. Die Hemmkonzentration wird in Doppelbestimmungen parallel zu einer Standardverdünnungsreihe gemessen. Testkeim ist Staph. aureus.

Rubromycin.

Streptomyces collinus produziert nach BROCKMANN und RENNEBERG[3] ein rotes Antibioticum, das Rubromycin genannt wurde.

Es kristallisiert aus Methanol oder Essigester in dünnen, blaßvioletten bis roten Kristallen vom F 215° (Zers.). Rubromycin ist in Aceton und Chloroform mäßig löslich, in Äther, Methanol, Äthanol weniger, in Wasser und Petroläther praktisch unlöslich. Es enthält in seinem Molekül keinen Stickstoff. Beim Kochen einer Lösung in Methylenchlorid mit verdünnter Salzsäure entsteht eine rote, antibiotisch hoch wirksame Substanz vom F 265—268°, die sich vom Rubromycin durch ihre Absorptionsmaxima bei 547 und 532 mμ unterscheidet (Rubromycin 515 und 532 mμ).

Spiramycin (Rovamycin).

Ein in seiner Wirksamkeit dem Erythromycin ähnliches Antibioticum — Spiramycin — wurde 1954 von PINNERT-SINDICO und Mitarbeitern[4] aus dem Kulturfiltrat von Streptomyces ambofaciens isoliert. Es zeigt hohe antibiotische Wirksamkeit gegenüber grampositiven Organismen, geringe gegenüber Mycobakterien und einige gramnegative Stämme. Rickettsien, die großen Virusarten und Spirochäten sind spiramycinempfindlich[5].

Chemische Eigenschaften. Spiramycin ist eine amorphe Base mit begrenzter Löslichkeit in Wasser; Spiramycinsulfat ist gut wasserlöslich.

Die antibiotische Wirksamkeit von Spiramycin wird mikrobiologisch mit dem Reihenverdünnungstest mit M. pyogenes var. aureus als Testorganismus bestimmt.

Streptolydigin (Portamycin).

Von einem aus dem Kulturfiltrat von Streptomyces lydicus isolierten neuen Antibioticum — Streptolydigin — berichten DE BOER und Mitarbeiter[6]. Es hemmt vor allem das Wachstum der grampositiven Organismen mit Ausnahme von Mikrokokken. Gramnegative Erreger, mit Ausnahme von Pasteuralla multocida, sind relativ unempfindlich.

Der biologische Nachweis wird turbidimetrisch mit Strept. faecalis als Testorganismus durchgeführt.

In der Kulturflüssigkeit wird Streptolydigin papierchromatographisch nachgewiesen. Lösungsmittel: n-Butanol/H_2O (81:19); Nachweis bioautographisch mit Mycobact. odium als Testorganismus.

Chemische Eigenschaften[7]. Kristallines Streptolydigin, $C_{32}H_{46}N_2O_9$, Mol.-Gew. 603, ist eine relativ starke Säure. Die freie Säure und ihr Calciumsalz sind praktisch in allen organischen Lösungsmitteln löslich, in Wasser und Kohlenwasserstoffen unlöslich. Das Natrium- und Kaliumsalz sind in Wasser und organischen Lösungsmitteln löslich, in Kohlenwasserstoffen unlöslich. In alkalischen Lösungen ist Streptolydigin stabil, in saurer Lösung, p_H 2,0, wird es dagegen bei Zimmertemperatur innerhalb 1 Std inaktiviert. Die freie Säure schmilzt bei 144—150°; $[\alpha]_D^{25} = -65,7°$ ($c = 2,28\%$ in 0,05 n äthanol. KOH); $= -93°$ ($c = 1,6\%$ in $CHCl_3$); $= -76°$ ($c = 1,78\%$ in Dioxan).

[1] WHITLOCK, C. M. jr., A. D. HUNT jr. and S. G. TASHMAN: J. Lab. clin. Med. **37**, 155 (1951).
[2] BERNSTEIN, A., u. M. PILLER: Schweiz. med. Wschr. **86**, 1247 (1956).
[3] BROCKMANN, H., u. K. H. RENNEBERG: Naturwiss. **40**, 59 (1953).
[4] PINNERT-SINDICO, S., L. NINET, J. PREUD'HOMME and S. COSAR: Antibiot. Ann. **1954/55**, 724.
[5] RAVINA, A., M. PESTEL, P. ELOY, G. DUCHESNAY, R. ABBONY and M. REY: Antibiot. Ann. **1955/56**, 223.
[6] BOER, C. DE, A. DIETZ, W. S. SILVER and G. M. SAVAGE: Antibiot. Ann. **1955/56**, 886.
[7] EBLE, T. E., C. M. LARGE, W. H. DE VRIES, G. F. CRUM and J. W. SHELL: Antibiot. Ann. **1955/56**, 893.

Streptomycin

wurde 1943 von WAKSMAN, SCHATZ und BUGIE[1] aus der Kulturflüssigkeit von Streptomyces griseus isoliert.

Gewinnung. Der Pilz wächst in submersen Kulturen in einem Medium, das Glucose als Kohlenstoff-, Pepton als Stickstoffquelle, Kochsalz und eine stickstoffhaltige Substanz mit wuchsstofffördernden Eigenschaften in geringer Konzentration (Cornsteep-Liquor, Fleischextrakt usw.) enthält. Über die technische Gewinnung und Reindarstellung s.[2].

Biologische Eigenschaften. Streptomycin ist hauptsächlich gegen gramnegative Keime und gegen Mycobact. tuberculosis wirksam. Leider bildet sich bei fast allen Keimen schnell eine Resistenz aus, die über lange Zeit erhalten bleibt. Die resistenten Keime sollen ihre Virulenz weitgehend einbüßen.

Die Standardisierung von Streptomycin erfolgt auf Gewichtsbasis. Die Streptomycinsalze enthalten 650—842 E = γ Streptomycinbase je 1 mg.

Die Toxicität von Streptomycin ist relativ hoch. Die zur Zeit angewandten Dosen liegen schon fast an der oberen Grenze des Möglichen. Neben den Überempfindlichkeitsreaktionen, die schwerste Formen annehmen können, kommt es bei längerer Verabreichung höherer Dosen häufig zu Gleichgewichtsstörungen durch Schädigungen des 8. Hirnnerven.

Dihydrostreptomycin hat die gleichen biologischen Eigenschaften wie das Streptomycin, es ist aber um etwa $^1/_5$ weniger toxisch. Bei längerer Applikation greift es den N. acusticus an. Wegen dieses Unterschiedes in der Toxicität bei sonst gleicher Wirkung werden in neuerer Zeit bevorzugt Mischpräparate verwandt.

Chemische Eigenschaften. *1. Streptomycin* ist eine wasserlösliche Base mit der Summenformel $C_{21}H_{39}O_{12}N_7$; $[\alpha]_D^{25} = -84°$ (Streptomycin—HCl in H_2O); das Mol.-Gew. der freien Base ist 800.

Streptomycin ist in Wasser und verdünnten Säuren löslich, in Äther, Chloroform und Aceton unlöslich. Das Hydrochlorid ist in Methanol und Wasser gut löslich, mäßig löslich in Äthanol und unlöslich in Butylalkohol, Eisessig und Pyridin. Das Sulfat ist in Methanol schwach löslich, in allen anderen Lösungsmitteln praktisch unlöslich.

Die wichtigsten Streptomycinsalze sind das kristallisierte Streptomycin-trihydrochlorid[3], das nicht kristallisierte Streptomycin-trihydrochlorid[4], das Streptomycin-reineckat[5], das Streptomycin-helianthat[6], das Streptomycin-hydrobromid und -sulfat[7], das Streptomycin-naphthalin-β-sulfonat[7].

Das technisch wichtigste Salz ist das Streptomycin-trihydrochlorid · $CaCl_2$-Salz[8]. F der reinen Substanz etwa 200° (u. Z.); $[\alpha]_D^{25} = -77°$ ($c = 0{,}882\%$ in H_2O). Die Aufklärung der Struktur von Streptomycin wurde von verschiedenen Forschergruppen durchgeführt. Die Untersuchungen zeigten, daß im Molekül keine primäre Alkoholgruppe vorhanden ist, die bei der Behandlung mit Perjodsäure Formaldehyd liefert[9].

Die Hydrolyse mit methanolischer Salzsäure führt zur Aufspaltung in *Streptidin-dihydrochlorid* und *Streptobiosamin*[10-13].

[1] SCHATZ, A., E. BUGIE and S. A. WAKSMAN: Proc. Soc. exp. Biol. Med. **55**, 66 (1944).
[2] ULLMANN, techn. Chem. Bd. III. 3. Aufl., S. 780.
[3] HEUS, L. J., M. A. DOLLIVER and E. T. STILLER: Am. Soc. **70**, 2823 (1948).
[4] KUEHL, F. A. jr., R. L. PECK, A. WALTI and K. FOLKERS: Science, N. Y. **102**, 34 (1945).
[5] FRIED, J., and O. WINTERSTEINER: Science, N. Y. **101**, 613 (1945); **104**, 273 (1946).
[6] KUEHL, F. A. jr., R. L. PECK, C. E. HOFFHINE jr., R. P. GRABER and K. FOLKERS: Am. Soc. **68**, 1460 (1946).
[7] REGNA, P. P., and R. A. CABONI: Am. Soc. **71**, 2939 (1949).
[8] PECK, R. L., N. G. BRINK, F. A. KUEHL jr., E. H. FLYNN, A. WALTI and K. FOLKERS: Am. Soc. **67**, 1866 (1945).
[9] PECK, R. L., C. E. HOFFHINE jr., E. W. PEEL, R. P. GRABER, F. W. HOLLY, R. MOZINGO and K. FOLKERS: Am. Soc. **68**, 776 (1946).
[10] BRINK, N. G., F. A. KUEHL jr., E. H. FLYNN and K. FOLKERS: Am. Soc. **68**, 2557 (1946).
[11] BRINK, N. G., F. A. KUEHL jr. and K. FOLKERS: Science, N. Y. **102**, 506 (1945).
[12] CARTER, H. E., R. K. CLARK jr., S. R. DICKMAN, Y. H. LOO, J. S. MEEK, P. S. SKELL, W. A. STRONG, J. I. ALBERTI, Q. R. BARTZ, S. B. BINKLEY, H. M. CROOKS jr., I. R. HOOPER and M. C. REBSTOCK: Science, N. Y. **103**, 53 (1946).
[13] FRIED, J., G. A. BOYACK and O. WINTERSTEINER: J. biol. Ch. **162**, 391 (1946).

Streptidin ist auf Grund der analytischen Untersuchungen als ein 1,3-Diguanidino-2,4,5,6-tetraoxy-cyclohexan aufzufassen, das, da es optisch inaktiv ist, in einer der 8 möglichen meso-Formen vorliegt[1].

Streptobiosamin ist ein Disaccharid[2-5]. Bei der Behandlung mit konz. HCl wird es weiter aufgespalten in

1. N-Methyl-L-glucosamin[6] und 2. Streptose[7]

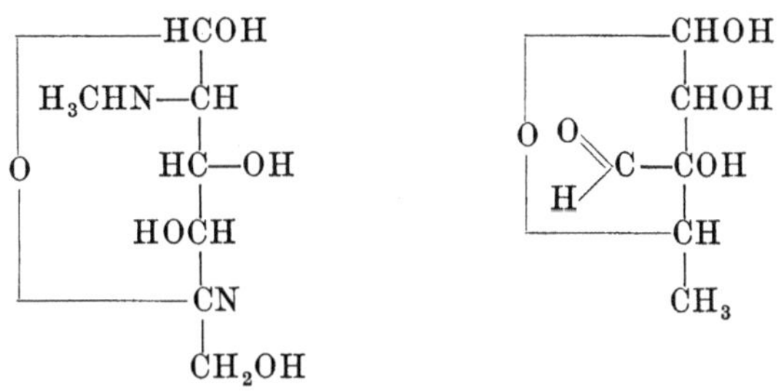

Das C 2-Atom der Streptose ist nach WOLFROM und Mitarbeitern[8] mit dem C 1-Atom von N-Methyl-L-glucosamin verknüpft.

Da die Aldehydgruppe in der Streptose frei vorliegt, kommt für die glucosidische Bindung mit dem Streptidin nur das C 1-Atom in Frage[9-11]. KUEHL und Mitarbeiter konnten zeigen, daß sie in 4-Stellung im Streptidin ansetzt. Streptomycin hat demnach folgende Konstitution:

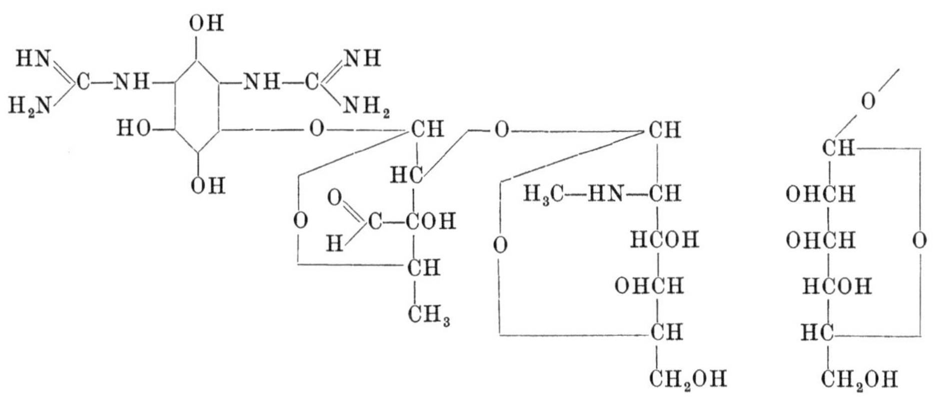

Streptomycin

Streptidin + Streptose + N-Methylglucosamin Mannose-Rest

Streptobiosamin

Streptomycin B = Mannosidostreptomycin

[1] CARTER, H. E., R. K. CLARK, S. R. DICKMAN, Y. H. LOO, P. S. SKELL and W. A. STRONG: Science, N. Y. **103**, 540 (1946).
[2] BRINK, N. G., F. A. KUEHL jr., E. H. FLYNN and K. FOLKERS: Am. Soc. **68**, 2405 (1946).
[3] BRINK, N. G., F. A. KUEHL jr., E. H. FLYNN and K. FOLKERS: Am. Soc. **70**, 2085 (1948).
[4] KUEHL, F. A. jr., E. H. FLYNN, N. G. BRINK and K. FOLKERS: Am. Soc. **68**, 2679 (1946).
[5] KUEHL, F. A. jr., M. N. BISHOP, E. H. FLYNN and K. FOLKERS: Am. Soc. **70**, 2613 (1948).
[6] FOLKERS, K., F. A. KUEHL jr., E. H. FLYNN, F. W. HOLLY and R. MOZINGO: Am. Soc. **69**, 3032 (1947).
[7] FRIED, J., and O. WINTERSTEINER: Am. Soc. **69**, 79 (1947).
[8] WOLFROM, M. L., and C. W. DE WALT: Am. Soc. **70**, 3148 (1948).
[9] KUEHL, F. A. jr., R. L. PECK, C. E. HOFFHINE jr., E. W. PEEL and K. FOLKERS: Am. Soc. **69**, 1234 (1947).
[10] KUEHL, F. A. jr., R. L. PECK, C. E. HOFFHINE jr., and K. FOLKERS: Am. Soc. **70**, 2325 (1948).
[11] CARTER, H. E., Y. H. LOO and P. S. SKELL: J. biol. Ch. **168**, 401 (1947).

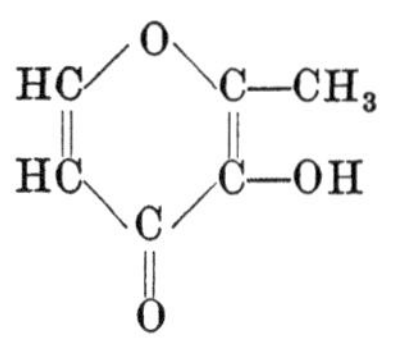

Die alkalische Hydrolyse von Streptomycin mit n NaOH führt zur Bildung von Maltol[1].

Gleichzeitig wird bei der Reaktion Streptidin frei. Die Maltolbildung zeigt das Vorhandensein einer endständigen Methylgruppe an, welche nur in dem mittelständigen Streptoseanteil des Streptomycinmoleküls vorhanden ist.

2. *Dihydrostreptomycin.* Bei der katalytischen Hydrierung von Streptomycin mit Platin, Palladium oder Raney-Nickel wird die Aldehydgruppe in dem Streptoseanteil des Streptomycinmoleküls zu der entsprechenden primären Alkoholgruppe reduziert. (Ausbleiben der Reaktion mit Carbonylreagentien[2-4].)

Dihydrostreptomycin-trihydrochlorid — $C_{21}H_{41}O_{12}N_7 \cdot 3\,HCl$ — schmilzt bei 190 bis 195° (Zers.) und zeigt eine optische Drehung von $[\alpha]_D^{25} = -94{,}5°$ (H_2O)[5]. Das kristalline Dihydrostreptomycinsulfat schmilzt bei 225—265°; $[\alpha]_D^{25} = -89°$ (H_2O).

3. *Streptomycylamine*[6]. Die Streptomycylamine werden nach dem allgemeinen Reaktionsschema:

$$\text{Streptomycin—CHO} + NH_2R \xrightarrow[\text{Pd—C}]{H_2} \text{Streptomycin—}CH_2NH\text{—R}$$

dargestellt. Die Aldehydgruppe des Streptomycins wird mit dem entsprechenden Amin unter Bildung einer SCHIFFschen Base gekuppelt, die anschließend in Gegenwart eines Palladium-Kohlenstoff-Katalysators zum Streptomycylamin reduziert wird.

4. *Mannosidostreptomycin = Streptomycin B* wurde ebenfalls aus Streptomyces griseus-Kulturen von TITUS und FRIED[5] isoliert. Streptomycin B enthält ein D-Mannose-Molekül, das mit dem N-Methyl-L-glucosamin-Rest von Streptomycin glykosidisch verknüpft ist[7]. Es bildet ein Trihydrochlorid mit der Summenformel $C_{24}H_{49}O_{17}N_7 \cdot HCl$; $[\alpha]_D^{25} = -54{,}1°$ ($c = 1\%$ in H_2O). Offenbar ist es nur eine Vorstufe in der biologischen Synthese von Streptomycin.

5. *Oxystreptomycin*, $C_{21}H_{39}O_{13}N_7$, wird von Streptomyces griseocaneus produziert. Es unterscheidet sich von Streptomycin durch den Mehrgehalt von einem Sauerstoffatom[8]. Auf Grund von Untersuchungen von STODOLA und Mitarbeitern[9] ist ein H-Atom der Methylgruppe der Streptose durch OH ersetzt.

Biologische Bestimmungsmethoden. Zum biologischen Test können alle üblichen Methoden angewandt werden. DONOVICK und Mitarbeiter haben einen besonderen Reihenverdünnungstest zur Streptomycinbestimmung ausgearbeitet[10].

Chemische Bestimmungsmethoden.

Qualitative Methoden.

a) *Maltolreaktion*[1]. Man löst eine Probe von einigen Milligramm in etwa 2 cm³ Wasser, fügt 2 Tropfen NaOH hinzu und erhitzt 3 min im Wasserbad. Nach dem Abkühlen wird mit 1 n H_2SO_4 angesäuert und anschließend die Lösung mit 2 Tropfen einer 5%igen $FeCl_3$-Lösung versetzt. Eine purpurrote Farbe zeigt die Anwesenheit von Maltol an, das aus dem Streptomycin stammt.

---

1 SCHENCK, J. R., and M. A. SPIELMAN: Am. Soc. **67**, 2276 (1945).
2 FRIED, J., and O. WINTERSTEINER: Am. Soc. **69**, 79 (1947).
3 PECK, R. L., C. E. HOFFHINE and K. FOLKERS: Am. Soc. **68**, 1390 (1946).
4 BARTZ, Q. R., J. CONTROULIS, H. M. CROOKS and M. C. REBSTOCK: Am. Soc. **68**, 2163 (1946).
5 TITUS, A., and J. FRIED: J. biol. Ch. **168**, 391 (1947).
6 TREFFERS, H. P., and D. C. ALEXANDER: Antibiot. Ann. **1955/56**, 802.
7 FRIED, J., and H. E. STAVELY: Am. Soc. **69**, 1549 (1947).
8 BENEDICT, R. G., F. H. STODOLA, O. L. SHOTWELL, H. M. BORUD and L. A. LINDENFELSER: Science, N. Y. **112**, 77 (1950).
9 STODOLA, F. H., O. L. SHOTWELL, A. M. BOURD, R. G. BENEDICT and A. C. RILEY jr.: Am. Soc. **73**, 2290 (1951).
10 DONOVICK, R., D. HAMRE, F. KAVANAGH and G. RAKE: J. Bacteriology **50**, 623 (1945).

b) Glucosamintest für Streptomycin und Dihydrostreptomycin[1]. Eine Probe von etwa 10 mg wird in 1 cm³ H_2O gelöst und mit 2 cm³ 1 n HCl 10 min im Wasserbad von 100° erhitzt. Anschließend werden 2 cm³ 2 n NaOH und 1 cm³ 2%iges, wäßriges Acetylaceton zugefügt und im Wasserbad nochmals 5 min erhitzt. Nach dem Abkühlen gibt man zu der Lösung 1 cm³ EHRLICHs Reagens [500 mg p-Dimethylaminobenzaldehyd/50 cm³ Äthanol—konz. HCl (1:1)]→kirschrote Farbe. Weitere Hexosamin-Nachweise s. S. 697ff. Zum Unterschied von Neomycin tritt diese Reaktion bei Streptomycin und Dihydrostreptomycin bereits ohne die Hydrolyse mit HCl beim Versetzen mit NaOH ein.

c) Guanidintest mit Nitroprussidnatrium[2]. Zu 1 cm³ der Testlösung (etwa 10 mg/cm³) gibt man 1 cm³ Nitroprussidnatrium-Reagens (1 cm³ 1%iges Natriumferricyanid + 1 cm³ 1%iges Nitroprussidnatrium + 1 cm³ 2 n NaOH, mit Aqua dest. ad 100 cm³). Die hellgelbe Farbe der Reaktionslösung schlägt nach einigen Minuten nach Rot um und zeigt damit die Anwesenheit von Streptomycin und Dihydrostreptomycin an.

Auch Viomycin zeigt die gleiche Farbreaktion.

d) Nachweis von Dihydrostreptomycin in Gegenwart von Streptomycin und Viomycin[3]. Eine Substanzprobe (10 mg) wird in 1 cm³ H_2O gelöst, mit $CaCl_2$ gesättigt und sofort mit 15 cm³ n-Propanol extrahiert. Zur Trennung der Schichten wird die Lösung kurz zentrifugiert. In dem $CaCl_2$-Anteil ist alles Viomycin und ein Teil vom Streptomycin festgehalten. Der flüssige Anteil enthält fast alles Dihydrostreptomycin und wenig Streptomycin. Zu diesem gibt man 5 cm³ Essigester und schüttelt kräftig. Das Streptomycin bleibt in Lösung, während das Dihydrostreptomycin ausflockt. Nach Zentrifugieren und Abgießen der klaren Lösung wird der Niederschlag in 5 cm³ n-Propanol gelöst und die Nitroprussidnatrium-Reaktion (*c*) durchgeführt.

Quantitative Methoden.

Prinzip:

Den quantitativen Bestimmungen liegen die funktionellen Gruppierungen des Streptomycinmoleküls zugrunde: die Guanidinogruppen von Streptidin, die freie Carbonylgruppe der Streptose und die primäre Carbinolgruppe von N-Methyl-L-glucosamin.

Zur Erfassung der Guanidinogruppe dient die Reaktion nach SAKAGUCHI[4].

***Argininbestimmung nach* SAKAGUCHI[4], *modifiziert nach* TIBALDI[5,6].**

Reagentien:

1. 8-Oxychinolin, 0,02%ig in 5%iger NaOH.
2. NaOH, 10%ig.
3. NaOBr-Lösung: 2 g Brom ad 100 cm³ 5%iger NaOH.
4. Harnstofflösung, 40%ig.

Ausführung:

5 cm³ Streptomycinlösung mit 10—300 γ/cm³ werden mit 1 cm³ 0,02%iger 8-Oxychinolin-Lösung und 1 cm³ 10%iger NaOH versetzt und 3 min lang auf 0° abgekühlt; anschließend gibt man 1 cm³ NaOBr-Lösung hinzu, läßt 20 sec bei 0° stehen zur Farbentwicklung, gibt dann 1 cm³ Harnstofflösung hinzu und nach 1 min 5 cm³ eisgekühltes H_2O. Nach 30 min wird bei 0° die entstandene Rotfärbung im photoelektrischen Colorimeter gemessen.

Mit bekannten Streptomycinkonzentrationen wird eine Eichkurve angelegt, auf welche man die Bestimmung der unbekannten Probe bezieht.

Serum wird mit 15%iger Trichloressigsäure im Verhältnis 1:1 enteiweißt und mit dem klaren Filtrat die Bestimmung durchgeführt.

Auf der Reaktionsfähigkeit der Carbonylgruppen beruhen die folgenden Methoden:

---

[1] SCUDI, J. V., G. E. BOXER and V. C. JELINEK: Science, N. Y. **104**, 486 (1946).
[2] MONASTERO, F.: J. amer. pharmaceut. Ass., sci. Ed. **41**, 322 (1952).
[3] GROVE, D. C., and W. A. RANDALL: Assay Methods of Antibiotics. S. 199. New York 1955.
[4] SAKAGUCHI, S.: Z. analyt. Chem. **77**, 463 (1929).
[5] WEBER, C. J.: Z. analyt. Chem. **87**, 145 (1932).
[6] TIBALDI, E.: Farmaco, Ed. sci., Pavia **8**, 160 (1953).

***Maltolbestimmung nach* EISENMANN *und* BRICKER *zur Messung im sichtbaren Spektrum*[1, 2].**

Reagentien:

1. 5 n NaOH.
2. 5 n H_2SO_4.
3. $FeCl_3$-Lösung, 2%ig in 2 n HCl.
4. Sodalösung, 20%ig.
5. Phenolreagens nach FOLIN und CIOCALTEU:

100 g $Na_2WO_4 \cdot 2\,H_2O + 25$ g $Na_2MoO_4 \cdot 2\,H_2O$ in 700 cm³ H_2O lösen und mit 50 cm³ 85%iger H_3PO_4 und 100 cm³ konz. HCl 10 Std unter Rückfluß kochen. Danach werden der Lösung 150 g Li_2SO_4, 50 cm³ H_2O und wenige Tropfen Brom zugesetzt. Der Bromüberschuß wird weggekocht, die Lösung auf 1 *l* aufgefüllt und filtriert.

Ausführung:

4 cm³ der zu bestimmenden Lösung werden mit 1 cm³ 5 n NaOH versetzt und 5 min im siedenden Wasserbad erhitzt. Nach dem Abkühlen werden 2 cm³ 5 n H_2SO_4 und 1 g Ammoniumsulfat zugesetzt. Man destilliert zunächst mit Wasserdampf 10 cm³ ab und dampft dann zur Trockne ein. Enthält die Probe mehr als 500 E Streptomycin, so setzt man 1 cm³ $FeCl_3$-Lösung zu. Die Lösung färbt sich violett. Die Farbintensität wird bei 550 mμ gegen eine Vergleichslösung aus 10 cm³ Aqua dest. + 1 cm³ $FeCl_3$-Lösung gemessen.

Enthält die zu bestimmende Probe weniger als 500 E Streptomycin, so setzt man 1 cm³ Phenolreagens nach FOLIN und CIOCALTEU zu, nach 1—2 min 3 cm³ 20%ige Sodalösung und mißt die Farbintensität dieser Lösung bei 775 mμ.

***Maltolbestimmung im Urin nach* MARSHALL, BLANCHARD *und* BUHLE[3].**

Die Methode nach EISENMANN und BICKER eignet sich nicht für die Bestimmung von Streptomycin im Harn, da in diesem Substanzen enthalten sind, die mit Fe^{+++}-Salzen gefärbte Produkte liefern. Deshalb muß vor der Zugabe der $FeCl_3$-Lösung das entstandene Maltol durch Extraktion mit Chloroform aus der Lösung entfernt werden.

Reagentien:

1. 2,5 n NaOH.
2. 4 n HCl.
3. Chloroform.
4. Eisenreagens [Stammlösung: 500 mg $Fe(NO_3)_3$ je 100 cm³ 0,035 n HNO_3; Gebrauchslösung: 5 cm³ Stammlösung ad 100 cm³ Aqua dest.].

Ausführung:

1 cm³ Harn + 0,2 cm³ 2,5 n NaOH werden 5 min im siedenden Wasserbad erhitzt, anschließend in Eiswasser gekühlt und mit 0,15 cm³ 4 n HCl versetzt. Die Lösung wird jetzt mit 20 cm³ Chloroform extrahiert; 10 cm³ Chloroformextrakt werden mit 10 cm³ Eisenreagens gründlich ausgeschüttelt. Die Färbung der wäßrigen Phase wird im Colorimeter bei 545 mμ gegen einen Leerwert aus einer nicht hydrolysierten, sonst aber ebenso behandelten Harnprobe gemessen.

***Colorimetrische Bestimmung von Streptomycin mit 4-(4-p-Chlorphenylazo)-1-naphthyl-semicarbazid nach* MARSHALL, BLANCHARD *und* BUHLE[3].**

Prinzip:

MARSHALL, BLANCHARD und BUHLE benutzen das 4-[4-(p-Chlorphenylazo)-1-naphthyl]-semicarbazid als Carbonylreagens. Es reagiert mit Streptomycin unter Bildung eines in konz. HCl tiefblau gefärbten Semicarbazons, dessen Farbintensität photometrisch gemessen werden kann.

---

[1] EISENMANN, W., and C. E. BRICKER: Analyt. Chem., Washington **21**, 1507 (1949).

[2] BOXER, G. E., V. C. JELINEK and P. M. LEGHORN:: J. biol. Ch. **169**, 153 (1947).

[3] MARSHALL, E. K. jr., K. C. BLANCHARD and E. L. BUHLE: J. Pharmacol. exp. Therap. **90**, 367 (1947).

Reagentien:

1. Farbreagens: 133 mg 4-[4-(p-Chlorphenylazo)-1-naphthyl]-semicarbazid (Darstellung s. Originalarbeit) werden in etwa 50 cm³ Methylcellosolve unter Erwärmen gelöst. Die Lösung wird mit 2,66 g Natriumacetat und 8,3 cm³ Eisessig versetzt und mit Methylcellosolve auf 100 cm³ aufgefüllt.
2. Chloroform.
3. HCl, konz.
4. Trichloressigsäure, 15%ig.

Ausführung:

1 cm³ Plasma wird mit 3 cm³ H_2O und 1 cm³ Trichloressigsäure (*4*) versetzt, 10 min stehengelassen und anschließend zentrifugiert. 3 cm³ des klaren Zentrifugats werden zu 3 cm³ des Semicarbazidreagens gegeben und 15 min in einem mit einem Glasstopfen verschlossenen Reagensglas im siedenden Wasserbad erhitzt. Nach dem Abkühlen in Eiswasser wird die Lösung 3mal mit je 10 cm³ Chloroform extrahiert. Beim Versetzen von 3 cm³ der wäßrigen Phase mit 3 cm³ konz. HCl tritt die Farbentwicklung sofort ein. Die Farbintensität ist 1 Std lang stabil und wird im Photometer gegen einen Leerwert aus gleichen Teilen konz. HCl und 30%igem Methylcellosolve in Wasser bei 580 mμ gemessen.

***Bestimmung von Streptomycin und Mannosidostreptomycin mit 2,4-Dinitrophenylhydrazin*[1].**

In saurer Lösung reagiert Streptomycin mit 2,4-Dinitrophenyl-hydrazin unter Bildung eines gelben Hydrazons. Ein Überschuß des Reagens wird durch Extraktion mit Essigsäurebutylester entfernt. Die Intensität der Farblösung wird bei 430 mμ im photoelektrischen Colorimeter gemessen.

Die Konzentration einer unbekannten Lösung wird aus einer mit bekannten Streptomycinmengen hergestellten Eichkurve ermittelt.

***Fluorometrische Bestimmung von Streptomycin in wäßrigen Lösungen, Blut und Liquor*[2].**

Prinzip:

Beim Versetzen von Streptomycin mit 9-Hydrazino-acridin in saurer Lösung wird ein stark fluorescierendes Hydrazon gebildet, mit welchem eine genaue Bestimmung des Streptomycingehaltes durchgeführt werden kann.

Reagentien:

1. 3 n HCl.
2. Benzylalkohol/Tetrachlorkohlenstoff (10:1).
3. Hydrazino-acridin. Darstellung von 9-Hydrazino-acridin: 10,5 g 9-Chloracridin [aus N-Phenylanthranilsäure, s. Org. Synthesis **22**, 6 (1942)] werden in 400 cm³ 95%igem Alkohol, der mit 30 cm³ 85%igem Hydrazinhydrat versetzt ist, heiß gelöst und 6 Std unter Rückfluß gekocht. Unter starkem Kühlen und Rühren wird die Lösung in 400 cm³ 6 n HCl eingetragen. Man setzt 200 g Eis zu und läßt über Nacht im Eisschrank stehen. Das Rohprodukt wird abgesaugt und 3mal mit HCl-gesättigtem Äther gewaschen. Aus Alkohol umkristallisiert, erhält man die Reinsubstanz. Ansetzen des Reagens: 5 mg des Hydrochlorids je 20 cm³ eines Gemisches gleicher Teile Wasser, Methanol, Butanol (eine Woche im Eisschrank haltbar).
4. HCl, konz.

Ausführung:

Zu 14 cm³ einer Streptomycinlösung mit 0,05—1,5 E/cm³ werden 1 cm³ 3 n HCl und 9 cm³ Reagenslösung gegeben. Nach 16stündigem Stehen bei 37° werden der Überschuß des Reagens sowie andere möglicherweise gebildeten Hydrazone durch 3maliges Ausschütteln mit dem Benzylalkohol/Tetrachlorkohlenstoff-Gemisch (2) unter Zusatz von konz. HCl entfernt.

[1] Savitzkaja, E. M., u. V. D. Kartseva: Ž. analit. Chim. 8, 46 (1953).
[2] Boxer, G. E., and V. C. Jelinek: J. biol. Ch. **170**, 491 (1947).

(1. Extraktion: 20 cm^3 Gemisch + 2 cm^3 konz. HCl;
2. Extraktion: 20 cm^3 Gemisch;
3. Extraktion: 20 cm^3 Gemisch + 2 cm^3 3 n HCl.)

Bei der Extraktion ist grelles Licht zu vermeiden. Die Benzylalkoholphase wird verworfen, die wäßrige Phase zentrifugiert. Von dieser wird eine entsprechende Menge in die Küvette des Fluorometers gegeben und die Intensität der Fluorescenz gemessen. Bei einem Gehalt von 3,5—15,5 E/cm^3 beträgt die Fehlerbreite $\pm 4\%$, von 0,7—3 E/cm^3 $\pm 10\%$.

Die mit dieser Methode erhaltenen Resultate stimmen gut mit denjenigen anderer chemischer oder biologischer Verfahren überein.

Die Fluorescenzmethode eignet sich auch zur Bestimmung von Streptomycin in Blut und Liquor, nicht aber im Harn, da dieser störende Substanzen enthält.

Blut wird nach der Methode von SOMOGYI[1] enteiweißt: 1 cm^3 Serum mit etwa 1—30 E Streptomycin je cm^3 wird mit 17 cm^3 H_2O verdünnt und mit 1 cm^3 10 %iger Zinksulfatlösung und 1 cm^3 0,5 n NaOH versetzt. Der Niederschlag wird abfiltriert und 14 cm^3 des Filtrates werden in der angegebenen Weise weiter verarbeitet. Bei höheren Streptomycinkonzentrationen muß das Serum verdünnt werden.

Liquor braucht nicht verdünnt zu werden: Man versetzt 1 cm^3 Liquor mit 13 cm^3 H_2O und arbeitet wie angegeben.

***Amperometrische Mikrotitration von Streptomycin und Dihydrostreptomycin nach* CONN *und* NORMAN[2].**

Reagentien:

1. Trinatrium-tri-(naphthylazophenyl)-carbinol-sulfonat: 15,3 g Rosanilin-Base werden in 500 cm^3 Wasser suspendiert, auf 5° abgekühlt, 27 cm^3 konz. HCl hinzugefügt und durch tropfenweises Zufügen von 10,4 g $NaNO_2$ je 100 cm^3 H_2O innerhalb einer Stunde diazotiert (Färbung der Lösung orange). Die Diazoniumsalzlösung wird unter Rühren zu einer Lösung von 37 g reiner 1-Naphthylsulfosäure in 500 cm^3 Wasser + 14 g NaOH (auf 5° abgekühlt) gegeben. Die dunkelrote Lösung wird 1 Std lang bei 5° gerührt, anschließend mit 10 g NH_4Cl versetzt und über Nacht bei Zimmertemperatur stehengelassen. Die Farbstofflösung wird mit Kochsalz ausgesalzen und abzentrifugiert. Der erhaltene Niederschlag wird in Wasser suspendiert und 36—48 Std in fließendem Wasser dialysiert. Die Farbstofflösung wird auf dem Wasserbad und im Vakuum zur Trockne eingeengt. Der glasige, grüne Rückstand wird bei 100° getrocknet und zur Herstellung der Reagenslösung verwandt.
   Zur Herstellung der Farbstofflösung werden 1,08 g = 0,001 Mol in 100 cm^3 Wasser unter Erwärmen gelöst, 2 Tage stehengelassen und dann filtriert.
2. Puffer: 29,8 g Triäthanolamin + 21,0 g Citronensäure werden in 1 *l* Wasser gelöst. 400 cm^3 dieser Lösung werden mit 600 cm^3 0,1 n HCl gemischt. Diese Stammlösung wird für den Gebrauch 1:10 mit Aqua dest. verdünnt; p_H 2,8.

Ausführung:

Die Bestimmung wird in einem Leeds and Northrup-Elektrochemographen in Verbindung mit einer „Lingane-Laitine"-Zelle bei 25° Zimmertemperatur durchgeführt. Als Bürette wird eine 1 cm^3 Hg-Tropfelektrode nach GILMONT verwandt. Die Zelle wird mit 5—10 cm^3 Puffer beschickt und zur Ermittlung der Eichkurve verschiedene Konzentrationen Streptomycin- bzw. Dihydrostreptomycinsalz, entsprechend 1—3 mg Base, in fester Form oder in Lösung zugefügt.

Durch die Lösung wird 5 min lang Stickstoff geleitet, anschließend für die Versuchsdauer der Gasstrom auf Überstreichen der Lösung umgestellt. Die Messung wird wie üblich aufgenommen. Die Meßwerte der Untersuchungslösung werden mit Hilfe der Eichkurve ermittelt.

---

[1] SOMOGYI, M.: J. biol. Ch. 86, 6555 (1930).
[2] CONN, J. B., and S. L. NORMAN: J. clin. Invest. 28, 837 (1949).

Liegt das Streptomycin als $CaCl_2$-Doppelsalz vor, so können Störungen auftreten, die man durch Entfernen des Calciumsalzes verhindert. Zu diesem Zweck fügt man zu der Lösung so viel Silbercarbonat unter Rühren hinzu, bis dieselbe einen p_H-Wert von 8,0 erreicht hat, zentrifugiert und stellt das klare Zentrifugat mit verdünnter Säure auf p_H 5 ein. Dann verfährt man wie oben beschrieben.

Bestimmung von Dihydrostreptomycin mit Perjodsäure[1, 2].

Der chemische Nachweis von Dihydrostreptomycin mit Perjodsäure beruht auf der Oxydation der primären Alkoholgruppe zu Formaldehyd, der mit Chromotropsäure unter Bildung eines Farbkomplexes reagiert.

Reagentien:

1. Natriumhydrogensulfitlösung, 2%ige wäßrige (1 Woche haltbar).
2. Perjodsäurelösung, 20%ige wäßrige (1 Woche haltbar).
3. Chromotropsäurelösung, 2%ige wäßrige (1,8-Dioxynaphthalin-3,6-disulfonsäure), muß täglich frisch angesetzt werden.
4. H_2SO_4, konz.

Ausführung:

Man stellt sich eine Lösung von 1 g Dihydrostreptomycin in 50 cm^3 Wasser her. Von dieser werden 5 cm^3 in einem Mikro-KJELDAHL-Kolben mit 2—4 cm^3 Wasser verdünnt und mit 4 cm^3 Perjodsäurelösung (2) versetzt. Zur Vervollständigung der Oxydation läßt man den Kolben über Nacht bei Zimmertemperatur stehen. Da der Formaldehyd nicht in Gegenwart der anderen Oxydationsprodukte bestimmt werden kann, destilliert man ihn von der Reaktionslösung mit Wasserdampf ab und bestimmt ihn im Destillat. Die Vorlage wird mit 20 cm^3 2%iger Natriumhydrogensulfitlösung beschickt. Der Kühler soll knapp in die Lösung hineinreichen. Man destilliert etwa 45 cm^3 über, hebt den Kühler aus der Hydrogensulfitlösung heraus, spült die Spitze mit wenig Wasser ab und läßt noch 1 min Destillat abtropfen. Der Inhalt wird quantitativ in einen 100 cm^3-Meßkolben übergeführt und mit Hydrogensulfitlösung bis zur Marke aufgefüllt. Zu 1 cm^3 Destillat werden unter Eiskühlung 3 cm^3 eisgekühlter konz. H_2SO_4 und 1 cm^3 Chromotropsäure zugesetzt und 20 min im kochenden Wasserbad erhitzt. Nach dem Abkühlen wird die Lösung unter Kühlung mit Aqua dest. auf 50 cm^3 aufgefüllt. Die Farbintensität der Lösung wird gegen einen Blindwert bei 570 $m\mu$ im photoelektrischen Colorimeter gemessen. Die Leerprobe wird genau wie oben beschrieben behandelt; statt der Dihydrostreptomycinlösung nimmt man 1 cm^3 2%iges Natriumhydrogensulfit.

Zur Berechnung wird eine Eichkurve mit bekannten Dihydrostreptomycinmengen angelegt.

Eine Modifikation dieser Methode mit Natriumhypobromit als Oxydationsmittel und α-Naphthol als Kupplungsreagens wird von NATARAJAN und Mitarbeitern angegeben[3].

Spektrophotometrische Bestimmung von Dihydrostreptomycin nach HISCOX[4].

Für die Bestimmung stellt man sich zunächst Standardlösungen von Dihydrostreptomycin mit 0,75, 0,5 und 0,25 mg Base je cm^3 her. Die zu untersuchende Probe wird so weit verdünnt, daß eine Konzentration von etwa 0,5 mg/cm^3 vorliegt.

Ausführung:

Je 3 cm^3 der Standardlösungen, der Testlösung und dest. H_2O als Blindwert gibt man 3 cm^3 0,5 n H_2SO_4 und kocht sie 2 Std unter Rückfluß auf dem Wasserbad. Nach dem Abkühlen auf Zimmertemperatur werden die Lösungen mit dest. Wasser auf 25 cm^3 aufgefüllt. Die Absorption jeder Lösung wird im UV-Spektrophotometer bei 265 und 380 $m\mu$ gemessen. Mit dem Blindwert stellt man den Nullpunkt des Gerätes bei den entsprechenden Wellenlängen fest. Mit den Standardlösungen wird eine Eichkurve aufgestellt,

[1] GARLOCK, E. A., and D. C. GROVE: J. clin. Invest. **28**, 843 (1949).
[2] COLON, H. A., G. E. HERPISCH, B. G. YOHL, J. D. NEUSS and H. A. FREDIANI: J. amer. pharmaceut. Ass. **39**, 335 (1950).
[3] NATARAJAN, R., u. J. N. TAYAL: Schweiz. Apotheker-Ztg. **95**, 326 (1957).
[4] HISCOX, D. J.: Analyt. Chem., Washington **23**, 923 (1951).

aus der die Konzentration der unbekannten Lösung abgelesen werden kann. Auf der Abszisse trägt man die Konzentrationen von Dihydrostreptomycin-Base auf, auf der Ordinate die Differenz der Absorption bei den beiden Wellenlängen.

Colorimetrische Bestimmung von Dihydrostreptomycin nach WEISS[1].

Die Methode ist für Dihydrostreptomycin spezifisch und kann in Gegenwart von Streptomycin oder Desoxydihydrostreptomycin durchgeführt werden.

Reagentien:

1. Dihydrostreptomycinsulfat-Standardlösung: 2 mg Dihydrostreptomycin-Base je cm^3 H_2O; von dieser Standardlösung werden zur Anlegung der Eichkurve Verdünnungen mit 1,2; 1,4; 1,6; 1,8 und 2 mg/cm^3 hergestellt.
2. 1 n HCl.
3. Alkalische α-Naphthollösung: 0,5 g umkristallisiertes α-Naphthol werden in 100 cm^3 1 n NaOH gelöst; das α-Naphthol darf erst kurz vor der Verwendung der Natronlauge zugesetzt werden, da sich die Lösung bereits nach 1 Std gelb verfärbt.

Ausführung:

2 cm^3 der zu bestimmenden Probe sowie 2 cm^3 H_2O als Leerwert werden mit 0,5 cm^3 1 n HCl versetzt und nach gutem Durchmischen 20 min verschlossen in ein kochendes Wasserbad gestellt. Danach gibt man sofort 1 cm^3 0,5 %ige α-Naphthollösung zu, mischt und erhitzt nochmals 10 min im kochenden Wasserbad. Anschließend werden die Proben in Eiswasser schnell abgekühlt und mit Wasser auf 25 cm^3 aufgefüllt. Nach 10 min wird die Farbintensität der Lösungen im Spektrophotometer bei 520 mμ gegenüber dem Leerwert gemessen (2 cm-Küvetten). Die Farbe entwickelt sich innerhalb 10 min und ist 20 min lang stabil.

Bestimmung von Mannosidostreptomycin nach PERLMAN[2].

Reagentien:

1. H_2SO_4, konz.
2. Carbazol-Lösung: 0,5 mg Carbazol je 100 cm^3 95 %iges Äthanol.

Ausführung:

Zur Herstellung der Eichkurve stellt man sich Proben von Streptomycin A- und B-hydrochlorid mit 0,05—0,15 mg je 2 cm^3 H_2O her. Hierzu gibt man tropfenweise unter Kühlung in Eiswasser 5 cm^3 konz. H_2SO_4 und 0,5 cm^3 Carbazolreagens. Die Röhrchen werden 10 min in ein siedendes Wasserbad gestellt, anschließend auf Zimmertemperatur abgekühlt und im photoelektrischen Colorimeter gegen den Leerwert aus den Reagentien bei 540 und 660 mμ gemessen. Die erhaltenen Werte werden in ein Diagramm eingetragen. Das Röhrchen mit reinem Streptomycin B zeigt eine purpurrote Färbung, dasjenige mit Streptomycin A ist gelbbraun gefärbt. Die beiden Farbkomplexe haben sowohl bei 540 als auch bei 660 mμ ein Absorptionsmaximum, allerdings mit verschieden großer Amplitude. Da in der Kulturflüssigkeit immer Streptomycin A neben Streptomycin B vorkommt, muß zur Bestimmung von Streptomycin B ein Korrekturfaktor eingesetzt werden.

Berechnung:

Die Streptomycin B-Menge berechnet sich aus folgender Formel:

$$B = \frac{\left[D_{540}\left(\frac{C_{A_1}}{C_A}\right) - D_{660}\right]}{\left[C_B\left(\frac{C_{A_1}}{C_A}\right) - C_{B_1}\right]}$$

B = mg

D_{660} und D_{540} sind die im Colorimeter gemessenen Extinktionskoeffizienten bei diesen Wellenlängen.

C_A und C_B sind die Konstanten von Streptomycin A und B bei 540 mμ/mg nach dem LAMBERT-BEERschen Gesetz.

C_{A_1} und C_{B_1} sind die Konstante bei 660 mμ/mg.

[1] WEISS, P. J.: Antibiot. & Chemotherap. **6**, 653 (1956).
[2] PERLMAN, D.: J. biol. Ch. **179**, 1147 (1949).

Nach den Angaben von PERLMAN beträgt die Fehlerbreite der Methode ±5%.

***Bestimmung von Mannosidostreptomycin und Dihydromannosidostreptomycin nach* LEVINE, SELZER *und* WRIGHT[1].**

Prinzip:

Man bestimmt Mannosidostreptomycin und Dihydromannosidostreptomycin, indem man die Moleküle in die neutralen Methylmannoside und 2 basische Produkte, Streptidin und Methylstreptobiosamin-dimethylacetat zerlegt.

Die basischen Produkte werden durch Behandeln mit Ionenaustauschern entfernt. Die Mannose im Filtrat, als Methylmannosid vorliegend, wird in das Dinitrophenylosazon überführt, das sich in alkoholischem Alkali mit purpurroter Farbe löst, deren Intensität spektrophotometrisch gemessen werden kann.

Reagentien:

1. H_2SO_4, methanolische: 3 cm³ konz. H_2SO_4 je 100 cm³ abs. Methanol; jeden Tag frisch ansetzen.
2. Dinitrophenylhydrazin-(DNPH-)Lösung: 25 mg DNPH werden in 5 cm³ konz. HCl unter Erwärmen gelöst und mit Aqua dest. auf 100 cm³ aufgefüllt.
3. NaOH-Lösung, alkoholische: 25 cm³ 2 n NaOH werden mit 95%igem Äthanol auf 100 cm³ aufgefüllt.
4. Alkohol, verdünnt: Man mischt gleiche Teile 95%iges Äthanol und Aqua dest.
5. Ionenaustauscher:
   Probe A: Für das Methanolysat benutzt man Amberlite MB 3.
   Probe B: Durch ein Glasrohr mit etwa 1 Pfund Amberlite MB 3 läßt man 2 *l* 2 n HCl laufen, anschließend wird mit dest. Wasser bis zur Neutralität gewaschen und zum Trocknen 1 Std lang Luft durch das Rohr gesaugt. Dieser so vorbehandelte Ionenaustauscher wird zur Bestimmung des Leerwertes benutzt.

Ausführung:

Zu 250 mg der zu untersuchenden Probe fügt man 5 cm³ methanolische H_2SO_4, erhitzt 1 Std unter Rückfluß, kühlt und füllt mit Aqua dest. auf 100 cm³ auf.

30 g Ionenaustauscher *A* werden in ein Glasrohr gefüllt, anschließend so viel Aqua dest. daraufgegeben, bis die obere Schicht der Säule vom Wasser bedeckt ist. Dann läßt man das Methanolysat langsam (3 cm³/min) darauftropfen. Die ersten 90 cm³ Filtrat werden verworfen, der Rest wird gesammelt.

Für den Leerwert läßt man 250 mg der gleichen Probe in 100 cm³ Wasser durch eine Säule mit 30 g Austauscher *B* in der gleichen Weise durchlaufen.

Zu 2 cm³ Filtrat gibt man 1 cm³ DNPH-Reagens und stellt das Reagensglas in ein Wasserbad, bis der Inhalt zur Trockne verdampft und kein Geruch nach HCl mehr wahrnehmbar ist (etwa $^1/_2$—1 Std nachdem der Röhrcheninhalt zur Trockne verdampft ist). Nach dem Abkühlen wird der Inhalt in 2 cm³ alkoholischer NaOH gelöst und in einem 25 cm³-Meßkolben mit verdünntem Alkohol auf 25 cm³ aufgefüllt. Eine halbe Stunde danach wird die optische Dichte der beiden Proben — Testprobe und Leerwert der Testprobe — bei 556 mμ gegen den Leerwert aus den Reagentien abgelesen. Der Wert des Leerwertes der Testprobe wird von dem Wert der Testprobe abgezogen.

Berechnung:

$$\%\ \text{Mannosidoverbindung} = \frac{100 \cdot \text{Gewicht der gefundenen Mannose}}{\text{Gewicht der Probe}} \cdot \frac{100 \cdot F}{\text{aliquotes Volumen}},$$

$$\text{wo } F = \frac{\text{Mol-Gew. der Mannosidoverbindung}}{\text{Mol-Gew. von Mannose}}$$

F = 5,04 für Mannosidostreptomycinsulfat
= 5,05 für Dihydromannosidostreptomycinsulfat
= 5,40 für Mannosidostreptomycin-$CaCl_2$.

[1] LEVINE, J., G. SELZER and M. W. WRIGHT: Analyt. Chem., Washington **25**, 671 (1953).

Papierchromatographische Bestimmung von Streptomycin[1,2].

Man chromatographiert absteigend auf Whatman I-Papier mit einem der beiden Lösungsmittelgemische:

1. Methanol:Pyridin:Wasser (4:1:2).
2. 6 n HCl:Butanol (3:7).

Nach dem Trocknen wird das Chromatogramm nach SAKAGUCHI angefärbt: $Na_2[Fe(CN)_5NO] + K_3[Fe(CN)_6]$.

Die R_F-Werte von Streptomycin sind bei *1.* 0,17, *2.* 0,08.

Bestimmung von Streptomycin in Präparaten[3].

a) Bestimmung von Streptomycin bzw. Dihydrostreptomycin in Tabletten. 12 Tabletten werden im Mörser zerkleinert und mit ungefähr 20 cm³ Phosphatpuffer, p_H 8 (K_2HPO_4 16,73 g; KH_2PO_4 0,523 g; H_2O ad 1000,0), verrieben. Der Brei wird portionsweise mit Phosphatpuffer in einen 500 cm³-Meßkolben überführt und mit Phosphatpuffer das Volumen aufgefüllt. Mit einem aliquoten Teil der Lösung wird die für den mikrobiologischen Test notwendige Verdünnung (1 γ/cm³) hergestellt.

b) Bestimmung von Streptomycin bzw. Dihydrostreptomycin und Procainpenicillin in Lösungen. Der Inhalt des Fläschchens wird in der angegebenen Menge Lösungsmittel suspendiert.

α) Streptomycin- bzw. Dihydrostreptomycin-Gehalt.

1 cm³ Suspension wird mit Wasser bis zu einer Konzentration von etwa 100 γ/cm³ verdünnt. Mit dieser Lösung wird der Streptomycingehalt mittels des Trübungstestes mit Klebsiella pneumoniae als Testorganismus ermittelt.

β) Procainpenicillin-Gehalt, s. S. 1615.

c) Bestimmung von Penicillin und Streptomycin bzw. Dihydrostreptomycin in Salben.

α) Penicillingehalt, s. S. 1614.

β) Streptomycin- bzw. Dihydrostreptomycin-Gehalt.

Ungefähr 1 g Salbe wird mit 50 cm³ peroxydfreiem Äther so lange geschüttelt, bis die Lösung homogen ist. Anschließend wird der Äther 4mal mit je 20 cm³ Phosphatpuffer, p_H 8 (K_2HPO_4 16,73 g; KH_2PO_4 0,523 g; H_2O ad 1000,0), ausgeschüttelt; die Extrakte werden vereinigt und mit Puffer auf 100 cm³ aufgefüllt. Zu 5 cm³ dieser Lösung gibt man genügend Penicillinaselösung zum Inaktivieren von Penicillin und läßt den Kolben 1/2 Std bei 37° stehen. Nach dieser Zeit werden die für den biologischen Test geeigneten Verdünnungen hergestellt und der Test in der beschriebenen Weise durchgeführt.

d) Bestimmung von Penicillin, Streptomycin bzw. Dihydrostreptomycin und Bacitracin in Salben.

α) Penicillingehalt, s. S. 1614.

β) Streptomycin- bzw. Dihydrostreptomycin-Gehalt, s. oben.

γ) Bacitracingehalt, s. S. 1617.

e) Bestimmung von Streptomycin, Polymyxin und Bacitracin, s. S. 1620.

f) Bestimmung von Chloromycetin und Streptomycin bzw. Dihydrostreptomycin in Kapseln.

α) Streptomycin- bzw. Dihydrostreptomycin-Gehalt.

Der Inhalt und die leeren Kapseln (10 Stück) werden mit 500 cm³ Phosphatpuffer, p_H 8 (K_2HPO_4 16,73 g; KH_2PO_4 0,523 g; H_2O ad 1000,0), 2 min lang kräftig geschüttelt. Ein aliquoter Teil dieser Lösung wird bis zu einer Streptomycin- bzw. Dihydrostreptomycin-Konzentration von 1 γ/cm³ verdünnt und mit dieser Lösung der mikrobiologische Test durchgeführt.

β) Chloromycetingehalt, s. S. 1575.

g) Bestimmung von Erythromycin und Streptomycin bzw. Dihydrostreptomycin in Salben.

Erythromycin stört den mikrobiologischen Test auf Streptomycin. Vor Ausführung desselben muß es entweder durch Extraktion mit Äther aus der Lösung entfernt oder durch Zusatz von Säure inaktiviert werden.

---

[1] MAKISUMI, S.: Soc. **1952**, 737.

[2] HORNE, R. E., and A. L. POLLARD: J. Bacteriology **55**, 231 (1948).

[3] GROVE, D. C., and W. A. RANDALL: Assay Methods of Antibiotics. S. 42, 136. New York 1955.

α) Erythromycingehalt.

Ungefähr 1 g Salbe wird mit 200 cm^3 Polyäthylenglykol 2 min lang kräftig geschüttelt. Die Lösung wird filtriert und ein aliquoter Teil derselben mit Phosphatpuffer, p_H 8 (K_2HPO_4 16,73 g; KH_2PO_4 0,523 g; H_2O ad 1000,0), soweit verdünnt, daß ungefähr 1 γ Erythromycin je cm^3 vorliegt. Mit dieser Lösung wird der mikrobiologische Test mit S. lutea als Testorganismus durchgeführt.

β) Streptomycin- bzw. Dihydrostreptomycin-Gehalt.

1 g Salbe wird zunächst mit 50 cm^3 peroxydfreiem Äther geschüttelt, bis die Lösung homogen ist. Nach Zufügen von 20 cm^3 Phosphatpuffer, p_H 8, wird wieder kräftig geschüttelt. Dieser Prozeß wird noch 3mal mit 20 cm^3 Phosphatpuffer wiederholt. Die Pufferextrakte werden vereinigt und mit Puffer auf 100 cm^3 aufgefüllt. Diese Lösung wird 3mal mit je 30 cm^3 Äther extrahiert. Der Äther wird verworfen, ein aliquoter Teil der Pufferlösung wird mit Phosphatpuffer, p_H 8, auf die für den biologischen Test erforderliche Konzentration gebracht (1 γ/cm^3) und der Test wie beschrieben durchgeführt.

Will man das Erythromycin durch Behandeln mit Säuren inaktivieren, verfährt man folgendermaßen: 1 g Salbe wird mit 100 cm^3 Phosphatpuffer, p_H 8, extrahiert. Ein aliquoter Teil des Extraktes wird mit 1 n HCl auf p_H 2 eingestellt und 3 Std in den Brutschrank von 37° gestellt. Danach wird die Lösung wieder mit 1 n NaOH auf p_H 8 eingestellt und mit Phosphatpuffer, p_H 8, bis zu einer Konzentration von etwa 1 γ/cm^3 verdünnt.

Streptothricin.

Streptothricin wurde 1942 von WAKSMAN und WOODRUFF[1] aus dem Kulturmedium von Actinomyces lavendulae isoliert. Es ist wirksam gegen grampositive und gramnegative Bakterien einschließlich E. coli. Die Toxicität ist etwa 3mal so groß wie die von Streptomycin.

Chemische Eigenschaften. Es ist eine thermostabile Base, leicht löslich in Wasser und verdünnten Mineralsäuren, unlöslich in Äther, Petroläther und Chloroform. F des Reineckats 192—194°, des Helianthats 225—230° (Zers.); $[\alpha]_D^{25}$ des Hydrochlorids —51,3°[2]. Nach FRIED und WINTERSTEINER[3] enthält es keine O-Methyl-, keine N-Methyl-, keine hydrolysierbare Acetylgruppe, keine aromatischen und keine freien Säuregruppen.

Die Hydrolyse führt zur Isolierung von *β,ε-Diaminocapronsäure* und 2 weiteren unbekannten Abbauprodukten, von denen das eine eine Aminosäure ist[4]. Die vorläufige Summenformel ist: $C_{13}H_{25}O_7N_5$.

Subtilin.

JANSEN und HIRSHMAN[5] berichteten 1944 über die antibiotische Wirkung von Subtilin, das sie aus dem Kulturmedium eines Bacillus subtilis-Stammes isolieren konnten. Es hemmt Staphylokokken, Streptokokken, Mycobacterium tuberculosis und einige pathogene Pilze[6-8].

Chemische Eigenschaften. Subtilin ist in Wasser und Methanol gut, in wasserhaltigem Butanol wenig löslich und in Äthanol, Aceton, Äther und Chloroform unlöslich. Beim Lösen in Alkali wird es inaktiviert; $[\alpha]_D^{25}$ = —29 bis —35° (c = 2,5% in 1% CH_3COOH). Subtilin ist ein Polypeptid, welches aus 13 α-Aminosäuren aufgebaut ist[9]: Glycin, Alanin,

[1] WAKSMAN, S. A., and H. B. WOODRUFF: Proc. Soc. exp. Biol. Med. **49**, 207 (1942).
[2] PECK, R. L.: [FLOREY u. a.: Antibiotics, Bd. I, S. 386.]
[3] FRIED, J., u. WINTERSTEINER, O.: Science, N. Y. **101**, 613 (1945).
[4] CARTER, H. E., W. R. HEARN, E. M. LANSFORD, A. C. PAGE, N. P. SALZMAN, D. SHAPIRO and W. R. TAYLOR: Am. Soc. **74**, 3704 (1952).
[5] JANSEN, E. D., and D. J. HIRSHMAN: Arch. Biochem. **4**, 297 (1944).
[6] SALLE, A. J., and G. J. JANN: Proc. Soc. exp. Biol. Med. **60**, 60 (1945).
[7] STEENKEN, W. jr., and E. WOLINSKY: J. Bacteriology **57**, 453 (1949).
[8] SACKS, L. E.: Antibiot. & Chemotherap. **2**, 411 (1952).
[9] LEWIS, J. C., and N. S. SNELL: Am. Soc. **73**, 4812 (1951).

L-Valin, L-Leucin, L-Isoleucin, L-Prolin, L-Phenylalanin, Tryptophan, L-Lysin, L-Asparaginsäure, L-Glutaminsäure, Lanthionin und einer schwefelhaltigen Aminosäure. Sieben der Aminosäuren, die meist in Proteinen auftreten — Arginin, Cystin, Histidin, Methionin, Serin, Threonin, Tyrosin —, sind nicht vorhanden. Der Schwefel im Molekül von Subtilin liegt einmal im Mesolanthionin vor, zum anderen in einem noch nicht identifizierten Dicarboxythioäther — $C_7H_{14}O_4N_2S$. Subtilin ähnelt den anderen polypeptidartigen Antibiotica, wie Gramicidin, Gramicidin S, Tyrocidin oder Polymyxin. Sein Molekulargewicht beträgt etwa 3420. Die empirische Formel, die sich aus den analytischen Daten ergibt, ist: Gly_2, Ala_1, Val_1, Leu_1, $Isoleu_1$, Pro_1, Phe_1, Try_1, Lys_3, Asp_1, Glu_3, Lan_1, $(C_7H_{14}N_2S)_4$, $(Amide)_5$, $(H_2O)_1$.

Terramycin (Oxytetracyclin).

Terramycin wurde von Finlay und Mitarbeitern[1] aus dem Kulturmedium von Streptomyces vinosus isoliert.

Gewinnung. Es wird aus der unter Belüften submers wachsenden Kultur durch wiederholte Extraktion mit Butanol, Reextraktion mit 0,1 n HCl, Chromatographie und Elution mit Aceton zunächst als Rohprodukt gewonnen. Zur weiteren Reinigung wird dieses wiederum in Butanol aufgenommen, die aktive Substanz in 0,05 n HCl überführt und der salzsaure Extrakt im Vakuum eingeengt. Aus der salzsauren Lösung kristallisiert Terramycin als Dihydrat aus.

Biologische Eigenschaften[2,3]. In seinem Wirkungsspektrum gleicht Terramycin weitgehend dem Aureomycin. Es umfaßt grampositive und gramnegative Bakterien, Entamoeba histolytica, Spirochaeta pallida und verschiedene Viren. Die zur Hemmung notwendigen Konzentrationen sind im allgemeinen etwas kleiner als bei Aureomycin.

Die Standardisierung von Terramycin erfolgt auf Gewichtsbasis.

Chemische Eigenschaften[4,5]. Terramycin ist ein amphoterer Körper, es bildet sowohl mit Säuren als auch mit Basen Salze. Bei p_H 7 ist es in Wasser schwer löslich, durch Zusatz von NaOH bis p_H 8,5 bzw. von HCl bis p_H 2 geht es in Lösung. Ferner ist Terramycin in Methanol, Äthanol, Aceton und Propylenglykol löslich, in Äther und Petroläther unlöslich.

F 185° (u. Zers.); $[\alpha]_D^{25} = -196°$ (1% in 0,1 n HCl); Summenformel: $C_{22}H_{24}O_9N_2 \cdot H_2O$; die Konstitutionsformel wurde von Stephens und Mitarbeitern[6] sowie von Hochstein und Mitarbeitern[7] auf Grund von Abbaureaktionen aufgestellt.

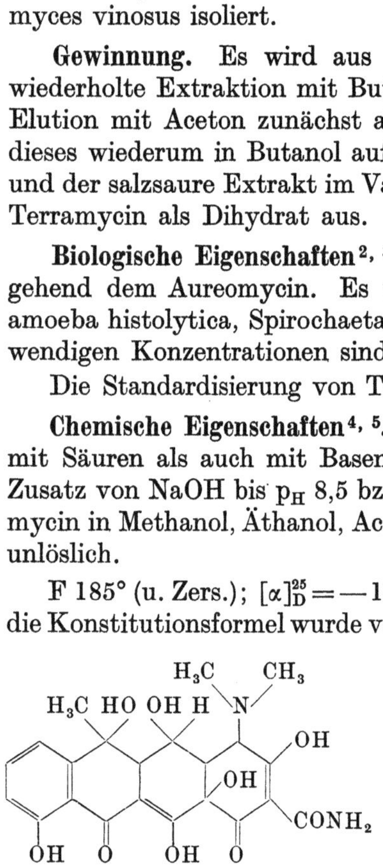

Bei der alkalischen Hydrolyse von Terramycin entstehen Dimethylamin, Ammoniak und Salicylsäure[8]; wird die Hydrolyse in Gegenwart von Zinkstaub durchgeführt, so können eine Reihe kristalliner Substanzen isoliert werden: Terracinonsäure [$C_{13}H_{12}O_6$;

[1] Finlay, A. C., G. L. Hobby, S. Y. Pan, P. P. Regna, J. B. Routien, D. B. Seeley, G. M. Shull, B. A. Sobin, I. A. Solomons, J. W. Vinson and J. H. Kane: Science, N. Y. 111, 85 (1950).

[2] Welch, H., F. D. Hendricks, C. W. Price and W. A. Randall: J. amer. pharmaceut. Ass. **39**, 185 (1950).

[3] Welch, H., W. A. Randall, R. J. Reedy and J. Kramer: Antibiot. & Chemotherap. **2**, 693 (1952).

[4] Hochstein, F. A., C. R. Stephens, L. H. Conover, P. P. Regna, R. Pasternack, P. N. Gordon, F. J. Pilgrim, K. J. Brunings and R. B. Woodward: Am. Soc. **75**, 5455 (1953).

[5] Regna, P. P., I. A. Salomon, K. Murai, A. E. Tunreck, K. J. Brunings and W. A. Lazier: Am. Soc. **73**, 4211 (1951).

[6] Stephens, C. R., L. H. Conover, F. A. Hochstein, P. P. Regna, F. J. Pilgrim, K. J. Brunings and R. B. Woodward: Am. Soc. **74**, 4976 (1952).

[7] Hochstein, F. A., C. R. Stephens, L. H. Conover, P. P. Regna, R. Pasternack, K. J. Brunings and R. B. Woodward: Am. Soc. **74**, 3708 (1952).

[8] Kuhn, R., u. K. Drury: Angew. Chem. **63**, 173 (1951).

F 232—234° (u. Zers.)], Essigsäure, Kohlendioxyd[1], Ammoniak, Dimethylamin und ein Phenollacton $C_9H_8O_3 \cdot H_2O$[2]. Die saure Hydrolyse führt zur Bildung eines gelben Hydrochlorids vom F 198—202°, das keine antibiotischen Eigenschaften mehr besitzt. Bei stärkerer Einwirkung von Säuren entstehen CO_2, Dimethylamin, eine kristalline Substanz vom F 210—213° und der empirischen Formel $C_{19}H_{17}O_8N$ und eine stickstofffreie luftempfindliche Verbindung $C_{15}H_{12}O_6$ ohne genau definierten Schmelzpunkt. Auf Grund der röntgenographischen Untersuchungen und der bei der Hydrolyse erhaltenen Abbauprodukte von Terramycin und Aureomycin ist zu schließen, daß beiden Antibiotica das Anthracenskelett zugrunde liegt und daß sie sich nur durch den Gehalt einer Hydroxylgruppe beim Terramycin und eines Chloratoms beim Aureomycin unterscheiden.

Biologische Bestimmungsmethoden.

Die turbidimetrische Bestimmung nach KERSEY[3]*:*

Testorganismus ist ein Stamm von Klebsiella pneumoniae. Die Bestimmung kann nach $3^1/_2$ Std bereits abgelesen werden. Konzentrationen von 0,05 γ/cm³ können nachgewiesen werden.

Die turbidimetrische Bestimmung nach WHITLOCK, HUNT *und* TASHMAN[4]*:*

Die Methode eignet sich zur Bestimmung von Blutwerten, da man nur Mikromengen von Blut dafür benötigt. Als Testorganismus wird ein Stamm von Klebsiella pneumoniae verwandt.

Reihenverdünnungsmethode zur Bestimmung im Serum[5]*:*

Als Testorganismus dient Staphylococcus aureus.

Chemische Bestimmungsmethoden.

Qualitative Methode:

Fluorescenztest. Beim Versetzen der wäßrigen Lösung mit 1 cm³ 2 n NaOH färbt sich die Lösung orange, mit einer grünen Fluorescenz im UV-Licht. Beim Erhitzen bleibt die orange Färbung der Lösung bestehen, während die Fluorescenz nach blau umschlägt (vgl. Aureomycin, S. 1563).

Quantitative Methoden:

***Colorimetrische Bestimmung von Terramycin mit Eisen(III)-chlorid*[6].**

Prinzip:

Aureomycin, Terramycin und Tetracyclin enthalten alle die gleiche phenolische Hydroxylgruppe; sie reagieren mit $FeCl_3$ in saurer Lösung unter Bildung einer orangebraunen Farbe. Die Methode kann für alle 3 Tetracycline angewandt werden; sie eignet sich für die Bestimmung der Tetracycline in Kapseln, Salben, Tabletten und Dragees.

Reagentien:

a) $FeCl_3$-Stammlösung, 10%ig: 5 g $FeCl_3$ je 50 cm³ 0,1 n HCl.
b) $FeCl_3$-Lösung, 0,05%ig: 1 cm³ Stammlösung je 200 cm³ 0,01 n HCl; täglich frisch ansetzen.
c) 0,01 n HCl.

Ausführung:

Zur Herstellung der Eichkurve stellt man sich eine Terramycin-Standardlösung von 0,25 mg Base je cm³ 0,01 n HCl her. Von dieser Standardlösung werden folgende Verdünnungen in 50 cm³-Kolben angesetzt: 2, 4, 6 cm³ Standardlösung + 8, 6, 4 cm³ 0,01 n HCl. Die zu untersuchende Probe wird mit 0,01 n HCl bis zu einer Konzentration von

---

[1] PASTERNACK, R., P. P. REGNA, R. L. WAGNER, A. BAVLEY, F. A. HOCHSTEIN, P. N. GORDON and K. J. BRUNINGS: Am. Soc. **73**, 2400 (1951).
[2] HOCHSTEIN, F. A., and R. PASTERNACK: Am. Soc. **73**, 5008 (1951).
[3] KERSEY, R. C.: J. amer. pharmaceut. Ass. **39**, 252 (1950).
[4] WHITLOCK, C. M. jr., A. D. HUNT jr. and S. G. TASHMAN: J. Lab. clin. Med. **37**, 155 (1951).
[5] COFFERY, E. L.: Antibiot. & Chemotherap. **2**, 72 (1952).
[6] MONASTERO, F., J. A. MEANS, T. C. GRENFELL and J. H. HEDGER: J. amer. pharmaceut. Ass. **40**, 241 (1951).

ungefähr 0,1 mg Terramycinbase je cm^3 verdünnt. Mit 10 cm^3 dieser Verdünnung wird die Bestimmung durchgeführt. Zu jeder der angesetzten Lösungen gibt man 10 cm^3 0,05 %ige $FeCl_3$-Lösung, mischt und läßt 10 min bei Zimmertemperatur stehen. Die Intensität der Färbung wird in einem photoelektrischen Colorimeter bei 490 $m\mu$ gegen einen Blindwert aus 10 cm^3 0,01 n HCl + 10 cm^3 0,05 %iger $FeCl_3$-Lösung gemessen (2 cm-Küvette). Mit den Standardlösungen wird die Eichkurve aufgestellt, aus der die Konzentration der unbekannten Lösung abgelesen wird. Wichtig für die Bestimmung ist, daß die Standardlösungen und die zu untersuchende Probe den gleichen p_H-Wert haben.

***Arsenmolybdatmethode nach* NELSON.**

Reagentien und Ausführung s. S. 1563. Die minimal nachweisbare Menge beträgt 3,3 γ/cm^3.

***Bestimmung mit m-Dinitrobenzol nach* ZIMMERMANN.**

Reagentien und Ausführung s. S. 1564. Konzentrationen von 100—2000 γ/cm^3 sind gut nachweisbar.

***Bestimmung mit dem Phenolreagens nach* FOLIN-CIOCALTEU.**

Beschreibung der Methode s. S. 1564. Die Farbintensität folgt dem LAMBERT-BEERschen Gesetz innerhalb der Grenzen 5—100 γ/cm^3.

Bestimmung mit Sulfanilsäure-diazoniumchlorid.

Durchführung und Reagentien s. S. 1564. Die minimal nachweisbare Menge beträgt 0,75 γ/cm^3.

***Spektrophotometrische Bestimmung von Terramycin nach* GROVE *und* RANDALL[1].**

Reagens:

5 n NaOH.

Ausführung:

Zur Herstellung der Eichkurve wird eine Lösung von Terramycin-hydrochlorid mit dest. Wasser bis zu einer Konzentration von 0,1 mg Base je cm^3 verdünnt. 10, 15, 20 und 25 cm^3 dieser Verdünnung werden in 100 cm^3-Meßkolben gegeben. Die zu untersuchende Probe wird ebenfalls auf etwa 0,1 mg Base je cm^3 verdünnt, im Falle von Terramycin-hydrochlorid mit Wasser, von Terramycin-Base mit 0,1 n HCl. Man nimmt 5 cm^3 0,1 n HCl/100 mg Substanz und verdünnt dann mit Aqua dest. weiter. 15 cm^3 der Verdünnung werden in einen 100 cm^3-Meßkolben pipettiert. Nach dem Zufügen von 70 cm^3 H_2O und 5 cm^3 5 n NaOH zu den einzelnen Kolben färben sich die Lösungen gelb. Man füllt die Kolben bis zur Marke mit dest. Wasser auf und mißt genau 6 min nach Zugabe der Reagentien die Absorption der Lösungen bei 380 $m\mu$ in einem UV-Spektrophotometer (1 cm-Küvette) gegen den Blindwert aus 5 cm^3 5 n NaOH + 95 cm^3 H_2O.

Mit den abgelesenen Werten der Standardlösungen stellt man die Eichkurve auf und liest aus dieser die Konzentration der unbekannten Lösung ab. Da die Färbung von Aureomycin in alkalischer Lösung nicht beständig ist und keine Absorption bei 380 $m\mu$ zeigt, können Terramycin und Tetracyclin neben Aureomycin bestimmt werden.

***Titrimetrische Bestimmung von Terramycin nach* SIDERI[2].**

Ebenso wie Aureomycin kann Terramycin sowohl als Base als auch als Hydrochlorid durch Titration in eisessighaltigem Methanol mit Perchlorsäure in Dioxan bestimmt werden.

Durchführung der Bestimmung s. S. 1566.

Papierchromatographische Trennung von Aureomycin, Terramycin und Tetracyclin in der Kulturflüssigkeit und in Lösungen.

Beschreibung der Methode s. S. 1566.

Trennung von Aureomycin, Terramycin und Tetracyclin mittels Gegenstromverteilung s. S. 1567.

---

[1] GROVE, D. C., and W. A. RANDALL: Assay Methods of Antibiotics. S. 55. New York 1955.

[2] SIDERI, C. N., and A. OSOL: J. amer. pharmaceut. Ass. 42, 688 (1953).

Bestimmung von Terramycin in Präparaten.

1. Bestimmung von Terramycin in Lösungen[1].

a) Die Ampullen für i.v.-Injektionen enthalten ein Gemisch von Terramycin-hydrochlorid und Natriumglycinat. Die wäßrige Lösung hat einen p_H-Wert von 8,5—9. Da Terramycin in alkalischem Medium nicht lange stabil ist, müssen die Verdünnungen für die Bestimmung innerhalb von 5 min mit Phosphatpuffer, p_H 4,5 (K_2HPO_4 13,6 g; H_2O ad 1000,0), bis zu einer Konzentration von 1 mg/cm³ hergestellt werden.

b) Die Ampullen für i.m.-Injektionen enthalten neben Terramycin-hydrochlorid Procain-hydrochlorid, Magnesiumchlorid und Ascorbinsäure. Man löst in der angegebenen Menge Aqua dest. und verdünnt einen aliquoten Teil mit 0,01 n HCl bis zu einer Konzentration von 1 mg/cm³.

2. Bestimmung von Terramycin in Salben[1].

1 g Salbe wird mit 50 cm³ peroxydfreiem Äther extrahiert und die ätherische Lösung 4mal mit je 25 cm³ Phosphatpuffer, p_H 4,5 (KH_2PO_4 13,6 g; H_2O ad 1000,0), ausgeschüttelt. Aus den vereinigten Pufferextrakten wird die für die Bestimmung notwendige Verdünnung hergestellt.

3. Bestimmung von Terramycin in Kapseln und Tabletten[1].

3 Kapseln je 250 mg werden mit 500 cm³ 0,01 n HCl 3—5 min lang geschüttelt. Mit der filtrierten Lösung wird nach entsprechender Verdünnung die chemische Bestimmung durchgeführt.

4. Bestimmung von Terramycin und Polymyxin in Salben[2].

Ausführung s. S. 1620.

Tetracyclin (Achromycin, Tetracyn).

Tetracyclin wurde im Verlauf der Strukturaufklärung von Terramycin durch STEPHENS und Mitarbeiter[3] entdeckt. Es kann durch katalytische Hydrierung von Aureomycin (Chlortetracyclin)[4, 5] oder durch Fermentation verschiedener Actinomycetenstämme gewonnen werden.

Biologische Eigenschaften. Das Wirkungsspektrum von Tetracyclin entspricht dem von Aureomycin und Terramycin[6]. Stämme, die gegenüber Aureomycin oder Terramycin resistent sind, sind auch tetracyclinresistent.

Die Wirksamkeit der Tetracyclinsalze wird in mg Tetracyclinbase angegeben.

Chemische Eigenschaften[7-9]. Strukturell unterscheidet sich Tetracyclin von Aureomycin und Terramycin durch das Fehlen des 7-Chloratoms bzw. der 5-Hydroxylgruppe.

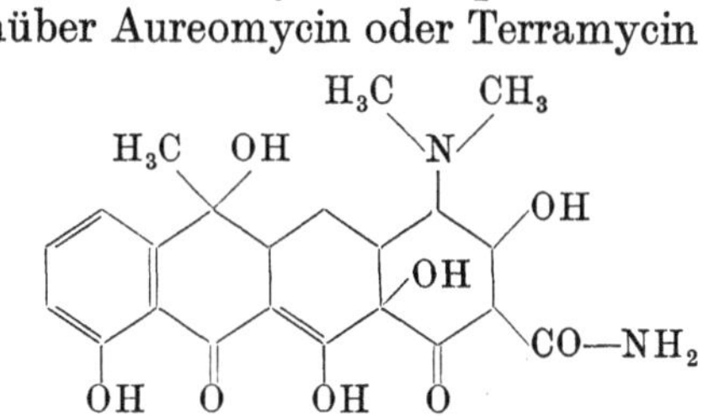

Summenformel $C_{22}H_{24}O_8N_2 \cdot 3\,H_2O$; Mol.-Gew. 444; F 214° (Zers.); $[\alpha]_D^{25} = -257{,}9°$ ($c = 0{,}5\%$ in 0,1 n HCl). Das UV-Spektrum zeigt Maxima bei 220 mμ (ε 130000), 268 mμ (ε 18040) und 355 mμ (ε 13320).

[1] GROVE, D. C., and W. A. RANDALL: Assay Methods of Antibiotics. S. 58. New York 1955.
[2] ibid. S. 140.
[3] STEPHENS, C. R., L. H. CONOVER, F. A. HOCHSTEIN, P. P. REGNA, F. J. PILGRIM, K. J. BRUNINGS and B. B. WOODWARD: Am. Soc. **74**, 4976 (1952).
[4] FINLAND, M., and E. M. PURCELL: J. amer. med. Ass. **154**, 561 (1954).
[5] CONOVER, H. L., W. T. MORELAND, A. R. ENGLISH, R. C. STEPHENS and F. J. PILGRIM: Am. Soc. **75**, 4622 (1953).
[6] ENGLISH, A. R., S. Y. P'AN, T. J. MCBRIDE, J. F. GARDOCKIG, G. VAN HALSEMA and W. A. WRIGHT: Antibiot. & Chemotherap. **4**, 411 (1954).
[7] BOOTHE, J. H., J. MORTON II, J. P. PETISI, R. G. WILKINSON and J. H. WILLIAMS: Am. Soc. **75**, 4621 (1953).
[8] MCCORMICK, J. R. D., N. O. SJOLANDER, U. HIRSCH, E. R. JENSEN and A. P. DOERSCHUK: Am. Soc. **79**, 4561 (1957).
[9] BOOTHE, J. H., G. E. BONVICINO, C. W. WALLER, J. P. PETISI, R. W. WILKINSON and R. B. BROSCHARD: Am. Soc. **80**, 654 (1958).

Mit Säuren und Basen bildet Tetracyclin gut lösliche Salze.

Das biologische Wirkungsspektrum wird nach einer der üblichen Testmethoden (Agarstrichmethode, Papierscheibenmethode oder Reihenverdünnungstest) ermittelt. Nach TRAFTEN und Mitarbeitern[1] erhält man beim Vergleich der einzelnen Methoden übereinstimmende Resultate.

Chemische Bestimmungsmethoden.

Colorimetrische Bestimmung mit Eisen(III)-chlorid. Durchführung der Bestimmung und Reagentien s. S. 1637.

***Colorimetrische Bestimmung der Farbintensität nach* GARLOCK, LEVINE *und* FISHBACH** s. S. 1563.

Spektrophotometrische Methode s. S. 1638 (Terramycin).

Papierchromatographische Bestimmung in der Kulturflüssigkeit. Durchführung der Bestimmung s. S. 1566. Für die bioautographische Auswertung des Chromatogrammes dient Bac. subtilis als Testorganismus.

Thiostrepton

wurde 1955 von PAGANO und Mitarbeitern[2] aus der Kulturflüssigkeit einer nicht näher beschriebenen Streptomycesart kristallin dargestellt. Es wirkt stark hemmend auf das Wachstum grampositiver Bakterien, auch solcher, die sich Penicillin oder Erythromycin gegenüber resistent verhalten.

Chemische Eigenschaften[3]. Thiostrepton ist eine schwache Base, die in Wasser, niederen Alkoholen und in polaren organischen Lösungsmitteln (Benzol, Hexan) unlöslich, in Chloroform, Dioxan, Pyridin, Eisessig und Dimethylformamid löslich ist. F 246—256° (Zers.); Mol.-Gew. 420; $[\alpha]_D^{25} = -98{,}5°$ ($c = 1\%$, Eisessig); $= -61°$ ($c = 1\%$, Dioxan). Bei der Hydrolyse mit 6 n HCl wird es in 8—10 ninhydrinpositive Verbindungen aufgespalten. Papierchromatographisch konnten im Hydrolysat folgende Aminosäuren nachgewiesen werden: L-Leucin, L-Valin, Alanin, Threonin, Prolin, Lysin, Glycin, Asparaginsäure, Glutaminsäure, Cystin und Tryptophan. Thiostrepton selbst zeigt keine positive Ninhydrinreaktion. In seinen chemischen und physikalischen Eigenschaften unterscheidet es sich von anderen polypeptidhaltigen Antibiotica wie Cinnamycin, Bacitracin oder Subtilin.

Die mikrobiologische Bestimmung von Thiostrepton erfolgt mit dem Reihenverdünnungstest oder der Papierscheibenmethode mit Micrococcus pyogenes var. aureus als Testorganismus[2].

Papierchromatographische Bestimmung von Thiostrepton[2]. Man arbeitet mit der aufsteigenden Methode. Etwa 0,5 γ des in Dioxan gelösten Antibioticums werden auf Whatman I-Papier aufgetragen. Gute R_F-Werte erhält man mit folgenden Lösungsmittelsystemen:

a) Aceton/H_2O (70:30); R_F 0,50.

b) Aceton/Propanol/H_2O (40:40:20); R_F 0,80. Die Lokalisation des Antibioticums auf dem Chromatogramm wird bioautographisch mit M. pyogenes var. aureus als Testorganismus bestimmt.

Tyrothricin s. Gramicidin und Tyrocidin.

Tyrocidin.

Tyrocidin wurde als Teilsubstanz aus dem Tyrothricin isoliert[4–6]. Gegenüber grampositiven Keimen hat es nur etwa $^1/_{10}$—$^1/_{50}$ der Wirkung von Gramicidin, aber gegen gram-

[1] TRAFTEN, H. M., and H. E. LIND: Antibiot. & Chemotherap. **4**, 697 (1954).
[2] PAGANO, J. F., M. J. WEINSTEIN, H. A. STOUT and R. DONOVICK: Antibiot. Ann. **1955/56**, 554.
[3] VANDEPUTTE, J., and J. D. DUTCHER: Antibiot. Ann. **1955/56**, 560.
[4] HOTCHKISS, R. D.: Adv. Enzymol. **4**, 153 (1944).
[5] CHRISTENSEN, H. N.: J. biol. Ch. **160**, 75 (1945).
[6] HOTCHKISS, R. D., and R. J. DUBOS: J. biol. Ch. **136**, 803 (1940).

negative Keime und gegen Sporenbildner ist es weitaus wirksamer. Da es sehr toxisch ist, kann es nur als Oberflächenantibioticum verwandt werden.

Chemische Eigenschaften[1]. Tyrocidin ist ein ringförmiges Polypeptid vom F 240° (Zers.). Es konnte in die 3 Komponenten Tyrocidin A, B, C aufgespalten werden. Tyrocidin A ist ein cyclisches Decapeptid folgender Aminosäuren: L-Tyrosin — L-Valin — L-Ornithin — L-Leucin — D-Phenylalanin — L-Glutaminsäure — L-Asparaginsäure — D-Phenylalanin — L-Phenylalanin — L-Prolin. Seine empirische Formel ist $C_{66}H_{86}O_{13}N_{13}$; Mol.-Gew. 1270; $[\alpha]_D^{25} = -101°$ (Alkohol). In verdünnten Alkoholen, Essigsäure und Pyridin ist es löslich, weniger in hochprozentigen Alkoholen, Aceton und Wasser; unlöslich in Äther, Chloroform und Kohlenwasserstoffen.

Tyrocidin B ist ebenfalls ein cyclisches Dekapeptid, welches sich von Tyrocidin durch den Gehalt von einem Molekül L-Tryptophan statt eines Moleküls L-Phenylalanin im Ring unterscheidet. Summenformel $C_{68}H_{88}O_{13}N_{14}$; Mol.-Gew. 1364[2].

Bestimmungsmethoden. Tyrocidin wird mikrobiologisch turbidimetrisch mit Streptococcus faecalis als Testorganismus bestimmt. Da Tyrocidin von Serum und anderen Körperflüssigkeiten in beträchtlichem Maße inaktiviert wird, erfaßt man mit dem mikrobiologischen Test vor allem den Gramicidinanteil des Tyrothricins und nicht den geringen Anteil von Tyrocidin.

Colorimetrische Bestimmung von Tyrocidin[3].

Reagentien:

a) HCl, konz.
b) p-Dimethylaminobenzaldehyd-Lösung, 5%ig in konz. HCl.
c) Äthanol, 96%ig.
d) Natriumnitrit-Lösung, 0,2%ig.

Ausführung:

1 cm³ der zu bestimmenden Lösung wird zu einem Gemisch aus 0,5 cm³ Äthanol, 0,5 cm³ 5%iger p-Dimethylaminobenzaldehyd-Lösung und 5 cm³ konz. HCl gegeben. Bei Anwesenheit von Tyrocidin färbt sich die Lösung scharlachrot. Nach 5 min langem Stehen bei Zimmertemperatur fügt man 1 Tropfen 0,2%ige Natriumnitrit-Lösung hinzu, worauf die Farbe nach blau umschlägt. Nach 15 min wird die Farbintensität der Lösung bei 400—465 mμ gegen einen Leerwert aus 1,5 cm³ Äthanol, 0,5 cm³ p-Dimethylaminobenzaldehyd-Lösung, 5 cm³ konz. HCl und 1 Tropfen Natriumnitrit-Lösung abgelesen. Die Konzentration ermittelt man aus einer mit bekannten Tyrocidinmengen aufgestellten Eichkurve.

Zur Bestimmung in der Kulturflüssigkeit werden 5—10 cm³ derselben auf p_H 4—4,5 eingestellt und zentrifugiert. Das klare Zentrifugat wird 10 min lang mit 5 cm³ Äthanol geschüttelt, 20 min stehengelassen und zentrifugiert. Mit 1 cm³ des klaren Zentrifugats wird die Farbreaktion durchgeführt. Ist die Farblösung getrübt, wie z. B. bei der Prüfung öliger Substrate, so wird der Farbstoff in Tetrachlorkohlenstoff aufgenommen und mit dem Extrakt die Messung durchgeführt.

Mit der Methode kann man Mengen bis 25 γ/cm³ mit einer Genauigkeit von ±5% bestimmen.

Vancomycin.

McCormick und Mitarbeiter[4,5] isolierten aus der Kulturflüssigkeit von Streptomyces orientalis ein gegen grampositive Erreger hochwirksames Antibioticum, welches sie Vancomycin nannten. Es spricht vor allem auf solche Stämme von M. pyogenes var. aureus an, die sich gegenüber anderen gewöhnlichen Antibiotica resistent verhalten[5].

[1] Paladini, A., and L. C. Craig: Am. Soc. **76**, 688 (1954).
[2] King, T. P., and L. C. Craig: Am. Soc. **77**, 6627 (1956).
[3] Rittenberg, S. C., M. E. Sternberg and W. Bywater: J. biol. Ch. **168**, 183 (1947).
[4] McCormick, M. H., W. M. Stark, G. E. Pittenger, R. C. Pittenger and J. M. McGuire: Antibiot. Ann, **1955/56**, 606.
[5] Ziegler, D. W., R.-N. Wolfe and J. M. McGuire: Antibiot. Ann. **1955/56**, 612.

Chemische Eigenschaften. Vancomycin-hydrochlorid ist eine weiße, in H_2O leicht lösliche Substanz. In höheren Alkoholen, Aceton und Äther ist es unlöslich. Die wäßrige Lösung des Hydrochlorids zeigt im UV-Licht ein Maximum bei 282 mμ.

Das Wirkungsspektrum von Vancomycin wird mit dem gewöhnlichen Agarverdünnungstest bestimmt.

Vinacetin.

Zur gleichen Zeit mit der Isolierung von Viomycin durch amerikanische Forscher wurde in Japan das Vinacetin, ein ebenfalls speziell gegen Mycobact. tuberculosis wirkendes Antibioticum mit sehr geringer Toxicität, aus einem Bodenactinomyceten isoliert[1].

Chemische Eigenschaften. Nach mehrfachem Umkristallisieren aus Chloroform/Äther erhält man gelbe Kristalle vom F 157—158°. Die Reinigung erfolgt papierchromatographisch. Vinacetin ist leicht löslich in Äthylacetat, Butylacetat, Methanol und Aceton, wenig löslich in Wasser und Trichloräthylen, unlöslich in Äther und Petroläther.

In verdünnten Alkalien ist es leicht löslich; die Farbe schlägt dann nach violett um. Aus dem Ausfall der Farbreaktionen mit Vinacetin kann geschlossen werden, daß demselben eine chinoide Struktur zugrunde liegt.

Viomycin.

Viomycin wurde von 2 Forschergruppen, FINLAY und Mitarbeitern[2] und BARTZ und Mitarbeitern[3], aus dem Kulturmedium von Streptomyces puniceus bzw. Streptomyces floridae isoliert. Es ist wirksam gegen Mycobact. tuberculosis, dabei nur sehr wenig toxisch.

Das Antibioticum wird aus submersen Kulturen gewonnen[4].

Chemische Eigenschaften[5, 6]. Viomycin ist eine organische Base, die mit anorganischen Säuren Salze bildet. F des Sulfats 252°; $[\alpha]_D^{25} = -32°$ ($c = 1\%$ in H_2O; p_H 6); Summenformel $C_{18}H_{31-33}O_8N_9$. Das Sulfat und das Hydrochlorid sind in Wasser leicht löslich, in organischen Lösungsmitteln unlöslich. Im sauren Milieu ist Viomycin stabil, weniger im alkalischen Bereich.

Bei der sauren Hydrolyse werden neben CO_2, Ammoniak und Harnstoff folgende Aminosäuren frei: L-Serin, α,β-Diaminopropionsäure und β-Lysin.

Biologische Bestimmung. Der biologische Test wird mit der Agardiffusionsmethode mit Bac. subtilis als Testorganismus durchgeführt. Eine Modifikation dieser Methode wurde 1953 von DYE[7] empfohlen, wodurch die Empfindlichkeit des Testes um das Zehnfache erhöht wird.

Chemische Bestimmungsmethoden[8].

Qualitative Methoden.

a) *Ninhydrinreaktion.* Beim Versetzen der wäßrigen Lösung mit 1 cm^3 Ninhydrinreagens (0,2% Ninhydrin in n-Butanol) und 0,5 cm^3 Pyridin färbt sich die Lösung purpurrot. Die gleiche Farbreaktion zeigen Bacitracin, Polymyxin B, Thyrothricin und Neomycin.

---

[1] OMACHI, K.: J. Antibiot., Tokyo (A) **6**, 73 (1953).
[2] FINLAY, A. C., G. L. HOBBY, F. A. HOCHSTEIN, T. M. LEES, T. F. LEHNERT, J. A. MEANS, S. Y. P'AN, P. P. REGNA, J. B. ROUTIEN, B. A. SOBIN, K. B. TATE and J. H. KANE: Amer. Rev. Tuberc. **63**, 1 (1951).
[3] BARTZ, Q. R., J. EHRLICH, J. D. MOLD, M. A. PENNER and R. M. SMITH: Amer. Rev. Tuberc. **63**, 4 (1951).
[4] COFFEY, G. L., J. E. OYARS and J. EHRLICH: Antibiot. & Chemotherap. **1**, 203 (1951).
[5] HASKELL, T. H., S. A. FUSARI, R. P. FROHARDT and Q. R. BARTZ: Am. Soc. **74**, 599 (1952).
[6] CARTER, H. E., W. R. HEARN, E. M. LANSFORD, A. C. PAGE, N. P. SALZMAN, D. SHAPIRO and W. R. TAYLOR: Am. Soc. **74**, 3704 (1952).
[7] DYE, W. E., and W. F. BULL: Amer. J. clin. Path. **23**, 56 (1953).
[8] FISHBACH, H., and J. LEVINE: Antibiot. & Chemotherap. **3**, 1159 (1953).

b) *Modifizierte Biuretreaktion* in Gegenwart von Chloromycetin, Bacitracin, Polymyxin, Viomycin, Gramicidin und Tyrothricin.

Beschreibung der Methode s. S. 1569.

Quantitative Methode.

Colorimetrische Bestimmung von Viomycin nach **JACKSON**[1].

Reagentien:

1. Oximlösung: 1 g Diacetylmonoxin (2,3-Butandion-2-oxim) werden in 100 cm^3 5%iger Essigsäure gelöst.
2. 1 Vol. konz. $H_2SO_4 + 3$ Vol. H_3PO_4.

Ausführung:

Zu 4 cm^3 Viomycinlösung gibt man 2 cm^3 Oximlösung (1) und 3 cm^3 Schwefelsäure-Phosphorsäure (2), mischt gut durch und erhitzt $2^1/_2$ Std im kochenden Wasserbad. Die Farbintensität der Lösung wird nach dem Abkühlen gegen einen genau so behandelten Blindwert aus den Reagentien bei 475 mμ im Colorimeter bestimmt.

Durch die starke Säurekonzentration wird ein zu starkes Verdunsten während des Kochens vermieden. Vor dem Messen der Lösung im Colorimeter wird mit Aqua dest. auf das Ausgangsvolumen aufgefüllt.

Die Farbintensität entspricht innerhalb der Konzentrationen von 30—240 $\gamma/4$ cm^3 dem Lambert-Beerschen Gesetz.

Eine ganz schwache Farbreaktion mit dem Oximreagens in stark saurer Lösung zeigen Magnamycin, Erythromycin und Penicillin; Polymyxin B, Bacitracin, Chloromycetin und Streptomycin sprechen gar nicht auf das Reagens an. Man kann diese Bestimmungsmethode also als spezifisch für Viomycin ansprechen.

Im Vergleich mit dem biologischen Test ergibt sich mit dieser Methode eine gute Übereinstimmung.

5. Anhang.

Die Entdeckung und Isolierung neuer Antibiotica hat mit ungeheurer Geschwindigkeit zugenommen. Es würde den Rahmen dieser Arbeit weit überschreiten, alle bisher bekannten Antibiotica anzuführen. Wegen der Vielzahl der isolierten, z. T. noch im Untersuchungsstadium stehenden antibiotischen Stoffe führen wir nur zusammenfassend die Namen mit den diesbezüglichen Literaturstellen an.

Actinomycetin[2, 3].

Azaserin[4–6].

Bacillin oder Anticoli-Faktor[7].

Biocerin[8].

Bromtetracyclin[9, 10].

Candidulin[11].

Chaetomin[12, 13].

Chlorellin[14].

---

1 JACKSON, A. W.: Antibiot. & Chemotherap. **4**, 1210 (1954).

2 WELSCH, M.: J. Bacteriology **44**, 571 (1942).

3 WELSCH, M.: C. R. Soc. Biol. **142**, 23 (1948).

4 BARTZ, Q. R., C. C. ELDER, R. P. FROHARDT, S. A. FUSARI, T. H. HASKELL, D. W. JOHANNESSEN and A. RYDER: Nature **173**, 72 (1954).

5 NICOLAIDES, E. D., R. D. WESTLAND and E. L. WITTLE: Am. Soc. **76**, 2887 (1954).

6 KOHBERGER, D. L., H. C. REILLEY, G. L. COFFEY, A. B. HILLEGAS and J. EHRLICH: Antibiot. & Chemotherap. **5**, 59 (1955).

7 FOSTER, J. W., and H. B. WOODRUFF: J. Bacteriology **51**, 363, 371 (1946).

8 JOHNSON, C. W., H. D. WEST, H. L. JONES and C. J. LONG: J. Bacteriology **57**, 63 (1949).

9 DOERSCHUK, A. P.: Am. Soc. **78**, 1508 (1956).

10 LEPETIT, S. P. A.: EP 772 149 v. 10. 4. 57.

11 STANSLY, P. G., and N. H. ANANENKO: Arch. Biochem. **23**, 256 (1959).

12 WAKSMAN, S. A., and E. BUGIE: J. Bacteriology **48**, 727 (1944).

13 GEIGER, W. B., J. E. CONN and S. A. WAKSMAN: J. Bacteriology **48**, 531 (1944); **49**, 585 (1945).

14 PRATT, R.: Science, N. Y. **99**, 351 (1944).

Clitocytin[1].
Coliformin[2].
Colistatin[3].
Corylophilin[4].
Diplococcin[5].
Endosubtilysin[6].
Enniatine[7-10].
Erdin[11].
Estreptogramin[12].
Eumycin[13].
Fumigacin[14, 15].
Fumigatin[16].
Fuscin[17, 18].
Geodin[16].
Gladiolinsäure[19, 20].
Gliotoxin[15, 21-23].
Glutinosin[24].
Griseofulvin[25, 26].
Inolomin[27].
Javanicin[28].
Jodinin[29].
Kanamycin[30-32].

[1] HOLLANDE, A. C.: Cr. **221**, 361 (1946).
[2] FREYSCHUSS, S. K. L., S. O. PEHRSON and B. STEENBERG: Antibiot. & Chemotherap. **5**, 218 (1955).
[3] GAUSE, G. F.: Science, N. Y. **104**, 289 (1946).
[4] LEVADITI, C., H. PÉNAU, R. PERAULT, M. L. ERICHSEN et D. BENOISIT: C. R. Soc. Biol. **138**, 5 (1944).
[5] OXFORD, A. E.: Biochem. J. **38**, 178 (1944).
[6] SAINT-RAT, L., et H. R. OLIVER: Cr. **222**, 297 (1946).
[7] PLATTNER, P. A., U. NAGER u. A. BOLLER: Helv. **31**, 594 (1948).
[8] PLATTNER, P. A., u. U. NAGER: Helv. **31**, 665, 2192 (1948).
[9] GÄUMANN, E., S. ROTH, L. ETTLINGER, P. A. PLATTNER u. U. NAGER: Exper. **3**, 202 (1947).
[10] COOK, A. H., S. F. COX, T. H. FARMER and M.-S. LACEY: Nature **160**, 31 (1947).
[11] CALAM, C. T., P. W. CLUTTERBUCK, A. E. OXFORD and H. RAISTRICK: Biochem. J. **31**, 1089 (1937); **33**, 579 (1939); **41**, 458 (1947).
[12] CHARNEY, J., W. P. FISHER, C. GURRAM, R. A. MACHLOWITZ and A. A. TYTELL: Antibiot. & Chemotherap. **4**, 114 (1954).
[13] JOHNSON, A. A., and K. L. BURDON: J. Bacteriology **51**, 591 (1946).
[14] WAKSMAN, S. A., E. S. HORNING and E. L. SPENCER: J. Bacteriology **45**, 233 (1943).
[15] MENZEL, A. E. O., O. WINTERSTEINER and J. C. HOOGERHEIDE: J. biol. Ch. **152**, 419 (1944).
[16] ANSLOW, W. K., and H. RAISTRICK: Biochem. J. **32**, 687 (1938).
[17] MICHAEL, S. E.: Biochem. J. **43**, 528 (1948).
[18] BARTON, D. H., and J. B. HENDRICKSON: Soc. **1956**, 1028.
[19] BRIAN, P. W., P. J. CURTIS, J. F. GROVE, H. G. HEMMING and J. C. MCGOWAN: Nature **157**, 698 (1946).
[20] BROWN, J. J., and G. T. NEWBOLD: Chem. & Industr. **1953**, 1151.
[21] BRIAN, P. W., H. G. HEMMING and J. C. MCGOWAN: Nature **155**, 637 (1945).
[22] BRIAN, P. W.: Nature **154**, 667 (1944).
[23] GLISTER, G. A., and T. J. WILLIAMS: Nature **153**, 651 (1944).
[24] BRIAN, P. W., and J. C. MCGOWAN: Nature **157**, 334 (1946).
[25] OXFORD, A. E., H. RAISTRICK and P. SIMONART: Biochem. J. **33**, 240 (1939).
[26] BRIAN, P. W., P. J. CURTIS and H. G. HEMMING: Trans. brit. mycol. Soc. **29**, 173 (1946); **32**, 30 (1949).
[27] FRAGNER, P.: Exper. **5**, 167 (1949).
[28] ARNSTEIN, H. R. V., A. H. COOK and M. S. LACEY: Soc. **1947**, 1021.
[29] WEIDLING, S.: Acta path. microbiol. scand. **22**, 379 (1945).
[30] UMEZAWA, H., M. UEDA, K. MAEDA, K. YAGASHITA, S. KONDO, Y. OKAMI, R. UTAHARA, Y. OSATO, K. NITTA and T. TAKEUCHI: J. Antibiot., Tokyo (A) **10**, 181 (1957).
[31] CRON, M. J., D. L. JOHNSON, F. M. PALERMITI, Y. PERRON, H. D. TAYLOR, D. F. WHITEHEAD and I. R. HOOPER: Am. Soc. **80**, 752 (1958).
[32] GOUREVITCH, A., G. A. HUNT and J. LEIN: Antibiot. & Chemotherap. **8**, 149 (1958).

Kojisäure[1, 2].
Lavendulin[3].
Licheniformin[4].
Litmocidin[5].
Lomicin[6].
Micrococcin[7, 8].
Micromonosporin[9].
Mycetin[10].
Nisin[11, 12].
Nocardin[13].
Nor-Mycophenolsäure[14].
Notatin[15-18].
Nybomycin[19-21].
Patulin[22-26].
Pleurotin[27].
Polyporin[28].
Proactinomycin[29].
Puberulinsäure[30, 31].
Pyocyanin[32].
Sarcomycin[33, 34].
Spinulosin[35].

[1] Cook, A. H., and M. S. Lacey: Nature **155**, 790 (1945).
[2] Beélik, A.: Adv. Carbohydrate Chem. **11**, 145 (1956).
[3] Junowicz-Kocholaty, R., and W. Kocholaty: J. biol. Ch. **168**, 757 (1948).
[4] Foster, J. W., and H. B. Woodruff: J. Bacteriology **51**, 363, 371 (1946).
[5] Gause, G. F.: J. Bacteriology **51**, 649 (1946).
[6] Dijck, P. J. van, H. P. van de Voorde and P. de Salmer: Antibiot. & Chemotherap. **4**, 114 (1954).
[7] Su, T. L. S.: Brit. J. exp. Path. **29**, 473 (1948).
[8] Heatley, N. G., B. K. Kelly and N. Smith: J. gen. Microbiol. **6**, 30 (1952).
[9] Waksman, S. A., W. B. Geiger and E. Bugie: J. Bacteriology **53**, 355 (1947).
[10] Fainshmidt, O. I., and A. J. Korenyako: Biochimija, Moskva **9**, 147 (1949).
[11] Mattick, A. F. R., and A. Hirsch: Lancet, N. Y. **253**, 5 (1947).
[12] Berridge, N. J.: Chem. & Industr. **1953**, 1158.
[13] Levaditi, C., and J. Henry: Prod. pharmaceut., Paris **4**, 11 (1949).
[14] Birkinshaw, J. H., A. Bracken, E. N. Morgan and H. Raistrick: Biochem. J. **43**, 216 (1948).
[15] Kochalaty, W.: J. Bacteriology **44**, 143 (1942).
[16] Raistrick, H.: Nature **150**, 634 (1942).
[17] Birkinshaw, J. H., and H. Raistrick: J. biol. Ch. **148**, 459 (1943).
[18] Brüggen, J. T. van, F. J. Reithel, C. K. Cain, P. Katzman and E. A. Doisy: J. biol. Ch. **148**, 365 (1943).
[19] Strelitz, F., H. Flon and I. Asheshov: Proc. nat. Acad. Sci. USA **41**, 620 (1955).
[20] Eble, T. E., G. A. Boyack, C. M. Large and W. H. De Vries: Antibiot. & Chemotherap. **8**, 627 (1958).
[21] Brock, T. D., and W. T. Sokolski: Antibiot. & Chemotherap. **8**, 631 (1958).
[22] Chain, E., H. W. Florey, M. A. Jennings and F. Williams: Brit. J. exp. Path. **23**, 202 (1942).
[23] Geiger, W. B., and J. E. Conn: Amer. Soc. **67**, 112 (1945).
[24] Plattner, P. A.: Helv. **32**, 1752 (1949).
[25] Woodward, R. B., and G. Singh: Am. Soc. **71**, 758 (1949).
[26] Woodward, R. B., and G. Singh: Am. Soc. **72**, 1428 (1950).
[27] Kavanagh, F.: Arch. Biochem. **15**, 95 (1947).
[28] Bose, R. C.: Nature **158**, 292 (1946).
[29] Gardner, A. D., and E. Chain: Brit. J. exp. Path. **23**, 123 (1942).
[30] Todd, A. R., R. E. Corbett, C. H. Hassall and A. W. Johnson: Chem. & Ind. **1949**, 626.
[31] Balamuth, W., and M. M. Brent: Proc. Soc. exp. Biol. **75**, 374 (1950).
[32] Schoental, R.: Brit. J. exp. Path. **22**, 137 (1941).
[33] Hooper, I. R., L. C. Cheney, M. J. Cron, O. B. Fardig, D. A. Johnson, D. L. Johnson, F. M. Palermiti, H. Schmitz and W. B. Wheatley: Antibiot. & Chemotherap. **5**, 585 (1955).
[34] Umezawa, H., T. Yamamoto, T. Takeuchi, T. Osaka, Y. Okami, S. Yamaoka, T. Okuda, K. Nitta, K. Yogishita, R. Utahara and S. Umezawa: Antibiot. & Chemotherap. **4**, 514 (1954).
[35] Anslow, W. K., and H. Raistrick: Biochem. J. **32**, 803, 2288 (1938).

Streptolin[1-4].
Subtenolin[5].
Subtilysin[6].
Sulfactin[7].
Synnematin[8].
Thiostrepton[9-11].
Trichomycin[12-15].
Usninsäure[16].
Violacein[17-19].
Viridin[20].
Xanthothricin[21].

---

[1] RIVETT, R. W., and W. H. PETERSON: Am. Soc. **69**, 3006 (1947).
[2] PETERSON, D. H., D. R. GOLINGSWORTH, L. M. REINEKE and C. DE BOER: Am. Soc. **69**, 3145 (1947).
[3] LARSON, L. M., H. STERNBERG and W. H. PETERSON: Am. Soc. **75**, 2036 (1953).
[4] VAN TAMELEN, E. E.: Am. Soc. **78**, 4817 (1956).
[5] HOWELL, S. F., and H. TAUBER: Proc. Soc. exp. Biol. Med. **67**, 429, 432 (1948).
[6] VALLEE, M.: C. R. Soc. Biol. **139**, 148 (1945).
[7] JUNOWICZ-KOCHOLATY, R., W. KOCHOLATY and A. KELNER: J. biol. Ch. **168**, 765 (1947).
[8] OLSON, B. H., J. C. JEMMIMGS, M. PISANO and A. J. JUNEK: Antibiot. & Chemotherap. **4**, 1 (1954).
[9] PAGANO, J. F., M. J. WEINSTEIN, H. A. STOUT and R. DONOVICK: Antibiot. Ann. **1956**, 554.
[10] VANDEPUTTE, J., and J. D. DUTCHER: Antibiot. Ann. **1956**, 560.
[11] KUTSCHER, A. H., L. SEGUIN, R. M. RANKOW and J. D. PIRO: Antibiot. & Chemotherap. **8**, 576 (1958).
[12] MAGARA, M., E. YOKOUTI, T. SENDA and E. AMINO: Antibiot. & Chemotherap. **4**, 433 (1954).
[13] HOSOYA, S., N. KOMATSU, M. SOEDA, T. YAMAGUCHI and Y. SONODA: J. Antibiot., Tokyo **5**, 564 (1952).
[14] HOSOYA, S., M. SOEDA, N. KOMATSU, K. OKADA and S. WATANABE: J. Antibiot., Tokyo (A) **6**, 92 (1953).
[15] HOSOYA, S., M. SOEDA, K. OKADA, S. WATANABE and N. KOMATSU: J. Antibiot. Tokyo (A) **6**, 98 (1953).
[16] STOLL, A., A. BRACK u. J. RENZ: Exper. **3**, 115 (1947).
[17] STRONG, M.: Science, N. Y. **100**, 287 (1944).
[18] BEER, R. J., K. CLARKE, H. G. KHORANA and A. ROBERTSON: Soc. **1949**, 885.
[19] BEER, R. J., B. E. JENNINGS and A. ROBERTSON: Soc. **1954**, 2679.
[20] BRIAN, P. W., and J. C. MCGOWAN: Nature **156**, 144 (1945).
[21] MACHLOWITZ, R. A., W. P. FISHER, B. S. MCKAY, A. A. TYTELL and J. CHARNEY: Antibiot. & Chemotherap. **4**, 259 (1954).

Namenverzeichnis.

Die Seiten 1—844 befinden sich in Bandteil 1, die Seiten 845—1646 in Bandteil 2.

Die Seiten 1—844 befinden sich in Bandteil 1, die Seiten 845—1646 in Bandteil 2.

Die Seiten 1—844 befinden sich in Bandteil 1, die Seiten 845—1646 in Bandteil 2.

Die Seiten 1—844 befinden sich in Bandteil 1, die Seiten 845—1646 in Bandteil 2.

Die Seiten 1—844 befinden sich in Bandteil 1, die Seiten 845—1646 in Bandteil 2.

Die Seiten 1—844 befinden sich in Bandteil 1, die Seiten 845—1646 in Bandteil 2.

Die Seiten 1—844 befinden sich in Bandteil 1, die Seiten 845—1646 in Bandteil 2.

Die Seiten 1—844 befinden sich in Bandteil 1, die Seiten 845—1646 in Bandteil 2.

Die Seiten 1—844 befinden sich in Bandteil 1, die Seiten 845—1646 in Bandteil 2.

Die Seiten 1—844 befinden sich in Bandteil 1, die Seiten 845—1646 in Bandteil 2.

Die Seiten 1—844 befinden sich in Bandteil 1, die Seiten 845—1646 in Bandteil 2.

Sachverzeichnis[1].

[1] Ein fetter Punkt • neben der Seitenzahl gibt die Seite an, auf der die Formel abgedruckt ist.

Die Seiten 1—844 befinden sich in Bandteil 1, die Seiten 845—1646 in Bandteil 2.

Die Seiten 1—844 befinden sich in Bandteil 1, die Seiten 845—1646 in Bandteil 2.

Die Seiten 1—844 befinden sich in Bandteil 1, die Seiten 845—1646 in Bandteil 2.

Die Seiten 1—844 befinden sich in Bandteil 1, die Seiten 845—1646 in Bandteil 2.

Die Seiten 1—844 befinden sich in Bandteil 1, die Seiten 845—1646 in Bandteil 2.

GPSR Compliance

The European Union's (EU) General Product Safety Regulation (GPSR) is a set of rules that requires consumer products to be safe and our obligations to ensure this.

If you have any concerns about our products, you can contact us on ProductSafety@springernature.com

In case Publisher is established outside the EU, the EU authorized representative is:

Springer Nature Customer Service Center GmbH
Europaplatz 3
69115 Heidelberg, Germany

Batch number: 10621784

Printed by Printforce, the Netherlands